U0162072

30116　Listeria Spreng.（1817）Nom. illegit. = Listera R. Br.（1813）（保留属名）［兰科 Orchidaceae］■

30117　Listia E. Mey.（1835）= Lotononis（DC.）Eckl. et Zeyh.（1836）（保留属名）［豆科 Fabaceae（Leguminosae）//蝶形花科 Papilionaceae］■

30118　Listrobanthes Bremek.（1944）= Strobilanthes Blume（1826）［爵床科 Acanthaceae］●■

30119　Listrostachys Rchb.（1852）Nom. illegit. ≡ Listrostachys Rchb. f.（1852）［兰科 Orchidaceae］■☆

30120　Listrostachys Rchb. f.（1852）【汉】铲穗兰属。【隶属】兰科 Orchidaceae。【包含】世界 2 种。【学名诠释与讨论】〈阴〉（希）listron，指小式 listrion，铲、锄、锹+stachys，穗、谷、长钉。指花序。此属的学名，ING 和 IK 记载为"Listrostachys Rchb. f.，Bot. Zeitung（Berlin）10：930. 1852"。"Listrostachys Rchb.（1852）"的命名人引证有误。【分布】马达加斯加，热带非洲。【模式】Listrostachys jenischiana H. G. Reichenbach。【参考异名】Listrostachys Rchb.（1852）Nom. illegit. ■☆

30121　Lisyanthus Aubl.（1775）= Lisianthius P. Browne（1756）［龙胆科 Gentianaceae］■☆

30122　Lita Schreb.（1791）Nom. illegit. ≡ Voyria Aubl.（1775）［龙胆科 Gentianaceae］■☆

30123　Litanthes Lindl.（1847）= Litanthus Harv.（1844）［风信子科 Hyacinthaceae］■☆

30124　Litanthus Harv.（1844）【汉】小茎风信子属。【隶属】风信子科 Hyacinthaceae。【包含】世界 1 种。【学名诠释与讨论】〈阳〉（拉）litus，涂抹了的，海边。希腊文 litos，简单的，小的，平滑的，纤细的+anthos，花。【分布】非洲南部。【模式】Litanthus pusillus W. H. Harvey。【参考异名】Litanthes Lindl.（1847）；Lithanthus Pfeiff.（1874）■☆

30125　Litanum Nieuwl.（1915）= Talinum Adans.（1763）（保留属名）［马齿苋科 Portulacaceae//土人参科 Talinaceae］■●

30126　Litchi Sonn.（1782）【汉】荔枝属。【日】レイシ属。【俄】Личжи，Нефелиум。【英】Leechee，Lichee，Litchi，Lychee。【隶属】无患子科 Sapindaceae。【包含】世界 2 种，中国 1 种。【学名诠释与讨论】〈阴〉（汉）litchi，广东方言"荔枝"，为"离枝"的谐音。指果实采收时须带枝而不能离枝。此属的学名，ING、TROPICOS、GCI 和 IK 记载是"Litchi Sonn.，Voy. Indes Orient.（Sonnerat）3：255. 1782"。"Scytalia J. Gaertner，Fruct. 1：197. Dec 1788"是"Litchi Sonn.（1782）"的晚出的同模式异名（Homotypic synonym，Nomenclatural synonym）。【分布】印度，中国，东南亚西部，中美洲。【模式】Litchi chinensis Sonnerat。【参考异名】Corvinia Stadtm. ex Willern.（1796）；Euphoria Comm. ex Juss.（1838）；Laetji Osb. ex Steud.（1821）；Scytalia Gaertn.（1788）Nom. illegit. ●

30127　Lithachne P. Beauv.（1812）【汉】石稃禾属。【隶属】禾本科 Poaceae（Gramineae）。【包含】世界 4 种。【学名诠释与讨论】〈阴〉（希）lithos，石头+achne，鳞片，泡沫，泡囊，谷壳，稃。【分布】巴西，西印度群岛，中美洲。【模式】Lithachne axillaris Palisot de Beauvois，Nom. illegit.［Olyra pauciflora O. Swartz；Lithacne pauciflora（O. Swartz）Poiret］。【参考异名】Lithacne Poir.（1823）Nom. inval. ■☆

30128　Lithacne Poir.（1823）Nom. inval. = Lithachne P. Beauv.（1812）；~ = Olyra L.（1759）［禾本科 Poaceae（Gramineae）］■☆

30129　Lithagrostis Gaertn.（1788）Nom. illegit. ≡ Coix L.（1753）［禾本科 Poaceae（Gramineae）］●■

30130　Lithanthus Pfeiff.（1874）= Litanthus Harv.（1844）［风信子科 Hyacinthaceae］■☆

30131　Lithobium Bong.（1838）【汉】石地野牡丹属。【隶属】野牡丹科 Melastomataceae。【包含】世界 1 种。【学名诠释与讨论】〈中〉（希）lithos，石头+bios 和 biote，生命+-ius，-ia，-ium，在拉丁文和希腊文中，这些词尾表示性质或状态。【分布】巴西。【模式】Lithobium cordatum Bongard。【参考异名】Petrobium Bong.（1838）☆

30132　Lithocardium Kuntze（1891）Nom. illegit. ≡ Cordia L.（1753）（保留属名）［紫草科 Boraginaceae//破布木科（破布树科）Cordiaceae］●

30133　Lithocarpos Targ. -Toz.（1833）Nom. inval. ≡ Lithocarpos Targ. -Toz. ex Steud.（1841）；~ = Attalea Kunth（1816）［棕榈科 Arecaceae（Palmae）］●☆

30134　Lithocarpos Targ. -Toz. ex Steud.（1841）= Attalea Kunth（1816）［棕榈科 Arecaceae（Palmae）］●☆

30135　Lithocarpus Blume ex Pfeiff.，Nom. illegit. = Styrax L.（1753）［安息香科（齐墩果科，野茉莉科）Styracaceae］●

30136　Lithocarpus Blume（1826）【汉】石栎属（槠属，柯属，苦扁桃叶石栎属，石柯属）。【日】アリサンガシ属，マテバシイ属，マテバシヒ属，リトカルブス属。【俄】Камнеплодник，Пазания。【英】Tan Oak，Tanbark Oak，Tanoak，Tan-oak。【隶属】壳斗科（山毛榉科）Fagaceae。【包含】世界 100-300 种，中国 149 种。【学名诠释与讨论】〈阳〉（希）lithos，石头+karpos，果实。指模式种的坚果外壳坚硬。此属的学名，ING、TROPICOS 和 IK 记载是"Lithocarpus Blume，Bijdr. Fl. Ned. Ind. 10：526（-527）［7 Dec 1825-24 Jan 1826］"；《中国植物志》英文版使用此名称。【分布】印度至马来西亚，中国，东亚。【模式】Lithocarpus javensis Blume。【参考异名】Araula Raf.（1838）；Corylopasania（Hickel et A. Camus）Nakai（1939）；Cyclobalanus（Endl.）Oerst.（1867）；Kuromatea Kudô（1930）；Pasania（Miq.）Oerst.（1867）；Pasania Oerst.（1867）Nom. illegit.；Synaedris Steud.（1841）Nom. illegit.；Synaedrys Lindl.（1836）●

30137　Lithocarpus Steud. = Attalea Kunth（1816）；~ = Lithocarpos Targ. -Toz. ex Steud.（1841）［棕榈科 Arecaceae（Palmae）］●☆

30138　Lithocaulon P. R. O. Bally（1959）= Pseudolithos P. R. O. Bally（1965）［萝藦科 Asclepiadaceae］■☆

30139　Lithocnide Raf.（1837）Nom. illegit. ≡ Rousselia Gaudich.（1830）［荨麻科 Urticaceae］■☆

30140　Lithocnides B. D. Jacks.，Nom. illegit. = Lithocnide Raf.（1837）［荨麻科 Urticaceae］■☆

30141　Lithocnides Raf.（1837）Nom. illegit. = Rousselia Gaudich.（1830）［荨麻科 Urticaceae］■☆

30142　Lithococca Small ex Rydb.（1932）= Heliotropium L.（1753）［紫草科 Boraginaceae//天芥菜科 Heliotropiaceae］●■

30143　Lithodia Blume（1849）= Strobilocarpus Klotzsch（1839）［毛盘花科（假石南科）Grubbiaceae］●☆

30144　Lithodora Griseb.（1844）【汉】木紫草属（石松花属）。【隶属】紫草科 Boraginaceae。【包含】世界 7-9 种。【学名诠释与讨论】〈阴〉（希）lithos，石头+dora，一张皮，doros，革制的袋，囊。此属的学名是"Lithodora Klebahn，Beih. Bot. Centralbl. 59（A）：173. 1939（non Grisebach 1844）"。亦有文献把其处理为"Lithospermum L.（1753）"的异名。【分布】法国和地中海西部至安纳托利亚。【后选模式】Lithodora fruticosa（Linnaeus）Grisebach［Lithospermum fruticosum Linnaeus］。【参考异名】Gymnoleima Decne.（1835）；Gymnoreima Endl.（1843）；Lithospermum L.（1753）●☆

30145　Lithodraba Boelcke（1951）= Xerodraba Skottsb.（1916）［十字花科 Brassicaceae（Cruciferae）］■●☆

30146　Lithofragma Nutt.（1834）Nom. illegit.（废弃属名）= Lithophragma（Nutt.）Torr. et A. Gray（1840）（保留属名）［虎耳草科 Saxifragaceae］■☆

30147　Lithomyrtus F. Muell.（1857）【汉】石香木属。【隶属】桃金娘科 Myrtaceae。【包含】世界 11 种。【学名诠释与讨论】〈阳〉（希）lithos，石头+myrtos，香桃木的古名，来自 myron 香味。【分布】澳大利亚，新几内亚岛。【模式】未指定。●☆

30148　Lithoon Nevski（1937）= Astragalus L.（1753）［豆科 Fabaceae（Leguminosae）//蝶形花科 Papilionaceae］●■

30149　Lithophila Sw.（1788）【汉】岩苋属。【隶属】苋科 Amaranthaceae。【包含】世界 1-2 种。【学名诠释与讨论】〈阴〉（希）lithos，石头+philos，喜欢的，爱的。【分布】厄瓜多尔（科隆群岛），西印度群岛。【模式】Lithophila muscoides O. Swartz。【参考异名】Litophila Sw.（1788）■☆

30150　Lithophragma（Nutt.）Torr. et A. Gray（1840）（保留属名）【汉】林星花属。【隶属】虎耳草科 Saxifragaceae。【包含】世界 9-10 种。【学名诠释与讨论】〈中〉（希）lithos，石头+phragma，所有格 phragmatos，篱笆。phragmos，篱笆，障碍物。phragmites，长在篱笆中的。此属的学名"Lithophragma（Nutt.）Torr. et A. Gray，Fl. N. Amer. 1：583. Jun 1840"是保留属名，由"Tellima［par.］Lithophragma Nuttall，J. Acad. Nat. Sci. Philadelphia 7：26. 1834（'Lithofragma'）"改级而来。相应的废弃属名是虎耳草科 Saxifragaceae 的"Pleurendotria Raf.，Fl. Tellur. 2：73. Jan-Mar 1837 ≡Lithophragma（Nutt.）Torr. et A. Gray（1840）（保留属名）"。Lithophragma Nutt.，Nom. illegit. ≡ Lithophragma（Nutt.）Torr. et A. Gray（1840）（保留属名）"和"Lithophragma Torr. et A. Gray（1840）≡Lithophragma（Nutt.）Torr. et A. Gray（1840）（保留属名）"的命名人引证有误；应予废弃。其变体"Lithofragma Nutt.（1834）"亦应废弃。【分布】北美洲西部。【模式】Lithophragma parviflorum（W. J. Hooker）J. Torrey et A. Gray［Tellima parviflora W. J. Hooker］。【参考异名】Lithofragma Nutt.（1834）；Lithophragma Nutt.，Nom. illegit.（废弃属名）；Lithophragma Torr. et A. Gray（1840）Nom. illegit.（废弃属名）；Pleurendotria Raf.（1837）（废弃属名）；Tellima［par.］Lithophragma Nutt.（1834）［as 'Lithofragma'］■☆

30151　Lithophragma Nutt.，Nom. illegit.（废弃属名）≡ Lithophragma（Nutt.）Torr. et A. Gray（1840）（保留属名）［虎耳草科 Saxifragaceae］■☆

30152　Lithophragma Torr. et A. Gray（1840）Nom. illegit.（废弃属名）≡Lithophragma（Nutt.）Torr. et A. Gray（1840）（保留属名）［虎耳草科 Saxifragaceae］■☆

30153　Lithophytum Brandegee（1911）= Plocosperma Benth.（1876）［戴毛子科（环生籽科，毛子树科）Plocospermataceae//马钱科（断肠草科，马钱子科）Loganiaceae］●☆

30154　Lithoplis Raf.（1838）= Rhamnus L.（1753）［鼠李科 Rhamnaceae］●

30155　Lithops N. E. Br.（1922）【汉】生石花属（石头花属）。【日】イシコロケサ属，イシコロマツバギク属，リトープス属。【英】Flowering Stones, Living Stones, Living-stones, Stone Plant, Stoneface。【隶属】番杏科 Aizoaceae。【包含】世界 37-75 种。【学名诠释与讨论】〈阴〉（希）lithos，石头+ops 外观。指植物的色彩、形态与其产地的砂砾酷似。【分布】非洲南部。【模式】Lithops lesliei（N. E. Brown）N. E. Brown［Mesembryanthemum lesliei N. E. Brown］。■☆

30156　Lithosanthes A. Rich. = Litosanthes Blume（1823）［茜草科 Rubiaceae］●

30157　Lithosanthes Blume（1825）【汉】石花茜属。【隶属】茜草科 Rubiaceae。【包含】世界 2 种。【学名诠释与讨论】〈阴〉（希）lithos，石头+anthos，花。此属的学名，IK 记载是"Lithosanthes Blume，Flora 8：129. 1825"。TROPICOS 则记载为"Lithosanthes Nees，Flora 8：129. 1825"。二者引用的文献相同。亦有学者使用"Lithosanthes A. Rich."。还需核查。【分布】美国。【模式】未指定。【参考异名】Lithosanthes A. Rich.；Lithosanthes Nees（1825）●☆

30158　Lithosanthes Nees（1825）= Lithosanthes Blume（1825）［茜草科 Rubiaceae］●☆

30159　Lithosciadium Turcz.（1844）【汉】石蛇床属。【隶属】伞形花科（伞形科）Apiaceae（Umbelliferae）。【包含】世界 2 种，中国 1 种。【学名诠释与讨论】〈阴〉（希）lithos，石头+（属）Sciadium 伞芹属。此属的学名是"Lithosciadium Turczaninow, Bull. Soc. Imp. Naturalistes Moscou 17：730. 1844（post 4 Jul）."。亦有文献把其处理为"Cnidium Cusson ex Juss.（1787）Nom. illegit."的异名。【分布】蒙古（北部），中国，西伯利亚东部。【模式】Lithosciadium multicaule Turczaninow。【参考异名】Cnidium Cusson ex Juss.（1787）Nom. illegit.；Cnidium Cusson（1787）；Cnidium Juss.（1787）Nom. illegit. ■

30160　Lithospermum L.（1753）【汉】紫草属。【日】ムラサキ属，リソスペルマム属。【俄】Воробейник。【英】Gromwell, Grummel, Puccoon。【隶属】紫草科 Boraginaceae。【包含】世界 50-60 种，中国 5 种。【学名诠释与讨论】〈中〉（希）lithos，石头+sperma，所有格 spermatos，种子，孢子。指种子坚硬似小石头。【分布】巴基斯坦，秘鲁，玻利维亚，厄瓜多尔，美国（密苏里），中国，温带，中美洲。【后选模式】Lithospermum officinale Linnaeus。【参考异名】Aegonychion Endl.（1839）；Aegonychon Gray（1821）；Batschia J. F. Gmel.（1791）；Buglossoides I. M. Johnst.；Buglossoides Moench（1794）；Cyphorima Raf.（1819）；Glandora D. C. Thomas, Weigend et Hilger（2008）；Lithodora Griseb.（1844）；Lythospermum Luce（1825）；Margarospermum（Rchb.）Opiz（1839）Nom. illegit.；Pentalophus A. DC.（1846）；Rhytispermum Link（1829）Nom. illegit. ■

30161　Lithothamnus Zipp. ex Span.（1841）= Ehretia P. Browne（1756）［紫草科 Boraginaceae//破布木科（破布树科）Cordiaceae//厚壳树科 Ehretiaceae］●

30162　Lithotoma E. B. Knox（2014）【汉】石瓣花属。【隶属】鸭趾草科 Commelinaceae。【包含】世界 3 种。【学名诠释与讨论】〈阴〉（希）lithos，石头+tomos，一片，锐利的，切割的。tome，断片，残株。【分布】澳大利亚。【模式】Lithotoma axillaris（Lindl.）E. B. Knox［Isotoma axillaris Lindl.］。☆

30163　Lithoxylon Endl.（1840）= Actephila Blume（1826）［大戟科 Euphorbiaceae］●

30164　Lithraea Miers ex Hook. et Arn.（1833）【汉】南美漆属（南美洲漆属）。【日】リスレア属。【隶属】漆树科 Anacardiaceae。【包含】世界 3 种。【学名诠释与讨论】〈阴〉（智利）Lithi，是 Lithraea caustica 的智利俗名。此属的学名，ING 和 IK 记载是"Lithraea Miers ex W. J. Hooker et Arnott, Bot. Misc. 3：175（'Lithrea'）. 1 Mar 1833；3：390. 1 Aug 1833"。"Lithrea Miers ex Hook. et Arn.（1833）"是其拼写变体。TROPICOS 记载的"Lithraea Miers, Travels in Chile and la Plata 2：529. 1826，IK 标注为'partim.'"。"Lithrea Miers ex W. J. Hooker et Arnott 1833"是其变体。【分布】巴拉圭，玻利维亚，南美洲。【模式】Lithraea caustica（Molina）W. J. Hooker et Arnott［Laurus caustica Molina］。【参考异名】Lithraea Miers（1826）Nom. illegit.；Lithrea Miers ex Hook. et Arn.（1833）Nom. illegit.；Litria G. Don（1839）●☆

30165　Lithraea Miers（1826）Nom. illegit. ≡ Lithraea Miers ex Hook. et Arn.（1833）［漆树科 Anacardiaceae］●☆

30166 Lithrea Miers ex Hook. et Arn.（1833）Nom. illegit. ≡ Lithraea Miers ex Hook. et Arn.（1833）［漆树科 Anacardiaceae］●☆

30167 Lithrum Huds.（1762）= Lythrum L.（1753）［千屈菜科 Lythraceae］●■

30168 Litocarpus L. Bolus（1927）Nom. illegit. ≡ Aptenia N. E. Br.（1925）［番杏科 Aizoaceae］●☆

30169 Litogyne Harv.（1863）【汉】凹托菊属。【隶属】菊科 Asteraceae（Compositae）。【包含】世界 1 种。【学名诠释与讨论】〈阴〉（希）litos,小的,简单的,平滑的,纤细的,+gyne,所有格 gynaikos,雌性,雌蕊。此属的学名是"Litogyne W. H. Harvey,Thes. Cap. 2：35.1863"。亦有文献把其处理为"Epaltes Cass.（1818）"的异名。【分布】热带非洲和南非。【模式】未指定。【参考异名】Epaltes Cass.（1818）●☆

30170 Litonia Pritz.（1855）= Littonia Hook.（1853）［百合科 Liliaceae//秋水仙科 Colchicaceae］■☆

30171 Litophila Sw.（1788）= Alternanthera Forssk.（1775）；~ = Lithophila Sw.（1788）［苋科 Amaranthaceae］■☆

30172 Litorella Asch.（1864）= Littorella P. J. Bergius（1768）［车前科（车前草科）Plantaginaceae］■☆

30173 Litosanthes Blume（1823）【汉】石核木属（壶冠木属）。【日】コバンバヤナギ属。【英】Litosanthus。【隶属】茜草科 Rubiaceae。【包含】世界 20 种,中国 1 种。【学名诠释与讨论】〈阴〉（希）litos,石头+anthos,花。另说 litos 简单的,小的,平滑的,纤细的。litotes,率直,简单。指花小,常仅 2 朵并生。【分布】印度尼西亚（爪哇岛）,中国,新几内亚岛。【模式】Litosanthes biflora Blume。【参考异名】Lithosanthes A. Rich.●

30174 Litosiphon Pierre ex A. Chev.（1917）= Lovoa Harms（1896）［楝科 Meliaceae］●☆

30175 Litosiphon Pierre ex Harms = Lovoa Harms（1896）［楝科 Meliaceae］●☆

30176 Litostigma Y. G. Wei,F. Wen et Mich. Möller（2010）【汉】凹柱苣苔属。【隶属】苦苣苔科 Gesneriaceae。【包含】世界 2 种。【学名诠释与讨论】〈阴〉（希）litos,石头+stigma,所有格 stigmatos,柱头,眼点。【分布】不详。【模式】Litostigma coriaceifolium Y. G. Wei,F. Wen et Mich. Möller。☆

30177 Litothamnus R. M. King et H. Rob.（1979）【汉】滨菊木属。【隶属】菊科 Asteraceae（Compositae）。【包含】世界 2 种。【学名诠释与讨论】〈阴〉（希）litos,石头+thamnos,指小式 thamnion,灌木,灌丛,树丛,枝。【分布】巴西。【模式】Litothamnus ellipticus R. M. King et H. E. Robinson。●☆

30178 Litrea Phil.（1864）= Litria G. Don（1839）［漆树科 Anacardiaceae］●☆

30179 Litria G. Don（1839）= Lithraea Miers ex Hook. et Arn.（1833）［漆树科 Anacardiaceae］●☆

30180 Litrisa Small（1924）【汉】松边菊属（松鞭菊属）。【英】Pineland Chaffhead。【隶属】菊科 Asteraceae（Compositae）。【包含】世界 1 种。【学名诠释与讨论】〈阴〉词源不详。此属的学名是"Litrisa J. K. Small, Bull. Torrey Bot. Club 51：392. 18 Sep 1924"。亦有文献把其处理为"Carphephorus Cass.（1816）"的异名。【分布】美国（佛罗里达）。【模式】Litrisa carnosa J. K. Small。【参考异名】Carphephorus Cass.（1816）■☆

30181 Litsaea Juss. = Litsea Lam.（1792）（保留属名）［樟科 Lauraceae］●

30182 Litsaea Pers.（1806）Nom. illegit.［樟科 Lauraceae］●☆

30183 Litsea Lam.（1792）（保留属名）【汉】木姜子属。【日】ハマビハ属,ハマビワ属。【英】Litse, Litsea。【隶属】樟科 Lauraceae。【包含】世界 200-400 种,中国 32-85 种。【学名诠释与讨论】〈阴〉（汉）litsea,汉语李子的俗名。另说,来自日本俗名拉丁化或来自人名。此属的学名"Litsea Lam., Encycl. 3：574. 13 Feb 1792"是保留属名。相应的废弃属名是樟科 Lauraceae 的"Malapoenna Adans., Fam. Pl. 2：447,573. Jul-Aug 1763 = Litsea Lam.（1792）（保留属名）"。【分布】澳大利亚,巴基斯坦,哥斯达黎加,尼加拉瓜,中国,亚洲,中美洲。【模式】Litsea chinensis Lamarck。【参考异名】Adenodaphne S. Moore（1921）；Berrya Klein（废弃属名）；Bistania Noronha（1790）；Cubeba Raf.（1838）；Cylicodaphne Nees（1831）；Darwinia Dennst.（1818）Nom. illegit.；Darwiniana Lindl.；Decapenta Raf.（1838）；Dodecadenia Nees（1831）；Evelyna Raf.（1838）Nom. illegit.；Fiva Steud.（1840）Nom. illegit.；Fiwa J. F. Gmel.（1791）Nom. illegit.；Heckeria Raf.（1838）；Hexanthus Lour.（1790）；Iozoste Nees（1831）；Lepidadenia Arn. ex Nees（1833）；Lepidadenia Nees（1833）；Lepidalenia Post et Kuntze（1903）；Litsaea Juss.；Malapoenna Adans.（1763）（废弃属名）；Pipalia Swkes（1812）；Pseudolitsea Yen C. Yang（1945）；Quinquedula Noronha（1790）；Sebifera Lour.（1790）；Septina Nor.（1790）；Tetranthera Jacq.（1797）；Tomex Thunb.（1783）Nom. illegit.●

30184 Littaea Brign. ex Tagl.（1816）= Agave L.（1753）［石蒜科 Amaryllidaceae//龙舌兰科 Agavaceae］■

30185 Littaea Tagl.（1816）= Agave L.（1753）［石蒜科 Amaryllidaceae//龙舌兰科 Agavaceae］■

30186 Littanella Roth（1788）= Littorella P. J. Bergius（1768）［车前科（车前草科）Plantaginaceae］■☆

30187 Littlea Dumort. = Agave L.（1753）；~ = Littaea Brign. ex Tagl.（1816）Nom. illegit.；~ = Agave L.（1753）［石蒜科 Amaryllidaceae//龙舌兰科 Agavaceae］■

30188 Littledalea Hemsl.（1896）【汉】扇穗茅属。【俄】Литтледалия。【英】Littledalea。【隶属】禾本科 Poaceae（Gramineae）。【包含】世界 4 种,中国 4 种。【学名诠释与讨论】〈阴〉（人）St. George R. Littledale, c. 1851-1931,旅行家,植物和动物采集家,本属模式标本采集人,曾到西藏采集标本,A journey across Central Asia 的作者。【分布】中国,亚洲中部。【模式】Littledalea tibetica W. B. Hemsley。■

30189 Littonia Hook.（1853）【汉】利顿百合属（黄嘉兰属,攀百合属）。【日】リット－ニア属。【俄】Литтония。【英】Littonia。【隶属】百合科 Liliaceae//秋水仙科 Colchicaceae。【包含】世界 5-8 种。【学名诠释与讨论】〈阴〉（人）Samuel Litton, 1781-1847,英国医生,植物学者。【分布】热带和非洲南部。【模式】Littonia modesta W. J. Hooker。【参考异名】Litonia Pritz.（1855）■☆

30190 Littorella Ehrh. =Littorella P. J. Bergius（1768）［车前科（车前草科）Plantaginaceae］■☆

30191 Littorella P. J. Bergius（1768）【汉】海车前属（小利顿百合属）。【俄】Литторела,Прибрежник,Прибрежница。【英】Shoreweed。【隶属】车前科（车前草科）Plantaginaceae。【包含】世界 3 种。【学名诠释与讨论】〈阴〉（拉）littus = litus,海边+-ellus,-ella,-ellum,加在名词词干后面形成指小式的词尾。或加在人名,属名等后面以组成新属的名称。指生境。Litoralis,属于海边的,常被错误拼写为 Littoralis.。此属的学名,ING,GCI,TROPICOS 和 IK 记载是"Littorella P. J. Bergius, Kongl. Vetensk. Acad. Handl. 29：341.1768"。亦有文献把"Littorella P. J. Bergius（1768）"处理为"Plantago L.（1753）"的异名。【分布】欧洲,北美洲,南美洲。【模式】未指定。【参考异名】Litorella Asch.（1864）；Littanella Roth（1788）；Littorella Ehrh.；Plantago L.（1753）；Subularia Boehm.（1760）Nom. illegit.■☆

30192 Littorellaceae Gray（1822）= Plantaginaceae Juss.（保留科名）■

30193　Litwinowia Woronow(1931)【汉】脱喙荠属(脱喙芥属)。【俄】Литвиновия。【英】Litwinowia。【隶属】十字花科 Brassicaceae (Cruciferae)。【包含】世界1种,中国1种。【学名诠释与讨论】〈阴〉(人),Dimitri Ivanovich Litvinov (Dmitrij Ivanovitsch Litwinow),1854－1929,俄国植物学者,探险家,Schedae ad herbarium florae rossicae 的作者。此属的学名是"Litwinowia Woronow, Trudy Bot. Sada Akad. Nauk SSSR 43：452. 1931"。亦有文献把其处理为"Euclidium W. T. Aiton(1812)(保留属名)"的异名。【分布】巴基斯坦,中国,亚洲中部。【模式】Litwinowia tatarica (Pall.) Woronow。【参考异名】Euclidium W. T. Aiton (1812)(保留属名)■

30194　Liuguishania Z. J. Liu et J. N. Zhang(1998) = Cymbidium Sw. (1799)［兰科 Orchidaceae］■

30195　Livistona R. Br. (1810)【汉】蒲葵属。【日】ビラウ属,ビロウ属。【俄】Ливистона, Ливистония。【英】Cabbage Palm, Fan Palm, Fanpalm, Fan-palm, Footstool Palm, Fountain Palm, Livistona。【隶属】棕榈科 Arecaceae(Palmae)。【包含】世界25-30种,中国3-11种。【学名诠释与讨论】〈阴〉(人)Patrick Murrgy Livistone,英国植物学者。另说为位于英国爱丁堡附近的 Livistone 的贵族Patrik Murray。【分布】澳大利亚,巴基斯坦,玻利维亚,厄瓜多尔,哥伦比亚(安蒂奥基亚),印度至马来西亚,中国。【后选模式】Livistona humilis R. Brown。【参考异名】Saribus Blume (1836)；Wissmania Burret(1943) Nom. illegit.；Wissmannia Burret (1943) Nom. illegit. ●

30196　Lizeron Raf. (1838) = Convolvulus L. (1753)［旋花科 Convolvulaceae］■●

30197　Llagunoa Ruiz et Pav. (1794)【汉】利亚无患子属。【隶属】无患子科 Sapindaceae。【包含】世界3种。【学名诠释与讨论】〈阴〉(人)Don Eugenio de Llagunoa Amfrola,植物学赞助人。此属的学名,ING,TROPICOS 和 IK 记载是"Llagunoa Ruiz et Pav., Fl. Peruv. Prodr. 126, t. 28. 1794［early Oct 1794］"。"Amirola Persoon, Syn. Pl. 2：565. Sep 1807"是"Llagunoa Ruiz et Pav. (1794)"的晚出的同模式异名(Homotypic synonym, Nomenclatural synonym)。【分布】秘鲁,玻利维亚,厄瓜多尔。【模式】Llagunoa nitida Ruiz et Pavon。【参考异名】Amirola Pers. (1807) Nom. illegit.；Lagunoa Poir. (1822)；Orbignia Bertero ex Steud. (1841) (废弃属名)；Orbignya Bertero ex Steud. (1841)(废弃属名)；Orbignya Bertero(1829)(废弃属名)●☆

30198　Llanosia Blanco(1845) = Ternstroemia Mutis ex L. f. (1782)(保留属名)［山茶科(茶科)Theaceae//厚皮香科 Ternstroemiaceae］●

30199　Llavea Liebm. (1853) Nom. illegit. ≡ Neopringlea S. Watson (1891)［刺篱木科(大风子科)Flacourtiaceae］●☆

30200　Llavea Planch. ex Pfeiff. = Meliosma Blume(1823)［清风藤科 Sabiaceae//泡花树科 Meliosmaceae］●

30201　Llerasia Triana(1858)【汉】点腺菀属。【隶属】菊科 Asteraceae (Compositae)。【包含】世界10-14种。【学名诠释与讨论】〈阴〉(人)Eduardo Lleras,1944-?,植物学者。【分布】玻利维亚,哥伦比亚。【模式】Llerasia lindenii Triana。【参考异名】Neosyris Greene(1895)●☆

30202　Llewelynia Pittier(1939) = Henriettea DC. (1828)［野牡丹科 Melastomataceae］●☆

30203　Lloydia Benth. et Hook. f. (废弃属名) = Lloydia Neck. (废弃属名)；~ = Printzia Cass. (1825)(保留属名)［菊科 Asteraceae (Compositae)］■●☆

30204　Lloydia Delile(1844)(废弃属名) = Loydia Delile(1844) Nom. illegit.；~ = Beckeropsis Fig. et De Not. (1854)；~ = Pennisetum Rich. (1805)［禾本科 Poaceae(Gramineae)］■

30205　Lloydia Rchb. (废弃属名) ≡ Lloydia Salisb. ex Rchb. (1830) (保留属名)［百合科 Liliaceae］■

30206　Lloydia Salisb. (1812) Nom. inval. (废弃属名) ≡ Lloydia Salisb. ex Rchb. (1830)(保留属名)［百合科 Liliaceae］■

30207　Lloydia Salisb. ex Rchb. (1830)(保留属名)【汉】洼瓣花属(萝蒂属)。【日】チシマアマナ属。【俄】Ллоидия, Ллойдия。【英】Alp Lily, Alplily, Alp-lily, Snowdon Lily。【隶属】百合科 Liliaceae。【包含】世界12-20种,中国9种。【学名诠释与讨论】〈阴〉(人)Edward Lloyd,1660-1709,英国植物学者,地质学者,本属模式标本采集人。或说源于英国植物学者 George Lloyd 之名。另说纪念 Edward Lloyd,1660-1709,牛津博物馆馆长,他首先在威尔士山发现了洼瓣花 Lloydia serotina。此属的学名"Lloydia Salisb. ex Rchb. ,Fl. Germ. Excurs. ：102. Mar-Apr 1830"是保留属名。法规未列出相应的废弃属名。但是禾本科 Poaceae(Gramineae)的"Lloydia Delile, in Ind. Sem. Hort. Bot. Monspel. 1844 = Loydia Delile(1844) Nom. illegit. ",菊科 Asteraceae (Compositae)的"Lloydia Benth. et Hook. f. = Lloydia Neck. (废弃属名) = Printzia Cass. (1825)(保留属名)"、"Lloydia Neck. = Printzia Cass. (1825)(保留属名)"都应该废弃。"Lloydia Salisb. ,Trans. Hort. Soc. London 1：328. 1812 ≡ Lloydia Salisb. ex Rchb. (1830)(保留属名)"是一个未合格发表的名称(Nom. inval.)。"Cronyxium Rafinesque, Fl. Tell. 2：28. Jan - Mar 1837 (' 1836 ')"和"Nectarobothrium Ledebour, Fl. Altaica 2：36. Jul - Dec 1830"是"Lloydia Salisb. ex Rchb. (1830)(保留属名)"的同模式异名(Homotypic synonym, Nomenclatural synonym)。真菌(腹菌)的"Lloydia C. H. Chow, Bull. Fan Mem. Inst. Biol. (Bot.)6：27. 1 Apr 1935 ≡ Sinolloydia C. H. Chow 1936"亦是晚出的非法名称,应废弃。"Lloyidia Steud. , Nomencl. Bot. ［Steudel］, ed. 2. 2：58, sphalm. 1841"是"Lloydia Salisb. ex Rchb. (1830)(保留属名)"的拼写变体,也须废弃。【分布】巴基斯坦,中国,北温带。【模式】Lloydia serotina (Linnaeus) H. G. L. Reichenbach ［Anthericum serotinum Linnaeus］。【参考异名】Cronyxium Raf. (1837) Nom. illegit.；Fenelonia Raf. (1832)；Giraldiella Dammer (1905)；Hemierium Raf. (1837)；Huolirion F. T. Wang et Ts. Tang；Lloydia Rchb. (废弃属名)；Lloydia Salisb. (1812) Nom. inval. (废弃属名)；Lloydia Salisb. ex Rchb. (1830)(保留属名)；Lloyidia Steud. (1841)；Nectarobothrium Ledeb. (1830) Nom. illegit.；Rhabdocrinum Rchb. (1828)■

30208　Lloyidia Steud. (1841) Nom. illegit. (废弃属名) ≡ Lloydia Salisb. ex Rchb. (1830)(保留属名)［百合科 Liliaceae］■

30209　Loasa Adans. (1763)【汉】刺莲花属。【日】ロアサ属。【俄】Лоаза。【英】Chile Nettle。【隶属】刺莲花科(硬毛草科)Loasaceae。【包含】世界36-105种。【学名诠释与讨论】〈阴〉(智利)loasa,植物俗名。【分布】巴拿马,秘鲁,玻利维亚,墨西哥,智利,中美洲。【模式】Loasa acanthifolia Desrousseaux。【参考异名】Huidobria Gay(1847)；Illairea Lenné et K. Koch(1853)；Loosa Jacq. (1768)；Nasa Weigend(1997) Nom. inval.；Ortiga Neck. (1790) Nom. inval. ■●☆

30210　Loasaceae Dumort. = Loasaceae Juss. (保留科名)●■☆

30211　Loasaceae Juss. (1804)［as ' Loaseae'](保留科名)【汉】刺莲花科(硬毛草科)。【日】シレンクワ科,シレンゲ科,ロアサ科。【包含】世界14-20属250-461种。【分布】美洲,西印度群岛。【科名模式】Loasa Adans. ●■☆

30212　Loasaceae Juss. ex DC. = Loasaceae Juss. (保留科名)●■☆

30213　Loasaceae Spreng. = Loasaceae Juss. (保留科名)●■☆

30214　Loasella Baill. (1887)【汉】小刺莲花属。【隶属】刺莲花科(硬毛草科)Loasaceae。【包含】世界1种。【学名诠释与讨论】

〈阴〉（属）Loasa 刺莲花属+-ellus,-ella,-ellum,加在名词词干后面形成指小式的词尾。或加在人名、属名等后面以组成新属的名称。此属的学名是"Loasella Baillon,Bull. Mens. Soc. Linn. Paris 1：650. 5 Jan 1887"。亦有文献把其处理为"Sympetaleia A. Gray (1877)"的异名。【分布】墨西哥,中美洲。【模式】Loasella rupestris Baillon。【参考异名】Eucnide Zucc.（1844）；Sympetaleia A. Gray（1877）■☆

30215　Lobadium Raf.（1819）= Rhus L.（1753）［漆树科 Anacardiaceae］●

30216　Lobake Raf.（1838）= Jacquemontia Choisy（1834）［旋花科 Convolvulaceae］■☆

30217　Lobanilia Radcl.-Sm.（1989）【汉】洛班大戟属。【隶属】大戟科 Euphorbiaceae。【包含】世界 7 种。【学名诠释与讨论】〈阴〉词源不详。【分布】马达加斯加。【模式】Lobanilia luteobrunnea （J. G. Baker）A. Radcliffe-Smith［Croton luteobrunneus J. G. Baker］。●☆

30218　Lobaria Haw.（1821）Nom. illegit. = Saxifraga L.（1753）［虎耳草科 Saxifragaceae］■

30219　Lobbia Planch.（1847）= Thottea Rottb.（1783）［马兜铃科 Aristolochiaceae］●

30220　Lobeira Alexander（1944）= Disocactus Lindl.（1845）；~ = Nopalxochia Britton et Rose（1923）［仙人掌科 Cactaceae］■

30221　Lobelia Adans.（1763）Nom. illegit. = Scaevola L.（1771）（保留属名）［草海桐科 Goodeniaceae］●■

30222　Lobelia L.（1753）【汉】半边莲属（山梗菜属,许氏草属,同瓣花属）。【日】ミゾカクシ属,ロベリア属。【俄】Лобелия。【英】Cardinal Flower,Lobelia。【隶属】桔梗科 Campanulaceae//山梗菜科（半边莲科）Nelumbonaceae。【包含】世界 300-400 种,中国 23 种。【学名诠释与讨论】〈阴〉（人）Mathias de L'Obel,1538-1616,佛兰德医生、植物学者,亦有说为英国人、荷兰人者。有时写作 Lobel。此属的学名,ING、APNI、GCI、TROPICOS 和 IK 记载是"Lobelia L., Sp. Pl. 2：929. 1753［1 May 1753］"。《中国植物志》英文版亦使用此名称。"Lobelia Adans., Fam. Pl.（Adanson）2：157. 1763 = Scaevola L.（1771）（保留属名）［草海桐科 Goodeniaceae］"和"Lobelia Mill., The Gardeners' Dictionary Abr. ed. 4,1754 ≡ Scaevola L.（1771）（保留属名）［草海桐科 Goodeniaceae］"是晚出的非法名称。Adanson（1763）曾用"Laurentia Adans.（1763）"替代"Lobelia L.（1753）";这个替代是多余的；因为"Lobelia L.（1753）"是合法名称,而他的"Lobelia Adans.（1763）"才是非法名称。同理,P. Miller（1754）用"Rapuntium P. Miller, Gard. Dict. Abr. ed. 4. 28 Jan 1754"替代"Lobelia L.（1753）",也是多余的。IK 记载的"Laurentia P. Micheli ex Adans.,Fam. Pl.（Adanson）2：134（1763）；Neck. Elem. 1：131（1790）≡Laurentia Adans.（1763）Nom. illegit."的命名人引证有误。菊科 Asteraceae 的"Laurentia Steud., Nomencl. Bot.［Steudel］466. 1821 = Lorentea Ortega（1797）= Sanvitalia Lam.（1792）"是晚出的非法名称。"Cardinalis Fabricius, Enum. 122. 1759"也是"Lobelia L.（1753）"的晚出的同模式异名（Homotypic synonym, Nomenclatural synonym）。【分布】巴基斯坦,巴拿马,秘鲁,玻利维亚,厄瓜多尔,哥伦比亚,马达加斯加,美国,尼泊尔,尼加拉瓜,中国,地中海地区,非洲南部,热带和亚热带,美洲。【后选模式】Lobelia cardinalis Linnaeus。【参考异名】Calcaratolobelia Wilbur（1997）；Cardinalis Fabr.（1759）Nom. illegit.；Cardinalis Ruppius（1745）Nom. inval.；Chamula Noronha（1790）；Dortmania Neck.（1790）Nom. inval.；Dortmanna Hill （1756）；Dortmannia Hill（1756）Nom. illegit.；Dortmannia Kuntze （1891）Nom. illegit.；Dortmannia Neck.（1790）Nom. inval.；

Dortmannia Steud.（1840）；Galeatella（E. Wimm.）O. Deg. et I. Deg.（1962）；Haynaldia Kanitz（1877）Nom. illegit.；Holostigma G. Don（1834）；Holostigmateia Rchb.（1841）Nom. illegit.；Hymnostemon Post et Kuntze（1903）；Hypsela C. Presl（1836）；Isolobus A. DC.（1839）；Juchia Neck.；Laurentia Adans.（1763）Nom. illegit., Nom. superfl.；Laurentia Michx. ex Adans.（1763）Nom. illegit.；Laurentia Neck.；Mecoschistum Dulac（1867）；Metzleria Sond.（1865）；Mezleria C. Presl（1836）；Neowimmeria O. Deg. et I. Deg.（1965）；Parastranthus G. Don（1834）；Petromarula Belli ex Nieuwl. et Lunnell（1917）；Petromarula Nieuwl. et Lunell （1917）Nom. illegit.；Pratia Gaudich.（1825）；Rapuntium Mill. （1754）Nom. illegit., Nom. superfl.；Rapuntium Tourn. ex Mill. （1768）Nom. illegit.；Rhynchopetalum Fresen.（1838）；Sclerotheca A. DC.（1839）；Stenotium Presl ex Steud.（1841）；Stooria Neck. （1790）Nom. inval.；Stooria Neck. ex Post et Kuntze（1903）Nom. illegit., Nom. superfl.；Trimeris C. Presl（1836）；Tupa G. Don （1834）；Tylomium C. Presl（1836）；Ymnostema Neck.（1790）Nom. inval.；Ymnostemma Steud.（1841）●■

30223　Lobelia Mill.（1754）Nom. illegit. ≡Scaevola L.（1771）（保留属名）［草海桐科 Goodeniaceae］●■

30224　Lobeliaceae Bonpl.（1813）= Campanulaceae Juss.（1789）（保留科名）■●

30225　Lobeliaceae Juss.（1813）（保留科名）［亦见 Campanulaceae Juss.（1789）（保留科名）桔梗科］【汉】山梗菜科（半边莲科）。【日】ミゾカクシ科。【俄】Лобелиевые。【英】Lobelia Family。【包含】世界 29-31 属 1150-1200 种,中国 3 属 28 种。【分布】热带和亚热带,美洲。【科名模式】Lobelia L.（1753）■

30226　Lobeliaceae Juss. ex Bonpl.（1813）= Lobeliaceae Juss.（1813）（保留科名）■

30227　Lobeliaceae R. Br. = Lobeliaceae Juss.（保留科名）；~ = Rubiaceae Juss.（保留科名）●■

30228　Lobia O. F. Cook（1943）= Chamaedorea Willd.（1806）（保留属名）［棕榈科 Arecaceae（Palmae）］●☆

30229　Lobirebutia Frič = Echinopsis Zucc.（1837）；~ = Lobivia Britton et Rose（1922）［仙人掌科 Cactaceae］■

30230　Lobirota Dulac（1867）Nom. illegit. ≡Ramonda Rich.（1805）（保留属名）［苦苣苔科 Gesneriaceae//欧洲苣苔科 Ramondaceae］■☆

30231　Lobivia Britton et Rose（1922）【汉】丽花球属（丽花属）。【日】アカントロビビア属,ロビビア属。【英】Cob Cactus。【隶属】仙人掌科 Cactaceae。【包含】世界 75 种,中国 9 种。【学名诠释与讨论】〈阴〉（属）由玻利维亚 Bolivia 改缀而来。此属的学名是"Lobivia N. L. Britton et J. N. Rose, Cact. 3：49. 12 Oct 1922"。亦有文献把其处理为"Echinopsis Zucc.（1837）"的异名。【分布】玻利维亚,中国,安第斯山。【模式】Lobivia pentlandii（W. J. Hooker）Britton et Rose［Echinocactus pentlandii W. J. Hooker］。【参考异名】Acantholobivia Backeb.（1942）；Andenea Kreuz. （1935）；Cinnabarinea F. Ritter（1980）Nom. illegit.；Cinnabarinea Frič ex F. Ritter（1980）；Cinnabarinea Frič（1980）Nom. illegit.；Echinolobivia Y. Ito；Echinopsis Zucc.（1837）；Hymenorebulobivia Frič（1935）Nom. inval.；Lobirebutia Frič；Neolobivia Y. Ito（1957）；Rebulobivia Frič. et Schelle ex Backeb. et F. M. Knuth（1936）Nom. illegit.；Scoparebutia Frič et Kreuz., Nom. illegit. ■

30232　Lobiviopsis Frič ex Kreuz.（1935）Nom. inval. = Echinopsis Zucc. （1837）［仙人掌科 Cactaceae］●

30233　Lobiviopsis Frič = Echinopsis Zucc.（1837）［仙人掌科 Cactaceae］●

30234　Lobocarpus Wight et Arn.（1834）= Glochidion J. R. Forst. et G.

Forst.（1776）（保留属名）［大戟科 Euphorbiaceae］●

30235　Lobogyna Post et Kuntze（1903）= Lobogyne Schltr.（1900）［兰科 Orchidaceae］■

30236　Lobogyne Schltr.（1900）= Appendicula Blume（1825）［兰科 Orchidaceae］■

30237　Lobomon Raf.（1836）= Amphicarpaea Elliott ex Nutt.（1818）［as 'Amphicarpa'］（保留属名）［豆科 Fabaceae（Leguminosae）//蝶形花科 Papilionaceae］■

30238　Lobophyllum F. Muell.（1857）= Coldenia L.（1753）［紫草科 Boraginaceae］■

30239　Lobopogon Schltdl.（1847）= Brachyloma Sond.（1845）［杜鹃花科（欧石南科）Ericaceae］●☆

30240　Loboptera Colla（1849）= Columnea L.（1753）［苦苣苔科 Gesneriaceae］●■☆

30241　Lobostema Spreng.（1830）= Lobostemon Lehm.（1830）［紫草科 Boraginaceae］■☆

30242　Lobostemon Lehm.（1830）【汉】裂蕊紫草属。【隶属】紫草科 Boraginaceae。【包含】世界 28 种。【学名诠释与讨论】〈阳〉（希）lobos = 拉丁文 lobulus，片，裂片，叶，荚，蒴 + stemon，雄蕊。指雄蕊生于花瓣对面。【分布】非洲南部。【模式】Lobostemon echioides J. G. C. Lehmann。【参考异名】Echiopsis Rchb.（1837）；Echiostachys Levyns（1934）；Isorium Raf.（1837）；Lobostema Spreng.（1830）；Oplexion Raf.（1838）；Penthysa Raf.（1838）Nom. illegit.；Traxara Raf.（1838）■☆

30243　Lobostephanus N. E. Br.（1901）= Emicocarpus K. Schum. et Schltr.（1900）［萝藦科 Asclepiadaceae］■☆

30244　Lobularia Desv.（1815）（保留属名）【汉】香雪球属。【日】ニワナズナ属，ロブラーリア属。【俄】Клоповник，Конига。【英】Alison，Spice Snowball，Sweet Alison，Sweet Alyson，Sweet Alyssum，Sweetalyssum。【隶属】十字花科 Brassicaceae（Cruciferae）。【包含】世界 4-5 种，中国 1 种。【学名诠释与讨论】〈阴〉（拉）lobularis，具裂片的，小浅裂。指毛分叉。另说 lobos，叶，裂片，蒴，荚，变为新拉丁文 lobulus，裂片，小裂片 + -arius，-aria，-arium，指示"属于、相似、具有、联系"的词尾。指果实。此属的学名"Lobularia Desv. in J. Bot. Agric. 3：162. 1815（prim.）"是保留属名。相应的废弃属名是十字花科 Brassicaceae 的"Aduseton Adans.，Fam. Pl. 2：（23），420（'Konig'），542（'Konig'）. Jul-Aug 1763 ≡ Lobularia Desv.（1815）（保留属名）"。"Aduseton Scop.（废弃属名）= Adyseton Adans.（1763）［十字花科 Brassicaceae］"也要废弃。亦有文献把"Lobularia Desv.（1815）（保留属名）"处理为"Koniga Adans.（1763）Nom. illegit."的异名。【分布】巴基斯坦，秘鲁，玻利维亚，厄瓜多尔，佛得角，哥伦比亚（安蒂奥基亚），美国（密苏里），西班牙（加那利群岛），中国，阿拉伯地区，地中海地区，中美洲。【模式】Lobularia maritima（Linnaeus）Desvaux［Clypeola maritima Linnaeus］。【参考异名】Aduseton Adans.（1763）（废弃属名）；Glyce Lindl.（1829）Nom. illegit.；Koeniga Benth. et Hook. f.（1862）；Koenigia Post et Kuntze（1903）Nom. illegit.；Konig Adans.（1763）Nom. illegit.；Koniga Adans.（1763）Nom. illegit.；Koniga R. Br.（1826）Nom. illegit.；Octadenia R. Br. ex Fisch. et C. A. Mey.（1836）；Octadinia R. Br. ex Fisch. et C. A. Mey.■

30245　Locandi Adans.（1763）（废弃属名）= Quassia L.（1762）；~ = Samadera Gaertn.（1791）（保留属名）［苦木科 Simaroubaceae］●☆

30246　Locandia Kuatze = Locandi Adans.（1763）（废弃属名）；~ = Quassia L.（1762）；~ = Samadera Gaertn.（1791）（保留属名）［苦木科 Simaroubaceae］●☆

30247　Locardi Steud.（1841）= Locandi Adans.（1763）（废弃属名）；~ = Quassia L.（1762）；~ = Samadera Gaertn.（1791）（保留属名）［苦木科 Simaroubaceae］●☆

30248　Locella Tiegh.（1895）= Taxillus Tiegh.（1895）［桑寄生科 Loranthaceae］●

30249　Locellaria Welw.（1859）= Bauhinia L.（1753）［豆科 Fabaceae（Leguminosae）//云实科（苏木科）Caesalpiniaceae//羊蹄甲科 Bauhiniaceae］●

30250　Lochemia Arn.（1839）= Melochia L.（1753）（保留属名）［梧桐科 Sterculiaceae//锦葵科 Malvaceae//马松子科 Melochiaceae］●■

30251　Locheria Neck. = Verbesina L.（1753）（保留属名）［菊科 Asteraceae（Compositae）］●■☆

30252　Locheria Regel（1848）= Achimenes Pers.（1806）（保留属名）［苦苣苔科 Gesneriaceae］■☆

30253　Lochia Balf. f.（1884）【汉】指甲木属。【隶属】醉人花科（裸果木科）Illecebraceae//石竹科 Caryophyllaceae。【包含】世界 2 种。【学名诠释与讨论】〈阴〉（希）locheia，分娩。lochia，产褥排泄。【分布】也门（索科特拉岛）。【模式】Lochia bracteata I. B. Balfour。●☆

30254　Lochmocydia Mart. ex DC.（1845）= Cuspidaria DC.（1838）（保留属名）；~ = Piriadacus Pichon（1946）；~ = Saldanhaea Bureau（1868）［紫葳科 Bignoniaceae］●☆

30255　Lochnera Endl.（1838）Nom. illegit. ≡ Lochnera Rchb. ex Endl.（1838）Nom. illegit.；~ ≡ Catharanthus G. Don（1837）［夹竹桃科 Apocynaceae］●■

30256　Lochnera Rchb.（1828）Nom. inval.，Nom. illegit. ≡ Lochnera Rchb. ex Endl.（1838）Nom. illegit.；~ ≡ Catharanthus G. Don（1837）［夹竹桃科 Apocynaceae］●■

30257　Lochnera Rchb. ex Endl.（1838）Nom. illegit. ≡ Catharanthus G. Don（1837）［夹竹桃科 Apocynaceae］●■

30258　Lochneria Fabr. = Sisymbrella Spach（1838）［十字花科 Brassicaceae（Cruciferae）］■☆

30259　Lochneria Scop.（1777）= Perinkara Adans.（1763）Nom. illegit. + Malnaregam Adans（1763）（废弃属名）［椴树科（椴科，田麻科）Tiliaceae//杜英科 Elaeocarpaceae］●

30260　Lockhartia Hook.（1827）【汉】洛克兰属。【日】ロックハーティア属。【英】Lockhartia，Treat Orchid，Trick。【隶属】兰科 Orchidaceae。【包含】世界 24-30 种。【学名诠释与讨论】〈阴〉（人）David Lockhart，? -1846，英国植物学者，植物采集家。【分布】巴拿马，秘鲁，玻利维亚，厄瓜多尔，哥伦比亚（安蒂奥基亚），哥斯达黎加，尼加拉瓜，西印度群岛，中美洲。【模式】Lockhartia elegans W. J. Hooker。【参考异名】Fernandezia Lindl.；Neobennettia Senghas（2001）■☆

30261　Lockhartiopsis Archila（1999）Nom. inval.［兰科 Orchidaceae］■☆

30262　Lockia Aver.（2012）【汉】娄克兰属。【隶属】兰科 Orchidaceae。【包含】世界 1 种。【学名诠释与讨论】〈阴〉（人）Lock，John Michael（1942-），植物学者。【分布】越南。【模式】Lockia sonii Aver.。☆

30263　Locusta Delarbre（1800）Nom. illegit.［缬草科（败酱科）Valerianaceae］■☆

30264　Locusta Medik.（1789）Nom. illegit. ≡ Locusta Riv. ex Medik.（1789）［缬草科（败酱科）Valerianaceae］■

30265　Locusta Riv. ex Medik.（1789）= Valerianella Mill.（1754）［缬草科（败酱科）Valerianaceae］■

30266　Loddigesia Luer（2006）Nom. illegit. = Dendrobium Sw.（1799）（保留属名）［兰科 Orchidaceae］■

30267　Loddigesia Sims（1808）= Hypocalyptus Thunb.（1800）［豆科 Fabaceae（Leguminosae）//蝶形花科 Papilionaceae］■☆

30268　Loddiggesia Rchb.（1828）Nom. illegit.［豆科 Fabaceae（Leguminosae）］☆

30269　Lodhra（G. Don）Guill.（1841）= Symplocos Jacq.（1760）［山矾科（灰木科）Symplocaceae］●

30270　Lodhra Guill.（1841）Nom. illegit. ≡ Lodhra（G. Don）Guill.（1841）；~ = Symplocos Jacq.（1760）［山矾科（灰木科）Symplocaceae］●

30271　Lodia Mosco et Zanov.（2000）【汉】墨西哥金琥属。【隶属】仙人掌科 Cactaceae。【包含】世界 1 种。【学名诠释与讨论】〈阴〉词源不详。此属的学名是"Lodia A. Mosco et C. Zanovello, Bradleya 18：44. 25 Jul 2000"。亦有文献把其处理为"Echinocactus Link et Otto（1827）"的异名。【分布】墨西哥，中国。【模式】Lodia mandragora（A. V. Frič ex A. Berger）A. Mosco et C. Zanovello［Echinocactus mandragora A. V. Fričex A. Berger］。【参考异名】Echinocactus Link et Otto（1827）●

30272　Lodicularia P. Beauv.（1812）= Hemarthria R. Br.（1810）［禾本科 Poaceae（Gramineae）］■

30273　Lodoicea Comm.（1800）Nom. illegit. ≡ Lodoicea Labill.（1800）［棕榈科 Arecaceae（Palmae）］●☆

30274　Lodoicea Comm. ex DC.（1800）Nom. illegit. ≡ Lodoicea Labill.（1800）［棕榈科 Arecaceae（Palmae）］●☆

30275　Lodoicea Comm. ex J. St. -Hil.（1800）Nom. illegit. ≡ Lodoicea Labill.（1800）［棕榈科 Arecaceae（Palmae）］●☆

30276　Lodoicea Comm. ex Labill.（1800）Nom. illegit. ≡ Lodoicea Labill.（1800）［棕榈科 Arecaceae（Palmae）］●☆

30277　Lodoicea Labill.（1800）【汉】海椰子属（大实椰属，复椰子属，巨籽棕属，罗多椰子属）。【日】オオミヤシ属。【英】Double Coconut。【隶属】棕榈科 Arecaceae（Palmae）。【包含】世界 1 种。【学名诠释与讨论】〈阴〉（人）Laodice，希腊神话中 Priam 之女。或说来自法兰西的路易 14 世 Lodewijk 之名。此属的学名，ING 记载是"Lodoïcea Labillardière in A. P. de Candolle, Bull. Sci. Soc. Philom. Paris 2：171. 21 Dec 1800 - 20 Jan 1801"。IK 和 TROPICOS 则记载为"Lodoicea Comm. ex DC., Bull. Sci. Soc. Philom. Paris 2：171. 1800"。三者引用的文献相同。"Lodoicea Comm. ex J. St. - Hil.（1800）Nom. illegit. ≡ Lodoicea Labill.（1800）"、"Lodoicea Labill. ex DC.（1800）Nom. illegit. ≡ Lodoicea Labill.（1800）"、"Lodoicea Comm. ex Labill.（1800）Nom. illegit. ≡ Lodoicea Labill.（1800）"和"Lodoicea Comm.（1800）Nom. illegit. ≡ Lodoicea Labill.（1800）"的命名人引证有误。【分布】塞舌尔（塞舌尔群岛）。【模式】Lodoicea callipyge Comm. ex J. St. -Hil. 。【参考异名】Ladoicea Miq.（1855）Nom. illegit. ；Lodoicea Comm. ex DC.（1800）Nom. illegit. ；Lodoicea Comm. ex J. St. -Hil.（1800）Nom. illegit. ；Lodoicea Comm. ex Labill.（1800）Nom. illegit. ；Lodoicea Labill. ex DC.（1800）Nom. illegit. ●☆

30278　Lodoicea Labill. ex DC.（1800）Nom. illegit. ≡ Lodoicea Labill.（1800）［棕榈科 Arecaceae（Palmae）］●☆

30279　Loeffinglia Augier = Loefflingia Neck.（1790）Nom. inval. ；~ = Loeflingia L.（1753）［石竹科 Caryophyllaceae］■☆

30280　Loefflingia Neck.（1790）Nom. inval. = Loeflingia L.（1753）［石竹科 Caryophyllaceae］■☆

30281　Loefgrenianthus Hoehne（1927）【汉】勒夫兰属。【隶属】兰科 Orchidaceae。【包含】世界 1 种。【学名诠释与讨论】〈阳〉（人）（Johan）Albert（o）（Constantin）Loefgren，1854-1918，巴西植物学者，模式标本采集者 + anthos，花。【分布】巴西。【模式】Loefgrenianthus blanche - amesii（Loefgren）Hoehne［Leptotes blanche-amesii Loefgren］。■☆

30282　Loeflinga R. Hedw.（1806）= Loeflingia L.（1753）［石竹科

Caryophyllaceae］■☆

30283　Loeflingia L.（1753）【汉】沙刺花属。【隶属】石竹科 Caryophyllaceae。【包含】世界 7 种。【学名诠释与讨论】〈阴〉（人）Pehr（Pedro, Petrus Erici, Peter, Peder）Lofling（Loefling），1729-1756，瑞典植物学者、医生，植物采集家，林奈的学生。【分布】巴勒斯坦，玻利维亚，地中海地区，北美洲。【模式】Loeflingia hispanica Linnaeus。【参考异名】Loeffinglia Augier；Loefflingia Neck.（1790）Nom. inval. ；Loeflinga R. Hedw.（1806）■☆

30284　Loerzingia Airy Shaw（1963）【汉】勒尔大戟属。【隶属】大戟科 Euphorbiaceae。【包含】世界 1 种。【学名诠释与讨论】〈阴〉词源不详。【分布】印度尼西亚（苏门答腊岛）。【模式】Loerzingia thyrsiflora Airy Shaw。●☆

30285　Loeselia L.（1753）【汉】络西花属。【隶属】花荵科 Polemoniaceae。【包含】世界 9-14 种。【学名诠释与讨论】〈阴〉（人）Johannes（Johann）Loesel（Loeselius），1607-1655，德国植物学者，医生。【分布】巴拿马，美国（加利福尼亚），尼加拉瓜，委内瑞拉，中美洲。【模式】Loeselia ciliata Linnaeus。【参考异名】Hoitzia Juss.（1789）；Loezelia Adans.（1763）■●☆

30286　Loeseliastrum（Brand）Timbrook（1986）【汉】小络西花属。【隶属】花荵科 Polemoniaceae。【包含】世界 2 种。【学名诠释与讨论】〈中〉（属）Loeselia 络西花属 +-astrum，指示小的词尾，也有"不完全相似"的含义。此属的学名是"Loeseliastrum（A. Brand）S. Timbrook，Madrōno 33：170. 5 Sep 1986"。亦有文献把其处理为"Langloisia Greene（1896）"的异名。【分布】美国（西南部），墨西哥（北部）。【模式】Loeseliastrum matthewsii（A. Gray）S. Timbrook［Loeselia matthewsii A. Gray］。【参考异名】Langloisia Greene（1896）■☆

30287　Loesenera Harms（1897）【汉】西非豆属。【隶属】豆科 Fabaceae（Leguminosae）//云实科（苏木科）Caesalpiniaceae。【包含】世界 4 种。【学名诠释与讨论】〈阴〉（人）Ludwig Juduard Theodor Loesener，1865-1941，德国植物学者。【分布】热带非洲西部。【模式】Loesenera kalantha Harms。【参考异名】Ibadja A. Chev.（1938）■☆

30288　Loeseneriella A. C. Sm.（1941）【汉】翅子藤属（扁蒴藤属）。【英】Loeseneriella，Webseedvine。【隶属】卫矛科 Celastraceae//翅子藤科 Hippocrateaceae。【包含】世界 16-20 种，中国 5 种。【学名诠释与讨论】〈阴〉（人）Ludwig Juduard Theodor Loesener，1865-1941，德国植物学者。【分布】澳大利亚，马达加斯加，印度至马来西亚，中国，东南亚。【模式】Loeseneriella macrantha（Korthals）A. C. Smith［Hippocratea macrantha Korthals］。●

30289　Loethainia Heynh.（1841）= Wiborgia Thunb.（1800）（保留属名）［豆科 Fabaceae（Leguminosae）//蝶形花科 Papilionaceae］■☆

30290　Loevigia H. Karst. et Triana（1855）= Monochaetum（DC.）Naudin（1845）（保留属名）［野牡丹科 Melastomataceae］●☆

30291　Loevigia Triana（1855）= Monochaetum（DC.）Naudin（1845）（保留属名）［野牡丹科 Melastomataceae］●☆

30292　Loewia Urb.（1897）【汉】洛钟花属。【隶属】时钟花科（穗柱榆科，窝籽科，有叶花科）Turneraceae。【包含】世界 3 种。【学名诠释与讨论】〈阴〉（人）Ernst Loew，1843-1908，德国植物学者。【分布】热带非洲东部。【模式】Loewia glutinosa Urban。●☆

30293　Loezelia Adans.（1763）= Loeselia L.（1753）［花荵科 Polemoniaceae］■●☆

30294　Logania J. F. Gmel.（1791）（废弃属名）= Loghania Scop.（1777）Nom. illegit.（废弃属名）；~ = Souroubea Aubl.（1775）［蜜囊花科（附生藤科）Marcgraviaceae］●☆

30295　Logania R. Br.（1810）（保留属名）【汉】洛氏马钱科（蜂窝子属）。【日】ロガニア属。【隶属】马钱科（断肠草科，马钱子科）

Loganiaceae。【包含】世界 25 种。【学名诠释与讨论】〈阴〉（人）Lames Logan，1674–1751。此属的学名"Logania R. Br.，Prodr.：454.27 Mar 1810"是保留属名。相应的废弃属名是蜜囊花科（附生藤科）Marcgraviaceae 的"Loghania Scop.，Intr. Hist. Nat.：236. Jan–Apr 1777 ≡ Souroubea Aubl.（1775）"和马钱科 Loganiaceae 的"Euosma Andréws in Bot. Repos.：ad t. 520. Mai 1808 ≡ Logania R. Br.（1810）（保留属名）"。蜜囊花科（附生藤科）Marcgraviaceae 的"Logania J. F. Gmel.（1791）= Loghania Scop.（1777）Nom. illegit. = Souroubea Aubl.（1775）"和马钱科 Loganiaceae 的"Euosma Willd. ex Schult.，Mant. iii. 8，128（1827）≡ Logania R. Br.（1810）（保留属名）"亦应废弃。化石植物的"Logania E. Stolley，Jahresber. Niedersächs. Geol. Vereins 18：61. 1925（post 22 Aug）≡ Loganella E. Stolley 1926"也须废弃。【分布】澳大利亚，新西兰，法属新喀里多尼亚。【模式】Logania floribunda R. Brown，Nom. illegit. ［Euosma albiflora Andrews；Logania albiflora（Andrews）Druce］。【参考异名】Euosma Andréws（1808）（废弃属名）；Evosma Steud.（1821）；Nautophylla Guillaumin（1953）■☆

30296　Loganiaceae Mart. = Loganiaceae R. Br. ex Mart.（保留科名）●■

30297　Loganiaceae R. Br. ex Mart.（1827）［as 'Loganeae'］（保留科名）［亦见 Lobeliaceae Juss.（保留科名）山梗菜（半边莲科）］【汉】马钱科（断肠草科，马钱子科）。【日】フジウツキ科，フヂウツキ科，マチン科。【俄】Логаниевые，Чилибуховые。【英】Logania Family。【包含】世界 7-29 属 130-750 种，中国 8-9 属 45-73 种。【分布】热带，少数在温带。【科名模式】Logania R. Br.●■

30298　Logfia Cass.（1819）【汉】绒菊属。【英】Cottonrose，Cottonweed，Fluffweed。【英】Cottonrose，Fluffweed，Cottonweed。【隶属】菊科 Asteraceae（Compositae）。【包含】世界 9 种。【学名诠释与讨论】〈阴〉（拉）由絮菊属 Filago 改缀而来。此属的学名，ING、TROPICOS 和 IK 记载是"Logfia Cass.，Bull. Sci. Soc. Philom. Paris 1819：143.［Sep 1819］"。"Xerotium Bluff et Fingerhuth，Compend. Fl. German. 2：343. 1825"是"Logfia Cass.（1819）"的晚出的同模式异名（Homotypic synonym，Nomenclatural synonym）。亦有文献把"Logfia Cass.（1819）"处理为"Filago L.（1753）（保留属名）"的异名。【分布】巴基斯坦，非洲北部，欧洲，亚洲西南部。【模式】Logfia gallica（Linnaeus）Cosson et Germain ［Filago gallicum Linnaeus］。【参考异名】Filago L.（1753）（保留属名）；Oglifa（Cass.）Cass.（1822）；Oglifa Cass.（1822）Nom. illegit.；Xerotium Bluff et Fingerh.（1825）Nom. illegit.■☆

30299　Loghania Scop.（1777）Nom. illegit.（废弃属名）≡ Souroubea Aubl.（1775）［蜜囊花科（附生藤科）Marcgraviaceae］●☆

30300　Logia Mutis（1821）= Calceolaria L.（1770）（保留属名）［玄参科 Scrophulariaceae//蒲包花科（荷包花科）Calceolariaceae］■●☆

30301　Loheria Merr.（1910）【汉】洛尔紫金牛属。【隶属】紫金牛科 Myrsinaceae。【包含】世界 6 种。【学名诠释与讨论】〈阴〉（人）August Loher，1874–1930，德国植物学者。【分布】菲律宾（菲律宾群岛），新几内亚岛。【模式】Loheria bracteata Merrill。【参考异名】Jubilaria Mez（1920）●☆

30302　Loiseleria Rchb.（1831）= Rhododendron L.（1753）［杜鹃花科（欧石南科）Ericaceae］●

30303　Loiseleuria Desv.（1813）（保留属名）【汉】平铺杜鹃属（对叶杜鹃属，卢氏杜鹃属）。【日】ミネズオウ属，ロワズルーリア属。【英】Alpine-azalea，Azalea，Loiseleuria，Trailing Azalea。【隶属】杜鹃花科（欧石南科）Ericaceae。【包含】世界 1 种。【学名诠释与讨论】〈阴〉（人）Jean Louis Auguste Loiseleur Delong-champs，1774–1849，法国医生、植物学者。此属的学名"Loiseleuria Desv.

in J. Bot. Agric. 1：35. Jan 1813"是保留属名。相应的废弃属名是杜鹃花科（欧石南科）Ericaceae 的"Azalea L.，Sp. Pl.：150.1 Mai 1753 ≡ Loiseleuria Desv.（1813）（保留属名）"。杜鹃花科（欧石南科）Ericaceae 的"Loiseleuria Desv. ex Loisel.，Traité Arbr. Arbust.（Duhamel），nouv. éd. v. 227. 1812 = Loiseleuria Desv.（1813）（保留属名）= Kalmia L.（1753）"和晚出的非法名称"Loiseleuria Rchb.，Deut. Bot. Herb.–Buch 127，.1841［Jul 1841］= Rhododendron L.（1753）"也须废弃。"Azalea Gaertn.，Fruct. Sem. Pl. i. 301. t. 63（1788）= Loiseleuria Desv.（1813）（保留属名）［杜鹃花科（欧石南科）Ericaceae］"和"Azalea Desv. = Rhododendron L.（1753）［杜鹃花科（欧石南科）Ericaceae］"亦应废弃。"Chamaecistus Oeder，Fl. Danica 4. t. 9. Apr–Mai 1762（'1761'）"、"Chamaecistus Oeder，Fl. Danica 4. t. 9. Apr–Mai 1762（'1761'）"和"Chamaeledon Link，Enum. Pl. Horti Berol. 1：210. Mar–Jun 1821"是"Loiseleuria Desv.（1813）（保留属名）"的同模式异名（Homotypic synonym，Nomenclatural synonym）。亦有文献把"Loiseleuria Desv.（1813）（保留属名）"处理为"Kalmia L.（1753）"的异名。【分布】北半球，中美洲。【模式】Loiseleuria procumbens（Linnaeus）Desvaux ［Azalea procumbens Linnaeus］。【参考异名】Azalea Gaertn.（1788）Nom. illegit.（废弃属名）；Azalea L.（1753）（废弃属名）；Chamaecistus Gray（1821）Nom. illegit.；Chamaecistus Oeder（1762）Nom. illegit.；Chamaeledon Link（1821）Nom. illegit.；Kalmia L.（1753）；Loiseleuria Desv. ex Loisel.（1812）（废弃属名）；Tsutsusi Adans.（1763）Nom. illegit.●☆

30304　Loiseleuria Desv. ex Loisel.（1812）（废弃属名）= Kalmia L.（1753）；~ = Loiseleuria Desv.（1813）（保留属名）［杜鹃花科（欧石南科）Ericaceae］●☆

30305　Loiseleuria Rchb.（1841）Nom. illegit.（废弃属名）= Rhododendron L.（1753）［杜鹃花科（欧石南科）Ericaceae］●

30306　Lojaconoa Bobrov（1967）Nom. illegit. = Trifolium L.（1753）［豆科 Fabaceae（Leguminosae）//蝶形花科 Papilionaceae］■

30307　Lojaconoa Gand.（1891）= Festuca L.（1753）［禾本科 Poaceae（Gramineae）//羊茅科 Festucaceae］■

30308　Lolanara Raf.（1837）= Mammea L.（1753）；~ = Ochrocarpos Thouars（1806）［猪胶树科（克鲁西科，山竹子科，藤黄科）Clusiaceae（Guttiferae）］●

30309　Loliaceae Link（1827）= Gramineae Juss.（保留科名）//Poaceae Barnhart（保留科名）■●

30310　Loliolum V. I. Krecz. et Bobrov（1934）【汉】东方鼠茅属。【俄】Плевелок。【隶属】禾本科 Poaceae（Gramineae）。【包含】世界 1 种。【学名诠释与讨论】〈中〉（拉）lolium，毒麦的古名，源于凯尔特语的 loloa + – olus，– ola，– olum，拉丁文指示小的词尾。或 Lolium 黑麦草属（毒麦属）+ –olum。此属的学名是"Loliolum V. I. Kreczetovich et E. G. Bobrov in R. Yu. Roshevitz et B. K. Schischkin，Fl. URSS 2：765. 1934（post 24 Aug）"。亦有文献把其处理为"Nardurus（Bluff，Nees et Schauer）Rchb.（1841）"的异名。【分布】巴基斯坦，地中海东部，亚洲西部、西南和中部。【模式】Loliolum orientale（Boissier）V. I. Kreczetovich et E. G. Bobrov ［Nardurus orientalis Boissier］。【参考异名】Nardurus（Bluff，Nees et Schauer）Rchb.（1841）■☆

30311　Lolium L.（1753）【汉】黑麦草属（毒麦属）。【日】ドクムギ属，ホソムギ属。【俄】Плевел，Райграсс английский。【英】Darnel，Rye Grass，Ryegrass，Rye-grass。【隶属】禾本科 Poaceae（Gramineae）。【包含】世界 8-12 种，中国 6 种。【学名诠释与讨论】〈中〉（拉）lolium，毒麦古名，源于凯尔特语的 loloa。【分布】巴基斯坦，巴拿马，秘鲁，玻利维亚，厄瓜多尔，哥伦比亚（安蒂奥基亚），哥斯达黎加，美国（密苏里），中国，温带欧亚大陆，中美洲。【后选模式】Lolium perenne Linnaeus。【参考异名】Arthrochortus Lowe(1856);Craepalia Schrank(1789);Crepalia Steud.(1821);Crypturus Link(1844);Crypturus Trin. ■

30312　Lomake Raf.(1840)= Stachytarpheta Vahl(1804)(保留属名)[马鞭草科 Verbenaceae]■●

30313　Lomandra Labill.(1805)【汉】点柱花属。【英】Iron Grass。【隶属】点柱花科(朱蕉科)Lomandraceae。【包含】世界 50 种。【学名诠释与讨论】〈中〉(希)loma,所有格 lomatos,袍的边缘+aner,所有格 andros,雄性,雄蕊。此属的学名,ING、TROPICOS、APNI 和 IK 记载是"Lomandra Labillardière,Nov. Holl. Pl. Spec. 1:92. Nov 1805('1804')"。"Xerotes R. Brown,Prodr. 259. 27 Mar 1810"是"Lomandra Labill.(1805)"的晚出的同模式异名(Homotypic synonym,Nomenclatural synonym)。【分布】澳大利亚,法属新喀里多尼亚,新几内亚岛。【模式】未指定。【参考异名】Xerotes R. Br.(1810)Nom. illegit.;Xerotis Hoffmanns.(1826)■●☆

30314　Lomandraceae Lotsy(1911)[亦见 Dasypogonaceae Dumort. 毛瓣花科(多须草科)、Laxmanniaceae Bubani 异蕊兰科(异蕊草科)和 Xanthorrhoeaceae Dumort.(保留科名)黄脂木科(草树胶科,刺叶树科,禾木胶科,黄胶木科,黄万年青科,黄脂草科,木根旱生草科)]【汉】点柱花科(朱蕉科)。【包含】世界 5-14 属 180 种,中国 2 属 2 种。【分布】热带至温带。【科名模式】Lomandra Labill. ●■

30315　Lomanodia Raf.(1838)(废弃属名)= Astronidium A. Gray(1853)(保留属名)[野牡丹科 Melastomataceae]●☆

30316　Lomanthera Raf.(1838)= Tetrazygia Rich. ex DC.(1828)[野牡丹科 Melastomataceae]●☆

30317　Lomanthes Raf.(1838)(废弃属名)≡ Genesiphylla L'Hér.(1788);~ =Phyllanthus L.(1753)[大戟科 Euphorbiaceae//叶下珠科(叶萝藦科)Phyllanthaceae]●■

30318　Lomanthus B. Nord. et Pelser(2009)【汉】美洲千里光属。【隶属】菊科 Asteraceae(Compositae)//千里光科 Senecionidaceae。【包含】世界 17 种。【学名诠释与讨论】〈阳〉(希)loma,所有格 lomatos,袍的边缘+anthos,花。此属的学名是"Lomanthus B. Nord. et Pelser,Compositae Newsletter 47:34. 2009.(15 Apr 2009)"。亦有文献把其处理为"Senecio L.(1753)"的异名。【分布】玻利维亚,美洲。【模式】Lomanthus arnaldii(Cabrera)B. Nord. et Pelser[Senecio arnaldii Cabrera]。【参考异名】Senecio L.(1753)■●☆

30319　Lomaresis Raf.(1837)= Ornithogalum L.(1753)[百合科 Liliaceae//风信子科 Hyacinthaceae]■

30320　Lomaspora(DC.)Steud.(1841)Nom. inval. = Arabis L.(1753)[十字花科 Brassicaceae(Cruciferae)]●■

30321　Lomaspora Steud.(1841)Nom. inval. ≡ Lomaspora(DC.)Steud.(1841)Nom. inval.;~ = Arabis L.(1753)[十字花科 Brassicaceae(Cruciferae)]●■

30322　Lomastelma Raf.(1838)= Acmena DC.(1828);~ = Syzygium P. Browne ex Gaertn.(1788)(保留属名)[桃金娘科 Myrtaceae]●

30323　Lomatia R. Br.(1810)(保留属名)【汉】扭瓣花属(火把花属,洛马底木属,洛马木属,洛马山龙眼属,洛美塔属)。【英】Lomatia。【隶属】山龙眼科 Proteaceae。【包含】世界 12 种。【学名诠释与讨论】〈阴〉(希)loma,所有格 lomatos,袍的边缘。指种子具翼。此属的学名"Lomatia R. Br. in Trans. Linn. Soc. London 10:199. Feb 1810"是保留属名。相应的废弃属名是山龙眼科 Proteaceae 的"Tricondylus Salisb. ex Knight,Cult. Prot.:121. Dec 1809 = Lomatia R. Br.(1810)(保留属名)"。IK 记载的"Tricondylus Salisb.,in Knight,Prot. 121(1809)≡ Tricondylus

Salisb. ex Knight.(1809)(废弃属名)[山龙眼科 Proteaceae]"和 APNI 记载的"Tricondylus Knight,On the Cultivation of the Plants Belonging to the Natural Order of Proteeae 1809 ≡ Tricondylus Salisb. ex Knight.(1809)(废弃属名)[山龙眼科 Proteaceae]"命名人引证有误,亦应废弃。【分布】澳大利亚(东部,塔斯曼半岛),秘鲁,厄瓜多尔,智利。【模式】Lomatia silaifolia(Sm.)R. Br.[Embothrium silaifolium Sm.]。【参考异名】Tricondylus Knight(1809)Nom. illegit.(废弃属名);Tricondylus Salisb.(1809)Nom. illegit.(废弃属名);Tricondylus Salisb. ex Knight.(1809)(废弃属名)●☆

30324　Lomatium Raf.(1819)【汉】北美前胡属(狭缝芹属,肖北美前胡属)。【隶属】伞形花科(伞形科)Apiaceae(Umbelliferae)。【包含】世界 74-80 种。【学名诠释与讨论】〈中〉(希)loma,所有格 lomatos,袍的边缘+-ius,-ia,-ium,在拉丁文和希腊文中,这些词尾表示性质或状态。指果实具翅。此属的学名,ING、TROPICOS、APNI 和 IK 记载是"Lomandra Labillardière,Nov. Holl. Pl. Spec. 1;92. Nov 1805('1804')"。Cogswellia K. P. J. Sprengel 曾用"Cogswellia K. P. J. Sprengel in J. A. Schultes in J. J. Roemer et J. A. Schultes,Syst. Veg. 6:xlviii. Aug-Dec 1820"替代"Lomatium Raf.(1819)";而"Lomatium Raf.(1819)"是合法名称,无需替代。"Cogswellia Schult.(1820)≡ Cogswellia Spreng.(1820)Nom. illegit."和"Cogswellia Roem. et Schult.(1820)Nom. illegit. ≡ Cogswellia Spreng.(1820)Nom. illegit."的命名人引证有误。【分布】美国,北美洲西部。【模式】Lomatium villosum Rafinesque。【参考异名】Cogswellia Raf.;Cogswellia Roem. et Schult.(1820)Nom. illegit.;Cogswellia Schult.(1820)Nom. illegit.;Cogswellia Spreng.(1820)Nom. illegit.;Cusickia M. E. Jones(1908);Cynomarathrum Nutt.(1900)Nom. illegit.;Cynomarathrum Nutt. ex J. M. Coult. et Rose(1900);Euryptera Nutt.(1840);Euryptera Nutt. ex Torr. et A. Gray(1840)Nom. illegit.;Leibergia J. M. Coult. et Rose(1896);Leptotaenia Nutt.(1840);Leptotaenia Nutt. ex Torr. et A. Gray(1840)Nom. illegit. ■☆

30325　Lomatocarpa Pimenov(1982)【汉】节果芹属。【隶属】伞形花科(伞形科)Apiaceae(Umbelliferae)。【包含】世界 3 种,中国 1 种。【学名诠释与讨论】〈中〉(希)loma,所有格 lomatos,袍的边缘+karpos,果实。【分布】阿富汗,中国,亚洲中部。【模式】Lomatocarpa korovinii M. G. Pimenov,Nom. illegit.[Aulacospermum alatum E. P. Korovin 1963;Meum alatum E. P. Korovin 1947,non(Marschall von Bieberstein)Baillon 1879]。【参考异名】Alposelinum Pimenov(1982)■

30326　Lomatocarum Fisch. et C. A. Mey.(1840)= Carum L.(1753)[伞形花科(伞形科)Apiaceae(Umbelliferae)]■

30327　Lomatogoniopsis T. N. Ho et S. W. Liu(1980)【汉】辐花属(幅花属)。【英】Lomatogoniopsis。【隶属】龙胆科 Gentianaceae。【包含】世界 3 种,中国 3 种。【学名诠释与讨论】〈阴〉(属)Lomatogonium 肋柱花属+希腊文 opsis,外观,模样,相似。【分布】中国。【模式】Lomatogoniopsis alpina T. N. Ho et S. W. Liu。■★

30328　Lomatogonium A. Braun(1830)【汉】肋柱花属(侧蕊属)。【日】ヒメセンブリ属。【俄】Ломатогониум,Плеврогина。【英】Felwort。【隶属】龙胆科 Gentianaceae。【包含】世界 18-24 种,中国 16-22 种。【学名诠释与讨论】〈中〉(希)loma,所有格 lomatos,袍的边缘+gonia,角,角隅,关节,膝,来自拉丁文 giniatus,成角度的+-ius,-ia,-ium,在拉丁文和希腊文中,这些词尾表示性质或状态。另说 loma,所有格 lomatos 线+gone,所有格 gonos = gone,后代,子孙,籽粒,生殖器官。Goneus,父亲。Gonimos,能生育的,有生育力的。新拉丁文 gonas,所有格 gonatis,胚腺,生殖腺,生殖器官+-ius,-ia,-ium,在拉丁文和希腊文中,这些词尾表示性质或状态。指柱头形状。此属的学名，ING、TROPICOS、GCI 和 IK 记载是"Lomatogonium A. Braun, Flora 13(1):221. 1830 [14 Apr 1830]"。"Pleurogyne Eschscholtz ex Grisebach, Gen. Sp. Gentian. 309. Oct (prim.) 1838 ('1839')"是"Lomatogonium A. Braun (1830)"的晚出的同模式异名(Homotypic synonym, Nomenclatural synonym)。【分布】巴基斯坦，马达加斯加，中国，温带欧亚大陆。【模式】Lomatogonium carinthiacum (Wulfen) H. G. L. Reichenbach [Swertia carinthiaca Wulfen]。【参考异名】Narcetis Post et Kuntze (1903); Narketis Raf. (1837); Pleurogyna Eschsch. ex Cham. et Schltdl. (1826); Pleurogyne Eschsch. ex Griseb. (1838) Nom. illegit.; Pleurogyne Griseb. (1838) Nom. illegit.; Pleurogynella Ikonn. (1970)■

30329　Lomatolepis Cass. (1827) = Launaea Cass. (1822) [菊科 Asteraceae(Compositae)]■

30330　Lomatophyllum Willd. (1811)【汉】拟芦荟属。【日】ローナス属，ロマトフィム属。【隶属】百合科 Liliaceae//阿福花科 Asphodelaceae。【包含】世界 12-14 种。【学名诠释与讨论】〈中〉(希) loma, 所有格 lomatos, 袍的边缘+希腊文 phyllon, 叶子。phyllodes, 似叶的，多叶的。phylleion, 绿色材料，绿草。【分布】马达加斯加，马斯克林群岛。【模式】未指定。【参考异名】Phylloma Ker Gawl. (1813)■☆

30331　Lomatopodium Fisch. et C. A. Mey. (1845) = Seseli L. (1753) [伞形花科(伞形科)Apiaceae(Umbelliferae)]■

30332　Lomatozona Baker (1876)【汉】缘泽兰属。【隶属】菊科 Asteraceae(Compositae)。【包含】世界 4 种。【学名诠释与讨论】〈中〉(希) loma, 所有格 lomatos, 袍的边缘+zona 带。指冠毛。【分布】巴西。【模式】Lomatozona artemisiaefolia J. G. Baker。●■☆

30333　Lomax Luer (2006) = Physosiphon Lindl. (1835); ~ = Pleurothallis R. Br. (1813) [兰科 Orchidaceae]■☆

30334　Lomaxeta Raf. (1836) Nom. illegit. = Polypteris Nutt. (1818) [菊科 Asteraceae(Compositae)]■☆

30335　Lombardochloa Roseng. et B. R. Arill. (1982) = Briza L. (1753) [禾本科 Poaceae(Gramineae)]■

30336　Lomelosia Raf. (1838)【汉】洛梅续断属。【隶属】川续断科(刺参科，蓟叶参科，山萝卜科，续断科)Dipsacaceae//蓝盆花科 Scabiosaceae。【包含】世界 40 种。【学名诠释与讨论】〈阴〉词源不详。此属的学名是"Lomelosia Rafinesque, Fl. Tell. 4:95. 1838 (med.) ('1836')"。亦有文献把其处理为"Scabiosa L. (1753)"的异名。【分布】地中海地区，欧洲，亚洲西部。【模式】未指定。【参考异名】Callistemma (Mert. et W. D. J. Koch) Boiss. (1875) Nom. illegit. (废弃属名); Callistemma Boiss. (1875) Nom. illegit. (废弃属名)Scabiosa L. (1753); Tremastelma Raf. (1838)■☆

30337　Lomenia Pourr. (1788) = Watsonia Mill. (1758) (保留属名) [鸢尾科 Iridaceae]■☆

30338　Lomentaceae R. Br. = Fabaceae Lindl. (保留科名)//Leguminosae Juss. (1789)(保留科名)●■

30339　Lomeria Raf. (1838) = Cestrum L. (1753) [茄科 Solanaceae]●

30340　Lomilis Raf. (1838) = Hamamelis L. (1753) [金缕梅科 Hamamelidaceae]●

30341　Lommelia Willis, Nom. inval. = Louvelia Jum. et H. Perrier (1912) [棕榈科 Arecaceae(Palmae)]●☆

30342　Lomoplis Raf. (1838) = Mimosa L. (1753) [豆科 Fabaceae (Leguminosae)//含羞草科 Mimosaceae]●■

30343　Lonas Adans. (1763)【汉】罗纳菊属(黄萱香属)。【日】ロマトフィルム属。【英】African Daisy, Lonas, Yellow Ageratum。【隶属】菊科 Asteraceae(Compositae)。【包含】世界 1 种。【学名诠释与讨论】〈阴〉词源不详。【分布】地中海西南部。【模式】Santolina annua Linnaeus。■☆

30344　Lonchanthera Less. ex Baker (1882) = Stenachaenium Benth. (1873) [菊科 Asteraceae(Compositae)]■☆

30345　Lonchestigma Dunal (1852) Nom. illegit. ≡ Dorystigma Miers (1845) Nom. illegit.; ~ = Jaborosa Juss. (1789) [茄科 Solanaceae]●☆

30346　Lonchitis Bubani (1901-1902) Nom. illegit. ≡ Serapias L. (1753) (保留属名) [兰科 Orchidaceae]■☆

30347　Lonchocarpus Kunth(1824)(保留属名)【汉】矛果豆属(合生果属，尖荚豆属，矛英木属，梭果豆属)。【俄】Лонхокарпус。【英】Barbasco, Haiari, Lancepod, Timbo。【隶属】豆科 Fabaceae (Leguminosae)。【包含】世界 130-150 种。【学名诠释与讨论】〈阳〉(希) lonche, 矛，枪+karpos, 果实。此属的学名"Lonchocarpus Kunth in Humboldt et al., Nov. Gen. Sp. 6, ed. f: 300. Apr 1824"是保留属名。相应的废弃属名是豆科 Fabaceae (Leguminosae)的"Clompanus Aubl., Hist. Pl. Guiane:773. Jun-Dec 1775 =Lonchocarpus Kunth(1824)(保留属名)"、"Coublandia Aubl., Hist. Pl. Guiane 937. Jun-Dec 1775(nom. rej. sub Muellera) = Lonchocarpus Kunth(1824)(保留属名)= Muellera L. f. (1782) (保留属名)"。梧桐科 Sterculiaceae//锦葵科 Malvaceae 的"Clompanus Raf., Sylva Tellur. 73. 1838 =Sterculia L. (1753)"和"Clompanus Rumph., Herb. Amboin. ii. 168-170(1743); ex Kuntze, Rev. Gen. 77(1891) = Sterculia L. (1753)"亦应废弃。【分布】澳大利亚，巴拉圭，巴拿马，秘鲁，玻利维亚，厄瓜多尔，哥伦比亚(安蒂奥基亚)，哥斯达黎加，马达加斯加，尼加拉瓜，西印度群岛，非洲，中美洲。【模式】Lonchocarpus sericeus (Poiret) A. P. de Candolle [Robinia sericea Poiret]。【参考异名】Capassa Klotzsch (1861); Clomopanus Steud. (1840); Clompanus Aubl. (1775) (废弃属名); Coublandia Aubl. (1775) (废弃属名); Icthyoctonum Boiv. ex Baill. (1884); Muellera L. f. (1782) (保留属名); Neuroscapha Tul. (1843); Philenoptera Fenzl ex A. Rich.; Philenoptera Fenzl (1844) Nom. inval.; Sphinctolobium Vogel (1837); Terua Standl. et F. J. Herm. (1949)●■☆

30348　Lonchomera Hook. f. et Thomson (1872) = Mezzettia Becc. (1871) [番荔枝科 Annonaceae]●☆

30349　Lonchophaca Rydb. (1929) = Astragalus L. (1753) [豆科 Fabaceae(Leguminosae)//蝶形花科 Papilionaceae]●■

30350　Lonchophora Durieu(1847) = Matthiola W. T. Aiton(1812) [as 'Mathiola'](保留属名) [十字花科 Brassicaceae(Cruciferae)]■●

30351　Lonchophyllum Ehrh. (1789) Nom. inval. = Cephalanthera Rich. (1817); ~ =Serapias L. (1753)(保留属名) [兰科 Orchidaceae]■☆

30352　Lonchostephus Tul. (1852)【汉】矛冠草属。【隶属】髯管花科 Geniostomaceae。【包含】世界 1 种。【学名诠释与讨论】〈阳〉(希) lonche, 矛，枪+stephos 花冠。【分布】巴西。【模式】Lonchostephus elegans L. R. Tulasne。■☆

30353　Lonchostigma Post et Kuntze (1903) = Jaborosa Juss. (1789); ~ =Lonchestigma Dunal (1852) Nom. illegit.; ~ = Dorystigma Miers (1845) Nom. illegit.; ~ =Jaborosa Juss. (1789) [茄科 Solanaceae]●☆

30354　Lonchostoma Wikstr. (1818)(保留属名)【汉】矛口树属。【隶属】鳞叶树科(布鲁尼科，小叶树科)Bruniaceae。【包含】世界 5 种。【学名诠释与讨论】〈中〉(希) lonche, 矛，枪+stoma, 所有格 stomatos, 孔口。此属的学名"Lonchostoma Wikstr. in Kongl. Vetensk. Acad. Handl. 1818:350. 1818"是保留属名。相应的废弃属名是鳞叶树科(布鲁尼科，小叶树科)Bruniaceae 的"Ptyxostoma Vahl in Skr. Naturhist. -Selsk. 6:95. 1810 = Lonchostoma Wikstr. (1818)(保留属名)"。"Trimeiandra Rafinesque, Fl. Tell. 4:105.

1838 (med.) ('1836') 是 "Lonchostoma Wikstr. (1818) (保留属名)" 的晚出的同模式异名 (Homotypic synonym, Nomenclatural synonym)。【分布】非洲南部。【模式】Lonchostoma obtusiflorum Wikström, Nom. illegit. [Passerina pentandra Thunberg; Lonchostoma pentandrum (Thunberg) Druce]。【参考异名】Erasma R. Br. (1818) Nom. inval. ; Gravenhorstia Nees (1836); Peliotis E. Mey.; Peliotus E. Mey.; Ptychostoma Post et Kuntze (1903); Ptyxostoma Vahl (1810) (废弃属名); Trimeiandra Raf. (1838) Nom. illegit. ●☆

30355　Lonchostylis Torr. (1836) = Rhynchospora Vahl (1805) [as 'Rynchospora'] (保留属名) [莎草科 Cyperaceae] ■☆

30356　Loncodilis Raf. (1837) = Eriospermum Jacq. ex Willd. (1799) [毛子草科 (洋莎草科) Eriospermaceae] ■☆

30357　Loncomelos Raf. (1837)【汉】长梗风信子属。【隶属】百合科 Liliaceae//风信子科 Hyacinthaceae。【包含】世界 20 种。【学名诠释与讨论】〈阴〉词源不详。此属的学名, ING 和 IK 记载是 "Loncomelos Raf., Fl. Tellur. 2: 24. 1837 [1836 publ. Jan - Mar 1837]"。"Ioncomelos Raf., Fl. Tellur. 3: 62. 1837 [1836 publ. Nov - Dec 1837]" 是其变体。亦有文献把 "Loncomelos Raf. (1837)" 处理为 "Ornithogalum L. (1753)" 的异名。【分布】参见 Ornithogalum L. (1753)。【模式】未指定。【参考异名】Ioncomelos B. D. Jacks.; Ioncomelos Raf. (1837) Nom. illegit.; Ornithogalum L. (1753) ■☆

30358　Loncoperis Raf. (1840) = Carex L. (1753) [莎草科 Cyperaceae] ■

30359　Loncostemon Raf. (1837) = Allium L. (1753) [百合科 Liliaceae//葱科 Alliaceae] ■

30360　Loncoxis Raf. (1837) = Ornithogalum L. (1753) [百合科 Liliaceae//风信子科 Hyacinthaceae] ■

30361　Londesia Fisch. et C. A. Mey. (1836)【汉】绒藜属 (龙得藜属, 毛被藜属)。【俄】Люндезия。【英】Finehairgoosefoot。【隶属】藜科 Chenopodiaceae。【包含】世界 1 种, 中国 1 种。【学名诠释与讨论】〈阴〉(人) Friedrich Wilhelm (Fridericus Guilelmus) Londes, 1780 - 1807, 德国植物学者。此属的学名, ING 和 IK 记载是 "Londesia F. E. L. Fischer et C. A. Meyer, Index Sem. Hortus Bot. Petrop. 2: 40. Jan (?) 1836 ('1835')"。亦有文献把 "Londesia Fisch. et C. A. Mey. (1836)" 处理为 "Bassia All. (1766)" 或 "Kirilowia Bunge (1843)" 的异名。【分布】阿富汗, 巴基斯坦, 蒙古, 伊朗, 中国, 亚洲中部。【模式】Londesia eriantha F. E. L. Fischer et C. A. Meyer。【参考异名】Bassia All. (1766); Kirilowia Bunge (1843); Landesia Kuntze (1891); Londesia Kar. et Kit. ex Moq. ■

30362　Londesia Kar. et Kit. ex Moq. = Kirilowia Bunge (1843) [藜科 Chenopodiaceae] ■

30363　Longchampia Willd. (1811) = Asteropterus Adans. (1763) Nom. illegit. (废弃属名); ~ Leysera L. (1763) [菊科 Asteraceae (Compositae)] ■●☆

30364　Longetia Baill. (1866) = Austrobuxus Miq. (1861) [大戟科 Euphorbiaceae] ●☆

30365　Longiphylis Thouars = Bulbophyllum Thouars (1822) (保留属名); ~ = Cirrhopetalum Lindl. (1830) (保留属名) [兰科 Orchidaceae] ■

30366　Longiviola Gand. = Viola L. (1753) [堇菜科 Violaceae] ■●

30367　Lonicera Adans. (1763) Nom. illegit. [茜草科 Rubiaceae] ●☆

30368　Lonicera Boehm. (1760) Nom. illegit. ≡ Psittacanthus Mart. (1830) [桑寄生科 Loranthaceae//五蕊寄生科 Dendrophthoaceae] ●

30369　Lonicera Gaertn. (1788) Nom. illegit. ≡ Loranthus L. (1753) (废弃属名); ~ = Dendrophthoe Mart. (1830); ~ = Loranthus Jacq.

(1762) (保留属名) [桑寄生科 Loranthaceae//五蕊寄生科 Dendrophthoaceae] ●

30370　Lonicera L. (1753)【汉】忍冬属 (金银花属)。【日】スイカズラ属, スイカヅラ属, ヒカヅラ属。【俄】Жимолость, Каприфоль, Лоницера。【英】Honey Suckle, Honeysuckle, Lonicera, Woodbine。【隶属】忍冬科 Caprifoliaceae。【包含】世界 180-200 种, 中国 91-117 种。【学名诠释与讨论】〈阴〉(人) Adam Lonicer, 拉丁化为 A. Lonicerus, 1528 - 1586, 德国植物采集家、医生。此属的学名, ING、APNI、GCI、TROPICOS 和 IK 记载是 "Lonicera L., Species Plantarum 2 1753"。"Lonicera Boehmer in C. G. Ludwig, Def. Gen. ed. Boehmer. 139. 1760 (non Linnaeus 1753) ≡ Psittacanthus C. F. P. Martius 1830 [桑寄生科 Loranthaceae//五蕊寄生科 Dendrophthoaceae]"、"Lonicera J. Gaertner, Fruct. 1: 132. Dec 1788 ≡ Loranthus Linnaeus 1753 = Loranthus Jacq. (1762) (保留属名) = Dendrophthoe Mart. (1830) [桑寄生科 Loranthaceae//五蕊寄生科 Dendrophthoaceae]"、"Lonicera Plum. ex Gaertn. (1788) ≡ Lonicera Gaertn. (1788)" 和 "Lonicera Adans., Fam. Pl. (Adanson) 2: 157. 1763 [茜草科 Rubiaceae]" 都是晚出的非法名称。"Caprifolium P. Miller, Gard. Dict. Abr. ed. 4. 28 Jan 1754" 和 "Euchylia Dulac, Fl. Hautes - Pyrénées 463. 1867" 是 "Lonicera L. (1753)" 的晚出的同模式异名 (Homotypic synonym, Nomenclatural synonym)。【分布】巴基斯坦, 巴拿马, 秘鲁, 玻利维亚, 厄瓜多尔, 菲律宾 (菲律宾群岛), 哥伦比亚 (安蒂奥基亚), 马来西亚 (西部), 美国 (密苏里), 尼加拉瓜, 中国, 喜马拉雅山, 欧亚大陆南至非洲北部, 美洲。【后选模式】Lonicera caprifolium Linnaeus。【参考异名】Caprifolium Mill. (1754) Nom. illegit.; Chamaecerasus Duhamel (1755); Chamerasia Raf. (1820) Nom. illegit.; Chamerion Raf. (1833) Nom. inval.; Cobaea Neck., Nom. illegit.; Distegia Raf. (1838); Euchylia Dulac (1867) Nom. illegit.; Isica Moench (1794); Isika Adans. (1763); Itia Molina ex Roem. et Schult. (1988); Itia Molina (1810) Nom. inval.; Metalonicera M. Wang et A. G. Gu (1988); Nintooa Sweet (1830); Periclymenum Mill. (1754); Phenianthus Raf. (1820); Xylosteon Adans. (1763) Nom. illegit.; Xylosteon Mill. (1754); Xylosteon Tourn. ex Adans. (1763) Nom. illegit. ●■

30371　Lonicera Plum. ex Gaertn. (1788) Nom. illegit. ≡ Lonicera Gaertn. (1788) [桑寄生科 Loranthaceae//五蕊寄生科 Dendrophthoaceae] ●

30372　Loniceraceae Endl. = Caprifoliaceae Juss. (保留科名) ●■

30373　Loniceraceae Vest (1818) = Caprifoliaceae Juss. (保留科名) ●■

30374　Loniceroides Bullock (1964)【汉】忍冬萝藦属。【隶属】萝藦科 Asclepiadaceae。【包含】世界 1 种。【学名诠释与讨论】〈阴〉(属) Lonicera 忍冬属 (金银花属) +oides, 来自 o+eides, 像, 似; 或 o+eidos 形, 含义为相像。此属的学名 "Loniceroides Bullock, Kew Bull. 17: 487. 9 Apr 1964" 是一个替代名称。"Harrisonia Hook., Bot. Mag. t. 2699. Dec 1826" 是一个非法名称 (Nom. illegit.), 因为此前已经有了 "Harrisonia R. Brown ex A. H. L. Jussieu, Mém. Mus. Hist. Nat. 12: 517. 1825 (nom. cons.) [苦木科 Simaroubaceae]"。故用 "Loniceroides Bullock (1964)" 替代之。【分布】巴西。【模式】Loniceroides harrisonae Bullock [Harrisonia loniceroides W. J. Hooker]。【参考异名】Baxtera Rchb. (1829) (废弃属名); Harrisonia Hook. (1826) Nom. illegit. (废弃属名) ●■☆

30375　Lontanus Benth. et Hook. f. (1883) Nom. illegit. [棕榈科 Arecaceae (Palmae)] ☆

30376　Lontanus Gaertn. = Lontarus Steck [棕榈科 Arecaceae (Palmae)] ●

30377　Lontarus Adans. (1763) Nom. illegit. ≡ Borassus L. (1753) [棕

桐科 Arecaceae(Palmae)//糖棕科 Borassaceae]●

30378 Lontarus Steck = Borassus L.（1753）［棕榈科 Arecaceae（Palmae）//糖棕科 Borassaceae］●

30379 Loosa Jacq.（1768）= Loasa Adans.（1763）［刺莲花科(硬毛草科)Loasaceae］■●☆

30380 Lopadocalyx Klotzsch（1845）= Olax L.（1753）［铁青树科 Olacaceae］●

30381 Lopanthus Vitman（1789）= Lophanthus J. R. Forst. et G. Forst.（1776）Nom. illegit.；~ = Waltheria L.（1753）［梧桐科 Sterculiaceae//锦葵科 Malvaceae］●■

30382 Lopesia Juss.（1804）= Lopezia Cav.（1791）［柳叶菜科 Onagraceae］■☆

30383 Lopezia Cav.（1791）【汉】宝石冠属。【英】Crown-jewels。【隶属】柳叶菜科 Onagraceae。【包含】世界 21 种。【学名诠释与讨论】〈阴〉(人)，西班牙植物学者，地理学者。【分布】墨西哥，中美洲。【模式】Lopezia racemosa Cavanilles。【参考异名】Diplandra Hook. et Arn.（1838）(保留属名)；Enthomanthus Moc. et Sessé ex Ramirez（1904）Nom. illegit.；Jehlia Rose（1909）Nom. illegit.；Lopesia Juss.（1804）；Pelozia Rose（1909）；Pisaura Bonato ex Endl.（1841）；Pisaura Bonato（1793）Nom. illegit.；Pseudolopezia Rose（1909）；Riesenbachia C. Presl（1831）；Semeiandra Hook. et Arn.（1838）■☆

30384 Lopeziaceae Lilja（1870）= Onagraceae Juss.（保留科名）■●

30385 Lophachme Stapf（1898）Nom. illegit. = Lophacme Stapf（1898）［禾本科 Poaceae(Gramineae)］■☆

30386 Lophacma Post et Kuntze（1903）= Lophacme Stapf（1898）［禾本科 Poaceae(Gramineae)］■☆

30387 Lophacme Stapf（1898）【汉】糙脊草属。【隶属】禾本科 Poaceae(Gramineae)。【包含】世界 2 种。【学名诠释与讨论】〈阴〉(希)lophos，脊，鸡冠，装饰+akme，尖端，边缘。【分布】非洲南部。【模式】Lophacme digitata Stapf。【参考异名】Lophachme Stapf（1898）Nom. illegit.；Lophacma Post et Kuntze（1903）■☆

30388 Lophactis Raf.（1824）= Coreopsis L.（1753）［菊科 Asteraceae（Compositae）//金鸡菊科 Coreopsidaceae］■■

30389 Lophalix Raf.（1838）Nom. illegit. ≡ Crantzia Scop.（1777）(废弃属名)；~ = Alloplectus Mart.（1829）(保留属名)［苦苣苔科 Gesneriaceae］●■☆

30390 Lophandra D. Don（1834）= Erica L.（1753）［杜鹃花科(欧石南科)Ericaceae］●☆

30391 Lophanthera A. Juss.（1840）(保留属名)【汉】冠药金虎尾属。【隶属】金虎尾科(黄褥花科)Malpighiaceae。【包含】世界 4 种。【学名诠释与讨论】〈阴〉(希)lophos，脊，鸡冠，装饰+anthera，花药。此属的学名"Lophanthera A. Juss., Malpigh. Syn.：53. Mai 1840"是保留属名。相应的废弃属名是玄参科 Scrophulariaceae 的"Lophanthera Raf., New Fl. 2；58. Jul-Dec 1837 = Sopubia Buch.-Ham. ex D. Don（1825）"。【分布】巴西，秘鲁，哥斯达黎加，尼加拉瓜，中美洲。【模式】Lophanthera kunthiana A. H. L. Jussieu, Nom. illegit.［Galphimia longifolia Kunth，Lophanthera longifolia（Kunth）Grisebach］。●☆

30392 Lophanthera Raf.（1836）(废弃属名)= Sopubia Buch.-Ham. ex D. Don（1825）［玄参科 Scrophulariaceae］■

30393 Lophanthus Adans.（1763）【汉】扭藿香属。【俄】Лофант，Лофантус。【英】Giant Hyssop，Gianthyssop，Lophanthus。【隶属】唇形科 Lamiaceae(Labiatae)//荆芥科 Nepetaceae。【包含】世界 18-22 种，中国 4 种。【学名诠释与讨论】〈阳〉(希)lophos，脊，鸡冠，装饰+anthos，花。指花冠的上唇直立，状如鸡冠。此属的学名，ING 和 IK 记载是"Lophanthus Adans., Fam. Pl.（Adanson）2：194. 1763"。"Lophanthus Benth., Edwards's Bot. Reg. 15：t. 1282.

1829 = Agastache J. Clayton ex Gronov.（1762）［唇形科 Lamiaceae（Labiatae）］"和"Lophanthus J. R. Forster et J. G. Forster，Charact. Gen. 14. 29 Nov 1775 = Waltheria L.（1753）［梧桐科 Sterculiaceae//锦葵科 Malvaceae］"是晚出的非法名称。"Vleckia Rafinesque，Fl. Tell. 3：89. Nov-Dec 1837（'1836'）"是"Lophanthus Adans.（1763）"的晚出的同模式异名（Homotypic synonym, Nomenclatural synonym）。亦有文献把"Lophanthus Adans.（1763）"处理为"Nepeta L.（1753）"的异名。【分布】阿富汗，巴基斯坦（西部），俄罗斯，蒙古，伊朗，中国，西伯利亚西部和东部，亚洲中部。【模式】Lophanthus chinensis Bentham［Hyssopus lophanthus Linnaeus］。【参考异名】Nepeta L.（1753）；Vleckia Raf.（1808）Nom. illegit. ■●

30394 Lophanthus Benth.（1829）Nom. illegit. = Agastache J. Clayton ex Gronov.（1762）［唇形科 Lamiaceae(Labiatae)］■

30395 Lophanthus J. R. Forst. et G. Forst.（1776）Nom. illegit. = Waltheria L.（1753）［梧桐科 Sterculiaceae//锦葵科 Malvaceae］●■

30396 Lopharina Neck.（1790）Nom. inval. = Erica L.（1753）［杜鹃花科(欧石南科)Ericaceae］●☆

30397 Lophatherum Brongn.（1831）【汉】淡竹叶属。【日】ササクサ属。【英】Lophather，Lophatherum。【隶属】禾本科 Poaceae（Gramineae）。【包含】世界 2 种，中国 2 种。【学名诠释与讨论】〈中〉(希)lophos，脊，鸡冠，装饰+ather 芒。指不育小穗外稃的芒成束状如鸡冠。【分布】澳大利亚（热带），印度至马来西亚，中国，东亚。【模式】Lophatherum gracile A. T. Brongniart。【参考异名】Acroelytrum Steud.（1846）；Allelotheca Steud.（1854）；Alletotheca Benth. et Hook. f.（1883）■

30398 Lopherina Juas.（1823）Nom. illegit. = Lopherina Neck. ex Juas.（1823）；~ = Lopharina Neck.（1790）Nom. inval.；~ = Erica L.（1753）［杜鹃花科(欧石南科)Ericaceae］●☆

30399 Lopherina Neck. ex Juas.（1823）= Erica L.（1753）；~ = Lopharina Neck.（1790）Nom. inval.；~ = Erica L.（1753）［杜鹃花科(欧石南科)Ericaceae］●☆

30400 Lophia Desv.（1825）Nom. illegit. ≡ Lophia Desv. ex Ham.（1825）；~ ≡ Crantzia Scop.（1777）(废弃属名)；~ = Alloplectus Mart.（1829）(保留属名)［苦苣苔科 Gesneriaceae］●■☆

30401 Lophia Desv. ex Ham.（1825）Nom. illegit. ≡ Crantzia Scop.（1777）(废弃属名)；~ = Alloplectus Mart.（1829）(保留属名)［苦苣苔科 Gesneriaceae］●■☆

30402 Lophia Ham.（1825）Nom. illegit. ≡ Lophia Desv. ex Ham.（1825）Nom. illegit.；~ ≡ Crantzia Scop.（1777）(废弃属名)；~ = Alloplectus Mart.（1829）(保留属名)［苦苣苔科 Gesneriaceae］●■☆

30403 Lophiarella Szlach., Mytnik et Romowicz（2006）【汉】南美瘤瓣兰属(美洲瘤瓣兰属)。【隶属】兰科 Orchidaceae。【包含】世界 2 种。【学名诠释与讨论】〈阴〉(属)Lophiaris = Oncidium 瘤瓣兰属+-ellus，-ella，-ellum，加在名词词干后面形成指小式的词尾。或加在人名、属名等后面以组成新属的名称。此属的学名是"Lophiarella Szlach., Mytnik et Romowicz, Polish Botanical Journal 51：53. 2006"。亦有文献把其处理为"Oncidium Sw.（1800）(保留属名)"的异名。【分布】巴西，危地马拉。【模式】Lophiarella microchila（Lindl.）Szlach., Mytnik et Romowicz［Oncidium microchilum Bateman ex Lindl.］。【参考异名】Oncidium Sw.（1800）(保留属名)■☆

30404 Lophiaris Raf.（1838）= Oncidium Sw.（1800）(保留属名)［兰科 Orchidaceae］■☆

30405 Lophiocarpaceae Doweld et Reveal（2008）【汉】冠果商陆科(南商陆科)。【包含】世界 1 属 4 种。【分布】非洲南部。【科名模式】Lophiocarpus Turcz.（1843）■☆

30406 Lophiocarpus（Kunth）Miq.（1870）Nom. illegit. ≡ Lophotocarpus T. Durand（1888）；~ = Sagittaria L.（1753）；~ ≡ Lophotocarpus T. Durand（1888）［泽泻科 Alismataceae］■

30407 Lophiocarpus（Seub.）Miq.（1870）Nom. illegit. = Sagittaria L.（1753）［泽泻科 Alismataceae］■

30408 Lophiocarpus Miq.（1870）Nom. illegit. ≡ Lophiocarpus（Kunth）Miq.（1870）Nom. illegit. ; ~ ≡ Lophotocarpus T. Durand（1888）；~ = Sagittaria L.（1753）；~ ≡ Lophotocarpus T. Durand（1888）［泽泻科 Alismataceae］■

30409 Lophiocarpus Turcz.（1843）【汉】冠果商陆属（裂苞鬼椒属）。【隶属】商陆科 Phytolaccaceae//冠果商陆科（南商陆科）Lophiocarpaceae。【包含】世界 4 种。【学名诠释与讨论】〈阳〉（希）lophos, 脊, 鸡冠, 装饰 + karpos, 果实。此属的学名, ING、TROPICOS 和 IK 记载是 "Lophiocarpus Turcz., Bull. Soc. Imp. Naturalistes Moscou xvi.（1843）55"。"Lophiocarpus（Kunth）Miq.（1870）≡ Lophotocarpus T. Durand（1888）Sagittaria L.（1753）= Sagittaria L.（1753）" 和 "Lophiocarpus（Seub.）Miq. ≡ Lophotocarpus T. Durand（1888）（1870）= Sagittaria L.（1753）［泽泻科 Alismataceae］" 是晚出的非法名称。"Lophiocarpus Miq.（1870）≡ Lophiocarpus（Kunth）Miq.（1870）Nom. illegit.［泽泻科 Alismataceae］" 的命名人引证有误。"Wallinia Moquin-Tandon in Alph. de Candolle, Prodr. 13（2）: 46（' Vallinia'）, 143. 5 Mai 1849" 是 "Lophiocarpus Turcz.（1843）" 的晚出的同模式异名（Homotypic synonym, Nomenclatural synonym）。【分布】巴基斯坦, 非洲南部。【模式】Lophiocarpus polystachyus Turczaninow。【参考异名】Wallinia Moq.（1849）Nom. illegit. ■☆

30410 Lophiola Ker Gawl.（1813）【汉】北美藜芦属。【英】Golden Crest, Golden-crest。【隶属】百合科 Liliaceae//黑药花科（藜芦科）Melanthiaceae//北美藜芦科 Lophiolaceae//［纳茜菜科（肺筋草科）Nartheciaceae］。【包含】世界 1-2 种。【学名诠释与讨论】〈阴〉（希）lophos, 脊, 鸡冠, 装饰 +-olus, -ola, -olum, 拉丁文指示小的词尾。【分布】北美洲。【模式】Lophiola aurea Ker-Gawler, Nom. illegit.［Conostylis americana Pursh; Lophiola americana（Pursh）Coville］。■☆

30411 Lophiolaceae Nakai（1943）［亦见 Haemodoraceae R. Br.（保留科名）血草科（半授花科, 给血草科, 血皮草科）和 Melanthiaceae Batsch ex Borkh.（保留科名）黑药花科（藜芦科）和 Nartheciaceae Small］【汉】北美藜芦科。【包含】世界 1 属 1 种。【分布】北美洲。【科名模式】Lophiola Ker Gawl. .（1813）■

30412 Lophiolepis（Cass.）Cass.（1823）= Cirsium Mill.（1754）［菊科 Asteraceae（Compositae）］■

30413 Lophiolepis Cass.（1823）Nom. illegit. ≡ Lophiolepis（Cass.）Cass.（1823）；~ = Cirsium Mill.（1754）［菊科 Asteraceae（Compositae）］■

30414 Lophion Spach（1836）= Viola L.（1753）［董菜科 Violaceae］■●

30415 Lophira Banks ex C. F. Gaertn.（1805）【汉】红铁木属（非洲栎属）。【俄】Лофира。【英】African Oak, Ekki, Kaku Oil, Lophira, Meni Oil, Zawa。【隶属】红铁木科（异金莲木科）Lophiraceae//金莲木科 Ochnaceae。【包含】世界 2-3 种。【学名诠释与讨论】〈阴〉（希）lophos, 脊, 鸡冠, 装饰; lophyros, 丛生。【分布】热带非洲。【模式】Lophira alata Banks ex C. F. Gaertner。●☆

30416 Lophiraceae Endl.［亦见 Ochnaceae DC.（保留科名）金莲木科］【汉】红铁木科（异金莲木科）。【包含】世界 1 属 2 种。【分布】非洲。【科名模式】Lophira Banks ex C. F. Gaertn.（1805）●☆

30417 Lophiraceae Loudon.（1830）= Ochnaceae DC.（保留科名）●■

30418 Lophiris（Tausch）M. B. Crespo, Mart. - Azorín et Mavrodiev（2015）【汉】鸡冠鸢尾属。【隶属】鸢尾科 Iridaceae。【包含】世界界种。【学名诠释与讨论】〈阴〉（希）lophos, 脊, 鸡冠, 装饰; lophyros, 丛生。【分布】北美洲。【模式】不详。【参考异名】Iris sect. Lophiris Tausch Hort. ☆

30419 Lophium Steud.（1841）= Lophion Spach（1836）；~ = Viola L.（1753）［董菜科 Violaceae］■●

30420 Lophobios Raf.（1838）= Euphorbia L.（1753）［大戟科 Euphorbiaceae］■

30421 Lophocachrys（W. D. J. Koch ex DC.）Meisn.（1838）Nom. illegit. ≡ Trachymarathrum Tausch（1834）［伞形花科（伞形科）Apiaceae（Umbelliferae）］■☆

30422 Lophocachrys W. D. J. Koch ex DC.（1830）Nom. illegit. = Hippomarathrum Link（1821）Nom. illegit. ; ~ = Cachrys L.（1753）［伞形花科（伞形科）Apiaceae（Umbelliferae）］■☆

30423 Lophocarpinia Burkart（1957）【汉】翼荚苏木属。【隶属】豆科 Fabaceae（Leguminosae）//云实科（苏木科）Caesalpiniaceae。【包含】世界 1 种。【学名诠释与讨论】〈阴〉（希）lophos + karpos, 果实。【分布】巴拉圭。【模式】Lophocarpinia aculeatifolia（Burkart）Burkart［Cenostigma aculeatifolium Burkart］。●☆

30424 Lophocarpus Boeck.（1896）Nom. illegit. = Neolophocarpus E. G. Camus（1912）；~ = Schoenus L.（1753）［莎草科 Cyperaceae］■

30425 Lophocarpus Link（1795）Nom. illegit. ≡ Froelichia Moench（1794）［苋科 Amaranthaceae］■☆

30426 Lophocarya Nutt. ex Moq.（1849）【汉】冠果藜属。【隶属】藜科 Chenopodiaceae。【包含】世界 1 种。【学名诠释与讨论】〈阳〉（希）lophos + karyon, 胡桃, 硬壳果, 核, 坚果。此属的学名是 "Lophocarya Nutt. ex Moq."。亦有文献把其处理为 "Atriplex L.（1753）（保留属名）" 或 "Obione Gaertn.（1791）" 的异名。【分布】中国, 北美洲。【模式】Lophocarya spinosa Nutt. ex Moq.。【参考异名】Atriplex L.（1753）（保留属名）; Obione Gaertn.（1791）●■

30427 Lophocereus（A. Berger）Britton et Rose（1909）【汉】鸡冠柱属。【日】ロフォセレウス属。【隶属】仙人掌科 Cactaceae。【包含】世界 4 种。【学名诠释与讨论】〈阳〉（希）lophos, 脊, 鸡冠, 装饰 +（属）Cereus 仙影掌属。此属的学名, ING 记载是 "Lophocereus（A. Berger）N. L. Britton et J. N. Rose, Contr. U. S. Natl. Herb. 12; 426. 21 Jul 1909" 是由 "Cereus subgen. Lophocereus A. Berger, Rep.（Annual）Missouri Bot. Gard. 16; 62. 31 Mai 1905" 改级而来。IK 则记载为 "Lophocereus Britton et Rose, Contr. U. S. Natl. Herb. xii. 426（1909）"。似后者的命名人引证有误。它曾被处理为 "Pachycereus sect. Lophocereus（A. Berger）P. V. Heath, Calyx 2（3）: 106. 1992"。亦有文献把 "Lophocereus（A. Berger）Britton et Rose（1909）" 处理为 "Pachycereus（A. Berger）Britton et Rose（1909）" 的异名。【分布】美国（西南部）, 墨西哥。【模式】Lophocereus schottii（Engelmann）N. L. Britton et J. N. Rose［Cereus schottii Engelmann］。【参考异名】Cereus subgen. Lophocereus A. Berger（1905）; Lophocereus Britton et Rose（1909）Nom. illegit. ; Pachycereus（A. Berger）Britton et Rose（1909）; Pachycereus sect. Lophocereus（A. Berger）P. V. Heath（1992）●■☆

30428 Lophocereus Britton et Rose（1909）Nom. illegit. ≡ Lophocereus（A. Berger）Britton et Rose（1909）；~ = Pachycereus（A. Berger）Britton et Rose（1909）［仙人掌科 Cactaceae］●■☆

30429 Lophochlaena Nees（1838）= Pleuropogon R. Br.（1823）［禾本科 Poaceae（Gramineae）］■☆

30430 Lophochlaena Post et Kuntze（1903）Nom. illegit. = Lopholaena DC.（1838）［菊科 Asteraceae（Compositae）］■●☆

30431 Lophochloa Rchb.（1830）= Rostraria Trin.（1820）［禾本科 Poaceae（Gramineae）］■☆

30432 Lophoclinium Endl.（1843）= Podotheca Cass.（1822）（保留属

名）［菊科 Asteraceae(Compositae)］■☆

30433 Lophoglotis Raf.（1838）Nom. illegit. ≡ Sophronitis Lindl.（1828）［兰科 Orchidaceae］■☆

30434 Lophoglottis Raf. = Sophronitis Lindl.（1828）［兰科 Orchidaceae］■☆

30435 Lophogyne Tul.（1849）【汉】冠柱川苔草属。【隶属】髯管花科 Geniostomaceae。【包含】世界 2 种。【学名诠释与讨论】〈阴〉（希）lophos，脊，鸡冠，装饰+gyne，所有格 gynaikos，雌性，雌蕊。【分布】巴西（东部），几内亚。【模式】未指定。■☆

30436 Lopholaena DC.（1838）【汉】柔冠菊属。【隶属】菊科 Asteraceae(Compositae)。【包含】世界 18-19 种。【学名诠释与讨论】〈阴〉（希）lophos，脊，鸡冠，装饰+laina = chlaine = 拉丁文 laena，外衣，衣服。【分布】热带和非洲南部。【模式】Lopholaena dregeana A. P. de Candolle。【参考异名】Lophochlaena Post et Kuntze(1903)Nom. illegit. ■●☆

30437 Lopholepis Decne.（1839）【汉】喙颖草属。【隶属】禾本科 Poaceae(Gramineae)。【包含】世界 1 种。【学名诠释与讨论】〈阴〉（希）lophos，脊，鸡冠，装饰+lepis，所有格 lepidos，指小式 lepion 或 lepidion，鳞，鳞片。lepidotos，多鳞的。lepos，鳞，鳞片。此属的学名"Lopholepis Decaisne, Arch. Mus. Hist. Nat. 1：147. 1839"是一个替代名称。"Holboellia Hook., Bot. Misc. 2：144. t. 76. ante 11 Jun 1831"是一个非法名称（Nom. illegit.），因为此前已经有了"Holboellia Wallich, Tent. Fl. Napal. 23. t. 16-17. Jul-Dec 1824［木通科 Lardizabalaceae]"。故用"Lopholepis Decne.（1839）"替代之。蕨类的"Lopholepis（J. Sm.）J. Sm., London Journal of Botany 1：195. 1842"是晚出的非法名称。【分布】厄瓜多尔，斯里兰卡，印度（南部）。【模式】Lopholepis ornithocephala（W. J. Hooker）Steudel［Holboellia ornithocephala W. J. Hooker]。【参考异名】Holboellia Hook.（1831）Nom. illegit. ；Holboellia Wall.（1831）Nom. illegit. ；Hollboellia Meisn.（1843）Nom. illegit. ■☆

30438 Lopholoma Cass.（1826）= Centaurea L.（1753）（保留属名）［菊科 Asteraceae(Compositae)//矢车菊科 Centaureaceae］●■

30439 Lophomyrtus Burret(1941)【汉】冠香桃木属（新嘉宝果属）。【隶属】桃金娘科 Myrtaceae。【包含】世界 2 种。【学名诠释与讨论】〈阴〉（希）lophos，脊，鸡冠，装饰+（属）Myrtus 香桃木属。【分布】新西兰。【模式】Lophomyrtus bullata Burret［Myrtus bullata Solander ex Cunningham, non M. bullata R. E. Salisbury]。●☆

30440 Lophopappus Rusby(1894)【汉】羽冠钝柱菊属。【隶属】菊科 Asteraceae(Compositae)。【包含】世界 6 种。【学名诠释与讨论】〈阳〉（希）lophos，脊，鸡冠，装饰+希腊文 pappos 指柔毛，软毛。pappus 则与拉丁文同义，指冠毛。【分布】秘鲁，玻利维亚，安第斯山，中美洲。【模式】Lophopappus foliosus H. H. Rusby。●☆

30441 Lophopetalum Wight ex Arn.（1839）【汉】冠瓣属。【英】Crestpetal-tree。【隶属】卫矛科 Celastraceae。【包含】世界 18-20 种。【学名诠释与讨论】〈中〉（希）lophos，脊，鸡冠，装饰+希腊文 petalos，扁平的，铺开的；petalon，花瓣，叶，花叶，金属叶子；拉丁文的花瓣为 petalum。【分布】马来西亚（西部），中南半岛。【后选模式】Lophopetalum wightianum Arnott。【参考异名】Solenospermum Zoll.（1857）●☆

30442 Lophophora J. M. Coult.（1894）【汉】乌羽玉属（冠毛掌属，魔根属）。【日】ロッフォフォラ属，ロフォフォラ属。【英】Mescal Button, Mescal-button, Peyote。【隶属】仙人掌科 Cactaceae。【包含】世界 1-2 种，中国 1 种。【学名诠释与讨论】〈阴〉（希）lophos，脊，鸡冠，装饰+lophos+phoros，具有，梗，负载，发现者。【分布】美国，墨西哥，中国。【模式】Lophophora williamsii（Lemaire ex Salm-Dyck）J. M. Coulter［Echinocactus williamsii Lemaire ex Salm-Dyck]。●■

30443 Lophophyllum Griff.（1854）= Cyclea Arn. ex Wight(1840)［防己科 Menispermaceae］●■

30444 Lophophytaceae Bromhead［亦见 Balanophoraceae Rich.（保留科名）蛇菰科(土鸟麯科)]【汉】裸花菰科。【包含】世界 3 属 8 种。【分布】热带和亚热带南美洲。【科名模式】Lophophytum Schott et Endl.（1832）■☆

30445 Lophophytaceae Horan. = Balanophoraceae Rich.（保留科名）；~ = Lophophytaceae Bromhead ■

30446 Lophophytum Schott et Endl.（1832）【汉】裸花菰属。【隶属】裸花菰科 Lophophytaceae//蛇菰科(土鸟麯科)Balanophoraceae。【包含】世界 3-4 种。【学名诠释与讨论】〈中〉（希）lophos，脊，鸡冠，装饰+phyton，植物。【分布】秘鲁，玻利维亚，厄瓜多尔。【模式】Lophophytum mirabile H. W. Schott et Endlicher。【参考异名】Archimedea Leandro ex A. St. -Hil.（1837）；Archimedea Leandro, Nom. illegit. ；Lepidophytum Hook. f.（1853）Nom. inval. ■☆

30447 Lophopogon Hack.（1887）【汉】印马冠草属。【隶属】禾本科 Poaceae(Gramineae)。【包含】世界 2 种。【学名诠释与讨论】〈阳〉（希）lophos，脊，鸡冠，装饰+pogon，所有格 pogonos，指小式 pogonion，胡须，髯毛，芒。pogonias，有须的。【分布】印度。【模式】Lophopogon tridentatus（Roxburgh）Hackel［Andropogon tridentatus Roxburgh]。■☆

30448 Lophopteris Griseb.（1839）Nom. illegit. = Lophopterys A. Juss.（1838）［金虎尾科(黄褥花科)Malpighiaceae］●☆

30449 Lophopterys A. Juss.（1838）【汉】冠翅金虎尾属。【隶属】金虎尾科(黄褥花科)Malpighiaceae。【包含】世界 3 种。【学名诠释与讨论】〈阳〉（希）lophos，脊，鸡冠，装饰+pteron，指小式 pteridion，翅。pteridios，有羽毛的。此属的学名，ING、TROPICOS 和 IK 记载是"Lophopterys A. H. L. Jussieu in Delessert, Icon. Select. Pl. 3：18. Feb 1838（'1837'）"。"Lophopteryx Dalla Torre et Harms"是其异名。"Lophopteris Griseb., Linnaea 13：182. 1839 = Lophopterys A. Juss.（1838）"是晚出的非法名称。【分布】秘鲁，玻利维亚，几内亚。【模式】Lophopterys splendens A. H. L. Jussieu。【参考异名】Dolichopterys Kosterm.（1935）；Lophopteris Griseb.（1839）Nom. illegit. ；Lophopteryx Dalla Torre et Harms ●☆

30450 Lophopteryx Dalla Torre et Harms = Lophopterys A. Juss.（1838）［金虎尾科(黄褥花科)Malpighiaceae］●☆

30451 Lophoptilon Gagnep.（1920）Nom. illegit. ［菊科 Asteraceae(Compositae)］☆

30452 Lophopyrum Á. Löve（1980）= Elymus L.（1753）；~ = Elytrigia Desv.（1810）［禾本科 Poaceae(Gramineae)］■

30453 Lophopyxidaceae(Engl.)H. Pfeiff. = Celastraceae R. Br.（1814）（保留科名）●

30454 Lophopyxidaceae H. Pfeiff.（1951）［亦见 Celastraceae R. Br.（1814）（保留科名）卫矛科]【汉】五翼果科(冠状果科)。【包含】世界 1 属 2 种。【分布】马来西亚。【科名模式】Lophopyxis Hook. f.●☆

30455 Lophopyxis Hook. f.（1887）【汉】五翼果属(冠状果科)。【隶属】五翼果科(冠状果科)Lophopyxidaceae//卫矛科 Celastraceae。【包含】世界 1-2 种。【学名诠释与讨论】〈阴〉（希）lophos，脊，鸡冠，装饰+pyxis，指小式 pyxidion = 拉丁文 pyxis，所有格 pixidis，箱，果，盖果。【分布】马来西亚（东部），帕劳群岛，所罗门群岛，加里曼丹岛，马来半岛。【模式】Lophopyxis maingayi J. D. Hooker。【参考异名】Combretopsis K. Schum.（1889）；Treubia Pierre ex Boerl.（1890）Nom. inval. ●☆

30456 Lophoschoenus Stapf（1914）= Costularia C. B. Clarke ex Dyer（1900）［莎草科 Cyperaceae］■☆

30457 Lophosciadium DC.（1829）= Ferulago W. D. J. Koch（1824）［伞

形花科(伞形科)Apiaceae(Umbelliferae)]■☆

30458　Lophospatha Burret(1942)= Salacca Reinw.(1825)[棕榈科 Arecaceae(Palmae)]●

30459　Lophospermum D. Don ex R. Taylor(1826)Nom. illegit. = Lophospermum D. Don(1826)[玄参科 Scrophulariaceae//婆婆纳 科 Veronicaceae]■☆

30460　Lophospermum D. Don(1826)【汉】冠籽藤属(冠子藤属)。 【隶属】玄参科 Scrophulariaceae//婆婆纳科 Veronicaceae。【包 含】世界 8-10 种。【学名诠释与讨论】〈中〉(希)lophos,脊,鸡 冠,装饰+sperma,所有格 spermatos,种子,孢子。此属的学名, ING、TROPICOS 和 GCI 记载是"Lophospermum D. Don, Philos. Mag. J. 67:222. 1826 [31 Mar 1826]"。IK 则记载 为 "Lophospermum D. Don ex R. Taylor, Philos. Mag. J. 67:222. 1826 [31 Mar 1826]"。四者引用的文献相同。APNI 记载为 "Lophospermum D. Don, Transactions of the Linnean Society of London 15 1827"。【分布】巴拿马,秘鲁,厄瓜多尔,哥伦比亚(安 蒂奥基亚),马达加斯加,墨西哥,危地马拉,中美洲。【后选模 式】Lophospermum scandens D. Don。【参考异名】Lophospermum D. Don ex R. Taylor(1826)Nom. illegit.;Rhodochiton Zucc. ex Otto et A. Dietr.(1834)■☆

30461　Lophostachys Pohl(1831)【汉】冠穗爵床属。【隶属】爵床科 Acanthaceae。【包含】世界 15 种。【学名诠释与讨论】〈阴〉(希) lophos,脊,鸡冠,装饰+stachys,穗,谷,长钉。【分布】巴拉圭,秘 鲁,玻利维亚,中美洲。【模式】Lophostachys villosa Pohl。【参考 异名】Liberatia Rizzini(1947)☆

30462　Lophostemon Schott ex Endl.(1831)【汉】刷盒木属(红胶木 属,毛刷木属)。【日】ロフォステモン属。【隶属】桃金娘科 Myrtaceae。【包含】世界 4 种,中国 1 种。【学名诠释与讨论】 〈阳〉(希)lophos,脊,鸡冠,装饰+stemon,雄蕊。此属的学名, ING、APNI 和 TROPICOS 记载是"Lophostemon Schott, Wiener Z. Kunst 1830(3):772. 10 Aug 1830"。IK 则记载为"Lophostemon Schott, Wiener Z. Kunst 1830(3):772. [10 Aug 1830;ex Endl. in Linnaea 6(Lit.):54. 1831"。亦有文献把"Lophostemon Schott ex Endl.(1831)"处理为"Tristania R. Br.(1812)"的异名。【分布】 澳大利亚,中国,新几内亚岛。【后选模式】Lophostemon confertus (R. Brown)Peter G. Wilson et J. T. Waterhouse[Tristania conferta R. Brown]。【参考异名】Lophostemon Schott(1830)Nom. inval.; Tristania R. Br.(1812);Tristania R. Br. ex Aiton(1812)Nom. illegit. ●

30463　Lophostemon Schott(1830)Nom. inval. ≡Lophostemon Schott ex Endl.(1831);~ =Tristania R. Br.(1812)[桃金娘科 Myrtaceae]●

30464　Lophostephus Harv.(1863)Nom. illegit. ≡ Anisotoma Fenzl (1844)[萝藦科 Asclepiadaceae]■☆

30465　Lophostigma Engl. et Prantl(1897)Nom. illegit. ≡Lophostigma Radlk.(1897)[无患子科 Sapindaceae]●☆

30466　Lophostigma Radlk.(1897)【汉】冠柱无患子属。【隶属】无患 子科 Sapindaceae。【包含】世界 2 种。【学名诠释与讨论】〈中〉 (希)lophos,脊,鸡冠,装饰+stigma,所有格 stigmatos,柱头,眼点。 此属的学名,ING、TROPICOS 和 IK 记载是"Lophostigma Radlkofer in Engler et Prantl, Nat. Pflanzenfam. Nachtr. II－IV:228. Oct 189"。GCI 则记载为 "Lophostigma Engl. et Prantl, Nat. Pflanzenfam. Nachtr. [Engler et Prantl]3:228. 1897"。【分布】秘 鲁,玻利维亚,厄瓜多尔。【模式】Lophostigma plumosum Radlkofer。【参考异名】Lophostigma Engl. et Prantl(1897)Nom. illegit. ●☆

30467　Lophostoma(Meisn.)Meisn.(1857)【汉】冠口瑞香属。【隶 属】瑞香科 Thymelaeaceae。【包含】世界 4 种。【学名诠释与讨

论】〈中〉(希)lophos,脊,鸡冠,装饰+stoma,所有格 stomatos,孔 口。此属的学名,ING 和 TROPICOS 记载是"Lophostoma (Meisner)Meisner in Alph. de Candolle, Prodr. 14:600. Nov(sero) 1857",由"Linostoma sect. Lophostoma Meisn., Flora Brasiliensis 5 (1):72, pl. 30. 1855. (1 Jan 1855)"改级而来。IK 则记载为 "Lophostoma Meisn., Fl. Bras. (Martius)5(1):72. 1855 [1 Jan 1855]"。它还曾被处理为 "Lophostoma (Meisn.) Meisn., Prodromus Systematis Naturalis Regni Vegetabilis 14(2):600. 1857. (late Nov 1857)"。【分布】热带南美洲北部。【模式】Lophostoma calophylloides (Meisner) Meisner [Linostoma calophylloides Meisner]。【参考异名】Linostoma sect. Lophostoma Meisn. (1855);Lophostoma (Meisn.) Meisn.;Lophostoma (Meisn.) Meisn.(1857);Lophostoma Meisn.(1857)Nom. illegit. ●☆

30468　Lophostoma Meisn.(1857)Nom. illegit. ≡Lophostoma (Meisn.) Meisn.(1857)[瑞香科 Thymelaeaceae]●☆

30469　Lophostylis Hochst.(1842)= Securidaca L.(1759)(保留属名) [远志科 Polygalaceae]●

30470　Lophotaenia Griseb.(1843)= Malabaila Hoffm.(1814)[伞形花 科(伞形科)Apiaceae(Umbelliferae)]■☆

30471　Lophothecium Rizzini(1948)= Justicia L.(1753)[爵床科 Acanthaceae//鸭嘴花科(鸭咀花科)Justiciaceae]●■

30472　Lophothele O. F. Cook(1943)= Chamaedorea Willd.(1806)(保 留属名)[棕榈科 Arecaceae(Palmae)]●☆

30473　Lophotocarpus(Kunth)Miq.(1870)Nom. illegit. ≡Lophiocarpus (Kunth)Miq.(1870)Nom. illegit.;~ ≡Lophotocarpus T. Durand (1888);~ = Sagittaria L.(1753);~ ≡ Lophotocarpus T. Durand (1888)[泽泻科 Alismataceae]■■

30474　Lophotocarpus T. Durand(1888)【汉】冠果草属。【英】 Lophotocarpus。【隶属】泽泻科 Alismataceae。【包含】世界 8 种, 中国 1 种。【学名诠释与讨论】〈阳〉(希)lophos,脊,鸡冠,装饰; lophotos,有冠毛的+karpos,果实。此属的学名"Lophotocarpus T. Durand(1888)"是一个替代名称。"Lophiocarpus (Kunth) Miquel, Ill. Fl. Archipel. Indien 50. 1870"是一个非法名称(Nom. illegit.),因为此前已经有了"Lophiocarpus Turczaninow, Bull. Soc. Nat. Moscou 16:55. 1843 商陆科 Phytolaccaceae//冠果商陆科(南 商陆科) Lophiocarpaceae]"。故 用 "Lophotocarpus T. Durand (1888)"替代之。"Lophotocarpus(Kunth)Miq."和"Lophiocarpus Miq.(1870)≡Lophiocarpus(Kunth)Miq.(1870)Nom. illegit."则 是错误引用的名称。亦有文献把"Lophotocarpus T. Durand (1888)"处理为"Sagittaria L.(1753)"的异名。【分布】澳大利 亚,巴基斯坦,玻利维亚,马达加斯加,中国,太平洋地区,中美 洲。【后选模式】Lophotocarpus guayanensis(Kunth)J. G. Smith [as 'guyanensis'][Sagittaria guayanensis Kunth]。【参考异名】 Lophiocarpus (Kunth) Miq. (1870) Nom. illegit.;Lophiocarpus (Seub.)Miq.(1870)Nom. illegit.;Lophiocarpus Miq.(1870)Nom. illegit.;Sagittaria L.(1753)■

30475　Lophoxera Raf.(1837)Nom. illegit. ≡Iresine P. Browne(1756) (保留属名);~ =Celosia L.(1753)[苋科 Amaranthaceae]■

30476　Lophozonia Torcz.(1858)= Nothofagus Blume(1851)(保留属 名)[壳斗科(山毛榉科)Fagaceae//假山毛榉科(南青冈科,南 山毛榉科,拟山毛榉科)Nothofagaceae]●☆

30477　Lopimia Mart.(1823)【汉】饰锦葵属。【隶属】锦葵科 Malvaceae。【包含】世界 2 种。【学名诠释与讨论】〈阴〉(希) lopimos,容易装饰的。此属的学名,ING、TROPICOS、GCI 和 IK 记载是"Lopimia C. F. P. Martius in C. G. D. Nees et C. F. P. Martius, Nova Acta Phys. －Med. Acad. Caes. Leop. －Carol. Nat. Cur. 11:96. 1823"。它曾被处理为 "Pavonia sect. Lopimia (Mart.)

Endl.，Genera Plantarum（Endlicher）982. 1840"。亦有文献把
"Lopimia Mart.（1823）"处理为"Pavonia Cav.（1786）"的异名。
【分布】巴拿马,玻利维亚,中美洲。【模式】Lopimia malacophylla
（Link et Otto）C. F. P. Martius［Sida malacophylla Link et Otto］。
【参考异名】Pavonia Cav.（1786）（保留属名）；Pavonia sect.
Lopimia（Mart.）Endl.（1840）●☆

30478　Lopriorea Schinz（1911）【汉】密头耳叶苋属。【隶属】苋科
Amaranthaceae。【包含】世界 1 种。【学名诠释与讨论】〈阴〉
（人）Giuseppe Lopriore,1865-1928,意大利植物学者。【分布】非
洲东部。【模式】Lopriorea ruspolii（Lopriore）Schinz［Psilotrichum
ruspolii Lopriore］。■●☆

30479　Lorandersonia Urbatsch,R. P. Roberts et Neubig（2005）【汉】兔
菊木属。【英】Rabbitbush。【隶属】菊科 Asteraceae
（Compositae）。【包含】世界 7 种。【学名诠释与讨论】〈阴〉
（人）Loran Crittenden Anderson,1936-,美国植物学者,特别热心
菊科 Asteraceae（Compositae）植物。【分布】北美洲。【模式】
Lorandersonia pulchella（A. Gray）L. E. Urbatsch, R. P. Roberts et
K. M. Neubig［Linosyris pulchella A. Gray］。●☆

30480　Lorantea Steud.（1821）Nom. illegit.［菊科 Asteraceae
（Compositae）］☆

30481　Loranthaceae Juss.（1808）（保留科名）【汉】桑寄生科。【日】
オオバヤドリギ科,ヤドリギ科。【俄】Ремнецветниковые。
【英】Mistletoe Family,Scurrula Family。【包含】世界 65-77 属 700-
1300 种,中国 11 属 78 种。【分布】热带、亚热带和温带。【科名
模式】Loranthus Jacq.（1762）（保留属名）●

30482　Loranthea Steud.（1841）= Lorentea Ortega（1797）；～ =Sanvitalia
Lam.（1792）［菊科 Asteraceae（Compositae）］■●

30483　Loranthos St. - Lag.（1880）Nom. illegit. = Loranthus Jacq.
（1762）（保留属名）［桑寄生科 Loranthaceae］●

30484　Loranthus Jacq.（1762）（保留属名）【汉】桑寄生属（大叶槲寄
生属,枟寄生属）。【日】マツグミ属。【俄】Ремнецветник。
【英】Loranth,Scurrula。【隶属】桑寄生科 Loranthaceae。【包含】
世界 10 种,中国 6-9 种。【学名诠释与讨论】〈阳〉（希）loron =拉
丁文 lorum,皮条,皮带+anthos,花。指花被片狭条形,或指花冠
裂片线形。此属的学名"Loranthus Jacq., Enum. Stirp. Vindob.：
55,230. Mai 1762"是保留属名。相应的废弃属名是桑寄生科
Loranthaceae 的"Loranthus L., Sp. Pl.：331. 1 Mai 1753 =
Psittacanthus Mart.（1830）≡ Lonicera Gaertn.（1788）Nom.
illegit."和"Scurrula L.,Sp. Pl.：110. 1 Mai 1753 =Loranthus Jacq.
（1762）（保留属名）"。"Lorantus Bertero, Mercurio Chileno 15：
692. 1829［15 Jun 1829］"是"Loranthus L.（1753）（废弃属名）"
的拼写变体。"Loranthos St. - Lag., Ann. Soc. Bot. Lyon vii.
（1880）129"似是"Loranthus Jacq.（1762）（保留属名）"的拼写变
体。多有文献承认"枟寄生属 Hyphear Danser, Bull. Jard. Bot.
Buitenzorg ser. 3, 10：292（319）. 1929［Nov 1929］";但是它是
"Loranthus Jacq.（1762）（保留属名）"的晚出的同模式异名
（Homotypic synonym, Nomenclatural synonym）,必须废弃。【分
布】澳大利亚,巴基斯坦,玻利维亚,尼加拉瓜,中国,热带和亚热
带旧世界,欧亚大陆,中美洲。【模式】Loranthus europaeus N. J.
Jacquin。【参考异名】Alveolina Tiegh.（1895）；Antriba Raf.
（1838）；Apodina Tiegh.（1895）；Basicarpus Tiegh.（1896）；
Dendropemon（Blume）Rchb.（1841）Nom. illegit.；Dendropemon
Blume（1830）Nom. illegit.；Desmaria Tiegh.（1895）；Desrousseauxia
Tiegh.（1895）；Dicymanthes Danser（1929）；Dipodophyllum Tiegh.
（1895）；Eichlerina Tiegh.（1895）；Englerina Tiegh.（1895）；
Epicoila Raf.（1838）；Glossidea Tiegh.（1895）；Hyphear Danser
（1929）Nom. illegit.；Isocaulon（Eichl.）Tiegh.（1895）；Isocaulon

Tiegh.（1895）Nom. illegit.；Ligaria Tiegh.（1895）；Loranthos St. -
Lag.（1880）Nom. illegit.；Loxania Tiegh.（1895）；Macquinia Steud.
（1841）Nom. illegit.；Martiella Tiegh.（1895）；Meranthera Tiegh.
（1895）；Merisma Tiegh.（1895）Nom. illegit.；Merismia Tiegh.
（1895）Nom. illegit.；Metastachys（Benth. et Hook. f.）Tiegh.
（1895）；Metastachys Tiegh.（1895）Nom. illegit.；Mocquinia Steud.
（1841）；Notanthera G. Don（1834）Nom. illegit.；Passovia H. Karst.
（1846）；Passovia H. Karst. ex Klotzsch（1846）Nom. illegit.；
Pedistylis Wiens（1979）；Peristethium Tiegh.（1895）；
Phoenicanthemum（Blume）Rchb.（1841）Nom. illegit.；Ptychostylus
Tiegh.（1895）；Scurrula L.（1753）（废弃属名）；Spirostylis C. Presl
（1829）（废弃属名）；Tripodanthus Tiegh.（1895）Nom. illegit.；
Trygonanthus Endl. ex Steud.（1841）；Velvetia Tiegh.（1895）●

30485　Loranthus L.（1753）（废弃属名）≡ Psittacanthus Mart.（1830）
［桑寄生科 Loranthaceae］●

30486　Lorantus Bertero（1829）Nom. illegit. ≡ Loranthus L.（1753）（废
弃属名）；～ ≡ Psittacanthus Mart.（1830）［桑寄生科
Loranthaceae］●

30487　Lordhowea B. Nord.（1978）【汉】豪爵千里光属。【隶属】菊科
Asteraceae（Compositae）。【包含】世界 1 种。【学名诠释与讨论】
〈阴〉（地）Lordhowe Island 或 Lord Howe Island,豪勋爵岛,位于澳
大利亚。【分布】澳大利亚（豪勋爵岛）。【模式】Lordhowea
insularis（Bentham）B. Nordenstam［Senecio insularis Bentham］。●☆

30488　Loreia Raf.（1837）= Campanula L.（1753）［桔梗科
Campanulaceae］■●

30489　Lorencea Borhidi（2003）【汉】中美茜属（危地马拉茜属）。【隶
属】茜草科 Rubiaceae。【包含】世界 1 种。【学名诠释与讨论】
〈阴〉（人）David H. Lorence, 1946-, 植物学者。【分布】危地马
拉,中美洲。【模式】Lorencea guatemalensis（P. C. Standley）A.
Borhidi［Portlandia guatemalensis P. C. Standley］。【参考异名】
Loranthea Steud.（1841）；Lorentia Sweet（1839）Nom. illegit.●☆

30490　Lorentea Lag.（1816）Nom. illegit. = Pectis L.（1759）［菊科
Asteraceae（Compositae）］■☆

30491　Lorentea Less.（1830）Nom. illegit. = Inula L.（1753）［菊科
Asteraceae（Compositae）//旋覆花科 Inulaceae］●■

30492　Lorentea Ortega（1797）= Sanvitalia Lam.（1792）［菊科
Asteraceae（Compositae）］■●

30493　Lorentia Sweet（1839）Nom. illegit. ≡ Lorentea Ortega（1797）
［菊科 Asteraceae（Compositae）］■●

30494　Lorentzia Griseb.（1874）Nom. illegit. = Pascalia Ortega（1797）
［菊科 Asteraceae（Compositae）］■

30495　Lorentzia Hieron.（1881）Nom. illegit. = Ayenia L.（1756）［梧
桐科 Sterculiaceae//锦葵科 Malvaceae］●☆

30496　Lorentzianthus R. M. King et H. Rob.（1975）【汉】柔冠亮泽兰
属。【隶属】菊科 Asteraceae（Compositae）。【包含】世界 1 种。
【学名诠释与讨论】〈阳〉（人）Lorentz,植物学者+anthos,花。【分
布】阿根廷,玻利维亚。【模式】Lorentzianthus viscidus（W. J.
Hooker et Arnott）R. M. King et H. E. Robinson［Eupatorium
viscidum W. J. Hooker et Arnott］。●☆

30497　Lorenzana Walp.（1852）= Lorenzanea Liebm.（1850）［清风藤
科 Sabiaceae］●

30498　Lorenzanea Liebm.（1850）= Meliosma Blume（1823）［清风藤
科 Sabiaceae//泡花树科 Meliosmaceae］●

30499　Lorenzeana Benth. et Hook. f.（2012）= Lorenzanea Liebm.
（1850）［清风藤科 Sabiaceae］●

30500　Lorenzochloa Reeder et C. Reeder（1969）= Ortachne Nees ex
Steud.（1854）［禾本科 Poaceae（Gramineae）］■☆

30501 Loreopsis Raf. = Coreopsis L.（1753）［菊科 Asteraceae（Compositae）//金鸡菊科 Coreopsidaceae］●■

30502 Loretia Duval-Jouve（1880）= Festuca L.（1753）; ~ = Vulpia C. C. Gmel.（1805）［禾本科 Poaceae（Gramineae）//羊茅科 Festucaceae］■

30503 Loretoa Standl.（1936）= Capirona Spruce（1859）［茜草科 Rubiaceae］■☆

30504 Loreya DC.（1828）【汉】洛里野牡丹属。【隶属】野牡丹科 Melastomataceae。【包含】世界 13 种。【学名诠释与讨论】〈阴〉（人）Felix-Nicolas Lorey,? -1841,法国植物学者。此属的学名,ING、TROPICOS 和 IK 记载是"Loreya DC., Prodr.［A. P. de Candolle］3:178. 1828［mid Mar 1828］"。"Oxisma Rafinesque, Sylva Tell. 94. Oct-Dec 1838"是"Loreya DC.（1828）"的晚出的同模式异名（Homotypic synonym, Nomenclatural synonym）。【分布】巴拿马,秘鲁,玻利维亚,厄瓜多尔,哥伦比亚（安蒂奥基亚）,哥斯达黎加,尼加拉瓜,热带南美洲,中美洲。【模式】Loreya arborescens（Aublet）A. P. de Candolle［Melastoma arborescens Aublet］。【参考异名】Heteroneuron Hook. f.（1867）; Oxisma Raf.（1838）Nom. illegit. ●☆

30505 Loreya Post et Kuntze（1903）Nom. illegit. = Campanula L.（1753）; ~ = Loreia Raf.（1837）［桔梗科 Campanulaceae］■●

30506 Loricalepis Brade（1938）【汉】鳞甲野牡丹属。【隶属】野牡丹科 Melastomataceae。【包含】世界 1 种。【学名诠释与讨论】〈阴〉（拉）lorica,用皮条编成的甲胄+lepis,所有格 lepidos,指小式 lepion 或 lepidion,鳞,鳞片。lepidotos,多鳞的。lepos,鳞,鳞片。【分布】巴西。【模式】Loricalepis duckei Brade。【参考异名】Leucalepis Brade ex Ducke（1938）Nom. illegit. ; Leucalepis Ducke（1938）Nom. illegit. ☆

30507 Loricaria Wedd.（1856）【汉】内卷鼠麴木属。【隶属】菊科 Asteraceae（Compositae）。【包含】世界 19 种。【学名诠释与讨论】〈阴〉（拉）lorica,用皮条编成的甲胄+-arius, -aria, -arium,指示"属于、相似、具有、联系"的词尾。【分布】秘鲁,玻利维亚,厄瓜多尔,哥伦比亚（安蒂奥基亚）,安第斯山。【模式】未指定。【参考异名】Tafalla D. Don（1831）Nom. illegit. ●☆

30508 Lorinsera Opiz（1839）Nom. illegit.［伞形花科（伞形科）Apiaceae（Umbelliferae）］☆

30509 Loroglossum Rich.（1817）Nom. illegit. ≡ Aceras R. Br.（1813）; ~ = Himantoglossum K. Koch（1837）Nom. illegit.（废弃属名）; ~ = Aceras R. Br.（1813）+ Himantoglossum Spreng.（1826）（保留属名）［兰科 Orchidaceae］■☆

30510 Loroma O. F. Cook（1915）= Archontophoenix H. Wendl. et Drude（1875）［棕榈科 Arecaceae（Palmae）］●

30511 Loropetalum R. Br.（1818）Nom. inval. ≡ Loropetalum R. Br. ex Rchb.（1828-1829）［金缕梅科 Hamamelidaceae］●

30512 Loropetalum R. Br.（1828-1829）Nom. illegit. ≡ Loropetalum R. Br. ex Rchb.（1828-1829）［金缕梅科 Hamamelidaceae］●

30513 Loropetalum R. Br. ex Rchb.（1828-1829）【汉】檵木属。【日】トキハマンサク属,トキワマンサク属。【俄】Лоропеталум, Лоропеталюм。【英】Loropetal, Loropetalum, White Witch Hazel。【隶属】金缕梅科 Hamamelidaceae。【包含】世界 3-4 种,中国 3 种。【学名诠释与讨论】〈中〉（希）loron,皮条,皮带+petalos,扁平的,铺开的。petalon,花瓣,叶,花叶,金属叶子。拉丁文的花瓣为 petalum。指花瓣厚,狭带状。指花瓣带状。此属的学名,ING 记载是"Loropetalum R. Brown ex H. G. L. Reichenbach, Consp. 87. Dec 1828-Mar 1829"。IK 和 TROPICOS 则记载为"Loropetalum R. Br., Consp. Regn. Veg.［H. G. L. Reichenbach］87. Dec 1828-Mar 1829"。三者引用的文献相同。IK 还记载了"Loropetalum

R. Br., Narr. Journey China 375. 1818, nom. inval."。《中国植物志》中文版和英文版都用此名称;这是一个未合格发表的名称（TROPICOS：Validated by indirect reference（"Loropetalum. RBr."）to an earlier diagnosis by R. Brown（in G. F. Abel, Narr. Journey China, App. B. 375. 1818）, where Loropetalum is merely a provisional name not validly published（Vienna ICBN Art. 34. 1（b））.）。【分布】中国,东喜马拉雅山。【模式】Loropetalum chinense（R. Brown）Oliver［Hamamelis chinensis R. Brown］。【参考异名】Loropetalum R. Br.（1818）Nom. inval. ; Loropetalum R. Br.（1828-1829）Nom. illegit. ; Tetrathyrium Benth.（1861）●

30514 Lorostelma E. Fourn.（1885）【汉】条冠萝藦属。【隶属】萝藦科 Asclepiadaceae。【包含】世界 1 种。【学名诠释与讨论】〈中〉（希）loron,皮条,皮带+stelma,王冠,花冠。指花冠带状。【分布】巴西,玻利维亚。【模式】Lorostelma struthianthus E. P. N. Fournier. ☆

30515 Lorostemon Ducke（1935）【汉】带蕊藤黄属。【隶属】猪胶树科（克鲁西科,山竹子科,藤黄科）Clusiaceae（Guttiferae）。【包含】世界 3-5 种。【学名诠释与讨论】〈阳〉（希）loron,皮条,皮带+stemon,雄蕊。【分布】巴西。【模式】Lorostemon bombaciflorus Ducke［as 'bombaciflorum'］。●☆

30516 Lortetia Ser.（1849）= Passiflora L.（1753）（保留属名）［西番莲科 Passifloraceae］●■

30517 Lortia Rendle（1898）= Monadenium Pax（1894）［大戟科 Euphorbiaceae］■☆

30518 Lotaceae Burnett = Fabaceae Lindl.（保留科名）// Leguminosae Juss.（1789）（保留科名）●■

30519 Lotaceae Oken（1826）= Fabaceae Lindl.（保留科名）// Leguminosae Juss.（1789）（保留科名）●■

30520 Lotea Medik.（1787）= Lotus L.（1753）［豆科 Fabaceae（Leguminosae）//蝶形花科 Papilionaceae］■

30521 Lothiania Kraenzl.（1924）= Porroglossum Schltr.（1920）［兰科 Orchidaceae］■☆

30522 Lothoniana Kraenzl.（1748）Nom. inval. = Porroglossum Schltr.（1920）［兰科 Orchidaceae］■☆

30523 Lotodes Kuntze（1891）Nom. illegit. ≡ Psoralea L.（1753）［豆科 Fabaceae（Leguminosae）//蝶形花科 Papilionaceae］●■

30524 Lotononis（DC.）Eckl. et Zeyh.（1836）（保留属名）【汉】罗顿豆属。【俄】Лядвенестальник。【英】Lotonbean, Lotononis。【隶属】豆科 Fabaceae（Leguminosae）//蝶形花科 Papilionaceae。【包含】世界 100-120 种,中国 1 种。【学名诠释与讨论】〈阴〉（希）lotos,一种植物的俗名+ononis,一种豆科 Fabaceae（Leguminosae）灌木。此属的学名"Lotononis（DC.）Eckl. et Zeyh., Enum. Pl. Afric. Austral. :176. Jan 1836"是保留属名,由"Ononis sect. Lotononis A. P. de Candolle, Prodr. 2:166. Nov.（med.）1825"改级而来。相应的废弃属名是"Amphinomia DC., Prodr. 2:522. Nov（med.）1825 = Lotononis（DC.）Eckl. et Zeyh.（1836）（保留属名）"和"Leobordea Delile in Laborde, Voy. Arabie Pétrée:82, 86. 1830 = Lotononis（DC.）Eckl. et Zeyh.（1836）（保留属名）"。"Lotononis Eckl. et Zeyh.（1836）≡ Lotononis（DC.）Eckl. et Zeyh.（1836）（保留属名）"的命名人引证有误,亦应废弃。【分布】巴基斯坦（俾路支）,中国,非洲南部,热带和非洲北部至阿拉伯地区。【模式】Lotononis vexillata（E. H. F. Meyer）Ecklon et Zeyher［Crotalaria vexillata E. H. F. Meyer］。【参考异名】Amphinomia DC.（1825）（废弃属名）; Aulacinthus E. Mey.（1835）; Buchenroedera Eckl. et Zeyh.（1836）; Capnitis E. Mey.（1836）; Euchlora Eckl. et Zeyh.（1836）; Krebsia Eckl. et Zeyh.（1836）; Leobardia Pomel（1874）; Leobordea Delile（1833）（废弃属名）; Leptidium C. Presl（1845）;

Leptis E. Mey. ex Eckl. et Zeyh.（1836）；Lipozygis E. Mey.（1835）；Listia E. Mey.（1835）；Lotononis Eckl. et Zeyh.（1836）（废弃属名）；Ononis sect. Lotononis DC.（1825）；Polylobium Eckl. et Zeyh.（1836）；Telina E. Mey.（1836）■

30525　Lotononis Eckl. et Zeyh.（1836）Nom. illegit.（废弃属名）≡ Lotononis（DC.）Eckl. et Zeyh.（1836）（保留属名）［豆科 Fabaceae（Leguminosae）//蝶形花科 Papilionaceae］■

30526　Lotophyllus Link（1831）（废弃属名）= Argyrolobium Eckl. et Zeyh.（1836）（保留属名）［豆科 Fabaceae（Leguminosae）］●☆

30527　Lotos St. – Lag.（1880）= Lotus L.（1753）［豆科 Fabaceae（Leguminosae）//蝶形花科 Papilionaceae］■

30528　Lototrichis Gand. = Lotos St. – Lag.（1880）［酢浆草科 Oxalidaceae］■

30529　Lotoxalis Small（1903）= Oxalis L.（1753）［酢浆草科 Oxalidaceae］■●

30530　Lotulus Raf.（1818）= Lotus L.（1753）［豆科 Fabaceae（Leguminosae）//蝶形花科 Papilionaceae］■

30531　Lotus L.（1753）【汉】百脉根属（牛角花属）。【日】ミヤコグサ属，ロータス属。【俄】Богатень，Лядвенец，Тетрагонолобус，Четырёхкрыльник。【英】Bird's Foot Trefoil，Bird's – foot Trefoil，Bird's– foot – trefoil，Birdsfoot Trefoil，Deervetch，Dragon's – teeth，Lotus，Veinyroot。【隶属】豆科 Fabaceae（Leguminosae）//蝶形花科 Papilionaceae。【包含】世界 60-100 种，中国 8-9 种。【学名诠释与讨论】〈阳〉（希）lotos，几种植物的俗名。此属的学名，ING、TROPICOS、APNI、GCI 和 IK 记载为"Lotus L.，Sp. Pl. 2：773. 1753［1 May 1753］"。"Mullaghera Bubani，Fl. Pyrenaea 2：507. 1899（sero）– 1900"是"Lotus L.（1753）"的晚出的同模式异名（Homotypic synonym, Nomenclatural synonym）。【分布】巴基斯坦，非洲，哥斯达黎加，美国（密苏里），中国，温带欧洲，亚洲，中美洲。【后选模式】Lotus corniculatus Linnaeus。【参考异名】Acmispon Raf.（1832）；Andaca Raf.（1837）；Benedictella Maire（1924）；Dorycnium Mill.（1754）；Heinchenia Hook. f.（1884）Nom. illegit.；Heinchenia Webb ex Hook. f.（1884）Nom. illegit.；Heinekenia Webb ex Benth. et Hook. f.（1865）；Heinekenia Webb ex Christ（1887）Nom. illegit.；Helminthocarpon A. Rich.（1847）Nom. illegit.；Hosackia Benth. ex Lindl.（1829）Nom. illegit.；Hosackia Douglas ex Benth.（1829）；Kebirita Kramina et D. D. Sokoloff（2001）；Kerstania Rech. f.（1958）；Krockeria Steud.；Krokeria Moench（1794）；Lotea Medik.（1787）；Lotos St. – Lag.（1880）；Lotulus Raf.（1818）；Mullaghera Bubani（1899）Nom. illegit.；Pedrosia Lowe（1856）；Podolotus Benth.（1835）Nom. illegit.；Podolotus Royle ex Benth.（1835）；Podolotus Royle（1835）Nom. illegit.；Pseudolotus Rech. f.（1958）；Tetragonobolus Scop.（1772）（废弃属名）；Tetragonolobus Scop.（1772）（保留属名）；Vermifrux J. B. Gillett（1966）■

30532　Loucoryne Steud.（1840）= Leucocoryne Lindl.（1830）［百合科 Liliaceae//葱科 Alliaceae］■☆

30533　Loudetia A. Braun（1841）Nom. illegit.（废弃属名）≡ Tristachya Nees（1829）［禾本科 Poaceae（Gramineae）］■☆

30534　Loudetia Hochst.（1841）Nom. inval. = Loudetia Hochst. ex Steud.（1854）（保留属名）［禾本科 Poaceae（Gramineae）］■☆

30535　Loudetia Hochst. ex A. Braun（1841）Nom. illegit.（废弃属名）≡ Tristachya Nees（1829）≠ Loudetia Hochst. ex Steud.（1854）（保留属名）［禾本科 Poaceae（Gramineae）］■☆

30536　Loudetia Hochst. ex Steud.（1854）（保留属名）【汉】劳德草属。【隶属】禾本科 Poaceae（Gramineae）。【包含】世界 26 种。【学名诠释与讨论】〈阴〉（人）可能来自 Loudet，德国牙科医生。此属

的学名"Loudetia Hochst. ex Steud.，Syn. Pl. Glumac. 1；238. 12-13 Apr 1854"是保留属名。相应的废弃属名是禾本科 Poaceae（Gramineae）的"Loudetia Hochst. ex A. Braun in Flora 24：713. 7 Dec 1841 ≡ Tristachya Nees（1829）"。"Loudetia A. Braun（1841）Nom. illegit. ≡ Tristachya Nees（1829）= Loudetia Hochst. ex Steud.（1854）（保留属名）［禾本科 Poaceae（Gramineae）］"亦应废弃。"Loudetia Hochst.，Flora 24（1，Intelligenzbl.）：20（1841）；24（2：713（1841）≡ Loudetia Hochst. ex Steud.（1854）（保留属名）"是一个未合格发表的名称（Nom. inval.）。【分布】玻利维亚，马达加斯加，南美洲，热带和非洲南部。【模式】Loudetia elegans Hochstetter ex A. Braun。【参考异名】Loudetia Hochst.（1841）Nom. inval.■☆

30537　Loudetiopsis Conert（1957）【汉】拟劳德草属。【隶属】禾本科 Poaceae（Gramineae）。【包含】世界 11 种。【学名诠释与讨论】〈阴〉（属）Loudetia 劳德草属 + 希腊文 opsis，外观，模样，相似。【分布】玻利维亚，热带非洲。【模式】Loudetiopsis ambiens（K. Schumann）H. J. Conert［Trichopteryx ambiens K. Schumann］。【参考异名】Diandrostachya（C. E. Hubb.）Jacq. -Fél.（1960）■☆

30538　Loudonia Bert. ex Hook. et Arn. = Adesmia DC.（1825）（保留属名）［豆科 Fabaceae（Leguminosae）］■☆

30539　Loudonia Lindl.（1839）= Glischrocaryon Endl.（1838）［小二仙草科 Haloragaceae］■☆

30540　Louichea L'Hér.（1791）Nom. illegit. ≡ Pteranthus Forssk.（1775）［醉人花科（裸果木科）Illecebraceae//石竹科 Caryophyllaceae］■☆

30541　Louiseania Carrière（1872）= Prunus L.（1753）［蔷薇科 Rosaceae//李科 Prunaceae］●

30542　Louisia Rchb. f.（1858）= Luisia Gaudich.（1829）［兰科 Orchidaceae］■

30543　Louisiella C. E. Hubb. et J. Léonard（1952）【汉】海绵杆属。【隶属】禾本科 Poaceae（Gramineae）。【包含】世界 1 种。【学名诠释与讨论】〈阴〉（人）Louis + -ellus，-ella，-ellum，加在名词词干后面形成指小式的词尾。或加在人名，属名等后面以组成新属的名称。【分布】热带非洲。【模式】Louisiella fluitans C. E. Hubbard et J. Léonard。■☆

30544　Louradia Leman（1823）= Lavradia Vell. ex Vand.（1788）［金莲木科 Ochnaceae］●

30545　Lourea Desv.（1813）Nom. illegit. ≡ Christia Moench（1802）［豆科 Fabaceae（Leguminosae）//蝶形花科 Papilionaceae］■●

30546　Lourea J. St. –Hil.（1812）Nom. illegit. = Maughania J. St. –Hil.（1813）Nom. illegit.；~ = Flemingia Roxb. ex W. T. Aiton（1812）（保留属名）［豆科 Fabaceae（Leguminosae）//蝶形花科 Papilionaceae］●■

30547　Lourea Kunth（1839）Nom. illegit. = Bagassa Aubl.（1775）［桑科 Moraceae］●☆

30548　Lourea Neck.（1790）Nom. inval. ≡ Christia Moench（1802）［豆科 Fabaceae（Leguminosae）//蝶形花科 Papilionaceae］■●

30549　Lourea Neck. ex Desv.（1813）Nom. illegit. ≡ Christia Moench（1802）［豆科 Fabaceae（Leguminosae）//蝶形花科 Papilionaceae］■●

30550　Lourea Neck. ex J. St. – Hil.（1813）Nom. illegit. ≡ Christia Moench（1802）［豆科 Fabaceae（Leguminosae）//蝶形花科 Papilionaceae］■●

30551　Loureira Cav.（1799）Nom. illegit. = Jatropha L.（1753）（保留属名）［大戟科 Euphorbiaceae］●■

30552　Loureira Meisn.（1837）Nom. illegit. = Glycosmis Corrêa（1805）（保留属名）［芸香科 Rutaceae］●

30553 Loureira Raeusch.（1797）＝Cassine L.（1753）（保留属名）；~＝Elaeodendron Jacq.（1782）［卫矛科 Celastraceae］●☆

30554 Loureiroa Post et Kuntze（1）＝Loureira Cav.（1799）Nom. illegit.；~＝Jatropha L.（1753）（保留属名）［大戟科 Euphorbiaceae］●■

30555 Loureiroa Post et Kuntze（2）＝Loureira Raeusch.（1797）［卫矛科 Celastraceae］●

30556 Loureiroa Post et Kuntze（3）＝Loureira Meisn.（1837）Nom. illegit.；~＝Glycosmis Corrêa（1805）（保留属名）［芸香科 Rutaceae］●

30557 Lourteigia R. M. King et H. Rob.（1971）【汉】毛背柄泽兰属。【隶属】菊科 Asteraceae（Compositae）。【包含】世界 9-11 种。【学名诠释与讨论】〈阴〉（人）Alicia Lourteig，1913－2003，植物学者。【分布】哥伦比亚，委内瑞拉。【模式】Lourteigia stoechadifolia（Linnaeus f.）R. M. King et H. E. Robinson［Eupatorium stoechadifolium Linnaeus f.］。■☆

30558 Lourtella S. A. Graham, Baas et Tobe（1987）【汉】秘鲁千屈菜属。【隶属】千屈菜科 Lythraceae。【包含】世界 1 种。【学名诠释与讨论】〈阴〉词源不详。【分布】秘鲁，玻利维亚。【模式】Lourtella resinosa S. A. Graham, P. Baas et H. Tobe。●☆

30559 Lourya Baill.（1888）＝Peliosanthes Andréws（1808）［百合科 Liliaceae//铃兰科 Convallariaceae//球子草科 Peliosanthaceae］■

30560 Louteridium S. Watson（1888）【汉】卢太蓟床属。【隶属】爵床科 Acanthaceae。【包含】世界 6 种。【学名诠释与讨论】〈中〉词源不详。【分布】墨西哥，中美洲。【模式】Louteridium donnell-smithii S. Watson。【参考异名】Neolindenia Baill.（1890）☆

30561 Louvelia Jum. et H. Perrier（1912）【汉】卢韦尔椰属（老维棕属，罗维列椰属）。【隶属】棕榈科 Arecaceae（Palmae）。【包含】世界 3 种。【学名诠释与讨论】〈阴〉（人）Louvel。此属的学名是"Louvelia H. Jumelle et H. Perrier de la Bâthie，Compt. Rend. Hebd. Séances Acad. Sci. 155：411. 1912"。亦有文献把其处理为"Ravenea H. Wendl. ex C. D. Bouché（1878）"的异名。【分布】马达加斯加。【模式】Louvelia madagascariensis H. Jumelle et H. Perrier de la Bâthie。【参考异名】Lommelia Willis, Nom. inval.；Ravenea C. D. Bouché ex H. Wendl.（1878）；Ravenea C. D. Bouché（1878）；Ravenea H. Wendl.；Ravenea H. Wendl. ex C. D. Bouché（1878）●☆

30562 Lovanafia M. Peltier（1972）＝Dicraeopetalum Harms（1902）［豆科 Fabaceae（Leguminosae）//蝶形花科 Papilionaceae］●☆

30563 Lovoa Harms（1896）【汉】虎斑楝属。【隶属】楝科 Meliaceae。【包含】世界 2-11 种。【学名诠释与讨论】〈阴〉（地）Lovo 河，位于安哥拉。【分布】热带非洲。【模式】Lovoa trichilioides Harms。【参考异名】Litosiphon Pierre ex A. Chev.（1917）；Litosiphon Pierre ex Harms●☆

30564 Lovoma Willis, Nom. inval. ＝Archontophoenix H. Wendl. et Drude（1875）；~＝Loroma O. F. Cook（1915）［棕榈科 Arecaceae（Palmae）］●

30565 Lowea Lindl.（1829）＝Hulthemia Dumort.（1824）；~＝Rosa L.（1753）［蔷薇科 Rosaceae］●

30566 Lowellia A. Gray（1849）＝Thymophylla Lag.（1816）［菊科 Asteraceae（Compositae）］●■☆

30567 Lowia Scort.（1886）【汉】娄氏兰花蕉属。【隶属】芭蕉科 Musaceae//兰花蕉科 Orchidanthaceae//娄氏兰花蕉科 Lowiaceae。【包含】世界 10 种，中国 2 种。【学名诠释与讨论】〈阴〉（人）Hugh Low，1824－1905，英国植物学者，兰花专家。此属的学名是"Lowia Scortechini，Nuovo Giorn. Bot. Ital. 18：308. 25 Oct 1886"。亦有文献把其处理为"Orchidantha N. E. Br.（1886）"的异名。

【分布】印度至马来西亚，中国。【模式】Lowia longiflora Scortechini。【参考异名】Orchidantha N. E. Br.（1886）■

30568 Lowiaceae Ridl.（1924）（保留科名）【汉】娄氏兰花蕉科。【英】Lowia Family。【包含】世界 1 属 7-10 种，中国 1 属 2 种。【分布】中国（南部），马来西亚（西部），中南半岛。【科名模式】Lowia Scort.［Orchidantha N. E. Br.（1886）］■

30569 Lowianthus Becc.（1902）＝Vanda Jones ex R. Br.（1820）［兰科 Orchidaceae］■

30570 Lowiorchis Szlach.（2004）【汉】娄氏兰属。【隶属】兰科 Orchidaceae。【包含】世界 5 种。【学名诠释与讨论】〈阴〉（人）Low，植物学者。此属的学名是"Lowiorchis Szlach.，Die Orchidee 55：314. 2004"。亦有文献把其处理为"Cynorkis Thouars（1809）"的异名。【分布】马达加斯加。【模式】Lowiorchis lowiana（Rchb. f.）Szlach.［Lowiorchis lowiana（Rchb. f.）Szlach.］。【参考异名】Cynorkis Thouars（1809）■☆

30571 Lowryanthus Pruski（2014）【汉】马岛花属。【隶属】菊科 Asteraceae（Compositae）。【包含】世界 1 种。【学名诠释与讨论】〈阴〉（人）Lowry，Porter Peter（1956－）＋希腊文 anthos，花。antheros，多花的。antheo，开花。【分布】马达加斯加。【模式】Lowryanthus rubens Pruski。☆

30572 Loxania Tiegh.（1895）＝Cladocolea Tiegh.（1895）；~＝Loranthus Jacq.（1762）（保留属名）［桑寄生科 Loranthaceae］●

30573 Loxanisa Raf.（1840）＝Carex L.（1753）［莎草科 Cyperaceae］■

30574 Loxanthera（Blume）Blume（1830）【汉】斜药桑寄生属。【隶属】桑寄生科 Loranthaceae。【包含】世界 1 种。【学名诠释与讨论】〈阴〉（希）loxos，歪斜的，弯曲的，反常的＋anthera，花药。此属的学名，ING 记载是"Loxanthera（Blume）Blume in J. A. Schultes et J. H. Schultes in J. J. Roemer et J. A. Schultes, Syst. Veg. 7（2）：1612,1730. 1830"，由"Loranthus sect. Loxanthera Blume, Fl. Javae（Loranth.）15. 16 Aug 1830"改级而来。IK 则记载为"Loxanthera Blume, Syst. Veg. , ed. 15 bis［Roemer et Schultes］7（2）：1730. 1830［Oct－Dec 1830］"。"Loxanthera Tiegh. , Bull. Soc. Bot. France 41：260. 1894 ＝Loxanthera（Blume）Blume（1830）"则是晚出的非法名称。【分布】马来西亚（西部）。【模式】Loxanthera speciosa Blume。【参考异名】Loranthus sect. Loxanthera Blume（1830）；Loxanthera Blume（1830）Nom. illegit.；Loxanthera Tiegh.（1894）Nom. illegit.●☆

30575 Loxanthera Blume（1830）Nom. illegit. ≡Loxanthera（Blume）Blume（1830）［桑寄生科 Loranthaceae］●☆

30576 Loxanthera Tiegh.（1894）Nom. illegit. ＝Loxanthera（Blume）Blume（1830）［桑寄生科 Loranthaceae］●☆

30577 Loxanthes Raf.（1825）＝Aphyllon Mitch.（1769）；~＝Orobanche L.（1753）［列当科 Orobanchaceae//玄参科 Scrophulariaceae］■

30578 Loxanthes Salisb.（1866）Nom. illegit. ＝Nerine Herb.（1820）（保留属名）［石蒜科 Amaryllidaceae］■☆

30579 Loxanthocereus Backeb.（1937）＝Borzicactus Riccob.（1909）；~＝Cleistocactus Lem.（1861）［仙人掌科 Cactaceae］●☆

30580 Loxanthus Nees（1832）＝Phlogacanthus Nees（1832）［爵床科 Acanthaceae］●■

30581 Loxidium Vent.（1808）＝Swainsona Salisb.（1806）［豆科 Fabaceae（Leguminosae）］●■☆

30582 Loxocalyx Hemsl.（1890）【汉】斜萼草属。【日】マネキグサ属。【英】Obliquecalyxweed。【隶属】唇形科 Lamiaceae（Labiatae）。【包含】世界 2-3 种，中国 2 种。【学名诠释与讨论】〈阳〉（希）loxos，歪斜的，弯曲的，反常的＋kalyx，所有格 kalykos＝拉丁文 calyx，花萼，杯子。指萼管二唇形，上唇直立，下唇延长。【分布】中国。【模式】Loxocalyx urticifolius W. B. Hemsley。■★

30583 Loxocarpus R. Br. (1839)【汉】肿蒴苣苔属。【隶属】苦苣苔科 Gesneriaceae。【包含】世界15种。【学名诠释与讨论】〈阳〉(希) loxos, 歪斜的, 弯曲的, 反常的+karpos, 果实。【分布】印度尼西亚 (爪哇岛), 马来半岛。【模式】Loxocarpus incana R. Brown。■☆

30584 Loxocarya R. Br. (1810)【汉】斜核草属。【隶属】帚灯草科 Restionaceae。【包含】世界5-7种。【学名诠释与讨论】〈阴〉 (希)loxos, 歪斜的, 弯曲的, 反常的+karyon, 胡桃, 硬壳果, 核, 坚果。【分布】澳大利亚(西南部)。【模式】Loxocarya cinerea R. Brown。【参考异名】Desmocladus Nees (1846); Haplostigma F. Muell. (1873)■☆

30585 Loxococcus H. Wendl. et Drude (1875)【汉】歪果片棕属(海椰子属, 倾果桐属, 岩槟榔属, 岩山椰属)。【日】アカメヤシ属。【英】Loxococcus。【隶属】棕榈科 Arecaceae(Palmae)。【包含】世界1种。【学名诠释与讨论】〈阴〉(希)loxos, 歪斜的, 弯曲的, 反常的+kokkos, 变为拉丁文 coccus, 仁, 谷粒, 浆果。其果实近球形, 具一个短而怪的喙。【分布】斯里兰卡。【模式】Loxococcus rupicola (Thwaites) H. Wendland et Drude ex J. D. Hooker [Ptychosperma rupicola Thwaites]。●☆

30586 Loxodera Launert (1963)【汉】曲芒草属。【隶属】禾本科 Poaceae(Gramineae)。【包含】世界5种。【学名诠释与讨论】〈阴〉(希)loxos, 歪斜的, 弯曲的, 反常的+deros, 长的。【分布】热带非洲南部。【模式】Loxodera rigidiuscula Launert。【参考异名】Lepargochloa Launert (1963); Loxodora Launert; Plagiarthron P. A. Duvign., Nom. inval. ■☆

30587 Loxodiscus Hook. f. (1857)【汉】斜盘无患子属。【隶属】无患子科 Sapindaceae。【包含】世界1种。【学名诠释与讨论】〈阳〉(希)loxos, 歪斜的, 弯曲的, 反常的+diskos, 圆盘。【分布】法属新喀里多尼亚。【模式】Loxodiscus coriaeus J. D. Hooker。●☆

30588 Loxodon Cass. (1823) = Chaptalia Vent. (1802) (保留属名)[菊科 Asteraceae(Compositae)]■☆

30589 Loxodora Launert = Loxodera Launert (1963)[禾本科 Poaceae (Gramineae)]■☆

30590 Loxoma Garay (1972) Nom. illegit. ≡ Loxomorchis Rauschert (1982) Nom. illegit.; ~ = Smithsonia C. J. Saldanha (1974)[兰科 Orchidaceae]■☆

30591 Loxomorchis Rauschert (1982) Nom. illegit. = Smithsonia C. J. Saldanha(1974)[兰科 Orchidaceae]■☆

30592 Loxonia Jack (1823)【汉】斜叶苣苔属。【隶属】苦苣苔科 Gesneriaceae。【包含】世界3种。【学名诠释与讨论】〈阴〉(希) loxos, 歪斜的, 弯曲的, 反常的。【分布】日本, 印度尼西亚(苏门答腊岛)。【后选模式】Loxonia discolor Jack。【参考异名】Loxophyllum Blume(1826)■☆

30593 Loxophyllum Blume(1826) = Loxonia Jack (1823)[苦苣苔科 Gesneriaceae]■☆

30594 Loxoptera O. E. Schulz(1933)【汉】斜翼芥属。【隶属】十字花科 Brassicaceae(Cruciferae)。【包含】世界1种。【学名诠释与讨论】〈阴〉(希)loxos, 歪斜的, 弯曲的, 反常的+pteron, 指小式 pteridion, 翅。pteridios, 有羽毛的。此属的学名是"Loxoptera O. E. Schulz, Bot. Jahrb. Syst. 66: 93. 20 Oct 1933"。亦有文献把其处理为"Cremolobus DC. (1821)"的异名。【分布】秘鲁。【模式】Loxoptera stenophylla (Muschler) O. E. Schulz [Cremolobus stenophyllus Muschler]。【参考异名】Cremolobus DC. (1821)■☆

30595 Loxopterygium Hook. f. (1862)【汉】歪翅漆属(红坚木属)。【英】Loxopterygium。【隶属】漆树科 Anacardiaceae。【包含】世界5种。【学名诠释与讨论】〈阴〉(希)loxos, 歪斜的, 弯曲的, 反常的+pteryx, 所有格 pterygos, 指小式 pterygion, 翼, 羽毛, 鳍+-ius, -ia, -ium, 在拉丁文和希腊文中, 这些词尾表示性质或状态。此属

的学名是"Loxopterygium J. D. Hooker in Bentham et J. D. Hooker, Gen. 1: 419. 7 Aug 1862"。亦有文献把其处理为"Schinopsis Engl. (1876)"的异名。【分布】秘鲁, 玻利维亚, 厄瓜多尔, 热带南美洲。【模式】Loxopterygium sagotii J. D. Hooker。【参考异名】Apterokarpos Rizzini (1975); Quebrachia Griseb. (1874) Nom. inval.;Schinopsis Engl. (1876);Trifolium L. (1753)●☆

30596 Loxospermum Hochst. (1846) = Trifolium L. (1753)[豆科 Fabaceae(Leguminosae)//蝶形花科 Papilionaceae]■

30597 Loxostachys Peter (1930) Nom. illegit. = Cyrtococcum Stapf (1920); ~ = Pseudechinolaena Stapf (1919)[禾本科 Poaceae (Gramineae)]■

30598 Loxostemon Hook. f. et Thomson(1861)【汉】弯蕊芥属。【英】Curvedstamencress。【隶属】十字花科 Brassicaceae (Cruciferae)。【包含】世界1-10种, 中国10种。【学名诠释与讨论】〈阳〉(希)loxos, 歪斜的, 弯曲的, 反常的+stemon, 雄蕊。此属的学名是"Loxostemon J. D. Hooker et T. Thomson, J. Proc. Linn. Soc., Bot. 5: 129,147. 27 Mar 1861"。亦有文献把其处理为"Cardamine L. (1753)"的异名。【分布】中国, 东喜马拉雅山。【模式】Loxostemon pulchellus J. D. Hooker et T. Thomson。【参考异名】Cardamine L. (1753)■

30599 Loxostigma C. B. Clarke (1883)【汉】紫花苣苔属(斜柱苣苔属)。【英】Loxostigma。【隶属】苦苣苔科 Gesneriaceae。【包含】世界7种, 中国7种。【学名诠释与讨论】〈中〉(希)loxos, 歪斜的, 弯曲的, 反常的+stigma, 所有格 stigmatos, 柱头, 眼点。指柱头偏斜。【分布】中国, 东喜马拉雅山。【模式】Loxostigma griffithii (R. Wight) C. B. Clarke [Didymocarpus griffithii R. Wight]。■

30600 Loxostylis A. Spreng. (1830) Nom. illegit. ≡ Loxostylis A. Spreng. ex Rchb. (1830)[漆树科 Anacardiaceae]●☆

30601 Loxostylis A. Spreng. ex Rchb. (1830)【汉】斜柱漆属。【隶属】漆树科 Anacardiaceae。【包含】世界1种。【学名诠释与讨论】〈阴〉(希)loxos, 歪斜的, 弯曲的, 反常的+stylos = 拉丁文 style, 花柱, 中柱, 有尖之物, 桩, 柱, 支持物, 支柱, 石头做的界标。此属的学名, ING、TROPICOS 和 IK 记载是"Loxostylis A. Sprengel ex H. G. L. Reichenbach, Icon. Bot. Exot. 3: 3. 1830"。"Loxostylis A. Spreng. (1830) Nom. illegit. ≡ Loxostylis A. Spreng. ex Rchb. (1830)"的命名人引证有误。【分布】非洲南部。【模式】Loxostylis alata A. Sprengel ex H. G. L. Reichenbach。【参考异名】Anasyllis E. Mey. (1843);Loxostylis A. Spreng. (1830) Nom. illegit. ●☆

30602 Loxothysanus B. L. Rob. (1907)【汉】斜苏菊属。【隶属】菊科 Asteraceae(Compositae)。【包含】世界2-3种。【学名诠释与讨论】〈阳〉(希)loxos, 歪斜的, 弯曲的, 反常的+thusanos 缘饰。【分布】墨西哥, 中美洲。【后选模式】Loxothysanus sinuatus (Lessing) B. L. Robinson [Bahia sinuata Lessing]。●☆

30603 Loxotis(R. Br.) Benth. (1835) Nom. illegit. ≡ Loxotis R. Br. ex Benth. (1835)[苦苣苔科 Gesneriaceae]■

30604 Loxotis R. Br. (1835) Nom. illegit. ≡ Loxotis R. Br. ex Benth. (1835); ~ = Rhynchoglossum Blume (1826)[as 'Rhinchoglossum'](保留属名)[苦苣苔科 Gesneriaceae]■

30605 Loxotis R. Br. ex Benth. (1835) = Rhynchoglossum Blume(1826)[as 'Rhinchoglossum'](保留属名)[苦苣苔科 Gesneriaceae]■

30606 Loxotrema Raf. (1840) = Carex L. (1753)[莎草科 Cyperaceae]■

30607 Loydia Delile(1844) Nom. illegit. = Beckeropsis Fig. et De Not. (1854); ~ = Pennisetum Rich. (1805)[禾本科 Poaceae (Gramineae)]■

30608 Lozanella Greenm. (1905)【汉】对叶榆属(对叶山黄麻属)。

【隶属】榆科 Ulmaceae。【包含】世界 2 种。【学名诠释与讨论】〈阴〉（人）Lozan+-ellus, -ella, -ellum, 加在名词词干后面形成指小式的词尾。或加在人名、属名等后面以组成新属的名称。【分布】巴拿马, 秘鲁, 玻利维亚, 厄瓜多尔, 哥伦比亚（安蒂奥基亚）, 墨西哥, 尼加拉瓜, 中美洲。【模式】Lozanella trematoides Greenman。●☆

30609　Lozania Mutis ex Caldas（1810）Nom. illegit. ≡ Lozania S. Mutis（1810）［裂蕊树科（裂药花科）Lacistemataceae］●☆

30610　Lozania Mutis（1810）【汉】洛赞裂蕊树属。【隶属】裂蕊树科（裂药花科）Lacistemataceae。【包含】世界 4 种。【学名诠释与讨论】〈阴〉（人）Lozan。此属的学名, ING 和 TROPICOS 记载是 "Lozania Mutis in Caldas, Semanario Nueva Granada 1810（3a）：20. 1810"。IK 则记载为 "Lozania Mutis ex Caldas, in Seman. Nuev. Gran.（1810）III. 20"。三者引用的文献相同。【分布】巴拿马, 秘鲁, 玻利维亚, 厄瓜多尔, 哥伦比亚（安蒂奥基亚）, 哥斯达黎加, 尼加拉瓜, 中美洲。【模式】Lozania mutisiana J. A. Schultes。【参考异名】Lacistemopsis Kuhlm.（1940）；Lozania Mutis ex Caldas（1810）Nom. illegit.；Monandrodendron Mansf.（1929）●☆

30611　Lubaria Pittier（1929）【汉】卢巴尔芸香属。【隶属】芸香科 Rutaceae。【包含】世界 1 种。【学名诠释与讨论】〈阴〉（人）Lubar。【分布】委内瑞拉, 中美洲。【模式】Lubaria aroensis Pittier。●☆

30612　Lubinia Comm. ex Vent.（1800）= Lysimachia L.（1753）［报春花科 Primulaceae//珍珠菜科 Lysimachiaceae］●■

30613　Lubinia Vent.（1800）Nom. illegit. ≡ Lubinia Comm. ex Vent.（1800）［报春花科 Primulaceae//珍珠菜科 Lysimachiaceae//紫金牛科 Myrsinaceae］●■

30614　Lucaea Kunth（1831）【汉】路开草属。【隶属】禾本科 Poaceae（Gramineae）。【包含】世界 10 种。【学名诠释与讨论】〈阴〉（人）August Friedrich Theodor Lucae, 1800-1848, 德国植物学者。此属的学名是 "Lucaea Kunth, Rév. Gram. 2：［489］. Nov 1831"。亦有文献把其处理为 "Arthraxon P. Beauv.（1812）" 的异名。【分布】巴基斯坦。【模式】Lucaea gracilis Kunth。【参考异名】Arthraxon P. Beauv.（1812）■☆

30615　Lucaya Britton et Rose（1928）= Acacia Mill.（1754）（保留属名）［豆科 Fabaceae（Leguminosae）//含羞草科 Mimosaceae//金合欢科 Acaciaceae］●■

30616　Luchia Steud.（1841）= Elodea Michx.（1803）［水鳖科 Hydrocharitaceae］■☆

30617　Lucianea Endl.（1838）= Lucinaea DC.（1830）［茜草科 Rubiaceae］■☆

30618　Lucilia Cass.（1817）【汉】长毛紫绒草属。【隶属】菊科 Asteraceae（Compositae）。【包含】世界 8-11 种。【学名诠释与讨论】〈阴〉词源不详。【分布】巴拉圭, 秘鲁, 玻利维亚, 厄瓜多尔, 哥伦比亚（安蒂奥基亚）。【模式】Lucilia acutifolia（Poiret）Cassini［Serratula acutifolia Poiret］。【参考异名】Oligandra Less.（1832）；Pachyrhynchus DC.（1838）■☆

30619　Luciliocline Anderb. et S. E. Freire（1991）【汉】尾药紫绒草属。【隶属】菊科 Asteraceae（Compositae）。【包含】世界 5 种。【学名诠释与讨论】〈阴〉（属）Lucilia 长毛紫绒草属+kline, 床, 来自 klino, 倾斜, 斜倚。【分布】阿根廷, 秘鲁, 玻利维亚, 墨西哥。【模式】Luciliocline lopezmirandae（A. L. Cabrera）A. A. Anderberg et S. E. Freire［Belloa lopezmirandae A. L. Cabrera］。■☆

30620　Luciliodes（Less.）Kuntze = Amphiglossa DC.（1838）［菊科 Asteraceae（Compositae）］■☆

30621　Luciliopsis Wedd.（1856）= Chaetanthera Ruiz et Pav.（1794）；~ = Cuatrecasasiella H. Rob.（1985）［菊科 Asteraceae（Compositae）］■☆

30622　Lucinaea DC.（1830）【汉】狄安娜茜属。【隶属】茜草科 Rubiaceae。【包含】世界 25 种。【学名诠释与讨论】〈阴〉（人）Lucina, 生育女神狄安娜的绰号。或说相似于 Lucilia 长毛紫绒草属。此属的学名, ING、TROPICOS 和 IK 记载是 "Lucinaea DC., Prodr.［A. P. de Candolle］4：368. 1830［late Sep 1830］"。"Lucinaea Leandro ex Pfeiff" 是 "Anchietea A. St. -Hil.（1824）［堇菜科 Violaceae］" 的异名。【分布】马来西亚, 法属新喀里多尼亚, 中美洲。【模式】Lucinaea morindae A. P. de Candolle, Nom. illegit.［Morinda polysperma Jack］。【参考异名】Lucianea Endl.（1838）■☆

30623　Lucinaea Leandro ex Pfeiff. = Anchietea A. St. -Hil.（1824）［堇菜科 Violaceae］■☆

30624　Luciola Sm.（1824）= Luzula DC.（1805）（保留属名）［灯心草科 Juncaceae］■

30625　Luckhoffia A. C. White et B. Sloane（1935）= Stapelia L.（1753）（保留属名）［萝藦科 Asclepiadaceae//豹皮花科 Stapeliaceae］■

30626　Luculia Sweet（1826）【汉】滇丁香属。【日】ルクレア属。【英】Luculia, Yunnanclave。【隶属】茜草科 Rubiaceae。【包含】世界 5 种, 中国 3 种。【学名诠释与讨论】〈阴〉（尼泊尔）luculiswa, 为馥郁滇丁香 Luculia gratissima（Wall.）Sweet 的尼泊尔俗名。或说印度语俗名, 或说印尼语俗名。【分布】中国, 喜马拉雅山。【模式】Luculia gratissima（Wallich）Sweet［Cinchona gratissima Wallich］。●

30627　Lucuma Molina（1782）【汉】蛋黄果属（果榄属, 鸡蛋果属, 路库玛属）。【日】ルクマ属。【英】Egg-fruit, Lucuma。【隶属】山榄科 Sapotaceae。【包含】世界 100 种, 中国 1 种。【学名诠释与讨论】〈阴〉（印第安）lucuma, 为 Lucuma obovata 的秘鲁俗名。此属的学名 "Lucyma DC., Prodr. 4：434. Sep（sero）1830" 是保留属名。法规未列出相应的废弃属名。亦有文献把 "Lucuma Molina（1782）" 处理为 "Pouteria Aubl.（1775）" 的异名。【分布】澳大利亚, 巴拉圭, 玻利维亚, 马来西亚, 中国, 太平洋地区, 中美洲。【模式】Lucuma tuberosa DC., nom. illeg.［Peplis tetrandra L.；Lucuma tetrandra（L.）K. Schum.。【参考异名】Beauvisagea Pierre ex Baill.（1892）；Beauvisagea Pierre（1890）Nom. inval.；Bureavella Pierre（1890）；Caleatia Mart. ex Steud.（1841）；Calospermum Pierre（1890）；Epiluma Baill.（1891）Nom. inval., Nom. illegit.；Eremoluma Baill.（1891）Nom. inval.；Franchetella Pierre（1890）；Gymnoluma Baill.（1891）；Leioluma Baill.（1891）；Microluma Baill.（1891）；Peuceluma Baill.（1890）；Pichonia Pierre（1890）；Podoluma Baill.（1891）；Poissonella Pierre（1890）；Pouteria Aubl.（1775）；Pseudocladia Pierre（1891）；Radlkoferella Pierre（1890）；Rham - Mloluma Baill.（1890）；Rhamnoluma Baill.（1890）；Richardella Pierre（1890）；Urbanella Pierre（1890）●

30628　Lucya DC.（1830）（保留属名）【汉】四蕊茜属。【隶属】茜草科 Rubiaceae。【包含】世界 1 种。【学名诠释与讨论】〈阴〉（人）Lucy。此属的学名 "Lucya DC., Prodr. 4：434. Sep（sero）1830" 是保留属名。法规未列出相应的废弃属名。"Clavenna Necker ex Standley, N. Amer. Fl. 32：24. 28 Dec 1918（non Clavena A. P. de Candolle 1838）"、"Clavennaea Necker ex Post et O. Kuntze, Lex. 128. Dec 1903（'1904'）" 和 "Dunalia K. P. J. Sprengel, Pl. Min. Cogn. Pugil. 2：25. 1815（废弃属名）" 是 "Lucya DC.（1830）" 的晚出的同模式异名（Homotypic synonym, Nomenclatural synonym）。【分布】西印度群岛。【模式】Lucya tuberosa A. P. de Candolle, Nom. illegit.［Peplis tetrandra Linnaeus；Lucya tetrandra（Linnaeus）K. Schumann］。【参考异名】Clavenna Neck. ex Standl.（1918）Nom. illegit.；Clavennaea Neck. ex Post et Kuntze（1903）Nom.

（Compositae）］■☆

illegit.；Dunalia Spreng.（1815）（废弃属名）■☆

30629　Luddemania Rchb. f.（1860）= Lueddemannia Rchb. f.（1854）
［兰科 Orchidaceae］■☆

30630　Ludekia Ridsdale（1979）【汉】婆罗州茜属。【隶属】茜草科
Rubiaceae。【包含】世界 2 种。【学名诠释与讨论】〈阴〉（人）
Ludek。【分布】菲律宾,加里曼丹岛。【模式】Ludekia bernardoi
（E. D. Merrill）C. E. Ridsdale ［Nauclea bernardoi E. D. Merrill］。●☆

30631　Ludemania Rchb. f. = Acineta Lindl.（1843）［兰科
Orchidaceae］■☆

30632　Ludia Comm. ex Juss.（1789）【汉】卢迪木属。【隶属】刺篱木
科（大风子科）Flacourtiaceae。【包含】世界 23 种。【学名诠释与
讨论】〈阴〉（人）Werner Ludi,1888-1968,植物学者。【分布】马
达加斯加,非洲。【模式】Ludia heterophylla Lamarck。【参考异
名】Mauneia Thouars（1806）●☆

30633　Ludisia A. Rich.（1825）【汉】血叶兰属。【日】ホンコンシュ
スラン属。【英】Ludisia。【隶属】兰科 Orchidaceae。【包含】世
界 1-4 种,中国 1 种。【学名诠释与讨论】〈阴〉（人）Ludis,法国
人。此属的学名,ING、TROPICOS、GCI 和 IK 记载是"Ludisia A.
Richard in Bory de St. -Vincent, Dict. Class. Hist. Nat. 7:437. 5 Mar
1825"。"Dicrophyla Rafinesque, Fl. Tell. 4：39. 1838（med.）
（'1836'）"是"Ludisia A. Rich.（1825）"的晚出的同模式异名
（Homotypic synonym, Nomenclatural synonym）。【分布】中国,马
来半岛,中南半岛。【模式】Goodyera discolor Ker-Gawler。【参考
异名】Dicrophyla Raf.（1838）Nom. illegit.；Haemaria L.；Haemaria
Lindl.（1833）；Myoda Lindl.（1832）■

30634　Ludolfia Adans.（1763）Nom. illegit. ≡ Tetragonia L.（1753）
［坚果番杏科 Tetragoniaceae//番杏科 Aizoaceae］●■

30635　Ludolfia Willd.（1808）Nom. illegit. ≡ Arundinaria Michx.
（1803）［禾本科 Poaceae（Gramineae）//青篱竹科
Arundinariaceae］●

30636　Ludolphia Willd.（1808）Nom. illegit. = Ludolfia Willd.（1808）
Nom. illegit.；～ = Arundinaria Michx.（1803）［禾本科 Poaceae
（Gramineae）//青篱竹科 Arundinariaceae］●

30637　Ludovia Brongn.（1861）（保留属名）【汉】全叶巴拿马草属。
【隶属】巴拿马草科（环花科）Cyclanthaceae。【包含】世界 3 种。
【学名诠释与讨论】〈阴〉（人）Frank Ludlow,1885-1972,植物学
者。另说纪念西班牙国王 Charles 四世（1748-1819）和他的妻子
Maria Luisa（1751-1819）皇后。此属的学名"Ludovia Brongn. in
Ann. Sci. Nat. , Bot. , ser. 4,15：361. Jun 1861"是保留属名。相应
的废弃属名是巴拿马草科（环花科）Cyclanthaceae 的"Ludovia
Pers. , Syn. Pl. 2：576. Sep 1807 = Carludovica Ruiz et Pav.
（1794）"。【分布】巴拿马,秘鲁,玻利维亚,厄瓜多尔,哥伦比亚
（安蒂奥基亚）,哥斯达黎加,美国,尼加拉瓜,中美洲。【模式】
Ludovia lancifolia A. T. Brongniart［as 'lancaefolia'］。■☆

30638　Ludovia Pers.（1807）（废弃属名）= Carludovica Ruiz et Pav.
（1794）［巴拿马草科（环花科）Cyclanthaceae］●■

30639　Ludovica Vieill. ex Guillaumin（1911）= Bikkiopsis Brongn. et
Gris（1866）［茜草科 Rubiaceae］●☆

30640　Ludovicia Coss.（1857）= Hammatolobium Fenzl（1842）［豆科
Fabaceae（Leguminosae）//蝶形花科 Papilionaceae］■☆

30641　Ludvigia L.（1753）Nom. illegit. ≡ Ludwigia L.（1753）［柳叶菜
科 Onagraceae］●■

30642　Ludwighia Burm. f.（1768）Nom. illegit. ［柳叶菜科 Onagraceae］☆

30643　Ludwigia DC.（1828）Nom. illegit. ［柳叶菜科 Onagraceae］☆

30644　Ludwigia L.（1753）【汉】丁香蓼属（水丁香属,水龙属）。
【日】チョウジタデ属,チョウジタデ属,ミズユキノシタ属。
【俄】Людвигия。【英】False Loosestrife, Hampshire - purslane,

Primrose Willow, Purslane, Seedbox, Water Primrose, Water -
primrose。【隶属】柳叶菜科 Onagraceae。【包含】世界 82 种,中国
9 种。【学名诠释与讨论】〈阴〉（人）Christian Gottlieb Ludwig,
1709-1773,德国植物学者,植物采集家,医生,曾在莱比锡作过
医学教授。此属的学名,ING、APNI、GCI 和 IK 记载是"Ludwigia
L. , Sp. Pl. 1：118（'Ludvigia'）, ［1204］. 1753 ［1 May 1753］"。
"Ludvigia L.（1753）"是其拼写变体。"Ludwigia DC. , Prodr. ［A.
P. de Candolle］3：58. 1828 ［Mar 1828］［柳叶菜科 Onagraceae］"
是晚出的非法名称。【分布】巴基斯坦,巴拉圭,巴拿马,秘鲁,玻
利维亚,厄瓜多尔,哥伦比亚（安蒂奥基亚）,马达加斯加,美国
（密苏里）,尼泊尔,尼加拉瓜,中国,中美洲。【后选模式】
Ludwigia alternifolia Linnaeus。【参考异名】Adenola Raf.（1840）；
Corynostigma C. Presl（1851）；Cubospermum Lour.（1790）；Danthia
Steud.（1840）；Dantia Boehm.（1760）Nom. superfl.；Diplandra
Raf.（1840）（废弃属名）；Epactium Willd.（1827）；Epactium
Willd. ex J. A. et J. H. Schultes（1827）Nom. illegit.；Epactium
Willd. ex Schult.（1827）Nom. illegit.；Fissendocarpa（Haines）
Bennet（1970）；Isnardia L.（1753）；Jussiaea L.（1753）；Jussieua
Murr.；Jussieuia Thunb.（1784）Nom. illegit.；Ludvigia L.（1753）
Nom. illegit.；Ludwigiantha（Torr. et A. Gray）Small（1897）；
Nematopyxis Miq.（1855）；Oocarpon Micheli（1874）；Oocarpus Post
et Kuntze（1903）；Prieurea DC.（1828）；Prieuria Benth. et Hook. f.
（1867）；Prieuria DC.；Quadricosta Dulac（1867）Nom. illegit.；
Staehelinoides Loefl.；Tiphogeton Ehrh.（1789）Nom. inval. ●■

30645　Ludwigiantha（Torr. et A. Gray）Small（1897）= Ludwigia L.
（1753）［柳叶菜科 Onagraceae］●■

30646　Lueckelia Jenny（1954）【汉】巴西白鸟兰属。【隶属】兰科
Orchidaceae。【包含】世界 1 种。【学名诠释与讨论】〈阴〉词源
不详。此属的学名是"Lueckelia Jenny, Australian Orchid Review
64（4）：15. 1999"。亦有文献把其处理为"Polycycnis Rchb. f.
（1855）"的异名。【分布】巴西。【模式】Lueckelia virkkiae R.
Potonié et W. Klaus。【参考异名】Polycycnis Rchb. f.（1855）■☆

30647　Lueddemannia Rchb. f.（1854）【汉】卢氏兰属。【隶属】兰科
Orchidaceae。【包含】世界 1 种。【学名诠释与讨论】〈阴〉（人）
G. A. Lueddemann,1821-1884,兰花培育者。【分布】秘鲁,厄瓜
多尔,热带南美洲西部。【模式】Lueddemannia pescatorei
（Lindley）J. Linden et H. G. Reichenbach ［Cycnoches pescatorei
Lindley］。【参考异名】Luddemania Rchb. f.（1860）■☆

30648　Luederitzia K. Schum.（1888）【汉】吕德锦葵属。【隶属】锦葵
科 Malvaceae。【包含】世界 2 种。【学名诠释与讨论】〈阴〉（人）
Luederitz。此属的学名是"Luederitzia K. M. Schumann, Bot. Jahrb.
Syst. 10：45. 6 Jul 1888"。亦有文献把其处理为"Pavonia Cav.
（1786）（保留属名）"的异名。【分布】澳大利亚,非洲。【模式】
Luederitzia pentaptera K. M. Schumann。【参考异名】Pavonia Cav.
（1786）（保留属名）☆

30649　Luehea F. W. Schmidt（1793）（废弃属名）= Stilbe P. J. Bergius
（1767）［密穗木科（密穗草科）Stilbaceae］●☆

30650　Luehea Willd.（1801）（保留属名）【汉】马鞭椴属（李海木
属）。【俄】Люхея。【英】Whiptree。【隶属】椴树科（椴科,田麻
科）Tiliaceae//锦葵科 Malvaceae。【包含】世界 15-25 种。【学名
诠释与讨论】〈阴〉（人）Carl Emil von der Luehe（Lühe）,德国植
物学者。此属的学名"Luehea Willd. in Ges. Naturf. Freunde Berlin
Neue Schriften 3：410. 1801（post 21 Apr）"是保留属名。相应的废
弃属名是密穗草科 Stilbaceae//马鞭草科 Verbenaceae］的"Luehea
F. W. Schmidt, Neue Selt. Pfl. , 23. 1793（ante 17 Jun）= Stilbe P. J.
Bergius（1767）"。【分布】巴拿马,秘鲁,玻利维亚,厄瓜多尔,哥
伦比亚（安蒂奥基亚）,尼加拉瓜,西印度群岛,中美洲。【模式】

Luehea speciosa Willdenow。【参考异名】Alegria DC.（1824）；Alegria Moc. et Sessé ex DC.（1824）；Alegria Moc. et Sessé, Nom. inval. ; Brotera Vell.（1829）Nom. illegit. ; Luhea A. DC.（1848）Nom. inval. ●☆

30651　Lueheopsis Burret（1926）【汉】拟马鞭椴属。【隶属】椴树科（椴科,田麻科）Tiliaceae//锦葵科 Malvaceae。【包含】世界 6-9 种。【学名诠释与讨论】〈阴〉（属）Luehea 马鞭椴属+希腊文 opsis,外观,模样,相似。【分布】秘鲁,玻利维亚,厄瓜多尔,热带南美洲。【模式】未指定。●☆

30652　Lueranthos Szlach. et Marg.（2002）【汉】厄瓜多尔吕兰属。【隶属】兰科 Orchidaceae。【包含】世界 1 种。【学名诠释与讨论】〈阴〉（人）Luer,植物学者+anthos,花。此属的学名是"Lueranthos Szlach. et Marg., Polish Botanical Journal 46（2）：117. 2001 ［2002］.（20 Feb 2002）"。亦有文献把其处理为"Pleurothallis R. Br.（1813）"的异名。【分布】厄瓜多尔。【模式】Lueranthos pelecaniceps（C. A. Luer）L. A. Braas［Masdevallia pelecaniceps C. A. Luer］。【参考异名】Pleurothallis R. Br.（1813）■☆

30653　Luerella Braas（1979）= Masdevallia Ruiz et Pav.（1794）［兰科 Orchidaceae］■☆

30654　Luerssenia Kuntze（1891）Nom. illegit. ≡ Cuminum L.（1753）［伞形花科（伞形科）Apiaceae（Umbelliferae）］■

30655　Luerssenidendron Domin（1927）= Acradenia Kippist（1853）［芸香科 Rutaceae］●☆

30656　Luetkea Bong.（1832）= Eriogynia Hook.（1832）［蔷薇科 Rosaceae］●☆

30657　Luetzelburgia Harms（1922）【汉】吕策豆属。【隶属】豆科 Fabaceae（Leguminosae）//蝶形花科 Papilionaceae。【包含】世界 6 种。【学名诠释与讨论】〈阴〉（人）Philipp von Luetzelburg,1880-1948,德国植物学者,探险家,植物采集家。【分布】巴西,玻利维亚。【模式】Luetzelburgia pterocarpoides Harms。■☆

30658　Luffa Mill.（1754）【汉】丝瓜属。【日】ヘチマ属。【俄】Губка растительная, Губка - люффа, Люфа, Люффа。【英】Dishcloth Gourd, Dish-cloth Gourd, Dishclothgourd, Loofah, Rag Gourd, Towel Gourd, Towelgourd, Vegetable Sponge, Vegetable-sponge。【隶属】葫芦科（瓜科,南瓜科）Cucurbitaceae。【包含】世界 6-8 种,中国 2 种。【学名诠释与讨论】〈阴〉（阿拉伯）lufah, luff, luf, louf, loofah or loofa,lufa,阿拉伯植物俗名。【分布】巴基斯坦,巴拉圭,巴拿马,秘鲁,玻利维亚,厄瓜多尔,哥伦比亚（安蒂奥基亚）,哥斯达黎加,马达加斯加,尼加拉瓜,中国,热带,中美洲。【模式】Luffa aegyptica P. Miller［Momordica luffa Linnaeus］。【参考异名】Poppia Cam ex Vilm.（1870）；Poppia hort. ex Carrière（1870）Nom. illegit. ; Poppya Neck.（1790）Nom. inval. ; Poppya Neck. ex M. Roem.（1846）；Trevauxia Steud.（1841）Nom. illegit. ; Trevouxia Scop.（1777）Nom. illegit. ; Turia Forssk.（1775）Nom. inval. ; Turia Forssk. ex J. F. Gmel.（1791）■

30659　Lugaion Raf.（1838）= Cytisus Desf.（1798）（保留属名）；~ = Genista L.（1753）［豆科 Fabaceae（Leguminosae）//蝶形花科 Papilionaceae］●

30660　Lugoa DC.（1838）【汉】卢格菊属。【隶属】菊科 Asteraceae（Compositae）。【包含】世界 1 种。【学名诠释与讨论】〈阴〉（人）Lugo。此属的学名是"Lugoa A. P. de Candolle,Prodr. 6：14. Jan（prim.）1838"。亦有文献把其处理为"Gonospermum Less.（1832）"的异名。【分布】西班牙（加那利群岛）。【模式】Lugoa revoluta（C. Smith ex Link）A. P. de Candolle［Anthemis revoluta C. Smith ex Link］。【参考异名】Gonospermum Less.（1832）■●☆

30661　Lugonia Wedd.（1859）【汉】卢贡萝藦属。【隶属】萝藦科 Asclepiadaceae。【包含】世界 3 种。【学名诠释与讨论】〈阴〉（人）Lugon。【分布】阿根廷,秘鲁,玻利维亚。【模式】Lugonia lysimachioides Weddell。☆

30662　Luhea A. DC.（1848）Nom. inval. = Luehea Willd.（1801）（保留属名）［椴树科（椴科,田麻科）Tiliaceae//锦葵科 Malvaceae//密穗木科（密穗草科）Stilbaceae］●☆

30663　Luhea DC.（1824）Nom. illegit. ≡ Luehea F. W. Schmidt（1793）（废弃属名）；~ = Stilbe P. J. Bergius（1767）［密穗木科（密穗草科）Stilbaceae］●☆

30664　Luina Benth.（1873）【汉】卢那菊属（覆旋花属）。【隶属】菊科 Asteraceae（Compositae）。【包含】世界 2-4 种。【学名诠释与讨论】〈阴〉由旋覆花属 Inula 改缀而来。【分布】北美洲西北部。【模式】Luina hypoleuca Bentham。【参考异名】Rainiera Greene（1898）■●☆

30665　Luisia Gaudich.（1829）【汉】钗子股属（金钗兰属）。【日】ボウラン属。【英】Luisia。【隶属】兰科 Orchidaceae。【包含】世界 40-50 种,中国 12 种。【学名诠释与讨论】〈阴〉（人）Don Luis de Torres,19 世纪西班牙植物学者。【分布】热带亚洲至日本和波利尼西亚群岛,中国。【模式】Luisia teretifolia Gaudichaud - Beaupré。【参考异名】Birchea A. Rich.（1841）；Louisia Rchb. f.（1858）；Mesoclastes Lindl.（1830）；Trichorhiza Lindl. ex Steud.（1841）■

30666　Luisiopsis C. S. Kumar et P. C. S. Kumar（2005）【汉】阿萨姆囊唇兰属。【隶属】兰科 Orchidaceae。【包含】世界 1 种。【学名诠释与讨论】〈阴〉（属）Luisia 钗子股属+希腊文 opsis,外观,模样,相似。此属的学名是"Luisiopsis, Rheedea 15（1）：46. 2005.（31 Oct 2005）"。亦有文献把其处理为"Saccolabium Blume（1825）（保留属名）"的异名。【分布】印度（阿萨姆）,中国。【模式】Luisiopsis inconspicua（Hook. f.）C. S. Kumar et P. C. S. Kumar。【参考异名】Saccolabium Blume（1825）（保留属名）■

30667　Lulia Zardini（1980）【汉】扁果菊属。【隶属】菊科 Asteraceae（Compositae）。【包含】世界 1 种。【学名诠释与讨论】〈阴〉词源不详。【分布】巴西。【模式】Lulia nervosa（Lessing）E. M. Zardini［Trichocline nervosa Lessing］。■●☆

30668　Luma A. Gray（1853）【汉】鲁玛木属（龙袍木属）。【英】Luma。【隶属】桃金娘科 Myrtaceae。【包含】世界 4 种。【学名诠释与讨论】〈阴〉（智利）luma,在智利,是桃金娘科 Myrtaceae 一些植物的俗名。此属的学名,ING、TROPICOS 和 IK 记载是"Luma A. Gray, U. S. Expl. Exped., Phan. 15：535, t. 66. 1854"。"Myrceugenella Kausel, Revista Argent. Agron. 9：42. Mar 1942"是"Luma A. Gray（1853）"的同模式异名（Homotypic synonym, Nomenclatural synonym）（by lectotypification）。【分布】巴拉圭,秘鲁,玻利维亚,南美洲。【后选模式】Luma chequen（Molina）A. Gray［as 'cheken'］［Eugenia chequen Molina］。【参考异名】Myrceugenella Kausel（1942）Nom. illegit. ●☆

30669　Lumanaja Blanco（1837）= Homonoia Lour.（1790）［大戟科 Euphorbiaceae］●

30670　Lumbricidia Vell.（1831）= Andira Lam.（1783）（保留属名）［豆科 Fabaceae（Leguminosae）］●☆

30671　Lumnitzera J. Jacq. ex Spreng.（1825）Nom. illegit. ≡ Basilicum Moench（1802）；~ = Moschosma Rchb.（1828）Nom. illegit. ; ~ = Basilicum Moench（1802）［唇形科 Lamiaceae（Labiatae）］■

30672　Lumnitzera Willd.（1803）【汉】榄李属。【日】ヒルギモドキ属。【英】Lumnitzera。【隶属】使君子科 Combretaceae。【包含】世界 2 种,中国 2 种。【学名诠释与讨论】〈阴〉（人）Istvan（Stephan, Stephanus）Lumnitzer,1750-1806,匈牙利植物学者,真菌学者。另说是德国学者。此属的学名,ING、APNI 和 IK 记载是" Lumnitzera Willdenow, Ges. Naturf. Freunde Berlin Neue

Schriften 4：186. 1803"；《中国植物志》英文版亦用此名称。"Lumnitzera J. F. Jacquin ex K. P. J. Sprengel, Syst. Veg. 2：675, 687. Jan–Mai 1825 ≡ Basilicum Moench（1802）= Moschosma Rchb.（1828）Nom. illegit.［唇形科 Lamiaceae（Labiatae）］"是晚出的非法名称；它不是本属的异名。【分布】澳大利亚（北部），马达加斯加，中国，非洲东部至马来西亚。【模式】Lumnitzera racemosa Willdenow。【参考异名】Bruguiera Thouars（1806）Nom. illegit.；Funckia Demort.（1818）Nom. illegit.（废弃属名）；Funkia Endl.（1840）Nom. illegit.；Jussieuaea DC.（1828）；Jussieuaea Rottl. ex DC.（1828）Nom. illegit.；Petaloma Roxb.（1814）Nom. illegit.；Pokornya Montrouz.（1860）；Problastes Reinw.（1828）；Pyrrhanthus Jack（1822）●

30673　Lunana Blanco ex Endl.（1840）Nom. illegit. ≡ Lunasia Blanco（1837）［芸香科 Rutaceae］●☆

30674　Lunana Endl.（1840）Nom. illegit. ≡ Lunana Blanco ex Endl.（1840）Nom. illegit.［芸香科 Rutaceae］●☆

30675　Lunanaea Endl.（1840）= Lunanea DC.（1825）Nom. illegit.（废弃属名）；~ = Bichea Stokes（1812）（废弃属名）；~ = Cola Schott et Endl.（1832）（保留属名）［梧桐科 Sterculiaceae//锦葵科 Malvaceae］●☆

30676　Lunanea DC.（1825）Nom. illegit.（废弃属名）≡ Bichea Stokes（1812）（废弃属名）；~ = Cola Schott et Endl.（1832）（保留属名）［梧桐科 Sterculiaceae//锦葵科 Malvaceae］●☆

30677　Lunania Hook.（1844）（保留属名）【汉】卢南木属。【隶属】刺篱木科（大风子科）Flacourtiaceae。【包含】世界14种。【学名诠释与讨论】〈阴〉（人）John Lunan，英国植物采集者。此属的学名"Lunania Hook. in London J. Bot. 3：317. 1844"是保留属名。相应的废弃属名是梧桐科 Sterculiaceae 的"Lunanea DC., Prodr. 2：92. Nov（med.）1825 ≡ Bichea Stokes（1812）（废弃属名）= Cola Schott et Endl.（1832）（保留属名）"。雨久花科 Pontederiaceae 的"Lunania Rafinesque, Med. Fl. 2：106. 1830 = Heteranthera Ruiz et Pav.（1794）（保留属名）≡ Triexastima Raf.（1838）"亦应废弃。【分布】巴拿马，秘鲁，玻利维亚，厄瓜多尔，哥伦比亚（安蒂奥基亚），哥斯达黎加，墨西哥，尼加拉瓜，西印度群岛，中美洲。【模式】Lunania racemosa W. J. Hooker。【参考异名】Bichea Stokes（1812）；Lunanea DC.（1825）Nom. illegit.（废弃属名）；Symbryon Griseb.（1866）●☆

30678　Lunania Raf.（1830）（废弃属名）≡ Triexastima Raf.（1838）；~ = Heteranthera Ruiz et Pav.（1794）（保留属名）［雨久花科 Pontederiaceae//水星草科 Heterantheraceae］■☆

30679　Lunaria L.（1753）【汉】缎花属（便士花属，新月花属，银扇草属）。【日】キンセンソウ属，ゴウダソウ属，ルナア属，ルナリア属。【俄】Лунник。【英】Honesty, Honesty Plant, Money Plant, Moonwort, Satin Flower。【隶属】十字花科 Brassicaceae（Cruciferae）。【包含】世界3种。【学名诠释与讨论】〈阴〉（拉）luna，月亮+-arius，-aria，-arium，指示"属于、相似、具有、联系"的词尾。指圆形而扁平的心皮。此属的学名，ING 和 APNI 记载是"Lunaria Linnaeus, Sp. Pl. 653. 1 Mai 1753"。IK 则记载为"Lunaria Tourn. ex L., Sp. Pl. 2：653. 1753［1 May 1753］"。"Lunaria Tourn." 是命名起点著作之前的名称，故"Lunaria Tourn. ex L.（1753）"和"Lunaria L.（1753）"都是合法名称，可以通用。蕨类的"Lunaria J. Hill, Brit. Herbal 530. 28 Jan 1757"是晚出的非法名称。【分布】巴基斯坦，玻利维亚，美国，欧洲中部和东南部。【后选模式】Lunaria rediviva Linnaeus。【参考异名】Brachypus Ledeb.（1841）；Lunaria Tourn. ex L.（1753）■☆

30680　Lunaria Tourn. ex L.（1753）≡ Lunaria L.（1753）［十字花科 Brassicaceae（Cruciferae）］■☆

30681　Lunasia Blanco（1837）【汉】月芸香属（月橘属）。【隶属】芸香科 Rutaceae。【包含】世界10种。【学名诠释与讨论】〈阴〉来自菲律宾植物俗名。此属的学名，ING、TROPICOS、APNI 和 IK 记载是"Lunasia Blanco, Fl. Filip.［F. M. Blanco］783. 1837"。"Lunana Blanco ex Endlicher, Gen. 1125. Jun 1840"是"Lunasia Blanco（1837）"的晚出的同模式异名（Homotypic synonym, Nomenclatural synonym）。【分布】菲律宾（菲律宾群岛）至马来西亚（东部），加里曼丹岛。【模式】Lunasia amara Blanco。【参考异名】Lunana Blanco ex Endl.（1840）Nom. illegit.；Rabelaisia Planch.（1845）●☆

30682　Lundellia Léonard（1959）= Holographis Nees（1847）［爵床科 Acanthaceae］■☆

30683　Lundellianthus H. Rob.（1978）【汉】联托菊属。【隶属】菊科 Asteraceae（Compositae）。【包含】世界8种。【学名诠释与讨论】〈阳〉（人）Cyrus Longworth Lundell, 1907–1994, 植物学者+anthos, 花。【分布】墨西哥，中美洲。【模式】Lundellianthus petenensis H. E. Robinson。●☆

30684　Lundia DC.（1838）（保留属名）【汉】伦德紫葳属。【隶属】紫葳科 Bignoniaceae。【包含】世界12种。【学名诠释与讨论】〈阴〉（人）Lund。此属的学名"Lundia DC. in Biblioth. Universelle Genève, ser. 2, 17：127. Sep 1838"是保留属名。相应的废弃属名是刺篱木科（大风子科）Flacourtiaceae 的"Lundia Schumach., Beskr. Guin. Pl.：231. 1827 ≠ Lundia DC.（1838）（保留属名）"。TROPICOS 把"Lundia Schumach.（1827）"置于杨柳科 Salicaceae。漆树科 Anacardiaceae 的"Lundia Puerari ex DC.（1825）Nom. illegit., Nom. inval. = Buchanania Spreng.（1802）［漆树科 Anacardiaceae］"亦应废弃。"Lundia Schumach. et Thonn. = Oncoba Forssk.（1775）［刺篱木科（大风子科）Flacourtiaceae］"也须废弃。【分布】巴拿马，秘鲁，玻利维亚，厄瓜多尔，尼加拉瓜，特立尼达和多巴哥（特立尼达岛），热带南美洲，中美洲。【模式】Lundia glabra A. P. de Candolle。【参考异名】Crateritecoma Lindl.（1847）；Craterocoma Mart. ex DC.；Craterotecoma Mart. ex DC.（1845）Nom. illegit.；Craterotecoma Mart. ex Meisn.（1840）；Exsertanthera Pichon（1946）；Phoenicocissus Mart. ex Meisn.（1840）●☆

30685　Lundia Puerari ex DC.（1825）Nom. illegit., Nom. inval.（废弃属名）= Buchanania Spreng.（1802）［漆树科 Anacardiaceae］●

30686　Lundia Schumach.（1827）（废弃属名）= ？ Oncoba Forssk.（1775）［刺篱木科（大风子科）Flacourtiaceae］●

30687　Lundia Schumach. et Thonn.（废弃属名）= Oncoba Forssk.（1775）［刺篱木科（大风子科）Flacourtiaceae］●

30688　Lundinia B. Nord.（2006）【汉】铅色尾药菊属。【隶属】菊科 Asteraceae（Compositae）。【包含】世界1种。【学名诠释与讨论】〈阴〉（人）Lundin，美国植物学者，出生于瑞典。【分布】古巴。【模式】Lundinia plumbea（Grisebach）B. Nordenstam［Senecio plumbeus Grisebach］。●☆

30689　Lunella Nieuwi.（1914）= Besseya Rydb.（1903）［玄参科 Scrophulariaceae//婆婆纳科 Veronicaceae］■

30690　Lungia Steud.（1840）= Hermbstaedtia Rchb.（1828）；~ = Langia Endl.（1837）Nom. illegit.；~ = Hermbstaedtia Rchb.（1828）［苋科 Amaranthaceae］■●☆

30691　Luntia Neck.（1790）Nom. inval. ≡ Luntia Neck. ex Raf.（1838）；~ = Croton L.（1753）［大戟科 Euphorbiaceae//巴豆科 Crotonaceae］●

30692　Luntia Neck. ex Raf.（1838）= Croton L.（1753）［大戟科 Euphorbiaceae//巴豆科 Crotonaceae］●

30693　Luorea Neck. ex J. St. –Hil.（1812）（废弃属名）≡ Flemingia

Roxb. ex W. T. Aiton（1812）（保留属名）；~ = Maughania J. St. - Hil.（1813）Nom. illegit.；~ = Flemingia Roxb. ex W. T. Aiton（1812）（保留属名）［豆科 Fabaceae（Leguminosae）//蝶形花科 Papilionaceae］●■

30694 Lupatorium（DC.）Raf.（1837）Nom. illegit. = Eupatorium L.（1753）［菊科 Asteraceae（Compositae）//泽兰科 Eupatoriaceae］■●

30695 Lupatorium Raf.（1837）= Eupatorium L.（1753）［菊科 Asteraceae（Compositae）//泽兰科 Eupatoriaceae］■●

30696 Lupinaster Adans.，Nom. illegit. = Trifolium L.（1753）［豆科 Fabaceae（Leguminosae）//蝶形花科 Papilionaceae］■

30697 Lupinaster Buxb. ex Heist.（1748）Nom. inval. = Trifolium L.（1753）［豆科 Fabaceae（Leguminosae）//蝶形花科 Papilionaceae］■

30698 Lupinaster Fabr.（1759）【汉】野火萩属。【隶属】豆科 Fabaceae（Leguminosae）//蝶形花科 Papilionaceae。【包含】世界 36 种。【学名诠释与讨论】〈阳〉（属）Lupinus 羽扇豆属+希腊文 aster，所有格 asteros，星，紫菀属。拉丁文词尾–aster，–astra，–astrum 加在名词词干之后形成指小式名词。此属的学名，ING、TROPICOS 和 IK 记载是"Lupinaster Fabricius，Enum. 171. 1759"。"Lupinaster Buxb. ex Heist.（1748）= Trifolium L.（1753）［豆科 Fabaceae（Leguminosae）//蝶形花科 Papilionaceae］"是命名起点著作之前的名称。"Lupinaster Fabr.（1759）"曾先后被处理为"Trifolium sect. Lupinaster（Fabr.）Link，Enumeratio Plantarum Horti Regii Berolinensis Altera 2：260. "、"Trifolium sect. Lupinaster（Fabr.）Ser.，Prodromus Systematis Naturalis Regni Vegetabilis 2：203. 1825"和"Trifolium subsect. Lupinaster（Fabr.）Belli，Mem. Acad. Sci. Torino，ser. 2，44：233. 1894"。"Dactiphyllon Rafinesque，Amer. Monthly Mag. et Crit. Rev. 2：268. Feb 1818"和"Pentaphyllon Persoon，Syn. Pl. 2：352. Sep 1807（non Pentaphyllum J. Hill 1756）"是"Lupinaster Fabr.（1759）"的晚出的同模式异名（Homotypic synonym，Nomenclatural synonym）。亦有文献把"Lupinaster Fabr.（1759）"处理为"Trifolium L.（1753）"的异名。【分布】参见 Trifolium L.（1753）。【模式】未指定。【参考异名】Dactiphyllon Raf.（1818）Nom. illegit.；Dactiphyllum Raf.（1819）Nom. illegit.；Lupinaster Adans.，Nom. illegit.；Lupinaster Buxb. ex Heist.（1748）Nom. inval.；Pentaphyllon Pers.（1807）Nom. illegit.；Trifolium L.（1753）；Trifolium sect. Lupinaster（Fabr.）Link（1822）；Trifolium sect. Lupinaster（Fabr.）Ser.（1825）；Trifolium subsect. Lupinaster（Fabr.）Belli（1894）■☆

30699 Lupinophyllum Gillett ex Hutch.（1967）Nom. illegit. = Lupinophyllum Hutch.（1967）Nom. illegit.；~ = Tephrosia Pers.（1807）（保留属名）［豆科 Fabaceae（Leguminosae）//蝶形花科 Papilionaceae］●■

30700 Lupinophyllum Hutch.（1967）Nom. illegit. ≡ Tephrosia Pers.（1807）（保留属名）［豆科 Fabaceae（Leguminosae）//蝶形花科 Papilionaceae］●■

30701 Lupinus L.（1753）【汉】羽扇豆属。【日】ハウチハマメ属，ハウチワマメ，ルピヌス属。【俄】Боб волчий，Лупин，Люпин。【英】Lupin，Lupine。【隶属】豆科 Fabaceae（Leguminosae）//蝶形花科 Papilionaceae。【包含】世界 200 种，中国 14 种。【学名诠释与讨论】〈阳〉（拉）lupinus，拉丁文古名。来自 lupus，指小式 lupulus，狼+–inus，–ina，–inum 拉丁文加在名词词干之后，以形成形容词的词尾，含义为"属于、相似、关于、小的"。指本属植物生长在荒芜的地方，或说指本属植物破坏土壤发育。【分布】巴基斯坦，巴拉圭，巴拿马，秘鲁，玻利维亚，厄瓜多尔，哥伦比亚（安蒂奥基亚），哥斯达黎加，中国，地中海地区，美洲。【后选模式】Lupinus albus Linnaeus。●■

30702 Lupsia Neck.（1790）Nom. inval. ≡ Lupsia Neck. ex Kuntze

（1791）Nom. illegit.；~ ≡ Galactites Moench（1794）（保留属名）［菊科 Asteraceae（Compositae）］■☆

30703 Lupsia Neck. ex Kuntze（1791）Nom. illegit. ≡ Galactites Moench（1794）（保留属名）［菊科 Asteraceae（Compositae）］■☆

30704 Lupulaceae Link = Cannabaceae Martinov（保留科名）■

30705 Lupulaceae Schultz Sch.（1832）= Cannabaceae Martinov（保留科名）■

30706 Lupularia（Ser.）Opiz（1852）Nom. illegit. ≡ Lupularia（Ser. ex DC.）Opiz（1852）≡ Mediculla Medik.（1787）；~ = Lupulina Noulet（1837）Nom. illegit.；~ = Medicago L.（1753）（保留属名）［豆科 Fabaceae（Leguminosae）//蝶形花科 Papilionaceae］●■

30707 Lupularia（Ser. ex DC.）Opiz（1852）Nom. illegit. ≡ Mediculla Medik.（1787）；~ = Lupulina Noulet（1837）Nom. illegit.；~ = Medicago L.（1753）（保留属名）［豆科 Fabaceae（Leguminosae）//蝶形花科 Papilionaceae］●■

30708 Lupularia Opiz（1852）Nom. illegit. ≡ Lupularia（Ser. ex DC.）Opiz（1852）Nom. illegit.；~ ≡ Mediculla Medik.（1787）；~ = Lupulina Noulet（1837）Nom. illegit.；~ = Medicago L.（1753）（保留属名）［豆科 Fabaceae（Leguminosae）//蝶形花科 Papilionaceae］●■

30709 Lupulina Noulet（1837）Nom. illegit. ≡ Mediculla Medik.（1787）；~ = Medicago L.（1753）（保留属名）［豆科 Fabaceae（Leguminosae）//蝶形花科 Papilionaceae］●■

30710 Lupulus Kuntze（1891）Nom. illegit. ≡ Gouania Jacq.（1763）［鼠李科 Rhamnaceae//咀签科 Gouaniaceae］●

30711 Lupulus Mill.（1754）Nom. illegit. ≡ Humulus L.（1753）［桑科 Moraceae//大麻科 Cannabaceae//荨麻科 Urticaceae］■

30712 Lupulus Tourn. ex Mill.（1754）Nom. illegit.；~ ≡ Lupulus Mill.（1754）Nom. illegit.；~ ≡ Humulus L.（1753）［桑科 Moraceae//大麻科 Cannabaceae//荨麻科 Urticaceae］■

30713 Luronium Raf.（1840）【汉】欧泽泻属（艾泻属）。【俄】Элизма。【英】Floating Water Plantain，Floating Water–plantain，Water–plantain。【隶属】泽泻科 Alismataceae。【包含】世界 1 种。【学名诠释与讨论】〈阴〉（拉）lura，lora，皮带，皮条。此属的学名，ING、TROPICOS 和 IK 记载是"Luronium Rafinesque，Aut. Bot. 63. 1840"。"Elisma Buchenau，Jahrb. Wiss. Bot. 7：25. 1869"和"Nectalisma（Raf.）Fourr.，Annales de la Société Linnéenne de Lyon n. s.，17：156. 1869"是"Luronium Raf.（1840）"的晚出的同模式异名（Homotypic synonym，Nomenclatural synonym）。【分布】欧洲。【模式】Luronium natans（Linnaeus）Rafinesque［Alisma natans Linnaeus］。【参考异名】Elisma Buchenau（1869）Nom. illegit.；Nectalisma（Raf.）Fourr.（1869）Nom. illegit.；Nectalisma Fourr.（1869）■☆

30714 Luscadium Endl.（1850）= Croton L.（1753）；~ = Lascadium Raf.（1817）［大戟科 Euphorbiaceae//巴豆科 Crotonaceae］●

30715 Lusekia Opiz（1852）= Salix L.（1753）（保留属名）［杨柳科 Salicaceae］●

30716 Lussa Kuntze（1891）Nom. illegit. ≡ Brucea J. F. Mill.（1780）（保留属名）［苦木科 Simaroubaceae］●

30717 Lussa Rumph.（1755）= Brucea J. F. Mill.（1780）（保留属名）［苦木科 Simaroubaceae］●

30718 Lussacia Spreng.（1825）Nom. illegit. ≡ Gaylussacia Kunth（1819）（保留属名）［杜鹃花科（欧石南科）Ericaceae］●☆

30719 Lussaria Raf.（1838）= Brucea J. F. Mill.（1780）（保留属名）［苦木科 Simaroubaceae］●

30720 Lustrinia Raf.（1838）= Justicia L.（1753）［爵床科 Acanthaceae//鸭嘴花科（鸭咀花科）Justiciaceae］●■

30721 Lusuriaga Pers.（1805）= Luzuriaga Ruiz et Pav.（1802）（保留

属名）［萎瓣花科（菝葜木科）Luzuriagaceae//智利花科（垂花科，金钟木科，喜爱花科）Philesiaceae//六出花科 Alstroemeriaceae//百合科 Liliaceae］■☆

30722　Luteidiscus H. St. John（1974）＝Tetramolopium Nees（1832）［菊科 Asteraceae（Compositae）］●☆

30723　Luteola Mill.（1754）＝Reseda L.（1753）［木犀草科 Resedaceae］■

30724　Luteola Ruppius（1745）Nom. inval. ＝? Luteola Mill.（1754）［木犀草科 Resedaceae］☆

30725　Luthera Sch. Bip.（1836）Nom. illegit. ≡Krigia Schreb.（1791）（保留属名）［菊科 Asteraceae（Compositae）］■☆

30726　Lutkea Steud.（1841）＝Luetkea Bong.（1832）［蔷薇科 Rosaceae］●☆

30727　Lutrostylis G. Don（1837）＝Ehretia P. Browne（1756）［紫草科 Boraginaceae//破布木科（破布树科）Cordiaceae//厚壳树科 Ehretiaceae］●

30728　Lutzia Gand.（1923）【汉】金盘芥属。【隶属】十字花科 Brassicaceae（Cruciferae）。【包含】世界 12 种。【学名诠释与讨论】〈阴〉（人）Louis Charles Lutz，1871-1952，法国植物学者。此属的学名是"Lutzia Gandoger，Bull. Soc. Bot. France 67 Sess. Extraord. : viii. 1923"。亦有文献把其处理为"Alyssoides Mill.（1754）"的异名。【分布】希腊（克里特岛）。【模式】未指定。【参考异名】Alyssoides Mill.（1754）■☆

30729　Luvunga（Roxb.）Buch. -Ham. ex Wight et Arn.（1834）Nom. illegit. ＝Luvunga Buch. -Ham. ex Wight et Arn.（1834）［芸香科 Rutaceae］●

30730　Luvunga Buch. -Ham.（1832）Nom. inval. ≡Luvunga Buch. -Ham. ex Wight et Arn.（1834）；~ ＝Luvunga（Roxb.）Buch. -Ham. ex Wight et Arn.（1834）Nom. illegit. ［芸香科 Rutaceae］●

30731　Luvunga Buch. -Ham. ex Wight et Arn.（1834）【汉】三叶藤橘属。【英】Luvunga，Orangevine，Vineorange。【隶属】芸香科 Rutaceae。【包含】世界 12 种，中国 2 种。【学名诠释与讨论】〈阴〉（梵语）Luvunga-lata，孟加拉国植物俗名。Lata 义为攀缘植物。此属的学名，ING 和 IK 记载是"Luvunga Buch. -Ham. ex Wight et Arn.，Prodr. Fl. Ind. Orient. 1 : 90，in clavi. 1834［10 Oct 1834］"；《中国植物志》英文版亦用此名称。"Luvunga Buch. -Ham.，Numer. List［Wallich］n. 6382. 1832 ≡Luvunga Buch. -Ham. ex Wight et Arn.（1834）"是一个未合格发表的名称（Nom. inval.）。TROPICOS 把模式记载为"Luvunga scandens（Roxb.）Buch. -Ham. ex Wight et Arn."。"Luvunga（Roxb.）Buch. -Ham. ex Wight et Arn.（1834）＝Luvunga Buch. -Ham. ex Wight et Arn.（1834）"的命名人引证有误。【分布】印度至马来西亚，中国。【模式】Luvunga scandens（Roxburgh）R. Wight［Limonia scandens Roxburgh］。【参考异名】Lavanga Meisn.（1837）；Luvunga（Roxb.）Buch. - Ham. ex Wight et Arn.（1834）Nom. illegit. ；Luvunga Buch. -Ham.（1832）Nom. inval. ●

30732　Luxemburgia A. St. -Hil.（1822）【汉】曲药金莲木属。【隶属】金莲木科 Ochnaceae。【包含】世界 17 种。【学名诠释与讨论】〈阴〉（人）Luxemburgi，植物学赞助人。【分布】巴西，委内瑞拉。【后选模式】Luxemburgia octandra A. F. C. P. Saint-Hilaire。【参考异名】Charidion Bong.（1836）；Epiblepharis Tiegh.（1901）；Hilairella Tiegh.（1904）；Periblepharis Tiegh.（1902）；Plectanthera Mart.（1824）；Plectanthera Mart. et Zucc.（1824）；Plectranthera Benth. et Hook. f.（1862）●☆

30733　Luxemburgiaceae Soler.（1908）＝Ochnaceae DC.（保留科名）；~ ＝Sauvagesiaceae Dumort. ●■

30734　Luxemburgiaceae Tiegh. ＝Ochnaceae DC.（保留科名）；~ ＝Sauvagesiaceae Dumort. ●■

30735　Luxemburgiaceae Tiegh. ex Soler ＝Ochnaceae DC.（保留科名）；~ ＝Sauvagesiaceae Dumort. ●■

30736　Luzama Luer（2006）【汉】美洲细瓣兰属。【隶属】兰科 Orchidaceae。【包含】世界 30 种。【学名诠释与讨论】〈阴〉词源不详。此属的学名是"Luzama Luer，Monographs in Systematic Botany from the Missouri Botanical Garden 105: 10. 2006.（May 2006）"。亦有文献把其处理为"Masdevallia Ruiz et Pav.（1794）"的异名。【分布】玻利维亚，美洲。【模式】Luzama amaluzae（Luer et Malo）Luer［Masdevallia amaluzae Luer et Malo］。【参考异名】Masdevallia Ruiz et Pav.（1794）●☆

30737　Luziola Juss.（1789）【汉】水卢禾属。【隶属】禾本科 Poaceae（Gramineae）。【包含】世界 12 种。【学名诠释与讨论】〈阴〉（地）Luzon，吕宋+-olus，-ola，-olum，拉丁文指示小的词尾。此属的学名，ING 和 IK 记载是"Luziola Juss.，Gen. Pl. ［Jussieu］33. 1789［4 Aug 1789］"。【分布】巴拿马，秘鲁，玻利维亚，厄瓜多尔，哥伦比亚（安蒂奥基亚），哥斯达黎加，尼加拉瓜，美国（南部）至热带南美洲，中美洲。【模式】Luziola peruviana J. F. Gmelin。【参考异名】Arrozia Kunth（1833）Nom. illegit. ；Arrozia Schrad. ex Kunth（1833）Nom. illegit. ；Caryochloa Trin.（1826）；Hydrochloa P. Beauv.（1812）■☆

30738　Luzola Sang.（1855）Nom. illegit. ［灯心草科 Juncaceae］■☆

30739　Luzonia Elmer（1907）【汉】吕宋豆属。【隶属】豆科 Fabaceae（Leguminosae）//蝶形花科 Papilionaceae。【包含】世界 1 种。【学名诠释与讨论】〈阴〉（地）Luzon，吕宋，位于菲律宾。【分布】菲律宾（菲律宾群岛）。【模式】Luzonia purpurea Elmer。■☆

30740　Luzula DC.（1805）（保留属名）【汉】地杨梅属。【日】スズメノヒエ属，スズメノヤリ属。【俄】Ожика。【英】Wood Rush，Woodrush，Wood-rush。【隶属】灯心草科 Juncaceae。【包含】世界 75-115 种，中国 16-19 种。【学名诠释与讨论】〈阴〉（意）luzuola，发光的蠕虫。来自拉丁文 luceo，发光；lux，所有格 lucis，光。此属的学名"Luzula DC. in Lamarck et Candolle，Fl. Franç.，ed. 3,3:158. 17 Sep 1805"是保留属名。相应的废弃属名是灯心草科 Juncaceae 的"Juncoides Ség.，Pl. Veron. 3:88. Jul-Aug 1754 ≡Luzula DC.（1805）（保留属名）"。灯心草科 Juncaceae 的"Juncoides Adans.，Fam. Pl.（Adanson）2:47. 1763 ＝Luzula DC.（1805）（保留属名）"、"Juncodes Moehr. ex Kuntze，Revis. Gen. Pl. 2:722. 1891［5 Nov 1891］＝Luzula DC.（1805）（保留属名）"和"Juncodes Kuntze（1891）≡Juncodes Moehr. ex Kuntze（1891）"亦应废弃。"Luzola Sang.，in Atti Acad. Pont. Lincei Ser. I，vi.（1855）609［灯心草科 Juncaceae］"似为其变体。【分布】巴基斯坦，巴拿马，秘鲁，玻利维亚，厄瓜多尔，哥伦比亚（安蒂奥基亚），哥斯达黎加，美国（密苏里），尼加拉瓜，中国，温带欧亚大陆，中美洲。【模式】Luzula campestris（Linnaeus）A. P. de Candolle［Juncus campestris Linnaeus］。【参考异名】Cyperella Kramer ex MacMill.（1892）；Cyperella Kramer，Nom. illegit. ；Cyperella MacMill.（1892）Nom. illegit. ；Ebingeria Chrtek et Krisa（1974）；Gymnodes（Griseb.）Fourr.（1869）；Gymnodes Fourr.（1869）Nom. illegit. ；Ischaemon Schmiedel；Juncodes Kuntze（1891）；Juncodes Moehr. ex Kuntze（1891）（废弃属名）；Juncoides Adans.（1763）Nom. illegit. （废弃属名）；Juncoides Ség.（1754）（废弃属名）；Leucophora B. D. Jacks. ；Leucophora Ehrh.（1789）；Luciola Sm.（1824）；Nemorinia Fourr.（1869）■

30741　Luzuriaga R. Br.（1810）Nom. illegit. ，Nom. inval. （废弃属名）＝Geitonoplesium A. Cunn. ex R. Br.（1832）；~ ＝Luzuriaga Ruiz et Pav.（1802）（保留属名）［萎瓣花科（菝葜木科）Luzuriagaceae//智利花科（垂花科，金钟木科，喜爱花科）Philesiaceae//六出花科

Alstroemeriaceae//百合科 Liliaceae】■☆

30742　Luzuriaga Ruiz et Pav.（1802）（保留属名）【汉】萎瓣花属。【隶属】萎瓣花科（菝葜木科）Luzuriagaceae//智利花科（垂花科，金钟木科，喜爱花科）Philesiaceae//六出花科 Alstroemeriaceae//百合科 Liliaceae。【包含】世界3-4种。【学名诠释与讨论】〈阴〉（人）Don Ignacio Maria Ruiz de Luzuriaga，西班牙植物学者。此属的学名"Luzuriaga Ruiz et Pav.，Fl. Peruv. 3：65. Aug 1802"是保留属名。相应的废弃属名是"Callixene Comm. ex Juss.，Gen. Pl.：41.4 Aug 1789 =Luzuriaga Ruiz et Pav.（1802）（保留属名）"和"Enargea Banks ex Gaertn.，Fruct. Sem. Pl. 1：283. Dec 1788 =Luzuriaga Ruiz et Pav.（1802）（保留属名）"。"Luzuriaga R. Br.，Prodr. 281，1810 = Geitonoplesium A. Cunn. ex R. Br.（1832）=Luzuriaga Ruiz et Pav.（1802）（保留属名）"亦应废弃。"Enargea Banks ≡ Enargea Banks ex Gaertn.（1788）"、"Enargea Banks et Sol. ex Gaertn.（1788）= Luzuriaga Ruiz et Pav.（1802）（保留属名）"和"Enargea Gaertn.（1788）≡ Enargea Banks ex Gaertn.（1788）"都应废弃。【分布】秘鲁，新西兰，至美国（火岛），中美洲。【模式】Luzuriaga radicans Ruiz et Pavon。【参考异名】Calcoa Salisb.（1866）；Callixene Comm. ex Juss.（1789）（废弃属名）；Caloxene Post et Kuntze（1903）；Enargea Banks et Sol. ex Gaertn.（1788）（废弃属名）；Enargea Banks ex Gaertn.（1788）（废弃属名）；Enargea Banks（废弃属名）；Enargea Gaertn.（1788）（废弃属名）；Lusuriaga Pers.（1805）■☆

30743　Luzuriagaceae Dostal（1850）［亦见 Philesiaceae Dumort.（保留科名）智利花科（垂花科，金钟木科，喜爱花科）］【汉】萎瓣花科（菝葜木科）。【包含】世界1-5属4-9种。【分布】非洲东南部，马来西亚，澳大利亚，新西兰，温带南美洲，法克兰。【科名模式】Luzuriaga Ruiz et Pav.（1802）（保留属名）■☆

30744　Luzuriagaceae Lotsy（1911）= Luzuriagaceae Dostal；~ = Philesiaceae Dumort.（保留科名）●■☆

30745　Lyallia Hook. f.（1847）【汉】无苞石竹属。【隶属】马齿苋科 Portulacaceae//南极石竹科 Hectorellaceae。【包含】世界2种。【学名诠释与讨论】〈阴〉（人）David Lyall 1817-1895，英国植物学者，探险家，植物采集家。【分布】美洲南部沿岸。【模式】Lyallia kerguelensis J. D. Hooker。【参考异名】Hectorella Hook. f.（1864）；Racheella Pax ●☆

30746　Lyauteya Maire（1919）= Cytisopsis Jaub. et Spach（1844）［豆科 Fabaceae（Leguminosae）//蝶形花科 Papilionaceae】■☆

30747　Lycapsus Phil.（1870）【汉】细裂菊属。【隶属】菊科 Asteraceae（Compositae）。【包含】世界1种。【学名诠释与讨论】〈阴〉（希）lykapsos，lykopsis，是 Echium italicum 的希腊古名。【分布】智利。【模式】Lycapsus tenuifolius R. A. Philippi。●●☆

30748　Lycaste Lindl.（1843）【汉】公主兰属（薄叶兰属，丽卡斯特兰属，捧心兰属）。【日】リカステ属。【英】Lycaste，Lycaste Orchid。【隶属】兰科 Orchidaceae。【包含】世界45-49种。【学名诠释与讨论】〈阴〉（人）Lykast 是希腊神话中特洛伊最后一任国王 Priam 的女儿。【分布】巴拿马，秘鲁，玻利维亚，厄瓜多尔，哥伦比亚（安蒂奥基亚），哥斯达黎加，尼加拉瓜，西印度群岛，中美洲。【后选模式】Lycaste macrophylla（Poeppig）Lindley［Maxillaria macrophylla Poeppig］。【参考异名】Deppia Raf.（1837）；Ida A. Ryan et Oakeley（2003）；Maxillaria Ruiz et Pav.（1794）；Sudamerlycaste Archila（2002）■☆

30749　Lychnanthos S. G. Gmel.（1770）= Cucubalus L.（1753）［石竹科 Caryophyllaceae］■

30750　Lychnanthus C. C. Gmel.（1806）= Lychnanthos S. G. Gmel.（1770）［石竹科 Caryophyllaceae］■

30751　Lychnidaceae Döll（1843）= Caryophyllaceae Juss.（保留科名）■●

30752　Lychnidaceae Lilja（1843）= Caryophyllaceae Juss.（保留科名）■●

30753　Lychnidea Burm.（1737）Nom. inval. = Manulea L.（1767）（保留属名）［玄参科 Scrophulariaceae］■●☆

30754　Lychnidea Hill（1756）Nom. illegit. ≡ Phlox L.（1753）［花荵科 Polemoniaceae］■

30755　Lychnidea Moench = Manulea L.（1767）（保留属名）［玄参科 Scrophulariaceae］■●☆

30756　Lychnidia Pomel（1874）= Lychnis L.（1753）（废弃属名）；~ = Silene L.（1753）（保留属名）［石竹科 Caryophyllaceae］■

30757　Lychniothyrsus Lindau（1914）【汉】猩红爵床属。【俄】Лихнис。【隶属】爵床科 Acanthaceae。【包含】世界5种。【学名诠释与讨论】〈阳〉（希）lychnos，灯。lychnis，所有格 lychnidos，开着明亮猩红色花的植物+thyrsos，茎，杖。thyrsus，聚伞圆锥花序，团。【分布】巴西。【模式】Lychniothyrsus mollis Lindau。■☆

30758　Lychnis L.（1753）（废弃属名）= Silene L.（1753）（保留属名）［石竹科 Caryophyllaceae］■

30759　Lychniscabiosa Fabr.（1759）Nom. illegit. ≡ Knautia L.（1753）［川续断科（刺参科，蓟叶参科，山萝卜科，续断科）Dipsacaceae］■☆

30760　Lychnitis（Benth.）Fourr.（1869）= Veratrum L.（1753）［百合科 Liliaceae//黑药花科（藜芦科）Melanthiaceae//唇形科 Lamiaceae（Labiatae）//玄参科 Scrophulariaceae］■●

30761　Lychnitis Fourr.（1869）Nom. illegit. ≡ Lychnitis（Benth.）Fourr.（1869）；~ = Veratrum L.（1753）［百合科 Liliaceae//黑药花科（藜芦科）Melanthiaceae//唇形科 Lamiaceae（Labiatae）//玄参科 Scrophulariaceae］■●

30762　Lychnocephaliopsis Sch. Bip. ex Baker（1873）= Lychnocephalus Mart. ex DC.（1836）［菊科 Asteraceae（Compositae）］●☆

30763　Lychnocephalus Mart. ex DC.（1836）= Lychnophora Mart.（1822）［菊科 Asteraceae（Compositae）］●☆

30764　Lychnodiscus Radlk.（1878）【汉】灯盘无患子属。【隶属】无患子科 Sapindaceae。【包含】世界8种。【学名诠释与讨论】〈阳〉（希）lychnos，灯 + diskos，圆盘。【分布】热带非洲。【模式】Lychnodiscus reticulatus Radlkofer。●☆

30765　Lychnoides Fabr. = Silene L.（1753）（保留属名）［石竹科 Caryophyllaceae］■

30766　Lychnophora Mart.（1822）【汉】灯头菊属。【隶属】菊科 Asteraceae（Compositae）。【包含】世界26-30种。【学名诠释与讨论】〈阴〉（希）lychnos，灯+phoros，具有，梗，负载，发现者。【分布】热带巴西。【后选模式】Lychnophora salicifolia C. F. P. Martius。【参考异名】Haplostephium Mart. ex DC.（1836）；Lychnocephalus Mart. ex DC.（1836）；Lychnophoriopsis Sch. Bip.（1863）；Piptocoma Less.（1829）●☆

30767　Lychnophoriopsis Sch. Bip.（1863）【汉】穗序灯头菊属。【隶属】菊科 Asteraceae（Compositae）。【包含】世界4种。【学名诠释与讨论】〈阴〉（属）Lychnophora 灯头菊属+希腊文 opsis，外观，模样，相似。此属的学名是"Lychnophoriopsis C. H. Schultz-Bip.，Jahresber. Pollichia 20-21：375. 30 Mar 1864（'1863'）"。亦有文献把其处理为"Lychnophora Mart.（1822）"的异名。【分布】巴西。【模式】Lychnophoriopsis heterotheca C. H. Schultz-Bip.。【参考异名】Episcothamnus H. Rob.（1981）；Lychnophora Mart.（1822）●☆

30768　Lyciaceae Raf.（1840）= Solanaceae Juss.（保留科名）●■

30769　Lycianthes（Dunal）Hassl.（1917）（保留属名）【汉】红丝线属。【英】Lycianthes，Red Silkyarn。【隶属】茄科 Solanaceae。【包含】世界180-200种，中国9-10种。【学名诠释与讨论】〈阴〉（属）Lycium 枸杞属+希腊文 anthos，花。antheros，多花的。antheo，开花。希腊文 anthos 亦有"光明、光辉、优秀"之义。指花似枸杞

花。此属的学名"Lycianthes（Dunal）Hassl. in Annuaire Conserv. Jard. Bot. Genève 20：180. 1 Oct 1917"是保留属名，由"Solanum subsect. Lycianthes Dunal in Candolle, Prodr. 13（1）：29. 10 Mai 1852"改级而来。相应的废弃属名是茄科 Solanaceae 的"Otilix Raf.，Med. Fl. 2：87. 1830 ≡Lycianthes（Dunal）Hassl.（1917）（保留属名）"和"Parascopolia Baill.，Hist. Pl. 9：338. Feb–Mar 1888 = Lycianthes（Dunal）Hassl.（1917）（保留属名）"。"Lycianthes Hassl.（1917）≡Lycianthes（Dunal）Hassl.（1917）（保留属名）"的命名人引证有误，亦应废弃。【分布】哥伦比亚（安蒂奥基亚），巴基斯坦，巴拉圭，巴拿马，秘鲁，玻利维亚，厄瓜多尔，尼加拉瓜，中国，热带和温带，中美洲。【模式】Lycianthes lycioides（Linnaeus）Hassler［Solanum lycioides Linnaeus］。【参考异名】Lycianthes Hassl.（1917）Nom. illegit.（废弃属名）；Otilix Raf.（1830）（废弃属名）；Parascopolia Baill.（1888）（废弃属名）；Solanum subsect. Lycianthes Dunal（1852）●■

30770 Lycianthes Hassl.（1917）Nom. illegit.（废弃属名）≡Lycianthes（Dunal）Hassl.（1917）（保留属名）［茄科 Solanaceae］●■

30771 Lycimnia Hance（1852）= Melodinus J. R. Forst. et G. Forst.（1775）［夹竹桃科 Apocynaceae］●

30772 Lyciodes Kuntze（1891）Nom. illegit. ≡Bumelia Sw.（1788）（保留属名）；~ =Sideroxylon L.（1753）［山榄科 Sapotaceae//刺李山榄科 Bumeliaceae］●☆

30773 Lycioplesium Miers（1845）= Acnistus Schott ex Endl.（1831）［茄科 Solanaceae］●☆

30774 Lyciopsis（Boiss.）Schweinf.（1867）Nom. illegit. ≡Euphorbia L.（1753）［大戟科 Euphorbiaceae］●■

30775 Lyciopsis Schweinf.（1867）Nom. illegit. ≡Lyciopsis（Boiss.）Schweinf.（1867）Nom. illegit.；~ =Euphorbia L.（1753）［大戟科 Euphorbiaceae］●■

30776 Lyciopsis Spach（1835）= Fuchsia L.（1753）［柳叶菜科 Onagraceae］●■

30777 Lycioserissa Roem. et Schult.（1819）= Canthium Lam.（1785）；~ =Plectronia L.（1767）（废弃属名）= Olinia Thunb.（1800）（保留属名）［方枝树科（阿林尼亚科）Oliniaceae//管萼木科（管萼科）Penaeaceae//茜草科 Rubiaceae］●☆

30778 Lycium L.（1753）【汉】枸杞属。【日】クコ属。【俄】Дереза, Лиций。【英】Asse's Box Tree, Barbary Matrimony–vine, Box Thorn, Boxthorn, Box – thorn, Chinese Wolfberry, Desert Thorn, Matrimony Vine, Matrimonyvine, Matrimony–vine, Pricklybox, Squawbush, Tea–plant, Wolfberry。【隶属】茄科 Solanaceae。【包含】世界 80-100 种，中国 7-10 种。【学名诠释与讨论】〈中〉（希）lykion，为 1 世纪希腊学者 A. D. Dioscorides 对一种多刺灌木（可能是 Rhamnus 的一种）所用之名，后被林奈转用为本属名。因本属含一些多刺灌木。一说来自地名 Lycia，小亚细亚之古国名。指该地有野生枸杞。此属的学名，ING、TROPICOS 和 IK 记载是"Lycium L.，Sp. Pl. 1：191. 1753［1 May 1753］"。"Jasminoides Duhamel du Monceau, Traité Arbres Arbust. 1：305. 1755"和"Oplukion Rafinesque, Sylva Tell. 53. Oct–Dec 1838"是"Lycium L.（1753）"的晚出的同模式异名（Homotypic synonym, Nomenclatural synonym）。【分布】巴基斯坦，巴拉圭，秘鲁，玻利维亚，厄瓜多尔，马达加斯加，美国（密苏里），中国，中美洲。【后选模式】Lycium afrum Linnaeus。【参考异名】Atrichodendron Gagnep.（1950）；Boberella E. H. L. Krause（1903）Nom. illegit.；Cantalea Raf.（1838）Nom. illegit.；Euoesta Post et Kuntze（1903）；Evoista Raf.（1838）Nom. illegit.；Huanuca Raf.（1838）Nom. illegit.；Jasminoides Duhamel（1755）Nom. illegit.；Johnsonia Neck.（废弃属名）；Oplukion Raf.（1838）Nom. illegit.；Panzeria J. F. Gmel.

（1791）Nom. illegit.；Teremis Raf.（1838）●

30779 Lycocarpus O. E. Schulz（1924）【汉】狼果芥属。【隶属】十字花科 Brassicaceae（Cruciferae）。【包含】世界 1 种。【学名诠释与讨论】〈阳〉（希）lykos，狼+karpos，果实。【分布】西班牙。【模式】Lycocarpus fugax（Lagasca）O. E. Schulz［Sisymbrium fugax Lagasca］。■☆

30780 Lycochloa Sam.（1933）【汉】叙利亚狼草属。【隶属】禾本科 Poaceae（Gramineae）。【包含】世界 1 种。【学名诠释与讨论】〈阴〉（希）lykos，狼+chloe，草的幼芽，嫩草，禾草。【分布】叙利亚。【模式】Lycochloa avenacea Samuelsson。■☆

30781 Lycoctonum Fourr.（1868）= Aconitum L.（1753）［毛茛科 Ranunculaceae］■

30782 Lycomela Fabr.（1759）Nom. illegit. ≡Lycomela Heist. ex Fabr.（1759）；~ ≡Lycopersicon Mill.（1754）［茄科 Solanaceae］■

30783 Lycomela Heist. ex Fabr.（1759）Nom. illegit. ≡Lycopersicon Mill.（1754）［茄科 Solanaceae］■

30784 Lycomormium Rchb. f.（1852）【汉】狼花兰属。【隶属】兰科 Orchidaceae。【包含】世界 5 种。【学名诠释与讨论】〈阴〉（希）lykos，狼+mormo，所有格 marmoos，吓唬小儿之怪物+−ius，−ia，−ium，在拉丁文和希腊文中，这些词尾表示性质或状态。指花。【分布】秘鲁，厄瓜多尔，热带南美洲。【模式】Lycomormium squalidum（Poeppig et Endlicher）H. G. Reichenbach［Anguloa squalida Poeppig et Endlicher］。■☆

30785 Lycopersicon Mill.（1754）【汉】番茄属。【日】トマト属。【俄】Помидор, Томат。【英】Love Apple, Tomato。【隶属】茄科 Solanaceae。【包含】世界 7-9 种，中国 1 种。【学名诠释与讨论】〈中〉（希）lykos，狼+persicon，桃。词义为恶味的桃，有毒的桃。Lykopersion 是一种埃及植物，具黄色汁液和恶臭，不由使人联想到狼。此属的学名，ING、APNI、GCI 和 IK 记载是"Lycopersicon Mill.，Gard. Dict. Abr.，ed. 4.［820］. 1754［28 Jan 1754］"。此名称曾先后被组合为"Solanum sect. Lycopersicon（Mill.）Bitter, Botanische Jahrbücher für Systematik, Pflanzengeschichte und Pflanzengeographie 54：500. 1917"、"Solanum sect. Lycopersicon（Mill.）Wettst., Die Natürlichen Pflanzenfamilien 4（3b）：24. 1895"和"Solanum subgen. Lycopersicon（Mill.）Seithe, Botanische Jahrbücher für Systematik, Pflanzengeschichte und Pflanzengeographie 81：204. 1962"。"Lycopersicon Tourn. ex Ruppius（1745）= ? Lycopersicon Mill.（1754）［茄科 Solanaceae］"是命名起点著作之前的名称。"Lycopersicum Hill（1765）"是"Lycopersicon Mill.（1754）"拼写变体。"Lycomela Heister ex Fabricius, Enum. ed. 2. 348. Sep–Dec 1763"是"Lycopersicon Mill.（1754）"的晚出的同模式异名（Homotypic synonym, Nomenclatural synonym）；"Lycomela Fabr.（1759）Nom. illegit. ≡Lycomela Heist. ex Fabr.（1759）"的命名人引证有误。亦有文献把"Lycopersicon Mill.（1754）"处理为"Solanum L.（1753）"的异名。【分布】巴基斯坦，巴拿马，秘鲁，玻利维亚，厄瓜多尔（包括科隆群岛），哥伦比亚（安蒂奥基亚），美国（密苏里），尼加拉瓜，中国，太平洋地区，南美洲，中美洲。【后选模式】Lycopersicon esculentum P. Miller［Solanum lycopersicum Linnaeus］。【参考异名】? Lycopersicon Tourn. ex Ruppius（1745）Nom. inval.；Amatula Medik.（1782）；Antimion Raf.（1840）；Licopersicum Neck.（1790）Nom. inval.；Lycomela Fabr.（1759）Nom. illegit.；Lycomela Heist. ex Fabr.（1759）Nom. illegit.；Lycopersicum Hill（1765）Nom. illegit.；Scubulon Raf.（1840）；Scubulus Raf.（1840）Nom. illegit.；Solanum L.（1753）；Solanum sect. Lycopersicon（Mill.）Bitter（1917）；Solanum sect. Lycopersicon（Mill.）Wettst.（1895）；Solanum subgen. Lycopersicon（Mill.）Seithe（1962）■

30786　Lycopersicon Tourn. ex Ruppius（1745）Nom. inval. =？ Lycopersicon Mill.（1754）［茄科 Solanaceae］☆

30787　Lycopersicum Hill（1765）Nom. illegit. ≡ Lycopersicon Mill.（1754）［茄科 Solanaceae］■

30788　Lycopsis L.（1753）【汉】狼紫草属。【俄】Кривоцвет，Ликопсис。【英】Ablfgromwell，Lycopsis，Wild Bugloss。【隶属】紫草科 Boraginaceae。【包含】世界 3 种，中国 1 种。【学名诠释与讨论】〈阴〉（希）lykos，狼+opsis，外观，模样，相似。可能指花与狼眼睛相似。此属的学名，ING、TROPICOS 和 IK 记载是"Lycopsis L.，Sp. Pl. 1：138. 1753［1 May 1753］"。"Buglossa S. F. Gray，Nat. Arr. Brit. Pl. 2：351. 1 Nov 1821"、"Buglossites Bubani，Fl. Pyrenaea 1：491. 1897（non Moris 1845）"和"Echioides Fabricius，Enum. 43. 1759"是"Lycopsis L.（1753）"的晚出的同模式异名（Homotypic synonym，Nomenclatural synonym）。亦有文献把"Lycopsis L.（1753）"处理为"Anchusa L.（1753）"的异名。【分布】巴基斯坦，中国，欧洲，亚洲。【后选模式】Lycopsis arvensis Linnaeus。【参考异名】Anchusa L.（1753）；Buglossa Gray（1821）Nom. illegit.；Buglossites Bubani（1897）Nom. illegit.；Echioides Fabr.（1759）Nom. illegit.；Licopsis Neck.（1768）；Melanortocarya Selvi，Bigazzi，Hilger et Papini（2006）；Oskampia Baill.（1890）Nom. illegit.■

30789　Lycopus L.（1753）【汉】地笋属（地瓜儿苗属，泽兰属）。【日】シロネ属。【俄】Зюзник。【英】Bugleweed，Gypsywort，Water Horehound。【隶属】唇形科 Lamiaceae（Labiatae）。【包含】世界 10-14 种，中国 5 种。【学名诠释与讨论】〈阳〉（希）lykos，狼+pous，所有格 podos，指小式 podion，脚，足，柄，梗。podotes，有脚的+-ius，-ia，-ium，在拉丁文和希腊文中，这些词尾表示性质或状态。指叶形似狼足。此属的学名，ING、APNI 和 GCI 记载是"Lycopus Linnaeus，Sp. Pl. 21. 1 Mai 1753"。IK 则记载为"Lycopus Tourn. ex L.，Sp. Pl. 1：21. 1753［1 May 1753］"。"Lycopus Tourn."是命名起点著作之前的名称，故"Lycopus L.（1753）"和"Lycopus Tourn. ex L.（1753）"都是合法名称，可以通用。"Phytosalpinx Lunell，Amer. Midl. Naturalist 5：2. Jan 1917"是"Lycopus L."（1753）的同模式异名（Homotypic synonym，Nomenclatural synonym）。【分布】巴基斯坦，美国，中国，北温带。【后选模式】Lycopus europaeus Linnaeus。【参考异名】Euhemus Raf.（1840）；Licopus Neck.（1768）；Lycopus Tourn. ex L.（1753）；Phytosalpinx Lunell（1917）Nom. illegit.，Nom. superfl.■

30790　Lycopus Tourn. ex L.（1753）≡ Lycopus L.（1753）［唇形科 Lamiaceae（Labiatae）］■

30791　Lycoris Herb.（1821）【汉】石蒜属。【日】ヒガンバイザサ属，ヒガンバナ属。【英】Cluster-amaryllis，Lycoris，Stonegarlic。【隶属】石蒜科 Amaryllidaceae。【包含】世界 20 种，中国 16 种。【学名诠释与讨论】〈阴〉（拉）Lycoris，古罗马的美女演员。另说 Lycoris，为希腊神话中海之女神。指花美丽。【分布】中国，东喜马拉雅山至日本。【模式】未指定。【参考异名】Orexis Salisb.（1866）；Pleurastis Raf.（1838）■

30792　Lycorus Loudon（1830）Nom. illegit.［石蒜科 Amaryllidaceae］■☆

30793　Lycoseris Cass.（1824）【汉】狼菊木属。【隶属】菊科 Asteraceae（Compositae）。【包含】世界 7-11 种。【学名诠释与讨论】〈阴〉（希）lykos，狼+seris，菊苣。【分布】巴拿马，秘鲁，玻利维亚，厄瓜多尔，哥伦比亚（安蒂奥基亚），尼加拉瓜，中美洲。【模式】未指定。【参考异名】Diazeuxis D. Don（1830）；Langsdorfia Willd. ex Less.（1832）Nom. inval.；Onoseris Willd.（1803）●☆

30794　Lycotis Hoffmanns.（1826）= Arctotis L.（1753）［菊科 Asteraceae（Compositae）//灰毛菊科 Arctotidaceae］●■☆

30795　Lycurus Kunth（1816）【汉】狼尾禾属。【隶属】禾本科 Poaceae（Gramineae）。【包含】世界 3 种。【学名诠释与讨论】〈阳〉（希）lykos，狼+-urus，-ura，-uro，用于希腊文组合词，含义为"尾巴"。指花序。【分布】秘鲁，玻利维亚，厄瓜多尔，美国（南部），中美洲。【后选模式】Lycurus phleoides Kunth。【参考异名】Lygurus D. Dietr.（1839）Nom. illegit.；Pleopogon Nutt.（1848）●■☆

30796　Lydaea Molina（1810）= Kageneckia Ruiz et Pav.（1794）［蔷薇科 Rosaceae］●☆

30797　Lydea Molina（1810）Nom. illegit. ≡ Kageneckia Ruiz et Pav.（1794）；~ = Lydaea Molina（1810）［蔷薇科 Rosaceae］●☆

30798　Lydenburgia N. Robson（1965）【汉】莱登卫矛属。【隶属】卫矛科 Celastraceae。【包含】世界 2 种。【学名诠释与讨论】〈阴〉（人）Lydenburg。此属的学名是"Lydenburgia N. Robson，Bol. Soc. Brot. ser. 2. 39：35. 1965"。亦有文献把其处理为"Catha Forssk. ex Scop.（1777）（废弃属名）"或"Gymnosporia（Wight et Arn.）Benth. et Hook. f.（1862）（保留属名）"的异名。【分布】非洲南部。【模式】Lydenburgia cassinoides N. Robson。【参考异名】Catha Forssk. ex Scop.（1777）（废弃属名）；Gymnosporia（Wight et Arn.）Benth. et Hook. f.（1862）（保留属名）●☆

30799　Lygalon Raf. = Genista L.（1753）；~ = Lugaion Raf.（1838）［豆科 Fabaceae（Leguminosae）//蝶形花科 Papilionaceae］●

30800　Lygeum L.（1754）≡ Lygeum Loefl. ex L.（1754）［禾本科 Poaceae（Gramineae）］■☆

30801　Lygeum Loefi. ex L.（1754）【汉】利坚草属。【英】Esparto。【隶属】禾本科 Poaceae（Gramineae）。【包含】世界 1 种。【学名诠释与讨论】〈中〉（希）lygoo，缚之。Lygion，细枝条。lygos，柔韧的枝条，似柳的树。此属的学名，ING 和 IK 记载是"Lygeum Loefling in Linnaeus，Gen. ed. 5. 27. Aug 1754"。TROPICOS 则记载为"Lygeum Loefi. ex L.，Genera Plantarum，ed. 5 27，（522）. 1754"。三者引用的文献相同。"Lygeum Loefl."似是命名起点著作之前的名称。"Lygeum Post et Kuntze（1903）= Cytisus Desf.（1798）（保留属名）= Genista L.（1753）= Lugaion Raf.（1838）［豆科 Fabaceae（Leguminosae）//蝶形花科 Papilionaceae］"是晚出的非法名称。"Linosparton Adanson，Fam. 2：34，571. Jul-Aug 1763"是"Lygeum Loefi. ex L.（1754）"的晚出的同模式异名（Homotypic synonym，Nomenclatural synonym）。【分布】巴基斯坦，地中海沿岸。【模式】Lygeum spartum Linnaeus。【参考异名】Linosparton Adans.（1763）Nom. illegit.；Lygeum L.（1754）；Lygeum Loefl.（1754）Nom. illegit.；Spartum P. Beauv.，Nom. inval.■☆

30802　Lygeum Loefl.（1754）Nom. illegit. = Lygeum Loefi. ex L.（1754）［禾本科 Poaceae（Gramineae）］■☆

30803　Lygeum Post et Kuntze（1903）Nom. illegit. = Cytisus Desf.（1798）（保；~ = Genista L.（1753）；~ = Lugaion Raf.（1838）［豆科 Fabaceae（Leguminosae）//蝶形花科 Papilionaceae］●

30804　Lygia Fasano（1787）= Thymelaea Mill.（1754）（保留属名）［瑞香科 Thymelaeaceae］●■

30805　Lyginia R. Br.（1810）（保留属名）【汉】澳灯草属。【隶属】帚灯草科 Restionaceae//澳灯草科 Lyginiaceae。【包含】世界 1-3 种。【学名诠释与讨论】〈阴〉（希）lyginos，弯到一起的，皱缩的。此属的学名"Lyginia R. Br.，Prodr.：248. 27 Mar 1810"是保留属名。法规未列出相应的废弃属名。【分布】澳大利亚（西南部）。【模式】Lyginia barbata R. Brown。【参考异名】Lygynia Steud.（1821）■☆

30806　Lyginiaceae B. G. Briggs et L. A. S. Johnson（2000）［亦见 Anarthriaceae D. F. Cutler et Airy Shaw 刷柱草科（苞穗草科，无柄草科）］【汉】澳灯草科。【包含】世界 1 属 1 种。【分布】澳大利亚西南部。【科名模式】Lyginia R. Br.（1810）（保留属名）■☆

30807　Lygisma Hook. f. (1883)【汉】折冠藤属。【英】Lygisma。【隶属】萝藦科 Asclepiadaceae。【包含】世界3种，中国1种。【学名诠释与讨论】〈中〉（希）lygisma，所有格 lygismatos，绞成物，lygismos，弯曲，绞扭之物。【分布】中国，东南亚。【模式】Lygisma angustifolia (R. Wight) J. D. Hooker［Marsdenia angustifolia R. Wight］。【参考异名】Costantina Bullock (1965)；Pilostigma Costantin (1912) Nom. illegit. ■

30808　Lygistum P. Browne et Boehm. (1760) Nom. illegit. (废弃属名) = Manettia Mutis ex L. (1771)（保留属名）［茜草科 Rubiaceae］●■☆

30809　Lygistum P. Browne (1756) Nom. inval. (废弃属名) ≡ Lygistum P. Browne et Boehm. (1760) Nom. illegit.；~ = Manettia Mutis ex L. (1771)（保留属名）［茜草科 Rubiaceae］●■☆

30810　Lygodesmia D. Don (1829)【汉】紫莴苣属。【英】Rush Pink, Skeletonplant。【隶属】菊科 Asteraceae (Compositae)。【包含】世界9-12种。【学名诠释与讨论】〈阴〉（希）lygos，嫩枝，柔软+desmos，链，束，结，带，纽带。desma，所有格 desmatos，含义与 desmos 相似。指其丛生，且叶子贴在茎上。【分布】美国，北美洲，中美洲。【后选模式】Prenanthes juncea Pursh。【参考异名】Erytheremia Endl. (1842)；Erythremia Nutt. (1841)；Pleiacanthus (Hook. ex Nutt.) Rydb. (1917)；Pleiacanthus (Nutt.) Rydb. (1917) ■☆

30811　Lygodisodea Ruiz et Pav. (1794) = Paederia L. (1767)（保留属名）［茜草科 Rubiaceae］●■

30812　Lygodisodeaceae Bartl. (1830) = Rubiaceae Juss. (保留科名) ●■

30813　Lygodysodea Roem. et Schult. = Lygodisodea Ruiz et Pav. (1794)［茜草科 Rubiaceae］●■

30814　Lygoplis Raf. (1838) = Lygos Adans. (1763)（废弃属名）；~ = Retama Raf. (1838)（保留属名）［豆科 Fabaceae (Leguminosae)//蝶形花科 Papilionaceae］●☆

30815　Lygos Adans. (1763)（废弃属名）≡ Retama Raf. (1838)（保留属名）；~ = Genista L. (1753)［豆科 Fabaceae (Leguminosae)//蝶形花科 Papilionaceae］●

30816　Lygurus D. Dietr. (1839) Nom. illegit. = Lycurus Kunth (1816)［禾本科 Poaceae (Gramineae)］■☆

30817　Lygustrum Gilib. (1781) = Ligustrum L. (1753)［木犀榄科（木犀科）Oleaceae］●

30818　Lygynia Steud. (1821) = Lyginia R. Br. (1810)（保留属名）［帚灯草科 Restionaceae//澳灯草科 Lyginiaceae］■☆

30819　Lymanbensonia Kimnach (1984)【汉】小花刺苇属。【隶属】仙人掌科 Cactaceae。【包含】世界2种。【学名诠释与讨论】〈阴〉（人）Lyman David Benson，1909-1993，美国仙人掌专家+Benson，植物学者。此属的学名是"Lymanbensonia M. Kimnach, Cact. Succ. J. (U. S.) 56：101. Mai-Jun 1984"。亦有文献把其处理为"Lepismium Pfeiff. (1835)"的异名。【分布】秘鲁，玻利维亚。【模式】Lymanbensonia micrantha (F. Vaupel) M. Kimnach［Cereus micranthus F. Vaupel］。【参考异名】Lepismium Pfeiff. (1835) ■☆

30820　Lymania Read (1984)【汉】异多穗凤梨属。【隶属】凤梨科 Bromeliaceae。【包含】世界6种。【学名诠释与讨论】〈阴〉（人）Lyman，植物学者。【分布】热带南美洲。【模式】Lymania alvimii (L. B. Smith et R. W. Read) R. W. Read［Araeococcus alvimii L. B. Smith et R. W. Read］。■☆

30821　Lymnophila Blume (1826) = Limnophila R. Br. (1810)（保留属名）［玄参科 Scrophulariaceae//婆婆纳科 Veronicaceae］■

30822　Lyncea Cham. et Schltdl. (1830) = Melasma P. J. Bergius (1767)［玄参科 Scrophulariaceae//列当科 Orobanchaceae］■

30823　Lyndenia Miq. (1855) = Lijndenia Zoll. et Moritzi (1846)；~ = Memecylon L. (1753)［野牡丹科 Melastomataceae//谷木科 Memecylaceae］●

30824　Lyonella Raf. (1818) Nom. illegit. ≡ Polygonella Michx. (1803)［蓼科 Polygonaceae］■☆

30825　Lyonetia Wlllk. (1870) = Anthemis L. (1753)；~ = Lyonnetia Cass. (1825)［菊科 Asteraceae (Compositae)//春黄菊科 Anthemidaceae］■☆

30826　Lyonettia Endl. (1841) = Lyonetia Wlllk. (1870)［仙人掌科 Cactaceae］■

30827　Lyonia Elliott (1818) Nom. illegit. (废弃属名) = Macbridea Raf. (1818)；~ = Metastelma R. Br. (1810)［萝藦科 Asclepiadaceae］●☆

30828　Lyonia Nutt. (1818)（保留属名）【汉】南烛属（綟木属，米饭花属，珍珠花属）。【日】ネジキ属，ネヂキ属。【俄】Лиония。【英】Lyonia。【隶属】杜鹃花科（欧石南科）Ericaceae。【包含】世界35种，中国6种。【学名诠释与讨论】〈阴〉（人）John Lyon，1765-1814，英国植物学者，园艺家。他在美国东南部旅行采集到本属植物。此属的学名"Lyonia Nutt., Gen. N. Amer. Pl. 1：266. 14 Jul 1818"是保留属名。相应的废弃属名是蓼科 Polygonaceae 的"Lyonia Raf. in Med. Repos., ser. 2, 5：353. Feb-Apr 1808 ≡ Polygonella Michx. (1803)"。萝藦科 Asclepiadaceae 的"Lyonia Elliott, Sketch Bot. S. Carolina［Elliott］1：316. 1817［Oct 1817］= Metastelma R. Br. (1810) ≡ Macbridea Raf. (1818)"亦应废弃。Rafinesque (1819) 曾用"Xolisma Raf., Amer. Monthly Mag. et Crit. Rev. 4(3)：193. 1819［Jan 1819］"替代"Lyonia Nutt. (1818)（保留属名）"，现在多余了。【分布】巴基斯坦，美国，中国，喜马拉雅山，西印度群岛，东亚，北美洲，中美洲。【模式】Lyonia ferruginea (Walter) Nuttall［Andromeda ferruginea Walter］。【参考异名】Arsenoeoecus Small (1913)；Cholisma Greene (1904)；Desmothamnus Small (1913)；Hemiclis Raf.；Neopieris Britton (1913)；Polygonella Michx. (1803)；Xolisma Raf. (1819) Nom. illegit. ●

30829　Lyonia Raf. (1808) Nom. illegit. (废弃属名) ≡ Polygonella Michx. (1803)［蓼科 Polygonaceae］■☆

30830　Lyonia Rchb. (废弃属名) = Cassandra D. Don (1834) Nom. illegit.；~ = Chamaedaphne Moench (1794)（保留属名）［杜鹃花科（欧石南科）Ericaceae］●

30831　Lyonnetia Cass. (1825) = Anthemis L. (1753)［菊科 Asteraceae (Compositae)//春黄菊科 Anthemidaceae］■

30832　Lyonothamnus A. Gray (1885)【汉】铁蔷薇属（卡特莱纳铁木属）。【英】Catalina Ironwood。【隶属】蔷薇科 Rosaceae。【包含】世界1-2种。【学名诠释与讨论】〈阴〉（人）John Lyon, 1765-1814，英国植物学者，园艺家+thamnos，指小式 thamnion，灌木，灌丛，树丛，枝。【分布】美国（加利福尼亚）。【模式】Lyonothamnus floribundus A. Gray。●☆

30833　Lyonsia R. Br. (1810) = Parsonsia R. Br. (1810)（保留属名）［夹竹桃科 Apocynaceae］●

30834　Lyonsia Raf. = Lyonia Elliott (1817) Nom. illegit. (废弃属名)；~ = Metastelma R. Br. (1810)［萝藦科 Asclepiadaceae］●☆

30835　Lyperanthus R. Br. (1810)【汉】蕨叶梅属。【隶属】兰科 Orchidaceae。【包含】世界5种。【学名诠释与讨论】〈阳〉（希）lyperos，痛苦的，悲愁的+anthos，花。指花色。【分布】澳大利亚，新西兰，法属新喀里多尼亚。【模式】未指定。【参考异名】Achlydosa M. A. Clem. et D. L. Jones (2002)；Fitzgeraldia F. Muell. (1882) Nom. illegit.；Pyrorchis D. L. Jones et M. A. Clem. (1995) ■☆

30836　Lyperia Benth. (1836)【汉】南非苦玄参属。【隶属】玄参科 Scrophulariaceae。【包含】世界6种。【学名诠释与讨论】〈阴〉（希）lyperos，痛苦的，悲愁的。此属的学名，ING、TROPICOS 和 IK 记载是"Lyperia Bentham in W. J. Hooker, Companion Bot. Mag.

1：377. 1 Jul 1836（'1835'）"。"Lyperia Salisb.，Gen. Pl. [Salisbury]56（-57）. 1866［Apr-May 1866］≡Theresia K. Koch（1849）＝Fritillaria L.（1753）［百合科 Liliaceae//贝母科 Fritillariaceae］"是晚出的非法名称。亦有文献把"Lyperia Benth.（1836）"处理为"Sutera Roth（1807）"的异名。【分布】非洲南部。【后选模式】Lyperia tristus（Linnaeus f.）Bentham［Erinus tristus Linnaeus f.］。【参考异名】Sutera Roth（1807）；Urbania Vatke（1875）（废弃属名）■☆

30837　Lyperia Salisb.（1866）Nom. illegit. ≡Theresia K. Koch（1849）；～＝Fritillaria L.（1753）［百合科 Liliaceae//贝母科 Fritillariaceae］■

30838　Lyperodendron Willd. ex Meisn.（1856）＝Coccoloba P. Browne（1756）［as 'Coccolobis'］（保留属名）［蓼科 Polygonaceae］●

30839　Lyprolepis Steud.（1855）＝Kyllinga Rottb.（1773）（保留属名）［莎草科 Cyperaceae］■

30840　Lyraea Lindl.（1830）＝Bulbophyllum Thouars（1822）（保留属名）［兰科 Orchidaceae］■

30841　Lyriloma Schltdl.（1845）＝Lysiloma Benth.（1844）［豆科 Fabaceae（Leguminosae）］●☆

30842　Lyriodendron DC.（1817）＝Liriodendron L.（1753）［木兰科 Magnoliaceae//鹅掌楸科 Liriodendraceae］●

30843　Lyrionotus K. Scbum.（1901）＝Lysionotus D. Don（1822）［苦苣苔科 Gesneriaceae］●

30844　Lyrocarpa Hook. et Harv.（1845）【汉】琴果芥属。【隶属】十字花科 Brassicaceae（Cruciferae）。【包含】世界2-3种。【学名诠释与讨论】〈阴〉（希）lyra，古希腊的七弦琴＋karpos，果实。【分布】美国（加利福尼亚）。【模式】Lyrocarpa coulteri W. J. Hooker et W. H. Harvey。【参考异名】Lyrocarpus Post et Kuntze（1903）■☆

30845　Lyrocarpus Post et Kuntze（1903）＝Lyrocarpa Hook. et Harv.（1845）［十字花科 Brassicaceae（Cruciferae）］■☆

30846　Lyrochilus Szlach.（2008）【汉】巴西狭喙兰属。【隶属】兰科 Orchidaceae。【包含】世界1种。【学名诠释与讨论】〈阳〉（希）lyra，古希腊的七弦琴＋cheilos，唇。在希腊文组合词中，cheil-，cheilo-，-chilus，-chilia 等均为"唇，边缘"之义。此属的学名是"Lyrochilus Szlach.，Classification of Spiranthinae, Stenorrhynchidinae and Cyclopogoninae 178. 2008"。亦有文献把其处理为"Stenorrhynchos Rich. ex Spreng.（1826）"的异名。【分布】巴西。【模式】Lyrochilus hilarianus（Cogn.）Szlach.。【参考异名】Lyssanthe Endl.（1837）；Stenorrhynchos Rich. ex Spreng.（1826）■☆

30847　Lyroglossa Schltr.（1920）＝Stenorrhynchos Rich. ex Spreng.（1826）［兰科 Orchidaceae］■☆

30848　Lyrolepis Rech. f.（1943）＝Carlina L.（1753）［菊科 Asteraceae（Compositae）］●

30849　Lysanthe Salisb.（1809）（废弃属名）［山龙眼科 Proteaceae］●

30850　Lysanthe Salisb.（1809）Nom. illegit.（废弃属名）≡Lysanthe Salisb. ex Knight（1809）（废弃属名）；～＝Grevillea R. Br. ex Knight（1809）［as 'Grevillia'］（保留属名）［山龙眼科 Proteaceae］●

30851　Lysanthe Salisb. ex Knight（1809）（废弃属名）＝Grevillea R. Br. ex Knight（1809）［as 'Grevillia'］（保留属名）［山龙眼科 Proteaceae］●

30852　Lysiana Tiegh.（1894）【汉】露西寄生属。【隶属】桑寄生科 Loranthaceae。【包含】世界8种。【学名诠释与讨论】〈阴〉（希）lyo，lyein，松土；lysis，放松，松散，分离。指本属从 Loranthus 分出。【分布】澳大利亚。【模式】Lysiana casuarinae（Miquel）Van Tieghem［Loranthus casuarinae Miquel］。●☆

30853　Lysianthius Adans.（1763）＝Lisianthius P. Browne（1756）［龙

胆科 Gentianaceae］■☆

30854　Lysias Salisb（1812）Nom. inval. ≡Lysias Salisb. ex Rydb.（1900）Nom. illegit.；～≡Platanthera Rich.（1817）（保留属名）［兰科 Orchidaceae］■

30855　Lysias Salisb. ex Rydb.（1900）Nom. illegit. ≡Platanthera Rich.（1817）（保留属名）［兰科 Orchidaceae］■

30856　Lysicarpus F. Muell.（1858）【汉】琴果桃金娘属。【隶属】桃金娘科 Myrtaceae。【包含】世界2种。【学名诠释与讨论】〈阳〉（希）lysis，放松的行为，分离，松散＋karpos，果实。指果实。【分布】澳大利亚（昆士兰）。【模式】Lysicarpus ternifolius F. v. Mueller。●☆

30857　Lysichiton Schott（1857）【汉】沼芋属（观音莲属，水芭蕉属）。【日】ミズバショウ属。【俄】Лизихитон。【英】Lysidice, Skunk Cabbage, Skunk-cabbage。【隶属】天南星科 Araceae。【包含】世界1-2种。【学名诠释与讨论】〈中〉（希）lysis，放松，松散，分离＋chiton，衣料，束腰外衣。指其佛焰苞在开花之后很快枯萎。此属的学名，ING、GCI 和 IK 记载是"Lysichiton Schott, Oesterr. Bot. Wochenbl. 7：62. 19 Feb 1857"。"Lysichitum Schott（1857）"是其拼写变体。"Arctiodracon A. Gray, Mem. Amer. Acad. Arts ser. 2. 6：408. 1859"是"Lysichiton Schott（1857）"的晚出的同模式异名（Homotypic synonym, Nomenclatural synonym）。【分布】俄罗斯（库页岛），日本，东西伯利亚，喀什米尔地区，太平洋地区，北美洲。【模式】Lysichiton camtschatcensis（Linnaeus）Schott［as 'camtschatcense'］［Dracontium camtschatcense Linnaeus］。【参考异名】Arctiodracon A. Gray（1859）Nom. illegit.；Lysichitum Schott（1857）Nom. illegit.■☆

30858　Lysichitum Schott（1857）Nom. illegit. ≡Lysichiton Schott（1857）［天南星科 Araceae］■☆

30859　Lysichlamys Compton（1943）＝Euryops（Cass.）Cass.（1820）［菊科 Asteraceae（Compositae）］●■☆

30860　Lysiclesia A. C. Sm.（1932）＝Orthaea Klotzsch（1851）［as 'Orthaca'］●☆

30861　Lysidice Hance（1867）【汉】仪花属（广檀木属，龙眼参属，麻黏木属，麻轧木属，铁罗伞属，仪花木属）。【日】シタンノキ属。【英】Lysidice。【隶属】豆科 Fabaceae（Leguminosae）//云实科（苏木科）Caesalpiniaceae。【包含】世界2种，中国2种。【学名诠释与讨论】〈阴〉（人）Lysidike，一英国女人名。另说来自希腊文 lysis，放松，松散，分离＋dike，习惯。【分布】中国。【模式】Lysidice rhodostegia Hance。●

30862　Lysiella Rydb.（1900）＝Platanthera Rich.（1817）（保留属名）［兰科 Orchidaceae］■

30863　Lysiloma Benth.（1844）【汉】马肉豆属（大托叶合欢属，平荚木属）。【隶属】豆科 Fabaceae（Leguminosae）。【包含】世界9-38种。【学名诠释与讨论】〈中〉（希）lysis，放松，松散，分离＋loma，所有格 lomatos，袍的边缘。【分布】秘鲁，玻利维亚，哥伦比亚（安蒂奥基亚），哥斯达黎加，美国，尼加拉瓜，西印度群岛，中美洲。【后选模式】Lysiloma bahamense Bentham［as 'bahamensis'］。【参考异名】Lyriloma Schltdl.（1845）●☆

30864　Lysima Medik.（1791）＝Lysimachia L.（1753）［报春花科 Primulaceae//珍珠菜科 Lysimachiaceae］●■

30865　Lysimachia L.（1753）【汉】珍珠菜属（过路黄属，假珍珠菜属，排草属，香草属，星宿菜属）。【日】オカトラノオ属。【俄】Вербейник，Наумбургия。【英】Loosestrife, Pearweed, Spicegrass, Yellow Loosestrife。【隶属】报春花科 Primulaceae//珍珠菜科 Lysimachiaceae。【包含】世界150-190种，中国138-157种。【学名诠释与讨论】〈阴〉（希）lysimachion, lysimacheion, lysimachia，一种药用草本植物。另说源于色雷斯国

王 Lysimachion 的名字。【分布】巴基斯坦,秘鲁,玻利维亚,厄瓜多尔,马达加斯加,美国(密苏里),中国,东亚和北亚,美洲。【后选模式】Lysimachia vulgaris Linnaeus。【参考异名】Anagzanthe Baudo(1843);Apochoris Duby(1844);Asterolinon Hoffmanns. et Link(1820);Bernardina Baudo(1843);Borissa Raf.(1821)Nom. inval.;Borissa Raf. ex Steud.(1840)Nom. illegit.;Cerium Lour.(1790);Coxia Endl.(1839);Dugezia Montrouz.(1860)Nom. inval.;Dugezia Montrouz. ex Beauvis.(1901);Ephemerum Rchb.(1831)Nom. illegit.(废弃属名);Godinella(T. Lestib.)Spach(1840)Nom. illegit.;Godinella T. Lestib.(1827);Lerouxia Merat(1812);Lisimachia Neck.(1768);Lubinia Comm. ex Vent.(1800);Lubinia Vent.(1800);Lysima Medik.(1791);Lysimachiopsis A. Heller(1897);Lysimachusa Pohl(1810);Lysimandra(Endl.)Rchb.(1841)Nom. illegit.;Lysimandra Rchb.(1841)Nom. illegit.;Lysis(Bando)Kuntze(1891)Nom. illegit.;Lysis Kuntze(1891);Naumburgia Moench(1802);Nemorella Ehrh.(1789);Nummularia Hill(1756);Numularia Gray(1821)Nom. illegit.;Orescia Reinw.(1828);Palladia Moench(1794)Nom. illegit.;Steironema Raf.(1821);Stironema Post et Kuntze(1903);Theopyxis Griseb.(1856);Thyrsanthus Schrank(1813)Nom. illegit.;Tridynia Raf.(1821)Nom. inval.;Tridynia Raf. ex Steud.(1841)●■

30866 Lysimachiaceae Juss.(1789)[亦见 Myrsinaceae R. Br.(保留科名)紫金牛科和 Primulaceae Batsch ex Borkh.(保留科名)报春花科]【汉】珍珠菜科。【包含】世界 3 属 174-214 种,中国 1 属 138-157 种。【分布】广泛分布,东亚和北美洲。【科名模式】Lysimachia L.(1753)■

30867 Lysimachiopsis A. Heller(1897)【汉】类珍珠菜属。【隶属】报春花科 Primulaceae//珍珠菜科 Lysimachiaceae。【包含】世界 5 种。【学名诠释与讨论】〈阴〉(属)Lysimachia 珍珠菜属+希腊文 opsis,外观,模样,相似。此属的学名是"Lysimachiopsis Heller,Minnesota Bot. Stud. 1:874. 1897"。亦有文献把其处理为"Lysimachia L.(1753)"的异名。【分布】参见 Lysimachia L.(1753)。【模式】未指定。【参考异名】Lysimachia L.(1753)■☆

30868 Lysimachusa Pohl(1810)= Lysimachia L.(1753)[报春花科 Primulaceae//珍珠菜科 Lysimachiaceae]●■

30869 Lysimandra(Endl.)Rchb.(1841)Nom. illegit. ≡ Steironema Raf.(1821);~= Lysimachia L.(1753)[报春花科 Primulaceae//珍珠菜科 Lysimachiaceae]●■

30870 Lysimandra Rchb.(1841)Nom. illegit. ≡ Lysimandra(Endl.)Rchb.(1841)Nom. illegit.;~≡ Steironema Raf.(1821);~= Lysimachia L.(1753)[报春花科 Primulaceae//珍珠菜科 Lysimachiaceae]●■

30871 Lysimnia Raf.(1838)= Brassavola R. Br.(1813)(保留属名)[兰科 Orchidaceae]■☆

30872 Lysinema R. Br.(1810)【汉】芫石南属。【隶属】尖苞木科 Epacridaceae。【包含】世界 5 种。【学名诠释与讨论】〈中〉(希)lysis,放松,松散,分离+nema,所有格 nematos,丝,花丝。【分布】澳大利亚(西部)。【模式】未指定。【参考异名】Julieta Leschen. ex DC.(1839);Lasinema Steud.(1841);Lasynema Poir.(1812)●☆

30873 Lysinemaceae Rchb. = Epacridaceae R. Br.(保留科名)●☆

30874 Lysinotus Low(1848)Nom. illegit. = Lysionotus D. Don(1822)[苦苣苔科 Gesneriaceae]●

30875 Lysionothus D. Dietr.(1839)Nom. illegit. = Lysionotus D. Don(1822)[苦苣苔科 Gesneriaceae]●

30876 Lysionotis G. Don(1837)Nom. illegit. = Lysionotus D. Don(1822)[苦苣苔科 Gesneriaceae]●

30877 Lysionotus D. Don(1822)【汉】吊石苣苔属(石吊兰)。【日】シシンラン属。【英】Lysionotus。【隶属】苦苣苔科 Gesneriaceae。【包含】世界 25-31 种,中国 23-30 种。【学名诠释与讨论】〈阳〉(希)lysis,放松,松散,分离+notos,背部。指蒴果背线开裂。此属的学名,ING、TROPICOS 和 IK 记载是"Lysionotus D. Don,Edinburgh Philos. J. 7:85. Jul 1822"。"Lysinotus H. Low,Sarawak 67,sphalm.(1848)"、"Lysionothus D. Dietr.,Syn. Pl.[D. Dietrich]i. 30(1839)"和"Lysionotis G. Don,Gen. Hist. iv. 644(1837)"似乎都是其变体。【分布】中国,东喜马拉雅山,亚洲东部和南部。【模式】Lysionotus serratus D. Don[as 'serrata']。【参考异名】Lisionotus Rchb.(1837);Lyrionotus K. Scbum.(1901);Lysinotus Low(1848)Nom. illegit.;Lysionothus D. Dietr.(1839)Nom. illegit.;Lysionotis G. Don(1837)Nom. illegit.●

30878 Lysiopetalum K. Schum.(1893)= Lysiosepalum F. Muell.(1859)[梧桐科 Sterculiaceae//锦葵科 Malvaceae]●☆

30879 Lysiopetalum Willis,Nom. inval. = Lysiosepalum F. Muell.(1859)[梧桐科 Sterculiaceae//锦葵科 Malvaceae]●☆

30880 Lysiosepalum F. Muell.(1859)【汉】离萼梧桐属。【隶属】梧桐科 Sterculiaceae//锦葵科 Malvaceae。【包含】世界 2-5 种。【学名诠释与讨论】〈中〉(希)lysis,放松,松散,分离+sepalum,花萼。此属的学名,ING、APNI、TROPICOS 和 IK 记载是"Lysiosepalum F. v. Mueller,Fragm. 1:142. Jun 1859"。其变体"Lysiopetalum K. Schum.,Die Natürlichen Pflanzenfamilien 3(6):92. 1890"是一个未合格发表的名称(Nom. inval.)。【分布】澳大利亚(西部)。【模式】Lysiosepalum barryanum F. v. Mueller。【参考异名】Lysiopetalum K. Schum.(1893);Lysiopetalum Willis,Nom. inval.;Lysisepalum Post et Kuntze(1903)●☆

30881 Lysiostyles Benth.(1846)【汉】离柱旋花属。【隶属】旋花科 Convolvulaceae。【包含】世界 1 种。【学名诠释与讨论】〈阳〉(希)lysis,放松,松散,分离+stylos =拉丁文 style,花柱,中柱,有尖之物,桩,柱,支持物,支柱,石头做的界标。【分布】玻利维亚,中美洲和热带南美洲北部。【模式】Lysiostyles scandens Bentham。【参考异名】Lysistylis Post et Kuntze(1903)■☆

30882 Lysiphyllum(Benth.)de Wit(1956)= Bauhinia L.(1753)[豆科 Fabaceae(Leguminosae)//云实科(苏木科)Caesalpiniaceae//羊蹄甲科 Bauhiniaceae]●

30883 Lysipoma Spreng.(1824)= Lysipomia Kunth(1819)[桔梗科 Campanulaceae]■☆

30884 Lysipomia Kunth(1819)【汉】离盖桔梗属。【隶属】桔梗科 Campanulaceae。【包含】世界 13-27 种。【学名诠释与讨论】〈阴〉(希)lysis,放松,松散,分离+poma,盖子。【分布】秘鲁,玻利维亚,厄瓜多尔,哥伦比亚(安蒂奥基亚),安第斯山。【模式】未指定。【参考异名】Lysipoma Spreng.(1824)■☆

30885 Lysis(Bando)Kuntze(1891)Nom. illegit. ≡ Lysis Kuntze(1891)= Lysimachia L.(1753)[报春花科 Primulaceae//珍珠菜科 Lysimachiaceae]●■

30886 Lysis Kuntze(1891)= Lysimachia L.(1753)[报春花科 Primulaceae//珍珠菜科 Lysimachiaceae]●■

30887 Lysisepalum Post et Kuntze(1903)= Lysiosepalum F. Muell.(1859)[梧桐科 Sterculiaceae//锦葵科 Malvaceae]●☆

30888 Lysistemma Steetz(1864)= Vernonia Schreb.(1791)(保留属名)[菊科 Asteraceae(Compositae)//斑鸠菊科(绿菊科)Vernoniaceae]●■

30889 Lysistigma Schott(1862)【汉】离柱南星属。【隶属】天南星科 Araceae。【包含】世界 1 种。【学名诠释与讨论】〈中〉(希)lysis,放松,松散,分离+stigma,所有格 stigmatos,柱头,眼点。此属的学名是"Lysistigma H. W. Schott,Bonplandia 10:222. 1 Aug

1862"。亦有文献把其处理为"Taccarum Brongn.（1857）"的异名。【分布】印度尼西亚（爪哇岛）。【模式】Lysistigma peregrinum H. W. Schott。【参考异名】Taccarum Brongn. ex Schott（1857）■☆

30890　Lysistylis Post et Kuntze（1903）= Lysiostyles Benth.（1846）［旋花科 Convolvulaceae］■☆

30891　Lyssanthe D. Dietr.（1839）Nom. illegit. = Lissanthe R. Br.（1810）［尖苞木科 Epacridaceae//杜鹃花科（欧石南科）Ericaceae］●☆

30892　Lyssanthe Endl.（1837）= Grevillea R. Br. ex Knight（1809）［as 'Grevillia'］（保留属名）［山龙眼科 Proteaceae］●

30893　Lytanthus Wettst.（1895）= Globularia L.（1753）［球花木科（球花科，肾药花科）Globulariaceae］●☆

30894　Lythastrum Hill（1767）= Lythrum L.（1753）［千屈菜科 Lythraceae］●■

30895　Lythospermum Luce（1825）= Lithospermum L.（1753）［紫草科 Boraginaceae］■

30896　Lythraceae J. St. -Hil.（1805）［as 'Lythrariae'］（保留科名）【汉】千屈菜科。【日】ミソハギ科。【俄】Дербенниковые。【英】Loosestrife Family, Loose - strife Family, Purple Loosestrife Family。【包含】世界 27-50 属 550-650 种，中国 10 属 43-52 种。【分布】广泛分布。【科名模式】Lythrum L.（1753）■●

30897　Lythron St. - Lag.（1880）= Lythrum L.（1753）［千屈菜科 Lythraceae］●■

30898　Lythropsis Welw. ex Koehne（1881）= Lythrum L.（1753）●■

30899　Lythrum L.（1753）【汉】千屈菜属（类千屈菜属）。【日】ミソハギ属。【俄】Дербенка, Дербенник, Литрум, Плакун, Подбережник。【英】Loose Strife, Loosestrife, Loose - strife, Lythrum, Purple Loosestrife, Water purslane, Winged Loosestrife。【隶属】千屈菜科 Lythraceae。【包含】世界 35-36 种，中国 2-4 种。【学名诠释与讨论】〈中〉（希）lythron，黑血。指某些种的花暗红色。此属的学名，ING、TROPICOS、APNI、GCI 和 IK 记载是"Lythrum L., Sp. Pl. 1:446. 1753［1 May 1753］"。"Chabraea Bubani, Fl. Pyrenaea 2:640. 1899（sero?）（'1900'）（non Adanson 1763）"和"Salicaria P. Miller, Gard. Dict. Abr. ed. 4. 28 Jan 1754 ≡ Salicaria Tourn. ex Mill.（1754）Nom. illegit."是"Lythrum L.（1753）"的晚出的同模式异名（Homotypic synonym, Nomenclatural synonym）。【分布】巴基斯坦，秘鲁，玻利维亚，厄瓜多尔，美国（密苏里），中国，中美洲。【后选模式】Lythrum hyssopifolia Linnaeus。【参考异名】Anisotes Lindl.（1836）Nom. inval.（废弃属名）；Anisotes Lindl. ex Meisn.（1838）（废弃属名）；Bergenia Neck.（1790）（废弃属名）；Chabraea Bubani（1899）Nom. illegit.；Didiplis Raf.（1833）；Editeles Raf.（1838）Nom. illegit.；Hexostemon Raf.（1825）Nom. illegit.；Hypobrichia M. A. Curtis ex Torr. et A. Gray（1840）Nom. illegit.；Hyssopifolia Fabr.；Lithrum Huds.（1762）；Lythastrum Hill（1767）；Lythron St. - Lag.（1880）；Lythropsis Welw. ex Koehne（1881）；Lytrum Vill.（1789）；Middendorfia Trautv.（1842）；Mozula Raf.（1820）；Ododeca Raf.（1825）Nom. illegit.；Pentaglossum Forssk.（1775）；Peplis L.（1753）；Philexia Raf.；Ptilina Nutt. ex Torr. et A. Gray（1840）；Pythagorea Raf.（1819）Nom. illegit.；Salica Hill（1768）Nom. illegit.；Salicaria Adans.；Salicaria Mill.（1754）Nom. illegit.；Salicaria Tourn. ex Mill.（1754）Nom. illegit.●■

30900　Lytocaryum Toledo（1944）【汉】小穴椰子属（裂果椰属，小穴棕属）。【隶属】棕榈科 Arecaceae（Palmae）。【包含】世界 2-3 种。【学名诠释与讨论】〈中〉（希）lithos，石头+karyon，胡桃，硬壳果，核，坚果。【分布】巴西，哥伦比亚。【模式】Lytocaryum hoehnei

（Burret）Toledo［Syagrus hoehnei Burret］。【参考异名】Glaziova Mart. ex Drude（1881）Nom. illegit.；Microcoelum Burret et Potztal（1956）●☆

30901　Lytogomphus Jungh.（1847）= Rhopalocnemis Jungh.（1841）［蛇菰科（土鸟麟科）Balanophoraceae］■

30902　Lytogomphus Jungh. ex Gopp.（1847）Nom. illegit. ≡ Lytogomphus Jungh.（1847）；~ = Rhopalocnemis Jungh.（1841）［蛇菰科（土鸟麟科）Balanophoraceae］■

30903　Lytrostylis Wittst. = Ehretia P. Browne（1756）；~ = Lutrostylis G. Don（1837）［紫草科 Boraginaceae//破布木科（破布树科）Cordiaceae//厚壳树科 Ehretiaceae］●

30904　Lytrum Vill.（1789）= Lythrum L.（1753）［千屈菜科 Lythraceae］●■

30905　Maackia Rupr.（1856）【汉】马鞍树属（高丽槐属）。【日】イヌエンジュ属。【俄】Акатик, Маакия。【英】Maackia, Saddletree。【隶属】豆科 Fabaceae（Leguminosae）//蝶形花科 Papilionaceae。【包含】世界 10-13 种，中国 8-12 种。【学名诠释与讨论】〈阴〉（人）Pichard Karlovich（Karlovic）Maack（Maak），1825-1886，爱沙尼亚植物学者，探险家，植物采集家，曾到西伯利亚采集植物。此属的学名，ING 和 IK 记载是"Maackia Ruprecht, Bull. Cl. Phys. -Math. Acad. Imp. Sci. Saint-Pétersbourg ser. 2. 15: 143. 27 Nov 1856"。《中国植物志》英文版亦使用此名称。"Maackia Rupr. et Maxim.（1856）≡ Maackia Rupr.（1856）"的命名人引证有误。【分布】巴基斯坦，中国，东亚。【模式】Maackia amurensis Ruprecht。【参考异名】Buergeria Miq.（1867）Nom. illegit.；Maackia Rupr. et Maxim.（1856）Nom. illegit.●

30906　Maackia Rupr. et Maxim.（1856）Nom. illegit. ≡ Maackia Rupr.（1856）［豆科 Fabaceae（Leguminosae）//蝶形花科 Papilionaceae］●

30907　Maasa Roem. et Schult.（1819）Nom. illegit. = Maesa Forssk.（1775）［紫金牛科 Myrsinaceae//杜茎山科 Maesaceae］●

30908　Maasia Mols, Kessler et Rogstad（2008）【汉】马来暗罗属（鸡爪树属）。【隶属】番荔枝科 Annonaceae。【包含】世界 6 种。【学名诠释与讨论】〈阴〉（人）Maas。此属的学名是"Maasia Mols, Kessler et Rogstad, Systematic Botany 33（3）: 493. 2008"。亦有文献把其处理为"Polyalthia Blume（1830）"的异名。【分布】印度尼西亚（苏门答腊岛，爪哇岛），中国，马来半岛，新几内亚岛。【模式】Maasia hypoleuca（Hook. f. et Thomson）Mols, Kessler et Rogstad［Polyalthia hypoleuca Hook. f. et Thomson］。【参考异名】Polyalthia Blume（1830）●

30909　Maba J. R. Forst. et G. Forst.（1776）【汉】象牙树属。【隶属】柿树科（柿科）Ebenaceae。【包含】世界 50 种。【学名诠释与讨论】〈阴〉（汤加）maba，为 Tonga-Tabu 岛的一种植物俗名。此属的学名，ING、TROPICOS 和 IK 记载是"Maba J. R. Forst. et G. Forst., Char. Gen. Pl., ed. 2. 121. 1776［1 Mar 1776］"。"Ebenus O. Kuntze, Rev. Gen. 2: 408. 5 Nov 1891（non Linnaeus 1753）"是"Maba J. R. Forst. et G. Forst.（1776）"的晚出的同模式异名（Homotypic synonym, Nomenclatural synonym）。亦有文献把"Maba J. R. Forst. et G. Forst.（1776）"处理为"Diospyros L.（1753）"的异名。【分布】玻利维亚，马达加斯加，中国，中美洲。【模式】Maba elliptica J. R. Forster et J. G. A. Forster。【参考异名】Diospyros L.（1753）；Ebenoxylum Lour.（1790）；Ebenus Kuntze（1891）Nom. illegit.●

30910　Mabea Aubl.（1775）【汉】马比戟属。【隶属】大戟科 Euphorbiaceae。【包含】世界 50 种。【学名诠释与讨论】〈阴〉（人）Mabe。【分布】巴拿马，秘鲁，玻利维亚，厄瓜多尔，哥伦比亚（安蒂奥基亚），哥斯达黎加，尼加拉瓜，特立尼达和多巴哥（特立尼达岛），中美洲。【后选模式】Mabea piriri Aublet。●☆

30911 Mabola Raf.（1838）= Diospyros L.（1753）［柿树科 Ebenaceae］●

30912 Maborea Aubl. = Phyllanthus L.（1753）［大戟科 Euphorbiaceae//叶下珠科（叶萝藦科）Phyllanthaceae］●■

30913 Mabrya Elisens（1985）【汉】马布里玄参属。【隶属】玄参科 Scrophulariaceae//婆婆纳科 Veronicaceae。【包含】世界 5 种。【学名诠释与讨论】〈阴〉（人）Mabry。【分布】美国，墨西哥。【模式】Mabrya acerifolia（F. W. Pennell）W. J. Elisens［Maurandya acerifolia F. W. Pennell］。■☆

30914 Maburea Maas（1992）【汉】圭亚那铁青树属。【隶属】铁青树科 Olacaceae。【包含】世界 1 种。【学名诠释与讨论】〈阴〉词源不详。【分布】圭亚那。【模式】Maburea trinervis Maas。●☆

30915 Maburnia Thouars（1806）= Burmannia L.（1753）［水玉簪科 Burmanniaceae］■

30916 Macadamia F. Muell.（1858）【汉】澳大利亚坚果属（澳大利亚胡桃属，澳洲坚果属，昆士兰山龙眼属）。【日】マカダミア属。【俄】Макадамия。【英】Australnut, Bopplenfnuts, Macadamia, Macadamia Nut, Queensland Nut。【隶属】山龙眼科 Proteaceae。【包含】世界 9-14 种，中国 2 种。【学名诠释与讨论】〈阴〉（人）John Macadam, 1827-1865, 澳大利亚博物学者。【分布】澳大利亚（东部），马达加斯加，印度尼西亚（苏拉威西岛），中国，法属新喀里多尼亚，中美洲。【模式】Macadamia ternifolia F. v. Mueller。【参考异名】Lasjia P. H. Weston et A. R. Mast（2008）●

30917 Macaglia Rich. ex Vahl（1810）（废弃属名）= Aspidosperma Mart. et Zucc.（1824）（保留属名）［夹竹桃科 Apocynaceae］●☆

30918 Macahanea Aubl.（1775）= ? Salacia L.（1771）（保留属名）［卫矛科 Celastraceae//翅子藤科 Hippocrateaceae//五层龙科 Salaciaceae］●

30919 Macairea DC.（1828）【汉】马卡野牡丹属。【隶属】野牡丹科 Melastomataceae。【包含】世界 22 种。【学名诠释与讨论】〈阴〉（希）makaira = machaira, 军刀, 短剑。【分布】巴拉圭, 秘鲁, 玻利维亚, 热带南美洲。【模式】未指定。【参考异名】Siphantheropsis Brade（1958）●☆

30920 Macananga Rchb.（1828）= Macaranga Thouars（1806）［大戟科 Euphorbiaceae］●

30921 Macania Blanco = Platymitra Boerl.（1899）［番荔枝科 Annonaceae］●☆

30922 Macaranga Thouars（1806）【汉】血桐属。【日】オホバギ属。【英】Macaranga。【隶属】大戟科 Euphorbiaceae。【包含】世界 260-300 种，中国 10-18 种。【学名诠释与讨论】〈阴〉（马达加斯加）macaranga, 一种植物俗名。此属的学名, ING、TROPICOS、APNI 和 IK 记载是"Macaranga Thouars, Gen. Nov. Madagasc. 26. 1806［17 Nov 1806］"。"Tanarius O. Kuntze, Rev. Gen. 2: 619. 5 Nov 1891 ≡ Tanarius Rumph. ex Kuntze（1891）Nom. illegit."是"Macaranga Thouars（1806）"的晚出的同模式异名（Homotypic synonym, Nomenclatural synonym）;"Tanarius Rumph.（1743）"是一个未合格发表的名称（Nom. inval.）。【分布】澳大利亚, 马达加斯加, 印度至马来西亚, 中国, 太平洋地区, 热带非洲。【后选模式】Macaranga mauritiana Bojer ex Baillon。【参考异名】Adenoceras Rchb. f. et Zoll. ex Baill.（1858）; Macananga Rchb.（1828）; Mappa A. Juss.（1824）; Mecostylis Kurz ex Teijsm. et Binn.（1864）; Pachystemon Blume（1826）; Panopia Noronha ex Thouars（1806）; Phocea Seem.（1870）; Tanarius Kuntze（1891）Nom. illegit.; Tanarius Rumph.（1743）Nom. inval.; Tanarius Rumph. ex Kuntze（1891）Nom. illegit.●

30923 Macarenia P. Royen（1951）【汉】哥伦比亚苔草属。【隶属】髯管花科 Geniostomaceae。【包含】世界 1 种。【学名诠释与讨论】〈阴〉（地）Macarena, 马卡雷纳山, 位于哥伦比亚。【分布】哥伦比亚。【模式】Macarenia clavigera P. van Royen。■☆

30924 Macarisia Thouars（1805）【汉】马岛红树属。【隶属】红树科 Rhizophoraceae。【包含】世界 7 种。【学名诠释与讨论】〈阴〉词源不详。【分布】马达加斯加。【模式】Macarisia pyramidata Du Petit – Thouars。【参考异名】Macharisia Spreng.（1826）; Pterospermopsis Arch.●☆

30925 Macarisiaceae J. Agardh（1858）= Macharisiaceae J. Agardh; ~ = Rhizophoraceae Pers.（保留科名）●

30926 Macarthuria Endl.（1837）Nom. illegit. ≡ Macarthuria Hügel ex Endl.（1837）［粟米草科 Molluginaceae//无叶粟草科（灯心粟草科）Macarthuriaceae］■☆

30927 Macarthuria Hügel ex Endl.（1837）【汉】无叶粟草属（灯心粟草属）。【隶属】粟米草科 Molluginaceae//无叶粟草科（灯心粟草科）Macarthuriaceae。【包含】世界 3-7 种。【学名诠释与讨论】〈阴〉（人）William Macarthur, 1800-1882, 澳大利亚植物学者, 农学家, 园艺家。此属的学名, ING 和 IK 记载是"Macarthuria Hügel ex Endlicher in Endlicher et al., Enum. Pl. Hügel 11. Apr 1837"。APNI 则记载为"Macarthuria Endl., Enumeratio Plantarum. Huegel 1837"。【分布】澳大利亚。【模式】Macarthuria australis Hügel ex Endlicher。【参考异名】Macarthuria Endl.（1837）Nom. illegit.■☆

30928 Macarthuriaceae Christenh.（2014）【汉】无叶粟草科（灯心粟草科）。【科名模式】Macarthuria Hügel ex Endlicher ■☆

30929 Macbridea Elliott ex Nutt.（1818）Nom. illegit., Nom. inval. = Thymbra L.（1753）［唇形科 Lamiaceae（Labiatae）］●☆

30930 Macbridea Elliott（1818）Nom. illegit. ≡ Macbridea Elliott ex Nutt.（1818）Nom. illegit.; ~ = Thymbra L.（1753）［唇形科 Lamiaceae（Labiatae）］●☆

30931 Macbridea Raf.（1818）【汉】隔山消属。【俄】сейтера。【隶属】萝藦科 Asclepiadaceae。【包含】世界 2 种, 中国 1 种。【学名诠释与讨论】〈阴〉（人）James Macbride, 1784-1817, 美国植物学者, 医生。此属的学名"Macbridea Rafinesque, Amer. Monthly Mag. et Crit. Rev. 3: 99. Jun 1818", ING 和 IK 记载是一个替代名称。"Lyonia Elliott, Sketch Bot. S. Carolina［Elliott］1: 316. 1817［Oct 1817］"是一个非法名称（Nom. illegit.）, 因为此前已经有了"Lyonia Raf., Med. Repos. 5: 352. 1808（废弃属名）≡ Polygonella Michx.（1803）［蓼科 Polygonaceae］"。故用"Macbridea Raf.（1818）"替代之。"Macbridea Elliott ex Nuttall, Gen. 2: 36. 14 Jul 1818 ≡ Macbridea Elliott, Gen. N. Amer. Pl.［Nuttall］. 2: 36. 1818［14 Jul 1818］= Thymbra L.（1753）［唇形科 Lamiaceae（Labiatae）］"是晚出的非法名称。"Seutera H. G. L. Reichenbach, Consp. 131. Dec 1828 – Mar 1829"亦是"Macbridea Raf.（1818）"的晚出的同模式异名（Homotypic synonym, Nomenclatural synonym）。"Macbridea Raf.（1818）"曾经被处理为"Cynanchum sect. Macbridea（Raf.）Liede, Novon 7（2）: 176. 1997"。亦有文献把"Macbridea Raf.（1818）"处理为"Cynanchum L.（1753）"的异名。【分布】太平洋地区北美洲, 亚洲东北部。【模式】Macbridea maritima（Elliott）Raf., Nom. illeg., Nom. superfl.［Lyonia maritima Elliott］。【参考异名】Cynanchum L.（1753）; Cynanchum sect. Macbridea（Raf.）Liede（1997）; Lyonia Elliott（1817）Nom. illegit.（废弃属名）; Seutera Rchb.（1829）Nom. illegit.; Vincetoxicum Wolf（1776）■☆

30932 Macbrideina Standl.（1929）【汉】麦克茜属。【隶属】茜草科 Rubiaceae。【包含】世界 1 种。【学名诠释与讨论】〈阴〉（人）James Francis Macbride, 1892-1976, 美国植物学者 +-inus, -ina, -inum 拉丁文加在名词词干之后, 以形成形容词的词尾, 含义为"属于, 相似, 关于, 小的"。【分布】秘鲁。【模式】Macbrideina peruviana Standley。☆

30933　Macclellandia Wight (1853) = Pemphis J. R. Forst. et G. Forst. (1775) [千屈菜科 Lythraceae] ●

30934　Maccoya F. Muell. (1859) = Rochelia Rchb. (1824) (保留属名) [紫草科 Boraginaceae] ■

30935　Maccraithea M. A. Clem. et D. L. Jones (2002) = Dendrobium Sw. (1799) (保留属名) [兰科 Orchidaceae] ■

30936　Macdonaldia Gunn. ex Lindl. (1839) = Thelymitra J. R. Forst. et G. Forst. (1776) [兰科 Orchidaceae] ■☆

30937　Macdonaldia Lindl. (1839) = Thelymitra J. R. Forst. et G. Forst. (1776) [兰科 Orchidaceae] ■☆

30938　Macdougalia A. Heller (1898) 【汉】麦克菊属。【隶属】菊科 Asteraceae (Compositae)。【包含】世界1种。【学名诠释与讨论】〈阴〉(人) Daniel Trembly (Trembley) MacDougal, 1865-1958, 美国植物学者+alia 属于。此属的学名是"Macdougalia A. A. Heller, Bull. Torrey Bot. Club 25: 629. 16 Dec 1898"。亦有文献把其处理为"Hymenoxys Cass. (1828)"的异名。【分布】美国。【模式】Macdougalia bigelovii (A. Gray) A. A. Heller [Actinella bigelovii A. Gray]。【参考异名】Hymenoxys Cass. (1828) ■☆

30939　Macella C. Koch (1855) Nom. illegit. ≡ Macella K. Koch (1855); ~ =Jaegeria Kunth (1818) [菊科 Asteraceae (Compositae)] ■☆

30940　Macella K. Koch (1855) = Jaegeria Kunth (1818) [菊科 Asteraceae (Compositae)] ■☆

30941　Maceria DC. ex Meisn. = Ghinia Schreb. (1789) [马鞭草科 Verbenaceae] ■●☆

30942　Macfadyena A. DC. (1845) 【汉】猫爪藤属。【隶属】紫葳科 Bignoniaceae。【包含】世界3-4种，中国1种。【学名诠释与讨论】〈阴〉(人) James Macfadyen, 1798-1850, 英国植物学者。【分布】巴基斯坦，巴拉圭，巴拿马，秘鲁，比尼翁，玻利维亚，厄瓜多尔，哥伦比亚 (安蒂奥基亚)，尼加拉瓜，中国，西印度群岛，中美洲。【模式】Macfadyena uncinata (G. F. W. Meyer) Alph. de Candolle [Bignonia uncinata G. F. W. Meyer]。【参考异名】Doxantha Miers (1863); Microbignonia Kraenzl. (1915); Phryganocydia Mart. ex DC. (1845) Nom. inval. ●

30943　Macgregoria F. Muell. (1874) 【汉】马克草属。【隶属】异雄蕊科 (木根草科) Stackhousiaceae//卫矛科 Celastraceae。【包含】世界1种。【学名诠释与讨论】〈阴〉(人) Ernest Alexander MacGregor, 1880-?，植物学者。另说 John McGregor, 1828-1884, 维多利亚政治家。【分布】澳大利亚 (东部)。【模式】Macgregoria racemigera F. v. Mueller。■☆

30944　Macgregorianthus Merr. (1912) = Enkleia Griff. (1843) [瑞香科 Thymelaeaceae] ■☆

30945　Machadoa Welw. ex Benth. et Hook. f. (1867) = Adenia Forssk. (1775) [西番莲科 Passifloraceae] ●

30946　Machadoa Welw. ex Hook. f. (1867) Nom. illegit. ≡ Machadoa Welw. ex Benth. et Hook. f. (1867); ~ =Adenia Forssk. (1775) [西番莲科 Passifloraceae] ●

30947　Machaeranthera Nees (1832) 【汉】蒿菀属 (剑药菊属)。【英】Tansyaster。【隶属】菊科 Asteraceae (Compositae)。【包含】世界2-36种。【学名诠释与讨论】〈阴〉(希) machaira, 短剑，匕首+anthera, 花药。【分布】北美洲西部，中美洲。【模式】Machaeranthera tanacetifolia (Kunth) C. G. D. Nees [Aster tanacetifolius Kunth]。【参考异名】Maecharanthera Pritz. (1855); Psilactis A. Gray (1849); Xylorhiza Nutt. (1840) ■☆

30948　Machaerina Nees (1844) Nom. illegit. = Lepidosperma Labill. (1805) [莎草科 Cyperaceae] ■☆

30949　Machaerina Post et Kuntze (1903) Nom. illegit. = Lepidosperma

Labill. (1805); ~ = Macherina Nees (1831) [莎草科 Cyperaceae] ■

30950　Machaerina Vahl (1805) 【汉】剑叶莎属 (剑叶莎草属)。【隶属】莎草科 Cyperaceae。【包含】世界45-50种，中国3种。【学名诠释与讨论】〈阴〉(希) machaira, 短剑，匕首+-inus, -ina, -inum 拉丁文加在名词词干之后，以形成形容词的词尾，含义为"属于、相似、关于、小的"。指叶的形状似短剑。此属的学名，ING、APNI、GCI、TROPICOS 和 IK 记载为"Machaerina Vahl, Enum. Pl. [Vahl] 2: 238. 1805 [Oct-Dec 1805]"。"Machaerina Nees, Nov. Stirp. Pug. [Lehmann] 8: 54 (Macherina). 1844 [Apr 1844] = Lepidosperma Labill. (1805) [莎草科 Cyperaceae]" 和 "Machaerina Post et Kuntze (1903) Nom. illegit. = Lepidosperma Labill. (1805) = Macherina Nees (1831) [莎草科 Cyperaceae]" 是晚出的非法名称。【分布】马达加斯加，中国。【模式】Machaerina restioides (Swartz) Vahl [Schoenus restioides Swartz]。【参考异名】Baumea Gaudich. (1829); Cladium subgen. Machaerina (Vahl) C. B. Clarke (1894); Macharina Steud. (1855); Vincentia Gaudich. (1829) ■

30951　Machaerium Pers. (1807) (保留属名) 【汉】军刀豆属。【英】Palisander。【隶属】豆科 Fabaceae (Leguminosae)。【包含】世界120种。【学名诠释与讨论】〈中〉(希) machaira, 短剑，匕首+-ius, -ia, -ium, 在拉丁文和希腊文中，这些词尾表示性质或状态。此属的学名"Machaerium Pers., Syn. Pl. 2: 276. Sep 1807"是保留属名。相应的废弃属名是豆科 Fabaceae 的"Nissolius Medik. in Vorles. Churpfälz. Phys.-Öcon. Ges. 2: 389. 1787 = Machaerium Pers. (1807) (保留属名)"和"Quinata Medik. in Vorles. Churpfälz. Phys.-Öcon. Ges. 2: 389. 1787 = Machaerium Pers. (1807) (保留属名)"。"Quinata Medikus, Vorles. Churpfälz. Phys.-Öcon. Ges. 2: 389. 1787 (废弃属名)"是"Machaerium Pers. (1807) (保留属名)"的同模式异名 (Homotypic synonym, Nomenclatural synonym)。【分布】巴拉圭，巴拿马，秘鲁，玻利维亚，厄瓜多尔，哥伦比亚 (安蒂奥基亚)，哥斯达黎加，墨西哥，尼加拉瓜，西印度群岛，中美洲。【模式】Machaerium ferrugineum Persoon, Nom. illegit. [Nissolia ferruginea Willdenow, Nom. illegit., Nissolia quinata Aublet; Machaerium quinatum (Aublet) Sandwith]。【参考异名】Drepanocarpus G. Mey. (1818); Nissolius Medik. (1787) (废弃属名); Quinata Medik. (1787) (废弃属名) ●☆

30952　Machaerocarpus Small (1909) 【汉】剑果泽泻属 (美国星果泽泻属)。【隶属】泽泻科 Alismataceae//星果泽泻科 Damasoniaceae。【包含】世界1种。【学名诠释与讨论】〈阳〉(希) machaira, 短剑，匕首+karpos, 果实。此属的学名是"Machaerocarpus J. K. Small, N. Amer. Fl. 17: 44. 30 Jun 1909"。亦有文献把其处理为"Damasonium Mill. (1754)"的异名。【分布】美国 (西南部)。【模式】Machaerocarpus californicus (Torrey) J. K. Small [Damasonium californicum Torrey]。【参考异名】Damasonium Mill. (1754) ■☆

30953　Machaerocereus Britton et Rose (1920) 【汉】短剑仙人柱属 (刀仙影掌属)。【日】マカエロケレウス属，マセレウス属。【隶属】仙人掌科 Cactaceae。【包含】世界2种。【学名诠释与讨论】〈阳〉(希) machaira, 短剑，匕首+ (拉) Cereus 仙影掌属。此属的学名是"Machaerocereus N. L. Britton et J. N. Rose, Cact. 2: 114. 9 Sep 1920"。亦有文献把其处理为"Stenocereus (A. Berger) Riccob. (1909) (保留属名)"的异名。【分布】墨西哥。【模式】Machaerocereus eruca (Brandegee) N. L. Britton et J. N. Rose [Cereus eruca Brandegee]。【参考异名】Stenocereus (A. Berger) Riccob. (1909) (保留属名) ■☆

30954　Machaerophorus Schltdl. (1857) = Mathewsia Hook. et Arn. (1833) [十字花科 Brassicaceae (Cruciferae)] ■☆

30955 Machairophyllum Schwantes(1927)【汉】剑叶玉属。【日】マカ イロフィルム属。【隶属】番杏科 Aizoaceae。【包含】世界 10 种。 【学名诠释与讨论】〈中〉(希)machaira,短剑,匕首＋希腊文 phyllon,叶子。phyllodes,似叶的,多叶的。phylleion,绿色材料, 绿草。【分布】非洲南部。【模式】Machairophyllum albidum (Linnaeus) Schwantes［Mesembryanthemum albidum Linnaeus］。 【参考异名】Perissolobus N. E. Br. (1931)■☆

30956 Machanaea Steud. (1821)= Macahanea Aubl. (1775)［卫矛科 Celastraceae］●■

30957 Machaonia Bonpl. (1806)【汉】马雄茜属。【隶属】茜草科 Rubiaceae。【包含】世界 30 种。【学名诠释与讨论】〈阴〉(人) Machaon。此属的学名,ING、TROPICOS 和 IK 记载是"Machaonia Bonpland in Humboldt et Bonpland, Pl. Aequin. 1：101. t. 29. 15 Dec 1806 ('1808')"。"Machaonia Humb. et Bonpl. (1806) ≡ Machaonia Bonpl. (1806)"的命名人引证有误。【分布】巴拉圭, 巴拿马,秘鲁,玻利维亚,厄瓜多尔,哥伦比亚(安蒂奥基亚),尼 加拉瓜,墨西哥至热带南美洲,西印度群岛,中美洲。【模式】 Machaonia acuminata Bonpland。【参考异名】Bunophila Willd. (1827);Bunophila Willd. ex Roem. et Schult. (1827)Nom. illegit. ; Machaonia Humb. et Bonpl. (1806)Nom. illegit. ; Microsplenium Hook. f. (1873);Schiedea A. Rich. (1830)Nom. illegit. ; Tertrea DC. (1830)■☆

30958 Machaonia Humb. et Bonpl. (1806)Nom. illegit. ≡ Machaonia Bonpl. (1806)［茜草科 Rubiaceae］■☆

30959 Macharina Steud. (1855)= Cladium P. Browne (1756);~ = Machaerina Vahl(1805)［莎草科 Cyperaceae］■

30960 Macharisia Plinch. ex Hook. f. = Ixonanthes Jack(1822)［亚麻 科 Linaceae//黏木科 Ixonanthaceae］●

30961 Macharisia Spreng. (1826)= Macarisia Thouars(1805)［红树科 Rhizophoraceae］●☆

30962 Macharisiaceae J. Agardh =Rhizophoraceae Pers. (保留科名)●

30963 Macherina Nees(1844)Nom. illegit. ≡ Machaerina Nees(1844) Nom. illegit. ; ~ = Lepidosperma Labill. (1805)［莎草科 Cyperaceae]■☆

30964 Machilus Desr. (1792)Nom. inval. , Nom. nud. = Persea Mill. (1754)(保留属名)［樟科 Lauraceae］●

30965 Machilus Nees(1831)Nom. illegit. = Machilus Rumph. ex Nees (1831);~ =Persea Mill. (1754)(保留属名)［樟科 Lauraceae］●

30966 Machilus Rumph. (1791)Nom. inval. ≡ Machilus Rumph. ex Nees(1831);~ = Neolitsea (Benth. et Hook. f.) Merr. (1906)(保 留属名)［樟科 Lauraceae］●

30967 Machilus Rumph. ex Nees(1831)【汉】润楠属(桢楠属)。【日】 タブノキ属。【俄】Махил。【英】Machilus,Nanmu。【隶属】樟科 Lauraceae。【包含】世界 100 种,中国 82-91 种。【学名诠释与讨 论】〈阴〉(印度)machilos,一种植物俗名。一说来自印度尼西亚 安汶岛上的俗名 makilan。此属的学名,ING 和 IK 记载是 "Machilus C. G. D. Nees in Wallich, Pl. Asiat. Rar. 2：61, 70. 6 Sep 1831";《中国植物志》中文版和《台湾植物志》使用此名称。《中 国植物志》英文版和 TROPICOS 则用"Machilus Rumphius ex Nees in Wallich, Pl. Asiat. Rar. 2：61, 70. 1831"。"Machilus Rumph. , Encyclopédie Méthodique, Botanique 3：668. 1791 ≡ Machilus Rumph. ex Nees (1831) = Neolitsea (Benth. et Hook. f.) Merr. (1906)(保留属名)［樟科 Lauraceae］"和"Machilus Desrousseaux in Lamarck, Encycl. Méth. , Bot. 3；668. 13 Feb 1792 =Persea Mill. (1754)(保留属名)［樟科 Lauraceae］"是未合格发表的名称 (Nom. inval. , Nom. nud.)。【分布】巴基斯坦,中国,热带和亚热 带,中美洲。【模式】Machilus odoratissimus C. G. D. Nees［Laurus

indica Loureiro,non Linnaeus］。【参考异名】Machilus Nees(1831) Nom. illegit. ;Machilus Rumph. (1791)Nom. inval. ●

30968 Machlis DC. (1838)= Cotula L. (1753)［菊科 Asteraceae (Compositae)］■

30969 Machura Steud. (1821)= Maclura Nutt. (1818)(保留属名) ［桑科 Moraceae］●

30970 Macielia Vand. (1788)= Cordia L. (1753)(保留属名)［紫草 科 Boraginaceae//破布木科(破布树科)Cordiaceae］●

30971 Macintyria F. Muell. (1865)= Xanthophyllum Roxb. (1820)(保 留属名)［远志科 Polygalaceae//黄叶树科 Xanthophyllaceae］●

30972 Mackaia Gray(废弃属名)= Mackaya Harv. (1859)(保留属名) ［爵床科 Acanthaceae］●☆

30973 Mackaya Arn. (1838)(废弃属名)［铁青树科 Olacaceae］●☆

30974 Mackaya Don = Erythropalum Blume (1826)［铁青树科 Olacaceae//赤苍藤科 Erythropalaceae］●

30975 Mackaya Harv. (1859)(保留属名)【汉】号角花属(马卡亚木 属)。【日】マカカヤ属。【英】Mackaya。【隶属】爵床科 Acanthaceae。【包含】世界 1 种。【学名诠释与讨论】〈阴〉(人) James Townsend Mackay,1775-1862,英国植物学者,植物采集家。 此属的学名"Mackaya Harv. , Thes. Cap. 1：8. 1859"是保留属名。 相应的废弃属名是褐藻的"Mackaia Gray, Nat. Arr. Brit. Pl. 1： 320,391. 1 Nov. 1821"。"Mackaya Arnott, Mag. Zool. Bot. 2：550. 1838［铁青树科 Olacaceae//赤苍藤科 Erythropalaceae］"和 "Mackaya Don = Erythropalum Blume (1826)［铁青树科 Olacaceae//赤苍藤科 Erythropalaceae］"亦应废弃。【分布】非洲 南部。【模式】Mackaya bella W. H. Harvey。【参考异名】 Odontonemella Lindau(1893)●☆

30976 Mackeea H. E. Moore(1978)【汉】粗壮椰属。【隶属】棕榈科 Arecaceae(Palmae)。【包含】世界 1 种。【学名诠释与讨论】 〈阴〉(人)Hugh Shaw MacKee,1912-1995,植物学者。此属的学 名是"Mackeea H. E. Moore, Gentes Herb. 11：304. 27 Apr 1978"。 亦有文献把其处理为"Kentiopsis Brongn. (1873)"的异名。【分 布】法属新喀里多尼亚。【模式】Mackeea magnifica H. E. Moore。 【参考异名】Kentiopsis Brongn. (1873)●☆

30977 Mackenia Harv. (1868)= Schizoglossum E. Mey. (1838)［萝藦 科 Asclepiadaceae］■☆

30978 Mackenziea Nees et Bremek. (1944) descr. emend. = Strobilanthes Blume(1826)［爵床科 Acanthaceae］●■

30979 Mackenziea Nees(1847)= Strobilanthes Blume(1826)［爵床科 Acanthaceae］●■

30980 Mackinlaya F. Muell. (1864)【汉】参棕属。【隶属】五加科 Araliaceae//参棕科 Mackinlayaceae。【包含】世界 5 种。【学名诠 释与讨论】〈阴〉(地)Mackinlay,麦金利,位于澳大利亚。另说纪 念 John McKinlay,1819-1872,澳大利亚探险家。【分布】澳大利 亚(昆士兰),马来西亚(东部)。【模式】Mackinlaya macrosciadea (F. v. Mueller)F. v. Mueller［Panax macrosciadeus F. v. Mueller］。 【参考异名】Anomopanax Harms ex Dalla Torre et Harms(1904); Anomopanax Harms(1904)Nom. illegit. ●☆

30981 Mackinlayaceae Doweld(2001)【汉】参棕科。【包含】世界1属 5 种。【分布】马来西亚(东部),澳大利亚(昆士兰)。【科名模 式】Mackinlaya F. Muell. (1864)●☆

30982 Mackleya Walp. (1842)= Macleaya R. Br. (1826)［罂粟科 Papaveraceae］■

30983 Macklotia Pfeiff. = Macklottia Korth. (1847)［桃金娘科 Myrtaceae］●☆

30984 Macklottia Korth. (1847)= Leptospermum J. R. Forst. et G. Forst. (1775)(保留属名)［桃金娘科 Myrtaceae//薄子木科

Leptospermaceae]●☆

30985　Maclaudia Venter et R. L. Verh. (1994)【汉】几内亚夹竹桃属。【隶属】夹竹桃科 Apocynaceae。【包含】世界 1 种。【学名诠释与讨论】〈阴〉(人) Maclaud。【分布】几内亚。【模式】Maclaudia felixii H. J. T. Venter et R. L. Verhoeven。●☆

30986　Maclaya Bernh. (1833) = Macleaya R. Br. (1826)[罂粟科 Papaveraceae]■

30987　Macleania Hook. (1837)【汉】蜂鸟花属(蜂鸟莓属,麦克勒木属)。【英】Macleania【隶属】杜鹃花科(欧石南科) Ericaceae。【包含】世界 40-45 种。【学名诠释与讨论】〈阴〉(人) John Maclean,1832-1854,秘鲁商人,植物采集家,植物学赞助人。【分布】巴拿马,秘鲁,玻利维亚,厄瓜多尔,哥伦比亚(安蒂奥基亚),哥斯达黎加,尼加拉瓜,中美洲。【模式】Macleania floribunda W. J. Hooker。【参考异名】Biramia Néraud(1826);Tyria Klotzsch ex Endl. (1850) Nom. illegit.;Tyria Klotzsch (1850)●☆

30988　Mac-Leaya Benth. et Hook. f. (1865) Nom. illegit. = Mac-Leayia Montrouz. (1860)[豆科 Fabaceae (Leguminosae)//云实科(苏木科) Caesalpiniaceae]●■

30989　Macleaya R. Br. (1826)【汉】博落回属。【日】タケニグサ属,タニケグサ属。【俄】Бокконий, Маклейа, Смолосемянник。【英】Plume Poppy, Plumepoppy, Plume-poppy, Tree-celandine。【隶属】罂粟科 Papaveraceae。【包含】世界 2 种,中国 2 种。【学名诠释与讨论】〈阴〉(人) Alexander Macleay (McLeay),1767-1848,英国植物学者,昆虫学者,曾任澳大利亚地方长官。此属的学名,ING,TROPICOS 和 IK 记载是"Macleaya R. Br., App. Denh. et Clapp. Trav. 218, in adnot. (1826)"。"Marzaria Rafinesque, Aut. Bot. 14. 1840"是"Macleaya R. Br. (1826)"的晚出的同模式异名(Homotypic synonym, Nomenclatural synonym)。【分布】中国,东亚。【模式】Macleaya cordata (Willdenow) R. Brown [Bocconia cordata Willdenow]。【参考异名】Mackleya Walp. (1842);Maclaya Bernh. (1833);Macleya Rchb. (1828);Marzaria Raf. (1840) Nom. illegit. ■

30990　Mac-leayia Montrouz. (1860) Nom. illegit. = Cassia L. (1753) (保留属名)[豆科 Fabaceae (Leguminosae)//云实科(苏木科) Caesalpiniaceae]●■

30991　Macledium Cass. (1825)【汉】肖木菊属。【隶属】菊科 Asteraceae (Compositae)。【包含】世界 21 种。【学名诠释与讨论】〈中〉词源不详。此属的学名是"Macledium Cassini in F. Cuvier, Dict. Sci. Nat. 34:39. Apr 1825"。亦有文献把其处理为"Dicoma Cass. (1817)"的异名。【分布】马达加斯加。【模式】Macledium burmanni Cassini, Nom. illegit. [Xeranthemum spinosum Linnaeus]。【参考异名】Cullumiopsis Drake(1899);Dicoma Cass. (1817)●☆

30992　Maclelandia Wight (1853) = Macclellandia Wight (1853);~ = Pemphis J. R. Forst. et G. Forst. (1775)[千屈菜科 Lythraceae]●

30993　Maclenia Dumort. = Cattleya Lindl. (1821)[兰科 Orchidaceae]■

30994　Macleya Rchb. (1828) = Macleaya R. Br. (1826)[罂粟科 Papaveraceae]■

30995　Maclura Nutt. (1818) (保留属名)【汉】橙桑属(面包刺属,桑橙属,柘橙属,柘果树属,柘属,柘树属)。【日】アメリカハリグワ属,オセージオレンヂ属。【俄】Лжеанельсин, Маклюра。【英】Bowwood, Osage Orange, Osage-orange。【隶属】桑科 Moraceae。【包含】世界 11-12 种,中国 1-5 种。【学名诠释与讨论】〈阴〉(人) William Maclure,1763-1840,美国地质学家,农学家。此属的学名"Maclura Nutt., Gen. N. Amer. Pl. 2:233. 14 Jul 1818"是保留属名。相应的废弃属名是桑科 Moraceae 的"Ioxylon Raf. in Amer. Monthly Mag. et Crit. Rev. 2:118. Dec 1817 = Maclura

Nutt. (1818) (保留属名)"。"Maclurea Raf."和"Macluria Raf."应该是"Maclura Nutt. (1818) (保留属名)"其变体。【分布】巴基斯坦,巴拉圭,巴拿马,秘鲁,玻利维亚,厄瓜多尔,非洲,哥伦比亚(安蒂奥基亚),哥斯达黎加,马达加斯加,美国(密苏里),尼加拉瓜,中国,亚洲,中美洲。【模式】Maclura aurantiaca Nuttall。【参考异名】Cardiogyne Bureau (1873);Chlorophora Gaudich. (1830);Cudrania Trécul (1847) (保留属名);Fusticus Raf. (1836) Nom. illegit.;Ioxylon Raf. (1819) (废弃属名);Joxylon Raf.;Machura Steud. (1821);Maclurea Raf.;Macluria Raf.;Milicia Sim(1909);Plecospermum Trécul (1847);Toxylon Raf. (1819);Vaniera J. St.-Hil. (1805);Vanieria Lour. (1790) (废弃属名);Xoxylon Raf. (1819)●

30996　Maclurea Raf. = Maclura Nutt. (1818) (保留属名)[桑科 Moraceae]●

30997　Macluria Raf. = Maclura Nutt. (1818) (保留属名)[桑科 Moraceae]●

30998　Maclurochloa K. M. Wong(1993)【汉】山藤竹属【隶属】禾本科 Poaceae (Gramineae)。【包含】世界 1 种。【学名诠释与讨论】〈阴〉(人) William Maclure,1763-1840,美国地质学家,农学家+chloe,草的幼芽,嫩草,禾草。【分布】马来半岛。【模式】Maclurochloa montana (Ridl.) K. M. Wong。●☆

30999　Maclurodendron T. G. Hartley(1982)【汉】贡甲属。【隶属】芸香科 Rutaceae。【包含】世界 6-16 种,中国 1 种。【学名诠释与讨论】〈中〉(人) William Maclure,1763-1840,美国地质学家,农学家+dendron 或 dendros,树木,棍,丛林。【分布】菲律宾,印度尼西亚(苏门答腊岛),越南(北部),中国(海南),马来半岛。【模式】Maclurodendron porteri (J. D. Hooker) T. G. Hartley [Acronychia porteri J. D. Hooker]。●

31000　Maclurolyra C. E. Calderón et Soderstr. (1973)【汉】巴拿马禾属。【英】Maclurolyra【隶属】禾本科 Poaceae (Gramineae)。【包含】世界 1 种。【学名诠释与讨论】〈中〉(人) William Maclure,1763-1840,美国地质学家,农学家+(属)Olyra 奥禾属(奥鲁格草属,莪利禾属)。【分布】巴拿马,中美洲。【模式】Maclurolyra tecta C. E. Calderón et T. R. Soderstrom。■☆

31001　Macnabia Benth. (1839) Nom. illegit. ≡ Macnabia Benth. ex Endl. (1839);~ ≡ Nabea Lehm. ex Klotzsch(1833)[杜鹃花科(欧石南科) Ericaceae]●☆

31002　Macnabia Benth. ex Endl. (1839) Nom. illegit. ≡ Nabea Lehm. ex Klotzsch(1833)[杜鹃花科(欧石南科) Ericaceae]●☆

31003　Macodes(Blume)Lindl. (1840)【汉】金丝叶兰属(宝石兰属)。【日】マコデス属。【隶属】兰科 Orchidaceae。【包含】世界 14 种。【学名诠释与讨论】〈阴〉(希) makos,长的,大的,多的。指舌瓣的中裂片长。此属的学名,ING 和 GCI 记载是"Macodes (Blume) J. Lindley, Gen. Sp. Orchid. Pl. 496. Sep 1840",由"Neottia sect. Macodes Blume, Bijdr. 407. 20 Sep-7 Dec 1825"改级而来。IK 和 TROPICOS 则记载为"Macodes (Blume) Lindl., Gen. Sp. Orchid. Pl. 496. 1840 [Sep 1840]"。四者引用的文献相同。【分布】马来西亚,所罗门群岛。【模式】Macodes petola (Blume) J. Lindley [Neottia petola Blume]。【参考异名】Argyrorchis Blume (1859);Macodes Lindl. (1840) Nom. illegit.;Neottia sect. Macodes Blume(1825);Pseudomacodes Rolfe(1892)■☆

31004　Macodes Lindl. (1840) Nom. illegit. ≡ Macodes (Blume) Lindl. (1840)[兰科 Orchidaceae]■☆

31005　Macoubea Aubl. (1775)【汉】热美竹桃属。【隶属】夹竹桃科 Apocynaceae。【包含】世界 2 种。【学名诠释与讨论】〈阴〉来自 Ilex guianensis (Aublet) O. Kuntze (Macoucoua guianensis Aublet) 的加勒比俗名。【分布】巴拿马,秘鲁,玻利维亚,热带南美洲,中

美洲。【模式】Macoubea guianensis Aublet。【参考异名】Macubea J. St. -Hil. (1805)●☆

31006 Macoucoua Aubl. (1775) = Ilex L. (1753) [冬青科 Aquifoliaceae]●

31007 Macounastrum Small(1896) Nom. illegit. ≡ Koenigia L. (1767) [蓼科 Polygonaceae]■

31008 Macowania Oliv. (1870)【汉】单头鼠麹木属。【隶属】菊科 Asteraceae(Compositae)。【包含】世界 12 种。【学名诠释与讨论】〈阴〉(人) Peter MacOwan, 1830 - 1909, 英国植物学者。【分布】非洲南部。【模式】Macowania revoluta D. Oliver。【参考异名】Homochaete Benth. (1872)●☆

31009 Macphersonia Blume(1849)【汉】麦克无患子属。【隶属】无患子科 Sapindaceae。【包含】世界 8 种。【学名诠释与讨论】〈阴〉(人)Macpherson。【分布】科摩罗,马达加斯加,热带非洲东部。【模式】Macphersonia madagascariensis Blume。【参考异名】Eriandrostachys Baill. (1874)●☆

31010 Macqueria Comm. ex Kunth = Fagara L. (1759) (保留属名) [芸香科 Rutaceae]●

31011 Macquinia Steud. (1841) Nom. illegit. = Loranthus Jacq. (1762) (保留属名); ~ = Moquinia Spreng. (1828) (废弃属名); ~ = Moquiniella Balle(1954) [桑寄生科 Loranthaceae]●☆

31012 Macrachaenium Hook. f. (1846)【汉】鞘叶钝柱菊属。【隶属】菊科 Asteraceae(Compositae)。【包含】世界 1 种。【学名诠释与讨论】〈中〉(希)makro- = 拉丁文 grandi-, 大的, 长的, 多的 + achaenium, 瘦果。【分布】危地马拉(富埃戈火山), 巴塔哥尼亚。【模式】Macrachaenium gracile J. D. Hooker。■☆

31013 Macradenia R. Br. (1822)【汉】大腺兰属(长盘兰属)。【日】マクラデニア属。【隶属】兰科 Orchidaceae。【包含】世界 10-12 种。【学名诠释与讨论】〈阳〉(希)makro- = 拉丁文 grandi-, 大的, 长的, 多的 + aden, 所有格 adenos, 腺体。【分布】美国(佛罗里达), 牙买加, 热带南美洲, 中美洲。【模式】Macradenia lutescens R. Brown。【参考异名】Rhynchadenia A. Rich. (1853); Serrastylis Rolfe(1894)■☆

31014 Macraea Hook. f. (1846) Nom. illegit. = Lipochaeta DC. (1836) [菊科 Asteraceae(Compositae)]■☆

31015 Macraea Lindl. (1828) = Viviania Cav. (1804) [牻牛儿苗科 Geraniaceae//青蛇胚科(曲胚科,韦韦苗科) Vivianiaceae]■☆

31016 Macraea Wight(1852) Nom. illegit. = Phyllanthus L. (1753) [大戟科 Euphorbiaceae//叶下珠科(叶萝藦科) Phyllanthaceae]●■

31017 Macrandria (Wight et Arn.) Meisn. (1838) Nom. illegit. ≡ Macrandria Meisn. (1888) [茜草科 Rubiaceae]●■

31018 Macrandria Meisn. (1888) = Hedyotis L. (1753) (保留属名) [茜草科 Rubiaceae]●■

31019 Macranthera Nutt. , Nom. illegit. = Macranthera Nutt. ex Benth. (1835) [玄参科 Scrophulariaceae//列当科 Orobanchaceae]■☆

31020 Macranthera Nutt. ex Benth. (1835)【汉】大药玄参属。【隶属】玄参科 Scrophulariaceae//列当科 Orobanchaceae。【包含】世界 1 种。【学名诠释与讨论】〈阴〉(希)makro- = 拉丁文 grandi-, 大的, 长的, 多的 + anthera, 花药。此属的学名 "Macranthera Nuttall ex Bentham, Edwards's Bot. Reg. 21:ad. t. 1770 [6]. 1 Jun 1835" 是一个替代名称。"Conradia Nuttall, J. Acad. Nat. Sci. Philadelphia 7:88. post 28 Oct 1834" 是一个非法名称(Nom. illegit.), 因为此前已经有了 "Conradia Rafinesque, Neogenyton 3. 1825 = Tofieldia Huds. (1778) [百合科 Liliaceae//纳茜菜科(肺筋草科) Nartheciaceae//无叶莲科(樱井草科) Petrosaviaceae//岩菖蒲科 Tofieldiaceae]"。故用 "Macranthera Nutt. ex Benth. (1835)" 替代之。同理, "Conradia C. F. P. Martius, Nova Gen. Sp. 3:38. Jan-Jun

1829 = Gesneria L. (1753) [苦苣苔科 Gesneriaceae]" 亦是晚出的非法名称。"Macranthera Nutt. = Macranthera Nutt. ex Benth. (1835)" 的命名人引证有误。"Macranthera Torr. ex Benth., Companion Bot. Mag. 1:203. 1836 = Macranthera Nutt. ex Benth. (1835)" 是晚出的非法名称。【分布】美国(东南部)。【模式】Macranthera fuschioides (Nuttall) Lecomte et Bentham [Conradia fuschioides Nuttall]。【参考异名】Conradia Nutt. (1834) Nom. illegit. ; Flamaria Raf. (1836); Macranthera Nutt. , Nom. illegit. ; Macranthera Torr. ex Benth. (1836) Nom. illegit. ; Tomilix Raf. (1836); Toxopus Raf. (1836)■☆

31021 Macranthera Torr. ex Benth. (1836) Nom. illegit. = Macranthera Nutt. ex Benth. (1835) [玄参科 Scrophulariaceae//列当科 Orobanchaceae]■☆

31022 Macranthisiphon Bureau ex K. Schum. (1894)【汉】大管花葳属。【隶属】紫葳科 Bignoniaceae。【包含】世界 1 种。【学名诠释与讨论】〈中〉(希)makro- = 拉丁文 grandi-, 大的, 长的, 多的 + anthos, 花 + siphon, 所有格 siphonos, 管子。此属的学名, ING 和 IK 记载是 "Macranthisiphon Bureau ex K. M. Schumann in Engler et Prantl, Nat. Pflanzenfam. 4 (3b): 212, 219. 21 Sep 1894"。"Macranthosiphon Post et Kuntze(1903) = Macranthisiphon Bureau ex K. Schum. (1894)" 是晚出的非法名称。【分布】秘鲁, 厄瓜多尔, 玻利维亚。【模式】1894。【参考异名】Macranthosiphon Post et Kuntze(1903) Nom. illegit. ●☆

31023 Macranthosiphon Post et Kuntze (1903) Nom. illegit. = Macranthisiphon Bureau ex K. Schum. (1894) [紫葳科 Bignoniaceae]●☆

31024 Macranthus Lour. (1790) = Marcanthus Lour. (1790) Nom. illegit. (废弃属名); ~ = Mucuna Adans. (1763) (保留属名) [豆科 Fabaceae(Leguminosae)//蝶形花科 Papilionaceae]●■

31025 Macreightia A. DC. (1844) = Diospyros L. (1753) [柿树科 Ebenaceae]●

31026 Macria(E. Mey.) Spach (1840) = Selago L. (1753) [玄参科 Scrophulariaceae]●☆

31027 Macria Spach (1840) Nom. illegit. ≡ Macria (E. Mey.) Spach (1840); ~ = Selago L. (1753) [玄参科 Scrophulariaceae]●☆

31028 Macria Tenure(1848) Nom. illegit. = Cordia L. (1753) (保留属名) [紫草科 Boraginaceae//破布木科(破布树科) Cordiaceae]●

31029 Macrobalanus(Oerst.) O. Schwarz(1936) = Quercus L. (1753) [壳斗科(山毛榉科) Fagaceae]●

31030 Macroberlinia(Harms) Hauman(1952)【汉】大鞋木属(大鞋木豆属)。【隶属】豆科 Fabaceae(Leguminosae)//云实科(苏木科) Caesalpiniaceae。【包含】世界 1 种。【学名诠释与讨论】〈阴〉(希)makro- = 拉丁文 grandi-, 大的, 长的, 多的 + (属)Berlinia 鞋木属。此属的学名是 "Macroberlinia (Harms) Hauman, Bull. Séances Inst. Roy. Colon. Belge 23: 476. Oct 1952"。亦有文献把其处理为 "Berlinia Sol. ex Hook. f. (1849) (保留属名)" 的异名。【分布】热带非洲。【模式】Macroberlinia bracteosa (Benth.) Hauman。【参考异名】Berlinia Sol. ex Hook. f. (1849) (保留属名)●☆

31031 Macrobia (Webb et Berthel.) G. Kunkel (1977) = Aichryson Webb et Berthel. (1840) [景天科 Crassulaceae]■☆

31032 Macrobiota Pllger = Microbiota Kom. (1923) [柏科 Cupressaceae]●☆

31033 Macroblepharus Phil. (1858) = Eragrostis Wolf(1776) [禾本科 Poaceae(Gramineae)]■

31034 Macrobriza(Tzvelev) Tzvetev(1987) = Briza L. (1753) [禾本科 Poaceae(Gramineae)]■

31035 Macrocalyx Costantin et J. Poiss. (1908) Nom. illegit. ≡ Megistostegium Hochr. (1916) ［锦葵科 Malvaceae］●☆

31036 Macrocalyx Miers ex Lindl. (1847) Nom. illegit. = Cephaëlis Sw. (1788)(保留属名) ［茜草科 Rubiaceae］●

31037 Macrocalyx Tiegh. (1895) Nom. illegit. = Aetanthus (Eichler) Engl. (1889); ~ = Psittacanthus Mart. (1830) ［桑寄生科 Loranthaceae］●

31038 Macrocalyx Trew (1761) Nom. illegit. ≡ Colpophyllos Trew (1761); ~ = Ellisia L. (1763)(保留属名) ［田梗草科(田基麻科,田亚麻科)Hydrophyllaceae］■☆

31039 Macrocapnos Royle ex Lindl. (1836) = Dactylicapnos Wall. (1826)(废弃属名); ~ = Dicentra Bernh. (1833)(保留属名) ［罂粟科 Papaveraceae//紫堇科(荷苞牡丹科)Fumariaceae］■

31040 Macrocarpaea(Griseb.)Gilg(1895)【汉】大果龙胆属。【隶属】龙胆科 Gentianaceae。【包含】世界 30-35 种。【学名诠释与讨论】〈阴〉(希)makro- = 拉丁文 grandi-,大的,长的,多的 + karpos,果实。此属的学名,ING、TROPICOS 和 GCI 记载是 "Macrocarpaea (Grisebach) Gilg in Engler et Prantl, Nat. Pflanzenfam. 4 (2): 94. Jun 1895", 由 "Lisianthius sect. Macrocarpaea Grisebach, Gen. Sp. Gentian. 173. Oct (prim.) 1838 ('1839')"改级而来。IK 则记载为"Macrocarpaea Gilg, Nat. Pflanzenfam. [Engler et Prantl] iv. 2 (1895) 94"。三者引用的文献相同。【分布】巴拿马,秘鲁,玻利维亚,厄瓜多尔,哥伦比亚(安蒂奥基亚),哥斯达黎加,西印度群岛,热带南美洲,中美洲。【后选模式】Macrocarpaea glabra (Linnaeus f.) Gilg ［Lisianthius glaber Linnaeus f.］。【参考异名】Lisianthius sect. Macrocarpaea Griseb. (1838); Macrocarpaea Gilg (1895) Nom. illegit. ; Rusbyanthus Gilg (1895)●☆

31041 Macrocarpaea Gilg (1895) Nom. illegit. ≡ Macrocarpaea (Griseb.)Gilg(1895) ［龙胆科 Gentianaceae］●☆

31042 Macrocarphus Nutt. (1841) = Chaenactis DC. (1836) ［菊科 Asteraceae(Compositae)］■●☆

31043 Macrocarpium(Spach)Nakai(1909)【汉】大果山茱萸属(山茱萸属)。【日】サンシュユ属。【隶属】山茱萸科 Cornaceae//四照花科 Cornaceae。【包含】世界 4 种。【学名诠释与讨论】〈中〉(希)makro- = 拉丁文 grandi-,大的,长的,多的 + karpos,果实。此属的学名, ING、TROPICOS 和 GCI 记载是 "Macrocarpium (Spach) Nakai, Bot. Mag. (Tokyo) 23: 38. Mar 1909", 由 "Cornus sect. Macrocarpium Spach, Hist. Nat. Vég. PHAN. 8: 101. 23 Nov 1838 改级而来。IK 则记载为"Macrocarpium Nakai, Bot. Mag. (Tokyo) xxiii. 38(1909)"。三者引用的文献相同。亦有文献把"Macrocarpium (Spach) Nakai (1909)"处理为"Cornus L. (1753)"的异名。【分布】中国。【模式】Macrocarpium mas (Linnaeus) Nakai ［Cornus mas Linnaeus］。【参考异名】Cornus L. (1753); Cornus sect. Macrocarpium Spach (1838); Macrocarpium (Spach) Nakai (1909) Nom. illegit. ; Macrocarpium Nakai (1909) Nom. illegit. ●

31044 Macrocarpium Nakai (1909) Nom. illegit. ≡ Macrocarpium (Spach) Nakai (1909) ［山茱萸科 Cornaceae//四照花科 Cornaceae］●

31045 Macrocatalpa(Griseb.)Britton(1918) = Catalpa Scop. (1777) ［紫葳科 Bignoniaceae］●

31046 Macrocatalpa Britton (1918) Nom. illegit. ≡ Macrocatalpa (Griseb.) Britton (1918); ~ = Catalpa Scop. (1777) ［紫葳科 Bignoniaceae］●

31047 Macrocaulon N. E. Br. (1927) = Carpanthea N. E. Br. (1925) ［番杏科 Aizoaceae］■☆

31048 Macrocentrum Hook. f. (1867)【汉】大距野牡丹属。【隶属】野牡丹科 Melastomataceae。【包含】世界 15 种。【学名诠释与讨论】〈中〉(希)makro- = 拉丁文 grandi-,大的,长的,多的 + kentron,点,刺,圆心,中央,距。此属的学名,ING、TROPICOS 和 IK 记载是 "Macrocentrum Hook. f., Gen. Pl. [Bentham et Hooker f.] 1 (3): 756. 1867 [Sep 1867]"。"Macrocentrum Phil., Sert. Mend. Alt. 42 (1871) = Habenaria Willd. (1805) ［兰科 Orchidaceae]"是晚出的非法名称。【分布】玻利维亚,厄瓜多尔,热带美洲。【模式】未指定。【参考异名】Aulacidium Rich. ex DC. (1828)■☆

31049 Macrocentrum Phil. (1871) Nom. illegit. = Habenaria Willd. (1805) ［兰科 Orchidaceae］■

31050 Macrocephalus Lindl. (1847) Nom. illegit. ≡ Macrocarphus Nutt. (1841); ~ = Chaenactis DC. (1836) ［菊科 Asteraceae (Compositae)］■●☆

31051 Macroceratides Raddi(1820) = Mucuna Adans. (1763)(保留属名) ［豆科 Fabaceae(Leguminosae)//蝶形花科 Papilionaceae］●■

31052 Macroceratium (DC.) Rchb. (1828) = Andrzeiowskia Rchb. (1824) ［十字花科 Brassicaceae(Cruciferae)］■☆

31053 Macroceratium Rchb. (1828) Nom. illegit. ≡ Macroceratium (DC.) Rchb. (1828); ~ = Andrzeiowskia Rchb. (1824) ［十字花科 Brassicaceae(Cruciferae)］■☆

31054 Macrochaeta Steud. (1854) Nom. illegit. = Pennisetum Rich. (1805) ［禾本科 Poaceae(Gramineae)］■

31055 Macrochaetium Steud. (1855) = Cyathocoma Nees(1834); ~ = Tetraria P. Beauv. (1816) ［莎草科 Cyperaceae］■☆

31056 Macrochilus C. Presl(1836) = Cyanea Gaudich. (1829) ［桔梗科 Campanulaceae］●☆

31057 Macrochilus Knowles et Westc. (1837) = Miltonia Lindl. (1837) (保留属名) ［兰科 Orchidaceae］■☆

31058 Macrochiton (Blume) M. Roem. (1846) = Dysoxylum Blume (1825) ［楝科 Meliaceae］●

31059 Macrochiton M. Roem. (1846) Nom. illegit. ≡ Macrochiton (Blume) M. Roem. (1846); ~ = Dysoxylum Blume (1825) ［楝科 Meliaceae］●

31060 Macrochlaena Hand.－Mazz. (1933)【汉】大苞芹属。【隶属】伞形花科(伞形科)Apiaceae(Umbelliferae)。【包含】世界 2 种。【学名诠释与讨论】〈阴〉(希)makro- = 拉丁文 grandi-,大的,长的,多的 + chlaina,斗篷,外衣。指苞片大型。此属的学名是 "Macrochlaena Handel－Mazzetti, Symb. Sin. 7: 720. 1933"。亦有文献把其处理为"Nothosmyrnium Miq. (1867)"的异名。【分布】中国。【模式】Macrochlaena glaucocarpa Handel－Mazzetti。【参考异名】Nothosmyrnium Miq. (1867)■☆

31061 Macrochlamys Decne. (1849) = Alloplectus Mart. (1829)(保留属名); ~ = Drymonia Mart. (1829) ［苦苣苔科 Gesneriaceae］●☆

31062 Macrochloa Kunth (1829)【汉】肖针茅属。【隶属】禾本科 Poaceae(Gramineae)//针茅科 Stipaceae。【包含】世界 4 种。【学名诠释与讨论】〈阴〉(希)makro- = 拉丁文 grandi-,大的,长的,多的 + chloe,草的幼芽,嫩草,禾草。此属的学名,ING、TROPICOS 和 IK 记载是"Macrochloa Kunth, Révis. Gramin. 1: 58. 1829 [Jun 1829]"。它曾先后被处理为"Lasiagrostis subgen. Macrochloa (Kunth)Trin. & Rupr., Species Graminum Stipaceorum 94. 1842"、"Stipa sect. Macrochloa (Kunth) Steud., Synopsis Plantarum Glumacearum 1: 132. 1854"和"Stipa sect. Macrochloa (Kunth) F. M. Vázquez & Devesa, Acta Botanica Malacitana 21: 161. 1996"。亦有文献把"Macrochloa Kunth(1829)"处理为"Stipa L. (1753)"的异名。【分布】地中海西部。【后选模式】Macrochloa tenacissima

(Linnaeus) Kunth［Stipa tenacissima Linnaeus］。【参考异名】Lasiagrostis subgen. Macrochloa（Kunth）Trin. & Rupr.（1842）；Stipa L.（1753）；Stipa sect. Macrochloa（Kunth）F. M. Vázquez & Devesa（1996）Nom. ival.；Stipa sect. Macrochloa（Kunth）Steud.（1854）■☆

31063　Macrochordion de Vriese（1853）= Aechmea Ruiz et Pav.（1794）（保留属名）［凤梨科 Bromeliaceae］■☆

31064　Macrochordium Beer（1856）Nom. inval., Nom. nud. ≡ Macrochordion de Vriese（1853）；~ = Aechmea Ruiz et Pav.（1794）（保留属名）［凤梨科 Bromeliaceae］■☆

31065　Macrocladus Griff.（1845）= Orania Zipp.（1829）［棕榈科 Arecaceae（Palmae）］●☆

31066　Macroclinidium Maxim.（1871）【汉】大托帚菊属。【隶属】菊科 Asteraceae（Compositae）。【包含】世界3种。【学名诠释与讨论】〈阴〉（希）makro- = 拉丁文 grandi-，大的，长的，多的+kline，床，来自 klino，倾斜，斜倚+-idius，-idia，-idium，指示小的词尾。与近缘属 Ainsliaea 相比，本属的花与花托都大。此属的学名是"Macroclinidium Maximowicz, Bull. Acad. Imp. Sci. Saint-Pétersbourg 15：375. 1871"。亦有文献把其处理为"Pertya Sch. Bip.（1862）"的异名。【分布】日本。【模式】Macroclinidium robustum Maximowicz。【参考异名】Pertya Sch. Bip.（1862）●■☆

31067　Macroclinium Barb. Rodr.（1882）= Notylia Lindl.（1825）；~ = Ornithocephalus Hook.（1824）［兰科 Orchidaceae］■☆

31068　Macroclinium Barb. Rodr. ex Pfltz.（1889）Nom. illegit. ≡ Macroclinium Barb. Rodr.（1882）；~ = Notylia Lindl.（1825）；~ = Ornithocephalus Hook.（1824）［兰科 Orchidaceae］■☆

31069　Macrocnemia Lindl. = Chrysopsis（Nutt.）Elliott（1823）（保留属名）；~ = Macronema Nutt.（1840）［菊科 Asteraceae（Compositae）］■☆

31070　Macrocnemum P. Browne（1756）【汉】大节茜属。【隶属】茜草科 Rubiaceae。【包含】世界20种。【学名诠释与讨论】〈中〉（希）makro- = 拉丁文 grandi-，大的，长的，多的+kneme，节间，膝，小腿。knemis，所有格 knemidos，胫衣，脚绊。knema，所有格 knematos，碎片，碎屑，刨花。山的肩状突出部分。【分布】巴拿马，秘鲁，玻利维亚，厄瓜多尔，哥伦比亚（安蒂奥基亚），西印度群岛，中美洲。【模式】Macrocnemum jamaicense Linnaeus。【参考异名】Acrostoma Didr., Nom. nud.；Lasionema D. Don（1833）●☆

31071　Macrocneumum Vand.（1788）= Remijia DC.（1829）［茜草科 Rubiaceae］●☆

31072　Macrococculus Becc.（1877）【汉】大防己属。【隶属】防己科 Menispermaceae。【包含】世界1种。【学名诠释与讨论】〈阳〉（希）makro- = 拉丁文 grandi-，大的，长的，多的+kokkos，变为拉丁文 coccus，仁，谷粒，浆果+-ulus，-ula，-ulum，指示小的词尾。【分布】新几内亚岛。【模式】Macrococculus pomiferus Beccari。●☆

31073　Macrocroton Klotzsch（1849）= Croton L.（1753）［大戟科 Euphorbiaceae//巴豆科 Crotonaceae］●

31074　Macrocymbium Walp.（1853）= Erythrina L.（1753）［豆科 Fabaceae（Leguminosae）//蝶形花科 Papilionaceae］●■

31075　Macrodendron Taub.（1890）= Quiina Aubl.（1775）［绒子树科（羽叶树科）Quiinaceae］●☆

31076　Macrodiervilla Nakai（1936）【汉】大黄锦带属。【隶属】忍冬科 Caprifoliaceae。【包含】世界1种。【学名诠释与讨论】〈阴〉（希）makro- = 拉丁文 grandi-，大的，长的，多的+（属）Diervilla 黄锦带属，指其花较黄锦带属的大。此属的学名"Macrodiervilla Nakai, J. Jap. Bot. 12：3. Jan 1936"是一个替代名称。"Calyptrostigma Trautvetter et C. A. Meyer, Bull. Cl. Phys. - Math. Acad. Imp. Sci. Saint-Pétersbourg ser. 2. 13：220. 20 Jan 1855"是一个晚出的非法

名称（Nom. illegit.），因为此前已经有了"Calyptrostigma Klotzsch in J. G. C. Lehmann, Pl. Preiss. 1：175. 9-11 Feb 1845 ≡ Beyeria Miq.（1844）［大戟科 Euphorbiaceae］"。故用"Macrodiervilla Nakai（1936）"替代之。亦有文献把"Macrodiervilla Nakai（1936）"处理为"Weigela Thunb.（1780）"的异名。【分布】西伯利亚。【模式】Macrodiervilla middendorffiana（Carrière）Nakai。【参考异名】Calyptrostigma Trautv. et C. A. Mey.（1855）Nom. illegit.；Wagneria Lem.（1857）Nom. illegit.；Weigela Thunb.（1780）●☆

31077　Macrodiscus Bureau（1864）= Distictis Mart. ex Meisn.（1840）［紫葳科 Bignoniaceae］●☆

31078　Macroditassa Malme（1927）= Ditassa R. Br.（1810）［萝藦科 Asclepiadaceae］●☆

31079　Macrogyne Link et Otto（1825）Nom. illegit. ≡ Aspidistra Ker Gawl.（1822）［百合科 Liliaceae//铃兰科 Convallariaceae//蜘蛛抱蛋科 Aspidistraceae］●■

31080　Macrohasseltia L. O. Williams（1961）【汉】大哈氏椴属。【隶属】椴树科（椴科，田麻科）Tiliaceae。【包含】世界1种。【学名诠释与讨论】〈阴〉（希）makro- = 拉丁文 grandi-，大的，长的，多的+（属）Hasseltia 哈氏椴属。【分布】巴拿马，哥伦比亚（安蒂奥基亚），哥斯达黎加，尼加拉瓜，中美洲。【模式】Macrohasseltia macroterantha（Standley et L. O. Williams）L. O. Williams［Hasseltia macroterantha Standley et L. O. Williams］。●☆

31081　Macrohystrix（Tzvelev）Tzvelev et Prob.（2010）【汉】大猬草属。【隶属】禾本科 Poaceae（Gramineae）。【包含】世界3种。【学名诠释与讨论】〈阴〉（希）makro- = 拉丁文 grandi-，大的，长的，多的+（属）Hystrix 猬草属（蝟草属）。此属的学名是"Macrohystrix（Tzvelev）Tzvelev et Prob., Bot. Zhurn.（Moscow et Leningrad）95（6）：858. 2010"，由"Hystrix sect. Macrohystrix Tzvelev Bot. Zhurn.（Moscow et Leningrad）94（2）：277. 2009［16 Feb 2009］"改级而来。【分布】美国，印度，西伯利亚。【模式】不详。【参考异名】Hystrix sect. Macrohystrix Tzvelev（2009）■☆

31082　Macrolenes Naudin ex Miq.（1850）【汉】大毛野牡丹属。【隶属】野牡丹科 Melastomataceae。【包含】世界15种。【学名诠释与讨论】〈阴〉（希）makro- = 拉丁文 grandi-，大的，长的，多的+lenos，羊毛。此属的学名，ING 和 IK 记载是"Macrolenes Naudin, Ann. Sci. Nat. Bot. ser. 3. 15：311. Apr 1850"。TROPICOS 则记载为"Macrolenes Naudin ex Miq., Flora van Nederlandsch Indië 1：557. 1856"。【分布】马来西亚，泰国。【模式】Macrolenes annulata（Ventenat）Naudin［Maieta annulata Ventenat］。【参考异名】Macrolenes Naudin（1850）Nom. inval.；Marumia Blume（1831）Nom. illegit.；Ptelandra Triana ●☆

31083　Macrolenes Naudin（1850）Nom. inval. ≡ Macrolenes Naudin ex Miq.（1850）［野牡丹科 Melastomataceae］●☆

31084　Macrolepis A. Rich.（1833）= Bulbophyllum Thouars（1822）（保留属名）［兰科 Orchidaceae］■

31085　Macrolinium Barb. Rodr.（1881）Nom. illegit.［兰科 Orchidaceae］■☆

31086　Macrolinum Klotzsch（1838）Nom. illegit. = Simocheilus Klotzsch（1838）［杜鹃花科（欧石南科）Ericaceae］●☆

31087　Macrolinum Rchb.（1837）Nom. illegit. ≡ Reinwardtia Dumort.（1822）［亚麻科 Linaceae］●

31088　Macrolobium Schreb.（1789）（保留属名）【汉】大瓣苏木属（巨瓣苏木属）。【隶属】豆科 Fabaceae（Leguminosae）//云实科（苏木科）Caesalpiniaceae。【包含】世界60种。【学名诠释与讨论】〈中〉（希）makro- = 拉丁文 grandi-，大的，长的，多的+lobos = 拉丁文 lobulus，片，裂片，叶，荚，荫+-ius，-ia，-ium，在拉丁文和希

腊文中，这些词尾表示性质或状态。此属的学名"Macrolobium Schreb. , Gen. Pl. :30. Apr 1789"是保留属名。相应的废弃属名是豆科 Fabaceae 的"Vouapa Aubl. , Hist. Pl. Guiane:25. Jun-Dec 1775 ≡ Macrolobium Schreb. (1789)（保留属名）"和"Outea Aubl. , Hist. Pl. Guiane:28. Jun-Dec 1775 = Macrolobium Schreb. (1789)（保留属名）"。豆科 Fabaceae 的"Macrolobium Zippel ex Miq. , Fl. Ned. Ind. 1(1):80. 1855 [2 Aug 1855] = Afzelia Sm. (1798)（保留属名）"和"Macrolobium Zippel ex Müll. Berol. , Ann. Bot. Syst. (Walpers)4(4):610. 1858 [Jan-Feb 1858] = Afzelia Sm. (1798)（保留属名）"都是未合格发表的名称（Nom. inval.），亦应废弃。"Vouapa Aubl. (1775)（废弃属名）"的拼写变体"Vuapa Kuntze, Revisio Generum Plantarum 1:212. 1891. (5 Nov 1891)= Macrolobium Schreb. (1789)（保留属名）"也须废弃。"Kruegeria Scopoli, Introd. 314. Jan-Apr 1777"是"Macrolobium Schreb. (1789)（保留属名）"的同模式异名（Homotypic synonym, Nomenclatural synonym）。【分布】巴拿马，秘鲁，玻利维亚，厄瓜多尔，哥伦比亚（安蒂奥基亚），哥斯达黎加，马达加斯加，尼加拉瓜，非洲，热带美洲，中美洲。【模式】Macrolobium vuapa J. F. Gmelin, Nom. illegit. [Vouapa bifolia Aublet; Macrolobium bifolium (Aublet) Persoon]。【参考异名】Anthonotha P. Beauv. (1806); Kruegeria Scop. (1777)Nom. illegit. ; Outea Aubl. (1775)（废弃属名）;Pseudovouapa Britton et Killip(1936);Pseudovouapa Britton et Rose(1936);Utea J. St. -Hil. (1805);Vouapa Aubl. (1775)（废弃属名）;Vuapa Kuntze(1891)Nom. illegit. (废弃属名)●☆

31089 Macrolobium Zipp. ex Miq. (1855)Nom. inval. = Afzelia Sm. (1798)（保留属名）[豆科 Fabaceae(Leguminosae)//云实科(苏木科)Caesalpiniaceae]●

31090 Macrolobium Zippel ex Müll. Berol. (1858)Nom. inval. = Afzelia Sm. (1798)（保留属名）[豆科 Fabaceae(Leguminosae)//云实科(苏木科)Caesalpiniaceae]●

31091 Macrolomia Schrad. ex Nees(1842)= Scleria P. J. Bergius(1765)[莎草科 Cyperaceae]■

31092 Macrolotus Harms(1897)= Argyrolobium Eckl. et Zeyh. (1836)（保留属名）[豆科 Fabaceae(Leguminosae)]●☆

31093 Macromeles Koidz. (1930) = Eriolobus (DC.) M. Roem. (1847); ~ = Malus Mill. (1754)[蔷薇科 Rosaceae//苹果科 Malaceae]●

31094 Macromeria D. Don(1832)【汉】巨花紫草属。【日】マクロレリア属。【隶属】紫草科 Boraginaceae。【包含】世界10种。【学名诠释与讨论】〈阴〉（希）makro- = 拉丁文 grandi-,大的,长的,多的+meros,一部分。拉丁文 merus 含义为纯洁的,真正的。指本属的花在紫草科 Boraginaceae 中是最大的。【分布】墨西哥至南美洲。【模式】未指定。【参考异名】Philonomia DC. ex Meisn. (1841)■☆

31095 Macromerum Burch. (1824)= Cadaba Forssk. (1775)[山柑科(白花菜科,醉蝶花科)Capparaceae//白花菜科(醉蝶花科)Cleomaceae]●☆

31096 Macromiscus Turcz. (1846)= Aeschynomene L. (1753)[豆科 Fabaceae(Leguminosae)//蝶形花科 Papilionaceae]●■

31097 Macromyrtus Miq. (1855)= Syzygium P. Browne ex Gaertn. (1788)（保留属名）[桃金娘科 Myrtaceae]●

31098 Macronax Raf. (1808)Nom. illegit. ≡ Arundinaria Michx. (1803)[禾本科 Poaceae(Gramineae)//青篱竹科 Arundinariaceae]●

31099 Macronema Nutt. (1840)= Chrysopsis (Nutt.)Elliott(1823)（保留属名）; ~ = Ericameria Nutt. (1840)[菊科 Asteraceae (Compositae)]●☆

31100 Macronyx Dalzell(1850)= Tephrosia Pers. (1807)（保留属名）

[豆科 Fabaceae(Leguminosae)//蝶形花科 Papilionaceae]●■

31101 Macropanax Miq. (1856)【汉】大参属。【英】Bigginseng, Bigginseng。【隶属】五加科 Araliaceae。【包含】世界8-14种,中国9种。【学名诠释与讨论】〈阳〉（希）makro- = 拉丁文 grandi-,大的,长的,多的+（属）Panax 人参属。【分布】中国,东喜马拉雅山至印度尼西亚（爪哇岛）。【模式】未指定。【参考异名】Hederopsis C. B. Clarke(1879)●

31102 Macropelma K. Schum. (1895)【汉】大梗萝藦属。【隶属】萝藦科 Asclepiadaceae。【包含】世界1种。【学名诠释与讨论】〈中〉（希）makro- = 拉丁文 grandi-,大的,长的,多的+pelma,所有格 pelmatos,脚后跟,柄,茎。【分布】非洲东部。【模式】Macropelma angustifolium K. M. Schumann。■☆

31103 Macropeplus Perkins(1898)【汉】巴西高原桂属。【隶属】香材树科(杯轴花科,黑檫木科,芒籽科,蒙立米科,檬立木科,香材木科,香树木科)Monimiaceae。【包含】世界1种。【学名诠释与讨论】〈阳〉（希）makro- = 拉丁文 grandi-,大的,长的,多的+peplos 袍,套。【分布】巴西（东部）。【模式】Macropeplus ligustrinus (Tulasne)J. Perkins [Mollinedia ligustrina Tulasne]。●☆

31104 Macropetalum Burch. ex Decne. (1844)【汉】大瓣萝藦属。【隶属】萝藦科 Asclepiadaceae。【包含】世界1种。【学名诠释与讨论】〈中〉（希）makro- = 拉丁文 grandi-,大的,长的,多的+希腊文 petalos,扁平的,铺开的;petalon,花瓣,叶,花叶,金属叶子;拉丁文的花瓣为 petalum。【分布】秘鲁,玻利维亚,厄瓜多尔,非洲南部,中美洲。【模式】Macropetalum burchellii Decaisne。■☆

31105 Macropharynx Rusby(1927)【汉】大喉夹竹桃属。【隶属】夹竹桃科 Apocynaceae。【包含】世界5种。【学名诠释与讨论】〈阴〉（希）makro- = 拉丁文 grandi-,大的,长的,多的+pharynx,所有格 pharyngos 咽。【分布】热带南美洲。【模式】Macropharynx fistulosa Rusby。●☆

31106 Macrophloga Becc. (1914) = Chrysalidocarpus H. Wendl. (1878); ~ = Dypsis Noronha ex Mart. (1837); ~ = Chrysalidocarpus H. Wendl. (1878)+ Neodypsis Baill. (1894)[棕榈科 Arecaceae (Palmae)]●☆

31107 Macrophora Raf. (1838)= Passiflora L. (1753)（保留属名）[西番莲科 Passifloraceae]●■

31108 Macrophragma Pierre = Anisocycla Baill. (1887)[防己科 Menispermaceae]●☆

31109 Macrophthalma Gasp. (1845) = Ficus L. (1753)[桑科 Moraceae]●

31110 Macrophthalmia Gasp. (1845)Nom. illegit. ≡ Macrophthalma Gasp. (1845); ~ =Ficus L. (1753)[桑科 Moraceae]●

31111 Macropidia Harv. (1855)Nom. illegit. = Macropidia J. Drumm. ex Harv. (1855)[血草科(半授花科,给血草科,血皮草科)Haemodoraceae]■☆

31112 Macropidia J. Drumm. ex Harv. (1855)【汉】黑袋鼠爪属。【英】Black Kangaroo-paw。【隶属】血草科(半授花科,给血草科,血皮草科)Haemodoraceae。【包含】世界2种。【学名诠释与讨论】〈阴〉（希）makro- = 拉丁文 grandi-,大的,长的,多的+pous,所有格 podos,指小式 podion,脚,足,柄,梗。podotes,有脚的 pous。此属的学名,ING,TROPICOS 和 IK 记载是"Macropidia J. Drummond ex W. H. Harvey, Hooker's J. Bot. Kew Gard. Misc. 7: 57. Feb 1855"。APNI 则记载为"Macropidia Harv. , Hooker's Journal of Botany et Kew Garden Miscellany 7 1855"。四者引用的文献相同。亦有文献把"Macropidia J. Drumm. ex Harv. (1855)"处理为"Anigozanthos Labill. (1800)"的异名。【分布】澳大利亚（西南部）。【模式】Macropidia fumosa J. Drummond ex W. H. Harvey。【参考异名】Anigozanthos Labill. (1800);Macropidia Harv. (1855)

Nom. illegit. ; Macropodia Benth. (1873)■☆

31113　Macropiper Miq. (1840)【汉】卡瓦胡椒属(大胡椒属,大洋胡椒属)。【英】Macropiper。【隶属】胡椒科 Piperaceae。【包含】世界9种。【学名诠释与讨论】〈中〉(希)makro- =拉丁文 grandi-,大的,长的,多的+(属) Piper 胡椒属。此属的学名,ING、TROPICOS、APNI 和 IK 记载是 "Macropiper Miquel, Comment. Phytogr. 32,35. 16-21 Mar 1840;Bull. Sci. Phys. Nat. Néerl. 1839: 447,449. Jan-Jun 1840"。它曾被处理为 "Piper sect. Macropiper (Miq.)Benth. & Hook. f. , Genera Plantarum 3(1):129-130. 1880. (7 Feb 1880)"。亦有文献把 "Macropiper Miq. (1840)"处理为 "Piper L. (1753)"的异名。【分布】澳大利亚(包括豪勋爵岛),哥伦比亚(圣克鲁斯岛),美国(马里亚纳群岛),日本(小笠原群岛),瓦努阿图,新西兰,加罗林群岛。【后选模式】Macropiper latifolium (Linnaeus f.) Miquel [Piper latifolium Linnaeus f.]。【参考异名】Anderssoniopiper Trel. (1934);Piper L. (1753);Piper sect. Macropiper (Miq.)Benth. & Hook. f. (1880)●☆

31114　Macroplacis Blume(1849)= Ewyckia Blume(1831);~ = Kibessia DC. (1828) [野牡丹科 Melastomataceae]●

31115　Macroplatis Triana(1871)= Macroplacis Blume(1849) [野牡丹科 Melastomataceae]●

31116　Macroplectrum Pfitzer(1889)【汉】星花兰属。【隶属】兰科 Orchidaceae。【包含】世界20种。【学名诠释与讨论】〈中〉(希)makro- =拉丁文 grandi-,大的,长的,多的+plectrum,弹乐器用的拨子(小棍)。此属的学名是 "Macroplectrum Pfitzer in Engler et Prantl, Nat. Pflanzenfam. 2(6):208,214. Mar 1889"。亦有文献把其处理为 "Angraecum Bory(1804)"的异名。【分布】马达加斯加。【模式】Macroplectrum sesquipedale (Du Petit-Thouars)Pfitzer [Angraecum sesquipedale Du Petit - Thouars]。【参考异名】Angraecum Bory(1804)■☆

31117　Macropodandra Gilg(1899)= Notobuxus Oliv. (1882) [黄杨科 Buxaceae]●☆

31118　Macropodanthus L. O. Williams(1938)【汉】长梗花兰属。【隶属】兰科 Orchidaceae。【包含】世界6种。【学名诠释与讨论】〈阳〉(希)makro- =拉丁文 grandi-,大的,长的,多的+pous,所有格 podos,指小式 podion,脚,足,柄,梗。podotes,有脚的+anthos,花。【分布】菲律宾。【模式】Macropodanthus philippinensis L. O. Williams。●☆

31119　Macropodia Benth. (1873) = Macropidia J. Drumm. ex Harv. (1855) [血草科(半授花科,给血草科,血皮草科) Haemodoraceae]■☆

31120　Macropodiella Engl. (1926)【汉】拟长柄芥属。【隶属】髯管花科 Geniostomaceae。【包含】世界5-6种。【学名诠释与讨论】〈阴〉(属) Macropodium 长柄芥(古芥)+ -ellus, -ella, -ellum,加在名词词干后面形成指小式的词尾。或加在人名、属名等后面以组成新属的名称。【分布】西赤道非洲。【模式】Macropodiella mildbraedii Engler。■☆

31121　Macropodina R. M. King et H. Rob. (1972)【汉】粗柄泽兰属(宽柄泽兰属)。【隶属】菊科 Asteraceae(Compositae)。【包含】世界3种。【学名诠释与讨论】〈阴〉(希)makro- =拉丁文 grandi-,大的,长的,多的+pous,所有格 podos,指小式 podion,脚,足,柄,梗。podotes,有脚的+ -inus, -ina, -inum 拉丁文加在名词词干之后,以形成形容词的词尾,含义为"属于、相似、关于、小的"。【分布】巴拉圭,热带美洲。【模式】Macropodina blumenavii (Hieronymus)R. M. King et H. E. Robinson [Eupatorium blumenavii Hieronymus]。☆●☆

31122　Macropodium Aiton(1812)Nom. illegit. ≡ Macropodium R. Br. (1812) [十字花科 Brassicaceae(Cruciferae)]■

31123　Macropodium Hook(1830)Nom. illegit. =? Macropodium R. Br. (1812) [十字花科 Brassicaceae(Cruciferae)]■☆

31124　Macropodium R. Br. (1812)【汉】长柄芥属(古芥属)。【日】ハクセンナズナ属,ハクセンナヅナ属。【俄】Долгонот, Макроподиум。【英】Macropodium。【隶属】十字花科 Brassicaceae(Cruciferae)。【包含】世界2种,中国1种。【学名诠释与讨论】〈中〉(希)makro- =拉丁文 grandi-,大的,长的,多的+pous,所有格 podos,指小式 podion,脚,足,柄,梗。podotes,有脚的+ -ius, -ia, -ium,在拉丁文和希腊文中,这些词尾表示性质或状态。指果柄长,或指子房柄长。此属的学名,ING 和 TROPICOS 记载是 "Macropodium W. T. Aiton, Hortus Kew. ed. 2. 4:108. Dec 1812"。《中国植物志》中文版和英文版以及 IK 记载为 "Macropodium R. Brown in W. T. Aiton, Hortus Kew. 4:108. 1812"。"Macropodium Hook, Botanical Miscellany 1:341, t. 68. 1830 =? Macropodium R. Br. (1812) [十字花科 Brassicaceae(Cruciferae)]"是晚出的非法名称。【分布】俄罗斯(库页岛),中国,亚洲中部。【模式】Macropodium nivale (Pallas)W. T. Aiton [Cardamine nivalis Pallas]。【参考异名】? Macropodium Hook (1830)Nom. illegit. ;Macropodium Aiton(1812)Nom. illegit. ■

31125　Macropsidium Blume(1850)= Myrtus L. (1753) [桃金娘科 Myrtaceae]●

31126　Macropsychanthus Harms ex K. Schum. et Lauterb. (1900)【汉】大蝶花豆属。【隶属】豆科 Fabaceae(Leguminosae)//蝶形花科 Papilionaceae。【包含】世界4种。【学名诠释与讨论】〈阳〉(希)makro- =拉丁文 grandi-,大的,长的,多的+psyche,蝴蝶+anthos,花。此属的学名,ING 和 TROPICOS 记载是 "Macropsychanthus Harms ex K. Schumann et Lauterbach, Fl. Deutsch. Schutzgeb. Südsee 366. Nov 1900"。IK 则记载为 "Macropsychanthus Harms, Fl. Schutzgeb. Südsee [Schumann et Lauterbach] 366. 1900 [1901 publ. Nov 1900]"。三者引用的文献相同。【分布】菲律宾,马来西亚(东部)。【模式】Macropsychanthus lauterbachii Harms ex K. Schumann et Lauterbach。【参考异名】Macropsychanthus Harms (1900)Nom. illegit. ■☆

31127　Macropsychanthus Harms (1900) Nom. illegit. = Macropsychanthus Harms ex K. Schum. et Lauterb. (1900) [豆科 Fabaceae(Leguminosae)//蝶形花科 Papilionaceae]■☆

31128　Macropteranthes F. Muell. (1862)Nom. inval. ≡Macropteranthes F. Muell. ex Benth. (1864) [使君子科 Combretaceae]●☆

31129　Macropteranthes F. Muell. ex Benth. (1864)【汉】大翼花属。【隶属】使君子科 Combretaceae。【包含】世界3-5种。【学名诠释与讨论】〈阴〉(希)makro- =拉丁文 grandi-,大的,长的,多的+ pteron,指小式 pteridion,翅。pteridios,有羽毛的+anthos,花。此属的学名,ING 和 IK 记载是 "Macropteranthes F. Muell. ex Benth. , Fl. Austral. 2:504. 1864 [5 Oct 1864]"。"Macropteranthes F. Muell. , Fragm. (Mueller) 3 (20):91. 1862 [Sep 1862] ≡ Macropteranthes F. Muell. ex Benth. (1864)"是一个未合格发表的名称(Nom. inval.)。【分布】澳大利亚。【模式】Macropteranthes kekwickii F. von Mueller。【参考异名】Macropteranthes F. Muell. (1862)Nom. inval. ●☆

31130　Macroptilium(Benth.)Urb. (1928)【汉】大翼豆属(赛刍豆属)。【英】Largewing Bean,Largewingbean。【隶属】豆科 Fabaceae (Leguminosae)//蝶形花科 Papilionaceae。【包含】世界8-20种,中国2种。【学名诠释与讨论】〈中〉(希)makro- =拉丁文 grandi-,大的,长的,多的+ptilon,羽毛,翼,柔毛+ -ius, -ia, -ium,在拉丁文和希腊文中,这些词尾表示性质或状态。指花萼。此属的学名,ING、APNI、TROPICOS 和 GCI 记载是 "Macroptilium (Bentham) Urban, Symb. Antill. 9:457. Mar 1928",由 "Phaseolus sect. Macroptilium Bentham, Commentat. Legum. Gen. 76. 1837"改级而来。IK 则记载为"Macroptilium Urb.，Symb. Antill.（Urban）. 9（4）:457. 1928 [1 Mar 1928]"。五者引用的文献相同。【分布】巴基斯坦，中国，巴拉圭，巴拿马，秘鲁，玻利维亚，厄瓜多尔，哥伦比亚（安蒂奥基亚），哥斯达黎加，马达加斯加，尼加拉瓜，热带美洲，西印度群岛，中美洲。【后选模式】Macroptilium lathyroides（Linnaeus）Urban [Phaseolus lathyroides Linnaeus]。【参考异名】Macroptilium Urb.（1928）Nom. illegit.；Phaseolus sect. Macroptilium Benth.（1837）■

31131 Macroptilium Urb.（1928）Nom. illegit. ≡Macroptilium（Benth.）Urb.（1928）[豆科 Fabaceae（Leguminosae）//蝶形花科 Papilionaceae]■

31132 Macrorhamnus Baill.（1875）= Colubrina Rich. ex Brongn.（1826）（保留属名）[鼠李科 Rhamnaceae]●

31133 Macrorhynchus Less.（1832）【汉】大喙菊属。【隶属】菊科 Asteraceae（Compositae）。【包含】世界 23 种。【学名诠释与讨论】〈阳〉（希）makro- =拉丁文 grandi-，大的，长的，多的+rhynchos，喙。此属的学名，ING、TROPICOS 和 IK 记载是"Macrorhynchus Less.，Syn. Gen. Compos. 139. 1832 [Jul - Aug 1832]"。"Trochoseris Poeppig et Endlicher ex Endlicher, Gen. 500. Jun 1838"是"Macrorhynchus Less.（1832）"的晚出的同模式异名（Homotypic synonym, Nomenclatural synonym）；"Trochoseris Endl.，Gen. Pl. [Endlicher]500. 1838 [Jun 1838]"和"Trochoseris Poepp. et Endl.（1838）"的命名人引证有误。亦有文献把"Macrorhynchus Less.（1832）"处理为"Krigia Schreb.（1791）（保留属名）"或"Troximon Gaertn.（1791）Nom. illegit."的异名。【分布】参见 Krigia Schreb. 和 Troximon Gaertn.。【模式】Macrorhynchus chilensis Lessing。【参考异名】Krigia Schreb.（1791）（保留属名）；Trochoseris Endl.（1838）Nom. illegit.；Trochoseris Poepp. et Endl.（1838）Nom. illegit.；Trochoseris Poepp. et Endl. ex Endl.（1838）Nom. illegit.；Troximon Gaertn.（1791）Nom. illegit.■☆

31134 Macrorungia C. B. Clarke.（1900）Nom. illegit. ≡Symplectochilus Lindau（1894）；~ = Anisotes Nees（1847）（保留属名）[爵床科 Acanthaceae]●☆

31135 Macrosamanea Britton et Rose ex Britton et Killip（1936）Nom. illegit. ≡ Macrosamanea Britton et Rose（1936）[豆科 Fabaceae（Leguminosae）]●☆

31136 Macrosamanea Britton et Rose（1936）【汉】大雨树属（大雨豆属）。【隶属】豆科 Fabaceae（Leguminosae）//含羞草科 Mimosaceae。【包含】世界 8 种。【学名诠释与讨论】〈阴〉（希）makro- =拉丁文 grandi-，大的，长的，多的+（属）Samanea 雨树属。此属的学名，ING 和 IK 记载是"Leguminosae Macrosamanea Britton et Rose apud Britton et Killip in Ann. N. Y. Acad. Sc. xxxv.（Mimos. et Caesalpin. Colomb.）131（1936）"。GCI 则记载为"Macrosamanea Britton et Rose ex Britton et Killip, Ann. New York Acad. Sci. 35;131. 1936"。亦有文献把"Macrosamanea Britton et Rose（1936）"处理为"Albizia Durazz.（1772）"的异名。【分布】秘鲁，玻利维亚，热带美洲。【模式】Macrosamanea discolor（Humboldt et Bonpland）N. L. Britton et J. N. Rose [Inga discolor Humboldt et Bonpland]。【参考异名】Albizia Durazz.（1772）；Macrosamanea Britton et Rose ex Britton et Killip（1936）Nom. illegit.●☆

31137 Macroscapa Kellogg ex Curran（1885）= Dichelostemma Kunth（1843）；~ =Stropholirion Torr.（1857）[百合科 Liliaceae//葱科 Alliaceae]■☆

31138 Macroscapa Kellogg（1854）Nom. inval. ≡Macroscapa Kellogg ex Curran（1885）；~ = Dichelostemma Kunth（1843）；~ = Stropholirion Torr.（1857）[百合科 Liliaceae//葱科 Alliaceae]■☆

31139 Macroscepis Kunth（1819）【汉】大苞萝藦属。【隶属】萝藦科 Asclepiadaceae。【包含】世界 8 种。【学名诠释与讨论】〈阴〉（希）makro- =拉丁文 grandi-，大的，长的，多的+skepe，包，遮蔽处，安身处，来自 skepo，遮盖。【分布】巴拿马，秘鲁，玻利维亚，厄瓜多尔，尼加拉瓜，中美洲。【模式】Macroscepis obovata Kunth。【参考异名】Metoxypetalum Morillo（1994）●☆

31140 Macrosciadium V. N. Tikhom. et Lavrova（1988）【汉】大伞芹属。【隶属】伞形花科（伞形科）Apiaceae（Umbelliferae）。【包含】世界 2 种。【学名诠释与讨论】〈中〉（希）makro- =拉丁文 grandi-，大的，长的，多的+（属）Sciadium 伞芹属。【分布】高加索，亚洲西南部。【模式】Macrosciadium alatum（Marschall von Bieberstein）V. N. Tikhomirov et T. V. Lavrova [Athamanta alata Marschall von Bieberstein]。■☆

31141 Macroselinum Schur（1853）= Peucedanum L.（1753）[伞形花科（伞形科）Apiaceae（Umbelliferae）]■

31142 Macrosema Steven（1832）= Astragalus L.（1753）[豆科 Fabaceae（Leguminosae）//蝶形花科 Papilionaceae]●■

31143 Macrosepalum Regel et Schmalh.（1882）= Sedum L.（1753）[景天科 Crassulaceae]●■

31144 Macrosiphon Hochst.（1841）= Rhamphicarpa Benth.（1836）[玄参科 Scrophulariaceae//列当科 Orobanchaceae]■☆

31145 Macrosiphon Miq.（1847）Nom. illegit. = Hindsia Benth. ex Lindl.（1844）[茜草科 Rubiaceae]●☆

31146 Macrosiphonia Müll. Arg.（1860）（保留属名）【汉】大管夹竹桃属。【隶属】夹竹桃科 Apocynaceae。【包含】世界 10 种。【学名诠释与讨论】〈阴〉（希）makro- =拉丁文 grandi-，大的，长的，多的+ siphon，所有格 siphonos，管子。指花。此属的学名"Macrosiphonia Müll. Arg. in Martius, Fl. Bras. 6（1）:137. 30 Jul 1860"是保留属名。相应的废弃属名是报春花科 Primulaceae 的"Macrosyphonia Duby in Mém. Soc. Phys. Genève 10（2）:426. Apr-Dec 1844 = Dionysia Fenzl（1843）"。"Macrosiphonia Post et Kuntze（1903）= Dionysia Fenzl（1843）= Macrosyphonia Duby（1844）（废弃属名）[报春花科 Primulaceae]"亦应废弃。【分布】巴拉圭，玻利维亚，美国（西南部）至热带南美洲。【模式】Macrosiphonia velame（A. Saint-Hilaire）J. Müller Arg. [Echites velame A. Saint-Hilaire]。●☆

31147 Macrosiphonia Post et Kuntze（1903）Nom. illegit.（废弃属名）= Dionysia Fenzl（1843）；~ = Macrosyphonia Duby（1844）（废弃属名）；~ =Dionysia Fenzl（1843）[报春花科 Primulaceae]■☆

31148 Macrosolen（Blume）Blume（1830）【汉】鞘花属（大管花属）。【英】Macrosolen, Sheathflower。【隶属】桑寄生科 Loranthaceae。【包含】世界 25-40 种，中国 5-6 种。【学名诠释与讨论】〈阳〉（希）makro- =拉丁文 grandi-，大的，长的，多的+solen，所有格 solenos，管子，沟，阴茎。指花被管膨胀，或指花冠管极长。此属的学名，《中国植物志》中文版和 ING 记载是"Macrosolen（Blume）H. G. L. Reichenbach, Deutsche Bot. Herbarienbuch（Nom.）73. Jul 1841"，由"Loranthus sect. Macrosolen Blume, Fl. Javae（Loranth.）16. 16 Aug 1830"改级而来；这是一个晚出的非法名称。正名应该使用"Macrosolen（Blume）Blume in Roemer et Schultes, Syst. Veg. 7:1731. Oct-Dec 1830"，它也是由"Loranthus sect. Macrosolen Blume, Fl. Javae（Loranth.）16. 16 Aug 1830"改级而来；TROPICOS 和《中国植物志》英文版即用此名称。"Macrosolen Blume, Syst. Veg.，ed. 15 bis [Roemer et Schultes]7（2）:1731. 1830 [Oct-Dec 1830]"和"Macrosolen Blume（1841）"都是"Macrosolen（Blume）Blume（1830）"的错误引用。【分布】

中国,东南亚。【模式】未指定。【参考异名】Loranthus sect. Macrosolen Blume(1830);Macrosolen Blume(1830)Nom. illegit.;Macrosolen Blume (1841) Nom. illegit.;Metastachys (Benth.) Tiegh. (1895) Nom. illegit.;Miquelina Tiegh. (1895);Tristerix Mart. (1830)●

31149　Macrosolen(Blume)Rchb. (1841)Nom. illegit. ≡Macrosolen (Blume)Blume(1830)［桑寄生科 Loranthaceae］●

31150　Macrosolen Blume(1830)Nom. illegit. ≡Macrosolen (Blume) Blume(1830)［桑寄生科 Loranthaceae］●

31151　Macrosolen Blume(1841)Nom. illegit. ≡Macrosolen (Blume) Blume(1830)［桑寄生科 Loranthaceae］●

31152　Macrospermum Steud. (1841)Nom. illegit. =Macrosporum DC. (1821)Nom. illegit.;~=Sobolewskia M. Bieb. (1832)［十字花科 Brassicaceae(Cruciferae)］■☆

31153　Macrosphyra Hook. f. (1873)【汉】大槌茜属。【隶属】茜草科 Rubiaceae。【包含】世界3种。【学名诠释与讨论】〈阴〉(希) makro- =拉丁文 grandi-,大的,长的,多的+sphyra,铁锤,木槌。指花柱。【分布】热带非洲。【模式】Macrosphyra longistyla (A. P. de Candolle)Hiern。●☆

31154　Macrosporum DC. (1821)Nom. illegit. =Sobolewskia M. Bieb. (1832)［十字花科 Brassicaceae(Cruciferae)］■☆

31155　Macrostachya A. Rich. (1850)Nom. inval.,Nom. nud. ≡Macrostachya Hochst. ex A. Rich. (1850)Nom. inval.,Nom. nud.; ~=Enteropogon Nees(1836)［禾本科 Poaceae(Gramineae)］●■

31156　Macrostachya A. Rich. ex A. Rich. (1850)Nom. inval.,Nom. nud. =Enteropogon Nees(1836)［禾本科 Poaceae(Gramineae)］■

31157　Macrostachya Hochst. ex A. Rich. (1850)Nom. inval.,Nom. nud. =Chloris Sw. (1788)［禾本科 Poaceae(Gramineae)］●■

31158　Macrostegia Nees (1847) = Vitex L. (1753)［马鞭草科 Verbenaceae//唇形科 Lamiaceae(Labiatae)//牡荆科 Viticaceae］●

31159　Macrostegia Turcz. (1852)Nom. illegit. ≡Pimelea Banks ex Gaertn. (1788)(保留属名)［瑞香科 Thymelaeaceae］●☆

31160　Macrostelia Hochr. (1952)【汉】大柱锦葵属。【隶属】锦葵科 Malvaceae。【包含】世界3-4种。【学名诠释与讨论】〈阴〉(希) makro- =拉丁文 grandi-,大的,长的,多的+stele,支持物,支柱,石头做的界标,柱,中柱,花柱。【分布】马达加斯加。【模式】Macrostelia involucrata Hochreutiner。●☆

31161　Macrostema Pers. (1805)Nom. illegit. ≡Calboa Cav. (1799); ~=Ipomoea L. (1753)(保留属名);~=Quamoclit Mill. (1754) ［旋花科 Convolvulaceae］■

31162　Macrostemma Sweet ex Steud. =Fuchsia L. (1753)［柳叶菜科 Onagraceae］●■

31163　Macrostemon Boriss. = Veronica L. (1753)［玄参科 Scrophulariaceae//婆婆纳科 Veronicaceae］■

31164　Macrostepis Thouars (1822) Nom. inval. =Beclardia A. Rich. (1828)Nom. illegit.;~=Epidendrum L. (1763)(保留属名)［兰科 Orchidaceae］■☆

31165　Macrostigma Hook. (1841)=Stylobasium Desf. (1819)［过柱花科 Stylobasiaceae//海人树科 Surianaceae］●☆

31166　Macrostigma Kunth (1849)Nom. illegit. =Tupistra Ker Gawl. (1814)［百合科 Liliaceae//铃兰科 Convallariaceae］■

31167　Macrostigmatella Rauschert (1982)Nom. illegit. ≡Eigia Soják (1980);~≡Stigmatella Eig(1938)Nom. illegit.;~≡Eigia Soják (1980)［十字花科 Brassicaceae(Cruciferae)］■☆

31168　Macrostoma Hedw.,Nom. illegit. =Ipomoea L. (1753)(保留属名);~=Macrostema Pers. (1805)Nom. illegit.;~=Quamoclit Mill. (1754)［旋花科 Convolvulaceae］■

31169　Macrostomium Blume(1825)=Dendrobium Sw. (1799)(保留属名)［兰科 Orchidaceae］■

31170　Macrostomum Benth. et Hook. f. (1883)Nom. illegit. =Macrostomium Blume(1825)［兰科 Orchidaceae］■

31171　Macrostylis Bartl. et H. L. Wendl. (1824)【汉】大柱芸香属。【隶属】芸香科 Rutaceae。【包含】世界10种。【学名诠释与讨论】〈阴〉(希)makro- =拉丁文 grandi-,大的,长的,多的+stylos =拉丁文 style,花柱,中柱,有尖之物,桩,柱,支持物,支柱,石头做的界标。指花柱。此属的学名,ING,TROPICOS 和 IK 记载是 "Macrostylis Bartling et H. L. Wendland, Beitr. Bot. 1;191. Mar 1824"。"Macrostylis Breda,Gen. Sp. Orchid. Asclep. [3]. t. [2]. 18 Nov 1828 =Corymborkis Thouars(1809)［兰科 Orchidaceae］" 是晚出的非法名称。【分布】非洲南部。【模式】未指定。●☆

31172　Macrostylis Breda (1828) Nom. illegit. =Corymborkis Thouars (1809)［兰科 Orchidaceae］■

31173　Macrosyphonia Duby (1844)(废弃属名)=Dionysia Fenzl (1843)［报春花科 Primulaceae］●☆

31174　Macrosyringion Rothm. (1943)【汉】肖疗齿草属。【隶属】玄参科 Scrophulariaceae//列当科 Orobanchaceae。【包含】世界2种。【学名诠释与讨论】〈中〉(希)makro- =拉丁文 grandi-,大的,长的,多的+(属)Thelypteris 金星蕨属。指叶子羽裂似蕨。此属的学名是"Macrosyringion Rothmaler, Mitth. Thüring. Bot. Vereins ser. 2. 50:227. 1943"。亦有文献把其处理为"Odontites Ludw. (1757)"的异名。【分布】地中海地区。【模式】Macrosyringion longiflorum (Vahl) Rothmaler [Euphrasia longiflora Vahl]。【参考异名】Odontites Ludw. (1757)■☆

31175　Macrothumia M. H. Alford(2006)【汉】巴西杨柳木。【隶属】杨柳科 Salicaceae。【包含】世界1种。【学名诠释与讨论】〈阴〉词源不详。【分布】巴西。【模式】Macrothumia kuhlmannii (Sleumer) M. H. Alford [Neosprucea kuhlmannii Sleumer]。☆

31176　Macrothyrsus Spach(1834)=Aesculus L. (1753)［七叶树科 Hippocastanaceae//无患子科 Sapindaceae］●

31177　Macrotis Breda (1830)【汉】爪哇大耳兰属。【隶属】兰科 Orchidaceae。【包含】世界1种。【学名诠释与讨论】〈阴〉(希)makro- =拉丁文 grandi-,大的,长的,多的+ous,所有格 otos,指小式 otion,耳。otikos,耳的。【分布】印度尼西亚。【模式】Macrotis anceps (Blume) Breda [Ceratostylis anceps Blume]。☆

31178　Macrotis Raf. =Cimicifuga Wernisch. (1763);~=Macrotrys Raf. (1808)［毛茛科 Ranunculaceae］●■

31179　Macrotomia DC. (1840)Nom. illegit. ≡Macrotomia DC. ex Meisn. (1840)［紫草科 Boraginaceae］●☆

31180　Macrotomia DC. ex Meisn. (1840)【汉】疆紫草属。【俄】Макротамия。【英】Prophet Flower。【隶属】紫草科 Boraginaceae。【包含】世界6种。【学名诠释与讨论】〈阴〉(希)makro- =拉丁文 grandi-,大的,长的,多的+tomos,一片,锐利的,切割的。tome,断片,残株。指花萼。此属的学名,ING 和 TROPICOS 记载是"Macrotomia A. P. de Candolle ex Meisner, Pl. Vasc. Gen. 1;281;Ord. Nat. 190. 5-11 Apr 1840"。IK 则记载为 "Macrotomia DC.,in Meissn. Gen. 281;Comm. 190(1840)"。三者引用的文献相同。亦有文献把"Macrotomia DC. ex Meisn. (1840)"处理为"Arnebia Forssk. (1775)"的异名。【分布】巴基斯坦,中国,地中海至喜马拉雅山。【模式】Macrotomia benthamii (G. Don) A. P. de Candolle ex Meisner [as 'benthami'] [Echium benthamii G. Don]。【参考异名】Arnebia Forssk. (1775);Macrotomia DC. (1840)Nom. illegit. ●■

31181　Macrotonica Steud. (1841)=Macrotomia DC. ex Meisn. (1840) ［紫草科 Boraginaceae］●☆

31182　Macrotorus Perkins（1898）【汉】巴西囊桂属。【隶属】香材树科（杯轴花科，黑檫木科，芒籽科，蒙立米科，檬立木科，香材木科，香树木科）Monimiaceae。【包含】世界 1 种。【学名诠释与讨论】〈阳〉（希）makro- =拉丁文 grandi-，大的，长的，多的+tortus，扭曲，结节。【分布】巴西（东南部）。【模式】Macrotorus utriculatus（Martius）J. Perkins［Mollinedia utriculata Martius］。●☆

31183　Macrotropis DC.（1825）= Ormosia Jacks.（1811）（保留属名）［豆科 Fabaceae（Leguminosae）//蝶形花科 Papilionaceae］●

31184　Macrotrullion Klotzsch（1849）= Clitoria L.（1753）［豆科 Fabaceae（Leguminosae）//蝶形花科 Papilionaceae］●

31185　Macrotrys Raf.（1808）= Cimicifuga Wernisch.（1763）［毛茛科 Ranunculaceae］●■

31186　Macrotybus Dulac（1867）Nom. illegit. ≡ Vitaliana Sesl.（1758）（废弃属名）；~ = Douglasia Lindl.（1827）（保留属名）［报春花科 Primulaceae］■☆

31187　Macrotyloma（Wight et Arn.）Verdc.（1970）（保留属名）【汉】硬皮豆属（长硬皮豆属）。【英】Hardbean，Macrotyloma。【隶属】豆科 Fabaceae（Leguminosae）//蝶形花科 Papilionaceae。【包含】世界 25 种，中国 1 种。【学名诠释与讨论】〈中〉（希）makro- =拉丁文 grandi-，大的，长的，多的+tyle，硬结+loma，所有格 lomatos，袍的边缘。指果皮坚硬。此属的学名“Macrotyloma（Wight et Arn.）Verdc. in Kew Bull. 24：322. 1 Apr 1970”是保留属名，由“Dolichos sect. Macrotyloma Wight et Arn.，Prodr. Fl. Ind. Orient.：248. Oct 1834”改级而来。相应的废弃属名是豆科 Fabaceae 的“Kerstingiella Harms in Ber. Deutsch. Bot. Ges. 26a：230. 23 Apr 1908 = Macrotyloma（Wight et Arn.）Verdc.（1970）（保留属名）”。【分布】巴基斯坦，玻利维亚，马达加斯加，中国，非洲，亚洲。【模式】Macrotyloma uniflorum（Lamarck）Verdcourt［Dolichos uniflorus Lamarck］。【参考异名】Dolichos sect. Macrotyloma Wight et Arn.（1834）；Kerstingiella Harms（1908）（废弃属名）■

31188　Macrotys DC.（1817）Nom. illegit. ≡ Macrotys Raf. ex DC.（1817）Nom. illegit.；~ = Cimicifuga Wernisch.（1763）；~ = Macrotrys Raf.（1808）［毛茛科 Ranunculaceae］●■

31189　Macrotys Raf. ex DC.（1817）Nom. illegit. = Cimicifuga Wernisch.（1763）；~ = Macrotrys Raf.（1808）［毛茛科 Ranunculaceae］●■

31190　Macroule Pierce（1942）= Ormosia Jacks.（1811）（保留属名）［豆科 Fabaceae（Leguminosae）//蝶形花科 Papilionaceae］●

31191　Macrozamia Miq.（1842）【汉】叠鳞苏铁属（大苏铁属，大泽米属，鬼苏铁属）。【日】オニザミア属。【俄】Макрозамия。【英】Macrozamia，Queensland Nut。【隶属】苏铁科 Cycadaceae//泽米苏铁科（泽米科）Zamiaceae。【包含】世界 14-38 种。【学名诠释与讨论】〈阴〉（希）makro- =拉丁文 grandi-，大的，长的，多的+（属）Zamia 大苏铁属。【分布】澳大利亚（热带）。【后选模式】Macrozamia spiralis（R. A. Salisbury）Miquel［Zamia spiralis R. A. Salisbury］。【参考异名】Catakidozamia W. Hill（1865）；Katakidozamia Haage et Schmidt ex Regel（1876）●☆

31192　Macrozanonia（Cogn.）Cogn.（1893）Nom. illegit. ≡ Macrozanonia Cogn.（1893）Nom. illegit.；~ = Alsomitra（Blume）M. Roem.（1838）［葫芦科（瓜科，南瓜科）Cucurbitaceae］■☆

31193　Macrozanonia Cogn.（1893）Nom. illegit. ≡ Alsomitra（Blume）M. Roem.（1838）［葫芦科（瓜科，南瓜科）Cucurbitaceae］■☆

31194　Macrura（Kraenzl.）Szlach. et Sawicka（2003）= Habenaria Willd.（1805）［兰科 Orchidaceae］■

31195　Macubea J. St.-Hil.（1805）= Macoubea Aubl.（1775）［夹竹桃科 Apocynaceae］●☆

31196　Macucua J. F. Gmel.（1791）= Ilex L.（1753）；~ = Macoucoua Aubl.（1775）［冬青科 Aquifoliaceae］●

31197　Macuillamia Raf.（1825）= Bacopa Aubl.（1775）（保留属名）［玄参科 Scrophulariaceae//婆婆纳科 Veronicaceae］■

31198　Maculigilia V. E. Grant（1999）【汉】斑点吉莉花属。【隶属】花荵科 Polemoniaceae。【包含】世界 1 种。【学名诠释与讨论】〈阴〉（拉）macula，斑，迹，记号+（属）Gilia 吉莉花属。此属的学名是“Maculigilia V. E. Grant，Phytologia 84（2）：78-79. 1998［1999］”。亦有文献把其处理为“Gilia Ruiz et Pav.（1794）”的异名。【分布】美国（加利福尼亚）。【模式】Maculigilia maculata（Parish）V. E. Grant。【参考异名】Gilia Ruiz et Pav.（1794）■●☆

31199　Macuna Marcgr. ex Scop.（1777）Nom. illegit. = Mucuna Adans.（1763）（保留属名）［豆科 Fabaceae（Leguminosae）//蝶形花科 Papilionaceae］●■

31200　Macuna Scop.（1777）Nom. illegit. ≡ Macuna Marcgr. ex Scop.（1777）Nom. illegit.；~ = Mucuna Adans.（1763）（保留属名）［豆科 Fabaceae（Leguminosae）//蝶形花科 Papilionaceae］●■

31201　Macvaughiella R. M. King et H. Rob.（1968）【汉】对角菊属。【隶属】菊科 Asteraceae（Compositae）。【包含】世界 2-4 种。【学名诠释与讨论】〈阴〉（人）Rogers McVaugh，1909-，美国植物学者，旅行家，植物采集家，地衣学者+-ellus，-ella，-ellum，加在名词词干后面形成指小式的词尾。或加在人名、属名等后面以组成新属的名称。此属的学名“Macvaughiella R. M. King et H. E. Robinson，Sida 3：282. 21 Jun 1968”是一个替代名称。“Schaetzellia C. H. Schultz-Bip.，Flora 33：419. 21 Jul 1850”是一个非法名称（Nom. illegit.），因为此前已经有了“Schaetzellia Klotzsch，Allg. Gartenzeitung 17：82. 1 Mar 1849 ≡ Beyeria Miq.（1844）［大戟科 Euphorbiaceae］”。故用“Macvaughiella R. M. King et H. Rob.（1968）”替代之。亦有文献把“Macvaughiella R. M. King et H. Rob.（1968）”处理为“Eupatorium L.（1753）”的异名。【分布】墨西哥，中美洲。【模式】Macvaughiella mexicana（C. H. Schultz-Bip.）R. M. King et H. E. Robinson［Schaetzellia mexicana C. H. Schultz-Bip.］。【参考异名】Dichaeta Sch. Bip.（1850）Nom. illegit.；Eupatorium L.（1753）；Schaetzellia Sch. Bip.（1850）Nom. illegit. ■●☆

31202　Madacarpus Wight（1846）= Senecio L.（1753）［菊科 Asteraceae（Compositae）//千里光科 Senecionidaceae］●

31203　Madagasikaria C. Davis（2002）【汉】马岛木属。【隶属】金虎尾科（黄褥花科）Malpighiaceae。【包含】世界 1 种。【学名诠释与讨论】〈阴〉（地）Madagascar，马达加斯加。【分布】马达加斯加。【模式】Madagasikaria andersonii C. Davis。●☆

31204　Madagaster G. L. Nesom（1993）【汉】马岛菀属。【隶属】菊科 Asteraceae（Compositae）。【包含】世界 5 种。【学名诠释与讨论】〈阳〉（地）马达加斯加 Madagasgar 的缩写+希腊文 aster，所有格 asteros，星，紫菀属。拉丁文词尾-aster，-astra，-astrum 加在名词词干之后形成指小式名词。【分布】马达加斯加。【模式】不详。●☆

31205　Madaractis DC.（1838）= Senecio L.（1753）［菊科 Asteraceae（Compositae）//千里光科 Senecionidaceae］●

31206　Madaraglossa Hook.（1840）Nom. illegit.［菊科 Asteraceae（Compositae）］☆

31207　Madaria DC.（1836）= Madia Molina（1782）［菊科 Asteraceae（Compositae）］■☆

31208　Madariopsis Nutt.（1841）= Madaria DC.（1836）［菊科 Asteraceae（Compositae）］■☆

31209　Madaroglossa DC.（1836）= Layia Hook. et Arn. ex DC.（1838）（保留属名）［菊科 Asteraceae（Compositae）］■☆

31210 Madarosperma Benth. (1876) = Tassadia Decne. (1844) [萝藦科 Asclepiadaceae]●☆

31211 Maddenia Hook. f. et Thomson(1854)【汉】臭樱属(假稠李属)。【英】Madden Cherry, Maddencherry, Madden‑cherry, Maddenia, Stinkcherry。【隶属】蔷薇科 Rosaceae。【包含】世界 7 种,中国 6 种。【学名诠释与讨论】〈阴〉(人)Edward Madden, 1805-1856,英国植物学者。【分布】中国,喜马拉雅山。【模式】Maddenia himalaica J. D. Hooker et T. Thomson。●

31212 Madea Sol. ex DC. (1836) = Boltonia L'Hér. (1789) [菊科 Asteraceae(Compositae)]■☆

31213 Madhuca Buch. ‑Ham. ex J. F. Gmel. (1791)【汉】紫荆木属(木花生属,子京属)。【英】Illipe, Illipe Nut, Madhuca, Seablite。【隶属】山榄科 Sapotaceae。【包含】世界 85-100 种,中国 2 种。【学名诠释与讨论】〈阴〉(印度)madhuka,一种植物的俗名。此属的学名, ING 和 TROPICOS 记载是" Madhuca Hamilton ex J. F. Gmelin, Syst. Nat. 2:773,799. Sep (sero)-Nov 1791";《中国植物志》英文版亦使用此名称。IK 则记载为"Madhuca J. F. Gmel., Syst. Nat. ,ed. 13 [bis]. 2(1):799. 1791";《中国植物志》中文版和《巴基斯坦植物志》使用此名称。六者引用的文献相同。【分布】澳大利亚,巴基斯坦,印度至马来西亚,中国,中南半岛。【模式】Madhuca indica Hamilton ex J. F. Gmelin。【参考异名】Azaola Blanco(1837);Bassia J. König ex L. (1771)Nom. illegit.;Bassia J. König (1771) Nom. illegit.; Bassia L. (1771) Nom. illegit.; Cacosmanthus de Vriese (1856) Nom. illegit.;Dasillipe Dubard (1913);Dasyaulus Thwaites (1860);Ganua Pierre ex Dubard (1908);Illipe Gras (1864) Nom. illegit.;Illipe J. König ex Gras (1864);Kakosmanthus Hassk. (1855);Madhuca Buch. ‑Ham. ex J. F. Gmel. (1791);Madhuca J. F. Gmel. (1791) Nom. illegit.; Vidoricum Kuntze(1891) Nom. illegit.; Vidoricum Rumph. (1741) Nom. inval.; Vidoricum Rumph. ex Kuntze(1891)Nom. illegit.●

31214 Madhuca J. F. Gmel. (1791) Nom. illegit. ≡ Madhuca Buch.‑ Ham. ex J. F. Gmel. (1791) [山榄科 Sapotaceae]●

31215 Madia Molina (1782)【汉】星草菊属(麻迪菊属)。【俄】Мадия。【英】Madia, Tarweed。【隶属】菊科 Asteraceae (Compositae)。【包含】世界 10-18 种。【学名诠释与讨论】〈阴〉(智利)madi, Madia sattva Molina 的智利语俗名。【分布】太平洋地区,美洲。【后选模式】Madia sativa Molina。【参考异名】Amida Nutt. (1841);Anisocarpus Nutt. (1841);Biotia Cass. (1825);Harpaecarpus Nutt. (1841);Harpocarpus Post et Kuntze (1903) Nom. illegit.;Hemizonella (A. Gray) A. Gray (1874);Hemizonella A. Gray(1874) Nom. illegit.;Madaria DC. (1836);Madorella Nutt. (1841);Pyropsis Hort. ex Fisch. Mey. et Avé-Lall. (1840)■☆

31216 Madiaceae A. Heller(1907)= Asteraceae Bercht. et J. Presl(保留科名)//Compositae Giseke(保留科名)●■

31217 Madiola A. St. ‑Hil. (1825)= Modiola Moench(1794) [锦葵科 Malvaceae]■☆

31218 Madisonia Luer (2004)【汉】巴西腋花兰属。【隶属】兰科 Orchidaceae。【包含】世界 1 种。【学名诠释与讨论】〈阴〉(人) Madison。此属的学名是" Madisonia Luer, Monographs in Systematic Botany from the Missouri Botanical Garden 95: 258. 2004"。亦有文献把其处理为"Pleurothallis R. Br. (1813)"的异名。【分布】巴西。【模式】Madisonia kerrii (Braga) Luer。【参考异名】Pleurothallis R. Br. (1813)■☆

31219 Madlabium Hedge (1998)【汉】旱林灌属。【隶属】唇形科 Lamiaceae(Labiatae)。【包含】世界 1 种。【学名诠释与讨论】〈中〉(地)马达加斯加 Madagascar 的缩写+labium,唇。【分布】马达加斯加。【模式】Madlabium magenteum Hedge。●☆

31220 Madocarpus Post et Kuntze(1903)= Madacarpus Wightt(1846); ~ =Senecio L. (1753) [菊科 Asteraceae(Compositae)//千里光科 Senecionidaceae]■●

31221 Madorella Nutt. (1841) = Madia Molina (1782) [菊科 Asteraceae(Compositae)]■☆

31222 Madorius Kuntze (1891) Nom. illegit. ≡ Madorius Rumph. ex Kuntze(1891)Nom. illegit.; ~ ≡ Calotropis R. Br. (1810) [萝藦科 Asclepiadaceae]●

31223 Madorius Rumph. (1750) Nom. inval. ≡ Madorius Rumph. ex Kuntze(1891) Nom. illegit.; ~ ≡ Calotropis R. Br. (1810) [萝藦科 Asclepiadaceae]●

31224 Madorius Rumph. ex Kuntze(1891) Nom. illegit. ≡ Calotropis R. Br. (1810) [萝藦科 Asclepiadaceae]●

31225 Madronella Greene (1906) Nom. illegit. ≡ Monardella Benth. (1834) [唇形科 Lamiaceae(Labiatae)]■☆

31226 Madronella Mill. = Monardella Benth. (1834) [唇形科 Lamiaceae(Labiatae)]■☆

31227 Madvigia Liebm. (1854)= Cryptanthus Otto et A. Dietr. (1736) (保留属名) [凤梨科 Bromeliaceae]■☆

31228 Maecharanthera Pritz. (1855) = Aster L. (1753); ~ = Machaeranthera Nees(1832) [菊科 Asteraceae(Compositae)]■☆

31229 Maedougalia A. Heller = Hymenoxys Cass. (1828) [菊科 Asteraceae(Compositae)]■☆

31230 Maelenia Dumort. (1834) = Cattleya Lindl. (1821) [兰科 Orchidaceae]■

31231 Maeranthus Benth. et Hook. f. (1865) = Marcanthus Lour. (1790) Nom. illegit. (废弃属名); ~ = Mucuna Adans. (1763) (保留属名) [豆科 Fabaceae (Leguminosae)//蝶形花科 Papilionaceae]●■

31232 Maerlensia Vell. (1829)= Corchorus L. (1753) [椴树科(椴科,田麻科)Tiliaceae//锦葵科 Malvaceae]■●

31233 Maerua Forssk. (1775)【汉】忧花属。【俄】Меруя。【英】Maerua。【隶属】山柑科(白花菜科,醉蝶花科)Capparaceae//白花菜科(醉蝶花科)Cleomaceae。【包含】世界 50-100 种。【学名诠释与讨论】〈阴〉(希)mereo,忧愁。另说来自阿拉伯植物俗名 maeru。【分布】巴基斯坦,马达加斯加,热带和非洲南部至印度。【模式】Maerua crassifolia Forsskål。【参考异名】Courbonia Brongn. (1863); Niebuhria DC. (1824) Nom. illegit.; Physanthemum Klotzsch (1861); Saheria Fenzl ex Durand; Streblocarpus Arn. (1834);Wiegmannia Hochst. et Stcud. ex Steud. (1841)Nom. illegit.●☆

31234 Maesa Forssk. (1775)【汉】杜茎山属(山桂花属)。【日】イジセンリョウ属,イズセンリョウ属,イヅセンリャウ属,イヅセンリョウ属。【俄】Меза。【英】Maesa。【隶属】紫金牛科 Myrsinaceae//杜茎山科 Maesaceae。【包含】世界 100-200 种,中国 29-30 种。【学名诠释与讨论】〈阴〉(阿拉伯)maass 或 maas,模式种的阿拉伯俗名。此属的学名, ING、TROPICOS、APNI 和 IK 记载是" Maesa Forssk., Fl. Aegypt. ‑ Arab. 66 (1775) [1 Oct 1775]"。" Siburatia Du Petit‑Thouars, Gen. Nova Madag. 12. 17 Nov 1806"是" Maesa Forssk. (1775)"的晚出的同模式异名 (Homotypic synonym, Nomenclatural synonym)。【分布】巴基斯坦,马达加斯加,中国,旧世界热带。【模式】Maesa lanceolata Forsskål。【参考异名】Baeobotrys J. Forst. et G. Forst. (1776); Cistula Noronha (1790); Dartus Lour. (1790); Doraena Thunb. (1783);Maasa Roem. et Schult. (1819) Nom. illegit.;Moesa Blanco (1845);Siburatia Thouars(1806) Nom. illegit. ●

31235 Maesaceae(A. DC.)Anderb., B. Ståhl et Källersjö(2000)【汉】

杜茎山科。【包含】世界 1 属 150-200 种,中国 29-30 种。【分布】旧世界热带。【科名模式】Maesa Forssk. (1775) ●

31236　Maesaceae Anderb., B. Ståhl et Källersjö (2000) = Maesaceae (A. DC.) Anderb., B. Ståhl et Källersjö ●

31237　Maesobotrya Benth. (1879)【汉】杜茎大戟属。【隶属】大戟科 Euphorbiaceae。【包含】世界 20 种。【学名诠释与讨论】〈阴〉(属)Maesa 杜茎山属(山桂花属)+botrys,葡萄串,总状花序,簇生。指果实。【分布】热带非洲。【模式】Maesobotrya floribunda Bentham。【参考异名】Staphysora Pierre ex Pax(1897);Staphysora Pierre(1896)Nom. inval. ●☆

31238　Maesoluma Baill. (1890) = Pouteria Aubl. (1775) [山榄科 Sapotaceae] ●

31239　Maesopsis Engl. (1895)【汉】杜茎鼠李属(类杜茎鼠李属)。【隶属】鼠李科 Rhamnaceae。【包含】世界 1 种。【学名诠释与讨论】〈阴〉(属)Maesa 杜茎山属(山桂花属)+希腊文 opsis,外观,模样。【分布】热带非洲东部。【后选模式】Maesopsis eminii Engler。【参考异名】Karlea Pierre(1896) ●☆

31240　Maeviella Rossow(1985)【汉】罗索婆婆纳属。【隶属】玄参科 Scrophulariaceae//婆婆纳科 Veronicaceae。【包含】世界 1 种。【学名诠释与讨论】〈阴〉词源不详。【分布】巴西。【模式】Maeviella cochlearia (Huber) Rossow。■☆

31241　Mafekingia Baill. (1890) = Raphionacme Harv. (1842) [萝藦科 Asclepiadaceae] ■☆

31242　Maferria C. Cusset(1992) = Farmeria Willis ex Hook. f. (1900) [髯管花科 Geniostomaceae] ■☆

31243　Mafureira Bertol. (1850) = Trichilia P. Browne(1756)(保留属名) [楝科 Meliaceae] ●

31244　Maga Urb. (1912) = Montezuma DC. (1824) [木棉科 Bombacaceae//锦葵科 Malvaceae] ●☆

31245　Magadania Pimenov et Lavrova(1985)【汉】俄东草属(奥绍特草属)。【隶属】伞形花科(伞形科)Apiaceae(Umbelliferae)。【包含】世界 2 种。【学名诠释与讨论】〈阴〉(地)Magadan,马加丹,位于俄罗斯远东地区。此属的学名,ING、TROPICOS 和 IK 记载是"Magadania M. G. Pimenov et T. V. Lavrova, Bot. Zurn. (Moscow et Leningrad)70;530. Apr 1985"。"Ochotia A. P. Khokhrjakov, Fl. Magadanskoj Obl. 348. 1985(post 25 Jun)"是"Magadania Pimenov et Lavrova(1985)"的晚出的同模式异名(Homotypic synonym, Nomenclatural synonym)。【分布】俄罗斯(远东),西伯利亚。【模式】Magadania victoris (B. K. Schischkin) M. G. Pimenov et T. V. Lavrova [Conioselinum victoris B. K. Schischkin]。【参考异名】Ochotia A. P. Khokhr. (1985)Nom. illegit. ■☆

31246　Magalhaensia Post et Kuntze (1903) (1) = Magallana Cav. (1798) [旱金莲科 Tropaeolaceae] ■☆

31247　Magalhaensia Post et Kuntze(1903)(2) = Drimys J. R. Forst. et G. Forst. (1775)(保留属名);~ = Magellania Comm. ex Lam. (1786 [八角科 Illiciaceae//林仙科(冬木科,假八角科,辛辣木科)Winteraceae] ●☆

31248　Magallana Cav. (1798)【汉】阿根廷旱金莲属。【隶属】旱金莲科 Tropaeolaceae。【包含】世界 1 种。【学名诠释与讨论】〈阴〉词源不详。此属的学名,ING、TROPICOS 和 IK 记载是"Magallana Cav. ,Icon. [Cavanilles] iv. 50. t. 374(1797)"。"Magallana Comm. ex DC. ,Regni Vegetabilis Systema Naturale 1;443. 1818 [1817]. (1-15 Nov 1817) = Drimys J. R. Forst. et G. Forst. (1775)(保留属名) = Magellania Comm. ex Lam. (1786) [八角科 Illiciaceae//林仙科(冬木科,假八角科,辛辣木科)Winteraceae]"是晚出的非法名称。亦有文献把"Magallana Cav. (1798)"处理为"Tropaeolum L. (1753)"的异名。【分布】温带南美洲,中美洲。【模式】

Magallana porifolia Cavanilles。【参考异名】Magalhaensia Post et Kuntze(1903);Magellana Poir. (1823);Tropaeolum L. (1753)■☆

31249　Magallana Comm. ex DC. (1818) Nom. illegit. = Drimys J. R. Forst. et G. Forst. (1775)(保留属名);~ = Magellania Comm. ex Lam. (1786) [八角科 Illiciaceae//林仙科(冬木科,假八角科,辛辣木科)Winteraceae] ●☆

31250　Magastachya P. Beauv. (1812) Nom. illegit. ≡ Megastachya P. Beauv. (1812);~ = Eragrostis Wolf (1776) [禾本科 Poaceae(Gramineae)] ■☆

31251　Magdalenaea Brade(1935)【汉】马格寄生属。【隶属】玄参科 Scrophulariaceae//列当科 Orobanchaceae。【包含】世界 1 种。【学名诠释与讨论】〈阴〉(人)Magdalena。【分布】巴西(东南)。【模式】Magdalenaea limae Brade。●☆

31252　Magdaris Raf. (1840) Nom. illegit. ≡ Trochiscanthes W. D. J. Koch(1824) [伞形花科(伞形科)Apiaceae(Umbelliferae)] ■☆

31253　Magellana Poir. (1823) = Magallana Cav. (1798) [旱金莲科 Tropaeolaceae] ■☆

31254　Magellania Comm. ex Lam. (1786) = Drimys J. R. Forst. et G. Forst. (1775)(保留属名) [八角科 Illiciaceae//林仙科(冬木科,假八角科,辛辣木科)Winteraceae] ●☆

31255　Maghania Steud. (1841) = Maughania J. St. -Hil. (1813) Nom. illegit. ;~ = Flemingia Roxb. ex W. T. Aiton(1812)(保留属名) [豆科 Fabaceae(Leguminosae)//蝶形花科 Papilionaceae] ●■

31256　Magnistipula Engl. (1905)【汉】大托叶金壳果属。【隶属】金壳果科 Chrysobalanaceae。【包含】世界 11 种。【学名诠释与讨论】〈阴〉(拉)magnus,大的+stipes,所有格 stipitis,树干,树枝,指小式 stipula,柄,小梗,叶片,托叶。【分布】马达加斯加,热带非洲。【模式】未指定。●☆

31257　Magnolia L. (1753)【汉】木兰属。【日】ホオノキ属,ホホノキ属,モクレン属。【俄】Магнолия。【英】Cucumber Tree, Cucumber-tree, Magnolia, Yulan。【隶属】木兰科 Magnoliaceae。【包含】世界 20-121 种,中国 1-42 种。【学名诠释与讨论】〈阴〉(人)Pierre Magnol, 1683 – 1751, 法国医生、植物学者,曾任 Montpelier 植物园主任。【分布】巴基斯坦,巴拿马,玻利维亚,厄瓜多尔,哥伦比亚(安蒂奥基亚),哥斯达黎加,印度尼西亚(爪哇岛),马达加斯加,美国(密苏里),尼加拉瓜,意大利(威尼斯),中国,喜马拉雅山至日本,加里曼丹岛,西印度群岛,北美洲东部,中美洲。【模式】Magnolia virginiana Linnaeus。【参考异名】Alcimandra Dandy(1927);Aromadendron Blume(1825);Buergeria Siebold et Zucc. (1845);Burtinia Buc'hoz;Dugandiodendron Lozano (1975);Guillimia Rchb. (1828);Gwillimia Rottl. (1817) Nom. illegit. ;Gwillimia Rottl. ex DC. (1817);Kobus Kaempf. ex Salisb. (1807);Kobus Nieuwl. ;Lassonia Buc' hoz(1779);Lirianthe Spach (1838);Manglietiastrum Y. W. Law(1979);Micheliopsis H. Keng (1955);Parakmena Hu et W. C. Cheng(1951);Spenocarpus B. D. Jacks. , Nom. illegit. ; Sphenocarpus Wall. (1829) Nom. illegit. ; Talauma Juss. (1789); Tulipastrum Spach(1838); Yulania Spach (1839) ●

31258　Magnoliaceae Juss. (1789)(保留科名)【汉】木兰科。【日】モクレン科。【俄】Магнолиевые。【英】Magnolia Family。【包含】世界 7-18 属 165-335 种,中国 11-13 属 148-200 种。【分布】温带和热带,亚洲和美洲。【科名模式】Magnolia L. (1753)●

31259　Magnusia Klotzsch(1854) = Begonia L. (1753) [秋海棠科 Begoniaceae] ●■

31260　Magodendron Vink(1957)【汉】新几内亚山榄属。【隶属】山榄科 Sapotaceae。【包含】世界 2 种。【学名诠释与讨论】〈中〉(希)magos,波斯僧侣中的一个魔法师+dendron 或 dendros,树木,棍,丛林。【分布】新几内亚岛。【模式】Magodendron venefici（White et Francis）Vink［Achradotypus venefici White et Francis）［as 'benefici'］。●☆

31261 Magonaea G. Don（1831）= Magonia A. St.‐Hil.（1824）［无患子科 Sapindaceae］●☆

31262 Magonia A. St.‐Hil.（1824）【汉】马贡无患子属。【隶属】无患子科 Sapindaceae。【包含】世界 1 种。【学名诠释与讨论】〈阴〉（人）Magon。【分布】巴西，玻利维亚。【模式】未指定。【参考异名】Magonaea G. Don（1831）；Phaeocarpus Mart.（1824）Nom. illegit.；Phaeocarpus Mart. et Zucc.（1824）●☆

31263 Magonia Vell.（1829）Nom. illegit. = Ruprechtia C. A. Mey.（1840）［蓼科 Polygonaceae］●☆

31264 Magoniella Adr. Sanchez（2011）【汉】马贡蓼属。【隶属】蓼科 Polygonaceae。【包含】世界 1 种。【学名诠释与讨论】〈阴〉（人）Magon+‐ellus，‐ella，‐ellum，加在名词词干后面形成指小式的词尾。或加在人名、属名等后面以组成新属的名称。【分布】巴西，玻利维亚，中美洲。【模式】Magoniella obidensis（Huber）Adr. Sanchez［Ruprechtia obidensis Huber］。☆

31265 Magostan Adans.（1763）Nom. illegit. ≡Garcinia L.（1753）［猪胶树科（克鲁西科，山竹子科，藤黄科）Clusiaceae（Guttiferae）//金丝桃科 Hypericaceae］●

31266 Maguirea A. D. Hawkes（1948）= Dieffenbachia Schott（1829）［天南星科 Araceae］●■

31267 Maguireanthus Wurdack（1964）【汉】马圭尔野牡丹属。【隶属】野牡丹科 Melastomataceae。【包含】世界 1 种。【学名诠释与讨论】〈阳〉（人）Bassett Maguire，1904‐1991，美国植物学者，探险家，植物采集家 + anthos，花。【分布】几内亚。【模式】Maguireanthus ayangannae Wurdack。☆

31268 Maguireocharis Steyerm.（1972）【汉】瓜亚纳茜属。【隶属】茜草科 Rubiaceae。【包含】世界 1 种。【学名诠释与讨论】〈阴〉（人）Bassett Maguire，1904‐1991，美国植物学者，探险家，植物采集家+charis，喜悦，雅致，美丽，流行。【分布】南美洲北部。【模式】Maguireocharis neblinae J. A. Steyermark。☆

31269 Maguireothamnus Steyerm.（1964）【汉】马圭尔茜属。【隶属】茜草科 Rubiaceae。【包含】世界 2 种。【学名诠释与讨论】〈阴〉（人）Bassett Maguire，1904‐1991，美国植物学者，探险家，植物采集家+thamnos，指小式 thamnion，灌木，灌丛，树丛，枝。【分布】委内瑞拉。【模式】Maguireothamnus speciosus（N. E. Brown）Steyermark［Chalepophyllum speciosum N. E. Brown］。●☆

31270 Magydaris W. D. J. Koch ex DC.（1829）【汉】马吉草属。【隶属】伞形花科（伞形科）Apiaceae（Umbelliferae）。【包含】世界 2 种。【学名诠释与讨论】〈阴〉（希）magydaris，magudaris，管状花序。此属的学名，ING 和 IK 记载是"Magydaris Koch ex A. P. de Candolle，Collect. Mém. 5：68. 12 Sep 1829"。"Magydaris W. D. J. Koch（1829）≡Magydaris W. D. J. Koch ex DC.（1829）"的命名人引证有误。【分布】地中海地区。【后选模式】Magydaris tomentosa（Desfontaines）A. P. de Candolle［Cachrys tomentosa Desfontaines］。【参考异名】Eriocachrys DC.（1830）；Magydaris W. D. J. Koch（1829）Nom. illegit. ■☆

31271 Magydaris W. D. J. Koch（1829）Nom. illegit. ≡Magydaris W. D. J. Koch ex DC.（1829）［伞形花科（伞形科）Apiaceae（Umbelliferae）］■☆

31272 Mahafalia Jum. et H. Perrier（1911）【汉】马哈夫萝藦属。【隶属】萝藦科 Asclepiadaceae。【包含】世界 1 种。【学名诠释与讨论】〈阴〉词源不详。【分布】马达加斯加。【模式】Mahafalia nodosa H. Jumelle et H. Perrier de la Bâthie。■☆

31273 Mahagoni Adans.（1763）Nom. illegit. ≡Swietenia Jacq.（1760）［楝科 Meliaceae］●

31274 Maharanga A. DC.（1846）【汉】胀萼紫草属。【隶属】紫草科 Boraginaceae。【包含】世界 9 种，中国 5 种。【学名诠释与讨论】〈阴〉词源不详。【分布】中国，东喜马拉雅山。【后选模式】Maharanga emodi（Wallich ex Roxburgh）Alph. de Candolle［Onosma emodi Wallich ex Roxburgh］。■

31275 Mahawoa Schltr.（1916）【汉】马哈沃萝藦属。【隶属】萝藦科 Asclepiadaceae。【包含】世界 1 种。【学名诠释与讨论】〈阴〉词源不详。【分布】印度尼西亚（苏拉威西岛）。【模式】Mahawoa montana Schlechter。☆

31276 Mahea Pierre（1890）= Manilkara Adans.（1763）（保留属名）［山榄科 Sapotaceae］●

31277 Mahernia L.（1767）= Hermannia L.（1753）［梧桐科 Sterculiaceae//锦葵科 Malvaceae//密钟木科 Hermanniaceae］●☆

31278 Mahoe Hillebr.（1888）= Alectryon Gaertn.（1788）［无患子科 Sapindaceae］●☆

31279 Mahometa DC.（1836）= Monarrhenus Cass.（1817）［菊科 Asteraceae（Compositae）］●■☆

31280 Mahonia L.（废弃属名）= Mahonia Nutt.（1818）（保留属名）［小檗科 Berberidaceae］●

31281 Mahonia Nutt.（1818）（保留属名）【汉】十大功劳属。【日】ヒイラギナンテン属，ヒラギナンテン属。【俄】Магония。【英】Holly Grape，Holly‐leaved Barberry，Mahonia，Oregon Grape，Oregon-grape，Orenge Grape。【隶属】小檗科 Berberidaceae。【包含】世界 60-100 种，中国 31-36 种。【学名诠释与讨论】〈阴〉（人）Bernard McMahon，1775‐1816，美国植物学者，园艺家，有时写作 M'Mahon，出生于爱尔兰。此属的学名"Mahonia Nutt.，Gen. N. Amer. Pl. 1：211. 14 Jul 1818"是保留属名。法规未列出相应的废弃属名。"齿蕊小檗属 Odostemon Rafinesque，Amer. Monthly Mag. et Crit. Rev. 4：192. Jan 1819"是"Mahonia Nutt.（1818）（保留属名）"的晚出的同模式异名（Homotypic synonym，Nomenclatural synonym）；"Odostemum Steud.，Nomencl. Bot.［Steudel］，ed. 2. 2：204. 1841"似为其变体。【分布】巴基斯坦，中国，喜马拉雅山至日本和印度尼西亚（苏门答腊岛），北美洲，中美洲。【模式】Mahonia aquifolium（Pursh）Nuttall［Berberis aquifolium Pursh］。【参考异名】Berberis L.（1753）；Berberis sect. Mahonia Hook. f.（1872）；Chrysodendron Teran et Beriand.（1832）；Mahonia L.（废弃属名）；Odostemon Raf.（1819）Nom. illegit. ●

31282 Mahurea Aubl.（1775）【汉】马胡藤黄属。【隶属】猪胶树科（克鲁西科，山竹子科，藤黄科）Clusiaceae（Guttiferae）。【包含】世界 2 种。【学名诠释与讨论】〈阴〉来自植物俗名。此属的学名，ING、TROPICOS 和 IK 记载是"Mahurea Aublet，Hist. Pl. Guiane 558. Jun‐Dec 1775"。"Bonnetia Schreber，Gen. 363. Apr 1789（废弃属名）"是"Mahurea Aubl.（1775）"的晚出的同模式异名（Homotypic synonym，Nomenclatural synonym）。【分布】秘鲁，玻利维亚，热带南美洲。【模式】Mahurea palustris Aublet。【参考异名】Bonnetia Schreb.（1789）Nom. illegit.（废弃属名）●☆

31283 Mahya Cordem.（1895）= Lepechinia Willd.（1804）［唇形科 Lamiaceae（Labiatae）］●■☆

31284 Maia Salisb.（1866）Nom. illegit. ≡Maianthemum F. H. Wigg.（1780）（保留属名）［百合科 Liliaceae//铃兰科 Convallariaceae］■

31285 Maianthemum F. H. Wigg.（1780）（保留属名）【汉】舞鹤草属（午鹤草属）。【日】マイヅルソウ属，マヒヅルサウ属，マヤンテムム属。【俄】Майник。【英】Beadruby，Bead-ruby，False Lily-of-the-valley，Maianthemum，May Lily。【隶属】百合科 Liliaceae//铃兰科 Convallariaceae。【包含】世界 28-35 种，中国 19-27 种。【学名诠释与讨论】〈中〉（拉）maios，五月+希腊文 anthemon，花。

指花在五月开放。此属的学名"Maianthemum F. H. Wigg. ,Prim. Fl. Holsat. ;14. 29 Mar 1780"是保留属名。法规未列出相应的废弃属名。但是 " Maianthemum Weber（1780）Nom. inval. ≡ Maianthemum F. H. Wigg. (1780)（保留属名）"和"Maianthemum Weber ex F. H. Wigg. (1780) ≡ Maianthemum F. H. Wigg. (1780)（保留属名）"应该废弃。其变体 " Majanthemum Kuntze, Revis. Gen. Pl. 2；981. 1891 ［5 Nov 1891］"、"Majanthemum Sieg. ,Fl. Petrop. (1736) 70" 和 " Majanthemum Sieg. ex Kuntze, Rev. Gen. (1891)981"也应废弃。"Maia R. A. Salisbury, Gen. 64. Apr–Mai 1866 "、" Monophyllon Delarbre, Fl. Auvergne ed. 2. 615. Aug 1800"、"Sciophila Wibel, Prim. Fl. Werth. 147. 1799"和" Valentinia Heister ex Fabricius, Enum. ed. 2. 37. Sep – Dec 1763 " 都是 "Maianthemum F. H. Wigg. (1780)（保留属名）"的同模式异名（Homotypic synonym, Nomenclatural synonym）。【分布】巴拿马，哥斯达黎加,美国（密苏里）,尼加拉瓜,中国,北温带,中美洲。【模式】Maianthemum convallaria F. H. Wiggers, Nom. illegit. ［Convallaria bifolia Linnaeus；Maianthemum bifolium （Linnaeus）F. W. Schmidt]。【参考异名】Bifolium P. Gaertn. ,B. Mey. et Scherb. (1799) Nom. illegit. ；Machaerina Post et Kuntze (1903) Nom. illegit. ；Maia Salisb. (1866) Nom. illegit. ；Maianthemum Weber ex F. H. Wigg. (1780)（废弃属名）；Maianthemum Weber (1780) Nom. inval. (废弃属名)；Majanthemum F. H. Wigg. (1780) Nom. illegit. ；Majanthemum Kuntze (1891) Nom. illegit. (废弃属名)；Majanthemum Sieg. (1736) Nom. inval. (废弃属名)；Majanthemum Sieg. ex Kuntze (1891) Nom. illegit. (废弃属名)；Mayanthemum DC. (1805)；Monophyllon Delarbre(1800) Nom. illegit. ；Oligobotrya Baker(1886)；Polygonastrum Moench(1794)（废弃属名)；Sciophila Wibel (1799) Nom. illegit. ；Sigillaria Raf. (1819) Nom. illegit. ；Smilacina Desf. (1807)（保留属名)；Styrandra Raf. (1818)；Tovaria Baker (1875) Nom. illegit. (废弃属名)；Tovaria Neck. ,Nom. illegit. (废弃属名)；Tovaria Neck. ex Baker (1875) Nom. illegit. (废弃属名)；Unifolium Boehm. (1760) Nom. illegit. ；Unifolium Haller (1742) Nom. inval. ；Unifolium Ludw. (1757)；Unifolium Zinn(1757) Nom. inval. ；Vagnera Adans. (1763)（废弃属名)；Valentinia Fabr. (1763) Nom. illegit. ；Valentinia Heist. ex Fabr. (1763) Nom. illegit. ；Wagnera Post et Kuntze(1903)■

31286 Maianthemum Weber ex F. H. Wigg. (1780)（废弃属名）≡ Maianthemum F. H. Wigg. (1780)（保留属名）［百合科 Liliaceae//铃兰科 Convallariaceae]■

31287 Maianthemum Weber(1780)（废弃属名)≡Maianthemum F. H. Wigg. (1780)（保留属名）［百合科 Liliaceae//铃兰科 Convallariaceae]■

31288 Maidenia Domin(1922) Nom. illegit. ≡Dominia Fedde(1929)；~ ≡ Uldinia J. M. Black(1922)［伞形花科（伞形科）Apiaceae (Umbelliferae)]■☆

31289 Maidenia Rendle(1916)【汉】迈东水鳖属（迈东藻属,美顿藻属）。【隶属】水鳖科 Hydrocharitaceae。【包含】世界1种。【学名诠释与讨论】〈阴〉（人）Joseph Henry Maiden,1859–1925,英国出生的澳大利亚植物学者。此属的学名,ING、APNI、TROPICOS 和 IK 记载是"Maidenia Rendle, J. Bot. 54；316. t. 545. Nov 1916"。"Maidenia Domin, Acta Bot. Bohem. 1；41. 1922 ≡ Dominia Fedde (1929)= Uldinia J. M. Black(1922)［伞形花科（伞形科）Apiaceae (Umbelliferae)]"是晚出的非法名称；它已经被"Dominia Fedde, Repertorium Specierum Novarum Regni Vegetabilis 26；272. 1929"所替代。【分布】澳大利亚（西北部）。【模式】Maidenia rubra Rendle。■☆

31290 Maierocactus E. C. Rost(1926)= Astrophytum Lem. (1839)［仙人掌科 Cactaceae]●

31291 Maieta Aubl. (1775)【汉】五月花属。【隶属】野牡丹科 Melastomataceae。【包含】世界2种。【学名诠释与讨论】〈阴〉词源不详。【分布】秘鲁,玻利维亚,厄瓜多尔,哥伦比亚（安蒂奥基亚）,哥斯达黎加,中美洲。【模式】Maieta guianensis Aublet。【参考异名】Hosangia Neck. (1790) Nom. inval. ；Husangia Juss. (1821)；Majeta Post et Kuntze(1903)；Mayeta Juss. (1789)●☆

31292 Maihuenia(F. A. C. Weber) K. Schum. (1898) Nom. illegit. ≡ Maihuenia (Phil. ex F. A. C. Weber) K. Schum. (1898) Nom. illegit. ；~ ≡ Maihuenia (Phil. ex F. A. C. Weber)Phil. ex K. Schum. (1898)［仙人掌科 Cactaceae]●☆

31293 Maihuenia (Phil. ex F. A. C. Weber) K. Schum. (1898) Nom. illegit. ≡Maihuenia (Phil. ex F. A. C. Weber)Phil. ex K. Schum. (1898)［仙人掌科 Cactaceae]●☆

31294 Maihuenia(Phil. ex F. A. C. Weber) Phil. ex K. Schum. (1898)【汉】狼牙棒属（麦壶尼亚属,拟叶仙人掌属）。【日】マイフェニア属。【隶属】仙人掌科 Cactaceae。【包含】世界2-4种。【学名诠释与讨论】〈阴〉（人）Maihuen。或说为植物俗名。此属的学名,IK 记载是"Maihuenia Phil. ,Gartenflora 1883,260"；ING 记载为"Maihuenia (R. A. Philippi ex F. A. C. Weber) K. M. Schumann, Gesamtbeschr. Kakt. 754. 1898"；TROPICOS 则记载为 "Maihuenia (Phil. ex F. A. C. Weber) Phil. ex K. Schum. , Gesamtbeschreibung der Kakteen 754. 1898"。【分布】阿根廷,智利。【后选模式】Maihuenia poeppigii (Otto ex Pfeiffer) K. M. Schumann ［Opuntia poeppigii Otto ex Pfeiffer]。【参考异名】Maihuenia (F. A. C. Weber) K. Schum. (1898) Nom. illegit. ；Maihuenia (Phil. ex F. A. C. Weber) K. Schum. (1898) Nom. illegit. ；Maihuenia Phil. (1883) Nom. inval. ；Pereskia subgen. Maihuenia Phil. ex F. A. C. Weber (1898)●☆

31295 Maihuenia Phil. (1883) Nom. inval. ≡Maihuenia (Phil. ex F. A. C. Weber) Phil. ex K. Schum. (1898)［仙人掌科 Cactaceae]●☆

31296 Maihueniopsis Speg. (1925)【汉】雄叫武者属。【日】マイフェニオプシス属。【隶属】仙人掌科 Cactaceae。【包含】世界1种。【学名诠释与讨论】〈阴〉（属）Maihuenia 狼牙棒属（麦壶尼亚属,拟叶仙人掌属)+希腊文 opsis,外观,模样,相似。此属的学名是"Maihueniopsis Speg. , Anales de la Sociedad Científica Argentina 99；86. 1925. "。亦有文献把其处理为"Opuntia Mill. (1754)"的异名。【分布】阿根廷,玻利维亚。【模式】Maihueniopsis molfinoi Spegazzini。【参考异名】Opuntia Mill. (1754)■☆

31297 Mailelou Adans. (1763) = Vitex L. (1753)［马鞭草科 Verbenaceae//唇形科 Lamiaceae(Labiatae)//牡荆科 Viticaceae]●

31298 Maillardia Frapp. et Duch. (1863) Nom. illegit. ≡ Maillardia Frapp. ex Duch. (1863)；~ =Trophis P. Browne(1756)（保留属名）［桑科 Moraceae]●☆

31299 Maillea Parl. (1842) Nom. illegit. =Phleum L. (1753)［禾本科 Poaceae(Gramineae)]■

31300 Mainea Vell. (1829)= Trigonia Aubl. (1775)［三角果科（三棱果科,三数木科）Trigoniaceae]●☆

31301 Maingaya Oliv. (1873)【汉】马来檵木属。【隶属】金缕梅科 Hamamelidaceae。【包含】世界1种。【学名诠释与讨论】〈阴〉（人）Alexander Carroll Maingay,1836–1869,英国植物学者,医生,隐花植物学者。【分布】马来半岛。【模式】Maingaya malayana D. Oliver。●☆

31302 Mairania Bubani (1899) Nom. illegit. = Arctostaphylos Adans. (1763)（保留属名）；~ = Mairrania Neck. ex Desv. (1813) Nom. illegit. ；~ = Arctostaphylos Adans. (1763)（保留属名）［杜鹃花科（欧石南科）Ericaceae//熊果科 Arctostaphylaceae]●☆

31303 Mairania Desv. (1813) Nom. illegit. ≡ Arctostaphylos Adans. (1763)(保留属名); ~ = Mairrania Neck. ex Desv. (1813) Nom. illegit. ; ~ = Arctostaphylos Adans. (1763)(保留属名)[杜鹃花科(欧石南科)Ericaceae//熊果科 Arctostaphylaceae]●◇☆

31304 Maireana Moq. (1840)【汉】蓝澳藜属。【隶属】藜科 Chenopodiaceae。【包含】世界 57-58 种。【学名诠释与讨论】〈阴〉(人)Antoine Charles Lemaire,1801-1871,法国植物学者,仙人掌科 Cactaceae 专家+-anus,-ana,-anum,加在名词词干后面使形成形容词的词尾,含义为"属于"。此属的学名是"Maireana Moquin-Tandon,Chenopod. Monogr. Enum. 95. Mai 1840"。亦有文献把其处理为"Kochia Roth(1801)"的异名。【分布】澳大利亚,巴勒斯坦。【模式】Maireana tomentosa Moquin-Tandon。【参考异名】Duriala (R. H. Anderson) Ulbr. (1934); Eriochiton (R. H. Anderson) A. J. Scott(1978); Kochia Roth(1801)■●◇☆

31305 Mairella H. Lév. (1916) Nom. illegit. ≡ Phelypaea L. (1758); ~ = Mandragora L. (1753)[茄科 Solanaceae//列当科 Orobanchaceae]■

31306 Maireria Scop. (1777) Nom. illegit. , Nom. superfl. ≡ Mouroucoa Aubl. (1775); ~ = Maripa Aubl. (1775)[旋花科 Convolvulaceae]■◇☆

31307 Mairetis I. M. Johnst. (1953)【汉】迈雷紫草属。【隶属】紫草科 Boraginaceae。【包含】世界 1 种。【学名诠释与讨论】〈阴〉(人)Rene Charles Joseph Ernest Maire,1878-1949,法国植物学者,医生,真菌学者。【分布】西班牙(加那利群岛),摩洛哥。【模式】Mairetis microsperma (Boissier) I. M. Johnston[Lithospermum microspermum Boissier]。■☆

31308 Mairia Nees(1832)【汉】曲毛菀属。【隶属】菊科 Asteraceae(Compositae)。【包含】世界 3-14 种。【学名诠释与讨论】〈阴〉(人)Mair。【分布】非洲南部。【后选模式】Mairia crenata (Thunberg) C. G. D. Nees[Arnica crenata Thunberg]。【参考异名】Alairia Kuntze (1891); Homochroma DC. (1836); Zyrphelis Cass. (1829)■☆

31309 Mairrania Neck. (1790) Nom. inval. ≡ Mairrania Neck. ex Desv. (1813) Nom. illegit. ; ~ = Arctostaphylos Adans. (1763)(保留属名)[杜鹃花科(欧石南科)Ericaceae//熊果科 Arctostaphylaceae]●☆

31310 Mairrania Neck. ex Desv. (1813) Nom. illegit. ≡ Arctostaphylos Adans. (1763)(保留属名)[杜鹃花科(欧石南科)Ericaceae//熊果科 Arctostaphylaceae]●◇☆

31311 Mais Adans. (1763) Nom. illegit. ≡ Zea L. (1753)[禾本科 Poaceae(Gramineae)//玉蜀黍科 Zeaceae]■

31312 Maizilla Schltdl. (1850) Nom. illegit. ≡ Paspalanthium Desv. (1831); ~ = Paspalum L. (1759)[禾本科 Poaceae(Gramineae)]■

31313 Maja Klotzsch(1849)= Cuphea Adans. ex P. Browne(1756)[千屈菜科 Lythraceae]●■

31314 Maja Wedd. (1857) Nom. illegit. = Pterygopappus Hook. f. (1874)[菊科 Asteraceae(Compositae)]■☆

31315 Majaca Post et Kuntze (1903) (1891) = Mayaca Aubl. (1775)[三蕊细叶草科(花水薄科)Mayacaceae]■☆

31316 Majana Kuntze(1891) Nom. illegit. ≡ Majana Rumph. ex Kuntze (1891) Nom. illegit. ; ~ ≡ Coleus Lour. (1790)[唇形科 Lamiaceae(Labiatae)]●■

31317 Majana Rumph. (1747) Nom. inval. ≡ Majana Rumph. ex Kuntze (1891) Nom. illegit. ; ~ ≡ Coleus Lour. (1790)[唇形科 Lamiaceae(Labiatae)]●■

31318 Majana Rumph. ex Kuntze (1891) Nom. illegit. ≡ Coleus Lour. (1790)[唇形科 Lamiaceae(Labiatae)]●■

31319 Majanthemum F. H. Wigg. (1780) Nom. illegit. (废弃属名) ≡ Maianthemum F. H. Wigg. (1780)(保留属名)[百合科 Liliaceae//铃兰科 Convallariaceae]■

31320 Majanthemum Kuntze (1891) Nom. illegit. (废弃属名) ≡ Majanthemum Sieg. ex Kuntze (1891) Nom. illegit. (废弃属名); ~ ≡ Convallaria L. (1753); ~ ≡ Maianthemum F. H. Wigg. (1780)(保留属名)[百合科 Liliaceae//铃兰科 Convallariaceae]■

31321 Majanthemum Sieg. (1736) Nom. inval. (废弃属名) ≡ Majanthemum Sieg. ex Kuntze (1891) Nom. illegit. (废弃属名); ~ ≡ Convallaria L. (1753); ~ ≡ Maianthemum F. H. Wigg. (1780)(保留属名)[百合科 Liliaceae//铃兰科 Convallariaceae]■

31322 Majanthemum Sieg. ex Kuntze (1891) Nom. illegit. (废弃属名) ≡ Convallaria L. (1753); ~ ≡ Maianthemum F. H. Wigg. (1780)(保留属名)[百合科 Liliaceae//铃兰科 Convallariaceae]■

31323 Majepea Kuntze (1903) Nom. illegit. ≡ Majepea Post et Kuntze (1903) Nom. illegit. ; ~ = Chionanthus L. (1753); ~ = Linociera Sw. ex Schreb. (1791)(保留属名); ~ = Mayepea Aubl. (1775)(废弃属名); ~ = Chionanthus L. (1753); ~ = Linociera Sw. ex Schreb. (1791)(保留属名)[木犀榄科(木犀科)Oleaceae]●

31324 Majepea Post et Kuntze (1903) Nom. illegit. ≡ Chionanthus L. (1753); ~ = Linociera Sw. ex Schreb. (1791)(保留属名); ~ = Mayepea Aubl. (1775)(废弃属名); ~ = Chionanthus L. (1753); ~ = Linociera Sw. ex Schreb. (1791)(保留属名)[木犀榄科(木犀科)Oleaceae]●

31325 Majera Karat. ex Peter (1891) Nom. illegit. = Evolvulus L. (1762)[旋花科 Convolvulaceae]●■

31326 Majeta Post et Kuntze (1903) = Maieta Aubl. (1775)[野牡丹科 Melastomataceae]●☆

31327 Majidea J. Kirk ex Oliv. (1871)【汉】马吉木属(马杰木属)。【隶属】山榄科 Sapotaceae。【包含】世界 5 种。【学名诠释与讨论】〈阴〉(人)Majid。此属的学名,ING,和 IK 记载是"Majidea J. Kirk ex Oliv. , Hooker's Icon. Pl. 11: t. 1097. 1871[Jan 1871]"。"Majidea J. Kirk(1871)= Majidea J. Kirk ex Oliv. (1871)"的命名人引证有误。【分布】马达加斯加,热带非洲。【模式】Majidea zanguebarica Kirk ex D. Oliver。【参考异名】Majidea Kirk(1871)●☆

31328 Majidea J. Kirk (1871) Nom. illegit. = Majidea J. Kirk ex Oliv. (1871)[山榄科 Sapotaceae]●☆

31329 Majodendrum Post et Kuntze(1903)= Mayodendron Kurz(1875)[紫葳科 Bignoniaceae]●

31330 Majorana Mill. (1754)(保留属名)【汉】大伞草属(茉乔栾那属)。【日】ハナハッカ属,マヨラーナ属。【英】Marjorana。【隶属】唇形科 Lamiaceae(Labiatae)。【包含】世界 37 种。【学名诠释与讨论】〈阴〉(希)major,大的+-anus,-ana,-anum,加在名词词干后面使形成形容词的词尾,含义为"属于"。此属的学名"Majorana Mill. ,Gard. Dict. Abr. ,ed. 4:[829]. 28 Jan 1754"是保留属名。法规未列出相应的废弃属名。"Majorana Ruppius,Fl. Jen. ed. Hall. 235(1745)"是命名起点著作之前的名称,本来就不能作为正名使用,无须废弃。"Amaracus J. Hill,Brit. Herb. 381. 13 Oct 1756(废弃属名)"是"Majorana Mill. (1754)(保留属名)"的晚出的同模式异名(Homotypic synonym, Nomenclatural synonym)。亦有文献把"Majorana Mill. (1754)(保留属名)"处理为"Origanum L. (1753)"的异名。【分布】巴拉圭。【模式】Majorana hortensis Moench[Origanum majorana Linnaeus]。【参考异名】Amaracus Hill(1756)Nom. illegit. (废弃属名); Majorana Ruppius(1745)Nom. inval. ; Marjorana G. Don(1837); Origanum L. (1753)■☆

31331 Majorana Ruppius (1745) Nom. inval. = Majorana Mill. (1754)

（保留属名）［唇形科 Lamiaceae（Labiatae）］■☆

31332　Makokoa Baill.（1886）= Octolepis Oliv.（1865）［瑞香科 Thymelaeaceae］●☆

31333　Malabaila Hoffm.（1814）【汉】马拉巴草属。【俄】Малабайла。【隶属】伞形花科（伞形科）Apiaceae（Umbelliferae）。【包含】世界 54 种。【学名诠释与讨论】〈阴〉词源不详。此属的学名，ING、TROPICOS 和 IK 记载是"Malabaila Hoffm.，Gen. Pl. Umbell. 125. 1814"。"Malabaila Tausch，Flora 17：356. 21 Jun 1834 ≡ Grafia Rchb.（1837）= Pleurospermum Hoffm.（1814）［伞形花科（伞形科）Apiaceae（Umbelliferae）］"是晚出的非法名称；但不是本属的异名。【分布】伊朗，地中海东部至亚洲中部。【后选模式】Malabaila graveolens（Marschall von Bieberstein）G. F. Hoffmann［Pastinaca graveolens Marschall von Bieberstein］。【参考异名】Leiotulus Ehrenb.（1829）；Lophotaenia Griseb.（1843）■☆

31334　Malabaila Tausch（1834）Nom. illegit. ≡ Grafia Rchb.（1837）；~ = Pleurospermum Hoffm.（1814）［伞形花科（伞形科）Apiaceae（Umbelliferae）］■

31335　Malabathris Raf.（1838）Nom. illegit. ≡ Melastoma L.（1753）；~ = Otanthera Blume（1831）［野牡丹科 Melastomataceae］●

31336　Malabathrum Burm. = Cinnamomum Schaeff.（1760）（保留属名）［樟科 Lauraceae］●

31337　Malacantha Pierre（1891）【汉】马拉山榄属。【隶属】山榄科 Sapotaceae。【包含】世界 1 种。【学名诠释与讨论】〈阴〉（希）malakos，柔软的+anthos，花。另说+akantha，刺。此属的学名是"Malacantha Pierre，Not. Bot. Sapot. 60. 5 Jan 1891"。亦有文献把其处理为"Pouteria Aubl.（1775）"的异名。【分布】热带非洲西部。【后选模式】Malacantha alnifolia（J. G. Baker）Pierre［Chrysophyllum alnifolium J. G. Baker］。【参考异名】Pouteria Aubl.（1775）●☆

31338　Malacarya Raf.（1819）= Spirostylis Raf.（1838）（废弃属名）；~ = Thalia L.（1753）［竹芋科（苳科，柊叶科）Marantaceae］■☆

31339　Malaccotristicha C. Cusset et G. Cusset（1988）【汉】马六甲三列苔草属。【隶属】髯管花科 Geniostomaceae//三列苔草科 Tristichaceae。【包含】世界 1 种。【学名诠释与讨论】〈阴〉（地）Malacca，马六甲+（属）Tristicha 三列苔草属。此属的学名是"Malaccotristicha C. Cusset & G. Cusset，Bull. Mus. Natl. Hist. Nat.，B，Adansonia 10：174. 14 Oct 1988"。亦有文献把其处理为"Tristicha Thouars（1806）"的异名。【分布】马来半岛。【模式】Malaccotristicha malayana（J. Dransfield et T. C. Whitmore）C. Cusset et G. Cusset［Indotristicha malayana J. Dransfield et T. C. Whitmore］。【参考异名】Tristicha Thouars（1806）■☆

31340　Malaceae Small ex Britton = Malaceae Small（保留科名）●

31341　Malaceae Small（1903）（保留科名）［亦见 Rosaceae Juss.（1789）（保留科名）蔷薇科］【汉】苹果科。【俄】Яблоневые。【英】Apple Family。【包含】世界 1 属 30-55 种，中国 1 属 25-31 种。【分布】北温带。【科名模式】Malus Mill.（1754）●

31342　Malacha Hassk.（1842）= Malachra L.（1767）［锦葵科 Malvaceae］■●☆

31343　Malachadenia Lindl.（1839）= Bulbophyllum Thouars（1822）（保留属名）［兰科 Orchidaceae］■

31344　Malache B. Vogel（1772）（废弃属名）= Pavonia Cav.（1786）（保留属名）［锦葵科 Malvaceae］●■☆

31345　Malachia Fr.（1818）Nom. illegit. ≡ Myosoton Moench（1794）［石竹科 Caryophyllaceae］■

31346　Malachium Fr.（1832）Nom. illegit. ≡ Malachium Fr. ex Rchb.（1832）Nom. illegit. ；~ ≡ Myosoton Moench（1794）［石竹科 Caryophyllaceae］■

31347　Malachium Fr. ex Rchb.（1832）Nom. illegit. ≡ Myosoton Moench（1794）［石竹科 Caryophyllaceae］■

31348　Malachochaete Benth. et Hook.（1883）Nom. illegit. ≡ Malachochaete Nees ex Benth. et Hook. f.（1883）Nom. illegit. ；~ ≡ Malacochaete Nees（1834）Nom. illegit. ；~ ≡ Pterolepis Schrad.（1821）（废弃属名）；~ ≡ Scirpus L.（1753）（保留属名）［莎草科 Cyperaceae］■

31349　Malachochaete Nees ex Benth. et Hook. f.（1883）Nom. illegit. ≡ Malacochaete Nees（1834）Nom. illegit. ；~ ≡ Pterolepis Schrad.（1821）（废弃属名）；~ ≡ Scirpus L.（1753）（保留属名）［莎草科 Cyperaceae//藨草科 Scirpaceae］■

31350　Malachochaete Nees（1834）Nom. illegit. ≡ Pterolepis Schrad.（1821）（废弃属名）；~ ≡ Scirpus L.（1753）（保留属名）［莎草科 Cyperaceae//藨草科 Scirpaceae］■

31351　Malachodendraceae J. Agardh = Theaceae Mirb.（1816）（保留科名）●

31352　Malachodendron Mitch.（1769）Nom. illegit. ≡ Stewartia L.（1753）；~ = Stuartia L'Hér.（1789）Nom. illegit. ；~ = Stewartia L.（1753）［山茶科（茶科）Theaceae］●

31353　Malachra L.（1767）【汉】马拉葵属。【俄】Малахра。【英】Wild Ochre，Wild Okra。【隶属】锦葵科 Malvaceae。【包含】世界 8-10 种。【学名诠释与讨论】〈阴〉（希）malache，maloche，锦葵科 Malvaceae 植物。【分布】巴基斯坦，巴拉圭，巴拿马，秘鲁，玻利维亚，厄瓜多尔，哥伦比亚（安蒂奥基亚），哥斯达黎加，马达加斯加，尼加拉瓜，西印度群岛，美洲。【后选模式】Malachra capitata（Linnaeus）Linnaeus［Sida capitata Linnaeus］。【参考异名】Malacha Hassk.（1842）■●☆

31354　Malacion St. - Lag.（1881）= Malachium Fr.（1832）Nom. illegit. ；~ = Myosoton Moench（1794）［石竹科 Caryophyllaceae］■

31355　Malacmaea Griseb.（1839）= Bunchosia Rich. ex Kunth（1822）［金虎尾科（黄褥花科）Malpighiaceae］●☆

31356　Malacocarpus Fisch. et C. A. Mey.（1843）【汉】望峰玉属。【隶属】蒺藜科 Zygophyllaceae//骆驼蓬科 Peganaceae。【包含】世界 150 种。【学名诠释与讨论】〈阳〉（希）malakos，柔软的，温柔的+karpos，果实。此属的学名，ING、GCI、TROPICOS 和 IK 记载是"Malacocarpus Fisch. et C. A. Mey.，Index Seminum［St. Petersburg（Petropolitanus）］9：78. 1843［post 22 Feb 1843］"。"Malacocarpus Salm - Dyck，Cact. Hort. Dyck.（1849）. 24. 1850［Apr 1850］≡ Wigginsia D. M. Porter（1964）= Parodia Speg.（1923）（保留属名）［仙人掌科 Cactaceae］"是晚出的非法名称；它已经被"Wigginsia D. M. Porter，Taxon 13：210. Jul 1964"所替代。亦有文献把"Malacocarpus Fisch. et C. A. Mey.（1843）"处理为"Peganum L.（1753）"的异名。【分布】亚洲中部。【模式】Malacocarpus crithmifolius（Retzius）F. E. L. Fischer et C. A. Meyer［Peganum crithmifolium Retzius］。【参考异名】Peganum L.（1753）■☆

31357　Malacocarpus Salm-Dyck（1850）Nom. illegit. ≡ Wigginsia D. M. Porter（1964）；~ = Parodia Speg.（1923）（保留属名）［仙人掌科 Cactaceae］■

31358　Malacocephalus Tausch（1828）= Centaurea L.（1753）（保留属名）［菊科 Asteraceae（Compositae）//矢车菊科 Centaureaceae］●■

31359　Malacocera R. H. Anderson（1926）【汉】角果澳藜属。【隶属】藜科 Chenopodiaceae。【包含】世界 4 种。【学名诠释与讨论】〈阴〉（希）malakos，柔软的，温柔的+keras，所有格 keratos，角，弓。【分布】澳大利亚东南和中部。【模式】Malacocera tricornis（Bentham）R. H. Anderson［Chenolea tricornis Bentham］。●☆

31360　Malacochaete Nees（1834）Nom. illegit. ≡ Malachochaete Nees

（1834）Nom. illegit.；~ ≡ Pterolepis Schrad.（1821）（废弃属名）；~ ≡ Scirpus L.（1753）（保留属名）［莎草科 Cyperaceae//藨草科 Scirpaceae］■

31361 Malacoides Fabr.（1759）Nom. illegit. ≡ Malope L.（1753）［锦葵科 Malvaceae］■☆

31362 Malacoides Tourn. ex Adans.（1763）Nom. illegit.［锦葵科 Malvaceae］☆

31363 Malacolepis A. A. Hener（1906）= Malacothrix DC.（1838）［菊科 Asteraceae（Compositae）］■☆

31364 Malacomeles（Decne.）Decne.（1880）【汉】软果梅子属。【隶属】蔷薇科 Rosaceae。【包含】世界 3 种。【学名诠释与讨论】〈阴〉（希）malakos, 柔软的, 温柔的+melon, 树上生的水果, 苹果。此属的学名, ING、GCI 和 IK 记载是"Malacomeles（Decaisne）Engler in Engler et Prantl, Nat. Pflanzenfam. Nachtr. II-IV 1：186. Aug 1897", 由"Cotoneaster［subgen.］Malacomeles Decaisne, Nouv. Arch. Mus. Hist. Nat. 10：177. 1874"改级而来；文献多用此为正名；但是, 它是一个晚出的非法名称（Nom. illegit.）, 因为此前已经有了"Malacomeles（Decne.）Decne., Journal Général d' Horticulture 23（7-9）：156. 1880［1882］.（Mar 1882）"和"Malacomeles（Decne.）Fritsch, Oesterr. Bot. Z. 42（10）：334. 1892［Oct 1892］= Malacomeles（Decne.）Decne.（1882）= Nagelia Lindl.（1845）［蔷薇科 Rosaceae］"。同理, "Malacomeles（Decne.）G. N. Jones, Madroño 8：35. 1945 = Malacomeles（Decne.）Decne.（1882）"亦是晚出的非法名称。ING 记载"Malacomeles（Decne.）Engl.（1897）"是"Nagelia Lindley 1845"的替代名称；但是从命名人的表述看, 应该是改级而不是替代。《北美植物志》正名使用"Malacomeles（Decaisne）Decaisne, Ann. Gén. Hort. 23：156. 1882.";此名称确实发表最早；几个重要网站原来都未记载此名称；2017 年, ING 和 TROPICOS 已经改用此名称为正名。"Malacomeles（Decne.）Decne.（1880）"曾先后被处理为"Amelanchier sect. Malacomeles（Decne.）Rehder, Journal of the Arnold Arboretum 16（4）：449. 1935", "Malacomeles（Decne.）Engl., Die Natürlichen Pflanzenfamilien, Nachträge zum II bis IV Teil II-IV（Lief. 157-158）：186. 1897.（Aug 1897）"和"Malacomeles（Decne.）G. N. Jones, Madroño 8（2）：35-36. 1945.（31 May 1945）"。【分布】墨西哥, 中美洲。【后选模式】Malacomeles denticulata（Kunth）G. N. Jones［Cotoneaster denticulata Kunth］。【参考异名】Amelanchier Medik.（1789）；Amelanchier sect. Malacomeles Decne. Rehder（1935）；Cotoneaster［subgen.］Malacomeles Decne.（1874）；Malacomeles（Decne.）Engl.（1897）Nom. illegit.；Malacomeles（Decne.）Fritsch（1892）Nom. illegit.；Malacomeles（Decne.）G. N. Jones（1945）Nom. illegit.；Malacomeles（Decne.）Engl.（1897）；Malacomeles（Decne.）G. N. Jones（1945）；Naegelia Engl.；Nagelia Lindl.（1845）●☆

31365 Malacomeles（Decne.）Engl.（1897）Nom. illegit. = Amelanchier Medik.（1789）；~ = Malacomeles（Decne.）Decne.（1882）［蔷薇科 Rosaceae］●☆

31366 Malacomeles（Decne.）Fritsch（1892）Nom. illegit. = Malacomeles（Decne.）Decne.（1882）；~ = Nagelia Lindl.（1845）［蔷薇科 Rosaceae］●☆

31367 Malacomeles（Decne.）G. N. Jones（1945）Nom. illegit. = Malacomeles（Decne.）Decne.（1882）；~ = Malacomeles（Decne.）Engl.（1897）Nom. illegit.；~ = Amelanchier Medik.（1789）［蔷薇科 Rosaceae］●☆

31368 Malacomeris Nutt.（1841）= Malacothrix DC.（1838）［菊科 Asteraceae（Compositae）］■☆

31369 Malacothamnus Greene（1906）【汉】软锦葵属。【隶属】锦葵科 Malvaceae。【包含】世界 20 种。【学名诠释与讨论】〈阳〉（希）malakos, 柔软的, 温柔的+thamnos, 指小式 thamnion, 灌木, 灌丛, 树丛, 枝。【分布】美国（西南部）, 墨西哥, 智利。【后选模式】Malacothamnus fasciculatus（Nuttall）E. L. Greene［Malva fasciculata Nuttall］。●☆

31370 Malacothrix DC.（1838）【汉】软毛蒲公英属（沙蒲公英属）。【英】Desert Dandelion, Desertdandelion。【隶属】菊科 Asteraceae（Compositae）。【包含】世界 16-21 种。【学名诠释与讨论】〈阴〉（希）malakos, 柔软的, 温柔的+thrix, 所有格 trichos, 毛, 毛发。指幼嫩植物体具毛。【分布】北美洲西部。【模式】Malacothrix californica A. P. de Candolle。【参考异名】Leptoseris Nutt（1841）；Leucoseris Nutt.（1841）；Malacolepis A. A. Hener（1906）；Malacomeris Nutt.（1841）■☆

31371 Malacoxylum Jacq.（1800）= Cissus L.（1753）［葡萄科 Vitaceae］●

31372 Malacurus Nevski（1933）Nom. nud. ≡ Malacurus Nevski（1934）［禾本科 Poaceae（Gramineae）］■☆

31373 Malacurus Nevski（1934）【汉】肖赖草属。【隶属】禾本科 Poaceae（Gramineae）。【包含】世界 1 种。【学名诠释与讨论】〈阴〉（希）malakos, 柔软的, 温柔的+-urus, -ura, -uro, 用于希腊文组合词, 含义为"尾巴"。此属的学名, ING、TROPICOS 和 IK 记载是"Malacurus Nevski, Trudy Bot. Inst. Akad. Nauk S. S. S. R., Ser. 1, Fl. Sist. Vyssh. Rast. 1：19, 27（1933）, sine descr.；et in Acta Univ. As. Med. Ser. VIII b, Bot. Fasc. 17, 38（1934）, descr."。"Malacurus Nevski（1933）"是一个裸名。"Malacurus Nevski（1934）"曾被处理为"Leymus sect. Malacurus（Nevski）Tzvelev, Novosti Sistematiki Vysshchikh Rastenii 6：21. 1970"。亦有文献把"Malacurus Nevski（1934）"处理为"Leymus Hochst.（1848）"的异名。【分布】亚洲中部。【模式】Malacurus lanatus（Korjinski）Nevski［Elymus lanatus Korjinski］。【参考异名】Leymus Hochst.（1848）；Leymus sect. Malacurus（Nevski）Tzvelev（1970）■☆

31374 Malagasia L. A. S. Johnson et B. G. Briggs（1975）【汉】马拉山龙眼属。【隶属】山龙眼科 Proteaceae。【包含】世界 1 种。【学名诠释与讨论】〈阴〉（地）Madagascar 马达加斯加的拼写变体。【分布】马达加斯加。【模式】Malagasia alticola（R. Capuron）L. A. S. Johnson et B. G. Briggs［Macadamia alticola R. Capuron］。●☆

31375 Malaisia Blanco（1837）【汉】牛筋藤属（盘龙木属）。【日】クハイタビ属。【英】Malaisia, Strengthvine, Strength-vine。【隶属】桑科 Moraceae。【包含】世界 2 种, 中国 1 种。【学名诠释与讨论】〈阴〉（地）malay, 马来半岛。指模式种发现于马来半岛。另说来自菲律宾植物俗名 malaisis。此属的学名是"Malaisia Blanco, Fl. Filip. 789. 1837"。亦有文献把其处理为"Trophis P. Browne（1756）（保留属名）"的异名。【分布】澳大利亚, 马来西亚, 中国, 中南半岛, 太平洋地区, 东亚。【模式】Malaisia tortuosa Blanco。【参考异名】Caturus Lour.（1790）Nom. illegit.；Dumartroya Gaudich.（1848）；Trophis P. Browne（1756）（保留属名）●

31376 Malaloleuca Gand.（1918）Nom. illegit.［桃金娘科 Myrtaceae］●☆

31377 Malanea Aubl.（1775）【汉】马拉茜属。【隶属】茜草科 Rubiaceae。【包含】世界 21 种。【学名诠释与讨论】〈阴〉词源不详。此属的学名, ING、TROPICOS 和 IK 记载是"Malanea Aublet, Hist. Pl. Guiane 106. t. 41. Jun-Dec 1775"。"Cunninghamia Schreber, Gen. 789. Mai 1791（废弃属名）"是"Malanea Aubl.（1775）"的晚出的同模式异名（Homotypic synonym, Nomenclatural synonym）。【分布】巴拿马, 秘鲁, 玻利维亚, 哥伦比亚（安蒂奥基亚）, 尼加拉瓜, 西印度群岛, 热带南美洲, 中美洲。【模式】

Malanea sarmentosa Aublet。【参考异名】Cunninghamia Schreb. (1791) Nom. illegit. (废弃属名); Melanea Pers. (1805) Nom. illegit. ●☆

31378　Malania Chun et S. K. Lee ex S. K. Lee(1980) Nom. illegit. ≡ Malania Chun et S. K. Lee(1980) [铁青树科 Olacaceae]●★

31379　Malania Chun et S. K. Lee(1980)【汉】蒜头果属(马兰木属)。【英】Garlicfruit, Malania。【学名诠释与讨论】〈阴〉(汉)malan, 马兰, 一种植物俗名。此属的学名, ING、TROPICOS 和 IK 记载是"Malania Chun et S. K. Lee in S. K. Lee, Bull. Bot. Lab. N. E. Forest. Inst. , Harbin 6:67. Jan 1980"。"Malania Chun et S. K. Lee ex S. K. Lee(1980) ≡ Malania Chun et S. K. Lee(1980)"的命名人引证有误。【隶属】铁青树科 Olacaceae。【包含】世界 1 种, 中国 1 种。【学名诠释与讨论】〈阴〉(汉)malan, 马兰, 一种植物俗名。【分布】中国。【模式】Malania oleifera Chun et S. K. Lee。【参考异名】Cephalotrophis Blume(1856); Malania Chun et S. K. Lee ex S. K. Lee(1980) Nom. illegit. ●★

31380　Malanthos Stapf (1895) = Catanthera F. Muell. (1886); ~ = Hederella Stapf(1895) [野牡丹科 Melastomataceae]●☆

31381　Malaparius Miq. (1855)=? Pterocarpus Jacq. (1763)(保留属名) [豆科 Fabaceae(Leguminosae)//蝶形花科 Papilionaceae]●

31382　Malapoenna Adans. (1763)(废弃属名)= Litsea Lam. (1792)(保留属名) [樟科 Lauraceae]●

31383　Malasma Scop. (1777)= Melasma P. J. Bergius(1767) [玄参科 Scrophulariaceae//列当科 Orobanchaceae]■

31384　Malaspinaea C. Presl(1830)= Aegiceras Gaertn. (1788) [紫金牛科 Myrsinaceae//蜡烛果科(桐花树科)Aegicerataceae]●

31385　Malaxis Sol. ex Sw. (1788)【汉】原沼兰属(软叶兰属, 小林兰属, 沼兰属)。【日】ヤチラン属。【俄】Малаксис, Микростилис, Мякотница, Стагачка。【英】Adder's Mouth, Adder's - mouth Orchid, Addermonth Orchid, Bogorchis。【隶属】兰科 Orchidaceae。【包含】世界 300 种, 中国 1-28 种。【学名诠释与讨论】〈阴〉(希)malaxis, 可软化之物。指叶子。【分布】巴基斯坦, 巴拉圭, 巴拿马, 秘鲁, 玻利维亚, 厄瓜多尔, 哥伦比亚(安蒂奥基亚), 哥斯达黎加, 马达加斯加, 美国(密苏里), 尼泊尔, 尼加拉瓜, 中国, 中美洲。【后选模式】Malaxis spicata Swartz。【参考异名】Achroanthes Raf. (1819)(废弃属名); Acroanthes Raf. (1819); Anaphora Gagnep. (1932); Cheiropterocephalus Barb. Rodr. (1877); Coestichis Thouars; Crepidium Blume(1825); Dienia Lindl. (1824); Distichis Lindl. (1847) Nom. illegit. , Nom. inval. , Nom. nud. ; Distichis Thouars ex Lindl. (1847)Nom. illegit. , Nom. inval. , Nom. nud. ; Distichis Thouars (1847) Nom. illegit. , Nom. inval. , Nom. nud. ; Erythroleptis Thouars; Flavileptis Thouars; Gastroglottis Blume(1825); Hammarbya Kuntze (1891); Limnas Ehrh. (1789) Nom. inval. ; Limnas Ehrh. ex House(1920) Nom. illegit. ; Microstylis (Nutt.) Eaton(1822)(保留属名); Pedilea Lindl. (1824) Nom. illegit. ; Platystyliparis Marg. (2006); Pseudoliparis Finet(1907)■

31386　Malbrancia Neck. (1790)Nom. inval. = Rourea Aubl. (1775)(保留属名) [牛栓藤科 Connaraceae]●

31387　Malchomia Sang. (1862)= Malcolmia W. T. Aiton(1812) [as 'Malcomia'](保留属名) [十字花科 Brassicaceae(Cruciferae)]■

31388　Malcolmia R. Br. = Malcolmia W. T. Aiton (1812) [as 'Malcomia'](保留属名) [十字花科 Brassicaceae(Cruciferae)]■

31389　Malcolmia Spreng. = Malcolmia W. T. Aiton (1812) [as 'Malcomia'](保留属名) [十字花科 Brassicaceae(Cruciferae)]■

31390　Malcolmia W. T. Aiton(1812) [as 'Malcomia'](保留属名)【汉】涩荠属(离蕊芥属, 马尔康草属, 马康草属, 涩芥属)。【日】ヒメアラセイトウ属。【俄】Малькольмия。【英】Malcolm

Stock, Malcolmia, Virginia Stock。【隶属】十字花科 Brassicaceae (Cruciferae)。【包含】世界 35 种, 中国 4 种。【学名诠释与讨论】〈阴〉(人)William Malcolm, ? -1798, 英国苗圃工作者。此属的学名"Malcolmia W. T. Aiton, Hort. Kew. , ed. 2, 4:121. Dec 1812 ('Malcomia')(orth. cons.)"是保留属名。相应的废弃属名是十字花科 Brassicaceae 的"Wilckia Scop. , Intr. Hist. Nat. :317. Jan-Apr 1777 ≡ Malcolmia W. T. Aiton(1812) [as 'Malcomia'](保留属名)"。其变体"Malcomia W. T. Aiton(1812)"应予废弃。十字花科 Brassicaceae 的"Malcolmia R. Br. = Malcolmia W. T. Aiton (1812) [as 'Malcomia'](保留属名)"和"Malcolmia Spreng. = Malcolmia W. T. Aiton(1812) [as 'Malcomia'](保留属名)"亦应废弃。【分布】阿富汗, 巴基斯坦, 地中海至亚洲中部, 中国。【模式】Malcolmia maritima (Linnaeus) W. T. Aiton [Cheiranthus maritimus Linnaeus]。【参考异名】Fedtschenkoa Regel et Schmalh. (1882) Nom. illegit. ; Fedtschenkoa Regel et Schmalh. ex Regel (1882) Nom. illegit. ; Klukia Andrz. ex DC. (1821); Malchomia Sang. (1862); Malcolmia R. Br. ; Malcolmia Spreng. ; Malcomia W. T. Aiton (1812) Nom. illegit. (废弃属名); Strigosella Boiss. (1854); Wilckia Scop. (1777)(废弃属名); Wilkia F. Muell. (1879)■

31391　Malcomia W. T. Aiton (1812) Nom. illegit. (废弃属名) ≡ Malcolmia W. T. Aiton(1812) [as 'Malcomia'](保留属名) [十字花科 Brassicaceae(Cruciferae)]■

31392　Malea Lundell(1943)【汉】马莱杜鹃属。【隶属】杜鹃花科(欧石南科)Ericaceae。【包含】世界 1 种。【学名诠释与讨论】〈阴〉(人) Male。【分布】墨西哥, 中美洲。【模式】Malea pilosa Lundell。●☆

31393　Malephora N. E. Br. (1927)【汉】蔓舌草属。【日】マレフォーラ属。【隶属】番杏科 Aizoaceae。【包含】世界 8-9 种。【学名诠释与讨论】〈阴〉(希)malos, 毛茸茸的, 软的+phoros, 具有, 梗, 负载, 发现者。另说 male, 袖口+phoros, 指果实。另说来自拉丁文 mains, 苹果, 苹果树。【分布】非洲南部。【模式】Malephora mollis (W. Aiton) N. E. Brown [Mesembryanthemum molle W. Aiton]。【参考异名】Crocanthus L. Bolus (1927) Nom. illegit. ; Hymenocyclus Dinter et Schwantes(1927)■☆

31394　Malesherbia Ruiz et Pav. (1794)【汉】离柱草属(离柱属, 玉冠草属)。【隶属】离柱科(玉冠草科)Malesherbiaceae。【包含】世界 24-30 种。【学名诠释与讨论】〈阴〉(人)Chretien-Guillaume de Lamoignon de Malesherbes, 1721-1794, 法国政治家, 植物学者, 农学家。【分布】阿根廷(西部), 秘鲁(南部), 智利(北部)。【模式】Malesherbia thyrsiflora Ruiz et Pavon [Gynopleura tubulosa Cavanilles; Malesherbia tubulosa (Cavanilles)Jaume Saint-Hilaire]。【参考异名】Gynopleura Cav. (1798)●■☆

31395　Malesherbiaceae D. Don(1827)(保留科名)【汉】离柱科(玉冠草科)。【包含】世界 1 属 27-30 种。【分布】南美洲南部。【科名模式】Malesherbia Ruiz et Pav. ■☆

31396　Malicope Vitman (1789) Nom. illegit. = Melicope J. R. Forst. et G. Forst. (1776) [芸香科 Rutaceae]●

31397　Malidra Raf. (1838)= Syzygium P. Browne ex Gaertn. (1788) (保留属名) [桃金娘科 Myrtaceae]●

31398　Maliga B. D. Jacks. = Allium L. (1753); ~ = Maligia Raf. (1837) Nom. illegit. ; ~ Maliga Raf. (1837) [百合科 Liliaceae//葱科 Alliaceae]■

31399　Maliga Raf. (1837)= Allium L. (1753) [百合科 Liliaceae//葱科 Alliaceae]■

31400　Maligia Raf. (1837)Nom. illegit. ≡ Maliga Raf. (1837) [百合科 Liliaceae//葱科 Alliaceae]■

31401　Malinvaudia E. Fourn.（1885）【汉】马林萝藦属。【隶属】萝藦科 Asclepiadaceae。【包含】世界 1 种。【学名诠释与讨论】〈阴〉（人）Louis Jules Ernst Malinvaud 1836-1913,法国植物学者。【分布】巴西（南部）。【模式】Malinvaudia capillacea E. P. N. Fournier。☆

31402　Maliortea W. Watson（1886）= Malortiea H. Wendl.（1853）；～ = Reinhardtia Liebm.（1849）［棕榈科 Arecaceae（Palmae）］●✦☆

31403　Mallea A. Juss.（1830）= Cipadessa Blume（1825）［楝科 Meliaceae］●

31404　Malleastrum（Baill.）J. -F. Leroy（1964）【汉】槌楝属。【隶属】楝科 Meliaceae。【包含】世界 16 种。【学名诠释与讨论】〈中〉（拉）malleus,槌。来自 malleo,槌击+-astrum,指示小的词尾,也有"不完全相似"的含义。另说（属）Mallea+-astrum。【分布】马达加斯加。【模式】Malleastrum boivinianum（Baillon）J. F. Leroy［Cipadessa boiviniana Baillon］。●☆

31405　Malleola J. J. Sm. et Schltr.（1913）【汉】小槌兰属（马里奥兰属）。【英】Gavelstyle Orchis, Malleola。【隶属】兰科 Orchidaceae。【包含】世界 30 种,中国 1 种。【学名诠释与讨论】〈阴〉（拉）malleus,槌+-olus,-ola,-olum,拉丁文指示小的词尾。指花柱槌状。此属的学名,ING 记载为"Malleola J. J. Smith et Schlechter in Schlechter, Repert. Spec. Nov. Regni Veg. Beih. 1：979. 1 Sep 1913"。IK 则记载为"Malleola J. J. Sm. et Schltr. ex Schltr., Repert. Spec. Nov. Regni Veg. Beih. 1：979. 1913"。二者引用的文献相同。【分布】马来西亚,中国。【后选模式】Malleola sphingoides J. J. Smith［Saccolabium undulatum H. N. Ridley 1900, non Lindley 1833］。【参考异名】Malleola J. J. Sm. et Schltr.（1913）Nom. illegit. ■

31406　Malleola J. J. Sm. et Schltr. ex Schltr.（1913）Nom. illegit. ≡ Malleola J. J. Sm. et Schltr.（1913）［兰科 Orchidaceae］■

31407　Malleostemon J. W. Green（1983）【汉】槌蕊桃金娘属。【隶属】桃金娘科 Myrtaceae。【包含】世界 6 种。【学名诠释与讨论】〈阳〉（拉）malleus,槌+stemon,雄蕊。【分布】澳大利亚。【模式】Malleostemon roseus（E. Pritzel）J. W. Green［Thryptomene rosea E. Pritzel］。●☆

31408　Mallingtonia Willd.（1800）= Millingtonia L. f.（1782）［紫葳科 Bignoniaceae］●

31409　Mallinoa J. M. Coult.（1895）= Ageratina Spach（1841）［菊科 Asteraceae（Compositae）］●■

31410　Mallococca J. R. Forst. et G. Forst.（1776）= Grewia L.（1753）［椴树科（椴科,田麻科）Tiliaceae//锦葵科 Malvaceae//扁担杆科 Grewiaceae］●

31411　Mallogonum（E. Mey. ex Fenzl）Rchb.（1837）= Psammotropha Eckl. et Zeyh.（1836）［番杏科 Aizoaceae//粟米草科 Molluginaceae］●☆

31412　Mallogonum（Fenzl）Rchb.（1837）Nom. illegit. ≡ Mallogonum（E. Mey. ex Fenzl）Rchb.（1837）；～ = Psammotropha Eckl. et Zeyh.（1836）［番杏科 Aizoaceae//粟米草科 Molluginaceae］●☆

31413　Mallogonum Rchb.（1837）Nom. illegit. ≡ Mallogonum（E. Mey. ex Fenzl）Rchb.（1837）；～ = Psammotropha Eckl. et Zeyh.（1836）［番杏科 Aizoaceae//粟米草科 Molluginaceae］●☆

31414　Mallophora Endl.（1838）（废弃属名）= Dicrastylis Drumm. ex Harv.（1855）（保留属名）［唇形科 Lamiaceae（Labiatae）//离柱花科 Dicrastylidaceae//马鞭草科 Verbenaceae］●☆

31415　Mallophyton Wurdack（1964）【汉】软毛野牡丹属。【隶属】野牡丹科 Melastomataceae。【包含】世界 1 种。【学名诠释与讨论】〈中〉（希）mallos = malos,一缕羊毛+phyton,植物,树木,枝条。【分布】委内瑞拉。【模式】Mallophyton chimantense Wurdack。☆

31416　Mallostoma H. Karst.（1862）= Arcytophyllum Willd. ex Schult. et Schult. f.（1827）［茜草科 Rubiaceae］●☆

31417　Mallota（A. DC.）Willis = Tournefortia L.（1753）［紫草科 Boraginaceae］●■

31418　Mallotonia（Griseb.）Britton（1915）【汉】鼠麹紫丹属。【英】Iodine Bush。【隶属】紫草科 Boraginaceae。【包含】世界 1 种。【学名诠释与讨论】〈阴〉词源不详。此属的学名,ING 和 TROPICOS 记载是"Mallotonia（Grisebach）N. L. Britton, Ann. Missouri Bot. Gard. 2：47. 1 Feb 1915",由"Tournefortia sect. Mallotonia Grisebach, Fl. Brit. W. Indian Isl. 483. Mai（?）1862"改级而来。GCI 和 IK 则记载为"Mallotonia Britton, Ann. Missouri Bot. Gard. 2：47. 1915"。【分布】美国（佛罗里达）,墨西哥,西印度群岛,中美洲。【模式】Mallotonia gnaphalodes（Linnaeus）N. L. Britton［Heliotropium gnaphalodes Linnaeus］。【参考异名】Mallotonia Britton（1915）Nom. illegit. ；Tournefortia sect. Mallotonia Griseb.（1862）●☆

31419　Mallotonia Britton（1915）Nom. illegit. = Mallotonia（Griseb.）Britton（1915）［紫草科 Boraginaceae］●☆

31420　Mallotopus Franch. et Sav.（1878）【汉】毛梗菊属。【隶属】菊科 Asteraceae（Compositae）。【包含】世界 1 种。【学名诠释与讨论】〈阳〉（希）mallos = malos,一缕羊毛。mallotos,似羊毛的,具长软毛的+pous,所有格 podos,指小式 podion,脚,足,柄,梗。podotes,有脚的。指花梗密生长软毛。此属的学名是"Mallotopus Franchet et Savatier, Enum. Pl. Jap. 2：394.（Apr?）1878"。亦有文献把其处理为"Arnica L.（1753）"的异名。【分布】日本。【模式】Mallotopus japonicus Franchet et Savatier。【参考异名】Arnica L.（1753）●■☆

31421　Mallotus Lour.（1790）【汉】野桐属（白背藤属,楸属）。【日】アカメガシハ属,アカメガシワ属。【俄】Маллот, Маллотус。【英】Japanese Spurge Shrub, Mallotus, Wildtung。【隶属】大戟科 Euphorbiaceae。【包含】世界 115-140 种,中国 35 种。【学名诠释与讨论】〈阳〉（希）mallos = malos,一缕羊毛。mallotos,似羊毛的,具长软毛的。指有些种类的果密具星状茸毛。【分布】澳大利亚（东部和北部）,巴基斯坦,玻利维亚,马达加斯加,中国,印度至马来西亚至法属新喀里多尼亚和斐济,热带非洲,亚洲东部和南部。【模式】Mallotus cochinchinensis Loureiro。【参考异名】Aconceveibum Miq.（1859）；Axenfeldia Baill.（1858）；Boutonia Bojer ex Baill.（1858）Nom. illegit. ；Boutonia Bojer（1837）Nom. inval. ；Boutonia Bojer（1846）Nom. illegit. ；Boutonia Bojer（1858）Nom. illegit. ；Coccoceras Miq.（1861）；Coelodiscus Baill.（1858）；Diplochlamys Müll. Arg.（1864）；Echinocroton F. Muell.（1858）；Echinus L. Lour.（1790）Nom. illegit. ；Hancea Seem.（1857）Nom. illegit. ；Lasipana Raf.（1838）Nom. illegit. ；Plagianthera Rchb. f. et Zoll.（1856）；Roettlera Post et Kuntze（1903）Nom. illegit. ；Rottlera Roxb.（1798）Nom. illegit. ；Rottlera Willd.（1804）Nom. illegit. ；Stylanthus Rchb. et Zoll.（1857）；Trewia Willd. ●

31422　Malmea R. E. Fr.（1905）【汉】马尔木属（马米木属）。【隶属】番荔枝科 Annonaceae。【包含】世界 13-18 种。【学名诠释与讨论】〈阴〉（人）Gustaf Oskar Andersson Malme, 1864-1937,瑞典植物学者,地衣学者。【分布】巴拿马,秘鲁,玻利维亚,厄瓜多尔,哥伦比亚（安蒂奥基亚）,墨西哥,中美洲。【模式】Malmea obovata R. E. Fries。【参考异名】Pseudomalmea Chatrou（1998）●☆

31423　Malmeanthus R. M. King et H. Rob.（1980）【汉】羽脉亮泽兰属。【隶属】菊科 Asteraceae（Compositae）。【包含】世界 3 种。【学名诠释与讨论】〈阳〉（人）Gustaf Oskar Andersson Malme, 1864-1937,瑞典植物学者,地衣学者+anthos,花。【分布】阿根廷,巴拉圭,巴西,乌拉圭。【模式】Malmeanthus subintegerrimus（G. O. A. Malme）R.

M. King et H. Robinson ［as 'subintegerrimum'］［Eupatorium subintegerrimum G. O. A. Malme］。●☆

31424　Malnaregam Adans（1763）（废弃属名）= Atalantia Corrêa（1805）（保留属名）［芸香科 Rutaceae］●

31425　Malnerega Raf.（1838）= Atalantia Corrêa（1805）（保留属名）；~ =Malnaregam Adans（1763）（废弃属名）；~ = Atalantia Corrêa（1805）（保留属名）［芸香科 Rutaceae］●

31426　Malocchia Savi（1824）= Canavalia Adans.（1763）［as 'Canavali'］（保留属名）［豆科 Fabaceae（Leguminosae）//蝶形花科 Papilionaceae］●■

31427　Malocopsis Walp.（1848）= Anisodontea C. Presl（1845）；~ = Malvastrum A. Gray（1849）（保留属名）；~ = Malveopsis C. Presl（1845）（废弃属名）；~ = Anisodontea C. Presl（1845）；~ = Malvastrum A. Gray（1849）（保留属名）［锦葵科 Malvaceae］●■

31428　Malope L.（1753）【汉】马络葵属（马类普属）。【日】マロ─ペ属。【俄】Дыравка, Малопа。【英】Malope。【隶属】锦葵科 Malvaceae。【包含】世界 3-4 种。【学名诠释与讨论】〈阴〉（拉）源于 malva，一种锦葵属植物的古名。此属的学名，ING、TROPICOS 和 IK 记载是"Malope L., Sp. Pl. 2: 692. 1753［1 May 1753］"。"Malacoides Fabricius, Enum. 155. 1759"是"Malope L.（1753）"的晚出的同模式异名（Homotypic synonym, Nomenclatural synonym）。【分布】巴基斯坦，地中海地区。【模式】Malope malacoides Linnaeus。【参考异名】Malacoides Fabr.（1759）Nom. illegit.■☆

31429　Malortiea H. Wendl.（1853）= Reinhardtia Liebm.（1849）［棕榈科 Arecaceae（Palmae）］●☆

31430　Malortieaceae O. F. Cook（1913）= Arecaceae Bercht. et J. Presl（保留科名）//Palmae Juss.（保留科名）●

31431　Malosma（Nutt.）Abrams（1917）【汉】北美盐肤木属。【隶属】漆树科 Anacardiaceae。【包含】世界 1 种。【学名诠释与讨论】〈阴〉词源不详。此属的学名，TROPICOS 和 GCI 记载是"Malosma（Nutt.）Abrams, Fl. Los Angeles［Ed. 3］220. 1917［10 Apr 1917］"，由"Rhus subgen. Malosma Nutt. Fl. N. Amer.（Torr. et A. Gray）1（2）: 219. 1838［Oct 1838］"改级而来。ING 则记载为"Malosma（Torrey et A. Gray）Nutt. ex Abrams, Fl. Los Angeles ed. 3. 220. 10 Apr, 1917"，由"Rhus subg. Malosma Torrey et A. Gray, Fl. N. Amer. 1: 219. Oct, 1838"改级而来。"Malosma Engl., Monogr. Phan.［A. DC. et C. DC.］4: 393. 1883［Mar 1883］= Rhus L.（1753）［漆树科 Anacardiaceae］"是一个未合格发表的名称（Nom. inval.）。"Malosma（Nutt.）Raf."是"Rhus L.（1753）［漆树科 Anacardiaceae］"的异名。【分布】北美洲。【模式】Malosma laurina（Nuttall）Nuttall ex L. Abrams［Rhus laurina Nuttall］。【参考异名】Malosma（Torrey et A. Gray）Nutt. ex Abrams（1917）; Rhus subg. Malosma Torrey et A. Gray（1838）; Rhus L.（1753）; Rhus subgen. Malosma Nutt.（1838）●☆

31432　Malosma（Nutt.）Raf. = Rhus L.（1753）［漆树科 Anacardiaceae］●

31433　Malosma（Torrey et A. Gray）Nutt. ex Abrams（1917）= Malosma（Nutt.）Abrams（1917）；~ = Rhus L.（1753）［漆树科 Anacardiaceae］●

31434　Malosma Engl.（1883）Nom. inval. = Rhus L.（1753）［漆树科 Anacardiaceae］●

31435　Malotigena Niederle（2012）【汉】马洛特番杏属。【隶属】番杏科 Aizoaceae。【包含】世界 1 种。【学名诠释与讨论】〈阴〉Malot? +genos，所有格 genos，种族，种类。【分布】非洲南部。【模式】Malotigena frantiskae-niederlovae Niederle。☆

31436　Malouetia A. DC.（1844）【汉】马鲁木属（马鲁梯木属）。【隶属夹竹桃科 Apocynaceae。【包含】世界 25 种。【学名诠释与讨论】〈阴〉（人）Malouet。【分布】巴拿马，秘鲁，玻利维亚，厄瓜多尔，哥伦比亚（安蒂奥基亚），尼加拉瓜，西印度群岛，热带非洲，中美洲。【后选模式】Malouetia tamaquarina（Aublet）Alph. de Candolle［Cameraria tamaquarina Aublet］。【参考异名】Malouetiella Pichon（1952）; Robbia A. DC.（1844）●☆

31437　Malouetiella Pichon（1952）【汉】小马鲁木属。【隶属】夹竹桃科 Apocynaceae。【包含】世界 2 种。【学名诠释与讨论】〈阴〉（属）Malouetia 马鲁木属+-ellus, -ella, -ellum，加在名词词干后面形成指小式的词尾。或加在人名、属名等后面以组成新属的名称。此属的学名是"Malouetiella Pichon, Bull. Jard. Bot. État 22: 131. Jun 1952"。亦有文献把其处理为"Malouetia A. DC.（1844）"的异名。【分布】热带非洲。【模式】Malouetiella parviflora Pichon。【参考异名】Malouetia A. DC.（1844）●☆

31438　Malperia S. Watson（1889）【汉】棕巾菊属。【英】Brownturbans。【隶属】菊科 Asteraceae（Compositae）。【包含】世界 1 种。【学名诠释与讨论】〈阴〉（人）由美国植物学者 Edward Palmer（1831-1911）的名字改缀而来。【分布】美国（加利福尼亚）。【模式】Malperia tenuis S. Watson。■☆

31439　Malpighia L.（1753）【汉】金虎尾属（黄褥花属）。【日】バルバドスチエリ-属，ヒイラギトラノオ属，マルピギア属。【俄】Мальпигия, Мальпидия。【英】Malpighia。【隶属】金虎尾科（黄褥花科）Malpighiaceae。【包含】世界 45-90 种，中国 3 种。【学名诠释与讨论】〈阴〉（人）Marcello Malpighi, 1628-1694，意大利解剖学家、内科医生。此属的学名，ING 记载是"Malpighia Linnaeus, Sp. Pl. 425. 1 Mai 1753"。IK 则记载为"Malpighia Plum. ex L., Sp. Pl. 1: 425. 1753［1 May 1753］"。"Malpighia Plum."是命名起点著作之前的名称，故"Malpighia L.（1753）"和"Malpighia Plum. ex L.（1753）"都是合法名称，可以通用。"Malpigia P. Browne, Civ. Nat. Hist. Jamaica 229. 1756［10 Mar 1756］"是其变体。【分布】巴基斯坦，巴拿马，秘鲁，玻利维亚，厄瓜多尔，哥伦比亚（安蒂奥基亚），哥斯达黎加，尼加拉瓜，中国，西印度群岛，中美洲。【后选模式】Malpighia glabra Linnaeus。【参考异名】Calcicola W. R. Anderson et C. Davis（2007）; Malpighia Plum. ex L.（1753）; Malpigia P. Browne（1756）Nom. illegit. ; Rudolphia Medik.（1787）●

31440　Malpighia Plum. ex L.（1753）≡ Malpighia L.（1753）［金虎尾科（黄褥花科）Malpighiaceae］●

31441　Malpighiaceae Juss.（1789）（保留科名）【汉】金虎尾科（黄褥花科）。【日】キントウノオ科，キントウノヲ科，キントラノオ科。【俄】Мальпигиевые。【英】Malpighia Family。【包含】世界 66-71 属 1100-1280 种，中国 6 属 28 种。【分布】热带，南美洲。【科名模式】Malpighia L.（1753）●

31442　Malpighiantha Rojas（1897）【汉】马尔花属。【隶属】金虎尾科（黄褥花科）Malpighiaceae。【包含】世界 2 种。【学名诠释与讨论】〈阴〉（人）Marcello Malpighi, 1628-1694，意大利解剖学家、内科医生+anthos，花。此属的学名还要再考证。【分布】阿根廷。【模式】不详。【参考异名】Malpigiantha Rojas（1897）●☆

31443　Malpighiodes Nied.（1909）= Mascagnia（DC.）Bertero（1824）；~ =Tetrapteris Cav.（1790）+Diplopterys A. Juss.（1838）［金虎尾科（黄褥花科）Malpighiaceae］●☆

31444　Malpigia P. Browne（1756）Nom. illegit. ≡ Malpighia L.（1753）［金虎尾科（黄褥花科）Malpighiaceae］☆

31445　Malpigiantha Rojas（1897）= Malpighiantha Rojas（1897）［金虎尾科（黄褥花科）Malpighiaceae］●☆

31446　Maltebrunia Kunth（1829）【汉】六蕊禾属。【隶属】禾本科 Poaceae（Gramineae）。【包含】世界 7 种。【学名诠释与讨论

〈阴〉(人)Malte Brun。此属的学名,ING、TROPICOS 和 IK 记载是"Maltebrunia Kunth,Révis. Gramin. i. 183. t. 3 (1830)"。它曾被处理为"Oryza sect. Maltebrunia (Kunth) Rchb.,Der Deutsche Botaniker Herbarienbuch 2:36. 1841"。亦有文献把"Maltebrunia Kunth(1829)"处理为"Oryza L. (1753)"的异名。"Malteburnia Steud. (1841)"是"Maltebrunia Kunth(1829)"的拼写变体。【分布】马达加斯加,热带和非洲南部。【模式】Maltebrunia leersioides Kunth。【参考异名】Malteburnia Steud. (1841)Nom. illegit. ;Oryza L. (1753);Oryza sect. Maltebrunia (Kunth) Rchb. (1841)■☆

31447 Malteburnia Steud. (1841) Nom. illegit. = Maltebrunia Kunth (1829)［禾本科 Poaceae(Gramineae)］■☆

31448 Malthewsia Steud. et Hochst. ex Steud. (1841) = Mathewsia Hook. et Arn. (1833)［十字花科 Brassicaceae(Cruciferae)］■☆

31449 Maltrema Raf. (1840) = Carex L. (1753); ~ = Deweya Raf. (1840)［莎草科 Cyperaceae］■

31450 Malulucban Blanco(1837) = Champereia Griff. (1843)［檀香科 Santalaceae//山柚子科(山柑科,山柚仔科)Opiliaceae］●

31451 Malus Mill. (1754)【汉】苹果属(海棠属,山荆子属)。【日】リンゴ属。【俄】Яблоня。【英】Apple, Apple Tree, Apple‐tree, Crabapple, Crab‐apple, Flowering‐crab。【隶属】蔷薇科 Rosaceae//苹果科 Malaceae。【包含】世界 30-55 种,中国 25-31 种。【学名诠释与讨论】〈阴〉(拉)malus,苹果树,来自希腊文 melon = 多利克语 malon = 突尼斯地方语 malon,苹果。【分布】玻利维亚,厄瓜多尔,哥伦比亚(安蒂奥基亚),美国(密苏里),中国,北温带,中美洲。【后选模式】Malus sylvestris P. Miller［Pyrus malus Linnaeus］。【参考异名】Chloromeles (Decne.) Decne. (1881); Docyniopsis (C. K. Schneid.) Koidz. (1934); Eriolobus (DC.) M. Roem. (1847);Eriolobus M. Roem. (1847)Nom. illegit. ; Macromeles Koidz. (1930);Sinomalus Kdidz. (1932)●

31452 Malva L. (1753)【汉】锦葵属。【日】ゼニアオイ属,ゼニアフヒ属。【俄】Мальва, Просвирник, Просвирняк。【英】Cheeses, Curled Mallow, Mallow, Musk Mallow。【隶属】锦葵科 Malvaceae。【包含】世界 20-40 种,中国 3-8 种。【学名诠释与讨论】〈阴〉(拉)malva,植物古名。来自希腊文 malakos,软的,温柔的。指叶子柔软、下垂。【分布】巴基斯坦,巴拉圭,巴拿马,秘鲁,玻利维亚,厄瓜多尔,哥伦比亚(安蒂奥基亚),哥斯达黎加,马达加斯加,美国(密苏里),中国,温带和亚热带旧世界,中美洲。【后选模式】Malva sylvestris Linnaeus。【参考异名】Alcea Mill. (1754) Nom. illegit. ; Bismalva Medik. (1787); Tropidococcus Krapov. (2003)■

31453 Malvaceae Adans. = Malvaceae Juss. (保留科名)●■

31454 Malvaceae Juss. (1789)(保留科名)【汉】锦葵科。【日】アオイ科,アフヒ科。【俄】Мальвовые, Просвирниковые, Просвирняковые。【英】Mallow Family。【包含】世界 100-247 属 1000-4300 种,中国 19 属 81-100 种。【分布】热带和温带。【科名模式】Malva L. ●■

31455 Malvalthaea Iljin (1924)【汉】药锦葵属。【俄】Мальвальтея。【隶属】锦葵科 Malvaceae。【包含】世界 3 种。【学名诠释与讨论】〈阴〉(属)Malva 锦葵属+Althaea 药葵属(蜀葵属)。有文献认为此属是杂交属:Malva X Althaea。【分布】高加索。【模式】不详。■☆

31456 Malvania Fabr. = Sida L. (1753)［锦葵科 Malvaceae］●■

31457 Malvastrum A. Gray(1849)(保留属名)【汉】赛葵属。【日】アオイモドキ属,アフヒモドキ属,エノキアオイ属,マルバストラム属。【俄】Мальваструм。【英】Cluster Mallow, False Mallow, Falsemallow, Overmallow, Rock Mallow。【隶属】锦葵科 Malvaceae。【包含】世界 4-60 种,中国 2 种。【学名诠释与讨论】〈中〉(属)

Malva 锦葵属+‐astrum,指示小的词尾,也有"不完全相似"的含义。指其与锦葵属相似。此属的学名"Malvastrum A. Gray in Mem. Amer. Acad. Arts,ser. 2,4:21. 10 Feb 1849"是保留属名。相应的废弃属名是锦葵科 Malvaceae 的"Malveopsis C. Presl. in Abh. Königl. Böhm. Ges. Wiss.,ser. 5,3:449. Jul‐Dec 1845 = Malvastrum A. Gray(1849)(保留属名)"。【分布】巴基斯坦,巴拉圭,巴拿马,秘鲁,玻利维亚,厄瓜多尔,哥伦比亚(安蒂奥基亚),哥斯达黎加,马达加斯加,美国(密苏里),尼加拉瓜,中国,中美洲。【模式】Malvastrum wrightii A. Gray。【参考异名】Eremalche Greene(1906);Malocopsis Walp. (1848);Malveopsis C. Presl (1845)(废弃属名);Modiolastrum K. Schum. (1891);Sidopsis Rydb. (1932)●■

31458 Malvaviscus Adans. (1763)Nom. illegit. ≡ Malvaviscus Dill. ex Adans. (1763)Nom. illegit. ; ~ = Malvaviscus Fabr. (1759)［锦葵科 Malvaceae］●

31459 Malvaviscus Cav. (1787) Nom. illegit. = Malvaviscus Fabr. (1759)［锦葵科 Malvaceae］●

31460 Malvaviscus Dill. ex Adans. (1763) Nom. illegit. = Malvaviscus Fabr. (1759)［锦葵科 Malvaceae］●■

31461 Malvaviscus Fabr. (1759)【汉】悬铃花属(卷瓣朱槿属)。【日】ヒメフヨウ属。【英】Waxmallow。【隶属】锦葵科 Malvaceae。【包含】世界 4-60 种,中国 2 种。【学名诠释与讨论】〈阳〉(属)Malva 锦葵属+拉丁文 viscum,粘鸟胶。指些种具黏液。此属的学名,ING 和 IK 记载是"Malvaviscus Fabr.,Enum. [Fabr.]. 155. 1759"。"Malvaviscus Cav., Monadelphiae classis Dissertationes Decem. 1787 = Malvaviscus Fabr. (1759)"、"Malvaviscus Dill. ex Adans.,Fam. Pl. (Adanson) 2:399. 1763 = Malvaviscus Fabr. (1759)"和"Malvaviscus Adans. (1763)Nom. illegit. ≡ Malvaviscus Dill. ex Adans. (1763)Nom. illegit. "是晚出的非法名称。"Achania O. Swartz, Prodr. 7, 102. 20 Jun‐29 Jul 1788"是"Malvaviscus Fabr. (1759)"的晚出的同模式异名(Homotypic synonym, Nomenclatural synonym)。《显花植物与蕨类植物词典》记载"Malvaviscus Fabr. (1759) = Hibiscus L. (1753)(保留属名)+ Ketmia Mill. (1754)+ Malvaviscus Adans. (1763) Nom. illegit. ［锦葵科 Malvaceae］"【分布】哥伦比亚(安蒂奥基亚),巴基斯坦,巴拉圭,巴拿马,玻利维亚,厄瓜多尔,哥斯达黎加,尼加拉瓜,中国,南美洲,中美洲。【模式】Malvaviscus arboreus Cavanilles［Hibiscus malvaviscus Linnaeus］。【参考异名】Achania Sw. (1788) Nom. illegit. ; Hibiscus Mill. (1754); Malvaviscus Adans. (1763) Nom. illegit. ; Malvaviscus Cav. (1787) Nom. illegit. ;Malvaviscus Dill. ex Adans. (1763) Nom. illegit. ●

31462 Malvella Jaub. et Spach (1855)【汉】小锦葵属。【俄】Мальвочка。【隶属】锦葵科 Malvaceae。【包含】世界 1-4 种。【学名诠释与讨论】〈阴〉(希)Malva 锦葵属+‐ellus, ‐ella, ‐ellum,加在名词词干后面形成指小式的词尾。或加在人名、属名等后面以组成新属的名称。【分布】秘鲁,玻利维亚,地中海至高加索。【模式】Malvella sherardiana (Linnaeus) Jaubert et Spach［Malva sherardiana Linnaeus］。■☆

31463 Malveopsis C. Presl(1845)(废弃属名) = Anisodontea C. Presl (1845); ~ = Malvastrum A. Gray (1849)(保留属名)［锦葵科 Malvaceae］●■

31464 Malvinda Boehm. (1760)Nom. illegit. ≡ Sida L. (1753)［锦葵科 Malvaceae］●■

31465 Malvinda Dill. ex Medik. (1787) Nom. illegit.［锦葵科 Malvaceae］☆

31466 Malya Opiz (1852) Nom. illegit. ≡ Ventenata Koeler(1802)(保留属名)［禾本科 Poaceae(Gramineae)］■☆

31467　Mamboga Blanco(1837)(废弃属名)= Mitragyna Korth.(1839)(保留属名)［茜草科 Rubiaceae］●

31468　Mamei Mill.(1754)Nom. illegit.≡Mammea L.(1753)［猪胶树科(克鲁西科,山竹子科,藤黄科)Clusiaceae(Guttiferae)］●

31469　Mamillaria F. Rchb., Nom. illegit.=Mammillaria Haw.(1812)(保留属名)［仙人掌科 Cactaceae］●

31470　Mamillariaceae(Rchb.)Dostal =Cactaceae Juss.(保留科名)●■

31471　Mamillariaceae Dostal =Cactaceae Juss.(保留科名)●■

31472　Mamillopsis(E. Morren)E. Morren ex Britton et Rose(1923)Nom. illegit.=Mammillaria Haw.(1812)(保留属名)［仙人掌科 Cactaceae］●

31473　Mamillopsis(E. Morren)F. A. C. Weber ex Britton et Rose(1923)【汉】月宫殿属。【日】ゲッキュウデン属。【英】Mammillopsis。【隶属】仙人掌科 Cactaceae。【包含】世界2种,中国1种。【学名诠释与讨论】〈阴〉(属)Malvella 小锦葵属+希腊文 opsis,外观,模样,相似。此属的学名,ING、GCI 和 TROPICOS 记载是"Mamillopsis(É. Morren)Weber ex N. L. Britton et J. N. Rose, Cact. 4：19. 9 Oct 1923",由"Mammillaria sect. Mamillopsis É. Morren, Ann. Hort. Belge Étrangère 24：33, 37. 1874"改级而来。"Mamillopsis F. A. C. Weber, Dict. Hort.［Bois］805(1898)≡Mamillopsis(E. Morren)F. A. C. Weber ex Britton et Rose(1923)"是一个未合格发表的名称(Nom. inval.)。此名称曾被降级为"Mammillaria subgen. Mamillopsis(Morren)D. R. Hunt, Cactus and Succulent Journal of Great Britain 39(2)：39. 1977"。【分布】墨西哥,中国。【模式】Mamillopsis senilis(Salm-Dyck)N. L. Britton et J. N. Rose［Mammillaria senilis Salm－Dyck］。【参考异名】Mamillopsis E. Morren ex Britton et Rose(1923)Nom. illegit.；Mamillopsis F. A. C. Weber(1898)Nom. inval.；Mammillaria Haw.(1812)(保留属名)；Mammillaria sect. Mamillopsis E. Morren(1874)；Mammillaria subgen. Mamillopsis(Morren)D. R. Hunt(1977)■

31474　Mamillopsis E. Morren ex Britton et Rose(1923)Nom. illegit.≡Mamillopsis(E. Morren)F. A. C. Weber ex Britton et Rose(1923)［仙人掌科 Cactaceae］■

31475　Mamillopsis F. A. C. Weber(1898)Nom. inval.≡Mamillopsis(E. Morren)F. A. C. Weber ex Britton et Rose(1923)［仙人掌科 Cactaceae］■

31476　Mammariella J. Shafer =Mammillaria Haw.(1812)(保留属名)［仙人掌科 Cactaceae］●

31477　Mammea L.(1753)【汉】黄果木属(格脉树属,黄果藤黄属,曼密苹果属,曼密属)。【日】マンメア属。【俄】Маммея。【英】Mamey, Mammea, Mammee, Mammey。【隶属】猪胶树科(克鲁西科,山竹子科,藤黄科)Clusiaceae(Guttiferae)。【包含】世界49-80种,中国1种。【学名诠释与讨论】〈阴〉mamey,西印度群岛的安的列斯群岛的一种植物的俗名。另说拉丁文,mamma,乳房。指植物体具乳汁。此属的学名,ING、TROPICOS、APNI、GCI 和 IK 记载是"Mammea L., Sp. Pl. 1：512. 1753［1 May 1753］"。"Mamei P. Miller, Gard. Dict. Abr. ed. 4. 28 Jan 1754"是"Mammea L.(1753)"的晚出的同模式异名(Homotypic synonym, Nomenclatural synonym)。红藻的"Mammea J. G. Agardh, Linnaea 15：22. Apr 1841≡Callophycus Trevisan 1848"是晚出的非法名称。【分布】巴拿马,厄瓜多尔,哥伦比亚(安蒂奥基亚),马达加斯加,尼加拉瓜,印度至马来西亚,中国,西印度群岛,热带非洲,中美洲。【后选模式】Mammea americana Linnaeus。【参考异名】Ardinghella Thouars(1805)Nom. inval.；Calysaccion Wight(1840)；Lolanara Raf.(1837)；Mamei Mill.(1754)Nom. illegit.；Ochrocarpos Noronha ex Thouars(1806)；Ochrocarpos Thouars (1806)；Ochrocarpus A. Juss.(1821)；Paramammea J.－F. Leroy(1977)；Potamocharis Rottb.(1778)●

31478　Mammilaria Torr. et A. Gray(1840)Nom. illegit.(废弃属名)=Mammillaria Haw.(1812)(保留属名)［仙人掌科 Cactaceae］●

31479　Mammillaria Haw.(1812)(保留属名)【汉】银毛球属(老头掌属,乳突球属,银毛掌属)。【日】マル属。【俄】Кактус маммилярия, Кактус сосочковый, Маммилярия。【英】Cactus, Chilita, Globe Cactus, Mammillaria, Pincution, Pincution Cactus, Strawberry Cactus。【隶属】仙人掌科 Cactaceae。【包含】世界150-250种,中国30种。【学名诠释与讨论】〈阴〉(拉)mamma,指小式 mamilla,乳头,乳房+－arius,－aria,－arium,指示"属于、相似、具有、联系"的词尾。指其外形似乳房。此属的学名"Mammillaria Haw., Syn. Pl. Succ. ：177. 1812"是保留属名。相应的废弃属名是红藻的"Mammillaria Stackh. in Mém. Soc. Imp. Naturalistes Moscou 2：55, 74. 1809"和仙人掌科 Cactaceae 的"Cactus L., Sp. Pl. ：466. 1 Mai 1753≡Mammillaria Haw.(1812)(保留属名)"。Britton et Rose(1923)用"Neomammillaria Britton et Rose(1923)"替代"Mammillaria Haw.(1812)(保留属名)",多余了。"Mamilaria Torr. et A. Gray, A Flora of North America: containing. . 1：553. 1840"是"Mammillaria Haw.(1812)(保留属名)"的拼写变体,应予废弃。仙人掌科 Cactaceae 的"Cactus Britton et Rose≡Cactus sensu Britton et Rose=Melocactus Link et Otto(1827)"、"Cactus Kuntze, Revis. Gen. Pl. 1：258. 1891［5 Nov 1891］≡Cactus L. ex Kuntze(1891)=Mammillaria Haw.(1812)"和"Cactus Lem.=Opuntia Mill.(1754)"都应废弃。"Melocactus Boehmer in Ludwig, Def. Gen. ed. Boehmer 79. 1760(废弃属名)"是"Mammillaria Haw.(1812)(保留属名)"的同模式异名(Homotypic synonym, Nomenclatural synonym)。【分布】玻利维亚,厄瓜多尔,马达加斯加,美国(西南部)至哥伦比亚和委内瑞拉,中国,西印度群岛,中美洲。【模式】Mammillaria simplex A. H. Haworth, Nom. illegit.［Cactus mammillaris Linnaeus；Mammillaria mammillaris(Linnaeus)H. Karsten］。【参考异名】Anhalonium Lem.(1839)；Bartschella Britton et Rose(1923)；Cactus Kuntze(1891)(废弃属名)；Cactus L.(1753)(废弃属名)；Cactus L. ex Kuntze(1891)(废弃属名)；Chilita Orcutt(1926)；Cochemiea(K. Brandegee)Walton(1899)；Cochemiea Walton(1899)Nom. illegit.；Dolichothele(K. Schum.)Britton et Rose(1923)；Dolichothele Britton et Rose(1923)；Ebnerella Buxb.(1951)Nom. illegit.；Haagea Frič(1925)Nom. illegit.；Krainzia Backeb.(1938)；Lactomamillara Frič.(1924)；Lactomammillaria Frič(1924)；Leptocladia Buxb.(1951)Nom. illegit.；Leptocladodia Buxb.(1954)；Mamilaria F. Rchb., Nom. illegit.；Mamillopsis(E. Morren)E. Morren ex Britton et Rose(1923)Nom. illegit.；Mamillopsis E. Morren ex Britton et Rose(1923)Nom. illegit.；Mammariella J. Shafer；Mammilaria Torr. et A. Gray(1840)Nom. illegit.(废弃属名)；Melocactus Boehm.(1760)(废弃属名)；Neomammillaria Britton et Rose(1923)Nom. illegit.；Oehmea Buxb.(1951)；Phellosperma Britton et Rose(1923)；Porfiria Boed.(1926)；Pseudomammillaria Buxb.(1951)；Solisia Britton et Rose(1923)●

31480　Mammilloydia Buxb.(1951)【汉】白毛球属(类银毛球属)。【隶属】仙人掌科 Cactaceae。【包含】世界1-2种。【学名诠释与讨论】〈阴〉(希)mamma,指小式 mamilla,乳头,乳房+(人)Francis Ernest Lloyd, 1868-1947,加拿大植物学者。此属的学名,ING、TROPICOS、GCI 和 IK 记载是"Mammilloydia F. Buxbaum, Oesterr. Bot. Z. 98：64. 28 Apr 1951"。它曾被处理为"Mammillaria subgen. Mammilloydia(Buxb.)Moran, Gentes Herbarum；Occasional

Papers on the Kinds of Plants 8：324. 1953"。【分布】墨西哥。【模式】Mammilloydia candida（Scheidweiler）F. Buxbaum［Mammillaria candida Scheidweiler］。【参考异名】Mammillaria subgen. Mammilloydia（Buxb.）Moran（1953）●☆

31481 Mamorea de la Sota（1960）= Thismia Griff.（1845）［水玉簪科 Burmanniaceae//水玉杯科（腐杯草科，肉质腐生草科）Thismiaceae］■

31482 Mampata Adans. ex Steud.（1841）= Parinari Aubl.（1775）［蔷薇科 Rosaceae//金壳果科 Chrysobalanaceae］●☆

31483 Manabaea R. Hedw.（1806）Nom. illegit.［唇形科 Lamiaceae（Labiatae）］☆

31484 Manabea Aubl.（1775）= Aegiphila Jacq.（1767）［马鞭草科 Verbenaceae//唇形科 Lamiaceae（Labiatae）］●■☆

31485 Managa Aubl.（1775）= Salacia L.（1771）（保留属名）［卫矛科 Celastraceae//翅子藤科 Hippocrateaceae//五层龙科 Salaciaceae］●

31486 Managa Aubl. et Hallier f.（1918）Nom. illegit. = Salacia L.（1771）（保留属名）［卫矛科 Celastraceae//翅子藤科 Hippocrateaceae//五层龙科 Salaciaceae］●

31487 Mananthes Bremek.（1948）【汉】野靛棵属。【英】Mananthes。【隶属】爵床科 Acanthaceae//鸭嘴花科（鸭咀花科）Justiciaceae。【包含】世界22种，中国17种。【学名诠释与讨论】〈阴〉（希）manos，宽松的 + anthos，花。此属的学名是"Mananthes Bremekamp，Verh. Kon. Ned. Akad. Wetensch.，Afd. Natuurk.，Tweede Sect. 45（2）：59. 20 Mai 1948"。亦有文献把其处理为"Justicia L.（1753）"的异名。【分布】印度尼西亚（爪哇岛），中国。【模式】Mananthes sumatrana（Miquel）Bremekamp［Gendarussa sumatrana Miquel］。【参考异名】Justicia L.（1753）●■

31488 Manaosella J. C. Gomes（1949）【汉】宽紫葳属。【隶属】紫葳科 Bignoniaceae。【包含】世界1种。【学名诠释与讨论】〈阴〉（希）manos，宽松的 + sella 坐位，鞍子。另说来自巴西地名 Manaus，Manaos + sella。【分布】巴西，玻利维亚。【模式】Manaosella platydactyla（Barbosa Rodrigues）J. C. Gomes f.［as 'platidactyla'］［Bignonia platydactyla Barbosa Rodrigues］。●☆

31489 Mancanilla Adans.（1763）Nom. illegit. ≡ Mancanilla Plum. ex Adans.（1763）= Mancanilla Mill.（1754）Nom. illegit.；~ = Hippomane L.（1753）［爵床科 Acanthaceae］●☆

31490 Mancanilla Mill.（1754）Nom. illegit. ≡ Hippomane L.（1753）［大戟科 Euphorbiaceae//马疯木科 Hippomanaceae］●☆

31491 Mancanilla Plum. ex Adans.（1763）Nom. illegit. = Mancanilla Mill.（1754）Nom. illegit.；~ = Hippomane L.（1753）［大戟科 Euphorbiaceae//马疯木科 Hippomanaceae］●☆

31492 Mancinella Tussac（1824）= Hippomane L.（1753）；~ = Mancanilla Mill.（1754）Nom. illegit.；~ = Hippomane L.（1753）［大戟科 Euphorbiaceae//马疯木科 Hippomanaceae］●☆

31493 Mancoa Raf.（1837）（废弃属名）= Hilleria Vell.（1829）［商陆科 Phytolaccaceae］■●☆

31494 Mancoa Wedd.（1859）（保留属名）【汉】矮人芥属。【隶属】十字花科 Brassicaceae（Cruciferae）。【包含】世界6-7种。【学名诠释与讨论】〈阴〉（人）Manco。此属的学名"Mancoa Wedd.，Chlor. Andina 2：t. 86d. 10 Oct 1859"是保留属名。相应的废弃属名是商陆科 Phytolaccaceae 的"Mancoa Raf.，Fl. Tellur. 3：56. Nov-Dec 1837 = Hilleria Vell.（1829）"。【分布】秘鲁，玻利维亚，墨西哥，安第斯山。【模式】Mancoa hispida Weddell。【参考异名】Hartwegiella O. E. Schulz（1933）；Poliophyton O. E. Schulz（1933）■☆

31495 Mandarus Raf.（1838）Nom. illegit. ≡ Bauhinia L.（1753）［豆科 Fabaceae（Leguminosae）//云实科（苏木科）Caesalpiniaceae//羊蹄甲科 Bauhiniaceae］●

31496 Mandelorna Steud.（1854）= Vetiveria Bory ex Lem.（1822）［禾本科 Poaceae（Gramineae）］■

31497 Mandenovia Alava（1973）【汉】曼德草属。【隶属】伞形花科（伞形科）Apiaceae（Umbelliferae）。【包含】世界1种。【学名诠释与讨论】〈阴〉（属）由属名 Lenormandia 字母改缀而来。【分布】高加索。【模式】Mandenovia komarovii（I. Mandenova）R. Alava［Tordylium komarovii I. Mandenova］。■☆

31498 Mandevilla Lindl.（1840）【汉】文藤属（红蝉花属，喇叭藤属，曼德藤属，曼德维拉属，飘香藤属）。【日】チリソケイ属，チリソケイ属。【英】Mandevilla。【隶属】夹竹桃科 Apocynaceae。【包含】世界114-120种，中国1种。【学名诠释与讨论】〈阴〉（人）Henry John Mandeville，1773-1861，英国植物学者。他将很多种植物引种到欧洲。【分布】巴拉圭，巴拿马，秘鲁，玻利维亚，厄瓜多尔，哥伦比亚（安蒂奥基亚），尼加拉瓜，中国，中美洲。【模式】Mandevilla suaveolens J. Lindley。【参考异名】Amblyanthera Müll. Arg.（1860）Nom. illegit.；Dipladenia A. DC.（1844）；Eriadenia Miers（1878）；Laseguea A. DC.（1844）；Mendevilla Poit.（1845-1846）；Mitozus Miers（1878）●

31499 Mandioca Link（1831）Nom. illegit. ≡ Manihot Mill.（1754）［大戟科 Euphorbiaceae］●■

31500 Mandirola Decne.（1848）= Achimenes Pers.（1806）（保留属名）；~ = Gloxinia L'Hér.（1789）［苦苣苔科 Gesneriaceae］■☆

31501 Mandonia Hassk.（1871）Nom. illegit. ≡ Skofitzia Hassk. et Kanitz（1872）；~ = Neomandonia Hutch.（1934）Nom. illegit.；~ = Tradescantia L.（1753）［鸭跖草科 Commelinaceae］■

31502 Mandonia Sch. Bip.（1865）Nom. illegit. = Hieracium L.（1753）［菊科 Asteraceae（Compositae）］■

31503 Mandonia Wedd.（1864）= Tridax L.（1753）［菊科 Asteraceae（Compositae）］■●

31504 Mandragora L.（1753）【汉】茄参属（毒茄参属，曼陀茄属，向阳花属，欧伤牛草根属）。【俄】Зелье сонное，Мандрагора。【英】Enchanter's Nightshade，Mandrake。【隶属】茄科 Solanaceae。【包含】世界6种，中国3种。【学名诠释与讨论】〈阴〉（希）mandragoras，在希腊文和拉丁文中都是欧伤牛草根属的一种植物名称。【分布】中国，地中海至喜马拉雅山。【模式】Mandragora officinarum Linnaeus。【参考异名】Mairella H. Lév.（1916）Nom. illegit. ■

31505 Manduyta Comm. ex Steud.（1841）= Mauduita Comm. ex DC.（1824）；~ = Quassia L.（1762）；~ = Samadera Gaertn.（1791）（保留属名）［苦木科 Simaroubaceae］●☆

31506 Manekia Trel.（1927）【汉】海地草胡椒属。【隶属】胡椒科 Piperaceae。【包含】世界1种。【学名诠释与讨论】〈阴〉（人）Manek。【分布】哥伦比亚（安蒂奥基亚），哥斯达黎加，西印度群岛，中美洲。【模式】Manekia urbani Trelease。●☆

31507 Manettia Adans.（1763）Nom. illegit.（废弃属名）≡ Aridaria N. E. Br.（1925）［番杏科 Aizoaceae］●☆

31508 Manettia Boehm.（1760）Nom. illegit.（废弃属名）≡ Selago L.（1753）［玄参科 Scrophulariaceae］●☆

31509 Manettia Crantz（1766）Nom. illegit.（废弃属名）［玄参科 Scrophulariaceae］●☆

31510 Manettia Mutis ex L.（1771）（保留属名）【汉】蔓炎花属（马内蒂属）。【日】カエンソウ属，マネッチア属。【俄】Манеттия。【英】Manettia。【隶属】茜草科 Rubiaceae。【包含】世界80种。【学名诠释与讨论】〈阴〉（人）D. S. Manetti，1773-1861，意大利植物学者，曾任佛罗伦萨植物园园长。另说纪念意大利植物学者 Saverio（Xaverio）Manetti，1723-1785。此属的学名"Manettia Mutis ex L.，Mant. Pl. :553,558. Oct 1771"是保留属名。相应的

废弃属名是玄参科 Scrophulariaceae 的"Manettia Boehm. in Ludwig, Def. Gen. Pl., ed. 3：99. 1760"和茜草科 Rubiaceae 的"Lygistum P. Browne, Civ. Nat. Hist. Jamaica：142. 10 Mar 1756 ≡ Manettia Mutis ex L.（1760）（保留属名）"。玄参科 Scrophulariaceae 的"Manettia Crantz, Inst. Rei Herb. 1：580. 1766", 番杏科 Aizoaceae 的"Manettia Adans., Fam. Pl.（Adanson）2：242. 1763 ≡ Aridaria N. E. Br.（1925）",茜草科 Rubiaceae 的"Manettia Mutis, Mant. Pl. Altera 553（-554, 558）. 1771［Oct 1771］≡ Manettia Mutis ex L.（1771）（保留属名）"和"Lygistum P. Browne et Boehm.（1760）Nom. illegit.)= Manettia Mutis ex L.（1760）（保留属名）"都应废弃。【分布】哥伦比亚（安蒂奥基亚），巴拉圭，巴拿马，秘鲁，玻利维亚，厄瓜多尔，尼加拉瓜，西印度群岛，热带南美洲，中美洲。【模式】Manettia reclinata Linnaeus。【参考异名】Adenothola Lem.（1846）; Conotrichia A. Rich.（1830）; Endolasia Turcz.（1848）; Gagnebinia Post et Kuntze（1903）Nom. illegit. ; Ganguebina Vell., Nom. illegit. ; Guagnebina Vell.（1829）; Lygistum P. Browne et Boehm.（1760）Nom. illegit.（废弃属名）; Lygistum P. Browne（1756）（废弃属名）; Manettia Mutis（1771）Nom. illegit.（废弃属名）; Nacibaea Poir.（1816）Nom. illegit. ; Nacibea Aubl.（1775）; Neosabicea Wernham（1914）; Poederiopsis Rusby（1907）; Vanasta Raf. ; Vanessa Raf.（1837）●■☆

31511　Manettia Mutis（1771）（废弃属名）≡ Manettia Mutis ex L.（1771）（保留属名）［茜草科 Rubiaceae］●■☆

31512　Manfreda Salisb.（1866）【汉】雷曼草属。【隶属】石蒜科 Amaryllidaceae//龙舌兰科 Agavaceae。【包含】世界 22-26 种。【学名诠释与讨论】〈阴〉（人）Manfredus de Monte Imperiale, 14 世纪意大利医药读物的作者。此属的学名是"Manfreda R. A. Salisbury, Gen. Pl. Fragm. 78. Apr-Mai 1866"。亦有文献把其处理为"Agave L.（1753）"的异名。【分布】美国，美国（密苏里），墨西哥，尼加拉瓜，中美洲。【模式】Manfreda virginica（Linnaeus）Rose［Agave virginica Linnaeus］。【参考异名】Agave L.（1753）; Polianthes L.（1753）■☆

31513　Manga Noronha（1790）= Mangas Adans.（1763）Nom. illegit. ; ~ =Mangifera L.（1753）［漆树科 Anacardiaceae］●

31514　Manganaroa Speg.（1923）= Acacia Mill.（1754）（保留属名）［豆科 Fabaceae（Leguminosae）//含羞草科 Mimosaceae//金合欢科 Acaciaceae］●■

31515　Mangas Adans.（1763）Nom. illegit. ≡ Mangifera L.（1753）［漆树科 Anacardiaceae］●

31516　Mangenotia Pichon（1954）【汉】芒热诺草属。【隶属】萝藦科 Asclepiadaceae。【包含】世界 1 种。【学名诠释与讨论】〈阴〉（人）Georges-Marie Mangenot, 1899-1985, 法国植物学者, 植物采集家。【分布】热带非洲西部。【模式】Mangenotia eburnea Pichon。☆

31517　Mangenotiella M. Schmid（2012）【汉】新喀报春花属。【隶属】报春花科 Primulaceae。【包含】世界 1 种。【学名诠释与讨论】〈阴〉（人）Georges-Marie Mangenot, 1899-1985, 法国植物学者, 植物采集家+-ellus, -ella, -ellum, 加在名词词干后面形成指小式的词尾。或加在人名、属名等后面以组成新属的名称。【分布】法属新喀里多尼亚。【模式】Mangenotiella stellata M. Schmid。☆

31518　Manghas Burm.（1737）Nom. illegit.［夹竹桃科 Apocynaceae］☆

31519　Mangiaceae Raf.（1836）= Rhizophoraceae Pers.（保留科名）●

31520　Mangifera L.（1753）【汉】杧果属（芒果属, 檬果属, 漆果属）。【日】マンゴウノキ属, マンゴウ属, マンゴ-属。【俄】Дерево манговое, Манго。【英】Mango。【隶属】漆树科 Anacardiaceae。【包含】世界 40-62 种, 中国 6 种。【学名诠释与讨论】〈阴〉（葡萄牙）manga, 或印度西南部方言 mango, Manga, mangai, man-kay,

mankay, manghi, 芒果+拉丁文 fero 生育, 生有。指生有芒果的树木。此属的学名, ING、TROPICOS、APNI 和 IK 记载是"Mangifera L., Sp. Pl. 1：200. 1753［1 May 1753]"。"Mangas Adanson, Fam. 2：345. Jul-Aug 1763"是"Mangifera L.（1753）"的晚出的同模式异名（Homotypic synonym, Nomenclatural synonym）。【分布】巴基斯坦, 巴拉圭, 巴拿马, 秘鲁, 玻利维亚, 厄瓜多尔, 哥伦比亚（安蒂奥基亚）, 尼加拉瓜, 印度至马来西亚, 中国, 东南亚, 中美洲。【模式】Mangifera indica Linnaeus。【参考异名】Manga Noronha（1790）; Mangas Adans.（1763）Nom. illegit. ; Marchandora Pierre; Phanrangia Tardieu（1948）●

31521　Mangium Rumph. ex Scop.（1777）= Rhizophora L.（1753）［红树科 Rhizophoraceae］●

31522　Mangium Scop.（1777）Nom. illegit. ≡ Mangium Rumph. ex Scop.（1777）［红树科 Rhizophoraceae］●

31523　Mangle Adans.（1763）Nom. illegit. ≡ Rhizophora L.（1753）［红树科 Rhizophoraceae］●

31524　Mangles DC.（1828）Nom. illegit. ≡ Mangles Plum. ex DC.（1828）; ~ = Mangle Adans.（1763）Nom. illegit. ; ~ = Rhizophora L.（1753）［红树科 Rhizophoraceae］●

31525　Mangles Plum. ex DC.（1828）= Mangle Adans.（1763）Nom. illegit. ; ~ = Rhizophora L.（1753）［红树科 Rhizophoraceae］●

31526　Manglesia Endl.（1839）= Grevillea R. Br. ex Knight（1809）［as 'Grevillia'］（保留属名）［山龙眼科 Proteaceae］●

31527　Manglesia Endl. et Fenzl（1839）= Manglesia Endl.（1839）; ~ = Grevillea R. Br. ex Knight（1809）［as 'Grevillia'］（保留属名）［山龙眼科 Proteaceae］●

31528　Manglesia Lindl.（1839）= Beaufortia R. Br. ex Aiton（1812）［桃金娘科 Myrtaceae］●☆

31529　Manglietia Blume（1823）【汉】木莲属。【俄】Манглиэция。【英】Manglietia, Woodlotus。【隶属】木兰科 Magnoliaceae。【包含】世界 25-40 种, 中国 27-36 种。【学名诠释与讨论】〈阴〉马来语或印尼语 mangliet, 一种植物俗名。【分布】中国, 印度尼西亚（苏门答腊岛）, 东南亚。【模式】Mangletia glauca Blume。【参考异名】Manglietiastrum Y. W. Law（1979）; Paramanglietia Hu et W. C. Cheng（1951）; Sinomanglietia Z. X. Yu et Q. Y. Zheng（1994）●

31530　Manglietiastrum Y. W. Law（1979）【汉】华盖木属。【英】Canopytree, Manglietiastrum。【隶属】木兰科 Magnoliaceae。【包含】世界 1 种, 中国 1 种。【学名诠释与讨论】〈中〉（属）Mangletia 木莲属+-astrum, 指示小的词尾, 也有"不完全相似"的含义。指其与木莲属相似。此属的学名是"Manglietiastrum Y. W. Law, Acta Phytotax. Sin. 17(4)：72. Nov 1979"。亦有文献把其处理为"Magnolia L.（1753）"或"Manglietia Blume（1823）"或"Pachylarnax Dandy（1927）"的异名。【分布】中国。【模式】Manglietiastrum sinicum Y. W. Law。【参考异名】Magnolia L.（1753）; Manglietia Blume（1823）; Pachylarnax Dandy（1927）●★

31531　Manglilla Juss.（1789）= Rapanea Aubl.（1775）［紫金牛科 Myrsinaceae］●

31532　Mangonia Schott（1857）【汉】芒贡南星属。【隶属】天南星科 Araceae。【包含】世界 12 种。【学名诠释与讨论】〈阴〉（拉）mangonis, 商人。【分布】巴西。【模式】Mangonia tweedieana H. W. Schott［as 'twedieana'］。【参考异名】Felipponia Hicken（1917）Nom. illegit. ; Felipponiella Hicken（1928）■☆

31533　Mangostana Gaertn.（1791）Nom. illegit. = Garcinia L.（1753）［猪胶树科（克鲁西科, 山竹子科, 藤黄科）Clusiaceae（Guttiferae）//金丝桃科 Hypericaceae］●

31534　Mangostana Rumph. ex Gaertn.（1791）Nom. illegit. ≡ Mangostana Gaertn.（1791）Nom. illegit. ; ~ = Garcinia L.（1753）

[猪胶树科（克鲁西科，山竹子科，藤黄科）Clusiaceae（Guttiferae）//金丝桃科 Hypericaceae]●

31535　Manicaria Gaertn. (1791)【汉】袖棕属（袋苞椰子属，曼尼卡棕属，袖苞椰属）。【日】フクロヤシ属。【英】Sea Nut Palm, Sleeve Palm。【隶属】棕榈科 Arecaceae(Palmae)。【包含】世界 1-4 种。【学名诠释与讨论】〈阴〉（希）manicarius，手袋，袖。或拉丁文 manicae，袖子，手套。【分布】巴拿马，秘鲁，厄瓜多尔，哥伦比亚（安蒂奥基亚），哥斯达黎加，尼加拉瓜，西印度群岛，中美洲。【模式】Manicaria saccifera J. Gaertner。【参考异名】Pilophora Jacq. (1800)●☆

31536　Manicariaceae O. F. Cook (1910) = Arecaceae Bercht. et J. Presl（保留科名）//Palmae Juss.（保留科名）●

31537　Manihot Adans. (1763) Nom. illegit. ≡ Manihot Tourn. ex Adans. (1763) Nom. illegit. [大戟科 Euphorbiaceae] ☆

31538　Manihot Boehm. = Jatropha L. (1753)（保留属名）[大戟科 Euphorbiaceae]●■

31539　Manihot Mill. (1754)【汉】木薯属。【日】イモノキ属，マニホット属。【俄】Кассава，Маниок，Маниока，Маниот。【英】Cassava, Ceara Rubber, Mandioc, Manioc, Maniot。【隶属】大戟科 Euphorbiaceae。【包含】世界 100-170 种，中国 4 种。【学名诠释与讨论】〈阴〉南美图皮语 mandihoca，为巴西珍珠粉俗名。指具肉质块根富含淀粉的树木。此属的学名，ING、TROPICOS 和 IK 记载是"Manihot Mill. , Gard. Dict. Abr. , ed. 4. [851]. 1754 [28 Jan 1754]"；《中国植物志》英文版、《巴基斯坦植物志》和《北美植物志》亦使用此名称。"Manihot Adans. (1763) Nom. illegit. ≡ Manihot Tourn. ex Adans. , Fam. Pl. (Adanson) 2: 356. 1763 =? Manihot Mill. (1754) [大戟科 Euphorbiaceae]"是晚出的非法名称。"Mandioca Link, Handb. 2: 436. Jan - Aug 1831"是"Manihot Mill. (1754)"的晚出的同模式异名（Homotypic synonym, Nomenclatural synonym）。亦有文献把"Manihot Mill. (1754)"处理为"Jatropha L. (1753)（保留属名）"的异名。【分布】哥伦比亚（安蒂奥基亚），巴基斯坦，巴拉圭，巴拿马，秘鲁，玻利维亚，厄瓜多尔，哥斯达黎加，尼加拉瓜，美国，中国（西南部）至热带南美洲，中美洲。【后选模式】Manihot esculenta Crantz [Jatropha manihot Linnaeus]。【参考异名】? Manihot Adans. (1763) Nom. illegit. ;? Manihot Tourn. ex Adans. (1763) Nom. illegit. ●;Hotnima A. Chev. (1908) ; Janipha Kunth (1817) Nom. illegit. ; Jatropha L. (1753)（保留属名）; Mandioca Link (1831) Nom. illegit. ; Manihotoides D. J. Rogers et Appan (1973)■

31540　Manihot Tourn. ex Adans. (1763) Nom. illegit. =? Manihot Mill. (1754) [大戟科 Euphorbiaceae] ☆

31541　Manihotoides D. J. Rogers et Appan (1973)【汉】拟木薯属。【隶属】大戟科 Euphorbiaceae。【包含】世界 1 种。【学名诠释与讨论】〈阴〉（属）Manihot 木薯属+oides，来自 o+eides，像，似；或 o+eidos 形，含义为相像。此属的学名是"Manihotoides D. J. Rogers et S. G. Appan, Fl. Neotropica Monogr. 13: 247. 22 Jun 1973"。亦有文献把其处理为"Manihot Mill. (1754)"的异名。【分布】墨西哥。【模式】Manihotoides pauciflora (T. S. Brandegee) D. J. Rogers et S. G. Appan [Manihot pauciflora T. S. Brandegee]。【参考异名】Manihot Mill. (1754)●☆

31542　Manilkara Adans. (1763)（保留属名）【汉】铁线子属（人心果属）。【日】サポジラ属。【英】Balata。【隶属】山榄科 Sapotaceae。【包含】世界 65-80 种，中国 1 种。【学名诠释与讨论】〈阴〉（印度）manilkara，一种植物俗名。一说来自南美洲的一种植物俗名。此属的学名"Manilkara Adans. , Fam. Pl. 2: 166, 574. Jul - Aug 1763"是保留属名。相应的废弃属名是山榄科 Sapotaceae 的"Achras L. , Sp. Pl. : 1190. 1 Mai 1753 = Manilkara

Adans. (1763)（保留属名）"和"Sapota Mill. , Gard. Dict. Abr. , ed. 4. [1249]. 28 Jan 1754 = Manilkara Adans. (1763)（保留属名）≡ Achras L. (1753)（废弃属名）≡ Sapota Plum. ex Mill. (1754)"。山榄科 Sapotaceae 的"Manilkara Adans. et Gilly, Trop. Woods No. 73, 8 (1943), descr. emend."修订了属的描述，亦应废弃。"Manilkara Aubrév. = Manilkara Adans. (1763)（保留属名）[山榄科 Sapotaceae]"也须废弃。【分布】哥伦比亚（安蒂奥基亚），巴基斯坦，巴拉圭，巴拿马，玻利维亚，厄瓜多尔，马达加斯加，尼加拉瓜，中国，中美洲。【模式】Manilkara kauki (Linnaeus) Dubard [Mimusops kauki Linnaeus]。【参考异名】Abebaia Baehni (1964); Achras L. (1753)（废弃属名）; Chiclea Lundell (1976); Eichleria M. M. Hartog (1878) Nom. illegit. ; Mahea Pierre (1890); Manilkara Adans. et Gilly (1943) descr. emend.（废弃属名）; Manilkara Aubrév.（废弃属名）; Manilkariopsis (Gilly) Lundell (1975); Mopania Lundell (1978); Murianthe (Baill.) Aubrév. (1963); Muriea M. M. Hartog (1878); Murieanthe (Baill.) Aubrév. ; Nispero Aubrév. (1965); Northiopsis Kaneh. (1933); Sapota Mill. (1754) Nom. illegit. ; Sapota Plum. ex Mill. (1754) Nom. illegit. ; Shaferodendron Gilly (1942); Stisseria Scop. (1777) Nom. illegit. ; Synarrhena Fisch. et C. A. Mey. (1841)●

31543　Manilkara Adans. et Gilly (1943) descr. emend.（废弃属名）= Manilkara Adans. (1763)（保留属名）[山榄科 Sapotaceae]●

31544　Manilkara Aubrév.（废弃属名）= Manilkara Adans. (1763)（保留属名）[山榄科 Sapotaceae]●

31545　Manilkariopsis (Gilly) Lundell (1975) = Manilkara Adans. (1763)（保留属名）[山榄科 Sapotaceae]●

31546　Maniltoa Scheff. (1876)【汉】马尼尔豆属。【隶属】豆科 Fabaceae(Leguminosae)//云实科（苏木科）Caesalpiniaceae。【包含】世界 20-25 种。【学名诠释与讨论】〈阴〉可能来自马来西亚植物俗名。此属的学名，ING、TROPICOS、APNI、GCI 和 IK 记载是"Maniltoa Scheff. , Ann. Jard. Bot. Buitenzorg 1: 20. 1876 [post Oct 1876]"。"Pseudocynometra O. Kuntze in Post et O. Kuntze, Lex. 464. Dec 1903"是"Maniltoa Scheff. (1876)"的晚出的同模式异名（Homotypic synonym, Nomenclatural synonym）。"Maniltoa Scheff. (1876)"曾被处理为"Cynometra sect. Maniltoa (Scheff.) Taub. , Die Natürlichen Pflanzenfamilien 3 (3): 129. 1892"。【分布】马来西亚至斐济。【模式】Maniltoa grandiflora (A. Gray) R. H. C. C. Scheffer [Cynometra grandiflora A. Gray]。【参考异名】Cynometra sect. Maniltoa (Scheff.) Taub. (1892); Pseudocynometra (Wight et Arn.) Kuntze (1903) Nom. illegit. ; Pseudocynometra Kuntze (1903); Schizoscyphus K. Schum. ex Taub. (1890) Nom. illegit. , Nom. superfl. ; Schizoscyphus Taub. (1892) Nom. illegit. , Nom. superfl. ;Schizosiphon K. Schum. (1889)■☆

31547　Manisuris L. (1771)（废弃属名）= Rottboellia L. f. (1782)（保留属名）[禾本科 Poaceae(Gramineae)]■

31548　Manisuris L. f. (1779) Nom. illegit.（废弃属名）= Hackelochloa Kuntze (1891); ~ = Rytilix Raf. (1830) Nom. illegit. ; ~ = Hackelochloa Kuntze(1891) [禾本科 Poaceae(Gramineae)]■

31549　Manisuris Sw. (1788) Nom. illegit.（废弃属名）[禾本科 Poaceae(Gramineae)]■☆

31550　Manitia Giseke (1792) = Globba L. (1771) [姜科（蘘荷科）Zingiberaceae]■

31551　Manjekia W. J. Baker et Heatubun (2014)【汉】印尼椰属。【隶属】棕榈科（槟榔科）Arecaceae(Palmae)。【包含】世界 1 种。【学名诠释与讨论】〈阴〉词源不详。似来自人名或地名。【分布】印度尼西亚。【模式】Manjekia maturbongsii (W. J. Baker et Heatubun) W. J. Baker et Heatubun [Adonidia maturbongsii W. J.

Baker et Heatubun]。●☆

31552 Manlilia Salisb.（1866）Nom. illegit. ≡ Manlilia Thunb. ex Salisb.（1866）；~ = Polyxena Kunth（1843）［百合科 Liliaceae//风信子科 Hyacinthaceae］■☆

31553 Manlilia Thunb. ex Salisb.（1866）= Polyxena Kunth（1843）［百合科 Liliaceae//风信子科 Hyacinthaceae］■☆

31554 Manna D. Don（1825）= Alhagi Adans.（1763）Nom. illegit.；~ ≡ Alhagi Tourn. ex Adans.（1763）［茜草科 Rubiaceae］●

31555 Mannagettaea Harry Sm.（1933）【汉】豆列当属。【俄】Маннагеттея。【英】Beanbroomrape, Mannagettaea。【隶属】列当科 Orobanchaceae//玄参科 Scrophulariaceae。【包含】世界 3 种，中国 2 种。【学名诠释与讨论】〈阴〉（人）Günther von Mannagetta und Lërchenau Beck 1856-1931，澳大利亚植物学者。【分布】中国，东西伯利亚。【模式】Mannagettaea labiata H. Smith。■

31556 Mannaphorus Raf.（1818）Nom. illegit. = Fraxinus L.（1753）［木犀榄科（木犀科）Oleaceae//白蜡树科 Fraxinaceae］●☆

31557 Mannaria Heist.（1748）Nom. inval.［木犀榄科（木犀科）Oleaceae］●☆

31558 Mannia Hook. f.（1862）= Pierreodendron Engl.（1907）；~ = Quassia L.（1762）［苦木科 Simaroubaceae］●☆

31559 Manniella Rchb. f.（1881）【汉】美非黄花兰属。【隶属】兰科 Orchidaceae。【包含】世界 3 种。【学名诠释与讨论】〈阴〉（人）Gustav Mann, 1836-1916, 德国植物学者，探险家+-ellus, -ella, -ellum, 加在名词词干后面形成指小式的词尾。或加在人名、属名等后面以组成新属的名称。【分布】利比里亚（宁巴），热带非洲。【模式】Manniella gustavi H. G. Reichenbach。■☆

31560 Manniophyton Müll. Arg.（1864）【汉】项圈大戟属。【隶属】大戟科 Euphorbiaceae。【包含】世界 1 种。【学名诠释与讨论】〈中〉（希）（人）Gustav Mann, 1836-1916, 德国植物学者，探险家+phyton, 植物, 树木, 枝条。【分布】热带非洲。【模式】Manniophyton africanum J. Müller Arg.。☆

31561 Mannopappus B. D. Jacks. = Helichrysum Mill.（1754）［as 'Elichrysum'］（保留属名）；~ = Manopappus Sch. Bip.（1844）［菊科 Asteraceae（Compositae）//蜡菊科 Helichrysaceae］●■

31562 Mannopappus Sch. Bip.（1844）【汉】圈毛菊属。【隶属】菊科 Asteraceae（Compositae）//蜡菊科 Helichrysaceae。【包含】世界 1 种。【学名诠释与讨论】〈阳〉（希）mannos = manos, 项圈, 衣领, 宽松的, 稀疏的+希腊文 pappos 指柔毛, 软毛。pappus 则与拉丁文同义, 指冠毛。此属的学名, TROPICOS 和 IK 记载是 "Mannopappus Sch. Bip., Flora 27（2）：677. 1844"。"Mannopappus B. D. Jacks. = Manopappus Sch. Bip.（1844）= Helichrysum Mill.（1754）［as 'Elichrysum'］（保留属名）［菊科 Asteraceae（Compositae）//蜡菊科 Helichrysaceae］"似是一个未合格发表的名称（Nom. inval.）。【分布】不详。【模式】Mannopappus phantasma（A. Mann）T. B. B. Paddock［Tropidoneis phantasma A. Mann］。【参考异名】Mannopappus B. D. Jacks.。■☆

31563 Manoao Molloy（1995）【汉】银松属。【英】New Zealand Silver Pine, Silver Pine。【隶属】罗汉松科 Podocarpaceae。【包含】世界 1 种。【学名诠释与讨论】〈阴〉词源不详。【分布】新西兰。【模式】Manoao colensoi（Hook.）Molloy。●☆

31564 Manochlaenia Börner（1913）= Carex L.（1753）［莎草科 Cyperaceae］■

31565 Manochlamys Aellen（1939）【汉】肖叉枝滨藜属。【隶属】藜科 Chenopodiaceae。【包含】世界 1 种。【学名诠释与讨论】〈阴〉（希）mannos = manos, 项圈, 衣领, 宽松的, 稀疏的+chlamys, 所有格 chlamydos, 斗篷, 外衣。此属的学名是 "Manochlamys P. Aellen, Bot. Jahrb. Syst. 70：379. 6 Oct 1939"。亦有文献把其处理

为 "Exomis Fenzl ex Moq.（1840）" 的异名。【分布】非洲南部。【模式】Manochlamys albicans（W. Aiton）P. Aellen［Atriplex albicans W. Aiton］。【参考异名】Exomis Fenzl ex Moq.（1840）●☆

31566 Manoelia Bowdich（1825）= Withania Pauquy（1825）（保留属名）［茄科 Solanaceae］●■

31567 Manoellia Bowdich（1825）Nom. illegit. ≡ Manoelia Bowdich（1825）；~ = Withania Pauquy（1825）（保留属名）［茄科 Solanaceae］●■

31568 Manoellia Rchb.（1828）Nom. illegit. ≡ Manoelia Bowdich（1825）；~ = Withania Pauquy（1825）（保留属名）［茄科 Solanaceae］●■

31569 Manongarivea Choux（1926）= Lepisanthes Blume（1825）［无患子科 Sapindaceae］●

31570 Manopappus Sch. Bip.（1844）= Helichrysum Mill.（1754）［as 'Elichrysum'］（保留属名）［菊科 Asteraceae（Compositae）//蜡菊科 Helichrysaceae］●■

31571 Manostachya Bremek.（1952）【汉】松穗茜属。【隶属】茜草科 Rubiaceae。【包含】世界 3 种。【学名诠释与讨论】〈阴〉（希）mannos = manos, 项圈, 衣领, 宽松的, 稀疏的+stachys, 穗, 谷, 长钉。【分布】热带非洲。【模式】Manostachya staelioides（K. Schumann）Bremekamp［Oldenlandia staelioides K. Schumann］。■☆

31572 Manotes Sol. ex Planch.（1850）【汉】宽耳藤属。【隶属】牛栓藤科 Connaraceae。【包含】世界 4-5 种。【学名诠释与讨论】〈阳〉（希）mannos = manos, 项圈, 衣领, 宽松的, 稀疏的+ous, 所有格 otos, 指小式 otion, 耳。otikos, 耳的。【分布】热带非洲。【模式】Manotes expansa Solander ex J. E. Planchon。【参考异名】Dinklagea Gilg（1897）●☆

31573 Manothrix Miers（1878）【汉】疏毛夹竹桃属。【隶属】夹竹桃科 Apocynaceae。【包含】世界 2 种。【学名诠释与讨论】〈阴〉（希）mannos = manos, 项圈, 衣领, 宽松的, 稀疏的+thrix, 所有格 trichos, 毛, 毛发。【分布】巴西。【模式】未指定。●☆

31574 Mansana J. F. Gmel.（1791）= Ziziphus Mill.（1754）［鼠李科 Rhamnaceae//枣科 Ziziphaceae］●

31575 Mansoa DC.（1838）【汉】蒜葡萄属。【隶属】紫葳科 Bignoniaceae。【包含】世界 15 种。【学名诠释与讨论】〈阴〉（人）Antonio Luiz Patricio da Silva Manso, 1788-1848, 巴西植物学者, 医生。【分布】巴拉圭, 巴拿马, 秘鲁, 比尼翁, 玻利维亚, 厄瓜多尔, 哥伦比亚（安蒂奥基亚）, 尼加拉瓜, 中美洲。【后选模式】Mansoa hirsuta A. P. de Candolle。【参考异名】Bayonia Dugand（1946）；Chodanthus Hassl.（1906）；Danielia Mello ex B. Verl.（1868）Nom. illegit.；Daniella Mello；Hanburyophyton Bureau；Hanburyophyton Bureau ex Warm.（1893）；Hanburyophyton Corr. Mello（1952）Nom. illegit.；Onohualcoa Lundell（1942）；Pachyptera DC.（1840）；Pachyptera DC. ex Meisn.（1840）Nom. illegit.；Pseudocalymma A. Samp. et Kuhlm.（1933）●☆

31576 Mansonia J. R. Drumm.（1905）Nom. illegit. ≡ Mansonia J. R. Drumm. ex Prain（1905）［梧桐科 Sterculiaceae//锦葵科 Malvaceae］●☆

31577 Mansonia J. R. Drumm. ex Prain（1905）【汉】曼森梧桐属。【隶属】梧桐科 Sterculiaceae//锦葵科 Malvaceae。【包含】世界 5 种。【学名诠释与讨论】〈阴〉（人）F. B. Manson, 印度林务官, 植物采集家。此属的学名, ING 和 TROPICOS 记载是 "Mansonia J. R. Drummond ex D. Prain, J. Linn. Soc., Bot. 37：260. 30 Sep 1905"。IK 则记载为 "Mansonia J. R. Drumm., J. Linn. Soc., Bot. 37：260. 1905［1904-1906 publ. 1905］"。三者引用的文献相同。【分布】缅甸, 印度（阿萨姆）, 非洲。【模式】Mansonia gagei J. R. Drummond ex D. Prain。【参考异名】Achantia A. Chev.（1909）；

Mansonia J. R. Drumm. (1905) Nom. illegit. ●☆

31578　Mantalania Capuron ex J. -F. Leroy(1973)【汉】曼塔茜属。【隶属】茜草科 Rubiaceae。【包含】世界 2-3 种。【学名诠释与讨论】〈阴〉词源不详。【分布】马达加斯加。【模式】Mantalania sambiranensis R. Capuron ex J. -F. Leroy。●☆

31579　Manteia Raf. (1838)= Rubus L. (1753)［蔷薇科 Rosaceae］●■

31580　Mantisalca Cass. (1818)【汉】落刺菊属。【隶属】菊科 Asteraceae(Compositae)。【包含】世界 1-4 种。【学名诠释与讨论】〈阴〉(拉)由种加词 salmantica 改缀而来。此属的学名，ING、TROPICOS 和 IK 记载是 " Mantisalca Cassini, Bull. Sci. Soc. Philom. Paris Sep. 1818：142. Sep 1818"。 "Microlonchus Cassini in F. Cuvier, Dict. Sci. Nat. 44：38. Dec 1826" 是 "Mantisalca Cass. (1818)" 的晚出的同模式异名(Homotypic synonym, Nomenclatural synonym)。【分布】非洲北部。【模式】Centaurea salmantica Linnaeus。【参考异名】Microlonchus Cass. (1826) Nom. illegit. ■☆

31581　Mantisia Sims(1810)【汉】螳螂姜属。【隶属】姜科(襄荷科) Zingiberaceae。【包含】世界 3-4 种。【学名诠释与讨论】〈阴〉(希) mantis, 所有格 manteos, 螳螂。【分布】印度至马来西亚。【模式】Mantisia saltatoria Sims。■☆

31582　Mantodda Adans. (1763)= Smithia Aiton(1789)(保留属名)［豆科 Fabaceae(Leguminosae)//蝶形花科 Papilionaceae］●■

31583　Manuelia Pritz. (1855) Nom. illegit.［玄参科 Scrophulariaceae］☆

31584　Manulea L. (1767)(保留属名)【汉】手玄参属。【隶属】玄参科 Scrophulariaceae。【包含】世界 74 种。【学名诠释与讨论】〈阴〉(拉)新拉丁文 manul, 手+ea, 为了音调好听的词尾。此属的学名 "Manulea L. , Syst. Nat. , ed. 12, 2：385, 419；Mant. Pl. ：12, 88. 15-31 Oct 1767" 是保留属名。相应的废弃属名是玄参科 Scrophulariaceae 的 "Nemia P. J. Bergius, Descr. Pl. Cap. ：160, 162. Sep 1767 ≡ Manulea L. (1767)(保留属名)"。 "Nemia P. J. Bergius, Descript. Pl. Cap. 160, 162. Sep 1767(废弃属名)" 是 "Manulea L. (1767)(保留属名)" 的同模式异名(Homotypic synonym, Nomenclatural synonym)。【分布】非洲南部。【模式】Manulea cheiranthus (Linnaeus) Linnaeus［Lobelia cheiranthus Linnaeus］。【参考异名】Lychnidea Burm. (1737) Nom. inval. ；Lychnidea Burm. f. ；Lychnidea Moench；Nemia P. J. Bergius(1767)(废弃属名)■●☆

31585　Manuleopsis Thell. (1915) Nom. illegit. ≡ Manuleopsis Thell. ex Schinz(1915)［玄参科 Scrophulariaceae］●☆

31586　Manuleopsis Thell. ex Schinz(1915)【汉】拟手玄参属。【隶属】玄参科 Scrophulariaceae。【包含】世界 1 种。【学名诠释与讨论】〈阴〉(属)Manulea 手玄参属+希腊文 opsis, 外观，模样，相似。此属的学名，ING 和 TROPICOS 记载是 "Manuleopsis Thellung ex Schinz, Vierteljahrsschr. Naturf. Ges. Zürich 60：405. 1915"。IK 则记载为 "Manuleopsis Thell. , Vierteljahrsschr. Naturf. Ges. Zürich lx. 405(1915)"。三者引用的文献相同。【分布】非洲西南部。【模式】Manuleopsis dinteri Thellung ex Schinz。【参考异名】Freyliniopsis Engl. (1922)；Manuleopsis Thell. (1915) Nom. illegit. ●☆

31587　Manungala Blanco (1837) = Quassia L. (1762)；~ = Samadera Gaertn. (1791)(保留属名)［苦木科 Simaroubaceae］●☆

31588　Manyonia H. Rob. (1999)【汉】凸肋斑鸠菊属。【隶属】菊科 Asteraceae(Compositae)//斑鸠菊科(绿菊科) Vernoniaceae。【包含】世界 1 种。【学名诠释与讨论】〈阴〉(地)Manyoni, 马尼奥尼, 位于坦桑尼亚。此属的学名是 "Manyonia H. Rob. , Proceedings of the Biological Society of Washington 112：224. 1999"。亦有文献把其处理为 "Vernonia Schreb. (1791)(保留属名)" 的异名。【分布】坦桑尼亚。【模式】Manyonia cantiani Garovaglio。【参考异名】Vernonia Schreb. (1791)(保留属名)■☆

31589　Maoutia Montrouz. (1860) = Oxera Labill. (1824)［马鞭草科 Verbenaceae//唇形科 Lamiaceae(Labiatae)］●☆

31590　Maoutia Wedd. (1854)【汉】水丝麻属(里白苎麻属, 沃麻属)。【日】コウトウウラジロマオ属, コウトウウラジロマヲ属。【英】Maoutia。【隶属】荨麻科 Urticaceae。【包含】世界 15 种, 中国 2 种。【学名诠释与讨论】〈阴〉(人) Jean Emmanuel Maurice Le Maout, 1799 - 1877, 法国植物学者, 医生。此属的学名, ING、TROPICOS 和 IK 记载是 "Maoutia Weddell, Ann. Sci. Nat. Bot. ser. 4. 1：193. Jan-Jun 1854"。 "Maoutia Montrouzier, Mém. Acad. Roy. Sci. Lyon, Sect. Sci. ser. 2. 10：241. 1860(post 29 Mai) = Oxera Labill. (1824)［马鞭草科 Verbenaceae//唇形科 Lamiaceae(Labiatae)］" 是晚出的非法名称。【分布】印度至马来西亚, 中国, 波利尼西亚群岛。【选模式】Maoutia neriifolia Montrouzier。【参考异名】Lecanocnide Blume(1857)；Robinsoniodendron Merr. (1917)●

31591　Mapa Vell. (1829) = Petiveria L. (1753)［商陆科 Phytolaccaceae//毛头独子科(蒜臭母鸡草科) Petiveriaceae］■●☆

31592　Mapania Aubl. (1775)【汉】擂鼓芳属(擂鼓簜属)。【英】Drumprickle, Mapania。【隶属】莎草科 Cyperaceae。【包含】世界 45-80 种, 中国 2 种。【学名诠释与讨论】〈阴〉可能来自法属圭亚那植物俗名。【分布】巴拿马, 厄瓜多尔, 哥伦比亚(安蒂奥基亚), 哥斯达黎加, 马达加斯加, 美国, 尼加拉瓜, 中国, 热带, 中美洲。【模式】Mapania sylvatica Aublet。【参考异名】Apartea Pellegr. (1931)；Cephaloscirpus Kurz(1869)；Halostemma Benth. et Hook. f. (1883)；Halostemma Wall. ex Benth. et Hook. f. (1883)；Langevinia Jacq. -Fél. (1947)；Lepistachya Zipp. ex Miq. (1871)；Pandanophyllum Hassk. (1843)；Thoracostachyum Kurz(1869)■

31593　Mapaniaceae Shipunov(2003)= Cyperaceae Juss. (保留科名)■

31594　Mapaniopsis C. B. Clarke(1908)【汉】拟擂鼓芳属。【隶属】莎草科 Cyperaceae。【包含】世界 1 种。【学名诠释与讨论】〈阴〉(属)Mapania 擂鼓芳属+希腊文 opsis, 外观, 模样, 相似。此属的学名, ING、TROPICOS、GCI 和 IK 记载是 "Mapaniopsis C. B. Clarke, Bull. Misc. Inform. Kew, Addit. Ser. 8：55. 1908"。它曾被处理为 "Mapania sect. Mapaniopsis (C. B. Clarke) D. A. Simpson, Kew Bulletin 51(4)：734. 1996"。【分布】巴西。【模式】Mapaniopsis effusa C. B. Clarke。【参考异名】Mapania sect. Mapaniopsis (C. B. Clarke) D. A. Simpson(1996)■☆

31595　Mapinguari Carnevali et R. B. Singer (2007)【汉】美鳃兰属。【隶属】兰科 Orchidaceae。【包含】世界 11 种。【学名诠释与讨论】〈阴〉词源不详。【分布】巴拿马, 巴西, 秘鲁, 哥斯达黎加, 圭亚那, 委内瑞拉。【模式】Mapinguari longipetiolatus (Ames et C. Schweinf.) Carnevali et R. B. Singer［Maxillaria longipetiolata Ames et C. Schweinf.]。☆

31596　Mapira Adans. (1763) Nom. illegit. ≡ Olyra L. (1759)［禾本科 Poaceae(Gramineae)］■☆

31597　Mapouria Aubl. (1775) = Psychotria L. (1759)(保留属名)［茜草科 Rubiaceae//九节科 Psychotriaceae］●

31598　Mappa A. Juss. (1824) = Macaranga Thouars(1806)［大戟科 Euphorbiaceae］●

31599　Mappa Jacq. (1824) Nom. illegit. = Mappa A. Juss. (1824)；~ = Macaranga Thouars(1806)［大戟科 Euphorbiaceae］●☆

31600　Mappia Fabr. (1759) Nom. illegit. (废弃属名) ≡ Mappia Heist. ex Fabr. (1759)(废弃属名)；~ = Cunila Mill. (1754)(废弃属名)；~ = Cunila L. (1759)(保留属名)；~ = Sideritis L. (1753)［唇形科 Lamiaceae(Labiatae)］■●

31601　Mappia Hablitz ex Ledeb. (1844) Nom. inval. (废弃属名) =

Crucianella L. (1753) [茜草科 Rubiaceae] ●■☆

31602 Mappia Heist. ex Adans. (1763) Nom. illegit. (废弃属名) = Satureja L. (1753) [唇形科 Lamiaceae(Labiatae)] ●■

31603 Mappia Heist. ex Fabr. (1759) Nom. illegit. (废弃属名) = Cunila Mill. (1754) (废弃属名); ~ = Cunila L. (1759) (保留属名); ~ = Sideritis L. (1753) [唇形科 Lamiaceae(Labiatae)] ■●

31604 Mappia Jacq. (1797) (保留属名)【汉】马普木属(马比木属)。【隶属】茶茱萸科 Icacinaceae。【包含】世界 5 种。【学名诠释与讨论】〈阴〉(人) Marcus Mappus, 1666-1736, 法国植物学者。此属的学名"Mappia Jacq., Pl. Hort. Schoenbr. 1:22. 1797"是保留属名。相应的废弃属名是唇形科 Lamiaceae(Labiatae) 的"Mappia Heist. ex Fabr., Enum. :58. 1759 ≡ Cunila Mill. (1754) (废弃属名) = Cunila L. (1759) (保留属名) = Sideritis L. (1753)"。唇形科 Lamiaceae(Labiatae) 的"Mappia Heist. ex Adans., Fam. Pl. (Adanson) 2:193. 1763 = Satureja L. (1753)",五桠果科 Dilleniaceae 的"Mappia Schreb., Gen. Pl., ed. 8 [a]. 2:806. 1791 [May 1791] ≡ Soramia Aubl. (1775) = Doliocarpus Rol. (1756)"以及茜草科 Rubiaceae 的"Mappia Hablitz ex Ledeb., Flora Rossica 2:403. 1844 = Crucianella L. (1753)"都应废弃。"Mappia Jacq. et Baehni, Compt. Rend. Soc. Phys. et Hist. Nat. Geneve 1936, liii. 34, descr. emend. = Mappia Jacq. (1797) (保留属名)"改变了属的范围;"Mappia Fabr. (1759) ≡ Mappia Heist. ex Fabr. (1759) Nom. illegit."的命名人引证有误;这两个名称也应废弃。【分布】巴拿马,尼加拉瓜,热带南美洲,中美洲。【模式】Mappia racemosa N. J. Jacquin。【参考异名】Cunila Mill. (1754); Leretia Vell. (1829); Mappia Fabr. (1759) Nom. illegit. (废弃属名); Mappia Heist. ex Fabr. (1759) Nom. illegit. (废弃属名); Mappia Jacq. et Baehni (1936) descr. emend. (废弃属名); Sebizia Mart. (1843) Nom. illegit. ; Sebizia Mart. ex Meisn. (1843) ●☆

31605 Mappia Jacq. et Baehni (1936) descr. emend. (废弃属名) = Mappia Jacq. (1797) (保留属名) [茶茱萸科 Icacinaceae] ●☆

31606 Mappia Schreb. (1791) Nom. illegit. (废弃属名) ≡ Soramia Aubl. (1775); ~ = Doliocarpus Rol. (1756) [五桠果科(第伦桃科, 五丫果科, 锡叶藤科) Dilleniaceae] ●☆

31607 Mappianthus Hand. - Mazz. (1921)【汉】定心藤属(甜果藤属)。【英】Mappianthus, Quietvein。【隶属】茶茱萸科 Icacinaceae。【包含】世界 2 种, 中国 1 种。【学名诠释与讨论】〈阳〉(属) Mappia 马普木属+anthos, 花。指花的形状与马木普属相似。【分布】中国, 加里曼丹岛。【模式】Mappianthus iodoides Handel-Mazzetti。●

31608 Maprounea Aubl. (1775)【汉】马龙戟属。【隶属】大戟科 Euphorbiaceae。【包含】世界 4 种。【学名诠释与讨论】〈阴〉来自圭亚那植物俗名。此属的学名, ING、TROPICOS 和 IK 记载是"Maprounea Aubl., Hist. Pl. Guiane 2: 895, t. 342. 1775"。"Maprounia Ham., Prodr. Pl. Ind. Occid. [Hamilton] 53(1825)"是其变体。"Maprunea J. F. Gmel., Syst. Nat., ed. 13 [bis]. 2(1): 272. 1791 [late Sep - Nov 1791]"似也是"Maprounea Aubl. (1775)"的拼写变体。【分布】巴拿马, 秘鲁, 玻利维亚, 厄瓜多尔, 哥伦比亚(安蒂奥基亚), 非洲西部, 热带美洲。【模式】Maprounea guianensis Aublet。【参考异名】Aegopicron Giseke (1792); Aegopricon L. f. (1782); Aegopricum L. (1775); Maprounia Ham. (1825) Nom. illegit. ; Maprunea J. F. Gmel. (1791) Nom. illegit. ; Mapuria J. F. Gmel. (1791) ■☆

31609 Maprounia Ham. (1825) Nom. illegit. ≡ Maprounea Aubl. (1775) [大戟科 Euphorbiaceae] ■☆

31610 Maprunea J. F. Gmel. (1791) Nom. illegit. = Maprounea Aubl. (1775) [大戟科 Euphorbiaceae] ■☆

31611 Mapuria J. F. Gmel. (1791) Nom. illegit. ≡ Mapouria Aubl. (1775) [茜草科 Rubiaceae//九节科 Psychotriaceae] ●

31612 Maquira Aubl. (1775)【汉】箭毒桑属(马基桑属, 马奎桑属)。【隶属】桑科 Moraceae。【包含】世界 5 种。【学名诠释与讨论】〈阴〉词源不详。【分布】巴拿马, 秘鲁, 玻利维亚, 厄瓜多尔, 哥伦比亚(安蒂奥基亚), 哥斯达黎加, 尼加拉瓜, 中美洲。【模式】Maquira guianensis Aublet。【参考异名】Olmedioperebea Ducke (1922); Olmediophaena H. Karst. (1887) ●☆

31613 Maracanthus Kuijt (1976) = Oryctina Tiegh. (1895) [桑寄生科 Loranthaceae] ●☆

31614 Marah Kellogg (1854)【汉】马拉瓜属。【隶属】葫芦科(瓜科, 南瓜科) Cucurbitaceae。【包含】世界 7 种。【学名诠释与讨论】〈阴〉marah, 苦水。【分布】玻利维亚, 美国, 太平洋地区沿岸。【模式】Marah muricatus Kellogg。【参考异名】Megarrhiza Torr. et A. Gray (1860) ■☆

31615 Marahuacaea Maguire (1984)【汉】耳叶偏穗草属。【隶属】偏穗草科(雷巴第科, 瑞碑题雅科) Rapateaceae。【包含】世界 2 种。【学名诠释与讨论】〈阴〉(地) Marahuaca, 马拉瓦卡, 位于南美洲北部。【分布】南美洲北部。【模式】Marahuacaea schomburgkii (B. Maguire) B. Maguire [Amphiphyllum schomburgkii B. Maguire]。■☆

31616 Maralia Thouars (1806) = Polyscias J. R. Forst. et G. Forst. (1776) [五加科 Araliaceae] ●

31617 Marama Raf. (1838) Nom. illegit. = Graptophyllum Nees (1832) [爵床科 Acanthaceae] ●

31618 Maraniona C. E. Hughes, G. P. Lewis, Daza et Reynel (2004)【汉】拉文豆属。【隶属】豆科 Fabaceae(Leguminosae)。【包含】世界 1 种。【学名诠释与讨论】〈阴〉(人) Bartolo (m) meo Maranta, 约 1500-1571, 威尼斯植物学者, 医生。【分布】秘鲁。【模式】Maraniona lavinii C. E. Hughes, G. P. Lewis, A. Daza Yomona et C. Reynel。☆

31619 Maranta L. (1753)【汉】竹芋属。【日】クズウコン属, マランタ属。【俄】Аррорут, Маранта。【英】Arrowroot, Arrow - root, Prayer-plant。【隶属】竹芋科(苳叶科, 柊叶科) Marantaceae。【包含】世界 23-32 种, 中国 3 种。【学名诠释与讨论】〈阴〉(人) Bartolomea Maranti, 16 世纪意大利(威尼斯)医生医生、植物学者。【分布】巴拿马, 秘鲁, 玻利维亚, 厄瓜多尔, 哥伦比亚(安蒂奥基亚), 哥斯达黎加, 尼加拉瓜, 中国, 中美洲。【模式】Maranta arundinacea Linnaeus。■

31620 Marantaceae Petersen = Marantaceae R. Br. (保留科名) ■●

31621 Marantaceae R. Br. (1814) (保留科名)【汉】竹芋科(苳叶科, 柊叶科)。【日】クズウコン科, クヅウコン科。【俄】Марантовые。【英】Arrowroot Family, Maranta Family, Prayer-plant Family。【包含】世界 29-32 属 430-550 种, 中国 4 属 8-13 种。【分布】热带, 主要美洲。【科名模式】Maranta L. ■●

31622 Maranthes Blume (1825)【汉】蒌花属。【隶属】金壳果科 Chrysobalanaceae。【包含】世界 12 种。【学名诠释与讨论】〈阴〉(希) marantos, 凋落的, 枯萎的+anthos, 花。此属的学名, ING、APNI、TROPICOS 和 IK 记载是"Maranthes Blume, Bijdragen tot de Flora van Nederlandsch Indie No. 7 1827"。"Maranthus Rchb., Consp. Regn. Veg. [H. G. L. Reichenbach] 204. 1828"是其变体。"Exitelia Blume, Fl. Javae Praef. vii. 5 Aug 1828"是"Maranthes Blume (1825)"的晚出的同模式异名(Homotypic synonym, Nomenclatural synonym)。"Exiteles Miers, J. Linn. Soc., Bot. 17: 336. 1879 [1880 publ. 1879]"是"Maranthes Blume (1825)"的拼写变体。【分布】巴拿马, 马来西亚, 尼加拉瓜, 澳大利亚(热带), 热带非洲, 中美洲。【模式】Maranthes corymbosa Blume。

【参考异名】Exiteles Miers（1879）Nom. illegit.；Exitelia Blume（1828）Nom. illegit.；Maranthus Rchb.（1828）●☆

31623　Maranthus Rchb.（1828）Nom. illegit. ≡ Maranthes Blume（1825）［金壳果科 Chrysobalanaceae］●☆

31624　Marantochloa Brongn. ex Gris（1860）【汉】竹芋草属。【隶属】竹芋科（苳叶科，柊叶科）Marantaceae。【包含】世界 3-15 种。【学名诠释与讨论】〈阴〉（希）marantos，凋落的，枯萎的+chloe，草的幼芽，嫩草，禾草。【分布】马达加斯加，马斯克林群岛，热带非洲，中美洲。【模式】Marantochloa comorensis A. T. Brongniart ex Gris。【参考异名】Clinogyne K. Schum.，Nom. illegit.■☆

31625　Marantodes（A. DC.）Kuntze（1903）Nom. illegit. ≡ Marantodes（A. DC.）Post et Kuntze（1903）；~ = Labisia Lindl.（1845）（保留属名）［紫金牛科 Myrsinaceae］■●☆

31626　Marantodes（A. DC.）Post et Kuntze（1903）= Labisia Lindl.（1845）（保留属名）［紫金牛科 Myrsinaceae］■●☆

31627　Marantopsis Körn.（1862）= Stromanthe Sond.（1849）［竹芋科（苳叶科，柊叶科）Marantaceae］■☆

31628　Marara H. Karst.（1857）= Aiphanes Willd.（1807）［棕榈科 Arecaceae（Palmae）］●☆

31629　Mararungia Scop. = Clerodendrum L.（1753）；~ = Marurang Rumph. ex Adans.（1763）［马鞭草科 Verbenaceae//牡荆科 Viticaceae］●■

31630　Marasmodes DC.（1838）【汉】黏肋菊属。【隶属】菊科 Asteraceae（Compositae）。【包含】世界 4 种。【学名诠释与讨论】〈阴〉（希）marasmus，消瘦+oides，相像。【分布】非洲南部。【后选模式】Marasmodes polycephalus A. P. de Candolle。【参考异名】Adenoselen Spach（1841）Nom. inval.；Adenosolen DC.（1838）；Brachystylis E. Mey. ex DC.（1838）；Oligodorella Turcz.（1851）■☆

31631　Marathraceae Dumort.（1829）= Podostemaceae Rich. ex Kunth（保留科名）■

31632　Marathroideum Gand. =Seseli L.（1753）［伞形花科（伞形科）Apiaceae（Umbelliferae）］■

31633　Marathrum Bonpl.（1806）【汉】翼肋果属。【隶属】髯管花科 Geniostomaceae。【包含】世界 25 种。【学名诠释与讨论】〈阴〉（拉）marathrus，marathros，marathnim 和希腊文 marathron，marathon，茴香。此属的学名，ING，GCI，TROPICOS 和 IK 记载是 "Marathrum Bonpland in Humboldt et Bonpland, Pl. Aequin. 1：39. t. 11. 22 Sep 1806（'1808'）"。"Marathrum Humb. et Bonpl.（1806）≡ Marathrum Bonpl.（1806）" 的命名人引证有误。"Marathrum Link, Handbuch［Link］1：348. 1829［ante Sep 1829］= Seseli L.（1753）［伞形花科（伞形科）Apiaceae（Umbelliferae）］"是晚出的非法名称。"Marathrum Raf.，J. Phys. Chim. Hist. Nat. Arts 89：101. 1819［Aug 1819］≡ Musenium Nutt.（1840）Nom. illegit.［伞形花科（伞形科）Apiaceae（Umbelliferae）］"也是晚出的非法名称，它已经被 "Musineon Raf.，Journal de Physique, de Chimie, d'Histoire Naturelle et des Arts 91：71. 1820"和"Adorium Raf.，Neogenyton 3. 1825"所替代；后者应予废弃。【分布】巴拿马，秘鲁，厄瓜多尔，哥伦比亚（安蒂奥基亚），尼加拉瓜，热带南美洲西北部，中美洲。【模式】Marathrum foeniculaceum Bonpland。【参考异名】Marathrum Humb. et Bonpl.（1806）Nom. illegit.■☆

31634　Marathrum Humb. et Bonpl.（1806）Nom. illegit. ≡ Marathrum Bonpl.（1806）［髯管花科 Geniostomaceae］■☆

31635　Marathrum Link（1829）Nom. illegit. =Seseli L.（1753）［伞形花科（伞形科）Apiaceae（Umbelliferae）］■

31636　Marathrum Raf.（1819）Nom. illegit. ≡ Musenium Nutt.（1840）Nom. illegit.［伞形花科（伞形科）Apiaceae（Umbelliferae）］■☆

31637　Marcania J. B. Imlay（1939）【汉】泰国大花爵床属。【隶属】爵床科 Acanthaceae。【包含】世界 1 种。【学名诠释与讨论】〈阴〉（人）Giovanni Francesco Maratti（Joannes Franciscus Marat-tius），1723-1777，意大利植物学者，牧师。【分布】泰国。【模式】Marcania grandiflora Imlay。●☆

31638　Marcanilla Steud.（1840）= Hippomane L.（1753）；~ = Mancanilla Mill.（1754）Nom. illegit.；~ = Hippomane L.（1753）［大戟科 Euphorbiaceae//马疯木科 Hippomanaceae］●☆

31639　Marcanthus Lour.（1790）Nom. illegit. = Macranthus Lour.（1790）；~ =Mucuna Adans.（1763）（保留属名）［豆科 Fabaceae（Leguminosae）//蝶形花科 Papilionaceae］●■

31640　Marcelia Cass.（1825）= Anthemis L.（1753）；~ = Chamaemelum Mill.（1754）［菊科 Asteraceae（Compositae）//春黄菊科 Anthemidaceae］■

31641　Marcellia Baill.（1886）Nom. illegit. ≡ Marcelliopsis Schinz（1934）［苋科 Amaranthaceae］■●☆

31642　Marcellia Mart. ex Choisy（1844）= Exogonium Choisy（1833）［旋花科 Convolvulaceae］■☆

31643　Marcelliopsis Schinz（1934）【汉】显柱苋属。【隶属】苋科 Amaranthaceae。【包含】世界 3 种。【学名诠释与讨论】〈阴〉（属）Marcellia+希腊文 opsis，外观，模样，相似。此属的学名 "Marcelliopsis Schinz in Engler et Prantl, Nat. Pflanzenfam. ed. 2. 16c：48. Jan-Apr 1934" 是一个替代名称。"Marcellia Baillon, Bull. Mens. Soc. Linn. Paris 1：625. 6 Oct 1886"是一个非法名称（Nom. illegit.），因为此前已经有了"Marcellia C. F. P. Martius ex J. D. Choisy, Mém. Soc. Phys. Genève 10：443. 1844 = Exogonium Choisy（1833）［旋花科 Convolvulaceae］"。故用 "Marcelliopsis Schinz（1934）"替代之。【分布】热带非洲。【模式】Marcellia mirabilis Baillon。【参考异名】Marcellia Baill.（1886）Nom. illegit.■●☆

31644　Marcetella Svent.（1948）= Bencomia Webb et Berthel.（1842）［蔷薇科 Rosaceae］●☆

31645　Marcetia DC.（1828）【汉】马尔塞野牡丹属。【隶属】野牡丹科 Melastomataceae。【包含】世界 23 种。【学名诠释与讨论】〈阴〉（人）Adeodato Francisco Marcet y Poal，1875-1964，植物学者。【分布】热带美洲。【模式】未指定。●☆

31646　Marcgraavia Griseb.（1857）Nom. illegit. ≡ Marcgravia L.（1753）［蜜囊花科（附生藤科）Marcgraviaceae］●☆

31647　Marcgrafia Gled.（1764）Nom. illegit. ≡ Marcgravia L.（1753）［蜜囊花科（附生藤科）Marcgraviaceae］●☆

31648　Marcgravia L.（1753）【汉】附生藤属。【隶属】蜜囊花科（附生藤科）Marcgraviaceae。【包含】世界 45-60 种。【学名诠释与讨论】〈阴〉（人）Georg（Georgius）Marcgrave（Markgraf, Marcgraf, Marggraff, Margraff, Margravius, Marcgravius, Marggravius），1610-1644，德国博物学者。此属的学名，ING 和 IK 记载是"Marcgravia L., Sp. Pl. 1：503. 1753［1 May 1753］"。"Marcgraavia Griseb., Abh. Königl. Ges. Wiss. Göttingen 7：184. 1857"和"Marcgrafia Gled., Syst. Pl.［Gleditsch］231. 1764［ante 13 Sep 1764］"是其变体。【分布】巴拿马，秘鲁，玻利维亚，厄瓜多尔，哥伦比亚（安蒂奥基亚），哥斯达黎加，尼加拉瓜，西印度群岛，热带南美洲，中美洲。【模式】Marcgravia umbellata Linnaeus。【参考异名】Jatrops Rottb.（1778）；Marcgraavia Griseb.（1857）Nom. illegit.；Marcgrafia Gled.（1764）Nom. illegit.；Marggravia Willd.（1808）●☆

31649　Marcgraviaceae Bercht. et J. Presl（1820）（保留科名）【汉】蜜囊花科（附生藤科）。【包含】世界 5-7 属 108-130 种。【分布】热带美洲。【科名模式】Marcgravia L. ●☆

31650　Marcgraviaceae Choisy =Marcgraviaceae Bercht. et J. Presl（保留

科名)●■☆

31651 Marcgraviaceae Juse. ex DC. = Marcgraviaceae Bercht. et J. Presl (保留科名)●■☆

31652 Marcgraviastrum (Wittm. ex Szyszyl.) de Roon et S. Dressler (1997)【汉】小附生藤属。【隶属】蜜囊花科（附生藤科）Marcgraviaceae。【包含】世界 15 种。【学名诠释与讨论】〈中〉（人）Georg Marcgrave, 1610-1644, 植物学者+-astrum, 指示小的词尾, 也有"不完全相似"的含义。【分布】巴拿马, 玻利维亚, 厄瓜多尔, 哥伦比亚（安蒂奥基亚）, 哥斯达黎加, 尼加拉瓜, 中美洲。【后选模式】Marcgraviastrum cuneifolium (G. Gardner) H. G. Bedell [Marcgravia cuneifolia G. Gardner]。●☆

31653 Marchalanthus Nutt. ex Pfeiff. = Andrachne L. (1753) [大戟科 Euphorbiaceae]●☆

31654 Marchandora Pierre = Mangifera L. (1753) [漆树科 Anacardiaceae]●

31655 Marcielia Steud. (1841) = Cordia L. (1753)（保留属名）; ~ = Macielia Vand. (1788) [紫草科 Boraginaceae//破布木科（破布树科）Cordiaceae]●

31656 Marckea A. Rich. (1826) = Markea Rich. (1792) [茄科 Solanaceae]●☆

31657 Marconia Mattei(1921)= Pavonia Cav. (1786)（保留属名）[锦葵科 Malvaceae]●■☆

31658 Marcorella (Neck. ex G. Don) Raf. (1838) Nom. illegit. ≡ Colubrina Rich. ex Brongn. (1826)（保留属名）[鼠李科 Rhamnaceae]●

31659 Marcorella Neck. (1790) Nom. inval. = Colubrina Rich. ex Brongn. (1826)（保留属名）[鼠李科 Rhamnaceae]●

31660 Marcuccia Becc. (1871)= Enicosanthum Becc. (1871) [番荔枝科 Annonaceae]●☆

31661 Marcus-kochia Al-Shehbaz(2014)【汉】类桂竹香属。【隶属】十字花科 Brassicaceae(Cruciferae)。【包含】世界 4 种。【学名诠释与讨论】〈阴〉词源不详。【分布】旧世界。【模式】[Cheiranthus littoreus L.]。☆

31662 Marenga Endl. (1837) = Aframomum K. Schum. (1904); ~ = Marogna Salisb. (1812) [姜科（蘘荷科）Zingiberaceae]■

31663 Marenopuntia Backeb. (1950)【汉】群龙掌属（群龙属）。【日】マレノプンティア属。【隶属】仙人掌科 Cactaceae。【包含】世界 1 种。【学名诠释与讨论】〈阴〉（人）Maren+puntia 仙人掌。此属的学名, ING、TROPICOS 和 IK 记载是" Marenopuntia Backeberg, Desert Pl. Life 22: 27. Mar 1950"。它曾被处理为" Opuntia ser. Marenopuntiae (Backeb.) Bravo, Cactáceas y Suculentas Mexicanas 17 (4): 118. 1972"。亦有文献把" Marenopuntia Backeb. (1950)"处理为"Grusonia Rchb. f. ex K. Schum. (1919)"或"Opuntia Mill. (1754)"的异名。【分布】墨西哥。【模式】Marenopuntia marenae (Parsons) Backeberg [Opuntia marenae Parsons]。【参考异名】Grusonia Rchb. f. ex K. Schum. (1919); Opuntia Mill. (1754); Opuntia ser. Marenopuntiae (Backeb.) Bravo(1972)●☆

31664 Marenteria Noronha ex Thouars(1806)= Uvaria L. (1753) [番荔枝科 Annonaceae]●

31665 Marenteria Thouars(1806) Nom. illegit. ≡ Marenteria Noronha ex Thouars(1806); ~ = Uvaria L. (1753) [番荔枝科 Annonaceae]●

31666 Maresia Pomel(1874)【汉】梅尔芥属。【俄】Маresия。【隶属】十字花科 Brassicaceae (Cruciferae)。【包含】世界 6-7 种。【学名诠释与讨论】〈阴〉（人）Paul Mares, 1826-1900, 法国植物学者, 探险家。【分布】地中海至里海和南伊朗。【模式】未指定。■☆

31667 Mareya Baill. (1860)【汉】马莱戟属。【隶属】大戟科 Euphorbiaceae。【包含】世界 3 种。【学名诠释与讨论】〈阴〉（人）Etienne-Jules Marey, 1830-1904, 法国医生, 博物学者, 生理学者, 动物学者。【分布】热带非洲西部。【模式】Mareya spicata Baillon。■☆

31668 Mareyopsis Pax et K. Hoffm. (1919)【汉】拟马莱戟属。【隶属】大戟科 Euphorbiaceae。【包含】世界 1-2 种。【学名诠释与讨论】〈阴〉（属）Mareya 马莱戟属+希腊文 opsis, 外观, 模样, 相似。【分布】西赤道非洲。【模式】Mareyopsis longifolia (Pax) Pax et K. Hoffmann [Mareya longifolia Pax]。●☆

31669 Margacola Buckley(1861)= Trichocoronis A. Gray(1849) [菊科 Asteraceae(Compositae)]■☆

31670 Margaranthus Schltdl. (1838)【汉】珍珠茄属。【隶属】茄科 Solanaceae。【包含】世界 1 种。【学名诠释与讨论】〈阳〉（希）margarites, margaron, 珍珠+anthos, 花。【分布】美国（西南部）, 墨西哥。【模式】Margaranthus solanaceus D. F. L. Schlechtendal。☆

31671 Margaretta Oliv. (1875)【汉】珍珠萝藦属。【隶属】萝藦科 Asclepiadaceae。【包含】世界 1 种。【学名诠释与讨论】〈阴〉（拉）margarites, 珍珠+etta 小的。【分布】热带非洲。【模式】Margaretta rosea D. Oliver。■☆

31672 Margaripes DC. ex Steud. (1841)= Anaphalis DC. (1838) [菊科 Asteraceae(Compositae)]●■

31673 Margaris DC. (1830)= Symphoricarpos Duhamel(1755) [忍冬科 Caprifoliaceae]●

31674 Margaris Griseb. (1866) Nom. illegit. = Margaritopsis Wright. (1869) [茜草科 Rubiaceae]●☆

31675 Margarita Gaudin (1829) Nom. illegit. ≡ Bellidastrum Scop. (1760); ~ = Aster L. (1753) [菊科 Asteraceae(Compositae)]●■

31676 Margaritaria L. (1775) Nom. inval., Nom. nud. =? Margaritaria L. f. (1782) [大戟科 Euphorbiaceae]●☆

31677 Margaritaria L. f. (1782)【汉】蓝子木属（贵戟属, 珍珠戟属, 紫黄属）。【隶属】大戟科 Euphorbiaceae。【包含】世界 14 种, 中国 1 种。【学名诠释与讨论】〈阴〉（拉）margarites, 珍珠+-arius, -aria, -arium, 指示"属于、相似、具有、联系"的词尾。此属的学名, ING、APNI、GCI、TROPICOS 和 IK 记载是" Margaritaria L. f., Suppl. Pl. 66, pro parte. 1782 [1781 publ. Apr 1782]"。" Margaritaria Opiz, Seznam 63(1852) = Anaphalis DC. (1838) [菊科 Asteraceae(Compositae)]"是晚出的非法名称。" Margaritaria L., Plantae Surinamenses 16. 1775. (23 Jun 1775) =? Margaritaria L. f. (1782) [大戟科 Euphorbiaceae]"是一个未合格发表的名称（Nom. inval.）。【分布】巴拉圭, 巴拿马, 秘鲁, 玻利维亚, 厄瓜多尔, 哥斯达黎加, 马达加斯加, 尼加拉瓜, 中国, 中美洲。【模式】Margaritaria nobilis Linnaeus f.。【参考异名】Calococcus Kurz ex Teijsm. (1864) Nom. illegit.; Calococcus Kurz ex Teijsm. et Binnend. (1864); Prosorus Dalzell (1852); Prosporus Thwaites; Wurtzia Baill. (1861); Zygospermum Thwaites ex Baill. (1858)●

31678 Margaritaria Opiz(1852) Nom. illegit. = Anaphalis DC. (1838) [菊科 Asteraceae(Compositae)]●■

31679 Margaritolobium Harms (1923)【汉】委珠豆属。【隶属】豆科 Fabaceae(Leguminosae)。【包含】世界 1 种。【学名诠释与讨论】〈中〉（拉）margarites, 珍珠+lobos = 拉丁文 lobulus, 片, 裂片, 叶, 荚, 蒴+-ius, -ia, -ium, 在拉丁文和希腊文中, 这些词尾表示性质或状态。【分布】玻利维亚, 尼加拉瓜, 委内瑞拉, 中美洲。【模式】Margaritolobium luteum (I. M. Johnston) Harms [Gliricidia lutea I. M. Johnston]。■☆

31680 Margaritopsis Sauvalle (1869) Nom. illegit. ≡ Margaritopsis Wright. (1869) [茜草科 Rubiaceae]●☆

31681 Margaritopsis Wright.（1869）【汉】珍珠茜属。【隶属】茜草科 Rubiaceae。【包含】世界 3 种。【学名诠释与讨论】〈阴〉（拉）margarites，珍珠+希腊文 opsis，外观，模样，相似。此属的学名，ING、TROPICOS 和 IK 记载是"Margaritopsis C. Wright in Sauvalle，Anales Acad. Ci. Méd. Habana 6：146. 15 Nov 1869 "。"Margaritopsis Sauvalle（1869）Nom. illegit. ≡ Margaritopsis Wright.（1869）"和"Margaritopsis Wright. ex Sauvalle（1869）Nom. illegit. ≡ Margaritopsis Wright.（1869）"的命名人引证有误。【分布】玻利维亚，尼加拉瓜，西印度群岛，中美洲。【模式】Margaritopsis acuifolia C. Wright。【参考异名】Margaris Griseb.（1866）Nom. illegit. ; Margaritopsis Sauvalle（1869）Nom. illegit. ; Margaritopsis Wright. ex Sauvalle（1869）Nom. illegit. ●☆

31682 Margaritopsis Wright. ex Sauvalle（1869）Nom. illegit. ≡ Margaritopsis Wright.（1869）［茜草科 Rubiaceae］●☆

31683 Margarocarpus Wedd.（1854）= Pouzolzia Gaudich.（1830）［荨麻科 Urticaceae］●■

31684 Margarospermum（Rchb.）Opiz（1839）Nom. illegit. ≡ Aegonychon Gray（1821）; ~ = Lithospermum L.（1753）［紫草科 Boraginaceae］■

31685 Margarospermum Opiz（1839）Nom. illegit. ≡ Margarospermum（Rchb.）Opiz（1839）Nom. illegit. ; ~ ≡ Aegonychon Gray（1821）; ~ = Lithospermum L.（1753）［紫草科 Boraginaceae］■

31686 Margarospermum Spach（1838）Nom. illegit.［紫草科 Boraginaceae］■☆

31687 Margbensonia A. V. Bobrov et Melikyan（1998）= Podocarpus Pers.（1807）（保留属名）［罗汉松科 Podocarpaceae］●

31688 Margelliantha P. J. Cribb（1979）【汉】马吉兰属。【隶属】兰科 Orchidaceae。【包含】世界 4 种。【学名诠释与讨论】〈阴〉（希）margelis，珍珠，珠状物，珍珠色+anthos，花。【分布】肯尼亚，坦桑尼亚，刚果（金）。【模式】Margelliantha leedalii P. J. Cribb。■☆

31689 Marggravia Willd.（1808）= Marcgravia L.（1753）［蜜囊花科（附生藤科）Marcgraviaceae］●☆

31690 Marginatocereus（Backeb.）Backeb.（1942）【汉】白云阁属（云阁属）。【隶属】仙人掌科 Cactaceae。【包含】世界 1 种。【学名诠释与讨论】〈阳〉（希）margo，所有格 marginis，边，缘+（属）Cereus 仙影掌属。此属的学名，ING 和 IK 记载是"Marginatocereus（Backeberg）Backeberg, Cactaceae 1941（2）：49, 77. Jun 1942 "；但是未给出基源异名。GCI 和 IK 则记载为"Marginatocereus Backeb. , Cactaceae//Berlin）1941, pt. 2：77. 1942 "。"Marginatocereus Backeb.（1942）≡ Marginatocereus（Backeb.）Backeb.（1942）"的命名人引证有误。亦有文献把"Marginatocereus（Backeb.）Backeb.（1942）"处理为"Cereus Mill.（1754）"或"Pachycereus（A. Berger）Britton et Rose（1909）"的异名。【分布】墨西哥。【模式】Marginatocereus marginatus（A. P. de Candolle）Backeberg［Cereus marginatus A. P. de Candolle］。【参考异名】Cereus Mill.（1754）; Marginatocereus Backeb.（1942）Nom. illegit. ; Pachycereus（A. Berger）Britton et Rose（1909）●☆

31691 Marginatocereus Backeb.（1942）Nom. illegit. ≡ Marginatocereus（Backeb.）Backeb.（1942）; ~ = Cereus Mill.（1754）; ~ = Pachycereus（A. Berger）Britton et Rose（1909）［仙人掌科 Cactaceae］●

31692 Margotia Boiss.（1838）【汉】马戈特草属。【隶属】伞形花科（伞形科）Apiaceae（Umbelliferae）。【包含】世界 1 种。【学名诠释与讨论】〈阴〉（人）Henri Margot，1807-1894，瑞士植物学者。此属的学名是"Margotia Boissier, Elenchus 52. Jun 1838 "。亦有文献把其处理为"Elaeoselinum W. D. J. Koch ex DC.（1830）"的异名。【分布】地中海西部。【模式】Margotia laserpitioides Boissier.

【参考异名】Elaeoselinum W. D. J. Koch ex DC.（1830）■☆

31693 Margyricarpus Ruiz et Pav.（1794）【汉】珍珠果属（银珠果属）。【英】Pearl Fruit。【隶属】蔷薇科 Rosaceae。【包含】世界 1-8 种。【学名诠释与讨论】〈阴〉（希）margarites，珍珠+karpos，果实。【分布】安第斯山，秘鲁，玻利维亚，厄瓜多尔。【模式】Margyricarpus setosus Ruiz et Pavon。【参考异名】Tetraglochin Kuntze ●☆

31694 Maria-Antonia Parl.（1844）= Crotalaria L.（1753）（保留属名）［豆科 Fabaceae（Leguminosae）//蝶形花科 Papilionaceae］●■

31695 Mariacantha Bubani（1899）Nom. illegit. ≡ Silybum Vaill.（1754）（保留属名）［菊科 Asteraceae（Compositae）//苦香木科（水飞蓟科）Simabaceae］■

31696 Marialva Vand.（1788）= Tovomita Aubl.（1775）［猪胶树科（克鲁西科，山竹子科，藤黄科）Clusiaceae（Guttiferae）］●☆

31697 Marialvaea Mart.（1827）= Marialva Vand.（1788）［猪胶树科（克鲁西科，山竹子科，藤黄科）Clusiaceae（Guttiferae）］●☆

31698 Marialvea Spreng.（1818）Nom. illegit.［猪胶树科（克鲁西科，山竹子科，藤黄科）Clusiaceae（Guttiferae）］☆

31699 Mariana Hill（1762）Nom. illegit.（废弃属名）≡ Silybum Adans.（1763）Nom. illegit.（废弃属名）; ~ = Silybum Vaill.（1754）（保留属名）［菊科 Asteraceae（Compositae）//苦香木科（水飞蓟科）Simabaceae］■

31700 Marianthemum Schrank（1822）= Campanula L.（1753）［桔梗科 Campanulaceae］■●

31701 Marianthus Hügel ex Endl.（1837）【汉】马利花属。【英】Marianthus。【隶属】海桐花科（海桐科）Pittosporaceae。【包含】世界 16 种。【学名诠释与讨论】〈阳〉（拉）mare，所有格 maris，海+anthos，花。另说纪念 Marie von Metternich，植物学女赞助人+anthos。此属的学名，ING、TROPICOS 和 APNI 记载是"Marianthus Hügel ex Endlicher in Endlicher et al. , Enum. Pl. Hügel 8. Apr 1837 "。IK 则记载为"Marianthus Hügel, Enum. Pl. ［Endlicher］8. 1837［Apr 1837］"。四者引用的文献相同。亦有文献把"Marianthus Hügel ex Endl.（1837）"处理为"Billardiera Sm.（1793）"的异名。【分布】澳大利亚。【模式】Marianthus candidus Hügel ex Endlicher。【参考异名】Billardiera Sm.（1793）; Calopetalon Harv.（1855）Nom. illegit. ; Calopetalon J. Drumm. ex Harv.（1855）; Cyathomiscus Turcz.（1863）; Marianthus Hügel（1837）Nom. illegit. ; Oncosporum Putt.（1839）; Rhytidosporum F. Muell.（1862）; Rhytidosporum F. Muell. ex Hook. f.（1855）●☆

31702 Marianthus Hügel（1837）Nom. illegit. ≡ Marianthus Hügel ex Endl.（1837）［海桐花科（海桐科）Pittosporaceae］●☆

31703 Mariarisqueta Guinea（1946）= Cheirostylis Blume（1825）［兰科 Orchidaceae］■

31704 Marica Ker Gawl.（1803）Nom. illegit. = Neomarica Sprague（1928）［鸢尾科 Iridaceae］■☆

31705 Marica Schreb.（1789）Nom. illegit. ≡ Cipura Aubl.（1775）［鸢尾科 Iridaceae］■☆

31706 Mariera Walp.（1842）= Moriera Boiss.（1841）［十字花科 Brassicaceae（Cruciferae）］■☆

31707 Marignia Comm. ex Kunth（1824）= Protium Burm. f.（1768）（保留属名）［橄榄科 Burseraceae］●

31708 Marila Sw.（1788）【汉】同花木属。【隶属】猪胶树科（克鲁西科，山竹子科，藤黄科）Clusiaceae（Guttiferae）。【包含】世界 15-40 种。【学名诠释与讨论】〈阴〉（希）marile，未熄的，余火，星火。指种子。【分布】巴拿马，秘鲁，玻利维亚，厄瓜多尔，哥伦比亚（安蒂奥基亚），哥斯达黎加，尼加拉瓜，西印度群岛，中美洲。【模式】Marila racemosa O. Swartz。【参考异名】Monoporina Bercht. et J. Presl（1825）; Monoporina J. Presl（1825）Nom. illegit. ;

Scyphaea C. Presl(1829)Nom. illegit. ●☆

31709   Marilaunidium Kuntze(1891)Nom. illegit. ≡ Nama L. (1759)
(保留属名)［田梗草科(田基麻科,田亚麻科)Hydrophyllaceae]■

31710   Marina Liebm. (1854)【汉】海豆属。【隶属】豆科 Fabaceae
(Leguminosae)。【包含】世界 38 种。【学名诠释与讨论】〈阴〉
(人)Marina,是墨西哥征服者 Cortez 的教名。【分布】哥斯达黎
加,墨西哥,尼加拉瓜,中美洲。【模式】Marina gracilis Liebmann。
【参考异名】Carroa C. Presl(1858)Nom. illegit. ■☆

31711   Marinellia Bubani(1897)Nom. illegit. ≡Melampyrum L. (1753)
［玄参科 Scrophulariaceae//列当科 Orobanchaceae//山罗花科
Melampyraceae]■

31712   Maripa Aubl. (1775)【汉】马利旋花属。【隶属】旋花科
Convolvulaceae。【包含】世界 19 种。【学名诠释与讨论】〈阴〉词
源不详。【分布】巴拿马,秘鲁,玻利维亚,厄瓜多尔,哥伦比亚
(安蒂奥基亚),哥斯达黎加,尼加拉瓜,中美洲。【模式】Maripa
scandens Aublet。【参考异名】Maireria Scop. (1777)Nom. illegit. ,
Nom. superfl. ; Mouroucoa Aubl. (1775); Murocoa J. St. - Hil.
(1805);Murueva Raf. (1821)Nom. inval. ■☆

31713   Mariposa (A. W. Wood) Hoover (1944) = Calochortus Pursh
(1814)［百合科 Liliaceae//油点草科 Tricyrtidaceae//美莲草科
(裂果草科,油点草科)Calochortaceae]■☆

31714   Mariscopsis Cherm. (1919)= Queenslandiella Domin(1915)［莎
草科 Cyperaceae]■☆

31715   Marisculus Goetgh. (1977)= Alinula J. Raynal(1977)［莎草科
Cyperaceae]■☆

31716   Mariscus Ehrh. (废弃属名)= Schoenus L. (1753)［莎草科
Cyperaceae]■

31717   Mariscus Gaertn. (1788)Nom. illegit. (废弃属名)≡Schoenus
L. (1753); ~ = Rhynchospora Vahl(1805)［as ' Rynchospora']
(保留属名)［莎草科 Cyperaceae]■☆

31718   Mariscus Haller ex Kuntze(1891)Nom. illegit. (废弃属名)=
Mariscus Zinn(1757)(废弃属名); ~ =Mariscus Vahl(1805)(保留
属名)［莎草科 Cyperaceae]■

31719   Mariscus Haller, Nom. inval. (废弃属名)= Mariscus Vahl
(1805)(保留属名)［莎草科 Cyperaceae]■

31720   Mariscus Scop. (1754)(废弃属名)= Cladium P. Browne
(1756); ~ =Schoenus L. (1753)［莎草科 Cyperaceae]■

31721   Mariscus Vahl(1805)(保留属名)【汉】砖子苗属(穿鱼草属)。
【日】クグ属。【俄】Марискус, Меч - трава。【英】Saw Grass,
Sawgrass,Twig Rush。【隶属】莎草科 Cyperaceae。【包含】世界
200 种,中国 10-11 种。【学名诠释与讨论】〈阳〉(拉)mariscus,
一种灯心草 + - iscus,指示小的词尾。此属的学名 " Mariscus
Vahl,Enum. Pl. 2;372. Oct-Dec 1805"是保留属名。相应的废弃
属名是莎草科 Cyperaceae 的 " Mariscus Scop. , Meth. Pl. ;22. 25
Mar 1754 =Cladium P. Browne(1756)= Schoenus L. (1753)"。莎
草科 Cyperaceae 的 " Mariscus Haller ex Kuntze, Revis. Gen. Pl. 2;
754. 1891 = Mariscus Zinn (1757) (废弃属名)"、" Mariscus
Gaertn. ,Fruct. Sem. Pl. 1; 11. 1788［Dec 1788］≡Schoenus L.
(1753)= Rhynchospora Vahl(1805)［as ' Rynchospora'](保留属
名)"、" Mariscus Ehrh. =Schoenus L. (1753)" 和 " Mariscus Zinn,
Cat. Pl. Hort. Gott. 79. 1757［20 Apr－21 May 1757］= Mariscus
Vahl(1805)(保留属名)",都应废弃。" Mariscus Vahl(1805)(保
留属名)"曾先后被处理为 " Cyperus［unranked］Mariscus (Vahl)
Endl. ,Genera Plantarum (Endlicher) 119. 1836"、" Cyperus sect.
Mariscus (Vahl) Griseb. , Flora of the British West Indian Islands
566. 1864. (Oct 1864)" 和 " Cyperus subgen. Mariscus (Vahl) C. B.
Clarke ,Journal of the Linnean Society, Botany 21;34. 1884"。亦有

文献把 " Mariscus Vahl(1805)(保留属名)" 处理为 " Cyperus L.
(1753)"的异名。【分布】巴拿马,玻利维亚,马达加斯加,利比
里亚(宁巴),热带和亚热带,中国,中美洲。【模式】Mariscus
capillaris (Swartz)M. Vahl［Schoenus capillaris Swartz]。【参考异
名】Cyperus L. (1753);Cyperus［unranked］Mariscus (Vahl)Endl.
(1836); Cyperus sect. Mariscus (Vahl) Griseb. (1864); Cyperus
subgen. Mariscus (Vahl) C. B. Clarke (1884); Didymia Phil.
(1886); Mariscus Haller ex Kuntze (1891)Nom. illegit. (废弃属
名); Mariscus Haller, Nom. inval. (废弃属名); Mariscus Zinn
(1757)(废弃属名)■

31722   Mariscus Zinn(1757)(废弃属名)= Mariscus Vahl(1805)(保
留属名)［莎草科 Cyperaceae]■

31723   Maritimocereus Akers et Buining(1950)= Borzicactus Riccob.
(1909); ~ =Cleistocactus Lem. (1861)［仙人掌科 Cactaceae]●☆

31724   Maritimocereus Akers (1950) Nom. illegit. ≡ Maritimocereus
Akers et Buining (1950); ~ = Borzicactus Riccob. (1909); ~ =
Cleistocactus Lem. (1861)［仙人掌科 Cactaceae]■☆

31725   Marizia Gand. (1910)= Daveaua Willk. ex Mariz(1891)［as
'Daveana'］［菊科 Asteraceae(Compositae)]■☆

31726   Marjorana G. Don(1837)= Majorana Mill. (1754)(保留属名);
~ =Origanum L. (1753)［唇形科 Lamiaceae(Labiatae)]●■

31727   Markea Rich. (1792)【汉】马尔茄属。【隶属】茄科
Solanaceae。【包含】世界 18 种。【学名诠释与讨论】〈阴〉(人)
Jean Baptiste Antoine Pierre de Monnet (Monet)de Lamarck ,1744-
1829,法国植物学者。【分布】巴拿马,秘鲁,玻利维亚,厄瓜多
尔,哥伦比亚(安蒂奥基亚),中美洲。【模式】Markea coccinea L.
C. Richard。【参考异名】Dyssochroma Miers (1849); Ectozoma
Miers(1849); Lamarckia Valll (1810)Nom. illegit. (废弃属名);
Lamarkea Pers. (1805)Nom. illegit. ;Lamarkia G. Don(废弃属名);
Marckea A. Rich. (1826); Merinthopodium Donn. Sm. (1897);
Rahowardiana D'Arcy(1974)●☆

31728   Markhamia Seem. (1863) Nom. inval. ≡ Markhamia Seem. ex
Baill. (1888)［紫葳科 Bignoniaceae]●

31729   Markhamia Seem. ex Baill. (1888)【汉】猫尾木属。【隶属】紫
葳科 Bignoniaceae。【包含】世界 10 种,中国 1 种。【学名诠释与
讨论】〈阴〉(人)Clements Robert Markham,1830-1916,英国植物
学者,地理学者,植物采集家。此属的学名,ING、TROPICOS 和
IK 记载是 " Markhamia Seem. ex Baill. ,Hist. Pl. (Baillon) 10;47.
1888［Nov-Dec 1888]"。" Markhamia Seem. ,J. Bot. 1;226. 1863
≡Markhamia Seem. ex Baill. (1888)"是一个未合格发表的名称
(Nom. inval.)。亦有文献把 " Markhamia Seem. ex Baill. (1888)"
处理为 " Dolichandrone (Fenzl) Seem. (1862)(保留属名)"的异
名。【分布】热带非洲,亚洲,中国。【模式】Markhamia stipulata
(Wallich)Seemann ex K. Schumann［Spathodea stipulata Wallich]。
【参考异名】Dolichandrone (Fenzl) Seem. (1862)(保留属名);
Markhamia Seem. (1863) Nom. inval. ; Muenteria Seem. (1865)
Nom. illegit. ●

31730   Markleya Bondar(1957)= Maximiliana Mart. (1824)(保留属
名)［棕榈科 Arecaceae(Palmae)]●

31731   Marlea Roxb. (1814) Nom. inval. , Nom. nud. ［山茱萸科
Cornaceae]●☆

31732   Marlea Roxb. (1820)Nom. inval. = Alangium Lam. (1783)(保
留属名)［八角枫科 Alangiaceae]●

31733   Marliera D. Dietr. (1843)= Rubachia O. Berg(1855)［桃金娘
科 Myrtaceae]●☆

31734   Marlierea Cambess. (1829)Nom. inval. ≡ Marlierea Cambess. ex
A. St. -Hil. (1833)［桃金娘科 Myrtaceae]●

31735 Marlierea Cambess. ex A. St. -Hil. (1833)【汉】马利埃木属。【隶属】桃金娘科 Myrtaceae。【包含】世界 50 种。【学名诠释与讨论】〈阴〉（人）Marliere。此属的学名，ING 和 TROPICOS 记载是"Marlierea Cambessèdes in A. F. C. P. Saint-Hilaire, Fl. Brasil. Mer. 2: ed. fol. 269; ed. qu. 373. 3 Aug 1833"。IK 记载是"Marlierea Cambess. ,Fl. Bras. Merid. (A. St. -Hil.). ii. 373. t. 156 (1829)"。GCI 则记载为"Marlierea Cambess. ex A. St. -Hil. ,Fl. Bras. Merid. (A. St. -Hil.). 2;269（ed. f.）;373（ed. q.）. 1833［3 Aug 1833］"。【分布】巴拉圭，巴拿马，秘鲁，玻利维亚，厄瓜多尔，热带南美洲，中美洲。【后选模式】Marlierea suaveolens Cambessèdes。【参考异名】Eugeniopsis O. Berg (1855); Krugia Urb. (1893); Marlierea Cambess. (1829) Nom. inval. ; Rubachia O. Berg (1855)●☆

31736 Marlieria Benth. et Hook. f. (1865) Nom. illegit. = Eugeissona Griff. (1844)［棕榈科 Arecaceae(Palmae)］●

31737 Marlieriopsis Kiaersk. (1890) = Blepharocalyx O. Berg (1856)［桃金娘科 Myrtaceae］●☆

31738 Marlothia Engl. (1888) = Helinus E. Mey. ex Endl. (1840)（保留属名）［鼠李科 Rhamnaceae］●☆

31739 Marlothiella H. Wolff (1912)【汉】马劳斯草属。【隶属】伞形花科（伞形科）Apiaceae(Umbelliferae)。【包含】世界 1 种。【学名诠释与讨论】〈阴〉（人）Hermann Wilhelm Rudolf Marloth, 1855-1931, 德国植物学者（另说南非植物学者）+-ellus, -ella, -ellum, 加在名词词干后面形成指小式的词尾。或加在人名、属名等后面以组成新属的名称。【分布】非洲南部。【模式】Marlothiella gummifera H. Wolff。●☆

31740 Marlothistella Schwantes (1928) = Ruscus L. (1753)［百合科 Liliaceae//假叶树科 Ruscaceae］●

31741 Marmaroxylon Killip ex Record, Nom. illegit. ≡ Marmaroxylon Killip (1940)［豆科 Fabaceae (Leguminosae)//含羞草科 Mimosaceae］●☆

31742 Marmaroxylon Killip(1940)【汉】大理石豆属。【隶属】豆科 Fabaceae(Leguminosae)//含羞草科 Mimosaceae。【包含】世界 8 种。【学名诠释与讨论】〈中〉（希）marmaros, 大理石+xylon, 木材。此属的学名，ING、TROPICOS、GCI 和 IK 记载是"Marmaroxylon Killip, Trop. Woods 63: 3. Sep 1940"。"Marmaroxylon Killip ex Record ≡ Marmaroxylon Killip(1940)"的命名人引证有误。亦有文献把"Marmaroxylon Killip(1940)"处理为"Pithecellobium Mart. (1837)［as 'Pithecollobium'］（保留属名）"的异名。【分布】巴西，秘鲁，玻利维亚。【模式】Marmaroxylon racemosum (Ducke) Killip［Pithecellobium racemosum Ducke］。【参考异名】Marmaroxylon Killip ex Record, Nom. illegit. ; Pithecellobium Mart. (1837)［as 'Pithecollobium'］（保留属名）●☆

31743 Marmorites Benth. (1833) Nom. illegit. ≡ Marmoritis Benth. (1833)［唇形科 Lamiaceae(Labiatae)//荆芥科 Nepetaceae］■

31744 Marmoritis Benth. (1833)【汉】扭连钱属。【英】Phyllophyton。【隶属】唇形科 Lamiaceae(Labiatae)//荆芥科 Nepetaceae。【包含】世界 5 种，中国 5 种。【学名诠释与讨论】〈阴〉（希）marmaros+-ites, 表示关系密切的词尾。此属的学名，ING、TROPICOS 和 IK 记载是"Marmoritis Bentham, Bot. Misc. 3: 377. 1 Aug 1833"。"Marmorites Benth. (1833) Nom. illegit. ≡ Marmoritis Benth. (1833)"似为误记。"Marmoritis Post et Kuntze(1903) = Marmoritis Benth. (1833) = Nepeta L. (1753)［唇形科 Lamiaceae(Labiatae)//荆芥科 Nepetaceae］"是晚出的非法名称。亦有文献把"Marmoritis Benth. (1833)"处理为"Nepeta L. (1753)"的异名。【分布】巴基斯坦，中国，喜马拉雅山。【模式】Marmorites

rotundifolia Bentham。【参考异名】Glechoma Mill. (1754) Nom. illegit. (废弃属名): Nepeta L. (1753); Marmoritis Post et Kuntze (1903) Nom. illegit. ; Phyllophyton Kudô (1929); Pseudolophanthus Kuprian. (1948) Nom. illegit. ; Pseudolophanthus Levin (1941)■

31745 Marmoritis Post et Kuntze (1903) Nom. illegit. = Marmoritis Benth. (1833); ~ = Nepeta L. (1753)［唇形科 Lamiaceae (Labiatae)//荆芥科 Nepetaceae］■●

31746 Marniera Backeb. (1950) = Epiphyllum Haw. (1812); ~ = Selenicereus (A. Berger) Britton et Rose (1909)［仙人掌科 Cactaceae］●

31747 Marogna Salisb. (1812) = Amomum Roxb. (1820)（保留属名）［姜科（襄荷科）Zingiberaceae］■

31748 Marojejya Humbert (1955)【汉】玛瑙椰子属（大叶棕属，马岛椰属，玛瑙椰属，密序棕属）。【隶属】棕榈科 Arecaceae(Palmae)。【包含】世界 2 种。【学名诠释与讨论】〈阴〉（地）, 位于马达加斯加。【分布】马达加斯加。【模式】Marojejya insignis Humbert。●☆

31749 Maropsis Pomel (1874) = Marrubium L. (1753)［唇形科 Lamiaceae(Labiatae)］■

31750 Marottia Raf. (1838) = Hydnocarpus Gaertn. (1788)［刺篱木科（大风子科）Flacourtiaceae］●

31751 Marquartia Hassk. (1842) = Pandanus Parkinson (1773)［露兜树科 Pandanaceae］●■

31752 Marquartia Vogel (1843) Nom. illegit. ≡ Callerya Endl. (1843); ~ ≡ Millettia Wight et Arn. (1834)（保留属名）［豆科 Fabaceae (Leguminosae)//蝶形花科 Papilionaceae］●■

31753 Marquesia Gilg(1908)【汉】马氏龙脑香属（马格非洲香属）。【隶属】龙脑香科 Dipterocarpaceae。【包含】世界 3-4 种。【学名诠释与讨论】〈阴〉（人）Maria do Carmo Mendes Marques, 1934-?, 植物学者。另说纪念 Alexandre Louis Marquis, 1777-1828, 法国植物学者，教授。此属的学名，ING 和 IK 记载是"Marquesia Gilg, Bot. Jahrb. Syst. 40(4): 485. 1908［3 Mar 1908］"。TROPICOS 则记载为"Marquesia Gilg, Botanische Jahrbücher für Systematik, Pflanzengeschichte und Pflanzengeographie 40: 485. 1908, Nom. illegit. ", 并标注正确名称是"Trisellanthus Pierre, Tabulae Herbarii L. Pierre 1904"（笔误，应该是 Trillesanthus Pierre）; 实际上，Trillesanthus Pierre(1904) Nom. inval. ≡ Trillesanthus Pierre ex A. Chev. (1917)。【分布】热带非洲。【模式】Marquesia macroura Gilg。【参考异名】Trillesanthus Pierre ex A. Chev. (1917); Trillesanthus Pierre(1904) Nom. inval. ; Trisellanthus Pierre(1904) Nom. illegit. ●☆

31754 Marquisia A. Rich. (1830) Nom. illegit. = Coprosma J. R. Forst. et G. Forst. (1775)［茜草科 Rubiaceae］●☆

31755 Marquisia A. Rich. ex DC. (1830) = Coprosma J. R. Forst. et G. Forst. (1775)［茜草科 Rubiaceae］●☆

31756 Marrhubium Delarbre (1800) = Marrubium L. (1753)［唇形科 Lamiaceae(Labiatae)］■

31757 Marrubiastrum Moench (1794) Nom. illegit. ≡ Marrubiastrum Tourn. ex Moench(1794) Nom. illegit. ; ~ = Sideritis L. (1753)［唇形科 Lamiaceae(Labiatae)］●■

31758 Marrubiastrum Ség. (1754) = Leonurus L. (1753)［唇形科 Lamiaceae(Labiatae)］■

31759 Marrubiastrum Tourn. ex Moench(1794) Nom. illegit. = Sideritis L. (1753)［唇形科 Lamiaceae(Labiatae)］■●

31760 Marrubium L. (1753)【汉】欧夏至草属（夏至草属）。【日】ニガハクカ属，ニガハッカ属。【俄】Шандра。【英】Hoarhound, Horehound, White Horehound。【隶属】唇形科 Lamiaceae (Labiatae)。【包含】世界 30-40 种，中国 1 种。【学名诠释与讨

论】〈中〉(拉)植物古名,来源于希伯来语 marrob,苦汁+-ius,-ia,-ium,在拉丁文和希腊文中,这些词尾表示性质或状态。指植物具苦汁。【分布】巴基斯坦,秘鲁,玻利维亚,厄瓜多尔,哥伦比亚(安蒂奥基亚),美国(密苏里),中国,地中海地区,温带欧亚大陆,中美洲。【后选模式】Marrubium vulgare Linnaeus。【参考异名】Atirbesia Raf.(1840);Kraschnikowia Turcz. ex Ledeb.(1849);Lagopsis(Benth.)Bunge(1835)Nom. illegit.;Lagopsis Bunge(1835)Nom. illegit.;Maropsis Pomel(1874);Marrhubium Delarbre(1800);Marubium Roth(1793);Padota Adans.(1763)■

31761　Marsana Sonn.(1782)= Murraya J. König ex L.(1771)[as 'Murraea'](保留属名)[芸香科 Rutaceae]●

31762　Marschallia Bartl.(1830)Nom. illegit.(废弃属名)≡Marshallia J. F. Gmel.(1791)Nom. illegit.(废弃属名);~≡Lagunezia Scop.(1777)Nom. illegit.;~≡Racoubea Aubl.(1775);~= Homalium Jacq.(1760)[刺篱木科(大风子科)Flacourtiaceae//天料木科 Samydaceae]●

31763　Marsdenia R. Br.(1810)(保留属名)【汉】牛奶菜属(牛弥菜属,牛奶藤属)。【日】キジョラン属。【俄】Марсдения。【英】Condorvine,Madagascar Rubber,Marsdenia,Milkgreens。【隶属】萝藦科 Asclepiadaceae。【包含】世界 100 种,中国 25-31 种。【学名诠释与讨论】〈阴〉(人)William Marsden,1754-1836,英国历史学家,皇家学会会员,著有《苏门答腊历史》,植物采集家。此属的学名"Marsdenia R. Br., Prodr.:460. 27 Mar 1810"是保留属名。相应的废弃属名是萝藦科 Asclepiadaceae 的"Stephanotis Thouars,Gen. Nov. Madagasc.:11. 17 Nov 1806 = Marsdenia R. Br.(1810)(保留属名)"。【分布】巴基斯坦,巴拉圭,巴拿马,秘鲁,玻利维亚,哥伦比亚(安蒂奥基亚),马达加斯加,尼加拉瓜,利比里亚(宁巴),中国,热带,中美洲。【后选模式】Marsdenia tinctoria R. Brown。【参考异名】Chlorochlamys Miq.(1868-1869);Cionura Griseb.(1844);Elcomarhiza Barb. Rodr.(1891)Nom. inval.;Elcomarhiza Barb. Rodr. ex K. Schum.(1895);Koelreutera Medik.(1782)Nom. illegit.;Leichhardtia R. Br.(1848);Pseudomarsdenia Baill.(1890);Pseusmagennetus Ruschenb.(1873);Ruehssia H. Karst.(1849)Nom. inval.;Ruehssia H. Karst. ex Schltdl.(1853);Stephanotella E. Fourn.(1885);Stephanotis Thouars(1806)(废弃属名);Tetragonocarpus Hassk.(1857)Nom. illegit.;Verlotia E. Fourn.(1885)●

31764　Marsea Adans.(1763)= Baccharis L.(1753)(保留属名)[菊科 Asteraceae(Compositae)]●■☆

31765　Marsesina Raf.(1838)= Capparis L.(1753)[山柑科(白花菜科,醉蝶花科)Capparaceae]●

31766　Marshallfieldia J. F. Macbr.(1929)= Adelobotrys DC.(1828)[野牡丹科 Melastomataceae]●☆

31767　Marshallia J. F. Gmel.(1791)Nom. illegit.(废弃属名)≡Lagunezia Scop.(1777)Nom. illegit.;~≡Racoubea Aubl.(1775);~= Homalium Jacq.(1760)[刺篱木科(大风子科)Flacourtiaceae//天料木科 Samydaceae]●

31768　Marshallia Schreb.(1791)(保留属名)【汉】马歇尔菊属(芭拉扣属)。【英】Barbara's Buttons。【隶属】菊科 Asteraceae(Compositae)。【包含】世界 7 种。【学名诠释与讨论】〈阴〉(人)Moses Marshall,1758-1813,美国植物学者,他是 Humphrey Marshall 的侄子和助手。此属的学名"Marshallia Schreb., Gen. Pl.:810. Mai 1791"是保留属名。法规未列出相应的废弃属名。但是刺篱木科(大风子科)Flacourtiaceae 的"Marshallia J. F. Gmel., Syst. Nat., ed. 13[bis]. 2(1):836. 1791[late Sep-Nov 1791]≡Lagunezia Scop.(1777)Nom. illegit. ≡Racoubea Aubl.(1775)= Homalium Jacq.(1760)"应该废弃。其变体"Marschallia

Bartl., Ord. 142(1830)≡Marshallia J. F. Gmel.(1791)(废弃属名)"亦应废弃。TROPICOS 把"Marshallia J. F. Gmel.(1791)"置于杨柳科 Salicaceae。"Phyteumopsis A. L. Jussieu ex Poiret in Lamarck,Encycl. suppl. 4:405. 14 Dec 1816"、"Racoubea Aublet,Hist. Pl. Guiane 589. t. 236. Jun-Dec 1775"、"Lagunezia Scopoli,Introd. 216. Jan-Apr 1777"和"Trattenikia Persoon,Syn. Pl. 2:403. Sep 1807(non Trattinickia Willdenow 1806)"是"Marshallia Schreb.(1791)(保留属名)"的同模式异名(Homotypic synonym,Nomenclatural synonym)。【分布】美国(南部),中美洲。【模式】Marshallia obovata(Walter)Beadle et Boynton[Athanasia obovata Walter]。【参考异名】Homalium Jacq.(1760);Marschallia Bartl.(1830);Personia Raf.;Persoonia Michx.(1803)(废弃属名);Phyteumopsis Juss. ex Poir.(1816)Nom. illegit.;Racoubea Aubl.(1775);Therolepta Raf.(1825);Trattenikia Pers.(1807)Nom. illegit.■☆

31769　Marshalljohnstonia Henrickson(1976)【汉】肉叶苣属。【隶属】菊科 Asteraceae(Compositae)。【包含】世界 1 种。【学名诠释与讨论】〈阴〉(人)Marshall Conring Johnst.,1930-?,美国植物学者。【分布】墨西哥。【模式】Marshalljohnstonia gypsophila J. Henrickson。●☆

31770　Marshallocereus Backeb.(1950)= Lemaireocereus Britton et Rose(1909);~= Stenocereus(A. Berger)Riccob.(1909)(保留属名)[仙人掌科 Cactaceae]●☆

31771　Marsippospermum Desv.(1809)【汉】囊子草属。【隶属】灯心草科 Juncaceae。【包含】世界 3 种。【学名诠释与讨论】〈中〉(希)marsypos = marsipos,囊,袋+sperma,所有格 spermatos,种子,孢子。此属的学名,ING、TROPICOS 和 IK 记载是"Marsippospermum Desvaux,J. Bot.(Desvaux)1:328. Mar 1809"。它曾被处理为"Juncus sect. Marsippospermum(Desv.)E. Mey.,Synopsis Juncorum 52. 1822"。【分布】新西兰,福克兰群岛,温带南美洲。【模式】Marsippospermum caliculatum Desvaux,Nom. illegit.[Juncus grandiflorus Linnaeus f.;Marsippospermum grandiflorum(Linnaeus f.)J. D. Hooker]。【参考异名】Juncus sect. Marsippospermum(Desv.)E. Mey.(1822)■☆

31772　Marssonia H. Karst.(1859)= Napeanthus Gardner(1843)[苦苣苔科 Gesneriaceae]■☆

31773　Marsupianthes Rchb.(1828)= Marsypianthes Mart. ex Benth.(1833)[唇形科 Lamiaceae(Labiatae)]●■☆

31774　Marsupiaria Hoehne(1947)= Maxillaria Ruiz et Pav.(1794)[兰科 Orchidaceae]■☆

31775　Marsypianthes Mart. ex Benth.(1833)【汉】囊花属。【隶属】唇形科 Lamiaceae(Labiatae)。【包含】世界 5-6 种。【学名诠释与讨论】〈阴〉(希)marsypos = marsipos,囊,袋+anthos,花。此属的学名,ING 和 IK 记载是"Marsypianthes C. F. P. Martius ex Bentham,Labiat. Gen. Sp. liii('Marsypignthus'),64. May 1833"。"Marsypianthus Benth.(1833)≡Marsypianthes Mart. ex Benth.(1833)"似为错误引用。"Marschallia Bartl.,Ord. 142(1830)= Marsypianthes Mart. ex Benth.(1833)[唇形科 Lamiaceae(Labiatae)]"仅有属名,是为不合格发表。【分布】巴拉圭,巴拿马,秘鲁,玻利维亚,厄瓜多尔,哥伦比亚(安蒂奥基亚),哥斯达黎加,墨西哥,尼加拉瓜,中美洲。【模式】Marsypianthes hyptoides C. F. P. Martius ex Bentham,Nom. illegit.[Clinopodium chamaedrys Vahl;Marsypianthes chamaedrys(Vahl)O. Kuntze]。【参考异名】Marsupianthes Rchb.(1828);Marsypianthus Bartl.(1830)Nom. illegit.;Marsypianthus Benth.(1833)Nom. illegit.●■☆

31776　Marsypianthus Bartl.(1830)Nom. illegit. = Marsypianthes Mart. ex Benth.(1833)[唇形科 Lamiaceae(Labiatae)]●■☆

31777　Marsypianthus Benth. (1833) Nom. illegit. ≡ Marsypianthes Mart. ex Benth. (1833) ［唇形科 Lamiaceae(Labiatae)］●■☆

31778　Marsypocarpus Neck. (1790) Nom. inval. = Capsella Medik. (1792) (保留属名) ［十字花科 Brassicaceae(Cruciferae)］■

31779　Marsypopetalum Scheff. (1870)【汉】亮脉木属。【隶属】番荔枝科 Annonaceae。【包含】世界 1 种。【学名诠释与讨论】〈中〉(希)marsypos = marsipos，囊，袋+希腊文 petalos，扁平的，铺开的；petalon，花瓣，叶，花叶，金属叶子；拉丁文的花瓣为 petalum。【分布】马来西亚(西部)。【模式】Marsypopetalum ceratosanthes R. H. C. C. Scheffer, Nom. illegit. ［Guatteria pallida Blume；Marsypopetalum pallidum (Blume) W. S. Kurz］。●☆

31780　Marsyrocarpus Steud. (1821) = Capsella Medik. (1792) (保留属名)；~ = Marsypocarpus Neck. (1790) Nom. inval.；~ = Capsella Medik. (1792) (保留属名) ［十字花科 Brassicaceae(Cruciferae)］■

31781　Martagon(Rchb.) Opiz (1852) Nom. illegit. = Lilium L. (1753) ［百合科 Liliaceae］■

31782　Martagon Opiz (1852) Nom. illegit. ≡ Martagon (Rchb.) Opiz (1852) Nom. illegit.；~ = Lilium L. (1753) ［百合科 Liliaceae］■

31783　Martagon Ruppius(1745) Nom. inval. =? Martagon Wolf(1776) ［百合科 Liliaceae］■☆

31784　Martagon Wolf(1776) = Lilium L. (1753) ［百合科 Liliaceae］■

31785　Martellidendron(Pic. Serm.) Callm. et Chassot(2003)【汉】马尔泰利木属。【隶属】露兜树科 Pandanaceae。【包含】世界 6 种。【学名诠释与讨论】〈中〉(人) Martell，植物学者+dendron 或 dendros，树木，棍，丛林。此属的学名，ING 和 IK 记载是"Martellidendron (Pic. Serm.) Callm. et Chassot, Taxon 52(4) : 755 (2003)"，由"Pandanus sect. Martellidendron Pic. Serm. Mém. Inst. Sci. Madagascar, Sér. B, Biol. Vég. 3(1) : 20(1951)"改级而来。【分布】马达加斯加，塞舌尔(塞舌尔群岛)。【模式】不详。【参考异名】Pandanus sect. Martellidendron Pic. Serm. (1951)●☆

31786　Martensia Giseke (1792) = Alpinia Roxb. (1810) (保留属名) ［姜科(蘘荷科) Zingiberaceae//山姜科 Alpiniaceae］■

31787　Martensianthus Borhidi et Lozada-Pérez(2011)【汉】马茜花属。【隶属】茜草科 Rubiaceae。【包含】世界 6 种。【学名诠释与讨论】〈阴〉(人) Martens，植物学者+希腊文 anthos，花。antheros，多花的。antheo，开花。"Martensianthus Borhidi et Lozada-Pérez (2011)"是"Neomartensia Borhidi et Lozada-Pérez(2010)"的替代名称。"Neomartensia Borhidi et Lozada-Pérez(2010)"是一个非法名称(Nom. illegit.)，因为此前已经有了"Neomartensia T. Yoshida et H. Mikami, Phycol. Res. 44 : 106. Jun 1996(硅藻)"。故用"Martensianthus Borhidi et Lozada-Pérez(2011)"替代之。【分布】不详。【模式】［Declieuxia galeottii M. Martens］。【参考异名】Neomartensia Borhidi et Lozada-Pérez(2010) Nom. illegit. ●☆

31788　Martha F. Müll. (1866) = Posoqueria Aubl. (1775) ［茜草科 Rubiaceae］●☆

31789　Marthella Urb. (1903)【汉】马萨玉簪属。【隶属】水玉簪科 Burmanniaceae。【包含】世界 1 种。【学名诠释与讨论】〈阴〉(人) Martha Urban+-ellus，-ella，-ellum，加在名词词干后面形成指小式的词尾。或加在人名、属名等后面以组成新属的名称。【分布】特立尼达和多巴哥(特立尼达岛)。【模式】Marthella trinitatus (Jahow) Urban ［Gymnosiphon trinitatus Jahow］。■☆

31790　Martia Benth. (1840) Nom. illegit. = Martiodendron Gleason (1935)；~ = Martiusia Benth. (1840) Nom. illegit.；~ = Martiodendron Gleason(1935) ［豆科 Fabaceae(Leguminosae)//云实科(苏木科) Caesalpiniaceae］●☆

31791　Martia J. A. Schmidt(1862) Nom. inval. , Nom. nud. = Brunfelsia L. (1753) (保留属名) ［茄科 Solanaceae］●

31792　Martia Lacerda ex J. A. Schmidt(1862) Nom. inval. , Nom. illegit. = Brunfelsia L. (1753) (保留属名) ［茄科 Solanaceae］●

31793　Martia Leandro (1821) Nom. illegit. ≡ Martiusia Schult. (1822) Nom. illegit.；~ = Clitoria L. (1753) ［豆科 Fabaceae (Leguminosae)//蝶形花科 Papilionaceae］●☆

31794　Martia Spreng. (1818) Nom. illegit. ≡ Elodes Adans. (1763) Nom. illegit.；~ = Hypericum L. (1753) ［金丝桃科 Hypericaceae//猪胶树科(克鲁西科，山竹子科，藤黄科) Clusiaceae(Guttiferae)］■●

31795　Martia Valeton (1886) Nom. illegit. ≡ Valetonia T. Durand ex Engl. (1896)；~ = Pleurisanthes Baill. (1874) ［茶茱萸科 Icacinaceae//铁青树科 Olacaceae］●☆

31796　Martianthus Harley et J. F. B. Pastore(2012)【汉】马氏山香属。【隶属】唇形科 Lamiaceae(Labiatae)。【包含】世界 4 种。【学名诠释与讨论】〈阴〉(人) Mart+希腊文 anthos，花。antheros，多花的。antheo，开花。"Martianthus Harley et J. F. B. Pastore(2012)"是"Hyptis sect. Leucocephala Benth. (1848)"的替代名称。【分布】南美洲。【模式】Hyptis leucocephala Mart. ex Benth. 。【参考异名】Hyptis sect. Leucocephala Benth. (1848)☆

31797　Marticorenia Crisci(1974)【汉】堇花钝柱菊属。【隶属】菊科 Asteraceae(Compositae)。【包含】世界 1 种。【学名诠释与讨论】〈阴〉(人) Clodomiro Marticorena，1929-，智利植物学者。【分布】智利。【模式】Marticorenia foliosa (R. A. Philippi) J. V. Crisci ［Leucheria foliosa R. A. Philippi］。●☆

31798　Martiella Tiegh. (1895) = Loranthus Jacq. (1762) (保留属名)；~ = Psittacanthus Mart. (1830) ［桑寄生科 Loranthaceae］●

31799　Martinella Baill. (1888)【汉】马丁紫葳属。【隶属】紫葳科 Bignoniaceae。【包含】世界 2 种。【学名诠释与讨论】〈阴〉(人) Joseph Martin，法国植物学者+-ellus，-ella，-ellum，加在名词词干后面形成指小式的词尾。或加在人名、属名等后面以组成新属的名称。此属的学名，ING、GCI、TROPICOS 和 IK 记载是"Martinella Baillon, Hist. Pl. 10 : 30. Nov-Dec 1888('1891')"。"Martinella A. A. H. Léveillé, Bull. Soc. Bot. France 51 : 290. post 8 Jul 1904 ［十字花科 Brassicaceae(Cruciferae)］"是晚出的非法名称，它已经被"Neomartinella Pilger in Engler et Prantl, Nat. Pflanzenfam. Nachtr. 3 : 134. Oct 1906"所替代。【分布】巴拿马，秘鲁，比尼翁，玻利维亚，厄瓜多尔，哥伦比亚(安蒂奥基亚)，尼加拉瓜，西印度群岛，中美洲，中美洲和热带南美洲。【模式】Martinella obovata (Humboldt, Bonpland et Kunth) Bureau et K. Schumann ［Spathodea obovata Humboldt, Bonpland et Kunth］。●☆

31800　Martinella H. Lév. (1904) Nom. illegit. = Neomartinella Pilg. (1906) ［十字花科 Brassicaceae(Cruciferae)］■★

31801　Martineria Pfeiff. (1874) = Kielmeyera Mart. et Zucc. (1825)；~ = Martinieria Vell. (1829) ［猪胶树科(克鲁西科，山竹子科，藤黄科) Clusiaceae(Guttiferae)］●☆

31802　Martinezia Ruiz et Pav. (1794) (废弃属名) = Euterpe Mart. (1823) (保留属名)；~ = Prestoea Hook. f. (1883) (保留属名) ［棕榈科 Arecaceae(Palmae)］●☆

31803　Martinia Vaniot (1903) Nom. illegit. = Aster L. (1753)；~ = Asteromoea Blume(1826)；~ = Kalimeris (Cass.) Cass. (1825) ［菊科 Asteraceae(Compositae)］■

31804　Martiniera Guill. (1837) = Wendtia Meyen (1834) (保留属名) ［牻牛儿苗科 Geraniaceae］■☆

31805　Martinieria Vell. (1829) = Kielmeyera Mart. et Zucc. (1825) ［猪胶树科(克鲁西科，山竹子科，藤黄科) Clusiaceae(Guttiferae)］●☆

31806　Martinieria Walp. (1848) Nom. illegit. = Martiniera Guill. (1837)；~ = Wendtia Meyen (1834) (保留属名) ［牻牛儿苗科

Geraniaceae]■☆

31807 Martinsia Godr. (1853) = Boreava Jaub. et Spach (1841) [十字花科 Brassicaceae(Cruciferae)]■☆

31808 Martiodendron Gleason(1935)【汉】马蒂豆属(马蹄豆属,南美马蹄豆属)。【隶属】豆科 Fabaceae(Leguminosae)//云实科(苏木科)Caesalpiniaceae。【包含】世界 4 种。【学名诠释与讨论】〈中〉(人)Carl Friedrich Philipp von Martius,1794-1868+dendron 或 dendros,树木,棍,丛林。此属的学名"Martiodendron Gleason, Phytologia 1:141. 21 Jan 1935"是一个替代名称。"Martiusia Bentham,J. Bot. (Hooker) 2:84. Mar 1840"是一个非法名称(Nom. illegit.),因为此前已经有了"Martiusia J. A. Schultes, Mant. 1:69, 226. 1822 ≡ Martia Leandro (1821) Nom. illegit. = Clitoria L. (1753) [豆科 Fabaceae (Leguminosae)//蝶形花科 Papilionaceae]"。故用"Martiodendron Gleason(1935)"替代之。ING 记载,"Martiodendron Gleason(1935)"还是"Martia Endlicher 1842"的替代名称;因为此前已经有了"Martia K. P. J. Sprengel, Anleit. ed. 2.2(2):788. 31 Mar 1818"。同理,"Martia Leandro de Sacramento, Denkschr. Königl. Akad. Wiss. München, Cl. Math. Phys. 7:233. Jul-Dec 1821 ≡ Martiusia Schult. (1822) Nom. illegit. =Clitoria L. (1753) [豆科 Fabaceae (Leguminosae)//蝶形花科 Papilionaceae]"和"Martia Valeton, Crit. Overz. Olacineae 259. 7 Jul 1886 ≡ Valetonia T. Durand ex Engl. (1896) = Pleurisanthes Baill. (1874) [茶茱萸科 Icacinaceae]"亦是非法名称。【分布】玻利维亚,热带南美洲。【模式】Martiodendron excelsum (Bentham) Gleason [Martiusia excelsa Bentham]。【参考异名】Martia Benth. (1840) Nom. illegit. ; Martiusa Benth. et Hook. f. (1865); Martiusia Benth. (1840) Nom. illegit. ●☆

31809 Martiusa Benth. et Hook. f. (1865) = Martiodendron Gleason (1935); ~ = Martiusia Benth. (1840) Nom. illegit. ; ~ = Martiodendron Gleason(1935) [豆科 Fabaceae (Leguminosae)//云实科(苏木科)Caesalpiniaceae]●☆

31810 Martiusella Pierre(1891) = Chrysophyllum L. (1753) [山榄科 Sapotaceae]●

31811 Martiusia Benth. (1840) Nom. illegit. = Martiodendron Gleason (1935) [豆科 Fabaceae (Leguminosae)//云实科 (苏木科) Caesalpiniaceae]●☆

31812 Martiusia Lag. (1811) = Jungia L. f. (1782) [as 'Iungia'](保留属名) [菊科 Asteraceae(Compositae)]■●☆

31813 Martiusia Schult. (1822) Nom. illegit. = Clitoria L. (1753) [豆科 Fabaceae(Leguminosae)//蝶形花科 Papilionaceae]●

31814 Martretia Beille(1907)【汉】马特雷大戟属。【隶属】大戟科 Euphorbiaceae。【包含】世界 1 种。【学名诠释与讨论】〈阴〉(人)Martret。【分布】热带非洲。【模式】Martretia quadricornis Beille。■☆

31815 Martynia L. (1753)【汉】角胡麻属。【日】マルチニア属。【俄】Мартиния, Роговник。【英】Elephant's - trunk, Martynia, Unicornplant, Unicorn-plant。【隶属】角胡麻科 Martyniaceae//胡麻科 Pedaliaceae。【包含】世界 1 种,中国 1 种。【学名诠释与讨论】〈阴〉(人)John Martyn,1699-1768,植物学者,大学教授。此属的学名,ING、APNI、GCI、TROPICOS 和 IK 记载是"Martynia Linnaeus, Sp. Pl. 618. 1 May 1753"。"Martynia Moon = Strobilanthes Blume(1826) [爵床科 Acanthaceae]"是晚出的非法名称。【分布】巴基斯坦,玻利维亚,哥斯达黎加,马达加斯加,墨西哥,尼加拉瓜,中国,中美洲。【后选模式】Martynia annua Linnaeus。【参考异名】Carpoceras A. Rich. (1846) Nom. illegit. ; Disteira Raf. (1838); Distira Post et Kuntze (1903); Holoregmia Nees (1821); Myrtinia Nees (1847); Sesamum Adans. (1763);

Vatkea Hildeb. et O. Hoffm. (1880) Nom. illegit. ; Vatkea O. Hoffm. (1880)■

31816 Martynia Moon = Strobilanthes Blume (1826) [爵床科 Acanthaceae]●■

31817 Martyniaceae Horan. (1847) (保留科名)【汉】角胡麻科。【日】ツノゴマ科。【俄】Мартиниевые。【英】Martynia Family, Unicornplant Family, Unicorn-plant Family。【包含】世界 3-5 属 16-20 种,中国 2 属 2 种。【分布】热带和亚热带美洲。【科名模式】Martynia L. (1753)■

31818 Martyniaceae Stapf = Martyniaceae Horan. (保留科名)■

31819 Marubium Roth (1793) = Marrubium L. (1753) [唇形科 Lamiaceae(Labiatae)]■

31820 Marulea Schrad. ex Moldenke (1938) = Chascanum E. Mey. (1838)(保留属名) [马鞭草科 Verbenaceae]●☆

31821 Marum Mill. (1754) = Origanum L. (1753) [唇形科 Lamiaceae (Labiatae)]●■

31822 Marumia Blume (1831) Nom. illegit. = Macrolenes Naudin ex Miq. (1850) [禾本科 Poaceae(Gramineae)]●☆

31823 Marumia Reinw. (1825) Nom. illegit. = Saurauia Willd. (1801) (保留属名) [猕猴桃科 Actinidiaceae//水东哥科(伞罗夷科,水冬瓜科)Saurauiaceae]●

31824 Marumia Reinw. ex Blume(1823) Nom. inval. = Saurauia Willd. (1801)(保留属名) [猕猴桃科 Actinidiaceae//水东哥科(伞罗夷科,水冬瓜科)Saurauiaceae]●

31825 Marungala Blanco = Quassia L. (1762) [苦木科 Simaroubaceae]●☆

31826 Marupa Miers (1873) = Quassia L. (1762) [苦木科 Simaroubaceae]●☆

31827 Marurang Adans. (1763) Nom. illegit. ≡ Marurang Rumph. ex Adans. (1763); ~ = Clerodendrum L. (1753) [马鞭草科 Verbenaceae//牡荆科 Viticaceae]●■

31828 Marurang Rumph. ex Adans. (1763) = Clerodendrum L. (1753) [马鞭草科 Verbenaceae//牡荆科 Viticaceae]●■

31829 Maruta(Cass.)Cass. (1823)Nom. illegit. = Anthemis L. (1753) [菊科 Asteraceae(Compositae)//春黄菊科 Anthemidaceae]■■

31830 Maruta(Cass.)Gray (1821) Nom. illegit. = Anthemis L. (1753) [菊科 Asteraceae(Compositae)//春黄菊科 Anthemidaceae]■■

31831 Maruta Cass. (1818) = Anthemis L. (1753) [菊科 Asteraceae (Compositae)//春黄菊科 Anthemidaceae]■

31832 Maruta Gray(1821)Nom. illegit. ≡ Maruta (Cass.)Gray (1821) Nom. illegit. ; ~ = Anthemis L. (1753) [菊科 Asteraceae (Compositae)//春黄菊科 Anthemidaceae]■

31833 Marywildea A. V. Bobrov et Melikyan(2006)【汉】澳杉属。【隶属】南洋杉科 Araucariaceae。【包含】世界 1 种。【学名诠释与讨论】〈阴〉词源不详。此属的学名是"Marywildea A. V. Bobrov et Melikyan, Komarovia 4:57. 2006"。亦有文献把其处理为"Araucaria Juss. (1789)"的异名。【分布】澳大利亚。【模式】Marywildea bidwillii (Hook.) A. V. Bobrov et Melikyan。【参考异名】Araucaria Juss. (1789)●☆

31834 Marzaria Raf. (1840) Nom. illegit. ≡ Macleaya R. Br. (1826) [罂粟科 Papaveraceae]■

31835 Masakia (Nakai) Nakai (1949) = Euonymus L. (1753) [as 'Evonymus'](保留属名) [卫矛科 Celastraceae]●

31836 Masakia Nakai (1949) Nom. illegit. ≡ Masakia (Nakai) Nakai (1949); ~ =Euonymus L. (1753) [as 'Evonymus'](保留属名) [卫矛科 Celastraceae]●

31837 Mascagnia (Bertero ex DC.) Colla (1824) Nom. illegit. ≡

Mascagnia Bertero(1824)［金虎尾科(黄褥花科)Malpighiaceae］●☆

31838　Mascagnia（DC.）Bertero（1824）Nom. illegit. ≡ Mascagnia Bertero(1824)［金虎尾科(黄褥花科)Malpighiaceae］●☆

31839　Mascagnia（DC.）Colla（1824）Nom. illegit.≡Mascagnia Bertero（1824）［金虎尾科(黄褥花科)Malpighiaceae］●☆

31840　Mascagnia Bertero ex Colla（1824）Nom. illegit.≡Mascagnia Bertero(1824)［金虎尾科(黄褥花科)Malpighiaceae］●☆

31841　Mascagnia Bertero(1824)【汉】马斯木属。【隶属】金虎尾科(黄褥花科)Malpighiaceae。【包含】世界50-60种。【学名诠释与讨论】〈阴〉（人）Mascagni. 此属的学名, ING 记载是"Mascagnia Bertero in Colla, Hortus Ripul. 85. Jun–Aug 1824"。GCI 和 IK 则记载为"Mascagnia（DC.）Bertero, Hortus Ripul.［Colla］85（–86, adnot.）. 1824［Jun–Aug 1824］", 由"Hiraea［infragen. unranked］Mascagnia DC. Prodr.［A. P. de Candolle］1；585. 1824［mid–Jan 1824］"改级而来。TROPICOS 则记载为"Mascagnia（Bertero ex DC.）Bertero, Hortus Ripulensis 85. 1824"。"Mascagnia（Bertero ex DC.）Colla（1824）≡ Mascagnia Bertero（1824）"、"Mascagnia（DC.）Colla（1824）≡ Mascagnia Bertero（1824）"、"Mascagnia Bertero ex Colla(1824)≡Mascagnia Bertero(1824)"和"Mascagnia（DC.）Bertero(1824)≡Mascagnia Bertero(1824)"的命名人引证有误。【分布】巴拉圭, 巴拿马, 秘鲁, 玻利维亚, 厄瓜多尔, 哥伦比亚(安蒂奥基亚), 哥斯达黎加, 尼加拉瓜, 热带美洲, 中美洲。【模式】Mascagnia americana Bertero ex Colla, Nom. illegit.［Hiraea macradena A. P. de Candolle；Mascagnia macradena（A. P. de Candolle）Niedenzu］。【参考异名】Hiraea［infragen. unranked］Mascagnia DC.（1824）；Mascagnia（Bertero ex DC.）Colla（1824）Nom. illegit.；Mascagnia（DC.）Colla（1824）Nom. illegit.；Mascagnia Bertero ex Colla(1824)Nom. illegit.●☆

31842　Mascalanthus Raf. = Andrachne L.（1753）；~ = Maschalanthus Nutt.（1835）Nom. illegit.；~ = Savia Willd.（1806）［大戟科 Euphorbiaceae］●☆

31843　Mascarena L. H. Bailey（1942）【汉】棍棒椰子属(酒瓶椰子属)。【日】トックリヤシ属。【隶属】棕榈科 Arecaceae（Palmae）。【包含】世界3种。【学名诠释与讨论】〈阴〉（地）Mascarene Islands, 马斯克林群岛, 模式种产地。此属的学名是"Mascarena L. H. Bailey, Gentes Herb. 6；71. 6 Mai 1942"。亦有文献把其处理为"Hyophorbe Gaertn.（1791）"的异名。【分布】马斯克林群岛。【后选模式】Mascarena revaughanii L. H. Bailey。【参考异名】Hyophorbe Gaertn.（1791）●☆

31844　Mascarenhasia A. DC.（1844）【汉】马氏夹竹桃属。【英】Madagascar Rubber。【隶属】夹竹桃科 Apocynaceae。【包含】世界12种。【学名诠释与讨论】〈阴〉（人）Mascarenhas, 葡萄牙人。【分布】马达斯加, 热带非洲东部。【后选模式】Mascarenhasia arborescens Alph. de Candolle。【参考异名】Echitella Pichon（1950）；Lanugia N. E. Br.（1927）；Tsilaitra R. Baron（1905）Nom. inval.●☆

31845　Maschalanthe Blume（1828）Nom. illegit. ≡ Axanthes Blume（1826）；~ ≡ Urophyllum Jack ex Wall.（1824）［茜草科 Rubiaceae］●

31846　Maschalanthus Nutt.（1835）Nom. illegit. = Andrachne L.（1753）；~ = Savia Willd.（1806）［大戟科 Euphorbiaceae］●☆

31847　Maschalocephalus Gilg et K. Schum.（1900）【汉】空头草属。【隶属】偏穗草科(雷巴第科,瑞碑题雅科)Rapateaceae。【包含】世界1种。【学名诠释与讨论】〈阳〉（希）maschale, 叶腋, 胳肢窝, 湾, 空 + kephale, 头。【分布】热带非洲西部。【模式】Maschalocephalus dinklagei Gilg et K. M. Schumann。■☆

31848　Maschalocorymbus Bremek.（1940）【汉】空序茜属。【隶属】茜草科 Rubiaceae。【包含】世界4种。【学名诠释与讨论】〈阳〉（希）maschale, 叶腋, 胳肢窝, 湾, 空 + korymbos 一簇花果。【分布】马来西亚(西部)。【模式】Maschalocorymbus corymbosus（Blume）Bremekamp［Axanthes corymbosa Blume］。●☆

31849　Maschalodesme K. Schum. et Lauterb.（1900）Nom. illegit. ≡ Maschalodesme Lauterb. et K. Schuma.（1900）［茜草科 Rubiaceae］●☆

31850　Maschalodesme Lauterb. et K. Schuma.（1900）【汉】空链茜属。【隶属】茜草科 Rubiaceae。【包含】世界2种。【学名诠释与讨论】〈阴〉（希）maschale, 叶腋, 胳肢窝, 湾, 空 + desmos, 链, 束, 结, 带, 纽带。desma, 所有格 desmatos, 含义与 desmos 相似。此属的学名, ING 记载是"Maschalodesme Lauterbach et K. Schumann in K. Schumann et Lauterbach, Fl. Deutsch. Schutzgeb. Südsee 561. Nov 1900（'1901'）"。IK 和 TROPICOS 则记载为"Maschalodesme K. Schum. et Lauterb., Fl. Schutzgeb. Südsee［Schumann et Lauterbach]561(1900)［1901 publ. Nov 1900]"。【分布】新几内亚岛。【模式】Maschalodesme arborea Lauterbach et K. Schumann。【参考异名】Maschalodesme K. Schum. et Lauterb.（1900）Nom. illegit.●☆

31851　Maschalorymbus Bremek. = Urophyllum Jack ex Wall.（1824）［茜草科 Rubiaceae］●

31852　Masdevallia Ruiz et Pav.（1794）【汉】细瓣兰属(尾萼兰属)。【日】マスデバリア属。【英】Masdevallia, Masdevallia Orchid。【隶属】兰科 Orchidaceae。【包含】世界275-380种。【学名诠释与讨论】〈阴〉（人）Joseph Masdevall,？–1801, 西班牙医生、植物学者。【分布】巴拿马, 秘鲁, 玻利维亚, 厄瓜多尔, 哥伦比亚(安蒂奥基亚), 哥斯达黎加, 墨西哥, 尼加拉瓜, 中美洲。【模式】Masdevallia uniflora Ruiz et Pavon。【参考异名】Acinopetala Luer；Buccella Luer（2006）；Fissia（Luer）Luer（2006）；Jostia Luer（2000）；Luerella Braas（1979）；Luzama Luer（2006）；Megema Luer（2006）；Petalodon Luer（2006）；Portillia Königer（1996）；Pteroon Luer（2006）；Regalia Luer（2006）；Reichantha Luer（2006）；Rodrigoa Braas（1979）；Spectaculum Luer（2006）；Spilotantha Luer（2006）；Streptoura Luer（2006）；Triotosiphon Schltr. ex Luer（2006）；Zahleria Luer（1790）■☆

31853　Masdevalliantha(Luer)Szlach. et Marg.（2002）【汉】马斯兰属。【隶属】兰科 Orchidaceae。【包含】世界2种。【学名诠释与讨论】〈阴〉（人）Joseph Masdevall,？–1801, 西班牙医生、植物学者+anthos, 花。此属的学名, IK 记载是"Masdevalliantha（Luer）Szlach. et Marg., Polish Bot. J. 46（2）：117. 2002［2001 publ. 20 Feb 2002］", 由"Pleurothallis subgen. Masdevalliantha Luer Monogr. Syst. Bot. Missouri Bot. Gard. 20；44. 1986"改级而来。它曾被处理为"Andinia subgen. Masdevalliantha（Luer）Karremans & Mark Wilson, Phytotaxa 295（2）：125. 2017.（8 Feb 2017）"。亦有文献把"Masdevalliantha（Luer）Szlach. et Marg.（2002）"处理为"Andinia（Luer）Luer（2000）"或"Pleurothallis R. Br.（1813）"的异名。【分布】南美洲。【模式】Pleurothallis masdevalliopsis Luer.。【参考异名】Andinia subgen. Masdevalliantha（Luer）Karremans & Mark Wilson（2017）；Masdevalliantha（Luer）Szlach. et Marg.（2002）；Pleurothallis R. Br.（1813）；Pleurothallis subgen. Masdevalliantha Luer（1986）■☆

31854　Masema Dulac（1867）Nom. illegit. ≡ Valerianella Mill.（1754）［缬草科(败酱科)Valerianaceae］■

31855　Masmenia F. K. Mey.（1973）= Thlaspi L.（1753）［十字花科 Brassicaceae（Cruciferae）//菥蓂科 Thlaspiaceae］■

31856　Masoala Jum.（1933）【汉】多梗苞椰属(非洲桐属,梅索拉椰属)。【隶属】棕榈科 Arecaceae（Palmae）。【包含】世界1-2种。

【学名诠释与讨论】〈阴〉(地)Masoala,马苏阿拉半岛,位于马达加斯加。【分布】马达加斯加。【模式】Masoala madagascariensis H. Jumelle。●☆

31857 Maspeton Raf. (1840) = Opopanax W. D. J. Koch (1824) [伞形花科(伞形科) Apiaceae (Umbelliferae)] ■☆

31858 Massangea E. Morren (1877) = Guzmania Ruiz et Pav. (1802) [凤梨科 Bromeliaceae] ■☆

31859 Massangia Benth. et Hook. f. (1883) Nom. illegit. [凤梨科 Bromeliaceae] ■☆

31860 Massartina Maire (1925) = Elizaldia Willk. (1852) [紫草科 Boraginaceae] ●☆

31861 Massia Balansa (1890) = Eriachne R. Br. (1810) [禾本科 Poaceae (Gramineae)] ■

31862 Massoia Becc. (1880) = Cryptocarya R. Br. (1810) (保留属名) [樟科 Lauraceae] ●

31863 Massonia Thunb. ex Houtt. (1780) 【汉】马森风信子属。【隶属】百合科 Liliaceae//风信子科 Hyacinthaceae。【包含】世界 8 种。【学名诠释与讨论】〈阴〉(人)Francis Masson, 1741-1805, 英国植物学者。此属的学名, ING 和 IK 记载是"Massonia Thunb. ex Houtt., Nat. Hist. (Houttuyn) 12:424 (1780)"。"Massonia Thunb. ex L. f., Supplementum Plantarum 27, 193. 1782, Nom. illegit., Nom. inval. = Massonia Thunb. ex Houtt. (1780) [风信子科 Hyacinthaceae]"是晚出的非法名称,亦未合格发表。【分布】非洲南部。【模式】Massonia depressa Thunberg ex Houttuyn。【参考异名】Massonia Thunb. ex L. f. (1782) Nom. illegit., Nom. inval.; Neobakeria Schltr. (1924); Podocallis Salisb. (1866) ■☆

31864 Massonia Thunb. ex L. f. (1782) Nom. illegit., Nom. inval. = Massonia Thunb. ex Houtt. (1780) [百合科 Liliaceae//风信子科 Hyacinthaceae] ■☆

31865 Massounia Thunb. (1818) = Massonia Thunb. ex Houtt. (1780) [百合科 Liliaceae//风信子科 Hyacinthaceae] ■☆

31866 Massovia Benth. et Hook. f. (1883) = Massowia K. Koch (1852); ~ = Spathiphyllum Schott (1832) [天南星科 Araceae] ■☆

31867 Massowia C. Koch (1852) Nom. illegit. ≡ Massowia K. Koch (1852); ~ = Spathiphyllum Schott (1832) [天南星科 Araceae] ■☆

31868 Massowia K. Koch (1852) = Spathiphyllum Schott (1832) [天南星科 Araceae] ■☆

31869 Massula Dulac (1867) Nom. illegit. ≡ Typha L. (1753) [香蒲科 Typhaceae] ■

31870 Massularia (K. Schum.) Hoyle (1937) 【汉】块茜属。【隶属】茜草科 Rubiaceae。【包含】世界 1 种。【学名诠释与讨论】〈阴〉(希) massula, 花粉块 +-arius, -aria, -arium, 指示"属于、相似、具有、联系"的词尾。此属的学名, ING 和 IK 记载是"Massularia (K. Schumann) Hoyle in J. B. Davy et Hoyle, Descr. Check List Gold Coast 110. 1937", 由"Randia sect. Massularia K. Schum."改级而来。苔藓的"Massularia R. N. Schljakov, Novosti Sist. Nizsh. Rast. 22:232. 1985"是晚出的非法名称。【分布】热带非洲东部。【模式】Massularia acuminata (G. Don) Bullock ex Hoyle [Gardenia acuminata G. Don]。【参考异名】Randia sect. Massularia K. Schum. ●☆

31871 Mastacanthus Endl. (1838) = Caryopteris Bunge (1835) [马鞭草科 Verbenaceae//牡荆科 Viticaceae] ●

31872 Mastersia Benth. (1865) 【汉】闭荚藤属(闭豆藤属)。【英】Mastersia。【隶属】豆科 Fabaceae (Leguminosae)。【包含】世界 2 种, 中国 1 种。【学名诠释与讨论】〈阴〉(人) John White Masters, 1792-1873, 英国植物学者, 植物采集家。【分布】中国, 喜马拉雅山至印度尼西亚(苏拉威西岛)。【模式】Mastersia assamica Bentham。●

31873 Mastersiella Gilg-Ben. (1930) 【汉】小闭荚藤属。【隶属】帚灯草科 Restionaceae。【包含】世界 3 种。【学名诠释与讨论】〈阴〉(属) Mastersia 闭荚藤属 +-ellus, -ella, -ellum, 加在名词词干后面形成指小式的词尾。或加在人名、属名等后面以组成新属的名称。或 Maxwell Tylden Masters, 1833-1907, 英国植物学者 +-ella。【分布】非洲南部。【后选模式】Mastersiella digitata (Thunberg) Gilg-Benedict [Restio digitatus Thunberg]。■☆

31874 Mastichina Adans. (1763) Nom. illegit. [唇形科 Lamiaceae (Labiatae)] ☆

31875 Mastichina Mill. (1754) = Satureja L. (1753); ~ = Thymus L. (1753) [唇形科 Lamiaceae (Labiatae)] ●

31876 Mastichodendron (Engl.) H. J. Lam (1939) Nom. illegit. = Sideroxylon L. (1753) [山榄科 Sapotaceae] ●☆

31877 Mastichodendron Jacq. ex R. Hedw. (1806) Nom. illegit. ≡ Mastichodendron R. Hedw. (1806); ~ = Mastichodendron (Engl.) H. J. Lam (1939) Nom. illegit.; ~ = Sideroxylon L. (1753) [山榄科 Sapotaceae] ●☆

31878 Mastichodendron R. Hedw. (1806) = Mastichodendron (Engl.) H. J. Lam (1939) Nom. illegit.; ~ = Sideroxylon L. (1753) [山榄科 Sapotaceae] ●☆

31879 Mastigion Garay, Hamer et Siegerist (1994) 【汉】鞭兰属。【隶属】兰科 Orchidaceae。【包含】世界 6 种。【学名诠释与讨论】〈阴〉(希) mastigion, 小鞭。此属的学名是"Mastigion Garay, Hamer et Siegerist, Nordic Journal of Botany 14 (6): 635. 1994"。亦有文献把其处理为"Cirrhopetalum Lindl. (1830) (保留属名)"的异名。【分布】老挝, 印度。【模式】不详。【参考异名】Cirrhopetalum Lindl. (1830) (保留属名) ■☆

31880 Mastigloscleria B. D. Jacks. = Mastigoscleria Nees (1842); ~ = Scleria P. J. Bergius (1765) [莎草科 Cyperaceae] ■

31881 Mastigloscleria Nees (1842) Nom. illegit. = Scleria P. J. Bergius (1765) [莎草科 Cyperaceae] ■

31882 Mastigophorus Cass. (1825) = Nassauvia Comm. ex Juss. (1789) [菊科 Asteraceae (Compositae)] ●☆

31883 Mastigosciadium Rech. f. et Kuber (1964) 【汉】鞭伞芹属。【隶属】伞形花科(伞形科) Apiaceae (Umbelliferae)。【包含】世界 1 种。【学名诠释与讨论】〈阴〉(希) mastix, 所有格 mastigos, 鞭 +(属) Sciadium 伞芹属。【分布】阿富汗。【模式】Mastigosciadium hysteranthum K. H. Rechinger et G. Kuber。■☆

31884 Mastigoscleria Nees (1842) = Scleria P. J. Bergius (1765) [莎草科 Cyperaceae] ■

31885 Mastigostyla I. M. Johnst. (1928) 【汉】鞭柱鸢尾属。【隶属】鸢尾科 Iridaceae。【包含】世界 16 种。【学名诠释与讨论】〈阴〉(希) mastix, 所有格 mastigos, 鞭 +stylos = 拉丁文 style, 花柱, 中柱, 有尖之物, 桩, 柱, 支持物, 支柱, 石头做的界标。【分布】阿根廷, 秘鲁。【模式】Mastigostyla cyrtophylla I. M. Johnston。■☆

31886 Mastixia Blume (1826) 【汉】单室茱萸属。【英】Mastixia。【隶属】山茱萸科 Cornaceae//单室茱萸科(马蹄参科) Mastixiaceae。【包含】世界 15-25 种, 中国 3-5 种。【学名诠释与讨论】〈阴〉(希) mastix, 所有格 mastigos, 鞭。【分布】印度至马来西亚, 中国。【模式】未指定。【参考异名】Bursinopetalum Wight (1847); Mastyxia Spach (1838) ●■

31887 Mastixiaceae Calest. = Cornaceae Bercht. et J. Presl (保留科名) ●■

31888 Mastixiaceae Tiegh. [亦见 Cornaceae Bercht. et J. Presl (保留科名) 山茱萸科(四照花科) 和 Nyssaceae Juss. ex Dumort. (保留科名) 蓝果树科(珙桐科, 紫树科)] 【汉】单室茱萸科(马蹄参科)。【包含】世界 2 属 14-27 种, 中国 2 属 4 种。【分布】印度-马来西

亚。【科名模式】Mastixia Blume ●

31889 Mastixiodendron Melch. (1925)【汉】鞭茜木属。【隶属】茜草科 Rubiaceae。【包含】世界 7 种。【学名诠释与讨论】〈中〉（拉）mastix, 所有格 mastigos, 鞭＋dendron 或 dendros, 树木, 棍, 丛林。【分布】新几内亚岛至斐济。【模式】Mastixiodendron pachyclados （K. Schumann）Melchior ［Fagraea pachyclados K. Schumann］。【参考异名】Dorisia Gillespie et A. C. Sm. (1936) Nom. illegit.；Dorisia Gillespie(1933)；Fagraeopsis Gilg et Schltr. ●☆

31890 Mastostigma Stocks(1851) = Glossonema Decne. (1838) ［萝藦科 Asclepiadaceae］■☆

31891 Mastosuke Raf. (1838) = Ficus L. (1753) ［桑科 Moraceae］●

31892 Mastosyce Post et Kuntze (1903) = Ficus L. (1753)；～= Mastosuke Raf. (1838) ［桑科 Moraceae］●

31893 Mastrucium Cass. (1825) = Serratula L. (1753) ［菊科 Asteraceae(Compositae)//麻花头科 Serratulaceae］■

31894 Mastrutium Endl. (1841) = Mastrucium Cass. (1825)；～= Serratula L. (1753) ［菊科 Asteraceae (Compositae)//麻花头科 Serratulaceae］■

31895 Masturcium Kitag. (1947) = Mastrucium Cass. (1825)；～= Serratula L. (1753) ［菊科 Asteraceae (Compositae)//麻花头科 Serratulaceae］■

31896 Mastyxia Spach (1838) = Mastixia Blume (1826) ［山茱萸科 Cornaceae//单室茱萸科（马蹄参科）Mastixiaceae］●

31897 Masus G. Don (1837) = Mazus Lour. (1790) ［玄参科 Scrophulariaceae//透骨草科 Phrymaceae//通泉草科 Mazaceae］■

31898 Mataiba R. Hedw. (1806) = Matayba Aubl. (1775) ［无患子科 Sapindaceae］●☆

31899 Matalbatzia Archila(1999) Nom. inval. ［兰科 Orchidaceae］■☆

31900 Matalea A. Gray (1878) = Matelea Aubl. (1775) ［萝藦科 Asclepiadaceae］●☆

31901 Matamoria La Llave (1824) = Elephantopus L. (1753) ［菊科 Asteraceae(Compositae)］■

31902 Mataxa Spreng. (1827) Nom. illegit. ≡ Lasiospermum Lag. (1816) ［菊科 Asteraceae(Compositae)］■☆

31903 Matayba Aubl. (1775)【汉】马泰木属。【隶属】无患子科 Sapindaceae。【包含】世界 45-50 种。【学名诠释与讨论】〈阴〉词源不详。此属的学名, ING、TROPICOS、GCI 和 IK 记载是 "Matayba Aubl. , Hist. Pl. Guiane 1：331, t. 128, male desc. 1775"。"Ephielis Schreber, Gen. 1：253. Apr 1789" 和 "Ernstingia Scopoli, Introd. 322. Jan-Apr 1777" 是 "Matayba Aubl. (1775)" 的晚出的同模式异名(Homotypic synonym, Nomenclatural synonym)。【分布】巴拉圭, 巴拿马, 秘鲁, 玻利维亚, 厄瓜多尔, 哥伦比亚（安蒂奥基亚）, 马达加斯加, 美国, 尼加拉瓜, 中美洲。【模式】Matayba guianensis Aublet。【参考异名】Ephielis Schreb. (1789) Nom. illegit.；Ernstingia Scop. (1777) Nom. illegit.；Lamprospermum Klotzsch(1849)；Mataiba R. Hedw. (1806)；Monopteris Klotzsch ex Radlk. (1849) Nom. illegit.；Monopteris Klotzsch (1849)；Ratonia DC. (1824) ●☆

31904 Mateatia Vell. (1831) = Sterculia L. (1753) ［梧桐科 Sterculiaceae//锦葵科 Malvaceae］●

31905 Matelea Aubl. (1775)【汉】马特莱萝藦属（马泰萝藦属）。【隶属】萝藦科 Asclepiadaceae。【包含】世界 130 种。【学名诠释与讨论】〈阴〉Matele, 法属圭亚那的植物俗名。此属的学名, ING、TROPICOS、GCI 和 IK 记载是 "Matelea Aubl. , Hist. Pl. Guiane 277, t. 109. 1770 ［Jun 1775］"。"Hostea Willdenow, Sp. Pl. 1(2)：1274. Jul 1798" 是 "Matelea Aubl. (1775)" 的晚出的同模式异名(Homotypic synonym, Nomenclatural synonym)。【分布】巴拉圭, 巴拿马, 秘鲁, 玻利维亚, 厄瓜多尔, 哥伦比亚（安蒂奥基亚）, 美国(密苏里), 尼加拉瓜, 热带南美洲, 中美洲。【后选模式】Matelea palustris Aublet。【参考异名】Amphorella Brandegee (1910)；Dictyanthus Decne. (1844)；Edisonia Small (1933)；Gyrostelma E. Fourn. (1885) Nom. illegit.；Heliostemma Woodson (1935)；Hostea Willd. (1798) Nom. illegit.；Hostia Post et Kuntze (1903) Nom. illegit.；Matalea A. Gray (1878)；Matella Bartl. (1830)；Omphalophthalma H. Karst. (1866)；Omphalophthalmum H. Karst. (1866)；Omphalothalma Pritz. (1866)；Pachystelma Brandegee (1920)；Tetracustelma Baill. (1890)；Tympananthe Hassk. (1847) ●☆

31906 Matella Bartl. (1830) = Matelea Aubl. (1775) ［萝藦科 Asclepiadaceae］●☆

31907 Materana Pax et K. Hoffm. = Caperonia A. St. -Hil. (1826)；～= Meterana Raf. (1838) ［大戟科 Euphorbiaceae］■☆

31908 Mathaea Vell. (1829) = Schwenckia L. (1764) ［茄科 Solanaceae］■●☆

31909 Mathea Vell. (1831) = Mathaea Vell. (1829)；～= Schwenckia L. (1764) ［茄科 Solanaceae］■●☆

31910 Mathewsia Hook. et Arn. (1833)【汉】马修斯芥属（马修芥属）。【隶属】十字花科 Brassicaceae(Cruciferae)。【包含】世界 6 种。【学名诠释与讨论】〈阴〉（人）Andrew Mathews, ? -1841, 英国植物采集家, 1830-1841 年在智利和秘鲁采集标本。【分布】秘鲁, 智利。【模式】Mathewsia foliosa W. J. Hooker et Arnott。【参考异名】Machaerophorus Schltdl. (1857)；Malthewsia Steud. et Hochst. ex Steud. (1841)；Matthewsia Rchb. (1837) ■☆

31911 Mathiasella Constance et C. L. Hitchc. (1954)【汉】马赛厄斯草属。【隶属】伞形花科（伞形科）Apiaceae(Umbelliferae)。【包含】世界 1 种。【学名诠释与讨论】〈阴〉（人）Mildred Esther Mathias, 1906-1995, 美国植物学者, 伞形科专家+-ellus, -ella, -ellum, 加在名词词干后面形成指小式的词尾。或加在人名、属名等后面以组成新属的名称。【分布】墨西哥。【模式】Mathiasella bupleuroides Constance et Hitchcock。●☆

31912 Mathieua Klotzsch(1853)【汉】肖亚马孙石蒜属。【隶属】石蒜科 Amaryllidaceae。【包含】世界 1 种。【学名诠释与讨论】〈阴〉（人）Louis Mathieu, 1793-1867, 德国园艺学者。另说纪念植物学者 Antoine Auguste Mathieu, 1814-1890。此属的学名是 "Mathieua Klotzsch, Allg. Gartenzeitung 21：337. 22 Oct 1853"。亦有文献把其处理为 "Eucharis Planch. et Linden(1853)（保留属名）" 的异名。【分布】秘鲁。【模式】Mathieua galanthoides Klotzsch。【参考异名】Eucharis Planch. et Linden(1853)（保留属名）■☆

31913 Mathiola DC. (废弃属名) = Guettarda L. (1753) ［茜草科 Rubiaceae//海岸桐科 Guettardaceae］●

31914 Mathiola R. Br. (废弃属名) = Matthiola W. T. Aiton(1812) ［as 'Mathiola'］(保留属名) ［十字花科 Brassicaceae(Cruciferae)］■●

31915 Mathiola Scop. (1777) Nom. illegit. ［茜草科 Rubiaceae］●

31916 Mathiola W. T. Aiton(1812) Nom. inval. (废弃属名) = Matthiola W. T. Aiton (1812) ［as 'Mathiola'］(保留属名) ［十字花科 Brassicaceae(Cruciferae)］■●

31917 Mathiolaria Chevall. (1836) Nom. illegit. ≡ Matthiola W. T. Aiton (1812) ［as 'Mathiola'］(保留属名) ［十字花科 Brassicaceae (Cruciferae)］■●

31918 Mathurina Balf. f. (1876)【汉】罗岛时钟花属。【隶属】时钟花科(穗柱榆科, 窝籽科, 有叶花科)Turneraceae。【包含】世界 1 种。【学名诠释与讨论】〈阴〉（人）Mathur＋inus, ina, inum 拉丁文加在名词词干之后, 以形成形容词的词尾, 含义为 "属于、相似、关于、小的"。【分布】毛里求斯（罗德里格斯岛）。【模式】

Mathurina penduliflora I. B. Balfour。●☆

31919 Matisia Bonpl. (1805)【汉】无隔囊木棉属。【隶属】木棉科 Bombacaceae//锦葵科 Malvaceae。【包含】世界 25 种。【学名诠释与讨论】〈阴〉(人) Francisco J. Matfs, 画家。此属的学名, ING、GCI、TROPICOS 和 IK 记载是 "Matisia Bonpl., Pl. Aequinoct. [Humboldt et Bonpland] 1: 9. 1805 [dt. 1808; issued Aug 1805]"。"Matisia Humb. et Bonpl. (1805) ≡ Matisia Bonpl. (1805)" 的命名人引证有误。【分布】巴拿马, 秘鲁, 玻利维亚, 厄瓜多尔, 哥伦比亚(安蒂奥基亚), 尼加拉瓜, 热带南美洲, 中美洲。【模式】Matisia cordata Bonpland。【参考异名】Matisia Humb. et Bonpl. (1805) Nom. illegit.●☆

31920 Matisia Humb. et Bonpl. (1805) Nom. illegit. ≡ Matisia Bonpl. (1805) [木棉科 Bombacaceae//锦葵科 Malvaceae]●☆

31921 Matonia Rosc. ex Sm. (1832) Nom. illegit. = Elettaria Maton (1811) [姜科(蘘荷科) Zingiberaceae]■

31922 Matonia Sm. (1819) Nom. inval. ≡ Matonia Rosc. ex Sm. (1832) Nom. illegit. ; ~ = Elettaria Maton (1811) [姜科(蘘荷科) Zingiberaceae]■

31923 Matonia Stephenson et J. M. Churchill (1831) Nom. illegit. ≡ Elettaria Maton (1811) [姜科(蘘荷科) Zingiberaceae]■

31924 Matourea Aubl. (1775) = Stemodia L. (1759) (保留属名) [玄参科 Scrophulariaceae//婆婆纳科 Veronicaceae]■☆

31925 Matpania Gagnep. (1948) = Bouea Meisn. (1837) [漆树科 Anacardiaceae]■

31926 Matrella Pers. (1805) = Zoysia Willd. (1801) (保留属名) [禾本科 Poaceae(Gramineae)]■

31927 Matricaria Hall. ex Scop. (1772) Nom. illegit. (废弃属名) = Matricaria L. (1753) (保留属名) [菊科 Asteraceae(Compositae)]■

31928 Matricaria L. (1753) (保留属名)【汉】母菊属。【日】カミツレ属, カミルレ属, シカギク属。【俄】Матрикария, Ромашка。【英】Camomile, Chamomile, Mamdaisy, Matricary, Mayweed, Wild Chamomile。【隶属】菊科 Asteraceae(Compositae)。【包含】世界 7-40 种, 中国 2-3 种。【学名诠释与讨论】〈阴〉(希) matrix, 所有格 matricis, 子宫+-arius, -aria, -arium, 指示 "属于、相似、具有、联系" 的词尾。指其可治疗妇女病。此属的学名 "Matricaria L., Sp. Pl.: 890. 1 Mai 1753" 是保留属名。法规未列出相应的废弃属名。但是菊科 Asteraceae 的 "Matricaria Hall. ex Scop., Fl. Carniol., ed. 2. 2: 147. 1772 = Matricaria L. (1753)" 是晚出的非法名称; 应该废弃。【分布】巴基斯坦, 巴拉圭, 秘鲁, 玻利维亚, 厄瓜多尔, 哥伦比亚(安蒂奥基亚), 美国(密苏里), 尼加拉瓜, 中国, 地中海地区, 非洲南部, 欧洲, 亚洲西部, 北美洲西部, 中美洲。【后选模式】Matricaria recutita Linnaeus。【参考异名】Acylopsis Post et Kuntze (1903); Akylopsis Lehm. (1850) Nom. illegit.; Camomilla Gilib.; Chamomilla Gray (1821) Nom. illegit.; Cotulina Pomel (1874) Nom. illegit.; Courrantia Sch. Bip. (1845); Dibothrospermum Knaf (1846); Gastrostylum Sch. Bip. (1845) Nom. illegit.; Gastrosulum Sch. Bip. (1844); Lepidanthus Nutt. (1841) Nom. illegit. (废弃属名); Lepidotheca Nutt. (1841); Matricaria Hall. ex Scop. (1772) Nom. illegit.; Otocarpum Willk. (1892) Nom. illegit., Nom. superfl.; Otospermum Willk. (1864); Rhyditospermum Walp. (1846-1847); Sphaeroclinium (DC.) Sch. Bip. (1844); Sphaeroclinium Sch. Bip. (1844) Nom. illegit.; Trallesia Zumagl. (1849)■

31929 Matricariaceae Voigt (1845) = Asteraceae Bercht. et J. Presl (保留科名) //Compositae Giseke (保留科名)●■

31930 Matricarioides (Less.) Spach (1841) = Tanacetum L. (1753) [菊科 Asteraceae(Compositae)//菊蒿科 Tanacetaceae]■●

31931 Matricarioides Spach (1841) Nom. illegit. ≡ Matricarioides (Less.) Spach (1841) [菊科 Asteraceae(Compositae)]■●

31932 Matsumurella Makino (1915)【汉】松村草属。【隶属】唇形科 Lamiaceae(Labiatae)。【包含】世界 1-5 种。【学名诠释与讨论】〈阴〉(人) Jinzo Matsumura, 1856-1928, 松村任三, 日本植物学者+-ellus, -ella, -ellum, 加在名词词干后面形成指小式的词尾。或加在人名、属名等后面以组成新属的名称。此属的学名是 "Matsumurella Makino, Bot. Mag. (Tokyo) 29: 279. 1915"。亦有文献把其处理为 "Galeobdolon Adans. (1763) Nom. illegit., Nom. superfl." 或 "Lamium L. (1753)" 的异名。【分布】日本。【模式】Matsumurella tuberifera (Makino) Makino [Leonurus tuberiferus Makino]。【参考异名】Galeobdolon Adans. (1763) Nom. illegit., Nom. superfl.; Lamium L. (1753)■☆

31933 Matsumuria Hemsl. (1909) Nom. illegit. ≡ Titanotrichum Soler. (1909) [苦苣苔科 Gesneriaceae]■

31934 Mattfeldanthus H. Rob. et R. M. King (1979)【汉】尾药斑鸠菊属。【隶属】菊科 Asteraceae(Compositae)。【包含】世界 2-3 种。【学名诠释与讨论】〈阳〉(人) Johannes Mattfeld, 1895-1951, 德国植物学者 + anthos, 花。【分布】巴西。【模式】Mattfeldanthus mutisioides H. Robinson et R. M. King。●☆

31935 Mattfeldia Urb. (1931)【汉】三脉藤菊属。【隶属】菊科 Asteraceae(Compositae)。【包含】世界 1 种。【学名诠释与讨论】〈阴〉(人) Johannes Mattfeld, 1895-1951, 德国植物学者。【分布】海地。【模式】Mattfeldia triplinervis Urban。●☆

31936 Matthaea Blume (1856)【汉】圣马太属。【隶属】香材树科(杯轴花科, 黑檫木科, 芒籽科, 蒙立米科, 檬立木科, 香材木科, 香树木科) Monimiaceae。【包含】世界 5-6 种。【学名诠释与讨论】〈阴〉词源不详。此属的学名, ING、TROPICOS 和 IK 记载是 "Matthaea Blume, Mus. Bot. 2(1-8): 89, t. 10. 1852 [1856]. [Feb 1856]"。"Matthaea Post et Kuntze (1903) = Mathaea Vell. (1829) = Schwenckia L. (1764) [茄科 Solanaceae]" 是晚出的非法名称。【分布】马来西亚。【模式】Matthaea sancta Blume。●☆

31937 Matthaea Post et Kuntze (1903) Nom. illegit. = Mathaea Vell. (1829); ~ = Schwenckia L. (1764) [茄科 Solanaceae]■●☆

31938 Matthewsia Rchb. (1837) = Mathewsia Hook. et Arn. (1833) [十字花科 Brassicaceae(Cruciferae)]■☆

31939 Matthiola DC. = Guettarda L. (1753) [茜草科 Rubiaceae//海岸桐科 Guettardaceae]●

31940 Matthiola L. (1753) (废弃属名) = Guettarda L. (1753) [茜草科 Rubiaceae//海岸桐科 Guettardaceae]●

31941 Matthiola R. Br. (废弃属名) = Matthiola W. T. Aiton (1812) [as 'Mathiola'] (保留属名) [十字花科 Brassicaceae(Cruciferae)]■●

31942 Matthiola W. T. Aiton (1812) [as 'Mathiola'] (保留属名)【汉】紫罗兰属。【日】アラセイトウ属。【俄】Левкой, Маттиола。【英】Gilliflower, Stock。【隶属】十字花科 Brassicaceae(Cruciferae)。【包含】世界 50-55 种, 中国 1-3 种。【学名诠释与讨论】〈阴〉(人) Pietro (Pier) Andréa Gregorio Mattioli, 1500-1577, 意大利医生、植物学者。此属的学名 "Matthiola W. T. Aiton, Hort. Kew., ed. 2, 4: 119. Dec 1812 ('Mathiola') (orth. cons.)" 是保留属名。相应的废弃属名是茜草科 Rubiaceae 的 "Matthiola L., Sp. Pl.: 1192. 1 Mai 1753 = Guettarda L. (1753)"。十字花科 Brassicaceae 的 "Matthiola R. Br. = Matthiola W. T. Aiton (1812)" 和 "Matthiola DC. = Guettarda L. (1753)" 亦应废弃。"Mathiolaria F. F. Chevallier, Fl. Gen. Env. Paris 2: 910. 5 Jan 1828 ('1827')" 是 "Matthiola W. T. Aiton (1812) [as 'Mathiola'] (保留属名)" 的晚出的同模式异名 (Homotypic synonym, Nomenclatural synonym)。【分布】巴基斯坦, 秘鲁, 玻利维亚, 厄

瓜多尔,哥伦比亚(安蒂奥基亚),中国,地中海至亚洲中部,非洲南部,欧洲西部,中美洲。【模式】Matthiola incana (Linnaeus) W. T. Aiton [Cheiranthus incanus Linnaeus]。【参考异名】Acinotum (DC.) Rchb. (1837); Acinotum Rchb. (1837) Nom. illegit.; Gakenia Fabr. (1759) Nom. illegit.; Gakenia Heist. (1748) Nom. inval.; Gakenia Heist. ex Fabr. (1759); Leucoium Mill. (1754) Nom. illegit.; Leucoium Tourn. ex Adans. (1763) Nom. illegit.; Leucojum Adans. (1763) Nom. illegit.; Leucojum Mill. (1754) Nom. illegit.; Lonchophora Durieu (1847); Mathiola R. Br.; Mathiola sect. Pinaria DC. (1821); Mathiolaria Chevall. (1836) Nom. illegit.; Matthiola R. Br. (废弃属名); Mattiola Sang. (1862); Microstigma Trautv. (1844); Pinaria (DC.) Rchb. (1837); Pinaria Rchb. (1837) Nom. illegit.; Pirazzia Chiov. (1919); Schelhameria Fabr. (1759) Nom. illegit.; Triceras Andrz.; Triceras Andrz. ex Rchb. (1828)■●

31943 Matthisonia Lindl. (1847) Nom. illegit., Nom. inval. ≡ Matthissonia Raddi(1820) [茄科 Solanaceae]■●☆

31944 Matthissonia Raddi (1820) = Schwenckia L. (1764) [茄科 Solanaceae]■●☆

31945 Mattia Schult. (1809) = Rindera Pall. (1771) [紫草科 Boraginaceae]■

31946 Mattiastrum (Boiss.) Brand (1915)【汉】盘果草属。【英】Mattiastrum。【隶属】紫草科 Boraginaceae。【包含】世界 30-35 种,中国1种。【学名诠释与讨论】〈中〉(属)Mattia+-astrum,指示小的词尾,也有"不完全相似"的含义。此属的学名,ING 和 TROPICOS 记载是"Mattiastrum (Boissier) A. Brand, Repert. Spec. Nov. Regni Veg. 14:150. 31 Dec 1915",由"Paracaryum sect. Mattiastrum Boiss., Diagnoses Plantarum Orientalium Novarum 2: 130. 1849"改级而来。IK 则记载为"Mattiastrum Brand, Repert. Spec. Nov. Regni Veg. 14:150. 1915"。三者引用的文献相同。亦有文献把"Mattiastrum (Boiss.) Brand (1915)"处理为"Paracaryum (A. DC.) Boiss. (1849) Nom. illegit."的异名。【分布】巴基斯坦,中国,地中海至阿富汗。【模式】未指定。【参考异名】Mattiastrum Brand (1915) Nom. illegit.; Paracaryum (A. DC.) Boiss. (1849) Nom. illegit.; Paracaryum Boiss. (1849) Nom. illegit.; Paracaryum sect. Mattiastrum Boiss. (1849)■

31947 Mattiastrum Brand (1915) Nom. illegit. ≡ Mattiastrum (Boiss.) Brand(1915) [紫草科 Boraginaceae]■

31948 Mattiola Sang. (1862) = Matthiola W. T. Aiton (1812) [as 'Mathiola'](保留属名) [十字花科 Brassicaceae(Cruciferae)]■●

31949 Mattonia Endl. (1837) = Elettaria Maton (1811); ~ = Matonia Rosc. ex Sm. (1832) Nom. illegit.; ~ = Elettaria Maton (1811) [姜科(蘘荷科)Zingiberaceae]■

31950 Mattuschkaea Schreb. (1791) Nom. illegit. ≡ Perama Aubl. (1775) [茜草科 Rubiaceae]●☆

31951 Mattuschkea Batsch(1802) Nom. illegit. ≡ Mattuschkaea Schreb. (1791) Nom. illegit.; ~ ≡ Perama Aubl. (1775) [茜草科 Rubiaceae]●☆

31952 Mattuschkia J. F. Gmel. (1791) = Saururus L. (1753) [三白草科 Saururaceae]■

31953 Mattuskea Raf. (1814) = Mattuschkaea Schreb. (1791) Nom. illegit.; ~ = Perama Aubl. (1775) [茜草科 Rubiaceae]●☆

31954 Matucana Britton et Rose(1922)【汉】白仙玉属。【日】マッカナ属。【英】Matucana。【隶属】仙人掌科 Cactaceae。【包含】世界6-7种。【学名诠释与讨论】〈阴〉(地)Matuku,马图库+-anus,-ana,-anum,加在名词词干后面使形成形容词的词尾,含义为"属于"。此属的学名是"Matucana N. L. Britton et J. N.

Rose, Cact. 3:102. 12 Oct 1922"。亦有文献把其处理为"Borzicactus Riccob. (1909)"或"Oreocereus (A. Berger) Riccob. (1909)"的异名。【分布】秘鲁。【模式】Matucana haynei (Otto ex Salm-Dyck) N. L. Britton et J. N. Rose [Echinocactus haynei Otto ex Salm-Dyck]。【参考异名】Arequipiopsis Kreuz. et Buining (1941); Borzicactus Riccob. (1909); Eomatucana F. Ritter(1965); Oreocereus (A. Berger) Riccob. (1909); Submatucana Backeb. (1959)●☆

31955 Matudacalamus F. Maek. (1961) = Aulonemia Goudot (1846) [禾本科 Poaceae(Gramineae)]●☆

31956 Matudaea Lundell(1940)【汉】多蕊蚊母属。【隶属】金缕梅科 Hamamelidaceae。【包含】世界 2 种。【学名诠释与讨论】〈阴〉(人)Eizi Matuda,1894-1978,墨西哥植物学者。【分布】墨西哥。【模式】Matudaea trinervia Lundell。●☆

31957 Matudanthus D. R. Hunt (1978)【汉】松田花属。【隶属】鸭跖草科 Commelinaceae。【包含】世界 1 种。【学名诠释与讨论】〈阳〉(人)Eizi Matuda,1894-1978,生于日本的墨西哥植物学者+anthos,花。antheros,多花的。antheo,开花。希腊文 anthos 亦有"光明、光辉、优秀"之义。【分布】哥伦比亚(安蒂奥基亚),哥斯达黎加,墨西哥,尼加拉瓜,中美洲。【模式】Matudanthus nanus (M. Martens et H. G. Galeotti) D. R. Hunt [as 'nana'] [Tradescantia nana M. Martens et H. G. Galeotti]。■☆

31958 Matudina R. M. King et H. Rob. (1973)【汉】繁花泽兰属。【隶属】菊科 Asteraceae(Compositae)。【包含】世界1种。【学名诠释与讨论】〈阴〉(人)Eizi Matuda,1894-1978,生于日本的墨西哥植物学者+-inus,-ina,-inum 拉丁文加在名词词干之后,以形成形容词的词尾,含义为"属于、相似、关于、小的"。【分布】墨西哥,中美洲。【模式】Matudina corvii (McVaugh) R. M. King et H. E. Robinson [Eupatorium corvii McVaugh]。●☆

31959 Maturea Post et Kuntze(1903) = Matourea Aubl. (1775); ~ = Stemodia L. (1759)(保留属名) [玄参科 Scrophulariaceae//婆婆纳科 Veronicaceae]■☆

31960 Maturna Raf. (1837) = Gomesa R. Br. (1815) [兰科 Orchidaceae]■☆

31961 Mauchartia Neck. (1790) Nom. inval. = Apium L. (1753) [伞形花科(伞形科)Apiaceae(Umbelliferae)]■

31962 Mauchia Kuntze(1891) Nom. illegit. ≡ Bradburia Torr. et A. Gray (1842)(保留属名) [菊科 Asteraceae(Compositae)]■☆

31963 Mauduita Comm. ex DC. (1824) = Quassia L. (1762) [苦木科 Simaroubaceae]●☆

31964 Mauduyta Comm. ex Endl. (1840) = Mauduita Comm. ex DC. (1824); ~ = Quassia L. (1762) [苦木科 Simaroubaceae]●☆

31965 Mauduyta Endl. (1840) Nom. illegit. ≡ Mauduyta Comm. ex Endl. (1840); ~ = Mauduita Comm. ex DC. (1824); ~ = Quassia L. (1762) [苦木科 Simaroubaceae]●☆

31966 Maughania J. St. -Hil. (1813) Nom. illegit. ≡ Flemingia Roxb. ex W. T. Aiton(1812)(保留属名) [豆科 Fabaceae(Leguminosae)//蝶形花科 Papilionaceae]■●

31967 Maughania N. E. Br. (1931) Nom. illegit. = Diplosoma Schwantes (1926); ~ = Maughaniella L. Bolus(1961) [番杏科 Aizoaceae]■☆

31968 Maughaniella L. Bolus (1961) = Diplosoma Schwantes (1926) [番杏科 Aizoaceae]■☆

31969 Mauhlia Dahl. (1787) Nom. illegit. ≡ Agapanthus L'Hér. (1789) (保留属名) [百合科 Liliaceae//百子莲科 Agapanthaceae]■☆

31970 Maukschia Heuff. (1844) = Carex L. (1753) [莎草科 Cyperaceae]■

31971 Mauloutchia(Baill.) Warb. (1896)【汉】马罗蔻木属。【隶属】

肉豆蔻科 Myristicaceae。【包含】世界 6 种。【学名诠释与讨论】〈阴〉词源不详。此属的学名，ING 和 IK 记载是 "Mauloutchia (Baill.) O. Warburg, Ber. Deutsch. Bot. Ges. 13 (G. V. 1): (83), (94) (1895 publ. 1896)"，由 "Myristica sect. Mauloutchia Baillon, Bull. Mens. Soc. Linn. Paris 1:435. 1884 (post 3 Dec)" 改级而来。TROPICOS 则记载为 "Mauloutchia Warb., Berichte der Deutschen Botanischen Gesellschaft 13 (Suppl.): 83. 1896"。亦有文献把 "Mauloutchia (Baill.) Warb. (1896)" 处理为 "Brochoneura Warb. (1897)" 的异名。【分布】马达加斯加。【模式】Mauloutchia chapelieri (Baillon) Warburg [Myristica chapelieri Baillon]。【参考异名】Brochoneura Warb. (1897); Mauloutchia Warb. (1895); Myristica sect. Mauloutchia Baill. (1884)●☆

31972　Mauloutchia Warb. (1895) Nom. illegit. ≡ Mauloutchia (Baill.) Warb. (1896) [肉豆蔻科 Myristicaceae]●☆

31973　Maundia F. Muell. (1858)【汉】分果草属（弯喙果属）。【隶属】水麦冬科 Juncaginaceae//分果草科 Maundiaceae。【包含】世界 1 种。【学名诠释与讨论】〈阴〉（人）Benjamin Maund, 1790-1863，英国医生，植物学者。【分布】澳大利亚。【模式】Maundia triglochinoides F. v. Mueller。■☆

31974　Maundiaceae Nakai (1943) [亦见 Juncaginaceae Rich. (保留科名) 水麦冬科]【汉】分果草科。【包含】世界 1 属 1 种。【分布】澳大利亚。【科名模式】Maundia F. Muell.。■☆

31975　Mauneia Thouars (1806) = Ludia Comm. ex Juss. (1789) [刺篱木科（大风子科）Flacourtiaceae]●☆

31976　Maurandella (A. Gray) Rothm. (1943)【汉】小蔓桐花属。【隶属】玄参科 Scrophulariaceae//婆婆纳科 Veronicaceae。【包含】世界 1 种。【学名诠释与讨论】〈阴〉（属）Maurandya 蔓桐花属（毛籽草属）+-ellus, -ella, -ellum，加在名词词干后面形成指小式的词尾。或加在人名、属名等后面以组成新属的名称。此属的学名，ING、GCI 和 IK 记载是 "Maurandella (A. Gray) Rothmaler, Feddes Repert. Spec. Nov. Regni Veg. 52: 26. 15 Jun 1943"，由 "Antirrhinum sect. Maurandella A. Gray, Proc. Amer. Acad. Arts 7: 375. 1868" 改级而来。亦有文献把 "Maurandella (A. Gray) Rothm. (1943)" 处理为 "Epixiphium (Engelm. ex A. Gray) Munz. (1926)" 的异名。【分布】美国（西南部），墨西哥，西印度群岛。【模式】Maurandella antirrhiniflora (Humboldt et Bonpland ex Willdenow) Rothmaler [Maurandya antirrhiniflora Humboldt et Bonpland ex Willdenow]。【参考异名】Antirrhinum sect. Maurandella A. Gray (1868); Epixiphium (Engelm. ex A. Gray) Munz. (1926)■☆

31977　Maurandia Ortega (1797) Nom. illegit. ≡ Maurandya Ortega (1797) [玄参科 Scrophulariaceae//婆婆纳科 Veronicaceae]■☆

31978　Maurandya G. Don (1837) Nom. illegit. [玄参科 Scrophulariaceae]■☆

31979　Maurandya Ortega (1797)【汉】蔓桐花属（毛籽草属）。【日】キリカズラ属。【俄】Лофоспермум, Маурандия。【英】Maurandia。【隶属】玄参科 Scrophulariaceae//婆婆纳科 Veronicaceae。【包含】世界 2-4 种。【学名诠释与讨论】〈阴〉（人）Mine Catharina Pancratia Maurandy, 18 世纪西班牙植物学者。此属的学名 "Maurandya Ortega, Nov. Rar. Pl. Matrit. 21. 1797" 是一个替代名称。"Usteria Cavanilles, Icon. 2:15. Apr-Nov 1793" 是一个非法名称 (Nom. illegit.)，因为此前已经有了 "Usteria Willdenow in Cothenius, Disp. 1. Jan-Mai 1790 [马钱科（断肠草科，马钱子科）Loganiaceae]"。故用 "Maurandya Ortega (1797)" 替代之。同理，"Usteria Medikus, Hist. et Commentat. Acad. Elect. Sci. 6 (Phys.): 480. Mar-Mai 1790 ≡ Hylomenes Salisb. (1866) = Endymion Dumort. (1827) [百合科 Liliaceae//风信子科 Hyacinthaceae]" 和

真菌的 "Usteria Batista et Maia, Ann. Soc. Bot. Brasil 2:357. 1962" 亦是非法名称。"Maurandya G. Don, Gen. Hist. iv. 532 (1837) [玄参科 Scrophulariaceae]" 是晚出的非法名称。"Maurandia Ortega (1797)" 是 "Maurandya Ortega (1797)" 的拼写变体。"Reichardia A. W. Roth, Catalecta 2: 64. 1800 (non A. W. Roth 1787)" 是 "Maurandya Ortega (1797)" 的晚出的同模式异名 (Homotypic synonym, Nomenclatural synonym)。【分布】秘鲁，玻利维亚，厄瓜多尔，哥伦比亚（安蒂奥基亚），马达加斯加，美国（西南部）至西印度群岛，热带南美洲，中美洲。【模式】Maurandya scandens (Cavanilles) Persoon [as 'Maurandia'] [Usteria scandens Cavanilles]。【参考异名】Asarina Mill. (1757); Maurandia Ortega (1797); Reichardia Roth (1800) Nom. illegit.; Usteria Cav. (1793) Nom. illegit.■☆

31980　Mauranthe O. F. Cook (1943) = Chamaedorea Willd. (1806) (保留属名) [棕榈科 Arecaceae (Palmae)]●☆

31981　Mauranthemum Vogt et Oberpr. (1995)【汉】白舌菊属。【隶属】菊科 Asteraceae (Compositae)。【包含】世界 4 种。【学名诠释与讨论】〈阴〉（拉）mauros, 本地的（指北非）+希腊文 anthemon 花。此属的学名 "Mauranthemum R. Vogt et C. Oberprieler, Taxon 44:377. 15 Aug 1995" 是一个替代名称。"Leucoglossum B. H. Wilcox, K. Bremer et C. J. Humphries in K. Bremer et C. J. Humphries, Bull. Nat. Hist. Mus. London, Bot. 23:142. Nov 1993" 是一个非法名称 (Nom. illegit.)，因为此前已经有了真菌的 "Leucoglossum Imai, Bot. Mag. (Tokyo) 56:524. 20 Nov 1942"。故用 "Mauranthemum Vogt et Oberpr. (1995)" 替代之。【分布】地中海西部。【模式】Mauranthemum paludosum (Poiret) R. Vogt et C. Oberprieler [Chrysanthemum paludosum Poiret]。【参考异名】Leucoglossum B. H. Wilcox, K. Bremer et Humphries (1993) Nom. illegit.■☆

31982　Mauria Kunth (1824)【汉】毛里漆属。【隶属】漆树科 Anacardiaceae。【包含】世界 10 种。【学名诠释与讨论】〈阴〉（人）Ernesto Mauri, 1791-1836, 意大利植物学者。【分布】巴拿马，秘鲁，玻利维亚，厄瓜多尔，哥伦比亚（安蒂奥基亚），安第斯山，中美洲。【模式】Mauria simplicifolia Kunth。●☆

31983　Mauritia L. f. (1782)【汉】毛瑞榈属（单干鳞果棕属，毛芮蒂榈属，毛瑞特榈属，莫氏榈属，湿地榈属）。【日】テングヤシ属。【俄】Пальма винная, Пальма маврикиева。【英】Mauritia, Moriche Palm, Wine Palm。【隶属】棕榈科 Arecaceae (Palmae)。【包含】世界 2-50 种。【学名诠释与讨论】〈阴〉Johan Maurits von Nassau, 西印度一会社名称。另说来自植物俗名。还说是纪念 Maurice。【分布】秘鲁，玻利维亚，厄瓜多尔，西印度群岛。【模式】Mauritia flexuosa Linnaeus f.。【参考异名】Diplorhipia Drude; Orophoma Drude. (1881); Orophoma Spruce ex Drude (1881); Orophoma Spruce (1869)●☆

31984　Mauritiella Burret (1935)【汉】拟毛瑞榈属（巴西榈属，根刺鳞果棕属，南美榈属）。【日】チャビテングヤシ属。【隶属】棕榈科 Arecaceae (Palmae)。【包含】世界 13-15 种。【学名诠释与讨论】〈阴〉（属）Mauritia 毛瑞榈属+-ellus, -ella, -ellum，加在名词词干后面形成指小式的词尾。或加在人名、属名等后面以组成新属的名称。此属的学名，ING、TROPICOS、GCI 和 IK 记载是 "Mauritiella Burret, Notizbl. Bot. Gart. Berlin - Dahlem 12: 609. 1935"。"Lepidococcus H. Wendland et Drude ex A. D. Hawkes, Arq. Bot. Est. São Paulo ser. 2. 2:173. 1 Mar 1952 (non Lepidococca Turczaninow 1848)" 是 "Mauritiella Burret (1935)" 的晚出的同模式异名 (Homotypic synonym, Nomenclatural synonym)。【分布】秘鲁，玻利维亚，厄瓜多尔，哥伦比亚（安蒂奥基亚），热带南美洲。【模式】Mauritiella aculeata (Kunth) Burret [Mauritia aculeata

Kunth]。【参考异名】Lepidococcus H. Wendl. et Drude ex A. D. Hawkes（1952）Nom. illegit. ; Lepidococcus H. Wendl. et Drude（1878）Nom. inval. ●☆

31985　Maurocena Adans.（1763）Nom. illegit. = Maurocenia Mill.（1754）［卫矛科 Celastraceae］●☆

31986　Maurocenia Kuntze =Turpinia Vent.（1807）（保留属名）［省沽油科 Staphyleaceae］●

31987　Maurocenia Mill.（1754）【汉】单室卫矛属。【隶属】卫矛科 Celastraceae。【包含】世界 1-2 种。【学名诠释与讨论】〈阴〉（人）G. F. Morosini，1658-1739，威尼斯人，植物学资助人。此属的学名，ING、TROPICOS 和 IK 记载是“Maurocenia P. Miller, Gard. Dict. Abr. ed. 4. 28 Jan 1754”。“Maurocenia Kuntze”是“Turpinia Vent.（1807）（保留属名）［省沽油科 Staphyleaceae］”的异名。苔藓的“Maurocenia Leman in F. Cuvier, Dict. Sci. Nat. 29:357. Dec 1823 ≡ Fossombronia Raddi 1818”是晚出的非法名称。【分布】非洲南部，中美洲。【模式】Maurocenia frangula P. Miller［Cassine maurocenia Linnaeus］。【参考异名】Maurocena Adans.（1763）Nom. illegit. ●☆

31988　Mausolea Bunge ex Podlech（1986）Nom. illegit. ≡ Mausolea Poljakov（1961）［菊科 Asteraceae（Compositae）//蒿科 Artemisiaceae］●■

31989　Mausolea Bunge ex Poljakov（1961）Nom. inval. , Nom. nud. ≡ Mausolea Poljakov（1961）［菊科 Asteraceae（Compositae）//蒿科 Artemisiaceae］●■

31990　Mausolea Poljakov（1961）【汉】绵果蒿属。【隶属】菊科 Asteraceae（Compositae）//蒿科 Artemisiaceae。【包含】世界 1 种。【学名诠释与讨论】〈阴〉词源不详。此属的学名，ING、TROPICOS 和 IK 记载是“Mausolea P. P. Poljakov, Trudy Inst. Bot. Akad. Nauk Kazahsk. SSR 11:170. post 23 Nov 1961”。“Mausolea Bunge ex Poljakov, Fl. URSS 26:631. 1961［Oct 1961］≡ Mausolea Poljakov（1961）”是一个裸名（Nom. nud.）。“Mausolea Bunge ex Podlech, Fl. Iranica［Rechinger］158: 223. 1986 ≡ Mausolea Poljakov（1961）［菊科 Asteraceae（Compositae）//蒿科 Artemisiaceae］”是晚出的非法名称。亦有文献把“Mausolea Poljakov（1961）”处理为“Artemisia L.（1753）”的异名。【分布】伊朗，中国，亚洲中部。【模式】Mausolea eriocarpa（Bunge）P. P. Poljakov［Artemisia eriocarpa Bunge］。【参考异名】Artemisia L.（1753）；Mausolea Bunge ex Podlech（1986）Nom. illegit. ; Mausolea Bunge ex Poljakov（1961）Nom. inval. , Nom. nud. ●

31991　Mavaelia Trimen（1895）Nom. inval. = Podostemum Michx.（1803）［髯管花科 Geniostomaceae］■☆

31992　Mavia G. Bertol.（1850）= Erythrophleum Afzel. ex G. Don（1826）［豆科 Fabaceae（Leguminosae）//云实科（苏木科）Caesalpiniaceae］●

31993　Maxburretia Furtado（1941）【汉】隐药棕属（马伯乐棕属，岩棕属）。【英】Maxburretia。【隶属】棕榈科 Arecaceae（Palmae）。【包含】世界 3 种。【学名诠释与讨论】〈阴〉（人）Karl Ewald Maximilian（Max）Burret，1883-1964，德国植物学者。【分布】马来半岛。【模式】Maxburretia rupicola（Ridley）Furtado［Livistona rupicola Ridley］。【参考异名】Liberbaileya Furtado（1941）; Symphyogyne Burret（1941）Nom. illegit. ●☆

31994　Maxia O. Nilsson（1967）【汉】短柱水繁缕属。【隶属】马齿苋科 Portulacaceae。【包含】世界 1 种。【学名诠释与讨论】〈阴〉（人）Max。此属的学名，ING、TROPICOS、GCI 和 IK 记载是“Maxia Ö. Nilsson, Grana Palynol. 7:359. 1967”。它曾被处理为“Montia sect. Maxima（Ö. Nilsson）McNeill, Canadian Journal of Botany 53(8):806. 1975.（15 Apr 1975）”。亦有文献把“Maxia

O. Nilsson（1967）”处理为“Montia L.（1753）”的异名。【分布】北美洲西部。【模式】Maxia howellii（S. Watson）O. Nilsson［Montia howellii S. Watson］。【参考异名】Montia L.（1753）; Montia sect. Maxima（Ö. Nilsson）McNeill（1975）■☆

31995　Maxillaria Poepp. et Endl. =Maxillaria Ruiz et Pav.（1794）［兰科 Orchidaceae］■☆

31996　Maxillaria Ruiz et Pav.（1794）【汉】鳃兰属（颚唇兰属，腋唇兰属）。【日】マキシラーリア属，ルルニティディウム属。【英】Maxillaria。【隶属】兰科 Orchidaceae。【包含】世界 420 种。【学名诠释与讨论】〈阴〉（拉）maxilla，颚骨，颚+-arius，-aria，-arium，指示“属于、相似、具有、联系”的词尾。指花柱和舌瓣的形状似一种昆虫的口器。此属的学名，ING、GCI、TROPICOS 和 IK 记载是“Maxillaria Ruiz et Pav. ,Fl. Peruv. Prodr. 116, t. 25. 1794［early Oct 1794］”。它曾经被处理为“Dendrobium sect. Maxillaria（Ruiz et Pav.）Pers. , Synopsis Plantarum 2:523. 1807”。亦有文献把“Maxillaria Ruiz et Pav.（1794）”处理为“Lycaste Lindl.（1843）”的异名。【分布】巴拉圭，巴拿马，秘鲁，玻利维亚，厄瓜多尔，哥伦比亚（安蒂奥基亚），哥斯达黎加，美国（佛罗里达）至阿根廷，尼加拉瓜，西印度群岛，中美洲。【后选模式】Maxillaria platypetala Ruiz et Pavon。【参考异名】Adamanthus Szlach.（2006）; Amaridium Hort. ex Lubbers（1880）; Camaridium Lindl.（1824）; Carnevali et G. A. Romero（2009）; Christensonella Szlach. , Mytnik, Górniak et śmiszek（2006）; Dendrobium sect. Maxillaria（Ruiz et Pav.）Pers.（1807）; Dicrypta Lindl.（1830）; Heterotaxis Lindl.（1826）; Hylaeorchis Carnevali et G. A. Romero（2000）; Lycaste Lindl.（1843）; Marsupiaria Hoehne（1947）; Maxillaria Poepp. et Endl. ; Maxillariella M. A. Blanco et Carnevali（2007）; Menadena Raf.（1837）; Neo-urbania Fawc. et Rendle（1909）; Nitidobulbon Ojeda; Onkeripus Raf.（1838）; Ornithidium R. Br.（1813）Nom. illegit. ; Ornithidium Salisb.（1812）Nom. inval. ; Ornithidium Salisb. ex R. Br.（1813）; Pentulops Raf.（1838）; Pityphyllum Schltr.（1920）; Pseudomaxillaria Hoehne（1947）; Psittacoglossum La Llave et Lex.（1825）Nom. illegit. ; Psittacoglossum Lex.（1825）; Psittaglossum Post et Kuntze（1903）; Pterochilus Hook. et Arn.（1832）; Rhetinantha M. A. Blanco（2007）; Sauvetrea Szlach.（2006）; Sepalosaccus Schltr.（1923）; Siagonanthus Poepp. et Endl.（1836）■☆

31997　Maxillariella M. A. Blanco et Carnevali（2007）【汉】小鳃兰属。【隶属】兰科 Orchidaceae。【包含】世界 40 种。【学名诠释与讨论】〈阴〉（属）Maxillaria 鳃兰属+-ellus，-ella，-ellum，加在名词词干后面形成指小式的词尾。或加在人名、属名等后面以组成新属的名称。此属的学名是“Maxillariella M. A. Blanco et Carnevali, Lankesteriana 7(3): 527(-528, 2007)”。亦有文献把其处理为“Maxillaria Ruiz et Pav.（1794）”的异名。【分布】玻利维亚。【模式】Maxillariella diuturna（Ames et C. Schweinf.）M. A. Blanco et Carnevali［Maxillaria diuturna Ames et C. Schweinf.］。【参考异名】Maxillaria Ruiz et Pav.（1794）■☆

31998　Maximiliana Mart.（1824）（保留属名）【汉】马氏椰子属（巴西棕榈属，麻克西米属，马克西米里椰子属，摩帝椰子属，长叶椰子属）。【日】マキシミリヤンヤシ属，マクシミリァンヤシ属。【英】Maximiliana。【隶属】棕榈科 Arecaceae（Palmae）。【包含】世界 1-10 种，中国 1 种。【学名诠释与讨论】〈阴〉（人）Maximilian Joseph I, 1756-1825，巴伐利亚国王。此属的学名“Maximiliana Mart. ,Palm. Fam. : 20. 13 Apr 1824”是保留属名。相应的废弃属名是弯籽木科 Cochlospermaceae 的“Maximilianea Mart. in Flora 2:452. 7 Aug 1819 = Cochlospermum Kunth（1822）（保留属名）”。二者极易混淆。“Maximilianea Mart. et Schrank

（1819）"和" Maximilianea Mart. ex Schrank（1819）"是
"Maximilianea C. F. P. Martius in Schrank，Flora 2：452. 1819"的误
引。"Maximilianea Rchb. ＝Maximiliana Mart.（1824）（保留属名）
［棕榈科 Arecaceae（Palmae）］＝Maximiliana Mart.（1824）（保留
属名）"亦应废弃。"Englerophoenix O. Kuntze，Rev. Gen. 2：728. 5
Nov 1891"和"Temenia O. F. Cook，Nat. Hort. Mag. Amer. 18：276.
Oct 1939"是"Maximiliana Mart.（1824）（保留属名）"的晚出的同
模式异名（Homotypic synonym，Nomenclatural synonym）。亦有文
献把"Maximiliana Mart.（1824）（保留属名）"处理为"Attalea
Kunth（1816）"的异名。【分布】秘鲁，玻利维亚，厄瓜多尔，中
国，西印度群岛，热带南美洲。【模式】Maximiliana martiana G. K.
W. H. Karsten。【参考异名】Attalea Kunth（1816）；Azeredia
Allemão（1846）Nom. illegit.；Azeredia Arruda ex Allemão（1846）
Nom. illegit.；Englerophoenix Kuntze（1891）Nom. illegit.；Ethnora
O. F. Cook（1940）；Markleya Bondar（1957）；Maximilianea Rchb.
（废弃属名）；Temenia O. F. Cook（1939）Nom. illegit.；
Wittelsbachia Mart. et Zucc.（1824）Nom. illegit. ●

31999　Maximilianea Mart.（1819）（废弃属名）＝ Cochlospermum Kunth
（1822）（保留属名）［弯籽木科（卷胚科，弯胚树科，弯子木科）
Cochlospermaceae］●

32000　Maximilianea Mart. et Schrank（1819）Nom. illegit.（废弃属名）
≡Maximilianea Mart.（1819）（废弃属名）；~ ＝ Cochlospermum
Kunth（1822）（保留属名）［弯籽木科（卷胚科，弯胚树科，弯子木
科）Cochlospermaceae］●☆

32001　Maximilianea Rchb.（废弃属名）＝ Maximiliana Mart.（1824）
（保留属名）［棕榈科 Arecaceae（Palmae）］●

32002　Maximiliania Endl. ＝Cochlospermum Kunth（1822）（保留属名）
［弯籽木科（卷胚科，弯胚树科，弯子木科）Cochlospermaceae//红
木科（胭脂树科）Bixaceae//木棉科 Bombacaceae］●☆

32003　Maximovizia A. P. Khokhr.（1985）Nom. illegit. ＝ Scirpus L.
（1753）（保留属名）［莎草科 Cyperaceae//蔗草科 Scirpaceae］■

32004　Maximovicziella A. P. Khokhr. ＝Scirpus L.（1753）（保留属名）
［莎草科 Cyperaceae//蔗草科 Scirpaceae］■

32005　Maximovitzia Benth. et Hook. f.（1862）＝ Maximowiczia Rupr.
（1856）；~ ＝ Schisandra Michx.（1803）（保留属名）［木兰科
Magnoliaceae//五味子科 Schisandraceae//八角科 Illiciaceae］●

32006　Maximowasia Kuntze（1891）Nom. illegit. ≡ Cryptospora Kar. et
Kir.（1842）［十字花科 Brassicaceae（Cruciferae）］■

32007　Maximowiczia Cogn.（1881）Nom. illegit. ≡ Ibervillea Greene
（1895）［葫芦科（瓜科，南瓜科）Cucurbitaceae］■☆

32008　Maximowiczia Khokhr.（1985）Nom. illegit. ≡ Maximowicziella
A. P. Khokhr.（1989）；~ ＝ Scirpus L.（1753）（保留属名）［莎草
科 Cyperaceae//蔗草科 Scirpaceae］■

32009　Maximowiczia Rupr.（1856）＝ Schisandra Michx.（1803）（保留
属名）［木兰科 Magnoliaceae//五味子科 Schisandraceae//八角科
Illiciaceae］●

32010　Maximowicziella A. P. Khokhr.（1989）【汉】马氏莎草属。【隶
属】莎草科 Cyperaceae//蔗草科 Scirpaceae。【包含】世界 1 种。
【学名诠释与讨论】〈阴〉（人）Carl Johann Maximowicz，1827 –
1891，俄罗斯植物学者（或说纪念美国植物学者 William Ralph
Maxon，1877–1948，蕨类学者）+-ellus，-ella，-ellum，加在名词词
干后面形成指小式的词尾。或加在人名、属名等后面以组成新
属的名称。此属的学名" Maximowicziella A. P. Khokhr.，Analiz
Fl. Kolymskogo Nagor' ya 15（1989）"，IK 记载是一个替代名称。
" Maximoviczia A. P. Khokhr.，Fl. Magadan. Obl. 73，nom. nov.
1985"是一个非法名称（Nom. illegit.），因为此前已经有了
" Maximovitzia Benth. et Hook. f.，Gen. Pl.［Bentham et Hooker f.］1

（1）：19. 1862［7 Aug 1862］"。故用" Maximowicziella A. P.
Khokhr.（1989）"替代之。亦有文献把" Maximowicziella A. P.
Khokhr.（1989）"处理为" Scirpus L.（1753）（保留属名）"的异
名。【分布】日本，中国。【模式】Maximowicziella japonica
（Maxim.）A. P. Khokhr.。【参考异名】Maximoviczia A. P. Khokhr.
（1985）Nom. illegit.；Scirpus L.（1753）（保留属名）■

32011　Maxwellia Baill.（1871）【汉】马梧桐属。【隶属】梧桐科
Sterculiaceae//锦葵科 Malvaceae。【包含】世界 1 种。【学名诠释
与讨论】〈阴〉（人）T. C. Maxwell，1822 – 1908，美国植物学者。另
说纪念英国植物学者 Maxwell Tylden Masters，1833 – 1907。【分
布】法属新喀里多尼亚。【模式】Maxwellia lepidota Baillon。●☆

32012　Mayaca Aubl.（1775）【汉】三蕊细叶草属（炭沼藓草属）。
【俄】Майяка。【英】Pool Moss。【隶属】三蕊细叶草科（花水藓
科）Mayacaceae。【包含】世界 4-10 种。【学名诠释与讨论】〈阴〉
（巴拉圭）植物俗名。另说来自法属圭亚那植物俗名。或来源于
Mayas。此属的学名，ING、TROPICOS 和 IK 记载是" Mayaca
Aublet，Hist. Pl. Guiane 42. Jun – Dec 1775"。" Syena Schreber，
Gen. 39. Apr 1789"是"Mayaca Aubl.（1775）"的晚出的同模式异
名（Homotypic synonym，Nomenclatural synonym）。【分布】巴拉
圭，巴拿马，秘鲁，玻利维亚，厄瓜多尔，哥伦比亚（安蒂奥基亚）
哥斯达黎加，尼加拉瓜，非洲，中美洲。【模式】Mayaca fluviatilis
Aublet。【参考异名】Biaslia Vand.（1788）；Coletia Vell.（1829）；
Colletia Endl.（废弃属名）；Majaca Post et Kuntze（1903）（1891）；
Syena Schreb.（1789）Nom. illegit. ■☆

32013　Mayacaceae Kunth（1842）（保留科名）【汉】三蕊细叶草科（花
水藓科）。【英】Bog-moss Family，Mayaca Family。【包含】世界 1
属 4-10 种。【分布】热带美洲和非洲，西印度群岛。【科名模式】
Mayaca Aubl.（1775）■☆

32014　Mayanaea Lundell（1974）【汉】玛雅堇属。【隶属】堇菜科
Violaceae。【包含】世界 1 种。【学名诠释与讨论】〈阴〉词源不
详。此属的学名是" Mayanaea C. L. Lundell，Wrightia 5：58. 22
Nov 1974"。亦有文献把其处理为" Orthion Standl. et Steyerm.
（1940）"的异名。【分布】危地马拉，中美洲。【模式】Mayanaea
caudata（C. L. Lundell）C. L. Lundell ［Orthion caudatum C. L.
Lundell］。【参考异名】Orthion Standl. et Steyerm.（1940）■☆

32015　Mayanthemum DC.（1805）＝ Maianthemum F. H. Wigg.（1780）
（保留属名）［百合科 Liliaceae//铃兰科 Convallariaceae］■

32016　Mayanthus Raf. ＝Smilacina Desf.（1807）（保留属名）［百合科
Liliaceae//铃兰科 Convallariaceae］■

32017　Mayariochloa Salariato，Morrone et Zuloaga（2012）【汉】古巴黍
属。【隶属】禾本科 Poaceae（Gramineae）。【包含】世界 1 种。
【学名诠释与讨论】〈阴〉词源不详。Mayari，马亚里，位于古巴 +
希腊文 chloe 多利斯文 chloa，草的幼芽，嫩草，禾草。【分布】古
巴。【模式】Mayariochloa amphistemon（C. Wright）Salariato，
Morrone et Zuloaga ［Panicum amphistemon C. Wright］。☆

32018　Maycockia A. DC.（1844）＝ Condylocarpon Desf.（1822）［夹竹
桃科 Apocynaceae］●☆

32019　Maydaceae Herter ＝ Gramineae Juss.（保留科名）//Poaceae
Barnhart（保留科名）■●

32020　Maydaceae Martinov ＝ Gramineae Juss.（保留科名）//Poaceae
Barnhart（保留科名）■●

32021　Mayepea Aubl.（1775）（废弃属名）＝ Chionanthus L.（1753）；
~ ＝ Linociera Sw. ex Schreb.（1791）（保留属名）［木犀榄科（木犀
科）Oleaceae］●

32022　Mayeta Juss.（1789）＝ Maieta Aubl.（1775）［野牡丹科
Melastomataceae］●☆

32023　Mayna Aubl.（1775）【汉】迈纳木属。【隶属】刺篱木科（大风

子科）Flacourtiaceae。【包含】世界 6 种。【学名诠释与讨论】〈阴〉词源不详。此属的学名，ING、TROPICOS 和 IK 记载是"Mayna Aublet, Hist. Pl. Guiane 921. t. 352. Jun – Dec 1775"。"Mayna Schltdl"是"Meyna Roxb. ex Link（1820）[茜草科 Rubiaceae]"的异名。【分布】巴拿马，秘鲁，玻利维亚，厄瓜多尔，哥伦比亚（安蒂奥基亚），哥斯达黎加，尼加拉瓜，热带南美洲，中美洲。【模式】Mayna odorata Aublet。【参考异名】Dendrostigma Gleason（1933）；Dendrostylis H. Karst. et Triana（1855）；Dendrostylis H. Karst. et Triana（1857）Nom. illegit.；Dendrostylis Triana（1855）Nom. illegit. ●☆

32024　Mayna Schltdl. = Meyna Roxb. ex Link（1820）[茜草科 Rubiaceae]●

32025　Mayodendron Kurz（1875）【汉】火烧花属（火把花属，缅木属）。【英】Fireflower, Mayodendron。【隶属】紫葳科 Bignoniaceae。【包含】世界 1 种，中国 1 种。【学名诠释与讨论】〈中〉（缅甸）mayo，一种树木俗名+希腊文 dendron 或 dendros，树木，棍，丛林。一说其第一构词成分来自希腊文 Maios 五月，可能指某些种五月开花。此属的学名是"Mayodendron S. Kurz, Prelim. Rep. Forest Veg. Pegu App. D：[1]. 1875"。亦有文献把其处理为"Radermachera Zoll. et Moritzi（1855）Nom. illegit."的异名。【分布】缅甸，中国。【模式】Mayodendron igneum（S. Kurz）S. Kurz [Spathodea ignea S. Kurz]。【参考异名】Majodendrum Post et Kuntze（1903）；Radermachera Zoll. et Moritzi（1855）Nom. illegit. ●

32026　Mays Mill.（1754）Nom. illegit. , Nom. , superfl. ≡ Zea L.（1753）[禾本科 Poaceae（Gramineae）//玉蜀黍科 Zeaceae]■

32027　Mays Tourn. ex Gaertn.（1788）Nom. illegit. = Zea L.（1753）[禾本科 Poaceae（Gramineae）//玉蜀黍科 Zeaceae]■

32028　Maytenus Molina（1782）【汉】美登木属（裸实属，美登卫矛属）。【俄】Майтенус。【英】Chile Mayten Tree, Mayten。【隶属】卫矛科 Celastraceae。【包含】世界 200-300 种，中国 31 种。【学名诠释与讨论】〈阴〉（智）mayten，或 maiten，或 mayton，模式种 Maytenus boaria Molina 的智利俗名。此属的学名，ING、TROPICOS、APNI、GCI 和 IK 记载是"Maytenus Molina, Sag. Stor. Nat. Chili 177,349. 1782 [ante 31 Oct 1782]"。"Boaria Alph. de Candolle, Prodr. 8：299. Mar（med.）1844"是"Maytenus Molina（1782）"的晚出的同模式异名（Homotypic synonym, Nomenclatural synonym）。【分布】巴基斯坦，巴拉圭，巴拿马，秘鲁，玻利维亚，厄瓜多尔，哥伦比亚（安蒂奥基亚），马达加斯加，尼加拉瓜，中国，热带，中美洲。【模式】Maytenus boaria Molina。【参考异名】Boaria A. DC.（1844）Nom. illegit.；Catha Forssk.（1775）Nom. inval.（废弃属名）；Euthalis Banks et Sol. ex Hook. f.（1845）；Gymnosporia（Wight et Arn.）Benth. et Hook. f.（1862）（保留属名）；Gymnosporia（Wight et Arn.）Hook. f.（1862）Nom. illegit.（废弃属名）；Gymnosporia Benth. et Hook. f.（1862）Nom. illegit.（废弃属名）；Haenkea Rniz et Pav.（1794）Nom. illegit.（废弃属名）；Monteverdia A. Rich.（1845）；Moya Griseb.（1874）；Tricerma Liebm.（1853）●

32029　Mayzea Raf.（1830）Nom. illegit. = Zea L.（1753）[禾本科 Poaceae（Gramineae）//玉蜀黍科 Zeaceae]■

32030　Mazaceae Reveal（2011）【汉】通泉草科。【包含】世界 1 属 10-36 种，中国 1 属 25-31 种。【科名模式】Mazus Lour.（1790）■

32031　Mazaea Krug et Urb.（1897）【汉】马萨茜属。【隶属】茜草科 Rubiaceae。【包含】世界 2 种。【学名诠释与讨论】〈阴〉（人）Manuel Gomez de la Maza y Jimenez, 1867-1916, 古巴植物学者。此属的学名，ING、TROPICOS 和 IK 记载是"Mazaea Krug et Urban, Ber. Deutsch. Bot. Ges. 15：265. 1897"。"Neomazaea Krug et Urban, Ber. Deutsch. Bot. Ges. 15：542. 25 Jan 1898（'1897'）"是

"Mazaea Krug et Urb.（1897）"的晚出的同模式异名（Homotypic synonym, Nomenclatural synonym）。【分布】西印度群岛。【模式】phialanthoides（Grisebach）Krug et Urban [Rondeletia phialanthoides Grisebach]。【参考异名】Neomazaea Krug et Urb.（1898）Nom. illegit.；Neomazaea Urb.（1897）Nom. illegit. ●☆

32032　Mazeutoxeron Labill.（1800）= Correa Andréws（1798）（保留属名）[芸香科 Rutaceae]●☆

32033　Mazinna Spach（1834）= Jatropha L.（1753）（保留属名）；~ = Mozinna Ortega（1798）[大戟科 Euphorbiaceae]●■

32034　Mazus Lour.（1790）【汉】通泉草属。【日】サギゴケ属，マズス属。【俄】Мадзус, Мазус。【英】Mazus。【隶属】玄参科 Scrophulariaceae//透骨草科 Phrymaceae//通泉草科 Mazaceae。【包含】世界 10-36 种，中国 25-31 种。【学名诠释与讨论】〈阳〉（希）mazos，两个乳头之一。指花喉部有突起。【分布】澳大利亚，巴拿马，马达加斯加，美国（密苏里），尼加拉瓜，印度至马来西亚，中国，亚洲东部和南部，中美洲。【模式】Mazus rugosus Loureiro。【参考异名】Hornemannia Willd.（1809）；Hornemannia Willd. emend. Rchb.；Masus G. Don（1837）■

32035　Mazzettia Iljin（1955）【汉】怒江川木香属。【隶属】菊科 Asteraceae（Compositae）。【包含】世界 1 种。【学名诠释与讨论】〈阴〉（人）Heinrich Freiherr von Handel-Mazzetti, 1882-1940, 澳大利亚植物学者，探险家，植物采集家。此属的学名是"Mazzettia Iljin, Bot. Mater. Gerb. Bot. Inst. Komarova Akad. Nauk SSSR 17：443. 1955（post 9 Nov）"。亦有文献把其处理为"Dolomiaea DC.（1833）"或"Vladimiria Iljin（1939）"的异名。【分布】中国。【模式】Mazzettia salwinensis（Handel – Mazzetti）Iljin [Jurinea salwinensis Handel – Mazzetti]。【参考异名】Dolomiaea DC.（1833）；Vladimirea Iljin（1939）Nom. illegit.；Vladimiria Iljin（1939）■

32036　Mcneillia Dillenb. et Kadereit（2014）【汉】马石竹属。【隶属】石竹科 Caryophyllaceae。【包含】世界 5 种 5 亚种。【学名诠释与讨论】〈阴〉（人）E. M. McNeill（1901-），植物学者。【分布】希腊，意大利，欧洲。【模式】Mcneillia graminifolia（Ard.）Dillenb. et Kadereit [Arenaria graminifolia Ard.]。☆

32037　Mcvaughia W. R. Anderson（1979）【汉】麦克木属。【隶属】金虎尾科（黄褥花科）Malpighiaceae。【包含】世界 1 种。【学名诠释与讨论】〈阴〉（人）Rogers McVaugh, 1909-?, 美国植物学者，教授，植物采集家，植物学史学者。【分布】巴西。【模式】Mcvaughia bahiana W. R. Anderson。●☆

32038　Meadia Catesby ex Mill.（1754）Nom. illegit. = Dodecatheon L.（1753）[报春花科 Primulaceae]■☆

32039　Meadia Mill.（1754）Nom. illegit. ≡ Dodecatheon L.（1753）[报春花科 Primulaceae]■☆

32040　Mearnsia Merr.（1907）= Metrosideros Banks ex Gaertn.（1788）（保留属名）[桃金娘科 Myrtaceae]●☆

32041　Mebora Steud.（1841）Nom. illegit. ≡ Meborea Aubl.（1775）[大戟科 Euphorbiaceae//叶下珠科（叶萝藦科）Phyllanthaceae]●■

32042　Meborea Aubl.（1775）= Phyllanthus L.（1753）[大戟科 Euphorbiaceae//叶下珠科（叶萝藦科）Phyllanthaceae]●■

32043　Meboreaceae Raf. = Euphorbiaceae Juss.（保留科名）●■

32044　Mecardonia Ruiz et Pav.（1794）【汉】麦卡婆婆纳属。【隶属】玄参科 Scrophulariaceae//婆婆纳科 Veronicaceae。【包含】世界 10-15 种。【学名诠释与讨论】〈阴〉（人）Antonio de Meca y Cardona, 西班牙植物学赞助人。此属的学名是"Mecardonia Ruiz et Pavon, Prodr. 95. Oct（prim.）1794"。亦有文献把其处理为"Bacopa Aubl.（1775）（保留属名）"的异名。【分布】巴拉圭，巴拿马，秘鲁，玻利维亚，厄瓜多尔，哥伦比亚（安蒂奥基亚），美国

（密苏里），尼加拉瓜，中美洲。【模式】Mecardonia ovata Ruiz et Pavon。【参考异名】Bacopa Aubl.（1775）（保留属名）；Endopogon Nees（1832）Nom. illegit.；Pagesia Raf.（1817）Nom. inval.；Pegesia Raf. ex Steud.（1841）；Pegesia Steud.（1841）Nom. illegit.■☆

32045　Mechowia Schinz（1893）【汉】光被苋属。【隶属】苋科 Amaranthaceae。【包含】世界 2 种。【学名诠释与讨论】〈阴〉（人）Mechow。【分布】热带非洲西南部。【模式】Mechowia grandiflora Schinz。■☆

32046　Meciclis Raf. = Coryanthes Hook.（1831）［兰科 Orchidaceae］■☆

32047　Meckelia（A. Juss.）Griseb.（1858）Nom. illegit. ≡ Meckelia（Mart. ex A. Juss.）Griseb.（1858）；~ = Spachea A. Juss.（1838）［金虎尾科（黄褥花科）Malpighiaceae］●☆

32048　Meckelia（Mart. ex A. Juss.）Griseb.（1858）= Spachea A. Juss.（1838）［金虎尾科（黄褥花科）Malpighiaceae］●☆

32049　Meckelia Mart. ex A. Juss.（1840）Nom. illegit. = Spachea A. Juss.（1838）［金虎尾科（黄褥花科）Malpighiaceae］●☆

32050　Meclatis Spach（1838）= Clematis L.（1753）［毛茛科 Ranunculaceae］●■

32051　Mecomischus Coss. et Durieu ex Benth. et Hook. f.（1873）【汉】星毛菊属。【隶属】菊科 Asteraceae（Compositae）。【包含】世界 2 种。【学名诠释与讨论】〈阳〉（希）mekos，长度+mischos，茎，小花梗，叶柄，皮，壳。此属的学名，ING 记载是"Mecomischus Cosson et Durieu ex Bentham et Hook. f.，Gen. 2：418. 7-9 Apr 1873"；IK 和 TROPICOS 则记载为"Mecomischus Coss. ex Benth. et Hook. f.，Gen. Pl.［Bentham et Hooker f.］2（1）：418. 1873［7-9 Apr 1873］"。三者引用的文献相同。【分布】阿尔及利亚。【模式】Mecomischus geslini（Cosson）B. D. Jackson［Cladanthus geslini Cosson］。【参考异名】Cladanthus sect. Mecomischus Coss. et Durieu（1857）；Fradinia Pomel（1874）；Mecomischus Coss. ex Benth. et Hook. f.（1873）Nom. illegit.；Mischanthus Coss.（1857）■☆

32052　Mecomischus Coss. ex Benth. et Hook. f.（1873）Nom. illegit. ≡ Mecomischus Coss. et Durieu ex Benth. et Hook. f.（1873）［菊科 Asteraceae（Compositae）］■☆

32053　Meconella Nutt.（1838）【汉】小罂粟属。【隶属】罂粟科 Papaveraceae。【包含】世界 3 种。【学名诠释与讨论】〈阴〉（希）mekon，罂粟+-ellus，-ella，-ellum，加在名词词干后面形成指小式的词尾。或加在人名、属名等后面以组成新属的名称。此属的学名，ING、GCI 和 IK 记载是"Meconella Nuttall in J. Torrey et A. Gray，Fl. N. Amer. 1：64. Jul 1838"。"Meconella Nutt. ex Torr. et A. Gray（1838）≡ Meconella Nutt.（1838）"的命名人引证有误。【分布】北美洲太平洋沿岸。【模式】Meconella oregana Nuttall。【参考异名】Meconella Nutt. ex Torr. et A. Gray（1838）Nom. illegit.；Meconia Hook. f. et Thoms.（1855）；Platystigma Benth.（1834）■☆

32054　Meconella Nutt. ex Torr. et A. Gray（1838）Nom. illegit. ≡ Meconella Nutt.（1838）［罂粟科 Papaveraceae］■☆

32055　Meconia Hook. f. et Thoms.（1855）= Meconella Nutt.（1838）［罂粟科 Papaveraceae］■☆

32056　Meconopsis R. Vig.（1814）Nom. inval. ≡ Meconopsis R. Vig. ex DC.（1821）［罂粟科 Papaveraceae］■

32057　Meconopsis R. Vig. ex DC.（1821）【汉】绿绒蒿属。【日】メコノプシス属。【俄】Мак голубой，Меконопсис。【英】Blue Poppy，Blue Tibetan Poppy，Meconopsis，Poppy，Welsh Poppy。【隶属】罂粟科 Papaveraceae。【包含】世界 48-54 种，中国 39-43 种。【学名诠释与讨论】〈阴〉（希）mekon，罂粟+希腊文 opsis，外观，模样，相似。此属的学名，ING 和 GCI 记载是"Meconopsis L. G. A. Viguier, Hist. Nat. Pavots Argémones 48. 1814"。IK 则记载为

"Meconopsis Vig.，Diss. 20, 48（1814）；ex DC. Syst. ii. 86"。"Cerastites S. F. Gray, Nat. Arr. Brit. Pl. 2：703. 1 Nov 1821"是"Meconopsis R. Vig. ex DC.（1821）"的同模式异名（Homotypic synonym, Nomenclatural synonym）。【分布】巴基斯坦，中国，喜马拉雅山，欧洲西部。【模式】Meconopsis cambrica（Linnaeus）L. G. A. Viguier［Papaver cambricum Linnaeus］。【参考异名】Cathcartia Hook. f.（1851）；Cerastites Gray（1821）Nom. illegit.；Cumminsia King ex Prain（1906）；Meconopsis R. Vig. ex DC.■

32058　Meconostigma Schott ex B. D. Jacks.（1894）= Philodendron Schott（1829）［as ' Philodendrum'］（保留属名）［天南星科 Araceae］■●

32059　Meconostigma Schott（1832）Nom. inval. ≡ Meconostigma Schott ex B. D. Jacks.（1894）；~ = Philodendron Schott（1829）［as ' Philodendrum'］（保留属名）［天南星科 Araceae］■●

32060　Mecopodum D. L. Jones and M. A. Clem.（2004）【汉】澳大利亚韭兰属。【隶属】兰科 Orchidaceae。【包含】世界 2 种。【学名诠释与讨论】〈中〉（希）mekos，长度+pous，所有格 podos，脚，足。podion 小脚。podotes，有脚的。【分布】澳大利亚。【模式】Mecopodum parvifolium（Lindl.）D. L. Jones et M. A. Clem.［Prasophyllum parvifolium Lindl.］。■☆

32061　Mecopus Benn.（1840）【汉】长柄荚属。【英】Longstalk-pod，Mecopus。【隶属】豆科 Fabaceae（Leguminosae）//蝶形花科 Papilionaceae。【包含】世界 1 种，中国 1 种。【学名诠释与讨论】〈阳〉（希）mekos，长度+pous，所有格 podos，脚，足。podion 小脚。podotes，有脚的。指荚果具长柄。【分布】印度尼西亚（爪哇岛），中国，东南亚。【模式】Mecopus nidulans J. J. Bennett。■

32062　Mecosa Blume（1825）= Platanthera Rich.（1817）（保留属名）［兰科 Orchidaceae］■

32063　Mecoschistum Dulac（1867）= Lobelia L.（1753）［桔梗科 Campanulaceae//山梗菜科（半边莲科）Nelumbonaceae］●■

32064　Mecostylis Kurz ex Teijsm. et Binn.（1864）= Macaranga Thouars（1806）［大戟科 Euphorbiaceae］●

32065　Mecranium Hook. f.（1867）【汉】麦克野牡丹属。【隶属】野牡丹科 Melastomataceae。【包含】世界 23 种。【学名诠释与讨论】〈中〉词源不详。【分布】西印度群岛。【后选模式】Mecranium virgatum（Swartz）Triana［Melastoma virgatum Swartz［as ' virgata'］。【参考异名】Ekmaniocharis Urb.（1921）●☆

32066　Medea Klotzsch（1841）= Croton L.（1753）［大戟科 Euphorbiaceae//巴豆科 Crotonaceae］●

32067　Medemia Württemb. ex H. Wendl.（1881）【汉】阔叶棕属（北非棕属，阔叶葵属，阔叶棕属，尼罗棕属）。【隶属】棕榈科 Arecaceae（Palmae）。【包含】世界 1-2 种。【学名诠释与讨论】〈阴〉（人）Medem。【分布】马达加斯加，热带非洲北部。【后选模式】Medemia argun（C. F. P. Martius）H. Wendland［Hyphaene argun C. F. P. Martius］。●☆

32068　Medeola L.（1753）【汉】美地草属（美地属，七筋菇属，七筋姑属）。【英】Indian Cucumber-root，Medeola。【隶属】铃兰科 Convallariaceae//百合科 Liliaceae//美地草科（美地科，七筋菇科，七筋姑科）Medeolaceae。【包含】世界 1 种。【学名诠释与讨论】〈阴〉（人）Medeia，神话中的女巫+-olus，-ola，-olum，拉丁文指示小的词尾。此属的学名，ING、TROPICOS、APNI、GCI 和 IK 记载是"Medeola L., Sp. Pl. 1：339. 1753［1 May 1753］"。"Gyromia Nuttall, Gen. 1：238. 14 Jul 1818"是"Medeola L.（1753）"的晚出的同模式异名（Homotypic synonym, Nomenclatural synonym）。【分布】美国，北美洲。【后选模式】Medeola virginiana Linnaeus。【参考异名】Gyromia Nutt.（1818）Nom. illegit.■☆

32069　Medeolaceae（S. Watson）Takht.（1987）= Convallariaceae L.■

32070 Medeolaceae Takht. (1987)［亦见 Convallariaceae L. 铃兰科和 Liliaceae Juss. (保留科名)百合科]【汉】美地草科(美地科,七筋菇科,七筋姑科)。【包含】世界 1 属 2 种,中国 1 属 1 种。【分布】北美洲。【科名模式】Medeola L.■

32071 Mediasia Pimenov(1974)【汉】梅迪亚什草属。【隶属】伞形花科(伞形科)Apiaceae(Umbelliferae)。【包含】世界 1 种。【学名诠释与讨论】〈阴〉(地)Medias,梅迪亚什。此属的学名是"Mediasia M. G. Pimenov, Novosti Sist. Vyssh. Rast. 11：254. 1974 (post 25 Jul)"。亦有文献把其处理为"Seseli L. (1753)"的异名。【分布】阿富汗,亚洲中部。指产地。【模式】Mediasia macrophylla (E. Regel et J. Schmalhausen) M. G. Pimenov [Seseli macrophyllum E. Regel et J. Schmalhausen]。【参考异名】Seseli L. (1753)■☆

32072 Medica Cothen. (1790) Nom. illegit. ≡ Dombeya L'Hér. (1786)(废弃属名);~ ≡ Tourrettia Foug. (1787)(保留属名)[紫葳科 Bignoniaceae]■☆

32073 Medica Mill. (1754) = Medicago L. (1753)(保留属名)[豆科 Fabaceae(Leguminosae)//蝶形花科 Papilionaceae]●■

32074 Medicago L. (1753)(保留属名)【汉】苜蓿属。【日】ウマゴヤシ属。【俄】Люцерна, Рикшаи-одири。【英】Alfalfa, Fingers-and-thumbs, Medic, Medick。【隶属】豆科 Fabaceae (Leguminosae)//蝶形花科 Papilionaceae。【包含】世界 56-85 种,中国 13-17 种。【学名诠释与讨论】〈阴〉(人)Media,古代一王国名。另说希腊文 medike,一种豆科 Fabaceae(Leguminosae)植物名称+-ago,新拉丁文词尾,表示关系密切,相似,追随,携带,诱导。另说 medicus 药。此属的学名"Medicago L., Sp. Pl. :778. 1 Mai 1753"是保留属名。法规未列出相应的废弃属名。IK 把本属的异名"Medicula Medik. (1787)"置于菊科 Asteraceae (Compositae)有误。【分布】巴基斯坦,巴拉圭,秘鲁,玻利维亚,厄瓜多尔,哥伦比亚(安蒂奥基亚),哥斯达黎加,美国(密苏里),中国,地中海地区,非洲南部,温带欧亚大陆,中美洲。【模式】Medicago sativa Linnaeus。【参考异名】Cochleata Medik. (1789); Crimaea Vassilcz. (1979); Diploprion Viv. (1824); Factorovskya Eig (1927); Gocimeda Gand.; Kamiella Vassilcz. (1979); Lupularia (Ser. ex DC.) Opiz (1852) Nom. illegit.; Lupulina Noulet (1837) Nom. illegit.; Medica Mill. (1754); Medicula Medik. (1787); Melilotoides Fabr. (1763) Nom. illegit.; Melilotoides Heist. ex Fabr. (1763); Pseudomelissitus Ovcz., Rassulova et Kinzik. (1978) Nom. illegit.; Pseudornelissitus Ovcz., Rassulova et Kinzik.; Radiata Medik. (1789); Rhodusia Vasilch. (1972); Spirocarpus (Ser.) Opiz(1852); Spirocarpus Opiz(1852); Trifillium Medik. (1787); Triphyllum Medik. (1789); Turukhania Vassilcz. (1979) Nom. illegit. ●■

32075 Medicasia Willk. (1870) = Medicusia Moench (1794); ~ = Picris L. (1753) [菊科 Asteraceae(Compositae)]■

32076 Medicia Gardner ex Champ. (1849) = Gelsemium Juss. (1789)[马钱科(断肠草科,马钱子科)Loganiaceae//胡蔓藤科(钩吻科)Gelsemiaceae]●

32077 Medicosma Hook. f. (1862)【汉】橘香木属。【日】メディコスマ属。【隶属】芸香科 Rutaceae。【包含】世界 22 种。【学名诠释与讨论】〈阴〉(希)medica,柑橘+osme =odme,香味,臭味,气味。在希腊文组合词中,词头 osm-和词尾-osma 通常指香味。【分布】澳大利亚(东部)。【模式】Medicosma cunninghamii (W. J. Hooker) J. D. Hooker [Acronychia cunninghamii W. J. Hooker [as 'cunninghami']。【参考异名】Coombea P. Royen(1960)●☆

32078 Medicula Medik. (1787) = Medicago L. (1753)(保留属名)[豆科 Fabaceae(Leguminosae)//蝶形花科 Papilionaceae]●■

32079 Medicusia Moench(1794)= Picris L. (1753)[菊科 Asteraceae (Compositae)]■

32080 Medinilla Gaudich. (1830) Nom. illegit. ≡ Medinilla Gaudich. ex DC. (1828) [野牡丹科 Melastomataceae]●

32081 Medinilla Gaudich. ex DC. (1828)【汉】酸脚杆属(蔓野牡丹属,美蒂花属,美丁花属,野牡丹藤属)。【日】ノボタンカヅラ属,メディニラ属。【俄】Мединилла。【英】Medinilla。【隶属】野牡丹科 Melastomataceae。【包含】世界 150-400 种,中国 11-16 种。【学名诠释与讨论】〈阴〉(人)Jose de Medinilla y Pineda,马利亚纳岛一官员。此属的学名,ING 和 TROPICOS 记载是"Medinilla Gaudichaud-Beaupré ex A. P. de Candolle, Prodr. 3：167. Mar (med.)1828";《中国植物志》英文版亦使用此名称。APNI 和 IK 则记为"Medinilla Gaudich., Voy. Uranie, Bot. 484, t. 106. 1830 [6 Mar 1830]";《中国植物志》中文版和《台湾植物志》使用此名称;这是晚出的非法名称。【分布】马达加斯加,利比里亚(宁巴),印度至马来西亚,中国,太平洋地区,热带非洲,中美洲。【模式】Medinilla rosea Gaudichaud-Beaupré ex A. P. de Candolle, Nom. illegit. [Melastoma medinilliana Gaudichaud-Beaupré; Medinilla medinilliana (Gaudichaud-Beaupré) F. R. Fosberg et M. -H. Sachet]。【参考异名】Carionia Naudin(1851); Cephalomedinilla Merr. (1910); Dactyliota (Blume) Blume(1849); Diplogenea Lindl. (1828); Erpetina Naudin (1851); Gallaria Schrank ex Endl. (1840); Herpetina Post et Kuntze (1903); Hypenanthe (Blume) Blume (1849); Hypenanthe Blume (1849) Nom. illegit.; Medinilla Gaudich. (1830) Nom. illegit.; Myrianthemum Gilg(1897); Pseudodissochaeta M. P. Nayar(1969); Triplectrum D. Don ex Wight et Arn. (1834); Triplectrum Wight et Arn. (1834)Nom. illegit. ●

32082 Medinillopsis Cogn. (1891)【汉】类酸脚杆属。【隶属】野牡丹科 Melastomataceae。【包含】世界 2 种。【学名诠释与讨论】〈阴〉(属)Medinilla 酸脚杆属+希腊文 opsis,外观,模样,相似。此属的学名是"Medinillopsis Cogniaux in Alph. de Candolle et A. C. de Candolle, Monogr. Phan. 7：603. Jun 1891"。亦有文献把其处理为"Plethiandra Hook. f. (1867)"的异名。【分布】马来半岛。【模式】未指定。【参考异名】Plethiandra Hook. f. (1867)●☆

32083 Mediocactus Britton et Rose(1920)【汉】硬刺柱属。【日】メディオカクタス属。【隶属】仙人掌科 Cactaceae。【包含】世界 5 种。【学名诠释与讨论】〈阴〉(拉)medius,中间+cactus,仙人掌。此属的学名,ING、TROPICOS 和 IK 记载是"Mediocactus N. L. Britton et J. N. Rose, Cact. 2：210. 9 Sep 1920"。"Mediocereus A. V. Frič et K. Kreuzinger in K. Kreuzinger, Verzeichnis Amer. Sukk. Revision Syst. Kakteen 19. 30 Apr 1935"是"Mediocactus Britton et Rose (1920)"的晚出的同模式异名(Homotypic synonym, Nomenclatural synonym)。亦有文献把"Mediocactus Britton et Rose (1920)"处理为"Disocactus Lindl. (1845)"或"Hylocereus (A. Berger) Britton et Rose(1909)"或"Selenicereus (A. Berger) Britton et Rose(1909)"的异名。【分布】阿根廷,巴拉圭,巴西,秘鲁,玻利维亚,厄瓜多尔,哥伦比亚。【模式】Mediocactus coccineus (Salm-Dyck ex A. P. de Candolle) N. L. Britton et J. N. Rose [Cereus coccineus Salm-Dyck ex A. P. de Candolle]。【参考异名】Disocactus Lindl. (1845); Hylocereus (A. Berger) Britton et Rose (1909); Mediocereus Frič et Kreuz. (1935) Nom. illegit.; Selenicereus (A. Berger) Britton et Rose(1909)■●☆

32084 Mediocalcar J. J. Sm. (1900)【汉】石榴兰属。【隶属】兰科 Orchidaceae。【包含】世界 20 种。【学名诠释与讨论】〈中〉(拉)medius,中间+calcar,所有格 calcaris,马刺,距。此属的学名,ING、TROPICOS 和 IK 记载是"Mediocalcar J. J. Smith, Bull. Inst.

Bot. Buitenzorg 7:3. 1900"。【分布】波利尼西亚群岛,新几内亚岛。【模式】Mediocalcar bicolor J. J. Smith。【参考异名】Mediocalcas Willis, Nom. inval. ■☆

32085　Mediocalcas Willis, Nom. inval. = Mediocalcar J. J. Sm. (1900)[兰科 Orchidaceae]■☆

32086　Mediocereus Frič et Kreuz. (1935) Nom. illegit. ≡ Mediocactus Britton et Rose (1920); ~ = Disocactus Lindl. (1845); ~ = Hylocereus (A. Berger) Britton et Rose (1909)[仙人掌科 Cactaceae]●

32087　Mediolobivia Backeb. (1934)【汉】肖丽花球属。【日】メディオロビビア属。【隶属】仙人掌科 Cactaceae。【包含】世界 35 种。【学名诠释与讨论】〈阴〉(拉)medius,中间+(属)Lobivia 丽花球属。此属的学名是"Mediolobivia Backeberg, Blätt. Kakteenf. 2:[3]. 1934"。亦有文献把其处理为"Rebutia K. Schum. (1895)"的异名。【分布】玻利维亚。【后选模式】Mediolobivia aureiflora (Backeberg) Backeberg [Rebutia aureiflora Backeberg]。【参考异名】Rebutia K. Schum. (1895)■☆

32088　Mediorebutia Frič = Rebutia K. Schum. (1895)[仙人掌科 Cactaceae]●

32089　Medium Fisch. ex A. DC. (1830) Nom. inval. = Campanula L. (1753)[桔梗科 Campanulaceae]■●

32090　Medium Opiz(1839) Nom. inval. = Campanula L. (1753)[桔梗科 Campanulaceae]■●

32091　Medium Spach(1838) Nom. illegit. [桔梗科 Campanulaceae]☆

32092　Mediusella (Cavaco) Dorr (1987) Nom. illegit. ≡ Mediusella (Cavaco) Hutch. (1973)[苞杯花科(旋花树科)Sarcolaenaceae]●☆

32093　Mediusella(Cavaco) Hutch. (1973)【汉】由叶苞杯花属。【隶属】苞杯花科(旋花树科)Sarcolaenaceae。【包含】世界 1 种。【学名诠释与讨论】〈阴〉(拉)medius,中间+-ellus,-ella,-ellum,加在名词词干后面形成指小式的词尾。或加在人名、属名等后面以组成新属的名称。此属的学名,ING 和 TROPICOS 记载是"Mediusella (A. Cavaco) J. Hutchinson, Fam. Fl. Pl. ed. 3. 348. 1973",由"Leptolaena subgen. Mediusella A. Cavaco, Bull. Mus. Hist. Nat. (Paris) ser. 2. 23:135. 1951 (post 25 Jan)"改级而来。IK 则记载为"Mediusella (Cavaco) Dorr, Ann. Missouri Bot. Gard. 73(4):828. 1987 [1986 publ. 1987]";基源异名也是"Leptolaena subgen. Mediusella A. Cavaco (1951)";这是一个晚出的非法名称。亦有文献把其处理为"Leptolaena Thouars(1805)"的异名。【分布】马达加斯加。【模式】Mediusella bernieri (Baillon) J. Hutchinson [Leptolaena bernieri Baillon]。【参考异名】Leptolaena Thouars(1805);Leptolaena subgen. Mediusella A. Cavaco (1951);Mediusella (Cavaco) Dorr(1987) Nom. illegit. ●☆

32094　Medora Kunth (1850) = Smilacina Desf. (1807)(保留属名)[百合科 Liliaceae//铃兰科 Convallariaceae]■

32095　Medranoa Urbatsch et R. P. Roberts(2004)【汉】多枝木黄花属。【隶属】菊科 Asteraceae(Compositae)。【包含】世界 1 种。【学名诠释与讨论】〈阴〉(人)Francisco González Medrano,1939-?,植物学者。【分布】墨西哥。【模式】Medranoa parrasana (S. F. Blake) Urbatsch et R. P. Roberts。●☆

32096　Medusa Lour. (1790) = Rinorea Aubl. (1775)(保留属名)[堇菜科 Violaceae]●

32097　Medusaea Rchb. (1841) = Euphorbia L. (1753); ~ = Medusea Haw. (1812)[大戟科 Euphorbiaceae]●■

32098　Medusagynaceae Engl. et Gilg(1924)(保留科名)【汉】环柱树科(伞果树科,水母柱科)。【包含】世界 1 属 2 种。【分布】塞舌尔群岛。【科名模式】Medusagyne Baker●☆

32099　Medusagyne Baker (1877)【汉】环柱树属。【隶属】谷木科

Memecylaceae//环柱树科(伞果树科,水母柱科)Medusagynaceae。【包含】世界 1 种。【学名诠释与讨论】〈阴〉(人)Medusa,希腊神话中的女神+gyne,所有格 gynaikos,雌性,雌蕊。【分布】塞舌尔(塞舌尔群岛)。【模式】Medusagyne oppositifolia J. G. Baker。【参考异名】Medusogyna Post et Kuntze(1903)●☆

32100　Medusandra Brenan(1952)【汉】毛丝花属。【隶属】毛丝花科 Medusandraceae。【包含】世界 2 种。【学名诠释与讨论】〈阴〉(人)Medusa,希腊神话中的女神+aner,所有格 andros,雄性,雄蕊。【分布】西赤道非洲。【模式】Medusandra richardsiana Brenan。●☆

32101　Medusandraceae Brenan(1952)(保留科名)【汉】毛丝花科。【包含】世界 2 属 9 种。【分布】热带非洲。【科名模式】Medusandra Brenan ●☆

32102　Medusantha Harley et J. F. B. Pastore(2012)【汉】毛果山香属。【隶属】唇形科 Lamiaceae(Labiatae)。【包含】世界 8 种。【学名诠释与讨论】〈阴〉(希)Medusa,希腊神话中的女神+希腊文 anthos,花。antheros,多花的。antheo,开花。"Medusantha Harley et J. F. B. Pastore(2012)"是"Hyptis sect. Trichosphaeria Benth. (1833)"的替代名称。【分布】巴西,玻利维亚,南美洲。【模式】不详。【参考异名】Hyptis sect. Trichosphaeria Benth. (1833)☆

32103　Medusanthera Seem. (1864)【汉】神药茶萸属。【隶属】茶茱萸科 Icacinaceae。【包含】世界 4-5 种。【学名诠释与讨论】〈阴〉(人)Medusa,希腊神话中的女神+anthera,花药。此属的学名,ING、TROPICOS 和 IK 记载是"Medusanthera B. C. Seemann, J. Bot. 2:74. 1 Mar 1864"。其异名中,"Tilecarpus K. Schum. et Lauterb., Die Flora der Deutschen Schutzgebiete in der Südsee 412. 1900"是"Tylecarpus Engl. (1893)"的拼写变体;"Tilecarpus K. Schum. (1900)≡Tilecarpus K. Schum. et Lauterb. (1900) Nom. illegit."的命名人引证有误。【分布】菲律宾(菲律宾群岛)至马来西亚(东部),印度(尼科巴群岛)。【模式】Medusanthera vitiensis B. Seemann。【参考异名】Tilecarpus K. Schum. (1900) Nom. illegit.;Tilecarpus K. Schum. et Lauterb. (1900) Nom. illegit.; Tylecarpus Engl. (1893);Tylocarpus Post et Kuntze(1903) Nom. illegit. ●☆

32104　Medusather (Griseb.) Candargy (1901) Nom. illegit. ≡ Cuviera Koeler(1802)(废弃属名); ~ = Hordelymus (Jess.) Jess. ex Harz (1885)[禾本科 Poaceae(Gramineae)]■☆

32105　Medusather Candargy (1901) Nom. illegit. ≡ Medusather (Griseb.) Candargy(1901) Nom. illegit.; ~ ≡ Cuviera Koeler(1802)(废弃属名); ~ = Hordelymus (Jess.) Jess. ex Harz(1885)[禾本科 Poaceae(Gramineae)]■☆

32106　Medusea Haw. (1812) = Euphorbia L. (1753)[大戟科 Euphorbiaceae]●■

32107　Medusogyna Post et Kuntze(1903) = Medusagyne Baker(1877)[谷木科 Memecylaceae//环柱树科(伞果树科,水母柱科)Medusagynaceae]●☆

32108　Medusorchis Szlach. (2004) = Habenaria Willd. (1805)[兰科 Orchidaceae]■

32109　Medusula Pers. (1806) = Medusa Lour. (1790); ~ = Rinorea Aubl. (1775)(保留属名)[堇菜科 Violaceae]●

32110　Medyphylla Opiz(1858) = Astragalus L. (1753)[豆科 Fabaceae (Leguminosae)//蝶形花科 Papilionaceae]●■

32111　Meeboldia H. Wolff(1924)【汉】滇芹属(藏香芹属,藏香叶芹属)。【英】Sinodielsia。【隶属】伞形花科(伞形科)Apiaceae (Umbelliferae)。【包含】世界 3 种,中国 2 种。【学名诠释与讨论】〈阴〉(人)Alfred Karl Meebold,1863-1952,德国植物学家,旅行家,植物采集家。此属的学名,ING、TROPICOS 和 IK 记载是

"Meeboldia H. Wolff, Repert. Spec. Nov. Regni Veg. 19: 313. 20 Feb 1924"。"Meeboldia Pax et K. Hoffm., Nat. Pflanzenfam., ed. 2〔Engler et Prantl〕17b: 187. 1936 = Boscia Lam. ex J. St. – Hil. (1805)(保留属名)= Hypselandra Pax et K. Hoffm. (1936)〔山柑科 Capparaceae//白花菜科 Cleomaceae〕"是晚出的非法名称。亦有文献把"Meeboldia H. Wolff(1924)"处理为"Sinodielsia H. Wolff(1925)"的异名。【分布】中国,喜马拉雅山西北部。【模式】Meeboldia selinoides H. Wolff。【参考异名】Sinodielsia H. Wolff (1925)■

32112 Meeboldia Pax et K. Hoffm. (1936)= Boscia Lam. ex J. St. –Hil. (1805)(保留属名); ~ = Hypselandra Pax et K. Hoffm. (1936)〔山柑科 Capparaceae//白花菜科 Cleomaceae〕■

32113 Meeboldina Suess. (1943)【汉】米波草属。【隶属】帚灯草科 Restionaceae。【包含】世界 1-10 种。【学名诠释与讨论】〈阴〉(人)Alfred Karl Meebold, 1863-1952, 德国植物学者, 旅行家, 植物采集家+-inus, -ina, -inum 拉丁文加在名词词干之后, 以形成形容词的词尾, 含义为"属于、相似、关于、小的"。【分布】澳大利亚(西部)。【模式】Meeboldina denmarkica Suessenguth。■☆

32114 Meehania Britton ex Small et Vaill. (1893)【汉】龙头草属。【日】ラシャウモンカヅラ属, ラショウモンカズラ属。【俄】Михения。【英】Dragonheadsage, Meehania。【隶属】唇形科 Lamiaceae(Labiatae)。【包含】世界 6-7 种, 中国 5-6 种。【学名诠释与讨论】〈阴〉(人)Inomas Meehan, 1826-1901, 英国植物学者。此属的学名, ING、TROPICOS 和 IK 记载是"Meehania Britton, Bull. Torrey Bot. Club 21(1): 33. 1894〔25 Jan 1894〕";《中国植物志》英文版使用此名称。TROPICOS 还记载了"Meehania Britton ex Small et Vaill., Memoirs of the Torrey Botanical Club 4: 147. 1893";《中国植物志》中文版使用此名称。【分布】美国(东部), 中国, 东亚。【模式】Meehania cordata (Nuttall) N. L. Britton〔Dracocephalum cordatum Nuttall〕。【参考异名】Meehania Britton(1894)Nom. illegit.。■

32115 Meehania Britton (1894) Nom. illegit. ≡ Meehania Britton ex Small et Vaill. (1893)〔唇形科 Lamiaceae(Labiatae)〕■

32116 Meehaniopsis Kudô(1929)【汉】假龙头草属(活血丹属)。【隶属】唇形科 Lamiaceae(Labiatae)。【包含】世界 1 种。【学名诠释与讨论】〈阴〉(属)Meehania 龙头草属+希腊文 opsis, 外观, 模样, 相似。此属的学名是"Meehaniopsis Kudo, Mem. Fac. Sci. Taihoku Imp. Univ. 2(2): 236. Dec 1929"。亦有文献把其处理为"Glechoma L. (1753)(保留属名)"的异名。【分布】中国。【模式】Meehaniopsis biondiana (Diels) Kudo〔Dracocephalum biondianum Diels〕。【参考异名】Glechoma L. (1753)(保留属名)■

32117 Meerburgia Moench(1802)= Pollichia Aiton(1789)(保留属名)〔石竹科 Caryophyllaceae//醉人花科(裸果木科)Illecebraceae〕●☆

32118 Meesia Gaertn. (1788)= Campylospermum Tiegh. (1902); ~ = Ouratea Aubl. (1775)(保留属名)〔金莲木科 Ochnaceae〕●

32119 Megabaria Pierre ex De Wild. (1908)Nom. inval., Nom. nud. ≡ Megabaria Pierre ex Hutch. (1910); ~ = Spondianthus Engl. (1905)〔大戟科 Euphorbiaceae〕●☆

32120 Megabaria Pierre ex Hutch. (1910)= Spondianthus Engl. (1905)〔大戟科 Euphorbiaceae〕●☆

32121 Megabotrya Hance(1852)= Evodia J. R. Forst. et G. Forst. (1776)〔芸香科 Rutaceae〕●

32122 Megacarpaea DC. (1821)【汉】高河菜属。【俄】Крупноплодник。【英】Megacarpaea。【隶属】十字花科 Brassicaceae(Cruciferae)。【包含】世界 9 种, 中国 3 种。【学名诠释与讨论】〈阴〉(希)megas, 阴性 magale, 大的, mega- = 拉丁文 grandi-, 大的, 长的+karpos, 果实。指角果大。【分布】巴基斯坦, 中国, 喜马拉雅山, 亚洲中部。【模式】Megacarpaea laciniata A. P. de Candolle, Nom. illegit.〔Biscutella megalocarpa F. E. L. Fischer ex A. P. de Candolle; Megacarpaea megalocarpa (F. E. L. Fischer ex A. P. de Candolle) B. A. Fedchenko〕。【参考异名】Megacarpus Post et Kuntze(1903)(1875)■

32123 Megacarpha Hochst. (1844)= Oxyanthus DC. (1807)〔茜草科 Rubiaceae〕■☆

32124 Megacarpus Post et Kuntze(1903)(1875)= Megacarpaea DC. (1821)〔十字花科 Brassicaceae(Cruciferae)〕■

32125 Megacatyon Boiss. =Echium L. (1753)〔紫草科 Boraginaceae〕●■

32126 Megaclinium Lindl. (1826)= Bulbophyllum Thouars(1822)(保留属名)〔兰科 Orchidaceae〕■

32127 Megacodon(Hemsl.)Harry Sm. (1936)【汉】大钟花属。【英】Megacodon。【隶属】龙胆科 Gentianaceae。【包含】世界 2 种, 中国 2 种。【学名诠释与讨论】〈阳〉(希)megas, 阴性 magale, 大的, mega- = 拉丁文 grandi-, 两个, 双, 二倍的+ kodon, 指小式 kodonion, 钟, 铃。指钟形的大花冠。此属的学名, ING 和 IK 记载是"Megacodon (Hemsl.) Harry Sm., in Hand. – Mazz., Symb. Sin. Pt. VII. 950(1936)", 由"Gentiana sect. Megacodon Hemsley, J. Linn. Soc. Bot. 26: 137. 12 Apr. 1890"改级而来。【分布】中国, 喜马拉雅山。【模式】Megacodon venosus (Hemsley) Harold Smith〔Gentiana venosa Hemsley〕。【参考异名】Gentiana sect. Megacodon Hemsl. (1890)■

32128 Megacorax S. González et W. L. Wagner(2002)【汉】墨西哥柳叶菜属。【隶属】柳叶菜科 Onagraceae。【包含】世界 1 种。【学名诠释与讨论】〈阴〉(希)megas, 阴性 magale, 大的, mega- = 拉丁文 grandi-, 两个, 双, 二倍的+korax, 所有格 korakos, 大鸦, 鸦。【分布】墨西哥。【模式】Megacorax gracielanus S. González et W. L. Wagner。●☆

32129 Megadendron Miers(1875)= Barringtonia J. R. Forst. et G. Forst. (1775)(保留属名)〔玉蕊科(巴西果科)Lecythidaceae//翅玉蕊科(金刀木科)Barringtoniaceae〕●

32130 Megadenia Maxim. (1889)【汉】双果荠属(大腺芥属)。【俄】Магадения。【英】Megadenia。【隶属】十字花科 Brassicaceae(Cruciferae)。【包含】世界 1 种, 中国 1 种。【学名诠释与讨论】〈阴〉(希)megas, 阴性 magale, 大的, mega- = 拉丁文 grandi-, 两个, 双, 二倍的+aden, 所有格 adenos, 腺体。指花的腺体极大。【分布】中国, 亚洲中部。【模式】Megadenia pygmaea Maximowicz。■

32131 Megadenus Raf. (1825)= Eleocharis R. Br. (1810)〔莎草科 Cyperaceae〕■

32132 Megahertzia A. S. George et B. Hyland(1995)【汉】澳东北山龙眼属。【隶属】山龙眼科 Proteaceae。【包含】世界 1 种。【学名诠释与讨论】〈阴〉词源不详。【分布】澳大利亚。【模式】Megahertzia amplexicaulis A. S. George et B. Hyland。●☆

32133 Megalachne Steud. (1850)Nom. inval. ≡ Megalachne Steud. (1854)〔禾本科 Poaceae(Gramineae)〕■☆

32134 Megalachne Steud. (1854)【汉】毛颖托禾属。【隶属】禾本科 Poaceae(Gramineae)。【包含】世界 2 种。【学名诠释与讨论】〈阴〉(希)megas, 阴性 magale, 大的, megalo- = 拉丁文 grandi-, 两个, 双, 二倍的+achne, 鳞片, 泡沫, 泡囊, 谷壳, 稃。此属的学名, ING、GCI、TROPICOS 和 IK 记载是"Megalachne Steud., Syn. Pl. Glumac. 1(3): 237. 1854〔1855 publ. 12-13 Apr 1854〕"。"Megalachne Steud., Flora 33: 229(1850)≡ Megalachne Steud. (1854)"是一个未合格发表的名称(Nom. inval.)。"Megalachne Thwaites, Enum. Pl. Zeyl. 〔Thwaites〕372. 1864〔Dec 1864〕= Eriachne R. Br. (1810)〔禾本科 Poaceae(Gramineae)〕"是晚出的非法名称。【分布】智利(胡安 – 费尔南德斯群岛)。【模式】

Megalachne berteroniana Steudel。【参考异名】Megalachne Steud. (1850) Nom. inval. ;Pantathera Phil. (1856)■☆

32135　Megalachne Thwaites (1864) Nom. illegit. = Eriachne R. Br. (1810) [禾本科 Poaceae(Gramineae)]■

32136　Megaleranthis Ohwi(1935)【汉】大菟葵属。【隶属】毛茛科 Ranunculaceae。【包含】世界 1 种。【学名诠释与讨论】〈阴〉(希)megas, 阴性 magale, 大的, megalo- =拉丁文 grandi-, 两个, 双, 二倍的+anthos, 花。此属的学名是"Megaleranthis Ohwi, Acta Phytotax. Geobot. 4: 130. 1 Oct 1935"。亦有文献把其处理为 "Eranthis Salisb. (1807) (保留属名)"的异名。【分布】朝鲜。【模式】Megaleranthis saniculifolia Ohwi。【参考异名】Eranthis Salisb. (1807)(保留属名)■☆

32137　Megaliabum Rydb. (1927) = Liabum Adans. (1763) Nom. illegit. ;~ = Amellus L. (1759) (保留属名) [菊科 Asteraceae (Compositae)]●■☆

32138　Megalobivia Y. Ito = Echinopsis Zucc. (1837); ~ = Soehrensia Backeb. (1938) [仙人掌科 Cactaceae]■☆

32139　Megalocalyx (Damboldt) Kolak. (1991) Nom. inval. [桔梗科 Campanulaceae]☆

32140　Megalochlamys Lindau(1899)【汉】大被爵床属。【隶属】爵床科 Acanthaceae。【包含】世界 3 种。【学名诠释与讨论】〈阴〉(希)megas, 阴性 magale, 大的, megalo- =拉丁文 grandi-, 双, 二倍的+chlamys, 所有格 chlamydos, 斗篷, 外衣。【分布】非洲西南部。【后选模式】Megalochlamys marlothii (Engler) Lindau [Dicliptera marlothii Engler]。●☆

32141　Megalodonta Greene (1901)【汉】水金盏属。【英】Beck's Water-marigold, Beggar's Ticks, Bur Marigold。【隶属】菊科 Asteraceae(Compositae)。【包含】世界 1 种。【学名诠释与讨论】〈阴〉(希)megas, 阴性 magale, 大的, megalo- =拉丁文 grandi-, 两个, 双, 二倍的 + odous, 所有格 odontos, 齿。此属的学名是 "Megalodonta E. L. Greene, Pittonia 4: 271. 26 Jan 1901"。亦有文献把其处理为"Bidens L. (1753)"的异名。【分布】北美洲, 中美洲。【模式】Megalodonta beckii (Torrey) E. L. Greene [Bidens beckii Torrey]。【参考异名】Bidens L. (1753)■☆

32142　Megalolobivia Y. Ito =Megalobivia Y. Ito; ~ =Soehrensia Backeb. (1938) [仙人掌科 Cactaceae]■☆

32143　Megalonium(A. Berger) G. Kunkel (1980) = Aeonium Webb et Berthel. (1840) [景天科 Crassulaceae]●■☆

32144　Megalopanax Ekman ex Harms (1924)【汉】古巴五加属。【隶属】五加科 Araliaceae。【包含】世界 1 种。【学名诠释与讨论】〈阳〉(希)megas, 阴性 magale, 大的, megalo- =拉丁文 grandi-, 两个, 双, 二倍的+(属)Panax 人参属。此属的学名, INGTROPICOS 和 IK 记载是"Megalopanax Ekman, Notizbl. Bot. Gart. Berlin-Dahlem 9: 122. 1924"。GCI 则记载为"Megalopanax Ekman ex Harms, Notizbl. Bot. Gart. Berlin-Dahlem 9: 122. 1924"。四者引用的文献相同。【分布】古巴。【模式】Megalopanax rex Ekman。【参考异名】Megalopanax Ekman (1924) Nom. illegit. ●☆

32145　Megalopanax Ekman (1924) Nom. illegit. ≡ Megalopanax Ekman ex Harms(1924) [五加科 Araliaceae]●☆

32146　Megaloprotachne C. E. Hubb. (1929)【汉】红褐长毛草属。【隶属】禾本科 Poaceae(Gramineae)。【包含】世界 1 种。【学名诠释与讨论】〈阴〉(希)megas, 阴性 magale, 大的, megalo- =拉丁文 grandi-, 两个, 双, 二倍的+protos, 原始的, 第一的+achne, 鳞片, 泡沫, 泡囊, 谷壳, 稃。【分布】热带和非洲南部。【模式】Megaloprotachne albescens C. E. Hubbard。■☆

32147　Megalopus K. Schum. (1900)= Camptopus Hook. f. (1869); ~ = Psychotria L. (1759) (保留属名) [茜草科 Rubiaceae//九节科 Psychotriaceae]●

32148　Megalorchis H. Perrier (1937)【汉】大兰属。【隶属】兰科 Orchidaceae。【包含】世界 1 种。【学名诠释与讨论】〈阴〉(希)megas, 阴性 magale, 大的, megalo- =拉丁文 grandi-, 两个, 双, 二倍的+orchis, 原义是睾丸, 后变为植物兰的名称, 因为根的形态而得名。变为拉丁文 orchis, 所有格 orchidis。【分布】马达加斯加。【模式】Megalorchis regalis (Schlechter) H. Perrier de la Bâthie [Habenaria regalis Schlechter]。■☆

32149　Megalostoma Léonard(1940)【汉】大口爵床属。【隶属】爵床科 Acanthaceae。【包含】世界 1 种。【学名诠释与讨论】〈中〉(希)megas, 阴性 magale, 大的, megalo- =拉丁文 grandi-, 两个, 双, 二倍的+stoma, 所有格 stomatos, 孔口。【分布】中美洲。【模式】Megalostoma viridescens E. C. Leonard。☆

32150　Megalostylis S. Moore(1916)【汉】大柱戟属。【隶属】大戟科 Euphorbiaceae。【包含】世界 1 种。【学名诠释与讨论】〈阴〉(希)megas, 阴性 magale, 大的, megalo- =拉丁文 grandi-, 两个, 双, 二倍的+stylos =拉丁文 style, 花柱, 中柱, 有尖之物, 桩, 柱, 支持物, 支柱, 石头做的界标。【分布】巴西。【模式】Megalostylis poeppigii S. M. Moore。☆

32151　Megalotheca F. Muell. (1873) = Restio Rottb. (1772) (保留属名) [帚灯草科 Restionaceae]■☆

32152　Megalotheca Welw. ex O. Hoffm. = Erythrocephalum Benth. (1873) [菊科 Asteraceae(Compositae)]■●☆

32153　Megalotropis Griff. (1854) Nom. illegit. ≡ Meizotropis Voigt (1845); ~ =Butea Roxb. ex Willd. (1802) (保留属名) [豆科 Fabaceae(Leguminosae)//蝶形花科 Papilionaceae]●

32154　Megalotus Garay (1972)【汉】大耳兰属。【隶属】兰科 Orchidaceae。【包含】世界 1 种。【学名诠释与讨论】〈阳〉(希)megas, 阴性 magale, 大的, mega- =拉丁文 grandi-, 两个, 双, 二倍的+ous, 所有格 otos, 指小式 otion, 耳。otikos, 耳的。【分布】菲律宾。【模式】Megalotus bifidus (Lindley) Garay [Saccolabium bifidum Lindley]。■☆

32155　Megaphrynium Milne-Redh. (1952)【汉】大柊叶属。【隶属】竹芋科(柊叶科, 柊叶科)Marantaceae。【包含】世界 4-5 种。【学名诠释与讨论】〈中〉(希)megas, 阴性 magale, 大的, mega- =拉丁文 grandi-, 两个, 双, 二倍的+(属)Phrynium 柊叶属(柊叶属)。【分布】赤道非洲。【模式】Megaphrynium macrostachyum (Bentham) Milne-Redhead [Phrynium macrostachyum Bentham]。■☆

32156　Megaphyllaea Hemsl. (1887) = Chisocheton Blume(1825) [楝科 Meliaceae]●

32157　Megaphyllum Spruce ex Baill. (1880) = Pentagonia Benth. (1845) (保留属名) [茜草科 Rubiaceae]■☆

32158　Megapleilis Raf. (1837) (废弃属名) = Rechsteineria Regel (1848) (保留属名); ~ = Sinningia Nees (1825) [苦苣苔科 Gesneriaceae]●■☆

32159　Megapterium Spach(1835)= Oenothera L. (1753) [柳叶菜科 Onagraceae]●■

32160　Megarrhena Schrad. ex Nees(1842)= Androtrichum (Brongn.) Brongn. (1834); ~ = Comostemum Nees (1834) [莎草科 Cyperaceae]■☆

32161　Megarrhiza Torr. et A. Gray(1860)【汉】大根瓜属(大根属)。【隶属】葫芦科(瓜科, 南瓜科)Cucurbitaceae。【包含】世界 9 种。【学名诠释与讨论】〈阴〉(希)megas, 阴性 magale, 大的, mega- =拉丁文 grandi-, 两个, 双, 二倍的+rhiza, 或 rhizoma, 根, 根茎。此属的学名是"Megarrhiza Torrey et A. Gray, Rep. Explor. Railroad Pacific Ocean 12(2, Bot.): 61. 1860 (sero)-Jan 1861"。亦有文

献把其处理为"Echinocystis Torr. et A. Gray(1840)(保留属名)"或"Marah Kellogg(1854)"的异名。【分布】参见 Echinocystis Torr. et A. Gray。【模式】Megarrhiza oregona Torrey et A. Gray。【参考异名】Echinocystis Torr. et A. Gray(1840)(保留属名);Marah Kellogg(1854)■☆

32162 Megascepasma Post et Kuntze(1903)= Megaskepasma Lindau(1897)[爵床科 Acanthaceae]●☆

32163 Megasea Haw.(1821)Nom. illegit. ≡ Bergenia Moench(1794)(保留属名)[虎耳草科 Saxifragaceae]■

32164 Megaskepasma Lindau(1897)【汉】大被木属(美佳木属,美佳斯卡帕木属)。【英】Brazilian Red Cloak。【隶属】爵床科 Acanthaceae。【包含】世界1种。【学名诠释与讨论】〈阴〉(希)megas,阴性 magale,大的,mega- = 拉丁文 grandi-,两个,双,二倍的+skepasma,遮盖物。指彩色苞片。【分布】巴拿马,尼加拉瓜,委内瑞拉,中美洲。【模式】Megaskepasma erythrochlamys Lindau。【参考异名】Megascepasma Post et Kuntze(1903)●☆

32165 Megastachya P. Beauv.(1812)【汉】大穗画眉草属。【隶属】禾本科 Poaceae(Gramineae)。【包含】世界1种。【学名诠释与讨论】〈阴〉(希)megas,阴性 magale,大的,mega- = 拉丁文 grandi-,两个,双,二倍的+stachys,穗,谷,长钉。指花序很大。此属的学名,ING、TROPICOS、APNI、GCI 和 IK 记载是"Megastachya P. Beauv., Ess. Agrostogr. 74,167. 1812[Dec 1812]"。"Magastachya Palisot de Beauvois, Essai Agrost. 74. Dec 1812"是"Megastachya P. Beauv.(1812)"的同模式异名(Homotypic synonym, Nomenclatural synonym)。亦有文献把"Megastachya P. Beauv.(1812)"处理为"Eragrostis Wolf(1776)"的异名。【分布】马达加斯加,热带非洲。【后选模式】Megastachya owariensis Palisot de Beauvois。【参考异名】Eragrostis Wolf(1776);Magastachya P. Beauv.(1812)Nom. illegit. ■☆

32166 Megastegia G. Don(1832)= Brongniartia Kunth(1824)[豆科 Fabaceae(Leguminosae)//蝶形花科 Papilionaceae]●☆

32167 Megastigma Hook. f.(1862)【汉】大柱头芸香属。【隶属】芸香科 Rutaceae。【包含】世界2种。【学名诠释与讨论】〈中〉(希)megas,阴性 magale,大的,mega- = 拉丁文 grandi-,两个,双,二倍的+stigma,所有格 stigmatos,柱头,眼点。【分布】墨西哥,中美洲。【模式】Megastigma skinneri J. D. Hooker。●☆

32168 Megastoma(Benth.)Bonnet et Barratte(1895)Nom. illegit. ≡ Ogastemma Brummitt(1982)[紫草科 Boraginaceae]■☆

32169 Megastoma(Benth. et Hook. f.)Bonnet et Barratte(1895)Nom. illegit. ≡ Megastoma(Benth.)Bonnet et Barratte(1895)Nom. illegit.;~ ≡Ogastemma Brummitt(1982)[紫草科 Boraginaceae]■☆

32170 Megastoma Coss. et Durieu ex Benth. et Hook. f.(1876)Nom. inval. = Eritrichium Schrad. ex Gaudin(1828);~ = Ogastemma Brummitt(1982)[紫草科 Boraginaceae]■☆

32171 Megastoma Coss. et Durieu, Nom. illegit. =Eritrichium Schrad. ex Gaudin(1828);~ = Ogastemma Brummitt(1982)[紫草科 Boraginaceae]■☆

32172 Megastylis(Schltr.)Schltr.(1911)【汉】大柱兰属。【隶属】兰科 Orchidaceae。【包含】世界8种。【学名诠释与讨论】〈阴〉(希)megas,阴性 magale,大的,mega- = 拉丁文 grandi-,两个,双,二倍的+stylos=拉丁文 style,花柱,中柱,有尖之物,桩,柱,支持物,支柱,石头做的界标。此属的学名,ING 和 TROPICOS 记载是"Megastylis(Schlechter)Schlechter, Bot. Jahrb. Syst. 45:379. 21 Feb 1911",由"Lyperanthus sect. Megastylis Schlechter, Bot. Jahrb. Syst. 39:43. 13 Feb. 1906"改级而来。IK 则记载为"Megastylis Schltr., Bot. Jahrb. Syst. 45(3):379, in obs. 1911[21 Feb 1911]"。三者引用的文献相同。"Megastylis Schltr.,

Orchideen 93(1914)≡ Megastylis(Schltr.)Schltr.(1911)"是晚出的非法名称。亦有文献把"Megastylis Schltr.(1911)Nom. illegit."处理为"Megastylis(Schltr.)Schltr.(1911)"的异名。【分布】法属新喀里多尼亚。【模式】未指定。【参考异名】? Megastylis Schltr.(1914)Nom. illegit.;Lyperanthus sect. Megastylis Schltr.(1906);Megastylis Schltr.(1911)Nom. illegit. ■☆

32173 Megastylis Schltr.(1914)Nom. illegit. =? Megastylis(Schltr.)Schltr.(1911)[兰科 Orchidaceae]■☆

32174 Megathyrsus(Pilg.)B. K. Simon et S. W. L. Jacobs(2003)【汉】热美黍属。【隶属】禾本科 Poaceae(Gramineae)。【包含】世界3种。【学名诠释与讨论】〈阳〉(希)megas,阴性 magale,大的,mega- = 拉丁文 grandi-,两个,双,二倍的 + thyrsos,茎,杖。thyrsus,聚伞圆锥花序,团。此属的学名,ING 和 GCI 记载是"Megathyrsus(R. K. F. Pilger)B. K. Simon et S. W. L. Jacobs, Austrobaileya 6:572. 2003",由"Panicum subgen. Megathyrsus R. K. F. Pilger, Notizbl. Bot. Gart. Berlin – Dahlem 11:242. 10 Nov 1931"改级而来。亦有文献把"Megathyrsus(Pilg.)B. K. Simon et S. W. L. Jacobs(2003)"处理为"Panicum L.(1753)"的异名。【分布】玻利维亚,哥伦比亚,热带美洲。【模式】Megathyrsus maximus(N. J. Jacquin)B. K. Simon et S. W. L. Jacobs[Panicum maximum N. J. Jacquin]。【参考异名】Panicum L.(1753);Panicum subgen. Megathyrsus Pilg.(1931)■☆

32175 Megatritheca Cristóbal(1965)【汉】三囊梧桐属。【隶属】梧桐科 Sterculiaceae//锦葵科 Malvaceae。【包含】世界2种。【学名诠释与讨论】〈阴〉(希)megas,阴性 magale,大的,mega- = 拉丁文 grandi-,两个,双,二倍的+treis = 拉丁文 tri,三+theke = 拉丁文 theca,匣子,箱子,室,药室,囊。【分布】热带非洲。【模式】Megatritheca grossedenticulata(Bodard et Pellegrin)Cristóbal[Byttneria grossedenticulata Bodard et Pellegrin]。●☆

32176 Megema Luer(2006)【汉】新细瓣兰属。【隶属】兰科 Orchidaceae。【包含】世界7种。【学名诠释与讨论】〈阴〉词源不详。此属的学名是"Megema Luer, Monographs in Systematic Botany from the Missouri Botanical Garden 105:11. 2006.(May 2006)"。亦有文献把其处理为"Masdevallia Ruiz et Pav.(1794)"的异名。【分布】新格兰特。【模式】Megema cucullata(Lindl.)Luer[Masdevallia cucullata Lindl.]。【参考异名】Masdevallia Ruiz et Pav.(1794)■☆

32177 Megista Fourr.(1869)= Physalis L.(1753)[茄科 Solanaceae]■

32178 Megistostegium Hochr.(1916)【汉】大盖锦葵属。【隶属】锦葵科 Malvaceae。【包含】世界3种。【学名诠释与讨论】〈中〉(希)megistos,最大的+stege,盖子,覆盖物+-ius,-ia,-ium,在拉丁文和希腊文中,这些词尾表示性质或状态。此属的学名"Megistostegium Hochreutiner, Annuaire Conserv. Jard. Bot. Genève 18-19:221. 1916"是一个替代名称。"Macrocalyx Costantin et H. Poisson, Compt. Rend. Hebd. Séances Acad. Sci. 147:637. 1908"是一个非法名称(Nom. illegit.),因为此前已经有了"Macrocalyx C. J. Trew, Nova Acta Phys. –Med. Acad. Caes. Leop. –Carol. Nat. Cur. 2:332. 1761 = Ellisia L.(1763)(保留属名)= Colpophyllos Trew(1761)[田梗草科(田基麻科,田亚麻科)Hydrophyllaceae]"。故用"Megistostegium Hochr.(1916)"替代之。同理,"Macrocalyx Van Tieghem, Bull. Soc. Bot. France 42:357. 1895 = Aetanthus(Eichler)Engl.(1889)= Psittacanthus Mart.(1830)[桑寄生科 Loranthaceae]"和"Macrocalyx Miers ex Lindl., Veg. Kingd. 764. 1847 =Cephaëlis Sw.(1788)(保留属名)[茜草科 Rubiaceae]"亦是非法名称。【分布】马达加斯加。【模式】Megistostegium nodulosum(Drake)Hochreutiner, Nom. illegit.[Macrocalyx tomentosa Costantin et Poisson]。【参考异名】Macrocalyx Costantin et J. Poiss. (1908) Nom. illegit. ●☆

32179 Megistostigma Hook. f. (1887)【汉】大柱藤属（巨头藤属）。【英】Big-styled Vine, Bigstylevine, Megistostigma。【隶属】大戟科 Euphorbiaceae。【包含】世界5种，中国1种。【学名诠释与讨论】〈中〉（希）megistos，最大的+stigma，所有格 stigmatos，柱头，眼点。指雌蕊的球形柱头极大。【分布】中国，东南亚西部。【模式】Megistostigma malaccense J. D. Hooker。【参考异名】Clavistylus J. J. Sm. (1910)■

32180 Megopiza B. D. Jacks. = Megozipa Raf. (1836)［狸藻科 Lentibulariaceae］■

32181 Megopiza Raf. (1838)【汉】麦高狸藻属。【隶属】狸藻科 Lentibulariaceae。【包含】世界4种。【学名诠释与讨论】〈阴〉词源不详。此属的学名，IK 记载是"Megopiza Raf., Fl. Tellur. 4：110. 1838 [1836 publ. mid-1838]"。亦有文献把"Megopiza Raf. (1838)"处理为"Utricularia L. (1753)"的异名。【分布】参见"Utricularia L. (1753)"。【模式】未指定。【参考异名】Megopiza B. D. Jacks.；Utricularia L. (1753)■☆

32182 Megotigea Raf. (1837)（废弃属名）≡ Helicodiceros Schott (1855-1856)（保留属名）［天南星科 Araceae］■☆

32183 Megotris Raf. (1819) Nom. illegit. = Megotrys Raf. (1818)；~ = Cimicifuga Wernisch. (1763)；~ = Macrotrys Raf. (1808)［毛茛科 Ranunculaceae］■

32184 Megotrys Raf. (1818) = Cimicifuga Wernisch. (1763)；~ = Macrotrys Raf. (1808)［毛茛科 Ranunculaceae］●■

32185 Megozipa Raf. (1836) = Utricularia L. (1753)［狸藻科 Lentibulariaceae］■

32186 Megyathus Raf. (1837) = Salvia L. (1753)［唇形科 Lamiaceae（Labiatae）//鼠尾草科 Salviaceae］●■

32187 Mehenbethene Besl. ex Gaertn. (1851) Nom. illegit.［橄榄科 Burseraceae］☆

32188 Mehraea Á. Löve et D. Löve = Gentiana L. (1753)［龙胆科 Gentianaceae］■

32189 Meialisa Raf. (1838) = Adriana Gaudich. (1825)［大戟科 Euphorbiaceae］●☆

32190 Meiandra Markgr. (1927) = Alloneuron Pilg. (1905)［野牡丹科 Melastomataceae］☆

32191 Meiapinon Raf. (1837) = Mollugo L. (1753)［粟米草科 Molluginaceae//番杏科 Aizoaceae］■

32192 Meibomia Adans. (1763) Nom. illegit.（废弃属名）≡ Meibomia Heist. ex Adans. (1763) Nom. illegit.（废弃属名）；~ = Desmodium Desv. (1813)（保留属名）［豆科 Fabaceae（Leguminosae）//蝶形花科 Papilionaceae］●■

32193 Meibomia Fabr. (1759) Nom. illegit.（废弃属名）≡ Meibomia Heist. ex Fabr. (1759)（废弃属名）；~ = Desmodium Desv. (1813)（保留属名）［豆科 Fabaceae（Leguminosae）//蝶形花科 Papilionaceae］●■

32194 Meibomia Heist. ex Adans. (1763) Nom. illegit.（废弃属名）= Desmodium Desv. (1813)（保留属名）［豆科 Fabaceae（Leguminosae）//蝶形花科 Papilionaceae］●■

32195 Meibomia Heist. ex Fabr. (1759)（废弃属名）= Desmodium Desv. (1813)（保留属名）［豆科 Fabaceae（Leguminosae）//蝶形花科 Papilionaceae］●■

32196 Meiemianthera Raf. (1838) = Cytisus Desf. (1798)（保留属名）［豆科 Fabaceae（Leguminosae）//蝶形花科 Papilionaceae］●

32197 Meiena Raf. (1838) = Dendrophthoe Mart. (1830)［桑寄生科 Loranthaceae//五蕊寄生科 Dendrophthoaceae］●

32198 Meineckia Baill. (1858)【汉】梅氏大戟属。【隶属】大戟科 Euphorbiaceae。【包含】世界19种。【学名诠释与讨论】〈阴〉（人）Meineck。【分布】马达加斯加，尼加拉瓜，热带非洲，也门（索科特拉岛），印度（南部，阿萨姆邦），斯里兰卡，阿拉伯地区南部，热带南美洲，中美洲。【模式】Meineckia phyllanthoides Baillon。【参考异名】Cluytiandra Müll. Arg. (1864) Nom. illegit.；Neopeltandra Gamble (1925) Nom. illegit.；Peltandra Wight (1852) Nom. illegit.（废弃属名）；Zimmermannia Pax (1910)；Zimmermanniopsis Radcl.-Sm. (1990)■☆

32199 Meinnandra Gauba = Valantia L. (1753)［茜草科 Rubiaceae］■☆

32200 Meinoctes F. Muell. (1888) = Haloragis J. R. Forst. et G. Forst. (1776)；~ = Meionectes R. Br. (1814)［小二仙草科 Haloragaceae］■●

32201 Meiocarpidium Engl. et Diels (1900)【汉】贫果木属。【隶属】番荔枝科 Annonaceae。【包含】世界1种。【学名诠释与讨论】〈中〉（希）meion，较少，较小+karpos，果实+-idius，-idia，-idium，指示小的词尾。【分布】西赤道非洲。【模式】Meiocarpidium lepidotum (D. Oliver) Engler et Diels［Unona lepidota D. Oliver］。【参考异名】Miocarpidium Post et Kuntze (1903)●☆

32202 Meiogyne Miq. (1865)【汉】鹿茸木属。【英】Meiogyne。【隶属】番荔枝科 Annonaceae。【包含】世界8-9种，中国1种。【学名诠释与讨论】〈阴〉（希）meion，较少，较小+gyne，所有格 gynaikos，雌性，雌蕊。指心皮较少。【分布】马来西亚（西部），印度，中国，中南半岛。【模式】Meiogyne virgata (Blume) Miquel［Unona virgata Blume］。【参考异名】Ancana F. Muell. (1865)；Ararocarpus Scheff. (1885)；Chieniodendron Tsiang et P. T. Li (1964)；Miogyna Post et Kuntze (1903)；Oncodostigma Diels (1912)；Polyaulax Backer (1945)●

32203 Meioluma Baill. (1891) = Micropholis (Griseb.) Pierre (1891)［山榄科 Sapotaceae］●☆

32204 Meiomeria Standl. (1916) = Chenopodium L. (1753)［藜科 Chenopodiaceae］■●

32205 Meionandra Gauba (1937) = Valantia L. (1753)［茜草科 Rubiaceae］■☆

32206 Meionectes R. Br. (1814) = Haloragis J. R. Forst. et G. Forst. (1776)［小二仙草科 Haloragaceae］■●

32207 Meionula Raf. (1838) = Utricularia L. (1753)［狸藻科 Lentibulariaceae］■

32208 Meioperis Raf. (1838) = Passiflora L. (1753)（保留属名）［西番莲科 Passifloraceae］●■

32209 Meiosperma Raf. (1838) = Justicia L. (1753)［爵床科 Acanthaceae//鸭嘴花科（鸭咀花科）Justiciaceae］■●

32210 Meiostemon Exell et Stace (1966)【汉】小蕊使君子属。【隶属】使君子科 Combretaceae。【包含】世界2种。【学名诠释与讨论】〈阳〉（希）meion，较少，较小+stemon，雄蕊。此属的学名是"Meiostemon A. W. Exell et C. A. Stace, Bol. Soc. Brot. ser. 2. 40：18. 1966"。亦有文献把其处理为"Combretum Loefl. (1758)（保留属名）"的异名。【分布】马达加斯加，热带非洲。【模式】Meiostemon tetrandrus (A. W. Exell) A. W. Exell et C. A. Stace［Combretum tetrandrum A. W. Exell］。【参考异名】Combretum Loefl. (1758)（保留属名）●☆

32211 Meiota O. F. Cook (1943) = Chamaedorea Willd. (1806)（保留属名）［棕榈科 Arecaceae（Palmae）］●☆

32212 Meiracyllium Rchb. f. (1854)【汉】伏兰属。【隶属】兰科 Orchidaceae。【包含】世界2种。【学名诠释与讨论】〈阴〉（希）meion，较少，较小+kyllos，四肢残废了的，弯曲的+-ius，-ia，-ium，在拉丁文和希腊文中，这些词尾表示性质或状态。【分布】墨西哥，中美洲。【模式】Meiracyllium trinasutum H. G.

Reichenbach。【参考异名】Miracyllium Post et Kuntze(1903)■☆

32213 Meisneria DC.(1828)= Siphanthera Pohl(1828)［野牡丹科 Melastomataceae］■☆

32214 Meissarrhena R. Br.(1814)= Anticharis Endl.(1839)［玄参科 Scrophulariaceae］■●☆

32215 Meistera Cothen.(1790)=？Pacourina Aubl.(1775)［菊科 Asteraceae(Compositae)］■☆

32216 Meistera Giseke(1792)(废弃属名)= Amomum Roxb.(1820)(保留属名)［姜科(襄荷科)Zingiberaceae］■

32217 Meisteria Gmel.(1791)Nom. illegit.= Meisteria Scop.(1777)Nom. illegit.；~ = Meisteria Scop. ex J. F. Gmel.(1791)Nom. illegit.；~ Poraqueiba Aubl.(1775)［茶茱萸科 Icacinaceae］●☆

32218 Meisteria Scop.(1777)Nom. inval.≡ Meisteria Scop. ex J. F. Gmel.(1791)Nom. illegit.；~ ≡ Poraqueiba Aubl.(1775)［茶茱萸科 Icacinaceae］●☆

32219 Meisteria Scop. ex J. F. Gmel.(1791)Nom. illegit.≡ Poraqueiba Aubl.(1775)［茶茱萸科 Icacinaceae］●☆

32220 Meisteria Siebold et Zucc.(1846)Nom. illegit.= Enkianthus Lour.(1790)［杜鹃花科(欧石南科)Ericaceae］●

32221 Meizotropis Voigt(1845)= Butea Roxb. ex Willd.(1802)(保留属名)［豆科 Fabaceae(Leguminosae)//蝶形花科 Papilionaceae］●

32222 Mekistus Lour. ex Gomes(1868)= Quisqualis L.(1762)［使君子科 Combretaceae］●

32223 Melachna Nees = Melachne Schrad. ex Schult. f.(1830)Nom. illegit.；~ = Gahnia J. R. Forst. et G. Forst.(1775)［莎草科 Cyperaceae］■

32224 Melachne Schrad.(1970)= Gahnia J. R. Forst. et G. Forst.(1775)［莎草科 Cyperaceae］■

32225 Melachne Schrad. ex Schult. et Schult. f.(1830)Nom. illegit.≡ Melachne Schrad.(1970)；~ = Gahnia J. R. Forst. et G. Forst.(1775)［莎草科 Cyperaceae］■

32226 Melachne Schrad. ex Schult. f.(1830)Nom. illegit.= Gahnia J. R. Forst. et G. Forst.(1775)［莎草科 Cyperaceae］■

32227 Melachone Gilli(1980)= Amaracarpus Blume(1827)［茜草科 Rubiaceae］●☆

32228 Melachrus Post et Kuntze(1903)= Melichrus R. Br.(1810)［尖苞木科 Epacridaceae//杜鹃花科(欧石南科)Ericaceae］●☆

32229 Meladendron Molina(1810)= Heliotropium L.(1753)［紫草科 Boraginaceae//天芥菜科 Heliotropiaceae］●■

32230 Meladendron St. - Lag.(1880)Nom. illegit.≡ Melaleuca L.(1767)(保留属名)［桃金娘科 Myrtaceae//白千层科 Melaleucaceae］●

32231 Meladenia Turcz.(1848)= Cullen Medik.(1787)［豆科 Fabaceae(Leguminosae)//蝶形花科 Papilionaceae］●■

32232 Meladerma Kerr(1938)【汉】黑皮萝藦属。【隶属】萝藦科 Asclepiadaceae。【包含】世界3种。【学名诠释与讨论】〈中〉(希)melas,所有格 melanos,黑色的。melania,黑色。melano- = 拉丁文 atri-,atro-,黑色+derma,所有格 dermatos,皮,革。【分布】泰国。【模式】Meladerma puberulum Kerr。●☆

32233 Melaenacranis Roem. et Schult.(1817)= Ficinia Schrad.(1832)(保留属名)［莎草科 Cyperaceae］■☆

32234 Melalema Hook. f.(1846)= Senecio L.(1753)［菊科 Asteraceae(Compositae)//千里光科 Senecionidaceae］■●

32235 Melaleuca Blanco(废弃属名)= Bombax L.(1753)(保留属名)［木棉科 Bombacaceae//锦葵科 Malvaceae］●

32236 Melaleuca L.(1767)(保留属名)【汉】白千层属(千皮层属)。【日】コバノブラッシノキ属。【俄】Дерево каепутовое, Дерево кайюпутовое, Дерево каяпутовое, Мелалеука。【英】Bottle Brush, Bottle - brush, Cajeput, Cajuput, Honey Myrtle, Melaleuca, Paperbark, Tasmanian Honey Myrtle。【隶属】桃金娘科 Myrtaceae//白千层科 Melaleucaceae。【包含】世界 220-280 种, 中国 1 种。【学名诠释与讨论】〈阴〉(希)melas,所有格 melanos,黑色的。melania,黑色。melano- = 拉丁文 atri-,atro-,黑色+leukos,白色的。指许多种类具黑色树干和白色枝条。此属的学名"Melaleuca L. , Syst. Nat. , ed. 12, 2 : 507, 509. 15-31 Oct 1767"是保留属名。相应的废弃属名是桃金娘科 Myrtaceae 的"Kajuputi Adans. , Fam. Pl. 2 : 84, 530. Jul-Aug 1763 ≡ Melaleuca L.(1767)(保留属名)"。木棉科 Bombacaceae 的"Melaleuca Blanco = Bombax L.(1753)(保留属名)"亦应废弃。真菌的"Melaleuca Patouillard, Hym. Eur. 96. 1887 ≡ Melanoleuca Patouillard 1897"亦应废弃。"Meladendron Saint-Lager, Ann. Soc. Bot. Lyon 7 : 64, 130. 1880 (non Molina 1810)"和"Myrtoleucodendron O. Kuntze, Rev. Gen. 1 : 241. 5 Nov 1891"是"Melaleuca L.(1767)(保留属名)"的晚出的同模式异名(Homotypic synonym, Nomenclatural synonym)。【分布】澳大利亚,巴基斯坦,哥伦比亚(安蒂奥基亚),马达加斯加,尼加拉瓜,印度至马来西亚,中国,太平洋地区,中美洲。【模式】Melaleuca leucadendra (Linnaeus) Linnaeus [Myrtus leucadendra Linnaeus]。【参考异名】Asteromyrtus Schauer(1843); Cajuputi Adans.(1763); Caju-puti Adans.(1763)Nom. illegit.; Cajuputi Adans. ex A. Lyons(1900)Nom. illegit.; Callistemon R. Br.(1814); Coilomphis Raf.; Gymnagathis Schauer(1843); Kajuputi Adans.(1763)(废弃属名); Meladendron St. -Lag.(1880)Nom. illegit.; Melaleucon St. -Lag.(1880)Nom. illegit.; Melanoleuca St. -Lag.(1881); Myrtoleucodendron Kuntze(1891)Nom. illegit.; Ozandra Raf.(1840); Petraeomyrtus Craven(1999); Pimentus Raf.(1838)Nom. illegit.●

32237 Melaleucaceae Rchb. = Lecythidaceae A. Rich.(保留科名)+ Myrtaceae Juss.(保留科名); ~ = Lecythidaceae + Myrtaceae Juss.(保留科名)●

32238 Melaleucaceae Vest(1818)［亦见 Myrtaceae Juss.(保留科名)桃金娘科］【汉】白千层科。【包含】世界1属 220-280 种,中国1属1种。【分布】亚洲,印度-马来西亚,澳大利亚,太平洋地区。【科名模式】Melaleuca L.(1767)(保留属名)●

32239 Melaleucon St. -Lag.(1880)= Melaleuca L.(1767)(保留属名)［桃金娘科 Myrtaceae//白千层科 Melaleucaceae］●

32240 Melampirum Neck.(1768)= Melampyrum L.(1753)［玄参科 Scrophulariaceae//列当科 Orobanchaceae//山罗花科 Melampyraceae］■

32241 Melampodium L.(1753)【汉】黑柄菊属(黑足菊属,皇帝菊属,美兰菊属)。【英】Melampodium。【隶属】菊科 Asteraceae(Compositae)。【包含】世界 36-40 种,中国1种。【学名诠释与讨论】〈阴〉(希)melas,所有格 melanos,黑色的。melania,黑色。melano- = 拉丁文 atri-,atro-,黑色+pous,所有格 podos,指小式 podion,脚,足,柄,梗+-ius,-ia,-ium,在拉丁文和希腊文中,这些词尾表示性质或状态。podotes,有脚的。【分布】巴拿马,玻利维亚,哥伦比亚(安蒂奥基亚),美国(密苏里),墨西哥,尼加拉瓜,中国,中美洲。【模式】Melampodium americanum Linnaeus。【参考异名】Alcina Cav.(1791); Alcinia Kunth; Camutia Bonat. ex Steud.(1840); Cargila Raf.(1840); Dysodium Pers.(1807); Dysodium Rich.(1807); Dysodium Rich. ex Pers.; Pronacron Cass.(1826); Zarabellia Cass.(1829)■●

32242 Melampyraceae Lindl. = Melampyraceae Rich. ex Hook. et Lindl.; ~ =Orobanchaceae Vent.(保留科名); ~ = Scrophulariaceae

Juss.（保留科名）●■

32243 Melampyraceae Rich. ex Hook. et Lindl.（1821）［亦见 Orobanchaceae Vent.（保留科名）列当科和 Scrophulariaceae Juss.（保留科名）玄参科］【汉】山罗花科。【包含】世界 1 属 20-35 种，中国 1 属 3 种。【分布】北温带。【科名模式】Melampyrum L. ■

32244 Melampyrum L.（1753）【汉】山罗花属（山萝花属）。【日】ママコナ属。【俄】Марьянник。【英】Cow Wheat, Cowwheat, Cow-wheat。【隶属】玄参科 Scrophulariaceae//列当科 Orobanchaceae//山罗花科 Melampyraceae。【包含】世界 20-35 种，中国 3 种。【学名诠释与讨论】〈中〉（希）melas, 所有格 melanos, 黑色的。melania, 黑色。melano- ＝拉丁文 atri-, atro-, 黑色＋pyros, 小麦。指种子黑色。此属的学名，ING、TROPICOS、GCI 和 IK 记载是 "Melampyrum L., Sp. Pl. 2：605. 1753［1 May 1753］"。"Marinellia Bubani, Fl. Pyrenaea 1：261. 1897" 是 "Melampyrum L.（1753）" 的晚出的同模式异名（Homotypic synonym, Nomenclatural synonym）。【分布】中国，北温带。【后选模式】Melampyrum pratense Linnaeus。【参考异名】Chingyungia T. M. Ai（1995）；Marinellia Bubani（1897）Nom. illegit.；Melampirum Neck.（1768）■

32245 Melanacranis Rchb.（1828）＝Ficinia Schrad.（1832）（保留属名）；～＝Melancranis Vahl（1805）（废弃属名）；～＝Ficinia Schrad.（1832）（保留属名）［莎草科 Cyperaceae］■☆

32246 Melananthera Michx.（1803）Nom. illegit. ≡ Melanthera Rohr（1792）［菊科 Asteraceae（Compositae）］■●☆

32247 Melananthus Walp.（1850）【汉】黑花茄属。【隶属】茄科 Solanaceae。【包含】世界 5 种。【学名诠释与讨论】〈阳〉（希）melas, 所有格 melanos, 黑色的。melania, 黑色。melano- ＝拉丁文 atri-, atro-, 黑色＋anthos, 花。【分布】巴西，尼加拉瓜，西印度群岛，中美洲。【模式】Melananthus dipyrenoides Walpers。【参考异名】Microschwenkia Benth.（1882）Nom. illegit.；Microschwenkia Benth. ex Hemsl.（1882）☆

32248 Melanaton Raf.（1840）Nom. illegit. ≡ Melanoselinum Hoffm.（1814）；～＝Thapsia L.（1753）［伞形花科（伞形科）Apiaceae（Umbelliferae）］■☆

32249 Melanchrysum Cass.（1817）＝Gazania Gaertn.（1791）（保留属名）［菊科 Asteraceae（Compositae）］●■☆

32250 Melancium Naudin（1862）【汉】巴东瓜属。【隶属】葫芦科（瓜科，南瓜科）Cucurbitaceae。【包含】世界 1 种。【学名诠释与讨论】〈中〉词源不详。【分布】巴拉圭，巴西，玻利维亚。【模式】Melancium campestre Naudin。■☆

32251 Melancranis Vahl（1805）（废弃属名）＝Ficinia Schrad.（1832）（保留属名）［莎草科 Cyperaceae］■☆

32252 Melandrium Röhl.（1812）【汉】女娄菜属。【日】フシグロ属。【俄】Дрема。【英】Melandrium。【隶属】石竹科 Caryophyllaceae。【包含】世界 100 种，中国 12 种。【学名诠释与讨论】〈中〉（人）G. Melandri, 意大利植物学者＋-ius, -ia, -ium, 在拉丁文和希腊文中, 这些词尾表示性质或状态。另说来自希腊古名。此属的学名, ING、APNI、TROPICOS 和 IK 记载是 "Melandrium Röhl., Deutschl. Fl.（Röhling）, ed. 2, Phanerog. Gew. 274. 1812"。"Melandrum Blytt, Norges Fl. iii. 1068（1876）" 和 "Melandryum Rchb., Handb. Nat. Pfl. -Syst. 298. 1837［1-7 Oct 1837］" 是其变体。亦有文献把 "Melandrium Röhl.（1812）" 处理为 "Silene L.（1753）（保留属名）" 或 "Vaccaria Wolf（1776）" 的异名。【分布】巴基斯坦，玻利维亚，中国，北半球，非洲南部，热带非洲，热带南美洲山区，中美洲。【后选模式】Melandrium pratense（C. G. Rafn）Roehling［Lychnis pratense C. G. Rafn］。【参考异名】Atocion Adans.（1763）；Gasterolychnis Rupr.；Gastrolychnis（Fenzl）Rchb.（1841）；Gastrolychnis Fenzl ex Rchb.（1841）Nom.

illegit.；Melandrum Blytt（1876）Nom. illegit.；Melandryum Rchb.（1837）Nom. illegit.；Physocarpon Neck.（1790）Nom. inval.；Physocarpon Neck. ex Raf.（1840）；Silene L.（1753）（保留属名）；Vaccaria Wolf（1776）；Vahlbergella Blytt（1876）；Wahlbergella Fries（1843）Nom. illegit. ■

32253 Melandrum Blytt（1876）Nom. illegit. ≡ Melandrium Röhl.（1812）［石竹科 Caryophyllaceae］■

32254 Melandryum Rchb.（1837）Nom. illegit. ≡ Melandrium Röhl.（1812）［石竹科 Caryophyllaceae］■

32255 Melanea Pers.（1805）Nom. illegit. ＝Malanea Aubl.（1775）［茜草科 Rubiaceae］●☆

32256 Melanenthera Link（1822）＝Melanthera Rohr（1792）［菊科 Asteraceae（Compositae）］■●☆

32257 Melanidion Greene（1912）＝Christolea Cambess.（1839）；～＝Smelowskia C. A. Mey. ex Ledebour（1830）（保留属名）［十字花科 Brassicaceae（Cruciferae）］☆

32258 Melanium P. Browne（1756）＝Cuphea Adans. ex P. Browne（1756）［千屈菜科 Lythraceae］●■

32259 Melanix Raf.（1817）＝Salix L.（1753）（保留属名）［杨柳科 Salicaceae］●

32260 Melanobatus Greene（1906）＝Rubus L.（1753）［蔷薇科 Rosaceae］●■

32261 Melanocarpum Hook. f.（1880）【汉】黑果苋属。【隶属】苋科 Amaranthaceae。【包含】世界 1 种。【学名诠释与讨论】〈中〉（希）melas, 所有格 melanos, 黑色的。melania, 黑色。melano- ＝拉丁文 atri-, atro-, 黑色＋karpos, 果实。此属的学名是 "Melanocarpum J. D. Hooker in Bentham et J. D. Hooker, Gen. 3：24.7 Feb 1880"。亦有文献把其处理为 "Pleuropetalum Hook. f.（1846）" 的异名。【分布】玻利维亚，热带美洲。【模式】Melanocarpum sprucei J. D. Hooker。【参考异名】Pleuropetalum Hook. f.（1846）■☆

32262 Melanocarya Turcz.（1858）＝Euonymus L.（1753）［as 'Evonymus'］（保留属名）［卫矛科 Celastraceae］●

32263 Melanocenchris Nees（1841）【汉】黑黍草属。【隶属】禾本科 Poaceae（Gramineae）。【包含】世界 3 种。【学名诠释与讨论】〈阴〉（希）melas, 所有格 melanos, 黑色的。melania, 黑色。melano- ＝拉丁文 atri-, atro-, 黑色＋kenchros 一种谷物名。【分布】巴基斯坦，热带非洲东北至印度和斯里兰卡。【模式】未指定。【参考异名】Gracilea Hook. f.（1896）Nom. illegit.；Gracilea J. Koenig ex Hook. f.（1896）；Gracilea J. Koenig ex Rottl.（1803）Nom. illegit.；Ptiloneilema Steud.（1850）；Ptilonema Hook. f.（1896）Nom. illegit.；Ptilonilema Post et Kuntze（1903）；Roylea Nees ex Steud.（1841）Nom. inval., Nom. nud.；Roylea Steud.（1841）Nom. inval., Nom. nud. ■☆

32264 Melanochyla Hook. f.（1876）【汉】黑漆属。【隶属】漆树科 Anacardiaceae。【包含】世界 25 种。【学名诠释与讨论】〈阴〉（希）melas, 所有格 melanos, 黑色的。melania, 黑色。melano- ＝拉丁文 atri-, atro-, 黑色＋chylos 汁, 乳糜。【分布】马来西亚（西部）。【模式】未指定。●☆

32265 Melanococca Blume（1850）＝Rhus L.（1753）［漆树科 Anacardiaceae］●

32266 Melanocommia Ridl.（1933）＝Semecarpus L. f.（1782）［漆树科 Anacardiaceae］●

32267 Melanodendron DC.（1836）【汉】黑菀木属。【隶属】菊科 Asteraceae（Compositae）。【包含】世界 1 种。【学名诠释与讨论】〈中〉（希）melas, 所有格 melanos, 黑色的。melania, 黑色。melano- ＝拉丁文 atri-, atro-, 黑色＋dendron 或 dendros, 树木, 棍,

丛林。【分布】英国（圣赫勒拿岛）。【模式】Melanodendron
integrifolium A. P. de Candolle。●☆

32268　Melanodiscus Radlk.（1888）= Glenniea Hook. f.（1862）［无患
子科 Sapindaceae］●☆

32269　Melanolepis Rchb. et Zoll.（1856）【汉】墨鳞木属（暗鳞木属，
虫屎属，墨鳞属）。【英】Blackscale，Melanolepis。【隶属】大戟科
Euphorbiaceae。【包含】世界 1 种，中国 1 种。【学名诠释与讨
论】〈阴〉（希）melas，所有格 melanos，黑色的。melania，黑色。
melano- =拉丁文 atri-，atro-，黑色+lepis，所有格 lepidos，指小式
lepion 或 lepidion，鳞，鳞片。lepidotos，多鳞的。lepos，鳞，鳞片。
指树木具黑色鳞片。【分布】中国，中南半岛。【模式】
Melanolepis multiglandulosa（Blume）H. G. L. Reichenbach et
Zollinger［Rottlera multiglandulosa Blume］。●

32270　Melanoleuca St. -Lag.（1881）= Melaleuca L.（1767）（保留属
名）［桃金娘科 Myrtaceae//白千层科 Melaleucaceae］●

32271　Melanoloma Cass.（1823）= Centaurea L.（1753）（保留属名）
［菊科 Asteraceae（Compositae）//矢车菊科 Centaureaceae］●■

32272　Melanophylla Baker（1884）【汉】番荼黄属（黑叶树属）。【隶
属】番荼黄科 Melanophyllaceae//山茱萸科 Cornaceae。【包含】世
界 8 种。【学名诠释与讨论】〈阴〉（希）melas，所有格 melanos，黑
色的。melania，黑色。melano- =拉丁文 atri-，atro-，黑色+希腊
文 phyllon，叶子。phyllodes，似叶的，多叶的。phylleion，绿色材
料，绿草。【分布】马达加斯加。【模式】未指定。●☆

32273　Melanophyllaceae Takht.，Nom. inval. = Cornaceae Bercht. et J.
Presl（保留科名）；~ = Melanophyllaceae Takht. ex Airy Shaw；~ =
Torricelliaceae Hu ●

32274　Melanophyllaceae Takht. ex Airy Shaw（1972）［亦见 Cornaceae
Bercht. et J. Presl（保留科名）山茱萸科（四照花科）］【汉】番荼黄
科。【包含】世界 2 属 9 种。【分布】马达加斯加。【科名模式】
Melanophylla Baker ●☆

32275　Melanopsidium Cels ex Colla（1824）= Billiottia DC.（1830）
Nom. illegit.；~ = Melanopsidium Colla（1824）Nom. illegit.；~ =
Melanopsidium Cels ex Colla（1824）［茜草科 Rubiaceae］●☆

32276　Melanopsidium Colla（1824）Nom. illegit. ≡ Melanopsidium Cels
ex Colla（1824）；~ = Billiottia DC.（1830）Nom. illegit.；~ =
Melanopsidium Colla（1824）Nom. illegit.；~ = Melanopsidium Cels
ex Colla（1824）［茜草科 Rubiaceae］●☆

32277　Melanopsidium Poit. ex DC.（1830）Nom. illegit. = Alibertia A.
Rich. ex DC.（1830）［茜草科 Rubiaceae］●☆

32278　Melanorrhoea Wall.（1829）【汉】缅甸漆木属（缅甸漆属）。
【隶属】漆树科 Anacardiaceae。【包含】世界 20 种。【学名诠释与
讨论】〈阴〉（希）melas，所有格 melanos，黑色的。melania，黑色。
melano- =拉丁文 atri-，atro-，黑色+rheo 流出。此属的学名是
“Melanorrhoea Wallich，Pl. Asiat. Rar. 1：9. Sep 1829（‘1830’）”。
亦有文献把其处理为“Gluta L.（1771）”的异名。【分布】东南
亚，加里曼丹岛，马来半岛。【模式】Melanorrhoea usitata Wallich。
【参考异名】Gluta L.（1771）●☆

32279　Melanortocarya Selvi，Bigazzi，Hilger et Papini（2006）【汉】黑紫
草属。【隶属】紫草科 Boraginaceae。【包含】世界 1 种。【学名诠
释与讨论】〈阴〉（希）melas，所有格 melanos，黑色的。melania，黑
色。melano- =拉丁文 atri-，atro-，黑色+ortus 生下的+karyon，胡
桃，硬壳果，核，坚果。亦有文献把“Melanortocarya Selvi，Bigazzi，
Hilger et Papini（2006）”处理为“Lycopsis L.（1753）”的异名。
【分布】参见“Lycopsis L.（1753）”。【模式】Melanortocarya
obtusifolia（Willd.）Selvi，Bigazzi，Hilger et Papini。【参考异名】
Lycopsis L.（1753）●☆

32280　Melanoschoenos Ség.（1754）Nom. illegit. ≡ Schoenus L.（1753）

［莎草科 Cyperaceae］■

32281　Melanosciadium H. Boissieu（1902）【汉】紫伞芹属（荫芹属）。
【英】Melanosciadium，Shadecelery。【隶属】伞形花科（伞形科）
Apiaceae（Umbelliferae）。【包含】世界 1 种，中国 1 种。【学名诠
释与讨论】〈中〉（希）melania，黑色。melano- =拉丁文 atri-，
atro-，黑色+skiados，伞+-ius，-ia，-ium，在拉丁文和希腊文中，这
些词尾表示性质或状态。指伞形花序黑紫色。【分布】中国。
【模式】Melanosciadium pimpinelloideum Boissieu。■★

32282　Melanoselinon Raf. = Melanoselinum Hoffm.（1814）［伞形花科
（伞形科）Apiaceae（Umbelliferae）］●☆

32283　Melanoselinum Hoffm.（1814）【汉】黑蛇床属。【隶属】伞形花
科（伞形科）Apiaceae（Umbelliferae）。【包含】世界 4 种。【学名
诠释与讨论】〈中〉（希）melas，所有格 melanos，黑色的。melania，
黑色。melano- =拉丁文 atri-，atro-，黑色+（属）Selinum 亮蛇床
属（滇前胡属）。此属的学名，ING 和 IK 记载是“Melanoselinum
G. F. Hoffmann，Gen. Umbellif. 156. 1814 ”。“ Melanaton
Rafinesque，Good Book 60. Jan 1840”是“Melanoselinum Hoffm.
（1814）”的晚出的同模式异名（Homotypic synonym，Nomenclatural
synonym）。“Melanoselinum Hoffm.（1814）”曾被处理为“Daucus
sect. Melanoselinum（Hoffm.）Spalik，Wojew.，Banasiak &
Reduron，Taxon 65（3）：578. 2016.（24 Jun 2016）”。亦有文献把
“Melanoselinum Hoffm.（1814）”处理为“Daucus L.（1753）”或
“Thapsia L.（1753）”的异名。【分布】巴西。【模式】Selinum
decipiens H. A. Schrader et J. C. Wendland。【参考异名】Daucus
L.（1753）；Daucus sect. Melanoselinum（Hoffm.）Spalik，Wojew.，
Banasiak & Reduron（2016）；Melanaton Raf.（1840）Nom. illegit. ;
Melanoselinon Raf.；Monizia Lowe（1856）；Thapsia L.（1753）●☆

32284　Melanoseris Decne.（1835-1844）= Lactuca L.（1753）［菊科
Asteraceae（Compositae）//莴苣科 Lactucaceae］■

32285　Melanosinapis Schimp. et Spenn.（1829）= Brassica L.（1753）
［十字花科 Brassicaceae（Cruciferae）］■●

32286　Melanospermum Hilliard（1989）【汉】墨子玄参属。【隶属】玄
参科 Scrophulariaceae。【包含】世界 6 种。【学名诠释与讨论】
〈中〉（希）melas，所有格 melanos，黑色的。melania，黑色。
melano- =拉丁文 atri-，atro-，黑色+sperma，所有格 spermatos，种
子，孢子。【分布】马卡罗尼西亚群岛。【模式】Melanospermum
transvaalense（ W. P. Hiern）O. M. Hilliard ［ Polycarena
transvaalensis W. P. Hiern］。■☆

32287　Melanostachya B. G. Briggs et L. A. S. Johnson（1998）【汉】黑穗
帚灯草属。【隶属】帚灯草科 Restionaceae。【包含】世界 1 种。
【学名诠释与讨论】〈阴〉（希）melas，所有格 melanos，黑色的。
melania，黑色。melano- =拉丁文 atri-，atro-，黑色+stachys，穗，
谷，长钉。【分布】澳大利亚。【模式】Melanostachya ustulata（F.
von Mueller）B. G. Briggs et L. A. S. Johnson［Restio ustulatus F. von
Mueller］。■☆

32288　Melanosticta DC.（1825）= Hoffmannseggia Cav.（1798）［ as
‘Hoffmanseggia’］（保留属名）［豆科 Fabaceae（Leguminosae）//
云实科（苏木科）Caesalpiniaceae］■☆

32289　Melanoxerus Kainul. et B. Bremer（2014）【汉】马岛栀子属。
【隶属】茜草科 Rubiaceae。【包含】世界 1 种。【学名诠释与讨
论】〈阴〉（希）melas，所有格 melanos，黑色的。melania，黑色。
melano- =拉丁文 atri-，atro-，黑色+xeros，干旱。【分布】马达加
斯加。【模式】Melanoxerus suavissimus（Homolle ex Cavaco）
Kainul. et B. Bremer［Gardenia suavissima Homolle ex Cavaco］。☆

32290　Melanoxylon Schott（1827）Nom. illegit. ≡ Melanoxylum Schott
（1822）［豆科 Fabaceae（Leguminosae）//云实科（苏木科）
Caesalpiniaceae］●☆

32291　Melanoxylum Schott（1822）【汉】黑苏木属。【隶属】豆科 Fabaceae（Leguminosae）//云实科（苏木科）Caesalpiniaceae］。【包含】世界 1-3 种。【学名诠释与讨论】〈中〉（希）melas，所有格 melanos，黑色的。melania，黑色。melano- =拉丁文 atri-，atro-，黑色 + xylon，木材。此属的学名，ING 和 TROPICOS 记载是 "Melanoxylum H. W. Schott in K. F. A. von Schreibers, Nachr. Kaiserl. Österr. Naturf. Brasilien 2（Anhang）：52. 1822"。"Melanoxylon Schott, Syst. Veg.（ed. 16）[Sprengel] 4（2, Cur. Post.）：406. 1827 [Jan-Jun 1827] ≡ Melanoxylum Schott（1822）" 是晚出的非法名称。【分布】热带南美洲。【模式】Melanoxylum brauna H. W. Schott。【参考异名】Melanoxylon Schott（1827）Nom. illegit. ; Perittium Vogel（1837）●☆

32292　Melanthaceae R. Br. = Liliaceae Juss.（保留科名）；~ = Melanthiaceae Batsch ex Borkh.（保留科名）■

32293　Melanthera Rohr（1792）【汉】墨药菊属（肖金腰箭属）。【隶属】菊科 Asteraceae（Compositae）。【包含】世界 20 种。【学名诠释与讨论】〈阴〉（希）melas，所有格 melanos，黑色的。melania，黑色。melano- =拉丁文 atri-，atro-，黑色+拉丁文 anthera 花药。此属的学名，ING、TROPICOS 和 IK 记载是 "Melanthera Rohr, Skr. Naturhist.-Selsk. 2（1）：213. 1792"。"Melananthera A. Michaux, Fl. Bor.-Amer. 2：106. 19 Mar 1803" 是 "Melanthera Rohr（1792）" 的晚出的同模式异名（Homotypic synonym, Nomenclatural synonym）。【分布】巴拉圭，巴拿马，秘鲁，玻利维亚，厄瓜多尔，哥伦比亚（安蒂奥基亚），马达加斯加，尼加拉瓜，利比里亚（宁巴），印度，热带非洲，中美洲。【模式】Melanthera nivea（Linnaeus）J. K. Small [Bidens nivea Linnaeus]。【参考异名】Amellus P. Browne（1756）（废弃属名）；Echinocephalum Gardner（1848）；Lipotriche R. Br.（1817）；Melananthera Michx.（1803）Nom. illegit. ; Melanenthera Link（1822）；Psathurochaeta DC.（1836）；Psathyrochaeta Post et Kuntze（1903）；Trigonotheca Sch. Bip.（1844）Nom. illegit. ; Wuerschmittia Sch. Bip. ex Hochst.（1841）；Wurmschnittia Benth.（1873）■●☆

32294　Melanthes Blume（1826）= Breynia J. R. Forst. et G. Forst.（1775）（保留属名）[大戟科 Euphorbiaceae]●

32295　Melanthes Hassk.（1844）Nom. illegit. [大戟科 Euphorbiaceae//叶下珠科（叶萝藦科）Phyllanthaceae]●

32296　Melanthera Blume（1826）Nom. illegit. = Breynia J. R. Forst. et G. Forst.（1775）（保留属名）；~ = Melanthes Blume（1826）[大戟科 Euphorbiaceae]●

32297　Melanthesiopsis Benth. et Hook. f.（1880）= Breynia J. R. Forst. et G. Forst.（1775）（保留属名）；~ = Melanthes Blume（1826）[大戟科 Euphorbiaceae]●

32298　Melanthesopsis Müll. Arg.（1863）= Breynia J. R. Forst. et G. Forst.（1775）（保留属名）；~ = Melanthes Blume（1826）[大戟科 Euphorbiaceae]●

32299　Melanthiaceae Batsch ex Borkh.（1797）（保留科名）[亦见 Liliaceae Juss.（保留科名）]【汉】黑药花科（藜芦科）。【包含】世界 12-27 属 120-160 种，中国 5 属 44 种。【分布】广泛分布。【科名模式】Melanthium L.（1753）■

32300　Melanthiaceae Batsch = Liliaceae Juss.（保留科名）；~ = Melanthiaceae Batsch ex Borkh.（保留科名）■

32301　Melanthium Kunth = Dipidax Lawson ex Salisb.（1866）Nom. illegit. ; ~ = Onixotis Raf.（1837）[百合科 Liliaceae//秋水仙科 Colchicaceae]■☆

32302　Melanthium L.（1753）【汉】黑药花属。【英】Bunch-flower。【隶属】黑药花科（藜芦科）Melanthiaceae//百合科 Liliaceae。【包含】世界 5 种。【学名诠释与讨论】〈阴〉（希）melas，所有格

melanos，黑色的。melania，黑色。melano- =拉丁文 atri-，atro-，黑色+anthos，花+-ius，-ia，-ium，在拉丁文和希腊文中，这些词尾表示性质或状态。指某些种的花被黑色。此属的学名，ING、APNI、TROPICOS 和 GCI 记载是 "Melanthium L., Sp. Pl. 1：339. 1753 [1 May 1753]"。"Melanthium Medik., Philos. Bot.（Medikus）1：96. 1789 [Apr 1789] = Nigella L.（1753）[毛茛科 Ranunculaceae//黑种草科 Nigellaceae]" 是晚出的非法名称。"Melanthium Kunth" 是 "Dipidax Lawson ex Salisb.（1866）Nom. illegit. [百合科 Liliaceae//秋水仙科 Colchicaceae]" 的异名。"Leimanthium Willdenow, Ges. Naturf. Freunde Berlin Mag. Neuesten Entdeck. 2：24. 1808" 是 "Melanthium L.（1753）" 的晚出的同模式异名（Homotypic synonym, Nomenclatural synonym）。亦有文献把 "Melanthium L.（1753）" 处理为 "Zigadenus Michx.（1803）" 的异名。【分布】美国，北美洲。【后选模式】Melanthium virginicum Linnaeus。【参考异名】Leimanthium Willd.（1808）Nom. illegit. ; Limanthium Post et Kuntze（1903）；Limonanthus Kunth（1843）；Sparrmania L. ex B. D. Jacks.（废弃属名）；Zigadenus Michx.（1803）■☆

32303　Melanthium Medik.（1789）Nom. illegit. = Nigella L.（1753）[毛茛科 Ranunculaceae//黑种草科 Nigellaceae]■

32304　Melanthos Post et Kuntze（1903）= Catanthera F. Muell.（1886）；~ = Malanthos Stapf（1895）[野牡丹科 Melastomataceae]●☆

32305　Melanthus Weigel = Melianthus L.（1753）[无患子科 Sapindaceae//蜜花科（假栾树科，羽叶树科）Melianthaceae]●☆

32306　Melargyra Raf.（1837）Nom. illegit. ≡ Spergularia（Pers.）J. Presl et C. Presl（1819）（保留属名）[石竹科 Caryophyllaceae]■

32307　Melarhiza Kellogg = Wyethia Nutt.（1834）[菊科 Asteraceae（Compositae）]■☆

32308　Melasanthus Pohl（1827）= Stachytarpheta Vahl（1804）（保留属名）[马鞭草科 Verbenaceae]■●

32309　Melascus Raf.（1838）= Calonyction Choisy（1834）；~ = Ipomoea L.（1753）（保留属名）[旋花科 Convolvulaceae]●■

32310　Melasma P. J. Bergius（1767）【汉】肖黑蒴属（黑蒴属）。【英】Blackcapsule, Melasma。【隶属】玄参科 Scrophulariaceae//列当科 Orobanchaceae。【包含】世界 5-25 种，中国 1 种。【学名诠释与讨论】〈中〉（希）melas，所有格 melanos，黑色的。melania，黑色。melano- =拉丁文 atri-，atro-，黑色+osme = odme，香味，臭味，气味。在希腊文组合词中，词头 osm- 和词尾 -osma 通常指香味。指蒴果黑色而具气味。此属的学名是 "Melasma P. J. Bergius, Descript. Pl. Cap. 162. t. 3. Sep 1767"。亦有文献把其处理为 "Alectra Thunb.（1784）" 的异名。【分布】巴拉圭，玻利维亚，中国，中美洲。【模式】Melasma scabrum P. J. Bergius。【参考异名】Alectra Thunb.（1784）；Eutheta Standl.（1931）；Gastromeria D. Don（1830）；Glossostylis Cham. et Schltdl.（1828）；Hymenospermum Benth.（1831）；Lyncea Cham. et Schltdl.（1830）；Malasma Scop.（1777）；Nigrina L.（1767）；Velvitsia Hiern.（1898）；Welwitschia Post et Kuntze（1903）Nom. illegit.（废弃属名）■

32311　Melasphaerula Ker Gawl.（1803）【汉】尖瓣菖蒲属。【日】メラスフェルラ属。【隶属】鸢尾科 Iridaceae。【包含】世界 1 种。【学名诠释与讨论】〈阴〉（希）melas，所有格 melanos，黑色的。melania，黑色。melano- =拉丁文 atri-，atro-，黑色+sphaira，指小式 sphairion，球。sphairikos，球形的。sphairotos，圆的。指球茎黑色。此属的学名，ING、TROPICOS 和 IK 记载是 "Melasphaerula Ker-Gawler, Bot. Mag. t. 615. 1 Jan 1803"。"Aglaea（Persoon）Ecklon, ogr. Verzeichniss Pflanzensamml. 44. Jul-Dec 1827" 是 "Melasphaerula Ker Gawl.（1803）" 的晚出的同模式异名（Homotypic synonym, Nomenclatural synonym）。【分布】非洲南

部。【模式】Melasphaerula graminea（Linnaeus f.）Ker－Gawler［Gladiolus gramineus Linnaeus f.］。【参考异名】Aglaea（Pers.）Eckl.（1827）Nom. illegit.；Aglaea Steud.（1821）；Diasia DC.（1803）；Phalangium Burm. f.（1768）Nom. illegit.■☆

32312 Melastoma Burm.，Nom. inval.≡Melastoma Burm. ex L.（1753）；~≡Melastoma L.（1753）［野牡丹科 Melastomataceae］●■

32313 Melastoma Burm. ex L.（1753）≡Melastoma L.（1753）［野牡丹科 Melastomataceae］●■

32314 Melastoma L.（1753）【汉】野牡丹属。【日】ノボタン属。【英】Melastoma。【隶属】野牡丹科 Melastomataceae。【包含】世界 22-100 种,中国 5-9 种。【学名诠释与讨论】〈中〉（希）melas,所有格 melanos,黑色的。melania,黑色。melano－＝拉丁文 atri－,atro－,黑色+stoma,所有格 stomatos,孔口。指嚼食一些种的成熟果实时口腔被染成黑色。此属的学名,ING、APNI、TROPICOS 和 GCI 记载是"Melastoma L.，Sp. Pl. 1：389. 1753 [1 May 1753]"。IK 则记为"Melastoma Burm. ex L.，Sp. Pl. 1：389. 1753 [1 May 1753]"。"Melastoma Burm."是命名起点著作之前的名称,故"Melastoma L.（1753）"和"Melastoma Burm. ex L.（1753）"都是合法名称,可以通用。"Malabathris Rafinesque, Sylva Tell. 97. Oct－Dec 1838"是"Melastoma L.（1753）"的晚出的同模式异名（Homotypic synonym, Nomenclatural synonym）。【分布】玻利维亚,马达加斯加,印度至马来西亚,中国,太平洋地区,中美洲。【后选模式】Melastoma malabathricum Linnaeus［as 'malabathrica'］。【参考异名】Decaraphe Miq.（1840）；Malabathris Raf.（1838）Nom. illegit.；Melastoma Burm.，Nom. inval.；Melastoma Burm. ex L.（1753）；Octella Raf.（1838）；Otanthera Blume（1831）●■

32315 Melastomaceae Juss.＝Melastomataceae Juss.（保留科名）●■

32316 Melastomastrum Naudin（1850）【汉】小野牡丹属。【隶属】野牡丹科 Melastomataceae。【包含】世界 6 种。【学名诠释与讨论】〈中〉（属）Melastoma 野牡丹属＋-astrum,指示小的词尾,也有"不完全相似"的含义。【分布】热带非洲。【模式】Melastomastrum erectum（Guillemin et Perrotet）Naudin［Tristemma erectum Guillemin et Perrotet］。●☆

32317 Melastomataceae Juss.（1789）（保留科名）【汉】野牡丹科。【日】ノボタン科。【俄】Меластомовые。【英】Melastoma Family。【包含】世界 156-240 属 3000-5025 种,中国 21-26 属 114-169 种。【分布】热带和亚热带,美洲。【科名模式】Melastoma L.（1753）●■

32318 Melathallus Pierre＝Ilex L.（1753）［冬青科 Aquifoliaceae］●

32319 Melaxis Smith ex Steud.（1841）Nom. illegit.＝Liparis Rich.（1817）（保留属名）［兰科 Orchidaceae］■

32320 Melaxis Steud.（1841）Nom. illegit.≡Melaxis Smith ex Steud.（1841）Nom. illegit.；~＝Liparis Rich.（1817）（保留属名）［兰科 Orchidaceae］■

32321 Melchiora Kobuski（1956）Nom. illegit.≡Balthasaria Verdc.（1969）［山茶科（茶科）Theaceae//厚皮香科 Ternstroemiaceae］●☆

32322 Meleagrinex Arruda ex H. Kost.（1816）＝Sapindus L.（1753）（保留属名）［无患子科 Sapindaceae］●

32323 Melenomphale Raf.＝Melomphis Raf.（1837）；~＝Ornithogalum L.（1753）［百合科 Liliaceae//风信子科 Hyacinthaceae］■

32324 Melfona Raf.（1838）＝Cuphea Adans. ex P. Browne（1756）［千屈菜科 Lythraceae］●■

32325 Melhania Forssk.（1775）【汉】梅蓝属。【日】ノジアオイ属,ノヂアフヒ属。【英】Melhania。【隶属】梧桐科 Sterculiaceae//锦葵科 Malvaceae。【包含】世界 40-60 种,中国 1 种。【学名诠释与讨论】〈阴〉（地）Melhan 山,位于阿拉伯 Felix 地方。指模式种的发

现地。【分布】巴基斯坦,马达加斯加,印度,中国,热带非洲。【模式】Melhania velutina Forsskål。【参考异名】Brotera Cav.（1799）；Cardiostegia C. Presl（1851）；Pentaglottis Wall.（1829）Nom. inval.；Sideria Ewart et A. H. K. Petrie（1926）；Sprengelia Schult.（1809）Nom. illegit.；Vialia Vis.（1840）Nom. inval.；Vialia Vis. ex Schltdl.（1841）●■

32326 Melia L.（1753）【汉】楝属。【日】センダン属。【俄】Мелия, Ясенка。【英】Bead Tree, Beadtree, Bead－tree, Chinaberry, China－berry, Melia, Texas Umbrella Tree。【隶属】楝科 Meliaceae。【包含】世界 3-4 种,中国 1-3 种。【学名诠释与讨论】〈阴〉（希）melia,为欧洲白蜡树 Fraxinus excelsior L. 的古名,后被林奈转用为本属名。指叶形稍相似。此属的学名,ING、TROPICOS、APNI、GCI 和 IK 记载是"Melia L.，Sp. Pl. 1：384. 1753 [1 May 1753]"。"Azedarac Adanson, Fam. 2：342. Jul－Aug 1763"、"Azedarach P. Miller, Gard. Dict. Abr. ed. 4. 28 Jan 1754"和"Zederachia Heister ex Fabricius, Enum. 221. 1759"是"Melia L.（1753）"的晚出的同模式异名（Homotypic synonym, Nomenclatural synonym）。【分布】巴基斯坦,巴拿马,玻利维亚,厄瓜多尔,哥伦比亚（安蒂奥基亚）,马达加斯加,美国（密苏里）,尼加拉瓜,中国,古热带和亚热带,中美洲。【后选模式】Melia azedarach Linnaeus。【参考异名】Antelaea Gaertn.（1788）；Azedarac Adans.（1763）Nom. illegit.；Azedarach Adans.，Nom. illegit.；Azedarach Mill.（1754）Nom. illegit.；Zederachia Fabr.（1759）Nom. illegit.；Zederachia Heist. ex Fabr.（1759）Nom. illegit.●

32327 Meliaceae Juss.（1789）（保留科名）【汉】楝科。【日】センダン科。【俄】Мелиациевые, Мелиевые。【英】China Tree Family, Chinaberry Family, Mahogany Family。【包含】世界 50-51 属 565-1400 种,中国 19 属 79 种。【分布】热带和亚热带,少数在温带温暖地区。【科名模式】Melia L.（1753）●

32328 Meliadelpha Radlk.（1890）＝Dysoxylum Blume（1825）［楝科 Meliaceae］●

32329 Meliandra Ducke（1925）＝Votomita Aubl.（1775）［野牡丹科 Melastomataceae］●☆

32330 Melianthaceae Bercht. et Presl＝Melianthaceae Horan.（保留科名）●☆

32331 Melianthaceae Handbuch＝Melianthaceae Horan.（保留科名）●☆

32332 Melianthaceae Horan.（1834）（保留科名）【汉】蜜花科（假栾树科,羽叶树科）。【包含】世界 2 属 9-15 种。【分布】热带非洲和南非。【科名模式】Melianthus L. ●☆

32333 Melianthaceae Link＝Melianthaceae Horan.（保留科名）●☆

32334 Melianthus L.（1753）【汉】蜜花属（假栾树属,麦利安木属）。【俄】Мелиант。【英】Cape Honey－flower, Honeyflower, Honey－flower, Hooey Bush。【隶属】无患子科 Sapindaceae//蜜花科（假栾树科,羽叶树科）Melianthaceae。【包含】世界 6-8 种。【学名诠释与讨论】〈阳〉（希）meli,所有格 melitos＝拉丁文 mel,所有格 mellis,蜜+anthos,花。【分布】玻利维亚,非洲南部。【后选模式】Melianthus major Linnaeus。【参考异名】Diplerisma Planch.（1848）；Melanthus Weigel ●☆

32335 Melica L.（1753）【汉】臭草属（肥马草属,擎谷草属）。【日】コメガヤ属。【俄】Перловник。【英】Melic, Melic Grass, Melicgrass, Melic－grass, Melick, Onion Grass, Oniongrass, Onion－grass, Stinkinggrass。【隶属】禾本科 Poaceae（Gramineae）//臭草科 Melicaceae。【包含】世界 60-90 种,中国 23 种。【学名诠释与讨论】〈阴〉（希）meliga,稷。来自意大利语 melica 或 meliga。此属的学名,ING、TROPICOS、APNI、GCI 和 IK 记载是"Melica L.，Sp. Pl. 1：66. 1753 [1 May 1753]"。"Dalucum Adanson, Fam. 2：34,548（'Dalukon'）. Jul－Aug 1763"是"Melica L.（1753）"的晚

出的同模式异名（Homotypic synonym, Nomenclatural synonym）。【分布】巴基斯坦,秘鲁,玻利维亚,厄瓜多尔,美国（密苏里）,温带,新世界草原,中国。【后选模式】Melica nutans Linnaeus。【参考异名】Beckeria Bernh.（1800）；Bromelica（Thurb.）Farw.（1919）；Bromelica Farw.（1919）Nom. illegit.；Chondrachyrum Nees（1836）；Claudia Opiz（1853）Nom. illegit.；Dalucum Adans.（1763）Nom. illegit.；Verinea Merino（1899）Nom. illegit.■

32336 Melicaceae Link（1827）= Gramineae Juss.（保留科名）//Poaceae Barnhart（保留科名）●■

32337 Melicaceae Martinov［亦见 Gramineae Juss.（保留科名）//Poaceae Barnhart（保留科名）禾本科］【汉】臭草科。【包含】世界1属60-90种,中国1属23种。【分布】温带。【科名模式】Melica L.（1753）●■

32338 Melicho Salisb.（1866）= Haemanthus L.（1753）［石蒜科 Amaryllidaceae//网球花科 Haemanthaceae］■

32339 Melichrus R. Br.（1810）【汉】环颈石南属。【隶属】尖苞木科 Epacridaceae//杜鹃花科（欧石南科）Ericaceae。【包含】世界4种。【学名诠释与讨论】〈阳〉（希）meli,所有格 melitos = 拉丁文 mel,所有格 mellis,蜜+chroa,所有格 chrotos = chros,外观,颜色,皮,表面。melichros,蜜色的。【分布】澳大利亚。【后选模式】Melichrus rotatus R. Brown, Nom. illegit.［Ventenatia procumbens Cavanilles, Melichrus procumbens G. C. Druce］。【参考异名】Melachrus Post et Kuntze（1903）●☆

32340 Meliclis Raf.（1837）= Coryanthes Hook.（1831）［兰科 Orchidaceae］■☆

32341 Melicocca L.（1762）Nom. illegit., Nom. superfl. ≡ Melicoccus P. Browne（1756）［无患子科 Sapindaceae］●

32342 Melicoccus L.（1762）Nom. illegit. ≡ Melicoccus P. Browne（1756）［无患子科 Sapindaceae］●

32343 Melicoccus P. Browne（1756）【汉】蜜莓属（米里无患子属,蜜果属）。【日】メリコッカ属。【俄】Меликокка。【英】Honeyberry。【隶属】无患子科 Sapindaceae。【包含】世界2种,中国1种。【学名诠释与讨论】〈阳〉（希）meli,所有格 melitos = 拉丁文 mel,所有格 mellis,蜜+kokkos,变为拉丁文 coccus,仁,谷粒,浆果。此属的学名,ING 和 IK 记载是"Melicoccus P. Browne, Civ. Nat. Hist. Jamaica 210. 1756［10 Mar 1756］"。Linnaeus（1762）用"Melicocca L., Sp. Pl., ed. 2. 1: 495. 1762［Sep 1762］"替代"Melicoccus P. Browne（1756）",多余了。"Melicoccus L.（1762）"引用有误。"Casimira Scopoli, Introd. 234. Jan – Apr 1777"是"Melicoccus P. Browne（1756）"的晚出的同模式异名（Homotypic synonym, Nomenclatural synonym）。【分布】巴拉圭,巴拿马,玻利维亚,哥伦比亚,马达加斯加,尼加拉瓜,中国,西印度群岛,热带美洲,中美洲。【模式】Melicope ternata J. R. Forster et J. G. A. Forster。【参考异名】Melicocca L.（1762）Nom. illegit., Nom. superfl.；Melicoccus L.（1762）Nom. illegit. ●

32344 Melicope J. R. Forst. et G. Forst.（1776）【汉】蜜茱萸属（三脚鳖属）。【英】Melicope。【隶属】芸香科 Rutaceae。【包含】世界50-233种,中国8种。【学名诠释与讨论】〈阴〉（希）meli,所有格 melitos = 拉丁文 mel,所有格 mellis,蜜+kope 分开。指子房基部的4个蜜腺分离。【分布】澳大利亚,马达加斯加,新西兰,印度至马来西亚,中国,太平洋地区,中美洲。【模式】Melicytus ramiflorus J. R. Forster et J. G. A. Forster。【参考异名】Astorganthus Endl.（1842）；Bouchardatia Baill.（1867）；Brombya F. Muell.（1865）；Dinosperma T. G. Hartley（1997）；Entagonum Poir.（1823）；Entaganum Banks ex Gaertn.（1788）；Euodia J. R. Forst. et G. Forst.（1776）；Evodia J. R. Forst. et G. Forst.（1776）；Malicope Vitman（1789）Nom. illegit.；Pelea A. Gray（1854）；Perryodendron

T. G. Hartley（1997）●

32345 Melicopsidium Baill.（1874）= Cossinia Comm. ex Lam.（1786）［无患子科 Sapindaceae］●☆

32346 Melicytus J. R. Forst. et G. Forst.（1776）【汉】蜜花堇属（麦利奇木属,蜜罐花属）。【隶属】堇菜科 Violaceae。【包含】世界8-12种。【学名诠释与讨论】〈阳〉（希）meli,所有格 melitos = 拉丁文 mel,所有格 mellis,蜜+kytos,细胞。【分布】斐济,澳大利亚（诺福克岛）,新西兰。【模式】Melicytus suavis Pierre。【参考异名】Hymenanthera R. Br.（1818）；Solenantha G. Don（1832）；Tachites Sol. ex Gaertn.（1788）●☆

32347 Melidiscus Raf.（1838）= Cleome L.（1753）［山柑科（白花菜科,醉蝶花科）Capparaceae//白花菜科（醉蝶花科）Cleomaceae］●■

32348 Melidora Noronha ex Salisb.（1817）= Enkianthus Lour.（1790）［杜鹃花科（欧石南科）Ericaceae］●

32349 Melientha Pierre（1888）【汉】麦里山柚子属。【隶属】山柚子科（山柑科,山柚仔科）Opiliaceae。【包含】世界2种。【学名诠释与讨论】〈阳〉（希）meli+anthos,花。【分布】菲律宾（菲律宾群岛）,中南半岛。【模式】Melientha suavis Pierre。●☆

32350 Melilobus Mitch.（1748）Nom. inval. = Gleditsia L.（1753）［豆科 Fabaceae（Leguminosae）//云实科（苏木科）Caesalpiniaceae］●

32351 Melilota Medik.（1787）= Melilotus（L.）Mill.（1754）［豆科 Fabaceae（Leguminosae）//蝶形花科 Papilionaceae］■

32352 Melilothus Hornem.（1819）= Melilota Medik.（1787）［豆科 Fabaceae（Leguminosae）//蝶形花科 Papilionaceae］■

32353 Melilotoides Fabr.（1763）Nom. illegit. ≡ Melilotoides Heist. ex Fabr.（1763）［豆科 Fabaceae（Leguminosae）//蝶形花科 Papilionaceae］■

32354 Melilotoides Heist. ex Fabr.（1763）= Medicago L.（1753）（保留属名）；~ = Trigonella L.（1753）［豆科 Fabaceae（Leguminosae）//蝶形花科 Papilionaceae］■

32355 Melilotus（L.）Mill.（1754）【汉】草木犀属（草木樨属）。【日】シナガハハギ属,シナガワハギ属。【俄】Гоу-ришка,Донник,Донник желтый。【英】Hart's Clover, Melilot, Sweet Clover, Sweetclover。【隶属】豆科 Fabaceae（Leguminosae）//蝶形花科 Papilionaceae。【包含】世界20-25种,中国4种。【学名诠释与讨论】〈阳〉（希）meli,所有格 melitos = 拉丁文 mel,所有格 mellis,蜜+（属）Lotos 白脉根属。指植物具香味。此属的学名,ING、GCI、TROPICOS 和 IK 记载是"Melilotus（Linnaeus）P. Miller, Gard. Dict. Abr. ed. 4. 28 Jan 1754",由"Trifolium［unranked］Melilotus Linnaeus, Sp. Pl. 764. 1 Mai 1753（'Meliloti'）"改级而来。APNI 则记载为"Melilotus Mill., The Gardeners Dictionary abridged 2 1754"。"Melilotus Tourn. ex Haller, Enum. Stirp. Helv. ii. 587（1742）"则是命名起点著作之前的名称。"Brachylobus Dulac, Fl. Hautes-Pyrénées 279. 1867（non J. H. F. Link 1831）"是"Melilotus（L.）Mill.（1754）"的晚出的同模式异名（Homotypic synonym, Nomenclatural synonym）。【分布】巴基斯坦,巴拉圭,秘鲁,玻利维亚,地中海地区,厄瓜多尔,哥斯达黎加,美国（密苏里）,中国,温带和亚热带欧洲,中美洲。【模式】Melilotus officinalis（Linnaeus）Lamarck［Trifolium officinalis Linnaeus］。【参考异名】Brachylobus Dulac（1867）Nom. illegit.；Melilota Medik.（1787）；Melilotus Mill.（1754）Nom. illegit.；Melilotus Tourn. ex Haller（1742）Nom. inval.；Meliotus Steud.（1841）；Sertula L.；Trifolium［unranked］Melilotus L.（1753）［as 'Meliloti'］■

32356 Melilotus Mill.（1754）Nom. illegit. ≡ Melilotus（L.）Mill.（1754）［豆科 Fabaceae（Leguminosae）//蝶形花科 Papilionaceae］■

32357 Melilotus Tourn. ex Haller（1742）Nom. inval. = Melilotus（L.）

Mill. (1754) ［豆 科 Fabaceae（Leguminosae）//蝶 形 花 科 Papilionaceae］■

32358 Melinia Decne. (1844)【汉】苹果萝藦属。【隶属】萝藦科 Asclepiadaceae。【包含】世界 8 种。【学名诠释与讨论】〈阴〉（希）melinos,苹果或榲桲做成的,灰色的。此属的学名"Melinia Decaisne in Alph. de Candolle, Prodr. 8:588. Mar（med.）1844"是一个替代名称。"Brachylepis Hook. et Arnott, J. Bot.（Hooker）1: 290. 1839"是一个非法名称（Nom. illegit.）,因为此前已经有了 "Brachylepis C. A. Meyer ex Ledebour, Icon. Pl. Nov. 1:12. Mai−Dec 1829［藜科 Chenopodiaceae］"。故用"Melinia Decne.（1844）"替代之。同理, "Brachylepis R. Wight et Arnott in R. Wight, Contr. Bot. India 63. Dec 1834 ≡Baeolepis Decne. ex Moq.（1849）［萝藦科 Asclepiadaceae］"和 "Brachylepis Hook. et Arn., J. Bot. （Hooker）1（4）:290. 1835［dt. 1834; issued Jan 1835］≡Melinia Decne.（1844）［萝藦科 Asclepiadaceae］"亦是 非 法 名 称。 "Aphanostelma Malme, Ark. Bot. 25 A（7）:10. 26 Sep 1933（non Schlechter 1914−15）"是"Melinia Decne.（1844）"的晚出的同模式异名（Homotypic synonym, Nomenclatural synonym）。【分布】秘鲁,玻利维亚,南美洲。【模式】Melinia candolleana（W. J. Hooker et Arnott）Decaisne［Brachylepis candolleana W. J. Hooker et Arnott ［as 'candolleanus'］。【参考异名】Aphanostelma Malme（1933）Nom. illegit.; Brachylepis Hook. et Arn.（1835）Nom. illegit.; Kerbera E. Fourn.（1885）■☆

32359 Melinis P. Beauv. (1812)【汉】糖蜜草属。【英】Honeygrass, Melinis。【隶属】禾本科 Poaceae（Gramineae）。【包含】世界 22 种,中国 2 种。【学名诠释与讨论】〈阴〉（希）meline,稷。【分布】巴基斯坦,巴拿马,秘鲁,玻利维亚,厄瓜多尔,哥伦比亚（安蒂奥基亚）,哥斯达黎加,马达加斯加,尼加拉瓜,中国,西印度群岛,热带和非洲南部,中美洲。【模式】Melinis minutiflora Palisot de Beauvois。【参考异名】Mildbraediochloa Butzin（1971）; Monachyron Parl.（1849）Nom. illegit.; Monachyron Parl. ex Hook. f.（1849）; Rhynchelythrum Nees（1836）Nom. illegit.; Rhynchelytrum Nees（1836）Nom. illegit.; Suardia Schrank（1819）; Tristegis Nees（1820）Nom. inval. ■

32360 Melinonia Brongn. (1873) = Pitcairnia L'Hér.（1789）（保留属名）［凤梨科 Bromeliaceae］■☆

32361 Melinospermum Walp. (1840) = Dichilus DC.（1826）［豆科 Fabaceae（Leguminosae）//蝶形花科 Papilionaceae］■☆

32362 Melinum Link(1829)Nom. illegit. =Zizania L.（1753）［禾本科 Poaceae（Gramineae）］■

32363 Melinum Medik. (1791) = Salvia L.（1753）［唇形科 Lamiaceae （Labiatae）//鼠尾草科 Salviaceae］●■

32364 Melioblastis C. Muell. (1846)Nom. illegit. =Cryptocoryne Fisch. ex Wydler(1830); ~ = Myrioblastus Wall. ex Griff.（1845）［天南星科 Araceae］●■

32365 Meliocarpus Boiss. (1844) = Heptaptera Margot et Reut.（1839）［伞形花科（伞形科）Apiaceae（Umbelliferae）］■☆

32366 Meliopsis Rchb. (1841) = Fraxinus L.（1753）［木犀榄科（木犀科）Oleaceae//白蜡树科 Fraxinaceae］●

32367 Melio−Schinzia K. Schum. (1889) = Chisocheton Blume（1825）［楝科 Meliaceae］●

32368 Melioschinzia K. Schum. (1889) Nom. illegit. ≡ Melio−schinzia K. Schum. (1889)［楝科 Meliaceae］●

32369 Meliosma Blume(1823)【汉】泡花树属。【日】アハブキ属,アワブキ属。【俄】Мелиосма。【英】Meliosma。【隶属】清风藤科 Sabiaceae//泡花树科 Meliosmaceae。【包含】世界 25-90 种,中国 31 种。【学名诠释与讨论】〈阴〉（希）meli,所有格 melitos =拉丁

文 mel,所有格 mellis,蜜+osme =odme,香味,臭味,气味。在希腊文组合词中,词头 osm−和词尾−osma 通常指香味。指花有蜜香味。【分布】巴基斯坦,巴拿马,秘鲁,玻利维亚,厄瓜多尔,哥伦比亚（安蒂奥基亚）,尼加拉瓜,中国,亚洲,中美洲。【后选模式】Meliosma lanceolata Blume。【参考异名】Atelandra Bello（1881）Nom. illegit.; Heterarithmos Turcz.（1859）Nom. illegit.; Kingsboroughia Liebm.（1850）; Llavea Planch. ex Pfeiff.; Lorenzanea Liebm.（1850）; Millingtonia Roxb.（1820）Nom. illegit.; Oligostemon Turcz.（1858）; Wellingtonia Meisn.（1840）●

32370 Meliosmaceae Endl. ［亦见 Sabiaceae Blume(保留科名)清风藤科］【汉】泡花树科。【包含】世界 2 属 62-105 种,中国 1 属 31 种。【分布】亚洲,美洲。【科名模式】Meliosma Blume(1823)●

32371 Meliosmaceae Meisn. (1843) = Sabiaceae Blume(保留科名)●

32372 Meliotus Steud. (1841) = Melilotus（L.）Mill.（1754）［豆科 Fabaceae（Leguminosae）//蝶形花科 Papilionaceae］■

32373 Meliphlea Zucc. (1837) = Phymosia Desv. ex Ham.（1825）［锦葵科 Malvaceae］●☆

32374 Melisitus Medik. (1787) Nom. illegit. ≡ Melissitus Medik. （1789）; ~ = Trigonella L.（1753）［豆 科 Fabaceae （Leguminosae）//蝶形花科 Papilionaceae］■

32375 Melissa L. (1753)【汉】蜜蜂花属（滇荆芥属）。【日】セイヤウヤマハクカ属,セイヨウヤマハッカ属。【俄】Лимонная мята, Мелисса。【英】Balm, Balm Mint。【隶属】唇形科 Lamiaceae（Labiatae）。【包含】世界 3-5 种,中国 3-5 种。【学名诠释与讨论】〈阴〉（希）melissa =阿提加语 melitta,蜜蜂。meli,所有格 melitos =拉丁文 mel,所有格 mellis,蜜。指花的形状似蜜蜂,或说花吸引蜜蜂。此属的学名,ING、APNI、TROPICOS 和 GCI 记载是"Melissa L., Sp. Pl. 2:592. 1753［1 May 1753］"。IK 则记载为"Melissa Tourn. ex L., Sp. Pl. 2:592. 1753［1 May 1753］"。"Melissa Tourn."是命名起点著作之前的名称,故 "Melissa L.（1753）"和"Melissa Tourn. ex L.（1753）"都是合法名称,可以通用。【分布】巴基斯坦,巴拉圭,玻利维亚,厄瓜多尔,哥伦比亚（安蒂奥基亚）,美国（密苏里）,伊朗,中国,亚洲中部。【后选模式】Melissa officinalis Linnaeus。【参考异名】Melissa Tourn. ex L.（1753）; Mutelia Gren. ex Mutel(1836)■

32376 Melissa Tourn. ex L. (1753) ≡ Melissa L.（1753）［唇形科 Lamiaceae（Labiatae）］■

32377 Melissaceae Bercht. et J. Presl = Labiatae Juss.（保留科名）// Lamiaceae Martinov(保留科名)●■

32378 Melissitus Medik. (1789)【汉】陀罗果花苜蓿属。【隶属】豆科 Fabaceae（Leguminosae）//蝶形花科 Papilionaceae。【包含】世界 60 种。【学名诠释与讨论】〈阳〉（希）melissa =阿提加语 melitta,蜜蜂+−ites,表示关系密切的词尾。此属的学名是"Melissitus Medik., Philosophische Botanik 1:209. 1789"。亦有文献把其处理为"Trigonella L.（1753）"的异名。【分布】亚洲中部。【模式】Melissitus dentata Moench［Trigonella cretica（L.）Boiss., Melilotus creticus（L.）Desr.］。【参考异名】Melisitus Medik.（1787）Nom. illegit.; Pocockia Ser.（1825）Nom. illegit.; Trigonella L.（1753）■☆

32379 Melissophyllon Adans. (1763) Nom. illegit. ≡ Melissophyllum Hill（1756）; ~ ≡ Melittis L.（1753）［唇形科 Lamiaceae （Labiatae）//欧洲蜜蜂花科 Melittaceae］■☆

32380 Melissophyllum Hill (1756) Nom. illegit. ≡ Melittis L.（1753）［唇形科 Lamiaceae（Labiatae）//欧洲蜜蜂花科 Melittaceae］■☆

32381 Melissopsis Sch. Bip. ex Baker(1876) = Ageratum L.（1753）［菊科 Asteraceae（Compositae）］■●

32382 Melistaurum J. R. Forst. et G. Forst. (1776) = Casearia Jacq. （1760）［刺篱木科（大风子科）Flacourtiaceae//天料木科

Samydaceae]●

32383 Melitella Sommier(1907)= Crepis L. (1753) [菊科 Asteraceae (Compositae)]■

32384 Melitis Gled. (1749) Nom. inval. [唇形科 Lamiaceae (Labiatae)]☆

32385 Melittacanthus S. Moore(1906)【汉】蜂刺爵床属。【隶属】爵床科 Acanthaceae。【包含】世界 1 种。【学名诠释与讨论】〈阳〉(阿提加) melitta, 蜜蜂 + akantha, 荆棘。akanthikos, 荆棘的。akanthion,蓟的一种,豪猪,刺猬。akanthinos,多刺的,用荆棘做成的。在植物学中,acantha 通常指刺。【分布】马达加斯加。【模式】Melittacanthus divaricatus S. Moore。☆

32386 Melittaceae Martinov [亦见 Labiatae Juss. (保留科名)// Lamiaceae Martinov(保留科名)唇形科]【汉】欧洲蜜蜂花科。【包含】世界1属1种。【分布】欧洲。【科名模式】Melittis L.■☆

32387 Melittidaceae Martinov(1820)= Labiatae Juss. (保留科名)// Lamiaceae Martinov(保留科名)●■

32388 Melittis L. (1753)【汉】欧洲蜜蜂花属(异香草属)。【俄】Кадило бабье。【英】Bastard Balm, Melittis。【隶属】唇形科 Lamiaceae(Labiatae)//欧洲蜜蜂花科 Melittaceae。【包含】世界 1 种。【学名诠释与讨论】〈阴〉(阿提加)melitta,蜜蜂。此属的学名,ING、TROPICOS 和 IK 记载是"Melittis L. ,Sp. Pl. 2;597. 1753 [1 May 1753]"。"Mellitis Scop. ,Fl. Carniol. ,ed. 2. 1;421. 1771"似为其变体。"Melissophyllon Adanson, Fam. 2; 189. Jul - Aug 1763"、"Melissophyllum J. Hill, Brit. Herb. 367. 30 Sep 1756"和"Oenonea Bubani, Fl. Pyrenaea 1;430. 1897"是"Melittis L. (1753)"的晚出的同模式异名(Homotypic synonym, Nomenclatural synonym)。【分布】欧洲。【模式】Melittis melissophyllum Linnaeus。【参考异名】Melissophyllon Adans. (1763) Nom. illegit. ; Melissophyllum Hill (1756) Nom. illegit. ; Mellitis Scop. (1771);Oenonea Bubani(1897)Nom. illegit. ■☆

32389 Mella Vand. (1788)= Bacopa Aubl. (1775)(保留属名) [玄参科 Scrophulariaceae//婆婆纳科 Veronicaceae]■

32390 Mellera S. Moore(1879)【汉】梅莱爵床属。【隶属】爵床科 Acanthaceae。【包含】世界 4-5 种。【学名诠释与讨论】〈阴〉(人)Charles James Meller,约 1835-1869,英国植物学者,博物学者,医生。【分布】马达加斯加,热带非洲。【模式】Mellera lobulata S. Moore。【参考异名】Onus Gilli(1971)■☆

32391 Mellichampia A. Gray ex S. Watson (1887) Nom. illegit. ≡ Mellichampia A. Gray(1887); ~ = Cynanchum L. (1753) [萝藦科 Asclepiadaceae]●■

32392 Mellichampia A. Gray(1887)= Cynanchum L. (1753) [萝藦科 Asclepiadaceae]●■

32393 Melligo Raf. (1837) = Salvia L. (1753) [唇形科 Lamiaceae (Labiatae)//鼠尾草科 Salviaceae]●■

32394 Melliniella Harms(1914)【汉】小花链荚豆属。【隶属】豆科 Fabaceae(Leguminosae)。【包含】世界 1 种。【学名诠释与讨论】〈阴〉(人) Adolf Mellin,1910-,德国植物学者,植物采集家+-ellus,-ella,-ellum,加在名词词干后面形成指小式的词尾。或加在人名、属名等后面以组成新属的名称。【分布】热带非洲西部。【模式】Melliniella micrantha Harms。■☆

32395 Melliodendron Hand. -Mazz. (1922)【汉】鸦头梨属(陀螺果属,鸦头梨属)。【英】Melliodendron, Topfruit。【隶属】安息香科(齐墩果科,野茉莉科)Styracaceae。【包含】世界 1-3 种,中国 1 种。【学名诠释与讨论】〈中〉(拉)mel,所有格 mellis 蜜+希腊文 dendron 或 dendros, 树木, 棍, 丛林。【分布】中国。【模式】Melliodendron xylocarpum Handel-Mazzetti。●★

32396 Mellissia Hook. f. (1867)【汉】梅利斯茄属。【隶属】茄科

Solanaceae。【包含】世界 1 种。【学名诠释与讨论】〈阴〉(人) John Charles Melliss,英国植物学者。【分布】英国(圣赫勒拿岛)。【模式】Mellissia begonifolia (Roxburgh) J. D. Hooker [Physalis begonifolia Roxburgh]。☆

32397 Mellitis Scop. (1771) Nom. illegit. = Melittis L. (1753) [唇形科 Lamiaceae(Labiatae)//欧洲蜜蜂花科 Melittaceae]■☆

32398 Melloa Bureau (1868)【汉】梅洛紫葳属。【隶属】紫葳科 Bignoniaceae。【包含】世界 1 种。【学名诠释与讨论】〈阴〉(人) Mello,植物学者。【分布】巴拉圭,巴拿马,秘鲁,比尼翁,玻利维亚,尼加拉瓜,中美洲。【模式】Melloa populifolia (A. P. de Candolle) N. L. Britton [Bignonia populifolia A. P. de Candolle]。【参考异名】Edouardia Corrêa(1952)●☆

32399 Mellobium A. Juss. (1849)= Melolobium Eckl. et Zeyh. (1836) [豆科 Fabaceae(Leguminosae)]■☆

32400 Mellobium Rchb. = Mellobium A. Juss. (1849); ~ = Melolobium Eckl. et Zeyh. (1836) [豆科 Fabaceae(Leguminosae)]■☆

32401 Melloca Lindl. (1847) = Ullucus Caldas (1809) [落葵科 Basellaceae//块根落葵科 Basellaceae]■☆

32402 Mellolobium Rchb. (1841)= Melolobium Eckl. et Zeyh. (1836) [豆科 Fabaceae(Leguminosae)]■☆

32403 Mellonia Gasp. (1847)= Cucurbita L. (1753) [葫芦科(瓜科,南瓜科)Cucurbitaceae]■

32404 Melo L. = Cucumis L. (1753) [葫芦科(瓜科,南瓜科)Cucurbitaceae]■

32405 Melo Mill. (1754)= Cucumis L. (1753) [葫芦科(瓜科,南瓜科)Cucurbitaceae]■

32406 Melocactus Boehm. (1760)(废弃属名)≡Cactus L. (1753)(废弃属名);~ ≡ Mammillaria Haw. (1812)(保留属名) [仙人掌科 Cactaceae]●

32407 Melocactus Link et Otto(1827)(保留属名)【汉】花座球属。【日】メロカクタス属。【俄】Мелокактус。【英】Melocactus, Melon Cactus, Turk's Cap, Turk's Cap Cactus。【隶属】仙人掌科 Cactaceae。【包含】世界 30 种,中国 6 种。【学名诠释与讨论】〈阳〉(希)melon,苹果+cactos,有刺的植物,通常指仙人掌。此属的学名"Melocactus Link et Otto in Verh. Vereins Beförd. Gartenbaues Königl. Preuss. Staaten 3;417. 1827"是保留属名。相应的废弃属名是仙人掌科 Cactaceae 的"Melocactus Boehm. in Ludwig, Def. Gen. Pl. ,ed. 3;79. 1760 ≡Cactus L. (1753)(废弃属名)≡Mammillaria Haw. (1812)(保留属名)"。【分布】秘鲁,厄瓜多尔,尼加拉瓜,中国,西印度群岛,热带美洲,中美洲。【模式】Melocactus communis Link et Otto [Cactus melocactus Linnaeus]。【参考异名】Brittonrosea Speg. (1923) Nom. illegit. ; Cactus Britton et Rose(废弃属名);Cactus sensu Britton et Rose(废弃属名); Echinocactus Fabr. , Nom. illegit. ; Echinofossulocactus Lawr. (1841); Homalocephala Britton et Rose (1922); Melocactus Boehm. (1760)(废弃属名)●

32408 Melocalamus Benth. (1883)【汉】梨藤竹属(梨果竹属,思摩竹属)。【英】Climbing Apple Bamboo, Climbing - bamboo, Pearbamboovine。【隶属】禾本科 Poaceae(Gramineae)。【包含】世界 5 种,中国 4 种。【学名诠释与讨论】〈阳〉(希)melon,苹果+kalamos,芦苇。指本属竹子果大呈梨状。此属的学名,ING、TROPICOS 和 IK 记载是"Melocalamus Bentham in Bentham et Hook. f. ,Gen. 3;1095, 1212. 14 Apr 1883";"Melocalamus Benth. et Hook. f. (1883) ≡ Melocalamus Benth. (1883)"的命名人引证有误。亦有文献把"Melocalamus Benth. (1883)"处理为"Dinochloa Büse(1854)"的异名。【分布】中国,亚洲南部和东南。【模式】Melocalamus compactiflorus (Kurz) Bentham [Pseudostachyum compactiflorum Kurz〕。【参考异名】Dinochloa Büse（1854）；Melocalamus Benth. et Hook. f.（1883）Nom. illegit. ●

32409　Melocalamus Benth. et Hook. f.（1883）Nom. illegit. ≡ Melocalamus Benth.（1883）〔禾本科 Poaceae（Gramineae）〕●

32410　Melocanna Trin.（1820）【汉】梨竹属（梨果竹属）。【英】Melocanna,Pearbamboo。【隶属】禾本科 Poaceae（Gramineae）。【包含】世界 2 种，中国 1 种。【学名诠释与讨论】〈阴〉（希）melon，苹果+kanna，芦苇，苇席。拉丁文 canna，指小式 cannula，芦管，管子，通道。指果如梨形的竹类。此属的学名，ING、TROPICOS 和 IK 记载是"Melocanna Trinius in K. P. J. Sprengel, Neue Entdeck. Pflanzenk. 2：43. 1820（sero）（'1821'）"。"Beesha Kunth,J. Phys. Chim. Hist. Nat. Arts 95；151. Aug 1822；Syn. Pl. 1：253. 9 Dec 1822"是"Melocanna Trin.（1820）"的晚出的同模式异名（Homotypic synonym,Nomenclatural synonym）。【分布】印度至马来西亚，中国。【模式】Melocanna bambusoides Trinius, Nom. illegit. 〔Bambusa baccifera Roxburgh；Melocanna baccifera（Roxburgh）Kurz〕。【参考异名】Beehsa Endl.（1840）；Beesha Kunth（1822）Nom. illegit. ；Irulia Bedd.（1873）●

32411　Melocarpum（Engl.）Beier et Thulin（2003）【汉】苹果蒺藜属。【隶属】蒺藜科 Zygophyllaceae。【包含】世界 2 种。【学名诠释与讨论】〈中〉（希）melon，苹果 + karpos，果实。此属的学名"Melocarpum（Engl.）Beier et Thulin, Pl. Syst. Evol. 240（1-4）：37（2003）"，由"Zygophyllum sect. Melocarpum Engl. Abh. Königl. Akad. Wiss. Berlin 2：13（1896）"改级而来。【分布】热带非洲。【模式】不详。【参考异名】Zygophyllum sect. Melocarpum Engl.（1896）■☆

32412　Melocarpus Post et Kuntze（1903）= Meliocarpus Boiss.（1844）；~ = Prangos Lindl.（1825）〔伞形花科（伞形科）Apiaceae（Umbelliferae）〕■☆

32413　Melochia L.（1753）（保留属名）【汉】马松子属（野路葵属）。【日】ノジアオイ属，ノヂアフヒ属。【英】Melochia。【隶属】梧桐科 Sterculiaceae//锦葵科 Malvaceae//马松子科 Melochiaceae。【包含】世界 54-60 种，中国 1 种。【学名诠释与讨论】〈阴〉（阿拉伯）meluchieh，锦葵的俗名，来自希腊文 malache,moloche 锦葵类。一说是由阿拉伯语 Melocchich，一种黄麻植物俗名所演变而来。此属的学名"Melochia L.,Sp. Pl. ；674. 1 Mai 1753"是保留属名。法规未列出相应的废弃属名。但是夹竹桃科 Apocynaceae 的"Melochia Rottbøll, Acta Lit. Univ. Hafn. 1；296. 1778"应该废弃。【分布】巴基斯坦，巴拉圭，巴拿马，玻利维亚，厄瓜多尔，哥伦比亚（安蒂奥基亚），马达加斯加，美国（密苏里），尼加拉瓜，中国，中美洲。【模式】Melochia corchorifolia Linnaeus。【参考异名】Aleurodendron Reinw.（1823）；Altheria Thouars（1806）；Anamorpha H. Karst. et Triana（1854）；Antiphyla Raf.（1838）Nom. illegit. ；Glossospermum Wall.（1829）；Lochemia Arn.（1839）；Meluchia Medik.（1791）；Moluchia Medik.（1787）；Mougeotia Kunth（1821）；Physocodon Turcz.（1858）；Physodium C. Presl（1836）；Polychlaena G. Don（1831）；Ptychocarpus Hils. ex Sieber；Riddelia Raf.（1838）Nom. illegit. ；Riddellia Raf.（1838）；Ridleia Endl.（1840）；Riedlea Vent.（1807）Nom. illegit. ；Riedleia DC.（1824）Nom. inval. ；Riedleja Hassk.（1844）Nom. illegit. ；Riedlia Dumort.（1829）Nom. illegit. ；Visenia Houtt.（1777）；Wisenia J. F. Gmel.（1791）●■

32414　Melochia Rottb.（1778）Nom. illegit. （废弃属名）〔夹竹桃科 Apocynaceae〕●■☆

32415　Melochiaceae J. Agardh（1858）〔亦见 Malvaceae Juss.（保留名）锦葵科和 Sterculiaceae Vent.（保留科名）梧桐科〕【汉】马松子科。【包含】世界 1 属 54-60 种，中国 1 属 1 种。【分布】热带。

【科名模式】Melochia L.●■

32416　Melodinus J. R. Forst. et G. Forst.（1775）【汉】山橙属。【日】シマダカツラ属。【英】Fieldorange, Melodinus。【隶属】夹竹桃科 Apocynaceae。【包含】世界 53-75 种，中国 13 种。【学名诠释与讨论】〈阳〉（希）melon，苹果+dinos 急转、旋转成圆形物。指果为球形的藤本。【分布】澳大利亚，印度至马来西亚，中国，太平洋地区。【模式】Melodinus scandens J. R. Forster et J. G. A. Forster。【参考异名】Bicorona A. DC.（1844）；Clitandropsis S. Moore（1923）；Echaltium Wight（1841）；Lycimnia Hance（1852）；Neowollastonia Wernham ex Ridl.（1916）；Oncinus Lour.（1790）；Pseudowillughbeia Markgr.（1927）；Pseudo－willughbeia Markgr.（1927）；Trichostomanthemum Domin（1928）；Uncinus Raeusch.（1797）●

32417　Melodorum（Dunal）Hook. f. et Thomson（1855）Nom. illegit. = Fissistigma Griff.（1854）；~ = Melodorum Lour.（1790）〔番荔枝科 Annonaceae〕●☆

32418　Melodorum Hook. f. et Thomson（1855）Nom. illegit. ≡ Melodorum（Dunal）Hook. f. et Thomson（1855）Nom. illegit. ；~ = Fissistigma Griff.（1854）；~ = Melodorum Lour.（1790）〔番荔枝科 Annonaceae〕●

32419　Melodorum Lour.（1790）【汉】金帽花属。【隶属】番荔枝科 Annonaceae。【包含】世界 4-5 种。【学名诠释与讨论】〈中〉（希）melon，苹果 + doros，革制的袋、囊。此属的学名，ING、APNI、TROPICOS 和 IK 记载是"Melodorum Loureiro, Fl. Cochinch. 329, 351. Sep 1790"。"Melodorum（Dunal）Hook. f. et T. Thomson 1855 = Melodorum Lour.（1790）= Fissistigma Griff.（1854）〔番荔枝科 Annonaceae〕"是晚出的非法名称。"Melodorum Hook. f. et Thomson, Fl. Ind. 〔Hooker f. et Thomson〕i. 115（1855）≡ Melodorum（Dunal）Hook. f. et Thomson, Nom. illegit. "的命名人引证有误。《显花植物与蕨类植物词典》记载"Melodorum Lour.（1790）= Polyalthia Blume（1830）+Mitrephora（Blume）Hook. f. et Thomson（1855）"。【分布】马来西亚（西部），热带非洲，亚洲东南部。【后选模式】Melodorum fruticosum Loureiro。【参考异名】Melodorum（Dunal）Hook. f. et Thomson, Nom. illegit. ；Melodorum Hook. f. et Thomson（1855）Nom. illegit. ；Rauwenhoffia Scheff.（1885）；Sphaerocoryne（Boerl.）Ridl.（1917）Nom. illegit. ；Sphaerocoryne（Boerl.）Scheff. ex Ridl.（1917）；Sphaerocoryne Scheff.（1917）Nom. illegit. ；Sphaerocoryne Scheff. ex Ridl.（1917）Nom. illegit. ●☆

32420　Melolobium Eckl. et Zeyh.（1836）【汉】警惕豆属。【隶属】豆科 Fabaceae（Leguminosae）。【包含】世界 20 种。【学名诠释与讨论】〈中〉（希）melon，苹果+lobos =拉丁文 lobulus，片，裂片，叶，荚，萌+-ius,-ia,-ium，在拉丁文和希腊文中，这些词尾表示性质或状态。指种子味甜。另说 melos，肢，树枝+lobos。【分布】非洲南部。【模式】未指定。【参考异名】Mellobium A. Juss.（1849）；Mellobium Rchb. ；Mellolobium Rchb.（1841）；Sphingium E. Mey.（1835）■☆

32421　Melomphis Raf.（1837）【汉】叠叶风信子属。【隶属】风信子科 Hyacinthaceae//百合科 Liliaceae。【包含】世界 2 种。【学名诠释与讨论】〈阴〉词源不详。此属的学名，ING、TROPICOS 和 IK 记载是"Melomphis Raf.,Fl. Tellur. 2：21. 1837〔1836 publ. Jan-Mar 1837〕"。"Caruelia Parlatore, Nuovi Gen. Sp. 21. 1854"和"Myanthe Salisb.,Gen. Pl. 〔Salisbury〕34. 1866〔Apr-May 1866〕"是其晚出的同模式异名（Homotypic synonym,Nomenclatural synonym）。亦有文献把"Melomphis Raf.（1837）"处理为"Ornithogalum L.（1753）"的异名。【分布】南美洲。【后选模式】Melomphis arabica（Linnaeus）Rafinesque〔Ornithogalum arabicum Linnaeus〕。【参考异名】Caruelia Parl.（1854）Nom. illegit.；Melenomphale Raf.；Myanthe Salisb.（1866）Nom. illegit.；Ornithogalum L.（1753）■☆

32422 Meloneura Raf.（1838）= Utricularia L.（1753）〔狸藻科 Lentibulariaceae〕■

32423 Melongena Mill.（1754）= Solanum L.（1753）〔茄科 Solanaceae〕●■

32424 Melongena Tourn. ex Mill.（1754）≡ Melongena Mill.（1754）；~ =Cucurbita L.（1753）〔茄科 Solanaceae〕●■

32425 Melopepo Mill.（1754）= Cucurbita L.（1753）〔葫芦科（瓜科，南瓜科）Cucurbitaceae〕■

32426 Melorima Raf.（1838）= Fritillaria L.（1753）〔百合科 Liliaceae//贝母科 Fritillariaceae〕■

32427 Melosmon Raf.（1837）= Teucrium L.（1753）〔唇形科 Lamiaceae（Labiatae）〕●■

32428 Melosperma Benth.（1846）【汉】苹果婆婆纳属。【隶属】玄参科 Scrophulariaceae//婆婆纳科 Veronicaceae。【包含】世界 1 种。【学名诠释与讨论】〈中〉（希）melon，苹果 + sperma，所有格 spermatos，种子，孢子。【分布】智利。【模式】Melosperma andicola Bentham。●☆

32429 Melospermum Scortech. ex King = Walsura Roxb.（1832）〔棟科 Meliaceae〕●

32430 Melothria L.（1753）【汉】白果瓜属（马㾹儿属）。【日】スズメウリ属。【俄】Мелотрия。【英】Melothria。【隶属】葫芦科（瓜科，南瓜科）Cucurbitaceae。【包含】世界 10 种，中国 5 种。【学名诠释与讨论】〈阴〉（希）melothria，古代指白葡萄，此处转用是指其果实白色。此属的学名，ING、TROPICOS、APNI、GCI 和 IK 记载是“Melothria L.，Sp. Pl. 1：35. 1753〔1 May 1753〕”。“Landersia Macfadyen, Fl. Jamaica 2：142. 1850”是“Melothria L.（1753）”的晚出的同模式异名（Homotypic synonym，Nomenclatural synonym）。亦有文献把“Melothria L.（1753）”处理为“Zehneria Endl.（1833）”的异名。【分布】巴基斯坦，巴拉圭，巴拿马，玻利维亚，厄瓜多尔，哥伦比亚，哥斯达黎加，马达加斯加，美国，尼泊尔，中国，中美洲。【模式】Melothria pendula Linnaeus。【参考异名】Allagosperma M. Roem.（1846）Nom. illegit.；Alternasemina Silva Manso（1836）；Diclidostigma Kunze（1844）；Landersia Macfad.（1850）Nom. illegit.；Melothrix M. A. Lawson（1875）；Urceodiscus W. J. de Wilde et Duyfjes（2006）；Zehneria Endl.（1833）。●

32431 Melothrianthus Mart. Crov.（1954）【汉】白果花属。【隶属】葫芦科（瓜科，南瓜科）Cucurbitaceae。【包含】世界 1 种。【学名诠释与讨论】〈阳〉（属）Melothria 白果瓜属 + anthos，花。【分布】巴西。【模式】Melothrianthus smilacifolius（Cogniaux）R. Martinez Crovetto〔Apodanthera smilacifolia Cogniaux〕。■☆

32432 Melothrix M. A. Lawson（1875）= Melothria L.（1753）〔葫芦科（瓜科，南瓜科）Cucurbitaceae〕■

32433 Melotria P. Browne（1756）= Melothrix M. A. Lawson（1875）〔葫芦科（瓜科，南瓜科）Cucurbitaceae〕■

32434 Meltrema Raf.（1840）= Carex L.（1753）〔莎草科 Cyperaceae〕■

32435 Meluchia Medik.（1791）= Melochia L.（1753）（保留属名）〔梧桐科 Sterculiaceae//锦葵科 Malvaceae//马松子科 Melochiaceae〕●■

32436 Melvilla A. Anderson ex Lindl.（1824）= Cuphea Adans. ex P. Browne（1756）〔千屈菜科 Lythraceae〕●■

32437 Melvilla A. Anderson ex Raf.（1838）Nom. illegit. = Cuphea Adans. ex P. Browne（1756）〔千屈菜科 Lythraceae〕●■

32438 Melvilla A. Anderson（1807）Nom. inval.，Nom nud. ≡ Melvilla A. Anderson ex Raf.（1838）Nom. illegit.；~ =Cuphea Adans. ex P. Browne（1756）〔千屈菜科 Lythraceae〕●■

32439 Memaecylum Mitch.（1748）Nom. inval. = Epigaea L.（1753）〔杜鹃花科（欧石南科）Ericaceae〕●☆

32440 Memecyclanthus Guillaum. = Memecylanthus Gilg et Schltr.（1906）〔岛海桐科 Alseuosmiaceae〕●☆

32441 Memecylaceae DC.（1827）〔亦见 Melastomataceae Juss.（保留科名）野牡丹科〕【汉】谷木科。【包含】世界 4-6 属 300-440 种，中国 1 属 12 种。【分布】热带。【科名模式】Memecylon L.（1753）●

32442 Memecylanthus Gilg et Schltr.（1906）= Periomphale Baill.（1888）；~ = Wittsteinia F. Muell.（1861）〔岛海桐科 Alseuosmiaceae//岛海桐科（假海桐科）Alseuosmiaceae〕●☆

32443 Memecylon L.（1753）【汉】谷木属（羊角扭属）。【英】Memecylon。【隶属】野牡丹科 Melastomataceae//谷木科 Memecylaceae。【包含】世界 150-300 种，中国 11-12 种。【学名诠释与讨论】〈中〉（希）memecylon，为古希腊学者 A. D. Dioscorides 所用之名，原指山矾科 Symplocaceae 浆果鹃果实，后由林奈转用为本属名。指果可食用。此属的学名，ING、TROPICOS、APNI 和 IK 记载是“Memecylon L.，Sp. Pl. 1：349. 1753〔1 May 1753〕”。“Valikaha Adanson, Fam. 2：84，617. Jul-Aug 1763”是“Memecylon L.（1753）”的晚出的同模式异名（Homotypic synonym，Nomenclatural synonym）。【分布】澳大利亚，马达加斯加，中国，太平洋地区，热带非洲，亚洲。【模式】Memecylon capitellatum Linnaeus。【参考异名】Klaineastrum Pierre ex A. Chev.（1917）；Leciscium C. F. Gaertn.（1807）；Lijndenia Zoll. et Moritzi（1846）；Lyndenia Miq.（1855）；Memycylon Griff.（1854）；Mimaecylon St. -Lag.（1880）；Myrmecylon Hook. et Arn.（1833）；Scutula Lour.（1790）；Spathandra Guill. et Perr.（1833）；Valikaha Adans.（1763）Nom. illegit.；Warneckea Gilg（1904）●

32444 Memora Miers（1863）【汉】腺萼紫葳属。【隶属】紫葳科 Bignoniaceae。【包含】世界 27-35 种。【学名诠释与讨论】〈阴〉词源不详。【分布】巴拉圭，秘鲁，比尼翁，玻利维亚，厄瓜多尔，哥伦比亚（安蒂奥基亚）。【模式】未指定。【参考异名】Leguminaria Bureau（1864）；Pharseophora Miers（1863）●☆

32445 Memoremea A. Otero, Jim. Mejías, Valcárcel et P. Vargas（2014）【汉】蝎紫草属。【隶属】紫草科 Boraginaceae。【包含】世界 1 种。【学名诠释与讨论】〈阴〉词源不详。【分布】不详。【模式】Memoremea scorpioides（Haenke）A. Otero, Jim. Mejías, Valcárcel et P. Vargas〔Cynoglossum scorpioides Haenke〕。☆

32446 Memorialis（Benn.）Buch. -Ham. ex Wedd.（1856）= Gonostegia Turcz.（1846）；~ = Hyrtanandra Miq.（1851）；~ = Pouzolzia Gaudich.（1830）〔荨麻科 Urticaceae〕●■

32447 Memorialis（Benn.）Wedd.（1856）Nom. illegit. ≡ Memorialis（Benn.）Buch. -Ham. ex Wedd.（1856-1857）；~ = Gonostegia Turcz.（1846）；~ = Hyrtanandra Miq.（1851）；~ = Pouzolzia Gaudich.（1830）〔荨麻科 Urticaceae〕●■

32448 Memorialis Buch. -Ham.（1831）Nom. inval. ≡ Memorialis Buch. -Ham. ex Wedd.（1856）；~ ≡ Memorialis（Benn.）Buch. -Ham. ex Wedd.（1856）〔荨麻科 Urticaceae〕●■

32449 Memorialis Buch. -Ham. ex Wedd.（1856）Nom. illegit. ≡ Memorialis（Benn.）Buch. -Ham. ex Wedd.（1856）；~ = Gonostegia Turcz.（1846）；~ = Hyrtanandra Miq.（1851）；~ = Pouzolzia Gaudich.（1830）〔荨麻科 Urticaceae〕●■

32450 Memycylon Griff.（1854）= Memecylon L.（1753）〔野牡丹科 Melastomataceae//谷木科 Memecylaceae〕●

32451 Menabea Baill.（1890）【汉】梅纳贝萝藦属。【隶属】萝藦科 Asclepiadaceae。【包含】世界 1 种。【学名诠释与讨论】〈阴〉（地）Menabe，梅纳贝，位于马达加斯加。此属的学名是“Menabea

Baillon, Bull. Mens. Soc. Linn. Paris 2：825. 5 Mar 1890"。亦有文献把其处理为"Pervillaea Decne.（1844）"或"Toxocarpus Wight et Arn.（1834）"的异名。【分布】马达加斯加。【模式】Menabea venenata Baillon。【参考异名】Pervillaea Decne.（1844）；Toxocarpus Wight et Arn.（1834）●☆

32452　Menadena Raf.（1837）= Maxillaria Ruiz et Pav.（1794）［兰科 Orchidaceae］■☆

32453　Menadenium Raf.（1838）Nom. inval. ≡ Menadenium Raf. ex Cogn.（1902）；~ ≡ Zygosepalum Rchb. f.（1859）［兰科 Orchidaceae］■☆

32454　Menadenium Raf. ex Cogn.（1902）Nom. illegit. ≡ Zygosepalum Rchb. f.（1859）［兰科 Orchidaceae］■☆

32455　Menais Loefl.（1758）【汉】南美五加属。【隶属】五加科 Araliaceae。【包含】世界1种。【学名诠释与讨论】〈阴〉词源不详。【分布】南美洲。【模式】Menais topiaria Loefling。●☆

32456　Menalia Noronha（1790）= Kibara Endl.（1837）［香材树科（杯轴花科，黑檫木科，芒籽科，蒙立米科，檬立米科，香材木科，香树木科）Monimiaceae］●☆

32457　Menandra Gronov. = Crocanthemum Spach（1836）［半日花科（岩蔷薇科）Cistaceae］●☆

32458　Menanthos St. –Lag.（1880）= Menyanthes L.（1753）［龙胆科 Gentianaceae//睡菜科（荇菜科）Menyanthaceae］■

32459　Menarda Comm. ex A. Juss.（1824）= Phyllanthus L.（1753）［大戟科 Euphorbiaceae//叶下珠科（叶萝藦科）Phyllanthaceae］●■

32460　Mendevilla Poit.（1845-1846）= Mandevilla Lindl.（1840）［夹竹桃科 Apocynaceae］●

32461　Mendezia DC.（1836）= Spilanthes Jacq.（1760）［菊科 Asteraceae（Compositae）］■

32462　Mendocina Walp.（1852）= Mendoncaea Post et Kuntze（1903）［对叶藤科 Mendonciaceae//爵床科 Acanthaceae］●☆

32463　Mendoncaea Post et Kuntze（1903）= Mendoncia Vell. ex Vand.（1788）［对叶藤科 Mendonciaceae//爵床科 Acanthaceae］●☆

32464　Mendoncella A. D. Hawkes（1964）Nom. illegit. , Nom. superfl. ≡ Galeottia A. Rich. et Galeotti（1845）［兰科 Orchidaceae］●☆

32465　Mendoncia Vand.（1788）Nom. illegit. ≡ Mendoncia Vell. ex Vand.（1788）［对叶藤科 Mendonciaceae//爵床科 Acanthaceae］●☆

32466　Mendoncia Vell. ex Vand.（1788）【汉】对叶藤属。【隶属】对叶藤科 Mendonciaceae//爵床科 Acanthaceae。【包含】世界60种。【学名诠释与讨论】〈阴〉（人）可能来自人名。此属的学名，ING 记载是"Mendoncia Vandelli, Fl. Lusit. Brasil. 43. 1788"。IK 则记载为"Mendoncia Vell. ex Vand. , Fl. Lusit. Brasil. Spec. 43, t. 3. f. 22. 1788"。二者引用的文献相同。【分布】巴拉圭，巴拿马，秘鲁，玻利维亚，厄瓜多尔，马达加斯加，尼加拉瓜，热带非洲，热带南美洲，中美洲。【后选模式】Mendoncia aspera Ruiz et Pavon［as 'Mendozia aspera'］。【参考异名】Afromendoncia Gilg ex Lindau（1893）；Afromendoncia Gilg（1893）Nom. illegit. ；Engelia H. Karst. ex Nees（1847）；Lirayea Pierre（1896）；Mendoncaea Post et Kuntze（1903）；Mendoncia Vand.（1788）；Mendozia Ruiz et Pav. ；Monachochlamys Baker（1883）；Senckenbergia Post et Kuntze（1903）Nom. illegit. ；Senkebergia Neck.（1790）Nom. inval. ●☆

32467　Mendonciaceae Bremek.（1954）［亦见 Acanthaceae Juss.（保留科名）爵床科］【汉】对叶藤科。【包含】世界1-2属60种。【分布】马达加斯加，中美洲和热带南美洲，热带非洲。【科名模式】Mendoncia Vell. ex Vand.●☆

32468　Mendoni Adans.（1763）Nom. illegit. ≡ Gloriosa L.（1753）［百合科 Liliaceae//秋水仙科 Colchicaceae］■

32469　Mendoravia Capuron（1968）【汉】门氏豆属（门多豆属）。【隶属】豆科 Fabaceae（Leguminosae）//云实科（苏木科）Caesalpiniaceae。【包含】世界1种。【学名诠释与讨论】〈阴〉（人）Mendorav。【分布】马达加斯加。【模式】Mendoravia dumaziana R. Capuron。●☆

32470　Mendozia Ruiz et Pav. = Mendoncia Vell. ex Vand.（1788）［对叶藤科 Mendonciaceae］●☆

32471　Meneghinia Endl.（1839）Nom. illegit. ≡ Strobila G. Don（1837）Nom. illegit. ；~ = Arnebia Forssk.（1775）［紫草科 Boraginaceae］●■

32472　Meneghinia Vis.（1847）Nom. illegit. = Niphaea Lindl.（1841）［苦苣苔科 Gesneriaceae］■☆

32473　Menendezia Britton（1925）= Tetrazygia Rich. ex DC.（1828）［野牡丹科 Melastomataceae］●☆

32474　Menepetalum Loes.（1906）【汉】月瓣卫矛属。【隶属】卫矛科 Celastraceae。【包含】世界4-6种。【学名诠释与讨论】〈中〉（希）mene = menos，所有格 menatos，月亮，弯月+希腊文 petalos，扁平的，铺开的；petalon，花瓣，叶，花叶，金属叶子；拉丁文的花瓣为 petalum。【分布】法属新喀里多尼亚。【后选模式】Menepetalum cassinoides Loesener。●☆

32475　Menephora Raf.（1838）= Paphiopedilum Pfitzer（1886）（保留属名）［兰科 Orchidaceae］■

32476　Menestoria DC.（1830）【汉】月茜属。【隶属】茜草科 Rubiaceae//山黄皮科 Randiaceae。【包含】世界4种。【学名诠释与讨论】〈阴〉（希）mene = menos，所有格 menatos，月亮，弯月+ tortus，扭曲。此属的学名是"Menestoria A. P. de Candolle, Prodr. 4：390. Sep（sero）1830"。亦有文献把其处理为"Mussaenda L.（1753）"或"Mycetia Reinw.（1825）"或"Randia L.（1753）"的异名。【分布】马达加斯加，喜马拉雅山。【模式】未指定。【参考异名】Mussaenda L.（1753）；Mycetia Reinw.（1825）；Randia L.（1753）●☆

32477　Menestrata Vell.（1829）= Persea Mill.（1754）（保留属名）［樟科 Lauraceae］●

32478　Menetho Raf.（1837）= Frankenia L.（1753）［瓣鳞花科 Frankeniaceae］●■

32479　Menezesiella Chiron et V. P. Castro（2006）【汉】巴西金蝶兰属。【隶属】兰科 Orchidaceae。【包含】世界7种。【学名诠释与讨论】〈阴〉（人）Menezes。此属的学名是"Menezesiella Chiron et V. P. Castro, Richardiana 6（2）：103-106, f. 1. 2006"。亦有文献把其处理为"Oncidium Sw.（1800）（保留属名）"的异名。【分布】参见 Oncidium Sw.。【模式】Menezesiella ranifera（Lindl.）Chiron et V. P. Castro［Oncidium raniferum Lindl.］。【参考异名】Oncidium Sw.（1800）（保留属名）●☆

32480　Mengea Schauer（1843）= Amaranthus L.（1753）［苋科 Amaranthaceae］■

32481　Menianthes Neck.（1768）= Menyanthes L.（1753）［龙胆科 Gentianaceae//睡菜科（荇菜科）Menyanthaceae］■

32482　Menianthus Gouan（1762）= Menianthes Neck.（1768）［龙胆科 Gentianaceae//睡菜科（荇菜科）Menyanthaceae］■

32483　Menichea Sonn.（1776）Nom. inval. ≡ Menichea Sonn. ex J. F. Gmelin（1791）；~ = Barringtonia J. R. Forst. et G. Forst.（1775）（保留属名）［玉蕊科（巴西果科）Lecythidaceae//翅玉蕊科（金刀木科）Barringtoniaceae//桃金娘科 Myrtaceae］●

32484　Menichea Sonn. ex J. F. Gmelin（1791）= Barringtonia J. R. Forst. et G. Forst.（1775）（保留属名）［玉蕊科（巴西果科）Lecythidaceae//翅玉蕊科（金刀木科）Barringtoniaceae］●

32485　Menicosta Blume, Nom. illegit. = Meniscosta Blume（1825）；~ = Sabia Colebr.（1819）［清风藤科 Sabiaceae］●

32486　Menicosta D. Dietr.（1839）= Meniscosta Blume（1825）；~ =

Sabia Colebr. (1819) [清风藤科 Sabiaceae] ●

32487　Meninia Fua ex Hook. f. (1873) = Phlogacanthus Nees (1832) [爵床科 Acanthaceae] ●■

32488　Meniocus Desv. (1815)【汉】月眼芥属(异庭芥属)。【隶属】十字花科 Brassicaceae(Cruciferae)。【包含】世界 9 种。【学名诠释与讨论】〈阳〉(希)mene = menos, 所有格 menatos, 月亮, 弯月 + okkos, 眼。此属的学名是"Meniocus Desvaux, J. Bot. Agric. 3: 173. 1815 (prim.) ('1814')"。亦有文献把其处理为"Alyssum L. (1753)"的异名。【分布】巴基斯坦, 中国。【模式】Meniocus serpillifolius (Desfontaines) Desvaux [Alyssum serpillifolium Desfontaines]。【参考异名】Alyssum L. (1753) ■

32489　Meniscogyne Gagnep. (1928)【汉】月果麻属(假楼梯草属)。【隶属】荨麻科 Urticaceae。【包含】世界 2 种。【学名诠释与讨论】〈阴〉(希)mene = menos, 所有格 menatos, 月亮, 弯月; meniskos, 新月 + gyne, 所有格 gynaikos, 雌性, 雌蕊。此属的学名是"Meniscogyne Gagnepain, Bull. Soc. Bot. France 75: 101. 1928"。亦有文献把其处理为"Lecanthus Wedd. (1854)"的异名。【分布】中南半岛。【后选模式】Meniscogyne thorelii Gagnepain。【参考异名】Lecanthus Wedd. (1854) ■☆

32490　Meniscosta Blume(1825) = Sabia Colebr.(1819) [清风藤科 Sabiaceae] ●

32491　Menispermaceae Juss. (1789)(保留科名)【汉】防己科。【日】ツヅラフジ科, ツヅラフチ科。【俄】Кукольвановые, Луносемянниковые, Мениспермовые。【英】Moonseed Family。【包含】世界 65-79 属 350-540 种, 中国 19-20 属 77-94 种。【分布】温带。【科名模式】Menispermum L. ●■

32492　Menispermum L. (1753)【汉】蝙蝠葛属。【日】カウモリカヅラ属, コウモリカズラ属。【俄】Луносемянник, Менисперму м, Плюш дауский。【英】Batkudze, Moonseed, Moonseed Vine。【隶属】防己科 Menispermaceae。【包含】世界 2-4 种, 中国 2 种。【学名诠释与讨论】〈中〉(希)mene = menos, 所有格 menatos, 月亮, 弯月 + sperma, 所有格 spermatos, 种子, 孢子。指种子肾形或半月形。此属的学名是"Menispermum Linnaeus, Sp. Pl. 340. 1 Mai 1753"。亦有文献把其处理为"Cocculus DC. (1817)(保留属名)"的异名。【分布】巴基斯坦, 玻利维亚, 美国(密苏里), 墨西哥, 中国, 温带东亚, 北美洲。【后选模式】Menispermum canadense Linnaeus。【参考异名】Cocculus DC. (1817)(保留属名); Menospermum Post et Kuntze (1903); Rittenasia Raf.; Trilophus Fisch. (1812) ●■

32493　Menitskia (Krestovsk.) Krestovsk. (2006)【汉】西藏水苏属。【隶属】唇形科 Lamiaceae(Labiatae)。【包含】世界 1 种, 中国 1 种。【学名诠释与讨论】〈阴〉(人)Ju. L. (G.) Menitsky, 1937-, 植物学家。另说纪念德国植物学家 Karl Theodor Menke, 1791-1861。此属的学名是"Menitskia (Krestovsk.) Krestovsk., Bot. Zhurn. (Moscow et Leningrad) 91(12): 1893. 2006 [Dec 2006]", 由"Stachys subgen. Menitskia Krestovsk. Bot. Zhurn. (Moscow et Leningrad) 88(2): 95(94-97) (13 Feb. 2003)"改级而来。亦有文献把"Menitskia (Krestovsk.) Krestovsk. (2006)"处理为"Stachys L. (1753)"的异名。【分布】中国, 喜马拉雅山。【模式】Menitskia tibetica (Vatke) Krestovsk.。【参考异名】Stachys L. (1753); Stachys subgen. Menitskia Krestovsk. (2003) ■

32494　Menkea Lehm. (1843)【汉】门克芥属。【隶属】十字花科 Brassicaceae(Cruciferae)。【包含】世界 6 种。【学名诠释与讨论】〈阴〉(人)Menke。【分布】澳大利亚。【模式】Menkea australis J. G. C. Lehmann。■☆

32495　Menkenia Bubani(1899) Nom. illegit. ≡ Orobus L. (1753); ~ = Lathyrus L. (1753) [豆科 Fabaceae (Leguminosae)//蝶形花科 Papilionaceae] ■

32496　Mennichea Steud. (1841) = Barringtonia J. R. Forst. et G. Forst. (1775)(保留属名); ~ = Menichea Sonn. ex J. F. Gmelin (1791) [玉蕊科(巴西果科) Lecythidaceae//翅玉蕊科(金刀木科) Barringtoniaceae//桃金娘科 Myrtaceae] ●

32497　Menoceras(R. Br.)Lindl. (1846) [草海桐科 Goodeniaceae] ■☆

32498　Menoceras Lindl. (1846) Nom. illegit. ≡ Menoceras (R. Br.) Lindl. (1846); ~ = Velleia Sm. (1798) [草海桐科 Goodeniaceae] ■☆

32499　Menodora Bonpl. (1812)【汉】月囊木犀属。【隶属】木犀榄科(木犀科) Oleaceae。【包含】世界 23-25 种。【学名诠释与讨论】〈阴〉(希)mene = menos, 所有格 menatos, 月亮, 弯月 + doros, 革制的袋、囊。此属的学名, ING、GCI 和 IK 记载是"Menodora Bonpland in Humboldt et Bonpland, Pl. Aequin. 2: 98. Apr 1812 ('1809')"。"Menodora Humb. et Bonpl. (1812) ≡ Menodora Bonpl. (1812)"的命名人引证有误。【分布】玻利维亚至智利和阿根廷, 美国(西南部), 墨西哥, 非洲南部。【模式】Menodora helianthemoides Bonpland。【参考异名】Bolivaria Cham. et Schltdl. (1826); Calyptrospermum A. Dietr. (1831) Nom. illegit.; Menodora Humb. et Bonpl. (1812) Nom. illegit.; Menodoropsis (A. Gray) Small (1903) Nom. illegit.; Menodoropsis Small(1903) Nom. illegit. ●☆

32500　Menodora Humb. et Bonpl. (1812) Nom. illegit. ≡ Menodora Bonpl. (1812) [木犀榄科(木犀科) Oleaceae] ●☆

32501　Menodoropsis (A. Gray) Small (1903) = Menodora Humb. et Bonpl. (1812) Nom. illegit.; ~ ≡ Menodora Bonpl. (1812) [木犀榄科(木犀科) Oleaceae] ●☆

32502　Menodoropsis Small (1903) Nom. illegit. ≡ Menodoropsis (A. Gray) Small(1903); ~ = Menodora Humb. et Bonpl. (1812) Nom. illegit.; ~ = Menodora Bonpl. (1812) [木犀榄科(木犀科) Oleaceae] ●☆

32503　Menomphalus Pomel(1874) = Centaurea L. (1753)(保留属名) [菊科 Asteraceae(Compositae)//矢车菊科 Centaureaceae] ●■

32504　Menonvillea DC. (1821) Nom. illegit. ≡ Menonvillea R. Br. ex DC. (1821) [十字花科 Brassicaceae(Cruciferae)] ■●☆

32505　Menonvillea R. Br. ex DC. (1821)【汉】梅农芥属。【隶属】十字花科 Brassicaceae(Cruciferae)。【包含】世界 26-30 种。【学名诠释与讨论】〈阴〉(人)Nicolas (Nicholas) Joseph Thiery de Menonville, 1739-1780, 法国植物学者, 律师。此属的学名, ING、TROPICOS 和 GCI 记载是"Menonvillea A. P. de Candolle, Mém. Mus. Hist. Nat. 7: 236. 20 Apr 1821"。IK 则记载为"Menonvillea R. Br. ex DC., Syst. Nat. [Candolle] 2: 419. 1821 [late May 1821]"。【分布】阿根廷, 秘鲁, 智利。【模式】Menonvillea linearis A. P. de Candolle。【参考异名】Cymatoptera Turcz. (1854); Decaptera Turcz. (1846); Dispeltophorus Lehm. (1836); Hexaptera Hook. (1830); Menonvillea DC. (1821) Nom. illegit. ■●☆

32506　Menophora Post et Kuntze(1903) = Menephora Raf. (1838); ~ = Paphiopedilum Pfitzer(1886)(保留属名) [兰科 Orchidaceae] ■

32507　Menophyla Raf. (1837) = Rumex L. (1753) [蓼科 Polygonaceae] ■●

32508　Menospermum Post et Kuntze(1903) = Menispermum L. (1753) [防己科 Menispermaceae] ●■

32509　Menotriche Steetz(1864) = Wedelia Jacq. (1760)(保留属名) [菊科 Asteraceae(Compositae)] ●

32510　Menstruocalamus T. P. Yi (1992) = Chimonobambusa Makino (1914) [禾本科 Poaceae(Gramineae)] ●

32511　Mentha L. (1753)【汉】薄荷属。【日】ハクカ属, ハッカ属, メンタ属。【俄】Мента, Мята。【英】Garden Mint, Mint, Spearmint。【隶属】唇形科 Lamiaceae(Labiatae)//薄荷科 Menthaceae。【包

含】世界 20-30 种,中国 6-15 种。【学名诠释与讨论】〈阴〉(希) Menthe,希腊神话中的妖精。拉丁文中 mint,menta,mentha,希腊文中 mintha,minthe,minthes 均为薄荷的名称。"Mentha Tour."是命名起点著作之前的名称,故"Mentha L. (1753)"和"Mentha Tour. ex L. (1753)"都是合法名称,可以通用。【分布】澳大利亚,巴基斯坦,巴拉圭,秘鲁,玻利维亚,厄瓜多尔,哥伦比亚(安蒂奥基亚),哥斯达黎加,美国(密苏里),中国,北温带,非洲南部,中美洲。【后选模式】Mentha spicata Linnaeus。【参考异名】Audibertia Benth. (1829) Nom. illegit.;Mentha Tour. ex L. (1753); Menthella Pérard(1871) Nom. illegit.; Minthe St. -Lag. (1880); Preslia Opiz(1824);Pulegium Mill. (1754);Pulegium Ray ex Mill. (1754)●●

32512　Mentha Tour. ex L. (1753) ≡ Mentha L. (1753) [唇形科 Lamiaceae(Labiatae)//薄荷科 Menthaceae]●●

32513　Menthaceae Burnett(1835) [亦见 Labiatae Juss. (保留科名)//Lamiaceae Martinov(保留科名)唇形科]【汉】薄荷科。【包含】世界 2 属 36-46 种,中国 2 属 19-28 种。【分布】澳大利亚,北温带,非洲南部。【科名模式】Mentha L. ●■

32514　Menthella Pérard (1871) Nom. illegit. ≡ Audibertia Benth. (1829) Nom. illegit.; ~ = Mentha L. (1753) [唇形科 Lamiaceae (Labiatae)//薄荷科 Menthaceae]●●

32515　Mentocalyx N. E. Br. (1927) = Gibbaeum Haw. ex N. E. Br. (1922) [番杏科 Aizoaceae]●☆

32516　Mentodendron Lundell(1971) = Pimenta Lindl. (1821) [桃金娘科 Myrtaceae]●☆

32517　Mentzelia L. (1753)【汉】门泽草属(耀星花属)。【日】メンツェーリア属。【俄】Менцелия。【英】Blazing Star, Blazing-star, Mentzelia。【隶属】刺莲花科(硬毛草科)Loasaceae。【包含】世界 60 种。【学名诠释与讨论】〈阴〉(人) Christian Mentzel, 1622-1701,德国植物学者,医生,他的拉丁名是 Christianus Mentzelius。此属的学名,ING 和 GCI 记载是"Mentzelia L. , Sp. Pl. 1:516. 1753 [1 May 1753]"。IK 则记载为"Mentzelia Plum. ex L. , Sp. Pl. 1:516. 1753 [1 May 1753]"。"Mentzelia Plum."是命名起点著作之前的名称,故"Mentzelia L. (1753)"和"Mentzelia Plum. ex L. (1753)"都是合法名称,可以通用。【分布】巴拿马,秘鲁,玻利维亚,厄瓜多尔,哥伦比亚(安蒂奥基亚),哥斯达黎加,美国(密苏里),尼加拉瓜,西印度群岛,中美洲。【模式】Mentzelia aspera Linnaeus。【参考异名】Acrolasia C. Presl(1831); Bartonia Pursh ex Sims(1812) Nom. illegit. (废弃属名); Bartonia Pursh (1812) Nom. illegit. (废弃属名); Bartonia Sims(1812) Nom. illegit. (废弃属名); Bicuspidaria (S. Watson) Rydb. (1903); Bicuspidaria Rydb. (1903) Nom. illegit.; Chryostoma Lilja(1840) Nom. illegit.; Chrysostoma Lilja(1840) Nom. illegit.; Creolobus Lilja(1839);Creslobus Lilja;Hesperaster Cockerell(1901) Nom. illegit.; Mentzelia Plum. ex L. (1753); Menzelia Schreb.; Microsperma Hook. (1839); Nuttalla Raf. (1818) Nom. illegit.; Nuttallae Raf. (1818) Nom. illegit.; Nuttallia Raf. (1818); Rhoanthus Raf.; Torreya Eaton(1829) Nom. illegit. (废弃属名); Touterea Eaton et Wright (1840); Trachyphytum Nutt. (1840) Nom. illegit.; Trachyphytum Nutt. ex Torr. et A. Gray(1840)●■☆

32518　Mentzelia Plum. ex L. (1753) ≡ Mentzelia L. (1753) [刺莲花科(硬毛草科)Loasaceae]●■☆

32519　Menyantes Zumagl. (1849) Nom. illegit. = ? Menyanthes L. (1753) [龙胆科 Gentianaceae]■☆

32520　Menyanthaceae Bercht. et Presl = Menyanthaceae Dumort. (保留科名)■

32521　Menyanthaceae Dumort. (1829)(保留科名)【汉】睡菜科(荇菜

科)。【日】ミツガシワ科。【俄】Вахтовые。【英】Bogbean Family, Buckbean Family。【包含】世界 5-6 属 40-60 种,中国 2 属 7 种。【分布】温带,热带东南亚。【科名模式】Menyanthes L. (1753)■

32522　Menyanthes(Tourn.) L. (1753) Nom. illegit. ≡ Menyanthes L. (1753) [龙胆科 Gentianaceae//睡菜科(荇菜科)Menyanthaceae]■

32523　Menyanthes L. (1753)【汉】睡菜属。【日】ミツガシハ属,ミツガシワ属。【俄】Вахта, павун。【英】Bog Bean, Bogbean, Buck Bean, Buckbean, Buck - bean, Marsh Trefoil。【隶属】龙胆科 Gentianaceae//睡菜科(荇菜科)Menyanthaceae。【包含】世界 1 种,中国 1 种。【学名诠释与讨论】〈阴〉(希) menyo, 揭露 + anthos,花。可能指总状花序徐徐展开,经月开放。Menyanthos, 希腊古名。或来自 mene = menos, 所有格 menatos, 月亮, 弯月 + anthos,花。或来自 minyos, 小的, 细的 + anthos, 花。此属的学名, ING、APNI、IK 和 GCI 记载是"Menyanthes L. , Sp. Pl. 1:145. 1753 [1 May 1753]"。也有文献用为"Menyanthes Tourn. ex L. (1753)"。"Menyanthes Tourn."是命名起点著作之前的名称, 故"Menyanthes L. (1753)"和"Menyanthes Tourn. ex L. (1753)"都是合法名称,可以通用。"Menyanthes (Tourn.) L. (1753)"是旧法规规定的表述方式,不能再用。"Menyantes Zumagl. , Fl. Pedem. i. 275(1849)"似为"Menyanthes L. (1753)"的拼写变体。【分布】巴基斯坦, 马达加斯加, 美国(密苏里), 中国, 北温带, 中美洲。【后选模式】Menyanthes trifoliata Linnaeus。【参考异名】Menanthos St. - Lag. (1880); Menianthes Neck. (1768); Menyanthes (Tourn.) L. (1753)■●

32524　Menyanthes Tourn. ex L. (1753) ≡ Menyanthes L. (1753) [龙胆科 Gentianaceae//睡菜科(荇菜科)Menyanthaceae]■

32525　Menzelia Gled. (1764) = ? Mentzelia L. (1753) [刺莲花科(硬毛草科)Loasaceae]●■☆

32526　Menzelia Schreb. = Mentzelia L. (1753) [刺莲花科(硬毛草科)Loasaceae]●■☆

32527　Menziesia Sm. (1791)【汉】仿杜鹃属(璎珞杜鹃属)。【日】ヨウラクツツジ属。【俄】Менцизия。【英】Menziesia, Mock Azalea, Skunkbush。【隶属】杜鹃花科(欧石南科)Ericaceae//仿杜鹃科 Menziesiaceae。【包含】世界 7-10 种。【学名诠释与讨论】〈阴〉(人)Archibald Menzies, 1754-1842, 英国外科医生、植物学者, 动物学者, 园艺学者。【分布】北温带亚洲, 美洲。【模式】Menziesia ferruginea J. E. Smith。【参考异名】Candollea Baumg. (1810) Nom. illegit. ●☆

32528　Menziesiaceae Klotzsch(1851) [亦见 Ericaceae Juss. (保留科名)杜鹃花科(欧石南科)]【汉】仿杜鹃科。【包含】世界 1 属 7-10 种。【分布】北温带亚洲, 美洲。【科名模式】Menziesia Sm. ●☆

32529　Meon Raf. (1880) Nom. illegit. ≡ Meum Mill. (1754) [伞形花科(伞形科)Apiaceae(Umbelliferae)]■☆

32530　Meonitis Raf. (1840) Nom. illegit. ≡ Meum Mill. (1754); ~ = Meon Raf. (1880) Nom. illegit. [伞形花科(伞形科)Apiaceae(Umbelliferae)]■☆

32531　Meopsis(Calest.)Koso-Pol. (1914) = Daucus L. (1753) [伞形花科(伞形科)Apiaceae(Umbelliferae)]■

32532　Meopsis Koso-Pol. (1914) Nom. illegit. ≡ Meopsis (Calest.) Koso-Pol. (1914); ~ = Daucus L. (1753) [伞形花科(伞形科)Apiaceae(Umbelliferae)]■

32533　Meoschium P. Beauv. (1812) = Ischaemum L. (1753) [禾本科 Poaceae(Gramineae)]■

32534　Mephitidia Reinw. (1825) Nom. illegit. = Lasianthus Jack(1823) (保留属名) [茜草科 Rubiaceae]●

32535　Mephitidia Reinw. ex Blume(1823) = Lasianthus Jack(1823)(保

留属名）［茜草科 Rubiaceae］●

32536　Meranthera Tiegh.（1895）= Loranthus Jacq.（1762）（保留属名）；~ =Psittacanthus Mart.（1830）［桑寄生科 Loranthaceae］●

32537　Merathrepta Raf.（1830）Nom. illegit. ≡ Danthonia DC.（1805）（保留属名）［禾本科 Poaceae（Gramineae）］■

32538　Meratia A. DC.（1846）Nom. illegit.（废弃属名）= Moritzia DC. ex Meisn.（1840）［紫草科 Boraginaceae］■☆

32539　Meratia Cass.（1824）Nom. illegit.（废弃属名）≡ Delilia Spreng.（1823）；~ =Elvira Cass.（1824）［菊科 Asteraceae（Compositae）］■☆

32540　Meratia Loisel.（1819）（废弃属名）≡ Chimonanthus Lindl.（1819）（保留属名）［蜡梅科 Calycanthaceae］●★

32541　Mercadoa Naves（1880）= Doryxylon Zoll.（1857）［大戟科 Euphorbiaceae］●☆

32542　Merciera A. DC.（1830）【汉】梅西尔桔梗属。【隶属】桔梗科 Campanulaceae。【包含】世界 4 种。【学名诠释与讨论】〈阴〉（人）Mercier，Marie Philippe Mercier，1781-1831，法国植物学者，植物采集家。【分布】非洲南部。【后选模式】Merciera tenuifolia（Linnaeus f.）Alph. de Candolle［Trachelium tenuifolium Linnaeus f.］。●☆

32543　Merckia Fisch. ex Cham. et Schltdl.（1826）Nom. illegit. ≡ Wilhelmsia Rchb.（1829）［石竹科 Caryophyllaceae］■☆

32544　Mercklinia Regel（1856）= Hakea Schrad.（1798）［山龙眼科 Proteaceae］●☆

32545　Mercurialaceae Bercht. et J. Presl =Mercurialaceae Martinov ■

32546　Mercurialaceae Martinov（1820）［亦见 Euphorbiaceae Juss.（保留科名）大戟科］【汉】山靛科。【包含】世界 1 属 8 种，中国 1 属 1 种。【分布】地中海，温带欧亚大陆至泰国。【科名模式】Mercurialis L.（1753）■

32547　Mercurialis L.（1753）【汉】山靛属。【日】ヤマアイ属，ヤマアヰ属。【俄】Пролеска，Пролесник。【英】Mercury。【隶属】大戟科 Euphorbiaceae//山靛科 Mercurialaceae。【包含】世界 8 种，中国 1 种。【学名诠释与讨论】〈阴〉（拉）Mercurius，罗马神话中的商业之神，也是众神的信差。此属的学名，ING、TROPICOS 和 IK 记载是 “Mercurialis L. , Sp. Pl. 2：1035. 1753 [1 May 1753]”。“Cynocrambe J. Hill, Brit. Herb. 483. 20 Dec 1756（non Gagnebin 1755）” 和 “Synema Dulac, Fl. Hautes - Pyrénées 154. 1867” 是 “Mercurialis L.（1753）” 的晚出的同模式异名（Homotypic synonym, Nomenclatural synonym）。【分布】中国，温带欧亚大陆至泰国，地中海地区，。【后选模式】Mercurialis perennis Linnaeus。【参考异名】Cynocrambe Hill（1756）Nom. illegit.；Discoplis Raf.（1836）；Synema Dulac（1867）Nom. illegit. ■

32548　Mercuriastrum Fabr.（1759）Nom. illegit. ≡ Mercuriastrum Heist. ex Fabr.（1759）Nom. illegit.；~ ≡ Acalypha L.（1753）［大戟科 Euphorbiaceae//铁苋菜科 Acalyphaceae］●■

32549　Mercuriastrum Heist. ex Fabr.（1759）Nom. illegit. ≡ Acalypha L.（1753）［大戟科 Euphorbiaceae//铁苋菜科 Acalyphaceae］●■

32550　Merendera Ramond（1801）【汉】长瓣秋水仙属（买润得拉花属）。【日】メレンデラ属。【俄】Мерендера。【隶属】百合科 Liliaceae//秋水仙科 Colchicaceae。【包含】世界 10-15 种。【学名诠释与讨论】〈阴〉（西班牙）西班牙把秋水仙 Colchicum autumnale L. 称为 quita meriendas。可能由于本属中的一些种曾属于 Colchicum 秋水仙属的缘故。另说来自拉丁文 merenda，午餐。此属的学名是 “Merendera Ramond, Bull. Sci. Soc. Philom. Paris 2：178. 21 Jan - 19 Feb 1801”。亦有文献把其处理为 “Colchicum L.（1753）” 的异名。【分布】埃塞俄比亚，巴基斯坦，地中海至阿富汗。【模式】Merendera bulbocodium Ramond，Nom. illegit.［Colchicum montanum Linnaeus；Merendera montana

（Linnaeus）J. M. C. Lange］。【参考异名】Colchicum L.（1753）；Geophila Bergeret（1803）（废弃属名）■☆

32551　Merenderaceae Mirb.（1804）= Colchicaceae DC.（保留科名）■

32552　Meresaldia Bullock（1965）【汉】米尔萝藦属。【隶属】萝藦科 Asclepiadaceae。【包含】世界 1 种。【学名诠释与讨论】〈阴〉词源不详。此属的学名 “Meresaldia Bullock, Kew Bull. 19：203. 25 Feb 1965” 是一个替代名称。它替代的是 “Esmeraldia Fournier, Ann. Sci. Nat. Bot. ser. 6. 14：367. 1882”，而非 “Esmeralda Rchb. f. , Xenia Orchid. 2：38. 25 Jul 1862 ［ 兰科 Orchidaceae ］”。【分布】委内瑞拉。【模式】Meresaldia stricta（Fournier）Bullock［Esmeraldia stricta Fournier］。【参考异名】Esmeraldia E. Fourn.（1882）Nom. illegit. ■☆

32553　Meretricia Néraud（1826）Nom. illegit.［茜草科 Rubiaceae］☆

32554　Meriana Trew（1754）（废弃属名）≡ Watsonia Mill.（1758）（保留属名）［鸢尾科 Iridaceae］■☆

32555　Meriana Vell.（1829）Nom. illegit.（废弃属名）= Evolvulus L.（1762）［旋花科 Convolvulaceae］●■

32556　Meriana Vent.（1807）Nom. illegit.（废弃属名）= Meriania Sw.（1797）（保留属名）［野牡丹科 Melastomataceae］●☆

32557　Meriandra Benth.（1829）【汉】中雄草属。【英】Meriandra。【隶属】唇形科 Lamiaceae（Labiatae）。【包含】世界 2 种。【学名诠释与讨论】〈阴〉（拉）merus，真正的，纯洁的+aner，所有格 andros，雄性，雄蕊。或希腊文 meris，meros，一部分+aner，所有格 andros，雄性，雄蕊。此属的学名，ING、TROPICOS 和 IK 记载是 “Meriandra Bentham, Edwards's Bot. Reg. 15：t. 1282. 1 Nov 1829”。它曾被处理为 “Salvia subgen. Meriandra（Benth.）J. B. Walker, B. T. Drew & J. G. González, Taxon 66（1）：140. 2017.（23 Feb 2017）”。亦有文献把 “Meriandra Benth.（1829）” 处理为 “Salvia L.（1753）” 的异名。【分布】埃塞俄比亚，巴基斯坦，喜马拉雅山。【模式】未指定。【参考异名】Salvia L.（1753）；Salvia subgen. Meriandra（Benth.）J. B. Walker, B. T. Drew & J. G. González（2017）●☆

32558　Meriania Sw.（1797）（保留属名）【汉】梅里野牡丹属。【隶属】野牡丹科 Melastomataceae。【包含】世界 74 种。【学名诠释与讨论】〈阴〉（人）Maria Sybilla Merian afterwards Graff, 1647-1717，植物画家+-anus，-ana，-anum，加在名词词干后面使形成形容词的词尾，含义为 “属于”。此属的学名 “Meriania Sw. , Fl. Ind. Occid. :823. Jan-Jun 1798” 是保留属名。相应的废弃属名是鸢尾科 Iridaceae 的 “Meriana Trew, Pl. Select. : 11. 1754 ≡ Watsonia Mill.（1758）（保留属名）”。旋花科 Convolvulaceae 的 “Meriana Vell. , Fl. Flumin. 128. 1829 [1825 publ. 7 Sep-28 Nov 1829] = Evolvulus L.（1762）”，野牡丹科 Melastomataceae 的 “Meriana Vent. , Mem. Inst. Par.（1807）11 =Meriania Sw.（1797）（保留属名）” 亦应废弃。【分布】巴拿马，秘鲁，玻利维亚，厄瓜多尔，哥伦比亚（安蒂奥基亚），哥斯达黎加，西印度群岛，中美洲。【模式】Meriania leucantha（O. Swartz）O. Swartz［Rhexia leucantha O. Swartz］。【参考异名】Adelbertia Meisn.（1838）；Davya DC.（1828）；Meriana Vent.（1807）Nom. illegit.（废弃属名）；Notocentrum Naudin（1852）；Pachymeria Benth.（1844）；Schwerinia H. Karst.（1848）；Wrightea Tussac（1808）；Wrightia Sol. ex Naudin（1852）●☆

32559　Merianthera Kuhlm.（1935）【汉】梅药野牡丹属。【隶属】野牡丹科 Melastomataceae。【包含】世界 3 种。【学名诠释与讨论】〈阴〉（人）Meri+anthera，花药。或希腊文 meris，meros，一部分+anthera，花药。【分布】巴西。【模式】Merianthera pulchra Kuhlmann。●☆

32560　Mericarpaea Boiss.（1843）【汉】双果茜属。【隶属】茜草科

Rubiaceae。【包含】世界1种。【学名诠释与讨论】〈阴〉（拉）mericarpium，分果片，双悬果片。或希腊文 meris，meros，一部分+karpos，果实。【分布】亚洲西部。【模式】Mericarpaea vaillantioides Boissier。■☆

32561　Mericocalyx Bamps（1959）= Otiophora Zucc.（1832）［茜草科 Rubiaceae］■☆

32562　Merida Neck.（1790）Nom. inval. = Meridiana L. f.（1782）Nom. illegit.（废弃属名）；~ = Portulaca L.（1753）［马齿苋科 Portulacaceae］■

32563　Meridiana Hill（1761）（废弃属名）= Gazania Gaertn.（1791）（保留属名）［菊科 Asteraceae（Compositae）］●■☆

32564　Meridiana L. f.（1782）Nom. illegit.（废弃属名）= Portulaca L.（1753）［马齿苋科 Portulacaceae］■

32565　Merimea Cambess.（1829）= Bergia L.（1771）［沟繁缕科 Elatinaceae］●■

32566　Meringogyne H. Wolff（1927）= Angoseseli Chiov.（1924）［伞形花科（伞形科）Apiaceae（Umbelliferae）］■☆

32567　Meringurus Murb.（1900）= Gaudinia P. Beauv.（1812）［禾本科 Poaceae（Gramineae）］■☆

32568　Merinthe Salisb.（1814）Nom. illegit.［茄科 Solanaceae］☆

32569　Merinthopodium Donn. Sm.（1897）= Markea Rich.（1792）［茄科 Solanaceae］●☆

32570　Meriolix Raf.（1819）Nom. inval. = Meriolix Raf. ex Endl.（1840）；~ ≡ Calyflophus Spach（1835）［柳叶菜科 Onagraceae］●■

32571　Meriolix Raf. ex Endl.（1840）Nom. illegit. ≡ Calylophus Spach（1835）［柳叶菜科 Onagraceae］■☆

32572　Merione Sahsb.（1866）= Dioscorea L.（1753）（保留属名）［薯蓣科 Dioscoreaceae］■

32573　Merisachne Steud.（1850）= Triplasis P. Beauv.（1812）［禾本科 Poaceae（Gramineae）］■☆

32574　Merisma Tiegh.（1895）Nom. illegit. ≡ Merismia Tiegh.（1895）Nom. illegit. ；~ = Loranthus Jacq.（1762）（保留属名）；~ = Psittacanthus Mart.（1830）［桑寄生科 Loranthaceae］●☆

32575　Merismia Tiegh.（1895）Nom. illegit. = Loranthus Jacq.（1762）（保留属名）；~ = Psittacanthus Mart.（1830）［桑寄生科 Loranthaceae］●

32576　Merismostigma S. Moore（1921）= Coelospermum Blume（1827）［茜草科 Rubiaceae］■

32577　Merista Banks et Sol. ex A. Cunn.（1838）= Myrsine L.（1753）［紫金牛科 Myrsinaceae］●

32578　Meristostigma A. Dietr.（1833）Nom. illegit. ≡ Lapeyrousia Pourr.（1818）Nom. illegit. ；~ = Lapeirousia Pourr.（1788）［鸢尾科 Iridaceae］■☆

32579　Meristostylis Klotzsch（1861）= Kalanchoe Adans.（1763）［景天科 Crassulaceae］●■

32580　Meristotropis Fisch. et C. A. Mey.（1843）【汉】异甘草属。【隶属】豆科 Fabaceae（Leguminosae）//蝶形花科 Papilionaceae。【包含】世界5种。【学名诠释与讨论】〈阴〉（希）meristos，可分的，分开的+tropos，转弯，方式上的改变。trope，转弯的行为。tropo，转。tropis，所有格 tropeos，后来的。tropis，所有格 tropidos，龙骨。指花。此属的学名是"Meristotropis F. E. L. Fischer et C. A. Meyer，Index Sem. Hortus Bot. Petrop. 9：95. 1843（post 22 Feb）"。亦有文献把其处理为"Glycyrrhiza L.（1753）"的异名。【分布】巴基斯坦，亚洲中部和西南部。【模式】Meristotropis triphylla Fischer et Meyer。【参考异名】Glycyrrhiza L.（1753）■☆

32581　Merizadenia Miers（1878）= Tabernaemontana L.（1753）［夹竹桃科 Apocynaceae//红月桂科 Tabernaemontanaceae］●

32582　Merkia Rchb.（1837）= Merckia Fisch. ex Cham. et Schltdl.（1826）Nom. illegit. ；~ = Wilhelmsia Rchb.（1829）［石竹科 Caryophyllaceae］■☆

32583　Merkusia de Vriese（1851）= Scaevola L.（1771）（保留属名）［草海桐科 Goodeniaceae］●■

32584　Merleta Raf.（1840）= Croton L.（1753）［大戟科 Euphorbiaceae//巴豆科 Crotonaceae］●

32585　Merope M. Roem.（1846）【汉】三角橘属。【隶属】芸香科 Rutaceae。【包含】世界1种。【学名诠释与讨论】〈阴〉（希）Merope，是神话中 Atlas 与仙女 Pleioned 的七个女儿之一。此属的学名，ING、TROPICOS 和 IK 记载是"Merope M. J. Roemer，Fam. Nat. Syn. Monogr. 1：32，44. 14 Sep-15 Oct 1846"。"Merope Wedd. ，Chlor. Andina 1：160，t. 24. 1856［1855 publ. 15 Dec 1856］= Gnaphalium L.（1753）［菊科 Asteraceae（Compositae）］"是晚出的非法名称。【分布】玻利维亚，热带亚洲。【模式】Merope spinosa（Blume）M. J. Roemer［Sclerostylis spinosa Blume］。【参考异名】Gonocitrus Kurz（1874）●☆

32586　Merope Wedd.（1856）Nom. illegit. = Gnaphalium L.（1753）［菊科 Asteraceae（Compositae）］■

32587　Merophragma Dulac（1867）Nom. illegit. ≡ Telephium L.（1753）［石竹科 Caryophyllaceae］■☆

32588　Merostachys Nakai（1935）Nom. illegit. ≡ Meterostachys Nakai（1935）［as 'Merostachys'］［景天科 Crassulaceae］■☆

32589　Merostachys Spreng.（1824）【汉】偏穗竹属。【隶属】禾本科 Poaceae（Gramineae）。【包含】世界40种。【学名诠释与讨论】〈阴〉（希）meros，部分，股+stachys，穗，谷，长钉。此属的学名，ING 和 IK 记载是"Merostachys Spreng. ，Syst. Veg.（ed. 16）［Sprengel］1：132. 1824［dated 1825；publ. in late 1824］"。"Merostachys Nakai，Bot. Mag.（Tokyo）49：74. 20 Feb 1935 ≡ Meterostachys Nakai（1935）［as 'Merostachys'］［景天科 Crassulaceae］"是晚出的非法名称；它是"Meterostachys Nakai（1935）"的拼写变体。【分布】巴拿马，秘鲁，玻利维亚，哥斯达黎加，尼加拉瓜，中美洲。【模式】Merostachys speciosa K. P. J. Sprengel。【参考异名】Brasilocalamus Nakai（1933）●☆

32590　Merostela Pierre（1895）= Aglaia Lour.（1790）（保留属名）［楝科 Meliaceae］●

32591　Merremia Dennst.（1818）Nom. inval. ≡ Merremia Dennst. ex Endl.（1841）（保留属名）［旋花科 Convolvulaceae］●■

32592　Merremia Dennst. ex Endl.（1841）（保留属名）【汉】鱼黄草属（菜栾藤属，盒果藤属）。【日】コガネヒルガオ属，ツタノハヒルガホ属，フウセンアサガオ属。【英】Boxfruitvine，Merremia，Operculina。【隶属】旋花科 Convolvulaceae。【包含】世界70-81种，中国19-20种。【学名诠释与讨论】〈阴〉（人）Blasius Merrem，1761-1824，德国植物学者。此属的学名"Merremia Dennst. ex Endl. ，Gen. Pl. ：1403. Feb-Mar 1841"是保留属名。相应的废弃属名是旋花科 Convolvulaceae 的"Camonea Raf. ，Fl. Tellur. 4：81. 1838（med.）= Merremia Dennst. ex Endl.（1841）（保留属名）"和"Operculina Silva Manso，Enum. Subst. Braz. ：16. 1836 = Merremia Dennst. ex Endl.（1841）（保留属名）"。"Merremia Dennst. ，Schlüssel Hortus Malab. 34. 1818［20 Oct 1818］ ≡ Merremia Dennst. ex Endl.（1841）（保留属名）"是一个未合格发表的名称（Nom. inval.）。旋花科 Convolvulaceae 的"Merremia Dennst. ex Hallier f. ，Bot. Jahrb. Syst. 16（4-5）：581. 1893［27 Jun 1893］，Nom. illegit. ≡ Merremia Dennst. ex Endl.（1841）（保留属名）"亦应废弃。【分布】哥伦比亚（安蒂奥基亚），巴基斯坦，巴拉圭，巴拿马，秘鲁，玻利维亚，厄瓜多尔，哥斯达黎加，马达加斯加，尼加拉瓜，中国，中美洲。【模式】Merremia hederacea（N. L.

Burman) H. G. Hallier [Evolvulus hederaceus N. L. Burman]。【参考异名】Astromerremia Pilg. （1936）；Ballela（Railn.）B. D. Jacks.；Camonea Raf. （1838）（废弃属名）；Merremia Dennst. （1818）Nom. inval. ；Merremia Dennst. ex Hallier f. （1893）Nom. illegit. （废弃属名）；Nemanthera Raf. （1838）；Operculina Silva Manso（1836）（废弃属名）；Piptostegia Hoffmanns. , Nom. illegit. ；Piptostegia Hoffmanns. et Rchb. （1841）；Piptostegia Rchb. （1841）Nom. illegit. ；Skinneria Choisy（1834）Nom. illegit. ；Spiranthera Bojer（1837）Nom. illegit. ；Turpethum Raf. （1838）Nom. illegit. ；Turpithum B. D. Jacks. ●■

32593　Merremia Dennst. ex Hallier f. （1893）Nom. illegit. （废弃属名）≡Merremia Dennst. ex Endl. （1841）（保留属名）［旋花科 Convolvulaceae］●■

32594　Merretia Sol. ex Marchand（1869）Nom. illegit. ≡Corynocarpus J. R. Forst. et G. Forst. （1775）［棒果木科（棒果科，毛利果科）Corynocarpaceae］●☆

32595　Merrettia Sol. ex Engl. =Corynocarpus J. R. Forst. et G. Forst. （1775）［棒果木科（棒果科，毛利果科）Corynocarpaceae］●☆

32596　Merrillanthus Chun et Tsiang（1941）【汉】驼峰藤属。【英】Humpvine, Merrillanthus。【隶属】萝藦科 Asclepiadaceae。【包含】世界1种，中国1种。【学名诠释与讨论】〈阳〉（人）Elemer Drew Merrill，1876-1956，美国植物学者，植物采集家+希腊文 anthos，花。antheros，多花的。antheo，开花。希腊文 anthos 亦有"光明、光辉、优秀"之义。【分布】中国。【模式】Merrillanthus hainanensis W. -Y. Chun et Y. Tsiang。●★

32597　Merrillia Swingle（1919）【汉】美栌木属（美莉橘属）。【英】Merrillia。【隶属】芸香科 Rutaceae。【包含】世界1种。【学名诠释与讨论】〈阴〉（人）Elemer Drew Merrill，1876-1956，美国植物学者，植物采集家。【分布】缅甸，泰国，马来半岛。【模式】Merrillia caloxylon（Ridley）Swingle [Murraya caloxylon Ridley]。●☆

32598　Merrilliodendron Kaneh. （1934）【汉】梅乐木属。【隶属】茶茱萸科 Icacinaceae。【包含】世界1种。【学名诠释与讨论】〈中〉（人）Elmer Drew Merill，1876-1956，美国植物学者，植物采集家+dendron 或 dendros，树木，棍，丛林。【分布】巴布亚新几内亚（俾斯麦群岛），菲律宾，塞舌尔（玛丽安娜岛），加罗林群岛。【模式】Merrilliodendron rotense Kanehira。【参考异名】Peekeliodendron Sleumer（1937）●☆

32599　Merrilliopanax H. L. Li（1942）【汉】常春木属（枫叶参属，梁王茶属，梅乐参属）。【英】Everspringtree, Merrilliopanax。【隶属】五加科 Araliaceae。【包含】世界3种，中国3种。【学名诠释与讨论】〈阳〉（人）Elmer Drew Merill，1876-1956，美国植物学者，植物采集家+（属）Panax 人参属。他在1916年曾来华采集植物标本。【分布】中国，东喜马拉雅山。【模式】M Merrilliopanax. listeri（King）H. L. Li [Dendropanax listeri King]。●

32600　Merrittia Merr. （1910）【汉】锐裂菊属。【隶属】菊科 Asteraceae（Compositae）。【包含】世界1种。【学名诠释与讨论】〈阴〉（人）Merritt，植物学者。此属的学名是"Merrittia E. D. Merrill, Philipp. J. Sci. , C 5：396. Nov 1910"。亦有文献把其处理为"Blumea DC. （1833）（保留属名）"的异名。【分布】菲律宾（菲律宾群岛）。【模式】Merrittia benguetensis（Elmer）E. D. Merrill [Senecio benguetense Elmer]。【参考异名】Blumea DC. （1833）（保留属名）■☆

32601　Mertensia Kunth（1817）Nom. illegit. （废弃属名）≡Momisia Dietr. （1819）；~ = Celtis L. （1753）［榆科 Ulmaceae//朴树科 Celtidaceae］●

32602　Mertensia Roth（1797）（保留属名）【汉】滨紫草属（滨瓣庆属）。【日】ハアベンケイソウ属，ハマバンケイサウ属，ハマベ

ンケイソウ属，メルテンシア属。【俄】Мертензия，Мертенсия。【英】Blue Bell，Bluebells，Oyster Plant，Shorewort，Smooth Lungwort。【隶属】紫草科 Boraginaceae。【包含】世界15-45种，中国6种。【学名诠释与讨论】〈阴〉（人）Francis（Franz）Karl（Carl）Mertens，1764-1831，德国植物学者。此属的学名"Mertensia Roth, Catal. Bot. 1：34. Jan-Feb 1797"是保留属名。相应的废弃属名是紫草科 Boraginaceae 的"Pneumaria Hill, Veg. Syst. 7：40. 1764 =Mertensia Roth（1797）（保留属名）"。榆科 Ulmaceae 的"Mertensia Kunth, Nov. Gen. Sp. [H. B. K.]2（fol. ）：25；2（qto. ）：30. 1817 [28 Apr 1817] ≡Momisia Dietr. （1819）= Celtis L. （1753）"亦应废弃；它已经被"Momisia Dietr. （1819）"所替代。蕨类"Mertensia Willdenow, Kongl. Vetensk. Acad. Nya Handl. 25：165. 1804 ≡Dicranopteris Bernhardi 1805"和红藻的"Mertensia Thunberg ex A. W. Roth, Catalecta 3：318. Jan-Jun 1806（non A. W. Roth 1797 ≡Champia Desveaux 1809"也须废弃。"Casselia Dumortier, Commentat. 21. Jul - Dec 1822（废弃属名）"和"Cerinthodes O. Kuntze, Rev. Gen. 2：436. 5 Nov 1891"是"Mertensia Roth（1797）（保留属名）"的晚出的同模式异名（Homotypic synonym, Nomenclatural synonym）。亦有文献把"Mertensia Roth（1797）（保留属名）"处理为"Pseudomertensia Riedl（1967）"的异名。【分布】阿富汗，巴基斯坦，美国，墨西哥，中国，北温带。【模式】Mertensia pulmonarioides A. W. Roth。【参考异名】Casselia Dumort. （1822）Nom. illegit. （废弃属名）；Cerinthodes Kuntze（1891）Nom. illegit. ；Cerinthodes Ludwig ex Kuntze（1891）Nom. illegit. ；Cerinthodes Ludwig（1737）Nom. inval. ；Hippoglossum Hartm. （1832）Nom. illegit. ；Oreocharis Lindl. （1847）；Platynema Schrad. （1835）Nom. illegit. ；Pneumaria Hill（1764）（废弃属名）；Pseudomertensia Riedl（1967）；Steenhamera Kostel. （1834）Nom. illegit. , Nom. inval. ；Steenhammera Rchb. （1831）；Stenhammaria Nyman（1881）；Winklera Post et Kuntze（1903）Nom. illegit. ；Winkleria Rchb. （1841）■

32603　Merumea Steyerm. （1972）【汉】梅鲁茜属。【隶属】茜草科 Rubiaceae。【包含】世界2种。【学名诠释与讨论】〈阴〉词源不详。【分布】南美洲北部。【模式】Merumea coccocypseloides J. A. Steyermark。☆

32604　Merwia B. Fedtsch. （1924）= Ferula L. （1753）［伞形花科（伞形科）Apiaceae（Umbelliferae）］■

32605　Merwilla Speta（1998）【汉】蓝被风信子属。【隶属】风信子科 Hyacinthaceae。【包含】世界5种。【学名诠释与讨论】〈阴〉词源不详。【分布】非洲。【模式】不详。■☆

32606　Merwiopsis Saphina（1975）【汉】中亚宽芹属。【隶属】伞形花科（伞形科）Apiaceae（Umbelliferae）。【包含】世界1种。【学名诠释与讨论】〈阴〉（属）Merwia =Ferula 阿魏属+希腊文 opsis，外观，模样，相似。此属的学名是"Merwiopsis L. K. Saphina, Izv. Akad. Nauk Kazakhsk. S. S. R. , Ser. Biol. 1975（5）：35. 1975（post 20 Oct）"。亦有文献把其处理为"Platytaenia Nevski et Vved. （1937）Nom. illegit. "的异名。【分布】俄罗斯中亚地区。【模式】Merwiopsis goloskokovii（E. P. Korovin）L. K. Saphina [Platytaenia goloskokovii E. P. Korovin]。【参考异名】Platytaenia Nevski et Vved. （1937）Nom. illegit. ■☆

32607　Merxmuellera Conert（1970）【汉】肖皱籽草属。【隶属】禾本科 Poaceae（Gramineae）。【包含】世界19种。【学名诠释与讨论】〈阴〉（人）Hermann Merxmueller，1920-1988，德国植物学者。此属的学名是"Merxmuellera H. J. Conert, Senckenberg. Biol. 51：129. 25 Mar 1970"。亦有文献把其处理为"Rytidosperma Steud. （1854）"的异名。【分布】马达加斯加，热带非洲。【模式】Merxmuellera daveyi（C. E. Hubbard）H. J. Conert [Danthonia daveyi C. E. Hubbard〕。【参考异名】Rytidosperma Steud.（1854）■☆

32608　Meryta J. R. Forst. et G. Forst.（1775）【汉】澳大利亚常春木属（麦利塔木属）。【隶属】五加科 Araliaceae。【包含】世界 30 种。【学名诠释与讨论】〈阴〉（希）merytos，密集的。指雄花。【分布】新西兰，所罗门群岛，法属新喀里多尼亚，波利尼西亚群岛，新几内亚岛。【模式】Meryta lanceolata J. R. Forster et J. G. A. Forster。【参考异名】Botrydendrum Post et Kuntze（1903）；Botryodendrum Endl.（1833）；Botryomeryta R. Vig.（1910~1913）；Chondilophyllum Panch. ex Guillaumin（1911）；Chondylophyllum Panch. ex R. Vig.（1910）；Neara Sol. ex Seem.（1865）；Schizomeryta R. Vig.（1906）；Strobilopanax R. Vig.（1906）●☆

32609　Mesadenella Pabst et Garay（1953）= Stenorrhynchos Rich. ex Spreng.（1826）［兰科 Orchidaceae］■☆

32610　Mesadenia Raf.（1828）= Frasera Walter（1788）［龙胆科 Gentianaceae］■☆

32611　Mesadenia Raf.（1832）Nom. illegit. = Arnoglossum Raf.（1817）；~ = Senecio L.（1753）［菊科 Asteraceae（Compositae）//千里光科 Senecionidaceae］■●

32612　Mesadenus Schltr.（1920）【汉】间腺兰属。【隶属】兰科 Orchidaceae。【包含】世界 7 种。【学名诠释与讨论】〈阴〉（希）mesos，中间，一半。mesaios，中间的+aden，所有格 adenos，腺体。此属的学名是" Mesadenus Schlechter, Beih. Bot. Centralbl. 37（2）：367. 31 Mar 1920"。亦有文献把其处理为" Brachystele Schltr.（1920）"的异名。【分布】美国（佛罗里达），西印度群岛，热带美洲，中美洲。【后选模式】Spiranthes galeottiana A. Richard。【参考异名】Brachystele Schltr.（1920）■☆

32613　Mesanchum Dulac（1867）Nom. illegit. ≡ Tillaea L.（1753）；~ = Crassula L.（1753）［景天科 Crassulaceae］●■☆

32614　Mesandrinia Raf.（1825）Nom. illegit. ≡ Bivonea Raf.（1814）（废弃属名）；~ = Jatropha L.（1753）（保留属名）［大戟科 Euphorbiaceae］●■

32615　Mesanthemum Körn.（1856）【汉】间花谷精草属。【隶属】谷精草科 Eriocaulaceae。【包含】世界 10-18 种。【学名诠释与讨论】〈中〉（希）mesos，中间，一半+anthemon，花。【分布】马达加斯加，热带非洲。【后选模式】Mesanthemum pubescens Körnicke。【参考异名】Eulepis（Bong.）Post et Kuntze（1903）；Messanthemum Pritz.（1866）■☆

32616　Mesanthophora H. Rob.（1992）【汉】间生瘦片菊属。【隶属】菊科 Asteraceae（Compositae）。【包含】世界 2 种。【学名诠释与讨论】〈阴〉（希）mesos，中间，一半+anthos，花+phoros，具有，梗，负载，发现者。【分布】巴拉圭，玻利维亚。【模式】Mesanthophora brunneri H. Robinson。■☆

32617　Mesanthus Nees（1836）= Cannomois P. Beauv. ex Desv.（1828）［帚灯草科 Restionaceae］■☆

32618　Mesaulosperma Soóten（1925）= Itoa Hemsl.（1901）［茜草科 Rubiaceae//刺篱木科（大风子科）Flacourtiaceae］●

32619　Mesechinopsis Y. Ito（1957）= Echinopsis Zucc.（1837）［仙人掌科 Cactaceae］●

32620　Mesechites Müll. Arg.（1860）【汉】肖蛇木属。【隶属】夹竹桃科 Apocynaceae。【包含】世界 10 种。【学名诠释与讨论】〈阳〉（希）mesos，中间，一半+（属）Echites 蛇木属。【分布】巴拉圭，巴拿马，秘鲁，玻利维亚，厄瓜多尔，哥伦比亚（安蒂奥基亚），尼加拉瓜，西印度群岛，中美洲，热带南美洲，中美洲。【后选模式】Mesechites mansoana（Alph. de Candolle）R. E. Woodson［Echites mansoana Alph. de Candolle］。●☆

32621　Mesembrianthemum Spreng.（1801）= Mesembryanthemum L.（1753）（保留属名）［番杏科 Aizoaceae//龙须海棠科（日中花科）Mesembryanthemaceae］●●

32622　Mesembrianthus Raf.（1836）= Mesembrianthemum Spreng.（1801）；~ = Mesembryanthus Neck.（1790）Nom. inval. = Mesembryanthemum L.（1753）（保留属名）［番杏科 Aizoaceae//龙须海棠科（日中花科）Mesembryanthemaceae］●●

32623　Mesembryaceae Dumort.（1829）= Aizoaceae Martinov（保留科名）●●

32624　Mesembryanthemaceae Burnett, Nom. inval. = Mesembryanthemaceae Fenzl ●■

32625　Mesembryanthemaceae Fenzl = Aizoaceae Martinov（保留科名）；~ = Mesembryanthemaceae Philib.（保留科名）；~ = Metasequoiaceae Hu et W. C. Cheng ●

32626　Mesembryanthemaceae Philib.（1800）（保留科名）【汉】龙须海棠科（日中花科）。【包含】世界 1 属 25-350 种，中国 1 属 6 种。【分布】澳大利亚，智利，非洲，阿拉伯地区。【科名模式】Mesembryanthemum L. ●■

32627　Mesembryanthemum L.（1753）（保留属名）【汉】龙须海棠属（覆盆花属，龙船海棠属，琴爪菊属，日中花属，松叶菊属，猬籽玉属）。【日】オスクラリア属，マツバギク属。【俄】Мезембриантемум，Трава хрустальная。【英】Chilean Fig, Diamond Plant, Fig Marigold, Figmarigold, Iceplant, Mesembryanthemum, Oscularis。【隶属】番杏科 Aizoaceae//龙须海棠科（日中花科）Mesembryanthemaceae。【包含】世界 25-350 种，中国 6 种。【学名诠释与讨论】〈中〉（希）Asa Gray 博士的解释是 mesembria，正午+anthemon，花。后来林奈认为它来自 mesos，中间和 embryon 胚，把它改成了目前的形式。此属的学名" Mesembryanthemum L., Sp. Pl.：480. 1 Mai 1753"是保留属名。法规未列出相应的废弃属名。多有中外文献承认"猬籽玉属（エキヌス属）Echinus H. M. L. Bolus in Pole Evans, Fl. Pl. S. Africa 7：266. Jul 1927"，但是它是一个晚出的非法名称（Nom. illegit.），因为此前已经有了大戟科的" Echinus Lour., Fl. Cochinch. 2：633. 1790［Sep 1790］= Mallotus Lour.（1790）"；" Echinus L. Bolus（1927）Nom. illegit."亦被处理为" Mallotus sect. Echinus（Lour.）Pax et K. Hoffm. Das Pflanzenreich Heft 63 1914"或"碧玉莲属 Braunsia Schwantes（1928）"的异名。持大属观点的学者把"碧玉莲属 Braunsia Schwantes（1928）"也并入此属。" Ficoides P. Miller, Gard. Dict. Abr. ed. 4. 28 Jan 1754"、" Gasoul Adanson, Fam. 2：243. Jul-Aug 1763"和" Mesembryanthus Rafinesque, Princ. Fond. Somiol. 30. Sep-Dec 1814（' 1813 '）"是" Mesembryanthemum L.（1753）（保留属名）"的晚出的同模式异名（Homotypic synonym, Nomenclatural synonym）。【分布】澳大利亚，巴基斯坦，巴西，秘鲁，玻利维亚，厄瓜多尔，智利，中国，阿拉伯地区，非洲。【模式】Mesembryanthemum nodiflorum Linnaeus。【参考异名】Braunsia Schwantes（1928）；Brianhuntleya Chess., S. A. Hammer et I. Oliv.（2003）；Callistigma Dinter et Schwantes（1928）；Caulipsolon Klak（1998）Nom. inval.；Caulipsolon Klak（2002）；Cryophytum N. E. Br.（1925）；Derenbergiella Schwantes（1928）；Echinus L. Bolus（1927）Nom. illegit.；Eurystigma L. Bolus（1930）；Ficoides Mill.（1754）Nom. illegit.；Gasoul Adans.（1763）Nom. illegit.；Gynicidia Neck.（1790）Nom. inval.；Halenbergia Dinter（1937）；Hydrodea N. E. Br.（1925）；Mesembrianthemum Spreng.（1801）；Mesembrianthus Raf.（1836）；Mesembryanthes Stokes（1812）；Mesembryanthus Neck.（1790）Nom. inval.；Mesembryanthus Raf.（1814）Nom. illegit.；Mesembryum Adans.（1763）；Opophytum N. E. Br.（1925）；Pentacoilanthus Rappa et Camarrone（1954）Nom. inval.；Perapentacoilanthus Rappa et Camarrone（1956）Nom. illegit.；S. A. Hammer et I. Oliv.（2003）；

Schickia Tischer, Nom. inval.。■●

32628 Mesembryanthes Stokes(1812)= Mesembryanthemum L.(1753)(保留属名)［番杏科 Aizoaceae//龙须海棠科（日中花科）Mesembryanthemaceae］■●

32629 Mesembryanthus Neck.(1790)Nom. inval. = Mesembryanthemum L.(1753)(保留属名)［番杏科 Aizoaceae//龙须海棠科（日中花科）Mesembryanthemaceae］■●

32630 Mesembryanthus Raf.(1814)Nom. illegit. ≡ Mesembryanthemum L.(1753)(保留属名)［番杏科 Aizoaceae//龙须海棠科（日中花科）Mesembryanthemaceae］■●

32631 Mesembryum Adans.(1763)= Mesembryanthemum L.(1753)(保留属名)［番杏科 Aizoaceae//龙须海棠科（日中花科）Mesembryanthemaceae］■●

32632 Mesibovia P. M. Wells et R. S. Hill(1989)【汉】澳大利亚罗汉松属。【隶属】罗汉松科 Podocarpaceae。【包含】世界1种。【学名诠释与讨论】〈阴〉词源不详。【分布】澳大利亚。【模式】Mesibovia rhomboidea P. M. Wells et R. S. Hill。●☆

32633 Mesicera Raf.(1825)= Habenaria Willd.(1805)［兰科 Orchidaceae］■

32634 Mesocapparis(Eichler)Cornejo et Iltis(2008)【汉】巴西山柑属。【隶属】山柑科（白花菜科，醉蝶花科）Capparaceae。【包含】世界1种。【学名诠释与讨论】〈阴〉(希)mesos,中间,一半+. mesaios,中间的+(属)Capparis 山柑属（槌果藤属，马槟榔属，山柑仔属）。此属的学名,TROPICOS 和 IPNI 记载是“Mesocapparis(Eichler)Cornejo & Iltis, Harvard Pap. Bot. 13（1）：113. 2008［30 Jun 2008］”。它曾被处理为“Capparis sect. Mesocapparis(Eichler)Pax & Hofm., Die natürlichen Pflanzenfamilien, Zweite Auflage 17b：136. 1936”。亦有文献把“Mesocapparis(Eichler)Cornejo et Iltis（2008）”处理为“Capparis L.(1753)”的异名。【分布】巴西,中国。【模式】Mesocapparis lineata(Pers.)Cornejo et Iltis。【参考异名】Capparis L.(1753)；Capparis sect. Mesocapparis(Eichler)Pax & Hofm.(1936)●

32635 Mesocentron Cass.(1826)Nom. illegit. ≡ Eriopha Hill(1762)；~ = Centaurea L.(1753)(保留属名)［菊科 Asteraceae(Compositae)//矢车菊科 Centaureaceae］●■

32636 Mesoceras Post et Kuntze(1903)= Habenaria Willd.(1805)；~ =Mesicera Raf.(1825)［兰科 Orchidaceae］■

32637 Mesochloa Raf.(1838)= Zephyranthes Herb.(1821)(保留属名)［石蒜科 Amaryllidaceae//葱莲科 Zephyranthaceae］■

32638 Mesoclastes Lindl.(1830)= Luisia Gaudich.(1829)［兰科 Orchidaceae］■

32639 Mesodactylis Wall.(1830)= Apostasia Blume(1825)［兰科 Orchidaceae//拟兰科（假兰科）Apostasiaceae］■

32640 Mesodactylus Endl.(1837)= Apostasia Blume(1825)［兰科 Orchidaceae//拟兰科（假兰科）Apostasiaceae］■

32641 Mesodactylus Post et Kuntze(1903)Nom. illegit. = Apostasia Blume(1825)；~ =Mesodactylis Wall.(1830)［兰科 Orchidaceae//拟兰科（假兰科）Apostasiaceae］■

32642 Mesodetra Raf.(1817)= Helenium L.(1753)［菊科 Asteraceae(Compositae)//堆心菊科 Heleniaceae］■

32643 Mesodiscus Raf.(1836)= Cryptotaenia DC.(1829)(保留属名)［伞形花科（伞形科）Apiaceae(Umbelliferae)］■

32644 Mesoglossum Halb.(1982)【汉】半舌兰属。【隶属】兰科 Orchidaceae。【包含】世界1种。【学名诠释与讨论】〈中〉(希)mesos,中间,一半+glossa,舌。指其在系统分类上应该处于 Odontoglossum 齿瓣兰属（齿舌兰属，瘤瓣兰属）和 Oncidium 瘤瓣兰属（金蝶兰属，文心兰属）之间。【分布】热带美洲。【模式】Mesoglossum londesboroughianum(H. G. Reichenbach)F. Halbinger［Odontoglossum londesboroughianum H. G. Reichenbach］。■☆

32645 Mesogramma DC.(1838)【汉】芹叶千里光属。【隶属】菊科 Asteraceae(Compositae)。【包含】世界1种。【学名诠释与讨论】〈中〉(希)mesos,中间,一半+gramma,所有格 grammatos,标记,线条,字迹。此属的学名是“Mesogramma A. P. de Candolle, Prodr. 6：304. Jan(prim.)1838”。亦有文献把其处理为“Senecio L.(1753)”的异名。【分布】澳大利亚,非洲。【模式】Mesogramma apiifolium A. P. de Candolle。【参考异名】Senecio L.(1753)■☆

32646 Mesogyne Engl.(1894)【汉】大苞桑属。【隶属】桑科 Moraceae。【包含】世界1-2种。【学名诠释与讨论】〈阴〉(希)mesos,中间,一半+gyne,所有格 gynaikos,雌性,雌蕊。【分布】热带非洲。【后选模式】Mesogyne insignis Engler。●☆

32647 Mesoligus Raf.(1837)= Aster L.(1753)［菊科 Asteraceae(Compositae)］●■

32648 Mesomelaena Nees(1846)【汉】间黑莎属。【隶属】莎草科 Cyperaceae。【包含】世界5种。【学名诠释与讨论】〈阴〉(希)mesos,中间,一半+melaina,黑色。指苞片。此属的学名是“Mesomelaena C. G. D. Nees in J. G. C. Lehmann, Pl. Preiss. 2：88. 26-28 Nov 1846”。亦有文献把其处理为“Gymnoschoenus Nees(1841)”的异名。【分布】澳大利亚（西南部）。【后选模式】Mesomelaena stygia(R. Brown)C. G. D. Nees［Chaetospora stygia R. Brown］。【参考异名】Gymnoschoenus Nees(1841)■☆

32649 Mesomora(Raf.)O. O. Rudbeck ex Lunell(1916)= Cornus L.(1753)［山茱萸科 Cornaceae//四照花科 Cornaceae］●

32650 Mesona Blume(1826)【汉】凉粉草属（仙草属，仙人冻属）。【日】センサウ属,センソウ属。【英】Jellygrass, Mesona。【隶属】唇形科 Lamiaceae(Labiatae)。【包含】世界8-10种,中国2种。【学名诠释与讨论】〈阴〉(希)mesos,中间,一半。此属的学名是“Mesona Blume, Bijdr. 838. Jul-Dec 1826”。亦有文献把其处理为“Platostoma P. Beauv.(1818)”的异名。【分布】印度尼西亚（爪哇岛）,中国,喜马拉雅山至菲律宾（菲律宾群岛）。【模式】Mesona palustris Blume。【参考异名】Platostoma P. Beauv.(1818)■

32651 Mesonephelium Pierre(1895)= Nephelium L.(1767)［无患子科 Sapindaceae］●

32652 Mesoneuris A. Gray(1873)= Senecio L.(1753)［菊科 Asteraceae(Compositae)//千里光科 Senecionidaceae］■●

32653 Mesoneurum DC.(1825)= Mezoneuron Desf.(1818)；~ = Mezonevron Desf.(1818)Nom. illegit.；~ = Mezoneuron Desf.(1818)［豆科 Fabaceae(Leguminosae)//云实科（苏木科）Caesalpiniaceae］●

32654 Mesopanax R. Vig.(1906)= Dendropanax Decne. et Planch.(1854)；~ =Oreopanax Decne. et Planch.(1854)；~ = Schefflera J. R. Forst. et G. Forst.(1775)(保留属名)［五加科 Araliaceae］●

32655 Mesophaerum Kuntze(1891)Nom. illegit.［唇形科 Lamiaceae(Labiatae)］☆

32656 Mesoptera Hook. f.(1873)(保留属名)【汉】肖疱茜属。【隶属】茜草科 Rubiaceae。【包含】世界1种。【学名诠释与讨论】〈阴〉(希)mesos,中间,一半+pteron,指小式 pteridion,翅。pteridios,有羽毛的。此属的学名“Mesoptera Hook. f. in Bentham et Hooker, Gen. Pl. 2：25,130. 7-9 Apr 1873”是保留属名。相应的废弃属名是兰科 Orchidaceae 的“Mesoptera Raf., Herb. Raf.；73. 1833 ≡ Liparis Rich.(1817)(保留属名)”。亦有文献把“Mesoptera Hook. f.(1873)(保留属名)”处理为“Psydrax Gaertn.(1788)”的异名。【分布】马来半岛。【模式】Mesoptera maingayi J. D. Hooker。【参考异名】Liparis Rich. 1818(保留属名)；Psydrax Gaertn.(1788)●☆

32657 Mesoptera Raf.（1833）Nom. illegit.（废弃属名）≡ Liparis Rich. （1817）（保留属名）［兰科 Orchidaceae］■

32658 Mesoreanthus Greene（1904）= Pleiocardia Greene（1904）；~ = Streptanthus Nutt.（1825）［十字花科 Brassicaceae（Cruciferae）］■☆

32659 Mesosetum Steud.（1854）【汉】梅索草属。【隶属】禾本科 Poaceae（Gramineae）。【包含】世界 35 种。【学名诠释与讨论】〈中〉（希）mesos，中间，一半+seta =saeta，刚毛，刺毛。【分布】巴拿马，玻利维亚，哥斯达黎加，尼加拉瓜，西印度群岛，中美洲。【模式】Mesosetum cayennense Steudel。【参考异名】Bifaria（Hack.）Kuntze（1898）Nom. illegit.；Bifaria Kuntze（1898）Nom. illegit.；Peniculus Swallen（1932）■☆

32660 Mesosphaerum P. Browne（1756）（废弃属名）= Hyptis Jacq. （1787）（保留属名）［唇形科 Lamiaceae（Labiatae）］●■

32661 Mesospinidium Rchb. f.（1852）【汉】间刺兰属。【日】メソスピニディア属。【隶属】兰科 Orchidaceae。【包含】世界 4 种。【学名诠释与讨论】〈中〉（希）mesos，中间，一半+spinos，指小式 spinidion，棘，刺+-idius，-idia，-idium，指示小的词尾。【分布】巴拿马，秘鲁，玻利维亚，厄瓜多尔，哥斯达黎加，尼加拉瓜，中美洲。【模式】Mesospinidium warscewiczii H. G. Reichenbach。■☆

32662 Mesostemma Vved.（1941）= Stellaria L.（1753）［石竹科 Caryophyllaceae］■

32663 Mesotricha Stschegl.（1859）= Astroloma R. Br.（1810）［尖苞木科 Epacridaceae//杜鹃花科（欧石南科）Ericaceae］●☆

32664 Mespilaceae Schultz Sch.（1832）= Rosaceae Juss.（1789）（保留科名）●■

32665 Mespilodaphne Nees（1833）= Ocotea Aubl.（1775）［樟科 Lauraceae］●☆

32666 Mespilophora Neck.（1790）Nom. inval. = Mespilus L.（1753）［蔷薇科 Rosaceae］●☆

32667 Mespilus Bosc ex Spach（1834）Nom. illegit. = Mespilus L. （1753）［蔷薇科 Rosaceae］●☆

32668 Mespilus Castigl.（1790）Nom. illegit. =? Mespilus L.（1753）［蔷薇科 Rosaceae］●☆

32669 Mespilus L.（1753）【汉】欧楂属（欧海棠属）。【日】セイヨウカリン属。【俄】Мушмула。【英】Medlar，Mespil。【隶属】蔷薇科 Rosaceae。【包含】世界 1-2 种。【学名诠释与讨论】〈阴〉（希）mesos，中间，一半+pilos，核，球，子弹。指果实形状。此属的学名，ING、TROPICOS 和 IK 记载是"Mespilus L.，Sp. Pl. 1：478. 1753［1 May 1753］"。"Mespilus Bosc ex Spach, Hist. Nat. Vég.（Spach）2：63. 1834 = Mespilus L.（1753）"和"Mespilus Castigl.，Viaggio Amer. Sett. 2：292. 1790 =? Mespilus L.（1753）"是晚出的非法名称。【分布】玻利维亚，厄瓜多尔，欧洲东南部至亚洲中部。【后选模式】Mespilus germanica Linnaeus。【参考异名】? Mespilus Castigl.（1790）Nom. illegit.；Mespilophora Neck. （1790）Nom. inval.；Mespilus Bosc ex Spach（1834）Nom. illegit.；Ostinia Clairv.（1811）●☆

32670 Messanthemum Pritz.（1866）= Mesanthemum Körn.（1856）［谷精草科 Eriocaulaceae］■☆

32671 Messermidia Raf. = Messerschmidia L. ex Hebenstr.（1763）Nom. illegit.；~ ≡ Argusia Boehm.（1760）；~ ≡ Tournefortia L.（1753）［紫草科 Boraginaceae］●■

32672 Messerschmidia Hebenstr.（1763）Nom. illegit. ≡ Messerschmidia L. ex Hebenstr.（1763）Nom. illegit.；~ ≡ Argusia Boehm.（1760）；~ ≡ Tournefortia L.（1753）［紫草科 Boraginaceae］●■

32673 Messerschmidia L.（1774）Nom. illegit. ≡ Messerschmidia L. ex Hebenstr.（1763）Nom. illegit.；~ ≡ Argusia Boehm.（1760）；~ ≡ Tournefortia L.（1753）［紫草科 Boraginaceae］●■

32674 Messerschmidia L. ex Hebenstr.（1763）Nom. illegit. ≡ Argusia Boehm.（1760）；~ ≡ Tournefortia L.（1753）［紫草科 Boraginaceae］●■

32675 Messerschmidia Roem. et Schult.（1819）Nom. illegit. ≡ Tournefortia L.（1753）［紫草科 Boraginaceae］●■

32676 Messerschmidtia G. Don（1837）Nom. illegit. = Messerschmidia L. ex Hebenstr.（1763）Nom. illegit.；~ ≡ Argusia Boehm.（1760）；~ ≡ Tournefortia L.（1753）［紫草科 Boraginaceae］●■

32677 Messersmidia L.（1767）Nom. illegit. ≡ Messerschmidia L. （1774）；~ ≡ Messerschmidia L. ex Hebenstr.（1763）；~ ≡ Argusia Boehm.（1760）；~ ≡ Tournefortia L.（1753）［紫草科 Boraginaceae］●■

32678 Mesterna Adans.（1763）Nom. illegit. ≡ Guidonia P. Browne （1756）Nom. illegit.；~ ≡ Laetia Loefl. ex L.（1759）（保留属名）［刺篱木科（大风子科）Flacourtiaceae］●☆

32679 Mestoklema N. E. Br.（1936）Nom. inval. ≡ Mestoklema N. E. Br. ex Glen（1981）［番杏科 Aizoaceae］●☆

32680 Mestoklema N. E. Br. ex Glen（1981）【汉】密枝玉属。【日】メストクレマ属。【英】Mestoklema。【隶属】番杏科 Aizoaceae。【包含】世界 6 种。【学名诠释与讨论】〈中〉（希）mestos，装满了的，满的，填满了的+kleme，枝。此属的学名，ING、TROPICOS 和 IK 记载是"Mestoklema N. E. Brown ex H. F. Glen, Bothalia 13：454. 16 Oct 1981"。"Mestoklema N. E. Br.，Gard. Chron. 1936, Ser. III. c. 164 ≡ Mestoklema N. E. Br. ex Glen（1981）"是一个未合格发表的名称（Nom. inval.）。【分布】非洲南部。【模式】Mestoklema tuberosum（Linnaeus）H. F. Glen［Mesembryanthemum tuberosum Linnaeus］。【参考异名】Mestoklema N. E. Br.（1936）Nom. inval. ●☆

32681 Mestotes Sol. ex DC.（1825）= Dichapetalum Thouars（1806）［毒鼠子科 Dichapetalaceae］●

32682 Mesua L.（1753）【汉】铁力木属。【日】テツザイノキ属。【英】Ceylon Iron Wood，Indian Rose Chestnut，Iron Wood，Kayea，Mesua，Naga-sar。【隶属】猪胶树科（克鲁西科，山竹子科，藤黄科）Clusiaceae（Guttiferae）。【包含】世界 3-40 种，中国 1 种。【学名诠释与讨论】〈阴〉（人）Johannes Mesue（Yuhanna ibn Masawaih，Yahya ibn Musawi，Yuhanna Ibn Masawayh），777-857，古代阿拉伯医生、植物学者。一说是纪念他父子两人。此属的学名，ING、TROPICOS、APNI 和 IK 记载是"Mesua L.，Sp. Pl. 1；515. 1753［1 May 1753］"。"Nagatampo Adanson，Fam. 2：444. Jul-Aug 1763"是"Mesua L.（1753）"的晚出的同模式异名（Homotypic synonym，Nomenclatural synonym）。【分布】印度至马来西亚，中国，中美洲。【模式】Mesua ferrea Linnaeus。【参考异名】Kayea Wall.（1831）；Khayea Planch. et Triana（1861）；Nagassari Adans. （1763）；Nagassarium Rumph.；Nagatampo Adans.（1763）Nom. illegit.；Naghas Mirb. ex Steud.（1841）；Plagiorrhiza（Pierre）Hallier. f.（1921）；Plagiorrhiza Hallier. f.（1921）Nom. illegit.；Plinia Blanco（1837）；Rhynea Scop.（1777）Nom. illegit.；Vidalia Fern. -Vill.（1880）●

32683 Mesuaceae Bercht. et J. Presl = Clusiaceae Lindl.（保留科名）；~ = Guttiferae Juss.（保留科名）●■

32684 Mesyniopsis W. A. Weber（1991）【汉】北美亚麻属。【隶属】亚麻科 Linaceae。【包含】世界 1 种。【学名诠释与讨论】〈中〉（属）Mesynium = Linum 亚麻属+希腊文 opsis，外观，模样，相似。此属的学名是"Mesyniopsis W. A. Weber, Phytologia 70（4）：232-233. 1991"。亦有文献把其处理为"Linum L.（1753）"的异名。【分布】中国，北美洲。【模式】Mesyniopsis kingii（S. Watson）W. A. Weber。【参考异名】Linum L.（1753）●■

32685 Mesynium Raf. (1837) = Linum L. (1753) ［亚麻科 Linaceae］●■

32686 Meta‑aletris Masam. (1938) = Aletris L. (1753) ［百合科 Liliaceae//纳茜菜科(肺筋草科) Nartheciaceae］■

32687 Metabasis DC. (1838) = Hypochaeris L. (1753) ［菊科 Asteraceae(Compositae)］■

32688 Metabletaceae Dulac = Portulacaceae Juss. (保留科名)■●

32689 Metabolos Blume(1826) = Hedyotis L. (1753) (保留属名) ［茜草科 Rubiaceae］●■

32690 Metabolus A. Rich. (1830) Nom. illegit. ≡ Metabolos Blume (1826); ~ = Hedyotis L. (1753) (保留属名) ［茜草科 Rubiaceae］●■

32691 Metabriggsia W. T. Wang (1983)【汉】单座苣苔属。【英】Metabriggsia。【隶属】苦苣苔科 Gesneriaceae。【包含】世界 2 种,中国 2 种。【学名诠释与讨论】〈阴〉(希)met-(在元音字母前面),meta-(在辅音字母前面),后面的,在一起,伴同的,在其中,次于 + (属)Briggsia 佛肚苣苔属。【分布】中国。【模式】Metabriggsia ovalifolia W. T. Wang。■★

32692 Metachilum Lindl. (1830) = Appendicula Blume (1825) ［兰科 Orchidaceae］■

32693 Metachilus Post et Kuntze(1903) = Appendicula Blume (1825); ~ = Metachilum Lindl. (1830) ［兰科 Orchidaceae］■

32694 Metadacrydium Baum. ‑ Bod. (1989) Nom. inval. ≡ Metadacrydium Baum. ‑Bod. ex Melikyan et A. V. Bobrov (2000) ［罗汉松科 Podocarpaceae］●☆

32695 Metadacrydium Baum. ‑Bod. ex Melikyan et A. V. Bobrov(2000)【汉】新喀陆均松属。【隶属】罗汉松科 Podocarpaceae。【包含】世界 2 种。【学名诠释与讨论】〈中〉(希)meta,后面的,在一起,伴同的,在其中,次于 + (属)Dacrydium 陆均松属。此属的学名, ING、TROPICOS 和 IK 记载是"Metadacrydium Baum. ‑ Bod. ex Melikyan et A. V. Bobrov, Bot. Zhurn. (Moscow et Leningrad) 85 (7):63. 2000"。它和"Metadacrydium Baum. ‑ Bod. , Syst. Fl. Neu‑Caledonien 5;76(1989)"都是替代名称。"Dacrydium Sol. ex G. Forst. , Pl. Esc. 80. 1786 ［Aug‑Sep(?)1786］"是一个非法名称 (Nom. illegit.),因为此前已经有了"Dacrydium Sol. ex G. Forst. , Pl. Esc. 80. 1786 ［Aug‑Sep(?)1786］"。但是由于 Metadacrydium Baum. ‑Bod. (1989)未给被替代名称的参考文献而为不合格发表。亦有文献把"Metadacrydium Baum. ‑Bod. ex Melikyan et A. V. Bobrov(2000)"处理为"Dacrydium Sol. ex J. Forst. (1786)"的异名。【分布】法属新喀里多尼亚。【模式】Metadacrydium araucarioides (A. T. Brongniart et Gris) A. V. F. C. Bobrov et A. P. Melikian ［Dacrydium araucarioides A. T. Brongniart et Gris］。【参考异名】Dacrydium Lamb. (1806) Nom. illegit. ; Dacrydium Sol. ex J. Forst. (1786); Metadacrydium Baum. ‑Bod. (1989) Nom. inval. ●☆

32696 Metadina Bakh. f. (1970)【汉】黄棉木属(黄棉树属)。【英】Metadina, Yellowcotton。【隶属】茜草科 Rubiaceae。【包含】世界 1 种,中国 1 种。【学名诠释与讨论】〈阴〉(希)met-,后面的,在一起,伴同的,在其中,次于 + (属)Adina 水团花属(水冬瓜属)。【分布】印度尼西亚(爪哇岛),中国。【模式】Metadina trichotoma (H. Zollinger et A. Moritzi) R. C. Bakhuizen van den Brink fil. ［Nauclea trichotoma H. Zollinger et A. Moritzi］。●

32697 Metaeritrichium W. T. Wang (1980)【汉】颈果草属。【英】Neckfruitgrass。【隶属】紫草科 Boraginaceae。【包含】世界 1 种,中国 1 种。【学名诠释与讨论】〈中〉(希)meta,后面的,在一起,伴同的,在其中,次于 + Eritrichum 山琉璃草属。【分布】中国。【模式】Metaeritrichium microuloides W. T. Wang。■★

32698 Metagentiana T. N. Ho et S. W. Liu (2002)【汉】狭蕊龙胆属。【隶属】龙胆科 Gentianaceae。【包含】世界 14 种。【学名诠释与

讨论】〈阴〉(希)met-,后面的,在一起,伴同的,在其中,次于 + (属)Gentiana 龙胆属。【分布】中国。【模式】不详。■☆

32699 Metagnanthus Endl. (1838) Nom. illegit. ≡ Hymenolepis Cass. (1817); ~ = Athanasia L. (1763) ［菊科 Asteraceae(Compositae)］●☆

32700 Metagnathus Benth. et Hook. f. (1873) Nom. illegit. = Metagnanthus Endl. (1838) Nom. illegit. ; ~ = Hymenolepis Cass. (1817); ~ = Athanasia L. (1763) ［菊科 Asteraceae(Compositae)］●☆

32701 Metagonia Nutt. (1842) = Vaccinium L. (1753) ［杜鹃花科(欧石南科) Ericaceae//越橘科(乌饭树科) Vacciniaceae］●

32702 Metalasia R. Br. (1817)【汉】密头帚鼠麴属。【隶属】菊科 Asteraceae(Compositae)。【包含】世界 40‑62 种。【学名诠释与讨论】〈阴〉(希)meta,后面的,在一起,伴同的,在其中,次于 + lasios,多毛的。lasio- = 拉丁文 lani-,多毛的。【分布】非洲南部。【后选模式】Metalasia muricata (Linnaeus) D. Don ［Gnaphalium muricatum Linnaeus］。【参考异名】Endoleuca Cass. (1819); Erythropogon DC. (1838); Tuloclinia Raf. (1838); Tyloclinta Post et Kuntze(1903)●☆

32703 Metalepis Griseb. (1866)【汉】后鳞萝藦属。【隶属】萝藦科 Asclepiadaceae。【包含】世界 7 种。【学名诠释与讨论】〈阴〉(希)meta,后面的,在一起,伴同的,在其中,次于 + lepis,所有格 lepidos,指小式 lepion 或 lepidion,鳞,鳞片。lepidotos,多鳞的。lepos,鳞,鳞片。【分布】西印度群岛。【模式】Metalepis cubensis (A. Richard) Grisebach ［Gonolobus cubensis A. Richard］。■☆

32704 Metalonicera M. Wang et A. G. Gu (1988) = Lonicera L. (1753) ［忍冬科 Caprifoliaceae］●■

32705 Metamagnolia Sima et S. G. Lu(2012)【汉】异木兰属。【隶属】木兰科 Magnoliaceae。【包含】世界 2 种 1 亚种。【学名诠释与讨论】〈阴〉(希)meta,后面的,在一起,伴同的,在其中,次于 + (属)Magnolia 木兰属。【分布】美国,墨西哥。【模式】Metamagnolia macrophylla (Michx.) Sima et S. G. Lu ［Magnolia macrophylla Michx.］。☆

32706 Metanarthecium Maxim. (1867)【汉】狐尾草属。【隶属】百合科 Liliaceae//纳茜菜科(肺筋草科) Nartheciaceae。【包含】世界 5 种。【学名诠释与讨论】〈中〉(希)meta,后面的,在一起,伴同的,在其中,次于 + Narthecium 纳茜菜属,指其与纳茜菜属相近。此属的学名是"Metanarthecium Maximowicz, Bull. Acad. Imp. Sci. Saint‑Pétersbourg 11:438. 1867"。亦有文献把其处理为"Aletris L. (1753)"的异名。【分布】日本,中国(台湾)。【模式】Metanarthecium luteoviride Maximowicz。【参考异名】Aletris L. (1753)■☆

32707 Metanemone W. T. Wang (1980)【汉】毛茛莲花属。【英】Metanemone。【隶属】毛茛科 Ranunculaceae。【包含】世界 1 种,中国 1 种。【学名诠释与讨论】〈阴〉(希)met-,后面的,在一起,伴同的,在其中,次于 + (属)Anemome 银莲花属。【分布】中国。【模式】Metanemone ranunculoides W. T. Wang。■★

32708 Metapanax J. Wen et Frodin (2001) = Nothopanax Miq. (1856); ~ = Panax L. (1753) ［五加科 Araliaceae］■

32709 Metapetrocosmea W. T. Wang(1981)【汉】盾叶苣苔属。【英】Metapetrocosmea。【隶属】苦苣苔科 Gesneriaceae。【包含】世界 1 种,中国 1 种。【学名诠释与讨论】〈阴〉(希)meta,后面的,在一起,伴同的,在其中,次于 + (属)Petrocosmea 石蝴蝶属。【分布】中国。【模式】Metapetrocosmea peltata (E. D. Merrill et Chun) W. T. Wang ［Petrocosmea peltata E. D. Merrill et Chun］。■★

32710 Metaplexis R. Br. (1810)【汉】萝藦属。【日】ガガイモ属。【俄】Метаплексис。【英】Metaplexis。【隶属】萝藦科

Asclepiadaceae。【包含】世界 6 种,中国 2 种。【学名诠释与讨论】〈阴〉(希)meta,后面的,在一起,伴同的,在其中,次于+plektos 交织。指雄蕊和花冠的排列方式。【分布】中国,东亚。【模式】Metaplexis stauntonii J. A. Schultes [as 'staunton']。【参考异名】Aphanostelma Schltr. (1914–1915);Urostelma Bunge(1835)●■

32711 Metaporana N. E. Br. (1914)【汉】伴孔旋花属。【隶属】旋花科 Convolvulaceae。【包含】世界 2 种。【学名诠释与讨论】〈阴〉(希)meta,后面的,在一起,伴同的,在其中,次于+porus,孔+-anus,-ana,-anum,加在名词词干后面使形成形容词的词尾,含义为"属于"。【分布】马达加斯加,热带非洲。【后选模式】Metaporana densiflora (H. G. Hallier) N. E. Brown [Porana densiflora H. G. Hallier]。●☆

32712 Metarungia Baden(1984)【汉】类孩儿草属。【隶属】爵床科 Acanthaceae。【包含】世界 3 种。【学名诠释与讨论】〈阴〉(希)meta,后面的,在一起,伴同的,在其中,次于+(属)Rungia 孩儿草属(明萼草属)。【分布】非洲。【模式】Metarungia galpinii (C. Baden)C. Baden [Macrorungia galpinii C. Baden]。●☆

32713 Metasasa W. T. Lin(1988)【汉】异枝竹属。【英】Metasasa。【隶属】禾本科 Poaceae(Gramineae)。【包含】世界 2 种,中国 2 种。【学名诠释与讨论】〈阴〉(希)meta,后面的,在一起,伴同的,在其中,次于+(属)Sasa 赤竹属。指其与赤竹属相近。此属的学名是"Metasasa W. T. Lin, Acta Phytotax. Sin. 26:144. Apr 1988"。亦有文献把其处理为"Acidosasa C. D. Chu et C. S. Chao ex P. C. Keng (1982)"的异名。【分布】中国。【模式】Metasasa carinata W. T. Lin。【参考异名】Acidosasa C. D. Chu et C. S. Chao ex P. C. Keng (1979)●★

32714 Metasequoia Hu et W. C. Cheng(1948)(保留属名)【汉】水杉属。【日】メタセコイア属。【俄】Метасеквойя。【英】Dawn Redwood。【隶属】杉科(落羽杉科)Taxodiaceae//水杉科 Metasequoiaceae。【包含】世界 1 种,中国 1 种。【学名诠释与讨论】〈阴〉(希)meta,后面的,在一起,伴同的,在其中,次于+(属)Sequoia 北美红杉属。指其与北美红杉属相近而在地史上出现稍晚。此属的学名"Metasequoia Hu et W. C. Cheng in Bull. Fan Mem. Inst. Biol. ,Bot. , ser. 2,1:154. 15 Mai 1948"是保留属名。相应的废弃属名是化石植物的"Metasequoia Miki in Jap. J. Bot. 11:261. 1941(post Mar)"。【分布】中国。【模式】Metasequoia glyptostroboides Hu et Cheng。●★

32715 Metasequoiaceae Hu et W. C. Cheng(1948)[亦见 Cupressaceae Gray(保留科名)柏科和 Taxodiaceae Saporta(保留科名)杉科(落羽杉科)]【汉】水杉科。【包含】世界 1 属 1 种,中国 1 属 1 种。【分布】中国。【科名模式】Metasequoia Hu et W. C. Cheng ●

32716 Metasequoiaceae S. Miki ex Hu et W. C. Cheng (1948) = Metasequoiaceae Hu et W. C. Cheng ●

32717 Metasocratea Dugand(1951)= Socratea H. Karst. (1857) [棕榈科 Arecaceae(Palmae)]●☆

32718 Metastachydium Airy Shaw ex C. Y. Wu et H. W. Li(1975)【汉】箭叶水苏属。【俄】Метастахис。【英】Arrowleafbetony。【隶属】唇形科 Lamiaceae(Labiatae)。【包含】世界 1 种,中国 1 种。【学名诠释与讨论】〈中〉(希)meta,后面的,在一起,伴同的,在其中,次于+(属)Stachys 水苏属。此属的学名,ING 记载是"Metastachydium Airy Shaw ex C. Y. Wu et H. W. Li in H. W. Li, Acta Phytotax. Sin. 13:73. 1975",它是一个替代名称。"Metastachys O. E. Knorring in B. K. Schischkin, Fl. URSS 21:652. 1954"是一个非法名称(Nom. illegit.),因为此前已经有了"Metastachys (Bentham et Hook. f.) Van Tieghem, Bull. Soc. Bot. France 42:164. post 22 Feb 1895 = Loranthus Jacq. (1762)(保留属名)= Macrosolen (Blume) Rchb. (1841) = Tristerix Mart. (1830) [桑寄生科 Loranthaceae]"。故用"Metastachydium Airy Shaw ex

C. Y. Wu et H. W. Li(1975)"替代之。【分布】中国,前苏联部分地区,亚洲中部。【模式】Metastachydium sagittatum (E. Regel)C. Y. Wu et H. W. Li [Phlomis sagittata E. Regel]。【参考异名】Metastachydium Airy Shaw(1981)Nom. inval. ;Metastachys Knorring (1954)Nom. illegit. ■

32719 Metastachydium Airy Shaw (1981) Nom. inval. ≡ Metastachydium Airy Shaw ex C. Y. Wu et H. W. Li(1975) [唇形科 Lamiaceae (Labiatae)]■

32720 Metastachys (Benth.) Tiegh. (1895) Nom. illegit. ≡ Metastachys (Benth. et Hook. f.) Tiegh. (1895); ~ = Loranthus Jacq. (1762) (保留属名); ~ = Macrosolen (Blume) Rchb. (1841); ~ = Tristerix Mart. (1830) [桑寄生科 Loranthaceae]●

32721 Metastachys (Benth. et Hook. f.) Tiegh. (1895) = Loranthus Jacq. (1762)(保留属名); ~ = Macrosolen (Blume) Rchb. (1841); ~ = Tristerix Mart. (1830) [桑寄生科 Loranthaceae]●

32722 Metastachys Knorring(1954)Nom. illegit. ≡ Metastachydium Airy Shaw ex C. Y. Wu et H. W. Li (1975) [唇形科 Lamiaceae (Labiatae)]■

32723 Metastachys Tiegh. (1895)Nom. illegit. ≡ Metastachys (Benth. et Hook. f.) Tiegh. (1895); ~ = Loranthus Jacq. (1762)(保留属名); ~ = Macrosolen (Blume) Rchb. (1841); ~ = Tristerix Mart. (1830) [桑寄生科 Loranthaceae]●

32724 Metastelma R. Br. (1810)【汉】异冠藤属。【隶属】萝藦科 Asclepiadaceae。【包含】世界 100 种。【学名诠释与讨论】〈中〉(希)meta,后面的,在一起,伴同的,在其中,次于+stelma,王冠,花冠。此属的学名,ING、GCI 和 TROPICOS 记载是"Metastelma R. Br. , Asclepiadeae 41. 1810 [3 Apr 1810]";IK 则记载为"Metastelma R. Br. , Mem. Wern. Soc. i. (1809) 52"。其异名"Epicion",ING、GCI 和 TROPICOS 记载是"Epicion Small, Fl. Miami [Small]149. 1913";IK 则记载为"Epicion (Griseb.)Small, Fl. Miami [Small] 149(1913) [26 Apr 1913]",由"Metastelma sect. Epicion Griseb. "改级而来。【分布】巴拉圭,巴拿马,秘鲁,玻利维亚,厄瓜多尔,尼加拉瓜,热带和亚热带美洲,中美洲。【模式】Metastelma parviflorum (Swartz)R. Brown ex J. A. Schultes [Cynanchum parviflorum Swartz]。【参考异名】Acrocoryne Turcz. (1852);Amphistelma Griseb. (1862);Epicion (Griseb.) Small (1913);Epicion Small (1913);Irmischia Schltdl. (1847);Liedea W. D. Stevens (2005);Lyonia Elliott (1817) Nom. illegit. (废弃属名);Lyonsia Raf. ;Metastelma sect. Epicion Griseb. ;Petalostelma E. Fourn. (1885);Sattadia E. Fourn. (1885);Selmation T. Durand;Stelmation E. Fourn. (1885)●☆

32725 Metastevia Grashoff (1975)【汉】毛喉菊属。【隶属】菊科 Asteraceae(Compositae)。【包含】世界 1 种。【学名诠释与讨论】〈阴〉(希)meta,后面的,在一起,伴同的,在其中,次于+(属)Stevia 甜叶菊属(甜菊属)。【分布】墨西哥。【模式】Metastevia hintonii J. L. Grashoff。■☆

32726 Metathlaspi E. H. L. Krause (1927) = Aetheonema Rouy et Foucaud(1895)Nom. illegit. ; ~ = Iberis L. (1753); ~ = Thlaspi L. (1753) [十字花科 Brassicaceae (Cruciferae)//荠蓂科 Thlaspiaceae]■

32727 Metatrophis F. Br. (1935)【汉】波岛麻属。【隶属】荨麻科 Urticaceae。【包含】世界 1 种。【学名诠释与讨论】〈阴〉(希)meta,后面的,在一起,伴同的,在其中,次于+trophe,喂食者。trophis,大的,喂得好的。trophon,食物。【分布】波利尼西亚群岛。【模式】Metatrophis margaretae F. Brown。■☆

32728 Metaxanthus Walp. (1843) Nom. illegit. = Metazanthus Meyen (1834); ~ = Senecio L. (1753) [菊科 Asteraceae(Compositae)//

千里光科 Senecionidaceae]■●

32729　Metazanthus Meyen（1834）= Senecio L.（1753）［菊科 Asteraceae(Compositae)//千里光科 Senecionidaceae]■●

32730　Metcalfia Conert（1960）【汉】梅特草属。【隶属】禾本科 Poaceae(Gramineae)。【包含】世界 1 种。【学名诠释与讨论】〈阴〉(人) Franklin Post Metcalf, 1892-1955, 美国植物学者。另说纪念英国植物学者, 植物采集家 Charles Russell Metcalfe, 1904-1991。【分布】墨西哥。【模式】Metcalfia mexicana（Lamson - Scribner）Conert［Danthonia mexicana Lamson - Scribner］。【参考异名】Danthoniastrum（Holub）Holub(1970)■☆

32731　Meteorina Cass.（1818）Nom. illegit. ≡ Dimorphotheca Moench（1794）(废弃属名)；~ = Dimorphotheca Vaill.（1754）(保留属名)［菊科 Asteraceae(Compositae)]■●☆

32732　Meteoromyrtus Gamble(1918)【汉】雅桃木属。【隶属】桃金娘科 Myrtaceae。【包含】世界 1 种。【学名诠释与讨论】〈阴〉(希) meter, 规则的+(属)Myrtus 香桃木属(爱神木属, 番桃木属, 莫塌属, 银香梅属)。【分布】印度(南部)。【模式】Meteoromyrtus wynaadensis（Beddome）Gamble［Eugenia wynaadensis Beddome］。●☆

32733　Meteorus Lour.（1790）= Barringtonia J. R. Forst. et G. Forst.（1775）(保留属名)［玉蕊科(巴西果科)Lecythidaceae//翅玉蕊科(金刀木科)Barringtoniaceae]●

32734　Meterana Raf.（1838）= Caperonia A. St. -Hil.（1826）［大戟科 Euphorbiaceae]■☆

32735　Meterostachys Nakai(1935)［as 'Merostachys'］【汉】四国瓦花属。【日】チャボツメレンゲ属。【隶属】景天科 Crassulaceae。【包含】世界 1 种。【学名诠释与讨论】〈阴〉(希) meter, 规则的+ stachyos 总状花序。指花序从根茎规则地放射状长出。此属的学名, ING、TROPICOS 和 IK 记载是 "Meterostachys Nakai, Bot. Mag.（Tokyo）49：74. 20 Feb 1935 ('Merostachys')"。"Merostachys Nakai(1935)" 是其变体。"Merostachys Nakai, Bot. Mag.（Tokyo）49：74. 20 Feb 1935（non K. P. J. Sprengel 1824）" 是 "Meterostachys Nakai(1935)" 的拼写变体。【分布】朝鲜, 日本。【模式】Meterostachys sikokiana（Makino）Nakai［Cotyledon sikokiana Makino］。【参考异名】Merostachys Nakai（1935）Nom. illegit. ■☆

32736　Metharme Phil.（1890）Nom. inval. ≡ Metharme Phil. ex Engl.（1896）［蒺藜科 Zygophyllaceae]●☆

32737　Metharme Phil. ex Engl.（1896）【汉】毛被蒺藜属。【隶属】蒺藜科 Zygophyllaceae。【包含】世界 1 种。【学名诠释与讨论】〈阴〉(希) metheis = medeis, 无+armos, 关节。此属的学名, ING、TROPICOS 和 IK 记载是 "Metharme Philippi ex Engler in Engler et Prantl, Nat. Pflanzenfam. 3(4)：86. Dec 1890"。"Metharme Phil., Nat. Pflanzenfam.［Engler et Prantl］3, pt. 4：86. 1890 ≡ Metharme Phil. ex Engl.（1896）" 是一个未合格发表的名称(Nom. inval.)。【分布】智利(北部)。【模式】Metharme lanata Philippi ex Engler。【参考异名】Metharme Phil.（1890）Nom. inval. ●☆

32738　Methonica Gagnebin(1755)Nom. inval. , Nom. illegit. ≡ Gloriosa L.（1753）［百合科 Liliaceae//秋水仙科 Colchicaceae]■

32739　Methonica Tourn. ex Crantz（1766）Nom. illegit. = Methonica Gagnebin（1755）Nom. inval. ; ~ Gloriosa L.（1753）［百合科 Liliaceae//秋水仙科 Colchicaceae]■

32740　Methonicaceae E. Mey. = Liliaceae Juss.（保留科名）■●

32741　Methonicaceae Trautv. = Melanthiaceae Batsch ex Borkh.（保留科名）■●

32742　Methorium Schotr et Endl.（1832）= Helicteres L.（1753）［梧桐科 Sterculiaceae//锦葵科 Malvaceae]●

32743　Methyscophyllum Eckl. et Zeyh.（1836）= Catha Forssk.（1775）Nom. inval.（废弃属名）; ~ = Catha Forssk. ex Schreb.（1777）(废弃属名)；~ ≡ Catha Forssk. ex Scop.（1777）(废弃属名); ~ = Gymnosporia（Wight et Arn.）Benth. et Hook. f.（1862）(保留属名)；~ = Maytenus Molina(1782)［卫矛科 Celastraceae]●

32744　Methysticodendron R. E. Schult.（1955）= Brugmansia Pers.（1805）［茄科 Solanaceae]●

32745　Methysticum Raf.（1838）= Piper L.（1753）［胡椒科 Piperaceae]●■

32746　Metopium P. Browne(1756)【汉】毒漆树属。【隶属】漆树科 Anacardiaceae。【包含】世界 3 种。【学名诠释与讨论】〈中〉(希) metopon = 拉丁文 metopion, 眉, 面貌+-ius, -ia, -ium, 在拉丁文和希腊文中, 这些词尾表示性质或状态。另说来自 "Metopium toxiferum（L. ）Krug et Urban." 的名称。【分布】美国(佛罗里达), 墨西哥, 西印度群岛。【模式】Metopium linnaei Engler［Rhus metopium Linnaeus］。●☆

32747　Metoxypetalum Morillo(1994)【汉】新尖瓣花属。【隶属】萝藦科 Asclepiadaceae。【包含】世界 2 种。【学名诠释与讨论】〈中〉(希) meta, 第二个, 伴同的, 在其中, 在后面, 时间上在后+(属)Oxypetalum 尖瓣花属(尖瓣木属)。此属的学名是 "Metoxypetalum G. Morillo, Ernstia ser. 2. 3：145. Jan 1994"。亦有文献把其处理为 "Macroscepis Kunth(1819)" 的异名。【分布】秘鲁, 玻利维亚。【模式】Metoxypetalum retusum（F. Markgraf）G. Morillo［Macroscepis retusa F. Markgraf］。【参考异名】Macroscepis Kunth(1819)●☆

32748　Metrocynia Thouars（1806）= Cynometra L.（1753）［豆科 Fabaceae(Leguminosae)]●☆

32749　Metrodorea A. St. -Hil.（1825）【汉】囊髓香属。【隶属】芸香科 Rutaceae。【包含】世界 5-6 种。【学名诠释与讨论】〈阴〉(希) metra, 髓, 心材, 子宫+doros, 革制的袋, 囊；doron, 礼物。另说纪念植物画家 Metrodora Sabino。【分布】巴西, 秘鲁, 玻利维亚。【模式】Metrodorea nigra A. Saint-Hilaire。●☆

32750　Metrosideros Banks ex Gaertn.（1788）(保留属名)【汉】新西兰圣诞树属(铁心木属)。【日】メトロシデーロス属。【英】Bottle-brush, Iron Tree, Iron-tree, Rata Tree, Rata-tree。【隶属】桃金娘科 Myrtaceae。【包含】世界 50 种。【学名诠释与讨论】〈阴〉(希) metra, 髓, 心材, 子宫 + sideros, 铁。指木材坚硬。此属的学名 "Metrosideros Banks ex Gaertn. , Fruct. Sem. Pl. 1；170. Dec 1788" 是保留属名。相应的废弃属名是 "Nani Adans. , Fam. Pl. 2：88, 581. Jul-Aug 1763 = Metrosideros Banks ex Gaertn.（1788）(保留属名)"；其变体 "Nania Miq. , Fl. Ned. Ind. 1：399. 1855［20 Dec 1855］ ≡ Nani Adans.（1763）(废弃属名)" 亦应废弃。【分布】澳大利亚, 波利尼西亚群岛, 马来西亚, 新西兰, 非洲南部, 中美洲。【模式】Metrosideros spectabilis Solander ex J. Gaertner。【参考异名】Agalmanthus（Endl.）Hombr. et Jacquinot(1843)；Agalmanthus Hombr. et Jacquinot ex Decne.（1843）Nom. illegit. ；Carpolepis（J. W. Dawson）J. W. Dawson（1985）；Kania Schltr.（1914）；Mearnsia Merr.（1907）；Microsideros Baum. -Bod.（1989）Nom. illegit. ；Nani Adans.（1763）(废弃属名)；Nania Miq.（1855）Nom. illegit.（废弃属名）；Stenospermum Sweet ex Heynh.（1830）Nom. inval. ；Stenospermum Sweet ex Heynh.（1841）；Stenospermum Sweet（1830）Nom. inval. ●☆

32751　Metroxilon Welw.（1859）Nom. illegit.（废弃属名）≡ Metroxylon Rottb.（1783）(保留属名)［棕榈科 Arecaceae(Palmae)]●

32752　Metroxylon Rottb.（1783）(保留属名)【汉】西谷椰子属(砂谷椰属, 西谷椰属, 西谷棕属, 西壳叶属, 西米椰子属)。【日】サゴヤシ属, メトロキシロン属。【俄】Коелококкус, Целококкус.

【英】Ivory Nut Palm, Ivory-nut Palm, Sago Palm, Sago-palm。【隶属】棕榈科 Arecaceae(Palmae)。【包含】世界 5-15 种,中国 1 种。【学名诠释与讨论】〈中〉(希)metra,髓,心材,子宫+xylon,木材。指树干的大部分含淀粉。此属的学名"Metroxylon Rottb. in Nye Saml. Kongel. Danske Vidensk. Selsk. Skr. 2:527. 1783"是保留属名。"Metroxilon Welw., Apont. 584. 1859〔Dec 1858 publ. Dec 1859〕"是其拼写变体,应予废弃。相应的废弃属名是棕榈科 Arecaceae 的"Sagus Steck, Sagu:21. 21 Sep 1757 = Metroxylon Rottb. (1783)(保留属名)"。晚出的"Sagus J. Gaertner, Fruct. 1:27. Dec 1788(non Steck 1757)"也须废弃(IK 引用为"Sagus Rumph. ex Gaertn. (1788)")。棕榈科 Arecaceae 的晚出的非法名称"Metroxylon Spreng., Gen. Pl., ed. 9. 1:283. 1830〔Sep 1830〕= Raphia P. Beauv. (1806)"亦应废弃。【分布】斐济,泰国至所罗门群岛,中国。【模式】Metroxylon sagu Rottbøll。【参考异名】Coelococcus H. Wendl. (1862);Metroxilon Welw. (1859) Nom. illegit. (废弃属名);Sagus Steck(1757)(废弃属名)●

32753 Metroxylon Spreng. (1830) Nom. illegit. (废弃属名)= Raphia P. Beauv. (1806)〔棕榈科 Arecaceae(Palmae)〕●

32754 Mettenia Griseb. (1859)【汉】梅滕大戟属。【隶属】大戟科 Euphorbiaceae。【包含】世界 6 种。【学名诠释与讨论】〈阴〉(人)Georg Heinrich Mettenius, 1823-1866, 植物学者。【分布】西印度群岛。【模式】Mettenia globosa (O. Swartz) Grisebach〔Croton globosum O. Swartz〕。☆

32755 Metteniusa H. Karst. (1860)【汉】管花木属。【隶属】管花木科 Metteniusaceae。【包含】世界 3 种。【学名诠释与讨论】〈阴〉(人)Georg Heinrich Mettenius, 1823-1866, 德国植物学者。【分布】巴拿马,秘鲁,厄瓜多尔,哥伦比亚(安蒂奥基亚),哥斯达黎加,中美洲。【模式】Metteniusa edulis H. Karsten。【参考异名】Aveledoa Pittier(1925)●☆

32756 Metteniusaceae H. Karst. (1860)〔亦见 Alangiaceae DC. (保留科名)八角枫科〕【汉】管花木科。【包含】世界 1 属 3-7 种。【分布】巴拿马,南美洲西北部。【科名模式】Metteniusa H. Karst. ●☆

32757 Metteniusaceae H. Karst. ex Schnizl. (1860-1870) = Metteniusaceae H. Karst. ●☆

32758 Metternichia J. C. Mikan(1823)【汉】梅廷茄属。【隶属】茄科 Solanaceae。【包含】世界 4 种。【学名诠释与讨论】〈阴〉(人)Metternich。【分布】中美洲和热带南美洲。【模式】Metternichia principis Mikan。【参考异名】Lisianthus Vell. ●☆

32759 Metula Tiegh. (1895) = Phragmanthera Tiegh. (1895);~ = Tapinanthus (Blume) Rchb. (1841)(保留属名)〔桑寄生科 Loranthaceae〕●☆

32760 Metzleria Sond. (1865) = Lobelia L. (1753);~ = Mezleria C. Presl(1836)〔桔梗科 Campanulaceae//山梗菜科(半边莲科)Nelumbonaceae〕●■

32761 Meum Adans. (1763) Nom. illegit. 〔伞形花科(伞形科)Apiaceae(Umbelliferae)〕■☆

32762 Meum Mill. (1754)【汉】欧香叶芹属(秃钱芹属,针刺草属)。【英】Baldmoney, Spicknel, Spignel。【隶属】伞形花科(伞形科)Apiaceae(Umbelliferae)。【包含】世界 3 种。【学名诠释与讨论】〈中〉(拉)meum,植物古名。此属的学名,ING、TROPICOS 和 IK 记载是"Meum Mill., Gard. Dict. Abr., ed. 4. (1754);Druce in Rep. Bot. Exch. Cl. Brit. Isles, 3;433(1913)"。"Meonitis Rafinesque, Good Book 59. Jan 1840"是其晚出的同模式异名。"Meum Adans., Fam. Pl. (Adanson)2;97. 1763, Nom. illegit. 〔伞形花科(伞形科)Apiaceae(Umbelliferae)〕"是晚出的非法名称。【分布】中国,欧洲。【模式】Meum athamanticum N. J. Jacquin〔Athamanta meum Linnaeus〕。【参考异名】Meon Raf. (1880);

Meonitis Raf. (1840)■

32763 Mexacanthus T. F. Daniel(1981)【汉】墨西哥刺爵床属。【隶属】爵床科 Acanthaceae。【包含】世界 1 种。【学名诠释与讨论】〈阳〉(地)Mexico,墨西哥+akantha,荆棘。akanthikos,荆棘的。akanthion,蓟的一种,豪猪,刺猬。akanthinos,多刺的,用荆棘做成的。在植物学中,acantha 通常指刺。【分布】墨西哥(西部)。【模式】Mexacanthus mcvaughii T. F. Daniel。☆

32764 Mexerion G. L. Nesom(1990)【汉】匍茎紫绒草属。【隶属】菊科 Asteraceae(Compositae)。【包含】世界 2 种。【学名诠释与讨论】〈中〉(地)Mexico,墨西哥+erion,羊毛。【分布】墨西哥。【模式】Mexerion sarmentosum (Klatt) G. L. Nesom〔Gnaphalium sarmentosum Klatt〕。■☆

32765 Mexianthus B. L. Rob. (1928)【汉】墨西哥花属(墨花菊属)。【隶属】菊科 Asteraceae(Compositae)。【包含】世界 1 种。【学名诠释与讨论】〈阳〉(地)Mexico,墨西哥+anthos,花。另说纪念 Ynes Enriquetta (Enri-queta) Julietta Mexia, 1870-1938, 美国植物学者,植物采集家。【分布】墨西哥。【模式】Mexianthus mexicanus B. L. Robinson。■☆

32766 Mexicoa Garay(1974)【汉】墨西哥兰属。【隶属】兰科 Orchidaceae。【包含】世界 1 种。【学名诠释与讨论】〈阴〉(地)Mexico,墨西哥。此属的学名是"Mexicoa L. A. Garay in L. A. Garay et J. E. Stacy, Bradea 1:423. 25 Sep 1974"。亦有文献把其处理为"Oncidium Sw. (1800)(保留属名)"的异名。【分布】墨西哥。【模式】Mexicoa ghiesbreghtiana (A. Richard et H. Galeotti) L. A. Garay〔Oncidium ghiesbreghtianum A. Richard et H. Galeotti〕。【参考异名】Oncidium Sw. (1800)(保留属名)■☆

32767 Meximalva Fryxell(1975)【汉】墨西哥锦葵属。【隶属】锦葵科 Malvaceae。【包含】世界 2 种。【学名诠释与讨论】〈阴〉(地)Mexico,墨西哥+(属)Malva 锦葵属。【分布】墨西哥。【模式】Meximalva venusta (Schlechtendal) P. A. Fryxell〔Sida venusta Schlechtendal〕。●☆

32768 Mexipedium V. A. Albert et M. W. Chase(1992)【汉】墨西哥靴兰属。【隶属】兰科 Orchidaceae。【包含】世界 1 种。【学名诠释与讨论】〈中〉(地)Mexico,墨西哥+pedion,靴子,拖鞋+-ius,-ia,-ium,在拉丁文和希腊文中,这些词尾表示性质或状态。【分布】墨西哥。【模式】Mexipedium xerophyticum (Soto Arenas, Salazar et Hágsater) V. A. Albert et M. W. Chase。■☆

32769 Mexocarpus Borhidi, E. Martínez et Ramos(2015)【汉】四节茜属。【隶属】茜草科 Rubiaceae。【包含】世界 1 种。【学名诠释与讨论】〈阴〉(地)Mexico,墨西哥+(希)karpos,果实。【分布】哥斯达黎加。【模式】Mexocarpus tetragonus (Donn. Sm.) Borhidi, E. Martínez et Ramos〔Cephaëlis tetragona Donn. Sm. 〕。☆

32770 Mexotis Terrell et H. Rob. (2009)= Houstonia L. (1753)〔茜草科 Rubiaceae//休氏茜草科 Houstoniaceae〕■☆

32771 Meyenia Backeb. (1931) Nom. illegit. ≡ Weberbauerocereus Backeb. (1942)〔仙人掌科 Cactaceae〕●☆

32772 Meyenia Nees(1832)【汉】迈恩爵床属。【隶属】爵床科 Acanthaceae//老鸦嘴科(山牵牛科,老鸦咀科)Thunbergiaceae。【包含】世界 1 种。【学名诠释与讨论】〈阴〉(人)Franz Julius Ferdinand Meyen, 1804-1840, 德国植物学者,医生。此属的学名,ING、TROPICOS 和 IK 记载是"Meyenia Nees, Pl. Asiat. Rar. (Wallich). iii. 78(1832)"。"Meyenia Backeb., Möller's Deutsche Gärtn. -Zeitung 1931, xlvi. 187〔仙人掌科 Cactaceae〕"是晚出的非法名称;它已经被"Weberbauerocereus Backeb. (1942)"所替代。晚出的非法名称"Meyenia D. F. L. Schlechtendal, Linnaea 8:251. 1833〔茄科 Solanaceae〕"已经被"Habrothamnus Endl. (1839)"所替代。"Meyenia Post et Kuntze(1903) Nom. illegit. =

Meyna Roxb. ex Link(1820)［茜草科 Rubiaceae］"亦是晚出的非法名称。亦有文献把"Meyenia Nees(1832)"处理为"Thunbergia Retz.(1780)(保留属名)"的异名。【分布】巴基斯坦,斯里兰卡,印度。【模式】Meyenia hawtayneana C. G. D. Nees。【参考异名】Thunbergia Retz.(1780)(保留属名)●☆

32773　Meyenia Post et Kuntze(1903)Nom. illegit. = Meyna Roxb. ex Link(1820)［茜草科 Rubiaceae］●

32774　Meyenia Schltdl.(1833)Nom. illegit. ≡ Habrothamnus Endl.(1839);~ =Cestrum L.(1753)［茄科 Solanaceae］●

32775　Meyeniaceae Sreemadh.(1977) = Acanthaceae Juss.(保留科名);~ =Thunbergiaceae Tiegh.●■

32776　Meyera Adans.(1763)Nom. illegit. ≡Holosteum L.(1753)［石竹科 Caryophyllaceae］■

32777　Meyera Schreb.(1791)Nom. illegit. =Enydra Lour.(1790)［菊科 Asteraceae(Compositae)］■

32778　Meyerafra Kuntze(1891)Nom. illegit. ≡Astephania Oliv.(1886)［菊科 Asteraceae(Compositae)］■☆

32779　Meyeria DC.(1836)Nom. illegit. = Calea L.(1763)［菊科 Asteraceae(Compositae)］●■☆

32780　Meyerocactus Doweld(1996) = Echinocactus Link et Otto(1827)［仙人掌科 Cactaceae］●

32781　Meyerophytum Schwantes(1927)【汉】丝毛玉属。【日】マイエロフィツム属。【隶属】番杏科 Aizoaceae。【包含】世界 1 种。【学名诠释与讨论】〈阴〉(人)G. Meyer,德国传教士,植物学者,植物采集家+phyton,植物,树木,枝条。【分布】非洲南部。【模式】Meyerophytum meyeri(Schwantes)Schwantes［Mitrophyllum meyeri Schwantes］。【参考异名】Depacarpus N. E. Br.(1930)●☆

32782　Meyna Roxb. ex Link(1820)【汉】琼梅属。【英】Meyna。【隶属】茜草科 Rubiaceae。【包含】世界 11 种,中国 1 种。【学名诠释与讨论】〈阴〉(人)Franz Julius Ferdinand Meyen,1804-1840,植物学者。【分布】中国,热带非洲和科摩罗群岛至东南亚。【模式】Meyna spinosa Roxburgh ex Link。【参考异名】Mayna Schltdl.;Meyenia Post et Kuntze(1903);Meynia Schult.(1822)Nom. illegit.●

32783　Meynia Schult.(1822)Nom. illegit. = Meyna Roxb. ex Link(1820)［茜草科 Rubiaceae］●

32784　Mezereum C. A. Mey.(1843) = Daphne L.(1753)［瑞香科 Thymelaeaceae］●

32785　Mezia Kuntze(1891)Nom. illegit. ≡Mezilaurus Kuntze ex Taub.(1892);~ =Neosilvia Pax(1897)Nom. illegit.［樟科 Lauraceae］●☆

32786　Mezia Schwacke ex Engl. et Prantl(1890)Nom. inval. ≡ Mezia Schwacke ex Nied.(1890)［金虎尾科(黄褥花科)Malpighiaceae］●☆

32787　Mezia Schwacke ex Nied.(1890)【汉】梅茨木属。【隶属】金虎尾科(黄褥花科)Malpighiaceae。【包含】世界 4 种。【学名诠释与讨论】〈阴〉(人)Carl Christian Mez,1866-1944,德国植物学者。此属的学名,ING 和 TROPICOS 记载为"Mezia Schwacke ex Niedenzu in Engler et Prantl, Nat. Pflanzenfam. 3(4):58. Dec 1890";IK 则记载为"Mezia Schwacke ex Engl. et Prantl, Nat. Pflanzenfam.[Engler et Prantl]iii. 4(1890)58";三者引用的文献相同。"Mezia Kuntze, Revis. Gen. Pl. 2:573. 1891［5 Nov 1891］≡Mezilaurus Kuntze ex Taub.(1892)≡Neosilvia PaxNom. illegit.(1897)［樟科 Lauraceae］"和"Mezia Schwacke, Bot. Jahrb. Syst. 14(1-2,Beibl. 30):2. 1891［5 May 1891］"是晚出的非法名称。"Mezia Schwacke, Bot. Jahrb. Syst. 14(1-2,Beibl. 30):2. 1891［5 May 1891］"和"Mezia Schwacke ex Engl. et Prantl, Nat. Pflanzenfam.[Engler et Prantl]iii. 4(1890)58"应该是未合格发表的名称(Nom. inval.)。【分布】巴拿马,巴西,秘鲁,玻利维亚,厄

瓜多尔。【模式】Mezia araujei Schwacke ex Niedenzu。【参考异名】Mezia Schwacke ex Engl. et Prantl(1890)Nom. illegit.;Mezia Schwacke(1891);Stenocalyx Turcz.(1858)Nom. illegit.●☆

32788　Mezia Schwacke(1890)Nom. inval. = Mezia Schwacke ex Nied.(1890)［金虎尾科(黄褥花科)Malpighiaceae］●☆

32789　Meziella Schindl.(1905)【汉】梅茨仙草属。【隶属】小二仙草科 Haloragaceae。【包含】世界 1 种。【学名诠释与讨论】〈阴〉(人)Carl Christian Mez,1866-1944,德国植物学者+-ellus,-ella,-ellum,加在名词词干后面形成指小式的词尾。或加在人名、属名等后面以组成新属的名称。此属的学名是"Meziella A. K. Schindler in Engler, Pflanzenr. IV. 225(Heft 23):60. 12 Dec 1905"。亦有文献把其处理为"Haloragis J. R. Forst. et G. Forst.(1776)"的异名。【分布】澳大利亚。【模式】Meziella trifida(C. G. D. Nees)A. K. Schindler［Goniocarpus trifidus C. G. D. Nees］。【参考异名】Haloragis J. R. Forst. et G. Forst.(1776);Meziera Baker(1877)■☆

32790　Meziera Baker(1877)Nom. illegit. ≡ Mezierea Gaudich.(1841);~ = Begonia L.(1753)［秋海棠科 Begoniaceae］●■

32791　Mezierea Gaudich.(1841) = Begonia L.(1753)［秋海棠科 Begoniaceae］●■

32792　Mezilaurus Kuntze ex Taub.(1892)【汉】热美樟属(南美月桂属)。【隶属】樟科 Lauraceae。【包含】世界 16-20 种。【学名诠释与讨论】〈阴〉(人)Carl Christian Mez,1866-1944,德国植物学者+laurus,月桂树。此属的学名,ING 记载"Mezilaurus O. Kuntze ex Taubert, Bot. Centralbl. 50:21. 29 Mar 1892"是一个替代名称。"Silvia F. Allemão,Pl. Novas Brasil［19］. 1848"是一个非法名称(Nom. illegit.),因为此前已经有了"Silvia Vellozo, Fl. Flum. 55. 7 Sep-28 Nov 1829('1825') = Escobedia Ruiz et Pav.(1794)［玄参科 Scrophulariaceae//列当科 Orobanchaceae］"。故用"Mezilaurus Kuntze ex Taub.(1892)"替代之。同理,"Silvia Bentham in Alph. de Candolle, Prodr. 10:513. 8 Apr 1846 ≡Silviella Pennell(1928)［玄参科 Scrophulariaceae//列当科 Orobanchaceae］"亦是非法名称。"Mezilaurus Kuntze(1892) ≡ Mezilaurus Kuntze ex Taub.(1892)［樟科 Lauraceae］"和"Mezilaurus Taub.(1892)≡ Mezilaurus Kuntze ex Taub.(1892)［樟科 Lauraceae］"的命名人引证有误。IK 记载是用"Mezilaurus Taub., Bot. Centralbl. 50:21. 1892［29 Mar 1892］"替代的。"Neosilvia Pax, Nat. Pflanzenfam. Nachtr.[Engler et Prantl]174. 1897［Aug 1897］"和"Mezia O. Kuntze, Rev. Gen. 2:573. 5 Nov 1891(non Schwacke ex Niedenzu 1890)"是"Mezilaurus Kuntze ex Taub.(1892)"的同模式异名(Homotypic synonym, Nomenclatural synonym)。【分布】秘鲁,玻利维亚,厄瓜多尔,热带南美洲,中美洲。【模式】Mezilaurus navalium(Fr. Allemão)Taubert ex Mez［Silvia navalium Fr. Allemão］。【参考异名】Clinostemon Kuhlm. et A. Samp.(1928);Mezia Kuntze(1891)Nom. illegit.;Mezilaurus Kuntze(1892)Nom. illegit.;Mezilaurus Taub.(1892)Nom. illegit.;Neosilvia Pax(1897)Nom. illegit.;Silvaea Meisn.(1864)Nom. illegit.;Silvia Allemão(1848)Nom. illegit.●☆

32793　Mezilaurus Kuntze(1892)Nom. illegit. ≡ Mezilaurus Kuntze ex Taub.(1892)［樟科 Lauraceae］●☆

32794　Mezilaurus Taub.(1892)Nom. illegit. ≡ Mezilaurus Kuntze ex Taub.(1892)［樟科 Lauraceae］●☆

32795　Meziothamnus Harms(1929) = Abromeitiella Mez(1927)［凤梨科 Bromeliaceae］■☆

32796　Mezleria C. Presl(1836) = Lobelia L.(1753)［桔梗科 Campanulaceae//山梗菜科(半边莲科)Nelumbonaceae］●■

32797　Mezobromelia L. B. Sm.(1935)【汉】麦穗凤梨属。【隶属】凤

梨科 Bromeliaceae。【包含】世界 5-9 种。【学名诠释与讨论】〈阴〉（人）Carl Christian Mez,1866-1944,德国植物学者+（属）Bromelia 凤梨属（菠萝属,布洛美属,布诺美丽亚属,观赏凤梨属,红心凤梨属,美凤梨属,强刺凤梨属,强刺属,野凤梨属,真凤梨属）。【分布】巴拿马,秘鲁,玻利维亚,厄瓜多尔,哥伦比亚（安蒂奥基亚）,哥斯达黎加,中美洲。【模式】Mezobromelia bicolor L. B. Smith。■☆

32798　Mezochloa Butzin（1966）= Alloteropsis J. Presl ex C. Presl（1830）［禾本科 Poaceae（Gramineae）］■

32799　Mezoneuron Desf.（1818）【汉】见血飞属。【英】Mezoneuron。【隶属】豆科 Fabaceae（Leguminosae）//云实科（苏木科）Caesalpiniaceae。【包含】世界 35 种,中国 4 种。【学名诠释与讨论】〈中〉（希）meizon,强大的+neuron = 拉丁文 nervus,脉,筋,腱,神经。指荚果腹缝有脉纹。此属的学名,TROPICOS 和 IK 记载是“Mezoneuron Desf.,Mém. Mus. Hist. Nat. 4:245. tt. 10,11. 1818,as‘MEZONEVRON’”。“Mezonevron Desfontaines, Mém. Mus. Hist. Nat. 4:245. 181”和“Mezoneurum Desf.（1818）”是其变体。“Mezoneurum DC.,Prodromus 2 1825 = Mezoneuron Desf.（1818）”是晚出的非法名称。亦有文献把“Mezoneuron Desf.（1818）”处理为“Caesalpinia L.（1753）”的异名。【分布】巴基斯坦,中国,马达加斯加至澳大利亚和太平洋地区,热带非洲。【模式】Mezoneuron glabrum Desfontaines。【参考异名】Caesalpinia L.（1753）；Mesoneurum DC.（1825）Nom. illegit.；Mezoneurum DC.（1825）Nom. illegit.；Mezoneurum Desf.（1818）Nom. illegit.；Mezonevron Desf.（1818）Nom. illegit.●

32800　Mezoneurum DC.（1825）= Mezoneuron Desf.（1818）［豆科 Fabaceae（Leguminosae）//云实科（苏木科）Caesalpiniaceae］●

32801　Mezoneurum Desf.（1818）Nom. illegit. ≡ Mezoneuron Desf.（1818）［豆科 Fabaceae（Leguminosae）//云实科（苏木科）Caesalpiniaceae］●

32802　Mezonevron Desf.（1818）Nom. illegit. ≡ Mezoneuron Desf.（1818）［豆科 Fabaceae（Leguminosae）//云实科（苏木科）Caesalpiniaceae］●

32803　Mezzettia Becc.（1871）【汉】马来番荔枝属（单心依兰属,梅泽木属）。【隶属】番荔枝科 Annonaceae。【包含】世界 4 种。【学名诠释与讨论】〈阴〉（人）Mezzett.。【分布】加里曼丹岛,马来半岛。【后选模式】Mezzettia umbellata Beccari。【参考异名】Lonchomera Hook. f. et Thomson（1872）●☆

32804　Mezzettiopsis Ridl.（1912）【汉】蚁花属。【英】Antflower, Mezzettiopsis。【隶属】番荔枝科 Annonaceae。【包含】世界 1-3 种,中国 1 种。【学名诠释与讨论】〈阴〉（属）Mezzettia 马来番荔枝属 + 希腊文 opsis,外观,模样,相似。此属的学名是“Mezzettiopsis Ridley, Bull. Misc. Inform. 1912：389. 13 Dec 1912”。亦有文献把其处理为“Orophea Blume（1825）”的异名。【分布】中国,加里曼丹岛。【模式】Mezzettiopsis creaghii Ridley。【参考异名】Orophea Blume（1825）●

32805　Miagia Raf. = Arundinaria Michx.（1803）；~ = Miegia Pers.（1805）Nom. illegit.；~ = Arundinaria Michx.（1803）［禾本科 Poaceae（Gramineae）//青篱竹科 Arundinariaceae］●■

32806　Miagrum Crantz（1762）= Myagrum L.（1753）［十字花科 Brassicaceae（Cruciferae）］■☆

32807　Mialisa Post et Kuntze（1903）= Adriana Gaudich.（1825）；~ = Meialisa Raf.（1838）［大戟科 Euphorbiaceae］●☆

32808　Miangis Thouars = Angraecopsis Kraenzl.（1900）；~ = Angraecum Bory（1804）［兰科 Orchidaceae］■

32809　Miapinon Post et Kuntze（1903）= Meiapinon Raf.（1837）；~ = Mollugo L.（1753）［粟米草科 Molluginaceae//番杏科 Aizoaceae］■

32810　Mibora Adans.（1763）【汉】小丝茎草属。【俄】Мибора。【英】Early Sand - grass, Mibora。【隶属】禾本科 Poaceae（Gramineae）。【包含】世界 2 种。【学名诠释与讨论】〈阴〉词源不详。此属的学名,ING、TROPICOS、APNI 和 IK 记载是“Mibora Adans., Fam. Pl.（Adanson）2:495. 1763”。“Chamagrostis Borkhausen in Wibel, Prim. Fl. Werth. 126. 1799”、“Knappia J. E. Smith in J. E. Smith et Sowerby, Engl. Bot. 16:1127. 1 Feb 1803”和“Sturmia Hoppe in J. Sturm, Deutschl. Fl. Abt. 1. 7:［1］. 1799”是“Mibora Adans.（1763）”的晚出的同模式异名（Homotypic synonym, Nomenclatural synonym）。【分布】非洲北部,欧洲西部。【模式】Mibora minima（Linnaeus）Desvaux ［Agrostis minima Linnaeus］。【参考异名】Chamagrostis Borkh.（1799）Nom. illegit.；Chamagrostis Borkh. ex Wibel（1799）；Knappia Sm.（1803）Nom. illegit.；Micragrostis Juss.；Micragrostis Post et Kuntze（1903）；Rothia Borkh.（1792）Nom. illegit.（废弃属名）；Sturmia Hoppe（1799）Nom. illegit.■☆

32811　Micadania R. Br.（1827）Nom. inval. = Butyrospermum Kotschy（1865）［山榄科 Sapotaceae］●

32812　Micagrostis Juss. = Mibora Adans.（1763）［禾本科 Poaceae（Gramineae）］■☆

32813　Micalia Raf.（1837）= Escobedia Ruiz et Pav.（1794）［玄参科 Scrophulariaceae//列当科 Orobanchaceae］■☆

32814　Micambe Adans.（1763）Nom. illegit. ≡ Cleome L.（1753）［山柑科（白花菜科,醉蝶花科）Capparaceae//白花菜科（醉蝶花科）Cleomaceae］●■

32815　Micania D. Dietr.（1847）= Mikania Willd.（1803）（保留属名）［菊科 Asteraceae（Compositae）］■

32816　Michauxia L'Hér.（1788）（保留属名）【汉】米氏桔梗属。【俄】Мишоксия。【隶属】桔梗科 Campanulaceae。【包含】世界 7 种。【学名诠释与讨论】〈阴〉（人）André Michaux,1746-1802,法国植物学者,旅行家,植物采集家。此属的学名“Michauxia L'Hér., Michauxia:ad t. 1. Mar-Apr 1788”是保留属名。法规未列出相应的废弃属名。但是山茶科（茶科）Theaceae 的“Michauxia Salisb., Prodr. Stirp. Chap. Allerton 386. 1796 ［Nov - Dec 1796］ ≡ Franklinia W. Bartram ex Marshall（1785）= Gordonia J. Ellis（1771）（保留属名）”应该废弃。“Michauxia L'Hér. ex Aiton（1789）= Michauxia L'Hér.（1788）（保留属名）”的命名人引证有误。菊科 Asteraceae 的“Michauxia Neck. = Relhania L'Hér.（1789）（保留属名）”和山茶科（茶科）Theaceae 的“Michauxia Post et Kuntze（1903）Nom. illegit. = Michoxia Vell.（1829）= Ternstroemia Mutis ex L. f.（1782）（保留属名）”都应废弃。【分布】伊朗,地中海东部。【模式】Michauxia campanuloides L'Héritier。【参考异名】Michauxia L'Hér. ex Aiton（1789）（废弃属名）；Mindium Adans.（1763）（废弃属名）■☆

32817　Michauxia L'Hér. ex Aiton（1789）（废弃属名）= Michauxia L'Hér.（1788）（保留属名）［桔梗科 Campanulaceae］■☆

32818　Michauxia Neck.（废弃属名）= Relhania L'Hér.（1789）（保留属名）［菊科 Asteraceae（Compositae）］●☆

32819　Michauxia Post et Kuntze（1903）Nom. illegit.（废弃属名）= Michoxia Vell.（1829）；~ = Ternstroemia Mutis ex L. f.（1782）（保留属名）［山茶科（茶科）Theaceae//厚皮香科 Ternstroemiaceae］●

32820　Michauxia Salisb.（1796）Nom. illegit.（废弃属名）≡ Franklinia W. Bartram ex Marshall（1785）；~ = Gordonia J. Ellis（1771）（保留属名）［山茶科（茶科）Theaceae］●

32821　Michelaria Dumort.（1824）= Bromus L.（1753）（保留属名）［禾本科 Poaceae（Gramineae）］■

32822　Michelia Adans.（1763）Nom. illegit. = Pontederia L.（1753）

[雨久花科 Pontederiaceae]■☆

32823 Michelia Kuntze(1891)Nom. illegit. =Barringtonia J. R. Forst. et G. Forst. (1775)（保留属名）［玉蕊科（巴西果科）Lecythidaceae//翅玉蕊科(金刀木科)Barringtoniaceae]●

32824 Michelia L.(1753)【汉】含笑属(乌心石属)。【日】オガタマノキ属,ヲガタマノキ属。【俄】Микелия, Михелия。【英】Banana Shrub,Michelia。【隶属】木兰科 Magnoliaceae。【包含】世界 30-70 种,中国 37-58 种。【学名诠释与讨论】〈阴〉(人)Pier (Pietro) Antonio Micheli,1679-1737,意大利植物学者,植物采集家。另说纪念瑞士植物学者 Marc Micheli,1844-1902。此属的学名,ING、GCI、TROPICOS 和 IK 记载是"Michelia L., Sp. Pl. 1: 536. 1753 [1 May 1753]"。"Michelia Adans., Fam. Pl. (Adanson) 2：201, 577. 1763 [Jul-Aug 1763] =Pontederia L. (1753) [雨久花科 Pontederiaceae]"、"Michelia Kuntze, Revis. Gen. Pl. 1：240. 1891 [5 Nov 1891] =Barringtonia J. R. Forst. et G. Forst. (1775)（保留属名）[玉蕊科(巴西果科)Lecythidaceae// 翅玉蕊科(金刀木科)Barringtoniaceae]"和"Michelia T. Durand, Index Gen. Phan. (1888) 504 = Sagittaria L. (1753) [泽泻科 Alismataceae]"均为晚出的非法名称。"Champaca Adanson,Fam. 2：365. Jul-Aug 1763"和"Sampacca O. Kuntze, Rev. Gen. 1：6. 5 Nov 1891"是"Michelia L. (1753)"的晚出的同模式异名 (Homotypic synonym, Nomenclatural synonym)。【分布】巴基斯坦,巴拿马,马达加斯加,中国,热带亚洲。【模式】Michelia champaca Linnaeus。【参考异名】Champaca Adans. (1763) Nom. illegit.; Elmerrillia Dandy (1927); Figonia Raf.; Liriopsis Spach (1838) Nom. illegit.; Paramichelia Hu (1940); Sampacca Raf.; Sampacca Kuntze (1891) Nom. illegit.; Tsoongiodendron Chun (1963)●

32825 Michelia T. Durand(1888)Nom. illegit. =Sagittaria L. (1753) [泽泻科 Alismataceae]■

32826 Micheliella Briq. (1897)=Collinsonia L. (1753); ~ =Hypogon Raf. (1817) [唇形科 Lamiaceae(Labiatae)]■☆

32827 Micheliopsis H. Keng (1955) =Magnolia L. (1753); ~ =Parakmeria Hu et W. C. Cheng(1951) [木兰科 Magnoliaceae]●★

32828 Michelsonia Hauman(1952)【汉】米氏豆属(米奇豆属,米切尔森豆属)。【隶属】豆科 Fabaceae(Leguminosae)。【包含】世界 1-22 种。【学名诠释与讨论】〈阴〉(人)A. J. Michelson,俄罗斯植物学者。此属的学名是"Michelsonia Hauman, Bull. Séances Inst. Roy. Colon. Belge 23：478. Oct 1952"。亦有文献把其处理为"Tetraberlinia (Harms) Hauman(1952)"的异名。【分布】热带非洲。【模式】Michelsonia microphylla (Troupin) Hauman [Julbernardia microphylla Troupin]。【参考异名】Tetraberlinia (Harms)Hauman(1952)●☆

32829 Michiea F. Muell. (1864)=Coleanthera Stschegl. (1859) [尖苞木科 Epacridaceae//杜鹃花科(欧石南科)Ericaceae]●☆

32830 Micholitzia N. E. Br. (1909)【汉】扇叶藤属。【英】Micholitzia。【隶属】萝藦科 Asclepiadaceae。【包含】世界 1 种,中国 1 种。【学名诠释与讨论】〈阴〉(人)Micholitz。此属的学名是"Micholitzia N. E. Brown,Bull. Misc. Inform. 1909：358. Oct 1909"。亦有文献把其处理为"Dischidia R. Br. (1810)"的异名。【分布】印度,中国。【模式】Micholitzia obcordata N. E. Brown。【参考异名】Antiostelma (Tsiang et P. T. Li) P. T. Li(1992); Dischidia R. Br. (1810)■

32831 Michoxia Vell. (1829)=Ternstroemia Mutis ex L. f. (1782)（保留属名）[山茶科(茶科)Theaceae//厚皮香科 Ternstroemiaceae]●

32832 Michrochaeta Rchb. (1841)Nom. illegit. [莎草科 Cyperaceae]■☆

32833 Micklethwaitia G. P. Lewis et Schrire(2004)【汉】非洲茎花豆属(热非茎花豆属)。【隶属】豆科 Fabaceae(Leguminosae)。【包含】世界 1 种。【学名诠释与讨论】〈阴〉(人)Micklethwait。此属的学名"Micklethwaitia G. P. Lewis et B. D. Schrire, Kew Bull. 59：166. 4 Aug 2004"是一个替代名称。它替代的是"Brenaniodendron J. Léonard, Bull. Jard. Bot. Natl. Belg. 67：16. 31 Mar 1999",而非菊科 Asteraceae(Compositae)的"Brenandendron H. E. Robinson, Proc. Biol. Soc. Wash. 112：244. 23 Mar 1999"。亦有文献把"Micklethwaitia G. P. Lewis et Schrire(2004)"处理为"Cynometra L. (1753)"的异名。【分布】热带非洲。【模式】Micklethwaitia carvalhoi (H. Harms) G. P. Lewis et B. D. Schrire [Cynometra carvalhoi H. Harms]。【参考异名】Brenaniodendron J. Léonard(1999)Nom. illegit.; Cynometra L. (1753)●☆

32834 Miconia Ruiz et Pav. (1794)（保留属名）【汉】米氏野牡丹属(米孔丹属)。【日】オオバノボタン属,ミコニア属。【英】Bush Currant,Miconia。【隶属】野牡丹科 Melastomataceae//米氏野牡丹科 Miconiaceae。【包含】世界 600-1000 种。【学名诠释与讨论】〈阴〉(人)Francisco Micon,1528-?,西班牙医生,植物学者。此属的学名"Miconia Ruiz et Pav., Fl. Peruv. Prodr.；60. Oct (prim.) 1794"是保留属名。相应的废弃属名是野牡丹科 Melastomataceae 的"Leonicenia Scop., Intr. Hist. Nat.：212. Jan-Apr 1777 =Miconia Ruiz et Pav. (1794)（保留属名）"。"Tamonea Aublet ex F. Krasser in Engler et Prantl, Nat. Pflanzenfam. 3(7)：182,187. 24 Oct 1893(non Aublet 1775)"是"Miconia Ruiz et Pav. (1794)（保留属名）"的晚出的同模式异名(Homotypic synonym, Nomenclatural synonym)。【分布】巴拉圭,巴拿马,玻利维亚,厄瓜多尔,哥伦比亚,哥斯达黎加,尼加拉瓜,西印度群岛,非洲西部,热带美洲,中美洲。【模式】Miconia triplinervis Ruiz et Pavon。【参考异名】Abrophaes Raf. (1838) Nom. illegit.; Acidodendron Kuntze(1891)Nom. illegit.; Acidodendrum Kuntze (1891) Nom. illegit.; Acinodendron Raf. (1838); Acinolis Raf. (1838); Amphitoma Gleason (1925); Angustinea A. Gray (1854); Antisola Raf. (1838); Augustinea A. St. -Hil. et Naudin (1844); Auliphas Raf. (1838); Catachaenia Griseb. (1860); Catachenia Griseb.; Catonia P. Browne (1756); Chaenophora Rich. ex Crueger (1847); Chaenopleura Rich. ex DC. (1828); Chiloporus Naudin (1845); Chitonia D. Don (1823); Clastilix Raf. (1838); Copedesma Gleason (1925); Cremanium D. Don(1823); Cyanophyllum Naudin(1852); Cyathanthera Pohl (1831); Cyathanthera Puttock; Decaraphe Miq. (1840); Diplochita DC. (1828); Eurychaenia Griseb. (1860); Folomfis Raf. (1838); Fothergilla Aubl. (1775) Nom. illegit.; Gallasia Mart. ex DC. (1828); Glossocentrum Crueg. (1847); Graffenrieda Mart. (1832) Nom. illegit.; Hartigia Miq. (1845); Hypoxanthus Rich. ex DC. (1828); Icaria J. F. Macbr. (1929); Jucunda Cham. (1835); Leonicenia Scop. (1777)（废弃属名）; Leonicenoa Post et Kuntze(1903); Lieutautia Buc'hoz(1779) Nom. illegit.; Pachydesmia Gleason (1948); Pholomphis Raf. (1838); Pleurochaenia Griseb. (1860); Pogonorhynchus Crueg. (1847); Pomereula Dombey ex DC. (1828) Nom. inval.; Pommereullia Post et Kuntze (1903) Nom. illegit.; Pterocladon Hook. f. (1867); Schizanthera Turcz. (1862); Sericola Raf. (1838); Soltmannia Klotzsch ex Naudin(1851); Synoptera Raf. (1838); Tamonea Aubl. ex Krasser (1893) Nom. illegit.; Tamonea Krasn. (1893) Nom. illegit.; Terera Dombey ex Naudin(1851); Truncaria DC. (1828); Ziegera Raf. (1838); Zulatia Neck. (1790) Nom. inval.; Zulatia Neck. ex Raf. (1838)Nom. illegit. ●☆

32835 Miconiaceae K. Koch [亦见 Melastomataceae Juss. (保留科名)

野牡丹科]【汉】米氏野牡丹科。【包含】世界 3 属 600-1000 种。【分布】热带美洲,西印度群岛,非洲西部。【科名模式】Miconia Ruiz et Pav.●■

32836 Miconiaceae Mart.(1835)= Melastomataceae Juss.(保留科名)●■

32837 Miconiastrum Bonpl. ex Naudin(1851)Nom. illegit. ≡ Miconiastrum Naudin(1851)[野牡丹科 Melastomataceae]●☆

32838 Miconiastrum Naudin(1851)【汉】类米氏野牡丹属。【隶属】野牡丹科 Melastomataceae。【包含】世界 1 种。【学名诠释与讨论】〈中〉(属)Miconia 米氏野牡丹属+-astrum,指示小的词尾,也有"不完全相似"的含义。此属的学名,ING 和 TROPICOS 记载是"Miconiastrum Naudin, Ann. Sci. Nat. Bot. ser. 3. 15:341. Mai 1851"。IK 则记载为"Miconiastrum Bonpl. ex Naudin, Ann. Sci. Nat., Bot. sér. 3, 15:341. 1851"。亦有文献把"Miconiastrum Naudin(1851)"处理为"Tetrazygia Rich. ex DC.(1828)"的异名。【分布】古巴。【模式】Miconiastrum lambertianum Bonpl. ex Naudin.【参考异名】Miconiastrum Bonpl. ex Naudin(1851)Nom. illegit.;Tetrazygia Rich. ex DC.(1828)●☆

32839 Micrachne P. M. Peterson, Romasch. et Y. Herrera(2015)【汉】小壳草属。【隶属】禾本科 Poaceae(Gramineae)。【包含】世界 5 种。【学名诠释与讨论】〈阴〉(希)mikros = smikros,小的。micro- =拉丁文 parvi-,小的+achne,鳞片,泡沫,谷壳。【分布】热带非洲。【模式】Micrachne fulva(Stapf)P. M. Peterson[Brachyachne fulva Stapf]。☆

32840 Micractis DC.(1836)【汉】白盘菊属。【隶属】菊科 Asteraceae(Compositae)。【包含】世界 3-4 种。【学名诠释与讨论】〈阴〉(希)mikros = smikros,小的。micro- =拉丁文 parvi-,小的+aktis,所有格 aktinos,光线,光束,射线。指花。此属的学名是"Micractis A. P. de Candolle, Prodr. 5:619. Oct(prim.)1836"。亦有文献把其处理为"Sigesbeckia L.(1753)"的异名。【分布】非洲东部,马达加斯加。【模式】Micractis bojeri A. P. de Candolle.【参考异名】Sigesbeckia L.(1753)■☆

32841 Micradenia(DC.)Miers(1878)= Dipladenia A. DC.(1844)[夹竹桃科 Apocynaceae]●

32842 Micradenia Miers(1878)Nom. illegit. ≡ Micradenia(DC.)Miers(1878);~ = Dipladenia A. DC.(1844)[夹竹桃科 Apocynaceae]●

32843 Micraea Miers(1826)= Ruellia L.(1753)[爵床科 Acanthaceae]■●

32844 Micraeschynanthus Ridl.(1925)【汉】小芒毛苣苔属。【隶属】苦苣苔科 Gesneriaceae。【包含】世界 1 种。【学名诠释与讨论】〈阳〉(希)mikros = smikros,小的。micro- =拉丁文 parvi-,小的+(属)Aeschynanthus 芒毛苣苔属(口红花属)。【分布】马来半岛。【模式】Micraeschynanthus dischidioides Ridley.■☆

32845 Micragrostis Post et Kuntze(1903)= Mibora Adans.(1763);~ = Micagrostis Juss.(1824)[禾本科 Poaceae(Gramineae)]■☆

32846 Micraira F. Muell.(1866)【汉】小钻叶草属。【隶属】禾本科 Poaceae(Gramineae)。【包含】世界 13 种。【学名诠释与讨论】〈阴〉(希)mikros = smikros,小的。micro- =拉丁文 parvi-,小的+(属)Aira 银须草属(埃若禾属,丝草属)。【分布】澳大利亚(昆士兰)。【模式】Micraira subulifolia F. v. Mueller.■☆

32847 Micrampelis Raf.(1808)(废弃属名)= Echinocystis Torr. et A. Gray(1840)(保留属名)[葫芦科(瓜科,南瓜科)Cucurbitaceae]■☆

32848 Micrandra Benn. et R. Br.(1844)Nom. illegit.(废弃属名)≡ Micrandra Benth.(1854)(保留属名)[大戟科 Euphorbiaceae]●☆

32849 Micrandra Benth.(1854)(保留属名)【汉】小雄戟属(小雄属)。【英】Micrandra。【隶属】大戟科 Euphorbiaceae。【包含】世界 14 种。【学名诠释与讨论】〈阴〉(希)mikros = smikros,小的。

micro- =拉丁文 parvi-,小的+aner,所有格 andros,雄性,雄蕊。此属的学名"Micrandra Benth. in Hooker's J. Bot. Kew Gard. Misc. 6:371. Dec 1854"是保留属名。相应的废弃属名是大戟科 Euphorbiaceae 的"Micrandra R. Br. in Bennett, Pl. Jav. Rar. :237. 4 Jun 1844 = Hevea Aubl.(1775)"。"Micrandra Benn. et R. Br., Plantae Javanicae Rariores 237. 1844 ≡ Micrandra Benth.(1854)(保留属名)"亦应废弃。【分布】秘鲁,厄瓜多尔,热带和美洲。【模式】Micrandra siphonioides Bentham。【参考异名】Clusiophyllum Müll. Arg.(1864);Cunuria Baill.(1864);Micrandra Benn. et R. Br.(废弃属名);Pogonophyllum Didr.(1857)●☆

32850 Micrandra R. Br.(1844)(废弃属名)= Hevea Aubl.(1775)[大戟科 Euphorbiaceae]●

32851 Micrandropsis W. A. Rodrigues(1973)【汉】类小雄戟属。【隶属】大戟科 Euphorbiaceae。【包含】世界 1 种。【学名诠释与讨论】〈阴〉(属)Micrandra 小雄属+希腊文 opsis,外观,模样,相似。【分布】亚马孙河流域。【模式】Micrandropsis scleroxylon(W. A. Rodrigues)W. A. Rodrigues[Micrandra scleroxylon W. A. Rodrigues]。●☆

32852 Micrangelia Fourr.(1868)= Selinum L.(1762)(保留属名)[伞形花科(伞形科)Apiaceae(Umbelliferae)]■

32853 Micrantha Dvořák(1968)= Hesperis L.(1753)[十字花科 Brassicaceae(Cruciferae)]■

32854 Micranthea A. Juss.(1824)= Micrantheum Desf.(1818)[大戟科 Euphorbiaceae]●☆

32855 Micranthea Panch. ex Baill. = Phyllanthus L.(1753)[大戟科 Euphorbiaceae//叶下珠科(叶萝藦科)Phyllanthaceae]●■

32856 Micrantheaceae J. Agardh(1858)= Euphorbiaceae Juss.(保留科名);~ = Picrodendraceae Small(保留科名)●☆

32857 Micranthella Naudin(1850)= Tibouchina Aubl.(1775)[野牡丹科 Melastomataceae]●■☆

32858 Micranthemum Endl.(废弃属名)= Micrantheum C. Presl(1831);~ = Trifolium L.(1753)[豆科 Fabaceae(Leguminosae)//蝶形花科 Papilionaceae]■

32859 Micranthemum Michx.(1803)(保留属名)【汉】小药玄参属。【隶属】玄参科 Scrophulariaceae。【包含】世界 14-17 种。【学名诠释与讨论】〈中〉(希)mikros = smikros,小的。micro- =拉丁文 parvi-,小的+anthemon,花。此属的学名"Micranthemum Michx., Fl. Bor. -Amer. 1:10. 19 Mar 1803"是保留属名。相应的废弃属名是玄参科 Scrophulariaceae 的"Globifera J. F. Gmel., Syst. Nat. 2:32. Sep(sero)-Nov 1791 ≡ Micranthemum Michx.(1803)(保留属名)"。豆科 Fabaceae 的"Micranthemum Endl. = Micrantheum C. Presl(1831)= Trifolium L.(1753)"亦应废弃。【分布】巴拉圭,巴拿马,秘鲁,玻利维亚,厄瓜多尔,哥伦比亚(安蒂奥基亚),古巴,尼加拉瓜,美国(东部)至南美洲东部,中美洲。【模式】Micranthemum orbiculatum A. Michaux, Nom. illegit.[Globifera umbros J. F. Gmelin;Micranthemum umbros(J. F. Gmelin)Blake[as 'umbrosum']。【参考异名】Amphiolanthus Griseb.(1866);Globifera J. F. Gmel.(1791)(废弃属名);Hemianthus Nutt.(1817);Hemisiphonia Urb.(1909);Micranthera A. Juss.;Micranthus Raf.(废弃属名);Pinarda Vell.(1829)■☆

32860 Micranthera A. Juss. = Micranthemum Michx.(1803)(保留属名)[玄参科 Scrophulariaceae]■☆

32861 Micranthera Choisy(1823)= Tovomita Aubl.(1775)[猪胶树科(克鲁西科,山竹子科,藤黄科)Clusiaceae(Guttiferae)]●☆

32862 Micranthera Planch. ex Baill. = Phyllanthus L.(1753)[大戟科 Euphorbiaceae//叶下珠科(叶萝藦科)Phyllanthaceae]●■

32863 Micranthes Bertol.(1858)Nom. illegit. = Hoslundia Vahl(1804)

[唇形科 Lamiaceae(Labiatae)]●☆

32864　Micranthes Haw. (1812)【汉】小花虎耳草属。【隶属】虎耳草科 Saxifragaceae。【包含】世界 70 种。【学名诠释与讨论】〈阴〉(希) mikros =smikros,小的。micro- =拉丁文 parvi-,小的+anthos,花。此属的学名,ING、GCI、TROPICOS 和 IK 记载是"Micranthes Haw., Syn. Pl. Succ. 320. 1812"。唇形科 Lamiaceae (Labiatae) 的 "Micranthes A. Bertoloni,Mem. Reale Accad. Sci. Ist. Bologna 9:172. 1858 =Hoslundia Vahl(1804)"是晚出的非法名称。"Micranthes Haw. (1812)"曾被处理为"Saxifraga sect. Micranthes (Haw.) D. Don,Transactions of the Linnean Society of London 13:345. 1821"。亦有文献把"Micranthes Haw. (1812)"处理为"Saxifraga L. (1753)"的异名。【分布】中国。【模式】Micranthes semipubescens A. H. Haworth。【参考异名】Saxifraga L. (1753);Saxifraga sect. Micranthes (Haw.) D. Don(1821);Steiranisia Raf. (1837)●■

32865　Micrantheum C. Presl (1831) = Trifolium L. (1753) [豆科 Fabaceae(Leguminosae)//蝶形花科 Papilionaceae]■

32866　Micrantheum Desf. (1818)【汉】欧洲小花大戟属。【隶属】大戟科 Euphorbiaceae。【包含】世界 3 种。【学名诠释与讨论】〈中〉(希)mikros =smikros,小的。micro- =拉丁文 parvi-,小的+anthos,花。此属的学名,ING、TROPICOS 和 IK 记载是"Micrantheum Desfontaines,Mém. Mus. Hist. Nat. 4:253. 1818"。"Micrantheum C. Presl,Symb. Bot. (Presl) 1:47. 1831 = Trifolium L. (1753) [豆科 Fabaceae(Leguminosae)//蝶形花科 Papilionaceae]"是晚出的非法名称。【分布】澳大利亚。【模式】Micrantheum ericoides Desfontaines。【参考异名】Allenia Ewart(1909)Nom. illegit. ;Caletia Baill. (1858);Micranthea A. Juss. (1824)●☆

32867　Micranthocereus Backeb. (1938)【汉】丽装翁属(小花仙人柱属,小花柱属)。【日】ミクラントセレウス属。【隶属】仙人掌科 Cactaceae。【包含】世界 8-9 种。【学名诠释与讨论】〈阳〉(希)mikros =smikros,小的。micro- =拉丁文 parvi-,小的+anthos,花+(属)Cereus 仙影掌属。【分布】巴西(东北部)。【模式】Micranthocereus polyanthus (Werdermann) Backeberg [Cephalocereus polyanthus Werdermann]。【参考异名】Austrocephalocereus (Backeb.) Backeb. (1938) Nom. illegit. ; Austrocephalocereus Backeb. (1938);Coleocephalocereus Backeb., Buxb. et Buining (1970) descr. emend. ;Siccobaccatus P. J. Braun et Esteves (1990) ●☆

32868　Micranthos St. -Lag. (1880) = Micranthus (Pers.) Eckl. (1827) (保留属名) [鸢尾科 Iridaceae]■☆

32869　Micranthus(Pers.)Eckl. (1827)(保留属名)【汉】小花鸢尾属。【隶属】鸢尾科 Iridaceae。【包含】世界 3 种。【学名诠释与讨论】〈阳〉(希)mikros =smikros,小的。micro- =拉丁文 parvi-,小的+anthos,花。此属的学名"Micranthus (Pers.) Eckl., Topogr. Verz. Pflanzensamml. Ecklon:43. Oct 1827"是保留属名,由"Gladiolus subgen. Micranthus Pers. ,Syn. Pl. 1:46. 1 Apr-15 Jun 1805"改级而来。相应的废弃属名是爵床科 Acanthaceae 的"Micranthus J. C. Wendl. ,Bot. Beob. :38. 1798 ≡ Phaulopsis Willd. (1800) [as 'Phaylopsis'](保留属名)"。"Micranthus Eckl., Topogr. Verz. Pflanzensamml. Ecklon 43(1827)≡Micranthus (Pers.)Eckl. (1827) (保留属名)"的命名人引证有误,亦应废弃。千屈菜科 Lythraceae 的"Micranthus Roth,Nov. Pl. Sp. 282. 1821 [Apr 1821] = Rotala L. (1771)",豆科 Fabaceae 的"Micranthus Lour. (1790) = Mucuna Adans. (1763) (保留属名)"和"Micranthus Loudon,Hort. Brit. 1:314,1830 = Marcanthus Lour. (1790) Nom. illegit.",爵床科 Acanthaceae 的"Micranthus J. C. Wendland, Bot. Beob. 38. 1798 ≡ Phaulopsis Willd. (1800) [as 'Phaylopsis'](保留属名)"以及玄参科 Scrophulariaceae 的"Micranthus Raf. = Micranthemum Michx.

(1803) (保留属名)"都应废弃。"Beilia O. Kuntze, Rev. Gen. 3 (2):305. 28 Sep 1898"和"Paulomagnusia O. Kuntze, Rev. Gen. 2:702. 5 Nov 1891"是"Micranthus (Pers.)Eckl. (1827) (保留属名)"的晚出的同模式异名 (Homotypic synonym, Nomenclatural synonym)。"Micranthus St. -Lag. ,Ann. Soc. Bot. Lyon vii. (1880) 56 =Micranthus (Pers.)Eckl. (1827) (保留属名)"是晚出的非法名称。【分布】非洲南部。【模式】Micranthus alopecuroides (Linnaeus) Ecklon [Gladiolus alopecuroides Linnaeus]。【参考异名】Beilia Kuntze (1898) Nom. illegit. ; Gladiolus subgen. Micranthus Pers. (1805); Micranthos St. - Lag. (1880); Micranthus (Pers.) Eckl. (1798) (废弃属名); Micranthus Eckl. (1827) Nom. illegit. (废弃属名); Paulomagnusia Kuntze (1891) Nom. illegit. ; Phaulopsis Willd. (1800) [as 'Phaylopsis'](保留属名)■☆

32870　Micranthus Eckl. (1827) Nom. illegit. (废弃属名) ≡ Micranthus (Pers.)Eckl. (1827) (保留属名) [鸢尾科 Iridaceae]■☆

32871　Micranthus J. C. Wendl. (1798) (废弃属名) ≡Phaulopsis Willd. (1800) [as 'Phaylopsis'](保留属名) [爵床科 Acanthaceae]■

32872　Micranthus Loudon(1830) Nom. illegit. (废弃属名) = Marcanthus Lour. (1790) Nom. illegit. (废弃属名); ~ = Mucuna Adans. (1763) (保留属名) [豆科 Fabaceae(Leguminosae)]●■

32873　Micranthus Lour. (1790) (废弃属名) = Mucuna Adans. (1763) (保留属名) [豆科 Fabaceae (Leguminosae)//蝶形花科 Papilionaceae]●■

32874　Micranthus Raf. (废弃属名) = Micranthemum Michx. (1803) (保留属名) [玄参科 Scrophulariaceae]■☆

32875　Micranthus Roth (1821) Nom. illegit. (废弃属名) = Rotala L. (1771) [千屈菜科 Lythraceae]■

32876　Micraochites Rolfe(1885) Nom. illegit. ≡ Microchites Rolfe(1885) [夹竹桃科 Apocynaceae]☆

32877　Micrargeria Benth. (1846)【汉】银寄生属。【隶属】玄参科 Scrophulariaceae//列当科 Orobanchaceae。【包含】世界 4-5 种。【学名诠释与讨论】〈阳〉(希)mikros =smikros,小的。micro- =拉丁文 parvi-,小的+argyros,银色的。【分布】马达斯加,印度,热带非洲。【模式】Micrargeria wightii Bentham。【参考异名】Gerardianella Klotzsch(1861)■☆

32878　Micrargeriella R. E. Fr. (1916)【汉】小银寄生属。【隶属】玄参科 Scrophulariaceae//列当科 Orobanchaceae。【包含】世界 1 种。【学名诠释与讨论】〈阴〉(属)Micrargeria 银寄生属+-ellus, -ella, -ellum,加在名词词干后面形成指小式的词尾。或加在人名、属名等后面以组成新属的名称。【分布】热带非洲东部。【模式】Micrargeriella aphylla K. R. E. Fries. ■☆

32879　Micrasepalum Urb. (1913)【汉】小萼茜属。【隶属】茜草科 Rubiaceae。【包含】世界 2 种。【学名诠释与讨论】〈中〉(希)mikros =smikros,小的。micro- =拉丁文 parvi-,小的+sepalum,花萼。【分布】西印度群岛。【模式】Micrasepalum eritrichoides (C. Wright ex Grisebach) Urban [Borrera eritrichoides C. Wright ex Grisebach]。■☆

32880　Micraster Harv. (1868) = Brachystelma R. Br. (1822) (保留属名) [萝藦科 Asclepiadaceae]■

32881　Micrauchenia Froel. (1838) = Dubyaea DC. (1838) [菊科 Asteraceae(Compositae)]■

32882　Micrechites Miq. (1857)【汉】小花藤属。【英】Micrechites。【隶属】夹竹桃科 Apocynaceae。【包含】世界 20 种,中国 5 种。【学名诠释与讨论】〈阴〉(希)mikros =smikros,小的。micro- =拉丁文 parvi-,小的+(属)Echites 蛇木属。指花极小,与蛇木属相近。另说希腊文 mikros 小的+chiton 罩衣,指萼片极小。此属的学名,ING、TROPICOS 和 IK 记载是"Micrechites Miquel, Fl. Ind. Bat. 2:

456. 20 Aug 1857"。"Microchites Rolfe（1885）Nom. illegit."和"Micraochites Rolfe（1885）Nom. illegit."都是其变体。亦有文献把"Micrechites Miq.（1857）"处理为"Ichnocarpus R. Br.（1810）（保留属名）"的异名。【分布】印度至马来西亚，中国。【模式】Micrechites polyantha（Blume）Miquel ［Tabernaemontana polyantha Blume］。【参考异名】Ichnocarpus R. Br.（1810）（保留属名）; Lamechites Markgr.（1925）; Microchites Rolfe; Otopetalum Miq.（1857）●

32883　Micrelium Forssk.（1775）= Eclipta L.（1771）（保留属名）［菊科 Asteraceae（Compositae）］■

32884　Micrelus Post et Kuntze（1903）= Bischofia Blume（1827）; ~ = Microelus Wight et Arn.（1833）［大戟科 Euphorbiaceae//重阳木科 Bischofiaceae］●

32885　Microbahia Cockerell（1907）= Syntrichopappus A. Gray（1856）［菊科 Asteraceae（Compositae）］■☆

32886　Microbambus K. Schum.（1897）= Guaduella Franch.（1887）［as 'Guaduella'］［禾本科 Poaceae（Gramineae）］■☆

32887　Microberlinia A. Chev.（1946）【汉】小鞋木豆属。【英】Zebrano, Zebrawood, Zingana。【隶属】豆科 Fabaceae（Leguminosae）。【包含】世界2种。【学名诠释与讨论】〈阴〉（希）mikros = smikros，小的。micro- = 拉丁文 parvi-，小的+（属）Berlinia 鞋木属。【分布】非洲。【模式】Microberlinia brazzavillensis A. Chevalier。●☆

32888　Microbignonia Kraenzl.（1915）= Doxantha Miers（1863）; ~ = Macfadyena A. DC.（1845）［紫葳科 Bignoniaceae］●

32889　Microbiota Kom.（1923）【汉】俄罗斯柏属（小柏属，小侧柏属）。【英】Russian Cypress, Siberian Cypress。【隶属】柏科 Cupressaceae。【包含】世界1种。【学名诠释与讨论】〈阴〉（希）mikros = smikros，小的。micro- = 拉丁文 parvi-，小的+（属）Biota 侧柏属。【分布】东西伯利亚。【模式】Microbiota decussata Komarov。【参考异名】Macrobiota Pllger; Mikrobiota Kom.●☆

32890　Microbiotaceae Nakai（1938）= Cupressaceae Gray（保留科名）●

32891　Microblepharis（Wight et Arn.）M. Roem.（1846）【汉】小百簕花属。【隶属】西番莲科 Passifloraceae。【包含】世界7种。【学名诠释与讨论】〈阴〉（希）mikros = smikros，小的。micro- = 拉丁文 parvi-，小的+（属）Blepharis 百簕花属。此属的学名，ING 记载是"Microblepharis（R. Wight et Arnott）M. J. Roemer, Fam. Nat. Syn. Monogr. 2: 133, 200. Dec 1846"，但是未给出基源异名。IK 记载为"Microblepharis M. Roem., Fam. Nat. Syn. Monogr. 2: 133, 200. 1846［Dec 1846］"。TROPICOS 则记载为"Microblepharis Wight et Arnold ex M. Roem., Fam. Nat. Syn. Monogr. 2: 133, 200, 1846"。三者引用的文献相同。Engler 曾把它降级为"Adenia sect. Microblepharis（Wight et Arnold ex M. Roem.）Engl., Botanische Jahrbücher für Systematik, Pflanzengeschichte und Pflanzengeographie"。亦有文献把"Microblepharis（Wight et Arn.）M. Roem.（1846）"处理为"Adenia Forssk.（1775）"或"Modecca Lam.（1797）"的异名。【分布】中国（参见 Modecca Lam.）。【模式】Microblepharis wightiana（Wallich ex R. Wight et Arnott）M. J. Roemer［Modecca wightiana Wallich ex R. Wight et Arnott］。【参考异名】Adenia Forssk.（1775）; Adenia sect. Microblepharis（Wight et Arnold ex M. Roem.）Engl.; Microblepharis M. Roem.（1846）Nom. illegit.; Microblepharis Wight et Arnold ex M. Roem.（1846）Nom. illegit.; Modecca Lam.（1797）●

32892　Microblepharis M. Roem.（1846）Nom. illegit. ≡ Microblepharis（Wight et Arn.）M. Roem.（1846）［西番莲科 Passifloraceae］●

32893　Microblepharis Wight et Arnold ex M. Roem.（1846）Nom. illegit. ≡ Microblepharis（Wight et Arn.）M. Roem.（1846）［西番莲科 Passifloraceae］●☆

32894　Microbriza Nicora et Rugolo（1981）Nom. illegit. ≡ Microbriza Parodi ex Nicora et Rugolo（1981）［禾本科 Poaceae（Gramineae）］■☆

32895　Microbriza Parodi ex Nicora et Rugolo（1981）【汉】小凌风草属。【隶属】禾本科 Poaceae（Gramineae）。【包含】世界2种。【学名诠释与讨论】〈阴〉（希）mikros = smikros，小的。micro- = 拉丁文 parvi-，小的+brizoin 下垂。此属的学名，ING、GCI 和 IK 记载是"Microbriza L. R. Parodi ex E. G. Nicora et Z. E. Rúgolo de Agrasar, Darwiniana 23: 292. 27-31 Jan 1981"。"Microbriza Nicora et Rugolo（1981）≡ Microbriza Parodi ex Nicora et Rugolo（1981）"的命名人引证有误。【分布】巴西，秘鲁，玻利维亚。【模式】Microbriza poaemorpha（K. B. Presl）E. G. Nicora et Z. E. Rúgolo de Agrasar［Panicum poaemorphum K. B. Presl］。【参考异名】Microbriza Nicora et Rugolo（1981）; Monostemon Balansa ex Henrard（1921）Nom. inval.; Monostemon Hack. ex Henrard（1921）Nom. inval.; Monostemon Henrard（1921）Nom. illegit.■☆

32896　Microcachryaceae A. V. Bobrov et Kostr.（1999）= Podocarpaceae Endl.（保留科名）●

32897　Microcachrydaceae Doweld et Reveal（1999）= Podocarpaceae Endl.（保留科名）●

32898　Microcachrys Hook. f.（1845）【汉】匍匐松属。【英】Creeping Pine, Microcachrys。【隶属】罗汉松科 Podocarpaceae。【包含】世界1种。【学名诠释与讨论】〈阴〉（希）mikros = smikros，小的。micro- = 拉丁文 parvi-，小的+kachrys，炒干的大麦，球果。【分布】澳大利亚（塔斯曼半岛）。【模式】Microcachrys tetragona（W. J. Hooker）J. D. Hooker［Athrotaxis tetragona W. J. Hooker］。【参考异名】Pherosphaera W. Archer bis（1850）●☆

32899　Microcaelia Hochst. ex A. Rich.（1850）= Microcoelia Lindl.（1830）［兰科 Orchidaceae］■☆

32900　Microcala Hoffmanns. et Link（1813）Nom. illegit. ≡ Cicendia Adans.（1763）［龙胆科 Gentianaceae］■☆

32901　Microcalamus Franch.（1889）【汉】小苇草属。【隶属】禾本科 Poaceae（Gramineae）。【包含】世界1种。【学名诠释与讨论】〈阳〉（希）mikros = smikros，小的。micro- = 拉丁文 parvi-，小的+kalamos，芦苇。此属的学名，ING 和 IK 记载是"Microcalamus A. R. Franchet, J. Bot.（Morot）3: 282. 1 Sep 1889"。"Microcalamus J. S. Gamble, J. Asiat. Soc. Bengal, Pt. 2, Nat. Hist. 59: 207. 16 Sep 1890（'1891'）"是晚出的非法名称; 但不是本属的异名。【分布】热带非洲西部。【模式】Microcalamus barbinodis A. R. Franchet。■☆

32902　Microcalamus Gamble（1890）Nom. illegit. ≡ Neomicrocalamus P. C. Keng（1983）; ~ = Bambusa Schreb.（1789）（保留属名）; ~ = Racemobambos Holttum（1956）［禾本科 Poaceae（Gramineae）//箣竹科 Bambusaceae］●

32903　Microcalia A. Rich.（1832）= Lagenophora Cass.（1816）（保留属名）［菊科 Asteraceae（Compositae）］■●

32904　Microcardamum O. E. Schulz（1928）【汉】小碎米荠属。【隶属】十字花科 Brassicaceae（Cruciferae）。【包含】世界1种。【学名诠释与讨论】〈中〉（希）mikros = smikros，小的+（属）Cardamine 碎米荠属。此属的学名是"Microcardamum O. E. Schulz, Notizbl. Bot. Gart. Berlin-Dahlem 10: 467. 1 Dec 1928"。亦有文献把其处理为"Hornungia Rchb.（1837）"的异名。【分布】温带南美洲。【模式】Microcardamum tenue（Barnéoud）O. E. Schulz［Draba tenuis Barnéoud］。【参考异名】Hornungia Rchb.（1837）■☆

32905　Microcarpaea R. Br.（1810）【汉】小果草属（微果草属）。【日】スズメノハコベ属。【英】Microcarp, Microcarpaea。【隶属】玄参科 Scrophulariaceae//透骨草科 Phrymaceae。【包含】世界1-3种，中国1种。【学名诠释与讨论】〈阴〉（希）mikros = smikros，小的。

micro- =拉丁文 parvi-,小的+karpos,果实。指果实微小。此属的学名是"Microcarpaea R. Brown, Prodr. 435. 27 Mar 1810"。亦有文献把其处理为"Peplidium Delile(1813)"的异名。【分布】澳大利亚,玻利维亚,印度至马来西亚,中国,东亚。【模式】Microcarpaea muscosa R. Brown, Nom. illegit. [Paederota minima Retzius; Microcarpaea minima (Retzius) Merrill]。【参考异名】Peplidium Delile(1813)■

32906　Microcaryum I. M. Johnst. (1924)【汉】微果紫草属(微果草属,微核草属)。【英】Microcaryum。【隶属】紫草科 Boraginaceae。【包含】世界3种,中国1种。【学名诠释与讨论】〈中〉(希)mikros = smikros,小的+karyon,胡桃,硬壳果,核,坚果。指果实微小。【分布】中国,喜马拉雅山,亚洲中部。【模式】Microcaryum pygmaeum (Clarke) I. M. Johnston [Eritrichium pygmaeum Clarke]。【参考异名】Setulocarya R. R. Mill et D. G. Long(1996)■

32907　Microcasia Becc. (1879) = Bucephalandra Schott(1858) [天南星科 Araceae]■☆

32908　Microcephala Pobed. (1961)【汉】小头菊属。【俄】мелкоголовка。【隶属】菊科 Asteraceae(Compositae)。【包含】世界4-5种。【学名诠释与讨论】〈阴〉(希)mikros = smikros,小的。micro- =拉丁文 parvi-,小的+kephale,头。【分布】巴基斯坦,伊朗,亚洲中部。【模式】Microcephala lamellata (Bunge) E. G. Pobedimova [Matricaria lamellata Bunge]。■☆

32909　Microcephalum Sch. Bip. ex Klatt(1887) = Gymnolomia Kunth (1818) [菊科 Asteraceae(Compositae)]■☆

32910　Microcerasus M. Room. (1847) = Prunus L. (1753) [蔷薇科 Rosaceae//李科 Prunaceae]●

32911　Microchaeta Nutt. (1841) = Lipochaeta DC. (1836) [菊科 Asteraceae(Compositae)]■☆

32912　Microchaeta Rchb. = Rhynchospora Vahl (1805) [as 'Rynchospora'](保留属名) [莎草科 Cyperaceae]■☆

32913　Microchaete Benth. (1845) Nom. illegit. = Monticalia C. Jeffrey (1992); ~ = Senecio L. (1753) [菊科 Asteraceae(Compositae)//千里光科 Senecionidaceae]■●

32914　Microcharis Benth. (1865)【汉】小木蓝属。【隶属】豆科 Fabaceae(Leguminosae)//蝶形花科 Papilionaceae。【包含】世界37种。【学名诠释与讨论】〈阴〉(希)mikros = smikros,小的。micro- =拉丁文 parvi-,小的+charis,喜悦,雅致,美丽,流行。此属的学名是"Microcharis Bentham in Bentham et J. D. Hooker, Gen. 1: 501. 19 Oct 1865"。亦有文献把其处理为"Indigofera L. (1753)"的异名。【分布】马达加斯加,阿拉伯半岛,热带非洲和南非。【后选模式】Microcharis tenella Bentham。【参考异名】Indigofera L. (1753)●☆

32915　Microchilus C. Presl(1827) = Erythrodes Blume (1825) [兰科 Orchidaceae]■

32916　Microchirita(C. B. Clarke) Yin Z. Wang(2011)【汉】小唇柱苣苔属。【隶属】苦苣苔科 Gesneriaceae。【包含】世界29种。【学名诠释与讨论】〈阴〉(希)mikros = smikros,小的。micro- =拉丁文 parvi-,小的+(属) Chirita 唇柱苣苔属(蚂蝗七属,双心皮草属)。此属的学名,IK 记载是"Microchirita (C. B. Clarke) Yin Z. Wang, J. Syst. Evol. 49(1): 59. 2011 [Jan 2011]",由"Chirita sect. Microchirita C. B. Clarke Monogr. Phan. [A. DC. & C. DC.] 5(1): 127. 1883 [Jul 1883]"改级而来。二者引用的文献相同。TROPICOS 则记载为"Microchirita Y. Z. Wang, Journal of Systematics and Evolution 49(1): 59. 2011"。"Chirita sect. Microchirita C. B. Clarke(1883)"还曾被处理为"Chirita sect. Microchirita (C. B. Clarke) Y. Z. Wang, Journal of Systematics and Evolution 49(1): 59. 2010"、"Didymocarpus sect. Microchirita (C. B. Clarke) Chun, Sunyatsenia 6: 290. 1946"和"Roettlera sect. Microchirita (C. B.

Clarke) Fritsch, Die Natürlichen Pflanzenfamilien IV(3B): 148. 1895"。【分布】中国。【模式】不详。【参考异名】Chirita sect. Microchirita C. B. Clarke(1883); Chirita sect. Microchirita (C. B. Clarke) Y. Z. Wang (2010); Didymocarpus sect. Microchirita (C. B. Clarke) Chun(1946); Roettlera sect. Microchirita (C. B. Clarke) Fritsch(1895)●■

32917　Microchites Rolfe(1885) Nom. illegit. = Micrechites Miq. (1857) [夹竹桃科 Apocynaceae]●

32918　Microchlaena Kuntze(1903) Nom. illegit. ≡ Microchlaena Post et Kuntze(1903) Nom. illegit. ; ~ = Ehrharta Thunb. (1779)(保留属名); ~ = Microlaena R. Br. (1810) [禾本科 Poaceae(Gramineae)]■☆

32919　Microchlaena Post et Kuntze(1903) Nom. illegit. = Ehrharta Thunb. (1779)(保留属名); ~ = Microlaena R. Br. (1810) [禾本科 Poaceae(Gramineae)]■☆

32920　Microchlaena Wall. ex Wight et Arn. (1833) Nom. illegit. ≡ Microchlaena Wight et Arn. (1833) Nom. illegit. ; ~ ≡ Schillera Rchb. (1828); ~ = Eriolaena DC. (1823) [梧桐科 Sterculiaceae//锦葵科 Malvaceae]■☆

32921　Microchlaena Wight et Arn. (1833) Nom. illegit. ≡ Schillera Rchb. (1828); ~ = Eriolaena DC. (1823) [梧桐科 Sterculiaceae//锦葵科 Malvaceae]●

32922　Microchloa R. Br. (1810)【汉】小草属。【英】Microchloa, Minigrass。【隶属】禾本科 Poaceae(Gramineae)。【包含】世界6种,中国1种。【学名诠释与讨论】〈阴〉(希)mikros = smikros,小的。micro- =拉丁文 parvi-,小的+chloe,草的幼芽,嫩草,禾草。【分布】秘鲁,玻利维亚,厄瓜多尔,马达加斯加,尼加拉瓜,中国,中美洲。【模式】Microchloa setacea R. Brown, Nom. illegit. [Nardus indica Linnaeus f. ; Microchloa indica (Linnaeus f.) Hackel]。【参考异名】Micropogon Pfeiff. (1874) Nom. illegit. ; Micropogon Spreng. ex Pfeiff. (1874); Rendlia Chiov. (1914)■

32923　Microchonea Pierre(1898) = Trachelospermum Lem. (1851) [夹竹桃科 Apocynaceae]●

32924　Microcitrus Swingle(1915)【汉】指橘属(澳橘檬属,澳洲指橘属,手指柚属)。【日】ミクロシトラス属。【英】Australian Wild Lime, Finger-lime。【隶属】芸香科 Rutaceae。【包含】世界5种。【学名诠释与讨论】〈阴〉(希)mikros = smikros,小的。micro- =拉丁文 parvi-,小的+(属) Citrus 柑橘属。【分布】澳大利亚(东部)。【模式】Microcitrus australasica (F. v. Mueller) Swingle [Citrus australasica F. v. Mueller]。●☆

32925　Microclisia Benth. (1862) Nom. illegit. ≡ Pleogyne Miers(1851) [防己科 Menispermaceae]●☆

32926　Microcnemum Ung. -Sternb. (1876)【汉】小花盐角草属。【隶属】藜科 Chenopodiaceae。【包含】世界1种。【学名诠释与讨论】〈中〉(希)mikros = smikros,小的+kneme,节间。knemis,所有格 knemidos,胫衣,脚绊。knema,所有格 knematos,碎片,碎屑,刨花。山的肩状突出部分。【分布】西班牙。【模式】Microcnemum fastigiatum Ungern-Sternberg。■☆

32927　Micrococca Benth. (1849)【汉】小果大戟属。【隶属】大戟科 Euphorbiaceae。【包含】世界12种。【学名诠释与讨论】〈阴〉(希)mikros = smikros,小的+kokkos,变为拉丁文 coccus,仁,谷粒,浆果。此属的学名,ING、TROPICOS 和 IK 记载是"Micrococca Bentham in W. J. Hooker, Niger Fl. 503. Nov-Dec 1849"。【分布】马达加斯加,马来西亚,热带非洲,印度。【模式】Micrococca mercurialis (Linnaeus) Bentham [Tragia mercurialis Linnaeus]。●☆

32928　Micrococcus Beckm. = Microcos L. (1753) [椴树科(椴科,田麻科) Tiliaceae//锦葵科 Malvaceae]●

32929　Micrococos Phil.（1859）= Jubaea Kunth（1816）［棕榈科 Arecaceae（Palmae）］●☆

32930　Microcodon A. DC.（1830）【汉】小钟桔梗属。【隶属】桔梗科 Campanulaceae。【包含】世界 4 种。【学名诠释与讨论】〈阳〉（希）mikros =smikros，小的+kodon，指小式 kodonion，钟，铃。【分布】非洲南部。【后选模式】Microcodon glomeratus Alph. de Candolle［as 'glomeratum'］。■☆

32931　Microcoecia Hook. f.（1846）= Elvira Cass.（1824）［菊科 Asteraceae（Compositae）］■

32932　Microcoelia Hochst. ex Rich. = Angraecum Bory（1804）［兰科 Orchidaceae］■

32933　Microcoelia Lindl.（1830）【汉】球距兰属。【日】ミクロケリア属。【隶属】兰科 Orchidaceae。【包含】世界 23 种。【学名诠释与讨论】〈阴〉（希）mikros = smikros，小的。micro - = 拉丁文 parvi-，小的+koilos，空穴。koilia，腹。【分布】马达加斯加，热带和非洲南部。【模式】Microcoelia exilis J. Lindley。【参考异名】Dicranotaenia Finer（1907）；Encheiridion Summerh.（1943）；Gussonea A. Rich.（1828）；Microcaelia Hochst. ex A. Rich.（1850）；Rhaphidorhynchus Finet（1907）■☆

32934　Microcoelum Burret et Potztal（1956）【汉】韦德尔棕属。【英】Weddel Palm。【隶属】棕榈科 Arecaceae（Palmae）。【包含】世界 2 种。【学名诠释与讨论】〈中〉（希）mikros = smikros，小的 + koilos，空穴。koilia，腹。此属的学名 "Microcoelum Burret et Potztal, Willdenowia 1：387. 24 Feb 1956" 是一个替代名称。"Glaziova C. F. P. Martius ex Drude in C. F. P. Martius, Fl. Brasil. 3（2）：395. 1 Nov 1881" 是一个非法名称（Nom. illegit.），因为此前已经有了 "Glaziova Bureau, Adansonia 8：380. Aug 1868［紫葳科 Bignoniaceae］"。故用 "Microcoelum Burret et Potztal（1956）" 替代之。亦有文献把 "Microcoelum Burret et Potztal（1956）" 处理为 "Lytocaryum Toledo（1944）" 的异名。【分布】巴西。【后选模式】Microcoelum martianum Burret et Potztal, Nom. illegit.［Cocos weddelliana H. Wendland；Microcoelum weddellianum（H. Wendland）H. E. Moore］。【参考异名】Glaziova Mart. ex Drude（1881）Nom. illegit. ；Lytocaryum Toledo（1944）●☆

32935　Microconomorpha（Mez）Lundell（1977）= Cybianthus Mart.（1831）（保留属名）［紫金牛科 Myrsinaceae］●☆

32936　Microcorys R. Br.（1810）【汉】小兜草属。【隶属】唇形科 Lamiaceae（Labiatae）。【包含】世界 17-20 种。【学名诠释与讨论】〈阴〉（希）mikros = smikros，小的。micro- = 拉丁文 parvi-，小的+korys 兜。【分布】澳大利亚（西南部）。【模式】未指定。【参考异名】Anisandra Bartl.（1845）●☆

32937　Microcos Burm. ex L.（1753）≡ Microcos L.（1753）［椴树科（椴科，田麻科）Tiliaceae//锦葵科 Malvaceae］●

32938　Microcos L.（1753）【汉】破布叶属（布渣叶属）。【英】Microcos。【隶属】椴树科（椴科，田麻科）Tiliaceae//锦葵科 Malvaceae//扁担杆科 Grewiaceae。【包含】世界 60 种，中国 3 种。【学名诠释与讨论】〈阳〉（希）mikros = smikros，小的+kokkos，变为拉丁文 coccus，仁，谷粒，浆果，核。指核果微小。此属的学名，ING 和 GCI 记载是 "Microcos L., Sp. Pl. 1：514. 1753［1 May 1753］"。IK 则记载为 "Microcos Burm. ex L., Sp. Pl. 1：514. 1753［1 May 1753］"。"Microcos Burm." 是命名起点著作之前的名称，故 "Microcos L.（1753）" 和 "Microcos Burm. ex L.（1753）" 都是合法名称，可以通用。"Sasali Adanson, Fam. 2：305. Jul-Aug 1763" 是 "Microcos L.（1753）" 的晚出的同模式异名。亦有文献把 "Microcos L.（1753）" 处理为 "Grewia L.（1753）" 的异名。【分布】巴基斯坦，斐济，印度至马来西亚，中国。【后选模式】Microcos paniculata Linnaeus。【参考异名】Fallopia Lour.（1790）

Nom. illegit. ; Grewia L.（1753）; Microcos Burm. ex L.（1753）; Omphacarpus Korth.（1842）; Sasali Adans.（1763）Nom. illegit. ●

32939　Microculcas Peter（1929）= Gonatopus Hook. f. ex Engl.（1879）［天南星科 Araceae］■☆

32940　Microcybe Turcz.（1852）【汉】小蘘芸香属。【隶属】芸香科 Rutaceae。【包含】世界 3 种。【学名诠释与讨论】〈阴〉（希）mikros = smikros，小的。micro- = 拉丁文 parvi-，小的+kybos，立方体；kybe，头。【分布】澳大利亚。【模式】未指定。●☆

32941　Microcycadaceae Tarbaeva（1991）= Zamiaceae Rchb.●☆

32942　Microcycas（Miq.）A. DC.（1868）【汉】小苏铁属。【日】ミクロシカス属。【隶属】苏铁科 Cycadaceae//泽米苏铁科（泽米科）Zamiaceae。【包含】世界 1 种。【学名诠释与讨论】〈阳〉（希）mikros = smikros，小的+（属）Cycas 苏铁属。此属的学名，ING、TROPICOS 和 GCI 记载是 "Microcycas（Miquel）Alph. de Candolle, Prodr. 16（2）：538. Jul（med.）1868"，由 "Zamia sect. Microcycas Miquel in L. B. Van Houtte, Fl. Serres 7：141. 1 Apr 1852" 改级而来。IK 则记载为 "Microcycas A. DC., Prodr.［A. P. de Candolle］16（2.2）：538. 1868［mid Jul 1868］"。四者引用的文献相同。【分布】古巴。【模式】Microcycas calocoma（Miquel）Alph. de Candolle［Zamia calocoma Miquel］。【参考异名】Microcycas A. DC.（1868）Nom. illegit. ; Zamia sect. Microcycas Miqu.（1852）●☆

32943　Microcycas A. DC.（1868）Nom. illegit. ≡ Microcycas（Miq.）A. DC.（1868）［苏铁科 Cycadaceae//泽米苏铁科（泽米科）Zamiaceae］●☆

32944　Microdacoides Hua（1906）【汉】热非鳞莎草属。【隶属】莎草科 Cyperaceae。【包含】世界 1 种。【学名诠释与讨论】〈阴〉（属）Microcycas 小苏铁属+oides，来自 o+eides，像，似；或 o+eidos 形，含义为相像。【分布】热带非洲。【模式】Microdacoides squamosa Hua。■☆

32945　Microdactylon Brandegee（1908）【汉】小指萝藦属。【隶属】萝藦科 Asclepiadaceae。【包含】世界 1 种。【学名诠释与讨论】〈中〉（希）mikros = smikros，小的。micro- = 拉丁文 parvi-，小的+daktylos，手指，足趾。daktilotos。有指的，指状的。daktylethra，指套。【分布】墨西哥。【模式】Microdactylon cordatum T. S. Brandegee。☆

32946　Microderis D. Don ex Gand.（1918）= Crepis L.（1753）［菊科 Asteraceae（Compositae）］■

32947　Microderis DC.（1838）Nom. illegit. = Leontodon L.（1753）（保留属名）；~ = Picris L.（1753）［菊科 Asteraceae（Compositae）］■

32948　Microdesmis Hook. f.（1848）【汉】小盘木属。【英】Microdesmis, Saucerwood。【隶属】大戟科 Euphorbiaceae//攀打科（小盘木科）Pandaceae。【包含】世界 10 种，中国 1 种。【学名诠释与讨论】〈阴〉（希）mikros = smikros，小的。micro- = 拉丁文 parvi-，小的 + desmos，链，束，结，带，纽带。desma，所有格 desmatos，含义与 desmos 相似。指花极小，常簇生叶腋。此属的学名，ING、TROPICOS 和 IK 记载是 "Microdesmis Hook. f., Icon. Pl. 8（n. s. 4）：t. 758. 1848［May 1848］"；《中国植物志》英文版亦使用此名称。"Microdesmis Hook. f. ex Hook.（1848）≡ Microdesmis Hook. f.（1848）" 和 "Microdesmis Planch. ≡ Microdesmis Hook. f.（1848）" 的命名人引证有误。【分布】中国，东南亚西部，热带非洲。【模式】Microdesmis puberula J. D. Hooker。【参考异名】Microdesmis Hook. f. ex Hook.（1848）Nom. illegit. ; Microdesmis Planch., Nom. illegit. ; Pentabrachion Müll. Arg.（1864）; Pentabrachium Müll. Arg.（1866）Nom. illegit. ; Tetragyne Miq.（1861）; Worcesterianthus Merr.（1914）●

32949　Microdesmis Hook. f. ex Hook.（1848）Nom. illegit. ≡

Microdesmis Hook. f. (1848) [大戟科 Euphorbiaceae//攀打科(小盘木科)Pandaceae]●

32950　Microdesmis Planch., Nom. illegit. ≡ Microdesmis Hook. f. (1848) [大戟科 Euphorbiaceae//攀打科(小盘木科)Pandaceae]●

32951　Microdon Choisy(1823)【汉】小齿玄参属。【隶属】玄参科 Scrophulariaceae。【包含】世界5-7种。【学名诠释与讨论】〈阳〉(希)mikros =smikros,小的+odous,所有格 odontos,齿。此属的学名"Microdon J. D. Choisy,Mém. Soc. Phys. Genève 2(2):97. 1823"是一个替代名称。"Dalea J. Gaertner,Fruct. 1:235. Dec 1788"是一个非法名称(Nom. illegit.),因为此前已经有了"Dalea P. Miller,Gard. Dict. Abr. ed. 4. 28 Jan 1754(废弃属名)≡ Browallia L. (1753) [茄科 Solanaceae]"。故用"Microdon Choisy(1823)"替代之。同理,"Dalea Linnaeus,Opera Varia 244. 1758"和"Dalea P. Browne,Hist. Jamaica 239. 10 Mar 1756"亦是晚出的非法名称。【分布】非洲南部。【模式】Microdon ovatus (Linnaeus) J. D. Choisy [as 'ovatum'] [Lippia ovata Linnaeus]。【参考异名】Agathelpis Choisy(1824);Dalea Gaertn. (1788)(废弃属名)●☆

32952　Microdonta Nutt. (1841) = Heterosperma Cav. (1796); ~ = Heterospermum Willd. (1803) [菊科 Asteraceae(Compositae)]■●☆

32953　Microdontocharis Baill. (1894) = Eucharis Planch. et Linden (1853)(保留属名) [石蒜科 Amaryllidaceae]■☆

32954　Microdracoides Hua(1906)【汉】小龙莎属。【隶属】莎草科 Cyperaceae。【包含】世界1种。【学名诠释与讨论】〈阴〉(希)mikros =smikros,小的。micro- =拉丁文 parvi-,小的+drakaina,龙+oides,来自 o+eides,像,似;或 o+eidos 形,含义为相像。【分布】热带非洲。【模式】Microdracoides squamosus Hua。【参考异名】Schoenodendron Engl. (1910);Scirpodendron Engl. (1910) Nom. illegit. ■☆

32955　Microelus Wight et Arn. (1833) = Bischofia Blume(1827) [大戟科 Euphorbiaceae//重阳木科 Bischofiaceae]●

32956　Microepidendrum Brieger ex W. E. Higgins(2002) = Epidendrum L. (1763)(保留属名) [兰科 Orchidaceae]■☆

32957　Microepidendrum Brieger(1977) Nom. inval. ≡ Microepidendrum Brieger ex W. E. Higgins(2002); ~ = Epidendrum L. (1763)(保留属名) [兰科 Orchidaceae]■☆

32958　Microgenetes A. DC. (1845) = Phacelia Juss. (1789) [田梗草科(田基麻科,田亚草科)Hydrophyllaceae]■☆

32959　Microgilia J. M. Porter et L. A. Johnson(2000) = Gilia Ruiz et Pav. (1794) [花荵科 Polemoniaceae]■●☆

32960　Microglossa DC. (1836)【汉】小舌菊属。【日】シマイヅハハコ属。【英】Microglossa。【隶属】菊科 Asteraceae(Compositae)。【包含】世界10-19种,中国1种。【学名诠释与讨论】〈阴〉(希)mikros =smikros,小的。micro- =拉丁文 parvi-,小的+glottis,所有格 glottidos,气管口,来自 glotta =glossa,舌。Endlicher(1837)曾用"Frivaldia Endlicher,Gen. 384. Dec 1837"替代"Microglossa A. P. de Candolle,Prodr. 5:320. Oct (prim.)1836",这是多余的。"Frivaldia Endlicher,Gen. 384. Dec 1837"是"Microglossa DC. (1836)"的晚出的同模式异名(Homotypic synonym,Nomenclatural synonym)。《显花植物与蕨类植物词典》记载"Microglossa DC. = Conyza L. +Psiadia Jacq. (Compos.)"。【分布】马达加斯加,中国,非洲,热带亚洲。【后选模式】Microglossa volubilis A. P. de Candolle。【参考异名】Amphirhapis DC. (1836);Frivaldia Endl. (1837) Nom. illegit., Nom. superfl.;Frivaldzkia Rchb. (1841);Friwaldia Endl. (1837) Nom. illegit.;Homostylium Nees(1845)●

32961　Microgyne Cass. (1827) Nom. inval., Nom. nud. = Eriocephalus L. (1753) [菊科 Asteraceae(Compositae)]●☆

32962　Microgyne Less. (1832)【汉】网腺层菀属。【隶属】菊科 Asteraceae(Compositae)。【包含】世界1种。【学名诠释与讨论】〈阴〉(希)mikros =smikros,小的。micro- =拉丁文 parvi-,小的+gyne,所有格 gynaikos,雌性,雌蕊+-ellus,-ella,-ellum,加在名词词干后面形成指小式的词尾。或加在人名、属名等后面以组成新属的名称。此属的学名,ING 和 IK 记载是"Microgyne Less., Syn. Gen. Compos. 190. 1832 [Jul-Aug 1832]"。菊科 Asteraceae(Compositae)的"Microgyne Cass., Dict. Sci. Nat., ed. 2. [F. Cuvier] 50:493. 1827"是一个裸名。Grau (1975)曾用"Microgynella J. Grau,Mitt. Bot. Staatssamml. München 12:185. 15 Dec 1975"替代"Microgyne Less. (1832)",多余了。亦有文献把"Microgyne Less. (1832)"处理为"Vittadinia A. Rich. (1832)"的异名。【分布】阿根廷,巴西,乌拉圭。【模式】Microgyne trifurcata Lessing [Microgynella trifurcata (Lessing)J. Grau]。【参考异名】Microgynella Grau(1975)Nom. illegit., Nom. superfl.;Vittadinia A. Rich. (1832)■●☆

32963　Microgynella Grau (1975) Nom. illegit., Nom. superfl. ≡ Microgyne Less. (1832) [菊科 Asteraceae(Compositae)]■☆

32964　Microgynoecium Hook. f. (1880)【汉】小果滨藜属(小果藜属)。【英】Microgynoecium。【隶属】藜科 Chenopodiaceae。【包含】世界1种,中国1种。【学名诠释与讨论】〈中〉(希)mikros =smikros,小的+gyne,所有格 gynaikos,雌性,雌蕊+oikos 房屋。指雌雄蕊群小。【分布】中国。【模式】Microgynoecium tibeticum J. D. Hooker。■

32965　Microhamnus A. Gray = Rhamnella Miq. (1867) [鼠李科 Rhamnaceae]●

32966　Microholmesia(P. J. Cribb) P. J. Cribb(1987) Nom. illegit. ≡ Microholmesia P. J. Cribb(1987); ~ = Angraecopsis Kraenzl. (1900) [兰科 Orchidaceae]■☆

32967　Microholmesia P. J. Cribb ex Mabb. (1987) Nom. illegit. ≡ Microholmesia P. J. Cribb(1987); ~ = Angraecopsis Kraenzl. (1900) [兰科 Orchidaceae]■☆

32968　Microholmesia P. J. Cribb (1987) = Angraecopsis Kraenzl. (1900) [兰科 Orchidaceae]■☆

32969　Microhystrix(Tzvelev) Tzvelev et Prob. (2010)【汉】小猬草属。【隶属】禾本科 Poaceae(Gramineae)。【包含】世界1种。【学名诠释与讨论】〈阴〉(希)mikros =smikros,小的。micro- =拉丁文 parvi-,小的+(属)Hystrix 猬草属(蝟草属)。【分布】不详。【模式】Microhystrix sibirica (Trautv.)Tzvelev et Prob. [Hystrix sibirica (Trautv.)Kuntze]。【参考异名】Hystrix sect. Microhystrix Tzvelev (2009)■☆

32970　Microjambosa Blume(1850) = Syzygium P. Browne ex Gaertn. (1788)(保留属名) [桃金娘科 Myrtaceae]●

32971　Microkentia H. Wendl. ex Benth. et Hook. f. (1883) Nom. illegit. ≡Basselinia Vieill. (1873) [棕榈科 Arecaceae(Palmae)]●☆

32972　Microkentia H. Wendl. ex Hook. f. (1883) Nom. illegit. ≡ Microkentia H. Wendl. ex Benth. et Hook. f. (1883) Nom. illegit.; ~ ≡Basselinia Vieill. (1873) [棕榈科 Arecaceae(Palmae)]●☆

32973　Microkoma Lanessan = Microloma R. Br. (1810) [萝藦科 Asclepiadaceae]■☆

32974　Microlaena Endl. (1840) Nom. illegit. [梧桐科 Sterculiaceae//锦葵科 Malvaceae]●

32975　Microlaena R. Br. (1810)【汉】小袋禾属。【隶属】禾本科 Poaceae(Gramineae)。【包含】世界10种。【学名诠释与讨论】〈阴〉(希)mikros =smikros,小的。micro- =拉丁文 parvi-,小的+laina =chlaine =拉丁文 laena,外衣,衣服。指外颖。此属的学名,ING、APNI、TROPICOS 和 IK 记载是"Microlaena R. Br., Prodr. Fl. Nov. Holland. 210. 1810 [27 Mar 1810]"。"Microlaena

Wall.（1810）= Eriolaena DC.（1823）= Schillera Rchb.（1828）［梧桐科 Sterculiaceae］"和" Microlaena Endl.，Genera Plantarum（Endlicher）1004. 1840［梧桐科 Sterculiaceae//锦葵科 Malvaceae］"是晚出的非法名称。亦有文献把" Microlaena R. Br.（1810）"处理为" Ehrharta Thunb.（1779）"的异名。【分布】菲律宾（菲律宾群岛）和印度尼西亚（爪哇岛）至澳大利亚和新西兰。【模式】Microlaena stipoides（Labillardière）R. Brown［Ehrharta stipoides Labillardière］。【参考异名】Diplax Sol. ex Benn.（1838）；Ehrharta Thunb.（1779）（保留属名）；Microchlaena Post et Kuntze（1903）Nom. illegit.■☆

32976 Microlaena Wall.（1810）Nom. illegit. = Eriolaena DC.（1823）；~ = Schillera Rchb.（1828）［梧桐科 Sterculiaceae//锦葵科 Malvaceae］●

32977 Microlagenaria（C. Jeffrey）A. M. Lu et J. Q. Li（1993）【汉】非洲赤瓟属。【隶属】葫芦科（瓜科，南瓜科）Cucurbitaceae。【包含】世界1种。【学名诠释与讨论】〈阴〉（拉）mikros = smikros+（属）Lagenaria 葫芦属。此属的学名是" Microlagenaria（C. Jeffrey）A. M. Lu & J. Q. Li, Acta Phytotaxonomica Sinica 31（1）：52. 1993.（Acta Phytotax. Sin.）"，由" Thladiantha subg. Microlagenaria C. Jeffrey, Kew Bulletin 15：363. 1962.（Kew Bull.）"改级而来。亦有文献把" Microlagenaria（C. Jeffrey）A. M. Lu et J. Q. Li（1993）"处理为" Thladiantha Bunge（1833）"的异名。【分布】中国，非洲。【模式】Microlagenaria africana（C. Jeffrey）A. M. Lu et J. Q. Li［Thladiantha africana C. Jeffrey］。【参考异名】Thladiantha Bunge（1833）；Thladiantha subgen. Microlagenaria C. Jeffrey（1962）■

32978 Microlecane Sch. Bip. ex Benth.（1873）Nom. illegit. ≡ Microlecane Sch. Bip. ex Benth. et Hook. f.（1873）；~ = Bidens L.（1753）［菊科 Asteraceae（Compositae）］■●

32979 Microlecane Sch. Bip. ex Benth. et Hook. f.（1873）= Bidens L.（1753）［菊科 Asteraceae（Compositae）］■●

32980 Microlepidium F. Muell.（1853）【汉】小鳞独行菜属（小独行菜属）。【隶属】十字花科 Brassicaceae（Cruciferae）。【包含】世界2种。【学名诠释与讨论】〈中〉（希）mikros = smikros, 小的+lepis, 所有格 lepidos, 指小式 lepion 或 lepidion, 鳞, 鳞片。lepidotos, 多鳞的。lepos, 鳞, 鳞片+-idius, -idia, -idium, 指示小的词尾。此属的学名是" Microlepidium F. v. Mueller, Linnaea 25：371. Feb 1853"。亦有文献把其处理为" Capsella Medik.（1792）（保留属名）"的异名。化石植物的" Microlepidium Velenovský, Abh. Königl. Böhm. Ges. Wiss. ser. 7. 3：11. t. 1, f. 25-27. 1889（non F. v. Mueller 1853）"是晚出的非法名称。【分布】澳大利亚。【模式】Microlepidium pilosulum F. v. Mueller。【参考异名】Capsella Medik.（1792）（保留属名）■☆

32981 Microlepis（DC.）Miq.（1840）（保留属名）【汉】小鳞野牡丹属。【隶属】野牡丹科 Melastomataceae。【包含】世界4种。【学名诠释与讨论】〈阴〉（希）mikros = smikros, 小的。micro- = 拉丁文 parvi-, 小的+lepis, 所有格 lepidos, 指小式 lepion 或 lepidion, 鳞, 鳞片。此属的学名" Microlepis（DC.）Miq., Comm. Phytogr.：71. 16-21 Mar 1840"是保留属名，由" Osbeckia sect. Microlepis DC., Prodr. 3：139. Mar（med.）1828"改级而来。法规未列出相应的废弃属名。" Microlepis Miq.（1840）≡ Microlepis（DC.）Miq.（1840）（保留属名）"的命名人引证有误。莎草科 Cyperaceae 的" Microlepis Schrad. ex Nees, Fl. Bras. 2（1）：164, 1842 = Lagenocarpus Nees（1834）"和藜科 Chenopodiaceae 的" Microlepis Eichw. = Anabasis L.（1753）Nom. illegit. "都应该废弃。" Ancistrodesmus Naudin, Ann. Sci. Nat. Bot. ser. 3. 13：302. Mai 1850"是" Microlepis（DC.）Miq.（1840）（保留属名）"的晚出的同模式异名（Homotypic synonym, Nomenclatural synonym）。【分

布】巴西（南部）。【模式】Microlepis oleifolia（A. P. de Candolle）Triana［as 'oleaefolia'］［Osbeckia oleifolia A. P. de Candolle［as 'oleaefolia'］。【参考异名】Ancistrodesmus Naudin（1850）Nom. illegit.；Microlepis Miq.（1840）Nom. illegit.（废弃属名）；Osbeckia sect. Microlepis DC.（1828）●☆

32982 Microlepis Eichw.（废弃属名）= Anabasis L.（1753）［藜科 Chenopodiaceae］●■

32983 Microlepis Miq.（1840）Nom. illegit.（废弃属名）≡ Microlepis（DC.）Miq.（1840）（保留属名）［野牡丹科 Melastomataceae］●☆

32984 Microlepis Schrad. ex Nees（1842）Nom. illegit.（废弃属名）= Lagenocarpus Nees（1834）；~ = Cryptangium Schrad. +Lagenocarpus Nees（1834）［莎草科 Cyperaceae］■☆

32985 Microlespedeza（Maxim.）Makino（1914）Nom. illegit. ≡ Kummerowia Schindl.（1912）［豆科 Fabaceae（Leguminosae）//蝶形花科 Papilionaceae］■

32986 Microlespedeza Makino（1914）Nom. illegit. ≡ Microlespedeza（Maxim.）Makino（1914）Nom. illegit.；~ ≡ Kummerowia Schindl.（1912）［豆科 Fabaceae（Leguminosae）//蝶形花科 Papilionaceae］■

32987 Microliabum Cabrera（1955）【汉】光托黄安菊属（阿根廷矮菊属）。【隶属】菊科 Asteraceae（Compositae）。【包含】世界1-6种。【学名诠释与讨论】〈中〉（希）mikros = smikros, 小的+（属）Liabum 黄安菊属。此属的学名" Microliabum Cabrera, Bol. Soc. Argent. Bot. 5：211. Apr 1955"是一个替代名称。" Liabellum A. L. Cabrera, Notas Mus. La Plata, Bot. 17：76. 28 Jul 1954"是一个非法名称（Nom. illegit.），因为此前已经有了" Liabellum Rydberg, N. Amer. Fl. 34：294. 22 Jun 1927［菊科 Asteraceae（Compositae）]"。故用" Microliabum Cabrera（1955）"替代之。" Angelianthus H. E. Robinson et R. D. Brettell, Phytologia 28：48. 4 Jun 1974"是" Microliabum Cabrera（1955）"的晚出的同模式异名（Homotypic synonym, Nomenclatural synonym）。【分布】阿根廷，巴拉圭。【模式】Microliabum humile（Cabrera）Cabrera［Liabellum humile Cabrera］。【参考异名】Angelianthus H. Rob. et Brettell（1974）Nom. illegit.；Austroliabum H. Rob. et Brettell（1974）；Liabellum Cabrera（1954）Nom. illegit.■●☆

32988 Microlicia D. Don（1823）【汉】矮野牡丹属。【隶属】野牡丹科 Melastomataceae。【包含】世界100种。【学名诠释与讨论】〈阴〉（希）mikros = smikros, 小的。micro- = 拉丁文 parvi-, 小的+elikia 身高。【分布】秘鲁，玻利维亚，中美洲。【模式】未指定。【参考异名】Iaravaea Scop.（1777）；Jaraphaea Steud.（1840）；Jaravaea Neck.（1790）Nom. inval.●☆

32989 Microlobium Liebm.（1854）= Apoplanesia C. Presl（1832）［豆科 Fabaceae（Leguminosae）//蝶形花科 Papilionaceae］■☆

32990 Microlobius C. Presl（1845）【汉】小荚豆属。【隶属】豆科 Fabaceae（Leguminosae）。【包含】世界1种。【学名诠释与讨论】〈阳〉（希）mikros = smikros, 小的+lobos = 拉丁文 lobulus, 片, 裂片, 叶, 荚, 蒴+-ius, -ia, -ium, 具有……特性的。【分布】巴拉圭，玻利维亚，墨西哥，中美洲。【模式】Microlobius mimosoides K. B. Presl.☆

32991 Microloma R. Br.（1809）= Haemax E. Mey.（1837）［萝藦科 Asclepiadaceae］■☆

32992 Microloma R. Br.（1810）【汉】小边萝藦属。【隶属】萝藦科 Asclepiadaceae。【包含】世界15种。【学名诠释与讨论】〈中〉（希）mikros = smikros, 小的+loma, 所有格 lomatos, 边缘。此属的学名，ING 和 TROPICOS 记载是" Microloma R. Brown, On Asclepiad. 42. 3 Apr 1810"。IK 则记载为" Microloma R. Br., Mem. Wern. Soc. i.（1809）53"。【分布】马达加斯加，非洲南部。【后选模式】Microloma sagittatum（Linnaeus）R. Brown［Ceropegia sagittata Linnaeus]。【参考异名】Haemax E. Mey. (1837); Microkoma Lanessan ■☆

32993　Microlonchoides P. Candargy(1897)= Jurinea Cass. (1821)［菊科 Asteraceae(Compositae)］●■

32994　Microlonchus Cass. (1826) Nom. illegit. ≡ Mantisalca Cass. (1818);~ = Oligochaeta (DC.) K. Koch(1843)［菊科 Asteraceae (Compositae)］■

32995　Microlophium(Spach)Fourr. (1869)= Polygala L. (1753)［远志科 Polygalaceae]●■

32996　Microlophium Fourr. (1869) Nom. illegit. ≡ Microlophium (Spach) Fourr. (1869);~ = Polygala L. (1753)［远志科 Polygalaceae]●■

32997　Microlophopsis Czerep. (1960)= Schumeria Iljin(1960)［菊科 Asteraceae(Compositae)］■☆

32998　Microlophus Cass. (1826)= Centaurea L. (1753)(保留属名)［菊科 Asteraceae(Compositae)//矢车菊科 Centaureaceae]●■

32999　Microluma Baill. (1891) = Lucuma Molina (1782); ~ = Pouteria Aubl. (1775)［山榄科 Sapotaceae]●

33000　Micromeles Decne. (1874) = Sorbus L. (1753)［蔷薇科 Rosaceae]●

33001　Micromelum Blume(1825)(保留属名)【汉】小芸木属(小柑属,小苹果属,小芸香木属)。【英】Micromelum。【隶属】芸香科 Rutaceae。【包含】世界 11 种,中国 2 种。【学名诠释与讨论】〈中〉(希)mikros =smikros,小的+melon,苹果。指果小。此属的学名"Micromelum Blume, Bijdr. :137. 20 Aug 1825"是保留属名。相应的废弃属名是芸香科 Rutaceae 的 " Aulacia Lour., Fl. Cochinch. ;258,273. Sep 1790 = Micromelum Blume(1825)(保留属名)"。【分布】印度至马来西亚,中国,太平洋地区。【模式】Micromelum pubescens Blume。【参考异名】Aulacia Lour. (1790)(废弃属名)●

33002　Micromeria Benth. (1829)(保留属名)【汉】姜味草属(美味草属,小球花属,美苦草属)。【俄】Микромерия。【英】Gingersage, Micromeria, Marsh‐pink, Rose Gentian, Rose Pink, Rose‐gentian。【隶属】唇形科 Lamiaceae(Labiatae)。【包含】世界 70‐130 种,中国 6 种。【学名诠释与讨论】〈阴〉(希)mikros = smikros,小的。micro‐ =拉丁文 parvi‐,小的+meros,一部分。拉丁文 merus 含义为纯洁的,真正的。指叶和花通常小形。此属的学名"Micromeria Benth. in Edwards's Bot. Reg. : ad t. 1282. Mar‐Dec 1829"是保留属名,也是一个替代名称。它替代的是"Sabbatia Moench, Meth. 386. 4 Mai 1794",而非"Sabatia Adanson, Fam. 2: 503. Jul‐Aug 1763［Brachylepis］［龙胆科 Gentianaceae]"。相应的废弃属名是唇形科 Lamiaceae(Labiatae)的"Xenopoma Willd. in Ges. Naturf. Freunde Berlin Mag. Neuesten Entdeck. Gesammten Naturk. 5:399. 1811 = Micromeria Benth. (1829)(保留属名)"和"Zygis Desv. ex Ham. ,Prodr. Pl. Ind. Occid. :40. 1825 =Micromeria Benth. (1829)(保留属名)"。"Zygis Desv. (1825)"和"Zygis Ham. (1825)"的命名人引证有误,亦应废弃。【分布】巴基斯坦,玻利维亚,马达加斯加,中国,中美洲。【模式】Micromeria juliana (Linnaeus) H. G. L. Reichenbach［Satureja juliana Linnaeus]。【参考异名】Apozia Willd. ex Benth. ; Apozia Willd. ex Steud. (1840); Cuspidocarpus Sperm. (1843); Heubl et Doroszenko (2008); Killickia Bräuchler; Lapithea Griseb. (1845); Micronema Schott (1857) Nom. illegit. ; Neurola Raf. (1836); Nostelis Raf. (1838); Piperella C. Presl (1826) Nom. inval. ; Sabatia Adans. (1763); Sabbatia Moench (1794) Nom. illegit. ; Tendana Rchb. f. (1857) Nom. illegit. ;Xenopoma Willd. (1811)(废弃属名);Zygia Benth. et Hook. f. (1876) Nom. illegit. (废弃属名);Zygis Desv. (1825)(废

弃属名);Zygis Desv. ex Ham. (1825)(废弃属名);Zygis Ham. (1825)(废弃属名)●●

33003　Micromonolepis Ulbr. (1934)【汉】小单被藜属。【隶属】藜科 Chenopodiaceae。【包含】世界 1 种。【学名诠释与讨论】〈阴〉(希)mikros =smikros,小的。micro‐ =拉丁文 parvi‐,小的+(属)Monolepis 单被藜属。此属的学名是"Micromonolepis Ulbrich in Engler et Prantl, Nat. Pflanzenfam. ed. 2. 16c: 499. Jan‐Apr 1934"。亦有文献把其处理为"Monolepis Schrad. (1831)"的异名。【分布】美国(西部)。【模式】Micromonolepis pusilla (Torrey) Ulbrich ［Monolepis pusilla Torrey］。【参考异名】Monolepis Schrad. (1831)■☆

33004　Micromyrtus Benth. (1865)【汉】小桃金娘属。【隶属】桃金娘科 Myrtaceae。【包含】世界 22 种。【学名诠释与讨论】〈阴〉(希)mikros =smikros,小的。micro‐ =拉丁文 parvi‐,小的+(属)Myrtus 香桃木属。【分布】澳大利亚。【模式】未指定。●☆

33005　Micromystria O. E. Schulz(1924)= Arabidella (F. Muell.) O. E. Schulz(1924)［十字花科 Brassicaceae(Cruciferae)］■☆

33006　Micronema Schott(1857) Nom. illegit. ≡ Piperella (C. Presl ex Rchb.) Spach(1838);~ = Micromeria Benth. (1829)(保留属名);~ = Thymus L. (1753)［唇形科 Lamiaceae(Labiatae)］●

33007　Micronoma H. Wendl. ex Benth. et Hook. f. (1883)【汉】草地棕属(秘鲁棕属,棕属)。【隶属】棕榈科 Arecaceae(Palmae)。【包含】世界 1 种。【学名诠释与讨论】〈中〉(希)mikros =smikros,小的+nomos,所有格 nomatos 草地,牧场,住所。【分布】秘鲁,东部。【模式】未指定。●☆

33008　Micronychia Oliv. (1881)【汉】小爪漆属。【隶属】漆树科 Anacardiaceae。【包含】世界 5 种。【学名诠释与讨论】〈阴〉(希)mikros =smikros,小的。micro‐ =拉丁文 parvi‐,小的+onyx,所有格 onychos,指甲,爪。【分布】马达加斯加。【模式】Micronychia madagascariensis D. Oliver。●☆

33009　Micropaegma Pichon(1946)= Mussatia Bureau ex Baill. (1888)［紫葳科 Bignoniaceae]●☆

33010　Micropappus(Sch. Bip.) C. F. Baker (1902)= Elephantopus L. (1753)［菊科 Asteraceae(Compositae)］■

33011　Micropapyrus Suess. (1943)= Rhynchospora Vahl (1805)［as 'Rynchospora'](保留属名)［莎草科 Cyperaceae]■☆

33012　Microparacaryum(Popov ex Riedl) Hilger(1985) Nom. illegit. ≡ Microparacaryum (Popov ex Riedl.) Hilger et Podlech(1985); ~ = Paracaryum (A. DC.) Boiss. (1849)［紫草科 Boraginaceae]●■☆

33013　Microparacaryum(Popov ex Riedl.) Hilger et Podlech(1985)= Paracaryum (A. DC.) Boiss. (1849)［紫草科 Boraginaceae]●■☆

33014　Micropeplis Bunge(1847)【汉】蛛丝藜属(蛛丝蓬属)。【隶属】藜科 Chenopodiaceae。【包含】世界 2 种。【学名诠释与讨论】〈阴〉(希)mikros =smikros,小的。micro‐ =拉丁文 parvi‐,小的+peplis,一种大戟植物名。此属的学名是"Micropeplis Bunge, Beitr. Kenntn. Fl. Russl. 298. 7 Nov 1852 ('1851')"。亦有文献把其处理为"Halogeton C. A. Mey. ex Ledeb. (1829)"的异名。【分布】亚洲中部。【模式】Halogeton arachnoideus Moquin‐Tandon。【参考异名】Halogeton C. A. Mey. (1829) Nom. illegit. ; Halogeton C. A. Mey. ex Ledeb. (1829)■☆

33015　Micropera Dalzell (1851) Nom. nud. , Nom. illegit. = Micropera Dalzell (1858) Nom. illegit. ; ~ = Camarotis Lindl. (1833); ~ = Micropera Lindl. (1832)［兰科 Orchidaceae]■

33016　Micropera Dalzell (1858) Nom. illegit. = Camarotis Lindl. (1833); ~ =Micropera Lindl. (1832)［兰科 Orchidaceae]■

33017　Micropera Lindl. (1832)【汉】小袋兰属。【隶属】兰科 Orchidaceae。【包含】世界 15 种,中国 1 种。【学名诠释与讨论】

〈阴〉(希)mikros =smikros,小的。micro- =拉丁文 parvi-,小的+pera,指小式 peridion,袋,囊。Peros,伤残的。此属的学名,ING、APNI、TROPICOS 和 IK 记载是"Micropera Lindley, Edwards's Bot. Reg. 18:ad t. 1522. 1 Sep 1832"。"Micropera Dalzell, Hooker's J. Bot. Kew Gard. Misc. 3:282. 1851"是一个未合格发表的名称(Nom. inval., Nom. illegit.)。"Micropera Dalzell, J. Proc. Linn. Soc., Bot. 3(9):38. 1858 [20 Aug 1858]= Camarotis Lindl. (1833)= Micropera Lindl. (1832) [兰科 Orchidaceae]"是晚出的非法名称。真菌的"Micropera Léveillé, Ann. Sci. Nat. Bot. ser. 3. 5:283. 1846"也是晚出的非法名称。亦有文献把"Micropera Lindl. (1832)"处理为"Aerides Lour. (1790)"或"Camarotis Lindl. (1833)"的异名。【分布】中国(参见 Aerides Lour.)。【模式】pallida (Roxburgh) Lindley [Aerides pallida Roxburgh]。【参考异名】Aerides Lour. (1790); Camarotis Lindl. (1833); Micropera Dalzell(1851)Nom. nud.; Micropera Dalzell(1858)Nom. illegit. ■

33018 Micropetalon Pers. (1805)Nom. illegit. ≡Spergulastrum Michx. (1803); ~ =Stellaria L. (1753) [石竹科 Caryophyllaceae]■

33019 Micropetalum Poit. ex Baill. = Amanoa Aubl. (1775) [大戟科 Euphorbiaceae]●☆

33020 Micropetalum Spreng. (1817)= Micropetalon Pers. (1805)Nom. illegit. ; ~ =Stellaria L. (1753); ~ = Spergulastrum Michx. (1803) [石竹科 Caryophyllaceae]■

33021 Micropeuce Gordon(1862)= Tsuga (Endl.)Carrière(1855) [松科 Pinaceae]●

33022 Microphacos Rydb. (1905) = Astragalus L. (1753) [豆科 Fabaceae(Leguminosae)//蝶形花科 Papilionaceae]●■

33023 Micropholis(Griseb.)Pierre(1891)【汉】小鳞山榄属。【英】Catuaba Herbal。【隶属】山榄科 Sapotaceae。【包含】世界 38 种。【学名诠释与讨论】〈阴〉(希)mikros =smikros,小的。micro- =拉丁文 parvi-,小的+pholis,鳞片。此属的学名,ING 和 IK 记载是"Micropholis (Grisebach) Pierre, Notes Bot. Sapot. 37. 5 Jan 1891",由"Sapota sect. Micropholis Grisebach, Fl. Brit. W. Indian Isl. 399. 1861 (sero)"改级而来。GCI 和 IK 则记载为"Micropholis Pierre, Notes Bot. Sapot. 37. 1891"。四者引用的文献相同。【分布】巴拿马,秘鲁,玻利维亚,厄瓜多尔,哥伦比亚(安蒂奥基亚),尼加拉瓜,西印度群岛,热带美洲,中美洲。【模式】Micropholis rugosa (Swartz) Pierre [Chrysophyllum rugosum Swartz]。【参考异名】Crepinodendron Pierre (1890); Meioluma Baill. (1891); Micropholis Pierre(1891)Nom. illegit. ; Mioluma Post et Kuntze (1903); Myrtiluma Baill. (1891); Paramicropholis Aubrév. et Pellegr. (1961); Platyluma Baill. (1891); Sapota sect. Micropholis Griseb. (1861); Sprucella Pierre(1890); Stephanolurna Baill. (1891)●☆

33024 Micropholis Pierre (1891)Nom. illegit. ≡Micropholis (Griseb.) Pierre(1891) [山榄科 Sapotaceae]●☆

33025 Microphyes Phil. (1860)【汉】密绒草属。【隶属】石竹科 Caryophyllaceae。【包含】世界 2-3 种。【学名诠释与讨论】〈阳〉(希)mikros =smikros,小的+phye,生长,身高。【分布】智利。【模式】Microphyes litoralis R. A. Philippi。【参考异名】Wangerinia E. Franz(1908)■☆

33026 Microphysa Naudin(1851)Nom. illegit. ≡Microphysca Naudin (1852) [野牡丹科 Melastomataceae]●☆

33027 Microphysa Schrenk(1844)【汉】泡果茜草属(泡果茜属)。【俄】Мелкопузырник。【隶属】茜草科 Rubiaceae。【包含】世界 1 种,中国 1 种。【学名诠释与讨论】〈阴〉(希)mikros =smikros,小的。micro- =拉丁文 parvi-,小的+physa,风箱,气泡。此属的学名,ING、TROPICOS 和 IK 记载是"Microphysa A. G. Schrenk,

Bull. Cl. Phys. - Math. Acad. Imp. Sci. Saint - Pétersbourg 2:115. 1844"。"Microphysa Naudin, Ann. Sci. Nat. Bot. ser. 3. 16:99. Aug 1851 =Microphysca Naudin(1852)= Tococa Aubl. (1775) [野牡丹科 Melastomataceae]"是晚出的非法名称。"Microphysca Naudin (1852)"是"Microphysa Naudin(1851)Nom. illegit. "的替代名称。【分布】玻利维亚,中国,亚洲中部。【模式】Microphysa galioides A. G. Schrenk。■

33028 Microphysca Naudin(1852)= Tococa Aubl. (1775) [野牡丹科 Melastomataceae]●☆

33029 Microphytanthe (Schltr.) Brieger (1981) = Dendrobium Sw. (1799)(保留属名) [兰科 Orchidaceae]■●

33030 Microphyton Fourr. (1868) = Trifolium L. (1753) [豆科 Fabaceae(Leguminosae)//蝶形花科 Papilionaceae]■

33031 Micropiper Miq. (1839)= Peperomia Ruiz et Pav. (1794) [胡椒科 Piperaceae//草胡椒科(三瓣绿科)Peperomiaceae]■●

33032 Micropleura Lag. (1826)【汉】小脉芹属。【隶属】伞形花科(伞形科)Apiaceae(Umbelliferae)。【包含】世界 2 种。【学名诠释与讨论】〈阴〉(希)mikros =smikros,小的。micro- =拉丁文 parvi-,小的+pleura =pleuron,肋骨,脉,棱,侧生。【分布】哥伦比亚,智利。【模式】Micropleura renifolia Lagasca。■☆

33033 Microplumeria Baill. (1889)【汉】小鸡蛋属。【隶属】夹竹桃科 Apocynaceae。【包含】世界 1 种。【学名诠释与讨论】〈阴〉(希)mikros =smikros,小的。micro- =拉丁文 parvi-,小的+(属)Plumeria 鸡蛋花属(缅栀属,缅栀子属)。【分布】巴西,亚马孙河流域。【模式】Microplumeria sprucei Baillon。【参考异名】Cylindrosperma Ducke(1930)●☆

33034 Micropodium Rchb. (1828) = Brassica L. (1753) [十字花科 Brassicaceae(Cruciferae)]■●

33035 Micropogon Pfeiff. (1874) Nom. illegit. = Microchloa R. Br. (1810) [禾本科 Poaceae(Gramineae)]■

33036 Micropogon Spreng. ex Pfeiff. (1874)Nom. illegit. ≡Micropogon Pfeiff. (1874)Nom. illegit. ; ~ =Microchloa R. Br. (1810) [禾本科 Poaceae(Gramineae)]■

33037 Micropora Hook. f. (1886) Nom. illegit. ≡ Hexapora Hook. f. (1886) [樟科 Lauraceae]●☆

33038 Micropsis DC. (1836)【汉】束衫菊属。【英】Straitjackets。【隶属】菊科 Asteraceae(Compositae)。【包含】世界 5 种。【学名诠释与讨论】〈阴〉(属)Micropus 棉子菊属+希腊文 opsis,外观,模样,相似。【分布】阿根廷,巴拉圭,乌拉圭,智利。【模式】Micropsis nana A. P. de Candolle。【参考异名】Lasiophyton Hook. et Arn. (1840)■☆

33039 Microptelea Spach(1841)= Ulmus L. (1753) [榆科 Ulmaceae]●

33040 Micropterum Schwantes(1928)【汉】小翼玉属。【日】ミクロプテルム属。【隶属】番杏科 Aizoaceae。【包含】世界 7 种。【学名诠释与讨论】〈阴〉(希)mikros =smikros,小的。micro- =拉丁文 parvi-,小的+pteron,指小式 pteridion,翅。pteridios,有羽毛的。此属的学名是"Micropterum Schwantes, Möller's Deutsche Gärtn. -Zeitung 43:17. 11 Jan 1928"。亦有文献把其处理为"Cleretum N. E. Br. (1925)"的异名。【分布】参见 Cleretum N. E. Br.。【模式】Micropterum schlechteri Schwantes。【参考异名】Cleretum N. E. Br. (1925)■☆

33041 Micropteryx Walp. (1851) = Erythrina L. (1753) [豆科 Fabaceae(Leguminosae)//蝶形花科 Papilionaceae]●■

33042 Micropuntia Daston(1947)【汉】群盲象属。【日】ミクロプンティア属。【隶属】仙人掌科 Cactaceae。【包含】世界 7 种。【学名诠释与讨论】〈阴〉(希)mikros =smikros,小的。micro- =拉丁文 parvi-,小的 +(属)Opuntia 仙人掌属。此属的学名是

"Micropuntia Daston, Amer. Midl. Naturalist 36：661. 25 Feb 1947"。亦有文献把其处理为"Grusonia Rchb. f. ex K. Schum. (1919)"或"Opuntia Mill.（1754）"的异名。【分布】参见 Grusonia Rchb. f. ex K. Schum.（1919）和 Opuntia Mill.。【模式】Micropuntia brachyrhopalica Daston。【参考异名】Grusonia Rchb. f. ex K. Schum.（1919）；Opuntia Mill.（1754）●☆

33043　Micropus L.（1753）【汉】棉子菊属。【俄】микропус。【英】Cottonseed, Micrope, Micropus。【隶属】菊科 Asteraceae（Compositae）。【包含】世界 1-5 种。【学名诠释与讨论】〈阳〉（希）mikros ＝smikros, 小的+pous, 所有格 podos, 指小式 podion, 脚,足,柄,梗。podotes, 有脚的。可能指花托微小。此属的学名,ING、TROPICOS、GCI 和 IK 记载是"Micropus L., Sp. Pl. 2：927. 1753 [1 May 1753]"。"Gnaphalodes P. Miller, Gard. Dict. Abr. ed. 4. 28 Jan 1754"是"Micropus L.（1753）"的晚出的同模式异名（Homotypic synonym, Nomenclatural synonym）。亦有文献把"Micropus L.（1753）"处理为"Cymbolaena Smoljan.（1955）"的异名。【分布】巴基斯坦,伊朗,地中海西部至高加索地区。【模式】Micropus supinus Linnaeus。【参考异名】Bombycilaena（DC.）Smoljan.（1955）；Cymbolaena Smoljan.（1955）；Gnaphalodes Mill.（1754）Nom. illegit.；Mycropus Gouan（1764）■☆

33044　Micropyropsis Romero Zarco et Cabezudo（1983）【汉】拟小果禾属。【隶属】禾本科 Poaceae（Gramineae）。【包含】世界 1 种。【学名诠释与讨论】〈阴〉（属）Micropyrum 小果禾+希腊文 opsis, 外观,模样,相似。【分布】西班牙。【模式】Micropyropsis tuberosa C. Romero Zarco et B. Cabezudo。■☆

33045　Micropyrum（Gaudin）Link（1844）【汉】小果禾属。【隶属】禾本科 Poaceae（Gramineae）。【包含】世界 3 种。【学名诠释与讨论】〈中〉（希）mikros ＝smikros, 小的。micro- ＝拉丁文 parvi-, 小的 + pyren, 核, 颗粒。此属的学名, ING、TROPICOS 记载是"Micropyrum（Gaudin）Link, Linnaea 17：397. Feb-Apr（?）1844", 由"Triticum sect. Micropyrum Gaudin, Fl. Helvet. 1：366. 1828"改级而来。IK 则记载为"Micropyrum Link, Linnaea 17：397. 1844"。三者引用的文献相同。此名称曾先后被处理为"Catapodium sect. Micropyrum（Gaudin）Maire et Weiller, Flore de l'Afrique du Nord：3：211. 1955"和"Festuca sect. Micropyrum（Gaudin）Asch. et Graebn., Synopsis der Mitteleuropäischen Flora 2（1）：537. 1900"。"Festucaria Link（1844）Nom. illegit."是它的同模式异名。【分布】地中海地区,欧洲中部。【模式】Micropyrum tenellum（Linnaeus）Link [Triticum tenellum Linnaeus]。【参考异名】Catapodium sect. Micropyrum（Gaudin）Maire et Weiller（1955）；Festuca sect. Micropyrum（Gaudin）Asch. et Graebn.（1900）；Festucaria Link（1844）Nom. illegit.；Micropyrum Link（1844）Nom. illegit.；Triticum sect. Micropyrum Gaudin（1828）■☆

33046　Micropyrum Link（1844）Nom. illegit. ≡Micropyrum（Gaudin）Link（1844）[禾本科 Poaceae（Gramineae）]■☆

33047　Micropyxis Duby（1844）＝ Anagallis L.（1753）[报春花科 Primulaceae//紫金牛科 Myrsinaceae]■

33048　Microrhamnus A. Gray（1852）＝ Condalia Cav.（1799）（保留属名）[鼠李科 Rhamnaceae]●☆

33049　Microrhinum（Endl.）Fourr.（1869）Nom. illegit. ＝Microrrhinum（Endl.）Fourr.（1869）Nom. illegit.；～ Chaenorrhinum Lange（1870）Nom. illegit.；～＝Chaenorhinum（DC.）Rchb.（1829）[玄参科 Scrophulariaceae]■☆

33050　Microrhinum Fourr.（1869）Nom. illegit. ≡Microrhinum（Endl.）Fourr.（1869）Nom. illegit.；～＝ Microrrhinum（Endl.）Fourr.（1869）Nom. illegit.；～ Chaenorrhinum Lange（1870）；～＝Chaenorhinum（DC.）Rchb.（1829）[玄参科 Scrophulariaceae]■☆

33051　Microrhynchus Less.（1832）【汉】小喙菊属。【隶属】菊科 Asteraceae（Compositae）。【包含】世界 22 种。【学名诠释与讨论】〈阳〉（希）mikros ＝smikros, 小的+rhynchos, 喙。此属的学名, ING、TROPICOS 和 IK 记载是"Microrhynchus Less., Syn. Gen. Compos. 139. 1832 [Jul-Aug 1832]"。"Microrynchus Sch. Bip., Linnaea 15：725. 1842 ＝ Launaea Cass.（1822）＝ Microrhynchus Less.（1832）"似为其变体。"Ammoseris Endlicher, Gen. 500. Jun 1838"是"Microrhynchus Less.（1832）"的晚出的同模式异名（Homotypic synonym, Nomenclatural synonym）。亦有文献把"Microrhynchus Less.（1832）"处理为"Launaea Cass.（1822）"的异名。【分布】马达加斯加,中美洲。【模式】Microrhynchus nudicaulis（Linnaeus）Lessing [Chondrilla nudicaulis Linnaeus]。【参考异名】Ammoseris Endl.（1838）Nom. illegit.；Launaea Cass.（1822）；Microrynchus Sch. Bip.（1842）■☆

33052　Microrphium C. B. Clarke（1906）【汉】奥费斯龙胆属。【隶属】龙胆科 Gentianaceae。【包含】世界 1 种。【学名诠释与讨论】〈中〉（希）mikros ＝smikros, 小的+Orphium 奥费斯木属。【分布】菲律宾（菲律宾群岛）,马来半岛。【模式】Microrphium pubescens C. B. Clarke。●☆

33053　Microrrhinum（Endl.）Fourr.（1869）＝ Chaenorrhinum Lange（1870）Nom. illegit.；～＝Chaenorhinum（DC.）Rchb.（1829）[玄参科 Scrophulariaceae]■☆

33054　Microrrhinum Fourr.（1869）Nom. illegit. ≡ Microrrhinum（Endl.）Fourr.（1869）；～＝ Chaenorrhinum Lange（1870）；～＝Chaenorhinum（DC.）Rchb.（1829）[玄参科 Scrophulariaceae]■☆

33055　Microrynchus Sch. Bip.（1842）＝ Launaea Cass.（1822）；～＝Microrhynchus Less.（1832）[菊科 Asteraceae（Compositae）]■☆

33056　Microsaccus Blume（1825）【汉】小囊兰属。【隶属】兰科 Orchidaceae。【包含】世界 6 种。【学名诠释与讨论】〈阳〉（希）mikros ＝smikros, 小的+sakkos ＝拉丁文 saccus, 指小式 sacculus, 水囊。Saccatus, 囊形的。指唇瓣。【分布】印度至马来西亚。【模式】Microsaccus javensis Blume。■☆

33057　Microschoenus C. B. Clarke ex Hook. f.（1894）Nom. illegit. ≡ Microschoenus C. B. Clarke（1894）[灯心草科 Juncaceae]■☆

33058　Microschoenus C. B. Clarke（1894）【汉】小赤箭莎属。【隶属】灯心草科 Juncaceae。【包含】世界 1 种。【学名诠释与讨论】〈阳〉（希）mikros ＝smikros, 小的+（属）Schoenus 赤箭莎属。此属的学名, ING 和 TROPICOS 记载是"Microschoenus C. B. Clarke in Hook. f., Fl. Brit. India 6：675. Apr 1894"。IK 则记载为"Microschoenus C. B. Clarke ex Hook. f., Fl. Brit. India [J. D. Hooker]6（20）：675. 1894 [Apr 1894]"。三者引用的文献相同。亦有文献把"Microschoenus C. B. Clarke（1894）"处理为"Juncus L.（1753）"的异名。【分布】喜马拉雅山西部。【模式】Microschoenus duthiei C. B. Clarke。【参考异名】Juncus L.（1753）；Microschoenus C. B. Clarke ex Hook. f.（1894）Nom. illegit.■☆

33059　Microschwenkia Benth.（1882）Nom. illegit. ≡ Microschwenkia Benth. ex Hemsl.（1882）；～＝ Melananthus Walp.（1850）[茄科 Solanaceae]☆

33060　Microschwenkia Benth. ex Hemsl.（1882）＝ Melananthus Walp.（1850）[茄科 Solanaceae]☆

33061　Microsciadium Boiss.（1844）【汉】小伞芹属。【隶属】伞形花科（伞形科）Apiaceae（Umbelliferae）。【包含】世界 1 种。【学名诠释与讨论】〈中〉（希）mikros ＝ smikros, 小的 +skias, 所有格 skiados, 伞状物, 伞形花+-ius, -ia, -ium, 在拉丁文和希腊文中, 这些词尾表示性质或状态。常常用来命名具伞形花的植物。此属的学名, ING、TROPICOS 和 IK 记载是"Microsciadium Boissier,

Ann. Sci. Nat. Bot. ser. 3. 1：141. Mar 1844"。"Microsciadium Hook. f., Hooker's London Journal of Botany 6 1847 ≡ Oschatzia Walp. (1848) = Azorella Lam. (1783)［伞形花科（伞形科）Apiaceae（Umbelliferae）]"是晚出的非法名称；它已经被"Oschatzia Walpers, Ann. Bot. Syst. 1：340. 25-27 Dec 1848（'1849'）"所替代。【分布】安纳托利亚，欧洲南部。【模式】Microsciadium tenuifolium Boissier, Nom. illegit.［Cuminum minutum Dumont d'Urville; Microsciadium minutum（Dumont d'Urville）Briquet]。【参考异名】Cyminum Boiss.（1844）Nom. illegit. ■☆

33062 Microsciadium Hook. f. (1847) Nom. illegit. ≡ Oschatzia Walp. (1848); ~ = Azorella Lam. (1783)［伞形花科（伞形科）Apiaceae（Umbelliferae）] ■☆

33063 Microsechium Naudin(1866)【汉】小胡瓜属。【隶属】葫芦科（瓜科,南瓜科）Cucurbitaceae。【包含】世界2种。【学名诠释与讨论】〈中〉（希）mikros = smikros, 小的+（属）Sechium 佛手瓜属（洋丝瓜属）。此属的学名，ING 和 IK 记载是"Microsechium Naudin, Ann. Sci. Nat. Bot. ser. 5. 6：25. Jul-Dec 1866"。【分布】哥斯达黎加，墨西哥，尼加拉瓜，中美洲。【模式】Microsechium ruderale Naudin。■☆

33064 Microselinum Andrz. (1883) Nom. illegit. ≡ Microselinum Andrz. ex Trautv. (1883)［伞形花科（伞形科）Apiaceae（Umbelliferae）] ■☆

33065 Microselinum Andrz. ex Trautv. (1883)【汉】俄蛇床属。【隶属】伞形花科（伞形科）Apiaceae（Umbelliferae）。【包含】世界1种。【学名诠释与讨论】〈中〉（希）mikros = smikros+（属）Selinum 亮蛇床属。此属的学名，IK 记载是"Microselinum Andrz. ex Trautv., Trudy Imp. S.－Peterburgsk. Bot. Sada viii. (1883) 407"。"Microselinum Andrz. (1883) ≡ Microselinum Andrz. ex Trautv. (1883)"的命名人引证有误。《苏联植物志》未收入此属。【分布】俄罗斯。【模式】Microselinum besseri Andrz.。【参考异名】Microselinum Andrz. (1883) Nom. illegit. ■☆

33066 Microsemia Greene(1904)【汉】远志芥属。【隶属】十字花科 Brassicaceae（Cruciferae）。【包含】世界1种。【学名诠释与讨论】〈阴〉（希）mikros = smikros, 小的。micro- = 拉丁文 parvi-, 小的+sema, 所有格 sematos, 旗帜，标记。此属的学名是"Microsemia E. L. Greene, Leafl. Bot. Observ. Crit. 1：89. 31 Dec 1904"。亦有文献把其处理为"Streptanthus Nutt. (1825)"的异名。【分布】美国（加利福尼亚）。【模式】Microsemia polygaloides（A. Gray）E. L. Greene［Streptanthus polygaloides A. Gray]。【参考异名】Streptanthus Nutt. (1825) ■☆

33067 Microsemma Labill. (1825) = Lethedon Spreng. (1807)［瑞香科 Thymelaeaceae] ●☆

33068 Microsepala Miq. (1861)【汉】小萼大戟属。【隶属】大戟科 Euphorbiaceae。【包含】世界1种。【学名诠释与讨论】〈阴〉（希）mikros = smikros, 小的。micro- = 拉丁文 parvi-, 小的+sepalum, 花萼。此属的学名是"Microsepala Miquel, Fl. Ind. Bat. Suppl. 444. Dec 1861"。亦有文献把其处理为"Baccaurea Lour. (1790)"的异名。【分布】美洲。【模式】Microsepala acuminata Miquel。【参考异名】Baccaurea Lour. (1790) ■☆

33069 Microseris D. Don (1832)【汉】橙粉苣属。【英】Silverpuffs。【隶属】菊科 Asteraceae（Compositae）。【包含】世界1-14种。【学名诠释与讨论】〈阴〉（希）mikros = smikros, 小的。micro- = 拉丁文 parvi-, 小的+seris, 菊苣。【分布】澳大利亚，新西兰，智利，北美洲西部。【模式】Microseris pygmaea D. Don。【参考异名】Apargidium Torr. et A. Gray (1843); Bellardia Colla (1835) Nom. illegit.; Calais DC. (1838); Fichtea Sch. Bip. (1836); Galasia Sch. Bip. (1866) Nom. illegit.; Kugia Lindl. (1836) Nom. illegit.; Lepidonema Fisch. et C. A. Mey. (1835); Mycroseris Hook. et Arn.

(1837); Nothocalais (A. Gray) Greene (1886); Phyllopappus Walp. (1840); Ptilocalais A. Gray ex Greene (1886); Ptilocalais Greene (1886) Nom. illegit.; Ptilocalais Torrey ex Greene (1886); Ptilophora (Torr. et A. Gray ex Hook. f.) A. Gray (1849) Nom. illegit.; Ptilophora A. Gray (1849) Nom. illegit.; Scorzonella Nutt. (1841); Stebbinsoseris K. L. Chambers(1991); Uropappus Nutt. (1841) ■☆

33070 Microsideros Baum.－Bod. (1989) Nom. inval. = Metrosideros Banks ex Gaertn. (1788)（保留属名）［桃金娘科 Myrtaceae] ●☆

33071 Microsisymbrium O. E. Schulz (1924) Nom. illegit. ≡ Guillenia Greene(1906); ~ = Caulanthus S. Watson (1871)［十字花科 Brassicaceae（Cruciferae）] ■☆

33072 Microsperma Hook. (1839) = Mentzelia L. (1753)［刺莲花科（硬毛草科）Loasaceae] ●■☆

33073 Microspermia Frič (1929) Nom. illegit. ≡ Parodia Speg. (1923)（保留属名）［仙人掌科 Cactaceae] ■

33074 Microspermum Lag. (1816)【汉】微子菊属。【隶属】菊科 Asteraceae（Compositae）。【包含】世界5-7种。【学名诠释与讨论】〈中〉（希）mikros = smikros, 小的+sperma, 所有格 spermatos, 种子，孢子。【分布】巴拿马，墨西哥，中美洲。【模式】Microspermum numulariaefolium Lagasca。【参考异名】Iltisia S. F. Blake(1958); Miradoria Sch. Bip. ex Benth. et Hook. f. (1873) ■☆

33075 Microsplenium Hook. f. (1873) = Machaonia Bonpl. (1806)［茜草科 Rubiaceae] ■☆

33076 Microstachys A. Juss. (1824)【汉】肖地阳桃属。【隶属】大戟科 Euphorbiaceae。【包含】世界53种。【学名诠释与讨论】〈阴〉（希）mikros = smikros, 小的。micro- = 拉丁文 parvi-, 小的+stachys, 穗，谷，长钉。此属的学名是"Microstachys A. H. L. Jussieu, Euphorb. Tent. 48. 21 Feb 1824"。亦有文献把其处理为"Sebastiania Spreng. (1821)"的异名。【分布】巴拿马，玻利维亚，哥伦比亚，哥斯达黎加，尼加拉瓜，中美洲。【后选模式】Microstachys bicornis A. H. L. Jussieu。【参考异名】Sebastiania Spreng. (1821) ●☆

33077 Microstegia Pierre ex Harms = Gilletiodendron Vermoesen (1923)［豆科 Fabaceae（Leguminosae）//云实科（苏木科）Caesalpiniaceae] ●☆

33078 Microstegium Nees ex Lindl. (1836) Nom. illegit. ≡ Microstegium Nees(1836)［禾本科 Poaceae（Gramineae）] ■

33079 Microstegium Nees(1836)【汉】莠竹属（小幕草属，莠草属）。【日】アシボソ属。【俄】Микростегиум。【英】Microstegium。【隶属】禾本科 Poaceae（Gramineae）。【包含】世界40种，中国19种。【学名诠释与讨论】〈中〉（希）mikros = smikros, 小的+stege, 肿胀,盖,包被,屋顶+-ius, -ia, -ium, 在拉丁文和希腊文中，这些词尾表示性质或状态。此属的学名，ING 和 TROPICOS 记载是"Microstegium C. G. D. Nees in J. Lindley, Nat. Syst. ed. 2. 447. Jul（?）1836"；《中国植物志》英文版亦使用此名称。IK 则记载为"Microstegium Nees ex Lindl., Nat. Syst. Bot., ed. 2 447(1836)"。四者引用的文献相同。苔藓的"Microstegium S. O. Lindberg, Öfvers. Förh. Kongl. Svenska Vetensk.－Akad. 21：593. 1865"是晚出的非法名称。【分布】巴基斯坦，美国（密苏里），中国，热带和亚热带非洲和亚洲，中美洲。【模式】Microstegium willdenovianum C. G. D. Nees。【参考异名】Coelarthron Hook. f. (1896); Dactylus Burm. f. (1768); Ephebepogon Nees et Meyen(1840) Nom. illegit.; Ephebopogon Nees et Meyen ex Steud. (1840); Ephebopogon Steud. (1840) Nom. illegit.; Ischnochloa Hook. f. (1896); Leptatherum Nees (1841); Leptotherium Royle; Microstegium Nees ex Lindl. (1836) Nom. illegit.; Nemastachys Steud. (1854); Pollinia Trin. (1833) Nom. illegit. (废弃属名); Polliniopsis Hayata (1918);

Psilopogon Hochst. (1841) ■

33080　Microsteira Baker et Arènes (1945) descr. ampl. = Microsteira Baker(1883) ［金虎尾科（黄褥花科）Malpighiaceae］●☆

33081　Microsteira Baker(1883)【汉】马岛小金虎尾属。【隶属】金虎尾科（黄褥花科）Malpighiaceae。【包含】世界 25 种。【学名诠释与讨论】〈阴〉（希）mikros = smikros, 小的。micro- = 拉丁文 parvi-, 小的+steiros, 不毛的。此属的学名, ING、TROPICOS 和 IK 记载是"Microsteira J. G. Baker, J. Linn. Soc., Bot. 20: 111. 24 Mar 1883"。"Microsteira Baker et Arènes, Mém. Mus. Hist. Nat., Paris n. s., xxi. 12 (1945)"修订了属的描述。【分布】马达加斯加。【模式】Microsteira urtisii J. G. Baker. 【参考异名】Microsteira Baker et Arènes (1945) descr. ampl.; Microstira Post et Kuntze (1903)●☆

33082　Microstelma Baill. (1890)【汉】小冠萝藦属。【隶属】萝藦科 Asclepiadaceae。【包含】世界 1-2 种。【学名诠释与讨论】〈中〉（希）mikros = smikros, 小的+stelma, 王冠, 花冠。【分布】墨西哥。【模式】未指定。☆

33083　Microstemma R. Br. (1809)（废弃属名）= Brachystelma R. Br. (1822)（保留属名）［萝藦科 Asclepiadaceae］■

33084　Microstemma Rchb. (废弃属名) = Lethedon Spreng. (1807); ~ = Microsemma Labill. (1825) ［瑞香科 Thymelaeaceae］●☆

33085　Microstemon Engl. (1881) = Pentaspadon Hook. f. (1860) ［漆树科 Anacardiaceae］●☆

33086　Microstephanus N. E. Br. (1895) = Pleurostelma Baill. (1890) ［萝藦科 Asclepiadaceae］■☆

33087　Microstephium Less. (1831) = Arctotheca J. C. Wendl. (1798); ~ = Cryptostemma R. Br. (1813) ［菊科 Asteraceae(Compositae)］■☆

33088　Microsteris Greene(1898)【汉】小星花荵属。【隶属】花荵科 Polemoniaceae。【包含】世界 1 种。【学名诠释与讨论】〈阴〉（希）mikros = smikros, 小的。micro- = 拉丁文 parvi-, 小的+aster, 相似, 星, 紫菀属。此属的学名是"Microsteris E. L. Greene, Pittonia 3: 300. 8 Apr 1898"。亦有文献把其处理为"Phlox L. (1753)"的异名。【分布】玻利维亚, 南美洲, 太平洋北部。【模式】Microsteris gracilis (W. J. Hooker) E. L. Greene ［Gilia gracilis W. J. Hooker］。【参考异名】Phlox L. (1753)■☆

33089　Microstigma Trautv. (1845)【汉】小柱芥属。【俄】Микростигма。【英】Microstigma, Styltcress。【隶属】十字花科 Brassicaceae(Cruciferae)。【包含】世界 2-4 种, 中国 1 种。【学名诠释与讨论】〈中〉（希）mikros = smikros, 小的+stigma, 所有格 stigmatos, 柱头, 眼点。指桂头微小。此属的学名, ING 和 IK 记载是"Microstigma Trautvetter, Pl. Imag. 36. Jun 1845"。硅藻的"Microstigma (P. T. Cleve) F. Meister, Bot. Jahrb. Syst. 55 (Beibl. 122): 158. 30 Sep 1919"是晚出的非法名称。亦有文献把"Microstigma Trautv. (1845)"处理为"Matthiola W. T. Aiton (1812) ［as 'Mathiola'］（保留属名）"的异名。【分布】中国, 亚洲中部。【模式】Microstigma bungei Trautvetter, Nom. illegit. ［Matthiola deflexa A. Bunge］。【参考异名】Matthiola W. T. Aiton (1812) ［as 'Mathiola'］（保留属名）■

33090　Microstira Post et Kuntze (1903) = Microsteira Baker(1883) ［金虎尾科（黄褥花科）Malpighiaceae］●☆

33091　Microstrobaceae Doweld et Reveal(2001)【汉】小果松科。【包含】世界 1 属 2 种。【分布】澳大利亚（东部, 塔斯曼半岛）。【科名模式】Microstrobos J. Garden et L. A. S. Johnson ●☆

33092　Microstrobilus Bremek. (1944) = Strobilanthes Blume (1826) ［爵床科 Acanthaceae］●■

33093　Microstrobos J. Garden et L. A. S. Johnson (1951)【汉】小果松属。【英】Little Cone。【隶属】罗汉松科 Podocarpaceae//小果松科 Microstrobaceae。【包含】世界 2 种。【学名诠释与讨论】〈阳〉（希）mikros, 小的+strobos, 球果。【分布】澳大利亚（东部, 塔斯曼半岛）。【模式】Microstrobos niphophilus J. Garden et L. A. S. Johnson ［Pherosphaera hookeriana J. D. Hooker 1857, non Archer 1850］。【参考异名】Pherosphaera Hook. f.; Pherosphaera W. Archer bis(1850)●☆

33094　Microstylis(Nutt.) Eaton (1822)（保留属名）【汉】小柱兰属（小柱头草属）。【俄】Микростилтс, Мякотница, Стагачка。【英】Adder's Mouth, Adder's-mouth Orchid, Bog Orchid。【隶属】兰科 Orchidaceae。【包含】世界 400 种。【学名诠释与讨论】〈阴〉（希）mikros = smikros, 小的。micro- = 拉丁文 parvi-, 小的+stylos = 拉丁文 style, 花柱, 中柱, 有尖之物, 桩, 柱, 支持物, 支柱, 石头做的界标。此属的学名"Microstylis (Nuttall) A. Eaton, Manual Bot. ed. 3: 115('Microstylus'), 347, 353. 23 Mar–23 Apr 1822"是保留属名, 由"Malaxis ［infragen. unranked］ Microstylis Nutt. Gen. N. Amer. Pl. ［Nuttall］. 2: 196. 1818 ［14 Jul 1818］"改级而来。相应的废弃属名是兰科 Orchidaceae 的"Achroanthes Raf. in Amer. Monthly Mag. et Crit. Rev. 4: 195. Jan 1819 ≡ Microstylis (Nutt.) Eaton(1822)（保留属名）"。"Microstylis Nutt. (1818)≡Microstylis (Nutt.) Eaton(1822)（保留属名）"的命名人引证有误, 亦应废弃。亦有文献把"Microstylis (Nutt.) Eaton (1822)（保留属名）"处理为"Malaxis Sol. ex Sw. (1788)"的异名。【分布】巴基斯坦, 玻利维亚, 马达加斯加, 美洲。【模式】Microstylis ophioglossoides A. Eaton, Nom. illegit. ［Malaxis ophioglossoides Willdenow, Nom. illegit.; Malaxis unifolia A. Michaux, Microstylis unifolia (A. Michaux) N. L. Britton, Sterns et Poggenburg］。【参考异名】Achroanthes Raf. (1819)（废弃属名）; Crossoglossa Dressler et Dodson (1993); Malaxis ［infragen. unranked］ Microstylis Nutt. (1818); Microstylis Nutt. (1818) Nom. illegit. (废弃属名); Tamayorkis Szlach. (1995)■☆

33095　Microstylis Nutt. (1818) Nom. illegit. (废弃属名) ≡ Microstylis (Nutt.) Eaton(1822)（保留属名）［兰科 Orchidaceae］■☆

33096　Microsyphus C. Presl (1845) = Alectra Thunb. (1784) ［玄参科 Scrophulariaceae//列当科 Orobanchaceae］■

33097　Microtaena Hemsl. = Microtoena Prain (1889); ~ = Microtoena Prain(1889) ［唇形科 Lamiaceae(Labiatae)］■

33098　Microtaena Prain (1889) = Microtoena Prain (1889) ［唇形科 Lamiaceae(Labiatae)］■

33099　Microtatorchis Schltr. (1905)【汉】拟蜘蛛兰属（假蜘蛛兰属, 微兰属）。【英】Miniorchis。【隶属】兰科 Orchidaceae。【包含】世界 47-50 种, 中国 1 种。【学名诠释与讨论】〈阴〉（希）mikros = smikros, 小的。micro- = 拉丁文 parvi-, 小的+tatos 极……的+orchis, 原义是睾丸, 后变为植物兰的名称, 因为根的形态而得名。变为拉丁文 orchis, 所有格 orchidis。指植物体微小。【分布】马来西亚, 中国, 波利尼西亚群岛。【模式】Microtatorchis perpusilla Schlechter。【参考异名】Geissanthera Schltr. (1905)■

33100　Microtea Sw. (1788)【汉】美洲商陆属（鬼椒属）。【隶属】商陆科 Phytolaccaceae//美洲商陆科 Microteaceae。【包含】世界 9-10 种。【学名诠释与讨论】〈阴〉（希）mikros = smikros, 小的。micro- = 拉丁文 parvi-, 小的+ous, 所有格 otos, 指小式 otion, 耳。otikos, 耳的。此属的学名, ING、TROPICOS 和 IK 记载是"Microtea O. Swartz, Prodr. 4, 53. 20 Jun–29 Jul 1788"。"Schollera Rohr, Skr. Naturhist. - Selsk. 2: 210. 1792 (non Roth 1788)"是"Microtea Sw. (1788)"的晚出的同模式异名 (Homotypic synonym, Nomenclatural synonym)。【分布】巴拉圭, 巴拿马, 秘鲁, 玻利维亚, 厄瓜多尔, 哥伦比亚（安蒂奥基亚）, 尼加拉瓜, 西印度群岛, 热带美洲, 中美洲。【模式】Microtea debilis O. Swartz。

【参考异名】Ancistrocarpus Kunth(1817)(废弃属名);Aphananthe Link(1821)(废弃属名);Ceratococca Schult. (1820);Ceratococca Willd. ex Roem. et Schult. (1820) Nom. illegit. ;Microthea Juss. (1804) Nom. inval. ;Potamophila Schrank (1819) Nom. illegit. ;Schollera Rohr(1792) Nom. illegit. ■☆

33101 Microteaceae Schäferh. et Borsch(2010)【汉】美洲商陆科。【包含】世界 1 属 9-10 种。【分布】热带美洲,西印度群岛。【科名模式】Microtea Sw.。■☆

33102 Microterangis(Schltr.)Senghas(1985)【汉】三被兰属。【隶属】兰科 Orchidaceae。【包含】世界 7 种。【学名诠释与讨论】〈阴〉(希)mikros =smikros,小的。micro- =拉丁文 parvi-,小的+(属)Aerangis 空船兰属(艾兰吉斯兰属,船形兰属)。此属的学名,ING 和 IK 记载是"Microterangis (Schlechter) K. Senghas,Orchidee (Hamburg) 36:22. 21 Jan 1985",由"Chamaeangis sect. Microterangis Schlechter,Beih. Bot. Centralbl. 36(2):107. 1918"改级而来。TROPICOS 则记载为"Microterangis Senghas, Die Orchideen 36 (1):22. 1985"。亦有文献把"Microterangis (Schltr.) Senghas(1985)"处理为"Chamaeangis Schltr. (1918)"的异名。【分布】马达加斯加。【模式】Microterangis hariotiana (Kraenzlin) K. Senghas [Mystacidium hariotianum Kraenzlin]。【参考异名】Chamaeangis Schltr. (1918);Chamaeangis sect. Microterangis Schltr. (1918);Microterangis Senghas (1985) Nom. illegit. ■☆

33103 Microterangis Senghas (1985) Nom. illegit. ≡ Microterangis (Schltr.)Senghas(1985) [兰科 Orchidaceae]■☆

33104 Microthea Juss. (1804) Nom. inval. = Microtea Sw. (1788) [商陆科 Phytolaccaceae//美洲商陆科 Microteaceae]■☆

33105 Microtheca Schltr. (1924) = Cynorkis Thouars (1809) [兰科 Orchidaceae]■☆

33106 Microthelys Garay (1982) = Brachystele Schltr. (1920) [兰科 Orchidaceae]■☆

33107 Microthlaspi F. K. Mey. (1973) Nom. illegit. ≡ Disynoma Raf. (1837);~ = Thlaspi L. (1753) [十字花科 Brassicaceae (Cruciferae)//菥蓂科 Thlaspiaceae]■●

33108 Microthouareia Steud. (1821) = Microthuareia Thouars (1806) Nom. illegit. ;~ = Thuarea Pers. (1805) [禾本科 Poaceae (Gramineae)]■

33109 Microthuareia Thouars (1806) Nom. illegit. ≡ Thuarea Pers. (1805) [禾本科 Poaceae(Gramineae)]■

33110 Microtidium D. L. Jones et M. A. Clem. (2002)【汉】小葱叶兰属。【隶属】兰科 Orchidaceae。【包含】世界 1 种。【学名诠释与讨论】〈阴〉(属)Microtis 葱叶兰属(韭叶兰属)+-idius,-idia,-idium,指示小的词尾。此属的学名是"Microtidium D. L. Jones et M. A. Clem., Orchadian [Australasian native orchid society] 13:463. 2002"。亦有文献把其处理为"Microtis R. Br. (1810)"的异名。【分布】澳大利亚。【模式】Microtidium atratum (Lindl.) D. L. Jones et M. A. Clem.。【参考异名】Microtis R. Br. (1810)■☆

33111 Microtinus Oersted (1860) Nom. illegit. ≡ Thyrsosma Raf. (1838);~ =Viburnum L. (1753) [忍冬科 Caprifoliaceae//荚蒾科 Viburnaceae]●

33112 Microtis R. Br. (1810)【汉】葱叶兰属(韭叶兰属)。【日】ニラバラン属,ニラバラン属。【英】Chiveorchis, Microtis, Onion Orchid。【隶属】兰科 Orchidaceae。【包含】世界 14 种,中国 1 种。【学名诠释与讨论】〈阴〉(希) mikros = smikros, 小的。micro- =拉丁文 parvi-,小的+ous,所有格 otos,指小式 otion,耳。otikos,耳的。【分布】澳大利亚,马来西亚,新西兰,中国,波利尼西亚群岛,东亚。【后选模式】Microtis rara R. Brown。【参考异

名]Goadbyella R. S. Rogers (1927);Microtidium D. L. Jones et M. A. Clem. (2002)■

33113 Microtoena Prain (1889)【汉】冠唇花属。【英】Microtoena。【隶属】唇形科 Lamiaceae(Labiatae)。【包含】世界24 种,中国21 种。【学名诠释与讨论】〈阴〉(希) mikros = smikros, 小的。micro- =拉丁文 parvi-,小的+talnia,带子。指花冠具小带。【分布】印度尼西亚(爪哇岛),中国,喜马拉雅山。【模式】Microtoena cymosa Prain。【参考异名】Microtaena Hemsl. ;Microtaena Prain (1889)■

33114 Microtrema Klotzsch(1838) = Erica L. (1753) [杜鹃花科(欧石南科)Ericaceae]●☆

33115 Microtrichia DC. (1836) = Grangea Adans. (1763) [菊科 Asteraceae(Compositae)]■

33116 Microtropia Rchb. (1841)(废弃属名) = Microtropis Wall. ex Meisn. (1837)(保留属名) [卫矛科 Celastraceae]●

33117 Microtropis E. Mey. (1835) Nom. illegit. (废弃属名) ≡ Euchlora Eckl. et Zeyh. (1836) [豆科 Fabaceae(Leguminosae)]●

33118 Microtropis Wall. (1831)(废弃属名) = Microtropis Wall. ex Meisn. (1837)(保留属名) [卫矛科 Celastraceae]●

33119 Microtropis Wall. ex Meisn. (1837)(保留属名)【汉】假卫矛属(赛卫矛属)。【日】アリサンモクレイシ属,モクレイシ属。【英】Microtropis。【隶属】卫矛科 Celastraceae。【包含】世界66-70 种,中国 28 种。【学名诠释与讨论】〈阴〉(希) mikros = smikros,小的。micro- =拉丁文 parvi-,小的+tropos,转弯,方式上的改变。trope,转弯的行为。tropo,转。tropis,所有格 tropeos,后来的。tropis,所有格 tropidos,龙骨。指蒴果上的棱狭小。或指花瓣。此属的学名"Microtropis Wall. ex Meisn. ,Pl. Vasc. Gen. 1:68;2:49. 27 Aug-3 Sep 1837"是保留属名。相应的废弃属名是豆科 Fabaceae 的"Microtropis E. Mey. ,Comm. Pl. Afr. Austr. :65. 14 Feb - 5 Jun 1836 ≡ Euchlora Eckl. et Zeyh. (1836)"。"Microtropis Wall. ,Cat. pp. 152,250(1831) ≡ Microtropis Wall. ex Meisn. (1837)(保留属名)"是一个未合格发表的名称(Nom. inval.),亦应废弃。【分布】墨西哥,印度至马来西亚,中国,东南亚,中美洲。【模式】Microtropis discolor (Wallich) C. F. Meisner [Cassine discolor Wallich]。【参考异名】Chingithamnus Hand. -Mazz. (1932);Microtropia Rchb. (1841)(废弃属名);Microtropis Wall. (1831)(废弃属名);Otherodendron Makino (1909);Paracelastrus Miq. (1859)●

33120 Microula Benth. (1876)【汉】微孔草属(裂核草属)。【英】Microula。【隶属】紫草科 Boraginaceae。【包含】世界 30 种,中国 30 种。【学名诠释与讨论】〈阴〉(希) mikros = smikros, 小的。micro- =拉丁文 parvi-,小的+-ulus,-ula,-ulum,指示小的词尾。或 mikros,小的+hyle,森林。指生境。【分布】中国,喜马拉雅山。【模式】Microula tibetica Maximowicz。【参考异名】Schistocaryum Franch. (1891);Tetracarya Dur. ;Tretocarya Maxim. (1881)■

33121 Microuratea Tiegh. (1902) = Ouratea Aubl. (1775)(保留属名) [金莲木科 Ochnaceae]●

33122 Mictanthes Raf. = Myctanthes Raf. (1836); ~ =? Aster L. (1753) [菊科 Asteraceae(Compositae)]●■

33123 Mida A. Cunn. ex Endl. (1837)【汉】米达檀属。【隶属】檀香科 Santalaceae。【包含】世界 1 种。【学名诠释与讨论】〈阴〉词源不详。此属的学名,ING 和 TROPICOS 记载是"Mida A. Cunningham ex Endlicher, Gen. 327. Dec 1837";APNI 则记载为"Mida Endl. , Genera Plantarum 1838"。"Mida R. Cunn. ex A. Cunn. , Ann. Nat. Hist. 1(5):376. 1838 [Jul 1838] = Fusanus R. Br. (1810) Nom. illegit. = Eucarya T. L. Mitch. (1839) [檀香科 Santalacea] = Santalum L. (1753)"是晚出的非法名称。【分布】

新西兰。【后选模式】Mida salicifolia A. Cunningham。【参考异名】Mida Endl.(1837)Nom. illegit.; Mira Colenso(1844)●☆

33124 Mida Endl.(1837)Nom. illegit. ≡ Mida A. Cunn. ex Endl.(1837)［檀香科 Santalaceae］●☆

33125 Mida R. Cunn. ex A. Cunn.(1838)Nom. illegit. =Fusanus R. Br.(1810)Nom. illegit.; ~ = Eucarya T. L. Mitch.(1839); ~ = Santalum L.(1753)［檀香科 Santalaceae］●

33126 Middelbergia Schinz ex Pax(1911)= Clutia L.(1753)［大戟科 Euphorbiaceae//袋戟科 Peraceae］■☆

33127 Middendorfia Trautv.(1842)【汉】米德千屈菜属。【俄】Миддендорфия。【隶属】千屈菜科 Lythraceae。【包含】世界 9 种。【学名诠释与讨论】〈阴〉（人）Alexander Theodorowitsch Middendorff,1815-1894,植物学者。此属的学名是"Middendorfia Trautvetter,Bull. Sci. Acad. Imp. Sci. Saint-Pétersbourg 9;151. 1842"。亦有文献把其处理为"Lythrum L.(1753)"的异名。【分布】参见 Lythrum L.(1753)。【模式】Middendorfia borysthenica Trautvetter。【参考异名】Lythrum L.(1753)■☆

33128 Miediega Bubani(1899)Nom. illegit. ≡ Dorycnium Mill.(1754)［豆科 Fabaceae(Leguminosae)］■●☆

33129 Miegia Neck. = Hieracium L.(1753)［菊科 Asteraceae(Compositae)］■

33130 Miegia Pers.(1805)Nom. illegit. ≡ Arundinaria Michx.(1803)［禾本科 Poaceae(Gramineae)//青篱竹科 Arundinariaceae］●

33131 Miegia Schreb.(1791)Nom. illegit. ≡ Remirea Aubl.(1775)［莎草科 Cyperaceae］■

33132 Miemianthera Post et Kuntze(1903)= Cytisus Desf.(1798)（保留属名）; ~ = Meiemianthera Raf.(1838)［豆科 Fabaceae(Leguminosae)//蝶形花科 Papilionaceae］●

33133 Miena Post et Kuntze(1903)= Dendrophthoe Mart.(1830); ~ = Meiena Raf.(1838)［桑寄生科 Loranthaceae//五蕊寄生科 Dendrophthoaceae］●

33134 Mieria La Llave(1825)= Schkuhria Roth(1797)（保留属名）［菊科 Asteraceae(Compositae)］■☆

33135 Miersia Lindl.(1826)【汉】迈尔斯葱属。【隶属】葱科 Alliaceae。【包含】世界 3-5 种。【学名诠释与讨论】〈阴〉（人）John Miers,1789-1879,英国植物学者。【分布】玻利维亚,智利。【模式】Miersia chilensis J. Lindley。●☆

33136 Miersiella Urb.(1903)【汉】迈尔斯玉簪属。【英】Yellow Wood。【隶属】水玉簪科 Burmanniaceae。【包含】世界 1-4 种。【学名诠释与讨论】〈阴〉（人）John Miers,1789-1879,英国植物学者+-ellus,-ella,-ellum,加在名词词干后面形成指小式的词尾。或加在人名、属名等后面以组成新属的名称。【分布】秘鲁,热带南美洲。【模式】Miersiella umbellata(Miers)Urban［Dictyostega umbellata Miers］。■☆

33137 Miersiophyton Engl.(1899)= Rhigiocarya Miers(1864)［防己科 Menispermaceae］●☆

33138 Migandra O. F. Cook(1943)= Chamaedorea Willd.(1806)（保留属名）［棕榈科 Arecaceae(Palmae)］●☆

33139 Miguelia Aver.(2011)【汉】米氏兰属。【隶属】兰科 Orchidaceae。【包含】世界 3 种。【学名诠释与讨论】〈阴〉（人）Miguel,植物学者。【分布】越南。【模式】Miguelia somai(Hayata)Aver.［Vanilla somai Hayata］。

33140 Mikania F. W. Schmidt(1795)= Lactuca L.(1753)［菊科 Asteraceae(Compositae)//莴苣科 Lactucaceae］■

33141 Mikania Neck.(1790)= Perebea Aubl.(1775)［桑科 Moraceae］●☆

33142 Mikania Willd.(1803)（保留属名）【汉】假泽兰属（甘藤属,蔓泽兰属,米甘草属,米甘藤属,薇甘菊属,小泽兰属）。【日】ツルギク属。【俄】Микания,Плюш комнатный。【英】Climbing Hempweed,Mikania。【隶属】菊科 Asteraceae(Compositae)。【包含】世界 60-430 种,中国 2 种。【学名诠释与讨论】〈阴〉（人）Joseph Gottfried Mikan,1743-1814,捷克布拉格大学植物学教授。此属的学名"Mikania Willd.,Sp. Pl. 3;1481,1742. Apr-Dec 1803"是保留属名。法规未列出相应的废弃属名。但是菊科 Asteraceae 的"Mikania F. W. Schmidt,Samml. Phys.-Oekon. Aufsatze i. 272(1795)= Lactuca L.(1753)"和桑科 Moraceae 的"Mikania Neck.,Elem. Bot. 2;217,1790 = Perebea Aubl.(1775)"应该废弃。"Willoughbya Necker ex O. Kuntze,Rev. Gen. 1;371. 5 Nov 1891［non Willughbeja Scopoli ex Schreber 1789（废弃属名）,nec Willughbeia Roxburgh 1820（保留属名）]"是"Mikania Willd.(1803)（保留属名）"的晚出的同模式异名(Homotypic synonym,Nomenclatural synonym)。【分布】巴拉圭,巴拿马,秘鲁,玻利维亚,厄瓜多尔,哥伦比亚(安蒂奥基亚),马达加斯加,美国(密苏里),尼加拉瓜,中国,西印度群岛,非洲南部,热带美洲,中美洲。【模式】Mikania scandens(Linnaeus)Willdenow［Eupatorium scandens Linnaeus］。【参考异名】Aliconia Herrera(1921); Carelia Cav.(1802)Nom. illegit.; Carelia Juss. ex Cav.(1802)Nom. illegit.; Catophyllum Poht ex Baker(1876); Corynanthelium Kunze(1847); Kanimia Gardner(1847); Micania D. Dietr.(1847); Moronoa Hort. ex Kuntze(1847); Morrenia Hort. ex Kuntze; Willoughbya Kuntze(1891)Nom. illegit.; Willoughbya Neck. ex Kuntze(1891)Nom. illegit.; Willugbaeya Neck.(1790)Nom. inval.。■

33143 Mikaniopsis Milne-Redh.(1956)【汉】白藤菊属。【隶属】菊科 Asteraceae(Compositae)。【包含】世界 5-15 种。【学名诠释与讨论】〈阴〉（属）Mikania 假泽兰属（甘藤属,蔓泽兰属,米甘草属,米甘藤属,薇甘菊属,小泽兰属）+希腊文 opsis,外观,模样。【分布】利比里亚(宁巴),非洲,中美洲。【模式】Mikaniopsis vitalba(S. M. Moore)Milne-Redhead［Senecio vitalba S. M. Moore］。■●☆

33144 Mikrobiota Kom. = Microbiota Kom.(1923)［柏科 Cupressaceae］●☆

33145 Mila Britton et Rose(1922)【汉】小槌球属（小槌属）。【日】ミラ属。【隶属】仙人掌科 Cactaceae。【包含】世界 1-12 种。【学名诠释与讨论】〈阴〉（属）由 Lima 字母改缀而来。【分布】秘鲁。【模式】Mila caespitosa N. L. Britton et J. N. Rose。●☆

33146 Mildbraedia Pax(1909)【汉】米尔大戟属。【隶属】大戟科 Euphorbiaceae。【包含】世界 3 种。【学名诠释与讨论】〈阴〉（人）Gottfried Wilhelm Johannes Mildbraed,1879-1954,德国植物学者。【分布】热带非洲。【模式】Mildbraedia paniculata Pax。【参考异名】Neojatropha Pax(1910); Plesiatropha Pierre ex Hutch.(1912)■●☆

33147 Mildbraediochloa Butzin(1971)= Melinis P. Beauv.(1812)［禾本科 Poaceae(Gramineae)］■

33148 Mildbraediodendron Harms(1911)【汉】米尔木属（麦得木属）。【隶属】豆科 Fabaceae(Leguminosae)。【包含】世界 1 种。【学名诠释与讨论】〈中〉（人）Gottfried Wilhelm Johannes Mildbraed,1879-1954,德国植物学者+dendron 或 dendros,树木,棍,丛林。【分布】热带非洲。【模式】Mildbraediodendron excelsum Harms。●☆

33149 Mildea Griseb.(1866)= Verhuellia Miq.(1843)［胡椒科 Piperaceae//草胡椒科（三瓣绿科）Peperomiaceae］■☆

33150 Mildea Miq.(1867)Nom. illegit. ≡ Paranephelium Miq.(1861)［无患子科 Sapindaceae］●

33151 Milhania Neck.(1790)Nom. inval. ≡ Milhania Neck. ex Raf.(1838); ~ =Calystegia R. Br.(1810)（保留属名）; ~ =Ipomoea L.

(1753)(保留属名)［旋花科 Convolvulaceae］●■

33152　Milhania Neck. ex Raf.（1838）= Calystegia R. Br.（1810）（保留属名）；~ = Ipomoea L.（1753）（保留属名）［旋花科 Convolvulaceae］●■

33153　Milhania Raf.（1838）Nom. illegit. ≡ Milhania Neck. ex Raf.（1838）；~ = Calystegia R. Br.（1810）（保留属名）；~ = Ipomoea L.（1753）（保留属名）［旋花科 Convolvulaceae］■

33154　Miliaceae Burnett = Gramineae Juss.（保留科名）//Poaceae Barnhart（保留科名）■●

33155　Miliaceae Link（1827）= Gramineae Juss.（保留科名）//Poaceae Barnhart（保留科名）■●

33156　Miliarium Moench（1794）Nom. illegit. ≡ Milium L.（1753）［禾本科 Poaceae（Gramineae）］■

33157　Miliastrum Fabr.（1759）Nom. inval. = Setaria P. Beauv.（1812）（保留属名）［禾本科 Poaceae（Gramineae）］■

33158　Milicia Sim（1909）【汉】密花桑属（米利奇木属）。【隶属】桑科 Moraceae。【包含】世界 2 种。【学名诠释与讨论】〈阴〉（希）mylikos，属于磨房的。另说来自人名 Milicia。此属的学名是"Milicia T. R. Sim, Forests Fl. Portug. E. Africa 97. 1909"。亦有文献把其处理为"Maclura Nutt.（1818）（保留属名）"的异名。【分布】热带非洲。【后选模式】Milicia africana T. R. Sim。【参考异名】Maclura Nutt.（1818）（保留属名）●☆

33159　Milium Adans.（1763）Nom. illegit. = Panicum L.（1753）［禾本科 Poaceae（Gramineae）］■

33160　Milium L.（1753）【汉】粟草属。【日】イブキヌカボ属。【俄】Бор，Просяник。【英】Millet, Millet Grass, Milletgrass, Millet-grass。【隶属】禾本科 Poaceae（Gramineae）。【包含】世界 5 种，中国 1-2 种。【学名诠释与讨论】〈中〉（拉）milium，黍的拉丁古名。因本属的谷粒与 Panicum miliaceum 的谷粒相似而得名。此属的学名，ING、APNI、GCI、TROPICOS 和 IK 记载是"Milium L., Sp. Pl. 1：61. 1753［1 May 1753］"。"Milium Adans., Fam. Pl.（Adanson）2：34. 1763 = Panicum L.（1753）［禾本科 Poaceae（Gramineae）］"是晚出的非法名称。"Miliarium Moench, Meth. 204. 4 Mai 1794"是"Milium L.（1753）"的晚出的同模式异名（Homotypic synonym, Nomenclatural synonym）。【分布】巴基斯坦，玻利维亚，中国，北温带，中美洲。【后选模式】Milium effusum Linnaeus。【参考异名】Miliarium Moench（1794）Nom. illegit. ■

33161　Miliusa Lesch. ex A. DC.（1832）【汉】野独活属（密榴木属，田独活属）。【英】Miliusa。【隶属】番荔枝科 Annonaceae。【包含】世界 31-40 种，中国 7 种。【学名诠释与讨论】〈阴〉（拉）miliusus，稷，变为 miliusus，稷粒状的。另说可能是纪念意大利植物学家 Josephus Mylius。【分布】澳大利亚，巴基斯坦，印度至马来西亚，中国。【模式】Miliusa indica Leschenault ex Alph. de Candolle。【参考异名】Hyalostemma Wall.（1832）；Hyalostemma Wall. ex Meisn., Nom. illegit.；Saccapetalum Benn.（1838）Nom. illegit.；Saccopetalum Benn.（1838）Nom. inval.；Saccopetalum Benn.（1844）Nom. illegit. ●

33162　Milla Cav.（1794）【汉】美拉花属。【日】ミラ属。【俄】Милла。【英】Mexican Star。【隶属】百合科 Liliaceae//葱科 Alliaceae。【包含】世界 1-6 种。【学名诠释与讨论】〈阴〉（人）Juliani Milla，18 世纪西班牙宫廷的园艺家。此属的学名，ING、APNI 和 IK 记载是"Milla Cav., Icones et Descriptiones Plantarum 1793"。"Milla Vand"是"Herpestis C. F. Gaertn.（1807）［玄参科 Scrophulariaceae//婆婆纳科 Veronicaceae］"的异名。"Askolame Rafinesque, Fl. Tell. 2：11. Jan-Mar 1837（'1836'）"是"Milla Cav.（1794）"的晚出的同模式异名（Homotypic synonym, Nomenclatural synonym）。【分布】玻利维亚，美国（南部）至中美洲。【模式】

Milla biflora Cavanilles。【参考异名】Askolame Raf.（1837）Nom. illegit.；Gyrenia Knowles et Westc. ex Loudon（1839）；Hesperoscordum Lindl.（1830）；Millea Willd.（1799）；Veatchia Kellogg（1863）Nom. illegit. ■☆

33163　Milla Vand. = Herpestis C. F. Gaertn.（1807）［玄参科 Scrophulariaceae//婆婆纳科 Veronicaceae］■

33164　Millania Zipp. ex Blume（1856）= Pemphis J. R. Forst. et G. Forst.（1775）［千屈菜科 Lythraceae］●

33165　Millea Standl.（1937）Nom. illegit. = Eriotheca Schott et Endl.（1832）［木棉科（锦葵科 Malvaceae）］●☆

33166　Millea Willd.（1799）= Milla Cav.（1794）［百合科 Liliaceae//葱科 Alliaceae］■☆

33167　Millefolium Hill（1756）Nom. illegit. = Achillea L.（1753）［菊科 Asteraceae（Compositae）］■

33168　Millefolium Mill.（1754）Nom. illegit. = Achillea L.（1753）［菊科 Asteraceae（Compositae）］■

33169　Millefolium Tourn. ex Adans.（1763）Nom. illegit. = Radiola Hill（1756）［亚麻科 Linaceae］■☆

33170　Millegrana Adans.（1763）Nom. illegit. ≡ Radiola Hill（1756）［亚麻科 Linaceae］■☆

33171　Millegrana Juss. ex Turp.（1806）Nom. illegit. = Cypselea Turpin（1806）［紫茉莉科 Nyctaginaceae］■☆

33172　Millera St. -Lag.（1881）= Milleria L.（1753）［菊科 Asteraceae（Compositae）］■☆

33173　Milleria Houst. ex L.（1753）≡ Milleria L.（1753）［菊科 Asteraceae（Compositae）］■☆

33174　Milleria L.（1753）【汉】米勒菊属。【隶属】菊科 Asteraceae（Compositae）。【包含】世界 1-2 种。【学名诠释与讨论】〈阴〉（人）Philip Miller, 1691-1771，英国植物学者，园艺学者。此属的学名，ING 记载是"Milleria Linnaeus, Sp. Pl. 919. 1 Mai 1753"。IK 则记载为"Milleria Houst. ex L., Sp. Pl. 2：919. 1753［1 May 1753］"。"Milleria Houst."是命名起点著作之前的名称，故"Milleria L.（1753）"和"Milleria Houst. ex L.（1753）"都是合法名称，可以通用。"Millera St. -Lag., Ann. Soc. Bot. Lyon viii.（1881）171"似为变体。黑粉菌的"Milleria C. H. Peck, Annual Rep. New York State Mus. Nat. Hist. 31：40. 1879"和化石植物的"Milleria W. H. Lang, Trans. Roy. Soc. Edinburgh 54：790. 11 Oct 1926 ≡ Rellimia S. Leclerc et P. M. Bonamo 1973"是晚出的非法名称。【分布】墨西哥，中美洲。【后选模式】Milleria quinqueflora Linnaeus。【参考异名】Millera St. -Lag.（1881）；Milleria Houst. ex L.（1753）■☆

33175　Milletia Meisn.（1837）= Millettia Wight et Arn.（1834）（保留属名）［豆科 Fabaceae（Leguminosae）//蝶形花科 Papilionaceae］●■

33176　Millettia Wight et Arn.（1834）（保留属名）【汉】崖豆藤属（鸡血藤属，昆明鸡血藤属，老荆藤属，蕾藤属，蓊藤属，崖豆花属）。【日】ナツフジ属，ナツフヂ属。【俄】Миллетия。【英】Cliffbean, Indian Beech, Millettia。【隶属】豆科 Fabaceae（Leguminosae）//蝶形花科 Papilionaceae。【包含】世界 90-200 种，中国 17-42 种。【学名诠释与讨论】〈阴〉（人）J. A. Millett, 18 世纪法国植物学者。此属的学名"Millettia Wight et Arn., Prodr. Fl. Ind. Orient：263. Oct（prim.）1834"是保留属名。法规未列出相应的废弃属名。【分布】巴基斯坦，马达加斯加，中国，热带和亚热带。【模式】Millettia rubiginosa R. Wight et Arnott。【参考异名】Berebera Baker（1871）；Berrebera Hochst.（1844）；Callerya Endl.（1843）；Fornasinia Bertol.（1849）；Hesperothamnus Brandegee（1919）；Marquartia Vogel（1843）Nom. illegit.；Milletia Meisn.（1837）；Neodunnia R. Vig.（1950）；Otosema Benth.

（1852）；Phaseolodes Kuntze（1891）Nom. illegit.；Phaseoloides Duhamel（1755）（废弃属名）；Pongamia Vent.（1803）（废弃属名）；Sclerothamnus Fedde；Sclerothamnus Harms（1921）［as 'Selerothamnus'］Nom. illegit.●■

33177　Milligania Hook. f.（1840）（废弃属名）= Gunnera L.（1767）［大叶草科（南洋小二仙草科，洋二仙草科）Gunneraceae//小二仙草科 Haloragaceae］■☆

33178　Milligania Hook. f.（1853）（保留属名）【汉】米利根草属（密里甘属）。【隶属】聚星草科（芳香草科，无柱花科）Asteliaceae//百合科 Liliaceae。【包含】世界 5 种。【学名诠释与讨论】〈阴〉（人）Joseph Milligan，1807-1883/1884，英国出生的澳大利亚植物学者，植物采集家。此属的学名"Milligania Hook. f. in Hooker's J. Bot. Kew Gard. Misc. 5：296. Oct 1853"是保留属名。相应的废弃属名是"Milligania Hook. f. in Icon. Pl.；ad t. 299. 6 Jan-6 Feb 1840 = Gunnera L.（1767）［大叶草科（南洋小二仙草科，洋二仙草科）Gunneraceae//小二仙草科 Haloragaceae］"。【分布】澳大利亚（塔斯马尼亚岛）。【模式】Milligania longifolia J. D. Hooker。■☆

33179　Millina Cass.（1824）= Leontodon L.（1753）（保留属名）［菊科 Asteraceae（Compositae）］■☆

33180　Millingtonia L. f.（1782）【汉】烟筒花属（老鸦烟筒花属）。【英】Chimneyflower，Millingtonia。【隶属】紫葳科 Bignoniaceae。【包含】世界 1 种，中国 1 种。【学名诠释与讨论】〈阴〉（人）Thomas Millington，1628-1704，英国植物学者，牛津大学植物学教授。此属的学名，ING 和 IK 记载是"Millingtonia L. f.，Suppl. Pl. 45，291. 1782［1781 publ. Apr 1782］"。"Millingtonia Roxb.，Fl. Ind. ed. Carey i. 102（1820）= Wellingtonia Meisn.（1840）= Meliosma Blume（1823）［清风藤科 Sabiaceae//泡花树科 Meliosmaceae］"是晚出的非法名称。"Millingtonia Roxb. ex D. Don（1820 ≡ Millingtonia Roxb.（1820）Nom. illegit."的命名人引证有误。"Nevrilis Rafinesque，Sylva Tell. 138. Oct-Dec 1838"是"Millingtonia L. f.（1782）"的晚出的同模式异名。【分布】巴基斯坦，中国，东南亚。【模式】Millingtonia hortensis Linnaeus f.。【参考异名】Mallingtonia Willd.（1800）；Nevrilis Post et Kuntze（1903）；Nevrilis Raf.（1838）Nom. illegit.●

33181　Millingtonia Roxb.（1820）Nom. illegit. ≡ Wellingtonia Meisn.（1840）；~ = Meliosma Blume（1823）［清风藤科 Sabiaceae//泡花树科 Meliosmaceae］●

33182　Millingtonia Roxb. ex D. Don（1820）Nom. illegit. ≡ Millingtonia Roxb.（1820）Nom. illegit.；~ ≡ Wellingtonia Meisn.（1840）；~ = Meliosma Blume（1823）［清风藤科 Sabiaceae//泡花树科 Meliosmaceae］●

33183　Millingtoniaceae Wight et Arn. = Meliosmaceae Endl.●

33184　Millotia Cass.（1829）【汉】单头鼠麴草属。【隶属】菊科 Asteraceae（Compositae）。【包含】世界 6-16 种。【学名诠释与讨论】〈阴〉（人）Claude François Xavier Millot，1726-1785，法国历史学者。【分布】澳大利亚，温带。【模式】Millotia tenuifolia Cassini。【参考异名】Millottia Stapf（1932）；Toxanthes Turcz.（1851）■☆

33185　Millottia Stapf（1932）= Millotia Cass.（1829）［菊科 Asteraceae（Compositae）］■☆

33186　Millspaughia B. L. Rob.（1905）= Gymnopodium Rolfe（1901）［蓼科 Polygonaceae］●☆

33187　Milnea Raf.（1838）Nom. illegit.［紫金牛科 Myrsinaceae］☆

33188　Milnea Roxb.（1814）Nom. inval. = Milnea Roxb.（1824）；~ = Aglaia Lour.（1790）（保留属名）［楝科 Meliaceae］●☆

33189　Milnea Roxb.（1824）= Aglaia Lour.（1790）（保留属名）［楝科 Meliaceae］●

33190　Miltianthus Bunge（1847）【汉】红花蒺藜属。【隶属】蒺藜科 Zygophyllaceae。【包含】世界 1 种。【学名诠释与讨论】〈阳〉（希）miltos，红垩，赭土+anthos，花。【分布】亚洲中部。【模式】Miltianthus portulacoides（Chamisso）Bunge［Zygophyllum portulacoides Chamisso］。☆

33191　Miltinea Ravenna（2003）【汉】米尔石蒜属。【隶属】石蒜科 Amaryllidaceae。【包含】世界 1 种。【学名诠释与讨论】〈阴〉词源不详。似来自人名。【分布】智利。【模式】Miltinea maulensis（Ravenna）Ravenna［Famatina maulensis Ravenna］。☆

33192　Miltitzia A. DC.（1845）【汉】米氏田梗草属。【隶属】田梗草科（田基麻科，田亚麻科）Hydrophyllaceae。【包含】世界 8 种。【学名诠释与讨论】〈阴〉（人）Friedrich Joseph Franz Xaver von Miltitz，? -1840，德国植物学者。此属的学名，ING、TROPICOS 和 IK 记载是"Miltitzia A. DC.，Prodr.［A. P. de Candolle］9：296. 1845［1 Jan 1845］"。它曾被处理为"Emmenanthe subgen. Miltitzia（A. DC.）A. Gray，Reports of explorations and surveys：to ascertain the most practicable and economical route for a railroad from the Mississippi River to the Pacific Ocean，made under the direction of the Secretary of War 6：84-85. 1857"和"Phacelia sect. Miltitzia（A. DC.）J. T. Howell，Leaflets of Western Botany 4（1）：15. 1944"。【分布】太平洋地区，北美洲。【模式】Miltitzia lutea（W. J. Hooker et Arnott）Alph. de Candolle［Eutoca lutea W. J. Hooker et Arnott］。【参考异名】Emmenanthe subgen. Miltitzia（A. DC.）A. Gray（1857）；Phacelia sect. Miltitzia（A. DC.）J. T. Howell（1944）■☆

33193　Miltonia Lindl.（1837）（保留属名）【汉】米尔顿兰属（堇花兰属，堇色兰属）。【日】ミルトーニア属。【俄】Мильтония。【英】Pansy Orchid，Pansy Orchids，Pansy-orchid。【隶属】兰科 Orchidaceae。【包含】世界 9-25 种。【学名诠释与讨论】〈阴〉（人）Viscount Milton，1786-1856，英国大地主与兰花学者。此属的学名"Miltonia Lindl. in Edwards's Bot. Reg.；ad t. 1976. 1 Aug 1837"是保留属名。法规未列出相应的废弃属名。"Miltonia Lindl.（1837）（保留属名）"曾被处理为"Oncidium sect. Miltonia（Lindl.）Rchb. f.，Annales Botanices Systematicae 6：1227. 1865"。【分布】巴拉圭，玻利维亚，热带南美洲，中美洲。【模式】Miltonia spectabilis J. Lindley。【参考异名】Anneliesia Brieger et Lückel（1983）；Chamaeleorchis Senghas et Lückel（1997）；Gynizodon Raf.（1838）；Macrochilus Knowles et Westc.（1837）；Oncidium sect. Miltonia（Lindl.）Rchb. f.（1865）■☆

33194　Miltonioides Brieger et Lückel（1983）= Oncidium Sw.（1800）（保留属名）［兰科 Orchidaceae］■☆

33195　Miltoniopsis God. -Leb.（1889）【汉】美堇兰属。【英】Miltoniopsis。【隶属】兰科 Orchidaceae。【包含】世界 1-5 种。【学名诠释与讨论】〈阴〉（属）Miltonia 米尔顿兰属+希腊文 opsis，外观，模样，相似。【分布】巴拿马，秘鲁，玻利维亚，厄瓜多尔，哥伦比亚（安蒂奥基亚），哥斯达黎加，中美洲。【模式】未指定。■☆

33196　Miltus Lour.（1790）= Gisekia L.（1771）［番杏科 Aizoaceae//吉粟草科（针晶粟草科）Gisekiaceae//商陆科 Phytolaccaceae//粟米草科 Molluginaceae］■

33197　Milula Prain（1895）【汉】穗花韭属。【英】Milula。【隶属】百合科 Liliaceae//穗花韭科 Milulaceae。【包含】世界 1 种，中国 1 种。【学名诠释与讨论】〈阴〉（拉）milvus，鸢。另说由葱属 Allium 字母改缀而来。【分布】中国，东喜马拉雅山。【模式】Milula spicata Prain。■

33198　Milulaceae Traub（1972）［亦见 Alliaceae Borkh.（保留科名）葱科］【汉】穗花韭科。【包含】世界 1 属 1 种，中国 1 属 1 种。【分布】东喜马拉雅山。【科名模式】Milula Prain ■

33199　Mimaecylon St. -Lag.（1880）= Memecylon L.（1753）［野牡丹

科 Melastomataceae//谷木科 Memecylaceae]●

33200　Mimela Phil.（1865）= Leucheria Lag.（1811）［菊科 Asteraceae（Compositae）]■☆

33201　Mimelanthe Greene（1885）【汉】毛透骨草属（毛酸浆属）。【隶属】玄参科 Scrophulariaceae//透骨草科 Phrymaceae。【包含】世界 1 种。【学名诠释与讨论】〈阴〉（希）mimos = mimetes，模仿者+anthos，花。亦有文献把"Mimelanthe Greene（1885）"处理为"Mimulus L.（1753）"的异名。【分布】参见 Mimulus L.（1753）。【模式】Mimetanthe pilosa（Bentham）E. L. Greene［Herpestis pilosa Bentham］。【参考异名】Mimulodes（Benth.）Kuntze; Mimulus L.（1753）■☆

33202　Mimetes Salisb.（1807）【汉】仿龙眼属（米迈特木属）。【隶属】山龙眼科 Proteaceae。【包含】世界 12-13 种。【学名诠释与讨论】〈阴〉（希）mimos = mimetes，模仿者。【分布】非洲南部。【后选模式】Mimetes hirtus（Linnaeus）J. Knight［Leucadendron hirtum Linnaeus］。【参考异名】Deastella Loudon（1830）●☆

33203　Mimetophytum L. Bolus（1954）= Mitrophyllum Schwantes（1926）［番杏科 Aizoaceae]●☆

33204　Mimophytum Greenm.（1905）【汉】脐果紫草属。【隶属】紫草科 Boraginaceae。【包含】世界 1 种。【学名诠释与讨论】〈中〉（拉）mimos = mimetes，模仿者+phyton，植物，树木，枝条。【分布】墨西哥。【模式】Mimophytum omphalodoides Greenman。☆

33205　Mimosa L.（1753）【汉】含羞草属。【日】オジキソウ属，ネムリグサ属。【俄】Мимоза。【英】Bashfulgrass，Mimosa。【隶属】豆科 Fabaceae（Leguminosae）//含羞草科 Mimosaceae。【包含】世界 455-500 种，中国 3-4 种。【学名诠释与讨论】〈阴〉（拉）mimos = mimetes，模仿者。指许多种类的叶敏感而具运动功能。此属的学名，ING、TROPICOS、APNI、GCI 和 IK 记载为"Mimosa L.，Sp. Pl. 1：516. 1753［1 May 1753]"。"Eburnax Rafinesque，New Fl. 1：42. Dec 1836"和"Sensitiva Rafinesque，Sylva Tell. 119. Oct－Dec 1838"是"Mimosa L.（1753）"的晚出的同模式异名（Homotypic synonym，Nomenclatural synonym）。【分布】巴基斯坦，巴拉圭，巴拿马，秘鲁，玻利维亚，厄瓜多尔，哥伦比亚（安蒂奥基亚），哥斯达黎加，马达加斯加，美国（密苏里），尼加拉瓜，利比里亚（宁巴），中国，非洲，亚洲，中美洲。【后选模式】Mimosa pudica Linnaeus。【参考异名】Acanthopteron Britton（1928）; Eburnax Raf.（1836）Nom. illegit.; Haitimimosa Britton（1928）; Leucochloron Barneby et J. W. Grimes（1996）; Lomoplis Raf.（1838）; Mimosopsis Britton et Rose（1928）; Morongia Britton（1894）; Neomimosa Britton et Rose（1928）; Pteromimosa Britton（1928）; Schranckiastrum Hassl.（1919）; Schrankiastrum Willis，Nom. inval.; Sensitiva Raf.（1838）Nom. illegit.●■

33206　Mimosaceae R. Br.（1814）［as 'Mimoseae'］（保留科名）［亦见 Fabaceae Lindl.（保留科名）//Leguminosae Juss.（1789）（保留科名）豆科]【汉】含羞草科。【日】ネムノキ科。【俄】Мимозовые。【英】Australian Blackwood Family，Mimosa Family。【包含】世界 56-66 属 2950-2972 种，中国 17 属 73 种。【分布】广泛分布。【科名模式】Mimosa L.（1753）●■

33207　Mimosopsis Britton et Rose（1928）【汉】拟含羞草属。【隶属】豆科 Fabaceae（Leguminosae）//含羞草科 Mimosaceae。【包含】世界 25 种。【学名诠释与讨论】〈阴〉（属）Mimosa 含羞草属+opsis，外观，模样，相似。此属的学名是"Mimosopsis N. L. Britton et J. N. Rose，N. Amer. Fl. 23：174. 20 Dec 1928"。亦有文献把其处理为" = Mimosa L.（1753）"的异名。【分布】中国，美国（南部）至中美洲。【模式】Mimosopsis prolifica（S. Watson）N. L. Britton et J. N. Rose［Mimosa prolifica S. Watson］。【参考异名】Mimosa L.（1753）●■

33208　Mimozyganthus Burkart（1939）【汉】龙突含羞草属。【隶属】豆科 Fabaceae（Leguminosae）//含羞草科 Mimosaceae。【包含】世界 1 种。【学名诠释与讨论】〈阳〉（拉）mimos = mimetes，模仿者+zygos，成对，连结，轭+anthos，花。【分布】阿根廷，巴拉圭，玻利维亚。【模式】Mimozyganthus carinatus（Grisebach）Burkart［Mimosa carinata Grisebach］。●☆

33209　Mimulicalyx P. C. Tsoong（1979）【汉】虾子草属（虾仔草属）。【英】Mimulicalyx。【隶属】玄参科 Scrophulariaceae//透骨草科 Phrymaceae。【包含】世界 2 种，中国 2 种。【学名诠释与讨论】〈阳〉（拉）mimus，指小式 mimulus，模拟者+kalyx，所有格 kalykos =拉丁文 calyx，花萼，杯子。【分布】中国。【模式】Mimulicalyx rosulatus P. C. Tsoong。■★

33210　Mimulodes（Benth.）Kuntze = Mimetanthe Greene（1885）; ~ = Mimulus L.（1753）［玄参科 Scrophulariaceae//透骨草科 Phrymaceae]●■

33211　Mimulopsis Schweinf.（1868）【汉】类沟酸浆属。【隶属】爵床科 Acanthaceae。【包含】世界 30 种。【学名诠释与讨论】〈阴〉（属）Mimulus 沟酸浆属+希腊文 opsis，外观，模样，相似。【分布】马达加斯加，热带非洲。【模式】Mimulopsis solmsii G. Schweinfurth。■☆

33212　Mimulus Adans.（1763）Nom. illegit. ≡ Rhinanthus L.（1753）［玄参科 Scrophulariaceae//鼻花科 Rhinanthaceae]■

33213　Mimulus L.（1753）【汉】沟酸浆属。【日】サワホオズキ属，ミゾホオズキ属，ミゾホホヅキ属。【俄】Губастик，Мимулус，Мимулюс。【英】Mimulus，Monkey Flower，Monkey Musk，Monkeyflower，Monkey－flower，Musk。【隶属】玄参科 Scrophulariaceae//透骨草科 Phrymaceae。【包含】世界 100-180 种，中国 5 种。【学名诠释与讨论】〈阳〉（拉）mimus，指小式 mimulus，来自"希"mimo，所有格 mimous，类人猿，模拟者。指花冠形似猿猴。此属的学名，ING、APNI、GCI、TROPICOS 和 IK 记载是"Mimulus L.，Sp. Pl. 2：634. 1753［1 May 1753]"。"Mimulus Adans.，Fam. Pl.（Adanson）2：211. 1763［Jul－Aug 1763］≡ Rhinanthus L.（1753）［玄参科 Scrophulariaceae//鼻花科 Rhinanthaceae]"是晚出的非法名称。"Monavia Adanson，Fam. 2：211. Jul－Aug 1763"是"Mimulus L.（1753）"的晚出的同模式异名（Homotypic synonym，Nomenclatural synonym）。【分布】秘鲁，玻利维亚，厄瓜多尔，哥伦比亚（安蒂奥基亚），马达加斯加，美国（密苏里），尼加拉瓜，中国，中美洲。【模式】Mimulus ringens Linnaeus。【参考异名】Cynorrhynchium Mitch.（1769）; Diplacus Nutt.（1838）; Erythranthe Spach（1840）; Eunanus Benth.（1846）; Mimelanthe Greene（1885）; Mimulodes（Benth.）Kuntze; Monavia Adans.（1763）Nom. illegit.; Uvedalia R. Br.（1810）●■

33214　Mimusops L.（1753）【汉】子弹木属（牛奶木属，枪弹木属）。【俄】Мимусопс。【英】Bulletwood，Milktree，Milkwood，Mimusops。【隶属】山榄科 Sapotaceae。【包含】世界 20-57 种，中国 4 种。【学名诠释与讨论】〈阴〉（拉）mimus，模仿者+ops，外观，眼睛，面孔。指花冠。此属的学名，ING、TROPICOS、APNI、GCI 和 IK 记载是"Mimusops L.，Sp. Pl. 1：349. 1753［1 May 1753]"。"Elengi Adanson，Fam. 2：166. Jul－Aug 1763"和"Kaukenia O. Kuntze，Rev. Gen. 2：406. 5 Nov 1891"是"Mimusops L.（1753）"的晚出的同模式异名（Homotypic synonym，Nomenclatural synonym）。【分布】巴基斯坦，巴拿马，玻利维亚，马达加斯加，马来西亚，热带非洲，中美洲。【后选模式】Mimusops elengi Linnaeus。【参考异名】Ambianella Willis（1931）Nom. illegit.; Binectaria Forssk.（1775）; Elengi Adans.（1763）Nom. illegit.; Hornschuchia Spreng.（1822）Nom. illegit.; Imbricaria Comm. ex Juss.（1789）; Kaukenia Kuntze（1891）Nom. illegit.; Labramia A. DC.（1844）; Minaea La Llave et

Lex.；Phebolitis DC.（1844）；Phlebolithis Gaertn.（1788）；Radia Noronha（1790）Nom. inval.；Semicipium Pierre（1890）；Stisseria Scop.（1777）Nom. illegit.●☆

33215　Mina Cerv.（1824）【汉】金鱼花属。【英】Goldfishflower。【隶属】旋花科 Convolvulaceae。【包含】世界1种，中国1种。【学名诠释与讨论】〈阴〉（希）mina，一千枚银币，或 minys 小的。此属的学名，ING、TROPICOS 和 IK 记载是"Mina Cervantes in La Llave et Lexarza, Nov. Veg. Descr. 1：3. 1824"。它曾先后被处理为"Ipomoea sect. Mina（Cerv.）Griseb., Flora of the British West Indian Islands 472. 1864［1862］.（prob. May 1862）"和"Quamoclit sect. Mina（Cerv.）House, Bulletin of the Torrey Botanical Club 36：596. 1909"。"Mina La Llave et Lex.（1824）≡ Mina Cerv.（1824）"的命名人引证有误。亦有文献把"Mina Cerv.（1824）"处理为"Ipomoea L.（1753）（保留属名）"的异名。【分布】中国，墨西哥至热带南美洲，中美洲。【模式】Mina lobata Cervantes。【参考异名】Ipomoea L.（1753）（保留属名）；Ipomoea sect. Mina（Cerv.）Griseb.（1864）；Mina La Llave et Lex.（1824）Nom. illegit.；Quamoclit sect. Mina（Cerv.）House（1909）■

33216　Mina La Llave et Lex.（1824）Nom. illegit. ≡ Mina Cerv.（1824）［旋花科 Convolvulaceae］■

33217　Minaea La Llave et Lex. = Mimusops L.（1753）［山榄科 Sapotaceae］●☆

33218　Minaea Lojac.（1881）= Ionopsidium Rchb.（1829）；~ = Pastorea Tod. ex Bertol.（1854）［十字花科 Brassicaceae（Cruciferae）］■

33219　Minaria T. U. P. Konno et Rapini（2006）【汉】巴西无冠萝藦属。【隶属】萝藦科 Asclepiadaceae。【包含】世界19种。【学名诠释与讨论】〈阴〉（人）Minar。此属的学名是"Minaria T. U. P. Konno et Rapini, Taxon 55（2）：424-430, f. 2-3, 4［map］, 5. 2006"。亦有文献把其处理为"Astephanus R. Br.（1810）"的异名。【分布】玻利维亚，南美洲。【模式】Minaria grazielae（Fontella et Marquete）T. U. P. Konno et Rapini。【参考异名】Astephanus R. Br.（1810）■☆

33220　Minasia H. Rob.（1992）【汉】莲座巴西菊属。【隶属】菊科 Asteraceae（Compositae）。【包含】世界3-5种。【学名诠释与讨论】〈阴〉（地）Minas，米纳斯，位于巴西。【分布】巴西。【模式】Minasia alpestris（G. Gardner）H. E. Robinson［Chresta alpestris G. Gardner］。■☆

33221　Minderera Ramond ex Schrad.（1801）Nom. illegit.［百合科 Liliaceae］■☆

33222　Mindium Adans.（1763）（废弃属名）≡ Canarina L.（1771）（保留属名）；~ = Michauxia L'Hér.（1788）（保留属名）；~ = Canarina L.（1771）（保留属名）+Michauxia L'Hér.（1788）（保留属名）［桔梗科 Campanulaceae］■☆

33223　Mindium Raf.（废弃属名）= Canarina L.（1771）（保留属名）［桔梗科 Campanulaceae］■☆

33224　Minguartia Miers（1879）= Minquartia Aubl.（1775）［铁青树科 Olacaceae］●☆

33225　Minicolumna Brieger（1976）= Epidendrum L.（1763）（保留属名）［兰科 Orchidaceae］■☆

33226　Minjaevia Tzvelev（2001）= Silene L.（1753）（保留属名）［石竹科 Caryophyllaceae］■

33227　Minkelersia M. Martens et Galeotti（1843）= Phaseolus L.（1753）［豆科 Fabaceae（Leguminosae）//蝶形花科 Papilionaceae］■

33228　Minquartia Aubl.（1775）【汉】明夸铁青木属。【隶属】铁青树科 Olacaceae。【包含】世界1-3种。【学名诠释与讨论】〈阴〉来自 Minquartia guianensis Aublet 的俗名。【分布】巴拿马，秘鲁，玻利维亚，厄瓜多尔，哥伦比亚（安蒂奥基亚），哥斯达黎加，尼加拉瓜，中美洲。【模式】Minquartia guianensis Aublet。【参考异名】

Eganthus Tiegh.（1899）；Endusa Miers ex Benth.（1862）；Endusa Miers（1851）Nom. inval.；Endysa Post et Kuntze（1903）；Minguartia Miers（1879）；Secretania Müll. Arg.（1866）●☆

33229　Mintha St. -Lag.（1880）= Minthe St. -Lag.（1880）；~ = Mentha L.（1753）［唇形科 Lamiaceae（Labiatae）//薄荷科 Menthaceae］■●

33230　Minthostachys（Benth.）Griseb.（1840）Nom. illegit. ≡ Minthostachys（Benth.）Spach（1840）；~ = Bystropogon L'Hér.（1789）（保留属名）［唇形科 Lamiaceae（Labiatae）］●☆

33231　Minthostachys（Benth.）Spach（1840）【汉】薄荷穗属（薄穗草属）。【隶属】唇形科 Lamiaceae（Labiatae）。【包含】世界12种。【学名诠释与讨论】〈阴〉（希）mintha，薄荷+stachys，穗，谷，长钉。此属的学名，ING、GCI、TROPICOS 和 IK 记载是"Minthostachys（Bentham）Spach, Hist. Nat. Vég. PHAN. 9：164（'Mintostachys'）. 15 Aug 1840"，由"Bystropogon sect. Minthostachys Bentham, Labiat. Gen. Sp. 325. Mai 1834"改级而来。"Minthostachys Spach（1840）"的命名人引证有误。亦有文献把"Minthostachys（Benth.）Spach（1840）"处理为"Bystropogon L'Hér.（1789）（保留属名）"的异名。【分布】秘鲁，玻利维亚，厄瓜多尔，哥伦比亚（安蒂奥基亚），安第斯山。【后选模式】Minthostachys spicata（Bentham）Epling［Bystropogon spicatus Bentham］。【参考异名】Bystropogon L'Hér.（1789）（保留属名）；Bystropogon sect. Minthostachys Bentham（1834）；Minthostachys（Benth.）Griseb.（1840）Nom. illegit.；Minthostachys Spach（1840）Nom. illegit.●☆

33232　Minthostachys Spach（1840）Nom. illegit. ≡ Minthostachys（Benth.）Spach（1840）［唇形科 Lamiaceae（Labiatae）］●☆

33233　Minuartia L.（1753）【汉】米努草属（高山漆姑草属，米钮草属，山漆姑属）。【日】タカネツメクサ属。【俄】Кверия，Минуартия，Минуарция。【英】Minuartia, Minuartwort, Sabline, Sandwort。【隶属】石竹科 Caryophyllaceae。【包含】世界100-175种，中国13种。【学名诠释与讨论】〈阴〉（人）Juan Minuart，1693-1768，西班牙植物学者，药剂师。此属的学名，ING 记载是"Minuartia Linnaeus, Sp. Pl. 89. 1 Mai 1753"。APNI、GCI、TROPICOS 和 IK 则记载为"Minuartia Loefl., Sp. Pl. 1；89. 1753［1 May 1753］；Gen. Pl. ed. 5. 39. 1754"。"Minuartia Loefl."是命名起点著作之前的名称，故"Minuartia L.（1753）"和"Minuartia Loefl. ex L.（1753）"都是合法名称，可以通用。但是不能用"Minuartia（Loefl.）L.（1753）"和"Minuartia Loefl.（1753）"。其异名"Hymenella DC., Prodr.［A. P. de Candolle］1：389. 1824［Jan 1824］"和"Hymenella（Moc. et Sessé ex）DC.（1824）"都是晚出的非法名称，因为此前已经有了真菌的"Hymenella E. M. Fries, Syst. Mycol. 2：210, 233. 1822"。【分布】埃塞俄比亚，巴基斯坦，美国，智利，中国，喜马拉雅山，极地至墨西哥。【模式】Minuartia dichotoma Linnaeus。【参考异名】Alsinanthe（Fenzl ex Endl.）Rchb.（1841）Nom. illegit.；Alsinanthe（Fenzl）Rchb.（1841）Nom. illegit.；Alsinanthe Rchb.（1841-1842）Nom. illegit.；Alsine Gaertn., Nom. illegit.；Alsinopsis Small（1903）；Cherleria L.（1753）；Gypsophytum Adans.（1763）Nom. illegit.；Hymenella（Moc. et Sessé ex）DC.（1824）Nom. illegit.；Hymenella DC.（1824）Nom. illegit.；Hymenella Moc. et Sessé, Nom. illegit.；Lidia Á. Löve et D. Löve（1976）；Minuartia Loefl. ex L.（1753）；Minuartia Loefl.（1753）Nom. illegit.；Minuopsis W. A. Weber（1985）；Mononeuria Rchb.（1841）；Phlebanthe Rchb.（1841）Nom. illegit.；Phlebanthia Rchb.（1841）；Porsildia Á. Löve et D. Löve（1976）；Psammanthe Rchb.（1841）；Queria Loefl.（1753）；Queria Loefl. ex L.（1753）；Rhodalsine J. Gay（1845）；Sabulina Rchb.（1832）；Sagina Druce；Selleola Urb.（1930）；Siebera Hoppe（1819）（废弃属名）；Somerauera Hoppe（1819）；Sommerauera Endl.（1841）；

Triplateia Bartl.（1830）；Tryphane（Fenzl）Rchb.（1841）；Tryphane Rchb.（1841）Nom. illegit.；Wierzbickia Rchb.（1841）；Xeralsine Fourr.（1868）■

33234　Minuartia Loefl.（1753）Nom. illegit. ≡ Minuartia Loefl. ex L.（1753）；~ ≡ Minuartia L.（1753）［石竹科 Caryophyllaceae］■

33235　Minuartia Loefl. ex L.（1753）≡ Minuartia L.（1753）［石竹科 Caryophyllaceae］■

33236　Minuartiaceae Mart. = Caryophyllaceae Juss.（保留科名）■●

33237　Minuartiella Dillenb. et Kadereit（2014）【汉】小米努草属。【隶属】石竹科 Caryophyllaceae。【包含】世界 3 种 2 亚种 1 变种。【学名诠释与讨论】〈阴〉（属）Minuartia 米努草属（高山漆姑草属，米钮草属，山漆姑草）+-ellus,-ella,-ellum,加在名词词干后面形成指小式的词尾。或加在人名、属名等后面以组成新属的名称。【分布】土耳其,安纳托利亚,波斯地区。【模式】Minuartia acuminata Turrill. ☆

33238　Minuopsis W. A. Weber（1985）= Minuartia L.（1753）［石竹科 Caryophyllaceae］■

33239　Minuphylis Thouars = Bulbophyllum Thouars（1822）（保留属名）［兰科 Orchidaceae］■

33240　Minuria DC.（1836）【汉】五裂层菀属。【隶属】菊科 Asteraceae（Compositae）。【包含】世界 8-10 种。【学名诠释与讨论】〈阴〉（希）minyros,哀鸣的,怨声的,小的,细的,薄的,弱的。指模式种花、叶、茎都纤弱。【分布】澳大利亚（东南部和中部）。【模式】未指定。【参考异名】Elachothamnus DC.（1836）；Eurybiopsis DC.（1836）；Kippistia F. Muell.（1858）；Minuriella Tate（1899）；Minyria Post et Kuntze（1903）；Therogeron DC.（1836）■●☆

33241　Minuriella Tate（1899）= Minuria DC.（1836）［菊科 Asteraceae（Compositae）］■●☆

33242　Minurothamnus DC.（1838）= Heterolepis Cass.（1820）（保留属名）［菊科 Asteraceae（Compositae）］●☆

33243　Minutalia Fenzl（1844）= Antidesma L.（1753）［大戟科 Euphorbiaceae//五月茶科 Stilaginaceae//叶下珠科（叶萝藦科）Phyllanthaceae］●

33244　Minutia Vell.（1829）【汉】米氏木属。【隶属】木犀榄科（木犀科）Oleaceae。【包含】世界 1 种。【学名诠释与讨论】〈阴〉（人）Minuti。此属的学名是“Minutia Vellozo, Fl. Flum. 19. 7 Sep - 28 Nov 1829（‘1825’）”。亦有文献把其处理为“Chionanthus L.（1753）”、“Linociera Sw. ex Schreb.（1791）（保留属名）”或“Mayepea Aubl.（1775）（废弃属名）”的异名。【分布】意大利。【模式】Minutia trichotoma Vellozo。【参考异名】Chionanthus L.（1753）；Linociera Sw. ex Schreb.（1791）（保留属名）；Mayepea Aubl.（1775）（废弃属名）●☆

33245　Minyranthes Turcz.（1851）= Sigesbeckia L.（1753）［菊科 Asteraceae（Compositae）］■

33246　Minyria Post et Kuntze（1903）= Minuria DC.（1836）［菊科 Asteraceae（Compositae）］■●☆

33247　Minyrothamnus Post et Kuntze（1903）= Heterolepis Cass.（1820）（保留属名）；~ = Minurothamnus DC.（1838）［菊科 Asteraceae（Compositae）］●☆

33248　Minythodes Phil. ex Benth. et Hook. f.（1873）= Chaetanthera Ruiz et Pav.（1794）［菊科 Asteraceae（Compositae）］■☆

33249　Miocarpidium Post et Kuntze（1903）= Meiocarpidium Engl. et Diels（1900）［番荔枝科 Annonaceae］●☆

33250　Miocarpus Naudin（1844）= Acisanthera P. Browne（1756）［野牡丹科 Melastomataceae］●■☆

33251　Miogyna Post et Kuntze［1903（1）］= Meiogyne Miq.（1865）［番

荔枝科 Annonaceae］●

33252　Mioluma Post et Kuntze［1903（2）］= Meioluma Baill.（1891）；~ = Micropholis（Griseb.）Pierre（1891）［山榄科 Sapotaceae］●☆

33253　Mionandra Griseb.（1874）【汉】寡蕊金虎尾属。【隶属】金虎尾科（黄褥花科）Malpighiaceae。【包含】世界 1 种。【学名诠释与讨论】〈阴〉（希）meion,较少,较小+aner,所有格 andros,雄性,雄蕊。【分布】阿根廷,巴拉圭,玻利维亚。【后选模式】Mionandra camareoides Grisebach。【参考异名】Brittonella Rusby（1893）●☆

33254　Mionectes Post et Kuntze（1903）= Haloragis J. R. Forst. et G. Forst.（1776）；~ = Meionectes R. Br.（1814）［小二仙草科 Haloragaceae］■●

33255　Mionula Post et Kuntze（1903）= Meionula Raf.（1838）；~ = Utricularia L.（1753）［狸藻科 Lentibulariaceae］■

33256　Mioperis Post et Kuntze（1903）= Meioperis Raf.（1838）；~ = Passiflora L.（1753）（保留属名）［西番莲科 Passifloraceae］●■

33257　Mioptrila Raf.（1839）= Cedrela P. Browne（1756）+Zanthoxylum L.（1753）［芸香科 Rutaceae//花椒科 Zanthoxylaceae］●

33258　Miosperma Post et Kuntze（1903）= Justicia L.（1753）；~ = Meiosperma Raf.（1838）［爵床科 Acanthaceae//鸭嘴花科（鸭咀花科）Justiciaceae］●■

33259　Miphragtes Nieuwl.（1914）Nom. illegit. = Phragmites Adans.（1763）［禾本科 Poaceae（Gramineae）］■

33260　Miquelia Arn. et Nees（1843）Nom. illegit.（废弃属名）≡ Berghausia Endl.（1843）；~ = Garnotia Brongn.（1832）［禾本科 Poaceae（Gramineae）］■

33261　Miquelia Blume（1838）（废弃属名）= Stauranthera Benth.（1835）［苦苣苔科 Gesneriaceae］■

33262　Miquelia Meisn.（1838）（保留属名）【汉】米克茱黄属。【隶属】茶茱萸科 Icacinaceae。【包含】世界 8 种。【学名诠释与讨论】〈阴〉（人）Friedrich Anton Wilhelm Miquel,1811-1871,荷兰植物学者。此属的学名“Miquelia Meisn., Pl. Vasc. Gen. 1：152；2：109. 16-22 Sep 1838”是保留属名。相应的废弃属名是苦苣苔科 Gesneriaceae 的“Miquelia Blume in Bull. Sci. Phys. Nat. Néerl. 1：94. 30 Jun 1838 = Stauranthera Benth.（1835）”。禾本科的“Miquelia Arn. et Nees, Nov. Actorum Acad. Caes. Leop. – Carol. Nat. Cur. 19（Suppl. 1）：177. 1843 ≡ Berghausia Endl.（1843）= Garnotia Brongn.（1832）”亦应废除。【分布】印度至马来西亚,中南半岛。【模式】Miquelia kleinii C. F. Meisner。【参考异名】Jenkinsia Griff.（1843）●☆

33263　Miquelina Tiegh.（1895）= Macrosolen（Blume）Rchb.（1841）［桑寄生科 Loranthaceae］●

33264　Miqueliopuntia Frič ex F. Ritter（1980）= Opuntia Mill.（1754）［仙人掌科 Cactaceae］●

33265　Mira Colenso（1844）= Mida A. Cunn. ex Endl.（1837）［檀香科 Santalaceae］●☆

33266　Mirabella F. Ritter（1979）= Cereus Mill.（1754）［仙人掌科 Cactaceae］●

33267　Mirabellia Bertero ex Baill.（1858）= Dysopsis Baill.（1858）［大戟科 Euphorbiaceae］●☆

33268　Mirabilidaceae W. R. B. Oliv.（1936）= Nyctaginaceae Juss.（保留科名）●■

33269　Mirabilis L.（1753）【汉】紫茉莉属。【日】オシロイバナ属。【俄】Мирабилис。【英】Four o'clock, Four - o'clock, Four - o'clock Flower, Four - o'clock Plant, Maravilla, Marvel of Peru, Marvel - of - Peru, Umbrellawort。【隶属】紫茉莉科 Nyctaginaceae。【包含】世界 54-60 种,中国 2 种。【学名诠释与讨论】〈阴〉（拉）mirabilis,

奇异的。指苞状总苞具各种颜色。此属的学名，ING、APNI、TROPICOS 和 GCI 记载是"Mirabilis L., Sp. Pl. 1:177. 1753 [1 May 1753]"。IK 则记载为"Mirabilis Riv. ex L., Sp. Pl. 1:177. 1753 [1 May 1753]"。"Mirabilis Riv."是命名起点著作之前的名称，故"Mirabilis L.(1753)"和"Mirabilis Riv. ex L.(1753)"都是合法名称，可以通用。"Admirabilis Nieuwland, Amer. Midl. Naturalist 3:280. Mai 1914"、"Jalapa P. Miller, Gard. Dict. Abr. ed. 4. 28 Jan 1754"和"Nyctago A. L. Jussieu, Gen. 90. 4 Aug 1789"是"Mirabilis L.(1753)"的晚出的同模式异名(Homotypic synonym, Nomenclatural synonym)。【分布】巴基斯坦，巴拿马，玻利维亚，厄瓜多尔，哥伦比亚，马达加斯加，美国，尼加拉瓜，中国，中美洲。【模式】Mirabilis jalapa Linnaeus。【参考异名】Admirabilis Nieuwl.(1914)Nom. illegit.；Allionia Loefl.(1758)(废弃属名)；Allioniella Rydb.(1902)；Bruguiera Pfeiff.；Bruquieria Pourr. ex Ortega；Calymenia Pers.(1805)Nom. illegit.；Calyxhymenia Ortega(1797)；Hermidium S. Watson(1871)；Hesperonia Standl.(1909)；Ialapa Crantz(1766)；Jalapa Mill.(1754)Nom. illegit.；Mirabilis Riv. ex L.(1753)；Nyctago Juss.(1789)Nom. illegit.；Oxybaphus L'Hér. ex Willd.(1797)；Palavia Ruiz et Pav. ex Ortega；Trimista Raf.(1840)；Vitmania Turr. ex Cav.(1794)；Vitmannia Endl.(1837)Nom. illegit.；Vitmannia Torr.，Nom. inval.；Vitmannia Torr. ex Cav.(1794)Nom. inval.；Vittmannia Endl.(1837)Nom. illegit.；Vittmannia Turra ex Endl.(1837)Nom. illegit. ■

33270   Mirabilis Riv. ex L.(1753)≡Mirabilis L.(1753)[紫茉莉科 Nyctaginaceae]■

33271   Miracyllium Post et Kuntze(1903)= Meiracyllium Rchb. f.(1854)[兰科 Orchidaceae]■☆

33272   Miradoria Sch. Bip. ex Benth. et Hook. f.(1873)= Microspermum Lag.(1816)[菊科 Asteraceae(Compositae)]■☆

33273   Miraglossum Kupicha(1984)【汉】奇舌萝藦属。【隶属】萝藦科 Asclepiadaceae。【包含】世界 7 种。【学名诠释与讨论】〈中〉(拉)myrias，极多的+glossa，舌。【分布】非洲南部。【模式】Miraglossum pulchellum(Schlechter)F. K. Kupicha[Schizoglossum pulchellum Schlechter]。■☆

33274   Mirandaceltis Sharp(1958)= Aphananthe Planch.(1848)(保留属名)；~ = Gironniera Gaudich.(1844)[榆科 Ulmaceae]●

33275   Mirandea Rzed.(1959)【汉】安第斯爵床属。【隶属】爵床科 Acanthaceae。【包含】世界 2 种。【学名诠释与讨论】〈阴〉(拉)mirus，奇异的+Andes，安第斯山脉。另说纪念墨西哥植物学家 Gonzalez Faustino Miranda，1905~1964。【分布】墨西哥，中美洲。【模式】Mirandea grisea Rzedowski。■☆

33276   Mirandopsis(Luer)Szlach. et Marg.(2002)【汉】厄瓜多尔腋花兰属。【隶属】兰科 Orchidaceae。【包含】世界 1 种。【学名诠释与讨论】〈阴〉(属)Mirandea 安第斯爵床属+希腊文 opsis，外观，模样，相似。此属的学名是"Mirandopsis(Luer)Szlach. & Marg.，Polish Botanical Journal 46(2)：117. 2001 [2002].(20 Feb 2002)"，由"Pleurothallis subg. Mirandia Luer, Monographs in Systematic Botany from the Missouri Botanical Garden 20：47. 1986"改级而来。"Mirandopsis Szlach. et Marg.(2002)"的命名人引证有误。亦有文献把"Mirandopsis(Luer)Szlach. et Marg.(2002)"处理为"Pleurothallis R. Br.(1813)"的异名。【分布】厄瓜多尔。【模式】Mirandopsis miranda(Luer)Szlach. et Marg.。【参考异名】Pleurothallis R. Br.(1813)；Pleurothallis subg. Mirandia Luer(1986)■☆

33277   Mirandopsis Szlach. & Marg.(2001)= Mirandopsis(Luer)Szlach. et Marg.(2002)■☆

33278   Mirandorchis Szlach. et Kras-Lap.(2003)【汉】热非玉凤花属。【隶属】兰科 Orchidaceae。【包含】世界 3 种。【学名诠释与讨论】〈阴〉(拉)miranda，奇异的+orchis，原义是睾丸，后变为植物兰的名称，因为根的形态而得名。变为拉丁文 orchis，所有格 orchidis。此属的学名是"Mirandorchis D. L. Szlachetko et M. Kras-Lapinska, Orchidee(Hamburg)54：84. 10 Mai 2003"。亦有文献把其处理为"Habenaria Willd.(1805)"的异名。【分布】中国，热带非洲。【模式】Mirandorchis rautaneniana(Kraenzlin)D. L. Szlachetko et M. Kras-Lapinska[Habenaria rautaneniana Kraenzlin]。【参考异名】Habenaria Willd.(1805)■

33279   Mirasolia(Sch. Bip.)Benth. et Hook. f.(1873)= Tithonia Desf. ex Juss.(1789)；~ = Tithonia Desf. ex Juss.(1789)+ Gymnolomia Kunth(1818)[菊科 Asteraceae(Compositae)]■☆

33280   Mirasolia Sch. Bip. ex Benth. et Hook. f.(1873)Nom. illegit. ≡ Mirasolia(Sch. Bip.)Benth. et Hook. f.(1873)；~ = Tithonia Desf. ex Juss.(1789)[菊科 Asteraceae(Compositae)]■☆

33281   Mirbelia Sm.(1805)【汉】米尔豆属(丽花米尔豆属，米尔贝属)。【英】Mirbelia。【隶属】豆科 Fabaceae(Leguminosae)。【包含】世界 20-25 种。【学名诠释与讨论】〈阴〉(人)Charles François Brisseau de Mirbel，1776~1854，法国植物学者，植物采集家。【分布】澳大利亚。【模式】Mirbelia reticulata J. E. Smith, Nom. illegit. [Pultenaea rubiaefolia Andrews；Mirbelia rubiaefolia(Andrews)G. Don]。【参考异名】Dichosema Benth.(1837)；Oxycladium F. Muell.(1857)●☆

33282   Mirica Nocea(1793)= Myrica L.(1753)[杨梅科 Myricaceae]●

33283   Miricacalia Kitam.(1936)【汉】小蟹甲草属。【隶属】菊科 Asteraceae(Compositae)。【包含】世界 1 种。【学名诠释与讨论】〈阴〉(英)古英语 mire，湿地+(属)Cacalia = Parasenecio 蟹甲草属的缩写。指其生境为阴湿的山谷。另说(拉)mirus，奇异的+(属)Cacalia = Parasenecio 蟹甲草属。【分布】东亚。【模式】Miricacalia makineana(Yatabe)Kitamura[Senecio makineanus Yatabe]。■☆

33284   Mirkooa(Wight et Arn.)Wight(1840)= Ammannia L.(1753)；~ ≡ Mirkooa(Wight et Arn.)Wight(1840)[千屈菜科 Lythraceae//水苋菜科 Ammanniaceae]■

33285   Mirkooa Wight(1840)Nom. illegit. ≡ Mirkooa(Wight et Arn.)Wight(1840)[千屈菜科 Lythraceae//水苋菜科 Ammanniaceae]■

33286   Mirmecodia Gaudich.(1830)Nom. illegit. = Myrmecodia Jack(1823)[茜草科 Rubiaceae]☆

33287   Mirobalanus Rumph. = Phyllanthus L.(1753)[大戟科 Euphorbiaceae//叶下珠科(叶萝藦科)Phyllanthaceae]●■

33288   Mirobalanus Steud. = Myrobalanus Gaertn.(1791)；~ = Terminalia L.(1767)(保留属名)[使君子科 Combretaceae//榄仁树科 Terminaliaceae]●

33289   Miroxilum Blanco(1837)Nom. illegit. ≡ Myroxylon J. R. Forst. et G. Forst.(1776)(废弃属名)；~ = Xylosma G. Forst.(1786)(保留属名)[刺篱木科(大风子科)Flacourtiaceae]●

33290   Miroxylon Scop.(1777)Nom. illegit. ≡ Myroxylon J. R. Forst. et G. Forst.(1776)(废弃属名)；~ = Xylosma G. Forst.(1786)(保留属名)[刺篱木科(大风子科)Flacourtiaceae]●

33291   Miroxylum Blanco(1837)Nom. illegit. ≡ Miroxylon Scop.(1777)Nom. illegit.；~ ≡ Myroxylon J. R. Forst. et G. Forst.(1776)(废弃属名)；~ = Xylosma G. Forst.(1786)(保留属名)[刺篱木科(大风子科)Flacourtiaceae]●

33292   Mirtana Pierre(1905)= Arcangelisia Becc.(1877)[防己科 Menispermaceae]●

33293   Misandra Comm. ex Juss.(1789)= Gunnera L.(1767)[大叶草科(南洋小二仙科，洋二仙草科)Gunneraceae//小二仙草科

Haloragaceae]■☆

33294　Misandra F. Dietr.（1819）Nom. illegit. ≡ Bonapartea Ruiz et Pav.（1802）; ~ = Tillandsia L.（1753）［凤梨科 Bromeliaceae//花凤梨科 Tillandsiaceae]■☆

33295　Misandropsis Oerst.（1857）= Misanora d'Urv.（1826）［小二仙草科 Haloragaceae]■☆

33296　Misanora d'Urv.（1826）= Gunnera L.（1767）; ~ = Misandra Comm. ex Juss.（1789）［大叶草科（南洋小二仙科，洋二仙科）Gunneraceae//小二仙草科 Haloragaceae]■☆

33297　Misanteca Cham. et Schltdl.（1831）Nom. illegit. ≡ Misanteca Schltdl. et Cham.（1831）; ~ = Licaria Aubl.（1775）［樟科 Lauraceae]●☆

33298　Misanteca Schltdl. et Cham.（1831）= Licaria Aubl.（1775）［樟科 Lauraceae]●☆

33299　Misarrhena Post et Kuntze（1903）= Anticharis Endl.（1839）; ~ = Meissarrhena R. Br.（1814）［玄参科 Scrophulariaceae]■●☆

33300　Misbrookea V. A. Funk（1997）【汉】白垫菊属。【隶属】菊科 Asteraceae（Compositae）。【包含】世界1种。【学名诠释与讨论】〈阴〉（英）mis, 不好的 +（属）Brookea 布鲁草属。【分布】秘鲁。【模式】Misbrookea strigosissima（A. Gray）V. A. Funk。■☆

33301　Miscanthidium Stapf（1917）= Miscanthus Andersson（1855）［禾本科 Poaceae（Gramineae）]■

33302　Miscanthus Andersson（1855）【汉】芒属（荻属）。【日】ススキ属。【俄】Мискантус, Трава серебряная。【英】Awngrass, Eulalia, Maiden Grass, Silver Grass, Silvergrass, Silver-grass, Sword Grass, Swordgrass, Sword-grass。【隶属】禾本科 Poaceae（Gramineae）。【包含】世界14-20种, 中国7种。【学名诠释与讨论】〈阳〉（希）mischos, 茎, 小花梗, 叶柄, 皮, 壳 +anthos, 花。指小穗形态。此属的学名, ING、APNI、TROPICOS 和 IK 记载是"Miscanthus Andersson, Öfvers. Förh. Kongl. Svensk. Vetensk. - Akad. 12:165. 1855（post 14 Mar）"。"Miscanthus Keng, Clav. Gen. Sp. Gram. Prim. Sin. 233. 1957"是晚出的非法名称, 而且是裸名。【分布】巴基斯坦, 美国（密苏里）, 中国, 热带和非洲南部至日本和菲律宾（菲律宾群岛）。【后选模式】Miscanthus capensis（C. G. D. Nees）Andersson［Erianthus capensis C. G. D. Nees]。【参考异名】Diandranthus L. Liou（1997）; Eulalia Trin.（1833）Nom. illegit.; Miscanthidium Stapf（1917）; Mischanthus B. D. Jacks.; Rubimons B. S. Sun（1997）; Sclerostachya（Andersson ex Hack.）A. Camus（1922）; Sclerostachya（Hack.）A. Camus（1922）Nom. illegit.; Sclerostachya A. Camus（1922）Nom. illegit.; Tiarrhena（Maxim.）Nakai, Nom. illegit.; Triarrhena（Maxim.）Nakai（1950）; Xiphagrostis Coville（1905）Nom. inval.■

33303　Miscanthus Keng（1957）Nom. nud, Nom. illegit.［禾本科 Poaceae（Gramineae）]■☆

33304　Mischanthus B. D. Jacks. = Miscanthus Andersson（1855）［禾本科 Poaceae（Gramineae）]■

33305　Mischanthus Coss.（1857）= Mecomischus Coss. ex Benth. et Hook. f.（1873）Nom. illegit.; ~ = Mecomischus Coss. et Durieu ex Benth. et Hook. f.（1873）［菊科 Asteraceae（Compositae）]■☆

33306　Mischarytera（Radlk.）H. Turner（1995）【汉】茎花无患子属。【隶属】无患子科 Sapindaceae。【包含】世界3种。【学名诠释与讨论】〈阴〉（希）mischos, 小花梗, 柄, 皮, 壳 +（属）Arytera 滨木患属。此属的学名, IK 记载是"Mischarytera（Radlk.）H. Turner, Blumea, Suppl. 9: 210. 1995", 由"Arytera sect. Mischarytera Radlk."改级而来。【分布】澳大利亚, 新几内亚岛。【模式】不详。【参考异名】Arytera sect. Mischarytera Radlk.●☆

33307　Mischobulbon Schltr., Nom. illegit. ≡ Mischobulbum Schltr.（1911）［兰科 Orchidaceae]■

33308　Mischobulbum Schltr.（1911）【汉】球柄兰属（葵兰属）。【英】Mischobulbum。【隶属】兰科 Orchidaceae。【包含】世界8-9种, 中国2种。【学名诠释与讨论】〈中〉（希）mischos, 小花梗, 柄, 皮, 壳 +bulbus, 球根。此属的学名, ING 和 IK 记载是"Mischobulbum Schlechter, Repert. Spec. Nov. Regni Veg. Beih. 1:98. 1 Oct 1911"。"Mischobulbon Schltr."是其拼写变体。亦有文献把"Mischobulbum Schltr.（1911）"处理为"Tainia Blume（1825）"的异名。【分布】马来西亚, 中国, 喜马拉雅山。【后选模式】Mischobulbum scapigerum（J. D. Hooker）Schlechter［Nephelaphyllum scapigerum J. D. Hooker]。【参考异名】Mischobulbon Schltr., Nom. illegit.; Tainia Blume（1825）■

33309　Mischocarpus Blume（1825）（保留属名）【汉】柄果木属。【英】Mischocarp, Mischocarpus。【隶属】无患子科 Sapindaceae。【包含】世界15种, 中国3种。【学名诠释与讨论】〈阳〉（希）mischos, 小花梗, 柄, 皮, 壳 +karpos, 果实。指果具长柄。此属的学名"Mischocarpus Blume, Bijdr.: 238. 20 Sep-7 Dec 1825"是保留属名。相应的废弃属名是无患子科 Sapindaceae 的"Pedicellia Lour., Fl. Cochinch.: 641, 655. Sep 1790 = Mischocarpus Blume（1825）（保留属名）"。【分布】澳大利亚（东北部）, 马来西亚, 印度（南部）, 中国。【模式】Mischocarpus sundaicus Blume。【参考异名】Mischocodon Radlk.（1913）; Pedicellia Lour.（1790）（废弃属名）; Stelechospermum Blume（1829）; Tripha Noronha（1790）●

33310　Mischocodon Radlk.（1913）= Mischocarpus Blume（1825）（保留属名）［无患子科 Sapindaceae]●

33311　Mischodon Thwaites（1854）【汉】齿梗大戟属。【隶属】大戟科 Euphorbiaceae。【包含】世界1种。【学名诠释与讨论】〈阳〉（希）mischos, 小花梗, 柄, 皮, 壳 +odous, 所有格 odontos, 齿。指花萼。【分布】斯里兰卡, 印度（南部）。【模式】Mischodon zeylanicus Thwaites。☆

33312　Mischogyne Exell（1932）【汉】柄蕊木属。【隶属】番荔枝科 Annonaceae。【包含】世界1-2种。【学名诠释与讨论】〈阴〉（希）mischos, 小花梗, 柄, 皮, 壳 +gyne, 所有格 gynaikos, 雌性, 雌蕊。【分布】热带非洲。【模式】Mischogyne michelioides Exell。●☆

33313　Mischolobium Post et Kuntze（1903）= Dalbergia L. f.（1782）（保留属名）; ~ = Miscolobium Vogel（1837）［豆科 Fabaceae（Leguminosae）//蝶形花科 Papilionaceae]●

33314　Mischopetalum Post et Kuntze（1903）= Miscopetalum Haw.（1812）; ~ = Saxifraga L.（1753）［虎耳草科 Saxifragaceae]■

33315　Mischophloeus Scheff.（1876）【汉】梗皮棕属（柄棕榈属）。【隶属】棕榈科 Arecaceae（Palmae）。【包含】世界1种。【学名诠释与讨论】〈阴〉（希）mischos, 小花梗, 柄, 皮, 壳 +phloios, 有皮的, 树皮。指雄花的基不似柄。此属的学名是"Mischophloeus Scheffer, Ann. Jard. Bot. Buitenzorg 1: 115, 134. 1876"。亦有文献把其处理为"Areca L.（1753）"的异名。【分布】印度尼西亚（马鲁古群岛）。【模式】Mischophloeus paniculatus（Scheffer）Scheffer［as 'paniculata'］［Areca paniculata Scheffer]。【参考异名】Areca L.（1753）●☆

33316　Mischopleura Wernham ex Ridl.（1916）= Sericolea Schltr.（1916）［杜英科 Elaeocarpaceae]●☆

33317　Mischospora Boeck.（1860）= Fimbristylis Vahl（1805）（保留属名）［莎草科 Cyperaceae]■

33318　Miscodendrum Steud.（1841）= Myzodendron Sol. ex DC.［羽毛果科 Misodendraceae]●☆

33319　Miscolobium Vogel（1837）= Dalbergia L. f.（1782）（保留属名）［豆科 Fabaceae（Leguminosae）//蝶形花科 Papilionaceae]●

33320　Miscopetalum Haw.（1812）= Saxifraga L.（1753）［虎耳草科

Saxifragaceae〕■

33321　Misiessya Wedd. = Leucosyke Zoll. et Moritzi（1845–1846）〔荨麻科 Urticaceae〕●

33322　Misipus Raf.（1838）= Elaeocarpus L.（1753）〔杜英科 Elaeocarpaceae〕●

33323　Misodendraceae J. Agardh（1858）（保留科名）【汉】羽毛果科（羽果科）。【包含】世界1属8种。【分布】温带南美洲。【科名模式】Misodendrum Banks ex DC.（1830）●☆

33324　Misodendron G. Don（1834）Nom. illegit. ≡ Misodendrum Banks ex DC.（1830）〔羽毛果科（羽果科）Misodendraceae〕●☆

33325　Misodendron Poepp. et Endl.（1835）Nom. illegit. ≡ Misodendrum Banks ex DC.（1830）〔羽毛果科（羽果科）Misodendraceae〕●☆

33326　Misodendrum Banks ex DC.（1830）【汉】羽毛果科。【隶属】羽毛果科（羽果科）Misodendraceae//桑寄生科 Loranthaceae。【包含】世界8种。【学名诠释与讨论】〈中〉（希）misea，憎恨，讨厌+dendron 或 dendros，树木，棍，丛林。指半寄生的半灌木。此属的学名，ING、TROPICOS 和 GCI 记载是“Misodendrum Banks ex DC., Prodr.［A. P. de Candolle］4: 285. 1830［late Sep 1830］”。IK 则记载为“Misodendrum DC., Coll. Mém. vi. 14. tt. 11, 12（1830）; et Prod. iv. 285（1830）”。“Misodendron G. Don, Gen. Hist. 3: 408. 1834［8-15 Nov 1834］”和“Misodendron Poeppig et Endlicher, Nov. Gen. Sp. 1: 1. 17-23 Mai 1835”都是其拼写变体。“Myzodendron Banks et Solander ex R. Brown, Trans. Linn. Soc. London 19: 231. 6 Nov 1844”是其晚出的同模式异名（Homotypic synonym, Nomenclatural synonym）。“Misodendrum DC.（1830）≡ Misodendrum Banks ex DC.（1830）”的命名人引证有误。【分布】南美洲。【后选模式】Misodendrum punctulatum Banks ex A. P. de Candolle。【参考异名】Angelopogon Poepp. ex Poepp. et Endl.（1835）; Angelopogon Poepp. ex Tiegh.（1897）Nom. illegit.; Angelopogon Tiegh.（1897）Nom. illegit.; Misodendron G. Don（1834）Nom. illegit.; Misodendron Poepp. et Endl.（1835）Nom. illegit.; Misodendrum DC.（1830）Nom. illegit.; Myzodendron Banks et Sol. ex R. Br.（1844）Nom. illegit.; Myzodendron R. Br.（1844）Nom. illegit.; Myzodendron Sol. ex DC.; Myzodendron Sol. ex G. Forst.（1789）Nom. illegit.; Myzodendrum Sol. ex G. Forst.（1789）Nom. illegit.; Myzodendrum Tiegh.（1897）Nom. illegit.●☆

33327　Misodendrum DC.（1830）Nom. illegit. ≡ Misodendrum Banks ex DC.（1830）〔羽毛果科（羽果科）Misodendraceae〕●☆

33328　Misopates Raf.（1840）【汉】劣参属。【英】Snapdragon, Weasel's - snout。【隶属】玄参科 Scrophulariaceae//婆婆纳科 Veronicaceae。【包含】世界7-8种。【学名诠释与讨论】〈中〉（希）misea，憎恨，讨厌 + pateo，踏，走。另说来自希腊古名 misopathes。【分布】埃塞俄比亚，玻利维亚，厄瓜多尔，马达加斯加，印度，地中海至佛得角。【模式】Misopates orontium（Linnaeus）Rafinesque［Antirrhinum orontium Linnaeus］。【参考异名】Oronicum Gray; Orontium Pers.（1806）Nom. illegit.; Pseudomisopates Güemes（1997）■☆

33329　Missiessia Benth. et Hook. f.（1880）Nom. illegit. ≡ Missiessya Gaudich.（1853）Nom. illegit.; ~ = Debregeasia Gaudich.（1844）; ~ = Leucosyke Zoll. et Moritzi（1845–1846）〔荨麻科 Urticaceae〕●

33330　Missiessya Gaudich.（1853）Nom. illegit., Nom. inval. ≡ Debregeasia Gaudich.（1844）; ~ = Leucosyke Zoll. et Moritzi（1845–1846）〔荨麻科 Urticaceae〕●

33331　Missiessya Gaudich. ex Wedd.（1854）Nom. illegit. ≡ Debregeasia Gaudich.（1844）; ~ = Leucosyke Zoll. et Moritzi（1845–1846）〔荨麻科 Urticaceae〕●

33332　Missiessya Wedd.（1857）Nom. illegit. =? Debregeasia Gaudich.

（1844）〔荨麻科 Urticaceae〕●

33333　Mistralia Fourr.（1869）= Daphne L.（1753）〔瑞香科 Thymelaeaceae〕●

33334　Mistyllus C. Presl（1830）= Trifolium L.（1753）〔豆科 Fabaceae（Leguminosae）//蝶形花科 Papilionaceae〕●

33335　Mitchella L.（1753）【汉】蔓虎刺属（柔茎属）。【日】ツルアリドオシ属。【俄】Мичелла。【英】Creeping Stem, Partridgeberry。【隶属】茜草科 Rubiaceae。【包含】世界3种，中国1种。【学名诠释与讨论】〈阴〉（人）John Mitchell, 1676-1768，英国植物学者，医生，林奈的朋友。此属的学名，ING、TROPICOS 和 IK 记载是“Mitchella L., Sp. Pl. 1: 111. 1753［1 May 1753］”。“Chamaedaphne J. Mitchell, Diss. Brev. Bot. Zool. 44. 1769（废弃属名）”和“Perdicesca Provancher, Fl. Canad. 291. 1862”是“Mitchella L.（1753）”的晚出的同模式异名（Homotypic synonym, Nomenclatural synonym）。【分布】玻利维亚，美国，中国，亚洲东北部，北美洲，中美洲。【模式】Mitchella repens Linnaeus。【参考异名】Chamaedaphne Mitch.（1769）Nom. illegit.（废弃属名）; Disperma J. F. Gmel.（1792）Nom. illegit.; Geoherpum Willd.（1827）; Geoherpum Willd. ex Schult.（1827）Nom. illegit.; Geoherpum Willd. ex Schult. et Schult. f.（1827）Nom. illegit.; Perdicesca Prov.（1862）Nom. illegit.; Perdicesea E. A. Delamare, Renauld et Cardot（1888）Nom. illegit.■

33336　Mitcherlichia Klotzsch（1854）Nom. illegit. ≡ Mitscherlichia Klotzsch（1854）Nom. illegit.; ~ = Begonia L.（1753）〔秋海棠科 Begoniaceae〕●■

33337　Mitella L.（1753）【汉】唢呐草属（帽蕊属）。【日】チャルメルサウ属，チャルメルソウ属。【俄】Мителла。【英】Bishop's Cap Bishop's - cap, Miterwort, Mitrewort。【隶属】虎耳草科 Saxifragaceae。【包含】世界15-20种，中国2种。【学名诠释与讨论】〈阴〉（希）mitra，指小式 mitrion，僧帽，尖帽，头巾。mitratus，戴头巾或其他帽类之物的+-ellus, -ella, -ellum，加在名词词干后面形成指小式的词尾。或加在人名、属名等后面以组成新属的名称。指幼果的形状。此属的学名，ING 记载是“Mitella Linnaeus, Sp. Pl. 406. 1 Mai 1753”。IK 则记载为“Mitella Tourn. ex L., Sp. Pl. 1: 406. 1753［1 May 1753］”。“Mitella Tourn.”是命名起点著作之前的名称，故“Mitella L.（1753）”和“Mitella Tourn. ex L.（1753）”都是合法名称，可以通用。“Mitella L.（1753）”的异名“Pectiantia Rafinesque, Fl. Tell. 2: 72. Jan – Mar 1837（‘1836’）”是“Drummondia DC., Prodr.［A. P. de Candolle］4: 49. 1830［late Sep 1830］, Nom. illegit.”的替代名称；“Mitellopsis C. F. Meisner, Pl. Vasc. Gen. 1: 136; 2: 100. 8-14 Apr 1838”和“Ozomelis Rafinesque, Fl. Tell. 2: 73. Jan-Mar 1837（‘1836’）”则是“Pectiantia Raf.（1837）”的晚出的同模式异名（Homotypic synonym, Nomenclatural synonym）。【分布】美国，日本，中国，东西伯利亚，北美洲。【后选模式】Mitella diphylla Linnaeus。【参考异名】Drummondia DC.（1830）Nom. illegit.; Mitella Tourn. ex L.（1753）; Mitellastra（Torr. et A. Gray）Howell（1898）; Mitellastra Howell（1898）Nom. illegit.; Mitellopsis Meisn.（1830）Nom. illegit.; Ozomelis Raf.（1837）Nom. illegit.; Pectantia Raf.（1837）Nom. illegit.; Pectiantia Raf.（1837）■

33338　Mitella Tourn. ex L.（1753）≡ Mitella L.（1753）〔虎耳草科 Saxifragaceae〕■

33339　Mitellastra（Torr. et A. Gray）Howell（1898）= Mitella L.（1753）〔虎耳草科 Saxifragaceae〕■

33340　Mitellastra Howell（1898）Nom. illegit. ≡ Mitellastra（Torr. et A. Gray）Howell（1898）; ~ = Mitella L.（1753）〔虎耳草科 Saxifragaceae〕■

33341 Mitellopsis Meisn. (1830) Nom. illegit. ≡ Ozomelis Raf. (1837) Nom. illegit. ; ~ ≡ Pectiantia Raf. (1837) ; ~ = Mitella L. (1753) [虎耳草科 Saxifragaceae]■

33342 Mitesia Raf. (1836) = Polygonum L. (1753) (保留属名) [蓼科 Polygonaceae]■●

33343 Mithracarpus Rchb. (1828) = Mitracarpus Zucc. (1827) [as 'Mitracarpum'] [茜草科 Rubiaceae//繁缕科 Alsinaceae]■

33344 Mithridatea Comm. ex Schreb. (1791) Nom. illegit. ≡ Tambourissa Sonn. (1782) [香材树科(杯轴花科,黑檫木科,芒籽科,蒙立米科,檬立木科,香材木科,香树木科)Monimiaceae]●☆

33345 Mithridatium Adans. (1763) Nom. illegit. ≡ Erythronium L. (1753) [百合科 Liliaceae//猪牙花科 Erythroniaceae]■☆

33346 Mitina Adans. (1763) = Carlina L. (1753) [菊科 Asteraceae (Compositae)]■●

33347 Mitodendron Walp. (1848) = Myzodendron Sol. ex DC. [羽毛果科 Misodendraceae]●☆

33348 Mitolepis Balf. f. (1883) 【汉】线鳞萝藦属。【隶属】萝藦科 Asclepiadaceae。【包含】世界 2 种。【学名诠释与讨论】〈阴〉(希)mitos,线+lepis,所有格 lepidos,指小式 lepion 或 lepidion,鳞,鳞片。lepidotos,多鳞的。lepos,鳞,鳞片。【分布】美国(索科罗)。【模式】Mitolepis intricata I. B. Balfour。☆

33349 Mitopetalum Blume (1828) Nom. illegit. ≡ Tainia Blume (1825) [兰科 Orchidaceae]■

33350 Mitophyllum Greene(1904)【汉】异叶芥属。【隶属】十字花科 Brassicaceae(Cruciferae)。【包含】世界 2 种。【学名诠释与讨论】〈中〉(希)mitos,线+希腊文 phyllon,叶子。phyllodes,似叶的,多叶的。phylleion,绿色材料,绿草。此属的学名,ING、GCI、TROPICOS 和 IK 记载是"Mitophyllum Greene, Leafl. Bot. Observ. Crit. 1(2):88. 1904 [21 Dec 1904]"。"Mitophyllum O. E. Schulz, Notizbl. Bot. Gart. Berlin-Dahlem 11:872. 1 Aug 1933 [十字花科 Brassicaceae (Cruciferae)]"是晚出的非法名称,它已经被"Rhammatophyllum O. E. Schulz, Repert. Spec. Nov. Regni Veg. 33:190. 15 Nov 1933"所替代。亦有学者把其处理为"Streptanthus Nutt. (1825)"的异名。【分布】美国(加利福尼亚)。【模式】Mitophyllum diversifolium (S. Watson) E. L. Greene [Streptanthus diversifolius S. Watson]。【参考异名】Rhammatophyllum O. E. Schulz(1933)■☆

33351 Mitophyllum O. E. Schulz (1933) Nom. illegit. ≡ Rhammatophyllum O. E. Schulz (1933) ; ~ = Streptanthus Nutt. (1825) [十字花科 Brassicaceae(Cruciferae)]■☆

33352 Mitostax Raf. (1838) = Prosopis L. (1767) [豆科 Fabaceae (Leguminosae)//含羞草科 Mimosaceae]●

33353 Mitostemma Mast. (1883) 【汉】线冠莲属。【隶属】西番莲科 Passifloraceae。【包含】世界 3 种。【学名诠释与讨论】〈中〉(希)mitos,线+stemma,所有格 stemmatos,花冠,花环,王冠。【分布】热带南美洲。【后选模式】Mitostemma glaziovii Masters。●☆

33354 Mitostigma Blume (1856) Nom. illegit. ≡ Amitostigma Schltr. (1919) [兰科 Orchidaceae]■

33355 Mitostigma Decne. (1844) 【汉】线柱头萝藦属。【隶属】萝藦科 Asclepiadaceae。【包含】世界 20 种。【学名诠释与讨论】〈中〉(希)mitos,线+stigma,所有格 stigmatos,柱头,眼点。此属的学名,ING、TROPICOS 和 IK 记载是"Mitostigma Decaisne in Alph. de Candolle, Prodr. 8:507. Mar (med.) 1844"。"Mitostigma Blume, Mus. Bot. 2(9-12):189(1856) [Apr 1856]≡Amitostigma Schltr. (1919) [兰科 Orchidaceae]"是晚出的非法名称。【分布】秘鲁,玻利维亚,热带和温带南美洲。【模式】Mitostigma tomentosum Decaisne。■☆

33356 Mitostylis Raf. (1838) = Cleome L. (1753) [山柑科(白花菜科,醉蝶花科)Capparaceae//白花菜科(醉蝶花科)Cleomaceae]●■

33357 Mitozus Miers (1878) = Echites P. Browne (1756) ; ~ = Mandevilla Lindl. (1840) [夹竹桃科 Apocynaceae]●

33358 Mitracarpium Benth. (1841) Nom. illegit. ≡ Mitracarpum Benth. (1841) Nom. illegit. ; ~ = Mitracarpus Zucc. (1827) [as 'Mitracarpum'] [茜草科 Rubiaceae//繁缕科 Alsinaceae]■

33359 Mitracarpum Benth. (1841) Nom. illegit. = Mitracarpus Zucc. (1827) [as 'Mitracarpum'] [茜草科 Rubiaceae//繁缕科 Alsinaceae]■

33360 Mitracarpum L., Nom. illegit. ≡ Mitracarpus Zucc. (1827) [as 'Mitracarpum'] [茜草科 Rubiaceae//繁缕科 Alsinaceae]■

33361 Mitracarpum Zucc. (1827) Nom. illegit. ≡ Mitracarpus Zucc. (1827) [as 'Mitracarpum'] [茜草科 Rubiaceae//繁缕科 Alsinaceae]■

33362 Mitracarpus Zucc. (1827) [as 'Mitracarpum']【汉】盖裂果属(帽果茜属)。【英】Mitracarpus。【隶属】茜草科 Rubiaceae//繁缕科 Alsinaceae。【包含】世界 30-40 种,中国 1 种。【学名诠释与讨论】〈阳〉(希)mitra,指小式 mitrion,僧帽,尖帽,头巾。mitratus,戴头巾或其他帽类之物的+karpos,果实。此属的学名,ING、APNI、GCI、TROPICOS 和 IK 记载是"Mitracarpus Zuccarini in J. A. Schultes et J. H. Schultes, Mant. 3:210('Mitracarpum'),399. Jul - Dec 1827"; "Mitracarpum Zucc. (1827)"是其变体。"Mitracarpium Benth., J. Bot. (Hooker) 3:238. 1841 ≡ Mitracarpum Benth. (1841) Nom. illegit. [茜草科 Rubiaceae//繁缕科 Alsinaceae]"拼写有误。"Mitracarpum L., Manual of the Vascular Plants of Texas 1492. 1970"是"Mitracarpus Zucc. (1827)"的拼写变体。"Mitracarpus Zucc. ex Schult. et Schult. f. (1827)≡Mitracarpus Zucc. (1827)"的命名人引证有误。"Mitrocarpum Hook., Bot. Misc. 3:360, sphalm. 1833 [1 Aug 1833] =Mitracarpus Zucc. (1827)"是错误拼写。【分布】巴拉圭,巴拿马,秘鲁,玻利维亚,厄瓜多尔,哥伦比亚(安蒂奥基亚),马达加斯加,尼加拉瓜,中国,西印度群岛,热带和非洲南部,热带南美洲,中美洲。【模式】Mitracarpus scaber Zuccarini。【参考异名】Crusea Cham. ex DC. (1830) ; Mithracarpus Rchb. (1828) ; Mitracarpium Benth. (1841) ; Mitracarpum Zucc. ; Mitracarpus Zucc. ex Schult. et Schult. f. (1827) Nom. illegit. ; Mitrocarpum Hook. (1833) Nom. illegit. ; Mitrocarpus Post et Kuntze (1903) ; Schizangium Bartl. ex DC. (1830) ; Staurospermum Thonn. (1827)■

33363 Mitracarpus Zucc. ex Schult. et Schult. f. (1827) Nom. illegit. ≡ Mitracarpus Zucc. (1827) [as 'Mitracarpum'] [茜草科 Rubiaceae//繁缕科 Alsinaceae]■

33364 Mitracme Schnit. (1827) = Mitrasacme Labill. (1805) [马钱科(断肠草科,马钱子科)Loganiaceae//驱虫草科(度量草科)Spigeliaceae]

33365 Mitragyna Korth. (1839) (保留属名)【汉】帽柱木属(帽蕊木属)。【俄】Митрагина。【英】Mitragyna, Nazingu。【隶属】茜草科 Rubiaceae。【包含】世界 10 种,中国 1 种。【学名诠释与讨论】〈阴〉(希)mitra,指小式 mitrion,僧帽,尖帽,头巾+gyne,所有格 gynaikos,雌性,雌蕊。指柱头僧帽状。此属的学名"Mitragyna Korth., Observ. Naucl. Indic. :19. 1839"是保留属名。相应的废弃属名是"Mitragyne R. Br., Prodr. :452. 27 Mar 1810 ≡ Mitrasacme Labill. (1805) [马钱科(断肠草科,马钱子科)Loganiaceae//驱虫草科(度量草科)Spigeliaceae]"和茜草科 Rubiaceae 的"Mamboga Blanco, Fl. Filip. :140. 1837 = Mitragyna Korth. (1839) (保留属名)"。"Stephegyne Korthals in Temminck, Verh. Natuurl. Gesch. Ned. Overz. Bezitt. 160. 22 Oct 1842"是"Mitragyna Korth. (1839)

（保留属名）"的晚出的同模式异名（Homotypic synonym, Nomenclatural synonym）。"Mitragyne Korth.，Nom. illegit. = Mitragyna Korth.（1839）（保留属名）［茜草科 Rubiaceae］"似为误引。【分布】巴基斯坦，中国，热带非洲，亚洲。【模式】Mitragyna parvifolia（Roxburgh）P. W. Korthals［Nauclea parvifolia Roxburgh］。【参考异名】Bamboga Baill.（1880）Nom. illegit.；Mamboga Blanco（1837）（废弃属名）；Mitrasacme Labill.（1805）；Mitrogyna Post et Kuntze（1903）；Paradina Pierre ex Pit.（1922）；Stephanogyna Post et Kuntze（1903）；Stephegyne Korth.（1842）Nom. illegit. ●

33366 Mitragyne Korth.，Nom. illegit. =Mitragyna Korth.（1839）（保留属名）［茜草科 Rubiaceae］●

33367 Mitragyne R. Br.（1810）（废弃属名）≡ Mitrasacme Labill.（1805）［马钱科（断肠草科，马钱子科）Loganiaceae//驱虫草科（度量草科）Spigeliaceae］■

33368 Mitranthes O. Berg（1856）【汉】帽花木属。【隶属】桃金娘科 Myrtaceae。【包含】世界 11 种。【学名诠释与讨论】〈阴〉（希）mitra，指小式 mitrion，僧帽，尖帽，头巾+anthes 花。【分布】玻利维亚，西印度群岛，热带美洲，中美洲。【后选模式】Mitranthes browniana（A. P. de Candolle）Berg［Psidium brownianum A. P. de Candolle］。●☆

33369 Mitranthus Hochst.（1844）= Lindernia All.（1766）［玄参科 Scrophulariaceae//母草科 Linderniaceae//婆婆纳科 Veronicaceae］■

33370 Mitrantia Peter G. Wilson et B. Hyland（1988）【汉】帽金娘属。【隶属】桃金娘科 Myrtaceae。【包含】世界 1 种。【学名诠释与讨论】〈阴〉（希）mitra，指小式 mitrion，僧帽，尖帽，头巾+（属）Ristantia 昆士兰桃金娘属。【分布】澳大利亚。【模式】Mitrantia bilocularis Peter G. Wilson et B. P. M. Hyland。●☆

33371 Mitraria Cav.（1801）（保留属名）【汉】红钟苣苔属（吊钟苣苔属）。【俄】Митрария。【英】Mitraria。【隶属】苦苣苔科 Gesneriaceae。【包含】世界 1 种。【学名诠释与讨论】〈阴〉（希）mitra，指小式 mitrion，僧帽，尖帽，头巾+-arius，-aria，-arium，指示"属于、相似、具有、联系"的词尾。指心皮。此属的学名"Mitraria Cav. in Anales Ci. Nat. 3：230. Mar 1801"是保留属名。相应的废弃属名是"Mitraria J. F. Gmel.，Syst. Nat. 2：771，799. Sep（sero）- Nov 1791 ≡ Commersona Sonn.（1776）Nom. illegit. = Barringtonia J. R. Forst. et G. Forst.（1775）（保留属名）［玉蕊科（巴西果科）Lecythidaceae//翅玉蕊科（金刀木科）Barringtoniaceae//桃金娘科 Myrtaceae］"。【分布】智利。【模式】Mitraria coccinea Cavanilles。【参考异名】Barringtonia J. R. Forst. et G. Forst.（1775）（保留属名）；Commersona Sonn.（1776）；Diplocalyx C. Presl（1845）●☆

33372 Mitraria J. F. Gmel.（1791）Nom. illegit.（废弃属名）≡ Commersona Sonn.（1776）Nom. illegit.；~ = Barringtonia J. R. Forst. et G. Forst.（1775）（保留属名）［玉蕊科（巴西果科）Lecythidaceae//翅玉蕊科（金刀木科）Barringtoniaceae//桃金娘科 Myrtaceae］●

33373 Mitrasacme Labill.（1805）【汉】尖帽草属（光巾草属，姬苗属）。【日】アイナエ属，アヰナヘ属。【英】Mitrasacme。【隶属】马钱科（断肠草科，马钱子科）Loganiaceae//驱虫草科（度量草科）Spigeliaceae。【包含】世界 35-40 种，中国 2 种。【学名诠释与讨论】〈阴〉（希）mitra，指小式 mitrion，僧帽，尖帽，头巾+akme，尖端，边缘。指蒴果的顶端僧帽状。此属的学名，ING，TROPICOS，APNI 和 IK 记载是"Mitrasacme Labill.，Nov. Holl. Pl. 1：35，t. 49. 1805"。"Mitragyne R. Brown，Prodr. 452. 27 Mar 1810（废弃属名）"是"Mitrasacme Labill.（1805）"的晚出的同模式异名（Homotypic synonym，Nomenclatural synonym）。【分布】澳大利

亚，新西兰，印度至马来西亚，中国，东南亚。【模式】Mitrasacme pilosa Labillardière。【参考异名】Mitracme Schnit.（1827）；Mitragyne R. Br.（1810）Nom. illegit.（废弃属名）；Mitrogyna Post et Kuntze（1903）；Mitrosacma Post et Kuntze（1903）；Phyllangium Dunlop（1996）；Schizacme Dunlop（1996）■

33374 Mitrasacmopsis Jovet（1935）【汉】拟尖帽草属。【隶属】茜草科 Rubiaceae。【包含】世界 1 种。【学名诠释与讨论】〈阴〉（属）Mitrasacme 尖帽草属+希腊文 opsis，外观，模样，相似。【分布】马达加斯加。【模式】Mitrasacmopsis quadrivalvis Jovet。【参考异名】Diotocranus Bremek.（1952）●☆

33375 Mitrastemma Makino（1909）Nom. illegit. ≡ Mitrastemon Makino（1909）［as 'Mitrastemma'］［大花草科 Rafflesiaceae//帽蕊草科 Mitrastemonaceae］■

33376 Mitrastemmataceae Makino = Mitrastemonaceae Makino（保留科名）；~ = Rafflesiaceae Dumort.（保留科名）■

33377 Mitrastemon Makino（1909）［as 'Mitrastemma'］【汉】帽蕊草属（帽蕊花属，奴草属）。【日】ヤッコサウ属，ヤッコソウ属。【英】Mitrastemon。【隶属】大花草科 Rafflesiaceae//帽蕊草科 Mitrastemonaceae。【包含】世界 2-10 种，中国 1-3 种。【学名诠释与讨论】〈阳〉（希）mitra，指小式 mitrion，僧帽，尖帽，头巾。mitratus，戴头巾或其他帽类之物的+stemon，雄蕊。指花药的形状与僧帽相似。此属的学名，ING 和 IK 记载是"Mitrastemon Makino，Bot. Mag.（Tokyo）23：326. 1909.（'Mitrastemma'）"。"Mitrastemma Makino（1909）"是其拼写变体。【分布】墨西哥，日本，印度尼西亚（苏门答腊岛），中国，加里曼丹岛，中南半岛，中美洲。【模式】Mitrastemon yamamotoi Makino。【参考异名】Mitrastemma Makino（1909）Nom. illegit.■

33378 Mitrastemonaceae Makino（1911）（保留科名）［亦见 Rafflesiaceae Dumort.（保留科名）大花草科］【汉】帽蕊草科（帽蕊花科）。【日】ヤッコソウ科。【包含】世界 1 属 10 种，中国 1 属 3 种。【分布】日本，中国（台湾），印度尼西亚（苏门答腊岛），墨西哥，中南半岛，加里曼丹岛，中美洲。【科名模式】Mitrastemon Makino■

33379 Mitrastigma Harv.（1842）= Psydrax Gaertn.（1788）［茜草科 Rubiaceae］●☆

33380 Mitrastylus Alm et T. C. E. Fr.（1927）【汉】帽柱杜鹃属。【隶属】杜鹃花科（欧石南科）Ericaceae。【包含】世界 2 种。【学名诠释与讨论】〈阳〉（希）mitra，指小式 mitrion，僧帽，尖帽，头巾+stylos =拉丁文 style，花柱，中柱，有尖之物，桩，柱，支持物，支柱，石头做的界标。此属的学名是"Mitrastylus Alm et T. C. E. Fries，Kongl. Svenska Vetenskapsakad. Handl. ser. 3. 4（4）：43. 1927"。亦有文献把其处理为"Erica L.（1753）"的异名。【分布】马达加斯加。【模式】未指定。【参考异名】Erica L.（1753）●☆

33381 Mitratheca K. Schum.（1903）= Oldenlandia L.（1753）［茜草科 Rubiaceae］●■

33382 Mitrella Miq.（1865）【汉】银帽花属。【隶属】番荔枝科 Annonaceae。【包含】世界 5 种。【学名诠释与讨论】〈阴〉（希）mitra，指小式 mitrion，僧帽，尖帽，头巾+-ellus，-ella，-ellum，加在名词词干后面形成指小式的词尾。或加在人名、属名等后面以组成新属的名称。【分布】马来西亚。【模式】Mitrella kentii Miquel。【参考异名】Kentia Blume（1830）Nom. illegit.；Schnittspahnia Rchb.（1841）Nom. inval.●☆

33383 Mitreola Boehm.（1760）Nom. illegit. ≡ Ophiorrhiza L.（1753）［茜草科 Rubiaceae］●■

33384 Mitreola L.（1758）【汉】度量草属。【英】Mitreola。【隶属】马钱科（断肠草科，马钱子科）Loganiaceae//驱虫草科（度量草科）Spigeliaceae。【包含】世界 7-9 种，中国 4-9 种。【学名诠释与讨

论】〈阴〉〈希〉mitra, 指小式 mitrion, 僧帽, 尖帽, 头巾 +-olus, -ola, -olum, 拉丁文指示小的词尾。指果实。此属的学名, ING、TROPICOS 和 IK 记载是"Mitreola L., Opera Varia in quibus continentur FundAmenta Botanica, Sponsalia Plantarum, et Systema Naturae 1758"。"Mitreola Boehmer in C. G. Ludwig, Def. Gen. ed. Boehmer. 31. 1760 ≡ Ophiorrhiza L. (1753) [茜草科 Rubiaceae]"和"Mitreola R. Br., Prodr. Fl. Nov. Holland. 450. 1810 [27 Mar 1810] [马钱科(断肠草科, 马钱子科) Loganiaceae]"是晚出的非法名称。"Mitreola L. ex Schaeff. ≡ Mitreola L. (1758)"的命名人引证有误。【分布】澳大利亚, 巴拿马, 秘鲁, 玻利维亚, 厄瓜多尔, 哥伦比亚(安蒂奥基亚), 哥斯达黎加, 马达加斯加, 美国(密苏里), 尼加拉瓜, 印度至马来西亚, 中国, 美洲。【模式】Ophiorrhiza mitreola Linnaeus。【参考异名】Cycoctonum Post et Kuntze(1903); Cynoctonum J. F. Gmel. (1791); Mitreola L. ex Schaeff., Nom. illegit.; Parophiorrhiza C. B. Clarke ex Hook. f. (1880); Parophiorrhiza C. B. Clarke(1880) Nom. illegit.; Selenocera Zipp. ex Span. (1841) ■

33385 Mitreola L. ex Schaeff., Nom. illegit. ≡ Mitreola L. (1758) [马钱科(断肠草科, 马钱子科) Loganiaceae//驱虫草科(度量草科) Spigeliaceae] ■

33386 Mitreola R. Br. (1810) Nom. illegit. [马钱科(断肠草科, 马钱子科) Loganiaceae] ●☆

33387 Mitrephora(Blume) Hook. f. et Thomson(1855) Nom. illegit. ≡ Mitrephora Hook. f. et Thomson(1855) [番荔枝科 Annonaceae] ●

33388 Mitrephora Hook. f. et Thomson(1855)【汉】银钩花属。【英】Mitrephora, Silverhook。【隶属】番荔枝科 Annonaceae。【包含】世界 40 种, 中国 4 种。【学名诠释与讨论】〈阴〉〈希〉mitra, 指小式 mitrion, 僧帽, 尖帽, 头巾 +phoros, 具有, 梗, 负载, 发现者。指内轮花瓣边缘稍黏合呈球状。此属的学名, ING、APNI、TROPICOS 和 IK 记载是"Mitrephora Hook. f. et Thomson, Fl. Ind. [Hooker f. et Thomson]1:112. 1855";《中国植物志》英文版亦使用此名称。"Kinginda Kuntze, Revis. Gen. Pl. 1:7. 1891 [5 Nov 1891]"是其同模式异名。"Mitrephora(Blume) Hook. f. et Thomson(1855) ≡ Mitrephora Hook. f. et Thomson(1855)"的命名人引证有误。【分布】中国, 热带东南亚西部。【后选模式】Mitrephora obtusa (Blume) J. D. Hooker et T. Thomson [Uvaria obtusa Blume]。【参考异名】Kinginda Kuntze(1891) Nom. illegit.; Mitrephora (Blume) Hook. f. et Thomson (1855) Nom. illegit.; Uvaria sect. Mitrephorae Blume(1830) ●

33389 Mitriostigma Hochst. (1842)【汉】帽柱茜属。【隶属】茜草科 Rubiaceae。【包含】世界 5 种。【学名诠释与讨论】〈中〉〈希〉mitra, 指小式 mitrion, 僧帽, 尖帽, 头巾 +stigma, 所有格 stigmatos, 柱头, 眼点。【分布】热带和非洲南部。【模式】Mitriostigma axillare Hochstetter。●☆

33390 Mitrocarpa Torr. ex Steud. = Eleocharis R. Br. (1810) [莎草科 Cyperaceae] ■

33391 Mitrocarpum Hook. (1833) Nom. illegit. = Mitracarpus Zucc. (1827) [as 'Mitracarpum'] [茜草科 Rubiaceae//繁缕科 Alsinaceae] ■

33392 Mitrocarpus Post et Kuntze(1) = Mitracarpus Zucc. (1827) [as 'Mitracarpum'] [茜草科 Rubiaceae//繁缕科 Alsinaceae] ■

33393 Mitrocarpus Post et Kuntze(2) = Mitrocarpa Torr. ex Steud.; ~ = Eleocharis R. Br. (1810) [莎草科 Cyperaceae] ■

33394 Mitrocereus(Backeb.) Backeb. (1942)【汉】小花翁柱属(华装翁属)。【隶属】仙人掌科 Cactaceae。【包含】世界 1 种。【学名诠释与讨论】〈阳〉〈希〉mitra, 指小式 mitrion, 僧帽, 尖帽, 头巾 + (属) Cereus 仙影掌属。此属的学名, ING 和 TROPICOS 记载是

"Mitrocereus (Backeberg) Backeberg, Cactaceae 1941(2):48, 77. Jun 1942", 由"Cephalocereus subgen. Mitrocereus Backeb., Blätter für Kakteenforschung 6:. 1938"改级而来。GCI 和 IK 则记载为"Mitrocereus Backeb., Cactaceae//Berlin) 1941, pt. 2:77. 1942"。四者引用的文献相同。有些文献承认"华装翁属 Backebergia Bravo, Anales Inst. Biol. Univ. Nac. México 24:230. 1954";但是它是"Mitrocereus Backeb. (1942)"的晚出的同模式异名(Homotypic synonym, Nomenclatural synonym), 应予废弃。亦有文献把"Mitrocereus (Backeb.) Backeb. (1942)"处理为"Pachycereus (A. Berger) Britton et Rose(1909)"的异名。【分布】墨西哥。【模式】Mitrocereus chrysomallus (Lemaire) Backeberg [Pilocereus chrysomallus Lemaire]。【参考异名】Backebergia Bravo (1954) Nom. illegit.; Cephalocereus subgen. Mitrocereus Backeb. (1938); Mitrocereus Backeb. (1942) Nom. illegit.; Pachycereus (A. Berger) Britton et Rose(1909) ●☆

33395 Mitrocereus Backeb. (1942) Nom. illegit. ≡ Mitrocereus (Backeb.) Backeb. (1942) [仙人掌科 Cactaceae] ●☆

33396 Mitrogyna Post et Kuntze(1) = Mitragyna Korth. (1839) (保留属名) [茜草科 Rubiaceae] ●

33397 Mitrogyna Post et Kuntze(2) = Mitragyne R. Br. (1810) Nom. illegit. (废弃属名); ~ = Mitrasacme Labill. (1805) [马钱科(断肠草科, 马钱子科) Loganiaceae//驱虫草科(度量草科) Spigeliaceae] ■

33398 Mitrophora Neck. (1790) Nom. inval. ≡ Mitrophora Neck. ex Raf. (1813) [缬草科(败酱科) Valerianaceae] ■

33399 Mitrophora Neck. ex Raf. (1813) Nom. illegit. ≡ Fedia Gaertn. (1790) (保留属名) [缬草科(败酱科) Valerianaceae] ■

33400 Mitrophyllum Schwantes(1926)【汉】奇鸟菊属。【日】ミトロフィルム属。【隶属】番杏科 Aizoaceae。【包含】世界 6 种。【学名诠释与讨论】〈中〉〈希〉mitra, 指小式 mitrion, 僧帽, 尖帽, 头巾 +phyllon, 叶子。指叶形。【分布】非洲南部。【后选模式】Mitrophyllum mitratum (Marloth) Schwantes [Mesembryanthemum mitratum Marloth]。【参考异名】Conophyllum Schwantes(1928); Mimetophytum L. Bolus(1954); Schwantesia L. Bolus(1928) Nom. illegit. ●☆

33401 Mitropsidium Burret(1941) = Psidium L. (1753) [桃金娘科 Myrtaceae] ●

33402 Mitrosacma Post et Kuntze(1903) = Mitrasacme Labill. (1805) [马钱科(断肠草科, 马钱子科) Loganiaceae//驱虫草科(度量草科) Spigeliaceae] ■

33403 Mitrosicyos Maxim. (1859) = Actinostemma Griff. (1845) [葫芦科(瓜科, 南瓜科) Cucurbitaceae] ■

33404 Mitrospora Nees (1834) = Rhynchospora Vahl (1805) [as 'Rynchospora'] (保留属名) [莎草科 Cyperaceae] ■☆

33405 Mitrostigma Post et Kuntze(1903) = Mitrastigma Harv. (1842); ~ =Plectronia L. (1767) (废弃属名); ~ = Psydrax Gaertn. (1788) [茜草科 Rubiaceae] ●☆

33406 Mitrotheca Post et Kuntze (1903) = Mitratheca K. Schum. (1903); ~ =Oldenlandia L. (1753) [茜草科 Rubiaceae] ●■

33407 Mitsa Chapel. ex Benth. (1832) = Coleus Lour. (1790) [唇形科 Lamiaceae(Labiatae)] ●■

33408 Mitscherlichia Klotzsch(1854) Nom. illegit. = Begonia L. (1753) [秋海棠科 Begoniaceae] ●■

33409 Mitscherlichia Kunth(1831) = Neea Ruiz et Pav. (1794) [紫茉莉科 Nyctaginaceae] ●☆

33410 Mitwabachloa Phipps (1967) = Zonotriche (C. E. Hubb.) J. B. Phipps(1964) [禾本科 Poaceae(Gramineae)] ■☆

33411　Mixandra Pierre ex L. Planch. (1888) = Diploknema Pierre (1884)［山榄科 Sapotaceae］●

33412　Mixandra Pierre (1888) Nom. inval., Nom. nud. = Mixandra Pierre ex L. Planch. (1888)［山榄科 Sapotaceae］●

33413　Mixandra Pierre (1900) Nom. inval., Nom. illegit. = Mixandra Pierre ex L. Planch. (1888); ~ = Diploknema Pierre (1884)［山榄科 Sapotaceae］●

33414　Mixis Luer(2004)【汉】哥伦比亚腋花兰属。【隶属】兰科 Orchidaceae。【包含】世界1种。【学名诠释与讨论】〈阴〉(希)mixis,混杂的。此属的学名是"Monographs in Systematic Botany from the Missouri Botanical Garden 95：258. 2004"。亦有文献把其处理为"Pleurothallis R. Br. (1813)"的异名。【分布】哥伦比亚。【模式】Mixis incongrua (Luer)Luer。【参考异名】Pleurothallis R. Br. (1813)■☆

33415　Miyakea Miyabe et Tatew. (1935)【汉】全叶白头翁属。【隶属】毛茛科 Ranunculaceae。【包含】世界1种。【学名诠释与讨论】〈阴〉(人)Tsutomu Miyake,1880–,三宅勉,日本植物学者。【分布】俄罗斯(库页岛)。【模式】Miyakea integrifolia Miyabe et Tatewaki。■☆

33416　Miyamayomena Kitam. (1982)【汉】裸菀属。【日】ジムナスター属,ミヤマヨメナ属。【俄】Гимнастер。【英】Gymnaster, Nakeaster。【隶属】菊科 Asteraceae(Compositae)。【包含】世界7种,中国4-6种。【学名诠释与讨论】〈阴〉词源不详。此属的学名"Miyamayomena S. Kitamura, Acta Phytotax. Geobot. 33：409. 20 Apr 1982"是一个替代名称。"Gymnaster Kitamura, Mem. Coll. Sci. Kyoto Imp. Univ., Ser. B, Biol. 13 (Compos. Jap. 1)：301. Dec 1937"是一个非法名称(Nom. illegit.),因为此前已经有了化石植物的"Gymnaster Schütt, Neptunia 1：423. 31 Oct 1891"。故用"Miyamayomena Kitam. (1982)"替代之。同理,沟鞭藻的"Gymnaster Schütt, Neptunia 1：423. 31 Oct 1891"亦是非法名称。亦有文献把"Miyamayomena Kitam. (1982)"处理为"Aster L. (1753)"的异名。【分布】中国,亚洲东部。【模式】Miyamayomena savatieri (Makino) S. Kitamura［Aster savatieri Makino］。【参考异名】Aster L. (1753); Gymnaster Kitam. (1937) Nom. illegit.; Kitamuraea Rauschert (1982) Nom. illegit.; Kitamuraster Soják(1982)Nom. illegit.■

33417　Miyoshia Makino (1903) = Petrosavia Becc. (1871)［百合科 Liliaceae//纳茜菜科(肺筋草科)Nartheciaceae//无叶莲科(樱井草科)Petrosaviaceae］■

33418　Miyoshiaceae Makino = Melanthiaceae Batsch ex Borkh. (保留科名); ~ = Petrosaviaceae Hutch. (保留科名)■

33419　Miyoshiaceae Nakai(1941) = Melanthiaceae Batsch ex Borkh. (保留科名)■

33420　Mizonia A. Chev. (1913) = Pancratium L. (1753)［石蒜科 Amaryllidaceae//百合科 Liliaceae//全能花科 Pancratiaceae］■

33421　Mizonia A. Chev. (1950) = Pancratium L. (1753)［石蒜科 Amaryllidaceae//百合科 Liliaceae//全能花科 Pancratiaceae］■

33422　Mizotropis Post et Kuntze(1903) = Butea Roxb. ex Willd. (1802)(保留属名); ~ = Meizotropis Voigt (1845)［豆科 Fabaceae (Leguminosae)//蝶形花科 Papilionaceae］●

33423　Mkilua Verdc. (1970)【汉】米路木属。【隶属】番荔枝科 Annonaceae。【包含】世界1种。【学名诠释与讨论】〈阴〉mkilua,班图人的植物俗名。【分布】热带非洲东部。【模式】Mkilua fragrans Verdc.。●☆

33424　Mnasium Schreb. (1789) Nom. illegit. ≡ Rapatea Aubl. (1775)［偏穗草科(雷巴第科,瑞碑题雅科)Rapateaceae//十字花科 Brassicaceae(Cruciferae)］■☆

33425　Mnasium Stackh. (1815)Nom. illegit. = Ensete Bruce ex Horan. (1862)［芭蕉科 Musaceae］■

33426　Mnemion Spach(1836)Nom. illegit. ≡ Ion Medik. (1787); ~ = Viola L. (1753)［堇菜科 Violaceae］■●

33427　Mnemosilla Forssk. (1775) = Hypecoum L. (1753)［罂粟科 Papaveraceae//角茴香科 Hypecoaceae］■

33428　Mnesiteon Raf. (1817)(废弃属名) = Balduina Nutt. (1818)(保留属名); ~ = Eclipta L. (1771)(保留属名)［菊科 Asteraceae (Compositae)］■

33429　Mnesithea Kunth(1829)【汉】毛俭草属(三穗茅属)。【英】Mnesithea。【隶属】禾本科 Poaceae(Gramineae)。【包含】世界30种,中国4种。【学名诠释与讨论】〈阴〉(人)Mnesitheos,古希腊医生。【分布】中国,巴基斯坦,玻利维亚,马达加斯加,印度至马来西亚,中美洲。【模式】Mnesithea laevis (Retzius) Kunth［Rottboellia laevis Retzius］。【参考异名】Coelorachis Brongn. (1831); Diperium Desv. (1831); Thyridostachyum Nees (1836) Nom. illegit.■

33430　Mnesitheon Spreng. (1831) = Eclipta L. (1771)(保留属名); ~ = Mnesiteon Raf. (1817)(废弃属名); ~ = Balduina Nutt. (1818)(保留属名); ~ = Eclipta L. (1771)(保留属名)［菊科 Asteraceae (Compositae)］■

33431　Mnianthus Walp. (1852)Nom. illegit. ≡ Dalzellia Wight(1852); ~ = Terniola Tul. (1852) Nom. illegit.; ~ = Lawia Griff. ex Tul. (1849) Nom. illegit.［髯管花科 Geniostomaceae］■

33432　Mniarum J. R. Forst. et G. Forst. (1776) = Scleranthus L. (1753)［醉人花科(裸果木科)Illecebraceae］■☆

33433　Mniochloa Chase (1908)【汉】藓地禾属。【隶属】禾本科 Poaceae(Gramineae)。【包含】世界2种。【学名诠释与讨论】〈阴〉(希)mnion,苔,藓,海草,海藻+chloe,草的幼芽,嫩草,禾草。【分布】古巴。【模式】Mniochloa pulchella (Grisebach) Chase［Digitaria pulchella Grisebach］。■☆

33434　Mniodes (A. Gray) Benth. (1873) Nom. illegit. ≡ Mniodes (A. Gray)Benth. et Hook. f. (1873)［菊科 Asteraceae(Compositae)］■☆

33435　Mniodes(A. Gray) Benth. et Hook. f. (1873)【汉】垫鼠麹属。【隶属】菊科 Asteraceae(Compositae)。【包含】世界4-5种。【学名诠释与讨论】〈阴〉(希)mnion,苔,藓,海草,海藻+oides,相像。此属的学名,ING 和 TROPICOS 记载是"Mniodes (A. Gray) Bentham et J. D. Hooker, Gen. 2：301. 7-9 Apr 1873",由"Antennaria［par.］Mniodes A. Gray, Proc. Amer. Acad. Arts 5：138. 1862"改级而来。IK 则记载为"Mniodes (A. Gray)Benth., Gen. Pl.［Bentham et Hooker f.］2 (1)：301. 1873［7-9 Apr 1873］"。"Mniodes (A. Gray)Benth. (1873) ≡ Mniodes (A. Gray)Benth. et Hook. f. (1873)"、"Mniodes A. Gray ex Benth. et Hook. f. (1873) ≡ Mniodes (A. Gray) Benth. et Hook. f. (1873)"和"Mniodes A. Gray ≡ Mniodes (A. Gray)Benth. et Hook. f. (1873)"的命名人引证均有误。【分布】秘鲁,玻利维亚。【后选模式】Mniodes andina (A. Gray) J. Cuatrecasas［Antennaria andina A. Gray］。【参考异名】Antennaria［par.］Mniodes A. Gray(1862); Mniodes (A. Gray)Benth. (1873) Nom. illegit.; Mniodes A. Gray ex Benth. et Hook. f. (1873) Nom. illegit.; Mniodes A. Gray, Nom. illegit.■☆

33436　Mniodes A. Gray ex Benth. et Hook. f. (1873) Nom. illegit. ≡ Mniodes (A. Gray)Benth. et Hook. f. (1873)［菊科 Asteraceae (Compositae)］■☆

33437　Mniodes A. Gray, Nom. illegit. ≡ Mniodes (A. Gray)Benth. et Hook. f. (1873)［菊科 Asteraceae(Compositae)］■☆

33438　Mniopsis Mart. (1823)【汉】藓苔草属。【隶属】髯管花科

Geniostomaceae。【包含】世界 5 种。【学名诠释与讨论】〈阴〉(希)mnion，苔，藓，海草，海藻+希腊文 opsis，外观，模样，相似。此属的学名是"Mniopsis C. F. P. Martius, Nova Gen. Sp. 1：[3]. 1823 (non Dumortier 1822)"；"Crenias K. P. J. Sprengel(1827)"是其晚出的同模式异名。藓类植物的"Mniopsis Mitten in J. D. Hooker, Fl. Tasmaniae 2：187. 15 Feb 1859 (non Dumortier 1822) ≡ Mittenia S. O. Lindberg 1863"是晚出的非法名称。【分布】巴西。【模式】Mniopsis scaturiginum C. F. P. Martius。【参考异名】Crenias A. Spreng. (1827)■☆

33439　Mniothamnea(Oliv.) Nied. (1891)【汉】苔灌木属。【隶属】鳞叶树科(布鲁尼科，小叶树科) Bruniaceae。【包含】世界 2 种。【学名诠释与讨论】〈阴〉(希)mnion，苔，藓，海草，海藻+thamnos，指小式 thamnion，灌木，灌丛，树丛，枝。此属的学名，ING 和 IK 记载是"Mniothamnea (Oliver) Niedenzu in Engler et Prantl, Nat. Pflanzenfam. 3 (2a)：136. Mar 1891"，由"Berzelia sect. Mniothamnea Oliv. J. Linn. Soc., Bot. 9：333. 1866"改级而来。TROPICOS 则记载为"Mniothamnea Nied., Die Natürlichen Pflanzenfamilien 3(2a)：136. 1891"。三者引用的文献相同。【分布】非洲南部。【模式】Mniothamnea callunoides (Oliver) Niedenzu [Berzelia callunoides Oliver]。【参考异名】Berzelia sect. Mniothamnea Oliv. (1866)；Mniothamnea Nied. (1891) Nom. illegit.；Mniothamnus Willis, Nom. inval.；Mniothamus T. Durand et Jacks.●☆

33440　Mniothamnea Nied. (1891) Nom. illegit. ≡ Mniothamnea (Oliv.) Nied. (1891) [鳞叶树科(布鲁尼科，小叶树科) Bruniaceae]●☆

33441　Mniothamnus Willis, Nom. inval. = Mniothamnea (Oliv.) Nied. (1891) [鳞叶树科(布鲁尼科，小叶树科) Bruniaceae]●☆

33442　Mniothamus Nied. (1891) = Berzelia Brongn. (1826) [饰球花科 Berzeliaceae//鳞叶树科(布鲁尼科，小叶树科) Bruniaceae]●☆

33443　Mniothamus T. Durand et Jacks. = Mniothamnea (Oliv.) Nied. (1891) [鳞叶树科(布鲁尼科，小叶树科) Bruniaceae]●☆

33444　Moacroton Croizat (1945)【汉】莫巴豆属。【隶属】大戟科 Euphorbiaceae//巴豆科 Crotonaceae。【包含】世界 6-7 种。【学名诠释与讨论】〈阴〉(人)Moa+(属)Croton 巴豆属。此属的学名，ING、TROPICOS 和 IK 记载是"Moacroton Croizat, J. Arnold Arbor. 26：189. 1945"。它曾被处理为"Croton sect. Moacroton (Croizat) B. W. van Ee & P. E. Berry, Taxon 60(3)：805. 2011"和"Croton subgen. Moacroton (Croizat) B. W. van Ee & P. E. Berry, The Botanical Review, interpreting botanical progress 74：158. 2008"。亦有文献把"Moacroton Croizat(1945)"处理为"Croton L. (1753)"的异名。【分布】古巴。【模式】Moacroton leonis Croizat。【参考异名】Croton L. (1753)；Croton sect. Moacroton (Croizat) B. W. van Ee & P. E. Berry(2011)；Croton subgen. Moacroton (Croizat) B. W. van Ee & P. E. Berry(2008)●☆

33445　Moacurra Roxb. (1814) = Dichapetalum Thouars (1806) [毒鼠子科 Dichapetalaceae]●

33446　Mobilabium Rupp (1946)【汉】疏唇兰属。【隶属】兰科 Orchidaceae。【包含】世界 1 种。【学名诠释与讨论】〈中〉(拉)mobilis，疏松的，可移动的+labium，唇。【分布】澳大利亚(昆士兰)。【模式】Mobilabium hamatum Rupp。■☆

33447　Mocanera Blanco (1837) Nom. illegit. = Dipterocarpus C. F. Gaertn. (1805) + Anisoptera Korth. (1841) [龙脑香科 Dipterocarpaceae]●☆

33448　Mocanera Juss. (1789) Nom. illegit. ≡ Visnea L. f. (1782) [山茶科(茶科)Theaceae//厚皮香科 Ternstroemiaceae]●☆

33449　Mocinia DC. (1838) = Stifftia J. C. Mikan (1820) (保留属名) [菊科 Asteraceae(Compositae)]●☆

33450　Mocinna Benth. (1839) Nom. illegit. = Jatropha L. (1753) (保留属名)；~ = Mozinna Ortega (1798) [大戟科 Euphorbiaceae]●■

33451　Mocinna Cerv. ex La Llave (1832) Nom. illegit. ≡ Jarilla Rusby (1921) [番木瓜科(番瓜树科，万寿果科) Caricaceae]●☆

33452　Mocinna La Llave et Ram. (1905) Nom. illegit. =? Mocinna Cerv. ex La Llave(1885) Nom. illegit. [番木瓜科(番瓜树科，万寿果科) Caricaceae]●☆

33453　Mocinna La Llave (1832) Nom. illegit. ≡ Mocinna Cerv. ex La Llave(1885) Nom. illegit. ; ~ ≡ Jarilla Rusby(1921) [番木瓜科(番瓜树科，万寿果科) Caricaceae]●☆

33454　Mocinna Lag. (1816) = Calea L. (1763) [菊科 Asteraceae(Compositae)]●■☆

33455　Mocinnodaphne Lorea-Hern. (1995)【汉】墨西哥樟属。【隶属】樟科 Lauraceae。【包含】世界 1 种。【学名诠释与讨论】〈阴〉词源不详。【分布】墨西哥。【模式】Mocinnodaphne cinnamomoidea Lorea-Hern.。☆

33456　Mocquerysia Hua(1893)【汉】莫克木属。【隶属】刺篱木科(大风子科)Flacourtiaceae。【包含】世界 1 种。【学名诠释与讨论】〈阴〉(人)Mocquerys。【分布】热带非洲。【模式】Mocquerysia multiflora H. Hua。●☆

33457　Mocquinia Steud. (1841) = Loranthus Jacq. (1762) (保留属名)；~ = Moquinia Spreng. (1828) (废弃属名)；~ = Moquiniella Balle(1954) [桑寄生科 Loranthaceae]●☆

33458　Modanthos Alef. (1863) Nom. illegit. ≡ Modiola Moench(1794) [锦葵科 Malvaceae]■☆

33459　Modeca Raf. (1836) Nom. illegit. ≡ Modecca Lam. (1797) [西番莲科 Passifloraceae]●

33460　Modecca Lam. (1797) = Adenia Forssk. (1775) [西番莲科 Passifloraceae]●

33461　Modeccaceae Horan. (1847) = Passifloraceae Juss. ex Roussel(保留科名)●■

33462　Modeccaceae J. Agardh = Passifloraceae Juss. ex Roussel(保留科名)●■

33463　Modeccopsis Griff. (1843) = Erythropalum Blume(1826) [铁青树科 Olacaceae//赤苍藤科 Erythropalaceae]●

33464　Modecopsis Griff. (1854) Nom. illegit. ≡ Modeccopsis Griff. (1843) [铁青树科 Olacaceae//赤苍藤科 Erythropalaceae]●

33465　Modesciadium P. Vargas et Jim. Mejías (2015)【汉】摩洛哥芹属。【隶属】伞形花科(伞形科)Apiaceae(Umbelliferae)。【包含】世界 1 种。【学名诠释与讨论】〈阴〉(拉)modestus，平静的，不自大的，谦和+(属)Sciadium 伞芹属。【分布】摩洛哥。【模式】Modesciadium involucratum (Maire) P. Vargas et Jim. Mejías [Trachyspermum involucratum Maire]。☆

33466　Modesta Raf. (1838) = Ipomoea L. (1753) (保留属名) [旋花科 Convolvulaceae]●■

33467　Modestia Kharadze et Tamamsch. (1956) Nom. illegit. ≡ Anacantha (Iljin) Soják (1982)；~ = Jurinea Cass. (1821) [菊科 Asteraceae(Compositae)]●■

33468　Modiola Moench (1794)【汉】蜗轴草属。【隶属】锦葵科 Malvaceae。【包含】世界 1 种。【学名诠释与讨论】〈阴〉(拉)modiolus，水车的轮毂。指果实形状。此属的学名，ING、TROPICOS、APNI、GCI 和 IK 记载是"Modiola Moench, Methodus (Moench) 619. 1794 [4 May 1794]"。"Abutilodes O. Kuntze, Rev. Gen. 1：65. 5 Nov 1891"、"Diadesma Rafinesque, Actes Soc. Linn. Bordeaux 6：264. 20 Nov 1834"、"Haynea H. G. L. Reichenbach, Consp. 202. Dec 1828 - Mar 1829 (non Willdenow 1803)"和"Modanthos Alefeld, Oesterr. Bot. Z. 13：11. Jan 1863"是"Modiola

Moench（1794）"的晚出的同模式异名（Homotypic synonym, Nomenclatural synonym）。【分布】巴拉圭,玻利维亚,厄瓜多尔,哥斯达黎加,中美洲。【模式】Modiola multifida Moench, Nom. illegit.［Malva caroliniana Linnaeus, Modiola caroliniana（Linnaeus）G. Don］。【参考异名】Abutilodes Kuntze（1891）Nom. illegit.; Abutilodes Siegel（1736）; Diadesma Raf.（1834）Nom. illegit.; Haynea Rchb.（1828）Nom. illegit.; Madiola A. St. –Hil.（1825）; Modanthos Alef.（1863）Nom. illegit. ■☆

33469 Modiolastrum K. Schum.（1891）【汉】肖蜗轴草属。【隶属】锦葵科 Malvaceae。【包含】世界5-7种。【学名诠释与讨论】〈阴〉（属）Modiola 蜗轴草属+-astrum,指示小的词尾,也有"不完全相似"的含义。【分布】巴拉圭,秘鲁,玻利维亚。【后选模式】Modiolastrum malvifolium（Grisebach）K. M. Schumann［Modiola malvifolia Grisebach］。■☆

33470 Modira Raf. =? Annona L.（1753）［番荔枝科 Annonaceae］●

33471 Moehnia Neck.（1790）Nom. inval. =Gazania Gaertn.（1791）（保留属名）［菊科 Asteraceae（Compositae）］●■☆

33472 Moehringella（Franch.）H. Neumayer（1923）【汉】小种阜草属。【隶属】石竹科 Caryophyllaceae。【包含】世界2种。【学名诠释与讨论】〈阴〉（属）Moehringia 种阜草属+-ellus,-ella,-ellum,加在名词词干后面形成指小式的词尾。或加在人名、属名等后面以组成新属的名称。此属的学名,ING 记载是" Moehringella （Franchet）H. Neumayer, Verh. Zool. –Bot. Ges. Wien 73: 14. Mar 1923";但是未给出基源异名。IK 和 TROPICOS 则记载为" Moehringella H. Neumayer, Verh. Zool. –Bot. Ges. Wien 73:（14）. 1923";IK 标注了"Arenaria sect. Moehringella Franch."。亦有文献把" Moehringella（Franch.）H. Neumayer（1923）"处理为"Arenaria L.（1753）"的异名。【分布】中国。【模式】Moehringella roseiflora（Sprague）H. Neumayer［Arenaria roseiflora Sprague］。【参考异名】Arenaria L.（1753）; Arenaria sect. Moehringella Franch.; Moehringella H. Neumayer（1923）■

33473 Moehringella H. Neumayer（1923）Nom. illegit. ≡ Moehringella（Franch.）H. Neumayer（1923）［石竹科 Caryophyllaceae］■

33474 Moehringia L.（1753）【汉】种阜草属（侧花草属,麦灵鸡属,美苓草属,莫石竹属）。【日】オオヤマフスマ属,オホヤマフスマ属,タチハコベ属。【俄】Мерингия。【英】Caruncleglass, Moehringia, Moehringie, Sandwort, Three-nerved Sandwort。【隶属】石竹科 Caryophyllaceae。【包含】世界20-25种,中国3种。【学名诠释与讨论】〈阴〉（人）Paul Heinrich Gerard Moehring, 1710-1792,德国医生,植物学者,鸟类学者。此属的学名,ING、GCI、TROPICOS 和 IK 记载是" Moehringia L., Sp. Pl. 1:359. 1753［1 May 1753］"。"Strophium Dulac, Fl. Hautes-Pyrénées 247. 1867"是其同模式异名。"Moerhingia L.（1753）"似是错误拼写。【分布】美国,中国,北温带。【模式】Moehringia muscosa Linnaeus。【参考异名】Gypsophytum Adans.（1763）Nom. illegit.; Moerhingia L.（1753）Nom. illegit.; Moheringia Zumagl.（1864）; Strophium Dulac（1867）Nom. illegit. ■

33475 Moelleria Scop.（1777）Nom. illegit. ≡ Iroucana Aubl.（1775）; ~ =Casearia Jacq.（1760）［刺篱木科（大风子科）Flacourtiaceae//天料木科 Samydaceae］●

33476 Moenchia Ehrh.（1783）（保留属名）【汉】粉卷耳属。【英】Chickweed, Upright Chickweed。【隶属】石竹科 Caryophyllaceae。【包含】世界3种。【学名诠释与讨论】〈阴〉（人）Conrad Moench, 1744-1805,德国马尔堡大学植物学教授。此属的学名" Moenchia Ehrh. in Neues Mag. Aerzte 5:203. 1783（post 11 Jun）"是保留属名。法规未列出相应的废弃属名。但是十字花科 Brassicaceae 的"Moenchia Roth, Tent. Fl. Germ. 1:273. 1788［Feb-

Apr 1788］= Alyssum L.（1753）",葱科 Alliaceae 的" Moenchia Medikus, Hist. et Commentat. Acad. Elect. Sci. 6（Phys）:493. 1790 =Allium L.（1753）",禾本科的" Moenchia Wender. ex Steud., Nomencl. Bot.（ed. 2）2:153, 1841 = Paspalum L.（1759）"和石竹科 Caryophyllaceae 的" Moenchia Neck. = Cucubalus L.（1753）"都应废弃。"Moenchia Steud.（1841）≡ Moenchia Wender. ex Steud.（1841）Nom. illegit. "的命名人引证有误,亦应废弃。"Alsinella Moench, Meth. 222. 4 Mai 1794"和"Doerriena Borkhausen, Rhein. Mag. 1:528. 1793"是"Moenchia Ehrh.（1783）（保留属名）"的晚出的同模式异名。【分布】巴勒斯坦,地中海地区,欧洲。【模式】Moenchia quaternella J. F. Ehrhart, Nom. illegit.［Sagina erecta Linnaeus; Moenchia erecta（Linnaeus）Gaertner, Meyer et Scherbius）。【参考异名】Alsinella Moench（1794）Nom. illegit.; Doerriena Borkh.（1793）Nom. illegit.; Quaternella Ehrh. ■☆

33477 Moenchia Medik.（1790）Nom. illegit.（废弃属名）= Allium L.（1753）［百合科 Liliaceae//葱科 Alliaceae］■

33478 Moenchia Neck.（废弃属名）= Cucubalus L.（1753）［石竹科 Caryophyllaceae］■

33479 Moenchia Roth（1788）Nom. illegit.（废弃属名）= Alyssum L.（1753）［十字花科 Brassicaceae（Cruciferae）］■●

33480 Moenchia Steud.（1841）Nom. illegit.（废弃属名）≡ Moenchia Wender. ex Steud.（1841）Nom. illegit.（废弃属名）; ~ =Paspalum L.（1759）［禾本科 Poaceae（Gramineae）］■

33481 Moenchia Wender. ex Steud.（1841）Nom. illegit.（废弃属名）= Paspalum L.（1759）［禾本科 Poaceae（Gramineae）］■

33482 Moerenhoutia Blume（1858）【汉】穆伦兰属。【隶属】兰科 Orchidaceae。【包含】世界10种。【学名诠释与讨论】〈阴〉（地）Moerenhout,穆伦豪特,位于波利尼西亚群岛。此属的学名,ING、TROPICOS 和 IK 都记载了2个名称:"Moerenhoutia Blume, Coll. Orchid. 99, tt. 28, 42. 1859［1858 publ. before Dec 1859］"和"Pterochilus Hook. et Arn., Bot. Beechey Voy. t. 17. 1832［Jan-Feb 1832］";这2个名称是同模式异名;都把后发表的"Moerenhoutia Blume（1858）"作为正名,但是都未说明理由。可能是替代名称。【分布】波利尼西亚群岛,新几内亚岛。【模式】Moerenhoutia plantaginea（W. J. Hooker et Arnott）Blume［Pterochilus plantagineus W. J. Hooker et Arnott［as 'plantaginea'］。【参考异名】Coralliokyphos H. Fleischm. et Rech.（1910）; Pterochilus Hook. et Arn.（1832）■☆

33483 Moerenhoutia Blume（1859）≡ Pterochilus Hook. et Arn.（1832）［兰科 Orchidaceae］■☆

33484 Moerhingia B. Juss.（1789）Nom. illegit.［石竹科 Caryophyllaceae］■☆

33485 Moerhingia L.（1753）Nom. illegit. ≡ Moehringia L.（1753）［石竹科 Caryophyllaceae］■

33486 Moerkensteinia Opiz（1852）= Senecio L.（1753）［菊科 Asteraceae（Compositae）//千里光科 Senecionidaceae］■●

33487 Moeroris Raf.（1838）= Phyllanthus L.（1753）［大戟科 Euphorbiaceae//叶下珠科（叶萝藦科）Phyllanthaceae］●■

33488 Moesa Blanco（1845）= Maesa Forssk.（1775）［紫金牛科 Myrsinaceae//杜茎山科 Maesaceae］●

33489 Moesslera Rchb.（1827）Nom. illegit. ≡ Tittmannia Brongn.（1826）（保留属名）［鳞叶树科（布鲁尼科,小叶树科）Bruniaceae］●☆

33490 Moghamia Steud.（1841）Nom. illegit. ≡ Moghania J. St. -Hil.（1813）［豆科 Fabaceae（Leguminosae）//蝶形花科 Papilionaceae］●■

33491 Moghania J. St. –Hil.（1813）= Flemingia Roxb. ex W. T. Aiton

(1812)（保留属名）；~ = Maughania J. St. – Hil.（1813）Nom. illegit.；~ = Flemingia Roxb. ex W. T. Aiton（1812）（保留属名）［豆科 Fabaceae（Leguminosae）//蝶形花科 Papilionaceae］●■

33492　Mogiphanes Mart.（1826）= Alternanthera Forssk.（1775）［苋科 Amaranthaceae］■

33493　Mogoltavia Korovin（1947）【汉】莫戈草属。【俄】Моголтавия。【隶属】伞形花科（伞形科）Apiaceae（Umbelliferae）。【包含】世界2种。【学名诠释与讨论】〈阴〉词源不详。似来自人名。【分布】亚洲中部。【模式】Mogoltavia severtzovii（E. L. Regel）E. P. Korovin［Carum severtzovii E. L. Regel as ' severtzovi'］。■☆

33494　Mogori Adans.（1763）Nom. illegit. ≡ Nyctanthes L.（1753）；~ = Jasminum L.（1753）［木犀榄科（木犀科）Oleaceae//夜花科（腋花科）Nyctanthaceae］●

33495　Mogorium Juss.（1789）= Jasminum L.（1753）；~ = Mogori Adans.（1763）Nom. illegit.；~ = Nyctanthes L.（1753）；~ = Jasminum L.（1753）［木犀榄科（木犀科）Oleaceae//夜花科（腋花科）Nyctanthaceae］●

33496　Mohadenium Pax（1894）= Monadenium Pax（1894）［大戟科 Euphorbiaceae］■☆

33497　Mohadenium T. Durand et Jacks. = Monadenium Pax（1894）［大戟科 Euphorbiaceae］■☆

33498　Mohavea A. Gray（1857）【汉】莫哈维婆婆纳属。【隶属】玄参科 Scrophulariaceae//婆婆纳科 Veronicaceae。【包含】世界2种。【学名诠释与讨论】〈阴〉Mohave，莫哈维人的，莫哈维人，居住在美国亚利桑那地区科罗拉多河两岸的印第安人。【分布】美国（亚利桑那）。【模式】Mohavea viscida A. Gray。■☆

33499　Moheringia Zumagl.（1864）= Moehringia L.（1753）［石竹科 Caryophyllaceae］■

33500　Mohlana Mart.（1832）= Hilleria Vell.（1829）［商陆科 Phytolaccaceae］■●☆

33501　Mohria Britton（1893）Nom. illegit. ≡ Halesia J. Ellis ex L.（1759）（保留属名）；~ = Mohrodendron Britton（1893）Nom. illegit.；~ = Halesia J. Ellis ex L.（1759）（保留属名）［安息香科（齐墩果科，野茉莉科）Styracaceae//银钟花科 Halesiaceae］●

33502　Mohriaceae C. F. Reed（1948）= Styracaceae DC. et Spreng.（保留科名）●

33503　Mohrodendron Britton（1893）Nom. illegit. ≡ Halesia J. Ellis ex L.（1759）（保留属名）［安息香科（齐墩果科，野茉莉科）Styracaceae//银钟花科 Halesiaceae］●

33504　Mokof Adans.（1763）（废弃属名）= Ternstroemia Mutis ex L. f.（1782）（保留属名）［山茶科（茶科）Theaceae//厚皮香科 Ternstroemiaceae］●

33505　Mokofua Kuntze（1891）Nom. illegit. ≡ Mokof Adans.（1763）（废弃属名）；~ = Ternstroemia Mutis ex L. f.（1782）（保留属名）［山茶科（茶科）Theaceae//厚皮香科 Ternstroemiaceae］●

33506　Moldavica Adans.（1763）Nom. illegit. = Dracocephalum L.（1753）（保留属名）［唇形科 Lamiaceae（Labiatae）］■●

33507　Moldavica Fabr.（1759）Nom. illegit. ≡ Dracocephalum L.（1753）（保留属名）［唇形科 Lamiaceae（Labiatae）］■●

33508　Moldenhauera（Thunb.）Spreng.（1824）Nom. illegit. ≡ Moldenhauera Spreng.（1824）Nom. illegit.；~ ≡ Adelanthus Endl.（1840）；~ = Pyrenacantha Wight（1830）（保留属名）［茶茱萸科 Icacinaceae］●

33509　Moldenhauera Spreng.（1824）Nom. illegit. ≡ Adelanthus Endl.（1840）；~ = Pyrenacantha Wight（1830）（保留属名）［茶茱萸科 Icacinaceae］●

33510　Moldenhauera Steud.（1840）Nom. illegit. = Moldenhauera

Spreng.（1824）Nom. illegit.；~ ≡ Adelanthus Endl.（1840）；~ = Pyrenacantha Wight（1830）（保留属名）［茶茱萸科 Icacinaceae］●

33511　Moldenhawera Schrad.（1821）【汉】三苏木属。【隶属】豆科 Fabaceae（Leguminosae）//云实科（苏木科）Caesalpiniaceae。【包含】世界6种。【学名诠释与讨论】〈阴〉（人）Johann Jacob Paul Moldenhawer, 1766－1827，德国植物学者。此属的学名，ING、TROPICOS、GCI 和 IK 记载是“Moldenhawera Schrad., Gött. Gel. Anz. 1821（2）: 718. [5 May 1821]”。“Moldenhaweria Steud.（1841）”似为拼写变体。【分布】巴西，委内瑞拉。【模式】Moldenhawera floribunda Schrader。【参考异名】Dolichonema Nees（1821）；Moldenhaweria Steud.（1841）●☆

33512　Moldenhaweria Steud.（1841）= Moldenhawera Schrad.（1821）［豆科 Fabaceae（Leguminosae）//云实科（苏木科）Caesalpiniaceae］●☆

33513　Moldenkea Traub（1951）= Hippeastrum Herb.（1821）（保留属名）［石蒜科 Amaryllidaceae］■

33514　Moldenkeanthus Morat（1976）= Paepalanthus Mart.（1834）（保留属名）［谷精草科 Eriocaulaceae］■☆

33515　Molina Cav.（1790）≡ Hiptage Gaertn.（1790）（保留属名）［金虎尾科（黄褥花科）Malpighiaceae//防己科 Menispermaceae］●

33516　Molina Gay（1851）Nom. illegit. ≡ Dysopsis Baill.（1858）［大戟科 Euphorbiaceae］●☆

33517　Molina Giseke, Nom. illegit. = Molinaea Comm. ex Juss.（1789）［无患子科 Sapindaceae］●☆

33518　Molina Ruiz et Pav.（1794）Nom. illegit. = Baccharis L.（1753）（保留属名）［菊科 Asteraceae（Compositae）］■☆

33519　Molinadendron P. K. Endress（1969）【汉】美洲蚊母属。【隶属】金缕梅科 Hamamelidaceae。【包含】世界3种。【学名诠释与讨论】〈中〉（人）Antonio R. Molina, 1926－，洪都拉斯植物学者+dendron 或 dendros，树木，棍，丛林。【分布】哥斯达黎加，墨西哥，尼加拉瓜，中美洲。【模式】Molinadendron guatemalense（Radlkofer ex Harms）Endress［Distylium guatemalense Radlkofer ex Harms］。●☆

33520　Molinaea Bertero（1829）Nom. inval., Nom. illegit. = Jubaea Kunth（1816）［棕榈科 Arecaceae（Palmae）］●☆

33521　Molinaea Comm. ex Brongn. = Retanilla（DC.）Brongn.（1826）［鼠李科 Rhamnaceae］●☆

33522　Molinaea Comm. ex Juss.（1789）【汉】莫利木属。【隶属】无患子科 Sapindaceae。【包含】世界10种。【学名诠释与讨论】〈阴〉（人）Jean（de）Desmoulins（Johannes or Joannes Molinaeus, Jean des Moulins）, 1530－1620?，法国植物学者。此属的学名，ING、TROPICOS 和 IK 记载是“Molinaea Comm. ex Juss., Gen. Pl. [Jussieu]248. 1789 [4 Aug 1789]”。“Molinaea Bertero, Mercurio Chileno 13:606. 1829 [15 Apr 1829] = Jubaea Kunth（1816）［棕榈科 Arecaceae（Palmae）］”是一个未合格发表的名称（Nom. inval.）。【分布】马达加斯加，马斯克林群岛。【模式】Molinaea arborea J. F. Gmelin。【参考异名】Callidrynos Néraud（1826）；Molina Giseke, Nom. illegit.●☆

33523　Molinaea St. –Lag. = Molinia Schrank（1789）［禾本科 Poaceae（Gramineae）］■

33524　Molineria Colla（1826）【汉】猴子背巾属（大地棕属）。【隶属】石蒜科 Amaryllidaceae//仙茅科 Hypoxidaceae。【包含】世界5-7种，中国5种。【学名诠释与讨论】〈阴〉（人）Ignazio Bernardo Molineri, 1741－1818，意大利植物学者。此属的学名，ING、APNI 和 IK 记载是“Molineria Colla, Mem. Reale Accad. Sci. Torino 31（Hortus Ripul. App. 2）:331. 1826”。“Molineria Parl., Fl. Ital.（Parlatore）1（2）:236. 1850 [Oct－Nov 1850] ［禾本科

Poaceae（Gramineae）]"是晚出的非法名称；它已经被"Molineriella Rouy, Fl. France 14：102. Apr 1913"所替代。亦有文献把"Molineria Colla（1826）"处理为"Curculigo Gaertn.（1788）"的异名。【分布】尼加拉瓜,印度至马来西亚,中国,中美洲。【模式】Molineria plicata Colla, Nom. illegit.［Curculigo sumatrana Roxburgh］。【参考异名】Curculigo Gaertn.（1788）■

33525 Molineria Parl.（1850）Nom. illegit. ≡Molineriella Rouy（1913）；~ = Periballia Trin.（1820）［禾本科 Poaceae（Gramineae）］■☆

33526 Molineriella Rouy（1913）【汉】肖地中海发草属。【隶属】禾本科 Poaceae（Gramineae）。【包含】世界3种。【学名诠释与讨论】〈阴〉（人）Ignazio Bernardo Molineri,1741 – 1818,意大利植物学者+-ellus,-ella,-ellum,加在名词词干后面形成指小式的词尾。或加在人名、属名等后面以组成新属的名称。此属的学名"Molineriella Rouy, Fl. France 14：102. Apr 1913"是一个替代名称。"Molineria Parlatore, Fl. Ital. 1：236. 1850"是一个非法名称（Nom. illegit.）,因为此前已经有了"Molineria Colla, Mem. Reale Accad. Sci. Torino 31（Hortus Ripul. App. 2）：331. 1826 =Curculigo Gaertn.（1788）［石蒜科 Amaryllidaceae//长喙科（仙茅科）Hypoxidaceae］"。故用"Molineriella Rouy（1913）"替代之。亦有文献把"Molineriella Rouy（1913）"处理为"Periballia Trin.（1820）"的异名。【分布】地中海地区。【模式】Molineriella minuta（Linnaeus）Rouy［Aira minuta Linnaeus］。【参考异名】Molineria Parl.（1850）Nom. illegit.；Periballia Trin.（1820）■☆

33527 Molinia Schrank（1789）【汉】麦氏草属（蓝禾属,蓝天草属）。【日】ヌマガヤ属。【俄】Молиния。【英】Molinia, Moor Grass, Moorgrass, Purple Moor-grass, Variegated Moor Grass。【隶属】禾本科 Poaceae（Gramineae）。【包含】世界2种,中国1种。【学名诠释与讨论】〈阴〉（人）Giovanni Ignazio（Juan Ignacio）Molina,1737 – 1829,智利植物学者。此属的学名,ING、TROPICOS、APNI 和IK 记载是"Molinia Schrank, Baier. Fl. 1：100, 334. Jun – Dec 1789"。"Amblytes J. Dulac, Fl. Hautes – Pyrénées 80. Jul – Dec 1867"、"Enodium Persoon ex Gaudin, Agrost. Helv. 1：145. Apr 1811"和"Monilia S. F. Gray, Nat. Arr. Brit. Pl. 2：110. 1 Nov 1821"是"Molinia Schrank（1789）"的晚出的同模式异名（Homotypic synonym, Nomenclatural synonym）。【分布】中国,温带欧亚大陆。【后选模式】Molinia varia Schrank, Nom. illegit.［Aira caerulea Linnaeus；Molinia caerulea（Linnaeus）Moench］。【参考异名】Amblytes Dulac（1867）Nom. illegit.；Enodium Gaudin（1811）Nom. illegit.；Enodium Pers. ex Gaudin（1811）Nom. illegit.；Molinaea St. -Lag.；Moliniopsis Hayata（1925）；Monilia Gray（1821）Nom. illegit.；Nolinia K. Schum.（1901）■

33528 Moliniera Ball（1878）= Molineria Parl.（1850）Nom. illegit.；~ = Periballia Trin.（1820）［禾本科 Poaceae（Gramineae）］■☆

33529 Moliniopsis Gand.（1891）Nom. inval. = Cleistogenes Keng（1934）；~ = Kengia Packer（1960）Nom. illegit.［禾本科 Poaceae（Gramineae）］■

33530 Moliniopsis Hayata（1925）【汉】沼原草属。【隶属】禾本科 Poaceae（Gramineae）。【包含】世界5种,中国1种。【学名诠释与讨论】〈阴〉（属）Molinia 麦氏草属（蓝禾属,蓝天草属）+希腊文 opsis,外观,模样。此属的学名,ING、TROPICOS 和IK 记载是"Moliniopsis Hayata, Bot. Mag.（Tokyo）39：258. Oct 1925"。它曾被处理为"Molinia sect. Hayatia Tzvelev, Zlaki SSSR 557. 1976"。亦有文献把"Moliniopsis Hayata（1925）"处理为"Molinia Schrank（1789）"的异名。【分布】中国,东亚。【模式】Moliniopsis japonica（Hackel）Hayata［Molinia japonica Hackel］。【参考异名】Molinia Schrank（1789）；Molinia sect. Hayatia Tzvelev（1976）■

33531 Molium Fourr.（1869）= Allium L.（1753）；~ = Moly Mill.（1754）［百合科 Liliaceae//葱科 Alliaceae］■

33532 Molkenboeria de Vriese（1854）= Scaevola L.（1771）（保留属名）［草海桐科 Goodeniaceae］●■

33533 Molle Adans.（1763）Nom. illegit. =? Schinus L.（1753）［漆树科 Anacardiaceae］●☆

33534 Molle Mill.（1754）Nom. illegit. ≡ Schinus L.（1753）［漆树科 Anacardiaceae］●

33535 Mollera O. Hoffm.（1890）= Calostephane Benth.（1872）［菊科 Asteraceae（Compositae）］■☆

33536 Mollia J. F. Gmel.（1791）（废弃属名）= Baeckea L.（1753）［桃金娘科 Myrtaceae］●

33537 Mollia Mart.（1826）（保留属名）【汉】默尔椴属（摩尔椴属）。【隶属】椴树科（椴科,田麻科）Tiliaceae//锦葵科 Malvaceae。【包含】世界18种。【学名诠释与讨论】〈阴〉（人）L. B. von Moll 德国政治家。此属的学名"Mollia Mart., Nov. Gen. Sp. Pl. 1：96. Jan-Mar 1826"是保留属名。相应的废弃属名是桃金娘科 Myrtaceae 的"Mollia J. F. Gmel., Syst. Nat. 2：303, 420. Sep（sero）-Nov 1791 =Baeckea L.（1753）"。石竹科 Caryophyllaceae 的"Mollia Willd., Hort. Berol.［Willdenow］11［bis］. 1803［Jul-Nov 1803］= Polycarpaea Lam.（1792）（保留属名）"亦应废弃。"Schlechtendalia K. P. J. Sprengel, Syst. Veg. 4（2）：295. Jan-Jun 1827［non Willdenow 1803（废弃属名）, nec Lessing 1830（nom. cons.）]"是"Mollia Mart.（1826）（保留属名）"的晚出的同模式异名（Homotypic synonym, Nomenclatural synonym）。"Imbricaria J. E. Smith, Trans. Linn. Soc. London 3：257. 25 Mai 1797（non Commerson ex A. L. Jussieu 1789）"和"Jungia J. Gaertner, Fruct. 1：175. Dec 1788［non Linnaeus f. 1782（nom. et orth. cons.）, nec Heister ex Fabricius 1759（废弃属名）]"则是"Mollia J. F. Gmel.（1791）（废弃属名）= Baeckea L.（1753）［桃金娘科 Myrtaceae]"的同模式异名（Homotypic synonym, Nomenclatural synonym）。苔藓的"Mollia Schrank ex S. O. Lindberg, Utkast Nat. Grupp. Eur. Bladmoss. 28, 38. 1878"也须废弃。【分布】秘鲁,玻利维亚,厄瓜多尔。【模式】Mollia speciosa C. F. P. Martius。【参考异名】Schlechtendalia Spreng.（1827）Nom. illegit.（废弃属名）●☆

33538 Mollia Willd.（1803）Nom. illegit.（废弃属名）≡ Polycarpaea Lam.（1792）（保留属名）［as 'Polycarpea'］［石竹科 Caryophyllaceae］■●

33539 Mollinedia Ruiz et Pav.（1794）【汉】美洲盖裂桂属。【隶属】香材树科（杯轴花科,黑擦木科,芒籽科,蒙立米科,檬立木科,香材木科,香树木科）Monimiaceae。【包含】世界90种。【学名诠释与讨论】〈阴〉（人）Francisco de Mollinedo,西班牙化学家。此属的学名,ING 和IK 记载是"Mollinedia Ruiz et Pav., Flora Peruvianae, et Chilensis Prodromus 1794"。真菌的"Molliardia R. Maire et Tison, Ann. Mycol. 9：238. 1 Jun 1911"是晚出的非法名称。【分布】巴拿马,秘鲁,玻利维亚,厄瓜多尔,哥伦比亚（安蒂奥基亚）,哥斯达黎加,尼加拉瓜,中美洲。【后选模式】Mollinedia repanda Ruiz et Pavon。【参考异名】Paracelsia Mart. ex Tul.（1857）Nom. illegit.；Tetratome Poepp. et Endl.（1838）●☆

33540 Molloya Meisn.（1855）= Grevillea R. Br. ex Knight（1809）［as 'Grevillia'］（保留属名）［山龙眼科 Proteaceae］●

33541 Molloybas D. L. Jones et M. A. Clem.（2002）【汉】异铠兰属。【隶属】兰科 Orchidaceae。【包含】世界1种。【学名诠释与讨论】〈阳〉词源不详。此属的学名,IK 记载是"Molloybas D. L. Jones et M. A. Clem., Orchadian 13（10）：448（30 Jan. 2002）"。D. L. Szlachetko（2003）把其处理为"Corysanthes subgen. Molloybas（D. L. Jones et M. A. Clem.）Szlach. Richardiana 3（2）：97（25 March 2003）"。亦有文献把"Molloybas D. L. Jones et M. A. Clem.

（2002）"处理为"Corybas Salisb.（1807）"或"Corysanthes（1810）"的异名。【分布】参见"Corybas Salisb.（1807）"或"Corysanthes（1810）"。【模式】Molloybas cryptanthus（Hatch）D. L. Jones et M. A. Clem.。【参考异名】Corybas Salisb.（1807）；Corysanthes（1810）■☆

33542　Molluginaceae Bartl.（1825）（保留科名）【汉】粟米草科。【日】ザクロソウ科。【俄】Моллюговые。【英】Carpet－weed Family, Mollugo Family。【包含】世界13-15属100-130种,中国3属8种。【分布】热带和亚热带,南半球。【科名模式】Mollugo L.■

33543　Molluginaceae Hutch. ＝Molluginaceae Bartl.（保留科名）■

33544　Molluginaceae Raf. ＝Molluginaceae Bartl.（保留科名）■

33545　Molluginaceae Wight ＝Aizoaceae Martinov（保留科名）●■

33546　Mollugo Fabr.（1759）Nom. illegit. ＝Galium L.（1753）［茜草科 Rubiaceae］■●

33547　Mollugo L.（1753）【汉】粟米草属。【日】ザクロサウ属,ザクロソウ属。【俄】Моллуго, Моллюго, Мутовчатка。【英】Carpetweed, Carpet－weed。【隶属】粟米草科 Molluginaceae//番杏科 Aizoaceae。【包含】世界35种,中国4-5种。【学名诠释与讨论】〈阴〉（拉）粟猪殃殃 Galium mollugo L. 的种加词,被林奈转用于此。可能由于两者具有相似的轮生的叶子。另说来自 mollis 柔软的。此属的学名,ING、APNI、GCI、TROPICOS 和 IK 记载是"Mollugo L., Sp. Pl. 1:89. 1753［1 May 1753］"。"Mollugo Fabr.（1759）Nom. illegit. ＝Galium L.（1753）［茜草科 Rubiaceae］"是晚出的非法名称。"Galiastrum Fabricius, Enum. 108. 1759"是"Mollugo L.（1753）"的晚出的同模式异名（Homotypic synonym, Nomenclatural synonym）。【分布】巴基斯坦,巴拿马,秘鲁,玻利维亚,厄瓜多尔,哥斯达黎加,马达加斯加,美国（密苏里）,尼加拉瓜,中国,热带和亚热带,中美洲。【后选模式】Mollugo verticillata Linnaeus。【参考异名】Doosera Roxb. ex Wight et Arn.（1834）Nom. inval.；Galiastrum Fabr.（1759）Nom. illegit.；Galiastrum Heist. ex Fabr.（1759）Nom. illegit.；Galliastrum Fabr.（1759）Nom. illegit.；Lampetia Raf.（1837）；Meiapinon Raf.（1837）；Miapinon Post et Kuntze（1903）；Nemallosis Raf.（1837）；Triclis Haller；Trigastrotheca F. Muell.（1857）；Tryphera Blume（1826）■

33548　Mollugophytum M. E. Jones（1933）＝Drymaria Willd. ex Roem. et Schult.（1819）［石竹科 Caryophyllaceae］■

33549　Molongum Pichon（1948）【汉】莫龙木属。【隶属】夹竹桃科 Apocynaceae。【包含】世界4种。【学名诠释与讨论】〈阴〉molongo,巴西植物俗名。【分布】热带南美洲。【模式】Molongum laxum（Bentham）Pichon［Tabernaemontana laxa Bentham］。●☆

33550　Molopanthera Turcz.（1848）【汉】痕药茜属。【隶属】茜草科 Rubiaceae。【包含】世界1种。【学名诠释与讨论】〈阴〉（希）molops,所有格 molopos,伤痕,条纹,血块+anthera,花药。【分布】巴西（东部）。【模式】Molopanthera paniculata Turczaninow。☆

33551　Molopospermum W. D. J. Koch（1824）【汉】痕籽芹属。【隶属】伞形花科（伞形科）Apiaceae（Umbelliferae）。【包含】世界1种。【学名诠释与讨论】〈中〉（希）molops,所有格 molopos,伤痕,条纹,血块+sperma,所有格 spermatos,种子,孢子。【分布】地中海西部。【模式】Molopospermum peloponnesiacum（Linnaeus）W. D. J. Koch［Ligusticum peloponnesiacum Linnaeus］。【参考异名】Cicutaria Mill.（1754）Nom. illegit.；Molospermum Steud.（1841）■☆

33552　Molospermum Steud.（1841）＝Molopospermum W. D. J. Koch（1824）［伞形花科（伞形科）Apiaceae（Umbelliferae）］■☆

33553　Molpadia（Cass.）Cass.（1818）＝Buphthalmum L.（1753）［as 'Buphthalmum'］［菊科 Asteraceae（Compositae）］■

33554　Molpadia Cass.（1818）Nom. illegit. ≡Molpadia（Cass.）Cass.（1818）；~ ＝Buphthalmum L.（1753）［as 'Buphthalmum'］［菊科 Asteraceae（Compositae）］■

33555　Moltkea Wettst.（1918）＝Moltkia Lehm.（1817）［紫草科 Boraginaceae］●■☆

33556　Moltkia Lehm.（1817）【汉】弯果紫草属（穆尔特克属）。【日】モルトキア属。【俄】Мольткия。【英】Moltkia。【隶属】紫草科 Boraginaceae。【包含】世界3-6种。【学名诠释与讨论】〈阴〉（人）Joachim Gadske Moltke, 1746-1818,丹麦贵族。【分布】意大利至希腊小亚细亚至伊朗。【后选模式】Moltkia coerulea（Willdenow）Lehmann［Onosma coerulea Willdenow］。【参考异名】Gymnoleima Decne.（1835）；Moltkea Wettst.（1918）●■☆

33557　Moltkiopsis I. M. Johnst.（1953）【汉】类弯果紫草属。【隶属】紫草科 Boraginaceae。【包含】世界1种。【学名诠释与讨论】〈阴〉（属）Moltkia 弯果紫草属+希腊文 opsis,外观,模样,相似。【分布】非洲北部至伊朗。【模式】Moltkiopsis ciliata（Forsskål）I. M. Johnston［Lithospermum ciliatum Forsskål］。■☆

33558　Molubda Raf.（1838）＝Plumbago L.（1753）［白花丹科（矶松科,蓝雪科）Plumbaginaceae］●■

33559　Molucca Mill.（1754）Nom. illegit. ≡Moluccella L.（1753）［唇形科 Lamiaceae（Labiatae）］■☆

33560　Moluccella L.（1753）【汉】贝壳花属。【日】カイガラサルビア属。【俄】Молюцелла, Трава молукская。【英】Molucca Balm。【隶属】唇形科 Lamiaceae（Labiatae）。【包含】世界2-4种。【学名诠释与讨论】〈阴〉（属）Molucca+－ellus, －ella, －ellum,加在名词词干后面形成指小式的词尾。或加在人名、属名等后面以组成新属的名称。此属的学名,ING、APNI、TROPICOS 和 IK 记载是"Moluccella Linnaeus, Sp. Pl. 587. 1 May 1753"。"Moluccella Juss., Gen. Pl.［Jussieu］115. 1789［4 Aug 1789］＝Moluccella L.（1753）［唇形科 Lamiaceae（Labiatae）］"是晚出的非法名称。"Molucca P. Miller, Gard. Dict. Abr. ed. 4. 28 Jan 1754"是"Moluccella L.（1753）"的晚出的同模式异名（Homotypic synonym, Nomenclatural synonym）。【分布】巴基斯坦,地中海至印度（西北部）。【后选模式】Moluccella laevis Linnaeus。【参考异名】Chasmonia C. Presl（1826）；Molucca Mill.（1754）Nom. illegit.；Molucella Juss.（1789）■☆

33561　Molucella Juss.（1789）Nom. illegit. ＝Moluccella L.（1753）［唇形科 Lamiaceae（Labiatae）］■☆

33562　Moluchia Medik.（1787）＝Melochia L.（1753）（保留属名）［梧桐科 Sterculiaceae//锦葵科 Malvaceae//马松子科 Melochiaceae］●■

33563　Moly Mill.（1754）＝Allium L.（1753）［百合科 Liliaceae//葱科 Alliaceae］■

33564　Moly Moench（1794）Nom. illegit. ＝? Allium L.（1753）［百合科 Liliaceae//葱科 Alliaceae］■☆

33565　Molyza Salisb.（1866）＝Moly Mill.（1754）［百合科 Liliaceae］■

33566　Momisia Dietr.（1819）＝Celtis L.（1753）［榆科 Ulmaceae//朴树科 Celtidaceae］●

33567　Mommsenia Urb. et Ekman（1926）【汉】无脉野牡丹属。【隶属】野牡丹科 Melastomataceae。【包含】世界1种。【学名诠释与讨论】〈阴〉（人）Mommsen。【分布】海地。【模式】Mommsenia apleura Urban et Ekman。☆

33568　Momordica L.（1753）【汉】苦瓜属。【日】ツルレイシ属,ニガウリ属,モモルディカ属。【俄】Момордика。【英】Balsam－apple, Momordica。【隶属】葫芦科（瓜科,南瓜科）Cucurbitaceae。【包含】世界45-80种,中国3-5种。【学名诠释与讨论】〈阴〉（拉）momordic,咬。指种子啮蚀状。【分布】巴基斯坦,巴拉圭,巴拿马,秘鲁,玻利维亚,厄瓜多尔,哥伦比亚（安蒂奥基亚）,哥斯达黎加,马达加斯加,尼加拉瓜,中国,中美洲。【后选模式】

Momordica charantia Linnaeus。【参考异名】Amordica Neck. (1790) Nom. inval.；Calpidosicyos Harms（1923）；Dimorphocalyx Hook. f.；Dimorphochlamys Hook. f.（1867）；Dimorphoclamys Hook. f.；Eulenburgia Pax（1907）；Muricia Lour.（1790）；Neurosperma Raf.（1818）Nom. illegit.；Neurospermum Bartl.（1830）Nom. illegit.；Nevrosperma Raf.（1818）Nom. illegit.；Raphanistrocarpus （Baill.）Pax（1889）Nom. illegit.；Raphanistrocarpus Baill.（1883）；Raphanocarpus Hook. f.（1871）；Zucca Comm. ex Juss.（1789）■

33569 Mona O. Nilsson（1966）【汉】高山水繁缕属。【隶属】马齿苋科 Amaranthaceae。【包含】世界 1 种。【学名诠释与讨论】〈阴〉（希）monas，所有格 monados ＝拉丁文 monas，所有格 monadis，单个，单位。mono－＝拉丁文 uni－，单个，单一的。此属的学名是"Mona Ö. Nilsson, Bot. Not. 119: 266. 13 Mai 1966"。亦有文献把其处理为"Montia L.（1753）"的异名。【分布】哥伦比亚，委内瑞拉。【模式】Mona meridensis（H. C. Friedrich）O. Nilsson［Montia meridensis H. C. Friedrich］。【参考异名】Montia L.（1753）■☆

33570 Monacanthus G. Don（1839）＝ Catasetum Rich. ex Kunth（1822）；～＝Monachanthus Lindl.（1832）［兰科 Orchidaceae］■☆

33571 Monacather Benth.（1881）＝ Danthonia DC.（1805）（保留属名）；～＝Monachather Steud.（1854）［禾本科 Poaceae（Gramineae）］■☆

33572 Monachanthus Lindl.（1832）＝ Catasetum Rich. ex Kunth（1822）［兰科 Orchidaceae］■☆

33573 Monachather Steud.（1854）【汉】异扁芒草属。【隶属】禾本科 Poaceae（Gramineae）。【包含】世界 1 种。【学名诠释与讨论】〈阳〉（希）monas，单个，单位＋achates，玛瑙。此属的学名是"Monachather Steudel, Syn. Pl. Glum. 1: 247. 12-13 Apr 1854（'1855'）"。亦有文献把其处理为"Danthonia DC.（1805）（保留属名）"的异名。【分布】澳大利亚。【模式】Monachather paradoxus Steudel。【参考异名】Danthonia DC.（1805）（保留属名）；Monacather Benth.（1881）■☆

33574 Monachne P. Beauv.（1812）＝ Panicum L.（1753）；～＝Eriochloa Kunth（1816）＋Panicum L.（1753）［禾本科 Poaceae（Gramineae）］■

33575 Monachochlamys Baker（1883）＝ Mendoncia Vell. ex Vand.（1788）［对叶藤科 Mendonciaceae］●☆

33576 Monachyron Parl.（1849）Nom. illegit. ≡ Monachyron Parl. ex Hook. f.（1849）；～＝Melinis P. Beauv.（1812）；～＝Rhynchelytrum Nees（1836）Nom. illegit.；～＝Rhynchelytrum Nees（1836）［禾本科 Poaceae（Gramineae）］■

33577 Monachyron Parl. ex Hook. f.（1849）＝ Melinis P. Beauv.（1812）；～＝Rhynchelytrum Nees（1836）Nom. illegit.；～＝Rhynchelytrum Nees（1836）［禾本科 Poaceae（Gramineae）］■

33578 Monactineirma Bory（1819）＝ Passiflora L.（1753）（保留属名）［西番莲科 Passifloraceae］●■

33579 Monactinocephalus Klatt（1896）＝ Inula L.（1753）［菊科 Asteraceae（Compositae）//旋覆花科 Inulaceae］●■

33580 Monactis Kunth（1818）【汉】寡舌菊属。【隶属】菊科 Asteraceae（Compositae）。【包含】世界 9-12 种。【学名诠释与讨论】〈阴〉（希）monas，单个，单位＋aktis，所有格 aktinos，光线，光束，射线。指花。【分布】秘鲁，厄瓜多尔，热带南美洲。【后选模式】Monactis flaverioides Kunth。【参考异名】Astemma Less.（1832）；Monopholis S. F. Blake（1922）●☆

33581 Monadelphanthus H. Karst.（1859）＝ Capirona Spruce（1859）［茜草科 Rubiaceae］■☆

33582 Monadenia Lindl.（1838）【汉】单腺兰属。【隶属】兰科 Orchidaceae。【包含】世界 16 种。【学名诠释与讨论】〈阴〉（希）monas，单个，单位＋aden，所有格 adenos，腺体。此属的学名是

"Monadenia J. Lindley, Gen. Sp. Orchid. Pl. 257. Aug 1835"。亦有文献把其处理为"Disa P. J. Bergius（1767）"的异名。【分布】热带和非洲南部。【后选模式】Monadenia brevicornis Lindley。【参考异名】Disa P. J. Bergius（1767）■☆

33583 Monadeniorchis Szlach. et Kras（2006）＝ Cynorkis Thouars（1809）［兰科 Orchidaceae］■☆

33584 Monadenium Pax（1894）【汉】翡翠塔属（翡翠木属）。【日】モナデニウム属。【隶属】大戟科 Euphorbiaceae。【包含】世界 50 种。【学名诠释与讨论】〈中〉（希）monas，单个，单位＋aden，腺体＋-ius，-ia，-ium，在拉丁文和希腊文中，这些词尾表示性质或状态。指只有一个腺体。此属的学名，ING、TROPICOS、GCI 和 IK 记载是"Monadenium Pax, Bot. Jahrb. Syst. 19（1）: 126. 1894［13 Apr 1894］"。它曾被处理为"Euphorbia sect. Monadenium （Pax）Bruyns, Taxon 55: 411. 2006"。亦有文献把"Monadenium Pax（1894）"处理为"Euphorbia L.（1753）"的异名。【分布】热带非洲。【模式】Monadenium coccineum Pax。【参考异名】Euphorbia L.（1753）；Euphorbia sect. Monadenium（Pax）Bruyns（2006）；Lortia Rendle（1898）；Mohadenium Pax（1894）；Mohadenium T. Durand et Jacks.；Stenadenium Pax（1901）■☆

33585 Monadenus Salisb.（1866）＝ Zigadenus Michx.（1803）［百合科 Liliaceae//黑药花科（藜芦科）Melanthiaceae］■

33586 Monandraira E. Desv.（1854）＝ Deschampsia P. Beauv.（1812）［禾本科 Poaceae（Gramineae）］■

33587 Monandriella Engl.（1926）＝ Ledermanniella Engl.（1909）［髯管花科 Geniostomaceae］■

33588 Monandrodendraceae Barkley ＝ Lacistemataceae Mart.（保留科名）●☆

33589 Monandrodendron Mansf.（1929）＝ Lozania S. Mutis ex Caldas（1810）［裂蕊树科（裂药花科）Lacistemataceae］●☆

33590 Monanthella A. Berger（1930）Nom. inval. ＝ Rosularia（DC.）Stapf（1923）；～＝Sedum L.（1753）［景天科 Crassulaceae］●■

33591 Monanthemum Griseb.（1861）Nom. illegit. ＝ Piptocarpha Hook. et Arn.（1835）Nom. illegit.；～＝Chuquiraga Juss.（1789）；～＝Dasyphyllum Kunth（1818）［菊科 Asteraceae（Compositae）］●☆

33592 Monanthemum Scbeele（1843）＝ Morisia J. Gay（1829）［十字花科 Brassicaceae（Cruciferae）］■☆

33593 Monanthes Haw.（1821）【汉】单花景天属（魔南景天属）。【日】モナンセス属。【隶属】粟米草科 Molluginaceae。【包含】世界 9-13 种。【学名诠释与讨论】〈阴〉（希）monas，所有格 monados ＝拉丁文 monas，所有格 monadis，单个，单位。mono－＝拉丁文 uni－，单个，单一的＋anthos，花。此属的学名，ING、TROPICOS 和 IK 记载是"Monanthes A. H. Haworth, Saxifrag. Enum. Revis. Pl. Succ. 68. 1821"。"Petrophyes Webb et Berthelot, Hist. Nat. Îles Canaries 3（2. 1）:201. Jan 1841"是"Monanthes Haw.（1821）"的晚出的同模式异名（Homotypic synonym, Nomenclatural synonym）。【分布】西班牙（加那利群岛），摩洛哥。【模式】Monanthes polyphylla A. H. Haworth［Sempervivum monanthes A. H. Haworth］。【参考异名】Petrophyes Webb et Berthel.（1841）Nom. illegit. ■☆

33594 Monanthium Ehrh.（1789）Nom. inval. ≡ Monanthium Ehrh. ex House（1920）Nom. illegit.；～≡ Moneses Salisb. ex Gray（1821）；～＝Pyrola L.（1753）［鹿蹄草科 Pyrolaceae//杜鹃花科（欧石南科）Ericaceae］■

33595 Monanthium Ehrh. ex House（1920）Nom. illegit. ≡ Moneses Salisb. ex Gray（1821）；～＝Pyrola L.（1753）［鹿蹄草科 Pyrolaceae//杜鹃花科（欧石南科）Ericaceae］●■

33596 Monanthium House（1920）Nom. illegit. ≡ Monanthium Ehrh. ex

House（1920）Nom. illegit. ; ~ ≡ Moneses Salisb. ex Gray（1821）; ~ = Pyrola L.（1753）［鹿蹄草科 Pyrolaceae//杜鹃花科（欧石南科）Ericaceae］■

33597 Monanthochilus（Schltr.）R. Rice（2004）【汉】新几内亚单花兰属。【隶属】兰科 Orchidaceae。【包含】世界 3 种。【学名诠释与讨论】〈阳〉（希）monas，单个，单位+anthos，花+cheilos，唇。有人认为最后一个词是 chloe 或 chloa，禾草。此属的学名是"Monanthochilus（Schltr.）R. Rice, Oasis Suppl. 3：2. 2004［April 2004］"，由"Sarcochilus sect. Monanthochilus Schltr. Repert. Spec. Nov. Regni Veg. Beih. 1：965. 1913"改级而来。亦有文献把"Monanthochilus（Schltr.）R. Rice（2004）"处理为"Sarcochilus R. Br.（1810）"的异名。【分布】新几内亚岛。【模式】不详。【参考异名】Sarcochilus R. Br.（1810）；Sarcochilus sect. Monanthochilus Schltr.（1913）■☆

33598 Monanthochloe Engelm.（1859）【汉】单性小穗草属。【隶属】禾本科 Poaceae（Gramineae）。【包含】世界 2 种。【学名诠释与讨论】〈阴〉（希）monas，单个，单一的+anthos，花+chloe，草的幼芽，嫩草，禾草。此属的学名，ING、TROPICOS 和 IK 记载是"Monanthochloe Engelmann, Trans. Acad. Sci. St. Louis. 1：436. Jan-Apr 1859"。它曾被处理为"Distichlis sect. Monanthochloe（Engelm.）P. M. Peterson & Romasch., Taxon 65（6）：1277. 2016"。亦有文献把"Monanthochloe Engelm.（1859）"处理为"Distichlis Raf.（1819）"的异名。【分布】美国（南部），西印度群岛，中美洲。【模式】Monanthochloe littoralis Engelmann。【参考异名】Distichlis Raf.（1819）；Distichlis sect. Monanthochloe（Engelm.）P. M. Peterson & Romasch.（2016）；Halochloa Griseb.（1879）Nom. illegit. ；Solenophyllum Baill.（1893）Nom. illegit. ；Solenophyllum Nutt. ex Baill.（1893）Nom. inval. ■☆

33599 Monanthocitrus Tanaka（1928）【汉】单花橘属。【隶属】芸香科 Rutaceae。【包含】世界 4 种。【学名诠释与讨论】〈阴〉（希）monas，单个，单位+anthos，花+（属）Citrus 柑橘属。【分布】新几内亚岛。【模式】Monanthocitrus cornuta（Lauterbach）Tanaka［Citrus cornuta Lauterbach］。●☆

33600 Monanthos（Schltr.）Brieger（1981）= Dendrobium Sw.（1799）（保留属名）［兰科 Orchidaceae］■

33601 Monanthotaxis Baill.（1890）【汉】单花番荔枝属（单花杉属）。【隶属】番荔枝科 Annonaceae。【包含】世界 56 种。【学名诠释与讨论】〈阴〉（希）monas，单个，单位+anthos，花+taxis，排列。【分布】马达加斯加，热带非洲。【模式】Monanthotaxis congoensis Baillon。【参考异名】Atopostema Boutique（1951）；Clathrospermum Planch. ex Benth.（1862）Nom. illegit.（废弃属名）；Enneastemon Exell（1932）（保留属名）；Gilbertiella Boutique（1951）●☆

33602 Monanthus（Schltr.）Brieger（1981）【汉】新几内亚石斛属。【隶属】兰科 Orchidaceae。【包含】世界 3 种。【学名诠释与讨论】〈中〉（希）monas，单个，单位+anthos，花。此属的学名，IK 和 TROPICOS 记载是"Monanthus（Schltr.）Brieger, Orchideen（Schlechter）1（11-12）：660. 1981"，由"Dendrobium sect. Monanthus Schltr., Repert. Spec. Nov. Regni Veg. Beih. 1：451.1 Jun 1912"改级而来。ING 则记载为"Monanthus F. G. Brieger in F. G. Brieger et al., Schlechter Orchideen 1（11-12）：660. Jul 1981；Based on Dendrobium sect. Monanthos Schlechter, Repert. Spec. Nov. Regni Veg. Beih. 1：451.1 Jun 1912"。亦有文献把"Monanthus（Schltr.）Brieger（1981）"处理为"Dendrobium Sw.（1799）（保留属名）"的异名。【分布】澳大利亚，新几内亚岛。【模式】Monanthus biloba（Lindley）F. G. Brieger［Dendrobium bilobum Lindley］。【参考异名】Dendrobium Sw.（1799）（保留属名）；Dendrobium sect. Monanthus Schltr.（1912）；Monanthus Brieger（1981）Nom. illegit. ■☆

33603 Monanthus Brieger（1981）Nom. illegit. ≡ Monanthus（Schltr.）Brieger（1981）［兰科 Orchidaceae］■☆

33604 Monarda L.（1753）【汉】美国薄荷属（马薄荷属，香蜂草属）。【日】モナルダ属，ヤグリマクワワクカウ属。【俄】Монарда。【英】Bee Balm, Beebalm, Bergamot, Horsemint, Horse - mint, Monarda。【隶属】唇形科 Lamiaceae（Labiatae）。【包含】世界 6-20 种，中国 2 种。【学名诠释与讨论】〈阴〉（人）N. de Monardes，1493-1578，西班牙医生，植物学者。【分布】美国，墨西哥，中国，北美洲。【后选模式】Monarda fistulosa Linnaeus。【参考异名】Cheilyctis（Raf.）Spach（1840）Nom. illegit. ；Cheilyctis Benth.（1835）Nom. illegit. ；Chilyctis Post et Kuntze（1903）■

33605 Monardaceae Döll = Labiatae Juss.（保留科名）//Lamiaceae Martinov（保留科名）●■

33606 Monardella Benth.（1834）【汉】小美国薄荷属。【隶属】唇形科 Lamiaceae（Labiatae）。【包含】世界 19-30 种。【学名诠释与讨论】〈阴〉（属）Monarda 美国薄荷属+-ellus，-ella，-ellum，加在名词词干后面形成指小式的词尾。或加在人名、属名等后面以组成新属的名称。此属的学名，ING、TROPICOS、GCI 和 IK 记载是"Monardella Benth., Labiat. Gen. Spec. [5]：331. 1834［Apr 1834］"。"Madronella E. L. Greene, Leafl. Bot. Observ. Crit. 1：168. 23 Jan 1906"是"Monardella Benth.（1834）"的晚出的同模式异名（Homotypic synonym, Nomenclatural synonym）。【分布】北美洲西部。【后选模式】Monardella odoratissima Bentham。【参考异名】Madronella Greene（1906）Nom. illegit. ；Madronella Mill. ■☆

33607 Monaria Korth. ex Valeton = Erythropalum Blume（1826）［铁青树科 Olacaceae//赤苍藤科 Erythropalaceae］●■

33608 Monarrhenus Cass.（1817）【汉】簇菊木属。【隶属】菊科 Asteraceae（Compositae）。【包含】世界 2 种。【学名诠释与讨论】〈阳〉（希）monas，所有格 monados = 拉丁文 monas，所有格 monadis，单个，单位。mono - = 拉丁文 uni -，单个，单一的+arrhena，所有格 ayrhenos，雄的。【分布】马达加斯加，马斯克林群岛。【模式】未指定。【参考异名】Mahometa DC.（1836）●■☆

33609 Monarthrocarpus Merr.（1910）= Desmodium Desv.（1813）（保留属名）［豆科 Fabaceae（Leguminosae）//蝶形花科 Papilionaceae］●■

33610 Monastes Raf.（1840）= Centranthus Lam. et DC.（1805）Nom. illegit. ; ~ = Centranthus DC.（1805）［缬草科（败酱科）Valerianaceae］■

33611 Monastinocephalus Klatt（1896）Nom. illegit. ≡ Monactinocephalus Klatt（1896）; ~ = Inula L.（1753）［菊科 Asteraceae（Compositae）//旋覆花科 Inulaceae］●■

33612 Monathera Raf.（1819）Nom. illegit. ≡ Ctenium Panz.（1813）（保留属名）; ~ ≡ Monocera Elliott（1816）Nom. illegit. ; ~ ≡ Ctenium Panz.（1813）（保留属名）［禾本科 Poaceae（Gramineae）］■☆

33613 Monavia Adans.（1763）Nom. illegit. ≡ Mimulus L.（1753）［玄参科 Scrophulariaceae//透骨草科 Phrymaceae］●■

33614 Monbin Mill.（1754）Nom. illegit. ≡ Spondias L.（1753）［漆树科 Anacardiaceae］●

33615 Monbin Plum. ex Adans.（1763）Nom. illegit. ［漆树科 Anacardiaceae］●☆

33616 Mondia Skeels（1911）【汉】蒙迪藤属（绿钟草属）。【隶属】杠柳科 Periplocaceae。【包含】世界 2 种。【学名诠释与讨论】〈阴〉来自祖鲁人植物俗名。此属的学名"Mondia Skeels, U. S. D. A. Bur. Pl. Industr. Bull. 223：45. 1911"是一个替代名称。"Chlorocodon Hook. f., Bot. Mag. t. 5898. 1 Apr 1871"是一个非法名称（Nom. illegit.），因为此前已经有了"Chlorocodon（A. P. de

Candolle) Fourreau, Ann. Soc. Linn. Lyon ser. 2. 17：113. 28 Dec 1869 ＝Erica L.（1753）［杜鹃花科（欧石南科）Ericaceae］"。故用"Mondia Skeels（1911）"替代之。"Mondia"的词义是：（希）chloros，绿色＋kodon，指小式 kodonion，钟，铃。【分布】热带非洲。【模式】Mondia whiteii（J. D. Hooker）Skeels［Chlorocodon whiteii J. D. Hooker］。【参考异名】Chlorocodon Hook. f.（1871）Nom. illegit.●☆

33617　Mondo Adans.（1763）（废弃属名）＝Ophiopogon Ker Gawl.（1807）（保留属名）［百合科 Liliaceae//铃兰科 Convallariaceae//沿阶草科 Ophiopogonaceae］■

33618　Monechma Hochst.（1841）【汉】单头爵床属。【隶属】爵床科 Acanthaceae//鸭嘴花科（鸭咀花科）Justiciaceae。【包含】世界 73种。【学名诠释与讨论】〈中〉（希）monas，单个，单位＋aechme，凸头，尖端，矛。此属的学名是"Monechma Hochstetter, Flora 24：374. 28 Jun 1841"。亦有文献把其处理为"Justicia L.（1753）"的异名。【分布】马达加斯加，印度，热带非洲。【后选模式】Monechma bracteatum Hochstetter。【参考异名】Justicia L.（1753）；Pogonospermum Hochst.（1844）；Schwabea Endl.（1839）■●☆

33619　Monelasmum Tiegh.（1902）＝Ouratea Aubl.（1775）（保留属名）［金莲木科 Ochnaceae］●

33620　Monelasum Willis, Nom. inval. ＝Monelasmum Tiegh.（1902）［金莲木科 Ochnaceae］●

33621　Monella Herb.（1821）＝Cyrtanthus Aiton（1789）（保留属名）［石蒜科 Amaryllidaceae］■☆

33622　Monelytrum Hack.（1888）【汉】单生匍茎草属。【隶属】禾本科 Poaceae（Gramineae）。【包含】世界 1 种。【学名诠释与讨论】〈中〉（希）monas，单个，单位＋elytron，皮壳，套子，盖，鞘。此属的学名，ING 和 TROPICOS 记载是"Monelytrum Hackel in Schinz, Verh. Bot. Vereins Prov. Brandenburg 30：140. 18 May 1888"。IK 则记载为"Monelytrum Hack. ex Schinz, Verh. Bot. Vereins Prov. Brandenburg xxx.（1888）140"。三者引用的文献相同。【分布】非洲西南部。【模式】Monelytrum luederitzianum Hackel。【参考异名】Monelytrum Hack. ex Schinz（1888）Nom. illegit.■☆

33623　Monelytrum Hack. ex Schinz（1888）Nom. illegit. ≡Monelytrum Hack.（1888）［禾本科 Poaceae（Gramineae）］■☆

33624　Monencyanthes A. Gray（1852）＝Helipterum DC. ex Lindl.（1836）Nom. confus.［菊科 Asteraceae（Compositae）］■☆

33625　Monenteles Labill.（1825）＝Pterocaulon Elliott（1823）［菊科 Asteraceae（Compositae）］■

33626　Monerma P. Beauv.（1812）Nom. illegit. ≡Lepturus R. Br.（1810）［禾本科 Poaceae（Gramineae）］■

33627　Moneses Salisb.（1821）Nom. illegit. ≡Moneses Salisb. ex Gray（1821）［鹿蹄草科 Pyrolaceae//杜鹃花科（欧石南科）Ericaceae］■

33628　Moneses Salisb. ex Gray（1821）【汉】独丽花属（单花鹿蹄草属）。【日】イチゲイチヤクサウ属，イチゲイチヤクソウ属，タイワンウメガササウ属，タイワンウメガサソウ属。【俄】Монезес，Одноцветка。【英】Moneses, One-flowered Wintergreen, Wintergreen。【隶属】鹿蹄草科 Pyrolaceae//杜鹃花科（欧石南科）Ericaceae。【包含】世界 1-2 种，中国 1 种。【学名诠释与讨论】〈阴〉（希）monas，单个，单位＋esis 怡悦。指花单一而美丽。另说来自 monos，孤独的。此属的学名，ING、APNI、TROPICOS 和 IK 记载是"Moneses R. A. Salisbury ex S. F. Gray, Nat. Arr. Brit. Pl. 2：396, 403. 1 Nov 1821"。"Moneses Salisb.（1821）≡Moneses Salisb. ex Gray（1821）"的命名人引证有误。"Monesis Walp., Repert. Bot. Syst.（Walpers）ii. 734（1843）"是其变体。"Monanthium Ehrh. ex House, Amer. Midl. Naturalist 6（9）：206.

1920［May 1920］"是"Moneses Salisb. ex Gray（1821）"的晚出的同模式异名。"Monanthium Ehrh.（1789）Nom. inval."和"Monanthium House（1920）Nom. illegit."则是"Moneses Salisb. ex Gray（1821）"的错误引用。"Bryophthalmum E. H. F. Meyer, Preuss. Pflanzengatt. 101. 1839"和"Odostima Rafinesque, Aut. Bot. 104. 1840"是"Moneses Salisb. ex Gray（1821）"的晚出的同模式异名（Homotypic synonym, Nomenclatural synonym）。【分布】巴基斯坦，中国，北方和极地。【模式】Moneses grandiflora R. A. Salisbury ex S. F. Gray, Nom. illegit.［Pyrola uniflora Linnaeus；Moneses uniflora（Linnaeus）A. Gray］。【参考异名】Bryophthalmum E. Mey.（1839）Nom. illegit.；Monanthium Ehrh.（1789）Nom. inval.；Monanthium Ehrh. ex House（1920）Nom. illegit.；Monanthium House（1920）Nom. illegit.；Moneses Salisb.；Odostima Raf.（1840）Nom. illegit.■

33629　Monesis Walp.（1843）Nom. illegit. ≡Moneses Salisb. ex Gray（1821）［鹿蹄草科 Pyrolaceae//杜鹃花科（欧石南科）Ericaceae］☆

33630　Monestes Post et Kuntze（1903）＝Lachenalia J. Jacq.（1784）；～＝Monoestes Salisb.（1866）［百合科 Liliaceae//风信子科 Hyacinthaceae］■☆

33631　Monetaria Bronn ＝Dalbergia L. f.（1782）（保留属名）［豆科 Fabaceae（Leguminosae）//蝶形花科 Papilionaceae］●

33632　Monetia L'Hér.（1784）＝Azima Lam.（1783）［牙刷树科（刺茉莉科）Salvadoraceae］●

33633　Monfetta Neck. ＝Mouffetta Neck.（1790）Nom. inval.；～＝Patrinia Juss.（1807）（保留属名）［缬草科（败酱科）Valerianaceae］■

33634　Mongesia Miers（1879）＝Mongezia Vell.（1829）［安息香科（齐墩果科，野茉莉科）Styracaceae］●

33635　Mongezia Vell.（1829）＝Symplocos Jacq.（1760）［山矾科（灰木科）Symplocaceae］●

33636　Mongorium Desf.（1798）＝Jasminum L.（1753）；～＝Mogorium Juss.（1789）［木犀榄科（木犀科）Oleaceae］●

33637　Monguia Chapel. ex Baill.（1861）＝Croton L.（1753）［大戟科 Euphorbiaceae//巴豆科 Crotonaceae］●

33638　Moniera B. Juss.（1756）Nom. illegit.（废弃属名）≡Moniera B. Juss. ex P. Browne（1756）（废弃属名）；～＝Bacopa Aubl.（1775）（保留属名）［玄参科 Scrophulariaceae//婆婆纳科 Veronicaceae］■

33639　Moniera B. Juss. ex P. Browne（1756）（废弃属名）＝Bacopa Aubl.（1775）（保留属名）［玄参科 Scrophulariaceae//婆婆纳科 Veronicaceae］■

33640　Moniera Loefl.（1758）Nom. illegit.（废弃属名）≡Ertela Adans.（1763）Nom. illegit.［芸香科 Rutaceae］■

33641　Moniera P. Browne（1756）Nom. illegit.（废弃属名）≡Moniera B. Juss. ex P. Browne（1756）（废弃属名）；～＝Bacopa Aubl.（1775）（保留属名）［玄参科 Scrophulariaceae］■

33642　Monieraceae Raf. ＝Scrophulariaceae Juss.（保留科名）●■

33643　Monieria Loefl.（1758）＝Moniera Loefl.（1758）Nom. illegit.（废弃属名）；～＝Ertela Adans.（1763）Nom. illegit.［芸香科 Rutaceae］■

33644　Monilaria（Schwantes）Schwantes（1929）【汉】碧光环属（鹿角玉属）。【日】モニラリア属。【隶属】番杏科 Aizoaceae。【包含】世界 5-6 种。【学名诠释与讨论】〈阴〉（希）monile，所有格 monilis，项圈，念珠＋-arius，-aria，-arium，指示"属于、相似、具有、联系"的词尾。此属的学名，ING 记载是"Monilaria（Schwantes）Schwantes, Gartenwelt 33：69. 1 Feb 1929"，由"Mitrophyllum subgen. Monilaria Schwantes, Z. Sukkulentenk. 2：182. 30 Apr 1926"改级而来。IK 和 TROPICOS 则记载为"Monilaria Schwantes,

Gartenwelt 1929,xxxiii. 69"。三者引用的文献相同。【分布】非洲南部。【模式】Monilaria chrysoleuca（Schlechter）Schwantes［Mesembryanthemum chrysoleucum Schlechter］。【参考异名】Mitrophyllum subgen. Monilaria Schwantes（1926）；Monilaria Schwantes（1929）Nom. illegit. ●☆

33645 Monilaria Schwantes（1929）Nom. illegit. ≡ Monilaria（Schwantes）Schwantes（1929）［番杏科 Aizoaceae］●☆

33646 Monilia Gray（1821）Nom. illegit. ≡ Molinia Schrank（1789）［禾本科 Poaceae（Gramineae）］■

33647 Monilicarpa Cornejo et Iltis（2008）【汉】珠果山柑属。【隶属】山柑科（白花菜科，醉蝶花科）Capparaceae。【包含】世界2种。【学名诠释与讨论】〈阴〉（希）monile，所有格 monilis，项圈，念珠+carpus 果实。此属的学名是"Monilicarpa Cornejo et Iltis, Journal of the Botanical Research Institute of Texas 2（1）：67-73, f. 3, 5, 6. 2008"。亦有文献把其处理为"Capparis L.（1753）"的异名。【分布】巴西，哥伦比亚，委内瑞拉，中国。【模式】Monilicarpa tenuisiliqua（Jacq.）Cornejo et Iltis［Capparis tenuisiliqua Jacq.］。【参考异名】Capparis L.（1753）●

33648 Monilifera Adsns.（1763）Nom. illegit. ≡ Osteospermum L.（1753）［菊科 Asteraceae（Compositae）］●■☆

33649 Monilistus Raf.（1838）= Populus L.（1753）［杨柳科 Salicaceae］●

33650 Monimia Thouars（1804）【汉】香材树属（杯轴花属）。【隶属】香材树科（杯轴花科，黑檫木科，芒籽科，蒙立米科，檬立木科，香材木科，香树木科）Monimiaceae。【包含】世界3种。【学名诠释与讨论】〈阴〉（希）monos, monimos, 单个的，单独的。指果实，各具一个胚珠。【分布】马达加斯加，马斯克林群岛。【后选模式】Monimia rotundifolia Du Petit-Thouars。●☆

33651 Monimiaceae Juss.（1809）（保留科名）【汉】香材树科（杯轴花科，黑檫木科，芒籽科，蒙立米科，檬立木科，香材木科，香树木科）。【包含】世界20-40属150-1100种。【分布】马达加斯加，澳大利亚，波利尼西亚群岛，主要在南热带。【科名模式】Monimia Thouars ●☆

33652 Monimiastrum J. Guého et A. J. Scott（1980）【汉】小香材树属。【隶属】桃金娘科 Myrtaceae。【包含】世界5种。【学名诠释与讨论】〈中〉（属）Monimia 香材树属+-astrum，指示小的词尾，也有"不完全相似"的含义。【分布】毛里求斯。【模式】Monimiastrum pyxidatum J. Guého et A. J. Scott。●☆

33653 Monimiopsis Vieill. ex Perkins（1911）【汉】类香材树属。【隶属】香材树科（杯轴花科，黑檫木科，芒籽科，蒙立米科，檬立木科，香材木科，香树木科）Monimiaceae。【包含】世界1种。【学名诠释与讨论】〈阴〉（属）Monimia 香材树属+希腊文 opsis，外观，模样，相似。此属的学名是"Monimiopsis Saporta, Mém. Soc. Géol. France ser. 2. 8：361. 1868"。亦有文献把其处理为"Hedycarya J. R. Forst. et G. Forst.（1775）"的异名。【分布】法属新喀里多尼亚。【模式】Monimiopsis rivularis Vieill. ex Perkins。【参考异名】Hedycarya J. R. Forst. et G. Forst.（1775）●☆

33654 Monimopetalum Rehder（1926）【汉】永瓣藤属。【英】Fixed-petal Vine, Monimopetalum。【隶属】卫矛科 Celastraceae。【包含】世界1种，中国1种。【学名诠释与讨论】〈中〉（希）monimos，永久的+patalon，花瓣。指花瓣宿存。另说 monos, monimos，单个的，单独的 + patalon。【分布】中国。【模式】Monimopetalum chinense Rehder。●★

33655 Monina Pers.（1806）= Monnina Ruiz et Pav.（1798）［远志科 Polygalaceae］●☆

33656 Monipsis Raf.（1837）= Teucrium L.（1753）［唇形科 Lamiaceae（Labiatae）］●■

33657 Monium Stapf et Jacq. −Fél.（1950）descr. emend. = Anadelphia Hack.（1885）［禾本科 Poaceae（Gramineae）］■☆

33658 Monium Stapf（1917）Nom. inval. ≡ Monium Stapf（1919）；~ = Anadelphia Hack.（1885）［禾本科 Poaceae（Gramineae）］■☆

33659 Monium Stapf（1919）= Anadelphia Hack.（1885）［禾本科 Poaceae（Gramineae）］■☆

33660 Monixus Finet（1907）= Angraecum Bory（1804）［兰科 Orchidaceae］■

33661 Monizia Lowe（1856）【汉】莫尼草属。【隶属】伞形花科（伞形科）Apiaceae（Umbelliferae）。【包含】世界1种。【学名诠释与讨论】〈阴〉（人）Moniz。此属的学名是"Monizia Lowe, Hooker's J. Bot. Kew Gard. Misc. 8：295. Oct 1856"。亦有文献把其处理为"Melanoselinum Hoffm.（1814）"或"Thapsia L.（1753）"的异名。【分布】葡萄牙。【模式】Monizia edulis Lowe。【参考异名】Melanoselinum Hoffm.（1814）；Thapsia L.（1753）●☆

33662 Monnella Salisb.（1866）= Cyrtanthus Aiton（1789）（保留属名）；~ = Monella Herb.（1821）［石蒜科 Amaryllidaceae］■☆

33663 Monniera Juss.（1789）Nom. illegit. ≡ Monnieria L.（1759）Nom. illegit.；~ = Moniera Loefl.（1758）［as 'Monnieria'］, Nom. illegit.；~ = Ertela Adans.（1763）Nom. illegit.［芸香科 Rutaceae］■

33664 Monniera Juss. ex P. Browne（1756）Nom. illegit. ≡ Monnieria L.（1759）Nom. illegit.；~ = Moniera Loefl.（1758）［as 'Monnieria'］, Nom. illegit.；~ = Ertela Adans.（1763）Nom. illegit.［芸香科 Rutaceae］■

33665 Monniera Kuntze（1891）Nom. illegit. = Bacopa Aubl.（1775）（保留属名）；~ = Moniera P. Browne（1756）（废弃属名）；~ = Moniera B. Juss. ex P. Browne（1756）（废弃属名）；~ = Bacopa Aubl.（1775）（保留属名）［玄参科 Scrophulariaceae］■

33666 Monniera Post et Kuntze（1903）（1891）Nom. illegit. = Bacopa Aubl.（1775）（保留属名）；~ = Moniera P. Browne（1756）（废弃属名）；~ = Moniera B. Juss. ex P. Browne（1756）（废弃属名）；~ = Bacopa Aubl.（1775）（保留属名）［玄参科 Scrophulariaceae］■

33667 Monnieria L.（1759）Nom. illegit. = Moniera Loefl.（1758）［as 'Monnieria'］, Nom. illegit.；~ = Ertela Adans.（1763）Nom. illegit.［芸香科 Rutaceae］■

33668 Monnina Ruiz et Pav.（1798）【汉】莫恩远志属（蒙宁草属，莫恩草属）。【隶属】远志科 Polygalaceae。【包含】世界150-200种。【学名诠释与讨论】〈阴〉（人）Jose Monino y Redondo（Josephus Monninus），西班牙政治家，植物学资助人+-inus, -ina, -inum 拉丁文加在名词词干之后，以形成形容词的词尾，含义为"属于、相似、关于、小的"。【分布】巴拉圭，巴拿马，秘鲁，玻利维亚，厄瓜多尔，哥伦比亚（安蒂奥基亚），墨西哥，尼加拉瓜，智利，中美洲。【后选模式】Monnina polystachya Ruiz et Pavon。【参考异名】Hebandra Post et Kuntze（1903）；Hebeandra Bonpl.（1808）；Monina Pers.（1806）●☆

33669 Monnuria Nees et Mart.（1823）= Moniera Loefl.（1758）［as 'Monnieria'］, Nom. illegit.；~ = Monnieria L.（1759）Nom. illegit.；~ = Ertela Adans.（1763）Nom. illegit.［芸香科 Rutaceae］■

33670 Monobothrium Hochst.（1844）= Swertia L.（1753）［龙胆科 Gentianaceae］■

33671 Monocallis Salisb.（1866）= Scilla L.（1753）［百合科 Liliaceae//风信子科 Hyacinthaceae//绵枣儿科 Scillaceae］■

33672 Monocardia Pennell（1920）= Bacopa Aubl.（1775）（保留属名）；~ = Herpestis C. F. Gaertn.（1807）［玄参科 Scrophulariaceae//婆婆纳科 Veronicaceae］■

33673 Monocarpia Miq.（1865）【汉】宽瓣杯萼木属。【隶属】番荔枝科 Annonaceae。【包含】世界1种。【学名诠释与讨论】〈阴〉

（希）monas，所有格 monados ＝拉丁文 monas，所有格 manadis，单个，单一的，单位。mono- ＝拉丁文 uni-，单个，单一的+karpos，果实。【分布】马来西亚（西部），泰国。【模式】Monocarpia euneura Miquel.【参考异名】Monocarpus Post et Kuntze（1903）Nom. illegit.●☆

33674 Monocarpus Post et Kuntze（1903）Nom. illegit. ＝ Monocarpia Miq.（1865）［番荔枝科 Annonaceae］●☆

33675 Monocaryum(R. Br.) Rchb.（1828）＝ Colchicum L.（1753）［百合科 Liliaceae//秋水仙科 Colchicaceae］■

33676 Monocaryum R. Br.（1828）Nom. illegit. ≡Monocaryum（R. Br.）Rchb.（1828）；~ ＝Colchicum L.（1753）［百合科 Liliaceae//秋水仙科 Colchicaceae］■

33677 Monocelastrus F. T. Wang et Ts. Tang（1951）【汉】独子藤属。【英】Monocelastrus。【隶属】卫矛科 Celastraceae。【包含】世界 2 种，中国 2 种。【学名诠释与讨论】〈阴〉（希）monos，monimos，单个的，单独的+Celastus 南蛇藤属。指本属和南蛇藤属相近，蒴果 1 室、1 种子。此属的学名是"Monocelastrus Wang et T. Tang, Acta Phytotax. Sin. 1：136. Jun 1951"。亦有文献把其处理为"Celastrus L.（1753）（保留属名）"的异名。【分布】中国，喜马拉雅山。【模式】未指定。【参考异名】Celastrus L.（1753）（保留属名）●

33678 Monocephalium S. Moore（1920）＝ Pyrenacantha Wight（1830）（保留属名）［茶茱萸科 Icacinaceae］●

33679 Monocera Elliott（1816）Nom. illegit. ≡ Ctenium Panz.（1813）（保留属名）［禾本科 Poaceae(Gramineae)］■☆

33680 Monocera Jack（1820）Nom. illegit. ＝Elaeocarpus L.（1753）［杜英科 Elaeocarpaceae］●

33681 Monoceras Steud.（1821）＝ Velleia Sm.（1798）［草海桐科 Goodeniaceae］■☆

33682 Monochaete Döll（1878）＝ Gymnopogon P. Beauv.（1812）［禾本科 Poaceae(Gramineae)］■☆

33683 Monochaetum(DC.) Naudin（1845）（保留属名）【汉】单毛野牡丹属。【隶属】野牡丹科 Melastomataceae。【包含】世界 25-45 种。【学名诠释与讨论】〈中〉（希）monos，monimos，单个的，单独的+chaite ＝拉丁文 chaeta，刚毛。此属的学名"Monochaetum（DC.）Naudin in Ann. Sci. Nat.，Bot.，ser. 3，4：48. Jul 1845"是保留属名，由" Arthrostemma sect. Monochaetum DC. Prodr.［A. P. de Candolle］3：135，138. 1828［Mar 1828］"改级而来。相应的废弃属名是野牡丹科 Melastomataceae 的"Ephynes Raf.，Sylva Tellur.：101. Oct-Dec 1838 ＝Monochaetum（DC.）Naudin（1845）（保留属名）"。"Monochaetum Naudin（1845）≡ Monochaetum（DC.）Naudin（1845）（保留属名）"的命名人引证有误，亦应废弃。【分布】巴拿马，秘鲁，厄瓜多尔，哥斯达黎加，玻利维亚，尼加拉瓜，热带美洲，中美洲。【模式】Monochaetum candolleanum Naudin，Nom. illegit.［Arthrostemma calcaratum A. P. de Candolle；Monochaetum calcaratum（A. P. de Candolle）Triana］。【参考异名】Arthrostemma sect. Monochaetum DC.（1828）；Ephynes Raf.（1838）（废弃属名）；Grischowia H. Karst.（1848）；Loevigia H. Karst. et Triana（1855）；Loevigia Triana（1855）；Monochaetum Naudin（1845）Nom. illegit.（废弃属名）；Monothactum B. D. Jacks.；Roezlia Regel（1871）Roezlia Regel（1871）●☆

33684 Monochaetum Naudin（1845）Nom. illegit.（废弃属名）≡ Monochaetum（DC.）Naudin（1845）（保留属名）［野牡丹科 Melastomataceae］●☆

33685 Monochasma Maxim. ex Franch. et Sav.（1878）【汉】鹿茸草属。【日】クチナシグサ属。【英】Antlerpilose Grass，Monochasma。【隶属】玄参科 Scrophulariaceae//列当科 Orobanchaceae。【包含】世界 4 种，中国 4 种。【学名诠释与讨论】〈中〉（希）monos，

monimos，单个的，单独的+chasme，开口。指蒴果仅背面单向室背开裂。【分布】中国，东亚。【模式】Monochasma sheareri Maximowicz ex Francet et Savatier.【参考异名】Monochosma T. Durand et Jacks.■

33686 Monochila(G. Don) Spach（1840）＝ Goodenia Sm.（1794）［草海桐科 Goodeniaceae］●■☆

33687 Monochila Spach（1840）Nom. illegit. ≡ Monochila（G. Don）Spach（1840）；~ ＝ Goodenia Sm.（1794）［草海桐科 Goodeniaceae］●■☆

33688 Monochilon Dulac（1867）Nom. illegit. ≡ Teucrium L.（1753）［唇形科 Lamiaceae(Labiatae)］●■

33689 Monochilus Fisch. et C. A. Mey.（1835）【汉】单唇马鞭草属。【隶属】马鞭草科 Verbenaceae。【包含】世界 1-2 种。【学名诠释与讨论】〈阳〉（希）monos，monimos，单个的，单独的+cheilos，唇。在希腊文组合词中，cheil-，cheilo-，-chilus，-chilia 等均为"唇，边缘"之义。此属的学名，ING、TROPICOS 和 IK 记载是"Monochilus F. E. L. Fischer et C. A. Meyer, Index Sem. Hortus Bot. Petrop. 1；34. Jan 1835"。"Monochilus Wallich ex J. Lindley, Gen. Sp. Orchid. Pl. 486. Sep 1840 ≡ Haplochilus Endl.（1841）＝ Zeuxine Lindl.（1826）［as 'Zeuxina'］（保留属名）［兰科 Orchidaceae］"是晚出的非法名称。"Monochilus Lindl.（1840）Nom. illegit. ≡ Haplochilus Endl.（1841）"的命名人引证有误。【分布】巴西。【模式】Monochilus gloxinifolius F. E. L. Fischer et C. A. Meyer.■●☆

33690 Monochilus Lindl.（1840）Nom. illegit. ≡ Haplochilus Endl.（1841）［兰科 Orchidaceae］■

33691 Monochilus Wall. ex Lindl.（1840）Nom. illegit. ≡ Haplochilus Endl.（1841）；~ ＝Zeuxine Lindl.（1826）［as 'Zeuxina'］（保留属名）［兰科 Orchidaceae］■

33692 Monochlaena Cass.（1827）＝ Eriocephalus L.（1753）［菊科 Asteraceae(Compositae)］●☆

33693 Monochoria C. Presl（1827）【汉】雨久花属。【日】ミズアオイ属，ミヅアフヒ属。【俄】Монохория。【英】Monochoria。【隶属】雨久花科 Pontederiaceae。【包含】世界 4-8 种，中国 4 种。【学名诠释与讨论】〈阴〉（希）monos，monimos，单个的，单独的+chorizo，分离。此属的学名，ING、TROPICOS、APNI 和 IK 记载是"Monochoria K. B. Presl, Rel. Haenk. 1；127. 1827"。"Calcarunia Rafinesque, Med. Fl. 2：106. 1830"和"Carigola Rafinesque, Fl. Tell. 2：10. Jan-Mar 1837（'1836'）"是"Monochoria C. Presl（1827）"的晚出的同模式异名(Homotypic synonym, Nomenclatural synonym)。【分布】澳大利亚，巴基斯坦，中国，非洲东北部。【模式】Monochoria hastifolia K. B. Presl［as 'hastaefolia'］，Nom. illegit.［Pontederia hastata Linnaeus；Monochoria hastata（Linnaeus）Solms Laubach］。【参考异名】Cadacya Raf.；Calcarunia Raf.（1830）Nom. illegit.；Carigola Raf.（1837）Nom. illegit.；Gomphima Raf.（1837）；Kadakia Raf.（1837）Nom. illegit.；Limnostachys F. Muell.（1858）●

33694 Monochosma T. Durand et Jacks. ＝ Monochasma Maxim. ex Franch. et Sav.（1878）［玄参科 Scrophulariaceae//列当科 Orobanchaceae］■

33695 Monocladus H. C. Chia，H. L. Fung et Y. L. Yang（1988）【汉】单枝竹属（异篲竹属，异篲竹属）。【英】Monocladus，Singlebamboo。【隶属】禾本科 Poaceae(Gramineae)。【包含】世界 5 种，中国 5 种。【学名诠释与讨论】〈阳〉（希）monos，单个的，单独的+klados，枝，芽，指小式 kladion，棍棒。Kladodes，有许多枝子的条。指具单分枝的竹类。此属的学名是"Monocladus L. C. Chia，H. L. Fung et Y. L. Yang, Acta Phytotax. Sin. 26：212. Jun 1988"。亦有文献把其处理为"Bambusa Schreb.（1789）（保留属名）"的异名。

【分布】中国。【模式】Monocladus saxatilis L. C. Chia, H. L. Fung et Y. L. Yang。【参考异名】Bambusa Schreb. (1789)(保留属名)；Bonia Balansa(1890)●★

33696　Monococcus F. Muell. (1858)【汉】单性商陆属。【隶属】商陆科 Phytolaccaceae。【包含】世界 1 种。【学名诠释与讨论】〈阳〉(希)monos, 单个的, 单独的+kokkos, 变为拉丁文 coccus, 仁, 谷粒, 浆果。指果实具单心皮。【分布】澳大利亚, 法属新喀里多尼亚。【模式】Monococcus echinophorus F. v. Mueller。●☆

33697　Monocodon Salisb. (1866) = Fritillaria L. (1753) [百合科 Liliaceae//贝母科 Fritillariaceae]■

33698　Monocosmia Fenzl(1839)【汉】单蕊苋属。【隶属】马齿苋科 Portulacaceae。【包含】世界 1 种。【学名诠释与讨论】〈阴〉(希)monos, monimos, 单个的, 单独的+kosmos, 形式, 装饰。此属的学名, ING, TROPICOS 和 IK 记载是"Monocosmia Fenzl in Endlicher et Fenzl, Nov. Stirp. Decades 84. 5 Aug 1839"。它曾被处理为"Calandrinia sect. Monocosmia (Fenzl) Hershk., Phytologia 70(3)：223. 1991"。亦有文献把"Monocosmia Fenzl(1839)"处理为"Calandrinia Kunth(1823)(保留属名)"的异名。【分布】智利, 巴塔哥尼亚。【模式】Monocosmia corrigioloides Fenzl, Nom. illegit. [Talinum monandrum Ruiz et Pavon]。【参考异名】Calandrinia Kunth(1823)(保留属名)；Calandrinia sect. Monocosmia (Fenzl) Hershk. (1991)■☆

33699　Monocostus K. Schum. (1904)【汉】秘鲁闭鞘姜属。【隶属】闭鞘姜科 Costaceae。【包含】世界 2 种。【学名诠释与讨论】〈阳〉(希)monos, 单个的, 单独的+(属)Costus 闭鞘姜属。【分布】秘鲁。【模式】Monocostus ulei K. M. Schumann。■☆

33700　Monoculus B. Nord. (2006)【汉】单孔菊属。【隶属】菊科 Asteraceae(Compositae)。【包含】世界 2 种。【学名诠释与讨论】〈阳〉(拉)monos, 单个的, 单独的+culus 臀, 尻, 肛门。【分布】澳大利亚, 非洲。【模式】Monoculus monstrosus (N. L. Burman) B. Nordenstam [Calendula monstrosa N. L. Burman]。■☆

33701　Monocyclanthus Keay(1953)【汉】单环花属。【隶属】番荔枝科 Annonaceae。【包含】世界 1 种。【学名诠释与讨论】〈阳〉(希)monos, 单个的, 单独的+kyklos, 圆圈, kyklas, 所有格 kyklados, 圆形的。kyklotos, 圆的, 关住, 围住+anthos, 花。【分布】热带非洲西部。【模式】Monocyclanthus vignei Keay。●☆

33702　Monocyclis Wall. ex Voigt (1845) = Walsura Roxb. (1832) [楝科 Meliaceae]●

33703　Monocymbium Stapf(1919)【汉】单穗草属。【隶属】禾本科 Poaceae(Gramineae)。【包含】世界 3 种。【学名诠释与讨论】〈中〉(希)monos, 单个的, 单独的+kymbos = kymbe, 指小式 kymbion, 杯, 小舟+-ius, -ia, -ium, 在拉丁文和希腊文中, 这些词尾表示性质或状态。指佛焰苞形状。【分布】热带和非洲南部。【模式】Monocymbium ceresiiforme (C. G. D. Nees) Stapf [Andropogon ceresiaeformis C. G. D. Nees]。■☆

33704　Monocystis Lindl. (1836) = Alpinia Roxb. (1810)(保留属名) [姜科(蘘荷科)Zingiberaceae//山姜科 Alpiniaceae]■

33705　Monodia S. W. L. Jacobs(1985)【汉】针茅草属。【隶属】禾本科 Poaceae(Gramineae)。【包含】世界 1 种。【学名诠释与讨论】〈阴〉(希)monas+odous, 所有格 odontos, 齿。【分布】澳大利亚(西部)。【模式】Monodia stipoides S. W. L. Jacobs。■☆

33706　Monodiella Maire(1943)【汉】小针茅草属。【隶属】禾本科 Poaceae(Gramineae)。【包含】世界 1 种。【学名诠释与讨论】〈阴〉(属)Monodia 针茅状草属+-ellus, -ella, -ellum, 加在名词词干后面形成指小式的词尾。或加在人名、属名等后面以组成新属的名称。【分布】撒哈拉沙漠。【模式】Monodiella flexuosa Maire。■☆

33707　Monodora Dunal (1817)【汉】单兜属(假肉豆蔻属)。【俄】Монодора。【英】Monodora。【隶属】番荔枝科 Annonaceae。【包含】世界 15-20 种。【学名诠释与讨论】〈阴〉(希)monos, monimos, 单个的, 单独的+doros, 革制的袋、囊；dora, 皮。指单生的花及心皮。【分布】马达加斯加, 热带非洲。【后选模式】Monodora myristica (J. Gaertner) Dunal [Annona myristica J. Gaertner]。●☆

33708　Monodoraceae J. Agardh(1858) = Annonaceae Juss. (保留科名)●

33709　Monodyas(K. Schum.) Kuntze = Halopegia K. Schum. (1902) [竹芋科(苳叶科, 柊叶科)Marantaceae]■☆

33710　Monodynamis J. F. Gmel. (1791) Nom. illegit. ≡ Usteria Willd. (1790) [马钱科(断肠草科, 马钱子科)Loganiaceae]●☆

33711　Monodynamus Pohl (1831) = Anacardium L. (1753) [漆树科 Anacardiaceae]●

33712　Monoestes Salisb. (1866) = Lachenalia J. Jacq. (1784) [百合科 Liliaceae//风信子科 Hyacinthaceae]■☆

33713　Monogereion G. M. Barroso et R. M. King(1971)【汉】三裂尖泽兰属。【隶属】菊科 Asteraceae(Compositae)。【包含】世界 1 种。【学名诠释与讨论】〈阳〉(希)monos, 单个的, 单独的+gero 持之+-ion, 表示出现。【分布】巴西。【模式】Monogereion carajensis G. M. Barroso et R. M. King。■☆

33714　Monographidium C. Presl(1851) = Cliffortia L. (1753) [蔷薇科 Rosaceae]●☆

33715　Monographis Thouars = Graphorkis Thouars(1809)(保留属名)；~ = Limodorum Boehm. (1760)(保留属名) [兰科 Orchidaceae]■☆

33716　Monogynella Des Monl. (1853) = Cuscuta L. (1753) [旋花科 Convolvulaceae//菟丝子科 Cuscutaceae]■

33717　Monolena Triana ex Benth. et Hook. f. (1867)【汉】美洲单毛野牡丹属。【隶属】野牡丹科 Melastomataceae。【包含】世界 15 种。【学名诠释与讨论】〈阴〉(希)monos, monimos, 单个的, 单独的+olenos, 臂, 肘。指花的基部。此属的学名, ING 和 GCI 记载是"Monolena Triana ex Benth. et Hook. f., Gen. Pl. [Bentham et Hooker f.]1(3)：732(756). 1867 [Sep 1867]"。IK 则记载为"Monolena Triana, Gen. Pl. [Bentham et Hooker f.]1(3)：756. 1867 [Sep 1867]"。三者引用的文献相同。【分布】巴拿马, 秘鲁, 厄瓜多尔, 哥伦比亚(安蒂奥基亚), 哥斯达黎加, 中美洲。【后选模式】Monolena primuliflora J. D. Hooker [as 'primulaeflora']。【参考异名】Monolena Triana (1867) Nom. illegit. ■☆

33718　Monolena Triana (1867) Nom. illegit. ≡ Monolena Triana ex Benth. et Hook. f. (1867) [野牡丹科 Melastomataceae]■☆

33719　Monolepis Schrad. (1831)【汉】单被藜属。【俄】Однопокровник。【隶属】藜科 Chenopodiaceae。【包含】世界 3-6 种。【学名诠释与讨论】〈阴〉(希)monos, monimos, 单个的, 单独的+lepis, 所有格 lepidos, 指小式 lepion 或 lepidion, 鳞, 鳞片。lepidotos, 多鳞的。lepos, 鳞, 鳞片。指花被裂片有时一枚。【分布】美国, 巴塔哥尼亚, 亚洲, 北美洲。【模式】Monolepis trifida H. A. Schrader。【参考异名】Micromonolepis Ulbr. (1934)■☆

33720　Monolix Raf. (1824) = Callirhoe Nutt. (1821) [锦葵科 Malvaceae]■●☆

33721　Monolluma Plowes(1995)【汉】单龙角属。【隶属】萝藦科 Asclepiadaceae。【包含】世界 5 种。【学名诠释与讨论】〈阴〉(希)monos, monimos, 单个的, 单独的+lluma, 水牛角属(龙角属, 水牛掌属)Caralluma 的后半部分。【分布】阿拉伯半岛。【模式】不详。☆

33722　Monolophus Delafosse, Guill. et J. Kuhn (1831) Nom. illegit. [姜科(蘘荷科)Zingiberaceae]☆

33723 Monolophus Wall.（1830）Nom. inval.≡Monolophus Wall. ex Endl.（1837）；~ = Kaempferia L.（1753）+ Caulokaempferia K. Larsen（1964）［姜科（蘘荷科）Zingiberaceae］■

33724 Monolophus Wall. ex Endl.（1837）= Kaempferia L.（1753）［姜科（蘘荷科）Zingiberaceae］■

33725 Monolopia DC.（1838）【汉】单苞菊属。【隶属】菊科 Asteraceae（Compositae）。【包含】世界4-5种。【学名诠释与讨论】〈阴〉（希）monos, monimos, 单个的, 单独的+lopos, 外壳。指总苞。【分布】美国（加利福尼亚）。【后选模式】Monolopia major A. P. de Candolle。【参考异名】Spiridanthus Fenzl ex Endl.（1842）Nom. illegit.；Spiridanthus Fenzl（1842）；Spyridanthus Wirtst.■☆

33726 Monomeria Lindl.（1830）【汉】短瓣兰属。【日】アクロケネ属, モノメリア属。【英】Monomeria, Shortpetal Orchis。【隶属】兰科 Orchidaceae。【包含】世界3种, 中国1种。【学名诠释与讨论】〈阴〉（希）monas+meros, 一部分。拉丁文 merus 含义为纯洁的, 真正的。指雄蕊单生。【分布】中国, 东喜马拉雅山, 东南亚。【模式】Monomeria barbata J. Lindley。【参考异名】Acrochaene Lindl.（1853）■

33727 Monomesia Raf.（1838）Nom. illegit.= Coldenia L.（1753）；~ = Tiquilia Pers.（1805）［紫草科 Boraginaceae］■☆

33728 Mononeuria Rchb.（1841）= Minuartia L.（1753）［石竹科 Caryophyllaceae］■

33729 Monoon Miq.（1865）= Polyalthia Blume（1830）［番荔枝科 Annonaceae］●

33730 Monopanax Regel（1869）= Oreopanax Decne. et Planch.（1854）［五加科 Araliaceae］●☆

33731 Monopera Barringer（1983）【汉】单囊婆婆纳属（单囊玄参属）。【隶属】玄参科 Scrophulariaceae//婆婆纳科 Veronicaceae。【包含】世界2种。【学名诠释与讨论】〈阴〉（希）monos, monimos, 单个的, 单独的+pera, 指小式 peridion, 袋、囊。【分布】巴拉圭, 巴西。【模式】Monopera micrantha（Bentham）K. Barringer［Angelonia micrantha Bentham］。■☆

33732 Monopetalanthus Harms（1897）【汉】单瓣豆属。【隶属】豆科 Fabaceae（Leguminosae）。【包含】世界15-20种。【学名诠释与讨论】〈阳〉（希）monos, 单个的, 单独的+希腊文 petalos, 扁平的, 铺开的。petalon, 花瓣, 叶, 花叶, 金属叶子。拉丁文的花瓣为 petalum+anthos, 花。【分布】热带非洲。【模式】Monopetalanthus pteridophyllus Harms。●☆

33733 Monophalacrus Cass.（1828）= Tessaria Ruiz et Pav.（1794）［菊科 Asteraceae（Compositae）］●☆

33734 Monopholis S. F. Blake（1922）= Monactis Kunth（1818）［菊科 Asteraceae（Compositae）］●☆

33735 Monophrynium K. Schum.（1902）【汉】单柊叶属。【隶属】竹芋科（苳叶科, 柊叶科）Marantaceae。【包含】世界3种。【学名诠释与讨论】〈中〉（希）monos, 单个的, 单独的+（属）Phrynium 柊叶属（苳叶属）。【分布】菲律宾, 印度尼西亚（马鲁古群岛）。【模式】Monophrynium fasciculatum（K. B. Presl）K. M. Schumann［Calathea fasciculata K. B. Presl］。■☆

33736 Monophyllaea R. Br.（1839）【汉】独叶苣苔属。【隶属】苦苣苔科 Gesneriaceae。【包含】世界20-30种。【学名诠释与讨论】〈阴〉（希）monos, monimos, 单个的, 单独的+希腊文 phyllon, 叶子。phyllodes, 似叶的, 多叶的。phylleion, 绿色材料, 绿草。此属的学名, ING, TROPICOS 和 IK 记载是"Monophyllaea R. Br., Pl. Jav. Rar.（Bennett）121（1838）"。"Horsfieldia Chifflot, Compt. Rend. Hebd. Séances Acad. Sci. 148: 940. Apr – Jul 1909（non Willdenow 1806）"是"Monophyllaea R. Br.（1839）"的晚出的同模式异名（Homotypic synonym, Nomenclatural synonym）。【分布】马来西亚。【模式】Monophyllaea horsfieldii R. Brown。【参考异名】Horsfieldia Chifflot（1909）Nom. illegit.；Moultonia Balf. f. et W. W. Sm.（1915）■☆

33737 Monophyllanthe K. Schum.（1902）【汉】单叶花属。【隶属】竹芋科（苳叶科, 柊叶科）Marantaceae。【包含】世界1-2种。【学名诠释与讨论】〈阴〉（希）monos, monimos, 单个的, 单独的+phyllon, 叶子+anthos, 花。antheros, 多花的。antheo, 开花。希腊文 anthos 亦有"光明、光辉、优秀"之义。【分布】几内亚。【模式】Monophyllanthe oligophylla K. M. Schumann。■☆

33738 Monophyllon Delarbre（1800）Nom. illegit.≡Maianthemum F. H. Wigg.（1780）（保留属名）［百合科 Liliaceae//铃兰科 Convallariaceae］■

33739 Monophyllorchis Schltr.（1920）【汉】单叶兰属。【隶属】兰科 Orchidaceae。【包含】世界2种。【学名诠释与讨论】〈阴〉（希）monos, monimos, 单个的, 单独的+phyllon, 叶子+orchis, 原义是睾丸, 后变为植物兰的名称, 因为根的形态而得名。变为拉丁文 orchis, 所有格 orchidis。【分布】哥伦比亚。【模式】Monophyllorchis colombiana Schlechter。■☆

33740 Monoplectra Raf.（1817）= Sesbania Scop.（1777）（保留属名）［豆科 Fabaceae（Leguminosae）//蝶形花科 Papilionaceae］●■

33741 Monoplegma Piper（1920）= Oxyrhynchus Brandegee（1912）［豆科 Fabaceae（Leguminosae）］■☆

33742 Monoploca Bunge（1845）= Lepidium L.（1753）［十字花科 Brassicaceae（Cruciferae）］■

33743 Monopogon C. Presl（1830）Nom. illegit.≡Monopogon J. Presl（1830）；~ = Tristachya Nees（1829）［禾本科 Poaceae（Gramineae）］■☆

33744 Monopogon J. Presl（1830）Nom. illegit.= Tristachya Nees（1829）［禾本科 Poaceae（Gramineae）］■☆

33745 Monoporandra Thwaites（1854）【汉】单孔药香属。【隶属】龙脑香科 Dipterocarpaceae。【包含】世界3种。【学名诠释与讨论】〈阴〉（希）monos, monimos, 单个的, 单独的+pora, 孔+aner, 所有格 andros, 雄性, 雄蕊。此属的学名是"Monoporandra Thwaites, Hooker's J. Bot. Kew Gard. Misc. 6: 69. Mar 1854"。亦有文献把其处理为"Stemonoporus Thwaites（1854）"的异名。【分布】斯里兰卡。【模式】未指定。【参考异名】Stemonoporus Thwaites（1854）●☆

33746 Monoporidium Tiegh.（1902）= Ochna L.（1753）［金莲木科 Ochnaceae］●

33747 Monoporina Bercht. et J. Presl（1825）= Marila Sw.（1788）［猪胶树科（克鲁西科, 山竹子科, 藤黄科）Clusiaceae（Guttiferae）］●☆

33748 Monoporina J. Presl（1825）Nom. illegit.≡Monoporina Bercht. et J. Presl（1825）；~ = Marila Sw.（1788）［猪胶树科（克鲁西科, 山竹子科, 藤黄科）Clusiaceae（Guttiferae）］●☆

33749 Monoporus A. DC.（1841）【汉】单孔紫金牛属。【隶属】紫金牛科 Myrsinaceae。【包含】世界8种。【学名诠释与讨论】〈阳〉（希）monos, 单个的, 单独的+pora, 孔。【分布】马达加斯加。【模式】Monoporus paludosus Alph. de Candolle。●☆

33750 Monopsis Salisb.（1817）【汉】单桔梗属。【隶属】桔梗科 Campanulaceae。【包含】世界15-18种。【学名诠释与讨论】〈阴〉（希）monos, monimos, 单个的, 单独的+希腊文 opsis, 外观, 模样, 相似。【分布】热带和非洲南部。【后选模式】Monopsis speculum（H. C. Andrews）Alph. de Candolle［Lobelia speculum H. C. Andrews］。【参考异名】Dobrowskya Brongn.；Dobrowskya C. Presl（1836）；Dobrowskya Endl.；Drobowskia Brongn.（1843）Nom. illegit.；Drobrowskia Brongn.（1843）Nom. illegit.■☆

33751 Monoptera Sch. Bip.（1844）【汉】单翅菊属。【隶属】菊科 Asteraceae（Compositae）。【包含】世界1种。【学名诠释与讨论】

〈阴〉（希）monas+pteron，指小式 pteridion，翅。pteridios，有羽毛的翅。此属的学名是"Monoptera C. H. Schultz Bip. in P. B. Webb et S. Berthelot，Hist. Nat. Iles Canaries 3(2.2)：253. Jul 1844"。亦有文献把其处理为"Argyranthemum Webb ex Sch. Bip.（1839）"或"Chrysanthemum L.（1753）（保留属名）"的异名。【分布】西班牙（加那利群岛）。【模式】Monoptera filifolia C. H. Schultz Bip.。【参考异名】Argyranthemum Webb ex Sch. Bip.（1839）；Chrysanthemum L.（1753）（保留属名）●☆

33752 Monopteris Klotzsch ex Radlk.（1849）Nom. illegit. ≡ Monopteris Klotzsch（1849）；~ = Matayba Aubl.（1775）［无患子科 Sapindaceae］●☆

33753 Monopteryx Spruce ex Benth.（1862）【汉】单翼豆属。【隶属】豆科 Fabaceae(Leguminosae)。【包含】世界 2-3 种。【学名诠释与讨论】〈阴〉（希）monos，monimos，单个的，单独的+pteryx，所有格 pterygos，指小式 pterygion，翼，羽毛，鳍。此属的学名，ING 和 IK 记载是"Monopteryx Spruce ex Bentham，Fl. Bras. 15(1)：307. t. 122. Jan 1862"。"Monopteryx Spruce（1862）"的命名人引证有误。【分布】热带南美洲。【后选模式】Monopteryx angustifolia Spruce ex Bentham。【参考异名】Monopteryx Spruce（1862）Nom. illegit.●☆

33754 Monopteryx Spruce（1862）Nom. illegit. = Monopteryx Spruce ex Benth.（1862）［豆科 Fabaceae(Leguminosae)］●☆

33755 Monoptilon Torr. et A. Gray ex A. Gray（1847）Nom. illegit. ≡ Monoptilon Torr. et A. Gray（1847）［菊科 Asteraceae(Compositae)］■☆

33756 Monoptilon Torr. et A. Gray（1847）【汉】沙星菊属。【英】Desertstar，Mojave Desert Star。【隶属】菊科 Asteraceae(Compositae)。【包含】世界 2 种。【学名诠释与讨论】〈阴〉（希）monos，monimos，单个的，单独的+ptilon，羽毛，翼，柔毛。指冠毛。此属的学名，ING、GCI 和 IK 记载是"Monoptilon J. Torrey et A. Gray，Boston J. Nat. Hist. 1：206. Jan 1845"。"Monoptilon Torr. et A. Gray ex A. Gray（1847）"的命名人引证有误。【分布】美国（西南部）和墨西哥（北部）。【模式】Monoptilon bellidiformis J. Torrey et A. Gray。【参考异名】Eremiastrum A. Gray（1855）；Monoptilon Torr. et A. Gray ex A. Gray（1847）Nom. illegit.■☆

33757 Monopyle Benth.（1876）Nom. illegit. ≡ Monopyle Moritz ex Benth. et Hook. f.（1876）［苦苣苔科 Gesneriaceae］■☆

33758 Monopyle Moritz ex Benth.（1876）Nom. illegit. ≡ Monopyle Moritz ex Benth. et Hook. f.（1876）［苦苣苔科 Gesneriaceae］■☆

33759 Monopyle Moritz ex Benth. et Hook. f.（1876）【汉】单裂苣属。【英】Monopyle。【隶属】苦苣苔科 Gesneriaceae。【包含】世界 18-23 种。【学名诠释与讨论】〈阴〉（希）monos，monimos，单个的，单独的+pyle，大门，进口，开口。此属的学名，ING、GCI 和 IK 记载是"Monopyle Moritz ex Benth. et Hook. f.，Gen. Pl.［Bentham et Hooker f.］2(2)：997. 1876［May 1876］"。TROPICOS 则记载为"Monopyle Moritz ex Benth.，Genera Plantarum 2：997. 1876.（May 1876）"。四者引用的文献相同。"Monopyle Benth.（1876）≡ Monopyle Moritz ex Benth. et Hook. f.（1876）"的命名人引证有误。【分布】巴拿马，玻利维亚，厄瓜多尔，哥伦比亚（安蒂奥基亚），哥斯达黎加，中美洲至秘鲁。【模式】Monopyle leucantha Moritz ex Bentham。【参考异名】Gloveria Jordaan（1998）；Gloxiniopsis Roalson et Boggan（2005）；Monopyle Benth.（1876）Nom. illegit.；Monopyle Moritz ex Benth.（1876）Nom. illegit.；Scoliotheca Baill.（1888）■☆

33760 Monopyrena Speg.（1897）（废弃属名）≡ Junellia Moldenke（1940）（保留属名）；~ = Verbena L.（1753）［马鞭草科 Verbenaceae］■●

33761 Monorchis Agosti（1770）Nom. illegit. = Herminium L.（1758）；~ = Ophrys L.（1753）［兰科 Orchidaceae］■

33762 Monorchis Ehrh.（1789）Nom. inval.，Nom. illegit. = Herminium L.（1758）；~ = Ophrys L.（1753）［兰科 Orchidaceae］■☆

33763 Monorchis Ség.（1754）Nom. illegit. ≡ Herminium L.（1758）［兰科 Orchidaceae］■

33764 Monosalpinx N. Hallé（1968）【汉】单角茜属。【隶属】茜草科 Rubiaceae。【包含】世界 1 种。【学名诠释与讨论】〈阴〉（希）monos，monimos，单个的，单独的+salpinx，所有格 salpingos，号角，喇叭。【分布】热带非洲西部。【模式】Monosalpinx guillaumettii N. Hallé.☆

33765 Monoschisma Brenan（1955）Nom. illegit. ≡ Pseudopiptadenia Rauschert（1982）［豆科 Fabaceae(Leguminosae)］■☆

33766 Monosemeion Raf.（1840）= Amorpha L.（1753）［豆科 Fabaceae(Leguminosae)//蝶形花科 Papilionaceae］●

33767 Monosepalum Schltr.（1913）【汉】单萼兰属。【隶属】兰科 Orchidaceae。【包含】世界 3 种。【学名诠释与讨论】〈中〉（希）monos，单个的，单独的 + sepalum，花萼。此属的学名是"Monosepalum Schlechter，Repert. Spec. Nov. Regni Veg. Beih. 1：682. 1 Dec 1912；895. 1 Jul 1913"。亦有文献把其处理为"Bulbophyllum Thouars(1822)（保留属名）"的异名。【分布】新几内亚岛。【模式】未指定。【参考异名】Bulbophyllum Thouars（1822）（保留属名）■☆

33768 Monosis DC.（1833）= Vernonia Schreb.（1791）（保留属名）［菊科 Asteraceae（Compositae）//斑鸠菊科（绿菊科）Vernoniaceae］●■

33769 Monosoma Griff.（1854）= Carapa Aubl.（1775）；~ = Xylocarpus J. König（1784）［楝科 Meliaceae］●

33770 Monospatha W. T. Lin（1994）= Yushania P. C. Keng（1957）［禾本科 Poaceae(Gramineae)］●

33771 Monospora Hochst.（1841）= Trimeria Harv.（1838）［刺篱木科（大风子科）Flacourtiaceae］●☆

33772 Monostachya Merr.（1910）= Rytidosperma Steud.（1854）［禾本科 Poaceae(Gramineae)］■☆

33773 Monostemma Turcz.（1848）= Cynanchum L.（1753）［萝藦科 Asclepiadaceae］●■

33774 Monostemon Balansa ex Henrard（1921）Nom. inval. = Microbriza Parodi ex Nicora et Rugolo（1981）；~ = Briza L.（1753）［禾本科 Poaceae(Gramineae)］■☆

33775 Monostemon Hack. ex Henrard（1921）Nom. inval. = Monostemon Balansa ex Henrard（1921）Nom. inval.；~ = Microbriza Parodi ex Nicora et Rugolo（1981）；~ = Briza L.（1753）［禾本科 Poaceae(Gramineae)］■☆

33776 Monostemon Henrard（1921）Nom. inval. ≡ Monostemon Balansa ex Henrard（1921）Nom. inval.；~ = Microbriza Parodi ex Nicora et Rugolo（1981）；~ = Briza L.（1753）［禾本科 Poaceae(Gramineae)］■☆

33777 Monosteria Raf.（1837）= Hoppea Willd.（1801）［龙胆科 Gentianaceae］■☆

33778 Monostichanthus F. Muell.（1890）= Haplostichanthus F. Muell.（1891）［番荔枝科 Annonaceae］●☆

33779 Monostiche Körn.（1858）= Calathea G. Mey.（1818）［竹芋科（苳叶科，柊叶科）Marantaceae］■

33780 Monostylis Tul.（1852）= Apinagia Tul. emend. P. Royen［髯管花科 Geniostomaceae］■☆

33781 Monotaceae（Gilg）Maury ex Takht.（1987）Nom. inval. = Dipterocarpaceae Blume（保留科名）●

33782　Monotaceae(Gilg)Takht.(1987)Nom. inval. = Dipterocarpaceae Blume(保留科名);～=Monotaceae Maury ex Takht.●☆

33783　Monotaceae J. Agardh = Dipterocarpaceae Blume(保留科名);～=Monotaceae Maury ex Takht.;～=Monotropaceae Nutt.(保留科名)■

33784　Monotaceae Kosterm.(1989)=Monotaceae Maury ex Takht.●☆

33785　Monotaceae Maury ex Takht.(1987)[亦见 Dipterocarpaceae Blume(保留科名)龙脑香科]【汉】单列木科。【包含】世界1-3属41-48种。【分布】马达加斯加,南美洲北部,热带非洲。【科名模式】Monotes A. DC.●☆

33786　Monotaceae Takht. = Dipterocarpaceae Blume(保留科名);～=Monotaceae Maury ex Takht.●☆

33787　Monotagma K. Schum.(1902)【汉】天鹅绒竹芋属。【日】モノタグマ属。【隶属】竹芋科(柊叶科,柊叶科)Marantaceae。【包含】世界20-37种。【学名诠释与讨论】〈中〉(希)monos,单个的,单独的+tagma,列,层。【分布】巴拿马,秘鲁,玻利维亚,厄瓜多尔,哥伦比亚(安蒂奥基亚),哥斯达黎加,尼加拉瓜,中美洲。【模式】未指定。■☆

33788　Monotassa Salisb.(1866)= Urginea Steinh.(1834)[百合科 Liliaceae//风信子科 Hyacinthaceae]■☆

33789　Monotaxis Brongn.(1834)【汉】单列大戟属。【隶属】大戟科 Euphorbiaceae。【包含】世界10种。【学名诠释与讨论】〈阴〉(希)monos,monimos,单个的,单独的+taxis,排列。【分布】澳大利亚。【后选模式】Monotaxis linifolia A. T. Brongniart。【参考异名】Hippocrepandra Müll. Arg.(1865);Reissipa Steud. ex Klotzsch(1848);Toxanthera Endl. ex Grüning(1913)Nom. illegit.■☆

33790　Monoteles Raf.(1838)= Bauhinia L.(1753)[豆科 Fabaceae(Leguminosae)//云实科(苏木科)Caesalpiniaceae//羊蹄甲科 Bauhiniaceae]●

33791　Monotes A. DC.(1868)【汉】单列木属(非洲香属)。【隶属】龙脑香科 Dipterocarpaceae//单列木科 Monotaceae。【包含】世界26-48种。【学名诠释与讨论】〈阳〉(希)monos,单个的,单独的+ous,所有格 otos,指小式 otion,耳。otikos,耳的。【分布】马达加斯加,热带非洲。【模式】Monotes africanus Alph. de Candolle。●☆

33792　Monothactum B. D. Jacks. = Monochaetum(DC.)Naudin(1845)(保留属名)[野牡丹科 Melastomataceae]●☆

33793　Monotheca A. DC.(1844)【汉】肖铁榄属。【隶属】山榄科 Sapotaceae。【包含】世界1种。【学名诠释与讨论】〈阳〉(希)monos,单个的,单独的+theke=拉丁文 theca,匣子,箱子,室,药室,囊。此属的学名是"Monotheca Alph. de Candolle, Prodr. 8:152. Mar(med.)1844"。亦有文献把其处理为"Reptonia A. DC.(1844)"或"Sideroxylon L.(1753)"的异名。化石植物的"Monotheca W. Gothan, Abh. Reichsstelle Bodenf. ser. 2. 196:32. 1941(non Alph. de Candolle 1844)"是晚出的非法名称。【分布】巴基斯坦,印度。【模式】Monotheca mascatensis Alph. de Candolle。【参考异名】Edgeworthia Falc.(1842)Nom. illegit.;Reptonia A. DC.(1844);Sideroxylon L.(1753)●☆

33794　Monothecium Hochst.(1842)【汉】单室爵床属。【隶属】爵床科 Acanthaceae。【包含】世界3种。【学名诠释与讨论】〈阴〉(希)monos,monimos,单个的,单独的+theke=拉丁文 theca,匣子,箱子,室,药室,囊+-ius,-ia,-ium,在拉丁文和希腊文中,这些词尾表示性质或状态。指花。【分布】马达加斯加,斯里兰卡,印度(南部),热带非洲。【模式】Monothecium glandulosum Hochstetter。【参考异名】Anthocometes Nees(1847)■☆

33795　Monothrix Torr.(1852)= Perityle Benth.(1844)[菊科 Asteraceae(Compositae)]●■☆

33796　Monothylaceum G. Don(1837)= Hoodia Sweet ex Decne.(1844)[萝藦科 Asclepiadaceae]■☆

33797　Monothylacium Benth. et Hook. f.(1876)Nom. illegit. =? Monothylaceum G. Don(1837)[萝藦科 Asclepiadaceae]■☆

33798　Monotoca R. Br.(1810)【汉】玉竹石南属。【隶属】尖苞木科 Epacridaceae//杜鹃花科(欧石南科)Ericaceae。【包含】世界11-17种。【学名诠释与讨论】〈阴〉(希)monos,monimos,单个的,单独的+tokos,后代。指子房含一个胚珠,果实含一粒种子。【分布】澳大利亚。【模式】未指定。●☆

33799　Monotrema Körn.(1872)【汉】单孔偏穗草属。【隶属】偏穗草科(雷巴第科,瑞碑题雅科)Rapateaceae。【包含】世界3-5种。【学名诠释与讨论】〈中〉(希)monos,单个的,单独的+trema,所有格 trematos,洞,穴,孔。【分布】巴西,哥伦比亚,委内瑞拉。【后选模式】Monotrema aemulans Körnicke。■☆

33800　Monotris Lindl.(1834)(废弃属名)= Holothrix Rich. ex Lindl.(1835)(保留属名)[兰科 Orchidaceae]■☆

33801　Monotropa L.(1753)【汉】水晶兰属(松下兰属,锡杖花属)。【日】ギンリャウサウ属,ギンリャウソウ属,ギンリョウサウ属,ギンリョウソウ属,シャクジョウソウ属。【俄】Вертляница,Подъельник。【英】Birdsnest, Indian Pipe, Indianpine, Indian-pipe, Pinesap, Yellow Bird's-nest。【隶属】鹿蹄草科 Pyrolaceae//水晶兰科 Monotropaceae。【包含】世界1-10种,中国2-3种。【学名诠释与讨论】〈阴〉(希)monos,monimos,单个的,单独的+tropos,转弯,方式上的改变。trope,转弯的行为,tropo,转,tropis,所有格 tropeos,后来的。tropis,所有格 tropidos,龙骨。指茎的顶端转向一侧,或指花倾斜。此属的学名,ING、TROPICOS 和 GCI 记载是"Monotropa L., Sp. Pl. 1:387. 1753[1 May 1753]"。"Hypopythis Rafinesque, Med. Repos. ser. 2. 5:352. Jul 1808"是它的同模式异名;"Hypopithis Rafinesque, Med. Repos. ser. 3. 1:297. post Jan 1810"则是"Hypopythis Raf.(1808)Nom. illegit., Nom. inval."的拼写变体。也有学者承认"松下兰属(锡杖花属)Hypopitys Hill, Brit. Herb. 221(1756)",但它是一个未合格发表的名称(Nom. inval.);若需独立,须给新名称。【分布】巴基斯坦,巴拿马,哥伦比亚,哥斯达黎加,美国,尼加拉瓜,中国,北温带,中美洲。【后选模式】Monotropa uniflora Linnaeus。【参考异名】Hypopithis Raf.(1810)Nom. illegit., Nom. inval.;Hypopithys Adans.(1763);Hypopithys Nutt.(1818)Nom. illegit.;Hypopithys Raf.(1810)Nom. illegit., Nom. inval.;Hypopithys Scop.(1771)Nom. illegit., Nom. inval.;Hypopitys Dill. ex Adans.(1763)Nom. illegit.;Hypopitys Ehrh.;Hypopitys Hill(1756)Nom. inval.;Hypopythis Raf.(1808)Nom. illegit., Nom. inval.;Monotropa Nutt., Nom. illegit.;Monotropion St.-Lag.(1880)■

33802　Monotropa Nutt., Nom. illegit. = Monotropa L.(1753)[鹿蹄草科 Pyrolaceae//水晶兰科 Monotropaceae]■

33803　Monotropaceae Nutt.(1818)(保留科名)[亦见 Ericaceae Juss.(保留科名)杜鹃花科(欧石南科)和 Montiniaceae Nakai(保留科名)]【汉】水晶兰科。【日】ギンリョウソウ科,シャクジョウソウ科。【俄】Вертляницевые。【英】Bird's-nest Family, Monotropa Family。【包含】世界10-12属20-21种,中国3属7种。【分布】北温带,热带山区。【科名模式】Monotropa L.(1753)■

33804　Monotropanthum Andrés(1961)Nom. inval. = Monotropastrum Andrés(1936)[鹿蹄草科 Pyrolaceae//水晶兰科 Monotropaceae]■★

33805　Monotropastrum Andres(1935)Nom. inval. = Monotropastrum Andrés(1936)[杜鹃花科(欧石南科)Ericaceae]■★

33806　Monotropastrum Andrés(1936)【汉】沙晶兰属(假水晶兰属,拟水晶兰属)。【英】Eremotropa。【隶属】鹿蹄草科 Pyrolaceae//水晶兰科 Monotropaceae。【包含】世界2种,中国2种。【学名诠释与讨论】〈中〉(属)Monotropa 水晶兰属+-astrum,指示小的词尾,

也有"不完全相似"的含义。此属的学名，ING、TROPICOS 和 IK 记载是"Monotropastrum H. Andres in Handel-Mazzetti, Symb. Sin. 7:766. 1936"。"Monotropastrum Andres, Notizbl. Bot. Gart. Berlin-Dahlem 12:697. 1935"是一个未合格发表的名称（Nom. nud.），1936 年补充了描述。"Monotropanthum Andrés（1961）"是一个未合格发表的名称（Nom. inval.）；它的模式"M. ampullaceum H. Andres"是基于 Monotropastrum ampullaceum H. Andres, Notizbl. Bot. Gart. Berlin-Dahlem 12:698. 6 Dec. 1935. In this publication, however, this species was not validly. 在这本出版物中，这个物种没有合格发表。亦有文献把"Monotropastrum Andrés（1936）"处理为"Cheilotheca Hook. f.（1876）"的异名。【分布】中国，喜马拉雅山。【模式】Monotropastrum macrocarpum H. Andres。【参考异名】Cheilotheca Hook. f.（1876）；Eremotropa Andrés（1953）；Monotropanthum Andrés（1961）；Monotropanthum Andrés（1961）Nom. inval.；Monotropastrum Andres（1935）Nom. inval. ■★

33807　Monotropion St.-Lag.（1880）= Monotropa L.（1753）[鹿蹄草科 Pyrolaceae//水晶兰科 Monotropaceae] ■

33808　Monotropsis Schwein.（1817）Nom. illegit. ≡ Monotropsis Schwein. ex Elliott（1817）[杜鹃花科（欧石南科）Ericaceae] ●☆

33809　Monotropsis Schwein. ex Elliott（1817）【汉】香晶兰属。【隶属】杜鹃花科（欧石南科）Ericaceae。【包含】世界 1 种。【学名诠释与讨论】〈阴〉（属）Monotropa 水晶兰属+希腊文 opsis，外观，模样，相似。此属的学名，ING 和 TROPICOS 记载是"Monotropsis Schweinitz ex S. Elliott, Sketch Bot. S.-Carolina Georgia 1:478. Dec（?）1817"。GCI 和 IK 则记载为"Monotropsis Schwein., Sketch Bot. S. Carolina [Elliott] 1（5）:478（-479）. 1817 [Dec（?）1817]"。四者引用的文献相同。"Schweinitzia S. Elliott ex T. Nuttall, Gen. 2: Add. 14 Jul 1818"是"Monotropsis Schwein. ex Elliott（1817）"的晚出的同模式异名（Homotypic synonym, Nomenclatural synonym）。【分布】北美洲。【模式】Monotropsis odorata Schweinitz ex S. Elliott。【参考异名】Monotropsis Schwein.（1817）Nom. illegit.；Schweinitzia Elliott ex Nutt.（1818）Nom. illegit.；Schweinitzia Elliott（1817）Nom. inval. ●☆

33810　Monoxalis Small（1903）= Oxalis L.（1753）[酢浆草科 Oxalidaceae] ■●

33811　Monoxora Wight（1841）= Rhodamnia Jack（1822）[桃金娘科 Myrtaceae] ●

33812　Monroa Torr.（1856）Nom. illegit.（废弃属名）≡ Munroa Torr.（1857）（保留属名）[禾本科 Poaceae（Gramineae）] ■☆

33813　Monrosia Grondona（1949）= Polygala L.（1753）[远志科 Polygalaceae] ●■

33814　Monsanima Liede et Meve（2013）【汉】巴西白前属。【隶属】萝藦科 Asclepiadaceae。【包含】世界 2 种。【学名诠释与讨论】〈阴〉词源不详。【分布】巴西。【模式】Monsanima morrenioides（Goyder）Liede et Meve [Cynanchum morrenioides Goyder]。☆

33815　Monsonia L.（1767）【汉】蒙松草属（多蕊老鹳草属，梦森尼亚属）。【英】Dysentery-herb, Monsonia。【隶属】牻牛儿苗科 Geraniaceae。【包含】世界 25-40 种。【学名诠释与讨论】〈阴〉（人）Lady Ann Monson（nee Vane），约 1714-1776, Charles II, 植物采集家。此属的学名是"Monsonia Linnaeus, Mant. 14. 15-31 Oct 1767; Syst. Nat. ed. 12. 2: 507, 508. 15-31 Oct 1767"。亦有文献把其处理为"Monsonia L.（1767）"的异名。【分布】巴基斯坦，马达加斯加，印度，非洲，亚洲西南部。【模式】Monsonia speciosa Linnaeus。【参考异名】Monssonia L.（1767）；Olopetalum（DC.）Klotzsch（1836）；Olopetalum Klotzsch（1836）■●☆

33816　Monstera Adans.（1763）（保留属名）【汉】龟背竹属（龟背芋属，蓬莱蕉属）。【日】ホウライショウ属，ホウライセウ属。

【俄】Монстера。【英】Ceriman, Monstera, Windowleaf。【隶属】天南星科 Araceae。【包含】世界 25-50 种，中国 1 种。【学名诠释与讨论】〈阴〉（拉）monster，怪兽。指叶形奇特。此属的学名"Monstera Adans., Fam. Pl. 2:470, 578. Jul-Aug 1763"是保留属名。法规未列出相应的废弃属名。但是天南星科 Araceae 的"Monstera Schott = Monstera Adans.（1763）（保留属名）"应该废弃。"Serangium W. Wood ex R. A. Salisbury, Gen. Pl. Fragm. 5. 1866"是"Monstera Adans.（1763）（保留属名）"的晚出的同模式异名（Homotypic synonym, Nomenclatural synonym）。亦有文献把"Monstera Adans.（1763）（保留属名）"处理为"Dracontium L.（1753）"的异名。【分布】哥伦比亚（安蒂奥基亚），巴基斯坦，巴拿马，玻利维亚，厄瓜多尔，哥斯达黎加，尼加拉瓜，中国，西印度群岛，热带美洲，中美洲。【模式】Monstera adansonii Schott [Dracontium pertusum Linnaeus]。【参考异名】Dracontium L.（1753）；Fornelia Schott（1858）；Monstera Schott（废弃属名）；Serangium Wood ex Salisb.（1866）Nom. illegit.；Tornelia Gutierrez ex Schltdl.（1854）●■

33817　Monstera Schott（废弃属名）= Monstera Adans.（1763）（保留属名）[天南星科 Araceae] ●■

33818　Monsteraceae Vines = Araceae Juss.（保留科名）●■

33819　Monstruocalamus T. P. Yi【汉】月月竹属。【英】Monstruocalamus。【隶属】禾本科 Poaceae（Gramineae）。【包含】世界 1 种，中国 1 种。【学名诠释与讨论】〈阳〉（拉）monstrum，指示不幸的神兆，变为"新拉"monster 怪样的动物+kalamos 芦苇。《中国植物志》英文版、ING 和 TROPICOS 均未记载"Monstruocalamus T. P. Yi"。此属的学名还要再检讨。【分布】中国。【模式】Monstruocalamus sichuanensis（Yi）Yi。●

33820　Montabea Roem. et Schult.（1819）= Moutabea Aubl.（1775）[远志科 Polygalaceae] ●☆

33821　Montagnaea DC.（1836）Nom. illegit. = Montanoa Cerv.（1825）[as 'Montagnaea'] [菊科 Asteraceae（Compositae）] ■●☆

33822　Montagnea Seem.（1856）= Montanoa Cerv.（1825）[as 'Montagnaea'] [菊科 Asteraceae（Compositae）] ■●☆

33823　Montagueia Baker f.（1921）= Polyscias J. R. Forst. et G. Forst.（1776）[五加科 Araliaceae] ●

33824　Montalbania Neck.（1790）Nom. inval. = Clerodendrum L.（1753）[马鞭草科 Verbenaceae//牡荆科 Viticaceae] ●■

33825　Montamans Dwyer（1980）【汉】巴拿马茜属。【隶属】茜草科 Rubiaceae。【包含】世界 1 种。【学名诠释与讨论】〈阴〉（拉）mons，所有格 montis，指小式 monticulus，高山；montanus，高山的+amans, amantis，爱，喜欢。【分布】巴拿马，中美洲。【模式】Montamans panamensis J. D. Dwyer。☆

33826　Montanoa Cerv.（1825）[as 'Montagnaea']【汉】蒙塔菊属（蒙坦木属，山菊木属，山菊属）。【英】Daisy, Montanoa。【隶属】菊科 Asteraceae（Compositae）。【包含】世界 20-25 种。【学名诠释与讨论】〈阴〉（人）Don Luis Montana, 1755-，墨西哥医生，博物学者。【分布】巴拿马，秘鲁，玻利维亚，厄瓜多尔，哥伦比亚，马达加斯加，墨西哥，尼加拉瓜，中美洲。【模式】Montanoa tomentosa Cervantes。【参考异名】Eriocarpha Cass.（1829）Nom. inval.；Eriocoma Kunth（1818）Nom. illegit.；Montagnaea DC.（1836）Nom. illegit.；Montagnea Seem.（1856）；Priestleya DC.（1836）Nom. illegit.；Priestleya Moc. et Sessé ex DC.（1836）；Uhdea Kunth（1847）■●☆

33827　Montbretia DC.（1803）= Crocosmia Planch.（1851-1852）；~ = Tritonia Ker Gawl.（1802）[鸢尾科 Iridaceae] ■

33828　Montbretiopsis L. Bolus（1929）= Tritonia Ker Gawl.（1802）[鸢尾科 Iridaceae] ■

33829 Monteiroa Krapov. (1951)【汉】蒙泰罗锦葵属。【隶属】锦葵科 Malvaceae。【包含】世界 5-8 种。【学名诠释与讨论】〈阴〉（人）Monteiro。【分布】阿根廷，巴西，乌拉圭。【模式】Monteiroa glomerata（W. J. Hooker et Arnott）Krapovickas［Malva glomerata W. J. Hooker et Arnott］。●☆

33830 Montejacquia Roberty（1952）= Jacquinia Choisy（废弃属名）；~ = Jacquinia L.（1759）［as 'Jaquinia'］（保留属名）［假轮叶科（狄氏木科，拟棕科）Theophrastaceae］●■

33831 Montelia（Moq.）A. Gray（1856）= Amaranthus L.（1753）［苋科 Amaranthaceae］■

33832 Montelia A. Gray（1856）Nom. illegit. ≡ Montelia（Moq.）A. Gray（1856）［苋科 Amaranthaceae］■

33833 Monteverdia A. Rich.（1845）= Maytenus Molina（1782）［卫矛科 Celastraceae］●

33834 Montezuma DC.（1824）【汉】古巴木棉属。【隶属】木棉科 Bombacaceae//锦葵科 Malvaceae。【包含】世界 1-2 种。【学名诠释与讨论】〈阴〉（人）Aztec Emperor Montezuma Ⅱ，1466－1520。此属的学名，ING、TROPICOS 和 IK 记载是 "Montezuma DC., Prodr.［A. P. de Candolle］1：477. 1824［mid Jan 1824］"。"Montezuma Moc. et Sessé ex DC.（1824）≡ Montezuma DC.（1824）"的命名人引证有误。【分布】古巴，墨西哥。【模式】Montezuma speciosissima A. P. de Candolle。【参考异名】Montezuma Moc. et Sessé ex DC.（1824）Nom. illegit. ●☆

33835 Montezuma Moc. et Sessé ex DC.（1824）Nom. illegit. ≡ Montezuma DC.（1824）［木棉科 Bombacaceae//锦葵科 Malvaceae］●☆

33836 Montia L.（1753）【汉】蒙蒂苋属（水繁缕属，小鸡草属）。【日】モンチア属。【俄】Монция。【英】Blinks，Chickweed，Indian Lettuce，Montia，Water Chickweed。【隶属】马齿苋科 Portulacaceae。【包含】世界 10-15 种。【学名诠释与讨论】〈阴〉（人）Giuseppe Monti，1682－1760，意大利植物学者。此属的学名，ING、APNI、GCI、TROPICOS 和 IK 记载是 "Montia Linnaeus，Sp. Pl. 87. 1 May 1753"。"Montia P. Miller，Gard. Dict. Abr. ed. 4. 28 Jan 1754 ≡ Heliocarpus L.（1753）［椴树科（椴科，田麻科）Tiliaceae//锦葵科 Malvaceae］"是晚出的非法名称。"Cameraria Fabricius，Enum. 98. 1759（non Linnaeus 1753）" 和 "Laterifissum Dulac，Fl. Hautes－Pyrénées 366. 1867" 是 "Montia L.（1753）" 的晚出的同模式异名（Homotypic synonym，Nomenclatural synonym）。【分布】澳大利亚，秘鲁，玻利维亚，厄瓜多尔，山区热带非洲，温带欧亚大陆，美洲。【模式】Montia fontana Linnaeus。【参考异名】Cameraria Dill. ex Moench（1794）Nom. illegit. ；Cameraria Fabr.（1759）Nom. illegit. ；Claytoniella Jurtsev（1972）；Crunocallis Rydb.（1906）；Laterifissum Dulac（1867）Nom. illegit. ；Leptrina Raf.（1819）；Leptrinia Schult.（1824）；Limnalsine Rydb.（1932）；Limnia Haw.（1812）；Maxia O. Nilsson（1967）；Mona O. Nilsson（1966）；Montiastrum（A. Gray）Rydb.（1917）；Montiastrum Rydb.（1917）Nom. illegit. ；Naiocrene（Torr. et A. Gray）Rydb.（1906）；Neopaxia O. Nilsson（1966）；Paxia O. Nilsson（1966）Nom. illegit. ■☆

33837 Montia Mill.（1754）Nom. illegit. ≡ Heliocarpus L.（1753）［椴树科（椴科，田麻科）Tiliaceae//锦葵科 Malvaceae］●■☆

33838 Montiaceae Dumort. = Portulacaceae Juss.（保留科名）●■

33839 Montiaceae Raf.（1820）［as 'Montidia'］= Portulacaceae Juss.（保留科名）■●

33840 Montiastrum（A. Gray）Rydb.（1917）【汉】肖水繁缕属。【隶属】马齿苋科 Portulacaceae。【包含】世界 4 种。【学名诠释与讨论】〈中〉（属）Montia 蒙蒂苋属（水繁缕属，小鸡草属）+-astrum，指示小的词尾，也有 "不完全相似" 的含义。此属的学名，ING、TROPICOS 和 GCI 记载是 "Montiastrum（A. Gray）Rydberg，Fl. Rocky Mount. 265. 31 Dec 1917"，由 "Claytonia sect. Limnia subsect. Montiastrum A. Gray，Proc. Amer. Acad. Arts 22：283. 1887" 改级而来。GCI 和 IK 则记载为 "Montiastrum Rydb.，Fl. Rocky Mts. 265，1061. 1917［31 Dec 1917］"。四者引用的文献相同。"Montiastrum（A. Gray）Rydb.（1917）" 曾被处理为 "Claytonia sect. Montiastrum（A. Gray）Holm，Memoirs of the National Academy of Sciences 10：27. 1905" 和 "Montia sect. Montiastrum（A. Gray）Pax et Hoffman，Die natürlichen Pflanzenfamilien，Zweite Auflage 16c：259. 1934"。亦有文献把 "Montiastrum（A. Gray）Rydb.（1917）" 处理为 "Montia L.（1753）" 的异名。【分布】亚洲东北部至北美洲西北部。【模式】Montiastrum lineare（Douglas ex W. J. Hooker）Rydberg［Claytonia linearis Douglas ex W. J. Hooker］。【参考异名】Claytonia sect. Limnia subsect. Montiastrum A. Gray（1887）；Claytonia sect. Montiastrum（A. Gray）Holm（1905）；Claytoniella Jurtsev（1972）；Montia L.（1753）；Montia sect. Montiastrum（A. Gray）Pax et Hoffman（1934）；Montiastrum Rydb.（1917）Nom. illegit. ■☆

33841 Montiastrum Rydb.（1917）Nom. illegit. ≡ Montiastrum（A. Gray）Rydb.（1917）［马齿苋科 Portulacaceae］■☆

33842 Monticalia C. Jeffrey（1992）【汉】山蟹甲属。【隶属】菊科 Asteraceae（Compositae）。【包含】世界 60-70 种。【学名诠释与讨论】〈阴〉（希）mons，所有格 montis，指小式 monticulus，高山+（属）Cacalia = Parasenecio 蟹甲草属的缩写。此属的学名 "Monticalia C. Jeffrey，Kew Bull. 47（1）：69. 1992［28 Feb 1992］" 是 "Microchaete Benth.，Pl. Hartw.［Bentham］209. 1845［Nov 1845］" 的替代名称。【分布】厄瓜多尔，安第斯山区，中美洲北至哥斯达黎加。【模式】Microchaete pulchella（Kunth）Benth. 。【参考异名】Microchaete Benth.（1845）Nom. illegit. ■☆

33843 Montigena Heenan（1998）【汉】新西兰苦马豆属。【隶属】豆科 Fabaceae（Leguminosae）。【包含】世界 1 种。【学名诠释与讨论】〈阴〉（希）mons，所有格 montis，指小式 monticulus，高山+genos，所有格 genos，种族，种类。此属的学名是 "Montigena P. B. Heenan，New Zealand J. Bot. 36：42. 6 Apr 1998"。亦有文献把其处理为 "Swainsona Salisb.（1806）" 的异名。【分布】新西兰。【模式】Montigena novae－zelandiae（J. D. Hooker）P. B. Heenan［Swainsonia novae－zelandiae J. D. Hooker］。【参考异名】Swainsona Salisb.（1806）●■☆

33844 Montinia Thunb.（1776）【汉】山醋李属（扁子木属）。【隶属】山醋李科 Montiniaceae//醋栗科（茶藨子科）Grossulariaceae。【包含】世界 1 种。【学名诠释与讨论】〈阴〉（人）Lars Jonasson Montin，1723－1785，瑞典植物学者，林奈的学生，医生，植物采集家。【分布】非洲南部。【模式】Montinia caryophyllacea Thunberg。●☆

33845 Montiniaceae（Engl.）Nakai（1943）= Montiniaceae Nakai（保留科名）●☆

33846 Montiniaceae Nakai（1943）（保留科名）［亦见 Grossulariaceae DC.（保留科名）醋栗科（茶藨子科）和 Portulacaceae Juss.（保留科名）马齿苋科］【汉】山醋李科。【包含】世界 2 属 4 种。【分布】马达加斯加，热带非洲东部。【科名模式】Montinia Thunb. ●☆

33847 Montiopsis Kuntze（1898）【汉】肖蒙蒂苋属。【隶属】马齿苋科 Portulacaceae。【包含】世界 18 种。【学名诠释与讨论】〈阴〉（属）Montia 蒙蒂苋属（水繁缕属，小鸡草属）+希腊文 opsis，外观，模样。【分布】玻利维亚。【模式】Montiopsis boliviana O. Kuntze。■☆

33848 Montira Aubl.（1775）= Spigelia L.（1753）［马钱科（断肠草科，马钱子科）Loganiaceae//驱虫草科（度量草科）Spigeliaceae］■☆

33849　Montitega C. M. Weiller(2010)【汉】塔斯曼石南属。【隶属】尖苞木科 Epacridaceae//杜鹃花科(欧石南科)Ericaceae。【包含】世界种。【学名诠释与讨论】〈阴〉词源不详。【分布】澳大利亚(塔斯曼半岛)。【模式】Montitega dealbata (R. Br.)C. M. Weiller [Cyathodes dealbata R. Br.]。☆

33850　Montjolya Friesen(1931)= Cordia L.(1753)(保留属名)[紫草科 Boraginaceae//破布木科(破布树科)Cordiaceae]●

33851　Montolivaea Rchb. f.(1881)【汉】肖玉凤花属。【隶属】兰科 Orchidaceae。【包含】世界 12 种。【学名诠释与讨论】〈阴〉(人)Montoliva。此属的学名是"Montolivaea H. G. Reichenbach, Otia Bot. Hamburg. 107. 10 Aug 1881"。亦有文献把其处理为"Habenaria Willd.(1805)"或"Piperia Rydb.(1901)"的异名。【分布】参见 Habenaria Willd.(1805)。【模式】Montolivaea elegans H. G. Reichenbach。【参考异名】Habenaria Willd.(1805)■☆

33852　Montravelia Montrouz. ex P. Beauv.(1901)= Deplanchea Vieill.(1863)[紫葳科 Bignoniaceae]●☆

33853　Montrichardia Crueg.(1854)(保留属名)【汉】山南星属。【隶属】天南星科 Araceae。【包含】世界 1-2 种。【学名诠释与讨论】〈阴〉(人)Gabriel de Montrichard。此属的学名"Montrichardia Crueg. in Bot. Zeitung(Berlin)12∶25. 13 Jan 1854"是保留属名。相应的废弃属名是天南星科 Araceae 的"Pleurospa Raf., Fl. Tellur. 4∶8. 1838(med.)= Montrichardia Crueg.(1854)(保留属名"。【分布】巴拿马,秘鲁,玻利维亚,厄瓜多尔,哥伦比亚(安蒂奥基亚),哥斯达黎加,尼加拉瓜,西印度群岛,中美洲。【模式】Montrichardia aculeata(G. F. W. Meyer)H. W. Schott [Caladium aculeatum G. F. W. Meyer]。【参考异名】Pleurospa Raf.(1838)(废弃属名);Pleuropsa Merr., Nom. illegit.■☆

33854　Montrouzeria Benth. et Hook. f.(1862)Nom. illegit. ≡ Montrouziera Pancher ex Planch. et Triana(1860)[猪胶树科(克鲁西科,山竹子科,藤黄科)Clusiaceae(Guttiferae)]●☆

33855　Montrouziera Pancher ex Planch. et Triana(1860)【汉】蒙氏藤黄属。【隶属】猪胶树科(克鲁西科,山竹子科,藤黄科)Clusiaceae(Guttiferae)。【包含】世界 5 种。【学名诠释与讨论】〈阴〉(人)Xavier Montrouzier,1820-1897,法国植物学者,牧师,博物学者。此属的学名,ING、TROPICOS 和 IK 记载是"Montrouziera Pancher ex J. E. Planchon et Triana, Ann. Sci. Nat. Bot. ser. 4. 13∶316. Jan-Jun 1860;ser. 4. 14∶292. Jul-Dec 1860"。"Montrouziera Planch. et Triana(1860)≡ Montrouziera Pancher ex Planch. et Triana(1860)"的命名人引证有误。"Montrouzeria Benth. et Hook. f., Gen. Pl. [Bentham et Hooker f.]1(1)∶173, sphalm. 1862[7 Aug 1862]≡ Montrouziera Pancher ex Planch. et Triana(1860)"是拼写有误,也是晚出的非法名称。【分布】法属新喀里多尼亚。【模式】Montrouziera sphaeroidea Pancher ex J. E. Planchon et Triana。【参考异名】Montrouzeria Benth. et Hook. f.(1862)Nom. illegit.;Montrouziera Planch. et Triana(1860)Nom. illegit.●☆

33856　Montrouziera Planch. et Triana(1860)Nom. illegit. ≡ Montrouziera Pancher ex Planch. et Triana(1860)[猪胶树科(克鲁西科,山竹子科,藤黄科)Clusiaceae(Guttiferae)]●☆

33857　Monttea Gay(1849)【汉】蒙特婆婆纳属(蒙特玄参属)。【隶属】玄参科 Scrophulariaceae//婆婆纳科 Veronicaceae。【包含】世界 3 种。【学名诠释与讨论】〈阴〉(人)Montt。【分布】智利。【模式】Monttea chilensis C. Gay。【参考异名】Oxycladus Miers(1852)●☆

33858　Monustes Raf.(1837)= Spiranthes Rich.(1817)(保留属名)[兰科 Orchidaceae]■●

33859　Monvillea Britton et Rose(1920)【汉】残雪柱属。【日】モンビレア属。【隶属】仙人掌科 Cactaceae。【包含】世界 15 种。【学名诠释与讨论】〈阴〉(人)Monville。此属的学名是"Monvillea N. L. Britton et J. N. Rose,Cact. 2∶21. 9 Sep 1920"。亦有文献把其处理为"Acanthocereus(Engelm. ex A. Berger)Britton et Rose(1909)"或"Cereus Mill.(1754)"的异名。【分布】阿根廷,巴拉圭,巴西,秘鲁,玻利维亚,厄瓜多尔,哥伦比亚,委内瑞拉。【模式】Monvillea cavendishii(Monville)N. L. Britton et J. N. Rose [Cereus cavendishii Monville]。【参考异名】Acanthocereus(Engelm. ex A. Berger)Britton et Rose(1909);Acanthocereus Britton et Rose(1909)Nom. illegit.;Cereus Mill.(1754)■☆

33860　Monypus Raf. =Clematis L.(1753)[毛茛科 Ranunculaceae]●■

33861　Moonia Arn.(1836)【汉】凸果菊属。【隶属】菊科 Asteraceae(Compositae)。【包含】世界 1 种。【学名诠释与讨论】〈阴〉(人)Alexander Moon,? -1825,英国植物学者,植物采集家,曾在北非采集标本。【分布】印度至马来西亚。【模式】Moonia heterophylla Arnott。■☆

33862　Moorcroftia Choisy(1833)= Argyreia Lour.(1790)[旋花科 Convolvulaceae]●

33863　Moorea Lem.(1855)(废弃属名)= Cortaderia Stapf(1897)(保留属名)[禾本科 Poaceae(Gramineae)]■

33864　Moorea Rolfe(1890)Nom. illegit.(废弃属名)≡ Neomoorea Rolfe(1904)[兰科 Orchidaceae]■☆

33865　Mooria Montrouz.(1860)= Cloezia Brongn. et Gris(1864)[桃金娘科 Myrtaceae]●☆

33866　Moorochloa Veldkamp(2004)= Panicum L.(1753)[禾本科 Poaceae(Gramineae)]■

33867　Mopana Britton et Rose =Caesalpinia L.(1753)[豆科 Fabaceae(Leguminosae)//云实科(苏木科)Caesalpiniaceae]●

33868　Mopania Lundell(1978)= Manilkara Adans.(1763)(保留属名)[山榄科 Sapotaceae]●

33869　Moparia Britton et Rose(1930)= Caesalpinia L.(1753);~ = Hoffmannseggia Cav.(1798)[as 'Hoffmanseggia'](保留属名)[豆科 Fabaceae(Leguminosae)//云实科(苏木科)Caesalpiniaceae]■☆

33870　Mopex Lour. ex Gomes(1868)= Triumfetta L.(1753)[椴树科(椴科,田麻科)Tiliaceae//锦葵科 Malvaceae]●■

33871　Mophiganes Steud.(1840)= Alternanthera Forssk.(1775);~ = Mogiphanes Mart.(1826)[苋科 Amaranthaceae]■

33872　Moquerysia Hua(1893)【汉】多花红木属。【隶属】红木科(胭脂树科)Bixaceae。【包含】世界 1 种。【学名诠释与讨论】〈阴〉词源不详。【分布】热带非洲。【模式】Moquerysia multiflora Hua。●☆

33873　Moquilea Aubl.(1775)= Licania Aubl.(1775)[金壳果科 Chrysobalanaceae//金棒科(金橡实科,可可李科)Prunaceae]●☆

33874　Moquinia DC.(1838)(保留属名)【汉】南美墨菊属(糙柱菊属,莫昆菊属)。【英】Moquinia。【隶属】菊科 Asteraceae(Compositae)。【包含】世界 1-2 种。【学名诠释与讨论】〈阴〉(人)Christian Horace Benedict Alfred Moquin-Tandon,1804-1863,法国植物学者,博物学者,A. P. de Candolle 的学生。此属的学名"Moquinia DC., Prodr. 7∶22. Apr(sero)1838"是保留属名,也是一个替代名称。"Spadonia Lessing, Syn. Comp. 99. 1832"是一个非法名称(Nom. illegit.),因为此前已经有了"Spadonia E. M. Fries, Syst. Mycol. 3∶201, 203. 1829(真菌)"。故用"Moquinia DC.(1838)"替代之。相应的废弃属名是桑寄生科 Loranthaceae 的"Moquinia A. Spreng., Tent. Suppl.∶9. 20 Sep 1828 ≡ Moquiniella Balle(1954)"。【分布】巴拉圭,巴西,玻利维亚。【模式】Moquinia racemosa(K. P. J. Sprengel)A. P. de Candolle

[Conyza racemosa K. P. J. Sprengel]。【参考异名】Macquinia Steud. (1841) Nom. illegit.；Mocquinia Steud. (1841)；Spadonia Less. (1832) Nom. illegit. ●☆

33875 Moquinia Spreng. (1828)(废弃属名)≡Moquiniella Balle (1954)[桑寄生科 Loranthaceae]●☆

33876 Moquiniastrum(Cabrera) G. Sancho (2013)【汉】小糙柱菊属。【隶属】菊科 Asteraceae(Compositae)。【包含】世界 21 种。【学名诠释与讨论】〈中〉(属)Moquinia 南美墨菊属(糙柱菊属,莫昆菊属)+-astrum,指示小的词尾,也有"不完全相似"的含义。此属的学名是"Moquiniastrum (Cabrera) G. Sancho, Phytotaxa 147 (1):29. 2013 [20 Nov 2013]",由"Gochnatia sect. Moquiniastrum Cabrera Revista Mus. La Plata, Secc. Bot. 66:73. 1971"改级而来。【分布】巴拉圭,巴西,玻利维亚,南美洲。【模式】Moquiniastrum polymorphum (Less.) G. Sancho [Spadonia polymorpha Less.]。【参考异名】Gochnatia sect. Moquiniastrum Cabrera(1971) ☆

33877 Moquiniella Balle(1954)【汉】南非寄生属。【隶属】桑寄生科 Loranthaceae。【包含】世界 1 种。【学名诠释与讨论】〈阴〉(人)Christian Horace Benedict Alfred Moquin-Tandon (Alfred Fredol, pseudonym),1804-1863,法国植物学者,博物学者,A. P. de Candolle 的学生+-ellus,-ella,-ellum,加在名词词干后面形成指小式的词尾。或加在人名、属名等后面以组成新属的名称。此属的学名"Moquiniella Balle, Bull. Séances Inst. Roy. Colon. Belge 25:1628. 1954(post 20 Dec)"是一个替代名称。它替代的是废弃属名"Moquinia A. Sprengel, Tent. Suppl. Syst. Veg. 9. 20 Sep 1828 ≡Moquiniella Balle(1954)",而非保留属名"Moquinia A. P. de Candolle, Prodr. 7(1):22. Apr (sero) 1838 (nom. cons.) [菊科 Asteraceae(Compositae)]"。"Moquinia A. Sprengel, Tent. Suppl. Syst. Veg. 9. 20 Sep 1828 (废弃属名)"是"Moquiniella Balle (1954)"的晚出的同模式异名(Homotypic synonym, Nomenclatural synonym)。【分布】非洲南部。【模式】Moquiniella rubra (A. Sprengel) Balle [Moquinia rubra A. Sprengel]。【参考异名】Moquinia Spreng. (1828)(废弃属名)■☆

33878 Mora Benth. (1839)【汉】鳕苏木属。【隶属】豆科 Fabaceae (Leguminosae)。【包含】世界 10 种。【学名诠释与讨论】〈阴〉(人)Mor. 此属的学名,ING 记载是"Mora Bentham, Trans. Linn. Soc. London 18:210. t. 16-17. 7-30 May 1839"。IK 则记载为"Mora Schomb. ex Benth. , Trans. Linn. Soc. London 18(2):210, t. 16. 1839 [1841 publ. 7-30 May 1839]"。【分布】巴拿马,玻利维亚,厄瓜多尔,哥斯达黎加,尼加拉瓜,西印度群岛,热带南美洲,中美洲。【模式】Mora excelsa Bentham。【参考异名】Mora R. H. Schomb. ex Benth. (1839) Nom. illegit. ●☆

33879 Mora R. H. Schomb. ex Benth. (1839) Nom. illegit. ≡ Mora Benth. (1839) [豆科 Fabaceae(Leguminosae)]●☆

33880 Moraceae Gaudich. (1835)(保留科名)【汉】桑科。【日】クワ科。【俄】Тутовые。【英】Mulberry Family。【包含】世界 40-53 属 1100-1460 种,中国 11 属 202 种。【分布】热带和亚热带,少数温带。【科名模式】Morus L. ●■

33881 Moraceae Link =Moraceae Gaudich. (保留科名)●■

33882 Moraea Mill. (1758) [as 'Morea'](保留属名)【汉】肖鸢尾属(梦蕾花属,摩利兰属)。【日】モレーア属。【俄】Морея。【英】Butterfly Iris,Moraea,Peacock Flower。【隶属】鸢尾科 Iridaceae。【包含】世界 100-200 种,中国 1 种。【学名诠释与讨论】〈阴〉(人)J. Moraeus,瑞典医生,林奈的岳父。另说纪念英国业余植物学者,博物学者 Robert More, 1703-1780。此属的学名"Moraea Mill. , Fig. Pl. Gard. Dict. :159. 27 Jun 1758 ('Morea') (orth. cons.)"是保留属名。法规未列出相应的废弃属名。但是"Moraea Mill. ex L. ,Sp. Pl. , ed. 2. 1:59. 1762 [Sep 1762]"和其

变体"Morea Mill. (1758)"应该废弃。【分布】巴基斯坦,玻利维亚,中国,马斯克林群岛,热带和非洲南部,中美洲。【模式】Moraea vegeta Linnaeus。【参考异名】Barnardiella Goldblatt (1977)；Freuchenia Eckl. (1827)；Glaxia Thunb.；Gynandriris Parl. (1854)；Hexaglottis Vent. (1808)；Homeria Vent. (1808)；Hymenostigma Hochst. (1844)；Iridopsis Welw. ex Baker (1878) Nom. inval.；Moraea Mill. ex L. (1762) Nom. illegit. (废弃属名)；Morea Mill. (1758) Nom. illegit.；Moroea Franch. et Sav. (1879)；Naron Medik. (1790) (废弃属名)；Phaianthes Raf. (1838)；Rheome Goldblatt (1980)；Roggeveldia Goldblatt (1980)；Sessilistigma Goldblatt(1984)；Vieusseuxia D. Delaroche(1766)■

33883 Moraea Mill. ex L. (1762) Nom. illegit. (废弃属名) = Moraea Mill. (1758) [as 'Morea'](保留属名) [鸢尾科 Iridaceae]■

33884 Moranda Scop. (1777) = Pentapetes L. (1753) [梧桐科 Sterculiaceae//锦葵科 Malvaceae]■●

33885 Morangaya G. D. Rowley(1974)【汉】金字塔掌属(金字塔属)。【英】Snake Cactus。【隶属】仙人掌科 Cactaceae。【包含】世界 1 种。【学名诠释与讨论】〈阴〉词源不详。此属的学名,ING、TROPICOS 和 IK 记载是"Morangaya G. D. Rowley, Ashingtonia 1 (4):43(-45). 1974"。Mich. Lange (1998) 把其降级为"Echinocereus subgen. Morangaya (G. D. Rowley) Mich. Lange, Echinocereus. Die Parkeri-Grouppe 46. 1998"。亦有文献把"Morangaya G. D. Rowley(1974)"处理为"Echinocereus Engelm. (1848)"的异名。【分布】墨西哥。【模式】Morangaya pensilis (K. Brandegee) G. D. Rowley [Cereus pensilis K. Brandegee]。【参考异名】Echinocereus Engelm. (1848)；Echinocereus subgen. Morangaya (G. D. Rowley) Mich. Lange(1998)■☆

33886 Moratia H. E. Moore. (1980)【汉】橙鞘椰属(莫拉特椰属)。【隶属】棕榈科 Arecaceae(Palmae)。【包含】世界 1 种。【学名诠释与讨论】〈阴〉(人)Philippe Morat,1937-?,植物学者。【分布】法属新喀里多尼亚。【模式】Moratia cerifera H. E. Moore。●☆

33887 Morawetzia Backeb. (1936) = Borzicactus Riccob. (1909)；~ = Oreocereus (A. Berger) Riccob. (1909) [仙人掌科 Cactaceae]●

33888 More Gaertn. ex Radlk. =Dimocarpus Lour. (1790) [无患子科 Sapindaceae]●

33889 Morea Mill. (1758) Nom. illegit. ≡ Moraea Mill. (1758) [as 'Morea'](保留属名) [鸢尾科 Iridaceae]■

33890 Morelia A. Rich. (1834) Nom. illegit. = Morelia A. Rich. ex DC. (1830) [茜草科 Rubiaceae]●☆

33891 Morelia A. Rich. ex DC. (1830)【汉】莫雷尔茜属。【隶属】茜草科 Rubiaceae。【包含】世界 1 种。【学名诠释与讨论】〈阴〉(人)Morel,法国植物学者,植物采集家。此属的学名,ING、TROPICOS 和 IK 记载是"Morelia A. Rich. ex DC. , Prodr. [A. P. de Candolle]4:617. 1830 [late Sep 1830]"。"Morelia A. Rich. , Mém. Soc. Hist. Nat. Paris v. (1834)232 =Morelia A. Rich. ex DC. (1830)"是晚出的非法名称。【分布】热带非洲。【模式】Morelia senegalensis A. Richard ex A. P. de Candolle。【参考异名】Morelia A. Rich. (1834) Nom. illegit. ●☆

33892 Morella Lour. (1790)【汉】肖杨梅属。【隶属】杨梅科 Myricaceae。【包含】世界 36 种。【学名诠释与讨论】〈阴〉(人)Mor+-ellus,-ella,-ellum,加在名词词干后面形成指小式的词尾。或加在人名、属名等后面以组成新属的名称。此属的学名,ING、GCI、TROPICOS 和 IK 记载是"Morella Lour. , Fl. Cochinch. 2:537(548). 1790 [Sep 1790]"。"Morella Reyes(1964)"虽早出现,但是一个未合格发表的名称(Nom. inval.)。"Morella Lour. (1790)"曾先后被处理为"Myrica sect. Morella (Lour.) Benth. et Hook. f. , Genera Plantarum 3:401. 1880"和"Myrica subgen. Morella

（Lour.）Engl.，Die Natürlichen Pflanzenfamilien 3（1）：27. 1893”。亦有文献把"Morella Lour.（1790）"处理为"Myrica L.（1753）"的异名。【分布】巴拿马，玻利维亚，哥伦比亚，马达加斯加，尼加拉瓜，中美洲。【模式】Morella rubra Loureiro。【参考异名】Faya Webb et Berthel.（1847）Nom. illegit.；Faya Webb（1847）Nom. illegit.；Morella Reyes（1964）Nom. inval.；Myrica L.（1753）；Myrica sect. Morella（Lour.）Benth. et Hook. f.（1880）；Myrica subgen. Morella（Lour.）Engl.（1893）●✩

33893　Morella Reyes（1964）Nom. inval. ≡Morella Lour.（1790）［杨梅科 Myricaceae］●✩

33894　Morelodendron Cavaco et Normand（1951）= Pinacopodium Exell et Mendonça（1951）［古柯科 Erythroxylaceae］●✩

33895　Morelosia Lex.（1824）= Bourreria P. Browne（1756）（保留属名）［紫草科 Boraginaceae］●✩

33896　Morelotia Gaudich.（1829）【汉】莫洛莎属。【隶属】莎草科 Cyperaceae。【包含】世界 2 种。【学名诠释与讨论】〈阴〉（人）Simon Morelot，1751-1809，法国药剂师。【分布】美国（夏威夷），新西兰。【模式】Morelotia gahniaeformis Gaudichaud-Beaupré。■✩

33897　Morenia Ruiz et Pav.（1794）（废弃属名）= Chamaedorea Willd.（1806）（保留属名）［棕榈科 Arecaceae（Palmae）］●✩

33898　Morenoa La Llave（1824）= Ipomoea L.（1753）（保留属名）［旋花科 Convolvulaceae］●■

33899　Morettia DC.（1821）【汉】莫雷芥属。【隶属】十字花科 Brassicaceae（Cruciferae）。【包含】世界 4 种。【学名诠释与讨论】〈阴〉（人）Giuseppe L. Moretti，1782-1853，意大利植物学教授。【分布】摩洛哥至索马里和阿拉伯地区。【模式】Morettia philaeana（Delile）A. P. de Candolle［Sinapis philaeana Delile］。【参考异名】Nectouxia DC.（1821）Nom. inval.；Tucnexia DC.■✩

33900　Morgagnia Bubani（1843）= Simethis Kunth（1843）（保留属名）［阿福花科 Asphodelaceae//萱草科 Hemerocallidaceae］■✩

33901　Morgania R. Br.（1810）【汉】摩根婆婆纳属。【隶属】玄参科 Scrophulariaceae//婆婆纳科 Veronicaceae。【包含】世界 4 种。【学名诠释与讨论】〈阴〉（人）Hugh Morgan，英国植物学者，药剂师。此属的学名是"Morgania R. Brown，Prodr. 441. 27 Mar 1810"。亦有文献把其处理为"Stemodia L.（1759）（保留属名）"的异名。【分布】澳大利亚。【模式】未指定。【参考异名】Stemodia L.（1759）（保留属名）■●✩

33902　Moricanda St. -Lag.（1881）= Moricandia DC.（1821）［十字花科 Brassicaceae（Cruciferae）］■✩

33903　Moricandia DC.（1821）【汉】诸葛芥属。【日】モリカンディア属。【隶属】十字花科 Brassicaceae（Cruciferae）。【包含】世界 7 种。【学名诠释与讨论】〈阴〉（人）Moise Etienne（Stefano）Moricand，1779-1854，瑞士植物学者。另说是意大利植物学者。【分布】地中海至巴基斯坦（俾路支）。【后选模式】Moricandia arvensis（Linnaeus）A. P. de Candolle［Brassica arvensis Linnaeus］。【参考异名】Moricanda St. -Lag.（1881）■✩

33904　Moriera Boiss.（1841）【汉】莫里尔芥属（莫里芥属）。【隶属】十字花科 Brassicaceae（Cruciferae）。【包含】世界 1 种。【学名诠释与讨论】〈阴〉（人）Justinian Morier，1780-1849，英国外交官。【分布】阿富汗，伊朗，亚洲中部。【模式】未指定。【参考异名】Mariera Walp.（1842）■✩

33905　Morierina Vieill.（1865）【汉】莫里尔茜属。【隶属】茜草科 Rubiaceae。【包含】世界 2 种。【学名诠释与讨论】〈阴〉（人）Morier+-inus，-ina，-inum 拉丁文加在名词词干之后，以形成形容词的词尾，含义为"属于、相似、关于、小的"。【分布】法属新喀里多尼亚。【模式】Morierina montana Vieillard。【参考异名】Dolichanthera Schltr. et K. Krause（1908）✩

33906　Morilandia Neck.（1790）Nom. inval. = Cliffortia L.（1753）［蔷薇科 Rosaceae］●✩

33907　Morilloa Fontella，Goes et S. A. Cáceres（2014）【汉】莫氏夹竹桃属。【隶属】夹竹桃科 Apocynaceae。【包含】世界 4 种。【学名诠释与讨论】〈阴〉（人）Morillo，Gilberto N.，1944-，植物学者。【分布】巴西。【模式】Morilloa carassensis（Malme）Fontella，Goes et S. A. Cáceres［Astephanus carassensis Malme］。✩

33908　Morina L.（1753）【汉】刺续断属（刺参属，蓟叶参属，藦芩草属）。【俄】Морина。【英】Himalayan Whorlflower，Morina，Whorl Flower，Whorlflower。【隶属】川续断科（刺参科，蓟叶参科，山萝卜科，续断科）Dipsacaceae//刺续断科（刺参科，蓟叶参科）Morinaceae。【包含】世界 10-12 种，中国 8-10 种。【学名诠释与讨论】〈阴〉（人）Louis Morin，1636-1715，法国植物学者，医生。【分布】欧洲东南部至喜马拉雅山和巴基斯坦，中国。【模式】Morina persica Linnaeus。【参考异名】Acanthocalyx（DC.）Tiegh.（1909）；Asaphes Spreng.（1827）Nom. illegit.；Cryptothladia（Bunge）M. J. Cannon（1984）；Cryptothladia M. J. Cannon（1984）Nom. illegit.■

33909　Morinaceae J. Agardh = Morinaceae Raf.■■

33910　Morinaceae Raf.（1820）【汉】刺续断科（刺参科，蓟叶参科）。【俄】Мориновые。【包含】世界 2-3 属 13-23 种，中国 2 属 10 种。【分布】中国，欧洲东南部，西亚，喜马拉雅山。【科名模式】Morina L.■

33911　Morinda L.（1753）【汉】巴戟天属（巴戟属，鸡眼藤属，羊角藤属）。【日】ハナガサノキ属，ヤエヤマアオキ属，やへヤマアヲキ属。【英】Indian Mulberry，Indianmulberry，Indian - mulberry。【隶属】茜草科 Rubiaceae。【包含】世界 80-102 种，中国 26-30 种。【学名诠释与讨论】〈阴〉（拉）Morus indica 印度桑的缩写。指模式种的果形和原产地。此属的学名，ING、TROPICOS、APNI 和 IK 记载是"Morinda L.，Sp. Pl. 1：176. 1753［1 May 1753］"。"Rojoc Adanson，Fam. 2：146，598. Jul-Aug 1763"是"Morinda L.（1753）"的晚出的同模式异名（Homotypic synonym，Nomenclatural synonym）。【分布】巴基斯坦，巴拿马，秘鲁，玻利维亚，厄瓜多尔，哥伦比亚（安蒂奥基亚），马达加斯加，尼加拉瓜，中国，热带，中美洲。【后选模式】Morinda royoc Linnaeus。【参考异名】Appunettia R. D. Good（1926）；Appunia Hook. f.（1873）；Belicea Lundell（1942）；Belicia Lundell；Bellynkxia Müll. Arg.（1875）；Gutenbergia Walp.（1848）Nom. illegit.；Guttenbergia Zoll. et Moritzi（1845）；Imantina Hook. f.（1873）；Pogonanthus Montrouz.（1860）；Rojoc Adans.（1763）Nom. illegit.；Sphaerophora Blume（1850）Nom. illegit.；Stigmanthus Lour.（1790）；Stigmatanthus Roem. et Schult.（1819）Nom. illegit.●■

33912　Morindopsis Hook. f.（1873）【汉】拟巴戟天属。【隶属】茜草科 Rubiaceae。【包含】世界 2 种。【学名诠释与讨论】〈阴〉（属）Morinda 巴戟天属+希腊文 opsis，外观，模样，相似。【分布】东南亚。【模式】未指定。●■✩

33913　Moringa Adans.（1763）【汉】辣木属。【日】モリンガ属，ワサビノキ属。【英】Horseradish，Tamil Murungai，Twisted Pod，Alluding to Young Fruit。【隶属】辣木科 Moringaceae。【包含】世界 12-14 种，中国 1 种。【学名诠释与讨论】〈阴〉（马拉巴尔）Muringa，murunga 或 moringo，一种植物俗名。此属的学名，ING、APNI、GCI、TROPICOS 和 IK 记载是"Moringa Adans.，Fam. Pl.（Adanson）2：318. 1763［Jul-Aug 1763］"。"Moringa Burm.，Thes. Zeyl. 162. t. 75（1737）= Guilandina L.（1753）［豆科 Fabaceae（Leguminosae）//云实科（苏木科）Caesalpiniaceae］"是命名起点著作之前的名称。"Moringa Rheede ex Adans.（1763）Nom. illegit. ≡ Moringa Adans.（1763）"的命名人引证有误。

TROPICOS 记载的"Moringa Juss., Gen. Pl. 348, 1789 ≡ Moringa Adans.(1763)"是一个未合格发表的名称(Nom. inval.)。【分布】阿拉伯地区,巴基斯坦,巴拿马,玻利维亚,哥伦比亚(安蒂奥基亚),哥斯达黎加,马达加斯加,尼加拉瓜,印度,中国,非洲,中美洲。【模式】Moringa oleifera Lamarck ［Guilandina moringa Linnaeus]。【参考异名】Alandina Neck.(1790)Nom. inval.; Anoma Lour.(1790);Donaldsonia Baker f.(1896);Hyperanthera Forssk.(1775);Moringa Juss.(1789)Nom. inval.;Moringa Rheede ex Adans.(1763)Nom. illegit. ●

33914 **Moringa Burm.**(1737)Nom. inval. = Guilandina L.(1753)［豆科 Fabaceae(Leguminosae)//云实科(苏木科)Caesalpiniaceae]●

33915 **Moringa Juss.**(1789)Nom. inval. ≡ Moringa Adans.(1763)［辣木科 Moringaceae]●

33916 **Moringa Rheede ex Adans.**(1763)Nom. illegit. ≡ Moringa Adans.(1763)［辣木科 Moringaceae]●

33917 **Moringaceae Dumort.** = Moringaceae Martinov(保留科名)●

33918 **Moringaceae Martinov**(1820)(保留科名)【汉】辣木科。【日】ワサビノキ科。【英】Horseradish Family, Moringa Family。【包含】世界 1 属 12-14 种,中国 1 属 1 种。【分布】非洲至印度。【科名模式】Moringa Adans. ●

33919 **Moringaceae R. Br. ex Dumort.** = Moringaceae Martinov(保留科名)●

33920 **Morisea DC.**(1838)Nom. illegit. , Nom. superfl. ≡ Morisia J. Gay (1829)［十字花科 Brassicaceae(Cruciferae)]■☆

33921 **Morisia J. Gay**(1829)【汉】矮黄芥属。【隶属】十字花科 Brassicaceae(Cruciferae)。【包含】世界 1 种。【学名诠释与讨论】〈阴〉(人)Giuseppe Giacinto(Joseph Hyacinthe)Moris,1796-1869,意大利植物学者。此属的学名,IK 记载为"Morisia J. Gay, in Colla, Hort. Rip. App. iv. 50(1829)"。ING 和 TROPICOS 则记载是"Morisia J. Gay in Colla, Mem. Reale Accad. Sci. Torino 35:194. 1832";这是晚出的非法名称。"Morisea A. P. de Candolle, Prodr. 6:90(in adnot.). Jan(prim)1838"和"Morisina A. P. de Candolle, Prodr. 6:90(in adnot.). Jan(prim)1838"是"Morisia J. Gay(1832)Nom. illegit."的多余的替代名称。"Morisia Nees, in Edinb. N. Phil. Journ.(Oct 1834)265; Linnaea 9(3):295,1834 = Rhynchospora Vahl(1805)［as'Rynchospora'](保留属名)= Sphaeroschoenus Arn.(1837)Nom. illegit. , Nom. superfl. ［莎草科 Cyperaceae]"也是晚出的非法名称。【分布】法国(科西嘉岛),意大利(撒丁岛)。【模式】Morisia hypogaea J. Gay, Nom. illegit. ［Erucaria hypogaea Viviani, Nom. illegit. ; Sisymbrium monanthus Viviani]。【参考异名】Monanthemum Scbeele(1843);Morisea DC. (1838)Nom. illegit. , Nom. superfl. ; Morisina DC.(1838)Nom. illegit. , Nom. superfl. ■☆

33922 **Morisia J. Gay**(1832)Nom. illegit. ≡ Morisia J. Gay(1829)［十字花科 Brassicaceae(Cruciferae)]■☆

33923 **Morisia Nees**(1834)Nom. illegit. = Rhynchospora Vahl(1805) ［as'Rynchospora'](保留属名);~ = Sphaeroschoenus Arn. (1837)Nom. illegit. , Nom. superfl. ;~ = Haplostylis Nees(1834); ~ = Rhynchospora Vahl(1805)［as'Rynchospora'](保留属名) ［莎草科 Cyperaceae]■

33924 **Morisina DC.**(1838)Nom. illegit. , Nom. superfl. ≡ Morisia J. Gay(1829)［十字花科 Brassicaceae(Cruciferae)]■☆

33925 **Morisona L.**(1754)Nom. illegit. ≡ Morisonia L.(1753)［山柑科(白花菜科,醉蝶花科)Capparaceae]●☆

33926 **Morisonia L.**(1753)【汉】莫里森山柑属。【隶属】山柑科(白花菜科,醉蝶花科)Capparaceae。【包含】世界 4-5 种。【学名诠释与讨论】〈阴〉(人)Robert Morison,1620-1683,英国植物学者,

医生,曾在巴黎研究医药和植物,担任过牛津大学教授。此属的学名,ING 和 IK 记载是"Morisonia Linnaeus, Sp. Pl. 503. 1 May 1753"。"Morisona L.(1754)"是其拼写变体。【分布】巴拿马,秘鲁,玻利维亚,厄瓜多尔,哥伦比亚(安蒂奥基亚),尼加拉瓜,西印度群岛,南美洲,中美洲。【模式】Morisonia americana Linnaeus。【参考异名】Morisona L.(1754)Nom. illegit. ●☆

33927 **Morithamnus R. M. King, H. Rob. et G. M. Barroso**(1979)【汉】桑菊木属。【隶属】菊科 Asteraceae(Compositae)。【包含】世界 2 种。【学名诠释与讨论】〈阴〉(希)morus,桑树+thamnos,指小式 thamnion,灌木,灌丛,树丛,枝。【分布】巴西。【模式】Morithamnus crassus R. M. King, H. E. Robinson et G. M. Barroso。●☆

33928 **Moritzia DC. ex Meisn.**(1840)【汉】莫里茨草属。【隶属】紫草科 Boraginaceae。【包含】世界 5 种。【学名诠释与讨论】〈阴〉(人)Alexandre Moritz,1807-1850,瑞士植物学者。此属的学名,ING 和 IK 记载是"Moritzia A. P. de Candolle ex C. F. Meisner, Pl. Vasc. Gen. 1:280. 5-11 Apr 1840"。苔藓的"Moritzia Hampe, Linnaea 20:82. 1-18 May 1847"是晚出的非法名称。【分布】巴拿马,秘鲁,厄瓜多尔,热带南美洲,中美洲。【模式】Moritzia ciliata (Chamisso)A. P. de Candolle ［Anchusa ciliata Chamisso]。【参考异名】Meratia A. DC.(1846)Nom. illegit. (废弃属名)■☆

33929 **Moritzia Sch. Bip. ex Benth. et Hook. f.**(1840)= Podocoma Cass. (1817)［菊科 Asteraceae(Compositae)]■☆

33930 **Morkillia Rose et Painter**(1907)【汉】莫基坽蒺藜属。【隶属】蒺藜科 Zygophyllaceae。【包含】世界 2 种。【学名诠释与讨论】〈阴〉(人)Morkill。此属的学名"Morkillia J. N. Rose et Painter, Smithsonian Misc. Collect. 50:33. 1907"是一个替代名称。"Chitonia A. P. de Candolle, Prodr. 1:707. Jan(med)1824"是一个非法名称(Nom. illegit.),因为此前已经有了"Chitonia D. Don, Mem. Wern. Nat. Hist. Soc. 4:285,317. Mai 1823 = Miconia Ruiz et Pav.(1794)(保留属名)［野牡丹科 Melastomataceae//米氏野牡丹科 Miconiaceae]"。故用"Morkillia Rose et Painter(1907)"替代之。同理,"Chitonia R. A. Salisbury, Gen. 51. Apr-Mai 1866 = Zigadenus Michx.(1803)［百合科 Liliaceae//黑药花科(藜芦科) Melanthiaceae]"以及真菌的"Chitonia(Fries)P. A. Karsten, Bidrag Kännedom Finlands Natur Folk 32:xxv,482. 1879"亦是晚出的非法名称。【分布】墨西哥。【模式】Morkillia mexicana(A. P. de Candolle)J. N. Rose et Painter ［Chitonia mexicana A. P. de Candolle]。【参考异名】Chitonia DC.(1824)Nom. illegit. ; Chitonia Moc. et Sessé ex DC.(1824)Nom. illegit. ; Chitonia Moc. et Sessé(1824)Nom. illegit. ●☆

33931 **Morleya Woodson**(1948)= Mortoniella Woodson(1939)［夹竹桃科 Apocynaceae]●■☆

33932 **Mormodes Lindl.**(1836)【汉】旋柱兰属。【日】モルモーデス属。【英】Goblin Orchid。【隶属】兰科 Orchidaceae。【包含】世界 30-60 种。【学名诠释与讨论】〈阴〉(希)mormo,所有格 marmoos,恶魔,妖怪+oides 相似的。指花形奇特。【分布】巴拿马,秘鲁,玻利维亚,厄瓜多尔,哥伦比亚(安蒂奥基亚),哥斯达黎加,尼加拉瓜,中美洲。【模式】Mormodes atropurpurea J. Lindley。【参考异名】Cyclosia Klotzsch(1838)■☆

33933 **Mormolyca Fenzl**(1850)【汉】怪花兰属。【日】モルモリカ属。【英】Hobgoblin。【隶属】兰科 Orchidaceae。【包含】世界 7 种。【学名诠释与讨论】〈阴〉(希)mormolykeion,妖怪,恶魔。指花的横侧面很怪。【分布】秘鲁,玻利维亚,厄瓜多尔,哥斯达黎加,尼加拉瓜,中美洲。【模式】Mormolyca lineolata Fenzl。【参考异名】Cyrtoglottis Schltr.(1920)■☆

33934 **Mormoraphis Jack ex Wall.**(1831-1832)= Arthrophyllum Blume (1826)［五加科 Araliaceae]●☆

33935　Morna Lindl. (1837) = Waitzia J. C. Wendl. (1808) ［菊科 Asteraceae(Compositae)］■☆

33936　Morocarpus Adans. (1763) Nom. illegit. ［藜科 Chenopodiaceae］☆

33937　Morocarpus Boehm. (1760) Nom. illegit. ≡ Blitum L. (1753); ~ = Chenopodium L. (1753) ［藜科 Chenopodiaceae］●●

33938　Morocarpus Siebold et Zucc. (1846) Nom. illegit. = Debregeasia Gaudich. (1844) ［荨麻科 Urticaceae］●

33939　Moroea Franch. et Sav. (1879) = Moraea Mill. (1758) ［as 'Morea'］(保留属名) ［鸢尾科 Iridaceae］■

33940　Morolobium Kosterm. (1954) = Archidendron F. Muell. (1865) ［豆科 Fabaceae(Leguminosae)//含羞草科 Mimosaceae］●

33941　Morongia Britton(1894) Nom. illegit. ≡ Schrankia Willd. (1806) (保留属名); ~ = Mimosa L. (1753) ［豆科 Fabaceae (Leguminosae)//含羞草科 Mimosaceae］●■

33942　Moronoa Hort. ex Kuntze(1847) = Mikania Willd. (1803) (保留属名); ~ = Morrenia Hort. ex Kuntze ［菊科 Asteraceae (Compositae)］■

33943　Moronobea Aubl. (1775) 【汉】默罗藤黄属。【英】Hog Gum。【隶属】猪胶树科(克鲁西科,山竹子科,藤黄科) Clusiaceae (Guttiferae)。【包含】世界 7-10 种。【学名诠释与讨论】〈阴〉词源不详。此属的学名,ING、GCI、TROPICOS 和 IK 记载是 "Moronobea Aubl., Hist. Pl. Guiane 788. 1775 ［Jun 1775]"。 "Aneuriscus K. B. Presl, Symb. Bot. 1:71. 1832(?)"和"Blakstonia Scopoli, Introd. 276. Jan-Apr 1777(non Blackstonia Hudson 1762)" 是"Moronobea Aubl. (1775)"的晚出的同模式异名(Homotypic synonym, Nomenclatural synonym)。【分布】玻利维亚,马达加斯加,热带南美洲。【模式】Moronobea coccinea Aublet。【参考异名】Aneuriscus C. Presl(1832) Nom. illegit.; Blackstonia A. Juss. (1849) Nom. illegit.; Blakstonia Scop. (1777) Nom. illegit.; Leuconocarpus Spruce ex Planch. et Triana (1860); Pentadesmos Spruce ex Planch. et Triana (1860); Piccia Neck. (1790) Nom. inval.; Pseudodesmos Spruce ex Engl. ●☆

33944　Moronobeaceae Miers = Clusiaceae Lindl. (保留科名); ~ = Guttiferae Juss. (保留科名)●■

33945　Morophorum Neck. = Morus L. (1753) ［桑科 Moraceae］●

33946　Morphaea Noronha(1790) = Fagraea Thunb. (1782) ［马钱科 (断肠草科,马钱子科) Loganiaceae//龙爪七叶科 Potaliaceae］●

33947　Morphixia Ker Gawl. (1827) = Ixia L. (1762) (保留属名) ［鸢尾科 Iridaceae//鸟娇花科 Ixiaceae］■☆

33948　Morrenia Hort. ex Kuntze = Mikania Willd. (1803) (保留属名) ［菊科 Asteraceae(Compositae)］■

33949　Morrenia Lindl. (1838) 【汉】乳草属。【隶属】萝藦科 Asclepiadaceae。【包含】世界 2 种。【学名诠释与讨论】〈阴〉(人) Charles Francois Antoine Morren,1807-1858,比利时植物教授,园艺学者,博物学者。此属的学名,ING 和 IK 记载是 "Morrenia Lindl., Edwards's Bot. Reg. 24(Misc.):69. 1838"。【分布】巴拉圭,玻利维亚,热带和温带南美洲。【模式】Morrenia odorata (W. J. Hooker et Arnott) J. Lindley ［Cynanchum odoratum W. J. Hooker et Arnott]。■☆

33950　Morrisiella Aellen(1938) = Atriplex L. (1753) (保留属名) ［藜科 Chenopodiaceae//滨藜科 Atriplicaceae］●●

33951　Morronea Zuloaga et Scataglini(2014) 【汉】墨西哥稷属。【隶属】禾本科 Poaceae(Gramineae)。【包含】世界 6 种。【学名诠释与讨论】〈阴〉词源不详。似来自人名。【分布】墨西哥。【模式】Morronea arundinariae (Trin. ex E. Fourn.) Zuloaga et Scataglini ［Panicum arundinariae Trin. ex E. Fourn.]。☆

33952　Morsacanthus Rizzini(1952) 【汉】蛩刺爵床属。【隶属】爵床科

Acanthaceae。【包含】世界 1 种。【学名诠释与讨论】〈阳〉(拉) morsus,咬,蛩+(属) Acanthus 老鼠簕属(老鸦企属,叶蓟属)。【分布】巴西。【模式】Morsacanthus nemoralis Rizzini。☆

33953　Morstdorffia Steud. (1841) Nom. illegit. ≡ Liebigia Endl. (1841); ~ = Chirita Buch. - Ham. ex D. Don(1822) ［苦苣苔科 Gesneriaceae］●■

33954　Mortonia A. Gray(1852) 【汉】莫顿草属(莫顿属)。【英】Mortonia。【隶属】卫矛科 Celastraceae。【包含】世界 5-8 种。【学名诠释与讨论】〈阴〉(人) Samuel George Morton,1799-1851,美国博物学者,医生。【分布】美国(南部),墨西哥。【模式】Mortonia sempervirens A. Gray。●☆

33955　Mortoniella Woodson(1939) 【汉】莫顿木属。【隶属】夹竹桃科 Apocynaceae。【包含】世界 1 种。【学名诠释与讨论】〈阴〉(人) Conrad Vernon Morton,1905-1972,美国植物学者,在苦苣苔科 Gesneriaceae 和茄科 Solanaceae 植物研究上有特长 + - ellus,-ella,-ellum,加在名词词干后面形成指小式的词尾。或加在人名、属名等后面以组成新属的名称。【分布】尼加拉瓜,中美洲。【模式】Mortoniella pittieri Woodson。【参考异名】Morleya Woodson (1948)●■☆

33956　Mortoniodendron Standl. et Steyerm. (1938) 【汉】莫顿椴属。【隶属】椴树科(椴科,田麻科) Tiliaceae//锦葵科 Malvaceae。【包含】世界 5-12 种。【学名诠释与讨论】〈中〉(人) Conrad Vernon Morton,1905-1972,美国植物学者,在苦苣苔科 Gesneriaceae 和茄科 Solanaceae 植物研究上有特长 + dendron 或 dendros,树木,棍,丛林。此属的学名,ING、TROPICOS、GCI 和 IK 记载是 "Mortoniodendron Standl. et Steyerm., Publ. Field Mus. Nat. Hist., Bot. Ser. 17:411. 1938 ［27 May 1938]"。"Orthandra Burret, Notizbl. Bot. Gart. Berlin-Dahlem 15:13. 1940"是"Mortoniodendron Standl. et Steyerm. (1938)"的晚出的同模式异名(Homotypic synonym, Nomenclatural synonym)。【分布】巴拿马,哥伦比亚(安蒂奥基亚),美国,尼加拉瓜,中美洲。【模式】Mortoniodendron anisophyllum (Standley) Standley et Steyermark ［Sloanea anisophylla Standley]。【参考异名】Orthandra Burret(1940) Nom. illegit. ●☆

33957　Morucodon Salisb. = Fritillaria L. (1753) ［百合科 Liliaceae//贝母科 Fritillariaceae］■

33958　Morus L. (1753) 【汉】桑属(桑树属)。【日】クハ属,クワ属。【俄】Дерево тутовое, Дерево шелковичное, Тут, Тута, Тутовник,Шелковица。【英】Mulberry。【隶属】桑科 Moraceae。【包含】世界 10-16 种,中国 11-15 种。【学名诠释与讨论】〈阳〉(拉) morus,来自"希"morea,桑,又源于凯尔特语 mor 黑色。指聚花果成熟时为紫黑色。【分布】巴基斯坦,巴拉圭,巴勒斯坦,巴拿马,秘鲁,玻利维亚,厄瓜多尔,哥伦比亚(安蒂奥基亚),哥斯达黎加,马达加斯加,中国,美国(密苏里,西南部)至安第斯山,尼加拉瓜,热带非洲,亚洲西南部至日本和印度尼西亚(爪哇岛),温带北美洲,中美洲。【后选模式】Morus nigra Linnaeus。【参考异名】Morophorum Neck. ●

33959　Morysia Cass. (1824) = Athanasia L. (1763) ［菊科 Asteraceae (Compositae)］●☆

33960　Mosannona Chatrou(1998) 【汉】南美番荔枝属。【隶属】番荔枝科 Annonaceae。【包含】世界 14 种。【学名诠释与讨论】〈阴〉词源不详。【分布】南美洲。【模式】Mosannona papillosa L. W. Chatrou。●☆

33961　Moscaria Pers. (1807) = Moscharia Ruiz et Pav. (1794) (保留属名) ［菊科 Asteraceae(Compositae)］■☆

33962　Moscatella Adans. (1763) Nom. illegit. ≡ Adoxa L. (1753) ［五福花科 Adoxaceae］■

33963　Moscharea Salisb. (1866) = Moscharia Salisb. (1866) Nom.

illegit. (废弃属名)；~ = Muscari Mill. (1754) [百合科 Liliaceae//风信子科 Hyacinthaceae] ■☆

33964　Moscharia Fabr. (废弃属名) = Amberboa (Pers.) Less. (1832) (废弃属名)；~ = Amberboa Vaill. (1754) (保留属名) [菊科 Asteraceae(Compositae)] ■

33965　Moscharia Forssk. (1775) (废弃属名) = Ajuga L. (1753) [唇形科 Lamiaceae(Labiatae)] ■●

33966　Moscharia Ruiz et Pav. (1794) (保留属名)【汉】羽叶钝柱菊属。【隶属】菊科 Asteraceae (Compositae)。【包含】世界 2 种。【学名诠释与讨论】〈阴〉(希) moschos, 麝香 + -arius, -aria, -arium, 指示"属于、相似、具有、联系"的词尾。指其具香味。此属的学名"Moscharia Ruiz et Pav., Fl. Peruv. Prodr.: 103. Oct (prim.) 1794"是保留属名。相应的废弃属名是唇形科 Lamiaceae(Labiatae) 的"Moscharia Forssk., Fl. Aegypt.-Arab.: 158. 1 Oct 1775 = Ajuga L. (1753)"。百合科 Liliaceae 的"Moscharia Tournefort ex R. A. Salisbury, Gen. 25. Apr-Mai 1866 ≡ Muscarimia Kostel. ex Losinsk. (1935) = Muscari Mill. (1754)"和"Moscharia Salisb. (1866) Nom. illegit. ≡ Moscharia Tourn. ex Salisb. (1866) Nom. illegit. (废弃属名)"以及菊科 Asteraceae 的"Moscharia Fabr. (废弃属名) = Amberboa (Pers.) Less. (1832) (废弃属名)"亦应废弃。"Moschifera Molina, Saggio Chili ed. 2. 294. 1810"和"Mosigia K. P. J. Sprengel, Syst. Veg. 3: 366, 661. Jan-Mar 1826"是"Moscharia Ruiz et Pav. (1794) (保留属名)"的晚出的同模式异名(Homotypic synonym, Nomenclatural synonym)。【分布】智利, 中美洲。【模式】Moscharia pinnatifida Ruiz et Pavon。【参考异名】Gastrocarpha D. Don (1830)；Moscaria Pers. (1807)；Moscharea Salisb. (1866)；Moschifera Molina (1810) Nom. illegit.；Mosigia Spreng. (1826) Nom. illegit. ■☆

33967　Moscharia Salisb. (1866) Nom. illegit. (废弃属名) ≡ Moscharia Tourn. ex Salisb. (1866) (废弃属名)；~ ≡ Muscarimia Kostel. ex Losinsk. (1935)；~ = Muscari Mill. (1754) [百合科 Liliaceae//风信子科 Hyacinthaceae] ■☆

33968　Moscharia Tourn. ex Salisb. (1866) Nom. illegit. (废弃属名) ≡ Muscarimia Kostel. ex Losinsk. (1935)；~ = Muscari Mill. (1754) [百合科 Liliaceae//风信子科 Hyacinthaceae] ■☆

33969　Moschatella Scop. (1771) = Moschatellina Mill. (1754) Nom. illegit.；~ = Adoxa L. (1753) [五福花科 Adoxaceae] ■

33970　Moschatellina Haller (1742) Nom. inval. = Adoxa L. (1753) [五福花科 Adoxaceae] ■

33971　Moschatellina Mill. (1754) Nom. illegit. ≡ Adoxa L. (1753) [五福花科 Adoxaceae] ■

33972　Moschifera Molina (1810) Nom. illegit. ≡ Moscharia Ruiz et Pav. (1794) (保留属名) [菊科 Asteraceae(Compositae)] ■☆

33973　Moschkowitzia Klotzsch (1854) = Begonia L. (1753) [秋海棠科 Begoniaceae] ●■

33974　Moschopsis Phil. (1865)【汉】麝香萼角花属。【隶属】萼角花科 Calyceraceae。【包含】世界 8 种。【学名诠释与讨论】〈阴〉(希) moschos, 麝香 + 希腊文 opsis, 外观, 模样, 相似。【分布】秘鲁, 玻利维亚, 智利, 巴塔哥尼亚。【模式】Moschopsis leyboldii R. A. Philippi [as 'leyboldi']。■☆

33975　Moschosma Rchb. (1828) Nom. illegit. ≡ Basilicum Moench (1802) [唇形科 Lamiaceae(Labiatae)] ■

33976　Moschoxylon Meisn. (1837) Nom. illegit. ≡ Moschoxylum A. Juss. (1830)；~ = Trichilia P. Browne (1756) (保留属名) [楝科 Meliaceae] ●

33977　Moschoxylum A. Juss. (1830) = Trichilia P. Browne (1756) (保留属名) [楝科 Meliaceae] ●

33978　Mosdenia Stent (1922)【汉】密鳞匍茎草属。【隶属】禾本科 Poaceae(Gramineae)。【包含】世界 1 种。【学名诠释与讨论】〈阴〉词源不详。此属的学名, ING、TROPICOS 和 IK 记载是"Mosdenia Stent, Bothalia 1(3): 170, t. 1. 1922. (6 May 1922) (Bothalia)"。【分布】非洲南部。【模式】Mosdenia waterbergensis Stent。■☆

33979　Moseleya Hemsl. (1899) Nom. illegit. = Ellisiophyllum Maxim. (1871) [玄参科 Scrophulariaceae//幌菊科 Ellisiophyllaceae//婆婆纳科 Veronicaceae] ■

33980　Mosenia Lindm. (1891) = Canistrum E. Morren (1873) [凤梨科 Bromeliaceae] ■☆

33981　Mosenodendron R. E. Fr. (1900) = Hornschuchia Nees (1821) [番荔枝科 Annonaceae] ●☆

33982　Mosenthinia Kuntze (1891) Nom. illegit. ≡ Glaucium Mill. (1754) [罂粟科 Papaveraceae] ■

33983　Mosheovia Eig (1938) = Scrophularia L. (1753) [玄参科 Scrophulariaceae] ■●

33984　Mosiera Small (1933)【汉】摩西木属。【隶属】桃金娘科 Myrtaceae。【包含】世界 3 种。【学名诠释与讨论】〈阴〉(人) Mosier。此属的学名是"Mosiera J. K. Small, Manual Southeast. Fl. 936. 30 Nov 1933"。亦有文献把其处理为"Myrtus L. (1753)"的异名。【分布】中美洲。【后选模式】Mosiera longipes (Berg) J. K. Small [Eugenia longipes Berg]。【参考异名】Eugeissona Griff. (1844)；Eugenia L. (1753)；Myrtus L. (1753) ●☆

33985　Mosigia Spreng. (1826) Nom. illegit. ≡ Moscharia Ruiz et Pav. (1794) (保留属名) [菊科 Asteraceae(Compositae)] ■☆

33986　Mosina Adans. (1763) Nom. illegit. ≡ Ortegia L. (1753) [石竹科 Caryophyllaceae] ■☆

33987　Moskerion Raf. (1838) = Narcissus L. (1753) [石蒜科 Amaryllidaceae//水仙科 Narcissaceae] ■

33988　Mosla(Benth.) Buch.-Ham. ex Maxim. (1875)【汉】石荠苎属 (荠苎属, 乾汗草属, 直齿草属, 石荠苧属)。【日】イヌカウジュ属, イヌコウジュ属。【俄】Мосла, Ортодон。【英】Mosla。【隶属】唇形科 Lamiaceae(Labiatae)。【包含】世界 10-22 种, 中国 12 种。【学名诠释与讨论】〈阴〉(印度) mosla, 本属一种植物的俗名。此属的学名, ING 记载是"Mosla (Bentham) F. [Buchanan] Hamilton ex Maximowicz, Bull. Acad. Imp. Sci. Saint-Pétersbourg ser. 3. 20: 456. 4 Mar 1875", 但是未给基源异名。IK 和 TROPICOS 则记载为"Mosla (Benth.) Buch.-Ham. ex Maxim., Bull. Acad. Imp. Sci. Saint-Pétersbourg 20: 456. 1875", 三者引用的文献相同。IK 和 TROPICOS 给出的基源异名是"Hedeoma sect. Mosla Benth. Labiat. Gen. Spec. 366. 1834 [Apr 1834]"。"Mosla Buch.-Ham. ex Benth., Pl. Asiat. Rar. (Wallich). i. 66(1830) ≡ Mosla (Benth.) Buch.-Ham. ex Maxim. (1875)"的命名人引证有误。有些文献包括《台湾植物志》承认"直齿草属(石荠苧属)", 用"Orthodon Bentham in Oliver, J. Linn. Soc., Bot. 9: 167. 12 Oct 1865"为正名；这是一个非法名称(Nom. illegit.), 因为此前已经有了苔藓的"Orthodon R. Brown, Trans. Linn. Soc. London 12: 578. 6 Apr-Aug 1819"。"Orthodon Benth. et Oliv. (1867) ≡ Orthodon Benth. (1867) Nom. illegit. [唇形科 Lamiaceae(Labiatae)]"的命名人引证有误。【分布】巴基斯坦, 朝鲜, 俄罗斯(远东地区), 马来西亚, 日本, 印度(北部), 中国, 喜马拉雅山。【模式】Mosla dianthera (Roxburgh) Maximowicz [Lycopus dianthera Roxburgh]。【参考异名】Hedeoma sect. Mosla Benth. (1834)；Mosla Buch.-Ham. ex Benth. (1830) Nom. illegit.；Orthodon Benth. (1867) Nom. illegit.；Orthodon Benth. et Oliv. (1867) Nom. illegit. ■

33989　Mosla Buch.-Ham. ex Benth. (1830) Nom. illegit. ≡ Mosla

（Benth.）Buch. – Ham. ex Maxim.（1875）［唇形科 Lamiaceae（Labiatae）］■

33990　Mosquitoxylum Krug et Urb.（1895）【汉】牙买加漆树属。【英】Mosquito Wood。【隶属】漆树科 Anacardiaceae。【包含】世界 1 种。【学名诠释与讨论】〈中〉（地）Mosquito，莫斯基托，位于西班牙+xyle =xylon，木材。【分布】巴拿马，厄瓜多尔，尼加拉瓜，牙买加，中美洲。【模式】Mosquitoxylum jamaicense Krug et Urb.。●☆

33991　Mossia N. E. Br.（1930）【汉】小米玉属。【日】モッシア属。【隶属】番杏科 Aizoaceae。【包含】世界 1 种。【学名诠释与讨论】〈阴〉（人）Charles Edward Moss，1870-1930，英国植物学者，植物采集家。【分布】非洲南部。【模式】Mossia intervallaris（L. Bolus）N. E. Brown［Mesembryanthemum intervallare L. Bolus］。■☆

33992　Mostacillastrum O. E. Schulz（1924）【汉】阿根廷大蒜芥属。【隶属】十字花科 Brassicaceae（Cruciferae）。【包含】世界 3-4 种。【学名诠释与讨论】〈中〉（希）mostacilla，鹡鸰+-astrum，指示小的词尾，也有 "不完全相似" 的含义。此属的学名是 "Mostacillastrum O. E. Schulz in Engler, Pflanzenr. IV. 105（Heft 86）：166. 22 Jul 1924"。亦有文献把其处理为 "Sisymbrium L.（1753）" 的异名。【分布】阿根廷，玻利维亚。【模式】未指定。【参考异名】Phlebiophragmus O. E. Schulz（1924）；Sisymbrium L.（1753）■☆

33993　Mostuea Didr.（1853）【汉】摩斯马钱属。【隶属】马钱科（断肠草科，马钱子科）Loganiaceae。【包含】世界 8 种。【学名诠释与讨论】〈阴〉（人）Jens Laurentius（Lorenz）Moestue Vahl，1796-1854，丹麦植物学者，植物采集家。【分布】巴西，马达加斯加，热带非洲。【模式】Mostuea brunonis Didrichsen。【参考异名】Coinochlamys T. Anderson ex Benth. et Hook. f.（1876）；Leptocladus Oliv.（1864）●☆

33994　Motandra A. DC.（1844）【汉】变蕊木属。【隶属】夹竹桃科 Apocynaceae。【包含】世界 10 种。【学名诠释与讨论】〈阴〉（希）motus，移动，致动+aner，所有格 andros，雄性，雄蕊。【分布】热带非洲西部。【模式】Motandra guineensis（Schumacher et Thonning）Alph. de Candolle［Echites guineensis Schumacher et Thonning］。●☆

33995　Motherwellia F. Muell.（1870）【汉】马瑟五加属。【隶属】五加科 Araliaceae。【包含】世界 1 种。【学名诠释与讨论】〈阴〉（人）J. B. Motherwell，医生。【分布】澳大利亚（东北部）。【模式】Motherwellia haplosciadea F. v. Mueller。●☆

33996　Motleyia J. T. Johanss.（1987）【汉】莫特利茜属。【隶属】茜草科 Rubiaceae。【包含】世界 1 种。【学名诠释与讨论】〈阴〉（人）Motley。【分布】加里曼丹岛。【模式】Motleyia borneensis J. T. Johansson。☆

33997　Mouffetta Neck.（1790）Nom. inval. = Patrinia Juss.（1807）（保留属名）［缬草科（败酱科）Valerianaceae］■

33998　Mougeotia Kunth（1821）= Melochia L.（1753）（保留属名）［梧桐科 Sterculiaceae//锦葵科 Malvaceae//马松子科 Melochiaceae］●■

33999　Moulinsia Blume（1849）Nom. illegit. = Erioglossum Blume（1825）［无患子科 Sapindaceae］●

34000　Moulinsia Cambess.（1829）= Erioglossum Blume（1825）［无患子科 Sapindaceae］●

34001　Moulinsia Raf.（1830）Nom. illegit. = Aristida L.（1753）［禾本科 Poaceae（Gramineae）］■

34002　Moullava Adans.（1763）【汉】糖豆属（糖玉米豆属）。【隶属】豆科 Fabaceae（Leguminosae）//云实科（苏木科）Caesalpiniaceae。【包含】世界 1-8 种。【学名诠释与讨论】〈阴〉词源不详。【分布】印度（南部）。【模式】' H. M. 6. t. 6.'。【参考异名】Almeloveenia Dennst.（1818）；Wagatea Dalzell（1851）■☆

34003　Moultonia Balf. f. et W. W. Sm.（1915）= Monophyllaea R. Br.

（1839）［苦苣苔科 Gesneriaceae］■☆

34004　Moultonianthus Merr.（1916）【汉】莫尔顿木属。【隶属】大戟科 Euphorbiaceae。【包含】世界 1 种。【学名诠释与讨论】〈阳〉（人）John Coney Moulton，1886-1926，英国植物学者+anthos，花。【分布】印度尼西亚（苏门答腊岛），加里曼丹岛。【模式】Moultonianthus borneensis E. D. Merrill。●☆

34005　Mountnorrisia Szyszyl.（1893）Nom. illegit. ≡ Anneslea Wall.（1829）（保留属名）［山茶科（茶科）Theaceae//厚皮香科 Ternstroemiaceae］●

34006　Mourera Aubl.（1775）【汉】莫雷苔草属。【隶属】髯管花科 Geniostomaceae。【包含】世界 6 种。【学名诠释与讨论】〈阴〉（人）Mourer。另说来自南美洲植物俗名。此属的学名，ING、TROPICOS 和 IK 记载是 "Mourera Aubl., Hist. Pl. Guiane 1：582，t. 233. 1775"。"Lacis Schreber, Gen. 366. Apr 1789" 是 "Mourera Aubl.（1775）" 的晚出的同模式异名（Homotypic synonym，Nomenclatural synonym）。【分布】玻利维亚，热带南美洲北部。【模式】Mourera fluviatilis Aublet。【参考异名】Lacis Schreb.（1789）Nom. illegit.；Murera J. St. –Hil.（1805）；Stengelia Neck.（1790）Nom. inval.■☆

34007　Mouretia Pit.（1922）【汉】牡丽草属。【英】Mouretia。【隶属】茜草科 Rubiaceae。【包含】世界 1-2 种，中国 1 种。【学名诠释与讨论】〈阴〉（人）Marcellin Mouret，1881-1915，法国植物学者。【分布】中国，中南半岛。【模式】Mouretia tonkinensis Pitard。■

34008　Mouricou Adans.（1763）Nom. illegit. ≡ Erythrina L.（1753）［豆科 Fabaceae（Leguminosae）//蝶形花科 Papilionaceae］●■

34009　Mouriraceae Gardner = Melastomataceae Juss.（保留科名）●■

34010　Mouriri Aubl.（1775）【汉】穆里野牡丹属。【隶属】野牡丹科 Melastomataceae。【包含】世界 78-81 种。【学名诠释与讨论】〈阴〉南美洲称呼 Mouriri guianensis Poir. 的俗名。此属的学名，ING、TROPICOS 和 IK 记载是 "Mouriri Aublet, Hist. Pl. Guiane 452. Jun-Dec 1775"。"Bockia Scopoli, Introd. 106. Jan-Apr 1777" 和 "Petaloma O. Swartz, Prodr. 5, 73. 20 Jun - 29 Jul 1788" 是 "Mouriri Aubl.（1775）" 的晚出的同模式异名（Homotypic synonym，Nomenclatural synonym）。【分布】巴拿马，秘鲁，玻利维亚，厄瓜多尔，哥伦比亚（安蒂奥基亚），哥斯达黎加，尼加拉瓜，西印度群岛，热带南美洲，中美洲。【模式】Mouriri guianensis Aublet。【参考异名】Aulacocarpus O. Berg（1856）；Bockia Scop.（1777）Nom. illegit.；Guildingia Hook.（1829）；Mouriria Juss.（1789）Nom. illegit.；Muriri J. F. Gmel.（1791）；Olisbaea Benth. et Hook. f.（1867）；Olisbaea Hook. f.（1867）Nom. illegit.；Olisbea DC.（1828）；Petaloma Sw.（1788）Nom. illegit.●☆

34011　Mouriria Juss.（1789）Nom. illegit. = Mouriri Aubl.（1775）［野牡丹科 Melastomataceae］●☆

34012　Mouririaceae Gardner（1840）= Melastomataceae Juss.（保留科名）●■

34013　Mouroucoa Aubl.（1775）= Maripa Aubl.（1775）［旋花科 Convolvulaceae］■☆

34014　Moussonia Regel（1847）【汉】穆森苣苔属。【隶属】苦苣苔科 Gesneriaceae。【包含】世界 11 种。【学名诠释与讨论】〈阴〉（人）Mousson。此属的学名，ING、TROPICOS、GCI 和 IK 记载是 "Moussonia Regel, Index Sem. Turic.［4］. 1847"。它曾被处理为 "Kohleria sect. Moussonia（Regel）Fritsch, Die Natürlichen Pflanzenfamilien 4（3b）：179. 1894"。【分布】巴拿马，哥斯达黎加，墨西哥，尼加拉瓜，中美洲。【模式】Moussonia elongata Regel。【参考异名】Isoloma Decne.（1848）Nom. illegit.；Kohleria sect. Moussonia（Regel）Fritsch（1894）■●☆

34015　Moutabea Aubl.（1775）【汉】穆塔卜远志属。【隶属】远志科

Polygalaceae。【包含】世界 8-10 种。【学名诠释与讨论】〈阴〉aymoutabou，南美洲植物俗名。此属的学名，ING、TROPICOS 和 IK 记载是"Moutabea Aubl. , Hist. Pl. Guiane 2：679, t. 274. 1775"。"Cryptostomum Schreber, Gen. 137. Apr 1789"是"Moutabea Aubl. (1775)"的晚出的同模式异名(Homotypic synonym, Nomenclatural synonym)。【分布】巴拿马，秘鲁，玻利维亚，厄瓜多尔，哥伦比亚(安蒂奥基亚)，中美洲。【模式】Moutabea guianensis Aublet。【参考异名】Acosta Ruiz et Pav. (1794) Nom. inval.；Cryptostomum Schreb. (1789) Nom. illegit.；Montabea Roem. et Schult. (1819)；Mutabea J. F. Gmel. (1792)●☆

34016 Moutabeaceae Endl. (1873) = Polygalaceae Hoffmanns. et Link (1809)［as 'Polygalinae'］(保留科名)■●

34017 Moutan Rchb. (1827) = Paeonia L. (1753)［毛茛科 Ranunculaceae//芍药科 Paeoniaceae]●■

34018 Moutouchi Aubl. (1775) = Pterocarpus Jacq. (1763)(保留属名)［豆科 Fabaceae(Leguminosae)//蝶形花科 Papilionaceae]●

34019 Moutouchia Benth. (1838) = Moutouchi Aubl. (1775)；~ = Pterocarpus Jacq. (1763)(保留属名)［豆科 Fabaceae(Leguminosae)//蝶形花科 Papilionaceae]●

34020 Moya Acosta－Solís (1969) Nom. nud.［禾本科 Poaceae (Gramineae)]■☆

34021 Moya Griseb. (1874)【汉】莫亚卫矛属。【隶属】卫矛科 Celastraceae。【包含】世界 3 种。【学名诠释与讨论】〈阴〉(人) Moya。此属的学名，ING、TROPICOS 和 IK 记载是"Moya Grisebach, Abh. Königl. Ges. Wiss. Göttingen 19：111. Dec 1874"。禾本科 Poaceae(Gramineae) 的"Moya Acosta－Solís, Contr. Inst. Ecuatoriano Ci. Nat. 71：39, 43. 1969"是个裸名(Nom. nud.)。亦有文献把"Moya Griseb. (1874)"处理为"Maytenus Molina (1782)"的异名。【分布】阿根廷，玻利维亚。【模式】Moya spinosa Grisebach。【参考异名】Maytenus Molina(1782)●☆

34022 Mozaffariania Pimenov et Maassoumi(2002)【汉】伊朗灰伞芹属。【隶属】伞形科(伞形科)Apiaceae(Umbelliferae)。【包含】世界 1 种。【学名诠释与讨论】〈阴〉(人) V. Mozaffarian, 1953-，植物学者。【分布】伊朗。【模式】Mozaffariania insignis M. G. Pimenov et A. A. Maassoumi。■☆

34023 Mozambe Raf. (1838) = Cadaba Forssk. (1775)［山柑科(白花菜科，醉蝶花科)Capparaceae//白花菜科(醉蝶花科)Cleomaceae]●☆

34024 Mozartia Urb. (1923) = Myrcia DC. ex Guill. (1827)［桃金娘科 Myrtaceae]●☆

34025 Mozinna Ortega(1798) = Jatropha L. (1753)(保留属名)［大戟科 Euphorbiaceae]●■

34026 Mozula Raf. (1820) = Lythrum L. (1753)［千屈菜科 Lythraceae]●■

34027 Msuata O. Hoffm. (1894)【汉】叉冠瘦片菊属。【隶属】菊科 Asteraceae(Compositae)。【包含】世界 1 种。【学名诠释与讨论】〈阴〉词源不详。【分布】热带非洲。【模式】Msuata buettneri O. Hoffmann。●☆

34028 Mtonia Beentje(1999)【汉】腺基黄属。【隶属】菊科 Asteraceae(Compositae)。【包含】世界 1 种。【学名诠释与讨论】〈阴〉(地)Mtoni，姆托尼，位于坦桑尼亚。【分布】坦桑尼亚。【模式】Mtonia glandulifera Beentje。■☆

34029 Muantijamvella J. B. Phipps(1964) = Tristachya Nees(1829)［禾本科 Poaceae(Gramineae)]■☆

34030 Muantum Pichon(1948) = Beaumontia Wall. (1824)［夹竹桃科 Apocynaceae]●

34031 Muchlenbergia Schreb. (1810) Nom. illegit. = Muhlenbergia Schreb. (1789)［禾本科 Poaceae(Gramineae)]■

34032 Mucinaea M. Pinter, Mart. － Azorín, U. Müll. －Doblies, D. Müll. (2013)【汉】南非风信子属。【隶属】风信子科 Hyacinthaceae。【包含】世界 1 种。【学名诠释与讨论】〈阴〉词源不详。【分布】南非。【模式】Mucinaea nana(Snijman) M. Pinter, Mart. －Azorín, U. Müll. －Doblies, D. Müll. －Doblies, Pfosser et Wetschnig［Tenicroa nana Snijman]。☆

34033 Mucizonia(DC.) A. Berger(1930) Nom. illegit. ≡ Mucizonia A. Berger(1930)［景天科 Crassulaceae]■☆

34034 Mucizonia(DC.) Batt. et Trab. (1905) Nom. illegit. ≡ Mucizonia A. Berger(1930)［景天科 Crassulaceae]■☆

34035 Mucizonia A. Berger(1930)【汉】黏带景天属。【隶属】景天科 Crassulaceae。【包含】世界 2 种。【学名诠释与讨论】〈阴〉(拉) mucus，黏液，鼻涕 + zona 带，腰带。此属的学名，IIK 记载是"Mucizonia A. Berger, Nat. Pflanzenfam. , ed. 2［Engler et Prantl]18a：419. 1930"。ING 记载是"Mucizonia(A. P. de Candolle) J. A. Battandier et L. C. Trabut, Fl. Algérie Tunisie 131, 133, 441. 1905(prim.)('1902')"；由"Umbilicus sect. Mucizonia A. P. de Candolle, Prodr. 3：399. Mar(med.)1828"改级而来；这是晚出的非法名称。"Mucizonia(DC.) A. Berger(1930)"的命名人引证有误。亦有文献把"Mucizonia A. Berger(1930)"处理为"Sedum L. (1753)"的异名。【分布】西班牙(加那利群岛)，地中海西部。【模式】Mucizonia hispida J. A. Battandier et L. C. Trabut［Cotyledon mucizonia Ortega]。【参考异名】Mucizonia(DC.) A. Berger(1930) Nom. illegit.；Mucizonia(DC.) Batt. et Trab. (1905) Nom. illegit.；Sedum L. (1753)；Umbilicus sect. Mucizonia DC. (1828)■☆

34036 Muckia Hassk. (1848) = Mukia Arn. (1840)［葫芦科(瓜科，南瓜科)Cucurbitaceae]■

34037 Mucoa Zarucchi(1988)【汉】穆乔夹竹桃属。【隶属】夹竹桃科 Apocynaceae。【包含】世界 2 种。【学名诠释与讨论】〈阴〉(人) Muco。【分布】秘鲁，热带南美洲。【模式】Mucoa duckei(Markgraf) J. L. Zarucchi［Neocouma duckei Markgraf]。●☆

34038 Mucronea Benth. (1836)【汉】加州刺花蓼属。【英】California Spineflower。【隶属】蓼科 Polygonaceae。【包含】世界 2 种。【学名诠释与讨论】〈阴〉(希)mucronis，窄尖。指苞片具芒。另说来自巴西植物俗名。此属的学名是"Mucronea Bentham, Trans. Linn. Soc. London 17：405, 419. 21 Jun-9 Jul 1836"。亦有文献把其处理为"Chorizanthe R. Br. ex Benth. (1836)"的异名。【分布】美国(加利福尼亚)。【模式】Mucronea californica Bentham。【参考异名】Chorizanthe R. Br. ex Benth. (1836)■☆

34039 Mucuna Adans. (1763)(保留属名)【汉】油麻藤属(黎豆属，鲎豆属，龙爪豆属，藤豆属，血藤属)。【日】スチゾロビューム属，トビカズラ属，ハッショウマメ属。【俄】Бархатные, Мукуна。【英】Mucuna, Sea Bean, Velvet Bean。【隶属】豆科 Fabaceae(Leguminosae)//蝶形花科 Papilionaceae。【包含】世界 110-160 种，中国 19 种。【学名诠释与讨论】〈阴〉(巴西)mucuna，植物的俗名。此属的学名"Mucuna Adans. , Fam. Pl. 2：325, 579. Jul-Aug 1763"是保留属名。相应的废弃属名是豆科 Fabaceae 的"Zoophthalmum P. Browne, Civ. Nat. Hist. Jamaica：295. 10 Mar 1756 ≡ Mucuna Adans. (1763)(保留属名)"和"Stizolobium P. Browne, Civ. Nat. Hist. Jamaica：290. 10 Mar 1756 = Mucuna Adans. (1763)(保留属名)"。"Stizolobium Pers. (1807) Nom. illegit.［豆科 Fabaceae(Leguminosae)]"亦应废弃。"Hornera Necker ex A. L. Jussieu in F. Cuvier, Dict. Sci. Nat. 21：431. 29 Sep 1821"是"Mucuna Adans. (1763)(保留属名)"的晚出的同模式异名(Homotypic synonym, Nomenclatural synonym)。【分布】巴基斯坦，巴拿马，秘鲁，玻利维亚，厄瓜多尔，哥伦比亚(安蒂奥基亚)，

哥斯达黎加,马达加斯加,尼加拉瓜,中国,中美洲。【模式】urens
(Linnaeus) A. P. de Candolle [Dolichos urens Linnaeus]。【参考异
名】? Stizolobium Pers.（1807）Nom. illegit.（废弃属名）●；
Cacuvallum Medik.（1787）；Carpopogon Roxb.（1832）Nom.
illegit.；Carpopogon Roxb. ex Spreng.（1827）；Citta Lour.（1790）；
Hornera Neck.（1790）Nom. inval.；Hornera Neck. ex Juss.（1821）
Nom. illegit.；Labradia Swediaur（1801）Nom. inval.；Lavradia
Swediaur；Macranthus Lour.（1790）；Macroceratides Raddi（1820）；
Macuna Marcgr. ex Scop.（1777）；Macuna Scop.（1777）；
Maeranthus Benth. et Hook. f.（1865）；Marcanthus Lour.（1790）
Nom. illegit.；Micranthus Lour.（废弃属名）；Negretia Ruiz et Pav.
（1794）；Pillera Endl.（1833）；Psycholobium Blume ex Burck；
Stizolobium P. Browne（1756）（废弃属名）；Zoophthalmum P.
Browne（1756）（废弃属名）■

34040　Muehlbergella Feer（1890）【汉】缪氏桔梗属。【隶属】桔梗科
Campanulaceae。【包含】世界 1 种。【学名诠释与讨论】〈阴〉
（人）Friedrich（'Fritz'）Muehlberg,1840-1915,瑞士植物学者,地
质学者。此属的学名是"Muehlbergella Feer, Bot. Jahrb. Syst. 12:
615. 23 Dec 1890"。亦有文献把其处理为"Edraianthus A. DC.
（1839）（保留属名）"的异名。【分布】高加索。【模式】Mucuna
oweriniana（Ruprecht）Feer [Edraianthus oweriniana Ruprecht]。
【参考异名】Edraianthus A. DC.（1839）（保留属名）■☆

34041　Muehlenbeckia Meisn.（1841）（保留属名）【汉】丝藤属（缪氏
蓼属,千叶兰属,竹节蓼属）。【俄】Мюленбекия。【英】Wire
Plants,Wire Shrub, Wire Vine, Wireplant, Wirevine。【隶属】蓼科
Polygonaceae。【包含】世界 23 种。【学名诠释与讨论】〈阴〉
（人）H. G. Mühlenbeck,1798-1845,法国植物学者,内科医生。
另说德国植物学者,或瑞士植物学者。此属的学名
"Muehlenbeckia Meisn., Pl. Vasc. Gen. 1:316; 2:227. 18-24 Jul
1841"是保留属名。相应的废弃属名是蓼科 Polygonaceae 的
"Calacinum Raf., Fl. Tellur. 2:33. Jan-Mar 1837 ≡ Muehlenbeckia
Meisn.（1841）（保留属名）"和"Karkinetron Raf., Fl. Tellur. 3:11.
Nov-Dec 1837 = Muehlenbeckia Meisn.（1841）（保留属名）"。
【分布】澳大利亚,巴拉圭,巴拿马,秘鲁,玻利维亚,厄瓜多尔,哥
伦比亚（安蒂奥基亚）,马达加斯加,新西兰,新几内亚岛,中美
洲。【模式】Muehlenbeckia australis（J. G. A. Forster）C. F. Meisner
[Coccoloba australis J. G. A. Forster]。【参考异名】Calacinum Raf.
（1837）（废弃属名）；Carcinetrum Post et Kuntze（1903）；Conobaea
Bert. ex Steud.（1840）；Homalocladium（F. Muell.）L. H. Bailey
（1929）；Homalocladium L. H. Bailey（1929）Nom. illegit.；
Karkinetron Raf.（1837）（废弃属名）；Sarcogonum G. Don（1839）；
Sarcogonum Sweet（1839）●☆

34042　Muehlenbergia R. Hedw.（1838）Nom. illegit. = Muhlenbergia
Schreb.（1789）[禾本科 Poaceae（Gramineae）]■

34043　Muehlenbergia Schreb.（1789）Nom. illegit. ≡ Muhlenbergia
Schreb.（1789）[禾本科 Poaceae（Gramineae）]■

34044　Muellera L. f.（1782）（保留属名）【汉】缪氏豆属。【隶属】豆
科 Fabaceae（Leguminosae）。【包含】世界 2 种。【学名诠释与讨
论】〈阴〉（人）Otto Friedrich（Fredrik, Frederik, Friderich, Fridrich）
Miiller,1730-1784,丹麦植物学者,博物学者。此属的学名
"Muellera L. f., Suppl. Pl.:53,329. Apr 1782"是保留属名。相应
的废弃属名是豆科 Fabaceae 的"Coublandia Aubl., Hist. Pl.
Guiane:937. Jun-Dec 1775 = Muellera L. f.（1782）（保留属名）"。
亦有文献把"Muellera L. f.（1782）（保留属名）"处理为
"Lonchocarpus Kunth（1824）（保留属名）"的异名。【分布】巴拉
圭,巴拿马,秘鲁,玻利维亚,厄瓜多尔,哥伦比亚（安蒂奥基亚）,
哥斯达黎加,尼加拉瓜,中美洲。【模式】Muellera moniliformis

Linnaeus f.。【参考异名】Coublandia Aubl.（1775）（废弃属名）；
Cyanobotrys Zucc.（1846）；Lonchocarpus Kunth（1824）（保留属
名）；Mullera Juss.（1789）●■☆

34045　Muelleramra Kuntze（1891）Nom. illegit. ≡ Pterocladon Hook. f.
（1867）[野牡丹科 Melastomataceae]●☆

34046　Muelleranthus Hutch.（1964）【汉】三小叶豆属。【隶属】豆科
Fabaceae（Leguminosae）。【包含】世界 3 种。【学名诠释与讨论】
〈阳〉（人）Baron Sir Ferdinand Jacob（Jakob）Heinrich von Mueller
（Miiller）,1825-1896,德国出生的澳大利亚植物学者,药剂师,
植物采集家 + anthos, 花。【分布】澳大利亚。【模式】
Muelleranthus trifoliolatus（F. v. Mueller）J. Hutchinson
[Ptychosema trifoliolatum F. v. Mueller]。■☆

34047　Muellerargia Cogn.（1881）【汉】米勒瓜属。【隶属】葫芦科（瓜
科,南瓜科）Cucurbitaceae。【包含】世界 2 种。【学名诠释与讨
论】〈阴〉（人）Jean（Johannes）Mueller,1828-1896,瑞士植物学
者+arges 或 argos 白的,光明的。【分布】马达加斯加,小巽他群
岛。【模式】Muellerargia timorensis Cogniaux。■☆

34048　Muellerina Tiegh.（1895）【汉】米勒寄生属。【隶属】桑寄生科
Loranthaceae。【包含】世界 4 种。【学名诠释与讨论】〈阴〉（人）
Ferdinand Jacob Heinrich von Mueller,1825-1896,澳大利亚植物
学者,植物采集家+-inus, -ina, -inum 拉丁文加在名词词干之
后,以形成形容词的词尾,含义为"属于、相似、关于、小的"。【分
布】澳大利亚（东部）。【模式】Muellerina raoulii Van Tieghem。
【参考异名】Furcilla Tiegh.（1895）Nom. illegit.；Hookerella Tiegh.
（1895）●☆

34049　Muellerolimon Lincz.（1982）【汉】节枝补血草属。【隶属】白
花丹科（矶松科,蓝雪科）Plumbaginaceae。【包含】世界 1 种。
【学名诠释与讨论】〈中〉（人）Mueller,植物学者+leimon 草地。
【分布】澳大利亚（西部）。【模式】Muellerolimon salicorniaceus
（F. von Mueller）I. A. Linczevski [as ' salicorniaceum '] [Statice
salicorniacea F. von Mueller]。●☆

34050　Muellerothamnus Engl.（1897）Nom. illegit. ≡ Piptocalyx Oliv. ex
Benth.（1870）（废弃属名）；~ = Trimenia Seem.（1873）（保留属
名）[早落瓣科（腺齿木科）Trimeniaceae]●☆

34051　Muenchausia Scop.（1777）Nom. illegit. = Muenchhausia L.
（1774）Nom. illegit.；~ = Lagerstroemia L.（1759）[千屈菜科
Lythraceae//紫薇科 Lagerstroemiaceae]●

34052　Muenchhausia L.（1774）Nom. illegit. = Lagerstroemia L.（1759）
[千屈菜科 Lythraceae//紫薇科 Lagerstroemiaceae]●

34053　Muenchhausia L. ex Murr., Nom. illegit. ≡ Muenchhausia L.
（1774）Nom. illegit.；~ = Lagerstroemia L.（1759）[千屈菜科
Lythraceae//紫薇科 Lagerstroemiaceae]●

34054　Muenchhausia Scop.（1777）Nom. illegit. ≡ Muenchhausia L.
（1774）Nom. illegit.；~ = Lagerstroemia L.（1759）[千屈菜科
Lythraceae//紫薇科 Lagerstroemiaceae]●

34055　Muenchhusia Fabr.（1763）Nom. illegit. ≡ Muenchhusia Heist. ex
Fabr.（1763）；~ = Hibiscus L.（1753）（保留属名）[锦葵科
Malvaceae//木槿科 Hibiscaceae]●■

34056　Muenchhusia Heist. ex Fabr.（1763）= Hibiscus L.（1753）（保留
属名）[锦葵科 Malvaceae//木槿科 Hibiscaceae]●■

34057　Muenteria Seem.（1865）Nom. illegit. = Markhamia Seem. ex
Baill.（1888）[紫葳科 Bignoniaceae]●

34058　Muenteria Walp.（1846）Nom. illegit. ≡ Picrita Sehumach.
（1825）；~ = Aeschrion Vell.（1829）；~ = Picraena Lindl.（1838）
Nom. illegit.；~ = Picrasma Blume（1825）[苦木科 Simaroubaceae]●

34059　Muhlenbergia Schreb.（1789）【汉】乱子草属（鼠茅属）。【日】
ネズミガヤ属。【俄】Мюленбергия。【英】Hair Grass, Muhly,

Muhly Grass。【隶属】禾本科 Poaceae(Gramineae)。【包含】世界 120-160 种,中国 6 种。【学名诠释与讨论】〈阴〉(人)Gotthlif Henry Ernest Muhlenberg,1753-1815,美国植物学者,牧师,他是 Melchior Muhlenberg 的儿子。此属的学名,ING、GCI、APNI 和 IK 记载是"Muhlenbergia Schreb.,Gen. Pl.,ed. 8 [a].1:44. 1789 [Apr 1789]"。"Muchlenbergia Schreb. (1810)"、"Muehlenbergia R. Hedw. (1838) Nom. illegit."和"Muehlenbergia Schreb. (1789) Nom. illegit."是其拼写变体。【分布】巴基斯坦,巴拿马,秘鲁,玻利维亚,厄瓜多尔,哥伦比亚(安蒂奥基亚),哥斯达黎加,美国(密苏里),尼加拉瓜,中国,喜马拉雅山至日本,北美洲至安第斯山,中美洲。【模式】Muhlenbergia schreberi J. F. Gmelin。【参考异名】Acroxis Steud. (1840) Nom. illegit.;Acroxis Trin. ex Steud. (1840) Nom. illegit.;Anthipsimus Raf. (1819);Bealea Scribn. (1890);Bealia Scribn. (1890) Nom. illegit.;Bealia Scribn. ex Vasey (1889);Calycodon Nutt. (1848);Chaboissaea Benth. et Hook. f. (1883) Nom. illegit.;Chaboissaea E. Fourn. (1883) Nom. inval.;Chaboissaea E. Fourn. ex Benth. et Hook. f. (1883);Ciomena P. Beauv.;Cleomena Roem. et Schult. (1817) Nom. illegit.;Clomena P. Beauv. (1812);Crypsinna E. Fourn. (1886);Crypsinna E. Fourn. ex Benth. (1881);Dilepyrum Michx. (1803);Diplachyrium Nees(1828);Epicampes J. Presl et C. Presl(1830) Nom. illegit.;Epicampes J. Presl(1830);Flexularia Raf. (1819);Lepyroxis E. Fourn. (1886) Nom. inval.;Lepyroxis P. Beauv. ex E. Fourn. (1886) Nom. inval.;Muchlenbergia Schreb. (1810) Nom. illegit.;Muehlenbergia R. Hedw. (1838) Nom. illegit.;Muehlenbergia Schreb. (1789) Nom. illegit.;Podasaemium Rchb. (1828);Podosaemon Spreng. (1830);Podosemum Desv. (1810);Sericrostis Raf. (1825);Serigrostis Steud. (1841) Nom. illegit.;Tosagris P. Beauv. (1812) Nom. inval.;Trichochloa DC. (1813) Nom. illegit.;Trichochloa P. Beauv. (1812);Vaseya Thurb. (1863)■

34060 Muilla S. Watson ex Benth. (1879) Nom. illegit. ≡ Muilla S. Watson(1879) [百合科 Liliaceae//葱科 Alliaceae]●☆

34061 Muilla S. Watson(1879)【汉】北美百合属。【隶属】百合科 Liliaceae//葱科 Alliaceae。【包含】世界 1-5 种。【学名诠释与讨论】〈阴〉(拉)由葱属 Allium 字母改缀而来。此属的学名,ING、GCI 和 IK 记载是"Muilla S. Watson,Proc. Amer. Acad. Arts 14:215,235. 1879 [dt. Jul 1879;issued 2 Aug 1879]"。"Muilla S. Watson ex Benth. (1879) ≡ Muilla S. Watson(1879)"的命名人引证有误。【分布】美国(西南部),墨西哥。【模式】Muilla maritima (J. Torrey) S. Watson [Hesperoscordum maritimum J. Torrey]。【参考异名】Muilla S. Watson ex Benth. (1879) Nom. illegit.■☆

34062 Muiria C. A. Gardner(1931) Nom. illegit. = Muirianthan C. A. Gardner(1942) [芸香科 Rutaceae]●☆

34063 Muiria N. E. Br. (1927)【汉】宝辉玉属。【日】ミュイリア属,ムイリア属。【隶属】番杏科 Aizoaceae。【包含】世界 1 种。【学名诠释与讨论】〈阴〉(人)John Muir,1874-1947,英国博物学者,植物采集家,医生。此属的学名,ING、TROPICOS 和 IK 记载是"Muiria N. E. Brown,Gard. Chron. ser. 3. 81:116. 12 Feb 1927"。"Muiria C. A. Gardner,J. et Proc. Roy. Soc. Western Australia 19:83. 26 Jul 1933(non N. E. Brown 1927)= Muirianthan C. A. Gardner (1942) [芸香科 Rutaceae]"是晚出的非法名称。【分布】非洲南部。【模式】Muiria hortenseae N. E. Brown。■☆

34064 Muirianthan C. A. Gardner(1942)【汉】缪尔芸香属。【隶属】芸香科 Rutaceae。【包含】世界 1 种。【学名诠释与讨论】〈阴〉(人)Thomas Muir,1899-,澳大利亚植物采集家+anthos,花。此属的学名,ING、TROPICOS 和 IK 记载是"Muirianthan C. A. Gardner,J. et Proc. Roy. Soc. Western Australia 27:181. 7 Aug 1942"。"Muiria C. A. Gardner,J. et Proc. Roy. Soc. Western Australia 19:83. 26 Jul 1933(non N. E. Brown 1927)"是"Muirianthan C. A. Gardner(1942)"的同模式异名(Homotypic synonym,Nomenclatural synonym)。【分布】澳大利亚(西部)。【模式】Muiria hassellii (F. v. Mueller) C. A. Gardner [Chorilaena hassellii F. v. Mueller]。【参考异名】Muiria C. A. Gardner(1931) Nom. illegit. ●☆

34065 Muitis Raf. (1840) Nom. illegit. ≡ Caucalis L. (1753) [伞形花科(伞形科) Apiaceae(Umbelliferae)]■☆

34066 Mukdenia Koidz. (1935)【汉】槭叶草属(丹顶草属)。【日】アセリフィラム属,タンチョウソウ属。【英】Mapleleafgrass。【隶属】虎耳草科 Saxifragaceae。【包含】世界 2 种,中国 1 种。【学名诠释与讨论】〈阴〉(地)Mukden,沈阳的旧名。此属的学名"Mukdenia Koidzumi,Acta Phytotax. Geobot. 4:120. 30 Mai 1935"是一个替代名称。"Aceriphyllum Engler in Engler et Prantl,Nat. Pflanzenfam. 3(2a):49,52. Jan 1891"是一个非法名称(Nom. illegit.),因为此前已经有了化石植物的"Aceriphyllum W. M. Fontaine,Monogr. U. S. Geol. Surv. 15:320. 1889"。故用"Mukdenia Koidz. (1935)"替代之。【分布】朝鲜,中国。【模式】Mukdenia rossii (D. Oliver) Koidzumi [Saxifraga rossii D. Oliver]。【参考异名】Aceriphyllum Engl. (1891) Nom. illegit.;Acerophyllum Post et Kuntze(1903)■

34067 Mukia Arn. (1840)【汉】帽儿瓜属(红纽子属)。【英】Mukia。【隶属】葫芦科(瓜科,南瓜科)Cucurbitaceae。【包含】世界 3 种,中国 2 种。【学名诠释与讨论】〈阴〉来自植物俗名 mucca-piri。【分布】巴基斯坦,中国,古热带。【后选模式】Mukia scabrella (Linnaeus f.)R. Wight [Bryonia scabrella Linnaeus f.]。【参考异名】Muckia Hassk. (1848)■

34068 Muldera Miq. (1839) = Piper L. (1753) [胡椒科 Piperaceae]●■

34069 Mulfordia Rusby(1928) = Dimerocostus Kuntze(1891) [闭鞘姜科 Costaceae]■☆

34070 Mulgedium Cass. (1824)【汉】乳苣属(乳菊属,山莴苣属)。【日】ムラサキノゲシ属。【俄】Лактук,Латук,Молокан,Мульгедиум,Салат。【英】Milklettuce,Mulgedium。【隶属】菊科 Asteraceae(Compositae)//莴苣科 Lactucaceae。【包含】世界 10-16 种,中国 5-7 种。【学名诠释与讨论】〈中〉(拉)mulgeo,乳+-ius,-ia,-ium,在拉丁文和希腊文中,这些词尾表示性质或状态。指植物含乳汁。此属的学名,ING、TROPICO、GCI 和 IK 记载是"Mulgedium Cass.,Dict. Sci. Nat.,ed. 2. [F. Cuvier]33:296. 1824 [Dec 1824]"。它曾被处理为"Cicerbita sect. Mulgedium (Cass.) Beauverd,Bulletin de la Société Botanique de Genève,Sér. 2 2:113. 1910"。也有学者把其处理为"Cicerbita Wallr. (1822)"或"Lactuca L. (1753)"的异名。亦有文献把"Mulgedium Cass. (1824)"处理为"Cicerbita Wallr. (1822)"或"Lactuca L. (1753)"的异名。【分布】中国,温带欧亚大陆,中美洲。【后选模式】Mulgedium tataricum (Linnaeus) A. P. de Candolle [Sonchus tataricus Linnaeus]。【参考异名】Cicerbita Wallr. (1822);Cicerbita sect. Mulgedium (Cass.) Beauverd(1910);Lactuca L. (1753);Lagedium Soják(1961)■

34071 Mulguraea N. O'Leary et P. Peralta(2009) = Verbena L. (1753) [马鞭草科 Verbenaceae]■●

34072 Mulinum Pers. (1805)【汉】骡草属。【隶属】唇形科 Lamiaceae (Labiatae)//天胡荽科 Hydrocotylaceae。【包含】世界 20 种。【学名诠释与讨论】〈中〉(拉)mulinus,关于骡子的。【分布】玻利维亚,安第斯山。【后选模式】Mulinum spinosum Persoon。【参考异名】Azorellopsis H. Wolff(1924)■☆

34073 Mullaghera Bubani(1899) Nom. illegit. ≡ Lotus L. (1753) [豆

科 Fabaceae(Leguminosae)//蝶形花科 Papilionaceae]■

34074　Mullera Juss.(1789)= Muellera L. f.(1782)(保留属名)[豆科 Fabaceae(Leguminosae)]●■☆

34075　Mullerochloa K. M. Wong(2005)【汉】澳竹属。【隶属】禾本科 Poaceae(Gramineae)。【包含】世界 1 种。【学名诠释与讨论】〈阴〉(人)Mueller,植物学者+chloe,草的幼芽,嫩草,禾草。此属的学名是"Mullerochloa K. M. Wong, Blumea 50: 434. 14 Dec 2005"。亦有文献把其处理为"Bambusa Schreb.(1789)(保留属名)"的异名。【分布】澳大利亚。【模式】Mullerochloa moreheadiana(F. M. Bailey)K. M. Wong[Bambusa moreheadiana F. M. Bailey]。【参考异名】Bambusa Schreb.(1789)(保留属名)●☆

34076　Multidentia Gilli(1973)【汉】多齿茜属。【隶属】茜草科 Rubiaceae。【包含】世界 11 种。【学名诠释与讨论】〈阴〉(拉)multus,许多+dens,所有格 dentis,齿。【分布】刚果(金),几内亚,加纳,津巴布韦,喀麦隆,马拉维,莫桑比克,苏丹,坦桑尼亚,乌干达,赞比亚,热带非洲。【模式】Multidentia verticillata A. Gilli。●☆

34077　Muluorchis J. J. Wood(1984)= Tropidia Lindl.(1833)[兰科 Orchidaceae]■

34078　Mumeazalea Makino(1914)Nom. inval. = Azaleastrum Rydb.(1900)Nom. illegit. ; ~ = Rhododendron L.(1753)[杜鹃花科(欧石南科)Ericaceae]●

34079　Munbya Boiss.(1849)= Arnebia Forssk.(1775); ~ = Macrotomia DC.(1840)Nom. illegit. ; ~ = Macrotomia DC. ex Meisn.(1840)[紫草科 Boraginaceae]●☆

34080　Munbya Pomel(1860)Nom. illegit. ; ~ = Munchausia L.(1770)= Lagerstroemia L.(1759); ~ = Munchhausia L.(1770)[千屈菜科 Lythraceae//紫薇科 Lagerstroemiaceae]●

34081　Munchausia L.(1770)= Lagerstroemia L.(1759); ~ = Munchhausia L.(1770)[千屈菜科 Lythraceae//紫薇科 Lagerstroemiaceae]●

34082　Munchhausia L. = Lagerstroemia L.(1759)[千屈菜科 Lythraceae//紫薇科 Lagerstroemiaceae]●

34083　Munchhausia Murray(1770)Nom. illegit. = Lagerstroemia L.(1759)[千屈菜科 Lythraceae]☆

34084　Munchhusia Fabr. = Hibiscus L.(1753)(保留属名)[锦葵科 Malvaceae//木槿科 Hibiscaceae]●■

34085　Munchusia Heist. ex Raf.(1838)Nom. illegit. ≡ Munchusia Raf.(1838); ~ = Hibiscus L.(1753)(保留属名); ~ = Muenchhusia Heist. ex Fabr.(1763)[锦葵科 Malvaceae//木槿科 Hibiscaceae]●■

34086　Munchusia Raf.(1838)= Hibiscus L.(1753)(保留属名); ~ = Muenchhusia Heist. ex Fabr.(1763)[锦葵科 Malvaceae//木槿科 Hibiscaceae]●■

34087　Mundia Kunth(1821)Nom. illegit. ≡ Nylandtia Dumort.(1822)[远志科 Polygalaceae]■☆

34088　Mundubi Adans.(1763)Nom. illegit. ≡ Arachis L.(1753)[豆科 Fabaceae(Leguminosae)//蝶形花科 Papilionaceae]■

34089　Mundulea(DC.)Benth.(1852)【汉】栓皮豆属。【英】Mundulea。【隶属】豆科 Fabaceae(Leguminosae)。【包含】世界 15 种。【学名诠释与讨论】〈阴〉(拉)mundulus,整洁的,整饬的,来自 mundus,修饰了的,干净的。此属的学名是 ING 记载是"Mundulea(A. P. de Candolle)Bentham in Miquel, Pl. Jungh. 2: 248. Aug 1852",由"Tephrosia sect. Mundulea A. P. de Candolle, Prodr. 2:249. 1825"改级而来。IK 记载为"Mundulea Benth. , Pl. Jungh.[Miquel]2:248. 1852[Aug 1852]"。TROPICOS 则记载为"Mundulea DC. ex Miq. , Plantae Junghuhnianae 2; 248. 1852"。

【分布】马达加斯加,斯里兰卡,印度,热带非洲和南非。【后选模式】Mundulea sericea(Willdenow)A. Chevalier[Cytisus cericeus Willdenow]。【参考异名】Mundulea Benth.(1852)Nom. illegit. ; Tephrosia sect. Mundulea DC.(1825)●☆

34090　Mundulea Benth.(1852)Nom. illegit. ≡ Mundulea(DC.)Benth.(1852)[豆科 Fabaceae(Leguminosae)]●☆

34091　Mundulea DC. ex Miq.(1852)≡ Mundulea(DC.)Benth.(1852)[豆科 Fabaceae(Leguminosae)]●☆

34092　Mungos Adans.(1763)Nom. illegit. ≡ Ophiorrhiza L.(1753)[茜草科 Rubiaceae]●■

34093　Muniria N. Streiber et B. J. Conn(2011)【汉】澳叉毛灌属。【隶属】马鞭草科 Verbenaceae//唇形科 Lamiaceae(Labiatae)。【包含】世界 4 种。【学名诠释与讨论】〈阴〉词源不详。似来自人名。【分布】澳大利亚。【模式】Muniria quadrangulata(Munir)N. Streiber et B. J. Conn。☆

34094　Munnickia Blume ex Rchb.(1828 – 1829)= Apama Lam.(1783); ~ = Bragantia Lour.(1790)Nom. illegit. ; ~ = Thottea Rottb.(1783)[马兜铃科 Aristolochiaceae//阿柏麻科 Apamaceae]●

34095　Munnickia Rchb.(1828–1829)Nom. illegit. ≡ Munnickia Blume ex Rchb.(1828)[马兜铃科 Aristolochiaceae]●

34096　Munnicksia Deanst.(1818)Nom. inval. = Hydnocarpus Gaertn.(1788)[刺篱木科(大风子科)Flacourtiaceae]●

34097　Munnozia Ruiz et Pav.(1794)【汉】黑药菊属。【隶属】菊科 Asteraceae(Compositae)。【包含】世界 43-46 种。【学名诠释与讨论】〈阴〉(人)Juan Bautista Mufioz, Historia del Nuevo Mundo 的作者。【分布】巴拿马,秘鲁,玻利维亚,厄瓜多尔,哥伦比亚(安蒂奥基亚),安第斯山,中美洲。【后选模式】Munnozia lanceolata Ruiz et Pavon。【参考异名】Munrozia Steud.(1841)●■☆

34098　Munroa Benth. et Hook. f.(1883)Nom. illegit.(废弃属名)≡ Munroa Torr.(1857)(保留属名)[禾本科 Poaceae(Gramineae)]■☆

34099　Munroa Hack.(1887)Nom. illegit.[禾本科 Poaceae(Gramineae)]■☆

34100　Munroa Torr.(1857)(保留属名)【汉】芒罗草属。【隶属】禾本科 Poaceae(Gramineae)。【包含】世界 5 种。【学名诠释与讨论】〈阴〉(人)William Munro,1818-1889,英国植物学者,禾本科 Poaceae(Gramineae)专家,植物采集家。此属的学名"Munroa Torr. , Pac. Railr. Rep. 4(Pt 5, No. 4):158. 1857"是保留属名。法规未列出相应的废弃属名。但是禾本科 Poaceae(Gramineae)的"Munroa Bentham et Hook. f. , Gen. 3;1180. 14 Apr 188 ≡ Munroa Torr.(1857)(保留属名)"和"Munroa Hack. , Nat. Pflanzenfam. 2(2):65,1887,Nom. illegit. "应该废弃。【分布】秘鲁,玻利维亚,美国(西部),安第斯山。【模式】Munroa squarrosa(Nutt.)Torr.[Crypsis squarrosa Nutt.]。【参考异名】Hemimunroa(Parodi)Parodi(1937);Hemimunroa Parodi(1937);Monroa Torr.(1856)Nom. illegit.(废弃属名);Munroa Benth. et Hook. f.(1883)Nom. illegit.(废弃属名)●☆

34101　Munrochloa M. Kumar et Remesh(2008)【汉】芒罗竹属(印度竹属)。【隶属】禾本科 Poaceae(Gramineae)。【包含】世界 1 种。【学名诠释与讨论】〈中〉(人)William Munro,1818-1889,英国植物学者+chloe,草的幼芽,嫩草,禾草。【分布】印度。【模式】Munrochloa ritchiei(Munro)M. Kumar et Remesh。●☆

34102　Munroidendron Sherff(1952)【汉】芒罗五加属。【隶属】五加科 Araliaceae。【包含】世界 1 种。【学名诠释与讨论】〈中〉(人)Munro,1818-1889,英国植物学者+dendron 或 dendros,树木,棍,丛林。另说纪念 George C. Munro,1866-1963,植物学者,植物采

集家（在夏威夷）。【分布】美国（夏威夷）。【模式】Munroidendron racemosum（C. N. Forbes）Sherff［Tetraplasandra racemosa C. N. Forbes］。●☆

34103　Munronia Wight（1838）【汉】地黄连属。【英】Munronia。【隶属】棟科 Meliaceae。【包含】世界 3-15 种，中国 2-8 种。【学名诠释与讨论】〈阴〉（人）William Munro，1818-1880，英国植物学者，植物采集家。一说来自 C. Munro，英国东印度公司工作人员、植物学者。【分布】斯里兰卡至马来西亚（西部），中国。【模式】Munronia pumila R. Wight。【参考异名】Philastrea Pierre（1885）●

34104　Munrozia Steud.（1841）= Munnozia Ruiz et Pav.（1794）［菊科 Asteraceae（Compositae）］●■☆

34105　Muntafara Pichon（1948）【汉】蒙他木属（蒙他发木属）。【隶属】夹竹桃科 Apocynaceae。【包含】世界 1 种。【学名诠释与讨论】〈阴〉词源不详。此属的学名是"Muntafara Pichon, Notul. Syst.（Paris）13：209. Jan 1948"。亦有文献把其处理为"Tabernaemontana L.（1753）"的异名。【分布】马达加斯加。【模式】Muntafara sessilifolia（J. G. Baker）Pichon［Tabernaemontana sessilifolia J. G. Baker］。【参考异名】Tabernaemontana L.（1753）●☆

34106　Muntingia L.（1753）【汉】文定果属（西印度樱桃属）。【英】Muntingia。【隶属】椴树科（椴科，田麻科）Tiliaceae//杜英科 Elaeocarpaceae//文定果科 Muntingiaceae。【包含】世界 1-3 种，中国 1 种。【学名诠释与讨论】〈阴〉（人）Abraham Munting，1626-1683，荷兰植物学者。【分布】巴拿马，秘鲁，玻利维亚，厄瓜多尔，哥伦比亚（安蒂奥基亚），哥斯达黎加，尼加拉瓜，中国，西印度群岛，中美洲。【模式】Muntingia calabura Linnaeus。●

34107　Muntingiaceae C. Bayer, M. W. Chase et M. F. Fay（1998）【汉】文定果科。【包含】世界 3 属 3 种，中国 1 属 1 种。【分布】热带南美洲，西印度群岛。【科名模式】Muntingia L. ●

34108　Munychia Cass.（1825）= Felicia Cass.（1818）（保留属名）［菊科 Asteraceae（Compositae）］●■

34109　Munzothamnus P. H. Raven（1963）【汉】灌木莴苣属（粉莴苣属）。【英】Munz's Shrub。【隶属】菊科 Asteraceae（Compositae）。【包含】世界 1 种。【学名诠释与讨论】〈阴〉（人）Philip Alexander Munz，1892-1974，美国植物学者+希腊文 thamnos，指小式 thamnion，灌木、灌丛、树丛、枝。【分布】美国（加利福尼亚）。【模式】Munzothamnus blairii（Munz et Johnston）Raven［Stephanomeria blairii Munz et Johnston］。●☆

34110　Muralta Adans.（1763）（废弃属名）= Clematis L.（1753）［毛茛科 Ranunculaceae］●■

34111　Muralta Juss.（1815）Nom. illegit.（废弃属名）≡ Muralta Neck. ex Juss.（1815）（废弃属名）；~ = Muraltia DC.（1824）（保留属名）［远志科 Polygalaceae］●☆

34112　Muralta Neck. ex Juss.（1815）（废弃属名）= Muraltia DC.（1824）（保留属名）［远志科 Polygalaceae］●☆

34113　Muraltia DC.（1824）（保留属名）【汉】穆拉远志属。【隶属】远志科 Polygalaceae。【包含】世界 115 种。【学名诠释与讨论】〈阴〉（人）Johann von Muralt，1645-1733，瑞士植物学者。此属的学名"Muraltia DC., Prodr. 1：335. Jan（med.）1824"是保留属名。相应的废弃属名是毛茛科 Ranunculaceae 的"Muralta Adans., Fam. Pl. 2：460, 580. Jul-Aug 1763 = Clematis L.（1753）"。远志科 Polygalaceae 的"Muralta Necker ex A. L. Jussieu, Mém. Mus. Hist. Nat. 1：387. 1815 = Muraltia DC.（1824）（保留属名）"和"Muralta Juss.（1815）Nom. illegit. ≡ Muralta Neck. ex Juss.（1815）"都应废弃。"Heisteria Linnaeus, Opera Varia 242. 1758（废弃属名）"是"Muraltia DC.（1824）（保留属名）"的同模式异名（Homotypic synonym, Nomenclatural synonym）。【分布】非洲南部。【模式】Muraltia heisteria（Linnaeus）A. P. de Candolle

［Polygala heisteria Linnaeus］。【参考异名】Heistera Kuntze（1891）Nom. illegit.；Heisteria Boehm.；Heisteria L.（1758）（废弃属名）；Muralta Juss.（1815）（废弃属名）；Muralta Neck. ex Juss.（1815）（废弃属名）；Muraltia Juss.（1815）（废弃属名）；Muraltia Neck.（1790）Nom. inval.（废弃属名）●☆

34114　Muraltia Neck.（1790）Nom. inval. = Muraltia DC.（1824）（保留属名）［远志科 Polygalaceae］●☆

34115　Muranda Spruce（1908）Nom. illegit.［大戟科 Euphorbiaceae］☆

34116　Muratina Maire（1938）= Salsola L.（1753）［藜科 Chenopodiaceae//猪毛菜科 Salsolaceae］●■

34117　Murbeckia Urb. et Ekman（1930）= Forchhammeria Liebm.（1854）［白花菜科（醉蝶花科）Cleomaceae］●☆

34118　Murbeckiella Rothm.（1939）【汉】小穆尔芥属。【隶属】十字花科 Brassicaceae（Cruciferae）。【包含】世界 5 种。【学名诠释与讨论】〈阴〉（人）Svante Samuel Murbeck，1859-1946，瑞典植物学者+-ellus，-ella，-ellum，加在名词词干后面形成指小式的词尾。或加在人名、属名等后面以组成新属的名称。【分布】高加索，欧洲南部和西南部。【模式】Murbeckiella pinnatifida（Lamarck）Rothmaler［Arabis pinnatifida Lamarck］。■☆

34119　Murchisonia Brittan（1971）【汉】默奇森兰属。【隶属】吊兰科（猴面包科，猴面包树科）Anthericaceae//点柱花科 Lomandraceae。【包含】世界 2 种。【学名诠释与讨论】〈阴〉（人）Roderick Impey Murchison，1792-1871，英国古生物和地质学者。【分布】澳大利亚（西部）。【模式】Murchisonia fragrans N. H. Brittan。■☆

34120　Murdannia Royle（1840）（保留属名）【汉】水竹叶属（水竹属）。【英】Murdannia，Waterbamboo。【隶属】［鸭趾草科 Commelinaceae］。【包含】世界 50 种，中国 20 种。【学名诠释与讨论】〈阴〉（人）Murdann Ali，英国人，Saharunpore 标本馆管理员，植物采集家。此属的学名"Murdannia Royle, Ill. Bot. Himal. Mts.：403. Mai-Apr 1840"是保留属名。相应的废弃属名是的"Dilasia Raf., Fl. Tellur. 4：122. 1838（med.）= Murdannia Royle（1840）（保留属名）"和"Streptylis Raf., Fl. Tellur. 4：122. 1838（med.）= Murdannia Royle（1840）（保留属名）"。【分布】巴基斯坦，巴拿马，玻利维亚，哥伦比亚（安蒂奥基亚），哥斯达黎加，马达加斯加，尼加拉瓜，中国，中美洲。【模式】Murdannia scapiflora（Roxburgh）Royle［Commelina scapiflora Roxburgh］。【参考异名】Aneilema R. Br.（1810）；Ballya Brenan（1964）；Baoulia A. Chev.（1912）；Boulia A. Chev.；Dichaespermum Wight；Dilasia Raf.（1838）（废弃属名）；Ditelesia Raf.（1837）；Phaeneilema G. Brückn.（1926）；Prionostachys Hassk.（1866）Nom. illegit.；Streptylis Raf.（1838）（废弃属名）■

34121　Murera J. St. -Hil.（1805）= Mourera Aubl.（1775）［髯管花科 Geniostomaceae］■☆

34122　Muretia Boiss.（1844）【汉】穆雷特草属。【俄】Мурезия。【隶属】伞形花科（伞形科）Apiaceae（Umbelliferae）。【包含】世界 9 种。【学名诠释与讨论】〈阴〉（人）Muret，植物学者。此属的学名是"Muretia E. Boissier, Ann. Sci. Nat. Bot. ser. 3. 1：143. 1844"。亦有文献把其处理为"Elaeosticta Fenzl（1843）"的异名。【分布】伊朗，小亚细亚至亚洲中部。【后选模式】Muretia tanaicensis E. Boissier, Nom. illegit.［Bunium luteum G. F. Hoffmann；Muretia lutea（G. F. Hoffmann）E. Boissier］。【参考异名】Elaeosticta Fenzl（1843）；Elaeosticta subsect. Muretia（Boiss.）Kljuykov et Pimenov（1981）；Galagania Lipsky（1901）■☆

34123　Murex Kuntze（1891）Nom. illegit. ≡ Murex L. ex Kuntze（1891）；~ = Pedalium D. Royen ex L.（1759）Nom. illegit.；~ = Pedalium D. Royen［胡麻科 Pedaliaceae］■☆

34124 Murex L. ex Kuntze(1891) = Pedalium D. Royen ex L. (1759) Nom. illegit.；~ = Pedalium D. Royen［胡麻科 Pedaliaceae］■☆

34125 Murianthe(Baill.) Aubrév. (1963) = Manilkara Adans. (1763)(保留属名)［山榄科 Sapotaceae］●

34126 Muricaria Desv. (1815)【汉】北非平卧芥属。【隶属】十字花科 Brassicaceae(Cruciferae)。【包含】世界 1 种。【学名诠释与讨论】〈阴〉(希)murex，所有格 muricis，紫鱼+-arius，-aria，-arium，指示"属于、相似、具有、联系"的词尾。另说"拉"muricatus，尖的，充满了尖刺的，来自 murex，所有格 muricis 尖顶的岩石。【分布】非洲北部。【模式】Muricaria prostrata (Desfontaines) Desvaux［Bunias prostrata Desfontaines］。【参考异名】Corvina B. D. Jacks.；Corvina Steud. (1840)■☆

34127 Muricauda Small(1903) = Arisaema Mart. (1831)［天南星科 Araceae］●■

34128 Muricia Lour. (1790) = Momordica L. (1753)［葫芦科(瓜科，南瓜科)Cucurbitaceae］■

34129 Muricococcum Chun et F. C. How(1956) = Cephalomappa Baill. (1874)［大戟科 Euphorbiaceae］●

34130 Muriea M. M. Hartog(1878) = Manilkara Adans. (1763)(保留属名)［山榄科 Sapotaceae］●

34131 Murieanthe(Baill.) Aubrév. = Manilkara Adans. (1763)(保留属名)［山榄科 Sapotaceae］●

34132 Muriri J. F. Gmel. (1791) = Mouriri Aubl. (1775)［野牡丹科 Melastomataceae］●☆

34133 Muriria Raf. = Muriri J. F. Gmel. (1791)［野牡丹科 Melastomataceae］●☆

34134 Murocoa J. St. – Hil. (1805) = Maripa Aubl. (1775)；~ = Mouroucoa Aubl. (1775)［旋花科 Convolvulaceae］■☆

34135 Murraea J. König ex L. (1771) Nom. illegit. (废弃属名) ≡ Murraya J. König ex L. (1771)(保留属名)［芸香科 Rutaceae］●

34136 Murraea Murray(1771) Nom. illegit. (废弃属名) ≡ Murraya J. König ex L. (1771)(保留属名)［芸香科 Rutaceae］●

34137 Murraya J. König ex L. (1771)［as 'Murraea'](保留属名)【汉】九里香属(穿花针属，满山香属，十里香属，月橘属)。【日】ゲッキツ属。【俄】Мурайя，Муррая，Муррея。【英】Jasmin Orange，Jasmine Orange，Jasminorange，Jasmin – orange，Mock Orenge，Murraya，Orange Jessamine。【隶属】芸香科 Rutaceae。【包含】世界 5-12 种，中国 10 种。【学名诠释与讨论】〈阴〉(人)John Andréw Murray，1704-1791，瑞典植物学者，医生，植物采集家。另说德国植物学者。此属的学名"Murraya J. König ex L.，Mant. Pl.：554，563. Oct 1771('Murraea')(orth. cons.)"是保留属名。相应的废弃属名是芸香科 Rutaceae 的"Camunium Adanson.，Fam. Pl. 2：166. Jul-Aug 1763 = Murraya J. König ex L. (1771)［as 'Murraea'](保留属名)"和"Bergera J. König ex L.，Mant. Pl.：555，563. Oct 1771 = Murraya J. König ex L. (1771)［as 'Murraea'](保留属名)"。"Murraea Murray(1771)"和"Murraea J. Koenig ex L.，Mant. Pl. Altera 554. 1771［Oct 1771］"是其拼写变体，都应废弃。需要废弃的还有：芸香科 Rutaceae 的"Camunium O. Kuntze，Rev. Gen. 1；99. 5 Nov 1891 ≡ Chalcas L. (1767) Nom. illegit. = Murraya J. König ex L. (1771)［as 'Murraea'](保留属名)"和楝科 Meliaceae 的"Camunium Roxb.，Hort. Bengal. 18，1814，Nom. illegit. = Aglaia Lour. (1790)(保留属名)"。【分布】巴基斯坦，巴拿马，秘鲁，玻利维亚，厄瓜多尔，哥伦比亚(安蒂奥基亚)，尼加拉瓜，印度至马来西亚，中国，太平洋地区，东亚，中美洲。【模式】Murraya exotica Linnaeus。【参考异名】Astronia Noronha ex Blume (1827)；Astronia Noronha，Nom. inval.；Bergera J. König ex L. (1771)(废弃属名)；Camunium

Kuntze(1891) Nom. illegit. (废弃属名)；Chalcas L. (1767) Nom. illegit.；Chaleas N. T. Burb. (1963)；Claderia Raf. (1838)(废弃属名)；Marsana Sonn. (1782)；Murraea J. König ex L. (1771)(废弃属名)；Murraea Murray(1771) Nom. illegit. (废弃属名)；Murraya L. (1771)(废弃属名)；Murrya Griff. (1854)；Nimbo Donnst. (1818)；Pharmacum Kuntze (1891) Nom. illegit.；Pharmacum Rumph. ex Kuntze(1891) Nom. illegit.；Poechia Opiz(1852) Nom. illegit.；Sicklera M. Roem. (1846)●

34138 Murraya L. (1771)(废弃属名) ≡ Murraya J. König ex L. (1771)［as 'Murraea'](保留属名)［芸香科 Rutaceae］●

34139 Murrinea Raf. (1838) = Baeckea L. (1753)［桃金娘科 Myrtaceae］●

34140 Murrithia Zoll. et Moritzi(1845) = Pimpinella L. (1753)［伞形花科(伞形科)Apiaceae(Umbelliferae)］■

34141 Murrya Griff. (1854) = Murraya J. König ex L. (1771)［as 'Murraea'](保留属名)［芸香科 Rutaceae］●

34142 Murtekias Raf. (1838) = Euphorbia L. (1753)［大戟科 Euphorbiaceae］●■

34143 Murtonia Craib(1912) = Desmodium Desv. (1813)(保留属名)［豆科 Fabaceae(Leguminosae)//蝶形花科 Papilionaceae］●■

34144 Murtughas Kuntze (1891) Nom. illegit. ≡ Lagerstroemia L. (1759)［千屈菜科 Lythraceae//紫薇科 Lagerstroemiaceae］●

34145 Murucoa J. F. Gmel. (1791) = Mouroucoa Aubl. (1775)；~ = Maripa Aubl. (1775)+Lettsomia Roxb. (1814) Nom. illegit. (废弃属名)［旋花科 Convolvulaceae］●

34146 Murucoa Kuntze(1898) Nom. illegit. = Mouroucoa Aubl. (1775)［旋花科 Convolvulaceae］■☆

34147 Murucuia Mill. (1754) = Passiflora L. (1753)(保留属名)［西番莲科 Passifloraceae］●■

34148 Murucuja Guett. = Murucuia Mill. (1754)；~ = Passiflora L. (1753)(保留属名)［西番莲科 Passifloraceae］●■

34149 Murucuja Medik. (1787) Nom. illegit. ≡ Murucuja Tourn. ex Medik. (1787) Nom. illegit.；~ = Passiflora L. (1753)(保留属名)［西番莲科 Passifloraceae］●■

34150 Murucuja Pers. (1806) Nom. illegit.，Nom. inval. = Murucuia Mill. (1754)；~ = Passiflora L. (1753)(保留属名)［西番莲科 Passifloraceae］●■

34151 Murucuja Tourn. ex Medik. (1787) Nom. illegit. = Passiflora L. (1753)(保留属名)［西番莲科 Passifloraceae］●■

34152 Murueva Raf. (1821) Nom. inval. = Maireria Scop. (1777) Nom. illegit.，Nom. superfl.；~ = Maripa Aubl. (1775)［旋花科 Convolvulaceae］■☆

34153 Musa L. (1753)【汉】芭蕉属。【日】バショウ属，バセウ属。【俄】Банан，Дерево бархатное。【英】Banana，Banana Tree，Banane，Hardy Banana，Plantain，Plantain Banana。【隶属】芭蕉科 Musaceae。【包含】世界 6-40 种，中国 11-35 种。【学名诠释与讨论】〈阴〉(阿拉伯)muze，mauz，mouz，moz，muza，香蕉，大蕉。或来自人名 Antonius Musa，古罗马第一任国王的医生。【分布】巴基斯坦，巴拿马，秘鲁，玻利维亚，厄瓜多尔，哥伦比亚(安蒂奥基亚)，哥斯达黎加，马达加斯加，尼加拉瓜，热带，中国，中美洲。【后选模式】Musa paradisiaca Linnaeus。【参考异名】Musella (Franch.) C. Y. Wu；Musella (Franch.) C. Y. Wu (1978)；Muza Stokes(1812)■

34154 Musaceae Juss. (1789)(保留科名)【汉】芭蕉科。【日】バショウ科，バセウ科。【俄】Банановые。【英】Banana Family。【包含】世界 2-6 属 40-200 种，中国 3 属 14-22 种。【分布】热带非洲，亚洲，澳大利亚。【科名模式】Musa L. (1753)■

34155 Musanga C. Sm. ex R. Br. (1818)【汉】原伞树属(摩山麻属,伞树属)。【隶属】荨麻科 Urticaceae。【包含】世界 1-2 种。【学名诠释与讨论】〈阴〉词源不详。此属的学名,ING 和 IK 记载是"Musanga C. Smith ex R. Brown in Tuckey, Narr. Exped. Zaire 453. Mar 1818"。、TROPICOS 则误记为"Musanga R. Br. in Tuckey"。【分布】热带非洲。【模式】Musanga smithii R. Brown ex J. J. Bennett。【参考异名】Musanga R. Br. (1818) Nom. illegit. ●☆

34156 Musanga R. Br. (1818) Nom. illegit. = Musanga C. Sm. ex R. Br. (1818)[荨麻科 Urticaceae]●☆

34157 Muscadinia(Planch.) Small(1903) = Vitis L. (1753)[葡萄科 Vitaceae]●

34158 Muscadinia Small(1903) Nom. illegit. ≡ Muscadinia (Planch.) Small(1903);~ = Vitis L. (1753)[葡萄科 Vitaceae]●

34159 Muscarella Luer (2006)【汉】小麝香兰属。【隶属】兰科 Orchidaceae。【包含】世界 48 种。【学名诠释与讨论】〈阴〉(属) Muscari 葡萄风信子属(串铃花属,蓝壶花属,麝香兰属,蝇合草属)+-ellus,-ella,-ellum,加在名词词干后面形成指小式的词尾。或加在人名、属名等后面以组成新属的名称。此属的学名"Muscarella Luer, Monogr. Syst. Bot. Missouri Bot. Gard. 105:94. 2006[May 2006]",作者是作为新属发表的。亦有学者说它是"Pleurothallis sect. Muscariae Luer, Monographs in Systematic Botany from the Missouri Botanical Garden 20:89. 1986"的替代名称;此说有误。亦有文献把"Muscarella Luer(2006)"处理为"Pleurothallis R. Br. (1813)"的异名。【分布】玻利维亚,中美洲。【模式】Muscarella aristata (Hook.) Luer[Pleurothallis aristata Hook.]。【参考异名】Pleurothallis R. Br. (1813);Pleurothallis sect. Muscariae Luer(1986)■☆

34160 Muscari Mill. (1754)【汉】葡萄风信子属(串铃花属,蓝壶花属,麝香兰属,蝇合草属)。【日】ムスカリ属。【俄】Гадючий лук, Лук гадючий, Мускаримия, Мышиный Гиацинт。【英】Grepe Hyacinth, Grepe-hyacinth。【隶属】百合科 Liliaceae//风信子科 Hyacinthaceae。【包含】世界 30-60 种。【学名诠释与讨论】〈阴〉(希) moschos, 麝香。指花具麝香花味。另说来自土耳其语植物俗名。【分布】巴基斯坦,美国,地中海地区,欧洲,亚洲西部。【后选模式】Muscari botryoides (Linnaeus) P. Miller[Hyacinthus botryoides Linnaeus]。【参考异名】Botryanthus Kunth(1843) Nom. illegit.;Botrycomus Fourr. (1869) Nom. illegit.;Botryoides Wolf (1776);Botryphile Salisb. (1866) Nom. illegit.;Comus Salisb. (1866) Nom. illegit.;Cornus Salisb.;Czekelia Schur (1856);Etheiranthus Kostel. (1844);Eubotrys Raf. (1837);Leopoldia Parl. (1845)(保留属名);Moscharea Salisb. (1866);Moscharia Salisb. (1866) Nom. illegit. (废弃属名);Muscarimia Kostel. (1844) Nom. illegit.;Muscarimia Kostel. ex Losinsk. (1935);Muscarius Kuntze;Pelotris Raf. (1840);Pseudomuscari Garbari et Greuter(1970)■☆

34161 Muscaria Haw. (1821) = Saxifraga L. (1753)[虎耳草科 Saxifragaceae]■

34162 Muscarimia Kostel. (1935) Nom. illegit. ≡ Muscarimia Kostel. ex Losinsk. (1935);~ = Muscari Mill. (1754)[百合科 Liliaceae//风信子科 Hyacinthaceae]■☆

34163 Muscarimia Kostel. ex Losinsk. (1935)【汉】穆斯卡风信子属。【俄】Мускаримия。【隶属】百合科 Liliaceae//风信子科 Hyacinthaceae。【包含】世界 5 种。【学名诠释与讨论】〈阴〉来自植物俗名。此属的学名,ING 记载是"Muscarimia Kosteletzky ex A. S. Losina-Losinskaja in V. L. Komarov, Fl. URSS 4:411. 1935 (post 25 Oct)",是一个替代名称。"Moscharia Tournefort ex R. A. Salisbury, Gen. 25. Apr-Mai 1866"是一个非法名称(Nom. illegit.),因为此前已经有了"Moscharia Forsskål, Fl. Aegypt.-

Arab. 158. 1775(废弃属名) = Ajuga L. (1753)[唇形科 Lamiaceae (Labiatae)]"。故用"Muscarimia Kostel. ex Losinsk. (1935)"替代之。"Moscharia Ruiz et Pav. (1794)"发表虽晚,却是一个保留属名。IK 记载"Muscarimia Kostel. , Index Pl. Hort. Prag. (1844)"是合法名称;《苏联植物志》也用它为正名;但是它是晚出的非法名称。亦有文献把"Muscarimia Kostel. ex Losinsk. (1935)"处理为"Muscari Mill. (1754)"的异名。【分布】亚洲。【模式】Muscarimia muscari (Linnaeus) A. S. Losina-Losinskaja[Hyacinthus muscari Linnaeus]。【参考异名】Moscharia Salisb. (1866) Nom. illegit. (废弃属名);Moscharia Tourn. ex Salisb. (1866) Nom. illegit. (废弃属名);Muscari Mill. (1754);Muscarimia Kostel. (1935) Nom. illegit. ■☆

34164 Muscarius Kuntze = Muscari Mill. (1754)[百合科 Liliaceae//风信子科 Hyacinthaceae]■☆

34165 Muschleria S. Moore(1914)【汉】杯冠瘦片菊属。【隶属】菊科 Asteraceae(Compositae)。【包含】世界 1 种。【学名诠释与讨论】〈阴〉(人) Reinhold (Reno) Conrad Muschler, 1883-1957, 德国植物学者。【分布】热带非洲。【模式】Muschleria angolensis S. M. Moore。●☆

34166 Muscipula Fourr. (1868) Nom. inval. , Nom. nud. = Silene L. (1753)(保留属名)[石竹科 Caryophyllaceae]■

34167 Muscipula Ruppius(1745) Nom. inval. = Ebraxis Raf. (1840);~ = Silene L. (1753)(保留属名)[石竹科 Caryophyllaceae]■

34168 Musella(Franch.) C. Y. Wu ex H. W. Li(1978)【汉】地涌金莲属。【英】Musella。【隶属】芭蕉科 Musaceae。【包含】世界 1 种,中国 1 种。【学名诠释与讨论】〈阴〉(属) Musa 芭蕉属+-ellus,-ella,-ellum,加在名词词干后面形成指小式的词尾。或加在人名、属名等后面以组成新属的名称。此属的学名,ING、TROPICOS、GCI 和 IK 记载是"Musella (Franch.) H. W. Li, Acta Phytotax. Sin. 16(3):57. 1978[Aug 1978]",由"Tauschia sect. Museniopsis A. Gray, Boston J. Nat. Hist. 6:211. Jan 1850"改级而来。【分布】中国。【模式】Musella lasiocarpa (A. R. Franchet) H. W. Li[Musa lasiocarpa A. R. Franchet]。【参考异名】Musa sect. Musella Franch. (1850);Musella (Franch.) C. Y. Wu;Musella (Franch.) H. W. Li(1978)■★

34169 Musella (Franch.) C. Y. Wu = Musa L. (1753);~ = Musella (Franch.) C. Y. Wu ex H. W. Li(1978)[芭蕉科 Musaceae]■★

34170 Musella (Franch.) H. W. Li (1978) = Musa L. (1753);~ = Musella (Franch.) C. Y. Wu ex H. W. Li (1978)[芭蕉科 Musaceae]■★

34171 Museniopsis (A. Gray) J. M. Coult. et Rose (1888) = Tauschia Schltdl. (1835)(保留属名)[伞形花科(伞形)Apiaceae (Umbelliferae)]■☆

34172 Museniopsis J. M. Coult. et Rose (1888) Nom. illegit. ≡ Museniopsis (A. Gray) J. M. Coult. et Rose (1888);~ = Tauschia Schltdl. (1835)(保留属名)[伞形花科(伞形)Apiaceae (Umbelliferae)]■☆

34173 Musenium Nutt. (1840) Nom. illegit. [伞形花科(伞形)Apiaceae(Umbelliferae)]■☆

34174 Musgravea F. Muell. (1890)【汉】马斯山龙眼属。【隶属】山龙眼科 Proteaceae。【包含】世界 1-2 种。【学名诠释与讨论】〈阴〉(人) W. E. Musgrave, 植物学者。【分布】澳大利亚(昆士兰)。【模式】Musgravea stenostachya F. v. Mueller。●☆

34175 Musidendron Nakai (1948) = Phenakospermum Endl. (1833);~ = Ravenala Adans. (1763)[芭蕉科 Musaceae//鹤望兰科(旅人蕉科) Strelitziaceae]●■

34176 Musilia Velen. (1923) = Rhanterium Desf. (1799)[菊科

Asteraceae(Compositae)]●☆

34177 Musineon Raf.(1820)【汉】姆西草属。【隶属】伞形花科(伞形科)Apiaceae(Umbelliferae)。【包含】世界4-6种。【学名诠释与讨论】〈阴〉暗喻与 Musenium Nutt. 相近。此属的学名"Musineon Rafinesque, J. Phys. Chim. Hist. Nat. Arts 91:71. Jul 1820"是一个替代名称。"Marathrum Rafinesque, J. Phys. Chim. Hist. Nat. Arts 89:101. Aug 1819"是一个非法名称(Nom. illegit.),因为此前已经有了"Marathrum Bonpland in Humboldt et Bonpland, Pl. Aequin. 1:39. t. 11. 22 Sep 1806('1808')[髯管花科 Geniostomaceae]"。故用"Musineon Raf.(1820)"替代之。同理,"Marathrum Link, Handb. 1:348. ante Sep 1829 = Seseli L. (1753)[伞形花科(伞形科)Apiaceae(Umbelliferae)]"亦是一个非法名称。Rafinesque(1825)又误用"Adorium Rafinesque, Neogenyton 3. 1825"替代"Marathrum Rafinesque, J. Phys. Chim. Hist. Nat. Arts 89:101. Aug 1819"。"Musineon Raf. ex DC.(1830)≡Musineon Raf.(1820)"的命名人引证有误。【分布】墨西哥,北美洲。【模式】Musineon divaricatum (Pursh) Nuttall [as 'Musenium']。【参考异名】Adorium Raf.(1825)Nom. illegit.; Daucophyllum Rydb.(1913)Nom. illegit.; Marathrum Raf.(1819) Nom. illegit.; Musenium Nutt.(1840)Nom. illegit.; Musineon Raf. ex DC.(1830)Nom. illegit. ■☆

34178 Musineon Raf. ex DC.(1830)Nom. illegit. ≡ Musineon Raf. (1820)[伞形花科(伞形科)Apiaceae(Umbelliferae)]■☆

34179 Mussaenda Burm. ex L.(1753)≡Mussaenda L.(1753)[茜草科 Rubiaceae]●■

34180 Mussaenda L.(1753)【汉】玉叶金花属(盘银花属)。【日】コンロンカ属,コンロンクワ属。【英】Jadeleaf and Goldenflower, Mussaenda。【隶属】茜草科 Rubiaceae。【包含】世界 100-200 种,中国 31-35 种。【学名诠释与讨论】〈阴〉(斯里兰卡)mussaenda,一种植物 Mussaenda frondosa 的俗名。此属的学名,ING 和 GCI 记载是"Mussaenda Linnaeus, Sp. Pl. 177('Mussenda' in index). 1 Mai 1753"。IK 则记载为"Mussaenda Burm. ex L., Sp. Pl. 1:177. 1753[1 May 1753]"。"Mussaenda Burm."是命名起点著作之前的名称,故"Mussaenda L.(1753)"和"Mussaenda Burm. ex L. (1753)"都是合法名称,可以通用。"Belilla Adanson, Fam. 2: 159. Jul-Aug 1763"是"Mussaenda L.(1753)"的晚出的同模式异名(Homotypic synonym, Nomenclatural synonym)。【分布】巴基斯坦,巴拉圭,马达加斯加,中国,热带,中美洲。【模式】Mussaenda frondosa Linnaeus。【参考异名】Asemanthia (Stapf) Ridl.(1940); Asemanthia Ridl.(1940)Nom. illegit.; Belilla Adans.(1763)Nom. illegit.; Bellilla Raf.(1820); Landia Comm. ex Juss.(1789)Nom. illegit.; Menestoria DC.(1830); Mussaenda Burm. ex L.(1753); Mussenda L.(1753)Nom. illegit.; Schizomussaenda H. L. Li (1943); Spallanzania DC.(1830)Nom. illegit. ●■

34181 Mussaendopsis Baill.(1879)【汉】拟玉叶金花属。【隶属】茜草科 Rubiaceae。【包含】世界 2 种。【学名诠释与讨论】〈阴〉(属) Mussaenda 玉叶金花属+希腊文 opsis,外观,模样,相似。此属的学名,ING 和 IK 记载是"Mussaendopsis Baillon, Adansonia 12: 282. 1879"。"Mussaendopsis Baill. et Bremek., Meded. Bot. Mus. Herb. Rijks Univ. Utrecht No. 54, 368(1939); et in Rec. Trav. Bot. Neerl. 1939, xxxvi. 368(1940), descr. emend."修订了属的描述。【分布】马来西亚(西部)。【模式】Mussaendopsis beccariana Baillon。【参考异名】Creaghia Scort.(1884); Mussaendopsis Baill. et Bremek.(1939)descr. emend. ●■☆

34182 Mussaendopsis Baill. et Bremek.(1939)descr. emend. = Mussaendopsis Baill.(1879)[茜草科 Rubiaceae]●■☆

34183 Mussatia Bureau ex Baill.(1888)【汉】穆氏紫葳属。【隶属】紫葳科 Bignoniaceae。【包含】世界 2-3 种。【学名诠释与讨论】〈阴〉(人)E. Mussat,植物学者。此属的学名,ING 和 IK 记载是"Mussatia Bureau ex Baill., Hist. Pl.(Baillon)10:32. 1888[Nov-Dec 1888]; K. Schum. in Engl. et Prantl. Naturl. Pflanzenfam. iv. 3b (1894)223"。"Mussatia Bureau, Bull. Soc. Bot. France 13(Rev. Bibliogr.):60. 1866"应该是一个未合格发表的名称(Nom. inval.)。【分布】巴拿马,秘鲁,比尼翁,玻利维亚,厄瓜多尔,尼加拉瓜,中美洲。【模式】Mussatia prieurei (A. P. de Candolle) Bureau ex K. Schumann [Bignonia prieurei A. P. de Candolle]。【参考异名】Micropaegma Pichon(1946); Mussatia Bureau(1866) Nom. inval. ●☆

34184 Mussatia Bureau(1866)Nom. inval. = Mussatia Bureau ex Baill. (1888)[紫葳科 Bignoniaceae]●☆

34185 Musschia Dumort.(1822)【汉】马德拉桔梗属。【隶属】桔梗科 Campanulaceae。【包含】世界 2 种。【学名诠释与讨论】〈阴〉(人)Jean Henri Mussche,1765-1834,比利时植物学者。此属的学名,ING、TROPICOS 和 IK 记载是"Musschia Dumort., Commentat. Bot.(Dumort.)28(1822)[late Nov-early Dec 1822]"。"Benaurea Rafinesque, Fl. Tell. 2:77. Jan-Mar 1837 ('1836')"和"Chrysangia Link, Handb. 1:632. ante Sep 1829"是"Musschia Dumort.(1822)"的晚出的同模式异名(Homotypic synonym, Nomenclatural synonym)。【分布】葡萄牙(马德拉群岛)。【模式】Musschia aurea (Linnaeus f.) Dumortier [Campanula aurea Linnaeus f.]。【参考异名】Benaurea Raf.(1837)Nom. illegit.; Chrysangia Link(1829)Nom. illegit. ●☆

34186 Mussenda L.(1753)Nom. illegit. ≡ Mussaenda L.(1753)[茜草科 Rubiaceae]●■

34187 Mussinia Willd.(1803)= Gazania Gaertn.(1791)(保留属名)[菊科 Asteraceae(Compositae)]●■☆

34188 Mustelia Cav. ex Steud.(1840)Nom. inval., Nom. illegit. = Chusquea Kunth(1822)[禾本科 Poaceae(Gramineae)]●☆

34189 Mustelia Spreng.(1801)= Stevia Cav.(1797)[菊科 Asteraceae (Compositae)]■●☆

34190 Mustelia Steud.(1840)Nom. inval. ≡ Mustelia Cav. ex Steud. (1840)Nom. inval., Nom. illegit.; ~ = Chusquea Kunth(1822)[禾本科 Poaceae(Gramineae)]●☆

34191 Musteron Raf.(1837)= Erigeron L.(1753)[菊科 Asteraceae (Compositae)]■●

34192 Mutabea J. F. Gmel.(1792)= Moutabea Aubl.(1775)[远志科 Polygalaceae]●☆

34193 Mutafinia Raf.(1833)= Limosella L.(1753)[玄参科 Scrophulariaceae//婆婆纳科 Veronicaceae//水茫草科 Limosellaceae]■

34194 Mutarda Bernh.(1800)= Brassica L.(1753)[十字花科 Brassicaceae(Cruciferae)]■●

34195 Mutelia Gren. ex Mutel(1836)= Melissa L.(1753)[唇形科 Lamiaceae(Labiatae)]■

34196 Mutellina Wolf(1776)= Ligusticum L.(1753)[伞形花科(伞形科)Apiaceae(Umbelliferae)]■

34197 Mutisia L. f.(1782)【汉】帚菊木属(卷须菊属,须叶菊属)。【日】ムティシア属。【英】Climbing Gazania, Mutisia。【隶属】菊科 Asteraceae(Compositae)//帚菊木科(须叶菊科)Mutisiaceae。【包含】世界 60-62 种。【学名诠释与讨论】〈阴〉(人)Jose Celestino Bruno Mutis y Bosio(Eossio),1732-1808,西班牙植物学者,医生,牧师。他研究南美植物。【分布】巴拉圭,秘鲁,玻利维亚,厄瓜多尔,哥伦比亚(安蒂奥基亚),中美洲。【模式】Mutisia clematis Linnaeus f.。【参考异名】Aplophyllum Cass.(1824)(废

弃属名); Guariruma Cass.（1824）; Haplophyllum Post et Kuntze（1903）Nom. illegit. ●☆

34198 Mutisiaceae Burnett（1835）［亦见 Asteraceae Bercht. et J. Presl（保留科名）//Compositae Giseke（保留科名）菊科］【汉】帚菊木科(须叶菊科)。【包含】世界 1 属 60-62 种。【分布】南美洲。【科名模式】Mutisia L. f.（1782）■☆

34199 Mutisiaceae Lindl. = Asteraceae Bercht. et J. Presl（保留科名）//Compositae Giseke（保留科名）●■

34200 Mutisiopersea Kosterm.（1993）【汉】穆鳄梨属。【隶属】樟科 Lauraceae。【包含】世界 32 种。【学名诠释与讨论】〈阴〉（人）Jos. C. Mutis, 1732-1808, 研究南美植物的学者+(属)Persea 鳄梨属（樟梨属）。此属的学名是 " Mutisiopersea A. J. G. H. Kostermans, Rheedea 3: 133. 31 Dec 1993"。亦有文献把其处理为"Persea Mill.（1754）（保留属名）"的异名。【分布】中国, 热带。【模式】Mutisiopersea mutisii（Kunth）A. J. G. H. Kostermans［Persea mutisii Kunth］。【参考异名】Persea Mill.（1754）（保留属名）●

34201 Mutuchi J. F. Gmel.（1792）= Moutouchi Aubl.（1775）; ~ = Pterocarpus Jacq.（1763）（保留属名）［豆科 Fabaceae（Leguminosae）//蝶形花科 Papilionaceae］●

34202 Muxiria Welw.（1859）= Eriosema（DC.）Desv.（1826）［as 'Euriosma'］（保留属名）［豆科 Fabaceae（Leguminosae）//蝶形花科 Papilionaceae］●■

34203 Muza Stokes（1812）= Musa L.（1753）［芭蕉科 Musaceae］■

34204 Mwasumbia Couvreur et D. M. Johnson（2009）【汉】穆瓦番荔枝属。【隶属】番荔枝科 Annonaceae。【包含】世界 1 种。【学名诠释与讨论】〈阴〉词源不详。【分布】坦桑尼亚。【模式】Mwasumbia alba Couvreur et D. M. Johnson。●☆

34205 Myagropsis Hotr. ex O. E. Schulz（1924）= Sobolewskia M. Bieb.（1832）［十字花科 Brassicaceae（Cruciferae）］■☆

34206 Myagropsis O. E. Schulz（1924）= Sobolewskia M. Bieb.（1832）［十字花科 Brassicaceae（Cruciferae）］■☆

34207 Myagrum L.（1753）【汉】捕蝇荠属。【俄】Полевка, Полёвка。【英】Mitre Cress, Myagrum。【隶属】十字花科 Brassicaceae（Cruciferae）。【包含】世界 1 种。【学名诠释与讨论】〈中〉（希）myagros, 植物俗名, 来自 myagra 老鼠夹子。此属的学名, ING、TROPICOS 和 IK 记载是"Myagrum L., Sp. Pl. 2: 640. 1753［1 May 1753］"。"Bricour Adanson, Fam. 2: 423. Jul – Aug 1763"是"Myagrum L.（1753）"的晚出的同模式异名（Homotypic synonym, Nomenclatural synonym）。【分布】巴基斯坦, 玻利维亚, 地中海、欧洲中部至伊朗。【后选模式】Myagrum perfoliatum Linnaeus。【参考异名】Bricour Adans.（1763）Nom. illegit. ; Deltocarpus L'Hér. ex DC.（1821）Nom. inval. ; Miagrum Crantz（1762）■☆

34208 Myanmaria H. Rob.（1999）【汉】大苞鸡菊花属。【隶属】菊科 Asteraceae（Compositae）。【包含】世界 1 种。【学名诠释与讨论】〈阴〉（地）Myanma, 缅甸。【分布】缅甸。【模式】Myanmaria calycina（DC.）H. Rob.。●☆

34209 Myanthe Salisb.（1866）Nom. illegit. ≡ Caruelia Parl.（1854）Nom. illegit. ; ~ = Melomphis Raf.（1837）; ~ = Ornithogalum L.（1753）［百合科 Liliaceae//风信子科 Hyacinthaceae］■

34210 Myanthus Lindl.（1832）= Catasetum Rich. ex Kunth（1822）［兰科 Orchidaceae］■☆

34211 Myaris C. Presl（1845）= Clausena Burm. f.（1768）［芸香科 Rutaceae］●

34212 Mycaranthes Blume（1825）【汉】拟毛兰属。【隶属】兰科 Orchidaceae。【包含】世界 25 种, 中国 2 种。【学名诠释与讨论】〈阴〉（希）mykaris, 球拍, 球状物+anthos, 花。此属的学名, ING、TROPICOS 和 IK 记载是"Mycaranthes Blume, Bijdr. Fl. Ned. Ind. 7: 352, t. 57. 1825［20 Sep-7 Dec 1825］"。"Mycaranthus Benth. et Hook. f., Gen. Pl.［Bentham et Hooker f.］3（2）: 510, sphalm. 1883［14 Apr 1883］"是晚出的非法名称。"Mycaridanthes Blume"似为误记。亦有文献把"Mycaranthes Blume（1825）"处理为"Eria Lindl.（1825）（保留属名）"的异名。【分布】不丹, 菲律宾, 柬埔寨, 老挝, 马来西亚, 缅甸, 尼泊尔, 新加坡, 印度, 印度尼西亚, 越南, 中国, 新几内亚岛。【模式】未指定。【参考异名】Eria Lindl.（1825）（保留属名）■

34213 Mycaranthus Benth. et Hook. f.（1883）Nom. illegit. =? Mycaranthes Blume（1825）［兰科 Orchidaceae］■☆

34214 Mycaridanthes Blume = Eria Lindl.（1825）（保留属名）［兰科 Orchidaceae］■

34215 Mycelis Cass.（1824）【汉】墙莴苣属。【俄】Муселис。【英】Mycelis, Wall Lettuce。【隶属】菊科 Asteraceae（Compositae）//莴苣科 Lactucaceae。【包含】世界 1 种。【学名诠释与讨论】〈阴〉（希）mykes, 所有格 myketos, 真菌, 蘑菇, 球状物。另说来自希腊古名。此属的学名是"Mycelis Cassini in F. Cuvier, Dict. Sci. Nat. 33: 483. Dec 1824"。亦有文献把其处理为"Lactuca L.（1753)"的异名。【分布】温带欧亚大陆, 中美洲。【模式】Mycelis angulosa Cass.。【参考异名】Lactuca L.（1753）■☆

34216 Mycerinus A. C. Sm.（1931）【汉】叉隔莓属。【隶属】杜鹃花科（欧石南科）Ericaceae。【包含】世界 1-3 种。【学名诠释与讨论】〈阴〉（人）Mycerinus, Cheops 的儿子, 埃及国王。【分布】委内瑞拉。【模式】Mycerinus sclerophyllus A. C. Smith。●☆

34217 Mycetanthe Rchb.（1841）Nom. illegit., Nom. superfl. ≡ Rhizanthes Dumort.（1829）［大花草科 Rafflesiaceae］■☆

34218 Mycetia Reinw.（1825）【汉】腺萼木属。【英】Mycetia。【隶属】茜草科 Rubiaceae。【包含】世界 30 种, 中国 15-18 种。【学名诠释与讨论】〈阴〉（希）mykes, 所有格 myketos, 真菌, 蘑菇, 球状物。可能指果球形之意。此属的学名, ING、TROPICOS 和 IK 记载是"Mycetia Reinwardt, Syll. Pl. Nov. 2: 9. 1825（'1828'）"。它曾被处理为"Bertiera sect. Mycetia（Reinw.）DC., Prodromus Systematis Naturalis Regni Vegetabilis 4: 392. 1830"。【分布】马来西亚（西部）, 中国, 中南半岛。【模式】Mycetia cauliflora Reinwardt。【参考异名】Adenosachma A. Juss.（1849）; Adenosachma Wall. ; Adenosacma Post et Kuntze（1903）Nom. illegit. ; Adenosacme Wall.（1832）Nom. inval. ; Adenosacme Wall. ex Endl. ; Adenosacme Wall. ex Miq.（1857）Nom. illegit., Nom. superfl. ; Bertiera Blume（1826）Nom. illegit. ; Bertiera sect. Mycetia（Reinw.）DC.（1830）; Lawia Wight（1847）Nom. illegit. ; Menestoria DC.（1830）; Trima Noronha（1790）●

34219 Myconella Sprague（1928）= Coleostephus Cass.（1826）; ~ = Kremeria Durieu（1846）［菊科 Asteraceae（Compositae）］■

34220 Myconia Lapeyr.（1813）Nom. illegit. = Ramonda Rich.（1805）（保留属名）［苦苣苔科 Gesneriaceae//欧洲苣苔科 Ramondaceae］■☆

34221 Myconia Neck. ex Sch. Bip.（1844）Nom. illegit. ≡ Myconia Sch. Bip.（1844）Nom. illegit. ; ~ ≡ Coleostephus Cass.（1826）; ~ = Chrysanthemum L.（1753）（保留属名）［菊科 Asteraceae（Compositae）］■●

34222 Myconia Sch. Bip.（1844）Nom. illegit. = Coleostephus Cass.（1826）［菊科 Asteraceae（Compositae）］■

34223 Myconia Vent.（1808）Nom. illegit. ≡ Ramonda Rich.（1805）（保留属名）［苦苣苔科 Gesneriaceae//欧洲苣苔科 Ramondaceae］■☆

34224 Mycostylis Raf.（1838）Nom. illegit. ≡ Kambala Raf.（1838）;

~ =Sonneratia L. f. (1782)(保留属名)［海桑科 Sonneratiaceae//千屈菜科 Lythraceae］●

34225　Mycropus Gouan(1764) = Micropus L. (1753)［菊科 Asteraceae(Compositae)］■☆

34226　Mycroseris Hook. et Arn. (1837) = Microseris D. Don(1832)［菊科 Asteraceae(Compositae)］☆

34227　Myctanthes Raf. (1836) = Aster L. (1753)［菊科 Asteraceae(Compositae)］●■

34228　Myctirophora Nevski (1937) = Astragalus L. (1753)［豆科 Fabaceae(Leguminosae)//蝶形花科 Papilionaceae］●■

34229　Mygalurus Link (1821) Nom. illegit. = Festuca L. (1753); ~ = Vulpia C. C. Gmel. (1805)［禾本科 Poaceae(Gramineae)//羊茅科 Festucaceae］■

34230　Myginda Jacq. (1760) = Crossopetalum P. Browne(1756)［卫矛科 Celastraceae］●☆

34231　Mygindus Hook. et Arn. (1838) Nom. illegit.［卫矛科 Celastraceae］☆

34232　Mylachne Steud. (1840) = Mylanche Wallr. (1825)［玄参科 Scrophulariaceae//列当科 Orobanchaceae］■☆

34233　Myladenia Airy Shaw(1977)【汉】齿腺大戟属。【隶属】大戟科 Euphorbiaceae。【包含】世界 1 种。【学名诠释与讨论】〈阴〉(希)myle,mylos,臼齿,磨房,膝盖骨+aden,所有格 adenos,腺体。【分布】泰国。【模式】Myladenia serrata H. K. Airy Shaw。☆

34234　Mylanche Wallr. (1825) = Epifagus Nutt. (1818)(保留属名)［列当科 Orobanchaceae//玄参科 Scrophulariaceae］■☆

34235　Mylinum Gaudin(1828) Nom. illegit. ≡ Selinum L. (1762)(保留属名)［伞形花科(伞形科)Apiaceae(Umbelliferae)］■

34236　Myllanthus R. S. Cowan (1960) = Raputia Aubl. (1775)［芸香科 Rutaceae］●☆

34237　Mylocaryum Willd. (1809) = Cliftonia Banks ex C. F. Gaertn. (1807)［翅萼树科(翅萼木科,西里拉科)Cyrillaceae］●☆

34238　Myobroma(Steven)Steven(1856) = Astragalus L. (1753)［豆科 Fabaceae(Leguminosae)//蝶形花科 Papilionaceae］●■

34239　Myobroma Steven (1856) Nom. illegit. ≡ Myobroma (Steven) Steven (1856); ~ = Astragalus L. (1753)［豆科 Fabaceae(Leguminosae)//蝶形花科 Papilionaceae］●■

34240　Myoda Lindl. (1832) = Ludisia A. Rich. (1825)［兰科 Orchidaceae］■

34241　Myodium Salisb. (1812) = Ophrys L. (1753)［兰科 Orchidaceae］■☆

34242　Myodocarpaceae Doweld(2001)【汉】裂果红科。【包含】世界 1 属 12 种。【分布】法属新喀里多尼亚。【科名模式】Myodocarpus Brongn. et Gris ●☆

34243　Myodocarpus Brongn. et Gris(1861)【汉】裂果红属。【隶属】裂果红科 Myodocarpaceae//五加科 Araliaceae。【包含】世界 12 种。【学名诠释与讨论】〈阴〉(希)myodes,老鼠+karpos,果实。【分布】法属新喀里多尼亚。【后选模式】Myodocarpus pinnatus A. T. Brongniart et Gris. ●☆

34244　Myogalum Link (1829) Nom. illegit. ≡ Honorius Gray (1821); ~ = Ornithogalum L. (1753)［百合科 Liliaceae//风信子科 Hyacinthaceae］■

34245　Myonima Comm. ex Juss. (1789)【汉】闭茜属。【隶属】茜草科 Rubiaceae。【包含】世界 4 种。【学名诠释与讨论】〈阴〉(拉)myo,关闭+nimius 过分的,无理性的,过火的。【分布】法国(留尼汪岛),马达加斯加,毛里求斯。【模式】未指定。【参考异名】Nescidia A. Rich. (1834) Nom. illegit. ; Nescidia A. Rich. ex DC. (1830)●☆

34246　Myoporaceae R. Br. (1810)(保留科名)［亦见 Scrophulariaceae Juss. (保留科名)玄参科］【汉】苦槛蓝科(苦槛盘科)。【日】ハマジンチョウ科,ハマヂンチャウ科。【俄】Миопоровые。【英】Myoporum Family。【包含】世界 3-7 属 90-330 种,中国 1 属 1 种。【分布】主要澳大利亚和南太平洋岛屿,少数在非洲南部,毛里求斯,美国(夏威夷),东亚,西印度群岛。【科名模式】Myoporum Banks et Sol. ex G. Forst. (1786)●

34247　Myopordon Boiss. (1846)【汉】棕片菊属。【隶属】菊科 Asteraceae(Compositae)。【包含】世界 2-5 种。【学名诠释与讨论】〈中〉(希)myo,老鼠+porde,放屁的。【分布】伊朗。【模式】未指定。【参考异名】Haradjania Rech. f. (1950)■●☆

34248　Myoporum Banks et Sol. (1786) Nom. illegit. ≡ Myoporum et Sol. ex G. Forst. (1786)［苦槛蓝科(苦槛盘科)Myoporaceae//玄参科 Scrophulariaceae］●

34249　Myoporum Banks et Sol. ex G. Forst. (1786)【汉】苦槛蓝属(苦槛盘属)。【日】ハマジンチョウ属,ハマヂンチャウ属。【俄】Миопорум。【英】Boobtalla, Boobyalla, Myoporum。【隶属】苦槛蓝科(苦槛盘科)Myoporaceae//玄参科 Scrophulariaceae。【包含】世界 28-32 种,中国 1 种。【学名诠释与讨论】〈中〉(希)myo,关闭+拉丁文 porus,孔。指叶有透明腺点,或指叶片有很多黑点。此属的学名,ING 和 TROPICOS 记载为"Myoporum Solander ex J. G. A. Forster, Fl. Ins. Austral. Prodr. 44. Oct−Nov 1786"。APNI 和 IK 则记载为"Myoporum Banks et Sol. ex G. Forst. , Florae Insularum Australium Prodromus 1786"。四者引用的文献相同。"Myoporum Banks et Sol. (1786)"和"Myoporum Banks(1786)"的命名人引证有误。【分布】澳大利亚,玻利维亚,东亚,毛里求斯,太平洋地区,新几内亚岛,新西兰,中国。【后选模式】Myoporum laetum J. G. A. Forster。【参考异名】Andreusia Vent. (1805); Bertolonia(1809)(废弃属名); Disoon A. DC. (1847); Myoporum Banks et Sol. (1786) Nom. illegit. ; Myoporum Banks(1786) Nom. illegit. ; Myoporum Sol. ex G. Forst. (1786) Nom. illegit. ; Pentacaelium Franch. et Sav. (1875); Pentacoelium Siebold et Zucc. (1846); Pogonia Andréws(1801); Polycoelium A. DC. (1847) ●

34250　Myoporum Banks(1786) Nom. illegit. ≡ Myoporum Banks et Sol. ex G. Forst. (1786)［苦槛蓝科(苦槛盘科)Myoporaceae//玄参科 Scrophulariaceae］●

34251　Myoporum Sol. ex G. Forst. (1786) Nom. illegit. ≡ Myoporum Banks et Sol. ex G. Forst. (1786)［苦槛蓝科(苦槛盘科)Myoporaceae//玄参科 Scrophulariaceae］●

34252　Myopsia C. Presl(1836) = Heterotoma Zucc. (1832)［桔梗科 Campanulaceae］■☆

34253　Myopsis Benth. et Hook. f. (1876) Nom. illegit. = Myopsia C. Presl(1836)［桔梗科 Campanulaceae］■☆

34254　Myopteron Spreng. (1831) Nom. illegit. ≡ Berteroa DC. (1821); ~ = Alyssum L. (1753)［十字花科 Brassicaceae(Cruciferae)］■●

34255　Myosanthus Desv. (1816) Nom. illegit. ≡ Myosoton Moench (1794)［石竹科 Caryophyllaceae］■

34256　Myosanthus Fourr. (1868) Nom. illegit. =Stellaria L. (1753)［石竹科 Caryophyllaceae］■

34257　Myoschilos Ruiz et Pav. (1794)【汉】鼠唇檀香属(妙香檀属)。【隶属】檀香科 Santalaceae。【包含】世界 1 种。【学名诠释与讨论】〈阳〉(希)myo, myos,鼠+cheilos,唇。在希腊文组合词中,cheil−, cheilo−, −chilus, −chilia 等均为"唇,边缘"之义。【分布】智利。【模式】Myoschilos oblongum Ruiz et Pavon。●☆

34258　Myoseris Link(1822) Nom. illegit. ≡ Lagoseris M. Bieb. (1810); ~ = Crepis L. (1753)［菊科 Asteraceae(Compositae)］■

34259　Myosotidium Hook. (1859)【汉】查塔姆勿忘草属。【日】ミオ

ソティディウム属。【英】Chatham Island Forget-me-not, Giant Forget-me-not。【隶属】紫草科 Boraginaceae。【包含】世界 1 种。【学名诠释与讨论】〈中〉(属) Myosotis 勿忘草属+-idius,-idia,-idium,指示小的词尾。指花的形状与 Myosotis 属相似。【分布】新西兰(查塔姆群岛)。【模式】Myosotidium nobile (J. D. Hooker) W. J. Hooker [Cynoglossum nobile J. D. Hooker]。■☆

34260　Myosotis L. (1753)【汉】勿忘草属。【日】ワスレナグサ属,ワスレナサウ属,ワスレナソウ属。【俄】Миозотмс, Незабудка。【英】Forget me not, Forgetmenot, Forget-me-not, Mouse Ear, Mouse-ear, Scorpion Grass, Scorpion-grass。【隶属】紫草科 Boraginaceae。【包含】世界 50-100 种,中国 5 种。【学名诠释与讨论】〈阴〉(希) myos,鼠+ous,所有格 otos,指小式 otion,耳。otikos,耳的。指叶短而柔软。此属的学名, ING、APNI、GCI 和 IK 记载是 "Myosotis L., Sp. Pl. 1: 131. 1753 [1 May 1753]"。 "Myosotis Mill., Gard. Dict. Abr., ed. 4. (1754)"、"Myosotis Moench, Meth. 224. 4 May 1794" 和 "Myosotis Tourn. ex Moench, Methodus (Moench) 224(1794) [4 May 1794]" 都是晚出的非法名称。"Echioides Moench, Meth. 416. 4 Mai 1794 (non Fabricius 1759) [IK 记载为 "Myosotis Tourn. ex Moench, Methodus (Moench) 224(1794) [4 May 1794]"] 和 "Scorpiurus Haller, Hist. Stirp. Helv. 1: 261. 1768 (non Linnaeus 1753)" 是 "Myosotis L. (1753)"的晚出的同模式异名(Homotypic synonym, Nomenclatural synonym)。【分布】澳大利亚,巴基斯坦,秘鲁,玻利维亚,厄瓜多尔,非洲南部,哥伦比亚(安蒂奥基亚),美国(密苏里),新西兰,中国,热带非洲,温带欧亚大陆。【后选模式】Myosotis scorpioides Linnaeus。【参考异名】Echioides Moench (1794) Nom. illegit. ; Exarrhena (A. DC.) O. D. Nikif. (1810) Nom. illegit. ; Exarrhena R. Br. (1810) ; Gymnomyosotis (A. DC.) O. D. Nikif. (2000) ; Myosotis Moench (1794) Nom. illegit. ; Myosotis Tourn. ex Moench (1794) Nom. illegit. ; Mysotis Hill (1764) ; Neosotis Gand. ; Scorpioides Gilib. (1781) Nom. illegit. ; Scorpiurus Haller (1768) Nom. illegit. ; Strophiostoma Turcz. (1840) ■

34261　Myosotis Mill. (1754) Nom. illegit. =Cerastium L. (1753) [石竹科 Caryophyllaceae] ■

34262　Myosotis Moench (1794) Nom. illegit. ≡ Myosotis Tourn. ex Moench(1794) Nom. illegit. ; ~ ≡ Cerastium L. (1753) [石竹科 Caryophyllaceae] ■

34263　Myosotis Tourn. ex Moench (1794) Nom. illegit. (1) = Myosotis L. (1753) [紫草科 Boraginaceae] ■

34264　Myosotis Tourn. ex Moench (1794) Nom. illegit. (2) ≡ Cerastium L. (1753) [石竹科 Caryophyllaceae] ■☆

34265　Myosotodon Manning, Nom. illegit. = Myosoton Moench (1794) [石竹科 Caryophyllaceae] ■

34266　Myosoton Moench(1794)【汉】鹅肠菜属(牛繁缕属)。【俄】Мягковолосник。【英】Giant Chickweed, Myosot, Water Chickweed, Waterstar Wort。【隶属】石竹科 Caryophyllaceae。【包含】世界 1 种,中国 1 种。【学名诠释与讨论】〈中〉(希) myos,老鼠+ous,所有格 otos,指小式 otion,耳。otikos,耳的。指叶形老鼠状。此属的学名, ING、TROPICOS 和 IK 记载是 "Myosoton Moench, Methodus (Moench) 225 (1794) [4 May 1794]"。 "Malachia E. M. Fries, Fl. Halland. 1: 77. 23 Mai 1818"、 "Malachium E. M. Fries ex H. G. L. Reichenbach, Fl. German. Excurs. 795. 1832" 和 "Myosanthus Desvaux, J. Bot. Agric. 3: 227. Mar-Dec 1816 ('1814')"是 "Myosoton Moench(1794)"的晚出的同模式异名(Homotypic synonym, Nomenclatural synonym)。【分布】巴基斯坦,美国,温带欧亚大陆,中国。【模式】Myosoton aquaticum (Linnaeus) Moench [Cerastium aquaticum Linnaeus]。

【参考异名】Malachia Fr. (1818) Nom. illegit. ; Malachium Fr. (1832) Nom. illegit. ; Malachium Fr. ex Rchb. (1832) Nom. illegit. ; Malacion St. -Lag. (1881) ; Myosanthus Desv. (1816) Nom. illegit. ; Myosotodon Manning, Nom. illegit. ■

34267　Myospyrum Lindl. (1853) Nom. illegit. = Myxopyrum Blume (1826) [木犀榄科(木犀科) Oleaceae] ●

34268　Myostemma Salisb. (1866) = Hippeastrum Herb. (1821) (保留属名) [石蒜科 Amaryllidaceae] ■

34269　Myostoma Miers (1866) = Thismia Griff. (1845) [水玉簪科 Burmanniaceae//水玉杯科(腐杯草科,肉质腐生草科) Thismiaceae] ■

34270　Myosurandra Baill. (1870) = Myrothamnus Welw. (1859) [金缕梅科 Hamamelidaceae//香灌木科(密罗木科,香丛科,折扇叶科) Myrothamnaceae] ●☆

34271　Myosuros Adans. (1763) = Myosurus L. (1753) [毛茛科 Ranunculaceae] ■☆

34272　Myosurus L. (1753)【汉】鼠尾毛茛属(鼠尾巴属)。【俄】Мышехвостник。【英】Mousetail。【隶属】毛茛科 Ranunculaceae。【包含】世界 15 种。【学名诠释与讨论】〈阴〉(希) myos,老鼠+-urus, -ura, -uro,用于希腊文组合词,含义为 "尾巴"。指 Myosurus minimus 的果形和质地。【分布】秘鲁,美国,温带。【模式】Myosurus minimus Linnaeus。【参考异名】Myosuros Adans. (1763) ■☆

34273　Myotoca Griseb. (1856) = Gilia Ruiz et Pav. (1794) ; ~ =Phlox L. (1753) [花荵科 Polemoniaceae] ●■☆

34274　Myotoca Griseb. ex Brand, Nom. illegit. ≡ Myotoca Griseb. (1856) ; ~ =Gilia Ruiz et Pav. (1794) ; ~ =Phlox L. (1753) [花荵科 Polemoniaceae] ■

34275　Myoxanthus Poepp. et Endl. (1836)【汉】鼠尾兰属(鼠花兰属)。【隶属】兰科 Orchidaceae。【包含】世界 72 种。【学名诠释与讨论】〈阳〉(希) myoxos,睡鼠+anthos,花。此属的学名是 "Myoxanthus Poeppig et Endlicher, Nova Gen. Sp. 1: 50. 22-28 Mai 1836"。亦有文献把其处理为 "Pleurothallis R. Br. (1813)"的异名。【分布】巴拿马,秘鲁,玻利维亚,厄瓜多尔,哥伦比亚(安蒂奥基亚),哥斯达黎加,尼加拉瓜,中美洲。【模式】Myoxanthus monophyllus Poeppig et Endlicher。【参考异名】Chaetocephala Barb. Rodr. (1882) ; Duboisia H. Karst. (1847) Nom. illegit. ; Duboisia-Reymondia H. Karst. (1848) Nom. illegit. ; Dubois-Reymondia H. Karst. (1848) ; Dubois-reymondia H. Karst. (1848) Nom. illegit. ; Pleurothallis R. Br. (1813) ; Reymondia H. Karst. et Kuntze(1830) ■☆

34276　Myracodruon F. Allemão et M. Allemão (1862) Nom. illegit. ≡ Myracrodruon F. Allemão(1862) ; ~ = Astronium Jacq. (1760) [漆树科 Anacardiaceae] ●☆

34277　Myracrodruon F. Allemão(1862) = Astronium Jacq. (1760) [漆树科 Anacardiaceae] ●☆

34278　Myrceugenella Kausel (1942) Nom. illegit. ≡ Luma A. Gray (1853) [桃金娘科 Myrtaceae] ●☆

34279　Myrceugenia O. Berg(1857)【汉】温美桃金娘属(米尔库格木属)。【隶属】桃金娘科 Myrtaceae。【包含】世界 40 种。【学名诠释与讨论】〈阴〉(属) Myrcia 柽柳桃金娘属+Eugenia 番樱桃属(巴西蒲桃属)。【分布】阿根廷,巴拉圭,巴西(东南部),智利。【后选模式】Myrceugenia myrtoides O. C. Berg。【参考异名】Nothomyrcia Kausel(1947) ●☆

34280　Myrceunella Kausel = Luma A. Gray (1853) [桃金娘科 Myrtaceae] ●☆

34281　Myrcia DC. (1827) = Myrcia DC. ex Guill. (1827) [桃金娘科

Myrtaceae]●☆

34282　Myrcia DC. ex Guill.（1827）【汉】柽柳桃金娘属。【隶属】桃金娘科 Myrtaceae。【包含】世界 500 种。【学名诠释与讨论】〈阴〉（希）myrike，柽柳的古名。此属的学名，ING，TROPICOS 和 IK 记载是"Myrcia A. P. de Candolle in Bory de St. -Vincent，Dict. Class. Hist. Nat. 11：406. Jan 1827"。APNI 则记载为"Myrcia DC. ex Guill.，Dictionnaire Classique d'Histoire Naturelle 11 1827"。IK 还记载了"Myrcia Sol. ex Lindl.，Coll. Bot. sub t. 19（1821-25）"。待查原始文献。【分布】巴拉圭，巴拿马，秘鲁，玻利维亚，厄瓜多尔，哥伦比亚（安蒂奥基亚），哥斯达黎加，美国，尼加拉瓜，西印度群岛，热带南美洲，中美洲。【后选模式】Myrcia bracteolaris（Poiret）A. P. de Candolle ［Myrtus bracteolaris Poiret］。【参考异名】Aguava Raf.（1838）；Algrizea Proença et NicLugh.（2006）；Aulomyrcia O. Berg（1855）；Calycampe O. Berg（1856）；Calyptromyrcia O. Berg（1855）；Cerqueiria O. Berg（1855）；Cumetea Raf.（1838）；Gomidesia O. Berg（1855）；Mozartia Urb.（1923）；Myrcia DC.（1827）●☆

34283　Myrcia Sol. ex Lindl.（1821）= Pimenta Lindl.（1821）［桃金娘科 Myrtaceae］●☆

34284　Myrcialeucas Willis，Nom. inval. = Myrcialeucus Rojas（1914）［桃金娘科 Myrtaceae］●

34285　Myrcialeucus Rojas（1914）= Eugeissona Griff.（1844）［棕榈科 Arecaceae（Palmae）］●

34286　Myrcianthes O. Berg（1856）【汉】繁花桃金娘属。【隶属】桃金娘科 Myrtaceae。【包含】世界 6 种。【学名诠释与讨论】〈阴〉（希）myrios，巨万数的，无数的+anthos，花。【分布】阿根廷，巴拉圭，巴拿马，秘鲁，玻利维亚，厄瓜多尔，哥伦比亚（安蒂奥基亚），哥斯达黎加，尼加拉瓜，中美洲。【后选模式】Myrcianthes apiculata O. C. Berg。【参考异名】Acreugenia Kausel（1956）；Anamomis Griseb.（1860）；Aspidogenia Burret（1941）Nom. illegit.；Pseudomyrcianthes Kausel（1956）；Reichea Kausel（1940）；Reicheia Kausel（1942）Nom. illegit.●☆

34287　Myrciaria O. Berg（1856）【汉】肖柽柳桃金娘属。【英】Jaboticabe。【隶属】桃金娘科 Myrtaceae。【包含】世界 40-65 种。【学名诠释与讨论】〈阴〉（希）myrike，柽柳的古名+-arius，-aria，-arium，指示"属于、相似、具有、联系"的词尾。【分布】巴拉圭，巴拿马，秘鲁，玻利维亚，厄瓜多尔，哥伦比亚（安蒂奥基亚），哥斯达黎加，尼加拉瓜，西印度群岛，中美洲。【后选模式】Myrciaria tenella（A. P. de Candolle）O. C. Berg ［Eugenia tenella A. P. de Candolle］。【参考异名】Myrciariopsis Kausel（1956）●☆

34288　Myrciariopsis Kausel（1956）【汉】拟柽柳桃金娘属。【隶属】桃金娘科 Myrtaceae。【包含】世界 1 种。【学名诠释与讨论】〈阴〉（属）Myrciaria 肖柽柳桃金娘属+希腊文 opsis，外观，模样，相似。此属的学名是"Myrciariopsis Kausel，Ark. Bot. ser. 2. 3；509. 10 Sep 1956"。亦有文献把其处理为"Myrciaria O. Berg（1856）"的异名。【分布】巴拉圭，南美洲，亚热带。【模式】Myrciariopsis baporetii（D. Legrand）Kausel。【参考异名】Myrciaria O. Berg（1856）●☆

34289　Myria Noronha ex Tul.（1856）= Terminalia L.（1767）（保留属名）［使君子科 Combretaceae//榄仁树科 Terminaliaceae］●

34290　Myriachaeta Moritzi（1845-1846）Nom. illegit. ≡ Myriachaeta Zoll. et Moritzi（1845-1846）；~ = Thysanolaena Nees（1835）［禾本科 Poaceae（Gramineae）］■

34291　Myriachaeta Zoll. et Moritzi（1845-1846）= Thysanolaena Nees（1835）［禾本科 Poaceae（Gramineae）］■

34292　Myriactis Less.（1831）【汉】黏冠草属（矮菊属，齿冠草属，齿冠菊属，千星菊属）。【日】ミヤオギク属，ミヤヲギク属。【俄】Мириактис。【英】Myriactis。【隶属】菊科 Asteraceae（Compositae）。【包含】世界 10-12 种，中国 5 种。【学名诠释与讨论】〈阴〉（希）myrio- =拉丁文 pluri-，无数的+aktis，所有格 aktinos，光线，光束，射线。指花。【分布】中国，高加索至日本和新几内亚岛，中美洲。【后选模式】Myriactis nepalensis Lessing。【参考异名】Botryadenia Fisch. et C. A. Mey.（1835）■

34293　Myriadenus Cass.（1817）Nom. illegit. ≡ Chiliadenus Cass.（1825）；~ = Inula L.（1753）［菊科 Asteraceae（Compositae）//旋覆花科 Inulaceae］●■

34294　Myriadenus Desv.（1813）= Zornia J. F. Gmel.（1792）［豆科 Fabaceae（Leguminosae）//蝶形花科 Papilionaceae］■

34295　Myrialepis Becc.（1893）【汉】多鳞棕属（多鳞藤属，多鳞椰子属，细鳞果藤属）。【日】ジャモントウ属。【英】Myrialepis Palm。【隶属】棕榈科 Arecaceae（Palmae）。【包含】世界 1-3 种。【学名诠释与讨论】〈阳〉（希）myrio- =拉丁文 pluri-，无数的+lepis，所有格 lepidos，指小式 lepion 或 lepidion，鳞，鳞片。lepidotos，多鳞的。lepos，鳞，鳞片。此属的学名，ING 和 IK 记载是"Myrialepis Beccari in Hook. f.，Fl. Brit. India 6：480. Sep 1893"。"Myrialepis Becc. ex Hook. f.（1893）"的命名人引证有误。"Myrialepsis Becc.（1893）"则是拼写错误。【分布】加里曼丹岛，马来半岛，中南半岛。【模式】Myrialepis scortechinii Beccari ［as 'scortechini'］。【参考异名】Bejaudia Gagnep.（1937）；Myrialepis Becc. ex Hook. f.（1893）Nom. illegit.；Myriolepis Post et Kuntze（1903）Nom. illegit.●☆

34296　Myrialepis Becc. ex Hook. f.（1893）Nom. illegit. ≡ Myrialepis Becc.（1893）［棕榈科 Arecaceae（Palmae）］●☆

34297　Myrialepsis Becc.（1893）Nom. illegit. ≡ Myrialepis Becc.（1893）［棕榈科 Arecaceae（Palmae）］●☆

34298　Myriandra Spach（1836）= Hypericum L.（1753）［金丝桃科 Hypericaceae//猪胶树科（克鲁西科，山竹子科，藤黄科）Clusiaceae（Guttiferae）］■●

34299　Myriangis Thouars = Angraecum Bory（1804）［兰科 Orchidaceae］■

34300　Myrianthea Tul.（1857）= Homalium Jacq.（1760）；~ = Myriantheia Thouars（1806）［刺篱木科（大风子科）Flacourtiaceae//天料木科 Samydaceae］●

34301　Myriantheia Thouars（1806）= Homalium Jacq.（1760）［刺篱木科（大风子科）Flacourtiaceae//天料木科 Samydaceae］●

34302　Myrianthemum Gilg（1897）= Medinilla Gaudich. ex DC.（1828）［野牡丹科 Melastomataceae］●

34303　Myrianthus P. Beauv.（1805）【汉】万花木属。【隶属】蚁栖树科（号角树科，南美伞科，南美伞树科，伞树科，锥头麻科）Cecropiaceae。【包含】世界 7-12 种。【学名诠释与讨论】〈阳〉（希）myrio- =拉丁文 pluri-，无数的+anthos，花。【分布】热带非洲。【模式】Myrianthus arboreus Palisot de Beauvois。【参考异名】Dicranostachys Trécul（1847）●☆

34304　Myriaspora DC.（1828）【汉】多子野牡丹属。【隶属】野牡丹科 Melastomataceae。【包含】世界 2 种。【学名诠释与讨论】〈阴〉（希）myrio- =拉丁文 pluri-，无数的+spora，孢子，种子。【分布】秘鲁，热带南美洲。【模式】未指定。【参考异名】Blackia Schrank；Blackia Schrank ex DC.（1828）；Hamastris Mart. ex Pfeiff.；Myriospora Post et Kuntze（1903）●☆

34305　Myrica Bubani（1899）Nom. illegit. ≡ Myricaria Desv.（1825）［柽柳科 Tamaricaceae］●

34306　Myrica L.（1753）【汉】杨梅属。【日】ヤチャナキ属，ヤマモモ属。【俄】Восковник，Восковница，Дерево восковое，Мирика。【英】Bayberry，Bog-myrtle，Myrtle，Sweet Gale，Wax Myrtle，

Waxmyrtle,Wax-myrtle,White-grass。【隶属】杨梅科 Myricaceae。【包含】世界 35-62 种,中国 4-5 种。【学名诠释与讨论】〈阴〉(希)myrike,桦柳的古名,来自 myro 或 myrio,流动+拉丁文词尾-icus,-ica,-icum =希腊文词尾-ikos,属于,关于。指发现在江河堤岸上。后被林奈转用为本属名。此属的学名,ING、TROPICOS、GCI 和 IK 记载是"Myrica L.,Sp. Pl. 2:1024. 1753〔1 May 1753〕"。"Angeia Tidestrom,Elysium Marianum 37. 1910"和"Gale Duhamel du Monceau,Traité Arbres Arbust. 1:253. 1755"是"Myrica L.(1753)"的晚出的同模式异名(Homotypic synonym,Nomenclatural synonym)。桦柳科 Tamaricaceae 的"Myrica Bubani,Flora Pyrenaea per ordines naturales gradatim digesta 2:713. 1899.(Fl. Pyren.)"则是"Myricaria Desv.,Annales des Sciences Naturelles(Paris)4:349. 1825.(Ann. Sci. Nat.(Paris))"的晚出的同模式异名(Homotypic synonym,Nomenclatural synonym)。【分布】巴拿马,秘鲁,玻利维亚,厄瓜多尔,马达加斯加,中国,中美洲。【后选模式】Myrica gale Linnaeus。【参考异名】Angeia Tidestrom(1910)Nom. illegit.；Canacomyrica Guillaumin(1940)；Cerophora Raf.(1838)Nom. illegit.；Cerothamnus Tidestr.(1910)；Comptonia Banks ex Gaertn.(1791)；Faya Webb et Berthel.(1847)Nom. illegit.；Faya Webb(1847)Nom. illegit.；Gale Duhamel(1755)Nom. inval.,Nom. illegit.；Mirica Nocea(1793)；Morella Lour.(1790)●

34307　Myricaceae Blume =Myricaceae Rich. ex Kunth(保留科名)●

34308　Myricaceae Blumr et Dumort. =Myricaceae Rich. ex Kunth(保留科名)●

34309　Myricaceae Rich. ex Kunth(1817)(保留科名)【汉】杨梅科。【日】ヤマモモ科。【俄】Восковниковые。【英】Bayberry Family,Bog-myrtle Family,Sweet Gale Family,Wax Myrtle Family,Waxmyrtle Family。【包含】世界 3-4 属 40-70 种,中国 1 属 4-5 种。【分布】广泛分布。【科名模式】Myrica L.(1753)●

34310　Myricanthe Airy Shaw(1980)【汉】万花戟属。【隶属】大戟科 Euphorbiaceae。【包含】世界 1 种。【学名诠释与讨论】〈阴〉(希)myrios,巨万数的,无数的+anthos,花。【分布】法属新喀里多尼亚。【模式】Myricanthe discolor H. K. Airy Shaw。☆

34311　Myricaria Desv.(1825)【汉】水柏枝属。【俄】Мирикария。【英】False Tamarisk,Falsetamarisk,False-tamarisk,Myricaria。【隶属】桦柳科 Tamaricaceae。【包含】世界 13 种,中国 10-12 种。【学名诠释与讨论】〈阴〉(希)myrike,桦柳的古名,来自 myro 或 myrio,流动,指发现在江河堤岸上+-arius,-aria,-arium,指示"属于、相似、具有、联系"的词尾。指本属与桦柳类似。此属的学名,ING、TROPICOS 和 IK 记载是"Myricaria Desvaux,Ann. Sci. Nat.(Paris)4:349. 1825"。"Myrica Bubani,Fl. Pyrenaea 2:713. 1899(sero?)('1900')(non Linnaeus 1753)"是"Myricaria Desv.(1825)"的晚出的同模式异名(Homotypic synonym,Nomenclatural synonym)。【分布】巴基斯坦,中国,温带欧亚大陆。【后选模式】Myricaria germanica(Linnaeus)Desvaux〔Tamarix germanica Linnaeus〕。【参考异名】Myrica Bubani(1899)Nom. illegit.；Myrtama Ovcz. et Kinzik.(1977)；Tamaricaria Qaiser et Ali.(1978)Nom. illegit.●

34312　Myrice St. -Lag.(1881)Nom. illegit.〔桦柳科 Tamaricaceae〕●☆

34313　Myrinia Lilja(1840)= Fuchsia L.(1753)〔柳叶菜科 Onagraceae〕●■

34314　Myrioblastus Wall. ex Griff.(1845)= Cryptocoryne Fisch. ex Wydler(1830)〔天南星科 Araceae〕●■

34315　Myriocarpa Benth.(1846)【汉】万果木属(万果麻属)。【日】ミリオカルパ属。【隶属】荨麻科 Urticaceae。【包含】世界 18 种。【学名诠释与讨论】〈阴〉(希)myrios,巨万数的,无数的+

karpos,果实。【分布】巴拿马,秘鲁,玻利维亚,厄瓜多尔,哥伦比亚(安蒂奥基亚),美国,尼加拉瓜,中美洲。【模式】Myriocarpa stipitata Bentham。●☆

34316　Myriocephalus Benth.(1837)【汉】万头菊属。【隶属】菊科 Asteraceae(Compositae)。【包含】世界 8-10 种。【学名诠释与讨论】〈阳〉(希)myrios,巨万数的,无数的+kephale,头。指花。【分布】澳大利亚(温带)。【模式】Myriocephalus appendiculatus Bentham。【参考异名】Antheidosorus A. Gray(1851)；Antheidosurus C. Muell.,Nom. illegit.；Elachopappus F. Muell.(1863)；Gilberta Turcz.(1851)；Hirnellia Cass.(1820)；Hyalolepis A. Cunn. ex DC.(1838)Nom. illegit.；Hyalolepis DC.(1838)；Lamprochlaena F. Muell.(1863)；Polycalymma F. Muell. et Sond.(1853)；Rhetinocarpha Paul G. Wilson et M. A. Wilson(2006)■☆

34317　Myriochaeta Post et Kuntze(1903)= Myriachaeta Moritzi(1845-1846)Nom. illegit.；~ = Thysanolaena Nees(1835)〔禾本科 Poaceae(Gramineae)〕■

34318　Myriocladus Swallen(1951)【汉】万序枝竹属(万枝竹属)。【隶属】禾本科 Poaceae(Gramineae)。【包含】世界 13-20 种。【学名诠释与讨论】〈阳〉(希)myrios,巨万数的,无数的+klados,枝,芽,指小式 kladion,棍棒。kladodes 有许多枝子的。【分布】委内瑞拉。【后选模式】Myriocladus virgatus Swallen。●☆

34319　Myriogomphos Didr.(1857)= Croton L.(1753)；~ = Croton L.(1753)〔大戟科 Euphorbiaceae//巴豆科 Crotonaceae〕●

34320　Myriogyne Less.(1831)= Centipeda Lour.(1790)〔菊科 Asteraceae(Compositae)〕■●

34321　Myriolepis(Boiss.)Lledó,Erben et M. B. Crespo(2003)Nom. illegit. = Myriolimon Lledó,Erben et M. B. Crespo(2005)〔白花丹科(矶松科,蓝雪科)Plumbaginaceae〕■☆

34322　Myriolepis Post et Kuntze(1903)Nom. illegit. = Myrialepis Becc.(1893)〔棕榈科 Arecaceae(Palmae)〕●☆

34323　Myriolimon Lledó,Erben et M. B. Crespo(2005)【汉】多鳞草属。【隶属】白花丹科(矶松科,蓝雪科)Plumbaginaceae。【包含】世界 2 种。【学名诠释与讨论】〈阴〉(希)myrios,巨万数的,无数的+lepis,所有格 lepidos,指小式 lepion 或 lepidion,鳞,鳞片。lepidotos,多鳞的。lepos,鳞,鳞片。此属的学名,ING、GCI、TROPICOS 和 IK 记载是"Myriolepis(Boissier)M. D. Lledó,M. Erben et M. B. Crespo,Taxon 52:71. 24 Mar('Feb')2003",由"Statice sect. Myriolepis Boissier in Alph. de Candolle,Prodr. 12:667. 5 Nov 1848"改级而来。这是一个非法名称(Nom. illegit.),因为此前已经有了"Myrialepis Becc. Fl. Brit. India〔J. D. Hooker〕6(19):480. 1893〔Sep 1893〕〔棕榈科 Arecaceae(Palmae)〕"和"Myriolepis Post et Kuntze(1903)Nom. illegit. = Myrialepis Becc.(1893)〔棕榈科 Arecaceae(Palmae)〕"。故 Lledó,Erben et M. B. Crespo(2005)用"Myriolimon Lledó,Erben et M. B. Crespo,Taxon 54(3):811. 2005"替代之。【分布】地中海地区。【后选模式】Myriolepis ferulacea(Linnaeus)M. D. Lledó,M. Erben et M. B. Crespo〔Statice ferulacea Linnaues〕。【参考异名】Myriolimon Lledó,Erben et M. B. Crespo(2005)；Statice sect. Myriolepis Boiss.(1848)■☆

34324　Myrioneuron R. Br. ex Benth. et Hook. f.(1873)【汉】密脉木属。【英】Densevein,Myrioneuron。【隶属】茜草科 Rubiaceae。【包含】世界 15 种,中国 4-6 种。【学名诠释与讨论】〈中〉(希)myrios,巨万数的,无数的+neuron =拉丁文 nervus,脉,筋,腱,神经。指叶常多脉。此属的学名,ING、TROPICOS 和 IPNI 记载是"Myrioneuron R. Brown ex Bentham et Hook. f.,Gen. 2:69. 7-9 Apr 1873"。"Myrioneuron R. Br. ex Wall.,Numer. List〔Wallich〕n. 6225. 1832 ≡ Myrioneuron R. Br. ex Benth. et Hook. f.(1873)"是

一个未合格发表的名称(Nom. inval.)。"Myrioneuron R. Br. ex Kurz, Forest Fl. Burma 2:55,1877"和"Myrioneuron R. Br. ex Hook. f. ,Fl. Brit. India 3:96,1880"是晚出的非法名称。亦有文献把"Myrioneuron R. Br. ex Benth. et Hook. f. (1873)"处理为"Keenania Hook. f. (1880)"的异名。【分布】中国,东喜马拉雅山,东南亚西部。【模式】未指定。【参考异名】Berliera Buch. - Ham. (1832)Nom. illegit.;Berliera Buch. -Ham. ex Wall. (1832);Keenania Hook. f. (1880);Myrioneuron R. Br. ex Hook. f. (1880) Nom. illegit.;Myrioneuron R. Br. ex Kurz (1877) Nom. illegit.;Myrioneuron R. Br. ex Wall. (1832)Nom. inval.●

34325 Myrioneuron R. Br. ex Hook. f. (1880) Nom. illegit. ≡ Myrioneuron R. Br. ex Benth. et Hook. f. (1873) [茜草科 Rubiaceae]●

34326 Myrioneuron R. Br. ex Kurz(1877)Nom. illegit. = Myrioneuron R. Br. ex Benth. et Hook. f. (1873) [茜草科 Rubiaceae]●

34327 Myrioneuron R. Br. ex Wall. (1832)Nom. inval. ≡ Myrioneuron R. Br. ex Benth. et Hook. f. (1873) [茜草科 Rubiaceae]●

34328 Myriopeltis Welw. ex Hook. f. =Treculia Decne. ex Trécul(1847) [桑科 Moraceae]●☆

34329 Myriophillum J. G. Gmel. (1768)=? Myriophyllum L. (1753) [小二仙草科 Haloragaceae//狐尾藻科 Myriophyllaceae]■

34330 Myriophillum Neck. (1768)= Myriophyllum L. (1753) [小二仙草科 Haloragaceae//狐尾藻科 Myriophyllaceae]■

34331 Myriophyllaceae Schultz Sch. (1832) [亦见 Haloragaceae R. Br. (保留科名)小二仙草科]【汉】狐尾藻科。【包含】世界 1 属 35-60种,中国 1 属 11 种。【分布】广泛分布。【科名模式】Myriophyllum L. (1753)■

34332 Myriophyllum L. (1753)【汉】狐尾藻属(狐尾草属,聚藻属)。【日】フサモ属。【俄】Водоперица, Мириофиллюм, Уруть。【英】Featherfoil, Milfoil, Parrot Feather, Parrot's Feather, Parrotfeather, Parrot – feather, Spiked Water – milfoil, Water Milfoil, Water – milfoil。【隶属】小二仙草科 Haloragaceae//狐尾藻科 Myriophyllaceae。【包含】世界 35-60 种,中国 11 种。【学名诠释与讨论】〈阴〉(希)myrios,巨万数的,无数的+phyllon,叶子。此属的学名,ING、APNI、TROPICOS 和 GCI 记载是"Myriophyllum L. , Sp. Pl. 2: 992. 1753 [1 May 1753]"。IK 则记载为"Myriophyllum Ponted. ex L. ,Sp. Pl. 2:992. 1753 [1 May 1753]"。"Myriophyllum Ponted."是命名起点著作之前的名称,故"Myriophyllum L. (1753)"和"Myriophyllum Ponted. ex L. (1753)"都是合法名称,可以通用。"Pentapteris Haller, Hist. Stirp. Helv. 1:424. 1768"和"Pentapterophyllon J. Hill, Brit. Herbal 392. Oct 1756"是"Myriophyllum L. (1753)"的晚出的同模式异名(Homotypic synonym, Nomenclatural synonym)。"Myriophillum Neck. , Delic. Gallo – Belg. ii. 386(1768)"和"Myriophillum J. G. Gmel. , Flora Sibirica 3:35. 1768"似为"Myriophyllum L. (1753)"的拼写变体。【分布】巴基斯坦,巴拉圭,秘鲁,玻利维亚,厄瓜多尔,哥伦比亚(安蒂奥基亚),哥斯达黎加,马达加斯加,美国(密苏里),尼加拉瓜,中国,中美洲。【后选模式】Myriophyllum spicatum Linnaeus。【参考异名】Burshia Raf. (1808);Enhydria Kanitz(1882);Enydria Vell. (1829);Hottonia Vahl;Hylas Bigel. (1828) Nom. illegit. ;Hylas Bigel. ex DC. (1828) Nom. illegit. ;Myriophillum Neck. (1768);Myriophyllum Ponted. ex L. (1753);Pelonastes Hook. f. (1847);Pentapteris Haller(1768) Nom. illegit. ;Pentapterophyllon Hill (1756) Nom. illegit. ;Potamogeton Walter (1788);Ptilophyllum (Nutt.) Rchb. (1841) Nom. illegit. ;Ptilophyllum Raf. ;Purshia Raf. (1819) Nom. illegit. , Nom. inval. ;Sphondylastrum Rchb. (1841);Vinkia Meijden(1975)■

34333 Myriophyllum Ponted. ex L. (1753) ≡ Myriophyllum L. (1753) [小二仙草科 Haloragaceae//狐尾藻科 Myriophyllaceae]■

34334 Myriopteron Griff. (1843)【汉】翅果藤属。【英】Wingfruitvine, Wing – fruit – vine。【隶属】萝藦科 Asclepiadaceae//杠柳科 Periplocaceae。【包含】世界 1 种,中国 1 种。【学名诠释与讨论】〈中〉(希)myrios,巨万数的,无数的+pteron,指小式 pteridion,翅。pteridios,有羽毛的。指蓇葖果有多数膜质纵翅。【分布】中国,印度(阿萨姆)至马来半岛。【模式】Myriopteron paniculatum Griffith。【参考异名】Jenkinsia Wall. ex Voigt(1845) Nom. illegit. ;Vicarya Stocks(1848)Nom. illegit. ;Vicarya Wall. ex Voigt(1845)●

34335 Myriopus Small (1933) = Tournefortia L. (1753) [紫草科 Boraginaceae]●■

34336 Myriospora Post et Kuntze(1903)= Myriaspora DC. (1828) [野牡丹科 Melastomataceae]●☆

34337 Myriostachya (Benth.) Hook. f. (1896)【汉】千穗草属。【隶属】禾本科 Poaceae(Gramineae)。【包含】世界 1 种。【学名诠释与讨论】〈阴〉(希)myrios,巨万数的,无数的+stachys,穗,谷,长钉。此属的学名,ING 记载是"Myriostachya (Bentham) J. D. Hooker, Fl. Brit. India 7: 327. Dec (prim.) 1896",由"Eragrostis sect. Myriostachya Bentham, J. Linn. Soc. , Bot. 19: 117. 24 Dec. 1881"改级而来。IK 则记载为"Myriostachya Hook. f. , Fl. Brit. India [J. D. Hooker]7(22): 327. 1896 [early Dec 1896]"。【分布】孟加拉国,缅甸,斯里兰卡,马来半岛。【模式】Myriostachya wightiana (C. G. D. Nees ex Steudel) J. D. Hooker [Leptochloa wightiana C. G. D. Nees ex Steudel]。【参考异名】Eragrostis sect. Myriostachya Benth. (1881);Myriostachya Hook. f. (1896) Nom. illegit. ■☆

34338 Myriostachya Hook. f. (1896) Nom. illegit. ≡ Myriostachya (Benth.) Hook. f. (1896) [禾本科 Poaceae(Gramineae)]■☆

34339 Myriotriche Turcz. (1863) = Abatia Ruiz et Pav. (1794) [刺篱木科(大风子科)Flacourtiaceae]●☆

34340 Myripnois Bunge (1833)【汉】蚂蚱腿子属。【英】Locustleg, Myripnois。【隶属】菊科 Asteraceae(Compositae)。【包含】世界 1 种,中国 1 种。【学名诠释与讨论】〈阴〉(希)myron,香味+pnon呼吸。另说 myrios,巨万数的,无数的+pneuma,风,空气。【分布】中国。【模式】1835。●★

34341 Myristica Gronov. (1755)(保留属名)【汉】肉豆蔻属。【日】ニカヅク属,ニクズク属,ニクヅク属。【俄】Дерево мускатное, Мускат, Мускатник, Орех мускатный。【英】Macassar, Nutmeg, Nutmeg Tree, Papua Nutmeg。【隶属】肉豆蔻科 Myristicaceae。【包含】世界 72-150 种,中国 2-4 种。【学名诠释与讨论】〈阴〉(希)myristikos,涂油的,香味,香油。指肉豆蔻的种子和假种皮有香味,可提取蒸发油。此属的学名"Myristica Gronov. , Fl. Orient. :141. Apr–Nov 1755"是保留属名。法规未列出相应的废弃属名。但是肉豆蔻科 Myristicaceae 的"Myristica Rottb. , Acta Lit. Univ. Hafn. 1:302(1778). ;(Descr. Pl. 21:1798)= Myristica Gronov. (1755)(保留属名)"应该废弃。"Comacum Adanson, Fam. 2:345. Jul–Aug 1763"和"Palala Rumphius ex O. Kuntze, Rev. Gen. 2:566. 5 Nov 1891"是"Myristica Gronov. (1755)(保留属名)"的晚出的同模式异名(Homotypic synonym, Nomenclatural synonym)。【分布】巴拿马,玻利维亚,马达加斯加,尼加拉瓜,中国,中美洲。【模式】Myristica fragrans Houttuyn。【参考异名】Aruana Burm. f. (1769);Camacum Adans. ex Steud. (1841) Nom. illegit. ;Camacum Steud. (1841);Comacum Adans. (1763) Nom. illegit. ;Myristica Rottb. (1778) Nom. illegit. (废弃属名);Palala Kuntze(1891) Nom. illegit. ;Palala Rumph. ex Kuntze(1891) Nom. illegit. ;Paramyristica W. J. de Wilde (1994);Sebophora Neck.

（1790）Nom. inval. ●

34342　Myristica Rottb.（1778）Nom. illegit.（废弃属名）= Myristica Gronov.（1755）（保留属名）［肉豆蔻科 Myristicaceae］●

34343　Myristicaceae R. Br.（1810）（保留科名）【汉】肉豆蔻科。【日】ニクズク科，ニクヅク科。【俄】Мористицевые，Мускатниковые。【英】Nutmeg Family。【包含】世界 17-20 属 370-500 种，中国 3 属 11-15 种。【分布】热带。【科名模式】Myristica Gronov. ●

34344　Myrmechila D. L. Jones et M. A. Clem.（2005）【汉】蚁兰属。【隶属】兰科 Orchidaceae。【包含】世界 5 种。【学名诠释与讨论】〈阴〉（希）myrmex，所有格 myrmekos，或 myrmos，蚂蚁 + cheilos，边，唇，沿。此属的学名是"Myrmechila D. L. Jones et M. A. Clem., Orchadian［Australasian native orchid society］15: 36. 2005"。亦有文献把其处理为"Chiloglottis R. Br.（1810）"的异名。【分布】澳大利亚，新西兰。【模式】Myrmechila formicifera（Fitzg.）D. L. Jones et M. A. Clem.［Chiloglottis formicifera Fitzgerald］。【参考异名】Chiloglottis R. Br.（1810）■☆

34345　Myrmechis（Lindl.）Blume（1859）【汉】全唇兰属（金唇兰属）。【日】アリドウシラン属，アリドオシラン属，アリドホシラン属。【俄】Мирмехис。【英】Entireliporchis，Myrmechis。【隶属】兰科 Orchidaceae。【包含】世界 7 种，中国 5 种。【学名诠释与讨论】〈阴〉（希）myrmex，所有格 myrmekos，或 myrmos，蚂蚁。此属的学名，ING 和 TROPICOS 记载是"Myrmechis（Lindley）Blume, Collect. Orchidées Archip. Ind. 76. 1858"，由"Anoectochilus sect. Myrmechis Lindley, Gen. Sp. Orchid. Pl. 500. Sep. 1840"改级而来。IK 则记载为"Myrmechis Blume, Coll. Orchid. 76, t. 21. 1859［1858 publ. before Dec 1859］"。【分布】马来西亚（西部），中国，东亚，。【模式】Myrmechis gracilis（Blume）Blume［Anoectochilus gracilis Blume］。【参考异名】Anoectochilus sect. Myrmechis Lindl.（1840）；Myrmechis Blume（1859）Nom. illegit.；Ramphidia Miq.（1858）；Tubilabium J. J. Sm.（1928）■

34346　Myrmechis Blume（1859）Nom. illegit. ≡ Myrmechis（Lindl.）Blume（1859）［兰科 Orchidaceae］■

34347　Myrmecia Schreb.（1789）Nom. illegit. ≡ Tachia Aubl.（1775）［龙胆科 Gentianaceae］●☆

34348　Myrmecodendron Britton et Rose（1928）= Acacia Mill.（1754）（保留属名）［豆科 Fabaceae（Leguminosae）//含羞草科 Mimosaceae//金合欢科 Acaciaceae］●■

34349　Myrmecodia Jack（1823）【汉】块蚁茜属。【日】アリノスダマ属。【隶属】茜草科 Rubiaceae。【包含】世界 26-45 种。【学名诠释与讨论】〈阴〉（希）myrmekodes，多蚂蚁的。【分布】斐济，马来西亚，澳大利亚（热带）。【模式】Myrmecodia tuberosa Jack。【参考异名】Epidendroides Sol.（1897）；Mirmecodia Gaudich.（1830）Nom. illegit.；Myrmecoides Elmer（1934）Nom. illegit. ☆

34350　Myrmecoides Elmer（1934）Nom. illegit. = Myrmecodia Jack（1823）［茜草科 Rubiaceae］☆

34351　Myrmeconauclea Merr.（1920）【汉】蚁乌檀属。【隶属】茜草科 Rubiaceae。【包含】世界 3 种。【学名诠释与讨论】〈阴〉（希）myrmex，所有格 myrmekos，蚂蚁 + Nauclea 乌檀属（黄胆木属）。【分布】菲律宾（菲律宾群岛），加里曼丹岛。【模式】Myrmeconauclea strigosa（Korthals）Merrill［Nauclea strigosa Korthals］。●☆

34352　Myrmecophila Rolfe（1917）【汉】爱蚁兰属。【隶属】兰科 Orchidaceae。【包含】世界 6 种。【学名诠释与讨论】〈阴〉（希）myrmex，所有格 myrmekos，蚂蚁 + philos，喜欢的，爱的。此属的学名，ING、GCI、TROPICOS 和 IK 记载是"Myrmecophila Rolfe, Orchid Rev. xxv. 50（1917）"。蕨类的"Myrmecophila Christ ex

Nakai, Bot. Mag.（Tokyo）43: 6. Jan 1929（' Myrmechophila'）≡ Myrmecopteris Pichi Sermolli 1977"是晚出的非法名称。亦有文献把"Myrmecophila Rolfe（1917）"处理为"Schomburgkia Lindl.（1838）"的异名。【分布】哥斯达黎加，尼加拉瓜，中美洲。【模式】Myrmecophila tibicina（Bateman）Rolfe［Epidendrum tibicinis Bateman］。【参考异名】Schomburgkia Lindl.（1838）■☆

34353　Myrmecosicyos C. Jeffrey（1962）【汉】蚁瓜属。【隶属】葫芦科（瓜科，南瓜科）Cucurbitaceae。【包含】世界 1 种。【学名诠释与讨论】〈阳〉（希）myrmex，所有格 myrmekos，蚂蚁 + sikyos，葫芦，野胡瓜。【分布】肯尼亚。【模式】Myrmecosicyos messorius C. Jeffrey。■☆

34354　Myrmecylon Hook. et Arn.（1833）= Memecylon L.（1753）［野牡丹科 Melastomataceae//谷木科 Memecylaceae］●

34355　Myrmedoma Becc.（1884）= Myrmephytum Becc.（1884）［茜草科 Rubiaceae］☆

34356　Myrmedone T. Durand et Jacks. = Myrmidone Mart.（1832）［野牡丹科 Melastomataceae］●☆

34357　Myrmephytum Becc.（1884）【汉】蚁茜属。【隶属】茜草科 Rubiaceae。【包含】世界 8 种。【学名诠释与讨论】〈中〉（希）myrmex，所有格 myrmekos，蚂蚁 + phyton，植物，树木，枝条。【分布】菲律宾（菲律宾群岛），印度尼西亚（苏拉威西岛）。【模式】Myrmephytum selebicum Beccari, Nom. illegit.［Myrmecodia selebica Beccari］。【参考异名】Myrmedoma Becc.（1884）☆

34358　Myrmidone Mart.（1832）【汉】南美野牡丹属。【隶属】野牡丹科 Melastomataceae。【包含】世界 2-4 种。【学名诠释与讨论】〈阴〉（希）myrmedon，蚂蚁窝。此属的学名，ING、TROPICOS、GCI 和 IK 记载是"Myrmidone Mart., Nov. Gen. Sp. Pl.（Martius）3（3）: 149, t. 279. 1832［1829 publ. Sep 1832］"。"Myrmidone Mart. ex Meisn., Pl. Vasc. Gen., Tabl. Diagn. 112（1838）, in clavi."是晚出的非法名称。【分布】玻利维亚，厄瓜多尔，热带南美洲。【模式】Myrmidone macrosperma（C. F. P. Martius）C. F. Meisner。【参考异名】Hormocalyx Gleason（1935）；Myrmedone T. Durand et Jacks.；Myrmidone Mart. ex Meisn.（1838）Nom. illegit. ●☆

34359　Myrmidone Mart. ex Meisn.（1838）Nom. illegit. = Myrmidone Mart.（1832）［野牡丹科 Melastomataceae］●☆

34360　Myrobalanaceae Juss. = Combretaceae R. Br.（保留科名）●

34361　Myrobalanaceae Juss. ex Martinov = Myristicaceae R. Br.（保留科名）●

34362　Myrobalanaceae Martinov（1820）= Myristicaceae R. Br.（保留科名）●

34363　Myrobalanifera Houtt.（1774）= Terminalia L.（1767）（保留属名）［使君子科 Combretaceae//榄仁树科 Terminaliaceae］●

34364　Myrobalanus Gaertn.（1791）= Myrobalanifera Houtt.（1774）；~ = Terminalia L.（1767）（保留属名）［使君子科 Combretaceae//榄仁树科 Terminaliaceae］●

34365　Myrobroma Salisb.（1807）= Vanilla Plum. ex Mill.（1754）［兰科 Orchidaceae//香荚兰科 Vanillaceae］■

34366　Myrocarpus Allemão（1847）【汉】脂果豆属（香果属）。【俄】Мирокарпус。【英】Myrocarpus。【隶属】豆科 Fabaceae（Leguminosae）。【包含】世界 4 种。【学名诠释与讨论】〈阳〉（希）myron，香油 + karpos，果实。【分布】巴拉圭，巴西。【模式】Myrocarpus fastigiatus Freire Allemão。●☆

34367　Myrodendron Schreb.（1789）Nom. illegit. ≡ Myrodendrum Schreb.（1789）Nom. illegit.；~ ≡ Humiria Aubl.（1775）［as ' Houmiri'］（保留属名）［核果树科（胡香脂科，树脂核科，无距花科，香膏科，香膏木科）Humiriaceae］●☆

34368　Myrodia Sw.（1788）Nom. illegit. ≡ Quararibea Aubl.（1775）

[木棉科 Bombacaceae//锦葵科 Malvaceae]●☆

34369 Myrosma L. f. (1882)【汉】香竹芋属。【隶属】竹芋科(苳叶科,柊叶科)Marantaceae。【包含】世界1-15种。【学名诠释与讨论】〈阴〉(希)myron,香油+osme =odme,香味,臭味,气味。在希腊文组合词中,词头 osm-和词尾-osma 通常指香味。【分布】巴拿马,秘鲁,玻利维亚,马达加斯加。【模式】Myrosma cannifolia Linnaeus f.[as'cannaefolia']。【参考异名】Ctenanthe Bichl.;Thalianthus Klotzsch ex Körn.(1862);Thalianthus Klotzsch(1846)Nom. inval.■☆

34370 Myrosmodes Rchb. f.(1854)【汉】香味兰属。【隶属】兰科 Orchidaceae。【包含】世界9种。【学名诠释与讨论】〈阴〉(希)myron,香油+osme = odme,香味,臭味,气味。在希腊文组合词中,词头 osm-和词尾-osma 通常指香味+oides,相像。此属的学名是"Myrosmodes H. G. Reichenbach, Xenia Orchid. 1:19. 1 Apr 1854"。亦有文献把其处理为"Aa Rchb. f.(1854)"的异名。【分布】秘鲁,玻利维亚,厄瓜多尔,哥伦比亚(安蒂奥基亚),南美洲安第斯山区。【模式】Myrosmodes nubigenum H. G. Reichenbach。【参考异名】Aa Rchb. f.(1854)■☆

34371 Myrospermum Jacq.(1760)【汉】香籽属。【隶属】豆科 Fabaceae(Leguminosae)。【包含】世界2-3种。【学名诠释与讨论】〈中〉(希)myron,香油+sperma,所有格 spermatos,种子,孢子。【分布】巴拿马,哥斯达黎加,尼加拉瓜,西印度群岛,中美洲。【模式】Myrospermum frutescens N. J. Jacquin。【参考异名】Calusia Bert. ex Steud.(1840)●☆

34372 Myrothamnaceae Nied.(1891)(保留科名)【汉】香灌木科(密罗木科,香丛科,折扇叶科)。【包含】世界1属2种。【分布】马达加斯加,南非,热带非洲。【科名模式】Myrothamnus Welw.●☆

34373 Myrothamnus Welw.(1859)【汉】香灌木属(密罗木属,香丛属,折扇叶属)。【隶属】金缕梅科 Hamamelidaceae//香灌木科(密罗木科,香丛科,折扇叶科)Myrothamnaceae。【包含】世界1-2种。【学名诠释与讨论】〈阴〉(希)myron,香油+thamnos,指小式 thamnion,灌木,灌丛,树丛,枝。【分布】马达加斯加,热带非洲南部。【模式】Myrothamnus flabellifolia Welwitsch。【参考异名】Myosurandra Baill.(1870)●☆

34374 Myroxylon J. R. Forst. et G. Forst.(1776)(废弃属名)≡ Xylosma G. Forst.(1786)(保留属名)[刺篱木科(大风子科)Flacourtiaceae]●

34375 Myroxylon L. f.(1782)(保留属名)【汉】南美槐属(拔尔撒谟属,吐鲁树属,香脂木豆属)。【日】ミロキシロン属。【俄】Дерево бальзамвое, Мироксилон。【英】Balm Tree, Balmtree, Balm-tree, Balsam-tree。【隶属】豆科 Fabaceae(Leguminosae)。【包含】世界2-3种,中国2种。【学名诠释与讨论】〈中〉(希)myron,香油 + xylon,木材。指木材具香树脂。此属的学名"Myroxylon L. f., Suppl. Pl.:34,233. Apr 1782"是保留属名。相应的废弃属名是刺篱木科(大风子科)Flacourtiaceae 的"Myroxylon J. R. Forst. et G. Forst., Char. Gen. Pl.;63. 29 Nov 1775 ≡ Xylosma G. Forst.(1786)(保留属名)"和豆科 Fabaceae 的"Toluifera L., Sp. Pl.:384. 1 Mai 1753 = Myroxylon L. f.(1782)(保留属名)"。"Myroxylon Mutis ex L. f.(1782)= Myroxylon L. f.(1782)(保留属名)[豆科 Fabaceae(Leguminosae)]"和"Toluifera Lour., Fl. Cochinch. 1:262. 1790[Sep 1790]= Glycosmis Corrêa(1805)(保留属名)[芸香科 Rutaceae]"亦应废弃。"Miroxylon Scop.(1777)Nom. illegit."则是"Myroxylon J. R. Forst. et G. Forst.(1776)(废弃属名)"的拼写变体,亦须废弃。"Myroxylum Schreb., Genera Plantarum 1:281. 1789"是"Myroxylon J. R. Forst. et G. Forst.(1775)(废弃属名)= Xylosma G. Forst.(1786)(保留属名)[刺篱木科(大风子科)Flacourtiaceae]"的拼

写变体;TROPICOS 则记载是"Myroxylon L. f.(1782)(保留属名)"。【分布】巴拿马,秘鲁,玻利维亚,厄瓜多尔,哥伦比亚(安蒂奥基亚),哥斯达黎加,尼加拉瓜,中国,热带南美洲,中美洲。【模式】Myroxylon peruiferum Linnaeus f.。【参考异名】Myroxylon Mutis ex L. f.(1782)(废弃属名);Myroxylum Post et Kuntze(1903)Nom. illegit.;Toludendron Ehrh.(1788)Nom. illegit.;Toluifera L.(1753)(废弃属名)●

34376 Myroxylon Mutis ex L. f.(1782)(废弃属名)= Myroxylon L. f.(1782)(保留属名)[豆科 Fabaceae(Leguminosae)]●

34377 Myroxylum Post et Kuntze(1903)Nom. illegit.(废弃属名)= Myroxylon L. f.(1782)(保留属名)[豆科 Fabaceae(Leguminosae)]●

34378 Myroxylum Schreb.(1789)(废弃属名)= Myroxylon J. R. Forst. et G. Forst.(1775)(废弃属名);~ =Xylosma G. Forst.(1786)(保留属名)[刺篱木科(大风子科)Flacourtiaceae]●

34379 Myrrha Mitch.(1769)= ? Cryptotaenia DC.(1829)(保留属名)[伞形科(伞形科)Apiaceae(Umbelliferae)]■

34380 Myrrhidendron J. M. Coult. et Rose(1894)【汉】香伞木属。【隶属】伞形花科(伞形科)Apiaceae(Umbelliferae)。【包含】世界5种。【学名诠释与讨论】〈中〉(希)myrrhis,薰香,来自 myrrha,阿拉伯产桃金娘的香汁+dendron 或 dendros,树木,棍,丛林。【分布】哥伦比亚,中美洲。【模式】Myrrhidendron donnellsmithii J. M. Coulter et J. N. Rose。【参考异名】Myrrhodendrum Post et Kuntze(1903)●☆

34381 Myrrhidium(DC.)Eckl. et Zeyh.(1834)= Pelargonium L'Hér. ex Aiton(1789)[牻牛儿苗科 Geraniaceae]●■

34382 Myrrhidium Eckl. et Zeyh.(1834)Nom. illegit. ≡ Myrrhidium(DC.)Eckl. et Zeyh.(1834);~ = Pelargonium L'Hér. ex Aiton(1789)[牻牛儿苗科 Geraniaceae]●■

34383 Myrrhina(Js. Murray)Rupr.(1860)= Erodium L'Hér. ex Aiton(1789)[牻牛儿苗科 Geraniaceae]■●

34384 Myrrhina Rupr.(1869)Nom. illegit. ≡ Myrrhina(Js. Murray)Rupr.(1860);~ = Erodium L'Hér. ex Aiton(1789)[牻牛儿苗科 Geraniaceae]■●

34385 Myrrhiniaceae Arn.(1839)= Myrtaceae Juss.(保留科名)●

34386 Myrrhinium Schott(1827)【汉】香汁金娘属。【隶属】桃金娘科 Myrtaceae。【包含】世界3种。【学名诠释与讨论】〈中〉(希)myrrhis,薰香+-ius,-ia,-ium,在拉丁文和希腊文中,这些词尾表示性质或状态。【分布】秘鲁,厄瓜多尔,热带南美洲。【模式】Myrrhinium atropurpureum Schott。【参考异名】Feliciana Benth.(1865)Nom. illegit.;Felicianea Cambess.(1833);Tetrastemon Hook. et Arn.(1833)●☆

34387 Myrrhis Mill.(1754)【汉】草没药属(没药属,欧洲没药属,甜没药属,甜芹属)。【日】ミリス属。【俄】Миррис。【英】Myrrh, Sweet Cicely。【隶属】伞形花科(伞形科)Apiaceae(Umbelliferae)。【包含】世界1种。【学名诠释与讨论】〈阴〉(希)myrrhis,薰香。此属的学名,ING、TROPICOS 和 IK 记载是"Myrrhis Mill., Gard. Dict. Abr., ed. 4.[textus s. n.]. 1754[28 Jan 1754]"。"Chaerophyllastrum Heister ex Fabricius, Enum. 37. 1759"是"Myrrhis Mill.(1754)"的晚出的同模式异名(Homotypic synonym, Nomenclatural synonym)。【分布】玻利维亚,欧洲,亚洲西部,中美洲。【后选模式】Myrrhis odorata(Linnaeus)Scopoli[Scandix odorata Linnaeus]。【参考异名】Chaerophyllastrum Fabr.(1759)Nom. illegit.;Chaerophyllastrum Heist. ex Fabr.(1759)Nom. illegit.;Glycosma Nutt.(1840);Glycosma Nutt. ex Torr. et A. Gray(1840)Nom. illegit.■☆

34388 Myrrhodendrum Post et Kuntze(1903)= Myrrhidendron J. M.

Coult. et Rose（1894）［伞形花科（伞形科）Apiaceae（Umbelliferae）]●☆

34389 Myrrhodes Kuntze = Anthriscus Pers.（1805）（保留属名）；~ = Myrrhoides Fabr.（1759）Nom. illegit. ；~ = Myrrhoides Heist. ex Fabr.（1759）［伞形花科（伞形科）Apiaceae（Umbelliferae）]☆

34390 Myrrhodes Möhring（1891）Nom. illegit.［伞形花科（伞形科）Apiaceae（Umbelliferae）]■

34391 Myrrhoides Fabr.（1759）Nom. illegit. ≡ Myrrhoides Heist. ex Fabr.（1759）［伞形花科（伞形科）Apiaceae（Umbelliferae）]■☆

34392 Myrrhoides Heist.（1763）Nom. illegit. ≡ Myrrhoides Heist. ex Fabr.（1759）［伞形花科（伞形科）Apiaceae（Umbelliferae）]■☆

34393 Myrrhoides Heist. ex Fabr.（1759）【汉】拟草没药属（膨茎草属）。【俄】Вздутостебельник。【隶属】伞形花科（伞形科）Apiaceae（Umbelliferae）。【包含】世界1种。【学名诠释与讨论】〈阴〉（属）Myrrhis 草没药属 + oides，来自 o + eides，像，似；或 o + eidos 形，含义为相像。此属的学名，ING、TROPICOS 和 IK 记载是"Myrrhoides Heister ex Fabricius, Enum. 37. 1759"。"Myrrhoides Heist. ，in Fabr. Enum. Pl. Hort. Helmst. ed. 2 66（1763）Myrrhoides Heist. ex Fabr.（1759）"是晚出的非法名称。"Myrrhoides Fabr.（1759）≡ Myrrhoides Heist. ex Fabr.（1759）"的命名人引证有误。有些文献承认"膨茎草属 Physocaulis（A. P. de Candolle）Tausch, Flora 17：342. 1834"；但是它是"Myrrhoides Heist. ex Fabr.（1759）"的晚出的同模式异名（Homotypic synonym, Nomenclatural synonym），必须废弃。"Acularia Rafinesque, Good Book 53. Jan 1840"和"Fiebera Opiz in Berchtold et Opiz, Oekon. - Techn. Fl. Böhmens 2（2）：24. 1839"也是"Myrrhoides Heist. ex Fabr.（1759）"的晚出的同模式异名（Homotypic synonym, Nomenclatural synonym）。亦有文献把"Myrrhoides Heist. ex Fabr.（1759）"处理为"Anthriscus Pers.（1805）（保留属名）"的异名。【分布】地中海地区,非洲北部,欧洲,小亚细亚。【模式】Myrrhoides nodosa（Linnaeus）J. F. M. Cannon［Scandix nodosa Linnaeus]。【参考异名】Acularia Raf.（1840）Nom. illegit. ；Anthriscus Pers.（1805）（保留属名）；Biasolettia Bertol.（1837）Nom. illegit. ；Chaerophyllum sect. Physocaulis DC.（1829）；Fiebera Opiz（1839）Nom. illegit. ；Myrrhoides Fabr.（1759）Nom. illegit. ；Myrrhoides Heist.（1763）Nom. illegit. ；Physocaulis（DC.）Tausch（1834）Nom. illegit. ；Physocaulis Tausch（1834）Nom. illegit. ；Physocaulos Fiori et Paol. ；Physocaulus Koch ■☆

34394 Myrsinaceae R. Br.（1810）［as 'Myrsineae']（保留科名）［亦见 Primulaceae Batsch ex Borkh.（保留科名）报春花科]【汉】紫金牛科。【日】ヤブカウジ科，ヤブコウジ科。【俄】Мирсиновые。【英】Myrsine Family。【包含】世界 32-49 属 1000-2200 种,中国 6 属 145 种。【分布】新西兰,热带和亚热带,非洲南部。【科名模式】Myrsine L.（1753）●

34395 Myrsine L.（1753）【汉】铁仔属（大明橘属,竹杞属）。【日】ツルアカミノキ属，ツルマンリョウ属，ミルシネ属。【俄】Мирзина，Мирсина。【英】Myrsine。【隶属】紫金牛科 Myrsinaceae。【包含】世界 4-7 种,中国 5 种。【学名诠释与讨论】〈阴〉（希）myrsine,为没药的古名。另说,来自香桃木属 Myrtus 的古希腊名。【分布】巴基斯坦,巴拉圭,巴拿马,秘鲁,玻利维亚,厄瓜多尔,哥伦比亚（安蒂奥基亚）,哥斯达黎加,马达加斯加,尼加拉瓜,葡萄牙（亚述尔群岛）,中国,非洲,中美洲。【模式】Myrsine africana Linnaeus。【参考异名】Anamtia Koidz.（1923）；Caballeria Ruiz et Pav.（1794）Nom. illegit. ；Duhamelia Dombey ex Lam.（1783）；Merista Banks et Sol. ex A. Cunn.（1838）；Pilogyne Gagnep.（1948）Nom. illegit. ；Rapanea Aubl.（1775）；Samara Sw.（1788）Nom. illegit. ；Scleroxylum Willd.

（1809）；Suttonia A. Rich.（1832）●

34396 Myrsiniluma Baill.（1891）= Pouteria Aubl.（1775）［山榄科 Sapotaceae]●

34397 Myrsiphyllum Willd.（1808）Nom. illegit. ≡ Elide Medik.（1791）；~ = Asparagus L.（1753）［百合科 Liliaceae//天门冬科 Asparagaceae]■

34398 Myrstiphylla Raf.（1838）Nom. illegit. ≡ Myrstiphyllum P. Browne（1756）（废弃属名）；~ = Psychotria L.（1759）（保留属名）［茜草科 Rubiaceae//九节科 Psychotriaceae]●

34399 Myrstiphyllum P. Browne（1756）（废弃属名）= Psychotria L.（1759）（保留属名）［茜草科 Rubiaceae//九节科 Psychotriaceae]●

34400 Myrtaceae Adans. = Myrtaceae Juss.（保留科名）●

34401 Myrtaceae Juss.（1789）（保留科名）【汉】桃金娘科。【日】テンニンクワ科，フトモモ科。【俄】Миртовые。【英】Myrtle Family。【包含】世界 100-139 属 3000-5000 种,中国 10-16 属 121-236 种。【分布】热带、亚热带和温带温暖地区,主要在澳大利亚和热带美洲。【科名模式】Myrtus L.（1753）●

34402 Myrtama Ovcz. et Kinzik.（1977）【汉】无梗柽柳属。【隶属】柽柳科 Tamaricaceae。【包含】世界 1 种。【学名诠释与讨论】〈阴〉（属）Myricaria 水柏枝属 + Tamarix 柽柳属。此属的学名,ING、TROPICOS 和 IK 记载是"Myrtama P. N. Ovchinnikov et G. K. Kinzikayeva, Dokl. Akad. Nauk Tadzh. SSR ser. 2. 20（7）：55. 1977（post 26 Aug）"。"Tamaricaria M. Qaiser et S. I. Ali, Blumea 24：153. 17 Mai 1978"是"Myrtama Ovcz. et Kinzik.（1977）"的晚出的同模式异名（Homotypic synonym, Nomenclatural synonym）而建立。"Tamaricaria Qaiser et Ali.（1978）Nom. illegit. "是基于"Myricaria sect. Parallelantherae F. Niedenzu in Engler et Prantl, Nat. Pflanzenfam. 3（6）：296. 14 Mai 1895"。也有学者把"Myrtama Ovcz. et Kinzik.（1977）"归入"Myricaria Desv.（1825）"。亦有文献把"Myrtama Ovcz. et Kinzik.（1977）"处理为"Myricaria Desv.（1825）"的异名。【分布】中国,喜马拉雅山。【模式】Myrtama elegans（J. F. Royle）P. N. Ovchinnikov et G. K. Kinzikayeva［Myricaria elegans J. F. Royle]。【参考异名】Myricaria Desv.（1825）；Myricaria sect. Parallelantherae F. Nied.（1895）；Tamaricaria Qaiser et Ali.（1978）Nom. illegit. ●

34403 Myrtastrum Burret（1941）【汉】肖香桃木属。【隶属】桃金娘科 Myrtaceae。【包含】世界 1 种。【学名诠释与讨论】〈中〉（属）Myrtus 香桃木属（爱神木属,番桃木属,莫塌属,银香梅属）+ - astrum,指示小的词尾,也有"不完全相似"的含义。【分布】法属新喀里多尼亚。【模式】Myrtastrum rufopunctatum［Pancher ex Brongniart et Gris）Burret（Myrtus rufo - punctata Pancher ex Brongniart et Gris）。●☆

34404 Myrtekmania Urb.（1928）= Pimenta Lindl.（1821）［桃金娘科 Myrtaceae]●☆

34405 Myrtella F. Muell.（1877）【汉】小香桃木属。【隶属】桃金娘科 Myrtaceae。【包含】世界 9 种。【学名诠释与讨论】〈阴〉（属）Myrtus 香桃木属（爱神木属,番桃木属,莫塌属,银香梅属）+ - ellus, -ella, -ellum,加在名词词干后面形成指小式的词尾。或加在人名、属名等后面以组成新属的名称。此属的学名是"Myrtella F. v. Mueller, Descript. Papuan Pl. 105. 1877"。亦有文献把其处理为"Fenzlia Endl.（1834）Nom. illegit. "的异名。【分布】澳大利亚,密克罗尼西亚,新西兰。【模式】未指定。【参考异名】Fenzlia Endl.（1834）Nom. illegit. ；Saffordiella Merr.（1914）●☆

34406 Myrteola O. Berg（1856）（保留属名）【汉】类香桃木属。【隶属】桃金娘科 Myrtaceae。【包含】世界 3-12 种。【学名诠释与讨论】〈阴〉（属）Myrtus 香桃木属（爱神木属,番桃木属,莫塌属,银香梅属）+ - olus, -ola, -olum,拉丁文指示小的词尾。此属的学名

"Myrteola O. Berg in Linnaea 27:348. Jan 1856"是保留属名。相应的废弃属名是桃金娘科 Myrtaceae 的"Amyrsia Raf., Sylva Tellur.:106. Oct-Dec 1838 ≡ Myrteola O. Berg(1856)(保留属名)"和"Cluacena Raf., Sylva Tellur.:104. Oct-Dec 1838 = Myrteola O. Berg(1856)(保留属名)"。【分布】秘鲁,玻利维亚,厄瓜多尔,哥伦比亚(安蒂奥基亚),南美洲。【模式】Myrteola microphylla(Humboldt et Bonpland)O. C. Berg[Myrtus microphylla Humboldt et Bonpland]。【参考异名】Amyrsia Raf.(1838)(废弃属名);Cluacena Raf.(1838)(废弃属名)●☆

34407　Myrthoides Wolf(1776)= Syzygium P. Browne ex Gaertn.(1788)(保留属名)[桃金娘科 Myrtaceae]●

34408　Myrthus Scop.(1777)= Myrtus L.(1753)[桃金娘科 Myrtaceae]●

34409　Myrtilaria Hutch. = Mytilaria Lecomte(1924)[金缕梅科 Hamamelidaceae]●

34410　Myrtillocactus Console(1897)【汉】龙神柱属(龙神木属)。【日】ミルチロカクタス属。【英】Myrtle Cactus。【隶属】仙人掌科 Cactaceae。【包含】世界4种,中国1种。【学名诠释与讨论】〈阴〉(属)Myrtus 香桃木属(爱神木属,番桃木属,莫塌属,银香梅属)+cactos,有刺的植物,通常指仙人掌科 Cactaceae 植物。此属的学名,ING、TROPICOS、GCI 和 IK 记载是"Myrtillocactus Console,Boll. Reale Orto Bot. Palermo 1:8. 1897"。"Myrtillocereus A. V. Frič et K. Kreuzinger in K. Kreuzinger, Verzeichnis Amer. Sukk. Revision Syst. Kakteen 11. 30 Apr 1935"是"Myrtillocactus Console(1897)"的晚出的同模式异名(Homotypic synonym, Nomenclatural synonym)。"Myrtillocactus Console(1897)"曾被处理为"Cereus subgen. Myrtillocactus(Console)A. Berger, Annual Report of the Missouri Botanical Garden 16:63. 1905.(31 May 1905)"。【分布】墨西哥,危地马拉,中国,中美洲。【模式】Myrtillocactus geometrizans(Martius ex Pfeiffer)Console[Cereus geometrizans Martius ex Pfeiffer]。【参考异名】Cereus subgen. Myrtillocactus(Console)A. Berger(1905);Myrtillocereus Frič et Kreuz.(1935)Nom. illegit. ●

34411　Myrtillocereus Frič et Kreuz.(1935)Nom. illegit. ≡ Myrtillocactus Console(1897)[仙人掌科 Cactaceae]●

34412　Myrtilloides Banks et Sol. ex Hook.(1844)= Nothofagus Blume(1851)(保留属名)[壳斗科(山毛榉科)Fagaceae//假山毛榉科(南青冈科,南山毛榉科,拟山毛榉科)Nothofagaceae]●☆

34413　Myrtillus Gilib.(1781)= Vaccinium L.(1753)[杜鹃花科(欧石南科)Ericaceae//越橘科(乌饭树科)Vacciniaceae]●

34414　Myrtiluma Baill.(1891)= Micropholis(Griseb.)Pierre(1891);~=Pouteria Aubl.(1775)[山榄科 Sapotaceae]●

34415　Myrtinia Nees(1847)= Martynia L.(1753)[角胡麻科 Martyniaceae//胡麻科 Pedaliaceae]■

34416　Myrtobium Miq.(1853)= Lepidoceras Hook. f.(1846)[绿乳科(菜莨寄生科,房底珠科)Eremolepidaceae]●☆

34417　Myrtoleucodendron Burm.(1742)Nom. inval. =? Myrtoleucodendron Kuntze(1891)Nom. illegit. [桃金娘科 Myrtaceae//白千层科 Melaleucaceae]●☆

34418　Myrtoleucodendron Kuntze(1891)Nom. illegit. ≡ Melaleuca L.(1767)(保留属名)[桃金娘科 Myrtaceae//白千层科 Melaleucaceae]●

34419　Myrtolobium Chalon(1870)= Lepidoceras Hook. f.(1846);~= Myrtobium Miq.(1853)[绿乳科(菜莨寄生科,房底珠科)Eremolepidaceae]●☆

34420　Myrtomera B. C. Stone(1962)Nom. illegit., Nom. superfl. ≡ Arillastrum Pancher ex Baill.(1877)[桃金娘科 Myrtaceae]●☆

34421　Myrtophyllum Turcz.(1863)= Azara Ruiz et Pav.(1794)[刺篱木科(大风子科)Flacourtiaceae]●☆

34422　Myrtopsis Engl.(1896)(保留属名)【汉】拟香桃木属。【隶属】芸香科 Rutaceae。【包含】世界8种。【学名诠释与讨论】〈阴〉(属)Myrtus 香桃木属(爱神木属,番桃木属,莫塌属,银香梅属)+希腊文 opsis,外观,模样。此属的学名"Myrtopsis Engl. in Engler et Prantl, Nat. Pflanzenfam. 3(4):137. Mar 1896"是保留属名。相应的废弃属名是桃金娘科 Myrtaceae 的"Myrtopsis O. Hoffm. in Linnaea 43:133. Jan 1881"。【分布】法属新喀里多尼亚。【模式】Myrtopsis novae-caledoniae Engler。【参考异名】Eriostemon Panch. et Sebert●☆

34423　Myrtopsis O. Hoffm.(1881)(废弃属名)[桃金娘科 Myrtaceae]●☆

34424　Myrtus L.(1753)【汉】香桃木属(爱神木属,番桃木属,莫塌属,银香梅属)。【日】ギンバイカ属,ギンバイクワ属。【俄】Мирт,Мирта。【英】Chilean Guava, Myrtle。【隶属】桃金娘科 Myrtaceae。【包含】世界2-100种,中国1种。【学名诠释与讨论】〈阴〉(希)myrtos,香桃木的古名,来自 myron 香味。【分布】巴基斯坦,巴拉圭,玻利维亚,马达加斯加,中国,中美洲。【后选模式】Myrtus communis Linnaeus。【参考异名】Calomyrtus Blume(1850);Corynemyrtus(Kiaersk.)Mattos(1963);Distixila Raf.;Heteromyrtus Blume(1850);Leantria Sol. ex G. Forst.(1789);Macropsidium Blume(1850);Mosiera Small(1933);Myrthus Scop.(1777);Orestion Kuntze ex Berg(1856)Nom. illegit.;Pilothecium(Kiaersk.)Kausel(1962);Pseudanamomis Kausel(1956)●

34425　Mysanthus G. P. Lewis et A. Delgado(1994)【汉】鼠花豆属。【隶属】豆科 Fabaceae(Leguminosae)//蝶形花科 Papilionaceae。【包含】世界1种。【学名诠释与讨论】〈阳〉(希)mys,所有格 myos,指小式 myskos,鼠+anthos,花。此属的学名是"Mysanthus G. P. Lewis et A. Delgado Salinas, Kew Bull. 49:343. 25 Mai 1994"。亦有文献把其处理为"Phaseolus L.(1753)"的异名。【分布】巴西。【模式】Mysanthus uleanus(H. Harms)G. P. Lewis et A. Delgado Salinas[Phaseolus uleanus H. Harms]。【参考异名】Phaseolus L.(1753)■☆

34426　Myscolus(Cass.)Cass.(1818)= Scolymus L.(1753)[菊科 Asteraceae(Compositae)]■☆

34427　Myscolus Cass.(1818)Nom. illegit. ≡ Myscolus(Cass.)Cass.(1818);~= Scolymus L.(1753)[菊科 Asteraceae(Compositae)]■☆

34428　Mysicarpus Webb(1849)= Alysicarpus Desv.(1813)(保留属名)[豆科 Fabaceae(Leguminosae)//蝶形花科 Papilionaceae]■

34429　Mysotis Hill(1764)= Myosotis L.(1753)[紫草科 Boraginaceae]■

34430　Mystacidium Lindl.(1837)【汉】触须兰属。【日】ミスタシジュール属。【隶属】兰科 Orchidaceae。【包含】世界9种。【学名诠释与讨论】〈中〉(希)mastax,所有格 mastakos,上唇,髭+-idius,-idia,-idium,指示小的词尾。指柱头形态。【分布】马达加斯加,热带和非洲南部。【模式】Mystacidium filicorne Lindley, Nom. illegit. [Epidendrum capense Linnaeus f.;Mystacidium capense(Linnaeus f.)Schlechter]。【参考异名】Dolabrifolia(Pfitzer)Szlach. et Romowicz(2007)■☆

34431　Mystacinus Raf.(1838)(废弃属名)= Helinus E. Mey. ex Endl.(1840)(保留属名)[鼠李科 Rhamnaceae]●☆

34432　Mystacorchis Szlach. et Marg.(2002)【汉】巴拿马毛兰属。【隶属】兰科 Orchidaceae。【包含】世界1种。【学名诠释与讨论】〈阴〉(希)mastax,所有格 mastakos,上唇,髭+orchis,原义是睾丸,后变为植物兰的名称,因为根的形态而得名。变为拉丁文

orchis,所有格 orchidis。此属的学名是 "Mystacorchis Szlach. et Marg. , Polish Botanical Journal 46(2)：117. 2001 [2002].（20 Feb 2002）"。亦有文献把其处理为 "Pleurothallis R. Br.（1813）" 的异名。【分布】巴拿马,中美洲。【模式】Mystacorchis mystax（Luer）Szlach. et Marg.。【参考异名】Pleurothallis R. Br.（1813）■☆

34433　Mystirophora Nevski = Astragalus L.（1753）[豆科 Fabaceae（Leguminosae）//蝶形花科 Papilionaceae]●■

34434　Mystropetalaceae（Engl.）Takht.（1990）= Balanophoraceae Rich.（保留科名）●■

34435　Mystropetalaceae Hook. f.（1853）[亦见 Balanophoraceae Rich.（保留科名）蛇菰科（土鸟鳞科）]【汉】宿苞果科。【包含】世界 1 属 2 种。【分布】非洲南部。【科名模式】Mystropetalon Harv.■☆

34436　Mystropetalon Harv.（1838）【汉】宿苞果属（南非淀粉菰属）。【隶属】宿苞果科 Mystropetalaceae//蛇菰科（土鸟鳞科）Balanophoraceae。【包含】世界 1-2 种。【学名诠释与讨论】〈中〉（希）mystron,指小式 mystrion,汤匙+希腊文 petalos,扁平的,铺开的;petalon, 花瓣, 叶, 花叶, 金属叶子;拉丁文的花瓣为 petalum。【分布】非洲南部。【后选模式】Mystropetalon polemannii W. H. Harvey [as 'polemanni']。【参考异名】Blepharochlamys C. Presl（1851）■☆

34437　Mystroxylon Eckl. et Zeyh.（1835）【汉】匙木属。【隶属】卫矛科 Celastraceae。【包含】世界 1-3 种。【学名诠释与讨论】〈中〉（希）mystron,指小式 mystrion+xylon,木材。【分布】马达加斯加,热带和非洲南部。【模式】未指定。●☆

34438　Mystyllus Presl ex Ann.（1834）Nom. illegit. [豆科 Fabaceae（Leguminosae）]☆

34439　Mytilaria Lecomte（1924）【汉】壳菜果属。【英】Mytilaria。【隶属】金缕梅科 Hamamelidaceae。【包含】世界 1 种,中国 1 种。【学名诠释与讨论】〈阴〉（希）mytilos,海产淡菜,贻贝+-arius,-aria,-arium,指示 "属于、相似、具有、联系" 的词尾。【分布】中国,中南半岛。【模式】Mytilaria laosensis Lecomte。【参考异名】Myrtilaria Hutch.。●

34440　Mytilicoccus Zoll.（1857）= Lunanea DC.（1825）Nom. illegit.（废弃属名）; ~ = Bichea Stokes（1812）（废弃属名）; ~ = Cola Schott et Endl.（1832）（保留属名）[梧桐科 Sterculiaceae]●☆

34441　Myxa（Endl.）Lindl.（1846）Nom. illegit. ≡ Cordia L.（1753）（保留属名）[紫草科 Boraginaceae//破布木科（破布树科）Cordiaceae]●

34442　Myxa Friesen（1933）Nom. illegit. [紫草科 Boraginaceae]☆

34443　Myxapyrus Hassk. = Myxopyrum Blume（1826）[木犀榄科（木犀科）Oleaceae]●

34444　Myxochlamys A. Takano et Nagam.（2007）【汉】黏被姜属。【隶属】姜科（蘘荷科）Zingiberaceae。【包含】世界 2 种。【学名诠释与讨论】〈阴〉（希）myxa,黏液+chlamys,斗篷,外衣。【分布】加里曼丹岛。【模式】Myxochlamys mullerensis A. Takano et Nagam.。■☆

34445　Myxopappus Källersjö（1988）【汉】黏被菊属。【隶属】菊科（Compositae）。【包含】世界 2 种。【学名诠释与讨论】〈阳〉（希）myxa,黏液+希腊文 pappos 指柔毛, 软毛。pappus 则与拉丁文同义,指冠毛。【分布】非洲南部。【模式】Myxopappus acutilobus（A. P. de Candolle）M. Källersjö [Tanacetum acutilobum A. P. de Candolle]。●☆

34446　Myxopyrum Blume（1826）【汉】胶核木属。【英】Myxopyrum。【隶属】木犀榄科（木犀科）Oleaceae。【包含】世界 4-15 种,中国 2 种。【学名诠释与讨论】〈中〉（希）myxa,黏液+pyren,果核。指果核具胶汁。【分布】印度至马来西亚,中国,中南半岛。【模式】Myxopyrum nervosum Blume。【参考异名】Chondrospermum

Wall.（1831）Nom. inval.; Chondrospermum Wall. ex G. Don（1837）;Myospyrum Lindl.（1853）Nom. illegit.;Myxapyrus Hassk.●

34447　Myxospermum M. Roem.（1846）= Glycosmis Corrêa（1805）（保留属名）[芸香科 Rutaceae]●

34448　Myzodendraceae J. Agardh. = Misodendraceae J. Agardh（保留科名）●☆

34449　Myzodendron Banks et Sol. ex R. Br.（1844）Nom. illegit. ≡ Misodendrum Banks ex DC.（1830）[羽毛果科 Misodendraceae]●☆

34450　Myzodendron R. Br.（1844）Nom. illegit. ≡ Myzodendron Banks et Sol. ex R. Br.（1844）Nom. illegit.; ~ ≡ Misodendrum Banks ex DC.（1830）[羽毛果科 Misodendraceae]●☆

34451　Myzodendron Sol. ex DC. = Misodendrum Banks ex DC.（1830）[羽毛果科 Misodendraceae]●☆

34452　Myzodendron Sol. ex G. Forst.（1789）Nom. illegit. = Misodendrum Banks ex DC.（1830）[羽毛果科 Misodendraceae]●☆

34453　Myzodendron Sol. ex G. Forst.（1789）Nom. illegit.; ~ ≡ Myzodendron Sol. ex G. Forst.（1789）Nom. illegit.; ~ ≡ Misodendrum Banks ex DC.（1830）[羽毛果科 Misodendraceae]●☆

34454　Myzodendrum Tiegh.（1897）Nom. illegit. = Myzodendron Sol. ex G. Forst.（1789）Nom. illegit.; ~ = Myzodendron Banks et Sol. ex R. Br.（1844）Nom. illegit.; ~ = Misodendrum Banks ex DC.（1830）[羽毛果科 Misodendraceae]●☆

34455　Myzorrhiza Phil.（1858）= Orobanche L.（1753）[列当科 Orobanchaceae//玄参科 Scrophulariaceae]■

34456　Mzymtella Kolak.（1981）= Campanula L.（1753）[桔梗科 Campanulaceae]■●

34457　Nabadium Raf.（1840）= Ligusticum L.（1753）[伞形花科（伞形科）Apiaceae（Umbelliferae）]■

34458　Nabaluia Ames（1920）【汉】加岛兰属。【隶属】兰科 Orchidaceae。【包含】世界 3 种。【学名诠释与讨论】〈阴〉（地）Kinabalu 山,位于婆罗洲。【分布】加里曼丹岛。【模式】Nabaluia clemensii Ames。■☆

34459　Nabalus Cass.（1825）【汉】耳菊属。【英】Nabalus。【隶属】菊科 Asteraceae（Compositae）。【包含】世界 15-18 种,中国 1 种。【学名诠释与讨论】〈阳〉词源不详。此属的学名是 "Nabalus Cassini in F. Cuvier, Dict. Sci. Nat. 34：94. Apr 1825"。亦有文献把其处理为 "Prenanthes L.（1753）" 的异名。【分布】中国,温带亚洲东部,北美洲。【后选模式】Nabalus trifoliatus Cassini。【参考异名】Prenanthes L.（1753）■

34460　Nabea Lehm.（1831）Nom. inval. ≡ Nabea Lehm. ex Klotzsch（1833）[杜鹃花科（欧石南科）Ericaceae]●☆

34461　Nabea Lehm. ex Klotzsch（1833）【汉】南非杜鹃属。【隶属】杜鹃花科（欧石南科）Ericaceae。【包含】世界 1 种。【学名诠释与讨论】〈阴〉（人）William McNab,1780-1848,英国园艺学者。此属的学名,ING、TROPICOS 和 IK 记载是 "Nabea Lehmann ex Klotzsch, Linnaea 8：666. 1833"。"Nabea Lehm. , Ind. Sem. Hort. Hamburg.（1831）≡ Nabea Lehm. ex Klotzsch（1833）" 是一个未合格发表的名称（Nom. inval.）。"Macnabia Bentham ex Endlicher, Gen. 754. Mar 1839" 是 "Nabea Lehm. ex Klotzsch（1833）" 的晚出的同模式异名（Homotypic synonym, Nomenclatural synonym）。亦有文献把 "Nabea Lehm. ex Klotzsch（1833）" 处理为 "Erica L.（1753）" 或 "Macnabia Benth. ex Endl.（1839）Nom. illegit." 的异名。【分布】南非。【模式】Nabea montana Lehmann ex Klotzsch。【参考异名】Erica L.（1753）;Macnabia Benth. ex Endl.（1839）Nom. illegit.; Nabea Lehm.（1831）Nom. inval.; Nabia Post et Kuntze（1903）●☆

34462　Nabelekia Roshev.（1937）= Festuca L.（1753）; ~ = Leucopoa

Griseb. （1852）［禾本科 Poaceae（Gramineae）//羊茅科 Festucaceae］■

34463　Nabia Post et Kuntze（1903）= Macnabia Benth. ex Endl.（1839）Nom. illegit. ；~ = Nabea Lehm. ex Klotzsch（1833）［杜鹃花科（欧石南科）Ericaceae］●☆

34464　Nabiasodendron Pit.（1902）= Gordonia J. Ellis（1771）（保留属名）［山茶科（茶科）Theaceae］●

34465　Nablonium Cass.（1825）= Ammobium R. Br. ex Sims（1824）Nom. illegit. ；~ = Ammobium R. Br.（1824）［菊科 Asteraceae（Compositae）]■☆

34466　Nachtigalia Schinz ex Engl.（1894）= Phaeoptilon Engl.（1894）Nom. illegit. ；~ = Phaeoptilum Radlk.（1883）［紫茉莉科 Nyctaginaceae］●☆

34467　Nacibaea Poir.（1816）Nom. illegit. = Manettia Mutis ex L.（1771）（保留属名）；~ = Nacibea Aubl.（1775）［茜草科 Rubiaceae］●■☆

34468　Nacibea Aubl.（1775）= Manettia Mutis ex L.（1771）（保留属名）［茜草科 Rubiaceae］●■☆

34469　Nacrea A. Nelson（1899）= Anaphalis DC.（1838）［菊科 Asteraceae（Compositae）]●■

34470　Naegelia Engl. = Amelanchier Medik.（1789）；~ = Malacomeles（Decne.）Engl.（1897）Nom. illegit. ；~ = Nagelia Lindl.（1847）Nom. illegit. ；~ = Nagelia Lindl.（1845）Nom. illegit. ；~ = Malacomeles（Decne.）Decne.（1882）［蔷薇科 Rosaceae］●☆

34471　Naegelia Lindl.（1847）Nom. illegit. = Nagelia Lindl.（1845）Nom. illegit. ；~ = Amelanchier Medik.（1789）；~ = Malacomeles（Decne.）Engl.（1897）Nom. illegit. ；~ = Malacomeles（Decne.）Decne.（1882）［蔷薇科 Rosaceae］●☆

34472　Naegelia Regel（1848）Nom. illegit. ≡ Smithiantha Kuntze（1891）［苦苣苔科 Gesneriaceae］■☆

34473　Naegelia Zoll. et Moritzi（1846）Nom. illegit. = Gouania Jacq.（1763）［鼠李科 Rhamnaceae//咀签科 Gouaniaceae］●

34474　Naematospermum Steud.（1841）= Lacistema Sw.（1788）；~ = Nematospermum Rich.（1792）［裂蕊树科（裂药花科）Lacistemataceae］●☆

34475　Nagassari Adans.（1763）= Mesua L.（1753）［猪胶树科（克鲁西科，山竹子科，藤黄科）Clusiaceae（Guttiferae）]●

34476　Nagassarium Rumph. = Mesua L.（1753）；~ = Nagassari Adans.（1763）［猪胶树科（克鲁西科，山竹子科，藤黄科）Clusiaceae（Guttiferae）]●

34477　Nagatampo Adans.（1763）Nom. illegit. ≡ Mesua L.（1753）；~ = Nagassari Adans.（1763）［猪胶树科（克鲁西科，山竹子科，藤黄科）Clusiaceae（Guttiferae）]●

34478　Nageia Gaertn.（1788）（废弃属名）【汉】竹柏属。【英】Nageia。【隶属】罗汉松科 Podocarpaceae//竹柏科 Nageiaceae。【包含】世界5-7种,中国3种。【学名诠释与讨论】〈阴〉（人）Nage。另说来自植物俗名。"Nageia Gaertn.（1788）"已经被维也纳法规废弃,故本属内所有种都要转组出去。因为模式属被废弃,故"竹柏科 Nageiaceae"亦应随之废弃。多数学者把"Nageia Gaertn.（1788）（废弃属名）"处理为"Podocarpus Pers.（1807）（保留属名）"的异名。【分布】柬埔寨,老挝,马来西亚,孟加拉国,日本,泰国,印度,印度尼西亚,越南,中国。【模式】Nageia japonica J. Gaertner, Nom. illegit. ［Myrica nagi Thunberg］。【参考异名】Decussocarpus de Laub.（1969）Nom. illegit. ；Podocarpus Pers.（1807）（保留属名）●

34479　Nageia Roxb.（1814）Nom. illegit. = Drypetes Vahl（1807）；~ = Putranjiva Wall.（1826）［羽柱果科 Putranjivaceae//大戟科 Euphorbiaceae］●

34480　Nageiaceae D. Z. fu（1992）【汉】竹柏科。【日】イバラモ科。【英】Nageia Family。【包含】世界1属5种,中国1属3种。【分布】亚洲南部、东南和东部,马来西亚。【科名模式】Nageia Gaertn.。"Nageia Gaertn."已经被维也纳法规废弃,故 Nageiaceae 不宜再用。Nageiaceae D. Z. fu（1992）= Podocarpaceae Endl.（保留科名）●

34481　Nagelia Lindl.（1845）= Amelanchier Medik.（1789）；~ = Malacomeles（Decne.）Engl.（1897）Nom. illegit. ；~ = Malacomeles（Decne.）Decne.（1882）［蔷薇科 Rosaceae］●☆

34482　Nageliella L. O. Williams（1940）【汉】纳格里兰属。【隶属】兰科 Orchidaceae。【包含】世界2种。【学名诠释与讨论】〈阴〉（人）Otto Nageli, 植物采集家+-ellus, -ella, -ellum, 加在名词词干后面形成指小式的词尾。或加在人名、属名等后面以组成新属的名称。此属的学名"Nageliella L. O. Williams, Bot. Mus. Leafl. 8：144. 5 Jun 1940"是一个替代名称。"Hartwegia J. Lindley, Edwards's Bot. Reg. ad t. 1970. 1 Jul 1837"是一个非法名称（Nom. illegit.）,因为此前已经有了"Hartwegia C. G. D. Nees, Nova Acta Phys. −Med. Acad. Caes. Leop. −Carol. Nat. Cur. 15（2）：372. 1831 = Chlorophytum Ker Gawl.（1807）［百合科 Liliaceae//吊兰科（猴面包科,猴面包树科）Anthericaceae]"。故用"Nageliella L. O. Williams（1940）"替代之。【分布】墨西哥,中美洲。【模式】Nageliella purpurea（Lindley）L. O. Williams ［Hartwegia purpurea Lindley］。【参考异名】Hartwegia Lindl.（1837）Nom. illegit. ■☆

34483　Nagelocarpus Bullock（1954）【汉】纳格尔杜鹃属。【隶属】杜鹃花科（欧石南科）Ericaceae。【包含】世界1种。【学名诠释与讨论】〈阳〉（属）由 Lagenocarpus 字母改缀而来。此属的学名"Nagelocarpus Bullock, Kew Bull. 8（4）：533. 1954 ［1953 publ. 2 Jan 1954］"是一个替代名称。"Lagenocarpus Klotzsch, Linnaea 12：214. Mar−Jul 1838"是一个非法名称（Nom. illegit.）,因为此前已经有了"Lagenocarpus C. G. D. Nees, Linnaea 9：304. 1834"。故用"Nagelocarpus Bullock（1954）"替代之。亦有文献把"Nagelocarpus Bullock（1954）"处理为"Erica L.（1753）"的异名。【分布】非洲南部。【模式】Lagenocarpus imbricatus Klotzsch。【参考异名】Erica L.（1753）；Lagenocarpus Klotzsch（1838）Nom. illegit. ●☆

34484　Naghas Mirb. ex Steud.（1841）= Mesua L.（1753）；~ = Nagassari Adans.（1763）［猪胶树科（克鲁西科,山竹子科,藤黄科）Clusiaceae（Guttiferae）]●

34485　Nahusia Schneev.（1792）= Fuchsia L.（1753）［柳叶菜科 Onagraceae］●■

34486　Naiadothrix Pennell（1920）= Bacopa Aubl.（1775）（保留属名）；~ = Benjaminia Mart. ex Benj.（1847）［玄参科 Scrophulariaceae//婆婆纳科 Veronicaceae］■☆

34487　Naias Adans.（1763）= Najas L.（1753）［茨藻科 Najadaceae］■

34488　Naias Juss.（1789）= Najas L.（1753）［茨藻科 Najadaceae］■

34489　Naiocrene（Torr. et A. Gray）Rydb.（1906）【汉】匍茎水繁缕属。【隶属】马齿苋科 Portulacaceae。【包含】世界2种。【学名诠释与讨论】〈阴〉（希）naio,住,居+krene 泉。此属的学名,ING 记载是"Naiocrene（Torrey et A. Gray）Rydberg, Bull. Torrey Bot. Club 33：139. Mar 1906",但是未给基源异名。IK 记载为"Portulacaceae Naiocrene Rydb., Bull. Torrey Bot. Club 1906, xxxiii. 139"。GCI 记载为"Naiocrene（Torr. et A. Gray）Rydb., Bull. Torrey Bot. Club 33：139. 1906 ［Mar 1906］",由"Claytonia sect. Naiocrene Torr. et A. Gray Fl. N. Amer.（Torr. et A. Gray）1（2）：201. 1838 ［Oct 1838］"改级而来。亦有文献把"Naiocrene

(Torr. et A. Gray) Rydb. (1906)"处理为"Montia L. (1753)"的异名。【分布】南美洲西部。【后选模式】Naiocrene parvifolia (Moçiño ex A. P. de Candolle) Rydberg [Claytonia parvifolia Moçiño ex A. P. de Candolle]。【参考异名】Claytonia sect. Naiocrene Torr. et A. Gray (1838); Montia L. (1753); Naiocrene Rydb. (1906) Nom. illegit.■☆

34490 Naiocrene Rydb. (1906) Nom. illegit. ≡ Naiocrene (Torr. et A. Gray) Rydb. (1906) [马齿苋科 Portulacaceae]■☆

34491 Najadaceae Juss. (1789)(保留科名) [亦见 Hydrocharitaceae Juss. (保留科名)水鳖科]【汉】茨藻科。【日】イバラモ科。【俄】Наядовые。【英】Naiad Family, Naias Family, Water-nymph Family。【包含】世界 1-5 属 40-50 种,中国 3 属 9-12 种。【分布】广泛分布。【科名模式】Najas L. (1753)■

34492 Najas L. (1753)【汉】茨藻属(拂尾藻属)。【日】イバラモ属。【俄】Наяда, Резуха。【英】Bushy-pondweed, Naiad, Naiad-wort, Naid, Water-nymph。【隶属】茨藻科 Najadaceae。【包含】世界 32-43 种,中国 9-12 种。【学名诠释与讨论】〈阴〉(希)Naias,水泉女神,宙斯的女儿。指本属植物生于流水中。【分布】巴基斯坦,巴拿马,秘鲁,玻利维亚,厄瓜多尔,哥伦比亚(安蒂奥基亚),哥斯达黎加,马达加斯加,美国(密苏里),尼加拉瓜,中国,中美洲。【模式】Najas marina Linnaeus。【参考异名】Caulinia Willd. (1801); Cavoliana Raf. (1819) Nom. illegit.; Cavolinia Raf. (1818); Fluvialis Micheli ex Adans. (1763) Nom. illegit.; Fluvialis Ség. (1754) Nom. illegit.; Ittnera C. C. Gmel. (1808); Naias Adans.; Naias Juss. (1789); Nayas Neck. (1790) Nom. inval.■

34493 Nalagu Adans. (1763)(废弃属名) = Leea D. Royen ex L. (1767)(保留属名) [葡萄科 Vitaceae//火筒树科 Leeaceae]●■

34494 Naletonia Bremek. (1934) = Psychotria L. (1759)(保留属名) [茜草科 Rubiaceae//九节科 Psychotriaceae]●

34495 Nallogia Baill. (1892) = Champereia Griff. (1843) [山柚子科(山柑科,山柚仔科) Opiliaceae]●

34496 Nama L. (1753)(废弃属名) = Nama L. (1759)(保留属名) [田梗草科(田基麻科,田亚麻科) Hydrophyllaceae]■

34497 Nama L. (1759)(保留属名)【汉】纳麻属(田基麻属)。【隶属】田梗草科(田基麻科,田亚麻科) Hydrophyllaceae。【包含】世界 45 种。【学名诠释与讨论】〈中〉(希)nama,所有格 namatos,溪流,流动之物。此属的学名"Nama L., Syst. Nat., ed. 10; 908, 950. 7 Jun 1759"是保留属名。相应的废弃属名是田梗草科(田基麻科,田亚麻科) Hydrophyllaceae 的"Nama L., Sp. Pl.; 226. 1 Mai 1753 = Nama L. (1759)(保留属名)"。【分布】巴基斯坦,秘鲁,玻利维亚,厄瓜多尔,美国(夏威夷,西南部)至南美洲,尼加拉瓜,中国,西印度群岛,中美洲。【模式】Nama jamaicensis L. (typ. cons.)。【参考异名】Andropus Brand (1912); Conanthus (A. DC.) S. Watson (1871); Conanthus S. Watson (1871) Nom. illegit.; Lemmonia A. Gray (1877); Marilaunidium Kuntze (1891) Nom. illegit.; Nama L. (1753)(废弃属名)■

34498 Namacodon Thulin (1974)【汉】三片桔梗属(溪梗属)。【隶属】桔梗科 Campanulaceae。【包含】世界 1 种。【学名诠释与讨论】〈阳〉(希)nama,所有格 namatos,溪流,流动之物+kodon,指小式 kodonion,钟,铃。【分布】非洲西南部。【模式】Namacodon schinzianus (F. Markgraf) M. Thulin [as 'schinzianum'] [Prismatocarpus schinzianus F. Markgraf, Prismatocarpus junceus H. Schinz 1900, non Buek ex Ecklon et Zeyher 1837]。●☆

34499 Namaquanthus L. Bolus (1954)【汉】纳兰角属。【日】ナマクァンテス属。【隶属】番杏科 Aizoaceae。【包含】世界 1 种。【学名诠释与讨论】〈阳〉(地)Narnaqualand+anthos,花。【分布】非洲南部。【模式】Namaquanthus vanheerdei H. M. L. Bolus。●■

34500 Namaquanula D. Müll. -Doblies et U. Müll. -Doblies (1985)【汉】溪百合属(纳玛百合属)。【隶属】石蒜科 Amaryllidaceae//百合科 Liliaceae。【包含】世界 1 种。【学名诠释与讨论】〈阴〉(地)Narnaqualand。此属的学名,ING、TROPICOS 和 IK 记载是"Namaquanula D. Müll. -Doblies & U. Müll. -Doblies, Bot. Jahrb. Syst. 107 (1-4): 20. 1985 [20 Dec 1985]"。它曾被处理为"Hessea subgen. Namaquanula (D. Müll. -Doblies & U. Müll. -Doblies) Snijman, Contributions from the Bolus Herbarium 16: 74. 1994"。亦有文献把"Namaquanula D. Müll. -Doblies et U. Müll. -Doblies (1985)"处理为"Hessea Herb. (1837)(保留属名)"的异名。【分布】非洲南部。【模式】Namaquanula bruce-bayeri D. Müller-Doblies et U. Müller-Doblies。【参考异名】Hessea Herb. (1837)(保留属名); Hessea subgen. Namaquanula (D. Müll. -Doblies & U. Müll. -Doblies) Snijman (1994)■☆

34501 Namataea D. W. Thomas et D. J. Harris (2000)【汉】尼日利亚无患子属。【隶属】无患子科 Sapindaceae。【包含】世界 1 种。【学名诠释与讨论】〈阴〉(人)Namata。【分布】尼日利亚。【模式】Namataea simplicifolia D. W. Thomas et D. J. Harris。☆

34502 Namation Brand (1912)【汉】溪参属。【隶属】玄参科 Scrophulariaceae。【包含】世界 1 种。【学名诠释与讨论】〈中〉(希)nama,所有格 namatos,溪流,流动之物+-ion,表示出现。【分布】墨西哥。【模式】Namation glandulosum (A. Peter) A. Brand [Nama glandulosum A. Peter]。■☆

34503 Namibia (Schwantes) Dinter et Schwantes ex Schwantes (1927) Nom. illegit. = Namibia (Schwantes) Schwantes (1927) [番杏科 Aizoaceae]■☆

34504 Namibia (Schwantes) Dinter et Schwantes (1927) Nom. illegit. = Namibia (Schwantes) Schwantes (1927) [番杏科 Aizoaceae]■☆

34505 Namibia (Schwantes) Schwantes (1927)【汉】粉昼花属。【隶属】番杏科 Aizoaceae。【包含】世界 1-3 种。【学名诠释与讨论】〈阴〉(地)Namibia,纳米比亚,位于非洲西南部。此属的学名,ING 记载是"Namibia (Schwantes) Schwantes, Z. Sukkulentenk. 3: 106. Jul-Dec 1927";由"uttadinteria subgen. Namibia Schwantes, Z. Sukkulentenk. 2: 184. 30 Apr 1926"改级而来。IK 则记载为"Namibia Dinter et Schwantes, Z. Sukkulentenk. ii. 184 (1926), in obs."。"Namibia (Schwantes) Dinter et Schwantes ex Schwantes (1927)"、"Namibia (Schwantes) Dinter et Schwantes (1927)"和"Namibia Dinter et Schwantes (1927"的命名人引证均有误。【分布】非洲西南部。【模式】Namibia cinerea (Marloth) Dinter et Schwantes [Mesembryanthemum cinereum Marloth]。【参考异名】Juttadinteria subgen. Namibia Schwantes (1926); Namibia (Schwantes) Dinter et Schwantes ex Schwantes (1927) Nom. illegit.; Namibia (Schwantes) Dinter et Schwantes (1927) Nom. illegit.; Namibia Dinter et Schwantes (1927) Nom. illegit.■☆

34506 Namibia Dinter et Schwantes (1927) Nom. illegit. = Namibia (Schwantes) Schwantes (1927) [番杏科 Aizoaceae]■☆

34507 Namophila U. Müll. -Doblies et D. Müll. -Doblies (1997)【汉】溪风信子属。【隶属】风信子科 Hyacinthaceae。【包含】世界 1 种。【学名诠释与讨论】〈阴〉(希)nama,所有格 namatos,溪流,流动之物+philos,喜欢的,爱的。【分布】纳米比亚。【模式】Namophila urotepala U. Müller-Doblies et D. Müller-Doblies。■☆

34508 Nananthea DC. (1837)【汉】微黄菊属。【隶属】菊科 Asteraceae (Compositae)。【包含】世界 1 种。【学名诠释与讨论】〈阴〉(希)nanos = nannos = 拉丁文 nanus,矮人+anthos,花。【分布】阿尔及利亚,法国(科西嘉岛),意大利(撒丁岛)。【模式】Nananthea perpusilla (Loiseleur) A. P. de Candolle [Chrysanthemum perpusillum Loiseleur]。【参考异名】Nananthera Willis, Nom.

inval.■☆

34509 Nananthera Willis, Nom. inval. = Nananthea DC. (1837) [菊科 Asteraceae(Compositae)]■☆

34510 Nananthus N. E. Br. (1925)【汉】昼花属。【日】ナナンッス属。【隶属】番杏科 Aizoaceae。【包含】世界 7 种。【学名诠释与讨论】〈阳〉(希)nanos =nannos =拉丁文 nanus，矮人+anthos，花。【分布】非洲南部。【后选模式】Nananthus vittatus (N. E. Brown) Schwantes。【参考异名】Aistocaulon Poelln. ex H. Jacobsen(1935) Nom. illegit. ; Deilanthe N. E. Br. (1930) ; Nanatus Phillips; Prepodesma N. E. Br. (1930)■☆

34511 Nanarepenta Matuda(1962)【汉】匍匐薯蓣属。【隶属】薯蓣科 Dioscoreaceae。【包含】世界 1 种。【学名诠释与讨论】〈阴〉(希)nanos =nannos =拉丁文 nanus+repens, 所有格 repentis, 爬的, 爬行的。【分布】墨西哥。【模式】Nanarepenta tolucana Matuda。☆

34512 Nanari Adans. (1763) = Canarium L. (1759) [橄榄科 Burseraceae]●

34513 Nanatus Phillips =Nananthus N. E. Br. (1925) [番杏科 Aizoaceae]■☆

34514 Nandhirobaceae A. St. -Hil. =Cucurbitaceae Juss. (保留科名); ~ =Nhandirobaceae A. St. -Hil. ex Endl. ●■

34515 Nandina Thunb. (1781)【汉】南天竹属。【日】ナンテン属。【俄】Нандина。【英】Heavenly Bamboo, Nandina。【隶属】小檗科 Berberidaceae//南天竹科 Nandinaceae。【包含】世界 1 种, 中国 1 种。【学名诠释与讨论】〈阴〉(日)ナンテン, 南天+-inus, -ina, -inum 拉丁文加在名词词干之后, 以形成形容词的词尾, 含义为"属于、相似、关于、小的"。【分布】日本, 中国。【模式】Nandina domestica Thunberg。【参考异名】Nardina Murr. (1784)●

34516 Nandinaceae Horan. (1858)【汉】南天竹科。【包含】世界 1 属 1 种, 中国 1 属 1 种。【分布】中国, 日本。【科名模式】Nandina Thunb. (1781)●

34517 Nandinaceae J. Agardh =Nandinaceae Horan. ●

34518 Nandiroba Adans. (1763) Nom. illegit. ≡Fevillea L. (1753) ; ~ ≡ Nhandiroba Adans. (1763) Nom. illegit. ; ~ ≡ Fevillea L. (1753) [葫芦科(瓜科, 南瓜科)Cucurbitaceae]■☆

34519 Nangha Zipp. ex Macklot(1830) Nom. inval. = Artocarpus J. R. Forst. et G. Forst. (1775)(保留属名)[桑科 Moraceae//波罗蜜科 Artocarpaceae]●

34520 Nani Adans. (1763) (废弃属名) = Metrosideros Banks ex Gaertn. (1788)(保留属名); ~ = Xanthostemon F. Muell. (1857)(保留属名)[桃金娘科 Myrtaceae]●☆

34521 Nania Miq. (1855)Nom. illegit. ≡Nani Adans. (1763) (废弃属名); ~ = Metrosideros Banks ex Gaertn. (1788)(保留属名); ~ = Xanthostemon F. Muell. (1857) (保留属名) [桃金娘科 Myrtaceae]●☆

34522 Nannoglottis Maxim. (1881)【汉】毛冠菊属。【英】Dwarfnettle, Nannoglottis。【隶属】菊科 Asteraceae(Compositae)。【包含】世界 9 种, 中国 9 种。【学名诠释与讨论】〈阴〉(希)nanos =nannos =拉丁文 nanus, 矮人+glottos, 舌。指舌状花冠短小。【分布】中国。【模式】Nannoglottis carpesioides Maximowicz。【参考异名】Nannoglottis Post et Kuntze(1903); Stereosanthes Franch. (1896); Vierhapperia Hand. -Mazz. (1937)■●★

34523 Nannorhops H. Wendl. (1879) Nom. illegit. ≡Nannorrhops H. Wendl. (1879) [棕榈科 Arecaceae(Palmae)]●☆

34524 Nannorrhops H. Wendl. (1879)【汉】马加里棕属(阿富汗棕属, 短棕属, 楠棕属, 中东矮棕属)。【日】チャボウチワヤシ属。【俄】Наннопорс。【英】Mazari Palm。【隶属】棕榈科 Arecaceae(Palmae)。【包含】世界 1-4 种。【学名诠释与讨论】〈阴〉(希)

nanos =nannos =拉丁文 nanus, 矮人+rhops, 低木。此属的学名, ING 和 IK 记载是"Nannorrhops H. Wendland, Bot. Zeitung (Berlin)37:148. 7 Mar 1879"。"Nannorhops H. Wendl. (1879)"是其拼写变体。【分布】阿拉伯地区至印度, 巴基斯坦。【模式】Nannorrhops ritchiana (W. Griffith) Aitchison [as 'ritchieana'] [Chamaerops ritchiana W. Griffith]。【参考异名】Nannorhops H. Wendl. (1879)Nom. illegit. ;Nanorops Post et Kuntze(1903)●☆

34525 Nannoseris Hedberg(1957) = Dianthoseris Sch. Bip. ex A. Rich. (1848) [菊科 Asteraceae(Compositae)]■☆

34526 Nanobubon Magee(2008)【汉】南非阿魏属。【隶属】伞形花科(伞形科)Apiaceae(Umbelliferae)。【包含】世界 2 种。【学名诠释与讨论】〈阳〉(希)nanos = nannos =拉丁文 nanus, 矮人+boubon, 鼠蹊, 鼠蹊中的肿胀, 变为现代拉丁语 bubo, 所有格 bubonis 肿瘤。此属的学名是"Nanobubon Magee, Tabl. Encycl. 57 (2):356, 2008"。亦有文献把其处理为"Ferula L. (1753)"的异名。【分布】南非, 中国。【模式】Nanobubon strictum (Spreng.) Magee [Ferula stricta Spreng.]。【参考异名】Ferula L. (1753)■

34527 Nanochilus K. Schum. (1899)【汉】短唇姜属。【隶属】姜科(蘘荷科)Zingiberaceae。【包含】世界 1 种。【学名诠释与讨论】〈阳〉(希)nanos =nannos =拉丁文 nanus, 矮人+cheilos, 唇。在希腊文组合词中, cheil-, cheilo-, -chilus, -chilia 等均为"唇、边缘"之义。【分布】印度尼西亚(苏门答腊岛), 新几内亚岛。【模式】Nanochilus palembanicum (Miquel) K. Schumann [Hedychium palembanicum Miquel]。■☆

34528 Nanocnide Blume(1856)【汉】花点草属(高墩草属)。【日】カテンサウ属, カテンソウ属。【英】Dwarfnettle, Nanocnide。【隶属】荨麻科 Urticaceae。【包含】世界 2 种, 中国 2 种。【学名诠释与讨论】〈阴〉(希)nanos =nannos =拉丁文 nanus, 矮人+knide, 荨麻。指植株体形矮小。【分布】中国, 东亚。【模式】Nanocnide japonica Blume。■

34529 Nanodea Banks ex C. F. Gaertn. (1807)【汉】小檀香属。【隶属】檀香科 Santalaceae//小檀香科 Nanodeaceae。【包含】世界 1 种。【学名诠释与讨论】〈阴〉(希)nanodes, 矮的, 小的。【分布】南部温带南美洲。【模式】Nanodea muscosa C. F. Gaertner。【参考异名】Balenerdia Comm. ex Steud. (1821);Balexerdia Comm. ex Endl. ;Ballexerda Comm. ex A. DC. (1857)●☆

34530 Nanodeaceae Nickrent et Der(2010)【汉】小檀香科。【包含】世界 1 属 1 种。【分布】南部温带, 南美洲。【科名模式】Nanodea Banks ex C. F. Gaertn. ●☆

34531 Nanodes Lindl. (1832) = Epidendrum L. (1763) (保留属名) [兰科 Orchidaceae]■☆

34532 Nanoglottis Post et Kuntze(1903) = Nannoglottis Maxim. (1881) [菊科 Asteraceae(Compositae)]■●★

34533 Nanolirion Benth. (1883) = Caesia R. Br. (1810) [吊兰科(猴面包科, 猴面包树科)Anthericaceae//苞花草科(红箭花科)Johnsoniaceae]■☆

34534 Nanopetalum Hassk. (1855) = Cleistanthus Hook. f. ex Planch. (1848) [大戟科 Euphorbiaceae]●

34535 Nanophyton Less. (1834)【汉】小蓬属。【俄】Нанофитон。【英】Nanophyton。【隶属】藜科 Chenopodiaceae。【包含】世界 3 种, 中国 1 种。【学名诠释与讨论】〈中〉(希)nanos =nannos =拉丁文 nanus, 矮人+phyton, 植物, 树木, 枝条。指植物矮小, 为垫状小灌木。【分布】中国, 亚洲中部和西南。【模式】Nanophyton caspicum Lessing。【参考异名】Comphoropsis Moq. (1849); Nanophytum Endl. (1837)●■

34536 Nanophytum Endl. (1837) = Nanophyton Less. (1834) [藜科 Chenopodiaceae]●■

34537　Nanorops Post et Kuntze（1903）= Nannorrhops H. Wendl.（1879）［棕榈科 Arecaceae(Palmae)］●☆

34538　Nanorrhinum Betsche(1984)【汉】肖柳穿鱼属。【隶属】玄参科 Scrophulariaceae//婆婆纳科 Veronicaceae。【包含】世界 10 种。【学名诠释与讨论】〈中〉(希) nanos = nannos =拉丁文 nanus，矮人+rrhin = rhin，rhine，锉。rhis，所有格 rhinos，鼻子。此属的学名是"Nanorrhinum I. Betsche, Courier Forschungsinst. Senckenberg 71：131. 20 Dec 1984"。亦有文献把其处理为"Linaria Mill.（1754)"的异名。【分布】参见 Linaria Mill.（1754)。【模式】Nanorrhinum acerbianum（Boissier）I. Betsche［Linaria acerbiana Boissier]。【参考异名】Linaria Mill.（1754）；Pogonorrhinum Betsche(1984) ●■☆

34539　Nanosilene（Otth ex Ser.）Rchb. f.（1841）= Silene L.（1753）（保留属名）［石竹科 Caryophyllaceae］■

34540　Nanostelma Baill.（1890）= Tylophora R. Br.（1810）［萝藦科 Asclepiadaceae］●■

34541　Nanothamnus Thomson（1867）【汉】小绢菊属。【隶属】菊科 Asteraceae(Compositae)。【包含】世界 1 种。【学名诠释与讨论】〈阴〉(希) nanos = nannos =拉丁文 nanus，矮人+thamnos，指小式 thamnion，灌木，灌丛，树丛，枝。【分布】印度。【模式】Nanothamnus sericeus T. Thomson。■☆

34542　Nanozostera Toml. et Posl.（2001）【汉】矮大叶藻属。【隶属】大叶藻科（甘藻科）Zosteraceae。【包含】世界 8 种。【学名诠释与讨论】〈阴〉(希) nanos = nannos =拉丁文 nanus，矮人+（属）Zostera 大叶藻属。此属的学名"Nanozostera Toml. et Posl., Taxon 50（2）：432（2001)"是"Zostera sect. Zosterella Asch., Linnaea 35：166. 1868"的替代名称。它还曾被处理为"Zostera subgen. Zosterella（Asch.）Ostenf., Rep. Danish Oceanog. Exp. Med. 2：17. 1918"。【分布】马达加斯加，非洲，美洲。【模式】不详。【参考异名】Zostera sect. Zosterella Asch.（1868）；Zostera subgen. Zosterella（Asch.）Ostenf.（1918）■☆

34543　Nansiatum Miq.（1855）= Natsiatum Buch. – Ham. ex Arn.（1834）［茶茱萸科 Icacinaceae］●

34544　Nanuza L. B. Sm. et Ayensu（1976）【汉】巴西翡若翠属。【隶属】翡若翠科（巴西蒜科，尖叶棱枝草科，尖叶鳞枝科）Velloziaceae。【包含】世界 1 种。【学名诠释与讨论】〈阴〉词源不详。【分布】巴西。【模式】Nanuza plicata（Martius）L. B. Smith et E. S. Ayensu［Vellozia plicata Martius]。■☆

34545　Napaea L.（1753）【汉】林仙花属（那配阿属）。【隶属】锦葵科 Malvaceae。【包含】世界 1 种。【学名诠释与讨论】〈阴〉(人) Napaea，森林女神。来自"希" nape，林中草地，多树的幽谷。napaios，多树的幽谷的。此属的学名，ING、TROPICOS、GCI 和 IK 记载是"Napaea L., Sp. Pl. 2：686. 1753 [1 May 1753]"。"Schizoica Alefeld, Oesterr. Bot. Z. 12：249. Aug 1862"是"Napaea L.（1753)"的晚出的同模式异名（Homotypic synonym, Nomenclatural synonym)。【分布】玻利维亚，北美洲。【后选模式】Napaea dioica Linnaeus。【参考异名】Napea Crantz（1766）；Napoea Hill（1769）；Schizoica Alef.（1862）Nom. illegit. ■☆

34546　Napea Crantz(1766)= Napaea L.（1753）［锦葵科 Malvaceae］■☆

34547　Napeanthus Gardner（1843）【汉】林仙苣苔属（那配阿苣苔属）。【隶属】苦苣苔科 Gesneriaceae。【包含】世界 16-20 种。【学名诠释与讨论】〈阳〉(希) Napaea，森林女神+anthos，花。【分布】巴拿马，秘鲁，玻利维亚，厄瓜多尔，哥伦比亚（安蒂奥基亚），哥斯达黎加，墨西哥，尼加拉瓜，中美洲。【模式】Napeanthus brasiliensis G. Gardner。【参考异名】Hatschbachia L. B. Sm.（1953）；Marssonia H. Karst.（1859）■☆

34548　Napellus Ruppius(1745)Nom. inval. ［毛茛科 Ranunculaceae］☆

34549　Napellus Wolf(1776)Nom. illegit. ≡ Aconitum L.（1753）［毛茛科 Ranunculaceae］■

34550　Napeodendron Ridl.（1920）= Walsura Roxb.（1832）［楝科 Meliaceae］●

34551　Napimoga Aubl.（1775）= Homalium Jacq.（1760）［刺篱木科（大风子科）Flacourtiaceae//天料木科 Samydaceae］●

34552　Napina Frič（1928）= Neolloydia Britton et Rose（1922）；~ = Thelocactus（K. Schum.）Britton et Rose（1922）［仙人掌科 Cactaceae］●

34553　Napoea Hill(1769)= Napaea L.（1753）［锦葵科 Malvaceae］■☆

34554　Napoleona P. Beauv.（1811）Nom. illegit. = Napoleonaea P. Beauv.（1804）［围裙花科 Napoleonaeaceae］●☆

34555　Napoleonaea P. Beauv.（1804）【汉】围裙花属。【隶属】围裙花科 Napoleonaeaceae。【包含】世界 8-15 种。【学名诠释与讨论】〈阴〉(人) Napoleon Bonaparte, 1769-1821，拿破仑。此属的学名，ING，GCI 和 IK 记载是"Napoleonaea Palisot de Beauvois, Napoléone Impériale [1]. 8 Oct-24 Dec 1804"。"Napoleona P. Beauv., Fl. Oware 2：29, t. 7. 1811 [1810 or 1811]"是其拼写变体。"Belvisia Desvaux, J. Bot. Agric. 4：130. 1814（post 19 Oct)（non Mirbel 1802)"是"Napoleonaea P. Beauv.（1804)"的晚出的同模式异名（Homotypic synonym, Nomenclatural synonym)。【分布】热带西非洲。【模式】Napoleonaea imperialis Palisot de Beauvois。【参考异名】Belvisia Desv.（1814）Nom. illegit.；Napoleona P. Beauv.（1811）Nom. illegit. ●☆

34556　Napoleonaeaceae A. Rich.（1827）［亦见 Lecythidaceae A. Rich.（保留科名）玉蕊科（巴西果科)]【汉】围裙花科。【包含】世界 2 属 10-18 种。【分布】非洲西部。【科名模式】Napoleonaea P. Beauv. ●☆

34557　Napoleonaenaceae P. Beauv. = Lecythidaceae A. Rich.（保留科名)●

34558　Napoleone Robin ex Raf. = Nelumbo Adans.（1763）［莲科 Nelumbonaceae］■

34559　Napus Mill.（1754）= Brassica L.（1753）［十字花科 Brassicaceae(Cruciferae)］■●

34560　Napus Schimp. et Spenn.（1829）Nom. illegit. = Brassica L.（1753）［十字花科 Brassicaceae(Cruciferae)］■●

34561　Naravel Adans.（1763）Nom. illegit.（废弃属名）≡ Naravelia Adans.（1763）[as 'Naravel']（保留属名）；~ = Atragene L.（1753）［毛茛科 Ranunculaceae］●☆

34562　Naravelia Adans.（1763）[as 'Naravel']（保留属名）【汉】斯里兰卡莲属（拿拉藤属，锡兰莲属）。【英】Naravelia。【隶属】毛茛科 Ranunculaceae。【包含】世界 9 种，中国 2 种。【学名诠释与讨论】〈阴〉(锡) narawael，一种植物俗名。此属的学名"Naravelia Adans., Fam. Pl. 2：460, 581. Jul – Aug 1763（'Naravel')（orth. cons.)"是保留属名。法规未列出相应的废弃属名。但是毛茛科 Ranunculaceae 晚出的非法名称"Naravelia DC., Syst. Nat. [Candolle] 1：167. 1817 [1818 publ. 1-15 Nov 1817] = Naravelia Adans.（1763）[as 'Naravel']（保留属名)"应该废弃。其拼写变体"Naravel Adans.（1763)"亦应废弃。亦有文献把"Naravelia Adans.（1763）[as 'Naravel']（保留属名)"处理为"Atragene L.（1753)"的异名。【分布】马来西亚，印度，中国，中南半岛，热带亚洲。【模式】Naravelia zeylanica（Linnaeus）A. P. de Candolle［Atragene zeylanica Linnaeus]。【参考异名】Atragene L.（1753）；Naravel Adans.（1763）Nom. illegit.（废弃属名)；Naravelia DC.（1817）Nom. illegit.；Narvelia Link(1822)Nom. illegit. ●

34563　Naravelia DC.（1817）Nom. illegit.（废弃属名）= Naravelia

Adans.（1763）［as 'Naravel'］（保留属名）［毛茛科 Ranunculaceae］●

34564　Narbalia Raf.（1838）= Prenanthes L.（1753）［菊科 Asteraceae（Compositae）］■

34565　Narcaceae Dulac =Solanaceae Juss.（保留科名）●■

34566　Narcetis Post et Kuntze（1903）= Lomatogonium A. Braun（1830）;~=Narketis Raf.（1837）［龙胆科 Gentianaceae］■

34567　Narcissaceae Juss.（1789）［亦见 Amaryllidaceae J. St. -Hil.（保留科名）石蒜科和 Gramineae Juss.（保留科名）//Poaceae Barnhart（保留科名）禾本科］【汉】水仙科。【包含】世界1属26-60种,中国1属2种。【分布】欧洲,地中海,亚洲西部。【科名模式】Narcissus L.（1753）■

34568　Narcissoleucojum Ortega（1773）Nom. illegit. ≡ Leucojum L.（1753）［石蒜科 Amaryllidaceae//雪片莲科 Leucojaceae］■●

34569　Narcisso-Leucojum Ortega（1773）Nom. illegit. ≡ Leucojum L.（1753）［石蒜科 Amaryllidaceae//雪片莲科 Leucojaceae］■●

34570　Narcissos St. – Lag.（1880）Nom. illegit.［石蒜科 Amaryllidaceae］■☆

34571　Narcissulus Fabr. = Leucojum L.（1753）［石蒜科 Amaryllidaceae//雪片莲科 Leucojaceae］■●

34572　Narcissus L.（1753）【汉】水仙属。【日】スイセン属。【俄】Нарцисс,Нарцисус。【英】Daffodil,Narcisse,Narcissus。【隶属】石蒜科 Amaryllidaceae//水仙科 Narcissaceae。【包含】世界26-60种,中国2种。【学名诠释与讨论】〈阳〉（希）narkissos,水仙。另说源于古希腊语 narkau,催眠性。或希腊神话中美少年 Narkissos,他为追逐自己水中的倒影而溺水而死。【分布】美国,中国,地中海地区,欧洲,亚洲西部。【后选模式】Narcissus poeticus Linnaeus。【参考异名】Ajax Salisb.（1812）Nom. inval.; Ajax Salisb. ex Haw.（1819）Nom. illegit.; Argenope Salisb.（1866）; Assaracus Haw.（1838）; Aurelia J. Gay（1858）Nom. illegit.; Autogenes Raf.（1838）; Braxireon Raf.（1838）Nom. illegit.; Calathinus Raf.（1838）; Chione Salisb.（1866）; Chloraster Haw.（1824）; Codiaminum Raf.（1838）; Corbularia Salisb.（1812）Nom. inval.; Corbularia Salisb. ex Haw.（1819）; Cydenis Sallab.（1866）; Diomedes Haw.（1823）; Ganymedes Salisb.（1812）Nom. inval.; Ganymedes Salisb. ex Haw.（1819）; Gymnoterpe Salisb.（1866）Nom. illegit.; Helena Haw.（1831）; Hermione Salisb.（1812）Nom. inval.; Hermione Salisb. ex Haw.（1819）; Illus Haw.（1831）; Jonquilla Haw.（1831）; Junquilla Fourn.（1869）; Moskerion Raf.（1838）; Oileus Haw.（1831）; Panza Salisb.（1866）; Patrocles Salisb.（1866）Nom. illegit.; Philogyne Salisb.（1866）; Philogyne Salisb. ex Haw.（1819）; Phytogyne Salisb. ex Haw.; Plateana Salisb.（1866）; Prasiteles Salisb.（1866）; Queltia Salisb.（1812）Nom. inval.; Queltia Salisb. ex Haw.（1812）; Schisanthes Haw.（1819）; Schizanthes Endl.（1837）; Schizanthes Endl. et Pav.; Stephanophorum Dulac（1867）; Tapeinanthus Herb.（1837）（废弃属名）; Tityrus Salisb.（1866）; Tros Haw.（1831）Nom. illegit.; Veniera Salisb.（1866）■

34573　Narda Vell.（1829）=Strychnos L.（1753）［马钱科（断肠草科,马钱子科）Loganiaceae］●

34574　Nardaceae Link（1827）= Gramineae Juss.（保留科名）//Poaceae Barnhart（保留科名）■●

34575　Nardaceae Martinov（1820）= Gramineae Juss.（保留科名）//Poaceae Barnhart（保留科名）■●

34576　Nardina Murr.（1784）= Nandina Thunb.（1781）［小檗科 Berberidaceae//南天竹科 Nandinaceae］●

34577　Nardophyllum（Hook. et Arn.）Hook. et Arn.（1836）【汉】甘松

菀属。【隶属】菊科 Asteraceae（Compositae）。【包含】世界7种。【学名诠释与讨论】〈中〉（希）nardos,甘松+希腊文 phyllon,叶子。phyllodes,似叶的,多叶的。phylleion,绿色材料,绿草。此属的学名,ING 记载是"Nardophyllum（Hook. et Arn.）Hook. et Arn.（1836）",由"Gochnatia subgen.? Nardophyllum Hook. et Arnott（1835）"改级而来。IK 则记载为"Nardophyllum Hook. et Arn., Companion Bot. Mag. 2:44. 1836"。"Anactinia（J. D. Hooker）E. J. Remy in C. Gay, Hist. Chile Bot. 4:8. ante Aug 1849"是"Nardophyllum（Hook. et Arn.）Hook. et Arn.（1836）"的晚出的同模式异名（Homotypic synonym, Nomenclatural synonym）。【分布】玻利维亚,安第斯山。【模式】Nardophyllum revolutum（D. Don）W. J. Hooker et Arnott［Gochnatia revoluta D. Don］。【参考异名】Anactinia（Hook.）J. Remy（1849）Nom. illegit.; Anactinia J. Rémy（1849）Nom. illegit.; Dolichogyne DC.（1838）; Nardophyllum Hook. et Arn.（1836）Nom. illegit.; Ocyroe Phil.（1891）; Thinobia Phil.（1894）●☆

34578　Nardophyllum Hook. et Arn.（1836）Nom. illegit. ≡Nardophyllum（Hook. et Arn.）Hook. et Arn.（1836）［菊科 Asteraceae（Compositae）］●☆

34579　Nardosmia Cass.（1825）= Petasites Mill.（1754）［菊科 Asteraceae（Compositae）］■

34580　Nardostachys DC.（1830）【汉】甘松属。【英】Nardostachys。【隶属】缬草科（败酱科）Valerianaceae。【包含】世界3种,中国2种。【学名诠释与讨论】〈阴〉（希）nardos =拉丁文 nardus,甘松,甘松香,也是印度产的一种败酱科植物+stachys,穗,谷,长钉。【分布】中国,喜马拉雅山。【模式】未指定。■

34581　Narduretia Villar（1925）= Vulpia C. C. Gmel.（1805）;~= Nardurus（Bluff, Nees et Schauer）Rchb.（1841）+ Vulpia C. C. Gmel.（1805）［禾本科 Poaceae（Gramineae）］■

34582　Narduroides Rouy（1913）【汉】假欧蓙草属。【隶属】禾本科 Poaceae（Gramineae）。【包含】世界1种。【学名诠释与讨论】〈阴〉（希）nardos,甘松,甘松香,也是印度产的一种败酱科植物+-urus,-ura,-uro,用于希腊文组合词,含义为"尾巴"+oides,来自o+eides,像,似; 或 o+eidos 形,含义为相像。此属的学名, ING、TROPICOS 和 IK 记载是"Narduroides Rouy, Fl. France［Rouy & Foucaud］14: 301. 1913［Apr 1913］"。它曾被处理为"Catapodium sect. Narduroides（Rouy）Maire & Weiller, Flore de l' Afrique du Nord; 3:209. 1955"。亦有文献把"Narduroides Rouy（1913）"处理为"Catapodium Link（1827）［as 'Catopodium'］"的异名。【分布】地中海地区。【模式】Narduroides salzmannii（Boissier）Rouy［as 'salzmanni'］［Nardurus salzmannii Boissier as 'salzmanni'］。【参考异名】Catapodium Link（1827）［as 'Catopodium'］; Catapodium sect. Narduroides（Rouy）Maire & Weiller（1955）■☆

34583　Nardurus（Bluff, Nees et Schauer）Rchb.（1841）【汉】香尾草属。【俄】Белоусник。【英】Mat – grass。【隶属】禾本科 Poaceae（Gramineae）。【包含】世界6种。【学名诠释与讨论】〈阳〉（希）nardos =拉丁文 nardus,甘松,甘松香,也是印度产的一种败酱科植物+-urus,-ura,-uro,用于希腊文组合词,含义为"尾巴"。此属的学名,ING 记载是"Nardurus（Bluff, C. G. D. Nees et Schauer）H. G. L. Reichenbach, Deutsche Bot. Herbarienbuch（Nom.）39. Jul 1841",由"Brachypodium sect. Nardurus Bluff, C. G. D. Nees et Schauer（1836）"改级而来。IK 则记载为"Nardurus Rchb., Fl. Germ. Excurs. 19, in obs.（1830）.; nom. inval."。"Prosphysis Dulac, Fl. Hautes-Pyrénées 67. 1867"是"Nardurus（Bluff, Nees et Schauer）Rchb.（1841）"的晚出的同模式异名（Homotypic synonym, Nomenclatural synonym）。"Brachypodium sect. Nardurus

Bluff，C. G. D. Nees et Schauer（1836）"还曾被处理为"Festuca sect. Nardurus（Bluff，Nees & Schauer）W. D. J. Koch, Synopsis Florae Germanicae et Helveticae 809. 1837"、"Festuca subgen. Nardurus（Bluff，Nees & Schauer）Hack.，Die Natürlichen Pflanzenfamilien 2（2）：75. 1887"、"Festuca subsect. Nardurus（Bluff，Nees & Schauer）Asch. & Graebn.，Synopsis der Mitteleuropäischen Flora 2（1）：539. 1900"和"Vulpia sect. Nardurus（Bluff，Nees & Schauer）Stace, Botanical Journal of the Linnean Society 76（4）：350. 1978"。亦有文献把"Nardurus（Bluff，Nees et Schauer）Rchb.（1841）"处理为"Vulpia C. C. Gmel.（1805）"的异名。【分布】巴基斯坦，欧洲西部至印度。【模式】未指定。【参考异名】Brachypodium sect. Nardurus Bluff, C. G. D. Nees et Schauer（1836）；Festuca sect. Nardurus（Bluff，Nees & Schauer）W. D. J. Koch（1837）；Festuca subgen. Nardurus（Bluff，Nees & Schauer）Hack.（1887）；Festuca subsect. Nardurus（Bluff，Nees & Schauer）Asch. & Graebn.（1900）；Loliolum V. I. Krecz. et Bobrov（1934）；Nardurus Rchb.（1841）Nom. illegit.；Prosphysis Dulac（1867）Nom. illegit.；Vulpia C. C. Gmel.（1805）；Vulpia sect. Nardurus（Bluff，Nees & Schauer）Stace（1978）■☆

34584　Nardurus Rchb.（1841）Nom. illegit. ≡ Nardurus（Bluff，Nees et Schauer）Rchb.（1841）［禾本科 Poaceae（Gramineae）］■

34585　Nardus L.（1753）【汉】干沼草属（欧蒂草属）。【俄】Белоус。【英】Matgrass, Mat-grass, Nard Grass, Nardgrass。【隶属】禾本科 Poaceae（Gramineae）。【包含】世界 1 种。【学名诠释与讨论】〈阳〉（希）nardos =拉丁文 nardus, 甘松, 甘松香, 也是印度产的一种败酱科植物。此属的学名，ING、TROPICOS、APNI 和 IK 记载是"Nardus L.，Sp. Pl. 1：53. 1753 ［1 May 1753］"。"Natschia Bubani, Fl. Pyrenaea 4：405. 1901（sero（?））"是"Nardus L.（1753）"的晚出的同模式异名（Homotypic synonym, Nomenclatural synonym）。【分布】巴基斯坦，玻利维亚，哥斯达黎加，欧洲，亚洲西部，中美洲。【后选模式】Nardus stricta Linnaeus。【参考异名】Natschia Bubani（1901）Nom. illegit. ■☆

34586　Narega Raf.（1838）= Catunaregam Wolf（1776）；~ = Randia L.（1753）［茜草科 Rubiaceae//山黄皮科 Randiaceae］●

34587　Naregamia Wight et Arn.（1834）（保留属名）【汉】吐根属（印度吐根属）。【隶属】楝科 Meliaceae。【包含】世界 1-2 种。【学名诠释与讨论】〈阴〉来自植物俗名。此属的学名"Naregamia Wight et Arn.，Prodr. Fl. Ind. Orient. ：116. Oct（prim.）1834"是保留属名。相应的废弃属名是楝科 Meliaceae 的"Nelanaregam Adans.，Fam. Pl. 2：343, 581. Jul-Aug 1763 ≡ Naregamia Wight et Arn.（1834）（保留属名）"。【分布】印度，热带非洲西南部。【模式】Naregamia alata R. Wight et Arnott。【参考异名】Nelanaregam Adans.（1763）（废弃属名）；Nelanaregum Kuntze, Nom. illegit. ●☆

34588　Narenga Bor（1940）【汉】河王八属。【英】Narenga。【隶属】禾本科 Poaceae（Gramineae）。【包含】世界 2 种，中国 2 种。【学名诠释与讨论】〈阴〉词源不详。此属的学名，ING 记载是"Narenga Bor, Indian Forester 66：267. May 1940"。IK 则记载为"Narenga Burkill, Dict. Econ. Prod. Mal. Penins. 1923（1935），in obs.；Bor in Indian Forester, 1940, lxvi. 267, descr.；et in Fl. Assam, v. 315（1940）"。亦有文献把"Narenga Bor（1940）"处理为"Saccharum L.（1753）"的异名。【分布】巴基斯坦，中国，印度至加里曼丹岛。【模式】Saccharum narenga Wallich ex Hackel。【参考异名】Narenga Burkill（1923）Nom. nud.；Saccharum L.（1753）■

34589　Narenga Burkill（1923）Nom. nud. ≡ Narenga Bor（1940）［禾本科 Poaceae（Gramineae）］■

34590　Nargedia Bedd.（1874）【汉】纳吉茜属。【隶属】茜草科 Rubiaceae。【包含】世界 1 种。【学名诠释与讨论】〈阴〉词源不

详。【分布】斯里兰卡。【模式】Nargedia macrocarpa（Thwaites）Beddome［Hyptianthera macrocarpa Thwaites］。●☆

34591　Narica Raf.（1837）= Sarcoglottis C. Presl（1827）［兰科 Orchidaceae］■☆

34592　Naringi Adans.（1763）= Hesperethusa M. Roem.（1846）Nom. illegit.；~ = Limonia L.（1762）［芸香科 Rutaceae］●☆

34593　Narketis Raf.（1837）= Lomatogonium A. Braun（1830）［龙胆科 Gentianaceae］■

34594　Naron Medik.（1790）（废弃属名）= Dietes Salisb. ex Klatt（1866）（保留属名）；~ = Moraea Mill.（1758）［as 'Morea'］（保留属名）［鸢尾科 Iridaceae］■

34595　Nartheciaceae Fr. ex Bjurzon（1846）= Nartheciaceae Small ■

34596　Nartheciaceae Small（1846）［亦见 Melanthiaceae Batsch ex Borkh.（保留科名）黑药花科（藜芦科）］【汉】纳茜菜科（肺筋草科）。【包含】世界 5 属 50 种，中国 2 属 16 种。【分布】中国，日本，法国（科西嘉岛），欧洲，北美洲。【科名模式】Narthecium Huds.（1762）（保留属名）■

34597　Narthecium Ehrh.（废弃属名）= Anthericum L.（1753）；~ = Narthecium Huds.（1762）（保留属名）；~ =Tofieldia Huds.（1778）［百合科 Liliaceae/纳茜菜科（肺筋草科）Nartheciaceae//无叶莲科（樱井草科）Petrosaviaceae//岩菖蒲科 Tofieldiaceae//黑药花科（藜芦科）Melanthiaceae//吊兰科（猴面包科，猴面包树科）Anthericaceae］■

34598　Narthecium Gerard（1761）（废弃属名）= Tofieldia Huds.（1778）［百合科 Liliaceae//纳茜菜科（肺筋草科）Nartheciaceae//无叶莲科（樱井草科）Petrosaviaceae//岩菖蒲科 Tofieldiaceae］■

34599　Narthecium Huds.（1762）（保留属名）【汉】纳茜菜属（纳茜草属）。【俄】Костолом，Нартеций。【英】Asphodel, Bog Asphodel, Bog-asphodel, Narthecium。【隶属】纳茜菜科（肺筋草科）Nartheciaceae//百合科 Liliaceae//黑药花科（藜芦科）Melanthiaceae//无叶莲科（樱井草科）Petrosaviaceae//岩菖蒲科 Tofieldiaceae。【包含】世界 7-8 种，中国 1 种。【学名诠释与讨论】〈中〉（希）narthex, 所有格 narthekos, 棒, 大茴香 +-ius, -ia, -ium, 在拉丁文和希腊文中, 这些词尾表示性质或状态。指茎棒状。另说 narthecion, 盛膏药的箱子。指欧洲种 Narthecium ossifragum 可治疗外伤。此属的学名"Narthecium Huds.，Fl. Angl. ：127. Jan-Jun 1762"是保留属名。相应的废弃属名是同科的"Narthecium Gerard, Fl. Gallo-Prov. ：142. Mar-Oct 1761 = Tofieldia Huds.（1778）"。"Hebelia C. C. Gmelin, Fl. Badensis 2：117. 1806"、"Heriteria Schrank, Baier. Fl. 1：133, 629. Jun-Dec 1789"和"Tofieldia Hudson, Fl. Anglica ed. 2. 157（'175'）. 1778"都是"Narthecium Gerard（1761）（废弃属名）"的晚出的同模式异名（Homotypic synonym, Nomenclatural synonym）。"Narthecium Ehrh. = Anthericum L.（1753）= Narthecium Huds.（1762）（保留属名）= Tofieldia Huds.（1778）［百合科 Liliaceae//纳茜菜科（肺筋草科）Nartheciaceae//无叶莲科（樱井草科）Petrosaviaceae//岩菖蒲科 Tofieldiaceae］"和"Narthecium Juss.，Gen. Pl. ［Jussieu］47. 1789 ［4 Aug 1789］［黑药花科（藜芦科）Melanthiaceae］"亦应废弃。亦有文献把"Narthecium Huds.（1762）（保留属名）"处理为"Tofieldia Huds.（1778）"的异名。【分布】法国（科西嘉岛），日本，中国，欧洲，北美洲。【模式】Narthecium ossifragum（Linnaeus）Hudson［Anthericum ossifragum Linnaeus］。【参考异名】Abama Adans.（1763）Nom. illegit.；Narthecium Ehrh.（废弃属名）；Tofieldia Huds.（1778）■

34600　Narthecium Juss.（1789）Nom. illegit.（废弃属名）［黑药花科（藜芦科）Melanthiaceae］■☆

34601　Narthex Falc.（1846）= Ferula L.（1753）［伞形花科（伞形科）

Apiaceae(Umbelliferae)〕■

34602　Narukila Adans. (1763) Nom. illegit. ≡ Pontederia L. (1753)〔雨久花科 Pontederiaceae〕■☆

34603　Narum Adans. (1763) Nom. illegit. ≡ Uvaria L. (1753)〔番荔枝科 Annonaceae〕●

34604　Naruma Raf. = Uvaria L. (1753)〔番荔枝科 Annonaceae〕●

34605　Narvalina Cass. (1825)【汉】软翼菊属。【隶属】菊科 Asteraceae(Compositae)。【包含】世界1-4种。【学名诠释与讨论】〈阴〉来自植物俗名。此属的学名"Narvalina Cassini in F. Cuvier, Dict. Sci. Nat. 38:17. Dec 1825"是一个替代名称。"Needhamia Cassini in F. Cuvier, Dict. Sci. Nat. 34:335. Apr 1825"是一个非法名称(Nom. illegit.),因为此前已经有了"Needhamia Scopoli, Introd. 310. Jan-Apr 1777(废弃属名) = Tephrosia Pers. (1807)(保留属名)〔豆科 Fabaceae(Leguminosae)//蝶形花科 Papilionaceae〕"。故用"Narvalina Cass. (1825)"替代之。同理,"Needhamia R. Brown, Prodr. 548. 27 Mar 1810 ≡ Needhamiella L. Watson(1965)〔尖苞木科 Epacridaceae//杜鹃花科(欧石南科)Ericaceae〕"亦是非法名称。【分布】西印度群岛,南美洲。【模式】Narvalina domingensis (Cassini) Lessing〔Needhamia domingensis Cassini〕。【参考异名】Needhamia Cass. (1825) Nom. illegit. (废弃属名)●☆

34606　Narvelia Link (1822) Nom. illegit. = Atragene L. (1753); ~ = Naravel Adans. (1763) Nom. illegit. ; ~ = Naravelia Adans. (1763)〔as 'Naravel'〕(保留属名)〔毛茛科 Ranunculaceae〕●

34607　Nasa Weigend ex Weigend(2006)【汉】单苞刺莲花属。【隶属】刺莲花科(硬毛草科)Loasaceae。【包含】世界177种。【学名诠释与讨论】〈阴〉(拉)nasus,鼻。此属的学名,GCI记载为"Nasa Weigend, Nasa and Conquest S. Amer. 214. 1997〔Jun 1997〕, nom. inval."。ING记载为"Nasa M. Weigend, Nasa Conquest S. Amer. Syst. Rearrangements Loasaceae 214. Jun 1997"。IK和TROPICOS则记载为"Nasa Weigend, Taxon 55(2):465. 2006〔22 Jun 2006〕"。这个名称应该是在2006年才算合格发表;但是命名人的表述有误,应该表述为"Nasa Weigend ex Weigend(2006)"。亦有文献把"Nasa Weigend ex Weigend(2006)"处理为"Loasa Adans. (1763)"的异名。【分布】巴拿马,玻利维亚,厄瓜多尔,哥伦比亚(安蒂奥基亚),哥斯达黎加,尼加拉瓜,南美洲,中美洲。【模式】Nasa inaguensis Millspaugh。【参考异名】Loasa Adans. (1763); Nasa Weigend (1997) Nom. inval. ; Nasa Weigend (2006)■●☆

34608　Nasa Weigend(1997) Nom. inval. ≡ Nasa Weigend ex Weigend(2006)〔刺莲花科(硬毛草科)Loasaceae〕■●☆

34609　Nashia Millsp. (1906)【汉】纳什木属。【隶属】马鞭草科 Verbenaceae。【包含】世界6-7种。【学名诠释与讨论】〈阴〉(人)George Valentine Nash,1864-1921,美国植物学者。【分布】西印度群岛。【模式】Nashia inaguensis Millspaugh。●☆

34610　Nasmythia Huds. (1778) = Eriocaulon L. (1753)〔谷精草科 Eriocaulaceae〕■

34611　Nasonia Lindl. (1844) = Centropetalum Lindl. (1839); ~ = Fernandezia Ruiz et Pav. (1794)〔兰科 Orchidaceae〕■☆

34612　Nassauvia Comm. ex Juss. (1789)【汉】网菊属(钝柱菊属)。【隶属】菊科 Asteraceae(Compositae)。【包含】世界39-40种。【学名诠释与讨论】〈阴〉词源不详。此属的学名,ING、TROPICOS和IK记载是"Nassauvia Commerson ex A. L. Jussieu, Gen. 175. 4 Aug 1789"。"Nassawia Lag. , Amen. Nat. Españ. i. 34 (1811)"是"Nassauvia Comm. ex Juss. (1789)"的拼写变体。"Nassavia Spreng. ,Gen. Pl. ,ed. 9. 2;624. 1831〔Jan-May 1831〕"也似"Nassauvia Comm. ex Juss. (1789)"的拼写变体。"Nassauvia

Vell. ,Fl. Flumin. 141. 1829〔1825 publ. 7 Sep-28 Nov 1829〕= Allophylus L. (1753)〔无患子科 Sapindaceae〕"是晚出的非法名称。【分布】玻利维亚,安第斯山。【模式】Nassauvia magellanica J. F. Gmelin。【参考异名】Acanthophyllum Hook. et Arn. (1835) Nom. illegit. ;Calopappus Meyen(1834);Caloptilium Lag. (1811);Mastigophorus Cass. (1825);Nassawia Lag. (1811);Nassovia Batsch(1802);Panargyrus Lag. (1811);Pentanthus Less. (1832);Piptostemma(D. Don)Spach(1841);Piptostemum Steud. (1841);Portalesia Meyen(1834);Sphaerocephalus Lag. ex DC. (1812);Strongyloma DC. (1838);Strongylomopsis Speg. (1899);Triachne Cass. (1818);Trianthus Hook. f. (1846)●☆

34613　Nassauviaceae Burmeist. (1837) = Asteraceae Bercht. et J. Presl(保留科名)//Compositae Giseke(保留科名)●■

34614　Nassavia Spreng. (1831) Nom. illegit. 〔菊科 Asteraceae(Compositae)〕☆

34615　Nassavia Vell. (1829) = Allophylus L. (1753)〔无患子科 Sapindaceae〕●

34616　Nassawia Lag. (1811) Nom. illegit. ≡ Nassauvia Comm. ex Juss. (1789)〔菊科 Asteraceae(Compositae)〕●☆

34617　Nassella(Trin.)E. Desv. (1854)【汉】单花针茅属。【隶属】禾本科 Poaceae(Gramineae)。【包含】世界10种。【学名诠释与讨论】〈阴〉(拉)nassa,鱼篓+-ellus,-ella,-ellum,加在名词词干后面形成指小式的词尾。或加在人名、属名等后面以组成新属的名称。另说拉丁文 nassa = naxa,窄茎的鱼篮+-ellus,-ella,-ellum,加在名词词干后面形成指小式的词尾。或加在人名、属名等后面以组成新属的名称。此属的学名,ING、APNI、GCI和GCI记载是"Nassella(Trinius)Desvaux in C. Gay, Hist. Chile Bot. 6:263. 1854(post med. ?)('1853')",由"Stipa subgen. Nassella Trinius,Mém. Acad. Imp. Sci. St. -Pétersbourg, Sér. 6, Sci. Math. 1:73. Jan 1830"改级而来。IK则记载为"Nassella É. Desv. , Fl. Chil. [Gay]6;263,t. 75. f. 1. 1854〔probably after mid-1854〕"。【分布】秘鲁,玻利维亚,厄瓜多尔,哥斯达黎加,安第斯山,中美洲。【后选模式】Nassella trichotoma (C. G. D. Nees)J. Arechavaleta〔Stipa trichotoma C. G. D. Nees〕。【参考异名】Nassella É. Desv. (1854) Nom. illegit. ; Stipa subgen. Nassella Trinius(1830)■☆

34618　Nassella E. Desv. (1854) Nom. illegit. ≡ Nassella(Trin.)E. Desv. (1854)〔禾本科 Poaceae(Gramineae)〕■☆

34619　Nassovia Batsch(1802)= Nassauvia Comm. ex Juss. (1789)〔菊科 Asteraceae(Compositae)〕●☆

34620　Nastanthus Miers(1860)= Acarpha Griseb. (1854)〔萼角花科(萼角科,头花科)Calyceraceae〕■☆

34621　Nasturtiastrum(Gren. et Godr.)Gillet et Magne(1863)= Lepidium L. (1753)〔十字花科 Brassicaceae(Cruciferae)〕■

34622　Nasturtiastrum Gillet et Magne(1863) Nom. illegit. ≡ Nasturtiastrum(Gren. et Godr.)Gillet et Magne(1863); ~ = Lepidium L. (1753)〔十字花科 Brassicaceae(Cruciferae)〕■

34623　Nasturtiicarpa Gilli(1955)= Calymmatium O. E. Schulz(1933)〔十字花科 Brassicaceae(Cruciferae)〕■☆

34624　Nasturtioides Medik. (1792)= Lepidium L. (1753)〔十字花科 Brassicaceae(Cruciferae)〕■

34625　Nasturtiolum Gray(1821) Nom. illegit. ≡ Hutchinsia W. T. Aiton(1812); ~ = Hornungia Rchb. (1837)〔十字花科 Brassicaceae(Cruciferae)〕■

34626　Nasturtiolum Medik. (1792)= Coronopus Zinn(1757)(保留属名)〔十字花科 Brassicaceae(Cruciferae)〕■

34627　Nasturtiopsis Boiss. (1867)【汉】类豆瓣菜属(拟豆瓣菜属)。

【隶属】十字花科 Brassicaceae(Cruciferae)。【包含】世界 1-2 种。【学名诠释与讨论】〈阴〉(属) Nasturtium 豆瓣菜属 + 希腊文 opsis,外观,模样,相似。此属的学名,ING、TROPICOS 和 IK 记载是"Nasturtiopsis Boiss.,Fl. Orient.[Boissier]1:237. 1867[Apr - Jun 1867]"。【分布】非洲北部至阿拉伯地区。【模式】Nasturtiopsis arabica Boissier。■☆

34628　Nasturtium Adans. (1763) Nom. illegit. (废弃属名) ≡ Lepidium L. (1753)[十字花科 Brassicaceae(Cruciferae)]■

34629　Nasturtium Mill. (1754)(废弃属名)= Lepidium L. (1753)+ Coronopus Zinn (1757)(保留属名)[十字花科 Brassicaceae (Cruciferae)]■

34630　Nasturtium R. Br. (1812) Nom. illegit. (废弃属名)≡ Nasturtium W. T. Aiton(1812)(保留属名);~ = Rorippa Scop. (1760)[十字花科 Brassicaceae(Cruciferae)]■

34631　Nasturtium Roth (1788) Nom. illegit. (废弃属名)≡ Capsella Medik. (1792)(保留属名)[十字花科 Brassicaceae(Cruciferae)]■

34632　Nasturtium W. T. Aiton(1812)(保留属名)【汉】豆瓣菜属(水田芥属,水田荠属)。【日】イヌガラシ属,オランダガラシ属。【俄】Жеруха。【英】Watercress。【隶属】十字花科 Brassicaceae (Cruciferae)。【包含】世界 5 种,中国 1-2 种。【学名诠释与讨论】〈中〉(拉)nasus,鼻 + tortus,扭捩 + -ius,-ia,-ium,在拉丁文和希腊文中,这些词尾表示性质或状态。指植物体有刺激性辣味。此属的学名"Nasturtium W. T. Aiton, Hort. Kew.,ed. 2,4:109. Dec 1812"是保留属名。相应的废弃属名是十字花科 Brassicaceae 的"Nasturtium Mill.,Gard. Dict. Abr.,ed. 4:[946]. 28 Jan 1754 = Lepidium L. (1753)+ Coronopus Zinn (1757)(保留属名)"和"Cardaminum Moench,Methodus:262. 4 Mai 1794 ≡ Nasturtium W. T. Aiton (1812)(保留属名)"。十字花科 Brassicaceae 的"Nasturtium Adanson, Fam. 2:421. Jul - Aug 1763 ≡ Lepidium L. (1753)","Nasturtium A. W. Roth, Tent. Fl. German. 1:281. Feb - Apr 1788 ≡ Capsella Medik. (1792)(保留属名)"和"Nasturtium Zinn,Cat. Pl. Gott. 326(1757)= Thlaspi L. (1753)"亦应废弃。《中国植物志》英文版使用"Nasturtium R. Brown in W. T. Aiton, Hortus Kew. 4:109. 1812"有误;《台湾植物志》、《巴基斯坦植物志》和"智利植物志"都误用此名称。《北美植物志》用"Nasturtium W. T. Aiton(1812)"。"Baeumerta P. G. Gaertner, B. Meyer et J. Scherbius, Oekon. - Techn. Fl. Wetterau 2:419, 467. 1800"和"Cardaminum Moench, Meth. 262. 4 Mai 1794(废弃属名)"是"Nasturtium W. T. Aiton(1812)(保留属名)"的同模式异名(Homotypic synonym, Nomenclatural synonym)。亦有文献曾把"Nasturtium W. T. Aiton (1812)(保留属名)"处理为"Rorippa Scop. (1760)"的异名。【分布】巴基斯坦,巴拿马,玻利维亚,厄瓜多尔,哥伦比亚(安蒂奥基亚),马达加斯加,美国(密苏里),尼加拉瓜,中国,欧洲,亚洲西部和中部,北美洲,中美洲。【模式】Nasturtium officinale W. T. Aiton[Sisymbrium nasturtium - aquaticum Linnaeus]。【参考异名】Baeumerta P. Gaertn., B. Mey. et Scherb. (1800) Nom. illegit. ;Cardaminum Moench(1794)(废弃属名);Nasturtium R. Br. (1812) Nom. illegit. (废弃属名);Pirea T. Durand(1888);Radicula Hill(1756);Rorippa Scop. (1760)■

34633　Nasturtium Zinn(1757) Nom. illegit. (废弃属名)= Thlaspi L. (1753)[十字花科 Brassicaceae(Cruciferae)//荠菜科 Thlaspiaceae]■

34634　Nastus Juss. (1789)【汉】拿司竹属(狭叶竹属)。【隶属】禾本科 Poaceae(Gramineae)。【包含】世界 18 种。【学名诠释与讨论】〈阳〉(希)nastos,塞得紧紧的,压得严严的。指茎像树干。此属的学名,ING、GCI、TROPICOS 和 IK 记载是"Nastus Juss.,Gen. Pl. [Jussieu]34. 1789[4 Aug 1789]"。"Nastus Lunell,

Amer. Midl. Naturalist 4(5):214. 1915[20 Sep 1915]≡ Nastus Dioscorides ex Lunell, Amer. Midl. Naturalist 1915, iv. 214 = Cenchrus L. (1753)[禾本科 Poaceae(Gramineae)]"是晚出的非法名称。【分布】玻利维亚,马达加斯加(包括安巴拉维),马斯克林群岛。【模式】Nastus borbonicus J. F. Gmelin。【参考异名】Chloothamnus Büse (1854);Oreiostachys Gamble (1908);Stemmatospermum P. Beauv. (1812)●☆

34635　Nastus Lunell(1915) Nom. illegit. = Cenchrus L. (1753)[禾本科 Poaceae(Gramineae)]■

34636　Natalanthe Sond. (1850)= Tricalysia A. Rich. ex DC. (1830)[茜草科 Rubiaceae]●

34637　Natalia Hochst. (1841)= Bersama Fresen. (1837)[蜜花科(假栾树科,羽叶树科)Melianthaceae]●☆

34638　Nathaliella B. Fedtsch. (1932)【汉】石玄参属(纳挈花属)。【俄】Наталиелла。【英】Nathaliella。【隶属】玄参科 Scrophulariaceae。【包含】世界 1 种,中国 1 种。【学名诠释与讨论】〈阴〉(人)Nathalie + -ellus,-ella,-ellum,加在名词词干后面形成指小式的词尾。或加在人名,属名等后面以组成新属的名称。【分布】中国,亚洲中部。【模式】Nathaliella alaica B. A. Fedtschenko。■

34639　Nathusia Hochst. (1841)= Schrebera Roxb. (1799)(保留属名)[木犀榄科(木犀科)Oleaceae]●☆

34640　Natrix Moench (1794)= Ononis L. (1753)[豆科 Fabaceae (Leguminosae)//蝶形花科 Papilionaceae]■●

34641　Natschia Bubani(1901) Nom. illegit. ≡ Nardus L. (1753)[禾本科 Poaceae(Gramineae)]■☆

34642　Natsiatopsis Kurz(1876)【汉】麻核藤属。【英】Natsiatopsis。【隶属】茶茱萸科 Icacinaceae。【包含】世界 1 种,中国 1 种。【学名诠释与讨论】〈阴〉(属)Natsiatum 薄核藤属 + 希腊文 opsis,外观,模样,相似。指本属与薄核藤属相近。【分布】缅甸,中国。【模式】Natsiatopsis thunbergiaefolia Kurz。●

34643　Natsiatum Buch. -Ham., Nom. inval. = Natsiatum Buch. -Ham. ex Arn. (1834)[茶茱萸科 Icacinaceae]●

34644　Natsiatum Buch. -Ham. ex Arn. (1834)【汉】薄核藤属。【英】Natsiatum。【隶属】茶茱萸科 Icacinaceae。【包含】世界 1 种,中国 1 种。【学名诠释与讨论】〈中〉(印度)natsiat,一种植物俗名。此属的学名,ING 和 IK 记载是"Natsiatum Buch. -Ham. ex Arn., Edinburgh New Philos. J. 16:314. 1834[Apr 1834]"。"Natsiatum Buch. -Ham."和"Natsiatum Buch. -Ham. ex Wall., Numer. List [Wallich]n. 4252. 1831 ≡ Natsiatum Buch. - Ham. ex Arn. (1834)"都是未合格发表的名称(Nom. inval.)。【分布】中国,东喜马拉雅山至缅甸和中南半岛。【模式】Natsiatum herpeticum Hamilton ex Arnott。【参考异名】Nansiatum Miq. (1855);Natsiatum Buch. -Ham., Nom. inval. ;Natsiatum Buch. -Ham. ex Wall. (1831) Nom. inval. ●

34645　Natsiatum Buch. -Ham. ex Wall. (1831) Nom. inval. ≡ Natsiatum Buch. -Ham. ex Arn. (1834)[茶茱萸科 Icacinaceae]●

34646　Nattamame Banks = Canavalia Adans. (1763)[as 'Canavali'](保留属名)[豆科 Fabaceae (Leguminosae)//蝶形花科 Papilionaceae]●■

34647　Nauchea Descourt. (1826) Nom. illegit. ≡ Clitoria L. (1753)[豆科 Fabaceae(Leguminosae)//蝶形花科 Papilionaceae]●●

34648　Nauclea Korth. (1839) Nom. illegit. ≡ Neonauclea Merr. (1915)[茜草科 Rubiaceae]●

34649　Nauclea L. (1762)【汉】乌檀属(黄胆木属)。【日】タニワタリノキ属。【英】Fat Head Tree, Fathead Tree, Fatheadtree, Nauclea。【隶属】茜草科 Rubiaceae//乌檀科(水团花科)

Naucleaceae。【包含】世界 6-10 种,中国 1-2 种。【学名诠释与讨论】〈阴〉(希)naus,船+kleio,关闭,封闭,封套。指果呈船形。另说 naus,船+kleos,光荣。指木材。此属的学名,ING、TROPICOS、APNI、GCI 和 IK 记载是"Nauclea L., Sp. Pl., ed. 2. 1:243. 1762 [Sep 1762]"。"Bancalus O. Kuntze, Rev. Gen. 1:276. 5 Nov 1891"是"Nauclea L. (1762)"的晚出的同模式异名(Homotypic synonym, Nomenclatural synonym)。"Nauclea Korthals, Observ. Naucleis Ind. 17. 1839 [茜草科 Rubiaceae]"是晚出的非法名称;它已经被"Neonauclea Merrill, J. Wash. Acad. Sci. 5:538. 1915"所替代。【分布】巴基斯坦,玻利维亚,马达加斯加,中国,波利尼西亚群岛,热带非洲,亚洲,中美洲。【模式】Nauclea orientalis (Linnaeus) Linnaeus [Cephalanthus orientalis Linnaeus]。【参考异名】Bancalus Kuntze(1891) Nom. illegit.; Bancalus Rumph. (1743) Nom. inval.; Bancalus Rumph. ex Kuntze (1891) Nom. illegit.; Platanocarpum (Endl.) Korth. (1839); Platanocarpum Korth. (1839) Nom. illegit.; Platanocephalus Crantz(1766) Nom. illegit.; Platanocephalus Vaill. ex Crantz(1766); Sarcocephalus Afzel. ex R. Br. (1818) Nom. inval., Nom. nud. ●

34650 Naucleaceae (DC.) Wernh. (1911) = Naucleaceae Wernh. (1911) ●■

34651 Naucleaceae Wernh. (1911) [亦见 Rubiaceae Juss. (保留科名)茜草科]【汉】乌檀科(水团花科)。【包含】世界 12 属 200 种,中国 12 属 25 种。【分布】热带。【科名模式】Nauclea L. ●

34652 Naucleopsis Miq. (1853)【汉】乌檀桑属(类乌檀属)。【隶属】桑科 Moraceae。【包含】世界 20-25 种。【学名诠释与讨论】〈阴〉(属)Nauclea 乌檀属+希腊文 opsis,外观,模样,相似。本属的异名中,"Uleodendron Rauschert(1982)"是"Acanthosphaera Warb. (1907) Nom. illegit."的替代名称。【分布】巴拿马,秘鲁,玻利维亚,厄瓜多尔,哥伦比亚(安蒂奥基亚),哥斯达黎加,尼加拉瓜,中美洲,热带南美洲。【模式】Naucleopsis macrophylla Miquel。【参考异名】Acanthosphaera Warb. (1907) Nom. illegit.; Ogcodeia Bureau(1873); Oncodeia Benth. et Hook. f.; Palmolmedia Ducke (1939); Uleodendron Rauschert(1982) ●☆

34653 Naucorephes Raf. (1837) = Coccoloba P. Browne (1756) [as 'Coccolobis'](保留属名) [蓼科 Polygonaceae] ●

34654 Naudinia A. Rich. (1845)(废弃属名)= Tetrazygia Rich. ex DC. (1828) [野牡丹科 Melastomataceae] ●☆

34655 Naudinia Decne. ex Seem. (1866) Nom. illegit. (废弃属名) ≡ Naudiniella Krasser(1893); ~ = Astronidium A. Gray(1853)(保留属名); ~ = Lomanodia Raf. (1838); ~ = Astronidium A. Gray(1853)(保留属名) [野牡丹科 Melastomataceae] ●☆

34656 Naudinia Decne. ex Triana(1866) Nom. illegit. (废弃属名)= Astronidium A. Gray (1853) (保留属名); ~ = Lomanodia Raf. (1838) (废弃属名); ~ = Naudiniella Krasser (1893); ~ = Astronidium A. Gray (1853) (保留属名); ~ = Lomanodia Raf. (1838)(废弃属名); ~ = Astronidium A. Gray(1853)(保留属名) [野牡丹科 Melastomataceae] ●☆

34657 Naudinia Planch. et Linden(1846)(保留属名)【汉】诺丹芸香属。【隶属】芸香科 Rutaceae。【包含】世界 1 种。【学名诠释与讨论】〈阴〉(人)Charles Victor Naudin,1815-1899,法国植物学者。此属的学名"Naudinia Planch. et Linden in Ann. Sci. Nat., Bot., ser. 3,19:79. Feb 1853"是保留属名。相应的废弃属名是野牡丹科 Melastomataceae 的"Naudinia A. Rich. in Sagra, Hist. Phys. Cuba, Bot. Pl. Vasc.:561. 1846 = Tetrazygia Rich. ex DC. (1828)"。野牡丹科 Melastomataceae 的"Naudinia Decaisne ex B. C. Seemann, Fl. Vitiensis 86. Jan 1866 ≡ Naudiniella Krasser(1893)"和"Naudinia Decne. ex Triana, Fl. Vit. [Seemann] 86. 1866 [Jan

1866] = Astronidium A. Gray(1853)(保留属名)= Lomanodia Raf. (1838)(废弃属名)= Naudiniella Krasser(1893)"亦应废弃。【分布】哥伦比亚。【模式】Naudinia argyrophylla A. Richard。●☆

34658 Naudiniella Krasser(1893) = Astronidium A. Gray(1853)(保留属名); ~ = Lomanodia Raf. (1838); ~ = Astronidium A. Gray (1853)(保留属名) [野牡丹科 Melastomataceae] ●☆

34659 Nauenburgia Willd. (1803) = Flaveria Juss. (1789) [菊科 Asteraceae(Compositae)] ■●

34660 Nauenia Klotzsch (1853) = Lacaena Lindl. (1843) [兰科 Orchidaceae] ■☆

34661 Naufraga Constance et Cannon(1967)【汉】碎舟草属。【隶属】伞形花科(伞形科) Apiaceae(Umbelliferae)。【包含】世界 1 种。【学名诠释与讨论】〈阴〉(拉)navis,船 + frag,是 frango 打破、fragilis 脆的、fragmentum 一片的词根。【分布】西班牙。【模式】Naufraga balearica Constance et Cannon。■☆

34662 Naumannia Warb. (1891) = Riedelia Oliv. (1883)(保留属名) [姜科(襄荷科) Zingiberaceae] ■☆

34663 Naumburgia Moench(1802) = Lysimachia L. (1753) [报春花科 Primulaceae//珍珠菜科 Lysimachiaceae] ●■

34664 Nauplius(Cass.) Cass. (1822) Nom. illegit. ≡ Asteriscus Mill. (1754); ~ = Odontospermum Neck. ex Sch. Bip. (1844) Nom. illegit.; ~ = Asteriscus Mill. (1754); ~ = Dontospermum Neck. ex Sch. Bip. (1843) [菊科 Asteraceae(Compositae)] ■☆

34665 Nauplius Cass. (1822) Nom. illegit. ≡ Nauplius (Cass.) Cass. (1822) Nom. illegit.; ~ ≡ Asteriscus Mill. (1754); ~ = Odontospermum Neck. ex Sch. Bip. (1844) Nom. illegit.; ~ = Asteriscus Mill. (1754); ~ ≡ Dontospermum Neck. ex Sch. Bip. (1843) [菊科 Asteraceae(Compositae)] ●■☆

34666 Nautea Noronha(1790) = Tectona L. f. (1782)(保留属名) [马鞭草科 Verbenaceae//牡荆科 Viticaceae] ●

34667 Nautilocalyx Linden ex Hanst. (1854)(保留属名)【汉】舟萼苣苔属(紫凤草属)。【英】Nautilocalyx。【隶属】苦苣苔科 Gesneriaceae。【包含】世界 14-70 种。【学名诠释与讨论】〈阳〉(希)nates = nautilos,指小式 nautiskos,水手 + kalyx,所有格 kalykos = 拉丁文 calyx,花萼,杯子。此属的学名"Nautilocalyx Linden ex Hanst. in Linnaea 26:181,206-207. Apr 1854"是保留属名。相应的废弃属名是苦苣苔科 Gesneriaceae 的"Centrosolenia Benth. in London J. Bot. 5:362. 1846 = Nautilocalyx Linden ex Hanst. (1854)(保留属名)"。"Nautilocalyx Linden(1851) ≡ Nautilocalyx Linden ex Hanst. (1854)(保留属名)"是一个未合格发表的名称(Nom. inval.)。【分布】巴拿马,秘鲁,玻利维亚,厄瓜多尔,哥伦比亚(安蒂奥基亚),哥斯达黎加,热带南美洲,中美洲。【模式】Nautilocalyx hastatus Linden ex Hanstein, Nom. illegit. [Centrosolenia bractescens W. J. Hooker]。【参考异名】Centrosolenia Benth. (1846)(废弃属名); Nautilocalyx Linden (1851)(废弃属名); Skiophila Hanst. (1854) ■☆

34668 Nautilocalyx Linden (1851)(废弃属名) ≡ Nautilocalyx Linden ex Hanst. (1854)(保留属名) [苦苣苔科 Gesneriaceae] ■☆

34669 Nautochilus Bremek. (1933) = Ocimum L. (1753); ~ = Orthosiphon Benth. (1830) [唇形科 Lamiaceae(Labiatae)] ●■

34670 Nautonia Decne. (1844)【汉】诺东萝藦属。【隶属】萝藦科 Asclepiadaceae。【包含】世界 1 种。【学名诠释与讨论】〈阴〉(人)Nauton。【分布】巴拉圭,巴西(南部)。【模式】Nautonia nummularia Decaisne。●☆

34671 Nautophylla Guillaumin(1953) = Logania R. Br. (1810)(保留属名) [马钱科(断肠草科,马钱子科) Loganiaceae] ■☆

34672 Navaea Webb et Berthel. (1836) = Lavatera L. (1753) [锦葵科

Malvaceae〕■●

34673　Navajoa Croizat（1943）Nom. illegit. ≡ Neonavajoa Doweld（1999）；~ = Pediocactus Britton et Rose（1913）〔仙人掌科 Cactaceae〕●☆

34674　Navarettia R. Hedw.（1806）Nom. illegit. ≡ Navarretia Ruiz et Pav.（1794）〔花荵科 Polemoniaceae〕☆

34675　Navarretia Ruiz et Pav.（1794）【汉】纳瓦草属。【隶属】花荵科 Polemoniaceae。【包含】世界30种。【学名诠释与讨论】〈阴〉（人）Francisco Fernandez de Navarrete,?－1742,西班牙医生、博物学者。此属的学名,ING、TROPICOS、APNI、GCI 和 IK 记载是"Navarretia Ruiz et Pav., Fl. Peruv. Prodr. 20. 1794〔early Oct 1794〕"。"Navarettia R. Hedw., Gen. Pl.〔R. Hedwig〕107. 1806〔Jul 1806〕"是"Navarretia Ruiz et Pav.（1794）"的拼写变体。【分布】阿根廷,玻利维亚,智利,北美洲西部。【模式】Navarretia involucrata Ruiz et Pavon。【参考异名】Aegochloa Benth.（1833）；Navarettia R. Hedw.（1806）Nom. illegit. ■☆

34676　Navenia Benth. et Hook. f.（1883）Nom. illegit. ≡ Navenia Klotzsch ex Benth. et Hook. f.（1883）；~ = Lacaena Lindl.（1843）；~ = Nauenia Klotzsch（1853）〔兰科 Orchidaceae〕■☆

34677　Navenia Klotzsch ex Benth. et Hook. f.（1883）= Lacaena Lindl.（1843）；~ = Nauenia Klotzsch（1853）〔兰科 Orchidaceae〕■☆

34678　Navia Mart. ex Schult. et Schult. f.（1830）Nom. illegit. ≡ Navia Mart. ex Schult. f.（1830）〔凤梨科 Bromeliaceae〕■☆

34679　Navia Mart. ex Schult. f.（1830）【汉】纳韦凤梨属（那芙属）。【隶属】凤梨科 Bromeliaceae。【包含】世界6种。【学名诠释与讨论】〈阴〉（拉）navis,指小式 navicella＝navicula,船。此属的学名,ING 记载是"Navia C. F. P. Martius ex J. H. Schultes in J. A. Schultes et J. H. Schultes in J. J. Roemer et J. A. Schultes Syst. Veg. 7（2）：lxv, 1195. 1830（sero）"。IK 和 TROPICOS 则记载为"Navia Schult. f., Syst. Veg., ed. 15 bis〔Roemer et Schultes〕7（2）：lxv,1195. 1830〔Oct－Dec 1830〕"。"Navia Mart. ex Schult. et Schult. f.（1830）≡ Navia Mart. ex Schult. f.（1830）"的命名人引证有误。【分布】玻利维亚,热带南美洲。【后选模式】Navia caulescens C. F. P. Martius ex J. H. Schultes。【参考异名】Navia Mart. ex Schult. et Schult. f.（1830）Nom. illegit.；Navia Schult. f.（1830）Nom. illegit. ■☆

34680　Navia Schult. f.（1830）Nom. illegit. ≡ Navia Mart. ex Schult. f.（1830）〔凤梨科 Bromeliaceae〕■☆

34681　Navicularia Fabr.（1759）Nom. illegit. ≡ Navicularia Heist. ex Fabr.（1759）；~ = Sideritis L.（1753）〔唇形科 Lamiaceae（Labiatae）〕■●

34682　Navicularia Heist. ex Adans.（1763）Nom. illegit. = Sideritis L.（1753）〔唇形科 Lamiaceae（Labiatae）〕■●

34683　Navicularia Heist. ex Fabr.（1759）= Sideritis L.（1753）〔唇形科 Lamiaceae（Labiatae）〕■●

34684　Navicularia Raddi（1823）Nom. illegit. = Ichnanthus P. Beauv.（1812）〔禾本科 Poaceae（Gramineae）〕■

34685　Navidura Alef.（1861）= Lathyrus L.（1753）〔豆科 Fabaceae（Leguminosae）//蝶形花科 Papilionaceae〕■

34686　Navipomoea（Roberty）Roberty（1964）= Ipomoea L.（1753）（保留属名）〔旋花科 Convolvulaceae〕●■

34687　Navipomoea Roberty（1964）Nom. illegit. ≡ Navipomoea（Roberty）Roberty（1964）；~ = Ipomoea L.（1753）（保留属名）〔旋花科 Convolvulaceae〕●■

34688　Naxiandra（Baill.）Krasser（1893）= Axinandra Thwaites（1854）〔野牡丹科 Melastomataceae〕●☆

34689　Naxiandra Krasser（1893）Nom. illegit. ≡ Naxiandra（Baill.）Krasser（1893）；~ = Axinandra Thwaites（1854）〔野牡丹科 Melastomataceae〕●☆

34690　Nayariophyton T. K. Paul（1988）【汉】枣叶槿属。【隶属】锦葵科 Malvaceae。【包含】世界1种,中国1种。【学名诠释与讨论】〈中〉（人）Nayar,植物学者+phyton,植物,树木,枝条。【分布】中国,东喜马拉雅山。【模式】Nayariophyton jujubifolium（W. Griffith）T. K. Paul〔Kydia jujubifolia W. Griffith〕。●

34691　Nayas Neck.（1790）Nom. inval. = Najas L.（1753）〔茨藻科 Najadaceae〕■

34692　Nazia Adans.（1763）（废弃属名）≡ Tragus Haller（1768）（保留属名）〔禾本科 Poaceae（Gramineae）〕■

34693　Neactelis Raf.（1836）= Helianthus L.（1753）〔菊科 Asteraceae（Compositae）//向日葵科 Helianthaceae〕■

34694　Neaea Juss.（1803）= Neea Ruiz et Pav.（1794）〔紫茉莉科 Nyctaginaceae〕●☆

34695　Neaera Salisb.（1866）= Stenomesson Herb.（1821）〔石蒜科 Amaryllidaceae〕■☆

34696　Nealchornea Huber（1913）【汉】尼尔大戟属。【隶属】大戟科 Euphorbiaceae。【包含】世界1种。【学名诠释与讨论】〈阴〉（希）neos,新+（属）Alchornea 山麻杆属。【分布】哥伦比亚。【模式】Nealchornea yapurensis Huber。■☆

34697　Neamyza Tiegh.（1895）= Peraxilla Tiegh.（1894）〔桑寄生科 Loranthaceae〕●☆

34698　Neanotis W. H. Lewis（1966）【汉】新耳草属（假耳草属）。【英】New Eargrass。【隶属】茜草科 Rubiaceae。【包含】世界28-30种,中国8-9种。【学名诠释与讨论】〈阴〉（拉）neos, neo-,新的+Anotis 假耳草属。【分布】澳大利亚,中国,热带亚洲。【模式】Neanotis indica（A. P. de Candolle）W. H. Lewis〔Putoria indica A. P. de Candolle〕。【参考异名】Anotis DC.（1830）Nom. illegit., Nom. superfl. ■

34699　Neanthe O. F. Cook（1937）Nom. illegit. = Chamaedorea Willd.（1806）（保留属名）；~ = Collinia（Mart.）Liebm. ex Oerst.（1846）Nom. illegit.；~ = Chamaedorea Willd.（1806）（保留属名）〔棕榈科 Arecaceae（Palmae）〕●☆

34700　Neanthe P. Browne（1756）Nom. illegit.〔豆科 Fabaceae（Leguminosae）〕☆

34701　Neara Sol. ex Seem.（1865）= Meryta J. R. Forst. et G. Forst.（1775）〔五加科 Araliaceae〕●☆

34702　Neatostema I. M. Johnst.（1953）【汉】低蕊紫草属。【英】Gromwell。【隶属】紫草科 Boraginaceae。【包含】世界1种。【学名诠释与讨论】〈中〉（希）neatos,最后的,最低的,更新的+stema,所有格 stematos,雄蕊。【分布】西班牙（加那利群岛）,地中海至伊拉克。【模式】Neatostema apulum（Linnaeus）Johnston〔Myosotis apula Linnaeus〕。■☆

34703　Nebasiodendron Pit.（1902）Nom. illegit. = Gordonia J. Ellis（1771）（保留属名）；~ = Nabiasodendron Pit.（1902）〔山茶科（茶科）Theaceae〕●

34704　Nebelia Neck.（1790）Nom. inval. ≡ Nebelia Neck. ex Sweet（1830）Nom. illegit.；~ = Brunia Lam.（1785）（保留属名）〔鳞叶树科（布鲁尼科,小叶树科）Bruniaceae〕●☆

34705　Nebelia Neck. ex Sweet（1830）Nom. illegit. ≡ Brunia Lam.（1785）（保留属名）〔鳞叶树科（布鲁尼科,小叶树科）Bruniaceae〕●☆

34706　Nebiasiodendron Pit.（1902）= Gordonia J. Ellis（1771）（保留属名）〔山茶科（茶科）Theaceae〕●

34707　Neblinaea Maguire et Wurdack（1957）【汉】垂头毛菊木属。【隶属】菊科 Asteraceae（Compositae）。【包含】世界1种。【学名

诠释与讨论】〈阴〉(地) Neblina,内布利纳,位于委内瑞拉和巴西。【分布】委内瑞拉。【模式】Neblinaea promontoriorum B. Maguire et J. J. Wurdack。●☆

34708　Neblinantha Maguire(1985)【汉】内布利纳龙胆属(尼布龙胆属)。【隶属】龙胆科 Gentianaceae。【包含】世界 2 种。【学名诠释与讨论】〈阴〉(地) Neblina,内布利纳,位于委内瑞拉和巴西 + anthos,花。【分布】巴西(北部),委内瑞拉(南部)。【模式】Neblinantha neblinae B. Maguire。■☆

34709　Neblinanthera Wurdack(1964)【汉】内布利纳野牡丹属(尼布野牡丹属)。【隶属】野牡丹科 Melastomataceae。【包含】世界 1 种。【学名诠释与讨论】〈阴〉(地) Neblina,内布利纳,位于委内瑞拉和巴西 + anthera 花药。【分布】委内瑞拉。【模式】Neblinanthera cumbrensis Wurdack。☆

34710　Neblinaria Maguire(1972)= Bonnetia Mart.(1826)(保留属名)[山茶科(茶科) Theaceae//多籽树科(多子科) Bonnetiaceae//猪胶树科(克鲁西科,山竹子科,藤黄科) Clusiaceae(Guttiferae)]●☆

34711　Neblinathamnus Steyerm.(1964)【汉】尼布茜属。【隶属】茜草科 Rubiaceae。【包含】世界 3 种。【学名诠释与讨论】〈阳〉(地) Neblina,内布利纳,位于委内瑞拉和巴西 + thamnos,指小式 thamnion,灌木,灌丛,树丛,枝。【分布】委内瑞拉。【模式】Neblinathamnus argyreus Steyermark。●☆

34712　Nebra Noronha ex Choisy(1849)= Neea Ruiz et Pav.(1794)[紫茉莉科 Nyctaginaceae]●☆

34713　Nebropsis Raf.(1838)Nom. inval. = Aesculus L.(1753)[七叶树科 Hippocastanaceae//无患子科 Sapindaceae]●

34714　Nebrownia Kuntze(1891)Nom. illegit. ≡ Philonotion Schott(1857); ~ = Schismatoglottis Zoll. et Moritzi(1846)[天南星科 Araceae]■

34715　Necalistis Raf.(1838)= Ficus L.(1753)[桑科 Moraceae]●

34716　Necepsia Prain(1910)【汉】阿夫大戟属。【隶属】大戟科 Euphorbiaceae。【包含】世界 3 种。【学名诠释与讨论】〈阴〉(人) Necepsus(Necepso),埃及的一位占星人。【分布】马达加斯加,热带非洲。【模式】Necepsia afzelii Prain。【参考异名】Neopalissya Pax(1914);Palissya Baill.(1858)Nom. illegit.(废弃属名)☆

34717　Nechamandra Planch.(1849)【汉】水生草属(尼采蔓藻属,虾子草属)。【英】Shrimpgrass。【隶属】水鳖科 Hydrocharitaceae。【包含】世界 1 种,中国 1 种。【学名诠释与讨论】〈阴〉词源不详。此属的学名是"Nechamandra Planchon, Ann. Sci. Nat. Bot. ser. 3. 11: 78. 1849"。亦有文献把其处理为"Lagarosiphon Harv.(1841)"的异名。【分布】中国,热带亚洲。【模式】Nechamandra roxburgii Planchon, Nom. illegit. [Vallisneria alternifolia Roxburgh; Nechamandra alternifolia(Roxburgh) Thwaites]。【参考异名】Lagarosiphon Harv.(1841)■

34718　Neckeria J. F. Gmel.(1791)Nom. illegit. ≡ Pollichia Aiton(1789)(保留属名)[石竹科 Caryophyllaceae//醉人花科(裸果木科) Illecebraceae]●☆

34719　Neckeria Scop.(1777)Nom. illegit. ≡ Capnoides Mill.(1754)(废弃属名); ~ = Corydalis DC.(1805)(保留属名)[罂粟科 Papaveraceae//紫堇科(荷苞牡丹科) Fumariaceae]■●

34720　Neckia Korth.(1848)【汉】尼克木属。【隶属】金莲木科 Ochnaceae//旱金莲木科(辛木科) Sauvagesiaceae。【包含】世界 9 种。【学名诠释与讨论】〈阴〉(人) Jacob van Neck(Jacobo Neccio, I. C. Necq, J. Corneliszen Nek),1564~1638,荷兰人。此属的学名是"Neckia Korthals, Ned. Kruidk. Arch. 1: 358. 1848"。亦有文献把其处理为"Sauvagesia L.(1753)"的异名。【分布】马来西亚(西部)。【模式】Neckia serrata Korthals。【参考异名】

Sauvagesia L.(1753)●☆

34721　Necramium Britton(1924)【汉】特立尼达野牡丹属。【隶属】野牡丹科 Melastomataceae。【包含】世界 1 种。【学名诠释与讨论】〈中〉词源不详。此属的学名是"Necramium Britton, Bull. Torrey Bot. Club 51: 6. 8 Feb 1924"。亦有文献把其处理为"Clidemia D. Don(1823)"或"Sagraea DC.(1828)"的异名。【分布】特立尼达和多巴哥(特立尼达岛),委内瑞拉。【模式】Necramium gigantophyllum Britton。【参考异名】Clidemia D. Don(1823);Sagraea DC.(1828)●☆

34722　Necranthus Gilli(1968)【汉】尸花参属。【隶属】玄参科 Scrophulariaceae//列当科 Orobanchaceae。【包含】世界 1 种。【学名诠释与讨论】〈阳〉(希) nekros,尸体,死人 + anthos,花。此属的学名是"Necranthus A. Gilli, Notes Roy. Bot. Gard. Edinburgh 28: 297. 10 Sep 1968"。亦有文献把其处理为"Orobanche L.(1753)"的异名。【分布】土耳其。【模式】Necranthus orobanchoides A. Gilli。【参考异名】Orobanche L.(1753)■☆

34723　Nectalisma Fourr.(1869)= Luronium Raf.(1840)[泽泻科 Alismataceae]■☆

34724　Nectandra P. J. Bergius(1767)(废弃属名)= Gnidia L.(1753)[瑞香科 Thymelaeaceae]●☆

34725　Nectandra Rol.(1778)Nom. illegit.(废弃属名)= Nectandra Rol. ex Rottb.(1778)(保留属名)[樟科 Lauraceae]●☆

34726　Nectandra Rol. ex Rottb.(1778)(保留属名)【汉】甘蜜树属(蜜腺樟属,蜜樟属,尼克樟属)。【英】Nectandra, Silverballi。【隶属】樟科 Lauraceae。【包含】世界 110-120 种。【学名诠释与讨论】〈阴〉(希) nektar,神酒,诸神的饮料,蜜,乳。nektareos,有香味的,美的,神圣的 + aner,所有格 andros,雄性,雄蕊。此属的学名"Nectandra Rol. ex Rottb. in Acta Lit. Univ. Hafn. 1: 279. 1778"是保留属名。相应的废弃属名是瑞香科 Thymelaeaceae 的"Nectandra P. J. Bergius, Descr. Pl. Cap. : 131. Sep 1767 = Gnidia L.(1753)"。樟科 Lauraceae 的"Nectandra Rottb. , Descr. Rar. Pl. Surin.[Rottbøll]11. 1776 = Nectandra Rol. ex Rottb.(1778)(保留属名)"和瑞香科 Thymelaeaceae 的"Nectandra Roxb. , Hort. Bengal.[90];Fl. Ind. ii. 425(1832) = Linostoma Wall. ex Endl.(1837)"亦应废弃。"Nectandra Rol.(1778)"的命名人引证有误。【分布】巴拉圭,巴拿马,秘鲁,玻利维亚,厄瓜多尔,哥伦比亚(安蒂奥基亚),哥斯达黎加,美国,尼加拉瓜,中美洲。【模式】Nectandra sanguinea Rolander ex Rottbøll。【参考异名】Nectandra Rol.(1778)Nom. illegit.(废弃属名);Nectandra Rottb.(1776)Nom. illegit. ; Nyctandra Prior(1883 – 1886);Perostema Raeusch.(1797)●☆

34727　Nectandra Rottb.(1776)Nom. illegit.(废弃属名)= Nectandra Rol. ex Rottb.(1778)(保留属名)[樟科 Lauraceae]●☆

34728　Nectandra Roxb.(1832)Nom. illegit.(废弃属名)= Linostoma Wall. ex Endl.(1837)[瑞香科 Thymelaeaceae]●☆

34729　Nectariacaae Dulac = Liliaceae Juss.(保留科名)■●

34730　Nectarobothrium Ledeb.(1830)Nom. illegit. ≡ Lloydia Salisb. ex Rchb.(1830)(保留属名)[百合科 Liliaceae]■

34731　Nectaropetalaceae Exell et Mendonça(1951)= Erythroxylaceae Kunth(保留科名)●

34732　Nectaropetalum Engl.(1902)【汉】腺瓣古柯属。【隶属】古柯科 Erythroxylaceae。【包含】世界 6 种。【学名诠释与讨论】〈中〉(拉) nektar,神酒,诸神的饮料,蜜,乳 + 希腊文 petalos,扁平的,铺开的;petalon,花瓣,叶,花叶,金属叶子;拉丁文的花瓣为 petalum。【分布】马达加斯加,热带和非洲南部。【模式】Nectaropetalum carvalhoi Engler。【参考异名】Anectron H. Winkler;Peglera Bolus(1907)●☆

34733　Nectaroscilla Parl.（1854）【汉】腺绵枣属。【隶属】百合科 Liliaceae//风信子科 Hyacinthaceae//绵枣儿科 Scillaceae。【包含】世界 2 种。【学名诠释与讨论】〈阴〉（拉）nektar，神酒，诸神的饮料，蜜，乳+（属）Scilla 绵枣儿属（绵枣属）。此属的学名是"Parlatore，Nuovi Gen. Sp. 26. 1854"。亦有文献把其处理为"Scilla L.（1753）"的异名。【分布】澳大利亚，厄瓜多尔。【模式】Nectaroscilla hyacinthoides（Linnaeus）Parlatore［Scilla hyacinthoides Linnaeus］。【参考异名】Scilla L.（1753）■☆

34734　Nectaroscordum Lindl.（1836）【汉】蜜腺韭属。【英】Honey Garlic。【隶属】百合科 Liliaceae。【包含】世界 2-6 种。【学名诠释与讨论】〈中〉（希）nektar，神酒，诸神的饮料，蜜，乳+skorodon，skordon，蒜，头。此属的学名是"Nectaroscordum J. Lindley，Edwards's Bot. Reg. t. 1913. 1 Dec 1836"。亦有文献把其处理为"Allium L.（1753）"的异名。【分布】法国，意大利（撒丁岛）至伊朗。【模式】Nectaroscordum siculum（Ucria）J. Lindley［Allium siculum Ucria］。【参考异名】Allium L.（1753）；Trigonea Parl.（1839）■☆

34735　Nectolis Raf.（1838）= Salix L.（1753）（保留属名）［杨柳科 Salicaceae］●

34736　Nectopix Raf.（1838）= Salix L.（1753）（保留属名）［杨柳科 Salicaceae］●

34737　Nectouxia DC.（1821）Nom. inval. = Morettia DC.（1821）［十字花科 Brassicaceae（Cruciferae）］■☆

34738　Nectouxia Kunth（1818）【汉】奈克茄属。【隶属】茄科 Solanaceae。【包含】世界 1 种。【学名诠释与讨论】〈阴〉（人）Hippolyte Hippolyte（Hipolyte）Nectoux，法国植物学者。此属的学名，ING、TROPICOS 和 IK 记载是"Nectouxia Kunth in Humboldt，Bonpland et Kunth，Nova Gen. Sp. 3：ed. fol. 8；ed. qu. 10. Sep（sero）1818"。"Nectouxia DC.，Syst. Nat.［Candolle］2：149. 1821［late May 1821］= Morettia DC.（1821）［十字花科 Brassicaceae（Cruciferae）］"是一个未合格发表的名称（Nom. inval.）。【分布】墨西哥。【模式】Nectouxia formosa Kunth。【参考异名】Netouxia G. Don（1837）Nom. illegit.■☆

34739　Nectris Schreb.（1789）Nom. illegit. ≡ Cabomba Aubl.（1775）［睡莲科 Nymphaeaceae//竹节水松科（莼菜科，莼科）Cabombaceae］■

34740　Nectusion Raf.（1838）= Salix L.（1753）（保留属名）［杨柳科 Salicaceae］●

34741　Neea Ruiz et Pav.（1794）【汉】黑牙木属。【英】Blackening Teeth。【隶属】紫茉莉科 Nyctaginaceae。【包含】世界 83 种。【学名诠释与讨论】〈阴〉（人）Luis Née，法国植物学者。此属的学名，ING、TROPICOS、GCI 和 IK 记载是"Neea Ruiz et Pav.，Fl. Peruv. Prodr. 52，t. 9. 1794［early Oct 1794］"。"Neeaea Poepp. et Endl.，Nov. Gen. Sp. Pl.（Poeppig et Endlicher）ii. 45（1838）"仅有属名；可能是"Neea Ruiz et Pav.（1794）"的多余的替代名称。【分布】巴拉圭，巴拿马，秘鲁，玻利维亚，厄瓜多尔，哥伦比亚（安蒂奥基亚），美国，尼加拉瓜，墨西哥至热带南美洲，西印度群岛，中美洲。【后选模式】Neea verticillata Ruiz et Pavon。【参考异名】? Neeaea Poepp. et Endl.（1838）Nom. illegit.；Eggersia Hook. f.（1883）；Mitscherlichia Kunth（1831）；Neaea Juss.（1803）；Nebra Noronha ex Choisy（1849）；Neeania Raf.（1814）●☆

34742　Neeaea Poepp. et Endl.（1838）Nom. illegit. =? Neea Ruiz et Pav.（1794）［紫茉莉科 Nyctaginaceae］●☆

34743　Neeania Raf.（1814）= Neea Ruiz et Pav.（1794）［紫茉莉科 Nyctaginaceae］●☆

34744　Needhamia Cass.（1825）Nom. illegit.（废弃属名）≡ Narvalina Cass.（1825）［菊科 Asteraceae（Compositae）］●☆

34745　Needhamia R. Br.（1810）Nom. illegit.（废弃属名）≡ Needhamiella L. Watson（1965）［尖苞木科 Epacridaceae//杜鹃花科（欧石南科）Ericaceae］●☆

34746　Needhamia Scop.（1777）（废弃属名）= Tephrosia Pers.（1807）（保留属名）［豆科 Fabaceae（Leguminosae）//蝶形花科 Papilionaceae］●■

34747　Needhamiella L. Watson（1965）【汉】岩风石南属。【隶属】尖苞木科 Epacridaceae//杜鹃花科（欧石南科）Ericaceae。【包含】世界 1 种。【学名诠释与讨论】〈阴〉（人）Needham + -ellus，-ella，-ellum，加在名词词干后面形成指小式的词尾。或加在人名、属名等后面以组成新属的名称。此属的学名"Needhamiella L. Watson，Kew Bull. 18：272. 8 Dec 1965"是一个替代名称。"Needhamia R. Brown，Prodr. 548. 27 Mar 1810"是一个非法名称（Nom. illegit.），因为此前已经有了"Needhamia Scopoli，Introd. 310. Jan-Apr 1777（废弃属名）= Tephrosia Pers.（1807）（保留属名）［豆科 Fabaceae（Leguminosae）//蝶形花科 Papilionaceae］"。故用"Needhamiella L. Watson（1965）"替代之。同理，"Needhamia Cassini in F. Cuvier，Dict. Sci. Nat. 34：335. Apr 1825 ≡ Narvalina Cass.（1825）［菊科 Asteraceae（Compositae）］"亦是非法名称和废弃属名。【分布】澳大利亚（西南部）。【模式】Needhamiella pumilio（R. Brown）L. Watson［Needhamia pumilio R. Brown］。【参考异名】Needhamia R. Br.（1810）Nom. illegit.（废弃属名）●☆

34748　Neeopsis Lundell（1976）【汉】黄牙木属。【隶属】紫茉莉科 Nyctaginaceae。【包含】世界 1 种。【学名诠释与讨论】〈阴〉（属）Neea 黑牙木属+希腊文 opsis，外观，模样，相似。【分布】危地马拉。【模式】Neeopsis flavifolia（C. L. Lundell）C. L. Lundell［Neea flavifolia C. L. Lundell］。●☆

34749　Neeragrostis Bush（1903）= Eragrostis Wolf（1776）［禾本科 Poaceae（Gramineae）］■

34750　Neerija Roxb.（1824）= Elaeodendron Jacq.（1782）［卫矛科 Celastraceae］●☆

34751　Neesenbeckia Levyns（1947）【汉】尼斯莎属。【隶属】莎草科 Cyperaceae。【包含】世界 1 种。【学名诠释与讨论】〈阴〉（人）Christian Gottfried（Daniel）Nees von Esenbeck，1776-1858，德国植物学者。此属的学名"Neesenbeckia Levyns，J. S. African Bot. 13：74. Apr 1947"是一个替代名称。"Buekia C. G. D. Nees，Linnaea 9：300. 1834"是一个非法名称（Nom. illegit.），因为此前已经有了"Buekia Giseke，Prael. Ord. Nat. ad 202，204. Apr 1792（废弃属名）= Alpinia Roxb.（1810）（保留属名）［姜科（蘘荷科）Zingiberaceae//山姜科 Alpiniaceae］"。故用"Neesenbeckia Levyns（1947）"替代之。【分布】非洲南部。【模式】Neesenbeckia punctoria（Vahl）Levyns［Schoenus punctorius Vahl］。【参考异名】Bueckia A. Rich.（1842）；Buekia Nees（1834）■☆

34752　Neesia Blume（1835）（保留属名）【汉】尼斯木棉属。【隶属】木棉科 Bombacaceae//锦葵科 Malvaceae。【包含】世界 8 种。【学名诠释与讨论】〈阴〉（人）Theodor Friedrich Ludwig Nees von Esenbeck，1787-1837，德国植物学者。此属的学名"Neesia Blume in Nova Acta Phys. -Med. Acad. Caes. Leop. -Carol. Nat. Cur. 17：83. 1835"是保留属名。相应的废弃属名是菊科 Asteraceae 的"Neesia Spreng.，Anleit. Kenntn. Gew.，ed. 2，2：547. 31 Mar 1818 = Otanthus Hoffmanns. et Link（1809）"；它是"Diotis Desfontaines 1798"的替代名称。瑞香科 Thymelaeaceae 的"Neesia Mart. ex Meisn. = Funifera Leandro ex C. A. Mey.（1843）"亦应废弃。"Blumea H. G. L. Reichenbach，Consp. 209. Dec 1828 - Mar 1829［non Blumia C. G. D. Nees 1825（废弃属名），nec Blumea A. P. de Candolle 1833（nom. cons.）］"、"Cotylephora C. F. Meisner，Pl. Vasc. Gen. 2：28. 21-27 Mai 1837（' 1836 '）"和"Esenbeckia

Blume, Bijdr. 118. 20 Aug 1825(non Kunth Apr 1825)"是" Neesia Blume(1835)(保留属名)"的同模式异名(Homotypic synonym, Nomenclatural synonym)。苔藓的" Neesia Leman in F. Cuvier, Dict. Sci. Nat. 34:337. Apr 1825 ≡ Neesiella Schiffner 1893"也要废弃。【分布】马来西亚(西部)。【模式】Neesia altissima(Blume) Blume [Esenbeckia altissima Blume]。【参考异名】Blumea Rchb. (1828)(废弃属名); Cotylephora Meisn. (1837) Nom. illegit. ; Esenbeckia Blume(1825) Nom. illegit. ●☆

34753　Neesia Mart. ex Meisn. (废弃属名)= Funifera Leandro ex C. A. Mey. (1843) Nom. illegit. ; ~ = Funifera Andrews ex C. A. Mey. (1843) [瑞香科 Thymelaeaceae]■☆

34754　Neesia Spreng. (1818)(废弃属名)= Otanthus Hoffmanns. et Link(1809) [菊科 Asteraceae(Compositae)]■☆

34755　Neesiella Sreem. (1967) Nom. illegit. ≡ Indoneesiella Sreem. (1968) [爵床科 Acanthaceae]■☆

34756　Neesiochloa Pilg. (1940)【汉】匍茎画眉草属。【隶属】禾本科 Poaceae(Gramineae)。【包含】世界1种。【学名诠释与讨论】〈阴〉(人) Christian Gottfried (Daniel) Nees von Esenbeck, 1776– 1858, 德国植物学者+chloe, 草的幼芽, 嫩草, 禾草。【分布】巴西。【模式】Neesiochloa barbata (C. G. D. Nees) Pilger [Calotheca barbata C. G. D. Nees]。■☆

34757　Nefflea (Benth.) Spach (1840) = Celsia L. (1753) [玄参科 Scrophulariaceae//毛蕊花科 Verbascaceae]■☆

34758　Nefflea Spach (1840) Nom. illegit. ≡ Nefflea (Benth.) Spach (1840); ~ = Celsia L. (1753) [玄参科 Scrophulariaceae//毛蕊花科 Verbascaceae]■☆

34759　Nefrakis Raf. (1838) Nom. illegit. ≡ Brya P. Browne(1756) [豆科 Fabaceae(Leguminosae)]●☆

34760　Negretia Ruiz et Pav. (1794)= Mucuna Adans. (1763)(保留属名) [豆科 Fabaceae(Leguminosae)//蝶形花科 Papilionaceae]●■

34761　Negria Chiov. (1912) Nom. illegit. ≡ Joannegria Chiov. (1913); ~ =Lintonia Stapf(1911) [禾本科 Poaceae(Gramineae)]■☆

34762　Negria F. Muell. (1871)【汉】苣苔树属。【隶属】苦苣苔科 Gesneriaceae。【包含】世界1种。【学名诠释与讨论】〈阴〉(人) Cristoforo (Christophorus) Negri, 1809–1896, 意大利地理学者。此属的学名, ING、TROPICOS 和 IK 记载是" Negria F. Muell. , Fragm. (Mueller) 7 (57): 151. 1871 [Dec 1871]"。" Negria Chiovenda, Ann. Bot. (Rome) 10:410. 30 Oct 1912 ≡ Joannegria Chiov. (1913) = Lintonia Stapf (1911) [禾 本 科 Poaceae (Gramineae)]"是晚出的非法名称。【分布】澳大利亚(豪勋爵岛)。【模式】Negria rhabdothamnoides F. v. Mueller。●☆

34763　Negundium Raf. (1808) Nom. inval. ≡ Negundium Raf. ex Desv. (1809); ~ =Negundo Boehm. (1760) [槭树科 Aceraceae]●

34764　Negundium Raf. (1833) Nom. illegit. [无患子科 Sapindaceae]●☆

34765　Negundium Raf. ex Desv. (1809)= Negundo Boehm. (1760) [槭树科 Aceraceae]●

34766　Negundo Boehm. (1760)【汉】梣叶槭属。【隶属】槭树科 Aceraceae。【包含】世界8种, 中国1种。【学名诠释与讨论】〈中〉(马来) negundo, 一种树的俗名。此属的学名, ING、 TROPICOS 和 IK 记载是" Negundo Boehmer in Ludwig, Def. Gen. ed. Boehmer 508. 1760"。" Negundo Boehm. ex Ludw. (1760)"的命名人引证有误。" Negundo Moench, Methodus (Moench) 334 (1794) [4 May 1794] = Acer L. (1753)"是晚出的非法名称。 Maximowicz(1880) 把" Negundo Boehm. (1760)"处理为" Acer sect. Negundo (Boehm.) Maxim. , Bulletin de l' Academie Imperiale des Sciences de St–Petersbourg, sér. 3 26:450. 1880"。" Rulac Adanson, Fam. 2:383. Jul–Aug 1763"是" Negundo Boehm.

(1760)"的晚出的同模式异名(Homotypic synonym, Nomenclatural synonym)。亦有文献把" Negundo Boehm. (1760)"处理为" Acer L. (1753)"的异名。【分布】中国。【模式】Negundo aceroides Moench [Acer negundo Linnaeus]。【参考异名】Acer L. (1753); Acer sect. Negundo (Boehm.) Maxim. (1880); Negundium Raf. (1808) Nom. inval. ; Negundium Raf. ex Desv. (1809); Negundo Boehm. ex Ludw. (1760) Nom. illegit. ; Rulac Adans. (1763) Nom. illegit. ●

34767　Negundo Boehm. ex Ludw. (1760) Nom. illegit. ≡ Negundo Boehm. (1760) [槭树科 Aceraceae]●

34768　Negundo Moench(1794) Nom. illegit. =Acer L. (1753) [槭树科 Aceraceae]●

34769　Neidzwedzkia B. Fedtsch. = Incarvillea Juss. (1789) [紫葳科 Bignoniaceae]■

34770　Neillia D. Don(1825)【汉】绣线梅属(奈尔氏木属, 奈李木属, 南梨属)。【俄】Нейллия。【英】Neillia。【隶属】蔷薇科 Rosaceae//绣线梅科 Neilliaceae。【包含】世界11-17种, 中国15种。【学名诠释与讨论】〈阴〉(人) Patrick Neill, 1776–1851, 英国植物学者, 植物采集家。【分布】东喜马拉雅山至朝鲜, 印度尼西亚(苏门答腊岛, 爪哇岛), 中国, 中南半岛。【后选模式】Neillia thyrsiflora D. Don。【参考异名】Adenileima Rchb. (1841); Adenilema Blume(1827); Espicostorus Raf. (1834)●

34771　Neilliaceae Miq. (1855) [亦见 Rosaceae Juss. (1789)(保留科名)蔷薇科]【汉】绣线梅科。【包含】世界1属11-17种, 中国1属15种。【分布】印度尼西亚(爪哇岛), 苏门答腊岛, 东喜马拉雅山至朝鲜, 中南半岛。【科名模式】Neillia D. Don ●

34772　Neilreichia B. D. Jacks. = Carex L. (1753) [莎草科 Cyperaceae]■

34773　Neilreichia Fenzl (1850) = Schistocarpha Less. (1831) [菊科 Asteraceae(Compositae)]■●☆

34774　Neilreichia Kotule (1883) Nom. illegit. [莎草科 Cyperaceae]■☆

34775　Neiosperma Raf. (1838) = Ochrosia Juss. (1789) [夹竹桃科 Apocynaceae]●

34776　Neipergia C. Morren(1849) Nom. illegit. ≡ Neippergia C. Morren (1849) [兰科 Orchidaceae]■☆

34777　Neippergia C. Morren (1849) = Acineta Lindl. (1843) [兰科 Orchidaceae]■☆

34778　Neisandra Raf. (1838)= Hopea Roxb. (1811)(保留属名) [龙脑香科 Dipterocarpaceae]●

34779　Neisosperma Raf. (1838)【汉】肖玫瑰树属。【隶属】夹竹桃科 Apocynaceae。【包含】世界18种。【学名诠释与讨论】〈中〉(希) neis, 所有格 neidos, 软弱的+sperma, 所有格 spermatos, 种子, 孢子。或推测 nesos, nasos, 岛屿 + sperma。此属的学名是 " Neisosperma Rafinesque, Sylva Tell. 162. Oct–Dec 1838"。亦有文献把其处理为" Ochrosia Juss. (1789)"的异名。【分布】印度(安达曼群岛), 澳大利亚, 斐济, 马来西亚, 毛里求斯, 密克罗尼西亚, 日本(小笠原群岛), 塞舌尔(塞舌尔群岛), 斯里兰卡, 所罗门群岛, 泰国, 瓦努阿图, 越南, 法属新喀里多尼亚, 琉球群岛。【后选模式】Neisosperma muricata Rafinesque, Nom. illegit. [Cerbera platyspermos J. Gaertner]。【参考异名】Ochrosia Juss. (1789)●☆

34780　Neja D. Don(1831)【汉】丝雏菊属。【隶属】菊科 Asteraceae (Compositae)。【包含】世界6种。【学名诠释与讨论】〈阴〉词源不详。此属的学名是" Neja D. Don in Sweet, Brit. Fl. Gard. 4: ad t. 78. Jan 1831"。亦有文献把其处理为" Hysterionica Willd. (1807)"的异名。【分布】玻利维亚, 古巴, 南美洲东南部。【模式】Neja gracilis D. Don。【参考异名】Hysterionica Willd. (1807)■☆

34781　Nekemias Raf.（1838）＝ Ampelopsis Michx.（1803）［葡萄科 Vitaceae//蛇葡萄科 Ampelopsidaceae］●

34782　Nelanaregam Adans.（1763）（废弃属名）≡ Naregamia Wight et Arn.（1834）（保留属名）［楝科 Meliaceae］●☆

34783　Nelanaregam Kuntze（1891）＝ Naregamia Wight et Arn.（1834）（保留属名）；~ ＝ Nelanaregam Adans.（1763）（废弃属名）；~ ＝ Naregamia Wight et Arn.（1834）（保留属名）［楝科 Meliaceae］●☆

34784　Neleixa Raf.（1838）Nom. illegit. ≡ Darluca Raf.（1820）；~ ＝ Faramea Aubl.（1775）［茜草科 Rubiaceae］●☆

34785　Nelensia Poir.（1823）Nom. illegit., Nom. superfl. ≡ Enslenia Raf.（1817）［玄参科 Scrophulariaceae//爵床科 Acanthaceae］■●

34786　Nelia Schwantes（1928）【汉】叉枝玉属。【隶属】番杏科 Aizoaceae。【包含】世界 1-2 种。【学名诠释与讨论】〈阴〉（人）Gert Cornelius Nel，1885-1950，南非植物学者，植物采集家，仙人掌科 Cactaceae 专家。【分布】非洲南部。【模式】Nelia meyeri Schwantes。【参考异名】Sterropetalum N. E. Br.（1928）●■☆

34787　Nelipus Raf.（1838）＝ Utricularia L.（1753）［狸藻科 Lentibulariaceae］■

34788　Nelis Raf. ＝ Goodyera R. Br.（1813）［兰科 Orchidaceae］■

34789　Nelitris Gaertn.（1788）Nom. illegit. ＝ Timonius DC.（1830）（保留属名）［茜草科 Rubiaceae］●

34790　Nelitris Spreng.（1825）Nom. illegit. ≡ Decaspermum J. R. Forst. et G. Forst.（1776）［桃金娘科 Myrtaceae］●

34791　Nellica Raf.（1838）＝ Phyllanthus L.（1753）［大戟科 Euphorbiaceae//叶下珠科（叶萝藦科）Phyllanthaceae］●■

34792　Nelmesia Van der Veken（1955）【汉】奈尔莎属。【隶属】莎草科 Cyperaceae。【包含】世界 1 种。【学名诠释与讨论】〈阴〉（人）Ernest Nelmes，1895-1959，英国植物学者，园艺学者。【分布】热带非洲。【模式】Nelmesia melanostachya Vanderveken。■☆

34793　Nelsia Schinz（1912）【汉】羽毛苋属。【隶属】苋科 Amaranthaceae。【包含】世界 2-3 种。【学名诠释与讨论】〈阴〉（人）Nels。【分布】热带和非洲南部。【模式】Nelsia quadrangula（Engler）Schinz［Sericocoma quadrangula Engler］。■☆

34794　Nelsonia R. Br.（1810）【汉】瘤子草属。【英】Nelsonia。【隶属】爵床科 Acanthaceae//瘤子草科 Nelsoniaceae。【包含】世界 1 种，中国 1 种。【学名诠释与讨论】〈阴〉（人）David Nelson，? -1789，英国植物学者，植物采集家。【分布】澳大利亚，中国，印度至中南半岛，马来半岛，热带非洲。【后选模式】Nelsonia campestris R. Brown。【参考异名】Banjolea Bowdich（1825）■

34795　Nelsoniaceae（Nees）Sreem.（1977）＝ Acanthaceae Juss.（保留科名）；~ ＝ Nelumbonaceae A. Rich.（保留科名）■

34796　Nelsoniaceae Sreem.（1977）［亦见 Acanthaceae Juss.（保留科名）爵床科和 Nelumbonaceae A. Rich.（保留科名）莲科］【汉】瘤子草科。【包含】世界 1 属 1 种，中国 1 属 1 种。【分布】澳大利亚，热带非洲，印度至中南半岛，马来半岛。【科名模式】Nelsonia R. Br.■

34797　Nelsonianthus H. Rob. et Brettell（1973）【汉】簇叶千里光属。【隶属】菊科 Asteraceae（Compositae）。【包含】世界 1-3 种。【学名诠释与讨论】〈阳〉（人）Edward William Nelson，1855-1934，美国博物学者，植物采集家，探险家+anthos，花。【分布】墨西哥，危地马拉，中美洲。【模式】Nelsonianthus epiphyticus H. E. Robinson et R. D. Brettell。■☆

34798　Neltoa Baill. ＝ Grewia L.（1753）［椴树科（椴科，田麻科）Tiliaceae//锦葵科 Malvaceae//扁担杆科 Grewiaceae］●

34799　Neltuma Raf.（1838）＝ Prosopis L.（1767）［豆科 Fabaceae（Leguminosae）//含羞草科 Mimosaceae］●

34800　Nelumbicum Raf. ＝ Nelumbo Adans.（1763）［莲科 Nelumbonaceae］■

34801　Nelumbium Juss.（1789）Nom. illegit. ≡ Nelumbo Adans.（1763）［莲科 Nelumbonaceae］■

34802　Nelumbo Adans.（1763）【汉】莲属。【日】ハス属。【俄】Лотос。【英】Lotus，Nelumbium，Nelumbo，Sacred Bean，Water Lily。【隶属】莲科 Nelumbonaceae。【包含】世界 2 种，中国 1 种。【学名诠释与讨论】〈阴〉（锡）nelumbo，僧伽罗人称呼莲花的俗名。此属的学名，ING、TROPICOS、APNI 和 IK 记载是"Nelumbo Adans.，Fam. Pl.（Adanson）2：76. 1763"。"Cyamus J. E. Smith，Exot. Bot. 1：59. 1 Jun 1805"是"Nelumbo Adans.（1763）"的晚出的同模式异名（Homotypic synonym，Nomenclatural synonym）。"Nelumbium A. L. Jussieu，Gen. 68. 4 Aug 1789"是"Nelumbo Adans.（1763）"的拼写变体。【分布】巴基斯坦，美国（东部，密苏里）至哥伦比亚，中国，中美洲。【模式】Nelumbo nucifera J. Gaertner［Nymphaea nelumbo Linnaeus］。【参考异名】Cyamus Sm.（1805）Nom. illegit.；Napoleone Robin ex Raf.；Nelumbicum Raf.；Nelumbium Juss.（1789）Nom. illegit.；Tamara Roxb. ex Steud.（1841）■

34803　Nelumbonaceae A. Rich.（1827）（保留科名）【汉】莲科。【日】ハス科。【英】Lotus-lily Family。【包含】世界 1 属 2 种，中国 1 属 1 种。【分布】澳大利亚，亚洲，美洲。【科名模式】Nelumbo Adans.（1763）■

34804　Nelumbonaceae Dumort. ＝ Nelumbonaceae A. Rich.（保留科名）■

34805　Nemacaulis Nutt.（1848）【汉】毛头蓼属。【英】Cottonheads。【隶属】蓼科 Polygonaceae//野荞麦科 Eriogonaceae。【包含】世界 1 种。【学名诠释与讨论】〈阴〉（希）nema，所有格 nematos，丝，花丝+kaulon，茎。此属的学名，TROPICOS 和 IK 记载是"Nemacaulis Nutt.，Proceedings of the Academy of Natural Sciences of Philadelphia 4（1）：18. 1848"。它曾被处理为"Eriogonum sect. Nemacaulis（Nutt.）Roberty & Vautier，Boissiera 10：92. 1964"。亦有文献把"Nemacaulis Nutt.（1848）"处理为"Eriogonum Michx.（1803）"的异名。【分布】美国（加利福尼亚）。【模式】Nemacaulis denudata Nuttall。【参考异名】Eriogonum sect. Nemacaulis（Nutt.）Roberty & Vautier（1964）●■☆

34806　Nemacianthus D. L. Jones et M. A. Clem.（2002）【汉】澳大利亚钻花兰属。【隶属】兰科 Orchidaceae。【包含】世界 1 种。【学名诠释与讨论】〈阳〉（希）nema，所有格 nematos，丝，花丝+（属）Acianthus 钻花兰属。此属的学名是"Nemacianthus D. L. Jones et M. A. Clem.，Orchadian［Australasian native orchid society］13：440. 2002"。亦有文献把其处理为"Acianthus R. Br.（1810）Nom. illegit."的异名。【分布】澳大利亚。【模式】Nemacianthus caudatus（R. Br.）D. L. Jones et M. A. Clem.。【参考异名】Acianthus R. Br.（1810）Nom. illegit.■☆

34807　Nemacladaceae Nutt.（1843）［亦见 Campanulaceae Juss.（1789）（保留科名）桔梗科和 Nepenthaceae Dumort.（保留科名）猪笼草科］【汉】丝枝参科。【包含】世界 3 属 12 种。【分布】北美洲。【科名模式】Nemacladus Nutt.●■

34808　Nemacladus Nutt.（1842）【汉】丝枝参属（线枝草属）。【隶属】丝枝参科 Nemacladaceae//桔梗科 Campanulaceae。【包含】世界 10-13 种。【学名诠释与讨论】〈阳〉（希）nema，所有格 nematos，丝，花丝+klados，枝，芽，指小式 kladion，棍棒。Kladodes，有许多枝子的。【分布】美国（西南部），墨西哥。【模式】Nemacladus ramosissimus Nuttall。【参考异名】Baclea Greene（1893）Nom. illegit.■☆

34809　Nemaconia Knowles et Westc.（1838）＝ Ponera Lindl.（1831）［兰科 Orchidaceae］■☆

34810　Nemallosis Raf.（1837）＝ Glinus L.（1753）；~ ＝ Mollugo L.

（1753）［粟米草科 Molluginaceae//番杏科 Aizoaceae//星粟草科 Glinaceae］■

34811　Nemaluma Baill.（1891）= Pouteria Aubl.（1775）［山榄科 Sapotaceae］●

34812　Nemampsis Raf.（1838）= Dracaena Vand. ex L.（1767）Nom. illegit.；~ ≡ Dracaena Vand.（1767）［百合科 Liliaceae//龙舌兰科 Agavaceae//龙血树科 Dracaenaceae］●■

34813　Nemanthera Raf.（1838）= Ipomoea L.（1753）（保留属名）；~ = Merremia Dennst. ex Endl.（1841）（保留属名）［旋花科 Convolvulaceae］●■

34814　Nemastachys Steud.（1854）= Microstegium Nees（1836）；~ = Pollinia Trin.（1833）Nom. illegit.（废弃属名）［禾本科 Poaceae（Gramineae）］■☆

34815　Nemastylis Nutt.（1835）【汉】柱丝兰属。【英】Celestial-lily, Shell-flower。【隶属】鸢尾科 Iridaceae。【包含】世界 5-25 种。【学名诠释与讨论】〈阴〉（希）nema，所有格 nematos，丝，花丝 + stylos = 拉丁文 style，花柱，中柱，有尖之物，桩，柱，支持物，支柱，石头做的界标。指花柱纤细。【分布】玻利维亚，美国（密苏里），中美洲。【后选模式】Nemastylis geminiflora Nuttall。【参考异名】Chlamydostylus Baker（1876）；Colima（Ravenna）Aarón Rodr. et Ortiz-Cat.（2003）；Eustylis Engelm. et A. Gray（1847）；Eustylus Baker（1877）；Nemostylis Herb.（1840）■☆

34816　Nemananthera Miq.（1845）（废弃属名）= Piper L.（1753）［胡椒科 Piperaceae］●■

34817　Nematanthus Nees（1830）Nom. illegit.（废弃属名）= Willdenowia Thunb.（1788）［as 'Wildenowia'］［帚灯草科 Restionaceae］■☆

34818　Nematanthus Schrad.（1821）（保留属名）【汉】丝花苣苔属（袋鼠花属）。【日】ヒポキルタ属。【英】Nematanthus。【隶属】苦苣苔科 Gesneriaceae。【包含】世界 6-30 种。【学名诠释与讨论】〈阳〉（希）nema，所有格 nematos，丝，花丝 + anthos，花。此属的学名 "Nematanthus Schrad. in Gött. Gel. Anz. 1821：718. 5 Mai 1821" 是保留属名。相应的废弃属名是苦苣苔科 Gesneriaceae 的 "Orobanchia Vand., Fl. Lusit. Bras. Spec.：41. 1788 = Nematanthus Schrad.（1821）（保留属名）"。帚灯草科 Restionaceae 的 "Nematanthus Nees, Linnaea 5：661. 1830 = Willdenowia Thunb.（1788）［as 'Wildenowia'］" 亦应废弃。【分布】巴西，玻利维亚。【模式】Nematanthus corticicola Schrader。【参考异名】Hypocyrta Mart.（1829）；Orobanchia Vand.（1788）（废弃属名）●■☆

34819　Nematoceras Hook. f.（1853）= Corybas Salisb.（1807）［兰科 Orchidaceae］

34820　Nematolepis Turcz.（1852）【汉】线鳞芸香属。【隶属】芸香科 Rutaceae。【包含】世界 1 种。【学名诠释与讨论】〈阴〉（希）nema，所有格 nematos，丝，花丝 + lepis，所有格 lepidos，指小式 lepion 或 lepidion，鳞，鳞片。lepidotos，多鳞的。lepos，鳞，鳞片。【分布】澳大利亚（西部）。【模式】Nematolepis phebalioides Turczaninow。【参考异名】Symphyopetalon J. Drumm. ex Harv.（1855）●☆

34821　Nematophyllum F. Muell.（1857）= Templetonia R. Br. ex W. T. Aiton（1812）［豆科 Fabaceae（Leguminosae）//蝶形花科 Papilionaceae］●☆

34822　Nematopoa C. E. Hubb.（1957）【汉】线叶禾属。【隶属】禾本科 Poaceae（Gramineae）。【包含】世界 1 种。【学名诠释与讨论】〈阴〉（希）nema，所有格 nematos，丝，花丝 + poa，禾草。【分布】热带非洲南部。【模式】Nematopoa longipes（O. Stapf et C. E. Hubbard）C. E. Hubbard［Triraphis longipes O. Stapf et C. E. Hubbard］。【参考异名】Naematospermum Steud.（1841）■☆

34823　Nematopogon（DC.）Bureau et K. Schum.（1897）Nom. illegit. ≡ Digomphia Benth.（1846）［紫葳科 Bignoniaceae］●☆

34824　Nematopogon Bureau et K. Schum.（1897）Nom. illegit. ≡ Nematopogon（DC.）Bureau et K. Schum.（1897）Nom. illegit.；~ = Digomphia Benth.（1846）［紫葳科 Bignoniaceae］（●●）☆

34825　Nematopus A. Gray（1851）= Gnephosis Cass.（1820）［菊科 Asteraceae（Compositae）］■☆

34826　Nematopyxis Miq.（1855）= Ludwigia L.（1753）［柳叶菜科 Onagraceae］●■

34827　Nematosciadium H. Wolff（1911）= Arracacia Bancr.（1828）［伞形花科（伞形科）Apiaceae（Umbelliferae）］■☆

34828　Nematospermum Rich.（1792）= Lacistema Sw.（1788）［裂蕊树科（裂药花科）Lacistemataceae］●☆

34829　Nematostemma Choux（1921）【汉】丝冠萝藦属。【隶属】萝藦科 Asclepiadaceae。【包含】世界 1 种。【学名诠释与讨论】〈中〉（希）nema，所有格 nematos，丝，花丝 + stemma，所有格 stemmatos，花冠，花环，王冠。【分布】马达加斯加。【模式】Nematostemma perrieri Choux。■☆

34830　Nematostigma A. Dietr.（1833）Nom. illegit. ≡ Libertia Spreng.（1824）（保留属名）［鸢尾科 Iridaceae］■☆

34831　Nematostigma Benth. et Hook. f. = Gironniera Gaudich.（1844）；~ = Nemostigma Planch.（1848）［榆科 Ulmaceae］●

34832　Nematostigma Planch. = Gironniera Gaudich.（1844）［榆科 Ulmaceae］●

34833　Nematostylis Hook. f.（1873）【汉】丝柱茜属。【隶属】茜草科 Rubiaceae。【包含】世界 1-2 种。【学名诠释与讨论】〈阴〉（希）nema，所有格 nematos，丝，花丝 + stylos = 拉丁文 style，花柱，中柱，有尖之物，桩，柱，支持物，支柱，石头做的界标。此属的学名是 "Nematostylis J. D. Hooker in Bentham et J. D. Hooker, Gen. 2：110. 7-9 Apr 1873"。亦有文献把其处理为 "Alberta E. Mey.（1838）" 或 "Ernestimeyera Kuntze（1903）Nom. illegit." 的异名。【分布】马达加斯加。【模式】Nematostylis loranthoides J. D. Hooker。【参考异名】Alberta E. Mey.（1838）；Ernestimeyera Kuntze（1903）Nom. illegit. ●☆

34834　Nematuris Turcz.（1848）= Ampelamus Raf.（1819）［萝藦科 Asclepiadaceae］●☆

34835　Nemauchenes Cass.（1818）= Crepis L.（1753）［菊科 Asteraceae（Compositae）］■

34836　Nemaulax Raf.（1837）= Albuca L.（1762）［风信子科 Hyacinthaceae//百合科 Liliaceae］■☆

34837　Nemcia Domin（1923）【汉】异尖荚豆属。【隶属】豆科 Fabaceae（Leguminosae）。【包含】世界 40 种。【学名诠释与讨论】〈阴〉（人）Rehor Nemec, 1873-1966, 捷克植物学者，真菌学者，植物生理学者。【分布】澳大利亚（西部）。【模式】未指定。■☆

34838　Nemedra A. Juss.（1830）= Aglaia Lour.（1790）（保留属名）［楝科 Meliaceae］●

34839　Nemelataceae Dulac = Urticaceae Juss.（保留科名）●■

34840　Nemepiodon Raf.（1838）= Hymenocallis Salisb.（1812）［石蒜科 Amaryllidaceae］■

34841　Nemepis Raf.（1838）= Cuscuta L.（1753）［旋花科 Convolvulaceae//菟丝子科 Cuscutaceae］■

34842　Nemesia Vent.（1804）【汉】龙面花属。【日】アフリカウンラン属，ネメーシア属。【俄】Немезия。【英】Nemesia。【隶属】玄参科 Scrophulariaceae。【包含】世界 65 种。【学名诠释与讨论】〈阴〉（希）nemesis, nemesion, nemeseion，植物俗名。【分布】非洲南部。【后选模式】Nemesia foetans Ventenat。【参考异名】

Porfuris Raf.（1840）■●☆

34843　Nemexia Raf.（1825）= Smilax L.（1753）［百合科 Liliaceae//菝葜科 Smilacaceae］●

34844　Nemia P. J. Bergius（1767）（废弃属名）≡ Manulea L.（1767）（保留属名）［玄参科 Scrophulariaceae］■●☆

34845　Nemitis Raf.（1838）Nom. illegit., Nom. superfl. ≡ Apteria Nutt.（1834）［水玉簪科 Burmanniaceae］■☆

34846　Nemocharis Beurl.（1853）= Scirpus L.（1753）（保留属名）［莎草科 Cyperaceae//藨草科 Scirpaceae］■

34847　Nemochloa Nees（1834）Nom. illegit. = Pleurostachys Brongn.（1833）［莎草科 Cyperaceae］■☆

34848　Nemoctis Raf.（1838）= Lachnaea L.（1753）［瑞香科 Thymelaeaceae］●☆

34849　Nemodaphne Meisn.（1864）= Ocotea Aubl.（1775）［樟科 Lauraceae］●☆

34850　Nemodon Griff.（1854）= Lepistemon Blume（1826）［旋花科 Convolvulaceae］■

34851　Nemolapathum Ehrh.（1789）= Rumex L.（1753）［蓼科 Polygonaceae］■●

34852　Nemolepis Vilm.（1866）= Heliopsis Pers.（1807）（保留属名）［菊科 Asteraceae（Compositae）］■☆

34853　Nemopanthes Raf.（1819）Nom. illegit.（废弃属名）≡ Nemopanthus Raf.（1819）（保留属名）［冬青科 Aquifoliaceae］●☆

34854　Nemopanthus Raf.（1819）（保留属名）【汉】美洲山冬青属（纳莫盘木属）。【英】Catberry, Cat-berry, Mountain Holly, Wild Holly。【隶属】冬青科 Aquifoliaceae。【包含】世界 2 种。【学名诠释与讨论】〈阳〉（希）nema，所有格 nematos，丝，线+pod，足+anthos，花。此属的学名"Nemopanthus Raf. in Amer. Monthly Mag. et Crit. Rev. 4：357. Mar 1819"是保留属名。相应的废弃属名是冬青科 Aquifoliaceae 的"Ilicioides Dum. Cours., Bot. Cult. 4：27. 1-4 Jul 1802 = Nemopanthus Raf.（1819）（保留属名）"。其拼写变体"Nemopanthes Raf.（1819）"以及"Ilicioides Kuntze, Revis. Gen. Pl. 1：113. 1891［5 Nov 1891］≡ Ilicioides Dum. Cours.（1802）（废弃属名）［冬青科 Aquifoliaceae］"亦应废弃。【分布】北美洲。【模式】Nemopanthus fascicularis Rafinesque, Nom. illegit.［Ilex canadensis A. Michaux；Nemopanthus canadensis（A. Michaux）A. P. de Candolle］。【参考异名】Deweya Eaton；Ilicioides Kuntze（1891）Nom. illegit.（废弃属名）；Ilicioides Dum. Cours.（1802）（废弃属名）；Nemopanthes Raf.（1819）Nom. illegit.（废弃属名）；Nuttallia DC.（1821）Nom. illegit. ●☆

34855　Nemophila Nutt.（1822）（保留属名）【汉】粉蝶花属（幌菊属）。【日】ネモフィラ属，ルクカラクサ属。【俄】Немофила。【英】Baby Blue-eyes, Californian Bluebell, Nemophila。【隶属】田梗草科（田基麻科，田亚麻科）Hydrophyllaceae。【包含】世界 11 种。【学名诠释与讨论】〈阴〉（拉）nemus，所有格 nemoris ="希" nemos，所有格 nemeos，牧场，林中草地，林窗。"拉"nemoralis，树木或小林的，林木的+philos，喜欢的，爱的。指其生境。此属的学名"Nemophila Nutt. in J. Acad. Nat. Sci. Philadelphia 2：179. 1822（med.）"是保留属名。相应的废弃属名是田梗草科（田基麻科，田亚麻科）Hydrophyllaceae 的"Viticella Mitch., Diss. Princ. Bot.：42. 1769 = Nemophila Nutt.（1822）（保留属名）"。"Nemophila Nutt. ex Barton, Fl. N. Amer.（Barton）2：71, t. 61. 1822［Jan-Jul 1822］≡ Nemophila Nutt.（1822）（保留属名）"亦应废弃。"Viticella Dill. ex Moench, Methodus（Moench）296（1794）［4 May 1794］= Clematis L.（1753）［毛茛科 Ranunculaceae］"和"Viticella Moench, Meth. 296. 4 Mai 1794（non J. Mitchell 1769）≡ Viticella Dill. ex Moench（1794）（废弃属名）［毛茛

Ranunculaceae］"也须废弃。"Nemophilla Buckley, Proc. Acad. Nat. Sci. Philadelphia 1861（1862），462"是"Nemophila Nutt.（1822）（保留属名）"的拼写变体，也要废弃。【分布】北美洲。【模式】Nemophila phacelioides Nuttall。【参考异名】Galax L.（1753）（废弃属名）；Nemophila Nutt. ex Barton（1822）Nom. illegit.（废弃属名）；Viticella Mitch.（1748）Nom. inval.（废弃属名）■☆

34856　Nemophila Nutt. ex Barton（1822）Nom. illegit.（废弃属名）≡ Nemophila Nutt.（1822）（保留属名）［田梗草科（田基麻科，田亚麻科）Hydrophyllaceae］■☆

34857　Nemophilla Buckley（1861）Nom. illegit.（废弃属名）≡ Nemophila Nutt.（1822）（保留属名）［田梗草科（田基麻科，田亚麻科）Hydrophyllaceae］■☆

34858　Nemopogon Raf.（1837）= Bulbine Wolf（1776）（保留属名）［百合科 Liliaceae//阿福花科 Asphodelaceae］■☆

34859　Nemorella Ehrh.（1789）= Lysimachia L.（1753）［报春花科 Primulaceae//珍珠菜科 Lysimachiaceae］●■

34860　Nemorinia Fourr.（1869）= Luzula DC.（1805）（保留属名）［灯心草科 Juncaceae］■●

34861　Nemorosa Nieuwl.（1914）= Anemone L.（1753）（保留属名）［毛茛科 Ranunculaceae//银莲花科（罂粟莲花科）Anemonaceae］■

34862　Nemosenecio（Kitam.）B. Nord.（1978）【汉】羽叶菊属（羽叶千里光属）。【英】Nemosenecio, Pinnate Groundsel。【隶属】菊科 Asteraceae（Compositae）。【包含】世界 6 种，中国 5 种。【学名诠释与讨论】〈阳〉（希）nemos，林窗+（属）Senecio 千里光属。此属的学名是"Nemosenecio（Kitam.）B. Nord.（1978），Opera Botanica 44：45. 1978.（Opera Bot.）"，由"Senecio sect. Nemosenecio Kitam., Acta Phytotaxonomica et Geobotanica 6：266. 1937.（Acta Phytotax. Geobot.）"改级而来。【分布】日本，中国。【模式】Nemosenecio nikoensis（Miquel）B. Nordenstam［Senecio nikoensis Miquel］。【参考异名】Senecio sect. Nemosenecio Kitam.（1937）■

34863　Nemoseris Greene（1891）Nom. illegit. ≡ Rafinesquia Nutt.（1841）（保留属名）［菊科 Asteraceae（Compositae）］■☆

34864　Nemostigma Planch.（1848）= Gironniera Gaudich.（1844）［榆科 Ulmaceae］●

34865　Nemostima Raf.（1838）= Convolvulus L.（1753）［旋花科 Convolvulaceae］■●

34866　Nemostylis Herb.（1840）= Nemastylis Nutt.（1835）［鸢尾科 Iridaceae］■☆

34867　Nemostylis Steven（1857）Nom. illegit. = Phuopsis（Griseb.）Hook. f.（1873）Nom. illegit.；~ = Phuopsis（Griseb.）Benth. et Hook. f.（1873）［茜草科 Rubiaceae］■

34868　Nemuaron Baill.（1873）【汉】喀香木属（喀里香属）。【隶属】香材树科（杯轴花科，黑檫木科，芒籽科，蒙立米科，檬立木科，香材树科，香树木科）Monimiaceae。【包含】世界 1 种。【学名诠释与讨论】〈阴〉词源不详。【分布】法属新喀里多尼亚。【模式】Nemuaron vieillardii（Baillon）Baillon［Doryphora vieillardii Baillon］。●☆

34869　Nemum Desv.（1825）Nom. illegit. ≡ Nemum Desv. ex Ham.（1825）［莎草科 Cyperaceae］■

34870　Nemum Desv. ex Ham.（1825）【汉】林莎属。【隶属】莎草科 Cyperaceae//藨草科 Scirpaceae。【包含】世界 5-10 种。【学名诠释与讨论】〈中〉（拉）nemus，林子，疏林地。此属的学名，ING 和 GCI 记载是"Nemum Desv. ex Ham., Prodr. Pl. Ind. Occid.［Hamilton］xiv（13）. 1825"。IK 则记载为"Nemum Ham., Prodr. Pl. Ind. Occid.［Hamilton］13（1825）"。"Nemum Desv. ex Ham.（1825）"曾被处理为"Scirpus sect. Nemum（Desv. ex Ham.）C. B.

Clarke, Symbolae Antillanae seu Fundamenta Florae Indiae Occidentalis 2∶90. 1900"。亦有文献把"Nemum Desv. ex Ham. (1825)"处理为"Scirpus L. (1753)（保留属名）"的异名。【分布】热带非洲。【模式】Nemum spadiceum（Lamarck）W. Hamilton ［Eriocaulon spadiceum Lamarck］。【参考异名】Nemum Desv. (1825) Nom. illegit. ; Nemum Ham. (1825) Nom. illegit. ; Scirpus L. (1753)（保留属名）; Scirpus sect. Nemum（Desv. ex Ham.）C. B. Clarke(1900)■☆

34871　Nemum Ham. (1825) Nom. illegit. ≡ Nemum Desv. ex Ham. (1825)［莎草科 Cyperaceae］■

34872　Nemuranthes Raf. (1837) = Habenaria Willd. (1805)［兰科 Orchidaceae］■

34873　Nenax Gaertn. (1788)【汉】奈纳茜属。【隶属】茜草科 Rubiaceae。【包含】世界9种。【学名诠释与讨论】〈阴〉词源不详。【分布】非洲南部。【模式】Nenax acerosa J. Gaertner。【参考异名】Ambraria Cruse(1825) Nom. illegit. ●☆

34874　Nenga H. Wendl. et Drude(1875)【汉】能加棕属（根柱槟榔属，蓝鞘棕属，南格槟榔属，南各桐属，南亚棕属）。【日】ネンガヤシ属，ネンガ属。【英】Nenga。【隶属】棕榈科 Arecaceae(Palmae)。【包含】世界4-5种。【学名诠释与讨论】〈阴〉（印度尼西亚）nenge。最初由 Blume 命名为 Pinanga nenga，后来 H. Wendland 和 Drude 从 Pinanga 分出，另立新属 Nenga。【分布】东南亚西部。【模式】Pinanga nenga（Blume ex Martius）Blume ［Areca nenga Blume ex Martius; Nenga pumila（Blume ex Martius）H. Wendland; Areca pumila Blume ex Martius］。【参考异名】Anaclasmus Griff.●☆

34875　Nengella Becc. (1877)【汉】小能加棕属。【英】Nengella。【隶属】棕榈科 Arecaceae(Palmae)。【包含】世界7种。【学名诠释与讨论】〈阴〉（属）Nenga 能加棕属（根柱槟榔属，蓝鞘棕属，南格槟榔属，南各桐属，南亚棕属）+-ellus, -ella, -ellum，加在名词词干后面形成指小式的词尾。或加在人名、属名等后面以组成新属的名称。此属的学名是"Nengella Beccari, Malesia 1∶32. Apr 1877"。亦有文献把其处理为"Gronophyllum Scheff. (1876)"的异名。【分布】新几内亚岛。【后选模式】Nengella montana Beccari。【参考异名】Gronophyllum Scheff. (1876)●☆

34876　Nenningia Opiz (1839) = Campanula L. (1753)［桔梗科 Campanulaceae］■●

34877　Nenuphar Link(1822) Nom. illegit. ≡ Nuphar Sm. (1809)（保留属名）［睡莲科 Nymphaeaceae//萍蓬草科 Nupharaceae］■

34878　Neoabbottia Britton et Rose(1921)【汉】乔木柱属。【日】ネオアボッチア属。【隶属】仙人掌科 Cactaceae。【包含】世界2种。【学名诠释与讨论】〈阴〉（希）neos, neo-, 新的+（人）William Louis Abbott, 1860-, 植物学赞助人。此属的学名，ING 和 IK 记载是"Neoabbottia N. L. Britton et J. N. Rose, Smithsonian Misc. Collect. 72(9)∶2. 15 Jun 1921"。也有学者把其处理为归入"Leptocereus（A. Berger）Britton et Rose(1909)"; 但是后者是一个晚出的非法名称。【分布】海地岛。【模式】Neoabbottia paniculata（Lamarck）N. L. Britton et J. N. Rose ［Cactus paniculatus Lamarck］。【参考异名】Leptocereus（A. Berger）Britton et Rose (1909)●☆

34879　Neoacanthophora Bennet (1979) = Aralia L. (1753)［五加科 Araliaceae］●■

34880　Neoachmandra W. J. De Wilde et Duyfjes (2006)【汉】新泻根属。【隶属】葫芦科（瓜科，南瓜科）Cucurbitaceae。【包含】世界30种，中国2种。【学名诠释与讨论】〈阴〉（希）neos, neo-, 新的+（属）Achmandra = Bryonia L. 泻根属（欧薯蓣属，欧洲甜瓜属）。此属的学名是"Neoachmandra W. J. J. O. de Wilde et B. E. E. Duyfjes, Blumea 51∶12. 10 Mai 2006"。亦有文献把此处理为

"Bryonia L. (1753)"的异名。【分布】参见 Bryonia L.。【模式】Neoachmandra japonica（Thunberg）W. J. J. O. de Wilde et B. E. E. Duyfjes ［Bryonia japonicaa Thunberg］。【参考异名】Bryonia L. (1753)■☆

34881　Neoalsomitra Hutch. (1942)【汉】棒锤瓜属（棒槌瓜属，穿山龙属）。【英】Clabgourd, Neoalsomitra。【隶属】葫芦科（瓜科，南瓜科）Cucurbitaceae。【包含】世界11-22种，中国1-3种。【学名诠释与讨论】〈阴〉（希）neos, neo-, 新的+（属）Alsomitra 大盖瓜属（阿霜瓜属）。本属是由 Alsomitra 属分出的新属。【分布】澳大利亚，印度至马来西亚，中国，波利尼西亚群岛。【模式】Neoalsomitra sarcophylla（Wallich）Hutchinson ［Zanonia sarcophylla Wallich］。●■

34882　Neoancistrophyllum Rauschert(1982)【汉】钩叶棕属。【隶属】棕榈科 Arecaceae(Palmae)。【包含】世界6种。【学名诠释与讨论】〈中〉（希）ankistron, 钩+phyllon, 叶子。此属的学名，ING 和 IK 记载是"Ancistrophyllum（G. Mann et H. Wendland）H. Wendland in Kerchove, Palmiers 230. 1878"; 多数文献采用此名称; 它是由"Calamus subgen. Ancistrophyllum G. Mann et H. Wendl. (1864)"改级而来。"Ancistrophyllum（G. Mann et H. Wendl.）G. Mann et H. Wendl. (1878)"、"Ancistrophyllum G. Mann et H. Wendl. (1878)"和"Ancistrophyllum（G. Mann et H. Wendl.）G. Mann et H. Wendl. ex Kerch. (1878)"的命名人引证有误。但是上述所有名称都是非法名称（Nom. illegit.），因为此前已经有了化石植物的"Ancistrophyllum Göppert, Gatt. Foss. Pflanzen. 33. t. 17. Jan 1841"。故用"Neoancistrophyllum S. Rauschert, Taxon 31∶557. 9 Aug 1982"替代"Ancistrophyllum（G. Mann et H. Wendl.）H. Wendl. (1878) Nom. illegit."。亦有学者把"Neoancistrophyllum Rauschert（1982）"处理为"Laccosperma（G. Mann et H. Wendl.）Drude（1877）"的异名。亦有文献把"Neoancistrophyllum Rauschert(1982)"处理为"Laccosperma（G. Mann et H. Wendl.）Drude(1877)"的异名。【分布】热带非洲。【模式】Ancistrophyllum secundiflorum（Palisot de Beauvois）H. Wendland ［Calamus secundiflorus Palisot de Beauvois］。【参考异名】Ancistrophyllum（G. Mann et H. Wendl.）G. Mann et H. Wendl. (1878) Nom. illegit. ; Ancistrophyllum（G. Mann et H. Wendl.）G. Mann et H. Wendl. ex Kerch. (1878) Nom. illegit. ; Ancistrophyllum G. Mann et H. Wendl. (1878) Nom. illegit. ; Ancistrophyllum G. Mann et H. Wendl. , Nom. illegit. ; Calamus subgen. Ancistrophyllum G. Mann et H. Wendland; Laccosperma（G. Mann et H. Wendl.）Drude(1877); Neoancistrophyllum Rauschert(1982) Nom. illegit. ●☆

34883　Neoapaloxylon Rauschert(1982)【汉】柔木豆属（新柔木豆属，马岛豆属）。【隶属】豆科 Fabaceae（Leguminosae）//云实科（苏木科）Caesalpiniaceae。【包含】世界2种。【学名诠释与讨论】〈中〉（希）neos, neo-, 新的+（属）Apaloxylon 马岛豆属。此属的学名"Neoapaloxylon S. Rauschert, Taxon 31∶559. 9 Aug 1982"是一个替代名称。"Apaloxylon Drake del Castillo in Grandidier, Hist. Phys. Madagascar 30(1)∶75, 206. Mar 1903（'1902'）"是一个非法名称（Nom. illegit.），因为此前已经有了化石植物的"Apaloxylon Renault, Bull. Soc. Hist. Nat. Autun 5∶157. t. 5. 1892"。故用"Neoapaloxylon Rauschert(1982)"替代之。【分布】马达加斯加。【模式】Neoapaloxylon madagascariense（Drake del Castillo）S. Rauschert ［Apaloxylon madagascariense Drake del Castillo］。【参考异名】Apaloxylon Drake(1903)●■☆

34884　Neo-aridaria A. G. J. Herre (1971) Nom. nud. ［番杏科 Aizoaceae］☆

34885　Neoastelia J. B. Williams(1987)【汉】新芳香草属。【隶属】聚星草科（芳香草科，无柱花科）Asteliaceae。【包含】世界1种。

【学名诠释与讨论】〈阴〉(希)neos,neo-,新的+(属)Astelia 聚星草属(芳香草属,无柱花属)。【分布】澳大利亚。【模式】Neoastelia spectabilis J. B. Williams。■☆

34886　Neoaulacolepis Rauschert(1982)【汉】新沟浮草属。【隶属】禾本科 Poaceae(Gramineae)。【包含】世界 4 种。【学名诠释与讨论】〈阴〉(希)neos,neo-,新的+(属)Aulacolepis。希腊文 aulax,所有格 aulakos =alox,所有格 alokos,犁沟,记号,伤痕,腔穴,子宫+lepis,所有格 lepidos,指小式 lepion 或 lepidion,鳞,鳞片。lepidotos,多鳞的。lepos,鳞,鳞片。此属的学名"Neoaulacolepis S. Rauschert, Taxon 31:561. 9 Aug 1982"是一个替代名称。"Aulacolepis Hackel,Repert. Spec. Nov. Regni Veg. 3:241. 15 Jan 1907"是一个非法名称(Nom. illegit.),因为此前已经有了化石植物的"Aulacolepis C. von Ettingshausen, Sitzungsber. Kaiserl. Akad. Wiss., Math. -Naturwiss. Cl., Abt. 1. 102:135, 147. 1893"。故用"Neoaulacolepis Rauschert(1982)"替代之。亦有文献把"Neoaulacolepis Rauschert(1982)"处理为"Aniselytron Merr.(1910)"或"Calamagrostis Adans.(1763)"的异名。【分布】日本,越南,中国,加里曼丹岛。【模式】Neoaulacolepis treutleri (O. Kuntze)S. Rauschert [Milium treutleri O. Kuntze]。【参考异名】Aniselytron Merr. (1910);Aulacolepis Hack. (1907)Nom. illegit.;Calamagrostis Adans. (1763)■

34887　Neobaclea Hochr. (1930)【汉】新巴氏锦葵属。【隶属】锦葵科 Malvaceae。【包含】世界 1-2 种。【学名诠释与讨论】〈阴〉(希)neos,neo-,新的+(人)Cesar Hippolyte Bade,1794-1838,瑞士博物学者,植物采集家。【分布】温带南美洲。【模式】Neobaclea spirostegia Hochreutiner。■☆

34888　Neobaileya Gandog. = Geranium L. (1753) [牻牛儿苗科 Geraniaceae]■●

34889　Neobakeria Schltr. (1924)= Massonia Thunb. ex Houtt. (1780) [风信子科 Hyacinthaceae]■☆

34890　Neobalanocarpus P. S. Ashton (1978) Nom. illegit. ≡ Balanocarpus Bedd. (1874) [龙脑香科 Dipterocarpaceae]●☆

34891　Neobalanocarpus P. S. Ashton (1982) Nom. illegit. ≡ Balanocarpus Bedd. (1874) [龙脑香科 Dipterocarpaceae]●☆

34892　Neobambos Keng ex P. C. Keng(1948)Nom. inval. ,Nom. nud. = Sinobambusa Makino ex Nakai (1925) [禾本科 Poaceae (Gramineae)]●

34893　Neobambus P. C. Keng(1948)= Sinobambusa Makino ex Nakai (1925) [禾本科 Poaceae(Gramineae)]●

34894　Neobaronia Baker (1884)= Phylloxylon Baill. (1861) [豆科 Fabaceae(Leguminosae)]●☆

34895　Neobartlettia R. M. King et H. Rob. (1971)Nom. illegit. ≡ Bartlettina R. M. King et H. Rob. (1971) [菊科 Asteraceae (Compositae)]●☆

34896　Neobartlettia Schltr. (1920)【汉】巴特兰属。【隶属】兰科 Orchidaceae。【包含】世界 6 种。【学名诠释与讨论】〈阴〉(希)neos,neo-,新的+(人)John Russell Bartlett,1805-1886,美国人。另说纪念 Albert William Bartlett,1875-1943,英国植物学者,植物采集家。【分布】热带南美洲。【模式】未指定。■☆

34897　Neobassia A. J. Scott(1978)【汉】新雾冰藜属。【隶属】藜科 Chenopodiaceae。【包含】世界 2-3 种。【学名诠释与讨论】〈阴〉(希)neos,neo-,新的+(属)Bassia 雾冰藜属。【分布】澳大利亚。【模式】Neobassia astrocarpa (F. von Mueller) A. J. Scott [Bassia astrocarpa F. von Mueller]。●☆

34898　Neobathiea Schltr. (1925)【汉】巴蒂兰属。【隶属】兰科 Orchidaceae。【包含】世界 5 种。【学名诠释与讨论】〈阴〉(希)neos,neo-,新的+(人)Joseph Marie Henri Alfred Perrier de la

Bathie,1873-1958,法国植物学者,植物采集家。此属的学名"Neobathiea R. Schlechter, Repert. Spec. Nov. Regni Veg. Beih. 33:369. 20 Mar 1925"是一个替代名称。ING 记载它替代的是"Bathiea Schlechter, Beih. Bot. Centralbl. 36 (2):180. 30 Apr 1918",而非"Bathiaea Drake del Castillo in Baillon, Hist. Nat. Pl. 1:205. 1902 [豆科 Fabaceae (Leguminosae)//云实科 (苏木科)Caesalpiniaceae]"。【分布】马达加斯加。【模式】Neobathiea perrieri (R. Schlechter) R. Schlechter [Aeranthes perrieri R. Schlechter]。【参考异名】Bathiea Schltr. (1915)■☆

34899　Neobaumannia Hutch. et Dalziel(1931)= Knoxia L. (1753) [茜草科 Rubiaceae]■

34900　Neobeckia Greene(1896)= Rorippa Scop. (1760) [十字花科 Brassicaceae(Cruciferae)]■

34901　Neobeguea J. -F. Leroy (1970)【汉】布格楝属。【隶属】楝科 Meliaceae。【包含】世界 3 种。【学名诠释与讨论】〈阴〉(希)neos,neo-,新的+(属)Beguea 布格木属。或+Louis Henry Begue,1906-,法国植物学者,植物采集家。【分布】马达加斯加。【模式】Neobeguea ankaranensis J. -F. Leroy。●☆

34902　Neobennettia Senghas(2001)= Lockhartia Hook. (1827) [兰科 Orchidaceae]■☆

34903　Neobenthamia Rolfe(1891)【汉】新本氏兰属。【日】ネオベンタミア属。【隶属】兰科 Orchidaceae。【包含】世界 1 种。【学名诠释与讨论】〈阴〉(希)neos,neo-,新的+(属)Benthamia 本氏兰属。或+George Bentham,1800-1884,英国植物学者。【分布】热带非洲东部。【模式】Neobenthamia gracilis Rolfe。■☆

34904　Neobertiera Wernham(1917)【汉】几内亚茜属。【隶属】茜草科 Rubiaceae。【包含】世界 1 种。【学名诠释与讨论】〈阴〉(希)neos,neo-,新的+(属)Bertiera 贝尔茜属。【分布】几内亚。【模式】Neobertiera gracilis Wernham。■☆

34905　Neobesseya Britton et Rose(1923)【汉】结分锦属。【隶属】仙人掌科 Cactaceae。【包含】世界 6 种。【学名诠释与讨论】〈阴〉(希)neos, neo-, 新的+(人)Bessey,植物学者。此属的学名,ING、TROPICOS 和 IK 记载是"Neobesseya N. L. Britton et Rose, Cact. 4:51. 9 Oct 1923"。它曾被处理为"Escobaria sect. Neobesseya (Britton et Rose) N. P. Taylor Kakteen And. Sukk. 34 (7):155 (1983)"。亦有文献把"Neobesseya Britton et Rose (1923)"处理为"Coryphantha (Engelm.) Lem. (1868)(保留属名)"或"Escobaria Britton et Rose(1923)"的异名。【分布】参见 Coryphantha (Engelm.) Lem. 和 Escobaria Britton et Rose。【模式】Neobesseya missouriensis (Sweet) N. L. Britton et Rose [Mammillaria missouriensis Sweet]。【参考异名】Coryphantha (Engelm.) Lem. (1868)(保留属名);Escobaria Britton et Rose (1923);Escobaria sect. Neobesseya (Britton et Rose) N. P. Taylor (1983)■☆

34906　Neobinghamia Backeb. (1950)【汉】花环柱属(新宾哈米亚属)。【日】ネオビンガミア属。【隶属】仙人掌科 Cactaceae。【包含】世界 4 种。【学名诠释与讨论】〈阳〉(希)neos,neo-,新的+(人)Bingham。或+(属)Binghamia。此属的学名是"Neobinghamia Backeberg, Cact. Succ. J. (Los Angeles) 22:154. Sep-Oct 1950"。亦有文献把其处理为"Haageocereus Backeb. (1933)"的异名。【分布】秘鲁。【模式】Neobinghamia climaxantha (Werdermann) Backeberg [Binghamia climaxantha Werdermann]。【参考异名】Haageocereus Backeb. (1933)●☆

34907　Neobiondia Pamp. (1910)= Saururus L. (1753) [三白草科 Saururaceae]■

34908　Neoblakea Standl. (1930)【汉】新茜草属。【隶属】茜草科 Rubiaceae。【包含】世界 1 种。【学名诠释与讨论】〈阴〉(希)

neos,neo-,新的+（属）Blakea。【分布】委内瑞拉。【模式】Neoblakea venezuelensis Standley。☆

34909 Neoboivinella Aubrév. et Pellegr.（1959）= Englerophytum K. Krause（1914）［山榄科 Sapotaceae］●☆

34910 Neobolusia Schltr.（1895）【汉】新波鲁兰属。【隶属】兰科 Orchidaceae。【包含】世界4种。【学名诠释与讨论】〈阴〉（希）neos,neo-,新的+（人）Harry Bolus,1834-1911,南非植物学者,植物采集家。【分布】热带非洲南部和东部。【模式】Neobolusia tysoni（H. Bolus）Schlechter［Brachycorythis tysoni H. Bolus］。■☆

34911 Neobotrydium Moldenke（1946）= Chenopodium L.（1753）;~= Dysphania R. Br.（1810）［藜科 Chenopodiaceae//刺藜科（澳藜科）Dysphaniaceae］■

34912 Neobouteloua Gould（1968）【汉】新垂穗草属。【隶属】禾本科 Poaceae（Gramineae）。【包含】世界1种。【学名诠释与讨论】〈阴〉（希）neos,neo-,新的+（属）Bouteloua 格兰马草属（垂穗草属）。或+Esteban Bouteloua y Soldevilla,1776-1813,西班牙植物学者。【分布】阿根廷。【模式】Neobouteloua lophostachya（Grisebach）Gould［Bouteloua lophostachya Grisebach］。■☆

34913 Neoboutonia Müll. Arg.（1864）【汉】新野桐属。【隶属】大戟科 Euphorbiaceae。【包含】世界3种。【学名诠释与讨论】〈阴〉（希）neos,neo-,新的+（属）Boutonia。或+Louis Sulpice Bouton,1799-1878,植物学者。【分布】热带非洲。【模式】Neoboutonia africana J. Müller Arg.。●☆

34914 Neoboykinia Hara（1937）= Boykinia Nutt.（1834）（保留属名）［虎耳草科 Saxifragaceae］●■☆

34915 Neobracea Britton（1920）【汉】布雷斯木属。【隶属】夹竹桃科 Apocynaceae。【包含】世界8种。【学名诠释与讨论】〈阴〉（希）neos,neo-,新的+（人）Bracea。此属的学名"Neobracea N. L. Britton in N. L. Britton et Millspaugh, Bahama Fl. 335. 26 Jun 1920"是一个替代名称。"Bracea N. L. Britton, Bull. New York Bot. Gard. 3:448. 22 Mar 1905"是一个非法名称（Nom. illegit.）,因为此前已经有了"Bracea G. King, J. Asiat. Soc. Bengal, Pt. 2, Nat. Hist. 64:101. 15 Apr 1895（'1896'）= Sarcosperma Hook. f.（1876）［山榄科 Sapotaceae//肉实树科 Sarcospermataceae］"。故用"Neobracea Britton（1920）替代之。【分布】巴哈马,古巴。【模式】Neobracea bahamensis（N. L. Britton）N. L. Britton［Bracea bahamensis N. L. Britton］。【参考异名】Bracea Britton（1905）Nom. illegit.●☆

34916 Neobrachyactis Brouillet（2011）【汉】新短星菊属。【隶属】菊科 Asteraceae（Compositae）。【包含】世界3种。【学名诠释与讨论】〈阴〉（希）neos,neo-,新的+（属）短星菊属 Brachyactis。【分布】中国。【模式】Neobrachyactis roylei（Candolle）Brouillet［Conyza roylei DC.］。☆

34917 Neobreonia Ridsdale（1975）【汉】新黄梁木属。【隶属】茜草科 Rubiaceae。【包含】世界1种。【学名诠释与讨论】〈阴〉（希）neos,neo-,新的+（属）Breonia 黄梁木属（团花属）。【分布】马达加斯加。【模式】Neobreonia decaryana（A.-M. Homolle）C. E. Ridsdale［Breonia decaryana A.-M. Homolle］。●☆

34918 Neobrittonia Hochr.（1905）【汉】新强刺属。【隶属】锦葵科 Malvaceae。【包含】世界1种。【学名诠释与讨论】〈阴〉（希）neos,neo-,新的+（属）Brittonia = Ferocactus 强刺球属。或+Nathaniel Lord Britton,1859-1934,美国植物学者。【分布】巴拿马,哥斯达黎加,墨西哥,尼加拉瓜,中美洲。【模式】Neobrittonia acerifolia（Lagasca）Hochreutiner［Sida acerifolia Lagasca］。●☆

34919 Neobuchia Urb.（1902）【汉】新木棉属。【隶属】木棉科 Bombacaceae//锦葵科 Malvaceae。【包含】世界1种。【学名诠释与讨论】〈阴〉（希）neos,neo-,新的+（人）Peter Carl Bouché,

1783-1856,德国植物学者。或纪念德国植物学者 Wilhelm Buch,1862。【分布】西印度群岛。【模式】Neobuchia paulinae Urban。●☆

34920 Neoburttia Mytnik, Szlach. et Baranow（2011）【汉】类多穗兰属。【隶属】兰科 Orchidaceae。【包含】世界1种。【学名诠释与讨论】〈阴〉（希）neos,neo-,新的+（人）Burtt。【分布】坦噶尼喀。【模式】Neoburttia longiscapa（Summerh.）Mytnik, Szlach. et Baranow［Polystachya longiscapa Summerh.］。☆

34921 Neobuxbaumia Backeb.（1938）【汉】大凤龙属。【隶属】仙人掌科 Cactaceae。【包含】世界7种。【学名诠释与讨论】〈阴〉（希）neos,neo-,新的+（人）Franz Buxbaum,1900-1979,奥地利植物学者。【分布】墨西哥。【模式】Neobuxbaumia tetazo（A. Weber ex Coulter）Backeberg［as 'tetetzo'］［Cereus tetazo A. Weber ex Coulter］。【参考异名】Pseudomitrocereus Bravo et Buxb.（1961）; Rooksbya（Backeb.）Backeb.（1958）; Rooksbya Backeb.（1958）Nom. illegit.●☆

34922 Neobyrnesia J. A. Armstr.（1980）【汉】新风车草属。【隶属】芸香科 Rutaceae。【包含】世界1种。【学名诠释与讨论】〈阴〉（希）neos,neo-,新的+（人）Norman Brice Byrnes,1922-,澳大利亚植物学者,植物采集家。【分布】澳大利亚。【模式】Neobyrnesia suberosa J. A. Armstrong。●☆

34923 Neocabreria R. M. King et H. Rob.（1972）【汉】毛瓣亮泽兰属。【隶属】菊科 Asteraceae（Compositae）。【包含】世界5种。【学名诠释与讨论】〈阴〉（希）neos,neo-,新的+（人）Angel Lulio Cabrera,1908-1999,植物学者。【分布】巴拉圭,巴西至阿根廷。【模式】Neocabreria serrulata（A. P. de Candolle）R. M. King et H. E. Robinson［Eupatorium serrulatum A. P. de Candolle; Eupatorium acuminatum W. J. Hooker et Arnott 1836, non Kunth 1818］。●☆

34924 Neocaldasia Cuatrec.（1944）【汉】哥伦比亚菊属。【隶属】菊科 Asteraceae（Compositae）。【包含】世界1种。【学名诠释与讨论】〈阴〉（希）neos,neo-,新的+（属）Caldasia。或+Angel Lulio Cabrera,1908-,阿根廷植物学者。【分布】哥伦比亚。【模式】Neocaldasia colombiana Cuatrecasas。■☆

34925 Neocallitropsidaceae Doweld（2001）= Cupressaceae Gray（保留科名）●

34926 Neocallitropsis Florin（1944）【汉】皂柏属（新喀里多尼亚柏属）。【隶属】柏科 Cupressaceae。【包含】世界1种。【学名诠释与讨论】〈阴〉（希）neos,neo-,新的+（属）Callitropsis。此属的学名"Neocallitropsis Florin, Palaeontographica, Abt. B, Paläophytol. 85B:590. 1944"是一个替代名称。"Callitropsis R. H. Compton, J. Linn. Soc., Bot. 45:432. Mar 1922"是一个非法名称（Nom. illegit.）,因为此前已经有了"Callitropsis Oersted, Vidensk. Meddel. Dansk Naturhist. Foren. Kjøbenhavn 1864:32. 1864 = Chamaecyparis Spach（1841）［柏科 Cupressaceae］"。故用"Neocallitropsis Florin（1944）"替代之。【分布】法属新喀里多尼亚。【模式】Neocallitropsis araucarioides（R. H. Compton）Florin［Callitropsis araucarioides R. H. Compton］。【参考异名】Callitropsis Compton（1922）Nom. illegit.●☆

34927 Neocalyptrocalyx Hutch.（1967）【汉】新隐萼椰子属。【隶属】白花菜科（醉蝶花科）Cleomaceae。【包含】世界2种。【学名诠释与讨论】〈阳〉（希）neos,neo-,新的+（属）Calyptrocalyx 隐萼椰子属（盖萼棕属）。此属的学名是"Neocalyptrocalyx J. Hutchinson, Gen. Fl. Pl., Dicot. 2:308. 1967"。亦有文献把其处理为"Capparis L.（1753）"的异名。【分布】热带南美洲。【模式】Neocalyptrocalyx nectarius（Vellozo）J. Hutchinson［as 'nectareus'］［Capparis nectaria Vellozo］。【参考异名】Capparis L.（1753）●☆

34928　Neocardenasia Backeb.（1949）＝ Neoraimondia Britton et Rose（1920）［仙人掌科 Cactaceae］●☆

34929　Neocarya（DC.）Prance ex F. White（1976）【汉】新壳果属。【隶属】金壳果科 Chrysobalanaceae。【包含】世界 1 种。【学名诠释与讨论】〈阴〉（希）neos，neo－，新的＋karyon，胡桃，硬壳果，核，坚果。此属的学名，ING 和 IK 记载是"Neocarya（A. P. de Candolle）G. T. Prance ex F. White，Bull. Jard. Bot. Belg. 46：308. 31 Dec 1976"，由"Parinari sect. Neocarya A. P. de Candolle，Prodr. 2：527. Nov（med.）1825"改级而来。"Neocarya（DC.）Prance.（1976）≡ Neocarya（DC.）Prance ex F. White（1976）"的命名人引证有误。【分布】热带非洲西部。【模式】Parinari senegalensis Perrottet ex A. P. de Candolle［Parinarium senegalense Perrottet ex A. P. de Candolle］。【参考异名】Neocarya（DC.）Prance.，Nom. illegit. ；Parinari sect. Neocarya DC.（1825）●☆

34930　Neocarya（DC.）Prance.（1976）Nom. illegit. ≡ Neocarya（DC.）Prance ex F. White（1976）［金壳果科 Chrysobalanaceae］●☆

34931　Neocaspia Tzvelev（1993）Nom. illegit. ≡ Caspia Galushko（1976）；～＝ Anabasis L.（1753）［藜科 Chenopodiaceae］●■

34932　Neocastela Small（1911）＝ Castela Turpin（1806）（保留属名）［苦木科 Simaroubaceae］●

34933　Neoceis Cass.（1820）＝ Erechtites Raf.（1817）［菊科 Asteraceae（Compositae）］■

34934　Neocentema Schinz（1911）【汉】新花刺苋属。【隶属】苋科 Amaranthaceae。【包含】世界 1-2 种。【学名诠释与讨论】〈阴〉（希）neos，neo－，新的＋（属）Centema 花刺苋属。【分布】热带非洲东部。【模式】未指定。■☆

34935　Neochamaelea（Engl.）Erdtman（1952）【汉】肖叶柄花属。【隶属】叶柄花科 Cneoraceae//拟荨麻科 Urticaceae。【包含】世界 1 种。【学名诠释与讨论】〈阴〉（希）neos，neo－，新的＋（属）Chamaelea。此属的学名"Neochamaelea（Engler）Erdtman，Pollen Morphol. Pl. Taxon 115. 1952"是一个替代名称。"Chamaelea Van Tieghem，Bull. Mus. Hist. Nat.（Paris）4：24. 1898"是一个非法名称（Nom. illegit.），因为此前已经有了"Chamaelea Gagnebin，Acta Helv. Phys. –Math. 2：60. Feb 1755 ≡ Cneorum L.（1753）［叶柄花科 Cneoraceae//拟荨麻科 Urticaceae］"。故用"Neochamaelea（Engl.）Erdtman（1952）"替代之。亦有文献把"Neochamaelea（Engl.）Erdtman（1952）"处理为"Cneorum L.（1753）"的异名。【分布】西班牙（加那利群岛）。【模式】Neochamaelea pulverulenta（Ventenat）Erdtman［Cneorum pulverulentum Ventenat］。【参考异名】Chamaelea Tiegh.（1898）Nom. illegit. ；Cneorum L.（1753）●☆

34936　Neochevaliera A. Chev. et Beille（1907）＝ Chaetocarpus Thwaites（1854）（保留属名）［大戟科 Euphorbiaceae］●

34937　Neochevaliera Beille（1907）Nom. illegit. ≡ Neochevaliera A. Chev. et Beille（1907）；～＝ Chaetocarpus Thwaites（1854）（保留属名）［大戟科 Euphorbiaceae］●

34938　Neochevalierodendron J. Léonard（1951）【汉】新舍瓦豆属。【隶属】豆科 Fabaceae（Leguminosae）。【包含】世界 1 种。【学名诠释与讨论】〈阴〉（希）neos，neo－，新的＋（属）Chevalierodendron ＝ Streblus 鹊肾树属。或 ＋ Auguste Jean Baptiste Chevalier，1873 – 1956，法国植物学者，探险家。【分布】西赤道非洲。【模式】Neochevalierodendron stephanii（A. Chevalier）J. Léonard［Macrolobium stephanii A. Chevalier］。●☆

34939　Neochilenia Backeb.（1942）【汉】新智利球属。【日】ネオキレニア属。【隶属】仙人掌科 Cactaceae。【包含】世界 66 种。【学名诠释与讨论】〈阴〉（希）neos，neo－，新的 ＋（属）Chilenia ＝ Pyrrhocactus ＝ Neoporteria 智利球属。此属的学名"Neochilenia C. Backeberg，Cactaceae 1941（2）：39，76. Jun 1942"是"Chilenia

Backeb.，Blätt. Kakteenf. 1938（6）：［21］.［Jun 1938?］；Kakteenkunde 1939：81-82. 1939"的替代名称。"Neochilenia Backeb. ex Dölz（1942）≡ Neochilenia Backeb.（1942）"的命名人引证有误。亦有文献把"Neochilenia Backeb.（1942）"处理为"Neoporteria Britton et Rose（1922）"、"Nichelia Bullock（1938）"或"Pyrrhocactus（A. Berger）Backeb.（1936）"的异名。【分布】参见 Nichelia Bullock 和 Pyrrhocactus（A. Berger）Backeb。【模式】Neochilenia jussieui（Monville）C. Backeberg［Echinocactus jussieui Monville］。【参考异名】Chilenia Backeb.（1935）Nom. illegit. ；Neochilenia Backeb. ex Dölz（1942）Nom. illegit. ；Nichelia Bullock（1938）；Pyrrhocactus（A. Berger）Backeb.（1936）●☆

34940　Neochilenia Backeb. ex Dölz（1942）Nom. illegit. ≡ Neochilenia Backeb.（1942）［仙人掌科 Cactaceae］●☆

34941　Neocinnamomum H. Liou（1934）【汉】新樟属。【英】Neocinnamomum，Newcinnamon。【隶属】樟科 Lauraceae。【包含】世界 6-7 种，中国 6 种。【学名诠释与讨论】〈中〉（希）neos，neo－，新的＋（属）Cinnamomum 樟属。指本属与樟属相近。【分布】中国，中南半岛。【模式】未指定。●

34942　Neoclemensia Carr（1935）【汉】克莱门斯兰属。【隶属】兰科 Orchidaceae。【包含】世界 1 种。【学名诠释与讨论】〈阴〉（希）neos，neo－，新的＋（人）Joseph Clemens，1862 – 1932，牧师。【分布】加里曼丹岛。【模式】Neoclemensia spathulata C. E. Carr。■☆

34943　Neocleome Small（1933）Nom. illegit. ≡ Tarenaya Raf.（1838）；～＝ Cleome L.（1753）［山柑科（白花菜科，醉蝶花科）Capparaceae//白花菜科（醉蝶花科）Cleomaceae］●■

34944　Neocodon Kolak. et Serdyuk.（1984）＝ Campanula L.（1753）［桔梗科 Campanulaceae］■●

34945　Neocogniauxia Schltr.（1913）【汉】小唇兰属。【隶属】兰科 Orchidaceae。【包含】世界 2 种。【学名诠释与讨论】〈阴〉（希）neos，neo－，新的＋（属）Cogniauxia。或 ＋ Celestin Alfred Cogniaux，1841 – 1916，比利时植物学者。【分布】西印度群岛。【模式】未指定。■☆

34946　Neocollettia Hemsl.（1890）［as 'Neocolletia'］【汉】热亚纤豆属。【隶属】豆科 Fabaceae（Leguminosae）。【包含】世界 1 种。【学名诠释与讨论】〈阴〉（希）neos，neo－，新的＋（人）Henry Collett，1836 – 1901，英国植物学者，植物采集家。【分布】缅甸，印度尼西亚（爪哇岛）。【模式】Neocollettia gracilis W. B. Hemsley。■☆

34947　Neoconopodium（Koso-Pol.）Pimenov et Kljuykov（1987）【汉】新锥足芹属。【隶属】伞形花科（伞形科）Apiaceae（Umbelliferae）。【包含】世界 1 种。【学名诠释与讨论】〈中〉（希）neos，neo－，新的＋（属）Conopodium 锥足芹属（锥足草属）。此属的学名，ING 和 IK 记载是"Neoconopodium（B. M. Koso-Poljansky）M. G. Pimenov et E. V. Kljuykov，Feddes Repert. 98：377. Aug 1987"，由"Conopodium III. Neoconopodium B. M. Koso-Poljansky，Bull. Soc. Imp. Naturalistes Moscou ser. 2. 29：206. 1916"改级而来。【分布】阿富汗，喜马拉雅山。【模式】Neoconopodium capnoides（Decaisne）M. G. Pimenov et E. V. Kljuykov［Butinia capnoides Decaisne］。【参考异名】Conopodium III. Neoconopodium Koso-Pol.（1916）■☆

34948　Neocouma Pierre（1898）【汉】新牛奶木属。【隶属】夹竹桃科 Apocynaceae。【包含】世界 2 种。【学名诠释与讨论】〈阴〉（希）neos，neo－，新的＋（属）Couma 牛奶木属。【分布】巴西。【模式】Neocouma ternstroemiacea（J. Mueller Arg.）Pierre［Tabernaemontana ternstroemiacea J. Mueller Arg.］。●☆

34949　Neocracca Kuntze（1898）＝ Coursetia DC.（1825）［豆科 Fabaceae（Leguminosae）］●☆

34950 Neocribbia Szlach. (2003)【汉】新克里布兰属。【隶属】兰科 Orchidaceae。【包含】世界 1 种。【学名诠释与讨论】〈阴〉(希) neos, neo-, 新的 +(属) Cribbia 克里布兰属。此属的学名是 "Neocribbia Szlach. , Annales Botanici Fennici 40: 69. 2003"。亦有文献把其处理为 "Angraecum Bory(1804)" 的异名。【分布】中国, 热带非洲。【模式】Neocribbia wakefieldii (Rolfe) Szlach.。【参考异名】Angraecum Bory(1804)■

34951 Neocryptodiscus Hedge et Lamond(1987)【汉】隐盘芹属(新隐盘芹属)。【隶属】伞形花科(伞形科) Apiaceae(Umbelliferae)。【包含】世界 5 种。【学名诠释与讨论】〈阳〉(希) neos, neo-, 新的 +(属) Cryptodiscus 隐盘芹属。《中国植物志》记载了 "隐盘芹属 Cryptodiscus A. Schrenk in F. E. L. Fischer et C. A. Meyer, Enum. Pl. Nov. 1; 64. 15 Jun 1841"; 但它是一个非法名称(Nom. illegit.), 因为此前已经有了真菌的 "Cryptodiscus Corda, Icon. 2: 37. Jul 1838"。故用 "Neocryptodiscus Hedge et Lamond(1987)" 替代 "Cryptodiscus Schrenk (1841) Nom. illegit."。"Cryptodiscus Schrenk ex Fisch. et C. A. Mey. (1841) ≡ Cryptodiscus Schrenk (1841) Nom. illegit." 的命名人引证有误。亦有文献把 "Neocryptodiscus Hedge et Lamond(1987)" 处理为 "Prangos Lindl. (1825)" 的异名。【分布】伊朗至亚洲中部。【模式】Cryptodiscus cachroides A. Schrenk。【参考异名】Cryptodiscus Schrenk ex Fisch. et C. A. Mey. (1841) Nom. illegit. ; Cryptodiscus Schrenk (1841) Nom. illegit. ; Prangos Lindl. (1825)■☆

34952 Neocuatrecasia R. M. King et H. Rob. (1970)【汉】腺苞柄泽兰属。【隶属】菊科 Asteraceae(Compositae)。【包含】世界 9-12 种。【学名诠释与讨论】〈阴〉(希) neos, neo-, 新的 +(人) José Cuatrecasas, 1903-1996, 西班牙植物学者。【分布】玻利维亚, 安第斯山。【模式】Neocuatrecasia lobata (B. L. Robinson) R. M. King et H. E. Robinson [Eupatorium lobatum B. L. Robinson]。■☆

34953 Neocupressus de Laub. (2009) Nom. illegit. = Hesperocyparis Bartel et R. A. Price(2009) [柏科 Cupressaceae]●☆

34954 Neocussonia(Harms) Hutch. (1967) = Schefflera J. R. Forst. et G. Forst. (1775)(保留属名) [五加科 Araliaceae]●

34955 Neocussonia Hutch. (1967) Nom. illegit. ≡ Neocussonia (Harms) Hutch. (1967); ~ = Schefflera J. R. Forst. et G. Forst. (1775)(保留属名) [五加科 Araliaceae]●

34956 Neodawsonia Backeb. (1949)【汉】华翁属(新达乌逊属)。【日】ネオダウソニア属。【隶属】仙人掌科 Cactaceae。【包含】世界 6 种。【学名诠释与讨论】〈阳〉(希) neos, neo-, 新的 +(属) Dawsonia。或 +Elmer Yale Dawson, 1920-1966, 植物学者, 植物采集家。此属的学名, ING、TROPICOS 和 IK 记载是 "Neodawsonia Backeberg, Blätt. Sukkulentenk. 1: 4. 1 Jan 1949"。它曾被处理为 "Cephalocereus subgen. Neodawsonia (Backeb.) Bravo, Cactáceas y Suculentas Mexicanas 19 (2): 47. 1974"。亦有文献把 "Neodawsonia Backeb. (1949)" 处理为 "Cephalocereus Pfeiff. (1838)" 的异名。【分布】墨西哥, 中美洲。【模式】Neodawsonia apicicephalium (E. Y. Dawson) Backeberg [Cephalocereus apicicephalium E. Y. Dawson]。【参考异名】Cephalocereus Pfeiff. (1838); Cephalocereus subgen. Neodawsonia (Backeb.) Bravo (1974)●☆

34957 Neodeutzia(Engl.) Small (1905) = Deutzia Thunb. (1781) [虎耳草科 Saxifragaceae//山梅花科 Philadelphaceae//绣球花科(八仙花科, 绣球科) Hydrangeaceae]●

34958 Neodeutzia Small (1905) Nom. illegit. ≡ Neodeutzia (Engl.) Small (1905); ~ = Deutzia Thunb. (1781) [虎耳草科 Saxifragaceae//山梅花科 Philadelphaceae//绣球花科(八仙花科, 绣球科) Hydrangeaceae]●

34959 Neodielsia Harms (1905)【汉】迪氏豆属(狄氏豆属, 新蝶豆属)。【隶属】豆科 Fabaceae (Leguminosae)//蝶形花科 Papilionaceae。【包含】世界 1 种, 中国 1 种。【学名诠释与讨论】〈阴〉(希) neos, neo-, 新的 +(人) Friedrich Ludwig Emil Diels, 1874-1945, 德国植物学者。此属的学名是 "Neodielsia H. Harms in L. Diels, Bot. Jahrb. Syst. 36, Beibl. 82: 68. 10 Nov 1905"。亦有文献把其处理为 "Astragalus L. (1753)" 的异名。【分布】中国。【模式】Neodielsia polyantha H. Harms。【参考异名】Astragalus L. (1753)■

34960 Neodillenia Aymard(1997)【汉】新五桠果属。【隶属】五桠果科(第伦桃科, 五丫果科, 锡叶藤科) Dilleniaceae。【包含】世界 3 种。【学名诠释与讨论】〈阴〉(希) neos, neo-, 新的 +(属) Dillenia 五桠果属(第伦桃属)。【分布】秘鲁, 厄瓜多尔, 哥伦比亚, 委内瑞拉。【模式】Neodillenia coussapoana Aymard。■☆

34961 Neodiscocactus Y. Ito (1981) Nom. inval. ≡ Discocactus Pfeiff. (1837) [仙人掌科 Cactaceae]●☆

34962 Neodissochaeta Bakh. f. (1943) = Dissochaeta Blume (1831) [野牡丹科 Melastomataceae]●☆

34963 Neodistemon Babu et A. N. Henry(1970)【汉】双蕊麻属。【隶属】荨麻科 Urticaceae。【包含】世界 1 种。【学名诠释与讨论】〈阳〉(希) neos, neo-, 新的 +(属) Distemon。此属的学名 "Neodistemon Babu et A. N. Henry, Taxon 19: 651. 28 Aug 1970" 是一个替代名称。"Distemon Weddell, Arch. Mus. Hist. Nat. 9: 532, 550. 1856-1857" 是一个非法名称(Nom. illegit.), 因为此前已经有了 "Distemon Bouché, Linnaea 18: 494. Jun 1845('1844') = Canna L. (1753) [美人蕉科 Cannaceae]"。故用 "Neodistemon Babu et A. N. Henry(1970)" 替代之。【分布】印度至马来西亚。【模式】Neodistemon indicus (Weddell) Babu et A. N. Henry [as 'indicum'] [Distemon indicus Weddell [as 'indicum']。【参考异名】Distemon Wedd. (1856) Nom. illegit.■☆

34964 Neodonnellia Rose (1906) = Tripogandra Raf. (1837) [鸭趾草科 Commelinaceae]■☆

34965 Neodregea C. H. Wright(1909)【汉】德雷秋水仙属。【隶属】秋水仙科 Colchicaceae。【包含】世界 1 种。【学名诠释与讨论】〈阴〉(希) neos, neo-, 新的 +(属) Dregea。或 +J. L. Drege。【分布】非洲南部。【模式】Neodregea glassii C. H. Wright。■☆

34966 Neodriessenia M. P. Nayar(1977)【汉】新牡丹属。【隶属】野牡丹科 Melastomataceae。【包含】世界 6 种, 中国 1 种。【学名诠释与讨论】〈阴〉(希) neos, neo-, 新的 +(属) Driessenia 德里野牡丹属。【分布】越南(北部), 中国, 加里曼丹岛。【模式】Neodriessenia scorpioidea (O. Stapf) M. P. Nayar [Driessenia scorpioidea O. Stapf]。●■

34967 Neodryas Rchb. f. (1852)【汉】仙女兰属。【隶属】兰科 Orchidaceae。【包含】世界 6 种。【学名诠释与讨论】〈阴〉(希) neos, neo-, 新的 +(人) Dryas, 所有格 drysdos, 德律阿斯, 希腊神话中的森林女神。【分布】秘鲁, 玻利维亚。【模式】Neodryas rhodoneura H. G. Reichenbach。■☆

34968 Neodunnia R. Vig. (1950)【汉】新绣球茜属。【隶属】豆科 Fabaceae(Leguminosae)//蝶形花科 Papilionaceae。【包含】世界 4 种。【学名诠释与讨论】〈阴〉(希) neos, neo-, 新的 +Dunnia 绣球茜属(白萼树属, 绣球茜草属)。或 +Stephen Troyte Dunn, 1868-1938, 英国植物学者, 植物采集家, 曾来中国和朝鲜、日本采集标本。此属的学名是 "Neodunnia R. Viguier, Notul. Syst. (Paris) 14: 72. Feb 1950"。亦有文献把其处理为 "Millettia Wight et Arn. (1834)(保留属名)" 的异名。【分布】马达加斯加。【后选模式】Neodunnia atrocyanea R. Viguier。【参考异名】Millettia Wight et Arn. (1834)(保留属名)●☆

34969　Neodypsis Baill.（1894）【汉】三角椰子属（新戴普司桐属，新散尾葵属）。【日】ミツヤヤシ属。【隶属】棕榈科 Arecaceae（Palmae）。【包含】世界 14-15 种。【学名诠释与讨论】〈阴〉（希）neos，neo-，新的+（属）Dypsis 狄棕属。此属的学名是“Neodypsis Baillon，Bull. Mens. Soc. Linn. Paris 2：1172. 5 Dec 1894”。亦有文献把其处理为“Dypsis Noronha ex Mart.（1837）”的异名。【分布】马达加斯加。【模式】Neodypsis lastelliana Baillon。【参考异名】Antongilia Jum.（1928）；Dypsis Noronha ex Mart.（1837）●☆

34970　Neoeplingia Ramam.，Hiriart et Medrano（1982）【汉】新蓝卷木属。【隶属】唇形科 Lamiaceae（Labiatae）。【包含】世界 1 种。【学名诠释与讨论】〈阴〉（希）neos，neo-，新的+（属）Eplingia 蓝卷木属（丝蕊属）。【分布】墨西哥。【模式】Neoeplingia leucophylloides T. P. Ramamoorthy，P. Hiriart Valencia et F. Gonzalez Medrano。●☆

34971　Neoescobaria Garay（1972）= Helcia Lindl.（1845）［兰科 Orchidaceae］■☆

34972　Neoevansia T. Marshall（1941）= Peniocereus（A. Berger）Britton et Rose（1909）［仙人掌科 Cactaceae］●

34973　Neofabricia J. Thomps.（1983）【汉】法布木属。【隶属】桃金娘科 Myrtaceae//薄子木科 Leptospermaceae。【包含】世界 3 种。【学名诠释与讨论】〈阴〉（希）neos，neo-，新的+（属）Fabricia。此属的学名“Neofabricia J. Thompson，Telopea 2：380. 13 Oct 1983”是一个替代名称。“Fabricia J. Gaertner，Fruct. 1：175. Dec 1788”是一个非法名称（Nom. illegit.），因为此前已经有了“Fabricia Adanson，Fam. 2：188. Jul-Aug 1763 = Lavandula L.（1753）［唇形科 Lamiaceae（Labiatae）］”、“Fabricia Scopoli，Introd. 307. Jan-Apr 1777 = Alysicarpus Desv.（1813）（保留属名）≡ Alhagi Gagnebin（1755）［豆科 Fabaceae（Leguminosae）//蝶形花科 Papilionaceae］”和“Fabricia Thunberg in Fabricius，Reise Norwegen 23. 1779 = Curculigo Gaertn.（1788）≡ Empodium Salisb.（1866）［石蒜科 Amaryllidaceae//长喙科（仙茅科）Hypoxidaceae］”。故用“Neofabricia J. Thomps.（1983）”替代之。【分布】澳大利亚。【模式】Neofabricia myrtifolia（J. Gaertner）J. Thompson［Fabricia myrtifolia J. Gaertner］。【参考异名】Fabricia Gaertn.（1788）Nom. illegit. ；Leptospermum J. R. Forst. et G. Forst.（1775）（保留属名）●☆

34974　Neoferetia Baehni = Nothapodytes Blume（1851）［茶茱萸科 Icacinaceae］●

34975　Neofinetia Hu（1925）【汉】新风兰属（风兰属，凤兰属）。【日】フウラン属。【英】Neofinetia，Windorchis。【隶属】兰科 Orchidaceae。【包含】世界 2 种，中国 2 种。【学名诠释与讨论】〈阴〉（希）neos，neo-，新的+（人）Achille Eugène Finet，1863-1913，法国植物学者，兰科 Orchidaceae 专家。此属的学名“Neofinetia H. H. Hu，Rhodora 27：107. 16 Jul 1925”是一个替代名称。“Finetia Schlechter，Beih. Bot. Centralbl. 36（2）：140. 30 Apr 1918”是一个非法名称（Nom. illegit.），因为此前已经有了“Finetia Gagnepain，Notul. Syst.（Paris）3：278. 7 Mai 1917 = Anogeissus（DC.）Wall.（1831）Nom. inval.［使君子科 Combretaceae］。故用“Neofinetia Hu（1925）”替代之。“Nipponorchis Masamune，Mem. Fac. Sci. Taihoku Imp. Univ. 11：592. Dec 1934”是“Neofinetia Hu（1925）”的晚出的同模式异名（Homotypic synonym，Nomenclatural synonym）。【分布】日本，中国。【模式】Neofinetia falcata（C. P. Thunberg）H. H. Hu［Orchis falcata C. P. Thunberg］。【参考异名】Finetia Schltr.（1917）Nom. illegit. ；Nipponorchis Masam.（1934）Nom. illegit. ■

34976　Neofranciella Guillaumin（1925）【汉】翅果茜属。【隶属】茜草科 Rubiaceae。【包含】世界 1 种。【学名诠释与讨论】〈阴〉（希）neos，neo-，新的+（属）Franciella。此属的学名“Neofranciella Guillaumin，Bull. Mus. Hist. Nat.（Paris）31：481. 1925”是一个替代名称。“Franciella Guillaumin，Bull. Mus. Hist. Nat.（Paris）28：197. 1922”是一个非法名称（Nom. illegit.），因为此前已经有了苔藓的“Franciella Thériot，Bull. Acad. Int. Géogr. Bot. 20：100. Jun 1910”。故用“Neofranciella Guillaumin（1925）”替代之。【分布】法属新喀里多尼亚。【模式】Neofranciella pterocarpon（Guillaumin）Guillaumin［Franciella pterocarpon Guillaumin］。【参考异名】Franciella Guillaumin（1922）Nom. illegit. ；Fransiella Willis，Nom. inval. ■☆

34977　Neogaerrhinum Rothm.（1943）【汉】北美婆婆纳属。【隶属】玄参科 Scrophulariaceae//婆婆纳科 Veronicaceae。【包含】世界 2 种。【学名诠释与讨论】〈中〉词源不详。【分布】美国（西南部）。【模式】Neogaerrhinum strictum Rothmaler［Maurandya stricta W. J. Hooker et Arnott］。■☆

34978　Neogaillonia Lincz.（1973）Nom. illegit. ≡ Gaillonia A. Rich. ex DC.（1830）［茜草科 Rubiaceae］■☆

34979　Neogardneria Schltr.（1921）Nom. inval. ≡ Neogardneria Schltr. ex Garay（1973）［兰科 Orchidaceae］■☆

34980　Neogardneria Schltr. ex Garay（1973）【汉】新嘉兰属（新蓬莱葛属）。【隶属】兰科 Orchidaceae。【包含】世界 1 种。【学名诠释与讨论】〈阴〉（希）neos，neo-，新的+（人）George Gardner，1812-1849，英国植物学者，植物采集家。此属的学名，ING、GCI 和 IK 记载是“Neogardneria Schltr. ex Garay，Orquideologia 8（1）：32. 1973”。“Neogardneria Schltr.，Notizbl. Bot. Gart. Berlin-Dahlem 7：471，in obs. 1921 ≡ Neogardneria Schltr. ex Garay（1973）”是一个未合格发表的名称（Nom. inval.）。【分布】巴西，几内亚。【模式】Neogardneria murrayana（Gardner）Garay［Zygopetalon murrayanum Gardner］。【参考异名】Neogardneria Schltr.（1921）Nom. inval. ■☆

34981　Neogaya Meisn.（1838）Nom. illegit. ≡ Arpitium Neck. ex Sweet（1830）；~ = Pachypleurum Ledeb.（1829）［伞形花科（伞形科）Apiaceae（Umbelliferae）］■

34982　Neoglaziovia Mez（1891）【汉】芦状凤梨属（新格拉苏凤梨属）。【隶属】凤梨科 Bromeliaceae。【包含】世界 2-3 种。【学名诠释与讨论】〈阴〉（希）neos，neo-，新的+（人）Auguste Francois Marie Glaziou，1828-1906，法国植物学者，植物采集家，园林设计家。【分布】巴西。【模式】Neoglaziovia variegata（Arruda da Camara）Mez。■☆

34983　Neogleasonia Maguire（1972）= Bonnetia Mart.（1826）（保留属名）［山茶科（茶科）Theaceae//多籽树科（多子科）Bonnetiaceae//猪胶树科（克鲁西科，山竹子科，藤黄科）Clusiaceae（Guttiferae）］●☆

34984　Neogoetzea Pax（1900）【汉】单室土密树属。【隶属】大戟科 Euphorbiaceae。【包含】世界 1 种。【学名诠释与讨论】〈阴〉（希）neos，neo-，新的+（人）Goetze。此属的学名是“Neogoetzea Pax in Engler，Bot. Jahrb. Syst. 28：419. 13 Jul 1900”。亦有文献把其处理为“Bridelia Willd.（1806）［as ‘Briedelia’］（保留属名）”的异名。【分布】热带非洲。【模式】Neogoetzea brideliifolia Pax。【参考异名】Bridelia Willd.（1806）［as ‘Briedelia’］（保留属名）；Gentilia A. Chev. et Beille（1907）；Gentilia Beille（1907）●☆

34985　Neogoezea Hemsl.（1894）Nom. illegit. ≡ Neogoezia Hemsl.（1894）［伞形花科（伞形科）Apiaceae（Umbelliferae）］■☆

34986　Neogoezia Hemsl.（1894）【汉】格茨草属。【隶属】伞形花科（伞形科）Apiaceae（Umbelliferae）。【包含】世界 5 种。【学名诠释与讨论】〈阴〉（希）neos，neo-，新的+（人）Goez。此属的学名，

ING、TROPICOS 和 IK 记载是"Neogoezia Hemsl., Bull. Misc. Inform. Kew 1894(94):354.［Oct 1894］"。"Neogoezea Hemsl.(1894)≡Neogoezia Hemsl.(1894)"为误引。【分布】墨西哥。【后选模式】Neogoezia minor W. B. Hemsley。【参考异名】Neogoezea Hemsl.(1894)Nom. illegit. ■☆

34987 Neogomesia Castaneda(1941)= Ariocarpus Scheidw.(1838)［仙人掌科 Cactaceae］●

34988 Neogomezia Buxb., Nom. illegit.= Ariocarpus Scheidw.(1838)［仙人掌科 Cactaceae］●

34989 Neogontscharovia Lincz.(1971)【汉】线叶彩花属。【隶属】白花丹科(矶松科,蓝雪科)Plumbaginaceae。【包含】世界 3 种。【学名诠释与讨论】〈阴〉(希)neos,neo-,新的+(人)Nikolai Fedorovich Gontscharow,1900-1942。【分布】阿富汗,亚洲中部。【模式】Neogontscharovia miranda(I. A. Linczevski)I. A. Linczevski［Acantholimon mirandum I. A. Linczevski］。●☆

34990 Neogoodenia C. A. Gardner et A. S. George(1963)= Goodenia Sm.(1794)［草海桐科 Goodeniaceae］●■☆

34991 Neogossypium Roberty(1949)= Gossypium L.(1753)［锦葵科 Malvaceae］●■

34992 Neogriseocereus Guiggi(2013)【汉】墨西哥掌属。【隶属】仙人掌科 Cactaceae。【包含】世界 4 种。【学名诠释与讨论】〈阳〉(希)neos,neo-,新的+(属)Griseocereus。【分布】墨西哥,南美洲。【模式】Neogriseocereus fimbriatus(Lam.)Guiggi［Cactus fimbriatus Lam.］。☆

34993 Neoguarea(Harms)E. J. M. Koenen et J. J. de Wilde(2012)【汉】新驼峰楝属。【隶属】楝科 Meliaceae。【包含】世界 1 种。【学名诠释与讨论】〈阴〉词源不详。此属的学名"Neoguarea(Harms)E. J. M. Koenen et J. J. de Wilde, Pl. Ecol. Evol. 145(2):233. 2012［6 Jul 2012］"是由"Guarea sect. Neoguarea Harms Nat. Pflanzenfam.［Engler et Prantl］III,4:301. 1896"改级而来。【分布】热带非洲。【模式】Neoguarea glomerulata(Harms)E. J. M. Koenen et J. J. de Wilde［Guarea glomerulata Harms］。【参考异名】Guarea sect. Neoguarea Harms(1896)☆

34994 Neoguillauminia Croizat(1938)【汉】吉约曼大戟属。【隶属】大戟科 Euphorbiaceae。【包含】世界 1 种。【学名诠释与讨论】〈阴〉(希)neos,neo-,新的+(人)Guillauminia。【分布】法属新喀里多尼亚。【模式】Neoguillauminia cleopatra(Baillon)Croizat［Euphorbia cleopatra Baillon］。【参考异名】Cleopatra Croizat(1938);Cleopatra Pancher ex Baillon;Cleopatra Pancher ex Croizat(1938)☆

34995 Neogunnia Pax et K. Hoffm.(1934)= Gunniopsis Pax(1889)［番杏科 Aizoaceae］■☆

34996 Neogymnantha Y. Ito = Rebutia K. Schum.(1895)［仙人掌科 Cactaceae］●

34997 Neogyna Rchb. f.(1852)【汉】新型兰属。【英】Neogyna。【隶属】兰科 Orchidaceae。【包含】世界 1 种,中国 1 种。【学名诠释与讨论】〈阴〉(希)neos,neo-,新的+gyne,所有格 gynaikos,雌性,雌蕊。【分布】印度(北部),中国,中南半岛。【模式】Coelogyne gardneriana Lindley。【参考异名】Neogyne Pfitzer;Neogyne Rchb. f., Nom. illegit. ■

34998 Neogyne Pfitzer = Neogyna Rchb. f.(1852)［兰科 Orchidaceae］■

34999 Neogyne Rchb. f., Nom. illegit.= Neogyna Rchb. f.(1852)［兰科 Orchidaceae］■

35000 Neohallia Hemsl.(1882)【汉】霍尔爵床属。【隶属】爵床科 Acanthaceae。【包含】世界 1 种。【学名诠释与讨论】〈阴〉(希)neos,neo-,新的+(人)Eardley Hall,英国人。【分布】墨西哥(南部),中美洲。【模式】Neohallia borrerae Hemsley。☆

35001 Neoharmsia R. Vig.(1951)【汉】马岛新豆属。【隶属】豆科 Fabaceae(Leguminosae)。【包含】世界 2 种。【学名诠释与讨论】〈阴〉(希)neos,neo-,新的+(属)Harmsia 哈姆斯梧桐属。或 neos,neo-,新的+Hermann August Theodor Harms,1870-1942,德国植物学者,教授。【分布】马达加斯加。【模式】Neoharmsia madagascariensis R. Viguier。●☆

35002 Neohemsleya T. D. Penn.(1991)【汉】昂斯莱榄属。【隶属】山榄科 Sapotaceae。【包含】世界 1 种。【学名诠释与讨论】〈阴〉(希)neos,neo-,新的+(人)Hemsley,植物学者。【分布】坦桑尼亚。【模式】Neohemsleya piriformis(Otth)Petrak［Hendersonia piriformis Otth］。●☆

35003 Neohenricia L. Bolus(1938)【汉】姬天女属。【隶属】番杏科 Aizoaceae。【包含】世界 1-2 种。【学名诠释与讨论】〈阴〉(希)neos,neo-,新的+(属)Henricia。或 neos,neo-,新的+(属)Marguerite(Margaret)Gertrude Anna Henrici,1892-1971,瑞士植物采集家。此属的学名"Neohenricia H. M. L. Bolus, J. S. African Bot. 4:51. Apr 1938"是一个替代名称。"Henricia H. M. L. Bolus, Notes Mesembry. 3:39. 31 Jul 1936"是一个非法名称(Nom. illegit.),因为此前已经有了"Henricia Cassini, Bull. Sci. Soc. Philom. Paris 1817:11. Jan 1817 = Psiadia Jacq.(1803)［菊科 Asteraceae(Compositae)］"。故用"Neohenricia L. Bolus(1938)"替代之。【分布】非洲南部。【模式】Neohenricia sibbettii(H. M. L. Bolus)H. M. L. Bolus［Mesembryanthemum sibbettii H. M. L. Bolus］。【参考异名】Henricia L. Bolus(1936)Nom. illegit. ■☆

35004 Neohenrya Hemsl.(1892)= Tylophora R. Br.(1810)［萝藦科 Asclepiadaceae］●■

35005 Neohickenia Frič(1928)Nom. illegit., Nom. superfl. ≡ Parodia Speg.(1923)(保留属名)［仙人掌科 Cactaceae］■

35006 Neohintonia R. M. King et H. Rob.(1971)【汉】刺毛亮泽兰属。【隶属】菊科 Asteraceae(Compositae)。【包含】世界 1 种。【学名诠释与讨论】〈阴〉(希)neos,neo-,新的+(人)Hinton。此属的学名是"Neohintonia R. M. King et H. E. Robinson, Phytologia 22:143. 2 Dec 1971"。亦有文献把其处理为"Koanophyllon Arruda ex H. Kost.(1816)"的异名。【分布】墨西哥,中美洲。【模式】Neohintonia monantha(C. H. Schultz-Bip.)R. M. King et H. E. Robinson［Eupatorium monanthum C. H. Schultz-Bip.］。【参考异名】Koanophyllon Arruda ex H. Kost.(1816);Koanophyllon Arruda(1810)Nom. inval.;Koanophyllum Arruda ex H. Kost.(1816)Nom. illegit.;Koanophyllum Arruda(1810)Nom. inval. ●☆

35007 Neoholmgrenia W. L. Wagner et Hoch(2009)【汉】新月见草属。【隶属】柳叶菜科 Onagraceae。【包含】世界 2 种。【学名诠释与讨论】〈阴〉(希)neos,neo-,新的+(属)Holmgrenia W. L. Wagner et Hoch = Oenothera L. 月见草属(待宵草属)。此属的学名"Neoholmgrenia W. L. Wagner et P. C. Hoch, Novon 19:131. Mar 2009"是一个替代名称。"Holmgrenia W. L. Wagner et P. C. Hoch in W. L. Wagner, P. C. Hoch et P. H. Raven, Syst. Bot. Monogr. 83:127. Sep 2007"是一个非法名称(Nom. illegit.),因为此前已经有了苔藓的"Holmgrenia S. O. Lindberg, Öfvers. Förh. Kongl. Svenska Vetensk. - Akad. 19:605. 1 Feb - 28 Mai 1863"。故用"Neoholmgrenia W. L. Wagner et Hoch(2009)"替代之。亦有文献把"Neoholmgrenia W. L. Wagner et Hoch(2009)"处理为 Oenothera L.(1753)"的异名。【分布】北美洲。【模式】Neoholmgrenia hilgardii(E. L. Greene)W. L. Wagner et P. C. Hoch［Oenothera hilgardii E. L. Greene［as 'hilgardi'］。【参考异名】Holmgrenia W. L. Wagner et Hoch(2007)Nom.

illegit. ; Oenothera L. (1753)■☆

35008　Neoholstia Rauschert(1982)【汉】霍尔斯特大戟属。【隶属】大戟科 Euphorbiaceae。【包含】世界 1 种。【学名诠释与讨论】〈阴〉(希)neos, neo-, 新的+(人)C. H. E. W. Hoist, 1865-1894, 德国园艺学者, 植物采集家, 曾在东非采集标本。此属的学名 "Neoholstia S. Rauschert, Taxon 31：559. 9 Aug 1982" 是一个替代名称。"Holstia Pax, Bot. Jahrb. Syst. 43：220. 26 Mar 1909" 是一个非法名称(Nom. illegit.), 因为此前已经有了化石植物的 "Holstia O. Hagström, För. Geol. Fören. Stockholm 28：90. Jan 1906"。故用"Neoholstia Rauschert(1982)"替代之。亦有文献把"Neoholstia Rauschert(1982)"处理为"Tannodia Baill. (1861)"的异名。【分布】津巴布韦, 肯尼亚, 马拉维, 莫桑比克, 坦桑尼亚, 赞比亚。【模式】Neoholstia sessiliflora (Pax) S. Rauschert [Holstia sessiliflora Pax]。【参考异名】Holstia Pax (1909)Nom. illegit. ; Tannodia Baill. (1861)■☆

35009　Neoholubia Tzvelev(2009)【汉】毛燕麦属。【隶属】禾本科 Poaceae(Gramineae)//燕麦科 Avenaceae。【包含】世界 1 种。【学名诠释与讨论】〈阴〉(希)neos, neo-, 新的+(人)Josef Holub, 1930-1999, 植物学者。此属的学名是 "Neoholubia Tzvelev, Novosti Sistematiki Vysshchikh Rastenii 40(234)：235. 2008 [2009]. (30 Mar 2009)"。亦有文献把其处理为"Avena L. (1753)"的异名。【分布】欧洲, 亚洲北部。【模式】Neoholubia pubescens (Huds.) Tzvelev var. alpina (Gaudin) Tzvelev。【参考异名】Avena L. (1753)■☆

35010　Neohopea G. H. S. Wood ex Ashton = Shorea Roxb. ex C. F. Gaertn. (1805) [龙脑香科 Dipterocarpaceae]●

35011　Neohouzeaua(A. Camus)Gamble, Nom. illegit. ≡ Neohouzeaua A. Camus(1922) [禾本科 Poaceae(Gramineae)]●

35012　Neohouzeaua A. Camus(1922)【汉】李海竹属(新越竹属)。【英】Neohouzeaua。【隶属】禾本科 Poaceae(Gramineae)。【包含】世界 7 种, 中国 1 种。【学名诠释与讨论】〈阴〉(希)neos, neo-, 新的+(属)Houzeaua。此属的学名, ING、TROPICOS 和 IK 记载是"Neohouzeaua A. Camus, Bull. Mus. Hist. Nat. (Paris)28：100. 1922"。"Neohouzeaua (A. Camus)Gamble, ≡ Neohouzeaua A. Camus (1922)" 的命名人引证有误。亦有文献把 "Neohouzeaua A. Camus (1922)" 处理为 "Schizostachyum Nees (1829)"的异名。【分布】马来西亚, 中国, 亚洲南部和东南部。【后选模式】Neohouzeaua mekongensis A. Camus。【参考异名】Neohouzeaua (A. Camus)Gamble, Nom. illegit. ; Schizostachyum Nees(1829)●

35013　Neohuberia Ledoux(1963)= Eschweilera Mart. ex DC. (1828) [玉蕊科(巴西果科)Lecythidaceae]●☆

35014　Neohumbertiella Hochr. (1940)【汉】新亨伯特锦葵属。【隶属】锦葵科 Malvaceae。【包含】世界 3 种。【学名诠释与讨论】〈阴〉(希)neos, neo-, 新的+(属)Humbertiella 小亨伯特锦葵属。或+Henri Humbert, 1887-1967, 法国植物学者。此属的学名是 "Neohumbertiella Hochreutiner, Candollea 8：27. Apr-Dec 1940"。亦有文献把其处理为"Humbertiella Hochr. (1926)"的异名。【分布】马达加斯加。【模式】Neohumbertiella decaryi Hochreutiner。【参考异名】Humbertiella Hochr. (1926)●☆

35015　Neohusnotia A. Camus (1921)【汉】山鸡谷草属。【英】Neohusnotia。【隶属】禾本科 Poaceae(Gramineae)。【包含】世界 8 种, 中国 1 种。【学名诠释与讨论】〈阴〉(希)neos, neo-, 新的+(属)Husnotia。或+Pierre Tranquille Husnot, 1840-1929, 法国植物学者, 植物采集家, 苔藓学者, 禾本科 Poaceae (Gramineae)专家。此属的学名, ING、TROPICOS 和 IK 记载是 "Neohusnotia A. Camus, Bull. Mus. Hist. Nat. (Paris)26：664.

1921(?) ('1920')"。它曾被处理为 "Panicum subgen. Neohusnotia (A. Camus)Pilg. , Notizblatt des Botanischen Gartens und Museums zu Berlin-Dahlem 11(104)：242. 1931. (10 Nov 1931)"。亦有文献把"Neohusnotia A. Camus(1921)"处理为 "Acroceras Stapf(1920)"的异名。【分布】马达加斯加, 中国。【模式】Neohusnotia tonkinensis (Balansa) A. Camus [Panicum tonkinense Balansa]。【参考异名】Acroceras Stapf (1920); Panicum subgen. Neohusnotia (A. Camus)Pilg. (1931)■

35016　Neohymenopogon Bennet(1981)【汉】石丁香属(藏丁香属, 网须木属)。【英】Hymenopogon, Stoneclave, Stonelilac。【隶属】茜草科 Rubiaceae。【包含】世界 3 种, 中国 2 种。【学名诠释与讨论】〈阴〉(希)neos, neo-, 新的+(属)Hymenopogon。此属的学名 "Neohymenopogon Bennet, Indian Forester 107(7)：436 (1981)" 是一个替代名称。"Hymenopogon Wall. , Roxb. Fl. Ind. , ed. Carey et Wall. ii. 156(1824)" 是一个非法名称(Nom. illegit.), 因为此前已经有了苔藓的 "Hymenopogum Palisot de Beauvois, Mag. Encycl. 5；319. 21 Feb 1804 ≡ Diphyscium D. M. H. Mohr 1803"。故用"Neohymenopogon Bennet(1981)"替代之。【分布】缅甸, 印度(阿萨姆), 中国, 喜马拉雅山, 中南半岛。【模式】Hymenopogon parasiticus Wallich。【参考异名】Hymenopogon Wall. (1824)Nom. illegit. ●

35017　Neohyptis A. Camus = Acroceras Stapf (1920) [禾本科 Poaceae(Gramineae)]■

35018　Neohyptis J. K. Morton(1962)【汉】新山香属。【隶属】唇形科 Lamiaceae(Labiatae)。【包含】世界 1 种。【学名诠释与讨论】〈阴〉(希)neos, neo-, 新的+(属)Hyptis 山香属(四方骨属, 香苦草属)。此属的学名, ING、TROPICOS 和 IK 记载是 "Neohyptis J. K. Morton, J. Linn. Soc. , Bot. 58：258, 272. 1962"。"Neohyptis A. Camus" 是 "Acroceras Stapf (1920) [禾本科 Poaceae(Gramineae)]"的异名。亦有文献把"Neohyptis J. K. Morton(1962)"处理为"Plectranthus L'Hér. (1788)(保留属名)"的异名。【分布】安哥拉。【模式】Neohyptis paniculata (J. G. Baker) J. K. Morton [Geniosporum paniculatum J. G. Baker]。【参考异名】Plectranthus L'Hér. (1788)(保留属名)●☆

35019　Neojatropha Pax(1910)= Mildbraedia Pax(1909) [大戟科 Euphorbiaceae]■☆

35020　Neojeffreya Cabrera (1978)【汉】修翅菊属。【隶属】菊科 Asteraceae(Compositae)。【包含】世界 1 种。【学名诠释与讨论】〈阴〉(希)neos, neo-, 新的+(属)Jeffreya 湿生菀属。或+Jeffrey, born 1934, 邱园植物学者。此属的学名 "Neojeffreya A. L. Cabrera, Hickenia 1：[160]. Sep 1978" 是一个替代名称。"Jeffreya A. L. Cabrera, Hickenia 1：[125]. Jun 1978" 是一个非法名称(Nom. illegit.), 因为此前已经有了 "Jeffreya H. Wild, Kirkia 9(2)：295. 1974 [菊科 Asteraceae(Compositae)]"。故用 "Neojeffreya Cabrera(1978)"替代之。【分布】马达加斯加, 非洲。【模式】Neojeffreya decurrens (Linnaeus) A. L. Cabrera [Conyza decurrens Linnaeus]。【参考异名】Jeffreya Cabrera (1978)Nom. illegit. ; Pterocaulon Elliott(1823)■☆

35021　Neojobertia Baill. (1888)【汉】若贝尔藤属。【隶属】紫葳科 Bignoniaceae。【包含】世界 1 种。【学名诠释与讨论】〈阴〉(希)neos, neo-, 新的+(人)Jobert。【分布】巴西(东北部)。【模式】Neojobertia brasiliensis Baillon。●☆

35022　Neojunghuhnia Koord. (1909)= Vaccinium L. (1753) [杜鹃花科(欧石南科)Ericaceae//越橘科(乌饭树科)Vacciniaceae]●

35023　Neokeithia Steenis(1948)= Chilocarpus Blume(1823) [夹竹桃科 Apocynaceae]●☆

35024　Neokochia(Ulbr.)G. L. Chu et S. C. Sand. (2009)【汉】新地

肤属。【隶属】藜科 Chenopodiaceae。【包含】世界 2 种。【学名诠释与讨论】〈阴〉（希）neos，neo-，新的+（属）Kochia 地肤属。此属的学名，IPNI 和 TROPICOS 记载是"Neokochia（Ulbr.）G. L. Chu et S. C. Sand.，Madroño 55（4）：255. 2009［dt. Oct 2008；issued 31 Jul 2009］"，由"Kochia sect. Neokochia Ulbr.，Die natürlichen Pflanzenfamilien，Zweite Auflage 16c：530. 1934"改级而来。"Kochia sect. Neokochia Ulbr.（1934）"曾被处理为"Bassia ser. Neokochia（Ulbr.）A. J. Scott，Feddes Repertorium 89（2-3）：108. 1978"。亦有文献把"Neokochia（Ulbr.）G. L. Chu et S. C. Sand.（2009）"处理为"Kochia Roth（1801）"的异名。【分布】中国，北美洲。【模式】不详。【参考异名】Bassia ser. Neokochia（Ulbr.）A. J. Scott（1978）；Kochia Roth（1801）；Kochia sect. Neokochia Ulbr.（1934）；Neokochia（Ulbr.）G. L. Chu et S. C. Sand.（2008）●■

35025　Neokoehleria Schltr.（1912）【汉】克勒兰属。【隶属】兰科 Orchidaceae。【包含】世界 7 种。【学名诠释与讨论】〈阴〉（希）neos，neo-，新的+（人）Georg Ludwig Koeler，1765-1807，植物学者。或纪念 E.（或 H.）Koehler，1906-1913，曾到墨西哥采集植物。【分布】秘鲁。【模式】未指定。【参考异名】Neokoeleria Schltr.（1912）■☆

35026　Neokoeleria Schltr.（1912）= Neokoehleria Schltr.（1912）［兰科 Orchidaceae］■☆

35027　Neolabatia Aubrév.（1972）Nom. illegit. ≡ Labatia Sw.（1788）（保留属名）；~ = Pouteria Aubl.（1775）［山榄科 Sapotaceae］●

35028　Neolacis（Cham.）Wedd.（1873）= Apinagia Tul. emend. P. Royen［髯管花科 Geniostomaceae］■☆

35029　Neolacis Wedd.（1873）Nom. illegit. ≡ Neolacis（Cham.）Wedd.（1873）；~ = Apinagia Tul. emend. P. Royen［髯管花科 Geniostomaceae］■☆

35030　Neolamarckia Bosser（1985）【汉】团花属（黄龙木属）。【英】Groupflower。【隶属】茜草科 Rubiaceae。【包含】世界 2 种，中国 1 种。【学名诠释与讨论】〈阴〉（希）neos，neo-，新的+（属）Lamarckia 拉马克草属（金颈草属，金穗草属）。【分布】澳大利亚，中国，马来西亚，亚洲南部和东南部，大洋洲，中美洲。【模式】Neolamarckia cadamba（W. Roxburgh）J. Bosser［Nauclea cadamba W. Roxburgh］。●

35031　Neolauchea Kraenzl.（1897）= Isabelia Barb. Rodr.（1877）［兰科 Orchidaceae］■☆

35032　Neolaugeria Nicolson（1979）【汉】劳格茜属。【隶属】茜草科 Rubiaceae。【包含】世界 5 种。【学名诠释与讨论】〈阴〉（希）neos，neo-，新的+（属）Laugeria。此属的学名"Neolaugeria D. H. Nicolson，Brittonia 31：119. 30 Mar 1979"是一个替代名称。"Terebraria O. Kuntze in Post et O. Kuntze，Lex. 552. Dec 1903"是一个非法名称（Nom. illegit.），因为此前已经有了硅藻的"Terebraria Greville，Trans. Microscop. Soc. London ser. 2. 12：8. 1864"。故用"Neolaugeria Nicolson（1979）"替代之。"Laugeria Vahl ex Bentham et Hook. f.，Gen. 2：101. 1873（non Laugieria N. J. Jacquin 1760）"也是被"Neolaugeria Nicolson（1979）"替代的名称。"Laugeria Vahl，Eclog. 1：26. 1796"是一个未合格发表的名称（Nom. inval.）。"Neolaugeria Nicolson（1979）"曾被处理为"Stenostomum sect. Neolaugeria（Nicolson）Borhidi，Acta Botanica Hungarica 38（1-4）：158-159. 1993-1994"。【分布】巴哈马，波多黎各，多米尼加，古巴，法国（瓜德普罗省），海地，毛里求斯，西班牙（蒙塞拉特）。【模式】Neolaugeria resinosa（Vahl）D. H. Nicolson［Laugieria resinosa Vahl［as 'Laugeria'］。【参考异名】Laugeria Hook. f.（1873）Nom. illegit.；Laugeria Vahl ex Benth. et Hook. f.（1873）Nom. illegit.；Laugeria Vahl ex Hook. f.（1873）

Nom. illegit.；Laugeria Vahl（1797）Nom. inval.；Stenostomum sect. Neolaugeria（Nicolson）Borhidi（1993-1994）；Terebraria Kuntze（1903）Nom. illegit.；Terebraria Sessé ex DC.（1830）；Terebraria Sessé ex Kunth（1903）Nom. illegit. ●☆

35033　Neolehmannia Kraenzl.（1899）= Epidendrum L.（1763）（保留属名）［兰科 Orchidaceae］■☆

35034　Neolemaireocereus Backeb.（1942）Nom. illegit. = Lemaireocereus Britton et Rose（1909）；~ = Stenocereus（A. Berger）Riccob.（1909）（保留属名）［仙人掌科 Cactaceae］●☆

35035　Neolemonniera Heine（1960）【汉】良脉山榄属。【隶属】山榄科 Sapotaceae。【包含】世界 5 种。【学名诠释与讨论】〈阴〉（希）neos，neo-，新的+（人）G. Le Monnier，1843-，法国植物学者。此属的学名"Neolemonniera Heine，Kew Bull. 14：301. 6 Oct 1960"是一个替代名称。"Le-monniera Lecomte，Notul. Syst.（Paris）3：337. 1918"是一个非法名称（Nom. illegit.），因为此前已经有了真菌的"Lemonniera De Wildeman，Ann. Soc. Belge Microscop. 18：147. 1894"。故用"Neolemonniera Heine（1960）"替代之。【分布】热带非洲。【模式】Neolemonniera ogouensis（Dubard）Heine［Lecomtedoxa ogouensis Dubard］。【参考异名】Le-Monniera Lecomte（1918）Nom. illegit. ●☆

35036　Neolepia W. A. Weber（1989）= Lepidium L.（1753）［十字花科 Brassicaceae（Cruciferae）］■

35037　Neoleptopyrum Hutch. = Leptopyrum Rchb.（1828）［毛茛科 Ranunculaceae］■

35038　Neoleretia Baehni（1936）= Nothapodytes Blume（1851）［茶茱萸科 Icacinaceae］●

35039　Neoleroya Cavaco（1971）【汉】勒鲁瓦茜属。【隶属】茜草科 Rubiaceae。【包含】世界 1 种。【学名诠释与讨论】〈阴〉（希）neos，neo-，新的+（人）J.-F Leroy，1915-。【分布】马达加斯加。【模式】Neoleroya verdcourtii A. Cavaco。●☆

35040　Neolexis Salisb.（1866）Nom. illegit. ≡ Polygonastrum Moench（1794）；~ = Smilacina Desf.（1807）（保留属名）［百合科 Liliaceae//铃兰科 Convallariaceae］■

35041　Neolindenia Baill.（1890）= Louteridium S. Watson（1888）［爵床科 Acanthaceae］☆

35042　Neolindleya Kraenzl.（1899）【汉】新手参属。【俄】Неолидлейя。【隶属】兰科 Orchidaceae。【包含】世界 2 种。【学名诠释与讨论】〈阴〉（希）neos，neo-，新的+（属）Lindleya 林氏蔷薇属。或+John Lindley，1799-1865，英国植物学者，园艺学者。此属的学名是"Neolindleya Kraenzlin，Orch. Gen. Sp. 1：651. 10 Oct 1899（'1901'）"。亦有文献把其处理为"Platanthera Rich.（1817）（保留属名）"的异名。【分布】亚洲。【模式】Neolindleya decipiens（Lindley）Kraenzlin，Nom. illegit.［Platanthera decipiens Lindley，Nom. illegit.，Orchis camtschatica Chamisso；Neolindleya camtschatica（Chamisso）Nevski］。【参考异名】Platanthera Rich.（1817）（保留属名）■☆

35043　Neolindleyella Fedde（1940）Nom. illegit. ≡ Lindleya Kunth（1824）（保留属名）［蔷薇科 Rosaceae］●☆

35044　Neolitsea（Benth.）Merr.（1906）Nom. illegit.（废弃属名）≡ Neolitsea（Benth. et Hook. f.）Merr.（1906）（保留属名）［樟科 Lauraceae］●

35045　Neolitsea（Benth. et Hook. f.）Merr.（1906）（保留属名）【汉】新木姜子属。【日】シロダモ属。【俄】Неолицея。【英】Neolitsea，Newlitse。【隶属】樟科 Lauraceae。【包含】世界 85-100 种，中国 45-49 种。【学名诠释与讨论】〈阴〉（希）neos，neo-，新的+（属）Litsea 木姜子属。指其与木姜子属相近。此属的学名"Neolitsea（Benth. et Hook. f.）Merr. in Philipp. J. Sci.，

C,1,Suppl. 1:56. 15 Apr 1906"是保留属名。相应的废弃属名是樟科 Lauraceae 的"Bryantea Raf.，Sylva Tellur.:165. Oct–Dec 1838 = Neolitsea（Benth. et Hook. f.）Merr.（1906）（保留属名）"。ING 记载"Neolitsea（Bentham）Merrill，Philipp. J. Sci. 1 Suppl. 56. 15 Apr 1906"是一个替代名称。"Tetradenia C. G. D. Nees in Wallich，Pl. Asiat. Rar. 2:61，64. 6 Sep 1831"是一个非法名称（Nom. illegit.），因为此前已经有了"Tetradenia Bentham，Edwards's Bot. Reg. 1300. 1 Feb 1830［樟科 Lauraceae］"。故用"Neolitsea（Benth. et Hook. f.）Merr.（1906）"替代之。ING 和 IK 又记载它是由"Litsea sect. Neolitsea Benth. et Hook. f.，Gen. Pl. 3:161. Feb 1880）"改级而来。从命名人的表述看，应该是改级而不是替代名称。"Neolitsea（Benth.）Merr.（1906）≡ Neolitsea（Benth. et Hook. f.）Merr.（1906）（保留属名）"和"Neolitsea Merr.（1906）≡ Neolitsea（Benth. et Hook. f.）Merr.（1906）（保留属名）"的命名人引证有误，亦应废弃。【分布】巴基斯坦，亚洲东部和南部，印度至马来西亚，中国。【模式】Neolitsea zeylanica（C. G. D. Nees et T. F. L. Nees）Merrill［Litsea zeylanica C. G. D. Nees et T. F. L. Nees］。【参考异名】Bryantea Raf.（1838）（废弃属名）；Litsea sect. Neolitsea Benth. et Hook. f.（1880）；Machilus Rumph.（1791）Nom. inval.；Neolitsea（Benth.）Merr.（1906）Nom. illegit.（废弃属名）；Neolitsea Merr.（1906）Nom. illegit.（废弃属名）；Tetradenia Nees（1831）Nom. illegit. ●

35046 Neolitsea Merr.（1906）Nom. illegit.（废弃属名）≡ Neolitsea（Benth. et Hook. f.）Merr.（1906）（保留属名）［樟科 Lauraceae］●

35047 Neolloydia Britton et Rose（1922）【汉】圆锥玉属（裸玉属，圆锥棱属）。【日】ネオロイディア属。【隶属】仙人掌科 Cactaceae。【包含】世界 14-15 种。【学名诠释与讨论】〈阴〉（希）neos，neo-，新的 +（属）Lloydia 洼瓣花属。或说纪念 Francis Ernest Lloyd，1868-1947，美国植物学者。【分布】古巴，美国（南部），墨西哥。【模式】Neolloydia conoidea（A. P. de Candolle）N. L. Britton et J. N. Rose［Mammillaria conoidea A. P. de Candolle］。【参考异名】Gymnocactus Backeb.（1938）；Napina Frič（1928）；Normanbokea Kladiwa et Buxb.（1969）；Pseudosolisia Y. Ito（1981）Nom. illegit.；Turbinicarpus（Backeb.）Buxb. et Backeb.（1937）● ☆ ■

35048 Neolobivia Y. Ito（1957）【汉】新丽花球属。【隶属】仙人掌科 Cactaceae。【包含】世界 14 种。【学名诠释与讨论】〈阴〉（希）neos，neo-，新的 +（属）Lobivia 丽花球属（丽花属）。此属的学名是"Neolobivia Y. Ito，Explor. Diagr. Austro – echinocact. 284. 30 Mar 1957"。亦有文献把其处理为"Echinopsis Zucc.（1837）"或"Lobivia Britton et Rose（1922）"的异名。【分布】秘鲁，中国。【模式】Neolobivia wrightiana（Backeberg）F. Ritter［Lobivia wrightiana Backeberg］。【参考异名】Echinopsis Zucc.（1837）；Lobivia Britton et Rose（1922）●

35049 Neololeba Widjaja（1997）【汉】新几内亚竹属。【隶属】禾本科 Poaceae（Gramineae）。【包含】世界 5 种。【学名诠释与讨论】〈阴〉词源不详。【分布】津巴布韦，新几内亚岛。【模式】Neololeba atra（Lindl.）Widjaja。● ☆

35050 Neolophocarpus E. G. Camus（1912）= Schoenus L.（1753）［莎草科 Cyperaceae］■

35051 Neolourya L. Rodrig.（1934）= Peliosanthes Andréws（1808）［百合科 Liliaceae//铃兰科 Convallariaceae//球子草科 Peliosanthaceae］■

35052 Neoluederitzia Schinz（1894）【汉】吕德蒺藜属。【隶属】蒺藜科 Zygophyllaceae。【包含】世界 1 种。【学名诠释与讨论】

〈阴〉（希）neos，neo-，新的 +（人）August Lüderitz（1838-1922）和 Franz Adolph Eduard Lüderitz（1834-1896），德国商人，兄弟俩。此属的学名，ING、TROPICOS 和 IK 记载是"Neoluederitzia Schinz，Bull. Herb. Boissier 2:190. Mar 1894"。"Bisluederitzia O. Kuntze in Post et O. Kuntze，Lex. 69. Dec 1903（'1904'）"是"Neoluederitzia Schinz（1894）"的晚出的同模式异名（Homotypic synonym，Nomenclatural synonym）。【分布】非洲西南部。【模式】Neoluederitzia sericeocarpa Schinz。【参考异名】Bisluederitzia Kuntze（1903）Nom. illegit. ● ☆

35053 Neoluffa Chakrav.（1952）= Siraitia Merr.（1934）［葫芦科（瓜科，南瓜科）Cucurbitaceae］■

35054 Neomacfadya Baill.（1888）【汉】麦克紫葳属。【隶属】紫葳科 Bignoniaceae。【包含】世界 1 种。【学名诠释与讨论】〈阴〉（希）neos，neo-，新的 +（人）James Macfadyen，1798/1800 - 1850，英国植物学者，医生。此属的学名，ING、TROPICOS、GCI 和 IK 记载是"Neomacfadya Baill.，Hist. Pl.（Baillon）10:26. 1888［Nov – Dec 1888］"。也有学者把其处理为"Fridericia Mart.（1827）"或"Arrabidaea DC.（1838）"的异名。"Neomacfadyena Baill. ex K. Schum.（1894）Nom. illegit. ≡ Neomacfadyena K. Schum.，Die Natürlichen Pflanzenfamilien 4（3b）:227. 1894"是"Neomacfadya Baill.（1888）"的拼写变体。亦有文献把"Neomacfadya Baill.（1888）"处理为"Arrabidaea DC.（1838）"或"Fridericia Mart.（1827）"的异名。【分布】西印度群岛，中美洲。【模式】Neomacfadya podopogon（A. P. de Candolle）Baillon ex K. Schumann［Spathodea podopogon A. P. de Candolle］。【参考异名】Arrabidaea DC.（1838）；Fridericia Mart.（1827）；Neomacfadyena Baill. ex K. Schum.（1894）Nom. illegit.；Neomacfadyena K. Schum.（1894）● ☆

35055 Neomacfadyena Baill. ex K. Schum.（1894）Nom. illegit. ≡ Neomacfadya Baill.（1888）［紫葳科 Bignoniaceae］● ☆

35056 Neomacfadyena K. Schum.（1894）= Neomacfadya Baill.（1888）［紫葳科 Bignoniaceae］● ☆

35057 Neomammillaria Britton et Rose（1923）Nom. illegit. ≡ Mammillaria Haw.（1812）（保留属名）［仙人掌科 Cactaceae］●

35058 Neomandonia Hutch.（1934）Nom. illegit. ≡ Skofitzia Hassk. et Kanitz（1872）；~ = Tradescantia L.（1753）［鸭跖草科 Commelinaceae］■

35059 Neomangenotia J. – F. Leroy（1976）= Commiphora Jacq.（1797）（保留属名）［橄榄科 Burseraceae］●

35060 Neomanniophyton Pax et K. Hoffm.（1912）= Crotonogyne Müll. Arg.（1864）［大戟科 Euphorbiaceae］● ☆

35061 Neomarica Sprague（1928）【汉】新泽仙属（巴西鸢尾属，马蝶花属，新玛卡属，新玛丽雅属）。【日】ネオマリカ属。【英】Marica，New Nymph Flower，Walking Iris。【隶属】鸢尾科 Iridaceae。【包含】世界 12-15 种。【学名诠释与讨论】〈阴〉（希）neos，neo-，新的 +（属）Marica。【分布】巴拿马，玻利维亚，哥伦比亚（安蒂奥基亚），哥斯达黎加，尼加拉瓜，中美洲。【模式】Neomarica northiana（Schneevoogt）Sprague［Moraea northiana Schneevoogt］。【参考异名】Cypella Klatt（1862）Nom. illegit.；Galathea Liebm.（1855）Nom. illegit.；Marica Ker Gawl.（1803）Nom. illegit. ■ ☆

35062 Neomartensia Borhidi et Lozada – Pérez（2010）Nom. illegit. = Martensianthus Borhidi et Lozada – Pérez（2011）［茜草科 Rubiaceae］● ☆

35063 Neomartinella Pilg.（1906）【汉】堇叶芥属（堇叶荠属）。【英】Neomartinella，Violetcress。【隶属】十字花科 Brassicaceae（Cruciferae）。【包含】世界 3 种，中国 3 种。【学名诠释与讨

论】〈阴〉（希）neos, neo-, 新的 +（属）Martinella 马丁紫葳属。或 +Leon François Martin, 1866-1919, 法国传教士, 植物采集家, 曾在中国和日本采集标本。此属的学名"Neomartinella Pilger in Engler et Prantl, Nat. Pflanzenfam. Nachtr. 3: 134. Oct 1906"是一个替代名称。"Martinella A. A. H. Léveillé, Bull. Soc. Bot. France 51: 290. post 8 Jul 1904"是一个非法名称（Nom. illegit.）, 因为此前已经有了"Martinella Baillon, Hist. Pl. 10: 30. Nov-Dec 1888（'1891'）[紫葳科 Bignoniaceae]"。故用"Neomartinella Pilg.（1906）"替代之。同理, 真菌的"Martinella（M. C. Cooke et Massee ex M. C. Cooke）P. A. Saccardo, Syll. Fungorum 10: 409. 30 Jun 1892"亦是非法名称。"Esquiroliella A. A. H. Léveillé, Monde Pl. ser. 2. 18（103）: 31. Nov 1916"是"Neomartinella Pilg.（1906）"的晚出的同模式异名（Homotypic synonym, Nomenclatural synonym）。【分布】中国。【模式】Neomartinella violaefolia（Léveillé）Pilger [Martinella violaefolia Léveillé]。【参考异名】Esquiroliella H. Lév.（1916）Nom. illegit. ; Martinella H. Lév.（1904）Nom. illegit. ■★

35064　Neomazaea Krug et Urb.（1898）Nom. illegit. ≡ Mazaea Krug et Urb.（1897）[茜草科 Rubiaceae]●☆

35065　Neomazaea Urb.（1897）Nom. illegit. ≡ Neomazaea Krug et Urb.（189）Nom. illegit. ; ~ ≡ Mazaea Krug et Urb.（1897）[茜草科 Rubiaceae]●☆

35066　Neomezia Votsch（1904）【汉】俯垂假轮叶属。【隶属】假轮叶科（狄氏木科, 拟棕科）Theophrastaceae。【包含】世界 1 种。【学名诠释与讨论】〈阴〉（希）neos, neo-, 新的 +（人）Carl Christian Mez, 1866-1944, 德国植物学者。此属的学名是"Neomezia Votsch, Bot. Jahrb. Syst. 33: 541. 15 Mar 1904"。亦有文献把其处理为"Deherainia Decne.（1876）"的异名。【分布】古巴。【模式】Neomezia cubensis（Radlkofer）Votsch [Theophrasta cubensis Radlkofer]。【参考异名】Deherainia Decne.（1876）●☆

35067　Neomicrocalamus P. C. Keng（1983）【汉】新小竹属。【英】Neomicocalamus。【隶属】禾本科 Poaceae（Gramineae）。【包含】世界 4-5 种, 中国 2 种。【学名诠释与讨论】〈阳〉（希）neos, neo-, 新的 +（属）Microcalamus 小竹属。指本属与小竹属相似。此属的学名"Neomicrocalamus P. C. Keng, J. Bamboo Res. 2（2）: 10. Jul 1983"是一个替代名称。"Microcalamus J. S. Gamble, J. Asiat. Soc. Bengal, Pt. 2, Nat. Hist. 59: 207. 16 Sep 1890（'1891'）"是一个非法名称（Nom. illegit.）, 因为此前已经有了"Microcalamus A. R. Franchet, J. Bot.（Morot）3: 282. 1 Sep 1889 [禾本科 Poaceae（Gramineae）]"。故用"Neomicrocalamus P. C. Keng（1983）"替代之。亦有文献把"Neomicrocalamus P. C. Keng（1983）"处理为"Racemobambos Holttum（1956）"的异名。【分布】不丹, 印度, 越南, 中国。【模式】Neomicrocalamus prainii（J. S. Gamble）P. C. Keng [Microcalamus prainii J. S. Gamble]。【参考异名】Microcalamus Gamble（1890）Nom. illegit. ; Racemobambos Holttum（1956）●

35068　Neomillspaughia S. F. Blake（1921）【汉】巨蓼树属（新米尔蓼属）。【隶属】蓼科 Polygonaceae。【包含】世界 2 种。【学名诠释与讨论】〈阴〉（希）neos, neo-, 新的 +（属）Millspaughia B. L. Rob. = Gymnopodium Rolfe 两性蓼树属。【分布】中美洲。【模式】Neomillspaughia paniculata（J. D. Smith）S. F. Blake [Campderia paniculata J. D. Smith]。●☆

35069　Neomimosa Britton et Rose（1928）【汉】新含羞草属。【隶属】豆科 Fabaceae（Leguminosae）// 含羞草科 Mimosaceae。【包含】世界 7 种。【学名诠释与讨论】〈阴〉（希）neos, neo-, 新的 +（属）Mimosa 含羞草属。此属的学名是"Neomimosa N. L. Britton

et J. N. Rose, N. Amer. Fl. 23: 172. 20 Dec 1928"。亦有文献把其处理为"Mimosa L.（1753）"的异名。【分布】中国, 中美洲。【模式】Neomimosa eurycarpa（B. L. Robinson）N. L. Britton et J. N. Rose [Mimosa eurycarpa B. L. Robinson]。【参考异名】Mimosa L.（1753）●

35070　Neomirandea R. M. King et H. Rob.（1970）【汉】肉泽兰属。【隶属】菊科 Asteraceae（Compositae）。【包含】世界 27 种。【学名诠释与讨论】〈阴〉（希）neos, neo-, 新的 +（属）Mirandea。或 +Faustino Antonio Miranda Gonzalez, 1905-1964, 墨西哥植物学者, 植物采集家。【分布】巴拿马, 厄瓜多尔, 哥伦比亚（安蒂奥基亚）, 墨西哥, 中美洲。【模式】Neomirandea araliifolia（Lessing）R. M. King et H. E. Robinson [as 'araliaefolia'] [Eupatorium araliifolium Lessing [as 'araliaefolium']。●■☆

35071　Neomitranthes D. Legrand（1977）【汉】新帽花木属。【隶属】桃金娘科 Myrtaceae。【包含】世界 21 种。【学名诠释与讨论】〈阴〉（希）neos, neo-, 新的 +（属）Mitranth es 帽花木属。此属的学名是"Neomitranthes C. D. Legrand in C. D. Legrand et R. M. Klein in P. R. Reitz, Fl. Ilustrada Catarinense 1（Mirt.）: 671. 15 Sep 1977"。亦有文献把其处理为"Calyptrogenia Burret（1941）"的异名。【分布】巴西, 中国。【模式】Neomitranthes glomerata（C. D. Legrand）C. D. Legrand [Mitranthes glomerata C. D. Legrand]。【参考异名】Calyptrogenia Burret（1941）●

35072　Neomolina F. H. Hellw.（1993）Nom. illegit. = Baccharis L.（1753）（保留属名）[菊科 Asteraceae（Compositae）]●■☆

35073　Neomolinia Honda et Sakis.（1930）【汉】新龙常草属（新麦氏草属）。【隶属】禾本科 Poaceae（Gramineae）。【包含】世界 3 种, 中国 3 种。【学名诠释与讨论】〈阴〉（希）neos, neo-, 新的 +（属）Diarrhena 龙常草属。或 +Frederick William Moore. 1857-1949, 英国植物学者。此属的学名, ING 记载是"Neomolinia Honda et Sakisaka, J. Fac. Sci. Univ. Tokyo Sect. 3, Bot. 3: 110. 1930"。"Neomolinia Honda, Honda et Sakisaka, Syst. Pl. Jap. 429（1930）"是一个未合格发表的名称（Nom. inval.）。亦有文献把"Neomolinia Honda et Sakis.（1930）"处理为"Diarrhena P. Beauv.（1812）（保留属名）"的异名。【分布】玻利维亚, 中国, 东亚, 中美洲。【模式】Neomolinia fauriei（Hackel）Honda [Molinia fauriei Hackel]。【参考异名】Diarrhena P. Beauv.（1812）（保留属名）■

35074　Neomolinia Honda（1930）Nom. inval. ≡ Neomolinia Honda et Sakis.（1930）; ~ = Diarrhena P. Beauv.（1812）（保留属名）[禾本科 Poaceae（Gramineae）]■

35075　Neomoorea Rolfe（1904）【汉】牧儿兰属。【日】ネガモーレア属。【隶属】兰科 Orchidaceae。【包含】世界 1 种。【学名诠释与讨论】〈阴〉（希）neos, neo-, 新的 +（属）Moorea。或 +Conrad Vernon Morton, 1905-1972, 美国植物学者, 苦苣苔科 Gesneriaceae 和茄科 Solanaceae 专家。此属的学名"Neomoorea Rolfe, Orchid Rev. 12: 30. Jan 1904"是一个替代名称。"Moorea Rolfe, Gard. Chron. ser. 3. 8: 7. 5 Jul 1890"是一个非法名称（Nom. illegit.）, 因为此前已经有了"Moorea Lemaire, Ill. Hort. 2: Misc. 15. Feb 1855（废弃属名）= Cortaderia Stapf（1897）（保留属名）[禾本科 Poaceae（Gramineae）]"。故用"Neomoorea Rolfe（1904）"替代之。【分布】巴拿马, 哥伦比亚, 中美洲。【模式】Neomoorea irrorata（Rolfe）Rolfe [Moorea irrorata Rolfe]。【参考异名】Moorea Rolfe（1890）Nom. illegit.（废弃属名）■☆

35076　Neomortonia Wiehler（1975）【汉】莫顿苣苔属。【隶属】苦苣苔科 Gesneriaceae。【包含】世界 3 种。【学名诠释与讨论】〈阴〉（希）neos, neo-, 新的 +（属）Mortonia 莫顿草属（莫顿属）。或 +Conrad Vernon Morton, 1905-1972, 美国植物学者, 苦苣苔科

Gesneriaceae 和茄科 Solanaceae 专家。【分布】巴拿马, 秘鲁, 厄瓜多尔, 哥伦比亚, 哥斯达黎加, 中美洲。【模式】Neomortonia rosea H. Wiehler。■☆

35077　Neomphalea Pax et K. Hoffm. (1919) = Omphalea L. (1759) (保留属名) [大戟科 Euphorbiaceae]■☆

35078　Neomuellera Briq. (1894) = Plectranthus L'Hér. (1788) (保留属名) [唇形科 Lamiaceae(Labiatae)]●■

35079　Neomussaenda C. Tange(1994)【汉】新玉叶金花属。【隶属】茜草科 Rubiaceae。【包含】世界 2 种。【学名诠释与讨论】〈阴〉(希)neos, neo-, 新的+(属)Mussaenda 玉叶金花属。【分布】加里曼丹岛。【模式】不详。●☆

35080　Neomyrtus Burret(1941)【汉】新香桃木属。【隶属】桃金娘科 Myrtaceae。【包含】世界 1 种。【学名诠释与讨论】〈阴〉(希)neos, neo-, 新的+(属)Myrtus 香桃木属(爱神木属, 番桃木属, 莫塌属, 银香梅属)。【分布】新西兰。【模式】Neomyrtus vitis-idaea (Raoul) Burret [Eugenia vitis-idaea Raoul]。●☆

35081　Neonauclea Merr. (1915)【汉】新乌檀属(榄仁舅属, 新黄胆木属)。【英】Neonauclea。【隶属】茜草科 Rubiaceae。【包含】世界 6-65 种, 中国 4 种。【学名诠释与讨论】〈阴〉(希)neos, neo-, 新的+(属)Nauclea 乌檀属(黄胆木属)。指本属与乌檀属相近。此属的学名"Neonauclea Merrill, J. Wash. Acad. Sci. 5: 538. 1915"是一个替代名称。"Nauclea Korthals, Observ. Naucleis Ind. 17. 1839"是一个非法名称(Nom. illegit.), 因为此前已经有了"Nauclea Linnaeus, Sp. Pl. ed. 2. 243. Sep 1762 [茜草科 Rubiaceae//乌檀科(水团花科)Naucleaceae]"。故用"Neonauclea Merr. (1915)"替代之。【分布】马达加斯加, 印度至马来西亚, 中国, 中美洲。【后选模式】Neonauclea obtusa (Blume) Merrill [Nauclea obtusa Blume]。【参考异名】Nauclea Korth. (1839) Nom. illegit. ●

35082　Neonavajoa Doweld(1999)【汉】新月华玉属。【隶属】仙人掌科 Cactaceae。【包含】世界 1 种。【学名诠释与讨论】〈阴〉(希)neos, neo-, 新的+(属)Navajoa = Pediocactus 月华玉属。此属的学名"Neonavajoa Doweld, Sukkulenty 1999(2):43"是一个替代名称。"Navajoa Croizat, Cact. Succ. J. (Los Angeles) 15: 88, 89. 1943"是一个非法名称(Nom. illegit.), 因为此前已经有了化石植物(裸子植物)"Navajoia G. R. Wieland, Carnegie Inst. Wash. Year Book 27: 391. Dec 1928"。故用"Neonavajoa Doweld (1999)"替代之。亦有文献把"Neonavajoa Doweld(1999)"处理为"Pediocactus Britton et Rose(1913)"的异名。【分布】美国。【模式】Neonavajoa peeblesiana (Croizat) Doweld。【参考异名】Navajoa Croizat (1943) Nom. illegit. ; Pediocactus Britton et Rose(1913)●☆

35083　Neonelsonia J. M. Coult. et Rose(1895)【汉】新瘤子草属。【隶属】伞形花科(伞形科)Apiaceae(Umbelliferae)。【包含】世界 2 种。【学名诠释与讨论】〈阴〉(希)neos, neo-, 新的+(属)Nelsonia 瘤子草属。或+Edward William Nelson, 1855-1934, 美国博物学者, 植物采集家。【分布】秘鲁, 厄瓜多尔, 哥伦比亚(安蒂奥基亚), 墨西哥, 中美洲。【模式】Neonelsonia ovata Coulter et Rose。■☆

35084　Neonesomia Urbatsch et R. P. Roberts(2004)【汉】沙黄花属。【英】Goldenshrub。【隶属】菊科 Asteraceae(Compositae)。【包含】世界 2 种。【学名诠释与讨论】〈阴〉(人)Guy L. Nesom, 1945-, 美国植物学者, 菊科 Asteraceae(Compositae)的热心研究者。因为已经有了纪念 Nesom 的属 Nesomia 墨香蓟属, 故本属前又冠以 neo。【分布】美国(得克萨斯), 墨西哥。【模式】Neonesomia palmeri (A. Gray) L. E. Urbatsch et R. P. Roberts [Aster palmeri A. Gray]。●☆

35085　Neonicholsonia Dammer(1901)【汉】沃森椰属(单序椰属, 内奥尼古棕属, 新尼氏椰子属, 新聂口棕桐属)。【日】ニコルソンヤシ属。【隶属】棕桐科 Arecaceae(Palmae)。【包含】世界 1 种。【学名诠释与讨论】〈阴〉(希)neos, neo-, 新的+(人)George Nicholson, 1847-1908, 英国园艺学者。【分布】中美洲。【后选模式】Neonicholsonia watsonii Dammer。【参考异名】Woodsonia L. H. Bailey(1943)●☆

35086　Neonotonia J. A. Lackey(1977)【汉】爪哇大豆属。【英】Neonotonia。【隶属】豆科 Fabaceae(Leguminosae)//蝶形花科 Papilionaceae。【包含】世界 1 种, 中国 1 种。【学名诠释与讨论】〈阴〉(希)neos, neo-, 新的+(属)Notonia DC. = Kleinia Mill. 仙人笔属(黄瓜掌属, 肉菊属)。此属的学名"Neonotonia J. A. Lackey, Phytologia 37: 210. 26 Sep 1977"是一个替代名称。"Johnia R. Wight et Arnott, Prodr. 449. Oct (prim.)1834"是一个非法名称(Nom. illegit.), 因为此前已经有了"Johnia Roxburgh, Fl. Indica 1:172. Jan-Jun(?)1820 = Salacia L. (1771)(保留属名)[卫矛科 Celastraceae//翅子藤科 Hippocrateaceae//五层龙科 Salaciaceae]"。故用"Neonotonia J. A. Lackey(1977)"替代之。亦有文献把"Neonotonia J. A. Lackey(1977)"处理为"Glycine Willd. (1802)(保留属名)"的异名。【分布】玻利维亚, 印度尼西亚(爪哇岛), 中国。【模式】Neonotonia wightii (R. Wight et Arnott) J. A. Lackey [Johnia wightii R. Wight et Arnott]。【参考异名】Glycine Willd. (1802)(保留属名); Johnia Wight et Arn. (1834) Nom. illegit. ■

35087　Neooreophilus Archila(2009)【汉】新高山鳞花兰属。【隶属】兰科 Orchidaceae。【包含】世界 47 种。【学名诠释与讨论】〈阴〉(希)neos, neo-, 新的+(属)Oreophilus 高山鳞花兰属。此属的学名"Neooreophilus Archila(2009)"是"Lepanthes subgen. Brachycladium Luer, Monographs in Systematic Botany from the Missouri Botanical Garden 15: 31. 1986"的替代名称。"Penducella Luer et Thoerle, Orchid Digest 74(2): 68. 2010. (May-Jun 2010)"也是"Lepanthes subgen. Brachycladium Luer, Monographs in Systematic Botany from the Missouri Botanical Garden 15:31. 1986"的替代名称, 但是晚出 1 年。【分布】玻利维亚。【模式】[Lepanthes nummularia Rchb. f.]。【参考异名】Lepanthes subgen. Brachycladium Luer(1986); Penducella Luer et Thoerle(2010) Nom. illeg. , Nom. superfl. ■☆

35088　Neopalissya Pax(1914) = Necepsia Prain(1910) [大戟科 Euphorbiaceae]■☆

35089　Neopallasia Poljakov(1955)【汉】栉叶蒿属。【俄】Неопалассия。【英】Neopallasia。【隶属】菊科 Asteraceae(Compositae)。【包含】世界 1-3 种, 中国 1-2 种。【学名诠释与讨论】〈阴〉(希)neos, neo-, 新的+(属)Pallasia。或+Pyotr (Peter)Simon Pallas, 1741-1811, 德国植物学者, 医生, 博物学者, 探险家。【分布】蒙古, 中国, 西伯利亚东部, 亚洲中部。【模式】Neopallasia pectinata (Pallas) P. P. Poljakov [Artemisia pectinata Pallas]。■

35090　Neopanax Allan(1961) = Pseudopanax C. Koch(1859) [五加科 Araliaceae]●■

35091　Neoparrya Mathias(1929)【汉】新巴料草属。【隶属】伞形花科(伞形科)Apiaceae(Umbelliferae)。【包含】世界 2 种。【学名诠释与讨论】〈阴〉(希)neos, neo-, 新的+(人)William Edward Parry, 1790-1855, 美国植物学者(或说英国植物学者), 植物采集家, 探险家。【分布】非洲西南部和南部, 美国(西南部)。【模式】Neoparrya lithophila Mathias。■☆

35092　Neopatersonia Schönland(1912)【汉】新澳大利亚鸢尾属。【隶属】风信子科 Hyacinthaceae//百合科 Liliaceae。【包含】世

界1-3种。【学名诠释与讨论】〈阴〉(希)neos,neo-,新的+(属)Patersonia澳大利亚鸢尾属。或+Florence Mary Paterson(nee Hal-lack),1869-1936,植物采集家。【分布】非洲西南部和南部。【模式】Neopatersonia uitenhagensis Schönland。■☆

35093　Neopaulia Pimenov et Kljuykov(1983)Nom. illegit. ≡ Paulia Korovin(1973)Nom. illegit. ; ~ ≡ Paulita Soják(1982)［伞形花科(伞形科)Apiaceae(Umbelliferae)]☆

35094　Neopaxia O. Nilsson(1966)【汉】细叶水繁缕属。【隶属】马齿苋科Portulacaceae。【包含】世界1种。【学名诠释与讨论】〈阴〉(希)neos,neo-,新的+(属)Paxia。或+Ferdinand Albin Pax,1858-1942,德国植物学者,A. Engler的合作者。此属的学名"Neopaxia Ö. Nilsson, Bot. Not. 119:469. 30 Dec 1966"是一个替代名称。"Paxia Ö. Nilsson, Bot. Not. 119:274. 13 Mai 1966"是一个非法名称(Nom. illegit.),因为此前已经有了"Paxia Gilg in Engler et Prantl, Nat. Pflanzenfam. 3(3):70. Sep 1891 = Rourea Aubl.(1775)(保留属名)［牛栓藤科Connaraceae]"。故用"Neopaxia O. Nilsson(1966)"替代之。亦有文献把"Neopaxia O. Nilsson(1966)"处理为"Montia L.(1753)"的异名。【分布】澳大利亚(塔斯曼半岛),新西兰。【模式】Neopaxia australasica(J. D. Hooker)O. Nilsson［Claytonia australasica J. D. Hooker]。【参考异名】Montia L.(1753);Paxia O. Nilsson(1966)Nom. illegit. ■☆

35095　Neopectinaria Plowes(2003)= Pectinaria Haw.(1819)(保留属名)［萝藦科Asclepiadaceae]■☆

35096　Neopeltandra Gamble(1925)Nom. illegit. = Meineckia Baill.(1858)［大戟科Euphorbiaceae]■☆

35097　Neopentanisia Verdc.(1953)【汉】新五异茜属。【隶属】茜草科Rubiaceae。【包含】世界2种。【学名诠释与讨论】〈阴〉(希)neos,neo-,新的+(属)Pentanisia。【分布】热带非洲南部。【模式】Neopentanisia annua(K. Schumann)Verdcourt［Pentanisia annua K. Schumann]。■☆

35098　Neopetalonema Brenan(1945)= Gravesia Naudin(1851)［野牡丹科Melastomataceae]●☆

35099　Neophloga Baill.(1894)【汉】安博沙椰属。【隶属】棕榈科Arecaceae(Palmae)。【包含】世界30种。【学名诠释与讨论】〈阴〉(希)neos,neo-,新的+(属)Phloga簇叶椰属(簇叶榈属,夫落哥榈属)。【分布】马达加斯加。【模式】Neophloga pygmaea Pichi Sermolli［N. commersoniana Beccari 1914,non(C. F. P. Martius)H. Baillon 1895]。【参考异名】Dypsidium Baill.(1894);Haplodypsis Baill.(1894);Haplophloga Baill.(1894)●☆

35100　Neophylum Tiegh.(1894)= Amyema Tiegh.(1894)［桑寄生科Loranthaceae]●☆

35101　Neopicrorhiza D. Y. Hong(1984)【汉】地黄莲属(胡黄连属,胡黄连属)。【英】Neopicrorhiza。【隶属】玄参科Scrophulariaceae//婆婆纳科Veronicaceae。【包含】世界1-2种,中国1种。【学名诠释与讨论】〈阴〉(希)neos,neo-,新的+(属)Picrorhiza胡黄连属。【分布】中国。【模式】Neopicrorhiza scrophulariiflora(F. W. Pennell)D. Y. Hong［Picrorhiza scrophulariiflora F. W. Pennell]。【参考异名】Picrorhiza Royle ex Benth.(1835);Picrorhiza Royle(1835)Nom. illegit. ■

35102　Neopieris Britton(1913)= Lyonia Nutt.(1818)(保留属名)［杜鹃花科(欧石南科)Ericaceae]●

35103　Neopilea Léandri(1950)= Pilea Lindl.(1821)(保留属名)［荨麻科Urticaceae]■

35104　Neoplatytaenia Geld.(1990)【汉】新阔带芹属。【隶属】伞形花科(伞形科)Apiaceae(Umbelliferae)。【包含】世界5种。【学名诠释与讨论】〈阴〉(希)neos,neo-,新的+(属)Platytaenia 阔带芹

属。此属的学名"Neoplatytaenia A. M. Geldikhanov, Bot. Zhurn.(Moscow et Leningrad)75:711. 30 Mai 1990"是一个替代名称。"Platytaenia Nevski et Vvedensky, Trudy Bot. Inst. Akad. Nauk SSSR,Ser. 1, Fl. Sist. Vyss. Rast. 4:270. 1937"是一个非法名称(Nom. illegit.),因为此前已经有了蕨类的"Platytaenia Kuhn, Festschr. 50. jahr. Konigl. Realschule Berlin 330. 1882"。故用"Neoplatytaenia Geld.(1990)"替代之。亦有文献把"Neoplatytaenia Geld.(1990)"处理为"Semenovia Regel et Herder(1866)"的异名。【分布】中国。【模式】Neoplatytaenia pamirica A. M. Geldikhanov［Zosima pamirica Lipsky]。【参考异名】Platytaenia Nevski et Vved.(1937)Nom. illegit. ;Semenovia Regel et Herder(1866)■

35105　Neopometia Aubrév.(1961)= Pradosia Liais(1872)［山榄科Sapotaceae]●☆

35106　Neoporteria Backeb., Nom. illegit. = Neoporteria Britton et Rose(1922); ~ = Nichelia Bullock(1938); ~ = Pyrrhocactus(A. Berger)Backeb. et F. M. Knuth(1935)Nom. illegit. ; ~ = Pyrrhocactus Backeb.(1936)Nom. illegit. ; ~ = Neoporteria Britton et Rose(1922)［仙人掌科Cactaceae]●■

35107　Neoporteria Britton et Rose(1922)【汉】智利球属(新翁玉属,新智利球属)。【日】ネオポルテリア属。【英】Neoporteria。【隶属】仙人掌科Cactaceae。【包含】世界25-30种,中国5种。【学名诠释与讨论】〈阴〉(希)neos,neo-,新的+(属)Porteria。或+Carlos Emilio Porter,1868-1942,智利博物学者,昆虫学者。此属的学名,ING和IK记载是"Neoporteria N. L. Britton et J. N. Rose, Cact. 3:94. 12 Oct 1922"。"Neoporteria Britton, Rose et Backeb., Blätt. Kakteenf. 1938, No. 6, p.［21], descr. emend."修订了属的描述。"Chilenia Backeberg, Blätt. Kakteenf. 1938(6):［21]. 1938"和"Euporteria Kreuzinger et Buining,Repert. Spec. Nov. Regni Veg. 50:200. 20 Nov 1941"是"Neoporteria Britton et Rose(1922)"的晚出的同模式异名(Homotypic synonym, Nomenclatural synonym)。【分布】阿根廷,秘鲁,智利,中国。【模式】Neoporteria subgibbosa(Haworth)N. L. Britton et J. N. Rose［Echinocactus subgibbosus Haworth]。【参考异名】Bridgesia Backeb.(1934)Nom. inval.(废弃属名);Chilenia Backeb.(1935)Nom. illegit. ;Chilenia Backeb.(1938)Nom. illegit. ; Chilenia Backeb.(1939)Nom. illegit. ; Chileniopsis Backeb.(1936); Chileocactus Frič(1931); Chileorebutia Frič; Chiliorebutia Frič(1938)Nom. illegit. ; Delaetia Backeb.(1962); Dracocactus Y. Ito; Euporteria Kreuz. et Buining(1941)Nom. illegit. ; Hildmannia Kreuz. et Buining(1941)Nom. illegit. ; Horridocactus Backeb.(1938); Islaya Backeb.(1934); Neochilenia Backeb. ex Dölz(1942); Neoporteria Backeb., Nom. illegit. ;Neoporteria Britton,Rose et Backeb.(1938)descr. emend. ;Neotanahashia Y. Ito(1957);Nichelia Bullock(1938);Pyrrhocactus(A. Berger)Backeb.(1936)Nom. illegit. ;Pyrrhocactus(A. Berger)Backeb. et F. M. Knuth(1936)Nom. illegit. ;Pyrrhocactus Backeb. et F. M. Knuth(1936)Nom. illegit. ; Thelocephala Y. Ito(1957); Thlocephala Y. Ito ●■

35108　Neoporteria Britton, Rose et Backeb.(1938)descr. emend. = Neoporteria Britton et Rose(1922)［仙人掌科Cactaceae]●■

35109　Neopreissia Ulbr.(1934)= Atriplex L.(1753)(保留属名)［藜科Chenopodiaceae//滨藜科Atriplicaceae]■●

35110　Neopringlea S. Watson(1891)【汉】普林格尔木属。【隶属】刺篱木科(大风子科)Flacourtiaceae。【包含】世界3种。【学名诠释与讨论】〈阴〉(希)neos,neo-,新的+(人)Cyrus Guernsey Pringle,1838-1911,美国植物学者,植物采集家,The Record of a Quaker Conscience的作者。此属的学名"Neopringlea S. Watson,

Proc. Amer. Acad. Arts 26：134. Jul 1891"是一个替代名称。"Llavea Liebmann, Vidensk. Meddel. Dansk Naturhist. Foren. Kjøbenhavn 1853：95. 1854"是一个非法名称（Nom. illegit.），因为此前已经有了"Llavea Lagasca, Gen. Sp. Pl. Nov. 33. Jun-Dec 1816（蕨类）"。故用"Neopringlea S. Watson（1891）"替代之。"Henningsocarpum O. Kuntze, Rev. Gen. 1：117. 5 Nov 1891"是"Neopringlea S. Watson（1891）"的同模式异名（Homotypic synonym, Nomenclatural synonym）。【分布】墨西哥。【模式】Neopringlea viscosa（Liebmann）Rose［Llavea viscosa Liebmann］。【参考异名】Henningsocarpum Kuntze（1891）Nom. illegit.; Llavea Liebm.（1853）Nom. illegit. ●☆

35111 Neoptychocarpus Buchheim（1959）【汉】皱果大风子属。【隶属】刺篱木科（大风子科）Flacourtiaceae。【包含】世界3种。【学名诠释与讨论】〈阳〉（希）neos, neo-, 新的+（属）Ptychocarpus。此属的学名"Neoptychocarpus Buchheim, Taxon 8：76. Jan 1959"是一个替代名称。"Ptychocarpus Kuhlmann, Arch. Jard. Bot. Rio de Janeiro 4：358. 1925"是一个非法名称（Nom. illegit.），因为此前已经有了化石植物的"Ptychocarpus C. E. Weiss, Fossil Fl. 94. 1869"。故用"Neoptychocarpus Buchheim（1959）"替代之。【分布】巴西，秘鲁，哥伦比亚。【模式】Neoptychocarpus apodanthus（J. G. Kuhlmann）Buchheim［Ptychocarpus apodanthus J. G. Kuhlmann］。【参考异名】Ptychocarpus Kuhlm.（1925）Nom. illegit. ●☆

35112 Neopycnocoma Pax（1909）= Argomuellera Pax（1894）［大戟科 Euphorbiaceae］●☆

35113 Neoraimondia Britton et Rose（1920）【汉】大织冠属。【日】ネオライモンディア属。【隶属】仙人掌科 Cactaceae。【包含】世界2种。【学名诠释与讨论】〈阴〉（希）neos, neo-, 新的+（人）Antonio Raimondi, 1826-1890, 意大利植物学者，博物学者和地质学者。【分布】秘鲁，玻利维亚，智利（北部）。【模式】Neoraimondia macrostibus（K. Schumann）N. L. Britton et Rose［as 'macrostibas'］［Pilocereus macrostibus K. Schumann］。【参考异名】Neocardenasia Backeb.（1949）●☆

35114 Neorapinia Moldenke（1955）【汉】拉潘草属。【隶属】马鞭草科 Verbenaceae//唇形科 Lamiaceae（Labiatae）//牡荆科 Viticaceae。【包含】世界1种。【学名诠释与讨论】〈阴〉（希）neos, neo-, 新的+（人）Rene Rapin, 1621-1687, 法国植物学者。"Neorapinia Moldenke, Phytologia 5：225. Jul 1955"此属的学名。"Rapinia Montrouzier, Mém. Acad. Roy. Sci. Lyon, Sect. Sci. ser. 2. 10：243. 1860"是一个非法名称（Nom. illegit.），因为此前已经有了"Rapinia Loureiro, Fl. Cochinch. 127. Sep 1790"。故用"Neorapinia Moldenke（1955）"替代之。亦有文献把"Neorapinia Moldenke（1955）"处理为"Vitex L.（1753）"的异名。【分布】法属新喀里多尼亚。【模式】Neorapinia collina（Montrouzier）Moldenke［Rapinia collina Montrouzier］。【参考异名】Rapinia Montrouz.（1860）Nom. illegit.; Vitex L.（1753）●☆

35115 Neoraputia Emmerich ex Kallunki（2009）= Raputia Aubl.（1775）［芸香科 Rutaceae］●☆

35116 Neoraputia Emmerich（1978）Nom. inval. ≡ Neoraputia Emmerich ex Kallunki（2009）; ~ = Raputia Aubl.（1775）［芸香科 Rutaceae］●☆

35117 Neorautanenia Schinz（1899）【汉】块茎豆属。【隶属】豆科 Fabaceae（Leguminosae）。【包含】世界3种。【学名诠释与讨论】〈阴〉（希）neos, neo-, 新的+（人）Martti（Martin）Rau-tanen. 1845-1926, 芬兰传教士，植物采集家。此属的学名，ING、TROPICOS 和 IK 记载是"Neorautanenia Schinz, Bull. Herb. Boissier 7：35. Jan 1899"。"Bisrautanenia O. Kuntze in Post et O. Kuntze,

Lex. 69. Dec 1903（'1904'）"是"Neorautanenia Schinz（1899）"的晚出的同模式异名（Homotypic synonym, Nomenclatural synonym）。【分布】热带非洲南部。【模式】Neorautanenia amboensis Schinz。【参考异名】Bisrautanenia Kuntze（1903）Nom. illegit. ■☆

35118 Neoregelia L. B. Sm.（1934）【汉】彩叶凤梨属（杯凤梨属，赪凤梨属，唇凤梨属，盖凤梨属，红背凤梨属，西洋万年青属，新凤梨属，羞凤梨属，胭脂凤梨属，艳凤梨属，杂色叶凤梨属）。【日】ネオレゲリア属。【英】Neoregelia。【隶属】凤梨科 Bromeliaceae。【包含】世界40-97种。【学名诠释与讨论】〈阴〉（希）neos, neo-, 新的+（属）Aregelia 热美凤梨属（阿瑞盖利属）。或+Constantin Andreas von Regel, 1890-1970, 俄罗斯出生的植物学者。此属的学名"Neoregelia L. B. Smith, Contr. Gray Herb. 104：78. 1934"是一个替代名称。"Regelia（Lemaire）C. A. M. Lindman, Öfvers. Förh. Kongl. Svenska Vetensk. - Akad. 47：542. 1890"是一个非法名称（Nom. illegit.），因为此前已经有了"Regelia Schauer, Linnaea 17：243. post Mai 1843［桃金娘科 Myrtaceae］"。故用"Neoregelia L. B. Sm.（1934）"替代之。【分布】秘鲁，厄瓜多尔，玻利维亚。【模式】Billbergia meyendorffii Regel。【参考异名】Aregelia Kuntze（1891）Nom. illegit.; Aregelia Mez; Regelia（Lem.）Lindm.（1890）Nom. illegit.; Regelia Lindm.（1890）Nom. illegit. ■☆

35119 Neoregnellia Urb.（1924）【汉】寡珠片梧桐属。【隶属】梧桐科 Sterculiaceae//锦葵科 Malvaceae。【包含】世界1种。【学名诠释与讨论】〈阴〉（希）neos, neo-, 新的+（人）Regnell。或+Anders Fredrik（Andre Frederick）Regnell, 1807-1884, 瑞典植物学者，植物采集家，医生，地衣学者。【分布】古巴。【模式】Neoregnellia cubensis Urban。●☆

35120 Neorhine Schwantes（1930）= Rhinephyllum N. E. Br.（1927）［番杏科 Aizoaceae］●☆

35121 Neorites L. S. Sm.（1969）【汉】截顶山龙眼属。【隶属】山龙眼科 Proteaceae。【包含】世界1种。【学名诠释与讨论】〈阴〉（希）neos, neo-, 新的+（属）Orites 红丝龙眼属。【分布】澳大利亚（昆士兰）。【模式】Neorites kevediana L. S. Smith。●☆

35122 Neoroepera Müll. Arg.（1866）Nom. illegit. = Neoroepera Müll. Arg. et F. Muell.（1866）［大戟科 Euphorbiaceae］●☆

35123 Neoroepera Müll. Arg. et F. Muell.（1866）【汉】勒珀大戟属。【隶属】大戟科 Euphorbiaceae。【包含】世界2种。【学名诠释与讨论】〈阴〉（希）neos, neo-, 新的+（人）Johannes August Christian Roeper（also Roper）, 1801-1885, 德国植物学者，医生。此属的学名，ING 和 APNI 记载是"Neoroepera J. Müller-Arg. et F. v. Mueller in J. Müller-Arg. in Alph. de Candolle, Prodr. 15（2）：488. Aug 1866"。IK 则记载为"Neoroepera Müll. Arg., Prodr.［A. P. de Candolle］15（2.2）：488. 1866［late Aug 1866］"。三者引用的文献相同。【分布】澳大利亚（昆士兰）。【模式】Neoroepera buxifolia J. Müller-Arg. et F. v. Mueller。【参考异名】Neoroepera Müll. Arg.（1866）Nom. illegit. ●☆

35124 Neorosea N. Hallé（1970）= Tricalysia A. Rich. ex DC.（1830）［茜草科 Rubiaceae］●

35125 Neorthosis Raf.（1838）= Ipomoea L.（1753）（保留属名）; ~ = Quamoclit Moench（1794）Nom. illegit.; ~ = Quamoclit Tourn. ex Moench（1794）Nom. illegit.; ~ = Ipomoea L.（1753）（保留属名）［旋花科 Convolvulaceae］●■

35126 Neorudolphia Britton（1924）【汉】新鲁豆属。【隶属】豆科 Fabaceae（Leguminosae）。【包含】世界1种。【学名诠释与讨论】〈阴〉（希）neos, neo-, 新的+（属）Rudolphia。或+Israel Karl Asmund Rudolphi, 1771-1832, 瑞典植物学者，医生，博物学者。此属的学名"Neorudolphia N. L. Britton in N. L. Britton et P. Wilson, Scient. Surv. Porto Rico 5：426. 10 Jun 1924"是一个替代名

称。"Rudolphia Willdenow, Ges. Naturf. Freunde Berlin Neue Schriften 3:451. 1801"是一个非法名称(Nom. illegit.),因为此前已经有了"Rudolphia Medikus, Malven-Fam. 111. 1787 = Malpighia L.(1753)[金虎尾科(黄褥花科)Malpighiaceae]"。故用"Neorudolphia Britton(1924)"替代之。【分布】西印度群岛。【模式】Neorudolphia volubilis(Willdenow)N. L. Britton[Rudolphia volubilis Willdenow]。【参考异名】Rudolphia Willd.(1801)Nom. illegit.■☆

35127　Neoruschia Cath. et V. P. Castro(2006)【汉】新舟叶兰属。【隶属】兰科 Orchidaceae。【包含】世界 1 种。【学名诠释与讨论】〈阴〉(希)neos, neo-,新的+(属)Ruschia 舟叶花属。此属的学名是"Neoruschia Cath. et V. P. Castro, Richardiana 6: 158. 2006"。亦有文献把其处理为"Oncidium Sw.(1800)(保留属名)"的异名。【分布】巴西。【模式】Neoruschia cogniauxiana(Schltr.)Cath. et V. P. Castro。【参考异名】Oncidium Sw.(1800)(保留属名)■☆

35128　Neosabicea Wernham(1914)= Manettia Mutis ex L.(1771)(保留属名)[茜草科 Rubiaceae]●■☆

35129　Neosasamorpha Tatew.(1940)【汉】新华箬竹属。【隶属】禾本科 Poaceae(Gramineae)。【包含】世界 39 种。【学名诠释与讨论】〈阴〉(希)neos, neo-,新的+(属)Sasamorpha 华箬竹属。此属的学名是"Neosasamorpha Tatewaki, Trans. Hokkaido Forest. Soc. 38(2): 8. 1940"。亦有文献把其处理为"Sasa Makino et Shibata(1901)"的异名。【分布】中国。【后选模式】Neosasamorpha asagishiana(Makino et Uchida)Tatewaki[Sasa asagishiana Makino et Uchida]。【参考异名】Sasa Makino et Shibata(1901)●

35130　Neoschimpera Hemsl.(1906)= Amaracarpus Blume(1827)[茜草科 Rubiaceae]●☆

35131　Neoschischkinia Tzvelev(1968)= Agrostis L.(1753)(保留属名)[禾本科 Poaceae(Gramineae)//剪股颖科 Agrostidaceae]■

35132　Neoschmidia T. G. Hartley(2003)【汉】新蜡花木属。【隶属】芸香科 Rutaceae。【包含】世界 2 种。【学名诠释与讨论】〈阴〉(希)neos, neo-,新的+(人)Schmidt,植物学者。此属的学名是"Neoschmidia T. G. Hartley, Adansonia ser. 3. 25: 7. Jun 2003"。亦有文献把其处理为"Eriostemon Sm.(1798)"的异名。【分布】法属新喀里多尼亚。【模式】Neoschmidia pallida T. G. Hartley[Eriostemon pallidus Schlechter 1906[as 'pallidum'],non F. von Mueller 1869]。【参考异名】Eriostemon Sm.(1798)●☆

35133　Neoschroetera Briq.(1926)= Larrea Cav.(1800)(保留属名)[蒺藜科 Zygophyllaceae]●☆

35134　Neoschumannia Schltr.(1905)【汉】舒曼萝藦属。【隶属】萝藦科 Asclepiadaceae。【包含】世界 1 种。【学名诠释与讨论】〈阴〉(希)neos, neo-,新的+(人)Karl Morita Schumann, 1851-1904,德国植物学者,植物采集家。【分布】热带非洲西部。【模式】Neoschumannia kamerunensis Schlechter。■☆

35135　Neosciadium Domin(1908)【汉】新伞花芹属。【隶属】伞形花科(伞形科)Apiaceae(Umbelliferae)。【包含】世界 1 种。【学名诠释与讨论】〈阴〉(希)neos, neo-,新的+(属)Sciadium 伞芹属。【分布】澳大利亚。【模式】Neosciadium glochidiatum(Bentham)Domin[Hydrocotyle glochidiata Bentham]。■☆

35136　Neoscirpus Y. N. Lee et Y. C. Oh(2006)【汉】新藨草属。【隶属】莎草科 Cyperaceae。【包含】世界 1 种。【学名诠释与讨论】〈阳〉(希)neos, neo-,新的+(属)Scirpus 藨草属。此属的学名是"Neoscirpus Y. N. Lee et Y. C. Oh, Bulletin of Korea Plant Research 6: 24. 2006.(20 Dec 2006)"。亦有文献把其处理为"Scirpus L.(1753)(保留属名)"的异名。【分布】朝鲜,中国。【模式】Neoscirpus dioicus Y. N. Lee et Y. C. Oh。【参考异名】Scirpus L.

(1753)(保留属名)■

35137　Neoscortechia Kuntze(1903)Nom. illegit., Nom. superfl. ≡ Neoscortechinia Pax(1897)[大戟科 Euphorbiaceae]☆

35138　Neoscortechinia Pax(1897)【汉】斯科大戟属(新斯科大戟属)。【隶属】大戟科 Euphorbiaceae。【包含】世界 4-8 种。【学名诠释与讨论】〈阴〉(希)neos, neo-,新的+(属)Scortechinia。Scortechinia:(拉)scortum,皮,革;scorteus,革制的+echinos,刺猬,海胆。echinodes,像刺猬的 =拉丁文 echinatus,多刺的+masto,胸部,乳房。另说纪念 Benedetto(Bertold)Scortechini, 1845-1886,意大利牧师,植物采集家。此属的学名"Neoscortechinia Pax in Engler et Prantl, Nat. Pflanzenfam. Nachtr. 1: 213. Oct 1897"是一个替代名称。"Scortechinia Hook. f., Hooker's Icon. Pl. 18: ad t. 1706. Nov 1887"是一个非法名称(Nom. illegit.),因为此前已经有了真菌的"Scortechinia P. A. Saccardo, Atti Reale Ist. Veneto Sci. Lett. Arti ser. 6. 3: 713. 1885"和"Scortechinia P. A. Saccardo, Syll. Fungorum 9: 604. 15 Sep 1891(non P. A. Saccardo 1885)"。故用"Neoscortechinia Pax(1897)"替代之。O. Kuntze(1903)又用"Neoscortechia O. Kuntze in T. Post et O. Kuntze, Lex. 386. Dec 1903"替代"Scortechinia Hook. f., Hooker's Icon. Pl. 18: ad t. 1706. Nov 1887",它就是晚出的非法名称了。【分布】马来西亚,缅甸,印度(尼科巴群岛),所罗门群岛。【模式】Scortechinia kingii J. D. Hooker。【参考异名】Alcinaeanthus Merr.(1913);Neoscortechia Kuntze(1903)Nom. illegit., Nom. superfl.;Scortechinia Hook. f.(1887)Nom. illegit. ☆

35139　Neo-senaea K. Schum. ex H. Pfeiff.(1925)= Lagenocarpus Nees(1834)[莎草科 Cyperaceae]■☆

35140　Neosepicaea Diels(1922)【汉】豪斯曼藤属。【隶属】紫葳科 Bignoniaceae。【包含】世界 4 种。【学名诠释与讨论】〈阴〉(希)neos, neo-,新的+Sepik River,位于巴布亚新几内亚岛。本属的同物异名"Haussmannianthes Steenis, Proc. Roy. Soc. Queensland 41: 50. 12 Feb 1930"是一个替代名称;"Haussmannia F. v. Mueller, Fragm. 4: 148. Nov 1864"是一个非法名称(Nom. illegit.),因为此前已经有了化石植物的"Hausmannia Dunker, Monogr. Norddeutsch. Weald. 12. t. 5, f. 1.; t. 6, f. 12. post Mar 1846"。故用"Haussmannianthes Steenis(1929)"替代之。【分布】澳大利亚(昆士兰),新几内亚岛。【模式】Neosepicaea viticoides Diels。【参考异名】Haussmannia F. Muell.(1864)Nom. illegit.;Haussmannianthes Steenis(1929)●☆

35141　Neoshirakia Esser(1998)【汉】白木乌桕属(新乌桕属)。【隶属】大戟科 Euphorbiaceae。【包含】世界 2 种,中国 2 种。【学名诠释与讨论】〈阴〉(希)neos, neo-,新的+(属)Shirakia =Sapium 乌桕属。此属的学名"Neoshirakia H. -J. Esser, Blumea 43: 129. 26 Mai 1998"是一个替代名称。"Shirakia Hurusawa, J. Fac. Sci. Univ. Tokyo, Sect. 3, Bot. 6: 317. 15 Aug 1954"是一个非法名称(Nom. illegit.),因为此前已经有了化石植物的"Shirakia S. Kawasaki, Bull. Geol. Surv. Chosen 6(4): 98. Mar 1934"。故用"Neoshirakia Esser(1998)"替代之。亦有文献把"Neoshirakia Esser(1998)"处理为"Sapium Jacq.(1760)(保留属名)"的异名。【分布】日本,中国。【模式】Neoshirakia japonica(Siebold et Zuccarini)H. -J. Esser[Stillingia japonica Siebold et Zuccarini]。【参考异名】Sapium Jacq.(1760)(保留属名);Shirakia Hurus.(1954)Nom. illegit. ●

35142　Neosieversia Bolle = Novosieversia F. Bolle(1933)[蔷薇科 Rosaceae]●☆

35143　Neosilvia Pax(1897)Nom. illegit. ≡ Mezilaurus Kuntze ex Taub.(1892)[樟科 Lauraceae]●☆

35144　Neosinocalamus P. C. Keng(1983)【汉】慈竹属(牡竹属)。

【英】Lovebamboo, Neosinocalamus。【隶属】禾本科 Poaceae
(Gramineae)。【包含】世界 4 种,中国 4 种。【学名诠释与讨论】
〈阳〉(希)neos, neo-,新的+Sinocalamus 甜竹属。指本属由原甜
竹属内分出的新属。此属的学名是"Neosinocalamus P. C. Keng,
J. Bamboo Res. 2(2):12. Jul 1983"。亦有文献把其处理为
"Dendrocalamus Nees(1835)"的异名。【分布】中国。【模式】
Neosinocalamus affinis (A. B. Rendle) P. C. Keng [Dendrocalamus
affinis A. B. Rendle]。【参考异名】Dendrocalamus Nees(1835);
Sinocalamus McClure(1940)●★

35145　Neosloetiopsis Engl. (1914) = Streblus Lour. (1790) [桑科
Moraceae]●

35146　Neosotis Gand. = Myosotis L. (1753) [紫草科 Boraginaceae]■

35147　Neosparton Griseb. (1874)【汉】阿根廷马鞭草属。【隶属】马
鞭草科 Verbenaceae。【包含】世界 4 种。【学名诠释与讨论】
〈中〉(希)neos, neo-,新的+sparton 一种用金雀儿或茅草做的绳
索,或+(属)Spartium 鹰爪豆属。【分布】温带南美洲。【模式】
Neosparton ephedroides Grisebach。●☆

35148　Neosprucea Sleumer(1938) = Hasseltia Kunth(1825) [椴树科
(椴科,田麻科)Tiliaceae]●☆

35149　Neostachyanthus Exell et Mendonça (1951) Nom. illegit. ≡
Stachyanthus Engl. (1897)(保留属名) [茶茱萸科 Icacinaceae]●☆

35150　Neostapfia Burtt Davy(1899)【汉】香枝黏草属。【隶属】禾本
科 Poaceae(Gramineae)。【包含】世界 1 种。【学名诠释与讨论】
〈阴〉(希)neos, neo-,新的+(人)Otto Stapf, 1857-1933,植物学
者。此属的学名"Neostapfia Burtt Davy, Erythea 7:43. Apr 1899"
是一个替代名称。"Stapfia Burtt Davy, Erythea 6:109. Nov 1898"
是一个非法名称(Nom. illegit.),因为此前已经有了"Stapfia R.
Chodat, Bull. Herb. Boissier 5:947. Nov 1897(绿藻)"。故用
"Neostapfia Burtt Davy(1899)"替代之。E. Hackel(1899)曾用
"Davyella E. Hackel, Oesterr. Bot. Z. 49:134. Apr 1899"替代
"Stapfia Burtt Davy, Erythea 6:109. Nov 1898";这是晚出的非法名
称。【分布】美国(西南部)。【模式】Neostapfia colusana (Burtt
Davy) Burtt Davy [Stapfia colusana Burtt Davy]。【参考异名】
Davyella Hack. (1899) Nom. illegit. ; Stapfia Burtt Davy (1898)
Nom. illegit. ■☆

35151　Neostapfiella A. Camus(1926)【汉】小香枝黏草属。【隶属】禾
本科 Poaceae(Gramineae)。【包含】世界 3 种。【学名诠释与讨
论】〈阴〉(属)Neostapfia 香枝黏草+-ellus, -ella, -ellum,加在名
词词干后面形成指小式的词尾。或加在人名、属名等后面以组
成新属的名称。【分布】马达加斯加。【模式】Neostapfiella
perrieri A. Camus。。■☆

35152　Neostenanthera Exell(1935)【汉】窄药花属(新窄药花属)。
【隶属】番荔枝科 Annonaceae。【包含】世界 4-5 种。【学名诠释
与讨论】〈阴〉(希)neos, neo-,新的+(属)Stenanthera 窄药花属。
此属的学名"Neostenanthera Exell, J. Bot. 73 Suppl. 1:5. Mar
1935"是一个替代名称。"Stenanthera (D. Oliver) Engler et Diels,
Notizbl. Königl. Bot. Gart. Berlin 3:53, 57. 1 Sep 1900"是一个非法
名称(Nom. illegit.),因为此前已经有了"Stenanthera R. Brown,
Prodr. 538. 27 Mar 1810 = Astroloma R. Br. (1810) [尖苞木科
Epacridaceae//杜鹃花科(欧石南科)Ericaceae]"。故用
"Neostenanthera Exell(1935)"替代之。【分布】热带非洲。【后
选模式】Neostenanthera hamata (Bentham) Exell [Oxymitra hamata
Bentham]。【参考异名】Boutiquea Le Thomas (1966); Oxymitra
[sect.] Stenanthera D. Oliver (1868); Stenanthera (D. Oliver)
Engler et Diels (1901) Nom. illegit. ; Stenanthera Engl. et Diels
(1901) Nom. illegit. ●☆

35153　Neostrearia L. S. Sm. (1958)【汉】昆士兰金缕梅属(新澳蛎花

属)。【隶属】金缕梅科 Hamamelidaceae。【包含】世界 1 种。【学
名诠释与讨论】〈阴〉(希)neos, neo-,新的+(属)Ostrearia 澳蛎花
属。【分布】澳大利亚(昆士兰)。【模式】Neostrearia fleckeri L.
S. Smith。●☆

35154　Neostricklandia Rauschert (1982) = Phaedranassa Herb. (1845)
[石蒜科 Amaryllidaceae]■☆

35155　Neostyphonia Shafer (1908) Nom. illegit. ≡ Styphonia Nutt.
(1838) Nom. illegit. ; ~ = Rhus L. (1753) [漆树科 Anacardiaceae]●

35156　Neostyrax G. S. Fan(1996)【汉】新安息香属。【隶属】安息香
科(齐墩果科,野茉莉科)Styracaceae。【包含】世界 1 种,中国 1
种。【学名诠释与讨论】〈阳〉(希)neos, neo-,新的+(属)Styrax
安息香属(野茉莉属)。【分布】中国。【模式】Neostyrax
polysperma (Clarke) G. S. Fan。●

35157　Neosyris Greene (1895) = Llerasia Triana (1858) [菊科
Asteraceae(Compositae)]●☆

35158　Neotainiopsis Bennet et Raizada(1981)【汉】新毛梗兰属。【隶
属】兰科 Orchidaceae。【包含】世界 1 种。【学名诠释与讨论】
〈阴〉(希)neos, neo-,新的+(属)Tainiopsis 毛梗兰属。此属的学
名"Neotainiopsis Bennet et Raizada, Indian Forester 107(7):433
(1981)"是一个替代名称。"Tainiopsis Schlechter, Orchis 9:10.
15 Feb 1915 ≡ Eriodes Rolfe Nov 1915"是一个非法名称(Nom.
illegit.),因为此前已经有了兰科 Orchidaceae 的"Tainiopsis
Hayata, Icon. Pl. Formosan. 4:63, in obs. 1914 [25 Nov 1914] =
Tainia Blume (1825)"。故用"Neotainiopsis Bennet et Raizada
(1981)"替代之。但是亦有学者不承认这个替代,把"Tainiopsis
Schltr. (1915) Nom. illegit. "处理为"Eriodes Rolfe (1915)"的异
名。亦有文献把"Neotainiopsis Bennet et Raizada(1981)"处理为
"Tainiopsis Schltr. (1915) Nom. illegit. "的异名。【分布】中国,喜
马拉雅山。【模式】Neotainiopsis barbata (Lindl.) Bennet et
Raizada。【参考异名】Eriodes Rolfe (1915); Tainiopsis Schltr.
(1915) Nom. illegit. ■

35159　Neotanahashia Y. Ito(1957) = Neoporteria Britton et Rose(1922)
[仙人掌科 Cactaceae]●■

35160　Neo-taraxacum Y. R. Ling et X. D. Sun (2001) Nom. inval. ,
without type [菊科 Asteraceae(Compositae)]■

35161　Neotatea Maguire(1972)【汉】新豆腐柴属。【隶属】山茶科(茶
科)Theaceae//多籽树科(多子科)Bonnetiaceae//猪胶树科(克鲁
西科,山竹子科,藤黄科)Clusiaceae(Guttiferae)。【包含】世界 4
种。【学名诠释与讨论】〈阴〉(希)neos, neo-,新的+(属)Tatea =
Premna 豆腐柴属(臭黄荆属,臭娘子属,臭鱼木属,腐婢属)。此
属的学名,ING、TROPICOS、GCI 和 IK 记载是"Neotatea B.
Maguire in B. Maguire et al. ,Mem. New York Bot. Gard. 23:161. 30
Nov 1972"。它曾被处理为"Bonnetia colombiana (Maguire)
Steyerm. ,Annals of the Missouri Botanical Garden 71:330. 1984"。
亦有文献把"Neotatea Maguire(1972)"处理为"Bonnetia Mart.
(1826)(保留属名)"的异名。【分布】委内瑞拉。【模式】
Neotatea longifolia (H. A. Gleason) B. Maguire [Bonnetia longifolia
H. A. Gleason]。【参考异名】Bonnetia Mart. (1826)(保留属名);
Bonnetia colombiana (Maguire) Steyerm. (1984)●☆

35162　Neotchihatchewia Rauschert(1982)【汉】新菘蓝芥属。【隶属】
十字花科 Brassicaceae(Cruciferae)。【包含】世界 1 种。【学名诠
释与讨论】〈阴〉(希)neos, neo-,新的+(属)Tchihatchewia。或+
Pierre de Tchihatcheff (Fetr Ale-ksandrovich Tchichatscheff,
Chikhachef, Tschihatcheff),1812-1890,俄罗斯植物学者,地理学
者。此属的学名"Neotchihatchewia S. Rauschert, Taxon 31:558. 9
Aug 1982"是一个替代名称。"Tchihatchewia Boissier in
Tchihatcheff, Asie Mineure Bot. 1:292. 1866"是一个非法名称

（Nom. illegit.），因为此前已经有了化石植物的"Tchihatchewia F. J. A. N. Unger in P. de Tchihatcheff, Compt. Rend. Hebd. Séances Acad. Sci. 56：516. 1863"。故用"Neotchihatchewia Rauschert（1982）"替代之。【分布】亚美尼亚。【模式】Neotchihatchewia isatidea（Boissier）S. Rauschert［Tchihatchewia isatidea Boissier］。【参考异名】Tchihatchewia Boiss.（1860）Nom. illegit. ■☆

35163　Neotessmannia Burret（1924）【汉】特斯木属。【隶属】椴树科（椴树科，田麻科）Tiliaceae//文定果科 Muntingiaceae。【包含】世界 1 种。【学名诠释与讨论】〈阴〉（希）neos, neo-, 新的+（属）Tessmannia 特斯木属。或+Günther（Guenther）Tessmann，德国植物采集家。【分布】秘鲁。【模式】Neotessmannia uniflora Burret。●☆

35164　Neothorelia Gagnep.（1908）【汉】托雷木属。【隶属】山柑科（白花菜科，醉蝶花科）Capparaceae。【包含】世界 1 种。【学名诠释与讨论】〈阴〉（希）neos, neo-, 新的+（人）Clovis Thorel, 1833-1911，法国植物学者，医生，植物采集家。【分布】中南半岛。【模式】Neothorelia laotica Gagnepain。●☆

35165　Neothymopsis Britton et Millsp.（1920）Nom. illegit. ≡Thymopsis Benth.（1873）（保留属名）［菊科 Asteraceae（Compositae）］■☆

35166　Neotia Scop.（1770）= Neottia Guett.（1754）（保留属名）［兰科 Orchidaceae//鸟巢兰科 Neottiaceae］■

35167　Neotina Capuron（1969）【汉】新马岛无患子属。【隶属】无患子科 Sapindaceae。【包含】世界 2 种。【学名诠释与讨论】〈阴〉（希）neos, neo-, 新的+（属）Tina 马岛无患子属。【分布】马达加斯加。【模式】Neotina isoneura（Radlkofer）R. Capuron［Tina isoneura Radlkofer］。●☆

35168　Neotinea Rchb. f.（1852）【汉】密花斑兰属。【英】Dense-flowered Orchid, Neotinea。【隶属】兰科 Orchidaceae。【包含】世界 2 种。【学名诠释与讨论】〈阴〉（希）neos, neo-, 新的+（属）Tinea。或 neos, neo-, 新的+Vincenzo（Vincentius）Tineo, 1791-1856，意大利植物学教授。此属的学名"Neotinea Rchb. f., Poll. Orchid. Gen. 29. 1852"是一个替代名称。"Tinea Bivona, Giorn. Sci. Sicil. 1833：149. 1833"是一个非法名称（Nom. illegit.），因为此前已经有了"Tinea K. P. J. Sprengel, Neue Entdeck. Pflanzenk. 2：165. 1820 =Prockia P. Browne（1759）［椴树科（椴树科，田麻科）Tiliaceae］"。故用"Neotinea Rchb. f.（1852）"替代之。【分布】西班牙（加那利群岛），葡萄牙（马德拉群岛），地中海地区，欧洲西部。【模式】Neotinea maculata（Desfontaines）Stern［Satyrium maculatum Desfontaines］。【参考异名】Tinaea Boiss.（1882）Nom. illegit.；Tinea Biv.（1833）Nom. illegit.；Tineoa Post et Kuntze（1903）■☆

35169　Neotorularia Hedge et J. Léonard（1986）【汉】念珠芥属（串珠芥属，扭果芥属，小蒜芥属，新念珠芥属，肖念珠芥属，蚓果芥属）。【俄】Торулярия, Чёточник, Чёточник。【英】Beadcress, Torularia。【隶属】十字花科 Brassicaceae（Cruciferae）。【包含】世界 12-14 种，中国 6-10 种。【学名诠释与讨论】〈阴〉（希）neos, neo-, 新的+（属）Torularia。此属的学名"Neotorularia I. C. Hedge et J. Léonard in J. Léonard, Bull. Jard. Bot. Natl. Belgique 56：393. 31 Dec 1986"是一个替代名称。它替代的是"Torularia（Cosson）O. E. Schulz in Engler, Pflanzenr. IV. 105（Heft 86）：213. 22 Jul 1924"，而非藻类的"Torularia Bonnemaison, Mém. Mus. Hist. Nat. 16：97. 1828"。多有文献用"Torularia（Coss.）O. E. Schulz（1924）"为正名。ING 和 GCI 记载是"Torularia（Cosson）O. E. Schulz in Engler, Pflanzenr. IV. 105（Heft 86）：213. 22 Jul 1924"，由"Sisymbrium sect. Torularia Cosson, Compend. Fl. Atl. 2：136, 139. Nov 1887"改级而来；而 IK 则记载为"Torularia O. E. Schulz, Pflanzenr.（Engler）Crucif. -Sisymbr. 213（1924）"。三者引用的文

献相同。但是"Torularia（Coss.）O. E. Schulz（1924）"亦是一个晚出的非法名称（Nom. illegit.）。【分布】印度，中国，蒙古，欧洲，西伯利亚，亚洲西部和中部，非洲北部。【模式】Neotorularia torulosa（Desfontaines）O. E. Schulz［Sisymbrium torulosum Desfontaines］。【参考异名】Dichasianthus Ovcz. et Yunusov（1978）；Torularia（Coss.）O. E. Schulz（1924）Nom. illegit.；Torularia O. E. Schulz（1924）Nom. illegit. ■

35170　Neotreleasea Rose（1903）Nom. illegit. ≡Setcreasea K. Schum. et Syd.（1901）；~ = Tradescantia L.（1753）［鸭趾草科 Commelinaceae］■

35171　Neotrewia Pax et K. Hoffm.（1914）【汉】新滑桃树属。【隶属】大戟科 Euphorbiaceae。【包含】世界 1-2 种。【学名诠释与讨论】〈阴〉（希）neos, neo-, 新的+（属）Trewia 滑桃树属。或 neos, neo-, 新的+Christoph Jakob Trew, 1695-1769，德国植物学者，医生，旅行家。【分布】菲律宾（菲律宾群岛），印度尼西亚（苏拉威西岛）。【模式】Neotrewia cumingii（J. Müller Arg.）Pax et K. Hoffmann［Mallotus cumingii J. Müller Arg.］。●☆

35172　Neotrigonostemon Pax et K. Hoffm.（1928）【汉】新三宝木属。【隶属】大戟科 Euphorbiaceae。【包含】世界 1 种。【学名诠释与讨论】〈阳〉（希）neos, neo-, 新的+（属）Trigonostemon 三宝木属。此属的学名是"Neotrigonostemon Pax et K. Hoffmann, Notizbl. Bot. Gart. Berlin-Dahlem 10：385. 20 Jun 1928"。亦有文献把其处理为"Trigonostemon Blume（1826）［as 'Trigostemon'］（保留属名）"的异名。【分布】缅甸。【模式】Neotrigonostemon diversifolius Pax et K. Hoffmann。【参考异名】Trigonostemon Blume（1826）［as 'Trigostemon'］（保留属名）●☆

35173　Neottia Ehrh.（废弃属名）= Neottia Guett.（1754）（保留属名）；~ =Ophrys L.（1753）［兰科 Orchidaceae//鸟巢兰科 Neottiaceae］■☆

35174　Neottia Guett.（1754）（保留属名）【汉】鸟巢兰属（腐生兰属，雀巢兰属）。【日】サカネラン属。【俄】Гнездовка。【英】Bird's-nest Orchid, Bird's-nest Orehis, Neottia, Nestorchid。【隶属】兰科 Orchidaceae//鸟巢兰科 Neottiaceae。【包含】世界 10-70 种，中国 7-35 种。【学名诠释与讨论】〈阴〉（希）neossia = 阿提加语 neottia, 鸟巢。指根密集似鸟巢。此属的学名"Neottia Guett. in Hist. Acad. Roy. Sci. Mém. Math. Phys.（Paris, 4）1750：374. 1754"是保留属名。法规未列出相应的废弃属名。但是"Neottia Ehrh. =Neottia Guett.（1754）（保留属名）= Ophrys L.（1753）［兰科 Orchidaceae//鸟巢兰科 Neottiaceae］"、"Neottia Jacq., Collect. iii. 172（1789）Nom. inval. ≡ Neottia Jacq. ex Sw. in Vet. - Akad. Handl. xxi. 224（1800）［兰科 Orchidaceae］"应该废弃。"Distomaea Spenner, Fl. Friburg. 245. 1825"、"Epipactis Persoon, Syn. Pl. 2；513. Sep 1807［non Séguier 1754（废弃属名）nec Zinn 1757（nom. cons.）］"、"Neottidium D. F. L. Schlechtendal, Fl. Berol. 1：XLV, 454. Mar-Jun 1823"、"Nidus Rivinus, Icon. Pl. Fl. Irreg. Hexapet. t. 7. 1764"和"Nidus-avis Ortega, Tabulae Bot. 24. 1773"都是"Neottia Guett.（1754）（保留属名）"的晚出的同模式异名（Homotypic synonym, Nomenclatural synonym），亦应废弃。【分布】巴基斯坦，玻利维亚，马达加斯加，中国，温带欧亚大陆。【模式】Neottia nidus - avis（Linnaeus）L. C. Richard［Ophrys nidus - avis Linnaeus］。【参考异名】Archineottia S. C. Chen（1979）；Diplandrorchis S. C. Chen（1979）；Distomaea Spenn.（1825）Nom. illegit.；Epipactis Pers.（1807）Nom. illegit.（废弃属名）；Holopogon Kom. et Nevski（1935）；Listera R. Br.（1813）（保留属名）；Neotia Scop.（1770）；Neottia Ehrh.（废弃属名）；Neottidium Schltdl.（1823）；Nidus Riv.（1764）Nom. inval.；Nidus Riv. ex Kuntze（1891）Nom. illegit.；Nidus-avis Ortega（1773）Nom.

illegit. ; Pollinirhiza Dulac (1867) Nom. illegit. ; Scandederis Thouars (1822) ■

35175　Neottia Jacq. (1789) Nom. inval. ≡ Neottia Jacq. ex Sw. (1800) (废弃属名)［兰科 Orchidaceae ］■☆

35176　Neottia Jacq. ex Sw. (1800) Nom. illegit. (废弃属名)［兰科 Orchidaceae ］■☆

35177　Neottiaceae Horan. (1834)［亦见 Orchidaceae Juss. (保留科名) 兰科 ］【汉】鸟巢兰科。【包含】世界 1 属 10-70 种，中国 1 属 7-35 种。【分布】温带欧亚大陆。【科名模式】Neottia Guett. ■

35178　Neottianthe (Rchb.) Schltr. (1919)【汉】兜被兰属。【日】ミヤマモジズリ属。【俄】Неоттианта。【英】Hoodorchis, Hoodshape Orchis, Hoodshaped Orchid。【隶属】兰科 Orchidaceae。【包含】世界 7-12 种，中国 7-12 种。【学名诠释与讨论】〈阴〉(属) Neottia 鸟巢兰属 (腐生兰属，雀巢兰属) +anthos, 花。指花的形状似鸟巢。此属的学名，ING 记载是 " Neottianthe (Rchb.) Schlechter, Repert. Spec. Nov. Regni Veg. 16：290. 31 Dec 1919 ", 由 " Himantoglossum subgen. Neottianthe Rchb., Icon. Bot. Pl. Crit. 6：26. 1828 " 改级而来。IK 则记载为 " Neottianthe Schltr., Repert. Spec. Nov. Regni Veg. 16：290. 1919 "。【分布】中国，喜马拉雅山，温带欧亚大陆。【模式】Neottianthe cucullata (Linnaeus) Schlechter ［ Orchis cucullata Linnaeus ］。【参考异名】Himantoglossum subgen. Neottianthe Rchb. (1828); Neottianthe Schltr. (1919) Nom. illegit.; Symphyosepalum Hand.-Mazz. (1936) ■

35179　Neottianthe Schltr. (1919) Nom. illegit. ≡ Neottianthe (Rchb.) Schltr. (1919)［兰科 Orchidaceae ］■

35180　Neottidium Schltdl. (1823) Nom. illegit. ≡ Neottia Guett. (1754) (保留属名)［兰科 Orchidaceae// 鸟巢兰科 Neottiaceae ］■

35181　Neotuerckheimia Donn. Sm. (1909) = Amphitecna Miers (1868)［紫葳科 Bignoniaceae ］●☆

35182　Neoturczaninovia Koso - Pol. (1924) Nom. illegit. ≡ Neoturczaninowia Koso-Pol. (1924)［伞形花科 (伞形科) Apiaceae (Umbelliferae) ］■☆

35183　Neoturczaninowia Koso-Pol. (1924)【汉】图尔草属。【隶属】伞形花科 (伞形科) Apiaceae (Umbelliferae)。【包含】世界种。【学名诠释与讨论】〈阴〉(希) neos, neo-, 新的 + (人) Porphir Kiril Nicolai Stepanowitsch Turczaninow, 1796-1863, 俄罗斯植物学者。此属的学名，ING 和 IK 记载是 " Neoturczaninowia Koso-Pol., Bot. Mater. Gerb. Glavn. Bot. Sada R. S. F. S. R. v. 22 (1924), in clavi. "。" Neoturczaninovia Koso-Pol. (1924) " 是其拼写变体，是一可疑名称。【分布】温带南美洲。【模式】未指定。【参考异名】Neoturczaninovia Koso-Pol. (1924) Nom. illegit. ■☆

35184　Neotysonia Dalla Torre et Harms (1905)【汉】杯冠鼠麹草属。【隶属】菊科 Asteraceae (Compositae)。【包含】世界 1 种。【学名诠释与讨论】〈阴〉(希) neos, neo-, 新的 + (属) Tysonia。或 neos, neo-, 新的 +Isaac Tyson, 1859-1942, 植物采集家。此属的学名 " Neotysonia K. W. Dalla Torre et H. A. Th. Harms, Gen. Siphonog. 540. 1905 " 是一个替代名称。" Tysonia F. von Mueller, Australas. Chem. Druggist 11：215. 1 Oct 1896 " 是一个非法名称 (Nom. illegit.), 因为此前已经有了化石植物的 " Tysonia Fontaine, Monogr. U. S. Geol. Surv. 15：186. 1889 "。故用 " Neotysonia Dalla Torre et Harms (1905) " 替代之。同理，" Tysonia H. Bolus, Hooker's Icon. Pl. 20：ad t. 1942. Oct 1890 " 亦是非法名称。" Swinburnia Ewart, Proc. Roy. Soc. Victoria ser. 2. 20：85. 1907 " 是 " Neotysonia Dalla Torre et Harms (1905) " 的晚出的同模式异名 (Homotypic synonym, Nomenclatural synonym)。【分布】澳大利亚。【模式】Neotysonia phyllostegia (F. von Mueller) Paul G. Wilson ［ Tysonia phyllostegia F. von Mueller ］。【参考异名】Swinburnia Ewart

(1907) Nom. illegit.; Tysonia F. Muell. (1896) Nom. illegit. ■☆

35185　Neou Adans. ex Juss. (1789) = Parinari Aubl. (1775)［蔷薇科 Rosaceae// 金壳果科 Chrysobalanaceae ］●☆

35186　Neo-urbania Fawc. et Rendle (1909) = Maxillaria Ruiz et Pav. (1794)［兰科 Orchidaceae ］■☆

35187　Neoussuria Tzvelev (2002)【汉】新蝇子草属。【隶属】石竹科 Caryophyllaceae。【包含】世界 3 种。【学名诠释与讨论】〈阴〉(希) neos, neo-, 新的 + (属) Ussuria。此属的学名 " Neoussuria N. N. Tzvelev, Novosti Sist. Vyssh. Rast. 34：299. 20 Jun 2002 " 是一个替代名称。" Ussuria N. N. Tzvelev, Novosti Sist. Vyssh. Rast. 33：100. 30 Mar 2001 " 是一个非法名称 (Nom. illegit.), 因为此前已经有了化石植物的 " Ussuria S. I. Nevolina, Ezheg. Vsesoyuzn. Paleontol. Obshch. 27：226. 1984 "。故用 " Neoussuria Tzvelev (2002) " 替代之。亦有文献把 " Neoussuria Tzvelev (2002) " 处理为 " Silene L. (1753) (保留属名) " 的异名。【分布】参见 Silene L.。【模式】Neoussuria aprica (N. S. Turczaninow ex F. E. L. Fischer et C. A. Meyer) N. N. Tzvelev ［ Silene aprica N. S. Turczaninow ex F. E. L. Fischer et C. A. Meyer ］。【参考异名】Silene L. (1753) (保留属名); Ussuria Tzvelev (2001) Nom. illegit. ■☆

35188　Neo-uvaria Airy Shaw (1939)【汉】新紫玉盘属。【隶属】番荔枝科 Annonaceae。【包含】世界 2 种。【学名诠释与讨论】〈阴〉(希) neos, neo-, 新的 + (属) Uvaria 紫玉盘属。【分布】马来西亚 (西部)。【模式】Neo - uvaria foetida (Maingay ex Hook. f. et generic Thompson) Airy Shaw。●☆

35189　Neoveitchia Becc. (1921)【汉】新圣诞椰属 (斐济椰属，斯托克椰属，斯托克棕属，新维氏椰子属，新伟奇桐属，纵花椰属)。【日】フィジーノヤシモドキ属。【隶属】棕榈科 Arecaceae (Palmae)。【包含】世界 1-2 种。【学名诠释与讨论】〈阴〉(希) neos, neo-, 新的 +Veitchia 圣诞椰属 (维契棕属)。【分布】斐济。【模式】Neoveitchia storckii (H. Wendland) Beccari ［ Veitchia storckii H. Wendland ］。●☆

35190　Neovriesia Britton (1923) Nom. illegit. ≡ Vriesea Lindl. (1843) (保留属名)［as ' Vriesia' ］［凤梨科 Bromeliaceae ］■☆

35191　Neowashingtonia Sudw. (1897) Nom. illegit. ≡ Washingtonia H. Wendl. (1879) (保留属名)［棕榈科 Arecaceae (Palmae) ］●

35192　Neowawraea Rock (1913) = Flueggea Willd. (1806)［大戟科 Euphorbiaceae ］●

35193　Neowedia Schrad. (1821) = Ruellia L. (1753)［爵床科 Acanthaceae ］■●

35194　Neowerdermannia Backeb. (1930) Nom. illegit. = Neowerdermannia Frič (1930)［仙人掌科 Cactaceae ］●☆

35195　Neowerdermannia Frič (1930)【汉】群岭掌属 (群岭属)。【日】ネオウエルデルマンニア属。【隶属】仙人掌科 Cactaceae。【包含】世界 2-3 种。【学名诠释与讨论】〈阴〉(希) neos, neo-, 新的 + (人) F. Werdermann。此属的学名，ING、TROPICOS、GCI 和 IK 记载是 " Neowerdermannia A. V. Fric, Kaktusár 1：85. Nov 1930 "。" Neowerdermannia Backeb. (1930) = Neowerdermannia Frič (1930) " 是晚出的非法名称。【分布】阿根廷，秘鲁，玻利维亚，智利。【模式】Neowerdermannia vorwerkii Frič。【参考异名】Neowerdermannia Backeb. (1930) Nom. illegit. ●☆

35196　Neowilliamsia Garay (1977) = Epidendrum L. (1763) (保留属名)［兰科 Orchidaceae ］■☆

35197　Neowimmeria O. Deg. et I. Deg. (1965) = Lobelia L. (1753)［桔梗科 Campanulaceae// 山梗菜科 (半边莲科) Nelumbonaceae ］■●

35198　Neowolffia O. Gruss (2007)【汉】芜萍兰属。【隶属】兰科 Orchidaceae。【包含】世界 1 种。【学名诠释与讨论】〈阴〉(希) neos, neo-, 新的 + (属) Wolffia 芜萍属。亦有文献把 " Neowolffia

O. Gruss(2007)"处理为"Angraecum Bory(1804)"的异名。【分布】非洲。【模式】Neowolffia rhipsalisocia（Rchb. f.）O. Gruss。【参考异名】Angraecum Bory(1804)■☆

35199　Neowollastonia Wernham ex Ridl.（1916）= Melodinus J. R. Forst. et G. Forst.（1775）［夹竹桃科 Apocynaceae］●

35200　Neowormia Hutch. et Summerh.（1928）= Dillenia L.（1753）［五桠果科（第伦桃科，五丫果科，锡叶藤科）Dilleniaceae］●

35201　Neoxythece Aubrév. et Pellegr.（1961）= Pouteria Aubl.（1775）［山榄科 Sapotaceae］●

35202　Neozenkerina Mildbr.（1921）= Staurogyne Wall.（1831）［爵床科 Acanthaceae］■

35203　Nepa Webb（1852）= Stauracanthus Link（1807）；~ = Ulex L.（1753）［豆科 Fabaceae(Leguminosae)//蝶形花科 Papilionaceae］●

35204　Nepenthaceae Bercht. et J. Presl = Nepenthaceae Dumort.（保留科名）■●

35205　Nepenthaceae Dumort.（1829）（保留科名）【汉】猪笼草科。【日】ウツボカズラ科，ウツボカツラ科。【俄】Непентесовые，Непентовые。【英】Nepentes Family，Pitcher-plant Family。【包含】世界 1-2 属 80-85 种，中国 1 属 1 种。【分布】塞舌尔，印度-马来西亚，澳大利亚（热带），法属新喀里多尼亚。【科名模式】Nepenthes L.。■●

35206　Nepenthandra S. Moore（1905）= Trigonostemon Blume（1826）［as 'Trigostemon'］（保留属名）［大戟科 Euphorbiaceae］●

35207　Nepenthes L.（1753）【汉】猪笼草科。【日】ウツボカズラ属，ウツボカツラ属，ネペンテス属。【俄】Непентес。【英】Nepentes，Pitcher Plant，Pitcher Plants，Pitcherplant，Pitcher-plant。【隶属】猪笼草科 Nepenthaceae。【包含】世界 72-85 种，中国 1 种。【学名诠释与讨论】〈阴〉（希）nepenthos，一种植物的古名，来自希腊文 ne，不+penthos，悲哀，忧愁。指叶中脉延长的卷须顶端，常扩大成囊状体而贮有水，示意酒怀盛酒可解忧愁。此属的学名，ING、TROPICOS、APNI、GCI 和 IK 记载是"Nepenthes L.，Sp. Pl. 2：955. 1753［1 May 1753］"。"Bandura Adanson，Fam. 2：75，524. Jul-Aug 1763"是"Nepenthes L.（1753）"的晚出的同模式异名（Homotypic synonym，Nomenclatural synonym）。【分布】澳大利亚（昆士兰），马达加斯加，马来西亚，斯里兰卡，印度（阿萨姆），中国，法属新喀里多尼亚，中南半岛。【模式】Nepenthes distillatoria Linnaeus。【参考异名】Anurosperma（Hook. f.）Hallier f.（1921）Nom. illegit.；Anurosperma Hallier f.（1921）；Anurusperma（Hook. f.）Hallier f.；Bandura Adans.（1763）Nom. illegit.；Bandura Burm.（1737）；Phyllamphora Lour.（1790）●■

35208　Nepeta L.（1753）【汉】荆芥属（假荆芥属）。【日】イヌハッカ属，カキドオシ属，カキドホシ属。【俄】Котовик，Котовник，Непета。【英】Cat Mint，Catmint，Catnep，Catnip，Cat-nip，Nepeta。【隶属】唇形科 Lamiaceae(Labiatae)//荆芥科 Nepetaceae。【包含】世界 200-255 种，中国 42-44 种。【学名诠释与讨论】〈阴〉（拉）nepeta，荆芥。另说 Nepete 为意大利的一个地名。另说来自希腊文 nepa 蝎子。或说来自 Nepeta italica Willd. 的俗名 Nepeta。此属的学名，ING、APNI、IK 和 GCI 记载是"Nepeta L.，Sp. Pl. 2：570. 1753［1 May 1753］"。也有文献用为"Nepeta Riv. ex L.（1753）"。"Nepeta Riv."是命名起点著作之前的名称，故"Nepeta L.（1753）"和"Nepeta Riv. ex L.（1753）"都是合法名称，可以通用。"Cataria P. Miller，Gard. Dict. Abr. ed. 4. 28 Jan 1754"是"Nepeta L.（1753）"的晚出的同模式异名（Homotypic synonym，Nomenclatural synonym）。"Nepetta Medik.，Hist. et Commentat. Acad. Elect. Sci. Theod. -Palat. iii. Phys.（1775）218"仅有属名；似为"Nepeta L.（1753）"的拼写变体。【分布】巴基斯坦，玻利维亚，非洲北部，美国，山区热带非洲，温带欧亚大陆，中国。【后选

模式】Nepeta cataria Linnaeus。【参考异名】Afridia Duthie（1898）；Calamintha Adans.（1763）Nom. illegit.；Cataria Adans.（1763）Nom. illegit.；Cataria Mill.（1754）Nom. illegit.；Chamaeclema Moench（1794）Nom. illegit.；Hediosma L. ex B. D. Jacks.（1912）；Kudrjaschevia Pojark.（1953）；Lophanthus Adans.（1763）；Marmorites Benth.（1833）Nom. illegit.；Marmoritis Benth.（1833）；Marmoritis Post et Kuntze（1903）；Nepeta Riv. ex L.（1753）；Oxynepeta（Benth.）Bunge（1873）；Oxynepeta Bunge（1873）Nom. illegit.；Phyllophyton Kudô（1929）；Pitardia Batt. ex Pit.（1918）；Saccilabium Rottb.（1778）；Saccolabium Post et Kuntze（1903）Nom. illegit.（废弃属名）；Saussuria Moench(1794)（废弃属名）■●

35209　Nepeta Riv. ex L.（1753）≡ Nepeta L.（1753）［唇形科 Lamiaceae(Labiatae)//荆芥科 Nepetaceae］■●

35210　Nepetaceae Bercht. et J. Presl（1820）= Labiatae Juss.（保留科名）//Lamiaceae Martinov(保留科名)●■

35211　Nepetaceae Horan.［亦见 Labiatae Juss.（保留科名）//Lamiaceae Martinov(保留科名)唇形科］【汉】荆芥科。【包含】世界 6 属 230-289 种，中国 4 属 52-54 种。【分布】温带欧亚大陆，非洲北部，山区热带非洲。【科名模式】Nepeta L.（1753）■

35212　Nepetta Medik.（1775）Nom. inval.［唇形科 Lamiaceae(Labiatae)］■☆

35213　Nephelaphyllum Blume(1825)【汉】云叶兰属。【日】ネフェラフィルルム属。【英】Cloudleaforchis，Nephelaphyllum。【隶属】兰科 Orchidaceae。【包含】世界 18 种，中国 1 种。【学名诠释与讨论】〈中〉（希）nephos = nephele，云，nephelion 云状斑点+phyllon，叶子。指叶具杂色斑点。【分布】印度至马来西亚，中国。【模式】Nephelaphyllum pulchrum Blume。【参考异名】Cytheris Lindl.（1831）■

35214　Nephelium L.（1767）【汉】韶子属（红毛丹属，毛龙眼属）。【日】ネフェリウム属，ネフェリューム属。【英】Rambutan。【隶属】无患子科 Sapindaceae。【包含】世界 22-38 种，中国 4 种。【学名诠释与讨论】〈中〉（希）nephos = nephele，云。nephelion，云状斑点+-ius，-ia，-ium，在拉丁文和希腊文中，这些词尾表示性质或状态。指果具斑点。一说来自牛蒡属植物的古名。指本属植树的果与牛蒡头状花序稍相似。【分布】马来西亚（西部），中国，缅甸至中南半岛。【模式】Nephelium lappaceum Linnaeus［as 'lappacea'］。【参考异名】Dipherocarpus Llanos（1859）；Mesonephelium Pierre(1895)；Scytalia Gaertn.（1788）Nom. illegit.●

35215　Nephelochloa Boiss.（1844）【汉】东方早熟禾属。【隶属】禾本科 Poaceae(Gramineae)。【包含】世界 1 种。【学名诠释与讨论】〈阴〉（希）nephos = nephele，云。Nephelion，云状斑点+chloe，草的幼芽，嫩草，禾草。【分布】亚洲西部。【模式】Nephelochloa orientalis Boissier。■☆

35216　Nephracis Post et Kuntze(1903)= Brya P. Browne（1756）；~ = Nefrakis Raf.（1838）Nom. illegit.［豆科 Fabaceae(Leguminosae)//云实科（苏木科）Caesalpiniaceae］●☆

35217　Nephradenia Decne.（1844）【汉】肾腺萝藦属。【隶属】萝藦科 Asclepiadaceae。【包含】世界 41 种。【学名诠释与讨论】〈阴〉（希）nephros，肾脏+aden，所有格 adenos，腺体。【分布】巴西，玻利维亚，墨西哥，中美洲。【模式】Nephradenia acerosa Decaisne。☆

35218　Nephraea Hassk.（1844）= Nephrea Noronha（1790）；~ = Pterocarpus Jacq.（1763）（保留属名）［豆科 Fabaceae(Leguminosae)//蝶形花科 Papilionaceae］●

35219　Nephraeles B. D. Jacks. = Nephralles Raf.（1837）；~ = Commelina L.（1753）［鸭趾草科 Commelinaceae］■

35220　Nephralles Raf.（1837）= Commelina L.（1753）［鸭趾草科

Commelinaceae]■

35221 Nephrallus Raf.（1837）Nom. illegit. = Nephralles Raf.（1837）；~ = Commelina L.（1753）［鸭趾草科 Commelinaceae］■

35222 Nephrandra Willd.（1790）= Vitex L.（1753）［马鞭草科 Verbenaceae//唇形科 Lamiaceae（Labiatae）//牡荆科 Viticaceae］●

35223 Nephrangis（Schltr.）Summerh.（1948）【汉】肾管兰属。【隶属】兰科 Orchidaceae。【包含】世界 1-2 种。【学名诠释与讨论】〈阴〉（希）nephros，肾脏+angos，瓮，管子，指小式 angeion，容器，花托。此属的学名，ING 和 IK 记载是"Nephrangis（Schlechter）Summerhayes, Kew Bull. 3：301. 20 Nov 1948"，由"Tridactyle subgen. Nephranois Schlechter."改级而来。【分布】热带非洲。【模式】Nephrangis filiformis（Kraenzlin）Summerhayes［Listrostachys filiformis Kraenzlin］。【参考异名】Tridactyle subgen. Nephranois Schlechter.■☆

35224 Nephrantera Hassk.（1842）Nom. illegit. ≡ Nephranthera Hassk.（1842）［兰科 Orchidaceae］■☆

35225 Nephranthera Hassk.（1842）【汉】肾药兰属。【隶属】兰科 Orchidaceae。【包含】世界 1 种。【学名诠释与讨论】〈阴〉（希）nephros，肾脏+anthera，花药。此属的学名，ING 和 IK 记载是"Nephranthera Hasskarl, Tijdschr. Natuurl. Gesch. Physiol. 9：145. 1842"。"Nephrantera Hassk.（1842）"似为误引。亦有文献把"Nephranthera Hassk.（1842）"处理为"Renanthera Lour.（1790）"的异名。【分布】参见"Renanthera Lour.（1790）"。【模式】Nephranthera matutina（Blume）Hasskarl［Aerides matutina Blume］。【参考异名】Nephrantera Hassk.（1842）Nom. illegit. ; Renanthera Lour.（1790）■☆

35226 Nephrea Noronha（1790）= Pterocarpus Jacq.（1763）（保留属名）［豆科 Fabaceae（Leguminosae）//蝶形花科 Papilionaceae］●

35227 Nephrocarpus Dammer（1906）【汉】肾果棕属。【隶属】棕榈科 Arecaceae（Palmae）。【包含】世界 1 种。【学名诠释与讨论】〈阳〉（希）nephros，肾脏 + karpos，果实。此属的学名是"Nephrocarpus Dammer, Bot. Jahrb. Syst. 39：21. 13 Feb 1906"。亦有文献把其处理为"Basselinia Vieill.（1873）"的异名。【分布】法属新喀里多尼亚。【模式】Nephrocarpus schlechteri Dammer。【参考异名】Basselinia Vieill.（1873）●☆

35228 Nephrocarya P. Candargy（1897）【汉】肾核草属。【隶属】紫草科 Boraginaceae。【包含】世界 1 种。【学名诠释与讨论】〈阴〉（希）nephros，肾脏+karyon，胡桃，硬壳果，核，坚果。此属的学名是"Nephrocarya Candargy, Bull. Soc. Bot. France 44：150. 1897"。亦有文献把其处理为"Nonea Medik.（1789）"的异名。【分布】希腊。【模式】Nephrocarya horizontalis Candargy。【参考异名】Nonea Medik.（1789）■☆

35229 Nephrocodium Benth. et Hook. f.（1883）Nom. illegit. = Nephrocoelium Turcz.（1853）［水玉簪科 Burmanniaceae］■

35230 Nephrocodum C. Muell.（1861）= Nephrocoelium Turcz.（1853）［水玉簪科 Burmanniaceae］■

35231 Nephrocoelium Turcz.（1853）= Burmannia L.（1753）［水玉簪科 Burmanniaceae］■

35232 Nephrodesmus Schindl.（1916）【汉】肾索豆属。【隶属】豆科 Fabaceae（Leguminosae）。【包含】世界 6-7 种。【学名诠释与讨论】〈阳〉（希）nephros，肾脏 + desmos，链，束，结，带，纽带。desma，所有格 desmatos，含义与 desmos 相似。【分布】法属新喀里多尼亚。【后选模式】Nephrodesmus sericeus（Hochreutiner）A. K. Schindler［Arthroclianthus sericeus Hochreutiner］。■☆

35233 Nephrogeton Rose ex Pittier = Niphogeton Schltdl.（1857）［伞形花科（伞形科）Apiaceae（Umbelliferae）］■☆

35234 Nephroia Lour.（1790）（废弃属名）= Cocculus DC.（1817）（保

留属名）［防己科 Menispermaceae］●

35235 Nephroica Miers（1851）Nom. illegit. = Nephroia Lour.（1790）（废弃属名）；~ = Cocculus DC.（1817）（保留属名）［防己科 Menispermaceae］●

35236 Nephromedia Kostel.（1844）= Trigonella L.（1753）［豆科 Fabaceae（Leguminosae）//蝶形花科 Papilionaceae］■

35237 Nephromeria（Benth.）Schindl.（1924）= Desmodium Desv.（1813）（保留属名）［豆科 Fabaceae（Leguminosae）//蝶形花科 Papilionaceae］●■

35238 Nephromeria Schindl.（1924）Nom. illegit. ≡ Nephromeria（Benth.）Schindl.（1924）；~ = Desmodium Desv.（1813）（保留属名）［豆科 Fabaceae（Leguminosae）//蝶形花科 Papilionaceae］●■

35239 Nephromischus Klotzsch（1855）= Begonia L.（1753）［秋海棠科 Begoniaceae］●■

35240 Nephropetalum B. L. Rob. et Greenm.（1896）【汉】肾瓣梧桐属。【隶属】梧桐科 Sterculiaceae//锦葵科 Malvaceae。【包含】世界 1 种。【学名诠释与讨论】〈中〉（希）nephros，肾脏+希腊文 petalos，扁平的，铺开的；petalon，花瓣，叶，花叶，金属叶子；拉丁文的花瓣为 petalum。此属的学名是"Nephropetalum Robinson et Greenman, Bot. Gaz. 22：168. Aug 1896"。亦有文献把其处理为"Ayenia L.（1756）"的异名。【分布】北美洲，中美洲。【模式】Nephropetalum pringlei Robinson et Greenman。【参考异名】Ayenia L.（1756）●☆

35241 Nephrophyllidium Gilg（1895）【汉】肾叶睡菜属。【日】イワイチョウ属。【隶属】睡菜科（莕菜科）Menyanthaceae。【包含】世界 1 种。【学名诠释与讨论】〈中〉（希）nephros，肾脏+phyllon，叶子+-idius，-idia，-idium，指示小的词尾。【分布】美洲，日本。【模式】Nephrophyllidium crista - galli（Menzies）E. Gilg［Menyanthes crista - galli Menzies］。【参考异名】Fauria Franch.（1886）■☆

35242 Nephrophyllum A. Rich.（1850）【汉】肾叶旋花属。【隶属】旋花科 Convolvulaceae。【包含】世界 1 种。【学名诠释与讨论】〈阴〉（希）nephros，肾脏+希腊文 phyllon，叶子。phyllodes，似叶的，多叶的。phylleion，绿色材料，绿草。【分布】埃塞俄比亚，中国。【模式】Nephrophyllum abyssinicum A. Richard。【参考异名】Hygrocharis Hochst.（1850）Nom. illegit. ; Hygrocharis Hochst. ex A. Rich.（1850）■

35243 Nephrosis Rich. ex DC.（1825）= Drepanocarpus G. Mey.（1818）［豆科 Fabaceae（Leguminosae）］●☆

35244 Nephrosperma Balf. f.（1877）【汉】肾子棕属（塞岛刺椰属，塞舌尔椰属，塞舌尔棕属，肾实椰子属，肾子桐属，肾子椰子属，肾籽椰属，肾籽棕属）。【日】アカエトグノヤシ属，アカトゲノヤシ属。【英】Nephrosperma。【隶属】棕榈科 Arecaceae（Palmae）。【包含】世界 1 种，中国 1 种。【学名诠释与讨论】〈中〉（希）nephros，肾脏+sperma，所有格 spermatos，种子，孢子。指种子肾形。【分布】塞舌尔（塞舌尔群岛），中国。【模式】Nephrosperma vanhoutteanum（H. Wendland ex Van Houtte）I. B. Balfour［as 'vanhoutteana'］［Oncosperma vanhoutteanum H. Wendland ex Van Houtte［as 'vanhoutteana'］。●

35245 Nephrostigma Griff.（1854）= Cyathocalyx Champ. ex Hook. f. et Thomson（1855）［番荔枝科 Annonaceae］●

35246 Nephrostylus Gagnep.（1925）【汉】肾柱大戟属。【隶属】大戟科 Euphorbiaceae。【包含】世界 1 种。【学名诠释与讨论】〈阳〉（希）nephros，肾脏+stylos = 拉丁文 style，花柱，中柱，有尖之物，桩，柱，支持物，支柱，石头做的界标。此属的学名是"Nephrostylus Gagnepain, Bull. Soc. Bot. France 72：467. 4 Aug-22 Oct 1925"。亦有文献把其处理为"Koilodepas Hassk.（1856）"的

异名。【分布】越南。【模式】Nephrostylus poilanei Gagnepain。【参考异名】Koilodepas Hassk.（1856）●☆

35247 Nephrotheca B. Nord. et Kallersjo（2006）【汉】肾果菊属。【隶属】菊科 Asteraceae（Compositae）。【包含】世界 1 种。【学名诠释与讨论】〈阳〉（希）nephros，肾脏+theke＝拉丁文 theca，匣子，箱子，室，药室，囊。【分布】非洲南部。【模式】Nephrotheca ilicifolia（Linnaeus）B. Nordenstam et M. Källersjö［Osteospermum ilicifolium Linnaeus］。■☆

35248 Nephthytis Schott（1857）【汉】尼芬芋属。【日】ネフティティス属。【隶属】天南星科 Araceae。【包含】世界 7-10 种。【学名诠释与讨论】〈阴〉（希）Nephthys，埃及一女神，百头怪子 Typhon 之妻。指种子肾形。【分布】热带非洲。【模式】Nephthytis afzelii Schott。【参考异名】Oligogynium Engl.（1883）■☆

35249 Nepogeton Rose ex Pirtier ＝ Niphogeton Schltdl.（1857）［伞形花科（伞形科）Apiaceae（Umbelliferae）］■☆

35250 Nepsera Naudin（1850）【汉】奈普野牡丹属。【隶属】野牡丹科 Melastomataceae。【包含】世界 3 种。【学名诠释与讨论】〈阴〉（人）Fridolin Carl Leopold Spenner，1798–1841，德国植物学者，医生。【分布】巴拿马，厄瓜多尔，哥斯达黎加，尼加拉瓜，西印度群岛，中美洲。【模式】Nepsera aquatica（Bonpland）Naudin［Rhexia aquatica Bonpland］。【参考异名】Homonoma Bello（1881）；Iaravaea Scop.（1777）●☆

35251 Neptunia Lour.（1790）【汉】假含羞草属。【日】ミズオジギソウ属。【俄】Нептуния。【英】False Bashfulgrass，Sensitive Brier。【隶属】豆科 Fabaceae（Leguminosae）//含羞草科 Mimosaceae。【包含】世界 11-15 种，中国 1 种。【学名诠释与讨论】〈阴〉（拉）Neptune，传说中的海神。【分布】巴拉圭，巴拿马，秘鲁，玻利维亚，厄瓜多尔，哥伦比亚（安蒂奥基亚），哥斯达黎加，马达加斯加，尼加拉瓜，中国，热带和亚热带，中美洲。【模式】Neptunia oleracea Loureiro。【参考异名】Hemidesma Raf.，Nom. illegit.；Hemidesmas Raf.（1838）■

35252 Neraudia Gaudich.（1826）【汉】多汁麻属。【隶属】荨麻科 Urticaceae。【包含】世界 5 种。【学名诠释与讨论】〈阴〉（人）Jules Neraud，1794－1855，法国植物学者。【分布】美国（夏威夷）。【模式】Neraudia melastomifolia Gaudichaud－Beaupré［as ‘melastomaefolia’］。●☆

35253 Neretia Moq.（1849）＝ Oreobliton Durieu（1847）［藜科 Chenopodiaceae］●☆

35254 Neriacanthus Benth.（1876）【汉】美爵床属。【隶属】爵床科 Acanthaceae。【包含】世界 4 种。【学名诠释与讨论】〈阳〉（希）neros ＝naros，潮湿，液体，游泳者+（属）Acanthus 老鼠簕属（老鸦企属，叶蓟属）。或 Nerium 夹竹桃属+Acanthus 老鼠簕属。【分布】巴拿马，厄瓜多尔，西印度群岛，中美洲。【模式】Neriacanthus purdieanus Bentham。【参考异名】Aphanandrium Lindau（1895）■☆

35255 Neriandra A. DC.（1844）＝ Skytanthus Meyen（1834）［夹竹桃科 Apocynaceae］●☆

35256 Nerija Endl.（1840）＝ Elaeodendron Jacq.（1782）；~ ＝ Neerija Roxb.（1824）［卫矛科 Celastraceae］●☆

35257 Nerija Roxb. ex Endl.（1840）Nom. illegit. ≡ Nerija Endl.（1840）；~ ＝Elaeodendron Jacq.（1782）；~ ＝Neerija Roxb.（1824）［卫矛科 Celastraceae］●☆

35258 Nerine Herb.（1820）（保留属名）【汉】纳丽花属（尼润兰属，尼润属）。【日】ネリネ属。【俄】Нерине。【英】Guernsey Lily，Nerine，Nerine Lily。【隶属】石蒜科 Amaryllidaceae。【包含】世界 22-30 种。【学名诠释与讨论】〈阴〉（人）Nereis，所有格 Nereidos，变为“拉”Nerine，海的女神。此属的学名“Nerine Herb. in Bot.

Mag. :ad t. 2124. 1 Jan 1820”是保留属名。相应的废弃属名是石蒜科 Amaryllidaceae 的“Imhofia Heist.，Beschr. Neu. Geschl. ;29. 1755 ≡ Nerine Herb.（1820）（保留属名）”。石蒜科 Amaryllidaceae 的“Imhofia Herb.，App. 18（1821）＝ Hessea Herb.（1837）（保留属名）＝ Periphanes Salisb.（1866）Nom. illegit.”和堇菜科 Violaceae 的“Imhofia Zoll. ex Taub. ＝Rinorea Aubl.（1775）（保留属名）”亦应废弃。“斜花石蒜属 Loxanthes R. A. Salisbury，Gen. 117. Apr–Mai 1866 ＝Nerine Herb.（1820）（保留属名）”是晚出的非法名称，因为此前已经有了玄参科 Scrophulariaceae 的“Loxanthes Raf.，Neogenyton 3. 1825 ＝ Aphyllon Mitch.（1769）＝ Orobanche L.（1753）”。“Imhofia Heister，Beschr. Afr. Pfl. 29. 1755（废弃属名）”是“Nerine Herb.（1820）（保留属名）”的同模式异名（Homotypic synonym，Nomenclatural synonym）。【分布】热带和非洲南部。【模式】Nerine sarniensis（Linnaeus）Herbert［Amaryllis sarniensis Linnaeus］。【参考异名】Douglassia Houst.（1781）Nom. illegit.（废弃属名）；Elisena M. Roem.（1847）Nom. illegit.；Galatea Herb.（1819）Nom. inval.；Galathea Stead.（1840）；Imhofia Heist.（1753）（废弃属名）；Imhofia Herb.（1821）Nom. illegit.（废弃属名）；Laticoma Raf.（1838）；Loxanthes Salisb.（1866）■☆

35259 Nerion St. – Lag.（1880）＝ Nerium L.（1753）［夹竹桃科 Apocynaceae］●

35260 Nerissa Raf.（1837）Nom. illegit. ≡Ponthieva R. Br.（1813）［兰科 Orchidaceae］■☆

35261 Nerissa Salisb.（1866）Nom. illegit. ≡ Scadoxus Raf.（1838）；~ ＝Haemanthus L.（1753）［石蒜科 Amaryllidaceae//网球花科 Haemanthaceae//百合科 Liliaceae］■

35262 Nerisyrenia Greene（1900）【汉】鲜丽芥属。【隶属】十字花科 Brassicaceae（Cruciferae）。【包含】世界 9-11 种。【学名诠释与讨论】〈阴〉（希）neros ＝naros，潮湿，液体，游泳者+（属）Syrenia。此属的学名“Nerisyrenia Greene，Pittonia 4（23）:225. 1900［8 Dec 1900]”是一个替代名称。“Greggia A. Gray，Pl. Wright. 1 :8. 1 Mar 1852”是一个非法名称（Nom. illegit.），因为此前已经有了“Greggia Sol. ex Gaertn.（1788）＝ Eugeissona Griff.（1844）［棕榈科 Arecaceae（Palmae）]”。Greene 曾用“Parrasia E. L. Greene，Erythea 3 :75. 1895（non Rafinesque 1837”替代“Greggia A. Gray（1852）”；因为早出的龙胆科 Gentianaceae 的“Parrasia Rafinesque，Fl. Tell. 3 :78. Nov–Dec 1837（‘1836’）≡ Belmontia E. H. F. Meyer 1838（保留属名）”被法规废弃，连带“Parrasia Greene（1895）”亦被废弃。故 Greene 又用“Nerisyrenia Greene，Published In: Erythea 3（5）: 75. 1895”替代“Greggia A. Gray（1852）”。【分布】墨西哥，北美洲西部。【模式】Nerisyrenia camporum（A. Gray）E. L. Greene［Greggia camporum A. Gray］。【参考异名】Greggia A. Gray（1852）Nom. illegit.；Parrasia Greene（1895）（废弃属名）■☆

35263 Nerium L.（1753）【汉】夹竹桃属。【日】キョウチクトウ属，ケフチクタウ属。【俄】Нириум，Олеандр。【英】Oleander。【隶属】夹竹桃科 Apocynaceae。【包含】世界 1-4 种，中国 1 种。【学名诠释与讨论】〈中〉（希）nerion，夹竹桃属植物之古名，来自希腊文 neros 潮湿。指本属植物生长环境多喜湿润。此属的学名，ING、TROPICOS、APNI、GCI 和 IK 记载是“Nerium L.，Sp. Pl. 1 :209. 1753［1 May 1753]”。“Oleander Medikus，Hist. et Commentat. Acad. Elect. Sci. 6（Phys.）:381. 1790”是“Nerium L.（1753）”的晚出的同模式异名（Homotypic synonym，Nomenclatural synonym）。【分布】巴基斯坦，巴拿马，秘鲁，玻利维亚，厄瓜多尔，哥伦比亚（安蒂奥基亚），马达加斯加，尼加拉瓜，中国，地中海至日本，中美洲。【模式】Nerium oleander Linnaeus。【参考异

名】Nerion St. -Lag. (1880)；Oleander Medik. (1790) Nom. illegit. ●

35264　Nernstia Urb. (1923)【汉】墨西哥(能氏茜属)。【隶属】茜草科 Rubiaceae。【包含】世界 1 种。【学名诠释与讨论】〈阴〉(人) Nernst。此属的学名，ING、TROPICOS 和 IK 记载是 "Nernstia Urb. , Symb. Antill. (Urban) 9 (1)：145. 1923 [1 Jan 1923]"。"Cigarrilla A. Aiello, J. Arnold Arbor. 60：109. 31 Jan 1979" 是 "Nernstia Urb. (1923)" 的晚出的同模式异名(Homotypic synonym, Nomenclatural synonym)。【分布】墨西哥。【模式】Nernstia mexicana (Zuccarini et Martius ex A. P. de Candolle) Urban [Coutarea mexicana Zuccarini et Martius ex A. P. de Candolle]。【参考异名】Cigarrilla Aiello (1979) Nom. illegit. ●☆

35265　Nerophila Naudin (1850)【汉】喜湿野牡丹属。【隶属】野牡丹科 Melastomataceae。【包含】世界 1 种。【学名诠释与讨论】〈阴〉(希) neros = naros，潮湿，液体，游泳者+philos，喜欢的，爱的。【分布】热带非洲西部。【模式】Nerophila gentianoides Naudin。☆

35266　Nertera Banks et Sol. ex Gaertn. (1788) Nom. illegit. (废弃属名) = Nertera Banks ex Gaertn. (1788) (保留属名) [茜草科 Rubiaceae]■

35267　Nertera Banks ex Gaertn. (1788) (保留属名)【汉】薄柱草属(深柱梦草属)。【日】アリサンアハゴケ属，ネルテーラ属。【英】Beadplant，Nertera。【隶属】茜草科 Rubiaceae。【包含】世界 6-16 种，中国 3-4 种。【学名诠释与讨论】〈阴〉(希) nerteros，较低，低劣的，阴间，死者。指茎纤细而葡匐。此属的学名 "Nertera Banks ex Gaertn. , Fruct. Sem. Pl. 1：124. Dec 1788" 是保留属名。相应的废弃属名是茜草科 Rubiaceae 的 "Gomozia Mutis ex L. f. , Suppl. Pl. ：17, 129. Apr 1782 = Nertera Banks ex Gaertn. (1788) (保留属名)"。茜草科 Rubiaceae 的 "Nertera Banks et Sol. ex Gaertn. , Fruct. Sem. Pl. i. 124. t. 26 (1788) ≡ Nertera Banks ex Gaertn. (1788) (保留属名)" 和 "Nertera Gaertn. , De Fructibus et Seminibus Plantarum 1 1788 ≡ Nertera Banks ex Gaertn. (1788) (保留属名)" 命名人引证有误，亦应废弃。"Nerteria Sm. , Pl. Icon. Ined. 2：t. 28. 1790 [1-24 May 1790]" 是 "Nertera Banks et Sol. ex Gaertn. (1788) Nom. illegit. (废弃属名)" 的拼写变体，也须废弃。【分布】澳大利亚，巴拿马，秘鲁，玻利维亚，厄瓜多尔，菲律宾(菲律宾群岛)，哥伦比亚(安蒂奥基亚)，美国(夏威夷)，尼加拉瓜，新西兰，印度尼西亚(爪哇岛)，中国，温带南美洲，中美洲。【模式】Nertera depressa J. Gaertner。【参考异名】Cunina Clos (1848)；Cunina Gay (1848)；Erythrodanum Thouars (1811) Nom. illegit. ；Gomezia Mutis (1821) Nom. illegit. ；Gomosia Lam. (1788) Nom. illegit. ；Gomoza Cothen. , Nom. illegit. ；Gomozia Mutis ex L. f. (1782) (废弃属名)；Leptostigma Arn. (1841)；Nertera Banks et Sol. ex Gaertn. (1788) Nom. illegit. (废弃属名)；Nertera Gaertn. (1788) ≡ (废弃属名)；Nerteria Sm. (1790) Nom. illegit. (废弃属名)■

35268　Nertera Gaertn. (1788) Nom. illegit. (废弃属名) ≡ Nertera Banks ex Gaertn. (1788) (保留属名) [茜草科 Rubiaceae]■

35269　Nerteria Sm. (1790) Nom. illegit. (废弃属名) = Nertera Banks ex Gaertn. (1788) (保留属名) [茜草科 Rubiaceae]■

35270　Nervilia Comm. ex Gaudich. (1829) (保留属名)【汉】芋兰属(脉叶兰属)。【日】ムカゴサイシン属。【英】Nervilia，Taroorchis。【隶属】兰科 Orchidaceae。【包含】世界 50-65 种，中国 10 种。【学名诠释与讨论】〈阴〉(拉) nervus = 希腊文 neuron，脉，筋，腱，神经。指叶脉显著。此属的学名 "Nervilia Comm. ex Gaudich. (1829)" 是保留属名。相应的废弃属名是兰科 Orchidaceae 的 "Stellorchis Thouars (1809) = Nervilia Comm. ex Gaudich. (1829) (保留属名)"。【分布】巴基斯坦，马达加斯加，中国，热带和亚热带旧世界。【模式】Nervilia aragoana

Gaudichaud-Beaupré。【参考异名】Aplostellis A. Rich. (1828) Nom. illegit. ；Aplostellis Thouars (1822)；Bolborchis Zoll. et Moritzi (1845 - 1846)；Cordyla Blume (1825) Nom. illegit. ；Haplostelis Rchb. (1841)；Haplostellis Endl. (1837)；Rhophostemon Wittst. (1856)；Rophostemon Endl. (1837) Nom. illegit. ；Rophostemum Rchb. (1841)；Roptrostemon Blume (1828)；Stellorchis Thouars (1809) Nom. illegit. (废弃属名)；Stellorkis Thouars (1809) (废弃属名)■

35271　Nesaea Comm. ex Juss. (1789) (废弃属名) = Nesaea Comm. ex Kunth (1823) (保留属名) [千屈菜科 Lythraceae]■●☆

35272　Nesaea Comm. ex Kunth (1823) (保留属名)【汉】海神菜属。【隶属】千屈菜科 Lythraceae。【包含】世界 55-56 种。【学名诠释与讨论】〈阴〉(人) Nesaea，海中女神。此属的学名 "Nesaea Comm. ex Kunth in Humboldt et al. , Nov. Gen. Sp. 6, ed. f；151. 6 Aug 1823" 是保留属名。相应的废弃属名是绿藻的 "Nesaea J. V. Lamour. in Nouv. Bull. Sci. Soc. Philom. Paris 3：185. Dec 1812"。千屈菜科 Lythraceae 的 "Nesaea Comm. ex Juss. , Gen. Pl. [Jussieu] 332. 1789 [4 Aug 1789] = Nesaea Comm. ex Kunth (1823) (保留属名)" 和 "Nesaea Kunth, Nova Genera et Species Plantarum 6 (ed. folio) 1823 = Nesaea Comm. ex Kunth (1823) (保留属名)" 亦应废弃。【分布】澳大利亚，巴基斯坦，玻利维亚，马达加斯加，南美洲，热带和非洲南部，斯里兰卡。【模式】Nesaea triflora (Linnaeus f.) Kunth [Lythrum triflorum Linnaeus f.]。【参考异名】Chrysoliga Willd. ex DC. (1828)；Chrysolyga Willd. ex Steud. (1840)；Decadon G. Don (1832)；Koehnea F. Muell. (1882)；Nesaea Comm. ex Juss. (1789) (废弃属名)；Nesaea Kunth (1824) (废弃属名)；Nessea Steud. (1821)；Salicaria Moench；Tolypeuma E. Mey. (1843)；Trotula Comm. ex DC. (1828)■●☆

35273　Nesaea Kunth (1823) (废弃属名) = Nesaea Comm. ex Kunth (1823) (保留属名) [千屈菜科 Lythraceae]■●☆

35274　Nesampelos B. Nord. (2007)【汉】岛藤菊属。【隶属】菊科 Asteraceae (Compositae)。【包含】世界 3 种。【学名诠释与讨论】〈阳〉(希) nesos，指小式 nesion，岛。nesiotes，岛居者+ampelos，葡萄蔓，藤本。【分布】海地。【模式】Nesampelos lucens (Poir.) B. Nord. [Conyza lucens Poir.]。●☆

35275　Nescidia A. Rich. (1834) Nom. illegit. ≡ Nescidia A. Rich. ex DC. (1830)；~ = Coffea L. (1753)；~ = Myonima Comm. ex Juss. (1789) [茜草科 Rubiaceae//咖啡科 Coffeaceae]●☆

35276　Nescidia A. Rich. ex DC. (1830) = Coffea L. (1753)；~ = Myonima Comm. ex Juss. (1789) [茜草科 Rubiaceae//咖啡科 Coffeaceae]●☆

35277　Nesiota Hook. f. (1862)【汉】岛鼠李属。【隶属】鼠李科 Rhamnaceae。【包含】世界 1 种。【学名诠释与讨论】〈阴〉(希) nesos，指小式 nesion，岛。nesiotes，岛居者。【分布】英国(圣赫勒拿岛)。【模式】Nesiota elliptica (Roxburgh) J. D. Hooker [Phylica elliptica Roxburgh]。●☆

35278　Neskiza Raf. (1840) = Carex L. (1753) [莎草科 Cyperaceae]■

35279　Neslea Asch. (1864) = Neslia Desv. (1815) (保留属名) [十字花科 Brassicaceae (Cruciferae)]■

35280　Neslia Desv. (1815) (保留属名)【汉】球果荠属。【日】タマガラシ属。【俄】Неслия。【英】Ball Mustard，Ball-mustard，Neslia。【隶属】十字花科 Brassicaceae (Cruciferae)。【包含】世界 1-2 种，中国 1 种。【学名诠释与讨论】〈阴〉(人) J. A. N. de Nesle，1784-1856，法国植物学者。此属的学名 "Neslia Desv. in J. Bot. Agric. 3：162. 1815 (prim.)" 是保留属名。法规未列出相应的废弃属名。"Chamaelinum Host, Fl. Austriaca 2：224. 1831"，"Rapistrum Scopoli, Meth. Pl. 13. 1754 (废弃属名)" 和 "Vogelia Medikus，

Pflanzen-Gatt. 1:32,95. 22 Apr 1792(non J. F. Gmelin 1791)"是
"Neslia Desv.(1815)(保留属名)"的同模式异名(Homotypic
synonym, Nomenclatural synonym)。【分布】巴基斯坦,美国,中
国,地中海地区,欧洲,亚洲西南部。【模式】Neslia paniculata
(Linnaeus) Desvaux [Myagrum paniculatum Linnaeus]。【参考异
名】Chamaelinum Host(1831) Nom. illegit.；Neslea Asch.(1864)；
Rapistrum Fabr.(废弃属名)；Rapistrum Haller f.(废弃属名)；
Rapistrum Scop.(1754)(废弃属名)；Schrankia Medik.(1792)(废
弃属名)；Sphaerocarpus Fabr.；Vogelia Medik.(1792) Nom. illegit. ■

35281 Nesobium Phil. ex Fuentes(1932)= Parietaria L.(1753)[荨麻
科 Urticaceae]■

35282 Nesocaryum I. M. Johnst.(1927)【汉】岛紫草属。【隶属】紫草
科 Boraginaceae。【包含】世界 1 种。【学名诠释与讨论】〈中〉
(希)nesos,指小式 nesion,岛。Nesiotes,岛居者+karyon,胡桃,硬
壳果,核,坚果。指该种生活于海岛上。【分布】智利。【模式】
Nesocaryum stylosum (Philippi) Johnston [Heliotropium stylosum
Philippi]。●☆

35283 Nesocodon Thulin(1980)【汉】岛桔梗属。【隶属】桔梗科
Campanulaceae。【包含】世界 1 种。【学名诠释与讨论】〈阳〉
(希)nesos,指小式 nesion,岛。nesiotes,岛居者+kodon,指小式
kodonion,钟,铃。【分布】马斯加林群岛。【模式】Nesocodon
mauritianus (I. B. K. Richardson) M. Thulin [Wahlenbergia
mauritiana I. B. K. Richardson]。■☆

35284 Nesocrambe A. G. Mill.(2002)【汉】岛芥属(类两节芥属)。
【隶属】十字花科 Brassicaceae(Cruciferae)。【包含】世界 1 种。
【学名诠释与讨论】〈阳〉(希)nesos,指小式 nesion,岛。nesiotes
岛居者+(属)Crambe 两节芥属。此属的学名是"Nesocrambe A.
G. Miller, Willdenowia 32：63. 19 Aug 2002"。亦有文献把其处理
为"Hemicrambe Webb(1851)"的异名。【分布】也门(索科特拉
岛)。【模式】Nesocrambe socotrana A. G. Miller。【参考异名】
Hemicrambe Webb(1851)■☆

35285 Nesodaphne Hook. f.(1853)= Beilschmiedia Nees(1831)[樟科
Lauraceae]●

35286 Nesodoxa Calest.(1905)= Arthrophyllum Blume(1826)；~ =
Eremopanax Baill.(1878)[五加科 Araliaceae]●☆

35287 Nesodraba Greene(1897)= Draba L.(1753)[十字花科
Brassicaceae(Cruciferae)//葶苈科 Drabaceae]■

35288 Nesoea Wight(1840)= Ammannia L.(1753)[千屈菜科
Lythraceae//水苋菜科 Ammanniaceae]■

35289 Nesogenaceae Marais(1981)[亦见 Neuradaceae Kostel.(保留
科名)和 Orobanchaceae Vent.(保留科名)]【汉】岛生材科。【包
含】世界 1 属 8 种。【分布】马达加斯加,塞舌尔群岛,马斯克林
群岛,热带非洲东部。【科名模式】Nesogenes A. DC.■●☆

35290 Nesogenes A. DC.(1847)【汉】岛生材属。【隶属】岛生材科
Nesogenaceae。【包含】世界 8-9 种。【学名诠释与讨论】〈阴〉
(希)nesos,指小式 nesion,岛。Nesiotes,岛居者+genos,种族,
gennao,产生。【分布】马达加斯加,塞舌尔(塞舌尔群岛),波利
尼西亚群岛,热带非洲东部。【模式】Nesogenes euphrasioides
(W. J. Hooker et Arnott) Alph. de Candolle [as 'euphraxioides']
[Myoporum euphrasioides W. J. Hooker et Arnott]。【参考异名】
Acharitea Benth.(1876)■●☆

35291 Nesogordonia Baill.(1886) Nom. illegit. = Nesogordonia Baill. et
H. Perrier(1845)[梧桐科 Sterculiaceae//锦葵科 Malvaceae]●☆

35292 Nesogordonia Baill. et H. Perrier(1845)【汉】尼索桐属。【隶
属】梧桐科 Sterculiaceae//锦葵科 Malvaceae。【包含】世界 18 种。
【学名诠释与讨论】〈阴〉(希)nesos,指小式 nesion,岛。nesiotes,
岛居者+(人)Gorden,植物学者。此属的学名,ING、TROPICOS

和 IK 记载是"Nesogordonia Baill. , Bull. Mens. Soc. Linn. Paris 1：
555. 1886 [3 Feb 1886]"。它应该是一个晚出的非法名称,因为
此前已经有了"Nesogordonia Baill. et H. Perrier(1845)"。【分布】
马达加斯加,热带非洲。【模式】Nesogordonia bernierii Baillon。
【参考异名】Cistanthera K. Schum.(1897)；Nesogordonia Baill.
(1886) Nom. illegit. ●☆

35293 Nesohedyotis(Hook. f.) Bremek.(1952)【汉】美耳茜属。【隶
属】茜草科 Rubiaceae。【包含】世界 1 种。【学名诠释与讨论】
〈阴〉(希)nesos,指小式 nesion,岛。nesiotes,岛居者+hedys,甜
的,美味+ous,所有格 otos,指小式 otion,耳。otikos,耳的。此属
的学名,IK 记载是"Nesohedyotis (Hook. f.) Bremek. , Verh. Kon.
Ned. Akad. Wetensch. , Afd. Natuurk. , Sect. 2. 48(2)：23,29,152,
in obs. 1952",由"Hedyotis sect. Nesohedyotis Hook. f."改编而来。
【分布】英国(圣赫勒拿岛)。【模式】Nesohedyotis arborea
(Roxburgh) Bremekamp [Hedyotis arborea Roxburgh]。【参考异
名】Hedyotis sect. Nesohedyotis Hook. f. ●☆

35294 Nesoluma Baill.(1891)【汉】岛榄属。【隶属】山榄科
Sapotaceae。【包含】世界 3 种。【学名诠释与讨论】〈阴〉(希)
nesos,指小式 nesion,岛。nesiotes,岛居者+(属)Luma 鲁玛木属
(龙袍木属)。【分布】波利尼西亚群岛。【模式】Nesoluma
polynesicum (Hillebrand) Baillon [Chrysophyllum polynesicum
Hillebrand]。●☆

35295 Nesomia B. L. Turner(1991)【汉】墨香蓟属。【隶属】菊科
Asteraceae(Compositae)。【包含】世界 1 种。【学名诠释与讨论】
〈阴〉(人)Guy L. Nesom, 1945-,美国植物学者,菊科 Asteraceae
(Compositae)研究者。【分布】墨西哥,中美洲。【模式】Nesomia
chiapensis B. L. Turner。■☆

35296 Nesopanax Seem.(1864)= Plerandra A. Gray(1854)；~ =
Schefflera J. R. Forst. et G. Forst.(1775)(保留属名)[五加科
Araliaceae]●

35297 Nesothamnus Rydb.(1914)= Perityle Benth.(1844)[菊科
Asteraceae(Compositae)]●■☆

35298 Nesphostylis Verdc.(1970)【汉】飞地豆属。【隶属】豆科
Fabaceae(Leguminosae)。【包含】世界 1 种。【学名诠释与讨论】
〈阴〉词源不详。【分布】热带非洲。【模式】Nesphostylis
holosericea (Welwitsch ex J. G. Baker) Verdcourt [Vigna holosericea
Welwitsch ex J. G. Baker]。■☆

35299 Nessea Steud.(1821)= Nesaea Comm. ex Kunth(1823)(保留属
名)[千屈菜科 Lythraceae]■●☆

35300 Nestegis Raf.(1838)【汉】裸木犀属(无被木犀属)。【英】
Matte。【隶属】木犀榄科(木犀科)Oleaceae。【包含】世界 1-5
种。【学名诠释与讨论】〈阴〉(希)ne,不+stege,盖子,覆盖物。
此属的学名,ING、TROPICOS 和 IK 记载是"Nestegis Raf. , Sylva
Tellur. 10. 1838"。"Gymnelaea (Endlicher) Spach, Hist. Nat. Vég.
PHAN.(种子)8：258. 23 Nov 1839"是"Nestegis Raf.(1838)"的
晚出的同模式异名(Homotypic synonym, Nomenclatural synonym)。
"Gymnelaea Spach(1838)≡ Gymnelaea (Endl.) Spach(1838)
Nom. illegit."的命名人引证有误。【分布】美国(夏威夷),新西
兰。【模式】Nestegis elliptica Rafinesque, Nom. illegit. [Olea
apetala Vahl]。【参考异名】Gymnelaea (Endl.) Spach(1838)
Nom. illegit.；Gymnelaea Spach(1838) Nom. illegit. ●☆

35301 Nestlera E. Mey. ex Walp. = Leucosidea Eckl. et Zeyh.(1836)
[蔷薇科 Rosaceae]●☆

35302 Nestlera Spreng.(1818)【汉】长果金绒草属。【隶属】菊科
Asteraceae(Compositae)。【包含】世界 1 种。【学名诠释与讨论】
〈阴〉(人)Chretien Geofroy (Christian Gottfried) Nestler, 1778-
1832,法国植物学者。此属的学名"Nestlera Spreng. , Anleit. ii.

II. 568（1818）" 是 " Columellea Jacq., Plantarum Rariorum Horti Caesarei Schoenbrunnensis 3：28. 1798［non "Columella" Loureiro 1790（nom. rej.），nec "Columellia" Ruiz et Pavon 1794（nom. cons.）]" 的替代名称。"Nestlera Willd. ex Steud., Nomencl. Bot.［Steudel］, ed. 2. ii. 192（1841）= Bouteloua Lag.（1805）［as 'Botelua'］（保留属名）［禾本科 Poaceae（Gramineae）]" 是晚出的非法名称，是作为异名出现的。"Nestlera Steud.（1841）≡ Nestlera Willd. ex Steud.（1841）Nom. illegit.［禾本科 Poaceae（Gramineae）]" 的命名人引证有误。【分布】非洲南部。【模式】Nestlera biennis（N. J. Jacquin）K. P. J. Sprengel［Columellea biennis N. J. Jacquin］。【参考异名】Columellea Jacq.（1798）Nom. illegit.；Polychaetia Less.（1832）Nom. inval.；Stephanopappus Less.（1831）■☆

35303　Nestlera Steud.（1841）Nom. inval., Nom. illegit. ≡ Nestlera Willd. ex Steud.（1841）Nom. illegit.；~ = Bouteloua Lag.（1805）［as 'Botelua'］（保留属名）［禾本科 Poaceae（Gramineae）]■

35304　Nestlera Willd. ex Steud.（1841）Nom. inval., Nom. illegit. = Bouteloua Lag.（1805）［as 'Botelua'］（保留属名）［禾本科 Poaceae（Gramineae）]■

35305　Nestoria Urb.（1916）【汉】内斯特紫葳属。【隶属】紫葳科 Bignoniaceae。【包含】世界 2 种。【学名诠释与讨论】〈阴〉（人）Nestor，古希腊 Pylos 国的国王。此属的学名是 "Nestoria Urban, Ber Deutsch. Bot. Ges. 34：751. 28 Dec 1916"。亦有文献把其处理为 "Pleonotoma Miers（1863）" 的异名。【分布】巴西（东部）。【模式】Nestoria obtusifoliolata（Bureau et K. Schumann）Urban［Memora obtusifoliolata Bureau et K. Schumann］。【参考异名】Pleonotoma Miers（1863）●☆

35306　Nestotus R. P. Roberts, Urbatsch et Neubig（2005）【汉】假黄花属。【英】Goldenweed, Mock Goldenweed。【隶属】菊科 Asteraceae（Compositae）。【包含】世界 2 种。【学名诠释与讨论】〈阴〉（拉）由属名 Stenotus 改缀而来。【分布】北美洲。【模式】Nestotus umbellula Rafinesque。●☆

35307　Nestronia Raf.（1838）（废弃属名）= Buckleya Torr.（1843）（保留属名）［檀香科 Santalaceae］●

35308　Nestylix Raf.（1838）Nom. illegit. = Salix L.（1753）（保留属名）［杨柳科 Salicaceae］●

35309　Nesynstylis Raf.（1838）= Strumaria Jacq.（1790）［石蒜科 Amaryllidaceae］■☆

35310　Netanahashia Y. Itô（1957）Nom. illegit.［仙人掌科 Cactaceae］☆

35311　Netouxia G. Don（1837）Nom. illegit. = Nectouxia Kunth（1818）［茄科 Solanaceae］■☆

35312　Nettlera Raf.（1838）= Carapichea Aubl.（1775）（废弃属名）；~ = Cephaëlis Sw.（1788）（保留属名）；~ = Psychotria L.（1759）（保留属名）［茜草科 Rubiaceae//九节科 Psychotriaceae］●

35313　Nettoa Baill.（1866）= Corchorus L.（1753）；~ = Grewia L.（1753）［椴树科（椴科，田麻科）Tiliaceae//锦葵科 Malvaceae//扁担杆科 Grewiaceae］●

35314　Neubeckia Alef.（1863）= Iris L.（1753）［鸢尾科 Iridaceae］■☆

35315　Neuberia Eckl.（1827）Nom. inval. = Watsonia Mill.（1758）（保留属名）［鸢尾科 Iridaceae］■☆

35316　Neuburghia Walp.（1852）= Neuburgia Blume（1850）［马钱科（断肠草科，马钱子科）Loganiaceae//夹竹桃科 Apocynaceae］●☆

35317　Neuburgia Blume（1850）【汉】纽氏马钱属。【隶属】马钱科（断肠草科，马钱子科）Loganiaceae。【包含】世界 10-12 种。【学名诠释与讨论】〈阴〉（人）Neuburg。此属的学名，TROPICOS 和 IK 记载是 "Neuburgia Blume, Mus. Bot. 1（10）：156. 1850［Jan 1850 publ. Oct 1850］［马钱科 Loganiaceae］"。ING 则记载为

"Neuburgia Blume, Mus. Bot. 1：156. Oct 1850［夹竹桃科 Apocynaceae］"。三者引用的文献相同。化石植物的 "Neuburgia M. I. Radtschenko, Trudy Geol. Inst. Akad. Nauk SSSR ser. 2. 190：106. 1969（post 8 Dec）（non Blume 1850）≡ Dzungaropteris A. B. Doweld 2001" 是晚出的非法名称。【分布】菲律宾，印度尼西亚（苏拉威西岛），太平洋地区，新几内亚岛。【后选模式】Neuburgia tuberculata Blume, Nom. illegit.［Cerbera musculiformis Lamarck；Neuburgia musculiformis（Lamarck）Miquel］。【参考异名】Caina Panch. ex Baill.（1880）；Couthovia A. Gray（1858）；Crateriphytum Scheff. ex Boerl.（1899）Nom. illegit.；Crateriphytum Scheff. ex Koord.（1898）；Neuburghia Walp.（1852）●☆

35318　Neudorfia Adans.（1763）Nom. illegit. ≡ Zwingera Hofer（1762）；~ = Nolana L. ex L. f.（1762）［茄科 Solanaceae//铃花科 Nolanaceae］■☆

35319　Neuhofia Stokes（1812）= Baeckea L.（1753）［桃金娘科 Myrtaceae］●

35320　Neumannia A. Rich.（1845）Nom. illegit. = Aphloia（DC.）Benn.（1840）［刺篱木科（大风子科）Flacourtiaceae//球花柞科（单果树科）Aphloiaceae］●☆

35321　Neumannia Brongn.（1841）= Pitcairnia L'Hér.（1789）（保留属名）［凤梨科 Bromeliaceae］■☆

35322　Neumanniaceae Tiegh. = Aphloiaceae Takht.●☆

35323　Neumanniaceae Tiegh. ex Bullock = Aphloiaceae Takht.●☆

35324　Neumayera Rchb.（1841）= Arenaria L.（1753）［石竹科 Caryophyllaceae］■

35325　Neumayera Rchb. f.（1872）Nom. illegit.［兰科 Orchidaceae］■☆

35326　Neuontobotrys O. E. Schulz（1924）【汉】垂穗芥属（南美芥属）。【隶属】十字花科 Brassicaceae（Cruciferae）。【包含】世界 10 种。【学名诠释与讨论】〈阴〉（希）neu，低头，点头 +on，所有格 ontos，物 +botrys，葡萄串，总状花序，簇生。【分布】阿根廷，玻利维亚，智利。【模式】Neuontobotrys linifolius O. E. Schulz［Sisymbrium linifolium Philippi 1895, non Nuttall ex Torrey et A. Gray 1838］。■☆

35327　Neuracanthus Nees（1832）【汉】脉刺草属（脉刺属）。【隶属】爵床科 Acanthaceae。【包含】世界 20 种。【学名诠释与讨论】〈阳〉（希）neuron = 拉丁文 nervus，脉，筋，腱，神经 +akantha，荆棘，刺。【分布】马达加斯加，也门（索科特拉岛），印度，阿拉伯地区，热带非洲。【模式】Neuracanthus tetragonostachyus Nees。【参考异名】Leucobarleria Lindau（1895）●■☆

35328　Neurachne R. Br.（1810）【汉】脉颖草属。【隶属】禾本科 Poaceae（Gramineae）。【包含】世界 6 种。【学名诠释与讨论】〈阴〉（希）neuron = 拉丁文 nervus，脉，筋，腱，神经 +achne，鳞片，泡沫，泡囊，谷壳，稃。【分布】澳大利亚。【模式】Neurachne alopecuroidea R. Brown。■☆

35329　Neuractis Cass.（1825）【汉】脉星菊属。【隶属】菊科 Asteraceae（Compositae）。【包含】世界 3 种。【学名诠释与讨论】〈阴〉（希）neuron = 拉丁文 nervus，脉，筋，腱，神经 +aktis，所有格 aktinos，光线，光束，射线。指花。此属的学名是 "Neuractis Cassini in F. Cuvier, Dict. Sci. Nat. 34：496. Apr 1825"。亦有文献把其处理为 "Chrysanthellum Rich.（1807）" 或 "Glossocardia Cass.（1817）" 的异名。【分布】印度尼西亚（爪哇岛）。【模式】Neuractis leschenaultii Cassini。【参考异名】Chrysanthellum Pers.（1807）Nom. illegit.；Chrysanthellum Rich.（1807）；Chrysanthellum Rich. ex Pers.（1807）；Glossocardia Cass.（1817）■☆

35330　Neurada B. Juss.（1753）Nom. illegit. ≡ Neurada L.（1753）［两极孔草科（脉叶莓科，脉叶苏科）Neuradaceae］■☆

35331　Neurada B. Juss. ex L.（1753）≡ Neurada L.（1753）［两极孔草

科(脉叶莓科,脉叶苏科)Neuradaceae]■☆

35332　Neurada L.（1753）【汉】两极孔草属（脉叶莓属）。【英】Neurada。【隶属】两极孔草科（脉叶莓科,脉叶苏科）Neuradaceae。【包含】世界1种。【学名诠释与讨论】〈阴〉（希）neuron =拉丁文 nervus,脉,筋,腱,神经+aden,所有格 adenos,腺体。此属的学名,ING 记载为"Neurada B. Jussieu in Linnaeus,Sp. Pl. 441. 1 Mai 1753";IK 记载为"Neurada B. Juss. ,Sp. Pl. 1:441. 1753［1 May 1753］";均不妥;但是可以表述为"Neurada B. Juss. ex L.（1753）"。TROPICOS 记载为"Neurada Linnaeus,Sp. Pl. 441. 1 Mai 1753"亦可。"Neuras Adanson,Fam. 2:293. Jul – Aug 1763"是"Neurada L.（1753）"的晚出的同模式异名（Homotypic synonym,Nomenclatural synonym）。"Nevrada Augier = Neurada L.（1753）"应该是拼写变体。【分布】巴基斯坦,地中海东部至印度。【模式】Neurada procumbens Linnaeus。【参考异名】Figaraea Viv.（1830）;Neurada B. Juss.（1753）Nom. illegit. ;Neurada B. Juss. ex L.（1753）;Neuras Adans.（1763）Nom. illegit. ;Nevrada Augier,Nom. illegit. ;Tribulastrum B. Juss. ex Pfeiff. ☆

35333　Neuradaceae J. Agardh = Neuradaceae Kostel.（保留科名）■☆

35334　Neuradaceae Kostel.（1835）（保留科名）【汉】两极孔草科（脉叶莓科,脉叶苏科）。【包含】世界3属10种。【分布】地中海至印度,非洲南部。【科名模式】Neurada L. ■☆

35335　Neuradaceae Link = Neuradaceae Kostel.（保留科名）■☆

35336　Neuradopsis Bremek. et Oberm.（1935）【汉】类两极孔草属。【隶属】两极孔草科（脉叶莓科,脉叶苏科）Neuradaceae。【包含】世界3种。【学名诠释与讨论】〈阴〉（属）Neurada 两极孔草属+希腊文 opsis,外观,模样,相似。【分布】非洲西南部。【后选模式】Neuradopsis austroafricana（Schinz）Bremekamp et A. A. Obermeyer［Neurada austroafricana Schinz］。■☆

35337　Neuras Adans.（1763）Nom. illegit. = Neurada L.（1753）［两极孔草科（脉叶莓科,脉叶苏科）Neuradaceae］■☆

35338　Neurelmis Raf.（1838）Nom. illegit. ≡ Jalambica Raf.（1838）［菊科 Asteraceae（Compositae）］☆

35339　Neurilis Post et Kuntze（1903）= Millingtonia L. f.（1782）;~ = Nevrilis Raf.（1838）Nom. illegit. ［紫葳科 Bignoniaceae］●

35340　Neurocalyx Hook.（1837）【汉】棱萼草属。【隶属】茜草科 Rubiaceae。【包含】世界5种。【学名诠释与讨论】〈阳〉（希）neuron =拉丁文 nervus,脉,筋,腱,神经+kalyx,所有格 kalykos =拉丁文 calyx,花萼,杯子。【分布】斯里兰卡,印度（南部）。【模式】Neurocalyx zeylanicus W. J. Hooker。☆

35341　Neurocarpaea K. Schum. , Nom. illegit. = Nodocarpaea A. Gray（1883）［茜草科 Rubiaceae］☆

35342　Neurocarpaea R. Br.（1814）Nom. inval. , Nom. nud. = Pentas Benth.（1844）［茜草科 Rubiaceae］●■

35343　Neurocarpaea R. Br. ex Britten（1897）Nom. inval. = Pentas Benth.（1844）［茜草科 Rubiaceae］●■

35344　Neurocarpaea R. Br. ex Hiern（1898）Nom. illegit. = Pentas Benth.（1844）［茜草科 Rubiaceae］●■

35345　Neurocarpon Desv.（1813）Nom. illegit. ≡ Neurocarpum Desv.（1813）;~ = Clitoria L.（1753）［豆科 Fabaceae（Leguminosae）//蝶形花科 Papilionaceae］●

35346　Neurocarpum Desv.（1813）= Clitoria L.（1753）［豆科 Fabaceae（Leguminosae）//蝶形花科 Papilionaceae］●

35347　Neurocarpus Post et Kuntze（1903）= Neurocarpaea R. Br.（1814）;~ = Pentas Benth.（1844）［茜草科 Rubiaceae］●■

35348　Neurochlaena Less.（1832）= Neurolaena R. Br.（1817）［菊科 Asteraceae（Compositae）］●■☆

35349　Neuroctola Raf. ex Steud.（1841）= Nevroctola Raf.（1825）Nom.

illegit. ;~ = Uniola L.（1753）［禾本科 Poaceae（Gramineae）］■☆

35350　Neuroctola Steud.（1841）Nom. illegit. ≡ Neuroctola Raf. ex Steud.（1841）［禾本科 Poaceae（Gramineae）］■☆

35351　Neurola Raf.（1836）= Sabatia Adans.（1763）［龙胆科 Gentianaceae］■☆

35352　Neurolaena R. Br.（1817）【汉】脉衣菊属（锥果菊属）。【隶属】菊科 Asteraceae（Compositae）。【包含】世界11-13种。【学名诠释与讨论】〈阴〉（希）neuron =拉丁文 nervus,脉,筋,腱,神经+laina =chlaine =拉丁文 laena,外衣,衣服。【分布】巴拿马,玻利维亚,厄瓜多尔,哥伦比亚（安蒂奥基亚）,墨西哥,尼加拉瓜,西印度群岛,中美洲。【模式】Neurolaena lobata（Linnaeus）R. Brown［Conyza lobata Linnaeus］。【参考异名】Calea Sw. ;Neurochlaena Less.（1832）■●☆

35353　Neurolakis Mattf.（1924）【汉】蜜鞘糙毛菊属。【隶属】菊科 Asteraceae（Compositae）。【包含】世界1种。【学名诠释与讨论】〈阴〉（希）neuron =拉丁文 nervus,脉,筋,腱,神经+lakis,所有格 lakidos 撕裂。【分布】西赤道非洲。【模式】Neurolakis modesta Mattfeld。■☆

35354　Neurolepis Meisn.（1843）【汉】脉鳞禾属。【英】Neurolepis。【隶属】禾本科 Poaceae（Gramineae）。【包含】世界9-12种。【学名诠释与讨论】〈阴〉（希）neuron =拉丁文 nervus,脉,筋,腱,神经+lepis,所有格 lepidos,指小式 lepion 或 lepidion,鳞,鳞片。此属的学名"Neurolepis Meisner, Gen. 1:426;2:325. 22-25 Feb 1843"是一个替代名称。"Platonia Kunth, Rev. Gram. 1:139. 14 Nov 1829;1:327. 31 Aug 1830"是一个非法名称（Nom. illegit.）,因为此前已经有了"Platonia Rafinesque, Carat. Nuovi Gen. Sp. Sicilia 73. 1810 ≡ Helianthemum Mill.（1754）［半日花科（岩蔷薇科）Cistaceae］"和"Platonia Raf. , Med. Repos. 5:352. 1808 = Phyla Lour.（1790）［马鞭草科 Verbenaceae］"。故用"Neurolepis Meisn.（1843）"替代之。"Planotia Munro, Trans. Linn. Soc. London 26:70. 5 Mar – 11 Apr 1868"是又一个替代"Platonia Kunth, Rev. Gram. 1:139. 14 Nov 1829;1:327. 31 Aug 1830"的名称,但是它晚出了25年,故为非法名称。"Platonia C. F. P. Martius, Nova Gen. Sp. 3:168. Sep 1832（'1829'）［猪胶树科（克鲁西科,山竹子科,藤黄科）Clusiaceae（Guttiferae）］"则是保留属名。【分布】巴拿马,秘鲁,玻利维亚,厄瓜多尔,哥伦比亚,哥斯达黎加,热带南美洲,中美洲。【模式】Neurolepis elata（Kunth）Pilger［Platonia elata Kunth］。【参考异名】Planotia Munro（1868）Nom. illegit. ;Platonia Kunth（1829）Nom. illegit.（废弃属名）●☆

35355　Neurolobium Baill.（1888）= Diplorhynchus Welw. ex Ficalho et Hiern（1881）［夹竹桃科 Apocynaceae］●☆

35356　Neuroloma Andrz. , Nom. illegit. ≡ Neuroloma Andrz. ex DC.（1824）;~ = Achoriphragma Soják（1982）;~ = Leiospora（C. A. Mey.）Dvorák（1968）;~ = Parrya R. Br.（1823［十字花科 Brassicaceae（Cruciferae）］●■

35357　Neuroloma Andrz. ex DC.（1824）Nom. illegit. ≡ Achoriphragma Soják（1982）;~ = Leiospora（C. A. Mey.）Dvorák（1968）;~ = Parrya R. Br.（1823）［十字花科 Brassicaceae（Cruciferae）］●■

35358　Neuroloma Endl.（1836）Nom. illegit. ≡ Briza L.（1753）;~ = Nevroloma Raf.（1819）［禾本科 Poaceae（Gramineae）］■

35359　Neuropeltis Wall.（1824）【汉】盾苞藤属（盾苞果属）。【英】Neuropeltis。【隶属】旋花科 Convolvulaceae。【包含】世界4-13种,中国1种。【学名诠释与讨论】〈阴〉（希）neuron =拉丁文 nervus,脉,筋,腱,神经+pelte,指小式 peltarion,盾。指果实上的盾状苞片具网脉。【分布】马来西亚（西部）,印度,中国,中南半岛,热带非洲。【模式】Neuropeltis racemosa N. Wallich。【参考异名】Neuropteris Jack ex Burkill;Sinomerrillia Hu（1937）●■

35360 Neuropeltopsis Ooststr. (1964)【汉】类盾苞藤属。【隶属】旋花科 Convolvulaceae。【包含】世界 1 种。【学名诠释与讨论】〈阴〉（属）Neuropeltis 盾苞藤属+希腊文 opsis，外观，模样，相似。【分布】加里曼丹岛。【模式】Neuropeltopsis alba Ooststroom。●☆

35361 Neurophyllodes（A. Gray）O. Deg.（1938）= Geranium L.（1753）［牻牛儿苗科 Geraniaceae］■●

35362 Neurophyllum Torr. et A. Gray（1840）= Peucedanum L.（1753）［伞形花科（伞形科）Apiaceae（Umbelliferae）］■

35363 Neuropoa Clayton（1985）【汉】脉纹早熟禾属。【隶属】禾本科 Poaceae（Gramineae）。【包含】世界 1 种。【学名诠释与讨论】〈阴〉（希）neuron = 拉丁文 nervus，脉，筋，腱，神经+poa，禾草。【分布】澳大利亚。【模式】Neuropoa fax（J. H. Willis et A. B. Court）W. D. Clayton［Poa fax J. H. Willis et A. B. Court；Poa lepida F. von Mueller 1873，non A. Richard 1850］。■☆

35364 Neuropora Comm. ex Endl. =? Antirhea Comm. ex Juss.（1789）［茜草科 Rubiaceae］●

35365 Neuropteris Jack ex Burkill = Neuropeltis Wall.（1824）［旋花科 Convolvulaceae］●■

35366 Neuroscapha Tul.（1843）= Lonchocarpus Kunth（1824）（保留属名）［豆科 Fabaceae（Leguminosae）］●■☆

35367 Neurosperma Raf.（1818）Nom. illegit. = Momordica L.（1753）；~ = Nevrosperma Raf.（1818）Nom. illegit.［葫芦科（瓜科，南瓜科）Cucurbitaceae］■

35368 Neurospermum Bartl.（1830）Nom. illegit. = Momordica L.（1753）［葫芦科（瓜科，南瓜科）Cucurbitaceae］■

35369 Neurotecoma K. Schum.（1894）= Spirotecoma（Baill.）Dalla Torre et Harms（1904）［紫葳科 Bignoniaceae］●☆

35370 Neurotheca Salisb. ex Benth.（1876）Nom. illegit. ≡ Neurotheca Salisb. ex Benth. et Hook. f.（1876）［龙胆科 Gentianaceae］■☆

35371 Neurotheca Salisb. ex Benth. et Hook. f.（1876）【汉】棱果龙胆属。【隶属】龙胆科 Gentianaceae。【包含】世界 1 种。【学名诠释与讨论】〈阴〉（希）neuron = 拉丁文 nervus，脉，筋，腱，神经+theke = 拉丁文 theca，匣子，箱子，室，药室，囊。此属的学名 "Neurotheca R. A. Salisbury ex Bentham et Hook. f., Gen. 2：812. Mai 1876" 是一个替代名称。"Octopleura Spruce ex Progel in C. F. P. Martius, Fl. Brasil. 6（1）：212. 1 Dec 1865" 是一个非法名称（Nom. illegit.），因为此前已经有了 "Octopleura Grisebach, Fl. Brit. W. Indian Isl. 260. 1860 = Ossaea DC.（1828）［野牡丹科 Melastomataceae］"。故用 "Neurotheca Salisb. ex Benth. et Hook. f.（1876）" 替代之。"Neurotheca Salisb. ex Benth.（1876）≡ Neurotheca Salisb. ex Benth. et Hook. f.（1876）" 的命名人引证有误。【分布】马达加斯加，热带非洲，热带南美洲。【模式】Neurotheca loeselioides（Spruce ex A. Progel）Baillon［Octopleura loeselioides Spruce ex A. Progel］。【参考异名】Neurotheca Salisb. ex Benth.（1876）Nom. illegit.；Octopleura Spruce ex Prog.（1865）Nom. illegit.■☆

35372 Neurotropis（DC.）F. K. Mey.（1973）= Thlaspi L.（1753）［十字花科 Brassicaceae（Cruciferae）//菥蓂科 Thlaspiaceae］■

35373 Neustanthus Benth.（1852）= Pueraria DC.（1825）［豆科 Fabaceae（Leguminosae）//蝶形花科 Papilionaceae］●■

35374 Neustruevia Juz.（1954）= Pseudomarrubium Popov（1940）［唇形科 Lamiaceae（Labiatae）］■☆

35375 Neuwiedia Blume（1834）【汉】三蕊兰属。【英】Neuwiedla, Threestamen Orchis。【隶属】兰科 Orchidaceae//拟兰科（假兰科）Apostasiaceae//三蕊兰科 Neuwiediaceae。【包含】世界 8-10 种，中国 1 种。【学名诠释与讨论】〈阴〉（人）Maximilian Alexander Philipp zu Wied-Neuwied，1782-1867，德国植物学者，植物采集家，博物学者。【分布】马来西亚，中国。【模式】Neuwiedia veratrifolia Blume。■

35376 Neuwiediaceae Dahlgren ex Reveal et Hoogland（1991）［亦见 Orchidaceae Juss.（保留科名）兰科］【汉】三蕊兰科。【包含】世界 1 属 8-10 种，中国 1 属 1 种。【分布】马来西亚，中国。【科名模式】Neuwiedia Blume■

35377 Nevada N. H. Holmgren（2004）【汉】内华达芹叶荠属。【隶属】十字花科 Brassicaceae（Cruciferae）。【包含】世界 1 种。【学名诠释与讨论】〈阴〉（地）Nevada，内华达。此属的学名是 "Nevada N. H. Holmgren, Brittonia 56（3）：240-243, f. 1, 2［map］. 2004"。亦有文献把其处理为 "Smelowskia C. A. Mey. ex Ledebour（1830）（保留名）" 的异名。【分布】美国（内华达），中国。【模式】Nevada holmgrenii（Rollins）N. H. Holmgren。【参考异名】Smelowskia C. A. Mey. ex Ledebour（1830）（保留属名）■

35378 Nevadensia Rivas Mart.（2002）【汉】紫庭荠属。【隶属】十字花科 Brassicaceae（Cruciferae）。【包含】世界 1 种。【学名诠释与讨论】〈阴〉词源不详。亦有文献把 "Nevadensia Rivas Mart.（2002）" 处理为 "Alyssum L.（1753）" 的异名。【分布】利比里亚。【模式】Nevadensia purpurea（Lag. et Rodr.）Rivas Mart.。【参考异名】Alyssum L.（1753）■☆

35379 Neves-armondia K. Schum.（1897）= Pithecoctenium Mart. ex Meisn.（1840）［紫葳科 Bignoniaceae］●☆

35380 Nevilis Raf. = Millingtonia L. f.（1782）［紫葳科 Bignoniaceae］●

35381 Nevillea Esterh. et H. P. Linder（1984）【汉】内维尔草属。【隶属】帚灯草科 Restionaceae。【包含】世界 2 种。【学名诠释与讨论】〈阴〉（人）Neville。【分布】非洲南部。【模式】Nevillea obtussissimus（Steudel）H. P. Linder［Restio obtussissimus Steudel］。■☆

35382 Neviusa Benth. et Hook. f.（1865）Nom. illegit. = Neviusia A. Gray（1858）［蔷薇科 Rosaceae］●☆

35383 Neviusia A. Gray（1858）【汉】雪环木属。【俄】Невиузия。【英】Snow Wreath, Snow-wreath。【隶属】蔷薇科 Rosaceae。【包含】世界 2 种。【学名诠释与讨论】〈阴〉（人）Reuben Denton Nevius, 1827-1913，传教士，植物采集家。此属的学名，ING、TROPICOS、GCI 和 IK 记载是 "Neviusia A. Gray, Mem. Amer. Acad. Arts ser. 2, 6（2）：374. 1858［1857-58 publ. 1858］"。"Neviusa Benth. et Hook. f., Gen. Pl.［Bentham et Hooker f.］1（2）：613, sphalm. 1865［19 Oct 1865］" 是晚出的非法名称，且拼写有误；或为拼写变体。【分布】美国（东南部）。【模式】Neviusia alabamensis A. Gray。【参考异名】Neviusa Benth. et Hook. f.（1865）Nom. illegit.●☆

35384 Nevosmila Raf.（1838）= Crateva L.（1753）［山柑科（白花菜科，醉蝶花科）Capparaceae］●

35385 Nevrada Augier, Nom. illegit. = Neurada L.（1753）［两极孔草科（脉叶莓科，脉叶苏科）Neuradaceae］■☆

35386 Nevrilis Raf.（1838）Nom. illegit. ≡ Millingtonia L. f.（1782）［紫葳科 Bignoniaceae］●

35387 Nevrocarpon Spreng. = Clitoria L.（1753）；~ = Neurocarpum Desv.（1813）［豆科 Fabaceae（Leguminosae）//蝶形花科 Papilionaceae］●

35388 Nevroctola Raf.（1825）Nom. illegit. ≡ Uniola L.（1753）［禾本科 Poaceae（Gramineae）］■☆

35389 Nevrola Raf. = Nevrolis Raf.（1840）［苋科 Amaranthaceae］■

35390 Nevrolis Raf.（1840）= Celosia L.（1753）［苋科 Amaranthaceae］■

35391 Nevroloma Raf.（1819）= Glyceria R. Br.（1810）（保留属名）［禾本科 Poaceae（Gramineae）］■

35392 Nevroloma Spreng. (1825) Nom. illegit. = Neuroloma Andrz., Nom. illegit. ;~ = Parrya R. Br. (1823) ［十字花科 Brassicaceae (Cruciferae)］●■

35393 Nevropora Comm. ex Baill. = Neuropora Comm. ex Endl. ［茜草科 Rubiaceae］●

35394 Nevrosperma Raf. (1818) Nom. illegit. = Momordica L. (1753) ［葫芦科（瓜科，南瓜科）Cucurbitaceae］■

35395 Nevskiella（V. I. Krecz. et Vved.）V. I. Krecz. et Vved. (1934) Nom. illegit. ≡ Nevskiella V. I. Krecz. et Vved. (1934) ［禾本科 Poaceae(Gramineae)］■☆

35396 Nevskiella V. I. Krecz. et Vved. (1934)【汉】纤雀麦属。【俄】Невскиелла。【隶属】禾本科 Poaceae(Gramineae)。【包含】世界 1 种。【学名诠释与讨论】〈阴〉（人）Sergei Arsenjevic Nevsk, 1908-1938, 俄罗斯植物学者+-ellus, -ella, -ellum, 加在名词词干后面形成指小式的词尾。或加在人名、属名等后面以组成新属的名称。此属的学名，ING 和 IK 记载是"Nevskiella Kreczetowicz et Vvedensky, Trudy Sredne - Aziatsk. Gosud. Univ., Ser. 8B, Bot. 17：15, 22. 1934"。"Nevskiella（V. I. Krecz. et Vved.）V. I. Krecz. et Vved. (1934) Nom. illegit. ≡ Nevskiella V. I. Krecz. et Vved. (1934)"的命名人引证有误。Nevskiella V. I. Krecz. et Vved. (1934) "Nevskiella V. I. Krecz. et Vved. (1934)"曾被处理为"Bromus sect. Nevskiella（V. I. Krecz. et Vved.）Tournay, Bulletin du Jardin Botanique de l'Étatà Bruxelles 31：295. 1961"和"Bromus subgen. Nevskiella（V. I. Krecz. et Vved.）Krecz. et Vved., 1934"。亦有文献把"Nevskiella V. I. Krecz. et Vved. (1934)"处理为"Bromus L. (1753)（保留属名）"的异名。【分布】巴基斯坦，亚洲西南和中部。【模式】Nevskiella gracillima (Bunge) Kreczetowicz et Vvedensky ［Bromus gracilimus Bunge］。【参考异名】Bromus L. (1753)（保留属名）；Bromus sect. Nevskiella（V. I. Krecz. et Vved.）Tournay(1961)；Bromus subgen. Nevskiella（V. I. Krecz. et Vved.）Krecz. et Vved. (1934)；Nevskiella（V. I. Krecz. et Vved.）V. I. Krecz. et Vved. (1934) Nom. illegit. ■☆

35397 Newberrya Torr. (1867) Nom. illegit. ≡ Hemitomes A. Gray (1858) ［杜鹃花科（欧石南科）Ericaceae］●☆

35398 Newbouldia Seem. (1863) Nom. nud. ≡ Newbouldia Seem. ex Bureau(1864) ［紫葳科 Bignoniaceae］●☆

35399 Newbouldia Seem. ex Bureau(1864) 【汉】非洲紫葳属（纽博紫葳属）。【隶属】紫葳科 Bignoniaceae。【包含】世界 1-2 种。【学名诠释与讨论】〈阴〉（人）William Willson Newbould, 1819-1886, 英国植物学者，牧师。此属的学名，ING 记载是"Newbouldia Seemann ex L. E. Bureau, Monogr. Bignon. Atlas 17：49 ('Spathotecoma'). t. 15. 1864"。"Newbouldia Seem., J. Bot. 1：225. 1863"是一个裸名。【分布】热带非洲西部。【模式】Newbouldia laevis (Palisot de Beauvois) Seemann ex L. E. Bureau ［Spathodea laevis Palisot de Beauvois］。【参考异名】Newbouldia Seem. (1863) Nom. nud. ；Spathotecoma Bureau(1864) Nom. illegit. ●☆

35400 Newcastelia F. Muell. (1857) 【汉】纽卡草属。【隶属】马鞭草科 Verbenaceae。【包含】世界 12 种。【学名诠释与讨论】〈阴〉（人）Henry Pelham Fiennes Pelham-Clinton。此属的学名，ING、APNI 和 IK 记载是"Newcastelia F. v. Mueller, Hooker's J. Bot. Kew Gard. Misc. 9：22. Jan 1857"。"Newcastlia F. Muell., Fragmenta 3 1862"是其拼写变体。【分布】澳大利亚（热带）。【模式】Newcastelia cladotricha F. v. Mueller。【参考异名】Newcastlia F. Muell. (1862) ●☆

35401 Newcastlia F. Muell. (1862) Nom. illegit. = Newcastelia F. Muell.

(1857) ［马鞭草科 Verbenaceae］●☆

35402 Newmania N. S. Lý et Škorničk. (2011) 【汉】越南姜属。【隶属】姜科（蘘荷科）Zingiberaceae。【包含】世界 3 种。【学名诠释与讨论】〈阴〉（人）Edward Newman, 1801-1876, 植物学者。【分布】越南。【模式】Newmania serpens N. S. Lý et Škorničk.。。☆

35403 Newoloma Raf. = Glyceria R. Br. (1810)（保留属名）［禾本科 Poaceae(Gramineae)］■

35404 Newtonia Baill. (1888)【汉】纽敦豆属。【隶属】豆科 Fabaceae (Leguminosae)//含羞草科 Mimosaceae。【包含】世界 11-14 种。【学名诠释与讨论】〈阴〉（人）Isaac Newton, 1642-1727, 英国数学家。此属的学名是"Newtonia Baillon, Bull. Mens. Soc. Linn. Paris 1：721. 7 Feb, 1888"。"Newtonia O. Hoffmann in Engler et Prantl, Nat. Pflanzenfam. 4(5)：285. Jul 1892；391. Jun 1894（non Baillon 1888）≡ Antunesia O. Hoffm. (1893)；~ = Distephanus Cass. (1817) ［菊科 Asteraceae(Compositae)］"是晚出的非法名称。【分布】玻利维亚，热带非洲，热带南美洲，中美洲。【模式】Newtonia insignis Baillon。【参考异名】Autunesia O. Hoffm. (1897) ●☆

35405 Newtonia O. Hoffm. (1892) Nom. illegit. ≡ Antunesia O. Hoffm. (1893)；~ = Distephanus Cass. (1817) ［菊科 Asteraceae (Compositae)］●■☆

35406 Nexilis Raf. (1836) Nom. illegit. ≡ Ameletia DC. (1826)；~ = Rotala L. (1771) ［千屈菜科 Lythraceae］■

35407 Neyraudia Hook. f. (1896)【汉】类芦属（类芦竹属，望冬草属）。【英】Burmareed。【隶属】禾本科 Poaceae (Gramineae)。【包含】世界 5 种，中国 4 种。【学名诠释与讨论】〈阴〉（属）由 Reynaudia 字母改缀而来。【分布】马达加斯加，印度至马来西亚，中国，热带非洲。【模式】Neyraudia madagascariensis J. D. Hooker, Nom. illegit. ［Arundo madagascariensis Kunth, Nom. illegit., Donax thuarii Palisot de Beauvois］。■

35408 Nezahualcoyotlia R. González(1996)【汉】小宝石兰属。【隶属】兰科 Orchidaceae。【包含】世界 1 种。【学名诠释与讨论】〈阴〉词源不详。此属的学名是"Nezahualcoyotlia R. González, Boletín del Instituto de Botánica, Universidad de Guadalajara 4(1-3)：67, f. 1. 1996"。亦有文献把其处理为"Cranichis Sw. (1788)"的异名。【分布】墨西哥。【模式】Nezahualcoyotlia gracilis (L. O. Williams) R. González。【参考异名】Cranichis Sw. (1788) ●■☆

35409 Nezera Raf. (1838) = Linum L. (1753) ［亚麻科 Linaceae］●■

35410 Nhandiroba Adans. (1763) Nom. illegit. ≡ Fevillea L. (1753) ［葫芦科（瓜科，南瓜科）Cucurbitaceae］■☆

35411 Nhandiroba Plum. ex Adans. (1763) Nom. illegit. ≡ Fevillea L. (1753) ［葫芦科（瓜科，南瓜科）Cucurbitaceae］■☆

35412 Nhandirobaceae A. St. -Hil. ex Endl. = Cucurbitaceae Juss. (保留科名) ●■

35413 Nhandirobaceae T. Lestib. (1826) = Cucurbitaceae Juss. (保留科名) ●■

35414 Nialel Adans. (1763)（废弃属名）= Aglaia Lour. (1790)（保留属名）［棟科 Meliaceae］●

35415 Nianhochloa H. N. Nguyen et V. T. Tran(2012)【汉】越南年竹属。【隶属】禾本科 Poaceae(Gramineae)。【包含】世界 1 种。【学名诠释与讨论】〈阴〉Nianh? +(拉)chloe, 草的幼芽，嫩草，禾草。【分布】越南。【模式】Nianhochloa bidoupensis H. N. Nguyen et V. T. Tran. ☆

35416 Niara Dennst. (1818) Nom. inval. = Ardisia Sw. (1788)（保留属名）［紫金牛科 Myrsinaceae］●■

35417 Niara Dennst. (1834) Nom. illegit. ;~ = Ardisia Sw. (1788)（保留属名）［紫金牛科 Myrsinaceae］●■

35418　Niara Dennst. ex Kostel. (1834)＝Ardisia Sw. (1788)（保留属名）［紫金牛科 Myrsinaceae］●■

35419　Nibbisia Walp. (1842)＝Aconitum L. (1753)；～＝Nirbisia G. Don(1831)［毛茛科 Ranunculaceae］■

35420　Nibo Steud. (1821)＝Emex Campd. (1819)（保留属名）；～＝Vibo Medik. (1789)（废弃属名）［蓼科 Polygonaceae］■☆

35421　Nibora Raf. (1817)＝Gratiola L. (1753)［玄参科 Scrophulariaceae//婆婆纳科 Veronicaceae］■

35422　Nicandra Adans. (1763)（保留属名）【汉】假酸浆属。【日】オオセンナリ属, オホセンナリ属, ニカンドラ属。【俄】Никандра, Хмель огородный。【英】Apple of Peru, Apple-of-Peru, Nicandra。【隶属】茄科 Solanaceae。【包含】世界 1 种, 中国 1 种。【学名诠释与讨论】〈阴〉(人)Nikander, 古罗马时代的植物学者。另说 Nikandros, 2 世纪时的希腊诗人。此属的学名"Nicandra Adans. ,Fam. Pl. 2;219,582. Jul-Aug 1763"是保留属名。相应的废弃属名是茄科 Solanaceae 的"Physalodes Boehm. in Ludwig, Def. Gen. Pl. , ed. 3;41. 1760 ≡ Nicandra Adans. (1763)（保留属名）"。IK 记载的茄科 Solanaceae 的"Physalodes Boehm. ex Kuntze, Rev. Gen. (1891)452 ≡ Nicandra Adans. (1763)（保留属名）"亦应废弃。马钱科 Loganiaceae 的"Nicandra Schreb. , Gen. Pl. 1; 283, 1789 ≡ Potalia Aubl. (1775)"也应废弃。"Calydermos Ruiz et Pavón, Fl. Peruv. Chil. 2;43. Sep 1799"和"Pentagonia Heister ex Fabricius, Enum. ed. 2;336. Sep-Dec 1763 （废弃属名）"是"Nicandra Adans. (1763)（保留属名）"的晚出的同模式异名(Homotypic synonym, Nomenclatural synonym)。【分布】秘鲁, 玻利维亚, 厄瓜多尔, 马达加斯加, 美国（密苏里）；尼加拉瓜, 中国, 中美洲。【模式】Nicandra physalodes (Linnaeus) J. Gaertner［as 'physaloides'］［Atropa physalodes Linnaeus］。【参考异名】Boberella E. H. L. Krause (1903) Nom. illegit. ; Calydermos Ruiz et Pav. (1799) Nom. illegit. ; Pentagonia Fabr. (1763)（废弃属名）; Pentagonia Heist. ex Fabr. (1763)（废弃属名）; Physalodes Boehm(1760)（废弃属名）; Physalodes Boehm. ex Kuntze(1891)（废弃属名）■

35423　Nicandra Schreb. (1789) Nom. illegit. (废弃属名) ≡ Potalia Aubl. (1775)［马钱科(断肠草科, 马钱子科) Loganiaceae//龙爪七叶科 Potaliaceae］●☆

35424　Nicarago Britton et Rose(1930)＝Caesalpinia L. (1753)［豆科 Fabaceae(Leguminosae)//云实科(苏木科) Caesalpiniaceae］●

35425　Nichallea Bridson (1978)【汉】尼哈茜属。【隶属】茜草科 Rubiaceae。【包含】世界 1 种。【学名诠释与讨论】〈阴〉词源不详。【分布】热带非洲。【模式】Nichallea soyauxii (W. P. Hiern) D. M. Bridson［Ixora soyauxii W. P. Hiern］。●☆

35426　Nichelia Bullock (1938)＝Neoporteria Britton et Rose (1922); ～＝Pyrrhocactus (A. Berger) Backeb. et F. M. Knuth(1935) Nom. illegit. ; ～＝Pyrrhocactus Backeb. (1936) Nom. illegit. ; ～＝Neoporteria Britton et Rose(1922)［仙人掌科 Cactaceae］●■

35427　Nicholsonia Span. (1836)＝Desmodium Desv. (1813)（保留属名）；～＝Nicolsonia DC. (1825)［豆科 Fabaceae(Leguminosae)//蝶形花科 Papilionaceae］●■

35428　Nicipe Raf. (1837)＝Ornithogalum L. (1753)［百合科 Liliaceae//风信子科 Hyacinthaceae］■

35429　Niclouxia Batt. (1915)＝Lifago Schweinf. et Muschl. (1911)［菊科 Asteraceae(Compositae)］■☆

35430　Nicobariodendron Vasudeva Rao et Chakrab. (1986)【汉】尼科巴卫矛属。【隶属】卫矛科 Celastraceae。【包含】世界 1 种。【学名诠释与讨论】〈阴〉(地)Nicobar, 印度的尼科巴群岛＋dendron 或 dendros, 树木, 棍, 丛林。【分布】印度（尼科巴群岛）。【模式】Nicobariodendron sleumeri M. K. Vasudeva Rao et T. Chakrabarty。●☆

35431　Nicodemia Ten. (1833) Nom. inval. ＝Buddleja L. (1753); ～＝Nicodemia Ten. (1845)［醉鱼草科 Buddlejaceae//马钱科(断肠草科, 马钱子科) Loganiaceae］●

35432　Nicodemia Ten. (1845)【汉】类醉鱼草属。【隶属】醉鱼草科 Buddlejaceae//马钱科(断肠草科, 马钱子科) Loganiaceae。【包含】世界 8 种。【学名诠释与讨论】〈阴〉(人) Gaetano Nicodemo, ? -1803, 意大利植物学者。此属的学名, ING、APNI 和 IK 记载是"Nicodemia Ten. , Catalogo delle piante che si Coltivano nel R. Orto Botanico di Napoli 1845"。亦有文献把"Nicodemia Ten. (1845)"处理为"Buddleja L. (1753)"的异名。【分布】马达加斯加, 中国, 马斯克林群岛。【模式】Nicodemia diversifolia Tenore, Nom. illegit. [Buddleja indica Lamarck］。【参考异名】Buddleja L. (1753); Nicodemia Ten. (1833) Nom. inval. ●

35433　Nicolaia Horan. (1862)（保留属名）【汉】火炬姜属(尼古拉姜属)。【隶属】姜科(蘘荷科) Zingiberaceae。【包含】世界 25 种。【学名诠释与讨论】〈阴〉(人) Nicolas, 1796-1855, 俄罗斯沙皇。此属的学名"Nicolaia Horan. , Prodr. Monogr. Scitam. ;32. 1862"是保留属名。相应的废弃属名是姜科(蘘荷科) Zingiberaceae 的"Diracodes Blume, Enum. Pl. Javae 1;55. Oct-Dec 1827 ＝Nicolaia Horan. (1862)（保留属名）"。"Phaeomeria (Ridley) K. M. Schumann in Engler, Pflanzenr. IV. 46(Heft 20) ;259. 4 Oct 1904"是"Nicolaia Horan. (1862)（保留属名）"的晚出的同模式异名 (Homotypic synonym, Nomenclatural synonym)。亦有文献把"Nicolaia Horan. (1862)（保留属名）"处理为"Etlingera Roxb. (1792)"的异名。【分布】巴拿马, 印度至马来西亚。【模式】Nicolaia imperialis Horaninow。【参考异名】Diracodes Blume (1827)（废弃属名）; Etlingera Roxb. (1792); Phaenomeria Steud. (1841) Nom. illegit. ; Phaeomeria (Ridl.) K. Schum. (1904) Nom. illegit. ; Phaeomeria Lindl. (1836) Nom. inval. ; Phaeomeria Lindl. ex K. Schum. (1904) Nom. illegit. ; Strobila Noronha(1790)■☆

35434　Nicolasia S. Moore (1900)【汉】延叶菊属。【隶属】菊科 Asteraceae(Compositae)。【包含】世界 7 种。【学名诠释与讨论】〈阴〉(人) Nicholas Edward Brown, 1849-1934, 英国植物学者, Notes on the genera Cordyline, Dracaena, Pleomele, Sansevieria and Taetsia 的作者。【分布】热带非洲西部。【后选模式】Nicolasia heterophylla S. M. Moore。■●☆

35435　Nicolettia Benth. et Hook. f. (1873)＝Nicolletia A. Gray (1845)［菊科 Asteraceae(Compositae)］■☆

35436　Nicolletia A. Gray(1845)【汉】尼克菊属(沙洞菊属)。【英】Hole-in-the-sand Plant。【隶属】菊科 Asteraceae(Compositae)。【包含】世界 3 种。【学名诠释与讨论】〈阴〉(人) Joseph Nicholas Nicollet, 1786-1843, 法国天文学者。【分布】美国(西南部)。【模式】Nicolletia occidentalis A. Gray。【参考异名】Nicolettia Benth. et Hook. f. (1873)■☆

35437　Nicolsonia DC. (1825)【汉】辫子草属。【隶属】豆科 Fabaceae(Leguminosae)//蝶形花科 Papilionaceae。【包含】世界 15 种, 中国 1 种。【学名诠释与讨论】〈阴〉(人) Pere Nicolson, 多明我牧师。此属的学名"Nicolsonia A. P. de Candolle, Prodr. 2;325. Nov (med.)1825"是一个替代名称。"Perrottetia A. P. de Candolle, Ann. Sci. Nat. (Paris) 4;95. Jan 1825"是一个非法名称(Nom. illegit.), 因为此前已经有了"Perrottetia Kunth in Humboldt, Bonpland et Kunth, Nova Gen. Sp. 7; ed. fol. 57; ed. qu. 73, 20 Dec 1824 ［卫矛科 Celastraceae］"。故用"Nicolsonia DC. (1825)"替代之。亦有文献把"Nicolsonia DC. (1825)"处理为"Desmodium Desv. (1813)（保留属名）"的异名。【分布】玻利维亚, 马达加斯

加,中国,热带。【模式】未指定。【参考异名】Desmodium Desv. (1813)(保留属名);Nicholsonia Span.(1836);Perrottetia DC. (1825)●■

35438 Nicoraella Torres(1997)【汉】尼克禾属。【隶属】禾本科 Poaceae(Gramineae)。【包含】世界7种。【学名诠释与讨论】〈阴〉(人)Nicora,Elisa G. Nicora,1912-,植物学者+ella 小的。【分布】玻利维亚,美洲。【模式】Nicoraella bomanii(Hauman)Torres。■☆

35439 Nicoraepoa Soreng et L. J. Gillespie(2007)= Poa L.(1753)[禾本科 Poaceae(Gramineae)]■

35440 Nicoteba Lindau(1893)= Justicia L.(1753)[爵床科 Acanthaceae//鸭嘴花科(鸭咀花科)Justiciaceae]●■

35441 Nicotia Opiz(1852)= Nicotiana L.(1753)[茄科 Solanaceae//烟草科 Nicotianaceae]●■

35442 Nicotiana L.(1753)【汉】烟草属。【日】タバコ属。【俄】Растение табачное,Табак。【英】Flowering Tobacco,Nicotiana,Tabacco,Tabacco Plant。【隶属】茄科 Solanaceae//烟草科 Nicotianaceae。【包含】世界60-93种,中国3-6种。【学名诠释与讨论】〈阴〉(人)Jean Nicot,1530-1600,法国的外交官,他在1560年首次把烟草从美洲引种到法国+-anus,-ana,-anum,加在名词词干后面使形成形容词的词尾,含义为"属于"。【分布】埃及,澳大利亚,巴基斯坦,巴拉圭,巴拿马,巴西,秘鲁岛,玻利维亚,厄瓜多尔,哥伦比亚(安蒂奥基亚),古巴,美国,尼加拉瓜,印度尼西亚(苏门答腊岛),中国,波利尼西亚群岛,中美洲。【后选模式】Nicotiana tabacum Linnaeus。【参考异名】Amphipleis Raf. (1837);Blencocoes B. D. Jacks.,Nom. illegit.;Blenocoes Raf. (1837)Nom. illegit.;Dittostigma Phil.(1871);Eucapnia Raf. (1837);Langsdorfia Raf.(1837)Nom. illegit.;Lehmannia Spreng. (1817);Nicotia Opiz(1852);Nicotidendron Griseb.(1874)Nom. illegit.;Perieteris Raf.(1837);Polydiclis(G. Don)Miers(1849)Nom. illegit.;Polydiclis Miers(1849)Nom. illegit.;Sacranthus Endl. (1841);Saeranthus Post et Kuntze(1903);Sairanthus G. Don (1838)Nom. illegit.;Siphaulax Raf.(1837);Tabacum(Gilib.)Opiz(1841)Nom. illegit.;Tabacum Gilib.(1782);Tabacum Opiz (1841)Nom. illegit.;Tabacus Moench(1794);Waddingtonia Phil. (1860)●■

35443 Nicotianaceae Martinov(1820)[亦见 Solanaceae Juss.(保留科名)茄科]【汉】烟草科。【包含】世界1属60-93种,中国1属3-6种。【分布】澳大利亚,美国,古巴,巴西,埃及,苏门答腊岛,波利尼西亚群岛,热带和南美洲。【科名模式】Nicotiana L.(1753)■

35444 Nicotidendron Griseb.(1874)Nom. illegit. ≡ Siphaulax Raf. (1837);~ = Nicotiana L.(1753)[茄科 Solanaceae//烟草科 Nicotianaceae]●■

35445 Nictanthes All.(1761)= Nyctanthes L.(1753)[木犀榄科(木犀科)Oleaceae//夜花科(腋花科)Nyctanthaceae]●■

35446 Nictitella Raf.(1838)= Cassia L.(1753)(保留属名);~ = Chamaecrista Moench(1794)Nom. illegit.;~ = Chamaecrista(L.) Moench(1794)[豆科 Fabaceae(Leguminosae)//云实科(苏木科)Caesalpiniaceae]■●

35447 Nidema Britton et Millsp.(1920)【汉】尼德兰属。【隶属】兰科 Orchidaceae。【包含】世界2种。【学名诠释与讨论】〈中〉(属)由 Dinema 字母改缀而来。此属的学名是"Nidema N. L. Britton et Millspaugh,Bahama Fl. 94. 26 Jun 1920"。亦有文献把其处理为"Epidendrum L.(1763)(保留属名)"的异名。【分布】巴拿马,秘鲁,玻利维亚,厄瓜多尔,哥伦比亚(安蒂奥基亚),哥斯达黎加,墨西哥,尼加拉瓜,西印度群岛,中美洲。【模式】Nidema ottonis(H. G. Reichenbach)N. L. Britton et Millspaugh

[Epidendrum ottonis H. G. Reichenbach]。【参考异名】Epidendrum L.(1763)(保留属名)■■☆

35448 Nidorella Cass.(1825)【汉】长冠田基黄属。【隶属】菊科 Asteraceae(Compositae)。【包含】世界13-15种。【学名诠释与讨论】〈阴〉(拉)nidor,蒸汽,气味+-ellus,-ella,-ellum,小的。此属的学名,ING、TROPICOS 和 IK 记载是"Nidorella Cass.,Dict. Sci. Nat.,ed. 2.[F. Cuvier]37:469. 1825[Dec 1825]"。"Orsina A. Bertoloni,Ann. Storia Nat. 2:362. 5 Apr 1830('1829')"和"Paniopsis Rafinesque,Fl. Tell. 2:49. Jan-Mar 1837('1836')"是"Nidorella Cass.(1825)"的晚出的同模式异名(Homotypic synonym,Nomenclatural synonym)。【分布】马达加斯加,热带和非洲南部。【模式】Nidorella foliosa Cassini,Nom. illegit.[Inula foetida Linnaeus;Nidorella foetida(Linnaeus)A. P. de Candolle]。【参考异名】Orsina Bertol.(1830)Nom. illegit.;Paniopsis Raf. (1837)Nom. illegit.■☆

35449 Nidularium Lem.(1854)【汉】巢凤梨属(鸟巢凤梨属,无邪鸟巢凤梨属,热美凤梨属,阿瑞盖利属)。【日】ウラベニアナナス属,ニヅラリューム属。【英】Nidularium。【隶属】凤梨科 Bromeliaceae。【包含】世界22-50种。【学名诠释与讨论】〈中〉(拉)nidus,指小式 nidulus,鸟巢+-arius,-aria,-arium,指示"属于、相似、具有、联系"的词尾。指花形似鸟巢。此属的学名,ING 和 IK 记载是"Nidularium Lemaire,Jard. Fleur. 4:t. 411,misc. 60. 1854"。Kuntze(1891)用"热美凤梨(阿瑞盖利属)Aregelia Kuntze,Revis. Gen. Pl. 2:698. 1891[5 Nov 1891]"替代"Nidularium Lem.(1854)",多余了。【分布】巴西,玻利维亚。【模式】Nidularium fulgens Lemaire。【参考异名】Aregelia Kuntze (1891)Nom. illegit.,Nom. superfl.;Edmundoa Leme(1997); Gemellaria Pinel ex Lem.(1855);Gemellaria Pinell ex Antoine (1884)Nom. illegit.■☆

35450 Nidus Riv.(1764)Nom. inval. ≡ Nidus Riv. ex Kuntze(1891); ~ =Neottia Guett.(1754)(保留属名)[兰科 Orchidaceae//鸟巢兰科 Neottiaceae]■

35451 Nidus Riv. ex Kuntze(1891)Nom. illegit. = Neottia Guett. (1754)(保留属名)[兰科 Orchidaceae//鸟巢兰科 Neottiaceae]■

35452 Nidus-avis Ortega(1773)Nom. illegit. ≡ Nidus Riv.(1764) Nom. inval.;~ ≡ Nidus Riv. ex Kuntze(1891);~ = Neottia Guett. (1754)(保留属名)[兰科 Orchidaceae//鸟巢兰科 Neottiaceae]■

35453 Niebuhria DC.(1824)Nom. illegit. = Maerua Forssk.(1775) [山柑科(白花菜科,醉蝶花科)Capparaceae//白花菜科(醉蝶花科)Cleomaceae]●☆

35454 Niebuhria Neck.(1790)Nom. inval. ≡ Niebuhria Neck. ex Britten (1901)Nom. illegit.;~ = Wedelia Jacq.(1760)(保留属名)[菊科 Asteraceae(Compositae)]■●

35455 Niebuhria Neck. ex Britten(1901)Nom. illegit. = Wedelia Jacq. (1760)(保留属名)[菊科 Asteraceae(Compositae)]■●

35456 Niebuhria Scop.(1777)= Baltimora L.(1771)(保留属名)[菊科 Asteraceae(Compositae)]■☆

35457 Niedenzua Pax(1894)= Adenochlaena Boiss. ex Baill.(1858) [大戟科 Euphorbiaceae]■☆

35458 Niedenzuella W. R. Anderson(2006)【汉】亚马孙金虎尾属。【隶属】金虎尾科(黄褥花科)Malpighiaceae。【包含】世界16种。【学名诠释与讨论】〈阴〉(人)Franz Josef Niedenzu,1857-1937,德国植物学者+-ellus,-ella,-ellum,加在名词词干后面形成指小式的词尾。或加在人名、属名等后面以组成新属的名称。此属的学名是"Niedenzuella W. R. Anderson,Novon 16(2):194-198. 2006.(26 Jul 2006)"。亦有文献把其处理为"Hiraea Jacq. (1760)"的异名。【分布】玻利维亚,哥斯达黎加,中美洲。【模

式）Niedenzuella poeppigiana（A. Jussieu）W. R. Anderson［Hiraea poeppigiana A. Jussieu］。【参考异名】Hiraea Jacq.（1760）●☆

35459 Niederleinia Hieron.（1881）= Frankenia L.（1753）［瓣鳞花科 Frankeniaceae］●■

35460 Niedwedzkia B. Fedtsch.（1915）Nom. illegit. ≡ Niedzwedzkia B. Fedtsch.（1915）［紫葳科 Bignoniaceae］●☆

35461 Niedzwedzkia B. Fedtsch.（1915）【汉】尼德紫葳属。【俄】Недзвецкия。【隶属】紫葳科 Bignoniaceae。【包含】世界 1 种。【学名诠释与讨论】〈阴〉（人）Niedzwedzki。此属的学名，ING 和 IK 记载是“Niedzwedzkia B. A. Fedtschenko, Izv. Imp. Bot. Sada Petra Velikago 15：399. 1915”。“Niedwedzkia B. Fedtsch.（1915）”是其拼写变体。亦有文献把“Niedzwedzkia B. Fedtsch.（1915）”处理为“Incarvillea Juss.（1789）”的异名。【分布】亚洲中部。【模式】Niedzwedzkia semiretschenskia B. A. Fedtschenko。【参考异名】Incarvillea Juss.（1789）●☆

35462 Niemeyera F. Muell.（1867）（废弃属名）= Apostasia Blume（1825）［兰科 Orchidaceae//拟兰科（假兰科）Apostasiaceae］■

35463 Niemeyera F. Muell.（1870）（保留属名）【汉】尼迈榄属。【隶属】山榄科 Sapotaceae。【包含】世界 20 种。【学名诠释与讨论】〈阴〉（人）Felix von Niemeyer, 德国医生，药学教授，Lehrbuch der speciellen Pathologic und Therapie 的作者。此属的学名“Niemeyera F. Muell., Fragm. 7：114. Dec 1870”是保留属名。相应的废弃属名是“Niemeyera F. Muell., Fragm. 6：96. Dec 1867 = Apostasia Blume（1825）［兰科 Orchidaceae//拟兰科（假兰科）Apostasiaceae］”。二者极易混淆。【分布】澳大利亚（热带，东部），新几内亚岛。【模式】Niemeyera prunifera（F. v. Mueller）F. v. Mueller［Chrysophyllum pruniferum F. v. Mueller］。【参考异名】Amorphospermum F. Muell.（1870）；Corbassona Aubrév.（1967）；Ochrothallus Pierre ex Baill.（1892）；Ochrothallus Pierre ex Planch.（1888）Nom. illegit.；Ochrothallus Pierre（1888）；Sebertia Pierre ex Engl.（1897）；Sebertia Pierre ex Engl. et Prantl（1897）Nom. illegit.；Sebertia Pierre（1897）Nom. illegit.；Trouettia Pierre ex Baill.（1891）■☆

35464 Nienokuea A. Chev.（1920）= Polystachya Hook.（1824）（保留属名）［兰科 Orchidaceae］■

35465 Nienokuea A. Chev.（1945）Nom. illegit.［兰科 Orchidaceae］■☆

35466 Nierembergia Ruiz et Pav.（1794）【汉】赛亚麻属（高花属）。【日】アマダマシ属，アマモドキ属。【俄】Нирембергия。【英】Cupflower, Cup-flower。【隶属】茄科 Solanaceae。【包含】世界 23-35 种。【学名诠释与讨论】〈阴〉（人）Jesuit Juan Eusebio（Jean Eusebe de Nieremberg）Nieremberg, 1595-1658, 西班牙植物学者。【分布】巴拉圭，秘鲁，玻利维亚，厄瓜多尔，墨西哥。【模式】Nierembergia repens Ruiz et Pavon。【参考异名】Blencocoes Raf.（1837）Nom. illegit.；Siphonema Raf.（1837）；Stimenes Raf.（1837）（废弃属名）■☆

35467 Nietneria Benth.（1883）Nom. illegit. ≡ Nietneria Klotzsch ex Benth. et Hook. f.（1883）［纳茜菜科（肺筋草科）Nartheciaceae//黑药花科（藜芦科）Melanthiaceae］■☆

35468 Nietneria Klotzsch et M. R. Schomb.（1848）Nom. inval., Nom. nud. ≡ Nietneria Klotzsch ex Benth. et Hook. f.（1883）［纳茜菜科（肺筋草科）Nartheciaceae//黑药花科（藜芦科）Melanthiaceae］■☆

35469 Nietneria Klotzsch ex Benth.（1883）Nom. illegit. ≡ Nietneria Klotzsch ex Benth. et Hook. f.（1883）［纳茜菜科（肺筋草科）Nartheciaceae//黑药花科（藜芦科）Melanthiaceae］■☆

35470 Nietneria Klotzsch ex Benth. et Hook. f.（1883）【汉】圭亚那纳茜菜属。【隶属】纳茜菜科（肺筋草科）Nartheciaceae//黑药花科（藜芦科）Melanthiaceae。【包含】世界 1 种。【学名诠释与讨论】

〈阴〉（人）可能是纪念植物采集家 Johannes Nietner。此属的学名，ING 和 TROPICOS 记载是“Nietneria Klotzsch ex Bentham et Hook. f., Gen. 3：825. 14 Apr 1883”。IK 则记载为“Nietneria Benth., Gen. Pl.［Bentham et Hooker f.］3（2）：825. 1883［14 Apr 1883］”。三者引用的文献相同。“Nietneria Klotzsch et M. R. Schomb., in Rich. Schomb. Reise Brit. Gui. 1066（1848）≡ Nietneria Klotzsch ex Benth. et Hook. f.（1883）”是一个裸名。【分布】南美洲北部，委内瑞拉。【模式】Nietneria corymbosa Klotzsch et R. Schomburgk ex B. D. Jackson。【参考异名】Nietneria Benth.（1883）Nom. illegit.；Nietneria Klotzsch et M. R. Schomb.（1848）Nom. inval., Nom. nud.；Nietneria Klotzsch ex Benth.（1883）Nom. illegit.■☆

35471 Nietoa Schaffn.（1876）Nom. illegit. ≡ Nietoa Seem. ex Schaffn.（1876）Nom. illegit.；~ ≡ Hanburia Seem.（1858）［葫芦科（瓜科，南瓜科）Cucurbitaceae］■☆

35472 Nietoa Seem. ex Schaffn.（1876）Nom. illegit. ≡ Hanburia Seem.（1858）［葫芦科（瓜科，南瓜科）Cucurbitaceae］■☆

35473 Nigella L.（1753）【汉】黑种草属。【日】クロタネサウ属，クロタネソウ属。【俄】Девица в зелени, Нигелла, Чернушка。【英】Devil-in-a-bush, Fennelflower, Fennel-flower, Love-in-a-mist, Nigella。【隶属】毛茛科 Ranunculaceae//黑种草科 Nigellaceae。【包含】世界 20 种，中国 3 种。【学名诠释与讨论】〈阴〉（拉）拉丁古名。niger, 指小式 nigellus, 黑色的，暗的。nigrescens, 所有格 nigrescentis, 使变黑的，在变黑的。nigricans, 浅黑色的，淡黑色的。nigritus, 变黑了的。nigrifactus, 使变黑的。指种子黑色。【分布】巴基斯坦，玻利维亚，美国，中国，地中海至亚洲中部，欧洲，中美洲。【后选模式】Nigella arvensis Linnaeus。【参考异名】Decastia Raf.；Erobatos（DC.）Rchb.（1837）；Erobatos Rchb.（1837）；Erybathos Fourr.（1868）；Garidella L.（1753）；Komaroffia Kuntze（1887）；Melanthium Medik.（1789）Nom. illegit.；Nigellastrum Fabr.（1763）Nom. illegit.；Nigellastrum Heist. ex Fabr.（1763）■☆

35474 Nigellaceae J. Agardh（1858）［亦见 Ranunculaceae Juss.（保留科名）毛茛科］【汉】黑种草科。【包含】世界 1 属 20 种，中国 1 属 3 种。【分布】欧洲，地中海至亚洲中部。【科名模式】Nigella L.（1753）■

35475 Nigellastrum Fabr.（1763）Nom. illegit. ≡ Nigellastrum Heist. ex Fabr.（1763）；~ = Nigella L.（1753）［毛茛科 Ranunculaceae//黑种草科 Nigellaceae］■

35476 Nigellastrum Heist. ex Fabr.（1763）= Nigella L.（1753）［毛茛科 Ranunculaceae//黑种草科 Nigellaceae］■

35477 Nigellastrum Moench（1794）Nom. illegit. =? Nigella L.（1753）［毛茛科 Ranunculaceae］■☆

35478 Nigellicereus（P. V. Heath）P. V. Heath（1998）= Stenocereus（A. Berger）Riccob.（1909）（保留属名）［仙人掌科 Cactaceae］●☆

35479 Nigera Bubani（1899）Nom. illegit. = Caucalis L.（1753）［伞形花科（伞形科）Apiaceae（Umbelliferae）］■☆

35480 Nigrina L.（1767）= Melasma P. J. Bergius（1767）［玄参科 Scrophulariaceae//列当科 Orobanchaceae］■

35481 Nigrina Thunb.（1783）Nom. illegit. = Chloranthus Sw.（1787）［金粟兰科 Chloranthaceae］■●

35482 Nigritella Rich.（1817）【汉】黑紫兰属。【英】Nigritella, Vanilla Orchid。【隶属】兰科 Orchidaceae。【包含】世界 2 种。【学名诠释与讨论】〈阴〉（拉）niger, 黑色的，特别是亮黑色，暗的。nigrescens, 所有格 nigrescentis, 使变黑的，在变黑的。nigricans, 浅黑色的，淡黑色的。nigritus, 变黑了的。nigrifactus, 使变黑的。it 用来连接前面名词，ell, 微小的含义。指本属花序紫中带黑。此

属的学名是"Nigritella L. C. Richard, Orchideis Eur. Annot. 19, 26, 34. Aug–Sep 1817"。亦有文献把其处理为"Gymnadenia R. Br. (1813)"的异名。【分布】欧洲。【模式】Nigritella angustifolia L. C. Richard, Nom. illegit. [Satyrium nigrum Linnaeus; Nigritella nigra (Linnaeus) H. G. L. Reichenbach]。【参考异名】Gymnadenia R. Br. (1813); Sieberia Spreng. (1817) (废弃属名)■☆

35483　Nigrolea Noronha (1790) = Kibara Endl. (1837) [香材树科(杯轴花科,黑檫木科,芒籽科,蒙立米科,檬立木科,香材木科,香树木科) Monimiaceae]●☆

35484　Nigromnia Carolin (1974) = Scaevola L. (1771) (保留属名) [草海桐科 Goodeniaceae]●■

35485　Nihon A. Otero, Jim. Mejías, Valcárcel et P. Vargas (2014) 【汉】新日本紫草属。【隶属】紫草科 Boraginaceae。【包含】世界 1 种。【学名诠释与讨论】〈阴〉(日) Nihon, 日本。【分布】日本。【模式】Nihon japonicum (Maxim.) A. Otero, Jim. Mejías, Valcárcel et P. Vargas [Cynoglossum japonicum Thunb.]。☆

35486　Nikitinia Iljin (1960)【汉】基叶菊属。【俄】Никитиния。【隶属】菊科 Asteraceae (Compositae)。【包含】世界 1 种。【学名诠释与讨论】〈阴〉(人) Nikitin。【分布】亚洲中部。【模式】Nikitinia leptoclada (J. F. N. Bornmüller et P. Sintenis) M. M. Iljin [Jurinea leptoclada J. F. N. Bornmüller et P. Sintenis]。●☆

35487　Nil Medik. (1791) = Ipomoea L. (1753) (保留属名) [旋花科 Convolvulaceae]●■

35488　Nilbedousi Augier = Ardisia Sw. (1788) (保留属名) [紫金牛科 Myrsinaceae]●■

35489　Nilgirianthus Bremek. (1944) = Strobilanthes Blume (1826) [爵床科 Acanthaceae]●■

35490　Nima Buch. -Ham. ex A. Juss. (1825) = Picrasma Blume (1825) [苦木科 Simaroubaceae]●

35491　Nimbo Donnst. (1818) = Murraya J. König ex L. (1771) [as 'Murraea'] (保留属名) [芸香科 Rutaceae]●

35492　Nimiria Prain ex Craib (1927) = Acacia Mill. (1754) (保留属名) [豆科 Fabaceae (Leguminosae)//含羞草科 Mimosaceae//金合欢科 Acaciaceae]●■

35493　Nimmoia Wight (1847) Nom. illegit. = Amoora Roxb. [楝科 Meliaceae]●

35494　Nimmoia Wight (1837) Nom. illegit. = Ammannia L. (1753) [千屈菜科 Lythraceae]●

35495　Nimmonia Wight (1840) = Nimmoia Wight (1837) = Ammannia L. [千屈菜科 Lythraceae]●

35496　Nimmonia Wight (1846) Nom. illegit. = Aglaia Lour. (1790) (保留属名); ~ = Amoora Roxb. (1820) [楝科 Meliaceae]●

35497　Nimphaea Neck. (1768) = Nymphaea L. (1753) (保留属名) [睡莲科 Nymphaeaceae]■

35498　Nimphea Nocca (1793) = Nimphaea Neck. (1768); ~ = Nymphaea L. (1753) (保留属名) [睡莲科 Nymphaeaceae]■

35499　Ninanga Raf. (1837) = Gomphrena L. (1753) + Froelichia Moench (1794) [苋科 Amaranthaceae]■☆

35500　Nintooa Sweet (1830) = Lonicera L. (1753) [忍冬科 Caprifoliaceae]●■

35501　Niobaea Spach = Hypoxis L. (1759); ~ = Niobea Willd. ex Schult. f. (1830) [石蒜科 Amaryllidaceae//长喙科(仙茅科) Hypoxidaceae]■

35502　Niobe Salisb. (1812) = Hosta Tratt. (1812) (保留属名) [百合科 Liliaceae//玉簪科 Hostaceae]■

35503　Niobea Willd. ex Schult. f. (1830) = Hypoxis L. (1759) [石蒜科 Amaryllidaceae//长喙科(仙茅科) Hypoxidaceae]■

35504　Niopa (Benth.) Britton et Rose (1927) = Anadenanthera Speg. (1923); ~ = Piptadenia Benth. (1840) [豆科 Fabaceae (Leguminosae)//含羞草科 Mimosaceae]●☆

35505　Niopa Britton et Rose (1927) Nom. illegit. ≡ Niopa (Benth.) Britton et Rose (1927) [豆科 Fabaceae (Leguminosae)//含羞草科 Mimosaceae]●☆

35506　Niota Adans. (1763) Nom. illegit. ≡ Ceropegia L. (1753) [萝藦科 Asclepiadaceae]■

35507　Niota Lam. (1792) Nom. illegit. ≡ Biporeia Thouars (1806); ~ = Quassia L. (1762) [苦木科 Simaroubaceae]●☆

35508　Niotoutt Adans. (1759) = Commiphora Jacq. (1797) (保留属名) [橄榄科 Burseraceae]●

35509　Nipa Benth. et Hook. f. = Nepa Webb (1852) [豆科 Fabaceae (Leguminosae)//蝶形花科 Papilionaceae]●

35510　Nipa Thunb. (1782) = Nypa Steck (1757) [棕榈科 Arecaceae (Palmae)//水椰科 Nypaceae]●

35511　Nipaceae Brongn. ex Martinet = Arecaceae Bercht. et J. Presl (保留科名)//Palmae Juss. (保留科名)●

35512　Nipaceae Chadef. et Emb. = Arecaceae Bercht. et J. Presl (保留科名)//Palmae Juss. (保留科名)●

35513　Niphaea Lindl. (1841)【汉】雪白苣苔属。【英】Niphaea。【隶属】苦苣苔科 Gesneriaceae。【包含】世界 5-50 种。【学名诠释与讨论】〈阴〉(希) nipha, 所有格 niphas, 雪, niphados 雪片。指花白色。【分布】墨西哥, 西印度群岛, 中美洲。【模式】Niphaea oblonga Lindley。【参考异名】Meneghinia Vis. (1847) Nom. illegit.■☆

35514　Niphantha Luer (2007) Nom. inval. , Nom. nud. =? Niphantha Luer (2010) [兰科 Orchidaceae]■☆

35515　Niphantha Luer (2010)【汉】雪兰属。【隶属】兰科 Orchidaceae。【包含】世界种。【学名诠释与讨论】〈阴〉(希) nipha, 所有格 niphas, 雪, niphados 雪片 + 希腊文 anthos, 花。antheros, 多花的。antheo, 开花。此属的学名, ING、TROPICOS 和 IK 记载是"Niphantha Luer, Monographs in Systematic Botany from the Missouri Botanical Garden 120: 154. 2010. (Jul 2010)"。"Niphantha Luer, Monogr. Syst. Bot. Missouri Bot. Gard. 112: 107. 2007 [Aug 2007] [Icon. Pleurothall. 29]"是一个未合格发表的名称 (Nom. inval.)。【分布】不详。【模式】Niphantha gelida (Lindl.) Luer.。【参考异名】? Niphantha Luer (2007) Nom. inval. , Nom. nud. ■☆

35516　Niphogeton Schltdl. (1857)【汉】雪草属。【隶属】伞形花科(伞形科) Apiaceae (Umbelliferae)。【包含】世界 18 种。【学名诠释与讨论】〈中〉(希) nipha, 所有格 niphas, 雪, niphados 雪片 + geiton, 所有格 geitonos, 邻居。此属的学名是"Niphogeton D. F. L. Schlechtendal, Linnaea 28: 481. Jan 1857 ('1856')"。亦有文献把其处理为"Oreosciadium (DC.) Wedd. (1861)"的异名。【分布】巴拿马, 秘鲁, 玻利维亚, 厄瓜多尔, 哥伦比亚(安蒂奥基亚), 安第斯山, 中美洲。【模式】Niphogeton andicola D. F. L. Schlechtendal。【参考异名】Nephrogeton Rose ex Pittier; Nepogeton Rose ex Pirtier; Oreosciadium (DC.) Wedd. (1861); Oreosciadium Wedd. (1861) Nom. illegit. ; Triphylleion Suess. (1942); Urbanosciadium H. Wolff (1908)■☆

35517　Niphus Raf. (1832) Nom. inval. , Nom. nud. ≡ Niphus Raf. ex Steud. (1840) Nom. illegit. ; ~ = Siphisia Raf. (1828) Nom. illegit. ; ~ = Aristolochia L. (1753) [马兜铃科 Aristolochiaceae]■●

35518　Niphus Raf. ex Steud. (1840) Nom. illegit. ≡ Siphisia Raf. (1828) Nom. illegit. ; ~ = Aristolochia L. (1753) [马兜铃科 Aristolochiaceae]■●

35519　Nipponanthemum(Kitam.) Kitam. (1978)【汉】倭菊属。【隶属】菊科 Asteraceae(Compositae)。【包含】世界 1 种。【学名诠释与讨论】〈中〉(日)Nippon,日本+希腊文 anthemon 花。此属的学名,ING 和 IK 记载是"Nipponanthemum (S. Kitamura) S. Kitamura, Acta Phytotax. Geobot. 29：168. 30 Nov 1978",由"Chrysanthemum sect. Nipponanthemum S. Kitamura, Kiku 115. 1948"改级而来。"Nipponanthemum Kitam. (1978)≡Nipponanthemum(Kitam.) Kitam. (1978)"的命名人引证有误。【分布】日本。【模式】Nipponanthemum nipponicum (A. R. Franchet ex Maximowicz) S. Kitamura [Leucanthemum nipponicum A. R. Franchet ex Maximowicz]。【参考异名】Chrysanthemum sect. Nipponanthemum Kitam. (1948);Nipponanthemum Kitam. (1978) Nom. illegit. ●☆

35520　Nipponanthemum Kitam. (1978) Nom. illegit. ≡Nipponanthemum (Kitam.) Kitam. (1978) [菊科 Asteraceae(Compositae)]●☆

35521　Nipponobambusa Muroi(1940)= Sasa Makino et Shibata(1901) [禾本科 Poaceae(Gramineae)]●

35522　Nipponocalamus Nakai(1942)= Arundinaria Michx. (1803) [禾本科 Poaceae(Gramineae)//青篱竹科 Arundinariaceae]●

35523　Nipponorchis Masam. (1934) Nom. illegit. , Nom. superfl. ≡ Neofinetia Hu(1925) [兰科 Orchidaceae]■

35524　Nirarathamnos Balf. f. (1882)【汉】索岛草属。【隶属】伞形花科(伞形科)Apiaceae(Umbelliferae)。【包含】世界 1 种。【学名诠释与讨论】〈阳〉词源不详。【分布】也门(索科特拉岛)。【模式】Nirarathamnos asarifolius I. B. Balfour。■☆

35525　Nirbisia G. Don (1831) = Aconitum L. (1753) [毛茛科 Ranunculaceae]■

35526　Niruri Adans. (1763) = Phyllanthus L. (1753) [大戟科 Euphorbiaceae//叶下珠科(叶萝藦科)Phyllanthaceae]●■

35527　Niruris Raf. (1838) Nom. illegit. ≡Phyllanthus L. (1753);~ = Niruri Adans. (1763) [大戟科 Euphorbiaceae//叶下珠科(叶萝藦科)Phyllanthaceae]●■

35528　Nirwamia Raf. (1838) = Pellionia Gaudich. (1830) (保留属名) [荨麻科 Urticaceae]●■

35529　Nisa Noronha ex Thouars(1806) = Homalium Jacq. (1760) [刺篱木科(大风子科)Flacourtiaceae//天料木科 Samydaceae]●

35530　Nisomenes Raf. (1838) = Euphorbia L. (1753) [大戟科 Euphorbiaceae]●■

35531　Nisoralis Raf. (1838) Nom. illegit. ≡Helicteres L. (1753) [梧桐科 Sterculiaceae//锦葵科 Malvaceae]●

35532　Nispero Aubrév. (1965) = Manilkara Adans. (1763) (保留属名) [山榄科 Sapotaceae] ●

35533　Nissolia Jacq. (1760) (保留属名)【汉】尼索尔豆属(尼豆属)。【隶属】豆科 Fabaceae(Leguminosae)。【包含】世界 13 种。【学名诠释与讨论】〈阴〉(人)Guillaume Nissole (Nissolle),1647 - 1735,法国植物学者,医生。此属的学名"Nissolia Jacq. , Enum. Syst. Pl. ;7,27. Aug-Sep 1760"是保留属名。相应的废弃属名是豆科 Fabaceae 的"Nissolia Mill. , Gard. Dict. Abr. , ed. 4：[954]. 28 Jan 1754 =Lathyrus L. (1753)"。【分布】巴基斯坦,巴拉圭,秘鲁,玻利维亚,厄瓜多尔,哥伦比亚(安蒂奥基亚),哥斯达黎加,墨西哥,尼加拉瓜,中美洲。【模式】Nissolia fruticosa N. J. Jacquin。【参考异名】Pseudomachaerium Hassl. (1906)■☆

35534　Nissolia Mill. (1754) (废弃属名) = Lathyrus L. (1753) [豆科 Fabaceae(Leguminosae)//蝶形花科 Papilionaceae]■

35535　Nissolius Medik. (1787) (废弃属名) = Machaerium Pers. (1807) (保留属名) [豆科 Fabaceae(Leguminosae)]●☆

35536　Nissoloides M. E. Jones. (1935)【汉】类尼索尔豆属(尼豆属)。【隶属】豆科 Fabaceae(Leguminosae)。【包含】世界 1 种。【学名诠释与讨论】〈阴〉(属)Nissolia 尼索尔豆属+oides,来自 o+eides,像,似;或 o+eidos 形,含义为相像。【分布】玻利维亚,墨西哥。【模式】Nissoloides cylindrica M. E. Jones。■☆

35537　Nitelium Cass. (1825)= Dicoma Cass. (1817) [菊科 Asteraceae (Compositae)]●☆

35538　Nitidobulbon Ojeda,Carnevali et G. A. Romero(2009)【汉】肖鳔兰属。【隶属】兰科 Orchidaceae。【包含】世界 3 种。【学名诠释与讨论】〈中〉(拉)nitidus,指小式 nitidulus 光明的,整洁的,闪烁的,有光泽的+bulbus 球根,肿胀如球形之物。此属的学名,TROPICOS 和 IPNI 记载是"Nitidobulbon Ojeda,Carnevali & G. A. Romero,Novon 19(1)：98. 2009 [19 Mar 2009]"。它曾被处理为"Maxillaria sect. Nitidobulbon (Ojeda,Carnevali & G. A. Romero) Schuit. & M. W. Chase, Phytotaxa 225 (1)：55. 2015. (4 Sept 2015)"。亦有文献把"Nitidobulbon Ojeda,Carnevali et G. A. Romero(2009)"处理为"Maxillaria Ruiz et Pav. (1794)"的异名。【分布】玻利维亚,美洲。【模式】Nitidobulbon nasutum (Rchb. f.) Ojeda et Carnevali [Maxillaria nasuta Rchb. f.]。【参考异名】Maxillaria Ruiz et Pav. (1794);Maxillaria sect. Nitidobulbon (Ojeda,Carnevali & G. A. Romero)Schuit. & M. W. Chase(2015)■☆

35539　Nitrapia Pall. (1771) = Nitraria L. (1759) [蒺藜科 Zygophyllaceae//白刺科 Nitrariaceae]●

35540　Nitraria L. (1759)【汉】白刺属。【日】ソーダノキ属。【俄】Нитрария, Селитрянка。【英】Lotus Tree, Niterhush, Nitraria, Nitrebush,Whitethorn。【隶属】蒺藜科 Zygophyllaceae//白刺科 Nitrariaceae。【包含】世界 12-15 种,中国 5-7 种。【学名诠释与讨论】〈阴〉(拉)nitrum,硝碱 =希腊文 nitron + -arius, -aria, -arium,指示"属于、相似、具有、联系"的词尾。指本属植物最初发现于西伯利亚盐渍地上,或指某些种可提取硝碱。【分布】澳大利亚(东南部),巴基斯坦,中国,撒哈拉沙漠和俄罗斯南部至阿富汗和东西伯利亚。【模式】Nitraria schoberi Linnaeus。【参考异名】Nitrapia Pall. (1771)●

35541　Nitrariaceae Bercht et J. Presl(1820)【汉】白刺科。【包含】世界 1 属 12-15 种,中国 1 属 5-7 种。【分布】澳大利亚(东南部),撒哈拉沙漠和俄罗斯南部至阿富汗和东西伯利亚。【科名模式】Nitraria L. ●

35542　Nitrariaceae Lindl. (1830)= Nitrariaceae Bercht et J. Presl ●

35543　Nitrophila S. Watson(1871)【汉】对叶多节草属。【隶属】藜科 Chenopodiaceae。【包含】世界 5-8 种。【学名诠释与讨论】〈阴〉(希)nitron,硝碱+philos,喜欢的,爱的。指其生境。【分布】美国(西部),墨西哥,温带南美洲。【模式】Nitrophila occidentalis (Moquin - Tandon) S. Watson [Banalia occidentalis Moquin - Tandon]。【参考异名】Idiopsis (Moq.) Kuntze ■☆

35544　Nitrosalsola Tzvelev(1993)【汉】喜硝猪毛菜属。【隶属】藜科 Chenopodiaceae//猪毛菜科 Salsolaceae。【包含】世界 1 种。【学名诠释与讨论】〈阴〉(希)nitron,硝碱+(属)Salsola 猪毛菜属。此属的学名是"Nitrosalsola N. N. Tzvelev,Ukrayins' k. Bot. Zhurn. 50(1)：80. 1993 (post 25 Feb)"。亦有文献把其处理为"Salsola L. (1753)"的异名。【分布】俄罗斯。【模式】Nitrosalsola nitraria (P. S. Pallas)N. N. Tzvelev [Salsola nitraria P. S. Pallas]。【参考异名】Salsola L. (1753);Salsola sect. Nitraria E. Ulbr. (1934)■☆

35545　Nivaria Fabr. (1759) Nom. illegit. ≡ Nivaria Heist. ex Fabr. (1759);~ ≡Leucojum L. (1753) [石蒜科 Amaryllidaceae//雪片莲科 Leucojaceae]■●

35546　Nivaria Heist. (1748) Nom. inval. ≡ Nivaria Heist. ex Fabr. (1759);~ ≡Leucojum L. (1753) [石蒜科 Amaryllidaceae//雪片莲科 Leucojaceae]■●

35547　Nivaria Heist. ex Fabr.（1759）Nom. illegit.≡Leucojum L.（1753）［石蒜科 Amaryllidaceae//雪片莲科 Leucojaceae］■●

35548　Nivellea B. H. Wilcox, K. Bremer et Humphries（1993）【汉】十肋菊属。【隶属】菊科 Asteraceae（Compositae）。【包含】世界 1 种。【学名诠释与讨论】〈阴〉（人）Nivelle。【分布】摩洛哥。【模式】Nivellea nivellei（Braun-Blanquet et Maire）B. H. Wilcox, K. Bremer et C. J. Humphries［Chrysanthemum nivellei Braun-Blanquet et Maire］。■☆

35549　Nivenia R. Br.（1810）Nom. illegit.≡Paranomus Salisb.（1807）［山龙眼科 Proteaceae］●☆

35550　Nivenia Vent.（1808）【汉】尼文木属。【英】Nivenia。【隶属】鸢尾科 Iridaceae。【包含】世界 5-10 种。【学名诠释与讨论】〈阴〉（人）（David）James Niven,1774-1826,英国植物学者,园艺学者,植物采集家。此属的学名,ING 和 IK 记载是"Nivenia Ventenat, Dec. Gen. 5. 1808"。"Nivenia R. Brown, Trans. Linn. Soc. London 10:133. 8 Mar 1810≡Paranomus Salisb.（1807）［山龙眼科 Proteaceae］"是晚出的非法名称。"Genlisia H. G. L. Reichenbach, Consp. 60. Dec 1828-Mar 1829"是"Nivenia Vent.（1808）"的晚出的同模式异名（Homotypic synonym, Nomenclatural synonym）。【分布】非洲南部。【后选模式】Nivenia corymbosa（Ker-Gawler）J. G. Baker［Witsenia corymbosa Ker-Gawler］。【参考异名】Genlisia Rchb.（1828）Nom. illegit. ●☆

35551　Niveophyllum Matuda（1965）=Hechtia Klotzsch（1835）［凤梨科 Bromeliaceae］■☆

35552　Nivieria Ser.（1842）=Triticum L.（1753）［禾本科 Poaceae（Gramineae）］■

35553　Noaea Moq.（1849）【汉】附药蓬属。【俄】Ноэа。【隶属】藜科 Chenopodiaceae。【包含】世界 3 种。【学名诠释与讨论】〈阴〉（人）Friedrich Wilhelm Noe,? -1858,植物采集家。【分布】巴基斯坦,巴勒斯坦,亚洲西部。【后选模式】Noaea spinosissima（Linnaeus f.）Moquin-Tandon, Nom. illegit.［Salsola mucronata Forsskål；Noaea mucronata（Forsskål）Ascherson et Schweinfurt］。【参考异名】Noea Boiss. et Balansa（1859）；Rhaphidophyton Iljin（1936）■●☆

35554　Noahdendron P. K. Endress, B. Hyland et Tracey（1985）【汉】方舟木属。【隶属】金缕梅科 Hamamelidaceae。【包含】世界 1 种。【学名诠释与讨论】〈阴〉（地）Noah,诺亚+dendron 树木,棍,丛林。【分布】澳大利亚。【模式】Noahdendron nicholasii P. K. Endress, B. P. M. Hyland et J. G. Tracey。●☆

35555　Noallia Buc'hoz（1783）=Eschweilera Mart. ex DC.（1828）［玉蕊科（巴西果科）Lecythidaceae］●☆

35556　Nobeliodendron O. C. Schmidt（1929）=Licaria Aubl.（1775）［樟科 Lauraceae］●☆

35557　Nobula Adans.（1763）Nom. illegit.≡Phyllis L.（1753）［茜草科 Rubiaceae］●☆

35558　Nocca Cav.（1794）（废弃属名）=Lagascea Cav.（1803）［as 'Lagasca'］（保留属名）［菊科 Asteraceae（Compositae）］●■☆

35559　Noccaea Kuntze（1891）=Iberis L.（1753）［十字花科 Brassicaceae（Cruciferae）］●■

35560　Noccaea Moench（1802）【汉】欧洲隐柱芥属（哈钦斯芥属）。【日】フッチンシア属。【俄】Двсемянник。【英】Hutchinsia。【隶属】十字花科 Brassicaceae（Cruciferae）//荠属科 Thlaspiaceae。【包含】世界 3 种。【学名诠释与讨论】〈阴〉（人）Ellen Hutchins,1785-1815,爱尔兰植物学者,藻类和苔藓专家。此属的学名,ING、TROPICOS 和 IK 记载是"Hutchinsia W. T. Aiton, Hort. Kew. ,ed. 2［W. T. Aiton］4:82. 1812"；TROPICOS 标注为"nom. illeg. superfl. "。"Nasturtiolum S. F. Gray, Nat. Arr. Brit. Pl. 2:692.

1 Nov 1821（non Medikus 1792）"是"Hutchinsia W. T. Aiton（1812）"的晚出的同模式异名（Homotypic synonym, Nomenclatural synonym）。但是,"Hutchinsia W. T. Aiton（1812）"是"Noccaea Moench, Suppl. Meth.（Moench）89. 1802［Jan-Jun 1802］"的晚出的同模式异名（Homotypic synonym, Nomenclatural synonym）。故"Hutchinsia W. T. Aiton（1812）"须废弃。"Noccaea Kuntze, Revis. Gen. Pl. 1:354. 1891［5 Nov 1891］=Iberis L.（1753）［十字花科 Brassicaceae（Cruciferae）］"和"Noccaea Willd.（1803）Nom. inval. = Nocca Cav.（1794）（废弃属名 = Lagascea Cav.（1803）［as 'Lagasca'］（保留属名）［菊科 Asteraceae（Compositae）］"也是晚出的非法名称。红藻的"Hutchinsia C. A. Agardh, Syn. Alg. Scand. xxvi. 1817≡Polysiphonia R. Greville 1823（nom. cons.）"亦是晚出的非法名称。亦有文献把"Noccaea Moench（1802）"处理为"Thlaspi L.（1753）"的异名。【分布】巴基斯坦,玻利维亚,欧洲。【后选模式】Hutchinsia petraea（Linnaeus）W. T. Aiton［Lepidium petraeum Linnaeus］。【参考异名】Nasturtiolum Gray（1821）Nom. illegit. ；Thlaspi L.（1753）■☆

35561　Noccaea Willd.（1803）Nom. inval. =Lagascea Cav.（1803）［as 'Lagasca'］（保留属名）；~ =Nocca Cav.（1794）（废弃属名）［菊科 Asteraceae（Compositae）］●■☆

35562　Noccaeopsis F. K. Mey.（2010）【汉】俄罗斯荠蓂属。【隶属】十字花科 Brassicaceae（Cruciferae）//荠属科 Thlaspiaceae。【包含】世界 1 种。【学名诠释与讨论】〈阴〉（属）Noccaea =Thlaspi 荠蓂属（遏蓝菜属）+希腊文 opsis,外观,模样,相似。【分布】俄罗斯。【模式】Noccaeopsis kamtschatica（Karav.）F. K. Mey.［Thlaspi kamtschaticum Karav. ；Noccaea kamtschatica（Karav.）Czerep.］。☆

35563　Noccidium F. K. Mey.（1973）=Thlaspi L.（1753）［十字花科 Brassicaceae（Cruciferae）//荠属科 Thlaspiaceae］■

35564　Nochotta S. G. Gmel.（1774）=Cicer L.（1753）［豆科 Fabaceae（Leguminosae）//蝶形花科 Papilionaceae］■

35565　Nodocarpaea A. Gray（1883）【汉】节果茜属。【隶属】茜草科 Rubiaceae。【包含】世界 1 种。【学名诠释与讨论】〈阴〉（拉）拉丁文 nodus,节,瘤。指小式 nodulus,多节的,多瘤的。nodosus,充满了节的。希腊文 nodos,无齿的+karpos,果实。【分布】古巴。【模式】Nodocarpaea radicans（Grisebach）A. Gray［Borreria radicans Grisebach］。【参考异名】Neurocarpaea K. Schum. , Nom. illegit. ；Nothocarpus Post et Kuntze（1903）☆

35566　Nodonema B. L. Burtt（1982）【汉】节丝苣苔属。【隶属】苦苣苔科 Gesneriaceae。【包含】世界 1 种。【学名诠释与讨论】〈中〉（希）拉丁文 nodus,节,瘤。指小式 nodulus,多节的,多瘤的。nodosus,充满了节的。希腊文 nodos,无齿的 + nema,所有格 nematos,丝,花丝。【分布】喀麦隆,尼日利亚。【模式】Nodonema lineatum B. L. Burtt。■☆

35567　Noea Boiss. et Balansa（1859）=Noaea Moq.（1849）［藜科 Chenopodiaceae］■●☆

35568　Nogalia Verdc.（1988）【汉】诺加紫草属。【隶属】紫草科 Boraginaceae。【包含】世界 1 种。【学名诠释与讨论】〈阴〉（希）nogala,精致的,美味的,优雅的。【分布】阿拉伯半岛,非洲。【模式】Nogalia drepanophylla（J. G. Baker）B. Verdcourt［Heliotropium drepanophyllum J. G. Baker］。■☆

35569　Nogo Baehni（1964）Nom. illegit.≡Lecomtedoxa（Pierre ex Engl.）Dubard（1914）［山榄科 Sapotaceae］●☆

35570　Nogra Merr.（1935）【汉】土黄耆属（土黄芪属）。【英】Local Milkvetch。【隶属】豆科 Fabaceae（Leguminosae）//蝶形花科 Papilionaceae。【包含】世界 4 种,中国 1 种。【学名诠释与讨论】〈阴〉（属）由 Grona 字母改缀而来。【分布】印度,中国,东南亚。【后选模式】Nogra grahamii（Wallich ex Bentham）Merrill［Glycine grahamii Wallich ex Bentham]。【参考异名】Grona Benth.(废弃属名);Grona Benth. et Hook. f.(废弃属名)■

35571 Nohawilliamsia M. W. Chase et Whitten(2009)Nom. inval.[兰科 Orchidaceae]■☆

35572 Noisettia Kunth(1823)【汉】宿瓣堇属。【隶属】堇菜科 Violaceae。【包含】世界1种。【学名诠释与讨论】〈阴〉(人)Louis Claude Noisette,1772-1849,法国植物学者,园艺学者。【分布】巴西,秘鲁,几内亚。【模式】未指定。【参考异名】Bigelowia DC. ex Ging.(1824)(废弃属名);Ionidiopsis Walp.(1848);Jonidiopsis C. Presl(1845);Noittetia Barb. Rodr.(1893);Violaeoides Michx. ex DC.(1824)■☆

35573 Noittetia Barb. Rodr.(1893)= Noisettia Kunth(1823)[堇菜科 Violaceae]■☆

35574 Nolana L. = Nolana L. ex L. f.(1762)[茄科 Solanaceae//铃花科 Nolanaceae]■☆

35575 Nolana L. ex L. f.(1762)【汉】铃花属(诺那阿属,小钟花属)。【日】ノラナ属。【俄】Нолана。【英】Chilean Bellflower,Nolana。【隶属】茄科 Solanaceae//铃花科 Nolanaceae。【包含】世界18种。【学名诠释与讨论】〈阴〉(希)nola,小钟,小铃。来自意大利的 Nola 地方,据说铃是首先在这里做成功的。“近拉”nola,指小式 nolana,小钟。指花的形状。此属的学名,ING、GCI 和 IK 记载是“Nolana Linnaeus f.,Decas Prima Pl. Rar. Horti. Upsal. t. 2. 4 Jul 1762”。“Nolana L.”的命名人引证有误。【分布】巴塔哥尼亚,秘鲁,厄瓜多尔。【模式】Nolana prostrata Linnaeus f.。【参考异名】Alibrexia Miers(1845);Alona Lindl.(1844);Aplocarya Lindl.(1844);Bargemontia Gaudich.(1841);Dolia Lindl.(1844);Gubleria Gaudich.(1851);Halibrexia Phil.(1864);Haplocarya Phil.(1864);Leloutrea Gaudich.(1844);Neudorfia Adans.(1763)Nom. illegit.;Nolana L.;Nolana L. ex L. f.(1762);Nolana L. f.(1762);Osteocarpus Phil.(1884);Pachysolen Phil.;Periloba Raf.(1838);Rayera Gaudich.(1851);Sorema Lindl.(1844)Nom. illegit.;Swingera Dunal;Teganium Schmidel(1747)Nom. inval.;Tuba Spach;Tula Adans.(1763);Velpeaulia Gaudich.(1851);Walberia Mill. ex Ehret;Walkeria Mill. ex Ehret(1763)Nom. illegit.;Zwingera Hofer(1762)■☆

35576 Nolana L. f.(1762)≡ Nolana L. ex L. f.(1762)[茄科 Solanaceae//铃花科 Nolanaceae]■☆

35577 Nolanaceae Bercht. et J. Presl(1820)(保留科名)[亦见 Solanaceae Juss.(保留科名)茄科]【汉】铃花科(假茄科)。【日】ノラナ科。【包含】世界1-2属18-85种。【分布】南美洲的太平洋沿岸。【科名模式】Nolana L. ex L. f.(1762)■☆

35578 Nolanaceae Dumort. = Nolanaceae Bercht. et J. Presl(保留科名);~ = Solanaceae Juss.(保留科名)■●

35579 Noldeanthus Knobl.(1935)= Jasminum L.(1753)[木犀榄科(木犀科)Oleaceae]●

35580 Nolina Michx.(1803)【汉】诺林兰属(酒瓶兰属,诺莉那属,诺林属,陷孔木属)。【日】トックリラン属。【俄】Нолина。【英】Beargrass,Nolina。【隶属】龙舌兰科 Agavaceae//诺林兰科(玲花蕉科,南青冈科,陷孔木科)Nolinaceae。【包含】世界23-30种。【学名诠释与讨论】〈阴〉(人)Abbé C. P. Nolin,18世纪法国皇家苗园主管。【分布】美国(西南部),墨西哥。【模式】Nolina georgiana A. Michaux。【参考异名】Beaucarnea Lem.(1861);Nolinaea Baker(1873);Nolinea Pers.(1805);Pincecnitia Hort. ex Lem.(1861)Nom. illegit.;Pincecnitia Lem.(1861)Nom. illegit.;Pincenectia Hort. ex Lem.(1861)Nom. illegit.;Pincenectia Lem.(1861);Pincenectitia Hort. ex Lem.(1861);Pincenictitia Baker(1880)Nom. illegit.;Pincinectia Hort. ex Lem.(1861);Roulinia

Brongn.(1840)●☆

35581 Nolinaceae Nakai(1943)[亦见 Dracaenaceae Salisb.(保留科名)龙血树科和 Ruscaceae M. Roem.(保留科名)假叶树科]【汉】诺林兰科。【包含】世界2-4属49-85种。【分布】墨西哥,美国(南部),中美洲北部。【科名模式】Nolina Michx.(1803)■●☆

35582 Nolinaea Baker(1873)= Nolina Michx.(1803);~ = Nolinea Pers.(1805)[龙舌兰科 Agavaceae//诺林兰科(玲花蕉科,南青冈科,陷孔木科)Nolinaceae]●■☆

35583 Nolinea Pers.(1805)= Nolina Michx.(1803)[龙舌兰科 Agavaceae//诺林兰科(玲花蕉科,南青冈科,陷孔木科)Nolinaceae]●☆

35584 Nolinia K. Schum.(1901)= Molinia Schrank(1789)[禾本科 Poaceae(Gramineae)]■

35585 Nolitangere Raf. = Impatiens L.(1753)[凤仙花科 Balsaminaceae]■

35586 Nolletia Cass.(1825)【汉】麻点菀属。【隶属】菊科 Asteraceae(Compositae)。【包含】世界10种。【学名诠释与讨论】〈阴〉(人)Jean Antoine Nollet,1700-1770,法国物理学者。【分布】摩洛哥,非洲南部。【模式】Nolletia chrysocomoides(Desfontaines)Lessing[Conyza chrysocomoides Desfontaines]。【参考异名】Leptothamnus DC.(1836)■●☆

35587 Noltea Rchb.(1828-1829)【汉】诺尔茶属。【日】トウリンボク属。【英】Soapbush。【隶属】鼠李科 Rhamnaceae。【包含】世界1种。【学名诠释与讨论】〈阴〉(人)Ernst Ferdinand Nolle,1791-1875,德国植物学者,医生。此属的学名“Noltea Rchb.,Consp. 145. Dec 1828 - Mar 1829”是一个替代名称。“Willemetia Brongniart,Mém. Fam. Rhamnées 63. Jul 1826”是一个非法名称(Nom. illegit.),因为此前已经有了“Willemetia Necker,Willemetia Nouv. Genre Pl. 1. 1777-1778[菊科 Asteraceae(Compositae)]”。故用“Noltea Rchb.(1828-1829)”替代之。同理,“Willemetia Maerklin,J. Bot.(Schrader)1800(1):329. 1801”亦是非法名称。“Sarcomphalodes(A. P. de Candolle)O. Kuntze in Post et O. Kuntze,Lex. 500. Dec 1903(‘1904’)”和“Vitmannia Wight et Arnott,Prodr. 166. Oct(prim.)1834(non M. Vahl 1794)”是“Noltea Rchb.(1828-1829)”的晚出的同模式异名(Homotypic synonym,Nomenclatural synonym)。“Willemetia Brongniart,Mém. Fam. Rhamnées 63. Jul 1826(non Necker 1777-1778,nec Maerklin 1801)”亦是“Noltea Rchb.(1828-1829)”的同模式异名。【分布】非洲南部。【模式】Noltea africana(Linnaeus)W. H. Harvey et Sonder[Ceanothus africanus Linnaeus]。【参考异名】Hollia Heynh.(1841)Nom. illegit.;Hypoma Raf.;Sarcomphalodes(DC.)Kuntze(1903)Nom. illegit.;Vitmannia Wight et Arn.(1834)Nom. illegit.;Willemetia Brongn.(1826)Nom. illegit.●☆

35588 Noltia Eckl. ex Steud.(1841)Nom. inval. = Selago L.(1753)[玄参科 Scrophulariaceae]●☆

35589 Noltia Schumach.(1828)Nom. illegit. = Diospyros L.(1753)[柿树科 Ebenaceae]●

35590 Noltia Schumach. et Thonn.(1827)= Diospyros L.(1753)[柿树科 Ebenaceae]●

35591 Noltia Thonn.(1828)Nom. illegit. = Diospyros L.(1753)[柿树科 Ebenaceae]●

35592 Nomaphila Blume(1826)【汉】刚直爵床属。【隶属】爵床科 Acanthaceae。【包含】世界1种。【学名诠释与讨论】〈阴〉(希)nomos,所有格 nomatos,草地,牧场,住所+philos,喜欢的,爱的。此属的学名是“Nomaphila Blume,Bijdr. 804. Jul-Dec 1826”。亦有文献把它处理为“Hygrophila R. Br.(1810)”的异名。【分布】热带。【模式】Nomaphila corymbosa Blume。【参考异名】

Hygrophila R. Br. (1810)；Nomophila Post et Kuntze(1903)●☆

35593　Nomismia Wight et Arn. (1834)＝Rhynchosia Lour. (1790)（保留属名）［豆科 Fabaceae (Leguminosae)//蝶形花科 Papilionaceae］●■

35594　Nomocharis Franch. (1889)【汉】豹子花属。【日】ノモキリス属。【英】Nomocharis。【隶属】百合科 Liliaceae。【包含】世界7种,中国6种。【学名诠释与讨论】〈阴〉(希) nomos, 所有格 nomatos, 草地, 牧场, 住所+charis, 喜悦, 雅致, 美丽, 流行。指某些种喜生于草地。【分布】中国, 喜马拉雅山。【模式】Nomocharis pardanthina Franchet。■

35595　Nomochloa Nees(1834) Nom. illegit. (废弃属名)＝Pleurostachys Brongn. (1833)［莎草科 Cyperaceae］☆

35596　Nomochloa P. Beauv. (1819) Nom. illegit. (废弃属名)≡Blysmus Panz. ex Schult. (1824)（保留属名）［莎草科 Cyperaceae］■

35597　Nomochloa P. Beauv. ex T. Lestib. (1819) (废弃属名)≡Blysmus Panz. ex Schult. (1824)（保留属名）［莎草科 Cyperaceae］■

35598　Nomophila Post et Kuntze (1903)＝Hygrophila R. Br. (1810)；~＝Nomaphila Blume(1826)［爵床科 Acanthaceae］●☆

35599　Nomopyle Roalson et Boggan(2005)【汉】南美苣苔属。【隶属】苦苣苔科 Gesneriaceae。【包含】世界2种。【学名诠释与讨论】〈阴〉(希) nomos, 所有格 nomatos, 草地, 牧场, 住所+pyle, 大门, 进口。此属的学名是"Nomopyle Roalson et Boggan, Selbyana 25 (2)：232. 2005. (19 Dec 2005)"。亦有文献把其处理为"Gloxinia L'Hér. (1789)"的异名。【分布】秘鲁, 厄瓜多尔。【模式】Nomopyle dodsonii (Wiehler) Roalson et Boggan［Gloxinia dodsonii Wiehler］。【参考异名】Gloxinia L'Hér. (1789)■☆

35600　Nomosa I. M. Johnst. (1954)【汉】牧场紫草属。【隶属】紫草科 Boraginaceae。【包含】世界1种。【学名诠释与讨论】〈阴〉(希) nomos, 所有格 nomatos, 草地, 牧场, 住所+-osus, -osa, -osum, 表示丰富, 充分, 或显著发展的词尾。【分布】墨西哥。【模式】Nomosa rosei I. M. Johnston。■☆

35601　Nonatelia Aubl. (1775)＝Palicourea Aubl. (1775)［茜草科 Rubiaceae］●☆

35602　Nonatelia Kuntze, Nom. illegit.＝Lasianthus Jack(1823)（保留属名）［茜草科 Rubiaceae］●

35603　Nonateliaceae Martinov(1820)＝Rubiaceae Juss. (保留科名)●■

35604　Nonea Medik. (1789)【汉】假狼紫草属。【俄】Нонея, Нонنея。【英】Monkswort, Nonea, Nonnea。【隶属】紫草科 Boraginaceae。【包含】世界35种, 中国1种。【学名诠释与讨论】〈阴〉(人) Johann Philipp Nonne, 1729-1772, 德国植物学者。此属的学名, ING、TROPICOS、APNI 和 IK 记载是"Nonea Medik., Philos. Bot. (Medikus)1：31. 1789"。"Nonnea Rchb., Flora Germanica Excursoria 338. 1831"是其变体。"Nonnia St. -Lag., Ann. Soc. Bot. Lyon viii. (1881)175"也似其变体。亦有文献把"Nonnea Medik. (1789)"处理为"Nonea Medik. (1789)"的异名。【分布】巴基斯坦, 中国, 地中海地区。【后选模式】Nonea pulla (Linnaeus) A. P. de Candolle［Lycopsis pulla Linnaeus］。【参考异名】Echioides Desf. (1798) Nom. illegit. ；Nephrocarya P. Candargy (1897)；Nonnea Medik. (1789) Nom. illegit. ；Nonnea Rchb. (1831) Nom. illegit. ；Nonnia St. -Lag. (1881)；Onochilis Mart. (1817)；Oskampia Moench (1794)；Paraskevia W. Sauer et G. Sauer (1980)；Phaneranthera DC. ex Meisn. (1840)■

35605　Nonnea Rchb. (1831) Nom. illegit. ≡Nonea Medik. (1789)［紫草科 Boraginaceae］■

35606　Nonnia St. -Lag. (1881) Nom. illegit. ＝Nonea Medik. (1789)［紫草科 Boraginaceae］■

35607　Nopal Thierry ex Forst. et Rümpl. , Nom. illegit. ≡Nopalea Salm-Dyck(1850)［仙人掌科 Cactaceae］●☆

35608　Nopalea Salm-Dyck(1850)【汉】胭脂仙人掌属。【日】ノパレア属。【英】Nopal。【隶属】仙人掌科 Cactaceae。【包含】世界14种。【学名诠释与讨论】〈阴〉(墨西哥) nopalli, 墨西哥南部那瓦特人的植物俗名。另说来自西班牙植物俗名 nopal。此属的学名, ING、TROPICOS 和 IK 记载是"Nopalea Salm-Dyck, Cact. Hort. Dyck. ed. II. 63, 233 (1850)"。"Nopal Thierry ex Forst. et Rümpl. "是其变体。亦有文献把"Nopalea Salm-Dyck (1850)"处理为"Opuntia Mill. (1754)"的异名。【分布】巴拿马, 玻利维亚, 中美洲。【后选模式】Nopalea cochenillifera (Linnaeus) Salm-Dijck［Cactus cochenillifer Linnaeus］。【参考异名】Nopal Thierry ex Forst. et Rümpl. , Nom. illegit. ；Opuntia Mill. (1754)●☆

35609　Nopaleaceae Burnett＝Cactaceae Juss. (保留科名)●■

35610　Nopaleaceae J. St. -Hil. ＝Cactaceae Juss. (保留科名)●■

35611　Nopaleaceae Schmid et Curtman(1856)＝Cactaceae Juss. (保留科名)●■

35612　Nopalxochia Britton et Rose(1923)【汉】令箭荷花属(孔雀仙人掌属)。【日】ノパールホッキア属。【英】Nopalxochia。【隶属】仙人掌科 Cactaceae。【包含】世界3种, 中国2种。【学名诠释与讨论】〈阴〉(西) nopal, 一种仙人掌植物的西班牙俗名+(属) Xochia。此属的学名, ING、TROPICOS 和 IK 记载是"Nopalxochia N. L. Britton et J. N. Rose, Cact. 4：204. 24 Dec 1923"。它曾被处理为"Disocactus subgen. Nopalxochia (Britton & Rose) Barthlott, Bradleya；Yearbook of the British Cactus and Succulent Society 9：88. 1991"。亦有文献把"Nopalxochia Britton et Rose(1923)"处理为"Disocactus Lindl. (1845)"的异名。【分布】秘鲁, 墨西哥, 中国, 中美洲。【模式】Nopalxochia phyllanthoides (A. P. de Candolle) N. L. Britton et J. N. Rose［Cactus phyllanthoides A. P. de Candolle］。【参考异名】Disocactus Lindl. (1845)；Disocactus subgen. Nopalxochia (Britton & Rose) Barthlott (1991)；Lobeira Alexander(1944)；Pseudonopalxochia Backeb. (1958)■

35613　Norantea Aubl. (1775)【汉】囊苞木属(诺兰属, 扑克藤属)。【隶属】蜜囊花科 (附生藤科) Marcgraviaceae//囊苞木科 Noranteaceae。【包含】世界2-35种。【学名诠释与讨论】〈阴〉可能来自植物俗名。此属的学名, ING、TROPICOS 和 IK 记载是"Norantea Aublet, Hist. Pl. Guiane 554. Jun-Dec 1775"。"Ascium Schreber, Gen. 358. Apr 1789"是"Norantea Aubl. (1775)"的晚出的同模式异名(Homotypic synonym, Nomenclatural synonym)。【分布】巴拿马, 秘鲁, 玻利维亚, 厄瓜多尔, 哥伦比亚(安蒂奥基亚), 西印度群岛, 中美洲。【模式】Norantea guianensis Aublet。【参考异名】Ascium Schreb. (1789) Nom. illegit. ；Ascium Vahl (1798) Nom. illegit. ；Ascyum Vahl ex Choisy (1824) Nom. inval. ；Ascyum Vahl ex DC. (1824)；Ascyum Vahl (1824) Nom. illegit. ；Schwartzia Vell. (1829)；Schwarzia Vell. ●☆

35614　Noranteaceae DC. ex Mart. ＝Marcgraviaceae Bercht. et J. Presl (保留科名)●■☆

35615　Noranteaceae Post et Kuntze［亦见 Marcgraviaceae Bercht. et J. Presl(保留科名) 蜜囊花科(附生藤科)］【汉】囊苞木科。【包含】世界1属2-35种。【分布】热带美洲, 西印度群岛。【科名模式】Norantea Aubl. (1775)●

35616　Noratilea Walp. (1852)＝Nonatelia Aubl. (1775)［茜草科 Rubiaceae］●☆

35617　Nordenstamia Lundin(2006)【汉】南赤道菊属。【隶属】菊科 Asteraceae(Compositae)。【包含】世界20种。【学名诠释与讨

论】〈阴〉（人）Nordenstam，植物学者。此属的学名是
"Nordenstamia R. Lundin, Comp. Newslett. 44：15. 20 Feb 2006"。
亦有文献把其处理为"Gynoxys Cass.（1827）"的异名。【分布】
阿根廷，秘鲁，玻利维亚，厄瓜多尔。【模式】Nordenstamia
repanda（H. A. Weddell）R. Lundin［Gynoxis repanda H. A.
Weddell］。【参考异名】Gynoxys Cass.（1827）●☆

35618　Nordmannia Fisch. et C. A. Mey.（1843）Nom. illegit. ＝
Daphnopsis Mart.（1824）［瑞香科 Thymelaeaceae］●☆

35619　Nordmannia Fisch. et C. A. Mey. ex C. A. Mey.（1843）Nom.
illegit. ≡Nordmannia Fisch. et C. A. Mey.（1843）Nom. illegit.；~ =
Daphnopsis Mart.（1824）［瑞香科 Thymelaeaceae］●☆

35620　Nordmannia Ledeb. ex Nordm.（1837）Nom. illegit. ≡
Trachystemon D. Don（1832）［紫草科 Boraginaceae］●☆

35621　Norisca Dyer（1874）= Hypericum L.（1753）；~ = Norysca Spach
（1836）Nom. illegit.；~ = Komana Adans.（1763）［金丝桃科
Hypericaceae//猪胶树科（克鲁西科，山竹子科，藤黄科）
Clusiaceae（Guttiferae）］■●

35622　Norlindhia B. Nord.（2006）【汉】黑金盏属。【隶属】菊科
Asteraceae（Compositae）。【包含】世界3种。【学名诠释与讨论】
〈阴〉（人）Nils Tycho Norlindh，1906-，瑞典植物学者。【分布】澳
大利亚，非洲。【模式】Norlindhia amplectens（W. H. Harvey）B.
Nordenstam［Tripteris amplectens W. H. Harvey］。■☆

35623　Normanbokea Kladiwa et Buxb.（1969）= Neolloydia Britton et
Rose（1922）［仙人掌科 Cactaceae］●☆

35624　Normanboria Butzin（1978）= Acrachne Wight et Arn. ex Chiov.
（1907）［禾本科 Poaceae（Gramineae）］■

35625　Normanbya F. Muell.（1878）Nom. inval. ≡Normanbya F. Muell.
ex Becc.（1885）［棕榈科 Arecaceae（Palmae）］●☆

35626　Normanbya F. Muell. ex Becc.（1885）【汉】黑棕属（黑狐狸椰子
属，黑狐尾椰子属，隆氏椰子属，银叶狐尾椰属）。【日】ノルマン
ビー属。【英】Chusan Palm，Nothaphoebe，Wind Mill Palm。【隶
属】棕榈科 Arecaceae（Palmae）。【包含】世界1种。【学名诠释
与讨论】〈阴〉（人）George Augustus Constantine Phipps，1819-
1890，Normanby 二世侯爵。此属的学名，ING 和 IK 记载是
"Normanbya F. Mueller ex Beccari, Ann. Jard. Bot. Buitenzorg 2：91，
170，171. 1885"。"Normanbya F. Muell.，Fragm.（Mueller）11
（89）：57. 1878, in obs. ≡Normanbya F. Muell. ex Becc.（1885）"是
一个未合格发表的名称（Nom. inval.）。【分布】澳大利亚。【后
选模式】Normanbya muelleri Beccari, Nom. illegit.［Cocos
normanbyi W. Hill, Normanbya normanbyi（W. Hill）L. H. Bailey］。
【参考异名】Normanbya F. Muell.（1878）Nom. inval. ●☆

35627　Normandia Hook. f.（1872）【汉】诺曼茜属。【隶属】茜草科
Rubiaceae。【包含】世界1种。【学名诠释与讨论】〈阴〉（人）
Didier Normand，1908-2002，植物学者。【分布】法属新喀里多尼
亚。【模式】Normandia neocaledonica J. D. Hooker［as 'neocaledonica'］。■☆

35628　Normandiodendron J. Léonard（1872）【汉】诺曼木属。【隶属】
豆科 Fabaceae（Leguminosae）。【包含】世界2种。【学名诠释与
讨论】〈阴〉（人）Didier Normand，1908-2002，植物学者+dendron
或 dendros，树木，棍，丛林。【分布】热带非洲。【模式】
Normandiodendron triphylla（Lowe）Lowe［Nycterium triphyllum
Lowe］。●☆

35629　Normandiodendron J. Léonard（1993）Nom. illegit.［豆科
Fabaceae（Leguminosae）］☆

35630　Normania Lowe（1868）= Solanum L.（1753）［茄科 Solanaceae］
●■

35631　Norna Wahlenb.（1826）Nom. illegit. ≡Calypso Salisb.（1807）

（保留属名）［兰科 Orchidaceae］■

35632　Noronha Thouars ex Kunth ＝ Dypsis Noronha ex Mart.（1837）
［棕榈科 Arecaceae（Palmae）］●☆

35633　Noronhaea Post et Kuntze（1903）（1831）Nom. illegit. = Noronhia
Stadman ex Thouars（1806）［木犀榄科（木犀科）Oleaceae］●☆

35634　Noronhia Stadman ex Thouars（1806）Nom. illegit. = Noronhia
Stadman（1806）［木犀榄科（木犀科）Oleaceae］●☆

35635　Noronhia Stadman（1806）【汉】诺罗木属。【隶属】木犀榄科
（木犀科）Oleaceae。【包含】世界40-45种。【学名诠释与讨论】
〈阴〉（人）Francisco（Francois, Fernando）Norona（Noronha），
1748-1788，西班牙植物学者，医生。此属的学名，ING 和 IK 记
载是"Noronhia Stadtmann ex Du Petit-Thouars, Gen. Nova Madag.
8. 17 Nov 1806"。IK 则记载为"Noronhia Stadm.，in Thou. Gen.
Nov. Madag. 8（1806）"。【分布】巴拿马，科摩罗，马达加斯加（包
括安巴托维），毛里求斯。【模式】Noronhia emarginata（Lamarck）
Du Petit-Thouars ex W. J. Hooker［Olea emarginata Lamarck］。
【参考异名】Binia Noronha ex Thouars（1806）；Noronhaea Post et
Kuntze（1903）Nom. illegit.；Noronhia Stadman ex Thouars（1806）
Nom. illegit. ●☆

35636　Norraania Lowe = Solanum L.（1753）［茄科 Solanaceae］●■

35637　Norrisia Gardner（1849）【汉】诺里斯马钱属。【隶属】马钱科
（断肠草科，马钱子科）Loganiaceae。【包含】世界2种。【学名诠
释与讨论】〈阴〉（人）William Norris，1793-1859，植物采集家。他
的标本送给了 G. Gardner 和 W. Griffith。【分布】马来西亚（西
部）。【模式】Norrisia malaccensis G. Gardner。●☆

35638　Norta Adans.（1763）= Sisymbrium L.（1753）［十字花科
Brassicaceae（Cruciferae）］■

35639　Nortenia Thouars（1806）= Torenia L.（1753）［玄参科
Scrophulariaceae//婆婆纳科 Veronicaceae］■

35640　Northea Hook. f.（1884）Nom. illegit. ≡Northia Hook. f.（1884）
［山榄科 Sapotaceae］●☆

35641　Northia Hook. f.（1884）【汉】诺斯榄属。【隶属】山榄科
Sapotaceae。【包含】世界1种。【学名诠释与讨论】〈阴〉（人）
Marianne North，1830-1890，英国花卉画家，旅行家。此属的学
名，ING 和 IK 记载是"Northia Hook. f.，Hooker's Icon. Pl. 15：57
（'Northea'），t. 1473. Sep 1884"。"Northea Hook. f.（1884）"是
其拼写变体。【分布】塞舌尔（塞舌尔群岛）。【模式】Northia
seychellana J. D. Hooker。【参考异名】Northea Hook. f.（1884）
Nom. illegit. ●☆

35642　Northiopsis Kaneh.（1933）= Manilkara Adans.（1763）（保留属
名）［山榄科 Sapotaceae］●

35643　Norysca Spach（1836）Nom. illegit. = Hypericum L.（1753）；~ =
Komana Adans.（1763）［金丝桃科 Hypericaceae//猪胶树科（克
鲁西科，山竹子科，藤黄科）Clusiaceae（Guttiferae）］■●

35644　Nosema Prain（1904）【汉】龙船草属（假夏枯草属）。【英】
Nosema。【隶属】唇形科 Lamiaceae（Labiatae）。【包含】世界6
种，中国1种。【学名诠释与讨论】〈中〉（希）nosema，疾病。或
由 Mesona 字母改缀而来。此属的学名是"Nosema D. Prain, J.
Asiat. Soc. Bengal, Pt. 2, Nat. Hist. 73：20. 12 Mai 1904"。亦有文
献把其处理为"Platostoma P. Beauv.（1818）"的异名。【分布】中
国，东南亚。【模式】未指定。【参考异名】Platostoma P. Beauv.
（1818）■

35645　Nostelis Raf.（1838）= Micromeria Benth.（1829）（保留属名）
［唇形科 Lamiaceae（Labiatae）］■●

35646　Nostolachma T. Durand（1888）【汉】藏咖啡属。【隶属】茜草科
Rubiaceae。【包含】世界10种。【学名诠释与讨论】〈阴〉可能由
Lachnastoma 字母改缀而来。此属的学名"Nostolachma T.

Durand，Index Gen. Phan. 182. 1888"是一个替代名称。它替代的是"Lachnastoma Korthals，Ned. Kruidk. Arch. 2（2）：201. 1851"，而非"Lachnastoma Kunth in Humboldt，Bonpland et Kunth，Nova Gen. Sp. 3：ed. fol. 155；ed. qu. 198. 9 Jul 1819［萝藦科 Asclepiadaceae］"。亦有文献把"Nostolachma T. Durand（1888）"处理为"Lachnostoma Kunth（1819）"的异名。【分布】印度至马来西亚，中国。【模式】Lachnastoma triflorum Korthals。【参考异名】Hymendocarpum Pierre ex Pit. (1924)；Lachnastoma Korth. (1851) Nom. illegit. ；Lachnostoma Hassk. ，Nom. illegit. ；Lachnostoma Kunth（1919）●

35647 Notanthera（DC. ）G. Don（1834）【汉】背花寄生属。【隶属】桑寄生科 Loranthaceae。【包含】世界 1 种。【学名诠释与讨论】〈阴〉（希）notos，背部，南风，南方+anthera，花药。此属的学名，ING 记载是"Notanthera（A. P. de Candolle）G. Don，Gen. Hist. 3：402，428. 8-15 Nov 1834"，由"Loranthus sect. Notanthera A. P. de Candolle，Prodr. 4：307. Sep 1830"改级而来。IK 则记载为"Notanthera G. Don，Gen. Hist. 3：428. 1834［8-15 Nov 1834］"。二者引用的文献相同。亦有文献把"Notanthera（DC. ）G. Don（1834）"处理为"Loranthus Jacq. （1762）（保留属名）"的异名。【分布】秘鲁，玻利维亚，智利，中美洲。【后选模式】Notanthera heterophylla（Ruiz et Pavon）G. Don［Loranthus heterophyllus Ruiz et Pavon］。【参考异名】Loranthus Jacq. （1762）（保留属名）；Loranthus sect. Notanthera DC. （1830）；Notanthera G. Don（1834）Nom. illegit. ；Phrygilanthus Eichler（1868）●☆

35648 Notanthera G. Don（1834）Nom. illegit. ≡ Notanthera（DC. ）G. Don（1834）［桑寄生科 Loranthaceae］●☆

35649 Notaphoebe Blume ex Pax（1889）= Nothaphoebe Blume（1851）［樟科 Lauraceae］●

35650 Notaphoebe Griseb. （1851）= Nothaphoebe Blume（1851）［樟科 Lauraceae］●

35651 Notaphoebe Pax（1889）Nom. illegit. ≡Nothaphoebe Blume ex Pax（1889）；~ =Nothapodytes Blume（1851）［樟科 Lauraceae］●

35652 Notapodytes Blume（1851）Nom. illegit. = Nothapodytes Blume（1851）［茶茱萸科 Icacinaceae］●

35653 Notarisia Pestal. ex Cesati（1856）= Ricotia L. （1763）（保留属名）［十字花科 Brassicaceae（Cruciferae）］■☆

35654 Notechidnopsis Lavranos et Bleck（1985）【汉】南苦瓜掌属。【隶属】萝藦科 Asclepiadaceae。【包含】世界 2 种。【学名诠释与讨论】〈阴〉（希）notos，背部，南风，南方+（属）Echidnopsis 苦瓜掌属。【分布】非洲南部。【模式】Notechidnopsis tessellata（N. S. Pillans）J. J. Lavranos et M. B. Bleck［Caralluma tessellata N. S. Pillans］。■☆

35655 Notelaea Vent. （1804）【汉】南木犀属。【隶属】木犀榄科（木犀科）Oleaceae。【包含】世界 9-11 种。【学名诠释与讨论】〈阴〉（希）notos，背部，南风，南方+elaia，油橄榄。此属的学名，ING、TROPICOS，APNI 和 IK 记载是"Notelaea Ventenat，Choix ad t. 25. Apr 1804"。"Postuera Rafinesque，Sylva Tell. 10. Oct－Dec 1838"是"Notelaea Vent. （1804）"的晚出的同模式异名（Homotypic synonym，Nomenclatural synonym）。【分布】澳大利亚（东部）。【模式】Notelaea longifolia Ventenat。【参考异名】Henslowia Lowe ex DC. ；Notelea Raf. ，Nom. illegit. ；Postuera Raf. （1838）Nom. illegit. ；Rhyanspermum C. F. Gaertn. ；Rhysospermum C. F. Gaertn. （1807）●☆

35656 Notelea Raf. ，Nom. illegit. = Notelaea Vent. （1804）［木犀榄科（木犀科）Oleaceae］●☆

35657 Noterophila Mart. （1831）= Acisanthera P. Browne（1756）［野牡丹科 Melastomataceae］●■☆

35658 Nothaphoebe Blume ex Pax（1889）Nom. illegit. ≡ Nothaphoebe Blume（1851）［樟科 Lauraceae］●

35659 Nothaphoebe Blume（1851）【汉】赛楠属。【日】コニシタブ属。【英】Nothaphoebe。【隶属】樟科 Lauraceae。【包含】世界 40 种，中国 2-3 种。【学名诠释与讨论】〈阴〉（希）nothos，伪造的，假的+（属）Phoebe 楠属。指其外形与楠属相似。此属的学名，ING、GCI 和 IK 记载是"Nothaphoebe Blume，Mus. Bot. 1（21）：328. 1851［1851？］"。"Nothaphoebe Blume ex Pax ≡Nothaphoebe Blume（1851）"的命名人引证有误。"Nothaphoebe Ridl. ，Journal of the Straits Branch of the Royal Asiatic Society 82：191. 1920"是晚出的非法名称。【分布】印度至马来西亚，中国，东南亚。【后选模式】Nothaphoebe umbelliflora（Blume）Blume［Ocotea umbelliflora Blume］。【参考异名】Notaphoebe Griseb. （1851）；Notaphoebe Pax（1889）Nom. illegit. ；Nothaphoebe Blume ex Pax（1889）Nom. illegit. ；Nothophoebe Post et Kuntze（1903）Nom. illegit. ●

35660 Nothaphoebe Ridl. （1920）Nom. illegit. ［樟科 Lauraceae］●

35661 Nothapodytes Blume（1851）【汉】假柴龙树属（马比木属，南柴龙树属，鹰紫花树属）。【英】Nothapodytes。【隶属】茶茱萸科 Icacinaceae。【包含】世界 7 种，中国 7 种。【学名诠释与讨论】〈阴〉（希）nothos，伪造的，假的+（属）Apodytes 柴龙树属。指本属与柴龙树属近似。【分布】马来西亚（西部），中国，斯里兰卡至琉球群岛。【模式】Nothapodytes montana Blume。【参考异名】Neoferetia Baehni（1936）；Notapodytes Blume（1851）Nom. illegit. ●

35662 Notheria P. O'Byrne et J. J. Verm. （2000）【汉】诺氏兰属。【隶属】兰科 Orchidaceae。【包含】世界 1 种。【学名诠释与讨论】〈阴〉（人）Nother。【分布】印度尼西亚。【模式】Notheria diaphana P. O'Byrne et J. J. Vermeulen。■☆

35663 Nothites Cass. （1825）= Stevia Cav. （1797）［菊科 Asteraceae（Compositae）］■●☆

35664 Nothoalsomitra I. Telford（1982）【汉】假大盖瓜属。【隶属】葫芦科（瓜科，南瓜科）Cucurbitaceae。【包含】世界 1 种。【学名诠释与讨论】〈阴〉（希）nothos，伪造的，假的+（属）Alsomitra 大盖瓜属（阿霜瓜属）。【分布】澳大利亚。【模式】Nothoalsomitra suberosa（F. M. Bailey）I. R. Telford［Alsomitra suberosa F. M. Bailey］。■☆

35665 Nothobaccaurea Haegens（2000）【汉】假木奶果属。【隶属】大戟科 Euphorbiaceae。【包含】世界 2 种。【学名诠释与讨论】〈阴〉（希）nothos，伪造的，假的+（属）Baccaurea 木奶果属（黄果树属）。【分布】澳大利亚。【模式】不详。●☆

35666 Nothobaccharis R. M. King et H. Rob. （1979）【汉】旋叶亮泽兰属。【隶属】菊科 Asteraceae（Compositae）。【包含】世界 1 种。【学名诠释与讨论】〈阴〉（希）nothos，伪造的，假的+（属）Baccharis 种棉木属（无舌紫菀属）。【分布】秘鲁。【模式】Nothobaccharis candolleana（Steudel）R. M. King et H. Robinson［Baccharis candolleana Steudel，Baccharis microphylla A. P. de Candolle 1836，non Kunth 1820］。●☆

35667 Nothobartsia Bolliger et Molau（1992）【汉】假巴茨列当属。【隶属】玄参科 Scrophulariaceae//列当科 Orobanchaceae。【包含】世界 2 种。【学名诠释与讨论】〈阴〉（希）nothos，伪造的，假的+（属）Bartsia 巴茨列当属。【分布】欧洲。【模式】不详。■☆

35668 Nothocalais（A. Gray）Greene（1886）【汉】假橙粉苣属。【英】False Agoseris，False Dandelion。【隶属】菊科 Asteraceae（Compositae）。【包含】世界 4 种。【学名诠释与讨论】〈阴〉（希）nothos，伪造的，假的+（属）Calais =Microseris 橙粉苣属。此属的学名，ING 和 GCI 记载是"Nothocalais（A. Gray）E. L. Greene，Bull. Calif. Acad. Sci. 2（2）：54. 6 Mar 1886"，由"Microseris subgen. Nothocalais A. Gray, Syn. Fl. N. Amer. 1(2):420. Jul 1884" 改级而来。IK 则记载为"Nothocalais Greene, Bull. Calif. Acad. Sci. 2(5):54. 1886［1887 publ. 1886］"。三者引用的文献相同。亦有文献把"Nothocalais（A. Gray）Greene（1886）"处理为"Microseris D. Don（1832）"的异名。【分布】美国,北美洲。【模式】Nothocalais troximoides（A. Gray）E. L. Greene［Microseris troximoides A. Gray］。【参考异名】Microseris D. Don（1832）; Microseris subgen. Nothocalais A. Gray（1884）; Nothocalais Greene（1886）Nom. illegit. ■☆

35669　Nothocalais Greene（1886）Nom. illegit. ≡Nothocalais（A. Gray）Greene（1886）［菊科 Asteraceae（Compositae）］■☆

35670　Nothocallitris A. V. Bobrov et Melikyan（1984）【汉】肖澳柏属。【隶属】柏科 Cupressaceae。【包含】世界 1 种。【学名诠释与讨论】〈阴〉（希）nothos,伪造的,假的+（属）Callitris 澳大利亚柏属（澳柏属,美丽柏属）。【分布】不详。【模式】Nothocallitris cretaceum（C. G. Lloyd）G. Beaton［Diploderma cretaceum C. G. Lloyd］。●☆

35671　Nothocarpus Post et Kuntze（1903）=Nodocarpaea A. Gray（1883）［茜草科 Rubiaceae］☆

35672　Nothocelastrus Blume ex Kuntze（1891）【汉】假南蛇藤属。【隶属】卫矛科 Celastraceae。【包含】世界 1 种。【学名诠释与讨论】〈阳〉（希）nothos,伪造的,假的+（属）Celastrus 南蛇藤属。亦有文献把"Nothocelastrus Blume ex Kuntze（1891）"处理为"Perrottetia Kunth（1824）"的异名。【分布】印度尼西亚（爪哇岛）。【模式】Nothocelastrus alpestre Blume ex Kuntze。【参考异名】Perrottetia Kunth（1824）●☆

35673　Nothocestrum A. Gray（1862）【汉】假夜香树属。【隶属】茄科 Solanaceae。【包含】世界 4 种。【学名诠释与讨论】〈中〉（希）nothos,伪造的,假的+（属）Cestrum 夜香树属。【分布】美国（夏威夷）。【后选模式】Nothocestrum latifolium A. Gray。●☆

35674　Nothochelone（A. Gray）Straw（1966）【汉】假龟头花属。【英】False Chelone。【隶属】玄参科 Scrophulariaceae//婆婆纳科 Veronicaceae。【包含】世界 1 种。【学名诠释与讨论】〈阴〉（希）nothos,伪造的,假的+（属）Chelone 龟头花属。此属的学名,ING 和 IK 记载是"Nothochelone（A. Gray）R. M. Straw, Brittonia 18:85. 31 Mar 1966",由"Chelone subgen. Nothochelone A. Gray, Syn. Fl. N. Amer. 2:259. May 1878"改级而来。【分布】温带北美洲西部。【模式】Nothochelone nemorosa（D. Douglas）R. M. Straw［Chelone nemorosa D. Douglas］。【参考异名】Chelone subgen. Nothochelone A. Gray（1878）■●☆

35675　Nothochilus Radlk.（1889）【汉】假唇列当属。【隶属】玄参科 Scrophulariaceae//列当科 Orobanchaceae。【包含】世界 1 种。【学名诠释与讨论】〈阳〉（希）nothos,伪造的,假的+cheilos,唇。在希腊文组合词中,cheil-,cheilo-,-chilus,-chilia 等均为"唇,边缘"之义。【分布】巴西。【模式】Nothochilus coccineus Radlkofer。■●☆

35676　Nothocissus（Miq.）Latiff（1982）【汉】假常春藤属。【隶属】葡萄科 Vitaceae。【包含】世界 5 种。【学名诠释与讨论】〈阳〉（希）nothos,伪造的,假的+kissos 常春藤。此属的学名,ING 和 IK 记载是"Nothocissus（Miquel）A. Latiff, Fed. Mus. J.（Kuala Lumpur）ser. 2. 27:70. 1982",由"Vitis sect. Nothocissus Miquel, Ann. Mus. Bot. Lugduno-Batavum 1:73. 1 Dec 1864"改级而来。【分布】马来半岛。【模式】Nothocissus spicifera（Griffith）A. Latiff［Cissus spicifera Griffith］。【参考异名】Vitis sect. Nothocissus Miq.（1864）●☆

35677　Nothocnestis Miq.（1861）=Bhesa Buch.-Ham. ex Arn.（1834）; ~ = Kurrimia Wall. ex Thwaites（1837）［卫矛科 Celastraceae］●

35678　Nothocnide Blume ex Chew（1869）【汉】假落尾木属。【隶属】荨麻科 Urticaceae。【包含】世界 4-5 种。【学名诠释与讨论】〈阴〉（希）nothos,伪造的,假的+knide,荨麻。此属的学名,ING 记载是"Nothocnide Blume ex W.-L. Chew, Gard. Bull. Singapore 24:361. 9 Aug 1969 ≡Pseudopipturus Skottsberg 1933"。IK 则记载为"Nothocnide Blume, Mus. Bot. 2(9):137, in nota, t. 14. 1856［Apr 1856］"。APNI 的记载是"Nothocnide Chew, Museum Botanicum Lugduno-Batavum 2 1856 in obs, t. 14"。"Pseudopipturus Skottsberg, Acta Horti Gothob. 8:117. 5 Mai 1933"是"Nothocnide Blume ex Chew（1869）"的晚出的同模式异名（Homotypic synonym, Nomenclatural synonym）。TROPICOS 的记载是"Nothocnide Blume, Museum Botanicum 2:137, t. 14. 1856.（9 Aug 1969）"和"Nothocnide Blume ex Chew, The Gardens' Bulletin Singapore 24:364. 1969"。【分布】巴布亚新几内亚（俾斯麦群岛）和所罗门群岛,马来西亚。【模式】Nothocnide repanda（Blume）Blume。【参考异名】Nothocnide Blume（1856）Nom. inval.; Nothocnide Chew（1856）Nom. illegit.; Pseudopipturus Skottsb.（1933）Nom. illegit. ●☆

35679　Nothocnide Blume（1856）Nom. inval. ≡Nothocnide Blume ex Chew（1869）［荨麻科 Urticaceae］●☆

35680　Nothocnide Chew（1856）Nom. illegit. ≡Nothocnide ex Chew（1869）［荨麻科 Urticaceae］●☆

35681　Nothoderris Blume ex Miq.（1855）=Derris Lour.（1790）（保留属名）［豆科 Fabaceae（Leguminosae）//蝶形花科 Papilionaceae］●

35682　Nothodoritis Z. H. Tsi（1989）【汉】象鼻兰属。【英】Trunkorchis。【隶属】兰科 Orchidaceae。【包含】世界 1 种,中国 1 种。【学名诠释与讨论】〈阴〉（希）nothos,伪造的,假的+（属）Doritis 五唇兰属（朵丽兰属）。【分布】中国。【模式】Nothodoritis zhejiangensis Z. H. Tsi。■★

35683　Nothofagaceae Kuprian.（1962）［亦见 Fagaceae Dumort.（保留科名）壳斗科（山毛榉科）］【汉】假山毛榉科（南青冈科,南山毛榉科,拟山毛榉科）。【日】ナンキョクブナ科。【包含】世界 1 属 35 种。【分布】澳大利亚（温带）,新西兰,法属新喀里多尼亚,新几内亚岛,温带南美洲。【科名模式】Nothofagus Blume（1851）（保留属名）●☆

35684　Nothofagus（Blume）Oerst.（废弃属名）≡Nothofagus Blume（1851）（保留属名）［壳斗科（山毛榉科）Fagaceae//假山毛榉科（南青冈科,南山毛榉科,拟山毛榉科）Nothofagaceae］●☆

35685　Nothofagus Blume（1851）（保留属名）【汉】假山毛榉属。【俄】Нотофагус。【英】False Beech, Southern Beech。【隶属】壳斗科（山毛榉科）Fagaceae//假山毛榉科（南青冈科,南山毛榉科,拟山毛榉科）Nothofagaceae。【包含】世界 35 种。【学名诠释与讨论】〈阴〉（希）nothos,假的,伪造的+（属）Fagus 山毛榉属。此属的学名"Nothofagus Blume, Mus. Bot. 1:307. 1851（prim.）"是保留属名。相应的废弃属名是"Fagaster Spach, Hist. Nat. Vég. 11:142. 25 Dec 1841 =Nothofagus Blume（1851）（保留属名）"、"Calucechinus Hombr. et Jacquinot in Urville, Voy. Pôle Sud, Bot., Atlas（Dicot.）:t. 6. Sep-Dec 1843 =Nothofagus Blume（1851）（保留属名）"和"Calusparassus Hombr. et Jacquinot in Urville, Voy. Pôle Sud, Bot., Atlas（Dicot.）:t. 6. Sep-Dec 1843 =Nothofagus Blume（1851）（保留属名）。"Nothofagus（Blume）Oerst. ≡Nothofagus Blume（1851）（保留属名）"和 IK 记载的"Calucechinus Hombr. et Jacquinot ex Decne., Voy. Pôle Sud 19（1853）=Calucechinus Hombr. et Jacquinot（1843）（废弃属名）［壳斗科（山毛榉科）Fagaceae］"与"Calusparassus Hombr. et Jacquinot ex Decne., Voy. Pôle Sud 20（1853）≡Calusparassus Hombr. et

Jacquinot(1843)(废弃属名)[壳斗科(山毛榉科)Fagaceae]"命名人引证有误,亦应废弃。【分布】澳大利亚(温带),新西兰,法属新喀里多尼亚,新几内亚岛,温带南美洲。【模式】Nothofagus antarctica(J. G. A. Forster)Oersted[Fagus antarctica J. G. A. Forster]。【参考异名】Calucechinus Hombr. et Jacquinot ex Decne. (1853)(废弃属名);Calucechinus Hombr. et Jacquinot(1843)(废弃属名);Calusparassus Hombr. et Jacquinot ex Decne.(1853)(废弃属名);Calusparassus Hombr. et Jacquinot(废弃属名);Cliffortioides Dryand. ex Hook.(1844);Fagaster Spach(1841)(废弃属名);Lophozonia Torcz.(1858);Myrtilloides Banks et Sol. ex Hook.(1844);Nothofagus(Blume)Oerst.(废弃属名);Pleiosyngyne Baum.–Bod.(1992);Steentsia Kuprian.;Trisynsyne Baill.●☆

35686 Notholholcus Nash(1913)Nom. illegit. ≡Holcus L.(1753)(保留属名);~ ≡ Notholcus Nash ex Hitchc.(1912)Nom. illegit.[禾本科 Poaceae(Gramineae)]■

35687 Notholholcus Hitchc.(1912)Nom. illegit. ≡Notholcus Nash ex Hitchc.(1912)Nom. illegit.;~ ≡Holcus L.(1753)(保留属名)[禾本科 Poaceae(Gramineae)]■

35688 Notholcus Nash ex Hitchc.(1912)Nom. illegit. ≡Holcus L.(1753)(保留属名)[禾本科 Poaceae(Gramineae)]■

35689 Notholirion Wall. ex Boiss.(1882)【汉】假百合属(太白米属)。【日】ノソリリオン属。【英】Falselily。【隶属】百合科 Liliaceae。【包含】世界 5 种,中国 3 种。【学名诠释与讨论】〈中〉(希)nothos,伪造的,假的+(属)Lirion 百合,指其与百合属相似。此属的学名,ING 记载是"Notholirion Wallich ex Boissier, Fl. Orient. 5:190. Jul 1882"。IK 则记载为"Notholirion Wall. ex Voigt et Boiss., Fl. Orient.[Boissier]5(1):190, descr. 1882[Jul 1882]"。"Notholirion Wall. ex Voigt, Hort. Suburb. Calcutt. 654. 1845"是一个未合格发表的名称(Nom. inval.)。【分布】巴基斯坦,伊朗,中国。【后选模式】Notholirion thomsonianum(Royle)Stapf[Fritillaria thomsoniana Royle]。【参考异名】Notholirion Wall. ex Voigt et Boiss.(1882)Nom. illegit.;Notholirion Wall. ex Voigt(1845)Nom. inval.■

35690 Notholirion Wall. ex Voigt et Boiss.(1882)Nom. illegit. ≡Notholirion Wall. ex Boiss.(1882)[百合科 Liliaceae]■

35691 Notholirion Wall. ex Voigt(1845)Nom. inval. ≡Notholirion Wall. ex Boiss.(1882)[百合科 Liliaceae]■

35692 Notholithocarpus Manos,Cannon et S. H. Oh(1964)【汉】密花栎属。【隶属】壳斗科(山毛榉科)Fagaceae。【包含】世界 1 种。【学名诠释与讨论】〈阳〉(希)nothos,伪造的,假的+(属)Lithocarpus 石栎属(椆属,柯属,苦扁桃叶石栎属,石柯属)。此属的学名是"Notholithocarpus Manos,Cannon et S. H. Oh,Madroño 55(3):188,f. 2A-B. 2008[2009].(30 Jan 2009)"。亦有文献把其处理为"Quercus L.(1753)"的异名。【分布】美国(加利福尼亚),中国。【模式】Notholithocarpus cinnamomea Maas Geesteranus。【参考异名】Quercus L.(1753)●

35693 Nothomyrcia Kausel(1947)=Myrceugenia O. Berg(1857)[桃金娘科 Myrtaceae]●■☆

35694 Nothonia Endl.(1841)=Notonia DC.(1833)[菊科 Asteraceae(Compositae)]●■☆

35695 Nothopanax Miq.(1856)【汉】梁王茶属(假参属)。【英】Falsepanax,False–panax。【隶属】五加科 Araliaceae。【包含】世界 17 种,中国 4 种。【学名诠释与讨论】〈阳〉(希)nothos,伪造的,假的+(属)Panax 人参属。指其与人参属有亲缘关系。此属的学名是"Nothopanax Miquel,Bonplandia 4:139. 1 Mai 1856"。亦有文献把其处理为"Polyscias J. R. Forst. et G. Forst.(1776)"

的异名。【分布】厄瓜多尔,中国,中美洲。【后选模式】Nothopanax fruticosus(Linnaeus)Miquel[Panax fruticosus Linnaeus[as 'fruticosum']。【参考异名】Metapanax J. Wen et Frodin;Nothopanax Miq. emend. Harms(1894);Polyscias J. R. Forst. et G. Forst.(2001);Pseudopanax C. Koch(1859)●

35696 Nothopanax Miq. emend. Harms(1894)= Polyscias J. R. Forst. et G. Forst.(1776)[五加科 Araliaceae]●

35697 Nothopegia Blume(1850)(保留属名)【汉】假藤漆属。【隶属】漆树科 Anacardiaceae。【包含】世界 7 种。【学名诠释与讨论】〈阴〉(希)nothos,伪造的,假的+(属)Pegia 藤漆属(脉果漆属)。此属的学名"Nothopegia Blume, Mus. Bot. 1:203. Oct 1850"是保留属名。相应的废弃属名是漆树科 Anacardiaceae 的"Glycycarpus Dalzell in J. Roy. Asiat. Soc. Bombay 3(1):69. 1849 = Nothopegia Blume(1850)(保留属名)"。【分布】斯里兰卡,印度,加里曼丹岛。【模式】Nothopegia colebrookiana(R. Wight)Blume[Pegia colebrookiana R. Wight]。【参考异名】Glycicarpus Benth. et Hook. f.(1862);Glycycarpus Dalzell(1849)(废弃属名)●☆

35698 Nothopegiopsis Lauterb.(1920)【汉】类藤漆属。【隶属】漆树科 Anacardiaceae。【包含】世界 1 种。【学名诠释与讨论】〈阴〉(希)nothos,伪造的,假的+(属)Pegia 藤漆属(脉果漆属)。此属的学名是"Nothopegiopsis Lauterbach, Bot. Jahrb. Syst. 56:363. 18 Jun 1920"。亦有文献把其处理为"Semecarpus L. f.(1782)"的异名。【分布】新几内亚岛。【模式】Nothopegiopsis nidificans Lauterbach。【参考异名】Semecarpus L. f.(1782)●☆

35699 Nothophlebia Standl.(1914)= Pentagonia Benth.(1845)(保留属名)[茜草科 Rubiaceae]■☆

35700 Nothophoebe Post et Kuntze(1903)Nom. illegit. = Nothaphoebe Blume(1851)[樟科 Lauraceae]●

35701 Nothopothos(Miq.)Kuntze(1903)Nom. illegit. ≡Nothopothos Kuntze(1903)Nom. illegit.;~ ≡Anadendrum Schott(1857)[天南星科 Araceae]●

35702 Nothopothos Kuntze(1903)Nom. illegit. ≡Anadendrum Schott(1857)[天南星科 Araceae]●

35703 Nothoprotium Blume(1861)【汉】假马蹄果属。【隶属】漆树科 Anacardiaceae。【包含】世界 1 种。【学名诠释与讨论】〈中〉(希)nothos,伪造的,假的+(属)Protium 马蹄果属(白蹄果属)。此属的学名,ING 记载是"Nothoprotium Blume in Miquel, Fl. Ind. Bat. Suppl. 527. Dec 1861"。IK 则记载为"Nothoprotium Miq., Fl. Ned. Ind., Eerste Bijv. 3:527. 1861[Dec 1861]"。二者引用的文献完全相同。"Nothopothos O. Kuntze in Post et O. Kuntze, Lex. 391. Dec 1903 ≡ Anadendrum Schott 1857"是晚出的非法名称。亦有文献把"Nothoprotium Blume(1861)"处理为"Pentaspadon Hook. f.(1860)"的异名。【分布】印度尼西亚(苏门答腊岛)。【模式】Nothoprotium sumatranum Blume。【参考异名】Nothoprotium Miq.(1861)Nom. illegit.;Pentaspadon Hook. f.(1860)●☆

35704 Nothoprotium Miq.(1861)Nom. illegit. ≡ Nothoprotium Blume(1861);~ = Pentaspadon Hook. f.(1860)[漆树科 Anacardiaceae]●☆

35705 Nothorhipsalis Doweld(2001)【汉】类仙人棒属。【隶属】仙人掌科 Cactaceae。【包含】世界 5 种。【学名诠释与讨论】〈阴〉(希)nothos,伪造的,假的+(属)Rhipsalis 仙人棒属(丝苇属)。此属的学名是"Nothorhipsalis A. B. Doweld, Sukkulenty 4:29. 15 Sep 2001"。亦有文献把其处理为"Rhipsalis Gaertn.(1788)(保留属名)"的异名。【分布】阿根廷,巴西,玻利维亚。【模式】Nothorhipsalis houlletiana(C. Lemaire)A. B. Doweld[Rhipsalis houlletiana C. Lemaire]。【参考异名】Rhipsalis Gaertn.(1788)

（保留属名）■☆

35706 Nothorites P. H. Weston et A. R. Mast（2008）【汉】大果山龙眼属。【隶属】山龙眼科 Proteaceae。【包含】世界 1 种。【学名诠释与讨论】〈阳〉（希）nothos，伪造的，假的+（属）Orites 红丝龙眼属。此属的学名是 "Nothorites P. H. Weston et A. R. Mast, American Journal of Botany 95(7)：865. 2008"。亦有文献把其处理为 "Orites R. Br. (1810)" 的异名。【分布】澳大利亚。【模式】Nothorites megacarpus（A. S. George et B. Hyland）P. H. Weston et A. R. Mast。【参考异名】Orites R. Br. (1810)●☆

35707 Nothoruellia Bremek.（1948）Nom. illegit. ≡ Nothoruellia Bremek. et Narm. –Bremek. (1948)［爵床科 Acanthaceae]■☆

35708 Nothoruellia Bremek. et Narm. –Bremek.（1948）【汉】假芦莉草属。【隶属】爵床科 Acanthaceae。【包含】世界 1 种。【学名诠释与讨论】〈阴〉（希）nothos，伪造的，假的+（属）Ruellia 芦莉草属。此属的学名，ING 和 TROPICOS 记载是 "Nothoruellia Bremekamp, Verh. Kon. Ned. Akad. Wetensch., Afd. Natuurk., Tweede Sect. 45(1)：23. 20 May 1948"。IK 则记载为 "Nothoruellia Bremek. et Nann. –Bremek., Verh. Kon. Ned. Akad. Wetensch., Afd. Natuurk., Sect. 2. 45(1)：23. 1948"。三者引用的文献完全相同。亦有文献把 "Nothoruellia Bremek. et Narm. – Bremek.（1948）" 处理为 "Ruellia L. (1753)" 的异名。【分布】新几内亚岛。【模式】Nothoruellia scabrifolia（Valeton）Bremekamp［Ruellia scabrifolia Valeton]。【参考异名】Nothoruellia Bremek.（1948）Nom. illegit.；Ruellia L. (1753)■☆

35709 Nothosaerva Wight（1853）【汉】头柱苋属。【隶属】苋科 Amaranthaceae。【包含】世界 1 种。【学名诠释与讨论】〈阴〉（希）nothos，伪造的，假的+（属）Aerva 白花苋属（绢毛苋属）。此属的学名 "Nothosaerva R. Wight, Icon. 6：17. t. 1776 bis. f. B. Mar 1853" 是一个替代名称。"Pseudanthus R. Wight, Icon. 5(2)：3. t. 1776 p. p. Jan 1852" 是一个非法名称（Nom. illegit.），因为此前已经有了 "Pseudanthus Sieber ex A. Sprengel in K. P. J. Sprengel, Syst. Veg. 4(2)：22, 25. Jan–Jun 1827［大戟科 Euphorbiaceae//假花大戟科 Pseudanthaceae]"。故用 "Nothosaerva Wight(1853)" 替代之。【分布】巴基斯坦，毛里求斯，热带非洲和热带亚洲。【模式】Nothosaerva brachiata（Linnaeus）R. Wight［Achyranthes brachiata Linnaeus]。【参考异名】Pseudanthus Wight（1852）Nom. illegit.■☆

35710 Nothoscordum Kunth（1843）（保留属名）【汉】假葱属。【日】ニラモドキ属。【英】False Garlic, False Onion, Honey – bells, Nothoscordum。【隶属】百合科 Liliaceae//葱科 Alliaceae。【包含】世界 20-35 种。【学名诠释与讨论】〈中〉（希）nothos，伪造的，假的+skordon = skorodon，蒜头。此属的学名 "Nothoscordum Kunth, Enum. Pl. 4：457. 17-19 Jul 1843" 是保留属名。法规未列出相应的废弃属名。"Oligosma R. A. Salisbury, Gen. 85. Apr–Mai 1866" 是 "Nothoscordum Kunth（1843）（保留属名）" 的晚出的同模式异名（Homotypic synonym, Nomenclatural synonym）。【分布】巴拿马，秘鲁，玻利维亚，厄瓜多尔，哥伦比亚（安蒂奥基亚），哥斯达黎加，美国（密苏里），中美洲。【模式】Nothoscordum striatum Kunth, Nom. illegit.［Ornithogalum bivalve Linnaeus；Nothoscordum bivalve（Linnaeus）Britton]。【参考异名】Caloscordum Herb. (1844)；Geboscon Raf.（1824）Nom. inval.；Hesperocles Salisb. (1866)；Oligosma Salisb.（1866）Nom. illegit.；Pseudoscordum Herb. (1837)■☆

35711 Nothosmyrnium Miq.（1867）【汉】白苞芹属。【日】カサモチ属。【英】Whitebractcelery。【隶属】伞形花科（伞形科）Apiaceae（Umbelliferae）。【包含】世界 2 种，中国 1-2 种。【学名诠释与讨论】〈中〉（希）nothos，伪造的，假的+（属）Smyrnium 类没药属。

【分布】中国。【模式】Nothosmyrnium japonicum Miquel。【参考异名】Macrochlaena Hand. –Mazz. (1933)■

35712 Nothospartium Pritz.（1806）= Notospartium Hook. f.（1857）［豆科 Fabaceae（Leguminosae）//蝶形花科 Papilionaceae]●☆

35713 Nothospermum Hort.（1883）= Nothospartium Pritz.（1806）［豆科 Fabaceae（Leguminosae）//蝶形花科 Papilionaceae]●☆

35714 Nothospondias Engl.（1905）【汉】伪槟榔青属。【隶属】苦木科 Simaroubaceae。【包含】世界 1 种。【学名诠释与讨论】〈阴〉（希）nothos，伪造的，假的+（属）Spondias 槟榔青属。【分布】西赤道非洲。【模式】Nothospondias staudtii Engler。●☆

35715 Nothostele Garay（1982）【汉】假柱兰属。【隶属】兰科 Orchidaceae。【包含】世界 1 种。【学名诠释与讨论】〈阴〉（希）nothos，伪造的，假的+stele，支持物，支柱，石头做的界标，柱，中柱，花柱。【分布】巴西。【模式】Nothostele acianthiformis（H. G. Reichenbach et E. Warming）L. A. Garay［Pelexia acianthiformis H. G. Reichenbach et E. Warming]。■☆

35716 Nothotalisia W. W. Thomas（2011）【汉】伪塔利亚属。【隶属】美洲苦木科（夷苦木科）Picramniaceae。【包含】世界种。【学名诠释与讨论】〈阴〉（希）nothos，伪造的，假的+（属）Talisia 塔利木属（塔利西属）。【分布】巴拿马，秘鲁，南美洲。【模式】Nothotalisia piranii W. W. Thomas。●☆

35717 Nothotaxus Florin（1948）Nom. illegit. ≡ Pseudotaxus W. C. Cheng（1947）［红豆杉科（紫杉科）Taxaceae]●★

35718 Nothotsuga Hu ex C. N. Page（1989）= Tsuga（Endl.）Carrière（1855）［松科 Pinaceae]●

35719 Nothotsuga Hu, Nom. inval. ≡ Nothotsuga Hu ex C. N. Page（1989）；~ = Tsuga（Endl.）Carrière（1855）［松科 Pinaceae]●

35720 Nothovernonia H. Rob. et V. A. Funk（2011）【汉】伪斑鸠菊属。【隶属】菊科 Asteraceae（Compositae）。【包含】世界 2 种。【学名诠释与讨论】〈阴〉（希）nothos，伪造的，假的+（属）Vernonia 斑鸠菊属。【分布】热带非洲。【模式】Nothovernonia purpurea（Sch. Bip. ex Walp.）H. Rob. et V. A. Funk［Vernonia purpurea Sch. Bip. ex Walp.]。☆

35721 Nothria P. J. Bergius（1767）= Frankenia L.（1753）［瓣鳞花科 Frankeniaceae]●■

35722 Noticastrum DC.（1836）【汉】银菀属。【隶属】菊科 Asteraceae（Compositae）。【包含】世界 19-20 种。【学名诠释与讨论】〈中〉词源不详。【分布】巴拉圭，秘鲁，玻利维亚，厄瓜多尔，哥伦比亚（安蒂奥基亚）。【模式】Noticastrum adscendens A. P. de Candolle。【参考异名】Leucopsis（DC.）Baker（1882）；Leucopsis Baker（1882）Nom. illegit.■☆

35723 Notiophrys Lindl.（1857）Nom. illegit. ≡ Platylepis A. Rich.（1828）（保留属名）［兰科 Orchidaceae]■☆

35724 Notiosciadium Speg.（1924）【汉】湿伞芹属（阿根廷伞芹属）。【隶属】伞形花科（伞形科）Apiaceae（Umbelliferae）。【包含】世界 1 种。【学名诠释与讨论】〈阴〉（希）notios，湿的，潮的+（属）Sciadium 伞芹属。【分布】阿根廷。【模式】Notiosciadium pampicola C. Spegazzini。■☆

35725 Notjo Adans.（1763）（废弃属名）= Campsis Lour.（1790）（保留属名）［紫葳科 Bignoniaceae]●

35726 Notobasis（Cass.）Cass.（1825）【汉】银脉蓟属。【俄】Нотобазис。【英】Thistle。【隶属】菊科 Asteraceae（Compositae）。【包含】世界 1 种。【学名诠释与讨论】〈阴〉（希）notios，湿的，潮的；notios，notos，noton，潮湿的，多雨的+basis，基部。指生境。此属的学名，ING 记载是 "Notobasis（Cassini）Cassini in F. Cuvier, Dict. Sci. Nat. 35：170. Oct 1825"，由 "Cirsium subgen. Notobasis Cassini in F. Cuvier, Dict. Sci. Nat. 25：225. Nov 1822" 改级而来。

IK 则记载为"Notobasis Cass., Dict. Sci. Nat., ed. 2. [F. Cuvier] 25:225. 1822;35:170. 1825"。二者引用的文献完全相同。亦有文献把"Notobasis（Cass.）Cass.（1825）"处理为"Cirsium Mill.（1754）"的异名。【分布】伊朗，地中海地区，高加索东部，小亚细亚。【模式】Notobasis syriaca（Linnaeus）Cassini［Carduus syriacus Linnaeus］。【参考异名】Cirsium Mill.（1754）；Cirsium subgen. Notobasis Cass.（1822）；Notobasis Cass.（1825）Nom. illegit. ■☆

35727　Notobasis Cass.（1825）Nom. illegit. ≡ Notobasis（Cass.）Cass.（1825）［菊科 Asteraceae（Compositae）］■☆

35728　Notobubon B. - E. van Wyk（2008）【汉】假糖胡萝卜属。【隶属】伞形花科（伞形科）Apiaceae（Umbelliferae）。【包含】世界 11 种。【学名诠释与讨论】〈中〉（希）nothos，伪造的，假的＋（属）Bubon ＝Athamanta 糖胡萝卜属。此属的学名是"Notobubon B. - E. van Wyk, Taxon 57（2）: 355-356. 2008"。亦有文献把其处理为"Athamanta L.（1753）"或"Bubon L.（1753）"的异名。【分布】参见 Athamanta L. 和 Bubon L.。【模式】Notobubon galbanum（L.）Magee［Bubon galbanum L.］。【参考异名】Athamanta L.（1753）；Bubon L.（1753）■☆

35729　Notobuxus Oliv.（1882）【汉】非洲黄杨属。【隶属】黄杨科 Buxaceae。【包含】世界 5-7 种。【学名诠释与讨论】〈阴〉（希）notos，背部，南方＋（属）Buxus 黄杨属。此属的学名是"Notobuxus D. Oliver, Hooker's Icon. Pl. 14: 78. Jun 1882"。亦有文献把其处理为"Buxus L.（1753）"的异名。【分布】马达加斯加，热带和非洲南部。【模式】Notobuxus natalensis D. Oliver。【参考异名】Buxus L.（1753）；Macropodandra Gilg（1899）●☆

35730　Notocactus（K. Schum.）A. Berger et Backeb.（1938）descr. emend. ＝ Parodia Speg.（1923）（保留属名）［仙人掌科 Cactaceae］■

35731　Notocactus（K. Schum.）Backeb.（1936）Nom. illegit. ≡ Notocactus（K. Schum.）A. Berger et Backeb.（1938）Nom. illegit.；～＝Parodia Speg.（1923）（保留属名）［仙人掌科 Cactaceae］■

35732　Notocactus（K. Schum.）Frič（1928）【汉】南国玉属。【日】ノトカクタス属。【英】Ball Cactus, Ballcactus。【隶属】仙人掌科 Cactaceae。【包含】世界 15 种，中国 6 种。【学名诠释与讨论】〈阳〉（希）notos，背部，南方＋cactos，有刺的植物，通常指仙人掌科 Cactaceae 植物。此处含义指南美洲产的仙人掌。此属的学名，ING 和 GCI 记载是"Notocactus（K. M. Schumann）A. V. Fric, Cacti Price - List 1928: ［3］. 1928"，由"Echinocactus subgen. Notocactus K. M. Schumann, Gesamtbeschr. Kakteen. 292. 1 Jan 1898"改级而来。"Notocactus A. Berger, Kakteen 207（1929）≡ Notocactus（K. Schum.）Frič（1928）［仙人掌科 Cactaceae］"、"Notocactus Backeb. ex Sida, Minimus 22（1-3）: 30. 1991 ≡ Notocactus（K. Schum.）Frič（1928）［仙人掌科 Cactaceae］"、"Notocactus（K. Schum.）A. Berger et Backeb.（1938）Nom. illegit. ＝Parodia Speg.（1923）（保留属名）"、"Notocactus（K. Schum.）Backeb., Kaktus - ABC［Backeb. et Knuth］253. 1936［12 Feb 1936］≡ Notocactus（K. Schum.）A. Berger et Backeb.（1938）Nom. illegit.［仙人掌科 Cactaceae］"以及"Notocactus Backeb. & F. M. Knuth, Kaktus - ABC 253. 1935"都是晚出的非法名称。"Notocactus（K. Schum.）A. Berger et Backeb., Blätt. Kakteenf. 1938, No. 6, p.［21］, descr. emend. ＝Parodia Speg.（1923）（保留属名）"修订了属的描述。"Peronocactus A. B. Doweld, Sukkulenty 1999（2）: 20. 25 Dec 1999"是"Notocactus（K. Schum.）Frič（1928）"的晚出的同模式异名（Homotypic synonym, Nomenclatural synonym）。亦有文献把"Notocactus（K. Schum.）Frič（1928）"处理为"Parodia Speg.（1923）（保留属名）"的异名。【分布】阿根

廷，巴拉圭，巴西，乌拉圭，中国。【模式】Notocactus ottonis（Lehmann）A. Berger［Cactus ottonis Lehmann］。【参考异名】Brasilicactus Backeb.（1942）Nom. illegit.；Brasilocactus Frič（1935）Nom. illegit.；Brazocactus A. Frič；Chrysocactus Y. Ito；Dactylanthocactus Y. Ito（1957）Nom. illegit.；Echinocactus subgen. Notocactus K. Schum.（1898）；Eriocactus Backeb.（1942）Nom. illegit., Nom. superfl.；Eriocephala（Backeb.）Backeb.；Notocactus（K. Schum.）A. Berger et Backeb.（1938）descr. emend.；Notocactus Backeb. ex Sida（1991）Nom. illegit.；Notocactus Backeb. & F. M. Knuth（1935）Nom. illegit.；Notocactus Berger（1929）Nom. illegit.；Parodia Speg.（1923）（保留属名）；Peronocactus Doweld（1999）Nom. illegit.；Sericocactus Y. Ito（1957）■

35733　Notocactus Backeb. & F. M. Knuth（1935）Nom. illegit. ≡ Notocactus（K. Schum.）Frič（1928）［仙人掌科 Cactaceae］■

35734　Notocactus Backeb. ex Sida（1991）Nom. illegit. ≡ Notocactus（K. Schum.）Frič（1928）［仙人掌科 Cactaceae］■

35735　Notocactus Berger（1929）Nom. illegit. ≡ Notocactus（K. Schum.）Frič（1928）［仙人掌科 Cactaceae］■

35736　Notocampylum Tiegh.（1902）＝ Ouratea Aubl.（1775）（保留属名）［金莲木科 Ochnaceae］●

35737　Notocentrum Naudin（1852）＝ Meriania Sw.（1797）（保留属名）［野牡丹科 Melastomataceae］●☆

35738　Notoceras R. Br. ＝ Notoceras W. T. Aiton（1812）［十字花科 Brassicaceae（Cruciferae）］■☆

35739　Notoceras W. T. Aiton（1812）【汉】背角芥属。【隶属】十字花科 Brassicaceae（Cruciferae）。【包含】世界 1 种。【学名诠释与讨论】〈中〉（希）notos，背部，南方＋keras，所有格 keratos，角，距，弓。指果实。此属的学名，ING 和 IK 记载是"Notoceras W. T. Aiton, Hort. Kew., ed. 2［W. T. Aiton］4:117. 1812"。【分布】巴基斯坦，西班牙（加那利群岛），地中海至印度。【模式】Notoceras canariense W. T. Aiton［as 'canariensis'］, Nom. illegit.［Erysimum bicorne W. Aiton；Notoceras bicorne（W. Aiton）Amo y Mora］。【参考异名】Notoceras R. Br. ■☆

35740　Notochaete Benth.（1829）【汉】钩萼草属（钓萼属）。【英】Hookedsepal。【隶属】唇形科 Lamiaceae（Labiatae）。【包含】世界 2 种，中国 2 种。【学名诠释与讨论】〈阴〉（希）notos，背部，南方＋chaite ＝拉丁文 chaeta，刚毛。指萼背面具长而钩状的刚毛。【分布】中国，喜马拉雅山。【模式】Notochaete hamosa Bentham。■

35741　Notochloe Domin（1911）【汉】澳南草属。【隶属】禾本科 Poaceae（Gramineae）。【包含】世界 1 种。【学名诠释与讨论】〈中〉（希）notos，背部，南方＋chloe，草的幼芽，嫩草，禾草。【分布】澳大利亚（新南威尔士）。【模式】Notochloe microdon（Bentham）Domin［Triraphis microdon Bentham］。■☆

35742　Notochnella Tiegh.（1902）＝ Brackenridgea A. Gray（1853）［金莲木科 Ochnaceae］●☆

35743　Notocles Salisb.（1866）Nom. illegit. ≡ Aphoma Raf.（1837）（废弃属名）；～＝ Iphigenia Kunth（1843）（保留属名）［百合科 Liliaceae／秋水仙科 Colchicaceae］■

35744　Notodanlhonia Zotov（1963）＝ Danthonia DC.（1805）（保留属名）；～＝ Rytidosperma Steud.（1854）［禾本科 Poaceae（Gramineae）］■☆

35745　Notodon Urb.（1899）＝ Poitea Vent.（1800）［豆科 Fabaceae（Leguminosae）／／蝶形花科 Papilionaceae］●☆

35746　Notodontia Pierre ex Pit.（1922）＝ Lerchea L.（1771）（保留属名）；～＝Ophiorrhiza L.（1753）；～＝ Spiradiclis Blume（1827）［茜草科 Rubiaceae］■●

35747　Notoleptopus Voronts. et Petra Hoffm.（2008）＝ Andrachne L.

（1753）［大戟科 Euphorbiaceae］●☆

35748　Notonema Raf. (1825) = Agrostis L. (1753)（保留属名）［禾本科 Poaceae(Gramineae)//剪股颖科 Agrostidaceae］■

35749　Notonerium Benth. (1876) = Heliotropium L. (1753)［紫草科 Boraginaceae//天芥菜科 Heliotropiaceae］●■

35750　Notonia DC. (1833) = Kleinia Mill. (1754)［菊科 Asteraceae (Compositae)］●■☆

35751　Notonia Wight et Arn. (1834) Nom. illegit. = Glycine Willd. (1802)（保留属名）［豆科 Fabaceae(Leguminosae)//蝶形花科 Papilionaceae］■

35752　Notoniopsis B. Nord. (1978) = Kleinia Mill. (1754)［菊科 Asteraceae(Compositae)］●■☆

35753　Notopappus Klingenb. (2007) = Haplopappus Cass. (1828)［as 'Aplopappus'］（保留属名）［菊科 Asteraceae(Compositae)］■●☆

35754　Notophaena Miers (1860) = Discaria Hook. (1829)［鼠李科 Rhamnaceae］●☆

35755　Notophilus Fourr. (1868) = Ranunculus L. (1753)［毛茛科 Ranunculaceae］■

35756　Notopleura (Benth.) Bremek. (1934) = Psychotria L. (1759)（保留属名）［茜草科 Rubiaceae//九节科 Psychotriaceae］●

35757　Notopleura (Benth. et Hook. f.) Bremek. (1934) Nom. illegit. ≡ Notopleura (Benth.) Bremek. (1934); = Psychotria L. (1759)（保留属名）［茜草科 Rubiaceae//九节科 Psychotriaceae］●

35758　Notopleura (Hook. f.) Bremek. (1934) Nom. illegit. ≡ Notopleura (Benth.) Bremek. (1934); ~ = Psychotria L. (1759)（保留属名）［茜草科 Rubiaceae//九节科 Psychotriaceae］●

35759　Notopora Hook. f. (1873)【汉】背孔杜鹃属。【隶属】杜鹃花科（欧石南科）Ericaceae。【包含】世界5种。【学名诠释与讨论】〈阴〉(希)notos,背部,南方+porus,孔。【分布】几内亚,委内瑞拉。【模式】Notopora schomburgkii J. D. Hooker。●☆

35760　Notoptera Urb. (1901)【汉】背翅菊属。【隶属】菊科 Asteraceae (Compositae)。【包含】世界9种。【学名诠释与讨论】〈阴〉(希)notos,背部,南方+pteron,指小式 pteridion,翅。pteridios,有羽毛的。此属的学名是"Notoptera Urban, Symb. Antill. 2: 465. 1 Oct 1901"。亦有文献把其处理为"Otopappus Benth. (1873)"的异名。【分布】墨西哥至热带南美洲,西印度群岛。【模式】Notoptera hirsuta (Swartz) Urban［Bidens hirsuta Swartz］。【参考异名】Otopappus Benth. (1873)■☆

35761　Notopterygium H. Boissieu (1903)【汉】羌活属（背翅芹属）。【英】Notopterygium。【隶属】伞形花科（伞形科）Apiaceae (Umbelliferae)。【包含】世界5种,中国5种。【学名诠释与讨论】〈中〉(希)notos,背部,南方+pterygion 小翅+-ius,-ia,-ium,在拉丁文和希腊文中,这些词尾表示性质或状态。指分生果的背部有翅。Notopterygium Mont., Annales des Sciences Naturelles; Botanique, sér. 2 19:244. 1843. (Ann. Sci. Nat., Bot., sér. 2) 是未合格发表的名称。Koso-Poliansky(1916)曾用"Drymoscias Koso-Poliansky, Bull. Soc. Imp. Naturalistes Moscou ser. 2. 29(1): 118. 1916"替代"Notopterygium Boissieu, Bull. Herb. Boissier ser. 2. 3: 838. 30 Sep 1903",这是多余的。【分布】中国。【后选模式】Notopterygium forbesii Boissieu。【参考异名】Drymoscias Kaso-Pol. (1915) Nom. illegit.■★

35762　Notosceptrum Benth. (1883) = Kniphofia Moench (1794)（保留属名）［百合科 Liliaceae//阿福花科 Asphodelaceae］■☆

35763　Notoseris C. Shih (1987)【汉】紫菊属。【英】Notoseris, Purpledaisy。【隶属】菊科 Asteraceae(Compositae)。【包含】世界13-14种,中国13-14种。【学名诠释与讨论】〈阴〉(希)notos,背部,南方+seris,菊苣。【分布】中国。【模式】Notoseris psilolepis C. Shih。■★

35764　Notospartium Hook. f. (1857)【汉】无叶金雀花属（南鹰爪豆属）。【隶属】豆科 Fabaceae (Leguminosae)//蝶形花科 Papilionaceae。【包含】世界3种。【学名诠释与讨论】〈中〉(希)notos,背部,南方+(属)Spartium 鹰爪豆属(无叶豆属)。【分布】新西兰。【模式】Notospartium carmichaeliae J. D. Hooker。【参考异名】Nothospartium Pritz. (1806)●☆

35765　Notothixos Oliv. (1863)【汉】背寄生属。【隶属】槲寄生科 Viscaceae。【包含】世界8种。【学名诠释与讨论】〈阳〉(希)notos,背部,南方+thixis,触,伤害。另说 notos,背部,南方+ixia,ixos,槲寄生。【分布】澳大利亚,马来西亚,斯里兰卡。【后选模式】Notothixos subaureus F. von Mueller ex Oliver。●☆

35766　Notothlaspi Hook. f. (1862)【汉】南菥蓂属（南遏蓝菜属）。【隶属】十字花科 Brassicaceae (Cruciferae)。【包含】世界2种。【学名诠释与讨论】〈中〉(希)notos,背部,南方+(属)Thlaspi 菥蓂属(遏蓝菜属)。【分布】新西兰。【模式】未指定。■☆

35767　Nototriche Turcz. (1863)【汉】后毛锦葵属。【隶属】锦葵科 Malvaceae。【包含】世界100种。【学名诠释与讨论】〈阴〉(希)notos,背部,南方+thrix,所有格 trichos,毛,毛发。【分布】秘鲁,玻利维亚,厄瓜多尔。【模式】未指定。■☆

35768　Nototrichium Hillebr. (1888)【汉】四蕊苋属。【隶属】苋科 Amaranthaceae。【包含】世界2种。【学名诠释与讨论】〈中〉(希)notos,背部,南方+thrix,所有格 trichos,毛,毛发+-ius,-ia,-ium,在拉丁文和希腊文中,这些词尾表示性质或状态。此属的学名,ING 和 IK 记载是"Nototrichium W. F. Hillebrand, Fl. Hawaiian Isl. 372. Jan – Apr 1888"。"Nototrichum (A. Gray) Hillebr. (1888)"是晚出的非法名称。【分布】美国(夏威夷)。【模式】未指定。【参考异名】Nototrichum (A. Gray) Hillebr. (1888) Nom. illegit.●☆

35769　Nototrichum (A. Gray) Hillebr. (1888) Nom. illegit. ≡ Nototrichium Hillebr. (1888)［苋科 Amaranthaceae］●☆

35770　Notouratea Tiegh. (1902) = Ouratea Aubl. (1775)（保留属名）［金莲木科 Ochnaceae］●

35771　Notoxylinon Lewton (1915)【汉】南锦葵属。【隶属】锦葵科 Malvaceae。【包含】世界8种。【学名诠释与讨论】〈中〉(希)notos,背部,南方+xyle =xylon,木材。【分布】澳大利亚。【模式】Notoxylinon australe (F. v. Mueller) Lewton［Gossypium australe F. v. Mueller］。●☆

35772　Notylia Lindl. (1825)【汉】展唇兰属。【日】ノティリア属。【英】Notylia。【隶属】兰科 Orchidaceae。【包含】世界60-75种。【学名诠释与讨论】〈阴〉(希)notos,背部,南方+tylon 瘤。指花柱先端的后侧有一个突起的瘤状物。【分布】巴拉圭,巴拿马,秘鲁,玻利维亚,厄瓜多尔,哥伦比亚(安蒂奥基亚),哥斯达黎加,尼加拉瓜,西印度群岛,中美洲。【后选模式】Notylia punctata (Ker-Gawler) Lindley［Pleurothallis punctata Ker-Gawler］。【参考异名】Macroclinium Barb. Rodr. (1882); Macroclinium Barb. Rodr. ex Pfltz. (1889); Tridachne Liebm. ex Lindl. et Paxton(1852)■☆

35773　Notyliopsis P. Ortiz (1996)【汉】类展唇兰属。【隶属】兰科 Orchidaceae。【包含】世界1种。【学名诠释与讨论】〈阴〉(属)Notylia 展唇兰属+希腊文 opsis,外观,模样,相似。【分布】哥伦比亚。【模式】Notyliopsis beatricis P. Ortiz。☆

35774　Nouelia Franch. (1888)【汉】栌菊木属（栌菊属）。【英】Nouelia。【隶属】菊科 Asteraceae(Compositae)。【包含】世界1种,中国1种。【学名诠释与讨论】〈阴〉(人)Nouel。【分布】中国。【模式】Nouelia insignis Franchet。●★

35775　Nouettea Pierre (1898)【汉】努特木属。【隶属】夹竹桃科

Apocynaceae。【包含】世界1种。【学名诠释与讨论】〈阴〉词源不详。【分布】中南半岛。【模式】Nouettea cochinchinensis Pierre。●☆

35776 Nouhuysia Lauteth.（1912）= Sphenostemon Baill.（1875）［楔药花科 Sphenostemonaceae//美冬青科 Aquifoliaceae//盔瓣花科 Paracryphiaceae］●☆

35777 Nouletia Endl.（1841）Nom. illegit. ≡ Cuspidaria DC.（1838）（保留属名）［紫葳科 Bignoniaceae］●☆

35778 Novaguinea D. J. N. Hind（1972）【汉】新几内亚菊属。【隶属】菊科 Asteraceae（Compositae）。【包含】世界1种。【学名诠释与讨论】〈阴〉（拉）novus＋Guinea 几内亚。【分布】新几内亚岛。【模式】Novaguinea ordoviciana G. F. Elliott。■☆

35779 Novatilea Wight（1846）Nom. illegit. = Nonatelia Aubl.（1775）；~ =Palicourea Aubl.（1775）［茜草科 Rubiaceae］●☆

35780 Novatilia Wight（1846）Nom. illegit. ≡ Novatilea Wight（1846）Nom. illegit.；~ = Nonatelia Aubl.（1775）；~ = Palicourea Aubl.（1775）［茜草科 Rubiaceae］●☆

35781 Novella Raf.（1838）Nom. illegit. ≡Salimori Adans.（1763）；~ = Cordia L.（1753）（保留属名）［紫草科 Boraginaceae//破布木科（破布树科）Cordiaceae］●

35782 Noveloa C. T. Philbrick（2011）【汉】墨西哥川苔草属。【隶属】髯管花科 Geniostomaceae。【包含】世界2种。【学名诠释与讨论】〈阴〉（人）Alejandro Novelo，植物学者。【分布】墨西哥。【模式】Noveloa coulteriana（Tul.）C. T. Philbrick［Oserya coulteriana Tul.］。☆

35783 Novenia S. E. Freire（1986）【汉】凤梨菀属。【隶属】菊科 Asteraceae（Compositae）。【包含】世界1种。【学名诠释与讨论】〈阴〉（拉）novenus，九。【分布】秘鲁，玻利维亚和阿根廷的安第斯山地区。【模式】Novenia tunariensis（O. Kuntze）S. E. Freire［Gnaphalium tunariense O. Kuntze］。■☆

35784 Novopokrovskia Tzvelev（1994）= Conyza Less.（1832）（保留属名）［菊科 Asteraceae（Compositae）］■

35785 Novosieversia F. Bolle（1933）【汉】新五瓣莲属。【俄】Новосиверрия。【隶属】蔷薇科 Rosaceae。【包含】世界1种。【学名诠释与讨论】〈阴〉（拉）novus，新的＋（属）Sieversia 随氏路边青属（五瓣莲属）。或＋Johann August Carl Sievers，? -1795，德国植物学者。【分布】俄罗斯（勘察加半岛），西伯利亚西部和东部，北极和温带，北美洲西北部。【模式】Novosieversia glacialis（Adams）F. Bolle［Geum glaciale Adams］。【参考异名】Neosieversia Bolle ●☆

35786 Nowickea J. Martínez et J. A. McDonald（1989）【汉】巨商陆属。【隶属】商陆科 Phytolaccaceae。【包含】世界2种。【学名诠释与讨论】〈阴〉（人）Joan W. Nowicke，1938-?，美国植物学者。【分布】墨西哥。【模式】Nowickea xolocotzii J. Martínez et J. A. McDonald。■☆

35787 Nowodworskya C. Presl（1830）Nom. illegit. ≡ Nowodworskya J. Presl（1830）；~ = Polypogon Desf.（1798）［禾本科 Poaceae（Gramineae）］■

35788 Nowodworskya J. Presl et C. Presl（1830）Nom. illegit. ≡ Nowodworskya J. Presl（1830）；~ = Polypogon Desf.（1798）［禾本科 Poaceae（Gramineae）］■

35789 Nowodworskya J. Presl（1830）= Polypogon Desf.（1798）［禾本科 Poaceae（Gramineae）］■

35790 Noyera Trécul（1847）= Perebea Aubl.（1775）［桑科 Moraceae］●☆

35791 Nubigena Raf.（1838）= Cytisus Desf.（1798）（保留属名）［豆科 Fabaceae（Leguminosae）//蝶形花科 Papilionaceae］●

35792 Nucamentaceae Hoffmanns. et Link =Ambrosiaceae Martinov；~ = Asteraceae Bercht. et J. Presl（保留科名）//Compositae Giseke（保留科名）●■

35793 Nuculaceae Dulac =Betulaceae Gray（保留科名）●

35794 Nuculaceae Lam. et DC. =Juglandaceae DC. ex Perleb（保留科名）●

35795 Nucularia Batt.（1903）【汉】双花蓬属。【隶属】藜科 Chenopodiaceae。【包含】世界1种。【学名诠释与讨论】〈阴〉（拉）nucula，小坚果；nux，nucis，坚果，干果+-arius，-aria，-arium，指示"属于、相似、具有、联系"的词尾。【分布】阿尔及利亚，撒哈拉沙漠。【模式】Nucularia perrini Battandier。●☆

35796 Nudilus Raf.（1833）= Forestiera Poir.（1810）（保留属名）［木犀榄科（木犀科）Oleaceae］●☆

35797 Nufar Walk.（1840）= Nuphar Sm.（1809）（保留属名）［睡莲科 Nymphaeaceae//萍蓬草科 Nupharaceae］■

35798 Nuihonia Dop（1931）= Craibiodendron W. W. Sm.（1911）［杜鹃花科（欧石南科）Ericaceae］●

35799 Nujiangia X. H. Jin et D. Z. Li（2012）Nom. illegit.［兰科 Orchidaceae］■☆

35800 Numaeacampa Gagnep.（1948）= Codonopsis Wall.（1824）［桔梗科 Campanulaceae］■

35801 Numisaureum Raf.（1837）= Reinwardtia Dumort.（1822）［亚麻科 Linaceae］●

35802 Nummularia Hill（1756）= Lysimachia L.（1753）［报春花科 Primulaceae//珍珠菜科 Lysimachiaceae］●■

35803 Numularia Fabe. = Nummularia Hill（1756）；~ = Lysimachia L.（1753）［报春花科 Primulaceae//珍珠菜科 Lysimachiaceae］●■

35804 Numularia Gilib.（1782）Nom. illegit.［报春花科 Primulaceae］■

35805 Numularia Gray（1821）Nom. illegit. ≡ Lerouxia Merat（1812）；~ =Lysimachia L.（1753）［报春花科 Primulaceae//珍珠菜科 Lysimachiaceae］●■

35806 Nunnezharia Ruiz et Pav.（1794）（废弃属名）= Chamaedorea Willd.（1806）（保留属名）［棕榈科 Arecaceae（Palmae）］●☆

35807 Nunnezharoa Kuntze（1891）= Nunnezharia Ruiz et Pav.（1794）（废弃属名）；~ =Chamaedorea Willd.（1806）（保留属名）［棕榈科 Arecaceae（Palmae）］●☆

35808 Nunnezharria Ruiz et Pav.（废弃属名）= Chamaedorea Willd.（1806）（保留属名）［棕榈科 Arecaceae（Palmae）］●☆

35809 Nunnezia Willd.（1806）Nom. illegit. ≡ Nunnezharia Ruiz et Pav.（1794）（废弃属名）；~ =Chamaedorea Willd.（1806）（保留属名）［棕榈科 Arecaceae（Palmae）］●☆

35810 Nuphar Sibth. et Sm.（1809）Nom. illegit.（废弃属名）= Nuphar Sm.（1809）（保留属名）［睡莲科 Nymphaeaceae//萍蓬草科 Nupharaceae］■

35811 Nuphar Sm.（1809）（保留属名）【汉】萍蓬草属（萍蓬连属，萍蓬属）。【日】カハホネ属，コウホネ属。【俄】Кубышка。【英】Brandy Borrle, Cow Lily, Cowlily, Cow-lily, Marsh Collard, Spatter Dock, Spatterdock, Water Collard, Water-lily, Yellow Pond Lily, Yellow Pond-lily, Yellow Water-lily。【隶属】睡莲科 Nymphaeaceae//萍蓬草科 Nupharaceae。【包含】世界10-25种，中国2-6种。【学名诠释与讨论】〈阴〉（希）nouphar，水百合。另说源于阿拉伯或波斯植物俗名 neufar。此属的学名"Nuphar Sm. ,Fl. Graec. Prodr. 1 :361. Mai-Nov 1809"是保留属名。相应的废弃属名是睡莲科 Nymphaeaceae 的"Nymphozanthus Rich. , Démonstr. Bot. :63,68,103. Mai 1808 ≡ Nuphar Sm.（1809）（保留属名）"。其变体"Nymphosanthus Steud.（1841）"亦应废弃。"Nuphar Sibth. et Sm.（1809）≡Nuphar Sm.（1809）（保留属名）"

的命名人引证有误，亦应废弃。"Nenuphar Link, Enum. Horti Berol. 2：70. Jan – Jun 1822"、"Nymphona Bubani, Fl. Pyrenaea 3：260. 1901（ante 27 Aug）"和"Nymphozanthus L. C. Richard, Démonstr. Bot. Analyse Fruit 63, 68（'Nymphosanthus'）, 103. Mai 1808（废弃属名）"是"Nuphar Sm.（1809）（保留属名）"的同模式异名（Homotypic synonym, Nomenclatural synonym）。【分布】美国，中国，北温带和寒冷地区。【模式】Nuphar lutea（Linnaeus）J. E. Smith［Nymphaea lutea Linnaeus］。【参考异名】Nenuphar Link（1822）Nom. illegit.；Nufar Walk.（1840）；Nuphar Sibth. et Sm.（1809）Nom. illegit.（废弃属名）；Nymphaea Kuntze（废弃属名）；Nymphanthus Desv.（1818）Nom. illegit.；Nymphona Bubani（1901）Nom. illegit.；Nymphosanthus Rich.（1808）（废弃属名）；Nymphosanthus Steud.（1841）Nom. illegit.（废弃属名）；Nymphozanthus Rich.（1808）（废弃属名）；Nyphar Walp.（1842）；Ropalon Raf.（1836）■

35812　Nupharaceae A. Kern.（1891）= Nupharaceae Nakai；~ = Nymphaeaceae Salisb.（保留科名）■

35813　Nupharaceae Nakai［亦见 Nymphaeaceae Salisb.（保留科名）睡莲科］【汉】萍蓬草科。【包含】世界1属25种，中国1属6种。【分布】北温带和寒冷地区。【科名模式】Nuphar Sm.（1809）（保留属名）■

35814　Nuphylis Thouars, Nom. illegit. = Bulbophyllum Thouars（1822）（保留属名）［兰科 Orchidaceae］■

35815　Nuphyllis Thouars, Nom. illegit. = Bulbophyllum Thouars（1822）（保留属名）［兰科 Orchidaceae］■

35816　Nurmonia Harms（1917）= Turraea L.（1771）［楝科 Meliaceae］●

35817　Nutalla Raf., Nom. illegit. = Nuttallia Raf.（1818）［刺莲花科（硬毛草科）Loasaceae］●■☆

35818　Nuttalia Torr.（1828）Nom. illegit. = Nuttallia Raf.（1818）；~ = Mentzelia L.（1753）［刺莲花科（硬毛草科）Loasaceae］●■☆

35819　Nuttalla Raf.（1818）Nom. illegit. = Nuttallia Raf.（1818）；~ = Mentzelia L.（1753）［刺莲花科（硬毛草科）Loasaceae］●■☆

35820　Nuttallae Raf.（1818）Nom. illegit. ≡ Nuttallia Raf.（1818）；~ = Mentzelia L.（1753）［刺莲花科（硬毛草科）Loasaceae］●■☆

35821　Nuttallanthus D. A. Sutton（1988）【汉】纳氏婆婆纳属（纳氏玄参属）。【隶属】玄参科 Scrophulariaceae//婆婆纳科 Veronicaceae。【包含】世界4种。【学名诠释与讨论】〈阴〉（人）Thomas Nuttall, 1786–1859, 英国植物学者，植物采集家+anthos, 花。【分布】厄瓜多尔，美国，北美洲。【模式】Nuttallanthus canadensis（Linnaeus）D. A. Sutton［Antirrhinum canadense Linnaeus］。■☆

35822　Nuttallia Barton（1822）Nom. illegit. ≡ Callirhoe Nutt.（1821）［锦葵科 Malvaceae］■●☆

35823　Nuttallia DC.（1821）Nom. illegit. = Nemopanthus Raf.（1819）（保留属名）［冬青科 Aquifoliaceae］●☆

35824　Nuttallia Dick ex Barton（1822）Nom. illegit. ≡ Nuttallia Barton（1822）Nom. illegit.；~ ≡ Callirhoe Nutt.（1821）［锦葵科 Malvaceae］■●☆

35825　Nuttallia Raf.（1818）= Mentzelia L.（1753）［刺莲花科（硬毛草科）Loasaceae］●■☆

35826　Nuttallia Spreng.（1821）Nom. illegit. = Trigonia Aubl.（1775）［三角果科（三棱果科，三数木科）Trigoniaceae］●☆

35827　Nuttallia Torr. et A. Gray ex Hook. et Arn.（1838）Nom. illegit. = Oemleria Rchb.（1841）；~ = Osmaronia Greene（1891）Nom. illegit.［蔷薇科 Rosaceae］●☆

35828　Nuttallia Torr. et A. Gray（1838）Nom. illegit. ≡ Nuttallia Torr. et A. Gray ex Hook. et Arn.（1838）Nom. illegit.；~ ≡ Oemleria Rchb.

（1841）；~ = Osmaronia Greene（1891）Nom. illegit.［蔷薇科 Rosaceae］●■☆

35829　Nux Duhamel（1755）Nom. illegit. ≡ Juglans L.（1753）［胡桃科 Juglandaceae］●

35830　Nux Tourn. ex Adans.（1763）Nom. illegit. = Juglans L.（1753）［胡桃科 Juglandaceae］●

35831　Nuxia Comm. ex Lam.（1792）【汉】努西木属。【隶属】密穗木科（密穗草科 Stilbaceae//岩高兰科 Empetraceae//醉鱼草科 Buddlejaceae。【包含】世界15种。【学名诠释与讨论】〈阴〉（拉）nux, 坚果。另说纪念 M. de la Nux, 法国植物学者。此属的学名，ING、TROPICOS 和 IK 记载是"Nuxia Commerson ex Lamarck, Tabl. Encycl. Meth., Bot. t. 71. 3 Mar 1791"。"Nuxia Lam.（1792）= Nuxia Comm. ex Lam.（1792）"的命名人引证有误。【分布】马达加斯加，马斯克林群岛，热带非洲。【模式】Nuxia verticillata Commerson ex Lamarck。【参考异名】Lachnopylis Hochst.（1843）；Lachnostylis Engl.；Nuxia Lam.（1792）Nom. illegit.●☆

35832　Nuxia Lam.（1792）Nom. illegit. = Nuxia Comm. ex Lam.（1792）［密穗木科（密穗草科 Stilbaceae//岩高兰科 Empetraceae//醉鱼草科 Buddlejaceae］●☆

35833　Nuxiopsis N. E. Br. ex Engl. = Dobera Juss.（1789）［牙刷树科（刺茉莉科）Salvadoraceae］●☆

35834　Nuytsia G. Don（1831）【汉】努氏桑寄生属（努伊特斯木属）。【隶属】桑寄生科 Loranthaceae。【包含】世界1种。【学名诠释与讨论】〈阴〉（人）Pieter Nuyts（Nuijts）, 荷兰探险家。此属的学名，APNI 记载为"Nuytsia G. Don, Journal of the Royal Geographical Society of London 1 1831"。同一年发表的"Nuytsia R. Br., Journ. Geogr. Soc. i.（1831）17"是一个不合格发表的名称（Nom. inval.）。ING 和 IPNI 记载的"Nuytsia R. Brown ex G. Don, Gen. Hist. 3：432. 8-15 Nov 1834"则是晚出的非法名称。【分布】澳大利亚（西部）。【模式】Nuytsia floribunda（Labillardière）R. Brown ex D. Don［Loranthus floribundus Labillardière］。【参考异名】Nuytsia R. Br.（1831）Nom. inval.；Nuytsia R. Br. ex G. Don（1834）Nom. illegit.●☆

35835　Nuytsia R. Br.（1831）Nom. inval. ≡ Nuytsia R. Br. ex G. Don（1834）Nom. illegit.；~ = Nuytsia G. Don（1831）［桑寄生科 Loranthaceae］●☆

35836　Nuytsia R. Br. ex G. Don（1834）Nom. illegit. = Nuytsia G. Don（1831）［桑寄生科 Loranthaceae］●☆

35837　Nuytsiaceae Tiegh.（1896）= Loranthaceae Juss.（保留科名）●

35838　Nuytsiaceae Tiegh. ex Nakai = Loranthaceae Juss.（保留科名）●

35839　Nyachia Small（1925）= Paronychia Mill.（1754）［石竹科 Caryophyllaceae//醉人花科（裸果木科）Illecebraceae//指甲草科 Paronichiaceae］■

35840　Nyalel Augier = Aglaia Lour.（1790）（保留属名）；~ = Nialel Adans.（1763）（废弃属名）［楝科 Meliaceae］●

35841　Nyalelia Dennst.（1818）Nom. inval. ≡ Nyalelia Dennst. ex Kostel.（1836）；~ ≡ Nialel Adans.（1763）（废弃属名）；~ = Aglaia Lour.（1790）（保留属名）［楝科 Meliaceae］●

35842　Nyalelia Dennst. ex Kostel.（1836）Nom. illegit. ≡ Nialel Adans.（1763）（废弃属名）；~ = Aglaia Lour.（1790）（保留属名）［楝科 Meliaceae］●

35843　Nychosma Schltdl. = Nyctosma Raf.（1837）Nom. illegit.；~ = Epidendrum L.（1763）（保留属名）［兰科 Orchidaceae］■☆

35844　Nyctaginaceae Juss.（1789）（保留科名）【汉】紫茉莉科。【日】オシロイバナ科。【俄】Никтагиновые, Ночецветные。【英】Four-o'clock Family。【包含】世界30-38属300-558种，中国7属

17种。【分布】大多在热带,美洲。【科名模式】Nyctago Juss.,
Nom. illegit.［Mirabilis L. (1753)］●■

35845 Nyctaginia Choisy(1849)【汉】夜茉莉属。【隶属】紫茉莉科
Nyctaginaceae。【包含】世界1种。【学名诠释与讨论】〈阴〉(希)
nyx,所有格 nyktos,夜,nykteus,夜的+ago,相似,联系,追随,携
带,诱导。指夜晚开花。【分布】美国(南部),墨西哥。【后选模
式】Nyctaginia capitata J. D. Choisy。■☆

35846 Nyctago Juss. (1789)Nom. illegit. ≡Mirabilis L. (1753)［紫茉
莉科 Nyctaginaceae］■

35847 Nyctandra Prior(1883–1886)= Nectandra Rol. ex Rottb. (1778)
(保留属名)［樟科 Lauraceae］●☆

35848 Nyctanthaceae J. Agardh(1858)［亦见 Oleaceae Hoffmanns. et
Link(保留科名)木犀榄科(木犀科)］【汉】夜花科(腋花科)。
【俄】Никтагиновые,Ночецветниковые,Ночецветные。【包含】
世界1属2种,中国1属1种。【分布】印度,泰国,苏门答腊岛,
爪哇岛。【科名模式】Nyctanthes L. (1753)●☆

35849 Nyctanthes L. (1753)【汉】夜花科(腋花科)。【日】ニクタン
テス属。【俄】Никтантес。【英】Night Jasmin, Nightjasmine,
Night–jasmine, Tree of Sadness, Tree–of–sadness。【隶属】木犀榄
科(木犀科)Oleaceae//夜花科(腋花科)Nyctanthaceae。【包含】
世界2种,中国1种。【学名诠释与讨论】〈阴〉(希)nyx,所有格
nyktos,夜 + anthos,花。指夜间开花。此属的学名,ING、
TROPICOS 和 IK 记载是"Nyctanthes L.,Sp. Pl. 1:6. 1753［1 May
1753］"。"Mogori Adanson, Fam. 2:223. Jul – Aug 1763",
"Pariaticu Adanson, Fam. 2:223. Jul – Aug 1763"和"Parilium J.
Gaertner, Fruct. 1:234. Dec 1788"是"Nyctanthes L. (1753)"的晚
出的同模式异名(Homotypic synonym, Nomenclatural synonym)。
"Nyctanthos St. –Lag., Ann. Soc. Bot. Lyon vii. (1880)56"似为
"Nyctanthes L. (1753)"的拼写变体。【分布】巴基斯坦,玻利维
亚,印度尼西亚(苏门答腊岛,爪哇岛),泰国,印度,中国。【后选
模式】Nyctanthes arbor – tristis Linnaeus。【参考异名】Bruschia
Bertol. (1857);Homalocarpus Post et Kuntze (1903)Nom. illegit.;
Mogori Adans. (1763)Nom. illegit.;Nictanthes All. (1761);
Nyctanthos St. – Lag. (1880);Omolocarpus Neck. (1790)Nom.
inval.;Pariaticu Adans. (1763)Nom. illegit.;Parilium Gaertn.
(1788)Nom. illegit.;Scabrita L. (1767)●

35850 Nyctanthos St. –Lag. (1880)= Nyctanthes L. (1753)［木犀科
(木犀科)Oleaceae//夜花科(腋花科)Nyctanthaceae］●

35851 Nyctelea Scop. (1777)Nom. illegit. ≡Ellisia L. (1763)(保留属
名)［田梗草科(田基麻科,田亚麻科)Hydrophyllaceae］■☆

35852 Nycteranthus Neck. ex Rothm. (1941)Nom. illegit. ≡Aridaria N.
E. Br. (1925);~ = Phyllobolus N. E. Br. (1925)［番杏科
Aizoaceae］●☆

35853 Nycteranthus Rothm. (1941)Nom. illegit. ≡Nycteranthus Neck.
ex Rothm. (1941)Nom. illegit.;~ ≡Aridaria N. E. Br. (1925);~ =
Phyllobolus N. E. Br. (1925)［番杏科 Aizoaceae］●☆

35854 Nycterianthemum Haw. (1821)= Phyllobolus N. E. Br. (1925)
［番杏科 Aizoaceae］●☆

35855 Nycterinia D. Don(1834)= Zaluzianskya F. W. Schmidt(1793)
(保留属名)［玄参科 Scrophulariaceae］■☆

35856 Nycterisition Ruiz et Pav. (1794)= Chrysophyllum L. (1753)
［山榄科 Sapotaceae］●

35857 Nycterium Vent. (1803)= Solanum L. (1753)［茄科
Solanaceae］●■

35858 Nycticalanthus Ducke(1932)【汉】夜花芸香属。【隶属】芸香
科 Rutaceae。【包含】世界1种。【学名诠释与讨论】〈阳〉(希)
nyx,所有格 nyktos,夜 + kalos,美丽的。kallos,美人,美丽

kallistos,最美的+anthos,花。【分布】巴西,亚马孙河流域。【模
式】Nycticalanthus speciosus Ducke。●☆

35859 Nyctocalos Teijsm. et Binn. (1861)【汉】照夜白属。【英】
Nyctocalos。【隶属】紫葳科 Bignoniaceae。【包含】世界3-5种,中
国2种。【学名诠释与讨论】〈阴〉(希)nyx,所有格 nyktos,夜+
kalos 美丽的。指美丽的花于夜间开放。【分布】印度(阿萨姆)
至马来西亚西部,中国。【模式】Nyctocalos brunfelsiiflorum
Teysmann et Binnendijk［as 'brunfelsiaeflorus'］。●

35860 Nyctocereus(A. Berger)Britton et Rose(1909)Nom. illegit. ≡
Nyctocereus Britton et Rose(1909);~ = Peniocereus (A. Berger)
Britton et Rose(1909)［仙人掌科 Cactaceae］●

35861 Nyctocereus Britton et Rose(1909)【汉】仙人杖属(蛇柱属,仙
人鞭属,夜蛇柱属)。【日】ニクトセレウス属。【隶属】仙人掌
科 Cactaceae。【包含】世界7种,中国1种。【学名诠释与讨论】
〈阳〉(希)nyx,所有格 nyktos,夜+(属)Cereus 仙影掌属。指花夜
间开放。此属的学名,APNI 记载是"Nyctocereus (A. Berger)
Britton et Rose, Contributions from the United States National
Herbarium 12 1909",由"Cereus subsect. Nyctocereus A. Berger,
Rep. (Annual)Missouri Bot. Gard. 16;75. 31 Mai 1905"改级而来;
但是,基源异名是一个非法名称(Nom. illegit.),因为它包含了
"Cereus subsect. Serpentini Salm–Dyck, Cact. Hort. Dyck. 50. 1850"
的模式。ING 和 IK 则记载为"Nyctocereus N. L. Britton et J. N.
Rose, Contr. U. S. Natl. Herb. 12;423. 21 Jul 1909"。亦有文献把
"Nyctocereus Britton et Rose(1909)"处理为"Peniocereus (A.
Berger)Britton et Rose(1909)"的异名。【分布】哥斯达黎加,墨
西哥,尼加拉瓜,萨尔瓦多,危地马拉,中国,中美洲。【模式】
Nyctocereus serpentinus(Lagasca et Rodriguez)N. L. Britton et J. N.
Rose［Cactus serpentinus Lagasca et Rodriguez］。【参考异名】
Cereus subsect. Nyctocereus A. Berger(1905);Nyctocereus Britton et
Rose(1909)Nom. illegit.;Peniocereus (A. Berger)Britton et Rose
(1909);Selenicereus (A. Berger)Britton et Rose(1909)■

35862 Nyctophylax Zipp. (1829)(废弃属名)= Riedelia Oliv. (1883)
(保留属名)［姜科(蘘荷科)Zingiberaceae］■☆

35863 Nyctosma Raf. (1837)Nom. illegit. ≡Epidendrum L. (1763)(保
留属名)［兰科 Orchidaceae］■☆

35864 Nylandtia Dumort. (1822)【汉】尼兰远志属。【隶属】远志科
Polygalaceae。【包含】世界1种。【学名诠释与讨论】〈阴〉(人)
Petrus Nylandt (Peter Nyland),荷兰植物学者,医生。【分布】非
洲南部。【模式】Nylandtia spinosa (Linnaeus)Dumortier［Polygala
spinosa Linnaeus］。【参考异名】Mundia Kunth (1821)Nom.
illegit.;Vascoa DC. (1824)■☆

35865 Nymania Gand. = Seseli L. (1753)［伞形花科(伞形科)
Apiaceae(Umbelliferae)］■

35866 Nymania K. Schum. (1905)Nom. illegit. = Phyllanthus L.
(1753)［大戟科 Euphorbiaceae//叶下珠科 (叶萝藦科)
Phyllanthaceae］●■

35867 Nymania Kuntze = Nymanina Kuntze(1891)Nom. illegit.;~ =
Freesia Exklon ex Klatt(1866)(保留属名)［鸢尾科 Iridaceae］■☆

35868 Nymania Lindb. (1868)【汉】灯笼树属(红褐果属)。【英】
Chinese Lantern。【隶属】楝科 Meliaceae。【包含】世界1种。
【学名诠释与讨论】〈阴〉(人)Carl Fredrik Nyman, 1820–1893,瑞
典植物学者。此属的学名"Nymania S. O. Lindberg, Musci Nov.
Scand. 290. 30 Jun – 10 Aug 1868"是一个替代名称。"Aitonia
Thunberg, Physiogr. Sälsk. Handl. 1(3):166. 1780('1776')"是一
个非法名称(Nom. illegit.),因为此前已经有了苔藓的"Aytonia
J. R. Forster et J. G. A. Forster, Char. Gen. 74. 29 Nov 1775"。故用
"Nymania Lindb. (1868)"替代之。"Carruthia O. Kuntze, Rev.

Gen. 1:141. 5 Nov 1891"是"Nymania Lindb.(1868)"的晚出的同模式异名(Homotypic synonym, Nomenclatural synonym);它是"Aitonia Thunb.(1776)Nom. illegit."的替代名称。"Nymania K. M. Schumann in K. M. Schumann et Lauterbach, Nachtr. Fl. Deutsch. Südsee 291. Nov(prim.)1905(non S. O. Lindberg 1868)"是"Phyllanthus L.(1753)[大戟科 Euphorbiaceae//叶下珠科(叶萝藦科)Phyllanthaceae]"的异名。"Nymania Gand."是"Seseli L.(1753)[伞形花科(伞形科)Apiaceae(Umbelliferae)]"的异名。"Nymania Kuntze"是"Nymanina Kuntze(1891)Nom. illegit.[鸢尾科 Iridaceae]"的误引,"Nymanina Kuntze(1891)Nom. illegit."则是"Freesia Exklon ex Klatt(1866)(保留属名)[鸢尾科 Iridaceae]"的晚出的同模式异名(Homotypic synonym, Nomenclatural synonym)。【分布】非洲南部。【模式】Nymania capensis(Thunberg)S. O. Lindberg[Aitonia capensis Thunberg]。【参考异名】Aitonia Thunb.(1776)Nom. illegit.;Aytonia L. f.(1782)Nom. illegit.;Carruthia Kuntze(1891)Nom. illegit.;Nymania Kuntze, Nom. illegit. ●☆

35869　Nymanima Kuntze(1891)Nom. illegit. ≡Freesia Exklon ex Klatt(1866)(保留属名)[鸢尾科 Iridaceae]■

35870　Nymanima T. Durand et Jacks. =Freesia Exklon ex Klatt(1866)(保留属名);~ = Nymanina Kuntze(1891)Nom. illegit.[鸢尾科 Iridaceae]■☆

35871　Nymanina Kuntze(1891)Nom. illegit. ≡Freesia Exklon ex Klatt(1866)(保留属名)[鸢尾科 Iridaceae]■

35872　Nymphaea Kuntze(废弃属名)= Nuphar Sm.(1809)(保留属名)[睡莲科 Nymphaeaceae//萍蓬草科 Nupharaceae]■

35873　Nymphaea L.(1753)(保留属名)【汉】睡莲属。【日】スイレン属,ニンフェア属,ヒツジグサ属。【俄】Водяная роза,Кувшинка,Ненюфар,Нимфея。【英】Nymphaea, Pond - lily, Water Lily, Water Nymph, Waterlily, Water-lily, White Water-lily。【隶属】睡莲科 Nymphaeaceae。【包含】世界 50 种,中国 5-8 种。【学名诠释与讨论】〈阴〉(希)Nympha, 司山林水泽之神。nymphaia, 睡莲。指植物生于水中。此属的学名"Nymphaea L., Sp. Pl.:510. 1 Mai 1753"是保留属名。法规未列出相应的废弃属名。但是"Nymphaea Kuntze = Nuphar Sm.(1809)(保留属名)"应该废弃。"Castalia R. A. Salisbury, Ann. Bot.(König et Sims)2:71. 1 Jun(?)1805"和"Leuconymphaea O. Kuntze, Rev. Gen. 1:11. 5 Nov 1891"是"Nymphaea L.(1753)(保留属名)"的晚出的同模式异名(Homotypic synonym, Nomenclatural synonym)。【分布】巴基斯坦,巴拿马,秘鲁,玻利维亚,厄瓜多尔,哥伦比亚(安蒂奥基亚),马达加斯加,美国(密苏里),尼加拉瓜,中国,中美洲。【模式】Nymphaea alba Linnaeus。【参考异名】Castalia Salisb.(1805)Nom. illegit.;Leuconymphaea Kuntze(1891)Nom. illegit.;Nimphaea Neck.(1768);Nimphea Nocca(1793);Nymphea Raf.(1808)■

35874　Nymphaeaceae Salisb.(1805)(保留科名)【汉】睡莲科。【日】スイレン科,スヰレン科,ヒツジグサ科。【俄】Кувшинковые,Нимфейные。【英】Waterlily Family, Water-lily Family。【包含】世界 3-8 属 60-100 种,中国 3-6 属 8-20 种。【分布】广泛分布。【科名模式】Nymphaea L.■

35875　Nymphaeanthe Rchb. =Limnanthemum S. G. Gmel.(1770);~ = Nymphoides Ség.(1754)[龙胆科 Gentianaceae//睡菜科(荇菜科)Menyanthaceae]■

35876　Nymphaeum Barsch = Nymphaeanthe Rchb.[龙胆科 Gentianaceae//睡菜科(荇菜科)Menyanthaceae]■

35877　Nymphanthus Desv.(1818)Nom. illegit. ≡Nymphozanthus Rich.(1808)(废弃属名);~ = Nuphar Sm.(1809)(保留属名)[睡莲科 Nymphaeaceae//萍蓬草科 Nupharaceae]■

35878　Nymphanthus Lour.(1790)= Phyllanthus L.(1753)[大戟科 Euphorbiaceae//叶下珠科(叶萝藦科)Phyllanthaceae]●■

35879　Nymphea Raf.(1808)= Nymphaea L.(1753)(保留属名)[睡莲科 Nymphaeaceae]■

35880　Nympheanthe Endl. =Limnanthemum S. G. Gmel.(1770);~ = Nymphaeanthe Rchb.;~ = Nymphoides Ség.(1754)[龙胆科 Gentianaceae//睡菜科(荇菜科)Menyanthaceae]■

35881　Nymphodes Kuntze = Nymphoides Ség.(1754)[龙胆科 Gentianaceae//睡菜科(荇菜科)Menyanthaceae]■

35882　Nymphoides Hill(1756)Nom. illegit. =Nymphoides Ség.(1754)[龙胆科 Gentianaceae//睡菜科(荇菜科)Menyanthaceae]■

35883　Nymphoides Ség.(1754)【汉】荇菜属(荇菜科)。【日】アサザ属,リムナンセマム属。【俄】Болотноцветник,Болотоцветник,Лимнантемум,Нимфондес。【英】Floating Heart, Floating Hearts, Floatingheart, Fringed Water - lily, Water - lily。【隶属】龙胆科 Gentianaceae//睡菜科(荇菜科)Menyanthaceae。【包含】世界 20-40 种,中国 6 种。【学名诠释与讨论】〈阴〉(属)Nymphaea 睡莲属+oides,来自 o+eides,像,似;或 o+eidos 形,含义为相像。指其外观与睡莲相似。此属的学名,ING 和 IK 记载是"Nymphoides Ség., Pl. Vemn. iii. 121(1754);vide Dandy, Ind. Gen. Vasc. Pl. 1753-74(Regn. Veg. li.)68(1967)"。"Nymphoides Hill, Brit. Herb. 77(1756)= Nymphoides Ség.(1754)"、"Nymphoides Seg., The British Herbal 1756"和"Nymphoides Tourn. ex Medik., Philos. Bot.(Medikus)1:35. 1789 = Nymphoides Ség.(1754)"均是晚出的非法名称。"Schweyckerta C. C. Gmelin, Fl. Badensis 1:447. 1805"和"Waldschmidia F. H. Wiggers, Prim. Fl. Hols. 19. 29 Mar 1780"是"Nymphoides Ség.(1754)"的晚出的同模式异名(Homotypic synonym, Nomenclatural synonym)。【分布】巴基斯坦,巴拉圭,巴拿马,秘鲁,玻利维亚,哥斯达黎加,马达加斯加,美国(密苏里),尼加拉瓜,中国,中美洲。【模式】Menyanthes nymphoides Linnaeus。【参考异名】Limnanthemum S. G. Gmel.(1770);Limnanthes Stokes(1812)(废弃属名);Nymphaeanthe Rchb.;Nympheanthe Endl.;Nymphodes Kuntze;Nymphoides Hill(1756)Nom. illegit.;Nymphoides Tourn. ex Medik.(1789)Nom. illegit.;Schewykerta S. G. Gmel., Nom. illegit.;Schweyckerta C. C. Gmel.(1805)Nom. illegit.;Trachysperma Raf.(1808);Villarsia J. F. Gmel.(1791)(废弃属名);Waldschmidia F. H. Wigg.(1780)Nom. illegit.;Waldschmidia Weber(1780)Nom. illegit.;Waldschmidtia Bluff et Firgerh.(1825)Nom. illegit.■

35884　Nymphoides Tourn. ex Medik.(1789)Nom. illegit. =Nymphoides Ség.(1754)[龙胆科 Gentianaceae//睡菜科(荇菜科)Menyanthaceae]■

35885　Nymphona Bubani(1901)Nom. illegit. ≡Nuphar Sm.(1809)(保留属名)[睡莲科 Nymphaeaceae//萍蓬草科 Nupharaceae]■

35886　Nymphosanthus Rich.(1808)(废弃属名)≡ Nymphozanthus Rich.(1808)(废弃属名);~ = Nuphar Sm.(1809)(保留属名)[睡莲科 Nymphaeaceae]■

35887　Nymphosanthus Steud.(1841)Nom. illegit.(废弃属名)≡ Nuphar Sm.(1809)(保留属名);~ ≡ Nymphozanthus Rich.(1808)(废弃属名)[睡莲科 Nymphaeaceae//萍蓬草科 Nupharaceae]■

35888　Nymphozanthus Rich.(1808)[as 'Nymphosanthus'](废弃属名)≡Nuphar Sm.(1809)(保留属名)[睡莲科 Nymphaeaceae//萍蓬草科 Nupharaceae]■

35889　Nypa Steck(1757)【汉】水椰属(尼泊椰子属,尼帕椰属,聂柏椰属)。【日】ニッパヤシ属,ニーパ属。【英】Nipa Palm, Nypa, Nypa Palm, Watercoconut。【隶属】棕榈科 Arecaceae(Palmae)//

水椰科 Nypaceae。【包含】世界 1 种,中国 1 种。【学名诠释与讨论】〈阴〉可能来自马来半岛或印度尼西亚(马鲁古群岛)植物俗名 nipah。【分布】马来西亚,澳大利亚(热带),斯里兰卡,所罗门群岛,中国。【模式】Nypa fruticans Wurmb。【参考异名】Nipa Thunb. (1782) ; Nypha Buch. -Ham. (1826)●

35890　Nypa Wurmb(1779) Nom. illegit. [棕榈科 Arecaceae(Palmae)]☆

35891　Nypaceae Brongn. ex Le Maout et Decne. (1868) = Arecaceae Bercht. et J. Presl(保留科名)//Palmae Juss. (保留科名)●

35892　Nypaceae Tralau [亦见 Arecaceae Bercht. et J. Presl(保留科名)//Palmae Juss. (保留科名)]【汉】水椰科。【包含】世界 1 属 1 种。【分布】热带亚洲至澳大利亚。【科名模式】Nypa Steck ●

35893　Nypha Buch. – Ham. (1826) = Nypa Steck (1757) [棕榈科 Arecaceae(Palmae)//水椰科 Nypaceae]●

35894　Nyphar Walp. (1842) = Nuphar Sm. (1809) (保留属名) [睡莲科 Nymphaeaceae//萍蓬草科 Nupharaceae]■

35895　Nyrophylla Neck. (1790) Nom. inval. =? Persea Mill. (1754) (保留属名) [樟科 Lauraceae]●

35896　Nyrophylluna Kosterm. = Nyrophylla Neck. (1790) Nom. inval. [樟科 Lauraceae]●

35897　Nyssa Gronov. ex L. (1753) ≡ Nyssa L. (1753) [蓝果树科(珙桐科,紫树科)Nyssaceae//山茱萸科 Cornaceae]●

35898　Nyssa L. (1753)【汉】蓝果树属(枏萨木属,紫树属)。【日】ヌマミズキ属。【俄】Нисса, Тупело。【英】Black Gum, Tupelo, Tupelo Gum。【隶属】蓝果树科(珙桐科,紫树科)Nyssaceae//山茱萸科 Cornaceae。【包含】世界 8-12 种,中国 7-8 种。【学名诠释与讨论】〈阴〉(希)Nyssa 或 Nysa,神话中水神名。指本属模式种水蓝果树喜生于湿地或近水边。此属的学名,ING 和 IK 记载是"Nyssa L.,Sp. Pl. 2:1058. 1753 [1 May 1753]"。也有文献用为"Nyssa Gronov. ex L. (1753)"。"Nyssa Gronov."是命名起点著作之前的名称,故"Nyssa L. (1753)"和"Nyssa Gronov. ex L. (1753)"都是合法名称,可以通用。"Tupelo Adanson,Fam. 2:80, 614. Jul-Aug 1763"是"Nyssa L. (1753)"的晚出的同模式异名(Homotypic synonym, Nomenclatural synonym)。【分布】巴拿马,哥斯达黎加,马来西亚(西部),美国(密苏里),中国,喜马拉雅山,亚洲,北美洲东部,中美洲。【模式】Nyssa aquatica Linnaeus。【参考异名】Agathidanthes Hassk. (1844) ; Ceratostachys Blume (1826) ; Cynoxylum Pluk. ; Daphniphyllopsis Kurz (1876) ; Daphnophyllopsis Post et Kuntze (1903) ; Nyssa Gronov. ex L. (1753) ; Streblina Raf. (1840) ; Tupelo Adans. (1763) Nom. illegit. ●

35899　Nyssaceae Dumort. (1829) = Nyssaceae Juss. ex Dumort. (保留科名)●

35900　Nyssaceae Juss. ex Dumort. (1829) (保留科名) [亦见 Ochnaceae DC. (保留科名)金莲木科和 Cornaceae Bercht. et J. Presl(保留科名)山茱萸科(四照花科)]【汉】蓝果树科(珙桐科,紫树科)。【俄】Ниссовые。【英】Nyssa Family, Sour Gum Family, Sour-gum Family, Tupelo Family, Tupelo-gum Family。【包含】世界 2-5 属 10-30 种,中国 3 属 10 种。【分布】东亚,美洲。【科名模式】Nyssa L. (1753)●

35901　Nyssanthes R. Br. (1810)【汉】刺被苋属。【隶属】苋科 Amaranthaceae。【包含】世界 2 种。【学名诠释与讨论】〈阴〉(希)Nyssa 或 Nysa,神话中水神名+anthos,花。【分布】澳大利亚(东部)。【模式】未指定。■☆

35902　Nyssopsis Kuntze (1903) Nom. illegit. ≡ Camptotheca Decne. (1873) [蓝果树科(珙桐科,紫树科)Nyssaceae//山茱萸科 Cornaceae]●

35903　Nzidora A. Chev. (1951) = Tridesmostemon Engl. (1905) [山榄科 Sapotaceae]●☆

35904　Oakes-Amesia C. Schweinf. et P. H. Allen (1948)【汉】阿迈兰属。【隶属】兰科 Orchidaceae。【包含】世界 1 种。【学名诠释与讨论】〈阴〉(人)Oakes Ames, 1874-1950, 美国植物学者,兰科 Orchidaceae 专家,植物采集家。此属的学名是"Oakes-amesia C. Schweinfurth et P. H. Allen, Bot. Mus. Leafl. 13:133. 24 Nov 1948"。亦有文献把其处理为"Sphyrastylis Schltr. (1920)"的异名。【分布】巴拿马,中美洲。【模式】Oakes-Amesia cryptantha C. Schweinfurth et P. H. Allen。【参考异名】Sphyrastylis Schltr. (1920)■☆

35905　Oakesia S. Watson (1879) Nom. illegit. = Oakesiella Small (1903) ; ~ = Uvularia L. (1753) [百合科 Liliaceae//铃兰科 Convallariaceae//秋水仙科 Colchicaceae//细钟花科(悬阶草科)Uvulariaceae]■☆

35906　Oakesia Tuck. (1842) = Corema D. Don (1826) [岩高兰科 Empetraceae]●☆

35907　Oakesiella Small (1903) = Uvularia L. (1753) [百合科 Liliaceae//铃兰科 Convallariaceae//秋水仙科 Colchicaceae//细钟花科(悬阶草科)Uvulariaceae]■☆

35908　Oaxacana Rose (1905) Nom. illegit. ≡ Coaxana J. M. Coult. et Rose(1895) [伞形花科(伞形科)Apiaceae(Umbelliferae)]■☆

35909　Oaxacania B. L. Rob. et Greenm. (1895)【汉】短冠孤泽兰属。【隶属】菊科 Asteraceae(Compositae)。【包含】世界 1-2 种。【学名诠释与讨论】〈阴〉词源不详。此属的学名是"Oaxacania B. L. Robinson et Greenman, Amer. J. Sci. ser. 3. 50:151. Aug 1895"。亦有文献把其处理为"Hofmeisteria Walp. (1846)"的异名。【分布】墨西哥。【模式】Oaxacania malvaefolia B. L. Robinson et Greenman。【参考异名】Hofmeisteria Walp. (1846)●☆

35910　Obaejaca Cass. (1825) = Senecio L. (1753) [菊科 Asteraceae(Compositae)//千里光科 Senecionidaceae]■●

35911　Obbea Hook. f. (1870) = Bobea Gaudich. (1830) [茜草科 Rubiaceae]●☆

35912　Obeckia Griff. (1854) = Osbeckia L. (1753) [野牡丹科 Melastomataceae]●■

35913　Obelanthera Turcz. (1847) = Saurauia Willd. (1801) (保留属名) [猕猴桃科 Actinidiaceae//水东哥科(伞罗夷科,水冬瓜科)Saurauiaceae]●

35914　Obeliscaria Cass. (1825) Nom. illegit. ≡ Obelisteca Raf. (1817) ; ~ = Obeliscotheca Adans. (1763) Nom. illegit. ; ~ = Rudbeckia L. (1753) [菊科 Asteraceae(Compositae)]■

35915　Obeliscotheca Adans. (1763) Nom. illegit. ≡ Rudbeckia L. (1753) [菊科 Asteraceae(Compositae)]■

35916　Obeliscotheca Vaill. ex Adans. (1763) Nom. illegit. ≡ Obeliscotheca Adans. (1763) Nom. illegit. ; ~ ≡ Rudbeckia L. (1753) [菊科 Asteraceae(Compositae)]■

35917　Obelisteca Raf. (1817) = Ratibida Raf. (1818) [菊科 Asteraceae(Compositae)]■☆

35918　Obentonia Vell. (1829) = Angostura Roem. et Schult. (1819) [芸香科 Rutaceae]●☆

35919　Oberholzeria Swanepoel, M. M. le Roux, M. F. Wojc. et A. E. van Wyk (2015)【汉】奥氏豆属。【隶属】豆科 Fabaceae (Leguminosae)。【包含】世界 1 种。【学名诠释与讨论】〈阴〉(人)Ernst Oberholzer,植物学者。【分布】纳米比亚,南非。【模式】Oberholzeria etendekaensis Swanepoel, M. M. le Roux, M. F. Wojc. et A. E. van Wyk。☆

35920　Oberna Adans. (1763) = Silene L. (1753) (保留属名) [石竹科 Caryophyllaceae]■

35921　Oberonia Lindl.（1830）（保留属名）【汉】鸢尾兰属（莪白兰属，树蒲属）。【日】ヤウラクラン属，ヨウラクラン属。【英】Irisorchis，Oberonia。【隶属】兰科 Orchidaceae。【包含】世界 150-330 种，中国 33 种。【学名诠释与讨论】〈阴〉（古德）Oberon，小仙人（小精灵）的国王，Titania 的丈夫。指形态多变。此属的学名"Oberonia Lindl.，Gen. Sp. Orchid. Pl.：15. Apr 1830"是保留属名。相应的废弃属名是兰科 Orchidaceae 的"Iridorkis Thouars in Nouv. Bull. Sci. Soc. Philom. Paris 1：319. Apr 1809 ＝ Oberonia Lindl.（1830）（保留属名）"。其拼写变体"Iridorchis Thouars，in Nouv. Bull. Soc. Philom. Paris（1809）314，9"和"Iridorchis Thouars ex Kuntze，Rev. Gen.（1891）668"亦应废弃。【分布】马达加斯加，中国，热带。【模式】Oberonia iridifolia Lindley，Nom. illegit.［Malaxis ensiformis J. E. Smith；Oberonia ensiformis（J. E. Smith）Lindley］。【参考异名】Iridorchis Thouars ex Kuntze（1891）Nom. illegit.（废弃属名）；Iridorchis Thouars（1809）Nom. illegit.（废弃属名）；Iridorkis Thouars（1809）（废弃属名）；Rhipidorchis D. L. Jones et M. A. Clem.（2004）；Titania Endl.（1833）■

35922　Oberonioides Szlach.（1995）【汉】小沼兰属。【隶属】兰科 Orchidaceae。【包含】世界 2 种，中国 1 种。【学名诠释与讨论】〈阴〉（属）Oberonia 鸢尾兰+oides，来自 o+eides，像，似；或 o+eidos 形，含义为相像。【分布】泰国，中国。【模式】Oberonioides oberoniiflora（G. Seidenfaden）D. L. Szlachetko［Malaxis oberoniiflora G. Seidenfaden］。■

35923　Obesia Haw.（1812）＝ Piaranthus R. Br.（1810）；~ ＝Stapelia L.（1753）（保留属名）［萝藦科 Asclepiadaceae//豹皮花科 Stapeliaceae］■

35924　Obetia Gaudich.（1844）【汉】刺麻树属。【隶属】荨麻科 Urticaceae。【包含】世界 7-8 种。【学名诠释与讨论】〈阴〉词源不详。【分布】法国（留尼汪岛），马达加斯加，热带非洲。【模式】Obetia ficifolia Gaudichaud-Beaupré。●☆

35925　Obione Gaertn.（1791）＝ Atriplex L.（1753）（保留属名）［藜科 Chenopodiaceae//滨藜科 Atriplicaceae］■●

35926　Obistila Raf.＝Anthericum L.（1753）［百合科 Liliaceae//吊兰科（猴面包科，猴面包树科）Anthericaceae］■☆

35927　Obletia Lemonn. ex Rozier（1773）＝ Verbena L.（1753）［马鞭草科 Verbenaceae］■●

35928　Obletia Rozier（1773）＝ Verbena L.（1753）［马鞭草科 Verbenaceae］■●

35929　Oblivia Strother（1989）【汉】忘藤菊属。【隶属】菊科 Asteraceae（Compositae）。【包含】世界 2-3 种。【学名诠释与讨论】〈阴〉（拉）oblivio，遗忘。另说来自 Bolivia 玻利维亚。【分布】巴拿马，秘鲁，玻利维亚，厄瓜多尔，哥伦比亚，委内瑞拉。【模式】Oblivia mikanioides（N. L. Britton）J. L. Strother［Salmea mikanioides N. L. Britton］。●☆

35930　Oblixilis Raf.（1837）Nom. illegit. ≡ Laportea Gaudich.（1830）（保留属名）［荨麻科 Urticaceae］●■

35931　Oboejaca Steud.（1841）＝ Obaejaca Cass.（1825）；~ ＝ Senecio L.（1753）［菊科 Asteraceae（Compositae）//千里光科 Senecionidaceae］■●

35932　Obolaria Kuntze（1891）Nom. illegit. ≡ Obolaria Siegesb. ex Kuntze（1891）Nom. illegit.；~ ≡ Linnaea L.（1753）［忍冬科 Caprifoliaceae//北极花科 Linnaeaceae］●

35933　Obolaria Siegesb.（1736）Nom. inval. ≡ Obolaria Siegesb. ex Kuntze（1891）Nom. illegit.；~ ≡ Linnaea L.（1753）［忍冬科 Caprifoliaceae//北极花科 Linnaeaceae］●

35934　Obolaria Siegesb. ex Kuntze（1891）Nom. illegit. ≡ Linnaea L.（1753）［忍冬科 Caprifoliaceae//北极花科 Linnaeaceae］●

35935　Obolaria Walt. ＝ Bacopa Aubl.（1775）（保留属名）；~ ＝ Hydrotrida Small（1913）Nom. illegit.；~ ＝ Macuillamia Raf.（1825）［玄参科 Scrophulariaceae//婆婆纳科 Veronicaceae］■

35936　Obolariaceae Martinov（1820）＝ Gentianaceae Juss.（保留科名）●■

35937　Obolinga Barneby（1989）【汉】小钱儿豆属。【隶属】豆科 Fabaceae（Leguminosae）//含羞草科 Mimosaceae。【包含】世界 1 种。【学名诠释与讨论】〈阴〉（希）obolos，小钱币，无价值的。【分布】海地。【模式】Obolinga zanonii R. C. Barneby。■☆

35938　Oboskon Raf.（1837）＝ Salvia L.（1753）［唇形科 Lamiaceae（Labiatae）//鼠尾草科 Salviaceae］●■

35939　Obregonia Frič et A. Berger（1928）Nom. illegit. ＝ Obregonia Frič（1925）［仙人掌科 Cactaceae］●

35940　Obsitila Raf.（1837）（废弃属名）≡ Trachyandra Kunth（1843）（保留属名）；~ ＝ Anthericum L.（1753）［百合科 Liliaceae//吊兰科（猴面包科，猴面包树科）Anthericaceae］■☆

35941　Obtegomeria P. D. Cantino et Doroszenko（1998）Nom. illegit. ＝ Obtegomeria Doroszenko et P. D. Cantino（1998）［唇形科 Lamiaceae（Labiatae）］●☆

35942　Obularia L.（1754）＝ Obolaria L.（1753）［龙胆科 Gentianaceae］■☆

35943　Ocalia Klotzsch（1841）＝ Croton L.（1753）［大戟科 Euphorbiaceae//巴豆科 Crotonaceae］●

35944　Ocampoa A. Rich. et Galeotti（1845）＝ Cranichis Sw.（1788）［兰科 Orchidaceae］■☆

35945　Oceanopaver Guillaumin（1932）【汉】海山柑属。【隶属】山柑科（白花菜科，醉蝶花科）Capparaceae//椴树科（椴科，田麻科）Tiliaceae//锦葵科 Malvaceae。【包含】世界 1 种。【学名诠释与讨论】〈中〉（拉）oceanus，海洋，来自希腊文 okeanos+papaver 罂粟古名。此属的学名是"Oceanopaver Guillaumin，Bull. Soc. Bot. France 79：226. 1932"。亦有文献把其处理为"Corchorus L.（1753）"的异名。【分布】法属新喀里多尼亚。【模式】Oceanopaver neocaledonicum Guillaumin。【参考异名】Corchorus L.（1753）●☆

35946　Oceanoros Small（1903）＝ Zigadenus Michx.（1803）［百合科 Liliaceae//黑药花科（藜芦科）Melanthiaceae］■

35947　Ocellochloa Zuloaga et Morrone（2009）【汉】眼黍属。【隶属】禾本科 Poaceae（Gramineae）。【包含】世界 12 种。【学名诠释与讨论】〈阴〉（拉）oculus，指小式 occellus，眼+chloe，草的幼芽，嫩草，禾草。此属的学名是"Ocellochloa Zuloaga et Morrone，Systematic Botany 34（4）：688. 2009"。亦有文献把其处理为"Panicum L.（1753）"的异名。【分布】玻利维亚，美洲。【模式】Ocellochloa stolonifera（Poir.）Zuloaga et Morrone［Panicum stoloniferum Poir.］。【参考异名】Panicum L.（1753）■☆

35948　Ocellosia Raf.＝Liriodendron L.（1753）［木兰科 Magnoliaceae］●

35949　Ochagavia Phil.（1856）【汉】红花凤梨属（奥卡凤梨属，欧查喀属）。【英】Tresco Rhodostachys。【隶属】凤梨科 Bromeliaceae。【包含】世界 3 种。【学名诠释与讨论】〈阴〉（人）Sylvestre Ochagavia，1853-1854 年曾任智利教育大臣。【分布】智利（胡安-费尔南德斯群岛）。【模式】Ochagavia elegans Philippi。【参考异名】Placseptalia Espinosa（1947）；Rhodostachys Phil.（1858）■☆

35950　Ochanostachys Mast.（1875）【汉】皮塔林属。【隶属】木犀榄科（木犀科）Oleaceae。【包含】世界 1 种。【学名诠释与讨论】〈阴〉（希）ochanon，盾牌把手+stachys，穗。【分布】马来西亚（西部）。【模式】Ochanostachys amentacea Masters。【参考异名】Petalinia Becc.（1883）●☆

35951　Ochetocarpus Meyen（1834）＝ Scyphanthus Sweet（1828）［刺莲

花科(硬毛草科)Loasaceae]■☆

35952 Ochetophila Poepp. ex Endl. (1840) Nom. illegit. ≡ Ochetophila Poepp. ex Reissek (1840) ; ~ = Discaria Hook. (1829) [鼠李科 Rhamnaceae]●☆

35953 Ochlandra Thwaites (1864)【汉】群蕊竹属。【英】Reed Bamboo。【隶属】禾本科 Poaceae(Gramineae)。【包含】世界 7-12 种。【学名诠释与讨论】〈阴〉(希)ochlos,人群,乱民,团集; ochlodes,骚动的+aner,所有格 andros,雄性,雄蕊。此属的学名, ING、TROPICOS 和 IK 记载是 " Ochlandra Thwaites, Enum. Pl. Zeyl. [Thwaites] 376. 1864 [Dec 1864]"。" Beesha Munro, Trans. Linn. Soc. London 26: 144. 1868(non Kunth 1822)"是" Ochlandra Thwaites(1864)"的晚出的同模式异名(Homotypic synonym, Nomenclatural synonym)。【分布】马达加斯加,斯里兰卡,印度。 【模式】Ochlandra stridula Thwaites。【参考异名】Beesha Munro (1868)Nom. illegit. ;Besha D. Dietr. (1805);Irulia Bedd. (1873)●☆

35954 Ochlopoa(Asch. et Graebn.) H. Scholz (2003)【汉】骚草属。 【隶属】禾本科 Poaceae(Gramineae)。【包含】世界 30 种,中国 8 种。【学名诠释与讨论】〈阴〉(希)ochlos,人群,乱民,团集+(属) Poa 早熟禾属。此属的学名,IPNI 记载是 " Ochlopoa (Asch. et Graebn.) H. Scholz, Ber. Inst. Landschafts Pflanzenökol. Univ. Hohenheim Beih. 16: 58. 2003 ",由 " Poa sect. Ochlopoa Asch. et Graebn. Syn. Mitteleur. Fl. [Ascherson et Graebner]. 387. 1900"改 级而来。它还曾被处理为 " Poa subgen. Ochlopoa (Asch. & Graebn.)Hyl. , Botaniska Notiser 1953 (3): 354. 1953. (30 Sep 1953) "、" Poa subsect. Ochlopoa (Asch. & Graebn.) Chrtek & V. Jirásek, Preslia 34: 65. 1962" 和 " Poa subsect. Ochlopoa (Asch. & Graebn.)Maire, Flore de l' Afrique du Nord :3;78. 1955"。亦有文 献把" Ochlopoa (Asch. et Graebn.)H. Scholz(2003)"处理为"Poa L. (1753)"的异名。【分布】中国,非洲,欧洲,亚洲中部和西南。 【模式】Ochlopoa annua (L.) H. Scholz。【参考异名】Poa L. (1753);Poa subgen. Ochlopoa (Asch. et Graebn.) Hyl. (1953); Poa subsect. Ochlopoa (Asch. et Graebn.) Chrtek et V. Jirásek (1962);Poa subsect. Ochlopoa (Asch. et Graebn.) Maire(1955); Poa sect. Ochlopoa Asch. et Graebn. (1900)■

35955 Ochna L. (1753)【汉】金莲木属(似梨木属)。【日】オクナ 属。【俄】Охна。【英】Bird's-eye Bush,Ochna。【隶属】金莲木科 Ochnaceae。【包含】世界 85-86 种,中国 1 种。【学名诠释与讨 论】〈阴〉(希)ochne = onchne,野梨树的古名。指其叶与梨树稍 相似。此属的学名,ING、TROPICOS、APNI 和 IK 记载是 " Ochna Linnaeus,Sp. Pl. 513. 1 Mai 1753"。" Jabotapita Adanson, Fam. 2: 364. Jul-Aug 1763"是" Ochna L. (1753)"的晚出的同模式异名 (Homotypic synonym,Nomenclatural synonym)。【分布】哥伦比亚 (安蒂奥基亚),马达加斯加,中国,热带和非洲南部,热带美洲。 【模式】Ochna jabotapita Linnaeus。【参考异名】Biramella Tiegh. (1903);Campylochnella Tiegh. (1902);Diporidium H. L. Wendl. (1825);Diporidium H. L. Wendl. ex Bartl. et Wendl. f. (1825) Nom. illegit. ;Diporochna Tiegh. (1902)Nom. illegit. ;Discladium Tiegh. (1902);Heteroporidium Tiegh. (1902);Jabotapita Adans. (1763)Nom. illegit. ;Monoporidium Tiegh. (1902);Ochnella Tiegh. (1902);Pentochna Tiegh. (1907);Pleodiporochna Tiegh. (1903); Pleopetalum Tiegh. (1903); Polyochnella Tiegh. (1902); Polythecanthum Tiegh. (1907);Polythecium Tiegh. (1902); Porochna Tiegh. (1902);Probosceila Tiegh. (1903);Sophisteques Comm. ex Endl. ●

35956 Ochnaceae DC. (1811)(保留科名)【汉】金莲木科。【日】オ クナ科。【俄】Охновые。【英】Ochna Family。【包含】世界 8-40 属 370-600 种,中国 3 属 4 种。【分布】热带。【科名模式】Ochna

L. (1753)●■

35957 Ochnella Tiegh. (1902)【汉】小金莲木属。【隶属】金莲木科 Ochnaceae。【包含】世界 29 种。【学名诠释与讨论】〈阴〉(属) Ochna 金莲木属+-ellus,-ella,-ellum,加在名词词干后面形成指 小式的词尾。或加在人名、属名等后面以组成新属的名称。此 属的学名,ING、TROPICOS 和 IK 记载是 " Ochnella Van Tieghem, Bull. Mus. Hist. Nat. (Paris)8:214. 1902"。也有学者把其处理为 " Ochna L. (1753)"的异名。亦有文献把" Ochnella Tiegh. (1902)"处理为" Ochna L. (1753)"的异名。【分布】马达加斯 加。【模式】Ochnella leptoclada (D. Oliver) Van Tieghem [Ochna leptoclada D. Oliver]。【参考异名】Ochna L. (1753)●☆

35958 Ochocoa Pierre(1896)【汉】加蓬肉豆蔻属。【隶属】肉豆蔻科 Myristicaceae。【包含】世界 1 种。【学名诠释与讨论】〈阴〉词源 不详。似来自人名或地名。【分布】加蓬。【模式】Ochocoa gaboni Pierre。【参考异名】Scyphocephalium Warb. (1897) Nom. illegit. ●☆

35959 Ochoterenaea F. A. Barkley(1942)【汉】奥绍漆属。【隶属】漆 树科 Anacardiaceae。【包含】世界 1 种。【学名诠释与讨论】 〈阴〉(人)Isaac Ochoterena, 1885-1950,墨西哥植物学者。【分 布】玻利维亚,哥伦比亚,哥伦比亚(安蒂奥基亚),中美洲。【模 式】Ochoterenaea colombiana Barkley。●☆

35960 Ochotia A. P. Khokhr. (1985) Nom. illegit. ≡ Magadania Pimenov et Lavrova(1985) [伞形花科(伞形科)Apiaceae(Umbelliferae)] ■☆

35961 Ochotonophila Gilli(1956)【汉】繁缕石竹属。【隶属】石竹科 Caryophyllaceae。【包含】世界 1 种。【学名诠释与讨论】〈阴〉 (拉)ochitona,一种无尾野兔的蒙古名,后被命名为鼠兔属+ philos,喜欢的,爱的。【分布】阿富汗。【模式】Ochotonophila allochrusoides Gilli。■☆

35962 Ochradenus Delile(1813)【汉】赭腺木犀草属。【隶属】木犀草 科 Resedaceae。【包含】世界 6 种。【学名诠释与讨论】〈阳〉 (希)ochros,苍白的,淡色的,赭黄色的。Ochro-,或 zantho- =拉 丁文 flavi-,苍白的,淡色的,赭黄色的+aden,所有格 adenos,腺 体。【分布】巴基斯坦,也门(索科特拉岛)至印度,非洲东北部。 【模式】Ochradenus baccatus Delile。【参考异名】Homalodiscus Bunge ex Boiss. (1867)●☆

35963 Ochrante Warp. = Ochrantha Beddome [省沽油科 Staphyleaceae]●

35964 Ochrantha Beddome = Ochranthe Lindl. (1835) ; ~ = Turpinia Vent. (1807)(保留属名) [省沽油科 Staphyleaceae]●

35965 Ochranthaceae A. Juss. (1846)= Staphyleaceae Martinov(保留科 名)●

35966 Ochranthaceae Endl. =Staphyleaceae Martinov(保留科名)●

35967 Ochranthaceae Lindl. ex Endl. = Staphyleaceae Martinov(保留科 名)●

35968 Ochranthe Lindl. (1835) = Dalrympelea Roxb. (1819) ; ~ = Turpinia Vent. (1807)(保留属名) [省沽油科 Staphyleaceae]●

35969 Ochratellus Pierre ex L. Planch. (1888) Nom. illegit. ≡ Ochrothallus Pierre ex Baill. (1892) [山榄科 Sapotaceae]●☆

35970 Ochreata(Lojac.) Bobrov(1967) = Trifolium L. (1753) [豆科 Fabaceae(Leguminosae)//蝶形花科 Papilionaceae]■

35971 Ochreinauclea Ridsdale et Bakh. f. (1979)【汉】赭檀属。【隶 属】茜草科 Rubiaceae。【包含】世界 2 种。【学名诠释与讨论】 〈阴〉(希)ochros,苍白的,淡色的,赭黄色的+(属)Nauclea 乌檀 属(黄胆木属)。【分布】印度尼西亚(苏门答腊岛),泰国,印度, 加里曼丹岛,马来半岛。【模式】Ochreinauclea maingayi (J. D. Hooker)C. E. Ridsdale [Nauclea maingayi J. D. Hooker]。●☆

35972　Ochrocarpos Noronha ex Thouars(1806)【汉】格脉树属(黄果木属)。【英】Ochrocarpus。【隶属】猪胶树科(克鲁西科,山竹子科,藤黄科)Clusiaceae(Guttiferae)//金丝桃科 Hypericaceae。【包含】世界 50 种,中国 1 种。【学名诠释与讨论】〈阳〉(希)ochros,苍白的,淡色的,赭黄色的+karpos,果实。指果赭黄色。此属的学名,ING、APNI、TROPICOS 和 IK 均记载为 “Ochrocarpos Noronha ex Du Petit-Thouars, Gen. Nova Madag. 15. 17 Nov 1806”。“Ochrocarpus Noronha ex Thouars(1806)” 和 “Ochrocarpus A. Juss., Dictionnaire des Sciences Naturelles, ed. 2, 20; 104. 1821” 是其拼写变体。《中国植物志》用为正名的“Ochrocarpus Thouars” 是其拼写变体,而且命名人引证有误。亦有文献把“Ochrocarpos Noronha ex Thouars(1806)”处理为 “Garcinia L.(1753)”或“Mammea L.(1753)”的异名。【分布】马达加斯加,中国,非洲。【模式】Ochrocarpos madagascariensis DC.。【参考异名】Ardinghella Thouars(1805)Nom. inval.; Calysaccion Wight(1840); Garcinia L.(1753); Lolanara Raf.(1837); Mammea L.(1753); Ochrocarpus A. Juss.(1821)Nom. illegit.; Ochrocarpus Noronha ex Thouars(1806)Nom. illegit.; Ochrocarpus Thouars(1806)Nom. illegit.●

35973　Ochrocarpus A. Juss.(1821)Nom. illegit. = Garcinia L.(1753); ~ = Mammea L.(1753); ~ = Ochrocarpos Noronha ex Thouars(1806)[猪胶树科(克鲁西科,山竹子科,藤黄科)Clusiaceae(Guttiferae)]●

35974　Ochrocarpus Noronha ex Thouars(1806)Nom. illegit. ≡ Ochrocarpos Noronha ex Thouars(1806)[猪胶树科(克鲁西科,山竹子科,藤黄科)Clusiaceae(Guttiferae)]●

35975　Ochrocarpus Thouars(1806)Nom. illegit. ≡ Ochrocarpos Noronha ex Thouars(1806)[猪胶树科(克鲁西科,山竹子科,藤黄科)Clusiaceae(Guttiferae)]●

35976　Ochrocephala Dittrich(1983)【汉】赭头菊属。【隶属】菊科 Asteraceae(Compositae)。【包含】世界 1 种。【学名诠释与讨论】〈阴〉(希)ochros,苍白的,淡色的,赭黄色的+kephale,头。【分布】埃塞俄比亚,苏丹。【模式】Ochrocephala imatongensis(W. R. Philipson)M. Dittrich[Centaurea imatongensis W. R. Philipson]。●☆

35977　Ochrocodon Rydb.(1917)Nom. illegit. ≡ Amblirion Raf.(1818); ~ = Fritillaria L.(1753)[百合科 Liliaceae//贝母科 Fritillariaceae]■

35978　Ochrolasia Turcz.(1849)= Hibbertia Andréws(1800)[五桠果科(第伦桃科,五丫果科,锡叶藤科)Dilleniaceae//纽扣花科 Hibbertiaceae]●☆

35979　Ochroluma Baill.(1890)= Pouteria Aubl.(1775)[山榄科 Sapotaceae]●

35980　Ochroma Sw.(1788)【汉】轻木属。【日】バルサ属。【英】Balsa。【隶属】木棉科 Bombacaceae//锦葵科 Malvaceae。【包含】世界 1-2 种,中国 2 种。【学名诠释与讨论】〈阳〉(希)ochros,苍白的,淡色的,赭黄色的。指花、叶和种子绒毛的颜色。【分布】巴拿马,秘鲁,玻利维亚,厄瓜多尔,哥伦比亚(安蒂奥基亚),墨西哥南部,尼加拉瓜,中国,西印度群岛,中美洲。【模式】Ochroma lagopus O. Swartz。●

35981　Ochronelis Raf.(1832)= Helianthus L.(1753)[菊科 Asteraceae(Compositae)//向日葵科 Helianthaceae]■

35982　Ochronerium Baill.(1889)= Tabernaemontana L.(1753)[夹竹桃科 Apocynaceae//红月桂科 Tabernaemontanaceae]●

35983　Ochrosia Juss.(1789)【汉】玫瑰树属。【英】Ochrosia, Yellow Wood。【隶属】夹竹桃科 Apocynaceae。【包含】世界 25-39 种,中国 3 种。【学名诠释与讨论】〈阴〉(希)ochros,苍白的,淡色的,

赭黄色的。指木材的颜色,或指花赭黄色。【分布】马达加斯加至澳大利亚,美国(夏威夷),中国,波利尼西亚群岛。【模式】Ochrosia borbonica J. F. Gmelin。【参考异名】Bleekeria Hassk.(1855); Calpicarpum G. Don(1837); Diderota Comm. ex A. DC.(1844); Excavatia Markgr.(1927); Lactaria Raf.(1838)Nom. illegit.; Lactaria Rumph. ex Raf.(1838); Neiosperma Raf.(1838); Neisosperma Raf.(1838); Ochrosion St.-Lag.(1880); Pseudochrosia Blume(1850)●

35984　Ochrosion St.-Lag.(1880)= Ochrosia Juss.(1789)[夹竹桃科 Apocynaceae]●

35985　Ochrosperma Trudgen(1987)【汉】赭籽桃金娘属。【隶属】桃金娘科 Myrtaceae。【包含】世界 3 种。【学名诠释与讨论】〈中〉(希)ochros,苍白的,淡色的,赭黄色的+sperma,所有格 spermatos,种子,孢子。【分布】澳大利亚。【模式】Ochrosperma monticola M. E. Trudgen。●☆

35986　Ochrothallus Pierre ex Baill.(1892)= Niemeyera F. Muell.(1870)(保留属名)[山榄科 Sapotaceae]●☆

35987　Ochrothallus Pierre ex Planch.(1888)Nom. illegit. ≡ Ochrothallus Pierre(1888)Nom. inval.; ~ ≡ Ochrothallus Pierre ex Baill.(1892); ~ = Niemeyera F. Muell.(1870)(保留属名)[山榄科 Sapotaceae]●☆

35988　Ochrothallus Pierre(1888)Nom. inval. ≡ Ochrothallus Pierre ex Baill.(1892); ~ = Niemeyera F. Muell.(1870)(保留属名)[山榄科 Sapotaceae]●☆

35989　Ochroxylum Schreb.(1791)Nom. illegit. ≡ Curtisia Schreb.(1789)(废弃属名); ~ = Zanthoxylum L.(1753)[芸香科 Rutaceae//花椒科 Zanthoxylaceae]●

35990　Ochrus Mill.(1754)= Lathyrus L.(1753)[豆科 Fabaceae(Leguminosae)//蝶形花科 Papilionaceae]■

35991　Ochrus Tourn. ex Adans.(1763)Nom. illegit.[豆科 Fabaceae(Leguminosae)]☆

35992　Ochthephilus Wurdack(1972)【汉】圭亚那野牡丹属。【隶属】野牡丹科 Melastomataceae。【包含】世界 1 种。【学名诠释与讨论】〈阳〉(希)ochtos =ochthe,台地,丘陵,隆肉,泥岸,海滨沙岗+philos,喜欢的,爱的。指生境。【分布】圭亚那。【模式】repentinus J. Wurdack。●☆

35993　Ochthocharis Blume(1831)【汉】丘陵野牡丹属。【隶属】野牡丹科 Melastomataceae。【包含】世界 2 种。【学名诠释与讨论】〈阴〉(希)ochtos =ochthe,台地,丘陵,隆肉,泥岸,海滨沙岗+charis,喜悦,雅致,美丽,流行。【分布】马来西亚。【模式】Ochthocharis javanica Blume。【参考异名】Ochtocharis Warp.(1852); Octocharis G. Don(1832); Phaeoneuron Gilg(1897)●☆

35994　Ochthochloa Edgew.(1842)[as ‘Ochthocloa’]【汉】偏穗蟋蟀草属。【隶属】禾本科 Poaceae(Gramineae)。【包含】世界 1 种。【学名诠释与讨论】〈阴〉(希)ochtos =ochthe,台地,丘陵,隆肉,泥岸,海滨沙岗+chloe,草的幼芽,嫩草,禾草。此属的学名是 “Ochthochloa M. P. Edgeworth, J. Asiat. Soc. Bengal 11: 26, 27(‘Ochthocloa’). 27 Jan-Jun 1842”;也有人疑其为“Eleusine Gaertn.(1788)”的异名。“Ochthocloa Edgew.(1842)”是其拼写变体。【分布】巴基斯坦。【模式】Ochthochloa dactyloides M. P. Edgeworth。【参考异名】? Eleusine Gaertn.(1788); Ochthocloa Edgew.(1842)■☆

35995　Ochthocloa Edgew.(1842)Nom. illegit. ≡ Ochthochloa Edgew.(1842)[禾本科 Poaceae(Gramineae)]■☆

35996　Ochthocosmus Benth.(1843)【汉】丘黏木属。【隶属】黏木科 Ixonanthaceae。【包含】世界 15 种。【学名诠释与讨论】〈阴〉(希)ochtos =ochthe,台地,丘陵,隆肉,泥岸,海滨沙岗+kosmos

装饰。【分布】玻利维亚,热带美洲。【模式】Ochthocosmus roraimae Bentham。【参考异名】Pentacocca Turcz.（1863）; Phyllocosmua Klotzsch（1856）●☆

35997　Ochthodium DC.（1821）【汉】厚果荠属。【隶属】十字花科 Brassicaceae（Cruciferae）。【包含】世界 1 种。【学名诠释与讨论】〈中〉（希）ochtos＝ochthe,台地,丘陵,隆肉,泥岸,海滨沙岗。ochthodes,有隆凸如背的,长有树瘿的。【分布】希腊,安纳托利亚至约旦。【模式】Ochthodium aegyptiacum（Linnaeus）A. P. de Candolle［Bunias aegyptiaca Linnaeus］。【参考异名】Rapistrum R. Br.（废弃属名）■☆

35998　Ochtocharis Warp.（1852）＝Ochthocharis Blume（1831）［野牡丹科 Melastomataceae］●☆

35999　Ochyrella Szlach. et R. González（1996）【汉】阿根廷兰属。【隶属】兰科 Orchidaceae。【包含】世界 12 种。【学名诠释与讨论】〈阴〉（人）Ochyra＋-ellus,-ella,-ellum,加在名词词干后面形成指小式的词尾。或加在人名、属名等后面以组成新属的名称。此属的学名是"Ochyrella D. L. Szlachetko et R. G. Tamayo, Fragm. Florist. Geobot. 41：698. 6 Dec 1996"。亦有文献把其处理为"Centrogenium Schltr.（1919）Nom. illegit."的异名。【分布】玻利维亚,美洲。【模式】Ochyrella lurida（M. N. Correa）D. L. Szlachetko［Centrogenium luridum M. N. Correa］。【参考异名】Centrogenium Schltr.（1919）Nom. illegit.■☆

36000　Ochyrorchis Szlach.（2004）＝Habenaria Willd.（1805）［兰科 Orchidaceae］■

36001　Ocimastrum Rupr.（1860）Nom. illegit. ≡Circaea L.（1753）［柳叶菜科 Onagraceae］■

36002　Ocimum L.（1753）【汉】罗勒属（罗菜属）。【日】オシマム属,メバハキ属。【俄】Базилик, Базилика。【英】Basil, Mosquito Bush。【隶属】唇形科 Lamiaceae（Labiatae）。【包含】世界 65-150 种,中国 4 种。【学名诠释与讨论】〈中〉（拉）ocimum,来自希腊文 okimon,一种芳香植物三叶草的古名。【分布】巴基斯坦,巴拉圭,巴拿马,秘鲁,玻利维亚,厄瓜多尔,哥伦比亚（安蒂奥基亚）,哥斯达黎加,马达加斯加,美国（密苏里）,尼加拉瓜,中国,热带和温带,非洲,中美洲。【后选模式】Ocimum basilicum Linnaeus。【参考异名】Becium Lindl.（1842）; Erionia Noronha（1790）; Erythrochlamys Gürke（1894）; Hyperaspis Briq.（1903）; Nautochilus Bremek.（1933）; Ocymum Wernischek ●■

36003　Ockea F. Dietr.（1815）Nom. illegit. ≡Adenandra Willd.（1809）（保留属名）［芸香科 Rutaceae］■☆

36004　Ockenia Steud.（1840）＝Ockea F. Dietr.（1815）Nom. illegit.; ～＝Adenandra Willd.（1809）（保留属名）［芸香科 Rutaceae］■☆

36005　Ockia Bartl. et Wendl.（1824）＝Ockea F. Dietr.（1815）Nom. illegit.; ～＝Adenandra Willd.（1809）（保留属名）［芸香科 Rutaceae］■☆

36006　Oclemena Greene（1903）【汉】轮菀属。【英】Aster。【隶属】菊科 Asteraceae（Compositae）。【包含】世界 3-4 种。【学名诠释与讨论】〈阴〉词源不详。此属的学名是"Oclemena E. L. Greene, Leafl. Bot. Observ. Crit. 1：4. 24 Nov 1903"。亦有文献把其处理为"Aster L.（1753）"的异名。【分布】北美洲。【模式】Oclemena acuminata（A. Michaux）E. L. Greene［Aster acuminatus A. Michaux］。【参考异名】Aster L.（1753）■☆

36007　Oclorosis Raf.（1838）＝Iodanthus（Torr. et A. Gray）Steud.（1840）［as 'Jodanthus'］■☆

36008　Ocneron Raf.（1838）＝Rolandra Rottb.（1775）［菊科 Asteraceae（Compositae）］●☆

36009　Ocotea Aubl.（1775）【汉】绿心樟属（奥可梯木属,奥宽梯木属,樟桂属）。【俄】Окотеа。【英】Louro, Louro Preto, Ocotea。【隶属】樟科 Lauraceae。【包含】世界 3-400 种。【学名诠释与讨论】〈阴〉（印第安）ocotea,法属圭亚那植物俗名。【分布】巴拉圭,巴拿马,秘鲁,玻利维亚,厄瓜多尔,哥斯达黎加,马达加斯加,尼加拉瓜,马斯克林群岛,热带和非洲南部,热带和亚热带美洲,中美洲。【模式】Ocotea guianensis Aublet。【参考异名】Adenotrachelium Nees ex Meisn.; Aeriphracta Rchb.; Agathophyllum Blume; Agriodaphne Nees ex Meisn.; Aperiphracta Nees ex Meisn.（1864）; Aperiphracta Nees（1864）Nom. illegit.; Balanopsis Raf.（1838）; Bellota Gay（1849）; Borbonia Adans.（1763）Nom. illegit.; Calycodaphne Bojer（1837）; Camphoromoea Nees et Meisn.; Camphoromoea Nees ex Meisn.; Camphoromoea Nees（1833）; Canella Post et Kuntze（1903）Nom. illegit.（废弃属名）; Cannella Schott ex Meisn.（1864）; Ceramocarpium Nees ex Meisn.（1864）; Ceramophora Nees ex Meisn.（1864）; Damburneya Raf.（1838）; Dendrodaphne Beurl.（1854）; Gymnobalanus Nees et Mart.（1833）Nom. illegit.; Gymnobalanus Nees et Mart. ex Nees（1833）; Leptodaphne Nees（1833）; Linharea Arruda ex H. Kost.（1816）Nom. illegit.; Linharea Arruda ex Steud.（1821）Nom. illegit.; Mespilodaphne Nees（1833）; Nemodaphne Meisn.（1864）; Oreodaphne Nees et Mart.（1833）Nom. illegit.; Oreodaphne Nees et Mart. ex Nees（1833）; Petalanthera Nees et Mart.（1833）; Petalanthera Nees（1833）Nom. illegit.; Pleurothyrium Endl.（1841）; Pleurothyrium Nees（1836）; Pomatium Nees et Mart. ex Lindl.; Porostema Schreb.（1791）; Povedadaphne W. C. Burger（1988）; Sassafridium Meisn.（1864）; Senebiera Post et Kuntze（1903）Nom. illegit.; Senneberia Neck.（1790）Nom. inval.; Sextonia van der Werff（1998）; Strychnodaphne Nees et Mart.（1833）Nom. illegit.; Strychnodaphne Nees et Mart. ex Nees（1833）; Strychnodaphne Nees（1833）Nom. illegit.; Synandrodaphne Meisn.（1864）（废弃属名）; Teleiandra Nees et Mart.（1833）; Teleiandra Nees et Mart. ex Nees（1833）Nom. illegit.●☆

36010　Ocreaceae Dulac ＝Polygonaceae Juss.（保留科名）●■

36011　Ocrearia Small（1905）＝Saxifraga L.（1753）［虎耳草科 Saxifragaceae］■

36012　Octadenia R. Br. ex Fisch. et C. A. Mey.（1836）＝Alyssum L.（1753）; ～＝Lobularia Desv.（1815）（保留属名）［十字花科 Brassicaceae（Cruciferae）］■

36013　Octadesmia Benth.（1881）Nom. illegit. ≡Dilomilis Raf.（1838）［兰科 Orchidaceae］■☆

36014　Octadinia R. Br. ex Fisch. et C. A. Mey. ＝Lobularia Desv.（1815）（保留属名）［十字花科 Brassicaceae（Cruciferae）］■

36015　Octamyrtus Diels.（1922）【汉】八香木属。【隶属】桃金娘科 Myrtaceae。【包含】世界 6 种。【学名诠释与讨论】〈阴〉（希）octo-＝拉丁文 octo-,八＋（属）Myrtus 香桃木属（爱神木属,番桃木属,莫塌属,银香梅属）。【分布】新几内亚岛。【后选模式】Octamyrtus insignis Diels。●☆

36016　Octandrorchis Brieger（1977）＝Octomeria R. Br.（1813）［兰科 Orchidaceae］■☆

36017　Octanema Raf.（1838）＝Capparis L.（1753）［山柑科（白花菜科,醉蝶花科）Capparaceae］●

36018　Octarillum Lour.（1790）＝Elaeagnus L.（1753）［胡颓子科 Elaeagnaceae］●

36019　Octarrhena Thwaites（1861）【汉】八雄兰属。【隶属】兰科 Orchidaceae。【包含】世界 45 种。【学名诠释与讨论】〈阴〉（希）octo-＝拉丁文 octo-,八＋arrhena,所有格 ayrhenos,雄的。【分布】马来西亚,斯里兰卡,波利尼西亚群岛。【模式】Octarrhena parvula Thwaites。【参考异名】Chitonanthera Schltr.（1905）;

Kerigomnia P. Royen(1976); Vonroemeria J. J. Sm. (1910)■☆

36020　Octas Jack(1822)= Ilex L. (1753)［冬青科 Aquifoliaceae］●

36021　Octavia DC. (1830)= Lasianthus Jack(1823)（保留属名）［茜草科 Rubiaceae］●

36022　Octelisia Raf. (1838)= Cassia L. (1753)（保留属名）［豆科 Fabaceae(Leguminosae)//云实科(苏木科)Caesalpiniaceae］●■

36023　Octella Raf. (1838)= Melastoma L. (1753)［野牡丹科 Melastomataceae］●■

36024　Octerium Salisb. (1818)= Deidamia E. A. Noronha ex Thouars (1805)［西番莲科 Passifloraceae］■☆

36025　Octhocharis G. Don(1832)= Ochthocharis Blume(1831)［野牡丹科 Melastomataceae］●☆

36026　Octima Raf. (1838)= Populus L. (1753)［杨柳科 Salicaceae］●

36027　Octoceras Bunge(1847)【汉】八角荠属（刺果荠属）。【俄】Восьмитог。【隶属】十字花科 Brassicaceae(Cruciferae)。【包含】世界 1 种。【学名诠释与讨论】〈中〉（希）octo- = 拉丁文 octo-,八+keras,所有格 keratos,角,距,弓。【分布】巴基斯坦,亚洲中部至伊朗和阿富汗。【模式】Octoceras lehmannianum Bunge。■☆

36028　Octoclinis F. Muell. (1858)= Callitris Vent. (1808)［柏科 Cupressaceae］●

36029　Octocnema Tiegh. (1905)= Octoknema Pierre(1897)［星毛树科(吊珠花科,腔藏花科,线状胎座科)Octoknemaceae//铁青树科 Olacaceae］●☆

36030　Octodon Thonn. (1827)= Borreria G. Mey. (1818)（保留属名）;~ = Spermacoce L. (1753)［茜草科 Rubiaceae//繁缕科 Alsinaceae］●■

36031　Octogonia Klotzsch(1838)= Simocheilus Klotzsch(1838)［杜鹃花科(欧石南科)Ericaceae］●☆

36032　Octoknema Pierre(1897)【汉】星毛树属(吊珠花属)。【隶属】星毛树科(吊珠花科,腔藏花科,线状胎座科)Octoknemaceae//铁青树科 Olacaceae。【包含】世界 6 种。【学名诠释与讨论】〈中〉（希）octo- = 拉丁文 octo-,八+nema,所有格 nematos,丝,线。【分布】热带非洲。【模式】Octoknema klaineana Pierre。【参考异名】Octocnema Tiegh. (1905)●☆

36033　Octoknemaceae Endl. = Erythropalaceae Planch. ex Miq. (保留科名); ~ =Octoknemaceae Tiegh. (保留科名); ~ =Olacaceae R. Br. (保留科名); ~ =Octoknemaceae Tiegh. (保留科名)●☆

36034　Octoknemaceae Soler. (1908)= Octoknemaceae Tiegh. (保留科名); ~ =Olacaceae R. Br. (保留科名)●

36035　Octoknemaceae Tiegh. (1908)（保留科名）［亦见 Olacaceae R. Br. (保留科名)铁青树科］【汉】星毛树科(吊珠花科,腔藏花科,线状胎座科)。【包含】世界 1 属 6 种。【分布】热带非洲。【科名模式】Octoknema Pierre●☆

36036　Octoknemataceae Engl. = Octoknemaceae Tiegh. (保留科名)●☆

36037　Octolepis Oliv. (1865)【汉】八鳞瑞香属。【隶属】瑞香科 Thymelaeaceae。【包含】世界 3-6 种。【学名诠释与讨论】〈阴〉（希）octo- = 拉丁文 octo-,八+lepis,所有格 lepidos,指小式 lepion 或 lepidion,鳞,鳞片。lepidotos,多鳞的。lepos,鳞,鳞片。【分布】热带非洲。【模式】Octolepis casearia Oliver。【参考异名】Makokoa Baill. (1886)●☆

36038　Octolobus Welw. (1869)【汉】八裂梧桐属。【隶属】梧桐科 Sterculiaceae//锦葵科 Malvaceae。【包含】世界 3-5 种。【学名诠释与讨论】〈阳〉（希）octo- = 拉丁文 octo-,八+lobos = 拉丁文 lobulus,片,裂片,叶,荚,蒴。【分布】热带非洲。【模式】Octolobus spectabilis Welwitsch。●☆

36039　Octomeles Miq. (1861)【汉】八果木属(八数木属)。【隶属】疣柱花科(达麻科,短序木科,四数木科,四薮木科,野麻科)Datiscaceae。【包含】世界 1 种。【学名诠释与讨论】〈阴〉（希）octo- =拉丁文 octo-,八+melon,树上生的水果,苹果。【分布】马来西亚。【模式】Octomeles sumatrana Miquel。●☆

36040　Octomeria D. Don(1825)Nom. illegit. = Eria Lindl. (1825)（保留属名）［兰科 Orchidaceae］■

36041　Octomeria Pfeiff. (1874)Nom. illegit. = Otomeria Benth. (1849)［茜草科 Rubiaceae］■☆

36042　Octomeria R. Br. (1813)【汉】八团兰属。【隶属】兰科 Orchidaceae。【包含】世界 135 种。【学名诠释与讨论】〈阴〉（希）octo- = 拉丁文 octo-,八+meros,一部分。拉丁文 merus 含义为纯洁的,真正的。此属的学名,ING、GCI 和 IK 记载是 "Octomeria R. Brown in W. T. Aiton, Hortus Kew. ed. 2. 5；211. Nov 1813"。" Octomeria D. Don, Prodr. Fl. Nepal. 31 (1825)"和 "Octomeria Pfeiff. , Nomencl. Bot. [Pfeiff.]2；474 sphalm. 1874"均是晚出的非法名称。"Enothrea Rafinesque, Fl. Tell. 4；43. 1838 (med.)('1836')"是"Octomeria R. Br. (1813)"的晚出的同模式异名(Homotypic synonym, Nomenclatural synonym)。【分布】巴拉圭,巴拿马,秘鲁,玻利维亚,厄瓜多尔,哥伦比亚(安蒂奥基亚),哥斯达黎加,尼加拉瓜,西印度群岛,中美洲。【模式】Octomeria graminifolia (Linnaeus) R. Brown [Epidendrum graminifolium Linnaeus]。【参考异名】Aspegrenia Poepp. et Endl. (1837); Enothrea Raf. (1838)Nom. illegit. ; Gigliolia Barb. Rodr. (1877)Nom. illegit. ; Octandrorchis Brieger(1977); Pleurothallopsis Porto et Brade(1937)■☆

36043　Octomeria Raf. (1813)= Otomeria Benth. (1849)［茜草科 Rubiaceae］■☆

36044　Octomeris Naudin(1845)Nom. illegit. ≡Octonum Raf. (1838); ~ =Heterotrichum DC. (1828)Nom. illegit. +Miconia Ruiz et Pav. (1794)（保留属名）［野牡丹科 Melastomataceae//米氏野牡丹科 Miconiaceae］●☆

36045　Octomeron Robyns(1943)【汉】刚果草属。【隶属】唇形科 Lamiaceae(Labiatae)。【包含】世界 1 种。【学名诠释与讨论】〈中〉（希）octo- = 拉丁文 octo-,八+meros,一部分,股。此属的学名是" Octomeron Robyns, Bull. Jard. Bot. État 17；28. Dec 1943"。亦有文献把其处理为"Platostoma P. Beauv. (1818)"的异名。【分布】热带非洲。【模式】Octomeron montanum Robyns。【参考异名】Platostoma P. Beauv. (1818)■☆

36046　Octonum Raf. (1838)= Clidemia D. Don(1823)［野牡丹科 Melastomataceae］●☆

36047　Octopera D. Don(1834)= Erica L. (1753)［杜鹃花科(欧石南科)Ericaceae］●☆

36048　Octopleura Griseb. (1860)= Ossaea DC. (1828)［野牡丹科 Melastomataceae］●☆

36049　Octopleura Spruce ex Prog. (1865)Nom. illegit. = Neurotheca Salisb. ex Benth. et Hook. f. (1876)［龙胆科 Gentianaceae］■☆

36050　Octoplis Raf. (1838)= Gnidia L. (1753)［瑞香科 Thymelaeaceae］●☆

36051　Octopoma N. E. Br. (1930)【汉】白仙石属。【日】オクトポマ属。【隶属】番杏科 Aizoaceae。【包含】世界 8 种。【学名诠释与讨论】〈阴〉（希）octo- = 拉丁文 octo-,八+poma,梨果。【分布】非洲南部。【模式】Octopoma octojuge (L. Bolus) N. E. Brown [Mesembryanthemum octojuge L. Bolus]。●☆

36052　Octosomatium Gagnep. (1950)= Trichodesma R. Br. (1810)（保留属名）［紫草科 Boraginaceae］●■

36053　Octospermum Airy Shaw(1965)【汉】八籽大戟属。【隶属】大戟科 Euphorbiaceae。【包含】世界 1 种。【学名诠释与讨论】〈中〉（希）octo- = 拉丁文 octo-,八+sperma,所有格 spermatos,种

子,孢子。【分布】新几内亚岛。【模式】Octospermum pleiogynum
(Pax et K. Hoffmann) Airy Shaw [Mallotus pleiogynus Pax et K.
Hoffmann]。■☆

36054 Octotheca R. Vig. (1906) = Schefflera J. R. Forst. et G. Forst.
(1775)(保留属名)[五加科 Araliaceae]●

36055 Octotropis Bedd. (1874)【汉】八棱茜属。【隶属】茜草科
Rubiaceae。【包含】世界 2 种。【学名诠释与讨论】〈阴〉(希)
octo- = 拉丁文 octo-,八+tropis,龙骨。【分布】缅甸,印度(南
部)。【模式】Octotropis travancorica Beddome。●☆

36056 Ocymastrum Kuntze(1891) Nom. illegit. ≡ Centranthus Neck. ex
Lam. et DC. (1805) Nom. illegit. ; ~ Centranthus DC. (1805) [缬草
科(败酱科) Valerianaceae]■

36057 Ocymum Wernischek = Ocimum L. (1753) [唇形科 Lamiaceae
(Labiatae)]●■

36058 Ocyricera H. Deane (1894)【汉】紫豆兰属。【隶属】兰科
Orchidaceae。【包含】世界 1 种。【学名诠释与讨论】〈阴〉词源
不详。亦有文献把"Ocyricera H. Deane (1894)"处理为
"Bulbophyllum Thouars(1822)(保留属名)"的异名。【分布】印
度尼西亚(爪哇岛)。【模式】Ocyricera purpurascens H. Deane。
【参考异名】Bulbophyllum Thouars(1822)(保留属名)■☆

36059 Ocyroe Phil. (1891) = Nardophyllum (Hook. et Arn.) Hook. et
Arn. (1836) [菊科 Asteraceae(Compositae)]●☆

36060 Odacmis Raf. (1836) = Centella L. (1763) [伞形花科(伞形
科) Apiaceae(Umbelliferae)]■

36061 Oddoniodendron De Wild. (1925)【汉】奥多豆属。【隶属】豆
科 Fabaceae(Leguminosae)//云实科(苏木科) Caesalpiniaceae。
【包含】世界 2 种。【学名诠释与讨论】〈中〉(人) Oddone +
dendron 或 dendros,树木,棍,丛林。【分布】西赤道非洲。【模
式】Oddoniodendron gilletii De Wildeman [as 'gilleti']。●☆

36062 Odemena Greene = Aster L. (1753) [菊科 Asteraceae
(Compositae)]●■

36063 Odicardis Raf. (1838) = Veronica L. (1753) [玄参科
Scrophulariaceae//婆婆纳科 Veronicaceae]■

36064 Odina Netto(1866) Nom. illegit. = Marupa Miers (1873) [苦木
科 Simaroubaceae]●☆

36065 Odina Roxb. (1814) = Lannea A. Rich. (1831)(保留属名) [漆
树科 Anacardiaceae]●

36066 Odisca Raf. (1838)(废弃属名) ≡ Colea Bojer ex Meisn.
(1840)(保留属名) [紫葳科 Bignoniaceae]●☆

36067 Odisha S. Misra (2007)【汉】印度奥兰属。【隶属】兰科
Orchidaceae。【包含】世界 1 种。【学名诠释与讨论】〈阴〉词源
不详。【分布】印度。【模式】Odisha cleistantha S. Misra。■☆

36068 Odixia Orchard (1982)【汉】少花山地菊属。【隶属】菊科
Asteraceae(Compositae)。【包含】世界 2 种。【学名诠释与讨论】
〈阴〉(属)由 Ixodia 山地菊属字母改缀而来。【分布】澳大利亚
(塔斯马尼亚岛)。【模式】Odixia angusta (N. A. Wakefield) A. E.
Orchard [Helichrysum angustum N. A. Wakefield]。●☆

36069 Ododeca Raf. (1825) Nom. illegit. ≡ Mozula Raf. (1820); ~ =
Lythrum L. (1753) [千屈菜科 Lythraceae]●■

36070 Odoglossa Raf. (1836) = Coreopsis L. (1753) [菊科 Asteraceae
(Compositae)//金鸡菊科 Coreopsidaceae]●■

36071 Odollam Adans. (1763) Nom. illegit. ≡ Cerbera L. (1753) [夹
竹桃科 Apocynaceae]●

36072 Odollamia Raf. (1838) = Odollam Adans. (1763) Nom. illegit. ;
~ = Isotria Raf. (1808) [兰科 Orchidaceae]■☆

36073 Odonellia K. R. Robertson(1982)【汉】奥多旋花属。【隶属】旋
花科 Convolvulaceae。【包含】世界 2 种。【学名诠释与讨论】

〈阴〉(人)Carlos Alberto O' Donell,1912−1954,阿根廷植物学者。
此属的学名,ING、TROPICOS、GCI 和 IK 记载是"Odonella K. R.
Robertson,Brittonia 34(4):417(−418). 1982 [17 Dec 1982]"。
"Odoniella K. Robertson"和"Odoniellia K. Robertson"似为误引。
【分布】巴拿马,巴西,秘鲁,伯利兹,哥伦比亚,哥伦比亚(安蒂奥
基亚),哥斯达黎加,墨西哥,尼加拉瓜,危地马拉。【模式】
Odonellia hirtiflora (M. Martens et H. G. Galeotti) K. R. Robertson
[Ipomoea hirtiflora M. Martens et H. G. Galeotti]。【参考异名】
Odoniella K. Robertson;Odoniellia K. Robertson■☆

36074 Odonia Bertol. (1822) = Galactia P. Browne (1756) [豆科
Fabaceae(Leguminosae)//蝶形花科 Papilionaceae]■

36075 Odoniella K. Robertson = Odonellia K. R. Robertson(1982) [旋
花科 Convolvulaceae]■☆

36076 Odoniellia K. Robertson = Odonellia K. R. Robertson(1982) [旋
花科 Convolvulaceae]■☆

36077 Odonostephana Alexander = Gonolobus Michx. (1803) [萝藦科
Asclepiadaceae]●☆

36078 Odontadenia Benth. (1841)【汉】齿腺木属。【隶属】夹竹桃科
Apocynaceae。【包含】世界 30 种。【学名诠释与讨论】〈阴〉(希)
odous,所有格 odontos,齿+aden,所有格 adenos,腺体。【分布】巴
拿马,秘鲁,玻利维亚,厄瓜多尔,哥伦比亚(安蒂奥基亚),尼加
拉瓜,西印度群岛,中美洲。【模式】Odontadenia speciosa
Bentham。【参考异名】Anisolobus A. DC. (1844);Codonechites
Markgr. (1924);Cylicadenia Lem. (1855);Haplophandra Pichon
(1948);Perictenia Miers(1878)●☆

36079 Odontandra Schultes(1819) = Trichilia P. Browne(1756)(保留
属名)[楝科 Meliaceae]●

36080 Odontandra Willd. ex Roem. et Schult. (1819) Nom. illegit. ≡
Odontandra Schultes(1819); ~ = Trichilia P. Browne(1756)(保留
属名)[楝科 Meliaceae]●

36081 Odontandria G. Don (1831) = Odontandra Willd. ex Roem. et
Schult. (1819) [楝科 Meliaceae]●

36082 Odontanthera Wight ex Lindl. (1838) Nom. illegit. = Odontanthera
Wight(1838) [萝藦科 Asclepiadaceae]■☆

36083 Odontanthera Wight(1838)【汉】齿药萝藦属。【隶属】萝藦科
Asclepiadaceae。【包含】世界 1 种。【学名诠释与讨论】〈阴〉
(希)odous,所有格 odontos,齿 + anthera,花药。此属的学名,
TROPICOS、ING 和 IK 记载是"Odontanthera R. Wight,Madras J.
Lit. Sci. 7:143. Jan 1838"。《显花植物与蕨类植物词典》所用的
"Odontanthera Wight ex Lindl. (1838)"似为"Odontanthera Wight,
in Lindl. Veg. Kingd. 626 (1847)"之误。"Odontanthera Wight
(1847)"是晚出的非法名称,或为误引。【分布】阿拉伯半岛,地
中海东部,非洲东北部。【模式】Odontanthera reniformis R. Wight。
【参考异名】Odontanthera Wight ex Lindl. (1838) Nom. illegit. ;
Odontanthera Wight(1847) Nom. illegit. ;Steinheilia Decne. (1838)
■☆

36084 Odontanthera Wight (1847) Nom. illegit. = Odontanthera Wight
(1838) [萝藦科 Asclepiadaceae]■☆

36085 Odontarrhena C. A. Mey. (1831) = Alyssoides Mill. (1754); ~ =
Alyssum L. (1753) [十字花科 Brassicaceae(Cruciferae)]■●

36086 Odontarrhena C. A. Mey. ex Ledeb. (1831) Nom. illegit. =
Odontarrhena C. A. Mey. (1831); ~ = Alyssoides Mill. (1754); ~ =
Alyssum L. (1753) [十字花科 Brassicaceae(Cruciferae)]■●☆

36087 Odontea Fourr. (1868) = Bupleurum L. (1753) [伞形花科(伞
形科) Apiaceae(Umbelliferae)]●■

36088 Odonteilema Turcz. (1848) = Acalypha L. (1753) [大戟科
Euphorbiaceae//铁苋菜科 Acalyphaceae]●■

36089 Odontella Tiegh.（1895）Nom. illegit. = Oncocalyx Tiegh.（1895）；~ =Tapinanthus（Blume）Rchb.（1841）（保留属名）［桑寄生科 Loranthaceae］●☆

36090 Odontelytrum Hack.（1898）【汉】裂苞浮萆属。【隶属】禾本科 Poaceae（Gramineae）。【包含】世界 1 种。【学名诠释与讨论】〈中〉（希）odous，所有格 odontos，齿＋elytron，皮壳，套子，盖，鞘。【分布】热带非洲。【模式】Odontelytrum abyssinicum Hackel。■☆

36091 Odontilema Post et Kuntze（1903）= Acalypha L.（1753）；~ = Odonteilema Turcz.（1848）［大戟科 Euphorbiaceae//铁苋菜科 Acalyphaceae］●■

36092 Odontitella Rothm.（1943）【汉】小疗齿草属。【隶属】玄参科 Scrophulariaceae//列当科 Orobanchaceae。【包含】世界 1 种。【学名诠释与讨论】〈阴〉（属）Odontites 疗齿草属＋-ellus，-ella，-ellum，加在名词词干后面形成指小式的词尾。或加在人名、属名等后面以组成新属的名称。此属的学名是"Odontitella Rothmaler, Mitth. Thüring. Bot. Vereins 50：226. 1943"。亦有文献把其处理为"Odontites Ludw.（1757）"的异名。【分布】利比里亚。【模式】Odontitella virgata（Link）Rothmaler［Euphrasia virgata Link］。【参考异名】Odontites Ludw.（1757）■☆

36093 Odontites Ludw.（1757）【汉】疗齿草属。【日】マスノグサ属。【俄】Барция，Бартшия，Зубчатка，【英】Bartsia，Odontites。【隶属】玄参科 Scrophulariaceae//列当科 Orobanchaceae。【包含】世界 20-32 种，中国 1 种。【学名诠释与讨论】〈阴〉（希）odontites，医疗齿的。指本属植物可治疗齿痛。此属的学名，ING 和 IK 记载是"Odontites Ludw., Gen. ed. Boehm. 126；Moench, Meth. 439（1794）. 1760"。"Odontites K. P. J. Sprengel, Ges. Naturf. Freunde Berlin Mag. Neuesten Entdeck. Gesammten Naturk. 6：258. 1812 = Bupleurum L.（1753）［伞形花科（伞形科）Apiaceae（Umbelliferae）]"和"Odontites Zinn, Cat. Pl. Gott. 289（1757）［玄参科 Scrophulariaceae]"是晚出的非法名称。【分布】中国，地中海地区，欧洲西部和南部，亚洲西部。【模式】Odontites vulgaris Moench ［Euphrasia odontites Linnaeus］。【参考异名】Bornmuellerantha Rothm.（1943）；Macrosyringion Rothm.（1943）；Odontitella Rothm.（1943）；Orthantha（Benth.）Wettst.；Orthanthella Rauschert（1983）■

36094 Odontites Spreng.（1812）Nom. illegit. = Bupleurum L.（1753）［伞形花科（伞形科）Apiaceae（Umbelliferae）]●■

36095 Odontites Zinn（1757）Nom. illegit.［玄参科 Scrophulariaceae］■☆

36096 Odontitis St.-Lag.（1880）Nom. illegit.［伞形花科（伞形科）Apiaceae（Umbelliferae）]■☆

36097 Odontocarpa Neck.（1790）Nom. inval. ≡ Odontocarpa Neck. ex Raf.（1814）Nom. illegit.；~ ≡ Valerianella Mill.（1754）［缬草科（败酱科）Valerianaceae］■

36098 Odontocarpa Neck. ex Raf.（1814）Nom. illegit. ≡ Valerianella Mill.（1754）［缬草科（败酱科）Valerianaceae］■

36099 Odontocarpha DC.（1836）Nom. illegit. ≡ Odontocarpha Poepp. ex DC.（1836）Nom. illegit.；~ = Gutierrezia Lag.（1816）［菊科 Asteraceae（Compositae）]■●☆

36100 Odontocarpha Poepp. ex DC.（1836）Nom. illegit. = Gutierrezia Lag.（1816）［菊科 Asteraceae（Compositae）]■●☆

36101 Odontocarya Miers（1851）【汉】齿果藤属。【隶属】防己科 Menispermaceae。【包含】世界 30 种。【学名诠释与讨论】〈阳〉（希）odous，所有格 odontos，齿＋karyon，胡桃，硬壳果，核，坚果。【分布】巴拉圭，巴拿马，秘鲁，玻利维亚，厄瓜多尔，哥伦比亚（安蒂奥基亚），哥斯达黎加，尼加拉瓜，西印度群岛，中美洲。【模式】Odontocarya acuparata Miers。【参考异名】Chondodendron Benth. et Hook. f.；Somphoxylon Eichler（1864）●☆

36102 Odontochilus Blume（1858）【汉】齿唇兰属。【日】イナバラン属，タシロラン属。【隶属】兰科 Orchidaceae。【包含】世界 21-40 种，中国 4-11 种。【学名诠释与讨论】〈阳〉（希）odous，所有格 odontos，齿＋cheilos，唇。在希腊文组合词中，cheil-，cheilo-，chilus，-chilia 等均为"唇，边缘"之义。指唇瓣具齿裂。此属的学名是"Odontochilus Blume, Collect. Orchidées Archipel. Ind. 79. Jan-Nov 1859"。亦有文献把其处理为"Anoectochilus Blume（1825）［as 'Anecochilus'］（保留属名）"的异名。【分布】斐济，印度至马来西亚，中国。【模式】未指定。【参考异名】Anoectochilus Blume（1825）［as 'Anecochilus'］（保留属名）；Cystopus Blume（1858）Nom. illegit.；Evrardia Gagnep.（1932）Nom. illegit.；Evrardiana Aver.（1988）Nom. illegit.；Evrardianthe Rauschert（1983）；Pristiglottis Cretz. et J. J. Sm.（1934）■

36103 Odontocline B. Nord.（1978）【汉】齿托菊属。【隶属】菊科 Asteraceae（Compositae）。【包含】世界 6 种。【学名诠释与讨论】〈阴〉（希）odous，所有格 odontos，齿＋kline，床，来自 klino，倾斜，斜倚。【分布】牙买加。【模式】Odontocline glabra（O. Swartz）B. Nordenstam［Cineraria glabra O. Swartz］。●☆

36104 Odontocyclus Turcz.（1840）= Draba L.（1753）［十字花科 Brassicaceae（Cruciferae）//葶苈科 Drabaceae］■

36105 Odontoglossum Kunth（1816）【汉】齿瓣兰属（齿舌兰属，瘤瓣兰属）。【日】オドントグロッサム属。【英】Almond-scented Orchid，Odontoglossum，Odontoglossum Orchid，Violet-scented Orchid。【隶属】兰科 Orchidaceae。【包含】世界 140-200 种，中国 23 种。【学名诠释与讨论】〈中〉（希）odous，所有格 odontos，齿＋glossa，舌。指唇瓣基部具齿状突起。此属的学名，ING、TROPICOS、GCI 和 IK 记载是"Odontoglossum Kunth in Humboldt, Bonpland et Kunth, Nova Gen. Sp. 1：ed. fol. 281；ed. qu. 350. Aug（sero）1816"。"Odontoglossum Lucas Rodr. ex Halb., Orquídea（Mexico City）, n. s. 8（2）：183. 1982"是晚出的非法名称。【分布】巴拿马，秘鲁，玻利维亚，厄瓜多尔，哥伦比亚（安蒂奥基亚），几内亚，墨西哥，牙买加，中国。【模式】Odontoglossum epidendroides Kunth。【参考异名】Collare-stuartense Senghas et Bockemühl（1997）；Cuitlanzina Roeper；Cuitlauzina La Llave et Lex.（1825）；Dasyglossum Königer et Schildh.（1994）；Lichterveldia Lem.（1855）■

36106 Odontoloma Kunth（1818）= Pollalesta Kunth（1818）［菊科 Asteraceae（Compositae）]●☆

36107 Odontolophus Cass.（1827）= Centaurea L.（1753）（保留属名）［菊科 Asteraceae（Compositae）//矢车菊科 Centaureaceae］●■

36108 Odontonema Nees ex Endl.（1842）（废弃属名）= Odontonema Nees（1842）（保留属名）［爵床科 Acanthaceae］●■☆

36109 Odontonema Nees（1842）（保留属名）【汉】火穗木属（齿花丝爵床属，鸡冠爵床属）。【日】ツツサンゴバナ属。【英】Firespike。【隶属】爵床科 Acanthaceae//鸭嘴花科（鸭咀花科）Justiciaceae。【包含】世界 25 种。【学名诠释与讨论】〈中〉（希）odous，所有格 odontos，齿＋nema，所有格 nematos，丝，花丝。此属的学名"Odontonema Nees in Linnaea 16：300. Jul-Aug（prim.）1842"是保留属名，它是"Thyrsacanthus Nees（1847）Nom. illegit."的替代名称。相应的废弃属名是爵床科 Acanthaceae 的"Odontonema Nees ex Endl., Gen. Pl., Suppl. 2：63. Mar-Jun 1842"。Nees（1847）曾用"Thyrsacanthus Nees Fl. Bras.（Martius）9：97. 1847［1 Jun 1847]"替代"Odontonema Nees（1842）"，多余了。亦有文献把"Odontonema Nees（1842）（保留属名）"处理为"Justicia L.（1753）"的异名。【分布】巴拉圭，巴拿马，秘鲁，玻利维亚，厄瓜多尔，哥伦比亚（安蒂奥基亚），墨西哥，尼加拉瓜，西印度群岛，中美洲。【模式】Garden specimen without date or collector。【参考异名】Diateinacanthus Lindau（1905）；Justicia L.（1753）；Odontonema Nees ex Endl.（1842）（废弃属名）；Phidiasia Urb.（1923）；Thyrsacanthus Nees（1847）Nom. illegit.●■☆

36110 Odontonemella Lindau（1893）【汉】小火穗木属。【隶属】爵床科 Acanthaceae。【包含】世界 2 种。【学名诠释与讨论】〈阴〉（属）Odontonema 火穗木属＋-ellus，-ella，-ellum，加在名词词干后面形成指小式的词尾。或加在人名、属名等后面以组成新属的名称。此属的学名是"Odontonemella Lindau, Bot. Jahrb. Syst. 18：56. 22 Dec 1893"。亦有文献把其处理为"Mackaya Harv.（1859）（保留属名）"或"Pseuderanthemum Radlk. ex Lindau（1895）"的异名。【分布】印度。【模式】Odontonemella indica（C. G. D. Nees）Lindau［Thyrsacanthus indicus C. G. D. Nees］。【参考异名】Mackaya Harv.（1859）（保留属名）；Pseuderanthemum Radlk.（1884）Nom. inval.；Pseuderanthemum Radlk. ex Lindau（1895）●☆

36111 Odontonychia Small（1903）= Paronychia Mill.（1754）；~ = Siphonychia Torr. et A. Gray（1838）（保留属名）［石竹科 Caryophyllaceae//醉人花科（裸果木科）Illecebraceae//指甲草科 Paronichiaceae］■☆

36112 Odontophorus N. E. Br.（1927）【汉】齿缘玉属。【日】オントントフォルス属。【隶属】番杏科 Aizoaceae。【包含】世界 3 种。【学名诠释与讨论】〈中〉（希）odous，所有格 odontos，齿＋phoros，具有，梗，负载，发现者。【分布】非洲南部。【模式】Odontophorus marlothii N. E. Brown。■☆

36113 Odontophyllum（Less.）Spach（1841）= Relhania L'Hér.（1789）（保留属名）［菊科 Asteraceae（Compositae）］●☆

36114 Odontophyllum Sreem.（1977）Nom. illegit. ≡ Sreemadhavana Rauschert（1982）；~ = Aphelandra R. Br.（1810）［爵床科 Acanthaceae］●■☆

36115 Odontoptera Cass.（1825）= Arctotis L.（1753）［菊科 Asteraceae（Compositae）//灰毛菊科 Arctotidaceae］●■☆

36116 Odontorchis D. Tyteca et E. Klein（2008）【汉】欧齿兰属。【隶属】兰科 Orchidaceae。【包含】世界 5 种。【学名诠释与讨论】〈阴〉（希）odous，所有格 odontos，齿＋orchis，所有格 orchidis，兰。【分布】欧洲。【模式】Odontorchis ustulata（L.）D. Tyteca et E. Klein［Orchis ustulata L.］。☆

36117 Odontorrhena C. A. Mey. = Alyssum L.（1753）［十字花科 Brassicaceae（Cruciferae）］■●

36118 Odontorrhynchus M. N. Corrêa（1953）【汉】齿喙兰属。【隶属】兰科 Orchidaceae。【包含】世界 5 种。【学名诠释与讨论】〈阳〉（希）odous，所有格 odontos，齿＋rrhynchos = rhynchos，喙。在希腊文组合词中，词头 rhynch-，rhyncho-也是具有喙的含义。【分布】阿根廷，秘鲁，玻利维亚。【模式】Odontorrhynchus castillonii（L. Hauman）M. N. Correa［Stenorrhynchos castillonii L. Hauman］。■☆

36119 Odontosiphon M. Roem.（1846）= Trichilia P. Browne（1756）（保留属名）［楝科 Meliaceae］●

36120 Odontospermum Neck.（1790）Nom. inval. ≡ Odontospermum Neck. ex Sch. Bip.（1844）Nom. illegit.；~ ≡ Asteriscus Mill.（1754）；~ ≡ Dontospermum Neck. ex Sch. Bip.（1843）［菊科 Asteraceae（Compositae）］■☆

36121 Odontospermum Neck. ex Sch. Bip.（1844）Nom. illegit. ≡ Asteriscus Mill.（1754）；~ ≡ Dontospermum Neck. ex Sch. Bip.（1843）［菊科 Asteraceae（Compositae）］●■☆

36122 Odontostelma Rendle（1894）【汉】齿冠萝藦属。【隶属】萝藦科 Asclepiadaceae。【包含】世界 1 种。【学名诠释与讨论】〈中〉（希）odous，所有格 odontos，齿＋stelma，花冠，王冠。【分布】热带

非洲南部。【模式】Odontostelma welwitschii Rendle。■☆

36123 Odontostemma Benth.（1829）Nom. inval. ≡ Odontostemma Benth. ex G. Don（1831）；~ = Arenaria L.（1753）［石竹科 Caryophyllaceae］■

36124 Odontostemma Benth. ex G. Don（1831）= Arenaria L.（1753）［石竹科 Caryophyllaceae］■

36125 Odontostemum Baker（1870）= Odontostomum Torr.（1857）［百合科 Liliaceae//蒂可花科（百鸢科，基叶草科）Tecophilaeaceae］■☆

36126 Odontostephana Alexander（1933）= Gonolobus Michx.（1803）［萝藦科 Asclepiadaceae］●☆

36127 Odontostigma A. Rich.（1853）Nom. illegit. = Stemmadenia Benth.（1845）［夹竹桃科 Apocynaceae］●☆

36128 Odontostigma Zoll. et Moritzi（1845）= Gymnostachyum Nees（1832）［爵床科 Acanthaceae］■☆

36129 Odontostomum Torr.（1857）【汉】齿口百合属。【隶属】百合科 Liliaceae//蒂可花科（百鸢科，基叶草科）Tecophilaeaceae。【包含】世界 1 种。【学名诠释与讨论】〈中〉（希）odous，所有格 odontos，齿＋stoma，所有格 stomatos，孔口。指花的口部有细尖齿。【分布】美国。【模式】Odontostomum hartwegii J. Torrey。【参考异名】Odontostemum Baker（1870）●■☆

36130 Odontostyles Breda（1828）Nom. illegit. ≡ Odontostylis Breda（1828）Nom. illegit.；~ = Bulbophyllum Thouars（1822）（保留属名）［兰科 Orchidaceae］■

36131 Odontostylis Blume（1828）Nom. illegit. ≡ Diphyes Blume（1825）；~ = Bulbophyllum Thouars（1822）（保留属名）［兰科 Orchidaceae］■

36132 Odontostylis Breda（1828）Nom. illegit. = Bulbophyllum Thouars（1822）（保留属名）［兰科 Orchidaceae］■☆

36133 Odontotecoma Bureau et K. Schum.（1897）= Tabebuia Gomes ex DC.（1838）［紫葳科 Bignoniaceae］●☆

36134 Odontotrichum Zucc.（1832）= Psacalium Cass.（1826）［菊科 Asteraceae（Compositae）］■☆

36135 Odontychium K. Schum.（1904）= Alpinia Roxb.（1810）（保留属名）［姜科（蘘荷科）Zingiberaceae//山姜科 Alpiniaceae］■

36136 Odoptera Raf.（1824）Nom. inval. = Corydalis DC.（1805）（保留属名）［罂粟科 Papaveraceae//紫堇科（荷苞牡丹科）Fumariaceae］

36137 Odosicyos Keraudren（1981）【汉】齿瓜属。【隶属】葫芦科（瓜科，南瓜科）Cucurbitaceae。【包含】世界 1 种。【学名诠释与讨论】〈阳〉（希）odous，所有格 odontos，齿＋sikyos，葫芦，野胡瓜。【分布】马达加斯加。【模式】Odosicyos bosseri M. Kéraudren-Aymonin。■☆

36138 Odostelma Raf.（1838）= Passiflora L.（1753）（保留属名）［西番莲科 Passifloraceae］●■

36139 Odostemon Raf.（1819）Nom. illegit. ≡ Mahonia Nutt.（1819）（保留属名）；~ = Berberis L.（1753）［小檗科 Berberidaceae］●

36140 Odostemum Steud.（1841）= Odostemon Raf.（1819）［小檗科 Berberidaceae］●☆

36141 Odostima Raf.（1840）Nom. illegit. ≡ Moneses Salisb. ex Gray（1821）［鹿蹄草科 Pyrolaceae//杜鹃花科（欧石南科）Ericaceae］■

36142 Odotalon Raf.（1838）= Argythamnia P. Browne（1756）［大戟科 Euphorbiaceae］●☆

36143 Odotheca Raf. = Homalium Jacq.（1760）［刺篱木科（大风子科）Flacourtiaceae//天料木科 Samydaceae］●

36144 Odyendea（Pierre）Engl.（1896）Nom. illegit. ≡ Odyendea Pierre ex Engl.（1896）［苦木科 Simaroubaceae］●☆

36145 Odyendea Engl.（1896）Nom. illegit. ≡ Odyendea Pierre ex Engl.

（1896）［苦木科 Simaroubaceae］●☆

36146　Odyendea Pierre ex Engl.（1896）【汉】奥迪苦木属。【隶属】苦木科 Simaroubaceae。【包含】世界 3 种。【学名诠释与讨论】〈阴〉（人）Ody Ende。另说来自非洲植物俗名。此属的学名，ING 和 TROPICOS 记载为"Odyendea Pierre ex Engler in Engler et Prantl，Nat. Pflanzenfam. 3（4）：215. Apr 1896"。IK 则记载为"Odyendea Engl.，Nat. Pflanzenfam.［Engler et Prantl］iii. IV.（1896）215"。三者引用的文献相同。"Odyendea（Pierre）Engl.（1896）≡ Odyendea Pierre ex Engl.（1896）"的命名人引证有误。亦有文献把"Odyendea Pierre ex Engl.（1896）"处理为"Quassia L.（1762）"的异名。【分布】热带非洲。【模式】未指定。【参考异名】Odyendea（Pierre）Engl.（1896）Nom. illegit.；Odyendea Engl.（1896）Nom. illegit.；Quassia L.（1762）●☆

36147　Odyssea Stapf（1922）【汉】奥德草属（奥德赛草属）。【隶属】禾本科 Poaceae（Gramineae）。【包含】世界 2 种。【学名诠释与讨论】〈阴〉（人）Odysseus（Odusseus）希腊神话中的人物。【分布】红海沿岸热带和非洲西南部。【后选模式】Odyssea paucinervis（C. G. D. Nees）Stapf［Dactylis paucinervis C. G. D. Nees］。■☆

36148　Oeceoclades Lindl.（1832）【汉】节茎兰属。【隶属】兰科 Orchidaceae。【包含】世界 31 种。【学名诠释与讨论】〈阴〉（拉）oeceos，家庭的，普通的，私人的，有关系的+clades 破坏，毁灭。可能暗指破坏现有的分类。此属的学名，ING、TROPICOS、APNI 和 IK 记载是"Oeceoclades Lindley，Edwards's Bot. Reg. 1522. 1 Sep 1832"。"Eulophidium Pfitzer，Entw. Nat. Anordn. Orch. 87. 1887"是"Oeceoclades Lindl.（1832）"的晚出的同模式异名（Homotypic synonym，Nomenclatural synonym）。亦有文献把"Oeceoclades Lindl.（1832）"处理为"Angraecum Bory（1804）"的异名。【分布】澳大利亚，巴哈马，巴拉圭，巴拿马，秘鲁，玻利维亚，厄瓜多尔，斐济，哥斯达黎加，科摩罗，马达加斯加，马来西亚，马斯加林群岛，毛里求斯，美国（佛罗里达），纽埃岛，塞舌尔（塞舌尔群岛），所罗门群岛，瓦努阿图，通加岛，西印度群岛，非洲，亚洲东南部，热带南美洲，中美洲。【后选模式】Angraecum maculatum Lindley。【参考异名】Aeceoclades Duchartre ex B. D. Jacks.，Nom. illegit.；Angraecum Bory（1804）；Eulophidium Pfitzer（1888）Nom. illegit.；Oecoeclades Franch. et Sav.（1879）■☆

36149　Oechmea J. St. -Hil.（1805）= Aechmea Ruiz et Pav.（1794）（保留属名）［凤梨科 Bromeliaceae］■☆

36150　Oecoeclades Franch. et Sav.（1879）= Angraecum Bory（1804）；~ = Oeceoclades Lindl.（1832）［兰科 Orchidaceae］■☆

36151　Oecopetalum Greenm. et C. H. Thomps.（1915）【汉】群瓣茶茱萸属。【隶属】茶茱萸科 Icacinaceae。【包含】世界 3 种。【学名诠释与讨论】〈中〉（希）oikeios = 拉丁文 oeceos，家庭的，普通的+希腊文 petalos，扁平的，铺开的；petalon，花瓣，叶，花叶，金属叶子；拉丁文的花瓣为 petalum。【分布】墨西哥，中美洲。【模式】Oecopetalum mexicanum Greenman et C. H. Thompson。●☆

36152　Oedematopus Planch. et Triana（1860）【汉】瘤足木属。【隶属】猪胶树科（克鲁西科，山竹子科，藤黄科）Clusiaceae（Guttiferae）。【包含】世界 20 种。【学名诠释与讨论】〈阳〉（希）oedema，所有格 oedematos，瘤子，肿大+pous，所有格 podos，指小式 podion，脚，足，柄，梗。podotes，有脚的。【分布】秘鲁，热带美洲。【模式】未指定。●☆

36153　Oedera Crantz（1768）（废弃属名）= Dracaena Vand. ex L.（1767）Nom. illegit.；~ ≡ Dracaena Vand.（1767）［百合科 Liliaceae//龙舌兰科 Agavaceae//龙血树科 Dracaenaceae］●■

36154　Oedera L.（1771）（保留属名）【汉】紫纹鼠麹木属。【隶属】菊科 Asteraceae（Compositae）。【包含】世界 18 种。【学名诠释与讨论〈阴〉（人）George Christian Edler von Oldenburg Oeder，1728-1791，丹麦植物学者，医生。此属的学名"Oedera L.，Mant. Pl.：159，291. Oct 1771"是保留属名。相应的废弃名是"Oedera Crantz，Duab. Drac. Arbor.：30. 1768 = Dracaena Vand. ex L.（1767）Nom. illegit.［百合科 Liliaceae//龙舌兰科 Agavaceae//龙血树科 Dracaenaceae］"。"Oederia DC.，Prodr.［A. P. de Candolle］6：1. 1838［1837 publ. early Jan 1838］"是"Oedera L.（1771）（保留属名）"的拼写变体。"Eroeda M. R. Levyns，J. S. African Bot. 14：83. 1948"是"Oedera L.（1771）（保留属名）"的晚出的同模式异名（Homotypic synonym，Nomenclatural synonym）。【分布】非洲南部。【模式】Oedera prolifera Linnaeus，Nom. illegit.［Buphthalmum capense Linnaeus；Oedera capensis（Linnaeus）Druce］。【参考异名】Eroeda Levyns（1948）Nom. illegit.●☆

36155　Oederia DC.（1838）Nom. illegit. ≡ Oedera L.（1771）（保留属名）［菊科 Asteraceae（Compositae）］●☆

36156　Oedibasis Koso - Pol.（1916）【汉】胀基芹属。【俄】Ойдибазис。【英】Oregon Plum。【隶属】伞形花科（伞形科）Apiaceae（Umbelliferae）。【包含】世界 4 种，中国 1 种。【学名诠释与讨论】〈阴〉（希）oedema，所有格 oedematos，瘤子，肿大+basis，基部，底部，基础。【分布】中国，亚洲中部。【后选模式】Oedibasis apiculata（Karelin et Kirilov）Koso - Polyansky［Carum apiculatum Karelin et Kirilov］。■

36157　Oedicephalus Nevski（1937）= Astragalus L.（1753）［豆科 Fabaceae（Leguminosae）//蝶形花科 Papilionaceae］●■

36158　Oedina Tiegh.（1895）【汉】肖五蕊寄生属。【隶属】桑寄生科 Loranthaceae//五蕊寄生科 Dendrophthoaceae。【包含】世界 4 种。【学名诠释与讨论】〈阴〉（希）oideo，oidao，oidaino，肿胀。此属的学名是"Oedina Van Tieghem，Bull. Soc. Bot. France 42：249. 1895"。亦有文献把其处理为"Dendrophthoe Mart.（1830）"的异名。【分布】马拉维，坦桑尼亚。【模式】Oedina erecta（Engler）Van Tieghem［Loranthus erectus Engler］。【参考异名】Botryoloranthus（Engl. et K. Krause）Balle（1954）；Dendrophthoe Mart.（1830）●☆

36159　Oedipachne Link（1827）= Eriochloa Kunth（1816）［禾本科 Poaceae（Gramineae）］■

36160　Oedmannia Thunb.（1800）= Rafnia Thunb.（1800）［豆科 Fabaceae（Leguminosae）//蝶形花科 Papilionaceae］■☆

36161　Oedochloa C. Silva et R. P. Oliveira（2015）【汉】巴西奥黍属。【隶属】禾本科 Poaceae（Gramineae）。【包含】世界 9 种。【学名诠释与讨论】〈阴〉词源不详。【分布】巴西。【模式】Oedochloa procurrens（Nees ex Trin.）C. Silva et R. P. Oliveira［Panicum procurrens Nees ex Trin.］。☆

36162　Oeginetia Wight（1843）= Aeginetia L.（1753）［列当科 Orobanchaceae//野菰科 Aeginetiaceae//玄参科 Scrophulariaceae］■

36163　Oegroe B. D. Jacks. = Ocyroe Phil.（1891）［菊科 Asteraceae（Compositae）］●☆

36164　Oegroe Phil.（1891）【汉】奇利菊属。【隶属】菊科 Asteraceae（Compositae）。【包含】世界 1 种。【学名诠释与讨论】〈阴〉词源不详。【分布】秘鲁，奇利河。【模式】Oegroe spinosa Phil.。☆

36165　Oehmea Buxb.（1951）= Mammillaria Haw.（1812）（保留属名）［仙人掌科 Cactaceae］●

36166　Oemleria Rchb.（1841）【汉】俄勒冈李属（印安第李属）。【英】Oso Berry，Oso-berry。【隶属】蔷薇科 Rosaceae。【包含】世界 1 种。【学名诠释与讨论】〈阴〉（人）Augustus Gottlieb Oemler，1773-1852，德国博物学者，药剂师。此属的学名"Oemleria Rchb.，Deutsche Bot. Herbarienbuch（Syn. Red.）236. Jul 1841"是一个替代名称。"Nuttallia Torrey et A. Gray ex Hook. et Arnott，

Bot. Beechey's Voyage 336. Dec 1838"是一个非法名称(Nom. illegit.),因为此前已经有了"Nuttallia Rafinesque, Amer. Monthly Mag. et Crit. Rev. 1:358. Sep 1817 =Mentzelia L. (1753)[刺莲花科(硬毛草科)Loasaceae]"。故用"Oemleria Rchb. (1841)"替代之。同理,"Nuttallia Barton, Fl. North Amer. 2:74. Jul−Dec 1822 ≡Callirhoe Nutt. (1821)[锦葵科 Malvaceae]"、"Nuttallia DC., Rapp. Jard. Genev. (1821)44 =Nemopanthus Raf. (1819)(保留属名)[冬青科 Aquifoliaceae]"和"Nuttallia K. P. J. Sprengel, Neue Entdeck. Pflanzenk. 2:158. 1820 =Trigonia Aubl. (1775)[三角果科(三棱果科, 三数木科)Trigoniaceae"亦是非法名称。"Osmaronia E. L. Greene, Pittonia 2:189. 15 Sep 1891"是"Oemleria Rchb. (1841)"的晚出的同模式异名(Homotypic synonym, Nomenclatural synonym)。【分布】太平洋地区北美洲。【模式】Nuttallia cerasiformis Torrey et A. Gray ex W. J. Hooker et Arnott。【参考异名】Nuttallia Torr. et A. Gray ex Hook. et Arn. (1838) Nom. illegit.; Nuttallia Torr. et A. Gray (1838) Nom. illegit.; Osmaronia Greene(1891) Nom. illegit. ●☆

36167   Oenanthe L. (1753)【汉】水芹属(水芹菜属)。【日】セリ属。【俄】Омежник。【英】Oenanthe, Water Dropwort, Waterdropwort, Water − dropwort。【隶属】伞形花科(伞形科)Apiaceae (Umbelliferae)。【包含】世界 25-40 种, 中国 5-11 种。【学名诠释与讨论】〈阴〉(希)oinos, 酒, 葡萄酒, 有酒的颜色的。oinas 则是野鸽+anthos, 花。指花具葡萄酒样的香味。【分布】巴基斯坦, 美国, 中国, 山区热带非洲, 温带欧亚大陆。【后选模式】Oenanthe fistulosa Linnaeus。【参考异名】Actinanthus Ehrenb. (1829); Aenanthe Raf.; Cyssopetalum Turcz. (1849); Dasyloma DC. (1830); Globocarpus Caruel (1889); Itasina Raf. (1840); Karsthia Raf. (1840); Oenosciadium Pomel (1874); Phelandrium Neck. (1768); Phellandrium L. (1753); Stephanorossia Chiov. (1911); Volkensiella H. Wolff(1912) Nom. illegit. ■

36168   Oenocarpus Mart. (1823)【汉】酒实棕属(酒果椰属, 酒实桐属, 酒实椰属, 酒实椰子属, 葡果棕桐属, 葡萄桐属)。【日】サケミヤシ属。【俄】Энокарпус。【英】Bacaba Palm, Oenocarpus。【隶属】棕桐科 Arecaceae(Palmae)。【包含】世界 9-16 种。【学名诠释与讨论】〈阳〉(希)oinos, 酒, 葡萄酒。oinas 则是野鸽+karpos, 果实。【分布】巴拿马, 秘鲁, 玻利维亚, 厄瓜多尔, 哥伦比亚(安蒂奥基亚), 哥斯达黎加, 中美洲。【后选模式】Oenocarpus bacaba C. F. P. Martius。【参考异名】Jessenia H. Karst. (1857)●☆

36169   Oenone Tul. (1849) = Apinagia Tul. emend. P. Royen [髯管花科 Geniostomaceae]■☆

36170   Oenonea Bubani(1897) Nom. illegit. ≡Melittis L. (1753)[唇形科 Lamiaceae(Labiatae)//欧洲蜜蜂花科 Melittaceae]■☆

36171   Oenoplea Michx. ex R. Hedw. (1806)(废弃属名)≡Berchemia Neck. ex DC. (1825)(保留属名)[鼠李科 Rhamnaceae]●

36172   Oenoplea R. Hedw. (1806) Nom. illegit. (废弃属名)≡Oenoplea Michx. ex R. Hedw. (1806)(废弃属名); ~ ≡ Berchemia Neck. ex DC. (1825)(保留属名)[鼠李科 Rhamnaceae]●

36173   Oenoplia (Pers.) Room. et Schult. (1819) Nom. illegit. ≡ Oenoplia Roem. et Schult. (1819); ~ = Berchemia Neck. ex DC. (1825)(保留属名); ~ =Oenoplea Michx. ex R. Hedw. (1806)(废弃属名)[鼠李科 Rhamnaceae]●

36174   Oenoplia Roem. et Schult. (1819) = Berchemia Neck. ex DC. (1825)(保留属名); ~ =Oenoplea Michx. ex R. Hedw. (1806)(废弃属名)[鼠李科 Rhamnaceae]●

36175   Oenoplia Schult. ex Roem. et Schult. (1819) Nom. illegit. ≡ Oenoplia Roem. et Schult. (1819); ~ = Berchemia Neck. ex DC. (1825)(保留属名); ~ =Oenoplea Michx. ex R. Hedw. (1806)(废

弃属名)[鼠李科 Rhamnaceae]●

36176   Oenosciadium Pomel(1874) = Oenanthe L. (1753)[伞形花科(伞形科)Apiaceae(Umbelliferae)]■

36177   Oenostachys Bullock (1930) = Gladiolus L. (1753)[鸢尾科 Iridaceae]■

36178   Oenothera L. (1753)【汉】月见草属(待霄草属)。【日】マツヨイグサ属, マツヨヒグサ属。【俄】Онагра, Ослинник, Ослинник двулетний, Свеча ночная, Энотера。【英】Evening Primrose, Eveningprimrose, Evening−primrose, Oenothera, Sundrops。【隶属】柳叶菜科 Onagraceae//月见草科 Oenotheraceae。【包含】世界 125 种, 中国 10 种。【学名诠释与讨论】〈阴〉(希)oinos, 酒, 葡萄酒, 有酒的颜色的+therao, 猎取。指根可酿酒。另说 oinos+thera 野兽, 指根具有葡萄酒样的香味而吸引野兽。此属的学名, ING, TROPICOS, APNI 和 IK 记载是"Oenothera L., Sp. Pl. 1:346. 1753 [1 May 1753]"。"Brunyera Bubani, Fl. Pyrenaea 2:648. 1899 (sero)(?)−1900"、"Onagra P. Miller, Gard. Dict. Abr. ed. 4. 28 Jan 1754"、"Pseudo−oenothera Ruprecht, Fl. Ingr. 365. Mai 1860(by lectotypification)"和"Usoricum Lunell, Amer. Midl. Naturalist 4:481. Sep 1916"是"Oenothera L. (1753)"的晚出的同模式异名(Homotypic synonym, Nomenclatural synonym)。其异名"Pachylophus Spach (1835)"曾先后被处理为"Oenothera [unranked] Pachylophus (Spach) Endl., Genera Plantarum (Endlicher) 2 (15):1190. 1840"、"Oenothera sect. Pachylophus (Spach) W. L. Wagner, Systematic Botany 30(2):340. 2005"、"Oenothera sect. Pachlophus (Spach) Walp., Repertorium Botanices Systematicae. 2 (1):83. 1843"和"Oenothera subgen. Pachylophus (Spach) Rchb., Der Deutsche Botaniker Herbarienbuch 170. 1841"。"Pachylophis Spach (1835) Nom. illegit."是"Pachylophus Spach(1835)"的拼写变体。【分布】巴基斯坦, 巴拉圭, 巴拿马, 秘鲁, 玻利维亚, 厄瓜多尔, 哥伦比亚(安蒂奥基亚), 马达加斯加, 美国(密苏里), 中国, 西印度群岛, 中美洲。【后选模式】Oenothera biennis Linnaeus。【参考异名】Aenothera Lam. (1798); Anogra Spach(1835); Baumannia Spach(1835) Nom. illegit.; Blennoderma Spach(1836); Brunyera Bubani (1899) Nom. illegit.; Camissonia Link (1818); Chamissonia Endl. (1840); Chylismiella (Munz) W. L. Wagner et Hoch(2007); Cratericarpium Spach(1835); Dictyopetalum (Fisch. et C. A. Mey.) Baill. (1884); Dictyopetalum Fisch. et C. A. Mey. (1835) Nom. illegit.; Dictyopetalum Fisch. et C. A. Mey. ex Baill. (1884) Nom. illegit.; Galpinsia Britton(1894); Gaurella Small(1896); Gauropsis (Torr. et Frém.) Cockerell (1900) Nom. illegit.; Gauropsis Cockerell (1900) Nom. illegit.; Godetia Spach (1835); Hartmania Spach (1835); Hartmannia Spach(1835); Heterostemon Nutt. ex Torr. et A. Gray; Holmgrenia W. L. Wagner et Hoch(2007) Nom. illegit.; Holostigma Spach(1835) Nom. illegit.; Kneiffia Spach(1835); Lavauxia Spach (1835); Megapterium Spach (1835); Meriolix Raf. (1819) Nom. inval.; Meriolix Raf. ex Endl. (1840) Nom. illegit.; Neoholmgrenia W. L. Wagner et Hoch(2009); Onagra Adans. (1763) Nom. illegit.; Onagra Mill. (1754) Nom. illegit.; Onosuris Raf. (1817); Onosurus G. Don, Nom. illegit.; Pachylophis Spach (1835) Nom. illegit.; Pachylophus Spach(1835); Peniophyllum Pennell(1919); Pseudo−oenothera Rupr. (1860); Raimannia Rose ex Britton et A. Br. (1913); Raimannia Rose(1905) Nom. inval.; Salpingia (Torr. et A. Gray) Raim. (1893) Nom. illegit.; Salpingia Raim. (1893) Nom. illegit.; Tetrapteron (Munz) W. L. Wagner et Hoch(2007); Usoricum Lunell(1916) Nom. illegit.; Xylopleurum Spach(1835)●■

36179   Oenotheraceae C. C. Robin(1807) = Onagraceae Juss. (保留科

名)■●

36180　Oenotheraceae Endl.［亦见 Onagraceae Juss.（保留科名）柳叶菜科］【汉】月见草科。【包含】世界 1 属 125 种，中国 1 属 10 种。【分布】美洲，西印度群岛。【科名模式】Oenothera L.（1753）■

36181　Oenotheraceae Vest = Onagraceae Juss.（保留科名）■●

36182　Oenotheridium Reiche（1898）= Clarkia Pursh（1814）［柳叶菜科 Onagraceae］■

36183　Oeollanthus G. Don（1837）= Aeollanthus Mart. ex Spreng.（1825）［伞形花科（伞形科）Apiaceae（Umbelliferae）］■☆

36184　Oeonia（Schltr.）Bosser（废弃属名）= Oeonia Lindl.（1824）［as 'Aeonia'］（保留属名）［兰科 Orchidaceae］■☆

36185　Oeonia Lindl.（1824）［as 'Aeonia'］（保留属名）【汉】鸟花兰属。【日】エオピア属。【隶属】兰科 Orchidaceae。【包含】世界 5 种。【学名诠释与讨论】〈阴〉（希）oionos，猛禽，猛兽。指花的形态。此属的学名"Oeonia Lindl. in Bot. Reg. : ad t. 817. 1 Aug 1824（'Aeonia'）（orth. cons.）"是保留属名。法规未列出相应的废弃属名。但是，"Oeonia（Schltr.）Bosser"应该废弃。【分布】马达加斯加，马斯克林群岛。【模式】Oeonia aubertii J. Lindley［as 'auberti'］，Nom. illegit.［Epidendrum volucre Du Petit-Thouars；Oeonia volucris（Du Petit-Thouars）Durand et Schinz］。【参考异名】Aeonia Lindl.（1824）Nom. illegit.；Aeronia Lindl.；Brachystepis Pritz.（1855）；Epidorchis Kuntze（1891）；Epidorchis Thouars（1809）；Epidorkis Thouars（1809）；Oeonia（Schltr.）Bosser（废弃属名）；Perrieriella Schltr.（1925）；Volucrepis Thouars ■☆

36186　Oeoniella Schltr.（1918）【汉】拟鸟花兰属。【日】エオニエルラ属。【隶属】兰科 Orchidaceae。【包含】世界 5 种。【学名诠释与讨论】〈阴〉（属）Oeonia 鸟花兰属+-ellus，-ella，-ellum，加在名词词干后面形成指小式的词尾。或加在人名、属名等后面以组成新属的名称。【分布】马达加斯加，马斯克林群岛。【后选模式】Oeoniella polystachys（Du Petit-Thouars）Schlechter［Epidendrum polystachys Du Petit-Thouars］。【参考异名】Polystepis Thouars ■☆

36187　Oerstedella Rchb. f.（1852）【汉】厄斯兰属（奥特兰属）。【隶属】兰科 Orchidaceae。【包含】世界 32 种。【学名诠释与讨论】〈阴〉（人）Anders Sandoe Oersted，1816-1872，丹麦植物学者，植物采集家，动物学者+-ellus，-ella，-ellum，加在名词词干后面形成指小式的词尾。或加在人名、属名等后面以组成新属的名称。此属的学名"Oerstedella H. G. Reichenbach, Bot. Zeitung（Berlin）10：932. 31 Dec 1852"。亦有文献把其处理为"Epidendrum L.（1763）（保留属名）"的异名。【分布】巴拿马，玻利维亚，厄瓜多尔，哥伦比亚，哥斯达黎加，尼加拉瓜，中美洲。【模式】未指定。【参考异名】Epidendrum L.（1763）（保留属名）■☆

36188　Oerstedianthus Lundell（1981）= Ardisia Sw.（1788）（保留属名）［紫金牛科 Myrsinaceae］●■

36189　Oerstedina Wiehler（1977）【汉】厄斯苣苔属。【隶属】苦苣苔科 Gesneriaceae。【包含】世界 3 种。【学名诠释与讨论】〈阴〉（人）Anders Sandoe Oersted，1816-1872，丹麦植物学者，植物采集家，动物学者+-inus，-ina，-inum 拉丁文加在名词词干之后，以形成形容词的词尾，含义为"属于、相似、关于、小的"。【分布】巴拿马，哥斯达黎加，墨西哥，中美洲。【模式】Oerstedina cerricola H. Wiehler。■●☆

36190　Oeschinomene Poir.（1798）= Aeschynomene L.（1753）［豆科 Fabaceae（Leguminosae）//蝶形花科 Papilionaceae］●■

36191　Oeschynomene Raf.（1790）Nom. inval. = Oeschinomene Poir.（1798）［豆科 Fabaceae（Leguminosae）//蝶形花科 Papilionaceae］●■

36192　Oesoulus Neck. = Aesculus L.（1753）［七叶树科 Hippocastanaceae//无患子科 Sapindaceae］●

36193　Oestlundia W. E. Higgins（2001）【汉】新柱瓣兰属。【隶属】兰科 Orchidaceae。【包含】世界 5 种。【学名诠释与讨论】〈阴〉（人）Oest Lundia。此属的学名是"Oestlundia W. E. Higgins, Selbyana 22（1）：1-4, f. 1-2. 2001"。亦有文献把其处理为"Epidendrum L.（1763）（保留属名）"的异名。【分布】尼加拉瓜，中美洲。【模式】Epidendrum cyanocolumna Ames, F. T. Hubb. et C. Schweinf.。【参考异名】Epidendrum L.（1763）（保留属名）■☆

36194　Oestlundorchis Szlach.（1991）【汉】厄斯特兰属。【隶属】兰科 Orchidaceae。【包含】世界 11 种。【学名诠释与讨论】〈阴〉（人）Karl Erik Magnus Ostlund（Oestlund），兰花采集家（在墨西哥）+orchis，原义是睾丸，后变为植物兰的名称，因为根的形态而得名。变为拉丁文 orchis，所有格 orchidis。【分布】墨西哥，危地马拉，中美洲。【模式】Oestlundorchis eriophora（B. L. Robinson et J. M. Greenman）D. L. Szlachetko［Spiranthes eriophora B. L. Robinson et J. M. Greenman］。■☆

36195　Oethionema Knowles et Westc.（1837）Nom. illegit. = Aethionema W. T. Aiton（1812）［十字花科 Brassicaceae（Cruciferae）］■☆

36196　Ofaiston Raf.（1837）【汉】单蕊蓬属。【隶属】藜科 Chenopodiaceae。【包含】世界 1 种。【学名诠释与讨论】〈中〉词源不详。【分布】俄罗斯南部至亚洲中部。【模式】Ofaiston paucifolium Rafinesque, Nom. illegit.［Salsola monandra Pallas；Ofaiston monandrum（Pallas）Moquin-Tandon］。【参考异名】Cladolepis Moq.（1849）；Opsieston Bunge（1851）■☆

36197　Oftia Adans.（1763）【汉】硬核木属（异玄参族）。【俄】Триния。【隶属】硬核木科（硬粒木科）Oftiaceae//苦槛蓝科 Myoporaceae//玄参科 Scrophulariaceae。【包含】世界 3 种。【学名诠释与讨论】〈阴〉词源不详。此属的学名，ING、TROPICOS 和 IK 记载是"Oftia Adanson, Fam. 2：199, 584. Jul-Aug 1763"。"Batindum Rafinesque, Sylva Tell. 81. Oct-Dec 1838"和"Spielmannia Medikus, Hist. et Commentat. Acad. Elect. Sci. 3（Phys.）：196. 1775"是"Oftia Adans.（1763）"的晚出的同模式异名（Homotypic synonym, Nomenclatural synonym）。"Spielmannia Cusson ex Juss., Dict. Sci. Nat., ed. 2.［F. Cuvier］55：328. 1828［Aug 1828］= Trinia Hoffm.（1814）（保留属名）"是晚出的非法名称。【分布】非洲南部，马达加斯加。【模式】Oftia africana（Linnaeus）Bocquillon［Lantana africana Linnaeus］。【参考异名】Batindum Raf.（1838）Nom. illegit.；Spielmannia Medik.（1775）Nom. illegit.●■☆

36198　Oftiaceae Takht.（1993）［亦见 Scrophulariaceae Juss.（保留科名）玄参科］【汉】硬核木科（硬粒木科）。【包含】世界 2 属 4 种。【分布】马达加斯加，南非。【科名模式】Oftia Adans.●☆

36199　Oftiaceae Takht. et Reveal（1993）= Oftiaceae Takht.（1993）；~ = Scrophulariaceae Juss.（保留科名）●■

36200　Ogastemma Brummitt（1982）【汉】微紫草属。【隶属】紫草科 Boraginaceae。【包含】世界 1 种。【学名诠释与讨论】〈阴〉（属）由 Megastoma 字母改缀而来。此属的学名"Ogastemma R. K. Brummitt, Kew Bull. 36：679. 11 Jun 1982"是一个替代名称。"Megastoma（Benthem）Bonnet et Barratte, Ill. Phan. Tunis t. 11. fig. 4-11. 1895"是一个非法名称（Nom. illegit.），因为此前已经有了鞭毛虫类"Megastoma Grassi, Atti Soc. Ital. Sci. Nat. 24：167. 1881"。故用"Ogastemma Brummitt（1982）"替代之。【分布】非洲北部，西班牙（加那利群岛），西奈半岛，以色列，约旦。【模式】Ogastemma pusillum（Bonnet et Barratte）R. K. Brummitt［Megastoma pusillum Bonnet et Barratte］。【参考异名】Megastoma

（Benth.）Bonnet et Barratte（1895）Nom. illegit.；Megastoma（Benth. et Hook. f.）Bonnet et Barratte（1895）Nom. illegit.；Megastoma Coss. et Durieu ex Benth. et Hook. f.（1876）Nom. inval.；Megastoma Coss. et Durieu, Nom. illegit. ■☆

36201 Ogcerostylis Cass.（1827）Nom. illegit. ≡ Ogcerostylus Cass.（1827）Nom. illegit.；~ ≡ Siloxerus Labill.（1806）（废弃属名）；~ = Angianthus J. C. Wendl.（1808）（保留属名）［菊科 Asteraceae（Compositae）］■●☆

36202 Ogcerostylus Cass.（1827）Nom. illegit. ≡ Siloxerus Labill.（1806）（废弃属名）；~ = Angianthus J. C. Wendl.（1808）（保留属名）［菊科 Asteraceae（Compositae）］■●☆

36203 Ogcodeia Bureau（1873）= Naucleopsis Miq.（1853）［桑科 Moraceae］●☆

36204 Ogiera Cass.（1818）= Eleutheranthera Poit. ex Bosc（1803）［菊科 Asteraceae（Compositae）］■☆

36205 Oginetia Wight（1843）= Aeginetia L.（1753）［列当科 Orobanchaceae//野菰科 Aeginetiaceae//玄参科 Scrophulariaceae］■

36206 Oglifa（Cass.）Cass.（1822）= Filago L.（1753）（保留属名）；~ = Logfia Cass.（1819）［菊科 Asteraceae（Compositae）］■

36207 Oglifa Cass.（1822）Nom. illegit. ≡ Oglifa（Cass.）Cass.（1822）；~ = Filago L.（1753）（保留属名）；~ = Logfia Cass.（1819）［菊科 Asteraceae（Compositae）］■☆

36208 Ogygia Luer（2006）= Pleurothallis R. Br.（1813）［兰科 Orchidaceae］■☆

36209 Ohbaea Byalt et I. V. Sokolova（1999）【汉】岷江景天属。【隶属】景天科 Crassulaceae。【包含】世界1种，中国1种。【学名诠释与讨论】〈阴〉（人）Ohba, 日本植物学者。此属的学名是"Ohbaea Byalt et I. V. Sokolova, Kew Bulletin 54（2）：476. 1999 [1999]."。亦有文献把其处理为"Sedum L.（1753）"的异名。【分布】中国。【模式】Ohbaea balfourii（Raym. - Hamet）V. V. Byalt et I. V. Sokolova。【参考异名】Balfouria（H. Ohba）H. Ohba（1995）Nom. illegit.；Balfouria H. Ohba（1995）Nom. illegit.；Sedum L.（1753）■★

36210 O-Higgensia Steud.（1841）= Ohigginsia Ruiz et Pav.（1798）［茜草科 Rubiaceae］●■☆

36211 Ohigginsia Ruiz et Pav.（1798）= Hoffmannia Sw.（1788）［茜草科 Rubiaceae］●■☆

36212 Ohlendorffia Lehm.（1835）（废弃属名）≡ Aptosimum Burch. ex Benth.（1836）（保留属名）［玄参科 Scrophulariaceae］■●☆

36213 Ohwia H. Ohashi（1999）【汉】小槐花属（奥槐花属）。【隶属】豆科 Fabaceae（Leguminosae）//蝶形花科 Papilionaceae。【包含】世界2种，中国2种。【学名诠释与讨论】〈阴〉（人）Jisaburo Ohwi, 1905 - 1977, 大井次三郎, 日本植物学者。此属的学名"Ohwia H. Ohashi, Sci. Rep. Tohoku Imp. Univ., Ser. 4, Biol. 40（3）：243（1999）"是一个替代名称。"Catenaria Bentham in Miquel, Pl. Jungh. 217, 220. Aug 1852"是一个非法名称（Nom. illegit.），因为此前已经有了藻类的"Catenaria H. F. A. Roussel, Fl. Calvados ed. 2. 85. 1806"和化石植物的"Catenaria Sternberg, Versuch Fl. Vorwelt 1（Tentamen）：xxv. Sep（?）1825"。故用"Ohwia H. Ohashi（1999）"替代之。【分布】中国，亚洲东部和东南亚。【模式】Catenaria laburnifolia（Poiret）Bentham［Hedysarum laburnifolium Poiret］。【参考异名】Catenaria Benth.（1852）Nom. illegit. ●

36214 Oianthus Benth.（1876）= Heterostemma Wight et Arn.（1834）［萝藦科 Asclepiadaceae］●

36215 Oileus Haw.（1831）= Narcissus L.（1753）［石蒜科 Amaryllidaceae//水仙科 Narcissaceae］■

36216 Oionychion Nieuwl.（1914）Nom. illegit. ≡ Oionychion Nieuwl. et Kaczm.（1914）；~ = Viola L.（1753）［堇菜科 Violaceae］■●

36217 Oionychion Nieuwl. et Kaczm.（1914）= Viola L.（1753）［堇菜科 Violaceae］■●

36218 Oiospermum Less.（1829）【汉】小蓝冠菊属。【隶属】菊科 Asteraceae（Compositae）。【包含】世界1种。【学名诠释与讨论】〈中〉（希）oios, 孤独的，单个+sperma, 所有格 spermatos, 种子，孢子。【分布】巴西，中美洲。【模式】Oiospermum involucratum（C. G. D. Nees et Martius）Lessing［Ethulia involucrata C. G. D. Nees et Martius］。【参考异名】Diospermum Hook. f.（1881）■☆

36219 Oisodix Raf.（1838）= Salix L.（1753）（保留属名）［杨柳科 Salicaceae］●

36220 Oistanthera Markgr.（1935）= Tabernaemontana L.（1753）［夹竹桃科 Apocynaceae//红月桂科 Tabernaemontanaceae］●

36221 Oistonema Schltr.（1908）【汉】箭丝萝藦属。【隶属】萝藦科 Asclepiadaceae。【包含】世界1种。【学名诠释与讨论】〈中〉（希）oistos, 箭+nema, 所有格 nematos, 丝，花丝。【分布】加里曼丹岛。【模式】Oistonema dischidioides Schlechter。☆

36222 Okea Steud.（1821）= Okenia F. Dietr.（1819）Nom. illegit.；~ = Adenandra Willd.（1809）（保留属名）［芸香科 Rutaceae］■☆

36223 Okenia F. Dietr.（1819）Nom. illegit. = Adenandra Willd.（1809）（保留属名）［芸香科 Rutaceae］■☆

36224 Okenia Schltdl. et Cham.（1830）【汉】沙花生属。【隶属】紫茉莉科 Nyctaginaceae。【包含】世界1-2种。【学名诠释与讨论】〈阴〉（人）Lorenz Oken, 1779 - 1851, 德国博物学者，医生。此属的学名，ING、TROPICOS 和 IK 记载是"Okenia Schltdl. et Cham., Linnaea 5：92. 1830［Jan 1830］"。此前已经有了"Okenia F. Dietr., Nachtr. Vollst. Lex. Gärtn. 5：307. 1819［Apr-May 1819］"，二者之间的关系待考证。【分布】美国，美国（佛罗里达），墨西哥，尼加拉瓜，中美洲。【模式】Okenia hypogaea Schlechtendal et Chamisso。■☆

36225 Okia H. Rob. et Skvarla（2010）【汉】奥奇菊属。【隶属】菊科 Asteraceae（Compositae）。【包含】世界2种。【学名诠释与讨论】〈阴〉词源不详。似来自人名或地名。【分布】缅甸，泰国，亚洲热带。【模式】Okia birmanica（Kuntze）H. Rob. et Skvarla［Cacalia birmanica Kuntze］。☆

36226 Okoubaka Pellegr. et Normand（1946）【汉】热非檀香属。【隶属】檀香科 Santalaceae。【包含】世界2种。【学名诠释与讨论】〈阴〉Okoubaka, 植物俗名。【分布】热带非洲。【模式】Okoubaka aubrevillei Pellegrin et Normand［Octoknema okoubaka Aubréville et Pellegrin］。●☆

36227 Olacaceae Juss. = Olacaceae R. Br.（保留科名）●

36228 Olacaceae Juss. ex R. Br.（1818）［as 'Olacineae'］= Olacaceae R. Br.（保留科名）●

36229 Olacaceae Mart. = Olacaceae R. Br. ●

36230 Olacaceae Mirb. ex DC. = Olacaceae R. Br.（保留科名）●

36231 Olacaceae R. Br.（1818）［as 'Olacineae'］（保留科名）【汉】铁青树科。【日】ボロボロノキ科。【英】Olax Family, Sourplum Family。【包含】世界23-27属180-260种，中国5属10种。【分布】热带。【科名模式】Olax L.（1753）●

36232 Olacaceae Horan.（1847）= Olacaceae R. Br.（1818）［as 'Olacineae'］（保留科名）●

36233 Olamblis Raf.（1840）= Carex L.（1753）［莎草科 Cyperaceae］■

36234 Olax L.（1753）【汉】铁青树属。【英】Olax。【隶属】铁青树科 Olacaceae。【包含】世界25-65种，中国3-4种。【学名诠释与讨论】〈阴〉（拉）olax, 所有格 olacis, 芳香的，芬芳的。另说其含义为沟，皱纹。【分布】澳大利亚，马达加斯加，印度至马来西亚，中

国,热带非洲。【模式】Olax zeylanica Linnaeus。【参考异名】
Drebbelia Zoll.（1857）Nom. illegit.；Fissilia Comm. ex Juss.
（1789）；Lopadocalyx Klotzsch（1845）；Pseudaleia Thouars ex DC.
（1824）Nom. illegit.；Pseudaleia Thouars（1806）Nom. inval.；
Pseudaleioides Thouars（1806）；Pseudaleiopsis Rchb.；Roxburghia
Koeniguer ex Roxb.；Spermaxyron Steud.（1841）；Spermaxyrum
Labill.（1806）●

36235　Olbia Medik.（1787）＝ Lavatera L.（1753）［锦葵科 Malvaceae］
■●

36236　Oldeania Stapleton（2013）【汉】热非青篱竹属。【隶属】禾本科
Poaceae（Gramineae）。【包含】世界1种。【学名诠释与讨论】
〈阴〉词源不详。【分布】热带非洲。【模式】Oldeania alpina（K.
Schum.）Stapleton［Arundinaria alpina K. Schum.］。☆

36237　Oldenburgia Less.（1830）【汉】密绒菊属。【隶属】菊科
Asteraceae（Compositae）。【包含】世界4种。【学名诠释与讨论】
〈阴〉（人）George Christian Edler von Oldenburg Oeder, 1728 -
1791,瑞典植物学者。另说纪念 Franz Pehr Oldenburg, 1740 -
1774,瑞典植物采集家,军人。【分布】非洲南部。【模式】
Oldenburgia paradoxa Lessing。【参考异名】Scytala E. Mey. ex DC.
（1838）●☆

36238　Oldenlandia L.（1753）【汉】蛇舌草属（耳掌属）。【隶属】茜草
科 Rubiaceae。【包含】世界300种,中国10种。【学名诠释与讨
论】〈阴〉（人）Henrik（Hendrik）Bernard Oldenland（Henricus
Bernardus Oldenlandus）, c. 1663-1699,丹麦植物学者,医生,博物
学者,植物采集家。此属的学名,ING、APNI、GCI、TROPICOS 和
IK 记载是 "Oldenlandia Linnaeus, Sp. Pl. 119. 1 May 1753"。
"Oldenlandia P. Browne, Civ. Nat. Hist. Jamaica 208. 1756［10 Mar
1756］＝Jussiaea L.（1753）［柳叶菜科 Onagraceae］"是晚出的非
法名称。亦有文献把"Oldenlandia L.（1753）"处理为"Hedyotis
L.（1753）（保留属名）"的异名。【分布】巴基斯坦,巴拉圭,巴拿
马,秘鲁,玻利维亚,厄瓜多尔,马达加斯加,尼加拉瓜,中国,中
美洲。【后选模式】Oldenlandia corymbosa Linnaeus。【参考异名】
Agathisanthemum Klotzsch（1861）；Cohautia Endl.（1841）；
Edrastima Raf.（1834）；Eionitis Bremek.（1952）；Exallage Bremek.
（1952）；Gerontogea Cham. et Schltdl.（1829）；Gonotheca Blume ex
DC.（1830）Nom. illegit.；Hedyotis L.（1753）（保留属名）；
Karamyschewia Fisch. et C. A. Mey.（1838）；Kohautia Cham. et
Schltdl.（1829）；Listeria Neck. ex Raf.（1820）Nom. illegit.；
Mitratheca K. Schum.（1903）；Mitrotheca Post et Kuntze（1903）；
Stelmanis Raf.（1840）Nom. illegit.；Thecagonum Babu（1971）；
Thecorchus Bremek.（1952）；Theyodis A. Rich.（1848）●■

36239　Oldenlandia P. Browne（1756）Nom. illegit. ＝Jussiaea L.（1753）
［柳叶菜科 Onagraceae］●■

36240　Oldenlandiopsis Terrell et W. H. Lewis（1990）【汉】拟蛇舌草
属。【隶属】茜草科 Rubiaceae。【包含】世界1种。【学名诠释与
讨论】〈阴〉（属）Oldenlandia 蛇舌草属+希腊文 opsis,外观,模样,
相似。【分布】巴拿马,尼加拉瓜,中美洲。【模式】
Oldenlandiopsis callitrichoides（Grisebach）E. E. Terrell et W. H.
Lewis［Oldenlandia callitrichoides Grisebach］。■☆

36241　Oldfeltia B. Nord. et Lundin（2002）【汉】多脉千里光属。【隶
属】菊科 Asteraceae（Compositae）。【包含】世界2种。【学名诠释
与讨论】〈阴〉（人）Oldfelt。【分布】古巴。【模式】Oldfeltia
polyphlebia（Grisebach）B. Nordenstam et R. Lundin［Senecio
polyphlebius Grisebach］。■☆

36242　Oldfieldia Benth. et Hook. f.（1850）【汉】奥德大戟属。【隶属】
大戟科 Euphorbiaceae。【包含】世界4种。【学名诠释与讨论】
〈阴〉（人）Guy Oldfield Allen, 1883-1963,植物学者。另说纪念

Richard Albert K. Oldfield,英国医生,植物采集家。【分布】热带
非洲。【模式】Oldfieldia africana Bentham et W. J. Hooker。【参考
异名】Cecchia Chiov.（1932）；Paivaeusa Welw.（1869）Nom.
illegit.；Paivaeusa Welwitsch ex Benth. et Hook. f.（1867）●☆

36243　Olea L.（1753）【汉】木犀榄属（齐墩果属,油橄榄属）。【日】
オリブ属,オリーブ属,オレイフ属。【俄】Дерево оливковые,
Маслина,Олива。【英】Ironwood, Olive, Olive Tree。【隶属】木犀
榄科（木犀科）Oleaceae。【包含】世界 20-40 种,中国 13-18 种。
【学名诠释与讨论】〈阴〉（拉）olea,油橄榄的古名,来自希腊文
elaia,油橄榄树,来自希腊文 leios 平滑的。【分布】澳大利亚（东
部）,巴基斯坦,秘鲁,波利尼西亚群岛,玻利维亚,地中海地区,
东亚,非洲,马达加斯加,马斯克林群岛,新西兰,印度至马来西
亚,中国,中美洲。【后选模式】Olea europaea Linnaeus。【参考异
名】Enaimon Raf.（1838）；Leuranthus Knobl.（1934）；Pachyderma
Blume（1826）；Picricarya Dennst.（1818）；Pogenda Raf.（1838）；
Steganthus Knobl.（1934）；Stereoderma Blume ex Endl. Nom.
illegit.；Stereoderma Blume（1828）Nom. inval.；Tetrapilus Lour.
（1790）●

36244　Oleaceae Hoffmanns. et Link（1809）（保留科名）【汉】木犀榄科
（木犀科）。【日】ヒヒラギ科,モクセイ科。【俄】Маслинные,
Маслиновые,Масличные。【英】Ash Family, Olive Family。【包
含】世界 24-29 属 400-970 种,中国 10-12 属 160-245 种。【分布】
广泛分布,温带和热带亚洲。【科名模式】Olea L.（1753）●

36245　Oleander Medik.（1790）Nom. illegit. ≡ Nerium L.（1753）［夹
竹桃科 Apocynaceae］●

36246　Olearia Moench（1802）（保留属名）【汉】树紫菀属（奥勒菊木
属,榄叶菊属）。【日】オレアリア属。【俄】Олеария。【英】
Daisy Bush, Daisybush, Mountain Holly, Tree Daisy。【隶属】菊科
Asteraceae（Compositae）。【包含】世界 75-180 种。【学名诠释与
讨论】〈阴〉（人）Johann Gottfried Olschlager（Olearius）, 1635 -
1711,德国旅行家,园艺学者,Specimen Florae Hallensis 的作者。
此属的学名"Olearia Moench, Suppl. Meth.（Moench）254. 1802［2
May 1802］"是保留属名。相应的废弃属名是"Shawia J. R. Forst.
et G. Forst.（1776）"。"Orestion Rafinesque, Fl. Tell. 2: 48. Jan-
Mar 1837（'1836'）"是"Olearia Moench（1802）（保留属名）"的
晚出的同模式异名（Homotypic synonym, Nomenclatural synonym）。
【分布】澳大利亚,新几内亚岛,新西兰。【模式】Olearia dentata
Moench, Nom. illegit.［Aster tomentosus J. C. Wendland；Olearia
tomentosa（J. C. Wendland）A. P. de Candolle］。【参考异名】
Eratica Hort. ex Dipp.；Eurybia（Cass.）Cass.（1820）；Eurybia
Cass.（1820）Nom. illegit.；Haxtonia Caley ex D. Don（1831）；
Orestion Raf.（1837）Nom. illegit.；Pachystegia Cheeseman（1925）；
Shawia J. R. Forst. et G. Forst.（1776）（废弃属名）；Spongotrichum
Nees（1832）；Steetzia Sond.（1853）；Steiractis DC.（1836）●☆

36247　Oleaster Fabr.（1759）Nom. illegit. ≡ Oleaster Heist. ex Fabr.
（1759）Nom. illegit.；~ ≡ Elaeagnus L.（1753）［胡颓子科
Elaeagnaceae］●

36248　Oleaster Heist.（1748）Nom. inval. ≡ Oleaster Heist. ex Fabr.
（1759）Nom. illegit.；~ ≡ Elaeagnus L.（1753）［胡颓子科
Elaeagnaceae］●

36249　Oleaster Heist. ex Fabr.（1759）Nom. illegit. ≡ Elaeagnus L.
（1753）［胡颓子科 Elaeagnaceae］●

36250　Oleicarpon Airy Shaw ＝ Dipteryx Schreb.（1791）（保留属名）
［豆科 Fabaceae（Leguminosae）］●☆

36251　Oleicarpus Dwyer（1965）Nom. illegit. ≡ Oleiocarpon Dwyer
（1965）［豆科 Fabaceae（Leguminosae）］●☆

36252　Oleiocarpon Dwyer（1965）＝ Dipteryx Schreb.（1791）（保留属

名)［豆科 Fabaceae(Leguminosae)]●☆

36253　Oleobachia Hort. ex Mast. (1880) = Sterculia L. (1753)［梧桐科 Sterculiaceae//锦葵科 Malvaceae]■●

36254　Oleoxylon Roxb. (1805) = Dipterocarpus C. F. Gaertn. (1805)［龙脑香科 Dipterocarpaceae]●

36255　Oleoxylon Wall. (1829) Nom. illegit.［龙脑香科 Dipterocarpaceae]☆

36256　Olfa Adans. (1763) Nom. illegit. ≡ Isopyrum L. (1753) (保留属名)［毛茛科 Ranunculaceae]■

36257　Olgaea Iljin(1922)【汉】蝟菊属(假漏芦属,鳍蓟菊属,鳍蓟属,猬菊属)。【俄】Ольгея。【英】Olgaea。【隶属】菊科 Asteraceae(Compositae)。【包含】世界 12-16 种,中国 6 种。【学名诠释与讨论】〈阴〉(地)Olga,乌恰,位于中国新疆。是模式种产地。【分布】亚洲中部,中国。【模式】未指定。【参考异名】Takaikazuchia Kitag., Nom. illegit.;Takaikazuchia Kitag. et Kitam., Nom. illegit.;Takeikadzuchia Kitag. et Kitam. (1934);Takeikatzukia Kitag. et Kitam. (1934) Nom. illegit.;Wettsteinia Petr. (1910)■

36258　Olgasis Raf. (1837) = Oncidium Sw. (1800) (保留属名)［兰科 Orchidaceae]■☆

36259　Oligacis Raf. = Rubus L. (1753)［蔷薇科 Rosaceae]●■

36260　Oligacoce Willd. ex DC. (1830) = Valeriana L. (1753)［缬草科(败酱科)Valerianaceae]●■

36261　Oligactis(Kunth)Cass. (1825)【汉】翼柄黄安菊属。【隶属】菊科 Asteraceae(Compositae)。【包含】世界 12-14 种。【学名诠释与讨论】〈阴〉(希)oligo- = 拉丁文 pauci-,少数的+aktis,所有格 aktinos,光线,光束,射线。此属的学名,ING 和 TROPICOS 记载是"Oligactis (Kunth) Cassini in F. Cuvier, Dict. Sci. Nat. 36:16. Oct 1825",由"Andromachia sect. Oligactis Kunth in Humboldt, Bonpland et Kunth, Nova Gen. Sp. 4:ed. fol. 79. 26 Oct. 1818"改级而来。IK 则记载为"Oligactis Cass., Dict. Sci. Nat., ed. 2.［F. Cuvier]36:16. 1825［Oct 1825]"。二者引用的文献相同。"Oligactis Raf., Fl. Tellur. 2:44. 1837［1836 publ. Jan-Mar 1837］≡Oligactis (Kunth) Cass. (1825) = Sericocarpus Nees(1832)［菊科 Asteraceae (Compositae)]"是晚出的非法名称。"Oligactis Kunth =Oligactis (Kunth)Cass. (1825)"的命名人引证有误。亦有文献把"Oligactis (Kunth) Cass. (1825) Nom. illegit."处理为"Liabum Adans. (1763) Nom. illegit. ≡Amellus L. (1759) (保留属名)"的异名。【分布】秘鲁,厄瓜多尔,哥伦比亚(安蒂奥基亚),哥斯达黎加,中美洲。【后选模式】Oligactis volubilis (Kunth) Cassini［Andromachia volubilis Kunth]。【参考异名】Amellus L. (1759) (保留属名);Andromachia sect. Oligactis Kunth(1818);Liabum Adans. (1763) Nom. illegit.;Oligactis Cass. (1825) Nom. illegit.;Oligactis Kunth, Nom. illegit.;Oligactis Raf. (1837) Nom. illegit.●☆

36262　Oligactis Cass. (1825) Nom. illegit. ≡ Oligactis (Kunth) Cass. (1825)［菊科 Asteraceae(Compositae)]●☆

36263　Oligactis Kunth, Nom. illegit. ≡ Oligactis (Kunth) Cass. (1825)［菊科 Asteraceae(Compositae)]●☆

36264　Oligactis Raf. (1837) Nom. illegit. = Oligactis (Kunth) Cass. (1825);~ = Sericocarpus Nees (1832)［菊科 Asteraceae (Compositae)]■☆

36265　Oligaerion Cass. (1816) Nom. inval. = Ursinia Gaertn. (1791) (保留属名)［菊科 Asteraceae(Compositae)]●■☆

36266　Oligandra Less. (1832) = Lucilia Cass. (1817)［菊科 Asteraceae (Compositae)]■☆

36267　Oligandra Less. (1834 – 1835) Nom. illegit. ≡ Lipandra Moq. (1840);~ =Chenopodium L. (1753)［藜科 Chenopodiaceae]■●

36268　Oliganthemum F. Muell. (1859) = Allopterigeron Dunlop (1981)［菊科 Asteraceae(Compositae)]■☆

36269　Oliganthera Endl. (1841) Nom. illegit., Nom. superfl. ≡ Lipandra Moq. (1840);~ ≡ Oligandra Less. (1834–1835) Nom. illegit.; ~ = Chenopodium L. (1753)［藜科 Chenopodiaceae]■●

36270　Oliganthes Cass. (1817)【汉】短毛鸡菊花属。【隶属】菊科 Asteraceae(Compositae)。【包含】世界 9 种。【学名诠释与讨论】〈阴〉(希)oligo- = 拉丁文 pauci-,少数的+anthos,花。【分布】秘鲁,马达加斯加,中美洲。【模式】Oliganthes triflora Cassini。●☆

36271　Oligarrhena R. Br. (1810)【汉】沙蓬石南属。【隶属】尖苞木科 Epacridaceae//杜鹃花科(欧石南科)Ericaceae。【包含】世界 1 种。【学名诠释与讨论】〈阴〉(希)oligo- = 拉丁文 pauci-,少数的+arrhena,所有格 ayrhenos,雄性的。【分布】澳大利亚(西部)。【模式】Oligarrhena micrantha R. Brown。●☆

36272　Oligloron Raf. (1838) = Capparis L. (1753)［山柑科(白花菜科,醉蝶花科)Capparaceae]●

36273　Oligobotrya Baker(1886)【汉】少穗花属(偏头七属)。【隶属】百合科 Liliaceae//铃兰科 Convallariaceae。【包含】世界 2-3 种。【学名诠释与讨论】〈阴〉(希)oligo- = 拉丁文 pauci-,少数的+botrys,葡萄串,总状花序,簇生。指花序。此属的学名是"Oligobotrya J. G. Baker, Hooker's Icon. Pl. 16:ad t. 1537. Nov 1886"。亦有文献把其处理为"Maianthemum F. H. Wigg. (1780) (保留属名)"的异名。【分布】中国。【模式】Oligobotrya henryi J. G. Baker。【参考异名】Maianthemum F. H. Wigg. (1780) (保留属名)■

36274　Oligocarpha Cass. (1817) = Brachylaena R. Br. (1817)［菊科 Asteraceae(Compositae)]●☆

36275　Oligocarpus Less. (1832)【汉】小金盏属。【隶属】菊科 Asteraceae(Compositae)。【包含】世界 1-2 种。【学名诠释与讨论】〈阳〉(希)oligo- = 拉丁文 pauci-,少数的+karpos,果实。此属的学名是"Oligocarpus Lessing, Syn. Comp. 90. Jul-Aug 1832"。亦有文献把其处理为"Osteospermum L. (1753)"的异名。【分布】非洲南部。【模式】Oligocarpus calendulaceus (Linnaeus f.) Lessing［Osteospermum calendulaceum Linnaeus f.]。【参考异名】Osteospermum L. (1753);Xenismia DC. (1836)■☆

36276　Oligoceras Gagnep. (1925)【汉】小距大戟属。【隶属】大戟科 Euphorbiaceae。【包含】世界 1 种。【学名诠释与讨论】〈中〉(希)oligo- = 拉丁文 pauci-,少数的+keras,所有格 keratos,角,距,弓。【分布】中南半岛。【模式】Oligoceras eberhardtii Gagnepain。■☆

36277　Oligochaeta (DC.) K. Koch (1843)【汉】寡毛菊属。【俄】Олигохета。【英】Oligochaeta。【隶属】菊科 Asteraceae (Compositae)//矢车菊科 Centaureaceae。【包含】世界 3-4 种,中国 1 种。【学名诠释与讨论】〈阴〉(希)oligo- = 拉丁文 pauci-,少数的 + chaite = 拉丁文 chaeta,刚毛。此属的学名,ING 和 TROPICOS 记载是"Oligochaeta (A. P. de Candolle) K. H. E. Koch, Linnaea 17:42. 1843",由"Serratula sect. Oligochaeta A. P. de Candolle, Prodr. 6:671. Jan. (prim.) 1838"改级而来。IK 则记载为"Oligochaeta K. Koch, Linnaea 17:42. 1843"。三者引用的文献相同。亦有文献把"Oligochaeta (DC.) K. Koch(1843)"处理为"Centaurea L. (1753)(保留属名)"的异名。【分布】阿富汗,高加索,印度,中国。【模式】Oligochaeta divaricata (F. E. L. Fischer et C. A. Meyer) K. H. E. Koch［Serratula divaricata F. E. L. Fischer et C. A. Meyer]。【参考异名】Centaurea L. (1753) (保留属名);Microlonchus Cass. (1826) Nom. illegit.;Oligochaeta K. Koch (1843) Nom. illegit.;Serratula sect. Oligochaeta DC. (1838)■

36278　Oligochaeta K. Koch (1843) Nom. illegit. ≡ Oligochaeta (DC.)

K. Koch（1843）［菊科 Asteraceae（Compositae）］■

36279 Oligochaetochilus Szlach.（1911）【汉】寡毛兰属。【隶属】兰科 Orchidaceae。【包含】世界 65 种。【学名诠释与讨论】〈阴〉（希）oligo- =拉丁文 pauci-，少数的+chaite = 拉丁文 chaeta，刚毛+cheilos，唇。在希腊文组合词中，cheil-，cheilo-，-chilus，-chilia 等均为"唇，边缘"之义。此属的学名是"Oligochaetochilus Szlach.（1911）"。"Oligochaetochilus Szlach., Polish Bot. J. 46（1）:23. 2001［28 Feb 2001］"是晚出的非法名称;它已经先后被处理为"Pterostylis subgen. Oligochaetochilus（Szlach.）Janes et Duretto Austral. Syst. Bot. 23（4）:265. 2010［31 Aug 2010］"和"Pterostylis sect. Oligochaetochilus（Szlach.）Janes et Duretto Austrobaileya 8（2）:221. 2010［7 Dec 2010］"。【分布】澳大利亚。【模式】Oligochaetochilus simplex（G. S. West）G. S. West［Polychaetophora simplex G. S. West］。■☆

36280 Oligochaetochilus Szlach.（2001）Nom. illegit. = Pterostylis R. Br.（1810）（保留属名）［兰科 Orchidaceae］■☆

36281 Oligocladus Chodat et Wilczek.（1902）【汉】寡枝草属。【隶属】伞形花科（伞形科）Apiaceae（Umbelliferae）。【包含】世界 2 种。【学名诠释与讨论】〈中〉（希）oligo- =拉丁文 pauci-，少数的+klados，枝，芽，指小式 kladion，棍棒。kladodes 有许多枝子的。此属的学名是"Oligocladus Chodat et Wilczek, Bull. Herb. Boissier ser. 2. 2:527. 31 Mai 1902"。"Oligocladus Chodat（1902）Nom. illegit."的命名人引证有误。Rhodomelaceae 松节藻科的"Oligocladus Weber-van Bosse, Ann. Jard. Bot. Buitenzorg ser. 2. 9:31. 1911（non Chodat et Wilczek 1902）≡Oligocladella P. C. Silva（1996）"是晚出的非法名称。【分布】阿根廷。【模式】Oligocladus andinus Chodat et Wilczek。【参考异名】Oligocladus Chodat（1902）Nom. illegit. ■☆

36282 Oligocladus Chodat（1902）Nom. illegit. = Oligocladus Chodat et Wilczek.（1902）［伞形花科（伞形科）Apiaceae（Umbelliferae）］■☆

36283 Oligocodon Keay（1958）【汉】小冠茜属。【隶属】茜草科 Rubiaceae。【包含】世界 1 种。【学名诠释与讨论】〈阳〉（希）oligo- =拉丁文 pauci-，少数的+kodon，指小式 kodonion，钟，铃。【分布】热带非洲西部。【模式】Oligocodon cunliffeae（Wernham）Keay［Gardenia cunliffeae Wernham］。●☆

36284 Oligodora DC.（1838）= Athanasia L.（1763）［菊科 Asteraceae（Compositae）］●☆

36285 Oligodorella Turcz.（1851）= Marasmodes DC.（1838）［菊科 Asteraceae（Compositae）］■☆

36286 Oligoglossa DC.（1838）= Phymaspermum Less.（1832）［菊科 Asteraceae（Compositae）］●☆

36287 Oligogyne DC.（1836）= Blainvillea Cass.（1823）［菊科 Asteraceae（Compositae）］■●

36288 Oligogynium Engl.（1883）= Nephthytis Schott（1857）［天南星科 Araceae］■☆

36289 Oligolepis Cass. ex DC.（1836）Nom. inval. = Sphaeranthus L.（1753）［菊科 Asteraceae（Compositae）］■

36290 Oligolepis Wight（1846）= Sphaeranthus L.（1753）［菊科 Asteraceae（Compositae）］■

36291 Oligolobos Gagnep.（1907）【汉】稀裂水鳖属。【隶属】水鳖科 Hydrocharitaceae。【包含】世界 2 种。【学名诠释与讨论】〈阳〉（希）oligo- =拉丁文 pauci-，少数的+lobos=拉丁文 lobulus，片，裂片，叶，荚，蒴。此属的学名是"Oligolobos Gagnepain, Bull. Soc. Bot. France 54:542. 1907"。亦有文献把其处理为"Ottelia Pers.（1805）"的异名。【分布】中南半岛。【模式】Oligolobos balansae Gagnepain。【参考异名】Ottelia Pers.（1805）■☆

36292 Oligomeris Cambess.（1839）（保留属名）【汉】川犀草属。

【英】Oligomeris。【隶属】木犀草科 Resedaceae。【包含】世界 3-10 种，中国 1 种。【学名诠释与讨论】〈阳〉（希）oligo- =拉丁文 pauci-，少数的+meros，一部分。拉丁文 merus 含义为纯洁的，真正的。此属的学名"Oligomeris Cambess., Voy. Inde［Jacquemont］4（Bot.）:23. 1839［Apr 1835-Dec 1844］"是保留属名。相应的废弃属名是"Dipetalia Raf., Fl. Tell. 3:73. Nov - Dec 1837（'1836'）"。【分布】巴基斯坦，非洲北部，非洲南部至，西班牙（加那利群岛），美国（西南部），墨西哥，印度，中国。【模式】Oligomeris glaucescens Cambessèdes。【参考异名】Dipetalia Raf.（1837）（废弃属名）；Ellimia Nutt.（1838）（废弃属名）；Ellimia Nutt. ex Torr. et A. Gray（1838）Nom. illegit.（废弃属名）；Holopetalum Turcz.（1843）；Resedella Webb et Berthel.（1836）■●

36293 Oligonema S. Watson（1891）Nom. illegit. ≡Golionema S. Watson（1891）;~ = Olivaea Sch. Bip. ex Benth.（1872）［菊科 Asteraceae（Compositae）］■☆

36294 Oligoneuron Small（1903）【汉】白黄花属。【隶属】菊科 Asteraceae（Compositae）。【包含】世界 6 种。【学名诠释与讨论】〈中〉（希）oligo- =拉丁文 pauci-，少数的+neuron =拉丁文 nervus，脉，筋，腱，神经。此属的学名是"Oligoneuron J. K. Small, Fl. Southeast. U. S. 1188. Jul 1903"。亦有文献把其处理为"Solidago L.（1753）"的异名。【分布】北美洲，中美洲。【模式】未指定。【参考异名】Solidago L.（1753）■☆

36295 Oligopholis Wight（1850）= Christisonia Gardner（1847）［列当科 Orobanchaceae//玄参科 Scrophulariaceae］■

36296 Oligophyton H. P. Linder（1986）【汉】寡兰属。【隶属】兰科 Orchidaceae。【包含】世界 1 种。【学名诠释与讨论】〈中〉（希）oligo- =拉丁文 pauci-，少数的+phyton，植物，树木，枝条。【分布】津巴布韦。【模式】Oligophyton drummondii H. P. Linder et G. Williamson。■☆

36297 Oligoron Raf.（1836）Nom. illegit.，Nom. superfl. ≡Acerates Elliott（1817）;~ = Asclepias L.（1753）［萝藦科 Asclepiadaceae］■

36298 Oligoscias Seem.（1865）= Polyscias J. R. Forst. et G. Forst.（1776）［五加科 Araliaceae］●

36299 Oligosma Salisb.（1866）Nom. illegit. ≡Nothoscordum Kunth（1843）（保留属名）［百合科 Liliaceae//葱科 Alliaceae］■☆

36300 Oligosmilax Seem.（1868）= Heterosmilax Kunth（1850）［菝葜科 Smilacaceae//百合科 Liliaceae］●■

36301 Oligospermum D. Y. Hong（1984）= Odicardis Raf.（1838）;~ = Veronica L.（1753）［玄参科 Scrophulariaceae//婆婆纳科 Veronicaceae］■

36302 Oligosporus Cass.（1817）= Artemisia L.（1753）［菊科 Asteraceae（Compositae）//蒿科 Artemisiaceae］●■

36303 Oligostachyum Z. P. Wang et G. H. Ye（1982）【汉】少穗竹属。【英】Oligostachyum, Poorspikebamboo。【隶属】禾本科 Poaceae（Gramineae）//青篱竹科 Arundinariaceae。【包含】世界 20 种，中国 15 种。【学名诠释与讨论】〈中〉（希）oligo- =拉丁文 pauci-，少数的+stachys，穗，谷，长钉。指花序上小穗较少。此属的学名是"Oligostachyum Z. P. Wang et G. H. Ye, J. Nanjing Univ., Nat. Sci. Ed. 1982:95. 1982"。亦有文献把其处理为"Arundinaria Michx.（1803）"的异名。【分布】中国。【模式】Oligostachyum sulcatum Z. P. Wang et G. H. Ye。【参考异名】Arundinaria Michx.（1803）;Clavinodum T. H. Wen（1984）●★

36304 Oligostemon Benth.（1865）Nom. illegit. = Duparquetia Baill.（1865）［豆科 Fabaceae（Leguminosae）//云实科（苏木科）Caesalpiniaceae］■☆

36305 Oligostemon Turcz.（1858）= Meliosma Blume（1823）［清风藤科 Sabiaceae//泡花树科 Meliosmaceae］●

36306 Oligothrix DC.（1838）【汉】落冠千里光属。【隶属】菊科 Asteraceae（Compositae）。【包含】世界1种。【学名诠释与讨论】〈阴〉（希）oligo-＝拉丁文pauci-，少数的＋thrix，所有格trichos，毛，毛发。【分布】热带和非洲南部。【模式】Oligothrix gracilis A. P. de Candolle。【参考异名】Xyridopsis Welw. ex O. Hoffm.■☆

36307 Olimarabidopsis Al-Shehbaz, O'Kane et R. A. Price（1999）【汉】无苞芥属。【隶属】十字花科 Brassicaceae（Cruciferae）。【包含】世界3种，中国2种。【学名诠释与讨论】〈阴〉词源不详。【分布】欧洲东部，亚洲中部和西南，中国。【模式】Olimarabidopsis pumila（C. F. Stephan）I. A. Al-Shehbaz, S. L. O'Kane et R. A. Price [Sisymbrium pumilum C. F. Stephan]。■

36308 Olinia Thunb.（1800）（保留属名）【汉】方枝树属（硬梨木属，硬梨属）。【英】Olinia。【隶属】方枝树科（阿林尼亚科）Oliniaceae//管萼木科（管萼科）Penaeaceae。【包含】世界8-10种。【学名诠释与讨论】〈阴〉（人）Johan Henrick（Henric）Olin，1769-1824，瑞典植物学家，医生，Thunberg的学生。【分布】热带和非洲南部。【模式】Olinia cymosa（Linnaeus f.）Thunberg [Sideroxylon cymosum Linnaeus f.]。【参考异名】Cremastostemon Jacq.（1809）；Olynia Steud.（1841）；Plectronia Buching. ex Krauss（1844）Nom. illegit.（废弃属名）；Plectronia L.（1767）（废弃属名）；Tephea Delile（1846）●☆

36309 Oliniaceae Arn. ＝ Oliniaceae Harv. et Sond.（保留科名）●☆

36310 Oliniaceae Arn. ex Sond. ＝ Oliniaceae Harv. et Sond.（保留科名）●☆

36311 Oliniaceae Harv. et Sond.（1862）（保留科名）【汉】方枝树科（阿林尼亚科）。【包含】世界1属8-10种。【分布】非洲。【科名模式】Olinia Thunb.（1800）●☆

36312 Olisbaea Benth. et Hook. f.（1867）＝ Mouriri Aubl.（1775）；~ ＝ Olisbea DC.（1828）[野牡丹科 Melastomataceae]●☆

36313 Olisbaea Hook. f.（1867）Nom. illegit. ≡ Olisbaea Benth. et Hook. f.（1867）；~ ＝ Mouriri Aubl.（1775）；~ ＝ Olisbea DC.（1828）[野牡丹科 Melastomataceae]●☆

36314 Olisbea DC.（1828）＝ Mouriri Aubl.（1775）[野牡丹科 Melastomataceae]●☆

36315 Olisca Raf. ＝ Juncus L.（1753）[灯心草科 Juncaceae]■

36316 Olisia（Dumort.）Spach（1840）＝ Stachys L.（1753）[唇形科 Lamiaceae（Labiatae）]●■

36317 Olisia Spach（1840）Nom. illegit. ≡ Olisia（Dumort.）Spach（1840）；~ ＝ Stachys L.（1753）[唇形科 Lamiaceae（Labiatae）]●■

36318 Olivaea Sch. Bip. ex Benth.（1872）【汉】水菀属。【隶属】菊科 Asteraceae（Compositae）。【包含】世界2种。【学名诠释与讨论】〈阴〉（人）Leonardo Oliva，1805-1873，墨西哥植物学家，药物学家，植物采集家。本属的同物异名"Golionema S. Watson, Bot. Gaz. 16：267. Sep 1891"是一个替代名称；"Oligonema S. Watson, Proc. Amer. Acad. Arts 26：138. 1891"是一个非法名称（Nom. illegit.），因为此前已经有了"Oligonema Rostafinski, Monogr. 291. 1875（黏菌）"。故用"Golionema S. Watson（1891）"替代之。【分布】墨西哥。【模式】Olivaea tricuspis Schultz-Bip. ex Bentham。【参考异名】Golionema S. Watson（1891）；Oligonema S. Watson（1891）Nom. illegit.■☆

36319 Oliveranthus Rose（1905）＝ Echeveria DC.（1828）[景天科 Crassulaceae]●■☆

36320 Oliverella Rose（1903）Nom. illegit. ≡ Oliveranthus Rose（1905）；~ ＝ Echeveria DC.（1828）[景天科 Crassulaceae]●■☆

36321 Oliverella Tiegh.（1895）【汉】肖大岩桐寄生属。【隶属】桑寄生科 Loranthaceae。【包含】世界7种。【学名诠释与讨论】〈阴〉（人）Oliver，植物学家＋-ellus，-ella，-ellum，加在名词词干后面形成指小式的词尾。或加在人名、属名等后面以组成新属的名称。此属的学名，ING和IK记载是"Oliverella Van Tieghem, Bull. Soc. Bot. France 42：258. 1895"。景天科 Crassulaceae 的"Oliverella J. N. Rose, Bull. New York Bot. Gard. 3：2. 1903 ≡ Oliveranthus Rose（1905）＝ Echeveria DC.（1828）"是晚出的非法名称。亦有文献把"Oliverella Tiegh.（1895）"处理为"Tapinanthus（Blume）Rchb.（1841）（保留属名）"的异名。【分布】热带非洲。【模式】Oliverella rubroviridus（Oliver）Van Tieghem [Loranthus rubroviridis Oliver]。【参考异名】Tapinanthus（Blume）Rchb.（1841）（保留属名）●☆

36322 Oliveria Vent.（1801）【汉】奥利草属。【隶属】伞形花科（伞形科）Apiaceae（Umbelliferae）。【包含】世界1种。【学名诠释与讨论】〈阴〉（人）Guillaume Antoine Olivier，1756-1814，法国植物学者。【分布】亚洲西南部。【模式】Oliveria decumbens Ventenat。【参考异名】Callistroma Fenzl（1843）；Calostroma Post et Kuntze（1903）；Oliviera Post et Kuntze（1903）■☆

36323 Oliveriana Rchb. f.（1876）【汉】奥氏兰属。【隶属】兰科 Orchidaceae。【包含】世界4种。【学名诠释与讨论】〈阴〉（人）Guillaume Antoine Olivier，1756-1814，法国植物学者＋-anus，-ana，-anum，加在名词词干后面使形成形容词的词尾，含义为"属于"。【分布】秘鲁，玻利维亚，厄瓜多尔，哥伦比亚。【模式】Oliveriana egregia H. G. Reichenbach。■☆

36324 Oliverodoxa Kuntze（1891）Nom. illegit. ≡ Riedelia Oliv.（1883）（保留属名）[姜科（蘘荷科）Zingiberaceae]■☆

36325 Oliviera Post et Kuntze（1903）＝ Oliveria Vent.（1801）[伞形花科（伞形科）Apiaceae（Umbelliferae）]●☆

36326 Olmeca Soderstr.（1982）Nom. inval. [禾本科 Poaceae（Gramineae）]●☆

36327 Olmedia Ruiz et Pav.（1794）【汉】奥尔桑属。【隶属】桑科 Moraceae。【包含】世界2种。【学名诠释与讨论】〈阴〉（人）Vicente de Olmedo。此属的学名，ING，TROPICOS和IK记载是"Olmedia Ruiz & Pav., Fl. Peruv. Prodr. 129, t. 28. 1794 [early Oct 1794]"。它曾被处理为"Trophis sect. Olmedia（Ruiz & Pav.）C. C. Berg, Proceedings of the Koninklijke Nederlandse Akademie van Wetenschappen, Series C：Biological and Medical Sciences 91（4）：354. 1988"。亦有文献把"Olmedia Ruiz et Pav.（1794）"处理为"Trophis P. Browne（1756）（保留属名）"的异名。【分布】巴拿马，巴拿马植物园，玻利维亚，哥斯达黎加，中美洲。【后选模式】Olmedia aspera Ruiz et Pavon。【参考异名】Olmedoa Post et Kuntze（1903）；Trophis P. Browne（1756）（保留属名）；Trophis sect. Olmedia（Ruiz & Pav.）C. C. Berg（1988）●☆

36328 Olmediella Baill.（1880）【汉】奥尔木属。【隶属】刺篱木科（大风子科）Flacourtiaceae。【包含】世界1种。【学名诠释与讨论】〈阴〉（属）Vicente de Olmedo＋-ellus，-ella，-ellum，加在名词词干后面形成指小式的词尾。或加在人名、属名等后面以组成新属的名称。【分布】墨西哥，尼加拉瓜。【模式】Olmediella betschleriana（Göppert）Loesener [Ilex betschleriana Göppert]。【参考异名】Licopolia Rippa（1904）；Olmedoella Post et Kuntze（1903）●☆

36329 Olmedioperebea Ducke（1922）【汉】亚马孙桑属。【隶属】桑科 Moraceae。【包含】世界2种。【学名诠释与讨论】〈阴〉（人）Vicente de Olmedo＋Perebea 黄乳桑属（热美桑属）。此属的学名是"Olmedioperebea Ducke, Arch. Jard. Bot. Rio de Janeiro 3：33. 1922"。亦有文献把其处理为"Maquira Aubl.（1775）"的异名。【分布】巴西，玻利维亚，亚马孙河流域。【模式】Olmedioperebea sclerophylla Ducke。【参考异名】Maquira Aubl.（1775）●☆

36330 Olmediophaena H. Karst.（1887）＝ Maquira Aubl.（1775）[桑科

Moraceae]●☆

36331　Olmediopsis H. Karst.（1862）= Pseudolmedia Trécul（1847）［桑科 Moraceae］●☆

36332　Olmedoa Post et Kuntze（1903）= Olmedia Ruiz et Pav.（1794）；~ = Trophis P. Browne（1756）（保留属名）［桑科 Moraceae］●☆

36333　Olmedoella Post et Kuntze（1903）= Olmediella Baill.（1880）［刺篱木科（大风子科）Flacourtiaceae］●☆

36334　Olmedophaena Post et Kuntze（1903）= Olmediophaena H. Karst.（1887）［桑科 Moraceae］●☆

36335　Olneya A. Gray（1854）【汉】腺荚豆属。【隶属】豆科 Fabaceae（Leguminosae）。【包含】世界1种。【学名诠释与讨论】〈阴〉（人）Stephen Thayer Olney，1812-1878，美国罗德岛州植物学者，Catalogue of Plants 的作者。【分布】美国（加利福尼亚），墨西哥。【模式】Olneya tesota A. Gray。【参考异名】Tesota C. Muell.（1857）●☆

36336　Olofuton Raf.（1838）= Capparis L.（1753）［山柑科（白花菜科，醉蝶花科）Capparaceae］●

36337　Olopetalum（DC.）Klotzsch（1836）= Monsonia L.（1767）［牻牛儿苗科 Geraniaceae］■●☆

36338　Olopetalum Klotzsch（1836）Nom. illegit. ≡ Olopetalum（DC.）Klotzsch（1836）；~ = Monsonia L.（1767）［牻牛儿苗科 Geraniaceae］■●☆

36339　Olostyla DC.（1830）= Coelospermum Blume（1827）；~ = Holostyla DC.［茜草科 Rubiaceae］●

36340　Olotrema Raf.（1840）= Carex L.（1753）［莎草科 Cyperaceae］■

36341　Olsynium Raf.（1836）【汉】春钟属。【英】Grass Widow。【隶属】鸢尾科 Iridaceae。【包含】世界11-12种。【学名诠释与讨论】〈阴〉（希）holos，全部的，整个的+syn，共同+-ius，-ia，-ium，在拉丁文和希腊文中，这些词尾表示性质或状态。此属的学名，ING、TROPICOS、GCI 和 IK 记载是"Olsynium Raf.，New Fl.［Rafinesque］1：72. 1836"。"Eriphilema Herbert，Edwards's Bot. Reg. 29（Misc.）：85. Dec（?）1843"是"Olsynium Raf.（1836）"的晚出的同模式异名（Homotypic synonym，Nomenclatural synonym）。亦有文献把"Olsynium Raf.（1836）"处理为"Sisyrinchium L.（1753）"的异名。【分布】秘鲁，玻利维亚。【模式】Olsynium grandiflorum Rafinesque，Nom. illegit.［Sisyrinchium grandiflorum Douglas ex Lindley 1830，non Cavanilles 1788，Sisyrinchium douglasii A. G. Dietrich 1833；Olsynium douglasii（A. G. Dietrich）E. P. Bicknell］。【参考异名】Chamelum Phil.（1863）；Eriphilema Herb.（1843）Nom. illegit.；Ona Ravenna（1972）；Phaiophleps Raf.（1838）；Sisyrinchium L.（1753）；Symphyostemon Miers ex Klatt（1861）Nom. illegit. ■☆

36342　Oluntos Raf.（1838）= Ficus L.（1753）；~ = Urostigma Gasp.（1844）Nom. illegit.；~ = Mastosuke Raf.（1838）；~ = Ficus L.（1753）［桑科 Moraceae］●

36343　Olus-atrum Wolf（1776）Nom. illegit. ≡ Olusatrum Wolf（1776）Nom. illegit.；~ = ≡ Smyrnium L.（1753）；~ = Taenidia Drude（1898）Nom. illegit. +Smyrnium L.（1753）［伞形花科（伞形科）Apiaceae（Umbelliferae）］■☆

36344　Olusatrum Wolf（1776）Nom. illegit. ≡ Smyrnium L.（1753）；~ = Taenidia Drude（1898）Nom. illegit. +Smyrnium L.（1753）［伞形花科（伞形科）Apiaceae（Umbelliferae）］■☆

36345　Olympia Spach（1836）= Hypericum L.（1753）［金丝桃科 Hypericaceae//猪胶树科（克鲁西科，山竹子科，藤黄科）Clusiaceae（Guttiferae）］■●

36346　Olymposciadium H. Wolff（1922）Nom. illegit. ≡ Aegokeras Raf.（1840）［伞形花科（伞形科）Apiaceae（Umbelliferae）］■☆

36347　Olympusa Klotzsch（1849）【汉】几内亚萝藦属。【隶属】萝藦科 Asclepiadaceae。【包含】世界1种。【学名诠释与讨论】〈阴〉词源不详。【分布】几内亚。【模式】Olympusa tomentosa Klotzsch。☆

36348　Olynia Steud.（1841）= Olinia Thunb.（1800）（保留属名）［方枝树科（阿林尼亚科）Oliniaceae//管萼木科（管萼科）Penaeaceae］●☆

36349　Olynthia Lindl.（1825）= Eugenia L.（1753）［桃金娘科 Myrtaceae］●

36350　Olyra L.（1759）【汉】奥禾属（奥利草属，奥鲁格草属，莪利禾属）。【隶属】禾本科 Poaceae（Gramineae）。【包含】世界25种。【学名诠释与讨论】〈阴〉（希）olyra，几种草本植物的名称。此属的学名，ING、TROPICOS、GCI 和 IK 记载是"Olyra L.，Syst. Nat.，ed. 10. 2：1261. 1759［7 Jun 1759］"。"Mapira Adanson，Fam. 2：39，574. Jul-Aug 1763"是"Olyra L.（1759）"的晚出的同模式异名（Homotypic synonym，Nomenclatural synonym）。【分布】巴拿马，玻利维亚，厄瓜多尔，非洲，哥伦比亚（安蒂奥基亚），哥斯达黎加，马达加斯加，尼加拉瓜，中美洲。【模式】Olyra latifolia Linnaeus。【参考异名】Hellera Doll（1877）Nom. inval.；Hellera Schrad. ex Doll（1877）Nom. inval.；Lithacne Poir.（1823）；Mapira Adans.（1763）Nom. illegit.；Strephium Schrad. ex Nees（1829）■☆

36351　Olyraceae Bercht. et J. Presl = Gramineae Juss.（保留科名）//Poaceae Barnhart（保留科名）■●

36352　Olyraceae Martinov（1820）= Gramineae Juss.（保留科名）//Poaceae Barnhart（保留科名）■●

36353　Olythia Steud.（1841）= Eugenia L.（1753）；~ = Olynthia Lindl.（1825）［桃金娘科 Myrtaceae］●

36354　Omalanthus A. Juss.（1824）Nom. illegit.（废弃属名）= Homalanthus A. Juss.（1824）［as 'Omalanthus'］（保留属名）［大戟科 Euphorbiaceae］●

36355　Omalanthus Less.（1832）Nom. illegit.（废弃属名）≡ Omalotes DC.（1838）；~ = Tanacetum L.（1753）［菊科 Asteraceae（Compositae）//菊蒿科 Tanacetaceae］■●

36356　Omalocaldos Hook. f.，Nom. illegit.（废弃属名）= Omaloclados Hook. f.（1873）（废弃属名）；~ = Homaloclados Hook. f.，Nom. illegit.；~ = Faramea Aubl.（1775）［茜草科 Rubiaceae］●☆

36357　Omalocarpus Choux（1926）= Deinbollia Schumach. et Thonn.（1827）［无患子科 Sapindaceae］●☆

36358　Omaloclados Hook. f.（1873）（废弃属名）= Homaloclados Hook. f.，Nom. illegit.；~ = Faramea Aubl.（1775）［茜草科 Rubiaceae］●☆

36359　Omalocline Cass.（1827）= Crepis L.（1753）［菊科 Asteraceae（Compositae）］■

36360　Omalotes DC.（1838）【汉】脂心树属。【隶属】菊科 Asteraceae（Compositae）//菊蒿科 Tanacetaceae。【包含】世界1种。【学名诠释与讨论】〈阳〉（希）homalos，平的，扁的。homales，平的+anthos，花。此属的学名"Omalotes A. P. de Candolle，Prodr. 6：83. Jan（prim.）1838"是一个替代名称。"Omalanthus Lessing，Syn. Comp. 260. 1832"是一个非法名称（Nom. illegit.），因为此前已经有了"Omalanthus A. H. L. Jussieu 1824，Nom. illegit.（废弃属名）= Homalanthus A. Juss.（1824）［as 'Omalanthus'］（保留属名）［大戟科 Euphorbiaceae］"。故用"Omalotes DC.（1838）"替代之。亦有文献把"Omalotes DC.（1838）"处理为"Tanacetum L.（1753）"的异名。【分布】澳大利亚，斐济，克马德克岛，马来西亚，萨摩亚群岛，通加岛，法属新喀里多尼亚，亚洲东南部。【模式】Omalanthus camphoratus Less.［Tanacetum camphoratum Less.，Tanacetum bipinnatum（L.）Sch. Bip.］。【参考异名】Homalanthus Wittst.（废弃属名）；Omalanthus Less.（1832）Nom. illegit.（废弃属名）；Tanacetum L.（1753）●☆

36361　Omalotheca Cass. (1828)【汉】离娄鼠麴属。【英】Arctic-cudweed。【隶属】菊科 Asteraceae(Compositae)。【包含】世界 8 种,中国 2 种。【学名诠释与讨论】〈阴〉(希) homalos,平的,扁的+theke =拉丁文 theca,匣子,箱子,室,药室,囊。此属的学名,ING、TROPICOS、GCI、APNI 和 IK 记载是"Omalotheca Cass.,Dict. Sci. Nat.,ed. 2.[F. Cuvier]56;218. 1828[Sep 1828]"。它曾被处理为"Gnaphalium sect. Omalotheca(Cass.)Nutt.,Transactions of the American Philosophical Society, new series 7:405. 1841.(2 Apr 1841)"。亦有文献把"Omalotheca Cass. (1828)"处理为"Gnaphalium L. (1753)"的异名。【分布】中国,欧亚大陆,北美洲。【模式】Omalotheca supina (Linnaeus) A. P. de Candolle[Gnaphalium supinum Linnaeus]。【参考异名】Gnaphalium L. (1753);Gnaphalium sect. Omalotheca (Cass.) Nutt. (1841);Homalotheca Rchb. (1841)■

36362　Omania S. Moore(1901)【汉】阿曼玄参属(奥曼玄参属)。【隶属】玄参科 Scrophulariaceae。【包含】世界 1 种。【学名诠释与讨论】〈阴〉(地) Oman,阿曼。此属的学名是"Omania S. Moore, J. Bot. 39:258. 1901"。亦有文献把其处理为"Lindenbergia Lehm. (1829)"的异名。【分布】阿拉伯地区。【模式】Omania arabica S. Moore。【参考异名】Lindenbergia Lehm. (1829)■☆

36363　Omanthe O. F. Cook (1939) = Chamaedorea Willd. (1806)(保留属名)[棕榈科 Arecaceae(Palmae)]●☆

36364　Ombrocharis Hand. – Mazz. (1936)【汉】喜雨草属。【英】Ombrocharis。【隶属】唇形科 Lamiaceae(Labiatae)。【包含】世界 1 种,中国 1 种。【学名诠释与讨论】〈阴〉(希) ombros,雨,暴风雨+charis,喜悦,雅致,美丽,流行。指本属植物喜生于雨林中。【分布】中国。【模式】Ombrocharis dulcis Handel-Mazzetti。■★

36365　Ombrophytum Poepp. (1833) Nom. inval. ≡ Ombrophytum Poepp. ex Endl. (1836)[蛇菰科(土鸟蘱科)Balanophoraceae]■☆

36366　Ombrophytum Poepp. ex Endl. (1836)【汉】南美菰属。【隶属】蛇菰科(土鸟蘱科)Balanophoraceae。【包含】世界 4 种。【学名诠释与讨论】〈中〉(希) ombros,雨,暴风雨+phyton,植物,树木,枝条。此属的学名,ING、和 TROPICOS 记载是"Ombrophytum Poeppig ex Endlicher, Gen. 73. Aug 1836"。IK 则记载为"Ombrophytum Poepp. ,in Leipz. Literaturz. (1833) 1874[ex Endl. Gen. 73]"。【分布】阿根廷,巴西,秘鲁,玻利维亚,厄瓜多尔,中美洲。【模式】未指定。【参考异名】Juelia Aspl. (1928);Ombrophytum Poepp. (1833) Nom. inval. ■☆

36367　Omegandra G. J. Leach et C. C. Towns. (1993)【汉】澳苋属。【隶属】苋科 Amaranthaceae。【包含】世界 1 种。【学名诠释与讨论】〈阴〉(希) omega,希腊字母中的最后一个即 ω+andron 雄蕊。【分布】澳大利亚。【模式】Omegandra kanisii G. J. Leach et C. C. Towns.。■☆

36368　Omeiocalamus P. C. Keng(1983) = Arundinaria Michx. (1803);~ = Bashania P. C. Keng et T. P. Yi (1982)[禾本科 Poaceae(Gramineae)//青篱竹科 Arundinariaceae]●★

36369　Omentaria Salisb. (1866) = Tulbaghia L. (1771)[as 'Tulbagia'](保留属名)[百合科 Liliaceae//葱科 Alliaceae//紫瓣花科 Tulbaghiaceae]■☆

36370　Omiltemia Standl. (1918)【汉】奥米茜属。【隶属】茜草科 Rubiaceae。【包含】世界 4 种。【学名诠释与讨论】〈阴〉(地) Omiltemi Ecological State Park,位于墨西哥。【分布】墨西哥。【模式】Omiltemia longipes Standley。【参考异名】Bellizinca Borhidi (2004);Edithea Standl. (1933);Pseudomiltemia Borhidi (2004)●☆

36371　Ommatodium Lindl. (1838) = Pterygodium Sw. (1800)[兰科 Orchidaceae]■☆

36372　Omoea Blume (1825)【汉】奥莫兰属。【隶属】兰科 Orchidaceae。【包含】世界 2 种。【学名诠释与讨论】〈阴〉(希) homoios,相似。指其花瓣与 Ceratochilus 角唇兰属相似。【分布】菲律宾,印度尼西亚(爪哇岛)。【模式】Omoea micrantha Blume。■☆

36373　Omolocarpus Neck. (1790) Nom. inval. = Nyctanthes L. (1753)[木犀榄科(木犀科)Oleaceae//夜花科(腋花科)Nyctanthaceae]●

36374　Omonoia Raf. (1837) Nom. illegit. ≡ Eschscholzia Cham. (1820)[罂粟科 Papaveraceae//花菱草科 Eschscholtziaceae]■

36375　Omoscleria Nees (1842) Nom. illegit. ≡ Scleria P. J. Bergius (1765)[莎草科 Cyperaceae]■

36376　Omphacarpus Korth. (1842) = Micrococcus Beckm. ;~ = Microcos L. (1753)[椴树科(椴科,田麻科)Tiliaceae//锦葵科 Malvaceae]●■

36377　Omphacomeria(Endl.) A. DC. (1857)【汉】扁豆檀香属。【隶属】檀香科 Santalaceae。【包含】世界 1 种。【学名诠释与讨论】〈阴〉(希) omos,野蛮的,同一的,共同的,相似的,一样的,肩+phakos,扁豆,扁豆形的,种子+meros,一部分。拉丁文 merus 含义为纯洁的,真正的。另说 omphax, omphakos,未成熟的果实,酸的,苦的+meros,一部分。指果实微酸。此属的学名,ING 和 APNI 记载是"Omphacomeria(Endlicher)Alph. de Candolle, Prodr. 14;680. Nov 1857",由"Leptomeria b. Omphacomeria Endlicher, Gen. 326. Dec 1837"改级而来。IK 则记载为"Omphacomeria A. DC. , Prodr.[A. P. de Candolle]14(2):680. 1857[late Nov 1857]"。【分布】澳大利亚(东南部)。【模式】Omphacomeria acerba(R. Brown)Alph. de Candolle[Leptomeria acerba R. Brown]。【参考异名】Leptomeria b. Omphacomeria Endl. (1837);Omphacomeria A. DC. (1857) Nom. illegit. ■☆

36378　Omphacomeria A. DC. (1857) Nom. illegit. ≡ Omphacomeria(Endl.) A. DC. (1857)[檀香科 Santalaceae]■☆

36379　Omphalandria P. Browne(1756)(废弃属名) = Omphalea L. (1759)(保留属名)[大戟科 Euphorbiaceae]■☆

36380　Omphalea L. (1759)(保留属名)【汉】脐戟属。【隶属】大戟科 Euphorbiaceae。【包含】世界 20 种。【学名诠释与讨论】〈阴〉(希) omphalos,脐。其花和心皮均脐形。此属的学名"Omphalea L. , Syst. Nat. ed. 10. 1254, 1264, 1378. 7 Jun 1759"是保留属名。相应的废弃属名是"Omphalandria P. Browne, Civ. Nat. Hist. Jamaica 335. 1756"。"Omphalandria P. Browne, Civ. Nat. Hist. Jamaica 334. 10 Mar 1756(废弃属名)"和"Ronnowia Buchoz, Pl. Nouvellem. Découv. (6). t. 4. 1779"是"Omphalea L. (1759)(保留属名)"的同模式异名(Homotypic synonym, Nomenclatural synonym)。【分布】澳大利亚(昆士兰),巴拿马,秘鲁,玻利维亚,厄瓜多尔,非洲,哥伦比亚,哥斯达黎加,马达加斯加,马来西亚(西部),尼加拉瓜,印度尼西亚(苏拉威西岛),所罗门群岛,新几内亚岛,中美洲,中南半岛。【模式】Omphalea triandra Linnaeus。【参考异名】Adenophyllum Thouars ex Baill. ;Duchola Adans. (1763) Nom. illegit. ;Hebecocca Beurl. (1854);Hebococca Post et Kuntze(1903);Hecatea Thouars(1804);Neomphalea Pax et K. Hoffm. (1919);Omphalandria P. Browne(1756)(废弃属名);Romovia Müll. Arg. (1866);Ronnowia Buc'hoz(1779) Nom. illegit. ■☆

36381　Omphalissa Sahsb. (1866) = Hippeastrum Herb. (1821)(保留属名)[石蒜科 Amaryllidaceae]■☆

36382　Omphalium Roth (1827) Nom. illegit. ≡ Omphalium Wallr. (1822) Nom. illegit. , Nom. superfl. ;~ = Omphalodes Mill. (1754)[紫草科 Boraginaceae]■

36383　Omphalium Wallr. (1822) Nom. illegit. , Nom. superfl. ≡ Omphalodes Mill. (1754)[紫草科 Boraginaceae]■

36384　Omphalobium Gaertn.（1788）＝Connarus L.（1753）［牛栓藤科 Connaraceae］●

36385　Omphalobium Jacq. ex DC., Nom. illegit.＝Schotia Jacq.（1787）（保留属名）［豆科 Fabaceae(Leguminosae)］●☆

36386　Omphalocarpum P. Beauv.（1800）【汉】脐果山榄属。【隶属】山榄科 Sapotaceae。【包含】世界 6 种。【学名诠释与讨论】〈中〉（希）omphalos,脐＋karpos,果实。此属的学名,ING 和 IK 记载是"Omphalocarpum Palisot de Beauvois in Ventenat, Bull. Sci. Soc. Philom. Paris 2：146. 22 Sep-21 Oct 1800"。【分布】热带非洲西部。【后选模式】Omphalocarpum verna Moench ［Cynoglossum omphalodes Linnaeus］。"Omphalocarpum P. Beauv.（1805）Nom. illegit.＝Omphalocarpum P. Beauv.（1800）［山榄科 Sapotaceae］"和"Omphalocarpum Presl ex Dur.＝Rourea Aubl.（1775）（保留属名）；~＝Santalodes Kuntze(1891)（废弃属名）；~＝Santaloides G. Schellenb.（1910）（保留属名）［牛栓藤科 Connaraceae］"是晚出的非法名称。【参考异名】Ituridendron De Wild.（1926）；Omphalocarpum P. Beauv.（1805）Nom. illegit.；Omphnlocarpus Post et Kuntze(1903)；Vanderystia De Wild.（1926）●☆

36387　Omphalocarpum P. Beauv.（1805）Nom. illegit.＝Omphalocarpum P. Beauv.（1800）［山榄科 Sapotaceae］●☆

36388　Omphalocarpum Presl ex Dur.＝Rourea Aubl.（1775）（保留属名）；~＝Santalodes Kuntze(1891)（废弃属名）；~＝Santaloides G. Schellenb.（1910）（保留属名）［牛栓藤科 Connaraceae］●☆

36389　Omphalocaryon Klotzsch（1838）＝Scyphogyne Brongn.（1828）Nom. illegit.；~＝Scyphogyne Decne.（1828）；~＝Erica L.（1753）［杜鹃花科(欧石南科)Ericaceae］●☆

36390　Omphalococca Willd.（1827）＝Aegiphila Jacq.（1767）［马鞭草科 Verbenaceae//唇形科 Lamiaceae(Labiatae)］●■☆

36391　Omphalococca Willd. ex Schult.（1827）Nom. illegit.≡Omphalococca Willd.（1827）；~＝Aegiphila Jacq.（1767）［唇形科 Lamiaceae(Labiatae)//马鞭草科 Verbenaceae］●■☆

36392　Omphalodaphne（Blume）Nakai（1938）＝Tetranthera Jacq.（1797）［樟科 Lauraceae］●

36393　Omphalodes Boerl.＝Omphalopus Naudin（1851）［野牡丹科 Melastomataceae］☆

36394　Omphalodes Mill.（1754）【汉】脐果草属(琉璃草属)。【日】オンファローデス属,ヤマルリソウ属,ルリソウ属。【俄】Омфалодес,Пупочник。【英】Blue-eyed Mary,Navelseed,Navel-seed,Navelwort,Navel-wort,Venus's Navelwort。【隶属】紫草科 Boraginaceae。【包含】世界 28-30 种。【学名诠释与讨论】〈阴〉（希）omphalos,脐＋eidos,相似的。指小坚果脐状。此属的学名,ING、GCI 和 IK 记载是"Omphalodes Mill., Gard. Dict. Abr., ed. 4. ［968］. 1754［28 Jan 1754］"。Wallroth（1822）用"Omphalium Wallr., Sched. Crit. 1：77. 1822"替代"Omphalodes Mill.（1754）",多余了。"Picotia J. J. Roemer et J. A. Schultes, Syst. Veg. 4：x,84. Mar-Jun 1819"和"Umbilicaria Heister ex Fabricius, Enum. 42. 1759"是"Omphalodes Mill.（1754）"的晚出的同模式异名（Homotypic synonym, Nomenclatural synonym）。"Omphalodes Tourn. ex Moench, Methodus（Moench）419(1794)［4 May 1794］"是晚出的非法名称。【分布】巴基斯坦,墨西哥,温带欧亚大陆,中国。【后选模式】Omphalodes verna Moench ［Cynoglossum omphalodes Linnaeus］。【参考异名】Omphalium Roth（1827）Nom. illegit.；Omphalium Wallr.（1822）Nom. illegit., Nom. superfl.；Omphalodes Tourn. ex Moench(1794)Nom. illegit.；Picotia Roem. et Schult.（1819）Nom. illegit.；Umbilicaria Fabr.（1759）Nom. illegit.；Umbilicaria Heist. ex Fabr.（1759）Nom. illegit. ■

36395　Omphalodes Tourn. ex Moench(1794)Nom. illegit.＝Omphalium Roth（1827）Nom. illegit.；~＝Omphalium Wallr.（1822）Nom. illegit., Nom. superfl.≡Omphalodes Mill.（1754）［紫草科 Boraginaceae］■

36396　Omphalogonus Baill.（1889）＝Parquetina Baill.（1889）［萝藦科 Asclepiadaceae］■☆

36397　Omphalogramma（Franch.）Franch.（1898）【汉】独花报春属。【英】Omphalogramma, Oneflowerprimrose。【隶属】报春花科 Primulaceae。【包含】世界 13-15 种,中国 9 种。【学名诠释与讨论】〈中〉（希）omphalos,脐＋gramma,所有格 grammatos,标记,线条,字迹。指扁平而具翼的种子具脐状纹。此属的学名,ING 记载是"Omphalogramma（Franchet）Franchet, Bull. Soc. Bot. France 45：178. 1898",由"Primula subgen. Omphalogramma Franchet, Bull. Soc. Bot. France 32：272. 1885"改级而来。IK 则记载为"Omphalogramma Franch., Bull. Soc. Bot. France 45：178. 1898"。【分布】中国,喜马拉雅山。【模式】Omphalogramma delavayi（Franchet）Franchet ［Primula delavayi Franchet］。【参考异名】Omphalogramma Franch.（1898）Nom. illegit.；Primula subgen. Omphalogramma Franch.（1885）■

36398　Omphalogramma Franch.（1898）Nom. illegit.≡Omphalogramma（Franch.）Franch.（1898）［报春花科 Primulaceae］■

36399　Omphalolappula Brand(1931)【汉】脐鹤虱属。【隶属】紫草科 Boraginaceae。【包含】世界 1 种。【学名诠释与讨论】〈阴〉（希）omphalos,脐＋(属)Lappula 鹤虱属。【分布】澳大利亚(温带)。【模式】Omphalolappula concava（F. v. Mueller）A. Brand ［Echinospermum concavum F. v. Muller］。■☆

36400　Omphalopappus O. Hoffm.（1891）【汉】齿冠瘦片菊属。【隶属】菊科 Asteraceae(Compositae)。【包含】世界 1-3 种。【学名诠释与讨论】〈阳〉（希）omphalos,脐＋希腊文 pappos 指柔毛,软毛。pappus 则与拉丁文同义,指冠毛。【分布】安哥拉。【模式】Omphalopappus newtoni O. Hoffmann。☆

36401　Omphalophthalma H. Karst.（1866）＝Matelea Aubl.（1775）［萝藦科 Asclepiadaceae］●☆

36402　Omphalophthalmum H. Karst.（1866）Nom. illegit.≡Omphalophthalma H. Karst.（1866）；~＝Matelea Aubl.（1775）［萝藦科 Asclepiadaceae］●☆

36403　Omphalopus Naudin(1851)【汉】脐足野牡丹属。【隶属】野牡丹科 Melastomataceae。【包含】世界 1 种。【学名诠释与讨论】〈阳〉（希）omphalos,脐＋pous,所有格 podos,指小式 podion,脚,足,柄,梗。podotes,有脚的。【分布】印度尼西亚(苏门答腊岛,爪哇岛),新几内亚岛。【模式】未指定。【参考异名】Omphalodes Boerl. ☆

36404　Omphalospora Bartl.（1830）＝Veronica L.（1753）［玄参科 Scrophulariaceae//婆婆纳科 Veronicaceae］■

36405　Omphalostigma（Griseb.）Rchb.（1841）＝Lisianthius P. Browne（1756）［龙胆科 Gentianaceae］■☆

36406　Omphalostigma Rchb.（1841）Nom. illegit.≡Omphalostigma（Griseb.）Rchb.（1841）；~＝Lisianthius P. Browne(1756)［龙胆科 Gentianaceae］■☆

36407　Omphalothalma Pritz.（1866）＝Matelea Aubl.（1775）；~＝Omphalophthalmum H. Karst.（1866）［萝藦科 Asclepiadaceae］●☆

36408　Omphalotheca Hassk.（1865）＝Commelina L.（1753）［鸭跖草科 Commelinaceae］■

36409　Omphalothrix Kom.（1905）Nom. illegit.≡Omphalotrix Maxim.（1859）［玄参科 Scrophulariaceae//列当科 Orobanchaceae］■

36410　Omphalotrigonotis W. T. Wang（1984）【汉】皿果草属。【英】Omphalotrigonotis。【隶属】紫草科 Boraginaceae。【包含】世界 2 种,中国 2 种。【学名诠释与讨论】〈阴〉（希）omphalos,脐＋

trigonos,三角形的。指果背面具脐状突起。此属的学名是
"Omphalotrigonotis W. T. Wang, Bull. Bot. Res. 4（2）：8. Apr
1984"。亦有文献把其处理为"Trigonotis Steven（1851）"的异名。
【分布】中国。【模式】Omphalotrigonotis cupulifera（I. M.
Johnston）W. T. Wang［Trigonotis cupulifera I. M. Johnston］。【参
考异名】Trigonotis Steven（1851）■★

36411 Omphalotrix Maxim.（1859）【汉】脐草属。【日】コゴメタッナ
ミソウ属。【俄】Омфалотрикс。【英】Omphalothrix。【隶属】玄
参科 Scrophulariaceae//列当科 Orobanchaceae。【包含】世界 1
种,中国 1 种。【学名诠释与讨论】〈阴〉（希）ompharos,脐+thrix,
所有格 trichos,毛,毛发。此属的学名,ING 和 IK 记载是
"Omphalotrix C. J. Maximowicz, Mém. Acad. Imp. Sci. Saint -
Pétersbourg, Sér. 6, Sci. Math., Seconde Pt. Sci. Nat. 9：208. 9 Sep
1859"。"Omphalothrix Komarov, Fl. Manchuria 3：515. 1905"是其
变体。【分布】亚洲东北部,中国。【模式】Omphalothrix longipes
Maximowicz。【参考异名】Omphalothrix Kom.（1905）Nom. illegit.■

36412 Omphnlocarpus Post et Kuntze（1903）= Omphalocarpum P.
Beauv.（1800）［山榄科 Sapotaceae］●☆

36413 Ona Ravenna（1972）= Olsynium Raf.（1836）［鸢尾科
Iridaceae］■☆

36414 Onagra Adans.（1763）Nom. illegit. ≡Oenothera L.（1753）［柳
叶菜科 Onagraceae］●■

36415 Onagra Mill.（1754）Nom. illegit. ≡Oenothera L.（1753）［柳叶
菜科 Onagraceae］●■

36416 Onagraceae Adans. = Onagraceae Juss.（保留科名）■●

36417 Onagraceae Juss.（1789）（保留科名）【汉】柳叶菜科。【日】ア
カベナ科。【俄】Онагровые。【英】Evening Primrose Family,
Eveningprimrose Family, Evening - primrose Family, Willowherb
Family。【包含】世界 16-21 属 650-680 种,中国 6-8 属 64-77 种。
【分布】温带和热带。【科名模式】Onagra Mill.［Oenothera L.
（1753）］■●

36418 Oncaglossum Sutorý（2010）【汉】瘤舌紫草属。【隶属】紫草科
Boraginaceae。【包含】世界 1 种。【学名诠释与讨论】〈中〉（希）
onkos,突出物,小瘤;onkeros,凸出的,肿的;onkinos 钩子+glossa,
舌。【分布】墨西哥。【模式】Oncaglossum pringlei（Greenm.）
Sutorý［Cynoglossum pringlei Greenm.］。☆

36419 Oncella Tiegh.（1895）【汉】瘤寄生属。【隶属】桑寄生科
Loranthaceae。【包含】世界 4 种。【学名诠释与讨论】〈阴〉（希）
onkos,瘤,突出物。onkeros,凸出的,肿胀的+-ellus,-ella,-
ellum,加在名词词干后面形成指小式的词尾。或加在人名、属名
等后面以组成新属的名称。【分布】热带非洲。【模式】Oncella
ambigua（Engler）Van Tieghem［Loranthus ambiguus Engler］。●☆

36420 Oncerostylus Post et Kuntze（1903）= Angianthus J. C. Wendl.
（1808）（保留属名）; ~ = Ogcerostylus Cass.（1827）Nom. illegit.;
~ = Styloncerus Spreng.（1818）Nom. illegit., Nom. superfl.［菊科
Asteraceae（Compositae）］■●☆

36421 Oncerum Dulac（1867）Nom. illegit. ≡Silene L.（1753）（保留属
名）［石竹科 Caryophyllaceae］■

36422 Oncidiochilus Falc. = Cordylestylis Falc.（1841）; ~ = Goodyera
R. Br.（1813）［兰科 Orchidaceae］■

36423 Oncidium Sw.（1800）（保留属名）【汉】瘤瓣兰属（金蝶兰属,
文心兰属）。【日】オンキディウム属,オンシジウム属,オンシ
ジューム属。【俄】Онцидиум。【英】Oncidium, Oncidium Orchid。
【隶属】兰科 Orchidaceae。【包含】世界 350-680 种。【学名诠释
与讨论】〈中〉（希）onkos,瘤,突出物+-idius,-idia,-idium,指示
小的词尾。指唇瓣基部有瘤状突起。此属的学名"Oncidium Sw.
in Kongl. Vetensk. Acad. Nya Handl. 21；239. Jul-Sep 1800"是保留

属名。法规未列出相应的废弃属名。"Xeilyathum Rafinesque,
Fl. Tell. 2；62. Jan-Mar 1837（'1836'）"是"Oncidium Sw.（1800）
（保留属名）"的晚出的同模式异名（Homotypic synonym,
Nomenclatural synonym）。真菌的"Oncidium C. G. D. Nees in G.
Kunze et J. C. Schmidt, Mykol. Hefte 2；63. 1823 ≡ Myxotrichum G.
Kunze ex E. M. Fries 1832"是晚出的非法名称。杂交属
"xPapiliopsis L. A. Garay et H. R. Sweet in C. L. Withner, Orchids
528. 1974（post Jan）（non E. Morren 1874）（Papilionanthe
Schlechter 1915 x Vandopsis Pfitzer 1889）"亦是晚出的非法名称。
【分布】巴拉圭,巴拿马,秘鲁,玻利维亚,厄瓜多尔,哥斯达黎加,
美国(佛罗里达)至温带南美洲,尼加拉瓜,西印度群岛,中美洲。
【模式】Oncidium altissimum（N. J. Jacquin）O. Swartz［Epidendrum
altissimum N. J. Jacquin］。【参考异名】Alatiglossum Baptista
（2006）; Ampliglossum Campacci（2006）; Anettea Szlach. et Mytnik
（2006）; Aurinocidium Romowicz et Szlach.（2006）; Baptislonia
Barb. Rodr.; Baptistania Barb. Rodr. ex Pfltzer（1889）Nom. illegit.;
Baptistonia Barb. Rodr.（1877）Nom. illegit.; Braasiella Braem,
Lückel et Russmann（1984）; Brasilidium Campacci（2006）;
Brevilongium Christenson（2006）; Carenidium Baptista（2006）;
Carria V. P. Castro et K. G. Lacerda（2005）Nom. illegit.; Carriella
V. P. Castro et K. G. Lacerda（2006）; Castroa Guiard（2006）;
Chelyorchis Dressler et N. H. Williams（2000）; Chilyathum Post et
Kuntze（1903）; Concocidium Romowicz et Szlach.（2006）;
Coppenaia Dumort.（1835）; Cyrtochiloides N. H. Williams et M. W.
Chase（2001）; Cyrtochilum Kunth（1816）; Górniak et Romowicz
（2006）; Grandiphyllum Docha Neto（2006）; Gudrunia Braem
（1993）; Gynizodon Raf.（1838）; Hispaniella Braem（1980）;
Jamaiciella Braem（1980）; Kleberiella V. P. Castro et Cath.（2006）;
Lophiarella Szlach., Mytnik et Romowicz（2006）; Lophiaris Raf.
（1838）; Menezesiella Chiron et V. P. Castro（2006）; Mexicoa Garay
（1974）; Miltonioides Brieger et Lückel（1983）; Neoruschia Cath. et
V. P. Castro（2006）; Olgasis Raf.（1837）; Papiliopsis E. Morren ex
Cogn. et Marchal（1874）; Papiliopsis E. Morren（1874）;
Phadrosanthus Neck.（1790）Nom. inval.; Phadrosanthus Neck. ex
Raf.（1838）; Psychopsis Raf.（1838）; Rhinocerotidium Szlach.
（2006）; Rhinocidium Baptista（2006）; Siederella Szlach.; Stacyella
Szlach.（2006）Nom. inval.; Tolumnia Raf.（1837）; Trigonochilum
Königer et Schildh.（1994）; Vitekorchis Romowicz et Szlach.
（2006）; Xaritonia Raf.（1838）; Xeilyathum Raf.（1837）Nom.
illegit.; Zelenkoa M. W. Chase et N. H. Williams（2001）■☆

36424 Oncinema Arn.（1834）【汉】瘤丝萝藦属。【隶属】萝藦科
Asclepiadaceae。【包含】世界 1 种。【学名诠释与讨论】〈中〉
（希）onkos,瘤,突出物+nema,所有格 nematos,丝,花丝。【分布】
非洲南部。【模式】Oncinema roxburghii Arnott。【参考异名】
Glossostephanus E. Mey.（1837）●☆

36425 Oncinocalyx F. Muell.（1883）【汉】瘤萼马鞭草属。【隶属】马
鞭草科 Verbenaceae//唇形科 Lamiaceae（Labiatae）。【包含】世界
1 种。【学名诠释与讨论】〈阳〉（希）onkos,瘤,突出物+kalyx,所
有格 kalykos =拉丁文 calyx,花萼,杯子。【分布】澳大利亚。【模
式】Oncinocalyx betchei F. von Mueller。■●☆

36426 Oncinotis Benth.（1849）【汉】瘤耳夹竹桃属。【隶属】夹竹桃
科 Apocynaceae。【包含】世界 7-25 种。【学名诠释与讨论】〈阴〉
（希）onkos,瘤,突出物 + ous,所有格 otos,指小式 otion,耳。
otikos,耳的。【分布】马达加斯加,热带和非洲南部。【模式】
Oncinotis nitida Bentham。●☆

36427 Oncinus Lour.（1790）= Melodinus J. R. Forst. et G. Forst.
（1775）［夹竹桃科 Apocynaceae］●

36428 Oncoba Forssk.(1775)【汉】鼻烟盒树属(恩科木属)。【英】Oncoba。【隶属】刺篱木科(大风子科)Flacourtiaceae。【包含】世界7种,中国1种。【学名诠释与讨论】〈阴〉(希)onkob,阿拉伯植物俗名。【分布】马达加斯加,中国,宁巴,热带非洲。【模式】Oncoba spinosa Forsskål。【参考异名】Heptaca Lour.(1790);Lundia Schum. et Thonn.(废弃属名);Ventenatia P. Beauv.(1805)Nom. illegit.(废弃属名)●

36429 Oncocalamus(G. Mann et H. Wendl.)Benth. et Hook. f.(1883)Nom. illegit. ≡Oncocalamus G. Mann et H. Wendl.(1878)[棕榈科Arecaceae(Palmae)]●☆

36430 Oncocalamus(G. Mann et H. Wendl.)G. Mann et H. Wendl.(1878)Nom. illegit. ≡ Oncocalamus(G. Mann et H. Wendl.)Benth. et Hook. f.(1883);~≡Oncocalamus G. Mann et H. Wendl.(1878)[棕榈科Arecaceae(Palmae)]●☆

36431 Oncocalamus(G. Mann et H. Wendl.)G. Mann et H. Wendl. ex Hook. f.(1883)Nom. illegit. ≡ Oncocalamus(G. Mann et H. Wendl.)Benth. et Hook. f.(1883);~≡ Oncocalamus G. Mann et H. Wendl.(1878)[棕榈科Arecaceae(Palmae)]●☆

36432 Oncocalamus(G. Mann et H. Wendl.)G. Mann et H. Wendl. ex Kerch., Nom. illegit. ≡ Oncocalamus(G. Mann et H. Wendl.)Benth. et Hook. f.(1883);~≡ Oncocalamus G. Mann et H. Wendl.(1878)[棕榈科Arecaceae(Palmae)]●☆

36433 Oncocalamus(G. Mann et H. Wendl.)Hook. f.(1883)Nom. illegit. ≡Oncocalamus(G. Mann et H. Wendl.)Benth. et Hook. f.(1883);~≡ Oncocalamus G. Mann et H. Wendl.(1878)[棕榈科Arecaceae(Palmae)]●☆

36434 Oncocalamus G. Mann et H. Wendl.(1878)【汉】鳞果藤属(聚花藤属,瘤黄藤属,肿胀藤属)。【隶属】棕榈科Arecaceae(Palmae)。【包含】世界5种。【学名诠释与讨论】〈阳〉(希)onkos,瘤,突出物+kalamos,芦苇。此属的学名,ING记载是"Oncocalamus(G. Mann et H. Wendland)Bentham et J. D. Hooker, Gen. 3:881,936. 14 Apr 1883";由"Calamus subgen. Oncocalamus G. Mann et H. Wendland, Trans. Linn. Soc. London 24:436. 8 Nov 1864"改级而来。IK则记载为"Oncocalamus Mann et H. Wendl., Palmiers[Kerchove]252. 1878"。前者是晚出的非法名称。【分布】热带非洲。【模式】Oncocalamus mannii(H. Wendland)H. Wendland ex Drude[Calamus mannii H. Wendland]。【参考异名】Calamus subgen. Oncocalamus G. Mann et H. Wendland(1864);Oncocalamus(G. Mann et H. Wendl.)Benth. et Hook. f.(1883)Nom. illegit.;Oncocalamus(G. Mann et H. Wendl.)G. Mann et H. Wendl.(1878)Nom. illegit.;Oncocalamus(G. Mann et H. Wendl.)G. Mann et H. Wendl. ex Hook. f.(1883)Nom. illegit.;Oncocalamus(G. Mann et H. Wendl.)G. Mann et H. Wendl. ex Kerch., Nom. illegit.;Oncocalamus(G. Mann et H. Wendl.)Hook. f.(1883)Nom. illegit.●☆

36435 Oncocalyx Tiegh.(1895)【汉】瘤萼寄生属。【隶属】桑寄生科Loranthaceae。【包含】世界7种。【学名诠释与讨论】〈阳〉(希)onkos,瘤,突出物+kalyx,所有格kalykos=拉丁文calyx,花萼,杯子。此属的学名是"Oncocalyx Van Tieghem, Bull. Soc. Bot. France 42:258. 1895"。亦有文献把其处理为"Odontella Tiegh.(1895)Nom. illegit."或"Tapinanthus(Blume)Rchb.(1841)(保留属名)"的异名。【分布】参见"Tapinanthus(Blume)Rchb"。【模式】Loranthus welwitschii Engler。【参考异名】Danserella Balle(1955);Odontella Tiegh.(1895)Nom. illegit.;Tapinanthus(Blume)Rchb.(1841)(保留属名);Tieghemia Balle(1956)●☆

36436 Oncocarpus A. Gray(1853)【汉】瘤果漆属。【隶属】漆树科Anacardiaceae。【包含】世界6种。【学名诠释与讨论】〈阳〉

(希)onkos,瘤,突出物+karpos,果实。此属的学名是"Oncocarpus A. Gray, Proc. Amer. Acad. Arts 3:51. 1853(sero)"。亦有文献把其处理为"Semecarpus L. f.(1782)"的异名。【分布】菲律宾,斐济,新几内亚岛。【模式】Oncocarpus vitiensis A. Gray。【参考异名】Semecarpus L. f.(1782)●☆

36437 Oncocyclus Siemssen(1846)= Iris L.(1753)[鸢尾科Iridaceae]■

36438 Oncodeia Benth. et Hook. f. = Naucleopsis Miq.(1853);~ = Ogcodeia Bureau(1873)[桑科Moraceae]●☆

36439 Oncodeia Bureau(1873)Nom. illegit.[桑科Moraceae]●☆

36440 Oncodia Lindl.(1853)Nom. illegit. ≡Brachtia Rchb. f.(1850)(保留属名)[兰科Orchidaceae]■☆

36441 Oncodostigma Diels(1912)【汉】钱木属(蕉木属,钱氏木属)。【英】Oncodostigma。【隶属】番荔枝科Annonaceae。【包含】世界3-4种,中国1种。【学名诠释与讨论】〈中〉(希)onkos,瘤,突出物+stigma,所有格stigmatos,柱头,眼点。指卵圆状柱头基部缢缩。此属的学名是"Oncodostigma Diels, Bot. Jahrb. Syst. 49:143. 27 Aug 1912"。亦有文献把其处理为"Meiogyne Miq.(1865)"的异名。【分布】马来西亚(西部),中国,瓦努阿图,新几内亚岛。【模式】Oncodostigma leptoneura Diels。【参考异名】Chieniodendron Tsiang et P. T. Li(1964);Meiogyne Miq.(1865)●

36442 Oncolon Raf.(1840)= Valerianella Mill.(1754)[缬草科(败酱科)Valerianaceae]■

36443 Oncoma Spreng.(1827)Nom. illegit. ≡Oxera Labill.(1824)[马鞭草科Verbenaceae//唇形科Lamiaceae(Labiatae)]●☆

36444 Oncophyllum D. L. Jones et M. A. Clem.(2001)【汉】瘤叶兰属。【隶属】兰科Orchidaceae。【包含】世界2种。【学名诠释与讨论】〈中〉(希)onkos,瘤,突出物+希腊文phyllon,叶子。phyllodes,似叶的,多叶的。phylleion,绿色材料,绿草。【分布】澳大利亚。【模式】不详。■☆

36445 Oncorachis Morrone et Zuloaga(2009)【汉】巴西黍属。【隶属】禾本科Poaceae(Gramineae)。【包含】世界2种。【学名诠释与讨论】〈阴〉(希)onkos,瘤,突出物+rachis,轴,花轴,叶轴,中轴,主轴,枝。此属的学名是"Oncorachis Morrone et Zuloaga, Taxon 58(2):372. 2009.(28 May 2009)"。亦有文献把其处理为"Panicum L.(1753)"的异名。【分布】巴西。【模式】Oncorachis macrantha(Trin.)Morrone et Zuloaga[Panicum macranthum Trin.]。【参考异名】Panicum L.(1753)■☆

36446 Oncorhiza Pers.(1805)= Dioscorea L.(1753)(保留属名);~ = Oncus Lour.(1790)[薯蓣科Dioscoreaceae]■

36447 Oncorhynchus Lehm.(1832)= Orthocarpus Nutt.(1818)[玄参科Scrophulariaceae//列当科Orobanchaceae]■☆

36448 Oncosima Raf.(1840)= Valerianella Mill.(1754)[缬草科(败酱科)Valerianaceae]■

36449 Oncosiphon Källersjö(1988)【汉】球黄菊属。【隶属】菊科Asteraceae(Compositae)。【包含】世界7-8种。【学名诠释与讨论】〈中〉(希)onkos,瘤,突出物+siphon,所有格siphonos,管子。【分布】非洲南部。【模式】Oncosiphon pilulifer(Linnaeus.)M. Källersjö[as 'piluliferum'][Cotula pilulifera Linnaeus f.]。■☆

36450 Oncosperma Blume(1838)【汉】钩子棕属(刺菜椰属,瘤子椰子属,瘤籽棕属,尼椚刺椰属)。【日】コブダネヤシ属。【英】Oncosperma。【隶属】棕榈科Arecaceae(Palmae)。【包含】世界5种。【学名诠释与讨论】〈中〉(希)onkos,瘤,突出物+sperma,所有格spermatos,种子,孢子。【分布】马来西亚(西部),斯里兰卡,中南半岛。【模式】Oncosperma filamentosum Blume[as 'filamentosa']。【参考异名】Anoosperma Kuntze(1843);Keppleria Meisn.(1842)Nom. illegit.●☆

36451　Oncosporum Putt. (1839)【汉】瘤子海桐属。【隶属】海桐花科（海桐科）Pittosporaceae。【包含】世界6种。【学名诠释与讨论】〈中〉（希）onkos，瘤，突出物+spora，孢子，种子。此属的学名是"Oncosporum Putterlick, Syn. Pittospor. 21. Nov-Dec 1839"。亦有文献把其处理为"Marianthus Hügel ex Endl. (1837)"的异名。【分布】澳大利亚。【模式】Oncosporum bicolor Putterlick。【参考异名】Marianthus Hügel ex Endl. (1837)●☆

36452　Oncostema Raf. (1837)【汉】瘤蕊百合属。【隶属】风信子科 Hyacinthaceae//百合科 Liliaceae//绵枣儿科 Scillaceae。【包含】世界10种。【学名诠释与讨论】〈中〉（希）onkos，瘤，突出物+stema，所有格 stematos，雄蕊。此属的学名是"Oncostema Rafinesque, Fl. Tell. 2：13. Jan-Mar 1837（'1836'）"。亦有文献把其处理为"Scilla L. (1753)"的异名。【分布】巴西。【模式】Oncostema villosa (Desfontaines) Rafinesque [Scilla villosa Desfontaines]。【参考异名】Scilla L. (1753)■☆

36453　Oncostemma K. Schum. (1893)【汉】瘤冠萝藦属。【隶属】萝藦科 Asclepiadaceae。【包含】世界1种。【学名诠释与讨论】〈中〉（希）onkos+stemma，所有格 stemmatos，花冠，花环，王冠。【分布】西赤道非洲。【模式】Oncostemma cuspidatum K. Schumann。■☆

36454　Oncostemon Spach(1840)= Oncostemum A. Juss. (1830) [紫金牛科 Myrsinaceae]●☆

36455　Oncostemum A. Juss. (1830)【汉】瘤蕊紫金牛属。【隶属】紫金牛科 Myrsinaceae。【包含】世界90-100种。【学名诠释与讨论】〈阳〉（希）onkos，瘤，突出物+stemon，雄蕊。【分布】马达加斯加，马斯克林群岛。【模式】未指定。【参考异名】Oncostemon Spach(1840)●☆

36456　Oncostylis Mart. (1842) Nom. illegit. ≡ Oncostylis Mart. ex Nees (1842)；~ = Fimbristylis Vahl (1805)（保留属名）；~ = Psilocarya Torr. (1836)；~ = Rhynchospora Vahl(1805) [as 'Rynchospora'] （保留属名） [莎草科 Cyperaceae]■

36457　Oncostylis Mart. ex Nees(1842)= Fimbristylis Vahl(1805)（保留属名）；~ = Psilocarya Torr. (1836)；~ = Rhynchospora Vahl (1805) [as 'Rynchospora'] （保留属名） [莎草科 Cyperaceae]■

36458　Oncostylis Nees (1842) Nom. illegit. ≡ Oncostylis Mart. ex Nees (1842)；~ = Fimbristylis Vahl(1805)（保留属名）；~ = Psilocarya Torr. (1836)；~ = Rhynchospora Vahl(1805) [as 'Rynchospora'] （保留属名） [莎草科 Cyperaceae]■

36459　Oncostylus(Schltdl.) F. Bolle(1933)【汉】肖路边青属。【隶属】蔷薇科 Rosaceae。【包含】世界5种。【学名诠释与讨论】〈阳〉（希）onkos，瘤，突出物+stylos=拉丁文 style，花柱，中柱，尖之物，桩，柱，支持物，支柱，石头做的界标。此属的学名，ING 和 TROPICOS 记载是"Oncostylus (Schltdl.) F. Bolle, Repertorium Specierum Novarum Regni Vegetabilis, Beihefte 72：27. 1933. (1 Mar 1933) (Repert. Spec. Nov. Regni Veg. Beih.)"，由"Geum sect. Oncostylus Schltdl." 改级而来。亦有文献把"Oncostylus (Schltdl.) F. Bolle(1933)"处理为"Geum L. (1753)"的异名。【分布】澳大利亚（塔斯曼半岛），玻利维亚，温带南美洲，新西兰。【模式】Oncostylus lechlerianus (Schlechtendal) F. Bolle [Geum lechlerianum Schlechtendal]。【参考异名】Geum L. (1753)■☆

36460　Oncotheca Baill. (1891)【汉】钩药茶属（昂可茶属）。【隶属】钩药茶科（昂可茶科，五蕊茶科）Oncothecaceae。【包含】世界2种。【学名诠释与讨论】〈阴〉（希）onkos，瘤，突出物+theke=拉丁文 theca，匣子，箱子，室，药室，囊。【分布】法属新喀里多尼亚。【模式】Oncotheca balansae Baillon。●☆

36461　Oncothecaceae Kobuski ex Airy Shaw(1965)【汉】钩药茶科（昂可茶科，五蕊茶科）。【包含】世界1属2种。【分布】法属新喀里多尼亚。【科名模式】Oncotheca Baill。●☆

36462　Oncufis Raf. (1838)= Cleome L. (1753) [山柑科（白花菜科，醉蝶花科）Capparaceae//白花菜科（醉蝶花科）Cleomaceae]●■

36463　Oncus Lour. (1790)= Dioscorea L. (1753)（保留属名） [薯蓣科 Dioscoreaceae]■

36464　Oncyphis Post et Kuntze(1903)= Cleome L. (1753)；~ =Oncufis Raf. (1838) [山柑科（白花菜科，醉蝶花科）Capparaceae//白花菜科（醉蝶花科）Cleomaceae]●■

36465　Ondetia Benth. (1872)【汉】黄线菊属。【隶属】菊科 Asteraceae(Compositae)。【包含】世界1种。【学名诠释与讨论】〈阴〉在纳米比亚的达马拉兰地区，称呼模式种为 Ondetu。【分布】非洲西南部。【模式】Ondetia linearis Bentham。■☆

36466　Ondinea Hartog(1970)【汉】澳大利亚睡莲属。【隶属】睡莲科 Nymphaeaceae。【包含】世界1种。【学名诠释与讨论】〈阴〉undine 的拼写变体。【分布】澳大利亚（西部）。【模式】Ondinea purpurea C. den Hartog。■☆

36467　Onea Post et Kuntze(1903)= Diarrhena P. Beauv. (1812)（保留属名）；~ = Onoea Franch. et Sav. (1879) [禾本科 Poaceae (Gramineae)]■

36468　Onefera Raf. (1837) Nom. illegit. ≡ Chironia L. (1753) [龙胆科 Gentianaceae//圣蓝果科 Chironiaceae]●■☆

36469　Ongokea Pierre(1897)【汉】西赤非铁青属（恩戈木属）。【隶属】铁青树科 Olacaceae。【包含】世界1-2种。【学名诠释与讨论】〈阴〉（地）Ongoke，翁戈卡，位于扎伊尔。另说来自非洲植物俗名。【分布】西赤道非洲。【模式】Ongokea klaineana Pierre。【参考异名】Schoepfianthus Engl. ex De Wild. (1907)●☆

36470　Onheripus Raf. =Xylobium Lindl. (1825) [兰科 Orchidaceae]■☆

36471　Onira Ravenna (1983)【汉】爪被鸢尾属。【隶属】鸢尾科 Iridaceae。【包含】世界1种。【学名诠释与讨论】〈阴〉oniros，一种野生罂粟的俗名。【分布】巴西，乌拉圭。【模式】Ongokea unguiculata (J. G. Baker) P. Ravenna [Herbertia unguiculata J. G. Baker]。■☆

36472　Onites Raf. (1837)= Origanum L. (1753) [唇形科 Lamiaceae (Labiatae)]●■

36473　Onix Medik. (1787)= Astragalus L. (1753) [豆科 Fabaceae (Leguminosae)//蝶形花科 Papilionaceae]●■

36474　Onixotis Raf. (1837)【汉】缀星花属。【隶属】百合科 Liliaceae//秋水仙科 Colchicaceae。【包含】世界2-3种。【学名诠释与讨论】〈阴〉（希）onyx，所有格 onychos，指甲，爪+ous，所有格 otos，指小式 otion，耳。【分布】非洲。【模式】未指定。【参考异名】Dipidax Lawson ex Salisb. (1812) Nom. inval.；Dipidax Lawson ex Salisb. (1866) Nom. illegit.；Dipidax Salisb. (1812) Nom. inval.；Dipidax Salisb. (1866) Nom. illegit.；Dipidax Salisb. ex Benth.，Nom. illegit.；Wurmbea Thunb. (1781)■☆

36475　Onkeripus Raf. (1838)= Maxillaria Ruiz et Pav. (1794)；~ = Xylobium Lindl. (1825) [兰科 Orchidaceae]■☆

36476　Onkerma Raf. (1840)= Carex L. (1753) [莎草科 Cyperaceae]■

36477　Onobroma Gaertn. (1791)= Carduncellus Adans. (1763)；~ = Carthamus L. (1753) [菊科 Asteraceae(Compositae)]■

36478　Onobruchus Medik. (1787)= Onobrychis Mill. (1754) [豆科 Fabaceae(Leguminosae)//蝶形花科 Papilionaceae]■

36479　Onobrychis Mill. (1754)【汉】驴喜豆属（驴豆属，驴食草属，驴食豆属）。【日】イガマメ属，オノブリキス属。【俄】Эспарцер。【英】Esparcet, Holy Clover, Sainfoin。【隶属】豆科 Fabaceae(Leguminosae)//蝶形花科 Papilionaceae。【包含】世界120-130

种，中国 3-4 种。【学名诠释与讨论】〈阴〉（希）onos，指小式 oniskos，驴+brykon，啃食。指本属植物可做驴饲料。【分布】巴基斯坦，玻利维亚，地中海至亚洲中部，美国（密苏里）欧洲，中国。【模式】未指定。【参考异名】Dendrobrychis（DC.）Galushko（1976）；Dendrobrychis Galushko（1976）；Eriocarpaea Bertol.（1843）；Eriocarpus Post et Kuntze（1903）；Onobruchis Medik.（1787）；Sartoria Boiss.（1849）Nom. illegit.；Sartoria Boiss. et Heldr.（1849）；Xanthobrychis Galushko（1979）■

36480 Onochiles Bubani et Penz. = Alkanna Tausch（1824）（保留属名）［紫草科 Boraginaceae］●☆

36481 Onochiles Bubani（1897）Nom. illegit. ≡ Alkanna Tausch（1824）（保留属名）［紫草科 Boraginaceae］●☆

36482 Onochilis Mart.（1817）= Nonea Medik.（1789）［紫草科 Boraginaceae］■

36483 Onoctonia Naudin（1849）= Poteranthera Bong.（1838）［野牡丹科 Melastomataceae］■☆

36484 Onodontea G. Don（1831）= Alyssum L.（1753）；~ = Anodontea Sweet（1826）Nom. illegit.；~ = Anodontea（DC.）Sweet（1826）［十字花科 Brassicaceae（Cruciferae）］■●

36485 Onoea Franch. et Sav.（1879）= Diarrhena P. Beauv.（1812）（保留属名）［禾本科 Poaceae（Gramineae）］■

36486 Onograriaceae Dulac = Onagraceae Juss.（保留科名）■●

36487 Onohualcoa Lundell（1942）= Mansoa DC.（1838）［紫葳科 Bignoniaceae］●☆

36488 Ononis L.（1753）【汉】芒柄花属。【日】ハリモクシュク属。【俄】Волчуг, Стальник, Трава воловья。【英】Ononis, Restharrow, Rest-harrow。【隶属】豆科 Fabaceae（Leguminosae）//蝶形花科 Papilionaceae。【包含】世界 75 种，中国 4 种。【学名诠释与讨论】〈阴〉（希）ononis，一种豆科 Fabaceae（Leguminosae）灌木 Ononis antiquorum 的古名。此属的学名，ING、TROPICOS、APNI、GCI 和 IK 记载是"Ononis L., Sp. Pl. 2：716. 1753［1 May 1753］"。"Anonis P. Miller, Gard. Dict. Abr. ed. 4. 28 Jan 1754"是"Ononis L.（1753）"的晚出的同模式异名（Homotypic synonym, Nomenclatural synonym）。【分布】巴基斯坦，玻利维亚，地中海地区，西班牙（加那利群岛），欧洲至亚洲中部，中国。【后选模式】Ononis spinosa Linnaeus。【参考异名】Anonis Mill.（1754）Nom. illegit.；Anonis Tourn. ex Scop.（1772）Nom. illegit.；Bonaga Medik.（1787）；Bugranopsis Pomel（1874）；Natrix Moench（1794）；Passaea Adans.（1763）■●

36489 Onopix Raf.（1817）= Cirsium Mill.（1754）［菊科 Asteraceae（Compositae）］■

36490 Onopordon Hill, Nom. illegit. = Onopordum L.（1753）［菊科 Asteraceae（Compositae）］■

36491 Onopordon L.（1753）Nom. illegit. ≡ Onopordum L.（1753）［菊科 Asteraceae（Compositae）］■

36492 Onopordum L.（1753）【汉】大翅蓟属（大蓟菊属，大鳍菊属，棉毛蓟属，水飞雄属）。【日】オオヒレアザミ属，オホヒレアザミ属。【俄】Онопордон, Онопордум, Татаркик。【英】Cotton Thistle, Cottonthistle, Scotch Thistle。【隶属】菊科 Asteraceae（Compositae）。【包含】世界 40-60 种，中国 2 种。【学名诠释与讨论】〈中〉（希）onopordon，希腊名称，来自 onos，指小式 oniskos，驴+porde，放屁的。此属的学名，ING、APNI 和 GCI 记载是"Onopordum Linnaeus, Sp. Pl. 827. 1 Mai 1753"。IK 则记载为"Onopordum Vaill. ex L., Sp. Pl. 2：827. 1753［1 May 1753］"。"Onopordum Vaill."是命名起点著作之前的名称，故"Onopordum L.（1753）"和"Onopordum Vaill. ex L.（1753）"都是合法名称，可以通用。"Onopordon L.（1753）"和"Onopordon Hill"是其拼写变

体。"Acanos Adanson, Fam. 2：116, 512. Jul – Aug 1763"、"Acanthanthus Y. Ito, Cactaceae 354. 1981"和"Acanthium Heister ex Fabricius, Enum. 91. 1759"是"Onopordum L.（1753）"的晚出的同模式异名（Homotypic synonym, Nomenclatural synonym）。【分布】非洲北部，美国，欧洲，亚洲西部，中国，中美洲。【后选模式】Onopordum acanthium Linnaeus。【参考异名】Acanos Adans.（1763）Nom. illegit.；Acanthanthus Y. Ito（1981）Nom. illegit.；Acanthium Fabr.（1759）Nom. illegit.；Acanthium Haller（1742）Nom. inval.；Acanthium Heist. ex Fabr.（1759）Nom. illegit.；Onoporon Hill, Nom. illegit.；Onopordon L.（1753）Nom. illegit.；Onopordum Vaill. ex L.（1753）■

36493 Onopordum Vaill. ex L.（1753）≡ Onopordum L.（1753）［菊科 Asteraceae（Compositae）］■

36494 Onopyxos Spreng.（1826）= Cirsium Mill.（1754）；~ = Onopix Raf.（1817）［菊科 Asteraceae（Compositae）］■

36495 Onopyxus Bubani（1899）Nom. illegit., Nom. superfl. ≡ Carduus L.（1753）［菊科 Asteraceae（Compositae）//飞廉科 Carduaceae］■

36496 Onoseris DC.（1812）Nom. illegit. = Caloseris Benth.（1841）；~ = Centroclinium D. Don（1830）；~ = Cladoseris Spach（1841）；~ = Cursonia Nutt.（1841）；~ = Hilairia DC.（1838）；~ = Hipposeris Cass.（1824）；~ = Isotypus Kunth（1820）Nom. illegit.；~ = Rhodoseris Turcz.（1851）；~ = Schaetzellia Klotzsch（1849）；~ = Seris Willd.（1807）［菊科 Asteraceae（Compositae）］●■☆

36497 Onoseris Willd.（1803）【汉】驴菊木属。【隶属】菊科 Asteraceae（Compositae）。【包含】世界 32 种。【学名诠释与讨论】〈阴〉（希）onos，指小式 oniskos，驴+seris，菊苣。此属的学名，ING、GCI 和 IK 记载是"Onoseris Willd., Sp. Pl., ed. 4［Willdenow］3（3）：1702. 1803［Apr-Dec 1803］"。其晚出的非法名称"Onoseris DC., Ann. Mus. Natl. Hist. Nat. xix.（1812）65. t. 12"异名颇多：Caloseris Benth.（1841）；~ = Centroclinium D. Don（1830）；~ = Cladoseris Spach（1841）；~ = Cursonia Nutt.（1841）；~ = Hilairia DC.（1838）；~ = Hipposeris Cass.（1824）；~ = Isotypus Kunth（1820）Nom. illegit.；~ = Rhodoseris Turcz.（1851）；~ = Schaetzellia Klotzsch（1849）；~ = Seris Willd.（1807）。《显花植物与蕨类植物词典》还记载：Onoseris Willd.（1803）emend. DC. = Lycoseris Cass.（1824）；~ = Onoseris Willd.（1803）+ Lycoseris Cass.（1824）。【分布】巴拿马，秘鲁，玻利维亚，厄瓜多尔，哥伦比亚（安蒂奥基亚），墨西哥，尼加拉瓜，中美洲。【后选模式】Onoseris purpurata Willdenow, Nom. illegit.［Atractylis purpurea Linnaeus f.］。【参考异名】Caloseris Benth.（1841）；Cataleuca Hort. ex K. Koch；Centroclinium D. Don（1830）；Chaetachlaena D. Don（1830）；Chaetochlaena Post et Kuntze（1903）；Cladoseris（Less.）Less. ex Spach（1841）Nom. illegit.；Cladoseris（Less.）Spach（1841）；Cladoseris Spach（1841）Nom. illegit.；Cursonia Nutt.（1841）；Hilairia DC.（1838）；Hipposeris Cass.（1824）；Isotypus Kunth（1818）Nom. illegit.；Isotypus Kunth（1820）Nom. illegit.；Lycoseris Cass.（1824）；Onoseris DC.（1812）Nom. illegit.；Pereziopsis J. M. Coult.（1895）；Rhodoseris Turcz.（1851）；Schaetzellia Klotzsch（1849）；Seris Willd.（1807）●■☆

36498 Onoseris Willd.（1803）emend. DC. = Lycoseris Cass.（1824）；~ = Onoseris Willd.（1803）+ Lycoseris Cass.（1824）［菊科 Asteraceae（Compositae）］●☆

36499 Onosma L.（1762）【汉】滇紫草属（驴臭草属）。【俄】Громовик, Оносма。【英】Alpine Comfrey, Golden Drop, Golden-drop, Onosma。【隶属】紫草科 Boraginaceae。【包含】世界 145-150 种，中国 29 种。【学名诠释与讨论】〈阴〉（希）onos，驴+osme=odme，香味，臭味，气味。在希腊文组合词中，词头 osm-和词

尾-osma 通常指香味。指本属植物具驴臭味。此属的学名，ING、TROPICOS、GCI 和 IK 记载是"Onosma L.，Sp. Pl.，ed. 2. 1：196. 1762［Sep 1762］"。"Sava Adanson, Fam. 2：21. Jul－Aug 1763"是"Onosma L. (1762)"的晚出的同模式异名(Homotypic synonym, Nomenclatural synonym)。【分布】巴基斯坦，中国，地中海至喜马拉雅山。【后选模式】Onosma echioides Linnaeus。【参考异名】Colsmannia Lehm. (1818)；Podonosma Boiss. (1849)；Sava Adans. (1763) Nom. illegit. ■

36500　Onosmaceae Martinov (1820) = Boraginaceae Juss. (保留科名) ■●

36501　Onosmataceae Horan. = Boraginaceae Juss. (保留科名) ■●

36502　Onosmidium Walp. (1852) Nom. illegit. = Onosmodium Michx. (1803)［紫草科 Boraginaceae］■☆

36503　Onosmodium Michx. (1803)【汉】北美紫草属。【隶属】紫草科 Boraginaceae。【包含】世界 5 种。【学名诠释与讨论】〈中〉(属) Onosma 滇紫草属(驴臭草属)+-odium，相似。此属的学名，ING、TROPICOS 和 IK 记载是"Onosmodium Michx.，Fl. Bor.－Amer. (Michaux) 1：132, t. 15. 1803［19 Mar 1803］"。"Osmodium Rafinesque, Med. Repos. 5：352. 1808"和"Purshia K. P. J. Sprengel, Anleit. ed. 2. 2：450. Apr 1817 (non A. P. de Candolle ex Poiret 1816)"是"Onosmodium Michx. (1803)"的晚出的同模式异名 (Homotypic synonym, Nomenclatural synonym)。"Onosmidium Walp.，Ann. Bot. Syst. (Walpers) 3 (1)：134, err. typ. 1852［30 Jun-2 Jul 1852］"仅有属名。【分布】美国，墨西哥，北美洲。【后选模式】Onosmodium hispidum A. Michaux。【参考异名】Onosmidium Walp. (1852) Nom. illegit.；Osmodium Raf. (1808) Nom. illegit.；Purchia Dumort. (1829)；Purshia Spreng. (1817) Nom. illegit. ■☆

36504　Onosuris Raf. (1817) = Oenothera L. (1753)［柳叶菜科 Onagraceae］●■

36505　Onosurus G. Don, Nom. illegit. ≡ Onosuris Raf. (1817)；~ = Oenothera L. (1753)［柳叶菜科 Onagraceae］●■

36506　Onotrophe Cass. (1825) = Cirsium Mill. (1754)［菊科 Asteraceae (Compositae)］■

36507　Onuris Phil. (1872)【汉】驴尾芥属(奥努芥属)。【英】Star of Bethlehem。【隶属】十字花科 Brassicaceae (Cruciferae)。【包含】世界 5 种。【学名诠释与讨论】〈阴〉(希) onos，指小式 oniskos，驴+-urus，-ura，-uro，用于希腊文组合词，含义为"尾巴"。【分布】巴塔哥尼亚，智利。【模式】Onuris graminifolia Philippi。■☆

36508　Onus Gilli (1971)【汉】肖梅莱爵床属。【隶属】爵床科 Acanthaceae。【包含】世界 4-5 种。【学名诠释与讨论】〈阳〉(希) onos，驴。此属的学名是"Onus Gilli, Oesterreichische Botanische Zeitschrift 118 (5)：560. 1971"。亦有文献把其处理为"Mellera S. Moore (1879)"的异名。【分布】热带非洲东部。【模式】不详。【参考异名】Mellera S. Moore (1879) ●■☆

36509　Onychacanthus Nees (1847) = Bravaisia DC. (1838)［爵床科 Acanthaceae］●☆

36510　Onychium Blume (1825) Nom. illegit. = Dendrobium Sw. (1799) (保留属名)［兰科 Orchidaceae］■

36511　Onychopetalum R. E. Fr. (1931)【汉】爪瓣花属(亚马孙番荔枝属)。【隶属】番荔枝科 Annonaceae。【包含】世界 4 种。【学名诠释与讨论】〈中〉(希) onyx，所有格 onychos，指甲，爪+希腊文 petalos，扁平的，铺开的；petalon，花瓣，叶，花叶，金属叶子；拉丁文的花瓣为 petalum。【分布】巴西，秘鲁，玻利维亚，厄瓜多尔。【模式】Onychopetalum amazonicum R. E. Fries。●☆

36512　Onychosepalum Steud. (1855)【汉】爪萼帚灯草属。【隶属】帚灯草科 Restionaceae。【包含】世界 2-3 种。【学名诠释与讨论】〈中〉(希) onyx，所有格 onychos，指甲，爪+sepalum，花萼。【分

布】澳大利亚(西南部)。【模式】Onychosepalum laxiflorum Steudel。●☆

36513　Onyx Medik. (1789) = Astragalus L. (1753)［豆科 Fabaceae (Leguminosae)//蝶形花科 Papilionaceae］●■

36514　Oocarpon Micheli (1874)【汉】卵果柳叶菜属。【隶属】柳叶菜科 Onagraceae。【包含】世界 2 种。【学名诠释与讨论】〈中〉(希) oon，卵+karpos，果实。此属的学名是"Oocarpon Micheli, Flora 57：303. 1 Jul 1874"。亦有文献把其处理为"Ludwigia L. (1753)"的异名。【分布】巴拉圭，中国，中美洲。【模式】Oocarpon jussiaeoides Micheli［Jussiaea oocarpa Wright］。【参考异名】Ludwigia L. (1753)；Oocarpus Post et Kuntze (1903) ■

36515　Oocarpus Post et Kuntze (1903) = Ludwigia L. (1753)；~ = Oocarpon Micheli (1874)［柳叶菜科 Onagraceae］■

36516　Oocephala (S. B. Jones) H. Rob. (1999)【汉】卵头瘦片菊属(卵头菊属)。【隶属】菊科 Asteraceae (Compositae)//斑鸠菊科(绿菊科) Vernoniaceae。【包含】世界 2 种。【学名诠释与讨论】〈阴〉(希) oon，卵+kephale，头。此属的学名，IK 记载是"Oocephala (S. B. Jones) H. Rob.，Proc. Biol. Soc. Washington 112 (1)：231 (1999)"，由"Vernonia subsect. Oocephalae S. B. Jones Rhodora 83 (833)：72 (1981)"改级而来。亦有文献把"Oocephala (S. B. Jones) H. Rob. (1999)"处理为"Vernonia Schreb. (1791) (保留属名)"的异名。【分布】布隆迪，热带非洲，坦桑尼亚，刚果(金)。【模式】不详。【参考异名】Vernonia Schreb. (1791) (保留属名)；Vernonia subsect. Oocephalae S. B. Jones (1981) ●☆

36517　Oocephalus (Benth.) Harley et J. F. B. Pastore (2012)【汉】卵头草。【隶属】唇形科 Lamiaceae (Labiatae)。【包含】世界 18 种。【学名诠释与讨论】〈阳〉(希) oon，卵+kephale，头。此属的学名是"Oocephalus (Benth.) Harley et J. F. B. Pastore, Phytotaxa 58：33. 2012［27 Jun 2012］"，由"Hyptis sect. Oocephalus Benth. Labiat. Gen. Spec. 84. 1833"改级而来。【分布】巴西，玻利维亚，南美洲。【模式】Hyptis lacunosa Pohl ex Benth.。【参考异名】Hyptis sect. Oocephalus Benth. (1833) ●■☆

36518　Ooclinium DC. (1836) = Praxelis Cass. (1826)［菊科 Asteraceae (Compositae)］■●

36519　Ooia S. Y. Wong et P. C. Boyce (2010)【汉】婆罗洲南星属。【隶属】天南星科 Araceae。【包含】世界 3 种。【学名诠释与讨论】〈阴〉(希) oon，卵。【分布】婆罗洲。【模式】Ooia grabowskii (Engl.) S. Y. Wong et P. C. Boyce［Rhynchopyle grabowskii Engl.］。☆

36520　Oonopsis (Nutt.) Greene (1896)【汉】卵菀属。【隶属】菊科 Asteraceae (Compositae)。【包含】世界 3-5 种。【学名诠释与讨论】〈阴〉(希) oon，卵+-opsis，外观，模样，相似。此属的学名，ING、GCI 和 IK 记载是"Oonopsis (Nutt.) Greene, Pittonia 3 (14)：45. 1896［1 Jun 1896］"，由"Stenotus subgen. Oonopsis T. Nuttall, Trans. Amer. Philos. Soc. ser. 2. 7：335. Oct-Dec 1840"改级而来。它曾被处理为"Haplopappus sect. Oonopsis (Nutt.) H. M. Hall"。"Oonopsis Greene (1896)"的命名人引证有误。【分布】北美洲。【模式】Oonopsis multicaulis (T. Nuttall) E. L. Greene［Stenotus multicaulis T. Nuttall］。【参考异名】Haplopappus sect. Oonopsis (Nutt.) H. M. Hall；Oonopsis Greene (1896) Nom. illegit.；Stenotus subgen. Oonopsis Nutt. (1840) ■☆

36521　Oonopsis Greene (1896) Nom. illegit. ≡ Oonopsis (Nutt.) Greene (1896)［菊科 Asteraceae (Compositae)］■☆

36522　Oophytum N. E. Br. (1925)【汉】卵锥属(胡桃玉属)。【日】オオフィツム属。【隶属】番杏科 Aizoaceae。【包含】世界 2 种。【学名诠释与讨论】〈中〉(希) oon，卵+phyton，植物，树木，枝条。指植物卵形。【分布】非洲南部。【模式】Oophytum oviforme (N.

E. Brown)N. E. Brown [Mesembryanthemum oviforme N. E. Brown]。■☆

36523　Oosterdickia Boehm.(1760)Nom. illegit. ≡Cunonia L.(1759)(保留属名);~≡Oosterdykia Kuntze(1738)[火把树科(常绿棱枝树科,角瓣木科,库诺尼科,南蔷薇科,轻木科)Cunoniaceae]●☆

36524　Oosterdykia Burm.(1738)Nom. inval.[虎耳草科 Saxifragaceae]☆

36525　Oosterdykia Crantz(1766)=? Cunonia L.(1759)(保留属名)[火把树科(常绿棱枝树科,角瓣木科,库诺尼科,南蔷薇科,轻木科)Cunoniaceae]●☆

36526　Oosterdykia Kuntze(1738)Nom. inval. =Cunonia L.(1759)(保留属名)[火把树科(常绿棱枝树科,角瓣木科,库诺尼科,南蔷薇科,轻木科)Cunoniaceae]●☆

36527　Oothrinax(Bedd.)O. F. Cook(1941)=Zombia L. H. Bailey(1939)[棕榈科 Arecaceae(Palmae)]●☆

36528　Oothrinax O. F. Cook(1941)Nom. illegit. ≡Oothrinax(Bedd.)O. F. Cook(1941);~=Zombia L. H. Bailey(1939)[棕榈科 Arecaceae(Palmae)]●☆

36529　Opa Lour.(1790)(废弃属名)=Rhaphiolepis Lindl.(1820)[as 'Raphiolepis'](保留属名);~=Syzygium P. Browne ex Gaertn.(1788)(保留属名);~=Syzygium P. Browne ex Gaertn.(1788)(保留属名)+Raphiolepis Lindl.(1820)Nom. illegit.[蔷薇科 Rosaceae//桃金娘科 Myrtaceae]●

36530　Opalatoa Aubl.(1775)Nom. illegit.(废弃属名)≡Apalatoa Aubl.(1775)(废弃属名);~≡Crudia Schreb.(1789)(保留属名)[豆科 Fabaceae(Leguminosae)//云实科(苏木科)Caesalpiniaceae]●☆

36531　Opanea Raf.(1838)=Rhodamnia Jack(1822)[桃金娘科 Myrtaceae]●

36532　Oparanthus Sherff(1937)【汉】齿脉菊属。【隶属】菊科 Asteraceae(Compositae)。【包含】世界 3-6 种。【学名诠释与讨论】〈阴〉(地)Opari,奥帕里+anthos,花。【分布】波利尼西亚群岛。【模式】Oparanthus rapensis(F. Brown)Sherff[Chrysogonum rapense F. Brown]。●☆

36533　Opelia Pers.(1805)=Opilia Roxb.(1802)[山柚子科(山柑科,山柚仔科)Opiliaceae]●

36534　Opercularia Gaertn.(1788)【汉】盖茜属。【隶属】茜草科 Rubiaceae。【包含】世界 18 种。【学名诠释与讨论】〈阴〉(拉)operculum,盖子,囊盖,孔盖,蒴盖+-arius,-aria,-arium,指示"属于、相似、具有、联系"的词尾。【分布】澳大利亚。【模式】未指定。【参考异名】Cryptospermum Pers.(1805);Cryptospermum Young ex Pers.(1805);Cryptospermum Young(1797)Nom. inval.;Eleuthranthes F. Muell.(1864);Eleuthranthes F. Muell. ex Benth.(1867);Rubioides Sol. ex Gaertn.(1788)■☆

36535　Operculariaceae Dumort. =Rubiaceae Juss.(保留科名)●■

36536　Operculariaceae Juss. ex Perleb(1818)=Rubiaceae Juss.(保留科名)●■

36537　Operculicarya H. Perrier(1944)【汉】盖果漆属。【隶属】漆树科 Anacardiaceae。【包含】世界 4 种。【学名诠释与讨论】〈阴〉(拉)operculum,盖子,囊盖,孔盖,蒴盖+karyon,胡桃,硬壳果,核,坚果。【分布】马达加斯加。【后选模式】Operculicarya decaryi H. Perrier de la Bâthie。●☆

36538　Operculina Silva Manso(1836)(废弃属名)=Merremia Dennst. ex Endl.(1841)(保留属名)[旋花科 Convolvulaceae]●■

36539　Opetiola Gaertn.(1788)=Mariscus Gaertn.(1788)Nom. illegit.(废弃属名);~=Schoenus L.(1753);~=Rhynchospora Vahl(1805)[as 'Rynchospora'](保留属名)[莎草科 Cyperaceae]■

36540　Ophelia D. Don(1837)Nom. illegit. ≡Ophelia D. Don ex G. Don(1837);~=Swertia L.(1753)[龙胆科 Gentianaceae]■

36541　Ophellantha Standl.(1924)【汉】中美大戟属。【隶属】大戟科 Euphorbiaceae。【包含】世界 2 种。【学名诠释与讨论】〈阴〉(希)ophelos,优势,益处+anthos,花。【分布】中美洲。【模式】Ophellantha spinosa Standley。☆

36542　Ophelus Lour.(1790)=Adansonia L.(1753)[木棉科 Bombacaceae//锦葵科 Malvaceae//猴面包树科 Adansoniaceae]●

36543　Ophianthe Hanst.(1854)=Pentarhaphia Lindl.(1827)[苦苣苔科 Gesneriaceae]■☆

36544　Ophianthes Raf. =Chelone L.(1753);~=Penstemon Schmidel(1763)[玄参科 Scrophulariaceae//婆婆纳科 Veronicaceae]●■

36545　Ophidion Luer(1982)【汉】蛇兰属。【隶属】兰科 Orchidaceae。【包含】世界 4 种。【学名诠释与讨论】〈中〉(希)ophis,所有格 opheos,指小式 ophidion,蛇,匍匐植物。【分布】巴拿马,玻利维亚,厄瓜多尔,哥伦比亚(安蒂奥基亚),中美洲。【模式】Ophidion cymbula(C. A. Luer)C. A. Luer[Cryptophoranthus cymbula C. A. Luer]。■☆

36546　Ophiobostryx Skeels(1911)Nom. illegit. ≡Bowiea Harv. ex Hook. f.(1867)(保留属名)[风信子科 Hyacinthaceae//百合科 Liliaceae//芦荟科 Aloaceae]■☆

36547　Ophiobotrys Gilg(1908)【汉】蛇果木属。【隶属】刺篱木科(大风子科)Flacourtiaceae。【包含】世界 1 种。【学名诠释与讨论】〈阴〉(希)ophis,所有格 opheos,指小式 ophidion,蛇,匍匐植物+botrys,葡萄串,总状花序,簇生。【分布】西赤道非洲。【模式】Ophiobotrys zenkeri Gilg。●☆

36548　Ophiocarpus(Bunge)Ikonn.(1977)=Astragalus L.(1753)[豆科 Fabaceae(Leguminosae)//蝶形花科 Papilionaceae]●■

36549　Ophiocaryon Endl.(1841)Nom. illegit. ≡Ophiocaryon R. H. Schomb. ex Endl.(1841)[泡花树科 Meliosmaceae]●☆

36550　Ophiocaryon R. H. Schomb. ex Endl.(1841)【汉】蛇子果属。【隶属】泡花树科 Meliosmaceae。【包含】世界 1-7 种。【学名诠释与讨论】〈中〉(希)ophis,所有格 opheos,指小式 ophidion,蛇,匍匐植物+karyon,胡桃,硬壳果,核,坚果。此属的学名,ING 记载是"Ophiocaryon Endlicher, Gen. 1425. Feb-Mar 1841"。IK 则记载为"Ophiocaryon Endl. ,Gen. Pl.[Endlicher]1425. 1841"。二者引用的文献相同。【分布】秘鲁,厄瓜多尔,热带南美洲。【模式】Ophiocaryon paradoxum R. H. Schomburgk。【参考异名】Ophiocaryon Endl.(1841)Nom. illegit.;Phoxanthus Benth.(1857)●☆

36551　Ophiocaulon Hook. f.(1867)Nom. illegit. =Adenia Forssk.(1775)[西番莲科 Passifloraceae]●

36552　Ophiocaulon Raf.(1838)=Cassia L.(1753)(保留属名);~=Chamaecrista Moench(1794)Nom. illegit.;~=Chamaecrista(L.)Moench(1794)[豆科 Fabaceae(Leguminosae)//云实科(苏木科)Caesalpiniaceae]■●

36553　Ophiocephalus Wiggins(1933)【汉】蛇头列当属(蛇头玄参属)。【隶属】玄参科 Scrophulariaceae//列当科 Orobanchaceae。【包含】世界 1 种。【学名诠释与讨论】〈阳〉(希)ophis,所有格 opheos,指小式 ophidion,蛇,匍匐植物+kephale,头。【分布】美国(加利福尼亚)。【模式】Ophiocephalus angustifolius Wiggins。■☆

36554　Ophiochloa Filg. ,Davidse et Zuloaga(1993)【汉】巴西蛇草属。【隶属】禾本科 Poaceae(Gramineae)。【包含】世界 2 种。【学名诠释与讨论】〈阴〉(希)ophis,所有格 opheos,指小式 ophidion,蛇,匍匐植物+chloe,草的幼芽,嫩草,禾草。【分布】巴西。【模式】Ophiochloa hydrolithica T. S. Filgueiras, G. Davidse et F. O. Zuloaga。■☆

36555　Ophiocolea H. Perrier(1938)【汉】蛇鞘紫葳属。【隶属】紫葳科 Bignoniaceae。【包含】世界 5 种。【学名诠释与讨论】〈阴〉(希)ophis,所有格 opheos,指小式 ophidion,蛇,匍匐植物+koleos,鞘。【分布】科摩罗,马达加斯加。【模式】Ophiocolea floribunda (Bojer ex Lindley) H. Perrier de la Bâthie [Colea floribunda Bojer ex Lindley]。●☆

36556　Ophioglossella Schuit. et Ormerod(1998)【汉】金嘴蛇兰属。【隶属】兰科 Orchidaceae。【包含】世界 1 种。【学名诠释与讨论】〈阴〉(希)ophis,所有格 opheos,指小式 ophidion,蛇,匍匐植物+glossa,舌+-ellus,-ella,-ellum,加在名词词干后面形成指小式的词尾。或加在人名、属名等后面以组成新属的名称。【分布】新几内亚岛。【模式】Ophioglossella chrysostoma Schuit. et Ormerod。●☆

36557　Ophioiris(Y. T. Zhao) Rodion.(2004)【汉】单苞鸢尾属。【隶属】鸢尾科 Iridaceae。【包含】世界 1 种,中国 1 种。【学名诠释与讨论】〈阴〉(希)ophis,所有格 opheos,指小式 ophidion,蛇,匍匐植物+(属)Iris 鸢尾属。此属的学名,ING 和 IK 记载是"Ophioiris(Y. T. Zhao) Rodion., Bot. Zhurn.(Moscow et Leningrad)89(8):1359. 2004 [Aug 2004]",由"Iris sect. Ophioiris Y. T. Zhao Acta Phytotax. Sin. 18(1):56. 1980"改级而来。【分布】中国。【模式】Ophioiris anguifuga(Y. T. Zhao et X. J. Xue) Rodion.。【参考异名】Iris sect. Ophioiris Y. T. Zhao(1980)■

36558　Ophiolyza Salisb.(1866)= Gladiolus L.(1753)[鸢尾科 Iridaceae]■

36559　Ophiomeris Miers(1847)= Thismia Griff.(1845)[水玉簪科 Burmanniaceae//水玉杯科(腐杯草科,肉质腐生草科) Thismiaceae]■

36560　Ophione Schott(1857)= Dracontium L.(1753)[天南星科 Araceae]■☆

36561　Ophionella Bruyns(1981)【汉】肖梳状萝藦属。【隶属】萝藦科 Asclepiadaceae。【包含】世界 2 种。【学名诠释与讨论】〈阴〉(属)Ophione = Dracontium 小龙南星属+-ellus,-ella,-ellum,加在名词词干后面形成指小式的词尾。或加在人名、属名等后面以组成新属的名称。此属的学名是"Ophionella P. V. Bruyns, Cact. Succ. J. Gr. Brit. 43:70. Aug(?)1981"。亦有文献把其处理为"Pectinaria Haw.(1819)(保留属名)"的异名。【分布】非洲。【模式】Ophionella arcuata(N. E. Brown) P. V. Bruyns [Pectinaria arcuata N. E. Brown]。【参考异名】Pectinaria Haw.(1819)(保留属名)■☆

36562　Ophiopogon Ker Gawl.(1807)(保留属名)【汉】沿阶草属(麦冬属)。【日】ジャノヒゲ属。【俄】Ландышник, Офиопогон。【英】Japanese Hyacinth, Lily Turf, Lily-tuff, Lilyturf, Mondo Grass, Sanke's Beard, Snake's-beard。【隶属】百合科 Liliaceae//铃兰科 Convallariaceae//沿阶草科 Ophiopogonaceae。【包含】世界 20-65 种,中国 47-50 种。【学名诠释与讨论】〈阳〉(希)ophis,所有格 opheos,指小式 ophidion,蛇 + pogon,所有格 pogonos,指小式 pogonion,胡须,髯毛,芒。pogonias,有须的。指叶形。此属的学名"Ophiopogon Ker Gawl. in Bot. Mag.:ad t. 1063. 1 Nov 1807"是保留属名。相应的废弃属名是百合科 Liliaceae//铃兰科 Convallariaceae 的"Mondo Adans., Fam. Pl. 2;496,578. Jul-Aug 1763 =Ophiopogon Ker Gawl.(1807)(保留属名)"。"Ophiopogon Kunth = Liriope Lour.(1790)[百合科 Liliaceae//铃兰科 Convallariaceae]"亦应废弃。"Flueggea L. C. Richard, Neues J. Bot. 2(1):8. Jan-Jun 1807(non Willdenow 1806)"和"Slateria N. A. Desvaux, J. Bot.(Desvaux)1:243. Jan 1809"是"Ophiopogon Ker Gawl.(1807)(保留属名)"的晚出的同模式异名(Homotypic synonym, Nomenclatural synonym)。【分布】巴基斯坦,喜马拉雅

山至日本和菲律宾(菲律宾群岛),中国。【模式】Ophiopogon japonicus(Linnaeus f.)Ker-Gawler [Convallaria japonica Linnaeus f.]。【参考异名】Chloopsis Blume(1827);Flueggea Rich.(1807) Nom. illegit.;Flugea Raf.(1838);Mondo Adans.(1763)(废弃属名);Ophiopogon Kunth(废弃属名);Slateria Desv.(1809)Nom. illegit.■

36563　Ophiopogon Kunth(废弃属名)= Liriope Lour.(1790)[百合科 Liliaceae//铃兰科 Convallariaceae]■

36564　Ophiopogonaceae Endl. = Convallariaceae L.;～= Ophiopogonaceae Meisn.■

36565　Ophiopogonaceae Meisn.(1842)[亦见 Convallariaceae L. 铃兰科、Liliaceae Juss.(保留科名)百合科、Opiliaceae Valeton(保留科名)山柚子科(山柑科,山柚仔科)和 Ruscaceae M. Roem.(保留科名)假叶树科]【汉】沿阶草科。【包含】世界 1 属 20-65 种,中国 1 属 47-50 种。【分布】喜马拉雅山至日本和菲律宾群岛。【科名模式】Ophiopogon Ker Gawl.■

36566　Ophioprason Salisb.(1866)= Asphodelus L.(1753)[百合科 Liliaceae//阿福花科 Asphodelaceae]■☆

36567　Ophiorhipsalis(K. Schum.) Doweld(2002)【汉】蛇棒属。【隶属】仙人掌科 Cactaceae。【包含】世界 1 种。【学名诠释与讨论】〈阴〉(希)ophis,所有格 opheos,指小式 ophidion,蛇 +(属)Rhipsalis 仙人棒属。此属的学名,ING 和 IK 记载是"Ophiorhipsalis(K. Schum.) Doweld, Sukkulenty 4(1-2):39. 2002",由"Rhipsalis subgen. Ophiorhipsalis K. Schumann, Gesamtbeschr. Kakteen 615. 1 Oct 1898"改级而来。它曾被处理为"Lepismium subgen. Ophiorhipsalis(K. Schum.) Barthlott, Bradleya;Yearbook of the British Cactus and Succulent Society 5:99. 1987"。亦有文献把"Ophiorhipsalis(K. Schum.) Doweld(2002)"处理为"Cereus Mill.(1754)"或"Rhipsalis Gaertn.(1788)(保留属名)"的异名。【分布】巴西,玻利维亚。【模式】Ophiorhipsalis lumbricoides(C. Lemaire) A. B. Doweld [Cereus lumbricoides C. Lemaire]。【参考异名】Cereus Mill.(1754);Lepismium subgen. Ophiorhipsalis(K. Schum.) Barthlott(1987);Rhipsalis Gaertn.(1788)(保留属名);Rhipsalis subgen. Ophiorhipsalis K. Schum.(1898)●☆

36568　Ophiorrhiza L.(1754)Nom. illegit. ≡Ophiorrhiza L.(1753)[茜草科 Rubiaceae]●■

36569　Ophiorrhiza L.(1753)【汉】蛇根草属。【日】キダチイナモリサウ属,キダチイナモリソウ属,キダチイナモリ属,サツマイナモリ属。【英】Ophiorrhiza。【隶属】茜草科 Rubiaceae。【包含】世界 150-200 种,中国 72-79 种。【学名诠释与讨论】〈阴〉(希)ophis,所有格 opheos,指小式 ophidion,蛇,匍匐植物+rhiza,或 rhizoma,根,根茎。指匍匐性的根细长如蛇。此属的学名,ING、APNI、GCI 和 IK 记载是"Ophiorrhiza L., Sp. Pl. 1:150. 1753 [1 May 1753]"。"Ophiorhiza L.(1754)"是其拼写变体。"Mitreola Boehmer in C. G. Ludwig, Def. Gen. ed. Boehmer. 31. 1760"和"Mungos Adanson, Fam. 2:225. Jul-Aug 1763"是"Ophiorrhiza L.(1753)"的晚出的同模式异名(Homotypic synonym, Nomenclatural synonym)。【分布】巴基斯坦,玻利维亚,印度至马来西亚,中国,中美洲。【后选模式】Ophiorrhiza mungos Linnaeus。【参考异名】Hayataella Masam.(1934);Mitreola Boehm.(1760)Nom. illegit.;Mungos Adans.(1763)Nom. illegit.;Notodontia Pierre ex Pit.(1922);Ophiorhiza L.(1754)Nom. illegit.●■

36570　Ophiorrhiziphyllon Kurz(1871)【汉】蛇根叶属。【英】Ophiorrhiziphyllon。【隶属】爵床科 Acanthaceae。【包含】世界 5 种,中国 1 种。【学名诠释与讨论】〈中〉(属)Ophiorrhiza 蛇根草

属+希腊文 phyllon，叶子。phyllodes，似叶的，多叶的。phylleion，绿色材料，绿草。此属的学名，ING、TROPICOS 和 IK 记载是"Ophiorrhiziphyllon Kurz, J. Asiat. Soc. Bengal, Pt. 2, Nat. Hist. 40 (1):76. 1871 [31 Mar 1871]"。"Phyllophiorhiza O. Kuntze in Post et O. Kuntze, Lex. 435. Dec 1903"是"Ophiorrhiziphyllon Kurz (1871)"的晚出的同模式异名（Homotypic synonym, Nomenclatural synonym）。【分布】中国，东南亚。【模式】Ophiorrhiziphyllon macrobotryum Kurz。【参考异名】Phyllophiorhiza Kuntze (1903) Nom. illegit.■

36571 Ophioscorodon Wallr. (1822) = Allium L. (1753) [百合科 Liliaceae//葱科 Alliaceae]■

36572 Ophioseris Raf. = Hieracium L. (1753) [菊科 Asteraceae (Compositae)]■

36573 Ophiospermum Lour. (1790) Nom. illegit. = Aquilaria Lam. (1783)（保留属名）[瑞香科 Thymelaeaceae]●

36574 Ophiospermum Rchb. (1828) Nom. illegit. = Aquilaria Lam. (1783)（保留属名）；~ = Ophispermum Lour. (1790) [瑞香科 Thymelaeaceae]●

36575 Ophiostachys Delile (1815) = Chamaelirium Willd. (1808) [百合科 Liliaceae//黑药花科（藜芦科）Melanthiaceae]■☆

36576 Ophiostachys Redouté (1815) Nom. illegit. ≡ Ophiostachys Delile (1815) [百合科 Liliaceae//黑药花科（藜芦科）Melanthiaceae]■☆

36577 Ophioxylaceae Mart., Nom. inval. = Apocynaceae Juss.（保留科名）●■

36578 Ophioxylaceae Mart. ex Perleb (1838) = Apocynaceae Juss.（保留科名）●■

36579 Ophioxylon L. (1753) = Rauvolfia L. (1753) [夹竹桃科 Apocynaceae]●

36580 Ophira Burm. ex L. (1771) = Grubbia P. J. Bergius (1767) [毛盘花科（假石南科）Grubbiaceae]●☆

36581 Ophira L. (1771) Nom. illegit. [檀香科 Santalaceae]●☆

36582 Ophira Lam. = Grubbia P. J. Bergius (1767)；~ = Strobilocarpus Klotzsch (1839) [毛盘花科（假石南科）Grubbiaceae]●☆

36583 Ophiraceae Arn. (1841) = Grubbiaceae Endl. ex Meisn.（保留科名）●☆

36584 Ophiraceae Rchb. = Grubbiaceae Endl. ex Meisn.（保留科名）●☆

36585 Ophiria Becc. (1885) = Pinanga Blume (1838) [棕榈科 Arecaceae(Palmae)]●

36586 Ophiria Lindl. = Ophira Lam.；~ = Strobilocarpus Klotzsch (1839) [毛盘花科（假石南科）Grubbiaceae]●☆

36587 Ophiriaceae Arn. = Grubbiaceae Endl. ex Meisn.（保留科名）；~ = Ophiraceae Rchb.●☆

36588 Ophismenus Poir. (1816) Nom. illegit. = Oplismenus P. Beauv. (1810)（保留属名）[禾本科 Poaceae(Gramineae)]■

36589 Ophispermum Lour. (1790) = Aquilaria Lam. (1783)（保留属名）[瑞香科 Thymelaeaceae]●

36590 Ophiuraceae Link (1827) = Gramineae Juss.（保留科名）//Poaceae Barnhart（保留科名）■●

36591 Ophiurinella Desv. (1831) = Psilurus Trin. (1820)；~ = Stenotaphrum Trin. (1820) [禾本科 Poaceae(Gramineae)]■

36592 Ophiuros C. F. Gaertn. (1791)【汉】蛇尾草属。【日】ヒメウシノシッペイ属，ヒメウシノシャバイ属。【英】Ophiuros, Snaketailgrass。【隶属】禾本科 Poaceae(Gramineae)。【包含】世界 4 种，中国 1 种。【学名诠释与讨论】〈阳〉(希) ophis，所有格 opheos，指小式 ophidion，蛇+-urus，-ura，-uro，用于希腊文组合词，含义为"尾巴"。指总状花序细长状如蛇尾。此属的学名，APNI 记载是"Ophiuros C. F. Gaertn., De Fructibus et Seminibus

Plantarum 3 1791"。ING 和 IK 则记载为"Ophiuros C. F. Gaertn., Suppl. Carp. 3(t. 181, f. 3). 1805 et R. Br. in Prod. 206(1810)"；这是晚出的非法名称。"Ophiurus R. Br., Prodromus Florae Novae Hollandiae 1810"是其拼写变体。【分布】澳大利亚，印度至马来西亚，中国。【模式】未指定。【参考异名】Ophiuros C. F. Gaertn. (1805) Nom. illegit.；Ophiuros R. Br. (1810) Nom. illegit.；Ophiurus R. Br. (1810) Nom. illegit.■

36593 Ophiuros C. F. Gaertn. (1805) Nom. illegit. = Ophiuros C. F. Gaertn. (1791) [禾本科 Poaceae(Gramineae)]■

36594 Ophiuros R. Br. (1810) Nom. illegit. = Ophiuros C. F. Gaertn. (1805) [禾本科 Poaceae(Gramineae)]■

36595 Ophiurus R. Br. (1810) Nom. illegit. = Ophiuros C. F. Gaertn. (1805) [禾本科 Poaceae(Gramineae)]■

36596 Ophrestia H. M. L. Forbes (1948)【汉】拟大豆属。【英】Ophrestia, Subsoja。【隶属】豆科 Fabaceae(Leguminosae)//蝶形花科 Papilionaceae。【包含】世界 12 种，中国 1 种。【学名诠释与讨论】〈阴〉(属) 由 Tephrosia 属改缀而来。【分布】马达加斯加，热带非洲，亚洲，中国。【后选模式】Ophrestia oblongifolia (E. H. F. Meyer) Forbes [Tephrosia oblongifolia E. H. F. Meyer]。【参考异名】Cruddasia Prain (1898)；Paraglycine F. J. Herm. (1962)；Pseudoglycine F. J. Herm. (1962)●■

36597 Ophris Mill. (1754) Nom. illegit. ≡ Ophrys L. (1753)；~ = Listera R. Br. (1813)（保留属名）+Epipactis Zinn(1757)（保留属名）[兰科 Orchidaceae]■

36598 Ophrydaceae Raf. = Orchidaceae Juss.（保留科名）■

36599 Ophrydaceae Vines(1895) = Orchidaceae Juss.（保留科名）■

36600 Ophrydium Schrad. ex Nees = Ophryoscleria Nees (1842)；~ = Scleria P. J. Bergius(1765) [莎草科 Cyperaceae]■

36601 Ophryococcus Oerst. (1852)【汉】眉果茜属。【隶属】茜草科 Rubiaceae。【包含】世界 1 种。【学名诠释与讨论】〈阳〉(希) ophrys，眉宇，眉毛。变为拉丁文 ophrys，具有两片叶子的植物+kokkos，变为拉丁文 coccus，仁，谷粒，浆果。【分布】中非。【模式】Ophryococcus gesnerioides Oersted。●☆

36602 Ophryoscleria Nees(1842) = Scleria P. J. Bergius(1765) [莎草科 Cyperaceae]■

36603 Ophryosporus Meyen(1834)【汉】微腺亮泽兰属。【隶属】菊科 Asteraceae(Compositae)。【包含】世界 37 种。【学名诠释与讨论】〈阳〉(希) ophrys，眉宇，眉毛。变为拉丁文 ophrys，具有两片叶子的植物+spora，孢子，种子。【分布】秘鲁，厄瓜多尔，热带和亚热带非洲玻利维亚。【模式】Ophryosporus triangularis Meyen。【参考异名】Ophyrosporus Baker(1876)；Pachychaeta Sch. Bip. ex Baker(1876)；Trychinolepis B. L. Rob. (1928)■●☆

36604 Ophrypetalum Diels(1936)【汉】眉瓣花属（颏瓣花属）。【隶属】番荔枝科 Annonaceae。【包含】世界 1 种。【学名诠释与讨论】〈中〉(希) ophrys，眉宇，眉毛。变为拉丁文 ophrys，具有两片叶子的植物+希腊文 petalos，扁平的，铺开的；petalon，花瓣，叶，花叶，金属叶子；拉丁文的花瓣为 petalum。【分布】热带非洲东部。【模式】Ophrypetalum odoratum Diels。●☆

36605 Ophrys L. (1753)【汉】眉兰属（蜂兰属）。【日】オフリス属。【俄】Офрис。【英】Aplder Orchid, Ophrys, Orchid, Spider-orchid。【隶属】兰科 Orchidaceae。【包含】世界 25-30 种。【学名诠释与讨论】〈阴〉(希) ophrys，眉宇，眉毛。变为拉丁文 ophrys，具有两片叶子的植物。本属的花常类似双翅的昆虫。此属的学名，ING、TROPICOS、GCI 和 IK 记载是"Ophrys L., Sp. Pl. 2:945. 1753 [1 May 1753]"。"Ophris Mill., Gard. Dict. Abr., ed. 4. (1754)；Druce in Rep. Bot. Exch. Cl. Brit. Isles, 3:434(1913)"是其变体。【分布】巴基斯坦，巴拿马，玻利维亚，非洲北部，马达加

斯加,欧洲,亚洲西部。【后选模式】Ophrys insectifera Linnaeus。【参考异名】Arachnites F. W. Schmidt(1793);Cardiophyllum Ehrh.(1789)Nom. inval.;Exalaria Garay et G. A. Romero(1999);Helictonia Ehrh.(1789)Nom. inval.;Limnas Ehrh.(1789)Nom. inval.;Limnas Ehrh. ex House(1920)Nom. illegit.;Monorchis Ehrh.(1789)Nom. inval., Nom. illegit.;Myodium Salisb.(1812);Neottia Ehrh.(废弃属名);Ophris Mill.(1754)Nom. illegit.■☆

36606　Ophthalmacanthus Nees(1847)= Ruellia L.(1753)[爵床科 Acanthaceae]■●

36607　Ophthalmoblapton Allemão(1849)【汉】闭眼大戟属。【隶属】大戟科 Euphorbiaceae。【包含】世界 3 种。【学名诠释与讨论】〈中〉(希)ophthalmos,眼睛+blapto,失明,伤害,阻止。【分布】巴西。【模式】Ophthalmoblapton macrophyllum Freire Allemão。☆

36608　Ophthalmophyllum Dinter et Schwantes(1927)【汉】眼天属(风铃玉属)。【日】オフタルモフィルム属。【隶属】番杏科 Aizoaceae。【包含】世界 15-19 种。【学名诠释与讨论】〈中〉(希)ophtalmos,眼睛+phyllon,叶子。指叶的顶部有一透明部分。【分布】非洲南部。【模式】Ophthalmophyllum friedrichiae(Dinter)Dinter et Schwantes[Mesembryanthemum friedrichiae Dinter]。■☆

36609　Ophyostachys Steud.(1841)= Chamaelirium Willd.(1808);~ = Ophiostachys Delile(1815)[百合科 Liliaceae//黑药花科(藜芦科)Melanthiaceae]■☆

36610　Ophyoxylon Raf. = Ophioxylon L.(1753);~ = Rauvolfia L.(1753)[夹竹桃科 Apocynaceae]●

36611　Ophyra Steud.(1841)= Grubbia P. J. Bergius(1767);~ = Ophira Burm. ex L.(1771)[毛盘花科(假石南科)Grubbiaceae]●☆

36612　Ophyrosporus Baker(1876)= Ophryosporus Meyen(1834)[菊科 Asteraceae(Compositae)]■●☆

36613　Opicrina Raf.(1836)= Prenanthes L.(1753)[菊科 Asteraceae(Compositae)]■

36614　Opilia Roxb.(1802)【汉】山柚子属(山柚仔属)。【英】Opilia。【隶属】山柚子科(山柑科,山柚仔科)Opiliaceae。【包含】世界 2 种,中国 1 种。【学名诠释与讨论】〈阴〉(拉)opllio,牧羊人,牧童。【分布】泛热带,马达加斯加,中国。【模式】Opilia amentacea Roxburgh。【参考异名】Groutia Guill. et Perr.(1832);Opelia Pers.(1805);Pentitdis Zipp. ex Blume(1851);Tetanosia Rich. ex M. Roem.(1846)●

36615　Opiliaceae(Benth.)Valeton(1886)= Opiliaceae Valeton(保留科名)●

36616　Opiliaceae Valeton(1886)(保留科名)【汉】山柚子科(山柑科,山柚仔科)。【日】カナビキボク科。【英】Opilia Family。【包含】世界 8-11 属 33-60 种,中国 5 属 5 种。【分布】热带,亚洲。【科名模式】Opilia Roxb.(1802)●

36617　Opisthiolepis L. S. Sm.(1952)【汉】背鳞山龙眼属。【隶属】山龙眼科 Proteaceae。【包含】世界 1 种。【学名诠释与讨论】〈阴〉(希)opisthen,在背上,在后+lepis,所有格 lepidos,指小式 lepion 或 lepidion,鳞,鳞片。lepidotos,多鳞的。lepos,鳞,鳞片。【分布】澳大利亚(昆士兰)。【模式】Opisthiolepis heterophylla L. S. Smith。●☆

36618　Opisthocentra Hook. f.(1867)【汉】背刺野牡丹属。【隶属】野牡丹科 Melastomataceae。【包含】世界 1 种。【学名诠释与讨论】〈阴〉(希)opistho-,后面,后于,在……之后+kentron,点,刺,圆心,中央,距。【分布】巴西。【模式】Opisthocentra clidemioides J. D. Hooker。●☆

36619　Opisthopappus C. Shih(1979)【汉】太行菊属。【英】Taihangdaisy。【隶属】菊科 Asteraceae(Compositae)。【包含】世界 1-2 种,中国 1-2 种。【学名诠释与讨论】〈阳〉(希)opistho-,后面,后于,在……之后+希腊文 pappos 指柔毛,软毛。pappus 则与拉丁文同义,指冠毛。指果实背面顶端有膜质冠毛。【分布】中国。【模式】Opisthopappus taihangensis(Ling)C. Shih[Chrysanthemum taihangensis Ling]。■★

36620　Opithandra B. L. Burtt(1956)【汉】后蕊苣苔属。【日】イワギリソウ属。【英】Opithandra。【隶属】苦苣苔科 Gesneriaceae。【包含】世界 9-10 种,中国 8 种。【学名诠释与讨论】〈阴〉(希)opisthed,在后+aner,所有格 andros,雄性,雄蕊。指能育雄蕊着生在花冠的上唇。【分布】中国,东亚。【模式】Opithandra primuloides(Miquel)B. L. Burtt[Boea primuloides Miquel[as 'Baea']。【参考异名】Schistolobos W. T. Wang(1983)■

36621　Opitzia Seits = Campanula L.(1753);~ = Sykoraea Opiz(1852)[桔梗科 Campanulaceae]■●

36622　Opizia C. Presl(1830)Nom. illegit. ≡ Opizia J. Presl(1830)[禾本科 Poaceae(Gramineae)]■☆

36623　Opizia J. Presl et C. Presl(1830)Nom. illegit. ≡ Opizia J. Presl(1830)[禾本科 Poaceae(Gramineae)]■☆

36624　Opizia J. Presl(1830)【汉】匍匐短柄草属。【隶属】禾本科 Poaceae(Gramineae)。【包含】世界 1 种。【学名诠释与讨论】〈阴〉(人)Philipp(Filip),Maximilian Opiz,1787-1858,捷克植物学者。此属的学名,ING 和 IK 记载为"Opizia J. S. Presl in K. B. Presl,Rel. Haenk. 1:293. 1830"。"Opizia C. Presl(1830)≡ Opizia J. Presl(1830)"和"Opizia J. Presl et C. Presl(1830)≡ Opizia J. Presl(1830)"的命名人引证均有误。"Opizia Raf.,New Fl.[Rafinesque]ii. 29(1836)= Capsella Medik.(1792)(保留属名)[十字花科 Brassicaceae(Cruciferae)]"是晚出的非法名称。【分布】古巴,墨西哥,中美洲。【模式】Opizia stolonifera J. S. Presl。【参考异名】Casiostega Galeotti(1842)Nom. inval.;Casiostega Rupr. ex Galeotti(1842)Nom. inval.;Opizia C. Presl(1830)Nom. illegit.;Opizia J. Presl et C. Presl(1830)Nom. illegit.;Pringleochloa Scribn.(1896)■☆

36625　Opizia Raf.(1836)Nom. illegit. = Capsella Medik.(1792)(保留属名)[十字花科 Brassicaceae(Cruciferae)]■

36626　Oplexion Raf.(1838)= Lobostemon Lehm.(1830)[紫草科 Boraginaceae]■☆

36627　Oplismenopsis L. Parodi(1937)【汉】类求米草属。【隶属】禾本科 Poaceae(Gramineae)。【包含】世界 1 种。【学名诠释与讨论】〈阴〉(属)Oplismenus 求米草属+希腊文 opsis,外观,模样,相似。【分布】阿根廷,乌拉圭。【模式】Oplismenopsis najada(Hackel et Arechavaleta)Parodi[Panicum najadum Hackel et Arechavaleta]。■☆

36628　Oplismenus P. Beauv.(1810)(保留属名)【汉】求米草属(球米草属,缩箬属)。【日】オプリスメヌス属,チヂミザサ属。【俄】Оплисменус, Остянка。【英】Oplismenus。【隶属】禾本科 Poaceae(Gramineae)。【包含】世界 5-20 种,中国 4 种。【学名诠释与讨论】〈阳〉(希)hoplon,所有格 hoplontos,甲胄,工具。hoplites,oplismenos,武装了的。指小穗具黏性的芒。此属的学名"Oplismenus P. Beauv.,Fl. Oware 2:14. 6 Aug 1810"是保留属名。相应的废弃属名是禾本科 Poaceae(Gramineae)的"Orthopogon R. Br.,Prodr.:194. 27 Mar 1810 = Oplismenus P. Beauv.(1810)(保留属名)"。"Hippagrostis O. Kuntze,Rev. Gen. 2:776. 5 Nov 1891"是"Oplismenus P. Beauv.(1810)(保留属名)"的晚出的同模式异名(Homotypic synonym,Nomenclatural synonym)。【分布】巴基斯坦,巴拿马,秘鲁,玻利维亚,厄瓜多尔,哥伦比亚(安蒂奥基亚),哥斯达黎加,马达加斯加,尼加拉瓜,中国,中美洲。【模式】Oplismenus africanus Palisot de Beauvois。【参考异名】

Hecaterosaehna Post et Kuntze（1903）；Hekaterosachne Steud.（1854）；Hippagrostis Kuntze（1891）Nom. illegit.；Hippagrostis Rumph.（1749）Nom. inval.；Hippagrostis Rumph. ex Kuntze（1891）Nom. illegit.；Hoplismenus Hassk.（1844）Nom. illegit.；Ophismenus Poir.（1816）Nom. illegit.；Orthopogon R. Br.（1810）（废弃属名）；Paniculum Ard.（1764）Nom. illegit. ■

36629 Oplonia Raf.（1838）【汉】青爵床属。【隶属】爵床科 Acanthaceae。【包含】世界 19 种。【学名诠释与讨论】〈阴〉（希）hoplon, 所有格 hoplontos, 甲胄, 工具。此属的学名, ING、TROPICOS 和 IK 记载是"Oplonia Rafinesque, Fl. Tell. 4：64. 1838（'1836'）"。"Anthacanthus C. G. D. Nees in Alph. de Candolle, Prodr. 11：460. 25 Nov 1847"和"Hesperanthemum O. Kuntze, Rev. Gen. 1：490. 5 Nov 1891"是"Oplonia Raf.（1838）"的晚出的同模式异名（Homotypic synonym, Nomenclatural synonym）。【分布】秘鲁, 西印度群岛。【模式】Oplonia spinosa（N. J. Jacquin）Rafinesque［Justicia spinosa N. J. Jacquin］。【参考异名】Anthacanthus Nees（1847）Nom. illegit.；Forsythiopsis Baker（1883）；Hesperanthemum Kuntze（1891）；Hoplonia Post et Kuntze（1903）●☆

36630 Oplopanax（Torr. et A. Gray）Miq.（1863）【汉】刺参属（刺人参属）。【日】ハリブキ属。【俄】Заманиха, Эхинопанакс。【英】Devil's-club, Devirs-club, Oplopanax。【日】ハリブキ属。【俄】Заманиха, Эхинопанакс。【英】Devil's-club, Devirs-club, Oplopanax。【隶属】五加科 Araliaceae。【包含】世界 3 种, 中国 1 种。【学名诠释与讨论】〈阳〉（希）hoplon, 所有格 hoplontos, 甲胄, 工具+（属）Panax 人参属。指植物体多刺, 与人参属有亲缘关系。此属的学名, ING 记载是"Oplopanax（Torrey et A. Gray）Miquel, Ann. Mus. Bot. Lugduno-Batavi 1：4, 16. 2 Jul 1863", 由"Panax［par.］Oplopanax Torrey et A. Gray, Fl. N. Amer. 1：648. Jun 1840"改级而来。IK 则记载为"Oplopanax Miq., Ann. Mus. Bot. Lugduno-Batavi i. 16（1863）"。《中国植物志》英文版采用"Oplopanax（Torrey et A. Gray）Miquel（1863）"。"Echinopanax Decaisne et Planchon ex Harms in Engler et Prantl, Nat. Pflanzenfam. 3（8）：34. 28 Dec 1894"是"Oplopanax（Torr. et A. Gray）Miq.（1863）"的晚出的同模式异名（Homotypic synonym, Nomenclatural synonym）。【分布】日本, 中国, 亚洲东北部。【模式】Oplopanax horridus（J. E. Smith）Miquel［as 'horridum'］［Panax horridus J. E. Smith］［as 'horridum'］。【参考异名】Echinopanax Decne. et Planch.（1854）Nom. inval.；Echinopanax Decne. et Planch. ex Harms（1894）Nom. illegit.；Hoplopanax Post et Kuntze（1903）；Oplopanax Miq.（1863）Nom. illegit.；Panax［par.］Oplopanax Torrey et A. Gray（1840）；Tetrapanax Harms ●

36631 Oplopanax Miq.（1863）Nom. illegit. ≡ Oplopanax（Torr. et A. Gray）Miq.（1863）［五加科 Araliaceae］●

36632 Oploteca Raf. = Oplotheca Nutt.（1818）［苋科 Amaranthaceae］■☆

36633 Oplotheca Nutt.（1818）= Froelichia Moench（1794）［苋科 Amaranthaceae］■☆

36634 Oplukion Raf.（1838）Nom. illegit. ≡ Lycium L.（1753）［茄科 Solanaceae］●

36635 Oplycium Post et Kuntze（1903）= Oplukion Raf.（1838）Nom. illegit.；~ = Lycium L.（1753）［茄科 Solanaceae］●

36636 Opnithogalum Roem.（1798）= Ornithogalum L.（1753）［百合科 Liliaceae//风信子科 Hyacinthaceae］■

36637 Opocunonia Schltr.（1914）【汉】圆序光籽木属。【隶属】火把树科（常绿棱枝树科, 角瓣木科, 库诺尼科, 南蔷薇科, 轻木科）Cunoniaceae。【包含】世界 1 种。【学名诠释与讨论】〈阴〉（希）opos, 植物的汁+（属）Cunonia 火把树属（匙木属, 库诺尼属）。此属的学名是"Opocunonia Schlechter, Bot. Jahrb. Syst. 52：159. 24 Nov 1914"。亦有文献把其处理为"Caldcluvia D. Don（1830）"的异名。【分布】新几内亚岛。【后选模式】Opocunonia kaniensis Schlechter。【参考异名】Caldcluvia D. Don（1830）●☆

36638 Opodia Wittst. = Opoidia Lindl.（1839）；~ = Peucedanum L.（1753）［伞形花科（伞形科）Apiaceae（Umbelliferae）］■

36639 Opodix Raf.（1817）= Salix L.（1753）（保留属名）［杨柳科 Salicaceae］●

36640 Opoidea Lindl.（1839）Nom. illegit. ≡ Opoidia Lindl.（1839）［伞形花科（伞形科）Apiaceae（Umbelliferae）］■☆

36641 Opoidia Lindl.（1839）【汉】伊朗前胡属。【隶属】伞形花科（伞形科）Apiaceae（Umbelliferae）。【包含】世界 1 种。【学名诠释与讨论】〈阴〉（希）opos, 植物的汁+-idius, -idia, -idium, 指示小的词尾。此属的学名, ING 和 IK 记载是"Opoidia J. Lindley, Edwards's Bot. Reg. 25（Misc.）：66. Aug 1839"。"Opoidea Lindl.（1839）"是其拼写变体。亦有文献把"Opoidia Lindl.（1839）"处理为"Peucedanum L.（1753）"的异名。【分布】伊朗。【模式】Opoidia galbanifera J. Lindley。【参考异名】Opodia Wittst.；Opoidea Lindl.（1839）Nom. illegit.；Peucedanum L.（1753）■☆

36642 Opopanax W. D. J. Koch（1824）【汉】奥帕草属。【俄】Опопанакс。【英】Opopanax。【隶属】伞形花科（伞形科）Apiaceae（Umbelliferae）。【包含】世界 3 种。【学名诠释与讨论】〈阳〉（希）opos, 植物的汁+（属）Panax 人参属。此属的学名, ING、TROPICOS 和 IK 记载是"Opopanax W. D. J. Koch, Nova Acta Phys.-Med. Acad. Caes. Leop.-Carol. Nat. Cur. 12（1）：96. 1824［ante 28 Oct 1824］"。"Panax J. Hill, Brit. Herbal 420. Nov 1756（non Linnaeus 1753）"是"Opopanax W. D. J. Koch（1824）"的同模式异名（Homotypic synonym, Nomenclatural synonym）。【分布】巴尔干半岛至伊朗。【模式】Opopanax chironius W. D. J. Koch［as 'chironium'］［Pastinaca opopanax Linnaeus］。【参考异名】Crenosciadium Boiss. et Heldr.（1849）；Maspeton Raf.（1840）；Panax Hill（1756）Nom. illegit. ■☆

36643 Opophytum N. E. Br.（1925）= Mesembryanthemum L.（1753）（保留属名）［番杏科 Aizoaceae//龙须海棠科（日中花科）Mesembryanthemaceae］■●

36644 Oporanthaceae Salisb.（1866）= Amaryllidaceae J. St.-Hil.（保留科名）；~ = Poaceae Barnhart（保留科名）■●

36645 Oporanthus Herb.（1821）= Sternbergia Waldst. et Kit.（1804）［石蒜科 Amaryllidaceae］■☆

36646 Oporinea D. Don（1829）Nom. illegit. ≡ Scorzoneroides Moench（1794）［菊科 Asteraceae（Compositae）］■☆

36647 Oporinea W. H. Baxter（1850）Nom. illegit. = Oporinia D. Don（1829）Nom. illegit.；~ = Scorzoneroides Moench（1794）；~ = Leontodon L.（1753）（保留属名）［菊科 Asteraceae（Compositae）］■☆

36648 Oporinia D. Don（1829）Nom. illegit. ≡ Scorzoneroides Moench（1794）；~ = Leontodon L.（1753）（保留属名）［菊科 Asteraceae（Compositae）］■☆

36649 Opsago Raf.（1838）Nom. illegit. ≡ Withania Pauquy（1825）（保留属名）［茄科 Solanaceae］●■

36650 Opsantha Delarbre（1800）Nom. illegit. ≡ Amarella Gilib.（1782）（废弃属名）；~ = Gentiana L.（1753）［龙胆科 Gentianaceae］■

36651 Opsanthe Fourr.（1869）【汉】伊朗前胡属。≡ Opsanthe Renealm. ex Fourr.（1869）Nom. illegit.；~ = Opsantha Delarbre（1800）Nom. illegit.；~ = Amarella Gilib.（1782）（废弃属名）；~ = Gentiana L.（1753）［龙胆科 Gentianaceae］■

36652 Opsanthe Renealm. ex Fourr. (1869) = Opsantha Delarbre (1800) Nom. illegit.；~ = Amarella Gilib. (1782)（废弃属名）；~ = Gentiana L. (1753)［龙胆科 Gentianaceae]■

36653 Opsiandra O. F. Cook. (1923)【汉】后蕊椰属（存雄椰子属）。【日】マヤヤシ属。【隶属】棕榈科 Arecaceae (Palmae)。【包含】世界1种。【学名诠释与讨论】〈阴〉（希）opsis，外观，模样，相似 + aner，所有格 andros，雄性，雄蕊。指雄蕊宿存。此属的学名是"Opsiandra O. F. Cook, J. Wash. Acad. Sci. 13：181. 4 Mai 1923"。亦有文献把其处理为"Gaussia H. Wendl. (1865)"的异名。【分布】中美洲。【模式】Opsiandra maya O. F. Cook。【参考异名】Gaussia H. Wendl. (1865)●☆

36654 Opsianthes Lilja (1840) Nom. illegit. ≡ Phaeostoma Spach (1835)；~ = Clarkia Pursh (1814)［柳叶菜科 Onagraceae]■

36655 Opsicarpium Mozaff. (2003)【汉】眼果属。【隶属】伞形花科（伞形科）Apiaceae (Umbelliferae)。【包含】世界1种。【学名诠释与讨论】〈阴〉（希）ops，所有格 opos，眼、面孔 + karpos，果实。【分布】伊朗。【模式】Opsicarpium insignis V. Mozaffarian。☆

36656 Opsicocos H. Wendl. = Actinorhytis H. Wendl. et Drude (1875)［棕榈科 Arecaceae (Palmae)]●

36657 Opsieston Bunge (1851) = Ofaiston Raf. (1837)［藜科 Chenopodiaceae]■☆

36658 Opsopaea Neck. (1790) Nom. inval. = Helicteres L. (1753)［梧桐科 Sterculiaceae//锦葵科 Malvaceae]●

36659 Opsopea Neck. ex Raf. (1838) = Sterculia L. (1753)［梧桐科 Sterculiaceae//锦葵科 Malvaceae]●

36660 Opsopea Raf. (1838) Nom. illegit. ≡ Opsopea Neck. ex Raf. (1838)；~ = Sterculia L. (1753)［梧桐科 Sterculiaceae//锦葵科 Malvaceae]●

36661 Opulaster Medik. (1799) Nom. inval. ≡ Opulaster Medik. ex Kuntze (1891) Nom. illegit.；~ = Physocarpus (Cambess.) Raf. (1838)［as 'Physocarpa'］（保留属名）［蔷薇科 Rosaceae]●

36662 Opulaster Medik. ex Kuntze (1891) Nom. illegit. = Physocarpus (Cambess.) Raf. (1838)［as 'Physocarpa'］（保留属名）［蔷薇科 Rosaceae]●

36663 Opulaster Medik. ex Rydb. (1908) Nom. illegit. ≡ Physocarpus (Cambess.) Raf. (1838)［as 'Physocarpa'］（保留属名）［蔷薇科 Rosaceae]●

36664 Opulus Mill. (1754) = Viburnum L. (1753)［忍冬科 Caprifoliaceae//荚蒾科 Viburnaceae]●

36665 Opuntia(L.) Mill. (1754) Nom. illegit. ≡ Opuntia Mill. (1754)［仙人掌科 Cactaceae]●

36666 Opuntia Mill. (1754)【汉】仙人掌属。【日】ウチハ属，ウチワサボテン属，ウチワ属，オプンティア属。【俄】Кактус опунция，Опунция。【英】Cholla，Cholla Cactus，Cochineal Cactus，Indian Fig，Nopal，Opuntia，Pitaya，Prickly Pear，Pricklypear，Tuna。【隶属】仙人掌科 Cactaceae。【包含】世界90-250种，中国18种。【学名诠释与讨论】〈阴〉（地）Opous，希腊古城名，那里曾经生长过仙人掌类植物。Theophrastus 曾用 Opuntia 来命名别的植物，Miller 转用于此。此属的学名，ING 和 GCI 记载是"Opuntia (Linnaeus) P. Miller, Gard. Dict. Abr. ed. 4. 28 Jan 1754"，由"Cactus［unranked］Opuntia Linnaeus, Sp. Pl. 468. 1 Mai 1753 ('Opuntiae')"改级而来。IK、TROPICOS 和 APNI 则记载为"Cactaceae Opuntia Mill., Gard. Dict. Abr., ed. 4. (1754)"。"Opuntia (Linnaeus) P. Miller, Gard. Dict. Abr. ed. 4. 28 Jan 1754"是"Opulus Mill. (1754)［仙人掌科 Cactaceae]"的同模式异名（Homotypic synonym, Nomenclatural synonym）。"Tunas Lunell, Amer. Midl. Naturalist 4：479. Sep 1916"是"Opuntia (L.) Mill.

(1754)"的同模式异名。绿藻的"Opuntia F. Naccari, Fl. Veneta 6：104. Aug 1828"是晚出的非法名称。【分布】巴拿马，秘鲁，玻利维亚，厄瓜多尔（科隆群岛）哥伦比亚（安蒂奥基亚），马达加斯加，美国（密苏里），尼加拉瓜，中国，中美洲。【后选模式】Opuntia vulgaris P. Miller［Cactus opuntia Linnaeus]。《中国植物志》英文版和《北美植物志》使用"Opuntia Miller, Gard. Dict. Abr., ed. 4. 175"。【参考异名】Airampoa Frič (1933)；Austrocylindropuntia Backeb. (1938)；Brasiliopuntia (K. Schum.) A. Berger (1926)；Brasiliopuntia A. Berger (1926) Nom. illegit.；Cactodendron Bigelow；Cactus Lem.（废弃属名）；Cactus［unranked］Opuntia L. (1753)［as 'Opuntiae']；Chaffeyopuntia Frič et Schelle；Clavarioidia Frič et Schelle ex Kreuz. (1935) Nom. inval.；Clavarioidia Kreuz. (1935) Nom. inval.；Consolea Lem. (1862)；Corynopuntia F. M. Knuth (1936)；Cumulopuntia F. Ritter (1980)；Cylindropuntia (Engelm.) F. M. Knuth (1930)；Cylindropuntia (Engelm.) Frič et Schelle ex Kreuz. (1935) Nom. illegit.；Ficindica St. -Lag. (1880)；Grusonia Britton et Rose (1919) Nom. illegit.；Grusonia Rchb. f. ex Britton et Rose (1919) Nom. illegit.；Maihueniopsis Speg. (1925)；Marenopuntia Backeb. (1950)；Micropuntia Daston (1947)；Miquelopuntia Frič；Miquelopuntia Frič ex F. Ritter (1980)；Nopalea Salm - Dyck (1850)；Opuntia (L.) Mill. (1754)；Opuntia Tourn. ex Mill. (1754)；Parviopuntia Soulaire；Parviopuntia Soulaire et Marn. -Lap.；Phyllarthus Neck. (1790) Nom. inval.；Phyllarthus Neck. ex M. Gomez (1914)；Platyopuntia (Eng.) Frič et Schelle ex Kreuz. (1935)；Platyopuntia (Eng.) Kreuz. (1935)；Platyopuntia Kreuz. (1935)；Plutonopuntia P. V. Heath (1999)；Pseudotephrocactus Frič et Schelle (1933) Nom. illegit.；Pseudotephrocactus Frič ex Kreuz. (1935) Nom. illegit.；Pseudotephrocactus Frič, Nom. inval.；Puna R. Kiesling (1982)；Salmiopuntia Frič, Nom. inval.；Salmonopuntia P. V. Heath (1999)；Subulatopuntia Frič et Schelle ex Kreuz. (1935)；Subulatopuntia Frič et Schelle (1935) Nom. illegit.；Tephrocactus Lem. (1868)；Tunas Lunell (1916) Nom. illegit.；Tunilla D. R. Hunt et Iliff (2000)；Uptuntia Raf.；Ursopuntia P. V. Heath (1994)；Weberiopuntia Frič ex Kreuz. (1935)；Weberiopuntia Frič (1935) Nom. illegit.●

36667 Opuntia Tourn. ex Mill. (1754) Nom. illegit. ≡ Opuntia Mill. (1754)［仙人掌科 Cactaceae]●

36668 Opuntiaceae Desv. (1817) = Cactaceae Juss.（保留科名）●■

36669 Opuntiaceae Juss. = Cactaceae Juss.（保留科名）●■

36670 Opuntiaceae Martinov = Cactaceae Juss.（保留科名）●■

36671 Opuntiopsis Knebel = Schlumbergera Lem. (1858)［仙人掌科 Cactaceae]●

36672 Orabanche Loscos et Pardo (1863) = Orobanche L. (1753)［列当科 Orobanchaceae//玄参科 Scrophulariaceae]■

36673 Orania Zipp. (1829)【汉】毒椰属（奥兰棕属，奥润桐属，毒果椰属，喙舌椰属，呕男椰子属）。【日】クワズヤシ属。【英】Orania Palm。【隶属】棕榈科 Arecaceae (Palmae)。【包含】世界16-17种。【学名诠释与讨论】〈阴〉（人）Orange Oranje）的首领。【分布】菲律宾，马达加斯加，印度尼西亚（马鲁古群岛，苏拉威西岛，苏门答腊岛，爪哇岛），泰国（南部），马来半岛，加里曼丹岛，新几内亚岛。【模式】Orania regalis Zippelius。【参考异名】Araucasia Benth. et Hook. f. (1883)；Arausiaca Blume (1836)；Halmoorea J. Dransf. et N. W. Uhl (1984)；Macrocladus Griff. (1845)；Palindan Blanco ex Post et Kuntze (1903)；Sindroa Jum. (1933)●☆

36674 Oraniopsis(Becc.) J. Dransf., A. K. Irvine et N. W. Uhl(1985)

【汉】昆士兰椰属(昆士兰裙椰属,类奥兰棕属)。【隶属】棕榈科 Arecaceae(Palmae)。【包含】世界 1 种。【学名诠释与讨论】〈阴〉(属)Orania 奥兰棕属+希腊文 opsis,外观,模样,相似。此属的学名,ING 和 IK 记载是"Oraniopsis (Beccari) J. Dransfield, A. K. Irvine et N. W. Uhl, Principes 29:57. 14 May 1985",由"Orania subgen. Oraniopsis Beccari in Beccari et Pichi-Sermolli, Webbia 11:172. 31 Mar 1956"改级而来。APNI 和 TROPICOS 则记载为"Oraniopsis J. Dransf., A. K. Irvine et N. W. Uhl, Principes 29(2)1985"。四者引用的文献相同。【分布】澳大利亚(昆士兰),马来西亚。【模式】Oraniopsis appendiculata (F. M. Bailey)J. Dransfield, A. K. Irvine et N. W. Uhl [Areca appendiculata F. M. Bailey]。【参考异名】Orania subgen. Oraniopsis Becc. (1956); Oraniopsis J. Dransf., A. K. Irvine et N. W. Uhl(1985) Nom. illegit. ●☆

36675　Oraniopsis J. Dransf., A. K. Irvine et N. W. Uhl(1985) Nom. illegit. ≡ Oraniopsis (Becc.) J. Dransf., A. K. Irvine et N. W. Uhl (1985)[棕榈科 Arecaceae(Palmae)]●☆

36676　Oraoma Turcz. (1858)= Aglaia Lour. (1790)(保留属名)[楝科 Meliaceae]●

36677　Orbea Haw. (1812)【汉】牛角草属(牛角属)。【隶属】萝藦科 Asclepiadaceae//豹皮花科 Stapeliaceae。【包含】世界 10-20 种。【学名诠释与讨论】〈阴〉(拉)orbis,指小式 orbulina,圆,环。此属的学名,ING 和 IK 记载是"Orbea A. H. Haworth, Syn. Pl. Succ. 37. 1812"。"Orbea L. C. Leach, Kirkia 10(1):289. 1975 = Orbea Haw. (1812)"是晚出的非法名称。亦有文献把"Orbea Haw. (1812)"处理为"Stapelia L. (1753)(保留属名)"的异名。【分布】热带非洲和非洲南部,中国,中美洲。【后选模式】Orbea variegata (Linnaeus) A. H. Haworth [Stapelia variegata Linnaeus]。【参考异名】Diplocyatha N. E. Br. (1878); Orbea L. C. Leach (1975) Nom. illegit. ; Orbeanthus L. C. Leach (1978); Podanthes Haw. (1812)(废弃属名); Stapelia L. (1753)(保留属名); Stultitia E. Phillips(1933)■

36678　Orbea L. C. Leach(1975)Nom. illegit. =Orbea Haw. (1812)[萝藦科 Asclepiadaceae]■

36679　Orbeanthus L. C. Leach(1978)【汉】环花萝藦属。【隶属】萝藦科 Asclepiadaceae。【包含】世界 2 种。【学名诠释与讨论】〈阳〉(属)Orbea 牛角草属(牛角属)+anthos,花。此属的学名是"Orbeanthus L. C. Leach, Excelsia Tax. Ser. 1:71. Jan 1978"。亦有文献把其处理为"Orbea Haw. (1812)"的异名。【分布】非洲南部。【模式】Orbeanthus conjunctus (A. White et B. L. Sloan) L. C. Leach [Stultitia conjuncta A. White et B. L. Sloan]。【参考异名】Orbea Haw. (1812)■☆

36680　Orbeckia G. Don(1832)= Osbeckia L. (1753)[野牡丹科 Melastomataceae]●■

36681　Orbeopsis L. C. Leach(1978)【汉】类牛角草属。【隶属】萝藦科 Asclepiadaceae。【包含】世界 10 种。【学名诠释与讨论】〈阴〉(属)Orbea 牛角草属(牛角属)+希腊文 opsis,外观,模样,相似。【分布】热带非洲和非洲南部。【模式】Orbeopsis lutea (N. E. Brown)L. C. Leach [Caralluma lutea N. E. Brown]。■☆

36682　Orbexilum Raf. (1832)【汉】蛇根豆属。【隶属】豆科 Fabaceae (Leguminosae)//蝶形花科 Papilionaceae。【包含】世界 25 种。【学名诠释与讨论】〈中〉(拉)orbis,所有格 orbula,圆,环+xyle=xylon,木材。此属的学名是"Orbexilum Rafinesque, Atlantic J. 145. Oct-Dec 1832"。亦有文献把其处理为"Psoralea L. (1753)"的异名。【分布】美国。【模式】Orbexilum latifolia (Torrey) Rafinesque [Psoralea latifolia Torrey]。【参考异名】Hoita Rydb. (1919); Pediomellum Rydb. (1919); Psoralea L. (1753);

Psoralidium Rydb. (1919); Rhytidomene Rydb. (1919)■☆

36683　Orbicularia Baill. (1858)= Phyllanthus L. (1753)[大戟科 Euphorbiaceae//叶下珠科(叶萝藦科)Phyllanthaceae]●■

36684　Orbignia Bertero ex Steud. (1841)(废弃属名)≡ Orbignya Bertero ex Steud. (1841)(废弃属名); ~ = Llagunoa Ruiz et Pav. (1794)[无患子科 Sapindaceae]●☆

36685　Orbignya Bertero(1829)(废弃属名)≡ Orbignya Bertero ex Steud. (1841)(废弃属名); ~ =Llagunoa Ruiz et Pav. (1794)[无患子科 Sapindaceae]●☆

36686　Orbignya Mart. ex Endl. (1837)(保留属名)【汉】油椰子属(奥比尼亚棕属,奥氏棕属,巴西油椰属,欧别桐属,藕氏椰子属)。【日】オルビグニーア属,オルビグニーヤシ属。【英】Aguassu, Babacu, Babassu Palm, Orbignya, Palm。【隶属】棕榈科 Arecaceae (Palmae)。【包含】世界 3-20 种。【学名诠释与讨论】〈阴〉(人) Alcide Dessalines d' Orbigny,1802-1857,法国植物学者。此属的学名"Orbignya Mart. ex Endl. ,Gen. Pl. :257. Oct 1837"是保留属名。相应的废弃属名是无患子科 Sapindaceae 的"Orbignya Bertero in Mercurio Chileno 16:737. 15 Jul 1829 =Llagunoa Ruiz et Pav. (1794)"。无患子科 Sapindaceae 的"Orbignya Bertero ex Steud. ,Nomencl. Bot. [Steudel], ed. 2. 2:222. 1841 = Llagunoa Ruiz et Pav. (1794)"及其变体"Orbignia Bertero ex Steud. (1841)"亦应废弃。本属的同物异名"Heptantra O. F. Cook, Natl. Hort. Mag. 18:277. Oct 1939"是"Orbignya Mart. ex Endl. (1837)"的多余的替代名称。亦有文献把"Orbignya Mart. ex Endl. (1837)(保留属名)"处理为"Attalea Kunth(1816)"的异名。【分布】巴西,玻利维亚,尼加拉瓜,中美洲。【模式】Orbignya phalerata C. F. P. Martius。【参考异名】Attalea Kunth(1816); Heptantra O. F. Cook (1939) Nom. illegit. ; Parascheelea Dugand (1940)●☆

36687　Orbinda Noronha (1790) = Smilax L. (1753)[百合科 Liliaceae//菝葜科 Smilacaceae]●

36688　Orbis Luer (2005) = Pleurothallis R. Br. (1813)[兰科 Orchidaceae]■☆

36689　Orbivestus H. Rob. (1999)【汉】尾药瘦片菊属。【隶属】菊科 Asteraceae(Compositae)//斑鸠菊科(绿菊科)Vernoniaceae。【包含】世界 4 种。【学名诠释与讨论】〈阳〉(希)orbis,所有格 orbulina,圆,环+vestis 衣服,罩物。此属的学名是"Orbivestus H. Rob. ,Die Pflanzenwelt Ost-Afrikas 112(1):230. 1999"。亦有文献把其处理为"Vernonia Schreb. (1791)(保留属名)"的异名。【分布】热带非洲。【模式】Orbivestus operculata Wingate。【参考异名】Vernonia Schreb. (1791)(保留属名)●☆

36690　Orchadocarpa Ridl. (1905)【汉】卵果苣苔属。【隶属】苦苣苔科 Gesneriaceae。【包含】世界 1 种。【学名诠释与讨论】〈阴〉(希)orchis,所有格 orchidis,兰+karpos,果实。【分布】马来半岛。【模式】Orchadocarpa lilacina Ridley。■☆

36691　Orchaenactis O. Hoffm. (1893) = Orochaenactis Coville (1893) [菊科 Asteraceae(Compositae)]■☆

36692　Orchanthe Seem. , Nom. illegit. = Dalrympelea Roxb. (1819); ~ =Ochranthe Lindl. (1835); ~ =Turpinia Vent. (1807)(保留属名)[省沽油科 Staphyleaceae]●

36693　Orchiastrum Greene (1894) Nom. illegit. (废弃属名) = Spiranthes Rich. (1817)(保留属名)[兰科 Orchidaceae]■

36694　Orchiastrum Lem. (1855)Nom. illegit. (废弃属名)= Lachenalia J. Jacq. (1784)[百合科 Liliaceae//风信子科 Hyacinthaceae]■☆

36695　Orchiastrum Ség. (1754)(废弃属名)≡ Spiranthes Rich. (1817)(保留属名)[兰科 Orchidaceae]■

36696　Orchidaceae Adans. =Orchidaceae Juss. (保留科名)■

36697　Orchidaceae Juss. (1789)（保留科名）【汉】兰科。【日】ラン科。【俄】Орхидные, Осенник, Ятрышниковые。【英】Orchid Family。【包含】世界 788-888 属 18500-214000 种,中国 175-183 属 1264-1424 种。【分布】广泛分布。【科名模式】Orchis L. (1753)■

36698　Orchidantha N. E. Br. (1886)【汉】兰花蕉属。【英】Orchidantha。【隶属】芭蕉科 Musaceae//兰花蕉科 Orchidanthaceae//娄氏兰花蕉科 Lowiaceae。【包含】世界 7-10 种,中国 2 种。【学名诠释与讨论】〈阴〉(希) orchis, 所有格 orchidis, 兰+anthos, 花。指花的外观似兰花。【分布】加里曼丹岛,马来半岛,中国。【模式】Orchidantha borneensis N. E. Brown。【参考异名】Lowia Scort. (1886); Protamomum Ridl. (1891); Wolfia Post et Kuntze(1903) Nom. illegit.（废弃属名）■

36699　Orchidanthaceae Dostal [亦见 Lowiaceae Ridl.（保留科名）娄氏兰花蕉科]【汉】兰花蕉科。【包含】世界 2 属 17-20 种,中国 2 属 4 种。【分布】中国(南部,海南岛),马来半岛,加里曼丹岛。【科名模式】Orchidantha N. E. Br. (1886)■

36700　Orchidion Mitch. (1769) = Arethusa L. (1753) [兰科 Orchidaceae]■☆

36701　Orchidium Sw. (1814) Nom. illegit. ≡ Calypso Salisb. (1807)（保留属名）[兰科 Orchidaceae]■

36702　Orchidocarpum Michx. (1803) Nom. illegit. , Nom. superfl. ≡ Asimina Adans. (1763) [番荔枝科 Annonaceae]●☆

36703　Orchidofunckia A. Rich. et Galeotti(1845) = Cryptarrhena R. Br. (1816) [兰科 Orchidaceae]■☆

36704　Orchidotypus Kraenzl. (1906) = Pachyphyllum Kunth (1816) [兰科 Orchidaceae]■☆

36705　Orchiodes Kuntze (1891) Nom. illegit. ≡ Epipactis Ség. (1754)（废弃属名）; ~ = Epipactis Zinn(1757)（保留属名）; ~ = Goodyera R. Br. (1813) [兰科 Orchidaceae]■

36706　Orchiodes Trew. (1736) Nom. inval. ≡ Orchiodes Trew. ex Kuntze (1891); ~ = Epipactis Zinn(1757)（保留属名）; ~ = Goodyera R. Br. (1813) [兰科 Orchidaceae]■

36707　Orchiodes Trew. ex Kuntze(1891) = Epipactis Zinn(1757)（保留属名）; ~ = Goodyera R. Br. (1813) [兰科 Orchidaceae]■

36708　Orchiops Salisb. (1866) = Lachenalia J. Jacq. (1784) [百合科 Liliaceae//风信子科 Hyacinthaceae]■☆

36709　Orchipeda Blume(1826) = Voacanga Thouars(1806) [夹竹桃科 Apocynaceae]●

36710　Orchipedium Benth. (1881) Nom. illegit. =? Orchipedum Breda, Kuhl et Hasselt(1827) [兰科 Orchidaceae]■☆

36711　Orchipedum Breda (1829) Nom. illegit. = Orchipedum Breda, Kuhl et Hasselt(1827) [兰科 Orchidaceae]■☆

36712　Orchipedum Breda, Kuhl et Hasselt(1827)【汉】靴兰属。【隶属】兰科 Orchidaceae。【包含】世界 2 种。【学名诠释与讨论】〈中〉(希) orchis, 所有格 orchidis, 兰+pedion, 靴子, 拖鞋。此属的学名, IK 记载是 " Orchipedum Breda, Kuhl et Hasselt, Gen. Sp. Orchid. Asclep. [t. 10]"; ING 则记载为 " Orchipedum Breda, Gen. Sp. Orchid. Asclep. [19]. t. [10]. Jan-Jun 1829"。 " Queteletia Blume, Collect. Orchidées 117. 1859 ('1858')" 是 " Orchipedum Breda, Kuhl et Hasselt(1827)" 的晚出的同模式异名(Homotypic synonym, Nomenclatural synonym)。 "Orchipedium Benth. (1881) Nom. illegit." 似为 "Orchipedum Breda, Kuhl et Hasselt(1827)" 的拼写变体。【分布】马来半岛,印度尼西亚(爪哇岛)。【后选模式】Orchipedum militaris Linnaeus。【参考异名】? Orchipedium Benth. (1881) Nom. illegit.; Orchipedum Breda (1829) Nom. illegit.; Philippinaea Schltr. et Ames; Queteletia Blume(1859) Nom.

illegit. ,Nom. superfl. ■☆

36713　Orchis L. (1753)【汉】红门兰属(雏兰属)。【日】ハクサンチドリ属。【俄】Галеорхис, Комперия, Орхидея - пафиния, Ятрышник。【英】Bloody Butcher, Orchid, Orchis, Salab-misri, Salep。【隶属】兰科 Orchidaceae。【包含】世界 20-100 种,中国 1-28 种。【学名诠释与讨论】〈阴〉(希) orchis, 睾丸。指某些种的长圆形块根状如睾丸。【分布】巴基斯坦, 玻利维亚, 马达加斯加, 葡萄牙(马德拉群岛), 温带欧亚大陆至印度, 中国。【后选模式】Orchis militaris Linnaeus。【参考异名】Aceratorchis Schltr. (1922); Androrchis D. Tyteca et E. Klein(2008); Anteriorchis E. Klein et Strack (1989); Aorchis Verm. (1972); Chondradenia Maxim. ex Maekawa (1971); Chondradenia Maxim. ex Makino (1902) Nom. illegit.; Chusua Nevski (1935); Comperia C. Koch (1849) Nom. illegit.; Comperia K. Koch (1849); Dactylorchis (Klinge) Verm. (1947); Dactylorhiza (Neck. ex Nevski) Nevski(废弃属名); Dactylorhiza Neck. (1790)（废弃属名）; Erythrocynis Thouars; Galearis Raf. (1837); Galeorchis Rydb. (1901) Nom. illegit.; Ponerorchis Rchb. f. (1852); Strateuma Salisb. (1812); Vermeulenia Á. Löve et D. Löve(1972); Zoophora Bernh. (1800)■

36714　Orchites Schur (1866) = Traunsteinera Rchb. (1842) [兰科 Orchidaceae]■☆

36715　Orchyllium Barnhart(1916) = Utricularia L. (1753) [狸藻科 Lentibulariaceae]■

36716　Orcuttia Vasey(1886)【汉】二列春池草属。【英】Orcutt Grass。【隶属】禾本科 Poaceae(Gramineae)。【包含】世界 5 种。【学名诠释与讨论】〈阴〉(人) Charles Russell Orcutt, 1864-1929, 美国植物学者, 植物采集家, 博物学者。【分布】美国(加利福尼亚)。【模式】Orcuttia californica Vasey。■☆

36717　Orcya Vell. (1829) = Acanthospermum Schrank(1820)（保留属名）[菊科 Asteraceae(Compositae)]■

36718　Oreacanthus Benth. (1876)【汉】山刺爵床属。【隶属】爵床科 Acanthaceae。【包含】世界 4 种。【学名诠释与讨论】〈阳〉(希) oros, 所有格 oreos, 山+akantha, 荆棘。akanthikos, 荆棘的。akanthion, 蓟的一种, 豪猪, 刺猬。akanthinos, 多刺的, 用荆棘做成的。在植物学中, acantha 通常指刺。【分布】热带非洲。【模式】Oreacanthus mannii Bentham。■☆

36719　Oreamunoa Oerst. (1870) = Oreomunnea Oerst. (1856) [胡桃科 Juglandaceae]●☆

36720　Oreanthes Benth. (1844)【汉】山杜莓属。【隶属】杜鹃花科(欧石南科) Ericaceae。【包含】世界 4 种。【学名诠释与讨论】〈阴〉(希) oros, 所有格 oreos, 山+anthos, 花。【分布】秘鲁, 厄瓜多尔。【模式】Oreanthes buxifolius Bentham。●☆

36721　Oreanthus Raf. (1830) = Heuchera L. (1753); ~ = Oreotrys Raf. (1832) [虎耳草科 Saxifragaceae]■☆

36722　Oreas Cham. et Schltdl. (1826) = Aphragmus Andrz. ex DC. (1824) [十字花科 Brassicaceae(Cruciferae)]■☆

36723　Oreastrum Greene (1896) = Aster L. (1753); ~ = Oreostemma Greene(1900) [菊科 Asteraceae(Compositae)]■☆

36724　Orectanthe Maguire(1958)【汉】高花草属。【隶属】黄眼草科(黄谷精科, 苅草科) Xyridaceae。【包含】世界 1-2 种。【学名诠释与讨论】〈阴〉(希) orektos, 伸出的+anthos, 花。antheros, 多花的。antheo, 开花。希腊文 anthos 亦有"光明、光辉、优秀"之义。【分布】委内瑞拉。【模式】Orectanthe sceptrum (D. Oliver) Maguire [Abolboda sceptrum D. Oliver]。■☆

36725　Orectospermum Schott(废弃属名) = Peltogyne Vogel(1837)（保留属名）[豆科 Fabaceae(Leguminosae)]●☆

36726　Oregandra Standl. (1929)【汉】雄杰茜属。【隶属】茜草科

Rubiaceae。【包含】世界 1 种。【学名诠释与讨论】〈阴〉(希)orego,伸,伸出,伸手去拿+aner,所有格 andros,雄性,雄蕊。【分布】巴拿马,中美洲。【模式】Oregandra panamensis Standley。☆

36727　Oreinotinus Oerst. (1860) = Viburnum L. (1753) [忍冬科 Caprifoliaceae//荚蒾科 Viburnaceae]●

36728　Oreiostachys Gamble(1908) = Nastus Juss. (1789) [禾本科 Poaceae(Gramineae)]●☆

36729　Oreithales Schltdl. (1856)【汉】黄莲花属(全叶獐耳细辛属)。【隶属】毛茛科 Ranunculaceae。【包含】世界 1 种。【学名诠释与讨论】〈阴〉(希)oreites,山民+thaleia 茂盛的。此属的学名,ING、TROPICOS 和 IK 记载是"Oreithales Schlechtendal, Linnaea 27:559. Apr 1856('1854')"。"Capethia N. L. Britton, Ann. New York Acad. Sci. 6:216,234. Dec 1891"是"Oreithales Schltdl. (1856)"的晚出的同模式异名(Homotypic synonym,Nomenclatural synonym)。【分布】秘鲁,玻利维亚,厄瓜多尔。【模式】Oreithales integrifolia (A. P. de Candolle) Schlechtendal [Hepatica integrifolia A. P. de Candolle]。【参考异名】Anemone L. (1753) (保留属名);Capethia Britton(1891)Nom. illegit. ■☆

36730　Orelia Aubl. (1775)Nom. illegit. ≡ Allamanda L. (1771) [夹竹桃科 Apocynaceae]●

36731　Orellana Kuntze(1891)Nom. illegit. ≡ Bixa L. (1753) [红木科(胭脂树科)Bixaceae]●

36732　Oreobambos K. Schum. (1896)【汉】山竹属(川方竹属)。【隶属】禾本科 Poaceae(Gramineae)。【包含】世界 1 种。【学名诠释与讨论】〈阳〉(希)oros,所有格 oreos,山+kalamos,芦苇。【分布】热带非洲东部。【模式】Oreobambos buchwaldii K. Schumann。●☆

36733　Oreobatus Rydb. (1903) = Rubus L. (1753) [蔷薇科 Rosaceae]●■

36734　Oreobia Phil. =Jaborosa Juss. (1789) [茄科 Solanaceae]●☆

36735　Oreoblastus Suslova(1972)【汉】山囊荠属。【隶属】十字花科 Brassicaceae(Cruciferae)。【包含】世界 8 种。【学名诠释与讨论】〈阳〉(希)oros,所有格 oreos,山+blastos,芽,胚,嫩枝,枝,花。此属的学名是"Oreoblastus T. A. Suslova, Bot. Zurn. (Moscow & Leningrad) 57:648. Jun 1972"。亦有文献把其处理为"Christolea Cambess. (1839)"或"Desideria Pamp. (1926)"的异名。【分布】巴基斯坦,喜马拉雅山,亚洲中部。【模式】Oreoblastus flabellatus (E. Regel) T. A. Suslova [Parrya flabellata E. Regel]。【参考异名】Christolea Cambess. (1839);Desideria Pamp. (1926)■☆

36736　Oreobliton Durieu et Moq. (1847) Nom. illegit. ≡ Oreobliton Durieu(1847) [藜科 Chenopodiaceae]●☆

36737　Oreobliton Durieu(1847)【汉】多蕊无针苋属。【隶属】藜科 Chenopodiaceae。【包含】世界 1 种。【学名诠释与讨论】〈阳〉(希)oros,所有格 oreos,山+bliton,南欧一种植物的俗名。此属的学名,ING 和 TROPICOS 记载是"Oreobliton Durieu de Maisonneuve, Rev. Bot. Recueil Mens. 2:428. 1847"。IK 则记载为"Oreobliton Durieu et Moq. , in Duch. Rev. Bot. ii. (1847)428"。三者引用的文献相同。"Oreobliton Moq. et Durieu (1847) ≡ Oreobliton Durieu(1847)"的命名人引证有误。【分布】阿尔及利亚。【模式】Oreobliton thesioides Durieu de Maisonneuve et Moquin-Tandon ex Durieu de Maisonneuve。【参考异名】Neretia Moq. (1849);Oreobliton Durieu et Moq. (1847) Nom. illegit. ;Oreobliton Moq. et Durieu(1847)Nom. illegit. ●☆

36738　Oreobliton Moq. et Durieu (1847) Nom. illegit. ≡ Oreobliton Durieu(1847) [藜科 Chenopodiaceae]●☆

36739　Oreobolopsis T. Koyama et Guagl. (1988)【汉】拟山莎属。【隶属】莎草科 Cyperaceae。【包含】世界 1 种。【学名诠释与讨论】〈阴〉(属)Oreobolus 山莎属+希腊文 opsis,外观,模样,相似。

【分布】秘鲁,玻利维亚,厄瓜多尔。【模式】Oreobolopsis tepalifera T. Koyama et Guagl.。☆

36740　Oreobolus R. Br. (1810)【汉】山莎属。【隶属】莎草科 Cyperaceae。【包含】世界 8-15 种。【学名诠释与讨论】〈阳〉(希)oros,所有格 oreos,山+bolos,投掷,捕捉,大药丸。此属的学名是"Oreobolus R. Brown, Prodr. 235. 27 Mar 1810"。"Oreobulus Boeck. (1874)"和"Oreobulus R. Br. ex Boeck. "是其拼写变体。【分布】安第斯山,澳大利亚,巴拿马,秘鲁,波利尼西亚群岛,玻利维亚,厄瓜多尔,哥伦比亚(安蒂奥基亚),哥斯达黎加,加里曼丹岛,新几内亚岛,新西兰,中美洲。【模式】Oreobolus pumilio R. Brown。【参考异名】Oreobulus Boeck. (1874) Nom. illegit. ;Oreobulus R. Br. ex Boeck. (1874);Schoenoides Seberg(1986);Voladeria Benoist(1938)■☆

36741　Oreobroma Howell (1893) = Lewisia Pursh (1814); ~ = Calandrinia Kunth (1823) (保留属名)+Lewisia Pursh(1814)+Montia L. (1753) [马齿苋科 Portulacaceae]■☆

36742　Oreobulus Boeck. (1874) Nom. illegit. ≡ Oreobulus R. Br. ex Boeck. (1874); ~ = Oreobolus R. Br. (1810) [莎草科 Cyperaceae]■☆

36743　Oreobulus R. Br. ex Boeck. (1874) = Oreobolus R. Br. (1810) [莎草科 Cyperaceae]■☆

36744　Oreocalamus Keng (1940) = Chimonobambusa Makino (1914) [禾本科 Poaceae(Gramineae)]●

36745　Oreocallis R. Br. (1810)【汉】美山属(美丽高山属)。【英】Pretty Mountain。【隶属】山龙眼科 Proteaceae。【包含】世界 1-5 种。【学名诠释与讨论】〈阴〉(希)oros,所有格 oreos,山+kalos,美丽的。kallos,美人,美丽。kallistos,最美的。此属的学名,ING、TROPICOS、APNI 和 IK 记载是"Oreocallis R. Brown, Trans. Linn. Soc. London 10:196. 8 Mar 1810"。"Oreocallis Small, N. Amer. Fl. 29:58. 31 Aug 1914 (non R. Brown 1810) = Leucothoë D. Don(1834) [杜鹃花科(欧石南科)Ericaceae]"是晚出的非法名称。【分布】澳大利亚(昆士兰,新南威尔士),秘鲁,厄瓜多尔,新几内亚岛。【模式】Oreocallis grandiflora (Lamarck) R. Brown [Embothrium grandiflorum Lamarck]。●☆

36746　Oreocallis Small(1914) Nom. illegit. = Leucothoë D. Don(1834) [杜鹃花科(欧石南科)Ericaceae]●

36747　Oreocarya Greene(1887) = Cryptantha Lehm. ex G. Don(1837) [紫草科 Boraginaceae]■☆

36748　Oreocaryon Kuntze ex K. Schum. = Cruckshanksia Hook. et Arn. (1833)(保留属名) [茜草科 Rubiaceae]●☆

36749　Oreocaryum Post et Kuntze (1903) = Oreocaryon Kunae ex K. Schum. ; ~ =Cruckshanksia Hook. et Arn. (1833) (保留属名) [茜草科 Rubiaceae]●☆

36750　Oreocereus(A. Berger)Riccob. (1909)【汉】刺翁柱属(白貂属,刺翁属)。【日】オレオセレウス属,モラウェッチア属。【英】Oreocereus。【隶属】仙人掌科 Cactaceae。【包含】世界 6-17 种,中国 3 种。【学名诠释与讨论】〈阳〉(希)oros,所有格 oreos,山+(属)Cereus 仙影掌属。此属的学名,ING 和 GCI 记载是"Oreocereus (A. Berger) Riccobono, Boll. Reale Orto Bot. Giardino Colon. Palermo 8:258. 1909"。IK 则记载为"Oreocereus Riccob. , Boll. Ort. Bot. Palermo viii. 258(1909)"。三者引用的文献相同。亦有文献把"Oreocereus (A. Berger) Riccob. (1909)"处理为"Borzicactus Riccob. (1909)"的异名。【分布】阿根廷,秘鲁,玻利维亚,智利,中国。【模式】Oreocereus celsianus (Salm-Dyck) Riccobono [Pilocereus celsianus Salm - Dyck]。【参考异名】Arequipa Britton et Rose (1922);Arequipiopsis Kreuz. et Buining (1941);Borzicactus Riccob. (1909);Eomatucana F. Ritter(1965);

Matucana Britton et Rose（1922）；Morawetzia Backeb.（1936）；Oreocereus Riccob.（1909）Nom. illegit.；Oroya Britton et Rose（1922）；Submatucana Backeb.（1959）●

36751　Oreocereus Riccob.（1909）Nom. illegit. ≡ Oreocereus（A. Berger）Riccob.（1909）［仙人掌科 Cactaceae］●

36752　Oreocharis（Decne.）Lindl.（1846）（废弃属名）≡ Pseudomertensia Riedl（1967）；~ = Mertensia Roth（1797）（保留属名）［紫草科 Boraginaceae］■

36753　Oreocharis Benth.（1876）（保留属名）【汉】马铃苣苔属（闹骨草属）。【日】イハギリサウ属，イハギリソウ属。【英】Oreocharis。【隶属】苦苣苔科 Gesneriaceae。【包含】世界 28-32 种，中国 27-32 种。【学名诠释与讨论】〈阴〉（希）oros，所有格 oreos，山+charis，喜悦，雅致，美丽，流行。指本属植物喜生高山地区。此属的学名"Oreocharis Benth. in Bentham et Hooker, Gen. Pl. 2：995, 1021. Mai 1876"是保留属名。相应的废弃属名是紫草科 Boraginaceae 的"Oreocharis（Decne.）Lindl., Veg. Kingd. ；656. Jan-Mai 1846 = Mertensia Roth（1797）（保留属名）= Oreocharis Benth.（1876）（保留属名）"。"Oreocharis Lindl.（1847）≡ Oreocharis（Decne.）Lindl.（1846）（废弃属名）"命名人引证有误，亦应废弃。【分布】日本，中国。【模式】Oreocharis benthamii C. B. Clarke［Didymocarpus oreocharis Hance］。【参考异名】Dasydesmus Craib（1919）；Lithospermum subgen. Oreocharis Decne.（1843）；Perantha Craib（1918）■

36754　Oreocharis Lindl.（1846）（废弃属名）≡ Oreocharis（Decne.）Lindl.（1846）（废弃属名）；~ ≡ Pseudomertensia Riedl（1967）；~ = Mertensia Roth（1797）（保留属名）［紫草科 Boraginaceae］■

36755　Oreochloa Link（1827）【汉】山蓝禾属。【英】Sesleria。【隶属】禾本科 Poaceae（Gramineae）。【包含】世界 4 种。【学名诠释与讨论】〈阴〉（希）oros，所有格 oreos，山+chloe，草的幼芽，嫩草，禾草。此属的学名，ING，TROPICOS 和 IK 记载是"Oreochloa Link, Hortus Berol. 1：44. Oct – Dec 1827"。它曾被处理为"Sesleria subgen. Oreochloa（Link）Rchb., Der Deutsche Botaniker Herbarienbuch 2：39. 1841"。【分布】南欧。【模式】Oreochloa disticha（Wulfen）Link［Poa disticha Wulfen］。【参考异名】Sesleria subgen. Oreochloa（Link）Rchb.（1841）■☆

36756　Oreochorte Koso-Pol.（1916）= Anthriscus Pers.（1805）（保留属名）［伞形花科（伞形科）Apiaceae（Umbelliferae）］■

36757　Oreochrysum Rydb.（1906）【汉】山黄花属。【隶属】菊科 Asteraceae（Compositae）。【包含】世界 1 种。【学名诠释与讨论】〈阴〉（希）oros，所有格 oreos，山+chrysos，黄金。chryseos，金的，富的，华丽的。chrysites，金色的。在植物形态描述中，chrys-和 chryso-通常指金黄色。此属的学名，ING，TROPICOS、GCI 和 IK 记载是"Oreochrysum Rydb., Bull. Torrey Bot. Club 33：152. 1906"。它曾被处理为"Haplopappus sect. Oreochrysum（Rydb.）H. M. Hall"和"Solidago subgen. Oreochrysum（Rydb.）Semple"。亦有文献把"Oreochrysum Rydb.（1906）"处理为"Haplopappus Cass.（1828）［as 'Aplopappus'］（保留属名）"的异名。【分布】美国，墨西哥。【模式】Oreochrysum parryi（A. Gray）Rydberg［Aplopappus parryi A. Gray］。【参考异名】Haplopappus Cass.（1828）［as 'Aplopappus'］（保留属名）；Haplopappus sect. Oreochrysum（Rydb.）H. M. Hall ■☆

36758　Oreocnida B. D. Jacks. = Oreocnide Miq.（1851）［荨麻科 Urticaceae］●

36759　Oreocnide Miq.（1851）【汉】紫麻属。【日】ハドノキ属。【英】Oreocnide, Woodnettle, Wood – nettle。【隶属】荨麻科 Urticaceae。【包含】世界 15-19 种，中国 10 种。【学名诠释与讨论】〈阴〉（希）oros，所有格 oreos，山+knide，荨麻。指其生于山

地。此属的学名是"Oreocnide Miquel, Pl. Junghuhn. 39. Mar, 1851"。"Oreocnida B. D. Jacks."是"Oreocnide Miq.（1851）"的拼写变体。【分布】巴基斯坦，印度至马来西亚，中国。【模式】未指定。【参考异名】Oreocnida B. D. Jacks.；Villebrunea Gaudich.（1841-1852）Nom. inval；Villebrunea Gaudich. ex Wedd.（1854）●

36760　Oreocome Edgew.（1845）【汉】山毛草属。【隶属】伞形花科（伞形科）Apiaceae（Umbelliferae）。【包含】世界 1 种。【学名诠释与讨论】〈阴〉（希）oros，所有格 oreos，山+kome，毛发，束毛，冠毛，来自拉丁文 coma。此属的学名是"Oreocome Edgeworth, Proc. Linn. Soc. London 1：252. 1845（sero）"。亦有文献把其处理为"Selinum L.（1762）（保留属名）"的异名。【分布】喜马拉雅山。【后选模式】Oreocome candollei（A. P. de Candolle）Edgeworth［as 'candollianum'］［Selinum candollei A. P. de Candolle［as 'candollii'］。【参考异名】Creocome Kunae（1848）；Selinum L.（1762）（保留属名）■☆

36761　Oreocomopsis Pimenov et Kljuykov（1996）【汉】羽苞芹属。【隶属】伞形花科（伞形科）Apiaceae（Umbelliferae）。【包含】世界 2 种，中国 1 种。【学名诠释与讨论】〈阴〉（属）Oreocome 山毛草属+希腊文 opsis，外观，模样，相似。【分布】中国，喜马拉雅山。【模式】Oreocomopsis xizangensis M. G. Pimenov et E. V. Kljuykov。■

36762　Oreocosmus Naudin（1850）= Tibouchina Aubl.（1775）［野牡丹科 Melastomataceae］●■☆

36763　Oreodaphne Nees et Mart.（1833）Nom. illegit. ≡ Oreodaphne Nees et Mart. ex Nees（1833）；~ = Ocotea Aubl.（1775）［樟科 Lauraceae］●☆

36764　Oreodaphne Nees et Mart. ex Nees（1833）= Ocotea Aubl.（1775）［樟科 Lauraceae］●☆

36765　Oreodendron C. T. White（1933）【汉】山瑞香属。【隶属】瑞香科 Thymelaeaceae。【包含】世界 1 种。【学名诠释与讨论】〈中〉（希）oros，所有格 oreos，山+dendron 或 dendros，树木，棍，丛林。此属的学名是"Oreodendron C. T. White, Contr. Arnold Arbor. 4：74. 1 Apr 1933"。亦有文献把其处理为"Phaleria Jack（1822）"的异名。【分布】澳大利亚（昆士兰）。【模式】Oreodendron biflorum C. T. White。【参考异名】Phaleria Jack（1822）●☆

36766　Oreodoxa Kunth（废弃属名）= Roystonea O. F. Cook（1900）［棕榈科 Arecaceae（Palmae）］●

36767　Oreodoxa Willd.（1806）（废弃属名）= Euterpe Mart.（1823）（保留属名）；~ = Prestoea Hook. f.（1883）（保留属名）［棕榈科 Arecaceae（Palmae）］●☆

36768　Oreodoxa Willd.（1807）（废弃属名）≡ Oreodoxa Willd.（1806）（废弃属名）；~ = Euterpe Mart.（1823）（保留属名）；~ = Prestoea Hook. f.（1883）（保留属名）［棕榈科 Arecaceae（Palmae）］●☆

36769　Oreogenia I. M. Johnst.（1924）Nom. illegit. ≡ Lasiocaryum I. M. Johnst.（1925）［紫草科 Boraginaceae］■

36770　Oreogeum（Ser.）Golubk.（1987）= Geum L.（1753）［蔷薇科 Rosaceae］■

36771　Oreograstis K. Schum.（1895）= Carpha Banks et Sol. ex R. Br.（1810）［莎草科 Cyperaceae］■☆

36772　Oreoherzogia W. Vent（1962）= Rhamnus L.（1753）［鼠李科 Rhamnaceae］●

36773　Oreojuncus Záv. Drábk. et Kirschner（2013）【汉】山地灯心草属。【隶属】灯心草科 Juncaceae。【包含】世界 2 种。【学名诠释与讨论】〈阳〉（希）oros，所有格 oreos，山+（属）Juncus 灯心草属。【分布】北半球。【模式】Oreojuncus monanthos（Jacq.）Záv. Drábk. et Kirschner［Juncus monanthos Jacq.；］。☆

36774　Oreoleysera K. Bremer（1978）【汉】紫斑金绒草属。【隶属】菊

科 Asteraceae(Compositae)。【包含】世界 1 种。【学名诠释与讨论】〈阴〉(希)oros,所有格 oreos,山+(属)Leysera 羽冠鼠麴木属。【分布】非洲南部。【模式】Oreoleysera montana (H. Bolus) K. Bremer [Leysera montana H. Bolus]。●☆

36775　Oreolirion E. P. Bicknell(1901) = Sisyrinchium L. (1753)［鸢尾科 Iridaceae］■

36776　Oreoloma Botsch. (1980)【汉】爪花芥属(山棒芥属)。【隶属】十字花科 Brassicaceae(Cruciferae)。【包含】世界 3 种,中国 3 种。【学名诠释与讨论】〈中〉(希)oros,所有格 oreos,山+loma,所有格 lomatos,袍的边缘。【分布】蒙古,中国。【模式】Oreoloma matthioloides (A. R. Franchet) V. P. Botschantzev [Dontostemon matthioloides A. R. Franchet]。■

36777　Oreomitra Diels (1912)【汉】山帽花属。【隶属】番荔枝科 Annonaceae。【包含】世界 1 种。【学名诠释与讨论】〈阴〉(希)oros,所有格 oreos,山+mitra,指小式 mitrion,僧帽,尖帽,头巾。mitratus,戴头巾或其他帽类之物的。【分布】新几内亚岛。【模式】Oreomitra bullata Diels。●☆

36778　Oreomunnea Oerst. (1856)【汉】枫桃属。【隶属】胡桃科 Juglandaceae。【包含】世界 2 种。【学名诠释与讨论】〈阴〉词源不详。【分布】墨西哥,中美洲。【模式】Oreomunnea pterocarpa Oersted。【参考异名】Oreamunoa Oerst. (1870)●☆

36779　Oreomyrrhis Endl. (1839)【汉】山茉莉芹属(山没药属,山薰香属)。【日】イシダサウ属,イシダソウ属。【英】Oreomyrrhis.【隶属】伞形花科(伞形科)Apiaceae(Umbelliferae)。【包含】世界 23-25 种,中国 1 种。【学名诠释与讨论】〈阴〉(希)oros,所有格 oreos,山+(属)Myrrhis 草没药属。指生在高山地区。此属的学名“Oreomyrrhis Endlicher, Gen. 787. Mar 1839”是一个替代名称。“Caldasia Lagasca, Amen. Nat. Españas 1(2):98. 1821”是一个非法名称(Nom. illegit.),因为此前已经有了“Caldasia Humboldt ex Willdenow, Hort. Berol. t. 71. Apr – Jun 1806 ≡ Bonplandia Cav. (1800)［花荵科 Polemoniaceae]”。故用“Oreomyrrhis Endl. (1839)”替代之。同理,“Caldasia Mutis in Caldas, Semanario Nueva Granada 1810(2):26. 1810 ≡ Caldasia Mutis ex Caldas (1810)Nom. illegit.［蛇菰科(土鸟麟科)Balanophoraceae]”亦是非法名称。【分布】澳大利亚(东南部),秘鲁,玻利维亚,厄瓜多尔,墨西哥,新西兰,中国,新几内亚岛,加里曼丹岛,安第斯山,中美洲。【模式】Caldasia chaerophylloides Lagasca。【参考异名】Caldasia Lag. (1821)Nom. illegit. ;Chamaemyrrhis Endl. ex Heynh. (1846)■

36780　Oreonana Jeps. (1923)【汉】矮山芹属。【隶属】伞形花科(伞形科)Apiaceae(Umbelliferae)。【包含】世界 3 种。【学名诠释与讨论】〈阴〉(希)oros,所有格 oreos,山+nanos=nannos=拉丁文 nanus,矮人。【分布】美国(加利福尼亚)。【后选模式】Oreonana californica W. L. Jepson。■☆

36781　Oreonesion A. Raynal(1965)【汉】岛山龙胆属。【隶属】龙胆科 Gentianaceae。【包含】世界 1 种。【学名诠释与讨论】〈阴〉(希)oros,所有格 oreos,山+nesos,指小式 nesion,岛。nesiotes,岛居者。【分布】西赤道非洲。【模式】Oreonesion testui A. Raynal。■☆

36782　Oreopanax Decne. et Planch. (1854)【汉】高山参属(山参属,山人参属)。【隶属】五加科 Araliaceae。【包含】世界 80-100 种。【学名诠释与讨论】〈阳〉(希)oros,所有格 oreos,山+(属)Panax 人参属。【分布】巴拿马,秘鲁,玻利维亚,厄瓜多尔,哥伦比亚,尼加拉瓜,中美洲。【后选模式】Oreopanax capitatus (N. J. Jacquin) Decaisne et J. E. Planchon [as ‘capitata’][Aralia capitata N. J. Jacquin]。【参考异名】Araladendron Oerst. ex Marchal;Mesopanax R. Vig. (1906);Monopanax Regel(1869)●☆

36783　Oreophila D. Don (1830) = Hypochaeris L. (1753)［菊科 Asteraceae(Compositae)]■

36784　Oreophila Nutt. (1838) Nom. illegit. ≡ Pachystigma Raf. (1838) Nom. inval. ; ~ ≡ Pachystima Raf. ex Endl. (1841) Nom. inval.［卫矛科 Celastraceae]●☆

36785　Oreophila Nutt. ex Torr. et A. Gray (1838) Nom. illegit. ≡ Oreophila Nutt. (1838) Nom. illegit. ; ~ ≡ Pachystigma Raf. (1838) Nom. inval. ; ~ ≡ Pachystima Raf. ex Endl. (1841) Nom. inval.［卫矛科 Celastraceae]●☆

36786　Oreophilus W. E. Higgins et Archila (2009) Nom. illeg. , Nom. superfl. ≡ Andinia (Luer) Luer (2000) ; ~ = Lepanthes Sw. (1799)［兰科 Orchidaceae]■☆

36787　Oreophylax (Endl.) Kusn. , Nom. inval. = Gentiana L. (1753)［龙胆科 Gentianaceae]■

36788　Oreophylax Á. Löve (1983) Nom. inval. , Nom. nud. =? Gentiana L. (1753)［Gentiana L. (1753)龙胆科 Gentianaceae]■

36789　Oreophylax Endl. , Nom. illegit. = Gentianella Moench(1794)(保留属名)［龙胆科 Gentianaceae]■

36790　Oreophylax Kusn. ex Connor et Edgar (1987) Nom. inval. = Gentiana L. (1753)［龙胆科 Gentianaceae]■

36791　Oreophylax Willis(1919) Nom. inval. = Gentiana L. (1753)［龙胆科 Gentianaceae]■

36792　Oreophysa(Bunge ex Boiss.) Bornm. (1905)【汉】小叶山豆属。【隶属】豆科 Fabaceae(Leguminosae)。【包含】世界 1 种。【学名诠释与讨论】〈阴〉(希)oros,所有格 oreos,山+physa,风箱,气泡。此属的学名,ING 记载是“Oreophysa (Bunge ex Boissier) Bornmüller, Bull. Herb. Boissier ser. 2. 5:652. 1905”,由“Colutea sect. Oreophysa Bunge ex Boissier, Fl. Orient. 2:196. Dec. 1872 – Jan. 1873”改级而来。【分布】伊朗。【模式】Oreophysa triphylla (Bunge ex Boissier) Bornmüller, Nom. illegit. [Colutea triphylla Bunge ex Boissier, Nom. illegit. , Sphaerophysa microphylla Jaubert et Spach ; Oreophysa microphylla (Jaubert et Spach) Browicz]。【参考异名】Colutea sect. Oreophysa Bunge ex Boiss. (1873)■☆

36793　Oreophyton O. E. Schulz(1924)【汉】阿拉伯山芥属。【隶属】十字花科 Brassicaceae(Cruciferae)。【包含】世界 1 种。【学名诠释与讨论】〈中〉(希)oros,所有格 oreos,山+phyton,植物,树木,枝条。【分布】埃塞俄比亚,坦桑尼亚。【模式】Oreophyton falcatum (A. Richard) O. E. Schulz [Arabis falcata A. Richard]。■☆

36794　Oreopoa Gand. (1891) Nom. inval. = Poa L. (1753)［禾本科 Poaceae(Gramineae)]■

36795　Oreopoa H. Scholz et Parolly(2004)【汉】土耳其禾属。【隶属】禾本科 Poaceae(Gramineae)。【包含】世界 1 种。【学名诠释与讨论】〈阴〉(希)oros,所有格 oreos,山+(属)Poa 早熟禾属。此属的学名是“Oreopoa H. Scholz & Parolly, Willdenowia 34(1):146, f. 1. 2004. (Willdenowia)”。“Oreopoa Gand. , Flora Europaea 26:186. 1891 (Nom. nud.) = Poa L. (1753)［禾本科 Poaceae (Gramineae)]”是未合格发表的名称。【分布】土耳其。【模式】Oreopoa anatolica H. Scholz et Parolly。■☆

36796　Oreopogon Post et Kuntze(1903) = Andropogon L. (1753)(保留属名);~ = Oropogon Neck. (1790) Nom. inval.［禾本科 Poaceae (Gramineae)//须芒草科 Andropogonaceae]■

36797　Oreopolus Schltdl. (1857) = Cruckshanksia Hook. et Arn. (1833) (保留属名)［茜草科 Rubiaceae]●☆

36798　Oreoporanthera (Grüning) Hutch. (1969) Nom. illegit. ≡ Oreoporanthera Hutch. (1969)［大戟科 Euphorbiaceae]■☆

36799　Oreoporanthera Hutch. (1969)【汉】山地孔药大戟属。【隶属】大戟科 Euphorbiaceae。【包含】世界 1 种。【学名诠释与讨论】

〈阴〉（希）oros，所有格 oreos，山＋porus，孔＋anthera，花药。此属的学名，TROPICOS、ING、APNI 和 IK 记载是 "Oreoporanthera Hutch.，Amer. J. Bot. 56：747, in adnot. 1969 ［14 Aug 1969］"。"Oreoporanthera（Grüning）Hutch.（1969）" 的命名人引证有误。【分布】新西兰。【模式】Oreoporanthera alpina（T. F. Cheeseman）J. Hutchinson ［Poranthera alpina T. F. Cheeseman］。【参考异名】Oreoporanthera（Grüning）Hutch.（1969）Nom. illegit. ■☆

36800 Oreorchis Lindl.（1858）【汉】山兰属。【日】コケイラン属。【俄】Ореорхис。【英】Oreorchis, Wildorchis。【隶属】兰科 Orchidaceae。【包含】世界 9-16 种，中国 11 种。【学名诠释与讨论】〈阴〉（希）oros，所有格 oreos，山＋orchis，兰。指某些种生于高山地区。【分布】巴基斯坦，喜马拉雅山至日本，中国。【模式】未指定。【参考异名】Kitigorchis Maek.（1971）■

36801 Oreorhamnus Ridl.（1920）= Rhamnus L.（1753）［鼠李科 Rhamnaceae］●

36802 Oreosalsola Akhani(2016)【汉】山地猪毛菜属。【隶属】藜科 Chenopodiaceae。【包含】世界 9 种。【学名诠释与讨论】〈阴〉（希）oros，所有格 oreos，山＋（属）Salsola 猪毛菜属。【分布】阿莱，俄罗斯，蒙古，帕米尔，塔克斯坦，天山，伊朗。【模式】Oreosalsola montana（Litv.）Akhani ［Salsola montana Litv.］。☆

36803 Oreoschimperella Rauschert(1982)【汉】山厚喙芹属。【隶属】伞形花科（伞形科）Apiaceae（Umbelliferae）。【包含】世界 3 种。【学名诠释与讨论】〈阴〉（希）oros，所有格 oreos，山＋（属）Schimpera 厚喙芹属＋-ellus，-ella，-ellum，加在名词词干后面形成指小式的词尾。或加在人名、属名等后面以组成新属的名称。此属的学名 "Oreoschimperella S. Rauschert, Taxon 31：556. 9 Aug 1982" 是一个替代名称。"Schimperella H. Wolff in Engler, Pflanzenr. IV. 228（Heft 90）：325. 29 Apr 1927" 是一个非法名称（Nom. illegit.），因为此前已经有了苔藓的 "Schimperella Thériot, Recueil Publ. Soc. Havraise Études Diverses 1925：26. 1926"。故用 "Oreoschimperella Rauschert(1982)" 替代之。【分布】埃塞俄比亚，肯尼亚，也门。【模式】Oreoschimperella verrucosa（J. Gay ex A. Richard）S. Rauschert ［Sium verrucosum J. Gay ex A. Richard］。【参考异名】Schimperella H. Wolff（1927）■☆

36804 Oreosciadium（DC.）Wedd.（1861）= Niphogeton Schltdl.（1857）［伞形花科（伞形科）Apiaceae（Umbelliferae）］■☆

36805 Oreosciadium Wedd.（1861）Nom. illegit. ≡ Oreosciadium（DC.）Wedd.（1861）；~ = Niphogeton Schltdl.（1857）［伞形花科（伞形科）Apiaceae（Umbelliferae）］■☆

36806 Oreosedum Grulich(1984)Nom. illegit. = Sedum L.（1753）［景天科 Crassulaceae］●■

36807 Oreoselinon Raf. = Oreoselinum Mill.（1754）［伞形花科（伞形科）Apiaceae（Umbelliferae）］☆

36808 Oreoselinum Adans.（1763）Nom. illegit. = Peucedanum L.（1753）［伞形花科（伞形科）Apiaceae（Umbelliferae）］■

36809 Oreoselinum Mill.（1754）【汉】山蛇床属。【隶属】伞形花科（伞形科）Apiaceae（Umbelliferae）。【包含】世界 1 种。【学名诠释与讨论】〈中〉（希）oros，所有格 oreos，山＋（属）Selinum 亮蛇床属（滇前胡属）。此属的学名，ING 和 IK 记载是 "Oreoselinum P. Miller, Gard. Dict. Abr. ed. 4. 28 Jan 1754"。"Oreoselinum Adans.，Fam. Pl.（Adanson）2：100（1763）= Peucedanum L.（1753）" 是晚出的非法名称。"Oreoselis Rafinesque, Good Book 56. Jan 1840" 是 "Oreoselinum Mill.（1754）" 的晚出的同模式异名（Homotypic synonym，Nomenclatural synonym）。"Oreoselinon Raf." 是 "Oreoselinum Mill.（1754）" 的拼写变体。亦有文献把 "Oreoselinum Mill.（1754）" 处理为 "Peucedanum L.（1753）" 的异

名。【分布】欧洲。【模式】Oreoselinum nigrum A. Delarbre ［Athamanta oreoselinum Linnaeus］。【参考异名】Oreoselinon Raf. Nom. illegit.；Oreoselinum Adans.（1763）Nom. illegit.；Oreoselis Raf.（1840）Nom. illegit.；Peucedanum L.（1753）■☆

36810 Oreoselis Raf.（1840）Nom. illegit. ≡ Oreoselinum Mill.（1754）［伞形花科（伞形科）Apiaceae（Umbelliferae）］■☆

36811 Oreoseris DC.（1838）= Gerbera L.（1758）（保留属名）［菊科 Asteraceae（Compositae）］

36812 Oreosolen Hook. f.（1884）【汉】藏玄参属。【英】Oreosolen。【隶属】玄参科 Scrophulariaceae。【包含】世界 1-4 种，中国 1 种。【学名诠释与讨论】〈阳〉（希）oros，所有格 oreos，山＋solen，所有格 solenos，管子，沟，阴茎。【分布】中国，喜马拉雅山。【模式】Oreosolen wattii J. D. Hooker。■

36813 Oreospacus Phil. = Satureja L.（1753）［唇形科 Lamiaceae（Labiatae）］●■

36814 Oreosparte Schltr.（1916）【汉】苏拉威西萝藦属。【隶属】萝藦科 Asclepiadaceae。【包含】世界 1 种。【学名诠释与讨论】〈阴〉（希）oros，所有格 oreos，山＋sparton，指小式 sparton，一种用金雀儿或茅草做的绳索。【分布】印度尼西亚（苏拉威西岛）。【模式】Oreosparte celebica Schlechter。☆

36815 Oreosphacus Leyb.（1873）= Satureja L.（1753）［唇形科 Lamiaceae（Labiatae）］●■

36816 Oreosphacus Phil.（1873）= Satureja L.（1753）［唇形科 Lamiaceae（Labiatae）］●■

36817 Oreosplenium Zahlbr. ex Endl.（1841）= Ebermaiera Nees（1832）；~ = Hygrophila R. Br.（1810）；~ = Zahlbrucknera Pohl ex Nees（1847）Nom. illegit. ［爵床科 Acanthaceae］■

36818 Oreostemma Greene（1900）【汉】山冠菊属。【英】Mountaincrown。【隶属】菊科 Asteraceae（Compositae）。【包含】世界 3 种。【学名诠释与讨论】〈阴〉（希）oros，所有格 oreos，山＋stemma，所有格 stemmatos，花冠，花环，王冠。此属的学名 "Oreostemma E. L. Greene, Pittonia 4：224. Dec 1900" 是一个替代名称。它替代的是 "Oreastrum E. L. Greene, Pittonia 3：146. Nov - Dec 1896"；而非 "Oriastrum Poeppig in Poeppig et Endlicher, Nova Gen. Sp. 3：50. 8-11 Mar 1843 = Chaetanthera Ruiz et Pav.（1794）［菊科 Asteraceae（Compositae）］"。"Oreostemma Greene（1900）" 曾被处理为 "Aster subgen. Oreostemma（Greene）M. Peck, Man. Higher Pl. Oregon 719. 1941"。亦有文献把 "Oreostemma Greene（1900）" 处理为 "Aster L.（1753）" 的异名。【分布】美国（西部）。【后选模式】Oreostemma alpigenum（J. Torrey et A. Gray）E. L. Greene ［Aster alpigenus J. Torrey et A. Gray］。【参考异名】Aster L.（1753）；Aster subgen. Oreostemma（Greene）M. Peck（1941）；Oreastrum Greene（1896）■☆

36819 Oreostylidium Berggr.（1878）【汉】山地花柱草属（腺毛萼花柱草属）。【隶属】花柱草科（丝滴草科）Stylidiaceae。【包含】世界 1 种。【学名诠释与讨论】〈阴〉（希）oros，所有格 oreos，山＋stylos＝拉丁文 style，花柱，中柱，有尖之物，桩，柱，支持物，支柱，石头做的界标＋-idius，-idia，-idium，指示小的词尾。【分布】新西兰。【模式】Oreostylidium subulatum（W. J. Hooker）Berggren ［Stylidium subulatum W. J. Hooker］。■☆

36820 Oreosyce Hook. f.（1871）【汉】山葫芦属。【隶属】葫芦科（瓜科，南瓜科）Cucurbitaceae。【包含】世界 2 种。【学名诠释与讨论】〈阴〉（希）oros，所有格 oreos，山＋sykon，指小式 sykidion，无花果。sykinos，无花果树的。sykites，像无花果的。【分布】马达加斯加，热带非洲。【模式】Oreosyce africana J. D. Hooker。【参考异名】Hymenosicyos Chiov.（1911）■☆

36821 Oreotelia Raf.（1840）= Seseli L.（1753）［伞形花科（伞形科）

Apiaceae（Umbelliferae）]■

36822　Oreothamnus Baum. – Bod.（1989）Nom. illegit. = Dracophyllum Labill.（1800）[尖苞木科 Epacridaceae//杜鹃花科（欧石南科）Ericaceae]●☆

36823　Oreothamnus Post et Kuntze（1903）= Orothamnus Pappe ex Hook.（1848）[山龙眼科 Proteaceae]●☆

36824　Oreothyrsus Lindau（1905）= Ptyssiglottis T. Anderson（1860）[爵床科 Acanthaceae]■☆

36825　Oreotrys Raf.（1832）= Heuchera L.（1753）[虎耳草科 Saxifragaceae]■☆

36826　Oreoxis Raf.（1830）【汉】山尖草属。【隶属】伞形花科（伞形科）Apiaceae（Umbelliferae）。【包含】世界 4 种。【学名诠释与讨论】〈阴〉（希）oros，所有格 oreos，山＋oxys，锐尖，敏锐，迅速，或酸的。oxytenes，锐利的，有尖的。oxyntos，使锐利的，使发酸的。此属的学名，ING、TROPICOS 和 IK 记载是 "Oreoxis Rafinesque, Bull. Bot.，Geneva 1:217. Aug 1830"。它曾被处理为 "Cymopterus sect. Oreoxis（Raf.）M. E. Jones, Contributions to Western Botany 12:28. 1908"。【分布】美国（西南部）。【模式】Oreoxis humilis Rafinesque。【参考异名】Cymopterus sect. Oreoxis（Raf.）M. E. Jones（1908）■☆

36827　Oreoxylum Post et Kuntze（1903）= Oroxylum Vent.（1808）[紫葳科 Bignoniaceae]●

36828　Oresbia Cron et B. Nord.（2006）【汉】蛛毛千里光属。【隶属】菊科 Asteraceae（Compositae）。【包含】世界 1 种。【学名诠释与讨论】〈阴〉词源不详。【分布】非洲南部。【模式】Oresbia heterocarpa Cron et B. Nord.。■☆

36829　Orescia Reinw.（1828）= Lysimachia L.（1753）[报春花科 Primulaceae//珍珠菜科 Lysimachiaceae]●■

36830　Oresigonia Schltdl. ex Less.（1832）= Culcitium Bonpl.（1808）[菊科 Asteraceae（Compositae）]■☆

36831　Oresigonia Willd. ex Less.（1832）= Werneria Kunth（1818）[菊科 Asteraceae（Compositae）]■☆

36832　Oresitrophe Bunge（1833）【汉】独根草属。【日】イシワリソウ属。【英】Oresitrophe。【隶属】虎耳草科 Saxifragaceae。【包含】世界 1 种，中国 1 种。【学名诠释与讨论】〈阴〉（希）oresitrophos，一种山野菜的名称。【分布】中国。【模式】Oresitrophe rupifraga Bunge。■★

36833　Orestias Ridl.（1887）【汉】奥列兰属。【隶属】兰科 Orchidaceae。【包含】世界 3 种。【学名诠释与讨论】〈阴〉（希）orestias，山的＋-ias，希腊文词尾，表示关系密切。【分布】热带非洲。【模式】Orestias elegans H. N. Ridley。■☆

36834　Orestion Kuntze ex Berg（1856）Nom. illegit. = Myrtus L.（1753）[桃金娘科 Myrtaceae]●

36835　Orestion Raf.（1837）Nom. illegit. ≡ Olearia Moench（1802）（保留属名）[菊科 Asteraceae（Compositae）]●☆

36836　Orexis Salisb.（1866）= Lycoris Herb.（1821）[石蒜科 Amaryllidaceae]■

36837　Orfilea Baill.（1858）= Alchornea Sw.（1788）；~ = Lautembergia Baill.（1858）[大戟科 Euphorbiaceae]●☆

36838　Orias Dode（1909）【汉】川紫薇属（阿丽花属）。【隶属】千屈菜科 Lythraceae//紫薇科 Lagerstroemiaceae。【包含】世界 1 种。【学名诠释与讨论】〈阴〉（人）Oreias，女山神。此属的学名是 "Orias Dode, Bull. Soc. Bot. France 56:232. 1909"。亦有文献把其处理为 "Lagerstroemia L.（1759）" 的异名。【分布】中国。【模式】Orias excelsa Dode。【参考异名】Lagerstroemia L.（1759）●

36839　Oriastrum Poepp.（1843）= Chaetanthera Ruiz et Pav.（1794）[菊科 Asteraceae（Compositae）]■☆

36840　Oriastrum Poepp. et Endl.（1843）Nom. illegit. ≡ Oriastrum Poepp.（1843）；~ = Chaetanthera Ruiz et Pav.（1794）[菊科 Asteraceae（Compositae）]■☆

36841　Oriba Adans.（1763）= Anemone L.（1753）（保留属名）[毛茛科 Ranunculaceae//银莲花科（罂粟莲花科）Anemonaceae]■

36842　Oribasia Moc. et Sessé ex DC. = Werneria Kunth（1818）[菊科 Asteraceae（Compositae）]■☆

36843　Oribasia Schreb.（1789）Nom. illegit. ≡ Nonatelia Aubl.（1775）；~ = Palicourea Aubl.（1775）[茜草科 Rubiaceae]●☆

36844　Oricia Pierre（1897）【汉】奥里克芸香属。【隶属】芸香科 Rutaceae。【包含】世界 8 种。【学名诠释与讨论】〈阴〉（人）Oric。或来自希腊文 oros，山。或来自拉丁文 Oricius。【分布】热带和非洲南部。【模式】Oricia gabonensis Pierre。●☆

36845　Oriciopsis Engl.（1931）【汉】拟奥里克芸香属。【隶属】芸香科 Rutaceae。【包含】世界 1 种。【学名诠释与讨论】〈阴〉（属）Oricia 奥里克芸香属＋希腊文 opsis，外观，模样，相似。此属的学名是 "Oriciopsis Engler in Engler et Prantl, Nat. Pflanzenfam. ed. 2. 19a: 308. 1931"。亦有文献把其处理为 "Vepris Comm. ex A. Juss.（1825）" 的异名。【分布】西赤道非洲。【模式】Oriciopsis glaberrima Engler。【参考异名】Vepris Comm. ex A. Juss.（1825）●☆

36846　Origanon St. – Lag.（1880）= Origanum L.（1753）[唇形科 Lamiaceae（Labiatae）]●■

36847　Origanum L.（1753）【汉】牛至属（野薄荷属）。【日】ハナハクカ属，ハナハッカ属。【俄】Душица，Майоран。【英】Dittany, Marjoram, Marjorana, Oregano, Origan, Origanum, Wild Marjorana。【隶属】唇形科 Lamiaceae（Labiatae）。【包含】世界 15-43 种，中国 1 种。【学名诠释与讨论】〈中〉（希）oros，所有格 oreos，山＋ganos，美丽的。指某些单生于高山，花美丽。此属的学名，ING 和 APNI 记载是 "Origanum Linnaeus, Sp. Pl. 588. 1 Mai 1753"。IK 则记载为 "Origanum Tourn. ex L., Sp. Pl. 2:588. 1753 [1 May 1753]"。"Origanum Tourn." 是命名起点著作之前的名称，故 "Origanum L.（1753）" 和 "Origanum Tourn. ex L.（1753）" 都是合法名称，可以通用。【分布】巴基斯坦，玻利维亚，地中海至亚洲中部，厄瓜多尔，哥伦比亚（安蒂奥基亚），欧洲，中国。【后选模式】Origanum vulgare Linnaeus。【参考异名】Amaracus Hill（1756）Nom. illegit.（废弃属名）；Beltokon Raf.（1837）；Dictamnus Hill.；Majorana Mill.（1754）（保留属名）；Majorana Ruppius（1745）Nom. inval.；Marjorana G. Don（1837）；Marum Mill.（1754）；Onites Raf.（1837）；Origanon St. – Lag.（1880）；Origanum Tourn. ex L.（1753）；Oroga Raf.（1837）；Schizocalyx Scheele（1843）（废弃属名）；Zatarendia Raf.（1837）●■

36848　Origanum Tourn. ex L.（1753）≡ Origanum L.（1753）[唇形科 Lamiaceae（Labiatae）]●■

36849　Orimaria Raf.（1830）= Bupleurum L.（1753）[伞形花科（伞形科）Apiaceae（Umbelliferae）]●■

36850　Orinocoa Raf.（1838）= Athenaea Sendtn.（1846）（保留属名）；~ = Deprea Raf.（1838）（废弃属名）[茄科 Solanaceae]●☆

36851　Orinus Hitchc.（1933）【汉】固沙草属。【英】Orinus。【隶属】禾本科 Poaceae（Gramineae）。【包含】世界 4 种，中国 4 种。【学名诠释与讨论】〈阴〉（希）oreinos，山居者。或 orino，移动，使兴奋。此属的学名，ING 和 IK 记载是 "Orinus Hitchcock, J. Wash. Acad. Sci. 23:136. 1933"。"Orinus Hitchc. et Bor, Kew Bull. 6（3）:454, descr. emend. 1952 [1951 publ. 26 Jan 1952]" 修订了属的描述。【分布】巴基斯坦，喀什米尔，中国。【模式】Orinus arenicola Hitchcock。【参考异名】Orinus Hitchc. et Bor（1952）descr. emend.。■

36852　Orinus Hitchc. et Bor（1952）descr. emend. = Orinus Hitchc.

（1933）［禾本科 Poaceae（Gramineae）］■

36853　Oriophorum Gunn.（1772）= Eriophorum L.（1753）［莎草科 Cyperaceae］■

36854　Orites Banks et Sol. ex Hook. f.（1846）Nom. inval. = Donatia J. R. Forst. et G. Forst.（1775）（保留属名）［陀螺果科 Donatiaceae//花柱草科（丝滴草科）Stylidiaceae//虎耳草科 Saxifragaceae］●■☆

36855　Orites R. Br.（1810）【汉】红丝龙眼属。【隶属】山龙眼科 Proteaceae。【包含】世界 8-9 种。【学名诠释与讨论】〈阳〉（拉）oritis,宝石。或 oros,山。此属的学名,ING、TROPICOS、APNI 和 IK 记载是"Orites R. Br., Transactions of the Linnean Society of London,Botany 10 1810"。"Orites Banks et Sol. ex Hook. f., Bot. Antarct. Voy. I.（Fl. Antarct.）. 2;282. 1846［ante 2 Mar 1846］= Donatia J. R. Forst. et G. Forst.（1775）（保留属名）"是一个未合格发表的名称（Nom. inval.）。【分布】玻利维亚,澳大利亚（温带,东部）,安第斯山。【后选模式】Orites diversifolia R. Brown。【参考异名】Amphiderris（R. Br.）Spach（1841）Nom. illegit.; Amphiderris Spach（1841）Nom. illegit.; Nothorites P. H. Weston et A. R. Mast（2008）;Oritina R. Br.（1810）;Patagua Poepp. ex Baill.（1871）;Tropocarpa D. Don ex Meisn.（1856）●☆

36856　Orithalia Blume（1828）Nom. illegit., Nom. superfl. = Agalmyla Blume（1826）［苦苣苔科 Gesneriaceae］●☆

36857　Orithia Blume ex Decne. = Orithalia Blume（1828）Nom. illegit., Nom. superfl.［苦苣苔科 Gesneriaceae］●☆

36858　Orithyia D. Don（1836）= Tulipa L.（1753）［百合科 Liliaceae］■

36859　Oritina R. Br.（1810）= Orites R. Br.（1810）［山龙眼科 Proteaceae］●☆

36860　Oritrephes Ridl.（1908）= Anerincleistus Korth.（1844）［野牡丹科 Melastomataceae］●☆

36861　Oritrophium（Kunth）Cuatrec.（1961）【汉】白莲菀属。【隶属】菊科 Asteraceae（Compositae）。【包含】世界 15-21 种。【学名诠释与讨论】〈中〉（希）oreinos,山居者+trophe,喂食者。Trophis,大的,喂得好的。trophon,食物+-ius,-ia,-ium,在拉丁文和希腊文中,这些词尾表示性质或状态。在来源于人名的植物属名中,它们常常出现。在医学中,则用它们来作疾病或病状的名称。此属的学名,ING 和 IK 记载是"Oritrophium（Kunth）J. Cuatrecasas, Ciencia（Mexico）21:21. 10 Apr 1961",由"Aster sect. Oritrophium Kunth, Nova Gen. Sp. Pl. 4; ed. fol. 70. 26 Oct 1818"改级而来。【分布】安第斯山,秘鲁,玻利维亚,厄瓜多尔,哥伦比亚（安蒂奥基亚）。【模式】Oritrophium peruvianum（Lamarck）J. Cuatrecasas［Doronicum peruvianum Lamarck］。【参考异名】Aster sect. Oritrophium Kunth（1818）■☆

36862　Orium Desv.（1815）= Clypeola L.（1753）［十字花科 Brassicaceae（Cruciferae）］■☆

36863　Orixa Thunb.（1783）【汉】臭常山属（常山属,臭山羊属,和常山属）。【日】コクサギ属。【英】Orixa。【隶属】芸香科 Rutaceae。【包含】世界 1-3 种,中国 1 种。【学名诠释与讨论】〈阴〉（日本）コクサギ,误写为ヲリサギ。【分布】日本,中国。【模式】Orixa japonica Thunberg。●

36864　Oriza Franch. et Sav.（1879）= Oryza L.（1753）［禾本科 Poaceae（Gramineae）//稻科 Oryzaceae］■

36865　Orizopsis Raf. = Oryzopsis Michx.（1803）［禾本科 Poaceae（Gramineae）］■

36866　Orlaya Hoffm.（1814）【汉】奥尔雷草属。【俄】Орлайя。【英】Bur parsley。【隶属】伞形花科（伞形科）Apiaceae（Umbelliferae）。【包含】世界 3 种。【学名诠释与讨论】〈阴〉（人）Johann Orlay,约 1770-1829,莫斯科医生。【分布】地中海至亚洲中部,欧洲东南部。【模式】Orlaya grandiflora（Linnaeus）G. F. Hoffmann ［Caucalis grandiflora Linnaeus］。●☆

36867　Orleanesia Barb. Rodr.（1877）【汉】奥利兰属。【隶属】兰科 Orchidaceae。【包含】世界 8 种。【学名诠释与讨论】〈阴〉（人）Gaston d'Orleans,1608-1660,植物学赞助人。【分布】巴西,秘鲁,玻利维亚,厄瓜多尔,委内瑞拉。【模式】Orleanesia amazonica Barbosa Rodrigues。【参考异名】Huebneria Schltr.（1925）Nom. illegit.; Pseudorleanesia Rauschert（1983）■☆

36868　Orleania Boehm.（1760）Nom. illegit. ≡ Orleania Boehm. ex Boehm.（1760）Nom. illegit.; ~ ≡ Bixa L.（1753）［红木科（胭脂树科）Bixaceae］●

36869　Orleania Commel. ex Boehm.（1760）Nom. illegit. ≡ Bixa L.（1753）［红木科（胭脂树科）Bixaceae］●

36870　Orlowia Gueldenst. ex Georgi（1800）= Phlomis L.（1753）［唇形科 Lamiaceae（Labiatae）］●■

36871　Ormenis（Cass.）Cass.（1823）= Cladanthus（L.）Cass.（1816）［菊科 Asteraceae（Compositae）］●■☆

36872　Ormenis Cass.（1823）Nom. illegit. ≡ Ormenis（Cass.）Cass.（1823）; ~ = Cladanthus（L.）Cass.（1816）［菊科 Asteraceae（Compositae）］■

36873　Ormerodia Szlach.（2003）【汉】奥默兰属。【隶属】兰科 Orchidaceae。【包含】世界 3 种。【学名诠释与讨论】〈阴〉词源不详。似来自人名。【分布】泰国,喜马拉雅地区。【模式】不详。☆

36874　Ormiastis Raf.（1837）Nom. illegit. ≡ Melinum Medik.（1791）; ~ = Salvia L.（1753）［唇形科 Lamiaceae（Labiatae）//鼠尾草科 Salviaceae］●■

36875　Ormilis Raf.（1837）= Ormiastis Raf.（1837）Nom. illegit.; ~ = Melinum Medik.（1791）; ~ = Salvia L.（1753）［唇形科 Lamiaceae（Labiatae）//鼠尾草科 Salviaceae］●■

36876　Ormiscus（DC.）Eckl. et Zeyh.（1834）= Heliophila Burm. f. ex L.（1763）［十字花科 Brassicaceae（Cruciferae）］●■☆

36877　Ormiscus Eckl. et Zeyh.（1834）Nom. illegit. ≡ Ormiscus（DC.）Eckl. et Zeyh.（1834）; ~ = Heliophila Burm. f. ex L.（1763）［十字花科 Brassicaceae（Cruciferae）］●■☆

36878　Ormocarpopsis R. Vig.（1951）【汉】类链荚木属（拟链荚豆属）。【隶属】豆科 Fabaceae（Leguminosae）。【包含】世界 5 种。【学名诠释与讨论】〈阴〉（属）Ormocarpum 链荚木属+希腊文 opsis,外观,模样,相似。【分布】马达加斯加。【模式】未指定。●☆

36879　Ormocarpum P. Beauv.（1810）（保留属名）【汉】链荚木属（滨槐属,链荚豆属）。【日】ハマユンジュ属。【英】Chainpodtree, Ormocarpum。【隶属】豆科 Fabaceae（Leguminosae）//蝶形花科 Papilionaceae。【包含】世界 20-22 种,中国 1 种。【学名诠释与讨论】〈中〉（希）ormos 或 hormos,链,链条,项链+karpos,果实。指细长荚果有荚节数个而呈链状。此属的学名"Ormocarpum P. Beauv., Fl. Oware 1;95. 23 Feb 1807"是保留属名。相应的废弃属名是"Diphaca Lour., Fl. Cochinch.:424, 453. Sep 1790"。"Hormocarpus K. P. J. Sprengel, Gen. 594. Jan-Mai 1831"是"Ormocarpum P. Beauv.（1810）（保留属名）"的晚出的同模式异名（Homotypic synonym, Nomenclatural synonym）。【分布】马达加斯加,宁巴,热带和亚热带非洲,印度至马来西亚,中国。【模式】Ormocarpum verrucosum Palisot de Beauvois。【参考异名】Acrotaphros Steud. ex Hochst.（1847）;Diphaca Lour.（1790）（废弃属名）; Hormocarpus Spreng.（1831）Nom. illegit.; Rathkea Schumch.（1827）; Rathkea Schumch. et Thonn.（1827）Nom. illegit.; Russelia J. König ex Roxb.（1832）Nom. illegit.; Saldania Sim（1909）;Solulus Kuntze（1891）Nom. illegit. ●

36880 **Ormopterum** Schischk.（1950）【汉】链翅芹属。【俄】Ожерельник。【隶属】伞形花科（伞形科）Apiaceae（Umbelliferae）。【包含】世界 2 种。【学名诠释与讨论】〈中〉（希）ormos 或 hormos，链、链条、项链+pteron，翅。pteridios，有羽毛的。【分布】巴基斯坦，亚洲中部。【模式】Ormopterum urcomanicum（V. L. Korovin）B. K. Schischkin [Hyalolaena turcomanica V. L. Korovin]。■☆

36881 **Ormosciadium** Boiss.（1844）【汉】链伞芹属。【俄】Венечнозонтичник。【隶属】伞形花科（伞形科）Apiaceae（Umbelliferae）。【包含】世界 1 种。【学名诠释与讨论】〈阴〉（希）ormos 或 hormos，链条、项链+（属）Sciadium 伞芹属。【分布】小亚细亚。【模式】Ormosciadium aucheri Boissier。【参考异名】Hormosciadium Endl.（1850）■☆

36882 **Ormosia** Jacks.（1811）（保留属名）【汉】红豆树属（红豆属）。【日】オルモーシア属，ホリシャアカマメ属。【英】Jumble Beans, Necklace Tree, Ormosia。【隶属】豆科 Fabaceae（Leguminosae）//蝶形花科 Papilionaceae。【包含】世界 100-120 种，中国 39 种。【学名诠释与讨论】〈阴〉（希）ormos 或 hormos，链、链条、项链。指圭亚那红豆树的种子红色，可串成项链。此属的学名"Ormosia Jacks. in Trans. Linn. Soc. London 10：360. 7 Sep 1811"是保留属名。相应的废弃属名是"Toulichiba Adans.，Fam. Pl. 2：326,612. Jul-Aug 1763"。【分布】巴拿马，秘鲁，玻利维亚，厄瓜多尔，哥伦比亚（安蒂奥基亚），哥斯达黎加，尼加拉瓜，中国，中美洲。【模式】Ormosia coccinea（Aublet）G. Jackson [Robinia coccinea Aublet]。【参考异名】Anatropostylia（Plitmann）Kupicha（1973）；Arillaria S. Kurz（1873）；Chaenolobium Miq.（1861）；Fedorouia Yakovlev（1971）；Fedorovia Yakovlev（1971）；Hormosia Rchb.；Layia Hook. et Arn.（1833）（废弃属名）；Macrotropis DC.（1825）；Macroule Pierce（1942）；Ormosiopsis Ducke（1925）；Placolobium Miq.（1858）；Podopetalum F. Muell.（1882）Nom. illegit.；Ruddia Yakovlev（1971）；Toulichiba Adans.（1763）（废弃属名）；Trichocyamos Yakovlev（1972）；Tulichiba Post et Kuntze（1903）●■

36883 **Ormosiopsis** Ducke（1925）【汉】类红豆树属。【隶属】豆科 Fabaceae（Leguminosae）//蝶形花科 Papilionaceae。【包含】世界 3 种。【学名诠释与讨论】〈阴〉（属）Ormosia 红豆树属+希腊文 opsis，外观，模样，相似。此属的学名是"Ormosiopsis Ducke, Arch. Jard. Bot. Rio de Janeiro 4：61. 1925"。亦有文献把其处理为"Ormosia Jacks.（1811）（保留属名）"的异名。【分布】热带南美洲。【模式】Ormosiopsis flava（Ducke）Ducke [Clathrotropis flava Ducke]。【参考异名】Ormosia Jacks.（1811）（保留属名）●☆

36884 **Ormosolenia** Tausch（1834）【汉】链管草属。【隶属】伞形花科（伞形科）Apiaceae（Umbelliferae）。【包含】世界 1 种。【学名诠释与讨论】〈阴〉（希）ormos 或 hormos，链条、项链+solen，所有格 solenos，管子、沟、阴茎。此属的学名是"Ormosolenia Tausch, Flora 17：348. 14 Jun 1834"。亦有文献把其处理为"Peucedanum L.（1753）"的异名。【分布】希腊（克里特岛），亚洲西南部。【模式】Ormosolenia cretica Tausch, Nom. illegit. [Sison sieberianum A. P. de Candolle, Nom. illegit.，Sison alpinus Sieber ex J. A. Schultes；Ormosolenia alpina（Sieber ex J. A. Schultes）M. G. Pimenov]。【参考异名】Hormosolevia Post et Kuntze（1903）；Peucedanum L.（1753）■☆

36885 **Ormostema** Raf.（1838）= Dendrobium Sw.（1799）（保留属名）[兰科 Orchidaceae]■

36886 **Ormycarpus** Neck.（1790）Nom. inval. = Raphanus L.（1753）[十字花科 Brassicaceae（Cruciferae）]■

36887 **Ornanthes** Raf.（1836）Nom. illegit. ≡ Ornus Boehm.（1760）Nom. illegit.；~ = Fraxinus L.（1753）[木犀榄科（木犀科）Oleaceae//白蜡树科 Fraxinaceae]●

36888 **Ornduffia** Tippery et Les（2009）【汉】奥尔睡菜属。【隶属】睡菜科（荇菜科）Menyanthaceae。【包含】世界 7 种。【学名诠释与讨论】〈阴〉（人）Robert Omduff，1932-，植物学者。此属的学名是"Novon 19（3）：409. 2009.（11 Sep. 2009）"。亦有文献把其处理为"Villarsia Vent.（1803）（保留属名）"的异名。【分布】参见 Villarsia Vent.。【模式】Ornduffia reniformis（R. Br.）Tippery et Les [Villarsia reniformis R. Br.]。【参考异名】Villarsia Vent.（1803）（保留属名）●☆

36889 **Ornichia** Klack.（1986）【汉】马岛龙胆属。【隶属】龙胆科 Gentianaceae。【包含】世界 3 种。【学名诠释与讨论】〈阴〉（属）由 Chironia 圣诞星属（蚩龙属）字母改缀而来。【分布】马达加斯加。【模式】Ornichia lancifolia（J. G. Baker）J. Klackenberg [Chironia lancifolia J. G. Baker]。●■☆

36890 **Ornitharium** Lindl. et Paxton（1850-1851）= Pteroceras Hasselt ex Hassk.（1842）[兰科 Orchidaceae]■

36891 **Ornithidium** R. Br.（1813）Nom. illegit. ≡ Ornithidium Salisb. ex R. Br.（1813）；~ = Maxillaria Ruiz et Pav.（1794）[兰科 Orchidaceae]■☆

36892 **Ornithidium** Salisb.（1812）Nom. inval. ≡ Ornithidium Salisb. ex R. Br.（1813）；~ = Maxillaria Ruiz et Pav.（1794）[兰科 Orchidaceae]■☆

36893 **Ornithidium** Salisb. ex R. Br.（1813）= Maxillaria Ruiz et Pav.（1794）[兰科 Orchidaceae]■☆

36894 **Ornithoboea** Parish ex C. B. Clarke（1883）【汉】喜鹊苣苔属（雀苣苔属，喜雀苣苔属，异药苣苔属）。【英】Ornithoboea。【隶属】苦苣苔科 Gesneriaceae。【包含】世界 8-11 种，中国 5 种。【学名诠释与讨论】〈阴〉（希）ornis，所有格 ornithos，雀、鸟+Boea 旋蒴苣苔属。【分布】中国，东南亚。【模式】Ornithoboea parishii C. B. Clarke。【参考异名】Brachiostemon Hand. – Mazz.（1934）；Ceratoscyphus Chun（1946）；Lepadanthus Ridl.（1909）；Sinoboea Chun（1946）■☆

36895 **Ornithocarpa** Rose（1905）【汉】喙果芥属。【隶属】十字花科 Brassicaceae（Cruciferae）。【包含】世界 2 种。【学名诠释与讨论】〈阴〉（希）ornis，所有格 ornithos，雀、鸟+karpos，果实。【分布】墨西哥。【模式】Ornithocarpa fimbriata Rose。■☆

36896 **Ornithocephalochloa** Kurz（1875）= Thuarea Pers.（1805）[禾本科 Poaceae（Gramineae）]■

36897 **Ornithocephalus** Hook.（1824）【汉】雀首兰属（鸟首兰属）。【日】オルニソケファルス属。【隶属】兰科 Orchidaceae。【包含】世界 28 种。【学名诠释与讨论】〈阳〉（希）ornis，所有格 ornithos，雀、鸟+kephale，头。【分布】巴拿马，秘鲁，玻利维亚，厄瓜多尔，哥伦比亚（安蒂奥基亚），哥斯达黎加，墨西哥，尼加拉瓜，中美洲。【模式】Ornithocephalus gladiatus W. J. Hooker。【参考异名】Macroclinium Barb. Rodr.（1882）；Macroclinium Barb. Rodr. ex Pfltz.（1889）■☆

36898 **Ornithochilus**（Lindl.）Benth.（1880）Nom. illegit. ≡ Ornithochilus（Wall. ex Lindl.）Benth. et Hook. f.（1883）[兰科 Orchidaceae//羽唇兰科 Ornithogalaceae]■

36899 **Ornithochilus**（Lindl.）Wall. ex Benth.（1883）Nom. illegit. ≡ Ornithochilus（Wall. ex Lindl.）Benth. et Hook. f.（1883）[兰科 Orchidaceae//羽唇兰科 Ornithogalaceae]■

36900 **Ornithochilus**（Wall. ex Lindl.）Benth. et Hook. f.（1883）【汉】羽唇兰属。【英】Featherlip Orchis。【隶属】兰科 Orchidaceae//羽唇兰科 Ornithogalaceae。【包含】世界 3 种，中国 2 种。【学名诠释与讨论】〈阳〉（希）ornis，所有格 ornithos，雀、鸟+cheilos，唇。在希腊文组合词中，cheil-、cheilo-、-chilus、-chilia 等均为"唇、

边缘"之义。指蕊喙形。此属的学名，ING、TROPICOS 和 IK 记载是"Ornithochilus（Wallich ex Lindley）Bentham et J. D. Hooker, Gen. 3：478，581. 14 Apr 1883"，由"Aerides par. Ornithochilus Wallich ex Lindley, Gen. Sp. Orchid. Pl. 242. Mai 1833"改级而来。APNI 则记载为"Ornithochilus（Lindl.）Benth.，Genera Plantarum 3 1880"。"Ornithochilus Wall. ex Lindl. ≡ Ornithochilus（Wall. ex Lindl.）Benth. et Hook. f.（1883）"和"Ornithochilus（Lindl.）Wall. ex Benth.（1883）≡ Ornithochilus（Wall. ex Lindl.）Benth. et Hook. f.（1883）"的命名人引证也有误。【分布】缅甸，泰国，印度，中国。【模式】Ornithochilus difformis（Wallich ex Lindley）Schlechter ［Aerides difforme Wallich ex Lindley］。【参考异名】Aerides ［infragen. unranked］Ornithochilus Wall. ex Lindl.，Nom. illegit.；Aerides par. Ornithochilus Wall. ex Lindl.（1833）；Ornithochilus （Lindl.）Benth.（1880）Nom. illegit.；Ornithochilus（Lindl.）Wall. ex Benth.（1883）Nom. illegit.；Ornithochilus Wall. ex Lindl.，Nom. illegit.■

36901　Ornithochilus Wall. ex Lindl.，Nom. illegit. ≡ Ornithochilus （Wall. ex Lindl.）Benth. et Hook. f.（1883）［兰科 Orchidaceae//羽唇兰科 Ornithogalaceae］■

36902　Ornithogalaceae Salisb.（1866）［亦见 Hyacinthaceae Batsch ex Borkh. 风信子科］【汉】羽唇兰科。【包含】世界 1 属 3 种，中国 1 属 2 种。【分布】印度，泰国，缅甸，中国。【科名模式】Ornithochilus（Wall. ex Lindl.）Benth. et Hook. f.（1883）■

36903　Ornithogalon Raf.（1837）= Ornithogalum L.（1753）［百合科 Liliaceae//风信子科 Hyacinthaceae］■

36904　Ornithogalum L.（1753）【汉】虎眼万年青属（海葱属，鸟乳花属，圣星百合属）。【日】オオアマナ属，オホアマナ属，オルニソガルム属。【俄】Орοксилум，Птицемлечник。【英】Ornithogalum，Star of Bethlehem，Star-of-bethlehem，Whiplash Star-of-bethlehem。【隶属】百合科 Liliaceae//风信子科 Hyacinthaceae。【包含】世界 50-200 种，中国 1 种。【学名诠释与讨论】〈阳〉（希）ornis，所有格 ornithos，雀，鸟 + gala，牛乳，乳。galaxaios，似牛乳的。指花的颜色，或指鲜嫩的块茎。此属的学名，ING、TROPICOS、APNI、GCI 和 IK 记载是"Ornithogalum L.，Sp. Pl. 1：306. 1753［1 May 1753］"。"Celsia Heister ex Fabricius Enum. ed. 2. 22. Sep - Dec 1763"是"Ornithogalum L.（1753）"的晚出的同模式异名（Homotypic synonym，Nomenclatural synonym）。【分布】巴基斯坦，玻利维亚，马达加斯加，美国，温带旧世界，中国。【后选模式】Ornithogalum umbellatum Linnaeus。【参考异名】Albucea（Rchb.）Rchb.（1830）Nom. illegit.；Albucea Rchb.（1830）Nom. illegit.；Ardernia Salisb.（1866）；Aspasia Salisb.（1866）Nom. illegit.；Battandiera Maire（1926）；Beryllis Salisb.（1866）；Brizophila Salisb.（1866）Nom. illegit.；Caruelia Parl.（1854）Nom. illegit.；Cathissa Salisb.（1866）；Celsia Heist. ex Fabr.（1763）Nom. illegit.；Coelonox Post et Kuntze（1903）；Coilonox Raf.（1837）；Eliokarmos Raf.（1837）；Elsiea F. M. Leight.（1944）；Ethesia Raf.（1837）；Eustachys Salisb.（1866）Nom. illegit.；Geschollia Speta（2001）；Honorius Gray （1821）；Ioncomelos Raf.（1837）Nom. illegit.；Lomaresis Raf.（1837）；Loncomelos Raf.（1837）；Loncoxis Raf.（1837）；Melenomphale Raf.；Melomphis Raf.（1837）；Myanthe Salisb.（1866）Nom. illegit.；Myogalum Link（1829）Nom. illegit.；Nicipe Raf.（1837）；Opnithogalum Roem.（1798）；Ornithogalon Raf.（1837）；Osmyne Salisb.（1866）；Oziroe Raf.（1837）；Parthenostachys Fourr.（1869）；Phaeocles Salisb.（1866）；Raphelingia Dumort.（1829）；Syncodium Raf.（1837）Nom. illegit.；Taeniola Salisb.（1866）；Tomoxis Raf.（1837）；Trimelopter Raf.

（1837）；Tritriela Raf.（1837）；Urophyllon Salisb.（1866）■

36905　Ornithogloson Raf. = Ornithoglossum Salisb.（1806）［秋水仙科 Colchicaceae］■☆

36906　Ornithoglossum Salisb.（1806）【汉】雀舌水仙属。【英】Bird's Tongue，Bird's-tongue。【隶属】秋水仙科 Colchicaceae。【包含】世界 8 种。【学名诠释与讨论】〈中〉（希）ornis，所有格 ornithos，雀，鸟 + glossa，舌。【分布】非洲南部。【模式】Ornithoglossum glaucum R. A. Salisbury，Nom. illegit.［Melanthium viride Linnaeus f.；Ornithoglossum viride（Linnaeus f.）W. T. Aiton］。【参考异名】Cymation Spreng.（1825）Nom. illegit.；Lichtensteinia Willd.（1808）（废弃属名）；Ornithogloson Raf.■☆

36907　Ornithophora Barb. Rodr.（1882）= Sigmatostalix Rchb. f.（1852）［兰科 Orchidaceae］■☆

36908　Ornithopodioides Fabr.（1759）Nom. inval. ≡ Ornithopodioides Heist. ex Fabr.（1759）Nom. inval.；~ = Coronilla L.（1753）（保留属名）［豆科 Fabaceae（Leguminosae）//蝶形花科 Papilionaceae］●■

36909　Ornithopodioides Heist. ex Fabr.（1759）Nom. inval. = Coronilla L.（1753）（保留属名）［豆科 Fabaceae（Leguminosae）//蝶形花科 Papilionaceae］●■

36910　Ornithopodium Mill.（1754）= Ornithopus L.（1753）［豆科 Fabaceae（Leguminosae）］■☆

36911　Ornithopus L.（1753）【汉】鸟足豆属。【俄】Сераделла。【英】Bird's Foot，Bird's-foot，Birdsfoot。【隶属】豆科 Fabaceae（Leguminosae）。【包含】世界 6-10 种。【学名诠释与讨论】〈阳〉（希）ornis，所有格 ornithos，雀，鸟 + pous，所有格 podos，指小式 podion，脚，足，柄，梗。podotes，有脚的。【分布】地中海地区，哥斯达黎加，热带非洲，亚热带南美洲，亚洲西部，中美洲。【后选模式】Ornithopus perpusillus Linnaeus。【参考异名】Arthrolobium Rchb.（1828）；Artrolobium Desv.（1813）Nom. illegit.；Astrolobium DC.（1825）；Hormolotus Oliv.（1886）；Ornithopodium Mill.（1754）；Ornitopus Krock.（1823）■☆

36912　Ornithorhynchium Röhl.（1812）Nom. illegit. ≡ Euclidium W. T. Aiton（1812）（保留属名）［十字花科 Brassicaceae（Cruciferae）］■

36913　Ornithosperma Raf.（1817）= Ipomoea L.（1753）（保留属名）［旋花科 Convolvulaceae］●■

36914　Ornithospermum Dumoulin（1782）= Echinochloa P. Beauv.（1812）（保留属名）［禾本科 Poaceae（Gramineae）］■

36915　Ornithostaphylos Small（1914）【汉】鹊踏珠属。【隶属】杜鹃花科（欧石南科）Ericaceae//熊果科 Arctostaphylaceae。【包含】世界 1 种。【学名诠释与讨论】〈阳〉（希）ornis，所有格 ornithos，雀，鸟 + staphyle，一串葡萄。此属的学名是"Ornithostaphylos J. K. Small，N. Amer. Fl. 29：101. 31 Aug 1914"。亦有文献把其处理为"Arctostaphylos Adans.（1763）（保留属名）"的异名。【分布】北美洲。【模式】Ornithostaphylos oppositifolia（Parry）J. K. Samll［Arctostaphylos oppositifolius Parry］。【参考异名】Arctostaphylos Adans.（1763）（保留属名）●☆

36916　Ornithoxanthum Link（1829）= Gagea Salisb.（1806）［百合科 Liliaceae］■

36917　Ornithropaceae Martinov = Sapindaceae Juss.（保留科名）●■

36918　Ornithrophaceae Martinov（1820）= Sapindaceae Juss.（保留科名）●■

36919　Ornithrophus Bojer ex Engl. = Weinmannia L.（1759）（保留属名）［火把树科（常绿棱枝树科，角瓣木科，库诺尼科，南蔷薇科，轻木科）Cunoniaceae］●☆

36920　Ornitopus Krock.（1823）= Ornithopus L.（1753）［豆科 Fabaceae（Leguminosae）］■☆

36921　Ornitrope Pers.（1805）= Ornitrophe Comm. ex Juss.（1789）［无

患子科 Sapindaceae]●

36922　Ornitrophe Comm. ex Juss.（1789）＝ Allophylus L.（1753）［无患子科 Sapindaceae］●

36923　Ornus Boehm.（1760）Nom. illegit. ≡ Mannaphorus Raf.（1818）Nom. illegit.；～＝ Fraxinus L.（1753）［木犀榄科（木犀科）Oleaceae//白蜡树科 Fraxinaceae］●

36924　Ornus Neck.（1790）Nom. inval.［木犀榄科（木犀科）Oleaceae］●☆

36925　Oroba Medik.（1787）＝ Lathyrus L.（1753）；～＝ Orobus L.（1753）［豆科 Fabaceae（Leguminosae）//蝶形花科 Papilionaceae］■

36926　Orobanchaceae Vent.（1799）（保留科名）【汉】列当科。【日】ハマウツボ科。【俄】Заразиховые。【英】Broomrape Family。【包含】世界 13-16 属 150-225 种，中国 9 属 42-49 种。【分布】主要北温带欧亚大陆，少数在美洲和热带。【科名模式】Orobanche L.（1753）●■

36927　Orobanche L.（1753）【汉】列当属。【日】ハマウツボ属。【俄】Заразиха。【英】Broom Rape, Broomrape。【隶属】列当科 Orobanchaceae//玄参科 Scrophulariaceae。【包含】世界 100-150 种，中国 25-26 种。【学名诠释与讨论】〈阴〉（希）orobanche，列当古名。来自 orobos，野豌豆＋ancho 绞杀，以带缚之。词义指危害寄主。此属的学名，ING、APNI、GCI 和 IK 记载是"Orobanche Linnaeus, Sp. Pl. 632. 1 May 1753"。"Orobanche Vell., Fl. Flumin. 254. 1829［1825 publ. 7 Sep-28 Nov 1829］"是晚出的非法名称。"Catodiacrum Dulac, Fl. Hautes-Pyrénées 369. 1867"是"Orobanche L.（1753）"的晚出的同模式异名（Homotypic synonym, Nomenclatural synonym）。【分布】巴基斯坦，秘鲁，美国（密苏里），温带和亚热带，中国。【后选模式】Orobanche major Linnaeus。【参考异名】Aphyllon Mitch.（1769）；Boulardia F. Schultz（1848）；Catodiacrum Dulac（1867）Nom. illegit.；Ceratocalyx Coss.（1848）Nom. illegit.；Ceratoealyx Coss.；Chorobanche B. D. Jacks.；Chorobane C. Presl；Cyphanthe Raf.（1825）Nom. inval.；Kopsia Dumort.（1822）（废弃属名）；Loxanthes Raf.（1825）；Myzorrhiza Phil.（1858）；Necranthus Gilli（1968）；Orabanche Loscos et Pardo（1863）；Phelipaea Desf.（1807）Nom. illegit.；Phelipanche Pomel（1874）；Polyclonos Raf.（1819）；Thalesia Raf.（1818）Nom. inval.；Thalesia Raf.（1825）Nom. inval.；Thalesia Raf. ex Britton（1894）Nom. illegit.■

36928　Orobanche Vell.（1829）Nom. illegit. ＝ Besleria L.（1753）；～＝ Gesneria L.（1753）［苦苣苔科 Gesneriaceae//贝思乐苣苔科 Besoniaceae］●☆

36929　Orobanchia Vand.（1788）（废弃属名）＝ Alloplectus Mart.（1829）（保留属名）；～≡Nematanthus Schrad.（1821）（保留属名）［苦苣苔科 Gesneriaceae］●■☆

36930　Orobella C. Presl（1837）＝ Vicia L.（1753）［豆科 Fabaceae（Leguminosae）//蝶形花科 Papilionaceae//野豌豆科 Viciaceae］■

36931　Orobium Rchb.（1828）Nom. illegit. ＝ Aphragmus Andrz. ex DC.（1824）；～＝ Oreas Cham. et Schltdl.（1826）［十字花科 Brassicaceae（Cruciferae）］■

36932　Orobium Schrad. ex Nees（1842）Nom. illegit. ＝ Lagenocarpus Nees（1834）［莎草科 Cyperaceae］■☆

36933　Orobos St.-Lag.（1880）＝ Orobus L.（1753）［豆科 Fabaceae（Leguminosae）//蝶形花科 Papilionaceae］■

36934　Orobus L.（1753）＝ Lathyrus L.（1753）［豆科 Fabaceae（Leguminosae）//蝶形花科 Papilionaceae］■

36935　Orochaenactis Coville（1893）【汉】加州针垫菊属（美针垫菊属）。【英】California Mountain-pincushion。【隶属】菊科 Asteraceae（Compositae）。【包含】世界 1 种。【学名诠释与讨论】

〈阴〉（希）oros，所有格 oreos，山＋（属）Chaenactis 针垫菊属。【分布】美国（加利福尼亚）。【模式】Orochaenactis thysanocarpha（A. Gray）Coville［Chaenactis thysanocarpha A. Gray］。【参考异名】Orchaenactis O. Hoffm.（1893）■☆

36936　Oroga Raf.（1837）＝ Origanum L.（1753）［唇形科 Lamiaceae（Labiatae）］●■

36937　Orogenia S. Watson（1871）【汉】山地芹属。【隶属】伞形花科（伞形科）Apiaceae（Umbelliferae）。【包含】世界 2 种。【学名诠释与讨论】〈阴〉（希）oros，所有格 oreos，山＋genos，种族。gennao，产生。【分布】北美洲西部。【模式】Orogenia linearifolia S. Watson。■☆

36938　Orollanthus E. Mey.（1838）Nom. illegit. ≡ Aeollanthus Mart. ex Spreng.（1825）［伞形花科（伞形科）Apiaceae（Umbelliferae）］■☆

36939　Oronicum Gray ＝ Misopates Raf.（1840）；～＝ Orontium Pers.（1806）Nom. illegit.；～＝ Termontis Raf.（1840）Nom. illegit.；～＝ Misopates Raf.（1840）［玄参科 Scrophulariaceae//婆婆纳科 Veronicaceae］■☆

36940　Orontiaceae Bartl.（1830）［亦见 Araceae Juss.（保留科名）天南星科］【汉】金棒芋科。【包含】世界 1 属 1 种。【分布】北美洲。【科名模式】Orontium L.（1753）■☆

36941　Orontium L.（1753）【汉】金棒芋属（奥昂蒂属）。【俄】Ортосифон。【英】Golden Club, Golden-club。【隶属】天南星科 Araceae//金棒芋科 Orontiaceae。【包含】世界 1 种。【学名诠释与讨论】〈阴〉（希）Orontes，叙利亚一河名。此属的学名，ING、TROPICOS 和 IK 记载是"Orontium L., Sp. Pl. 1:324. 1753［1 May 1753］"。"Amidena Adanson, Fam. 2：470. Jul-Aug 1763"和"Aronia J. Mitchell, Diss. Gen. Pl. 28. 1769（废弃属名）"是"Orontium L.（1753）"的晚出的同模式异名（Homotypic synonym, Nomenclatural synonym）。【分布】中国，北美洲。【模式】Orontium aquaticum Linnaeus。【参考异名】Amidena Adans.（1763）Nom. illegit.；Aronia Mitch.（1769）（废弃属名）■

36942　Orontium Pers.（1806）Nom. illegit. ≡ Termontis Raf.（1840）Nom. illegit.；～＝ Misopates Raf.（1840）［玄参科 Scrophulariaceae//婆婆纳科 Veronicaceae］■☆

36943　Oroocaryon Kunae ex K. Schum. ＝ Cruckshanksia Hook. et Arn.（1833）（保留属名）［茜草科 Rubiaceae］●☆

36944　Oropetium Trin.（1820）【汉】复苏草属。【隶属】禾本科 Poaceae（Gramineae）。【包含】世界 6 种。【学名诠释与讨论】〈中〉（希）oros，所有格 oreos，山＋peto，寻找＋-ius，-ia，-ium，在拉丁文和希腊文中，这些词尾表示性质或状态。【分布】巴基斯坦，热带非洲至东南亚。【模式】Oropetium thomaeum（Linnaeus f.）Trinius［Nardus thomaea Linnaeus f.］。【参考异名】Chaetostichium C. E. Hubb.（1937）；Lepturella Stapf（1912）■☆

36945　Orophaca（Torr. et A. Gray）Britton（1897）＝ Astragalus L.（1753）［豆科 Fabaceae（Leguminosae）//蝶形花科 Papilionaceae］●■

36946　Orophaca Britton（1897）Nom. illegit. ≡ Orophaca（Torr. et A. Gray）Britton（1897）；～＝ Astragalus L.（1753）［豆科 Fabaceae（Leguminosae）//蝶形花科 Papilionaceae］●■

36947　Orophaca Nutt. ＝ Astragalus L.（1753）［豆科 Fabaceae（Leguminosae）//蝶形花科 Papilionaceae］●■

36948　Orophea Blume（1825）【汉】澄广花属。【英】Orophea。【隶属】番荔枝科 Annonaceae。【包含】世界 37-60 种，中国 5 种。【学名诠释与讨论】〈阴〉（希）orophe，屋顶，顶端。【分布】东亚，印度至马来西亚，中国。【后选模式】Orophea hexandra Blume。【参考异名】Aedula Noronha（1790）；Mezzettiopsis Ridl.（1912）●

36949　Orophochilus Lindau（1897）【汉】秘鲁爵床属。【隶属】爵床科

Acanthaceae。【包含】世界1种。【学名诠释与讨论】〈阳〉（希）orophe, 屋顶, 顶端 + cheilos, 唇。在希腊文组合词中, cheil-, cheilo-, -chilus, -chilia 等均为"唇, 边缘"之义。【分布】秘鲁。【模式】Orophochilus stipulaceus Lindau。■☆

36950　Orophoma Drude. (1881) Nom. illegit. ≡ Orophoma Spruce ex Drude (1881); ~ = Mauritia L. f. (1782) [棕榈科 Arecaceae (Palmae)]●☆

36951　Orophoma Spruce ex Drude(1881) = Mauritia L. f. (1782) [棕榈科 Arecaceae(Palmae)]●☆

36952　Orophoma Spruce (1869) Nom. inval. ≡ Orophoma Spruce ex Drude (1881); ~ = Mauritia L. f. (1782) [棕榈科 Arecaceae (Palmae)]●☆

36953　Oropogon Neck. (1790) Nom. inval. = Andropogon L. (1753)（保留属名）[禾本科 Poaceae (Gramineae)//须芒草科 Andropogonaceae]●

36954　Orospodias Raf. (1833) = Prunus L. (1753) [蔷薇科 Rosaceae//李科 Prunaceae]●

36955　Orostachys (DC.) Fisch. (1809) Nom. illegit. ≡ Orostachys Fisch. (1809); ~ = Sedum L. (1753) [景天科 Crassulaceae]■

36956　Orostachys (DC.) Sweet, Nom. illegit. ≡ Orostachys Fisch. (1809); ~ = Sedum L. (1753) [景天科 Crassulaceae]●■

36957　Orostachys Fisch. (1809)【汉】瓦松属。【日】イワレンゲ属。【俄】Горноколосник, Омфалодес, Оростахис, Пупочник。【英】Orostachys, Stonecrop。【隶属】景天科 Crassulaceae。【包含】世界13种, 中国8-11种。【学名诠释与讨论】〈阴〉（希）oroa, 美丽 + stachys, 穗, 谷, 长钉。另说 oros, 所有格 oreos, 山 + stachys, 穗, 谷, 长钉, 指生于山地, 形成穗状花序。此属的学名, ING、TROPICOS 和 IK 记载是"Orostachys F. E. L. Fischer, Mém. Soc. Imp. Naturalistes Moscou 2: 270. 1809"。"Orostachys (DC.) Fisch. (1809) ≡ Orostachys Fisch. (1809)"、"Orostachys (DC.) Sweet = Sedum L. (1753) [景天科 Crassulaceae]"和"Orostachys Fisch. ex A. Berger = Orostachys Fisch. (1809)"的命名人引证有误, 或为晚出的非法名称。"Orostachys Steud. , Nomencl. Bot. [Steudel], ed. 2. ii. 233(1841) = Elymus L. (1753) = Hordelymus (Jess.) Jess. ex Harz(1885) [禾本科 Poaceae(Gramineae)]"是一个未合格发表的名称(Nom. inval.), 也是晚出的非法名称。亦有文献把"Orostachys Fisch. (1809)"处理为"Sedum L."的异名。【分布】巴基斯坦, 温带亚洲, 中国。【后选模式】Orostachys malacophylla (Pallas) F. E. L. Fischer [Cotyledon malacophylla Pallas, as 'malacophyllum']。【参考异名】Orostachys (DC.) Fisch. (1809) Nom. illegit. ; Orostachys Fisch. ex A. Berger, Nom. illegit. ; Sedum L. ■

36958　Orostachys Fisch. ex A. Berger, Nom. illegit. = Orostachys Fisch. (1809) [景天科 Crassulaceae]■

36959　Orostachys Steud. (1841) Nom. inval. , Nom. illegit. = Elymus L. (1753); ~ = Hordelymus (Jess.) Jess. ex Harz (1885); ~ = Orthostachys Ehrh. (1789) Nom. illegit. [禾本科 Poaceae (Gramineae)]■

36960　Orothamnus Pappe ex Hook. (1848)【汉】雅灌属。【隶属】山龙眼科 Proteaceae。【包含】世界1种。【学名诠释与讨论】〈阴〉（希）oroa, 美丽 + thamnos, 指小式 thamnion, 灌木, 灌丛, 树丛, 枝。或 oros, 所有格 oreos, 山 + thamnos。【分布】非洲南部。【模式】Orothamnus zeyheri Pappe ex W. J. Hooker。【参考异名】Oreothamnus Post et Kuntze(1903)●☆

36961　Oroxylon Steud. = Oroxylum Vent. (1808); ~ = Oroxylum Vent. (1808) [as 'Oroxylon'] [紫葳科 Bignoniaceae]●

36962　Oroxylon Vent. (1808) Nom. illegit. ≡ Oroxylum Vent. (1808) [as 'Oroxylon'] [紫葳科 Bignoniaceae]●

36963　Oroxylum Vent. (1808) [as 'Oroxylon']【汉】木蝴蝶属(千张纸属)。【俄】Оронтиум。【英】India Trumpet Flower, India Trumpetflower, India Trumpet-flower, Indian Trumpet Flower, Indian Trumpetflower, Trumpet Flower, Trumpetflower。【隶属】紫葳科 Bignoniaceae。【包含】世界2种, 中国1种。【学名诠释与讨论】〈中〉（希）hora, 美丽 + xylon, 木材。或 oros, 所有格 oreos, 山 + xylon。此属的学名, ING、TROPICOS 和 IK 记载是"Oroxylum Ventenat, Decas Gen. Nov. 8. 1808"。"Calosanthes Blume, Bijdr. 760. Jul-Dec 1826"和 Hippoxylon Rafinesque, Sylva Tell. 78. Oct-Dec 1838"是"Oroxylum Vent. (1808)"的晚出的同模式异名(Homotypic synonym, Nomenclatural synonym)。"Oroxylon Vent. (1808)"是"Oroxylum Vent. (1808)"的拼写变体。【分布】巴基斯坦, 东南亚, 印度至马来西亚, 中国。【模式】Oroxylum indicum (Linnaeus) Bentham ex Kurz [Bignonia indica Linnaeus]。【参考异名】Calosanthes Blume (1826) Nom. illegit. ; Hippoxylon Raf. (1838) Nom. illegit. ; Oreoxylum Post et Kuntze (1903); Oroxylon Steud. ; Oroxylon Vent. (1808) Nom. illegit. ●

36964　Oroya Britton et Rose(1922)【汉】髯玉属(彩髯玉属)。【日】オロヤ属。【隶属】仙人掌科 Cactaceae。【包含】世界1-3种。【学名诠释与讨论】〈阴〉（地）Oroya, 奥罗亚, 位于玻利维亚（或说秘鲁, 在安第斯山）。指模式种产地。此属的学名是"Oroya N. L. Britton et J. N. Rose, Cact. 3: 102. 12 Oct 1922"。亦有文献把其处理为"Oreocereus (A. Berger) Riccob. (1909)"的异名。【分布】秘鲁, 玻利维亚。【模式】Oroya peruviana (K. Schumann) N. L. Britton et J. N. Rose [Echinocactus peruvianus K. Schumann]。【参考异名】Oreocereus (A. Berger) Riccob. (1909)●☆

36965　Orphanidesia Boiss. et Balansa ex Boiss. (1875) Nom. illegit. ≡ Orphanidesia Boiss. et Balansa(1875); ~ = Epigaea L. (1753) [杜鹃花科(欧石南科) Ericaceae]●■☆

36966　Orphanodendron Barneby et J. W. Grimes(1990)【汉】哥伦比亚苏木属(奥尔法豆属)。【隶属】豆科 Fabaceae (Leguminosae)//云实科(苏木科) Caesalpiniaceae。【包含】世界1种。【学名诠释与讨论】〈阴〉（人）Theodhoros Georgios Orphanides, 1817-1886, 希腊植物学者 + dendron 或 dendros, 树木, 棍, 丛林。另说来自希腊文 orphanos, 无父的 + dendron。【分布】哥伦比亚。【模式】Orphanodendron bernalii R. C. Barneby et J. W. Grimes。●☆

36967　Orphium E. Mey. (1838)（保留属名）【汉】奥费斯木属。【英】Sticky Flower。【隶属】唇形科 Lamiaceae(Labiatae)。【包含】世界1种。【学名诠释与讨论】〈阴〉（人）Orpheus, 希腊传奇人物, 诗人, 国王 Oeagrus 的儿子。此属的学名"Orphium E. Mey. , Comment. Pl. Afr. Austr. :181. 1-8 Jan 1838"是保留属名。法规未列出相应的废弃属名。"Valerandia Necker ex O. Kuntze, Rev. Gen. 2:431. 5 Nov 1891"是"Orphium E. Mey. (1838)（保留属名）"的晚出的同模式异名(Homotypic synonym, Nomenclatural synonym);"Valeranda Neck. , Elem. Bot. (Necker) 2:33. 1790 ≡ Valerandia Neck. ex Kuntze(1891) Nom. illegit. "是一个未合格发表的名称(Nom. inval.)。【分布】非洲南部。【模式】Orphium frutescens (Linnaeus) E. H. F. Meyer [Chironia frutescens Linnaeus]。【参考异名】Valeranda Neck. (1790) Nom. inval. ; Valerandia Neck. ex Kuntze(1891) Nom. illegit. ●☆

36968　Orrhopygium Á. Löve(1982) = Aegilops L. (1753)（保留属名）[禾本科 Poaceae(Gramineae)]■

36969　Orsidice Rchb. f. (1854) = Thrixspermum Lour. (1790) [兰科 Orchidaceae]■

36970　Orsina Bertol. (1830) Nom. illegit. ≡ Nidorella Cass. (1825); ~ = Inula L. (1753) [菊科 Asteraceae (Compositae)//旋覆花科

Inulaceae]●■

36971 Orsinia Bertol. ex DC.（1836）＝ Clibadium F. Allam. ex L.（1771）［菊科 Asteraceae（Compositae）］●■☆

36972 Orsopea Raf.（1838）＝ Opsopea Raf.（1838）Nom. illegit.；～＝ Sterculia L.（1753）［梧桐科 Sterculiaceae//锦葵科 Malvaceae］●

36973 Ortachne Nees ex Steud.（1854）【汉】落花草属。【隶属】禾本科 Poaceae（Gramineae）。【包含】世界 3 种。【学名诠释与讨论】〈阴〉（希）ortus 生下的，是生出 orir 的过去分词＋achne，鳞片，泡沫，泡囊，谷壳，秤。此属的学名，TROPICOS 和 IK 记载是 "Ortachne C. G. D. Nees ex Steudel, Syn. Pl. Glum. 1：121. 1854（ante 3 Mar）（'1855'）"。"Ortachne Nees, Bot. Voy. Herald［Seemann］6：225. 1854［late 1854 or v. early 1855?］" 是晚出的非法名称。ING 则记载为 "Ortachne C. G. D. Nees in Steudel, Syn. Pl. Glum. 1：121. 1854（ante 3 Mar）（'1855'）"。【分布】秘鲁，厄瓜多尔，哥斯达黎加，智利，中美洲。【模式】Ortachne retorta C. G. D. Nees ex Steudel。【参考异名】Lorenzochloa Reeder et C. Reeder（1969）；Ortachne Nees（1854）Nom. illegit.；Orthacna Post et Kuntze（1903）；Parodiella Reeder et C. Reeder（1968）Nom. illegit. ■☆

36974 Ortachne Nees（1854）Nom. illegit. ≡ Ortachne Nees ex Steud.（1854）［禾本科 Poaceae（Gramineae）］■☆

36975 Ortega L.（1753）Nom. illegit. ≡ Ortegia L.（1753）［石竹科 Caryophyllaceae］■☆

36976 Ortega Loefl.（1753）Nom. illegit. ≡ Ortegia Loefl.（1753）；～≡ Ortegia L.（1753）［石竹科 Caryophyllaceae］■☆

36977 Ortegaceae Martinov（1820）＝ Caryophyllaceae Juss.（保留科名）■●

36978 Ortegaea Kuntze（1903）Nom. illegit. ＝ Ortegia L.（1753）［石竹科 Caryophyllaceae］■☆

36979 Ortegaea Post et Kuntze（1903）Nom. illegit. ＝ Ortegia L.（1753）［石竹科 Caryophyllaceae］■☆

36980 Ortegia L.（1753）【汉】腺托草属。【隶属】石竹科 Caryophyllaceae。【包含】世界 1 种。【学名诠释与讨论】〈阴〉（人）Casimiro Casimiro Gómez de Ortega，1740-1818，西班牙植物学者。此属的学名，ING 记载是 "Ortegia Linnaeus, Sp. Pl. 560. 1 May 1753（'Ortega'）"。"Ortegia L.（1753）" 是其拼写变体。"Cervaria Linnaeus, Amoen. Acad. ed. 3. 1：415. 1787（non Wolf 1776）" 和 "Mosina Adanson, Fam. 2：272. Jul-Aug 1763" 是 "Ortegia L.（1753）" 的晚出的同模式异名（Homotypic synonym, Nomenclatural synonym）。【分布】西班牙，意大利。【模式】Ortegia hispanica Linnaeus。【参考异名】Cervaria L.（1787）Nom. illegit.；Hortegia L.；Juncaria DC.；Mosina Adans.（1763）Nom. illegit.；Ortega L.（1753）Nom. illegit.；Ortega Loefl.（1753）Nom. illegit.；Ortegaea Kuntze（1903）Nom. illegit.；Ortegaea Post et Kuntze（1903）Nom. illegit.；Ortegia Loefl.（1753）Nom. illegit.；Ortegia Loefl. ex L.（1753）；Terogia Raf.（1837）■☆

36981 Ortegia Loefl.（1753）Nom. illegit. ＝ Ortegia L.（1753）［石竹科 Caryophyllaceae］■☆

36982 Ortegia Loefl. ex L.（1753）＝ Ortegia L.（1753）［石竹科 Caryophyllaceae］■☆

36983 Ortegioides Sol. ex DC.（1828）＝ Ammannia L.（1753）［千屈菜科 Lythraceae//水苋菜科 Ammanniaceae］■

36984 Ortegocactus Alexander（1961）【汉】矮疣球属（矮疣属）。【隶属】仙人掌科 Cactaceae。【包含】世界 1 种。【学名诠释与讨论】〈阳〉（人）Casimiro Gómez de Ortega，1740-1818，西班牙植物学者＋cactos，有刺的植物，通常指仙人掌科 Cactaceae 植物。【分布】墨西哥。【模式】Ortegocactus macdougallii E. J. Alexander。

●☆

36985 Ortgiesia Regel（1867）【汉】异光萼荷属。【隶属】凤梨科 Bromeliaceae。【包含】世界 22 种。【学名诠释与讨论】〈阴〉（人）Karl Eduard Ortgies，1829-1916，德国植物学者。另说瑞士植物学者。此属的学名，ING 和 TROPICOS 记载是 "Ortgiesia Regel, Gartenflora 16：193. Jul 1867"。IK 则记载为 "Ortgiesia Regel, Index Seminum［St. Petersburg（Petropolitanus）］（1866）80；et Gartenfl.（1867）193. t. 547"。它曾被处理为 "Aechmea Ruiz et Pav. sect. Ortgiesia（Regel）Baker, Journal of Botany, British and Foreign 17：132. 1879" 和 "Aechmea subgen. Ortgiesia（Regel）Mez, Flora Brasiliensis 3（3）：308. 1892"。亦有文献把 "Ortgiesia Regel（1867）" 处理为 "Aechmea Ruiz et Pav.（1794）（保留属名）" 的异名。【分布】热带美洲。【模式】Ortgiesia tillandsioides Regel。【参考异名】Aechmea Ruiz et Pav.（1794）（保留属名）；Aechmea sect. Ortgiesia（Regel）Baker（1879）；Aechmea subgen. Ortgiesia（Regel）Mez ■☆

36986 Orthaca Klotzsch（1851）Nom. illegit. ≡ Orthaea Klotzsch（1851）［杜鹃花科（欧石南科）Ericaceae］●☆

36987 Orthachne D. K. Hughes ＝ Orthacna Post et Kuntze（1903）［禾本科 Poaceae（Gramineae）］■☆

36988 Orthacna Post et Kuntze（1903）＝ Ortachne Nees ex Steud.（1854）［禾本科 Poaceae（Gramineae）］■☆

36989 Orthaea Klotzsch（1851）［as 'Orthaca'］【汉】笔花莓属。【隶属】杜鹃花科（欧石南科）Ericaceae。【包含】世界 31-35 种。【学名诠释与讨论】〈阴〉（希）orthos，直立的，笔直的。另说来自 Orthaea，希腊神话中的人物，Hyacinthus 的女儿。此属的学名，ING、GCI 和 IK 记载是 "Orthaea Klotzsch, Linnaea 24（1）：14, 23. 1851［May 1851］（'Orthaca'）"。"Orthaca Klotzsch（1851）" 是其拼写变体。【分布】巴拿马，秘鲁，玻利维亚，厄瓜多尔，哥伦比亚（安蒂奥基亚），热带南美洲，中美洲。【后选模式】Orthaea lutea（Linnaeus）R. Wettstein［Euphrasia lutea Linnaeus］。【参考异名】Empedoclesia Sleumer（1934）；Findlaya Hook. f.（1876）Nom. illegit.；Lysiclesia A. C. Sm.（1932）；Orthaca Klotzsch（1851）Nom. illegit. ●☆

36990 Orthandra（Pichon）Pichon（1953）Nom. illegit. ＝ Orthopichonia H. Huber（1962）［夹竹桃科 Apocynaceae］●☆

36991 Orthandra Burret（1940）Nom. illegit. ≡ Mortoniodendron Standl. et Steyerm.（1938）［椴树科（椴科，田麻科）Tiliaceae//锦葵科 Malvaceae］●☆

36992 Orthandra Pichon（1953）Nom. illegit. ≡ Orthandra（Pichon）Pichon（1953）Nom. illegit.；～＝ Orthopichonia H. Huber（1962）［夹竹桃科 Apocynaceae］●☆

36993 Orthantha（Benth.）A. Kern.（1888）Nom. illegit. ≡ Orthanthella Rauschert（1983）［玄参科 Scrophulariaceae//列当科 Orobanchaceae］■☆

36994 Orthantha（Benth.）Wettst. ＝ Odontites Ludw.（1757）［玄参科 Scrophulariaceae//列当科 Orobanchaceae］■

36995 Orthantha A. Kern.（1888）Nom. illegit. ≡ Orthantha（Benth.）A. Kern.（1888）；～≡ Orthanthella Rauschert（1983）［玄参科 Scrophulariaceae//列当科 Orobanchaceae］■☆

36996 Orthanthe Lem.（1856）＝ Gloxinia L'Hér.（1789）；～＝ Sinningia Nees（1825）［苦苣苔科 Gesneriaceae］●■☆

36997 Orthanthella Rauschert（1983）【汉】直花玄参属。【俄】Оранта。【隶属】玄参科 Scrophulariaceae//列当科 Orobanchaceae。【包含】世界 3 种。【学名诠释与讨论】〈阴〉（希）orthos，直立的，笔直的 ＋ anthos，花。此属的学名 "Orthanthella S. Rauschert, Feddes Repert. 94：293. Mai 1983" 是

"Orthantha（Bentham）A. Kerner, Verh. K. K. Zool. –Bot. Ges. Wien 38：566. 1888"的替代名称。"Orthantha（Benth.）A. Kern.（1888）Nom. illegit."是由"Odontites sect. Orthantha Bentham in Alph. de Candolle, Prodr. 10：550. 8 Apr 1846"改级而来。"Orthantha A. Kern.（1888）≡ Orthantha（Benth.）A. Kern.（1888）"的命名人引证有误。"Orthantha（Benth.）A. Kern.（1888）"与"Orthanthe Lemaire, Ill. Hort. 3：sub t. 81. 1856"容易混淆，故用"Orthanthella S. Rauschert, Feddes Repert. 94：293. Mai 1983"替代之。【分布】欧洲，亚洲西部。【后选模式】Orthantha lutea（Linnaeus）R. Wettstein［Euphrasia lutea Linnaeus］。【参考异名】Odontites sect. Orthantha Benth.（1846）；Orthantha（Benth.）A. Kern.（1888）Nom. illegit.；Orthantha A. Kern.（1888）Nom. illegit.■☆

36998 Orthanthera Wight（1834）【汉】直药萝藦属。【隶属】萝藦科 Asclepiadaceae。【包含】世界4种。【学名诠释与讨论】〈阴〉（希）orthos，直立的，笔直的＋anthera，花药。【分布】巴基斯坦，非洲，印度。【模式】Orthanthera viminea R. Wight。【参考异名】Barrowia Decne.（1844）；Othanthera G. Don（1837）■☆

36999 Orthechites Urb.（1909）＝ Secondatia A. DC.（1844）［夹竹桃科 Apocynaceae］●☆

37000 Orthilia Raf.（1840）【汉】单侧花属（侧花鹿含草属，侧花鹿含属）。【日】コイチャクソウ属。【俄】Рамишия。【英】Nodding Wintergreen, Onewayflor, Serrated Wintergreen, Wintergreen。【隶属】鹿蹄草科 Pyrolaceae//杜鹃花科（欧石南科）Ericaceae。【包含】世界1-4种，中国3种。【学名诠释与讨论】〈阴〉（希）orthos，直立的，笔直的＋ilia 具有，持有。指其与 Pirola 鹿蹄草属相比，花柱更直。或指花序偏向一侧。此属的学名，ING、TROPICOS、GCI 和 IK 记载是"Orthilia Rafinesque, Aut. Bot. 103. 1840"。"Ramischia Opiz ex Garcke, Fl. N. M. Deutschl. ed. 4. 32［1］. 1858"是"Orthilia Raf.（1840）"的晚出的同模式异名（Homotypic synonym, Nomenclatural synonym）。【分布】巴基斯坦，中国，中美洲。【后选模式】Orthilia parvifolia Rafinesque, Nom. illegit.［Pyrola secunda Linnaeus；Orthilia secunda（Linnaeus）H. D. House］。【参考异名】Actinocyclus Klotzsch（1857）；Pyrola Alef.；Ramischia Opiz ex Garcke（1858）Nom. illegit.；Ramischia Opiz（1852）Nom. inval.■

37001 Orthion Standl. et Steyerm.（1940）【汉】瘤果堇属。【隶属】堇菜科 Violaceae。【包含】世界3种。【学名诠释与讨论】〈中〉（希）orthios，偏向一侧的，向上的，位于高处的＋-ion，表示出现。【分布】尼加拉瓜，中美洲。【模式】Orthion subsessile（Standley）Standley et Steyermark［Hybanthus subsessilis Standley］。【参考异名】Mayanaea Lundell（1974）■☆

37002 Orthocarpus Nutt.（1818）【汉】直果玄参属。【隶属】玄参科 Scrophulariaceae//列当科 Orobanchaceae。【包含】世界9-30种。【学名诠释与讨论】〈阳〉（希）orthos，直立的，笔直的＋karpos，果实。【分布】中国，美洲。【模式】Orthocarpus luteus Nuttall。【参考异名】Clevelandia Greene ex Brandegee（1891）；Oncorhynchus Lehm.（1832）；Physocheilus Nutt. ex Benth.（1846）；Triphysaria Fisch. et C. A. Mey.（1836）■

37003 Orthocentron（Cass.）Cass.（1825）＝ Cirsium Mill.（1754）［菊科 Asteraceae（Compositae）］■

37004 Orthocentron Cass.（1825）Nom. illegit. ≡ Orthocentron（Cass.）Cass.（1825）；~ ＝ Cirsium Mill.（1754）［菊科 Asteraceae（Compositae）］■

37005 Orthoceras R. Br.（1810）【汉】直角兰属。【隶属】兰科 Orchidaceae。【包含】世界2种。【学名诠释与讨论】〈中〉（希）orthos＋keras，所有格 keratos，角，距，弓。【分布】澳大利亚（东部），新西兰。【模式】Orthoceras strictum R. Brown。■☆

37006 Orthochilus Hochst. ex A. Rich.（1850）＝ Eulophia R. Br.（1821）［as 'Eulophus'］（保留属名）［兰科 Orchidaceae］■

37007 Orthoclada P. Beauv.（1812）【汉】直枝草属。【隶属】禾本科 Poaceae（Gramineae）。【包含】世界1种。【学名诠释与讨论】〈阴〉（希）orthos，直立的，笔直的＋klados，枝，芽，指小式 kladion，棍棒。kladodes 有许多枝子的。此属的学名，ING 和 IK 记载是"Orthoclada Palisot de Beauvois, Essai Agrost. 69. Dec 1812"。"Orthoclada P. Beauv. et C. E. Hubb.（1940）"修订了属的描述。【分布】巴拿马，秘鲁，玻利维亚，厄瓜多尔，哥伦比亚（安蒂奥基亚），哥斯达黎加，墨西哥（南部），尼加拉瓜，热带非洲，中美洲。【模式】Orthoclada rariflora（Lamarck）Palisot de Beauvois［Panicum rariflorum Lamarck］。【参考异名】Orthoclada P. Beauv. et C. E. Hubb.（1940）descr. emend.■☆

37008 Orthoclada P. Beauv. et C. E. Hubb.（1940）descr. emend. ＝ Orthoclada P. Beauv.（1812）［禾本科 Poaceae（Gramineae）］■☆

37009 Orthodanum E. Mey.（1835）＝ Rhynchosia Lour.（1790）（保留属名）［豆科 Fabaceae（Leguminosae）//蝶形花科 Papilionaceae］●■

37010 Orthodon Benth.（1867）Nom. illegit. ≡ Mosla（Benth.）Buch. –Ham. ex Maxim.（1875）［唇形科 Lamiaceae（Labiatae）］■

37011 Orthodon Benth. et Oliv.（1867）Nom. illegit. ≡ Orthodon Benth.（1867）Nom. illegit.；~ ＝ Mosla（Benth.）Buch. –Ham. ex Maxim.（1875）［唇形科 Lamiaceae（Labiatae）］■

37012 Orthoglottis Breda（1830）【汉】直舌兰属。【隶属】兰科 Orchidaceae。【包含】世界1种。【学名诠释与讨论】〈阴〉（希）orthos，直立的，笔直的＋glottis，所有格 glottidos，气管口，来自 glottaglossa，舌。【分布】热带。【模式】Orthoglottis imbricata Breda。☆

37013 Orthogoneuron Gilg（1897）【汉】直脉藤属。【隶属】野牡丹科 Melastomataceae。【包含】世界1种。【学名诠释与讨论】〈中〉（希）orthos，直立的，笔直的＋neuron ＝拉丁文 nervus，脉，筋，腱，神经。此属的学名是"Orthogoneuron Gilg in Engler et Prantl, Nat. Pflanzenfam. Nachtr. 1：267. Oct 1897"。亦有文献把其处理为"Gravesia Naudin（1851）"的异名。【分布】热带非洲。【模式】Orthogoneuron dasyanthum Gilg。【参考异名】Gravesia Naudin（1851）●☆

37014 Orthogynium Baill.（1885）【汉】直蕊藤属。【隶属】防己科 Menispermaceae。【包含】世界1种。【学名诠释与讨论】〈中〉（希）orthos，直立的，笔直的＋gyne，所有格 gynaikos，雌性，雌蕊＋-ius，-ia，-ium，在拉丁文和希腊文中，这些词尾表示性质或状态。【分布】马达加斯加。【模式】Orthogynium gomphioides（A. P. de Candolle）Baillon［Cocculus gomphioides A. P. de Candolle］。●☆

37015 Ortholobium Gagnep.（1952）＝ Archidendron F. Muell.（1865）；~ ＝ Cylindrokelupha Kosterm.（1954）［豆科 Fabaceae（Leguminosae）//含羞草科 Mimosaceae］●

37016 Ortholoma（Benth.）Hanst.（1854）＝ Columnea L.（1753）；~ ＝ Trichantha Hook.（1844）［苦苣苔科 Gesneriaceae］●☆

37017 Ortholoma Hanst.（1854）Nom. illegit. ≡ Ortholoma（Benth.）Hanst.（1854）；~ ＝ Columnea L.（1753）；~ ＝ Trichantha Hook.（1844）［苦苣苔科 Gesneriaceae］●☆

37018 Ortholotus Fourr.（1868）＝ Dorycnium Mill.（1754）［豆科 Fabaceae（Leguminosae）］●■☆

37019 Orthomene Barneby et Krukoff（1971）【汉】月直藤属。【隶属】防己科 Menispermaceae。【包含】世界4种。【学名诠释与讨论】〈阴〉（希）orthos，直立的，笔直的＋mene ＝menos，所有格 menados 月亮。【分布】巴拿马，秘鲁，玻利维亚，厄瓜多尔，哥伦比亚（安蒂奥基亚），中美洲。【模式】Orthomene schomburgkii（Miers）Barneby et Krukoff［Anomospermum schomburgkii Miers］。●☆

37020　Orthopappus Gleason(1906)【汉】直冠地胆草属。【隶属】菊科 Asteraceae(Compositae)。【包含】世界 1 种。【学名诠释与讨论】〈阳〉(希)orthos,直立的,笔直的+希腊文 pappos 指柔毛,软毛。pappus 则与拉丁文同义,指冠毛。此属的学名是"Orthopappus H. A. Gleason,Bull. New York Bot. Gard. 4：237. 25 Jun 1906"。亦有文献把其处理为"Elephantopus L. (1753)"的异名。【分布】巴拉圭,玻利维亚,哥伦比亚(安蒂奥基亚),尼加拉瓜,中美洲。【模式】Orthopappus angustifolius Gleason。【参考异名】Elephantopus L. (1753)■☆

37021　Orthopenthea Rolfe(1912)= Disa P. J. Bergius(1767)［兰科 Orchidaceae］■☆

37022　Orthopetalum Beer(1856)= Pitcairnia L'Hér. (1789)(保留属名)［凤梨科 Bromeliaceae］■☆

37023　Orthophytum Beer(1854)【汉】直凤梨属(多叶凤梨属,裁萝属,平叶属,直立凤梨属,直叶凤梨属)。【日】オルトフィ厶属。【隶属】凤梨科 Bromeliaceae。【包含】世界 22-24 种。【学名诠释与讨论】〈中〉(希)orthos,直立的,笔直的+phyton,植物,树木,枝条。此属的学名,ING、TROPICOS 和 IK 记载是"Orthophytum Beer,Flora 37：347. 1854［14 Jun 1854］"。"Prantleia Mez in C. F. P. Martius,Fl. Brasil. 3(3)：180,257. 1 Nov 1891"是"Orthophytum Beer(1854)"的晚出的同模式异名(Homotypic synonym, Nomenclatural synonym)。【分布】巴西,玻利维亚。【模式】Orthophytum glabrum(Mez)Mez［Prantleia glabra Mez］。【参考异名】Cryptanthopsis Ule(1908);Prantleia Mez(1891)Nom. illegit. ;Sincoraea Ule(1908)■☆

37024　Orthopichonia H. Huber(1962)【汉】西非夹竹桃属。【隶属】夹竹桃科 Apocynaceae。【包含】世界 6-9 种。【学名诠释与讨论】〈中〉(希)orthos,直立的,笔直的+(人)Pichon,植物学者。此属的学名"Orthopichonia H. J. F. Huber,Kew Bull. 15：437. 19 Mar 1962"是一个替代名称。"Orthandra Pichon,Mém. Inst. Franç. Afrique Noire 35：211. 1953"是一个非法名称(Nom. illegit.),因为此前已经有了"Orthandra Burret,Notizbl. Bot. Gart. Berlin-Dahlem 15：13. 1940 ≡ Mortoniodendron Standl. et Steyerm. (1938)［椴树科(椴科,田麻科)Tiliaceae//锦葵科 Malvaceae］"。故用"Orthopichonia H. Huber(1962)"替代之。IK 记载被替代的名称是"Orthandra(Pichon)Pichon, Mem. Inst. Franc. Afr. Noire No. 35(Monogr. Landolph.)211(1953)",由"Clitandra sect. Orthandra Pichon,Mém. Mus. Natl. Hist. Nat. 24：148. 1948"改级而来。ING 标注"Clitandra sect. Orthandra Pichon(1948)"是个裸名。【分布】热带非洲西部。【模式】Orthopichonia cirrhosa(Radlkofer)H. J. F. Huber［Clitandra cirrhosa Radlkofer］。【参考异名】Clitandra sect. Orthandra Pichon(1948)Nom. nud. ;Orthandra(Pichon)Pichon(1953)Nom. illegit. ;Orthandra Pichon(1953)Nom. illegit. ●☆

37025　Orthopogon R. Br. (1810)(废弃属名)= Oplismenus P. Beauv. (1810)(保留属名)［禾本科 Poaceae(Gramineae)］■

37026　Orthopterum L. Bolus(1927)【汉】齿舌玉属。【日】オルトプテルム属。【隶属】番杏科 Aizoaceae。【包含】世界 2 种。【学名诠释与讨论】〈中〉(希)orthos,直立的,笔直的+pteron,指小式 pteridion,翅。pteridios 有羽毛的。【分布】非洲南部。【模式】Orthopterum waltoniae H. M. L. Bolus。■☆

37027　Orthopterygium Hemsl. (1907)【汉】直翼漆属。【隶属】漆树科 Anacardiaceae。【包含】世界 1 种。【学名诠释与讨论】〈阴〉(希)orthos,直立的,笔直的+pteryx,所有格 pterygos,指小式 pterygion,翼,羽毛,鳍+-ius,-ia,-ium,在拉丁文和希腊文中,这些词尾表示性质或状态。在来源于人名的植物属名中,它们常常出现。在医学中,则用它们来作疾病或病状的名称。【分布】秘鲁。【模式】Orthopterygium huaucui(A. Gray)Hemsley［Juliania huaucui A. Gray］。●☆

37028　Orthoraphium Nees(1841)【汉】直芒草属。【日】ヒロハノハネガヤ属。【英】Orthoraphium。【隶属】禾本科 Poaceae(Gramineae)//针茅科 Stipaceae。【包含】世界 1-3 种,中国 1 种。【学名诠释与讨论】〈中〉(希)orthos,直立的,笔直的+raphis,针,芒+-ius,-ia,-ium,在拉丁文和希腊文中,这些词尾表示性质或状态。指芒劲直。此属的学名是"Orthoraphium C. G. D. Nees,Proc. Linn. Soc. London 1：94. 22 Apr 1841"。亦有文献把其处理为"Stipa L. (1753)"的异名。【分布】印度(阿萨姆),中国,喜马拉雅山,亚洲东北部。【模式】Orthoraphium roylei C. G. D. Nees。【参考异名】Stipa L. (1753)■

37029　Orthorrhiza Stapf. (1886)= Diptychocarpus Trautv. (1860)［十字花科 Brassicaceae(Cruciferae)］■

37030　Orthosanthus Steud. (1841)Nom. illegit. = Orthrosanthus Sweet(1829)［鸢尾科 Iridaceae］■☆

37031　Orthoselis(DC.)Spach(1838)Nom. illegit. ≡ Orthoselis Spach(1838);~ = Heliophila Burm. f. ex L. (1763)［十字花科 Brassicaceae(Cruciferae)］●■☆

37032　Orthoselis Spach(1838)= Heliophila Burm. f. ex L. (1763)［十字花科 Brassicaceae(Cruciferae)］●■☆

37033　Orthosia Decne. (1844)【汉】直萝藦属。【隶属】萝藦科 Asclepiadaceae。【包含】世界 20 种。【学名诠释与讨论】〈阴〉(希)orthos,直立的,笔直的。【分布】巴拉圭,秘鲁,玻利维亚,尼加拉瓜,西印度群岛,中美洲。【后选模式】Orthosia congesta(Vellozo)Decaisne［Cynanchum congestum Vellozo］。■☆

37034　Orthosiphon Benth. (1830)【汉】鸡脚参属(猫须草属,直管草属)。【日】ネコノヒゲソウ属。【俄】Ортосифон。【英】Javatea。【隶属】唇形科 Lamiaceae(Labiatae)。【包含】世界 40-45 种,中国 3 种。【学名诠释与讨论】〈阳〉(希)orthos,直立的,笔直的+siphon,所有格 siphonos,管子。指花冠管直立。此属的学名,ING、APNI、GCI 和 IK 记载是"Orthosiphon Benth. ,Edwards's Bot. Reg. 15. t. 1300. 1830［1 Feb 1830］"。"Orthosiphon Benth. et M. Ashby,J. Bot. 76：2,descr. ampl. 1938"修订了属的描述。【分布】巴基斯坦,马达加斯加,印度至马来西亚,中国,东亚,热带非洲。【模式】未指定。【参考异名】Clerodendranthus Kudô(1929);Heterolamium C. Y. Wu(1965);Nautochilus Bremek. (1933);Orthosiphon Benth. et M. Ashby(1938)descr. ampl. ●■

37035　Orthosiphon Benth. et M. Ashby(1938)descr. ampl. = Orthosiphon Benth. (1830)［唇形科 Lamiaceae(Labiatae)］●■

37036　Orthospermum(R. Br.)Opiz(1852)Nom. illegit. ≡ Orthosporum T. Nees(1835)Nom. illegit. ;~ = Chenopodium L. (1753);~ = Orthosporum(R. Br.)Kostel. (1835)［藜科 Chenopodiaceae］■

37037　Orthospermum Opiz(1852)Nom. illegit. ≡ Orthospermum(R. Br.)Opiz(1852)Nom. illegit. ;~ ≡ Orthosporum T. Nees(1835)Nom. illegit. ;~ = Chenopodium L. (1753);~ = Orthosporum(R. Br.)Kostel. (1835)［藜科 Chenopodiaceae］■

37038　Orthosphenia Standl. (1923)【汉】直楔卫矛属。【隶属】卫矛科 Celastraceae。【包含】世界 1 种。【学名诠释与讨论】〈阴〉(希)orthos,直立的,笔直的+sphen 楔。【分布】墨西哥。【模式】Orthosphenia mexicana Standley。●☆

37039　Orthosporum(R. Br.)C. A. Mey. ex T. Nees(1835)Nom. illegit. ≡Orthosporum(R. Br.)T. Nees(1835);~ = Chenopodium L. (1753)［藜科 Chenopodiaceae］■●

37040　Orthosporum T. Nees(1835)Nom. illegit. ≡ Orthosporum(R. Br.)T. Nees(1835);~ = Chenopodium L. (1753)［藜科 Chenopodiaceae］■●

37041　Orthostachys（R. Br.）Spach（1840）Nom. illegit. = Orostachys（DC.）Fisch.（1809）Nom. illegit.；~ ≡ Orostachys Fisch.（1809）［景天科 Crassulaceae］■

37042　Orthostachys Ehrh.（1789）Nom. illegit.，Nom. nud. = Elymus L.（1753）；~ = Hordelymus（Jess.）Jess. ex Harz（1885）［禾本科 Poaceae（Gramineae）］■☆

37043　Orthostachys Fourr.（1869）Nom. illegit. = Stachys L.（1753）［唇形科 Lamiaceae（Labiatae）］●■

37044　Orthostachys Post et Kuntze（1903）Nom. illegit. = Ortostachys Fourr.（1869）Nom. illegit.；~ = Stachys L.（1753）［唇形科 Lamiaceae（Labiatae）］●■

37045　Orthostachys Spach（1840）Nom. illegit. ≡ Orthostachys（R. Br.）Spach（1840）Nom. illegit.；~ = Orostachys（DC.）Fisch.（1809）Nom. illegit.；~ ≡ Orostachys Fisch.（1809）［景天科 Crassulaceae］■

37046　Orthostemma Wall. ex Voigt（1845）= Pentas Benth.（1844）［茜草科 Rubiaceae］●■

37047　Orthostemon O. Berg（1856）Nom. illegit. = Acca O. Berg（1856）；~ = Feijoa O. Berg（1858）［桃金娘科 Myrtaceae］●

37048　Orthostemon R. Br.（1810）= Canscora Lam.（1785）［龙胆科 Gentianaceae］■

37049　Orthotactus Nees（1847）= Justicia L.（1753）［爵床科 Acanthaceae//鸭嘴花科（鸭咀花科）Justiciaceae］●■

37050　Orthotheca Pichon（1945）Nom. illegit. ≡ Heterocalycium Rauschert（1982）；~ = Cuspidaria DC.（1838）（保留属名）；~ = Xylophragma Sprague（1903）［紫葳科 Bignoniaceae］●☆

37051　Orthothecium Schott et Endl.（1832）= Helicteres L.（1753）［梧桐科 Sterculiaceae//锦葵科 Malvaceae］●

37052　Orthothelium Walp.（1848）Nom. illegit.［梧桐科 Sterculiaceae］●☆

37053　Orthothylax（Hook. f.）Skottsb.（1932）【汉】由片田葱属。【隶属】田葱科 Philydraceae。【包含】世界1种。【学名诠释与讨论】〈阴〉（希）orthos，直立的，笔直的+thylax，所有格 thylakos，袋，囊。指果实。此属的学名，ING、APNI 和 IK 记载是“Orthothylax（Hook. f.）Skottsberg, Bot. Jahrb. Syst. 65：264. 1 Dec 1932”。IK 给出的基源异名是“Philydrum sect. vel subgen. Orthothylax Hook. f.”。“Orthothylax（Hook. f.）Skottsb.（1932）”曾被处理为“Orthothylax（Hook. f.）Skottsb., Botanische Jahrbücher für Systematik, Pflanzengeschichte und Pflanzengeographie 65：264. 1932”。亦有文献把“Orthothylax（Hook. f.）Skottsb.（1932）”处理为“Helmholtzia F. Muell.（1866）”的异名。【分布】澳大利亚（东部）。【模式】Orthothylax glaberrimus（J. D. Hooker）Skottsberg［Philydrum glaberrimum J. D. Hooker］。【参考异名】Helmholtzia F. Muell.（1866）；Orthothylax（Hook. f.）Skottsb.（1932）；Philydrum sect. vel subgen. Orthothylax Hook. f. ■☆

37054　Orthotropis Benth.（1839）Nom. illegit. ≡ Orthotropis Benth. ex Lindl.（1839）；~ = Chorizema Labill.（1800）［豆科 Fabaceae（Leguminosae）//蝶形花科 Papilionaceae］●■☆

37055　Orthotropis Benth. ex Lindl.（1839）= Chorizema Labill.（1800）［豆科 Fabaceae（Leguminosae）//蝶形花科 Papilionaceae］●■☆

37056　Orthrosanthes Raf.（1838）Nom. illegit. ≡ Orthrosanthus Sweet（1829）［鸢尾科 Iridaceae］■☆

37057　Orthrosanthus Sweet（1829）【汉】离蕊菖蒲属。【隶属】鸢尾科 Iridaceae。【包含】世界9种。【学名诠释与讨论】〈阳〉（希）orthrios，早的，黎明+anthos，花。指花期很短，早晨开花，中午之前即枯萎。此属的学名，ING、TROPICOS、APNI 和 IK 记载是“Orthrosanthus Sweet, Fl. Australas.（Sweet）t. 11（1827）”。“Eveltria Rafinesque, Fl. Tell. 4：30. 1838（med.）（‘1836’）”是

“Orthrosanthus Sweet（1829）”的晚出的同模式异名（Homotypic synonym, Nomenclatural synonym）。“Orthrosanthes Raf., Fl. Tellur. 4：30. 1838［1836 publ. mid - 1838］”是“Orthrosanthus Sweet（1829）”的拼写变体。【分布】澳大利亚（西南部），巴拿马，秘鲁，玻利维亚，厄瓜多尔，哥伦比亚（安蒂奥基亚），哥斯达黎加，墨西哥，中美洲。【模式】Orthrosanthus multiflorus Sweet。【参考异名】Eveltria Raf.（1838）Nom. illegit.；Orthosanthus Steud.（1841）Nom. illegit.；Orthrosanthes Raf.（1838）Nom. illegit. ■☆

37058　Orthurus Juz.（1941）【汉】欧亚蔷薇属。【俄】Прямохвостник。【隶属】蔷薇科 Rosaceae。【包含】世界1-2种。【学名诠释与讨论】〈阳〉（希）orthos，直立的，笔直的+-urus，-ura，-uro，用于希腊文组合词，含义为“尾巴”。指花直立。此属的学名，ING 记载是“Orthurus S. V. Juzepczuk in B. K. Schischkin et S. V. Juzepczuk, Fl. URSS 10：616. 1941（post 8 Feb）≡ Geopatera C. Pau 1895”。TROPICOS 和 IK 也承认此属。暂放于此。亦有文献把“Orthurus Juz.（1941）”处理为“Geum L.（1753）”的异名。【分布】地中海至亚洲中部和伊朗。【模式】Geopatera umbraticola C. Pau, Nom. illegit.［Geum heterocarpum Boissier］。【参考异名】Geopatera Pau（1895）Nom. illegit.；Geum L.（1753）；Geum sect. Orthurus Boiss.（1873）■●☆

37059　Ortiga Neck.（1790）Nom. inval. = Loasa Adans.（1763）［刺莲花科（硬毛草科）Loasaceae］■●☆

37060　Ortizacalia Pruski（2012）【汉】哥斯达黎加菊属。【隶属】菊科 Asteraceae（Compositae）。【包含】世界1种。【学名诠释与讨论】〈阴〉词源不详。【分布】哥斯达黎加，中美洲。【模式】Ortizacalia austin-smithii（Standl.）Pruski［Senecio austin-smithii Standl.］。☆

37061　Ortmannia Opiz（1834）Nom. illegit. ≡ Cistella Blume（1825）；~ = Geodorum Jacks.（1811）［兰科 Orchidaceae］■

37062　Ortostachys Fourr.（1869）Nom. illegit. ≡ Stachys L.（1753）［唇形科 Lamiaceae（Labiatae）］●■

37063　Orucaria Juss. ex DC.（1825）= Drepanocarpus G. Mey.（1818）［豆科 Fabaceae（Leguminosae）］●☆

37064　Orumbella J. M. Coult. et Rose（1909）= Podistera S. Watson（1887）［伞形花科（伞形科）Apiaceae（Umbelliferae）］■☆

37065　Orvala L.（1753）= Lamium L.（1753）［唇形科 Lamiaceae（Labiatae）］■

37066　Orxera Raf.（1838）= Aerides Lour.（1790）［兰科 Orchidaceae］■

37067　Orychophragmos Rchb. Nom. illegit. = Orychophragmus Bunge（1835）［十字花科 Brassicaceae（Cruciferae）］■

37068　Orychophragmus Bunge（1835）【汉】诸葛菜属（二月兰属）。【日】オオアラセイトウ属，ムラサキハナナ属。【俄】Спрыгиния。【英】Orychophragmus。【隶属】十字花科 Brassicaceae（Cruciferae）。【包含】世界2-5种，中国2种。【学名诠释与讨论】〈阳〉（希）orycho, orysso，掘坑+phragma，所有格 phragmatos，篱笆。phragmos。篱笆，障碍物。phragmites，长在篱笆中的。指角果的隔膜具孔。此属的学名是“Orychophragmus Bunge, Mém. Acad. Imp. Sci. St. - Pétersbourg, Ser. 6, Sci. Math., Seconde Pt. Sci. 1：81. Aug 1835”。“Orychophragmos Rchb.”似是“Orychophragmus Bunge（1835）”的拼写变体。【分布】中国，亚洲中部。【模式】Orychophragmus sonchifolius Bunge。【参考异名】Orychmophragmus Spach；Orychophragmos Rchb. Nom. illegit.；Spryginia Popov（1923）■

37069　Orychophragmus Spach = Orychophragmus Bunge（1835）［十字花科 Brassicaceae（Cruciferae）］■

37070　Oryctanthus（Griseb.）Eichler（1868）【汉】化石花属。【隶属】桑寄生科 Loranthaceae。【包含】世界10种。【学名诠释与讨论】〈阳〉（希）oryktes，挖掘者，化石+anthos，花。此属的学名，ING 记

载是"Oryctanthus（Grisebach）Eichler in C. F. P. Martius, Fl. Brasil. 5（2）:22,87. 15 Jul 1868"，由"Loranthus sect. Oryctanthus Grisebach, Fl. Brit. W. Indian Isl. 313. 1860（sero）"改级而来。IK 则记载为"Oryctanthus Eichler,Fl. Bras.（Martius）5（2）:87,t. 29, 30. 1868［15 Jul 1868］"。亦有文献把"Oryctanthus（Griseb.） Eichler（1868）"处理为"Glutago Comm. ex Poir.（1821）"的异名。 【分布】巴拿马,秘鲁,玻利维亚,厄瓜多尔,哥伦比亚（安蒂奥基亚）,哥斯达黎加,美国,尼加拉瓜,中美洲。【模式】Oryctanthus occidentalis（Linnaeus）Eichler［Loranthus occidentalis Linnaeus］。 【参考异名】Allohemia Raf.（1838）;Cladocolea Tiegh.（1895）; Furarium Rizzini（1953）;Glutago Comm. ex Poir.（1821）Nom. illegit.;Glutago Comm. ex Raf.（1820）Nom. illegit.;Glutago Comm. ex Raf.（1838）Nom. illegit.;Loranthus sect. Oryctanthus Griseb. （1860）;Oryctanthus Eichler（1868）Nom. illegit.;Oryctina Tiegh. （1895）●☆

37071　Oryctanthus Eichler（1868）Nom. illegit. ≡ Oryctanthus （Griseb.）Eichler（1868）［桑寄生科 Loranthaceae］●☆

37072　Oryctes S. Watson（1871）【汉】内华达茄属。【隶属】茄科 Solanaceae。【包含】世界 1 种。【学名诠释与讨论】〈阴〉（希） oryktes,挖掘者,化石。【分布】美国（西南部）。【模式】Oryctes nevadensis S. Watson。☆

37073　Oryctina Tiegh.（1895）= Oryctanthus（Griseb.）Eichler（1868） ［桑寄生科 Loranthaceae］●☆

37074　Orygia Forssk.（1775）= Corbichonia Scop.（1777）［粟米草科 Molluginaceae］■☆

37075　Orymaria Meisn.（1838）= Bupleurum L.（1753）; ~ = Orimaria Raf.（1830）［伞形花科（伞形科）Apiaceae（Umbelliferae）］●■

37076　Orypetalum K. Schum.（1900）= Oxypetalum R. Br.（1810）（保 留属名）［萝藦科 Asclepiadaceae］●■☆

37077　Orysa Desv.（1813）= Oryza L.（1753）［禾本科 Poaceae （Gramineae）//稻科 Oryzaceae］■

37078　Orythia Endl.（1841）= Agalmyla Blume（1826）［苦苣苔科 Gesneriaceae］●☆

37079　Oryxis A. Delgado et G. P. Lewis（1997）【汉】山地镰扁豆属。 【隶属】豆科 Fabaceae（Leguminosae）//蝶形花科 Papilionaceae。 【包含】世界 1 种。【学名诠释与讨论】〈阴〉（希）oryxis,所有格 orygos,挖掘用的锐利工具。此属的学名是"Oryxis A. Delgado et G. P. Lewis（1997）,Kew Bulletin 52（1）: 221. 1997"。亦有文献 把其处理为"Dolichos L.（1753）（保留属名）"的异名。【分布】 巴西,中国。【模式】Oryxis monticola（Mart. ex Benth.）A. Delgado et G. P. Lewis。【参考异名】Dolichos L.（1753）（保留属名）■

37080　Oryza L.（1753）【汉】稻属。【日】イネ属。【俄】Рис。【英】 Rice。【隶属】禾本科 Poaceae（Gramineae）//稻科 Oryzaceae。 【包含】世界 18-25 种,中国 5 种。【学名诠释与讨论】〈阴〉（希） oryza,稻米,或源于阿拉伯语 eruz 稻米。【分布】巴基斯坦,巴拿 马,秘鲁,玻利维亚,厄瓜多尔,哥伦比亚（安蒂奥基亚）,哥斯达 黎加,马达加斯加,美国（密苏里）,尼加拉瓜,中国,中美洲。【模 式】Oryza sativa Linnaeus。【参考异名】Oriza Franch. et Sav. （1879）;Orysa Desv.（1813）;Padia Moritzi（1845-1846）;Padia Zoll. et Moritzi（1845 – 1846）;Rhynchoryza Baill.（1893）; Sclerophyllum Griff.（1851）Nom. illegit. ■

37081　Oryzaceae（Kunth）Herter ＝ Gramineae Juss.（保留科名）// Poaceae Barnhart（保留科名）■●

37082　Oryzaceae Bercht. et J. Presl（1820）＝ Gramineae Juss.（保留科 名）//Poaceae Barnhart（保留科名）■●

37083　Oryzaceae Burnett ＝ Gramineae Juss.（保留科名）//Poaceae Barnhart（保留科名）■●

37084　Oryzaceae Herter［亦见 Gramineae Juss.（保留科名）//Poaceae Barnhart（保留科名）禾本科］【汉】稻科。【包含】世界 1 属 18-25 种,中国 1 属 5 种。【分布】热带。【科名模式】Oryza L.（1753）■

37085　Oryzetes Salisb.（1818）= Hygrophila R. Br.（1810）［爵床科 Acanthaceae］●■

37086　Oryzidium C. E. Hubb. et Schweick.（1936）【汉】浮海绵草属。 【隶属】禾本科 Poaceae（Gramineae）。【包含】世界 1 种。【学名 诠释与讨论】〈中〉（希）Oryza 稻属+-idius,-idia,-idium,指示小 的词尾。【分布】非洲西南部。【模式】Oryzidium barnardii Hubbard et Schweickerdt。■☆

37087　Oryzopsis Michx.（1803）【汉】拟稻属（落芒草属）。【俄】 Оризопсис,Рисовидка。【英】Milo, Mountain Rice, Rice Grass, Ricegrass, Rice – grass, Smilo – grass。【隶属】禾本科 Poaceae （Gramineae）。【包含】世界 4-50 种,中国 16 种。【学名诠释与讨 论】〈阴〉（属）Oryza 稻属+希腊文 opsis,外观,模样,相似。此属 的学名,ING、TROPICOS、APNI、GCI 和 IK 记载是"Oryzopsis Michx.,Fl. Bor. – Amer.（Michaux）1: 51, t. 9. 1803［19 Mar 1803］"。"Dilepyrum Rafinesque, Med. Repos. ser. 2. 5:353. Feb- Apr 1808（non A. Michaux 1803）"是"Oryzopsis Michx.（1803）"的 晚出的同模式异名（Homotypic synonym, Nomenclatural synonym）。 "Oryzopsis Michx.（1803）"曾被处理为"Urachne subgen. Oryzopsis （Michx.）Link, Hortus Regius Botanicus Berolinensis 1:94. 1827"和 "Urachne subgen. Oryzopsis（Michx.）Trin. & Rupr., Species Graminum Stipacearum 16. 1842"。亦有文献把"Oryzopsis Michx. （1803）"处理为"Piptatherum P. Beauv.（1812）"的异名。【分 布】巴基斯坦,玻利维亚,美国（密苏里）,中国,北温带和亚热带, 中美洲。【模式】Oryzopsis asperifolia A. Michaux。【参考异名】 Caryochloa Spreng.（1827）Nom. illegit.;Dilepyrum Raf.（1808） Nom. illegit.;Ericoma Vascy（1881-1882）;Eriocoma Nutt.（1818）; Fendlera Post et Kuntze（1903）Nom. illegit.;Fendleria Steud. （1854）;Orizopsis Raf.;Piptatherum P. Beauv.（1812）;Urachne Trin.（1820）Nom. illegit.;Urachne subgen. Oryzopsis（Michx.） Link（1827）;Urachne subgen. Oryzopsis（Michx.）Trin. & Rupr. （1842）■

37088　Osa Aiello（1979）【汉】奥萨茜属。【隶属】茜草科 Rubiaceae。 【包含】世界 1 种。【学名诠释与讨论】〈阴〉（地）Osa,奥萨半岛, 位于哥斯达黎加。【分布】哥斯达黎加,中美洲。【模式】Osa pulchra（D. R. Simpson）A. Aiello［Hintonia pulchra D. R. Simpson］。■☆

37089　Osbeckia L.（1753）【汉】金锦香属（朝天罐属）。【日】ヒメノ ボタン属。【英】Osbeckia。【隶属】野牡丹科 Melastomataceae。 【包含】世界 50-100 种,中国 5-14 种。【学名诠释与讨论】〈阴〉 （人）Peter Osbeek,1723-1805,瑞典东印度公司牧师,植物学者。 他于 1751 - 1752 年间曾来华旅行。此属的学名,ING、 TROPICOS、APNI、GCI 和 IK 记载是"Osbeckia L.,Sp. Pl. 1:345. 1753［1 May 1753］"。"Kadali Adanson, Fam. 2:234. Jul–Aug 1763"是"Osbeckia L.（1753）"的晚出的同模式异名（Homotypic synonym, Nomenclatural synonym）。【分布】澳大利亚,玻利维亚, 马达加斯加,中国,热带非洲,中美洲。【模式】Osbeckia chinensis Linnaeus。【参考异名】Amblyanthera Blume（1849）;Asterostoma Blume（1849）;Ceramicalyx Blume（1849）;Ceramocalyx Post et Kuntze（1903）;Derosiphia Raf.（1838）;Dupineta Raf.（1838）; Kadali Adans.（1763）Nom. illegit.;Obeckia Griff.（1854）; Orbeckia G. Don（1832）;Pterolepis Endl.（1840）Nom. illegit.（废 弃属名）●■

37090　Osbeckiastrum Naudin（1850）= Dissotis Benth.（1849）（保留属 名）［野牡丹科 Melastomataceae］●☆

37091　Osbertia Greene（1895）【汉】单头金菀属。【隶属】菊科 Asteraceae（Compositae）。【包含】世界 2-3 种。【学名诠释与讨论】〈阴〉（人）Osbert。此属的学名，ING、TROPICOS 和 IK 记载是"Osbertia E. L. Greene, Erythea 3：14. 2 Jan 1895"。它曾被处理为"Haplopappus sect. Osbertia（Greene）H. M. Hall, Publications of the Carnegie Institution of Washington 389：33, 48. 1928.（1 Oct 1928）"。《显花植物与蕨类植物词典》记载"Osbertia Greene（1895）＝Erigeron L.（1753）＋Haplopappus Cass.（1828）［as 'Aplopappus'］（保留属名）"。【分布】墨西哥，危地马拉，中美洲。【模式】未指定。【参考异名】Haplopappus sect. Osbertia（Greene）H. M. Hall（1928）■☆

37092　Osbornia F. Muell.（1862）【汉】奥斯本木属。【隶属】桃金娘科 Myrtaceae。【包含】世界 1 种。【学名诠释与讨论】〈阴〉（人）John Walter Osborne，药剂师。【分布】澳大利亚（东北部），菲律宾（菲律宾群岛），加里曼丹岛，新几内亚岛。【模式】Osbornia octodonta F. v. Mueller。●☆

37093　Oscaria Lilja（1839）Nom. illegit. ≡ Auganthus Link（1829）；~ ＝ Primula L.（1753）［报春花科 Primulaceae］■

37094　Oschatzia Walp.（1848）【汉】奥沙茨草属。【隶属】伞形花科（伞形科）Apiaceae（Umbelliferae）。【包含】世界 2 种。【学名诠释与讨论】〈阴〉（人），1812-1857，德国植物学者，医生。此属的学名"Oschatzia Walpers, Ann. Bot. Syst. 1：340. 25-27 Dec 1848（'1849'）"是一个替代名称。"Microsciadium Hook. f., London J. Bot. 6：468 bis. Jul-Aug 1847"是一个非法名称（Nom. illegit.），因为此前已经有了"Microsciadium Boissier, Ann. Sci. Nat. Bot. ser. 3. 1：141. Mar 1844（non Boissier 1844）［伞形花科（伞形科）Apiaceae（Umbelliferae）］"。故用"Oschatzia Walp.（1848）"替代之。亦有文献把"Oschatzia Walp.（1848）"处理为"Azorella Lam.（1783）"的异名。【分布】澳大利亚。【模式】Oschatzia saxifraga（J. D. Hooker）Walpers［Microsciadium saxifraga J. D. Hooker］。【参考异名】Azorella Lam.（1783）；Microsciadium Hook. f.（1847）Nom. illegit. ■☆

37095　Oscularia Schwantes（1927）（废弃属名）＝ Lampranthus N. E. Br.（1930）（保留属名）［番杏科（日中花科）Aizoaceae］■

37096　Osculisa Raf.（1840）＝Carex L.（1753）［莎草科 Cyperaceae］■

37097　Oserya Tul. et Wedd.（1849）【汉】奥赛里苔草属。【隶属】髯管花科 Geniostomaceae。【包含】世界 6-7 种。【学名诠释与讨论】〈阴〉词源不详。【分布】墨西哥至热带南美洲北部。【后选模式】Oserya flabellifera Tulasne et Weddell。■☆

37098　Oshimella Masam. et Suzuki（1934）＝ Whytockia W. W. Sm.（1919）［苦苣苔科 Gesneriaceae］■★

37099　Oskampia Baill.（1890）Nom. illegit. ＝Lycopsis L.（1753）［紫草科 Boraginaceae］■

37100　Oskampia Moench（1794）＝ Nonea Medik.（1789）［紫草科 Boraginaceae］■

37101　Oskampia Raf.（1838）Nom. illegit. ≡ Tournefortia L.（1753）［紫草科 Boraginaceae］●■

37102　Osmadenia Nutt.（1841）【汉】臭腺菊属。【隶属】菊科 Asteraceae（Compositae）。【包含】世界 1 种。【学名诠释与讨论】〈阴〉（希）osme ＝odme，香味，臭味，气味。在希腊文组合词中，词头 osm-和词尾-osma 通常指香味+aden，所有格 adenos，腺体。此属的学名是"Osmadenia Nuttall, Trans. Amer. Philos. Soc. ser. 2. 7：391. 2 Apr 1841"。亦有文献把其处理为"Hemizonia DC.（1836）"的异名。【分布】美国（加利福尼亚），墨西哥（下加利福尼亚）。【模式】Osmadenia tenella Nuttall。【参考异名】Hemizonia DC.（1836）■☆

37103　Osmanthes Raf. ＝ Dracaena Vand. ex L.（1767）Nom. illegit.；

~ ≡ Dracaena Vand.（1767）［百合科 Liliaceae//龙舌兰科 Agavaceae//血树科 Dracaenaceae］●■

37104　Osmanthus Lour.（1790）【汉】木犀属。【日】モクセイ属。【俄】Османтус。【英】Devilwood, Holly Olive, Osmanther, Osmanthus。【隶属】木犀榄科（木犀科）Oleaceae。【包含】世界 15-49 种，中国 49 种。【学名诠释与讨论】〈阳〉（希）osme ＝ odme，香味，臭味，气味+anthns，花。指花芳香。【分布】巴基斯坦，中国，亚洲东部和南部，中美洲。【模式】Osmanthus fragrans Loureiro。【参考异名】Amarolea Small（1933）Nom. illegit.；Cartrema Raf.（1838）；Pausia Raf.（1838）Nom. illegit.；Siphonosmanthus Stapf（1929）●

37105　Osmaronia Greene（1891）Nom. illegit. ≡ Oemleria Rchb.（1841）［蔷薇科 Rosaceae］●☆

37106　Osmaton Raf. ＝Carum L.（1753）［伞形花科（伞形科）Apiaceae（Umbelliferae）］■

37107　Osmelia Thwaites（1858）【汉】香风子属。【隶属】刺篱木科（大风子科）Flacourtiaceae。【包含】世界 3 种。【学名诠释与讨论】〈阴〉（希）osme ＝odme，香味，臭味，气味+meli，蜂蜜，蜜色。【分布】马来西亚，斯里兰卡。【模式】Osmelia gardneri Thwaites。【参考异名】Stachycrater Turcz.（1858）●☆

37108　Osmhydrophora Barb. Rodr.（1888）＝ Tanaecium Sw.（1788）［紫葳科 Bignoniaceae］■☆

37109　Osmia Sch. Bip.（1866）＝ Chromolaena DC.（1836）［菊科 Asteraceae（Compositae）］●■

37110　Osmiopsis R. M. King et H. Rob.（1975）【汉】藤泽兰属。【隶属】菊科 Asteraceae（Compositae）。【包含】世界 1 种。【学名诠释与讨论】〈阴〉（属）Osmia ＝Chromolaena 香泽兰属（飞机草属，色衣菊属）+希腊文 opsis，外观，模样。【分布】海地。【模式】Osmiopsis plumeri（Urban et Ekman）R. M. King et H. E. Robinson［as 'plumerii'］［Eupatorium plumeri Urban et Ekman［as 'plumerii'］。●☆

37111　Osmites L.（1764）（废弃属名）＝ Relhania L'Hér.（1789）（保留属名）［菊科 Asteraceae（Compositae）］●☆

37112　Osmitiphyllum Sch. Bip.（1844）＝ Peyrousea DC.（1838）（保留属名）［菊科 Asteraceae（Compositae）］●☆

37113　Osmitopsis Cass.（1817）【汉】旋叶菊属。【隶属】菊科 Asteraceae（Compositae）。【包含】世界 9 种。【学名诠释与讨论】〈阴〉（属）Osmites ＝Relhania 寡头鼠麹木属+希腊文 opsis，外观，模样，相似。此属的学名，ING、TROPICOS 和 IK 记载是"Osmitopsis Cassini, Bull. Sci. Soc. Philom. Paris 1817：154. Oct 1817"。"Leucanthemum J. Burman ex O. Kuntze, Rev. Gen. 1：351. 5 Nov 1891（non P. Miller 1754）"是"Osmitopsis Cass.（1817）"的晚出的同模式异名（Homotypic synonym, Nomenclatural synonym）。【分布】非洲南部。【模式】Osmitopsis asteriscoides（Linnaeus）Lessing［Osmites asteriscoides Linnaeus］。【参考异名】Leucanthemum Burm.（1738）Nom. inval.；Leucanthemum Burm. ex Kuntze（1891）Nom. illegit.；Leucanthemum Kuntze（1891）Nom. illegit.●☆

37114　Osmodium Raf.（1808）Nom. illegit. ≡ Onosmodium Michx.（1803）［紫草科 Boraginaceae］■☆

37115　Osmoglossum（Schltr.）Schltr.（1922）【汉】香唇兰属。【隶属】兰科 Orchidaceae。【包含】世界 7 种。【学名诠释与讨论】〈中〉（希）osme ＝odme，香味，臭味，气味。在希腊文组合词中，词头 osm-和词尾-osma 通常指香味+glossa，舌。指花具芳香。此属的学名，ING 记载是"Osmoglossum（Schlechter）Schlechter, Repert. Spec. Nov. Regni Veg. Beih. 17：79. 30 Dec 1922"，由"Odontoglossum subgen. Osmoglossum Schlechter, Orchis 162. 1916"

改级而来。IK 则记载为"Osmoglossum Schltr., Orchis 1916, x. 162, in obs."。【分布】巴拿马，厄瓜多尔，哥斯达黎加，尼加拉瓜，中美洲。【模式】Osmoglossum pulchellum（Bateman ex Lindley）Schlechter［Odontoglossum pulchellum Bateman ex Lindley］。【参考异名】Odontoglossum subgen. Osmoglossum Schltr.（1916）；Osmoglossum Schltr.（1916）Nom. illegit.■☆

37116　Osmoglossum Schltr.（1916）Nom. illegit.≡Osmoglossum（Schltr.）Schltr.（1922）［兰科 Orchidaceae］■☆

37117　Osmohydrophora Barb. Rodr.（1891）= Tanaecium Sw.（1788）［紫葳科 Bignoniaceae］■☆

37118　Osmorhiza Raf.（1819）（保留属名）【汉】香根芹属（臭根属）。【日】ヤブニンジン属。【俄】Осмориза。【英】Pfeiffer Cicely, Pfeiffer Root。【隶属】伞形花科（伞形科）Apiaceae（Umbelliferae）。【包含】世界 11 种，中国 1 种。【学名诠释与讨论】〈阴〉（希）osme = odme，香味，臭味，气味 + rhiza，或 rhizoma，根，根茎。指根具香味。此属的学名"Osmorhiza Raf. in Amer. Monthly Mag. et Crit. Rev. 4：192. Jan 1819"是保留属名。相应的废弃属名是"Uraspermum Nutt., Gen. N. Amer. Pl. 1：192. 14 Jul 1818≡Osmorhiza Raf.（1819）（保留属名）"。"Washingtonia Rafinesque ex J. M. Coulter et J. N. Rose, Contr. U. S. Natl. Herb. 7：60. 31 Dec 1900［non H. Wendland 1879（nom. cons.）］"也是"Osmorhiza Raf.（1819）（保留属名）"的晚出的同模式异名（Homotypic synonym, Nomenclatural synonym）。"Osmorhiza Raf.（1819）（保留属名）"曾被处理为"Uraspermum sect. Osmorhiza（Raf.）Kuntze, Lexicon Generum Phanerogamarum 582. 1904"。【分布】安第斯山，巴基斯坦，秘鲁，玻利维亚，日本，美国（密苏里），中国，高加索至喜马拉雅山，中美洲。【模式】Osmorhiza claytonii（A. Michaux）C. B. Clarke［as 'claytoni'］［Myrrhis claytonii A. Michaux［as 'claytoni'］。【参考异名】Elleimataenia Koso-Pol.（1916）；Gonantherus Raf.；Gonatherus Post et Kuntze（1903）；Osmoshiza Raf.；Schudia Molina ex Gay（1848）；Spermatura Rchb.（1828）Nom. illegit.；Uraspermum Nutt.（1818）（废弃属名）；Uraspermum sect. Osmorhiza（Raf.）Kuntze（1904）；Washingtonia Raf., Nom. inval.（废弃属名）；Washingtonia Raf. ex J. M. Coult. et Rose（1900）Nom. illegit.（废弃属名）■

37119　Osmoscleria Lindl.（1847）= Omoscleria Nees（1842）Nom. illegit.；~=Scleria P. J. Bergius（1765）［莎草科 Cyperaceae］■

37120　Osmoshiza Raf. = Osmorhiza Raf.（1819）（保留属名）［伞形花科（伞形科）Apiaceae（Umbelliferae）］■

37121　Osmothamnus DC.（1839）= Rhododendron L.（1753）［杜鹃花科（欧石南科）Ericaceae］●

37122　Osmoxylon Miq.（1863）【汉】兰屿八角金盘属。【英】Osmoxylon。【隶属】五加科 Araliaceae。【包含】世界 50 种，中国 1 种。【学名诠释与讨论】〈中〉（希）osme = odme，香味，臭味，气味 + xylon，木材。此属的学名，ING、TROPICOS 和 IK 记载是"Osmoxylon Miquel, Ann. Mus. Bot. Lugduno-Batavi 1：3, 5. 2 Jul 1863"。"Pseudosantalum O. Kuntze, Rev. Gen. 1：271. 5 Nov 1891"是"Osmoxylon Miq.（1863）"的晚出的同模式异名（Homotypic synonym, Nomenclatural synonym）。【分布】马来西亚，中国。【模式】Osmoxylon amboinense Miquel, Nom. illegit.［Aralia umbellifera Lamarck］。【参考异名】Boerlagiodendron Harms（1894）；Eschweileria Zipp. ex Boerl.（1887）Nom. illegit.；Pseudosantalum Kuntze（1891）Nom. illegit.；Pseudosantalum Rumph., Nom. inval.；Pseudosantalum Rumph. ex Kuntze（1891）Nom. illegit.●

37123　Osmyne Salisb.（1866）= Ornithogalum L.（1753）［百合科 Liliaceae//风信子科 Hyacinthaceae］■

37124　Ossaea DC.（1828）【汉】奥萨野牡丹属。【隶属】野牡丹科 Melastomataceae。【包含】世界 91 种。【学名诠释与讨论】〈阴〉（人）Jose Antonio de la Ossa, ? -1829，植物学者。【分布】巴拉圭，巴拿马，秘鲁，玻利维亚，厄瓜多尔，哥伦比亚（安蒂奥基亚），哥斯达黎加，尼加拉瓜，西印度群岛，中美洲。【后选模式】Ossaea scalpta（Ventenat）A. P. de Candolle［Maieta scalpta Ventenat］。【参考异名】Diclemia Naudin（1852）；Didemia Naudin；Gonema Raf.（1838）；Octopleura Griseb.（1860）●☆

37125　Ossea Lonic. ex Nieuwl. et Lunell（1916）Nom. illegit.≡Swida Opiz（1838）［山茱萸科 Cornaceae］●

37126　Ossea Nieuwl. et Lunell（1916）Nom. illegit.≡Ossea Lonic. ex Nieuwl. et Lunell（1916）［山茱萸科 Cornaceae］●

37127　Ossiculum P. J. Cribb et Laan（1986）【汉】骨兰属。【隶属】兰科 Orchidaceae。【包含】世界 1 种。【学名诠释与讨论】〈中〉（拉）ossis，指小式 ossiculum，骨。【分布】喀麦隆。【模式】Ossiculum aurantiacum P. J. Cribb et F. M. van der Laan。■☆

37128　Ossifraga Rumph. = Euphorbia L.（1753）［大戟科 Euphorbiaceae］●■

37129　Ostachyrium Steud.（1841）= Otachyrium Nees（1829）；~=Panicum L.（1753）［禾本科 Poaceae（Gramineae）］■

37130　Osteiza Steud.（1841）= Calea L.（1763）；~=Oteiza La Llave（1832）［菊科 Asteraceae（Compositae）］●☆

37131　Ostenia Buchenau（1906）= Hydrocleys Rich.（1815）［花蔺科 Butomaceae//黄花蔺科（沼鳖科）Limnocharitaceae］■☆

37132　Osteocarpum F. Muell.（1858）【汉】石果藜属。【隶属】藜科 Chenopodiaceae。【包含】世界 5 种。【学名诠释与讨论】〈中〉（希）osteon，骨头 + karpos，果实。此属的学名是"Osteocarpum F. von Mueller, Trans. & Proc. Philos. Inst. Victoria 2：77. 1858"。亦有文献把其处理为"Threlkeldia R. Br.（1810）"的异名。【分布】澳大利亚。【模式】Osteocarpum salsuginosum F. von Mueller。【参考异名】Babbagia F. Muell.（1858）；Osteocarpus Kuntze（1903）Nom. illegit.；Threlkeldia R. Br.（1810）■☆

37133　Osteocarpus Kuntze（1903）Nom. illegit. = Osteocarpum F. Muell.（1858）［藜科 Chenopodiaceae］■☆

37134　Osteocarpus Phil（1884）= Alona Lindl.（1844）；~=Nolana L. ex L. f.（1762）［茄科 Solanaceae//铃花科 Nolanaceae］■☆

37135　Osteomeles Lindl.（1821）【汉】小石积属。【日】テンノウメ属。【俄】Костянкоплодник。【英】Bonyberry, Bony-berry。【隶属】蔷薇科 Rosaceae。【包含】世界 3-10 种，中国 3 种。【学名诠释与讨论】〈阴〉（希）osteon，骨头 + melon，树上生的水果，苹果。指种皮骨质。【分布】玻利维亚，中国，安第斯山，波利尼西亚群岛，东亚，中美洲。【模式】Osteomeles anthyllidifolia（J. E. Smith）Lindley［Pyrus anthyllidifolia J. E. Smith］。【参考异名】Eleutherocarpum Schltdl.（1857）●

37136　Osteophloeum Warb.（1897）【汉】骨皮树属（硬皮楠属）。【隶属】肉豆蔻科 Myristicaceae//杨梅科 Myricaceae。【包含】世界 1 种。【学名诠释与讨论】〈阴〉（希）osteon，骨头 + phloios，树皮。【分布】巴拿马，巴西，秘鲁，玻利维亚，厄瓜多尔，亚马孙河流域。【模式】Osteophloeum platyspermum（Alph. de Candolle）Warburg［Myristica platysperma Alph. de Candolle］。●☆

37137　Osteospermum L.（1753）【汉】骨籽菊属（骨子菊属，麦秆菊属）。【英】African Daisy。【隶属】菊科 Asteraceae（Compositae）。【包含】世界 45-67 种。【学名诠释与讨论】〈中〉（希）osteon，骨头 + sperma，所有格 spermatos，种子，孢子。指模式种的果实坚硬。此属的学名，ING、TROPICOS、APNI、GCI 和 IK 记载是"Osteospermum L., Sp. Pl. 2：923. 1753［1 May 1753］"。"Chrysanthemoides Fabricius, Enum. 79. 1759"和"Monilifera Adanson, Fam. 2：127. Jul-Aug 1763"是"Osteospermum L.

(1753)"的晚出的同模式异名(Homotypic synonym, Nomenclatural synonym)。【分布】非洲南部, 圣赫勒拿岛。【模式】Osteospermum spinosum Linnaeus。【参考异名】Chrysanthemoides Fabr. (1759) Nom. illegit.; Eriocline (Cass.) Cass. (1819); Eriocline Cass. (1819) Nom. illegit.; Lepisiphon Turcz. (1851); Monilifera Adsns. (1763) Nom. illegit.; Oligocarpus Less. (1832); Tripteris Less. (1831); Xerothamnus DC. (1836)●■☆

37138　Osterdamia Kuntze (1891) Nom. illegit. ≡ Osterdamia Neck. ex Kuntze(1891)Nom. illegit.; ~ ≡ Zoysia Willd. (1801)(保留属名) [禾本科 Poaceae(Gramineae)]■

37139　Osterdamia Neck., Nom. inval. ≡ Osterdamia Neck. ex Kuntze (1891)Nom. illegit.; ~ ≡ Zoysia Willd. (1801)(保留属名) [禾本科 Poaceae(Gramineae)]■

37140　Osterdamia Neck. ex Kuntze(1891)Nom. illegit. ≡ Zoysia Willd. (1801)(保留属名) [禾本科 Poaceae(Gramineae)]■

37141　Osterdickia Burm. (1737) Nom. inval. =? Osterdikia Adans. (1763)Nom. illegit. [虎耳草科 Saxifragaceae]☆

37142　Osterdikia Adans. (1763) Nom. illegit. ≡ Cunonia L. (1759)(保留属名); ~ = Oosterdyckia Boehm. (1760) [火把树科(常绿棱枝树科, 角瓣木科, 库诺尼科, 南蔷薇科, 轻木科)Cunoniaceae]●☆

37143　Osterdyckia Rchb. (1828) Nom. illegit. = Osterdikia Adans. (1763)Nom. illegit.; ~ ≡ Cunonia L. (1759)(保留属名); ~ = Oosterdyckia Boehm. (1760) [火把树科(常绿棱枝树科, 角瓣木科, 库诺尼科, 南蔷薇科, 轻木科)Cunoniaceae]●☆

37144　Ostericum Hoffm. (1816)【汉】山芹属(奥斯特属)。【日】ヤマゼリ属。【俄】Маточник。【英】Hillcelery, Ostericum。【隶属】伞形花科(伞形科)Apiaceae(Umbelliferae)。【包含】世界 10 种, 中国 7 种。【学名诠释与讨论】〈中〉(希)osteros, 敏捷的, 快的+拉丁文词尾-icus, -ica, -icum =希腊文词尾-ikos, 属于, 关于。指其有药用效果。此属的学名是"Ostericum G. F. Hoffmann, Gen. Umbellif. ed. 2. 162. 15 Mai-31 Dec 1816"。亦有文献把其处理为"Angelica L. (1753)"的异名。【分布】中国, 欧洲中部和北部, 温带亚洲。【模式】Ostericum pratense G. F. Hoffmann。【参考异名】Angelica L. (1753); Gomphopetalum Turcz. (1841)■

37145　Ostinia Clairv. (1811) = Mespilus L. (1753) [蔷薇科 Rosaceae]●☆

37146　Ostodes Blume(1826)【汉】叶轮木属。【英】Ostodes。【隶属】大戟科 Euphorbiaceae。【包含】世界 4-10 种, 中国 3 种。【学名诠释与讨论】〈阴〉(希)osteon, 骨头+eidos 相似。【分布】东南亚, 东喜马拉雅山, 加里曼丹岛, 苏门答腊岛, 爪哇岛, 中国。【模式】Ostodes paniculata Blume。【参考异名】Fahrenheitia Rchb. f. et Zoll. (1857)Nom. inval. ●

37147　Ostrearia Baill. (1871) Nom. inval. ≡ Ostrearia Baill. ex Nied. (1891) [金缕梅科 Hamamelidaceae]●☆

37148　Ostrearia Baill. ex Nied. (1891)【汉】澳蚵花属。【隶属】金缕梅科 Hamamelidaceae。【包含】世界 1 种。【学名诠释与讨论】〈阴〉(希)ostreon, 牡蛎+-arius, -aria, -arium, 指示"属于, 相似, 具有, 联系"的词尾。指果实形状。【分布】澳大利亚(昆士兰)。【模式】Ostrearia australiana Baill.。【参考异名】Ostrearia Baill. (1871)Nom. inval. ●☆

37149　Ostreocarpus Rich. ex Endl. (1840) = Aspidosperma Mart. et Zucc. (1824)(保留属名) [夹竹桃科 Apocynaceae]●☆

37150　Ostrowskia Regel(1884)【汉】轮叶风铃属(大钟花属)。【日】オストロウスキア属。【俄】Островския。【英】Giant Bell, Giant Bell-flower。【隶属】桔梗科 Campanulaceae。【包含】世界 1 种。【学名诠释与讨论】〈阴〉(人)Michail Nikolaevic(Michael Nicholazewitsch von O.)Ostrowski(Ostrovskij, Ostrowsky), 俄国植

物学资助人。【分布】亚洲中部。【模式】Ostrowskia magnifica Regel。■☆

37151　Ostruthium Link(1829)Nom. illegit. ≡ Imperatoria L. (1753); ~ = Peucedanum L. (1753) [伞形花科(伞形科)Apiaceae(Umbelliferae)]■

37152　Ostrya Hill (1757) Nom. illegit. (废弃属名) ≡ Carpinus L. (1753) [榛科 Corylaceae//鹅耳枥科 Carpinaceae//桦木科 Betulaceae]●

37153　Ostrya Scop. (1760)(保留属名)【汉】铁木属(苗榆属)。【日】アサダ属。【俄】Хмелеграб。【英】Hop Hornbeam, Hophornbeam, Hop-hornbeam, Hop-horn-beam, Ironwood。【隶属】榛科 Corylaceae//桦木科 Betulaceae。【包含】世界 7-10 种, 中国 5 种。【学名诠释与讨论】〈阴〉(拉)ostrya, 为欧洲产的铁木的古称, 来自希腊文 ostryos, 鳞苞, 总苞。指花序具苞片。此属的学名"Ostrya Scop., Fl. Carniol.:414. 15 Jun-21 Jul 1760"是保留属名。相应的废弃属名是"Ostrya Hill, Brit. Herb.:513. Jan 1757 ≡ Carpinus L. (1753) [榛科 Corylaceae//鹅耳枥科 Carpinaceae//桦木科 Betulaceae]"。【分布】美国, 中国, 北温带, 中美洲。【模式】Ostrya carpinifolia Scopoli [Carpinus ostrya Linnaeus]。【参考异名】Carpinus L. (1753); Zugilus Raf. (1817); Zygilus Post et Kuntze(1903)●

37154　Ostryocarpus Hook. f. (1849)【汉】铁荚果属。【隶属】豆科 Fabaceae(Leguminosae)。【包含】世界 6 种。【学名诠释与讨论】〈阳〉(属)Ostrya 铁木属+karpos, 果实。【分布】热带非洲。【模式】Ostryocarpus riparius J. D. Hooker。【参考异名】Aganope Miq. (1855); Xerodenis Roberty ●☆

37155　Ostryoderris Dunn (1911) = Aganope Miq. (1855) [豆科 Fabaceae(Leguminosae)]●

37156　Ostryodium Desv. (1814) = Flemingia Roxb. ex W. T. Aiton (1812)(保留属名); ~ = Maughania J. St. -Hil. (1813) Nom. illegit.; ~ = Flemingia Roxb. ex W. T. Aiton (1812)(保留属名) [豆科 Fabaceae(Leguminosae)//蝶形花科 Papilionaceae]●■

37157　Ostryopsis Decne. (1873)【汉】虎榛子属(胡榛子属)。【英】Ostryopsis。【隶属】榛科 Corylaceae//桦木科 Betulaceae。【包含】世界 2-4 种, 中国 2-4 种。【学名诠释与讨论】〈阴〉(属)Ostrya 铁木属+希腊文 opsis, 外观, 模样, 相似。指其与铁木属相近。【分布】中国。【模式】Ostryopsis davidiana Decaisne。●★

37158　Osvaldoa J. R. Grande(2014)【汉】阿根廷黍属。【隶属】禾本科 Poaceae(Gramineae)。【包含】世界 1 种。【学名诠释与讨论】〈阴〉(人)Osvaldo。此属的学名"Osvaldoa J. R. Grande, Phytoneuron 2014 (22): 5. 2014. (28 Jan 2014 e-pub)"是"Panicum sect. Valida Zuloaga et Morrone, Syst. Bot. 14(2):228. 1989"的替代名称。【分布】阿根廷。【模式】Osvaldoa valida (Mez) J. R. Grande. [Panicum validum Mez]。【参考异名】Panicum sect. Valida Zuloaga et Morrone(1989)■☆

37159　Oswalda Cass. (1829) = Clibadium F. Allam. ex L. (1771) [菊科 Asteraceae(Compositae)]●■☆

37160　Oswaldia Less. (1832) = Oswalda Cass. (1829); ~ = Clibadium F. Allam. ex L. (1771) [菊科 Asteraceae(Compositae)]●■☆

37161　Osyricera Blume(1825)= Bulbophyllum Thouars(1822)(保留属名) [兰科 Orchidaceae]■

37162　Osyriceras Post et Kuntze(1903)= Osyricera Blume(1825) [兰科 Orchidaceae]■

37163　Osyridaceae Juss. ex Martinov =Santalaceae R. Br. (保留科名)●■

37164　Osyridaceae Link [亦见 Santalaceae R. Br. (保留科名)檀香科]【汉】沙针科。【包含】世界 1 属 6-7 种, 中国 1 属 1 种。【分布】地中海和非洲至印度。【科名模式】Osyris L. ●

37165　Osyridaceae Raf. (1820)＝Santalaceae R. Br. (保留科名)●■

37166　Osyridicarpos A. DC. (1857)【汉】韧果檀香属。【隶属】檀香科 Santalaceae。【包含】世界 6 种。【学名诠释与讨论】〈阳〉(希)osyris，一种植物的古名，来自希腊文 ozos 枝条＋karpos，果实。另说 Osyris 沙针属＋karpos，果实。【分布】热带和非洲南部。【后选模式】Osyridicarpos natalensis Alph. de Candolle。●☆

37167　Osyris L. (1753)【汉】沙针属。【英】Osyris。【隶属】檀香科 Santalaceae//沙针科 Osyridaceae。【包含】世界 6-7 种，中国 1 种。【学名诠释与讨论】〈阴〉(希)osyris，一种植物的古名，来自希腊文 ozos 枝条＋karpos，果实。指枝条柔韧。此属的学名，ING、TROPICOS 和 IK 记载是"Osyris L., Sp. Pl. 2：1022. 1753 [1 May 1753]"。"Casia Gagnebin, Acta Helv. 2：59. Feb 1755"是"Osyris L. (1753)"的晚出的同模式异名 (Homotypic synonym, Nomenclatural synonym)。【分布】巴勒斯坦，中国，地中海和非洲至印度，中美洲。【模式】Osyris alba Linnaeus。【参考异名】Casia Duhamel(1755)；Casia Gagnebin(1755) Nom. illegit.；Colpoon P. J. Bergius(1767)●

37168　Otacanthus Lindl. (1862)【汉】耳刺玄参属。【隶属】玄参科 Scrophulariaceae。【包含】世界 4-6 种。【学名诠释与讨论】〈阳〉(希)ous，所有格 otos，指小式 otion，耳。otikos，耳的＋akantha，荆棘。akanthikos，荆棘的。akanthion，蓟的一种，豪猪，刺猬。akanthinos，多刺的，用荆棘做成的。在植物学中，acantha 通常指刺。【分布】巴西，马达加斯加。【模式】Otacanthus coeruleus Lindley。【参考异名】Tetraplacus Radlk. (1885)■●☆

37169　Otachyrium Nees (1829)【汉】耳颖草属。【隶属】禾本科 Poaceae(Gramineae)。【包含】世界 7 种。【学名诠释与讨论】〈中〉(希)ous，所有格 otos，指小式 otion＋achyron，皮，壳，莩＋-ius，-ia，-ium，在拉丁文和希腊文中，这些词尾表示性质或状态。【分布】玻利维亚，热带南美洲。【模式】Otachyrium junceum C. G. D. Nees, Nom. illegit. [Panicum pterigodium Trinius；Otachyrium pterigodium (Trinius) Pilger]。【参考异名】Ostachyrium Steud. (1841)■☆

37170　Otamplis Raf. (1836)＝Cocculus DC. (1817)(保留属名) [防己科 Menispermaceae]●

37171　Otandra Salisb. (1812)＝Geodorum Jacks. (1811) [兰科 Orchidaceae]■

37172　Otanema Raf. (1826)＝Asclepias L. (1753) [萝藦科 Asclepiadaceae]■

37173　Otanthera Blume(1831)【汉】耳药花属(糙叶金锦香属，耳蕊花属，耳药属)。【英】Earanther, Ear－anther, Otanthera。【隶属】野牡丹科 Melastomataceae。【包含】世界 8-15 种，中国 1 种。【学名诠释与讨论】〈阴〉(希)ous，所有格 otos，指小式 otion＋anthera，花药。指药隔下延成耳状。此属的学名是"Otanthera Blume, Flora 14：488. 28 Jul 1831"。亦有文献把其处理为"Melastoma L. (1753)"的异名。【分布】马来西亚，印度(尼科巴群岛)，澳大利亚(热带)，中国。【模式】Otanthera moluccana (Blume) Blume [Melastoma moluccanum Blume]。【参考异名】Lachnopodium Blume(1831)；Malabathris Raf. (1838) Nom. illegit.；Melastoma L. (1753)●

37174　Otanthus Hoffmanns. et Link (1809)【汉】灰肉菊属。【英】Cottonweed。【隶属】菊科 Asteraceae(Compositae)。【包含】世界 1 种。【学名诠释与讨论】〈阳〉(希)ous，所有格 otos，指小式 otion＋anthos，花。此属的学名，ING、TROPICOS 和 IK 记载是"Otanthus Hoffmannsegg et Link, Fl. Portug. 2：364. 1809"。"Diotis Desfontaines, Fl. Atl. 2：260. Feb-Jul 1799(non Schreber 1791)"是"Otanthus Hoffmanns. et Link (1809)"的同模式异名 (Homotypic synonym, Nomenclatural synonym)。【分布】欧洲西部和地中海至

高加索。【模式】Otanthus maritimus (Linnaeus) Hoffmannsegg et Link [Filago maritima Linnaeus]。【参考异名】Diotis Desf. (1799) Nom. illegit.；Gnaphalion Adans. (1763) Nom. illegit.；Gnaphalium Adans. (1763) Nom. illegit.；Neesia Spreng. (1818)(废弃属名)■☆

37175　Otaria Kunth ex G. Don (1837)＝Asclepias L. (1753) [萝藦科 Asclepiadaceae]■

37176　Otaria Kunth(1818) Nom. inval. Nom. illegit. ≡Otaria Kunth ex G. Don(1837)；~＝Asclepias L. (1753) [萝藦科 Asclepiadaceae]■

37177　Otatea (McClure et E. W. Sm.) C. E. Calderón et Soderstr. (1980)【汉】墨西哥箭竹属(奥塔特竹属)。【英】Otatea。【隶属】禾本科 Poaceae(Gramineae)。【包含】世界 2 种。【学名诠释与讨论】〈阴〉otate，墨西哥植物俗名。此属的学名，ING、IK 和 GCI 记载是"Otatea (F. A. McClure et E. W. Smith) C. E. Calderón et T. R. Soderstrom, Smithsonian Contr. Bot. 44：21. 13 Feb 1980"，由"Yushania subgen. Otatea F. A. McClure et E. W. Smith in F. A. McClure, Smithsonian Contr. Bot. 9：116. 11 Mai 1973"改级而来。"Otatea McClure et E. W. Sm. (1980)"的命名人引证有误。亦有文献把"Otatea (McClure et E. W. Sm.) C. E. Calderón et Soderstr. (1980)"处理为"Sinarundinaria Nakai(1935)"的异名。【分布】墨西哥，北美洲，中美洲。【模式】Otatea aztecorum (F. A. McClure et E. W. Smith) C. E. Calderón et T. R. Soderstrom [Yushania aztecorum F. A. McClure et E. W. Smith]。【参考异名】Otatea McClure et E. W. Sm. (1980) Nom. illegit.；Sinarundinaria Nakai (1935)；Yushania subgen. Otatea McClure et E. W. Sm. (1973)●☆

37178　Otatea McClure et E. W. Sm. (1980) Nom. illegit. ≡Otatea (McClure et E. W. Sm.) C. E. Calderón et Soderstr. (1980) [禾本科 Poaceae(Gramineae)]●☆

37179　Oteiza La Llave ex DC. , Nom. illegit. ＝Oteiza La Llave (1832) [菊科 Asteraceae(Compositae)]●☆

37180　Oteiza La Llave (1832)【汉】奥特菊属。【隶属】菊科 Asteraceae(Compositae)。【包含】世界 3-4 种。【学名诠释与讨论】〈阴〉词源不详。此属的学名，ING、TROPICOS 和 IK 记载是"Oteiza La Llave, Reg. Trim. Mex. (1832) 41；ex DC. Prod. vii. 262"。"Oteiza La Llave ex DC. ≡Oteiza La Llave(1832)"的命名人引证有误。"Oteiza La Llave(1832)"曾被处理为"Calea sect. Oteiza (La Llave) Benth. et Hook. f. , Genera Plantarum 2(1)：391. 1873. (7-9 April 1873)"和"Calea subgen. Oteiza (La Llave) B. L. Rob. et Greenm. , Proceedings of the American Academy of Arts and Sciences 32(1)：21. 1897 [1896]. (Nov 1896)"。亦有文献把"Oteiza La Llave(1832)"处理为"Calea L. (1763)"的异名。【分布】墨西哥，危地马拉，中美洲。【模式】Oteiza acuminata La Llave。【参考异名】Calea L. (1763)；Calea sect. Oteiza (La Llave) Benth. et Hook. f. (1873)；Calea subgen. Oteiza (La Llave) B. L. Rob. et Greenm. (1897)；Osteiza Steud. (1841)；Oteiza La Llave ex DC. , Nom. illegit.●☆

37181　Othake Raf. (1836)＝Palafoxia Lag. (1816) [菊科 Asteraceae (Compositae)]■☆

37182　Othanthera G. Don(1837)＝Orthanthera Wight(1834) [萝藦科 Asclepiadaceae]■☆

37183　Othera Thunb. (1783)＝Ilex L. (1753) [冬青科 Aquifoliaceae]●

37184　Otherodendron Makino(1909)【汉】台油木属。【隶属】卫矛科 Celastraceae。【包含】世界 8 种。【学名诠释与讨论】〈中〉(属) Othera ＝Ilex 冬青属＋dendron 或 dendros，树木，棍，丛林。此属的学名是"Otherodendron Makino, Bot. Mag. (Tokyo) 23：60. 1909"。亦有文献把其处理为"Microtropis Wall. ex Meisn. (1837)(保留属名)"的异名。【分布】日本，中国(包括台湾)，琉球群岛。【模式】Otherodendron japonicum (Franchet et Savatier) Makino

［Elaeodendron japonicum Franchet et Savatier］。【参考异名】Cassine Kuntze（废弃属名）；Microtropis Wall. ex Meisn.（1837）（保留属名）●

37185 Othlis Schott（1827）= Doliocarpus Rol.（1756）［五桠果科（第伦桃科,五丫果科,锡叶藤科）Dilleniaceae］●☆

37186 Othocallis Salisb.（1866）【汉】领苞风信子属。【隶属】百合科 Liliaceae//风信子科 Hyacinthaceae//绵枣儿科 Scillaceae。【包含】世界 20 种。【学名诠释与讨论】〈阴〉（希）othone,细亚麻布,帆布+kalos,美丽的。kallos,美人,美丽。kallistos,最美的。此属的学名是"Othocallis R. A. Salisbury, Gen. 28. Apr–Mai 1866"。亦有文献把其处理为"Scilla L.（1753）"的异名。【分布】参见 Scilla L.（1753）。【模式】未指定。【参考异名】Scilla L.（1753）☆

37187 Otholobium C. H. Stirt.（1981）【汉】美非补骨脂属。【隶属】豆科 Fabaceae（Leguminosae）//蝶形花科 Papilionaceae。【包含】世界 36 种。【学名诠释与讨论】〈阴〉（人）Otho+lobos=拉丁文 lobulus,片,裂片,叶,荚,萌+-ius,-ia,-ium,在拉丁文和希腊文中,这些词尾表示性质或状态。此属的学名是"Otholobium C. H. Stirton in R. M. Polhill et P. H. Raven, Advances Legume Syst. 1：341. 1981"。亦有文献把其处理为"Psoralea L.（1753）"的异名。【分布】参见 Psoralea L.（1753）。【模式】Otholobium caffrum（Ecklon et Zeyher）C. H. Stirton［Psoralea caffra Ecklon et Zeyher］。【参考异名】Psoralea L.（1753）●☆

37188 Othonna L.（1753）【汉】厚敦菊属（肉叶菊属,黄肉菊属）。【日】オトンナ属。【隶属】菊科 Asteraceae（Compositae）。【包含】世界 120-150 种。【学名诠释与讨论】〈阴〉（希）othonna,植物俗名。此属的学名,ING 和 IK 记载是"Othonna L., Sp. Pl. 2：924. 1753［1 May 1753］"。有些学者承认"黄肉菊属";ING 记载其学名为"Hertia C. F. Lessing, Syn. Gen. Comp. 88. 1832";IK 则记载为"Hertia Neck., Elem. Bot.（Necker）1；8. 1790; Less. in Linnaea, vi.（1831）94; nom. inval.";但都是未合格发表的名称（Nom. inval.）。"Aristotela Adanson, Fam. 2：125. Jul–Aug 1763（废弃属名）"是"Othonna L.（1753）"的晚出的同模式异名（Homotypic synonym, Nomenclatural synonym）。【分布】非洲北部至巴基斯坦（俾路支）,非洲南部,中美洲。【后选模式】Othonna coronopifolia Linnaeus。【参考异名】Aristotela Adans.（1763）Nom. illegit.（废弃属名）；Calthoides B. Juss. ex DC.（1838）；Ceradia Lindl.（1845）；Doria Thunb.（1800）Nom. illegit.；Hertia Less.（1832）Nom. illegit., Nom. inval.；Hertia Neck.（1790）Nom. inval.；Othonnopsis Jaub. et Spach（1852）●■☆

37189 Othonnopsis Jaub. et Spach（1852）= Hertia Less.（1832）Nom. illegit.；~ = Othonna L.（1753）［菊科 Asteraceae（Compositae）］●■☆

37190 Othostemma Pritz.（1855）= Hoya R. Br.（1810）；~ = Otostemma Blume（1849）［萝藦科 Asclepiadaceae］●

37191 Othrys Noronha ex Thouars（1806）= Crateva L.（1753）［山柑科（白花菜科,醉蝶花科）Capparaceae］●

37192 Otidia Lindl. ex Sweet = Pelargonium L'Hér. ex Aiton（1789）［牻牛儿苗科 Geraniaceae］●■

37193 Otilix Raf.（1830）（废弃属名）≡ Lycianthes（Dunal）Hassl.（1917）（保留属名）；~ = Solanum L.（1753）［茄科 Solanaceae］●■

37194 Otillis Gaertn.（1788）= Leea D. Royen ex L.（1767）（保留属名）［葡萄科 Vitaceae//火筒树科 Leeaceae］●■

37195 Otiophora Zucc.（1832）【汉】耳梗茜属。【隶属】茜草科 Rubiaceae。【包含】世界 20 种。【学名诠释与讨论】〈阴〉（希）ous,所有格 otos,指小式 otion,耳。otikos,耳的+phoros,具有,梗,负载,发现者。【分布】马达加斯加,热带非洲。【模式】Otiophora scabra Zuccarini。【参考异名】Mericocalyx Bamps（1959）；Otiophora

Post et Kuntze（1903）Nom. illegit. ■☆

37196 Otites Adans.（1763）= Silene L.（1753）（保留属名）［石竹科 Caryophyllaceae］■

37197 Otoba（A. DC.）H. Karst.（1882）【汉】耳基豆蔻属（耳基楠属）。【隶属】肉豆蔻科 Myristicaceae。【包含】世界 6-9 种。【学名诠释与讨论】〈阴〉（希）otobos,尖锐的声音,高声。另说来自植物俗名。此属的学名,ING 和 TROPICOS 记载是"Otoba（Alph. de Candolle）H. Karsten, Deut. Fl. 578. Feb 1882",由"Myristica sect. Otoba Alph. de Candolle, Ann. Sci. Nat. Bot. ser. 4. 4：22, 30. 1855"改级而来。IK 则记载为"Otoba H. Karst., Deut. Fl.（Karsten）578. 1882［Feb 1882］"。"Dialyanthera Warburg, Nova Acta Acad. Caes. Leop. – Carol. German. Nat. Cur. 68：126, 148. Dec 1897"是"Otoba（A. DC.）H. Karst.（1882）"的晚出的同模式异名（Homotypic synonym, Nomenclatural synonym）。【分布】巴拿马,秘鲁,玻利维亚,厄瓜多尔,哥伦比亚（安蒂奥基亚）,哥斯达黎加,尼加拉瓜,热带南美洲,中美洲。【模式】Otoba novogranatensis H. Moldenke［Myristica otoba Humboldt et Bonpland ex Willdenow］。【参考异名】Dialyanthera Warb.（1896）Nom. illegit.；Myristica sect. Otoba A. DC.（1855）；Otoba H. Karst.（1882）Nom. illegit. ●☆

37198 Otoba H. Karst.（1882）Nom. illegit. ≡ Otoba（A. DC.）H. Karst.（1882）［肉豆蔻科 Myristicaceae］●☆

37199 Otocalyx Brandegee（1914）【汉】耳萼茜属。【隶属】茜草科 Rubiaceae。【包含】世界 1 种。【学名诠释与讨论】〈阳〉（希）ous,所有格 otos,指小式 otion,耳+kalyx,所有格 kalykos=拉丁文 calyx,花萼,杯子。【分布】墨西哥,中美洲。【模式】Otocalyx chiapensis Brandegee。■☆

37200 Otocarpum Willk.（1892）Nom. illegit., Nom. superfl. ≡ Otospermum Willk.（1864）；~ = Matricaria L.（1753）（保留属名）［菊科 Asteraceae（Compositae）］■

37201 Otocarpus Durieu（1847）【汉】耳果芥属。【隶属】十字花科 Brassicaceae（Cruciferae）。【包含】世界 1 种。【学名诠释与讨论】〈阳〉（希）ous,所有格 otos,指小式 otion,耳+karpos,果实。【分布】阿尔及利亚。【模式】Otocarpus virgatus Durieu de Maisonneuve。●☆

37202 Otocephalua Chiov.（1924）= Calanda K. Schum.（1903）［紫草科 Boraginaceae］■☆

37203 Otochilus Lindl.（1830）【汉】耳唇兰属。【英】Earliporchis。【隶属】兰科 Orchidaceae。【包含】世界 5 种,中国 4 种。【学名诠释与讨论】〈阳〉（希）ous,所有格 otos,指小式 otion,耳+cheilos,唇。在希腊文组合词中,cheil-,cheilo-,-chilus,-chilia 等均为"唇,边缘"之义。【分布】东喜马拉雅山至东南亚,中国。【后选模式】Otochilus porrecta Lindley。【参考异名】Broughtonia Wall. ex Lindl.（1830）Nom. illegit.；Tetrapeltis Lindl.（1833）Nom. illegit.；Tetrapeltis Wall. ex Lindl.（1833）■

37204 Otochlamys DC.（1838）= Cotula L.（1753）［菊科 Asteraceae（Compositae）］■

37205 Otoglossum（Schltr.）Garay et Dunst.（1976）【汉】耳舌兰属。【隶属】兰科 Orchidaceae。【包含】世界 7 种。【学名诠释与讨论】〈中〉（希）ous,所有格 otos,指小式 otion,耳+glossa,舌。此属的学名,ING 和 IK 记载是"Otoglossum（Schlechter）Garay et Dunsterville in Dunsterville et Garay, Venez. Orchids Ill. 6：41. Jun 1976",由"Odontoglossum subgen. Otoglossum Schlechter, Repert. Spec. Nov. Regni Veg. Beih. 27：109. 31 Jan 1924"改级而来。【分布】巴拿马,秘鲁,玻利维亚,厄瓜多尔,哥伦比亚（安蒂奥基亚）,哥斯达黎加,中美洲。【模式】Otoglossum hoppii（Schlechter）Garay et Dunsterville［Odontoglossum hoppii Schlechter］。【参考异

名】Odontoglossum subgen. Otoglossum Schltr.（1924）■☆

37206 Otoglyphis Pomel（1874）＝Cotula L.（1753）；~＝Otochlamys DC.（1838）［菊科 Asteraceae（Compositae）］■

37207 Otolepis Turcz.（1848）＝Otophora Blume（1849）［无患子科 Sapindaceae］●

37208 Otomeria Benth.（1849）【汉】非洲耳茜属。【隶属】茜草科 Rubiaceae。【包含】世界 8 种。【学名诠释与讨论】〈阴〉（希）ous，所有格 otos，指小式 otion，耳+meros，一部分。拉丁文 merus 含义为纯洁的，真正的。【分布】马达加斯加，热带非洲。【模式】Otomeria guineensis Bentham。【参考异名】Octomeria Pfeiff.（1874）Nom. illegit.；Octomeria Raf.（1813）；Tapinopentas Bremek.（1952）■☆

37209 Otonephelium Radlk.（1890）【汉】耳韶属。【隶属】无患子科 Sapindaceae。【包含】世界 1 种。【学名诠释与讨论】〈中〉（希）ous，所有格 otos，指小式 otion，耳+（属）Nephelium 韶子属（红毛丹属，毛龙眼属）。【分布】印度。【模式】Otonephelium stipulaceum（Beddome）Radlkofer［Nephelium stipulaceum Beddome］。■☆

37210 Otonychium Blume（1849）＝Harpullia Roxb.（1824）［无患子科 Sapindaceae］●

37211 Otopappus Benth.（1873）【汉】耳冠菊属。【隶属】菊科 Asteraceae（Compositae）。【包含】世界 14 种。【学名诠释与讨论】〈阳〉（希）ous，所有格 otos，指小式 otion，耳+希腊文 pappos 指柔毛，软毛。pappus 则与拉丁文同义，指冠毛。此属的学名，ING、TROPICOS、GCI 和 IK 记载是"Otopappus Benth.，Gen. Pl.［Bentham & Hooker f.］2（1）：196，380. 1873［7-9 Apr 1873］"。它曾被处理为"Zexmenia sect. Otopappus（Benth.）O. Hoffm.，Die Natürlichen Pflanzenfamilien 4（5）：238. 1894"。亦有文献把"Otopappus Benth.（1873）"处理为"Zexmenia La Llave（1824）"的异名。【分布】墨西哥，尼加拉瓜，委内瑞拉，中美洲。【模式】Otopappus verbesinoides Bentham。【参考异名】Notoptera Urb.（1901）；Zexmenia La Llave（1824）；Zexmenia sect. Otopappus（Benth.）O. Hoffm.（1894）●☆

37212 Otopetalum F. Lehm. et Kraenzl.（1899）Nom. illegit. ≡ Kraenzlinella Kuntze（1903）；~＝Pleurothallis R. Br.（1813）［兰科 Orchidaceae］■☆

37213 Otopetalum Miq.（1857）【汉】耳瓣夹竹桃属。【隶属】夹竹桃科 Apocynaceae。【包含】世界 1 种。【学名诠释与讨论】〈中〉（希）ous，所有格 otos，指小式 otion，耳+希腊文 petalos，扁平的，铺开的；petalon，花瓣，叶，花叶，金属叶子；拉丁文的花瓣为 petalum。此属的学名，ING、TROPICOS 和 IK 记载是"Otopetalum Miq.，Fl. Ned. Ind. 2（3）：400. 1857［20 Aug 1857］"。"Otopetalum F. Lehm. et Kraenzl.，Bot. Jahrb. Syst. 26（5）：457. 1899［18 Apr 1899］≡Kraenzlinella Kuntze（1903）＝Pleurothallis R. Br.（1813）［兰科 Orchidaceae］"是晚出的非法名称。亦有文献把"Otopetalum Miq.（1857）"处理为"Ichnocarpus R. Br.（1810）（保留属名）"或"Microchites Miq.（1857）"的异名。【分布】印度尼西亚（爪哇岛）。【模式】Otopetalum micranthum Miquel。【参考异名】Ichnocarpus R. Br.（1810）（保留属名）；Microchites Miq.（1857）●☆

37214 Otophora Blume（1849）【汉】瓜耳木属。【英】Otophora。【隶属】无患子科 Sapindaceae。【包含】世界 30 种，中国 1 种。【学名诠释与讨论】〈阴〉（希）ous，所有格 otos，指小式 otion，耳+phoros 具有，梗，负载，发现者。此属的学名是"Otophora Blume，Rumphia 3：142. Jan 1849（'1847'）"。亦有文献把其处理为"Lepisanthes Blume（1825）"的异名。【分布】马来西亚（西部），中国，中南半岛。【后选模式】Otophora amoena（J. C. Hasskarl）

Blume［Melicoccus amoenus J. C. Hasskarl］。【参考异名】Capura Blanco（1837）；Lepisanthes Blume（1825）；Otolepis Turcz.（1848）●

37215 Otophora Post et Kuntze（1903）Nom. illegit. ＝Otiophora Zucc.（1832）［茜草科 Rubiaceae］■☆

37216 Otophylla（Benth.）Benth.（1846）＝Tomanthera Raf.（1836）（废弃属名）；~＝Agalinis Raf.（1837）（保留属名）［玄参科 Scrophulariaceae//列当科 Orobanchaceae］■☆

37217 Otophylla Benth.（1846）Nom. illegit. ≡ Otophylla（Benth.）Benth.（1846）；~＝Tomanthera Raf.（1836）（废弃属名）；~＝Agalinis Raf.（1837）（保留属名）［玄参科 Scrophulariaceae//列当科 Orobanchaceae］■☆

37218 Otoptera DC.（1825）【汉】耳翅豇豆属。【隶属】豆科 Fabaceae（Leguminosae）。【包含】世界 1 种。【学名诠释与讨论】〈阴〉（希）ous，所有格 otos，指小式 otion，耳+pteron，指小式 pteridion，翅。pteridios，有羽毛的。【分布】马达加斯加，非洲南部。【模式】Otoptera burchellii A. P. de Candolle。●☆

37219 Otosema Benth.（1852）＝Millettia Wight et Arn.（1834）（保留属名）［豆科 Fabaceae（Leguminosae）//蝶形花科 Papilionaceae］●■

37220 Otosma Raf.（1838）Nom. illegit. ≡Zantedeschia Spreng.（1826）（保留属名）［天南星科 Araceae］■

37221 Otospermum Willk.（1864）【汉】耳实菊属（耳子菊属）。【隶属】菊科 Asteraceae（Compositae）。【包含】世界 1 种。【学名诠释与讨论】〈中〉（希）ous，所有格 otos，指小式 otion，耳+sperma，所有格 spermatos，种子，孢子。此属的学名，ING、TROPICOS 和 IK 记载是"Otospermum M. Willkomm，Bot. Zeitung（Berlin）22：251. 12 Aug 1864"。"Otocarpum H. M. Willkomm，Ill. Fl. Hispan. Insul. Balear. 2：146. 1892"是"Otospermum Willk.（1864）"的晚出的同模式异名（Homotypic synonym，Nomenclatural synonym）。亦有文献把"Otospermum Willk.（1864）"处理为"Matricaria L.（1753）（保留属名）"的异名。【分布】欧洲西南部。【模式】Otospermum glabrum（M. Lagasca y Segura）M. Willkomm［Pyrethrum glabrum M. Lagasca y Segura］。【参考异名】Matricaria L.（1753）；Otocarpum Willk.（1892）Nom. illegit.，Nom. superfl.■☆

37222 Otostegia Benth.（1834）【汉】耳盖草属（奥氏草属，奥托斯特草属，奥托萦特草属）。【俄】Ототегия。【英】Otostegia。【隶属】唇形科 Lamiaceae（Labiatae）。【包含】世界 15-20 种。【学名诠释与讨论】〈阴〉（希）ous，所有格 otos，指小式 otion，耳+stegion，屋顶，盖。指花瓣。【分布】热带非洲至亚洲中部和巴基斯坦（俾路支）。【模式】未指定。【参考异名】Chartocalyx Regel（1879）Nom. illegit.；Dietilis Raf.；Harmsiella Briq.（1897）●☆

37223 Otostemma Blume（1849）＝Hoya R. Br.（1810）［萝藦科 Asclepiadaceae］●

37224 Ototropis Nees ex L.，Nom. illegit. ≡Ototropis Nees（1838）；~＝Desmodium Desv.（1813）（保留属名）［豆科 Fabaceae（Leguminosae）//蝶形花科 Papilionaceae］●■

37225 Ototropis Nees（1838）＝Desmodium Desv.（1813）（保留属名）［豆科 Fabaceae（Leguminosae）//蝶形花科 Papilionaceae］●■

37226 Ototropis Post et Kuntze（1903）Nom. illegit. ＝Indigofera L.（1753）；~＝Oustropis G. Don（1832）［豆科 Fabaceae（Leguminosae）//蝶形花科 Papilionaceae］●■

37227 Otoxalis Small（1907）＝Oxalis L.（1753）［酢浆草科 Oxalidaceae］■●

37228 Ottelia Pers.（1805）【汉】海菜花属（水车前属）。【日】ミズオオバコ属，ミヅオオバコ属，ミヅオホバコ属。【俄】Оттелия。【英】Ottelia。【隶属】水鳖科 Hydrocharitaceae。【包含】世界 21-40 种，中国 5-6 种。【学名诠释与讨论】〈阴〉（马拉巴）ottele-ambel，水车前俗名。此属的学名"Ottelia Pers.，Syn. Pl.

［Persoon］1：400. 1805［1 Apr-15 Jun 1805］"是一个替代名称。"Damasonium Schreber, Gen. 242. Apr 1789"是一个非法名称（Nom. illegit.），因为此前已经有了"Damasonium P. Miller, Gard. Dict. Abr. ed. 4. 28 Jan 1754［泽泻科 Alismataceae//星果泽泻科 Damasoniaceae］"。故用"Ottelia Pers.（1805）"替代之。同理，"Damasonium Adanson, Fam. 2：458. Jul-Aug 1763 = Alisma L.（1753）［泽泻科 Alismataceae］"亦是非法名称。"Ottelia R. A. Hedwig, Gen. Pl. 255. Jul 1806 ≡ Stratiotes L.（1753）［水鳖科 Hydrocharitaceae］"是晚出的非法名称。【分布】巴基斯坦，马达加斯加，美国，中国。【模式】Ottelia alismoides（Linnaeus）Persoon［Stratiotes alismoides Linnaeus］。【参考异名】Benedictaea Toledo；Beneditaea Toledo（1942）；Boottia Wall.（1830）；Damasonium Schreb.（1789）Nom. illegit.；Hymenotheca Salisb.（1812）；Oligolobos Gagnep.（1907）；Xystrolobos Gagnep.（1907）；Xystrolobus Gagnep.（1907）Nom. illegit. ■

37229 Ottelia R. Hedw.（1806）Nom. illegit. ≡Stratiotes L.（1753）［水鳖科 Hydrocharitaceae］■☆

37230 Ottilis Endl.（1839）= Leea D. Royen ex L.（1767）（保留属名）；~ = Otillis Gaertn.（1788）［葡萄科 Vitaceae//火筒树科 Leeaceae］●

37231 Ottleya D. D. Sokoloff（1999）【汉】奥特利豆属。【隶属】豆科 Fabaceae（Leguminosae）//蝶形花科 Papilionaceae。【包含】世界14 种。【学名诠释与讨论】〈阴〉（人）Alice Maria Ottley, 1882-1971, 植物学者。此属的学名是"Ottleya D. D. Sokoloff, Feddes Repert. 110：91. Mar 1999"。亦有文献把其处理为"Hosackia Douglas ex Benth.（1829）"的异名。【分布】参见 Hosackia Douglas ex Benth。【模式】Ottleya wrightii（A. Gray）D. D. Sokoloff［Hosackia wrightii A. Gray］。【参考异名】Hosackia Douglas ex Benth.（1829）■☆

37232 Ottoa Kunth（1821）【汉】奥托草属。【隶属】伞形花科（伞形科）Apiaceae（Umbelliferae）。【包含】世界1 种。【学名诠释与讨论】〈阴〉（人）Christoph Friedrich Otto, 1783-1856, 德国植物学者，园艺学者。【分布】巴拿马，厄瓜多尔，墨西哥，中美洲。【模式】Ottoa oenanthoides Kunth。■☆

37233 Ottochloa Dandy（1931）【汉】露籽草属（奥图草属，半颖黍属）。【英】Ottochloa。【隶属】禾本科 Poaceae（Gramineae）。【包含】世界3-6 种，中国1 种。【学名诠释与讨论】〈阴〉（人）Otto Stapf, 1875-1933, 奥地利植物学者＋希腊文 chloa, 禾草。此属的学名"Ottochloa Dandy, J. Bot. 69：54. Feb 1931"是一个替代名称。"Hemigymnia O. Stapf in D. Prain, Fl. Trop. Africa 9：741. 5 Aug 1920"是一个非法名称（Nom. illegit.），因为此前已经有了"Hemigymnia W. Griffith, Calcutta J. Nat. Hist. 3：363. Oct 1842 = Cordia L.（1753）（保留属名）［紫草科 Boraginaceae//破布木科（破布树科）Cordiaceae］"。故用"Ottochloa Dandy（1931）"替代之。【分布】澳大利亚（昆士兰），印度至马来西亚，中国。【模式】Ottochloa nodosa（Kunth）Dandy［Panicum nodosum Kunth］。【参考异名】Hemigymnia Stapf（1920）Nom. illegit. ■

37234 Ottonia Spreng.（1820）= Piper L.（1753）［胡椒科 Piperaceae］●■

37235 Ottoschmidtia Urb.（1924）【汉】施密特茜属。【隶属】茜草科 Rubiaceae。【包含】世界2 种。【学名诠释与讨论】〈阴〉（人）Otto Christian Schmidt, 1900-1951, 德国植物学者，药学教授。【分布】西印度群岛。【模式】Ottoschmidtia dorsiventralis Urb.。☆

37236 Ottoschulzia Urb.（1912）【汉】危地马拉茶茱萸属。【隶属】茶茱萸科 Icacinaceae。【包含】世界4 种。【学名诠释与讨论】〈阴〉（人）Otto Eugen Schulz, 1874-1936, 德国植物学者。【分布】西印度群岛，中美洲。【后选模式】Ottoschulzia cubensis（Wright ex Grisebach）Urban［Poraqueiba cubensis Wright ex Grisebach］。■☆

37237 Ottosonderia L. Bolus（1958）【汉】紫仙石属。【日】オットーソンデリア属。【隶属】番杏科 Aizoaceae。【包含】世界1 种。【学名诠释与讨论】〈阴〉（人）Otto Wilhelm Sender, 1812-1881, 德国植物学者，药剂师，植物采集家。【分布】非洲。【模式】Ottosonderia monticola（Sonder）H. M. L. Bolus［Mesembryanthemum monticolum Sonder］。●☆

37238 Oubanguia Baill.（1890）【汉】毛轴革瓣花属。【隶属】革瓣花科（木果树科）Scytopetalaceae。【包含】世界3 种。【学名诠释与讨论】〈阴〉（地）Oubangui = Ubangi, 乌班吉河, 位于非洲中部。【分布】热带非洲。【模式】Oubanguia africana Baillon。【参考异名】Egassea Pierre ex De Wild.（1903）●☆

37239 Oudemansia Miq.（1854）= Helicteres L.（1753）［梧桐科 Sterculiaceae//锦葵科 Malvaceae］●

37240 Oudneya R. Br.（1826）【汉】乌德芥属。【隶属】十字花科 Brassicaceae（Cruciferae）。【包含】世界1 种。【学名诠释与讨论】〈阴〉（人）Walter Oudney, 1790-1824, 英国植物学者，医生。此属的学名，ING、TROPICOS 和 IK 记载是"Oudneya R. Brown in Denham et Clapperton, Narr. Travels Africa 219. 1826"。TROPICOS 把名称用为"Oudneya R. Br. in Denham et Clapperton"有误。亦有文献把"Oudneya R. Br.（1826）"处理为"Henophyton Coss. et Durieu（1856）"的异名。【分布】阿尔及利亚。【模式】Oudneya africana R. Brown, Nom. illegit. ［Hesperis nitens Viviani］。【参考异名】Henophyton Coss. et Durieu（1856）■☆

37241 Ougeinia Benth.（1852）【汉】奥根豆属（印度红豆属）。【隶属】豆科 Fabaceae（Leguminosae）//蝶形花科 Papilionaceae。【包含】世界1 种。【学名诠释与讨论】〈阴〉（人）Ougein。此属的学名，ING、TROPICOS 和 IK 记载是"Ougeinia Bentham in Miquel, Pl. Jungh. 216. Aug 1852"。它曾被处理为"Desmodium subgen. Ougeinia（Benth.）H. Ohashi, Ginkgoana 1：116. 1973"；TROPICOS 引用为"Desmodium subgen. Ougeinia（Benth. in Miquel）H. Ohashi"是不的。亦有文献把"Ougeinia Benth.（1852）"处理为"Desmodium Desv.（1813）（保留属名）"的异名。【分布】巴基斯坦，印度，中国。【模式】Ougeinia dalbergioides Bentham, Nom. illegit. ［Dalbergia oojeinensis Roxburgh；Ougeinia oojeinensis（Roxburgh）Hochreutiner］。【参考异名】Desmodium Desv.（1813）（保留属名）；Desmodium subgen. Ougeinia（Benth.）H. Ohashi（1973）●

37242 Ouratea Aubl.（1775）（保留属名）【汉】乌拉木属（奥里木属，赛金莲木属）。【英】Ouratea。【隶属】金莲木科 Ochnaceae。【包含】世界150-300 种。【学名诠释与讨论】〈阴〉ourati, 圭亚那植物俗名。此属的学名"Ouratea Aubl., Hist. Pl. Guiane：397. Jun-Dec 1775"是保留属名。法规未列出相应的废弃属名。亦有文献把"Ouratea Aubl.（1775）（保留属名）"处理为"Gomphia Schreb.（1789）"的异名。【分布】巴拿马，秘鲁，玻利维亚，厄瓜多尔，马达加斯加，尼加拉瓜，利比里亚（宁巴），中国，中美洲。【模式】Ouratea guianensis Aublet。【参考异名】Ancouratea Tiegh.（1902）；Camptouratea Tiegh.（1902）Nom. illegit.；Campylocercum Tiegh.（1902）Nom. illegit.；Cercanthemum Tiegh.（1902）；Cercinia Tiegh.（1902）；Cercouratea Tiegh.（1902）；Cittorhinchus Willd. ex Kunth（1823）；Correaea Post et Kuntze（1903）；Correia Vand.（1788）（废弃属名）；Correia Vell.（1796）（废弃属名）；Dasouratea Tiegh.（1902）；Diourea Tiegh.（1902）；Diphyllanthus Tiegh.（1902）；Diphyllopodium Tiegh.（1902）；Diuratea Post et Kuntze（1903）；Exomicrum Tiegh.（1902）；Gomphia Schreb.（1789）；Gymnouratella Tiegh.（1902）；Hemiouratea Tiegh.（1902）；Hemiuratea Post et Kuntze（1903）；Isouratea Tiegh.（1902）；

Japotapita Endl.（1840）；Kaieteurea Dwyer（1943）；Meesia Gaertn.（1788）；Microuratea Tiegh.（1902）；Monelasmum Tiegh.（1902）；Notocampylum Tiegh.（1902）；Notouratea Tiegh.（1902）；Ouratella Tiegh.（1902）；Philomeda Noronha ex Thouars（1806）；Pilouratea Tiegh.（1902）；Pleouratea Tiegh.（1902）；Plicouratea Tiegh.（1902）；Polyouratea Tiegh.（1902）；Setouratea Tiegh.（1902）；Spongopyrena Tiegh.（1902）；Stenouratea Tiegh.（1902）；Tetrouratea Tiegh.（1902）；Trichouratea Tiegli.（1902）；Uratea J. F. Gmel.（1791）；Uratella Post et Kuntze（1903）；Valkera Stokes（1812）；Villouratea Tiegh.（1902）；Volkensteinia Tiegh.（1902）；Walkera Schreb.（1789）Nom. illegit.；Wolkensteinia Regel（1864）●

37243　Ouratella Tiegh.（1902）= Ouratea Aubl.（1775）（保留属名）［金莲木科 Ochnaceae］●

37244　Ouret Adans.（1763）（废弃属名）= Aerva Forssk.（1775）（保留属名）［苋科 Amaranthaceae］●■

37245　Ourisia Comm. ex Juss.（1789）【汉】匍匐地梅属。【隶属】玄参科 Scrophulariaceae//婆婆纳科 Veronicaceae。【包含】世界 25-30 种。【学名诠释与讨论】〈阴〉（人）Ouris。【分布】秘鲁,玻利维亚,厄瓜多尔,新西兰,中国。【模式】未指定。【参考异名】Dichroma Cav.（1801）■☆

37246　Ourisianthus Bonati（1925）= Artanema D. Don（1834）（保留属名）［玄参科 Scrophulariaceae//婆婆纳科 Veronicaceae］■☆

37247　Ourouparia Aubl.（1775）（废弃属名）≡ Uncaria Schreb.（1789）（保留属名）［茜草科 Rubiaceae］●

37248　Oustropis G. Don（1832）= Indigofera L.（1753）［豆科 Fabaceae（Leguminosae）//蝶形花科 Papilionaceae］●■

37249　Outarda Dumort.（1829）Nom. illegit. = Coutarea Aubl.（1775）［茜草科 Rubiaceae］●■☆◆

37250　Outea Aubl.（1775）（废弃属名）= Macrolobium Schreb.（1789）（保留属名）［豆科 Fabaceae（Leguminosae）//云实科（苏木科）Caesalpiniaceae］●☆

37251　Outreya Jaub. et Spach（1843）【汉】乌特雷菊属。【隶属】菊科 Asteraceae（Compositae）。【包含】世界 1 种。【学名诠释与讨论】〈阴〉（人）Outrey。此属的学名是"Outreya Jaubert et Spach,Ill. Pl. Orient. 1：131. Oct 1843（'1842'）"。亦有文献把其处理为"Jurinea Cass.（1821）"的异名。【分布】亚洲西南部。【模式】Outreya carduiformis Jaubert et Spach。【参考异名】Jurinea Cass.（1821）■☆

37252　Ouvirandra Thouars（1806）= Aponogeton L. f.（1782）（保留属名）［水蕹科 Aponogetonaceae］■

37253　Ovaria Fabr. =Solanum L.（1753）［茄科 Solanaceae］●■

37254　Overstratia Deschamps ex R. Br.（1840）Nom. illegit. = Saurauia Willd.（1801）（保留属名）［猕猴桃科 Actinidiaceae//水东哥科（伞罗夷科,水冬瓜科）Saurauiaceae］●

37255　Ovidia Meisn.（1857）（保留属名）【汉】奥维木属。【隶属】瑞香科 Thymelaeaceae。【包含】世界 2-4 种。【学名诠释与讨论】〈阴〉（人）Ovid。此属的学名"Ovidia Meisn. in Candolle,Prodr. 14（2）：524. Nov（sero）1857"是保留属名。相应的废弃属名是鸭跖草科 Commelinaceae 的"Ovidia Raf.,Fl. Tellur. 3：68. Nov－Dec 1837"。【分布】玻利维亚,智利,巴塔哥尼亚地区。【模式】Ovidia pillopillo（C. Gay）Meisner［Daphne pillopillo C. Gay］。●☆

37256　Ovidia Raf.（1837）（废弃属名）= Commelina L.（1753）［鸭跖草科 Commelinaceae］■

37257　Ovieda L.（1753）= Clerodendrum L.（1753）［马鞭草科 Verbenaceae//牡荆科 Viticaceae］●■

37258　Ovieda Spreng.（1817）Nom. illegit. ≡ Lapeyrousia Pourr.（1818）Nom. illegit.；~ = Lapeirousia Pourr.（1788）［鸢尾科 Iridaceae］■☆

37259　Ovilla Adans.（1763）Nom. illegit. ≡Jasione L.（1753）［桔梗科 Campanulaceae//菊头桔梗科 Jasionaceae］■☆

37260　Ovostima Raf.（1836）= Aureolaria Raf.（1837）［玄参科 Scrophulariaceae//列当科 Orobanchaceae］■☆

37261　Owataria Matsum.（1900）= Suregada Roxb. ex Rottler（1803）［大戟科 Euphorbiaceae］●

37262　Owenia F. Muell.（1857）【汉】欧文楝属（欧文尼亚属）。【俄】Овения。【英】Emu Plum。【隶属】楝科 Meliaceae。【包含】世界 5 种。【学名诠释与讨论】〈阴〉（人）Richard Owen,1804－1892,英国生物学者。此属的学名,ING、APNI 和 IK 记载是"Owenia F. Muell.,Hooker's J. Bot. Kew Gard. Misc. 9：303. 1857"。蓼科 Polygonaceae 的"Owenia Hllsenb. ex Meisn.（1857）Nom. illegit. = Oxygonum Burch. ex Campd.（1819）"是晚出的非法名称。【分布】澳大利亚（昆士兰,新南威尔士）。【模式】未指定。●☆

37263　Owenia Hllsenb. ex Meisn.（1857）Nom. illegit. = Oxygonum Burch. ex Campd.（1819）［蓼科 Polygonaceae］●■☆

37264　Oxalidaceae R. Br.（1818）（保留科名）【汉】酢浆草科。【日】カタバミ科。【俄】Кисличные。【英】Oxalis Family, Sorrel Family, Woodsorrel Family, Wood－sorrel Family。【包含】世界 5-8 属 700-1600 种,中国 3 属 14 种。【分布】主要在热带和亚热带。【科名模式】Oxalis L.（1753）■●

37265　Oxalis L.（1753）【汉】酢浆草属。【日】オキザリス属,カタバミ属。【俄】Кислица, Оксалис。【英】Cape Shamrock, Lady's Sorrel, Oxalis, Redwood Sorrel, Shamrock, Sheep Sorrel, Sheepsorrel, Wood Sorrel, Woodsorrel, Wood－sorrel。【隶属】酢浆草科 Oxalidaceae。【包含】世界 500-800 种,中国 8-9 种。【学名诠释与讨论】〈阴〉（希）oxys,锐尖,敏锐,迅速,或酸的。oxytenes,锐利的,有尖的。oxyntos,使锐利的,使变酸的。变为 oxalis,酸模。指叶和茎有酸味。此属的学名,ING、TROPICOS、APNI、GCI 和 IK 记载是"Oxalis L.,Sp. Pl. 1：433. 1753［1 May 1753］"。"Acetosella O. Kuntze, Rev. Gen. Pl. 1：90. 5 Nov 1891（non（Meisner）Fourreau 1869）"和"Oxys P. Miller, Gard. Dict. Abr. ed. 4. 28 Jan 1754"是"Oxalis L.（1753）"的晚出的同模式异名（Homotypic synonym, Nomenclatural synonym）。【分布】巴基斯坦,巴拿马,秘鲁,玻利维亚,厄瓜多尔,哥伦比亚（安蒂奥基亚）,马达加斯加,美国（密苏里）,尼加拉瓜,中国,非洲南部,热带美洲,中美洲。【选模式】Oxalis acetosella Linnaeus。【参考异名】Acetosella Kuntze（1891）Nom. illegit.；Bolboxalis Small（1907）；Caudoxalis Small（1918）；Ceratoxalis（Dumort.）Lunell（1916）Nom. illegit.；Ceratoxalis Lunell（1916）Nom. illegit.；Hesperoxalis Small（1907）；Ionoxalis Small（1903）；Lotoxalis Small（1903）；Monoxalis Small（1903）；Otoxalis Small（1907）；Oxallis Noronha（1790）；Oxis Medik.（1787）；Oxys Mill.（1754）Nom. illegit.；Pseudoxalis Rose（1906）；Sassia Molina（1782）；Xaathoxalis Small；Xanthoxalis Small（1903）■●

37266　Oxalistylis Baill.（1858）= Phyllanthus L.（1753）［大戟科 Euphorbiaceae//叶下珠科（叶萝藦科）Phyllanthaceae］●■

37267　Oxallis Noronha（1790）= Oxalis L.（1753）［酢浆草科 Oxalidaceae］■●

37268　Oxandra A. Rich.（1841）【汉】剑木属（酸蕊花属）。【隶属】番荔枝科 Annonaceae。【包含】世界 22-30 种。【学名诠释与讨论】〈阴〉（希）oxys,锐尖,敏锐,迅速,或酸的+aner,所有格 andros,雄性,雄蕊。【分布】巴拿马,秘鲁,玻利维亚,厄瓜多尔,哥伦比亚（安蒂奥基亚）,尼加拉瓜,西印度群岛,中美洲。【后选模式】Oxandra virgata A. Richard, Nom. illegit.［Uvaria virgata Swartz, Nom. illegit., Uvaria lanceolata Swartz；Oxandra lanceolata（Swartz）

Baillon]。●☆

37269　Oxanthera Montrouz.（1860）【汉】尖药芸香属。【英】Woodsour。【隶属】芸香科 Rutaceae。【包含】世界4种。【学名诠释与讨论】〈阴〉（希）oxys，锐尖，敏锐，迅速，或酸的+anthera，花药。【分布】法属新喀里多尼亚。【模式】Oxanthera fragrans Montrouzier。●☆

37270　Oxera Labill.（1824）【汉】全叶双蕊木属。【隶属】马鞭草科 Verbenaceae//唇形科 Lamiaceae（Labiatae）。【包含】世界20-21种。【学名诠释与讨论】〈阴〉（希）oxys，锐尖，敏锐，迅速，或酸的。指散发酸臭气味。此属的学名，ING、TROPICOS 和 IK 记载是"Oxera Labill.，Sert. Austro-Caledon. 23，t. 28. 1824［4-9 Oct 1824］"。"Oncoma A. Sprengel in K. P. J. Sprengel, Syst. Veg. 4（2）:11,18. Jan-Jun 1827"是"Oxera Labill.（1824）"的晚出的同模式异名（Homotypic synonym, Nomenclatural synonym）。【分布】法属新喀里多尼亚。【模式】Oxera pulchella Labillardière。【参考异名】Borya Montrouz. ex P. Beauv.（1901）Nom. illegit. ; Maoutia Montrouz.（1860）; Oncoma Spreng.（1827）Nom. illegit.●☆

37271　Oxerostylus Steud.（1841）= Angianthus J. C. Wendl.（1808）（保留属名）; ~ = Ogcerostylus Cass.（1827）Nom. illegit. ; ~ = Siloxerus Labill.（1806）（废弃属名）［菊科 Asteraceae（Compositae）］■●☆

37272　Oxia Rchb.（1841）= Axia Lour.（1790）; ~ = Boerhavia L.（1753）［紫茉莉科 Nyctaginaceae］■

37273　Oxicedrus Garsault = Juniperus L.（1753）; ~ = Oxycedrus（Dumort.）Hort. ex Carrière（1867）［柏科 Cupressaceae］●

37274　Oxiceros Lour.（1790）= Oxyceros Lour.（1790）; ~ = Randia L.（1753）［茜草科 Rubiaceae//山黄皮科 Randiaceae］●

37275　Oxicoccus Neck.（1790）Nom. inval. = Oxycoccus Hill（1756）; ~ = Vaccinium L.（1753）［杜鹃花科（欧石南科）Ericaceae//红莓苔子科 Oxycoccaceae//越橘科（乌饭树科）Vacciniaceae］●

37276　Oxiphoeria Hort. ex Dum. Cours.（1802）= Humea Sm.（1804）［菊科 Asteraceae（Compositae）］●☆

37277　Oxipolis Raf. = Oxypolis Raf.（1825）［伞形花科（伞形科）Apiaceae（Umbelliferae）］■☆

37278　Oxis Medik.（1787）= Oxalis L.（1753）［酢浆草科 Oxalidaceae］■●

37279　Oxisma Raf.（1838）Nom. illegit. ≡ Loreya DC.（1828）; ~ = Loreya DC.（1828）+ Henriettella Naudin（1852）［野牡丹科 Melastomataceae］●☆

37280　Oxleya A. Cunn.（1830）Nom. illegit. ≡ Oxleya Hook.（1830）［芸香科 Rutaceae］●

37281　Oxleya Hook.（1830）= Flindersia R. Br.（1814）［芸香科 Rutaceae//巨盘木科 Flindersiaceae］●

37282　Oxodium Raf.（1838）= Piper L.（1753）［胡椒科 Piperaceae］●■

37283　Oxodon Steud.（1841）= Chaptalia Vent.（1802）（保留属名）; ~ = Oxydon Less.（1830）［菊科 Asteraceae（Compositae）］■☆

37284　Oxyacantha Medik.（1789）= Crataegus L.（1753）+ Pyracantha M. Roem.（1847）［蔷薇科 Rosaceae］●

37285　Oxyacanthus Chevall.（1836）= Grossularia Mill.（1754）; ~ = Ribes L.（1753）［虎耳草科 Saxifragaceae//醋栗科（茶藨子科）Grossulariaceae］●

37286　Oxyadenia Spreng.（1824）= Leptochloa P. Beauv.（1812）; ~ = Oxydenia Nutt.（1818）［禾本科 Poaceae（Gramineae）］■

37287　Oxyandra（DC.）Rchb.（1837）= Sloanea L.（1753）［椴树科（椴科，田麻科）Tiliaceae//杜英科 Elaeocarpaceae］●

37288　Oxyandra Rchb.（1837）Nom. illegit. ≡ Oxyandra（DC.）Rchb.（1837）; ~ = Sloanea L.（1753）［椴树科（椴科，田麻科）Tiliaceae//杜英科 Elaeocarpaceae］●

37289　Oxyanthe Steud.（1854）= Phragmites Adans.（1763）［禾本科 Poaceae（Gramineae）］■

37290　Oxyanthera Brongn.（1834）= Thelasis Blume（1825）［兰科 Orchidaceae］■

37291　Oxyanthus DC.（1807）【汉】尖花茜属。【隶属】茜草科 Rubiaceae。【包含】世界40-50种。【学名诠释与讨论】〈阳〉（希）oxys，锐尖，敏锐，迅速，或酸的+anthos，花。此属的学名是"Oxyanthus A. P. de Candolle, Ann. Mus. Natl. Hist. Nat. 9: 218. 1807"。亦有文献把其处理为"Megacarpha Hochst.（1844）"的异名。【分布】非洲。【模式】Oxyanthus speciosus A. P. de Candolle。【参考异名】Megacarpha Hochst.（1844）■☆

37292　Oxybaphus L'Hér. ex Willd.（1797）【汉】山紫茉莉属。【隶属】紫茉莉科 Nyctaginaceae。【包含】世界25种，中国1种。【学名诠释与讨论】〈阳〉（希）oxys，锐尖，敏锐，迅速，或酸的+baphus 染色。此属的学名，ING、GCI 和 IK 记载是"Oxybaphus L'Hér. ex Willd.，Sp. Pl.，ed. 4［Willdenow］1（1）: 170，185. 1797［Jun 1797］"。《智利植物志》记载了"Oxybaphus Vahl."。"Calymenia Persoon, Syn. Pl. 1:36. 1 Apr-15 Jun 1805"是"Oxybaphus L'Hér. ex Willd.（1797）"的晚出的同模式异名（Homotypic synonym, Nomenclatural synonym）。"Oxybaphus L'Hér. ex Willd.（1797）"曾被处理为"Mirabilis sect. Oxybaphus（L'Hér. ex Willd.）Heimerl, Die Natürlichen Pflanzenfamilien 31［III,1b］:24. 1889"。亦有文献把"Oxybaphus L'Hér. ex Willd.（1797）"处理为"Mirabilis L.（1753）"的异名。【分布】玻利维亚，中国，中美洲。【模式】Oxybaphus viscosus（Cavanilles）L'Héritier ex Willdenow［Mirabilis viscosa Cavanilles］。【参考异名】Calymenia Pers.（1805）Nom. illegit. ; Mirabilis L.（1753）; Mirabilis sect. Oxybaphus（L'Hér. ex Willd.）Heimerl（1889）■

37293　Oxybaphus Vahl. = Oxybaphus L'Hér. ex Willd.（1797）［紫茉莉科 Nyctaginaceae］■

37294　Oxybasis Kar. et Kir.（1841）= Chenopodium L.（1753）［藜科 Chenopodiaceae］■●

37295　Oxycarpha S. F. Blake（1918）【汉】尖托菊属。【隶属】菊科 Asteraceae（Compositae）。【包含】世界1种。【学名诠释与讨论】〈阴〉（希）oxys，锐尖，敏锐，迅速，或酸的+karphos，皮壳，谷壳，糠秕。【分布】委内瑞拉。【模式】Oxycarpha suaedaefolia S. F. Blake。■●☆

37296　Oxycarpus Lour.（1790）【汉】尖果藤黄属。【隶属】猪胶树科（克鲁西科，山竹子科，藤黄科）Clusiaceae（Guttiferae）。【包含】世界7种。【学名诠释与讨论】〈阳〉（希）oxys，锐尖，敏锐，迅速，或酸的+karpos，果实。此属的学名，ING、TROPICOS 和 IK 记载是"Oxycarpus Lour.，Fl. Cochinch. 2: 647. 1790［Sep 1790］"。"Brindonia L. M. A. A. Du Petit-Thouars in F. Cuvier, Dict. Sci. Nat. 5;339. 8 Jan 1806"是"Oxycarpus Lour.（1790）"的晚出的同模式异名（Homotypic synonym, Nomenclatural synonym）。亦有文献把"Oxycarpus Lour.（1790）"处理为"Garcinia L.（1753）"的异名。【分布】非洲南部，热带尤其亚洲。【模式】Oxycarpus cochinchinensis Loureiro。【参考异名】Brindonia Thouars（1806）Nom. illegit. ; Garcinia L.（1753）●☆

37297　Oxycaryum Nees（1842）【汉】尖果莎草属。【隶属】莎草科 Cyperaceae。【包含】世界1-2种。【学名诠释与讨论】〈中〉（希）oxys，锐尖，敏锐，迅速，或酸的+karyon，胡桃，硬壳果，核，坚果。此属的学名是"Oxycaryum C. G. D. Nees in C. F. P. Martius, Fl. Brasil. 2（1）: 90. 1 Apr 1842"。亦有文献把其处理为"Scirpus L.（1753）（保留属名）"的异名。【分布】巴拿马，秘鲁，玻利维亚，厄瓜多尔，哥伦比亚（安蒂奥基亚），哥斯达黎加，马达加斯加，热带非洲，中美洲。【模式】Oxycaryum schomburgkianum C. G. D.

Nees。【参考异名】Scirpus L.（1753）（保留属名）■☆

37298　Oxycedrus（Dumort.）Hort. ex Carrière（1867）Nom. illegit. ≡ Oxycedrus Hort. ex Carrière（1867）Nom. illegit.；～ = Juniperus L.（1753）［柏科 Cupressaceae］●

37299　Oxycedrus Hort. ex Carrière（1867）Nom. illegit. = Juniperus L.（1753）［柏科 Cupressaceae］●

37300　Oxyceros Lour.（1790）【汉】鸡爪簕属（尖角茜树属）。【英】Cockclawthorn。【隶属】茜草科 Rubiaceae//山黄皮科 Randiaceae。【包含】世界 16-23 种,中国 4 种。【学名诠释与讨论】〈阳〉（希）oxys,锐尖,敏锐,迅速,或酸的 + keras 角。此属的学名是"Oxyceros Loureiro, Fl. Cochinch. 96（'Oxiceros'）,150（'Oxiceros'）,151. Sep 1790"。亦有文献把其处理为"Randia L.（1753）"的异名。【分布】中国,亚洲东南部。【后选模式】Oxyceros horrida Loureiro。【参考异名】Benkara Adans.（1763）；Oxiceros Lour.（1790）；Randia L.（1753）●

37301　Oxychlaena Post et Kuntze（1903）= Anaglypha DC.（1836）；～ = Gibbaria Cass.（1817）；～ = Oxylaena Benth. ex Anderb.（1991）［菊科 Asteraceae（Compositae）］●☆

37302　Oxychlamys Schltr.（1923）= Aeschynanthus Jack（1823）（保留属名）［苦苣苔科 Gesneriaceae］●■

37303　Oxychloe Phil.（1860）【汉】锐尖灯心草属。【隶属】灯心草科 Juncaceae。【包含】世界 6-7 种。【学名诠释与讨论】〈阴〉（希）oxys,锐尖,敏锐,迅速,或酸的 + chloe,草的幼芽,嫩草,禾草。【分布】安第斯山,秘鲁,玻利维亚。【模式】Oxychloe andina R. A. Philippi。【参考异名】Andesia Hauman（1915）；Patosia Buchenau（1890）■☆

37304　Oxychloris Lazarides（1985）【汉】膜颖虎尾草属。【隶属】禾本科 Poaceae（Gramineae）。【包含】世界 1 种。【学名诠释与讨论】〈阴〉（希）oxys,锐尖,敏锐,迅速,或酸的 + chloe,草的幼芽,嫩草,禾草。【分布】澳大利亚。【模式】Oxychloris scariosa（F. von Mueller）M. Lazarides［Chloris scariosa F. von Mueller］。■☆

37305　Oxycladaceae（Miers）Schnizl. = Plantaginaceae Juss.（保留科名）；～ = Scrophulariaceae Juss.（保留科名）●■

37306　Oxycladaceae Schnizl.（1857）= Plantaginaceae Juss.（保留科名）；～ = Scrophulariaceae Juss.（保留科名）●■

37307　Oxycladium F. Muell.（1857）= Mirbelia Sm.（1805）［豆科 Fabaceae（Leguminosae）］●☆

37308　Oxycladus Miers（1852）= Monttea Gay（1849）［玄参科 Scrophulariaceae//婆婆纳科 Veronicaceae］●☆

37309　Oxycoca Raf.（1830）= Oxycoccus Hill（1756）［杜鹃花科（欧石南科）Ericaceae//红莓苔子科 Oxycoccaceae//越橘科（乌饭树科）Vacciniaceae］●

37310　Oxycoccaceae A. Kern.（1891）［亦见 Ericaceae Juss.（保留科名）杜鹃花科（欧石南科）］【汉】红莓苔子科。【包含】世界 1 属 4 种,中国 1 属 4 种。【分布】北温带和极地。【科名模式】Oxycoccus Hill（1756）●

37311　Oxycoccoides（Benth. et Hook. f.）Nakai（1917）Nom. illegit. ≡ Hugeria Small（1903）；～ = Vaccinium L.（1753）［杜鹃花科（欧石南科）Ericaceae//越橘科（乌饭树科）Vacciniaceae］●

37312　Oxycoccoides Nakai（1917）Nom. illegit. ≡ Oxycoccoides（Benth. et Hook. f.）Nakai（1917）Nom. illegit.；～ = Hugeria Small（1903）；～ = Vaccinium L.（1753）［杜鹃花科（欧石南科）Ericaceae//越橘科（乌饭树科）Vacciniaceae］●

37313　Oxycoccos R. Hedw.（1806）= Oxycoccus Hill（1756）［杜鹃花科（欧石南科）Ericaceae//红莓苔子科 Oxycoccaceae//越橘科（乌饭树科）Vacciniaceae］●

37314　Oxycoccus Hill（1756）【汉】红莓苔子属（毛蒿豆属,酸果蔓

属）。【日】ツルコケモモ属。【俄】Клюква。【英】Cranberry, European Cranberry。【隶属】杜鹃花科（欧石南科）Ericaceae//红莓苔子科 Oxycoccaceae//越橘科（乌饭树科）Vacciniaceae。【包含】世界 4 种,中国 4 种。【学名诠释与讨论】〈阳〉（希）oxys,锐尖,敏锐,迅速,或酸的 + kokkos,变为拉丁文 coccus,仁,谷粒,浆果。指浆果味酸。此属的学名,ING、GCI 和 IK 记载是"Oxycoccus Hill, Brit. Herb.（Hill）324. 1756［Aug 1756］"。"Oxycoccus Tourn. ex Adans., Fam. Pl.（Adanson）2：164. 1763 = Oxycoccus Hill（1756）"是晚出的非法名称。"Oxycoccus Tourn.（1763）≡ Oxycoccus Tourn. ex Adans.（1763）Nom. illegit."的命名人引证有误。"Schollera A. W. Roth, Tent. Fl. German. 1：165,170. Feb−Apr 1788"是"Oxycoccus Hill（1756）"的晚出的同模式异名（Homotypic synonym, Nomenclatural synonym）。"Oxycoccos R. Hedw., Gen. Pl.［R. Hedwig］275. 1806［Jul 1806］"似为"Oxycoccus Hill（1756）"的拼写变体。"Oxycoccus Hill（1756）"曾被处理为"Vaccinium sect. Oxycoccus（Hill）W. D. J. Koch, Synopsis Florae Germanicae et Helveticae 474. 1837"和"Vaccinium subgen. Oxycoccus（Hill）A. Gray, A Manual of the Botany of the Northern United States 260. 1848"。亦有文献把"Oxycoccus Hill（1756）"处理为"Vaccinium L.（1753）"的异名。【分布】中国,北温带和极地。【模式】Vaccinium oxycoccos Linnaeus。【参考异名】Oxicoccus Neck.（1790）Nom. inval.；Oxycoca Raf.（1830）；Oxycoccos R. Hedw.（1806）；Oxycoccus Tourn.（1763）Nom. illegit.；Oxycoccus Tourn. ex Adans.（1763）Nom. illegit.；Schollera Roth（1788）Nom. illegit.；Vaccinium L.（1753）；Vaccinium sect. Oxycoccus（Hill）W. D. J. Koch（1837）；Vaccinium subgen. Oxycoccus（Hill）A. Gray（1848）●

37315　Oxycoccus Tourn.（1763）Nom. illegit. ≡ Oxycoccus Tourn. ex Adans.（1763）Nom. illegit.；～ = Oxycoccus Hill（1756）［杜鹃花科（欧石南科）Ericaceae//红莓苔子科 Oxycoccaceae//越橘科（乌饭树科）Vacciniaceae］●

37316　Oxycoccus Tourn. ex Adans.（1763）Nom. illegit. = Oxycoccus Hill（1756）［杜鹃花科（欧石南科）Ericaceae//红莓苔子科 Oxycoccaceae//越橘科（乌饭树科）Vacciniaceae］●

37317　Oxydaceae Rupr. = Oxalidaceae R. Br.（保留科名）●■

37318　Oxydectes Kuntze（1891）Nom. illegit. ≡ Oxydectes L. ex Kuntze（1891）；～ ≡ Croton L.（1753）［大戟科 Euphorbiaceae//巴豆科 Crotonaceae］●

37319　Oxydectes L. ex Kuntze（1891）Nom. illegit. ≡ Croton L.（1753）［大戟科 Euphorbiaceae//巴豆科 Crotonaceae］●

37320　Oxydendron D. Dietr.（1840）Nom. illegit. = Oxydendrum DC.（1839）［杜鹃花科（欧石南科）Ericaceae］●☆

37321　Oxydendrum DC.（1839）【汉】酸木属（酸叶树属）。【日】オキシデンドラム属。【俄】Оксидендрон。【英】Sorrel - tree, Sourwood, Sour-wood。【隶属】杜鹃花科（欧石南科）Ericaceae。【包含】世界 1 种。【学名诠释与讨论】〈中〉（希）oxys,锐尖,敏锐,迅速,或酸的 + dendron 或 dendros,树木,棍,丛林。指叶具酸味。此属的学名,ING 和 IK 记载是"Oxydendrum DC., Prodr.［A. P. de Candolle］7（2）:601. 1839［late Dec 1839］"。"Oxydendron D. Dietr., Syn. Pl.［D. Dietrich］ii. 1370, 1389（1840）"是"Oxydendrum DC.（1839）"的拼写变体。【分布】美国（东部）。【模式】Oxydendrum arboreum（Linnaeus）A. P. de Candolle［Andromeda arborea Linnaeus］。【参考异名】Oxydendron D. Dietr.（1840）Nom. illegit. ●☆

37322　Oxydenia Nutt.（1818）= Leptochloa P. Beauv.（1812）［禾本科 Poaceae（Gramineae）］■

37323　Oxydiastrum Dur., Nom. illegit. = Eugeissona Griff.（1844）；～ =

Psidiastrum Bello(1881)［桃金娘科 Myrtaceae］●

37324　Oxydium Benn.(1840)= Desmodium Desv.(1813)（保留属名）［豆科 Fabaceae(Leguminosae)//蝶形花科 Papilionaceae］●■

37325　Oxydon Less.(1830)= Chaptalia Vent.(1802)（保留属名）［菊科 Asteraceae(Compositae)］■☆

37326　Oxyglossellum M. A. Clem. et D. L. Jones(2002)【汉】小尖舌兰属。【隶属】兰科 Orchidaceae。【包含】世界 2 种。【学名诠释与讨论】〈中〉(希)oxys，锐尖，敏锐，迅速，或酸的+glossa =阿提加语 glotta，舌；glottikos，舌的+-ellus，-ella，-ellum，加在名词词干后面形成指小式的词尾。或加在人名、属名等后面以组成新属的名称。此属的学名"Oxyglossellum M. A. Clem. et D. L. Jones, Orchadian 13(11):490(2002)"是"Dendrobium sect. Oxyglossum Schltr. Nachtr. Fl. Schutzgeb. Südsee［Schumann et Lauterbach］149. 1905"的替代名称。【分布】美国。【模式】不详。【参考异名】Dendrobium sect. Oxyglossum Schltr.■☆

37327　Oxyglottis(Bunge)Nevski(1937)= Astragalus L.(1753)［豆科 Fabaceae(Leguminosae)//蝶形花科 Papilionaceae］●■

37328　Oxygonum Burch.(1822)Nom. illegit. ≡ Oxygonum Burch. ex Campd.(1819)［蓼科 Polygonaceae］●■☆

37329　Oxygonum Burch. ex Campd.(1819)【汉】马岛翼蓼属。【隶属】蓼科 Polygonaceae。【包含】世界 30 种。【学名诠释与讨论】〈中〉(希)oxys，锐尖，敏锐，迅速，或酸的+gony，所有格 gonatos，关节，膝。指果实。此属的学名，ING 记载是"Oxygonum Burchell ex Campderá, Monogr. Rumex 18. 1819"。IK 则记载为"Oxygonum Burch. ,Trav. S. Africa i. 548(1822)"。【分布】马达加斯加，热带和非洲南部。【模式】Oxygonum alatum Burchell。【参考异名】Ceratogonon Meisn.(1832)；Ceratogonum C. A. Mey.(1840)；Diplopyramis Welw.(1859)；Owenia Hllsenb. ex Meisn.(1857)Nom. illegit. ；Oxygonum Burch.(1822)Nom. illegit. ；Raphanopsis Welw.(1859)●■☆

37330　Oxygraphis Bunge(1836)【汉】鸦趾花属。【俄】Оксиграфис。【英】Oxygraphis。【隶属】毛茛科 Ranunculaceae。【包含】世界 4-5 种，中国 4 种。【学名诠释与讨论】〈阴〉(希)oxys，锐尖，敏锐，迅速，或酸的+graphis，雕刻，文字，图画。【分布】巴基斯坦，玻利维亚，中国，温带亚洲。【模式】Oxygraphis glacialis(F. E. Fischer ex A. P. de Candolle)Bunge［Ficaria glacialis F. E. Fischer ex A. P. de Candolle］。■

37331　Oxygyne Schltr.(1906)【汉】三蕊杯属。【英】Oxygyne。【隶属】水玉簪科 Burmanniaceae。【包含】世界 2-4 种。【学名诠释与讨论】〈阴〉(希)oxys，锐尖，敏锐，迅速，或酸的+gyne，所有格 gynaikos，雌性，雌蕊。【分布】西赤道非洲。【模式】Oxygyne triandra Schlechter。【参考异名】Saionia Hatus.(1976)Nom. inval.■☆

37332　Oxylaena Benth.(1872)Nom. inval. ≡ Oxylaena Benth. ex Anderb.(1991)；~ = Anaglypha DC.(1836)；~ = Gibbaria Cass.(1817)［菊科 Asteraceae(Compositae)］■☆

37333　Oxylaena Benth. ex Anderb.(1991)【汉】针被鼠麹木属（针状鼠麹木属）。【隶属】菊科 Asteraceae(Compositae)。【包含】世界 1 种。【学名诠释与讨论】〈阴〉(希)oxys，锐尖，敏锐，迅速，或酸的+laina =chlaine =拉丁文 laena，外衣，衣服。此属的学名，ING 和 IK 记载是"Oxylaena Bentham ex A. A. Anderberg, Opera Bot. 104:53. 15 Jan 1991"。"Oxylaena Benth. ,Hooker's Icon. Pl. 12:t. 1109. 1872［Aug 1872］"是一个未合格发表的名称(Nom. inval.)。亦有文献把"Oxylaena Benth. ex Anderb.(1991)"处理为"Anaglypha DC.(1836)"或"Gibbaria Cass.(1817)"的异名。【分布】非洲南部。【模式】Oxylaena acicularis(Bentham)A. A. Anderberg［Anaglypha acicularis Bentham］。【参考异名】

Anaglypha DC.(1836)；Gibbaria Cass.(1817)；Oxychlaena Post et Kuntze(1903)；Oxylaena Benth.(1872)Nom. inval. ●☆

37334　Oxylapathon St. - Lag.(1881)Nom. illegit. ≡ Oxyria Hill(1765)；~ =Rumex L.(1753)［蓼科 Polygonaceae］■●

37335　Oxylepis Benth.(1841)= Helenium L.(1753)［菊科 Asteraceae(Compositae)//堆心菊科 Heleniaceae］■

37336　Oxylobium Andréws(1807)（保留属名）【汉】尖荚豆属。【英】Shaggy Pea。【隶属】豆科 Fabaceae(Leguminosae)。【包含】世界 15-40 种。【学名诠释与讨论】〈中〉(希)oxys，锐尖，敏锐，迅速，或酸的+lobos =拉丁文 lobulus，片，裂片，叶，荚，蒴。指心皮。此属的学名"Oxylobium Andrews in Bot. Repos. :ad t. 492. Nov 1807"是保留属名。相应的废弃属名是豆科 Fabaceae 的"Callistachys Vent. ,Jard. Malmaison :ad t. 115. Nov 1805"。莎草科 Cyperaceae 的"Callistachys J. Heuffel, Flora 27:528. 21 Aug 1844 ≡ Heuffelia Opiz(1845)= Carex L.(1753)亦应废弃。【分布】澳大利亚。【模式】Oxylobium cordifolium H. C. Andrews。【参考异名】Callistachya Sm.(1808)；Callistachys Vent.(1803)（废弃属名）；Calostachys Post et Kuntze(1903)；Podolobium R. Br.(1811)Nom. illegit. ■☆

37337　Oxylobus(DC.)A. Gray(1880)Nom. illegit. ≡ Oxylobus(Moq. ex DC.)A. Gray(1880)［菊科 Asteraceae(Compositae)］■●☆

37338　Oxylobus(DC.)Moc. ex A. Gray(1880)Nom. illegit. ≡ Oxylobus(Moq. ex DC.)A. Gray(1880)［菊科 Asteraceae(Compositae)］■●☆

37339　Oxylobus(Moq. ex DC.)A. Gray(1880)【汉】尖裂菊属。【英】Oxylobus。【隶属】菊科 Asteraceae(Compositae)。【包含】世界 5-6 种。【学名诠释与讨论】〈阳〉(希)oxys，锐尖，敏锐，迅速，或酸的+lobos =拉丁文 lobulus，片，裂片，叶，荚，蒴。指花被。此属的学名，ING 记载是"Oxylobus(A. P. de Candolle)A. Gray, Proc. Amer. Acad. Arts 15:25. post 25 May 1880"，由"Phania sect. Oxylobus A. P. de Candolle, Prodr. 5:115. Oct 1836"改级而来。IK 则记载为"Oxylobus(Moc. ex DC.)A. Gray, Proc. Amer. Acad. Arts 15:25. ［post 25 May 1880］"，由"Phania sect. Oxylobus Moc. ex DC. Prodr. ［A. P. de Candolle］5:115. 1836［1-10 Oct 1836］"改级而来。APNI 则记载为"Oxylobus(DC.)Moc. ex A. Gray, Proceedings of the American Academy of Arts and Sciences 15:25. 1880"。三者引用的文献相同。【分布】墨西哥，中美洲。【后选模式】Oxylobus trinervius(A. P. de Candolle)A. Gray［Phania trinervia A. P. de Candolle］。【参考异名】Friesodielsia Steenis(1948)；Oxylobus(DC.)Moc. ex A. Gray(1880)Nom. illegit. ；Oxylobus(DC.)A. Gray(1880)Nom. illegit. ；Oxymitra(Blume)Hook. f. et Thomson(1855)；Phania sect. Oxylobus DC.(1836)；Phania sect. Oxylobus Moc. ex DC.(1836)；Richella A. Gray(1852)■●☆

37340　Oxymeris DC.(1828)= Leandra Raddi(1820)［野牡丹科 Melastomataceae］●■☆

37341　Oxymitra(Blume)Hook. f. et Thomson(1855)Nom. illegit. ≡ Friesodielsia Steenis(1948)；~ =Richella A. Gray(1852)［番荔枝科 Annonaceae］●

37342　Oxymitra Hook. f. et Thomson(1855)Nom. illegit. ≡ Oxymitra(Blume)Hook. f. et Thomson(1855)Nom. illegit. ；~ ≡ Friesodielsia Steenis(1948)；~ = Richella A. Gray(1852)［番荔枝科 Annonaceae］●☆

37343　Oxymitus C. Presl(1845)= Argylia D. Don(1823)［紫葳科 Bignoniaceae］●☆

37344　Oxymyrrhine Schauer(1843)= Baeckea L.(1753)［桃金娘科 Myrtaceae］●

37345　Oxymyrsine Bubani(1901)Nom. illegit. ≡ Ruscus L.(1753)［百

合科 Liliaceae//假叶树科 Ruscaceae]●

37346　Oxynepeta(Benth.)Bunge(1873)= Nepeta L. (1753)［唇形科 Lamiaceae(Labiatae)//荆芥科 Nepetaceae]■●

37347　Oxynepeta Bunge (1873) Nom. illegit. ≡ Oxynepeta (Benth.) Bunge (1873);~ = Nepeta L. (1753)［唇形科 Lamiaceae (Labiatae)//荆芥科 Nepetaceae]■●

37348　Oxynia Noronha (1790)= Averrhoa L. (1753)［酢浆草科 Oxalidaceae//阳桃科(捻子科, 羊桃科)Averrhoaceae]●

37349　Oxynix B. D. Jacks. = Oxynia Noronha (1790)［牻牛儿苗科 Geraniaceae]●

37350　Oxyodon DC. (1838)= Chaptalia Vent. (1802)(保留属名);~ =Oxydon Less. (1830)［菊科 Asteraceae(Compositae)]■☆

37351　Oxyosmyles Speg. (1901)【汉】水蜈草属。【隶属】紫草科 Boraginaceae。【包含】世界 1 种。【学名诠释与讨论】〈阴〉(希)oxys, 锐尖, 敏锐, 迅速, 或酸的 +osmyle, 臭味很强烈的水蜈体。【分布】阿根廷, 中美洲。【模式】Oxyosmyles viscosissima Spegazzini。■☆

37352　Oxyotis Welw. ex Baker (1900)= Aeollanthus Mart. ex Spreng. (1825)［伞形花科(伞形科)Apiaceae(Umbelliferae)]■☆

37353　Oxypappus Benth. (1845)【汉】尖冠菊属。【隶属】菊科 Asteraceae(Compositae)。【包含】世界 1-2 种。【学名诠释与讨论】〈阳〉(希)oxys, 锐尖, 敏锐, 迅速, 或酸的 +希腊文 pappos 指柔毛, 软毛。pappus 则与拉丁文同义, 指冠毛。【分布】墨西哥。【模式】Oxypappus scaber Bentham［Chrysopsis scabra W. J. Hooker et Arnott 1841, non S. Elliott 1823］。■☆

37354　Oxypetalum R. Br. (1810)(保留属名)【汉】尖瓣花属(尖瓣木属)。【日】ルリトウワタ属。【英】Oxypetalum。【隶属】萝藦科 Asclepiadaceae。【包含】世界 80-150 种。【学名诠释与讨论】〈中〉(希)oxys, 锐尖, 敏锐, 迅速, 或酸的 +希腊文 petalos, 扁平的, 铺开的;petalon, 花瓣, 叶, 花叶, 金属叶子;拉丁文的花瓣为 petalum。此属的学名"Oxypetalum R. Br. , Asclepiadeae:30. 3 Apr 1810"是保留属名。相应的废弃属名是"Gothofreda Vent. , Choix Pl. :ad t. 60. 1808"。【分布】巴拉圭, 巴拿马, 巴西, 秘鲁, 玻利维亚, 厄瓜多尔, 哥伦比亚(安蒂奥基亚), 墨西哥, 尼加拉瓜, 西印度群岛, 中美洲。【模式】Oxypetalum banksii J. A. Schultes。【参考异名】Amblyopetalum (Griseb.) Malme (1927);Cystostemma E. Fourn. (1885);Gothofreda Vent. (1808)(废弃属名);Hickenia Lillo et Malme (1937), descr. emend. ;Hickenia Lillo (1919);Orypetalum K. Schum. (1900);Pachyglossum Decne. (1838);Schizostemma Decne. (1838)●■☆

37355　Oxyphaeria Steud. (1821)= Oxypheria DC. (1838)［菊科 Asteraceae(Compositae)]●☆

37356　Oxypheria DC. (1838)= Humea Sm. (1804);~ = Oxiphoeria Hort. ex Dum. Cours. (1802)［菊科 Asteraceae(Compositae)]●☆

37357　Oxyphoeria Dum. Cours. (1805)= Calomeria Vent. (1804);~ = Oxiphoeria Hort. ex Dum. Cours. (1802)［菊科 Asteraceae (Compositae)]●☆

37358　Oxyphyllum Phil. (1860)【汉】腋刺菊属(尖叶菊属)。【隶属】菊科 Asteraceae(Compositae)。【包含】世界 1 种。【学名诠释与讨论】〈中〉(希)oxys, 锐尖, 敏锐, 迅速, 或酸的 +希腊文 phyllon, 叶子。phyllodes, 似叶的, 多叶的。phylleion, 绿色材料, 绿草。【分布】智利。【模式】Oxyphyllum ulicinum R. Philippi。●☆

37359　Oxypogon Raf. (1819)= Lathyrus L. (1753)［豆科 Fabaceae (Leguminosae)//蝶形花科 Papilionaceae]■☆

37360　Oxypolis Raf. (1825)【汉】毒牛芹属。【隶属】伞形花科(伞形科)Apiaceae(Umbelliferae)。【包含】世界 7 种。【学名诠释与讨论】〈阴〉(希)oxys, 锐尖, 敏锐, 迅速, 或酸的 +polios, 灰白色的。指叶子。【分布】美国, 北美洲。【后选模式】Oxypolis rigidior (Linnaeus) Rafinesque［Sium rigidius Linnaeus］。【参考异名】Achemora Raf. ; Oxipolis Raf. ; Sataria Raf. (1836); Tiedemannia DC. (1829);Tiedmannia Torr. et A. Gray(1840)Nom. illegit. ■☆

37361　Oxypteryx Greene (1897)= Asclepias L. (1753)［萝藦科 Asclepiadaceae]■

37362　Oxyramphis Wall. (1831-1832)Nom. inval. ≡ Oxyramphis Wall. ex Meisn. (1837);~ = Campylotropis Bunge (1835);~ = Lespedeza Michx. (1803)［豆科 Fabaceae (Leguminosae)//蝶形花科 Papilionaceae]●■

37363　Oxyramphis Wall. ex Meisn. (1837)= Campylotropis Bunge (1835);~ = Lespedeza Michx. (1803)［豆科 Fabaceae (Leguminosae)//蝶形花科 Papilionaceae]●■

37364　Oxyrhachis Pilg. (1932)【汉】刺纤叶草属。【隶属】禾本科 Poaceae(Gramineae)。【包含】世界 1 种。【学名诠释与讨论】〈阴〉(希)oxys, 锐尖, 敏锐, 迅速, 或酸的 +rhachis, 针, 刺。此属的学名, ING 和 IK 记载是"Oxyrhachis Pilger, Notizbl. Bot. Gart. Berlin-Dahlem 11:655. 15 Dec 1932"。"Oxyrhachis Pilg. et C. E. Hubb. , Hooker's Icon. Pl. 35: t. 3454, descr. emend. 1947［Nov 1947］"修订了属的描述。【分布】马达加斯加, 热带非洲东部。【模式】Oxyrhachis mildbraediana Pilger。【参考异名】Oxyrhachis Pilg. et C. E. Hubb. (1947)descr. emend. ■☆

37365　Oxyrhachis Pilg. et C. E. Hubb. (1947) descr. emend. = Oxyrhachis Pilg. (1932)［禾本科 Poaceae(Gramineae)]■☆

37366　Oxyrhamphis Rchb. (1841)= Lespedeza Michx. (1803);~ = Oxyramphis Wall. ex Meisn. (1837)［豆科 Fabaceae (Leguminosae)//蝶形花科 Papilionaceae]●■

37367　Oxyrhynchus Brandegee(1912)【汉】尖喙豆属(尖喙荚豆属)。【隶属】豆科 Fabaceae(Leguminosae)。【包含】世界 1 种。【学名诠释与讨论】〈阳〉(希)oxys, 锐尖, 敏锐, 迅速, 或酸的 +rhynchos, 喙。【分布】哥斯达黎加, 墨西哥, 尼加拉瓜, 西印度(印度?), 中美洲。【模式】Oxyrhynchus volubilis T. S. Brandegee。【参考异名】Monoplegma Piper(1920)■☆

37368　Oxyria Hill(1765)【汉】山蓼属。【日】マルバギシギシ属。【俄】Кисличник。【英】Mountain Sorrel, Mountainsorrel, Mountain-sorrel, Sorrel。【隶属】蓼科 Polygonaceae。【包含】世界 2 种, 中国 2 种。【学名诠释与讨论】〈阴〉(希)oxys, 锐尖, 敏锐, 迅速, 或酸的 +-arius, -aria, -arium, 指示"属于、相似、具有、联系"的词尾。指叶具酸味, 或指叶尖。此属的学名, ING、TROPICOS 和 IK 记载是"Oxyria Hill, Veg. Syst. x. 24. t. 24 (1765)"。"Oxylapathon Saint-Lager, Ann. Soc. Bot. Lyon 8: 159. 1881"是"Oxyria Hill (1765)"的晚出的同模式异名(Homotypic synonym, Nomenclatural synonym)。【分布】巴基斯坦, 美国(加利福尼亚), 中国, 北极和亚极地, 温带欧亚大陆山区。【模式】Oxyria digyna (Linnaeus)J. Hill［Rumex digynus Linnaeus］。【参考异名】Donia R. Br. (1819)Nom. illegit. ;Oxylapathon St. -Lag. (1881)Nom. illegit. ■

37369　Oxys Mill. (1754)Nom. illegit. ≡ Oxalis L. (1753)［酢浆草科 Oxalidaceae]■●

37370　Oxys Tourn. ex Adans. (1763)Nom. illegit. ［酢浆草科 Oxalidaceae]■☆

37371　Oxysepala Wight(1852)= Bulbophyllum Thouars (1822)(保留属名)［兰科 Orchidaceae]■

37372　Oxysma Post et Kuntze (1903)= Oxisma Raf. (1838)Nom. illegit. ;~ = Loreya DC. (1828)+Henriettella Naudin (1852)［野牡丹科 Melastomataceae]●☆

37373　Oxyspermum Eckl. et Zeyh. (1837)= Galopina Thunb. (1781)［茜草科 Rubiaceae]●☆

37374　Oxyspora DC.（1828）【汉】尖子木属（酒瓶花属）。【英】Oxyspora。【隶属】野牡丹科 Melastomataceae。【包含】世界 20-24 种,中国 4 种。【学名诠释与讨论】〈阴〉（希）oxys,锐尖,敏锐,迅速,或酸的+spora,孢子,种子。指种子两端锐尖有芒。【分布】印度至马来西亚,中国。【模式】Oxyspora paniculata（D. Don）A. P. de Candolle［Arthrostemma paniculatum D. Don］。【参考异名】Allozygia Naudin（1851）；Homocentria Naudin（1851）；Hylocharis Miq.（1861）Nom. illegit. ●

37375　Oxystelma R. Br.（1810）【汉】尖槐藤属（高冠藤属）。【英】Oxystelma。【隶属】萝藦科 Asclepiadaceae。【包含】世界 2-5 种,中国 1 种。【学名诠释与讨论】〈中〉（希）oxys,锐尖,敏锐,迅速,或酸的+stelma,王冠,花冠。指花冠的裂片锐尖。此属的学名,ING、TROPICOS、APNI 和 IK 记载是"Oxystelma R. Brown, Prodr. 462. 27 Mar 1810"。"Aploca Necker ex O. Kuntze in Post et O. Kuntze, Lex. 39. Dec 1903"是"Oxystelma R. Br.（1810）"的晚出的同模式异名（Homotypic synonym, Nomenclatural synonym）。"Oxystelma R. Br.（1810）"曾被处理为"Sarcostemma subgen. Oxystelmum（R. Br.）R. W. Holm, Annals of the Missouri Botanical Garden 37（4）: 537. 1950.（10 Dec 1950）"。亦有文献把"Oxystelma R. Br.（1810）"处理为"Sarcostemma R. Br.（1810）"的异名。【分布】巴基斯坦,玻利维亚,中国。【模式】Oxystelma esculentum（Linnaeus f.）J. A. Schultes［Periploca esculenta Linnaeus f.］。【参考异名】Aploca Neck. ex Kuntze（1903）Nom. illegit.；Bustelma E. Fourn.（1885）；Sarcostemma R. Br.（1810）；Sarcostemma subgen. Oxystelmum（R. Br.）R. W. Holm（1950）●■

37376　Oxystemon Planch. et Triana（1860）= Clusia L.（1753）［猪胶树科（克鲁西科,山竹子科,藤黄科）Clusiaceae（Guttiferae）］●☆

37377　Oxystigma Harms（1897）【汉】尖柱苏木属。【隶属】豆科 Fabaceae（Leguminosae）。【包含】世界 5-7 种。【学名诠释与讨论】〈中〉（希）oxys,锐尖,敏锐,迅速,或酸的+stigma,所有格 stigmatos,柱头,眼点。【分布】热带非洲。【模式】未指定。【参考异名】Eriander H. Winkler（1908）；Pterygopodium Harms（1913）●☆

37378　Oxystophyllum Blume（1825）【汉】拟石斛属。【隶属】兰科 Orchidaceae。【包含】世界 38 种,中国 1 种。【学名诠释与讨论】〈阴〉（希）oxystos,最尖的+,叶子。此属的学名是"Oxystophyllum Blume, Bijdr. 335. 20 Sep-7 Dec 1825"。亦有文献把其处理为"Dendrobium Sw.（1799）（保留属名）"的异名。【分布】中国,从亚洲东南部至新几内亚岛和所罗门群岛。【模式】未指定。【参考异名】Dendrobium Sw.（1799）（保留属名）■

37379　Oxystylidaceae Hutch.（1969）［亦见 Brassicaceae Burnett（保留科名）//Cruciferae Juss.（保留科名）十字花科、Capparaceae Juss.（保留科名）山柑科（白花菜科,醉蝶花科）和 Cleomaceae Airy Shaw］【汉】尖柱花科。【包含】世界 1 属 1 种。【分布】美国西南部。【科名模式】Oxystylis Torr. et Frém. ■☆

37380　Oxystylis Torr. et Frém.（1845）【汉】尖柱花属。【隶属】山柑科（白花菜科,醉蝶花科）Capparaceae//尖柱花科 Oxystylidaceae。【包含】世界 1 种。【学名诠释与讨论】〈阴〉（希）oxys,锐尖,敏锐,迅速,或酸的+stylos = 拉丁文 style,花柱,中柱,有尖之物,桩,柱,支持物,支柱,石头做的界标。【分布】美国（西南部）。【模式】Oxystylis lutea Torrey et Frémont。■☆

37381　Oxytandrum Neck.（1790）Nom. inval. = Apeiba Aubl.（1775）Nom. illegit.；~ = Sloanea L.（1753）［椴树科（椴科,田麻科）Tiliaceae//锦葵科 Malvaceae//杜英科 Elaeocarpaceae］●☆

37382　Oxytenanthera Munro（1868）【汉】锐药竹属（滇竹属）。【英】Yunnan-bamboo。【隶属】禾本科 Poaceae（Gramineae）。【包含】世界 1-20 种。【学名诠释与讨论】〈阴〉（希）oxys,锐尖,敏锐,迅速,或酸的+anthera,花药。指花药药隔成一小尖头。【分布】东亚,热带非洲,印度至马来西亚。【后选模式】Oxytenanthera abyssinica（A. Richard）Munro［Bambusa abyssinica A. Richard］。【参考异名】Houzeaubambus Mattei（1910）；Scirpobambus（A. Rich.）Post et Kuntze（1903）Nom. illegit.；Scirpobambus Kuntze（1903）Nom. illegit. ●☆

37383　Oxytenia Nutt.（1848）【汉】锐叶菊属。【英】Copperweed, Copper-weed。【隶属】菊科 Asteraceae（Compositae）//伊瓦菊科 Ivaceae。【包含】世界 1 种。【学名诠释与讨论】〈阴〉（希）oxytenes,尖的。来自 oxys,锐尖,敏锐,迅速,或酸的+tainia,肉排。指叶子窄而尖锐。此属的学名是"Oxytenia Nuttall, Proc. Acad. Nat. Sci. Philadelphia 4: 20. 21 Mar-4 Apr 1848；J. Acad. Nat. Sci. Philadelphia ser. 2. 1: 172. 1-8 Aug 1848"。亦有文献把其处理为"Euphrosyne DC.（1836）"或"Iva L.（1753）"的异名。【分布】美国（西南部）。【模式】Oxytenia acerosa Nuttall。【参考异名】Euphrosyne DC.（1836）；Iva L.（1753）■☆

37384　Oxytheca Nutt.（1847）【汉】尖苞蓼属（杯花属）。【英】Puncturebract。【隶属】蓼科 Polygonaceae//野荞麦木科 Eriogonaceae。【包含】世界 7 种。【学名诠释与讨论】〈阴〉（希）oxys,锐尖,敏锐,迅速,或酸的+theke = 拉丁文 theca,匣子,箱子,室,药室,囊。指总苞有芒。此属的学名,ING、GCI 和 IK 记载是"Oxytheca Nutt., Proc. Acad. Nat. Sci. Philadelphia iv. 18（Mart.-Apr. 1848）；et in Journ. Acad. Nat. Sci. Philad., Ser. 2, i. 169（Aug. 1848）；vide Reveal et Spevak in Taxon, xvi. 411（1967）"。IK 记载的"Oxytheca Nutt., J. Acad. Nat. Sci. Philadelphia n. s., i.（1847）169"时间有误。亦有文献把"Oxytheca Nutt.（1847）"处理为"Eriogonum Michx.（1803）"的异名。【分布】美国（西部）,温带南美洲。【后选模式】Oxytheca dendroidea Nuttall。【参考异名】Acanthoscyphus Small（1898）；Brisegnoa J. Rémy（1851）；Eriogonum Michx.（1803）；Eriogonum sect. Oxytheca（Nutt.）Roberty & Vautier（1964）；Tetrarhaphis Miers（1853）■☆

37385　Oxythece Miq.（1863）Nom. illegit. ≡ Neoxythece Aubrév. et Pellegr.（1961）；~ = Pouteria Aubl.（1775）［山榄科 Sapotaceae］●

37386　Oxytria Raf.（1837）（废弃属名）= Schoenolirion Torr.（1855）（保留属名）［百合科 Liliaceae//风信子科 Hyacinthaceae］■☆

37387　Oxytropis DC.（1802）（保留属名）【汉】棘豆属（马花草属）。【日】オャマノエンドウ属。【俄】Остролодка, Остролодочник。【英】Crazyweed, Keeled Vetch, Locoweed, Milk-vetch, Pointvetch, Point-vetch, Rocky Mountain Locoweed。【隶属】豆科 Fabaceae（Leguminosae）//蝶形花科 Papilionaceae。【包含】世界 300-310 种,中国 133-155 种。【学名诠释与讨论】〈阴〉（希）oxys,锐尖,敏锐,迅速,或酸的+tropos,转弯,方式上的改变。trope,转弯的行为。tropo,转。tropis,所有格 tropeos,后来的。tropis,所有格 tropidos,龙骨。指的龙骨瓣先端有短尖头。此属的学名"Oxytropis DC., Astragalogia, ed. 4: 66；ed. f: 53. 15 Nov 1802"是保留属名。法规未列出相应的废弃属名。"Spiesia Necker ex O. Kuntze, Rev. Gen. 1: 205. 5 Nov 1891"是"Oxytropis DC.（1802）（保留属名）"的晚出的同模式异名（Homotypic synonym, Nomenclatural synonym）。【分布】巴基斯坦,美国,中国,北温带。【模式】Oxytropis montana（Linnaeus）A. P. de Candolle［Astragalus montanus Linnaeus］。【参考异名】Aragallus Neck.（1790）Nom. inval, Nom. illegit.；Aragallus Neck. ex Greene（1897）Nom. illegit.；Spiesia Neck.（1790）Nom. inval.；Spiesia Neck. ex Kuntze（1891）Nom. illegit. ●●

37388　Oxyura DC.（1836）= Layia Hook. et Arn. ex DC.（1838）（保留属名）［菊科 Asteraceae（Compositae）］■☆

37389　Oyama（Nakai）N. H. Xia et C. Y. Wu（2008）【汉】天女花属。

【隶属】木兰科 Magnoliaceae。【包含】世界 4 种,中国 4 种。【学名诠释与讨论】〈阴〉(日)Oyama,日语"大山"おやま的音译。此属的学名,ING 和 IK 记载是"Oyama(Nakai)N. H. Xia et C. Y. Wu,Fl. China 7:66. 2008 [2 Dec 2008]",由"Magnolia sect. Oyama Nakai Fl. Sylv. Kor. 20:117. 1933 [Dec 1933]"改级而来。【分布】中国,亚洲东部和东南。【模式】不详。【参考异名】Magnolia sect. Oyama Nakai(1933)●

37390　Oyedaea DC.(1836)【汉】喙芒菊属。【隶属】菊科 Asteraceae(Compositae)。【包含】世界 14-30 种。【学名诠释与讨论】〈阴〉词源不详。【分布】巴拉圭,巴拿马,秘鲁,玻利维亚,哥伦比亚(安蒂奥基亚),中美洲。【后选模式】Oyedaea verbesinoides A. P. de Candolle。■☆

37391　Ozandra Raf.(1840)= Melaleuca L.(1767)(保留属名)[桃金娘科 Myrtaceae//白千层科 Melaleucaceae]●

37392　Ozanonia(Gand.)Gand.(1886)= Rosa L.(1753)[蔷薇科 Rosaceae]●

37393　Ozanonia Gand.(1886)Nom. illegit. ≡ Ozanonia(Gand.)Gand.(1886);~ = Rosa L.(1753)[蔷薇科 Rosaceae]●

37394　Ozanthes Raf.(1838)Nom. illegit. ≡ Benzoin Boerh. ex Schaeff.(1760)(废弃属名);~ = Lindera Thunb.(1783)(保留属名)[樟科 Lauraceae]●

37395　Oziroe Raf.(1837)= Ornithogalum L.(1753)[百合科 Liliaceae//风信子科 Hyacinthaceae]■

37396　Ozodia Wight et Arn.(1834)= Foeniculum Mill.(1754)[伞形花科(伞形科)Apiaceae(Umbelliferae)]■

37397　Ozodycus Raf.(1832)= Cucurbita L.(1753)[葫芦科(瓜科,南瓜科)Cucurbitaceae]■

37398　Ozomelis Raf.(1837)Nom. illegit. ≡ Pectiantia Raf.(1837);~ = Mitella L.(1753)[虎耳草科 Saxifragaceae]■

37399　Ozophyllum Schreb.(1791)Nom. illegit. ≡ Ticorea Aubl.(1775)[芸香科 Rutaceae]●☆

37400　Ozoroa Delile(1843)【汉】奥佐漆属。【隶属】漆树科 Anacardiaceae。【包含】世界 40 种。【学名诠释与讨论】〈阴〉来自阿拉伯植物俗名。或来自埃塞俄比亚植物俗名。【分布】热带非洲。【模式】Ozoroa insignis Delile。●☆

37401　Ozothamnus R. Br.(1817)【汉】新蜡菊属(奥兆萨菊属)。【英】Ozothamnus。【隶属】菊科 Asteraceae(Compositae)。【包含】世界 50 种。【学名诠释与讨论】〈阴〉(希)ozos,树枝,结节 + thamnos,指小式 thamnion,灌木,灌丛,树丛,枝。另说 ozo,ozein,气味 + thamnos。指许多种具香味。此属的学名,ING、TROPICOS 和 IK 记载是"Ozothamnus R. Br.,Observ. [菊科 Compositae]125. 1817 [before Sep 1817]"。它曾被处理为"Helichrysum sect. Ozothamnus(R. Br.)Benth.,Fl. Austral. 3:625(-626). 1838"和"Helichrysum subgen. Ozothamnus(R. Br.)N. T. Burb.,Australian Journal of Botany 6:?. 1958"。亦有文献把"Ozothamnus R. Br.(1817)"处理为"Helichrysum Mill.(1754)[as 'Elichrysum'](保留属名)"的异名。【分布】澳大利亚。【后选模式】Ozothamnus rosmarinifolius(Labillardière)Sweet [Eupatorium rosmarinifolium Labillardière]。【参考异名】Faustula Cass.(1818);Helichrysum Mill.(1754)[as 'Elichrysum'](保留属名);Helichrysum sect. Ozothamnus(R. Br.)Benth.(1838);Helichrysum subgen. Ozothamnus(R. Br.)N. T. Burb.(1958)●■☆

37402　Ozotis Raf.(1838)= Aesculus L.(1753)[七叶树科 Hippocastanaceae//无患子科 Sapindaceae]●

37403　Ozotrix Raf.(1840)= Torilis Adans.(1763)[伞形花科(伞形科)Apiaceae(Umbelliferae)]■

37404　Ozoxeta Raf.(1838)= Helicteres L.(1753)[梧桐科 Sterculiaceae//锦葵科 Malvaceae]●

37405　Pabellonia Quezada et Martic.(1976)= Leucocoryne Lindl.(1830)[百合科 Liliaceae//葱科 Alliaceae]■☆

37406　Pabstia Garay(1973)【汉】帕布兰属(帕勃兰属)。【隶属】兰科 Orchidaceae。【包含】世界 5 种。【学名诠释与讨论】〈阴〉(人)Guido Frederico Joao Pabst,1914-1980,巴西植物学者,兰科 Orchidaceae 专家,植物采集家。此属的学名"Pabstia Garay,Bradea 1:306. 15 Jan 1973"是一个替代名称。"Colax J. Lindley,Bot. Reg. 29(Misc.):50. 1843"是一个非法名称(Nom. illegit.),因为此前已经有了"Colax Lindley ex K. P. J. Sprengel,Syst. Veg. 3:680,727. Jan-Mar 1826 [兰科 Orchidaceae]"。故用"Pabstia Garay(1973)"替代之。【分布】巴西。【模式】Pabstia viridis(J. Lindley)Garay [Maxillaria viridis J. Lindley]。【参考异名】Colax Lindl.(1843)Nom. illegit.■☆

37407　Pabstiella Brieger et Senghas(1976)= Pleurothallis R. Br.(1813)[兰科 Orchidaceae]■☆

37408　Pachea Pourr. ex Steud.(1840)= Crypsis Aiton(1789)(保留属名)[禾本科 Poaceae(Gramineae)]■

37409　Pachea Steud.(1840)Nom. illegit. ≡ Pachea Pourr. ex Steud.(1840)[禾本科 Poaceae(Gramineae)]■

37410　Pachecoa Standl. et Steyerm.(1943)【汉】棱柱豆属。【隶属】豆科 Fabaceae(Leguminosae)。【包含】世界 1 种。【学名诠释与讨论】〈阴〉(人)Pacheco,植物学者。【分布】墨西哥,中美洲。【模式】Pachecoa guatemalensis Standley et Steyermark。■☆

37411　Pachidendron Haw.(1821)= Aloe L.(1753)[百合科 Liliaceae//阿福花科 Asphodelaceae//芦荟科 Aloaceae]●■

37412　Pachila Raf.(1832)= Erucaria Gaertn.(1791)[十字花科 Brassicaceae(Cruciferae)]■☆

37413　Pachiloma Raf.(1838)Nom. illegit. ≡ Polytaenia DC.(1830)[伞形花科(伞形科)Apiaceae(Umbelliferae)]■☆

37414　Pachiphillum La Llave et Lex.(1825)= Pachyphyllum Kunth(1816)[兰科 Orchidaceae]■☆

37415　Pachira Aubl.(1775)【汉】瓜栗属(巴拿马栗属,中美木棉属)。【日】パキラ属。【英】Pachira。【隶属】木棉科 Bombacaceae//锦葵科 Malvaceae。【包含】世界 20-50 种,中国 2 种。【学名诠释与讨论】〈阴〉(希)pachys,厚的,粗的。pachy- = 拉丁文 crassi-,厚的,粗的。圭亚那语 pachira 是木棉植物俗名。此属的学名,ING、GCI、TROPICOS 和 IK 记载是"Pachira Aubl.,Hist. Pl. Guiane 2:725. 1775 [Jun-Dec 1775]"。"Carolinea Linnaeus f.,Suppl. 51,314. Apr 1782"是"Pachira Aubl.(1775)"的晚出的同模式异名(Homotypic synonym,Nomenclatural synonym)。【分布】哥伦比亚(安蒂奥基亚),巴拉圭,巴拿马,玻利维亚,厄瓜多尔,尼加拉瓜,中国,热带美洲,中美洲。【模式】Pachira aquatica Aublet。【参考异名】Bombacopsis Pittier(1916)(保留属名);Carolinea L. f.(1782)Nom. illegit.;Pachyra A. St.-Hil. et Naudin(1842);Paschira G. Kuntze(1891);Pochota Ram.(1909)(废弃属名);Raussinia Neck.(1790)Nom. inval.;Rhodognaphalon(Ulbr.)Roberty(1953);Rhodognaphalopsis A. Robyns(1963);Sophia L.(1775)Nom. illegit.(废弃属名)●

37416　Pachistima Raf.(1818)= Paxistima Raf.(1838)[卫矛科 Celastraceae]●☆

37417　Pachites Lindl.(1835)【汉】厚兰属。【隶属】兰科 Orchidaceae。【包含】世界 2 种。【学名诠释与讨论】〈阳〉(希)pachys,厚的,粗的 +-ites,表示关系密切的词尾。指喙。【分布】非洲南部。【模式】Pachites appressa Lindley。■☆

37418　Pachyacris Schltr.(1895)Nom. inval. = Xysmalobium R. Br.(1810)[萝藦科 Asclepiadaceae]■☆

37419　Pachyacris Schltr. ex Bullock =Xysmalobium R. Br. (1810) ［萝摩科 Asclepiadaceae］■☆

37420　Pachyandra Post et Kuntze (1903) = Pachysandra Michx. (1803) ［黄杨科 Buxaceae//板凳果科 Pachysandraceae］●■

37421　Pachyanthus A. Rich. (1846)【汉】粗花野牡丹属。【隶属】野牡丹科 Melastomataceae。【包含】世界 16 种。【学名诠释与讨论】〈阳〉(希)pachys, 厚的, 粗的+anthos, 花。【分布】哥伦比亚, 古巴, 尼加拉瓜, 西印度群岛(多明我), 中美洲。【模式】Pachyanthus cubensis A. Richard。【参考异名】Chalybea Naudin (1851); Sarcomeris Naudin(1851)●☆

37422　Pachyanthus Post et Kuntze (1903) Nom. illegit. = Pachysanthus C. Presl(1845) Nom. illegit.; ~ = Rudgea Salisb. (1807) ［茜草科 Rubiaceae］■☆

37423　Pachycalyx Klotzsch (1838) = Simocheilus Klotzsch (1838) ［杜鹃花科(欧石南科)Ericaceae］●☆

37424　Pachycarpus E. Mey. (1838)【汉】大果萝摩属。【隶属】萝摩科 Asclepiadaceae。【包含】世界 30-40 种。【学名诠释与讨论】〈阳〉(希)pachys, 厚的, 粗的+karpos, 果实。指厚果皮。【分布】热带和非洲南部。【后选模式】Pachycarpus grandiflorus (Linnaeus f.) E. H. F. Meyer ［Asclepias grandiflora Linnaeus f. ］。■●☆

37425　Pachycaulos J. L. Clark et J. F. Sm. (2013)【汉】中美苣苔属。【隶属】苦苣苔科 Gesneriaceae。【包含】世界 1 种。【学名诠释与讨论】〈阴〉(希)pachys, 厚的, 粗的+kaulon, 茎。【分布】哥斯达黎加。【模式】Pachycaulos nummularia (Hanst.) J. L. Clark et J. F. Sm. ［Hypocyrta nummularia Hanst. ］。●

37426　Pachycentria Blume(1831)【汉】厚距花属(大蕊野牡丹属)。【日】コノボタン属。【俄】Пахицентрия。【英】Pachycentria。【隶属】野牡丹科 Melastomataceae。【包含】世界 8 种, 中国 1 种。【学名诠释与讨论】〈阴〉(希)pachys, 厚的, 粗的+kentron, 点, 刺, 圆心, 中央, 距。指药隔基部下延成短距。【分布】马来西亚, 缅甸, 中国。【模式】未指定。●

37427　Pachycentron Pomel(1874) = Centaurea L. (1753) (保留属名) ［菊科 Asteraceae(Compositae)//矢车菊科 Centaureaceae］●■

37428　Pachycereus(A. Berger) Britton et Rose(1909)【汉】摩天柱属(武伦柱属)。【日】パキセレウス属。【英】Pachycereus。【隶属】仙人掌科 Cactaceae。【包含】世界 12 种, 中国 2 种。【学名诠释与讨论】〈阳〉(希)pachys, 厚的, 粗的+(属)Cereus 仙影掌属。指茎。此属的学名, ING 记载是 "Pachycereus (A. Berger) N. L. Britton et J. N. Rose, Contr. U. S. Natl. Herb. 12:420. 21 Jul 1909", 由"Cereus subgen. Pachycereus A. Berger, Rep. (Annual) Missouri Bot. Gard. 16:63. 31 Mai 1905"改级而来。IK 和 GCI 则记载为 "Pachycereus Britton et Rose, Contr. U. S. Natl. Herb. 12(10):420. 1909 [21 Jul 1909]"。【分布】墨西哥, 中国, 中美洲。【模式】Pachycereus pringlei (S. Watson) N. L. Britton et J. N. Rose ［Cereus pringlei S. Watson］。【参考异名】Backebergia Bravo (1954); Cereus subgen. Pachycereus A. Berger (1905); Lemaireocereus Britton et Rose (1909); Lophocereus (A. Berger) Britton et Rose (1909); Marginatocereus (Backeb.) Backeb. (1942); Marginatocereus Backeb. (1941) Nom. illegit.; Mitrocereus (Backeb.) Backeb. (1942); Mitrocereus Backeb. (1942); Pachycereus Britton et Rose(1909) Nom. illegit.; Pseudomitrocereus Bravo et Buxb. (1961); Pterocereus T. MacDoug. et Miranda(1954)●

37429　Pachycereus Britton et Rose (1909) Nom. illegit. ≡ Pachycereus (A. Berger) Britton et Rose(1909) ［仙人掌科 Cactaceae］●

37430　Pachychaeta Sch. Bip. ex Baker (1876) = Ophryosporus Meyen (1834) ［菊科 Asteraceae(Compositae)］■●☆

37431　Pachychilus Blume (1828) Nom. illegit. ≡ Pachystoma Blume (1825) ［兰科 Orchidaceae］■

37432　Pachychlaena Post et Kuntze (1903) = Pachylaena D. Don ex Hook. et Arn. (1835) ［菊科 Asteraceae(Compositae)］●☆

37433　Pachychlamys Dyer ex Brandis(1895) Nom. inval. , Nom. nud. ≡ Pachychlamys Dyer ex Ridl. (1922) ［龙脑香科 Dipterocarpaceae］●☆

37434　Pachychlamys Dyer ex Ridl. (1922)【汉】厚皮龙脑香属。【隶属】龙脑香科 Dipterocarpaceae。【包含】世界 5 种。【学名诠释与讨论】〈阴〉(希)pachys, 厚的, 粗的+chlamys, 所有格 chlamydos, 斗篷, 外衣。此属的学名, ING 记载是 "Pachychlamys Dyer ex Ridley, Fl. Malay Penins. 1: 233. 1922"。"Pachychlamys Dyer ex Brandis, J. Linn. Soc. , Bot. 31: 77, in syn. 1895 ［1895-1897 publ. 1895］"是一个未合格发表的名称(Nom. nud.)。亦有文献把 "Pachychlamys Dyer ex Ridl. (1922)"处理为"Shorea Roxb. ex C. F. Gaertn. (1805)"的异名。【分布】参见"Shorea Roxb. ex C. F. Gaertn. (1805)"。【模式】未指定。【参考异名】Pachychlamys Dyer ex Brandis(1895) Nom. inval. , Nom. nud. ; Shorea Roxb. ex C. F. Gaertn. (1805)●☆

37435　Pachyclada Hook. f. (1864)【汉】粗枝芥属。【隶属】十字花科 Brassicaceae(Cruciferae)。【包含】世界 2 种。【学名诠释与讨论】〈中〉(希)pachys, 厚的, 粗的+klados, 枝, 芽, 指小式 kladion, 棍棒。kladodes 有许多枝子的。【分布】新西兰。【模式】Pachyclada novae-zelandiae (J. D. Hooker) J. D. Hooker ［Braya novae-zelandiae J. D. Hooker］。■☆

37436　Pachycormus Coville ex Standl. (1923)【汉】粗茎木属。【日】パキコルムス属。【隶属】漆树科 Anacardiaceae。【包含】世界 1 种。【学名诠释与讨论】〈阳〉(希)pachys, 厚的, 粗的+cormus, 枝, 茎。指枝干粗壮。此属的学名, ING 记载是 "Pachycormus Coville ex Standley, Contr. U. S. Natl. Herb. 23:671. Jul 1923"。IK 记载的"Pachycormus Coville, in Cent. Dict. , rev. ed. 6708(1911) ≡ Pachycormus Coville ex Standl. (1923)"是一个未合格发表的名称(Nom. inval.)。【分布】美国(加利福尼亚)。【模式】Pachycormus discolor (Bentham) Coville ex Standley ［Schinus discolor Bentham］。【参考异名】Pachycormus Coville(1911) Nom. inval. ; Pachycornus Willis, Nom. inval. ; Veatchia A. Gray(1884)●☆

37437　Pachycormus Coville (1911) Nom. inval. ≡ Pachycormus Coville ex Standl. (1923) ［漆树科 Anacardiaceae］●☆

37438　Pachycornia Hook. f. (1880)【汉】盐角木属。【隶属】藜科 Chenopodiaceae。【包含】世界 1 种。【学名诠释与讨论】〈阴〉(拉) pachys, 厚的, 粗的 + cornu, 角。cornutus, 长了角的。corneus, 角质的。【分布】澳大利亚。【模式】Salicornia robusta F. von Mueller, Nom. illegit. ［Arthrocnemum triandrum F. von Mueller; Pachycornia triandra (F. von Mueller) J. M. Black］。●☆

37439　Pachycornus Willis, Nom. inval. =Pachycormus Coville ex Standl. (1923) ［漆树科 Anacardiaceae］●☆

37440　Pachyctenium Maire et Pamp. (1936)【汉】厚栉芹属。【隶属】伞形花科(伞形科)Apiaceae(Umbelliferae)。【包含】世界 1 种。【学名诠释与讨论】〈中〉(希)pachys, 厚的, 粗的+kteis, 所有格 ktenos, 梳子+-ius, -ia, -ium, 在拉丁文和希腊文中, 这些词尾表示性质或状态。【分布】利比亚(昔兰尼加)。【模式】Pachyctenium mirabile Maire et Pampanini。☆

37441　Pachycymbium L. C. Leach(1978)【汉】粗冠萝摩属。【隶属】萝摩科 Asclepiadaceae。【包含】世界 32 种。【学名诠释与讨论】〈中〉(希)pachys, 厚的, 粗的+kymbos =kymbe, 指小式 kymbion, 杯, 小舟+-ius, -ia, -ium, 在拉丁文和希腊文中, 这些词尾表示性质或状态。【分布】非洲南部。【模式】Pachycymbium keithii (R.

A. Dyer)L. C. Leach［Caralluma keithii R. A. Dyer］。【参考异名】Angolluma R. Munster(1990)■☆

37442 Pachydendron Dumort.（1829）= Aloe L.（1753）；~ = Pachidendron Haw.（1821）［百合科 Liliaceae//阿福花科 Asphodelaceae//芦荟科 Aloaceae］●■

37443 Pachyderis Cass.（1828）= Pteronia L.（1763）（保留属名）［菊科 Asteraceae(Compositae)］●☆

37444 Pachyderma Blume(1826)= Olea L.（1753）［木犀榄科（木犀科）Oleaceae］●

37445 Pachydesmia Gleason(1948)= Miconia Ruiz et Pav.（1794）（保留属名）［野牡丹科 Melastomataceae//米氏野牡丹科 Miconiaceae］●☆

37446 Pachydiscus Gilg et Schltr.（1906）= Periomphale Baill.（1888）；~ = Wittsteinia F. Muell.（1861）［岛海桐科 Alseuosmiaceae//岛海桐科（假海桐科）Alseuosmiaceae］●☆

37447 Pachyelasma Harms(1913)【汉】厚腺苏木属（厚腔苏木属）。【隶属】豆科 Fabaceae(Leguminosae)。【包含】世界 1 种。【学名诠释与讨论】〈中〉(希)pachys，厚的，粗的+elasma = elasmos，所有格 elasmatos，薄片。指果实。【分布】非洲西部。【模式】Pachyelasma tessmannii（Harms）Harms［Stachyothyrsus tessmannii Harms］。●☆

37448 Pachygenium（Schltr.）Szlach. , R. González et Rutk.（2001）【汉】粗膝兰属。【隶属】兰科 Orchidaceae。【包含】世界 86 种。【学名诠释与讨论】〈阴〉(希)pachys，厚的，粗的+genu 指小式 geniculum，膝，变为 geniculatus，具有如膝或肘的结或突起的，有结的，有膝的。此属的学名，GCI 和 IK 记载是"Pachygenium（Schltr.）Szlach. , R. González et Rutk. , Polish Bot. J. 46（1）：3. 2001［28 Feb 2001］"，由"Pelexia sect. Pachygenium Schltr. Beih. Bot. Centralbl. , Abt. 2. 37（3）：398. 1920［31 Mar 1920］"改级而来。【分布】玻利维亚。【模式】未指定。【参考异名】Pelexia sect. Pachygenium Schltr.（1920）☆

37449 Pachyglossum Decne.（1838）= Oxypetalum R. Br.（1810）（保留属名）［萝藦科 Asclepiadaceae］●■☆

37450 Pachygone Eichler（1896）Nom. illegit. =？ Pachygone Miers（1851）［防己科 Menispermaceae］●

37451 Pachygone Miers ex Hook. f. et Thomson（1855）Nom. illegit. = Pachygone Miers(1851)［防己科 Menispermaceae］●

37452 Pachygone Miers（1851）【汉】粉绿藤属。【英】Pachygone, Palegreenvine。【隶属】防己科 Menispermaceae。【包含】世界 10-12 种，中国 3 种。【学名诠释与讨论】〈阴〉(希)pachys，厚的，粗壮的+gone，所有格 gonos = gone，后代，子孙，籽粒，生殖器官。Goneus，父亲。Gonimos，能生育的，有生育力的。新拉丁文 gonas，所有格 gonatis，胚腺，生殖腺，生殖器官。指种子。此属的学名，ING、APNI、TROPICOS 和 IK 记载是"Pachygone Miers, Ann. Mag. Nat. Hist. ser. 2,7（37）：43. 1851［Jan 1851］"；《中国植物志》英文版亦使用此名称。"Pachygone Miers ex Hook. f. et Thomson, Fl. Ind.［Hooker f. et Thomson］i. 202（1855）= Pachygone Miers（1851）"和"Pachygone Eichler, Denkschriften der Bayerischen. Botanischen Gesellschaft in Regensburg 5：1. 1896"是晚出的非法名称。【分布】澳大利亚，印度至马来西亚，中国，东南亚，太平洋地区。【模式】Pachygone plukenetii（A. P. de Candolle）Miers［as 'plukenettii'］［Cocculus plukenetii A. P. de Candolle］。【参考异名】Limaciopsis Engl.（1899）；Pachygone Miers ex Hook. f. et Thomson（1855）Nom. illegit. ；Parapachygone Forman(2007)；Tristichocalyx F. Muell.（1863）●

37453 Pachygraphea Post et Kuntze（1903）= Aspalathus L.（1753）；~ = Pachyraphea C. Presl（1845）［豆科 Fabaceae(Leguminosae)//芳香木科 Aspalathaceae］●☆

37454 Pachylaena D. Don ex Hook. et Arn.（1835）【汉】厚被菊属。【隶属】菊科 Asteraceae(Compositae)。【包含】世界 3 种。【学名诠释与讨论】〈阴〉(希)pachys，厚的，粗的+laina = chlaine = 拉丁文 laena，外衣，衣服。【分布】智利，安第斯山，中美洲。【模式】Pachylaena atriplicifolia D. Don ex W. J. Hooker et Arnott。【参考异名】Chionoptera DC.（1838）；Pachychlaena Post et Kuntze（1903）●☆

37455 Pachylarnax Dandy（1927）【汉】厚壁木属。【隶属】木兰科 Magnoliaceae。【包含】世界 3 种，中国 1 种。【学名诠释与讨论】〈阴〉(希)pachys，厚的，粗的+larnax，所有格 larnakos，箱，匣。指果实。【分布】印度（阿萨姆），中国，马来半岛，中南半岛。【模式】Pachylarnax praecalva Dandy。【参考异名】Manglietiastrum Y. W. Law（1979）●

37456 Pachylecythis Ledoux（1964）= Lecythis Loefl.（1758）［玉蕊科（巴西果科）Lecythidaceae］●☆

37457 Pachylepis Brongn.（1833）Nom. illegit. ≡ Widdringtonia Endl.（1842）；~ = Parolinia Endl.（1841）Nom. illegit. ；~ Pachylepis Brongn.（1833）Nom. illegit. ；~ ≡ Widdringtonia Endl.（1842）［柏科 Cupressaceae］●☆

37458 Pachylepis Less.（1832）= Crepis L.（1753）［菊科 Asteraceae(Compositae)］■

37459 Pachylobium（Benth.）Willis = Dioclea Kunth（1824）［豆科 Fabaceae(Leguminosae)］■☆

37460 Pachylobus G. Don（1832）= Dacryodes Vahl（1810）［橄榄科 Burseraceae］●☆

37461 Pachyloma DC.（1828）【汉】厚缘野牡丹属。【隶属】野牡丹科 Melastomataceae。【包含】世界 6 种。【学名诠释与讨论】〈中〉(希)pachys，厚的，粗的+loma，所有格 lomatos，袍的边缘。此属的学名是"Pachyloma A. P. de Candolle, Prodr. 3：122. Mar（med.）1828"。亦有文献把其处理为"Comolia DC.（1828）"的异名。毛茛科 Ranunculaceae 的"Pachyloma Spach, Hist. Nat. Vég. Phan. 7：194. 4 Mai 1839（non A. P. de Candolle 1828）≡ Hericinia Fourreau 1868"【分布】巴西，哥伦比亚，委内瑞拉。和蕨类的"Pachyloma van den Bosch, Verslagen Meded. Afd. Natuurk. Kon. Akad. Wetensch. 11：318. 1861（non A. P. de Candolle 1828）≡ Craspedophyllum（K. B. Presl）Copeland 1938"是晚出的非法名称。【模式】Pachyloma coriaceum A. P. de Candolle。【参考异名】Comolia DC.（1828）；Urodesmium Naudin（1851）●☆

37462 Pachyloma Post et Kuntze（1903）Nom. illegit. = Pachiloma Raf.（1838）Nom. illegit. ；~ = Polytaenia DC.（1830）［伞形花科（伞形科）Apiaceae(Umbelliferae)］■☆

37463 Pachyloma Spach（1838）Nom. illegit. ≡ Hericinia Fourr.（1868）；~ = Pfundia Opiz ex Nevski（1937）；~ = Ranunculus L.（1753）［毛茛科 Ranunculaceae］■

37464 Pachylophis Spach（1835）Nom. illegit. ≡ Pachylophus Spach（1835）；~ = Oenothera L.（1753）［柳叶菜科 Onagraceae］●■

37465 Pachylophus Spach（1835）= Oenothera L.（1753）［柳叶菜科 Onagraceae］●■

37466 Pachymeria Benth.（1844）= Merania Sw.（1797）（保留属名）［野牡丹科 Melastomataceae］●☆

37467 Pachymitra Nees（1842）= Rhynchospora Vahl（1805）［as 'Rynchospora'］（保留属名）［莎草科 Cyperaceae］■☆

37468 Pachymitus O. E. Schulz（1924）【汉】粗线芥属。【隶属】十字花科 Brassicaceae(Cruciferae)。【包含】世界 1 种。【学名诠释与讨论】〈阳〉(希)pachys，厚的，粗的+mitos，丝，线，网。指果梗。【分布】澳大利亚。【后选模式】Pachymitus cardaminoides（F. von Mueller）O. E. Schulz［Sisymbrium cardaminoides F. von Mueller］。■☆

37469　Pachyne Salisb.（1812）= Phaius Lour.（1790）［兰科 Orchidaceae］■

37470　Pachynema R. Br. ex DC.（1817）【汉】粗蕊花属（粗丝木属）。【隶属】五桠果科（第伦桃科，五丫果科，锡叶藤科）Dilleniaceae//纽扣花科 Hibbertiaceae。【包含】世界 7 种。【学名诠释与讨论】〈中〉（希）pachys，厚的，粗的+nema，所有格 nematos，丝，花丝，指雄蕊粗壮。此属的学名是"Pachynema R. Brown ex A. P. de Candolle，Syst. Nat. 1：397，411. 1-15 Nov 1817（'1818'）"。亦有文献把其处理为"Hibbertia Andréws（1800）"的异名。【分布】澳大利亚（北部）。【模式】Pachynema complanatum R. Brown ex A. P. de Candolle。【参考异名】Hibbertia Andréws（1800）●☆

37471　Pachyneurum Bunge（1839）【汉】厚脉芥属。【隶属】十字花科 Brassicaceae（Cruciferae）。【包含】世界 1 种。【学名诠释与讨论】〈中〉（希）pachys，厚的，粗的+neuron=拉丁文 nervus，脉，筋，腱，神经。【分布】亚洲中部。【模式】Pachyneurum grandiflorum（C. A. Meyer）Bunge［Draba grandiflora C. A. Meyer］。●☆

37472　Pachynocarpus Hook. f.（1860）= Vatica L.（1771）［龙脑香科 Dipterocarpaceae］●

37473　Pachypharynx Aellen（1938）= Atriplex L.（1753）（保留属名）［藜科 Chenopodiaceae//滨藜科 Atriplicaceae］■●

37474　Pachyphragma（DC.）N. Busch = Pachyphragma（DC.）Rchb.（1841）；~ = Thlaspi L.（1753）［十字花科 Brassicaceae（Cruciferae）//菥蓂科 Thlaspiaceae］■

37475　Pachyphragma（DC.）Rchb.（1841）【汉】厚隔芥属。【俄】Толстостенка。【隶属】十字花科 Brassicaceae（Cruciferae）//菥蓂科 Thlaspiaceae。【包含】世界 1 种。【学名诠释与讨论】〈中〉（希）pachys，厚的，粗的+phragma，所有格 phragmatos，篱笆。phragmos，篱笆，障碍物。phragmites，长在篱笆中的。指果实的隔膜。此属的学名，ING 记载是"Pachyphragma（A. P. de Candolle）Rchb.，Deutsche Bot. Herbarienbuch（Nom.）179. Jul 1841"，由"Thlaspi sect. Pachyphragma A. P. de Candolle，Syst. 2：373. May 1821"改级而来；建议作为废弃属名"Pterolobium Andrzejowski ex C. A. Meyer，Verzeichniss. Pfl. Caucasus 185. 1831"的替代名称。IK 和 TROPICOS 则记载学名是"Pachyphragma Rchb.，Deut. Bot. Herb.–Buch 179. 1841［Jul 1841］"。三者引用的文献相同。亦有文献把"Pachyphragma（DC.）Rchb.（1841）"处理为"Thlaspi L.（1753）"的异名。【分布】亚美尼亚，高加索。【模式】未指定。【参考异名】Gagria M. Král（1981）；Pachyphragma（DC.）N. Busch；Pachyphragma Rchb.（1841）Nom. illegit.；Pterolobium Andrz. ex DC.（1821）Nom. inval.（废弃属名）；Thlaspi L.（1753）■☆

37476　Pachyphragma Rchb.（1841）Nom. illegit. ≡ Pachyphragma（DC.）Rchb.（1841）；~ = Thlaspi L.（1753）［十字花科 Brassicaceae（Cruciferae）//菥蓂科 Thlaspiaceae］■☆

37477　Pachyphyllum Kunth（1816）【汉】厚叶兰属。【隶属】兰科 Orchidaceae。【包含】世界 35 种。【学名诠释与讨论】〈中〉（希）pachys，厚的，粗的+phllon，叶子。此属的学名，ING 和 IK 记载是"Pachyphyllum Kunth，Nov. Gen. Sp.［H. B. K.］1：338，t. 77. 1816"。化石植物的"Pachyphyllum Lesquereux，Boston J. Nat. Hist. 6：421. 1854（蕨类）"和"Pachyphyllum（A. Pomel）G. Saporta in F. V. Thiollière，Ann. Soc. Agric. Lyon ser. 4. 5：125. 1873（裸子植物）"是晚出的非法名称。【分布】巴拿马，秘鲁，玻利维亚，厄瓜多尔，哥伦比亚（安蒂奥基亚），哥斯达黎加，中美洲。【模式】Pachyphyllum distichum Kunth。【参考异名】Orchidotypus Kraenzl.（1906）；Pachiphillum La Llave et Lex.（1825）■☆

37478　Pachyphytum Link（1841）Nom. illegit. ≡ Pachyphytum Link，Klotzsch et Otto（1841）［景天科 Crassulaceae］●☆

37479　Pachyphytum Link，Klotzsch et Otto（1841）【汉】厚叶草属（肥天属，厚叶属）。【日】パキフィツム属。【英】Moonstones。【隶属】景天科 Crassulaceae。【包含】世界 12-15 种。【学名诠释与讨论】〈中〉（希）pachys，厚的，粗的+phyton，植物，树木，枝条。指粗茎和厚叶。此属的学名，ING、GCI、TROPICOS 和 IK 记载是"Pachyphytum Link，Klotzsch et Otto in Otto et Dietrich，Allg. Gartenzeitung 9（2）：9. 1841"。"Pachyphytum Link（1841）≡ Pachyphytum Link，Klotzsch et Otto（1841）"的命名人引证有误。【分布】墨西哥。【模式】Pachyphytum bracteosum Klotzsch。【参考异名】Diotostemon Salm–Dyck（1854）；Pachyphytum Link（1841）Nom. illegit. ●☆

37480　Pachyplectron Schltr.（1906）【汉】粗距兰属。【隶属】兰科 Orchidaceae。【包含】世界 2 种。【学名诠释与讨论】〈中〉（希）pachys，厚的，粗的+plektron，距。【分布】法属新喀里多尼亚。【模式】未指定。■☆

37481　Pachypleurum Ledeb.（1829）【汉】厚棱芹属（厚肋芹属）。【俄】Пахиплеурум，Толсторёберник。【英】Thickribcelery。【隶属】伞形花科（伞形科）Apiaceae（Umbelliferae）。【包含】世界 6-8 种，中国 5-7 种。【学名诠释与讨论】〈中〉（希）pachys，厚的，粗的+pleura=pleuron，肋骨，脉，棱，侧生。指果具粗壮的棱。【分布】中国，北极，欧亚大陆至亚洲中部山区，山区欧洲中部。【模式】Pachypleurum alpinum Ledebour。【参考异名】Arpitium Neck. ex Sweet（1830）；Gaya Gaudin（1828）Nom. illegit.；Kailashia Pimenov et Kljuykov（2005）；Neogaya Meisn.（1838）Nom. illegit. ■

37482　Pachypodanthium Engl. et Diels（1900）【汉】粗柄花属（厚足花属）。【隶属】番荔枝科 Annonaceae。【包含】世界 3-4 种。【学名诠释与讨论】〈中〉（希）pachys，厚的，粗的+pous，所有格 podos，指小式 podion，脚，足，柄，梗。podotes，有脚的+anthos，花+-ius，-ia，-ium，在拉丁文和希腊文中，这些词尾表示性质或状态。指心皮。【分布】热带非洲西部。【后选模式】Pachypodanthium staudtii（Engler et Diels）Engler et Diels［Uvaria staudtii Engler et Diels］。●☆

37483　Pachypodium Lindl.（1830）【汉】棒棰树属（棒锤树属，粗根属，瓶干树属）。【日】パキポジューム属。【英】Pachypodium。【隶属】夹竹桃科 Apocynaceae。【包含】世界 13-20 种。【学名诠释与讨论】〈中〉（希）pachys，厚的，粗的+pous，所有格 podos，指小式 podion，脚，足，柄，梗。podotes，有脚的+-ius，-ia，-ium，在拉丁文和希腊文中，这些词尾表示性质或状态。指根。此属的学名，ING、GCI、TROPICOS 和 IK 记载是"Pachypodium Lindley，Edwards's Bot. Reg. 16：1321. 1 May 1830"。"Pachypodium Nuttall in Torrey et A. Gray，Fl. N. Amer. 1：96. Jul 1838（non Lindley 1830）［十字花科 Brassicaceae（Cruciferae）］"是晚出的非法名称；IK 把其记载为"Pachypodium Nutt. ex Torr. et A. Gray，Fl. N. Amer.（Torr. et A. Gray）1（1）：96. 1838［Jul 1838］"；它们已经被"Thelypodium Endl.（1839）"所替代。"Pachypodium P. B. Webb et S. Berthelot，Hist. Nat. Iles Canaries 3（2. 1）：74. Nov 1836 ≡ Tonguea Endl.（1841）= Sisymbrium L.（1753）［十字花科 Brassicaceae（Cruciferae）］"亦是晚出的非法名称。【分布】马达加斯加，非洲。【模式】Pachypodium tuberosum Lindley。【参考异名】Belonites B. Mey.（1837）●☆

37484　Pachypodium Nutt.（1838）Nom. illegit. ≡ Thelypodium Endl.（1839）［十字花科 Brassicaceae（Cruciferae）］■☆

37485　Pachypodium Nutt. ex Torr. et A. Gray（1838）Nom. illegit. ≡ Pachypodium Nutt.（1838）Nom. illegit.；~ = Thelypodium Endl.（1839）+Pleurophragma Rydb.（1907）［十字花科 Brassicaceae（Cruciferae）］■

37486　Pachypodium Webb et Berthel. (1836) Nom. illegit. ≡ Tonguea Endl. (1841); ~ =Sisymbrium L. (1753) [十字花科 Brassicaceae (Cruciferae)]■

37487　Pachyptera DC. (1840) Nom. illegit. ≡ Pachyptera DC. ex Meisn. (1840) Nom. illegit.; ~ = Mansoa DC. (1838) [紫葳科 Bignoniaceae]●☆

37488　Pachyptera DC. ex Meisn. (1840) Nom. illegit. = Mansoa DC. (1838) [紫葳科 Bignoniaceae]●☆

37489　Pachypteris Kar. et Kir. (1842) Nom. illegit. ≡ Pachypterygium Bunge (1843); ~ = Isatis L. (1753) [十字花科 Brassicaceae (Cruciferae)]■

37490　Pachypterygium Bunge (1843)【汉】厚壁荠属(厚翅荠属)。【俄】Толстокрыл。【英】Pachypterygium。【隶属】十字花科 Brassicaceae(Cruciferae)。【包含】世界 3-5 种,中国 2 种。【学名诠释与讨论】〈中〉(希) pachys,厚的,粗的 + pteryx,所有格 pterygos,指小式 pterygion,翼,羽毛,鳍+-ius,-ia,-ium,在拉丁文和希腊文中,这些词尾表示性质或状态。指短角果具环状加厚的翅。此属的学名" Pachypterygium Bunge, Del. Sem. Horti Dorpat. 8. 1843"是一个替代名称。" Pachypteris Karelin et Kirilow, Bull. Soc. Imp. Naturalistes Moscou 15:158. 3 Jan-31 Oct 1842"是一个非法名称(Nom. illegit.),因为此前已经有了化石植物的"Pachypteris A. T. Brongniart, Prodr. Hist. Vég. Foss. 49. Dec 1828"。故用"Pachypterygium Bunge(1843)"替代之。亦有文献把"Pachypterygium Bunge(1843)"处理为"Isatis L. (1753)"的异名。【分布】巴基斯坦,中国,亚洲中部至伊朗和阿富汗。【模式】Pachypterygium multicaule (Karelin et Kirilow) Bunge [Pachypteris multicaulis Karelin et Kirilow]。【参考异名】Isatis L. (1753);Pachypteris Kar. et Kir. (1842) Nom. illegit.■

37491　Pachyra A. St. -Hil. et Naudin (1842) = Pachira Aubl. (1775) [木棉科 Bombacaceae//锦葵科 Malvaceae]●

37492　Pachyraphea C. Presl (1845) = Aspalathus L. (1753) [豆科 Fabaceae(Leguminosae)//芳香木科 Aspalathaceae]●☆

37493　Pachyrhachis A. Rich. (1845)【汉】粗刺兰属。【隶属】兰科 Orchidaceae。【包含】世界 1 种。【学名诠释与讨论】〈阴〉(希) pachys,厚的,粗的 + rhachis,针,刺。【分布】巴西。【模式】Pachyrhachis pineliana A. Rich.。☆

37494　Pachyrhiza B. D. Jacks. = Pachyrhizus Rich. ex DC. (1825) (保留属名) [豆科 Fabaceae (Leguminosae)//蝶形花科 Papilionaceae]■

37495　Pachyrhizanthe(Schltr.) Nakai (1931) = Cymbidium Sw. (1799) [兰科 Orchidaceae]■

37496　Pachyrhizus Rich. ex DC. (1825) (保留属名)【汉】豆薯属(沙薯属)。【日】クズイモ属。【英】Yam Bean, Yambean。【隶属】豆科 Fabaceae(Leguminosae)//蝶形花科 Papilionaceae。【包含】世界 5-6 种,中国 1 种。【学名诠释与讨论】〈阳〉(希) pachys,厚的,粗的+rhiza,或 rhizoma,根,根茎。指粗肥可食的块根。此属的学名" Pachyrhizus Rich. ex DC. , Prodr. 2:402. Nov (med.) 1825"是保留属名。相应的废弃属名是豆科 Fabaceae 的"Cacara Thouars in Cuvier, Dict. Sci. Nat. 6:35. 1806 ≡ Cacara Rumph. ex Thouars(1806)(废弃属名)≡ Pachyrhizus Rich. ex DC. (1825) (保留属名)亦应废弃。Cacara Rumph. ex Thouars(1806)(废弃属名)≡ Cacara Thouars(1806)(废弃属名)。【分布】巴拿马,秘鲁,玻利维亚,厄瓜多尔,哥斯达黎加,尼加拉瓜,中国,中美洲。【模式】Pachyrhizus angulatus L. C. Richard ex A. P. de Candolle, Nom. illegit. [Dolichos erosus Linnaeus; Pachyrhizus erosus (Linnaeus) Urban]。【参考异名】Cacara Rumph. ex Thouars (1806)(废弃属名);Cacara Thouars (1806)(废弃属名);

Pachyrhiza B. D. Jacks. ;Pachyrrhizos Spreng. (1827); Robynsia M. Martens et Galeotti(1843); Taeniocarpum Desv. (1826)■

37497　Pachyrhynchus DC. (1838)【汉】粗喙菊属。【隶属】菊科 Asteraceae(Compositae)。【包含】世界 1 种。【学名诠释与讨论】〈阳〉(希) pachys,厚的,粗的 + rhynchos,喙。此属的学名是" Pachyrhynchus A. P. de Candolle, Prodr. 6:255. Jan (prim.) 1838"。亦有文献把其处理为" Lucilia Cass. (1817)"的异名。【分布】非洲南部。【模式】Pachyrhynchus xeranthemoides A. P. de Candolle。【参考异名】Lucilia Cass. (1817)■☆

37498　Pachyrrhizos Spreng. (1827) = Pachyrhizus Rich. ex DC. (1825) (保留属名) [豆科 Fabaceae (Leguminosae)//蝶形花科 Papilionaceae]■

37499　Pachysa D. Don(1834) = Erica L. (1753) [杜鹃花科(欧石南科) Ericaceae]●☆

37500　Pachysandra Michx. (1803)【汉】板凳果属(板凳草属,粉蕊黄杨属,富贵草属,吉祥草属,三角咪属)。【日】フッキサウ属,フッキソウ属。【俄】Пахизандра。【英】Alleghany Spurge, Benchfruit, Pachysandra, Spurge。【隶属】黄杨科 Buxaceae//板凳果科 Pachysandraceae。【包含】世界 5 种,中国 3 种。【学名诠释与讨论】〈阴〉(希) pachys,厚的,粗的+aner,所有格 andros,雄性,雄蕊。指雄蕊粗壮。【分布】美国(东部),中国,东亚。【模式】Pachysandra procumbens A. Michaux。【参考异名】Pachyandra Post et Kuntze(1903)●■

37501　Pachysandraceae J. Agardh(1858) [亦见 Buxaceae Dumort. (保留科名)黄杨科和 Paeoniaceae Raf. (保留科名)芍药科]【汉】板凳果科。【包含】世界 1 属 5 种,中国 1 属 3 种。【分布】东亚,美国东部。【科名模式】Pachysandra Michx.●■

37502　Pachysanthus C. Presl (1845) Nom. illegit. = Rudgea Salisb. (1807) [茜草科 Rubiaceae]■☆

37503　Pachysolen Phil. = Nolana L. ex L. f. (1762) [茄科 Solanaceae//铃花科 Nolanaceae]■☆

37504　Pachystachys Nees(1847)【汉】麒麟吐珠属(红珊瑚属,厚穗爵床属,黄苞花属,金苞花属)。【日】ニサンゴバナ属,ベニサンゴバナ属。【英】Pachystachys。【隶属】爵床科 Acanthaceae。【包含】世界 5-12 种,中国 1 种。【学名诠释与讨论】〈阴〉(希) pachys,厚的,粗的+stachys,穗,谷,长钉。指花序。【分布】巴拿马,秘鲁,玻利维亚,厄瓜多尔,哥伦比亚(安蒂奥基亚),尼加拉瓜,中国,西印度群岛,中美洲。【模式】Pachystachys riedeliana C. G. D. Nees。●

37505　Pachystegia Cheeseman (1925)【汉】厚冠菊属。【隶属】菊科 Asteraceae(Compositae)。【包含】世界 1-3 种。【学名诠释与讨论】〈阴〉(希) pachys,厚的,粗的+stegion,屋顶,盖。指花。此属的学名是"Pachystegia Cheeseman, Manual New Zealand Fl. ed. 2. 910. 1925"。亦有文献把其处理为"Olearia Moench(1802)(保留属名)"的异名。【分布】新西兰。【模式】Pachystegia insignis (J. D. Hooker) Cheeseman [Olearia insignis J. D. Hooker]。【参考异名】Olearia Moench(1802)(保留属名)●☆

37506　Pachystela Pierre ex Baill. = Pachystela Pierre ex Radlk. (1899); ~ = Synsepalum (A. DC.) Daniell (1852) [山榄科 Sapotaceae]●☆

37507　Pachystela Pierre ex Engl. (1904) Nom. illegit. =? Pachystela Pierre ex Radlk. (1899) [山榄科 Sapotaceae]●☆

37508　Pachystela Pierre ex Radlk. (1899)【汉】粗柱山榄属。【隶属】山榄科 Sapotaceae。【包含】世界 4 种。【学名诠释与讨论】〈阴〉(希) pachys,厚的,粗的+stylos =拉丁文 style,花柱,中柱,有尖之物,桩,柱,支持物,支柱,石头做的界标。指花柱粗壮。此属的学名,ING 和 TROPICOS 记载是"Pachystela Pierre ex Radlkofer,

Ann. Mus. Congo, Sér. 1, Bot. ser. 2. 1：33. Jul 1899"。IK 则记载为
"Pachystela Pierre, Ann. Mus. Congo Belge, Bot. Ser. 2, 1（1）：33.
1899"。三者引用的文献相同。"Pachystela Pierre ex Engl.,
Monographien afrikanischer Pflanzen－Familien und－Gattungen 8：
35. 1904 =? Pachystela Pierre ex Radlk. (1899) [山榄科
Sapotaceae]"是晚出的非法名称。亦有文献把"Pachystela Pierre
ex Radlk. (1899)"处理为"Synsepalum（A. DC.）Daniell(1852)"
的异名。【分布】热带非洲。【模式】Pachystela longistyla（Baker）
Pierre ex Radlkofer [Sideroxylon longistylum Baker]。【参考异名】
Lasersisia Liben（1991）；Pachystela Pierre ex Baill.；Pachystela
Pierre（1899）Nom. inval.；Synsepalum（A. DC.）Daniell(1852)●☆

37509 Pachystela Pierre（1899）Nom. inval. ≡ Pachystela Pierre ex
Radlk. (1899) [山榄科 Sapotaceae]●☆

37510 Pachystele Schltr.（1923）【汉】粗柱兰属。【隶属】兰科
Orchidaceae。【包含】世界 7 种。【学名诠释与讨论】〈阴〉（希）
pachys, 厚的, 粗的+stele, 花柱。此属的学名, ING、TROPICOS、
GCI 和 IK 记载为"Pachystele Schltr., Repert. Spec. Nov. Regni
Veg. Beih. 19：28. 1923 [25 Nov 1923]"。Rauschert（1983）曾用
"Pachystelis Rauschert, Feddes Repert. 94：456. 1983 [Sep 1983]"
替代"Pachystele Schltr.（1923）", 多余了；TROPICOS 则误记载为
"Pachystelis（Schltr.）Rauschert, Feddes Repertorium 94：456.
1983"。亦有文献把"Pachystele Schltr.（1923）"处理为
"Scaphyglottis Poepp. et Endl.（1836）（保留属名）"的异名。【分
布】墨西哥, 中美洲。【后选模式】Pachystele jimenezii
（Schlechter）Schlechter [Scaphyglottis jimenezii Schlechter]。【参
考异名】Pachystelis（Schltr.）Rauschert（1983）Nom. illegit.；
Pachystelis Rauschert（1983）Nom. illegit.；Scaphyglottis Poepp. et
Endl.（1836）（保留属名）■☆

37511 Pachystelis（Schltr.）Rauschert（1983）Nom. illegit. ≡ Pachystelis
Rauschert（1983）Nom. illegit.；~ ≡ Pachystele Schltr.（1923）[兰
科 Orchidaceae]■☆

37512 Pachystelis Rauschert（1983）Nom. illegit. ≡ Pachystele Schltr.
（1923）[兰科 Orchidaceae]■☆

37513 Pachystelma Brandegee（1920）= Matelea Aubl.（1775）[萝藦科
Asclepiadaceae]●☆

37514 Pachystemon Blume(1826)【汉】粗蕊大戟属。【隶属】大戟科
Euphorbiaceae。【包含】世界 4 种。【学名诠释与讨论】〈阳〉
（希）pachys, 厚的, 粗的 + stemon, 雄蕊。此属的学名是
"Pachystemon Blume, Bijdr. 626. 24 Jan 1826"。亦有文献把其处
理为"Macaranga Thouars（1806）"的异名。【分布】印度尼西亚
（苏门答腊岛）, 印度, 马来半岛。【模式】Pachystemon trilobus
Blume [as 'trilobum']。【参考异名】Macaranga Thouars(1806)●☆

37515 Pachystigma Hochst. (1842) Nom. illegit. [茜草科 Rubiaceae]●☆

37516 Pachystigma Hook.（1844）Nom. illegit. ≡ Peltostigma Walp.
（1846）[芸香科 Rutaceae]●☆

37517 Pachystigma Meisn.（1843）Nom. illegit., Nom. inval. = Paxistima
Raf.（1838）[卫矛科 Celastraceae]●☆

37518 Pachystigma Raf.（1838）Nom. inval. ≡ Pachystima Raf. ex Endl.
（1841）Nom. inval.；~ ≡ Paxistima Raf.（1838）[卫矛科
Celastraceae]●☆

37519 Pachystima Raf.（1841）Nom. inval. ≡ Paxistima Raf.（1838）
[卫矛科 Celastraceae]●☆

37520 Pachystima Raf. ex Endl.（1841）Nom. inval. ≡ Paxistima Raf.
（1838）[卫矛科 Celastraceae]●☆

37521 Pachystoma Blume(1825)【汉】粉口兰属。【日】シナヤガラ
属。【英】Pachystoma。【隶属】兰科 Orchidaceae。【包含】世界 5-
20 种, 中国 2 种。【学名诠释与讨论】〈中〉（希）pachys, 厚的, 粗

的+stoma, 所有格 stomatos, 孔口。指唇瓣肥厚。此属的学名,
ING、TROPICOS、APNI 和 IK 记载是"Pachystoma Blume, Bijdr. Fl.
Ned. Ind. 8：376. 1825 [20 Sep－7 Dec 1825]"。"Pachychilus
Blume, Fl. Javae 1：Praef. vii. Aug 1828"是"Pachystoma Blume
（1825）"的晚出的同模式异名（Homotypic synonym, Nomenclatural
synonym）。【分布】澳大利亚（北部）, 法属新喀里多尼亚, 印度
至马来西亚, 中国。【模式】Pachystoma pubescens Blume。【参考
异名】Apaturia Lindl.（1831）；Pachychilus Blume（1828）Nom.
illegit.；Pachystylis Blume ■

37522 Pachystrobilus Bremek.（1944）= Strobilanthes Blume（1826）
[爵床科 Acanthaceae]●■

37523 Pachystroma（Klotzsch）Müll. Arg.（1865）Nom. illegit. ≡
Pachystroma Müll. Arg.（1865）[大戟科 Euphorbiaceae]☆

37524 Pachystroma Müll. Arg.（1865）【汉】厚垫大戟属。【隶属】大戟
科 Euphorbiaceae。【包含】世界 1 种。【学名诠释与讨论】〈中〉
（希）pachys, 厚的, 粗的+stroma, 所有格 stromatos, 褥垫, 床。此属
的学名, ING 和 IK 记载是"Pachystroma J. Müller Arg., Linnaea
34：177. Jul 1865"。"Pachystroma（Klotzsch）Müll. Arg.（1865）≡
Pachystroma Müll. Arg.（1865）"的命名人引证有误。【分布】巴
西（南部）, 秘鲁, 玻利维亚。【模式】Pachystroma ilicifolium J.
Müller Arg.。【参考异名】Acantholoma Gaudich. ex Baill.（1865）；
Pachystroma（Klotzsch）Müll. Arg.（1865）Nom. illegit. ☆

37525 Pachystylidium Pax et K. Hoffm.（1919）【汉】粗柱藤属（小粗柱
大戟属）。【隶属】大戟科 Euphorbiaceae。【包含】世界 1 种。
【学名诠释与讨论】〈中〉（希）pachys, 厚的, 粗的+stylos =拉丁文
style, 花柱, 中柱, 有尖之物, 桩, 柱, 支持物, 支柱, 石头做的界
标+-idius, -idia, -idium, 指示小的词尾。词义为小花柱。此属
的学名, ING、TROPICOS 和 IK 记载是"Pachystylidium Pax et K.
Hoffm., Pflanzenr.（Engler）Euphorb.－Plukenetiin.－Epiprinin.－
Ricinin. 108(1919)"。TROPICOS 记载中国有分布。亦有文献把
"Pachystylidium Pax et K. Hoffm.（1919）"处理为"Tragia L.
（1753）"的异名。【分布】菲律宾, 泰国, 印度, 印度尼西亚（爪哇
岛）, 中国, 中南半岛。【模式】Pachystylidium hirsutum（Blume）
Pax et K. Hoffmann [Tragia hirsuta Blume]。【参考异名】Tragia L.
（1753）●

37526 Pachystylis Blume = Pachystoma Blume（1825）[兰科
Orchidaceae]■

37527 Pachystylum（DC.）Eckl. et Zeyh.（1834）= Heliophila Burm. f.
ex L.（1763）[十字花科 Brassicaceae(Cruciferae)]●■☆

37528 Pachystylum Eckl. et Zeyh.（1834）Nom. illegit. ≡ Pachystylum
（DC.）Eckl. et Zeyh.（1834）；~ = Heliophila Burm. f. ex L.（1763）
[十字花科 Brassicaceae(Cruciferae)]●■☆

37529 Pachystylus K. Schum.（1889）【汉】粗柱茜属。【隶属】茜草科
Rubiaceae。【包含】世界 2 种。【学名诠释与讨论】〈阳〉（希）
pachys, 厚的, 粗的+stylos =拉丁文 style, 花柱, 中柱, 有尖之物,
桩, 柱, 支持物, 支柱, 石头做的界标。【分布】新几内亚岛。【模
式】Pachystylus guelcherianus K. Schumann。●☆

37530 Pachysurus Steetz（1845）【汉】粗尾菊属。【隶属】菊科
Asteraceae(Compositae)。【包含】世界 5 种。【学名诠释与讨论】
〈阳〉（希）pachys, 厚的, 粗的+-urus, -ura, -uro, 用于希腊文组合
词, 含义为"尾巴"。【分布】不详。【模式】Pachysurus
angianthoides Steetz。【参考异名】Pachyurus Post et Kuntze(1903)☆

37531 Pachythamnus（R. M. King et H. Rob.）R. M. King et H. Rob.
（1972）【汉】肉皮菊属。【隶属】菊科 Asteraceae(Compositae)//
泽兰科 Eupatoriaceae。【包含】世界 1 种。【学名诠释与讨论】
〈阴〉（希）pachys, 厚的, 粗的+thamnos, 指小式 thamnion, 灌木, 灌
丛, 树丛, 枝。此属的学名, ING、TROPICOS 和 IK 记载是

"Pachythamnus（R. M. King et H. E. Robinson）R. M. King et H. E. Robinson，Phytologia 23：153. 2 Mar 1972"，由"Ageratina subgen. Pachythamnus R. M. King et H. E. Robinson，Phytologia 19：228. 3 Jan 1970"改级而来。亦有文献把"Pachythamnus（R. M. King et H. Rob.）R. M. King et H. Rob.（1972）"处理为"Eupatorium L.（1753）"的异名。【分布】墨西哥，中美洲。【模式】Pachythamnus crassirameus（B. L. Robinson）R. M. King et H. E. Robinson ［Eupatorium crassirameum B. L. Robinson］。【参考异名】Ageratina subgen. Pachythamnus R. M. King et H. Rob.（1970）；Eupatorium L.（1753）●☆

37532　Pachythelia Steetz（1864）＝Epaltes Cass.（1818）［菊科 Asteraceae（Compositae）］■

37533　Pachythrix Hook. f.（1844）＝Pleurophyllum Hook. f.（1844）［菊科 Asteraceae（Compositae）］■☆

37534　Pachytrophe Bureau（1873）＝Streblus Lour.（1790）［桑科 Moraceae］●

37535　Pachyurus Post et Kuntze（1903）＝Calocephalus R. Br.（1817）；~ ＝Pachysurus Steetz（1845）［菊科 Asteraceae（Compositae）］■●☆

37536　Pacifigeron G. L. Nesom（1994）【汉】大洋蓬属。【隶属】菊科 Asteraceae（Compositae）。【包含】世界 1 种。【学名诠释与讨论】〈阳〉（希）pacific，太平洋的＋geron 老人。【分布】西伯利亚，北美洲。【模式】Pacifigeron rapensis（F. Br.）G. L. Nesom。●☆

37537　Packera Á. Löve et D. Löve（1976）【汉】金千里光属（蛮鬼塔属）。【英】Ragwort。【隶属】菊科 Asteraceae（Compositae）。【包含】世界 65-76 种。【学名诠释与讨论】〈阴〉（人）John G. Packer，1929-，加拿大植物学者。【分布】美国，西伯利亚，北美洲，中美洲。【模式】Packera aurea（Linnaeus）Á. Löve et D. Löve ［Senecio aurea Linnaeus］。■☆

37538　Pacoseroca Adans.（1763）Nom. illegit. ≡Amomum L.（1753）（废弃属名）；~ ≡Zingiber Mill.（1754）［as 'Zinziber'］（保留属名）；~ ＝Amomum Roxb.（1820）（保留属名）［姜科（襄荷科）Zingiberaceae］■

37539　Pacourea Hook. f.（1882）Nom. illegit.［夹竹桃科 Apocynaceae］☆

37540　Pacouria Aubl.（1775）（废弃属名）＝Landolphia P. Beauv.（1806）（保留属名）［夹竹桃科 Apocynaceae］●☆

37541　Pacouriaceae Martinov（1801）＝Apocynaceae Juss.（保留科名）●■

37542　Pacourina Aubl.（1775）【汉】水红菊属。【隶属】菊科 Asteraceae（Compositae）。【包含】世界 1 种。【学名诠释与讨论】〈阴〉来自法属圭亚那植物俗名。此属的学名，ING、TROPICOS 和 IK 记载是"Pacourina Aublet, Hist. Pl Guiane 2：800. Jun-Dec 1775"。"Haynea Willdenow, Sp. Pl. 3：1787. Apr-Dec 1803（'1800'）"和"Meisteria Scopoli, Introd. 124. Jan-Apr 1777"是"Pacourina Aubl.（1775）"的晚出的同模式异名（Homotypic synonym，Nomenclatural synonym）。【分布】巴拉圭，巴拿马，秘鲁，玻利维亚，厄瓜多尔，哥伦比亚（安蒂奥基亚），尼加拉瓜，中美洲。【模式】Pacourina edulis Aublet。【参考异名】Haynea Willd.（1803）Nom. inval.；Meisteria Scop.（1777）Nom. illegit.；Pacourinopsis Cass.（1817）■☆

37543　Pacourinopsis Cass.（1817）＝Pacourina Aubl.（1775）［菊科 Asteraceae（Compositae）］■☆

37544　Pacquerina Cass. ex Sond.（1853）Nom. illegit.［菊科 Asteraceae（Compositae）］☆

37545　Pacurina J. F. Gmel.（1791）Nom. illegit.［菊科 Asteraceae（Compositae）］■☆

37546　Pacurina Raf. ＝Messerschmidia L. ex Hebenstr.（1763）Nom. illegit.；~ ＝Argusia Boehm.（1760）；~ ≡Tournefortia L.（1753）［紫草科 Boraginaceae］●■

37547　Padbruggea Miq.（1855）【汉】异鸡血藤属。【隶属】豆科 Fabaceae（Leguminosae）//蝶形花科 Papilionaceae。【包含】世界 5 种。【学名诠释与讨论】〈阴〉词源不详。此属的学名是"Padbruggea Miquel，Fl. Ind. Bat. 1（1）：150. 2 Aug 1855"。亦有文献把其处理为"Callerya Endl.（1843）"的异名。【分布】泰国，印度尼西亚（爪哇岛），马来半岛。【模式】Padbruggea dasyphylla Miquel。【参考异名】Callerya Endl.（1843）●☆

37548　Padbruggia Baker（1876）Nom. illegit. ＝Padbruggea Miq.（1855）［豆科 Fabaceae（Leguminosae）//蝶形花科 Papilionaceae］●☆

37549　Padellus Vassilcz.（1973）＝Cerasus Mill.（1754）；~ ＝Prunus L.（1753）［蔷薇科 Rosaceae//李科 Prunaceae］●

37550　Padia Moritzi（1845-1846）＝Oryza L.（1753）［禾本科 Poaceae（Gramineae）//稻科 Oryzaceae］■

37551　Padia Zoll. et Moritzi（1845-1846）＝Oryza L.（1753）［禾本科 Poaceae（Gramineae）//稻科 Oryzaceae］■

37552　Padostemon Griff.（1854）＝Podostemum Michx.（1803）［髯管花科 Geniostomaceae］■☆

37553　Padota Adans.（1763）＝Marrubium L.（1753）［唇形科 Lamiaceae（Labiatae）］■

37554　Padus Mill.（1754）【汉】稠李属。【俄】Черемуха。【英】Bird Cherry，Birdcherry，Cherry。【隶属】蔷薇科 Rosaceae//李科 Prunaceae。【包含】世界 20 种，中国 15 种。【学名诠释与讨论】〈阴〉（希）pados，稠李俗名。此属的学名是"Padus P. Miller，Gard. Dict. Abr. ed. 4. 28 Jan 1754"。亦有文献把其处理为"Prunus L.（1753）"的异名。【分布】欧洲，中国，中美洲。【后选模式】Padus avium P. Miller ［Prunus padus Linnaeus］。【参考异名】Prunus L.（1753）●

37555　Paederia L.（1767）（保留属名）【汉】鸡矢藤属（鸡屎藤属，牛皮冻属）。【日】ヘクソカズラ属，ヘクソカヅラ属。【俄】Пэдеря。【英】Fever Vine，Fevervine，Paederia。【隶属】茜草科 Rubiaceae。【包含】世界 20-50 种，中国 11 种。【学名诠释与讨论】〈阴〉（希）paideros，一种植物名。在希腊文中，paideros 亦为蛋白石，乳色玻璃，粗的。其果半透明。另说 paidor，恶臭，指植物体恶臭。或说拉丁文 paedor，pedor，paedoris，污物，臭气。此属的学名"Paederia L.，Syst. Nat.，ed. 12，2：135，189；Mant. Pl.：7，52. 15-31 Oct 1767"是保留属名。相应的废弃属名是茜草科 Rubiaceae 的"Daun-contu Adans.，Fam. Pl. 2：146，549. Jul-Aug 1763 ≡Paederia L.（1767）（保留属名）"和"Hondbessen Adans.，Fam. Pl. 2：158，584. Jul-Aug 1763 ＝Paederia L.（1767）（保留属名）"。"Daun-contu Adanson，Fam. 2：146，549. Jul-Aug 1763（废弃属名）"是"Paederia L.（1767）（保留属名）"的同模式异名（Homotypic synonym，Nomenclatural synonym）。【分布】秘鲁，玻利维亚，马达加斯加，中国，中美洲。【模式】Paederia foetida Linnaeus。【参考异名】Daun-contu Adans（1763）（废弃属名）；Disodea Pers.（1805）Nom. illegit.；Hondbesseion Kuntze（1891）；Hondbessen Adans.（1763）（废弃属名）；Lecontea A. Rich.（1830）；Lecontea A. Rich. ex DC.（1830）；Lygodisodea Ruiz et Pav.（1794）；Lygodysodea Roem. et Schult.；Pederia Noronha（1790）Nom. inval.；Poederia Reuss（1802）；Poederiopsis Rusby（1907）；Reussia Dennst.（1818）Nom. illegit.；Siphomeris Bojer ex Hook.（1833）；Siphomeris Bojer（1837）Nom. illegit. ■

37556　Paederota L.（1758）【汉】亮耳参属。【俄】Педерота。【英】Paederota。【隶属】玄参科 Scrophulariaceae//婆婆纳科 Veronicaceae。【包含】世界 2 种。【学名诠释与讨论】〈阴〉（希）paideros，蛋白石，乳色玻璃＋ous，所有格 otos，指小式 otion，耳。otikos，耳的。此属的学名，ING、TROPICOS、APNI 和 IK 记载是"Paederota Linnaeus，Opera Varia 200. 1758"。"Bonarota

Adanson, Fam. 2：209，526. Jul－Aug 1763" 是 "Paederota L. (1758)" 的晚出的同模式异名(Homotypic synonym, Nomenclatural synonym)。亦有文献把 "Paederota L. (1758)" 处理为 "Veronica L. (1753)" 的异名。【分布】欧洲南部，中美洲。【后选模式】Paederota bonarota (Linnaeus) Linnaeus ［Veronica bonarota Linnaeus]。【参考异名】Bonarota Adans. (1763) Nom. illegit.；Pederota Scop. (1769)；Veronica L. (1753)■☆

37557　Paederotella(Wulf) Kem.-Nath. (1953)【汉】小亮耳参属。【隶属】玄参科 Scrophulariaceae//婆婆纳科 Veronicaceae。【包含】世界 1-3 种。【学名诠释与讨论】〈阴〉(属)Paederota 亮耳参属+-ellus，-ella，-ellum，加在名词词干后面形成指小式的词尾。或加在人名、属名等后面以组成新属的名称。此属的学名，ING 和 IK 记载是 "Paederotella (E. Wulff) Kemulariya-Natadze, Notul. Syst. Geogr. Inst. Bot. Tbhilis. 17：21. 1953"，由 "Veronica sect. Paederotella E. Wulff." 改级而来。亦有文献把 "Paederotella (Wulf) Kem.-Nath. (1953)" 处理为 "Veronica L. (1753)" 的异名。【分布】高加索，安纳托利亚。【模式】未指定。【参考异名】Veronica L. (1753)；Veronica sect. Paederotella E. Wulff.■☆

37558　Paedicalyx Pierre ex Pit. (1922)【汉】匙萼木属。【英】Paedicalyx。【隶属】茜草科 Rubiaceae。【包含】世界 17 种，中国 1 种。【学名诠释与讨论】〈阳〉(希)pais，所有格 paidos，儿童+kalyx，所有格 kalykos =拉丁文 calyx，花萼，杯子。另说 paederos，粗的+kalyx 萼。此属的学名是 "Paedicalyx Pierre ex Pitard in Lecomte, Fl. Gén. Indo-Chine 3：88. Dec 1922"。亦有文献把其处理为 "Xanthophytum Reinw. ex Blume(1827)" 的异名。【分布】中国，中南半岛。【模式】Paedicalyx attopevensis Pierre ex Pitard。【参考异名】Xanthophytum Reinw. ex Blume(1827)●

37559　Paennaea Meerb. (1789) = Penaea L. (1753) ［管萼木科(管萼科)Penaeaceae]●☆

37560　Paenoe Post et Kuntze (1903) = Panoe Adans. (1763) Nom. illegit.；~ = Vateria L. (1753) ［龙脑香科 Dipterocarpaceae]●☆

37561　Paenula Orchard (2005)【汉】斗篷菊属。【隶属】菊科 Asteraceae(Compositae)。【包含】世界 1 种。【学名诠释与讨论】〈阴〉(拉)paenulatus，穿了羊毛斗篷的。【分布】澳大利亚。【模式】Paenula storyi Orchard。☆

37562　Paeonia L. (1753)【汉】芍药属(牡丹属)。【日】ボタン属。【俄】Марьин корень，Пеон，Пион。【英】Paeony，Peony。【隶属】毛茛科 Ranunculaceae//芍药科 Paeoniaceae。【包含】世界 30-45 种，中国 15-24 种。【学名诠释与讨论】〈阴〉(希)paionia，一种牡丹的古名，来自希腊文 Paion，神话中的医生，本属名就是用他的名字命名的。指本属植物可药用。【分布】巴基斯坦，中国，温带欧亚大陆，北美洲西部。【模式】Paeonia officinalis Linnaeus。【参考异名】Moutan Rchb. (1827)；Poeonia Crantz (1762)●■

37563　Paeoniaceae F. Rudolphi = Paeoniaceae Raf. (保留科名)■●

37564　Paeoniaceae Kunth = Ranunculaceae Juss. (保留科名)●■

37565　Paeoniaceae Raf. (1815) (保留科名)【汉】芍药科。【英】Peony Family。【包含】世界 1-2 属 30-45 种，中国 1 属 15-24 种。【分布】温带和亚热带欧亚大陆，北美洲。【科名模式】Paeonia L.■●

37566　Paepalanthus Kunth(1841) (废弃属名) = Paepalanthus Mart. (1834) (保留属名) ［谷精草科 Eriocaulaceae]■☆

37567　Paepalanthus Mart. (1834) (保留属名)【汉】四籽谷精草属。【隶属】谷精草科 Eriocaulaceae。【包含】世界 400-485 种。【学名诠释与讨论】〈阴〉(希)paipale，优秀的面粉，饭+anthos，花。此属的学名 "Paepalanthus Mart. in Ann. Sci. Nat.，Bot.，ser. 2，2：28. Jul 1834" 是保留属名。相应的废弃属名是谷精草科

Eriocaulaceae 的 "Dupathya Vell.，Fl. Flumin.：35. 7 Sep－28 Nov 1829 = Dupatya Vell. (1829)"。谷精草科 Eriocaulaceae 的 "Paepalanthus Kunth，Enum. Pl. [Kunth] 3：498. 1841 [23-29 May 1841] =Paepalanthus Mart. (1834) (保留属名)" 亦应废弃。【分布】巴拿马，秘鲁，玻利维亚，厄瓜多尔，哥伦比亚(安蒂奥基亚)，哥斯达黎加，马达加斯加，西印度群岛，中美洲。【模式】Paepalanthus erigeron Mart. ex Koern.。【参考异名】Actinocephalus (Körn.)Sano(2004)；Cladocaulon Gardn. (1843)；Dupathya Vell. (1829) (废弃属名)；Dupatya Vell. (1829)；Limnoxeranthemum Salzm. ex Steud. (1855)；Moldenkeanthus Morat (1976)；Paepalanthus Kunth (1841) (废弃属名)；Rondonanthus Herzog (1931)；Stephanophyllum Guill. (1837)；Wurdackia Moldenke (1957)■☆

37568　Paeudobaecharis Cabrera = Baccharis L. (1753) (保留属名) ［菊科 Asteraceae(Compositae)]●■☆

37569　Pagaea Griseb. (1845) = Irlbachia Mart. (1827) ［龙胆科 Gentianaceae]■☆

37570　Pagamaeaceae Martinov(1820)= Rubiaceae Juss. (保留科名)●■

37571　Pagamea Aubl. (1775)【汉】帕加茜属。【隶属】茜草科 Rubiaceae。【包含】世界 24 种。【学名诠释与讨论】〈阴〉词源不详。【分布】秘鲁，玻利维亚。【模式】Pagamea guianensis Aublet。【参考异名】Pegamea Vitman(1789) Nom. illegit.●☆

37572　Pagameopsis Steyerm. (1965)【汉】拟帕加茜属。【隶属】茜草科 Rubiaceae。【包含】世界 2 种。【学名诠释与讨论】〈阴〉(属)Pagamea 帕加茜属+希腊文 opsis，外观，模样，相似。【分布】委内瑞拉。【模式】Pagameopsis garryoides (P. C. Standley) Steyermark ［Pagamea garryoides P. C. Standley]。●☆

37573　Pagapate Sonn. (1776) = Sonneratia L. f. (1782) (保留属名) ［海桑科 Sonneratiaceae//千屈菜科 Lythraceae]●

37574　Pagella Schönl. (1921) = Crassula L. (1753) ［景天科 Crassulaceae]●■☆

37575　Pagerea Pierre ex Laness. =Sageraea Dalzell(1851) ［番荔枝科 Annonaceae]●☆

37576　Pageria Juss. (1817) = Lapageria Ruiz et Pav. (1802) ［百合科 Liliaceae//智利花科(垂花科，金钟木科，喜爱花科)Philesiaceae]●☆

37577　Pageria Raf. = Pagesia Raf. (1817) = Mecardonia Ruiz et Pav. (1794) ［玄参科 Scrophulariaceae//婆婆纳科 Veronicaceae]■☆

37578　Pagesia Raf. (1817) = Mecardonia Ruiz et Pav. (1794) ［玄参科 Scrophulariaceae//婆婆纳科 Veronicaceae]■☆

37579　Pagetia F. Muell. (1866) = Bosistoa F. Muell. ex Benth. (1863) ［芸香科 Rutaceae]●☆

37580　Pagiantha Markgr. (1935)【汉】巴基山马茶属(圆头花属)。【隶属】夹竹桃科 Apocynaceae//红月桂科 Tabernaemontanaceae。【包含】世界 20 种。【学名诠释与讨论】〈阴〉(希)pagos，固定了的东西，安装的很稳固的西。另义冰，霜+anthos，花。此属的学名是 "Pagiantha Markgraf, Notizbl. Bot. Gart. Berlin-Dahlem 12：549. 6 Dec 1935"。亦有文献把其处理为 "Tabernaemontana L. (1753)" 的异名。【分布】马达加斯加，印度至马来西亚，中国，太平洋地区。【模式】Pagiantha dichotoma (W. Roxburgh) F. Markgraf ［Tabernaemontana dichotoma W. Roxburgh]。【参考异名】Tabernaemontana L. (1753)；Tabernaemontana Plum. ex L. (1753)●

37581　Pagothyra(Leeuwenb.) J. F. Sm. et J. L. Clark(2013)【汉】圭亚那苣苔属。【隶属】苦苣苔科 Gesneriaceae。【包含】世界 1 种。【学名诠释与讨论】〈阴〉(希)pagos，固定了的东西，安装的很稳固的西。另义冰，霜+thyra，门；thyris 所有格 thyridos，窗。此属的

学名"Pagothyra（Leeuwenb.）J. F. Sm. et J. L. Clark, Syst. Bot. 38
（2）:461. 2013［30 May 2013］"是由"Episcia sect. Pagothyra
Leeuwenb. Blumea 7:312. 1958"改级而来。【分布】圭亚那。【模
式】Pagothyra maculata（Hook. f.）J. F. Sm. et J. L. Clark［Episcia
maculata Hook. f.］。【参考异名】Episcia sect. Pagothyra
Leeuwenb.（1958）☆

37582 Pahudia Miq.（1855）= Afzelia Sm.（1798）（保留属名）［豆科
Fabaceae（Leguminosae）//云实科（苏木科）Caesalpiniaceae］●

37583 Paillotia Gand. = Erodium L'Hér. ex Aiton（1789）［牻牛儿苗科
Geraniaceae］■●

37584 Painteria Britton et Rose（1928）= Havardia Small（1901）［豆科
Fabaceae（Leguminosae）//含羞草科 Mimosaceae］●☆

37585 Paiva Vell.（1829）= Sabicea Aubl.（1775）［茜草科
Rubiaceae］●☆

37586 Paivaea O. Berg（1859）= Campomanesia Ruiz et Pav.（1794）
［桃金娘科 Myrtaceae］●☆

37587 Paivaea Post et Kuntze（1903）Nom. illegit. = Paiva Vell.
（1829）; ~ = Sabicea Aubl.（1775）［茜草科 Rubiaceae］●☆

37588 Paivaeusa Welw.（1869）Nom. illegit. ≡ Paivaeusa Welw. ex
Benth. et Hook. f.（1867）; ~ = Oldfieldia Benth. et Hook. f.（1850）
［大戟科 Euphorbiaceae］●☆

37589 Paivaeusa Welw. ex Benth. et Hook. f.（1867）= Oldfieldia
Benth. et Hook. f.（1850）; ~ = Oldfieldia Benth. et Hook. f.（1850）
［大戟科 Euphorbiaceae］●☆

37590 Paivaeusaceae A. Meeuse（1990）（1990）= Euphorbiaceae Juss.
（保留科名）; ~ = Picrodendraceae Small（保留科名）●☆

37591 Pajanelia DC.（1838）【汉】帕亚木属。【隶属】紫葳科
Bignoniaceae。【包含】世界 1 种。【学名诠释与讨论】〈阴〉马拉
巴尔称呼 Pajanelia longifolia 为 pajaneli。【分布】印度至马来西
亚。【模式】Pajanelia multijuga（Wallich）A. P. de Candolle
［Bignonia multijuga Wallich］。【参考异名】Payanelia C. B. Clarke
（1884）●☆

37592 Pakaraimaea Maguire et P. S. Ashton（1977）【汉】美洲龙脑香
属。【隶属】龙脑香科 Dipterocarpaceae。【包含】世界 1 种。【学
名诠释与讨论】〈阴〉可能来自植物俗名。【分布】圭亚那，委内
瑞拉。【模式】Pakaraimaea dipterocarpacea B. Maguire et P. S.
Ashton。●☆

37593 Pala Juss.（1810）= Alstonia R. Br.（1810）（保留属名）［夹竹
桃科 Apocynaceae］●

37594 Paladelpha Pichon（1947）= Alstonia R. Br.（1810）（保留属名）
［夹竹桃科 Apocynaceae］●

37595 Palaeconringia E. H. L. Krause（1927）= Erysimum L.（1753）
［十字花科 Brassicaceae（Cruciferae）］■●

37596 Palaeno Raf. = Campanula L.（1753）［桔梗科 Campanulaceae］
■●

37597 Palaeocyanus Dostál（1973）= Centaurea L.（1753）（保留属名）
［菊科 Asteraceae（Compositae）//矢车菊科 Centaureaceae］●■

37598 Palafoxia Lag.（1816）【汉】对粉菊属。【英】Palafoxia。【隶
属】菊科 Asteraceae（Compositae）。【包含】世界 12 种。【学名诠
释与讨论】〈阴〉（人）Jose de Rebolledo Palafox y Melci（or
Melzi），1775/1776-1847，西班牙爱国人士。【分布】美国南部，
墨西哥北部，中美洲。【模式】Palafoxia linearis（Cavanilles）
Lagasca［Stevia linearis Cavanilles］。【参考异名】Othake Raf.
（1836）; Paleolaria Cass.（1816）; Polypteris Nutt.（1818）■☆

37599 Palala Kuntze（1891）Nom. illegit. ≡ Palala Rumph. ex Kuntze
（1891）Nom. illegit. ; ≡ Myristica Gronov.（1755）（保留属名）;
~ = Horsfieldia Willd.（1806）［肉豆蔻科 Myristicaceae］●

37600 Palala Rumph.（1741）Nom. inval. ≡ Palala Rumph. ex Kuntze
（1891）Nom. illegit. ; ~ = Myristica Gronov.（1755）（保留属名）;
~ = Horsfieldia Willd.（1806）［肉豆蔻科 Myristicaceae］●

37601 Palala Rumph. ex Kuntze（1891）Nom. illegit. ≡ Myristica
Gronov.（1755）（保留属名）; ~ = Horsfieldia Willd.（1806）［肉豆
蔻科 Myristicaceae］●

37602 Palamostigma Benth. et Hook. f.（1880）= Croton L.（1753）; ~ =
Palanostigma Mart. ex Klotzsch（1891）［大戟科 Euphorbiaceae//巴
豆科 Crotonaceae］●

37603 Palandra O. F. Cook（1927）【汉】美柱椰属（拔兰抓属，帕兰德
拉象牙椰属，帕兰象牙椰属）。【隶属】棕榈科 Arecaceae
（Palmae）。【包含】世界 1 种。【学名诠释与讨论】〈阴〉（希）
pale,优美的食物+aner，所有格 andros，雄性，雄蕊。此属的学名
是"Palandra O. F. Cook, J. Wash. Acad. Sci. 17: 228. 4 Mai 1927"。
亦有文献把它处理为"Phytelephas Ruiz et Pav.（1798）"的异名。
【分布】厄瓜多尔。【模式】Palandra aequatorialis O. F. Cook。【参
考异名】Phytelephas Ruiz et Pav.（1798）●☆

37604 Palanostigma Mart. ex Klotzsch（1843）= Croton L.（1753）［大戟
科 Euphorbiaceae//巴豆科 Crotonaceae］●

37605 Palaoea Kaneh.（1935）= Tristiropsis Radlk.（1887）［无患子科
Sapindaceae］●☆

37606 Palaquium Blanco（1837）【汉】胶木属（大叶山榄属）。【日】オ
オバアカテツ属，オホバアカテツ属。【俄】Палаквиум。【英】
Gutta Percha, Nato Tree, Natotree, Palaktree。【隶属】山榄科
Sapotaceae。【包含】世界 110-120 种，中国 1 种。【学名诠释与讨
论】〈中〉（菲律宾）palac,一种马来胶树的俗名。【分布】所罗门
群岛，印度至马来西亚，中国，东南亚。【后选模式】Palaquium
lanceolatum Blanco。【参考异名】Croixia Pierre（1890）; Dichopsis
Thwaites（1860）; Galactoxylon Pierre（1890）Nom. illegit. ;
Galactoxylum Pierre ex L. Planch.（1888）; Isonandra Wight（1840）;
Treubella Pierre（1890）●

37607 Palatina Bronner（1857）Nom. nud.［葡萄科 Vitaceae］●☆

37608 Palaua Cav.（1785）【汉】帕劳锦葵属。【隶属】锦葵科
Malvaceae。【包含】世界 15 种。【学名诠释与讨论】〈阴〉（人）
Paláu,植物学者。此属的学名，ING、GCI、TROPICOS 和 IK 记载
是"Palaua Cav. , Diss. 1, Diss. Bot. Sida 40. 1785［15 Apr 1785］"。
"Palaua Ruiz et Pavon, Prodr. 100. Oct（prim.）1794 ≡ Apatelia
DC.（1822）= Saurauia Willd.（1801）（保留属名）［猕猴桃科
Actinidiaceae//水东哥科（伞罗夷科，水冬瓜科）Saurauiaceae］"是
晚出的非法名称。"Palava Juss. , Gen. Pl.［Jussieu］271. 1789［4
Aug 1789］"是"Palaua Cav.（1785）"的拼写变体。"Palava
Pers. , Syn. Pl.［Persoon］2（1）:91. 1806［Nov 1806］"则是
"Palaua Ruiz et Pav.（1794）Nom. illegit. "的拼写变体。"Palavia
Schreb. , Gen. Pl. , ed. 8［a］. 2:464. 1791［May 1791］"亦是
"Palaua Cav.（1785）"的拼写变体，但是未能合格发表。"Palavia
Poir. , Encyclopédie Méthodique, Botanique Suppl. 4:261. 1816"也
是"Palaua Ruiz et Pav.（1794）Nom. illegit. "的拼写变体，但是也
未能合格发表。【分布】秘鲁，安第斯山。【后选模式】Palaua
moschata Cavanilles。【参考异名】Palava Juss.（1789）Nom.
illegit. ; Palavia Schreb.（1791）Nom. inval. ●☆

37609 Palaua Ruiz et Pav.（1794）Nom. illegit. ≡ Apatelia DC.
（1822）; ~ = Saurauia Willd.（1801）（保留属名）［猕猴桃科
Actinidiaceae//水东哥科（伞罗夷科，水冬瓜科）Saurauiaceae］●

37610 Palava Juss.（1789）Nom. illegit. ≡ Palaua Cav.（1785）［锦葵
科 Malvaceae］■☆

37611 Palava Pers.（1806）Nom. illegit. = Palaua Ruiz et Pav.（1794）
Nom. illegit. ; ~ = Saurauia Willd.（1801）（保留属名）; ~ =

Apatelia DC.（1822）［猕猴桃科 Actinidiaceae//水东哥科（伞罗夷科，水冬瓜科）Saurauiaceae］●

37612 Palavia Poir.（1816）Nom. inval. ≡ Palava Pers.（1806）Nom. illegit.；~ = Palaua Ruiz et Pav.（1794）Nom. illegit.；~ = Saurauia Willd.（1801）（保留属名）；~ = Apatelia DC.（1822）［猕猴桃科 Actinidiaceae//水东哥科（伞罗夷科，水冬瓜科）Saurauiaceae］●

37613 Palavia Ruiz et Pav. ex Ortega = Calyxhymenia Ortega（1797）；~ = Mirabilis L.（1753）［紫茉莉科 Nyctaginaceae］■

37614 Palavia Schreb.（1791）Nom. inval. ≡ Palaua Cav.（1785）［锦葵科 Malvaceae］■☆

37615 Paleaepappus Cabrera（1969）【汉】叉枝莞属。【隶属】菊科 Asteraceae（Compositae）。【包含】世界1种。【学名诠释与讨论】〈阳〉（拉）palea，糠，稃+希腊文 pappos 指柔毛，软毛。pappus 则与拉丁文同义，指冠毛。【分布】中国，巴塔哥尼亚。【模式】Paleaepappus patagonicus Cabrera。●

37616 Paleista Raf.（1836）= Eclipta L.（1771）（保留属名）［菊科 Asteraceae（Compositae）］■

37617 Palenga Thwaites（1856）= Drypetes Vahl（1807）；~ = Putranjiva Wall.（1826）［羽柱果科 Putranjivaceae//大戟科 Euphorbiaceae］●

37618 Palenia Phil.（1895）= Heterothalamus Less.（1831）［菊科 Asteraceae（Compositae）］●☆

37619 Paleodicraeia C. Cusset（1973）【汉】糠叉苔草属。【隶属】髯管花科 Geniostomaceae。【包含】世界1种。【学名诠释与讨论】〈阴〉（希）palea+（属）Dicraeia 叉苔草属。【分布】马达加斯加。【模式】Paleodicraeia imbricata（L. R. Tulasne）C. Cusset［Dicraeia imbricata L. R. Tulasne］。■☆

37620 Paleolaria Cass.（1816）= Palafoxia Lag.（1816）［菊科 Asteraceae（Compositae）］■☆

37621 Paletuviera Thouars ex DC.（1828）= Bruguiera Sav.（1798）［红树科 Rhizophoraceae］●

37622 Paletuvieraceae Lam. ex Kuntze = Rhizophoraceae Pers.（保留科名）●

37623 Paleya Cass.（1826）= Crepis L.（1753）［菊科 Asteraceae（Compositae）］■

37624 Palgianthus G. Forst. ex Baill.（1875）= Plagianthus J. R. Forst. et G. Forst.（1776）［锦葵科 Malvaceae］●☆

37625 Paliavana Vand.（1788）Nom. illegit. ≡Paliavana Vell. ex Vand.（1788）［苦苣苔科 Gesneriaceae］●☆

37626 Paliavana Vell. ex Vand.（1788）【汉】帕里苣苔属（帕拉瓦苣苔属）。【英】Paliavana。【隶属】苦苣苔科 Gesneriaceae。【包含】世界2-6种。【学名诠释与讨论】〈阴〉（人）Paliav+-anus，-ana，-anum，加在名词词干后面使形成形容词的词尾，含义为"属于"。此属的学名，ING 和 TROPICOS 记载是"Paliavana Vandelli, Fl. Lusit. Brasil. 40. 1788"。IK 则记载为"Paliavana Vell. ex Vand., Fl. Lusit. Brasil. Spec. 40, t. 3. f. 17. 1788"。三者引用的文献相同。【分布】巴西。【模式】未指定。【参考异名】Codonophora Lindl.（1827）；Paliavana Vand.（1788）Nom. illegit.；Prasanthea（DC.）Decne.（1848）Nom. illegit.；Prasanthea Decne.（1848）Nom. illegit.●☆

37627 Palicourea Aubl.（1775）【汉】巴茜草属（巴西茜属，帕立茜属）。【英】Palicourea。【隶属】茜草科 Rubiaceae。【包含】世界200-250种。【学名诠释与讨论】〈阴〉（地）Palicour，位于巴西。此属的学名，ING、GCI 和 IK 记载是"Palicourea Aubl., Hist. Pl. Guiane 1：172. 1775［Jun-Dec 1775］"。"Palicurea Roem. et Schult., Syst. Veg., ed. 15 bis［Roemer et Schultes］5；193. 1819［Dec 1819］"是晚出的非法名称。"Stephanium Schreber, Gen. 124. Apr 1789"是"Palicourea Aubl.（1775）"的晚出的同模式异

名（Homotypic synonym, Nomenclatural synonym）。"Palicurea Roem. et Schult., Syst. Veg., ed. 15 bis［Roemer et Schultes］5：193. 1819［Dec 1819］"和"Palicourea Schult., Systema Vegetabilium 5；xi，193. 1819"是"Palicourea Aubl.（1775）"的拼写变体，但是未能合格发表。"Palicuria Raf., Ann. Gen. Sci. Phys. vi.（1820）86"也似是"Palicourea Aubl.（1775）"的拼写变体。【分布】巴拉圭，巴拿马，秘鲁，玻利维亚，厄瓜多尔，哥伦比亚（安蒂奥基亚），尼加拉瓜，西印度群岛，热带美洲，中美洲。【模式】Palicourea guianensis Aublet。【参考异名】Acmostima Raf.（1838）；Acrostigma Post et Kuntze（1903）；Colladonia Spreng.（1824）；Nonatelia Aubl.（1775）；Novatilea Wight（1846）Nom. illegit.；Novatilia Wight（1846）Nom. illegit.；Oribasia Schreb.（1789）Nom. illegit.；Palicurea Roem. et Schult.（1819）Nom. illegit.，Nom. inval.；Palicurea Schult.（1819）Nom. illegit.，Nom. inval.；Palicuria Raf.（1820）；Psathura Comm. ex Juss.（1789）；Rhodostoma Scheidw.（1842）；Stephanium Schreb.（1789）Nom. illegit.●☆

37628 Palicurea Roem. et Schult.（1819）Nom. illegit.，Nom. inval. ≡ Palicourea Aubl.（1775）［茜草科 Rubiaceae］●☆

37629 Palicurea Schult.（1819）Nom. illegit.，Nom. inval. ≡Palicourea Aubl.（1775）［茜草科 Rubiaceae］●☆

37630 Palicuria Raf.（1820）= Palicourea Aubl.（1775）［茜草科 Rubiaceae］●☆

37631 Palilia Allam. ex L. = Heliconia L.（1771）（保留属名）［芭蕉科 Musaceae//鹤望兰科（旅人蕉科）Strelitziaceae//蝎尾蕉科（赫蕉科）Heliconiaceae］■

37632 Palimbia Besser ex DC.（1830）【汉】额尔齐斯芹属。【俄】Налимбия。【隶属】伞形花科（伞形科）Apiaceae（Umbelliferae）。【包含】世界3种，中国1种。【学名诠释与讨论】〈阴〉词源不详。此属的学名，IK 记载是"Palimbia Besser, Enum. Pl.［Besser］55，94. 1822；nom. inval."。ING、TROPICOS 和 IPNI 则记载为"Palimbia Besser ex DC., Prodr.［A. P. de Candolle］4；175. 1830［late Sep 1830］"。"Apseudes Rafinesque, Good Book 57. Jan 1840"是"Palimbia Besser ex DC.（1830）"的晚出的同模式异名（Homotypic synonym, Nomenclatural synonym）。【分布】俄罗斯至亚洲中部，中国。【后选模式】Palimbia salsa A. P. de Candolle, Nom. illegit.［Peucedanum redivivum Pallas；Palimbia rediviva（Pallas）A. Thellung］。【参考异名】Apseudes Raf.（1840）Nom. illegit.；Galimbia Endl.（1841）；Palimbia Besser（1822）Nom. inval.■

37633 Palimbia Besser（1822）Nom. inval. ≡ Palimbia Besser ex DC.（1830）［伞形花科（伞形科）Apiaceae（Umbelliferae）］■

37634 Palindan Blanco ex Post et Kuntze（1903）= Orania Zipp.（1829）［棕榈科 Arecaceae（Palmae）］●☆

37635 Palinetes Salisb.（1866）Nom. illegit. ≡ Ammocharis Herb.（1821）；~ ≡Ammocharis Herb.（1821）［石蒜科 Amaryllidaceae］■☆

37636 Paliris Dumort.（1827）Nom. illegit. ≡ Liparis Rich.（1817）（保留属名）［兰科 Orchidaceae］■

37637 Palisota Rchb.（1828）Nom. inval.（废弃属名）≡Palisota Rchb. ex Endl.（1836）（保留属名）［鸭趾草科 Commelinaceae］■☆

37638 Palisota Rchb. ex Endl.（1836）（保留属名）【汉】浆果鸭趾草属。【隶属】鸭趾草科 Commelinaceae。【包含】世界18种。【学名诠释与讨论】〈阴〉（人）Ambroise Marie François Joseph Palisotde Beauvois（Pallisatde Beauvois），1752-1820，法国植物学者，探险家。此属的学名"Palisota Rchb. ex Endl., Gen. Pl.；125. Dec 1836"是保留属名。相应的废弃属名是的"Duchekia Kostel., Allg. Med. -Pharm. Fl. 1；213. Mai 1831 = Palisota Rchb. ex Endl.（1836）（保留属名）"。"Palisota Rchb., Consp. Regn. Veg.［H. G. L. Reichenbach］59. 1828 ≡Palisota Rchb. ex Endl.（1836）

（保留属名）"是一个未合格发表的名称（Nom. inval.），亦应废弃。【分布】热带非洲西部。【模式】Palisota ambigua（Palisot de Beauvois）C. B. Clarke［Commelina ambigua Palisot de Beauvois］。【参考异名】Duchekia Kostel.（1831）（废弃属名）；Palisota Rchb.（1828）（废弃属名）■☆

37639 Palissya Baill.（1858）Nom. illegit.（废弃属名）≡ Neopalissya Pax（1914）；~ = Necepsia Prain（1910）［大戟科 Euphorbiaceae］☆

37640 Paliurus St. -Lag.（1880）= Paliurus Mill.（1754）［鼠李科 Rhamnaceae］●

37641 Paliurus Mill.（1754）【汉】马甲子（铜钱树属）。【日】ハマナツメ属。【俄】Держи - дерево, Палиурус, Пальма。【英】Christ's Thorn，Cointree，Jerusale Thorn，Paliurus。【隶属】鼠李科 Rhamnaceae。【包含】世界 6-8 种，中国 6 种。【学名诠释与讨论】〈阳〉（希）paliouros，一种灌木 Paliurus spina-christi Mill. 的希腊古名。一说来自非洲一城镇名。此属的学名，ING、APNI 和 GCI 记载是"Paliurus Mill.，Gard. Dict. Abr.，ed. 4.［sine page no.］. 1754［28 Jan 1754］"。IK 则记载为"Paliurus Tourn. ex Mill.，Gard. Dict.，ed. 6"。"Paliurus Tourn."是命名起点著作之前的名称，故"Paliurus Mill.（1754）"和"Paliurus Tourn. ex Mill.（1754）"都是合法名称，可以通用。"Paliuros St. -Lag.（1880）"似是"Paliurus Mill.（1754）"的拼写变体。【分布】欧洲南部至日本，中国，中美洲。【模式】Paliurus spina - christi P. Miller［Rhamnus paliurus Linnaeus］。【参考异名】Aubletia Lour.（1790）；Paliuros St. -Lag.（1880）；Paliurus Tourn. ex Mill.（1754）●

37642 Paliurus Tourn. ex Mill.（1754）≡ Paliurus Mill.（1754）［鼠李科 Rhamnaceae］●

37643 Palladia Lam.（1792）【汉】智慧椴属。【隶属】椴树科（椴科，田麻科）Tiliaceae//锦葵科 Malvaceae。【包含】世界 1 种。【学名诠释与讨论】〈阴〉（人）Pallas，所有格 Pallados，用枭来祭祀的智慧女神。此属的学名，ING 记载是"Palladia Lamarck，Tabl. Encycl.（'Ill. Gen.'）t. 285. 30 Jul 1792"。这是一个替代名称；"Blakwellia J. Gaertner，Fruct. 2：169，t. 117（'Blackwellia'）. Sep（sero）-Nov 1790"是一个非法名称（Nom. illegit.），因为此前已经有了"Blakwellia Scopoli，Introd. 326. Jan - Apr 1777 ≡ Nalagu Adans.（1763）（废弃属名）［五加科 Araliaceae］"和"Blakwellia Lamarck，Encycl. Meth.，Bot. 1：428. 1 Aug 1785 = Palladia Lam.（1792）"，故用"Palladia Lam.（1792）"替代之。"Palladia Moench，Methodus（Moench）429（1794）［4 May 1794］= Lysimachia L.（1753）［报春花科 Primulaceae//珍珠菜科 Lysimachiaceae］"是晚出的非法名称。【分布】不详。【模式】Palladia antarctica（J. Gaertner）Savigny［Blakwellia antarctica J. Gaertner］。【参考异名】Blakwellia Gaertn.（1790）Nom. illegit.；Blakwellia Lam.（1785）Nom. illegit. ●☆

37644 Palladia Moench（1794）Nom. illegit. = Lysimachia L.（1753）［报春花科 Primulaceae//珍珠菜科 Lysimachiaceae］●■

37645 Pallasia Houtt.（1775）Nom. illegit. ≡ Pallassia Houtt.（1775）（废弃属名）；~ = Calodendrum Thunb.（1782）（保留属名）［芸香科 Rutaceae］●☆

37646 Pallasia Klotzsch（1853）Nom. illegit. ≡ Wittmackanthus Kuntze（1891）［茜草科 Rubiaceae］●☆

37647 Pallasia L. f.（1782）Nom. illegit. ≡ Pterococcus Pall.（1773）（废弃属名）；~ = Calligonum L.（1753）［蓼科 Polygonaceae//沙拐枣科 Calligonaceae］●

37648 Pallasia L'Hér.（1784）Nom. inval. ≡ Pallasia L'Hér. ex Aiton（1789）Nom. illegit.；~ = Encelia Adans.（1763）［菊科 Asteraceae（Compositae）］●■☆

37649 Pallasia L'Hér. ex Aiton（1789）Nom. illegit. = Encelia Adans.

（1763）［菊科 Asteraceae（Compositae）］●■☆

37650 Pallasia Scop.（1777）Nom. inval.，Nom. illegit. = Crypsis Aiton（1789）（保留属名）［禾本科 Poaceae（Gramineae）］■

37651 Pallassia Houtt.（1775）（废弃属名）= Calodendrum Thunb.（1782）（保留属名）［芸香科 Rutaceae］●☆

37652 Pallastema Salisb.（1866）= Albuca L.（1762）［风信子科 Hyacinthaceae//百合科 Liliaceae］■☆

37653 Pallavia Vell.（1829）= Pisonia L.（1753）［紫茉莉科 Nyctaginaceae//腺果藤科（避霜花科）Pisoniaceae］●■

37654 Pallavicinia Cocc.（1883）Nom. illegit. = Alliaria Heist. ex Fabr.（1759）［十字花科 Brassicaceae（Cruciferae）］■

37655 Pallavicinia De Not.（1847）= Cyphomandra Mart. ex Sendtn.（1845）［茄科 Solanaceae］●■

37656 Pallenis（Cass.）Cass.（1822）Nom. illegit.（废弃属名）≡ Pallenis Cass.（1822）（保留属名）；~ = Asteriscus Mill.（1754）［菊科 Asteraceae（Compositae）］■●☆

37657 Pallenis Cass.（1822）（保留属名）【汉】苍菊属（叶苞菊属）。【俄】Палленис。【英】Pallenis。【隶属】菊科 Asteraceae（Compositae）。【包含】世界 1-4 种。【学名诠释与讨论】〈阴〉（地）Pallene，位于马其顿。此属的学名"Pallenis Cass. in Bull. Sci. Soc. Philom. Paris 1818：166. Nov 1818"是保留属名。法规未列出相应的废弃属名。"Pallenis（Cassini）Cassini in F. Cuvier，Dict. Sci. Nat. 23：566. Nov 1822 ≡ Pallenis Cass.（1822）（保留属名）= Asteriscus Mill.（1754）［菊科 Asteraceae（Compositae）］"应予废弃。"Athalmum Necker ex O. Kuntze，Rev. Gen. 1：319. 5 Nov 1891"是"Pallenis Cass.（1822）（保留属名）"的晚出的同模式异名（Homotypic synonym，Nomenclatural synonym）；"Athalmum Neck.，Elem. Bot.（Necker）1：20. 1790 ≡ Athalmum Neck. ex Kuntze（1891）Nom. illegit."是一个未合格发表的名称（Nom. inval.）。【分布】地中海至亚洲中部。【模式】Pallenis spinosa（Linnaeus）Cassini［Buphthalmum spinosum Linnaeus］。【参考异名】Asteriscus Mill.（1754）；Asteriscus Sch. Bip.（1835 - 1860）Nom. illegit.；Asteriscus Tourn. ex Sch. Bip.（1835 - 1860）Nom. illegit.；Athalmum Neck.（1891）Nom. illegit.；Athalmum Neck. ex Kuntze（1891）Nom. illegit.；Athalmus Neck.（1790）Nom. inval.；Pallenis（Cass.）Cass.（1822）Nom. illegit.（废弃属名）■●☆

37658 Palma Mill.（1754）Nom. illegit. = Phoenix L.（1753）［棕榈科 Arecaceae（Palmae）］●

37659 Palma Plum. ex Mill.（1754）Nom. illegit. ≡ Palma Mill.（1754）Nom. illegit.；~ = Phoenix L.（1753）［棕榈科 Arecaceae（Palmae）］●

37660 Palmae Adans. = Arecaceae Bercht. et J. Presl（保留科名）// Palmae Juss.（保留科名）●

37661 Palmae Juss.（1789）（保留科名）【汉】棕榈科（槟榔科）。【日】シュロ科，ヤシ科。【俄】Пальмовые，Пальмы。【英】Palm Family。【包含】世界 190-217 属 2000-2800 种，中国 25-42 属 100-150 余种。Arecaceae Bercht. et J. Presl 和 Palmae Juss. 均为保留科名，是《国际植物命名法规》确定的九对互用科名之一。【分布】印度-马来西亚，所罗门群岛，巴布亚新几内亚（俾斯麦群岛），澳大利亚（北部）。【科名模式】Areca L. ●

37662 Palma-filix Adans.（1763）（废弃属名）≡ Zamia L.（1763）（保留属名）［苏铁科 Cycadaceae//泽米苏铁科（泽米科）Zamiaceae］●☆

37663 Palmangis Thouars = Angraecum Bory（1804）［兰科 Orchidaceae］■●

37664 Palmerella A. Gray（1876）【汉】帕尔桔梗属。【隶属】桔梗科 Campanulaceae//山梗菜科（半边莲科）Nelumbonaceae。【包含】

世界 2 种。【学名诠释与讨论】〈阴〉（人）botanist Edward Palmer，1831-1911，美国植物学者，医生，动植物采集家+-ellus，-ella，-ellum，加在名词词干后面形成指小式的词尾。或加在人名、属名等后面以组成新属的名称。此属的学名，ING、TROPICOS 和 IK 记载是"Palmerella A. Gray，Proc. Amer. Acad. Arts 11：80. 1876 [5 Jan 1876]"。其异名"Laurentia Adans. (1763)"是一个无必要的替代名称。【分布】美国（加利福尼亚），墨西哥。【模式】Palmerella debilis A. Gray。【参考异名】Laurentia Adans. (1763) Nom. illegit. ，Nom. superfl. ；Lobelia L. (1753) ■☆

37665 Palmeria F. Muell. (1864)【汉】藤桂属。【隶属】香材树科（杯轴花科，黑檫木科，芒籽科，蒙立米科，檬立米科，香材木科，香树木科）Monimiaceae。【包含】世界 1-14 种。【学名诠释与讨论】〈阴〉（人）John Frederick Palmer，1804-1871，英国出生的澳大利亚政治家，医生。【分布】澳大利亚，马来西亚（东部）。【模式】Palmeria scandens F. v. Mueller。●☆

37666 Palmerocassia Britton (1930) = Cassia L. (1753)（保留属名）；~ = Senna Mill. (1754) [豆科 Fabaceae (Leguminosae)//云实科（苏木科）Caesalpiniaceae]●■

37667 Palmervandenbroekia Gibbs. (1917) = Polyscias J. R. Forst. et G. Forst. (1776) [五加科 Araliaceae]●

37668 Palmia Endl. (1839) Nom. illegit. ≡ Shutereia Choisy (1834)（废弃属名）；~ = Hewittia Wight et Arn. (1837) Nom. illegit. [旋花科 Convolvulaceae]■

37669 Palmifolia Kuntze (1891) Nom. illegit. ≡ Palmifolium Kuntze (1891) [苏铁科 Cycadaceae//泽米苏铁科（泽米科）Zamiaceae]●☆

37670 Palmifolium Kuntze (1891) Nom. illegit. ≡ Palma-filix Adans. (1763)（废弃属名）；~ ≡ Zamia L. (1763)（保留属名）[苏铁科 Cycadaceae//泽米苏铁科（泽米科）Zamiaceae]●☆

37671 Palmijuncus Kuntze (1891) Nom. illegit. ≡ Palmijuncus Rumph. ex Kuntze (1891) Nom. illegit. ；~ ≡ Calamus L. (1753) [棕榈科 Arecaceae (Palmae)]●

37672 Palmijuncus Rumph. (1747) Nom. inval. ≡ Palmijuncus Rumph. ex Kuntze (1891) Nom. illegit. ；~ ≡ Calamus L. (1753) [棕榈科 Arecaceae (Palmae)]●

37673 Palmijuncus Rumph. ex Kuntze (1891) Nom. illegit. ≡ Calamus L. (1753) [棕榈科 Arecaceae (Palmae)]●

37674 Palmofilix Post et Kuntze (1903) = Palma-filix Adans. (1763)（废弃属名）；~ ≡ Zamia L. (1763)（保留属名）[苏铁科 Cycadaceae//泽米苏铁科（泽米科）Zamiaceae]●☆

37675 Palmoglossum Klotzsch ex Rchb. f. (1856) Nom. inval. = Pleurothallis R. Br. (1813) [兰科 Orchidaceae]■☆

37676 Palmolmedia Ducke (1939) = Naucleopsis Miq. (1853) [桑科 Moraceae]●☆

37677 Palmonaria Boiss. (1875) = Pulmonaria L. (1753) [紫草科 Boraginaceae]■

37678 Palmorchis Barb. Rodr. (1877)【汉】掌兰属。【隶属】兰科 Orchidaceae。【包含】世界 12 种。【学名诠释与讨论】〈阴〉（拉）palma，手掌+orchis，兰。【分布】巴拿马，秘鲁，厄瓜多尔，哥伦比亚（安蒂奥基亚），哥斯达黎加，玻利维亚，尼加拉瓜，西印度群岛，中美洲。【后选模式】Palmorchis pubescens Barbosa Rodrigues。【参考异名】Jenmania Rolfe (1898) Nom. illegit. ；Rolfea Zahlbr. (1898)；Rolpa Zahlbr. ■☆

37679 Palmstruckia Retz. (1810) Nom. illegit.（废弃属名）= Sutera Roth (1807)；~ = Chaenostoma Benth. (1836)（保留属名）[玄参科 Scrophulariaceae]■☆

37680 Palmstruckia Sond. (1860) Nom. illegit.（废弃属名）≡

Thlaspeocarpa C. A. Sm. (1931) [十字花科 Brassicaceae (Cruciferae)]■☆

37681 Paloue Aubl. (1775)【汉】帕洛豆属。【隶属】豆科 Fabaceae (Leguminosae)//云实科（苏木科）Caesalpiniaceae。【包含】世界 4 种。【学名诠释与讨论】〈阴〉来自植物俗名。此属的学名，ING、TROPICOS 和 IK 记载是"Paloue Aubl. ，Hist. Pl. Guiane 1：365. 1775 [Jun-Dec 1775]"。"Ginannia Scopoli，Introd. 300. Jan-Apr 1777"是"Paloue Aubl. (1775)"的晚出的同模式异名（Homotypic synonym，Nomenclatural synonym）。亦有文献把"Palovea Aubl. (1775)"处理为"Paloue Aubl. (1775)"的异名。【分布】热带美洲。【模式】Paloue guianensis Aublet。【参考异名】Ginannia Scop. (1777) Nom. illegit. ；Paloue Aubl. (1775)；Palovea Aubl. (1775)；Palovea Juss. (1789) Nom. illegit. ；Paluea Post et Kuntze (1903)■☆

37682 Palovea Juss. (1789) Nom. illegit. = Paloue Aubl. (1775) [豆科 Fabaceae (Leguminosae)//云实科（苏木科）Caesalpiniaceae]■☆

37683 Palovea Raf. = Sabicea Aubl. (1775) [茜草科 Rubiaceae]●☆

37684 Paloveopsis R. S. Cowan (1957)【汉】凹叶豆属。【隶属】豆科 Fabaceae (Leguminosae)//云实科（苏木科）Caesalpiniaceae。【包含】世界 1 种。【学名诠释与讨论】〈阴〉（属）Paloue 帕洛豆属+希腊文 opsis，外观，模样，相似。【分布】几内亚，南美洲东北部。【模式】Paloveopsis emarginata Cowan。■☆

37685 Paltoria Ruiz et Pav. (1794) = Ilex L. (1753) [冬青科 Aquifoliaceae]●

37686 Paludana Giseke (1792)（废弃属名）= Amomum Roxb. (1820)（保留属名）[姜科（蘘荷科）Zingiberaceae]■☆

37687 Paludana Salisb. (1866) Nom. illegit.（废弃属名）≡ Monocaryum (R. Br.) Rchb. (1828)；~ = Paludaria Salisb. (1866) Nom. illegit. ；~ = Colchicum L. (1753) [百合科 Liliaceae//秋水仙科 Colchicaceae]■

37688 Paluea Post et Kuntze (1903) = Paloue Aubl. (1775) [豆科 Fabaceae (Leguminosae)//云实科（苏木科）Caesalpiniaceae]■☆

37689 Palumbina Rchb. f. (1863)【汉】洁兰属。【日】パルンビーナ属。【隶属】兰科 Orchidaceae。【包含】世界 1 种。【学名诠释与讨论】〈阴〉（拉）palumbes，斑鸠+-inus，-ina，-inum，拉丁文加在名词词干之后，以形成形容词的词尾，含义为"属于、相似、关于、小的"。指花形似腾空飞翔的斑鸠。【分布】危地马拉，中美洲。【模式】Palumbina candida (Lindley) H. G. Reichenbach [Oncidium candidum Lindley]。■☆

37690 Palura (G. Don) Buch. -Ham. ex Miers (1879) Nom. illegit. ≡ Palura (G. Don) Miers (1879)；~ = Symplocos Jacq. (1760) [山矾科（灰木科）Symplocaceae]●

37691 Palura (G. Don) Miers (1879) = Symplocos Jacq. (1760) [山矾科（灰木科）Symplocaceae]●

37692 Palura Buch. -Ham. ex D. Don (1825) Nom. illegit. = Symplocos Jacq. (1760) [山矾科（灰木科）Symplocaceae]●

37693 Palura Buch. -Ham. ex Miers (1879) Nom. illegit. = Symplocos Jacq. (1760) [山矾科（灰木科）Symplocaceae]●

37694 Pamburus Swingle (1916)【汉】全尾木属（攀布鲁木属，攀布鲁属）。【隶属】芸香科 Rutaceae。【包含】世界 1 种。【学名诠释与讨论】pas，阴性 pasa，所有格 pases，中性 pan，所有格 pantos，全部的（在以 b 或 p 开头的词根前，pan 变成 pam）+-urus，-ura，-uro，用于希腊文组合词，含义为"尾巴"。此属的学名，ING、TROPICOS 和 IK 记载是"Pamburus Swingle，J. Wash. Acad. Sci. 6：336. 1916"。"Chilocalyx Turczaninow，Bull. Soc. Imp. Naturalistes Moscou 36 (1)：588. 1863 (non Klotzsch 1861)"是"Pamburus Swingle (1916)"的同模式异名（Homotypic synonym，Nomenclatural synonym)。【分布】斯里兰卡,印度(南部)。【模式】Pamburus missionis(R. Wight)Swingle[Limonia missionis R. Wight]。【参考异名】Chilocalyx Turcz.(1863)Nom. illegit. ●☆

37695　Pamea Aubl.(1775)(废弃属名)= Buchenavia Eichler(1866)(保留属名);~ = Terminalia L.(1767)(保留属名)[使君子科 Combretaceae//榄仁树科 Terminaliaceae]●

37696　Pamianthe Stapf(1933)【汉】鳖瓣花属。【隶属】石蒜科 Amaryllidaceae。【包含】世界 2-3 种。【学名诠释与讨论】〈阴〉(人)Major Albert Pam,1875-1955。【分布】秘鲁,玻利维亚,厄瓜多尔,安第斯山。【后选模式】Pamianthe peruviana Stapf。■☆

37697　Pamphalea DC.(1812)Nom. illegit. ≡ Panphalea Lag.(1811)[菊科 Asteraceae(Compositae)]■☆

37698　Pamphilia Mart.(1837)Nom. inval. ≡ Pamphilia Mart. ex A. DC.(1844)[安息香科(齐墩果科,野茉莉科)Styracaceae]●☆

37699　Pamphilia Mart. ex A. DC.(1844)【汉】全喜香属。【隶属】安息香科(齐墩果科,野茉莉科)Styracaceae。【包含】世界 3 种。【学名诠释与讨论】〈阴〉(希)pas,阴性 pasa,所有格 pases,中性 pan,所有格 pantos,全部的(在以 b 或 p 开头的词根前,pan 变成 pam)+philos,喜欢的,爱的。此属的学名,ING 和 TROPICOS 记载是"Pamphilia C. F. P. Martius ex Alph. de Candolle, Prodr. 8:271. Mar(med.)1844"。IK 记载的"Pamphilia Mart., Herb. Fl. Bras. n. 902(1837)≡ Pamphilia Mart. ex A. DC.(1844)"是一个未合格发表的名称(Nom. inval.)。"Pamphilia Mart. ex A. DC.(1844)"曾被处理为"Styrax sect. Pamphilia(Mart. ex A. DC.)B. Walln., Annalen des Naturhistorischen Museums in Wien. Serie B, Botanik und Zoologie 99:696. 1997"。【分布】巴西,秘鲁。【后选模式】Pamphilia aurea C. F. P. Martius ex Alph. de Candolle。【参考异名】Pamphilia Mart.(1837)Nom. inval. ;Styrax sect. Pamphilia(Mart. ex A. DC.)B. Walln.(1997)●☆

37700　Pamplethantha Bremek.(1940)【汉】全花茜属。【隶属】茜草科 Rubiaceae。【包含】世界 5 种。【学名诠释与讨论】〈阴〉(希)pas,全部的+pletho,变满,变完全+anthos,花。【分布】热带非洲。【模式】Pamplethantha viridiflora(Schweinfurth ex Hiern)Bremekamp[Urophyllum viridiflorum Schweinfurth ex Hiern]。●☆

37701　Panacea Mitch.(1748)Nom. inval. , Nom. illegit. ≡ Panax L.(1753)[五加科 Araliaceae]■

37702　Panactia Cass.(1829)= Podolepis Labill.(1806)(保留属名)[菊科 Asteraceae(Compositae)]■☆

37703　Panamanthus Kuijt(1991)【汉】巴拿马桑寄生属。【隶属】桑寄生科 Loranthaceae。【包含】世界 1 种。【学名诠释与讨论】〈阳〉(地)Panama,巴拿马+anthos,花。【分布】巴拿马,哥斯达黎加,中美洲。【模式】Panamanthus panamensis(Rizz.)Kuijt。●☆

37704　Panargyrum D. Don(1832)= Panargyrus Lag.(1811)[菊科 Asteraceae(Compositae)]●☆

37705　Panargyrus Lag.(1811)= Nassauvia Comm. ex Juss.(1789)[菊科 Asteraceae(Compositae)]●☆

37706　Panarica Withner et P. A. Harding(2004)【汉】中美柱瓣兰属。【隶属】兰科 Orchidaceae。【包含】世界 6 种。【学名诠释与讨论】〈阴〉词源不详。此属的学名是"Panarica Withner et P. A. Harding, The Cattleyas and Their Relatives 207. 2004"。亦有文献把其处理为"Epidendrum L.(1763)(保留属名)"的异名。【分布】中美洲。【模式】Panarica prismatocarpa(H. G. Reichenbach)C. L. Withner et P. A. Harding[Epidendrum prismatocarpum H. G. Reichenbach]。【参考异名】Epidendrum L.(1763)(保留属名)■☆

37707　Panax Hill(1756)Nom. illegit. ≡ Opopanax W. D. J. Koch(1824)[伞形花科(伞形科)Apiaceae(Umbelliferae)]■☆

37708　Panax L.(1753)【汉】人参属。【日】チョウセンニンジン属,ニンジン属,パナックス属。【俄】Женьшень,Панакс。【英】Ginsen,Ginseng。【隶属】五加科 Araliaceae。【包含】世界 8 种,中国 7 种。【学名诠释与讨论】〈阳〉(拉)panax,一种可治百病的植物,源于希腊文 pan 总的+akos 治愈。含义指可治百病的万能药。此属的学名,ING,APNI,GCI,TROPICOS 和 IK 记载是"Panax L. ,Sp. Pl. 2:1058. 1753[1 May 1753]"。"Panax J. Hill, Brit. Herbal 420. Nov 1756 ≡ Opopanax W. D. J. Koch(1824)[伞形花科(伞形科)Apiaceae(Umbelliferae)]"是晚出的非法名称。"Aureliana Boehmer in C. G. Ludwig, Def. Gen. ed. 3. 283. 1760"、"Ginsen Adanson, Fam. 2:102,561. Jul-Aug 1763"和"Panacea J. Mitchell, Diss. Gen. Pl. 43. 1769"是"Panax L.(1753)"的晚出的同模式异名(Homotypic synonym, Nomenclatural synonym)。亦有文献把"Panax L.(1753)"处理为"Polyscias J. R. Forst. et G. Forst.(1776)"的异名。【分布】玻利维亚,马达加斯加,美国(密苏里),中国,热带和东亚,北美洲,中美洲。【后选模式】quinquefolius Linnaeus[as 'quinquefolium']。【参考异名】Aureliana Boehm.(1760)Nom. illegit. ;Ginsen Adans.(1763)Nom. illegit. ;Metapanax J. Wen et Frodin(2001);Panacea Mitch.(1748)Nom. inval. ;Panaxus St. -Lag.(1880);Polyscias J. R. Forst. et G. Forst.(1776)■

37709　Panaxus St. - Lag.(1880)= Panax L.(1753)[五加科 Araliaceae]■

37710　Pancalum Ehrh.(1789)Nom. inval. = Hypericum L.(1753)[金丝桃科 Hypericaceae//猪胶树科(克鲁西科,山竹子科,藤黄科)Clusiaceae(Guttiferae)]■●

37711　Panchena Montrouz. = Ixora L.(1753)[茜草科 Rubiaceae]●

37712　Panchera Post et Kuntze(1903)= Ixora L.(1753);~ = Pancheria Montrouz.(1860)Nom. illegit.(废弃属名);~ = Ixora L.(1753)[茜草科 Rubiaceae]●

37713　Pancheria Brongn. et Gris(1862)(保留属名)【汉】潘树属。【隶属】火把树科(常绿棱枝树科,角瓣木科,库诺尼科,南蔷薇科,轻木科)Cunoniaceae。【包含】世界 26-30 种。【学名诠释与讨论】〈阴〉(人)Jean Armand Isidore Pancher,1814-1877,法国植物学者,植物采集家。此属的学名"Pancheria Brongn. et Gris in Bull. Soc. Bot. France 9:74. 1862"是保留属名。相应的废弃属名是茜草科 Rubiaceae 的"Panchezia Montrouz. in Mém. Acad. Roy. Sci. Lyon, Sect. Sci. 10:223. 1860 = Ixora L.(1753)"。"Panchezia B. D. Jacks. = Ixora L.(1753)= Pancheria Montrouz.(1860)Nom. illegit.[茜草科 Rubiaceae]"亦应废弃。"Pancheria Montrouz.(1860)"和"Panchezia Montrouz.(1860)"应为同物。"Panchera Post et Kuntze(1903)= Ixora L.(1753)= Pancheria Montrouz.(1860)Nom. illegit.[茜草科 Rubiaceae]"似为变体。【分布】法属新喀里多尼亚。【模式】Pancheria elegans A. T. Brongniart et Gris。【参考异名】Panchezia Montrouz.(1860)(废弃属名)●☆

37714　Pancheria Montrouz.(1860)Nom. illegit.(废弃属名)= Ixora L.(1753)[茜草科 Rubiaceae]●

37715　Panchezia B. D. Jacks. , Nom. illegit.(废弃属名)= Ixora L.(1753);~ = Pancheria Montrouz.(1860)Nom. illegit.(废弃属名);~ = Ixora L.(1753)[茜草科 Rubiaceae]●

37716　Panchezia Montrouz.(1860)(废弃属名)= Ixora L.(1753)[茜草科 Rubiaceae]●☆

37717　Panciatica Picciv.(1783)= Cadia Forssk.(1775)[豆科 Fabaceae(Leguminosae)]■●☆

37718　Pancicia Vis.(1858)【汉】潘奇克草属。【隶属】伞形花科(伞形科)Apiaceae(Umbelliferae)。【包含】世界 1 种。【学名诠释与讨论】〈阴〉(人)Joseph Pančić,1814-1888,克罗地亚植物学者,医生。此属的学名,ING 和 IK 记载是"Pancicia Visiani, Semina

Horto Bot. Patavino Lecta 1857：[9]. Feb 1858"。"Pancicia Vis. et Schltdl. = Pancicia Vis. (1858)［伞形花科（伞形科）Apiaceae (Umbelliferae)]"的命名人引证有误。【分布】欧洲东南部。【模式】Pancicia serbica Visiani。【参考异名】Pancicia Vis. et Schltdl. , Nom. illegit. ■☆

37719 Pancicia Vis. et Schltdl. , Nom. illegit. = Pancicia Vis. (1858)［伞形花科（伞形科）Apiaceae(Umbelliferae)]■☆

37720 Pancovia Fabr. (1759) Nom. illegit. (废弃属名)≡Pancovia Heist. ex Fabr. (1759)Nom. illegit. (废弃属名)；~≡Comarum L. (1753)；~=Potentilla L. (1753)［蔷薇科 Rosaceae]■●

37721 Pancovia Heist. ex Adans. (1763)(废弃属名)=Pancovia Heist. ex Fabr. (1759) Nom. illegit. (废弃属名)；~≡Comarum L. (1753)；~=Potentilla L. (1753)［蔷薇科 Rosaceae]■●

37722 Pancovia Heist. ex Fabr. (1759) Nom. illegit. (废弃属名)≡Comarum L. (1753)；~=Potentilla L. (1753)［蔷薇科 Rosaceae//委陵菜科 Potentillaceae]■●

37723 Pancovia Willd. (1799) (保留属名)【汉】潘考夫无患子属。【隶属】无患子科 Sapindaceae。【包含】世界12种。【学名诠释与讨论】〈阴〉（人）Thomas Panckow, 1622-1665, Herbarium portatile 的作者。此属的学名 "Pancovia Willd. , Sp. Pl. 2：280, 285. Mar 1799"是保留属名。相应的废弃属名是蔷薇科 Rosaceae 的"Pancovia Heist. ex Fabr. , Enum. : 64. 1759 ≡ Comarum L. (1753) = Potentilla L. (1753)"。蔷薇科 Rosaceae 的"Pancovia Heist. ex Adans. , Fam. Pl. (Adanson) 2：294. 1763"须废弃。"Pancovia Fabr. (1759)"的命名人引证有误，亦应废弃。"Pancovia Heist. ex Adans. (1763)"亦应废弃。晚出的苔藓名称"Pancovia Necker ex Kickx, Fl. Crypt. Flandres 1：75, 91. 1867"也应废弃。【分布】热带非洲。【模式】Pancovia bijuga Willdenow。●☆

37724 Pancratiaceae Horan. (1847)［亦见 Amaryllidaceae J. St. -Hil. (保留科名)石蒜科和 Gramineae Juss. (保留科名)//Poaceae Barnhart(保留科名)禾本科]【汉】全能花科。【包含】世界1属15种，中国1属1-2种。【分布】地中海至热带亚洲和热带非洲。【科名模式】Pancratium L. (1753)■

37725 Pancratio-Crinum Herb. ex Steud. (1841)=Crinum L. (1753)［石蒜科 Amaryllidaceae]■

37726 Pancratium Dill. ex L. (1753)≡Pancratium L. (1753)［石蒜科 Amaryllidaceae//百合科 Liliaceae//全能花科 Pancratiaceae]■

37727 Pancratium L. (1753)【汉】全能花属（金钟花属，力药花属）。【日】パンクラチューム属。【俄】Панкраций, Панкрациум。【英】Allroundflower, Pancratium, Sea Lily。【隶属】石蒜科 Amaryllidaceae//百合科 Liliaceae//全能花科 Pancratiaceae。【包含】世界15种，中国1-2种。【学名诠释与讨论】〈中〉（希）pan, 全部的+kratos, 权力+-ius, -ia, -ium, 在拉丁文和希腊文中，这些词尾表示性质或状态。指某些种供药用。另说来自古老的希腊俗名 pankration, 含义为 pan, 全部+kratus, 强壮。此属的学名，ING、APNI 和 GCI 记载是 "Pancratium L. , Sp. Pl. 1：290. 1753 [1 May 1753]"。IK 则记载为"Pancratium Dill. ex L. ,Sp. Pl. 1：290. 1753 [1 May 1753]"。"Pancratium Dill."是命名起点著作之前的名称，故"Pancratium L. (1753)"和"Pancratium Dill. ex L. (1753)"都是合法名称，可以通用。【分布】巴拿马，玻利维亚，中国，地中海至热带亚洲和热带非洲，中美洲。【后选模式】Pancratium zeylanicum Linnaeus。【参考异名】Almyra Salisb. (1866)；Bollaea Parl. (1858)；Chapmanolirion Dinter (1909)；Halmyra Herb. (1837)；Halmyra Salisb. ex Parl. (1854) Nom. illegit. ；Mizonia A. Chev. (1913)；Mizonia A. Chev. (1950)；Pancratium Dill. ex L. (1753)；Tiaranthus Herb. (1837)；Zouchia

Raf. (1838)■

37728 Panctenis Raf. (1836) = Aureolaria Raf. (1837)［玄参科 Scrophulariaceae//列当科 Orobanchaceae]■☆

37729 Panda Pierre(1896)【汉】攀打属（盘木属，簫属，油树属）。【隶属】攀打科（小盘木科，油树科）Pandaceae。【包含】世界1种。【学名诠释与讨论】〈阴〉（拉）pandus, 弯曲的。另说来自喀麦隆植物俗名。【分布】热带非洲西部。【模式】Panda oleosa Pierre。【参考异名】Porphyranthus Engl. (1899)●☆

37730 Pandaca Noronha ex Thouars(1806)【汉】山马茶属（潘达加属，山马茶属）。【隶属】夹竹桃科 Apocynaceae//红月桂科 Tabernaemontanaceae。【包含】世界27种。【学名诠释与讨论】〈阴〉（希）pas, 阴性 pasa, 所有格 pases, 中性 pan, 所有格 pantos, 全部的(在以 b 或 p 开头的词根前, pan 变成 pam)+dakos = daketon 咬, 蜇。此属的学名，ING、TROPICOS 和 IK 记载是 "Pandaca Noronha ex Du Petit-Thouars, Gen. Nova Madag. 10. 17 Nov 1806"。"Pandaca Thouars (1806) ≡ Pandaca Noronha ex Thouars(1806)"的命名人引证有误。"Conopharyngia G. Don, Gen. Hist. 4：70, 94. 1837"是"Pandaca Noronha ex Thouars (1806)"的晚出的同模式异名(Homotypic synonym, Nomenclatural synonym)。亦有文献把"Pandaca Noronha ex Thouars(1806)"处理为"Tabernaemontana L. (1753)"的异名。【分布】马达加斯加，中国。【后选模式】Pandaca retusa (Lamarck) F. Markgraf [Plumeria retusa Lamarck]。【参考异名】Conopharyngia G. Don (1837) Nom. illegit. ；Pandaca Thouars (1806) Nom. illegit. ；Tabernaemontana L. (1753)；Tabernaemontana Plum. ex L. (1753)●

37731 Pandaca Thouars (1806) Nom. illegit. ≡Pandaca Noronha ex Thouars (1806)［夹竹桃科 Apocynaceae//红月桂科 Tabernaemontanaceae]●

37732 Pandacastrum Pichon(1948)=Tabernaemontana L. (1753)［夹竹桃科 Apocynaceae//红月桂科 Tabernaemontanaceae]●

37733 Pandaceae Engl. et Gilg(1912-1913)(保留科名)【汉】攀打科（盘木科，簫科，小盘木科，油树科）。【日】タコノキ科。【英】Panda Family。【包含】世界4-5属18-30种，中国1属1种。【分布】热带非洲和亚洲。【科名模式】Panda Pierre(1896)●

37734 Pandaceae Pierre =Pandaceae Engl. et Gilg(保留科名)●

37735 Pandamus Raf. =Pandanus L. f. (1782) Nom. illegit. ；~=Keura Forssk. (1775)；~=Pandanus Parkinson (1773)［露兜树科 Pandanaceae]●■

37736 Pandanaceae R. Br. (1810)(保留科名)【汉】露兜树科。【日】アダン科, タコノキ科。【俄】Пандановые, Пандануовые。【英】Screwpine Family, Screw-pine Family。【包含】世界3属700-900种，中国2属7-15种。【分布】旧世界。【科名模式】Pandanus Parkinson ●■

37737 Pandanophyllum Hassk. (1843)=Mapania Aubl. (1775)［莎草科 Cyperaceae]■

37738 Pandanus L. f. (1782)Nom. illegit. ≡Keura Forssk. (1775)；~=Pandanus Parkinson(1773)［露兜树科 Pandanaceae]●■

37739 Pandanus Parkinson ex Du Roi(1773)Nom. illegit. ≡Pandanus Parkinson(1773)［露兜树科 Pandanaceae]●■

37740 Pandanus Parkinson(1773)【汉】露兜树属。【日】タコノキ属, パンダーヌス属。【俄】Дерево винтовое, Пандан, Панданус。【英】Pandanus, Screw Pine, Screwpine, Screw-pine。【隶属】露兜树科 Pandanaceae。【包含】世界600-700种，中国6-13种。【学名诠释与讨论】〈阳〉（马来）pandan, pandang, 显著的，突出的，马来西亚植物俗名。此属的学名有4种记载：1. "Pandanus Linnaeus f. , Suppl. Pl. 64, 424. Apr 1782"、2. "Pandanus Rumph. ex L. f. , Suppl. Pl. 64. 1782 [1781 publ. Apr 1782]"、3. "Pandanus

Parkinson, J. Voy. South Seas 46. 1773；vide Dandy, Ind. Gen. Vasc. Pl. 1753-74（Regn. Veg. li.）70. 1967" 和 4. "Pandanus Parkinson ex Du Roi（1773）"。多数学者采用第一种，《中国植物志》和《巴基斯坦植物志》即用此名称；但它是晚出的非法名称。第二种，由于"Pandanus Rumph."是命名起点著作之前的名称，故可以与第一种通用。第三种才是正确名称。第四种是第三种的错误记载。【分布】巴基斯坦，哥斯达黎加，马达加斯加，尼加拉瓜，日本，中国，中美洲。【模式】Pandanus tectorius S. Parkinson。【参考异名】Athrodactylis J. R. Forst. et G. Forst.（1776）Nom. illegit.；Barrotia Brongn.（1875）Nom. illegit.；Barrotia Gaudich.（1852）Nom. inval.；Barrotia Gaudich. ex Barrotia（1875）；Bryantia Webb ex Gaudich.（1841）Nom. illegit.；Bryantia Webb（1841）；Doornia de Vriese（1854）；Dorystigma Gaudich.（1841）；Eydouxia Gaudich.（1841）；Fisquetia Gaudich.（1841）；Foulloya Benth. et Hook. f.（1883）；Foullioya Gaudich.（1844）Nom. illegit.；Hasskarlia Walp.（1849）Nom. illegit.；Heterostigma Gaudich.（1841）；Hombronia Gaudich.（1844 - 1852）；Jeanneretia Gaudich.（1841）；Keura Forssk.（1775）；Marquartia Hassk.（1842）；Pandanus L. f.（1782）Nom. illegit.；Pandanus Parkinson ex Du Roi（1773）Nom. illegit.；Pandanus Rumph. ex L. f.（1782）Nom. illegit.；Parrotia Walp.（1849）Nom. illegit.；Roussinia Gaudich.（1844-1852）；Ryckia Ball f.（1878）；Rykia de Vriese（1854）；Souleyetia Gaudich.（1841）；Sussea Gaudich.（1841）；Tuckeya Gaudich.（1844-1849）；Vinsonia Gaudich.（1844-1866）●●■

37741　Pandanus Rumph. ex L. f.（1782）Nom. illegit. ≡Pandanus L. f.（1782）Nom. illegit.；~ = Pandanus Parkinson（1773）［露兜树科 Pandanaceae］●■

37742　Panderia Fisch. et C. A. Mey.（1836）【汉】兜藜属（齿兜藜属，潘得藜属）。【俄】Пандерия。【英】Panderia。【隶属】藜科 Chenopodiaceae。【包含】世界 3 种，中国 1 种。【学名诠释与讨论】〈阴〉（人）Christian Heiarich Pander，1794-1865，拉脱维亚博物学者。【分布】巴基斯坦，中国，亚洲中部。【模式】Panderia pilosa F. E. L. Fischer and C. A. Meyer。【参考异名】Pterochlamys Fisch. ex Endl.（1837）■

37743　Pandiaka（Moq.）Benth. et Hook. f.（1880）【汉】脊被苋属。【隶属】苋科 Amaranthaceae。【包含】世界 12-20 种。【学名诠释与讨论】〈阴〉词源不详。此属的学名，ING 记载是 "Pandiaka（Moquin-Tandon）Bentham et Hook. f., Gen. 3：35. 7 Feb 1880"，由 "Achyranthes sect. Pandiaka Moquin-Tandon in Alph. de Candolle, Prodr. 13（2）：310. 5 Mai 1849" 改级而来。IK 则记载为 "Pandiaka Benth. et Hook. f., Gen. Pl.［Bentham et Hooker f.］3（1）：35. 1880［7 Feb 1880］"。"Pandiaka（Moq.）Hook. f.（1880）≡Pandiaka（Moq.）Benth. et Hook. f.（1880）" 和 "Pandiaka Benth. et Hook. f.（1880）≡Pandiaka（Moq.）Benth. et Hook. f.（1880）" 的命名人引证有误。【分布】热带和非洲南部。【后选模式】Pandiaka involucrata（Moquin - Tandon）J. D. Hooker ex Baker et Clarke［Achyranthes involucrata Moquin - Tandon］。【参考异名】Achyranthes sect. Pandiaka Moq.（1849）；Pandiaka（Moq.）Hook. f.（1880）Nom. illegit.；Pandiaka Benth. et Hook. f.（1880）Nom. illegit. ■☆

37744　Pandiaka（Moq.）Hook. f.（1880）Nom. illegit. ≡Pandiaka（Moq.）Benth. et Hook. f.（1880）［苋科 Amaranthaceae］■☆

37745　Pandiaka Benth. et Hook. f.（1880）Nom. illegit. ≡Pandiaka（Moq.）Benth. et Hook. f.（1880）［苋科 Amaranthaceae］■☆

37746　Pandora Noronha ex Thouars（1806）= Rhodolaena Thouars（1805）［苞杯花科（旋花树科）Sarcolaenaceae］●☆

37747　Pandorea（Endl.）Spach（1840）【汉】粉花凌霄属。【日】ソケイノウゼン属。【英】Pandorea。【隶属】紫葳科 Bignoniaceae。【包含】世界 6-8 种，中国 1 种。【学名诠释与讨论】〈阴〉（希）pandora，潘多拉，女神，按宙斯的意志创造的第一个女人。此词来自希腊文 paspan，所有的+doron 礼，含义为"被赐予一切的"，即指所有的神都给她赠过礼物。此属的学名，ING 和 APNI 记载是 "Pandorea（Endlicher）Spach, Hist. Nat. Vég. PHAN. 9：136. 15 Aug 1840"，由 "Tecoma a. Pandorea Endlicher, Gen. 711. Jan 1839" 改级而来。IK 则记载为 "Pandorea Spach, Hist. Nat. Vég.（Spach）9：136. 1840［15 Aug 1840］"。【分布】澳大利亚，玻利维亚，马来西亚（东部），中国。【模式】Pandorea australis Spach, Nom. illegit. ［Tecoma australis R. Brown, Nom. illegit., Bignonia pandorana Andrews；Pandorea pandorana（Andrews）Steenis］。【参考异名】Pandorea Spach（1840）Nom. illegit.；Tecoma a. Pandorea Endl.（1839）●

37748　Pandorea Spach（1840）Nom. illegit. ≡Pandorea（Endl.）Spach（1840）［紫葳科 Bignoniaceae］●

37749　Paneguia Raf.（1838）= Sisyrinchium L.（1753）［鸢尾科 Iridaceae］■

37750　Paneion Lunell（1915）Nom. illegit. ≡Poa L.（1753）［禾本科 Poaceae（Gramineae）］■

37751　Panel Adans.（1763）（废弃属名）= Glycosmis Corrêa（1805）（保留属名）；~ = Terminalia L.（1767）（保留属名）［使君子科 Combretaceae//榄仁树科 Terminaliaceae//芸香科 Rutaceae］●

37752　Panemata Raf.（1838）= Gymnostachyum Nees（1832）［爵床科 Acanthaceae］■

37753　Paneroa E. E. Schill.（2008）【汉】墨西哥藿香蓟属。【隶属】菊科 Asteraceae（Compositae）。【包含】世界 1 种。【学名诠释与讨论】〈阴〉（人）Panero。此属的学名是 "Paneroa E. E. Schill., Novon 18（4）：520. 2008"。亦有文献把它处理为 "Ageratum L.（1753）"的异名。【分布】墨西哥。【模式】Paneroa stachyofolia（B. L. Rob.）E. E. Schill.。【参考异名】Ageratum L.（1753）■☆

37754　Panetos Raf.（1820）= Houstonia L.（1753）；~ = Hedyotis L. + Arcytophyllum Willd. ex Schult. et Schult. f.（1827）［茜草科 Rubiaceae//休氏茜草科 Houstoniaceae］■☆

37755　Pangiaceae Blume ex Endl.［亦见 Achariaceae Harms（保留科名）脊脐子科（柄果木科，宿冠花科，钟花科）和 Flacourtiaceae Rich. ex DC.（保留科名）刺篱木科（大风子科）］【汉】马来刺篱木科（潘近树科）。【包含】世界 1 属 1 种。【分布】马来西亚，巴布亚新几内亚（俾斯麦群岛），帕劳群岛。【科名模式】Pangium Reinw.●☆

37756　Pangiaceae Blume ex Hassk.（1844）= Pangiaceae Blume ex Endl.●☆

37757　Pangiaceae Blume = Pangiaceae Blume ex Endl.●☆

37758　Pangiaceae Endl. = Achariaceae Harms（保留科名）；~ = Flacourtiaceae Rich. ex DC.（保留科名）●

37759　Pangium Reinw.（1823）【汉】马来刺篱木属（马来大风子属，潘近树属）。【俄】Пангиум。【英】Pangium。【隶属】刺篱木科（大风子科）Flacourtiaceae//红木科（胭脂树科）Bixaceae//马来刺篱木科（潘近树科）Pangiaceae。【包含】世界 1 种。【学名诠释与讨论】〈阴〉（拉）pango，系住，打入 +-ius，-ia，-ium，在拉丁文和希腊文中，这些词表示性质或状态。在来源于人名的植物属名中，它们常常出现。在医学中，则用它们来作疾病或病状的名称。另说来自马来西亚的植物俗名。【分布】巴布亚新几内亚（俾斯麦群岛），马来西亚，帕劳群岛。【模式】Pangium edule Reinwardt。●☆

37760　Panicaceae（R. Br.）Herter = Gramineae Juss.（保留科名）//Poaceae Barnhart（保留科名）■●

37761　Panicaceae Bercht. et J. Presl（1820）= Gramineae Juss.（保留科名）//Poaceae Barnhart（保留科名）■●

37762　Panicaceae Herter = Gramineae Juss.（保留科名）//Poaceae Barnhart（保留科名）■●

37763　Panicaceae Voigt = Gramineae Juss.（保留科名）//Poaceae Barnhart（保留科名）■●

37764　Panicastrella Moench（1794）（废弃属名）≡ Echinaria Desf.（1799）（保留属名）[禾本科 Poaceae（Gramineae）]■☆

37765　Panicularia Fabr.（1759）Nom. illegit. ≡ Panicularia Heist. ex Fabr.（1759）；~ ≡Poa L.（1753）；~ = Glyceria R. Br.（1810）（保留属名）[禾本科 Poaceae（Gramineae）]■

37766　Panicularia Heist. ex Fabr.（1759）Nom. illegit. ≡ Poa L.（1753）；~ =Glyceria R. Br.（1810）（保留属名）[禾本科 Poaceae（Gramineae）]■

37767　Paniculum Ard.（1764）Nom. illegit. = Oplismenus P. Beauv.（1810）（保留属名）；~ = Panicum L.（1753）[禾本科 Poaceae（Gramineae）]■

37768　Panicum L.（1753）【汉】黍属（稷属）。【日】キビ属。【俄】Просо，Тары。【英】Crab Grass, Millet, Panic Grass, Panicgrass, Panic‑grass, Panicum, Switch Grass, Witch Grass, Witchgeass, Witch‑grass。【隶属】禾本科 Poaceae（Gramineae）。【包含】世界 500-600 种，中国 21 种。【学名诠释与讨论】〈中〉（拉）panicum，黍的古名。【分布】巴基斯坦，巴拿马，秘鲁，玻利维亚，厄瓜多尔，哥伦比亚，哥斯达黎加，马达加斯加，美国（密苏里），尼加拉瓜，中国，热带和温带，中美洲。【后选模式】Panicum miliaceum Linnaeus。【参考异名】Acicarpa Raddi（1823）Nom. illegit.；Acicarpus Post et Kuntze（1903）；Agrostomia Cerv.（1870）；Bluffia Delile（1835）Nom. illegit.；Bluffia Nees（1834）；Chasea Nieuwl.（1911）；Coleataenia Griseb.（1879）；Cyphonanthus Zuloaga et Morrone（2007）；Dichanthelium（Hitchc. et Chase）Gould（1974）；Dileucaden（Raf.）Steud.（1841）Nom. inval.；Dileucaden Raf.；Eatonia Raf.（1819）；Eriachna Post et Kuntze（1903）；Eriachne Phil.（1870）Nom. illegit.；Eriolytrum Desv. ex Kunth（1829）Nom. inval.；Eriolytrum Kunth（1829）Nom. inval.；Erythroblepharum Schltdl.（1855）；Harpostachys Trin.；Holosetum Steud.（1854）；Hopia Zuloaga et Morrone（2007）；Megathyrsus（Pilg.）B. K. Simon et S. W. L. Jacobs（2003）；Milium Adans.（1763）Nom. illegit.；Monachne P. Beauv.（1812）；Moorochloa Veldkamp（2004）；Ocellochloa Zuloaga et Morrone（2009）；Oncorachis Morrone et Zuloaga（2009）；Ostachyrium Steud.（1841）；Paniculum Ard.（1764）Nom. illegit.；Paractaenum P. Beauv.（1812）；Phanopyrum（Raf.）Nash（1903）；Phanopyrum Nash（1903）Nom. illegit.；Polyneura Peter（1930）Nom. illegit.；Psilochloa Launert（1970）；Renvoizea Zuloaga et Morrone（2008）；Setiacis S. L. Chen et Y. X. Jin（1988）；Steinchisma Raf.（1830）；Steinschisma Steud.（1841）；Talasium Spreng.（1827）；Thalasium Spreng.（1827）；Trichachne Nees（1829）；Tylothrasya Döll（1877）；Zuloagaea Bess（2006）■

37769　Paniopsis Raf.（1837）Nom. illegit. ≡ Nidorella Cass.（1825）；~ =Inula L.（1753）[菊科 Asteraceae（Compositae）//旋覆花科 Inulaceae]■●

37770　Panios Adans.（1763）= Erigeron L.（1753）[菊科 Asteraceae（Compositae）]■●

37771　Panisea（Lindl.）Lindl.（1854）（保留属名）【汉】曲唇兰属。【英】Panisea。【隶属】兰科 Orchidaceae。【包含】世界 7-8 种，中国 5 种。【学名诠释与讨论】〈阴〉（希）panisea，完全相似。指花被裂片彼此相似。此属的学名"Panisea（Lindl.）Lindl., Fol. Orchid. 5, Panisea：1. 20 Jan 1854"是保留属名，由"Coelogyne

sect. Panisea Lindl., Gen. Sp. Orchid. Pl.：44. Mai 1830"改级而来。相应的废弃属名是兰科 Orchidaceae 的"Androgyne Griff., Not. Pl. Asiat. 3：279. 1851 ≡ Panisea（Lindl.）Lindl.（1854）（保留属名）"。"Panisea Lindl.（1854）= Panisea（Lindl.）Lindl.（1854）（保留属名）[兰科 Orchidaceae]"和"Panisea（Lindl.）Steud.（1854）= Panisea（Lindl.）Lindl.（1854）（保留属名）[兰科 Orchidaceae]"亦应废弃。【分布】印度，中国，中南半岛。【模式】Panisea parviflora（Lindley）Lindley [Coelogyne parviflora Lindley]。【参考异名】Androgyne Griff.（1851）（废弃属名）；Chelonistele Pfitzer（1907）；Coelogyne sect. Panisea Lindl.（1830）；Panisea（Lindl.）Steud.（1854）（废弃属名）；Panisea Lindl.（1854）Nom. illegit.（废弃属名）；Sigmatochilus Rolfe（1914）；Sigmatogyne Pfitzer（1907）；Sigrnatogyne Pfitzer；Zetagyne Ridl.（1921）■

37772　Panisea（Lindl.）Steud.（1854）（废弃属名）= Panisea（Lindl.）Lindl.（1854）（保留属名）[兰科 Orchidaceae]■

37773　Panisea Lindl.（1854）Nom. illegit.（废弃属名）= Panisea（Lindl.）Lindl.（1854）（保留属名）[兰科 Orchidaceae]■

37774　Panisia Raf.（1838）= Cassia L.（1753）（保留属名）[豆科 Fabaceae（Leguminosae）//云实科（苏木科）Caesalpiniaceae]●■

37775　Panke Molina（1782）= Gunnera L.（1767）[大叶草科（南洋小二仙科，洋二仙草科）Gunneraceae//小二仙草科 Haloragaceae]■☆

37776　Panke Willd. =Francoa Cav.（1801）[虎耳草科 Saxifragaceae//花茎草科 Francoaceae]■☆

37777　Pankea Oerst.（1857）= Gunnera L.（1767）；~ = Panke Molina（1782）[大叶草科（南洋小二仙科，洋二仙草科）Gunneraceae//小二仙草科 Haloragaceae]■☆

37778　Pankycodon D. Y. Hong et H. Sun（2014）【汉】喜马拉雅党参属。【隶属】桔梗科 Campanulaceae。【包含】世界 1 种。【学名诠释与讨论】〈阴〉词源不详。【分布】喜马拉雅地区。【模式】Pankycodon convolvulaceus（Kurz）D. Y. Hong [Codonopsis convolvulacea Kurz]。☆

37779　Panmorphia Luer（1828）= Epidendrum L.（1763）（保留属名）；~ =Panmorphia Luer（2006）[兰科 Orchidaceae]■☆

37780　Panmorphia Luer（2006）【汉】热带火炬兰属。【隶属】兰科 Orchidaceae。【包含】世界 100 种。【学名诠释与讨论】〈阴〉（希）panos，火炬 + morphe，形状。此属的学名，IPNI 记载是"Panmorphia Luer, Monogr. Syst. Bot. Missouri Bot. Gard. 105：144. 2006 [May 2006][Icones Pleurothallidinarum XXVIII]"。这应该是一个晚出的非法名称（Nom. illegit.），因为此前已经有了"Panmorphia Luer（1828）"。但是，几大网站都未记载"Panmorphia Luer（1828）"。【分布】玻利维亚，中美洲。【模式】Panmorphia rubiginosa（Acharius）Bory de St. – Vincent [Lichen rubiginosus Acharius]。【参考异名】Epidendrum L.（1763）（保留属名）■☆

37781　Panninia T. Durand = Fanninia Harv.（1868）[萝藦科 Asclepiadaceae]☆

37782　Panoe Adans.（1763）Nom. illegit. ≡ Vateria L.（1753）[龙脑香科 Dipterocarpaceae]●☆

37783　Panope Raf.（1837）= Lippia L.（1753）[马鞭草科 Verbenaceae]●■☆

37784　Panopia Noronha ex Thouars（1806）= Macaranga Thouars（1806）[大戟科 Euphorbiaceae]●

37785　Panopsis Salisb.（1809）Nom. illegit. ≡ Panopsis Salisb. ex Knight（1809）[山龙眼科 Proteaceae]●☆

37786　Panopsis Salisb. ex Knight（1809）【汉】热美山龙眼属。【隶属】山龙眼科 Proteaceae。【包含】世界 20-25 种。【学名诠释与讨

论】〈阴〉(属)Panoe =Vateria 瓦特木属(达玛脂树属,瓦蒂香属,瓦泰特里亚属,印度胶脂树属)+希腊文 opsis,外观,模样。此属的学名,ING 和 GCI 记载是"Panopsis Salisb. ex Knight, Cult. Prot. 104. 1809 [Dec 1809]"。IK 则记载为"Panopsis Salisb., in Knight, Prot. 104(1809)"。【分布】巴拿马,秘鲁,玻利维亚,厄瓜多尔,哥伦比亚(安蒂奥基亚),中美洲。【后选模式】Panopsis hameliifolia (Rudge) J. Knight [as 'hameliaefolia'] [Roupala hameliifolia Rudge [as 'hameliaefolia']。【参考异名】Andriapetalum Pohl(1827);Panopsis Salisb.(1809)Nom. illegit. ●☆

37787 Panoxis Raf.(1830)= Hebe Comm. ex Juss.(1789)[玄参科 Scrophulariaceae//婆婆纳科 Veronicaceae]●☆

37788 Panphalea Lag.(1811)【汉】纤细钝柱菊属。【隶属】菊科 Asteraceae(Compositae)。【包含】世界 6-9 种。【学名诠释与讨论】〈阴〉(希)pan,全部的+phalos,发光的,光亮的。指叶片。此属的学名,ING、GCI、TROPICOS 和 IK 记载是"Panphalea Lag., Amen. Nat. Españ. 1(1):34. 1811 [post 19 Apr 1811]"。亦有文献把"Panphalea Lag.(1811)"处理为"Pamphalea DC.(1812) Nom. illegit."的异名。【分布】巴拉圭,亚热带,温带南美洲,中美洲。【模式】Panphalea commersonii Cassini。【参考异名】Ceratolepis Cass.(1819);Pamphalea DC.(1812)Nom. illegit. ■☆

37789 Panslowia Wight ex Pfeiff. =Kadsura Kaempf. ex Juss.(1810)[木兰科 Magnoliaceae//五味子科 Schisandraceae]●

37790 Panstenum Raf.(1837)= Allium L.(1753)[百合科 Liliaceae//葱科 Alliaceae]■

37791 Panstrepis Raf.(1838)= Coryanthes Hook.(1831)[兰科 Orchidaceae]■☆

37792 Pantacantha Speg.(1902)【汉】全刺茄属。【隶属】茄科 Solanaceae。【包含】世界 1 种。【学名诠释与讨论】〈阴〉(希)pas,所有格 pantos,全部的(在以 b 或 p 开头的词根前,pan 变成 pam)+akantha,荆棘,刺。【分布】巴塔哥尼亚。【模式】Pantacantha ameghinoi Spegazzini。☆

37793 Pantadenia Gagnep.(1925)【汉】全腺大戟属。【隶属】大戟科 Euphorbiaceae。【包含】世界 1 种。【学名诠释与讨论】〈阴〉(希)pas,阴性 pasa,所有格 pases,中性 pan,所有格 pantos,全部的(在以 b 或 p 开头的词根前,pan 变成 pam)+aden,所有格 adenos,腺体。【分布】马达加斯加,中南半岛。【模式】Pantadenia adenanthera Gagnepain。【参考异名】Parapantadenia Capuron(1972)☆

37794 Pantasachme Endl.(1838)= Pentasachme Wall. ex Wight et Arn.(1834)[萝藦科 Asclepiadaceae]■

37795 Pantathera Phil.(1856)= Megalachne Steud.(1850)[禾本科 Poaceae(Gramineae)]■☆

37796 Panterpa Miers(1863)= Arrabidaea DC.(1838);~ =Petastoma Miers(1863)[紫葳科 Bignoniaceae]●☆

37797 Panthocarpa Raf.(1825)= Acacia Mill.(1754)(保留属名)[豆科 Fabaceae(Leguminosae)//含羞草科 Mimosaceae//金合欢科 Acaciaceae]●■

37798 Pantlingia Prain(1896)= Stigmatodactylus Maxim. ex Makino (1891)[兰科 Orchidaceae]■

37799 Pantocsekia Griseb.(1873)Nom. illegit.(废弃属名)≡ Pantocsekia Griseb. ex Pantoc.(1873)(废弃属名);~ = Convolvulus L.(1753)[旋花科 Convolvulaceae]■●

37800 Pantocsekia Griseb. ex Pantoc.(1873)(废弃属名)= Convolvulus L.(1753)[旋花科 Convolvulaceae]■●

37801 Pantorrhynchus Murb.(1922)= Trachystoma O. E. Schulz(1916)[十字花科 Brassicaceae(Cruciferae)]■☆

37802 Panulia (Baill.) Koso-Pol.(1916)Nom. illegit. = Apium L.(1753)[伞形花科(伞形科)Apiaceae(Umbelliferae)]■

37803 Panulia Baill.(1879)Nom. inval. = Apium L.(1753)[伞形花科(伞形科)Apiaceae(Umbelliferae)]■

37804 Panulia Koso-Pol.(1916)Nom. illegit. = Apium L.(1753)[伞形花科(伞形科)Apiaceae(Umbelliferae)]■

37805 Panurea Spruce ex Benth.(1865)Nom. illegit. ≡Panurea Spruce ex Benth. et Hook. f.(1865)[豆科 Fabaceae(Leguminosae)]■☆

37806 Panurea Spruce ex Benth. et Hook. f.(1865)【汉】南美长叶豆属。【隶属】豆科 Fabaceae(Leguminosae)。【包含】世界 1 种。【学名诠释与讨论】〈阴〉(希)pas,阴性 pasa,所有格 pases,中性 pan,所有格 pantos,全部的(在以 b 或 p 开头的词根前,pan 变成 pam)+-urus,-ura,-uro,用于希腊文组合词,含义为"尾巴"。此属的学名,ING 和 IK 记载是"Panurea Spruce ex Bentham et Hook. f., Gen. 1:456,553. 19 Oct 1865"。TROPICOS 则记载为"Panurea Spruce ex Benth., Genera Plantarum 1:456,553. 1865"。三者引用的文献相同。【分布】巴西。【模式】Panurea longifolia Spruce ex Bentham。【参考异名】Panurea Spruce ex Benth.(1865) Nom. illegit. ■☆

37807 Panza Salisb.(1866)= Narcissus L.(1753)[石蒜科 Amaryllidaceae//水仙科 Narcissaceae]■

37808 Panzera Cothen.(1790)Nom. illegit. ≡Pallassia Houtt.(1775)(废弃属名);~ =Calodendrum Thunb.(1782)(保留属名)[芸香科 Rutaceae]●☆

37809 Panzera Willd.(1799)Nom. illegit. =Eperua Aubl.(1775)[豆科 Fabaceae(Leguminosae)]●☆

37810 Panzeria J. F. Gmel.(1791)Nom. illegit. = Lycium L.(1753)[茄科 Solanaceae]●

37811 Panzeria Moench(1794)Nom. illegit. ≡Panzerina Soják(1982);~ =Leonurus L.(1753)[唇形科 Lamiaceae(Labiatae)]■

37812 Panzerina Soják(1982)【汉】脓疮草属。【俄】Измодинь, Панцерия。【英】Panzerina。【隶属】唇形科 Lamiaceae (Labiatae)。【包含】世界 2-7 种,中国 2-3 种。【学名诠释与讨论】〈阴〉(人)George Franz Volgang Panzer,1755-1829,德国植物学者+-inus,-ina,-inum,拉丁文加在名词词干之后,以形成形容词的词尾,含义为"属于、相似、关于、小的"。或(属)Panzeria+-inus,-ina,-inum。此属的学名"Panzerina J. Soják, Cas. Nár. Muz., Rada Prír. 150:216. Apr 1982('1981')"是一个替代名称。"Panzeria Moench, Meth. 402. 4 Mai 1794"是一个非法名称(Nom. illegit.),因为此前已经有了"Panzeria J. F. Gmelin, Syst. Nat. 2:247. Sep (sero) - Nov 1791 = Lycium L.(1753)[茄科 Solanaceae]"。故用"Panzerina Soják(1982)"替代之。亦有学者把"Panzeria Moench(1794)"处理为"Leonurus L.(1753)"的异名。【分布】蒙古,中国,西伯利亚南部。【模式】Panzerina lanata (Linnaeus) J. Soják [Ballota lanata Linnaeus]。【参考异名】Leonuroides Rauschert(1982)Nom. illegit.;Panzeria Moench(1794) Nom. illegit. ■

37813 Panzhuyuia Z. Y. Zhu(1985)【汉】繁株芋属。【隶属】天南星科 Araceae。【包含】世界 1 种,中国 1 种。【学名诠释与讨论】〈阴〉(汉)Panzhuyu,为 Fanzhuyu 的误写。此属的学名是"Panzhuyuia Z. Y. Zhu, J. Sichuan Chin. Med. School 4(5):49. 1985"。亦有文献把其处理为"Alocasia (Schott) G. Don(1839)(保留属名)"的异名。【分布】中国。【模式】Panzhuyuia omeiensis Z. Y. Zhu。【参考异名】Alocasia (Schott) G. Don(1839)(保留属名)■

37814 Paolia Chiov.(1916)= Coffea L.(1753)[茜草科 Rubiaceae//咖啡科 Coffeaceae]●

37815 Paoluccia Gand.(1894)= Lathyrus L.(1753)[豆科 Fabaceae

（Leguminosae）//蝶形花科 Papilionaceae］■

37816　Papas Opiz（1843）= Battata Hill（1765）；~ =Solanum L.（1753）［茄科 Solanaceae］●■

37817　Papaver L.（1753）【汉】罂粟属。【日】ケシ属，パパーパル属。【俄】Мак。【英】Oriental Poppy，Poppy。【隶属】罂粟科 Papaveraceae。【包含】世界 80-100 种，中国 7-11 种。【学名诠释与讨论】〈中〉（拉）papaver，罂粟古名。papa，柔软食物，浓乳，厚乳，喂养幼儿的粥。【分布】澳大利亚，巴基斯坦，秘鲁，玻利维亚，厄瓜多尔，哥伦比亚（安蒂奥基亚），美国（密苏里），中国，非洲南部，欧洲，亚洲，中美洲。【后选模式】Papaver somniferum Linnaeus。【参考异名】Calomecon Spach（1838）；Cerasites Steud.（1840）；Cerastites Gray（1821）Nom. illegit.；Closterandra Boiv.（1839）；Closterandra Boiv. ex Bél.（1839）Nom. illegit. ■

37818　Papaveraceae Adans. =Papaveraceae Juss.（保留科名）●■

37819　Papaveraceae Juss.（1789）（保留科名）【汉】罂粟科。【日】ケシ科。【俄】Маковые。【英】Poppy Family。【包含】世界 23-40 属 230-800 种，中国 19 属 398-443 种。【分布】主要北温带。【科名模式】Papaver L.（1753）●■

37820　Papaveraceae Voigt =Papaveraceae Juss.（保留科名）●■

37821　Papaya Adans.（1763）Nom. illegit. =Carica L.（1753）［番木瓜科（番瓜树科，万寿果科）Caricaceae］●

37822　Papaya Mill.（1754）Nom. illegit. ≡Carica L.（1753）［番木瓜科（番瓜树科，万寿果科）Caricaceae］●

37823　Papaya Tourn. ex L. =Carica L.（1753）［番木瓜科（番瓜树科，万寿果科）Caricaceae］●

37824　Papayaceae Blume（1826）= Caricaceae Dumort.（保留科名）●

37825　Papeda Hassk.（1842）= Citrus L.（1753）［芸香科 Rutaceae］●

37826　Paphia Seem.（1864）【汉】帕福斯杜鹃属（南树萝卜属）。【隶属】杜鹃花科（欧石南科）Ericaceae//越橘科（乌饭树科）Vacciniaceae。【包含】世界 20 种。【学名诠释与讨论】〈阴〉（地）paphos，帕福斯，塞浦路斯的城市，这里专祀爱神 Venus。此属的学名，ING 记载是"Paphia B. C. Seemann，J. Bot. 2：77. 1 Feb 1869"。GCI 和 IK 则记载为"Paphia Seem.，J. Bot. 2：77. 1864"。亦有文献把"Paphia Seem.（1864）"处理为"Agapetes D. Don ex G. Don（1834）"的异名。【分布】澳大利亚（昆士兰），斐济，新几内亚岛。【模式】Paphia vitiensis B. C. Seemann。【参考异名】Agapetes D. Don ex G. Don（1834）●☆

37827　Paphinia Lindl.（1843）【汉】帕福斯兰属（芭菲兰属）。【日】パフィニア属。【隶属】兰科 Orchidaceae。【包含】世界 12 种。【学名诠释与讨论】〈阴〉（地）paphos，帕福斯，塞浦路斯的城市，这里专祀爱神 Venus+-inus，-ina，-inum 拉丁文加在名词词干之后，以形成形容词的词尾，含义为"属于、相似、关于、小的"。【分布】巴拿马，秘鲁，玻利维亚，厄瓜多尔，哥斯达黎加。【模式】Paphinia cristata（Lindley）Lindley［Maxillaria cristata Lindley］。■☆

37828　Paphiopedilum Pfitzer（1886）（保留属名）【汉】兜兰属（兜舌兰属，拖鞋兰属，仙履兰属）。【日】トキハラン属，パフイオペディルム属。【俄】Пафиопедилюм。【英】Iowii Orchid，Lady's Slipper，Lady's Slipper Orchid，Paphiopedilum，Pocktorchid，Sliperorchids，Slipper Orchid。【隶属】兰科 Orchidaceae。【包含】世界 71-85 种，中国 27 种。【学名诠释与讨论】〈中〉（地）paphos 帕福斯，塞浦路斯的城市，这里专祀爱神 Venus+pedilon 拖鞋，草鞋。指模式种产于 Paphos，花呈拖鞋形。此属的学名"Paphiopedilum Pfitzer，Morph. Stud. Orchideenbl.：11. Jan – Jul 1886"是保留属名。相应的废弃属名是兰科 Orchidaceae 的"Cordula Raf.，Fl. Tellur. 4：46. 1838（med.）≡Paphiopedilum Pfitzer（1886）（保留属名）"和"Stimegas Raf.，Fl. Tellur. 4：45. 1838（med.）=Paphiopedilum Pfitzer（1886）（保留属名）"。【分

布】玻利维亚，中国，热带亚洲至所罗门群岛。【模式】Paphiopedilum insigne（Wallich ex Lindley）Pfitzer［Cypripedium insigne Wallich ex Lindley］。【参考异名】Cordula Raf.（1838）Nom. illegit.（废弃属名）；Cordyla Post et Kuntze（1903）Nom. illegit.；Menephora Raf.（1838）；Menophora Post et Kuntze（1903）；Stimegas Raf.（1838）（废弃属名）■

37829　Papilionaceae Giseke（1792）（保留科名）【汉】蝶形花科。【俄】Мотыльковые。【英】Bean Family，Papilionaceous Plants。【包含】世界 425-482 属 12150 种，中国 124 属 1500 种。Papilionaceae Giseke 和 Fabaceae Lindl. 均为保留科名，是《国际植物命名法规》确定的九对互用科名之一。【科名模式】Faba Mill.［Vicia L.］。●■

37830　Papilionanthe Schltr.（1915）【汉】凤蝶兰属。【英】Papilioorchis。【隶属】兰科 Orchidaceae。【包含】世界 12 种，中国 4 种。【学名诠释与讨论】〈阴〉（拉）papilio，蛾，蝴蝶+希腊文 anthos，花。指其花像蛾。此属的学名是"Papilionanthe Schlechter，Orchis 9：78. 15 Jul 1915"。亦有文献把"Papilionanthe Schltr.（1915）"处理为"Vanda Jones ex R. Br.（1820）"的异名。【分布】马来西亚，热带亚洲，中国。【模式】Papilionanthe teres（Lindley）Schlechter［Vanda teres Lindley］。【参考异名】Vanda Jones ex R. Br.（1820）■

37831　Papilionatae Taub. = Fabaceae Lindl.（保留科名）//Leguminosae Juss.（1789）（保留科名）●■

37832　Papilionopsis Steenis（1960）= Desmodium Desv.（1813）（保留属名）［豆科 Fabaceae（Leguminosae）//蝶形花科 Papilionaceae］●■

37833　Papiliopsis E. Morren ex Cogn. et Marchal（1874）Nom. illegit. = Oncidium Sw.（1800）（保留属名）［兰科 Orchidaceae］■☆

37834　Papiliopsis E. Morren（1874）= Oncidium Sw.（1800）（保留属名）［兰科 Orchidaceae］■☆

37835　Papillaria Dulac（1867）Nom. illegit. ≡Scheuchzeria L.（1753）［芝菜科（冰沼草科）Scheuchzeriaceae//水麦冬科 Juncaginaceae］■

37836　Papillilabium Dockrill（1967）【汉】乳唇兰属。【隶属】兰科 Orchidaceae。【包含】世界 1 种。【学名诠释与讨论】〈中〉（拉）papilla，乳头，丘疹+labium，唇。【分布】澳大利亚（东部）。【模式】Papillilabium beckleri（F. von Mueller ex Bentham）A. W. Dockrill［Cleisostoma beckleri F. von Mueller ex Bentham］。■☆

37837　Papiria Thunb.（1776）= Gethyllis L.（1753）［石蒜科 Amaryllidaceae］■☆

37838　Papistylus Kellermann，Rye et K. R. Thiele（1942）【汉】澳洲缩苞木属。【隶属】鼠李科 Rhamnaceae。【包含】世界 2 种。【学名诠释与讨论】〈阴〉（拉）papio，狒狒+style = 希腊文 stylos，花柱，中柱，有尖之物，桩，柱，支持物，支柱，石头做的界标。此属的学名，IPNI 记载是"Papistylus Kellermann，Rye et K. R. Thiele，Nuytsia 16（2）：306. 2007［23 Nov 2007］"。这是一个非法名称（Nom. illegit.），因为此前已经有了"Papistylus Kellermann，Rye et K. R. Thiele（1942）"。亦有文献把"Papistylus Kellermann，Rye et K. R. Thiele（1942）"处理为"Cryptandra Sm.（1798）"的异名。【分布】澳大利亚（西部）。【模式】Papistylus grandiflorus（C. A. Gardner）Kellermann，Rye et K. R. Thiele［Cryptandra grandiflora C. A. Gardner］。【参考异名】Cryptandra Sm.（1798）●☆

37839　Papistylus Kellermann，Rye et K. R. Thiele（2007）Nom. illegit. = Cryptandra Sm.（1798）［鼠李科 Rhamnaceae］●☆

37840　Pappagrostis Roshev.（1934）【汉】东北亚冠毛草属。【隶属】禾本科 Poaceae（Gramineae）。【包含】世界 1 种。【学名诠释与讨论】〈阴〉（希）希腊文 pappos，柔毛，软毛，绒毛。pappus 则与拉丁文同义，指冠毛+（属）Agrostis 剪股颖属（小糠草属）。此属的学名是"Pappagrostis R. Yu. Roshevitz in R. Yu. Roshevitz et B.

K. Schischkin, Fl. URSS 2：749. 1934（post 24 Aug）"。亦有文献把其处理为"Stephanachne Keng（1934）"的异名。【分布】亚洲东北部。【模式】Pappagrostis pappophorea（Hackel）R. Yu. Roshevitz［Calamagrostis pappophorea Hackel］。【参考异名】Stephanachne Keng（1934）■☆

37841 Pappea Eckl. et Zeyh.（1834–1835）【汉】非洲冠毛无患子属。【隶属】无患子科 Sapindaceae。【包含】世界 1 种。【学名诠释与讨论】〈阴〉（希）希腊文 pappos，柔毛，软毛。pappus 则与拉丁文同义，指冠毛。另说纪念 Karl（Carl）Wilhelm Ludwig Pappe，1803–1862，德国植物学者，医生，曾在南非任植物学教授。此属的学名，ING、TROPICOS 和 IK 记载是"Pappea Eckl. et Zeyh., Enum. Pl. Afric. Austral.［Ecklon et Zeyher］1：53.［Dec 1834–Mar 1835］"。"Pappea Sonder in W. H. Harvey et Sonder, Fl. Cap. 2：562. 16-31 Oct 1862（non Ecklon et Zeyher 1834–35）"是晚出的非法名称（IK 则记载为"Pappea Sond. et Harv., Fl. Cap.（Harvey）2：562. 1862［15-31 Oct 1862］"）［伞形花科（伞形科）Apiaceae（Umbelliferae）］；它已经被"Choritaenia Benth., Gen. Pl.［Bentham et Hooker f.］1（3）：907. 1867［Sep 1867］"所替代。【分布】热带和非洲南部。【模式】Pappea capensis Ecklon et Zeyher。【参考异名】Acrophyllum E. Mey.（1843）Nom. illegit. ●☆

37842 Pappea Sond.（1862）Nom. illegit. ≡ Choritaenia Benth.（1867）［伞形花科（伞形科）Apiaceae（Umbelliferae）］●☆

37843 Pappea Sond. et Harv.（1862）Nom. illegit. ；~ ≡ Pappea Sond.（1862）Nom. illegit. ；~ ≡ Choritaenia Benth.（1867）［伞形花科（伞形科）Apiaceae（Umbelliferae）］●☆

37844 Papperitzia Rchb. f.（1852）【汉】帕普兰属。【隶属】兰科 Orchidaceae。【包含】世界 1 种。【学名诠释与讨论】〈阴〉（人）William Papperitz，Reichenbach 的朋友。此属的学名，ING 和 IK 记载是"Papperitzia H. G. Reichenbach, Bot. Zeitung（Berlin）10：670. 24 Sep 1852"。"Papperitzia Rchb. f. et L. O. Williams, Bot. Mus. Leafl. 9：123, descr. ampl. 1941"修订了属的描述。【分布】墨西哥。【模式】Papperitzia leiboldi（H. G. Reichenbach）H. G. Reichenbach［Leochilus leiboldi H. G. Reichenbach］。【参考异名】Papperitzia Rchb. f. et L. O. Williams（1941）Nom. illegit. , descr. ampl. ■☆

37845 Papperitzia Rchb. f. et L. O. Williams（1941）Nom. illegit. , descr. ampl. =Papperitzia Rchb. f.（1852）［兰科 Orchidaceae］■☆

37846 Pappobolus S. F. Blake（1916）【汉】脱冠菊属。【隶属】菊科 Asteraceae（Compositae）。【包含】世界 38 种。【学名诠释与讨论】〈阳〉（希）希腊文 pappos 指冠毛，软毛。pappus 则与拉丁文同义，指冠毛+bolos，投掷，捕捉，大药丸。【分布】秘鲁，玻利维亚，厄瓜多尔，中美洲。【模式】Pappobolus macranthus S. F. Blake。【参考异名】Hellanthopsis H. Rob. ; Sanhilaria Baill.（1888）Nom. illegit. ■●☆

37847 Pappochroma Raf.（1837）【汉】垫菀属。【隶属】菊科 Asteraceae（Compositae）。【包含】世界 9 种。【学名诠释与讨论】〈中〉（希）希腊文 pappos 指柔毛，软毛。pappus 则与拉丁文同义，指冠毛+chroma，所有格 chromatos，颜色，身体的表面或皮肤的颜色。chromatikos，关于颜色的，柔软的，和谐的。chromatiko，有色的。此属的学名是"Pappochroma Rafinesque, Fl. Tell. 2：48. Jan-Mar 1837（'1836'）"。亦有文献把其处理为"Erigeron L.（1753）"的异名。【分布】澳大利亚。【模式】Pappochroma uniflora Rafinesque［Erigeron pappocroma Labillardière］。【参考异名】Erigeron L.（1753）■☆

37848 Pappophoraceae（Kunth）Herter = Gramineae Juss.（保留科名）//Poaceae Barnhart（保留科名）■●

37849 Pappophoraceae Herter（1940）= Gramineae Juss.（保留科名）//Poaceae Barnhart（保留科名）■●

37850 Pappophorum Schreb.（1791）【汉】冠芒草属。【俄】Хохлатник。【英】Pappus Grass, Pappus-grass。【隶属】禾本科 Poaceae（Gramineae）。【包含】世界 8 种。【学名诠释与讨论】〈阴〉（希）希腊文 pappos，柔毛，软毛。pappus 则与拉丁文同义，指冠毛+phoros，具有，梗，负载，发现者。此属的学名，ING、TROPICOS、APNI、GCI 和 IK 记载是"Pappophorum Schreb., Gen. Pl., ed. 8［a］. 2：787. 1791［May 1791］"。"Polyraphis Lindley, Veg. Kingd. 115. Jan-Mar 1846"是"Pappophorum Schreb.（1791）"的晚出的同模式异名（Homotypic synonym, Nomenclatural synonym）。【分布】阿根廷，巴基斯坦，秘鲁，玻利维亚，厄瓜多尔，美国（南部），中美洲。【模式】Pappophorum alopecuroideum Vahl。【参考异名】Calotheria Steud.（1854）Nom. illegit. ; Calotheria Wight et Arn.（1854）Nom. inval. ; Calotheria Wight et Arn. ex Steud.（1854）; Euraphis（Trin.）Kuntze（1891）Nom. illegit. ; Euraphis Trin. ex Lindl.（1847）; Polyraphis（Trin.）Lindl.（1847）Nom. illegit. ; Polyrhaphis Lindl.（1846）Nom. illegit. ■☆

37851 Pappostipa（Speg.）Romasch., P. M. Peterson et Soreng（2008）【汉】冠针茅属。【隶属】禾本科 Poaceae（Gramineae）//针茅科 Stipaceae。【包含】世界 25 种。【学名诠释与讨论】〈阴〉（希）希腊文 pappos，柔毛，软毛。pappus 则与拉丁文同义，指冠毛+（属）Stipa 针茅属（羽茅属）。此属的学名，IPNI 记载是"Pappostipa（Speg.）Romasch., P. M. Peterson et Soreng, J. Bot. Res. Inst. Texas 2（1）：181. 2008［24 Jul 2008］"，由"Stipa subgen. Pappostipa Speg. Anales Mus. Nac. Montevideo 4（2）：45. 1901"改级而来。亦有文献把"Pappostipa（Speg.）Romasch., P. M. Peterson et Soreng（2008）"处理为"Stipa L.（1753）"的异名。【分布】玻利维亚。【模式】Stipa speciosa Trin. et Rupr.。【参考异名】Stipa L.（1753）; Stipa subgen. Pappostipa Speg.（1901）■☆

37852 Pappostyles Pierre（1896）= Cremaspora Benth.（1849）［茜草科 Rubiaceae］●☆

37853 Pappostylum Pierre（1896）Nom. illegit. ≡ Pappostyles Pierre（1896）; ~ = Cremaspora Benth.（1849）［茜草科 Rubiaceae］●☆

37854 Pappothrix（A. Gray）Rydb.（1914）= Perityle Benth.（1844）［菊科 Asteraceae（Compositae）］■●☆

37855 Pappothrix Rydb.（1914）Nom. illegit. ≡ Pappothrix（A. Gray）Rydb.（1914）; ~ = Perityle Benth.（1844）［菊科 Asteraceae（Compositae）］■●☆

37856 Papuacalia Veldkamp（1991）【汉】粉蟹甲属。【隶属】菊科 Asteraceae（Compositae）。【包含】世界 13-14 种。【学名诠释与讨论】〈阴〉（地）Papua，巴布亚+（属）Cacalia = Parasenecio 蟹甲草属的缩写。【分布】新几内亚岛。【模式】Papuacalia dindondl（P. van Royen）J. F. Veldkamp［Senecio dindondl P. van Royen］。■☆

37857 Papuacedrus H. L. Li（1953）= Libocedrus Endl.（1847）［柏科 Cupressaceae//甜柏科 Libocedraceae］●☆

37858 Papuaea Schltr.（1919）【汉】巴布亚兰属。【隶属】兰科 Orchidaceae。【包含】世界 1 种。【学名诠释与讨论】〈阴〉（地）Papua New Guinea，巴布亚新几内亚岛。【分布】巴布亚新几内亚。【模式】Papuaea reticulata Schlechter。■☆

37859 Papualthia Diels（1912）【汉】巴布亚木属。【隶属】番荔枝科 Annonaceae。【包含】世界 8-20 种。【学名诠释与讨论】〈阴〉（地）Papua，巴布亚+althaino，治疗。此属的学名是"Papualthia Diels, Bot. Jahrb. Syst. 49：138. 27 Aug 1912"。亦有文献把其处理为"Haplostichanthus F. Muell.（1891）"的异名。【分布】菲律宾（菲律宾群岛），新几内亚岛。【后选模式】Papualthia pilosa Diels。【参考异名】Astelma Schltr.（1913）Nom. illegit. ;

Haplostichanthus F. Muell. (1891)●☆

37860 Papuanthes Danser(1931)【汉】巴布亚寄生属。【隶属】桑寄生科 Loranthaceae。【包含】世界 1 种。【学名诠释与讨论】〈阴〉（地）Papua New Guinea, 巴布亚新几内亚岛+anthos, 花。【分布】新几内亚岛。【模式】Papuanthes albertisii (Tiegh.) Danser。●☆

37861 Papuasicyos Duyfjes(2003)【汉】巴布亚葫芦属。【隶属】葫芦科(瓜科, 南瓜科)Cucurbitaceae。【包含】世界 1 种。【学名诠释与讨论】〈阴〉（地）Papua New Guinea, 巴布亚新几内亚岛 + sikyos, 葫芦, 野胡瓜。【分布】巴布亚新几内亚。【模式】Papuasicyos papuana (C. A. Cogniaux) B. E. E. Duyfjes［Melothria papuana C. A. Cogniaux］。■☆

37862 Papuastelma Bullock(1965)【汉】巴布亚萝藦属。【隶属】萝藦科 Asclepiadaceae。【包含】世界 1 种。【学名诠释与讨论】〈中〉（地）Papua New Guinea, 巴布亚新几内亚岛+stelma, 王冠, 花冠。此属的学名“Papuastelma Bullock, Kew Bull. 19：202. 25 Feb 1965”是一个替代名称。“Astelma Schlechter, Bot. Jahrb. Syst. 50：138. f. 7. 15 Apr 1913”是一个非法名称(Nom. illegit.), 因为此前已经有了“Astelma R. Brown ex Ker-Gawler, Bot. Reg. 532. 1 Apr 1821 = Helipterum DC. ex Lindl. (1836)Nom. confus. = Helichrysum Mill. (1754)［as ‘Elichrysum’］(保留属名)”。故用“Papuastelma Bullock(1965)”替代之。【分布】新几内亚岛。【模式】Papuastelma secamonoides (Schlechter) Bullock［Astelma secamonoides Schlechter］。【参考异名】Astelma Schltr. (1913) Nom. illegit. ●☆

37863 Papuechites Markgr. (1927)【汉】巴布亚夹竹桃属。【隶属】夹竹桃科 Apocynaceae。【包含】世界 1-3 种。【学名诠释与讨论】〈阳〉（地）Papua New Guinea, 巴布亚新几内亚岛+(属)Echites 蛇木属。【分布】新几内亚岛。【模式】Papuechites aambe Markgraf。●☆

37864 Papularia Forssk. (1775) = Trianthema L. (1753)［番杏科 Aizoaceae］■

37865 Papulipetalum(Schltr.) M. A. Clem. et D. L. Jones(2002)【汉】疣瓣兰属。【隶属】兰科 Orchidaceae。【包含】世界 2 种。【学名诠释与讨论】〈中〉（拉）papula, 丘疹+希腊文 petalos, 扁平的, 铺开的；petalon, 花瓣, 叶, 花叶, 金属叶子；拉丁文的花瓣为 petalum。此属的学名, IK 记载是“Papulipetalum (Schltr.) M. A. Clem. et D. L. Jones, Orchadian 13 (11)：500 (2002)”, 由“Bulbophyllum sect. Papulipetalum Schltr. Feddes Repert. Spec. Nov. Regni Veg. Beih. 1(9)：700. 1912［1 Dec 1912］”改级而来。亦有文献把“Papulipetalum (Schltr.) M. A. Clem. et D. L. Jones(2002)”处理为“Bulbophyllum Thouars(1822)(保留属名)”的异名。【分布】澳大利亚, 新几内亚岛。【模式】不详。【参考异名】Bulbophyllum Thouars (1822)(保留属名)；Bulbophyllum sect. Papulipetalum Schltr. (1912)■☆

37866 Papuodendron C. T. White(1946)【汉】五苞萼木槿属。【隶属】锦葵科 Malvaceae//木槿科 Hibiscaceae。【包含】世界 2 种。【学名诠释与讨论】〈阴〉（地）Papua New Guinea, 巴布亚新几内亚岛 + dendron 或 dendros, 树木, 棍, 丛林。此属的学名是“Papuodendron C. T. White, J. Arnold Arbor. 37：272. 1946”。亦有文献把其处理为“Hibiscus L. (1753)(保留属名)”的异名。【分布】新几内亚岛。【模式】Papuodendron lepidotum C. T. White。【参考异名】Hibiscus L. (1753)(保留属名)●☆

37867 Papuzilla Ridl. (1916) = Lepidium L. (1753)［十字花科 Brassicaceae(Cruciferae)］■

37868 Papyraceae Burnett(1835) = Cyperaceae Juss. (保留科名)■

37869 Papyria Raf. = Papyrius Lam. (1798) Nom. inval. ; ~ = Papyrius Lam. ex Kuntze (1891) Nom. illegit. ; ~ ≡ Broussonetia L'Hér. ex Vent. (1799)(保留属名)［桑科 Moraceae］●

37870 Papyrius Lam. (1798) Nom. inval. ≡ Papyrius Lam. ex Kuntze (1891) Nom. illegit. ; ~ ≡ Broussonetia L'Hér. ex Vent. (1799)(保留属名)［桑科 Moraceae］●

37871 Papyrius Lam. ex Kuntze (1891) Nom. illegit. ≡ Broussonetia L'Hér. ex Vent. (1799)(保留属名)［桑科 Moraceae］●

37872 Papyrus Willd. (1816) = Cyperus L. (1753)［莎草科 Cyperaceae］■

37873 Paquerina Cass. (1825) = Brachyscome Cass. (1816)［菊科 Asteraceae(Compositae)］●■☆

37874 Paquirea Panero et S. E. Freire(2013)【汉】美洲剑菊属。【隶属】菊科 Asteraceae(Compositae)。【包含】世界 1 种。【学名诠释与讨论】〈阴〉词源不详。【分布】美国。【模式】Paquirea lanceolata (H. Beltrán et Ferreyra)Panero et S. E. Freire［Gochnatia lanceolata H. Beltrán et Ferreyra］。☆

37875 Parabaena Miers(1851)【汉】连蕊藤属。【英】Parabaena。【隶属】防己科 Menispermaceae。【包含】世界 6 种, 中国 1 种。【学名诠释与讨论】〈阴〉（希）para-, 旁边, 近旁, 近似, 近于, 副+baino, 走, 去。【分布】印度至马来西亚, 中国, 东南亚。【模式】Parabaena sagittata Miers ex J. D. Hooker et T. Thomson。■

37876 Parabambusa Widjaja(1997)【汉】拟竹属。【隶属】禾本科 Poaceae(Gramineae)。【包含】世界 1 种。【学名诠释与讨论】〈阴〉（希）para-, 旁边, 近旁, 近似, 近于, 副+(属)Bambusa 箣竹属(莿竹属, 凤凰竹属, 簕竹属, 蓬莱竹属, 山白竹属, 孝顺竹属)。【分布】新几内亚岛。【模式】Parabambusa kaini Widjaja。●☆

37877 Parabarium Pierre ex Spire (1906)【汉】杜仲藤属。【英】Parabarium。【隶属】夹竹桃科 Apocynaceae。【包含】世界 20 种, 中国 6 种。【学名诠释与讨论】〈中〉（希）para-, 旁边, 近旁, 近似, 近于, 副+baris, 埃及的一种平底小舟+-ius, -ia, -ium, 在拉丁文和希腊文中, 这些词尾表示性质或状态。此属的学名, ING 记载是“Parabarium Pierre ex C. J. Spire in C. J. Spire et A. Spire, Caoutch. Indo-Chine 9. 1906”。IK 则记载为“Parabarium Pierre, in Spire, Caoutch. Indo-Chine 9(1906)”。二者引用的文献相同。亦有文献把“Parabarium Pierre ex Spire (1906)”处理为“Ecdysanthera Hook. et Arn. (1837)”或“Urceola Roxb. (1799)(保留属名)”的异名。【分布】中国, 中南半岛。【模式】未指定。【参考异名】Ecdysanthera Hook. et Arn. (1837)；Parabarium Pierre (1906)Nom. illegit. ；Urceola Roxb. (1799)(保留属名)●

37878 Parabarium Pierre (1906) Nom. illegit. ≡ Parabarium Pierre ex Spire(1906) ; ~ = Ecdysanthera Hook. et Arn. (1837) ; ~ = Urceola Roxb. (1799)(保留属名)［夹竹桃科 Apocynaceae］●

37879 Parabarleria Baill. (1890) = Barleria L. (1753)［爵床科 Acanthaceae］●■

37880 Parabeaumontia (Baill.) Pichon (1948) = Vallaris Burm. f. (1768)［夹竹桃科 Apocynaceae］●

37881 Parabeaumontia Pichon (1948) Nom. illegit. ≡ Parabeaumontia (Baill.) Pichon(1948) ; ~ = Vallaris Burm. f. (1768)［夹竹桃科 Apocynaceae］●

37882 Parabenzoin Nakai(1925)【汉】裂果山胡椒属(假山胡椒属)。【日】シロモジ属。【隶属】樟科 Lauraceae。【包含】世界 2 种。【学名诠释与讨论】〈阳〉（希）para-, 旁边, 近旁, 近似, 近于, 副+(属)Benzoin = Lindera 山胡椒属(钓樟属)。指其与 Lindera 山胡椒属(钓樟属)相近, 但果皮割裂。此属的学名是“Parabenzoin Nakai, Bull. Soc. Bot. France 71：180. 1925”。亦有文献把其处理为“Lindera Thunb. (1783)(保留属名)”的异名。【分布】日本, 中国。【模式】未指定。【参考异名】Lindera Thunb. (1783)(保留属名)●

37883　Paraberlinia Pellegr. (1943)【汉】赛鞋木豆属。【隶属】豆科 Fabaceae(Leguminosae)//云实科(苏木科)Caesalpiniaceae。【包含】世界1种。【学名诠释与讨论】〈阴〉(希)para-,旁边,近旁,近似,近于,副+(属)Berlinia 鞋木属。此属的学名是"Paraberlinia Pellegrin, Bull. Soc. Bot. France 90：79. Oct 1943"。亦有文献把其处理为"Julbernardia Pellegr. (1943)"的异名。【分布】西赤道非洲。【模式】Paraberlinia bifoliolata Pellegrin。【参考异名】Julbernardia Pellegr. (1943)●☆

37884　Parabesleria Oerst. (1861)【汉】拟贝思乐苣苔属。【隶属】苦苣苔科 Gesneriaceae//贝思乐苣苔科 Besoniaceae。【包含】世界2种。【学名诠释与讨论】〈阴〉(希)para-,旁边,近旁,近似,近于,副+(属)Besleria 贝思乐苣苔属。此属的学名是"Parabesleria Oersted, Centralamer. Gesner. 52. 1858"。亦有文献把其处理为"Besleria L. (1753)"的异名。【分布】玻利维亚,哥斯达黎加。【模式】Parabesleria maximiliani(Martius ex A. P. de Candolle)Bureau ex K. Schumann[Tecoma maximiliani Martius ex A. P. de Candolle]。【参考异名】Besleria L. (1753)●■☆

37885　Parabignonia Bureau ex K. Schum. (1894)【汉】肖紫葳属。【隶属】紫葳科 Bignoniaceae。【包含】世界1种。【学名诠释与讨论】〈阴〉(希)para-,旁边,近旁,近似,近于,副+(属)Bignonia 紫葳属(比格诺藤属,卷须紫葳属)。此属的学名,ING 和 IK 记载是"Parabignonia Bureau ex K. Schumann in Engler et Prantl, Nat. Pflanzenfam. 4(3b)：229. Sep 1894"。GCI 则记载为"Parabignonia Bureau, Nat. Pflanzenfam. [Engler et Prantl]4, Abt. 3b：229. 1894"。【分布】巴拉圭,巴西,比尼翁,玻利维亚,厄瓜多尔,中美洲。【模式】Parabignonia maximiliani(Martius ex A. P. de Candolle)Bureau ex K. Schumann[Tecoma maximiliani Martius ex A. P. de Candolle]。【参考异名】Parabignonia Bureau (1894)Nom. illegit. ; Paradolichandra Hassl. (1907)●☆

37886　Parabignonia Bureau(1894)Nom. illegit. ≡Parabignonia Bureau ex K. Schum. (1894)[紫葳科 Bignoniaceae]●☆

37887　Paraboea(C. B. Clarke)Ridl. (1905)【汉】蛛毛苣苔属(宽萼苣苔属)。【英】Paraboea。【隶属】苦苣苔科 Gesneriaceae。【包含】世界71-90种,中国18种。【学名诠释与讨论】〈阴〉(希)para-,旁边,近旁,近似,近于,副+(属)Boea 旋蒴苣苔属。此属的学名,ING 和 IK 记载是"Paraboea (C. B. Clarke)Ridley, J. Straits Branch Roy. Asiat. Soc. 44：63. 1905",由"Didymocarpus sect. Paraboea C. B. Clarke in Alph. de Candolle et A. C. de Candolle, Monogr. PHAN. 5：71. Jul 1883"改级而来。"Paraboea Ridl. (1905)≡Paraboea (C. B. Clarke)Ridl. (1905)"的命名人引证有误。【分布】马来西亚(西部),泰国,中国。【模式】Paraboea clarkei B. L. Burtt[Didymocarpus paraboea C. B. Clarke]。【参考异名】Buxiphyllum W. T. Wang et C. Z. Gao(1981);Buxiphyllum W. T. Wang (1981) Nom. illegit. ; Chlamydioboea Stapf; Chlamydoboea Stapf (1913); Didymocarpus sect. Paraboea C. B. Clarke(1883);Paraboea Ridl. (1905)Nom. illegit. ■

37888　Paraboea Ridl. (1905)Nom. illegit. ≡Paraboea (C. B. Clarke)Ridl. (1905)[苦苣苔科 Gesneriaceae]■

37889　Parabotrys Müll. Berol. (1868)Nom. illegit. =Parartabotrys Miq. (1860); ~ = Xylopia L. (1759)(保留属名)[番荔枝科 Annonaceae]●

37890　Parabouchetia Baill. (1887)【汉】拟布谢茄属。【隶属】茄科 Solanaceae。【包含】世界1种。【学名诠释与讨论】〈阴〉(希)para-,旁边,近旁,近似,近于,副+(属)Bouchetia 布谢茄属。【分布】巴西。【模式】Parabouchetia brasiliensis Baillon ex Wettstein。☆

37891　Paracalanthe Kudô(1930)【汉】假虾脊兰属。【隶属】兰科 Orchidaceae。【包含】世界7种。【学名诠释与讨论】〈阴〉(希) para-,旁边,近旁,近似,近于,副+(属)Calanthe 虾脊兰属。此属的学名"Paracalanthe Y. Kudo, J. Soc. Trop. Agric. 2：235. Dec 1930"是"Limatodes Lindl. , Gen. Sp. Orchid. Pl. 252. 1833[May 1833]"的替代名称。因为后者极易与"Limatodis Blume, Bijdr. Fl. Ned. Ind. 8：375. 1825[20 Sep-7 Dec 1825]"混淆。亦有文献把"Paracalanthe Kudô(1930)"处理为"Calanthe R. Br. (1821)(保留属名)"的异名。【分布】中国[参见 Calanthe R. Br. (1821)(保留属名)]。【模式】Ghiesbreghtia grandiflora A. Gray。【参考异名】Calanthe R. Br. (1821)(保留属名);Ghiesbreghtia A. Rich. et Galeotti(1845)Nom. illegit. ;Limatodes Lindl. (1833)Nom. illegit. ■

37892　Paracaleana Blaxell(1972)【汉】假卡丽娜兰属。【隶属】兰科 Orchidaceae。【包含】世界14种。【学名诠释与讨论】〈阴〉(希) para-,旁边,近旁,近似,近于,副+(属)Caleana 卡丽娜兰属。此属的学名是"Paracaleana D. F. Blaxell, Contr. New South Wales Natl. Herb. 4：281. 1972"。亦有文献把其处理为"Caleana R. Br. (1810)"的异名。【分布】澳大利亚,新西兰。【模式】Paracaleana minor (R. Brown)D. F. Blaxell[Caleana minor R. Brown]。【参考异名】Caleana R. Br. (1810)■☆

37893　Paracalia Cuatrec. (1960)【汉】藤蟹甲属。【隶属】菊科 Asteraceae(Compositae)。【包含】世界2-3种。【学名诠释与讨论】〈阴〉(希)para-,旁边,近旁,近似,近于,副+(属)Cacalia = Parasenecio 蟹甲草属的缩写。【分布】秘鲁,玻利维亚。【模式】Paracalia pentamera (Cuatrecasas)Cuatrecasas[Senecio pentamerus Cuatrecasas]。【参考异名】Pentanthus Hook. et Arn. (1835)Nom. illegit. ●☆

37894　Paracalyx Ali(1968)【汉】异萼豆属(副萼豆属)。【隶属】豆科 Fabaceae(Leguminosae)。【包含】世界6种。【学名诠释与讨论】〈阳〉(希)para-,旁边,近旁,近似,近于,副+kalyx,所有格 kalykos =拉丁文 calyx,花萼,杯子。【分布】巴基斯坦,也门(索科特拉岛),印度,东南亚,热带和非洲东北部。【模式】未指定。【参考异名】Cylista Aiton(1789)(废弃属名)■☆

37895　Paracarpaea (K. Schum.) Pichon (1946) = Arrabidaea DC. (1838)[紫葳科 Bignoniaceae]●☆

37896　Paracarpaea Pichon (1946)Nom. illegit. ≡ Paracarpaea (K. Schum.)Pichon (1946); ~ = Arrabidaea DC. (1838)[紫葳科 Bignoniaceae]●☆

37897　Paracaryopsis(Riedl)R. R. Mill(1991)【汉】类并核果属。【隶属】紫草科 Boraginaceae。【包含】世界3种。【学名诠释与讨论】〈阴〉(属)Paracaryum 并核果属+希腊文 opsis,外观,模样,相似。此属的学名,IK 记载是"Paracaryopsis (Riedl) R. R. Mill, Edinburgh J. Bot. 48 (1)：56. 1991",由"Cynoglossum sect. Paracaryopsis H. Riedl"改级而来。"Paracaryopsis R. R. Mill (1991)≡Paracaryopsis (Riedl)R. R. Mill(1991)"的命名人引证有误。【分布】阿曼,印度。【模式】不详。【参考异名】Cynoglossum sect. Paracaryopsis Riedl; Paracaryopsis R. R. Mill (1991)Nom. illegit. ■☆

37898　Paracaryopsis R. R. Mill (1991)Nom. illegit. ≡ Paracaryopsis (Riedl)R. R. Mill(1991)[紫草科 Boraginaceae]■☆

37899　Paracaryum(DC.)Boiss. (1849)【汉】并核果属(并核果属)。【俄】Паракариум。【隶属】紫草科 Boraginaceae。【包含】世界9-20种。【学名诠释与讨论】〈中〉(希)para-,旁边,近旁,近似,近于,副+karyon,胡桃,硬壳果,核,坚果。指小坚果并列。此属的学名,ING 记载是"Paracaryum (A. de Candolle)Boissier, Diagn Pl. Orient. ser. 1. 2(11)：128. Mar-Apr 1849";但是未给出基源异名。IK 则记载为"Paracaryum Boiss. ,Diagn. Pl. Orient. ser. 1, 11：128. 1849[Mar-Apr 1849]"。二者引用的文献相同。【分布】巴基斯

坦,地中海地区,亚洲中部。【模式】未指定。【参考异名】Mattiastrum(Boiss.)Brand(1915);Microparacaryum(Popov ex Riedl)Hilger(1985)Nom. illegit.;Microparacaryum(Popov ex Riedl.)Hilger et Podlech(1985);Paracaryum Boiss.(1849)Nom. illegit.●■☆

37900 Paracaryum Boiss.(1849)Nom. illegit. ≡ Paracaryum(DC.)Boiss.(1849)[紫草科 Boraginaceae]●■☆

37901 Paracasearia Boerl. = Drypetes Vahl(1807)[大戟科 Euphorbiaceae]●

37902 Paracautleya R. M. Sm.(1977)【汉】肖距药姜属。【隶属】姜科(襄荷科)Zingiberaceae。【包含】世界1种。【学名诠释与讨论】〈阴〉(希)para-,旁边,近旁,近似,近于,副+(属)Cautleya 距药姜属。【分布】印度(南部)。【模式】Paracautleya bhatii R. M. Smith。■☆

37903 Paracelastrus Miq.(1859)= Microtropis Wall. ex Meisn.(1837)(保留属名)[卫矛科 Celastraceae]●

37904 Paracelsea Zoll.(1857)Nom. illegit. = Acalypha L.(1753)[大戟科 Euphorbiaceae//铁苋菜科 Acalyphaceae]●■

37905 Paracelsea Zoll. et Moritzi(1845)= Exacum L.(1753)[龙胆科 Gentianaceae]●■

37906 Paracelsia Hassk.(1847)= Exacum L.(1753)[龙胆科 Gentianaceae]●■

37907 Paracelsia Mart. ex Tul.(1857)Nom. illegit. = Mollinedia Ruiz et Pav.(1794)[香材树科(杯轴花科,黑檫木科,芒籽科,蒙立米科,檬立木科,香材木科,香树科)Monimiaceae]●☆

37908 Paracephaëlis Baill.(1879)【汉】肖头九节属。【隶属】茜草科 Rubiaceae。【包含】世界4种。【学名诠释与讨论】〈阴〉(希)para-,旁边,近旁,近似,近于,副+(属)Cephaëlis 头九节属。【分布】马达加斯加。【模式】ParaCephaëlis tiliacea Baillon。●☆

37909 Parachampionella Bremek.(1944)【汉】兰嵌马蓝属(兰嵌马兰属)。【英】Parachampionella。【隶属】爵床科 Acanthaceae。【包含】世界3种,中国3种。【学名诠释与讨论】〈阴〉(希)para-,旁边,近旁,近似,近于,副+(属)Championella 黄猄草属。亦有文献把"Parachampionella Bremek.(1944)"处理为"Strobilanthes Blume(1826)"的异名。【分布】中国。【模式】Parachampionella rankanensis(Hayata)Bremekamp[Strobilanthes rankanensis Hayata]。【参考异名】Strobilanthes Blume(1826)●■★

37910 Parachimarrhis Ducke(1922)【汉】拟流茜属。【隶属】茜草科 Rubiaceae。【包含】世界1种。【学名诠释与讨论】〈阴〉(希)para-,旁边,近旁,近似,近于,副+(属)Chimarrhis 流茜属。【分布】巴西,秘鲁,亚马孙河流域。【模式】Parachimarrhis breviloba Ducke。☆

37911 Parachionolaena M. O. Dillon et Sagást.(1992)【汉】类衣鼠麴木属。【隶属】菊科 Asteraceae(Compositae)。【包含】世界1种。【学名诠释与讨论】〈阴〉(希)para-,旁边,近旁,近似,近于,副+(属)Chionolaena 雪衣鼠麴木属。此属的学名是"Parachionolaena M. O. Dillon et Sagást.,Arnaldoa 1(2):42-43. 1991[1992]"。亦有文献把其处理为"Chionolaena DC.(1836)"的异名。【分布】哥伦比亚,中美洲。【模式】Parachionolaena colombiana S. F. Blake。【参考异名】Chionolaena DC.(1836)●☆

37912 Paracladopus M. Kato(2006)【汉】拟飞瀑草属。【隶属】髯管花科 Geniostomaceae。【包含】世界1种。【学名诠释与讨论】〈阳〉(希)para-,旁边,近旁,近似,近于,副+(属)Cladopus 飞瀑草属。【分布】泰国。【模式】Paracladopus chiangmaiensis M. Kato。■☆

37913 Paraclarisia Ducke(1939)= Sorocea A. St. -Hil.(1821)[桑科 Moraceae]●☆

37914 Paracleisthus Gagnep.(1923)= Cleistanthus Hook. f. ex Planch.(1848)[大戟科 Euphorbiaceae]●

37915 Paracoffea(Miq.)J. -F. Leroy(1967)= Psilanthus Hook. f.(1873)(保留属名)[茜草科 Rubiaceae]●☆

37916 Paracoffea J. -F. Leroy(1967)Nom. illegit. ≡ Paracoffea(Miq.)J. -F. Leroy(1967);~ = Psilanthus Hook. f.(1873)(保留属名)[茜草科 Rubiaceae]●☆

37917 Paracolea Baill.(1887)= Phylloctenium Baill.(1887)[紫葳科 Bignoniaceae]●☆

37918 Paracolpodium(Tzvelev)Tzvelev(1965)【汉】假鞘柄茅属(假拟沿沟草属)。【隶属】禾本科 Poaceae(Gramineae)。【包含】世界4种,中国2种。【学名诠释与讨论】〈中〉(希)para-,旁边,近旁,近似,近于,副+(属)Colpodium 鞘柄茅属。此属的学名是"Paracolpodium(Tzvelev)Tzvelev, Botanicheskii Zhurnal(Moscow & Leningrad)50:1320. 1965.(Sep 1965)(Bot. Zhurn.(Moscow & Leningrad))",由"Colpodium subg. Paracolpodium Tzvelev, Novosti Sistematiki Vysshchikh Rastenii 1:9. 1964.(Novosti Sist. Vyssh. Rast.)"改级而来。亦有文献把"Paracolpodium(Tzvelev)Tzvelev(1965)"处理为"Colpodium Trin.(1820)"的异名。【分布】巴基斯坦,中国,高加索,亚洲中部。【模式】Paracolpodium altaicum(Trinius)Tzvelev[Colpodium altaicum Trinius]。【参考异名】Colpodium Trin.(1820)■

37919 Paraconringia Lemee = Erysimum L.(1753);~ = Palaeconringia E. H. L. Krause(1927)[十字花科 Brassicaceae(Cruciferae)]■●

37920 Paracorokia M. Kral(1966)【汉】假宿萼果属。【隶属】山茱萸科 Cornaceae//四照花科 Cornaceae//鼠刺科 Iteaceae//南美鼠刺科(吊片果科,鼠刺科,夷鼠刺科)Escalloniaceae//宿萼果科 Corokiaceae。【包含】世界1种。【学名诠释与讨论】〈阴〉(希)para-,旁边,近旁,近似,近于,副+(属)Corokia 宿萼果属(假醉鱼草属,克劳凯奥属,克罗开木属)。此属的学名"Paracorokia Král, Folia Geobot. Phytotax.[Praha]1:376. 16 Aug 1966"是一个替代名称。"Colmeiroa F. v. Mueller, Fragm. 7:149. Dec 1871"是一个非法名称(Nom. illegit.),因为此前已经有了"Colmeiroa Reuter, Biblioth. Universelle Genéve ser. 2. 38:215. Mar 1842 = Flueggea Willd.(1806)= Securinega Comm. ex Juss.(1789)(保留属名)[大戟科 Euphorbiaceae]"。故用"Paracorokia M. Kral(1966)"替代之。亦有文献把"Paracorokia M. Kral(1966)"处理为"Corokia A. Cunn.(1839)"的异名。【分布】澳大利亚。【模式】Paracorokia carpodetoides(F. v. Mueller)Král[Colmeiroa carpodetoides F. v. Mueller]。【参考异名】Colmeiroa F. Muell.(1871)Nom. illegit.;Corokia A. Cunn.(1839)●☆

37921 Paracorynanthe Capuron(1978)【汉】肖宾树属。【隶属】茜草科 Rubiaceae。【包含】世界2种。【学名诠释与讨论】〈中〉(希)para-,旁边,近旁,近似,近于,副+(属)Corynanthe 宾树属。【分布】马达加斯加。【模式】Paracorynanthe uropetala R. Capuron。●☆

37922 Paracostus C. D. Specht(2006)【汉】假闭鞘姜属。【隶属】闭鞘姜科 Costaceae。【包含】世界2种。【学名诠释与讨论】〈阴〉(希)para-,旁边,近旁,近似,近于,副+(属)Costus 闭鞘姜属。【分布】加里曼丹岛。【模式】Paracostus englerianus(K. Schum.)C. Specht[Costus englerianus K. Schum.]。■☆

37923 Paracroton Gagnep. ex Pax et K. Hoffm. = Cleistanthus Hook. f. ex Planch.(1848);~ = Paracleisthus Gagnep.(1923)[大戟科 Euphorbiaceae]●

37924 Paracroton Miq.(1859)= Fahrenheitia Rchb. f. et Zoll. ex Müll. Arg.(1866)[大戟科 Euphorbiaceae]●☆

37925 Paracryphia Baker f.(1921)【汉】盔瓣花属。【英】Paracryphia。【隶属】盔瓣花科 Paracryphiaceae。【包含】世界1种。【学名诠

释与讨论】〈阴〉(希)para-,旁边,近旁,近似,近于,副+(属) Cryphia =Prostanthera 薄荷木属(木薄荷属)。【分布】法属新喀里多尼亚。【模式】Paracryphia suaveolens E. G. Baker。●☆

37926 Paracryphiaceae Airy Shaw(1965)【汉】盔瓣花科(八蕊树科)。【包含】世界1属1-2种。【分布】法属新喀里多尼亚。【科名模式】Paracryphia Baker f.。●☆

37927 Paractaenium Benth. et Hook. f. (1883) Nom. illegit. = Paractaenum P. Beauv. (1812) [禾本科 Poaceae(Gramineae)]■☆

37928 Paractaenum P. Beauv. (1812)【汉】澳大利亚弯穗草属。【隶属】禾本科 Poaceae(Gramineae)。【包含】世界1种。【学名诠释与讨论】〈阴〉(希)para-,旁边,近旁,近似,近于,副+ktenion,小梳子。此属的学名是"Paractaenum Palisot de Beauvois, Essai Agrost. 47. Dec 1812"。亦有文献把其处理为"Panicum L.(1753)"的异名。【分布】澳大利亚。【模式】Paractaenum novae-hollandiae Palisot de Beauvois。【参考异名】Panicum L. (1753);Paractaenium Benth. et Hook. f. (1883);Parectenium P. Beauv. ex Stapf(1930)■☆

37929 Paracyclea Kudô et Yamam. (1932)【汉】肖轮环藤属。【隶属】防己科 Menispermaceae。【包含】世界6种。【学名诠释与讨论】〈阴〉(希)para-,旁边,近旁,近似,近于,副+(属)Cyclea 轮环藤属(银不换属)。此属的学名是"Paracyclea Kudo et Yamamoto, Bot. Mag. (Tokyo) 46:157. 1932"。亦有文献把其处理为"Cissampelos L.(1753)"的异名。【分布】中国(台湾),琉球群岛。【模式】未指定。【参考异名】Cissampelos L. (1753)●

37930 Paracynoglossum Popov(1953)【汉】假琉璃草属(假倒提壶属)。【俄】Парадиноглосс。【隶属】紫草科 Boraginaceae。【包含】世界10-15种。【学名诠释与讨论】〈中〉(希)para-,旁边,近旁,近似,近于,副+(属)Cynoglossum 琉璃草属。此属的学名是"Paracynoglossum M. G. Popov in B. K. Schischkin, Fl. URSS 19:717. 1953(post 5 Feb)"。亦有文献把其处理为"Cynoglossum L.(1753)"的异名。【分布】地中海至日本和澳大利亚。【模式】Paracynoglossum denticulatum (A. de Candolle) M. G. Popov [Cynoglossum denticulatum A. de Candolle]。【参考异名】Cynoglossum L. (1753)■☆

37931 Paradaniella Willis, Nom. inval. =Paradaniellia Rolfe(1912) [豆科 Fabaceae(Leguminosae)]●☆

37932 Paradaniellia Rolfe(1912)【汉】假丹尼苏木属。【隶属】豆科 Fabaceae(Leguminosae)//云实科(苏木科)Caesalpiniaceae。【包含】世界1种。【学名诠释与讨论】〈阴〉(希)para-,旁边,近旁,近似,近于,副+(属)Daniellia 丹尼苏木属(西非苏木属)。此属的学名是"Paradaniellia Rolfe, Bull. Misc. Inform. 1912:96. 9 Mar 1912"。亦有文献把其处理为"Daniellia Benn. (1855)"的异名。【分布】几内亚。【模式】Paradaniellia oliveri Rolfe。【参考异名】Daniellia Benn. (1855);Paradaniella Willis, Nom. inval.●☆

37933 Paradarisia Ducke = Sorocea A. St. - Hil. (1821) [桑科 Moraceae]●☆

37934 Paradenocline Müll. Arg. (1866) = Adenocline Turcz. (1843) [大戟科 Euphorbiaceae]■☆

37935 Paraderris(Miq.) R. Geesink(1984)【汉】拟鱼藤属。【隶属】豆科 Fabaceae(Leguminosae)。【包含】世界15种,中国6种。【学名诠释与讨论】〈阴〉(希)para-,旁边,近旁,近似,近于,副+(属)Derris 鱼藤属(苦楝藤属,苗栗藤属)。此属的学名,ING 和 GCI 记载是"Paraderris (Miquel) R. Geesink, Leiden Bot. Ser. 8:109. 1984",由"Derris [par.]Paraderris Miquel, Fl. Ind. Bat. 1(1):145. 2 Aug 1855"改级而来。亦有文献把"Paraderris(Miq.)R. Geesink(1984)"处理为"Derris Lour. (1790)(保留属名)"的异名。【分布】中国,亚洲南部和东南部。【后选模式】Paraderris

cuneifolia (Bentham)R. Geesink [Derris cuneifolia Bentham]。【参考异名】Derris Lour. (1790)(保留属名);Derris Miq. (1855) Nom. illegit. (废弃属名);Derris [par.]Paraderris Miq. (1855)●

37936 Paradigma Miers(1875)= Cordia L. (1753)(保留属名) [紫草科 Boraginaceae//破布木科(破布树科)Cordiaceae]●

37937 Paradina Pierre ex Pit. (1922)【汉】类帽柱木属。【隶属】茜草科 Rubiaceae。【包含】世界1种,中国1种。【学名诠释与讨论】〈阴〉(希)para-,旁边,近旁,近似,近于,副+(属)Adina 水团花属(水冬瓜属)。此属的学名是"Paradina Pierre ex Pitard in Lecomte, Fl. Gén. Indo-Chine 3:21,39. Dec 1922"。亦有文献把其处理为"Mitragyna Korth. (1839)(保留属名)"的异名。【分布】巴基斯坦,中国,中南半岛。【模式】Paradina hirsuta (Havilland) Pitard [Mitragyna hirsuta Havilland]。【参考异名】Mitragyna Korth. (1839)(保留属名)●

37938 Paradisanthus Rchb. f. (1852)【汉】肖双花木属。【隶属】兰科 Orchidaceae。【包含】世界4种。【学名诠释与讨论】〈阴〉(希)para-,旁边,近旁,近似,近于,副+(属)Disanthus 双花木属(双花树属,圆叶木属)。【分布】热带南美洲。【模式】Paradisanthus bahiensis H. G. Reichenbach。●☆

37939 Paradisea Mazzuc. (1811)(保留属名)【汉】藏百合属(藏鹭鸶兰属,乐园百合属,假百合属)。【日】パラディセア属。【俄】Парадизея。【英】Paradisia, St. Bruno's Lily, St. - Bruno's - lily。【隶属】百合科 Liliaceae//阿福花科 Asphodelaceae//兰科(猴面包科,猴面包树科)Anthericaceae。【包含】世界2种。【学名诠释与讨论】〈阴〉(希)paradeisos,有围墙的公园,娱乐场。此属的学名"Paradisea Mazzuc., Viaggio Bot. Alpi Giulie:27. 1811"是保留属名。相应的废弃属名是百合科 Liliaceae 的"Liliastrum Fabr.,Enum.:4. 1759 ≡ Paradisea Mazzuc. (1811)(保留属名)"。百合科 Liliaceae 的另外2个晚出的非法名称"Liliastrum Link, Handbuch [Link] i. 173 (1829) ≡ Anthericum L. (1753)"和"Liliastrum Ortega (1773)"亦应废弃。"Hyperogyne R. A. Salisbury, Gen. 81. Apr-Mai 1866"和"Pleisolirion Rafinesque, Fl. Tell. 2:28. Jan-Mar 1837('1836')"也是"Paradisea Mazzuc. (1811)(保留属名)"的晚出的同模式异名(Homotypic synonym, Nomenclatural synonym)。【分布】欧洲山区。【模式】Paradisea hemeroanthericoides Mazzucato, Nom. illegit. [Hemerocallis liliastrum Linnaeus;Paradisea liliastrum (Linnaeus) Bertoloni]。【参考异名】Alloborgia Steud. (1840) Nom. illegit.;Allobrogia Tratt. (1792);Czackia Andrz. (1818);Hypergyna Post et Kuntze (1903);Hyperogyne Salisb. (1866) Nom. illegit.;Liliastrum Fabr. (1759)(废弃属名);Paradisia Benol.;Pleisolirion Raf. (1837) Nom. illegit.■☆

37940 Paradisia Benol. (1839) = Paradisea Mazzuc. (1811)(保留属名) [百合科 Liliaceae//阿福花科 Asphodelaceae//吊兰科(猴面包科,猴面包树科)Anthericaceae]■☆

37941 Paradolichandra Hassl. (1907) = Parabignonia Bureau ex K. Schum. (1894) [紫葳科 Bignoniaceae]●☆

37942 Paradombeya Stapf(1902)【汉】平当树属。【英】Paradombeya。【隶属】梧桐科 Sterculiaceae//锦葵科 Malvaceae。【包含】世界2-5种,中国1种。【学名诠释与讨论】〈阴〉(希)para-,旁边,近旁,近似,近于,副+(属)Dombeya 丹比亚木属。指其与丹比亚木属相近。Dombeya 属系纪念法国植物学者 Joseph Dombey。【分布】缅甸,中国。【模式】Paradombeya burmanica Stapf。●

37943 Paradrymonia Hanst. (1854)【汉】假林苣苔属(假锥莫尼亚属)。【隶属】苦苣苔科 Gesneriaceae。【包含】世界40种。【学名诠释与讨论】〈阴〉(希)para-,旁边,近旁,近似,近于,副+(属)Drymonia 林苣苔属(锥莫尼亚属)。此属的学名,ING、

TROPICOS、GCI 和 IK 记载是"Paradrymonia Hanst.，Linnaea 26：207.1854[Apr 1854]"。它曾被处理为"Episcia sect. Paradrymonia（Hanst.）Leeuwenb.，Mededeelingen van het Botanisch Museum en Herbarium van de Rijks Universiteit te Utrecht 146：311.1958"。亦有文献把"Paradrymonia Hanst.（1854）"处理为"Episcia Mart.（1829）"的异名。【分布】巴拿马,秘鲁,玻利维亚,厄瓜多尔,哥伦比亚（安蒂奥基亚）,哥斯达黎加,尼加拉瓜,中美洲。【模式】Paradrymonia glabra（Bentham）Hanstein[Centrosolenia glabra Bentham]。【参考异名】Episcia Mart.（1829）;Episcia sect. Paradrymonia（Hanst.）Leeuwenb.（1958）;Trichodrymonia Oerst.（1861）Nom. illegit.■●☆

37944 Paradrypetes Kuhlm.（1935）【汉】假核果木属。【隶属】大戟科 Euphorbiaceae。【包含】世界 2 种。【学名诠释与讨论】〈阴〉（希）para-,旁边,近旁,近似,近于,副+（属）Drypetes 核果木属（核实木属,核实属,环蕊木属,铁色属）。【分布】巴西。【模式】Paradrypetes ilicifolia J. G. Kuhlmann。●☆

37945 Paraeremostachys Adylov, Kamelin et Makhm.（1986）= Eremostachys Bunge（1830）[唇形科 Lamiaceae（Labiatae）]■

37946 Parafaujasia C. Jeffrey（1992）【汉】拟留菊属。【隶属】菊科 Asteraceae（Compositae）。【包含】世界 2 种。【学名诠释与讨论】〈阴〉（希）para-,旁边,近旁,近似,近于,副+（属）Faujasia 留菊属。【分布】马斯克林群岛。【模式】Parafaujasia mauritiana C. Jeffrey。●☆

37947 Parafestuca E. B. Alexeev（1985）【汉】异羊茅属。【隶属】禾本科 Poaceae（Gramineae）。【包含】世界 1 种。【学名诠释与讨论】〈阴〉（希）para-,旁边,近旁,近似,近于,副+（属）Festuca 羊茅属（狐茅属）。【分布】葡萄牙（马德拉群岛）。【模式】Parafestuca albida（R. T. Lowe）E. B. Alekseev[Festuca albida R. T. Lowe]。■☆

37948 Paragelonium Léandri（1939）= Aristogeitonia Prain（1908）[大戟科 Euphorbiaceae]☆

37949 Paragenipa Baill.（1879）【汉】肖格尼木属。【隶属】茜草科 Rubiaceae。【包含】世界 1 种。【学名诠释与讨论】〈阴〉（希）para-,旁边,近旁,近似,近于,副+（属）Genipa 格尼木属（格尼帕属,格尼茜草属）。【分布】马达加斯加。【模式】Paragenipa cervorum Baillon。●☆

37950 Parageum Nakai et H. Hara ex H. Hara（1935）【汉】假路边青属。【俄】Лжегравилат。【隶属】蔷薇科 Rosaceae。【包含】世界 6 种。【学名诠释与讨论】〈中〉（希）para-,旁边,近旁,近似,近于,副+（属）Geum 路边青属。此属的学名,ING 和 GCI 记载学名是"Parageum Nakai et Hara ex Hara, Bot. Mag.（Tokyo）49：124.1935";而 IK 则记载为"Parageum Nakai et Hara, Bot. Mag.（Tokyo）1935, xlix. 124"。三者引用的文献相同。亦有文献把"Parageum Nakai et H. Hara ex H. Hara（1935）"处理为"Geum L.（1753）"的异名。【分布】参见 Geum L.（1753）。【模式】Parageum calthifolium（Menzies）Nakai et H. Hara ex H. Hara[Geum calthifolium Menzies]。【参考异名】Geum L.（1753）;Parageum Nakai et H. Hara（1935）■☆

37951 Parageum Nakai et H. Hara（1935）Nom. illegit. ≡ Parageum Nakai et H. Hara ex H. Hara（1935）;~=Geum L.（1753）[蔷薇科 Rosaceae]■

37952 Paraglycine F. J. Herm.（1962）【汉】异大豆属。【隶属】豆科 Fabaceae（Leguminosae）。【包含】世界 10 种。【学名诠释与讨论】〈阴〉（希）para-,旁边,近旁,近似,近于,副+（属）Glycine 大豆属（黄豆属,秣石豆属,秣食豆属）。此属的学名是"Paraglycine F. J. Hermann, Techn. Bull. U. S. Dept. Agric. 1268：52. Dec 1962"。亦有文献把其处理为"Ophrestia H. M. L. Forbes（1948）"的异名。【分布】马达加斯加。【模式】Paraglycine hedysaroides（Willdenow）F. J. Hermann[Glycine hedysaroides Willdenow]。【参考异名】Ophrestia H. M. L. Forbes（1948）■☆

37953 Paragnathis Spreng.（1826）Nom. illegit. ≡ Diplomeris D. Don（1825）[兰科 Orchidaceae]■

37954 Paragoldfussia Bremek.（1944）【汉】假金足草属。【隶属】爵床科 Acanthaceae。【包含】世界 2 种。【学名诠释与讨论】〈阴〉（希）para-,旁边,近旁,近似,近于,副+（属）Goldfussia 金足草属。此属的学名是"Paragoldfussia Bremekamp, Verh. Kon. Ned. Akad. Wetensch., Afd. Natuurk., Tweede Sect. 41（1）：211. 11 Mai 1944"。亦有文献把其处理为"Strobilanthes Blume（1826）"的异名。【分布】印度尼西亚（苏门答腊岛）。【模式】Paragoldfussia barisanensis Bremekamp。【参考异名】Strobilanthes Blume（1826）■☆

37955 Paragonia Bureau ex K. Schum.（1894）= Paragonia Bureau（1872）[紫葳科 Bignoniaceae]■☆

37956 Paragonia Bureau（1872）【汉】亚马孙紫葳属。【隶属】紫葳科 Bignoniaceae。【包含】世界 1-2 种。【学名诠释与讨论】〈阴〉（希）para-,旁边,近旁,近似,近于,副+gony,所有格 gonatos,关节,膝。据 TROPICOS 和 ING,此属的学名是"Paragonia Bureau, Bull. Soc. Bot. France 19：17. 1872"。"Paragonia Bureau ex K. Schum.（1894）"是晚出的非法名称。【分布】巴拉圭,巴拿马,秘鲁,比尼翁,玻利维亚,厄瓜多尔,哥伦比亚（安蒂奥基亚）,尼加拉瓜,西印度群岛,中美洲。【后选模式】Bignonia lenta Mart. ex DC.。【参考异名】Hilariophyton Pichon（1946）Nom. illegit.;■☆

37957 Paragonis J. R. Wheeler et N. G. Marchant（2007）【汉】拟圆冠木属。【隶属】桃金娘科 Myrtaceae。【包含】世界 1 种。【学名诠释与讨论】〈阴〉（希）para-,旁边,近旁,近似,近于,副+（属）Agonis 圆冠木属（柳香桃属）。此属的学名是"Paragonis J. R. Wheeler et N. G. Marchant, Nuytsia 16：430. 2007"。亦有文献把其处理为"Agonis（DC.）Sweet（1830）（保留属名）"的异名。【分布】澳大利亚。【模式】Paragonis grandiflora（Benth.）J. R. Wheeler et N. G. Marchant。【参考异名】Agonis（DC.）Sweet（1830）（保留属名）●☆

37958 Paragoodia I. Thomps.（2011）【汉】类古德豆属。【隶属】豆科 Fabaceae（Leguminosae）。【包含】世界 1 种。【学名诠释与讨论】〈阴〉（希）para-,旁边,近旁,近似,近于,副+（属）Goodia 古德豆属（谷豆属）。【分布】澳大利亚。【模式】Paragoodia crenulata（A. T. Lee）I. Thomps.[Muelleranthus crenulatus A. T. Lee]。☆

37959 Paragophyton K. Schum.（1897）= Spermacoce L.（1753）[茜草科 Rubiaceae//繁缕科 Alsinaceae]●■

37960 Paragrewia Gagnep. ex R. S. Rao（1953）= Leptonychia Turcz.（1858）[梧桐科 Sterculiaceae//锦葵科 Malvaceae]●☆

37961 Paragulubia Burret（1936）【汉】假古鲁比棕属（异单生槟榔属）。【隶属】棕榈科 Arecaceae（Palmae）。【包含】世界 1 种。【学名诠释与讨论】〈阴〉〈希〉para-,旁边,近旁,近似,近于,副+（属）Gulubia 古鲁比棕。此属的学名是"Paragulubia Burret, Notizbl Bot. Gart. Berlin-Dahlem 13：84. 15 Mar 1936"。亦有文献把其处理为"Gulubia Becc.（1885）"的异名。【分布】所罗门群岛。【模式】Paragulubia macrospadix Burret。【参考异名】Gulubia Becc.（1885）●☆

37962 Paragutzlaffia H. P. Tsui（1990）【汉】南一笼鸡属。【英】Paragutzlaffia。【隶属】爵床科 Acanthaceae。【包含】世界 2 种,中国 2 种。【学名诠释与讨论】〈阴〉（希）para-,旁边,近旁,近似,近于,副+（属）Gutzlaffia 山一笼鸡属。此属的学名是"Paragutzlaffia H. P. Tsui, Acta Botanica Yunnanica 12（3）：273. 1990"。亦有文献把其处理为"Strobilanthes Blume（1826）"的异名。【分布】中国。【模式】Paragutzlaffia henryi（Hemsl.）H. P.

Tsui。【参考异名】Strobilanthes Blume(1826)●■★

37963　Paragynoxys(Cuatrec.)Cuatrec.(1955)【汉】拟绒安菊属。【隶属】菊科 Asteraceae(Compositae)。【包含】世界12-15种。【学名诠释与讨论】〈阴〉(希)para-,旁边,近旁,近似,近于,副+(属)Gynoxys 绒安菊属。此属的学名,ING、TROPICOS 和 IK 记载是"Paragynoxys(Cuatrecasas)Cuatrecasas, Brittonia 8:153. 1955",由"Senecio sect. Paragynoxys Cuatrecasas(1951)"改级而来。【分布】厄瓜多尔,哥伦比亚(安蒂奥基亚),热带南美洲西北部。【模式】Paragynoxys neodendroides(Cuatrecasas)Cuatrecasas[Senecio neodendroides Cuatrecasas]。●☆

37964　Parahancornia Ducke(1922)【汉】胶竹桃属。【隶属】夹竹桃科 Apocynaceae。【包含】世界8种。【学名诠释与讨论】〈阴〉(希)para-,旁边,近旁,近似,近于,副+(属)Hancornia。【分布】秘鲁,玻利维亚,热带南美洲。【模式】Parahancornia amapa(J. Huber)Ducke[Hancornia amapa J. Huber]。●☆

37965　Parahebe W. R. B. Oliv.(1944)(保留属名)【汉】拟长阶花属。【隶属】玄参科 Scrophulariaceae//婆婆纳科 Veronicaceae。【包含】世界30种。【学名诠释与讨论】〈阴〉(希)para-,旁边,近旁,近似,近于,副+(属)Hebe 木本婆婆纳属(长阶花属,赫柏木属,拟婆婆纳属)。此属的学名"Parahebe W. R. B. Oliv. in Rec. Domin. Mus. 1:229. 1944"是保留属名。相应的废弃属名是玄参科 Scrophulariaceae 的"Derwentia Raf., Fl. Tellur. 4:55. 1838(med.)=Parahebe W. R. B. Oliv.(1944)(保留属名)=Veronica L.(1753)"。【分布】新西兰。【模式】Parahebe catarractae(J. G. A. Forster)W. R. B. Oliver[Veronica catarractae J. G. A. Forster]。【参考异名】Derwentia Raf.(1838)(废弃属名)●☆

37966　Paraholcoglossum Z. J. Liu, S. C. Chen et L. J. Chen(2011)【汉】拟槽兰属。【隶属】兰科 Orchidaceae。【包含】世界3种。【学名诠释与讨论】〈阴〉(希)para-,旁边,近旁,近似,近于,副+(属)Holcoglossum 槽舌兰属(撬唇兰属,松叶兰属)。【分布】柬埔寨,中国。【模式】Paraholcoglossum amesianum(Rchb. f.)Z. J. Liu, S. C. Chen et L. J. Chen[Vanda amesiana Rchb. f.]。■

37967　Parahopea Heim(1892)=Shorea Roxb. ex C. F. Gaertn.(1805)[龙脑香科 Dipterocarpaceae]●

37968　Parahyparrhenia A. Camus(1950)【汉】假苞茅属(异雄草属)。【隶属】禾本科 Poaceae(Gramineae)。【包含】世界5种。【学名诠释与讨论】〈阴〉(希)para-,旁边,近旁,近似,近于,副+(属)Hyparrhenia 苞茅属。【分布】热带非洲西部。【模式】Parahyparrhenia jaergeriana A. Camus。■☆

37969　Paraia Rohwer, H. G. Richt. et van der Werff(1991)【汉】亚马孙樟属。【隶属】樟科 Lauraceae。【包含】世界1种。【学名诠释与讨论】〈阴〉(地)Para,位于巴西。【分布】巴西。【模式】Paraia bracteata J. G. Rohwer, H. G. Richter et H. van der Werff。●☆

37970　Paraisometrum W. T. Wang(1998)【汉】弥勒苣苔属。【英】Paraisometrum。【隶属】苦苣苔科 Gesneriaceae。【包含】世界1种,中国1种。【学名诠释与讨论】〈中〉(希)para-,旁边,近旁,近似,近于,副+(属)Isometrum 金盏苣苔属。【分布】中国。【模式】Paraisometrum mileense W. T. Wang。■★

37971　Paraixeris Nakai(1920)【汉】黄瓜菜属。【俄】Параиксерис。【英】Paraixeris。【隶属】菊科 Asteraceae(Compositae)。【包含】世界10-13种,中国6种。【学名诠释与讨论】〈阴〉(希)para-,旁边,近旁,近似,近于,副+(属)Ixeris 苦荬菜属。此属的学名是"Paraixeris Nakai, Bot. Mag.(Tokyo)34:155. Oct 1920"。亦有文献把其处理为"Crepidiastrum Nakai(1920)"或"Ixeris(Cass.)Cass.(1822)"的异名。【分布】中国,东亚,远东。【模式】未指定。【参考异名】Crepidiastrum Nakai(1920);Indoixeris Kitam.;Ixeris(Cass.)Cass.(1822);Ixeris Cass.(1822)Nom. illegit.■

37972　Parajaeschkea Burkill(1911)【汉】假口药花属。【隶属】龙胆科 Gentianaceae。【包含】世界1种。【学名诠释与讨论】〈阴〉(希)para-,旁边,近旁,近似,近于,副+(属)Jaeschkea 口药花属。此属的学名是"Parajaeschkea Burkill, Rec. Bot. Surv. India 4:223. Aug 1911"。亦有文献把其处理为"Gentianella Moench(1794)(保留属名)"的异名。【分布】东喜马拉雅山。【模式】Parajaeschkea smithii Burkill。【参考异名】Gentianella Moench(1794)(保留属名)■☆

37973　Parajubaea Burret(1930)【汉】脊果椰属(并朱北桐属,帕拉久巴椰子属,异杰椰子属)。【日】アンデスチリヤシ属,アンデスチリーヤシ属。【隶属】棕榈科 Arecaceae(Palmae)。【包含】世界2-3种。【学名诠释与讨论】〈阴〉(希)para-,旁边,近旁,近似,近于,副+(属)Jubaea 蜜棕属。【分布】安第斯山,玻利维亚,厄瓜多尔。【模式】Parajubaea cocoides Burret。●☆

37974　Parajusticia Benoist(1936)【汉】假鸭嘴花属。【隶属】爵床科 Acanthaceae//鸭嘴花科(鸭咀花科)Justiciaceae。【包含】世界1种。【学名诠释与讨论】〈阴〉(希)para-,旁边,近旁,近似,近于,副+(属)Justicia 鸭嘴花属。此属的学名是"Parajusticia Benoist in Humbert, Notul. Syst.(Paris)5:128. 1936"。亦有文献把其处理为"Justicia L.(1753)"的异名。【分布】中南半岛。【模式】Parajusticia peteloti Benoist。【参考异名】Justicia L.(1753)●☆

37975　Parakaempferia A. S. Rao et D. M. Verma(1971)【汉】肖山奈属。【隶属】姜科(蘘荷科)Zingiberaceae。【包含】世界1种。【学名诠释与讨论】〈阴〉(希)para-,旁边,近旁,近似,近于,副+(属)Kaempferia 山奈属。【分布】印度(阿萨姆)。【模式】Parakaempferia synantha A. S. Rao et D. M. Verma。■☆

37976　Parakeelya Hershk.(1999)【汉】类岩马齿苋(拟岩马齿苋属)。【隶属】马齿苋科 Portulacaceae。【包含】世界35种。【学名诠释与讨论】〈阴〉(希)para-,旁边,近旁,近似,近于,副+(属名)Keelya。【分布】不详。【模式】Parakeelya ptychosperma(F. Muell.)Hershk.。☆

37977　Parakibara Philipson(1985)【汉】拟盖裂桂属。【隶属】香材树科(杯轴花科,黑檫木科,芒籽科,蒙立米科,檬立木科,香材树科,香树木科)Monimiaceae。【包含】世界1种。【学名诠释与讨论】〈阴〉(希)para-,旁边,近旁,近似,近于,副+(属)Kibara 假香材树属(盖裂桂属)。【分布】印度尼西亚(马鲁古群岛)。【模式】Parakibara clavigera W. R. Philipson。●☆

37978　Parakmeria Hu et W. C. Cheng(1951)【汉】拟单性木兰属。【英】Parakmeria。【隶属】木兰科 Magnoliaceae。【包含】世界5种,中国5种。【学名诠释与讨论】〈阴〉(希)para-,旁边,近旁,近似,近于,副+(属)Kmeria 单性木兰属。指本属与单性木兰属相近。此属的学名是"Parakmeria H. H. Hu et W. C. Cheng, Acta Phytotax. Sin. 1:1. Mar 1951"。亦有文献把其处理为"Magnolia L.(1753)"的异名。【分布】中国。【模式】未指定。【参考异名】Magnolia L.(1753);Micheliopsis H. Keng(1955)●★

37979　Paraknoxia Bremek.(1952)【汉】肖红芽大戟属。【隶属】茜草科 Rubiaceae。【包含】世界1种。【学名诠释与讨论】〈阴〉(希)para-,旁边,近旁,近似,近于,副+(属)Knoxia 红芽大戟属(诺斯草属)。【分布】热带非洲。【模式】Paraknoxia ruziziensis Bremekamp。■☆

37980　Parakohleria Wiehler(1978)【汉】肖树苣苔属。【隶属】苦苣苔科 Gesneriaceae。【包含】世界20种。【学名诠释与讨论】〈阴〉(希)para-,旁边,近旁,近似,近于,副+(属)Kohleria 树苣苔属(红雾花属,栲里来属)。此属的学名是"Parakohleria H. Wiehler, Selbyana 5:5. Dec 1978"。亦有文献把其处理为"Pearcea Regel(1867)"的异名。【分布】秘鲁,玻利维亚,哥伦比亚,南美洲安

第斯山区。【模式】Parakohleria abunda H. Wiehler。【参考异名】
Pearcea Regel(1867)●☆

37981　Paralabatia Pierre(1890)= Pouteria Aubl.(1775)［山榄科
Sapotaceae］●

37982　Paralagarosolen Y. G. Wei(2004)【汉】方鼎苣苔属。【英】
Paralagarosolen。【隶属】苦苣苔科 Gesneriaceae。【包含】世界1
种,中国1种。【学名诠释与讨论】〈中〉(希)para-,旁边,近旁,
近似,近于,副＋(属)Lagarosolen 细筒苣苔属。【分布】中国。
【模式】Paralagarosolen fangianus Y. G. Wei。■★

37983　Paralamium Dunn(1913)【汉】假野芝麻属。【英】
Falsedeadnettle。【隶属】唇形科 Lamiaceae(Labiatae)。【包含】世
界1种,中国1种。【学名诠释与讨论】〈中〉(希)para-,旁边,近
旁,近似,近于,副＋(属)Lamium 野芝麻属。【分布】中国。【模
式】Paralamium gracile Dunn。■

37984　Paralasianthus H. Zhu(2015)【汉】拟粗叶木属。【隶属】茜草
科 Rubiaceae。【包含】世界5种。【学名诠释与讨论】〈阴〉(希)
para-,旁边,近旁,近似,近于,副＋(属)Lasianthus 粗叶木属(鸡
屎树属)。【分布】菲律宾,印度尼西亚,东南亚。【模式】
Paralasianthus dichotomus(Korth.)H. Zhu［Mephitidia dichotoma
Korth.］。☆

37985　Paralbizzia Kosterm.(1954)【汉】胀荚合欢属。【英】
Paralbizzia。【隶属】豆科 Fabaceae(Leguminosae)//含羞草科
Mimosaceae。【包含】世界4种,中国2种。【学名诠释与讨论】
〈阴〉(希)para-,旁边,近旁,近似,近于,副＋(属)Albizia 合欢
属。指其与合欢属相近。此属的学名是"Paralbizzia Kostermans,
Bull. Organ. Natuurw. Onderz. Indonesië 20：23. Dec 1954"。亦有
文献把其处理为"Archidendron F. Muell.(1865)"或
"Cylindrokelupha Kosterm.(1954)"或"Pithecellobium Mart.
(1837)［as 'Pithecollobium'］(保留属名)"或"Zygia P. Browne
(1756)(废弃属名)"的异名。【分布】中国(参见 Pithecellobium
Mart.)。【模式】Paralbizzia turgida(Merrill)Kostermans
［Pithecellobium turgidum Merrill］。【参考异名】Archidendron F.
Muell.(1865);Cylindrokelupha Kosterm.(1954);Pithecellobium
Mart.(1837)［as 'Pithecollobium'］(保留属名);Zygia P. Browne
(1756)(废弃属名)●

37986　Paralea Aubl.(1775)= Diospyros L.(1753)［柿树科
Ebenaceae］●

37987　Paralepistemon Lejoly et Lisowski(1986)【汉】假鳞蕊藤属。
【隶属】旋花科 Convolvulaceae。【包含】世界2种。【学名诠释与
讨论】〈阳〉(希)para-,旁边,近旁,近似,近于,副＋(属)
Lepistemon 鳞蕊藤属(鲜蕊藤属)。【分布】热带非洲。【模式】
Paralepistemon shirensis(D. Oliver)J. Lejoly et S. Lisowski
［Ipomoea shirensis D. Oliver］。●☆

37988　Paraleucothoë(Nakai)Honda(1949)【汉】假木藜芦属。【隶
属】杜鹃花科(欧石南科)Ericaceae。【包含】世界1种。【学名诠
释与讨论】〈阴〉(希)para-,旁边,近旁,近似,近于,副＋(属)
Leucothoe 木藜芦属。此属的学名,ING 和 IK 记载是
"Paraleucothoë(T. Nakai)M. Honda, J. Jap. Bot. 24：29. Dec
1949",由"Leucothoë sect. Paraleucothoë T. Nakai, Trees Shrubs
Indig. Japan 127. Dec 1922"改级而来。亦有文献把
"Paraleucothoë(Nakai)Honda(1949)"处理为"Leucothoë D. Don
(1834)"的异名。【分布】日本。【模式】Paraleucothoë keiskei
(Miquel)M. Honda［Leucothoë keiskei Miquel］。【参考异名】
Leucothoë D. Don(1834);Leucothoë sect. Paraleucothoë Nakai
(1922)●☆

37989　Paralia Desv.(1825)Nom. illegit. ≡ Paralia Desv. ex Ham.
(1825)Nom. illegit. ; ～ ≡ Paralea Aubl.(1775); ～ = Diospyros L.

(1753)［柿树科 Ebenaceae］●

37990　Paralia Desv. ex Ham.(1825)Nom. illegit. ≡ Paralea Aubl.
(1775); ～ = Diospyros L.(1753)［柿树科 Ebenaceae］●

37991　Paraligusticopsis V. N. Tikhom.(1973)【汉】假藁本属。【隶
属】伞形花科(伞形科)Apiaceae(Umbelliferae)。【包含】世界1
种。【学名诠释与讨论】〈阴〉(希)para-,旁边,近旁,近似,近
于,副＋(属)Ligusticopsis = Ligusticum 藁本属。【分布】中国,西
伯利亚西南部,亚洲中部。【模式】Paraligusticopsis discolor
(Ledebour)V. N. Tichomirov［Ligusticum discolor Ledebour］。■

37992　Paraligusticum V. N. Tikhom.(1973)= Ligusticum L.(1753)
［伞形花科(伞形科)Apiaceae(Umbelliferae)］■

37993　Paralinospadix Burret(1935)【汉】海蓝肉穗棕属(异林椰子
属)。【日】ニセマガホヤシ。【隶属】棕榈科 Arecaceae
(Palmae)。【包含】世界21种。【学名诠释与讨论】〈阴〉(希)
para-,旁边,近旁,近似,近于,副＋(属)Linospadix 手杖棕属。此
属的学名"Paralinospadix Burret, Notizbl. Bot. Gart. Berlin-Dahlem
12：331. 31 Mar 1935"是一个替代名称。"Linospadix Beccari ex
Bentham et Hook. f. ,Gen. Pl. 3：903. 14 Apr 1883"是一个非法名
称(Nom. illegit.),因为此前已经有了"Linospadix H. Wendland in
H. Wendland et Drude, Linnaea 39：177, 198. Jun 1875［棕榈科
Arecaceae(Palmae)］"。故用"Paralinospadix Burret(1935)"替代
之。亦有文献把"Paralinospadix Burret(1935)"处理为
"Calyptrocalyx Blume(1838)"的异名。【分布】新几内亚岛。【后
选模式】Paralinospadix arfakiana(Beccari)Burret［as
'arfakianus'］［Linospadix arfakiana Beccari［as 'arfakianus'］］。
【参考异名】Calyptrocalyx Blume(1838);Linospadix Becc.(1877)
Nom. inval. ; Linospadix Becc. ex Benth. et Hook. f.(1883)Nom.
illegit. ;Linospadix Becc. ex Hook. f.(1883)Nom. illegit. ●☆

37994　Parallosa Alef.(1859)Nom. illegit. ≡Coppoleria Todaro(1845);
～ = Vicia L.(1753)［豆科 Fabaceae(Leguminosae)//蝶形花科
Papilionaceae//野豌豆科 Viciaceae］■

37995　Paralophia P. J. Cribb et Hermans(2005)【汉】假缠绕草属。
【隶属】苦苣苔科 Gesneriaceae。【包含】世界2种。【学名诠释与
讨论】〈阴〉(希)para-,旁边,近旁,近似,近于,副＋(属)Lophia =
Alloplectus 缠绕草属(金红花属)。【分布】马达加斯加。【模式】
Paralophia epiphytica(P. J. Cribb, Du Puy et Bosser)P. J. Cribb
［Eulophia epiphytica P. J. Cribb,Du Puy et Bosser］。●■☆

37996　Paralstonia Baill.(1888)= Alyxia Banks ex R. Br.(1810)(保留
属名)［夹竹桃科 Apocynaceae］●

37997　Paralychnophora MacLeish(1984)= Eremanthus Less.(1829)
［菊科 Asteraceae(Compositae)］●☆

37998　Paralysis Hill(1756)Nom. illegit. ≡Primula L.(1753)［报春花
科 Primulaceae］■

37999　Paralyxia Baill.(1888)= Aspidosperma Mart. et Zucc.(1824)
(保留属名)［夹竹桃科 Apocynaceae］●☆

38000　Paramachaerium Ducke(1925)【汉】假军刀豆属(美洲豚豆
属)。【隶属】豆科 Fabaceae(Leguminosae)。【包含】世界5种。
【学名诠释与讨论】〈中〉(希)para-,旁边,近旁,近似,近于,副＋
(属)Machaerium 军刀豆属。【分布】巴拿马,秘鲁,哥斯达黎加,
中美洲。【模式】Paramachaerium schomburgkii(Bentham)Ducke
［Machaerium schomburgkii Bentham］。■☆

38001　Paramacrolobium J. Léonard(1954)【汉】赛大裂豆属。【隶属】
豆科 Fabaceae(Leguminosae)。【包含】世界1种。【学名诠释与
讨论】〈中〉(希)para-旁边,近旁,近似,近于,副＋(属)
Macrolobium 大瓣苏木属。【分布】热带非洲。【模式】
Paramacrolobium coeruleum(Taubert)J. Léonard［Vouapa coerulea
Taubert］。●☆

38002　Paramagnolia Sima et S. G. Lu(2012)【汉】拟木兰属。【隶属】木兰科 Magnoliaceae。【包含】世界 1 种。【学名诠释与讨论】〈阴〉(希)para-旁边，近旁，近似，近于，副+(属)Magnolia 木兰属。【分布】不详。【模式】Paramagnolia fraseri (Walter) Sima et S. G. Lu [Magnolia fraseri Walter]。☆

38003　Paramammea J.-F. Leroy(1977)【汉】假黄果木属。【隶属】猪胶树科（克鲁西科，山竹子科，藤黄科）Clusiaceae (Guttiferae)。【包含】世界 1 种。【学名诠释与讨论】〈阴〉(希)para-，旁边，近旁，近似，近于，副+Mammea 黄果木属。此属的学名是"Comptes Rendus Hebdomadaires des Seances de l'Academie des Sciences, Serie D, Sciences Naturelles 284(16): 1524. 1977"。亦有文献把其处理为"Mammea L. (1753)"的异名。【分布】马达加斯加。【模式】Paramammea megaphylla J.-F. Leroy。【参考异名】Mammea L. (1753)●☆

38004　Paramanglietia Hu et W. C. Cheng(1951) = Manglietia Blume (1823) [木兰科 Magnoliaceae]●

38005　Paramansoa Baill. (1888) = Arrabidaea DC. (1838) [紫葳科 Bignoniaceae]●☆

38006　Paramapania Uittien(1935)【汉】假擂鼓芳属。【隶属】莎草科 Cyperaceae。【包含】世界 7-13 种。【学名诠释与讨论】〈阴〉(希)para-，旁边，近旁，近似，近于，副+(属)Mapania 擂鼓芳属。【分布】马来西亚。【模式】Paramapania radians (C. B. Clarke) Uittien [Mapania radians C. B. Clarke]。■☆

38007　Parameconopsis Grey-Wilson(2014)【汉】伪擂鼓芳属。【隶属】罂粟科 Papaveraceae。【包含】世界 1 种。【学名诠释与讨论】〈阴〉(属)Paramapania 假擂鼓芳属+希腊文 opsis，外观，模样，相似。【分布】不详。【模式】Parameconopsis cambrica (L.) Grey-Wilson [Papaver cambricum L.]。☆

38008　Paramelhania Arènes(1949)【汉】肖梅蓝属。【隶属】梧桐科 Sterculiaceae//锦葵科 Malvaceae。【包含】世界 1 种。【学名诠释与讨论】〈阴〉(希)para-，旁边，近旁，近似，近于，副+(属)Melhania 梅蓝属。【分布】马达加斯加。【模式】Paramelhania decaryana Arènes。●■☆

38009　Parameria Benth. (1876)【汉】长节珠属（节荚藤属）。【英】Parameria。【隶属】夹竹桃科 Apocynaceae。【包含】世界 3-6 种，中国 1 种。【学名诠释与讨论】〈阴〉(希)para-，旁边，近似，近于，副+meris 一部分。指膏葖果近念珠状。【分布】马来西亚，中国，中南半岛。【模式】未指定。【参考异名】Parameriopsis Pichon(1948)●

38010　Parameriopsis Pichon(1948)【汉】类长节珠属。【隶属】夹竹桃科 Apocynaceae。【包含】世界 1-2 种。【学名诠释与讨论】〈阴〉(属)Parameria 长节珠属+希腊文 opsis，外观，模样，相似。此属的学名是"Parameriopsis Pichon, Bull. Mus. Hist. Nat. (Paris) ser. 2. 20: 299. Apr 1948"。亦有文献把其处理为"Parameria Benth. (1876)"的异名。【分布】东南亚西部。【模式】Parameriopsis polyneura (J. D. Hooker) Pichon [Parameria polyneura J. D. Hooker]。【参考异名】Parameria Benth. (1876)●☆

38011　Paramesus C. Presl (1830) = Trifolium L. (1753) [豆科 Fabaceae(Leguminosae)//蝶形花科 Papilionaceae]■

38012　Paramichelia Hu(1940)【汉】合果含笑属（合果木属，假含笑属）。【英】Paramichelia。【隶属】木兰科 Magnoliaceae。【包含】世界 3 种，中国 1 种。【学名诠释与讨论】〈阴〉(希)para-，旁边，近似，近于，副+(属)Michelia 含笑属。指其与含笑属相近。此属的学名是"Paramichelia Hu, Sunyatsenia 4: 142. Jun 1940"。亦有文献把其处理为"Michelia L. (1753)"的异名。【分布】印度尼西亚（苏门答腊岛），印度（阿萨姆），中国，马来半岛，东南亚。【模式】Paramichelia baillonii (Pierre) Hu [Magnolia baillonii Pierre]。【参考异名】Michelia L. (1753)●

38013　Paramicropholis Aubrév. et Pellegr. (1961) = Micropholis (Griseb.) Pierre(1891) [山榄科 Sapotaceae]●☆

38014　Paramicrorhynchus Kirp. (1964)【汉】假小喙菊属。【俄】Парамикроринхус。【英】Paramicrorhynchus。【隶属】菊科 Asteraceae(Compositae)。【包含】世界 1 种，中国 1 种。【学名诠释与讨论】〈阳〉(希)para-，旁边，近旁，近似，近于，副+(属)Microrhynchus 小喙菊属。此属的学名是"Paramicrorhynchus M. E. Kirpicznikov in E. G. Bobrov et N. N. Tzvelev, Fl. URSS 29: 725. Mar-Dec 1964"。亦有文献把其处理为"Launaea Cass. (1822)"的异名。【分布】阿富汗，中国，喜马拉雅山，地中海至亚洲中部，中美洲。【模式】Paramicrorhynchus procumbens (Roxburgh) M. E. Kirpicznikov [Prenanthes procumbens Roxburgh]。【参考异名】Launaea Cass. (1822)■

38015　Paramiflos Cuatrec. (1995) = Espeletia Mutis ex Bonpl. (1808) [菊科 Asteraceae(Compositae)]●☆

38016　Paramignya Wight(1831)【汉】单叶藤橘属。【英】Paramignya, Vinelime, Vine-lime。【隶属】芸香科 Rutaceae。【包含】世界 16 种，中国 3 种。【学名诠释与讨论】〈阴〉(希)para-，旁边，近旁，近似，近于，副+(属)Mignya。指其与 Mignya 属相近。【分布】印度至马来西亚，中国。【模式】Paramignya monophylla R. Wight。【参考异名】Arthromischus Thwaites(1858)●

38017　Paramitranthes Burret(1941)【汉】假帽花木属。【隶属】桃金娘科 Myrtaceae。【包含】世界 7 种。【学名诠释与讨论】〈阴〉(希)para-，旁边，近旁，近似，近于，副+(属)Mitranthes 帽花木属。此属的学名是"Paramitranthes Burret, Notizbl Bot. Gart. Berlin-Dahlem 15: 541. 30 Mar 1941"。亦有文献把其处理为"Siphoneugena O. Berg(1856)"的异名。【分布】热带南美洲。【模式】Paramitranthes kiaerskoviana Burret。【参考异名】Siphoneugena O. Berg(1856)●☆

38018　Paramoltkia Greuter(1981)【汉】假弯果紫草属。【隶属】紫草科 Boraginaceae。【包含】世界 1 种。【学名诠释与讨论】〈阴〉(希)para-，旁边，近旁，近似，近于，副+(属)Moltkia 弯果紫草属（穆尔特克属）。【分布】阿尔巴尼亚，前南斯拉夫。【模式】Paramoltkia doerfleri (R. von Wettstein) W. Greuter et H. M. Burdet [Moltkia doerfleri R. von Wettstein]。●☆

38019　Paramomum S. Q. Tong(1985) = Amomum Roxb. (1820) (保留属名) [姜科（襄荷科）Zingiberaceae]■

38020　Paramongaia Velarde(1948)【汉】秘鲁石蒜属。【隶属】石蒜科 Amaryllidaceae。【包含】世界 1 种。【学名诠释与讨论】〈阴〉(地)Paramonga，位于秘鲁。【分布】秘鲁。【模式】Paramongaia weberbaueri Velarde。■☆

38021　Paramyrciaria Kausel(1967)【汉】假香桃木属。【隶属】桃金娘科 Myrtaceae。【包含】世界 6 种。【学名诠释与讨论】〈阴〉(希)para-，旁边，近旁，近似，近于，副+(属)Myrciaria 拟香桃木属。【分布】阿根廷，巴拉圭，玻利维亚。【模式】Paramyrciaria delicatula (A. P. de Candolle) Kausel [Eugenia delicatula A. P. de Candolle]。●☆

38022　Paramyristica W. J. de Wilde(1994)【汉】假肉豆蔻属。【隶属】肉豆蔻科 Myristicaceae。【包含】世界 1 种。【学名诠释与讨论】〈阴〉(希)para-，旁边，近旁，近似，近于，副+(属)Myristica 肉豆蔻属。此属的学名是"Paramyristica W. J. J. O. de Wilde, Blumea 39: 344. 18 Nov 1994"。亦有文献把其处理为"Myristica Gronov. (1755) (保留属名)"的异名。【分布】新几内亚岛。【模式】Paramyristica sepicana (D. B. Foreman) W. J. J. O. de Wilde [Myristica sepicana D. B. Foreman]。【参考异名】Myristica Gronov. (1755) (保留属名)●☆

38023 Paranecepsia Radcl. -Sm. (1976)【汉】假阿夫大戟属。【隶属】大戟科 Euphorbiaceae。【包含】世界 1 种。【学名诠释与讨论】〈阴〉(希)para-,旁边,近旁,近似,近于,副+(属)Necepsia 阿夫大戟属。【分布】莫桑比克,坦桑尼亚。【模式】Paranecepsia alchorneifolia A. Radcliffe-Smith。☆

38024 Paranephelium Miq. (1861)【汉】假韶子属。【英】Falserambutan, Paranephelium。【隶属】无患子科 Sapindaceae。【包含】世界 8 种,中国 2 种。【学名诠释与讨论】〈中〉(希)para-,旁边,近旁,近似,近于,副+(属)Nephelium 韶子属(红毛丹属,毛龙眼属)。此属的学名,ING、TROPICOS 和 IK 记载是"Paranephelium Miq. ,Fl. Ned. Ind. ,Eerste Bijv. 3:509. 1861 [Dec 1861]"。"Mildea Miquel, Ann. Mus. Bot. Lugduno-Batavi 3:88. Jan-Jun 1867 (non Grisebach 1866)"是"Paranephelium Miq. (1861)"的晚出的同模式异名(Homotypic synonym, Nomenclatural synonym)。【分布】马来西亚(西部),中国,中南半岛。【模式】Paranephelium xestophyllum Miquel。【参考异名】Delpya Pierre (1895);Mildea Miq. (1867) Nom. illegit. ;Scyphopetalum Hiern (1875)●

38025 Paranephelius Poepp. (1843)【汉】莲安菊属。【隶属】菊科 Asteraceae(Compositae)。【包含】世界 7 种。【学名诠释与讨论】〈阳〉(希)para-,旁边,近旁,近似,近于,副+nephos = nephele,云。nephelion,云状斑点+-ius,-ia,-ium,具有……特性的。此属的学名,ING、IK 和 GCI 均记载为"Paranephelius Poeppig in Poeppig et Endlicher, Nova Gen. Sp. 3:42. 8-11 Mar 1843"。"Paranephelius Poepp. et Endl. (1843)"的命名人引证有误。亦有文献把"Paranephelius Poepp. (1843)"处理为"Liabum Adans. (1763) Nom. illegit. ≡ Amellus L. (1759)(保留属名)"的异名。【分布】阿根廷,秘鲁,玻利维亚。【模式】Paranephelius uniflorus Poeppig。【参考异名】Amellus L. (1759)(保留属名);Liabum Adans. (1763) Nom. illegit. ;Paranephelius Poepp. et Endl. (1843) Nom. illegit. ■☆

38026 Paranephelius Poepp. et Endl. (1843) Nom. illegit. ≡ Paranephelius Poepp. (1843) [菊科 Asteraceae(Compositae)]■☆

38027 Paraneurachne S. T. Blake(1972)【汉】假脉颖草属。【隶属】禾本科 Poaceae(Gramineae)。【包含】世界 1 种。【学名诠释与讨论】〈阴〉(希)para-,旁边,近旁,近似,近于,副+(属)Neurachne 脉颖草属。【分布】澳大利亚。【模式】Paraneurachne muelleri (E. Hackel) S. T. Blake [Neurachne muelleri E. Hackel]。■☆

38028 Paranneslea Gagnep. (1948) = Anneslea Wall. (1829)(保留属名)[山茶科(茶科)Theaceae//厚皮香科 Ternstroemiaceae]●

38029 Paranomus Salisb. (1807)【汉】草地山龙眼属。【隶属】山龙眼科 Proteaceae。【包含】世界 18 种。【学名诠释与讨论】〈阳〉(希)para-,旁边,近旁,近似,近于,副+nomos,所有格 nomatos 草地,牧场,住所。此属的学名,ING、TROPICOS 和 IK 记载是"Paranomus R. A. Salisbury, Parad. Lond. ad t. 67. 1 Apr 1807"。"Nivenia R. Brown, Trans. Linn. Soc. London 10:133. 8 Mar 1810 (non Ventenat 1808)"是"Paranomus Salisb. (1807)"的晚出的同模式异名(Homotypic synonym, Nomenclatural synonym)。【分布】非洲南部。【后选模式】Paranomus lagopus (Thunberg) O. Kuntze [Protea lagopus Thunberg]。【参考异名】Nivenia R. Br. (1810) Nom. illegit. ●☆

38030 Parantennaria Beauverd(1911)【汉】离冠蝶须属。【隶属】菊科 Asteraceae(Compositae)。【包含】世界 1 种。【学名诠释与讨论】〈阴〉(希)para-,旁边,近旁,近似,近于,副+(属)Antennaria 蝶须属(蝶须菊属)。【分布】澳大利亚。【模式】Parantennaria uniceps (F. v. Mueller) Beauverd [Antennaria uniceps F. v. Mueller]。■☆

38031 Paranthe O. F. Cook(1943) = Chamaedorea Willd. (1806)(保留属名)[棕榈科 Arecaceae(Palmae)]●☆

38032 Parapachygone Forman(2007)【汉】拟粉绿藤属。【隶属】防己科 Menispermaceae。【包含】世界 1 种。【学名诠释与讨论】〈阴〉(希)para-,旁边,近旁,近似,近于,副+(属)Pachygone 粉绿藤属。此属的学名是"Parapachygone Forman, Flora of Australia 2:462 (375). 2007"。亦有文献把其处理为"Pachygone Miers ex Hook. f. et Thomson(1855)"的异名。【分布】澳大利亚。【模式】Parapachygone longifolia (F. M. Bailey) Forman。【参考异名】Pachygone Miers ex Hook. f. et Thomson(1855);Pachygone Miers (1851) Nom. inval. ●☆

38033 Parapactis W. Zimm. (1922) = Epipactis Zinn(1757)(保留属名)[兰科 Orchidaceae]■

38034 Parapanax Miq. (1861) = Schefflera J. R. Forst. et G. Forst. (1775)(保留属名);~ = Trevesia Vis. (1842)[五加科 Araliaceae]●

38035 Parapantadenia Capuron(1972) = Pantadenia Gagnep. (1925)[大戟科 Euphorbiaceae]☆

38036 Parapentace Gagnep. (1943) = Burretiodendron Rehder(1936);~ =Excentrodendron Hung T. Chang et R. H. Miao(1978)[椴树科(椴树,田麻科)Tiliaceae//锦葵科 Malvaceae]●

38037 Parapentapanax Hutch. (1967)【汉】假羽叶参属。【隶属】五加科 Araliaceae。【包含】世界 4 种。【学名诠释与讨论】〈阳〉(希)para-,旁边,近旁,近似,近于,副+(属)Pentapanax 羽叶参属(五叶参属,羽叶五加属)。此属的学名是"Parapentapanax J. Hutchinson, Gen. Fl. Pl. ,Dicot. 2:56. 1967"。亦有文献把其处理为"Pentapanax Seem. (1864)"的异名。【分布】中国,东喜马拉雅山至法属新喀里多尼亚。【模式】Parapentapanax racemosus (B. C. Seemann) J. Hutchinson [Pentapanax racemosus B. C. Seemann [as 'racemosum']。【参考异名】Pentapanax Seem. (1864)●

38038 Parapentas Bremek. (1952)【汉】肖五星花属。【隶属】茜草科 Rubiaceae。【包含】世界 3-6 种。【学名诠释与讨论】〈阴〉(希)para-,旁边,近旁,近似,近于,副+(属)Pentas 五星花属。【分布】热带非洲。【模式】Parapentas silvatica (K. Schumann) Bremekamp [Oldenlandia silvatica K. Schumann]。■☆

38039 Parapetalifera J. C. Wendl. (1805)(废弃属名) = Agathosma Willd. (1809)(保留属名);~ = Barosma Willd. (1809)(保留属名)[芸香科 Rutaceae]●●☆

38040 Paraphaius J. W. Zhai et F. W. Xing(2014)【汉】拟鹤顶兰属。【隶属】兰科 Orchidaceae。【包含】世界 3 种。【学名诠释与讨论】〈阴〉(希)para-,旁边,近旁,近似,近于,副+(属)Phaius 鹤顶兰属(鹤顶花属)。【分布】不详。【模式】Paraphaius flavus (Blume) J. W. Zhai, Z. J. Liu et F. W. Xing [Limodorum flavum Blume]。☆

38041 Paraphalaenopsis A. D. Hawkes(1964)【汉】拟蝶兰属(拟蝴蝶兰属)。【日】パラファレノプシス属。【隶属】兰科 Orchidaceae。【包含】世界 3-4 种。【学名诠释与讨论】〈阴〉(希)para-,旁边,近旁,近似,近于,副+(属)Phalaenopsis 蝴蝶兰属(蝶兰属)。【分布】加里曼丹岛。【模式】Paraphalaenopsis denevei (J. J. Smith) A. D. Hawkes [Phalaenopsis denevei J. J. Smith]。■☆

38042 Paraphlomis (Prain) Prain (1908)【汉】假糙苏属。【英】Bethlehemsage, Paraphlomis。【隶属】唇形科 Lamiaceae (Labiatae)。【包含】世界 8-26 种,中国 23-26 种。【学名诠释与讨论】〈阴〉(希)para-,旁边,近旁,近似,近于,副+(属)Phlomis 糙苏属。此属的学名,ING 记载是"Paraphlomis D. Prain in G.

King et J. S. Gamble, J. Asiat. Soc. Bengal, Pt. 2, Nat. Hist. 74：721. 27 Mar 1908"；而 IK 则记载为"Paraphlomis Prain, Ann. Roy. Bot. Gard.（Calcutta）ix. 60（1901），in obs."。《中国植物志》英文版和 TROPICOS 记载是"Paraphlomis（Prain）Prain, J. Asiat. Soc. Bengal, Pt. 2, Nat. Hist. 74：721. 1908"，由"Phlomis Linnaeus sect. Paraphlomis Prain, Ann. Roy. Bot. Gard.（Calcutta）9：60. 1901"改级而来。"Paraphlomis Prain（1901）"似为误记。【分布】印度至马来西亚，中国，亚洲。【模式】Paraphlomis rugosa（Bentham）D. Prain［Phlomis rugosa Bentham］。【参考异名】Paraphlomis Prain（1901）Nom. illegit.；Phlomis Linnaeus sect. Paraphlomis Prain（1901）；Pogonanthera H. W. Li et X. H. Guo（1993）Nom. illegit.；Sinopogonanthera H. W. Li（1993）●■

38043 Paraphlomis Prain（1901）Nom. illegit. ≡ Paraphlomis（Prain）Prain（1908）［唇形科 Lamiaceae（Labiatae）］●■

38044 Parapholis C. E. Hubb.（1946）【汉】假牛鞭草属。【日】スズメノナギナタ属。【俄】Парафорис。【英】Hard‐grass, Parapholia, Sickle‐grass。【隶属】禾本科 Poaceae（Gramineae）。【包含】世界 6 种，中国 1 种。【学名诠释与讨论】〈阴〉（希）para‐，旁边，近旁，近似，近于，副＋pholis 鳞甲。另说 para 近似，在旁＋（属）Pholiurus 鳞尾草属。【分布】巴基斯坦，印度，中国，欧洲西部和地中海至亚洲中部。【模式】未指定。【参考异名】Lepidurus Janch.（1944）■

38045 Paraphyadanthe Mildbr.（1920）= Caloncoba Gilg（1908）［刺篱木科（大风子科）Flacourtiaceae］●☆

38046 Paraphysis（DC.）Dostál（1973）= Amberboa（Pers.）Less.（1832）（废弃属名）；~ = Amberboa Vaill.（1754）（保留属名）［菊科 Asteraceae（Compositae）］■

38047 Parapiptadenia Brenan（1963）【汉】肖落腺豆属（赛落腺豆属）。【隶属】豆科 Fabaceae（Leguminosae）。【包含】世界 3 种。【学名诠释与讨论】〈阴〉（希）para‐，旁边，近旁，近似，近于，副＋（属）Piptadenia 落腺蕊属（落腺豆属）。【分布】巴拉圭，玻利维亚。【模式】Parapiptadenia rigida（Bentham）Brenan［Piptadenia rigida Bentham］。【参考异名】Piptadenia Benth.（1840）●☆

38048 Parapiqueria R. M. King et H. Rob.（1980）【汉】假皮氏菊属（拟皮格菊属）。【隶属】菊科 Asteraceae（Compositae）。【包含】世界 1 种。【学名诠释与讨论】〈阴〉（希）para‐，旁边，近旁，近似，近于，副＋（属）Piqueria 皮氏菊属。【分布】巴西。【模式】Parapiqueria cavalcantei R. M. King et H. E. Robinson。■☆

38049 Parapodium E. Mey.（1838）【汉】假足萝藦属。【隶属】萝藦科 Asclepiadaceae。【包含】世界 3 种。【学名诠释与讨论】〈中〉（希）para‐，旁边，近旁，近似，近于，副＋pous，所有格 podos，指小式 podion，脚，足，柄，梗。podotes，有脚的＋‐ius，‐ia，‐ium，在拉丁文和希腊文中，这些词尾表示性质或状态。【分布】非洲南部。【模式】Parapodium costatum E. H. F. Meyer。【参考异名】Rhombonema Schltr.（1895）●☆

38050 Parapolydora H. Rob.（2005）【汉】锥束斑鸠菊属。【隶属】菊科 Asteraceae（Compositae）//斑鸠菊科（绿菊科）Vernoniaceae。【包含】世界 1 种。【学名诠释与讨论】〈阴〉（希）para‐，旁边，近旁，近似，近于，副＋（属）Polydora ＝ Vernonia 斑鸠菊属。此属的学名是"Parapolydora H. E. Robinson, Phytologia 87：78. 14 Sep（'Aug'）2005"。亦有文献把其处理为"Polydora Fenzl（2004）"或"Vernonia Schreb.（1791）（保留属名）"的异名。【分布】中国，热带非洲。【模式】Parapolydora fastigiata（D. Oliver et W. P. Hiern）H. E. Robinson［Vernonia fastigiata D. Oliver et W. P. Hiern］。【参考异名】Polydora Fenzl（2004）；Vernonia Schreb.（1791）（保留属名）●■

38051 Parapottsia Miq.（1856）= Pottsia Hook. et Arn.（1837）［夹竹桃科 Apocynaceae］●

38052 Paraprenanthes C. C. Chang ex C. Shih（1988）【汉】假福王草属。【英】False Rattlesnakeroot, Paraprenanthes。【隶属】菊科 Asteraceae（Compositae）。【包含】世界 15 种，中国 14‐15 种。【学名诠释与讨论】〈阴〉（希）para‐，旁边，近旁，近似，近于，副＋（属）Prenanthes 福王草属（盘果菊属）。【分布】中国，亚洲南部和东部。【模式】Paraprenanthes sororia（Miquel）C. Shih［Lactuca sororia Miquel］。■

38053 Paraprotium Cuatrec.（1952）【汉】类马蹄果属。【隶属】橄榄科 Burseraceae。【包含】世界 1 种。【学名诠释与讨论】〈中〉（希）para‐，旁边，近旁，近似，近于，副＋（属）Protium 马蹄果属（白蹄果属）。此属的学名是"Paraprotium Cuatrecasas, Revista Acad. Colomb. Ci. Exact. 8：472. Jun 1952"。亦有文献把其处理为"Protium Burm. f.（1768）（保留属名）"的异名。【分布】玻利维亚，哥伦比亚。【模式】Paraprotium vestitum Cuatrecasas。【参考异名】Protium Burm. f.（1768）（保留属名）●☆

38054 Parapteroceras Aver.（1990）【汉】虾尾兰属。【英】Shrimptail‐orchis。【隶属】兰科 Orchidaceae。【包含】世界 5 种，中国 1 种。【学名诠释与讨论】〈中〉（希）para‐，旁边，近旁，近似，近于，副＋（属）Pteroceras 长足兰属。此属的学名是"Parapteroceras Aver., Konspekt Sosudistykh Rastenii Flory V'etnama 1：134. 1990"。亦有文献把其处理为"Saccolabium Blume（1825）（保留属名）"的异名。【分布】菲律宾，泰国，越南，中国，中南半岛。【模式】不详。【参考异名】Saccolabium Blume（1825）（保留属名）■

38055 Parapteropyrum A. J. Li（1981）【汉】翅果蓼属。【英】Parapteropyrum, Wingfruit‐knotweed。【隶属】蓼科 Polygonaceae。【包含】世界 1 种，中国 1 种。【学名诠释与讨论】〈中〉（希）para‐，旁边，近旁，近似，近于，副＋（属）Pteropyrum 双翅蓼属。【分布】中国。【模式】Parapteropyrum tibeticum A. J. Li。●■★

38056 Parapyrenaria Hung T. Chang（1963）【汉】多瓣核果茶属。【英】Paradrupetea, Parapyrenaria。【隶属】山茶科（茶科）Theaceae。【包含】世界 1 种，中国 1 种。【学名诠释与讨论】〈阴〉（希）para‐，旁边，近旁，近似，近于，副＋（属）Pyrenaria 核果茶属。此属的学名是"Parapyrenaria H. T. Chang, Acta Phytotax. Sin. 8：287. Oct 1963"。亦有文献把其处理为"Pyrenaria Blume（1827）"的异名。【分布】中国。【模式】Parapyrenaria hainanensis H. T. Chang。【参考异名】Pyrenaria Blume（1827）●★

38057 Parapyrola Miq.（1867）【汉】假鹿蹄草属。【隶属】杜鹃花科（欧石南科）Ericaceae。【包含】世界 2 种。【学名诠释与讨论】〈阴〉（希）para‐，旁边，近旁，近似，近于，副＋（属）Pyrola 鹿蹄草属。此属的学名是"Parapyrola Miquel, Ann. Mus. Bot. Lugduno‐Batavi 3：191. Aug‐Oct 1867"。亦有文献把其处理为"Epigaea L.（1753）"的异名。【分布】亚洲。【模式】Parapyrola trichocarpa Miquel。【参考异名】Epigaea L.（1753）●☆

38058 Paraqueiba Scop. = Poraqueiba Aubl.（1775）［茶茱萸科 Icacinaceae］●☆

38059 Paraquilegia J. R. Drumm. et Hutch.（1920）【汉】拟楼斗菜属（假楼斗菜属）。【俄】Лжеводосбор。【英】Paraquilegia。【隶属】毛茛科 Ranunculaceae。【包含】世界 5 种，中国 3 种。【学名诠释与讨论】〈阴〉（希）para‐，旁边，近旁，近似，近于，副＋（属）Aquilegia 楼斗菜属。【分布】巴基斯坦，中国，亚洲中部至阿富汗。【后选模式】Paraquilegia grandiflora（Fischer ex A. P. de Candolle）Drummond et Hutchinson［Isopyrum grandiflorum Fischer ex A. P. de Candolle］。【参考异名】Alexeya Pachom.（1974）■

38060 Pararchidendron I. C. Nielsen（1984）【汉】假颌垂豆属（白粉牛蹄豆属）。【隶属】豆科 Fabaceae（Leguminosae）。【包含】世界 1 种。【学名诠释与讨论】〈中〉（希）para‐，旁边，近旁，近似，近

于，副+（属）Archidendron 颔垂豆属。【分布】澳大利亚，印度尼西亚（爪哇岛），新几内亚岛。【模式】Pararchidendron pruinosum（Bentham）I. Nielsen［Pithecellobium pruinosum Bentham］。■☆

38061　Parardisia M. P. Nayar et G. S. Giri（1988）【汉】假紫金牛属。【隶属】紫金牛科 Myrsinaceae。【包含】世界 2 种。【学名诠释与讨论】〈阴〉（希）para-，旁边，近旁，近似，近于，副+（属）Ardisia 紫金牛属。此属的学名是"Parardisia M. P. Nayar & G. S. Giri, Bull. Bot. Surv. India 28：247. 10 Feb 1988（'1986'）"。亦有文献把其处理为"Ardisia Sw.（1788）（保留属名）"的异名。【分布】加里曼丹岛，喜马拉雅山。【模式】Parardisia involucrata（S. Kurz）M. P. Nayar et G. S. Giri［Ardisia involucrata S. Kurz］。【参考异名】Ardisia Sw.（1788）（保留属名）●☆

38062　Pararistolochia Hutch. et Dalziel（1927）【汉】假马兜铃属（拟马兜铃属）。【隶属】马兜铃科 Aristolochiaceae。【包含】世界 18 种。【学名诠释与讨论】〈阴〉（希）para-，旁边，近旁，近似，近于，副+（属）Aristolochia 马兜铃属。【分布】热带非洲西部。【模式】未指定。【参考异名】Aristolochia L.（1753）●☆

38063　Parartabotrys Miq.（1860）【汉】假鹰爪花属。【隶属】番荔枝科 Annonaceae。【包含】世界 2 种。【学名诠释与讨论】〈阳〉（希）para-，旁边，近旁，近似，近于，副+（属）Artabotrys 鹰爪花属。此属的学名是"Parartabotrys Miquel, Fl. Ind. Bat. Suppl. 374. Dec 1861（'1860'）"。亦有文献把其处理为"Xylopia L.（1759）（保留属名）"的异名。【分布】印度尼西亚（苏门答腊岛）。【模式】Parartabotrys sumatranus Miquel。【参考异名】Parabotrys Müll. Berol.（1868）Nom. illegit.；Xylopia L.（1759）（保留属名）●☆

38064　Parartocarpus Baill.（1875）【汉】臭桑属（拟波罗蜜属）。【隶属】桑科 Moraceae。【包含】世界 2-4 种。【学名诠释与讨论】〈阳〉（希）para-，旁边，近旁，近似，近于，副+（属）Artocarpus 波罗蜜属。【分布】马来西亚至所罗门群岛，泰国。【模式】Parartocarpus beccarianus Baillon。【参考异名】Gymnartocarpus Boerl.（1897）●☆

38065　Pararuellia Bremek.（1948）Nom. illegit. ≡ Pararuellia Bremek. et Nann. -Bremek.（1948）［爵床科 Acanthaceae］■

38066　Pararuellia Bremek. et Nann. -Bremek.（1948）【汉】地皮消属（莲楠草属，莲南草属）。【英】False Manyroot，Pararuellia。【隶属】爵床科 Acanthaceae。【包含】世界 5-6 种，中国 4-5 种。【学名诠释与讨论】〈阴〉（希）para-，旁边，近旁，近似，近于，副+（属）Ruellia 芦莉草属。此属的学名，ING 记载是"Pararuellia Bremekamp, Verh. Kon. Ned. Akad. Wetensch.，Afd. Natuurk. Tweede Sect. 45（1）：25. 20 May 1948"。IK 和 TROPICOS 则记载为"Pararuellia Bremek. et Nann. -Bremek.，Verh. Kon. Ned. Akad. Wetensch.，Afd. Natuurk.，Sect. 2. 45（1）：25. 1948"。三者引用的文献相同。《中国植物志》中文版使用"Pararuellia Bremek.（1948）"。《中国植物志》英文版则用"Pararuellia Bremek. et Nann. -Bremek.（1948）"。【分布】马来西亚（西部），中国，中南半岛。【模式】Pararuellia sumatrensis（C. B. Clarke）Bremekamp［Aporuellia sumatrensis C. B. Clarke］。【参考异名】Aporuellia C. B. Clarke（1908）；Pararuellia Bremek.（1948）Nom. illegit. ■

38067　Parasamanea Kosterm.（1954）【汉】假雨树属。【隶属】豆科 Fabaceae（Leguminosae）//含羞草科 Mimosaceae。【包含】世界 1 种。【学名诠释与讨论】〈阴〉（希）para-，旁边，近旁，近似，近于，副+（属）Samanea 雨树属。此属的学名是"Parasamanea Kostermans, Bull. Organ. Natuurw. Onderz. Indonesië 20：11. Dec 1954"。亦有文献把其处理为"Albizia Durazz.（1772）"的异名。【分布】加里曼丹岛。【模式】Parasamanea landakensis（Kostermans）Kostermans［Pithecellobium landakensis Kostermans］。【参考异名】Albizia Durazz.（1772）●☆

38068　Parasarcochilus Dockrill（1967）Nom. illegit. = Pteroceras Hasselt ex Hassk.（1842）；~ = Sarcochilus R. Br.（1810）［兰科 Orchidaceae］■☆

38069　Parasassafras D. G. Long（1984）【汉】拟檫木属（假檫木属，密花檫属）。【隶属】樟科 Lauraceae。【包含】世界 1 种，中国 1 种。【学名诠释与讨论】〈阴〉（希）para-，旁边，近旁，近似，近于，副+（属）Sassafras 檫木属（檫树属）。【分布】不丹，缅甸，印度，中国。【模式】Parasassafras confertiflorum（Meisner）D. G. Long［as 'confertiflora'］［Actinodaphne confertiflora Meisner］。【参考异名】Sinosassafras H. W. Li（1985）●

38070　Parascheelea Dugand（1940）【汉】假希乐棕属。【隶属】棕榈科 Arecaceae（Palmae）。【包含】世界 2 种。【学名诠释与讨论】〈阴〉（希）para-，旁边，近旁，近似，近于，副+（属）Scheelea 希乐棕属。此属的学名是"Parascheelea Dugand, Caldasia 1（1）：10. 20 Dec 1940"。亦有文献把其处理为"Orbignya Mart. ex Endl.（1837）（保留属名）"的异名。【分布】热带南美洲。【模式】Parascheelea anchistropetala Dugand。【参考异名】Orbignya Mart. ex Endl.（1837）（保留属名）●☆

38071　Parascopolia Baill.（1888）（废弃属名）= Lycianthes（Dunal）Hassl.（1917）（保留属名）［茄科 Solanaceae］●■

38072　Paraselinum H. Wolff（1921）【汉】肖亮蛇床属。【隶属】伞形花科（伞形科）Apiaceae（Umbelliferae）。【包含】世界 1 种。【学名诠释与讨论】〈中〉（希）para-，旁边，近旁，近似，近于，副+（属）Selinum 亮蛇床属（滇前胡属）。【分布】秘鲁，玻利维亚。【模式】Paraselinum weberbaueri H. Wolff。■☆

38073　Parasenecio W. W. Sm. et J. Small（1922）【汉】蟹甲草属（假千里光属）。【日】コウモリソウ属，ヤブレガサ属。【俄】Недоспелка。【英】Cacalia，Indian Plantain。【隶属】菊科 Asteraceae（Compositae）。【包含】世界 60-70 种，中国 51-53 种。【学名诠释与讨论】〈阳〉（希）para 近似，在旁，亲近的+（属）Senecio 千里光属。"Calcalia Krocker, Fl. Siles. 2（2）：381. Apr（?）1790"是"Cacalia L.（1753）"的晚出的同模式异名（Homotypic synonym，Nomenclatural synonym）。【分布】巴基斯坦，中国。【模式】Parasenecio forrestii W. W. Smith et J. K. Small。【参考异名】Cacalia L.（1753）；Calcalia Krock.（1790）Nom. illegit.；Koyamacalia H. Rob. et Brettell（1973）■

38074　Paraserianthes I. C. Nielsen（1984）【汉】异合欢属（南洋楹属）。【英】Paraserianthes。【隶属】豆科 Fabaceae（Leguminosae）//含羞草科 Mimosaceae。【包含】世界 4 种。【学名诠释与讨论】〈阴〉（希）para-，旁边，近旁，近似，近于，副+（属）Serianthes 丝花树属。【分布】澳大利亚，秘鲁，玻利维亚，厄瓜多尔，哥伦比亚（安蒂奥基亚），马达加斯加，马来西亚，所罗门群岛，中国。【模式】Paraserianthes lophantha（Willdenow）I. Nielsen［Acacia lophantha Willdenow］。【参考异名】Falcataria（I. C. Nielsen）Barneby et J. W. Grimes（1996）●

38075　Parashorea Kurz（1870）【汉】柳安属（赛罗双属，赛罗香属，望天树属）。【英】Lauan，Parashorea，White Seraya。【隶属】龙脑香科 Dipterocarpaceae。【包含】世界 14-15 种，中国 1 种。【学名诠释与讨论】〈阴〉（希）para-，旁边，近旁，近似，近于，副+（属）Shorea 婆罗双属。【分布】中国，东南亚西部。【模式】未指定。●

38076　Parasia Post et Kuntze（1903）Nom. illegit. = Belmontia E. Mey.（1837）（保留属名）；~ = Parrasia Raf.（1837）（废弃属名）；~ = Sebaea Sol. ex R. Br.（1810）［龙胆科 Gentianaceae］■

38077　Parasia Raf.（1837）= Belmontia E. Mey.（1837）（保留属名）；~ = Sebaea Sol. ex R. Br.（1810）［龙胆科 Gentianaceae］■

38078　Parasicyos Dieterle（1975）【汉】假刺瓜藤属（假野胡瓜属）。【隶属】葫芦科（瓜科，南瓜科）Cucurbitaceae。【包含】世界 1 种。

【学名诠释与讨论】〈阳〉(希)para-,旁边,近旁,近似,近于,副+sikyos,葫芦,野胡瓜。【分布】危地马拉,中美洲。【模式】Parasicyos maculatus J. V. A. Dieterle。■☆

38079　Parasilaus Leute (1972)【汉】肖亮叶芹属。【俄】Скафоспермум。【隶属】伞形花科(伞形科)Apiaceae (Umbelliferae)。【包含】世界 2 种。【学名诠释与讨论】〈阴〉(希)para-,旁边,近旁,近似,近于,副+(属)Silaum 亮叶芹属。【分布】阿富汗,塔吉克斯坦,中国。【模式】Parasilaus afghanicus (A. Gilli) G. -H. Leute [Silaus afghanicus A. Gilli]。【参考异名】Scaphospermum Korovin ex Schischk. (1951); Scaphospermum Korovin(1951)Nom. illegit. ■

38080　Parasirobilanthes Bremek. = Strobilanthes Blume (1826)[爵床科 Acanthaceae]●■

38081　Parasitaxaceae A. V. Bobrov et Melikyan(2000)Nom. illegit. = Podocarpaceae Endl. (保留科名)●

38082　Parasitaxaceae Melikian et A. V. Bobrov(2000)= Podocarpaceae Endl. (保留科名)●

38083　Parasitaxus de Laub. (1972)【汉】寄生罗汉松属。【隶属】罗汉松科 Podocarpaceae。【包含】世界 1 种。【学名诠释与讨论】〈阴〉(拉)parasitus,寄生植物+(属)Taxus 红豆杉属。【分布】法属新喀里多尼亚。【模式】Parasitaxus ustus (Vieillard) D. J. de Laubenfels [Dacrydium ustum Vieillard]。●☆

38084　Parasitipomoea Hayata(1916)= Ipomoea L. (1753)(保留属名)[旋花科 Convolvulaceae]●■

38085　Paraskevia W. Sauer et G. Sauer(1980)【汉】肖狼紫草属。【隶属】紫草科 Boraginaceae。【包含】世界 1 种。【学名诠释与讨论】〈阴〉(人)Paraskev。此属的学名是"Paraskevia W. Sauer et G. Sauer, Phyton 20: 287. 30 Sep 1980"。亦有文献把其处理为"Nonea Medik. (1789)"的异名。【分布】希腊。【模式】Paraskevia cesatiana (Fenzl et Friedr.)W. Sauer et G. Sauer。【参考异名】Nonea Medik. (1789)■☆

38086　Parasopubia H. -P. Hofm. et Eb. Fisch. (2004)【汉】肖短冠草属。【隶属】玄参科 Scrophulariaceae//列当科 Orobanchaceae。【包含】世界 2 种。【学名诠释与讨论】〈阴〉(希)para-,旁边,近旁,近似,近于,副+(属)Sopubia 短冠草属(短冠花属)。【分布】中南半岛。【模式】Parasopubia delphiniifolia (Linnaeus) H. -P. Hofmann et Eb. Fischer [Gerardia delphiniifolia Linnaeus]。■☆

38087　Paraspalathus C. Presl(1845)= Aspalathus L. (1753)[豆科 Fabaceae(Leguminosae)//芳香木科 Aspalathaceae]●☆

38088　Parasponia Miq. (1851)【汉】拟山黄麻属。【隶属】榆科 Ulmaceae。【包含】世界 5 种。【学名诠释与讨论】〈阴〉(希)para-,旁边,近旁,近似,近于,副+(属)Sponia =Trema 山黄麻属(山麻黄属)。【分布】波利尼西亚群岛,马来西亚。【模式】Parasponia parviflora Miquel。●☆

38089　Parastemon A. DC. (1842)【汉】异雄蔷薇属。【隶属】蔷薇科 Rosaceae。【包含】世界 2-3 种。【学名诠释与讨论】〈阳〉(希)para-,旁边,近旁,近似,近于,副+stemon,雄蕊。【分布】马来西亚。【模式】Parastemon urophyllus (Alph. de Candolle) Alph. de Candolle [Embelia urophylla Alph. de Candolle]。【参考异名】Diemenia Korth. (1855)●☆

38090　Parastranthus G. Don (1834) = Lobelia L. 1753)[桔梗科 Campanulaceae//山梗菜科(半边莲科)Nelumbonaceae]●■

38091　Parastrephia Nutt. (1841)【汉】绒柏菀属。【隶属】菊科 Asteraceae(Compositae)。【包含】世界 3-5 种。【学名诠释与讨论】〈阴〉(希)para-,旁边,近旁,近似,近于,副+strepho,绞,转。【分布】秘鲁,玻利维亚,安第斯山。【模式】Parastrephia ericoides Nuttall。■☆

38092　Parastriga Mildbr. (1930)【汉】肖独脚金属。【隶属】玄参科 Scrophulariaceae。【包含】世界 1 种。【学名诠释与讨论】〈阴〉(希)para-,旁边,近旁,近似,近于,副+(属)Striga 独脚金属。【分布】热带非洲。【模式】Parastriga alectroides Mildbraed。■☆

38093　Parastrobilanthes Bremek. (1944)【汉】假马蓝属。【隶属】爵床科 Acanthaceae。【包含】世界 4 种。【学名诠释与讨论】〈阴〉(希)para-,旁边,近旁,近似,近于,副+(属)Strobilanthes 马蓝属。此属的学名是"Parastrobilanthes Bremekamp, Verh. Kon. Ned. Akad. Wetensch. , Afd. Natuurk. , Tweede Sect. 41(1): 290. 11 Mai 1944"。亦有文献把其处理为"Strobilanthes Blume(1826)"的异名。【分布】印度尼西亚(苏门答腊岛,爪哇岛)。【模式】Parastrobilanthes parabolica (Nees) Bremekamp [Strobilanthes parabolica Nees]。【参考异名】Strobilanthes Blume(1826)●☆

38094　Parastyrax W. W. Sm. (1920)【汉】茉莉果属(假野茉莉属,拟野茉莉属)。【英】Jasminefruit, Parastyrax。【隶属】安息香科(齐墩果科,野茉莉科)Styracaceae。【包含】世界 2 种,中国 2 种。【学名诠释与讨论】〈阴〉(希)para-,旁边,近旁,近似,近于,副+(属)Styrax 野茉莉属。【分布】缅甸,中国。【模式】Parastyrax lacei (W. W. Smith) W. W. Smith [Styrax lacei W. W. Smith]。●

38095　Parasympagis Bremek. (1944)【汉】假合页草属。【隶属】爵床科 Acanthaceae。【包含】世界 3 种。【学名诠释与讨论】〈阴〉(希)para-,旁边,近旁,近似,近于,副+(属)Sympagis 合页草属。此属的学名是"Parasympagis Bremekamp, Verh. Kon. Ned. Akad. Wetensch. , Afd. Natuurk. , Tweede Sect. 41 (1): 255. 11 Mai 1944"。亦有文献把其处理为"Strobilanthes Blume(1826)"的异名。【分布】缅甸,泰国。【模式】Parasympagis kerrii Bremekamp。【参考异名】Strobilanthes Blume(1826)■☆

38096　Parasyncalathium J. W. Zhang, Boufford et H. Sun(2011)【汉】假合头菊属。【隶属】菊科 Asteraceae(Compositae)。【包含】世界 1 种。【学名诠释与讨论】〈阴〉(希)para-,旁边,近旁,近似,近于,副+(属)Syncalathium 合头菊属。【分布】喜马拉雅-横断山区。【模式】Parasyncalathium souliei (Franch.) J. W. Zhang, Boufford et H. Sun [Lactuca souliei Franch.]。☆

38097　Parasyringa W. W. Sm. (1916)【汉】裂果女贞属。【隶属】木犀榄科(木犀科)Oleaceae。【包含】世界 1 种。【学名诠释与讨论】〈阴〉(希)para-,旁边,近旁,近似,近于,副+(属)Syringa 丁香属。此属的学名是"Parasyringa W. W. Smith, Trans. & Proc. Bot. Soc. Edinburgh 27: 95. 1919"。亦有文献把其处理为"Ligustrum L. (1753)"的异名。【分布】中国。【模式】Parasyringa sempervirens (Franchet) W. W. Smith [Syringa sempervirens Franchet]。【参考异名】Ligustrum L. (1753)●

38098　Parasystasia Baill. (1891) = Asystasia Blume (1826)[爵床科 Acanthaceae]●■

38099　Paratecoma Kuhlm. (1931)【汉】赛黄钟花属。【隶属】紫葳科 Bignoniaceae。【包含】世界 1 种。【学名诠释与讨论】〈阴〉(希)para-,旁边,近旁,近似,近于,副+(属)Tecoma 黄钟花属。【分布】巴西。【模式】未指定。●☆

38100　Paratephrosia Domin(1912)【汉】假灰毛豆属。【隶属】豆科 Fabaceae(Leguminosae)。【包含】世界 1 种。【学名诠释与讨论】〈阴〉(希)para-,旁边,近旁,近似,近于,副+(属)Tephrosia 灰毛豆属(灰叶属)。此属的学名是"Paratephrosia K. Domin, Repert. Spec. Nov. Regni Veg. 11: 261. 25 Nov 1912"。亦有文献把其处理为"Tephrosia Pers. (1807)(保留属名)"的异名。【分布】澳大利亚。【模式】Paratephrosia lanata (Bentham) K. Domin [Lespedeza lanata Bentham]。【参考异名】Tephrosia Pers. (1807)(保留属名)●☆

38101　Paratheria Griseb. (1866)【汉】水沼异颖草属。【隶属】禾本科

Poaceae(Gramineae)。【包含】世界 2 种。【学名诠释与讨论】〈阴〉(希)para-，旁边，近旁，近似，近于，副+therao，猎取，或+thera，野兽。【分布】玻利维亚，哥斯达黎加，马达加斯加，热带非洲，西印度群岛，热带南美洲，中美洲。【模式】Paratheria prostrata Grisebach。■☆

38102　Parathesis(A. DC.)Hook. f.(1876)【汉】芽冠紫金牛属。【隶属】紫金牛科 Myrsinaceae。【包含】世界 75-84 种。【学名诠释与讨论】〈阴〉(希)para-，旁边，近旁，近似，近于，副+thesis，整理，安排，堆积物。此属的学名，ING 和 GCI 记载为 "Parathesis (Alph. de Candolle) Hook. f. in Bentham et Hook. f. , Gen. 2：645. Mai 1876"，由 "Ardisia sect. Parathesis Alph. de Candolle, Prodr. 8：120. med. Mar 1844" 改级而来。而 IK 则记载为 "Parathesis Hook. f. , Gen. Pl. [Bentham et Hooker f.] 2(2)：645. 1876 [May 1876]"。三者引用的文献相同。【分布】巴拿马，秘鲁，玻利维亚，厄瓜多尔，哥伦比亚(安蒂奥基亚)，哥斯达黎加，古巴，美国，尼加拉瓜，墨西哥至热带南美洲，中美洲。【后选模式】Parathesis serrulata (Swartz) Mez [Ardisia serrulata Swartz]。【参考异名】Ardisia sect. Parathesis A. DC.(1844)；Parathesis Hook. f.(1876) Nom. illegit.●☆

38103　Parathesis Hook. f.(1876)Nom. illegit. ≡Parathesis (A. DC.) Hook. f.(1876) [紫金牛科 Myrsinaceae]●☆

38104　Paratriaina Bremek.(1956)【汉】拟三尖茜属。【隶属】茜草科 Rubiaceae。【包含】世界 1 种。【学名诠释与讨论】〈阴〉(希)para-，旁边，近旁，近似，近于，副+triaina，三尖叉。【分布】马达加斯加。【模式】Paratriaina xerophila Bremekamp。☆

38105　Paratrophis Blume(1856) = Streblus Lour.(1790) [桑科 Moraceae]●

38106　Paratropia(Blume) DC.(1830) ≡Schefflera J. R. Forst. et G. Forst.(1775)(保留属名)；~ = Heptapleurum Gaertn.(1791) [五加科 Araliaceae]●■

38107　Paratropia DC.(1830) Nom. illegit. ≡Paratropia (Blume) DC.(1830)；~ ≡Schefflera J. R. Forst. et G. Forst.(1775)(保留属名)；~ = Heptapleurum Gaertn.(1791) [五加科 Araliaceae]●

38108　Paravallaris Pierre ex Hua =Kibatalia G. Don(1837) [夹竹桃科 Apocynaceae]●

38109　Paravallaris Pierre(1898) Nom. inval. ≡Paravallaris Pierre ex Hua；~ =Kibatalia G. Don(1837) [夹竹桃科 Apocynaceae]●☆

38110　Paravinia Hassk.(1848)Nom. illegit. =Praravinia Korth.(1842) [茜草科 Rubiaceae]●☆

38111　Paravitex H. R. Fletcher(1937)【汉】肖牡荆属。【隶属】马鞭草科 Verbenaceae//唇形科 Lamiaceae(Labiatae)。【包含】世界 1 种。【学名诠释与讨论】〈阴〉(希)para-，旁边，近旁，近似，近于，副+(属)Vitex 牡荆属。【分布】泰国。【模式】Paravitex siamica Fletcher。●☆

38112　Pardanthopsis(Hance)Lenz(1972)【汉】肖射干属。【隶属】鸢尾科 Iridaceae。【包含】世界 1-2 种。【学名诠释与讨论】〈阳〉(属)Pardanthus =Belamcanda 射干属+希腊文 opsis，外观，模样，相似。此属的学名，ING 和 IK 记载是 "Pardanthopsis (H. F. Hance) L. W. Lenz, Aliso 7：403. 20 Jul 1972"，由 "Iris sect. Pardanthopsis H. F. Hance, J. Bot. 13：105. 1875" 改级而来。它还曾被处理为 "Iris subgen. Pardanthopsis (Hance) Baker, Handbook of the Irideae 1. 1892" 和 "Iris subsect. Paranthopsis (Hance) Lawr. , Gentes Herbarum；Occasional Papers on the Kinds of Plants 8：357. 1953"。亦有文献把 "Pardanthopsis (Hance) Lenz(1972)" 处理为 "Iris L.(1753)" 的异名。【分布】温带亚洲。【模式】Pardanthopsis dichotoma (Pallas) L. W. Lenz [Iris dichotoma Pallas]。【参考异名】Iris L.(1753)；Iris sect. Pardanthopsis Hance (1875)；Iris subgen. Pardanthopsis (Hance) Baker(1892)；Iris subsect. Paranthopsis (Hance)Lawr.(1953)■☆

38113　Pardanthus Ker Gawl.(1804)Nom. illegit. ≡Belamcanda Adans.(1763)(保留属名) [鸢尾科 Iridaceae]●■

38114　Pardinia Herb.(1844) = Hydrotaenla Lindl. + Tigridia Juss.(1789) [鸢尾科 Iridaceae]■

38115　Pardisium Burm. f.(1768) = Gerbera L.(1758)(保留属名) [菊科 Asteraceae(Compositae)]■

38116　Pardoglossum Barbier et Mathez(1973)【汉】豹舌草属。【隶属】紫草科 Boraginaceae。【包含】世界 6 种。【学名诠释与讨论】〈中〉(拉)pardus，来自希腊文 pardos =pardalis，所有格 pardaleos，豹。Pardalotos，豹斑的+glossa，舌。此属的学名是 "Pardoglossum Barbier et Mathez, Candollea 28(2)：305. 30 Nov 1973"。亦有文献把其处理为 "Solenanthus Ledeb.(1829)" 的异名。【分布】地中海至亚洲中部和阿富汗。【模式】Pardoglossum atlanticum (Pitard) Barbier et Mathez [Solenanthus atlanticus Pitard]。【参考异名】Solenanthus Ledeb.(1829)●☆

38117　Parduyna Salisb.(1866) Nom. illegit. = Kreysigia Rchb.(1830)；~ =Schelhammera R. Br.(1810)(保留属名) [百合科 Liliaceae//铃兰科 Convallariaceae//秋水仙科 Colchicaceae]■☆

38118　Parechites Miq.(1857) =Trachelospermum Lem.(1851) [夹竹桃科 Apocynaceae]●

38119　Parectenium P. Beauv. ex Stapf(1930) = Paractaenum P. Beauv.(1812) [禾本科 Poaceae(Gramineae)]■☆

38120　Parectenium Stapf(1930) = Parectenium P. Beauv. ex Stapf(1930)；~ = Paractaenum P. Beauv.(1812) [禾本科 Poaceae(Gramineae)]■☆

38121　Pareira Lour. ex Gomes(1868) = Vitis L.(1753) [葡萄科 Vitaceae]●

38122　Parenterolobium Kosterm.(1954) = Albizia Durazz.(1772) [豆科 Fabaceae(Leguminosae)//含羞草科 Mimosaceae]●

38123　Parentucellia Viv.(1824)【汉】帕伦列当属。【俄】Парентучеллия。【英】Bartsia。【隶属】玄参科 Scrophulariaceae//列当科 Orobanchaceae。【包含】世界 2 种。【学名诠释与讨论】〈阴〉(人)Tomaso Parentucelli, 1397-1455。【分布】伊朗，地中海至亚洲中部，欧洲。【模式】Parentucellia floribunda D. Viviani。【参考异名】Dispermotheca P. Beauv.(1911)；Eufragia Griseb.(1844)；Pseudobartsia D. Y. Hong(1979)■☆

38124　Parepigynum Tsiang et P. T. Li(1973)【汉】富宁藤属。【英】Funingvine, Parepigynum。【隶属】夹竹桃科 Apocynaceae。【包含】世界 1 种，中国 1 种。【学名诠释与讨论】〈中〉(希)para-，旁边，近旁，近似，近于，副+(属)Epigynum 思茅藤属。【分布】中国。【模式】Parepigynum funigense Y. Tsiang et P. T. Li。●■★

38125　Pareugenia Turrill(1915) = Syzygium P. Browne ex Gaertn.(1788)(保留属名) [桃金娘科 Myrtaceae]●

38126　Parexuris Nakai et Maek.(1936) = Sciaphila Blume(1826) [霉草科 Triuridaceae]■

38127　Parfonsia Scop.(1777) = Cuphea Adans. ex P. Browne(1756)；~ = Parsonsia P. Browne(1756)(废弃属名) [千屈菜科 Lythraceae]●■

38128　Parhabenaria Gagnep.(1932)【汉】东南亚兰属。【隶属】兰科 Orchidaceae。【包含】世界 1-2 种。【学名诠释与讨论】〈阴〉(希)para-，旁边，近旁，近似，近于，副+(属)Habenaria 玉凤花属(鬼箭玉凤花属，玉凤兰属)。【分布】中南半岛。【模式】Parhabenaria cambodiana Gagnepain。■☆

38129　Pariana Aubl.(1775)【汉】百瑞草竹属(巴厘禾属)。【隶属】禾本科 Poaceae(Gramineae)//百瑞草竹科(巴厘禾科)

Parianaceae。【包含】世界 30 种。【学名诠释与讨论】〈阴〉（地）Pari+-anus,-ana,-anum,加在名词词干后面使形成形容词的词尾,含义为"属于"。【分布】巴拿马,秘鲁,玻利维亚,厄瓜多尔,哥伦比亚(安蒂奥基亚),哥斯达黎加,尼加拉瓜,中美洲。【模式】Pariana campestris Aublet。【参考异名】Aphonina Neck.(1790)Nom. inval. ;Eremitis Döll(1877)■☆

38130　Parianaceae(Hack.)Nakai(1943)= Gramineae Juss.(保留科名)//Poaceae Barnhart(保留科名);~ =Parianaceae Naka ■

38131　Parianaceae Nakai(1943)[亦见 Gramineae Juss.(保留科名)//Poaceae Barnhart(保留科名)禾本科]〔汉〕百瑞草竹科(巴厘禾科)。【包含】1 属世界 30 种。【分布】热带南美洲。【科名模式】Pariana Aubl. ■☆

38132　Parianella Hollowell,F. M. Ferreira et R. P. Oliveira(2013)〔汉〕小百瑞草竹属。【隶属】禾本科 Poaceae(Gramineae)。【包含】世界 2 种。【学名诠释与讨论】〈阴〉词源不详。【分布】巴西,中美洲。【模式】Parianella lanceolata(Trin.)F. M. Ferreira et R. P. Oliveira[Pariana lanceolata Trin.]。●☆

38133　Pariatica Post et Kuntze(1903)= Pariaticu Adans.(1763)Nom. illegit. ;~ =Nyctanthes L.(1753)[木犀榄科(木犀科)Oleaceae//夜花科(腋花科)Nyctanthaceae//马鞭草科 Verbenaceae J. St. -Hil.(保留科名)]●

38134　Pariaticu Adans.(1763)Nom. illegit. ≡Nyctanthes L.(1753)[木犀榄科(木犀科)Oleaceae//夜花科(腋花科)Nyctanthaceae//马鞭草科 Verbenaceae J. St. -Hil.(保留科名)]●

38135　Paridaceae Dumort.(1827)= Melanthiaceae Batsch ex Borkh.(保留科名);~ =Trilliaceae Chevall.(保留科名)■

38136　Parietaria L.(1753)【汉】墙草属。【日】ヒカゲミズ属,ヒカゲミヅ属。【俄】Постенница。【英】Pellitory,Pellitory-of-the-wall,Wallgrass。【隶属】荨麻科 Urticaceae。【包含】世界 10-30 种,中国 1 种。【学名诠释与讨论】〈阴〉(拉)paries,所有格parietis,墙。parietalis,属于墙的。指本属植物生于墙壁上。此属的学名,ING、TROPICOS、APNI、GCI 和 IK 记载为"Parietaria L. ,Sp. Pl. 2:1052. 1753[1 May 1753]"。"Helxine Bubani,Fl. Pyrenaea 1:76. 1897(non Linnaeus 1758)"是"Parietaria L.(1753)"的晚出的同模式异名(Homotypic synonym,Nomenclatural synonym)。【分布】巴基斯坦,巴勒斯坦,秘鲁,玻利维亚,厄瓜多尔,马达加斯加,美国(密苏里),尼加拉瓜,中国,温带和热带,中美洲。【后选模式】Parietaria officinalis Linnaeus。【参考异名】Freirea Gaudich.(1830);Helxine Bubani(1897)Nom. illegit. ;Nesobium Phil. ex Fuentes(1932);Pariltaria Burm. f.(1768);Thaumuria Gaudich.(1830)■

38137　Parietariaceae Bercht. et J. Presl =Urticaceae Juss.(保留科名)●■

38138　Parilax Raf. = Parillax Raf.(1825);~ =Smilax L.(1753)[百合科 Liliaceae//菝葜科 Smilacaceae]●

38139　Parilia Dennst.(1818)= Elaeodendron Jacq.(1782)[卫矛科 Celastraceae]●☆

38140　Parilium Gaertn.(1788)Nom. illegit. ≡Nyctanthes L.(1753)[木犀榄科(木犀科)Oleaceae//夜花科(腋花科)Nyctanthaceae]●

38141　Parillax Raf.(1825)= Smilax L.(1753)[百合科 Liliaceae//菝葜科 Smilacaceae]●

38142　Pariltaria Burm. f.(1768)= Parietaria L.(1753)[荨麻科 Urticaceae]■

38143　Parinari Aubl.(1775)【汉】姜饼木属(姜饼树属)。【英】Parinarium。【隶属】蔷薇科 Rosaceae//金壳果科 Chrysobalanaceae。【包含】世界 44 种。【学名诠释与讨论】〈阴〉(巴西)parinari,巴西和圭亚那姜饼树俗名。此属的学名,ING、TROPICOS、APNI 和 IK 记载为"Parinari Aublet,Hist. Pl. Guiane

514. Jun - Dec 1775"。"Dugortia Scopoli,Introd. 217. Jan - Apr 1777"和"Petrocarya Schreber,Gen. 245. Apr 1789"是"Parinari Aubl.(1775)"的晚出的同模式异名(Homotypic synonym,Nomenclatural synonym)。"Parinarium Juss. ,Gen. Pl. [Jussieu]342. 1789"是"Parinari Aubl.(1775)"的拼写变体。"Parinarium Comm. ex A. Juss. ,Genera Plantarum 1838Parinarium Juss.(1789)Nom. illegit. ≡ Parinari Aubl.(1775)"是晚出的同模式异名(Homotypic synonym,Nomenclatural synonym)。【分布】巴拿马,秘鲁,玻利维亚,厄瓜多尔,哥伦比亚(安蒂奥基亚),马达加斯加,中美洲。【后选模式】Parinari campestris Aublet。【参考异名】Balantium Desv. ex Ham.(1825)Nom. illegit. ;Cycnia Griff.(1854)Nom. illegit. ;Dugortia Scop.(1777)Nom. illegit. ;Ferolia(Aubl.)Kuntze(1891)Nom. illeg.(废弃属名);Ferolia Aubl.(1775)(废弃属名);Ferolia Kuntze(1891)Nom. illeg.(废弃属名);Grymania C. Presl(1851);Lepidocarpa Korth.(1855);Lepidocarpus Post et Kuntze(1903)Nom. illegit. ;Mampata Adans. ex Steud.(1841);Neou Adans. ex Juss.(1789);Parinarium Comm. ex Juss.(1838)Nom. illegit. ;Parinarium Juss.(1789)Nom. illegit. ;Petrocarya Schreb.(1789)Nom. illegit. ;Thelira Thouars(1806)●☆

38144　Parinarium Comm. ex Juss.(1838)Nom. illegit. ≡Parinari Aubl.(1775)[蔷薇科 Rosaceae//金壳果科 Chrysobalanaceae]●☆

38145　Parinarium Juss.(1789)Nom. illegit. ≡Parinarium Comm. ex Juss.(1838);~ ≡Parinari Aubl.(1775)[蔷薇科 Rosaceae//金壳果科 Chrysobalanaceae]●☆

38146　Paripon Voigt(1826)【汉】帕利棕属。【隶属】棕榈科 Arecaceae(Palmae)。【包含】世界 1 种。【学名诠释与讨论】〈中〉词源不详。【分布】不详。【模式】Paripon palmiri Voigt。●☆

38147　Paris L.(1753)【汉】重楼属(七叶一枝花属)。【日】ツクバネサウ属,ツクバネソウ属,パリス属。【俄】Вороний глаз,Воронятник,Одноягодник。【英】Herb Paris,Love-apple,One-berry,Paris。【隶属】百合科 Liliaceae//延龄草科(重楼科)Trilliaceae。【包含】世界 24 种,中国 22 种。【学名诠释与讨论】〈阴〉(希)parisos,几乎相等的,平衡的。指花被同形。或指希腊神话中的 Paris。【分布】巴基斯坦,中国,北温带。【模式】Paris quadrifolia Linnaeus。【参考异名】Alopicarpus Neck.(1790)Nom. inval. ;Baiswa Raf. ;Cartalinia Szov. ex Kunth(1850);Daiswa Raf.(1838);Demidovia Hoffm.(1808);Euthyra Salisb.(1866);Kinugasa Tatew. et Suto(1935);Parisetta Augier ■

38148　Parisetta Augier =Paris L.(1753)[百合科 Liliaceae//延龄草科(重楼科)Trilliaceae]■

38149　Parishella A. Gray(1882)【汉】帕里桔梗属。【隶属】桔梗科 Campanulaceae。【包含】世界 1 种。【学名诠释与讨论】〈阴〉(人)Samuel Bonsall Parish(1838-1928)和 William F. Parish 兄弟,植物学者,植物采集家+-ellus,-ella,-ellum,加在名词词干后面形成指小式的词尾。或加在人名、属名等后面以组成新属的名称。【分布】美国(加利福尼亚)。【模式】Parishella californica A. Gray。■☆

38150　Parishia Hook. f.(1860)【汉】帕里漆属。【隶属】漆树科 Anacardiaceae。【包含】世界 5-12 种。【学名诠释与讨论】〈阴〉(人)Charles Samuel Pollock Parish,1822-1897,植物学者,牧师,植物采集家。【分布】马来西亚(西部),缅甸。【模式】Parishia insignis J. D. Hooker。●☆

38151　Parita Scop.(1777)Nom. illegit. ≡ Thespesia Sol. ex Corrêa(1807)(保留属名);~ ≡ Bupariti Duhamel(1760)(废弃属名);~ =Pariti Adans.(1763)Nom. illegit. ;~ = Hibiscus L.(1753)(保留属名)[锦葵科 Malvaceae//木槿科 Hibiscaceae]●■

38152　Pariti Adans.(1763)Nom. illegit. ≡ Bupariti Duhamel(1760)

（废弃属名）；~ ≡ Thespesia Sol. ex Corrêa（1807）（保留属名）；~ =Hibiscus L.（1753）（保留属名）［锦葵科 Malvaceae//木槿科 Hibiscaceae］●■

38153　Paritium A. Juss.（1825）Nom. illegit. = Pariti Adans.（1763）Nom. illegit. ≡ Bupariti Duhamel（1760）（废弃属名）；~ ≡ Thespesia Sol. ex Corrêa（1807）（保留属名）；~ = Hibiscus L.（1753）（保留属名）［锦葵科 Malvaceae］●■

38154　Paritium A. St. –Hil.（1828）Nom. illegit. ≡ Paritium A. Juss.（1825）Nom. illegit. ; ~ = Pariti Adans.（1763）Nom. illegit. ; ~ ≡ Bupariti Duhamel（1760）（废弃属名）；~ ≡Thespesia Sol. ex Corrêa（1807）（保留属名）；~ =Hibiscus L.（1753）（保留属名）［锦葵科 Malvaceae］●■

38155　Parivoa Aubl.（1775）= Eperua Aubl.（1775）［豆科 Fabaceae（Leguminosae）]●☆

38156　Parkia R. Br.（1826）【汉】球花豆属（白球花豆属，爪哇合欢属）。【俄】Паркия。【英】Locust Bean，Nitta Tree，Nittatree，Nitta-tree。【隶属】豆科 Fabaceae（Leguminosae）//含羞草科 Mimosaceae。【包含】世界 30-40 种，中国 2-3 种。【学名诠释与讨论】〈阴〉（人）Mungo Park，1771-1806，英国医生，探险家，旅行家。【分布】巴拿马，秘鲁，玻利维亚，厄瓜多尔，哥伦比亚（安蒂奥基亚），哥斯达黎加，马达加斯加，尼加拉瓜，中国，中美洲。【模式】Parkia africana R. Brown，Nom. illegit. [Mimosa biglobosa N. J. Jacquin]。【参考异名】Paryphosphaera H. Karst.（1862）●

38157　Parkinsonia L.（1753）【汉】扁轴木属（巴荆木属，巴克豆属，扁叶轴木属，扁轴豆属）。【英】Jerusalem Thorn，Jerusalemthorn，Palo Verde。【隶属】豆科 Fabaceae（Leguminosae）//云实科（苏木科）Caesalpiniaceae。【包含】世界 4-12 种，中国 1 种。【学名诠释与讨论】〈阴〉（人）John Parkinson，1567-1650，英国药剂师，植物学者。此属的学名，ING、APNI 和 GCI 记载是 "Parkinsonia Linnaeus，Sp. Pl. 375. 1 Mai 1753"。IK 用为 "Parkinsonia Plum. ex L.，Sp. Pl. 1：375. 1753 [1 May 1753]"。"Parkinsonia Plum." 是命名起点著作之前的名称，故 "Parkinsonia L.（1753）" 和 "Parkinsonia Plum. ex L.（1753）" 都是合法名称，可以通用。【分布】巴基斯坦，巴拉圭，巴拿马，秘鲁，玻利维亚，厄瓜多尔，哥伦比亚（安蒂奥基亚），哥斯达黎加，马达加斯加，尼加拉瓜，中国，非洲南部，中美洲。【模式】Parkinsonia aculeata Linnaeus。【参考异名】Cercidiopsis Britton et Rose（1930）；Cercidium Tul.（1844）；Parkinsonia Plum. ex L.（1753）；Peltophoropsis Chiov.（1915）●

38158　Parkinsonia Plum. ex L.（1753）≡Parkinsonia L.（1753）［豆科 Fabaceae（Leguminosae）//云实科（苏木科）Caesalpiniaceae］●

38159　Parlatorea Barb. Rodr.（1877）Nom. illegit. ≡ Sanderella Kuntze（1891）［兰科 Orchidaceae］■☆

38160　Parlatoria Boiss.（1842）【汉】帕拉托芥属。【隶属】十字花科 Brassicaceae（Cruciferae）。【包含】世界 2 种。【学名诠释与讨论】〈阴〉（人）Fiiippo Parlatore，1816-1877，意大利植物学者，医生。【分布】亚洲西南部。【模式】未指定。■☆

38161　Parmena Greene（1906）= Rubus L.（1753）［蔷薇科 Rosaceae］●■

38162　Parmentiera DC.（1838）【汉】蜡烛果属（蜡烛树属，桐花树属）。【日】ロウソクノキ属。【英】Parmentiera。【隶属】紫葳科 Bignoniaceae。【包含】世界 8-9 种，中国 1 种。【学名诠释与讨论】〈阴〉（人）Antoine Auguste Parmentier，1737-1813，法国植物学者，药剂师。此属的学名，ING、TROPICOS、GCI 和 IK 记载是 "Parmentiera DC.，Biblioth. Universelle Genève ser 2，17：135. 1838 [Sep 1838]"。"Zenkeria H. G. L. Reichenbach, Deutsche Bot. Herbarienbuch（Nom.）236. Jul 1841（non Trinius 1837）" 是 "Parmentiera DC.（1838）" 的晚出的同模式异名（Homotypic

synonym，Nomenclatural synonym）。【分布】巴拿马，哥伦比亚，墨西哥，尼加拉瓜，中国，中美洲。【模式】Parmentiera edulis A. P. de Candolle。【参考异名】Zenkeria Rchb.（1841）Nom. illegit. ●

38163　Parmentiera Raf.（1840）Nom. illegit. ≡ Artorhiza Raf.（1840）Nom. illegit. ; ~ ≡ Battata Hill（1765）; ~ = Solanum L.（1753）［茄科 Solanaceae］●■

38164　Parnassia L.（1753）【汉】梅花草属。【日】ウメバチサウ属，ウメバチソウ属。【俄】Белозор。【英】Grass of Parnassus，Parnassia。【隶属】虎耳草科 Saxifragaceae//梅花草科 Parnassiaceae。【包含】世界 71 种，中国 63 种。【学名诠释与讨论】〈阴〉（地）"希"Parnassos ="拉"Parnassus，希腊的著名高山。模式种产于此地。此属的学名，ING、TROPICOS、GCI 和 IK 记载是 "Parnassia L.，Sp. Pl. 1：273. 1753 [1 May 1753]"。"Enneadynamis Bubani，Fl. Pyrenaea 3：109. 1901（ante 27 Aug）" 是 "Parnassia L.（1753）" 的晚出的同模式异名（Homotypic synonym，Nomenclatural synonym）。【分布】巴基斯坦，美国，中国，北温带。【模式】Parnassia palustris Linnaeus。【参考异名】Enneadynamis Bubani（1901）Nom. illegit. ■

38165　Parnassiaceae Gray = Parnassiaceae Martinov（保留科名）■

38166　Parnassiaceae Martinov（1820）（保留科名）【汉】梅花草科。【日】ウメバチソウ科。【包含】世界 2 属 72 种，中国 1 属 63 种。【分布】北温带。【科名模式】Parnassia L.。■

38167　Parniena Greene = Rubus L.（1753）［蔷薇科 Rosaceae］●■

38168　Parochetus Buch. –Ham. ex D. Don（1825）【汉】紫雀花属（金雀花属，蓝雀花属）。【俄】Парохетус。【英】Shamrock Pea，Shamrockpea，Shamrock – pea。【隶属】豆科 Fabaceae（Leguminosae）。【包含】世界 1 种，中国 1 种。【学名诠释与讨论】〈阳〉（希）para-，旁边，近旁，近似，近于，副+ochetos，沟。指其喜生于沟旁。【分布】中国，热带非洲和亚洲山区。【后选模式】Parochetus communis F. Hamilton ex D. Don。【参考异名】Cosmiusa Alef.（1866）■

38169　Parodia Speg.（1923）（保留属名）【汉】锦绣玉属（宝玉属）。【日】パロディア属。【英】Parodia。【隶属】仙人掌科 Cactaceae。【包含】世界 35-50 种，中国 3 种。【学名诠释与讨论】〈阴〉（人）Domingo Parodi，1823-1890，意大利植物学者，药剂师。此属的学名 "Parodia Speg. in Anales Soc. Ci. Argent. 96：70. 1923" 是保留名，也是一个替代名称。"Hickenia N. L. Britton et J. N. Rose，Cact. 3：207. 12 Oct 1922" 是一个非法名称（Nom. illegit.），因为此前已经有了 "Hickenia Lillo，Physis（Buenos Aires）4：422. 31 Dec 1919 = Oxypetalum R. Br.（1810）（保留属名）［萝藦科 Asclepiadaceae］"。故用 "Parodia Speg.（1923）" 替代之。相应的废弃属名是仙人掌科 Cactaceae 的 "Frailia Britton et Rose，Cact. 3：208. 12 Oct 1922 = Parodia Speg.（1923）（保留属名）"。"Microspermia A. V. Fric，Möller's Deutsche Gärtn. –Zeitung 45：43. 1 Feb 1930" 和 "Neohickenia A. V. Fric，Cacti Price –List 1928：[3]. 1928" 也是 "Hickenia Britton et Rose（1922）Nom. illegit." 的替代名称，但是比 "Parodia Speg.（1923）（保留属名）" 晚出了。【分布】玻利维亚，中国，热带和亚热带南美洲。【模式】Parodia microsperma（Weber）Spegazzini［Echinocactus microspermus Weber］。【参考异名】Acanthocephala Backeb.（1938）；Brasilicactus Backeb.（1942）Nom. illegit. ; Brasiliparodia F. Ritter（1979）; Brasilocactus Fric（1935）; Chrysocactus Y. Ito（1957）Nom. illegit. ; Dactylanthocactus Y. Ito（1957）Nom. illegit. ; Eriocactus Backeb.（1942）Nom. illegit.，Nom. superfl. ; Eriocephala（Backeb.）Backeb.（1938）Nom. illegit. ; Eriocephala Backeb.（1938）; Frailia Britton et Rose（1922）（废弃属名）; Friesia Fric ex Kreuz.（1930）Nom. illegit. ; Friesia Fric（1930）Nom. illegit. ; Hickenia Britton et

Rose(1922) Nom. illegit.；Malacocarpus Salm-Dyck（1850）Nom. illegit.；Microspermia Frič（1929）Nom. illegit.；Neohickenia Frič（1928）Nom. illegit.，Nom. superfl.；Notocactus（K. Schum.）A. Berger et Backeb.（1938）Nom. illegit.；Notocactus（K. Schum.）Backeb.（1936）Nom. illegit.；Notocactus（K. Schum.）Frič（1928）；Notocactus Backeb. ex Sida（1991）Nom. illegit.；Sericocactus Y. Ito（1957）；Wigginsia D. M. Porter（1964）■

38170　Parodianthus Tronc.（1941）【汉】帕罗迪属。【隶属】马鞭草科 Verbenaceae。【包含】世界 1-2 种。【学名诠释与讨论】〈阳〉（人）Lorenzo Raimundo Parodi，1895-1966，阿根廷植物学者，禾本科专家+anthos，花。【分布】阿根廷，玻利维亚。【模式】Parodianthus ilicifolius Troncoso，Nom. illegit. [Casselia ilicifolia Moldenke]。●☆

38171　Parodiella Reeder et C. Reeder（1968）Nom. illegit. ≡ Lorenzochloa Reeder et C. Reeder（1969）；~ = Ortachne Nees ex Steud.（1854）[禾本科 Poaceae（Gramineae）]■☆

38172　Parodiochloa A. M. Molina（1986）Nom. illegit. ≡Raimundochloa A. M. Molina（1987）；~ =Koeleria Pers.（1805）[禾本科 Poaceae（Gramineae）]■

38173　Parodiochloa C. E. Hubb.（1981）= Poa L.（1753）[禾本科 Poaceae（Gramineae）]■

38174　Parodiodendron Hunz.（1969）【汉】帕罗迪大戟属。【隶属】大戟科 Euphorbiaceae。【包含】世界 1 种。【学名诠释与讨论】〈中〉（人）Lorenzo Raimundo Parodi，1895-1966，阿根廷植物学者，禾本科 Poaceae（Gramineae）专家+dendron 或 dendros，树木，棍，丛林。【分布】阿根廷，玻利维亚。【模式】Parodiodendron marginivillosum（Spegazzini）Hunziker [as 'marginivillosa'] [Phyllanthus marginivillosus Spegazzini [as 'marginivillosa']。●☆

38175　Parodiodoxa O. E. Schulz（1929）【汉】雪芥属。【隶属】十字花科 Brassicaceae（Cruciferae）。【包含】世界 1 种。【学名诠释与讨论】〈阴〉（人）Lorenzo Raimundo Parodi，1895-1966，阿根廷植物学者，禾本科 Poaceae（Gramineae）专家+doxa，光荣，光彩，华丽，荣誉，有名，显著。【分布】阿根廷。【模式】Parodiodoxa chionophila（Spegazzini）O. E. Schulz [Thlaspi chionophilum Spegazzini]。■☆

38176　Parodiolyra Soderstr. et Zuloaga（1989）【汉】类菵利属。【隶属】禾本科 Poaceae（Gramineae）。【包含】世界 3 种。【学名诠释与讨论】〈阴〉（人）Lorenzo Raimundo Parodi. 1895-1966，阿根廷植物学者，禾本科 Poaceae（Gramineae）专家+lyra，古希腊的七弦琴。【分布】巴拿马，秘鲁，玻利维亚，厄瓜多尔，哥伦比亚，哥斯达黎加，尼加拉瓜，热带美洲，中美洲。【模式】Parodiolyra ramosissima（Trin.）Soderstr. et Zuloaga.。○☆

38177　Parodiophyllochloa Zuloaga et Morrone（2008）【汉】帕罗迪禾属。【隶属】禾本科 Poaceae（Gramineae）。【包含】世界 6 种。【学名诠释与讨论】〈阴〉（人）Parodi，植物学者+希腊文 phyllon，叶子+chloe，草的幼芽，嫩草，禾草。【分布】玻利维亚。【模式】Parodiophyllochloa cordovensis（E. Fourn.）Zuloaga et Morrone [Panicum cordovense E. Fourn.]。○☆

38178　Parolinia Engl.（1841）Nom. illegit. ≡ Pachylepis Brongn.（1833）Nom. illegit.；~ ≡ Widdringtonia Endl.（1842）[柏科 Cupressaceae]●☆

38179　Parolinia Webb（1840）【汉】加那利芥属。【隶属】十字花科 Brassicaceae（Cruciferae）。【包含】世界 5 种。【学名诠释与讨论】〈阴〉（人）Parolin. 此属的学名，ING、TROPICOS 和 IK 记载是"Parolinia Webb, Ann. Sci. Nat.，Bot. sér. 2, 13：133, t. 3. 1840"。C. F. Meisner（1843）曾用"Diploceras C. F. Meisner, Pl. Vasc. Gen. 2：340. 22-25 Feb 1843"替代"Parolinia Webb（1840）"，这是多余

的，"Parolinia Webb（1840）"不是非法名称；"Parolinia Endlicher, Gen. Suppl. 1：1372. Feb-Mar 1841 ≡ Pachylepis Brongn.（1833）Nom. illegit. ≡ Widdringtonia Endl.（1842）[柏科 Cupressaceae]"才是晚出的非法名称。【分布】西班牙（加那利群岛）。【模式】Parolinia ornata Webb。【参考异名】Diploceras Meisn.（1843）Nom. illegit. ■☆

38180　Paronichiaceae Juss.［亦见 Caryophyllaceae Juss.（保留科名）石竹科]【汉】指甲草科。【包含】世界 1 属 110 种，中国 1 属 1 种。【分布】广泛分布。【科名模式】Paronychia Mill.（1754）■

38181　Paronychia Hill（1756）Nom. illegit. ≡ Erophila DC.（1821）（保留属名）[十字花科 Brassicaceae（Cruciferae）]■☆

38182　Paronychia L. = Paronychia Mill.（1754）[石竹科 Caryophyllaceae//醉人花科（裸果木科）Illecebraceae//指甲草科 Paronichiaceae]

38183　Paronychia Mill.（1754）【汉】指甲草属（甲疽草属）。【俄】Приноготковник，Приноготовник。【英】Nailwort, Whitlowwort, Whitlow-wort。【隶属】石竹科 Caryophyllaceae//醉人花科（裸果木科）Illecebraceae//指甲草科 Paronichiaceae。【包含】世界 110 种，中国 1 种。【学名诠释与讨论】〈阴〉（希）para，旁边，近旁，近似，近于，副+onyx，所有格 onychos，指甲，爪。Paronychia，甲沟炎。指该植物可以治疗甲沟炎。此属的学名，ING、TROPICOS、APNI、GCI 和 IK 记载是"Paronychia Mill.，Gard. Dict. Abr.，ed. 4. [1019]. 1754 [28 Jan 1754]"。"Ferriera Bubani, Fl. Pyrenaea 3：6. 1901（ante 27 Aug）"是"Paronychia Mill.（1754）"的晚出的同模式异名（Homotypic synonym, Nomenclatural synonym）。"Paronychia J. Hill, Brit. Herbal 259. Jul 1756 ≡ Erophila DC.（1821）（保留属名）[十字花科 Brassicaceae（Cruciferae）]"是晚出的非法名称。【分布】巴勒斯坦，秘鲁，玻利维亚，厄瓜多尔，美国（密苏里），中国。【后选模式】Paronychia argentea Lamarck [Illecebrum paronychia Linnaeus]。【参考异名】Anychia Michx.（1803）；Anychiastrum Small（1903）；Argyrocoma Raf.（1836）；Chaetonychia（DC.）Sweet（1839）；Chaetonychia Sweet（1839）Nom. illegit.；Ferriera Bubani（1901）Nom. illegit.；Forcipella Small（1898）Nom. illegit.；Gastronychia Small（1933）Nom. illegit.；Gibbesia Small（1898）；Gymnocarpos Forssk.（1775）；Nyachia Small（1925）；Odontonychia Small（1903）；Paronychia L.；Periphyllium Gand.；Plagidia Raf.（1836）；Plottzia Arn.（1836）；Siphonychia Torr. et A. Gray（1838）（保留属名）■

38184　Paronychiaceae Juss.（1815）= Caryophyllaceae Juss.（保留科名）■●

38185　Parophiorrhiza C. B. Clarke ex Hook. f.（1880）= Mitreola L.（1758）[马钱科（断肠草科，马钱子科）Loganiaceae//驱虫草科（度量草科）Spigeliaceae]■

38186　Parophiorrhiza C. B. Clarke（1880）Nom. illegit. ≡ Parophiorrhiza C. B. Clarke ex Hook. f.（1880）；~ = Mitreola L.（1758）[马钱科（断肠草科，马钱子科）Loganiaceae//驱虫草科（度量草科）Spigeliaceae]■

38187　Paropsia Noronha ex Thouars（1805）【汉】基腺西番莲属。【隶属】西番莲科 Passifloraceae。【包含】世界 4-12 种。【学名诠释与讨论】〈阴〉（希）para-，旁边，近旁，近似，近于，副+opson，食物。此属的学名，ING 记载是"Paropsia Du Petit-Thouars, Hist. Vég. Isles Austr. Afrique 59. May 1805"。IK 和 TROPICOS 则记载为"Paropsia Noronha ex Thou.，Hist. Veg. Isles Afr. 59. t. 19（1805）"。三者引用的文献相同。【分布】马达加斯加，印度尼西亚（苏门答腊岛），马来半岛，热带非洲。【模式】Paropsia edulis Du Petit-Thouars。【参考异名】Androsiphonia Stapf（1905）；Hornea Durand et Jacks.；Hounea Baill.（1881）；Paropsia Thouars（1805）Nom.

illegit. ; Trichodia Griff. (1854) ●☆

38188　Paropsia Thouars (1805) Nom. illegit. ≡ Paropsia Noronha ex Thouars(1805)［西番莲科 Passifloraceae］●☆

38189　Paropsiaceae Dumort. (1829) = Passifloraceae Juss. ex Roussel（保留科名）●■

38190　Paropsiopsis Engl. (1891)【汉】二列花属。【隶属】西番莲科 Passifloraceae。【包含】世界 7 种。【学名诠释与讨论】〈阴〉（属）Paropsia 基腺西番莲属+希腊文 opsis，外观，模样，相似。【分布】热带非洲西部。【模式】Paropsiopsis africana Engler。●☆

38191　Paropyrum Ulbr. (1925) = Isopyrum L. (1753)（保留属名）［毛茛科 Ranunculaceae］■

38192　Parosela Cav. (1802) = Dalea L. (1758)（保留属名）［豆科 Fabaceae（Leguminosae）//蝶形花科 Papilionaceae］●■☆

38193　Parosella Cav. ex DC. (1825) = Dalea L. (1758)（保留属名）［豆科 Fabaceae（Leguminosae）//蝶形花科 Papilionaceae］●■☆

38194　Paroxygraphis W. W. Sm. (1913)【汉】拟鸦跖花属（山鸦跖花属）。【隶属】毛茛科 Ranunculaceae。【包含】世界 1 种。【学名诠释与讨论】〈阴〉（希）para-，旁边，近旁，近似，近于，副+（属）Oxygraphis。【分布】东喜马拉雅山。【模式】Paroxygraphis sikkimensis W. W. Smith。■☆

38195　Parquetina Baill. (1889)【汉】帕尔凯萝摩属。【隶属】萝藦科 Asclepiadaceae//杠柳科 Periplocaceae。【包含】世界 1 种。【学名诠释与讨论】〈阴〉（人）Parquet+-inus，-ina，-inum 拉丁文加在名词词干之后，以形成形容词的词尾，含义为"属于、相似、关于、小的"。此属的学名是"Parquetina Baillon, Bull. Mens. Soc. Linn. Paris 2：806. 6 Nov 1889"。亦有文献把其处理为"Periploca L.（1753）"的异名。【分布】西赤道非洲。【模式】Parquetina gabonica Baillon。【参考异名】Omphalogonus Baill. (1889)；Periploca L. (1753)■☆

38196　Parqui Adans. (1763) = Cestrum L. (1753)［茄科 Solanaceae］●

38197　Parrasia Greene (1895)（废弃属名）≡ Nerisyrenia Greene（1900）［十字花科 Brassicaceae（Cruciferae）］■☆

38198　Parrasia Raf. (1837)（废弃属名）≡ Belmontia E. Mey. (1837)（保留属名）；~ = Sebaea Sol. ex R. Br. (1810)［龙胆科 Gentianaceae］■

38199　Parria Steud. (1841) = Parrya R. Br. (1823)［十字花科 Brassicaceae（Cruciferae）］●■

38200　Parrotia C. A. Mey. (1831)【汉】银缕梅属（帕罗特木属，帕罗梯木属）。【俄】Железняк，Парротия。【英】Parrotia，Shaniodendron，Witch Hazel。【隶属】金缕梅科 Hamamelidaceae。【包含】世界 1-2 种。【学名诠释与讨论】〈阴〉（人）Johann Jacob Friedrich Wilhelm Parrot，1792-1841，德国植物学者，医生。【分布】巴基斯坦，伊朗，中国。【模式】Parrotia persica（A. P. de Candolle）C. A. Meyer［Hamamelis persica A. P. de Candolle］。【参考异名】Shaniodendron M. B. Deng, H. T. Wei et X. K. Wang（1992）●

38201　Parrotia Walp. (1849) Nom. illegit. = Barrotia Gaudich. ex Barrotia Brongn. (1875)；~ = Pandanus Parkinson (1773)［露兜树科 Pandanaceae］●■

38202　Parrotiaceae Horan. (1834) = Hamamelidaceae R. Br.（保留科名）●

38203　Parrotiopsis（Nied.）C. K. Schneid. (1905)【汉】白缕梅属（白苞缕梅属，异帕罗特木属）。【英】Himalayan Hazel。【隶属】金缕梅科 Hamamelidaceae。【包含】世界 1 种。【学名诠释与讨论】〈阴〉（属）Parrotia 银缕梅属+希腊文 opsis，外观，模样，相似。此属的学名，ING 和 IK 记载是"Parrotiopsis（Nied.）C. K. Schneid., Ill. Handb. Laubholzk.［C. K. Schneider］1：429. 1905［2 Feb 1905］"，由"Fothergilla subgen. Parrotiopsis Nied. Nat. Pflanzenfam.［Engler et Prantl］3（2a）：126. 1891［Mar 1891］"改级而来。"Parrotiopsis C. K. Schneid. (1905)≡ Parrotiopsis（Nied.）C. K. Schneid. (1905)"的命名人引证有误。【分布】巴基斯坦，喜马拉雅山西北部。【模式】Parrotiopsis involucrata（Falconer ex Niedenzu）Schneider［Fothergilla involucrata Falconer ex Niedenzu］。【参考异名】Fothergilla subgen. Parrotiopsis Nied. (1891)；Parrotiopsis C. K. Schneid. (1905) Nom. illegit.●☆

38204　Parrotiopsis C. K. Schneid. (1905) Nom. illegit. ≡ Parrotiopsis（Nied.）C. K. Schneid. (1905)［金缕梅科 Hamamelidaceae］●☆

38205　Parrya R. Br. (1823)【汉】条果芥属（巴料草属）。【日】グンジサウ属，グンジソウ属。【俄】Паррия。【英】Parrya。【隶属】十字花科 Brassicaceae（Cruciferae）。【包含】世界 25-30 种，中国 5-8 种。【学名诠释与讨论】〈阴〉（人）William Edward Parry，1790-1855，英国植物学者。【分布】巴基斯坦，中国，北美洲。【后选模式】Parrya arctica R. Brown。【参考异名】Achoriphragma Soják (1982)；Ermania Cham. (1831)；Leiospora（C. A. Mey.）Dvořák (1968)；Neuroloma Andrz.，Nom. illegit.；Neuroloma Andrz. ex DC. (1824) Nom. illegit.；Nevroloma Spreng. (1825) Nom. illegit.；Parria Steud. (1841)●■

38206　Parrycactus Doweld (2000)【汉】佩雷掌属。【隶属】仙人掌科 Cactaceae。【包含】世界 6 种。【学名诠释与讨论】〈阳〉（人）William Edward Parry，1790-1855，英国植物学者+cactos，有刺的植物，通常指仙人掌。此属的学名是"Parrycactus A. B. Doweld, Novosti Sist. Vyssh. Rast. 32：117. 20 Feb 2000"。亦有文献把其处理为"Echinocactus Link et Otto（1827）"的异名。【分布】参见 Echinocactus Link et Otto(1827)。【模式】Parrycactus glaucescens（A. P. de Candolle）A. B. Doweld［Echinocactus glaucescens A. P. de Candolle］。【参考异名】Echinocactus Link et Otto (1827)●☆

38207　Parryella Torr. et A. Gray ex A. Gray (1868) Nom. illegit. ≡ Parryella Torr. et A. Gray(1868)［豆科 Fabaceae（Leguminosae）］■☆

38208　Parryella Torr. et A. Gray(1868)【汉】丝叶豆属。【隶属】豆科 Fabaceae（Leguminosae）。【包含】世界 1 种。【学名诠释与讨论】〈阴〉（人）William Edward Parry，1790-1855，英国植物学者+-ellus，-ella，-ellum，加在名词词干后面形成指小式的词尾。或加在人名、属名等后面以组成新属的名称。另说纪念英国出生的美国植物学者 Charles Christopher Parry，1823-1890。此属的学名，ING 记载是"Parryella Torrey et A. Gray in A. Gray, Proc. Amer. Acad. Arts 7：397. Jul 1868"。"Parryella Torr. et A. Gray ex A. Gray (1868) ≡ Parryella Torr. et A. Gray (1868)"的命名人引证有误。【分布】墨西哥。【模式】Parryella filifolia Torrey et A. Gray。【参考异名】Parryella Torr. et A. Gray ex A. Gray (1868) Nom. illegit.■☆

38209　Parryodes Jafri (1957)【汉】腋花芥属（腋花芥属，珠峰芥属）。【英】Parryodes。【隶属】十字花科 Brassicaceae（Cruciferae）。【包含】世界 1 种，中国 1 种。【学名诠释与讨论】〈阴〉（属）Parrya 条果芥属+希腊文 eidos 相似。此属的学名是"Parryodes S. M. H. Jafri, Notes Roy. Bot. Gard. Edinburgh 22：207. 6 Sep 1957"。亦有文献把其处理为"Arabis L.（1753）"的异名。【分布】中国，东喜马拉雅山。【模式】Parryodes axilliflora S. M. H. Jafri。【参考异名】Arabis L. (1753)■

38210　Parryopsis Botsch. (1955)【汉】类条果芥属（假条果芥属）。【隶属】十字花科 Brassicaceae（Cruciferae）。【包含】世界 1 种。【学名诠释与讨论】〈阴〉（属）Parrya 条果芥属+希腊文 opsis，外观，模样，相似。此属的学名是"Parryopsis V. P. Botschantzev, Bot. Mater. Gerb. Bot. Inst. Komarova Akad. Nauk SSSR 17：172. 1955（post 9 Nov）"。亦有文献把其处理为"Phaeonychium O. E. Schulz（1927）"的异名。【分布】中国。【模式】Parryopsis villosa

（Maximowicz）V. P. Botschantzev［Parrya villosa Maximowicz］。【参考异名】Phaeonychium O. E. Schulz（1927）■

38211 Parsana Parsa et Maleki（1952）= Laportea Gaudich.（1830）（保留属名）［荨麻科 Urticaceae］●■

38212 Parsonsia P. Browne ex Adans.（1763）（废弃属名）= Cuphea Adans. ex P. Browne（1756）［千屈菜科 Lythraceae］●■

38213 Parsonsia P. Browne（1756）（废弃属名）= Cuphea Adans. ex P. Browne（1756）；~ = Cuphea Adans. ex P. Browne（1756）［千屈菜科 Lythraceae］●■

38214 Parsonsia R. Br.（1810）（保留属名）【汉】同心结属（爬森藤属）。【日】ホウライカガミ属。【俄】Куфея，Парсония。【英】Parsonsia。【隶属】夹竹桃科 Apocynaceae。【包含】世界 100-120 种，中国 2 种。【学名诠释与讨论】〈阴〉（人）James Parsons，1705-1770，苏格兰植物学者，医生。此属的学名"Parsonsia R. Br.，Asclepiadeae：53. 3 Apr 1810"是保留属名。相应的废弃属名是千屈菜科 Lythraceae 的"Parsonsia P. Browne，Civ. Nat. Hist. Jamaica：199. 10 Mar 1756 = Cuphea Adans. ex P. Browne（1756）"。千屈菜科 Lythraceae 的"Parsonsia P. Browne ex Adans.，Fam. Pl.（Adanson）2：234. 1763 = Cuphea Adans. ex P. Browne（1756）"亦应废弃。【分布】澳大利亚，马达加斯加，新西兰，印度至马来西亚，中国，波利尼西亚群岛，东南亚。【模式】Parsonsia capsularis（J. G. A. Forster）Endlicher［Periploca capsularis J. G. A. Forster］。【参考异名】Caudicia Ham. ex Wight；Chaetosus Benth.（1843）；Gastranthus F. Muell.（1868）Nom. inval.；Helicandra Hook. et Arn.（1837）；Heligme Blume ex Endl.（1838）Nom. illegit.；Heligme Blume（1828）Nom. inval.；Helyga Blume（1823）；Helygia Blume（1827）；Heylygia G. Don（1837）；Lyonsia R. Br.（1810）；Spirostemon Griff.（1854）［as 'Spirastemon'］●

38215 Partheniaceae Link = Asteraceae Bercht. et J. Presl（保留科名）//Compositae Giseke（保留科名）●■

38216 Partheniaceae Schultz Sch. = Asteraceae Bercht. et J. Presl（保留科名）//Compositae Giseke（保留科名）●■

38217 Partheniastrum Fabr.（1759）Nom. illegit. ≡ Parthenium L.（1753）［菊科 Asteraceae（Compositae）］■●

38218 Parthenice A. Gray（1853）【汉】金胶菊属。【隶属】菊科 Asteraceae（Compositae）。【包含】世界 1 种。【学名诠释与讨论】〈阴〉（希）parthenos，童贞女，少女。parthenios 处女的，纯洁的。【分布】马达加斯加，美国（西南部），墨西哥。【模式】Parthenice mollis A. Gray。■☆

38219 Parthenium L.（1753）【汉】银胶菊属。【俄】Гвайюла，Гваюла，Партениум。【英】Feverfew，Parthenium。【隶属】菊科 Asteraceae（Compositae）。【包含】世界 16-24 种，中国 2 种。【学名诠释与讨论】〈中〉（希）parthenos，童贞女，少女。parthenios，处女的，纯洁的。此属的学名，ING、TROPICOS、APNI、GCI 和 IK 记载是"Parthenium L.，Sp. Pl. 2：988. 1753［1 May 1753］"。"Hysterophorus Adanson，Fam. 2：128，616. Jul – Aug 1763"和"Partheniastrum Fabricius，Enum. 82. 1759"是"Parthenium L.（1753）"的晚出的同模式异名（Homotypic synonym，Nomenclatural synonym）。【分布】巴拉圭，巴拿马，玻利维亚，厄瓜多尔，马达加斯加，美国（密苏里），尼加拉瓜，中国，西印度群岛，美洲。【后选模式】Parthenium hysterophorus Linnaeus。【参考异名】Argyrochaeta Cav.（1791）；Bolophyta Nutt.（1840）；Echetrosis Phil.（1873）；Hysterophorus Adans.（1763）Nom. illegit.；Partheniastrum Fabr.（1759）Nom. illegit.；Trichospermum P. Beauv. ex Cass.；Villanova Ortega（1797）（废弃属名）■●

38220 Parthenocissus Planch.（1887）（保留属名）【汉】地锦属（爬山虎属）。【日】ツタ属。【俄】Виноград девичий，Виноград

дикий，Девичий виноград，Дикий виноград，Партеноциссус。【英】Ampelopsis，Boston Ivy，Creeper，Virginia Creeper，Virginia Creepers，Woodbine。【隶属】葡萄科 Vitaceae。【包含】世界 13-15 种，中国 9-13 种。【学名诠释与讨论】〈阴〉（希）parthenos，童贞女，少女+kissos，常春藤，是北美洲五叶爬山虎的通称。此属的学名"Parthenocissus Planch. in Candolle et Candolle，Monogr. Phan. 5：447. Jul 1887"是保留属名。法规未列出相应的废弃属名。"Psedera Necker ex E. L. Greene，Leafl. Bot. Observ. 1：220. 1906"和"Quinaria Rafinesque，Med. Fl. 2：122. 1830（non Loureiro 1790）"是"Parthenocissus Planch.（1887）（保留属名）"的同模式异名（Homotypic synonym，Nomenclatural synonym）。"Psedera Neck.，Elem. Bot.（Necker）1：158. 1790［Apr? 1790］≡ Psedera Neck. ex Greene（1906）Nom. illegit."是一个未合格发表的名称（Nom. inval.）。【分布】巴基斯坦，秘鲁，玻利维亚，美国（密苏里），中国，温带亚洲，美洲。【模式】Parthenocissus quinquefolia（Linnaeus）Planchon［Hedera quinquefolia Linnaeus］。【参考异名】Ampelopsis Hort.；Hedera L.（1753）；Helix Mitch.（1748）Nom. inval.；Helix Mitch.（1769）Nom. illegit.；Landukia Planch.（1887）；Psedera Neck.（1790）Nom. inval.；Psedera Neck. ex Greene（1906）Nom. illegit.；Quinaria Raf.（1830）Nom. illegit.；Yua C. L. Li（1990）●

38221 Parthenopsis Kellogg（1873）【汉】类银胶菊属。【隶属】菊科 Asteraceae（Compositae）。【包含】世界 1 种。【学名诠释与讨论】〈阴〉（属）Parthenium 银胶菊属+希腊文 opsis，外观，模样，相似。此属的学名是"Parthenopsis Kellogg，Proc. Calif. Acad. Sci. 5：100. Apr 1873"。亦有文献把其处理为"Venegasia DC.（1838）"的异名。【分布】北美洲。【模式】Parthenopsis maritimus Kellogg［as 'maritimus'］。【参考异名】Venegasia DC.（1838）●☆

38222 Parthenostachys Fourr.（1869）= Ornithogalum L.（1753）［百合科 Liliaceae//风信子科 Hyacinthaceae］■

38223 Parthenoxylon Blume（1851）= Cinnamomum Schaeff.（1760）（保留属名）［樟科 Lauraceae］●

38224 Parvatia Decne.（1837）【汉】牛藤果属。【隶属】木通科 Lardizabalaceae。【包含】世界 3 种。【学名诠释与讨论】〈阴〉（人）Parvati，女神。此属的学名是"Parvatia Decaisne，Compt. Rend. Hebd. Séances Acad. Sci. 5：394. Jul–Dec 1837"。亦有文献把其处理为"Stauntonia DC.（1817）"的异名。【分布】印度（阿萨姆），中国。【模式】Parvatia brunoniana Decaisne。【参考异名】Stauntonia DC.（1817）●

38225 Parviopuntia Soulaire et Marn.-Lap. = Opuntia Mill.（1754）［仙人掌科 Cactaceae］●

38226 Parviopuntia Soulaire = Opuntia Mill.（1754）［仙人掌科 Cactaceae］●

38227 Parvisedum R. T. Clausen（1946）Nom. illegit. ≡ Sedella Britton et Rose（1903）［景天科 Crassulaceae］■☆

38228 Parvotrisetum Chrtek（1965）= Trisetaria Forssk.（1775）［禾本科 Poaceae（Gramineae）］■☆

38229 Paryphantha Schauer（1843）= Thryptomene Endl.（1839）（保留属名）［桃金娘科 Myrtaceae］●☆

38230 Paryphanthe Benth.（1866）= Paryphantha Schauer（1843）；~ = Thryptomene Endl.（1839）（保留属名）［桃金娘科 Myrtaceae］●☆

38231 Paryphosphaera H. Karst.（1862）= Parkia R. Br.（1826）［豆科 Fabaceae（Leguminosae）//含羞草科 Mimosaceae］●

38232 Pasaccardoa Kuntze（1891）【汉】肋毛菊属。【隶属】菊科 Asteraceae（Compositae）。【包含】世界 4 种。【学名诠释与讨论】〈阴〉（人）Pier Andrea Saccardo，1845-1920，意大利植物学者，真菌学者，植物采集家。此属的学名"Pasaccardoa O. Kuntze，Rev.

Gen. 1：354. 5 Nov 1891"是一个替代名称。"Phyllactinia Bentham in Bentham et Hook. f. ，Gen. 2：488. 7-9 Apr 1873"是一个非法名称（Nom. illegit.），因为此前已经有了真菌的"Phyllactinia Léveillé，Ann. Sci. Nat. Bot. ser. 3. 15：144. 1851"。故用"Pasaccardoa Kuntze（1891）"替代之。【分布】热带非洲。【模式】Pasaccardoa grantii（Bentham ex Oliver）O. Kuntze［Phyllactinia grantii Bentham ex Oliver］。【参考异名】Passacardoa Wild，Nom. illegit.；Phyllactinia Benth.（1873）Nom. illegit. ■●☆

38233 Pasania（Miq.）Oerst.（1867）【汉】肖柯属（柯树属）。【日】パサニア属，マテバシイ属。【英】Tan Oak，Tan-oak。【隶属】壳斗科 Fagaceae。【包含】世界 240 种。【学名诠释与讨论】〈阴〉（爪哇）pasania，植物俗名。此属的学名，ING 和 GCI 记载是"Pasania（Miquel）Oersted，Vidensk. Meddel. Dansk Naturhist. Foren. Kjøbenhavn 1866：81. 5 Jul 1867"，由"Quercus subgen. Pasania Miq. Fl. Ned. Ind. 1（1）：848. 1855"改级而来。IK 和 TROPICOS 则记载为"Pasania Oerst.，Vidensk. Meddel. Naturhist. Foren. Kjøbenhavn（1866）81"。三者引用的文献相同。亦有文献把"Pasania（Miq.）Oerst.（1867）"处理为"Lithocarpus Blume（1826）"的异名。【分布】中国（参见 Lithocarpus Blume）。【模式】未指定。【参考异名】Balanaulax Raf.（1838）；Corylopasania（Hickel et A. Camus）Nakai（1939）；Kuromatea Kudô（1930）；Lithocarpus Blume（1826）；Pasania Oerst.（1867）Nom. illegit.；Quercus subgen. Pasania Miq.（1855）●

38234 Pasania Oerst.（1867）Nom. illegit. ≡ Pasania（Miq.）Oerst.（1867）［壳斗科（山毛榉科）Fagaceae］●

38235 Pasaniopsis Kudô（1922）= Castanopsis（D. Don）Spach（1841）（保留属名）［壳斗科（山毛榉科）Fagaceae］●

38236 Pascalia Ortega（1797）【汉】微冠菊属。【隶属】菊科 Asteraceae（Compositae）。【包含】世界 2 种。【学名诠释与讨论】〈阴〉（人）Diego Baldassare Pascal，1768-1812，意大利医生、植物学者，他曾主管意大利帕尔马植物园。此属的学名是"Pascalia Ortega，Nov. Rar. Pl. Matrit. 39. 1797"。亦有文献把其处理为"Wedelia Jacq.（1760）（保留属名）"的异名。【分布】玻利维亚，智利，中国。【模式】Pascalia glauca Ortega。【参考异名】Lorentzia Griseb.（1874）Nom. illegit.；Wedelia Jacq.（1760）（保留属名）■

38237 Paschalococos J. Dransf.（1991）【汉】复活节岛椰子属。【隶属】棕榈科 Arecaceae（Palmae）。【包含】世界 1 种。【学名诠释与讨论】〈阴〉（拉）paschalis，复活节的+Cocos 椰子属（可可椰子属）。【分布】复活节岛。【模式】Paschalococos disperta J. Dransf.。●☆

38238 Paschanthus Burch.（1822）= Adenia Forssk.（1775）［西番莲科 Passifloraceae］●

38239 Paschira G. Kuntze（1891）= Pachira Aubl.（1775）［木棉科 Bombacaceae//锦葵科 Malvaceae］●

38240 Pascopyrum Á. Löve（1980）= Elymus L.（1753）［禾本科 Poaceae（Gramineae）］■

38241 Pasina Adans.（1763）Nom. illegit. ≡ Horminum L.（1753）［唇形科 Lamiaceae（Labiatae）］■☆

38242 Pasithea D. Don（1832）【汉】参差蕊属。【隶属】吊兰科（猴面包科，猴面包树科）Anthericaceae//萱草科 Hemerocallidaceae。【包含】世界 1 种。【学名诠释与讨论】〈阴〉（人）Pasithea 或 Pasithee。【分布】秘鲁，智利。【模式】Pasithea coerulea（Ruiz et Pavon）D. Don［Anthericum coeruleum Ruiz et Pavon］。■☆

38243 Pasovia H. Karst. = Phthirusa Mart.（1830）［桑寄生科 Loranthaceae］●☆

38244 Paspalanthium Desv.（1831）= Paspalum L.（1759）［禾本科 Poaceae（Gramineae）］■

38245 Paspalidium Stapf（1920）【汉】类雀稗属。【英】Paspalidium。【隶属】禾本科 Poaceae（Gramineae）。【包含】世界 40 种，中国 2-3 种。【学名诠释与讨论】〈中〉（属）Paspalum 雀稗属+-idius，-idia，-idium，指示小的词尾。此属的学名是"Paspalidium Stapf in Prain，Fl. Trop. Africa 9：582. 5 Aug 1920"。亦有文献把其处理为"Setaria P. Beauv.（1812）（保留属名）"的异名。【分布】巴基斯坦，巴拿马，秘鲁，玻利维亚，厄瓜多尔，哥斯达黎加，马达加斯加，美国（密苏里），尼加拉瓜，中国，中美洲。【后选模式】Paspalidium geminatum（Forsskål）Stapf［Panicum geminatum Forsskål］。【参考异名】Setaria P. Beauv.（1812）（保留属名）■

38246 Paspalum L.（1759）【汉】雀稗属（水草属）。【日】スズメノヒエ属。【俄】Паспалум，Паспалюм。【英】Dallis Grass，Dallisgrass，Finger-grass，Futterhirse，Jointgrass，Paspalum，Paspalum Grass。【隶属】禾本科 Poaceae（Gramineae）。【包含】世界 330 种，中国 8-16 种。【学名诠释与讨论】〈中〉（希）paspolos，黍。此属的学名，ING、TROPICOS、APNI、GCI 和 IK 记载是"Paspalum L.，Syst. Nat.，ed. 10. 2：855（1359）. 1759［7 Jun 1759］"。"Sabsab Adanson，Fam. 2：31，599. Jul-Aug 1763"是"Paspalum L.（1759）"的晚出的同模式异名（Homotypic synonym，Nomenclatural synonym）。【分布】巴基斯坦，巴拿马，秘鲁，玻利维亚，厄瓜多尔，哥斯达黎加，马达加斯加，美国（密苏里），尼加拉瓜，中国，中美洲。【后选模式】Paspalum dimidiatum Linnaeus，Nom. illegit. ［Panicum dissectum Linnaeus，Paspalum dissectum（Linnaeus）Linnaeus］。【参考异名】Anachyris Nees（1850）；Anachyrium Steud.（1853）Nom. illegit.；Anastrophus Schltdl.（1850）；Axinopus Kunth（1833）；Cabrera Lag.（1816）；Cerea Schltdl.（1854）Nom. illegit.；Ceresia Pers.（1805）；Cleachne Adans.；Cleachne Roland ex Steud.（1840）Nom. illegit.；Cymatochloa Schltdl.（1854）；Dichromna Schltdl.；Dichromus Schltdl.（1852）；Digitaria Fabr.（1759）（废弃属名）；Dimorphostachys E. Fourn.（1886）；Lappagopsis Steud.（1854）；Maizilla Schltdl.（1850）Nom. illegit.；Moenchia Steud.（1841）Nom. illegit.（废弃属名）；Moenchia Wender. ex Steud.（1841）Nom. illegit.（废弃属名）；Paspalanthium Desv.（1831）；Paspalus Flüggé（1810）；Reimaria Flüggé（1810）Nom. illegit.；Reimaria Humb. et Bonpl. ex Flüggé（1810）；Sabsab Adans.（1763）Nom. illegit.；Wirtgenia Döll（1877）Nom. inval.；Wirtgenia Nees ex Döll（1877）Nom. inval. ■

38247 Paspalus Flüggé（1810）= Paspalum L.（1759）［禾本科 Poaceae（Gramineae）］■

38248 Passacardoa Wild，Nom. illegit. = Pasaccardoa Kuntze（1891）［菊科 Asteraceae（Compositae）］■●☆

38249 Passaea Adans.（1763）= Ononis L.（1753）［豆科 Fabaceae（Leguminosae）//蝶形花科 Papilionaceae］■●

38250 Passaea Baill.（1858）Nom. illegit. = Polyscias J. R. Forst. et G. Forst.（1776）［五加科 Araliaceae］●

38251 Passalia Sol. ex R. Br.（1818）Nom. inval. = Rinorea Aubl.（1775）（保留属名）［堇菜科 Violaceae］●

38252 Passaveria Mart. et Eichler ex Miq.（1863）Nom. illegit. ≡ Passaveria Mart. et Eichler（1863）Nom. illegit.；~ ≡ Ecclinusa Mart.（1839）［山榄科 Sapotaceae］●☆

38253 Passaveria Mart. et Eichler（1863）Nom. illegit. ≡ Ecclinusa Mart.（1839）［山榄科 Sapotaceae］●☆

38254 Passerina L.（1753）【汉】麻雀木属。【英】Sparrow-wort。【隶属】瑞香科 Thymelaeaceae。【包含】世界 18-20 种。【学名诠释与讨论】〈阴〉（拉）passer，复数 passeres，麻雀。passerinus，似麻雀的，麻雀的，适合麻雀的。此属的学名，ING、TROPICOS、APNI 和 IK 记载是"Passerina L.，Sp. Pl. 1：559. 1753［1 May 1753］"。

"Sanamunda Adanson, Fam. 2 : 285. Jul−Aug 1763" 是 "Passerina L. (1753)" 的晚出的同模式异名（Homotypic synonym, Nomenclatural synonym）。【分布】巴基斯坦，非洲南部。【后选模式】Passerina filiformis Linnaeus。【参考异名】Balendasia Raf.（1838）；Chymococca Meisn.（1857）；Sanamunda Adans.（1763）Nom. illegit.●☆

38255　Passiflora Killip, Nom. illegit., Nom. inval.（废弃属名）= Passiflora L.（1753）（保留属名）［西番莲科 Passifloraceae］●■

38256　Passiflora L.（1753）（保留属名）【汉】西番莲属。【日】トケイサウ属，トケイソウ属。【俄】Гренадилла，Звезда кавалерская，Звездочка，Пассифлора，Страстоцвет。【英】Granadilla, Passion Flower, Passion Fruit, Passionflower, Passion−flower。【隶属】西番莲科 Passifloraceae。【包含】世界 355-520 种，中国 20-23 种。【学名诠释与讨论】〈阴〉（拉）passio，激情，热情，激怒，忿怒，苦难，病，十字架上的耶稣的受难 + flos，所有格 floris，指小式 flosculus，花。指花开放后呈十字形。此属的学名 "Passiflora L., Sp. Pl. : 955. 1 Mai 1753" 是保留属名。法规未列出相应的废弃属名。"Granadilla P. Miller, Gard. Dict. Abr. ed. 4. 28 Jan 1754" 是 "Passiflora L.（1753）（保留属名）" 的晚出的同模式异名（Homotypic synonym, Nomenclatural synonym）。"Passiflora Raf., Flora Telluriana 4 : 102. 1836［1838］= Passiflora L.（1753）（保留属名）" 和 "Passiflora Killip = Passiflora L.（1753）（保留属名）" 也是晚出的非法名称，亦应废弃。【分布】澳大利亚，巴基斯坦，巴拉圭，巴拿马，秘鲁，玻利维亚，厄瓜多尔，哥伦比亚（安蒂奥基亚），马达加斯加，美国（密苏里），尼加拉瓜，利比里亚（宁巴），中国，中美洲。【模式】Passiflora incarnata Linnaeus。【参考异名】Anthactinia Bory ex M. Roem.（1846）；Anthactinia Bory（1819）Nom. inval.；Asephananthes Bory ex DC.（1828）；Asephananthes Bory（1828）Nom. illegit.；Astephananthes Bory（1819）；Astrophea（DC.）Rchb.（1828）；Astrophea DC.（1828）Nom. illegit.；Astrophea Rchb.（1828）Nom. illegit.；Baldwinia Raf.（1818）；Blephistelma Raf.（1838）Nom. illegit.；Ceratosepalum Oerst.（1863）；Cieca Medik.（1787）Nom. illegit.；Decaloba（DC.）J. M. MacDougal et Feuillet（2003）Nom. inval., Nom. illegit.；Decaloba（DC.）M. Roem.（1846）Nom. illegit.；Decaloba M. Roem.（1846）Nom. illegit.；Disemma Labill.（1825）；Distemma Lem.（1847）；Distephana（DC.）Juss.（1805）Nom. inval., Nom. illegit.；Distephana（DC.）Juss. ex M. Roem.（1846）Nom. illegit.；Distephana（DC.）M. Roem.（1846）Nom. illegit.；Distephana（Juss. ex DC.）Juss. ex M. Roem.（1846）；Distephana Juss.（1805）Nom. inval.；Distephana Juss. ex M. Roem.（1846）Nom. inval.；Distephia Salisb. ex DC.（1828）；Erndelia Neck.（1790）Nom. inval.；Erndelia Raf.（1838）Nom. illegit.；Granadilla Mill.（1754）Nom. illegit.；Lortetia Ser.（1849）；Macrophora Raf.（1838）；Meioperis Raf.（1838）；Mioperis Post et Kuntze（1903）；Monactineirma Bory（1819）；Murucuia Mill.（1754）；Murucuja Guett.；Murucuja Medik.（1787）Nom. illegit.；Murucuja Pers.（1806）Nom. illegit., Nom. inval.；Murucuja Tourn. ex Medik.（1787）Nom. illegit.；Odostelma Raf.（1838）；Passiflora Killip, Nom. illegit., Nom. inval.（废弃属名）；Passiflora Raf.（1836）Nom. illegit.（废弃属名）；Pentaria（DC.）M. Roem.（1846）Nom. illegit.；Pentaria M. Roem.（1846）Nom. illegit.；Peremis Raf.（1838）；Pericodia Raf.（1838）；Poggendorffia H. Karst.（1857）；Psilanthus（DC.）Juss ex M. Roem.（1846）（废弃属名）；Psilanthus（DC.）M. Roem.（1846）Nom. illegit.（废弃属名）；Psilanthus Juss.（1805）Nom. illegit.（废弃属名）；Psilanthus Juss. ex M. Roem.（1846）Nom. illegit.（废弃属名）；Rathea H. Karst.（1860）Nom.

illegit.；Synactila Raf.（1838）（废弃属名）；Tacsonia Juss.（1789）；Tetrapathaea（DC.）Rchb.（1828）；Tetrapathaea Rchb.（1828）Nom. illegit.；Tetrastylis Barb. Rodr.（1882）；Tripsilina Raf.（1838）；Xerogona Raf.（1838）●■

38257　Passiflora Raf.（1836）Nom. illegit.（废弃属名）= Passiflora L.（1753）（保留属名）［西番莲科 Passifloraceae］●■

38258　Passifloraceae Juss. = Passifloraceae Juss. ex Roussel（保留科名）●■

38259　Passifloraceae Juss. ex DC. = Passifloraceae Juss. ex Roussel（保留科名）●■

38260　Passifloraceae Juss. ex Kunth = Passifloraceae Juss. ex Roussel（保留科名）●■

38261　Passifloraceae Juss. ex Roussel（1806）［as 'Passifloreae'］（保留科名）【汉】西番莲科。【日】トケイサウ科，トケイソウ科。【俄】Страстоцветные。【英】Passionflower Family。【荷】【包含】世界 12-20 属 575-700 种，中国 2 属 23-28 种。【分布】热带和温带。【科名模式】Passiflora L.（1753）●■

38262　Passoura Aubl.（1775）= Rinorea Aubl.（1775）（保留属名）［菫菜科 Violaceae］●

38263　Passovia H. Karst.（1846）= Loranthus Jacq.（1762）（保留属名）［桑寄生科 Loranthaceae］●

38264　Passovia H. Karst. ex Klotzsch（1846）Nom. illegit. ≡ Passovia H. Karst.（1846）；~ = Loranthus Jacq.（1762）（保留属名）［桑寄生科 Loranthaceae］●

38265　Passowia H. Karst.（1852）Nom. illegit. = Passovia H. Karst.（1846）；~ = Loranthus Jacq.（1762）（保留属名）；~ = Phthirusa Mart.（1830）［桑寄生科 Loranthaceae］●☆

38266　Pastinaca L.（1753）【汉】欧洲防风属（欧防风属）。【日】アメリカバウフウ属，アメリカボウフウ属。【俄】Пастернак。【英】Parsnip。【隶属】伞形花科（伞形科）Apiaceae（Umbelliferae）。【包含】世界 14-15 种，中国 1 种。【学名诠释与讨论】〈阴〉（拉）pastinaca，欧防风草，源于 pastus，食物。指其根茎可以食用。此属的学名，ING、TROPICOS 和 IK 记载是 "Pastinaca L., Sp. Pl. 1 : 262. 1753［1 May 1753］"。Ruprecht（1860）曾用 "Elaphoboscum Ruprecht, Fl. Ingr. 461. Mai 1860" 替代 "Pastinaca L.（1753）"，多余了。IK 把替代名称记为 "Elaphoboscum Tabern. ex Rupr., Fl. Ingr.［Ruprecht］461. 1860"。"Pastinaca Linn. emend. Calest. in Martelli, Webbia 240" 修订了属的描述。【分布】秘鲁，玻利维亚，厄瓜多尔，美国（密苏里），中国，温带欧亚大陆，中美洲。【后选模式】Pastinaca sativa Linnaeus。【参考异名】Elaphoboscum Rupr.（1860）Nom. illegit., Nom. superfl.；Elaphoboscum Tabern. ex Rupr.（1860）Nom. illegit., Nom. superfl.；Pastinaca L. emend. Calest. ■

38267　Pastinaca L. emend. Calest. = Pastinaca L.（1753）［伞形花科（伞形科）Apiaceae（Umbelliferae）］■

38268　Pastinacaceae Martinov（1820）= Apiaceae Lindl.（保留科名）// Umbelliferae Juss.（保留科名）●●

38269　Pastinacha Hill（1769）Nom. illegit.［伞形花科（伞形科）Apiaceae（Umbelliferae）］☆

38270　Pastinacopsis Golosk.（1950）【汉】冰防风属（水防风属）。【俄】Пастернаковник。【英】Pastinacopsis。【隶属】伞形花科（伞形科）Apiaceae（Umbelliferae）。【包含】世界 1 种，中国 1 种。【学名诠释与讨论】〈阴〉（属）Pastinaca 欧防风属 + 希腊文 opsis，外观，模样，相似。【分布】中国，亚洲中部。【模式】Pastinacopsis glacialis Goloskokov。■

38271　Pastoraea Tod.（1858）= Pastorea Tod. ex Bertol.（1854）；~ = Ionopsidium Rchb.（1829）［十字花科 Brassicaceae（Cruciferae）］■

38272 Pastorea Tod. ex Bertol. (1854) = Ionopsidium Rchb. (1829) [十字花科 Brassicaceae(Cruciferae)]■☆

38273 Patabea Aubl. (1775) = Ixora L. (1753) [茜草科 Rubiaceae]●

38274 Patagnana Steud. (1841) = Petagnana J. F. Gmel. (1792) Nom. illegit.; ~ = Smithia Aiton(1789)(保留属名) [豆科 Fabaceae(Leguminosae)//蝶形花科 Papilionaceae]●■

38275 Patagonia T. Durand et Jacks. = Adesmia DC. (1825)(保留属名) [豆科 Fabaceae(Leguminosae)]■☆

38276 Patagonica Boehm. (1760) Nom. illegit. ≡ Patagonula L. (1753) [紫草科 Boraginaceae]●☆

38277 Patagonica Dill. ex Adans. (1763) Nom. illegit. [紫草科 Boraginaceae]☆

38278 Patagonium E. Mey. (1835)(废弃属名) = Aeschynomene L. (1753) [豆科 Fabaceae(Leguminosae)//蝶形花科 Papilionaceae]●■

38279 Patagonium Schrank(1808)(废弃属名) ≡ Adesmia DC. (1825) (保留属名) [豆科 Fabaceae(Leguminosae)]■☆

38280 Patagonula L. (1753)【汉】帕塔厚壳属。【隶属】紫草科 Boraginaceae。【包含】世界 2 种。【学名诠释与讨论】〈阴〉(地) Patagonia,巴塔哥尼亚,位于南美洲+-ulus,-ula,-ulum,指示小的词尾。此属的学名,ING、TROPICOS 和 IK 记载是"Patagonula L. ,Sp. Pl. 1:149. 1753 [1 May 1753]"。"Ascania Crantz, Inst. 2:313. 1766" 和 "Patagonica Boehmer in Ludwig, Def. Gen. ed. Boehmer 64. 1760"是"Patagonula L. (1753)"的晚出的同模式异名(Homotypic synonym, Nomenclatural synonym)。"Ascanica Crantz(1766) Nom. illegit. "似为"Ascanica Crantz (1766) Nom. illegit. "的拼写变体。【分布】阿根廷,巴拉圭,巴西,玻利维亚。【模式】Patagonula americana Linnaeus。【参考异名】Ascania Crantz(1766) Nom. illegit. ; Ascanica Crantz(1766) Nom. illegit. ; Patagonica Boehm. (1760) Nom. illegit. ●☆

38281 Patagua Poepp. ex Baill. (1871) = Orites R. Br. (1810) [山龙眼科 Proteaceae//茶茱萸科 Icacinaceae]●☆

38282 Patagua Poepp. ex Reiche = Villaresia Ruiz et Pav. (1794) [铁青树科 Olacaceae//茶茱萸科 Icacinaceae]●☆

38283 Patamogeton Honck. (1793) Nom. illegit. = Potamogeton L. (1753) [眼子菜科 Potamogetonaceae]■

38284 Patascoya Urb. (1896) = Freziera Willd. (1799)(保留属名) [山茶科(茶科)Theaceae//厚皮香科 Ternstroemiaceae]●☆

38285 Patellaria J. T. Williams et Ford−Lloyd ex J. T. Williams, A. J. Scott et Ford−Lloyd(1977) Nom. illegit. ; ~ = Patellifolia A. J. Scott, Ford−Lloyd et J. T. Williams (1977) Nom. illegit. ; ~ = Beta L. (1753) [藜科 Chenopodiaceae]■

38286 Patellaria J. T. Williams et Ford−Lloyd, Nom. illegit. ≡ Patellaria J. T. Williams et Ford−Lloyd ex J. T. Williams, A. J. Scott et Ford− Lloyd(1977) Nom. illegit. ; ~ = Beta L. (1753); ~ ≡ Patellifolia A. J. Scott, Ford−Lloyd et J. T. Williams (1977) Nom. illegit. [藜科 Chenopodiaceae]■

38287 Patellaria J. T. Williams, A. J. Scott et Ford−Lloyd (1976) Nom. illegit. ~ ≡ Patellaria J. T. Williams et Ford−Lloyd ex J. T. Williams, A. J. Scott et Ford−Lloyd(1977) Nom. illegit. ; ~ = Beta L. (1753); [藜科 Chenopodiaceae]■

38288 Patellifolia A. J. Scott et Ford−Lloyd, Nom. illegit. ≡ Patellifolia A. J. Scott, Ford−Lloyd et J. T. Williams (1977) Nom. illegit. ; ~ = Beta L. (1753) [藜科 Chenopodiaceae]■

38289 Patellifolia A. J. Scott, Ford−Lloyd et J. T. Williams (1977) Nom. illegit. ; ~ = Beta L. (1753) [藜科 Chenopodiaceae]■

38290 Patellocalamus W. T. Lin(1989) = Ampelocalamus S. L. Chen, T. H. Wen et G. Y. Sheng(1981); ~ = Dendrocalamus Nees(1835) [禾本科 Poaceae(Gramineae)]●

38291 Patersonia Poir. (1816) Nom. illegit. (废弃属名) = Pattersonia J. F. Gmel. (1792); ~ = Ruellia L. (1753) [爵床科 Acanthaceae]■●

38292 Patersonia R. Br. (1807)(保留属名)【汉】澳大利亚鸢尾属。【英】Australian Iris。【隶属】鸢尾科 Iridaceae。【包含】世界 19-20 种。【学名诠释与讨论】〈阴〉(人) William Paterson, 1755 - 1810,英国植物学者,植物采集家,园艺学者。此属的学名 "Patersonia R. Br. in Bot. Mag. :ad t. 1041. 1 Aug 1807"是保留属名。相应的废弃属名是鸢尾科 Iridaceae 的 "Genosiris Labill. , Nov. Holl. Pl. 1;13. Jan 1805 = Patersonia R. Br. (1807)(保留属名)"。爵床科 Acanthaceae 的 "Patersonia Poir. , Encycl. 4:323, 1816 = Pattersonia J. F. Gmel. (1792) = Ruellia L. (1753)" 和 "Genorisis Geerinck(1974) Nom. illegit. (废弃属名) [鸢尾科 Iridaceae]亦应废弃。【分布】澳大利亚,菲律宾(菲律宾群岛),加里曼丹岛,新几内亚岛。【模式】Patersonia sericea R. Brown。【参考异名】Genosiris Labill. (1805)(废弃属名)■☆

38293 Patientia Raf. (1837) = Rumex L. (1753) [蓼科 Polygonaceae] ■●

38294 Patima Aubl. (1775) = Sabicea Aubl. (1775) [茜草科 Rubiaceae]●☆

38295 Patinoa Cuatrec. (1953)【汉】毛籽轮枝木棉属。【隶属】木棉科 Bombacaceae//锦葵科 Malvaceae。【包含】世界 4 种。【学名诠释与讨论】〈阴〉(地)Patino,帕蒂尼奥,位于巴拉圭。另说纪念农学家 Victor Manuel Patino。【分布】巴拿马,秘鲁,厄瓜多尔,哥伦比亚(安蒂奥基亚)。【模式】Patinoa almirajo Cuatrecasas。●☆

38296 Patis Ohwi (1942) = Stipa L. (1753) [禾本科 Poaceae (Gramineae)//针茅科 Stipaceae]■

38297 Patisna Jack ex Burkill = Urophyllum Jack ex Wall. (1824) [茜草科 Rubiaceae]●

38298 Patmaceae Schultz Sch. = Rafflesiaceae Dumort. (保留科名)■

38299 Patonia Wight(1838) = Xylopia L. (1759)(保留属名) [番荔枝科 Annonaceae]●

38300 Patosia Buchenau(1890)【汉】帕图斯灯心草属。【隶属】灯心草科 Juncaceae。【包含】世界 1 种。【学名诠释与讨论】〈阴〉(地)Patos,帕图斯,位于巴西。此属的学名,ING、TROPICOS、GCI 和 IK 记载是"Patosia Buchenau, Bot. Jahrb. Syst. 12(1-2):63. 1890 [24 Jun 1890]"。它曾被处理为 "Distichia sect. Patosia (Buchenau)Kuntze, Lexicon Generum Phanerogamarum 182. 1903"。亦有文献把 "Patosia Buchenau(1890)"处理为"Oxychloe Phil. (1860)"的异名。【分布】阿根廷,玻利维亚,智利。【模式】Patosia clandestina Buchenau。【参考异名】Distichia sect. Patosia (Buchenau)Kuntze(1903);Oxychloe Phil. (1860)■☆

38301 Patrinia Juss. (1807)(保留属名)【汉】败酱属。【日】オミナエシ属,ヲミナヘシ属。【俄】Валерьяна каменная, Патриния, Патрэния。【英】Patrinia。【隶属】缬草科(败酱科)Valerianaceae。【包含】世界 15-21 种,中国 13 种。【学名诠释与讨论】〈阴〉(人)E. L. M. Patrin, 1755 - 1810,英国旅行家。另说 Eugene Louis Melchior Patrin, 1742 - 1815,法国博物学者。此属的学名"Patrinia Juss. in Ann. Mus. Natl. Hist. Nat. 10:311. Oct 1807"是保留属名。法规未列出相应的废弃属名。但是豆科 Fabaceae 的"Patrinia Rafinesque, J. Phys. Chim. Hist. Nat. Arts 89:97. Aug 1819 = Sophora L. (1753) = Vexibia Raf. (1825)"应该废弃。【分布】中国,亚洲中部和喜马拉雅山至东亚。【模式】Patrinia sibirica (Linnaeus) A. L. Jussieu [Valeriana sibirica Linnaeus]。【参考异名】Clarkeifedia Kuntze(1903);Fedia Adans. (1763)(废弃属名);Fuisa Raf. (1840) Nom. illegit. ; Gytonanthus Raf.

（1820）；Monfetta Neck.；Mouffetta Neck.（1790）Nom. inval. ■

38302 Patrinia Raf.（1819）Nom. illegit.（废弃属名）= Sophora L.（1753）；～ = Vexibia Raf.（1825）［豆科 Fabaceae（Leguminosae）//蝶形花科 Papilionaceae］●■

38303 Patrisa Rich.（1792）（废弃属名）= Ryania Vahl（1796）（保留属名）［刺篱木科（大风子科）Flacourtiaceae］●☆

38304 Patrisia J. St. -Hil.（1805）Nom. illegit.［杨柳科 Salicaceae］●☆

38305 Patrisia Rich.（1792）Nom. illegit.（废弃属名）≡ Patrisa Rich.（1792）（废弃属名）；～ = Ryania Vahl（1796）（保留属名）［刺篱木科（大风子科）Flacourtiaceae］●☆

38306 Patrisia Rohr ex Steud.（1840）Nom. illegit. = Dichapetalum Thouars（1806）［毒鼠子科 Dichapetalaceae］●

38307 Patrisiaceae Mart. = Flacourtiaceae Rich. ex DC.（保留科名）●

38308 Patrocles Salisb.（1866）Nom. illegit. ≡ Schisanthes Haw.（1819）；～ = Narcissus L.（1753）［石蒜科 Amaryllidaceae//水仙科 Narcissaceae］☆

38309 Patropyrum Á. Löve（1982）= Aegilops L.（1753）（保留属名）［禾本科 Poaceae（Gramineae）］■

38310 Patsjotti Adans.（1763）Nom. illegit. ≡ Strumpfia Jacq.（1760）［茜草科 Rubiaceae］☆

38311 Pattalias S. Watson（1889）【汉】木钉萝藦属。【隶属】萝藦科 Asclepiadaceae。【包含】世界 2 种。【学名诠释与讨论】〈阳〉（希）passalos = 阿提加语 pattalos，木钉 +-ias，希腊文词尾，表示关系密切。【分布】美国（西南部），墨西哥。【模式】Pattalias palmeri S. Watson。●☆

38312 Pattara Adans.（1763）= Embelia Burm. f.（1768）（保留属名）［紫金牛科 Myrsinaceae//酸藤子科 Embeliaceae］●■

38313 Pattersonia J. F. Gmel.（1792）= Ruellia L.（1753）［爵床科 Acanthaceae］■●

38314 Pattonia Wight（1852）= Grammatophyllum Blume（1825）［兰科 Orchidaceae］■☆

38315 Patulix Raf.（1840）= Clerodendrum L.（1753）［马鞭草科 Verbenaceae//牡荆科 Viticaceae］●■

38316 Patya Neck.（1790）Nom. inval. = Verbena L.（1753）［马鞭草科 Verbenaceae］■●

38317 Patzkea G. H. Loos（2010）【汉】帕茨克茅属。【隶属】禾本科 Poaceae（Gramineae）。【包含】世界 3 种。【学名诠释与讨论】〈阴〉（人）Erwin Patzke，1929 -，植物学者。此属的学名是"Patzkea G. H. Loos, Jahrbuch des Bochumer Botanischen Vereins 1：126. 2010"。亦有文献把其处理为"Anthoxanthum L.（1753）"的异名。【分布】参见 Anthoxanthum L.（1753）。【模式】Patzkea paniculata（L.）G. H. Loos［Anthoxanthum paniculatum L.］。【参考异名】Anthoxanthum L.（1753）■☆

38318 Paua Caball.（1916）= Andryala L.（1753）［菊科 Asteraceae（Compositae）］■☆

38319 Paua Gand. = Torilis Adans.（1763）［伞形花科（伞形科）Apiaceae（Umbelliferae）］■

38320 Paucaflori Rydb. = Almutaster Á. Löve et D. Löve（1982）［菊科 Asteraceae（Compositae）］■☆

38321 Pauella Ramam. et Sebastine（1967）= Theriophonum Blume（1837）［天南星科 Araceae］■☆

38322 Pauia Deb et R. M. Dutta（1965）【汉】印东北茄属。【隶属】茄科 Solanaceae。【包含】世界 1 种。【学名诠释与讨论】〈阴〉（人）Carlos Pau，1857-1937，西班牙植物学者。另说纪念 Hermenegild Santapau，1903-1970，印度植物调查队队长。【分布】印度。【模式】Pauia belladonna D. B. Deb et R. Dutta。☆

38323 Pauladolfia Börner（1912）Nom. illegit. ≡ Acetosella（Meisn.）

Fourr.（1869）［蓼科 Polygonaceae］●■

38324 Pauladolphia Börner（1913）Nom. illegit. ≡ Acetosella（Meisn.）Fourr.（1869）；～ ≡ Pauladolfia Börner（1912）Nom. illegit.［蓼科 Polygonaceae］●■

38325 Pauldopia Steenis（1969）【汉】翅叶木属。【英】Pauldopia。【隶属】紫葳科 Bignoniaceae。【包含】世界 1 种，中国 1 种。【学名诠释与讨论】〈阴〉（人）Paul Louis Amans Dop，1876 - 1954，法国植物学者，La vegetation de l' Indo-Chine 的作者。【分布】印度，中国，东南亚。【模式】Pauldopia ghorta（F. Hamilton ex G. Don）Steenis［Bignonia ghorta F. Hamilton ex G. Don］。●

38326 Pauletia Cav.（1799）= Bauhinia L.（1753）［豆科 Fabaceae（Leguminosae）//云实科（苏木科）Caesalpiniaceae//羊蹄甲科 Bauhiniaceae］●

38327 Paulia Korovin（1973）Nom. illegit. ≡ Paulita Soják（1982）［伞形花科（伞形科）Apiaceae（Umbelliferae）］■☆

38328 Paulinia Gled.（1751）Nom. illegit.［无患子科 Sapindaceae］☆

38329 Paulinia T. Durand = Roulinia Decne.（1844）Nom. illegit.；～ = Rouliniella Vail（1902）［萝藦科 Asclepiadaceae］●■

38330 Paulita Soják（1982）【汉】中亚山草属。【隶属】伞形花科（伞形科）Apiaceae（Umbelliferae）。【包含】世界 3 种。【学名诠释与讨论】〈阴〉词源不详。此属的学名"Paulita J. Soják, Cas. Nár. Muz.，Rada Přír. 150：216. Apr 1982（'1981'）"是一个替代名称。"Paulia E. P. Korovin, Izv. Akad. Nauk Tadzhiksk. S. S. R.，Otd. Biol. Nauk 50：14. 1973"是一个非法名称（Nom. illegit.），因为此前已经有了地衣的"Paulia Fée, Linnaea 10：471. Jul 1836"。故用"Paulita Soják（1982）"替代之。同理，真菌的"Paulia C. G. Lloyd, Mycol. Writings 5：595. Sep 1916 ≡ Xenosoma H. et P. Sydow 1921"亦是晚出的非法名称。【分布】亚洲中部山区。【模式】Paulita ovczinnikovii（E. P. Korovin）J. Soják［Paulia ovczinnikovii E. P. Korovin］。【参考异名】Neopaulia Pimenov et Kljuykov（1983）Nom. illegit.；Paulia Korovin（1973）Nom. illegit.■☆

38331 Paullinia L.（1753）【汉】香无患子属（南美可乐属，泡林藤属）。【俄】Павлония，Пауллиния。【英】Paulinia。【隶属】无患子科 Sapindaceae。【包含】世界 180-194 种。【学名诠释与讨论】〈阴〉（人）S. Paullin，1603-1680，丹麦植物学教授，医生。此属的学名，ING，TROPICOS 和 IK 记载是"Paullinia L., Sp. Pl. 1：365. 1753 [1 May 1753]"。"Cururu P. Miller, Gard. Dict. Abr. ed. 4. 28 Jan 1754"是"Paullinia L.（1753）"的晚出的同模式异名（Homotypic synonym, Nomenclatural synonym）。【分布】巴拉圭，巴拿马，秘鲁，玻利维亚，厄瓜多尔，哥伦比亚（安蒂奥基亚），马达加斯加，尼加拉瓜，中美洲。【后选模式】Paullinia pinnata Linnaeus。【参考异名】Castanella Spruce ex Benth. et Hook. f.（1862）；Castanella Spruce ex Hook. f.（1862）Nom. illegit.；Chimborazoa H. T. Beck（1992）；Corindum Adans.（1763）；Cururu Mill.（1754）Nom. illegit.；Encurea Walp.（1842）；Enourea Aubl.（1775）；Enurea J. F. Gmel.（1791）；Geeria Neck.（1790）Nom. inval.；Hayacka Willis, Nom. inval.；Hayecka Pohl（1825）；Koernickea Klotzsch（1849）；Semarillaria Ruiz et Pav.（1794）；Tondin Vitman（1789）●☆

38332 Paulliniaceae Durande（1782）= Sapindaceae Juss.（保留科名）●■

38333 Paulomagnusia Kuntze（1891）Nom. illegit. ≡ Micranthus（Pers.）Eckl.（1827）（保留属名）［鸢尾科 Iridaceae］■☆

38334 Paulo-Wilhelmia Hochst.（1844）【汉】肖单口爵床属。【隶属】爵床科 Acanthaceae。【包含】世界 1 种。【学名诠释与讨论】〈阴〉（人）Paulo Wilhelm。此属的学名，ING 和 IK 记载是"Paulo - Wilhelmia Hochstetter, Flora 27：17. 14 Jan 1844"。"Paulo-Wilhelmia Hochstetter, Flora 27（1, Bes. Beil.）：4. Jul-Dec

1844(non Paulo-Wilhelmia Hochstetter 14 Jan 1844)"是晚出的非法名称;其模式是"Paulo - Wilhelmia speciosa Hochstetter"。"Paulowilhelmia Hochstetter Jul-Dec 1844"是其拼写变体。亦有文献把"Paulo-Wilhelmia Hochst. (1844)"处理为"Eremomastax Lindau(1894)"的异名。【分布】热带非洲。【模式】Paulo-Wilhelmia triphylla Hochstetter。【参考异名】Episanthera Hochst. ex Nees (1847); Eremomastax Lindau (1894); Paulowilhelmia Hochst. (1844) Nom. illegit. ■☆

38335　Paulowilhelmia Hochst. (1844) Nom. illegit. ≡ Paulo-Wilhelmia Hochst. (1844) [爵床科 Acanthaceae]■☆

38336　Paulo-Wilhelmia Hochst. (late 1844) = Mollugo L. (1753) [粟米草科 Molluginaceae//番杏科 Aizoaceae]■

38337　Paulo-wilhelmia Hochst. (late 1844) = Mollugo L. (1753) [粟米草科 Molluginaceae//番杏科 Aizoaceae]■

38338　Paulownia Siebold et Zucc. (1836)【汉】泡桐属。【日】キリ属。【俄】Павловния, Пауловния。【英】Empress Tree, Paulownia。【隶属】玄参科 Scrophulariaceae//泡桐科 Paulowniaceae。【包含】世界 11 种,中国 6-11 种。【学名诠释与讨论】〈阴〉(人)Anna Paulowna, 1795-1865, 俄国沙皇保罗一世的女儿,后被荷兰封为世袭皇女或王妃。她曾资助植物学者 Philipp Franz (Balthasar) von Siebold(1796-1866)。【分布】美国,中国,东亚。【模式】Paulownia imperialis Siebold et Zuccarini, Nom. illegit. [Bignonia tomentosa Thunberg; Paulownia tomentosa (Thunberg) Steudel]。●

38339　Paulowniaceae Nakai(1949)(1949)[亦见 Bignoniaceae Juss. (保留科名)紫葳科]【汉】泡桐科。【包含】世界 1 属 11 种,中国 1 属 11 种。【分布】东亚。【科名模式】Paulownia Siebold et Zucc.●

38340　Paulseniella Briq. (1907) = Elsholtzia Willd. (1790) [唇形科 Lamiaceae(Labiatae)]●■

38341　Pauridia Harv. (1838)【汉】三雄仙茅属。【隶属】长喙科(仙茅科) Hypoxidaceae。【包含】世界 2 种。【学名诠释与讨论】〈阴〉(希)pauros, 小的+-idius, -idia, -idium, 指示小的词尾。指某些种形体很小。【分布】非洲南部。【模式】Pauridia hypoxidioides W. H. Harvey, Nom. illegit. [Ixia minuta Linnaeus f.; Pauridia minuta (Linnaeus f.) T. Durand et Schinz]。■☆

38342　Pauridiantha Hook. f. (1873)【汉】小花茜属。【隶属】茜草科 Rubiaceae。【包含】世界 25 种。【学名诠释与讨论】〈阴〉(希)pauros, 小的+di, 二+anthos, 花。【分布】马达加斯加, 热带非洲。【模式】Pauridiantha canthiiflora J. D. Hooker。●☆

38343　Paurolepis S. Moore(1917)【汉】线叶瘦片菊属。【隶属】菊科 Asteraceae(Compositae)。【包含】世界 1-3 种。【学名诠释与讨论】〈阴〉(希)pauros, 小的+lepis, 所有格 lepidos, 指小式 lepion 或 lepidion, 鳞, 鳞片。lepidotos, 多鳞的。lepos, 鳞, 鳞片。此属的学名是"Paurolepis S. M. Moore, J. Bot. 55: 102. Apr 1917"。亦有文献把其处理为"Gutenbergia Sch. Bip. (1840)"的异名。【分布】热带非洲南部。【模式】Paurolepis angusta S. M. Moore。【参考异名】Gutenbergia Sch. Bip. (1840)■☆

38344　Paurotis O. F. Cook. (1902)【汉】丛立刺棕属(丛立刺椰子属, 丛立刺棕榈属)。【日】ライトヤシ属。【隶属】棕榈科 Arecaceae (Palmae)。【包含】世界 4 种。【学名诠释与讨论】〈阴〉(希)pauros, 小的+ous, 所有格 otos, 指小式 otion, 耳。otikos, 耳的。此属的学名是"Paurotis O. F. Cook in Northrop, Mem. Torrey Bot. Club 12: 21. 10 Dec 1902"。亦有文献把其处理为"Acoelorrhaphe H. Wendl. (1879)"的异名。【分布】中美洲。【模式】Paurotis androsana O. F. Cook。【参考异名】Acoelorrhaphe H. Wendl. (1879)●☆

38345　Pausandra Radlk. (1870)【汉】贫雄大戟属。【隶属】大戟科 Euphorbiaceae。【包含】世界 12 种。【学名诠释与讨论】〈阴〉(希)pausa, 停止, 终止, 结束+aner, 所有格 andros, 雄性, 雄蕊。【分布】巴拿马, 秘鲁, 玻利维亚, 厄瓜多尔, 哥斯达黎加, 尼加拉瓜, 中美洲。【模式】Pausandra morisiana (Casaretto) Radlkofer [Thouinia morisiana Casaretto]。☆

38346　Pausia Raf. (1838) Nom. illegit. ≡ Cartrema Raf. (1838); ~ = Osmanthus Lour. (1790) [木犀榄科(木犀科) Oleaceae//黄剑草科(彩花草科) Cartonemataceae]●

38347　Pausinystalia Pierre ex Beille(1906)【汉】止睡茜属。【隶属】茜草科 Rubiaceae。【包含】世界 13 种。【学名诠释与讨论】〈阴〉(希)pausa, 停止, 终止, 结束+nystalos, 点头, 欲睡的。暗喻可以激发活力。【分布】热带非洲西部。【模式】未指定。【参考异名】Corynanthe Welw. (1869); Pseudocinchona A. Chev. (1909); Pseudocinchona A. Chev. ex Perrot(1909) Nom. illegit. ●☆

38348　Pautsauvia Juss. (1817) Nom. illegit. ≡ Stylidium Lour. (1790) (废弃属名); ~ = Alangium Lam. (1783) (保留属名) [八角枫科 Alangiaceae]●

38349　Pavate Adans. (1763) Nom. illegit. ≡ Pavetta L. (1753) [茜草科 Rubiaceae]●

38350　Pavetta L. (1753)【汉】大沙叶属(茜木属)。【日】キダチハナカンザシ属。【俄】Паветта。【英】Pavetta。【隶属】茜草科 Rubiaceae。【包含】世界 350-400 种, 中国 6-8 种。【学名诠释与讨论】〈阴〉(印度)pavetta, 马拉巴尔称呼 Pavetta indica 的俗名。一说来自斯里兰卡语 pavatta, 植物俗名。此属的学名, ING、TROPICOS、APNI、GCI 和 IK 记载是"Pavetta L., Sp. Pl. 1: 110. 1753 [1 May 1753]"。"Pavate Adanson, Fam. 2: 145. Jul-Aug 1763"是"Pavetta L. (1753)"的晚出的同模式异名(Homotypic synonym, Nomenclatural synonym)。【分布】巴基斯坦, 马达加斯加, 中国。【模式】Pavetta indica Linnaeus。【参考异名】Acmostigma Raf.; Baconia DC. (1807); Crinita Houtt. (1777); Exechostilus Willis, Nom. inval.; Exechostylus K. Schum. (1899); Pavate Adans. (1763) Nom. illegit.; Verulamia DC. ex Poir. (1808)●

38351　Pavia Boerh. ex Mill. (1754) Nom. illegit. = Aesculus L. (1753) [七叶树科 Hippocastanaceae//无患子科 Sapindaceae]●

38352　Pavia Mill. (1754) Nom. illegit. ≡ Pavia Boerh. ex Mill. (1754) Nom. illegit.; ~ = Aesculus L. (1753) [七叶树科 Hippocastanaceae//无患子科 Sapindaceae]●

38353　Paviaceae Horan. (1834) = Hippocastanaceae A. Rich. (保留科名); ~ = Sapindaceae Juss. (保留科名)●■

38354　Paviana Raf. (1817) = Aesculus L. (1753); ~ = Pavia Mill. (1754) Nom. illegit.; ~ = Pavia Boerh. ex Mill. (1754) Nom. illegit. [七叶树科 Hippocastanaceae//无患子科 Sapindaceae]●

38355　Pavieasia Pierre (1895)【汉】檀栗属(棱果木属)。【英】Pavieasia。【隶属】无患子科 Sapindaceae。【包含】世界 3 种, 中国 2 种。【学名诠释与讨论】〈阴〉(人)Pavie+(地)Asia, 亚洲。【分布】中国, 中南半岛。【模式】Pavieasia anamensis (Pierre) Pierre [Sapindus anamensis Pierre]。●

38356　Pavinda Thunb. (1830) Nom. illegit. ≡ Pavinda Thunb. ex Bartl. (1830); ~ = Audouinia Brongn. (1826) [鳞叶树科(布鲁尼科, 小叶树科) Bruniaceae]●☆

38357　Pavinda Thunb. ex Bartl. (1830) = Audouinia Brongn. (1826) [鳞叶树科(布鲁尼科, 小叶树科) Bruniaceae]●☆

38358　Pavonia Cav. (1786) (保留属名)【汉】巴氏锦葵属(巴氏槿属, 粉葵属, 老虎花属, 帕翁葵属, 帕沃木属)。【日】ヤノネボンテンカ属。【英】Pavonia。【隶属】锦葵科 Malvaceae。【包含】世界 150-250 种。【学名诠释与讨论】〈阴〉(人)Josef Pavon, 1754-1844, 西班牙植物学者。他与 Ruez 合作著有《秘鲁, 植物志》。

此属的学名"Pavonia Cav. ,Diss. 2,App. : [5]. Jan-Apr 1786"是保留属名。相应的废弃属名是锦葵科 Malvaceae 的"Lass Adans. ,Fam. Pl. 2:400,568. Jul-Aug 1763 ≡Pavonia Cav. (1786)（保留属名）"和"Malache B. Vogel in Trew,Pl. Select. :50. 1772 ≡ Pavonia Cav. (1786)（保留属名）"。香材树科 Monimiaceae 的"Pavonia Ruiz in Ruiz et Pavón,Prodr. 127. Oct（prim. ）1794 ≡ Laurelia Juss. (1809)（保留属名）"亦应废弃;"Pavonia Ruiz et Pav. ,Fl. Peruv. Prodr. 127,t. 28. 1794 ≡Pavonia Ruiz(1794)（废弃属名）"的命名人引证有误,也应废弃。紫草科 Boraginaceae 的"Pavonia Dombey ex Lam. =Cordia L. (1753)（保留属名）"也要废弃。褐藻的"Pavonia H. F. A. Roussel,Fl. Calv. ed. 2. 99. 1806 ≡ Padina M. Adanson 1763"亦须废弃。【分布】巴基斯坦,巴拉圭,巴拿马,秘鲁,玻利维亚,厄瓜多尔,哥伦比亚（安蒂奥基亚）,哥斯达黎加,马达加斯加,尼加拉瓜,中美洲。【模式】Pavonia paniculata Cavanilles。【参考异名】Asterochlaena Garcke(1850); Brehmia Schrank（1824）;Cancellaria（DC. ）Mattei（1921）Nom. illegit. ;Cancellaria Mattei(1921) Nom. illegit. ;Columella Comm. ex DC. (废弃属名); Diplopenta Alef. (1863); Greevesia F. Muell. (1855);Lasius Adans. (1763);Lass Adans. (1763)（废弃属名）; Lassa Kuntze(1898);Lebretonia Schrank(1819);Levretonia Rchb. (1827);Luederitzia K. Schum. (1888);Malache B. Vogel(1772) （废弃属名）;Marconia Mattei(1921);Pentameris E. Mey. (1843) Nom. illegit. ;Pseudopavonia Hassl. (1909);Pteropavonia Mattei (1921);Thorntonia Rchb. (1828)（废弃属名）;Typhalea（DC. ） C. Presl(1845);Typhalea Neck. (1790) Nom. inval. ●■☆

38359 Pavonia Dombey ex Lam. (废弃属名)= Cordia L. (1753)（保留属名）[紫草科 Boraginaceae//破布木科（破布树科）Cordiaceae]●

38360 Pavonia Ruiz et Pav. (1794) Nom. illegit. (废弃属名)≡Pavonia Ruiz(1794)（废弃属名）;~ ≡Laurelia Juss. (1809)（保留属名） [香材树科（杯轴花科,黑檫木科,芒籽科,蒙立米科,檬立木科,香材木科,香树木科）Monimiaceae]●☆

38361 Pavonia Ruiz(1794) Nom. illegit. (废弃属名)≡ Laurelia Juss. (1809)（保留属名）[香材树科（杯轴花科,黑檫木科,芒籽科,蒙立米科,檬立木科,香材木科,香树木科）Monimiaceae]●☆

38362 Pawia Kuntze（1891）Nom. illegit. ≡ Aesculus L. (1753);~ =Pavia Mill. (1754) Nom. illegit. [七叶树科 Hippocastanaceae//无患子科 Sapindaceae]●

38363 Paxia Gilg(1891)= Rourea Aubl. (1775)（保留属名）[牛栓藤科 Connaraceae]●

38364 Paxia Herter(1931) Nom. illegit. ,Nom. nud. =Paxiuscula Herter (1939) [大戟科 Euphorbiaceae]●☆

38365 Paxia O. Nilsson（1966）Nom. illegit. ≡ Neopaxia O. Nilsson (1966);~ =Montia L. (1753) [马齿苋科 Portulacaceae]■☆

38366 Paxiactes Raf. (1840) Nom. illegit. ≡Tordyliopsis DC. (1830); ~ =Heracleum L. （1753）[伞形花科（伞形科）Apiaceae （Umbelliferae）]■

38367 Paxiodendron Engl. (1895)= Xymalos Baill. (1887) [香材树科（杯轴花科,黑檫木科,芒籽科,蒙立米科,檬立木科,香材木科,香树木科）Monimiaceae]●☆

38368 Paxistima Raf. (1838)【汉】崖翠木属（厚柱头木属）。【英】Paxistima。【隶属】卫矛科 Celastraceae。【包含】世界 2-3 种。【学名诠释与讨论】〈阴〉（希）pachys,厚的,粗的。pachy- =拉丁文 crassi -,厚的,粗的 + stima 柱头。此属的学名,ING、TROPICOS、GCI 和 IK 记载是"Paxistima Raf. ,Sylva Tellur. 42. 1838 [Oct-Dec 1838]"。"Oreophila Nuttall in Torrey et A. Gray, Fl. N. Amer. 1:258. Oct 1838 (non D. Don 1830)"是"Paxistima Raf. (1838)"的同模式异名（Homotypic synonym, Nomenclatural

synonym）。"Oreophila Nutt. ex Torr. et A. Gray（1838）≡Oreophila Nutt. (1838) Nom. illegit. [卫矛科 Celastraceae]"的命名人引证有误。【分布】北美洲。【模式】Paxistima myrsinites（Pursh） Rafinesque [Ilex myrsinites Pursh]。【参考异名】Oreophila Nutt. (1838) Nom. illegit. ;Oreophila Nutt. ex Torr. et A. Gray（1838） Nom. illegit. ;Pachistima Raf. (1818);Pachystigma Meisn. (1843) Nom. illegit. ;Pachystigma Raf. (1838) Nom. inval. ;Pachystima Raf. (1841) Nom. inval. ;Pachystima Raf. ex Endl. (1841) Nom. inval. ●☆

38369 Paxiuscula Herter（1939）= Argythamnia P. Browne(1756);~ = Ditaxis Vahl ex A. Juss. (1824) [大戟科 Euphorbiaceae]●☆

38370 Paxtonia Lindl. （1838）= Spathoglottis Blume（1825）[兰科 Orchidaceae]■

38371 Payanelia C. B. Clarke(1884)= Pajanelia DC. (1838) [紫葳科 Bignoniaceae]●☆

38372 Payena A. DC. (1844)【汉】东南亚山榄属（巴椰榄属,巴因榄属,巴因那木属）。【俄】Пайена。【英】Payena。【隶属】山榄科 Sapotaceae。【包含】世界 15-16 种。【学名诠释与讨论】〈阴〉（人）Anselme Payen,1795-1871,法国药剂师。【分布】东南亚西部。【模式】Payena lucida Alph. de Candolle [Mimusops lucida G. Don, non Poiret]。【参考异名】Azaola Blanco（1837）; Cacosmanthus Miq. (1856) Nom. illegit. ;Ceratophorus de Vriese, Nom. illegit. ;Ceratophorus Hassk. ;Dasyaulus Thwaites（1860）; Hapaloceras Hassk. （1859）Nom. illegit. ;Keratephorus Hassk. (1855);Keratophorus C. B. Clarke（1855）;Schefferella Pierre (1890)●☆

38373 Payera Baill. （1878）（保留属名）【汉】佩耶茜属。【隶属】茜草科 Rubiaceae。【包含】世界 1 种。【学名诠释与讨论】〈阴〉（人）Jean-Baptiste Payer,1818-1860,法国植物学者,苔藓学者,著有 Families naturelles des plantes。此属的学名"Payera Baill. in Bull. Mens. Soc. Linn. Paris:178. 1878"是保留属名。相应的废弃属名是楝科 Meliaceae 的"Payeria Baill. in Adansonia 1:50. 1 Oct 1860 = Quivisia Comm. ex Juss. (1789)= Turraea L. (1771)"。【分布】马达加斯加。【模式】Payera conspicua Baillon。●☆

38374 Payeria Baill. （1860）（废弃属名）= Quivisia Comm. ex Juss. (1789);~ =Turraea L. (1771) [楝科 Meliaceae]●

38375 Paypayrola Aubl. （1775）【汉】管蕊堇属。【隶属】堇菜科 Violaceae。【包含】世界 7 种。【学名诠释与讨论】〈阴〉词源不详。此属的学名,ING、TROPICOS 和 IK 记载是"Paypayrola Aubl. ,Hist. Pl. Guiane 1:249, t. 99. 1775"。"Lignonia Scopoli, Introd. 292. Jan-Apr 1777"和"Wibelia Persoon, Syn. Pl. 1:210. 1 Apr-15 Jun 1805（non P. G. Gaertner, B. Meyer et Scherbius 1801）"是"Paypayrola Aubl. (1775)"的晚出的同模式异名 （Homotypic synonym, Nomenclatural synonym）。【分布】巴拿马,秘鲁,玻利维亚,中美洲。【模式】Paypayrola guianensis Aublet。 【参考异名】Lignonia Scop. (1777) Nom. illegit. ;Payrola Juss. (1789);Pericllstia Benth. (1841);Wibelia Pers. (1805) Nom. illegit. ■☆

38376 Payrola Juss. （1789）= Paypayrola Aubl. （1775）[堇菜科 Violaceae]■☆

38377 Paysonia O' Kane et Al-Shehbaz（2002）【汉】佩森草属。【隶属】十字花科 Brassicaceae（Cruciferae）。【包含】世界 8 种。【学名诠释与讨论】〈阴〉（人）Edwin Blake Payson,1893-1927,美国植物学者。此属的学名是"Paysonia S. L. O' Kane et I. A. Al-Shehbaz,Novon 12：380. 25 Sep 2002"。亦有文献把其处理为"Vesicaria Adans. （1763）"的异名。【分布】参见 Vesicaria Adans。【模式】Paysonia lescurii（A. Gray）S. L. O' Kane et A. I.

Al-Shehbaz［Vesicaria lescurii A. Gray］。【参考异名】Vesicaria Adans. (1763)；Vesicaria Tourn. ex Adans. (1763) Nom. illegit.■☆

38378　Pearcea Regel(1867)【汉】皮尔斯苣苔属。【隶属】苦苣苔科 Gesneriaceae。【包含】世界 1-17 种。【学名诠释与讨论】〈阴〉(人) Sydney Albert Pearce, 1906-, 植物学者。【分布】厄瓜多尔。【模式】Pearcea hypocyrtiflora (J. D. Hooker) Regel［Gloxinia hypocyrtiflora J. D. Hooker］。【参考异名】Parakohleria Wiehler (1978)■☆

38379　Pearsonia Dümmer(1912)【汉】皮尔逊豆属。【隶属】豆科 Fabaceae(Leguminosae)。【包含】世界 12 种。【学名诠释与讨论】〈阴〉(人) Henry Harold Welch Pearson, 1870-1916, 英国植物学者，教授，植物采集家。【分布】马达加斯加，非洲南部。【模式】Pearsonia sessilifolia (W. H. Harvey) Dümmer［Lotononis sessilifolia W. H. Harvey］。【参考异名】Edbakeria R. Vig. (1949)；Phaenohoffmannia Kuntze(1891) Nom. illegit.；Pleiospora Harv. (1859)●☆

38380　Peautia Comm. ex Pfeiff. = Hydrangea L. (1753)［虎耳草科 Saxifragaceae//绣球花科 (八仙花科,绣球科) Hydrangeaceae］●●

38381　Peccana Raf. (1838) = Euphorbia L. (1753)［大戟科 Euphorbiaceae］●■

38382　Pechea Arrab. ex Steud. (1841) Nom. inval. = Peckia Vell. (1829) (废弃属名)；~ = Cybianthus Mart. (1831) (保留属名)［紫金牛科 Myrsinaceae］●☆

38383　Pechea Lapeyr. , Nom. inval. = Crypsis Aiton(1789) (保留属名)［禾本科 Poaceae(Gramineae)］■

38384　Pechea Pour. , Nom. inval. ≡ Pechea Pourr. ex Kunth(1833)；~ = Crypsis Aiton (1789) (保留属名)［禾本科 Poaceae (Gramineae)］■

38385　Pechea Pourr. ex Kunth (1833) Nom. illegit. = Crypsis Aiton (1789) (保留属名)［禾本科 Poaceae(Gramineae)］■

38386　Pechea Steud. (1841) Nom. illegit. , Nom. inval. = Peckia Vell. (1829) (废弃属名)；~ = Cybianthus Mart. (1831) (保留属名)［紫金牛科 Myrsinaceae］●☆

38387　Pecheya Scop. (1777) Nom. illegit. ≡ Coussarea Aubl. (1775)［茜草科 Rubiaceae］●☆

38388　Pechuelia Kuntze (1886) = Selago L. (1753)［玄参科 Scrophulariaceae］●☆

38389　Pechuel-loeschea O. Hoffm. (1888)【汉】歧尾菊属。【隶属】菊科 Asteraceae(Compositae)。【包含】世界 1 种。【学名诠释与讨论】〈阴〉(人) M. Eduard Pechuel-Loesche, 1840-1913, 德国博物学者和地理学者，植物采集家。【分布】非洲西南部。【模式】Pechuel-loeschea leibnitziae O. Hoffmann。●☆

38390　Peckelia Hutch. = Cajanus Adans. (1763)［as 'Cajan'］ (保留属名)；~ = Peekelia Harms (1920)［豆科 Fabaceae (Leguminosae)//蝶形花科 Papilionaceae］●

38391　Peckeya Raf. (1820) Nom. illegit. = Coussarea Aubl. (1775)；~ = Pecheya Scop. (1777) Nom. illegit.［茜草科 Rubiaceae］●☆

38392　Peckia Vell. (1829) (废弃属名) = Cybianthus Mart. (1831) (保留属名)［紫金牛科 Myrsinaceae］●☆

38393　Peckoltia E. Fourn. (1885)【汉】佩克萝藦属。【隶属】萝藦科 Asclepiadaceae。【包含】世界 1 种。【学名诠释与讨论】〈阴〉(人) Theodor (Theodore) Peckolt, 1822-1912, 植物学者，药剂师，植物采集家。【分布】巴西。【模式】Peckoltia pedalis Fournier。☆

38394　Pectangis Thouars = Angraecum Bory (1804)［兰科 Orchidaceae］■

38395　Pectanisia Raf. (1837) = Reseda L. (1753)［木犀草科 Resedaceae］■

38396　Pectantia Raf. (1837) Nom. illegit. = Mitella L. (1753)；~ = Pectiantia Raf. (1837)［虎耳草科 Saxifragaceae］■

38397　Pecteilis Raf. (1837)【汉】白蝶兰属(白蝶花属)。【日】サギサウ属，サギソウ属。【英】Pecteilis。【隶属】兰科 Orchidaceae。【包含】世界 5-7 种，中国 3 种。【学名诠释与讨论】〈阴〉(拉) pecten, 所有格 pectinis, 复数 pectines, 梳子, 也是一种贝类。指唇瓣似栉齿。【分布】巴基斯坦，印度至马来西亚，中国，东亚。【后选模式】Pecteilis susannae (Linnaeus) Rafinesque［as 'susanna'］［Orchis susannae Linnaeus］。【参考异名】Hemihabenaria Finet (1902)■

38398　Pecten Lam. (1779) = Scandix L. (1753)［伞形花科 (伞形科) Apiaceae(Umbelliferae)］■

38399　Pectianthia Rydb. (1917) = Pectiantia Raf. (1837)［虎耳草科 Saxifragaceae］■

38400　Pectiantia Raf. (1837) = Mitella L. (1753)［虎耳草科 Saxifragaceae］■

38401　Pectiantiaceae Raf. (1836) = Saxifragaceae Juss. (保留科名)●■

38402　Pectidium Less. (1831) = Pectis L. (1759)［菊科 Asteraceae (Compositae)］■☆

38403　Pectidopsis DC. (1836) Nom. illegit. ≡ Helioreos Raf. (1832)；~ = Pectidium Less. (1831)；~ = Pectis L. (1759)［菊科 Asteraceae(Compositae)］■☆

38404　Pectinaria (Bernh.) Hack (1887) Nom. illegit. (废弃属名) = Eremochloa Büse(1854)［禾本科 Poaceae(Gramineae)］■

38405　Pectinaria Bernh. (1800) Nom. illegit. (废弃属名) ≡ Scandix L. (1753)［伞形花科 (伞形科) Apiaceae(Umbelliferae)］■

38406　Pectinaria Cordem. (1899) Nom. illegit. (废弃属名) ≡ Ctenorchis K. Schum. (1899)；~ = Angraecum Bory(1804)［兰科 Orchidaceae］■

38407　Pectinaria Hack. (1887) Nom. illegit. (废弃属名) ≡ Pectinaria (Bernh.) Hack(1887) Nom. illegit. (废弃属名)；~ = Eremochloa Büse(1854)［禾本科 Poaceae(Gramineae)］■

38408　Pectinaria Haw. (1819) (保留属名)【汉】梳状萝藦属。【隶属】萝藦科 Asclepiadaceae。【包含】世界 3 种。【学名诠释与讨论】〈阴〉(拉) pecten, 所有格 pectinis, 复数 pectines, 梳子 + -arius, -aria, -arium, 指示"属于、相似、具有、联系"的词尾。此属的学名"Pectinaria Haw. , Suppl. Pl. Succ. :14. Mai 1819"是保留名。相应的废弃属名是伞形花科 Apiaceae 的"Pectinaria Bernh. , Syst. Verz. : 113, 221. 1800 ≡ Scandix L. (1753)"。禾本科 Poaceae(Gramineae) 的"Pectinaria (Bentham) Hackel in Engler et Prantl, Nat. Pflanzenfam. 2 (2) :26. Jul 1887 = Eremochloa Büse (1854)", 兰科 Orchidaceae 的"Pectinaria Cordem. , Rev. Gén. Bot. xi. (1899) 412 = Angraecum Bory(1804)"和"Pectinaria E. Jacob de Cordemoy, Rev. Gén. Bot. 11 :412. 15 Nov 1899 ≡ Ctenorchis K. Schum. (1899) = Angraecum Bory(1804)"亦应废弃。"Pectinaria Hack. (1887)"的命名人引证有误。【分布】非洲南部。【模式】Pectinaria articulata (Haworth) Haworth［Stapelia articulata Haworth］。【参考异名】Hermanschwartzia Plowes (2003)；Neopectinaria Plowes(2003)；Ophionella Bruyns(1981)■☆

38409　Pectinariella Szlach. , Mytnik et Grochocka(2013)【汉】小梳兰属。【隶属】兰科 Orchidaceae。【包含】世界 8 种。【学名诠释与讨论】〈阴〉(希) (拉) pecten, 所有格 pectinis, 复数 pectines, 梳子 + -arius, -aria, -arium, 指示"属于、相似、具有、联系"的词尾 + -ellus, -ella, -ellum, 加在名词词干后面形成指小式的词尾。或加在人名、属名等后面以组成新属的名称。此属的学名"Pectinariella Szlach. , Mytnik et Grochocka (2013)"是"Mystacidium sect. Pectinaria Benth. Gen. Pl.［Bentham et Hooker

f.]3:585. 1883"的替代名称。【分布】马达加斯加。【模式】不详。【参考异名】Mystacidium sect. Pectinaria Benth.(1883)■☆

38410　Pectinastrum Cass.(1826)= Centaurea L.(1753)(保留属名)［菊科 Asteraceae(Compositae)//矢车菊科 Centaureaceae］●■

38411　Pectinea Gaertn.(1791)(废弃属名)= Erythrospermum Thouars(1808)(保留属名);～= Erythrospermurn Lam.(1794)［刺篱木科(大风子科)Flacourtiaceae］●

38412　Pectinella J. M. Black(1913)= Amphibolis C. Agardh(1823)［丝粉藻科 Cymodoceaceae］■☆

38413　Pectis L.(1759)【汉】梳齿菊属(梳菊属)。【隶属】菊科 Asteraceae(Compositae)。【包含】世界85-100种。【学名诠释与讨论】〈阴〉(拉)pecten,所有格 pectinis,复数 pectines,梳子。指叶子边缘毛。此属的学名,ING、TROPICOS、GCI 和 IK 记载是"Pectis L., Syst. Nat., ed. 10. 2:1189(1221,1376). 1759 [7 Jun 1759]"。"Seala Adanson, Fam. 2:131, 603. Jul-Aug 1763"是"Pectis L.(1759)［菊科 Asteraceae(Compositae)］"的晚出的同模式异名(Homotypic synonym, Nomenclatural synonym)。【分布】巴拉圭,巴拿马,秘鲁,玻利维亚,厄瓜多尔,哥伦比亚(安蒂奥基亚),美国(南部)至巴西,尼加拉瓜,西印度群岛,中美洲。【后选模式】Pectis linifolia Linnaeus。【参考异名】Cheilodiscus Triana(1858);Chilodiscus Post et Kuntze(1903);Chthonia Cass.(1817);Cryptopetalon Cass.(1817);Helioreos Raf.(1832);Lorentea Lag.(1816)Nom. illegit.;Pectidium Less.(1831);Pectidopsis DC.(1836)Nom. illegit.;Seala Adans.(1763)Nom. illegit.;Stammarium Willd. ex DC.(1836);Stellimia Raf.;Tetracanthus A. Rich.(1850)■☆

38414　Pectocarya DC.(1840)Nom. illegit. ≡ Pectocarya DC. ex Meisn.(1840)［紫草科 Boraginaceae］●☆

38415　Pectocarya DC. ex Meisn.(1840)【汉】沟果紫草属。【隶属】紫草科 Boraginaceae。【包含】世界10种。【学名诠释与讨论】〈阴〉(希)pectos,峡谷+karyon,胡桃,硬壳果,核,坚果。或 pecten,所有格 pectinis,复数 pectines,梳子+karyon。此属的学名,ING、GCI 和 IK 记载是"Pectocarya DC. ex Meisn., Pl. Vasc. Gen.[Meisner]279(1840)"。"Pectocarya DC.(1840)≡ Pectocarya DC. ex Meisn.(1840)"的命名人引证有误。"Ctenospermum J. Lehmann ex T. Post et O. Kuntze, Lex. 152. Dec 1903"是"Pectocarya DC. ex Meisn.(1840)"的晚出的同模式异名(Homotypic synonym, Nomenclatural synonym)。【分布】秘鲁,玻利维亚,厄瓜多尔。【后选模式】Pectocarya lateriflora(Lamarck)A. P. de Candolle［Cynoglossum lateriflorum Lamarck］。【参考异名】Ctenospermum Lehm. ex Post et Kuntze(1903)Nom. illegit.;Ctenospermum Post et Kuntze(1903)Nom. illegit.;Gruvelia A. DC.(1846);Ktenospermum Lehm.(1837);Pectocarya DC.(1840)Nom. illegit.●☆

38416　Pectophyllum Rchb.(1828)= Azorella Lam.(1783);～= Pectophytum Kunth(1821)［伞形花科(伞形科)Apiaceae(Umbelliferae)］■☆

38417　Pectophytum Kunth(1821)= Azorella Lam.(1783)［伞形花科(伞形科)Apiaceae(Umbelliferae)］■☆

38418　Pedaliaceae R. Br.(1810)(保留科名)【汉】胡麻科。【日】ゴマ科。【俄】Кунжутовые,Педалиевые,Сезамовые。【英】Pedalium Family。【包含】世界13-18属50-90种,中国2属2种。【分布】马达加斯加,印度-马来西亚,热带和非洲南部。【科名模式】Pedalium D. Royen ex L.●■

38419　Pedaliodiscus Ihlenf.(1968)【汉】东非胡麻属。【隶属】胡麻科 Pedaliaceae。【包含】世界1种。【学名诠释与讨论】〈阳〉(希)pedalion,植物俗名,支柱,舵+diskos,圆盘。此属的学名是"Pedaliodiscus H. -D. Ihlenfeldt, Ber. Deutsch. Bot. Ges. 81：147.

26 Jul 1968"。亦有文献把其处理为"Pedalium D. Royen ex L.(1759)Nom. illegit."的异名。【分布】热带非洲东部。【模式】Pedaliodiscus macrocarpus H. -D. Ihlenfeldt。【参考异名】Pedalium D. Royen ex L.(1759)Nom. illegit.;Pedalium D. Royen(1759)Nom. illegit.;Pedalium L.(1759)Nom. illegit.■☆

38420　Pedaliophyton Engl.(1902)= Pterodiscus Hook.(1844)［胡麻科 Pedaliaceae］■☆

38421　Pedalium Adans.(1763)Nom. illegit. ≡ Atraphaxis L.(1753)［蓼科 Polygonaceae］●

38422　Pedalium D. Royen ex L.(1759)Nom. illegit. ≡ Pedalium D. Royen(1759)［胡麻科 Pedaliaceae］■☆

38423　Pedalium D. Royen(1759)【汉】印度胡麻属。【英】Pedalium。【隶属】胡麻科 Pedaliaceae。【包含】世界1种。【学名诠释与讨论】〈中〉(希)pedalion,植物俗名,支柱,舵。指果实。此属的学名,ING 和 IK 记载是"Pedalium D. van Royen in Linnaeus, Syst. Nat. ed. 10. 1123, 1375. 7 Jun 1759"。TROPICOS 记载为"Pedalium D. Royen ex L., Systema Naturae, Editio Decima 2:1123, 1375. 1759. (7 Jun 1759)";命名人引证有误。"Cacatali Adanson, Fam. 2:213, 529('Kakatali'). Jul-Aug 1763"和"Murex Linnaeus ex O. Kuntze, Rev. Gen. 2:481. 5 Nov 1891"是"Pedalium D. Royen ex L.(1759)"的晚出的同模式异名(Homotypic synonym, Nomenclatural synonym)。"Pedalium Adanson, Fam. 2:277, 589. Jul - Aug 1763(non D. Royan ex Linnaeus 1759)≡ Atraphaxis Linnaeus 1753［蓼科 Polygonaceae］"是晚出的非法名称。【分布】巴基斯坦,马达加斯加,热带非洲,热带亚洲。【模式】Pedalium murex Linnaeus。【参考异名】Cacatali Adans.(1763)Nom. illegit.;Murex Kuntze(1891)Nom. illegit.;Murex L. ex Kuntze(1891)Nom. illegit.;Pedalium D. Royen ex L.(1759)Nom. illegit.;Pedalium L.(1759)Nom. illegit.■☆

38424　Pedalium L.(1759)Nom. illegit. ≡ Pedalium D. Royen(1759)［胡麻科 Pedaliaceae］■☆

38425　Pedastis Raf.(1838)= Cayratia Juss.(1818)(保留属名)［葡萄科 Vitaceae］●

38426　Pedatyphonium J. Murata et Ohi-Toma(2010)Nom. inval.［天南星科 Araceae］■☆

38427　Peddiea Harv.(1840)Nom. illegit. ≡ Peddiea Harv. ex Hook.(1840)［瑞香科 Thymelaeaceae］●☆

38428　Peddiea Harv. ex Hook.(1840)【汉】佩迪木属。【隶属】瑞香科 Thymelaeaceae。【包含】世界12-15种。【学名诠释与讨论】〈阴〉(人)John Peddie,? -1840,植物采集家。此属的学名,ING 和 TROPICOS 记载是"Peddiea Harvey ex W. J. Hooker, J. Bot.(Hooker)2:265. Jun 1840"。IK 则记载为"Peddiea Harv., J. Bot.(Hooker)2:265, t 10. 1840"。三者引用的文献相同。【分布】马达加斯加,热带和非洲南部。【模式】Peddiea africana W. J. Hooker。【参考异名】Cyathodiscus Hochst.(1842);Harveya R. W. Plant ex Meisn.;Peddiea Harv.(1840)Nom. illegit.;Psilosolena C. Presl(1845)●☆

38429　Pederia Noronha(1790)Nom. inval. = Paederia L.(1767)(保留属名)［茜草科 Rubiaceae］●■

38430　Pederlea Raf.(1838)= Acnistus Schott ex Endl.(1831)［茄科 Solanaceae］●☆

38431　Pederota Scop.(1769)= Paederota L.(1758);～= Veronica L.(1753)［玄参科 Scrophulariaceae//婆婆纳科 Veronicaceae］■

38432　Pedersenia Holub(1998)【汉】彼氏苋属。【隶属】苋科 Amaranthaceae。【包含】世界8种。【学名诠释与讨论】〈阴〉(人)Pedersen。此属的学名"Pedersenia J. Holub, Preslia 70:181. Jun 1998"是一个替代名称。"Trommsdorffia C. F. P. Martius,

Beitr. Amarantac. 100. 1825"是一个非法名称(Nom. illegit.),因为此前已经有了"Trommsdorffia J. J. Bernhardi, Syst. Verzeichniss Pflanzen 102. 1800 [菊科 Asteraceae(Compositae)]"。故用"Pedersenia Holub(1998)"替代之。亦有学者把"Trommsdorffia Mart.(1826)"处理为"Hebanthe Mart.(1826)"、"Iresine P. Browne(1756)(保留属名)"或"Pfaffia Mart.(1825)"的异名。【分布】巴拉圭,玻利维亚,美洲。【后选模式】Pedersenia argentata(C. F. P. Martius)J. Holub [Trommsdorffia argentata C. F. P. Martius]。【参考异名】Trommsdorffia Mart.(1826)Nom. illegit. ■☆

38433 Pedicellaria Schrank(1790)(废弃属名)≡ Gynandropsis DC. (1824)(保留属名);~ = Cleome L.(1753) [山柑科(白花菜科,醉蝶花科)Capparaceae//白花菜科(醉蝶花科)Cleomaceae]●■

38434 Pedicellarum M. Hotta(1976)【汉】虱子南星属。【隶属】天南星科 Araceae。【包含】世界 1-2 种。【学名诠释与讨论】〈中〉(拉)pediculus,指小式 pedicellus,虱子,小脚,梗+(属)Arum 疆南星属。【分布】加里曼丹岛。【模式】Pedicellarum paiei M. Hotta。■☆

38435 Pedicellia Lour.(1790)(废弃属名)= Mischocarpus Blume (1825)(保留属名) [无患子科 Sapindaceae]●

38436 Pediculariaceae Juss. [亦见 Scrophulariaceae Juss.(保留科名)玄参科]【汉】马先蒿科。【包含】世界 1 属 500-600 种,中国 1 属 352-362 种。【分布】北半球。【科名模式】Pedicularis L.(1753)■

38437 Pedicularidaceae Juss.(1789) [as 'Pediculares'] = Orobanchaceae Vent.(保留科名)●■

38438 Pediculariopsis Á. Löve et D. Löve(1976)= Pedicularis L. (1753) [玄参科 Scrophulariaceae//马先蒿科 Pediculariaceae]■

38439 Pedicularis L.(1753)【汉】马先蒿属。【日】シオガマギク属,シホガマギク属。【俄】Быноица,Вшивица,Мытник,Трава вшивая。【英】Lousewort, Wood Betony, Woodbetony。【隶属】玄参科 Scrophulariaceae//马先蒿科 Pediculariaceae。【包含】世界 500-600 种,中国 352-362 种。【学名诠释与讨论】〈阴〉(拉)pediculus,指小式 pedicellus,虱子,小脚,梗+-aris,形容词词尾,含义为"属于"。指植物煎汁具有杀虫效果。【分布】厄瓜多尔,哥伦比亚(安蒂奥基亚),美国(密苏里),中国,中美洲。【后选模式】Pedicularis sylvatica Linnaeus。【参考异名】Elephantella Rydb.(1900);Pediculariopsis Á. Löve et D. Löve(1976);Prosopia Rchb.(1828)Nom. illegit. ;Scepanium Ehrh.(1789)■

38440 Pedilanthus Neck.(1790)Nom. inval.(废弃属名)≡ Pedilanthus Neck. ex Poit.(1812)(保留属名) [大戟科 Euphorbiaceae]●

38441 Pedilanthus Neck. ex Poit.(1812)(保留属名)【汉】红雀珊瑚属(白雀珊瑚属,银龙属,银雀珊瑚属)。【日】ペディランツス属。【俄】Педилантус。【英】Pedilanthus, Red Bird, Slipperplant。【隶属】大戟科 Euphorbiaceae。【包含】世界 14-15 种,中国 1 种。【学名诠释与讨论】〈阳〉(希)pedilon,鞋,靴,拖鞋,草鞋+anthos,花。指花的总苞呈靴状。此属的学名"Pedilanthus Necker ex Poit. in Ann. Mus. Natl. Hist. Nat. 19:388. 1812"是保留属名。相应的废弃属名是大戟科 Euphorbiaceae 的"Tithymaloides Ortega, Tab. Bot. :9. 1773 ≡ Pedilanthus Neck. ex Poit.(1812)(保留属名)"。"Pedilanthus Neck., Elem. Bot.(Necker)2:354. 1790 ≡ Pedilanthus Neck. ex Poit.(1812)(保留属名)"是一个未合格发表的名称(Nom. inval.)。"Pedilanthus Poit.(1812)≡ Pedilanthus Neck. ex Poit.(1812)(保留属名)"的命名人引证有误,亦应废弃。"Tithymalus P. Miller, Gard. Dict. Abr. ed. 4. 28 Jan 1754(废弃属名)"也是"Pedilanthus Neck. ex Poit.(1812)(保留属名)"的同模式异名(Homotypic synonym, Nomenclatural synonym)。【分

布】巴拿马,秘鲁,玻利维亚,厄瓜多尔,马达加斯加,美国(佛罗里达),尼加拉瓜,中国,墨西哥至热带南美洲,西印度群岛,中美洲。【模式】Pedilanthus tithymaloides(Linnaeus)Poiteau [Euphorbia tithymaloides Linnaeus]。【参考异名】Crepidaria Haw. (1812)Nom. illegit. ;Hexadenia Klotzsch et Garcke(1859);Pedilanthus Neck.(1790)Nom. inval. ;Pedilanthus Poit.(1812) (保留属名);Tithymalodes Kuntze(1891)Nom. illegit. ;Tithymalodes Ludw. ex Kuntze(1891)Nom. illegit. ;Tithymaloides Ortega(1773)(废弃属名);Tithymalus Gaertn.(1790)(保留属名);Tithymalus Mill.(1754)(废弃属名);Ventenatia Tratt. (1802)Nom. illegit.(废弃属名)●

38442 Pedilanthus Poit.(1812)Nom. illegit.(废弃属名)≡ Pedilanthus Neck. ex Poit.(1812)(保留属名) [大戟科 Euphorbiaceae]●

38443 Pedilea Lindl.(1824)Nom. illegit. = Dienia Lindl.(1824);~ = Malaxis Sol. ex Sw.(1788) [兰科 Orchidaceae]■

38444 Pedilochilus Schltr.(1905)【汉】足唇兰属。【隶属】兰科 Orchidaceae。【包含】世界 15 种。【学名诠释与讨论】〈阳〉(希)pedilon,鞋,靴,拖鞋,草鞋+cheilos,唇。在希腊文组合词中,cheil-,cheilo-,-chilus,-chilia 等均为"唇,边缘"之义。【分布】所罗门群岛,新几内亚岛。【模式】Pedilochilus papuanum Schlechter。■☆

38445 Pedilonia C. Presl(1829)= Wachendorfia Burm.(1757) [血草科(半授花科,给血草科,血皮草科)Haemodoraceae]■☆

38446 Pedilonum Blume(1825)= Dendrobium Sw.(1799)(保留属名) [兰科 Orchidaceae]■

38447 Pedina Steven(1856)= Astragalus L.(1753) [豆科 Fabaceae (Leguminosae)//蝶形花科 Papilionaceae]●■

38448 Pedinogyne Brand(1925)【汉】藏紫草属。【隶属】紫草科 Boraginaceae。【包含】世界 1 种,中国 1 种。【学名诠释与讨论】〈阴〉(希)pedinos,平的,平原上找到的+gyne,所有格 gynaikos,雌性,雌蕊。指本属植物生于平地。此属的学名是"Pedinogyne A. Brand, Repert. Spec. Nov. Regni Veg. 21:251. 20 Jul 1925"。亦有文献把其处理为"Trigonotis Steven(1851)"的异名。【分布】中国,东喜马拉雅山。【模式】Pedinogyne tibetica(Clarke)A. Brand [Eritrichium tibeticum Clarke]。【参考异名】Trigonotis Steven (1851)■

38449 Pedinopetalum Urb. et H. Wolff(1929)【汉】平瓣芹属。【隶属】伞形花科(伞形科)Apiaceae(Umbelliferae)。【包含】世界 1 种。【学名诠释与讨论】〈中〉(希)pedinos,平的,平原上找到的+希腊文 petalos,扁平的,铺开的;petalon,花瓣,叶,花叶,金属叶子;拉丁文的花瓣为 petalum。【分布】西印度群岛(多明我)。【模式】Pedinopetalum domingense Urban et H. Wolff。■☆

38450 Pediocactus Britton et Rose ex Britton et Brown(1913)Nom. illegit. ≡ Pediocactus Britton et Rose(1913) [仙人掌科 Cactaceae]●☆

38451 Pediocactus Britton et Rose(1913)【汉】月华玉属(月华球属)。【日】ペヂトオカクタス属。【英】Foot Cactus, Hedgehog Cactus, Plains Cactus。【隶属】仙人掌科 Cactaceae。【包含】世界 6 种。【学名诠释与讨论】〈阳〉(希)pedion,平坦地方,平原。Pedion 还是 pede 的指小式,含义为手铐,脚镣,脚背。pedios,平原居民+cactos,有刺的植物,通常指仙人掌科 Cactaceae 植物。此属的学名,ING 记载是"Pediocactus Britton et Rose ex Britton et Brown, Ill. Fl. N. U. S. et Canada, ed. 2 ii. 569(1913)"。GCI 和 IK 则记载为"Pediocactus Britton et Rose, Britton et A. Brown, Illustr. Fl. N. U. S. et Canada, ed. 2. 2;569(1913)"。三者引用的文献相同。【分布】美国(西部)。【模式】Pediocactus simpsonii(Engelmann)N. L. Britton and J. N. Rose [Echinocactus simpsonii Engelmann]。

【参考异名】Navajoa Croizat（1943）Nom. illegit.；Neonavajoa Doweld（1999）；Pediocactus Britton et Rose ex Britton et Brown（1913）Nom. illegit.；Pilocanthus B. W. Benson et Backeb.（1957）；Puebloa Doweld（1999）；Toumeya Britton et Rose（1922）Nom. illegit.；Utahia Britton et Rose（1922）●☆

38452　Pediomelum Rydb.（1919）【汉】鹿角豆属。【隶属】豆科 Fabaceae（Leguminosae）//蝶形花科 Papilionaceae。【包含】世界 25 种。【学名诠释与讨论】〈中〉（希）pedion，平坦地方，平原+melon，苹果。此属的学名，ING、TROPICOS、GCI 和 IK 记载为"Pediomelum Rydb., N. Amer. Fl. 24（1）：17. 1919［25 Apr 1919］"。它曾被处理为"Psoralea subgen. Pediomelum（Rydb.）Ockendon，Southwestern Naturalist 10（2）：88. 1965"。亦有文献把"Pediomelum Rydb.（1919）"处理为"Orbexilum Raf.（1832）"的异名。【分布】美国（南部），墨西哥。【模式】Pediomelum esculentum（Pursh）Rydberg［Psoralea esculenta Pursh］。【参考异名】Orbexilum Raf.（1832）；Psoralea subgen. Pediomelum（Rydb.）Ockendon（1965）■☆

38453　Pedistylis Wiens（1979）【汉】足柱寄生属。【隶属】桑寄生科 Loranthaceae。【包含】世界 1 种。【学名诠释与讨论】〈阴〉（拉）pes，所有格 pedis，指小型 pediculus，足，梗+stylos＝拉丁文 style，花柱，中柱，有尖之物，桩，柱，支持物，支柱，石头做的界标。或 pedion，平坦地方，平原+stylos。此属的学名是"Pedistylis D. Wiens，Bothalia 12：421. 21 Jun 1979（'1978'）"。亦有文献把其处理为"Loranthus Jacq.（1762）（保留属名）"的异名。【分布】南非（德兰士瓦）。【模式】Pedistylis galpinii（Schinz ex T. A. Sprague）D. Wiens［Loranthus galpinii Schinz ex T. A. Sprague］。【参考异名】Loranthus Jacq.（1762）（保留属名）●☆

38454　Pedochelus Wight（1852）＝ Podochilus Blume（1825）［兰科 Orchidaceae］■

38455　Pedrosia Lowe（1856）＝ Lotus L.（1753）［豆科 Fabaceae（Leguminosae）//蝶形花科 Papilionaceae］■

38456　Peekelia Harms（1920）＝ Cajanus Adans.（1763）［as 'Cajan'］（保留属名）［豆科 Fabaceae（Leguminosae）//蝶形花科 Papilionaceae］●

38457　Peekeliodendron Sleumer（1937）＝ Merrilliodendron Kaneh.（1934）［茶茱萸科 Icacinaceae］●☆

38458　Peekeliopanax Harms（1926）＝ Gastonia Comm. ex Lam.（1788）；~ ＝Polyscias J. R. Forst. et G. Forst.（1776）［五加科 Araliaceae］●

38459　Peersia L. Bolus（1927）【汉】肖鼻叶草属。【隶属】番杏科 Aizoaceae。【包含】世界 3 种。【学名诠释与讨论】〈阴〉（人）Victor Stanley Peers，1874−1940，澳大利亚植物采集家，喜采多肉植物。此属的学名是"Peersia H. M. L. Bolus in Pole Evans, Fl. Pl. South Africa 7：264. Jul 1927"。亦有文献把其处理为"Rhinephyllum N. E. Br.（1927）"的异名。【分布】非洲南部。【模式】Peersia macradenia（H. M. L. Bolus）H. M. L. Bolus［Mesembryanthemum macradenium H. M. L. Bolus］。【参考异名】Rhinephyllum N. E. Br.（1927）●☆

38460　Pegaeophyton Hayek et Hand. −Mazz.（1922）【汉】单花荠属（单花芥属，葶荠属，无茎荠属）。【英】Monoflorcress，Pegaeophyton。【隶属】十字花科 Brassicaceae（Cruciferae）。【包含】世界 3-6 种，中国 4 种。【学名诠释与讨论】〈中〉（希）pege，pegas，泉，井，溪+phyton，植物，树木，枝条。指本属植物生于水边。也有人推测，pegas，厚的，粗的，硬的，坚固的+phyton。【分布】巴基斯坦，中国，喜马拉雅山。【模式】Pegaeophyton sinense（Hemsley）Hayek et Handel−Mazzetti［Braya sinensis Hemsley］。■

38461　Pegamea Vitman（1789）Nom. illegit. ＝ Pagamea Aubl.（1775）［茜草科 Rubiaceae］●☆

38462　Peganaceae（Engl.）Takht.（1987）＝ Zygophyllaceae R. Br.（保留科名）●■

38463　Peganaceae Tiegh. ＝ Nitrariaceae Bercht et J. Presl；~ ＝ Peganaceae Tiegh. ex Takht.；~ ＝ Pellicieraceae P. Beanvis.；~ ＝ Zygophyllaceae R. Br.（保留科名）●■

38464　Peganaceae Tiegh. ex Takht.（1987）【汉】骆驼蓬科。【包含】世界 2 属 7 种，中国 1 属 3 种。【分布】地中海至蒙古，美国（南部），墨西哥。【科名模式】Peganum L.（1753）●■

38465　Peganon St. −Lag.（1880）Nom. illegit.［芸香科 Rutaceae］●☆

38466　Peganum L.（1753）【汉】骆驼蓬属。【俄】Гармала，Могильник。【英】Peganum。【隶属】蒺藜科 Zygophyllaceae//骆驼蓬科 Peganaceae。【包含】世界 5-6 种，中国 3 种。【学名诠释与讨论】〈中〉（希）peganon，芸香植物的古名，来自 pegos 固体。后由林奈转用于本属名。此属的学名，ING、TROPICOS、APNI 和 IK 记载是"Peganum L., Sp. Pl. 1：444. 1753［1 May 1753］"。"Harmala P. Miller, Gard. Dict. Abr. ed. 4. 28 Jan 1754"是"Peganum L.（1753）"的晚出的同模式异名（Homotypic synonym，Nomenclatural synonym）。【分布】巴基斯坦，地中海至蒙古，美国（南部），墨西哥，中国。【后选模式】Peganum harmala Linnaeus。【参考异名】Harmala Mill.（1754）Nom. illegit.；Malacocarpus Fisch. et C. A. Mey.（1843）●■

38467　Pegesia Raf.（1817）Nom. inval. ≡ Pegesia Raf. ex Steud.（1841）；~ ＝ Mecardonia Ruiz et Pav.（1794）［玄参科 Scrophulariaceae//婆婆纳科 Veronicaceae］■☆

38468　Pegesia Raf. ex Steud.（1841）＝ Mecardonia Ruiz et Pav.（1794）［玄参科 Scrophulariaceae//婆婆纳科 Veronicaceae］■☆

38469　Pegesia Steud.（1841）Nom. illegit. ≡ Pegesia Raf. ex Steud.（1841）；~ ＝ Mecardonia Ruiz et Pav.（1794）［玄参科 Scrophulariaceae//婆婆纳科 Veronicaceae］■☆

38470　Pegia Colebr.（1827）【汉】藤漆属（脉果漆属）。【英】Pegia。【隶属】漆树科 Anacardiaceae。【包含】世界 3 种，中国 2 种。【学名诠释与讨论】〈阴〉（希）pege，泉，井，溪。指生于水边。【分布】中国，东喜马拉雅山至菲律宾（菲律宾群岛）。【模式】Pegia nitida Colebrooke。【参考异名】Phlebochiton Wall.（1835）；Robergia Roxb.；Tapiria Hook. f. ●

38471　Peglera Bolus（1907）＝ Nectaropetalum Engl.（1902）［古柯科 Erythroxylaceae］●☆

38472　Pegolettia Cass.（1825）【汉】叉尾菊属。【隶属】菊科 Asteraceae（Compositae）。【包含】世界 9 种。【学名诠释与讨论】〈阴〉词源不详。【分布】马达加斯加，北热带，非洲南部。【模式】Pegolettia senegalensis Cassini。【参考异名】Pegolletia Less.（1832）■●☆

38473　Pegolletia Less.（1832）＝ Pegolettia Cass.（1825）［菊科 Asteraceae（Compositae）］■●☆

38474　Pehria Sprague（1923）【汉】佩尔菜属。【隶属】千屈菜科 Lythraceae。【包含】世界 1 种。【学名诠释与讨论】〈阴〉（人）Pehr。另说来自希腊文 perileptos，拥抱。指茎被叶片包围。【分布】哥伦比亚，尼加拉瓜，委内瑞拉，中美洲。【模式】Pehria compacta（Rusby）Sprague［Grislea compacta Rusby］。【参考异名】Grislea Loefl.（1758）Nom. illegit.（废弃属名）●☆

38475　Peiranisia Raf.（1838）＝ Cassia L.（1753）（保留属名）［豆科 Fabaceae（Leguminosae）//云实科（苏木科）Caesalpiniaceae］●■

38476　Peirescia Zucc.（1838）Nom. illegit. ＝Pereskia Mill.（1754）［仙人掌科 Cactaceae］●

38477　Peireskia Post et Kuntze（1903）Nom. illegit. ＝ Hippocratea L.（1753）；~ ＝Pereskia Vell.（1754）［卫矛科 Celastraceae//翅子藤科（希藤科）Hippocrateaceae］●☆

38478　Peireskia Steud.（1841）Nom. illegit. ＝ Pereskia Mill.（1754）［仙人掌科 Cactaceae］●

38479　Peireskiopsis Vaupel, Nom. illegit. ＝ Pereskiopsis Britton et Rose（1907）［仙人掌科 Cactaceae］●☆

38480　Peirrea F. Heim ＝ Hopea Roxb.（1811）（保留属名）［龙脑香科 Dipterocarpaceae］●

38481　Peixotoa A. Juss.（1833）〔汉〕佩肖木属。【隶属】金虎尾科（黄褥花科）Malpighiaceae。【包含】世界 28 种。【学名诠释与讨论】〈阴〉（人）Ariane Luna Peixoto, 1947-?, 植物学者。另说纪念巴西医生 Ribeiro Dos Guimaraens Peixoto。【分布】巴拉圭, 巴西, 玻利维亚。【后选模式】Peixotoa glabra A. H. L. Jussieu。●☆

38482　Pekea Aubl.（1775）＝ Caryocar F. Allam. ex L.（1771）［多柱树科（油桃木科）Caryocaraceae］●☆

38483　Pekea Juss.（1789）Nom. illegit.［玉蕊科（巴西果科）Lecythidaceae］●☆

38484　Pekia Steud.（1841）＝ Pekea Aubl.（1775）; ～ ＝ Caryocar F. Allam. ex L.（1771）［多柱树科（油桃木科）Caryocaraceae］●☆

38485　Pelaë Adans.（1763）（废弃属名）＝ Xanthophyllum Roxb.（1820）（保留属名）［远志科 Polygalaceae//黄叶树科 Xanthophyllaceae］●

38486　Pelagatia O. E. Schulz（1924）＝ Weberbauera Gilg et Muschl.（1909）［十字花科 Brassicaceae（Cruciferae）］■☆

38487　Pelagodendron Seem.（1866）〔汉〕海茜草属。【隶属】茜草科 Rubiaceae。【包含】世界 3 种。【学名诠释与讨论】〈中〉（希）pelagos, 海。Pelagios, 海的。拉丁文 pelagicus, 洋的, 海洋的 + dendron 或 dendros, 树木, 棍, 丛林。此属的学名是"Pelagodendron B. C. Seemann, Fl. Vitiensis 124. 2 Apr 1866"。亦有文献把其处理为"Randia L.（1753）"的异名。【分布】斐济。【模式】Pelagodendron vitiense B. C. Seemann。【参考异名】Randia L.（1753）●☆

38488　Pelagodoxa Becc.（1917）〔汉〕海荣椰子属（凡哈椰属, 帕拉哥椰属, 全叶椰属, 培拉桐属, 银叶凤尾椰属）。【日】マーケサズヤシ属。【隶属】棕榈科 Arecaceae（Palmae）。【包含】世界 1-2 种。【学名诠释与讨论】〈阴〉（希）pelagos, 海。Pelagios, 海的。拉丁文 pelagicus, 洋的, 海洋的+doxa, 光荣, 光彩, 华丽, 荣誉, 有名, 显著。【分布】巴拿马, 马克萨斯群岛（南太平洋）。【模式】Pelagodoxa henryana Beccari。●☆

38489　Pelaphia Banks et Sol., Nom. inval. ＝ Coprosma J. R. Forst. et G. Forst.（1775）［茜草科 Rubiaceae］●☆

38490　Pelaphia Banks et Sol. ex A. Cunn.（1839）Nom. illegit. ＝ Coprosma J. R. Forst. et G. Forst.（1775）［茜草科 Rubiaceae］●☆

38491　Pelaphoides Banks et Sol. ex Cheesem. ＝ Pelaphia Banks et Sol. ex A. Cunn.（1839）［茜草科 Rubiaceae］●☆

38492　Pelargonion St. - Lag.（1880）＝ Pelargonium L'Hér. ex Aiton（1789）［牻牛儿苗科 Geraniaceae］●■

38493　Pelargonium L'Hér.（1789）〔汉〕天竺葵属。【日】テンジクアオイ属, テンヂクアフヒ属, パラルゴニューム属。【俄】Пеларгониа, Пеларгоний, Пеларгониум, Пеларгония。【英】Cranes - bill, Garden Geranium, Geranium, Geranium of Florists, Geranium of House - plants, Geranium Oil, Mawah, Pelargonium, Stork's Bill, Stork's - bill, Storkbill。【隶属】牻牛儿苗科 Geraniaceae。【包含】世界 250-280 种, 中国 9 种。【学名诠释与讨论】〈中〉（希）pelargon, 鹳喙草的俗名。指果的形状细长呈鹳喙状+-ius, -ia, -ium, 在拉丁文和希腊文中, 这些词尾表示性质或状态。指果的形状细长呈鹳喙状。此属的学名, ING 和 TROPICOS 记载是"Pelargonium L'Héritier in W. Aiton, Hortus Kew. 2：417. 7 Aug-1 Oct 1789"。APNI、GCI 和 IK 则记载为

"Pelargonium L'Hér. ex Aiton, Hort. Kew.［W. Aiton］2：417. 1789［7 Aug-1 Oct 1789］"。五者引用的文献相同。"Geraniospermum O. Kuntze, Rev. Gen. 1：93. 5 Nov 1891"是"Pelargonium L'Hér.（1789）"的晚出的同模式异名（Homotypic synonym, Nomenclatural synonym）。它的 2 个重要异名是"Geraniospermum Kuntze Revisio Generum Plantarum 1 1891"和"Geranium sect. Pelargonium（Aiton）Kuntze Lexicon Generum Phanerogamarum 1903"。【分布】巴基斯坦, 玻利维亚, 厄瓜多尔, 哥伦比亚（安蒂奥基亚）, 哥斯达黎加, 马达加斯加, 中国, 中美洲。【后选模式】Pelargonium hirsutum（N. L. Burman）W. Aiton ［Geranium hirsutum N. L. Burman］。【参考异名】Anisopetala Walp.（1848）Nom. inval. ; Campylia Lindl. ex Sweet; Chorisma Lindl.（1820）Nom. inval. ; Chorisma Lindl. ex Sw.（1821）; Ciconium Sweet（1822）; Corthumia Rchb.（1841）; Cortusina（DC.）Eckl. et Zeyh.（1834）; Cortusina Eckl. et Zeyh.（1834）Nom. illegit. ; Cynosbata（DC.）Rchb.（1837）; Cynosbata Rchb.（1837）Nom. illegit. ; Dibrachia Steud.（1840）; Dibrachya（Sweet）Eckl. et Zeyh.（1834）; Dimacria Lindl.（1820）Nom. illegit. ; Dimacria Lindl. ex Sw.（1820）; Eumorpha Eckl. et Zeyh.（1834）; Geraniospermum Kuntze（1891）Nom. illegit. ; Grenvillea Sweet（1825）; Hoarea Sweet（1820）; Isopetalum（DC.）Eckl. et Zeyh.（1834-1835）Nom. illegit. ; Isopetalum Sweet（1822）; Jenkinsonia Sweet（1821）; Ligularia Eckl. et Zeyh.（1834）Nom. illegit.（废弃属名）; Ligularia Sweet ex Eckl. et Zeyh.（1834）Nom. illegit.（废弃属名）; Myrrhidium（DC.）Eckl. et Zeyh.（1834）; Myrrhidium Eckl. et Zeyh.（1834）Nom. illegit. ; Otidia Lindl. ex Sweet; Pelargonion St. -Lag.（1880）; Pelargonium L'Hér. ex Aiton（1789）Nom. illegit. ; Peristera（DC.）Eckl. et Zeyh.（1834-1835）Nom. illegit. ; Peristera Eckl. et Zeyh.（1834-1835）Nom. illegit. ; Phymatanthus Lindl. ex Sweet（1820）; Phymatanthus Sweet（1820）Nom. illegit. ; Polyactium（DC.）Eckl. et Zeyh.（1834）; Polyactium Eckl. et Zeyh.（1834）Nom. illegit. ; Polychisma C. Muell.（1869）; Polyschisma Turcz.（1859）; Seymouria Sweet（1824）●■

38494　Pelargonium L'Hér. ex Aiton（1789）Nom. illegit. ＝ Pelargonium L'Hér.（1789）［牻牛儿苗科 Geraniaceae］●■

38495　Pelatantheria Ridl.（1896）〔汉〕钻柱兰属。【英】Pelatantheria。【隶属】兰科 Orchidaceae。【包含】世界 5 种, 中国 4 种。【学名诠释与讨论】〈阴〉词源不详。【分布】马来半岛, 印度, 中国。【后选模式】Pelatantheria ctenoglossum Ridley。【参考异名】Peltantheria Post et Kuntze（1903）■

38496　Pelea A. Gray（1854）＝ Melicope J. R. Forst. et G. Forst.（1776）［芸香科 Rutaceae］●

38497　Pelecinus Mill.（1754）Nom. illegit. ≡ Biserrula L.（1753）［豆科 Fabaceae（Leguminosae）//蝶形花科 Papilionaceae］■☆

38498　Pelecinus Tourn. ex Medik.（1787）Nom. illegit.［豆科 Fabaceae（Leguminosae）］☆

38499　Pelecostemon Léonard（1958）〔汉〕斧蕊爵床属。【隶属】爵床科 Acanthaceae。【包含】世界 1 种。【学名诠释与讨论】〈阳〉（希）pelekus, 斧+stemon, 雄蕊。【分布】哥伦比亚。【模式】Pelecostemon trianae Leonard。☆

38500　Pelecynthis E. Mey.（1835）＝ Rafnia Thunb.（1800）［豆科 Fabaceae（Leguminosae）//蝶形花科 Papilionaceae］■☆

38501　Pelecyphora C. Ehrenb.（1843）〔汉〕斧突球属。【日】ペレキフォラ属。【英】Hatchet Cactus。【隶属】仙人掌科 Cactaceae。【包含】世界 2 种, 中国 1 种。【学名诠释与讨论】〈阴〉（希）pelekys, 所有格 pelykeos, 小斧+phoros, 具有, 梗, 负载, 发现者。【分布】墨西哥, 中国。【模式】Pelecyphora aselliformis Ehrenberg.

【参考异名】Encephalocarpus A. Berger(1929)●

38502　Pelexia Lindl.(1826)Nom. illegit.(废弃属名)≡Pelexia Poit. ex Lindl.(1826)(保留属名)［兰科 Orchidaceae］■

38503　Pelexia Poit. ex Lindl.(1826)(保留属名)【汉】肥根兰属(异兰属)。【英】Pelexia。【隶属】兰科 Orchidaceae。【包含】世界 67-75 种,中国 1 种。【学名诠释与讨论】〈阴〉(希)pelex,头盔。指花萼头盔状。此属的学名"Pelexia Poit. ex Lindl. in Bot. Reg. : ad t. 985. 1 Jun 1826"是保留属名。相应的废弃属名是兰科 Orchidaceae 的"Collea Lindl. in Bot. Reg. 9;ad t. 760. 1 Dec 1823 ≡Pelexia Poit. ex Lindl.(1826)(保留属名)"。"Pelexia Lindl.(1826)≡Pelexia Poit. ex Lindl.(1826)"的命名人引证有误,亦应废弃。兰科 Orchidaceae 的"Pelexia Poit. ex Rich., De Orchid. Eur. 37. 1817［Aug–Sep 1817］=Pelexia Poit. ex Lindl.(1826)(保留属名)"和"Pelexia Rich.,Mém. Mus. Par. iv.(1818)59 =Pelexia Poit. ex Lindl.(1826)(保留属名)"也要废弃。【分布】巴拉圭,巴拿马,秘鲁,玻利维亚,厄瓜多尔,哥伦比亚(安蒂奥基亚),哥斯达黎加,墨西哥,尼加拉瓜,中国,西印度群岛,中美洲。【模式】Pelexia spiranthoides Lindley, Nom. illegit.［Satyrium adnatum Swartz;Pelexia adnata(Swartz)K. P. J. Sprengel］。【参考异名】Adnula Raf.(1837);Callistanthos Szlach.(2008);Collaea Endl.(1842);Collea Lindl.(1823)(废弃属名);Colloea Endl.(1823)(废弃属名);Pelexia Lindl.(1826)Nom. illegit.(废弃属名);Pelexia Poit. ex Rich.(1817)(废弃属名);Pelexia Rich.(1818)Nom. illegit.(废弃属名);Potosia(Schltr.)R. González et Szlach. ex Mytnik(2003)■

38504　Pelexia Poit. ex Rich.(1817)(废弃属名)= Pelexia Poit. ex Lindl.(1826)(保留属名)［兰科 Orchidaceae］■

38505　Pelexia Rich.(1818)Nom. illegit.(废弃属名)= Pelexia Poit. ex Lindl.(1826)(保留属名)［兰科 Orchidaceae］■

38506　Pelianthus E. Mey. ex Moq.(1849)【汉】铅花苋属(斧花苋属)。【隶属】苋科 Amaranthaceae。【包含】世界 1 种。【学名诠释与讨论】〈阳〉(希)pelios,铅色的+anthos,花。antheros,多花的。antheo,开花。希腊文 anthos 亦有"光明、光辉、优秀"之义。此属的学名是"Pelianthus E. Mey. ex Moq."。《显花植物与蕨类植物词典》把其处理为"Hermbstaedtia Rchb.(1828)"的异名。【分布】澳大利亚,非洲。【模式】Pelianthus celosioides E. Mey. ex Moq.。【参考异名】Hermbstaedtia Rchb.(1828)●☆

38507　Pelidnia Barnhart(1916)= Utricularia L.(1753)［狸藻科 Lentibulariaceae］■

38508　Peliosanthaceae Salisb.(1866)［亦见 Convallariaceae L. 铃兰科 和 Ruscaceae M. Roem.(保留科名)假叶树科］【汉】球子草科。【包含】世界 1 属 10-16 种,中国 1 属 6 种。【分布】喜马拉雅山至中国(台湾)和印度尼西亚(爪哇岛)。【科名模式】Peliosanthes Andréws(1808)■

38509　Peliosanthes Andréws(1808)【汉】球子草属。【日】シマハラン属,シマバラン属。【英】Peliosanthes。【隶属】百合科 Liliaceae//铃兰科 Convallariaceae//球子草科 Peliosanthaceae。【包含】世界 10-16 种,中国 6 种。【学名诠释与讨论】〈阴〉(希)pelios,铅色的+anthos,花。指花铅灰色。【分布】中国,喜马拉雅山至印度尼西亚(爪哇岛)。【模式】Peliosanthes teta H. C. Andrews。【参考异名】Bulbisperma Reinw. ex Blume(1823);Bulbospermum Blume(1827);Lourya Baill.(1888);Neolourya L. Rodrig.(1934);Piliosanthes Hassk.(1843);Teta Roxb.(1814)■

38510　Peliostomum Benth.(1836)Nom. illegit. ≡Peliostomum E. Mey. ex Benth.(1836)［玄参科 Scrophulariaceae］■●☆

38511　Peliostomum E. Mey. ex Benth.(1836)【汉】铅口玄参属。【隶属】玄参科 Scrophulariaceae。【包含】世界 7 种。【学名诠释与讨论

论】〈中〉(希)pelios,铅色的+stoma,所有格 stomatos,孔口。此属的学名,ING 和 IK 记载是"Peliostomum E. H. F. Meyer ex Bentham in Lindley, Edwards's Bot. Reg. t. 1882. 1 Aug 1836"。"Peliostomum Benth.(1836)≡ Peliostomum E. Mey. ex Benth.(1836)"的命名人引证有误。【分布】热带和非洲南部。【模式】未指定。【参考异名】Peliostomum Benth.(1836)■●☆

38512　Peliotes Harv. et Sond. = Peliotis E. Mey.; ~ = Lonchostoma Wikstr.(1818)(保留属名)［鳞叶树科(布鲁科,小叶树科)Bruniaceae］●☆

38513　Peliotis E. Mey. =Lonchostoma Wikstr.(1818)(保留属名)［鳞叶树科(布鲁尼科,小叶树科)Bruniaceae］●☆

38514　Peliotus E. Mey. = Lonchostoma Wikstr.(1818)(保留属名); ~ =Peliotis E. Mey.; ~ = Lonchostoma Wikstr.(1818)(保留属名)［鳞叶树科(布鲁尼科,小叶树科)Bruniaceae］●☆

38515　Pella Gaertn.(1788)= Ficus L.(1753)［桑科 Moraceae］●

38516　Pellacalyx Korth.(1836)【汉】山红树属。【英】Pellacalyx, Wildmangrove。【隶属】红树科 Rhizophoraceae。【包含】世界 7-8 种,中国 1 种。【学名诠释与讨论】〈阴〉(希)pellos =pelos,暗色的,昏暗的;pella,杯子,木碗+kalyx,所有格 kalykos =拉丁文 calyx,花萼,杯子。指花萼暗绿色,或指花及花萼的形状。【分布】印度尼西亚(苏拉威西岛),中国,东南亚西部。【模式】Pellacalyx axillaris P. W. Korthals。【参考异名】Craterianthus Valeton ex K. Heyne(1917);Pellocalyx Post et Kuntze(1903);Plaesiantha Hook. f.(1865)●

38517　Pellea André(1880)= Pellionia Gaudich.(1830)(保留属名)［荨麻科 Urticaceae］●■

38518　Pellegrinia Sleumer(1935)【汉】毛丝莓属。【隶属】杜鹃花科(欧石南科)Ericaceae。【包含】世界 5 种。【学名诠释与讨论】〈阴〉(人)Francois Pellegrin,1881-1965,法国植物学者,Walsura nouveau du Tonkin 的作者。【分布】秘鲁,玻利维亚,安第斯山。【模式】Pellegrinia grandiflora(Ruiz et Pavon ex G. Don)Sleumer［Ceratostema grandiflora Ruiz et Pavon ex G. Don］。【参考异名】Ceratostema G. Don ●☆

38519　Pellegriniodendron J. Léonard(1955)【汉】热非二叶豆属。【隶属】豆科 Fabaceae(Leguminosae)//云实科(苏木科)Caesalpiniaceae。【包含】世界 1 种。【学名诠释与讨论】〈中〉(人)Gaetano Pellegrini,1824 – 1883,植物学者+dendron 或 dendros,树木,棍,丛林。另说 Francois Pellegrin,1881-1965,法国植物学者 + dendron。【分布】热带非洲。【模式】Pellegriniodendron diphyllum(Harms)J. Léonard［Macrolobium diphyllum Harms］。●☆

38520　Pelleteria Poir.(1825)= Pelletiera A. St. –Hil.(1822)［报春花科 Primulaceae//紫金牛科 Myrsinaceae］■☆

38521　Pelletiera A. St. –Hil.(1822)【汉】三瓣花属。【隶属】报春花科 Primulaceae//紫金牛科 Myrsinaceae。【包含】世界 1-2 种。【学名诠释与讨论】〈阴〉(人)Pierre Joseph Pelletier,1788-1842,法国植物学者,药剂师。【分布】热带南美洲。【模式】Pelletiera verna A. F. C. Saint-Hilaire。【参考异名】Pelleteria Poir.(1825)■☆

38522　Pelliceria Planch. et Triana(1862)Nom. illegit. ≡ Pelliciera Planch. et Triana(1862)［as 'Pelliceria'］［肖红树科(假红树科,中美洲红树科)Pellicieraceae//四籽树科 Tetrameristaceae］●☆

38523　Pelliciera Planch. et Triana ex Benth.(1862)Nom. illegit. ≡ Pelliciera Planch. et Triana(1862)［as 'Pelliceria'］［肖红树科(假红树科,中美洲红树科)Pellicieraceae//四籽树科 Tetrameristaceae］●☆

38524　Pelliciera Planch. et Triana ex Benth. et Hook. f.(1862)Nom. illegit. ≡Pelliciera Planch. et Triana(1862)［as 'Pelliceria'］［肖

红树科（假红树科，中美洲红树科）Pellicieraceae//四籽树科 Tetrameristaceae] ●☆

38525 Pelliciera Planch. et Triana（1862）[as 'Pellicieria']【汉】肖红树属（假红树属，中美洲红树属）。【隶属】肖红树科（假红树科，中美洲红树科）Pellicieraceae//四籽树科 Tetrameristaceae。【包含】世界1种。【学名诠释与讨论】〈阴〉（拉）pellex = paelex，所有格 pellicis，男性姘头，代替者+eros 爱。或 pellicius，革制的，指叶和果实革质。此属的学名，ING 记载是"Pelliciera Planchon et Triana in Triana et Planchon，Ann. Sci. Nat.，Bot. ser. 4. 17：380. Jun 1862（'Pellicieria'）"。IK 则记载为"Pelliciera Planch. et Triana，Gen. Pl.［Bentham et Hooker f.］i. 186（1862）"。"Pellicieria Planch. et Triana ex Benth.（1862）≡Pelliciera Planch. et Triana（1862）[as 'Pellicieria']"和"Pelliciera Planch. et Triana ex Benth. et Hook. f.（1862）≡Pelliciera Planch. et Triana（1862）[as 'Pellicieria']"的命名人引证有误。"Pellicieria Planch. et Triana（1862）"则是"Pelliciera Planch. et Triana（1862）"的拼写变体。【分布】巴拿马，厄瓜多尔，哥斯达黎加，尼加拉瓜，中美洲。【模式】Pelliciera rhizophorae Planchon et Triana。【参考异名】Pellicieria Planch. et Triana（1862）Nom. illegit.；Pelliciera Planch. et Triana ex Benth.（1862）Nom. illegit.；Pelliciera Planch. et Triana ex Benth. et Hook. f.（1862）Nom. illegit.●☆

38526 Pellicieraceae（Triana et Planch.）L. Beauvis. ex Bullock.（1959）【汉】肖红树科（假红树科，中美洲红树科）。【包含】世界1属1种。【分布】热带美洲。【科名模式】Pelliciera Planch. et Triana ●☆

38527 Pellicieraceae Bullock. = Pellicieraceae（Triana et Planch.）L. Beauvis. ex Bullock.（1959）●☆

38528 Pellicieraceae L. Beauvis.（1924）= Pellicieraceae（Triana et Planch.）L. Beauvis. ex Bullock.（1959）；~ = Tetrameristaceae Hutch.●☆

38529 Pellicieraceae L. Beauvis. ex Bullock（1959）= Pellicieraceae（Triana et Planch.）L. Beauvis. ex Bullock.（1959）●☆

38530 Pellinia Molina（1810）Nom. illegit. ≡Eucryphia Cav.（1798）[蔷薇科 Rosaceae//独子果科 Physenaceae//火把树科 Cunoniaceae//密藏花科 Eucryphiaceae] ●☆

38531 Pellionia Gaudich.（1830）（保留属名）【汉】赤车属（赤车使者属）。【日】サンショウソウ属，サンセウサウ属。【俄】Пеллиония。【英】Pellionia，Redcarweed。【隶属】荨麻科 Urticaceae。【包含】世界 60-70 种，中国 20-27 种。【学名诠释与讨论】〈阴〉（人）Alphonse Odet Pellion，1796-1868，法国海军将领。此属的学名"Pellionia Gaudich.，Voy. Uranie，Bot.：494. 6 Mar 1830"是保留属名。相应的废弃属名是荨麻科 Urticaceae 的"Polychroa Lour.，Fl. Cochinch.：538，559. Sep 1790 = Pellionia Gaudich.（1830）（保留属名）"。"Pellinia Molina，Sag. Stor. Nat. Chili，ed. 2. 290. 1810"则是"Eucryphia Cav.（1798）[蔷薇科 Rosaceae//独子果科 Physenaceae//火把树科 Cunoniaceae//密藏花科 Eucryphiaceae]"的晚出的同模式异名（Homotypic synonym，Nomenclatural synonym）。亦有文献把"Pellionia Gaudich.（1830）（保留属名）"处理为"Elatostema J. R. Forst. et G. Forst.（1775）（保留属名）"的异名。【分布】中国，波利尼西亚群岛，热带和东亚。【模式】Pellionia elatostemoides Gaudichaud-Beaupré。【参考异名】Elatostema J. R. Forst. et G. Forst.（1775）（保留属名）；Nirwamia Raf.（1838）；Pellea André（1880）；Polychroa Lour.（1790）（废弃属名）●■

38532 Pellocalyx Post et Kuntze（1903）= Pellacalyx Korth.（1836）[红树科 Rhizophoraceae] ●

38533 Pelma Finet（1909）= Bulbophyllum Thouars（1822）（保留属名）[兰科 Orchidaceae] ■

38534 Pelonastes Hook. f.（1847）= Myriophyllum L.（1753）[小二仙草科 Haloragaceae//狐尾藻科 Myriophyllaceae] ■

38535 Peloria Adans.（1763）= Linaria Mill.（1754）[玄参科 Scrophulariaceae//柳穿鱼科 Linariaceae//婆婆纳科 Veronicaceae] ■

38536 Pelotris Raf.（1840）= Muscari Mill.（1754）[百合科 Liliaceae//风信子科 Hyacinthaceae] ■☆

38537 Pelozia Rose（1909）= Lopezia Cav.（1791）[柳叶菜科 Onagraceae] ■☆

38538 Pelta Dulac（1867）Nom. illegit. ≡Zannichellia L.（1753）[眼子菜科 Potamogetonaceae//茨藻科 Najadaceae//角果藻科（角茨藻科）Zannichelliaceae] ■

38539 Peltactila Raf.（1836）= Daucus L.（1753）[伞形花科（伞形科）Apiaceae（Umbelliferae）] ■

38540 Peltaea（C. Presl）Standl.（1916）（保留属名）【汉】盾锦葵属。【隶属】锦葵科 Malvaceae。【包含】世界4种。【学名诠释与讨论】〈阴〉（希）pelte，指小式 peltarion，盾。此属的学名"Peltaea（C. Presl）Standl. in Contr. U. S. Natl. Herb. 18：113. 11 Feb 1916"是保留属名，由"Malachra sect. Peltaea K. B. Presl，Rel. Haenk. 2：125. Jan - Jul 1835"改级而来。相应的废弃属名是锦葵科 Malvaceae 的"Peltostegia Turcz. in Bull. Soc. Imp. Naturalistes Moscou 31（1）：223. 27 Mai 1858 = Peltaea（C. Presl）Standl.（1916）（保留属名）"。"Peltaea Standl.，Contr. U. S. Natl. Herb. xviii. 113（1916）≡Peltaea（C. Presl）Standl.（1916）（保留属名）"和"Peltaea（Gllrke）Standl.（1916）= Peltaea（C. Presl）Standl.（1916）（保留属名）"的命名人引证有误，亦应废弃。【分布】巴拉圭，巴拿马，秘鲁，玻利维亚，哥伦比亚（安蒂奥基亚），哥斯达黎加，尼加拉瓜，西印度群岛，热带美洲，中美洲。【模式】Peltaea ovata（K. B. Presl）Standley［Malachra ovata K. B. Presl］。【参考异名】Malachra sect. Peltaea C. Presl（1835）；Peltaea（Gllrke）Standl.（1916）Nom. illegit.（废弃属名）；Peltaea Standl.（1916）Nom. illegit.；Peltobractea Rusby（1927）；Peltostegia Turcz.（1858）（废弃属名）●☆

38541 Peltaea（Gllrke）Standl.（1916）Nom. illegit.（废弃属名）= Peltaea（C. Presl）Standl.（1916）（保留属名）[锦葵科 Malvaceae] ●☆

38542 Peltaea Standl.（1916）Nom. illegit.（废弃属名）≡Peltaea（C. Presl）Standl.（1916）（保留属名）[锦葵科 Malvaceae] ●☆

38543 Peltandra Raf.（1819）（保留属名）【汉】盾蕊南星属（盾蕊芋属，盾雄属）。【俄】Пельтандра。【英】Arrow Arum，Arrow-arum。【隶属】天南星科 Araceae。【包含】世界2-3种。【学名诠释与讨论】〈阴〉（希）pelte，指小式 peltarion，盾+aner，所有格 andros，雄性，雄蕊。此属的学名"Peltandra Raf. in J. Phys. Chim. Hist. Nat. Arts 89：103. Aug 1819"是保留属名。法规未列出相应的废弃属名。但是大戟科的"Peltandra R. Wight，Icon. 5（2）：（24）. Jan 1852 = Meineckia Baill.（1858）= Phyllanthus L.（1753）"应该废弃。【分布】美国南部和北美洲。【模式】Peltandra undulata Rafinesque。【参考异名】Lecontea Raf.；Lecontia A. W. Cooper ex Torr.（1826）；Rensselaeria Beck（1833）■☆

38544 Peltandra Wight（1852）Nom. illegit.（废弃属名）= Meineckia Baill.（1858）；~ = Phyllanthus L.（1753）[大戟科 Euphorbiaceae//叶下珠科（叶萝摩科）Phyllanthaceae] ●■

38545 Peltanthera Benth.（1876）（保留属名）【汉】盾药草属。【隶属】醉鱼草科 Buddlejaceae。【包含】世界2种。【学名诠释与讨论】〈阴〉（希）pelte，指小式 peltarion，盾+anthera，花药。此属的学名"Peltanthera Benth. in Bentham et Hooker，Gen. Pl. 2：788，797. Mai 1876"是保留属名。相应的废弃属名是夹竹桃科

Apocynaceae 的"Peltanthera Roth, Nov. Pl. Sp.：132. Apr 1821 = Vallaris Burm. f.（1768）"。【分布】秘鲁。【模式】Peltanthera floribunda Bentham。【参考异名】Valerioa Standl. et Steyerm.（1938）●☆

38546　Peltanthera Roth（1821）（废弃属名）= Vallaris Burm. f.（1768）[夹竹桃科 Apocynaceae]●

38547　Peltantheria Post et Kuntze（1903）= Pelatantheria Ridl.（1896）[兰科 Orchidaceae]■

38548　Peltaria Burm. ex DC.（1825）Nom. illegit., Nom. inval. = Wiborgia Thunb.（1800）（保留属名）[豆科 Fabaceae（Leguminosae）//蝶形花科 Papilionaceae]■☆

38549　Peltaria DC.（1825）Nom. illegit., Nom. inval. = Wiborgia Thunb.（1800）（保留属名）[豆科 Fabaceae（Leguminosae）//蝶形花科 Papilionaceae]■☆

38550　Peltaria Jacq.（1762）【汉】盾形草属。【俄】Шит。【英】Shieldwort。【隶属】十字花科 Brassicaceae（Cruciferae）。【包含】世界 4-6 种。【学名诠释与讨论】〈阴〉（希）pelte, 指小式 peltarion, 盾+-arius, -aria, -arium, 指示"属于、相似、具有、联系"的词尾。指叶形。此属的学名, ING 和 IK 记载是"Peltaria N. J. Jacquin, Enum. Stirp. Vindob. 117, 260. May 1762"。"Peltaria Burm. ex DC., Prodr.[A. P. de Candolle]2：420. 1825[mid Nov 1825]是晚出的非法名称, 而且是一个裸名。"Peltaria DC.（1825）"的命名人引证有误。【分布】巴基斯坦, 伊朗, 地中海东部至亚洲中部。【模式】Peltaria alliacea N. J. Jacquin。【参考异名】Boadschia All.（1785）；Bohadschia Crantz（1762）；Leptoplax O. E. Schulz（1933）■☆

38551　Peltariopsis（Boiss.）N. Busch（1927）【汉】假盾草属。【俄】Щитник。【隶属】十字花科 Brassicaceae（Cruciferae）。【包含】世界 2 种。【学名诠释与讨论】〈阴〉（属）Peltaria 盾形草属+希腊文 opsis, 外观, 模样, 相似。此属的学名, ING 记载是"Peltariopsis（Boissier）N. Busch, Vestn. Tiflissk. Bot. Sada ser. 2. 3-4：8. 20 Jul 1927", 由"Cochlearia sect. Peltariopsis Boissier, Fl. Orient. 1：247. Apr. – Jun. 1867"改级而来。IK 和 TROPICOS 则记载为"Peltariopsis N. Busch, V 8 1 toSTiflissk. Bot. Sada 1926-27, n. s. Pt. 3-4, 8（1927）"。亦有文献把"Peltariopsis（Boiss.）N. Busch（1927）"处理为"Cochlearia L.（1753）"的异名。【分布】伊朗, 中国, 高加索。【模式】未指定。【参考异名】Cochlearia L.（1753）；Cochlearia sect. Peltariopsis Boiss.（1867）；Peltariopsis N. Busch（1927）Nom. illegit.。■

38552　Peltariopsis N. Busch（1927）Nom. illegit. ≡ Peltariopsis（Boiss.）N. Busch（1927）[十字花科 Brassicaceae（Cruciferae）]■

38553　Peltastes Woodson（1932）【汉】盾竹桃属。【隶属】夹竹桃科 Apocynaceae。【包含】世界 7 种。【学名诠释与讨论】〈阴〉（希）pelte, 指小式 peltarion, 盾。peltastes, 持盾者。【分布】巴拉圭, 巴拿马, 秘鲁, 玻利维亚, 哥伦比亚（安蒂奥基亚）, 中美洲。【后选模式】Peltastes peltatus（Vellozo）R. E. Woodson[Echites peltata Vellozo]。●☆

38554　Pelticalyx Griff.（1854）【汉】盾萼番荔枝属。【隶属】番荔枝科 Annonaceae。【包含】世界 1 种。【学名诠释与讨论】〈阳〉（希）pelte, 指小式 peltarion, 盾+kalyx, 所有格 kalykos = 拉丁文 calyx, 花萼, 杯子。此属的学名是"Pelticalyx W. Griffith, Notul. Pl. Asiat. 4：706. 1854"。亦有文献把其处理为"Desmos Lour.（1790）"的异名。【分布】印度。【模式】Pelticalyx argentea W. Griffith。【参考异名】Desmos Lour.（1790）；Peltocalyx Post et Kuntze（1903）●☆

38555　Peltidium Zollik.（1820）= Chondrilla L.（1753）[菊科 Asteraceae（Compositae）]■

38556　Peltiera Du Puy et Labat（1997）【汉】盾豆木属。【隶属】豆科 Fabaceae（Leguminosae）。【包含】世界 2 种。【学名诠释与讨论】〈阴〉（希）pelte, 指小式 peltarion, 盾+-er 词尾, 来自安萨 ere, 拉丁文 arius, 指示行为者, 作用者, 从事者, 与有关系者。【分布】马达加斯加。【模式】Peltiera nitida D. J. Du Puy et J.-N. Labat。●☆

38557　Peltimela Raf.（1833）（废弃属名）≡ Glossostigma Wight et Arn.（1836）（保留属名）[玄参科 Scrophulariaceae]■☆

38558　Peltiphyllum（Engl.）Engl.（1891）Nom. illegit. ≡ Peltiphyllum Engl.（1891）Nom. illegit. ≡ Darmera Voss（1899）[虎耳草科 Saxifragaceae]■☆

38559　Peltiphyllum Engl.（1891）Nom. illegit. ≡ Darmera Voss（1899）[虎耳草科 Saxifragaceae]■☆

38560　Peltispermum Moq.（1840）= Anthochlamys Fenzl ex Endl.（1837）[藜科 Chenopodiaceae]■☆

38561　Peltoboykinia（Engl.）Hara（1937）【汉】涧边草属。【日】ヤワタソウ属。【英】Shoregrass。【隶属】虎耳草科 Saxifragaceae。【包含】世界 1-2 种, 中国 1 种。【学名诠释与讨论】〈阴〉（希）pelte, 指小式 peltarion, 盾+（属）Boykinia 八幡草属。指叶片盾状。此属的学名是"Peltoboykinia（Engl.）H. Hara, Botanical Magazine, Tokyo 51：251. 1937[1937].（Bot. Mag.（Tokyo））", 由"Boykinia sect. Peltoboykinia Engl., Die natürlichen Pflanzenfamilien, Zweite Auflage 18a：120. 1930.（Nat. Pflanzenfam.（ed. 2））"改级而来。【分布】日本, 中国。【模式】Peltoboykinia tellimoides（Maximowicz）Hara[Saxifraga tellimoides Maximowicz]。■

38562　Peltobractea Rusby（1927）= Peltaea（C. Presl）Standl.（1916）（保留属名）[锦葵科 Malvaceae]●☆

38563　Peltobryon Klotzsch（1843）Nom. illegit. ≡ Peltobryon Klotzsch ex Miq.（1843）；~ = Piper L.（1753）[胡椒科 Piperaceae]●■

38564　Peltocalathos Tamura（1992）【汉】南非毛茛属。【隶属】毛茛科 Ranunculaceae。【包含】世界 1 种。【学名诠释与讨论】〈阴〉（希）pelte, 指小式 peltarion, 盾+kalathos, 篮。此属的学名是"Peltocalathos Tamura, Acta Phytotaxonomica et Geobotanica 43（2）：139. 1992"。亦有文献把其处理为"Ranunculus L.（1753）"的异名。【分布】澳大利亚, 非洲。【模式】Peltocalathos baurii（MacOwan）Tamura。【参考异名】Ranunculus L.（1753）■☆

38565　Peltocalyx Post et Kuntze（1903）= Desmos Lour.（1790）；~ = Pelticalyx Griff.（1854）[番荔枝科 Annonaceae]●

38566　Peltodon Pohl（1827）【汉】盾齿花属。【隶属】唇形科 Lamiaceae（Labiatae）。【包含】世界 5-6 种。【学名诠释与讨论】〈中〉（希）pelte, 指小式 peltarion, 盾+odous, 所有格 odontos, 齿。【分布】巴拉圭, 巴西。【后选模式】Peltodon radicans Pohl。●■☆

38567　Peltogyne Vogel（1837）（保留属名）【汉】紫心苏木属。【俄】Пельтогине。【英】Amaranth, Purpleheart。【隶属】豆科 Fabaceae（Leguminosae）。【包含】世界 23 种。【学名诠释与讨论】〈阴〉（希）pelte, 指小式 peltarion, 盾+gyne, 所有格 gynaikos, 雌性, 雌蕊。此属的学名"Peltogyne Vogel in Linnaea 11：410. Apr – Jul 1837"是保留属名。相应的废弃名是豆科 Fabaceae 的"Orectospermum Schott in Schreibers, Nachr. Österr. Naturf. Bras. 2, App.；54. 1822 = Peltogyne Vogel（1837）（保留属名）"。【分布】巴拿马, 秘鲁, 玻利维亚, 哥伦比亚（安蒂奥基亚）, 哥斯达黎加, 尼加拉瓜, 中美洲。【模式】Peltogyne discolor Vogel。【参考异名】Orectospermum Schott（废弃属名）●☆

38568　Peltomesa Raf.（1838）= Struthanthus Mart.（1830）（保留属名）[桑寄生科 Loranthaceae]●☆

38569　Peltophora Benth. et Hook. f.（1883）= Manisuris L.（1771）（废弃属名）；~ = Peltophorus Desv.（1810）Nom. illegit.；~ =

Rottboellia L. f.（1782）（保留属名）［禾本科 Poaceae（Gramineae）］■☆

38570　Peltophoropsis Chiov.（1915）【汉】类盾柱木属。【隶属】豆科 Fabaceae（Leguminosae）//云实科（苏木科）Caesalpiniaceae。【包含】世界1种。【学名诠释与讨论】〈阴〉（属）Peltophorum 盾柱木属＋希腊文 opsis，外观，模样，相似。此属的学名是"Peltophoropsis Chiovenda, Ann. Bot.（Rome）13：385. 30 Sep 1915"。亦有文献把其处理为"Parkinsonia L.（1753）"的异名。【分布】热带非洲。【模式】Peltophoropsis sciona Chiovenda。【参考异名】Parkinsonia L.（1753）●☆

38571　Peltophorum（Vogel）Benth.（1840）（保留属名）【汉】盾柱木属（双翼豆属，双翼苏木属）。【日】トゲナシジャケツ属。【英】Brasiletto, Peltophorum, Peltostyle。【隶属】豆科 Fabaceae（Leguminosae）//云实科（苏木科）Caesalpiniaceae。【包含】世界8-12种，中国2种。【学名诠释与讨论】〈中〉（希）pelte，指小式 peltarion，盾＋phoros，具有，梗，负载，发现者。指柱头盾状。此属的学名"Peltophorum（Vogel）Benth. in J. Bot.（Hooker）2：75. Mar 1840"是保留属名，由"Caesalpinia sect. Peltophorum Vogel in Linnaea 11：406. Apr-Jul 1837"改级而来。相应的废弃属名是豆科 Fabaceae 的"Baryxylum Lour., Fl. Cochinch. : 257, 266. Sep 1790 ＝ Peltophorum（Vogel）Benth.（1840）（保留属名）"。"Peltophorum Walp.（1842）＝ Peltophorum（Vogel）Benth.（1840）（保留属名）"是晚出的非法名称，亦应废弃。【分布】巴基斯坦，巴拉圭，巴拿马，玻利维亚，哥伦比亚（安蒂奥基亚），马达加斯加，尼加拉瓜，中国，中美洲。【模式】Peltophorum vogelianum Bentham, Nom. illegit. ［Caesalpinia dubia K. P. J. Sprengel；Peltophorum dubium（K. P. J. Sprengel）Taubert］。【参考异名】Baryxylum Lour.（1790）（废弃属名）；Brasilettia（DC.）Kuntze（1891）Nom. illegit.；Brasilettia Kuntze（1891）Nom. illegit.；Caesalpinia sect. Peltophorum Vogel（1837）；Peltophorum Walp.（1842）●

38572　Peltophorum Walp.（1842）（废弃属名）＝ Peltophorum（Vogel）Benth.（1840）（保留属名）［豆科 Fabaceae（Leguminosae）//云实科（苏木科）Caesalpiniaceae］●

38573　Peltophorus Desv.（1810）Nom. illegit. ≡ Manisuris L.（1771）（废弃属名）；~ ＝ Rottboellia L. f.（1782）（保留属名）［禾本科 Poaceae（Gramineae）］■

38574　Peltophyllum Gardner（1843）【汉】盾叶霉草属。【隶属】霉草科 Triuridaceae。【包含】世界2种。【学名诠释与讨论】〈中〉（希）pelte，指小式 peltarion，盾＋希腊文 phyllon，叶子。phyllodes，似叶的，多叶的。phylleion，绿色材料，绿草。此属的学名，ING、TROPICOS、GCI 和 IK 记载是"Peltophyllum Gardner, Proc. Linn. Soc. London 1（18）：176. 1843［9 Aug 1843］"。"Hexuris Miers, Proc. Linn. Soc. London 2：72. 18 Oct 1850"和"Soredium Miers ex A. Henfrey, Bot. Gaz.（London）2：160. Jun 1850"是"Peltophyllum Gardner（1843）"的晚出的同模式异名（Homotypic synonym, Nomenclatural synonym）。化石植物的"Peltophyllum Massalongo, Monogr. Dombey. Foss. 22. post 24 Feb 1854"也是晚出的非法名称。亦有文献把"Peltophyllum Gardner（1843）"处理为"Triuris Miers（1841）"的异名。【分布】阿根廷，巴拉圭，巴西（东南部）。【模式】Peltophyllum luteum G. Gardner。【参考异名】Hexuris Miers（1850）Nom. illegit.；Soredium Miers ex Henfr.（1850）Nom. illegit.；Soridium Miers ex Henfrey（1850）Nom. illegit.；Triuris Miers（1841）■☆

38575　Peltopsis Raf.（1819）＝ Potamogeton L.（1753）［眼子菜科 Potamogetonaceae］■

38576　Peltopus（Schltr.）Szlach. et Marg.（2002）【汉】盾足兰属。【隶

属】兰科 Orchidaceae。【包含】世界34种。【学名诠释与讨论】〈阳〉（希）pelte，指小式 peltarion，盾＋pous，所有格 podos，指小式 podion，脚，足，柄，梗。podotes，有脚的。此属的学名，IK 记载是"Peltopus（Schltr.）Szlach. et Marg., Polish Bot. J. 46（2）：114. 2002［2001 publ. 20 Feb 2002］"，由"Bulbophyllum sect. Peltopus Schltr."改级而来。亦有文献把"Peltopus（Schltr.）Szlach. et Marg.（2002）"处理为"Bulbophyllum Thouars（1822）（保留属名）"的异名。【分布】参见 Bulbophyllum Thouars（1822）（保留属名）。【模式】不详。【参考异名】Bulbophyllum Thouars（1822）（保留属名）；Bulbophyllum sect. Peltopus Schltr. ■☆

38577　Peltospermum Benth.（1849）Nom. illegit. ≡ Sacosperma G. Taylor（1944）［茜草科 Rubiaceae］●☆

38578　Peltospermum DC.（1838）＝ Aspidosperma Mart. et Zucc.（1824）（保留属名）［夹竹桃科 Apocynaceae］●☆

38579　Peltospermum Post et Kuntze（1903）Nom. illegit. ＝Anthochlamys Fenzl ex Endl.（1837）；~ ＝ Peltispermum Moq.（1840）［藜科 Chenopodiaceae］■☆

38580　Peltostegia Turcz.（1858）（废弃属名）＝ Kosteletzkya C. Presl（1835）（保留属名）；~ ＝ Peltaea（C. Presl）Standl.（1916）（保留属名）［锦葵科 Malvaceae］●☆

38581　Peltostigma Walp.（1846）【汉】盾柱芸香属。【隶属】芸香科 Rutaceae。【包含】世界4种。【学名诠释与讨论】〈阴〉（希）pelte，指小式 peltarion，盾＋stigma，所有格 stigmatos，柱头，眼点。此属的学名，ING、TROPICOS 和 IK 记载是"Peltostigma Walp., Repert. Bot. Syst.（Walpers）v. 387（1846）"。"Pachystigma W. J. Hooker, Icon. Pl. ad t. 698-699. Jul 1844（non Hochstetter 1842）"是"Peltostigma Walp.（1846）"的同模式异名（Homotypic synonym, Nomenclatural synonym）。【分布】巴拿马，哥伦比亚（安蒂奥基亚），墨西哥，尼加拉瓜，西印度群岛，中美洲。【模式】Peltostigma pteleoides（W. J. Hooker）Walpers［Pachystigma pteleoides W. J. Hooker］。【参考异名】Pachystigma Hook.（1844）Nom. illegit. ●☆

38582　Pelucha S. Watson（1889）【汉】毛黄菊属。【隶属】菊科 Asteraceae（Compositae）。【包含】世界1种。【学名诠释与讨论】〈阴〉词源不详。【分布】美国（加利福尼亚）。【模式】Pelucha trifida S. Watson。●☆

38583　Pembertonia P. S. Short（2004）【汉】宽鳞鹅河菊属。【隶属】菊科 Asteraceae（Compositae）。【包含】世界1种。【学名诠释与讨论】〈阴〉（人）Pemberton。【分布】澳大利亚。【模式】Pembertonia latisquamea（F. Muell.）P. S. Short。■☆

38584　Pemphis J. R. Forst. et G. Forst.（1775）【汉】水芫花属。【日】ミヅガンビ属。【英】Pemphis。【隶属】千屈菜科 Lythraceae。【包含】世界1种，中国1种。【学名诠释与讨论】〈阴〉（希）pemphix，所有格 pemphigos，泡，水泡，脓疱，囊，袋 ＝pemphis。指种皮常增大成海绵质的翅。【分布】中国，热带非洲和马达加斯加至太平洋沿岸。【模式】Pemphis acidula J. R. et J. G. A. Forster。【参考异名】Macclellandia Wight（1853）；Maclelandia Wight（1853）；Millania Zipp. ex Blume（1856）●

38585　Penaea L.（1753）【汉】管萼木属。【隶属】管萼木科（管萼科）Penaeaceae。【包含】世界4-6种。【学名诠释与讨论】〈阴〉（人）Pierre Pena，法国植物学者，医生。此属的学名，ING、TROPICOS 和 IK 记载是"Penaea L., Sp. Pl. 1：111. 1753［1 May 1753］"。"Sarcocolla Boehmer in Ludwig, Def. Gen. ed. Boehmer 11. 1760"是"Penaea L.（1753）"的晚出的同模式异名（Homotypic synonym, Nomenclatural synonym）。【分布】非洲南部。【后选模式】Penaea mucronata Linnaeus。【参考异名】Paennaea Meerb.（1789）；Sarcocolla Boehm.（1760）Nom. illegit.；Stylapterus A. Juss.（1846）●☆

38586　Penaeaceae Guill. =Penaeaceae Sweet ex Guill. (保留科名)●☆

38587　Penaeaceae Sweet ex Guill. (1828)(保留科名)【汉】管萼木科(管萼科)。【包含】世界5-7属22-25种。【分布】非洲西南部南部。【科名模式】Penaea L. (1753)●☆

38588　Penanthes Vell. (1829) = Prenanthes L. (1753) [菊科 Asteraceae(Compositae)]■

38589　Penar-Valli Adans. (1763) Nom. illegit. ≡ Zanonia L. (1753) [葫芦科(瓜科,南瓜科)Cucurbitaceae//翅子瓜科 Zanoniaceae]●■

38590　Penarvallia Post et Kuntze (1903) Nom. illegit. = Zanonia L. (1753) [葫芦科(瓜科,南瓜科) Cucurbitaceae//翅子瓜科 Zanoniaceae]●■

38591　Pendlphylis Thouars = Bulbophyllum Thouars (1822) (保留属名) [兰科 Orchidaceae]■

38592　Penducella Luer et Thoerle (2010) Nom. illeg. , Nom. superfl. ≡ Lepanthes Sw. (1799) ; ~ ≡ Neooreophilus Archila (2009) [兰科 Orchidaceae]■☆

38593　Pendulina Willk. (1852) = Diplotaxis DC. (1821) [十字花科 Brassicaceae(Cruciferae)]■

38594　Pendulluma Plowes(2013)【汉】印度水牛掌属。【隶属】萝藦科 Asclepiadaceae。【包含】世界1种。【学名诠释与讨论】〈阴〉(拉)pendulus,下垂的;又可疑的,不定的,来自pendeo垂下去+lluma,水牛角属 Caralluma 的后半部分。【分布】印度。【模式】Pendulluma procumbens (Gravely et Mayur.) Plowes [Caralluma procumbens Gravely et Mayur.]。☆

38595　Pendulorchis Z. J. Liu,K. Wei Liu et G. Q. Zhang(2013)【汉】倒吊兰属。【隶属】兰科 Orchidaceae。【包含】世界2种1变种。【学名诠释与讨论】〈阴〉(希)(拉)pendulus,下垂的;又可疑的,不定的,来自pendeo垂下去+orchis,原义是睾丸,后变为植物兰的名称,因为根的形态而得名。变为拉丁文 orchis,所有格 orchidis。【分布】不丹,缅甸。【模式】Pendulorchis gaoligongense G. Q. Zhang,K. Wei Liu et Z. J. Liu. ☆

38596　Penelopeia Urb. (1921)【汉】佩纳葫芦属。【隶属】葫芦科(瓜科,南瓜科)Cucurbitaceae。【包含】世界1种。【学名诠释与讨论】〈阴〉(人) Penelope。【分布】海地岛。【模式】Penelopeia suburceolata (Cogniaux) Urban [Coccinia suburceolata Cogniaux]。■☆

38597　Penianthus Miers (1867)【汉】半花藤属。【隶属】防己科 Menispermaceae。【包含】世界4-6种。【学名诠释与讨论】〈阳〉(拉)pene,penion,paene,线,线轴;penios,细丝,螺纹+anthos,花。【分布】热带非洲西部。【模式】Penianthus longifolius Miers。【参考异名】Heptacyclum Engl. (1899)●☆

38598　Penicillanthemum Vieill. (1866) = Hugonia L. (1753) [亚麻科 Linaceae//亚麻藤科(弧钩树科)Hugoniaceae]●☆

38599　Penicillaria Willd. (1809) Nom. illegit. ≡ Pennisetum Rich. (1805) [禾本科 Poaceae(Gramineae)]■

38600　Peniculifera Ridl. (1920) = Trigonopleura Hook. f. (1887) [大戟科 Euphorbiaceae]●☆

38601　Peniculus Swallen(1932) = Mesosetum Steud. (1854) [禾本科 Poaceae(Gramineae)]■☆

38602　Peniocereus(A. Berger) Britton et Rose(1909)【汉】块根柱属(鹿角掌属,丝柱属)。【日】プニオセレウス属。【隶属】仙人掌科 Cactaceae。【包含】世界10-20种,中国1种。【学名诠释与讨论】〈阳〉(希)pene,penion,paene,线,线轴;penios,细丝,螺纹+(属)Cereus 仙影掌属。指茎纤细。此属的学名,ING、APNI 和 GCI 记载是"Peniocereus (A. Berger) N. L. Britton et J. N. Rose,Contr. U. S. Natl. Herb. 12:428. 21 Jul 1909",由"Cereus subsect. Peniocereus A. Berger,Rep. (Annual) Missouri Bot. Gard. 16:77. 31 Mai 1905"改级而来。IK 则记载为"Peniocereus Britton et Rose,Contr. U. S. Natl. Herb. xii. 428(1909)"。【分布】美国,墨西哥,中国,中美洲。【模式】Peniocereus greggii (Engelmann) N. L. Britton et J. N. Rose [Cereus greggii Engelmann]。【参考异名】Cereus subsect. Peniocereus A. Berger (1905); Cullmannia Distefano (1956); Neoevansia T. Marshall (1941); Nyctocereus (A. Berger) Britton et Rose (1909); Nyctocereus Britton et Rose (1909) Nom. illegit. ;Peniocereus Britton et Rose (1909) Nom. illegit. ; Wilcoxia Britton et Rose(1909)●

38603　Peniocereus Britton et Rose (1909) Nom. illegit. ≡ Peniocereus (A. Berger)Britton et Rose(1909) [仙人掌科 Cactaceae]●

38604　Peniophyllum Pennell(1919) = Oenothera L. (1753) [柳叶菜科 Onagraceae]●■

38605　Penkimia Phukan et Odyuo(2006)【汉】心启兰属。【隶属】兰科 Orchidaceae。【包含】世界1种,中国1种。【学名诠释与讨论】〈阴〉词源不详。【分布】中国,热带亚洲。【模式】Penkimia nagalandensis Phukan et Odyuo。【参考异名】Chenorchis Z. J. Liu,K. W. Liu et L. J. Chen(2008)■

38606　Pennantia J. R. Forst. et G. Forst. (1776)【汉】澳茱萸属(盆南梯属)。【隶属】澳茱萸科 Pennantiaceae。【包含】世界3-4种。【学名诠释与讨论】〈阴〉(人)Thomas1 Pennant, 1726-1798,威尔士博物学者。【分布】澳大利亚(大陆,诺福克岛),新西兰。【模式】Pennantia corymbosa J. R. et J. G. A. Forster。【参考异名】Pitcairnia J. R. Forst. et G. Forst. (废弃属名);Plectomirtha W. R. B. Oliv. (1948)●☆

38607　Pennantiaceae J. Agardh(1858) [亦见 Icacinaceae Miers(保留科名)茶茱萸科]【汉】澳茱萸科。【包含】世界1属3-4种。【分布】澳大利亚,新西兰,澳大利亚(诺福克岛)。【科名模式】Pennantia J. R. Forst. et G. Forst. ●☆

38608　Pennellia Nieuwl. (1918)【汉】彭内尔芥属。【隶属】十字花科 Brassicaceae(Cruciferae)。【包含】世界5-11种。【学名诠释与讨论】〈阴〉(人)Francis Whittier Pennell, 1886-1952,美国植物学者,植物采集家,玄参科 Scrophulariaceae 专家。此属的学名"Pennellia Nieuwland, Amer. Midl. Naturalist 5;224. Sep 1918"是一个替代名称。"Heterothrix (B. L. Robinson) Rydberg, Bull. Torrey Bot. Club 34;435. 10 Oct 1907"是一个非法名称(Nom. illegit.),因为此前已经有了"Heterothrix J. Müller Arg. in C. F. P. Martius, Fl. Brasil. 6(1);133. 1860 = Echites P. Browne (1756) [夹竹桃科 Apocynaceae]"。故用"Pennellia Nieuwl. (1918)"替代之。同理,黄藻"Heterothrix A. Pascher, Arch. Protistenk. 77; 344. 2 Jun 1932"亦是晚出的非法名称。"Lamprophragma O. E. Schulz in Engler,Pflanzenr. IV. 105(Heft 86);298. 22 Jul 1924"是"Pennellia Nieuwl. (1918)"的晚出的同模式异名(Homotypic synonym,Nomenclatural synonym)。【分布】玻利维亚,南美洲,中美洲。【模式】Pennellia longifolia (Bentham) Rollins [Streptanthus longifolius Bentham]。【参考异名】Heterothrix (B. L. Rob.) Rydb. (1907); Heterothrix Rydb. (1907) Nom. illegit. ;Lamprophragma O. E. Schulz(1924) Nom. illegit. ■☆

38609　Pennellianthus Crosswh. (1970)【汉】彭内尔婆婆纳属。【隶属】玄参科 Scrophulariaceae//婆婆纳科 Veronicaceae。【包含】世界1种。【学名诠释与讨论】〈阳〉(人)Francis Whittier Pennell, 1886-1952,美国植物学者,植物采集家,玄参科 Scrophulariaceae 专家+anthos,花。【分布】日本。【模式】Pennellianthus frutescens (A. B. Lambert) F. S. Crosswhite [Penstemon frutescens A. B. Lambert]。●☆

38610　Pennilabium J. J. Sm. (1914)【汉】巾唇兰属。【英】Pennilabium。【隶属】兰科 Orchidaceae。【包含】世界12种,中国

2 种。【学名诠释与讨论】〈中〉（拉）penna，羽毛+labium，唇。【分布】马来群岛，泰国，爪哇岛，中国。【后选模式】Pennilabium angraecum（Ridley）J. J. Smith［Saccolabium angraecum Ridley］。■

38611 Pennisetum Pers.（1805）Nom. illegit. ≡ Pennisetum Rich.（1805）［禾本科 Poaceae（Gramineae）］■

38612 Pennisetum Rich.（1805）【汉】狼尾草属。【日】チカラシバ属。【俄】Пеннизетум，Пеннисетум。【英】Fountain Grass，Pennisetum，Wolftailgrass。【隶属】禾本科 Poaceae（Gramineae）。【包含】世界 80-140 种，中国 11 种。【学名诠释与讨论】〈中〉（拉）penna = pinna，羽毛，笔，翼+seta = saeta，刚毛，刺毛。指花序的刺毛羽状排列。此属的学名，ING 和 TROPICOS 记载是"Pennisetum L. C. Richard in Persoon, Syn. Pl. 1：72. 1 Apr−15 Jun 1805"。IK 则记载为"Pennisetum Pers., Syn. Pl.［Persoon］1：72. 1805［1 Apr−15 Jun 1805］"。"Penicillaria Willdenow, Enum. Pl. Horti Berol. 1036. Jun 1809"是"Pennisetum Rich.（1805）"的晚出的同模式异名（Homotypic synonym, Nomenclatural synonym）。【分布】巴基斯坦，巴拿马，秘鲁，玻利维亚，厄瓜多尔，哥伦比亚（安蒂奥基亚），哥斯达黎加，马达加斯加，美国（密苏里），尼加拉瓜，中国，中美洲。【后选模式】Pennisetum typhoideum L. C. Richard, Nom. illegit.［Holcus spicatus Linnaeus；Pennisetum spicatum（Linnaeus）Körnicke］。【参考异名】Amphochaeta Andersson（1853）；Beckeropsis Fig. et De Not.（1854）；Catatherophora Steud.（1829）；Eriochaeta Fig. et De Not.（1854）Nom. illegit.；Gymnothrix P. Beauv.；Gymnotrix P. Beauv.（1812）；Kikuyuochloa H. Scholz（2006）；Loydia Delile（1844）Nom. illegit.；Macrochaeta Steud.（1854）Nom. illegit.；Penicillaria Willd.（1809）Nom. illegit.；Pennisetum Pers.（1805）Nom. illegit.；Pentastachya Hochst. ex Steud.（1841）；Pentastachya Steud.（1841）；Sericura Hassk.（1842）■

38613 Penplexis Wall. = Drypetes Vahl（1807）［大戟科 Euphorbiaceae］●

38614 Penstemon Mitch.（1748）Nom. inval. ≡ Penstemon Mitch.（1769）；~ = Chelone L.（1753）［玄参科 Scrophulariaceae//婆婆纳科 Veronicaceae］■☆

38615 Penstemon Mitch.（1769）= Chelone L.（1753）［玄参科 Scrophulariaceae//婆婆纳科 Veronicaceae］■☆

38616 Penstemon Raf. = Penstemon Schmidel（1763）［玄参科 Scrophulariaceae//婆婆纳科 Veronicaceae］●■

38617 Penstemon Schmidel（1763）【汉】钓钟柳属（吊钟柳属，五蕊花属，钟铃花属）。【日】ペンステモン属，ペントステモン属。【俄】Пенстемон，Пентастемон。【英】Beard Tongue，Beardtongue，Penstemon。【隶属】玄参科 Scrophulariaceae//婆婆纳科 Veronicaceae。【包含】世界 250 种，中国 1 种。【学名诠释与讨论】〈阳〉（希）penta- = 拉丁文 quinque-，五，五个+stemon，雄蕊。指退化雄蕊代表第五枚雄蕊，以资与其他属的区别。此属的学名，ING、GCI、TROPICOS 和 IK 记载是"Penstemon Schmidel, Icon. Pl., Ed. Keller 2. 1763［dt. 1762；issued on 18 Oct 1763］"。"Penstemon Mitch., Diss. 36（1769）= Chelone L.（1753）［玄参科 Scrophulariaceae//婆婆纳科 Veronicaceae］"是晚出的非法名称。"Penstemon Mitch., Acta Phys.−Med. Acad. Caes. Leop.−Francisc. Nat. Cur. 8：App. 214. 1748 ≡ Penstemon Mitch.（1769）［玄参科 Scrophulariaceae］"是命名起点著作之前的名称。"Pentostemon Raf., Atlantic Journal 176. 1833"和"Pentstemon Schmidel（1763）Nom. illegit."是"Penstemon Schmidel（1763）"的拼写变体；TROPICOS 把其置于车前科 Plantaginaceae。【分布】玻利维亚，厄瓜多尔，哥伦比亚（安蒂奥基亚），美国，中国，亚洲东北部，北美洲，中美洲。【后选模式】Penstemon pubescens W. Aiton［Chelone pentstemon Linnaeus］。【参考异名】Apentostera Raf.（1836）；Bartramia Salisb.（1796）Nom. illegit.；Dasanthera Raf.（1818）Nom. inval.；Elmigera Rchb.（1828）Nom. inval.；Elmigera Rchb. ex Spach（1840）；Leiostemon Raf.（1825）；Lepteiris Raf.（1836）（废弃属名）；Ophianthes Raf.；Penstemon Raf.；Pentastemon Batsch（1802）；Pentastemon L'Hér.；Pentastemum Steud.（1841）；Pentostemon Raf.（1833）；Pentstemon Aiton（1789）Nom. illegit.；Pentstemon Schmidel（1763）Nom. illegit.；Pentstemum Steud.（1841）■

38618 Pentabothra Hook. f.（1883）【汉】五孔萝藦属。【隶属】萝藦科 Asclepiadaceae。【包含】世界 1 种。【学名诠释与讨论】〈阴〉（希）penta- = 拉丁文 quinque-，五+bothrion，小孔。【分布】印度（阿萨姆）。【模式】Pentabothra nana（F. Hamilton ex Wight）J. D. Hooker［Cynanchum nanum F. Hamilton ex Wight］。☆

38619 Pentabrachion Müll. Arg.（1864）【汉】五枝木属。【隶属】大戟科 Euphorbiaceae//攀打科（小盘木科）Pandaceae。【包含】世界 2 种。【学名诠释与讨论】〈中〉（希）penta- = 拉丁文 quinque-，五+brachion，所有格 brachionos，臂的上部，变为拉丁文 brachiatus，有臂的。此属的学名，ING、TROPICOS 和 IK 记载是"Pentabrachion J. Müller Arg., Flora 47：532. 9 Nov 1864"。"Pentabrachium Müll. Arg., Prodromus Systematis Naturalis Regni Vegetabilis 15（2）：223. 1866"是"Pentabrachion Müll. Arg.（1864）"的拼写变体。亦有文献把"Pentabrachion Müll. Arg.（1864）"处理为"Microdesmis Hook. f.（1848）"的异名。【分布】澳大利亚，热带非洲。【模式】Pentabrachion reticulatum J. Müller Arg.。【参考异名】Microdesmis Hook. f.（1848）；Microdesmis Hook. f. ex Hook.（1848）Nom. illegit.；Pentabrachium Müll. Arg.（1866）●☆

38620 Pentabrachium Müll. Arg.（1866）Nom. illegit. ≡ Pentabrachion Müll. Arg.（1864）［大戟科 Euphorbiaceae//攀打科（小盘木科）Pandaceae］●

38621 Pentacaelium Franch. et Sav.（1875）= Myoporum Banks et Sol. ex G. Forst.（1786）；~ = Pentacoelium Siebold et Zucc.（1846）［苦槛蓝科（苦槛盘科）Myoporaceae//玄参科 Scrophulariaceae］●

38622 Pentacaena Bartl.（1830）= Cardionema DC.（1828）［石竹科 Caryophyllaceae//醉人花科（裸果木科）Illecebraceae］■☆

38623 Pentacalia Cass.（1827）【汉】五蟹甲属。【隶属】菊科 Asteraceae（Compositae）//千里光科 Senecionidaceae。【包含】世界 200 种。【学名诠释与讨论】〈阴〉（希）penta- = 拉丁文 quinque-，五+（属）Cacalia = Parasenecio 蟹甲草属的缩写。另说 penta+kalia，木制的，住处。此属的学名是"Pentacalia Cassini in F. Cuvier, Dict. Sci. Nat. 48：449, 461, 466. Jun 1827"。亦有文献把其处理为"Senecio L.（1753）"的异名。【分布】巴拿马，秘鲁，玻利维亚，厄瓜多尔，哥伦比亚（安蒂奥基亚），墨西哥，尼加拉瓜，南美洲安第斯山区，中美洲。【模式】Pentacalia arborea（Kunth）H. E. Robinson et J. Cuatrecasas［Cacalia arborea Kunth］。【参考异名】Senecio L.（1753）●☆

38624 Pentacarpaea Hiern（1898）= Pentanisia Harv.（1842）［茜草科 Rubiaceae］■☆

38625 Pentacarpus Post et Kuntze（1903）Nom. illegit. = Pentacarpaea Hiern（1898）；~ = Pentanisia Harv.（1842）［茜草科 Rubiaceae］■☆

38626 Pentacarya DC. ex Meisn.（1840）= Heliotropium L.（1753）［紫草科 Boraginaceae//天芥菜科 Heliotropiaceae］●■

38627 Pentace Hassk.（1858）【汉】五室椴属（硬椴属）。【俄】Пентаце。【英】Pentace，Thitka。【隶属】椴树科（椴科，田麻科）Tiliaceae//锦葵科 Malvaceae。【包含】世界 25 种。【学名诠释与讨论】〈中〉（希）pentakis，五倍，五数。或 penta- = 拉丁文

quinque-,五+ake,akis,尖端,末端,刺。【分布】东南亚西部。【模式】Pentace polyantha Hasskarl。●☆

38628 Pentaceras Hook. f. (1862)(保留属名)【汉】五角芸香属。【隶属】芸香科 Rutaceae。【包含】世界 1 种。【学名诠释与讨论】〈中〉(希)penta- =拉丁文 quinque-,五+keras,所有格 keratos,角,距,弓。此属的学名"Pentaceras Hook. f. in Bentham et Hooker, Gen. Pl. 1:298. 7 Aug 1862"是保留属名。相应的废弃属名是梧桐科 Sterculiaceae 的"Pentaceros G. Mey., Prim. Fl. Esseq.:136. Nov 1818 =Byttneria Loefl. (1758)(保留属名)"。梧桐科 Sterculiaceae 的"Pentaceras Roem. et Schult., Syst. Veg., ed. 15 bis [Roemer et Schultes] 5: xlviii, 570. 1819 [Dec 1819] = Pentaceros G. Mey. (1818)(废弃属名)"亦应废弃。【分布】澳大利亚(东部)。【模式】Pentaceras australis (F. v. Mueller) Bentham [Cookia australis F. v. Mueller]。【参考异名】Pentaceras Roem. et Schult. (1819)(废弃属名);Pentaceros G. Mey. (1818)(废弃属名)●☆

38629 Pentaceras Roem. et Schult. (1819)(废弃属名)= Pentaceros G. Mey. (1818)(废弃属名)= Byttneria Loefl. (1758)(保留属名)[梧桐科 Sterculiaceae//刺果藤科(利末花科)Byttneriaceae]●☆

38630 Pentaceros G. Mey. (1818)(废弃属名)= Byttneria Loefl. (1758)(保留属名)[梧桐科 Sterculiaceae//刺果藤科(利末花科)Byttneriaceae]●

38631 Pentachaeta Nutt. (1840)【汉】毛冠菀属。【隶属】菊科 Asteraceae(Compositae)。【包含】世界 6 种。【学名诠释与讨论】〈阴〉(希)penta- =拉丁文 quinque-,五+chaite =拉丁文 chaeta,刚毛。指模式种 Pentachaeta aurea 的冠毛。此属的学名是"Pentachaeta Nuttall, Trans. Amer. Philos. Soc. ser. 2. 7: 336. Oct-Dec 1840"。亦有文献把其处理为"Chaetopappa DC. (1836)"的异名。【分布】北美洲。【模式】Pentachaeta aurea Nuttall。【参考异名】Aphanochaeta A. Gray;Chaetopappa DC. (1836)■☆

38632 Pentachlaena H. Perrier(1920)【汉】五被花属。【隶属】苞杯花科(旋花树科)Sarcolaenaceae。【包含】世界 3 种。【学名诠释与讨论】〈阴〉(希)penta- =拉丁文 quinque-,五+laina =chlaine =拉丁文 laena,外衣,衣服。【分布】马达加斯加。【模式】Pentachlaena latifolia H. Perrier de la Bâthie。●☆

38633 Pentachondra R. Br. (1810)【汉】水螅石南属(核果尖苞木属,潘塔琼德木属,五软木属)。【英】Pentachondra。【隶属】尖苞木科 Epacridaceae//杜鹃花科(欧石南科)Ericaceae。【包含】世界 3-5 种。【学名诠释与讨论】〈阴〉(希)penta- =拉丁文 quinque-,五+chondros,指小式 chondrion,谷粒,粒状物,砂,也指脆骨,软骨。【分布】塔斯曼半岛,维多利亚,新西兰。【模式】未指定。●☆

38634 Pentaclathra Endl. (1842)= Polyclathra Bertol. (1840)[葫芦科(瓜科,南瓜科)Cucurbitaceae]■☆

38635 Pentaclethra Benth. (1840)【汉】五柳豆属(五桤木属,五山柳苏木属)。【英】Pentaclethra。【隶属】豆科 Fabaceae (Leguminosae)。【包含】世界 3 种。【学名诠释与讨论】〈阴〉(希)penta- =拉丁文 quinque-,五+(属)Clethra 桤叶树属。此属的学名,ING、TROPICOS 和 IK 记载是"Pentaclethra Bentham, J. Bot. (Hooker) 2: 127. Apr 1840"。"Pentaclathra Endl., Gen. Pl. [Endlicher] Suppl. 2: 108. 1842 [Mar-Jun 1842]"是"Polyclathra Bertol., Novi Comment. Acad. Sci. Inst. Bononiensis 4: 438. 1840 [Fl. Guatimal.: 38. 1840] [葫芦科(瓜科,南瓜科) Cucurbitaceae]"的异名。【分布】巴拿马,秘鲁,非洲,哥伦比亚(安蒂奥基亚),哥斯达黎加,尼加拉瓜,热带美洲,中美洲。【模式】Pentaclethra filamentosa Bentham。●☆

38636 Pentacme A. DC. (1868)【汉】五齿香属。【英】Pentacme。【隶属】龙脑香科 Dipterocarpaceae。【包含】世界 3 种。【学名诠释与讨论】〈阴〉(希)penta- =拉丁文 quinque-,五+akme,尖端,边缘。此属的学名,ING、TROPICOS 和 IK 记载是"Pentacme A. DC., Prodr. [A. P. de Candolle] 16 (2. 2): 626. 1868 [mid Jul 1868]"。它曾被处理为"Shorea subgen. Pentacme (A. DC.) Y. K. Yang & J. K. Wu, 21(3): 4. 2002. (Chin. Wild Pl. Resources)"。亦有文献把"Pentacme A. DC. (1868)"处理为"Shorea Roxb. ex C. F. Gaertn. (1805)"的异名。【分布】东南亚,菲律宾(菲律宾群岛)。【模式】Pentacme suavis Alph. de Candolle。【参考异名】Shorea Roxb. ex C. F. Gaertn. (1805); Shorea subgen. Pentacme (A. DC.) Y. K. Yang & J. K. Wu(2002)●☆

38637 Pentacnida Post et Kuntze(1903)= Pentocnide Raf. (1837); ~ = Pouzolzia Gaudich. (1830) [荨麻科 Urticaceae]●■

38638 Pentacocca Turcz. (1863)= Ochthocosmus Benth. (1843) [黏木科 Ixonanthaceae]●☆

38639 Pentacoelium Siebold et Zucc. (1846)【汉】类苦槛蓝属。【隶属】苦槛蓝科(苦槛盘科)Myoporaceae//玄参科 Scrophulariaceae。【包含】世界 1 种,中国 1 种。【学名诠释与讨论】〈中〉(希)penta-,五+koilos,空穴。koilia,腹+-ius,-ia,-ium,在拉丁文和希腊文中,这些词尾表示性质或状态。此属的学名是"Pentacoelium Siebold et Zuccarini, Abh. Math. -Phys. Cl. Königl. Bayer. Akad. Wiss. 4 (3): 151. 1846"。亦有文献把其处理为"Myoporum Banks et Sol. ex G. Forst. (1786)"的异名。【分布】日本(小笠原群岛),中国。【模式】Pentacoelium bontioides Siebold et Zuccarini。【参考异名】Myoporum Banks et Sol. ex G. Forst. (1786);Pentacaelium Franch. et Sav. (1875);Polycoelium A. DC. (1847)●

38640 Pentacoilanthus Rappa et Camarrone (1954) Nom. inval. = Mesembryanthemum L. (1753)(保留属名); ~ = Phyllobolus N. E. Br. (1925) [番杏科 Aizoaceae//龙须海棠科(日中花科) Mesembryanthemaceae]■●

38641 Pentacraspedon Steud. (1854)= Amphipogon R. Br. (1810) [禾本科 Poaceae(Gramineae)]■☆

38642 Pentacrophys A. Gray(1853)= Acleisanthes A. Gray(1853) [紫茉莉科 Nyctaginaceae]■●☆

38643 Pentacrostigma K. Afzel. (1929)= Ipomoea L. (1753)(保留属名)[旋花科 Convolvulaceae]●■

38644 Pentacrypta Lehm. (1830)= Arracacia Bancr. (1828) [伞形花科(伞形科)Apiaceae(Umbelliferae)]■☆

38645 Pentactina Nakai(1917)【汉】朝鲜岩蔷薇属。【隶属】蔷薇科 Rosaceae。【包含】世界 1 种。【学名诠释与讨论】〈阴〉(希)penta- =拉丁文 quinque-,五+aktis,所有格 aktinos,光线,光束,射线。【分布】朝鲜。【模式】Pentactina rupicola Nakai。■☆

38646 Pentacyphus Schltr. (1906)【汉】五曲萝藦属。【隶属】萝藦科 Asclepiadaceae。【包含】世界 1 种。【学名诠释与讨论】〈阳〉(希)penta- =拉丁文 quinque-,五,五个+kyphos,驼背的,弯曲的,有瘤的。【分布】秘鲁。【模式】Pentacyphus boliviensis Schlechter。■☆

38647 Pentadactylon C. F. Gaertn. (1807)= Persoonia Sm. (1798)(保留属名)[山龙眼科 Proteaceae]●☆

38648 Pentadenia(Planch.) Hanst. (1854)【汉】五腺苣苔属。【隶属】苦苣苔科 Gesneriaceae。【包含】世界 35 种。【学名诠释与讨论】〈阴〉(希)penta- =拉丁文 quinque-,五+aden,所有格 adenos,腺体。此属的学名,ING 和 TROPICOS 记载是"Pentadenia (Planchon) Hanstein, Linnaea 26: 210. Apr 1854 ('1853')",由"Columnea sect. Pentadenia (Planch.) Benth. et Hook. f., Genera Plantarum 1876"改级而来。IK 则记载为

"Pentadenia Hanst., Linnaea 26: 211. 1854"。它曾被处理为 "Columnea sect. Pentadenia (Planch.) Benth. et Hook. f., Genera Plantarum 1876"。亦有文献把 "Pentadenia (Planch.) Hanst. (1854)" 处理为 "Columnea L. (1753)" 的异名。【分布】玻利维亚。【模式】Pentadenia aurantiaca (Decaisne ex Planchon) Hanstein [Columnea aurantiaca Decaisne ex Planchon]。【参考异名】Columnea L. (1753); Columnea sect. Pentadenia (Planch.) Benth. et Hook. f. (1876); Columnea subgen. Pentadenia Planch. (1850); Pentadenia Hanst. (1854) Nom. illegit.; Stygnanthe Hanst. (1854) ●☆

38649 Pentadenia Hanst. (1854) Nom. illegit. ≡ Pentadenia (Planch.) Hanst. (1854) [苦苣苔科 Gesneriaceae] ●☆

38650 Pentadesma Sabine (1824)【汉】猪油果属(奶油树属,奶油藤黄属)。【英】Butter Tree, Lardfruit。【隶属】猪胶树科(克鲁西科,山竹子科,藤黄科) Clusiaceae (Guttiferae)。【包含】世界5种,中国1种。【学名诠释与讨论】〈阴〉(希) penta- = 拉丁文 quinque-, 五 + desmos, 链,束,结,带,纽带。desma, 所有格 desmatos, 含义与 desmos 相似。指雄蕊。【分布】塞舌尔(塞舌尔群岛),中国,热带非洲。【模式】Pentadesma butyracea Sabine。●

38651 Pentadesmos Spruce ex Planch. et Triana (1860) = Moronobea Aubl. (1775) [猪胶树科(克鲁西科,山竹子科,藤黄科) Clusiaceae (Guttiferae)] ●☆

38652 Pentadiplandra (Baill.) Kuntze (1903) Nom. illegit. ≡ Pentadiplandra (Baill.) Post et Kuntze (1903) Nom. illegit.; ~ ≡ Dizygotheca N. E. Br. (1892) [五加科 Araliaceae] ●☆

38653 Pentadiplandra Baill. (1886)【汉】瘤药花属(瘤药树属)。【隶属】瘤药花科(瘤药树科) Pentadiplandraceae。【包含】世界2种。【学名诠释与讨论】〈阴〉(希) penta- = 拉丁文 quinque-, 五 + (属) Diplandra 双蕊柳叶菜属。或 penta + diploos, 双 + andros, 雄蕊。此属的学名, ING 和 IK 记载是 "Pentadiplandra Baillon, Bull. Mens. Soc. Linn. Paris 1: 611. 7 Jul 1886"。ING 记载的 "Pentadiplandra (Baillon) Post et O. Kuntze, Lex. 422. Dec 1903 ('1904') ≡ Dizygotheca N. E. Brown 1892" 是晚出的非法名称。"Pentadiplandra (Baill.) Kuntze(1903)" 则是错误引证了命名人。"Dipentaplandra O. Kuntze in Post et O. Kuntze, Lex. 176. Dec 1903 ('1904')" 是 "Pentadiplandra Baill. (1886)" 的晚出的同模式异名(Homotypic synonym, Nomenclatural synonym)。【分布】热带非洲。【模式】Pentadiplandra brazzeana Baillon。【参考异名】Cercopetalum Gilg (1897); Cotylonychia Stapf (1908); Dipentaplandra Kuntze (1903) Nom. illegit. ●☆

38654 Pentadiplandra Post et Kuntze (1903) Nom. illegit. ≡ Dizygotheca N. E. Br. (1892) [五加科 Araliaceae] ●☆

38655 Pentadiplandraceae Hutch. et Dalzell (1928) [亦见 Capparaceae Juss. (保留科名)山柑科(白花菜科,醉蝶花科)]【汉】瘤药花科(瘤药树科)。【包含】世界1属2种。【分布】非洲西部。【科名模式】Pentadiplandra Baill. (1886) ●☆

38656 Pentadynamis R. Br. (1848) = Crotalaria L. (1753) (保留属名) [豆科 Fabaceae (Leguminosae)//蝶形花科 Papilionaceae] ●■

38657 Pentaglossum Forssk. (1775) = Lythrum L. (1753) [千屈菜科 Lythraceae] ●■

38658 Pentaglottis Tausch (1829)【汉】五舌草属。【日】ペンタグロッティス属。【英】Alkanet, Green Alkanet。【隶属】紫草科 Boraginaceae。【包含】世界1种。【学名诠释与讨论】〈阳〉(希) penta- = 拉丁文 quinque-, 五,五个 + glottis, 舌。指花冠。此属的学名, ING、TROPICOS、APNI 和 IK 记载是 "Pentaglottis Tausch, Flora 12 (pt. 2): 643. 1829 [Nov 1829]"。"Caryolopha Fischer ex Trautvetter, Index Sem. Hortus Bot. Petrop. 3: 31. Mar 1837" 是 "Pentaglottis Tausch (1829)" 的晚出的同模式异名(Homotypic

synonym, Nomenclatural synonym)。"Pentaglottis Wall., Numer. List [Wallich] n. 1156. 1829 = Melhania Forssk. (1775) [梧桐科 Sterculiaceae//锦葵科 Malvaceae]" 是一个未合格发表的名称(Nom. inval., Nom. nud.)。【分布】欧洲西南部。【模式】Anchusa sempervirens Linnaeus。【参考异名】Caryolopha Fisch. ex Trautv. (1837) Nom. illegit. ■☆

38659 Pentaglottis Wall. (1829) Nom. inval., Nom. nud. = Melhania Forssk. (1775) [梧桐科 Sterculiaceae//锦葵科 Malvaceae] ●■

38660 Pentagonanthus Bullock (1962)【汉】五棱花属。【隶属】萝藦科 Asclepiadaceae。【包含】世界2种。【学名诠释与讨论】〈阳〉(希) penta- = 拉丁文 quinque-, 五,五个 + gonia, 角,角隅,关节,膝,来自拉丁文 giniatus, 成角度的 + anthos, 花。【分布】热带非洲。【模式】Pentagonanthus grandiflorus (N. E. Brown) Bullock [Raphionacme grandiflora N. E. Brown]。■☆

38661 Pentagonaster Klotzsch (1836) = Kunzea Rchb. (1829) (保留属名) [桃金娘科 Myrtaceae] ●☆

38662 Pentagonia Benth. (1845) (保留属名)【汉】五棱茜属。【隶属】茜草科 Rubiaceae。【包含】世界25种。【学名诠释与讨论】〈阴〉(希) penta- = 拉丁文 quinque-, 五 + gonia, 角,角隅,关节,膝,来自拉丁文 giniatus, 成角度的。指花冠。此属的学名 "Pentagonia Benth., Bot. Voy. Sulphur: t. 39. 25 Oct 1844" 是保留属名。相应的废弃属名是茄科 Solanaceae 的 "Pentagonia Heist. ex Fabr., Enum., ed. 2: 336. Sep-Dec 1763 ≡ Nicandra Adans. (1763) (保留属名)"。"Pentagonia Fabr. (1763) ≡ Pentagonia Heist. ex Fabr. (1763) (废弃属名)" 的命名人引证有误。桔梗科 Campanulaceae 的 "Pentagonia Möhring ex Kuntze, Revis. Gen. Pl. 2: 381. 1891 ≡ Legousia T. Durand (1782) = Specularia Heist. ex A. DC. (1830) Nom. illegit." 亦应废弃。"Pentagonia Kuntze (1891) ≡ Pentagonia Möhring ex Kuntze (1891) Nom. illegit. (废弃属名)" 的命名人引证有误,亦应废弃。"Watsonamra O. Kuntze, Rev. Gen. 302. 5 Nov 1891" 是 "Pentagonia Benth. (1845) (保留属名)" 的晚出的同模式异名(Homotypic synonym, Nomenclatural synonym)。【分布】巴拿马,秘鲁,厄瓜多尔,哥伦比亚(安蒂奥基亚),美国,尼加拉瓜,中美洲。【模式】Pentagonia macrophylla Bentham。【参考异名】Megaphyllum Spruce ex Baill. (1880); Nothophlebia Standl. (1914); Seemannia Hook. (1848) (废弃属名); Watsonamra Kuntze (1891) Nom. illegit. ■☆

38663 Pentagonia Fabr. (1763) (废弃属名) ≡ Pentagonia Heist. ex Fabr. (1763) (废弃属名); ~ ≡ Nicandra Adans. (1763) (保留属名) [茄科 Solanaceae] ■

38664 Pentagonia Heist. ex Fabr. (1763) (废弃属名) ≡ Nicandra Adans. (1763) (保留属名) [茄科 Solanaceae] ■

38665 Pentagonia Kuntze (1891) Nom. illegit. (废弃属名) ≡ Pentagonia Möhring ex Kuntze (1891) Nom. illegit. (废弃属名); ~ = Legousia Durand (1782); ~ = Specularia Heist. ex A. DC. (1830) Nom. illegit. [桔梗科 Campanulaceae] ●■☆

38666 Pentagonia Möhring ex Kuntze (1891) Nom. illegit. (废弃属名) ≡ Legousia Durand (1782); ~ = Specularia Heist. ex A. DC. (1830) Nom. illegit. [桔梗科 Campanulaceae] ●■☆

38667 Pentagonium Schauer (1843) = Philibertia Kunth (1818) [萝藦科 Asclepiadaceae] ■

38668 Pentagonocarpos P. Micheli ex Parl. (1873) Nom. illegit. ≡ Pentagonocarpus P. Micheli ex Parl. (1873) Nom. illegit.; ~ = Kosteletzkya C. Presl (1835) (保留属名) [锦葵科 Malvaceae] ●☆

38669 Pentagonocarpus P. Micheli ex Parl. (1873) Nom. illegit. ≡ Kosteletzkya C. Presl (1835) (保留属名) [锦葵科 Malvaceae] ■●☆

38670 Pentagonocarpus Parl. (1873) Nom. illegit. ≡ Pentagonocarpus

P. Micheli ex Parl. （1873）Nom. illegit. ; ~ ≡ Kosteletzkya C. Presl（1835）（保留属名）[锦葵科 Malvaceae]■●☆

38671　Pentake Raf. （1838）= Cuscuta L. （1753）[旋花科 Convolvulaceae//菟丝子科 Cuscutaceae]■

38672　Pentalepis F. Muell. （1863）【汉】五鳞菊属。【隶属】菊科 Asteraceae（Compositae）。【包含】世界 2-3 种。【学名诠释与讨论】〈阴〉（希）penta- = 拉丁文 quinque-，五+lepis，所有格 lepidos，指小式 lepion 或 lepidion，鳞，鳞片。lepidotos，多鳞的。lepos，鳞，鳞片。此属的学名是"Pentalepis F. v. Mueller, Edinburgh New Philos. J. ser. 2. 17：230. Apr 1863；Trans. Bot. Soc. Edinburgh 7：496. 1863"。亦有文献把其处理为"Chrysogonum L. （1753）"的异名。【分布】澳大利亚。【后选模式】Pentalepis trichodesmoides F. v. Mueller。【参考异名】Chrysogonum L. （1753）●☆

38673　Pentalinon Voigt（1845）= Prestonia R. Br. （1810）（保留属名）[夹竹桃科 Apocynaceae]●☆

38674　Pentaloba Lour. （1790）= Rinorea Aubl. （1775）（保留属名）[堇菜科 Violaceae]●

38675　Pentaloncha Hook. f. （1873）【汉】五矛茜属。【隶属】茜草科 Rubiaceae。【包含】世界 3 种。【学名诠释与讨论】〈阴〉（希）penta- = 拉丁文 quinque-，五+lonche，矛，枪。【分布】热带非洲西部。【模式】Pentaloncha humilis J. D. Hooker。☆

38676　Pentalophus A. DC. （1846）= Lithospermum L. （1753）[紫草科 Boraginaceae]■

38677　Pentamera Willis, Nom. inval. = Pentanura Blume（1850）[萝藦科 Asclepiadaceae]●

38678　Pentamerea Baill. （1861）Nom. inval. , Nom. illegit. ≡ Pentamerea Klotzsch ex Baill. （1861）Nom. illegit. ; ~ ≡ Pentameria Klotzsch ex Baill. （1858）; ~ ≡ Bridelia Willd. （1806）[as 'Briedelia']（保留属名）[大戟科 Euphorbiaceae]●

38679　Pentamerea Klotzsch ex Baill. （1861）Nom. illegit. ≡ Pentameria Klotzsch ex Baill. （1858）; ~ = Bridelia Willd. （1806）[as 'Briedelia']（保留属名）[大戟科 Euphorbiaceae]●

38680　Pentameris E. Mey. （1843）Nom. illegit. = Pavonia Cav. （1786）（保留属名）[锦葵科 Malvaceae]●■☆

38681　Pentameris P. Beauv. （1812）【汉】五部芒属。【隶属】禾本科 Poaceae（Gramineae）。【包含】世界 73 种。【学名诠释与讨论】〈阴〉（希）penta- = 拉丁文 quinque-，五+meros，一部分。拉丁文 merus 含义为纯洁的，真正的。此属的学名，ING 和 IK 记载是"Pentameris P. Beauv. , Ess. Agrostogr. 92. t. 18. f. 8（1812）"。锦葵科 Malvaceae 的"Pentameris E. Mey. , Zwei Pflanzengeogr. Docum. （Drège）210. 1843 [7 Aug 1843] = Pavonia Cav. （1786）（保留属名）"是晚出的非法名称。"Pentameris P. Beauv. （1812）"曾先后被处理为"Danthonia [unranked] Pentameris （P. Beauv. ）Schrad. , Linnaea 12：445. 1838"、"Danthonia sect. Pentameris （P. Beauv. ）Trin. , Mémoires de l'Académie Impériale des Sciences de Saint - Pétersbourg. Sixième Série. Sciences Mathématiques, Physiques et Naturelles. Seconde Partie：Sciences Naturelles 4（2（1））：32. 1836" 和 "Danthonia subgen. Pentameris （P. Beauv. ）Nees, Florae Africae Australioris Illustrationes Monographicae 1：336, 448. 1841"。亦有文献把"Pentameris P. Beauv. （1812）"处理为"Danthonia DC. （1805）（保留属名）"的异名。【分布】非洲南部。【模式】Pentameris thuarii Palisot de Beauvois。【参考异名】Danthonia DC. （1805）（保留属名）; Danthonia [unranked] Pentameris （P. Beauv. ）Schrad. （1838）; Danthonia sect. Pentameris （P. Beauv. ）Trin. （1836）; Danthonia subgen. Pentameris （P. Beauv. ）Nees（1841）■☆

38682　Pentamerista Maguire（1972）【汉】五数花属。【隶属】四籽树科 Tetrameristaceae。【包含】世界 1 种。【学名诠释与讨论】〈阴〉（希）penta- = 拉丁文 quinque-，五+meros，一部分。拉丁文 merus 含义为纯洁的，真正的。【分布】委内瑞拉。【模式】Pentamerista neotropica B. Maguire。【参考异名】Erythrochiton Nees et Mart. （1823）●☆

38683　Pentamorpha Scheidw. （1842）= Erythrochiton Nees et Mart. （1823）[芸香科 Rutaceae]●☆

38684　Pentanema Cass. （1818）【汉】苇谷草属（苇谷属）。【俄】Пентанема。【英】Pentanema。【隶属】菊科 Asteraceae（Compositae）。【包含】世界 10-20 种，中国 3 种。【学名诠释与讨论】〈中〉（希）penta- = 拉丁文 quinque-，五+nema，所有格 nematos，丝，花丝。此属的学名，ING，TROPICOS 和 IK 记载是"Pentanema Cassini, Bull. Sci. Soc. Philom. Paris 1818：74. Mai 1818"。"Jacobaea J. Burman ex O. Kuntze, Rev. Gen. 1：347. 5 Nov 1891（non P. Miller 1754）"是"Pentanema Cass. （1818）"的晚出的同模式异名（Homotypic synonym, Nomenclatural synonym）。【分布】印度尼西亚（爪哇岛），中国，地中海至亚洲中部和喜马拉雅山，非洲。【模式】Pentanema divaricata Cassini。【参考异名】Jacobaea Burm. ex Kuntze（1891）Nom. illegit. ; Jacobaea Kuntze（1891）Nom. illegit. ; Vicoa Cass. （1829）■●

38685　Pentanisia Harv. （1842）【汉】五异茜属。【隶属】茜草科 Rubiaceae。【包含】世界 18 种。【学名诠释与讨论】〈阴〉（希）penta- = 拉丁文 quinque-，五+anisos，不等的。【分布】马达加斯加，热带非洲。【模式】Pentanisia variabilis W. H. Harvey。【参考异名】Chlorochorion Puff et Robbr. （1989）; Diotocarpus Hochst. （1843）; Holocarpa Baker（1885）; Holocarya T. Durand（1888）Nom. illegit. ; Pentacarpaea Hiern（1898）; Pentacarpus Post et Kuntze（1903）Nom. illegit. ■☆

38686　Pentanome DC. （1824）Nom. inval. ≡ Pentanome Moc. et Sessé ex DC. （1824）Nom. inval. ; ~ = Zanthoxylum L. （1753）[芸香科 Rutaceae//花椒科 Zanthoxylaceae]●

38687　Pentanome Moc. et Sessé ex DC. （1824）Nom. inval. = Zanthoxylum L. （1753）[芸香科 Rutaceae//花椒科 Zanthoxylaceae]●

38688　Pentanopsis Rendle（1898）【汉】拟五异茜属（类五星花属）。【隶属】茜草科 Rubiaceae。【包含】世界 18 种。【学名诠释与讨论】〈阴〉（属）Pentanisia 五异茜属+希腊文 opsis，外观，模样，相似。【分布】索马里兰地区。【模式】Pentanopsis fragrans Rendle。■☆

38689　Pentanthus Hook. et Arn. （1835）Nom. illegit. = Paracalia Cuatrec. （1960）[菊科 Asteraceae（Compositae）]●☆

38690　Pentanthus Less. （1832）= Nassauvia Comm. ex Juss. （1789）[菊科 Asteraceae（Compositae）]●☆

38691　Pentanthus Raf. （1838）Nom. illegit. = Jacquemontia Choisy （1834）[旋花科 Convolvulaceae]■☆

38692　Pentanura Blume（1850）= Pentanura Blume（1850）; ~ = Stelmacrypton Baill. （1889）[萝藦科 Asclepiadaceae//杠柳科 Periplocaceae]●

38693　Pentapanax Seem. （1864）【汉】羽叶参属（五叶参属，羽叶五加属）。【日】ヤドリタラノキ属。【英】Pentapanax。【隶属】五加科 Araliaceae。【包含】世界 18-22 种，中国 16 种。【学名诠释与讨论】〈阳〉（希）penta- = 拉丁文 quinque-，五，五个+（属）Panax 人参属。指羽状复叶常有小叶 5 枚，或指子房五深裂。【分布】巴拉圭，玻利维亚，印度尼西亚（爪哇岛），澳大利亚（昆士兰），中国，喜马拉雅山，南美洲。【模式】未指定。【参考异名】Coemansia Marchal（1879）Nom. illegit. ; Coudenbergia Marchal

（1879）Nom. illegit. ; Hunaniopanax C. J. Qi et T. R. Cao（1988）;
Parapentapanax Hutch.（1967）●

38694　Pentapeltis（Endl.）Bunge（1845）= Xanthosia Rudge（1811）［伞形花科（伞形科）Apiaceae（Umbelliferae）］■☆

38695　Pentapeltis Bunge（1845）Nom. illegit. ≡ Pentapeltis（Endl.）Bunge（1845）; ~ = Xanthosia Rudge（1811）［伞形花科（伞形科）Apiaceae（Umbelliferae）］■☆

38696　Pentapera Klotzsch（1838）= Erica L.（1753）［杜鹃花科（欧石南科）Ericaceae］●☆

38697　Pentapetaceae Bercht. et J. Presl（1820）= Malvaceae Juss.（保留科名）●■

38698　Pentapetes L.（1753）【汉】午时花属。【日】ゴジカ属, ゴジクワ属。【英】Middayflower, Pentapetes。【隶属】梧桐科Sterculiaceae//锦葵科 Malvaceae。【包含】世界 1 种,中国 1 种。【学名诠释与讨论】〈阴〉（希）penta- = 拉丁文 quinque-,五+petes 飞行者。指花瓣 5 枚。另说希腊文 penta- = 拉丁文 quinque-,五+希腊文 petalos,扁平的,铺开的。petalon,花瓣,叶,花叶,金属叶子。拉丁文的花瓣为 petalum,指除 15 枚完全雄蕊外,还有 5 枚花瓣状假雄蕊。此属的学名,ING、TROPICOS、APNI 和 IK 记载是“Pentapetes L., Sp. Pl. 2:698. 1753［1 May 1753］”。“Blattaria O. Kuntze, Rev. Gen. 1:76. 5 Nov 1891（non P. Miller 1754）”是“Pentapetes L.（1753）”的晚出的同模式异名（Homotypic synonym, Nomenclatural synonym）。【分布】哥伦比亚,印度至马来西亚,中国。【后选模式】Pentapetes phoenicea Linnaeus。【参考异名】Blattaria Kuntze（1891）Nom. inval. , Nom. illegit. ; Eriorhaphe Miq.（1854）; Moranda Scop.（1777）; Velaga Adans.（1763）Nom. illegit. ■●

38699　Pentaphalangium Warb.（1891）= Garcinia L.（1753）［猪胶树科（克鲁西科,山竹子科,藤黄科）Clusiaceae（Guttiferae）//金丝桃科 Hypericaceae］●

38700　Pentaphiltrum Rchb.（1841）Nom. illegit. ≡ Herschelia T. E. Bowdich（1825）; ~ = Physalis L.（1753）［茄科 Solanaceae］■

38701　Pentaphorus D. Don（1830）【汉】腺菊木属。【隶属】菊科 Asteraceae（Compositae）。【包含】世界 2 种。【学名诠释与讨论】〈阳〉（希）penta- = 拉丁文 quinque-,五,五个+phoros,具有,梗,负载,发现者。此属的学名是“Pentaphorus D. Don, Trans. Linn. Soc. London 16:296. 27 Mai 1830”。亦有文献把其处理为“Gochnatia Kunth（1818）”的异名。【分布】阿根廷,玻利维亚,智利。【模式】Pentaphorus foliolosus D. Don。【参考异名】Gochnatia Kunth（1818）●☆

38702　Pentaphragma Wall.（1829）Nom. inval. , Nom. nud. ≡ Pentaphragma Wall. ex G. Don（1834）Nom. illegit. ; ~ ≡ Pentaphragma Wall. ex A. DC.（1830）［桔梗科 Campanulaceae//五膜草科（五隔草科）Pentaphragmataceae］■

38703　Pentaphragma Wall. ex A. DC.（1830）【汉】五膜草属（五隔草属）。【英】Pentaphragma。【隶属】桔梗科 Campanulaceae//五膜草科（五隔草科）Pentaphragmataceae。【包含】世界 5-30 种,中国 2 种。【学名诠释与讨论】〈中〉（希）penta- = 拉丁文 quinque-,五+phragma,所有格 phragmatos,篱笆。phragmos。篱笆,障碍物。phragmites,长在篱笆中的。指子房具 5 隔膜。此属的学名,ING、TROPICOS 和 IK 记载是“Pentaphragma N. Wallich ex G. Don, Gen. Hist. 3:731. 8-15 Nov 1834”;《中国植物志》中文版和英文版也用此名称;但是这是一个晚出的非法名称,因为此前已经有了“Pentaphragma Wall. ex A. DC., Monogr. Campan. 95, adnot. 5. 1830［5 or 6 May 1830］”。“Pentaphragma Wall., Numer. List［Wallich］n. 1313. 1829 ≡ Pentaphragma Wall. ex G. Don（1834）”和“Pentaphragma Zuccarini ex H. G. L. Reichenbach, Consp. 131.

Dec 1828 – Mar 1829”是未合格发表的名称（Nom. inval. , Nom. nud.）。【分布】马来西亚,中国,中南半岛。【模式】Pentaphragma begoniaefolia（Roxburgh）N. Wallich ex G. Don ［Phyteuma begoniaefolia Roxburgh］。【参考异名】Francfleurya A. Chev. et Gagnep.（1927）; Pentaphragma Wall.（1829）Nom. inval. , Nom. nud. ; Pentaphragma Wall. ex G. Don（1834）Nom. illegit. ; Pentiphragma Hook.（1830）■

38704　Pentaphragma Wall. ex G. Don（1834）Nom. illegit. ≡ Pentaphragma Wall. ex A. DC.（1830）［桔梗科 Campanulaceae//五膜草科（五隔草科）Pentaphragmataceae］■

38705　Pentaphragma Zucc. ex Rchb.（1828）Nom. inval. , Nom. nud. = Araujia Brot.（1817）［萝藦科 Asclepiadaceae］●☆

38706　Pentaphragmataceae J. Agardh（1858）（保留科名）【汉】五膜草科（五隔草科）。【包含】世界 1 属 25-30 种,中国 1 属 2 种。【分布】东南亚。【科名模式】Pentaphragma Wall. ex G. Don（1834）Nom. illegit. ■

38707　Pentaphylacaceae Engl.（1897）（保留科名）【汉】五列木科。【英】Pentaphylax Family。【包含】世界 1 属 1-2 种,中国 1 属 1 种。【分布】东南亚。【科名模式】Pentaphylax Gardner et Champ. ●

38708　Pentaphylax Gardner et Champ.（1849）【汉】五列木属。【英】Pentaphylax。【隶属】五列木科 Pentaphylacaceae//厚皮香科 Ternstroemiaceae。【包含】世界 1 种,中国 1 种。【学名诠释与讨论】〈阴〉（希）penta- = 拉丁文 quinque-,五+phylla,复数 phylax,附生植物,监护人。指花部均为 5 出数。【分布】马来半岛和苏门答腊岛,中国。【模式】Pentaphylax Pentaphylax euryoides G. Gardner et Champion。●

38709　Pentaphylloides Duhamel（1755）Nom. illegit. , Nom. superfl. ≡ Potentilla L.（1753）［蔷薇科 Rosaceae//委陵菜科 Potentillaceae］■●

38710　Pentaphyllon Pers.（1807）Nom. illegit. ≡ Lupinaster Fabr.（1759）; ~ = Trifolium L.（1753）［豆科 Fabaceae（Leguminosae）//蝶形花科 Papilionaceae］■

38711　Pentaphyllum Gaertn.（1788）Nom. illegit. = Potentilla L.（1753）［蔷薇科 Rosaceae//委陵菜科 Potentillaceae］■●

38712　Pentaphyllum Hill（1756）Nom. illegit. ≡ Potentilla L.（1753）［蔷薇科 Rosaceae//委陵菜科 Potentillaceae］■●

38713　Pentaplaris L. O. Williams et Standl.（1952）【汉】五数木属。【隶属】椴树科（椴科,田麻科）Tiliaceae//锦葵科 Malvaceae。【包含】世界 3 种。【学名诠释与讨论】〈阴〉词源不详。【分布】中美洲。【模式】Pentaplaris doroteae Williams et Standley。●☆

38714　Pentaple Rchb.（1841）= Cerastium L.（1753）［石竹科 Caryophyllaceae］■■

38715　Pentapleura Hand. -Mazz.（1913）【汉】五肋草属。【隶属】唇形科 Lamiaceae（Labiatae）。【包含】世界 1 种。【学名诠释与讨论】〈阴〉（希）penta- = 拉丁文 quinque-,五+pleura = pleuron,肋骨,脉,棱,侧生。【分布】库尔德斯坦地区。【模式】Pentapleura subulifera Handel-Mazzetti。●☆

38716　Pentapogon R. Br.（1810）【汉】四裂五芒草属。【隶属】禾本科 Poaceae（Gramineae）。【包含】世界 1 种。【学名诠释与讨论】〈阳〉（希）penta- = 拉丁文 quinque-,五,五个+pogon,所有格 pogonos,指小式 pogonion,胡须,髯毛,芒。pogonias,有须的。【分布】澳大利亚（塔斯马尼亚岛,维多利亚）。【模式】Pentapogon billardieri R. Brown, Nom. illegit. ［Agrostis quadrifida Labillardière; Pentapogon quadrifidus（Labillardière）Baillon［as ‘quadrifidum’］。■☆

38717　Pentaptelion Turcz.（1863）= Leucopogon R. Br.（1810）（保留属名）［尖苞木科 Epacridaceae//杜鹃花科（欧石南科）Ericaceae］●☆

38718 Pentaptera Roxb. (1814) Nom. inval. ≡ Pentaptera Roxb. ex DC. (1828); ~ = Terminalia L. (1767) (保留属名) [使君子科 Combretaceae//榄仁树科 Terminaliaceae] ●

38719 Pentaptera Roxb. ex DC. (1828) = Terminalia L. (1767) (保留属名) [使君子科 Combretaceae//榄仁树科 Terminaliaceae] ●

38720 Pentapteris Haller (1768) Nom. illegit. ≡ Myriophyllum L. (1753); ~ = Pentapterophyllon Hill (1756) Nom. illegit. [小二仙草科 Haloragaceae//狐尾藻科 Myriophyllaceae] ■

38721 Pentapterophyllon Hill (1756) Nom. illegit. ≡ Myriophyllum L. (1753) [小二仙草科 Haloragaceae//狐尾藻科 Myriophyllaceae] ■

38722 Pentapterophyllum Fabr. = Pentapterophyllon Hill (1756) Nom. illegit.; ~ = Myriophyllum L. (1753) [小二仙草科 Haloragaceae//狐尾藻科 Myriophyllaceae] ■

38723 Pentapterygium Klotzsch (1851) 【汉】五翅莓属。【英】Pentapterygium。【隶属】杜鹃花科(欧石南科) Ericaceae//越橘科 (乌饭树科) Vacciniaceae。【包含】世界6种,中国1种。【学名诠释与讨论】〈中〉(希) penta-=拉丁文 quinque-,五+pterygion 小翼+-ius,-ia,-ium,在拉丁文和希腊文中,这些词尾表示性质或状态。指萼管和浆果有5翅。此属的学名是"Pentapterygium Klotzsch, Linnaea 24: 16,47. Mai 1851"。亦有文献把其处理为"Agapetes D. Don ex G. Don(1834)"的异名。【分布】中国(参见 Agapetes D. Don ex G. Don)。【模式】Pentapterygium serpens (Wight) Klotzsch [Vaccinium serpens Wight]。【参考异名】Agapetes D. Don ex G. Don(1834) ●

38724 Pentaptilon E. Pritz. (1904) 【汉】五翼草海桐属。【隶属】草海桐花科(海桐科) Pittosporaceae。【包含】世界1种。【学名诠释与讨论】〈中〉(希) penta-=拉丁文 quinque-,五+ptilon,羽毛,翼,柔毛。【分布】澳大利亚。【模式】Pentaptilon careyi (F. von Mueller) E. Pritzel [Catospermum careyi F. von Mueller]。■☆

38725 Pentaptychaceae Dulac = Plumbaginaceae Juss. (保留科名) ●■

38726 Pentapyxis Hook. f. (1873) = Leycesteria Wall. (1824) [忍冬科 Caprifoliaceae] ●

38727 Pentarhaphia Lindl. (1827) 【汉】五针苣苔属。【英】Pentarhaphia。【隶属】苦苣苔科 Gesneriaceae。【包含】世界20种。【学名诠释与讨论】〈阴〉(希) penta-=拉丁文 quinque-,五+ rhaphis, 所有格 raphidos, 针。指花萼。此属的学名是"Pentarhaphia Lindl. (1827), Bot. Reg. 13: ad t. 1110 (1 Dec. 1827). 122 Lindley (l. c.): no explanation"。亦有文献把其处理为"Gesneria L. (1753)"的异名。"Pentarhaphia Decne., Annales des Sciences Naturelles; Botanique, sér. 3 6: 98. 1846 [苦苣苔科 Gesneriaceae]"是晚出的非法名称。【分布】西印度群岛,热带美洲。【模式】Pentarhaphia longiflora Lindl.。【参考异名】Chorisanthera (G. Don) Oerst. (1861); Chorisanthera Oerst. (1861) Nom. illegit.; Codonoraphia Oerst. (1859); Duchartrea Decne. (1846); Gesneria L. (1753); Henrincquia Benth. et Hook. f. (1876); Herincquia Decne. (1850) Nom. illegit.; Herincquia Decne. ex Jacques et Hérincq(1850) Nom. illegit.; Ophianthe Hanst. (1854); Petramnia Raf. (1838); Vaupellia Griseb. (1862) (废弃属名) ■☆

38728 Pentarhopalopilia (Engl.) Hiepko(1987) 【汉】五杖毛属。【隶属】山柚子科(山柑科,山柚仔科) Opiliaceae。【包含】世界4种。【学名诠释与讨论】〈阴〉(希) penta-=拉丁文 quinque-,五+rhopalon,棍棒,杖+pilos,指小式 pilion,毛发。pilinos,毡制的。或 penta-=拉丁文 quinque-,五+(属)Rhopalopilia 毛杖木属。此属的学名,ING 和 IK 记载是"Pentarhopalopilia (Engl.) Hiepko, Bot. Jahrb. Syst. 108 (2-3): 280. 1987 [22 May 1987]",由"Rhopalopilia sect. Pentarhopalopilia Engler, Bot. Jahrb. Syst. 43: 175. 23 Feb 1909"改级而来。【分布】马达加斯加,非洲中部。【模式】Pentarhopalopilia umbellulata (Baillon) P. Hiepko [Opilia umbellulata Baillon]。【参考异名】Rhopalopilia sect. Pentarhopalopilia Engl. (1909) 1909 ●☆

38729 Pentaria(DC.) M. Roem. (1846) Nom. illegit. ≡ Peremis Raf. (1838); ~ = Passiflora L. (1753) (保留属名) [西番莲科 Passifloraceae] ●■

38730 Pentaria M. Roem. (1846) Nom. illegit. ≡ Pentaria (DC.) M. Roem. (1846) Nom. illegit.; ~ ≡ Peremis Raf. (1838); ~ = Passiflora L. (1753) (保留属名) [西番莲科 Passifloraceae] ●■

38731 Pentarrhaphis Kunth(1816) 【汉】灌丛垂穗草属。【隶属】禾本科 Poaceae(Gramineae)。【包含】世界3种。【学名诠释与讨论】〈阴〉(希) penta-=拉丁文 quinque-,五+rhaphis, 所有格 raphidos, 针。指花。【分布】巴拿马,哥伦比亚,哥斯达黎加,墨西哥,尼加拉瓜,中美洲。【模式】Pentarrhaphis scabra Kunth。【参考异名】Polyschistis C. Presl (1830) Nom. illegit.; Polyschistis J. Presl et C. Presl(1830) Nom. illegit.; Polyschistis J. Presl(1830); Strombodurus Steud. (1841) Nom. inval.; Strombodurus Willd. ex Steud. (1841) Nom. inval. ■☆

38732 Pentarrhinum E. Mey. (1838) 【汉】五鼻萝藦属。【隶属】萝藦科 Asclepiadaceae。【包含】世界1-2种。【学名诠释与讨论】〈中〉(希) penta-=拉丁文 quinque-,五+rhis, 所有格 rhinos, 鼻。【分布】马达加斯加,热带和非洲南部。【模式】Pentarrhinum insipidum E. H. F. Meyer。●☆

38733 Pentas Benth. (1844) 【汉】五星花属。【日】ペンタス属。【俄】Пентас。【英】Pentas, Star Clusters, Star-cluster, Star-clusters。【隶属】茜草科 Rubiaceae。【包含】世界34-50种,中国1种。【学名诠释与讨论】〈阴〉(希) penta-=拉丁文 quinque-,五。指花的各部通常5出数。【分布】巴基斯坦,哥伦比亚,马达加斯加,中国,非洲。【模式】Pentas carnea Bentham。【参考异名】Dolichopentas Kårehed et B. Bremer (2007); Neurocarpaea R. Br. (1814) Nom. nud.; Neurocarpaea R. Br. ex Britten(1897) Nom. inval.; Neurocarpaea R. Br. ex Hiern (1898) Nom. illegit.; Neurocarpus Post et Kuntze (1903); Orthostemma Wall. ex Voigt (1845); Vignaldia A. Rich. (1848); Vignaudia Schweinf. (1867) Nom. illegit. ●■

38734 Pentasachme G. Don(1837) Nom. illegit. = Pentasachme Wall. ex Wight et Arn. (1834) [萝藦科 Asclepiadaceae] ■

38735 Pentasachme Wall. ex Wight et Arn. (1834) 【汉】石萝藦属(凤尾草属)。【英】Pentasacme。【隶属】萝藦科 Asclepiadaceae。【包含】世界4-8种,中国1种。【学名诠释与讨论】〈中〉(希) penta-=拉丁文 quinque-,五+akme,尖端,边缘。指花。此属的学名,ING 记载是"Pentasachme Wallich ex R. Wight et Arnott in R. Wight,Contr. Bot. India 60. Dec 1834"。IK 和 TROPICOS 则记载为"Pentasacme Wall. ex Wight, Contr. Bot. India [Wight] 60 (1834) [Dec 1834]"。"Pentasacme G. Don, Gen. Hist. 4: 159. 1837"则为拼写变体。【分布】中国,喜马拉雅山,亚洲东部和西南。【模式】Pentasacme caudatum Wallich ex R. Wight et Arnott。【参考异名】Pantasachme Endl. (1838); Pentasachme G. Don (1837) Nom. illegit.; Pentasacme Wall. ex Wight (1834) Nom. illegit.; Pentasacme G. Don(1837) Nom. illegit.; Pentasacme Wall. ex Wight(1834) Nom. illegit.; Spiladocorys Ridl. (1893) ●■

38736 Pentasachme Wall. ex Wight(1834) Nom. illegit. ≡ Pentasachme Wall. ex Wight et Arn. (1834) [萝藦科 Asclepiadaceae] ■

38737 Pentasacme G. Don (1837) Nom. illegit. ≡ Pentasachme G. Don (1837) Nom. illegit.; ~ = Pentasachme Wall. ex Wight et Arn. (1834) [萝藦科 Asclepiadaceae] ■

38738　Pentasacme Wall. ex Wight（1834）Nom. illegit. ≡ Pentasachme Wall. ex Wight et Arn.（1834）［萝藦科 Asclepiadaceae］■

38739　Pentaschistis（Nees）Spach（1841）【汉】南非禾属（五裂草属）。【隶属】禾本科 Poaceae（Gramineae）。【包含】世界 10-65 种。【学名诠释与讨论】〈阴〉（希）penta- = 拉丁文 quinque-，五 + schistos，裂开的，分开的。此属的学名，APNI 记载是 "Pentaschistis（Nees）Spach, Histoire Naturelle des V? g? taux 13 1841"；但是未给出基源异名；其基源异名是 "Danthonia sect. Pentaschistis Nees，Fl. Afr. Austral. Ill. 280. 1841"。ING 和 IK 记载的 "Pentaschistis O. Stapf in Thiselton-Dyer, Fl. Cap. 7：480. Aug 1899" 是晚出的非法名称。"Danthonia sect. Pentaschistis Nees（1841）" 还曾被处理为 "Danthonia sect. Pentaschistis（Nees）Benth. & Hook. f., Genera Plantarum 3（2）：1163. 1883.（14 Apr 1883）"、"Danthonia sect. Pentaschistis（Nees）Steud., Synopsis Plantarum Glumacearum 1：238. 1854" 和 "Pentameris sect. Pentaschistis（Nees）H. P. Linder & Galley, Annals of the Missouri Botanical Garden 97（3）：329. 2010.（10 Oct 2010）"。【分布】马达加斯加，非洲。【模式】Pentaschistis glandulosa（Schrad.）H. P. Linder ［Danthonia glandulosa Schrad.］。【参考异名】Achneria Benth.（1883）Nom. illegit.；Achneria Munro（1868）Nom. inval.；Afrachneria Sprague（1922）；Danthonia sect. Pentaschistis（Nees）Benth. & Hook. f.（1883）；Danthonia sect. Pentaschistis（Nees）Steud.（1854）；Danthonia sect. Pentaschistis Nees（1841）；Pentameris sect. Pentaschistis（Nees）H. P. Linder & Galley（2010）；Pentaschistis Stapf（1899）Nom. illegit.；Triraphis Nees（1841）■☆

38740　Pentaschistis Stapf（1899）Nom. illegit. = Pentaschistis Spach（1841）［禾本科 Poaceae（Gramineae）］■☆

38741　Pentascyphus Radlk.（1879）【汉】五皿木属。【隶属】无患子科 Sapindaceae。【包含】世界 1 种。【学名诠释与讨论】〈阳〉（希）penta- = 拉丁文 quinque-，五，五个 + skyphos = skythos，杯。【分布】几内亚。【模式】Pentascyphus thyrsiflorus Radlkofer。●☆

38742　Pentaspadon Hook. f.（1860）【汉】五裂漆属。【隶属】漆树科 Anacardiaceae。【包含】世界 5-6 种。【学名诠释与讨论】〈阳〉（希）penta - = 拉丁文 quinque-，五，五个 + spadon，所有格 spadonos，撕裂，痉挛，去势者，不长果实的植物，不结籽的植物。【分布】马来西亚，所罗门群岛。【模式】Pentaspadon motleyi J. D. Hooker。【参考异名】Microstemon Engl.（1881）；Nothoprotium Blume（1861）；Nothoprotium Miq.（1861）Nom. illegit.●☆

38743　Pentaspatella Gleason（1931）= Sauvagesia L.（1753）［金莲木科 Ochnaceae//旱金莲木科（辛木科）Sauvagesiaceae］●

38744　Pentastachya Hochst. ex Steud.（1841）= Pennisetum Rich.（1805）［禾本科 Poaceae（Gramineae）］■

38745　Pentastachya Steud.（1841）Nom. illegit. ≡ Pentastachya Hochst. ex Steud.（1841）；~ = Pennisetum Rich.（1805）［禾本科 Poaceae（Gramineae）］■

38746　Pentastelma Tsiang et P. T. Li（1974）【汉】白水藤属。【英】Pentastelma。【隶属】萝藦科 Asclepiadaceae。【包含】世界 1 种，中国 1 种。【学名诠释与讨论】〈中〉（希）penta - = 拉丁文 quinque-，五 + stelma，花冠。指花冠裂片 5 枚。【分布】中国。【模式】Pentastelma auritum Y. Tsiang et P. T. Li。●★

38747　Pentastemon Batsch（1802）= Penstemon Schmidel（1763）［玄参科 Scrophulariaceae//婆婆纳科 Veronicaceae］●■

38748　Pentastemon L'Hér. = Penstemon Schmidel（1763）［玄参科 Scrophulariaceae//婆婆纳科 Veronicaceae］●■

38749　Pentastemona Steenis（1982）【汉】五出百部属。【隶属】五出百部科（鳞百部科 Pentastemonaceae）［百部科 Stemonaceae。【包含】世界 2 种。【学名诠释与讨论】〈阴〉（希）penta- = 拉丁文 quinque-，五 + （属）Stemona 百部属。【分布】印度尼西亚（苏门答腊岛）。【模式】Pentastemona sumatrana C. G. G. J. van Steenis。■☆

38750　Pentastemonaceae Duyfjes（1992）［亦见 Stemonaceae Caruel（保留科名）百部科］【汉】五出百部科（鳞百部科）。【包含】世界 1 属 2 种。【分布】苏门答腊岛。【科名模式】Pentastemona Steenis ■☆

38751　Pentastemonodiscus Rech. f.（1965）【汉】五蕊线球草属。【隶属】石竹科 Caryophyllaceae。【包含】世界 1 种。【学名诠释与讨论】〈阳〉（希）penta- = 拉丁文 quinque-，五，五个 + stemon，雄蕊 + diskos，圆盘。【分布】阿富汗。【模式】Pentastemonodiscus monochlamydeus K. H. Rechinger。●☆

38752　Pentastemum Steud.（1841）= Penstemon Schmidel（1763）；~ = Pentastemon Batsch（1802）［玄参科 Scrophulariaceae//婆婆纳科 Veronicaceae］●■

38753　Pentasticha Turcz.（1862）= Fuirena Rottb.（1773）［莎草科 Cyperaceae］■

38754　Pentastigma Maxim. ex Kom. = Clematoclethra（Franch.）Maxim.（1889）［猕猴桃科 Actinidiaceae］●★

38755　Pentastira Ridl.（1916）= Dichapetalum Thouars（1806）［毒鼠子科 Dichapetalaceae］●

38756　Pentataenium Tamamsch. = Stenotaenia Boiss.（1844）［伞形花科（伞形科）Apiaceae（Umbelliferae）］■☆

38757　Pentataphrus Schltdl.（1847）= Astroloma R. Br.（1810）［尖苞木科 Epacridaceae//杜鹃花科（欧石南科）Ericaceae］●☆

38758　Pentataxis D. Don（1826）= Helichrysum Mill.（1754）［as 'Elichrysum'］（保留属名）［菊科 Asteraceae（Compositae）//蜡菊科 Helichrysaceae］●■

38759　Pentatherum Nábelek（1929）= Agrostis L.（1753）（保留属名）［禾本科 Poaceae（Gramineae）//剪股颖科 Agrostidaceae］■

38760　Pentathymelaea Lecomte（1916）【汉】五出瑞香属。【隶属】瑞香科 Thymelaeaceae。【包含】世界 1 种，中国 1 种。【学名诠释与讨论】〈阴〉（希）penta- = 拉丁文 quinque-，五 + （属）Thymelaea 欧瑞香属。此属的学名是 "Pentathymelaea Lecomte, Notul. Syst.（Paris）3：214. 10 Jun 1916"。亦有文献把其处理为 "Daphne L.（1753）" 的异名。【分布】中国。【模式】Pentathymelaea thibetensis Lecomte。【参考异名】Daphne L.（1753）●

38761　Pentatrichia Klatt（1895）【汉】齿叶鼠麹木属。【隶属】菊科 Asteraceae（Compositae）。【包含】世界 4 种。【学名诠释与讨论】〈中〉（希）penta- = 拉丁文 quinque-，五 + thrix，所有格 trichos，毛，毛发。【分布】非洲西南部。【模式】Pentatrichia petrosa Klatt。■●☆

38762　Pentatropis R. Br.（1814）Nom. inval., Nom. nud. ≡ Pentatropis R. Br. ex Wight et Arn.（1834）［萝藦科 Asclepiadaceae］■☆

38763　Pentatropis R. Br. ex Wight et Arn.（1834）【汉】朱砂莲属。【隶属】萝藦科 Asclepiadaceae。【包含】世界 2 种。【学名诠释与讨论】〈阴〉（希）penta- = 拉丁文 quinque-，五 + tropos，转弯，方式上的改变。trope，转弯的行为。tropo，转。tropis，所有格 tropeos，后来的。tropis，所有格 tropidos，龙骨。可能指副花冠的鳞片 5 枚。此属的学名，ING 和 APNI 记载是 "Pentatropis R. Brown ex R. Wight et Arnott in R. Wight, Contr. Bot. India 52. Dec 1834"。"Pentatropis R. Br., Voy. Abyss.［Salt］Append. p. lxiv. 1814［Sep 1814］ ≡ Pentatropis R. Br. ex Wight et Arn.（1834）" 是一个未合格发表的名称（Nom. inval., Nom. nud.）。【分布】澳大利亚，巴基斯坦，马达加斯加，印度，斯里兰卡，马斯克林群岛，非洲。【模式】Pentatropis microphylla（Roxburgh）R. Wight et Arnott ［Asclepias microphylla Roxburgh］。【参考异名】Eutropis Falc.

（1839）Nom. inval. ; Eutropus Falc.（1839）; Pentatropis R. Br.（1814）Nom. inval. , Nom. nud. ; Rhyncharrhena F. Muell.（1859）■☆

38764　Penteca Raf.（1838）＝ Croton L.（1753）［大戟科 Euphorbiaceae//巴豆科 Crotonaceae］●

38765　Pentelesia Raf.（1838）＝ Arrabidaea DC.（1838）［紫葳科 Bignoniaceae］●☆

38766　Pentena Raf.（1838）＝ Scabiosa L.（1753）［川续断科（刺参科, 蓟叶参科, 山萝卜科, 续断科）Dipsacaceae//蓝盆花科 Scabiosaceae］●■

38767　Penthea（D. Don）Spach（1841）Nom. illegit. ＝ Barnadesia Mutis ex L. f.（1782）［菊科 Asteraceae（Compositae）］●☆

38768　Penthea Lindl.（1835）【汉】哀兰属（潘西亚兰属）。【英】Penthea。【隶属】兰科 Orchidaceae。【包含】世界12种。【学名诠释与讨论】〈阴〉（希）penthos, 悲哀, 忧愁。指花杂色, 常常有暗色的斑点。此属的学名, ING 记载是"Penthea Lindley, Gen. Sp. Orchid. Pl. 258. Aug 1835"。IK 则记载为"Penthea Lindl. , Intr. Nat. Syst. Bot. , ed. 2. 446. 1836"。ING 记载的"Penthea（D. Don）Spach, Hist. Nat. Vég. PHAN.（种子）10; 9. 20 Mar 1841 ＝ Barnadesia Mutis ex L. f.（1782）［菊科 Asteraceae（Compositae）］"是晚出的非法名称。"Penthea Spach, Hist. Nat. Vég.（Spach）10; 9. 1841［20 Mar 1841］≡ Penthea（D. Don）Spach（1841）Nom. illegit.［菊科 Asteraceae（Compositae）］"的命名人引证有误。亦有文献把"Penthea Lindl.（1835）"处理为"Disa P. J. Bergius（1767）"的异名。【分布】参见 Disa P. J. Bergius。【后选模式】Penthea patens（Linnaeus f.）Lindley［Ophrys patens Linnaeus f.］。【参考异名】Disa P. J. Bergius（1767）; Penthea Lindl.（1836）Nom. illegit. ■☆

38769　Penthea Lindl.（1836）Nom. illegit. ＝ Penthea Lindl.（1835）［兰科 Orchidaceae］■☆

38770　Penthea Spach（1841）Nom. illegit. ≡ Penthea（D. Don）Spach（1841）Nom. illegit. ＝ Barnadesia Mutis ex L. f.（1782）［菊科 Asteraceae（Compositae）］●☆

38771　Pentheriella O. Hoffm. et Muschl.（1910）【汉】小扯根菜属。【隶属】菊科 Asteraceae（Compositae）。【包含】世界1种。【学名诠释与讨论】〈阴〉（属）Penthorum 扯根菜属＋-ellus, -ella, -ellum, 加在名词词干后面形成指小式的词尾。或加在人名、属名等后面以组成新属的名称。或 Arnold Penther, 1865-1931, 奥地利博物学家, 植物采集者＋-ella。此属的学名是"Pentheriella O. Hoffmann et R. Muschler, Ann. K. K. Naturhist. Hofmus. 24; 316. 1910-1911"。亦有文献把其处理为"Heteromma Benth.（1873）"的异名。【分布】南非（好望角）。【模式】Pentheriella krookii O. Hoffmann et R. Muschler。【参考异名】Heteromma Benth.（1873）■☆

38772　Penthoraceae Rydb. ex Britton（1901）（保留科名）［亦见 Saxifragaceae Juss.（保留科名）虎耳草科］【汉】扯根菜科（扯根草科）。【包含】世界1属2-3种, 中国1属1种。【分布】东亚, 北美洲东部。【科名模式】Penthorum L.（1753）■

38773　Penthoraceae Tiegh. ＝ Penthoraceae Rydb. ex Britton（保留科名）■

38774　Penthorum Gronov. ex L.（1753）≡ Penthorum L.（1753）［虎耳草科 Saxifragaceae//扯根菜科（扯根草科）Penthoraceae］■

38775　Penthorum L.（1753）【汉】扯根菜属。【日】タコノアシ属。【俄】Петорум, Пятичленник。【英】Penthorum。【隶属】虎耳草科 Saxifragaceae//扯根菜科（扯根草科）Penthoraceae。【包含】世界2-3种, 中国1种。【学名诠释与讨论】〈中〉（希）penta- ＝拉丁文 quinque-, 五＋horos, 柱, 特征, 标准, 边缘, 界线。指蒴果具有5角的喙, 或指花的五数性。此属的学名, ING、TROPICOS 和 IK 记载是"Penthorum L. , Sp. Pl. 1; 432. 1753［1 May 1753］"。也有文献用为"Penthorum Gronov. ex L.（1753）"。"Penthorum

Gronov."是命名起点著作之前的名称, 故"Penthorum L.（1753）"和"Penthorum Gronov. ex L.（1753）"都是合法名称, 可以通用。【分布】美国, 中国, 中南半岛, 大西洋, 东亚, 北美洲。【模式】Penthorum sedoides Linnaeus。【参考异名】Penthorum Gronov. ex L.（1753）■

38776　Penthysa Raf.（1838）Nom. illegit. ≡ Echiopsis Rchb.（1837）; ~ ＝Lobostemon Lehm.（1830）［紫草科 Boraginaceae］■☆

38777　Pentiphragma Hook.（1830）＝ Pentaphragma Wall. ex G. Don（1834）［桔梗科 Campanulaceae//五膜草科（五隔草科）Pentaphragmataceae］■

38778　Pentisea（Lindl.）Szlach.（2001）＝ Caladenia R. Br.（1810）［兰科 Orchidaceae］■☆

38779　Pentisea Lindl. , Nom. illegit. ＝ Pentisea（Lindl.）Szlach.（2001）; ~ ＝Caladenia R. Br.（1810）［兰科 Orchidaceae］■☆

38780　Pentitdis Zipp. ex Blume（1851）＝ Opilia Roxb.（1802）［山柚子科（山柑科, 山柚仔科）Opiliaceae］●

38781　Pentlandia Herb.（1839）＝ Urceolina Rchb.（1829）（保留属名）［石蒜科 Amaryllidaceae］■☆

38782　Pentochna Tiegh.（1907）＝ Ochna L.（1753）［金莲木科 Ochnaceae］●

38783　Pentocnide Raf.（1837）＝ Pouzolzia Gaudich.（1830）［荨麻科 Urticaceae］●■

38784　Pentodon Ehrenb. ex Boiss.（1879）Nom. illegit. ＝ Kochia Roth（1801）［藜科 Chenopodiaceae］●■

38785　Pentodon Hochst.（1844）【汉】五齿茜属。【隶属】茜草科 Rubiaceae。【包含】世界2种。【学名诠释与讨论】〈阳〉（希）penta- ＝拉丁文 quinque-, 五, 五个＋odous, 所有格 odontos, 齿。此属的学名是"Pentodon Hochstetter, Flora 27; 552. 28 Aug 1844"。藜科 Chenopodiaceae 的"Pentodon Ehrenb. ex Boiss.（1879）Nom. illegit. ＝ Kochia Roth（1801）"是晚出的非法名称。【分布】美国（东南部）, 塞舌尔（塞舌尔群岛）, 阿拉伯地区, 热带非洲, 西印度群岛, 中美洲。【模式】Pentodon decumbens Hochstetter。☆

38786　Pentopetia Decne.（1844）【汉】坡梯草属（盆托坡梯草属）。【英】Pentopetia。【隶属】萝藦科 Asclepiadaceae。【包含】世界10种。【学名诠释与讨论】〈阴〉（希）penta- ＝拉丁文 quinque-, 五＋opetion, 钻子。【分布】马达加斯加。【后选模式】Pentopetia androsaemifolia Decaisne。【参考异名】Acustelma Baill.（1889）; Cryptolepis R. Br.（1810）; Gonocrypta（Baill.）Costantin et Gallaud, Nom. illegit. ; Kompitsia Costantin et Gallaud（1906）; Pentopetiopsis Costantin et Gallaud（1906）■☆

38787　Pentopetiopsis Costantin et Gallaud（1906）【汉】拟坡梯草属。【英】Pentopetia。【隶属】萝藦科 Asclepiadaceae。【包含】世界1种。【学名诠释与讨论】〈阴〉（属）Pentopetia 坡梯草属＋希腊文 opsis, 外观, 模样, 相似。此属的学名是"1906"。亦有文献把其处理为"Pentopetia Decne.（1844）"的异名。【分布】马达加斯加。【模式】Pentopetiopsis ovalifolia Costantin et Gallaud。【参考异名】Pentopetia Decne.（1844）■☆

38788　Pentossaea Judd（1989）【汉】五数野牡丹属。【隶属】野牡丹科 Melastomataceae。【包含】世界7种。【学名诠释与讨论】〈阴〉（希）penta- ＝拉丁文 quinque-, 五＋（人）Jose Antonio de la Ossa, ? -1829, 植物学者。【分布】热带美洲, 中美洲。【模式】Pentossaea brachystachya（DC.）Judd。●☆

38789　Pentostemon Raf.（1833）Nom. illegit. ≡ Penstemon Schmidel（1763）［玄参科 Scrophulariaceae//婆婆纳科 Veronicaceae］●■

38790　Pentrias Benth. et Hook. f.（1880）Nom. illegit. ＝ Pentrius Raf.（1837）; ~ ＝Amaranthus L.（1753）［苋科 Amaranthaceae］■

38791 Pentrius Raf.（1837）= Amaranthus L.（1753）［苋科 Amaranthaceae］■

38792 Pentropis Raf.（1837）= Campanula L.（1753）［桔梗科 Campanulaceae］■●

38793 Pentstemon Aiton（1789）Nom. illegit. = Penstemon Schmidel（1763）；~ = Penstemon Schmidel（1763）［玄参科 Scrophulariaceae//婆婆纳科 Veronicaceae］●■

38794 Pentstemon Mitch.（1748）Nom. inval. ≡ Penstemon Mitch.（1769）［玄参科 Scrophulariaceae//婆婆纳科 Veronicaceae］●■

38795 Pentstemon Schmidel（1763）Nom. illegit. ≡ Penstemon Schmidel（1763）［玄参科 Scrophulariaceae//婆婆纳科 Veronicaceae］●■

38796 Pentstemonacanthus Nees（1847）【汉】五刺蕊爵床属。【隶属】爵床科 Acanthaceae。【包含】世界 1 种。【学名诠释与讨论】〈阳〉（希）penta- = 拉丁文 quinque-，五，五个+stemon，雄蕊+akantha，荆棘，刺。【分布】巴西，中美洲。【模式】Pentstemonacanthus modestus C. G. D. Nees。☆

38797 Pentstemonopsis Rydb.（1917）= Chionophila Benth.（1846）［玄参科 Scrophulariaceae//婆婆纳科 Veronicaceae］■☆

38798 Pentstemum Steud.（1841）= Penstemon Schmidel（1763）［玄参科 Scrophulariaceae//婆婆纳科 Veronicaceae］●■

38799 Pentsteria Griff.（1854）= Torenia L.（1753）［玄参科 Scrophulariaceae//婆婆纳科 Veronicaceae］■

38800 Pentstira Post et Kuntze（1903）= Pentsteria Griff.（1854）［玄参科 Scrophulariaceae］■

38801 Penttatherum Nábelek = Agrostis L.（1753）（保留属名）［禾本科 Poaceae（Gramineae）//剪股颖科 Agrostidaceae］■

38802 Pentulops Raf.（1838）= Maxillaria Ruiz et Pav.（1794）；~ = Xylobium Lindl.（1825）［兰科 Orchidaceae］■☆

38803 Pentzia Thunb.（1800）【汉】杯子菊属。【俄】Кустарник овечий，Пентция。【英】African Sheepbush，Sheepbush。【隶属】菊科 Asteraceae（Compositae）。【包含】世界 23-27 种。【学名诠释与讨论】〈阴〉（人）Hendrik Christian Pentz，1738-1803，瑞典植物采集员。另说纪念 Carolus Johannes Pentz，De Diosma 的作者。【分布】非洲，热带。【模式】Pentzia crenata Thunberg，Nom. illegit. ［Gnaphalium dentatum Linnaeus；Pentzia dentata（Linnaeus）O. Kuntze］。【参考异名】Asteringa E. Mey. ex DC.（1838）■●☆

38804 Peperidia Kostel.（1833）Nom. illegit. = Piper L.（1753）［胡椒科 Piperaceae］●■

38805 Peperidia Rchb.（1828）= Chloranthus Sw.（1787）［金粟兰科 Chloranthaceae］■●

38806 Peperidium Lindl.（1836）= Renealmia L. f.（1782）（保留属名）［姜科（蘘荷科）Zingiberaceae］■☆

38807 Peperomia Ruiz et Pav.（1794）【汉】草胡椒属（豆瓣绿属，椒草属）。【日】サダサウ属，サダソウ属，ペペロミア属。【俄】Пеперомия。【英】Paperelder，Peperomia，Piperomia，Radiator Plant，Rock Balsam。【隶属】胡椒科 Piperaceae//草胡椒科（三瓣绿科）Peperomiaceae。【包含】世界 1000 种，中国 7 种。【学名诠释与讨论】〈阴〉（希）peperi，所有格 pepereos，胡椒+omorios，homoios，homios，相似。【分布】巴拉圭，巴拿马，秘鲁，玻利维亚，厄瓜多尔，哥伦比亚（安蒂奥基亚），马达加斯加，尼加拉瓜，中国，中美洲。【模式】Peperomia secundiflora Ruiz et Pavón。【参考异名】Acrocarpidium Miq.（1843）；Erasmia Miq.（1842）；Micropiper Miq.（1839）；Phyllobryon Miq.（1843）；Piperanthera C. DC.（1923）；Piperomia Pritz.（1855）Nom. illegit.；Piperonia Pritz.（1865）Nom. illegit.；Rhynchophorum（Miq.）Small（1933）；Tildenia Miq.（1842）；Trigonanthera André（1870）；Troxirum Raf.（1838）；Verhuellia Miq.（1843）■

38808 Peperomiaceae（Miq.）Wettst. = Peperomiaceae Wettst. ■●

38809 Peperomiaceae A. C. Sm.（1981）= Peperomiaceae Wettst. ；~ = Piperaceae Giseke（保留科名）●■

38810 Peperomiaceae Wettst. ［亦见 Piperaceae Giseke（保留科名）胡椒科］【汉】草胡椒科（三瓣绿科）。【包含】世界 1-4 属 1000 种，中国 1 属 7 种。【分布】热带。【科名模式】Peperomia Ruiz et Pav.（1794）■●

38811 Pepinia Brongn.（1870）【汉】异翠凤草属。【隶属】凤梨科 Bromeliaceae。【包含】世界 44-68 种。【学名诠释与讨论】〈阴〉（人）Pierre Denis Pepin，1802-1876。此属的学名，ING 记载是 "Pepinia Brongniart in André, Ill. Hort. 17：32. Feb 1870"。IK 和 TROPICOS 则记载为 "Pepinia Brongn. ex André, Ill. Hort. xvii.（1870）32. t. 5"。三者引用的文献相同。亦有文献把 "Pepinia Brongn.（1870）" 处理为 "Pitcairnia L'Hér.（1789）（保留属名）" 的异名。【分布】玻利维亚，厄瓜多尔，哥伦比亚（安蒂奥基亚），中美洲。【模式】Pepinia punicea A. T. Brongniart ［Pitcairnia punicea Lindley ex Hasskarl 1856，non Scheidweiler 1842］。【参考异名】Pepinia Brongn. ex André.（1870）Nom. illegit.；Pitcairnia L'Hér.（1789）（保留属名）■☆

38812 Pepinia Brongn. ex André.（1870）Nom. illegit. ≡ Pepinia Brongn.（1870）［凤梨科 Bromeliaceae］■☆

38813 Peplidium Delile（1813）【汉】小莩荠属。【英】Peplidium。【隶属】玄参科 Scrophulariaceae//透骨草科 Phrymaceae。【包含】世界 7-10 种，中国 1 种。【学名诠释与讨论】〈中〉（属）Peplis 莩荠属+-idius，-idia，-idium，指示小的词尾。【分布】马达加斯加，热带非洲至澳大利亚，中国。【模式】Peplidium humifusum Delile。【参考异名】Eplidium Raf.（1840）；Microcarpaea R. Br.（1810）■

38814 Peplis L.（1753）【汉】莩荠属。【俄】Бутерлак。【英】Peplis，Water Purslane，Water-purslane。【隶属】千屈菜科 Lythraceae。【包含】世界 1-3 种，中国 1 种。【学名诠释与讨论】〈阴〉（希）peplis，peplidos，一种植物古名。此属的学名，ING、TROPICOS、APNI 和 IK 记载是 "Peplis L., Sp. Pl. 1：332. 1753 ［1 May 1753］"。"Chabraea Adanson, Fam. 2：234. Jul-Aug 1763" 和 "Portula J. Hill, Brit. Herbal 218. Jun 1756" 是 "Peplis L.（1753）" 的晚出的同模式异名（Homotypic synonym，Nomenclatural synonym）。亦有文献把 "Peplis L.（1753）" 处理为 "Lythrum L.（1753）" 的异名。【分布】巴基斯坦，中国，中美洲。【模式】Peplis portula Linnaeus。【参考异名】Chabraea Adans.（1763）Nom. illegit. ；Lythrum L.（1753）；Portula Hill（1756）Nom. illegit. ■

38815 Peplonia Decne.（1844）【汉】袍萝藦属。【隶属】萝藦科 Asclepiadaceae。【包含】世界 3 种。【学名诠释与讨论】〈阴〉（希）peplos，袍子，套。【分布】巴西，玻利维亚。【模式】Peplonia nitida Decaisne。■☆

38816 Pepo Mill.（1754）Nom. illegit. ≡ Cucurbita L.（1753）［葫芦科（瓜科，南瓜科）Cucurbitaceae］■

38817 Peponia Naudin（1866）Nom. illegit. ≡ Peponium Engl.（1897）［葫芦科（瓜科，南瓜科）Cucurbitaceae］■☆

38818 Peponidium（Baill.）Arènes（1960）【汉】小瓠果属。【隶属】茜草科 Rubiaceae。【包含】世界 20 种。【学名诠释与讨论】〈中〉（希）pepon，所有格 peponos，熟，软熟的，变为拉丁文 pepo，所有格 peponis，一种甜瓜+-idius，-idia，-idium，指示小的词尾。此属的学名，ING 记载是 "Peponidium（Baillon）Arènes，Notul. Syst.（Paris）16：25. Oct 1960"，但是未给出基源异名。IK 记载基源异名是 "Canthium sect. Peponidium Baill."。"Peponidium Baill. ex Arènes（1960）≡ Peponidium（Baill.）Arènes（1960）" 的命名人引证有误。【分布】科摩罗，马达加斯加。【模式】Peponidium horridum（Baillon）Arènes［Canthium horridum Baillon］。【参考异名】Canthium sect. Peponidium Baill.；Peponidium Baill. ex Arènes（1960）Nom. illegit. ●■☆

38819 Peponidium Baill. ex Arènes（1960）Nom. illegit. ≡ Peponidium（Baill.）Arènes（1960）［茜草科 Rubiaceae］●■☆

38820 Peponiella Kuntze（1898）Nom. illegit. ≡ Peponium Engl.（1897）［葫芦科（瓜科，南瓜科）Cucurbitaceae］■☆

38821 Peponium Engl.（1897）【汉】瓠果属。【隶属】葫芦科（瓜科，南瓜科）Cucurbitaceae。【包含】世界 20 种。【学名诠释与讨论】〈中〉（希）pepon，所有格 peponos，熟，软熟的，变为拉丁文 pepo，所有格 peponis，一种甜瓜 +-ius，-ia，-ium，在拉丁文和希腊文中，这些词尾表示性质或状态。此属的学名"Peponium Engler in Engler et Prantl，Nat. Pflanzenfam. Nachtr. 318. Oct 1897"是一个替代名称。"Peponia Naudin，Ann. Sci. Nat. Bot. ser. 5. 5：29. Jan–Jun 1866"是一个非法名称（Nom. illegit.），因为此前已经有了硅藻的"Peponia Greville，Trans. Microscop. Soc. London ser. 2. 11：75. 1863"。故用"Peponium Engl.（1897）"替代之。"Peponia Naudin，Ann. Sci. Nat. Bot. ser. 5. 5：29. Jan–Jun 1866（non Greville 1863）"和"Peponiella O. Kuntze，Rev. Gen. 3（2）：131. 28 Sep 1898"是"Peponium Engl.（1897）"的晚出的同模式异名（Homotypic synonym，Nomenclatural synonym）。【分布】非洲，马达加斯加。【模式】Peponium mackennii（Naudin）Engler［Peponia mackennii Naudin］。【参考异名】Peponia Naudin（1866）Nom. illegit.；Peponiella Kuntze（1898）Nom. illegit. ■☆

38822 Peponopsis Naudin（1859）【汉】拟瓠果属。【隶属】葫芦科（瓜科，南瓜科）Cucurbitaceae。【包含】世界 1 种。【学名诠释与讨论】〈阴〉（属）Peponium 瓠果属 +希腊文 opsis，外观，模样，相似。【分布】墨西哥。【模式】Peponopsis adhaerens Naudin。■☆

38823 Pera Mutis et Croizat（1942）descr. emend. = Pera Mutis（1784）［袋戟科（大袋科）Peraceae//大戟科 Euphorbiaceae］●☆

38824 Pera Mutis（1784）【汉】袋戟属。【隶属】袋戟科（大袋科）Peraceae//大戟科 Euphorbiaceae。【包含】世界 40 种。【学名诠释与讨论】〈阴〉（希）pera，指小式 peridion，袋，囊。此属的学名，ING、GCI 和 IK 记载是"Pera Mutis，Kongl. Vetensk. Acad. Nya Handl. 5：299. 1784［Oct–Dec 1784］"。"Pera Mutis et Croizat，Ann. Missouri Bot. Gard. xxix. 357（1942）"修订了属的描述。"Perula Schreber，Gen. 703. Mai 1791"是"Pera Mutis（1784）"的同模式异名（Homotypic synonym，Nomenclatural synonym）。【分布】巴拿马，秘鲁，玻利维亚，哥伦比亚（安蒂奥基亚），哥斯达黎加，尼加拉瓜，西印度群岛，热带美洲，中美洲。【模式】Pera arborea Mutis。【参考异名】Clistanthus Müll. Arg.（1866）；Clistranthus Poit. ex Baill.（1858）；Pera Mutis et Croizat（1942）descr. emend.；Peridium Schott（1827）；Perula Schreb.（1791）Nom. illegit.；Schismatopera Klotzsch（1841）；Spixia Leandro（1821）Nom. illegit. ●☆

38825 Peracarpa Hook. f. et Thomson（1858）【汉】袋果草属（肉荽草属，肉荽果属，山桔梗属）。【日】タニギキャウ属，タニギキョウ属。【俄】Перакрпа。【英】Peracarpa。【隶属】桔梗科 Campanulaceae。【包含】世界 1-3 种，中国 1 种。【学名诠释与讨论】〈阴〉（希）pera pera，指小式 peridion，袋、囊 +karpos，果实。指果囊状。此属的学名，ING、TROPICOS 和 IK 记载是"Peracarpa Hook. f. et Thomson，J. Proc. Linn. Soc.，Bot. 2：26. 1857［1858 publ. 1857］"。"Perocarpa Feer，Bot. Jahrb. Syst. 12：619. 23 Dec 1890"是"Peracarpa Hook. f. et Thomson（1858）"的晚出的同模式异名（Homotypic synonym，Nomenclatural synonym）。【分布】菲律宾（菲律宾群岛），日本，中国，喜马拉雅山。【模式】Peracarpa carnosa J. D. Hooker et T. Thomson。【参考异名】Perocarpa Feer

（1890）Nom. illegit. ■

38826 Peraceae Benth. ex Klotzsch［亦见 Euphorbiaceae Juss.（保留科名）大戟科］【汉】袋戟科（大袋科）。【包含】世界 1 属 40 种。【分布】热带美洲，西印度群岛。【科名模式】Pera Mutis（1784）●☆

38827 Peraceae Klotzsch（1859）= Euphorbiaceae Juss.（保留科名）；~ =Peraceae Benth. ex Klotzsch ●☆

38828 Perakanthus Robyns ex Ridl.（1925）Nom. illegit. ≡ Perakanthus Robyns（1925）［茜草科 Rubiaceae］●☆

38829 Perakanthus Robyns ex Ridl. et Robyns（1928）descr. ampl. ≡ Perakanthus Robyns（1925）［茜草科 Rubiaceae］●☆

38830 Perakanthus Robyns（1925）【汉】佩拉花属。【隶属】茜草科 Rubiaceae。【包含】世界 1 种。【学名诠释与讨论】〈阳〉（人）Perak + anthos，花。此属的学名，ING 和 TROPICOS 记载是"Perakanthus W. Robyns in Ridley，Fl. Malay Penins. 5（Suppl.）：317. 1925"；而 IK 则记载为"Perakanthus Robyns ex Ridl.，Fl. Malay Penins. v. 317（1925）"。"Perakanthus Robyns ex Ridl. et Robyns，Bull. Jard. Bot. État Bruxelles 11：330，descr. ampl. 1928"修订了属的描述。【分布】马来半岛。【模式】未指定。【参考异名】Perakanthus Robyns ex Ridl.（1925）Nom. illegit.；Perakanthus Robyns ex Ridl. et Robyns（1928）descr. ampl. ●☆

38831 Peraltea Kunth（1823）= Brongniartia Kunth（1824）［豆科 Fabaceae（Leguminosae）//蝶形花科 Papilionaceae］●☆

38832 Perama Aubl.（1775）【汉】佩茜属。【隶属】茜草科 Rubiaceae。【包含】世界 9 种。【学名诠释与讨论】〈阴〉词源不详。此属的学名，ING、TROPICOS 和 IK 记载是"Perama Aublet，Hist. Pl. Guiane 1：54. Jun–Dec 1775"。"Mattuschkaea Schreber，Gen. 788. Mai 1791"是"Perama Aubl.（1775）"的晚出的同模式异名（Homotypic synonym，Nomenclatural synonym）。【分布】秘鲁，玻利维亚，西印度群岛。【模式】Perama hirsuta Aublet。【参考异名】Buchia Kunth（1818）；Mattuschkaea Schreb.（1791）Nom. illegit.；Mattuschkea Batsch（1802）Nom. illegit.；Mattuskea Raf.（1814）●☆

38833 Peramibus Raf.（1820）= Rudbeckia L.（1753）［菊科 Asteraceae（Compositae）］■

38834 Peramium Salisb.（1812）Nom. inval. = Goodyera R. Br.（1813）［兰科 Orchidaceae］■

38835 Peramium Salisb. ex Britton et Brown = Goodyera R. Br.（1813）［兰科 Orchidaceae］■

38836 Peramium Salisb. ex Coult.（1894）Nom. illegit. = Goodyera R. Br.（1813）［兰科 Orchidaceae］■

38837 Peramium Salisb. ex MacMill.（1892）Nom. illegit. ≡ Epipactis Ség.（1754）（废弃属名）；~ ≡ Gonogona Link（1822）Nom. illegit.；~ ≡ Goodyera R. Br.（1813）［兰科 Orchidaceae］■

38838 Perantha Craib（1918）= Oreocharis Benth.（1876）（保留属名）［苦苣苔科 Gesneriaceae］■

38839 Perapentacoilanthus Rappa et Camarrone（1956）Nom. illegit. = Mesembryanthemum L.（1753）（保留属名）［番杏科 Aizoaceae//龙须海棠科（日中花科）Mesembryanthemaceae］■●

38840 Peraphora Miers（1866）= Cyclea Arn. ex Wight（1840）［防己科 Menispermaceae］●■

38841 Peraphyllum Nutt.（1840）【汉】囊叶蔷薇属。【隶属】蔷薇科 Rosaceae。【包含】世界 1 种。【学名诠释与讨论】〈中〉（希）pera，指小式 peridion，袋、囊 +希腊文 phyllon，叶子。phyllodes，似叶的，多叶的。phylleion，绿色材料，绿草。此属的学名，ING 和 IK 记载是"Peraphyllum Nuttall in Torrey et A. Gray，Fl. N. Amer. 1：474. Jun 1840"。"Peraphyllum Nutt. ex Torr. et A. Gray（1840）≡ Peraphyllum Nutt.（1840）"的命名人引证有误。亦有文献把

"Peraphyllum Nutt.（1840）"处理为"Amelanchier Medik.（1789）"的异名。【分布】美国（西部）。【模式】Peraphyllum ramosissimum Nuttall。【参考异名】Amelanchier Medik.（1789）；Peraphyllum Nutt. ex Torr. et A. Gray（1840）Nom. illegit.●☆

38842　Peraphyllum Nutt. ex Torr. et A. Gray（1840）Nom. illegit. ≡ Peraphyllum Nutt.（1840）［蔷薇科 Rosaceae］●

38843　Peratanthe Urb.（1921）【汉】对面花属。【隶属】茜草科 Rubiaceae。【包含】世界 2 种。【学名诠释与讨论】〈阴〉（希）peras，所有格 peratos，界限，边界，可通行的，在对面+anthos，花。【分布】古巴，海地。【模式】Peratanthe ekmanii Urban。■☆

38844　Peratetracoilanthus Rappa et Camarrone（1962）Nom. inval.［番杏科 Aizoaceae］☆

38845　Peraxilla Tiegh.（1894）【汉】腋寄生属。【隶属】桑寄生科 Loranthaceae。【包含】世界 2 种。【学名诠释与讨论】〈阴〉（希）peros，伤残的，拉丁文词头 per-是穿过+axilla 腋下。【分布】新西兰。【后选模式】Peraxilla colensoi（J. D. Hooker）Van Tieghem［Loranthus colensoi J. D. Hooker］。【参考异名】Neamyza Tiegh.（1895）；Perella（Tiegh.）Tiegh.（1895）；Perella Tiegh.（1895）Nom. illegit.●☆

38846　Percepier Dill. ex Moench（1794）Nom. illegit. ≡ Percepier Moench（1794）Nom. illegit. ；~ ≡ Percepier Dill. ex Moench（1794）Nom. illegit. ；~ ≡ Aphanes L.（1753）［蔷薇科 Rosaceae//羽衣草科 Alchemillaceae］●■☆

38847　Percepier Moench（1794）Nom. illegit. ≡ Percepier Dill. ex Moench（1794）Nom. illegit. ；~ ≡ Aphanes L.（1753）［蔷薇科 Rosaceae//羽衣草科 Alchemillaceae］●■☆

38848　Perdicesca Prov.（1862）Nom. illegit. =Mitchella L.（1753）［茜草科 Rubiaceae］■

38849　Perdicesea E. A. Delamare, Renauld et Cardot（1888）Nom. illegit. = Perdicesca Prov.（1862）Nom. illegit. ；~ = Mitchella L.（1753）［茜草科 Rubiaceae］■

38850　Perdiciaceae Link =Asteraceae Bercht. et J. Presl（保留科名）；~ =Compositae Giseke（保留科名）●■

38851　Perdicium L.（1760）【汉】白丁草属。【隶属】菊科 Asteraceae（Compositae）。【包含】世界 2 种。【学名诠释与讨论】〈中〉（希）perdix，所有格 perdcis，山鹑+-ius，-ia，-ium，在拉丁文和希腊文中，这些词尾表示性质或状态。另说来自希腊古名 perdikion。《显花植物与蕨类植物词典》记载："Perdicium L. = Gerbera L. ex Cass. +Trixis P. Br.（Compos.）"【分布】非洲南部。【模式】Perdicium capense Linnaeus。■☆

38852　Perebea Aubl.（1775）【汉】黄乳桑属（热美桑属）。【隶属】桑科 Moraceae。【包含】世界 9-20 种。【学名诠释与讨论】〈阴〉词源不详。【分布】巴拿马，秘鲁，玻利维亚，厄瓜多尔，哥伦比亚（安蒂奥基亚），哥斯达黎加，尼加拉瓜，中美洲。【模式】Perebea guianensis Aublet。【参考异名】Mikania Neck.（1790）；Noyera Trécul（1847）●☆

38853　Peregrina W. R. Anderson（1985）【汉】奇异金虎尾属。【隶属】金虎尾科（黄褥花科）Malpighiaceae。【包含】世界 1 种。【学名诠释与讨论】〈阴〉（拉）peregrinus，奇异的，外来的。【分布】巴拉圭，巴西。【模式】Peregrina linearifolia（A. F. C. P. Saint-Hilaire）W. R. Anderson［Gaudichaudia linearifolia A. F. C. P. Saint-Hilaire］。●☆

38854　Pereilema J. Presl et C. Presl（1830）Nom. illegit. ≡ Pereilema J. Presl（1830）［禾本科 Poaceae（Gramineae）］■☆

38855　Pereilema J. Presl（1830）【汉】半面穗属。【隶属】禾本科 Poaceae（Gramineae）。【包含】世界 3 种。【学名诠释与讨论】〈中〉（希）peros，伤残的，拉丁文词头 per-是穿过+eilema 封套。

此属的学名，ING 和 IK 记载是"Pereilema J. S. Presl in K. B. Presl, Rel. Haenk. 1：233. 1830"。"Pereilema J. Presl et C. Presl（1830）≡Pereilema J. Presl（1830）"的命名人引证有误。【分布】巴拿马，秘鲁，厄瓜多尔，哥斯达黎加，尼加拉瓜，墨西哥至热带南美洲，中美洲。【模式】Pereilema crinitum J. S. Presl。【参考异名】Pereilema J. Presl et C. Presl（1830）Nom. illegit. ; Perieilema Benth. et Hook. f.（1883）■☆

38856　Pereira Hook. f. et Thomson（1872）Nom. illegit. =? Pereiria Lindl.（1838）Nom. illegit.［防己科 Menispermaceae］●☆

38857　Pereiria Lindl.（1838）Nom. illegit. ≡ Coscinium Colebr.（1821）［防己科 Menispermaceae］●☆

38858　Perella（Tiegh.）Tiegh.（1895）= Peraxilla Tiegh.（1894）［桑寄生科 Loranthaceae］●☆

38859　Perella Tiegh.（1895）Nom. illegit. ≡ Perella（Tiegh.）Tiegh.（1895）；~ =Peraxilla Tiegh.（1894）［桑寄生科 Loranthaceae］●☆

38860　Peremis Raf.（1838）= Passiflora L.（1753）（保留属名）［西番莲科 Passifloraceae］●■

38861　Perenideboles Ram. Goyena（1911）【汉】尼加拉瓜爵床属。【隶属】爵床科 Acanthaceae。【包含】世界 1 种。【学名诠释与讨论】〈阴〉词源不详。【分布】尼加拉瓜。【模式】Perenideboles ciliatum Goyena。■☆

38862　Perepusa Steud.（1840）= Prepusa Mart.（1827）［龙胆科 Gentianaceae］■☆

38863　Perescia Lem.（1838）Nom. illegit. , Nom. inval. ≡ Pereskia Mill.（1754）［仙人掌科 Cactaceae］●

38864　Pereskia Mill.（1754）【汉】木麒麟属（虎刺属，叶仙人掌属）。【日】ペイレスキア属，モクキリン属。【英】Blade Apple, Leaf Cactus, Pereskia。【隶属】仙人掌科 Cactaceae。【包含】世界 16 种，中国 3 种。【学名诠释与讨论】〈阴〉（人）Nicolas Claude Fabri de Peiresc, 1580-1637, 法国博物学者，考古学者。此属的学名，ING、TROPICOS、APNI、GCI 和 IK 记载是"Pereskia Mill. , Gard. Dict. Abr. , ed. 4. ［1026］. 1754 ［28 Jan 1754］"。"Pereskia Vell. , Fl. Flumin. 34. 1829 ［1825 publ. 7 Sep-28 Nov 1829］［卫矛科 Celastraceae］"是晚出的非法名称。"Perescia Lem. , Cactearum Genera Nova Speciesque Novae et Omnium in Horto Monvilliano Culturum Accurata Descriptio 14. 1838"是"Pereskia Mill.（1754）"的拼写变体。【分布】巴拿马，秘鲁，玻利维亚，厄瓜多尔，哥伦比亚（安蒂奥基亚），尼加拉瓜，中国，墨西哥至热带南美洲，西印度群岛，中美洲。【模式】Pereskia aculeata P. Miller［Cactus pereskia Linaneus］。【参考异名】Carpophillus Neck.（1790）Nom. inval. ; Carpophyllum Neck.（1790）Nom. inval. ; Peirescia Zucc.（1838）Nom. illegit. ; Peireskia Post et Kuntze（1903）Nom. illegit. ; Peireskia Steud.（1841）Nom. illegit. ; Perescia Lem.（1838）Nom. illegit. , Nom. inval. ; Rhodocactus（A. Berger）F. M. Knuth（1930）; Rhodocactus F. M. Knuth（1930）Nom. illegit. ●

38865　Pereskia Vell.（1829）Nom. illegit.［卫矛科 Celastraceae］●☆

38866　Pereskiopsis Britton et Rose（1907）【汉】麒麟掌属（拟叶仙人掌属）。【日】ペイレスキオプシス属，ペレスキオプシス属。【隶属】仙人掌科 Cactaceae。【包含】世界 9-17 种。【学名诠释与讨论】〈阴〉（属）Pereskia 木麒麟属（虎刺属，叶仙人掌属）+希腊文 opsis，外观，模样。【分布】洪都拉斯，墨西哥，危地马拉，中美洲。【模式】Pereskiopsis brandegeei（K. Schumann）N. L. Britton et Rose［Opuntia brandegeei K. Schumann］。【参考异名】Peireskiopsis Vaupel, Nom. illegit. ; Pereskia Mill.（1754）●☆

38867　Pereuphora Hoffmanns.（1826）= Serratula L.（1753）［菊科 Asteraceae（Compositae）//麻花头科 Serratulaceae］■

38868　Perezia Lag.（1811）【汉】莲座钝柱菊属（墨西哥菊属）。【英】

Perezia。【隶属】菊科 Asteraceae（Compositae）。【包含】世界 30-32 种。【学名诠释与讨论】〈阴〉（人）Lorenzo Perez，16 世纪西班牙药剂师，植物学者。【英】Perezia。此属的学名，ING、TROPICOS、GCI 和 IK 记载是"Perezia Lag.，Amen. Nat. Españ. 1（1）：31. 1811［post 19 Apr 1811］"。"Clarionea Lagasca ex A. P. de Candolle，Ann. Mus. Natl. Hist. Nat. 19：65. 1812"是"Perezia Lag.（1811）"的晚出的同模式异名（Homotypic synonym，Nomenclatural synonym）。【分布】巴拉圭，秘鲁，玻利维亚，厄瓜多尔，美国南部至巴塔哥尼亚，中美洲。【模式】Pereziamagellanica（Linnaeus f.）Lessing［Perdicium magellanicum Linnaeus f.］。【参考异名】Acourtia D. Don（1830）；Calorezia Panero（2007）；Clarionea Lag.（1812）Nom. illegit.；Clarionea Lag. ex DC.（1812）Nom. illegit.；Drozia Cass.（1825）；Dumerilia Less.（1830）Nom. illegit.；Heteranthus Bonpl.（1821）Nom. illegit.（废弃属名）；Heteranthus Bonpl. ex Cass.（1821）Nom. illegit.（废弃属名）；Homanthis Kunth（1818）；Homoeanthus Spreng.（1826）Nom. illegit.；Homoianthus Bonpl. ex DC.（1812）；Isanthus DC.（1838）；Pogonura DC. ex Lindl.（1836）；Scolymanthus Willd. ex DC.（1838）■☆

38869 Pereziopsis J. M. Coult.（1895）【汉】类莲座钝柱菊属。【隶属】菊科 Asteraceae（Compositae）。【包含】世界 1 种。【学名诠释与讨论】〈阴〉（属）Perezia 莲座钝柱菊属＋希腊文 opsis，外观，模样，相似。此属的学名是"Pereziopsis J. M. Coulter，Bot. Gaz. 20：52. Feb 1895"。亦有文献把其处理为"Onoseris Willd.（1803）"的异名。【分布】美洲。【模式】Pereziopsis donnell-smithii J. M. Coulter。【参考异名】Onoseris Willd.（1803）■☆

38870 Perfoliata Burm. ex Kuntze（1891）Nom. illegit. ≡ Hermas L.（1771）［伞形花科（伞形科）Apiaceae（Umbelliferae）］■☆

38871 Perfoliata Dod. ex Fourr.（1868）＝ Bupleurum L.（1753）［伞形花科（伞形科）Apiaceae（Umbelliferae）］●■

38872 Perfoliata Fourr.（1868）Nom. illegit. ≡ Perfoliata Dod. ex Fourr.（1868）；～＝ Bupleurum L.（1753）［伞形花科（伞形科）Apiaceae（Umbelliferae）］●■

38873 Perfoliata Kuntze（1891）Nom. illegit. ≡ Perfoliata Burm. ex Kuntze（1891）Nom. illegit.；～＝ Hermas L.（1771）［伞形花科（伞形科）Apiaceae（Umbelliferae）］■☆

38874 Perfolisa Raf.（1840）Nom. illegit. ≡ Bupleurum L.（1753）［伞形花科（伞形科）Apiaceae（Umbelliferae）］●■

38875 Perfonon Raf.（1838）＝ Rhamnus L.（1753）［鼠李科 Rhamnaceae］●

38876 Pergamena Finet（1900）＝ Dactylostalix Rchb. f.（1878）［兰科 Orchidaceae］■☆

38877 Pergularia L.（1767）【汉】非洲夜来香属（夜来香属，紫荆萝藦属）。【英】Pergularia。【隶属】萝藦科 Asclepiadaceae。【包含】世界 3-5 种。【学名诠释与讨论】〈阴〉（拉）pergula，紫荆＋-arius，-aria，-arium，指示"属于、相似、具有、联系"的词尾。【分布】马达加斯加至印度，非洲。【后选模式】Pergularia tomentosa Linnaeus。【参考异名】Daemia Poir.（1819）Nom. illegit.；Doemia R. Br.（1810）■☆

38878 Periandra Benth.（1837）Nom. illegit. ≡ Periandra Mart. ex Benth.（1837）［豆科 Fabaceae（Leguminosae）］■☆

38879 Periandra Cambess.（1837）Nom. illegit. ≡ Thylacospermum Fenzl（1840）［石竹科 Caryophyllaceae］■

38880 Periandra Mart.（1837）Nom. illegit. ≡ Periandra Mart. ex Benth.（1837）［豆科 Fabaceae（Leguminosae）］■☆

38881 Periandra Mart. ex Benth.（1837）【汉】甜甘豆属。【隶属】豆科 Fabaceae（Leguminosae）。【包含】世界 6 种。【学名诠释与讨论】

〈阴〉（希）peri-，在周围，在近边，迂回的，围绕，非常＋aner，所有格 andros，雄性，雄蕊。此属的学名，ING 和 IK 记载是"Periandra Martius ex Bentham，Commentat. Legum. Gener. 56. Jun 1837"。"Periandra Benth.，Commentat. Legum. Gen. 56. 1837［Jun 1837］"的命名人引证有误。石竹科 Caryophyllaceae 的"Periandra Cambessèdes in Jacquemont，Voyage Inde 4，Bot.：27. 1837（med.）- Jan 1840（'1844'）"是晚出的非法名称；它已经被"Thylacospermum Fenzl Gen. Pl.［Endlicher］pt. 13：967. 1840［1-14 Feb 1840］"所替代。【分布】巴西，玻利维亚，西印度群岛，中美洲。【模式】未指定。【参考异名】Glycinopsis（DC.）Kuntze（1891）；Glycinopsis Kuntze（1891）Nom. illegit.；Periandra Benth.（1837）Nom. illegit.；Periandra Mart.（1837）Nom. illegit.■☆

38882 Perianthomega Bureau ex Baill.（1888）【汉】绕花紫葳属。【隶属】紫葳科 Bignoniaceae。【包含】世界 1 种。【学名诠释与讨论】〈阴〉（希）peri-，在周围，在近边，迂回的，围绕，非常＋anthos，花＋megas 大的。【分布】巴拉圭，巴西，玻利维亚。【模式】Perianthomega vellozoi Bureau［Bignonia perianthomega Vellozo］。●☆

38883 Perianthopodus Silva Manso（1836）＝ Cayaponia Silva Manso（1836）（保留属名）［葫芦科（瓜科，南瓜科）Cucurbitaceae］■☆

38884 Perianthostelma Baill.（1890）Nom. illegit. ＝ Cynanchum L.（1753）［萝藦科 Asclepiadaceae］●■

38885 Periarrabidaea A. Samp.（1936）【汉】肖阿拉树属。【隶属】紫葳科 Bignoniaceae。【包含】世界 2 种。【学名诠释与讨论】〈阴〉（希）peri-，在周围，在近边，迂回的，围绕，非常＋（属）Arrabidaea 阿拉树属（二叶属）。【分布】巴西，秘鲁，玻利维亚，亚马孙河流域。【模式】未指定。●☆

38886 Peribaea Lindl.（1847）＝ Hyacinthus L.（1753）；～＝ Periboea Kunth（1843）［百合科 Liliaceae//风信子科 Hyacinthaceae］■☆

38887 Periballanthus Franch. et Sav.（1878）＝ Polygonatum Mill.（1754）［百合科 Liliaceae//黄精科 Polygonataceae//铃兰科 Convallariaceae］■

38888 Periballia Trin.（1820）【汉】地中海发草属。【英】Hair-grass。【隶属】禾本科 Poaceae（Gramineae）。【包含】世界 2-4 种。【学名诠释与讨论】〈阴〉（希）peri-，在周围，在近边，迂回的，围绕，非常＋ballo 发射，投掷。此属的学名是"Periballia Trinius，Fund. Agrost. 133. 1820（prim.）"。亦有文献把其处理为"Deschampsia P. Beauv.（1812）"的异名。【分布】地中海地区。【模式】Periballia hispanica Trinius，Nom. illegit.［Aira involucrata Cavanilles；Periballia involucrata（Cavanilles）Janka］。【参考异名】Deschampsia P. Beauv.（1812）；Molineria Parl.（1850）Nom. illegit.；Molineriella Rouy（1913）；Moliniera Ball（1878）■☆

38889 Periblema DC.（1839）Nom. illegit. ≡ Boutonia DC.（1838）［爵床科 Acanthaceae］●☆

38890 Periblepharis Tiegh.（1902）＝ Luxemburgia A. St.-Hil.（1822）［金莲木科 Ochnaceae］●☆

38891 Periboea Kunth（1843）【汉】弱小风信子属。【隶属】百合科 Liliaceae//风信子科 Hyacinthaceae。【包含】世界 2 种。【学名诠释与讨论】〈阴〉（希）peri-，在周围，在近边，迂回的，围绕，非常＋baios，瘦，小，弱，干燥的，简略的。此属的学名是"Periboea Kunth，Enum. 4：292. ante 17-19 Jul 1843"。亦有文献把其处理为"Hyacinthus L.（1753）"的异名。【分布】澳大利亚（西南部）。【后选模式】Periboea corymbosa（Linnaeus）Kunth［Hyacinthus corymbosus Linnaeus］。【参考异名】Hyacinthus L.（1753）；Peribaea Lindl.（1847）■☆

38892 Pericalia Cass.（1827）＝ Roldana La Llave（1825）［菊科 Asteraceae（Compositae）］●■☆

38893 Pericallis D. Don（1834）【汉】瓜叶菊属（细圆菊属）。【英】Cineraria。【隶属】菊科 Asteraceae（Compositae）。【包含】世界14-15种，中国1种。【学名诠释与讨论】〈阴〉（希）peri-，在周围，在近边，迂回的，围绕，非常+kalos，美丽的。kallos，美人，美丽。kallistos，最美的。此属的学名，ING 和 GCI 记载是"Pericallis D. Don，Brit. Fl. Gard.［Sweet］6；ad t. 228. 1834［1 Feb 1834］；alt. collation：ser. 2，3；ad t. 228. 1 Feb 1834"。"Pericallis Webb et Berthel.，Hist. Nat. Iles Canaries（Phytogr.）. ii. 324（1836-50）=Senecio L.（1753）"是晚出的非法名称。【分布】哥伦比亚，中国，美洲。【模式】Pericallis tussilaginis（L'Héritier）D. Don［Cineraria tussilaginis L'Héritier］。●■

38894 Pericallis Webb et Berthel.（1836-1850）=Senecio L.（1753）［菊科 Asteraceae（Compositae）//千里光科 Senecionidaceae］■●

38895 Pericalymma（Endl.）Endl.（1840）【汉】纱罩木属。【隶属】桃金娘科 Myrtaceae。【包含】世界1种。【学名诠释与讨论】〈阴〉（希）peri-，在周围，在近边，迂回的，围绕，非常+calymma，覆盖，面纱。此属的学名，ING 和 APNI 记载是"Pericalymma（Endlicher）Endlicher，Gen. 1230. Aug 1840"，由"Leptospermum［sect.］Pericalymma Endlicher in Endlicher et al.，Enum. Pl. Hügel. 51. Apr 1837"改级而来。IK 则记载为"Pericalymma Endl.，Gen. Pl.［Endlicher］1230. 1840［Aug 1840］"。亦有文献把"Pericalymma（Endl.）Endl.（1840）"处理为"Leptospermum J. R. Forst. et G. Forst.（1775）（保留属名）"的异名。【分布】澳大利亚（西南部）。【模式】Pericalymma ellipticum（Endlicher）J. C. Schauer［Leptospermum ellipticum Endlicher］。【参考异名】Leptospermum J. R. Forst. et G. Forst.（1775）（保留属名）；Leptospermum［sect.］Pericalymma Endl.（1837）；Pericalymma Endl.（1840）Nom. illegit.；Pericalymna Meisn.（1843）Nom. illegit.●☆

38896 Pericalymma Endl.（1840）Nom. illegit.≡Pericalymma（Endl.）Endl.（1840）；~=Leptospermum J. R. Forst. et G. Forst.（1775）（保留属名）［桃金娘科 Myrtaceae//薄子木科 Leptospermaceae］●☆

38897 Pericalymna Meisn.（1843）Nom. illegit.=Pericalymma（Endl.）Endl.（1840）［桃金娘科 Myrtaceae］●☆

38898 Pericalypta Benoist（1962）【汉】双花爵床属（周盖爵床属）。【隶属】爵床科 Acanthaceae。【包含】世界1种。【学名诠释与讨论】〈阴〉（希）peri-，在周围，在近边，迂回的，围绕，非常+kalyptos，遮盖的，隐藏的。kalypter，遮盖物，鞘，小箱。【分布】马达加斯加。【模式】Pericalypta biflora Benoist。☆

38899 Pericampylus Miers（1851）（保留属名）【汉】细圆藤属（蓬莱藤属）。【日】ホウライツヅラフヂ属。【英】Pericampylus。【隶属】防己科 Menispermaceae。【包含】世界2-6种，中国1-2种。【学名诠释与讨论】〈阳〉（希）peri-，在周围，在近边，迂回的，围绕，非常+kampylos，弯曲的。指植物攀缘状。此属的学名"Pericampylus Miers in Ann. Mag. Nat. Hist.，ser. 2，7：36，40. Jan 1851"是保留属名。相应的废弃属名是防己科 Menispermaceae 的"Pselium Lour.，Fl. Cochinch.：600，621. Sep 1790=Pericampylus Miers（1851）（保留属名）"。【分布】印度尼西亚（马鲁古群岛），中国，东喜马拉雅山至马来西亚（西部）。【模式】Pericampylus incanus（Colebrooke）J. D. Hooker et T. Thomson［Cocculus incanus Colebrooke］。【参考异名】Pselium Lour.（1790）（废弃属名）●

38900 Pericaulon Raf.（1836）=Baptisia Vent.（1808）［豆科 Fabaceae（Leguminosae）//蝶形花科 Papilionaceae］■☆

38901 Perichasma Miers（1866）【汉】肖千金藤属。【隶属】防己科 Menispermaceae。【包含】世界2种。【学名诠释与讨论】〈阴〉（希）peri-，在周围，在近边，迂回的，围绕，非常+chasma，张开的

口，敞口的。此属的学名是"Perichasma Miers，Ann. Mag. Nat. Hist. ser. 3. 18：22. Jul 1866"。亦有文献把其处理为"Stephania Lour.（1790）"的异名。【分布】热带非洲。【模式】Perichasma laetificata Miers。【参考异名】Stephania Lour.（1790）☆

38902 Perichlaena Baill.（1888）【汉】周被紫葳属。【隶属】紫葳科 Bignoniaceae。【包含】世界1种。【学名诠释与讨论】〈阴〉（希）peri-，在周围，在近边，迂回的，围绕，非常+laina＝chlaine＝拉丁文 laena，外衣，衣服。【分布】马达加斯加。【模式】Perichlaena richardi Baillon。●☆

38903 Pericla Raf.（1838）=Cleome L.（1753）［山柑科（白花菜科，醉蝶花科）Capparaceae//白花菜科（醉蝶花科）Cleomaceae］●■

38904 Periclesia A. C. Sm.（1932）=Ceratostema Juss.（1789）［杜鹃花科（欧石南科）Ericaceae］●☆

38905 Pericllstia Benth.（1841）=Paypayrola Aubl.（1775）［堇菜科 Violaceae］■☆

38906 Periclyma Raf.=Periclymenum Mill.（1754）［忍冬科 Caprifoliaceae］●■

38907 Periclymenum Mill.（1754）=Lonicera L.（1753）［忍冬科 Caprifoliaceae］●■

38908 Pericodia Raf.（1838）=Passiflora L.（1753）（保留属名）［西番莲科 Passifloraceae］●■

38909 Pericome A. Gray（1853）【汉】环毛菊属。【隶属】菊科 Asteraceae（Compositae）。【包含】世界2-4种。【学名诠释与讨论】〈阴〉（希）peri-，在周围，在近边，迂回的，围绕，非常+kome，毛发，束毛，冠毛，来自拉丁文 coma。指果实具缘毛。【分布】美国（西南部），墨西哥。【模式】Pericome caudata A. Gray。【参考异名】Galinsogeopsis Sch. Bip.（1856）■●☆

38910 Pericopsis Thwaites（1864）【汉】美木豆属。【隶属】豆科 Fabaceae（Leguminosae）。【包含】世界3-4种。【学名诠释与讨论】〈阴〉（希）perikope，切断。指花萼。【分布】热带非洲，斯里兰卡。【模式】Pericopsis mooniana（Thwaites）Thwaites［Dalbergia mooniana Thwaites］。【参考异名】Afrormnsia Harms（1906）●☆

38911 Perictenia Miers（1878）=Odontadenia Benth.（1841）［夹竹桃科 Apocynaceae］●☆

38912 Pericycla Blume（1838）=Licuala Thunb.（1782）Nom. illegit.［棕榈科 Arecaceae（Palmae）］●

38913 Perideraea Webb（1838）=Chamaemelum Mill.（1754）；~=Ormenis（Cass.）Cass.（1823）［菊科 Asteraceae（Compositae）］●■

38914 Perideridia Rchb.（1837）【汉】项圈草属。【隶属】伞形花科（伞形科）Apiaceae（Umbelliferae）。【包含】世界13种。【学名诠释与讨论】〈阴〉（希）perideris，项圈+-idius，-idia，-idium，指示小的词尾。此属的学名"Perideridia Rchb.，Handb. 219. 1-7 Oct 1837"是一个替代名称。"Eulophus Nuttall ex A. P. de Candolle，Collect. Mém. Ombellif. 69. 12 Sep 1829"是一个非法名称（Nom. illegit.），因为此前已经有了"Nom. illegit.（废弃属名）=Eulophia R. Br.（1821）［as 'Eulophus'］（保留属名）［兰科 Orchidaceae］"。故用"Perideridia Rchb.（1837）"替代之。"Eulophus Nutt.，J. Acad. Nat. Sci. Philadelphia vii.（1834）27，Nom. illegit.（废弃属名）=Perideridia Rchb.（1837）［伞形花科（伞形科）Apiaceae（Umbelliferae）］"是晚出的非法名称。【分布】美国，中国，北美洲。【模式】Perideridia americana（Nuttall ex A. P. de Candolle）H. G. L. Reichenbach ex Steudel［Eulophus americanus Nuttall ex A. P. de Candolle］。【参考异名】Ataenia Endl.（1850）；Atenia Hook. et Arn.（1839）；Eulophus Nutt.（1834）Nom. illegit.（废弃属名）；Eulophus Nutt. ex DC.（1829）Nom. illegit.（废弃属名）；Podosciadium A. Gray（1868）；Taeniopleurum J. M. Coult. et Rose（1889）■

38915　Peridictyon Seberg, Fred. et Baden(1991)【汉】网禾属。【隶属】禾本科 Poaceae(Gramineae)。【包含】世界 1 种。【学名诠释与讨论】〈中〉(希)peri-,在周围,在近边,迂回的,围绕,非常+diktyon,指小式 diktydion,网。此属的学名是"Peridictyon Seberg, Fred. et Baden, Willldenowia 21(1-2):96. 1991"。亦有学者不承认此属,把其归入"Elymus L. (1753)"或"Festucopsis(C. E. Hubb.)Melderis(1978)"。【分布】美国(马西登)。【模式】Peridictyon sanctum(Janka)Seberg, Fred. et Baden。【参考异名】Elymus L. (1753);Festucopsis(C. E. Hubb.)Melderis(1978)■☆

38916　Peridiscaceae Kuhlm.(1950)(保留科名)【汉】围盘树科(巴西肉盘科,围花盘树科,周位花盘科)。【包含】世界 2 属 2 种。【分布】热带南美洲。【科名模式】Peridiscus Benth.。●☆

38917　Peridiscus Benth.(1862)【汉】围盘树属。【英】Peridiscus。【隶属】围盘树科(巴西肉盘科,围花盘树科,周位花盘科)Peridiscaceae。【包含】世界 1 种。【学名诠释与讨论】〈阳〉(希)peri-,在周围,在近边,迂回的,围绕,非常+diskos,圆盘。指雄蕊围绕圆盘。【分布】巴西,委内瑞拉,亚马孙河流域。【模式】Peridiscus lucidus Bentham。●☆

38918　Peridium Schott(1827)= Pera Mutis(1784)[袋戟科(大袋科)Peraceae//大戟科 Euphorbiaceae]●☆

38919　Perieilema Benth. et Hook. f.(1883)= Pereilema J. Presl et C. Presl(1830)Nom. illegit.;~= Pereilema J. Presl(1830)[禾本科 Poaceae(Gramineae)]■☆

38920　Periestes Baill.(1890)= Hypoestes Sol. ex R. Br.(1810)[爵床科 Acanthaceae]●■

38921　Perieteris Raf.(1837)= Nicotiana L.(1753)[茄科 Solanaceae//烟草科 Nicotianaceae]●■

38922　Perigaria Span.(1841)= Gustavia L.(1775)(保留属名);~= Planchonia Blume(1851-1852)[玉蕊科(巴西果科)Lecythidaceae//烈臭玉蕊科 Gustaviaceae]●☆

38923　Periglossum Decne.(1844)【汉】舌萝藦属。【隶属】萝藦科 Asclepiadaceae。【包含】世界 4 种。【学名诠释与讨论】〈中〉(希)peri-,在周围,在近边,迂回的,围绕,非常+glossa,舌。【分布】非洲南部。【后选模式】Periglossum angustifolium Decaisne。■☆

38924　Perihemia B. D. Jacks. = Perihemia Raf.(1838)[石蒜科 Amaryllidaceae]■

38925　Perihemia Raf.(1838)= Haemanthus L.(1753)[石蒜科 Amaryllidaceae//网球花科 Haemanthaceae]■

38926　Perijea(Tul.)A. Juss.(1848)Nom. illegit. = Fagara L.(1759)(保留属名);~= Zanthoxylum L.(1753)[芸香科 Rutaceae//花椒科 Zanthoxylaceae]●

38927　Perijea(Tul.)Tul.(1847)Nom. illegit. = Fagara L.(1759)(保留属名);~= Zanthoxylum L.(1753)[芸香科 Rutaceae//花椒科 Zanthoxylaceae]●

38928　Perijea Tul.(1847)Nom. illegit. ≡ Perijea(Tul.)Tul.(1847)Nom. illegit.;~= Fagara L.(1759)(保留属名);~= Zanthoxylum L.(1753)[芸香科 Rutaceae//花椒科 Zanthoxylaceae]●

38929　Perilepta Bremek.(1944)【汉】耳叶爵床属(耳叶马蓝属)。【英】Perilepta。【隶属】爵床科 Acanthaceae。【包含】世界 9 种,中国 9 种。【学名诠释与讨论】〈阴〉(希)peri-,在周围,在近边,迂回的,围绕,非常+leptos,瘦的,小的,弱的。此属的学名是"Perilepta Bremekamp, Verh. Kon. Ned. Akad. Wetensch., Afd. Natuurk., Tweede Sect. 41(1):193. 11 Mai 1944"。亦有文献把其处理为"Strobilanthes Blume(1826)"的异名。【分布】印度至中南半岛,中国。【模式】Perilepta auriculata(Nees)Bremekamp[Strobilanthes auriculata Nees]。【参考异名】Strobilanthes Blume(1826)●■

38930　Perilimnastes Ridl.(1918)= Anerincleistus Korth.(1844);~= Oritrephes Ridl.(1908)[野牡丹科 Melastomataceae]●☆

38931　Perilla L.(1764)【汉】紫苏属。【日】シソ属,ペリラ属。【俄】Пеллила,Судза。【英】Beefsteak Plant,Perilla。【隶属】唇形科 Lamiaceae(Labiatae)。【包含】世界 1-6 种,中国 1 种。【学名诠释与讨论】〈阴〉(印度)perilla,东印度一种植物俗名。【分布】巴基斯坦,美国,印度至日本,中国。【模式】Perilla ocymoides Linnaeus, Nom. illegit. [Ocimum frutescens Linnaeus;Perilla frutescens(Linnaeus)Britton]。【参考异名】Dentidia Lour.(1790)■

38932　Perillula Maxim.(1875)【汉】小紫苏属。【隶属】唇形科 Lamiaceae(Labiatae)。【包含】世界 1 种。【学名诠释与讨论】〈阴〉(属)Perilla 紫苏属+-ulus,-ula,-ulum,指示小的词尾。【分布】日本。【模式】Perillula reptans Maximowicz。■☆

38933　Periloba Raf.(1838)= Nolana L. ex L. f.(1762)[茄科 Solanaceae//铃花科 Nolanaceae]■☆

38934　Perilomia Kunth(1818)= Scutellaria L.(1753)[唇形科 Lamiaceae(Labiatae)//黄芩科 Scutellariaceae]●■

38935　Perima Raf.(1838)= Entada Adans.(1763)(保留属名)[豆科 Fabaceae(Leguminosae)//含羞草科 Mimosaceae]●

38936　Perimenium Steud.(1841)= Perymenium Schrad.(1830)[菊科 Asteraceae(Compositae)]■●☆

38937　Perinerion Baill.(1888)= Baissea A. DC.(1844)[夹竹桃科 Apocynaceae]●☆

38938　Perinka Raf.(1838)= Perinkara Adans.(1763)Nom. illegit.;~= Elaeocarpus L.(1753)[椴树科(椴科,田麻科)Tiliaceae//杜英科 Elaeocarpaceae]●

38939　Perinkara Adans.(1763)Nom. illegit. ≡ Elaeocarpus L.(1753)[椴树科(椴科,田麻科)Tiliaceae//杜英科 Elaeocarpaceae]●

38940　Periomphale Baill.(1888)【汉】新喀海桐属。【隶属】岛海桐科 Alseuosmiaceae。【包含】世界 1 种。【学名诠释与讨论】〈中〉(希)peri-,在周围,在近边,迂回的,围绕,非常+omphalos,脐。此属的学名是"Periomphale Baillon, Bull. Mens. Soc. Linn. Paris 1:731. 4 Mai 1888"。亦有文献把其处理为"Wittsteinia F. Muell.(1861)"的异名。【分布】法属新喀里多尼亚。【后选模式】Periomphale balansae Baillon。【参考异名】Memecylanthus Gilg et Schltr.(1906);Pachydiscus Gilg et Schltr.(1906);Wittsteinia F. Muell.(1861)●☆

38941　Peripea Steud.(1841)= Buchnera L.(1753);~= Piripea Aubl.(1775)[玄参科 Scrophulariaceae//列当科 Orobanchaceae]■

38942　Peripentadenia L. S. Sm.(1957)【汉】环腺木属。【隶属】杜英科 Elaeocarpaceae。【包含】世界 2 种。【学名诠释与讨论】〈阴〉(希)peri-,在周围,在近边,迂回的,围绕,非常+penta-=拉丁文 quinque-,五+aden,所有格 adenos,腺体。【分布】澳大利亚(昆士兰)。【模式】Peripentadenia mearsii(C. T. White)L. S. Smith[Actephila mearsii C. T. White]。●☆

38943　Peripeplus Pierre(1898)【汉】套茜属。【隶属】茜草科 Rubiaceae。【包含】世界 1 种。【学名诠释与讨论】〈阳〉(希)peri-,在周围,在近边,迂回的,围绕,非常+peplos,袍,外套。【分布】西赤道非洲。【模式】Peripeplus klaineanus Pierre。●☆

38944　Peripetasma Ridl.(1920)= Dioscorea L.(1753)(保留属名)[薯蓣科 Dioscoreaceae]■

38945　Periphanes Salisb.(1866)Nom. illegit. ≡ Hessea Herb.(1837)(保留属名)[石蒜科 Amaryllidaceae]■☆

38946　Periphas Raf.(1838)= Convolvulus L.(1753)[旋花科 Convolvulaceae]■●

38947　Periphragmos Ruiz et Pav.（1794）＝ Cantua Juss. ex Lam.（1785）［花荵科 Polemoniaceae］●☆

38948　Periphyllium Gand. ＝ Paronychia Mill.（1754）［石竹科 Caryophyllaceae//醉人花科（裸果木科）Illecebraceae//指甲草科 Paronichiaceae］■

38949　Peripleads Wall.（1847）＝ Drypetes Vahl（1807）［大戟科 Euphorbiaceae］●

38950　Peripleura（N. T. Burb.）G. L. Nesom（1994）【汉】单头层菀属。【隶属】菊科 Asteraceae（Compositae）。【包含】世界 9 种。【学名诠释与讨论】〈阴〉（希）peri-，在周围，在近边，迂回的，围绕，非常+pleura = pleuron，肋骨，脉，棱，侧生。此属的学名，IK 和 TROPICOS 记载是“Peripleura（N. T. Burb.）G. L. Nesom, Phytologia 76（2）：131（1994）：.［6 Jun 1994］”，由“Vittadinia subgen. Peripleura N. T. Burb. Brunonia 5（1）：17（1982）”改级而来。APNI 则记载为“Peripleura Clifford et Ludlow, Keys to the Families and Genera of Queensland Flowering Plants（Magnoliophyta）1978”，并附注：“This is probably a reference to VITTADINIA subgen. PERIPLEURA N. T. Burb., however the combination at generic level does not seem to have been validly made.”。【分布】澳大利亚。【模式】不详。【参考异名】Peripleura Clifford et Ludlow（1978）Nom. inval.；Vittadinia A. Rich.（1832）；Vittadinia subgen. Peripleura N. T. Burb.（1982）●■☆

38951　Peripleura Clifford et Ludlow（1978）Nom. inval. ＝ Peripleura（N. T. Burb.）G. L. Nesom（1994）；~ ＝ Vittadinia A. Rich.（1832）［菊科 Asteraceae（Compositae）］■☆

38952　Periploca L.（1753）【汉】杠柳属。【日】クロバナカズラ属。【俄】Обвойник，Периплока。【英】Silk Vine，Silkvine，Silk-vine。【隶属】萝藦科 Asclepiadaceae//杠柳科 Periplocaceae。【包含】世界 10-13 种，中国 2-6 种。【学名诠释与讨论】〈阴〉（希）peri-，在周围，在近边，迂回的，围绕，非常+ploke 缠绕。指副花冠中有 5 裂片延长成卷曲的丝状。此属的学名，ING 和 TROPICOS 记载是“Periploca Linnaeus, Sp. Pl. 211. 1 Mai 1753”。IK 则记载为“Periploca Tourn. ex L.，Sp. Pl. 1：211. 1753［1 May 1753］”。“Periploca Tourn.”是命名起点著作之前的名称，故“Periploca L.（1753）”和“Periploca Tourn. ex L.（1753）”都是合法名称，可以通用。【分布】巴基斯坦，马达加斯加，中国，热带非洲，东亚。【后选模式】Periploca graeca Linnaeus。【参考异名】Aploca Neck.（1790）Nom. inval.；Aploca Neck. ex Kuntze（1903）Nom. illegit.；Campelepis Falc.（1843）；Campolepis Post et Kuntze（1903）；Ehretiana Collinson（1821）；Parquetina Baill.（1889）；Periploca Tourn. ex L.（1753）；Socotora Balf. f.（1884）●

38953　Periploca Tourn. ex L.（1753）≡ Periploca L.（1753）［萝藦科 Asclepiadaceae//杠柳科 Periplocaceae］●

38954　Periplocaceae Schltr.（1905）（保留科名）［亦见 Apocynaceae Juss.（保留科名）夹竹桃科和 Asclepiadaceae Borkh.（保留科名）萝藦科（萝摩科）］【汉】杠柳科。【包含】世界 45-55 属 110-200 种，中国 6 属 12 种。【分布】热带和温带旧世界。【科名模式】Periploca L.（1753）■●

38955　Periptera DC.（1824）【汉】环翅锦葵属。【隶属】锦葵科 Malvaceae。【包含】世界 5 种。【学名诠释与讨论】〈阴〉（希）peri-，在周围，在近边，迂回的，围绕，非常 + pteron，指小式 pteridion，翅。pteridios，有羽毛的。【分布】墨西哥，中美洲。【模式】Periptera punicea（Lagasca）A. P. de Candolle［Sida periptera Sims；Anoda punicea Lagasca］。■●☆

38956　Peripterygia（Baill.）Loes.（1906）【汉】环翼卫矛属。【隶属】卫矛科 Celastraceae。【包含】世界 1 种。【学名诠释与讨论】〈阴〉（希）peri-，在周围，在近边，迂回的，围绕，非常+pteryx，所

有格 pterygos，指小式 pterygion，翼，羽毛，鳍。此属的学名，ING 记载是“Peripterygia（Baillon）Loesener, Bot. Jahrb. Syst. 39：168. 8 Jun 1906”。IK 和 TROPICOS 则记载为“Peripterygia Loes.，Bot. Jahrb. Syst. 39（2）：168. 1906［8 Jun 1906］”。三者引用的文献相同。【分布】法属新喀里多尼亚。【模式】Peripterygia marginata（Baillon）Loesener［Pterocelastrus marginatus Baillon］。【参考异名】Peripterygia Loes.（1906）Nom. illegit. ●☆

38957　Peripterygia Loes.（1906）Nom. illegit. ≡ Peripterygia（Baill.）Loes.（1906）［卫矛科 Celastraceae］●☆

38958　Peripterygiaceae F. N. Williams ＝ Cardiopteridaceae Blume（保留科名）●■

38959　Peripterygiaceae G. King（1895）＝ Cardiopteridaceae Blume（保留科名）●■

38960　Peripterygium Hassk.（1843）＝ Cardiopteris Wall. ex Royle（1834）［茶茱萸科 Icacinaceae//心翼果科 Cardiopteridaceae］●■

38961　Perispermum O. Deg.（1932）＝ Bonamia Thouars（1804）（保留属名）［旋花科 Convolvulaceae］●☆

38962　Perissandra Gagnep.（1948）＝ Vatica L.（1771）［龙脑香科 Dipterocarpaceae］●

38963　Perissocarpa Steyerm. et Maguire（1984）【汉】奇果金莲木属。【隶属】金莲木科 Ochnaceae。【包含】世界 3 种。【学名诠释与讨论】〈阴〉（希）perisso ＝阿提加语 perittos，不平坦的，非常的，奇怪的+karpos，果实。此属的学名是“Perissocarpa J. A. Steyermark et B. Maguire in J. A. Steyermark, Ann. Missouri Bot. Gard. 71：319. 31 Dec 1984”。亦有文献把其处理为“Elvasia DC.（1811）”的异名。【分布】秘鲁，委内瑞拉。【模式】Perissocarpa steyermarkii（B. Maguire）J. A. Steyermark et B. Maguire［Elvasia steyermarkii B. Maguire］。【参考异名】Elvasia DC.（1811）●☆

38964　Perissocoeleum Mathias et Constance（1952）【汉】奇腹草属。【隶属】伞形花科（伞形科）Apiaceae（Umbelliferae）。【包含】世界 4 种。【学名诠释与讨论】〈中〉（希）perisso ＝阿提加语 perittos，不平坦的，非常的，奇怪的+koilos，空穴。koilia，腹。【分布】哥伦比亚。【模式】Perissocoeleum purdiei Mathias et Constance。■☆

38965　Perissolobus N. E. Br.（1931）＝ Machairophyllum Schwantes（1927）［番杏科 Aizoaceae］■☆

38966　Perissus Miers ＝ Asthotheca Miers ex Planch. et Triana（1860）；~ ＝Clusia L.（1753）［猪胶树科（克鲁西科，山竹子科，藤黄科）Clusiaceae（Guttiferae）］●☆

38967　Peristeira Hook. f.（1884）Nom. illegit. ＝ Pentsteria Griff.（1854）；~ ＝Torenia L.（1753）［玄参科 Scrophulariaceae//婆婆纳科 Veronicaceae］■

38968　Peristera（DC.）Eckl. et Zeyh.（1834-1835）Nom. illegit. ≡ Corthumia Rchb.（1841）；~ ＝Pelargonium L'Hér. ex Aiton（1789）［牻牛儿苗科 Geraniaceae］●■

38969　Peristera Eckl. et Zeyh.（1834-1835）Nom. illegit. ≡ Peristera（DC.）Eckl. et Zeyh.（1834-1835）Nom. illegit.；~ ≡ Corthumia Rchb.（1841）；~ ＝Pelargonium L'Hér. ex Aiton（1789）［牻牛儿苗科 Geraniaceae］●■

38970　Peristera Endl.（1837）Nom. illegit. ≡ Peristeria Hook.（1831）［兰科 Orchidaceae］■☆

38971　Peristeranthus T. E. Hunt（1954）【汉】鸽花兰属。【隶属】兰科 Orchidaceae。【包含】世界 1 种。【学名诠释与讨论】〈阳〉（希）peristera，鸽子 + anthos，花。【分布】澳大利亚。【模式】Peristeranthus hillii（F. v. Mueller）T. E. Hunt［Saccolabium hillii F. v. Mueller］。【参考异名】Fitzgeraldia Schltr. ■☆

38972　Peristeria Hook.（1831）【汉】鸽兰属。【日】ペリステリア属。【英】Dove Flower, Dove Orchid, Holy Ghost Orchid, Holy Gosta

Orchid。【隶属】兰科 Orchidaceae。【包含】世界 9-15 种。【学名诠释与讨论】〈阴〉（希）peristera，鸽子。指柱头的形状。此属的学名，ING、TROPICOS 和 IK 记载是"Peristeria W. J. Hooker, Bot. Mag. 58：t. 3116. 1 Dec 1831"。"Eckartia H. G. L. Reichenbach, Deutsche Bot. Herbarienbuch（Nom.）53. Jul 1841"和"Peristera Endl.，Genera Plantarum（Endlicher）199. 1837"是"Peristeria Hook.（1831）"的晚出的同模式异名（Homotypic synonym，Nomenclatural synonym）。【分布】巴拿马，秘鲁，玻利维亚，厄瓜多尔，哥伦比亚（安蒂奥基亚），哥斯达黎加，热带南美洲。【模式】Peristeria elata W. J. Hooker。【参考异名】Eckartia Rchb.（1841）Nom. illegit.；Peristera Endl.（1837）Nom. illegit. ■☆

38973　Peristethium Tiegh.（1895）= Loranthus Jacq.（1762）（保留属名）；~ = Struthanthus Mart.（1830）（保留属名）［桑寄生科 Loranthaceae］●☆

38974　Peristima Raf.（1838）= Heliotropium L.（1753）［紫草科 Boraginaceae//天芥菜科 Heliotropiaceae］●■

38975　Peristrophe Nees（1832）【汉】观音草属（九头狮子草属，山蓝属）。【日】ペリストローフェ属。【俄】Пepистрофа。【英】Peristrophe。【隶属】爵床科 Acanthaceae。【包含】世界 15-40 种，中国 11-14 种。【学名诠释与讨论】〈阴〉（希）peri-，在周围，在近边，迂回的，围绕，非常+strophos，扭成的，带状。指花为总苞的苞片所包裹。【分布】巴基斯坦，马达加斯加，中国，热带非洲至马来西亚（东部）。【后选模式】Peristrophe acuminata C. G. D. Nees。【参考异名】Psiloesthes Benoist（1935）；Ramusia Nees（1847）；Strepsiphus Raf.（1837）■

38976　Peristylis Benth. et Hook. f.（1883）Nom. illegit. ［兰科 Orchidaceae］■☆

38977　Peristylus Blume（1825）（保留属名）【汉】阔蕊兰属。【日】アオチドリ属，アヲチドリ属，ムカゴトンボ属。【英】Peristylus，Perotis。【隶属】兰科 Orchidaceae。【包含】世界 6-70 种，中国 19-21 种。【学名诠释与讨论】〈阳〉（希）peri-，在周围，在近边，迂回的，围绕，非常+stylos=拉丁文 style，花柱，中柱，有尖之物，桩，柱，支持物，支柱，石头做的界标。指柱头宽阔。此属的学名"Peristylus Blume，Bijdr.：404. 20 Sep-7 Dec 1825"是保留属名。相应的废弃属名是兰科 Orchidaceae 的"Glossula Lindl. in Bot. Reg. 10：ad t. 862. Feb 1825 = Peristylus Blume（1825）（保留属名）"。【分布】巴基斯坦，马达加斯加，印度至澳大利亚，中国，波利尼西亚群岛。【模式】Peristylus grandis Blume。【参考异名】Choeradoplectron Schauer（1843）；Coeloglossum Lindl.（1834）Nom. illegit.；Deroemera Rchb. f.（1852）；Digomphotis Raf.（1837）；Glossaspis Spreng.（1826）Nom. illegit.；Glossula Lindl.（1825）（废弃属名）■

38978　Peritassa Miers（1872）【汉】佩里木属。【隶属】卫矛科 Celastraceae。【包含】世界 13-14 种。【学名诠释与讨论】〈阴〉（希）peri-，在周围，在近边，迂回的，围绕，非常+tasso，布置。【分布】巴拉圭，巴拿马，秘鲁，玻利维亚，特立尼达和多巴哥（多巴哥岛），厄瓜多尔，哥伦比亚（安蒂奥基亚），热带南美洲，中美洲。【模式】Peritassa dulcis（Bentham）Miers ［Salacia dulcis Bentham］。【参考异名】Sarcocampsa Miers（1872）；Sicyomorpha Miers（1872）●☆

38979　Perithrix Pierre（1898）= Batesanthus N. E. Br.（1896）［萝藦科 Asclepiadaceae］●☆

38980　Peritoma DC.（1824）= Cleome L.（1753）［山柑科（白花菜科，醉蝶花科）Capparaceae//白花菜科（醉蝶花科）Cleomaceae］●■

38981　Peritomia G. Don（1837）= Perilomia Kunth（1818）；~ = Scutellaria L.（1753）［唇形科 Lamiaceae（Labiatae）//黄芩科 Scutellariaceae］●■

38982　Peritris Raf.（1836）= Arnica L.（1753）［菊科 Asteraceae（Compositae）］●■☆

38983　Perittium Vogel（1837）= Melanoxylon Schott（1827）［豆科 Fabaceae（Leguminosae）//云实科（苏木科）Caesalpiniaceae］●☆

38984　Perittostema I. M. Johnst.（1954）【汉】奇冠紫草属。【隶属】紫草科 Boraginaceae。【包含】世界 1 种。【学名诠释与讨论】〈中〉（希）perisso = 阿提加语 perittos，不平坦的，非常的，奇怪的 + stemma，所有格 stemmatos，花冠，花环，王冠。【分布】墨西哥。【模式】Perittostema pinetorum（I. M. Johnston）I. M. Johnston ［Lasiarrhenum pinetorum I. M. Johnston］。■☆

38985　Perityle Benth.（1844）【汉】岩雏菊属。【英】Rock Daisy。【隶属】菊科 Asteraceae（Compositae）。【包含】世界 63-66 种。【学名诠释与讨论】〈阴〉（希）peri-，在周围，在近边，迂回的，围绕，非常+tyle，肿胀，垫子。tylos，硬结，结节，硬瘤，大头棒上的圆头。tylotos，有圆端的。指果实。【分布】秘鲁，美国西南部，墨西哥，中美洲。【模式】Perityle californica Bentham。【参考异名】Closia J. Rémy（1849）；Corellia A. M. Powell；Laphamia A. Gray（1852）；Leptopharynx Rydb.（1914）；Monothrix Torr.（1852）；Nesothamnus Rydb.（1914）；Pappothrix（A. Gray）Rydb.（1914）；Pappothrix Rydb.（1914）Nom. illegit. ●■☆

38986　Perizoma（Miers）Lindl.（1847）= Salpichroa Miers（1845）［茄科 Solanaceae］●☆

38987　Perizoma Miers ex Lindl.（1847）Nom. illegit. ≡ Perizoma（Miers）Lindl.（1847）；~ = Salpichroa Miers（1845）［茄科 Solanaceae］●☆

38988　Perizomanthus Pursh（1813）= Dicentra Bernh.（1833）（保留属名）［罂粟科 Papaveraceae//紫堇科（荷苞牡丹科）Fumariaceae］■

38989　Perlaria Fabr.（1763）Nom. illegit. ≡ Perlaria Heist. ex Fabr.（1763）Nom. illegit.；~ = Aegilops L.（1753）（保留属名）［禾本科 Poaceae（Gramineae）］■

38990　Perlaria Heist. ex Fabr.（1763）Nom. illegit. ≡ Aegilops L.（1753）（保留属名）［禾本科 Poaceae（Gramineae）］■

38991　Perlarius Kuntze（1891）Nom. illegit. ≡ Botrymorus Miq.（1859）；~ = Pipturus Wedd.（1854）［荨麻科 Urticaceae］●

38992　Perlarius Rumph.（1744）Nom. inval. = Pipturus Wedd.（1854）［荨麻科 Urticaceae］●

38993　Perlebia DC.（1829）Nom. illegit. = Heptaptera Margot et Reut.（1839）［伞形花科（伞形科）Apiaceae（Umbelliferae）］■☆

38994　Perlebia Mart.（1828）= Bauhinia L.（1753）［豆科 Fabaceae（Leguminosae）//云实科（苏木科）Caesalpiniaceae//羊蹄甲科 Bauhiniaceae］●

38995　Permia Raf. = Entada Adans.（1763）（保留属名）［豆科 Fabaceae（Leguminosae）//含羞草科 Mimosaceae］●

38996　Pernettia Gaudich.（1825）Nom. illegit.（废弃名称）≡ Pernettya Gaudich.（1825）［as 'Pernettia'］（保留属名）［杜鹃花科（欧石南科）Ericaceae］●☆

38997　Pernettya Gaudich.（1825）［as 'Pernettia'］（保留属名）【汉】南鹃属。【日】ペルネッチァ属。【俄】Перо водяное。【英】Arrayan，Pernettya。【隶属】杜鹃花科（欧石南科）Ericaceae。【包含】世界 20 种。【学名诠释与讨论】〈阴〉（人）Antoine Joseph Pernetty（Pernety），1716 - 1801，法国学者。此属的学名"Pernettya Gaudich. in Ann. Sci. Nat.（Paris）5：102. 1825（'Pernettia'）（orth. cons.）"是保留属名。相应的废弃属名是桔梗科 Campanulaceae 的"Pernetya Scop.，Intr. Hist. Nat.：150. Jan-Apr 1777 ≡ Canarina L.（1771）（保留属名）"。"Pernettia Gaudich.（1825）"是"Pernettya Gaudich.（1825）"的拼写变体。亦有文献把"Pernettya Gaudich.（1825）（保留属名）"处理为

"Gaultheria L. (1753)"的异名。【分布】澳大利亚(塔斯曼半岛),巴拿马,秘鲁,玻利维亚,厄瓜多尔(科隆群岛),哥伦比亚(安蒂奥基亚),哥斯达黎加,墨西哥至温带南美洲,尼加拉瓜,新西兰,中美洲。【模式】Pernettya empetrifolia (Lamarck) Gaudichaud-Beaupré [Andromeda empetrifolia Lamarck]。【参考异名】Canarina L. (1771)(保留属名);Gaultheria L. (1825)(废弃名称);Gaultheria L. (1753);Pernettia Gaudich. (1825) Nom. illegit. (废弃名称)●☆

38998 Pernettyopsis King et Gamble(1906)【汉】类南鹃属。【隶属】杜鹃花科(欧石南科)Ericaceae。【包含】世界2种。【学名诠释与讨论】〈阴〉(属)Pernettya 南鹃属+希腊文 opsis,外观,模样,相似。此属的学名是"Pernettyopsis G. King et J. S. Gamble, J. Asiat. Soc. Bengal, Pt. 2, Nat. Hist. 74:79. 4 Jan 1906"。亦有文献把其处理为"Diplycosia Blume(1826)"的异名。【分布】马来半岛。【模式】未指定。【参考异名】Diplycosia Blume(1826)●☆

38999 Pernetya Scop. (1777)(废弃属名)≡Canarina L. (1771)(保留属名)[桔梗科 Campanulaceae]■☆

39000 Peroa Pers. (1805) = Leucopogon R. Br. (1810)(保留属名)[尖苞木科 Epacridaceae//杜鹃花科(欧石南科)Ericaceae]●☆

39001 Perobachne C. Presl (1830) Nom. illegit. = Perobachne J. Presl (1830);~ = Anthistiria L. f. (1779);~ = Themeda Forssk. (1775)[禾本科 Poaceae(Gramineae)]■

39002 Perobachne J. Presl et C. Presl(1830)Nom. illegit. ≡Perobachne J. Presl(1830);~ = Anthistiria L. f. (1779);~ = Themeda Forssk. (1775)[禾本科 Poaceae(Gramineae)]■

39003 Perobachne J. Presl (1830) = Anthistiria L. f. (1779);~ = Themeda Forssk. (1775)[禾本科 Poaceae(Gramineae)//菅科(菅草科,紫灯花科)Themidaceae]■

39004 Perocarpa Feer (1890) Nom. illegit. ≡Peracarpa Hook. f. et Thomson(1858)[桔梗科 Campanulaceae]■

39005 Peroillaea Decne. =Toxocarpus Wight et Arn. (1834)[萝藦科 Asclepiadaceae]●

39006 Perojoa Cav. (1797)(废弃属名)= Leucopogon R. Br. (1810)(保留属名)[尖苞木科 Epacridaceae//杜鹃花科(欧石南科)Ericaceae]●☆

39007 Peronema Jack(1822)【汉】东南亚马鞭属。【隶属】马鞭草科 Verbenaceae。【包含】世界1种。【学名诠释与讨论】〈中〉(希)peros,伤残的,切除+nema,所有格 nematos,丝,花丝。指雄蕊退化。【分布】缅甸,印度尼西亚(苏门答腊岛),泰国,加里曼丹岛,马来半岛。【模式】Peronema canescens Jack。●☆

39008 Peronia Delar. (1811)(废弃属名)= Thalia L. (1753)[竹芋科(柊叶科,柊叶科)Marantaceae]■☆

39009 Peronia Delar. ex DC. (废弃属名)= Thalia L. (1753)[竹芋科(柊叶科,柊叶科)Marantaceae]■☆

39010 Peronia R. Br. (1832) Nom. inval. , Nom. nud. (废弃属名)= Sarcosperma Hook. f. (1876)[山榄科 Sapotaceae//肉实树科 Sarcospermataceae]●

39011 Peronia R. Br. ex Wall. (1832) Nom. inval. (废弃属名)= Sarcosperma Hook. f. (1876)[山榄科 Sapotaceae//肉实树科 Sarcospermataceae]●

39012 Peronia Redouté (1811) Nom. illegit. (废弃属名)≡Peronia Delar. (1811)(废弃属名);~ =Thalia L. (1753)[竹芋科(柊叶科,柊叶科)Marantaceae]■☆

39013 Peroniaceae Dostal =Sarcospermataceae H. J. Lam(保留科名)●

39014 Peronocactus Doweld (1999) Nom. illegit. ≡ Notocactus (K. Schum.) A. Berger et Backeb. (1938) descr. emend. ; ~ = Parodia Speg. (1923)(保留属名)[仙人掌科 Cactaceae]■

39015 Perostema Raeusch. (1797) = Nectandra Rol. ex Rottb. (1778)(保留属名)[樟科 Lauraceae]●☆

39016 Perostis P. Beauv. (1812) = Perotis Aiton (1789)[禾本科 Poaceae(Gramineae)]■

39017 Perotis Aiton(1789)【汉】茅根属(茅根草属)。【日】コサ サガ ャ属。【英】Perotis。【隶属】禾本科 Poaceae(Gramineae)。【包含】世界13种,中国3种。【学名诠释与讨论】〈阴〉(希)peros,伤残的,切除+ous,所有格 otos,指小式 otion,耳。otikos,耳的。指小花序。【分布】澳大利亚,巴基斯坦,马达加斯加,斯里兰卡,印度(南部),中国,东亚,热带非洲。【模式】Perotis latifolia W. Aiton, Nom. illeg [Saccharum spicatum Linnaeus;Perotis spicata (Linnaeus) T. et H. Durand]。【参考异名】Diplachyrium Nees (1828);Perostis P. Beauv. (1812);Xystidium Trin. (1820)■

39018 Perotriche Cass. (1818) = Stoebe L. (1753)[菊科 Asteraceae (Compositae)]●■☆

39019 Perottetia Post et Kuntze(1903) = Desmodium Desv. (1813)(保留属名);~ = Perrottetia DC. (1825) Nom. illegit. ; ~ = Nicolsonia DC. (1825)[豆科 Fabaceae (Leguminosae)//蝶形花科 Papilionaceae]●■

39020 Perovskia Kar. (1841)【汉】分药花属。【俄】Перовския,Персея。【英】Perovskia,Russian Sage。【隶属】唇形科 Lamiaceae (Labiatae)。【包含】世界7-8种,中国2-3种。【学名诠释与讨论】〈阴〉(人)L. A. Perowski (Perovskij),1793-1856,俄罗斯官员。此属的学名,ING 和 IK 记载是"Perovskia Karelin, Bull. Soc. Imp. Naturalistes Moscou 1841:15. 1841"。"Perowskia Benth. , Prodr. [A. P. de Candolle]12:260. 1848 [5 Nov 1848]"是其拼写变体。"Perovskia Kar. (1841)"曾被处理为"Salvia subgen. Perovskia (Kar.) J. B. Walker, B. T. Drew et J. G. González,Taxon 66(1):140. 2017. (23 Feb 2017)"。【分布】伊朗,中国,亚洲中部至巴基斯坦(俾路支)和西喜马拉雅山。【模式】Perovskia abrotanoides Karelin。【参考异名】Perowskia Benth. (1848) Nom. illegit. ;Salvia subgen. Perovskia (Kar.) J. B. Walker, B. T. Drew et J. G. González(2017)●

39021 Perowskia Benth. (1848)Nom. illegit. ≡Perovskia Kar. (1841)[唇形科 Lamiaceae(Labiatae)]●

39022 Perpensum Burm. f. (1768) = Gunnera L. (1767)[大叶草科(南洋小二仙科,洋二仙草科)Gunneraceae//小二仙草科 Haloragaceae]■☆

39023 Perplexia Iljin(1962)Nom. inval. =Jurinea Cass. (1821)[菊科 Asteraceae(Compositae)]●■

39024 Perralderia Coss. (1859)【汉】直壁菊属。【隶属】菊科 Asteraceae(Compositae)。【包含】世界3种。【学名诠释与讨论】〈阴〉(人)Henri Reue Letourneux de la Perraudiere,1831-1861,法国植物学者。【分布】非洲西北部。【模式】Perralderia coronopifolia Cosson。【参考异名】Fontquera Maire(1931)●☆

39025 Perralderiopsis Rauschert(1982)【汉】拟直壁菊属(格兰特菊属,格朗菊属)。【隶属】菊科 Asteraceae(Compositae)。【包含】世界6种。【学名诠释与讨论】〈阴〉(属)Perralderia 直壁菊属+希腊文 opsis,外观,模样,相似。此属的学名"Perralderiopsis S. Rauschert,Taxon 31:557. 9 Aug 1982"是一个替代名称。"Grantia Boissier,Diagn. Pl. Orient. ser. 1. 1(6):79. Jul 1846('1845')"是一个非法名称(Nom. illegit.),因为此前已经有了"Grantia W. Griffith in J. O. Voigt, Hortus Suburb. Calcut. 692. 1845 = Wolffia Horkel ex Schleid. (1844)(保留属名)[浮萍科 Lemnaceae//芜萍科(微萍科)Wolffiaceae]"。故用"Perralderiopsis Rauschert (1982)"替代之。"Grantia Griff. ex Voigt (1845)"是"Grantia Griff. (1845)"的误记。亦有学者把"Grantia Boiss. (1846) Nom.

illegit."处理为"Iphiona Cass.（1817）（保留属名）"的异名。亦有文献把"Perralderiopsis Rauschert（1982）"处理为"Iphiona Cass.（1817）（保留属名）"的异名。【分布】阿拉伯地区，伊朗。【模式】Perralderiopsis aucheri（Boissier）S. Rauschert［Grantia aucheri Boissier］。【参考异名】Grantia Boiss.（1846）Nom. illegit.；Iphiona Cass.（1817）（保留属名）；Perralderiopsis Rauschert（1982）■☆

39026 Perreymondia Barntoud（1845）= Schizopetalon Sims（1823）［十字花科 Brassicaceae（Cruciferae）］■☆

39027 Perriera Courchet（1905）【汉】佩氏木属。【隶属】苦木科 Simaroubaceae。【包含】世界 1-2 种。【学名诠释与讨论】〈中〉（人）Joseph Marie Henri Alfred Perrier de la Bathie，1873-1958，法国植物学者。【分布】马达加斯加。【模式】Perriera madagascariensis Courchet。●☆

39028 Perrierangraecum（Schltr.）Szlach.，Mytnik et Grochocka（2013）【汉】皮兰属。【隶属】兰科 Orchidaceae。【包含】世界 34 种。【学名诠释与讨论】〈阴〉（人）Joseph Marie Henri Alfred Perrier de la Bathie，1873-1958，法国植物学者+（属）Angraecum 风兰属（安顾兰属，茶兰属，大慧星兰属，武夷兰属）。此属的学名是"Perrierangraecum（Schltr.）Szlach.，Mytnik et Grochocka，Biodivers. Res. Conservation 29：19. 2013［31 Mar 2013］"，由"Angraecum sect. Perrierangreaecum Schltr. Repert. Spec. Nov. Regni Veg. Beih. 33：309. 1925"改级而来。【分布】菲律宾，马达加斯加，马斯克林群岛，热带和非洲南部。【模式】Perrierangraecum triquetrum（Thouars）Szlach.，Mytnik et Grochocka。【参考异名】Angraecum sect. Perrierangreaecum Schltr.（1925）☆

39029 Perrieranthus Hochr.（1916）= Perrierophytum Hochr.（1916）［锦葵科 Malvaceae］●☆

39030 Perrierastrum Guillaumin（1931）【汉】佩氏草属。【隶属】唇形科 Lamiaceae（Labiatae）。【包含】世界 1 种。【学名诠释与讨论】〈中〉（人）Joseph Marie Henri Alfred Perrier de la Bathie，1873-1958，法国植物学者+-astrum，指示小的词尾，也有"不完全相似"的含义。此属的学名是"Perrierastrum Guillaumin，Bull. Mus. Hist. Nat.（Paris）ser. 2. 2：694. 31 Jan 1931"。亦有文献把其处理为"Plectranthus L'Hér.（1788）（保留属名）"的异名。【分布】马达加斯加。【模式】Perrierastrum oreophilum Guillaumin。【参考异名】Plectranthus L'Hér.（1788）（保留属名）●☆

39031 Perrierbambus A. Camus（1924）【汉】泊尔竹属。【隶属】禾本科 Poaceae（Gramineae）。【包含】世界 2 种。【学名诠释与讨论】〈阴〉（人）Joseph Marie Henri Alfred Perrier de la Bathie，1873-1958，法国植物学者+bambus，竹子。【分布】马达加斯加。【后选模式】Perrierbambus madagascariensis A. Camus。●☆

39032 Perrieriella Schltr.（1925）【汉】佩里耶兰属。【隶属】兰科 Orchidaceae。【包含】世界 1 种。【学名诠释与讨论】〈阴〉（人）Joseph Marie Henri Alfred Perrier de la Bathie，1873-1958，法国植物学者+-ellus，-ella，-ellum，加在名词词干后面形成指小式的词尾。或加在人名、属名等后面以组成新属的名称。此属的学名是"Perrieriella Schlechter，Repert. Spec. Nov. Regni Veg. Beih. 33：365. 20 Mar 1925"。亦有文献把其处理为"Oeonia Lindl.（1824）［as 'Aeonia'］（保留属名）"的异名。【分布】马达加斯加。【模式】Perrieriella madagascariensis Schlechter。【参考异名】Oeonia Lindl.（1824）［as 'Aeonia'］（保留属名）■☆

39033 Perrierodendron Cavaco（1951）【汉】佩氏苞杯花属。【隶属】苞杯花科（旋花树科）Sarcolaenaceae。【包含】世界 1-5 种。【学名诠释与讨论】〈中〉（人）Joseph Marie Henri Alfred Perrier de la Bathie，1873-1958，法国植物学者+dendron 或 dendros，树木，棍，丛林。【分布】马达加斯加。【模式】Perrierodendron boinense （Perrier）Cavaco［Eremolaena boinensis Perrier］。●☆

39034 Perrierophytum Hochr.（1916）【汉】佩氏锦葵属。【隶属】锦葵科 Malvaceae。【包含】世界 9-10 种。【学名诠释与讨论】〈中〉（人）Joseph Marie Henri Alfred Perrier de la Bathie，1873-1958，法国植物学者+phyton，植物，树木，枝条。【分布】马达加斯加。【模式】Perrierophytum viridiflorum Hochreutiner。【参考异名】Perrieranthus Hochr.（1916）●☆

39035 Perrierosedum（A. Berger）H. Ohba（1978）【汉】马岛佩氏景天属。【隶属】景天科 Crassulaceae。【包含】世界 1 种。【学名诠释与讨论】〈中〉（人）Joseph Marie Henri Alfred Perrier de la Bathie，1873-1958，法国植物学者+（属）Sedum 景天属。此属的学名，ING 和 IK 记载是"Perrierosedum（A. Berger）H. Ohba，J. Fac. Sci. Univ. Tokyo，Sect. 3，Bot. 12：166. 31 Mar 1978"，由"Sedum sect. Perrierosedum A. Berger in Engler et Prantl，Nat. Pflanzenfam. ed. 2. 18a：446. May 1930"改级而来。【分布】马达加斯加。【模式】Perrierosedum madagascariense（H. Perrier de la Bâthie）H. Ohba［Sedum madagascariense H. Perrier de la Bâthie］。【参考异名】Sedum sect. Perrierosedum A. Berger（1930）●☆

39036 Perrottetia DC.（1825）Nom. illegit. = Desmodium Desv.（1813）（保留属名）；~ = Nicolsonia DC.（1825）［豆科 Fabaceae（Leguminosae）//蝶形花科 Papilionaceae］●■

39037 Perrottetia Kunth（1824）【汉】核子木属（佩罗特木属）。【日】ミヂンコザクラ属。【英】Nucleonwood，Perrottetia。【隶属】卫矛科 Celastraceae。【包含】世界 17-22 种，中国 5 种。【学名诠释与讨论】〈阴〉（人）George（Georges Guerrard）Samuel Perrottet，1793-1870，瑞士出生的法国植物学者。【分布】澳大利亚，巴拿马，秘鲁，玻利维亚，厄瓜多尔，哥伦比亚，马来西亚，美国（夏威夷），墨西哥，尼加拉瓜，中国，东亚，中美洲。【模式】Perrottetia quinduensis Kunth。【参考异名】Caryospermum Blume（1850）；Nothocelastrus Blume ex Kuntze（1891）；Theaphyllum Nutt. ex Turcz.（1863）●

39038 Perryodendron T. G. Hartley（1997）= Melicope J. R. Forst. et G. Forst.（1776）［芸香科 Rutaceae］●

39039 Persea C. F. Gaertn.（1805）Nom. illegit.（废弃属名）［樟科 Lauraceae］●

39040 Persea Mill.（1754）（保留属名）【汉】鳄梨属（樟梨属，油梨属）。【日】アボカド属，ペルセア属，ワニナシ属。【俄】Авокадо，Персея。【英】Avocado，Persea，Red Bay。【隶属】樟科 Lauraceae。【包含】世界 50-200 种，中国 1 种。【学名诠释与讨论】〈阴〉（希）persea，Theophrastus 用于东部的一种树名。此属的学名"Persea Mill.，Gard. Dict. Abr.，ed. 4. ［1030］. 28 Jan 1754"是保留属名。法规未列出相应的废弃属名。但是樟科 Lauraceae 的"Persea Plum. ex L.（1754）≡Persea Mill.（1754）（保留属名）"和"Persea C. F. Gaertn.，Supplementum Carpologiae 222. 1805"应该废弃。【分布】巴基斯坦，巴拉圭，巴拿马，秘鲁，玻利维亚，厄瓜多尔，哥伦比亚（安蒂奥基亚），哥斯达黎加，尼加拉瓜，中国，中美洲。【模式】Persea americana P. Miller［Laurus persea Linnaeus］。【参考异名】Borbonia Mill.（1754）Nom. illegit.；Burbonia Fabr.；Farnesia Fabr.（1763）；Machilus Desr.（1792）Nom. nud.；Machilus Nees（1831）Nom. illegit.；Menestrata Vell.（1829）；Mutisiopersea Kosterm.（1993）；Nyrophylla Neck.（1790）Nom. inval.；Persea C. F. Gaertn.（1805）；Persea Plum. ex L.（1754）（废弃属名）；Tamala Raf.（1838）●

39041 Persea Plum. ex L.（1754）（废弃属名）= Persea Mill.（1754）（保留属名）［樟科 Lauraceae］●

39042 Perseaceae Horan.（1834）= Lauraceae Juss.（保留科名）●■

39043 Persica Mill.（1754）= Amygdalus L.（1753）；~ = Prunus L.

(1753) [蔷薇科 Rosaceae//李科 Prunaceae//桃科（拟李科）Amygdalaceae]●

39044　Persicana Scop. (1777) = Persicaria (L.) Mill. (1754) [蓼科 Polygonaceae]■

39045　Persicana Tourn. ex Scop. (1777) Nom. illegit. ≡Persicana Scop. (1777); ~ =Persicaria (L.) Mill. (1754) [蓼科 Polygonaceae]■

39046　Persicaria (L.) Mill. (1754)【汉】萹蓄属（蓼属，马蓼属）。【日】サナエタデ属。【英】Knotgrass, Knotweed, Persicaria, Smartweed。【隶属】蓼科 Polygonaceae。【包含】世界 35-150 种。【学名诠释与讨论】〈阴〉（属）Persica 桃属+-arius, -aria, -arium, 指示"属于、相似、具有、联系"的词尾。指叶形似桃叶。此属的学名, ING 和 APNI 记载为"Persicaria (Linnaeus) P. Miller, Gard. Dict. Abr. ed. 4. 28 Jan 1754", 由"Polygonum [unranked] Persicaria Linnaeus, Sp. Pl. 360. 1 Mai 1753"改级而来。IK 则记载为"Persicaria Mill., Gard. Dict. Abr., ed. 4. (1754); Druce in Rep. Bot. Exch. Cl. Brit. Isles, 3: 434 (1913)"。"Persicaria L."和"Persicaria Mill. (1754)"的命名人引证有误。"Persicaria Neck., Elem. Bot. (Necker) 2: 210. 1790 ≡Atraphaxis L. (1753)"是一个未合格发表的名称（Nom. inval.）。"Persicaria (L.) Mill. (1754)"曾被处理为"Polygonum sect. Persicaria (Mill.) Meisn., Monographiae Generis Polygoni Prodromus 43, 66. 1826", 但是后者命名人引证有误。【分布】巴基斯坦, 巴拉圭, 巴勒斯坦, 玻利维亚, 马达加斯加, 美国（密苏里）, 中国, 西印度群岛, 北温带, 中美洲。【后选模式】Persicaria maculosa S. F. Gray [Polygonum persicaria Linnaeus]。【参考异名】Aconogonon (Meisn.) Rchb. (1837); Aconogonon Rchb. (1837) Nom. illegit.; Aconogonum (Meisn.) Rchb., Nom. illegit.; Aconogonum Rchb. (1837) Nom. illegit.; Antenoron Raf. (1817); Asicaria Neck. (1790) Nom. inval.; Bistorta (L.) Adans. (1763) Nom. illegit.; Bistorta (L.) Mill. (1754) Nom. inval.; Bistorta (L.) Scop. (1754); Cephalophilon (Meisn.) Spach (1841); Echinocaulon (Meisn.) Spach(1841); Echinocaulon Spach(1841) Nom. illegit.; Knorringia (Czukav.) S. P. Hong (1990); Knorringia (Czukav.) Tzvelev (1987); Koenigia L. (1767); Persicana Scop. (1777); Persicana Tourn. ex Scop. (1777) Nom. illegit.; Persicaria L., Nom. illegit.; Persicaria Mill. (1754) Nom. illegit.; Peutalis Raf. (1837) Nom. illegit.; Pleuropteropyrum Gross (1913); Polygonum [unranked] Persicaria L. (1753); Polygonum sect. Persicaria (Mill.) Meisn. (1826); Rubrivena M. Král(1985); Tovara Adans. (1763) (废弃属名)■

39047　Persicaria L., Nom. illegit. =Persicaria (L.) Mill. (1754) [蓼科 Polygonaceae]■

39048　Persicaria Mill. (1754) Nom. illegit. ≡Persicaria (L.) Mill. (1754) [蓼科 Polygonaceae]■

39049　Persicaria Neck. (1790) Nom. inval. ≡Atraphaxis L. (1753) [蓼科 Polygonaceae]●

39050　Persicariaceae Adans. ex Post et Kuntze =Polygonaceae Juss. (保留科名)●■

39051　Persicariaceae Martinov(1820) = Persicariaceae Adans. ex Post et Kuntze ●■

39052　Persimon Raf. (1838) = Diospyros L. (1753) [柿树科 Ebenaceae]●

39053　Personaceae Dulac =Scrophulariaceae Juss. (保留科名)●■

39054　Personaria Lam. (1798) = Gorteria L. (1759) [菊科 Asteraceae (Compositae)]■☆

39055　Personatae Vent. =Scrophulariaceae Juss. (保留科名)●■

39056　Personia Raf. = Marshallia Schreb. (1791) (保留属名); ~ =

Persoonia Michx. (1803) (废弃属名); ~ = Marshallia Schreb. (1791) (保留属名) [菊科 Asteraceae(Compositae)]■☆

39057　Personula Raf. (1838) = Utricularia L. (1753) [狸藻科 Lentibulariaceae]■

39058　Persoonia Michx. (1803) (废弃属名) = Marshallia Schreb. (1791) (保留属名) [菊科 Asteraceae(Compositae)]■☆

39059　Persoonia Sm. (1798) (保留属名)【汉】佩松木属（皮索尼亚属, 匹索尼亚属）。【英】Geebung, Persoonia, Snodgollion, Snot-goblin, Snottygobble。【隶属】山龙眼科 Proteaceae。【包含】世界 60-100 种。【学名诠释与讨论】〈阴〉（人）Christiaan Hendrik Persoon, 1761-1836, 南非植物学者, 著名的真菌学家。此属的学名"Persoonia Sm. in Trans. Linn. Soc. London 4: 215. 24 Mai 1798"是保留属名。相应的废弃属名是山龙眼科 Proteaceae 的"Linkia Cav., Icon. 4: 61. 14 Mai 1798 =Persoonia Michx. (1803) (废弃属名)"。菊科的"Persoonia Michx., Fl. Bor. -Amer. (Michaux) 2: 104, t. 43. 1803 [19 Mar 1803] =Marshallia Schreb. (1791) (保留属名)"和楝科 Meliaceae 的"Persoonia Willd., Sp. Pl., ed. 4 [Willdenow] 2 (1): 331. 1799 [Mar 1799] = Carapa Aubl. (1775)"亦应废弃。【分布】澳大利亚, 新西兰。【模式】Persoonia lanceolata H. C. Andrews。【参考异名】Linkia Cav. (1797) (废弃属名); Pentadactylon C. F. Gaertn. (1807)●☆

39060　Persoonia Willd. (1799) Nom. illegit. (废弃属名) = Carapa Aubl. (1775) [楝科 Meliaceae]●☆

39061　Perspicillum Fabr. (1759) Nom. illegit. ≡ Perspicillum Heist. ex Fabr. (1759); ~ = Biscutella L. (1753) (保留属名) [十字花科 Brassicaceae(Cruciferae)]■☆

39062　Perspicillum Heist. ex Fabr. (1759) = Biscutella L. (1753) (保留属名) [十字花科 Brassicaceae(Cruciferae)]■☆

39063　Pertusadina Ridsdale(1979)【汉】槽裂木属。【英】Pertusadina。【隶属】茜草科 Rubiaceae。【包含】世界 4 种, 中国 2 种。【学名诠释与讨论】〈阴〉（拉）pertusus, 穿孔的+（属）Adina 水团花属（水冬瓜属）。【分布】菲律宾, 印度尼西亚（马鲁古群岛）, 印度尼西亚（苏门答腊岛）, 泰国, 中国, 加里曼丹岛, 马来半岛, 新几内亚岛。【模式】Pertusadina eurhyncha (Miquel) C. E. Ridsdale [Uncaria eurhyncha Miquel]。●

39064　Pertya Sch. Bip. (1862)【汉】帚菊属（高野帚属, 帚菊木属）。【日】カウヤバハキ属, コウヤボウキ属。【英】Pertybush, Perty-bush。【隶属】菊科 Asteraceae(Compositae)。【包含】世界 15-25 种, 中国 18 种。【学名诠释与讨论】〈阴〉（人）Joseph Anton Maximilian Perty, 1804-1884, 德国植物学者, 昆虫学者, 博物学者。【分布】阿富汗至日本, 巴基斯坦, 中国, 中美洲。【模式】Pertya scandens (Thunberg) C. H. Schultz-Bip. [Erigeron scandens Thunberg]。【参考异名】Macroclinidium Maxim. (1871)●■

39065　Perula Raf. (1838) Nom. illegit. =Urostigma Gasp. (1844) Nom. illegit.; ~ =Mastosuke Raf. (1838); ~ = Ficus L. (1753) [桑科 Moraceae]●

39066　Perula Schreb. (1791) Nom. illegit. ≡Pera Mutis(1784) [袋戟科（大袋科）Peraceae//大戟科 Euphorbiaceae]●☆

39067　Perularia Lindl. (1834) = Platanthera Rich. (1817) (保留属名); ~ =Tulotis Raf. (1833) [兰科 Orchidaceae]■

39068　Perulifera A. Camus (1928) = Pseudechinolaena Stapf (1919) [禾本科 Poaceae(Gramineae)]■

39069　Peruviopuntia Guiggi(2011)【汉】秘鲁掌属。【隶属】仙人掌科 Cactaceae。【包含】世界 1 种。【学名诠释与讨论】〈阴〉（地）Peruv, 秘鲁+（属）Opuntia 仙人掌属。【分布】秘鲁。【模式】Peruviopuntia pachypus (K. Schum.) Guiggi [Opuntia pachypus K. Schum.]。☆

39070 Peruvocereus Akers(1947)= Haageocereus Backeb.(1933)[仙人掌科 Cactaceae]●☆

39071 Pervillaea Decne.(1844)【汉】肖弓果藤属。【隶属】萝藦科 Asclepiadaceae。【包含】世界4种。【学名诠释与讨论】〈阴〉词源不详。此属的学名是"Pervillaea Decaisne in Alph. de Candolle, Prodr. 8：613. Mar（med.）1844"。亦有文献把其处理为"Toxocarpus Wight et Arn.（1834）"的异名。【分布】马达加斯加。【模式】Pervillaea tomentosa Decaisne。【参考异名】Menabea Baill.（1890）;Toxocarpus Wight et Arn.（1834）●☆

39072 Pervinca Mill.(1754)Nom. illegit. ≡ Vinca L.(1753)[夹竹桃科 Apocynaceae//蔓长春花科 Vincaceae]■

39073 Pervinca Tourn. ex Adans.（1763）Nom. illegit.[夹竹桃科 Apocynaceae]☆

39074 Perxo Raf.（1840）= Basilicum Moench（1802）; ~ = Moschosma Rchb.（1828）Nom. illegit. ; ~ = Basilicum Moench（1802）[唇形科 Lamiaceae（Labiatae）]■

39075 Perymeniopsis H. Rob.（1978）【汉】落芒菊属。【隶属】菊科 Asteraceae（Compositae）。【包含】世界1-2种。【学名诠释与讨论】〈阴〉（属）Perymenium 月菊属+希腊文 opsis，外观，模样，相似。此属的学名，GCI 和 IK 记载是"Perymeniopsis H. Rob., Phytologia 40（6）:495. 1978"。菊科 Asteraceae（Compositae）的"Perymeniopsis Sch. Bip. ex Klatt,Leopoldina Heft xxiii.（1887）90, in syn. =Gymnolomia Kunth（1818）"是未合格发表的名称。。亦有文献把"Perymeniopsis H. Rob.（1978）"处理为"Perymenium Schrad.（1830）"的异名。【分布】墨西哥。【模式】Perymeniopsis ovalifolia（A. Gray）H. Robinson [Oyedaea ovalifolia A. Gray]。【参考异名】Perymenium Schrad.（1830）●☆

39076 Perymeniopsis Sch. Bip. ex Klatt（1887）, Nom. inval. = Gymnolomia Kunth（1818）; ~ =Aspilia Thouars（1806）; ~ =Wedelia Jacq.（1760）（保留属名）[菊科 Asteraceae（Compositae）]■☆

39077 Perymenium Schrad.（1830）【汉】月菊属。【隶属】菊科 Asteraceae（Compositae）。【包含】世界41-43种。【学名诠释与讨论】〈阴〉（希）peri-,在周围,在近边,迂回的,围绕,非常+hymenion,小薄膜。【分布】秘鲁,厄瓜多尔,哥伦比亚（安蒂奥基亚）,墨西哥,尼加拉瓜,中美洲。【模式】Perymenium discolor H. A. Schrader。【参考异名】Perimenium Steud.（1841）; Perymeniopsis H. Rob.（1978）■●☆

39078 Perytis Raf.（1838）（废弃属名）= Cyclobalanopsis Oerst.（1867）（保留属名）[壳斗科（山毛榉科）Fagaceae]●

39079 Pescatorea Rchb. f.（1869）Nom. illegit. ≡ Pescatoria Rchb. f.（1852）[兰科 Orchidaceae]■☆

39080 Pescatoria Rchb. f.（1852）【汉】鲨口兰属（帕卡兰属,佩斯卡托兰属）。【日】ペスカトレア属。【隶属】兰科 Orchidaceae。【包含】世界16-17种。【学名诠释与讨论】〈阴〉（人）Jean Paul Pescatore,1793-1855,法国兰科 Orchidaceae 植物收集家。此属的学名,ING,GCI,TROPICOS 和 IK 记载是"Pescatoria Rchb. f., Bot. Zeitung（Berlin）10（39）:667. 1852 [24 Sep 1852]"。"Pescatorea Rchb. f., The Gardeners' Chronicle et Agricultural Gazette 710. 1869"是其拼写变体。【分布】厄瓜多尔,哥斯达黎加,热带南美洲西部,中美洲。【模式】Pescatoria cerina（Lindley）H. G. Reichenbach [Huntleya cerina Lindley]。【参考异名】Pescatorea Rchb. f.（1869）Nom. illegit. ■☆

39081 Peschiera A. DC.（1844）【汉】山马茶属（白希木属）。【隶属】夹竹桃科 Apocynaceae//红月桂科 Tabernaemontanaceae。【包含】世界25种。【学名诠释与讨论】〈阴〉（人）Jean Peschier,1744-1831,植物学者,医生。此属的学名是"Peschiera Alph. de Candolle,Prodr. 8：360. Mar（med.）1844"。亦有文献把其处理

为"Tabernaemontana L.（1753）"的异名。【分布】巴拉圭,玻利维亚,马达加斯加,西印度群岛,中美洲。【后选模式】Peschiera hystrix（Steudel）Alph. de Candolle [Tabernaemontana hystrix Steudel]。【参考异名】Tabernaemontana L.（1753）●☆

39082 Peschkovia(Tzvelev)Tzvelev(2006)【汉】岩石竹属。【隶属】石竹科 Caryophyllaceae。【包含】世界1种。【学名诠释与讨论】〈阴〉（人）Peschkov。此属的学名,ING 和 IK 记载是"Peschkovia（Tzvelev）Tzvelev, Byull. Moskovsk. Obshch. Isp. Prir., Otd. Biol. 111（6）:37. 2006 [11 Dec 2006]",由"Gastrolychnis subgen. Peschkovia Tzvelev in Novosti Sist. V 813GRB8Rast. 33:99（2001）"改编而来。亦有文献把"Peschkovia（Tzvelev）Tzvelev（2006）"处理为"Lychnis L.（1753）（废弃属名）"或"Silene L.（1753）（保留属名）"的异名。【分布】达呼尔。【模式】Peschkovia saxatilis（Turcz. ex Fisch. et C. A. Mey.）Tzvelev。【参考异名】Gastrolychnis subgen. Peschkovia Tzvelev（2001）; Lychnis L.（1753）（废弃属名）; Pestallozzia Willis, Nom. inval. ; Pestalozzia Moritzi; Silene L.（1753）（保留属名）■☆

39083 Pesomeria Lindl.（1838）Nom. illegit. ≡ Cyanorchis Thouars（1822）Nom. inval. ; ~ = Cyanorkis Thouars（1809）; ~ = Phaius Lour.（1790）[兰科 Orchidaceae]■☆

39084 Pessularia Salisb.（1866）Nom. illegit. ≡ Anthericum L.（1753）[百合科 Liliaceae//吊兰科（猴面包科,猴面包树科）Anthericaceae]■☆

39085 Pestallozzia Willis, Nom. inval. = Gynostemma Blume（1825）; ~ =Pestalozzia Zoll. et Moritzi（1846）[葫芦科（瓜科,南瓜科）Cucurbitaceae]■

39086 Pestalozzia Moritzi =Gynostemma Blume（1825）; ~ =Pestalozzia Zoll. et Moritzi（1846）[葫芦科（瓜科,南瓜科）Cucurbitaceae]■

39087 Pestalozzia Zoll. et Moritzi（1846）= Gynostemma Blume（1825）; ~ =Pestalozzia Zoll. et Moritzi（1846）[葫芦科（瓜科,南瓜科）Cucurbitaceae]■

39088 Petagna Endl. =Petagnia Raf.（1814）; ~ =Solanum L.（1753）[茄科 Solanaceae]●■

39089 Petagnaea Caruel(1889)【汉】佩塔草属（佩塔芹属）。【隶属】伞形花科（伞形科）Apiaceae（Umbelliferae）。【包含】世界1种。【学名诠释与讨论】〈阴〉（人）Vincenzo Petagna,1734-1810,意大利植物学教授,昆虫学者,医生。此属的学名"Petagnaea T. Caruel in Parlatore, Fl. Ital. 8：199. Mar 1889"是一个替代名称。"Petagnia Gussone, Fl. Siculae Prodr. 1:311. Oct-Dec 1827"是一个非法名称（Nom. illegit.）,因为此前已经有了"Petagnia Rafinesque,Specchio 1:157. 1 Mai 1814, Nom. illegit. =Solanum L.（1753）[茄科 Solanaceae]"。故用"Petagnaea Caruel（1889）"替代之。亦有文献把"Petagnaea Caruel（1889）"处理为"Petagnia Guss.（1827）Nom. illegit."的异名。【分布】意大利（西西里岛）。【模式】Petagnaea saniculifolia（Gussone）T. Caruel [as ' saniculaefolia'] [Petagnia saniculifolia Gussone [as ' saniculaefolia']。【参考异名】Heterosciadium DC.（1830）Nom. inval. ; Petagnia Guss.（1827）Nom. illegit. ■☆

39090 Petagnana J. F. Gmel.（1792）Nom. illegit. ≡ Smithia Aiton（1789）（保留属名）[豆科 Fabaceae（Leguminosae）//蝶形花科 Papilionaceae]●■

39091 Petagnia Guss.（1827）Nom. illegit. ≡ Petagnaea Caruel（1889）[伞形花科（伞形科）Apiaceae（Umbelliferae）]■☆

39092 Petagnia Raf.（1814）= Solanum L.（1753）[茄科 Solanaceae]●■

39093 Petagniana Raf. = Petagnana J. F. Gmel.（1792）Nom. illegit. ; ~ = Smithia Aiton（1789）（保留属名）[豆科 Fabaceae（Leguminosae）//蝶形花科 Papilionaceae]●■

39094　Petagomoa Bremek.（1934）= Psychotria L.（1759）（保留属名）［茜草科 Rubiaceae//九节科 Psychotriaceae］●

39095　Petalacte D. Don（1826）【汉】具托鼠麹木属。【隶属】菊科 Asteraceae（Compositae）。【包含】世界 1-3 种。【学名诠释与讨论】〈阴〉（希）petalos，铺开的，扁平的；petalon，花瓣，叶片+akte 接骨木。另说 petalon，花瓣，叶片+aktin，光束，射线。【分布】非洲南部。【后选模式】Petalacte coronata（Linnaeus）D. Don［Gnaphalium coronatum Linnaeus］。【参考异名】Billya Cass.（1825）（废弃属名）；Petalolepis Less.（1832）Nom. illegit.●☆

39096　Petalactella N. E. Br.（1894）= Ifloga Cass.（1819）［菊科 Asteraceae（Compositae）］■☆

39097　Petaladenium Ducke（1938）【汉】巴西耳壶豆属。【隶属】豆科 Fabaceae（Leguminosae）。【包含】世界 1 种。【学名诠释与讨论】〈中〉（希）petalos，铺开的，扁平的；petalon，花瓣，叶片+aden，所有格 adenos，腺体+-ius，-ia，-ium，在拉丁文和希腊文中，这些词尾表示性质或状态。【分布】巴西，亚马孙河流域。【模式】Petaladenium urceoliferum Ducke.■☆

39098　Petalandra F. Muell.（1856）= Euphorbia L.（1753）［大戟科 Euphorbiaceae］●■

39099　Petalandra F. Muell. ex Boiss.（1856）Nom. illegit.≡Petalandra F. Muell.（1856）；~= Euphorbia L.（1753）［大戟科 Euphorbiaceae］●■

39100　Petalandra Hassk.（1858）Nom. illegit.= Hopea Roxb.（1811）（保留属名）［龙脑香科 Dipterocarpaceae］●

39101　Petalanisia Raf.（1837）= Hypericum L.（1753）［金丝桃科 Hypericaceae//猪胶树科（克鲁西科，山竹子科，藤黄科）Clusiaceae（Guttiferae）］●■

39102　Petalanthera Nees et Mart.（1833）= Ocotea Aubl.（1775）［樟科 Lauraceae］●☆

39103　Petalanthera Nees（1833）Nom. illegit.≡Petalanthera Nees et Mart.（1833）；~=Ocotea Aubl.（1775）［樟科 Lauraceae］●☆

39104　Petalanthera Nutt.（1834）Nom. illegit.= Cevallia Lag.（1805）［刺莲花科（硬毛草科）Loasaceae］●☆

39105　Petalanthera Raf.（1837）Nom. illegit.=Justicia L.（1753）［爵床科 Acanthaceae//鸭嘴花科（鸭咀花科）Justiciaceae］●■

39106　Petalepis Raf.= Lepuropetalon Elliott（1817）［微形草科 Lepuropetalaceae//梅花草科 Parnassiaceae］■☆

39107　Petalidium Nees（1832）【汉】扁爵床属。【隶属】爵床科 Acanthaceae。【包含】世界 35 种。【学名诠释与讨论】〈中〉（希）petalos，铺开的，扁平的+-idius，-idia，-idium，指示小的词尾。【分布】巴基斯坦，印度，西喜马拉雅山，热带和非洲南部。【模式】Petalidium barlerioides（Roth）Nees［Ruellia barlerioides Roth］。【参考异名】Pseudobarleria T. Anderson（1863）Nom. illegit.■☆

39108　Petalinia Becc.（1883）= Ochanostachys Mast.（1875）［木犀榄科（木犀科）Oleaceae］●☆

39109　Petalocaryum Pierre ex A. Chev.（1917）【汉】扁果铁青树属。【隶属】铁青树科 Olacaceae。【包含】世界 1 种。【学名诠释与讨论】〈中〉（希）petalos，铺开的，扁平的；petalon，花瓣，叶片+karyon，胡桃，硬壳果，核，坚果。【分布】西赤道非洲。【模式】Petalocaryum dulce Pierre ex A. Chev.。●☆

39110　Petalocentrum Schltr.（1918）= Sigmatostalix Rchb. f.（1852）［兰科 Orchidaceae］■☆

39111　Petalochilus R. S. Rogers（1924）= Caladenia R. Br.（1810）［兰科 Orchidaceae］■☆

39112　Petalodactylis Arènes（1954）= Cassipourea Aubl.（1775）［红树科 Rhizophoraceae］●☆

39113　Petalodiscus Baill.（1858）= Savia Willd.（1806）［大戟科 Euphorbiaceae］●☆

39114　Petalodiscus Pax（1890）【汉】肖维兰德大戟属。【隶属】大戟科 Euphorbiaceae。【包含】世界 6 种。【学名诠释与讨论】〈阳〉（希）petalos，铺开的，扁平的；petalon，花瓣，叶片+diskos，圆盘。此属的学名是"Petalodiscus（Baillon）Pax in Engler et Prantl，Nat. Pflanzenfam. 3（5）：15. Mai 1890"。亦有文献把其处理为"Wielandia Baill.（1858）"的异名。【分布】马达加斯加。【模式】不详。【参考异名】Wielandia Baill.（1858）●☆

39115　Petalodon Luer（2006）【汉】扁齿兰属。【隶属】兰科 Orchidaceae。【包含】世界 4 种。【学名诠释与讨论】〈阳〉（希）petalos，铺开的，扁平的；petalon，花瓣，叶片+odous，所有格 odontos，齿。此属的学名是"Petalodon Luer，Monographs in Systematic Botany from the Missouri Botanical Garden 105：11. 2006.（May 2006）"。亦有文献把其处理为"Masdevallia Ruiz et Pav.（1794）"的异名。【分布】美洲。【模式】Petalodon collinus（L. O. Williams）Luer［Masdevallia collina L. O. Williams］。【参考异名】Masdevallia Ruiz et Pav.（1794）■☆

39116　Petalogyne F. Muell.（1856）Nom. illegit.≡Petalostylis R. Br.（1849）［豆科 Fabaceae（Leguminosae）//云实科（苏木科）Caesalpiniaceae］●☆

39117　Petalolepis Cass.（1817）= Helichrysum Mill.（1754）［as 'Elichrysum'］（保留属名）［菊科 Asteraceae（Compositae）//蜡菊科 Helichrysaceae］●■

39118　Petalolepis Less.（1832）Nom. illegit.= Petalacte D. Don（1826）［菊科 Asteraceae（Compositae）］●☆

39119　Petalophus K. Schum.（1905）【汉】瘤瓣花属。【隶属】番荔枝科 Annonaceae。【包含】世界 1 种。【学名诠释与讨论】〈阳〉（希）petalos，铺开的，扁平的；petalon，花瓣，叶片+lophos，脊，鸡冠，装饰。【分布】新几内亚岛东北部。【模式】Petalolophus megalopus K. M. Schumann。●☆

39120　Petaloma Raf. ex Boiss.（1862）Nom. illegit.= Euphorbia L.（1753）［大戟科 Euphorbiaceae］●■

39121　Petaloma Roxb.（1814）Nom. illegit.=Lumnitzera Willd.（1803）［使君子科 Combretaceae］●

39122　Petaloma Sw.（1788）Nom. illegit.≡Mouriri Aubl.（1775）［野牡丹科 Melastomataceae］●☆

39123　Petalonema Gilg（1897）Nom. illegit.≡Neopetalonema Brenan（1945）；~=Gravesia Naudin（1851）［野牡丹科 Melastomataceae］●☆

39124　Petalonema Peter（1928）Nom. illegit.=Impatiens L.（1753）［凤仙花科 Balsaminaceae］■

39125　Petalonema Schltr.（1915）Nom. illegit.≡Quisumbingia Merr.（1936）［萝藦科 Asclepiadaceae］●☆

39126　Petalonyx A. Gray（1854）【汉】扁爪刺莲花属。【隶属】刺莲花科（硬毛草科）Loasaceae。【包含】世界 5 种。【学名诠释与讨论】〈阳〉（希）petalos，铺开的，扁平的；petalon，花瓣，叶片+onyx，所有格 onychos，指甲，爪。【分布】美国（西南部），墨西哥。【模式】Petalonyx thurberi A. Gray。●☆

39127　Petalopogon Reiss.（1839）Nom. illegit.≡Petalopogon Reiss. ex Endl. et Fenzl（1839）；~=Phylica L.（1753）［as 'Philyca'］［鼠李科 Rhamnaceae//菲利木科 Phylicaceae］●☆

39128　Petalopogon Reiss. ex Endl. et Fenzl（1839）= Phylica L.（1753）［as 'Philyca'］［鼠李科 Rhamnaceae//菲利木科 Phylicaceae］●☆

39129　Petalosteira Raf.（1837）= Tiarella L.（1753）［虎耳草科 Saxifragaceae］■

39130　Petalostelma E. Fourn.（1885）= Cynanchum L.（1753）；~=

Glossonema Decne.（1838）；～＝Metastelma R. Br.（1810）［萝藦科 Asclepiadaceae］●☆

39131　Petalostemma R. Br.（1814）Nom. inval.，Nom. nud.［萝藦科 Asclepiadaceae］☆

39132　Petalostemon Michx.（1803）［as 'Petalostemum'］（保留属名）＝Dalea L.（1758）（保留属名）［豆科 Fabaceae（Leguminosae）//蝶形花科 Papilionaceae］●■☆

39133　Petalostemon Michx.（1803）［as 'Petalostemum'］（保留属名）【汉】瓣蕊豆属。【俄】Клевер американский стенной，Петалостемум。【英】Prairie Clover。【隶属】豆科 Fabaceae（Leguminosae）//蝶形花科 Papilionaceae。【包含】世界 50 种。【学名诠释与讨论】〈阳〉（希）petalos，铺开的，扁平的；petalon，花瓣，叶片＋stemon，雄蕊。指花瓣与雄蕊联结。此属的学名"Petalostemon Michx.，Fl. Bor. - Amer. 2：48. 19 Mar 1803（'Petalostemum'）（orth. cons.）"是保留属名。相应的废弃属名是豆科 Fabaceae 的"Kuhnistera Lam.，Encycl. 3：370. 13 Feb 1792 ＝Petalostemon Michx.（1803）［as 'Petalostemum']"。其变体"Petalostemum Michx.（1803）"亦应废弃。亦有文献把"Petalostemon Michx.（1803）［as 'Petalostemum'］（保留属名）"处理为"Dalea L.（1758）（保留属名）"的异名。【分布】玻利维亚，北美洲，中美洲。【模式】Petalostemon candidus（Willdenow）A. Michaux ［as 'candidum'］［Dalea candida Willdenow］。【参考异名】Dalea Cramer（废弃属名）；Dalea L.（1758）（保留属名）；Gatesia Bertol.（1848）；Gavesia Walp.（1852）；Kuhniastera Kuntze（1891）；Kuhnistera Lam.（1792）（废弃属名）；Petalostemum Michx.（1803）Nom. illegit.（废弃属名）；Petalvitemon Raf.（1819）■☆

39134　Petalostigma F. Muell.（1857）【汉】瓣柱戟属。【英】Quinine Bush，Quinine Tree。【隶属】大戟科 Euphorbiaceae。【包含】世界 7 种。【学名诠释与讨论】〈中〉（希）petalos，铺开的，扁平的；petalon，花瓣，叶片＋stigma，所有格 stigmatos，柱头，眼点。指柱头像花瓣。此属的学名，ING、TROPICOS 和 IK 记载是"Petalostigma F. v. Mueller, Hooker's J. Bot. Kew Gard. Misc. 9：16. Jan 1857"。【分布】澳大利亚，新几内亚岛。【模式】Petalostigma quadriloculare F. v. Mueller。【参考异名】Hylococcus R. Br. ex Benth.（1873）Nom. illegit.；Hylococcus R. Br. ex T. L. Mitch.（1848）；Hylococcus T. L. Mitch.（1848）Nom. illegit.；Xylococcus R. Br.（1756）Nom. illegit.；Xylococcus R. Br. ex Britten et S. Moore（1756）Nom. illegit. ●☆

39135　Petalostima Raf.（1837）Nom. illegit. ≡Wahlenbergia Schrad. ex Roth（1821）（保留属名）［桔梗科 Campanulaceae］■●

39136　Petalostyles Benth.（1864）＝Petalostylis R. Br.（1849）［豆科 Fabaceae（Leguminosae）//云实科（苏木科）Caesalpiniaceae］●☆

39137　Petalostylis Lindl.（1847）＝Lisianthius P. Browne（1756）；～＝Petasostylis Griseb.（1845）［龙胆科 Gentianaceae］●☆

39138　Petalostylis R. Br.（1849）【汉】瓣柱豆属。【隶属】豆科 Fabaceae（Leguminosae）//云实科（苏木科）Caesalpiniaceae。【包含】世界 2-3 种。【学名诠释与讨论】〈阴〉（希）petalos，铺开的，扁平的；petalon，花瓣，叶片＋stylos＝拉丁文 style，花柱，中柱，有尖之物，桩，柱，支持物，支柱，石头做的界标。指花柱似花瓣状。此属的学名，ING、TROPICOS 和 APNI 记载是"Petalostylis R. Brown in Sturt, Exped. Centr. Australia 2：app. 79. 1849"。"Petalostyles Benth.，Fl. Austral. 2：291. 1864 ［5 Oct 1864］"似为其变体。"Petalogyne F. v. Mueller, Hooker's J. Bot. Kew Gard. Misc. 8：324. 1856"是"Petalostylis R. Br.（1849）"的晚出的同模式异名（Homotypic synonym，Nomenclatural synonym）。"Petalostylis Lindl.，Veg. Kingd. 614（1847）＝Lisianthius P. Browne

（1756）＝Petasostylis Griseb.（1845）［龙胆科 Gentianaceae］"应该是一个未合格发表的名称（Nom. inval.）。【分布】澳大利亚。【模式】Petalostylis labicheoides R. Brown。【参考异名】Petalogyne F. Muell.（1856）Nom. illegit.；Petalostyles Benth.（1864）●☆

39139　Petalotoma DC.（1828）Nom. illegit. ≡Diatoma Lour.（1790）；～＝Carallia Roxb.（1811）（保留属名）［红树科 Rhizophoraceae］●

39140　Petaloxis Raf.（1837）＝Dichorisandra J. C. Mikan（1820）（保留属名）［鸭趾草科 Commelinaceae］■☆

39141　Petalvitemon Raf.（1819）＝Petalostemon Michx.（1803）［as 'Petalostemum'］（保留属名）［豆科 Fabaceae（Leguminosae）］■☆

39142　Petamenes Salisb.（1812）Nom. inval. ≡Petamenes Salisb. ex J. W. Loudon（1841）；～＝Gladiolus L.（1753）［鸢尾科 Iridaceae］■

39143　Petamenes Salisb. ex J. W. Loudon（1841）＝Gladiolus L.（1753）［鸢尾科 Iridaceae］■

39144　Petamenes Salisb. ex N. E. Br.（1932）Nom. illegit. ＝Gladiolus L.（1753）［鸢尾科 Iridaceae］■

39145　Petasachme Wall. ex Wight ＝Pentasachme Wall. ex Wight et Arn.（1834）［萝藦科 Asclepiadaceae］■

39146　Petasioides Vitman（1789）＝Petesioides Jacq. ex Kuntze（1891）；～＝Wallenia Sw.（1788）（保留属名）［紫金牛科 Myrsinaceae］●☆

39147　Petasites Mill.（1754）【汉】蜂斗菜属（蜂斗叶属，款冬属）。【日】フキ属。【俄】Белокопытник，Нардосмия，Подбел。【英】Butter Bur，Butterbur，Butter - bur，Coltsfoot，Petasites，Winter Heliotropee。【隶属】菊科 Asteraceae（Compositae）。【包含】世界 18-20 种，中国 6 种。【学名诠释与讨论】〈阳〉（希）petasos，宽边帽子＋-ites，表示关系密切的词尾。指基生叶大型。此属的学名是"Petasites P. Miller, Gard. Dict. Abr. ed. 4. 28 Jan 1754"。亦有文献把其处理为"Petasites Mill.（1754）"的异名。【分布】巴基斯坦，中国，欧洲西部至亚洲中部。【后选模式】Petasites officinalis Moench ［Tussilago petasites Linnaeus］。【参考异名】Endocellion Turcz. ex Herd.（1865）；Nardosmia Cass.（1825）；Petasitis Mill.（1754）■

39148　Petasostylis Griseb.（1845）＝Lisianthius P. Browne（1756）［龙胆科 Gentianaceae］●☆

39149　Petastoma Miers（1863）＝Arrabidaea DC.（1838）［紫葳科 Bignoniaceae］●☆

39150　Petasula Noronha（1790）＝Schefflera J. R. Forst. et G. Forst. + Trevesia Vis.（1842）［五加科 Araliaceae］●

39151　Petchia Livera（1926）【汉】佩奇木属（皮氏木属）。【隶属】夹竹桃科 Apocynaceae。【包含】世界 8 种。【学名诠释与讨论】〈阴〉（人）Thomas（Tom）Fetch，1870-1948，英国植物学者，真菌学者。【分布】马达加斯加，斯里兰卡。【模式】Petchia ceylanica（R. Wight）Livera ［Alyxia ceylanica R. Wight］。【参考异名】Cabucala Pichon（1948）●☆

39152　Petelotia Gagnep.（1928）Nom. illegit. ≡Petelotiella Gagnep.（1929）［荨麻科 Urticaceae］■☆

39153　Petelotiella Gagnep.（1929）【汉】越南麻属。【隶属】荨麻科 Urticaceae。【包含】世界 1 种。【学名诠释与讨论】〈阴〉（人）（Paul）Alfred Petelot，1885-1940，法国植物学者＋-ellus，-ella，-ellum，加在名词词干后面形成指小式的词尾。或加在人名、属名等后面以组成新属的名称。此属的学名"Petelotiella Gagnepain in Lecomte, Fl. Gén. Indo-Chinc 5：873. Apr 1929"是一个替代名称。"Petelotia Gagnepain, Bull. Soc. Bot. France 75：101. post 24 Feb 1928"是一个非法名称（Nom. illegit.），因为此前已经有了真菌的"Petelotia Patouillard, Bull. Soc. Mycol. France 40：35. 10 Jun 1924"。故用"Petelotiella Gagnep.（1929）"替代之。【分布】中南半岛。【模式】Petelotiella tonkinensis Gagnepain ［Petelotia tonkinensis Gagnepain 1928, non Patouillard 1924]。【参考异名】Petelotia Gagnep. (1928) Nom. illegit. ■☆

39154　Petenaea Lundell(1962)【汉】红毛椴属(危地马拉椴属)。【隶属】椴树科(椴科,田麻科)Tiliaceae//红毛椴科 Petenaeaceae。【包含】世界1种。【学名诠释与讨论】〈阴〉词源不详。【分布】中美洲。【模式】Petenaea cordata C. L. Lundell。●☆

39155　Petenaeaceae Christenh. ,M. F. Fay et M. W. Chase(2010)【汉】红毛椴科。【包含】世界1属1种。【科名模式】Petenaea Lundell。●☆

39156　Peteniodendron Lundell(1976)= Pouteria Aubl. (1775)［山榄科 Sapotaceae]●

39157　Peteravenia R. M. King et H. Rob. (1971)【汉】光瓣亮泽兰属。【隶属】菊科 Asteraceae(Compositae)。【包含】世界5种。【学名诠释与讨论】〈阴〉(人)Peter Hamilton Raven,植物学者,植物采集家。【分布】墨西哥,中美洲。【模式】Peteravenia schultzii (Schnittsphan) R. M. King et H. E. Robinson [Eupatorium schultzii Schnittsphan]。■●☆

39158　Peteria A. Gray(1852)【汉】彼得豆属。【隶属】豆科 Fabaceae (Leguminosae)。【包含】世界4种。【学名诠释与讨论】〈阴〉(人)Robert Peter,1805-1894,英国出生的美国地质学者。此属的学名,ING、TROPICOS 和 IK 记载是“Peteria A. Gray, Pl. Wright. 1:50. Mar 1852”。“Peteria Raf. , Annales Générales des Sciences Physiques 6:85. 1820 = Rondeletia L. (1753)［茜草科 Rubiaceae]”应该是一个未合格发表的名称(Nom. inval.)。【分布】美国(南部和东南部),墨西哥(北部)。【模式】Peteria scoparia A. Gray。■☆

39159　Peteria Raf. (1820) Nom. inval. = Rondeletia L. (1753)［茜草科 Rubiaceae]●

39160　Petermannia F. Muell. (1860)(保留属名)【汉】刺藤属(花须藤属)。【隶属】菝葜科 Smilacaceae//刺藤科 Petermanniaceae。【包含】世界1-5种。【学名诠释与讨论】〈阴〉(人)Wilhelm Ludwig Petermann,1806-1855,奥地利植物学者。另说纪念德国学者 August Heinrich Petermann,1822-1878。此属的学名“Petermannia F. Muell. ,Fragm. 2:92. Aug 1860”是保留属名。相应的废弃属名是藜科 Chenopodiaceae 的“Petermannia Rchb. ,Deut. Bot. Herb. – Buch, Syn. :236. Jul 1841 ≡ Cycloloma Moq. (1840)”。秋海棠 Begoniaceae 的“Petermannia Klotzsch, Ber. Bekanntm. Verh. Königl. Preuss. Akad. Wiss. Berlin 1854:124. Mar 1854 = Begonia L. (1753)”和藜科 Chenopodiaceae 的“Petermannia H. G. L. Reichenbach, Deutsche Bot. Herbarienbuch (Syn. Red.)236. Jul 1841 ≡Cycloloma Moq. (1840)”亦应废弃。【分布】澳大利亚(新南威尔士),中美洲。【模式】Petermannia cirrosa F. v. Mueller。●■☆

39161　Petermannia Klotzsch(1854) Nom. illegit. (废弃属名)= Begonia L. (1753)［秋海棠科 Begoniaceae]●■

39162　Petermannia Rchb. (1841) Nom. illegit. (废弃属名)= Cycloloma Moq. (1840)［藜科 Chenopodiaceae]■☆

39163　Petermanniaceae Hutch. (1934)(保留科名)［亦见 Petiveriaceae C. Agardh 毛头独子科(蒜臭母鸡草科)和 Philesiaceae Dumort. (保留科名)]【汉】刺藤科。【包含】世界1属5种。【分布】澳大利亚东部。【科名模式】Petermannia F. Muell. ●■☆

39164　Peterodendron Sleumer(1936)【汉】彼得木属。【隶属】刺篱木科(大风子科)Flacourtiaceae。【包含】世界1种。【学名诠释与讨论】〈中〉(人)Gustav Albert Peter,1853-1937,德国植物学者+dendron 或 dendros,树木,棍,丛林。【分布】热带非洲东部。【模式】Peterodendron ovatum (Sleumer) Sleumer [Poggea ovata

Sleumer]。●☆

39165　Petersia Klotzsch(1861)= Capparis L. (1753)［山柑科(白花菜科,醉蝶花科)Capparaceae]●

39166　Petersia Welw. ex Benth. (1865) Nom. illegit. ≡ Petersia Welw. ex Benth. et Hook. f. (1865) Nom. illegit. ; ~ ≡ Petersianthus Merr. (1916)［玉蕊科(巴西果科)Lecythidaceae//翅玉蕊科 Barringtoniaceae]☆

39167　Petersia Welw. ex Benth. et Hook. f. (1865) Nom. illegit. ≡ Petersianthus Merr. (1916)［玉蕊科(巴西果科)Lecythidaceae]●☆

39168　Petersianthus Merr. (1916)【汉】攀木属(彼得斯玉蕊属)。【隶属】玉蕊科(巴西果科)Lecythidaceae。【包含】世界1-2种。【学名诠释与讨论】〈阳〉(人)Wilhelm Carl Hartwig Peters,1815-1883,德国博物学者,医生,昆虫学者+anthos,花。此属的学名“Petersianthus Merrill,Philipp. J. Sci. ,C 11:200. 8 Dec 1916”是一个替代名称。“Petersia Welwitsch ex Bentham et Hook. f. ,Gen. 1:721. 19 Oct 1865”是一个非法名称(Nom. illegit.),因为此前已经有了“Petersia Klotzsch in W. C. H. Peters, Naturwiss. Reise Mossambique 168. 1861 (sero) (‘1862’)= Capparis L. (1753)［山柑科(白花菜科,醉蝶花科)Capparaceae]”。故用“Petersianthus Merr. (1916)”替代之。“Petersia Welw. ex Benth. ,Genera Plantarum 1:721. 1865 ≡ Petersia Welw. ex Benth. et Hook. f. (1865) Nom. illegit. ［玉蕊科(巴西果科)Lecythidaceae//翅玉蕊科 Barringtoniaceae]”的命名人引证有误。亦有学者承认“风车玉蕊属 Combretodendron A. Chev. ex Exell(1930)”:TROPICOS 用“Combretodendron A. Chev. , Les végétaux Utiles de l’ Afrique Tropical Française 5:150. 1909”为正名;IK 记载相同,但是标注为“nom. inval. name suppressed (see p. 301)”。ING 记载是“Combretodendron A. Chevalier ex A. W. Exell, J. Bot. 68:181. Jun 1930 ≡Petersianthus Merrill 1916”。IK 记载如左,但是附注是“Nom. illegit. ”。【分布】菲律宾,热带非洲西部。【模式】Petersianthus africanus (Welwitsch ex Bentham) Merrill [Petersia africana Welwitsch ex Bentham]。【参考异名】Combretodendron A. Chev. (1909) Nom. inval. , Nom. illegit. ;Combretodendron A. Chev. ex Exell(1930) Nom. illegit. ;Petersia Welw. ex Benth. (1865) Nom. illegit. ;Petersia Welw. ex Benth. et Hook. f. (1865) Nom. illegit. ●☆

39169　Petesia L. (1759) Nom. illegit. =? Rondeletia L. (1753)［茜草科 Rubiaceae]●

39170　Petesia P. Browne (1756)= Rondeletia L. (1753)［茜草科 Rubiaceae]●

39171　Petesiodes Jacq. (1763) Nom. inval. ≡Petesiodes Jacq. ex Kuntze (1891) Nom. illegit. , Nom. superfl. ≡ Wallenia Sw. (1788)(保留属名)［紫金牛科 Myrsinaceae]●☆

39172　Petesiodes Jacq. ex Kuntze (1891) Nom. illegit. = Petesioides Jacq. ex Kuntze(1891) Nom. illegit. , Nom. superfl. ≡ Wallenia Sw. (1788)(保留属名)［紫金牛科 Myrsinaceae]●☆

39173　Petesiodes Kuntze (1891) Nom. illegit. ≡ Petesioides Jacq. ex Kuntze(1891) Nom. illegit. , Nom. superfl. ≡ Wallenia Sw. (1788)(保留属名)［紫金牛科 Myrsinaceae]●☆

39174　Petesioides Jacq. (1763) Nom. inval. ≡ Petesioides Jacq. ex Kuntze(1891) Nom. illegit. , Nom. superfl. ≡ Wallenia Sw. (1788)(保留属名)［紫金牛科 Myrsinaceae]●☆

39175　Petesioides Jacq. ex Kuntze (1891) Nom. illegit. , Nom. superfl. ≡ Wallenia Sw. (1788)(保留属名)［紫金牛科 Myrsinaceae]●☆

39176　Petilium Ludw. (1757)= Fritillaria L. (1753)［百合科 Liliaceae//贝母科 Fritillariaceae]■

39177　Petiniotia J. Léonard(1980)【汉】紫色芥属。【隶属】十字花科 Brassicaceae(Cruciferae)。【包含】世界1种。【学名诠释与讨

论〉〈阴〉(人)Marcel Georges Charles Petitmen-gin,1881-1908,法国植物学者,植物采集家,报春花科 Primulaceae 专家。此属的学名是"Petiniotia J. Léonard, Bull. Jard. Bot. Natl. Belgique 50:228. 30 Jun 1980"。亦有文献把其处理为"Sterigmostemum M. Bieb. (1819)"的异名。【分布】阿富汗,伊朗。【模式】Petiniotia purpurascens (Boissier) J. Léonard [Sterigma purpurascens Boissier]。【参考异名】Sterigmostemum M. Bieb. (1819)■☆

39178 Petitia J. Gay (1832) Nom. illegit. ≡ Xatardia Meisn. et Zeyh. (1838) [伞形花科(伞形科)Apiaceae(Umbelliferae)]■☆

39179 Petitia Jacq. (1760)【汉】珀蒂草属。【隶属】马鞭草科 Verbenaceae//唇形科 Lamiaceae(Labiatae)。【包含】世界2种。【学名诠释与讨论】〈阴〉(人)François Pourfour du (de) Petit, 1664-1741,法国植物学者,医生。此属的学名,ING、GCI 和 IK 记载是"Petitia Jacq., Enum. Syst. Pl. 1, 12. 1760 [Aug-Sep 1760]"。"Petitia J. Gay, Ann. Sci. Nat. (Paris) 26:219. 1832 [伞形花科(伞形科)Apiaceae(Umbelliferae)]"是晚出的非法名称;它已经被"Xatardia Meisner et Zeyher in Meisner, Pl. Vasc. Gen. 1:145;2:105. 16-22 Sep 1838"所替代。"Petitia Neck., Elem. Bot. (Necker) 2:407. 1790 = Hibiscus L. (1753) (保留属名) [锦葵科 Malvaceae//木槿科 Hibiscaceae]"是一个未合格发表的名称(Nom. inval.)也是晚出的非法名称。硅藻的"Petitia M. Peragallo in Tempère et H. Peragallo, Diat. Monde Entier ed. 2. 146. 1909"亦是晚出的非法名称。【分布】玻利维亚,哥伦比亚(安蒂奥基亚),西印度群岛。【模式】Petitia scabra (Lapeyrouse) J. Gay [Selinum scabrum Lapeyrouse]。【参考异名】Scleroon Benth. (1843)●☆

39180 Petitia Neck. (1790) Nom. inval. = Hibiscus L. (1753)(保留属名)[锦葵科 Malvaceae//木槿科 Hibiscaceae]●■

39181 Petitiocodon Robbr. (1988)【汉】珀蒂茜属。【隶属】茜草科 Rubiaceae。【包含】世界1种。【学名诠释与讨论】〈阳〉(人)Petit,植物学者+kodon,指小式 kodonion,钟,铃。【分布】尼日利亚。【模式】Petitiocodon parviflorus (R. W. J. Keay) E. Robbrecht [as 'parviflorum'] [Didymosalpinx parviflora R. W. J. Keay]。●☆

39182 Petitmenginia Bonati(1911)【汉】钟山草属(毛冠四蕊草属)。【英】Petitmenginia, Zhongshangrass。【隶属】玄参科 Scrophulariaceae//列当科 Orobanchaceae。【包含】世界2种,中国2种。【学名诠释与讨论】〈阴〉(人)Marcel Georges Charles Petitmengin,1881-1908,法国植物学者。【分布】中国,中南半岛。【模式】Petitmenginia comosa Bonati。■

39183 Petiveria L. (1753)【汉】毛头独子属(叉果商陆属,蒜臭母鸡草属)。【隶属】商陆科 Phytolaccaceae//毛头独子科(蒜臭母鸡草科)Petiveriaceae。【包含】世界1种。【学名诠释与讨论】〈阴〉(人)Jacob (James) Petiver,1658-1718,英国医生,植物学者,药剂师,博物学者,昆虫学者。此属的学名,ING 和 GCI 记载是"Petiveria L., Sp. Pl. 1:342. 1753 [1 May 1753]"。IK 则记载为"Petiveria Plum. ex L., Sp. Pl. 1:342. 1753"。"Petiveria Plum."是命名起点著作之前的名称,故"Petiveria L. (1753)"和"Petiveria Plum. ex L. (1753)"都是合法名称,可以通用。【分布】巴拉圭,巴拿马,秘鲁,玻利维亚,厄瓜多尔,哥伦比亚(安蒂奥基亚),尼加拉瓜,西印度群岛,美洲。【模式】Petiveria alliacea Linnaeus。【参考异名】Mapa Vell. (1829);Petiveria Plum. ex L. (1753)■●☆

39184 Petiveria Plum. ex L. (1753) ≡ Petiveria L. (1753) [商陆科 Phytolaccaceae//毛头独子科(蒜臭母鸡草科)Petiveriaceae]■■●☆

39185 Petiveriaceae C. Agardh (1825) [as 'Petivereae'] [亦见 Phytolaccaceae R. Br. (保留科名)商陆科]【汉】毛头独子科(蒜臭母鸡草科)。【包含】世界11属40种。【分布】热带和亚热带,南半球。【科名模式】Petiveria L.■☆

39186 Petkovia Stef. (1936) = Campanula L. (1753) [桔梗科 Campanulaceae]■●

39187 Petlomelia Nieuwl. (1914) = Fraxinus L. (1753) [木犀榄科(木犀科)Oleaceae//白蜡树科 Fraxinaceae]●

39188 Petopentia Bullock(1954)【汉】肖塔卡萝藦属。【隶属】萝藦科 Asclepiadaceae。【包含】世界1种。【学名诠释与讨论】〈阴〉指与 Pentopetia 坡梯草属(盆托坡梯草属)相似。此属的学名是"Petopentia Bullock, Kew Bull. 1954:362. 13 Sep 1954"。亦有文献把其处理为"Tacazzea Decne. (1844)"的异名。【分布】非洲南部。【模式】Petopentia natalensis (Schlechter) Bullock [Pentopetia natalensis Schlechter]。【参考异名】Tacazzea Decne. (1844)●☆

39189 Petracanthus Nees(1847)= Gymnostachyum Nees(1832) [爵床科 Acanthaceae]■

39190 Petradoria Greene (1895)【汉】岩黄花属。【英】Rock Goldenrod。【隶属】菊科 Asteraceae(Compositae)。【包含】世界3种。【学名诠释与讨论】〈阴〉(希) petra, petros, 岩石 + Doria (Goldenrod 的早期名称)。或说 petra, petros, 岩石+dorea, doron, doren, doreia, 礼品。【分布】美国(西南部)。【模式】Petradoria pumila (T. Nuttall) E. L. Greene [Chrysoma pumila T. Nuttall]。【参考异名】Petradosia T. Durand et Jacks■☆

39191 Petradosia T. Durand et Jacks. = Petradoria Greene(1895) [菊科 Asteraceae(Compositae)]■☆

39192 Petraea B. Juss. ex Juss. (1789) = Petrea L. (1753) [马鞭草科 Verbenaceae//蓝花藤科 Petreaceae]●

39193 Petraea Juss. (1789) = Petrea L. (1753) [马鞭草科 Verbenaceae//蓝花藤科 Petreaceae]●

39194 Petraeomyrtus Craven(1999)【汉】澳千层属。【隶属】桃金娘科 Myrtaceae。【包含】世界1种。【学名诠释与讨论】〈阴〉(人)Robert James Lord Petre,1713-1743,英国植物爱好者,植物学及园艺学的赞助人 + (属) Myrtus 香桃木属。此属的学名是"Petraeomyrtus Craven, Australian Systematic Botany 12:678. 1999"。亦有文献把其处理为"Melaleuca L. (1767)(保留属名)"的异名。【分布】澳大利亚。【模式】Petraeomyrtus punicea (Byrnes)Craven。【参考异名】Melaleuca L. (1767)(保留属名)●☆

39195 Petraeovitex Oliv. (1883)【汉】比得牡荆属。【隶属】马鞭草科 Verbenaceae。【包含】世界7种。【学名诠释与讨论】〈阴〉(人)Robert James Lord Petre,1713-1743,英国植物爱好者,植物学及园艺学的赞助人+(属)Vitex 牡荆属。【分布】马来西亚,新西兰,太平洋地区。【模式】Petraeovitex riedelii D. Oliver。●☆

39196 Petramnia Raf. (1838) = Pentarhaphia Lindl. (1827) [苦苣苔科 Gesneriaceae]■☆

39197 Petrantha DC. (1836) = Riencourtia Cass. (1818) [as 'Riencurtia'];~ = Tetrantha Poit. (1836) Nom. illegit.;~ = Tetrantha Poit. ex DC. (1836) [菊科 Asteraceae(Compositae)]■☆

39198 Petranthe Salisb. (1866) = Scilla L. (1753) [百合科 Liliaceae//风信子科 Hyacinthaceae//绵枣儿科 Scillaceae]■

39199 Petrea L. (1753)【汉】蓝花藤属(紫霞藤属)。【日】ペトラエア属,ヤモメカズラ属。【俄】Петрея。【英】Blueflowervine, Petrea, Purple Wreath, Queen's Wreath。【隶属】马鞭草科 Verbenaceae//蓝花藤科 Petreaceae。【包含】世界11-30种,中国1种。【学名诠释与讨论】〈阴〉(人)Lord Robert James Petre, 1713-1742,英国植物爱好者,植物学及园艺学的赞助人。【分布】巴基斯坦,巴拉圭,巴拿马,秘鲁,玻利维亚,厄瓜多尔,哥伦比亚(安蒂奥基亚),尼加拉瓜,中国,西印度群岛,中美洲。【模式】Petrea volubilis Linnaeus。【参考异名】Petraea B. Juss. ex Juss. (1789);Petraea Juss. (1789)●

39200　Petreaceae J. Agardh（1858）［亦见 Verbenaceae J. St. -Hil.（保留科名）马鞭草科］【汉】蓝花藤科。【包含】世界 1 属 11-30 种，中国 1 属 1 种。【分布】热带美洲，西印度群岛。【科名模式】Petrea L. ●

39201　Petriella Zotov（1943）Nom. illegit. ≡ Zotovia Edgar et Connor（1998）；~ = Ehrharta Thunb.（1779）（保留属名）［禾本科 Poaceae（Gramineae）］■☆

39202　Petrina J. B. Phipps（1964）= Danthoniopsis Stapf（1916）［禾本科 Poaceae（Gramineae）］■☆

39203　Petrobium Bong.（1838）（废弃属名）= Lithobium Bong.（1838）［野牡丹科 Melastomataceae］●☆

39204　Petrobium R. Br.（1817）（保留属名）【汉】岩菊木属。【俄】Петрокаллис。【英】Rock Beauty。【隶属】菊科 Asteraceae（Compositae）。【包含】世界 1 种。【学名诠释与讨论】〈中〉（希）petros，石+bios 和 biote，生命+-ius，-ia，-ium，在拉丁文和希腊文中，这些词尾表示性质或状态。指生境。此属的学名 "Petrobium R. Br. in Trans. Linn. Soc. London 12（1）：113. ante Sep 1817" 是保留属名。法规未列出相应的废弃属名。但是野牡丹科 Melastomataceae 的 "Petrobium Bong.，Mém. Acad. Imp. Sci. Saint-Pétersbourg，Sér. 6，Sci. Math.，Seconde Pt. Sci. Nat. 4（2，Bot.）：142（fig. 2）. 1838 = Lithobium Bong.（1838）" 应该废弃。"Laxmannia J. R. Forster et J. G. A. Forster 1776" 是 "Petrobium R. Br.（1817）（保留属名）" 的同模式异名（Homotypic synonym，Nomenclatural synonym）。【分布】英国（圣赫勒拿岛）。【模式】Petrobium arboreum（J. R. Forst. et G. Forst.）Spreng.［Laxmannia arborea J. R. Forst. et G. Forst.］。【参考异名】Drimyphyllum Burch. ex DC.（1936）；Laxmannia J. R. Forst. et G. Forst.（1775）（废弃属名）；Petrocallis W. T. Aiton（1812）；Pharetranthus F. W. Klatt（1885）●☆

39205　Petrocallis R. Br.（1817）Nom. illegit. = Petrocallis W. T. Aiton（1812）［十字花科 Brassicaceae（Cruciferae）］■☆

39206　Petrocallis W. T. Aiton（1812）【汉】岩丽芥属（岩美草属）。【日】ムラサキイヌナズナ属。【英】Rock Beauty。【隶属】十字花科 Brassicaceae（Cruciferae）。【包含】世界 1 种。【学名诠释与讨论】〈阴〉（希）petros，岩石+kalos，美丽的。kallos，美人，美丽。kallistos，最美的。指生境。此属的学名，ING 和 IK 记载是 "Petrocallis W. T. Aiton，Hort. Kew.，ed. 2［W. T. Aiton］4：93. 1812"。"Petrocallis R. Br.（1817）= Petrocallis W. T. Aiton（1812）" 是晚出的非法名称。"Zizzia A. W. Roth，Manuale Bot. 2：896. 1830（non Zizia W. D. J. Koch 1824）" 是 "Petrocallis W. T. Aiton（1812）" 的晚出的同模式异名（Homotypic synonym，Nomenclatural synonym）。【分布】欧洲南部山区，伊朗。【模式】Petrocallis pyrenaica（Linnaeus）W. T. Aiton［Draba pyrenaica Linnaeus］。【参考异名】Petrocallis R. Br.（1817）Nom. illegit.；Zizzia Roth（1830）Nom. illegit.■☆

39207　Petrocarvi Tausch（1834）Nom. illegit. ≡ Athamanta L.（1753）；~ = Killinga Adans.（1763）Nom. illegit.（废弃属名）［伞形花科（伞形科）Apiaceae（Umbelliferae）］■☆

39208　Petrocarya Schreb.（1789）Nom. illegit. ≡ Parinari Aubl.（1775）［蔷薇科 Rosaceae//金壳果科 Chrysobalanaceae］●☆

39209　Petrocodon Hance（1883）【汉】石山苣苔属（石钟花属）。【英】Petrocodon。【隶属】苦苣苔科 Gesneriaceae。【包含】世界 1 种，中国 1 种。【学名诠释与讨论】〈阳〉（希）petros，石+kodon，指小式 kodonion，钟，铃。指本属植物生于岩上。【分布】中国。【模式】Petrocodon dealbatus Hance。■★

39210　Petrocoma Rupr.（1869）= Silene L.（1753）（保留属名）［石竹科 Caryophyllaceae］■

39211　Petrocoptis A. Braun ex Endl.（1842）【汉】岩黄连属（岩剪秋箩属）。【英】Rocky Lychnis。【隶属】石竹科 Caryophyllaceae。【包含】世界 5-8 种。【学名诠释与讨论】〈阴〉（希）petros，岩石+copto，打，刺，切割。指生境。此属的学名，ING 和 IK 记载是 "Petrocoptis A. Braun ex Endl.，Gen. Pl.［Endlicher］Suppl. 2：78，No. 5249/1. 1842［Mar-Jun 1842］"。"Petrocoptis A. Braun，Flora 26：370. 1843 = Petrocoptis A. Braun ex Endl.（1842）" 是晚出的非法名称。【分布】比利牛斯山。【模式】Petrocoptis pyrenaica（Bergeret）Walpers［Lychnis pyrenaica Bergeret］。【参考异名】Petrocoptis A. Braun（1843）Nom. illegit.；Silenopsis Willk.（1847）■☆

39212　Petrocoptis A. Braun（1843）Nom. illegit. = Petrocoptis A. Braun ex Endl.（1842）［石竹科 Caryophyllaceae］■☆

39213　Petrocosmea Oliv.（1887）【汉】石蝴蝶属。【英】Petrocosmea，Stonebutterfly。【隶属】苦苣苔科 Gesneriaceae。【包含】世界 27 种，中国 24 种。【学名诠释与讨论】〈阴〉（希）petros，岩石+kosmos，装饰。指本属植物生于岩石上。【分布】中国。【模式】Petrocosmea sinensis D. Oliver。【参考异名】Vaniotia H. Lév.（1903）■

39214　Petrodavisia Holub（1975）= Centaurea L.（1753）（保留属名）；~ = Ptosimopappus Boiss.（1845）［菊科 Asteraceae（Compositae）//矢车菊科 Centaureaceae］●■

39215　Petrodora Fourr.（1869）= Veronica L.（1753）［玄参科 Scrophulariaceae//婆婆纳科 Veronicaceae］■

39216　Petrodoxa J. Anthony（1934）= Beccarinda Kuntze（1891）［苦苣苔科 Gesneriaceae］■

39217　Petroedmondia Tamamsch.（1987）【汉】爱石芹属。【隶属】伞形花科（伞形科）Apiaceae（Umbelliferae）。【包含】世界 1 种。【学名诠释与讨论】〈阴〉（希）petros，岩石+（人）Boissier Pierre Edmond，1810-1885，植物学者。【分布】土耳其，叙利亚，伊拉克，伊朗（西部），以色列，约旦。【模式】Petroedmondia syriaca（Boissier）S. G. Tamamschjan［Colladonia syriaca Boissier］。【参考异名】Pierredmondia Tamamsch.■☆

39218　Petrogenia I. M. Johnst.（1941）【汉】石旋花属。【隶属】旋花科 Convolvulaceae。【包含】世界 1 种。【学名诠释与讨论】〈阴〉（希）petros，岩石+genos，种族。gennao，产生。此属的学名是 "Petrogenia I. M. Johnston，J. Arnold Arbor. 22：116. 15 Jan 1941"。亦有文献把其处理为 "Bonamia Thouars（1804）（保留属名）" 的异名。【分布】墨西哥。【模式】Petrogenia repens I. M. Johnston。【参考异名】Bonamia Thouars（1804）（保留属名）●☆

39219　Petrogeton Eckl. et Zeyh.（1837）= Crassula L.（1753）［景天科 Crassulaceae］●■☆

39220　Petrollinia Chiov.（1911）= Inula L.（1753）［菊科 Asteraceae（Compositae）//旋覆花科 Inulaceae］●■

39221　Petromarula Belli ex Nieuwl. et Lunnell（1917）= Lobelia L.（1753）［桔梗科 Campanulaceae//山梗菜科（半边莲科）Nelumbonaceae］●■

39222　Petromarula Nieuwl. et Lunell（1917）Nom. illegit. ≡ Petromarula Belli ex Nieuwl. et Lunnell（1917）；~ = Lobelia L.（1753）［桔梗科 Campanulaceae//山梗菜科（半边莲科）Nelumbonaceae］●■

39223　Petromarula Vent. ex R. Hedw.（1806）【汉】石苦草属。【隶属】桔梗科 Campanulaceae。【包含】世界 1 种。【学名诠释与讨论】〈阴〉（希）petros，岩石+maron，一种苦味的草本植物+-ulus，-ula，-ulum，指示小的词尾。此属的学名，ING 和 IK 记载是 "Petromarula Vent. ex R. Hedw.，Gen. Pl.［R. Hedwig］139. 1806［Jul 1806］"。"Petromarula Belli ex Nieuwl. et Lunnell，American Midland Naturalist 5：13. 1917 = Lobelia L.（1753）［桔梗科

Campanulaceae//山梗菜科（半边莲科）Nelumbonaceae]"是晚出的非法名称。"Petromarula Nieuwl. et Lunell（1917）≡Petromarula Belli ex Nieuwl. et Lunnell（1917）"的命名人引证有误。【分布】希腊（克里特岛）。【模式】未指定。■☆

39224 Petromecon Greene（1905）= Eschscholzia Cham.（1820）［罂粟科 Papaveraceae//花菱草科 Eschscholtziaceae］■

39225 Petronia Barb. Rodr.（1877）Nom. illegit. = Batemannia Lindl.（1834）［兰科 Orchidaceae］■☆

39226 Petronia Jungh.（1845）Nom. illegit. = Pteronia L.（1763）（保留属名）［菊科 Asteraceae（Compositae）］●☆

39227 Petronymphe H. E. Moore（1951）【汉】石葱属。【隶属】葱科 Alliaceae。【包含】世界1种。【学名诠释与讨论】〈阴〉（希）petros，岩石+Nympha，司山林水泽之神。Nymphaea 睡莲属即取义于此。【分布】墨西哥。【模式】Petronymphe decora H. E. Moore。■☆

39228 Petrophile Knight（1809）Nom. illegit. ≡ Petrophile R. Br. ex Knight（1809）［山龙眼科 Proteaceae］●☆

39229 Petrophile R. Br.（1810）Nom. illegit. ≡ Petrophile R. Br. ex Knight（1809）［山龙眼科 Proteaceae］●☆

39230 Petrophile R. Br. ex Knight（1809）【汉】石龙眼属（彼得费拉属）。【英】Combbush，Cone Sticks。【隶属】山龙眼科 Proteaceae。【包含】世界35-55种。【学名诠释与讨论】〈阴〉（希）petros，岩石+philos，喜欢的，爱的。此属的学名，ING、APNI、TROPICOS 和 IK 记载是"Petrophile R. Br. ex Knight，Cult. Prot. 92（-93）. 1809［Dec 1809］"。"Petrophila R. Br.，Trans. Linn. Soc. London 10（1）:67. 1810 ≡ Petrophile R. Br. ex Knight（1809）"是晚出的非法名称。"Petrophile Knight（1809）≡ Petrophile R. Br. ex Knight（1809）"的命名人引证有误。【分布】澳大利亚。【模式】Petrophile fucifolia J. Knight，Nom. illegit.［Protea fucifolia R. A. Salisbury，Nom. illegit.；Protea pulchella H. A. Schrader；Petrophile pulchella（H. A. Schrader）R. Brown］。【参考异名】Arthrostygma Steud.（1840）；Atylus Salisb.（1807）（废弃属名）；Petrophile Knight（1809）Nom. illegit.；Petrophile R. Br.（1810）Nom. illegit. ●☆

39231 Petrophyes Webb et Berthel.（1841）Nom. illegit. ≡ Monanthes Haw.（1821）［粟米草科 Molluginaceae］■☆

39232 Petrophyton Rydb.（1900）Nom. illegit. ≡ Petrophytum（Nutt.）Rydb.（1900）［蔷薇科 Rosaceae］●☆

39233 Petrophytum（Nutt.）Rydb.（1900）【汉】岩绣线菊属。【俄】Петрофитум。【英】Rock Mat，Rock-mat。【隶属】蔷薇科 Rosaceae。【包含】世界3-5种。【学名诠释与讨论】〈中〉（希）petros，石+phyton，植物，树木，枝条。此属的学名，ING 记载是"Petrophytum Rydberg，Mem. New York Bot. Gard. 1:206. 1900. 'Petrophyton'）"；IK 和 GCI 则记载为"Petrophytum（Nutt.）Rydb.，Mem. New York Bot. Gard. 1:206. 1900［15 Feb 1900］（as 'Petrophyton'）"，是由"Spiraea sect. Petrophytum Nuttall in Torrey et A. Gray，Fl. N. Amer. 1:418. Jun 1840"改级而来；TROPICOS 则记载为"Petrophytum（Nutt. ex Torr. et A. Gray）Rydb.，Memoirs of The New York Botanical Garden 1:206-207. 1900.（Mem. New York Bot. Gard.）"，由"Spiraea［unranked］Petrophytum Nutt. ex Torr. et A. Gray，A Flora of North America；containing...1（3）:［417-］418. 1840.（Fl. N. Amer.）"改级而来；四者引用的文献相同。"Petrophytum Rydb.（1900）≡ Petrophytum（Nutt.）Rydb.（1900）"和"Petrophytum（Torr. et A. Gray）Rydb.（1900）≡ Petrophytum（Nutt.）Rydb.（1900）"的命名人引证均有误。"Petrophyton Rydb.（1900）"则是"Petrophyton Rydb.（1900）"的拼写变体。化石植物（藻类）的"Petrophyton Yabe，Rept. Tohoku Univ. Sci. ser. 2（Geol.）1:6. t. 2，f. 1-8. 1912（non Rydberg 1900）"

是晚出的非法名称。【分布】北美洲。【模式】Petrophytum caespitosum（Nuttall）Rydberg［Spiraea caespitosa Nuttall］。【参考异名】Petrophyton Rydb.（1900）Nom. illegit.；Petrophytum（Nutt. ex Torr. et A. Gray）Rydb.（1900）Nom. illegit.；Petrophytum（Torr. et A. Gray）Rydb.（1900）Nom. illegit.；Petrophytum Rydb.（1900）Nom. illegit.；Spiraea［unranked］Petrophytum Nutt. ex Torr. et A. Gray（1840）；Spiraea sect. Petrophytum Nutt.（1840）●☆

39234 Petrophytum（Nutt. ex Torr. et A. Gray）Rydb.（1900）Nom. illegit. ≡ Petrophytum（Nutt.）Rydb.（1900）［蔷薇科 Rosaceae］●☆

39235 Petrophytum（Torr. et A. Gray）Rydb.（1900）Nom. illegit. ≡ Petrophytum（Nutt.）Rydb.（1900）［蔷薇科 Rosaceae］●☆

39236 Petrophytum Rydb.（1900）Nom. illegit. ≡ Petrophytum（Nutt.）Rydb.（1900）［蔷薇科 Rosaceae］●☆

39237 Petroravenia Al-Shehbaz（1994）【汉】石拉芥属。【隶属】十字花科 Brassicaceae（Cruciferae）。【包含】世界1种。【学名诠释与讨论】〈阴〉（希）petros，岩石+（人）J. F. R. Ravin，1656-1708，他是 Tournefort 的学生。【分布】阿根廷，玻利维亚。【模式】Petroravenia eseptata I. A. Al-Shehbaz。■☆

39238 Petrorchis D. L. Jones et M. A. Clem.（2002）【汉】双角石兰属。【隶属】兰科 Orchidaceae。【包含】世界1种。【学名诠释与讨论】〈阴〉（希）petros，岩石+orchis，原义是睾丸，后变为植物兰的名称，因为根的形态而得名。变为拉丁文 orchis，所有格 orchidis。此属的学名是"Australian Orchid Research 4:78. 2002"。亦有文献把其处理为"Pterostylis R. Br.（1810）（保留属名）"的异名。【分布】澳大利亚。【模式】Petrorchis bicornis（D. L. Jones et M. A. Clem.）D. L. Jones et M. A. Clem.。【参考异名】Pterostylis R. Br.（1810）（保留属名）■☆

39239 Petrorhagia（Ser.）Link（1831）【汉】膜萼花属（裙花属，洋石竹属）。【日】ハリナデシコ属。【俄】Петорорагия，Туника。【英】Coat Flower，Filmcalyx，Pink，Tunic Flower，Tunicflower，Tunic-flower。【隶属】石竹科 Caryophyllaceae。【包含】世界20-28种，中国2种。【学名诠释与讨论】〈阴〉（希）petros，岩石+rhagas 裂缝。指植物生于石缝中。此属的学名，ING、TROPICOS 和 IK 记载是"Petrorhagia（Seringe）Link，Handb. 2:235. ante Sep 1831"，由"Gypsophila sect. Petrorhagia Ser.，Prodromus Systematis Naturalis Regni Vegetabilis 1:354. 1824［1824］"改级而来。"Imperatia Moench，Meth. 60. 4 Mai 1794（non Imperata Cyrillo 1792）"是"Petrorhagia（Ser.）Link（1831）"的同模式异名（Homotypic synonym，Nomenclatural synonym）。"Petrorhagia Link，Handbuch［Link］ii. 235（1831）≡ Petrorhagia（Ser.）Link（1831）"的命名人引证有误。【分布】巴基斯坦，巴勒斯坦，美国，中国，地中海地区。【后选模式】Petrorhagia saxifraga（Linnaeus）Link［Dianthus saxifragus Linnaeus］。【参考异名】Dianthella Clauson ex Pomel（1860）；Fiedleria Rchb.（1844）；Gypsophila sect. Petrorhagia Ser.（1824）Imperatia Moench（1794）Nom. illegit.；Kohlrauschia Kunth（1838）；Kolrauschia Jord.（1868）；Petrorhagia（Ser. ex DC.）Link（1831）Nom. illegit.；Petrorhagia Link（1831）Nom. illegit.；Tunica（Hallier）Scop.（1772）Nom. illegit.；Tunica Haller（1742）Nom. inval.；Tunica Ludw.（1757）Nom. illegit.；Tunica Mert. et W. D. J. Koch，Nom. illegit. ■

39240 Petrorhagia Link（1831）Nom. illegit. ≡ Petrorhagia（Ser.）Link（1831）［石竹科 Caryophyllaceae］■

39241 Petrosavia Becc.（1871）【汉】无叶莲属（樱井草属）。【日】サクライソウ属，サクラヰサウ属。【英】Leaflesslotus，Petrosavia。【隶属】百合科 Liliaceae//纳茜菜科（肺筋草科）Nartheciaceae//无叶莲科（樱井草科）Petrosaviaceae。【包含】世界3-7种，中国2种。【学名诠释与讨论】〈阴〉（人）Pietro Savi，1811-1871，意大

利植物学教授,本属植物的采集者。【分布】马来西亚(西部),中国,东亚。【模式】Petrosavia stellaris Beccari。【参考异名】Miyoshia Makino(1903);Protolirion Ridl.(1895)■

39242　Petrosaviaceae Hutch.(1934)(保留科名)[亦见 Melanthiaceae Batsch ex Borkh.(保留科名)黑药花科(藜芦科)]【汉】无叶莲科(樱井草科)。【包含】世界 1-5 属 3-40 种,中国 2 属 5 种。【分布】东亚,马来西亚(西部)。【科名模式】Petrosavia Becc.■

39243　Petrosciadium Edgew.(1846)= Eriocycla Lindl.(1835);~= Pimpinella L.(1753)[伞形花科(伞形科)Apiaceae(Umbelliferae)]■

39244　Petrosedum Grulich(1984)= Sedum L.(1753)[景天科 Crassulaceae]●■

39245　Petroselinum Hill(1756)【汉】欧芹属。【日】オランダゼリ属,ペトロセリ-ヌム属。【俄】Петрушка。【英】Parsley。【隶属】伞形花科(伞形科)Apiaceae(Umbelliferae)。【包含】世界 2-3 种,中国 1 种。【学名诠释与讨论】〈中〉(希)petros,石+selinon,芹。此属的学名,ING、TROPICOS、APNI、GCI 和 IK 记载是"Petroselinum Hill, Brit. Herb.(Hill)424. 1756"。"Anisactis Dulac, Fl. Hautes - Pyrénées 347. 1867"是"Petroselinum Hill(1756)"的晚出的同模式异名(Homotypic synonym, Nomenclatural synonym)。"Petroselinum Hoffm., Gen. Pl. Umbell. 1:78(-79, 163-164). 1814[伞形花科(伞形科)Apiaceae(Umbelliferae)]"是晚出的非法名称。【分布】巴基斯坦,秘鲁,玻利维亚,地中海地区,厄瓜多尔,哥伦比亚(安蒂奥基亚),中国,欧洲,中美洲。【模式】Petroselinum crispum(P. Miller)A. W. Hill[Apium crispum P. Miller]。【参考异名】Anisactis Dulac(1867)Nom. illegit.■

39246　Petroselinum Hoffm.(1814)Nom. illegit.[伞形花科(伞形科)Apiaceae(Umbelliferae)]■☆

39247　Petrosilene Fourr.(1868)= Silene L.(1753)(保留属名)[石竹科 Caryophyllaceae]■

39248　Petrosimonia Bunge(1862)【汉】叉毛蓬属。【俄】Петросимония。【英】Petrosimonia。【隶属】藜科 Chenopodiaceae。【包含】世界 11-15 种,中国 4-5 种。【学名诠释与讨论】〈阴〉(希)petros,岩石+(人)Simon Louis,法国人。【分布】中国,希腊至亚洲中部。【后选模式】Petrosimonia monandra(Pallas)Bunge[Polycnemum monandrum Pallas]。■

39249　Petrostylis Pritz.(1855)= Pterostylis R. Br.(1810)(保留属名)[兰科 Orchidaceae]■☆

39250　Petrotheca Steud.(1841)= Tetratheca Sm.(1793)[孔药木科(独勃门多拉科,假石南科,孔药花科)Tremandraceae]●☆

39251　Petrusia Baill.(1881)(废弃属名)= Tetraena Maxim.(1889);~= Zygophyllum L.(1753)[蒺藜科 Zygophyllaceae]●■

39252　Pettera Rchb.(1841)(废弃属名)= Arenaria L.(1753)[石竹科 Caryophyllaceae]■

39253　Petteria C. Presl(1845)(保留属名)【汉】巴尔干豆属。【英】Dalmatian Laburnum。【隶属】豆科 Fabaceae(Leguminosae)//蝶形花科 Papilionaceae。【包含】世界 1 种。【学名诠释与讨论】〈阴〉(人)Franz Petter,1798-1853,奥地利植物学者。此属的学名"Petteria C. Presl in Abh. Königl. Böhm. Ges. Wiss., ser. 5, 3:569. Jul-Dec 1845"是保留属名。相应的废弃属名是石竹科 Caryophyllaceae 的"Pettera Rchb., Icon. Fl. Germ. Helv. 5:33. Mar 1841-Aug 1842 = Arenaria L.(1753)"。【分布】巴尔干半岛。【模式】Petteria ramentacea(Sieber)K. B. Presl[Cytisus ramentaceus Sieber]。●☆

39254　Pettospermum Roxb.(1814)= Pittosporum Banks ex Gaertn.(1788)(保留属名)[海桐花科(海桐科)Pittosporaceae]●

39255　Petunga DC.(1830)= Hypobathrum Blume(1827)[茜草科 Rubiaceae]●☆

39256　Petunia Juss.(1803)(保留属名)【汉】碧冬茄属(矮牵牛属)。【日】ツクバネアサガオ属,ツクバネアサガホ属,ペチュニア属。【俄】Петуния,Петунья。【英】Petunia。【隶属】茄科 Solanaceae。【包含】世界 3-35 种,中国 1 种。【学名诠释与讨论】〈阴〉(法)petun,烟草的美洲法语俗名。此属的学名"Petunia Juss. in Ann. Mus. Natl. Hist. Nat. 2:215. 1803"是保留属名。法规未列出相应的废弃属名。【分布】巴基斯坦,巴拉圭,巴拿马,玻利维亚,厄瓜多尔,哥伦比亚(安蒂奥基亚),美国(密苏里),中国,中美洲。【模式】Petunia nyctaginiflora A. L. Jussieu。【参考异名】Brachyanthes Chem. ex Dunal(1852);Calibrachoa Cerv.(1825)Nom. illegit.;Calibrachoa Cerv. ex La Llave et Lex.(1825)Nom. illegit.;Calibrachoa La Llave et Lex.(1825)Nom. illegit.;Leptophragma Benth. ex Dunal(1852);Pittunia Miers(1826);Stimoryne Raf.(1837);Waddingtonia Phil.(1860)■

39257　Peuce Rich.(1810)= Picea A. Dietr.(1824)+ Abies Mill.(1754)+Cedrus Trew+Larix Mill.[松科 Pinaceae]●

39258　Peucedanon Raf.= Peucedanum L.(1753)[伞形花科(伞形科)Apiaceae(Umbelliferae)]■

39259　Peucedanon St. -Lag.(1880)= Peucedanum L.(1753)[伞形花科(伞形科)Apiaceae(Umbelliferae)]■

39260　Peucedanum L.(1753)【汉】前胡属(石防风属)。【日】カワラボウフウ属,ノダケ属,ペウケダ-ヌム属。【俄】Горечник,Горичник。【英】Hog's Fennel, Hog's-fennel, Hogfennel。【隶属】伞形花科(伞形科)Apiaceae(Umbelliferae)。【包含】世界 100-200 种,中国 40-47 种。【学名诠释与讨论】〈中〉(希)peukedanon,前胡。来自 peuke,冷杉+danos,烘干的,烧了的,低的。作实物名词时,义为礼物,火把。此属的学名,ING、TROPICOS 和 IK 记载是"Peucedanum L., Sp. Pl. 1:245. 1753[1 May 1753]"。"Peucedanon St. - Lag., Ann. Soc. Bot. Lyon vii.(1880)131"和"Peucedanon Raf."似为其变体。【分布】巴基斯坦,马达加斯加,中国,热带和非洲南部,温带欧亚大陆,中美洲。【后选模式】Peucedanum officinale Linnaeus。【参考异名】Alvardia Fenzl(1844);Analyrium E. Mey.(1843);Analyrium E. Mey. ex Presl(1845)Nom. illegit.;Apseudes Raf.(1840)Nom. illegit.;Calestania Koso - Pol.(1915)Nom. illegit.;Caroselinum Griseb.(1843);Cerraria Tausch(1834);Cervaria Wolf(1781);Chabrea Raf.(1840);Charpin et Pimenov(1997);Cogsvellia Raf.;Cogswellia Roem. et Schult.(1820)Nom. illegit.;Cogswellia Schult.(1820)Nom. illegit.;Cogswellia Spreng.(1820)Nom. illegit.;Cynorhiza Eckl. et Zeyh.(1837);Cynorrhiza Eckl. et Zeyh.(1837);Dardanis Raf.(1840);Diplotaenia Boiss.(1844);Dregea Eckl. et Zeyh.(1837)(废弃属名);Elaeochytris Fenzl(1843);Galimbia Endl.(1841);Holandrea Reduron;Ifdregea Steud.(1840)Nom. illegit.;Imperatoria L.(1753);Kitagawia Pimenov(1986);Lomatium Raf.(1819);Macroselinum Schur(1853);Neurophyllum Torr. et A. Gray(1840);Opodia Wittst.;Opoidea Lindl.(1839);Opoidia Lindl.(1839);Oreoselinum Adans.(1763)Nom. illegit.;Oreoselinum Mill.(1754);Ormosolenia Tausch(1834);Ostruthium Link(1829)Nom. illegit.;Peucedanon Raf.;Peucedanon St. -Lag.(1880);Peudanum Dingl.(1883);Pleurotaenia Hohen. ex Benth. et Hook. f.(1867);Pteroselinum(Rchb.)Rchb.(1832);Pteroselinum Rchb.(1832)Nom. illegit.;Pucedanum Hill(1768);Schlosseria Vuk.(1857)Nom. illegit.;Sciothamnus Endl.(1839)Nom. illegit.;Selinum L.(1753)(废弃属名);Sivadasania N. Mohanan et Pimenov(2007);Taeniopetalum Vis.(1850);Tana B. - E. van Wyk(1999);Thommasinia Steud.(1841);Thyselium Raf.

（1840）；Thysselinum Hoffm.；Xanthoselinum Schur（1866）■

39261　Peuceluma Baill.（1890）= Lucuma Molina（1782）；~ = Pouteria Aubl.（1775）［山榄科 Sapotaceae］●

39262　Peucephyllum A. Gray（1859）【汉】枞叶菊属（矮松菊属）。【隶属】菊科 Asteraceae（Compositae）。【包含】世界1种。【学名诠释与讨论】〈中〉（希）peuke, 冷杉（枞）+ 希腊文 phyllon, 叶子。phyllodes, 似叶的，多叶的。phylleion, 绿色材料，绿草。【分布】美国（西南部）。【模式】Peucephyllum schottii A. Gray。【参考异名】Inyonia M. E. Jones（1898）●☆

39263　Peudanum Dingl.（1883）= Peucedanum L.（1753）［伞形花科（伞形科）Apiaceae（Umbelliferae）］■

39264　Peumus Molina（1782）（保留属名）【汉】波多茶属（波耳多树属，博路多树属，杯轴花科，比乌木属）。【日】ペウームス属。【隶属】香材树科（杯轴花科，黑檫木科，芒籽科，蒙立米科，檬立木科，香材木科，香树木科）Monimiaceae。【包含】世界1种。【学名诠释与讨论】〈阳〉（智利）植物俗名。在智利 Araucan 地区用作茶或传统药物。此属的学名"Peumus Molina, Sag. Stor. Nat. Chili：185, 350. 12-13 Oct 1782"是保留属名。相应的废弃属名是香材树科 Monimiaceae 的"Boldu Adans., Fam. Pl. 2：446, 526. Jul-Aug 1763 = Peumus Molina（1782）（保留属名）"。"Boldea A. L. Jussieu, Ann. Mus. Natl. Hist. Nat. 14：134. 1809（废弃属名）"、"Boldus J. A. Schultes et J. H. Schultes in J. J. Roemer et J. A. Schultes, Syst. Veg. 7（1）：x, 57. 1829"和"Ruizia Pavón in Ruiz et Pavón, Prodr. 135. Oct（prim.）1794（non Cavanilles 1786）"是"Peumus Molina（1782）（保留属名）"的晚出的同模式异名（Homotypic synonym, Nomenclatural synonym）。IK 记载的"Boldu Feuill. ex Adans., Fam. Pl.（Adanson）2：446. 1763 ≡ Boldu Adans.（1763）（废弃属名）"的命名人引证有误，应该废弃。樟科 Lauraceae 的"Boldu Nees, Hufeland. Ill. 11. 1833 = Beilschmiedia Nees（1831）"亦应废弃。《显花植物与蕨类植物词典》记载："Peumus Molina = Boldu Adans.（Monlmiac.）+ Cryptoearya R. Br.（Laumc.）"。【分布】智利。【模式】Peumus boldus Molina。【参考异名】Boldea Juss.（1809）Nom. illegit.；Boldu Adans.（1763）（废弃属名）；Boldu Feuill. ex Adans.（1763）Nom. illegit.（废弃属名）；Boldus Kuntze（1891）Nom. illegit.；Boldus Schult. et Schult. f.（1829）Nom. illegit.；Boldus Schult. f.（1829）；Ruizia Pav.（1794）Nom. illegit.；Ruizia Ruiz et Pav.（1794）Nom. illegit. ●☆

39265　Peurousea Steud.（1840）= Peyrousea DC.（1838）（保留属名）［菊科 Asteraceae（Compositae）］●☆

39266　Peutalis Raf.（1837）Nom. illegit. ≡ Persicaria（L.）Mill.（1754）；~ = Polygonum L.（1753）（保留属名）［蓼科 Polygonaceae］■●

39267　Peuteron Raf. = Capparis L.（1753）；~ = Pleuteron Raf.（1838）Nom. illegit.；~ = Breynia L.（1753）（废弃属名）；~ ≡ Linnaeobreynia Hutch.（1967）［山柑科（白花菜科，醉蝶花科）Capparaceae］●

39268　Pevalekia Trinajstić（1980）【汉】达尔马盾菜属。【隶属】十字花科 Brassicaceae（Cruciferae）。【包含】世界2种。【学名诠释与讨论】〈阴〉（人）Ivo Pevalek, 1893-1967, 藻类和种子植物学者。【分布】达尔马。【模式】Pevalekia lunarioides（Willd.）Trinajstić［Alyssum lunarioides Willd.；Acuston lunarioides（Willd.）Raf.；Farsetia lunarioides（Willd.）W. T. Aiton；Fibigia lunarioides（Willd.）Sm.］。☆

39269　Pevraea Comm. ex Juss.（1789）= Combretum Loefl.（1758）（保留属名）；~ = Poivrea Comm. ex Thouars（1806）Nom. inval.［使君子科 Combretaceae］●

39270　Peyotl F. Hern.（1790）Nom. inval.［仙人掌科 Cactaceae］☆

39271　Peyritschia E. Fourn.（1886）Nom. illegit. = Trisetum Pers.（1805）［禾本科 Poaceae（Gramineae）］■

39272　Peyritschia E. Fourn. ex Benth. et Hook. f.（1883）Nom. inval. = Deschampsia P. Beauv.（1812）［禾本科 Poaceae（Gramineae）］■

39273　Peyrousea DC.（1836）（废弃属名）≡ Lapeirousia Thunb.（1801）Nom. illegit.；~ = Peyrousea DC.（1838）（保留属名）［菊科 Asteraceae（Compositae）］●☆

39274　Peyrousea DC.（1838）（保留属名）【汉】佩罗菊属。【隶属】菊科 Asteraceae（Compositae）。【包含】世界4种。【学名诠释与讨论】〈阴〉（人）Jean Francois de Galaup de la Perouse, 1741-1788, 法国博物学者。此属的学名"Peyrousea DC., Prodr. 6：76. Jan（prim.）1838"是保留属名。相应的废弃属名是鸢尾科 Iridaceae 的"Peyrousia Poir. in Cuvier, Dict. Sci. Nat. 39：363. Apr 1826 ≡ Lapeyrousia Pourr.（1818）"。菊科 Asteraceae 的"Peyrousea A. P. de Candolle in Lindley, Nat. Syst. ed. 2. 260. Jul（?）1836"是"Lapeirousia Thunb.（1801）Nom. illegit. = Peyrousea DC.（1838）（保留属名）"的替代名称；也须废弃。亦有文献把"Peyrousea DC.（1838）（保留属名）"处理为"Osmites L.（1764）（废弃属名）"或"Schistostephium Less.（1832）"的异名。【分布】非洲南部。【模式】Peyrousea oxylepis A. P. de Candolle, Nom. illegit.［Cotula umbellata Linnaeus f.；Peyrousea umbellata（Linnaeus f.）H. G. Fourcade］。【参考异名】Lapeirousia Thunb.（1801）Nom. illegit.；Lapeyrousia Spreng.（1818）；Lapeyrousia Thunb.（1823）Nom. illegit.；Osmites L.（1764）（废弃属名）；Osmitiphyllum Sch. Bip.（1844）；Peurousea Steud.（1840）；Peyrousea DC.（1836）（废弃属名）；Schistostephium Less.（1832）●☆

39275　Peyrousea Poir.（1826）Nom. illegit.（废弃属名）≡ Lapeyrousia Pourr.（1818）Nom. illegit.；~ = Lapeirousia Pourr.（1788）［鸢尾科 Iridaceae］■☆

39276　Peyrusa Rich. ex Dunal（1839）= Hornemannia Vahl（1810）Nom. illegit.；~ = Symphysia C. Presl（1827）［杜鹃花科（欧石南科）Ericaceae］●☆

39277　Peyssonelia Boiv. ex Webb et Berthel.（1836-1850）= Cytisus Desf.（1798）（保留属名）［豆科 Fabaceae（Leguminosae）//蝶形花科 Papilionaceae］●

39278　Pezisicarpus Vernet（1904）【汉】秃果夹竹桃属。【隶属】夹竹桃科 Apocynaceae。【包含】世界1种。【学名诠释与讨论】〈阳〉（希）pezis, 盘菌，无柄的蕈 + karpos, 果实。【分布】中南半岛。【模式】Pezisicarpus montana Vernet。●☆

39279　Pfaffia Mart.（1825）【汉】无柱苋属（巴西人参属，巴西苋属，普法苋属）。【隶属】苋科 Amaranthaceae。【包含】世界33-53种。【学名诠释与讨论】〈阴〉（人）Pfaff, 植物学者。【分布】巴拉圭，巴拿马，秘鲁，玻利维亚，厄瓜多尔，哥伦比亚（安蒂奥基亚），尼加拉瓜，中美洲。【后选模式】Pfaffia glabrata C. F. P. Martius。【参考异名】Hebanthe Mart.（1826）；Sertuernera Mart.（1826）；Serturnera Mart.；Trommsdorffia Mart.（1826）Nom. illegit. ■☆

39280　Pfeiffera Salm-Dyck（1845）【汉】普氏仙人掌属。【隶属】仙人掌科 Cactaceae。【包含】世界2种。【学名诠释与讨论】〈阴〉（人）Louis（Ludwig, Ludovicus）Karl（Carl）Georg Pfeiffer, 1805-1877, 德国植物学者，医生。此属的学名是"Pfeiffera Salm-Dyck, Cact. Hort. Dyck. 1844：40. Feb 1845"。亦有文献把其处理为"Lepismium Pfeiff.（1835）"的异名。【分布】阿根廷，玻利维亚。【模式】Pfeiffera cereiformis Salm-Dyck, Nom. illegit.［Cereus ianthothelus Monville；Pfeiffera ianthothele（Monville）Weber］。【参考异名】Lepismium Pfeiff.（1835）●☆

39281　Pfeifferago Kuntze（1891）Nom. illegit. ≡ Codia J. R. Forst. et G. Forst.（1775）［火把树科（常绿棱枝树科，角瓣木科，库诺尼科，

南蔷薇科,轻木科)Cunoniaceae]●☆

39282 Pfeifferia Buchinger(1846)Nom. illegit. ≡ Buchingera F. Schultz (1848);~ =Cuscuta L. (1753)[旋花科 Convolvulaceae//菟丝子科 Cuscutaceae]■

39283 Pfitzeria Senghas(1998)【汉】普菲兰属。【隶属】兰科 Orchidaceae。【包含】世界1种。【学名诠释与讨论】〈阴〉(人) Ernst Hugo Heinrich Pfitzer,1846-1906,德国植物学者。此属的学名是"Pfitzeria Senghas,Journal für den Orchideenfreund 5(1): 20.1998"。亦有文献把其处理为"Comparettia Poepp. et Endl. (1836)"的异名。【分布】秘鲁。【模式】Pfitzeria schaeferi Senghas。【参考异名】Comparettia Poepp. et Endl. (1836)■☆

39284 Pfosseria Speta(1998)【汉】乳突风信子属。【隶属】百合科 Liliaceae//风信子科 Hyacinthaceae//绵枣儿科 Scillaceae。【包含】世界1种。【学名诠释与讨论】〈阴〉词源不详。此属的学名是"Pfosseria Speta,Phyton. Annales Rei Botanicae 38:113.1998"。亦有文献把其处理为"Scilla L. (1753)"的异名。【分布】欧洲,西伯利亚。【模式】Pfosseria bithynica(Boiss.)Speta。【参考异名】Scilla L. (1753)■☆

39285 Pfundia Opiz ex Nevski(1937)= Hericinia Fourr. (1868);~ = Ranunculus L. (1753)[毛茛科 Ranunculaceae]■

39286 Pfundia Opiz(1852)Nom. inval. ≡ Pfundia Opiz ex Nevski (1937);~ = Hericinia Fourr. (1868);~ = Ranunculus L. (1753) [毛茛科 Ranunculaceae]■

39287 Phaca L. (1753)= Astragalus L. (1753)[豆科 Fabaceae (Leguminosae)//蝶形花科 Papilionaceae]●■

39288 Phacelia Juss. (1789)【汉】钟穗花属(伐塞利阿花属,法塞利亚花属,芹叶草属,束花属)。【日】ハゼリソウ属。【俄】Фацелия,Эвтока。【英】Phacelia,Scorpionweed。【隶属】田梗草科(田基麻科,田亚麻科)Hydrophyllaceae。【包含】世界150-200种。【学名诠释与讨论】〈阴〉(希)phacelos =phakellos,一丛,一束。指花序形状。【分布】秘鲁,玻利维亚,美国(密苏里),安第斯山,中美洲。【模式】Phacelia secunda J. F. Gmelin。【参考异名】Aldaea Schltdl.;Aldea Ruiz et Pav. (1794);Cosmanthus Nolte ex A. DC. (1845);Endiplus Raf. (1818);Eutoca R. Br. (1823); Helminthospermum(Torr.)Dutand;Heterym Raf. (1808); Microgenetes A. DC. (1845);Stevogtia Raf. (1838)Nom. illegit.; Whitlavia Harv. (1846)■☆

39289 Phacellanthus Klotzsch ex Kunth =Picramnia Sw. (1788)(保留属名)[美洲苦木科(夷苦木科)Picramniaceae//苦木科 Simaroubaceae]●☆

39290 Phacellanthus Siebold et Zucc. (1846)【汉】黄筒花属。【日】キヨスミウツボ属。【俄】Пучкоцвет,Фаселантус。【英】Phacellanthus。【隶属】列当科 Orobanchaceae//玄参科 Scrophulariaceae。【包含】世界1-2种,中国1种。【学名诠释与讨论】〈阳〉(希)phakelos =phakellos,束、丛+anthos,花。指花密集。此属的学名,ING、TROPICOS 和 IK 记载是"Phacellanthus Siebold et Zucc.,Abh. Math. –Phys. Cl. Königl. Bayer. Akad. Wiss. 4 (3):141.1846"。"Phacellanthus Steud.,Syst. Verz. (Zollinger)61 (1854)≡ Phacellanthus Zoll. et Moritzi(1846)[列当科 Orobanchaceae//玄参科 Scrophulariaceae]"是晚出的非法名称。"Phacellanthus Steud. ex Zoll. et Moritzi(1846)≡ Phacellanthus Zoll. et Moritzi(1846)"的命名人引证有误。"Phacellanthus Klotzsch ex Kunth"是"Picramnia Sw. (1788)(保留属名)[美洲苦木科(夷苦木科)Picramniaceae//苦木科 Simaroubaceae]"的异名。【分布】日本,中国,东西伯利亚。【模式】Phacellanthus tubiflorus Siebold et Zuccarini。【参考异名】Phacellanthus Steud. ex Zoll. et Moritzi;Phakellanthus Steud. (1855);Tienmuia Hu(1939)■

39291 Phacellanthus Steud. (1854)Nom. illegit. ≡ Phacellanthus Zoll. et Moritzi(1846)[列当科 Orobanchaceae//玄参科 Scrophulariaceae]■

39292 Phacellanthus Steud. ex Zoll. et Moritzi(1846)Nom. illegit. ≡ Phacellanthus Siebold et Zucc. (1846)[列当科 Orobanchaceae// 玄参科 Scrophulariaceae]■

39293 Phacellaria Benth. (1880)【汉】重寄生属(法色草属,鳞叶寄生木属)。【英】Parasite,Phacellaria。【隶属】檀香科 Santalaceae。【包含】世界8种,中国6种。【学名诠释与讨论】〈阴〉(希) phakelos,束、丛+-arius,-aria,-arium,指示"属于、相似、具有、联系"的词尾。指小花丛生于枝上。此属的学名,ING 和 IK 记载是"Phacellaria Benth.,Gen. Pl. [Bentham et Hooker f.]3(1): 229.1880[7 Feb 1880]"。禾本科 Poaceae(Gramineae)的 "Phacellaria Willd. ex Steud.,Nomencl. Bot. [Steudel],ed. 2. i. 353,in syn. (1840);ii. 313(1841)= Chloris Sw. (1788)"和 "Phacellaria Steud. (1840)Nom. inval. ≡ Phacellaria Willd. ex Steud. (1840)Nom. illegit. "都是未合格发表的名称(Nom. inval.)。【分布】中国,东南亚。【后选模式】Phacellaria rigidula Bentham。●■

39294 Phacellaria Steud. (1840)Nom. inval. ≡ Phacellaria Willd. ex Steud. (1840)Nom. illegit. ;~ = Chloris Sw. (1788)[禾本科 Poaceae(Gramineae)]●■

39295 Phacellaria Willd. ex Steud. (1840)Nom. inval. = Chloris Sw. (1788)[禾本科 Poaceae(Gramineae)]●■

39296 Phacellothrix F. Muell. (1878)【汉】束毛菊属。【隶属】菊科 Asteraceae(Compositae)。【包含】世界1种。【学名诠释与讨论】〈阴〉(希)phakelos,束、丛+thrix,所有格 trichos,毛,毛发。【分布】澳大利亚。【模式】Phacellothrix cladochaeta(F. v. Mueller)F. v. Mueller[Helichrysum cladochaetum F. v. Mueller]。●☆

39297 Phacelophrynium K. Schum. (1902)【汉】束柊叶属。【隶属】竹芋科(柊叶科,柊叶科)Marantaceae。【包含】世界6-9种。【学名诠释与讨论】〈中〉(希)phakelos +(属)Phrynium 柊叶属(柊叶属)。【分布】马来西亚,印度(尼科巴群岛)。【模式】未指定。■☆

39298 Phacelura Benth. (1881)= Phacelurus Griseb. (1846)[禾本科 Poaceae(Gramineae)]■

39299 Phacelurus Griseb. (1846)【汉】束尾草属。【日】アイアシ属。【英】Phacelurus。【隶属】禾本科 Poaceae(Gramineae)。【包含】世界10种,中国3种。【学名诠释与讨论】〈阳〉(希)phakelos = phakellos,束、丛+-urus,-ura,-uro,用于希腊文组合词,含义为"尾巴"。此属的学名,ING、TROPICOS 和 IK 记载是"Phacelurus Griseb.,Spic. Fl. Rumel. 2(5/6):423.1846[Jan 1846]"。它曾被处理为"Rottboellia subgen. Phacelurus(Griseb.)Hack.,Die Natürlichen Pflanzenfamilien 2(2):25.1887"。【分布】巴基斯坦,中国,热带非洲东部,亚洲。【模式】Phacelurus digitatus(J. E. Smith)Grisebach[Rottboellia digitata J. E. Smith]。【参考异名】 Jardinea Steud. (1850);Jardinia Benth. et Hook. f. (1883)Nom. illegit. ;Phacelura Benth. (1881);Pseudophacelurus A. Camus (1921);Pseudovossia A. Camus(1920);Rottboellia subgen. Phacelurus(Griseb.)Hack. (1887);Thyrsia Stapf(1917)■

39300 Phacocapnos Bernh. (1838)= Corydalis DC. (1805)(保留属名)[罂粟科 Papaveraceae//紫堇科(荷苞牡丹科)Fumariaceae]■

39301 Phacolobus Post et Kuntze(1903)= Anthyllis L. (1753);~ = Fakeloba Raf. (1838)[豆科 Fabaceae(Leguminosae)//蝶形花科 Papilionaceae]☆

39302 Phacomene Rydb. (1929)= Astragalus L. (1753)[豆科 Fabaceae(Leguminosae)//蝶形花科 Papilionaceae]●■

39303 Phacopsis Rydb.（1905）Nom. illegit. = Astragalus L.（1753）；
~ = Phacomene Rydb.（1929）［豆科 Fabaceae（Leguminosae）//蝶
形花科 Papilionaceae］●■

39304 Phacosperma Haw.（1827）= Calandrinia Kunth（1823）（保留属
名）［马齿苋科 Portulacaceae］■☆

39305 Phadrosanthus Neck.（1790）Nom. inval. ≡ Phadrosanthus Neck.
ex Raf.（1838）；~ = Epidendrum L.（1763）（保留属名）；~ =
Oncidium Sw.（1800）（保留属名）［兰科 Orchidaceae］■☆

39306 Phadrosanthus Neck. ex Raf.（1838）= Epidendrum L.（1763）
（保留属名）；~ = Oncidium Sw.（1800）（保留属名）［兰科
Orchidaceae］■☆

39307 Phaeanthus Hook. f. et Thomson（1855）【汉】亮花木属。【英】
Phaeanthus。【隶属】番荔枝科 Annonaceae。【包含】世界 12-20
种,中国 1 种。【学名诠释与讨论】〈阳〉（希）phaidros,光明的,
发光的+anthos,花。此属的学名,ING 和 IK 记载是"Phaeanthus
Hook. f. et Thomson, Fl. Ind.［Hooker f. et Thomson］1：146. 1855
［JUl 1855］"。【分布】印度（南部）,中国,东南亚。【模式】
Phaeanthus nutans J. D. Hooker et T. Thomson。●

39308 Phaeanthus Post et Kuntze（1903）Nom. illegit. = Moraea Mill.
（1758）［as 'Morea'］（保留属名）；~ = Phaianthes Raf.（1838）
［鸢尾科 Iridaceae］■

39309 Phaecasium Cass.（1826）【汉】华美参属。【隶属】菊科
Asteraceae（Compositae）。【包含】世界 2 种。【学名诠释与讨论】
〈中〉（希）phaikos,华美的。此属的学名,ING、TROPICOS 和 IK
记载是"Phaecasium Cass., Dict. Sci. Nat., ed. 2.［F. Cuvier］39：
387. 1826［Apr 1826］"。"Idianthes Desvaux, Fl. Anjou 199. 1827"
和"Sclerophyllum Gaudin, Fl. Helv. 5：47. 1829"是"Phaecasium
Cass.（1826）"的晚出的同模式异名（Homotypic synonym,
Nomenclatural synonym）。亦有文献把"Phaecasium Cass.
（1826）"处理为"Crepis L.（1753）"的异名。【分布】中国,欧洲。
【模式】Phaecasium lampsanoides Cassini, Nom. illegit.［Crepis
pulchra Linnaeus；Phaecasium pulchrum（Linnaeus）H. G. L.
Reichenbach］。【参考异名】Crepis L.（1753）；Cymboseris Boiss.
（1849）；Idianthes Desv.（1827）Nom. illegit.；Sclerophyllum Gaudin
（1829）Nom. illegit. ■

39310 Phaedra Klotzsch ex Endl.（1850）= Adelia L.（1759）（保留属
名）；~ = Bernardia Mill.（1754）（废弃属名）［大戟科
Euphorbiaceae］●■

39311 Phaedra Klotzsch（1850）Nom. illegit. ≡ Phaedra Klotzsch ex
Endl.（1850）；~ = Adelia L.（1759）（保留属名）；~ = Bernardia
Mill.（1754）（废弃属名）［大戟科 Euphorbiaceae］●■

39312 Phaedranassa Herb.（1845）【汉】后葱花属。【日】フェドラナ
ッサ属。【英】Queen Lily。【隶属】石蒜科 Amaryllidaceae。【包
含】世界 8-9 种。【学名诠释与讨论】〈阴〉（希）phaedros,喜悦,
明亮+anassa,女王。指花美丽。【分布】安第斯山。【模式】
Phaedranassa chloracra Herbert, Nom. illegit.［Haemanthus dubius
Humboldt, Bonpland et Kunth；Phaedranassa dubia［Humboldt,
Bonpland et Kunth］Macbride］。【参考异名】Neostricklandia
Rauschert（1982）；Stricklandia Baker（1888）Nom. illegit. ■☆

39313 Phaedranthus Miers（1863）（保留属名）【汉】肖红钟藤属。【隶
属】紫葳科 Bignoniaceae。【包含】世界 5 种。【学名诠释与讨论】
〈阴〉（希）phaedros,喜悦,明亮+ranthos,花。此属的学名
"Phaedranthus Miers in Proc. Hort. Soc. London, ser. 2, 3：182.
1863"是保留属名。相应的废弃属名是紫葳科 Bignoniaceae 的
"Sererea Raf., Sylva Tellur.：107. Oct-Dec 1838 = Phaedranthus
Miers（1863）（保留属名）"。亦有文献把"Phaedranthus Miers
（1863）（保留属名）"处理为"Distictis Mart. ex Meisn.（1840）"的

异名。【分布】墨西哥。【模式】Phaedranthus lindleyanus Miers。
【参考异名】Distictis Mart. ex Meisn.（1840）；Sererea Raf.（1838）
（废弃属名）●☆

39314 Phaedrosanthus Post et Kuntze（1903）= Cattleya Lindl.（1821）；
~ = Epidendrum L.（1763）（保留属名）［兰科 Orchidaceae］■☆

39315 Phaeiris（Spach）M. B. Crespo, Mart. -Azorín et Mavrodiev
（2015）【汉】暗鸢尾属。【隶属】鸢尾科 Iridaceae。【包含】世界
12 种。【学名诠释与讨论】〈阴〉（希）phaios,昏暗的,黑暗的,灰
的+（属）Iris 鸢尾属。此属的学名"Phaeiris（Spach）M. B.
Crespo, Mart. -Azorín et Mavrodiev, Phytotaxa 232（1）：58. 2015［28
Oct 2015］"是由"Iris subgen. Phaeiris Spach Hist. Nat. Vég.
（Spach）13：46. 1846"改级而来。【分布】参见"Iris subgen.
Phaeiris Spach（1846）"。【模式】不详。【参考异名】Iris subgen.
Phaeiris Spach（1846）■☆

39316 Phaelypaea P. Browne（1756）Nom. inval. = Stemodia L.（1759）
（保留属名）［玄参科 Scrophulariaceae//婆婆纳科 Veronicaceae］
■☆

39317 Phaenanthoecium C. E. Hubb.（1936）【汉】显颖草属。【隶属】
禾本科 Poaceae（Gramineae）。【包含】世界 1 种。【学名诠释与
讨论】〈中〉（希）phaino, phaeino, 显示,光辉+anthos,花+theke =
拉丁文 theca,匣子,箱子,室,药室,囊+-ius,-ia,-ium,在拉丁文
和希腊文中,这些词尾表示性质或状态。【分布】热带非洲山区。
【模式】Phaenanthoecium kostlinii（Hochstetter ex A. Richard）
Hubbard［Danthonia kostlini Hochstetter ex A. Richard］。■☆

39318 Phaeneilema G. Brückn.（1926）= Murdannia Royle（1840）（保
留属名）［鸭跖草科 Commelinaceae］■

39319 Phaenicanthus Thwaites（1861）= Premna L.（1771）（保留属名）
［马鞭草科 Verbenaceae//唇形科 Lamiaceae（Labiatae）//牡荆科
Viticaceae］●■

39320 Phaenicaulis Greene = Phoenicaulis Nutt.（1838）［十字花科
Brassicaceae（Cruciferae）］■☆

39321 Phaeniopsis Cass. = Scariola F. W. Schmidt（1795）［菊科
Asteraceae（Compositae）］■●

39322 Phaenix Hill（1768）= Phoenix L.（1753）［棕榈科 Arecaceae
（Palmae）］●

39323 Phaenixopus Cass.（1826）Nom. illegit. ≡ Scariola F. W. Schmidt
（1795）；~ = Lactuca L.（1753）［菊科 Asteraceae（Compositae）//
莴苣科 Lactucaceae］■

39324 Phaenocodon Salisb.（1866）= Lapageria Ruiz et Pav.（1802）
［百合科 Liliaceae//智利花科（垂花科,金钟木科,喜爱花科）
Philesiaceae］●☆

39325 Phaenocoma D. Don（1826）【汉】紫花帚鼠麹属（粉红苞菊属）。
【英】Cape Everlasting。【隶属】粉红苞菊科 Asteraceae
（Compositae）。【包含】世界 1 种。【学名诠释与讨论】〈阴〉
（希）phaino, phaeino, 显示,光辉+kome,毛发,束毛,冠毛,来自拉
丁文 coma。指花被。【分布】非洲南部。【模式】Phaenocoma
prolifera（Linnaeus）D. Don［Xeranthemum proliferum Linnaeus］。
【参考异名】Phoenocoma G. Don（1830）●☆

39326 Phaenohoffmannia Kuntze（1891）Nom. illegit. ≡ Pleiospora
Harv.（1859）；~ = Pearsonia Dümmer（1912）［豆科 Fabaceae
（Leguminosae）］●☆

39327 Phaenomeria Steud.（1841）Nom. illegit. ≡ Phaeomeria Lindl. ex
K. Schum.（1904）Nom. illegit.；~ = Nicolaia Horan.（1862）（保留
属名）［姜科（蘘荷科）Zingiberaceae］■☆

39328 Phaenopoda Cass.（1826）Nom. illegit. ≡ Podosperma Labill.
（1806）（废弃属名）；~ = Podotheca Cass.（1822）（保留属名）［菊
科 Asteraceae（Compositae）］■☆

39329　Phaenopus DC. (1838) = Lactuca L. (1753); ~ = Phaenixopus Cass. (1826) Nom. illegit. ; ~ = Scariola F. W. Schmidt (1795) [菊科 Asteraceae (Compositae) //莴苣科 Lactucaceae] ■●

39330　Phaenopyrum M. Roem. (1847) Nom. illegit. = Crataegus L. (1753) [蔷薇科 Rosaceae] ●

39331　Phaenopyrum Schrad. ex Nees (1842) = Lagenocarpus Nees (1834) [莎草科 Cyperaceae] ■☆

39332　Phaenosperma Munro ex Benth. (1881) 【汉】显籽草属 (褐子草属,显子草属)。【日】タキキビ属。【英】Phaenosperma。【隶属】禾本科 Poaceae (Gramineae)。【包含】世界 1 种,中国 1 种。【学名诠释与讨论】〈中〉(希) phaino, phaeino, 显示,光辉+sperma, 所有格 spermatos, 种子,孢子。指种子具光泽。此属的学名,ING 和 IK 记载是 "Phaenosperma Munro ex Bentham, J. Linn. Soc., Bot. 19: 59. 24 Dec 1881"。"Phaenosperma Munro ex Benth. et Hook. f. (1881) ≡ Phaenosperma Munro ex Benth. (1881)" 的命名人引证有误。【分布】中国。【模式】Phaenosperma globosa Munro。【参考异名】Euthryptochloa Cope (1987); Phaenosperma Munro ex Benth. et Hook. f. (1881) Nom. illegit. ■

39333　Phaenosperma Munro ex Benth. et Hook. f. (1881) Nom. illegit. ≡ Phaenosperma Munro ex Benth. (1881) [禾本科 Poaceae (Gramineae)] ■

39334　Phaenostoma Steud. (1840) Nom. illegit. = Chaenostoma Benth. (1836) (保留属名); ~ = Sutera Roth (1807) [玄参科 Scrophulariaceae] ■●☆

39335　Phaeocarpus Mart. (1824) Nom. illegit. ≡ Phaeocarpus Mart. et Zucc. (1824); ~ = Magonia A. St. - Hil. (1824) [无患子科 Sapindaceae] ●☆

39336　Phaeocarpus Mart. et Zucc. (1824) = Magonia A. St. - Hil. (1824) [无患子科 Sapindaceae] ●☆

39337　Phaeocephalum Ehrh. (1789) Nom. inval. ≡ Phaeocephalum Ehrh. ex House (1920) Nom. illegit. ; ~ ≡ Rhynchospora Vahl (1805) [as 'Rynchospora'] (保留属名); ~ = Schoenus L. (1753) [莎草科 Cyperaceae] ■

39338　Phaeocephalum Ehrh. ex House (1920) Nom. illegit. ≡ Rhynchospora Vahl (1805) [as 'Rynchospora'] (保留属名); ~ = Schoenus L. (1753) [莎草科 Cyperaceae] ■

39339　Phaeocephalum House (1920) Nom. illegit. ≡ Phaeocephalum Ehrh. ex House (1920) Nom. illegit. ; ~ ≡ Rhynchospora Vahl (1805) [as 'Rynchospora'] (保留属名); ~ = Schoenus L. (1753) [莎草科 Cyperaceae] ■☆

39340　Phaeocephalus S. Moore (1900) = Hymenolepis Cass. (1817) [菊科 Asteraceae (Compositae)] ●☆

39341　Phaeocles Salisb. (1866) = Caruelia Parl. (1854); ~ = Ornithogalum L. (1753) [风信子科 Hyacinthaceae //百合科 Liliaceae] ■

39342　Phaeocordylis Griff. (1844) = Rhopalocnemis Jungh. (1841) [蛇菰科 (土鸟黐科) Balanophoraceae] ■

39343　Phaeolorum Ehth. (1789) Nom. inval. = Carex L. (1753) [莎草科 Cyperaceae] ■

39344　Phaeomeria (Ridl.) K. Schum. (1904) Nom. illegit. ≡ Etlingera Roxb. (1792); ~ ≡ Nicolaia Horan. (1862) (保留属名) [姜科 (襄荷科) Zingiberaceae] ■☆

39345　Phaeomeria Lindl. (1836) Nom. inval. = Etlingera Roxb. (1792); ~ = Nicolaia Horan. (1862) (保留属名) [姜科 (襄荷科) Zingiberaceae] ■☆

39346　Phaeomeria Lindl. ex K. Schum. (1904) Nom. illegit. = Etlingera Roxb. (1792); ~ = Nicolaia Horan. (1862) (保留属名) [姜科 (襄荷科) Zingiberaceae] ■

39347　Phaeoneuron Gilg (1897) = Ochthocharis Blume (1831) [野牡丹科 Melastomataceae] ●☆

39348　Phaeonychium O. E. Schulz (1927) 【汉】藏芥属。【英】Phaeonychium, Xizanggrass。【隶属】十字花科 Brassicaceae (Cruciferae)。【包含】世界 7 种,中国 6 种。【学名诠释与讨论】〈中〉(希) phaios, 昏暗的+onyx, 所有格 onychos, 指甲,爪+-ius, -ia, -ium, 在拉丁文和希腊文中,这些词尾表示性质或状态。【分布】巴基斯坦,中国,喜马拉雅山,亚洲中部。【模式】Phaeonychium parryoides (Kurzaninow ex J. D. Hooker et T. Anderson) O. E. Schulz [Cheiranthus parryoides Kurzaninow ex J. D. Hooker et T. Anderson]。【参考异名】Parryopsis Botsch. (1955); Vvedenskyella Botsch. (1955); Wakilia Gilli (1955) ■

39349　Phaeopappus (DC.) Boiss. (1846) = Centaurea L. (1753) (保留属名); ~ = Psephellus Cass. (1826) [菊科 Asteraceae (Compositae) //矢车菊科 Centaureaceae] ●■☆

39350　Phaeopappus Boiss. (1846) Nom. illegit. ≡ Phaeopappus (DC.) Boiss. (1846) = Centaurea L. (1753) (保留属名); ~ = Psephellus Cass. (1826) [菊科 Asteraceae (Compositae) //矢车菊科 Centaureaceae] ●■☆

39351　Phaeophleps Post et Kuntze (1903) = Phaiophleps Raf. (1838) [鸢尾科 Iridaceae] ■☆

39352　Phaeopsis Nutt. ex Benth. (1848) = Stenogyne Benth. (1830) (保留属名) [唇形科 Lamiaceae (Labiatae)] ■☆

39353　Phaeoptilon Engl. (1894) Nom. illegit. = Phaeoptilum Radlk. (1883) [紫茉莉科 Nyctaginaceae] ●☆

39354　Phaeoptilon Heimerl (1889) Nom. illegit. = Phaeoptilum Radlk. (1883) [紫茉莉科 Nyctaginaceae] ●☆

39355　Phaeoptilum Radlk. (1883) 【汉】褐羽花属。【隶属】紫茉莉科 Nyctaginaceae。【包含】世界 1 种。【学名诠释与讨论】〈中〉(希) phaios, 昏暗的+ptilon, 羽毛,翼,柔毛。此属的学名,ING 和 IK 记载是 "Phaeoptilum Radlkofer, Abh. Naturwiss. Vereine Bremen 8: 435. Feb 1883"。"Phaeoptilon Engl. (1894)" 是其拼写变体。"Phaeoptilon Heimerl in Engler et Prantl Nat. Pflanzenfam. 3 (1b): 23, 28. 1889" 应该也是 "Phaeoptilon Heimerl in Engler et Prantl Nat. Pflanzenfam. 3 (1b): 23, 28. 1889" 的拼写变体。【分布】非洲西南部。【模式】Phaeoptilum spinosum Radlkofer。【参考异名】Amphoranthus S. Moore (1902); Nachtigalia Schinz ex Engl. ; Phaeoptilon Engl. (1894) Nom. illegit. ; Phaeoptilon Heimerl (1889) Nom. illegit. ●☆

39356　Phaeorneria Lindl. ex K. Schum. = Etlingera Roxb. (1792) [姜科 (襄荷科) Zingiberaceae] ■

39357　Phaeosperma Post et Kuntze (1903) = Phaiosperma Raf. (1836); ~ = Polytaenia DC. (1830) [伞形花科 (伞形科) Apiaceae (Umbelliferae)] ■☆

39358　Phaeosphaerion Hassk. (1866) = Commelina L. (1753) [鸭跖草科 Commelinaceae] ■

39359　Phaeosphaeriona B. D. Jacks. = Phaeosphaerion Hassk. (1866); ~ = Commelina L. (1753) [鸭跖草科 Commelinaceae] ■

39360　Phaeosphaeriona Hassk., Nom. illegit. = Commelina L. (1753) [鸭跖草科 Commelinaceae] ■

39361　Phaeospheriona Willis, Nom. inval. = Phaeosphaerion Hassk. (1866) [鸭跖草科 Commelinaceae] ■

39362　Phaeostemma E. Fourn. (1885) 【汉】暗冠萝藦属。【隶属】萝藦科 Asclepiadaceae。【包含】世界 5 种。【学名诠释与讨论】〈中〉(希) phaios, 昏暗的+stemma, 所有格 stemmatos, 花冠,花环,王冠。【分布】玻利维亚,热带南美洲。【模式】Phaeostemma riedelii Fournier。●☆

39363　Phaeostigma Muldashev(1981)【汉】栎叶菊属。【隶属】菊科
Asteraceae(Compositae)。【包含】世界3种,中国3种。【学名诠
释与讨论】〈中〉(属)phaios,昏暗的+stigma,所有格 stigmatos,柱
头,眼点。此属的学名是 "Phaeostigma A. A. Muldashev, Bot.
Zurn. (Moscow & Leningrad) 66:586. Apr 1981"。亦有文献把其
处理为 "Ajania Poljakov(1955)" 的异名。【分布】中国。【模式】
Phaeostigma salicifolium (J. Mattfeld) A. A. Muldashev [Tanacetum
salicifolium J. Mattfeld]。【参考异名】Ajania Poljakov(1955)■●

39364　Phaeostoma Lilja(1840) Nom. illegit. [柳叶菜科 Onagraceae]☆

39365　Phaeostoma Spach(1835)= Clarkia Pursh(1814) [柳叶菜科
Onagraceae]■

39366　Phaethusa Gaertn. (1791)= Verbesina L. (1753)(保留属名)
[菊科 Asteraceae(Compositae)]●■☆

39367　Phaethusia Raf. (1819)= Phaethusa Gaertn. (1791) [菊科
Asteraceae(Compositae)]●■☆

39368　Phaetusa Schreb. (1791)= Phaethusa Gaertn. (1791) [菊科
Asteraceae(Compositae)]●■☆

39369　Phaeus Post et Kuntze(1903)= Phaius Lour. (1790) [兰科
Orchidaceae]■

39370　Phagnalon Cass. (1819)【汉】绵毛菊属(棉毛草属,棉毛菊
属)。【俄】Фагналон。【英】Cottondaisy,Phagnalon。【隶属】菊科
Asteraceae(Compositae)。【包含】世界20-43种,中国1种。【学
名诠释与讨论】〈中〉(属)Gnaphalium 的字母改缀。此属的学
名,ING、TROPICOS 和 IK 记载是 "Phagnalon Cassini, Bull. Sci.
Soc. Philom. Paris 1819:174. Nov 1819"。"Gnaphalon R. T. Lowe,
Manual Fl. Madeira 1:438. 1868" 是 "Phagnalon Cass. (1819)" 的
晚出的同模式异名(Homotypic synonym, Nomenclatural synonym)。
【分布】巴基斯坦,西班牙(加那利群岛),中国,地中海至亚洲中
部和喜马拉雅山。【模式】未指定。【参考异名】Gnaphalon Lowe
(1858) Nom. illegit. ●■

39371　Phaianthes Raf. (1838)= Moraea Mill. (1758) [as 'Morea']
(保留属名) [鸢尾科 Iridaceae]■

39372　Phainantha Gleason(1948)【汉】辉花野牡丹属。【隶属】野牡
丹科 Melastomataceae。【包含】世界4种。【学名诠释与讨论】
〈阴〉(希)phaino,显示,光辉+anthos,花。【分布】厄瓜多尔,热带
南美洲。【模式】Phainantha laxiflora (Triana) Gleason
[Adelobotrys laxiflora Triana]。【参考异名】Gnaphalon Lowe
(1858) Nom. illegit. ●☆

39373　Phaiophleps Raf. (1838)= Olsynium Raf. (1836) [鸢尾科
Iridaceae]■☆

39374　Phaiosperma Raf. (1836)= Polytaenia DC. (1830) [伞形花科
(伞形科) Apiaceae(Umbelliferae)]■☆

39375　Phaius Lour. (1790)【汉】鹤顶兰属(鹤顶花属)。【日】ガン
ゼキラン属,クワクラン属。【英】Phaius。【隶属】兰科
Orchidaceae。【包含】世界40-45种,中国10种。【学名诠释与讨
论】〈阳〉(希)phaios,昏暗的,灰色的。指本属花在老化或受伤
时颜色变深。此属的学名,ING、TROPICOS、APNI、GCI 和 IK 记
载是 "Phaius Lour. , Fl. Cochinch. 2:517 (529). 1790 [Sep
1790]"。"Phajus Hassk. ,Cat. Hort. Bog. Alt. 42. 1844" 和 "Phajus
Lindl. ,The Genera and Species of Orchidaceous Plants 126. 1831"
是其变体。【分布】澳大利亚,玻利维亚,马达加斯加,中国,波利
尼西亚群岛,马斯克林群岛,热带非洲,热带亚洲。【模式】
Phaius grandifolius Loureiro。【参考异名】Cyanorchis Thouars ex
Steud. (1840) Nom. illegit. ;Cyanorchis Thouars(1822) Nom. inval. ;
Gastorchis Thouars(1809) Nom. illegit. ;Gastorkis Thouars(1809);
Gastrorchis Schltr. (1924) Nom. illegit. ; Hecabe Raf. (1838);

Pachyne Salisb. (1812) ;Pesomeria Lindl. (1838) Nom. illegit. ;
Phaeus Post et Kuntze(1903) ;Phajus Hassk. (1844) Nom. illegit. ;
Phajus Lindl. (1831) Nom. illegit. ; Tankervillia Link (1829);
Tetragocyanis Thouars ;Villosogastris Thouars ■

39376　Phajus Hassk. (1844) Nom. illegit. ≡ Phaius Lour. (1790) [兰
科 Orchidaceae]■

39377　Phajus Lindl. (1831) Nom. illegit. ≡ Phaius Lour. (1790) [兰科
Orchidaceae]■

39378　Phakellanthus Steud. (1855)= Phacellanthus Siebold et Zucc.
(1846) [列当科 Orobanchaceae//玄参科 Scrophulariaceae]■

39379　Phalachroloma Cass. = Erigeron L. (1753) [菊科 Asteraceae
(Compositae)]■●

39380　Phalacrachena Iljin(1937)【汉】秃菊属。【俄】Лысосемянник。
【隶属】菊科 Asteraceae(Compositae)。【包含】世界2种。【学名
诠释与讨论】〈阴〉(希)phalakros,秃头+achen,贫乏。【分布】俄
罗斯东南和高加索,亚洲中部。【后选模式】Phalacrachena
inuloides (Fischer ex Schmalhausen) Iljin [Centaurea inuloides
Fischer ex Schmalhausen]。■☆

39381　Phalacraea DC. (1836)【汉】秃冠菊属。【隶属】菊科
Asteraceae(Compositae)。【包含】世界4种。【学名诠释与讨论】
〈阴〉(希)phalakros,秃头。此属的学名是 "Phalacraea A. P. de
Candolle, Prodr. 5:105. Oct (prim.) 1836"。亦有文献把其处理
为 "Piqueria Cav. (1795)" 的异名。【分布】秘鲁,哥伦比亚,欧亚
大陆。【模式】Phalacraea latifolia A. P. de Candolle。【参考异名】
Piqueria Cav. (1795) ;Steleocodon Gilli(1983)■☆

39382　Phalacrocarpum(DC.) Willk. (1864)【汉】秃果菊属。【隶属】
菊科 Asteraceae(Compositae)。【包含】世界2种。【学名诠释与
讨论】〈中〉(希)phalakros,秃头+karpos,果实。此属的学名,ING
记载是 "Phalacrocarpum (A. P. de Candolle) Willkomm, Bot.
Zeitung (Berlin) 22:252. 12 Aug 1864",由 "Leucanthemum sect.
Phalacrocarpum A. P. de Candolle, Prodr. 6:49. Jan. 1838" 改级而
来。IK 和 TROPICOS 则记载为 "Phalacrocarpum Willk. , Bot.
Zeitung (Berlin) 22:252. 1864"。三者引用的文献相同。【分布】
葡萄牙, 西班牙。【 模 式 】 Phalacrocarpum oppositifolium
Willkomm, Nom. illegit. [Leucanthemum anomalum A. P. de
Candolle]。【参考异名】Leucanthemum sect. Phalacrocarpum DC.
(1838) ;Phalacrocarpum Willk. (1864) Nom. illegit. ■☆

39383　Phalacrocarpum Willk. (1864) Nom. illegit. ≡ Phalacrocarpum
(DC.) Willk. (1864) [菊科 Asteraceae(Compositae)]■☆

39384　Phalacrocarpus (Boiss.) Tiegh. (1909) = Cephalaria Schrad.
(1818)(保留属名) [川续断科(刺参科,蓟叶参科,山萝卜科,
续断科) Dipsacaceae]■☆

39385　Phalacroderis DC. (1838) = Crepis L. (1753) ; ~ = Rodigia
Spreng. (1820) ; ~ = Wibelia P. Gaertn. , B. Mey. et Scherb. (1801)
[菊科 Asteraceae(Compositae)]■

39386　Phalacrodiscus Less. (1832)= Chrysanthemum L. (1753)(保留
属名) ; ~ = Leucanthemum Mill. (1754) [菊科 Asteraceae
(Compositae)]■●

39387　Phalacroglossum Sch. Bip. (1835−1860)= Chrysanthemum L.
(1753)(保留属名) [菊科 Asteraceae(Compositae)]■●

39388　Phalacroloma Cass. (1826)= Erigeron L. (1753) [菊科
Asteraceae(Compositae)]■●

39389　Phalacromesus Cass. (1828)= Tessaria Ruiz et Pav. (1794) [菊
科 Asteraceae(Compositae)]●☆

39390　Phalacros Wenzig (1874)= Crataegus L. (1753) [蔷薇科
Rosaceae]●

39391　Phalacroseris A. Gray (1868)【汉】秃头苣属。【隶属】菊科

Asteraceae(Compositae)。【包含】世界1种。【学名诠释与讨论】〈阴〉(希)phalakros, 秃头+seris, 菊苣。【分布】美国(加利福尼亚)。【模式】Phalacroseris bolanderi A. Gray。■☆

39392　Phalaenopsis Blume(1825)【汉】蝴蝶兰属(蝶兰属)。【日】コチョウラン属, コテフラン属, ファレノプシス属。【俄】Фаленопсис。【英】Butterflyorchis, Moth Orchid, Moth - orchid, Phalaenopsis。【隶属】兰科 Orchidaceae。【包含】世界42种, 中国12种。【学名诠释与讨论】〈阴〉(希)phalaina, 蛾+希腊文opsis, 外观, 模样, 相似。指花的形状似蛾。此属的学名, ING、TROPICOS、APNI 和 IK 记载是"Phalaenopsis Blume, Bijdr. Fl. Ned. Ind. 7: 294. 1825[20 Sep - 7 Dec 1825]"。"Synadena Rafinesque, Fl. Tell. 4: 9. 1838(med.)('1836')"是"Phalaenopsis Blume(1825)"的晚出的同模式异名(Homotypic synonym, Nomenclatural synonym)。【分布】澳大利亚(昆士兰), 印度至马来西亚, 中国, 中美洲。【模式】Phalaenopsis amabilis(Linnaeus) Blume[Epidendrum amabile Linnaeus]。【参考异名】Grafia A. D. Hawkes(1966) Nom. illegit. ; Grussia M. Wolff(2007); Kingidium P. F. Hunt(1970); Kingiella Rolfe(1917); Polychilos Breda(1828) Nom. illegit. ; Polychilos Breda, Kuhl et Hasselt(1827); Polystylus Hasselt ex Hassk.(1855); Staurites Rchb. f. ; Stauritis Rchb. f.(1862) Nom. illegit. ; Stauroglottis Schauer(1843); Synadena Raf.(1838) Nom. illegit. ■

39393　Phalangion St. - Lag.(1880) = Anthericum L.(1753); ~ = Phalangium Mill.(1754) Nom. illegit. ; ~ = Anthericum L.(1753)[百合科 Liliaceae//吊兰科(猴面包科, 猴面包树科) Anthericaceae]■☆

39394　Phalangites Bubani(1901) Nom. illegit. ≡ Anthericum L.(1753); ~ = Phalangion St. -Lag.(1880)[百合科 Liliaceae//吊兰科(猴面包科, 猴面包树科) Anthericaceae]■☆

39395　Phalangium Adans.(1763) Nom. illegit. = Anthericum L.(1753); ~ = Urginea Steinh.(1834)[百合科 Liliaceae//风信子科 Hyacinthaceae//吊兰科(猴面包科, 猴面包树科) Anthericaceae]■☆

39396　Phalangium Boehm.(1760) Nom. illegit.[百合科 Liliaceae]■☆

39397　Phalangium Burm. f.(1768) Nom. illegit. = Melasphaerula Ker Gawl.(1803)[鸢尾科 Iridaceae]■☆

39398　Phalangium Kuntze(1891) Nom. illegit. ≡ Phalangium Möhring ex Kuntze(1891) Nom. illegit. ; ~ = Bulbine Wolf(1776)(保留属名)[阿福花科 Asphodelaceae]■☆

39399　Phalangium Mill.(1754) Nom. illegit. ≡ Anthericum L.(1753)[百合科 Liliaceae//吊兰科(猴面包科, 猴面包树科) Anthericaceae]■☆

39400　Phalangium Möhring ex Kuntze(1891) Nom. illegit. = Bulbine Wolf(1776)(保留属名)[百合科 Liliaceae//阿福花科 Asphodelaceae]■☆

39401　Phalarella Boiss.(1844) Nom. inval. , Nom. illegit. = Phleum L.(1753); ~ = Pseudophleum Dogan(1982)[禾本科 Poaceae(Gramineae)]■

39402　Phalariaceae Meisn.[亦见 Thymelaea Mill.(1754)(保留属名)欧瑞香属]【汉】藛草科。【包含】世界1属20种, 中国1属5种。【分布】温带。【科名模式】Phalaris L.(1753)■

39403　Phalaridaceae Burnett = Gramineae Juss.(保留科名)//Poaceae Barnhart(保留科名)■●

39404　Phalaridaceae Link(1827) = Gramineae Juss.(保留科名)//Poaceae Barnhart(保留科名)■●

39405　Phalaridaceae Link(1833) = Gramineae Juss.(保留科名)//Poaceae Barnhart(保留科名)■●

39406　Phalaridantha St. - Lag.(1889) Nom. illegit. ≡ Baldingera G. Gaertn. , B. Mey. et Scherb.(1799) Nom. illegit. ; ~ ≡ Phalaroides Wolf(1776); ~ ≡ Typhoides Moench(1794) Nom. illegit. ; ~ = Phalaris L.(1753)[禾本科 Poaceae(Gramineae)//藛草科 Phalariaceae]■

39407　Phalaridium Nees et Meyen(1843) = Dissanthelium Trin.(1836)[禾本科 Poaceae(Gramineae)]■☆

39408　Phalaridium Nees(1843) Nom. illegit. ≡ Phalaridium Nees et Meyen(1843); ~ = Dissanthelium Trin.(1836)[禾本科 Poaceae(Gramineae)]■☆

39409　Phalaris L.(1753)【汉】藛草属(草芦属, 鹬草属)。【日】クサヨシ属。【俄】Двукисточник, Канареечник。【英】Canary Grass, Canarygrass, Canary-grass, Reed Grass, Ribbon Grass。【隶属】禾本科 Poaceae(Gramineae)//藛草科 Phalariaceae。【包含】世界20种, 中国5种。【学名诠释与讨论】〈阴〉(希)phalaris, 一种草的希腊古名。另说希腊文 phalaros, 前额上有个白色的大斑点的, 光辉, 指白色穗状花序和种子有光泽。【分布】巴基斯坦, 秘鲁, 玻利维亚, 厄瓜多尔, 哥伦比亚(安蒂奥基亚), 哥斯达黎加, 美国(密苏里), 中国, 温带, 中美洲。有些学者承认"Phalaroides Wolf(1776)拟藛草属"; 亦有文献把其处理为"Phalaris L.(1753)"的异名。【模式】Phalaris canariensis Linnaeus。【参考异名】Baldingera G. Gaertn. , B. Mey. et Scherb.(1799) Nom. illegit. ; Digraphis Trin.(1820) Nom. illegit. ; Endallex Raf.(1830) Nom. illegit. ; Phalaridantha St. -Lag.(1889) Nom. illegit. ; Phalaroides Wolf(1776); Phleoides Ehrh.(1789); Typhodes Post et Kuntze(1903); Typhoides Moench(1794) Nom. illegit. ■

39410　Phalaroides Wolf(1776)【汉】拟藛草属。【隶属】禾本科 Poaceae(Gramineae)//藛草科 Phalariaceae。【包含】世界6种。【学名诠释与讨论】〈阴〉(属)Phalaris 藛草属+oides, 来自 o+eides, 像, 似; 或 o+eidos 形, 含义为相像。此属的学名是"Phalaroides N. M. Wolf, Gen. 11. 1776; Gen. Sp. 34, 36, 38. 1781"。亦有文献把"Phalaroides Wolf(1776)"处理为"Phalaris L.(1753)"的异名。《显花植物与蕨类植物词典》记载为"Phalaroides v. Wolf = Phalaris L. + Phieum L.(Gramin.)"。则记载为: Phalaroides Wolf(1776) = Phalaris L.(1753) + Phleum L.(1753)。"Baldingera P. G. Gaertner, B. Meyer et J. Scherbius, Oekon. -Techn. Fl. Wetterau 1: 43, 96. 1799"、"Digraphis Trinius, Fund. Agrost. 127. 1820(prim.)"、"Endallex Rafinesque, Bull. Bot. , Geneva 1: 220. Aug 1830"、"Phalaridantha Saint - Lager in Cariot, Étude Fleurs ed. 8. 2: 900. 1889"和"Typhoides Moench, Methodus Plantas Horti Botanici et Agri Marburgensis : a staminum situ describendi 201. 1794"都是其晚出的同模式异名。【分布】参见 Phalaris L.(1753)和 Phleum L.(1753)。【后选模式】Phalaroides arundinacea(Linnaeus) S. Rauschert[Feddes Repert. 79: 409. 30 Apr 1969 ≡ Phalaris arundinacea Linnaeus]。【参考异名】Baldingera G. Gaertn. , B. Mey. & Scherb. ; Digraphis Trin. ; Endallex Raf. ; Phalaridantha St. - Lag. ; Phalaris L.(1753); Typhoides Moench 1794 ■☆

39411　Phaleria Jack(1822)【汉】白斑瑞香属。【隶属】瑞香科 Thymelaeaceae。【包含】世界20-30种。【学名诠释与讨论】〈阴〉(希)phaleros, 有一大白斑。【分布】澳大利亚, 斯里兰卡, 印度至马来西亚, 太平洋地区, 东南亚。【模式】Phaleria capitata W. Jack。【参考异名】Drimyspermum Reinw.(1825); Drymispermum Rchb.(1841); Leucosmia Benth.(1843); Leucosrnis Benth. ; Oreodendron C. T. White(1933); Plutonia Noronha(1790); Pseudais Decne.(1843)●☆

39412　Phaleriaceae Meisn.(1841) = Thymelaea Mill.(1754)(保留属

名)●■

39413　Phalerocarpus G. Don（1834）Nom. illegit. ≡ Gaultheria L. （1753）［杜鹃花科（欧石南科）Ericaceae］●

39414　Phallaria Schumach. et Thonn.（1827）= Psydrax Gaertn.（1788）［茜草科 Rubiaceae］●☆

39415　Phallerocarpus G. Don（1834）= Gaultheria L.（1753）；~ = Phalerocarpus G. Don（1834）［as 'Phallerocarpus'］Nom. illegit. ［杜鹃花科（欧石南科）Ericaceae］●

39416　Phalocallis Herb.（1839）= Cypella Herb.（1826）［鸢尾科 Iridaceae］■☆

39417　Phalodallis T. Durand et Jacks.= Cypella Herb.（1826）［鸢尾科 Iridaceae］■☆

39418　Phaloe Dumort.（1827）= Sagina L.（1753）［石竹科 Caryophyllaceae］■

39419　Phalolepis Cass.（1827）= Centaurea L.（1753）（保留属名）［菊科 Asteraceae（Compositae）//矢车菊科 Centaureaceae］●■

39420　Phalona Dumort.（1824）Nom. illegit. ≡ Cynosurus L.（1753）；~ =Falona Adans.（1763）［禾本科 Poaceae（Gramineae）］■

39421　Phanera Lour.（1790）= Bauhinia L.（1753）［豆科 Fabaceae （Leguminosae）//云实科（苏木科）Caesalpiniaceae//羊蹄甲科 Bauhiniaceae］●

39422　Phanerandra Stschegl.（1859）= Leucopogon R. Br.（1810）（保留属名）［尖苞木科 Epacridaceae//杜鹃花科（欧石南科）Ericaceae］●☆

39423　Phaneranthera DC. ex Meisn.（1840）= Nonea Medik.（1789）［紫草科 Boraginaceae］■

39424　Phanerocalyx S. Moore（1921）= Heisteria Jacq.（1760）（保留属名）［铁青树科 Olacaceae］●☆

39425　Phanerodiscus Cavaco（1954）【汉】显盘树属。【隶属】铁青树科 Olacaceae。【包含】世界1种。【学名诠释与讨论】〈阳〉（希）phaneros，可见的，明显的，洞开的+diskos，圆盘。【分布】马达加斯加。【模式】Phanerodiscus perrieri Cavaco。●☆

39426　Phaneroglossa B. Nord.（1978）【汉】腋毛千里光属。【隶属】菊科 Asteraceae（Compositae）。【包含】世界1种。【学名诠释与讨论】〈阴〉（希）phaneros，可见的，明显的，洞开的+glossa，舌。【分布】非洲南部。【模式】Phaneroglossa bolusii（D. Oliver）B. Nordenstam［Senecio bolusii D. Oliver］。●☆

39427　Phanerogonocarpus Cavaco（1958）【汉】节果树属。【隶属】香材树科（杯轴花科，黑檫木科，芒籽科，蒙立米科，檬立木科，香材木科，香树木科）Monimiaceae。【包含】世界2种。【学名诠释与讨论】〈阳〉（希）phaneros，可见的，明显的，洞开的+gony，所有格 gonatos，关节，膝+karpos，果实。此属的学名是"Phanerogonocarpus Cavaco, Bull. Soc. Bot. France 104：612. Apr 1958"。亦有文献把其处理为"Tambourissa Sonn.（1782）"的异名。【分布】马达加斯加。【模式】Phanerogonocarpus capuronii Cavaco。【参考异名】Tambourissa Sonn.（1782）●☆

39428　Phanerostylis（A. Gray）R. M. King et H. Rob.（1972）【汉】显柱菊属。【隶属】菊科 Asteraceae（Compositae）。【包含】世界5种。【学名诠释与讨论】〈阴〉（希）phaneros，可见的，明显的，洞开的+stylos =拉丁文 style，花柱，中柱，有尖之物，桩，柱，支持物，支柱，石头做的界标。此属的学名，ING 和 IK 记载是"Phanerostylis（A. Gray）R. M. King et H. E. Robinson, Phytologia 24：70. 26 Sep 1972"，由"Eupatorium subgen. Phanerostylis A. Gray, Proc. Amer. Acad. 9：205. 1882"改级而来。亦有文献把"Phanerostylis（A. Gray）R. M. King et H. Rob.（1972）"处理为"Brickellia Elliott（1823）（保留属名）"的异名。【分布】墨西哥。【模式】Phanerostylis pedunculosa（A. P. de Candolle）R. M. King et H. E.

Robinson［Bulbostylis pedunculosa A. P. de Candolle］。【参考异名】Brickellia Elliott（1823）（保留属名）；Eupatorium subgen. Phanerostylis A. Gray（1882）■☆

39429　Phanerotaenia St. John（1919）= Polytaenia DC.（1830）［伞形花科（伞形科）Apiaceae（Umbelliferae）］■☆

39430　Phania DC.（1836）【汉】背腺菊属。【隶属】菊科 Asteraceae （Compositae）。【包含】世界2-5种。【学名诠释与讨论】〈阴〉（希）phanos，phaeinos，亮光，火炬。【分布】西印度群岛。【后选模式】Phania multicaulis A. P. de Candolle。【参考异名】Pharia Steud.（1841）■●☆

39431　Phaniasia Blume ex Miq.（1865）Nom. inval. = Gymnadenia R. Br.（1813）；~ = Habenaria Willd.（1805）［兰科 Orchidaceae］■

39432　Phanopyrum（Raf.）Nash（1903）= Panicum L.（1753）［禾本科 Poaceae（Gramineae）］■

39433　Phanopyrum Nash（1903）Nom. illegit. ≡ Phanopyrum （Raf.）Nash（1903）；~ = Panicum L.（1753）［禾本科 Poaceae （Gramineae）］■

39434　Phanrangia Tardieu（1948）= Mangifera L.（1753）［漆树科 Anacardiaceae］●

39435　Phantis Adans.（1763）= Atalantia Corrêa（1805）（保留属名）［芸香科 Rutaceae］●

39436　Pharaceae（Stapf）Herter（1940）= Gramineae Juss.（保留科名）//Poaceae Barnhart（保留科名）■●

39437　Pharaceae Herter（1940）= Gramineae Juss.（保留科名）//Poaceae Barnhart（保留科名）■●

39438　Pharbitis Choisy（1833）（保留属名）【汉】牵牛属（紫牵牛属）。【日】アサガオ属，アサガホ属。【俄】Ипмея。【英】Morning Glory，Pharbitis。【隶属】旋花科 Convolvulaceae。【包含】世界24种，中国3种。【学名诠释与讨论】〈阴〉（希）pharbe，颜色+-itis，表示关系密切的词尾，像，具有。指色彩丰富艳丽。此属的学名"Pharbitis Choisy in Mém. Soc. Phys. Genève 6：438. 1833"是保留属名。相应的废弃属名是旋花科 Convolvulaceae 的"Convolvuloides Moench, Methodus：451. 4 Mai 1794 ≡ Pharbitis Choisy（1833）（保留属名）= Ipomoea L.（1753）（保留属名）"、"Diatremis Raf. in Ann. Gén. Sci. Phys. 8：271. 1821 = Pharbitis Choisy（1833）（保留属名）= Ipomoea L.（1753）（保留属名）"和"Diatrema Raf.，Herb. Raf.：80. 1833 = Pharbitis Choisy（1833）（保留属名）= Diatremis Raf.（1821）（废弃属名）"。亦有文献把"Pharbitis Choisy（1833）（保留属名）"处理为"Diatremis Raf.（1821）（废弃属名）"或"Ipomoea L.（1753）（保留属名）"的异名。【分布】巴基斯坦，马达加斯加，中国，温带温暖地区和热带，中美洲。【模式】Pharbitis hispida J. D. Choisy, Nom. illegit. ［Convolvulus purpureus Linnaeus；Pharbitis purpurea（Linnaeus）J. O. Voigt］。【参考异名】Convolvuloides Moench（1794）（废弃属名）；Diatrema Raf.（1838）（废弃属名）；Diatremis Raf.（1821）（废弃属名）；Ipomoea L.（1753）（保留属名）■

39439　Pharetranthus F. W. Klatt（1885）= Petrobium R. Br.（1817）（保留属名）［菊科 Asteraceae（Compositae）］●☆

39440　Pharetrella Salisb.（1866）= Cyanella L.（1754）［蒂可花科（百鸢科，基叶草科）Tecophilaeaceae］■☆

39441　Pharia Steud.（1841）= Phania DC.（1836）［菊科 Asteraceae （Compositae）］■●☆

39442　Pharium Herb.（1832）= Bessera Schult. f.（1829）（保留属名）［百合科 Liliaceae//葱科 Alliaceae］■☆

39443　Pharmacaceae Dulac =Ranunculaceae Juss.（保留科名）●■

39444　Pharmaceum Kuntze（1891）Nom. illegit. ≡ Astronia Blume （1827）［野牡丹科 Melastomataceae］●

39445　Pharmacosycea Miq.（1848）＝Ficus L.（1753）［桑科 Moraceae］●

39446　Pharmacum Kuntze（1891）Nom. illegit. ≡Astronia Blume（1826－1827）［野牡丹科 Melastomataceae］●

39447　Pharmacum Rumph. ex Kuntze（1891）Nom. illegit. ≡Pharmacum Kuntze（1891）；~ ≡ Astronia Blume（1826－1827）［野牡丹科 Melastomataceae］●

39448　Pharnaceaceae Dulac ＝Molluginaceae Bartl.（保留科名）；~ ＝ Ranunculaceae Juss.（保留科名）●■

39449　Pharnaceaceae Martinov（1820）＝Aizoaceae Martinov（保留科名）●■

39450　Pharnaceum L.（1753）【汉】线叶粟草属。【隶属】粟米草科 Molluginaceae。【包含】世界 20 种。【学名诠释与讨论】〈中〉（拉）Phalnaces，小亚细亚古国 Pontus 之王。此属的学名，ING、TROPICOS 和 IK 记载是"Pharnaceum L.，Sp. Pl. 1：272. 1753［1 May 1753］"。"Ginginsia A. P. de Candolle，Prodr. 3：362. Mar（med.）1828"是"Pharnaceum L.（1753）"的晚出的同模式异名（Homotypic synonym，Nomenclatural synonym）。【分布】巴基斯坦，马达加斯加，非洲南部。【后选模式】Pharnaceum incanum Linnaeus。【参考异名】Ginginsia DC.（1828）Nom. illegit.■☆

39451　Pharochilum D. L. Jones et M. A. Clem.（2002）【汉】织唇兰属。【隶属】兰科 Orchidaceae。【包含】世界 1 种。【学名诠释与讨论】〈中〉（希）pharos，织物，衣服，外套+cheilos，唇。在希腊文组合词中，cheil-，cheilo-，-chilus，-chilia 等均为"唇，边缘"之义。此属的学名，IK 记载是"Pharochilum D. L. Jones et M. A. Clem.，Austral. Orchid Res. 4：80（2002）"。Janes et Duretto（2010）把它处理为"Pterostylis sect. Pharochilum（D. L. Jones et M. A. Clem.）Janes et Duretto Austral. Syst. Bot. 23（4）：267. 2010［31 Aug 2010］"。亦有文献把"Pharochilum D. L. Jones et M. A. Clem.（2002）"处理为"Pterostylis R. Br.（1810）（保留属名）"的异名。【分布】澳大利亚。【模式】Pharochilum daintreanum（F. Muell. ex Benth.）D. L. Jones et M. A. Clem.。【参考异名】Pterostylis R. Br.（1810）（保留属名）；Pterostylis sect. Pharochilum（D. L. Jones et M. A. Clem.）Janes et Duretto（2010）■☆

39452　Pharseophora Miers（1863）＝Memora Miers（1863）［紫葳科 Bignoniaceae］●☆

39453　Pharus P. Browne（1756）【汉】被子属（法若禾属）。【隶属】禾本科 Poaceae（Gramineae）。【包含】世界 8 种。【学名诠释与讨论】〈阳〉（希）pharos，织物，衣服，外套。【分布】巴基斯坦，巴拿马，秘鲁，玻利维亚，厄瓜多尔，哥伦比亚（安蒂奥基亚），哥斯达黎加，尼加拉瓜，西印度群岛，中美洲。【模式】Pharus latifolius Linnaeus。■☆

39454　Phasellus Medik.（1787）（废弃属名）＝Phaseolus L.（1753）；~ ＝ Strophostyles Elliott（1823）（保留属名）［豆科 Fabaceae（Leguminosae）//蝶形花科 Papilionaceae］■☆

39455　Phaseolaceae DC.（1835）＝Fabaceae Lindl.（保留科名）//Leguminosae Juss.（1789）（保留科名）●■

39456　Phaseolaceae Mart. ＝Fabaceae Lindl.（保留科名）//Leguminosae Juss.（1789）（保留科名）●■

39457　Phaseolaceae Ponce de León et Alvares ＝Fabaceae Lindl.（保留科名）//Leguminosae Juss.（1789）（保留科名）●■

39458　Phaseolaceae Schnizl. ＝ Fabaceae Lindl.（保留科名）//Leguminosae Juss.（1789）（保留科名）●■

39459　Phaseolodes Kuntze（1891）Nom. illegit. ＝Phaseoloides Duhamel（1755）（废弃属名）；~ ＝ Millettia Wight et Arn.（1834）（保留属名）［豆科 Fabaceae（Leguminosae）//蝶形花科 Papilionaceae］●

39460　Phaseoloides Duhamel（1755）（废弃属名）≡ Wisteria Nutt.（1818）（保留属名）［豆科 Fabaceae（Leguminosae）//蝶形花科 Papilionaceae］●

39461　Phaseoloides Mill.（废弃属名）＝？ Wisteria Nutt.（1818）（保留属名）［豆科 Fabaceae（Leguminosae）//蝶形花科 Papilionaceae］●

39462　Phaseolus L.（1753）【汉】菜豆属。【日】インゲンマメ属，インゲン属，キンゲンマメ属。【俄】Фасоль，Фасоль безволокновая，Фасоль ломкая。【英】Bean。【隶属】豆科 Fabaceae（Leguminosae）//蝶形花科 Papilionaceae。【包含】世界 35-50 种，中国 15 种。【学名诠释与讨论】〈阳〉（希）phseolos，一种荚可食的豆的古名，变为 phaselos，小舟。此属的学名，ING、APNI、GCI 和 IK 记载是"Phaseolus L.，Sp. Pl. 2：723. 1753［1 May 1753］"。IK 记载的"Phasiolos St. -Lag.，Ann. Soc. Bot. Lyon vii.（1880）131"和"Phasiolus Moench，Methodus（Moench）141（1794）［4 May 1794］"都仅有属名；似为"Phaseolus L.（1753）"的拼写变体。【分布】巴基斯坦，巴拉圭，巴拿马，秘鲁，玻利维亚，厄瓜多尔，哥伦比亚（安蒂奥基亚），哥斯达黎加，马达加斯加，美国（密苏里），尼加拉瓜，中国，热带和亚热带，中美洲。【后选模式】Phaseolus vulgaris Linnaeus。【参考异名】Alepidocalyx Piper（1926）；Cadelium Medik.（1787）；Caracalla Tod.（1861）；Caracalla Tod. ex Lem.（1862）；Cochliasanthus Trew（1764）；Lepusa Post et Kuntze（1903）；Lipusa Alef.（1866）；Minkelersia M. Martens et Galeotti（1843）；Mysanthus G. P. Lewis et A. Delgado（1994）；Phasellus Medik.（1787）（废弃属名）；Rudua F. Maek.（1955）；Strophostyles Elliott（1823）（保留属名）■

39463　Phasiolos St. - Lag.（1880）Nom. illegit.［豆科 Fabaceae（Leguminosae）］■☆

39464　Phasiolus Moench（1794）Nom. illegit.［豆科 Fabaceae（Leguminosae）］■☆

39465　Phaulanthus Ridl.（1911）＝Anerincleistus Korth.（1844）［野牡丹科 Melastomataceae］●☆

39466　Phaulopsis Lindau（1897）（废弃属名）＝Phaulopsis Willd.（1800）［as 'Phaylopsis'］（保留属名）［爵床科 Acanthaceae］■

39467　Phaulopsis Willd.（1800）［as 'Phaylopsis'］（保留属名）【汉】肾苞草属。【英】Phaulopsis。【隶属】爵床科 Acanthaceae。【包含】世界 20 种，中国 1 种。【学名诠释与讨论】〈阴〉（希）phaulos，粗野的，下贱的，无价值的+希腊文 opsis，外观，模样，相似。此属的学名"Phaulopsis Willd.，Sp. Pl. 3：4，342. 1800（'Phaylopsis'）（orth. cons.）"是保留属名。法规未列出相应的废弃属名。但是爵床科 Acanthaceae 的晚出的非法名称"Phaulopsis Lindau，Nat. Pflanzenfam. Nachtr.［Engler et Prantl］I. 305（1897）＝ Phaulopsis Willd.（1800）"应该废弃。其变体"Phaylopsis Willd.（1800）"亦应废弃。"Micranthus J. C. Wendland，Bot. Beob. 38. 1798（废弃属名）"是"Phaulopsis Willd.（1800）［as 'Phaylopsis'］（保留属名）"的晚出的同模式异名（Homotypic synonym，Nomenclatural synonym）。【分布】马达加斯加，印度，中国，马斯克林群岛，热带非洲。【模式】Phaulopsis parviflora Willdenow，Nom. illegit.［Micranthus oppositifolius J. C. Wendland；Phaulopsis oppositifolia（J. C. Wendland）Lindau［as 'oppositifolius'］。【参考异名】Aetheilema R. Br.（1810）；Micranthus J. C. Wendl.（1798）（废弃属名）；Phaulopsis Lindau（1897）（废弃属名）；Phaylopsis Willd.（1800）Nom. illegit.（废弃属名）■

39468　Phaulothamnus A. Gray（1885）【汉】蛇眼果属。【英】Snake-eyes。【隶属】玛瑙果科（透镜籽科）Achatocarpaceae。【包含】世界 1 种。【学名诠释与讨论】〈阴〉（希）phaulos，粗野的，下贱的，无价值的+thamnos，指小式 thamnion，灌木，灌丛，树丛，枝。【分布】墨西哥（北部）。【模式】Phaulothamnus spinescens A. Gray。●☆

39469　Phaylopsis Willd.（1800）Nom. illegit.（废弃属名）≡Phaulopsis Willd.（1800）（保留属名）［爵床科 Acanthaceae］■

39470　Phebalium Vent.（1805）【汉】假桃金娘属。【英】Phebalium。【隶属】芸香科 Rutaceae。【包含】世界 40-49 种。【学名诠释与讨论】〈中〉（希）phibalee，一种桃金娘的俗名。【分布】澳大利亚，新西兰。【模式】Phebalium squamulosum Ventenat。●☆

39471　Pheboantha Rchb.（1833）= Ajuga L.（1753）；~ = Phleboanthe Tausch（1828）［唇形科 Lamiaceae（Labiatae）］■●

39472　Phebolitis DC.（1844）= Phlebolithis Gaertn.（1788）；~ = Mimusops L.（1753）［山榄科 Sapotaceae］●☆

39473　Phedimus Raf.（1817）【汉】费菜属。【隶属】景天科 Crassulaceae。【包含】世界 18-23 种，中国 8-9 种。【学名诠释与讨论】〈阳〉词源不详。此属的学名，ING、TROPICOS 和 IK 记载是"Phedimus Rafinesque, Amer. Monthly Mag. et Crit. Rev. 1：438. Oct 1817"。"Asterosedum V. Grulich，Preslia 56：38. 1984"是"Phedimus Raf.（1817）"的晚出的同模式异名（Homotypic synonym，Nomenclatural synonym）。亦有文献把"Phedimus Raf.（1817）"处理为"Sedum L.（1753）"的异名。【分布】中国，欧洲，亚洲。【后选模式】Phedimus stellatus（Linnaeus）Rafinesque ［Sedum stellatum Linnaeus］。【参考异名】Aizopsis Grulich（1984）；Asterosedum Grulich（1984）Nom. illegit.；Sedum L.（1753）■

39474　Phegopyrum Peterm.（1841）Nom. illegit. ≡ Fagopyrum Mill.（1754）（保留属名）［蓼科 Polygonaceae］●■

39475　Phegos St. -Lag.（1880）= Fagus L.（1753）［壳斗科（山毛榉科）Fagaceae］●

39476　Pheidochloa S. T. Blake（1944）【汉】俭约草属。【隶属】禾本科 Poaceae（Gramineae）。【包含】世界 1 种。【学名诠释与讨论】〈阴〉（希）pheidos，节俭，简缩，节约+chloe，草的幼芽，嫩草，禾草。【分布】澳大利亚（昆士兰），新几内亚岛。【模式】Pheidochloa gracilis S. T. Blake。■☆

39477　Pheidonocarpa L. E. Skog（1976）【汉】俭果苣苔属。【隶属】苦苣苔科 Gesneriaceae。【包含】世界 2 种。【学名诠释与讨论】〈阴〉（希）pheidos，节俭，简缩，节约+karpos，果实。此属的学名是"Pheidonocarpa L. Skog，Smithsonian Contr. Bot. 29：40. 3 Mai 1976"。亦有文献把其处理为"Gesneria L.（1753）"的异名。【分布】古巴，牙买加。【模式】Pheidonocarpa corymbosa（Swartz）L. Skog ［Gesneria corymbosa Swartz］。【参考异名】Gesneria L.（1753）●☆

39478　Pheladenia D. L. Jones et M. A. Clem.（2001）【汉】澳大利亚裂缘兰属。【隶属】兰科 Orchidaceae。【包含】世界 1 种。【学名诠释与讨论】〈阴〉（希）pheloo，欺骗之，谎惑之+aden，所有格 adenos，腺体。此属的学名是"Pheladenia D. L. Jones et M. A. Clem.，Orchadian ［Australasian native orchid society］13：411. 2001"。亦有文献把其处理为"Caladenia R. Br.（1810）"的异名。【分布】澳大利亚。【模式】Pheladenia deformis（R. Br.）D. L. Jones et M. A. Clem.。【参考异名】Caladenia R. Br.（1810）■☆

39479　Phelandrium Neck.（1768）= Oenanthe L.（1753）；~ = Phellandrium L.（1753）［伞形花科（伞形科）Apiaceae（Umbelliferae）］■

39480　Pheliandra Werderm.（1940）= Solanum L.（1753）［茄科 Solanaceae］●■

39481　Phelima Noronha（1790）= Horsfieldia Willd.（1806）［肉豆蔻科 Myristicaceae］●

39482　Phelipaca Fourr.（1869）Nom. illegit. = Phelipaea Desf.（1807）Nom. illegit.；~ = Phelipaea Tourn. ex Desf.（1807）Nom. illegit.；

~ = Orobanche L.（1753）［列当科 Orobanchaceae//玄参科 Scrophulariaceae］■☆

39483　Phelipaea Desf.（1807）Nom. illegit. ≡Phelipaea Tourn. ex Desf.（1807）Nom. illegit.；~ ≡ Phelypaea L.（1758）；~ = Orobanche L.（1753）［列当科 Orobanchaceae//玄参科 Scrophulariaceae］■

39484　Phelipaea Post et Kuntze，Nom. illegit.（1）= Phaelypaea P. Browne（1756）Nom. inval.；~ Stemodia L.（1759）（保留属名）［玄参科 Scrophulariaceae//婆婆纳科 Veronicaceae］■☆

39485　Phelipaea Post et Kuntze，Nom. illegit.（2）= Phelypaea Boehm.；~ = Aeginetia L.（1753）［列当科 Orobanchaceae//野菰科 Aeginetiaceae//玄参科 Scrophulariaceae］■

39486　Phelipaea Post et Kuntze，Nom. illegit.（3）= Phelypea Thunb.（1784）Nom. illegit.；~ = Cytinus L. ［大花草科 Rafflesiaceae］■☆

39487　Phelipaea Tourn. ex Desf.（1807）Nom. illegit. ≡ Phelypaea L.（1758）［玄参科 Scrophulariaceae//列当科 Orobanchaceae］■☆

39488　Phelipanche Pomel（1874）= Orobanche L.（1753）［列当科 Orobanchaceae//玄参科 Scrophulariaceae］■

39489　Phelipea Pers.（1806）= Phelipaea Desf.（1807）Nom. illegit.；~ ≡ Phelypaea L.（1758）；~ = Orobanche L.（1753）［列当科 Orobanchaceae//玄参科 Scrophulariaceae］■

39490　Phellandrium L.（1753）= Oenanthe L.（1753）［伞形花科（伞形科）Apiaceae（Umbelliferae）］■

39491　Phellandryum Gilib.（1782）= Phellandrium L.（1753）；~ = Oenanthe L.（1753）［伞形花科（伞形科）Apiaceae（Umbelliferae）］■

39492　Phellinaceae（Loes.）Takht. = Aquifoliaceae Bercht. et J. Presl（1825）（保留科名）；~ =Phellinaceae Takht.●☆

39493　Phellinaceae Takht.（1967）［亦见 Aquifoliaceae Bercht. et J. Presl（1825）（保留科名）冬青科］【汉】石冬青科（新冬青科）。【包含】世界 1 属 11-12 种。【分布】法属新喀里多尼亚。【科名模式】Phelline Labill. ●☆

39494　Phelline Labill.（1824）【汉】石冬青属（软冬青属，新冬青属）。【隶属】石冬青科（新冬青科）Aquifoliaceae//美冬青科 Aquifoliaceae。【包含】世界 11-12 种。【学名诠释与讨论】〈阴〉（希）phellos，软木，木栓+-inus，-ina，-inum 拉丁文加在名词词干之后，以形成形容词的词尾，含义为"属于、相似、关于、小的"。【分布】法属新喀里多尼亚。【模式】Phelline comosa Labillardière。●☆

39495　Phellocalyx Bridson（1980）【汉】软萼茜属。【隶属】茜草科 Rubiaceae。【包含】世界 1 种。【学名诠释与讨论】〈阳〉（希）phellos，软木，木栓+kalyx，所有格 kalykos =拉丁文 calyx，花萼，杯子。【分布】马拉维，坦桑尼亚。【模式】Phellocalyx vollesenii D. Bridson。☆

39496　Phellocarpus Benth.（1837）【汉】栓果豆属。【隶属】豆科 Fabaceae（Leguminosae）//蝶形花科 Papilionaceae。【包含】世界 8 种。【学名诠释与讨论】〈阳〉（希）phellos，软木，木栓+karpos，果实。此属的学名是"Phellocarpus Bentham，Commentat. Legum. Gener. 42. Jun 1837"。亦有文献把其处理为"Pterocarpus Jacq.（1763）（保留属名）"的异名。【分布】玻利维亚，美洲。【后选模式】Phellocarpus amazonum C. F. P. Martius ex Bentham。【参考异名】Pterocarpus Jacq.（1763）（保留属名）；Pterocarpus L.（1754）（废弃属名）●☆

39497　Phellodendron Rupr.（1857）【汉】黄柏属（黄檗属，黄蘖属）。【日】キハダ属，フェロデンドロン属。【俄】Бархат，Дерево пробковое，Филодендрон。【英】Amur Corktree，Cork Tree，Corktree，Cork-tree。【隶属】芸香科 Rutaceae。【包含】世界 2-10 种，中国 2-4 种。【学名诠释与讨论】〈中〉（希）phellos，软木，木

栓+dendron 或 dendros，树木，棍，丛林。指模式种黄檗的树皮木栓层发达，柔软。【分布】美国，中国，东亚，中美洲。【模式】Phellodendron amurense Ruprecht。●

39498　Phelloderma Miers（1870）Nom. illegit. ≡ Castelia Cav.（1801）（废弃属名）；~ =Priva Adans.（1763）［马鞭草科 Verbenaceae］■☆

39499　Phellolophium Baker（1886）【汉】软木花属。【隶属】伞形花科（伞形科）Apiaceae（Umbelliferae）。【包含】世界1-2种。【学名诠释与讨论】〈中〉（希）phellos，软木，木栓+lophos，脊，鸡冠，装饰+-ius，-ia，-ium，在拉丁文和希腊文中，这些词尾表示性质或状态。【分布】马达加斯加。【模式】Phellolophium madagascariensis J. G. Baker。☆

39500　Phellopterus（Nutt. ex Torr. et A. Gray）J. M. Coult. et Rose（1900）Nom. illegit. = Cymopterus Raf.（1819）［伞形花科（伞形科）Apiaceae（Umbelliferae）］■☆

39501　Phellopterus（Torr. et A. Gray）J. M. Coult. et Rose（1900）Nom. illegit. ≡ Phellopterus（Nutt. ex Torr. et A. Gray）J. M. Coult. et Rose（1900）= Cymopterus Raf.（1819）［伞形花科（伞形科）Apiaceae（Umbelliferae）］■☆

39502　Phellopterus Benth.（1867）= Glehnia F. Schmidt ex Miq.（1867）［伞形花科（伞形科）Apiaceae（Umbelliferae）］■

39503　Phellopterus Nutt. ex Torr. et A. Gray, Nom. illegit. ≡ Phellopterus（Nutt. ex Torr. et A. Gray）J. M. Coult. et Rose（1900）Nom. illegit. ; ~ =Cymopterus Raf.（1819）［伞形花科（伞形科）Apiaceae（Umbelliferae）］■☆

39504　Phellosperma Britton et Rose（1923）【汉】栓籽掌属。【日】フェロスペルマ属。【隶属】仙人掌科 Cactaceae。【包含】世界4种。【学名诠释与讨论】〈中〉（希）phellos，软木，木栓+sperma，所有格 spermatos，种子，孢子。此属的学名，ING、TROPICOS 和 IK 记载是"Phellosperma N. L. Britton et Rose，Cact. 4；60. 9 Oct 1923"。它曾被处理为"Mammillaria ser. Phellosperma（Britton & Rose）Lüthy，Taxonomische Untersuchung der Gattung Mammillaria Haw.（Cactaceae）128. 1995"。亦有文献把"Phellosperma Britton et Rose（1923）"处理为"Mammillaria Haw.（1812）（保留属名）"的异名。【分布】美洲。【模式】Phellosperma tetrancistra（Engelmann）N. L. Britton et Rose［Mammillaria tetrancistra Engelmann］。【参考异名】Mammillaria Haw.（1812）（保留属名）；Mammillaria ser. Phellosperma（Britton & Rose）Lüthy（1995）■☆

39505　Phelpsiella Maguire（1958）【汉】费尔偏穗草属。【隶属】偏穗草科（雷巴第科，瑞碑翻雅科）Rapateaceae。【包含】世界1种。【学名诠释与讨论】〈阴〉（人）Phelps，植物学者+-ellus，-ella，-ellum，加在名词词干后面形成指小式的词尾。或加在人名、属名等后面以组成新属的名称。【分布】委内瑞拉。【模式】Phelpsiella ptericaulis Maguire。■☆

39506　Phelypaea Boehm. = Aeginetia L.（1753）［列当科 Orobanchaceae//野菰科 Aeginetiaceae//玄参科 Scrophulariaceae］■

39507　Phelypaea D. Don =Phelipaea Desf.（1807）Nom. illegit. ; ~ = Phelipaea Tourn. ex Desf.（1807）Nom. illegit. ; ~ ≡ Phelypaea L.（1758）；~ =Orobanche L.（1753）［列当科 Orobanchaceae//玄参科 Scrophulariaceae］■

39508　Phelypaea L.（1758）【汉】矢车菊列当属。【隶属】玄参科 Scrophulariaceae//列当科 Orobanchaceae。【包含】世界4种。【学名诠释与讨论】〈阴〉（人）Louis Phelypeaux（Count）de Pontchartrain，1643-1727，法国政治家。此属的学名，ING、GCI 和 IK 记载是"Phelypaea L.，Opera Var. 237. 1758"。TROPICOS 则记载为"Phelypaea Tournefort ex Linnaeus，Opera Varia 237. 1758"。大花草科 Rafflesiaceae 的"Phelypaea Thunb.，Nov. Gen. Pl.［Thunberg］5；91. 1784［25 Jun 1784］≡ Haematolepis C. Presl

（1851）= Cytinus L.（1764）"是晚出的非法名称。"Diphelypaea D. H. Nicolson，Taxon 24：654. 19 Dec 1975"和"Mairella A. Léveillé，Cat. Pl. Yun-Nan 199. post 25 Sep 1916"是"Phelypaea L.（1758）"的晚出的同模式异名（Homotypic synonym，Nomenclatural synonym）。"Phelipaea Tourn. ex Desf.，Ann. Mus. Natl. Hist. Nat. 10：298，t. 21. 1807"是"Phelypaea L.（1758）"的拼写变体。"Phelypaea Boehm."是"Aeginetia L.（1753）［列当科 Orobanchaceae//野菰科 Aeginetiaceae//玄参科 Scrophulariaceae］"的异名。"Phelypaea D. Don"是"Phelipaea Desf.（1807）Nom. illegit. ≡ Phelipaea Tourn. ex Desf.（1807）Nom. illegit. ≡ Phelypaea L.（1758）［玄参科 Scrophulariaceae//列当科 Orobanchaceae］"的异名。【分布】前南斯拉夫，叙利亚，伊朗，高加索，安纳托利亚，克里米亚半岛。【模式】Phelypaea tournefortii Desfontaines。【参考异名】Alathraea Steud.（1841）Nom. inval. ; Alatraea Neck.（1790）Nom. inval. ; Anoplanthus Endl.（1839）；Anoplon Rchb.（1828）Nom. illegit. ; Diphelypaea Nicolson（1975）Nom. illegit. ; Mairella H. Lév.（1916）Nom. illegit. ; Phelipaea Desf.（1807）Nom. illegit. ; Phelipaea Post et Kuntze, Nom. illegit.（1903）Nom. illegit. ; Phelipaea Tourn. ex Desf.（1807）Nom. illegit. ; Phelypaea Tourn. ex Desf.（1758）■☆

39509　Phelypaea Thunb.（1784）Nom. illegit. ≡ Haematolepis C. Presl（1851）；~ = Cytinus L.（1764）（保留属名）［蛇菰科 Balanophoraceae//大花草科 Rafflesiaceae］■☆

39510　Phelypaea Tourn. ex Desf.（1758）≡Phelypaea L.（1758）［玄参科 Scrophulariaceae//列当科 Orobanchaceae］■☆

39511　Phelypaeaceae Horan.（1834）= Orobanchaceae Vent.（保留科名）●■

39512　Phelypea Adans.（1763）= Aeginetia L.（1753）；~ = Phelypaea Boehm.［列当科 Orobanchaceae//野菰科 Aeginetiaceae//玄参科 Scrophulariaceae］■☆

39513　Phelypea Thunb.（1784）Nom. illegit. ≡ Phelypaea Thunb.（1784）Nom. illegit. ; ~ = ≡ Haematolepis C. Presl（1851）；~ = Cytinus L.（1764）（保留属名）［蛇菰科 Balanophoraceae//大花草科 Rafflesiaceae］■☆

39514　Phemeranthus Raf.（1808）Nom. nud. ≡ Phemeranthus Raf.（1814）［马齿苋科 Portulacaceae］■

39515　Phemeranthus Raf.（1814）【汉】焰花苋属。【英】Fameflower，Flameflower。【隶属】马齿苋科 Portulacaceae。【包含】世界25-30种。【学名诠释与讨论】〈阴〉（希）ephemeros，只活一天+anthos，花。此属的学名，ING、TROPICOS 和 IK 记载是"Phemeranthus Raf.，Specchio Sci. 1（3）：86. 1814［1 Mar 1814］"。"Phemeranthus Raf.，Med. Repos. 5：350. 1808 ≡ Phemeranthus Raf.（1814）"是一个裸名（Nom. nud.）。亦有文献把"Phemeranthus Raf.（1814）"处理为"Talinum Adans.（1763）（保留属名）"的异名。【分布】中国（参见 Talinum Adans. 和 Phemeranthus Raf.）。【模式】Phemeranthus teretifolius（Pursh）Rafinesque［Talinum teretifolium Pursh］。【参考异名】Phemeranthus Raf.（1808）Nom. nud. ; Talinum Adans.（1763）（保留属名）■

39516　Phenakospermum Endl.（1833）【汉】圭亚那红籽莲属。【隶属】鹤望兰科（旅人蕉科）Strelitziaceae//芭蕉科 Musaceae。【包含】世界1种。【学名诠释与讨论】〈中〉（希）phenax，所有格 phenakos，骗子，冒充者+sperma，所有格 spermatos，种子，孢子。此属的学名，ING、TROPICOS 和 IK 记载是"Phenakospermum Endlicher，Prodr. Fl. Norfolk 35（'Phenakosperum'），98. 1833"。它曾被处理为"Ravenala subgen. Phenakospermum（Endl.）Baker，Annals of Botany. Oxford 7：203. 1893"。【分布】秘鲁，玻利维亚，

厄瓜多尔。【模式】Phenakospermum guyanense（L. C. Richard）Endlicher ex Miquel［as 'guianense'］［Urania guyanense L. C. Richard］。【参考异名】Musidendron Nakai（1948）；Ravenala subgen. Phenakospermum（Endl.）Baker（1893）■●

39517　Phenax Wedd.（1854）【汉】无被麻属。【隶属】荨麻科 Urticaceae。【包含】世界 12 种。【学名诠释与讨论】〈阴〉（希）phenax，所有格 phenakos，骗子，冒充者。【分布】巴拿马，秘鲁，玻利维亚，厄瓜多尔，哥伦比亚（安蒂奥基亚），马达加斯加，墨西哥，尼加拉瓜，西印度群岛，中美洲。【后选模式】Phenax vulgaris Weddell, Nom. illegit.［Gesnouinia boehmerioides Miquel］。●☆

39518　Phenianthus Raf.（1820）= Lonicera L.（1753）［忍冬科 Caprifoliaceae］●■

39519　Phenopus Hook. f.（1881）= Lactuca L.（1753）；~ = Phaenopus DC.（1838）［菊科 Asteraceae（Compositae）//莴苣科 Lactucaceae］■

39520　Phenotrichis Steud.（1841）= Pherotrichis Decne.（1838）［萝藦科 Asclepiadaceae］●☆

39521　Pherelobus Jacobsen, Nom. illegit. = Dorotheanthus Schwantes（1927）［番杏科 Aizoaceae］■☆

39522　Pherelobus Phillips, Nom. illegit. = Pherolobus N. E. Br.（1928）；~ = Dorotheanthus Schwantes（1927）［番杏科 Aizoaceae］■☆

39523　Pherolobus N. E. Br.（1928）= Dorotheanthus Schwantes（1927）［番杏科 Aizoaceae］■☆

39524　Pherosphaera Hook. f. = Microstrobos J. Garden et L. A. S. Johnson（1951）［罗汉松科 Podocarpaceae//小果松科 Microstrobaceae］●☆

39525　Pherosphaera W. Archer bis（1850）= Diselma Hook. f. + Microcachrys Hook. f.（1845）；~ = Microcachrys Hook. f.（1845）；~ = Microstrobos J. Garden et L. A. S. Johnson（1951）［罗汉松科 Podocarpaceae//小果松科 Microstrobaceae］●☆

39526　Pherosphaeraceae Nakai（1938）= Podocarpaceae Endl.（保留科名）●

39527　Pherotrichis Decne.（1838）【汉】多毛萝藦属。【隶属】萝藦科 Asclepiadaceae。【包含】世界 2 种。【学名诠释与讨论】〈阴〉（希）phero，搬，负+thrix，所有格 trichos，毛，毛发。【分布】墨西哥，中美洲。【模式】Pherotrichis balbisii Decaisne［Asclepias vilosa Balbis 1803, non P. Miller 1768］。【参考异名】Phenotrichis Steud.（1841）；Pterotrichis Rchb.（1841）●☆

39528　Phialacanthus Benth.（1876）【汉】宽刺爵床属。【隶属】爵床科 Acanthaceae。【包含】世界 5 种。【学名诠释与讨论】〈阳〉（希）phiale，一种宽而平的器皿或碗+akantha，荆棘。akanthikos，荆棘的。akanthion，蓟的一种，豪猪，刺猬。akanthinos，多刺的，用荆棘做成的。在植物学中，acantha 通常指刺。【分布】东喜马拉雅山至马来半岛。【模式】Phialacanthus griffithii Bentham。【参考异名】Philacanthus B. D. Jacks. ☆

39529　Phialanthus Griseb.（1861）【汉】皿花茜属。【隶属】茜草科 Rubiaceae。【包含】世界 18 种。【学名诠释与讨论】〈阳〉（希）phiale，一种宽而平的器皿或碗+anthos，花。【分布】西印度群岛。【模式】Phialanthus myrtilloides Grisebach。☆

39530　Phialiphora Groeninckx（2010）【汉】瓶梗茜属。【隶属】茜草科 Rubiaceae。【包含】世界 2 种。【学名诠释与讨论】〈阴〉（希）phiale，一种宽而平的器皿或碗+phoros，具有，梗，负载，发现者。【分布】马达加斯加。【模式】Phialiphora bevazahensis Groeninckx。☆

39531　Phialis Spreng.（1831）Nom. illegit. ≡ Trichophyllum Nutt.（1818）；~ = Eriophyllum Lag.（1816）［菊科 Asteraceae（Compositae）］●■☆

39532　Phialocarpus Defiers（1895）= Kedrostis Medik.（1791）；~ =

Corallocarpus Welw. ex Benth. et Hook. f.（1867）［葫芦科（瓜科，南瓜科）Cucurbitaceae］■☆

39533　Phialodiscus Radlk.（1879）= Blighia K. König（1806）［无患子科 Sapindaceae］●☆

39534　Phiambolia Klak（2003）【汉】皮姆番杏属。【隶属】番杏科 Aizoaceae。【包含】世界 3-5 种。【学名诠释与讨论】〈阴〉词源不详。【分布】澳大利亚，非洲。【模式】Phiambolia hallii（L. Bolus）Klak［Stoeberia hallii L. Bolus］。■☆

39535　Phidiasia Urb.（1923）= Odontonema Nees（1842）（保留属名）［爵床科 Acanthaceae］●■☆

39536　Philacanthus B. D. Jacks. = Phialacanthus Benth.（1876）［爵床科 Acanthaceae］☆

39537　Philacra Dwyer（1944）【汉】平顶金莲木属。【隶属】金莲木科 Ochnaceae。【包含】世界 4 种。【学名诠释与讨论】〈阴〉（希）phiale，一种宽而平的器皿或碗+akros 在顶端的，锐尖的。【分布】热带南美洲。【模式】Philacra duidae（Gleason）Dwyer［Luxemburgia duidae Gleason］。●☆

39538　Philactis Schrad.（1833）【汉】单芒菊属。【隶属】菊科 Asteraceae（Compositae）。【包含】世界 3-4 种。【学名诠释与讨论】〈阳〉（希）phiale，一种宽而平的器皿或碗+aktis，所有格 aktinos，光线，光束，射线。此属的学名，ING、TROPICOS 和 IK 记载是"Philactis Schrader, Linnaea 8 Litt. Ber.：24. 1833"。"Phyllactis Steud., Nomencl. Bot.［Steudel］, ed. 2. 1；326. 1840［菊科 Asteraceae（Compositae）］"是"Philactis Schrad.（1833）"的拼写变体。【分布】墨西哥（南部），危地马拉，中美洲。【模式】Philactis zinnioides Schrader。【参考异名】Grypocarpha Greenm.（1903）；Phyllactis Steud.（1840）Nom. illegit. ●☆

39539　Philadelphaceae D. Don［亦见 Hydrangeaceae Dumort.（保留科名）绣球花科（八仙花科，绣球科）］【汉】山梅花科。【日】バイカウツギ科。【英】Mock-orange Family, Philadelphus Family。【包含】世界 7 属 135 种，中国 2 属 50 种。【分布】菲律宾，欧洲南部至东亚和北美洲，中美洲。【科名模式】Philadelphus L. ●

39540　Philadelphaceae Martinov（1820）= Hydrangeaceae Dumort.（保留科名）；~ = Philadelphaceae D. Don ●

39541　Philadelphus L.（1753）【汉】山梅花属。【日】バイカウツギ属，バイクワウツギ属。【俄】Чубушник。【英】Mock Orange, Mockorange, Mock-orange, Philadelphus, Syringa。【隶属】虎耳草科 Saxifragaceae//山梅花科 Philadelphaceae//绣球花科（八仙花科，绣球科）Hydrangeaceae。【包含】世界 70-80 种，中国 22-26 种。【学名诠释与讨论】〈阳〉（希）philadelphos，一种花很香的灌木的古名。另说为 P. Philadelphus，古埃及国王（B. C. 283-247）。此属的学名，ING、TROPICOS、APNI、GCI 和 IK 记载是"Philadelphus L., Sp. Pl. 1：470. 1753［1 May 1753］"。"Syringa P. Miller, Gard. Dict. Abr. ed. 4. 28 Jan 1754（non Linnaeus 1753）"是"Philadelphus L.（1753）"的晚出的同模式异名（Homotypic synonym, Nomenclatural synonym）。【分布】巴拿马，玻利维亚，哥斯达黎加，美国（密苏里），中国，北温带尤其东亚，中美洲。【后选模式】Philadelphus coronarius Linnaeus。【参考异名】Syringa Mill.（1754）Nom. illegit. ●

39542　Philaginopsis Walp.（1843）= Filaginopsis Torr. et A. Gray（1842）；~ = Filago L.（1753）（保留属名）［菊科 Asteraceae（Compositae）］■

39543　Philagonia Blume（1823）= Evodia J. R. Forst. et G. Forst.（1776）［芸香科 Rutaceae］●

39544　Philammos（Steven）Steven（1832）= Astragalus L.（1753）［豆科 Fabaceae（Leguminosae）//蝶形花科 Papilionaceae］●■

39545　Philammos Steven（1832）Nom. illegit. ≡ Philammos（Steven）

Steven（1832）；~ = Astragalus L.（1753）［豆科 Fabaceae （Leguminosae）//蝶形花科 Papilionaceae］●■

39546　Philastrea Pierre（1885）= Munronia Wight（1838）［楝科 Meliaceae］●

39547　Philbornea Hallier f.（1912）【汉】岛麻属。【隶属】亚麻科 Linaceae。【包含】世界2种。【学名诠释与讨论】〈阴〉（地）Phil, 菲律宾的缩写+Borneo, 加里曼丹岛（婆罗洲）。【分布】菲律宾, 加里曼丹岛。【模式】Philbornea magnifolia（Stapf）H. G. Hallier ［Durandea magnifolia Stapf］。●☆

39548　Philcoxia P. Taylor et V. C. Souza（2000）【汉】巴西参属。【隶属】玄参科 Scrophulariaceae//婆婆纳科 Veronicaceae。【包含】世界3种。【学名诠释与讨论】〈阴〉（希）philikos, 可爱的, 友好的。【分布】巴西。【模式】Philcoxia goiasensis P. Taylor。●☆

39549　Philenoptera Fenzl ex A. Rich.（1847）Nom. illegit. ≡ Philenoptera Hochst. ex A. Rich.（1847）；~ = Lonchocarpus Kunth （1824）（保留属名）［豆科 Fabaceae（Leguminosae）］●■☆

39550　Philenoptera Fenzl（1844）Nom. inval., Nom. nud.≡Philenoptera Fenzl ex A. Rich（1847）Nom. illegit.；~ ≡ Philenoptera Hochst. ex A. Rich.（1847）；~ =Lonchocarpus Kunth（1824）（保留属名）［豆科 Fabaceae（Leguminosae）］●■☆

39551　Philenoptera Hochst. ex A. Rich.（1847）【汉】肖矛果豆属。【隶属】豆科 Fabaceae（Leguminosae）。【包含】世界19种。【学名诠释与讨论】〈阴〉词源不详。此属的学名, ING 和 IPNI 记载是"Philenoptera Hochstetter ex A. Richard, Tent. Fl. Abyss. 1:232. 22 May 1847"。"Philenoptera Fenzl ex A. Rich.（1847）"的命名人引证有误。"Philenoptera Fenzl（1844）"是一个未合格发表的名称（Nom. inval.）。【分布】马达加斯加, 南美洲, 热带非洲。【模式】Philenoptera schimperi Hochstetter ex A. Richard。【参考异名】Capassa Klotzsch（1861）；Philenoptera Fenzl ex A. Rich.（1847）Nom. illegit. ●；Philenoptera Fenzl（1844）Nom. inval., Nom. nud. ■☆

39552　Phileozera Buckley（1861）= Actinea Juss.（1803）；~ = Actinella Pers.（1807）（废弃属名）；~ = Helenium L.（1753）［菊科 Asteraceae（Compositae）］■

39553　Philesia Comm. ex Juss.（1789）【汉】智利花属（金钟木属）。【隶属】百合科 Liliaceae//智利花科（垂花科, 金钟木科, 喜爱花科）Philesiaceae。【包含】世界1种。【学名诠释与讨论】〈阴〉（希）philos, 爱的, 喜欢的, 有感情的。又朋友。变成 philesis 爱的行为。philetor, 爱人。philikos, 可爱的, 友好的。【分布】智利。【模式】Philesia magellanica J. F. Gmelin。●☆

39554　Philesiaceae Dumort.（1829）（保留科名）【汉】智利花科（垂花科, 金钟木科, 喜爱花科）。【包含】世界2-8属10种。【分布】智利。【科名模式】Philesia Comm. ex Juss. ●■☆

39555　Philetaeria Liebm.（1851）= Fouquieria Kunth（1823）［柽柳科 Tamaricaceae//刺树科（澳可第罗科, 否筷科, 福桂花科）Fouquieriaceae］●☆

39556　Philexia Raf.=Lythrum L.（1753）［千屈菜科 Lythraceae］●■

39557　Philgamia Baill.（1894）Nom. inval.≡Philgamia Baill., Dubard et Dop（1908）［金虎尾科（黄褥花科）Malpighiaceae］●☆

39558　Philgamia Baill., Dubard et Dop（1908）【汉】马岛金虎尾属。【隶属】金虎尾科（黄褥花科）Malpighiaceae。【包含】世界4种。【学名诠释与讨论】〈阴〉词源不详。此属的学名, IK 记载是"Philgamia Baill., Dubard et Dop, Rev. Gén. Bot. xx. 354（1908）, descr."。"Philgamia Baillon in Grandidier, Hist. Phys. Madagascar 5:t. 265. Sep 1894≡Philgamia Baill., Dubard et Dop（1908）"是一个未合格发表的名称（Nom. inval.）。"Philgamia Baill. ex Dubard, Dop et Arènes, Notul. Syst.（Paris）11:88, descr. ampl. et emend. 1943"修订了属的描述。【分布】马达加斯加。【模式】

Philgamia hibbertioides Baillon。【参考异名】Philgamia Baill.（1894）Nom. inval.；Philgamia Baill. ex Dubard, Dop et Arènes（1943）descr. ampl. et emend. ●☆

39559　Philgamia Baill. ex Dubard, Dop et Arènes（1943）descr. ampl. et emend. =Philgamia Baill., Dubard et Dop（1908）［金虎尾科（黄褥花科）Malpighiaceae］●☆

39560　Philibertella Vail（1897）= Funastrum E. Fourn.（1882）；~ = Sarcostemma R. Br.（1810）［萝藦科 Asclepiadaceae］■

39561　Philibertia Kunth（1818）= Sarcostemma R. Br.（1810）［萝藦科 Asclepiadaceae］■

39562　Philippia Klotzsch（1834）【汉】肖石南属。【隶属】杜鹃花科（欧石南科）Ericaceae。【包含】世界99种。【学名诠释与讨论】〈阴〉（人）Federico Philippi, 1838-1910, 智利植物学者。另说纪念 Rudolph Amandus（Rodolfo, Rudolf Amando）Philippi, 1808-1904, 德国植物学者, 探险家, 植物采集家。此属的学名是"Philippia Klotzsch, Linnaea 9: 354. 1834（'1835'）［Elachistaceae］"。亦有文献把其处理为"Erica L.（1753）"的异名。褐藻的"Philippia P. Kuckuck, Wiss. Meeresuntersuch., Abt. Helgoland 17（4）: 19. Jun 1929 ≡ Portphillipia P. C. Silva 1970"是晚出的非法名称。【分布】马达加斯加, 马加林岛, 热带非洲和非洲南部。【后选模式】Philippia montana（Willdenow）Klotzsch ［Salaxis montana Willdenow］。【参考异名】Eleutherostemon Klotzsch（1838）；Erica L.（1753）●☆

39563　Philippiamra Kuntze（1891）Nom. illegit., Nom. superfl. ≡Silvaea Phil.（1860）［马齿苋科 Portulacaceae］●☆

39564　Philippicereus Backeb. = Eulychnia Phil.（1860）［仙人掌科 Cactaceae］●☆

39565　Philippiella Speg.（1897）【汉】异株指甲木属。【隶属】石竹科 Caryophyllaceae。【包含】世界1种。【学名诠释与讨论】〈阴〉（人）Federico Philippi, 1838-1910, 智利植物学者（或 Rudolph Amandus（Rodolfo, Rudolf Amando）Philippi, 1808-1904, 德国植物学者, 探险家, 植物采集家）+-ellus, -ella, -ellum, 加在名词词干后面形成指小式的词尾。或加在人名、属名等后面以组成新属的名称。【分布】巴塔哥尼亚。【模式】Philippiella patagonica Spegazzini。●☆

39566　Philippimalva Kuntze（1891）Nom. illegit. ≡ Tetraptera Phil.（1870）Nom. illegit.；~ =Gaya Kunth（1822）［锦葵科 Malvaceae］■●☆

39567　Philippinaea Schltr. et Ames = Orchipedum Breda（1829）Nom. illegit.；~ = Orchipedum Breda, Kuhl et Hasselt（1827）［兰科 Orchidaceae］■☆

39568　Philippodendraceae Endl. =Malvaceae Juss.（保留科名）●■

39569　Philippodendraceae Juss.（1847）= Malvaceae Juss.（保留科名）●■

39570　Philippodendron Endl.（1840）=Philippodendrum Poit.（1837）；~ = Plagianthus J. R. Forst. et G. Forst.（1776）［锦葵科 Malvaceae］●☆

39571　Philippodendrum Poit.（1837）= Plagianthus J. R. Forst. et G. Forst.（1776）［锦葵科 Malvaceae］●☆

39572　Phillipsia Rolfe ex Baker（1895）Nom. illegit. = Dyschoriste Nees （1832）；~ = Phillipsia Rolfe（1895）；~ = Satanocrater Schweinf.（1868）［爵床科 Acanthaceae］■☆

39573　Phillipsia Rolfe（1895）Nom. illegit. ≡ Phillipsia Rolfe ex Baker （1895）Nom. illegit.；~ = Dyschoriste Nees（1832）；~ = Phillipsia Rolfe（1895）；~ = Satanocrater Schweinf.（1868）［爵床科 Acanthaceae］■☆

39574　Phillyraea Moench, Nom. illegit. = Phillyrea L.（1753）［木犀榄

科(木犀科)Oleaceae]●☆

39575　Phillyrea L.（1753）【汉】欧女贞属(非丽属,假女贞属,总序桂属)。【俄】Липа каменная,Филирея。【英】Mock Privet, Phillyrea。【隶属】木犀榄科(木犀科)Oleaceae。【包含】世界2-4种。【学名诠释与讨论】〈阴〉(希)phillyrea,植物古名,来自philyna,菩提树。此属的学名,ING、TROPICOS、GCI和IK记载是"Phillyrea L., Sp. Pl. 1: 7. 1753［1 May 1753］"。"Phyllirea Adanson, Fam. 2: 223. Jul-Aug 1763 ≡ Phyllirea Tourn. ex Adans.（1763）Nom. illegit."是"Phillyrea L.（1753）"的晚出的同模式异名(Homotypic synonym, Nomenclatural synonym)。【分布】葡萄牙(马德拉群岛),地中海至伊朗。【后选模式】Phillyrea latifolia Linnaeus。【参考异名】Phillyraea Moench, Nom. illegit.; Philyrea Blume, Nom. illegit.; Phyllirea Adans.（1763）Nom. illegit., Nom. inval.; Phyllirea Duhamel, Nom. illegit.; Phyllirea Tourn. ex Adans.（1763）Nom. illegit., ,;Phyllyrea G. Don（1837−1838）●☆

39576　Phillyrophyllum O. Hoffm.（1890）= Philyrophyllum O. Hoffm.（1890）［菊科 Asteraceae(Compositae)］■☆

39577　Philocrena Bong.（1834）= Tristicha Thouars(1806)［髯管花科 Geniostomaceae//三列苔草科 Tristichaceae]■☆

39578　Philocrenaceae Bong.（1834）= Podostemaceae Rich. ex Kunth(保留科名)■

39579　Philodendraceae Vines =Araceae Juss.(保留科名)■●

39580　Philodendron Schott ex Endl.（1831）(废弃属名)≡ Philodendron Schott(1829)［as 'Philodendrum'](保留属名)［天南星科 Araceae]■●

39581　Philodendron Schott(1829)［as 'Philodendrum'](保留属名)【汉】喜林芋属(蔓绿绒属)。【日】フィロデンドロン属。【俄】Филодендрон。【英】Philodendron。【隶属】天南星科 Araceae。【包含】世界350-500种,中国6种。【学名诠释与讨论】〈中〉(希)philos,喜欢的,爱的,友好+dendron 或 dendros,树木,棍,丛林。此属的学名"Philodendron Schott in Wiener Z. Kunst 1829: 780. 6 Aug 1829('Philodendrum')(orth. cons.)"是保留属名。法规未列出相应的废弃属名。但是其拼写变体"Philodendrum Schott(1829)"应该废弃。"Philodendron Schott ex Endl.（1831）≡Philodendron Schott(1829)"亦应废弃。"Telipodus Rafinesque, Fl. Tell. 3: 66. Nov−Dec 1837('1836')"是"Philodendron Schott (1829)［as 'Philodendrum'](保留属名)"的晚出的同模式异名,(Homotypic synonym, Nomenclatural synonym)。【分布】巴拿马,秘鲁,玻利维亚,厄瓜多尔,哥伦比亚(安蒂奥基亚),哥斯达黎加,尼加拉瓜,中国,西印度群岛,美洲温暖地区,中美洲。【模式】Philodendron hoffmannseggii C. F. P. Martius［as 'hoffmannseggii']。【参考异名】Arosma Raf.（1837）; Baursea Hoffmanns.（1824）; Baursea Hort. ex Hoffmanns.（1824）; Calostigma Schott（1832）Nom. inval.; Elopium Schott（1865）; Meconostigma Schott ex B. D. Jacks.（1894）; Meconostigma Schott（1832）; Philodendron Schott ex Endl.（1831）(废弃属名); Philodendrum Schott(1829)Nom. illegit.(废弃属名); Plagianthus J. R. Forst. et G. Forst.（1776）; Solenostigma Klotasch ex K. Krause; Sphincterostigma Schott ex B. D. Jacks.（1895）; Sphincterostigma Schott（1832）Nom. inval.; Telipodus Raf.（1837）Nom. illegit.; Thaumatophyllum Schott(1859)■●

39582　Philodendrum Schott（1829）Nom. illegit.(废弃属名)≡ Philodendron Schott(1829)［as 'Philodendrum'](保留属名)［天南星科 Araceae]■●

39583　Philodice Mart.（1834）【汉】无鞘谷精草属。【隶属】谷精草科 Eriocaulaceae。【包含】世界1-2种。【学名诠释与讨论】〈阴〉(希)philos,喜欢的,爱的,朋友+dike,习惯,惯例。【分布】巴西,

玻利维亚。【模式】Philodice hoffmannseggii C. F. P. Martius［as 'hoffmannseggii']。■☆

39584　Philoglossa DC.（1836）【汉】匍匐黑药菊属。【隶属】菊科 Asteraceae(Compositae)。【包含】世界5种。【学名诠释与讨论】〈阴〉(希)philos,喜欢的,爱的,朋友+glossa,舌。【分布】秘鲁,厄瓜多尔。【模式】Philoglossa peruviana A. P. de Candolle。■☆

39585　Philogyne Salisb.（1866）Nom. inval., Nom. nud. ≡ Philogyne Salisb. ex Haw.（1819）; ~ = Narcissus L.（1753）［石蒜科 Amaryllidaceae//水仙科 Narcissaceae]■

39586　Philogyne Salisb. ex Haw.（1819）= Narcissus L.（1753）［石蒜科 Amaryllidaceae//水仙科 Narcissaceae]■

39587　Philomeda Noronha ex Thouars（1806）= Ouratea Aubl.（1775）(保留属名)［金莲木科 Ochnaceae]●

39588　Philomidoschema Vved. =Stachys L.（1753）［唇形科 Lamiaceae(Labiatae)]●■

39589　Philonomia DC. ex Meisn.（1841）= Macromeria D. Don(1832)［紫草科 Boraginaceae]■☆

39590　Philonotion Schott（1857）= Schismatoglottis Zoll. et Moritzi (1846)［天南星科 Araceae]■

39591　Philostemon Raf.（1817）= Rhus L.（1753）［漆树科 Anacardiaceae]●

39592　Philostemum Steud.（1841）Nom. illegit. ≡ Philostemon Raf.（1817）; ~ =Rhus L.（1753）［漆树科 Anacardiaceae]●

39593　Philostizus Cass.（1826）= Centaurea L.（1753）(保留属名)［菊科 Asteraceae(Compositae)//矢车菊科 Centaureaceae]●■

39594　Philotheca Rudge(1816)【汉】佳囊芸香属。【英】Wax Flower。【隶属】芸香科 Rutaceae。【包含】世界6种。【学名诠释与讨论】〈阴〉(希)philos,喜欢的,爱的,朋友+theke =拉丁文 theca,匣子,箱子,室,药室,囊。【分布】澳大利亚。【模式】Philotheca australis Rudge, Nom. illegit.［Eriostemon salsolifolius J. E. Smith; Philotheca salsolifolia（J. E. Smith）Druce］。【参考异名】Drummondita Harv.（1855）; Pilotheca T. L. Mitch.（1848）●☆

39595　Philotria Raf.（1818）Nom. illegit. ≡ Elodea Michx.（1803）［水鳖科 Hydrocharitaceae]■☆

39596　Philoxerus R. Br.（1810）【汉】安旱苋属(安旱草属)。【日】イソフサギ属。【英】Philoxerus。【隶属】苋科 Amaranthaceae。【包含】世界15种,中国1种。【学名诠释与讨论】〈阳〉(希)philos,喜欢的,爱的,朋友+xeros,干旱。指植物习生于干旱地。此属的学名,ING、TROPICOS、APNI、GCI和IK记载是"Philoxerus R. Br., Prodr. Fl. Nov. Holland. 416. 1810［27 Mar 1810］"。"Caraxeron Vaillant ex Rafinesque, Fl. Tell. 3: 38. Nov−Dec 1837 ('1836')"是"Philoxerus R. Br.（1810）"的晚出的同模式异名(Homotypic synonym, Nomenclatural synonym)。亦有文献把"Philoxerus R. Br.（1810）"处理为"Gomphrena L.（1753）"的异名。【分布】巴拿马,澳大利亚(热带),中国,西印度群岛,非洲西部,美洲。【后选模式】Philoxerus conicus R. Brown。【参考异名】Blutaparon Raf.（1838）; Caraxeron Vaill. ex Raf.（1837）Nom. illegit.; Gomphrena L.（1753）●■

39597　Philyca Boehm., Nom. illegit. = Phylica L.（1753）［as 'Philyca']［鼠李科 Rhamnaceae//菲利木科 Phylicaceae]●☆

39598　Philyca L.（1753）Nom. illegit. ≡ Phylica L.（1753）［as 'Philyca']［鼠李科 Rhamnaceae//菲利木科 Phylicaceae]●☆

39599　Philydraceae Link(1821)(保留科名)【汉】田葱科。【日】タスキアヤメ科。【英】Fildchive Family, Philydrum Family。【包含】世界3-4属5-60种,中国1属1种。【分布】印度−马来西亚,澳大利亚。【科名模式】Philydrum Banks ex Gaertn.（1788）■

39600　Philydrella Caruel(1878)【汉】小田葱属。【隶属】田葱科

Philydraceae。【包含】世界 1-2 种。【学名诠释与讨论】〈阴〉（属）Philydrum 田葱属+-ellus, -ella, -ellum, 加在名词词干后面形成指小式的词尾。或加在人名、属名等后面以组成新属的名称。此属的学名"Philydrella Caruel, Nuovo Giorn. Bot. Ital. 10：91. 1878"是一个替代名称。"Hetaeria Endl., Gen. Pl.［Endlicher］133. 1836［Dec 1836］"是一个非法名称（Nom. illegit.），因为此前已经有了"Hetaeria Blume, Bijdr. Fl. Ned. Ind. 8：409. 1825［20 Sep - 7 Dec 1825］［as 'Etaeria'］（保留属名）［兰科 Orchidaceae］"。故用"Philydrella Caruel（1878）"替代之。【分布】澳大利亚。【模式】Philydrella pygmaea（R. Br.）Caruel［Philydrum pygmaeum R. Br.］。【参考异名】Hetaeria Endl.（1836）Nom. illegit.（废弃属名）；Pritzelia F. Muell.（1875）Nom. illegit. ■☆

39601 Philydrum Banks et Sol. ex Gaertn.（1788）Nom. illegit. ≡ Philydrum Banks ex Gaertn.（1788）［田葱科 Philydraceae］■

39602 Philydrum Banks ex Gaertn.（1788）【汉】田葱属。【日】タヌキアヤメ属。【英】Fildchive, Philydrum。【隶属】田葱科 Philydraceae。【包含】世界 1 种,中国 1 种。【学名诠释与讨论】〈中〉（希）philos, 喜欢的、爱的+hydor, 所有格 hydatos, 水。变为 hydra =爱奥尼亚语 hydre, 一种水蛇。在希腊文组合词中, 词头 hydro-即为"水"之义。指本属植物习生于水中。此属的学名, ING、APNI 和 IK 记载是"Philydrum Banks ex Gaertn., De Fructibus et Seminibus Plantarum 1 1788"。"Philydrum Banks（1788）≡ Philydrum Banks ex Gaertn.（1788）"和"Philydrum Banks et Sol. ex Gaertn.（1788）≡ Philydrum Banks ex Gaertn.（1788）"的命名人引证有误。【分布】澳大利亚, 马来西亚, 中国, 东亚。【模式】Philydrum lanuginosum J. Gaertner。【参考异名】Garciana Lour.（1790）；Philydrum Banks et Sol. ex Gaertn.（1788）Nom. illegit.；Philydrum Banks（1788）Nom. illegit.；Phylidrum Willd.（1797）■

39603 Philydrum Banks（1788）Nom. illegit. ≡ Philydrum Banks ex Gaertn.（1788）［田葱科 Philydraceae］■

39604 Philyra Klotzsch（1841）【汉】巴西菲利大戟属。【隶属】大戟科 Euphorbiaceae。【包含】世界 1 种。【学名诠释与讨论】〈阴〉（希）philyrea, 一种灌木古名。【分布】巴拉圭, 巴西（南部）。【模式】Philyra brasiliensis Klotzsch。【参考异名】Phyllera Endl., Nom. illegit. ●☆

39605 Philyrea Blume, Nom. illegit. = Phillyrea L.（1753）［木犀榄科（木犀科）Oleaceae］●☆

39606 Philyrophyllum O. Hoffm.（1890）【汉】金绒草属。【隶属】菊科 Asteraceae（Compositae）。【包含】世界 1-2 种。【学名诠释与讨论】〈中〉（希）philyrea, 一种灌木名称+希腊文 phyllon, 叶子。phyllodes, 似叶的, 多叶的。phylleion, 绿色材料, 绿草。【分布】博兹瓦纳, 南非（德兰士瓦）。【模式】Philyrophyllum schinzii O. Hoffmann。【参考异名】Phillyrophyllum O. Hoffm.（1890）■☆

39607 Phinaea Benth.（1876）【汉】飞尼亚苣苔属。【英】Phinaea。【隶属】苦苣苔科 Gesneriaceae。【包含】世界 6-10 种。【学名诠释与讨论】〈阴〉（属）由雪白苣苔属字母改缀而来。【分布】巴拿马, 秘鲁, 厄瓜多尔, 哥伦比亚, 墨西哥, 尼加拉瓜, 中美洲。【后选模式】Phinaea albolineata（W. J. Hooker）Bentham ex Hemsley。■☆

39608 Phippsia（Trin.）R. Br.（1823）【汉】松鼠尾草属。【俄】Фиппсия。【英】Icegrass, Ice - grass。【隶属】禾本科 Poaceae（Gramineae）。【包含】世界 3 种。【学名诠释与讨论】〈阴〉（人）Constantine John Phipps, 1744－1792, 植物学者 J. Banks 的朋友。此属的学名, ING、TROPICOS 和 IK 记载是"Phippsia R. Br., Chlor. Melvill. 27. 1823［late 1823］"。GCI 则记载为"Phippsia

（Trin.）R. Br., Chlor. Melvill. 27. 1823", 由"Vilfa subgen. Phippsia Trin. Neue Entdeck. Pflanzenk. 2：37. 1821"改级而来。【分布】巴基斯坦, 玻利维亚, 温带南美洲山区。【模式】Phippsia algida（Solander）R. Brown［Agrostis algida Solander］。【参考异名】Phippsia R. Br.（1823）Nom. illegit.；Vilfa subgen. Phippsia Trin.（1821）■☆

39609 Phippsia R. Br.（1823）Nom. illegit. ≡ Phippsia（Trin.）R. Br.（1823）［禾本科 Poaceae（Gramineae）］■☆

39610 Phisalis Nocca（1793）= Physalis L.（1753）［茄科 Solanaceae］■

39611 Phitopis Hook. f.（1871）【汉】秘鲁茜属。【隶属】茜草科 Rubiaceae。【包含】世界 2 种。【学名诠释与讨论】〈阴〉词源不详。【分布】秘鲁。【模式】Phitopis multiflora J. D. Hooker。●☆

39612 Phitosia Kamari et Greuter（2000）【汉】光株还阳参属。【隶属】菊科 Asteraceae（Compositae）。【包含】世界 1 种。【学名诠释与讨论】〈阴〉（人）Demetrius Phitos, 1930－?, 植物学者。此属的学名是"Phitosia Kamari et Greuter, Botanika Chronika 13：14. 2000"。亦有文献把其处理为"Crepis L.（1753）"的异名。【分布】希腊。【模式】Phitosia crocifolia（Boiss. et Heldr.）Kamari et Greuter。【参考异名】Crepis L.（1753）■☆

39613 Phleaceae Link = Gramineae Juss.（保留科名）//Poaceae Barnhart（保留科名）■●

39614 Phlebanthe Post et Kuntze（1903）Nom. illegit. = Ajuga L.（1753）；~ = Phleboanthe Tausch（1828）［唇形科 Lamiaceae（Labiatae）］■●

39615 Phlebanthe Rchb.（1841）Nom. illegit. ≡ Phlebanthia Rchb.（1841）；~ = Minuartia L.（1753）［石竹科 Caryophyllaceae］■

39616 Phlebanthia Rchb.（1841）= Minuartia L.（1753）［石竹科 Caryophyllaceae］■

39617 Phlebidia Lindl. = Disa P. J. Bergius（1767）［兰科 Orchidaceae］■☆

39618 Phlebiophragmus O. E. Schulz（1924）【汉】篱脉芥属（脉障芥属）。【隶属】十字花科 Brassicaceae（Cruciferae）。【包含】世界 1 种。【学名诠释与讨论】〈阳〉（希）phleps, 所有格 phlebos, 叶脉, 脉纹, 静脉, 血管+phragma, 所有格 phragmatos, 篱笆。phragmos. 篱笆, 障碍物。phragmites, 长在篱笆中的。此属的学名是"Phlebiophragmus O. E. Schulz in Engler, Pflanzenr. IV. 105（Heft 86）：165. 22 Jul 1924"。亦有文献把其处理为"Mostacillastrum O. E. Schulz（1924）"的异名。【分布】秘鲁。【模式】Phlebiophragmus macrorrhizus（Muschler）O. E. Schulz［Thelypodium macrorhizum Muschler］。【参考异名】Mostacillastrum O. E. Schulz（1924）■☆

39619 Phleboanthe Tausch（1828）= Ajuga L.（1753）［唇形科 Lamiaceae（Labiatae）］■●

39620 Phlebocalymna Benth.（1838）Nom. illegit. = Phlebocalymna Griff. ex Benth. et Hook. f.（1862）Nom. illegit.；~ = Gonocaryum Miq.（1861）［楔药花科 Sphenostemonaceae//茶茱萸科 Icacinaceae//心翼果科 Cardiopteridaceae//美冬青科 Aquifoliaceae//盔瓣花科 Paracryphiaceae］●

39621 Phlebocalymna Griff. ex Benth.（1862）Nom. illegit. = Phlebocalymna Griff. ex Benth. et Hook. f.（1862）Nom. illegit.；~ = Gonocaryum Miq.（1861）［楔药花科 Sphenostemonaceae//茶茱萸科 Icacinaceae//心翼果科 Cardiopteridaceae//美冬青科 Aquifoliaceae//盔瓣花科 Paracryphiaceae］●

39622 Phlebocalymna Griff. ex Miers = Gonocaryum Miq.（1861）；~ = Sphenostemon Baill.（1875）［楔药花科 Sphenostemonaceae//茶茱萸科 Icacinaceae//心翼果科 Cardiopteridaceae//美冬青科 Aquifoliaceae//盔瓣花科 Paracryphiaceae］●

39623　Phlebocarya R. Br.（1810）【汉】棱果血草属。【隶属】血草科（半授花科，给血草科，血皮草科）Haemodoraceae。【包含】世界 3 种。【学名诠释与讨论】〈阴〉（希）phleps，所有格 phlebos，叶脉，脉纹，静脉，血管+karyon，胡桃，硬壳果，核，坚果。指果实具脉纹。【分布】澳大利亚（西部）。【模式】Phlebocarya ciliata R. Brown。■☆

39624　Phlebochilus（Benth.）Szlach.（2001）【汉】棱唇兰属。【隶属】兰科 Orchidaceae。【包含】世界 21 种。【学名诠释与讨论】〈阴〉（希）phleps，所有格 phlebos，叶脉，脉纹，静脉，血管+cheilos，唇。在希腊文组合词中，cheil-，cheilo-，-chilus，-chilia 等均为"唇，边缘"之义。此属的学名，IK 记载是"Phlebochilus（Benth.）Szlach.，Polish Bot. J. 46（1）：14. 2001［28 Feb 2001］"，由"Caladenia sect. Phlebochilus Benth.，Flora Australiensis 6 1873"改级而来。亦有文献把"Phlebochilus（Benth.）Szlach.（2001）"处理为"Caladenia R. Br.（1810）"的异名。【分布】参见"Caladenia R. Br.（1810）"。【模式】不详。【参考异名】Caladenia R. Br.（1810）；Caladenia sect. Phlebochilus Benth.（1873）；Caladenia ser. Phlebochilus（Benth.）M. A. Clem.（2015）；Caladenia subgen. Phlebochilus（Benth.）Hopper et A. P. Br.（2000）■☆

39625　Phlebochiton Wall.（1835）= Pegia Colebr.（1827）［漆树科 Anacardiaceae］●

39626　Phlebolithis Gaertn.（1788）【汉】印度山榄属。【隶属】山榄科 Sapotaceae。【包含】世界 1 种。【学名诠释与讨论】〈阴〉（希）phleps，所有格 phlebos，叶脉，脉纹，静脉，血管+lithos，石头。【分布】印度。【模式】Phlebolithis indica Gaertn.。【参考异名】Phebolitis DC.（1844）●☆

39627　Phlebolobium O. E. Schulz（1933）【汉】脉裂芥属。【隶属】十字花科 Brassicaceae（Cruciferae）。【包含】世界 1 种。【学名诠释与讨论】〈中〉（希）phleps，所有格 phlebos，叶脉，脉纹，静脉，血管+lobos=拉丁文 lobulus，片，裂片，叶，荚，蒴+-ius，-ia，-ium，在拉丁文和希腊文中，这些词尾表示性质或状态。【分布】福克兰群岛。【模式】Phlebolobium maclovianum（Dumont d'Urville）O. E. Schulz［Brassica macloviana Dumont d'Urville］。■☆

39628　Phlebophyllum Nees（1832）= Strobilanthes Blume（1826）［爵床科 Acanthaceae］●■

39629　Phlebosporium Hassk.（1847）= Phlebophyllum Nees（1832）；~ = Strobilanthes Blume（1826）［爵床科 Acanthaceae］●■

39630　Phlebosporum Jungh.（1845）= Lespedeza Michx.（1803）［豆科 Fabaceae（Leguminosae）//蝶形花科 Papilionaceae］●■

39631　Phlebotaenia Griseb.（1860）【汉】带脉远志属。【隶属】远志科 Polygalaceae。【包含】世界 3 种。【学名诠释与讨论】〈阴〉（希）phleps，所有格 phlebos，叶脉，脉纹，静脉，血管+tainia，变为拉丁文 taenia，带。taeniatus，有条纹的。taenidium，螺旋丝。此属的学名，ING、TROPICOS、GCI 和 IK 记载是"Phlebotaenia Griseb.，Pl. Wright.（Grisebach）1：156. 1860［Dec 1860］"。它曾被处理为"Polygala sect. Phlebotaenia（Griseb.）Chodat，Archives des Sciences Physiques et Naturelles ser. 3，25（698）：. 1891"和"Polygala subgen. Phlebotaenia（Griseb.）S. F. Blake，Contributions from the Gray Herbarium of Harvard University 2（47）：8-9. 1916.（10 Aug 1916）"。亦有文献把"Phlebotaenia Griseb.（1860）"处理为"Polygala L.（1753）"的异名。【分布】波多黎各，古巴。【模式】Phlebotaenia cuneata Grisebach。【参考异名】Polygala L.（1753）；Polygala sect. Phlebotaenia（Griseb.）Chodat（1891）；Polygala subgen. Phlebotaenia（Griseb.）S. F. Blake（1916）●■☆

39632　Phlebothamnion Kütz.（1843）Nom. illegit.［远志科 Polygalaceae］☆

39633　Phledinium Spach（1838）Nom. illegit. ≡ Delphinium L.（1753）［毛茛科 Ranunculaceae//翠雀花科 Delphiniaceae］■

39634　Phlegmatospermum O. E. Schulz（1933）【汉】黏籽芥属。【隶属】十字花科 Brassicaceae（Cruciferae）。【包含】世界 4 种。【学名诠释与讨论】〈中〉（希）phlegma，所有格 phlegmatos，热，黏液+sperma，所有格 spermatos，种子，孢子。指种子潮湿时具黏性。【分布】澳大利亚。【后选模式】Phlegmatospermum cochlearinum（F. von Mueller）O. E. Schulz［Eunomia cochlearina F. von Mueller］。■☆

39635　Phleobanthe Ledeb.（1849）= Ajuga L.（1753）；~ = Phleboanthe Tausch（1828）［唇形科 Lamiaceae（Labiatae）］■●

39636　Phleoides Ehrh.（1789）= Phalaris L.（1753）；~ = Phleum L.（1753）［禾本科 Poaceae（Gramineae）//蘋草科 Phalariaceae］■

39637　Phleum L.（1753）【汉】梯牧草属（大粟草属，大粟米草属）。【日】アハガヘリ属，アワガエリ属。【俄】Аржанец，Тимофеевка。【英】Cat's Tail，Cat's Tail Grass，Cat's-tail，Herd's-grass，Timothy。【隶属】禾本科 Poaceae（Gramineae）。【包含】世界 16 种，中国 4 种。【学名诠释与讨论】〈中〉（希）phleos，phlous，phloun，phleon，一种开花的水生植物，林奈转用为本属名。此属的学名，ING、TROPICOS、APNI、GCI 和 IK 记载是"Phleum L.，Sp. Pl. 1：59. 1753［1 May 1753］"。"Stelephuros Adanson，Fam. 2：31，607. Jul-Aug 1763"是"Phleum L.（1753）"的晚出的同模式异名（Homotypic synonym，Nomenclatural synonym）。【分布】巴基斯坦，玻利维亚，马达加斯加，美国（密苏里），墨西哥，中国，温带，中美洲。【后选模式】Phleum pratense Linnaeus。【参考异名】Achnodon Link（1827）Nom. illegit. ；Achnodonton P. Beauv.（1812）；Chilochloa P. Beauv.（1812）；Heleochloa P. Beauv.（1812）Nom. illegit. ；Maillea Parl.（1842）Nom. illegit. ；Phalarella Boiss.（1844）Nom. inval. ，Nom. illegit. ；Phleoides Ehrh.（1789）；Plantinia Bubani（1873）Nom. illegit. ；Pseudophleum Dogan（1982）；Stelephuros Adans.（1763）Nom. illegit. ；Stelophurus Post et Kuntze（1903）■☆

39638　Phloeodicarpus Bess. = Phlojodicarpus Turcz. ex Ledeb.（1844）［伞形花科（伞形科）Apiaceae（Umbelliferae）］■

39639　Phloeophila Hoehne et Schltr.（1926）= Pleurothallis R. Br.（1813）［兰科 Orchidaceae］■☆

39640　Phloga Noronha ex Benth. et Hook. f.（1883）【汉】簇叶椰属（簇叶桐属，夫落哥桐属）。【隶属】棕榈科 Arecaceae（Palmae）。【包含】世界 2 种。【学名诠释与讨论】〈阴〉（希）phlox，所有格 phlogos，火焰，微红的。此属的学名，ING 记载是"Phloga Noronha ex Bentham et Hook. f.，Gen. 3：877，909. 14 Apr 1883"。IK 和 TROPICOS 则记载为"Phloga Noronha ex Hook. f.，Gen. Pl.［Bentham et Hooker f.］3（2）：909. 1883［14 Apr 1883］"。三者引用的文献相同。"Phloga Noronha，in Thou. Prodr. Phyt. 2. 1811 ≡ Phloga Noronha ex Benth. et Hook. f.（1883）"是一个未合格发表的名称（Nom. inval.）。"Phloga Noronha ex Thou.，Prod. Phyt. 2；in Melang.（1811）nomen ≡ Phloga Noronha ex Benth. et Hook. f.（1883）"的命名人引证有误。亦有文献把"Phloga Noronha ex Benth. et Hook. f.（1883）"处理为"Dypsis Noronha ex Mart.（1837）"的异名。【分布】马达加斯加。【模式】Phloga nodifera（Martius）Noronha ex Salomon［Dypsis nodifera Martius］。【参考异名】Dypsis Noronha ex Mart.（1837）；Phloga Noronha ex Hook. f.（1883）Nom. illegit. ；Phloga Noronha ex Thou.（1811）Nom. inval. ，Nom. illegit. ；Phloga Noronha（1811）Nom. inval. ●☆

39641　Phloga Noronha ex Hook. f.（1883）Nom. illegit. ≡ Phloga Noronha ex Benth. et Hook. f.（1883）［棕榈科 Arecaceae（Palmae）］●☆

39642　Phloga Noronha ex Thou.（1811）Nom. inval. ，Nom. illegit. ≡

Phloga Noronha ex Benth. et Hook. f.（1883）［棕榈科 Arecaceae（Palmae）］●☆

39643 Phloga Noronha（1811）Nom. inval. ≡ Phloga Noronha ex Benth. et Hook. f.（1883）［棕榈科 Arecaceae（Palmae）］●☆

39644 Phlogacanthus Nees（1832）【汉】火焰花属（焰爵床属）。【英】Falmeflower，Phlogacanthus。【隶属】爵床科 Acanthaceae。【包含】世界 15-17 种，中国 5-6 种。【学名诠释与讨论】〈阳〉（希）phlox，所有格 phlogos，火焰，微红的+Acanthus 老鼠簕属。指花红色，与老鼠簕属有亲缘关系。或 phlox，所有格 phlogos，火焰，微红的+akantha，荆棘，刺。【分布】印度至马来西亚，中国。【模式】未指定。【参考异名】Cystacanthus T. Anderson（1867）；Diotacanthus Benth.（1876）；Dothieroa Raf.；Janasia Raf.（1838）；Loxanthus Nees（1832）；Meninia Fua ex Hook. f.（1873）●■

39645 Phlogella Baill.（1894）【汉】小簇叶椰属（拟夫落哥椰属）。【隶属】棕榈科 Arecaceae（Palmae）。【包含】世界 1 种。【学名诠释与讨论】〈阴〉（属）Phloga 簇叶椰属+-ellus，-ella，-ellum，加在名词词干后面形成指小式的词尾。或加在人名、属名等后面以组成新属的名称。此属的学名是“Phlogella Baillon，Bull. Mens. Soc. Linn. Paris 2：1174. 5 Dec 1894”。亦有文献把其处理为“Chrysalidocarpus H. Wendl.（1878）”或“Dypsis Noronha ex Mart.（1837）”的异名。【分布】科摩罗，马达加斯加，中国。【模式】Phlogella humblotiana Baillon。【参考异名】Chrysalidocarpus H. Wendl.（1878）；Dypsis Noronha ex Mart.（1837）●

39646 Phloiodicarpus Bess.（1834）Nom. illegit. ≡ Phloiodicarpus Turcz. ex Bess.（1834）Nom. illegit. ；~ ≡ Phlojodicarpus Turcz. ex Ledeb.（1844）［伞形花科（伞形科）Apiaceae（Umbelliferae）］■

39647 Phloiodicarpus Rchb. = Phlojodicarpus Turcz. ex Ledeb.（1844）［伞形花科（伞形科）Apiaceae（Umbelliferae）］■

39648 Phloiodicarpus Turcz. ex Bess.（1834）Nom. illegit. ≡ Phlojodicarpus Turcz. ex Ledeb.（1844）［伞形花科（伞形科）Apiaceae（Umbelliferae）］■

39649 Phlojodicarpus Turcz.（1834）Nom. illegit. ≡ Phlojodicarpus Turcz. ex Ledeb.（1844）［伞形花科（伞形科）Apiaceae（Umbelliferae）］■

39650 Phlojodicarpus Turcz. ex Ledeb.（1844）【汉】胀果芹属（燥芹属）。【俄】Виздутоплодник，Флойодикарский。【英】Swellenfruit Celery。【隶属】伞形花科（伞形科）Apiaceae（Umbelliferae）。【包含】世界 2-4 种，中国 2 种。【学名诠释与讨论】〈阳〉（希）phloios，树皮+di，双，2 个+karpos，果实。指果皮厚，木质化。此属的学名，ING、TROPICOS 和 IK 记载是“Phlojodicarpus Turcz. ex Ledeb.，Fl. Ross.（Ledeb.）2（1，5）：331. 1844 [Jul 1844]”；《中国植物志》英文版亦使用此名称。《苏联植物志》和《中国植物志》中文版使用“Phlojodicarpus Turcz.”。也有学者承认“假阿魏属 Ferulopsis M. Kitagawa，J. Jap. Bot. 46：283. Sep 1971”，《中国植物志》英文版把其处理为“Phloiodicarpus Turcz. ex Bess. ex Ledeb.（1844）胀果芹属”的异名。【分布】中国，西伯利亚。【后选模式】Phlojodicarpus villosus（Turczaninow ex F. E. L. Fischer et C. A. Meyer）Ledebour [Libanotis villosa Turczaninow ex F. E. L. Fischer et C. A. Meyer]。【参考异名】Ferulopsis Kitag.（1971）；Phloeodicarpus Bess.（1834）Nom. illegit.；Phloiodicarpus Bess.（1834）Nom. illegit.；Phloiodicarpus Rchb.；Phloiodicarpus Turcz. ex Bess.（1834）Nom. illegit.；Phlojodicarpus Turcz.（1834）Nom. illegit. ■

39651 Phlomidopsis Link（1829）= Phlomis L.（1753）［唇形科 Lamiaceae（Labiatae）］●■

39652 Phlomidoschema（Benth.）Vved.（1941）【汉】中亚糙苏属。【俄】Чистец мелкоцветковый。【英】Littleflower Betony。【隶属】唇形科 Lamiaceae（Labiatae）。【包含】世界 1 种。【学名诠释与讨论】〈中〉（属）Phlomis 糙苏属+schema，所有格 schematos，形式，形状。此属的学名，ING 和 IK 记载是“Phlomidoschema A. I. Vvedensky，Bot. Mater. Gerb. Bot. Inst. Komarova Akad. Nauk SSSR 9：54. 1941（post 18 Apr）”。《苏联植物志》则记载为“Phlomidoschema（Benth.）Vved.（1941）”。亦有文献把“Phlomidoschema（Benth.）Vved.（1941）”处理为“Stachys L.（1753）”的异名。【分布】巴基斯坦，伊朗至亚洲中部和西喜马拉雅山。【模式】Phlomidoschema parviflorum（Bentham）A. I. Vvedensky [Stachys parviflora Bentham]。【参考异名】Phlomidoschema Vved.（1941）Nom. illegit.；Stachys L.（1753）■☆

39653 Phlomidoschema Vved.（1941）Nom. illegit. ≡ Phlomidoschema（Benth.）Vved.（1941）［唇形科 Lamiaceae（Labiatae）］■☆

39654 Phlomis L.（1753）【汉】糙苏属。【日】オオキセワタ属，オホキセワタ属，フローミス属。【俄】Зопник。【英】Jerusalem Sage，Jerusalemsage，Phlomis，Sage，Woolly Sage。【隶属】唇形科 Lamiaceae（Labiatae）。【包含】世界 100 种，中国 43-46 种。【学名诠释与讨论】〈阴〉（希）phlomos，一种植物俗名。此属的学名，ING、TROPICOS 和 IK 记载是“Phlomis L.，Sp. Pl. 2：584. 1753 [1 May 1753]”。“Phlomitis（H. G. L. Reichenbach）F. C. L. Spenner in T. F. L. Nees，Gen. Pl. Fl. German.，Dicot. 2，Gamopet. 2：ad t. 43. 1839-1840（‘1843’）≡ Phlomoides Moench（1794）［唇形科 Lamiaceae（Labiatae）］”是其异名；“Phlomitis Rchb. ex T. Nees，Gen. Fl. Germ. [T. Nees] Gamop.，2：Trib. VII. n. 43. 1843 ≡ Phlomitis（Rchb.）Spenn.（1839-1840）Nom. illegit.”的命名人引证有误；“Phlomites（H. G. L. Reichenbach）Spenner 1843 ≡ Phlomitis（Rchb.）Spenn.（1839-1840）Nom. illegit.”拼写错误。也有学者把“Phlomoides Moench，Methodus（Moench）403（1794）[4 May 1794]”处理为“Phlomis L.（1753）”的异名。【分布】巴基斯坦，玻利维亚，马达加斯加，中国。【后选模式】Phlomis fruticosa Linnaeus。【参考异名】Anemitis Raf.（1837）；Beloakon Raf.（1837）；Blephiloma Raf.（1837）；Elbunis Raf.（1837）；Hersilia Raf.（1837）；Lamiophlomis Kudô（1929）；Leucasia Raf.（1837）；Orlowia Gueldenst. ex Georgi（1800）；Phlomidopsis Link（1829）；Phlomitis Rchb. ex T. Nees（1843）Nom. illegit.；Phlomoides Moench（1794）；Trambis Raf.（1837）Nom. illegit. ●■

39655 Phlomites（Rchb.）Spenn.（1843）Nom. illegit. ≡ Phlomitis（Rchb.）Spenn.（1839-1840）Nom. illegit.；~ = Phlomoides Moench（1794）；~ = Phlomis L.（1753）［唇形科 Lamiaceae（Labiatae）］●■

39656 Phlomitis（Rchb.）Spenn.（1839-1840）Nom. illegit. ≡ Phlomoides Moench（1794）；~ = Phlomis L.（1753）［唇形科 Lamiaceae（Labiatae）］●■

39657 Phlomitis Rchb. ex T. Nees（1843）Nom. illegit. ≡ Phlomitis（Rchb.）Spenn.（1839-1840）Nom. illegit.；~ ≡ Phlomoides Moench（1794）；~ = Phlomis L.（1753）［唇形科 Lamiaceae（Labiatae）］●■

39658 Phlomoides Moench（1794）= Phlomis L.（1753）［唇形科 Lamiaceae（Labiatae）］●■

39659 Phlomostachys Beer（1856）= Pitcairnia L'Hér.（1789）（保留属名）；~ = Puya Molina（1782）［凤梨科 Bromeliaceae］■☆

39660 Phlomostachys C. Koch（1856）Nom. illegit. ≡ Phlomostachys K. Koch（1856）；~ = Pitcairnia L'Hér.（1789）（保留属名）［凤梨科 Bromeliaceae］■☆

39661 Phlomostachys K. Koch（1856）= Pitcairnia L'Hér.（1789）（保留属名）［凤梨科 Bromeliaceae］■☆

39662 Phlox L.(1753)【汉】天蓝绣球属(福禄考属)。【日】クサケフチクタウ属,フロックス属。【俄】Пламенник,Флокс。【英】Phlox。【隶属】花荵科 Polemoniaceae。【包含】世界 66-70 种,中国 3 种。【学名诠释与讨论】〈阴〉(希)phlox,火焰。指花火红色。此属的学名,ING、TROPICOS、GCI 和 IK 记载是"Phlox L.,Sp. Pl. 1:151. 1753 [1 May 1753]"。"Armeria O. Kuntze, Rev. Gen. 2:432. 5 Nov 1891 [non(A. P. de Candolle)Willdenow 1809(nom. cons.)]"、"Fonna Adanson, Fam. 2:214. Jul-Aug 1763"和"Lychnidea J. Hill, Brit. Herb. 103. 31 Mar 1756"是"Phlox L.(1753)"的晚出的同模式异名(Homotypic synonym, Nomenclatural synonym)。"Phloxus St. -Lag., Ann. Soc. Bot. Lyon vii.(1880)109"似为"Phlox L.(1753)"的拼写变体。【分布】巴基斯坦,秘鲁,玻利维亚,哥伦比亚(安蒂奥基亚),美国(密苏里),墨西哥,中国,亚洲东北部,北美洲,中美洲。【后选模式】Phlox glaberrima Linnaeus。【参考异名】Armeria Kuntze(1891)Nom. illegit.(废弃属名);Courtoisia Rchb.(1837)Nom. illegit.;Fonna Adans.(1763)Nom. illegit.;Lychnidea Hill(1756)Nom. illegit.;Microsteris Greene(1898);Myotoca Griseb. ex Brand,Nom. illegit. ■

39663 Phloxus St. -Lag.(1880)Nom. illegit. =? Phlox L.(1753)[花荵科 Polemoniaceae]■

39664 Phlyarodoxa S. Moore(1875)= Ligustrum L.(1753)[木犀榄科(木犀科)Oleaceae]●

39665 Phlyctidocarpa Cannon et Theobald(1967)【汉】泡果芹属。【隶属】伞形花科(伞形科)Apiaceae(Umbelliferae)。【包含】世界 1 种。【学名诠释与讨论】〈阴〉(希)phlyktis,所有格 phlyktidos,或 phlyktaina,指小式 phlyzakion,水泡+karpos,果实。【分布】非洲西南部。【模式】Phlyctidocarpa flava Cannon et Theobald ●☆

39666 Phoberos Lour.(1790)= Scolopia Schreb.(1789)(保留属名)[刺篱木科(大风子科)Flacourtiaceae]●

39667 Phocea Seem.(1870)= Macaranga Thouars(1806)[大戟科 Euphorbiaceae]●

39668 Phoebanthus S. F. Blake(1916)【汉】向日菊属。【英】False Sunflower。【隶属】菊科 Asteraceae(Compositae)。【包含】世界 2 种。【学名诠释与讨论】〈阴〉(希)phoebus,太阳+anthos,花。或 phoibos,纯的,光亮的 + anthos。【分布】北美洲。【模式】Phoebanthus grandiflorus(Torrey et A. Gray)S. F. Blake [Helianthella grandiflora Torrey et A. Gray]■☆

39669 Phoebe Nees(1836)【汉】楠木属(楠属,雅楠属)。【日】タイワンイヌグス属。【英】Nanmu,Phoebe。【隶属】樟科 Lauraceae。【包含】世界 94-100 种,中国 35-40 种。【学名诠释与讨论】〈阴〉(希)Phoebe,月亮女神名。一说来自 phoebe,一种北美洲鹟的鸣声。【分布】巴拉圭,巴拿马,玻利维亚,印度至马来西亚,中国,中美洲。【后选模式】Phoebe lanceolata C. G. D. Nees ●

39670 Phoenicaceae Burnett = Arecaceae Bercht. et J. Presl(保留科名)//Palmae Juss.(保留科名)●

39671 Phoenicaceae Schultz Sch. = Arecaceae Bercht. et J. Presl(保留科名)//Palmae Juss.(保留科名)●

39672 Phoenicanthemum(Blume)Blume(1830)Nom. illegit. = Helixanthera Lour.(1790);~ = Loranthus Jacq.(1762)(保留属名)[桑寄生科 Loranthaceae]●

39673 Phoenicanthemum(Blume)Rchb.(1841)Nom. illegit. = Helixanthera Lour.(1790);~ = Loranthus Jacq.(1762)(保留属名)[桑寄生科 Loranthaceae]●

39674 Phoenicanthemum Blume(1830)Nom. illegit. = Helixanthera Lour.(1790);~ = Loranthus Jacq.(1762)(保留属名)[桑寄生科 Loranthaceae]●

39675 Phoenicanthemum Tiegh.(1894)Nom. illegit. [桑寄生科 Loranthaceae]●☆

39676 Phoenicanthus Alston(1931)【汉】凤凰花属。【隶属】番荔枝科 Annonaceae。【包含】世界 2 种。【学名诠释与讨论】〈阳〉(希)phoinix,所有格 phoinikos,紫红色,大红色,深红色+anthos,花。此属的学名,ING、TROPICOS 和 IK 记载是"Phoenicanthus Alston, in Trimen, Hand-Book Fl. Ceylon vi. Suppl. ,6(1931)"。它似为晚出的非法名称;因为"J. C. Willis. A Dictionary of the Flowering Plants and Ferns(Student Edition). 1985"记载有"Phoenicanthus Post et Kuntze(1903)= Phaenicanthus Thwaites(1861)= Premna L.(1771)(保留属名)[马鞭草科 Verbenaceae//唇形科 Lamiaceae(Labiatae)//牡荆科 Viticaceae]"。【分布】斯里兰卡。【模式】Phoenicanthus obliquus(J. D. Hooker et T. Thomson)Alston [Orophea obliqua J. D. Hooker et T. Thomson]●☆

39677 Phoenicanthus Post et Kuntze(1903)= Phaenicanthus Thwaites(1861);~ = Premna L.(1771)(保留属名)[马鞭草科 Verbenaceae//唇形科 Lamiaceae(Labiatae)//牡荆科 Viticaceae]●■

39678 Phoenicaulis Nutt.(1838)【汉】紫茎草属。【隶属】十字花科 Brassicaceae(Cruciferae)。【包含】世界 1 种。【学名诠释与讨论】〈阴〉(希)phoinix,所有格 phoinikos,紫红色,大红色,深红色+kaulon,茎。此属的学名,ING 记载是"Phoenicaulis Nuttall in Torrey et A. Gray, Fl. N. Amer. 1;89. Jul 1838"。IK 则记载为"Phoenicaulis Nutt. ex Torr. et A. Gray, Fl. N. Amer.(Torr. et A. Gray)1(1):89. 1838 [Jul 1838]"。二者引用的文献相同。亦有文献把"Phoenicaulis Nutt.(1838)"处理为"Cheiranthus L.(1753)"的异名。【分布】太平洋地区,北美洲。【模式】Phoenicaulis cheiranthoides Nuttall。【参考异名】Cheiranthus L.(1753);Phaenicaulis Greene;Phoenicaulis Nutt. ex Torr. et A. Gray(1838)Nom. illegit. ■☆

39679 Phoenicaulis Nutt. ex Torr. et A. Gray(1838)Nom. illegit. ≡ Phoenicaulis Nutt.(1838);~ = Cheiranthus L.(1753)[十字花科 Brassicaceae(Cruciferae)]●■

39680 Phoenicimon Ridl.(1925)= Glycosmis Corrêa(1805)(保留属名)[芸香科 Rutaceae]●

39681 Phoenicocissus Mart. ex Meisn.(1840)= Lundia DC.(1838)(保留属名)[紫葳科 Bignoniaceae]●☆

39682 Phoenicophorium H. Wendl.(1865)【汉】紫红棕属(凤凰刺椰属,凤凰椰属,凤尾椰属)。【日】キリンヤシ属,ステベンソンヤシ属。【英】Phoenicophorium, Stevenson Palm。【隶属】棕榈科 Arecaceae(Palmae)。【包含】世界 1 种。【学名诠释与讨论】〈中〉(希)phoinix,所有格 phoinikos,紫红色,大红色,深红色+phoros,具有,梗,负载,发现者+-ius,-ia,-ium,在拉丁文和希腊文中,这些词尾表示性质或状态。此属的学名,ING、TROPICOS 和 IK 记载是"Phoenicophorium H. Wendland, Ill. Hort. 12:misc. 5. Feb 1865"。多有学者承认"凤尾椰属 Stevensonia Duncan ex I. B. Balfour in J. G. Baker, Fl. Mauritius 388. 1877";但是它是"Phoenicophorium H. Wendl.(1865)"的晚出的同模式异名(Homotypic synonym, Nomenclatural synonym),应予废弃。【分布】马斯克林群岛,塞舌尔(塞舌尔群岛)。【模式】Phoenicophorium sechellarum H. Wendland, Nom. illegit. [Astrocaryum borsigianum K. Koch; Phoenicophorium borsigianum(K. Koch)Stuntz]。【参考异名】Stevensonia Duncan ex Balf. f.(1877)Nom. illegit. ;Stevensonia Duncan(1863)Nom. inval. ●☆

39683 Phoenicopus Spach(1841)= Lactuca L.(1753);~ = Phaenixopus Cass.(1826)Nom. illegit. ;~ = Scariola F. W. Schmidt(1795)[菊科 Asteraceae(Compositae)//莴苣科 Lactucaceae]■

39684 Phoenicoseris(Skottsb.)Skottsb.(1953)= Dendroseris D. Don

（1832）［菊科 Asteraceae(Compositae)］●☆

39685 Phoenicosperma Miq.(1865)= Sloanea L.(1753)［椴树科（椴科，田麻科）Tiliaceae//杜英科 Elaeocarpaceae］●

39686 Phoenicospermum B. D. Jacks.= Phoenicosperma Miq.(1865)；～=Sloanea L.(1753)［椴树科（椴科，田麻科）Tiliaceae//杜英科 Elaeocarpaceae］●■☆

39687 Phoenicospermum Miq.(1865)Nom. illegit.≡Phoenicosperma Miq.(1865)；～=Sloanea L.(1753)［椴树科（椴科，田麻科）Tiliaceae//杜英科 Elaeocarpaceae］●

39688 Phoenix Haller(1768)Nom. illegit.≡Chrysopogon Trin.(1820)（保留属名）［禾本科 Poaceae(Gramineae)］■

39689 Phoenix L.(1753)【汉】刺葵属(海枣属,枣椰属,枣椰子属,战捷木属,针葵属)。【日】ナツメヤシ属,フェニックス属。【俄】Пальма финиковая,Феникс,Финик,Финикс。【英】Date,Date Palm,Datepalm,Date-palm。【隶属】棕榈科 Arecaceae(Palmae)。【包含】世界 12-17 种,中国 2-5 种。【学名诠释与讨论】〈阴〉(希)phoinix,海枣的古名,来自神话中之凤凰,相传此鸟每 500 年即行自焚,然后从灰烬中再生。此属的学名,ING、APNI、TROPICOS 和 IK 记载是"Phoenix Linnaeus, Sp. Pl. 1188. 1753"。"Phoenix Haller, Hist. Stirp. Helv. ii. 202(1768)≡Chrysopogon Trin.(1820)(保留属名)［禾本科 Poaceae(Gramineae)］"是晚出的非法名称。"Dachel Adanson, Fam. 2;25,548. Jul-Aug 1763"和"Palma P. Miller, Gard. Dict. Abr. ed. 4. 28 Jan 1754 ≡ Palma Plum. ex Mill.(1754)Nom. illegit."是"Phoenix L.(1753)"的晚出的同模式异名(Homotypic synonym, Nomenclatural synonym)。【分布】巴基斯坦,秘鲁,玻利维亚,厄瓜多尔,哥伦比亚(安蒂奥基亚),马达加斯加,尼加拉瓜,中国,热带非洲和亚洲,中美洲。【模式】Phoenix dactylifera Linnaeus。【参考异名】Dachel Adans.(1763)Nom. illegit.；Elate L.(1753)；Elateum Raf.；Fulchironia Lesch.(1829)；Palma Mill.(1754)Nom. illegit.；Palma Plum. ex Mill.(1754)Nom. illegit.；Phaenix Hill(1768)；Phoniphora Neck.(1790)Nom. inval.；Zelonops Raf.(1837)●

39690 Phoenixopus Rchb.(1828)Nom. illegit.= Lactuca L.(1753)；～=Phaenixopus Cass.(1826)Nom. illegit.；～= Scariola F. W. Schmidt(1795)［菊科 Asteraceae(Compositae)//莴苣科 Lactucaceae］■●

39691 Phoenocoma G. Don(1830)= Phaenocoma D. Don(1826)［菊科 Asteraceae(Compositae)］●☆

39692 Phoenopus Nyman(1879)= Lactuca L.(1753)；～= Phaenopus DC.(1838)［菊科 Asteraceae(Compositae)//莴苣科 Lactucaceae］■☆

39693 Pholacilia Griseb.(1859)= Trichilia P. Browne(1756)（保留属名）［楝科 Meliaceae］●

39694 Pholidandra Neck.(1790)Nom. inval.= Raputia Aubl.(1775)［芸香科 Rutaceae］●☆

39695 Pholidia R. Br.(1810)= Eremophila R. Br.(1810)［苦槛蓝科（苦槛盘科）Myoporaceae］●☆

39696 Pholidiopsis F. Muell.(1853)= Pholidia R. Br.(1810)［苦槛蓝科 Myoporaceae］●☆

39697 Pholidocarpus Blume(1830)【汉】角鳞果棕属(金钱棕属,鳞果棕属,球棕属)。【日】オオミクマデヤシ属。【英】Pholidocarpus。【隶属】棕榈科 Arecaceae(Palmae)。【包含】世界 6-7 种。【学名诠释与讨论】〈阳〉(希)pholis,所有格 pholidos,鳞甲+karpos,果实。【分布】马来西亚(西部),印度尼西亚(马鲁古群岛),中南半岛。【模式】Pholidocarpus rumphii C. F. Meisner, Nom. illegit.［Borassus ihur Giseke；Pholidocarpus ihur（Giseke）Blume］●☆

39698 Pholidophyllum Vis.(1847)【汉】鳞叶凤梨属。【隶属】凤梨科 Bromeliaceae。【包含】世界 1 种。【学名诠释与讨论】〈中〉(希)pholis,所有格 pholidos,鳞甲+phyllon,叶子。此属的学名,ING 和 IK 记载是"Pholidophyllum Vis., Sem. Hort. Patav.(1847)4;et in Otto & Dietr. Allg. Gartenz. xvi.(1851)30"。TROPICOS 记载为"Pholidophyllum Vis. ex Otto & A. Dietr., Allgemeine Gartenzeitung 16;30. 1848";它的命名人引证有误。化石植物的"Pholidophyllum Zalessky, Moscow Univ. Paleontol. Lab. Probl. 2-3;81. 1937（non R. de Visiani 1847）≡ Scirostrobus A. B. Doweld et S. V. Naugolnykh 2002"是晚出的非法名称。亦有文献把"Pholidophyllum Vis.(1847)"处理为"Cryptanthus Otto et A. Dietr.(1736)（保留属名）"的异名。【分布】巴西。【模式】Pholidophyllum zonatum R. de Visiani。【参考异名】Cryptanthus Otto et A. Dietr.(1757)（保留属名）；Pholidophyllum Vis. ex Otto & A. Dietr.(1848)Nom. illegit.■☆

39699 Pholidophyllum Vis. ex Otto & A. Dietr.(1848)Nom. illegit.≡Pholidophyllum Vis.(1847)［凤梨科 Bromeliaceae］■☆

39700 Pholidostachys H. Wendl. ex Benth. et Hook. f.(1883)【汉】鳞穗棕属(红柄椰属,丽椰属,丽棕属)。【隶属】棕榈科 Arecaceae(Palmae)。【包含】世界 2 种。【学名诠释与讨论】〈阴〉(希)pholis,所有格 pholidos,鳞甲+stachys,穗,谷,长钉。此属的学名,ING 和 IK 记载是"Pholidostachys H. Wendland ex Bentham et Hook. f., Gen. 3;915. 14 Apr 1883"。"Pholidostachys H. Wendl. ex Hook. f.(1883)"的命名人引证有误。【分布】哥伦比亚,中美洲。【模式】Pholidostachys pulchra H. Wendland。【参考异名】Pholidostachys H. Wendl. ex Hook. f.(1883)Nom. illegit.●☆

39701 Pholidostachys H. Wendl. ex Hook. f.(1883)Nom. illegit.≡Pholidostachys H. Wendl. ex Benth. et Hook. f.(1883)［棕榈科 Arecaceae(Palmae)］●☆

39702 Pholidota Lindl.(1825)Nom. illegit.≡Pholidota Lindl. ex Hook.(1825)［兰科 Orchidaceae］■

39703 Pholidota Lindl. ex Hook.(1825)【汉】石仙桃属(石山桃属)。【日】タマラン属,フォリドータ属。【俄】Фолидота。【英】Pholidota,Rattlesnake Orchid。【隶属】兰科 Orchidaceae。【包含】世界 30 种,中国 12-14 种。【学名诠释与讨论】〈阴〉(希)pholis,所有格 pholidos,鳞甲+ous,所有格 otos,指小式 otion,耳。otikos,耳的。指鳞片状的苞片耳形。此属的学名,ING、TROPICOS 和 APNI 记载是"Pholidota Lindley ex W. J. Hooker, Exot. Fl. 2;138. Jan 1825"。IK 则记载为"Pholidota Lindl., in Hook. Exot. Fl. ii. t. 138(1825)"。四者引用的文献相同。【分布】中国,印度至澳大利亚,波利尼西亚群岛。【模式】Pholidota imbricata W. J. Hooker。【参考异名】Acanthoglossum Blume(1825)；Camelostalix Pfitzer et Kraenzl.(1907)；Camelostalix Pfitzer(1907)Nom. illegit.；Chelonanthera Blume(1825)；Crinonia Blume(1825)；Pholidota Lindl.(1825)Nom. illegit.；Ptilocnema D. Don(1825)■

39704 Pholisma Nutt. ex Hook.(1844)【汉】鳞叶多室花属。【隶属】多室花科(盖裂寄生科)Lennoaceae。【包含】世界 3 种。【学名诠释与讨论】〈中〉(希)pholis,所有格 pholidos,鳞甲+isma 状态。或 pholeos,中空而可以藏身的处所；pholeia,pholia,生活在空洞中。指其可以寄生在 Croton,Eriogonum,Ambrosia,Pluchea,Hymenoclea 等多种植物上。【分布】美国(加利福尼亚),中美洲。【模式】Pholisma arenarium Nuttall ex W. J. Hooker。【参考异名】Ammobroma Torr.(1867)Nom. inval., Nom. illegit.；Ammobroma Torr. ex A. Gray(1854)■☆

39705 Pholistoma Lilja(1839)【汉】鳞口麻属。【隶属】田梗草科(田基麻科,田亚麻科)Hydrophyllaceae。【包含】世界 3 种。【学名诠释与讨论】〈中〉(希)pholis,所有格 pholidos,鳞甲+stoma,所有格 stomatos,孔口。指花喉形态。【分布】美国(西南部,加利福尼亚)。【模式】Pholistoma aurita(Lindley)Lilja [Nemophila aurita Lindley]■☆

39706　Pholiurus Trin.(1820)【汉】鳞尾草属。【俄】Чешуехвостник。【英】Sickle-grass。【隶属】禾本科 Poaceae(Gramineae)。【包含】世界1种。【学名诠释与讨论】〈阳〉(希)pholis,所有格 pholidos,鳞甲+-urus,-ura,-uro,用于希腊文组合词,含义为"尾巴"。指颖。此属的学名,ING、TROPICOS、APNI 和 IK 记载是"Pholiurus Trin.,Neue Entdeck.Pflanzenk.2:67.1821"。它曾被处理为"Lepturus sect.Pholiurus(Host ex Trin.)Hack.,Die Natürlichen Pflanzenfamilien 2(2):78.1887"和"Lepturus subgen.Pholiurus(Host ex Trin.)Rchb.,Der Deutsche Botaniker Herbarienbuch 2:38.1841"。亦有文献把"Pholiurus Trin.(1820)"处理为"Lepturus R.Br.(1810)"的异名。【分布】巴基斯坦,欧洲东南部。【模式】Pholiurus pannonicus(Host)Trinius [Rottboella pannonica Host]。【参考异名】Lepturus R.Br.(1810);Lepturus sect.Pholiurus(Host ex Trin.)Hack.(1887);Lepturus subgen.Pholiurus(Host ex Trin.)Rchb.(1841)■☆

39707　Pholomphis Raf.(1838)= Miconia Ruiz et Pav.(1794)(保留属名)[野牡丹科 Melastomataceae//米氏野牡丹科 Miconiaceae]●☆

39708　Phoniphora Neck.(1790)Nom.inval.= Phoenix L.(1753)[棕榈科 Arecaceae(Palmae)]●

39709　Phonus Gessn.ex Hill = Phonus Hill(1762)●☆

39710　Phonus Hill(1762)【汉】黄刺菊属。【隶属】菊科 Asteraceae(Compositae)。【包含】世界2-4种。【学名诠释与讨论】〈阳〉(希)phonos = phoinos,杀害的,血红的。phonodes,似血的。此属的学名,ING、TROPICOS 和 IK 记载是"Phonus J.Hill,Veg.Syst.4:5.1762"。ING 后来又记载为"Phonus J.Gessner ex J.Hill,Veg.Syst.4:5.1762"。"Atractylis Boehmer in C.G.Ludwig,Def.Gen.ed.3.164.1760(non Linnaeus 1753)"是"Phonus Hill(1762)"的晚出的同模式异名(Homotypic synonym,Nomenclatural synonym)。亦有文献把"Phonus Hill(1762)"处理为"Carthamus L.(1753)"的异名。【分布】西班牙,非洲北部。【模式】未指定。【参考异名】Atractylis Boehm.(1760)Nom.illegit.;Carthamus L.(1753);Phonus Gessn.ex Hill ●☆

39711　Phoradendraceae H.Karst.(1860)[亦见 Santalaceae R.Br.(保留科名)檀香科和 Viscaceae Miq.槲寄生科]【汉】美洲桑寄生科。【包含】世界1属625-190种。【分布】美洲,西印度群岛。【科名模式】Phoradendron Nutt.(1848)●☆

39712　Phoradendron Nutt.(1848)【汉】美洲桑寄生属(栗寄生属,美洲寄生属)。【英】American Mistletoe,Flores De Palo,Wood Flowers。【隶属】桑寄生科 Loranthaceae//美洲桑寄生科 Phoradendraceae。【包含】世界25-190种。【学名诠释与讨论】〈中〉(希)phor,小偷;phoros,负载+dendron 或 dendros,树木,棍,丛林。【分布】玻利维亚,西印度群岛,美洲。【后选模式】Phoradendron californicum Nuttall。【参考异名】? Spiciviscum H.Karst.(1860)Nom.illegit.;Allobium Miers(1851);Baratostachys(Korth.)Kuntze(1903);Castrea A.St.-Hil.(1840);Phorodendrum Post et Kuntze(1903);Rhoradendron Griseb.(1857);Spiciviscum Engelm.(1849);Spiciviscum Engelm.ex A.Gray(1849)Nom.illegit.●☆

39713　Phoringopsis D.L.Jones et M.A.Clem.(2002)【汉】澳大利亚节唇兰属。【隶属】兰科 Orchidaceae。【包含】世界3种。【学名诠释与讨论】〈阴〉词源不详。此属的学名是"Phoringopsis D.L.Jones et M.A.Clem.,Orchadian [Australasian native orchid society] 13:457.2002"。亦有文献把其处理为"Arthrochilus F.Muell.(1858)"的异名。【分布】澳大利亚。【模式】不详。【参考异名】Arthrochilus F.Muell.(1858)■☆

39714　Phormangis Schltr.(1918)= Ancistrorhynchus Finet(1907)[兰科 Orchidaceae]■☆

39715　Phormiaceae A.E.Murray(1985)【汉】惠灵麻科(麻兰科,新西兰麻科)。【包含】世界11属33种,中国1属1种。【分布】主要南半球。【科名模式】Phormium J.R.Forst.et G.Forst.●■

39716　Phormiaceae J.Agardh(1858)= Agavaceae Dumort.(保留科名);~ = Hemerocallidaceae R.Br.;~ Phrymaceae Schauer(保留科名)●■

39717　Phormium J.R.Forst.et G.Forst.(1775)【汉】惠灵麻属(麻兰属,新西兰麻属)。【日】ニュウサイラン属。【俄】Лён новозеландский。【英】Fiber Lily,Flax,Flax Lily,New Zealand Flax。【隶属】石蒜科 Amaryllidaceae//龙舌兰科 Agavaceae//萱草科 Hemerocallidaceae//惠灵麻科(麻兰科,新西兰麻科)Phormiaceae。【包含】世界2种。【学名诠释与讨论】〈中〉(希)phormion,编织物,席子,垫子+-ius,-ia,-ium,在拉丁文和希腊文中,这些词尾表示性质或状态。指本属植物的纤维可以用来编织。此属的学名,ING、TROPICOS 和 IK 记载是"Phormium J.R.Forst.et G.Forst.,Char.Gen.Pl.,ed.2.47.1776 [1 Mar 1776]"。"Chlamydia Banks ex J.Gaertner,Fruct.1:71.Dec 1788"是"Phormium J.R.Forst.et G.Forst.(1775)"的晚出的同模式异名(Homotypic synonym,Nomenclatural synonym)。【分布】澳大利亚(诺福克岛),新西兰,中美洲。【模式】Phormium tenax J.R.Forster et J.G.A.Forster。【参考异名】Chlamydia Banks ex Gaertn.(1788)Nom.illegit.;Chlamydia Gaertn.(1788)■☆

39718　Phornothamnus Baker(1884)= Gravesia Naudin(1851)[野牡丹科 Melastomataceae]●☆

39719　Phorodendrum Post et Kuntze(1903)= Phoradendron Nutt.(1848)[桑寄生科 Loranthaceae//美洲桑寄生科 Phoradendraceae]●☆

39720　Phosanthus Raf.(1820)Nom.inval.= Isertia Schreb.(1789)[茜草科 Rubiaceae]●☆

39721　Photinia Lindl.(1820)【汉】石楠属(扇骨木属,石斑木属)。【日】アカメモチ属,カナメモチ属,カマツカ属。【俄】Фотиния。【英】Chokeberry,Photinia,Stranvaesia。【隶属】蔷薇科 Rosaceae。【包含】世界60-65种,中国43-58种。【学名诠释与讨论】〈阴〉(希)photos,光,或 photeinos,光亮,光泽。指一些种的叶有光泽,或指新叶具红色光泽。此属的学名,ING、TROPICOS 和 IK 记载是"Photinia Lindl.,Bot.Reg.6:t.491.1820 1 Oct 1820"。"Photinia M.Roem.,Fam.Nat.Syn.Monogr.3:100,110.1847 [Apr 1847]= Photinia Lindl.(1820)"是晚出的非法名称。亦有文献把"Photinia Lindl.(1820)"处理为"Aronia Medik.(1789)(保留属名)"的异名。【分布】巴拿马,秘鲁,玻利维亚,尼加拉瓜,中国,喜马拉雅山至日本和印度尼西亚(苏门答腊岛),中美洲。【模式】Photinia arbutifolia Lindley [Crataegus arbutifolia W.T.Aiton 1811,non Lamarck 1783]。【参考异名】Adenorachis(DC.)Nieuwl.(1915)Nom.illegit.;Aronia Medik.(1789)(保留属名);Heteromeles M.Roem.(1847)Nom.illegit.;Photinia M.Roem.(1847)Nom.illegit.;Pourthiaea Decne.(1874);Stranvaesia Lindl.(1837)●

39722　Photinia M.Roem.(1847)Nom.illegit.= Photinia Lindl.(1820)[蔷薇科 Rosaceae]●

39723　Phoxanthus Benth.(1857)= Ophiocaryon R.H.Schomb.ex Endl.(1841)[泡花树科 Meliosmaceae]●☆

39724　Phragmanthera Tiegh.(1895)【汉】裂花桑寄生属。【隶属】桑寄生科 Loranthaceae。【包含】世界6种。【学名诠释与讨论】〈阴〉(希)phragma,所有格 phragmatos,篱笆+anthera,花药。此属的学名是"Phragmanthera Van Tieghem,Bull.Soc.Bot.France 42:

261.1895"。亦有文献把其处理为"Tapinanthus（Blume）Rchb.（1841）（保留属名）"的异名。【分布】热带非洲东部。【模式】未指定。【参考异名】Metula Tiegh.（1895）；Septimetula Tiegh.（1895）；Tapinanthus（Blume）Rchb.（1841）（保留属名）；Thelecarpus Tiegh.（1895）●☆

39725 Phragmipedilum Rolfe（1901）Nom. illegit.（废弃属名）≡ Phragmipedium Rolfe（1896）（保留属名）［兰科 Orchidaceae］■☆

39726 Phragmipedium Rolfe（1896）（保留属名）【汉】拖鞋兰属（马褂兰属，南美拖鞋兰属，长翼兰属）。【日】フラグミペティラム属，フラグモペティラム属。【英】Lady Slipper, Mandarin Orchid, Young Lindley。【隶属】兰科 Orchidaceae。【包含】世界 11-15 种。【学名诠释与讨论】〈中〉（希）phragma, 所有格 phragmatos, 篱笆+pedilon, 拖鞋+-ius, -ia, -ium, 在拉丁文和希腊文中，这些词尾表示性质或状态。指本属植物的子房有三小室，而且唇瓣型状似拖鞋。此属的学名"Phragmipedium Rolfe in Orchid Rev. 4：330. Nov 1896"是保留属名。相应的废弃属名是兰科 Orchidaceae 的"Uropedium Lindl., Orchid. Linden.：28. Nov – Dec 1846 ＝ Phragmipedium Rolfe（1896）（保留属名）"。"Phragmipedilum Rolfe, Orchid Rev. 9：175. 1901"是其变体，亦应废弃。【分布】巴拿马，秘鲁，玻利维亚，厄瓜多尔，哥伦比亚（安蒂奥基亚），哥斯达黎加，尼加拉瓜，热带南美洲，中美洲。【模式】Phragmipedium caudatum（Lindley）Rolfe［Cypripedium caudatum Lindley］。【参考异名】Phragmipedium Rolfe（1901）Nom. illegit.（废弃属名）；Phragmopedilum（Pfitzer）Pfitzer（1898）；Phragmopedilum Pfitzer（1898）Nom. illegit.；Phragmopedilum Rolfe（1896）（保留属名）；Uropedilum Pfitzer（1888）；Uropedium Lindl.（1846）（废弃属名）●■☆

39727 Phragmites Adans.（1763）【汉】芦苇属。【日】ヨシ属。【俄】Тростник。【英】Common Reed, Reed。【隶属】禾本科 Poaceae（Gramineae）。【包含】世界 4-10 种，中国 3-6 种。【学名诠释与讨论】〈阴〉（希）phragma, 所有格 phragmatos, 篱笆+-ites, 表示关系密切的词尾。此属的学名，ING、TROPICOS、APNI、GCI 和 IK 记载是"Phragmites Adans., Fam. Pl.（Adanson）2：34, 559. 1763［Jul – Aug 1763］"。"Phragmites Trin., Fund. Agrost.（Trinius）134, partim. 1820 ＝Phragmites Adans.（1763）＝ Gynerium Willd. ex P. Beauv.（1812）"是晚出的非法名称。【分布】巴基斯坦，巴拿马，秘鲁，玻利维亚，厄瓜多尔，哥斯达黎加，马达加斯加，美国（密苏里），尼加拉瓜，中国，中美洲。【模式】Phragmites communis Trinius［Arundo phragmites Linnaeus］。【参考异名】Arundo P. Beauv.（1812）Nom. illegit.；Czernya C. Presl（1820）；Miphragtes Nieuwl.（1914）Nom. illegit.；Oxyanthe Steud.（1854）；Phragmites Trin.（1820）Nom. illegit.；Trichodon Benth.（1881）Nom. illegit.；Trichoon Roth（1798）；Xenochloa Licht.（1817）Nom. illegit.；Xenochloa Licht. ex Roem. et Schult.（1817）；Xenochloa Roem. et Schult.（1817）Nom. illegit. ■

39728 Phragmites Trin.（1820）Nom. illegit. ＝ Phragmites Adans.（1763）；~ ＝ Gynerium Kunth（1813）Nom. illegit.；~ ＝ Gynerium Willd. ex P. Beauv.（1812）［禾本科 Poaceae（Gramineae）］■☆

39729 Phragmocarpidium Krapov.（1969）【汉】篱果锦葵属。【隶属】锦葵科 Malvaceae。【包含】世界 1 种。【学名诠释与讨论】〈中〉（希）phragma, 所有格 phragmatos, 篱笆+karpos, 果实+-idius, -idia, – idium, 指示小的词尾。【分布】巴西。【模式】Phragmocarpidium heringeri Krapovickas ●☆

39730 Phragmocassia Britton et Rose（1930）＝ Cassia L.（1753）（保留属名）；~ ＝Senna Mill.（1754）［豆科 Fabaceae（Leguminosae）//云实科（苏木科）Caesalpiniaceae］●■

39731 Phragmopedilum（Pfitzer）Pfitzer（1898）＝ Phragmipedium Rolfe（1896）（保留属名）［兰科 Orchidaceae］■☆

39732 Phragmopedilum Pfitzer（1898）Nom. illegit. ≡ Phragmopedilum（Pfitzer）Pfitzer（1898）；~ ＝ Phragmipedium Rolfe（1896）（保留属名）［兰科 Orchidaceae］■☆

39733 Phragmopedilum Rolfe（1901）Nom. illegit., Nom. inval. ＝ Phragmipedium Rolfe（1896）（保留属名）［兰科 Orchidaceae］■☆

39734 Phragmorchis L. O. Williams（1938）【汉】篱笆兰属。【隶属】兰科 Orchidaceae。【包含】世界 1 种。【学名诠释与讨论】〈阴〉（希）phragma, 所有格 phragmatos, 篱笆+orchis, 原义是睾丸，后变为植物兰的名称，因为根的形态而得名。变为拉丁文 orchis, 所有格 orchidis。【分布】菲律宾。【模式】Phragmorchis teretifolia L. O. Williams ■☆

39735 Phragmotheca Cuatrec.（1946）【汉】篱囊木棉属。【隶属】木棉科 Bombacaceae//锦葵科 Malvaceae。【包含】世界 5-11 种。【学名诠释与讨论】〈阴〉（希）phragma, 所有格 phragmatos, 篱笆+theke ＝拉丁文 theca, 匣子, 箱子, 室, 药室, 囊。【分布】巴拿马，秘鲁，厄瓜多尔，哥伦比亚。【模式】Phragmotheca siderosa Cuatrecasas ●☆

39736 Phravenia Al-Shehbaz et Warwick（2011）【汉】墨西哥筷子芥属。【隶属】十字花科 Brassicaceae（Cruciferae）。【包含】世界 1 种。【学名诠释与讨论】〈阴〉词源不详。似来自人名。【分布】墨西哥。【模式】Phravenia vierckii（O. E. Schulz）Al-Shehbaz et Warwick［Arabis viereckii O. E. Schulz］☆

39737 Phreatia Lindl.（1830）【汉】馥兰属（芙乐兰属）。【日】フレアン属。【英】Phreatia。【隶属】兰科 Orchidaceae。【包含】世界 150-190 种，中国 4 种。【学名诠释与讨论】〈阴〉（希）phrear, 井, 蓄水池。指某些种生于井边。【分布】澳大利亚，新西兰，印度，中国，波利尼西亚群岛。【模式】Phreatia elegans Lindley。【参考异名】Plexaure Endl.（1833）■

39738 Phrenanthes Wigg.（1780）＝ Prenanthes L.（1753）［菊科 Asteraceae（Compositae）］■

39739 Phrissocarpus Miers（1878）＝ Tabernaemontana L.（1753）［夹竹桃科 Apocynaceae//红月桂科 Tabernaemontanaceae］●

39740 Phrodus Miers（1849）【汉】智利小叶茄属。【隶属】茄科 Solanaceae。【包含】世界 1 种。【学名诠释与讨论】〈阴〉（希）可能来自 phroudos, 走开了的, 不见了的, 毁灭了的。此属的学名，ING、TROPICOS 和 IK 记载是"Phrodus Miers, Ann. Mag. Nat. Hist. ser. 2, 4（19）：33. 1849［Jul 1849］"。"Rhopalostigma R. A. Philippi, Linnaea 29：24. Feb-Mar 1858"是"Phrodus Miers（1849）［茄科 Solanaceae］"的晚出的同模式异名（Homotypic synonym, Nomenclatural synonym）；"Rhopalostigma Phil.（1860）≡ Phrodus Miers（1849）"是晚出的非法名称。"Rhopalostigma Schott, Oesterr. Bot. Z. 9：39. 1859 ＝ Asterostigma Fisch. et C. A. Mey.（1845）［天南星科 Araceae］"和"Rhopalostigma B. D. Jacks., Index Kew. 2：713. 1895［天南星科 Araceae］"也是晚出的非法名称。【分布】智利。【后选模式】Phrodus microphyllus（Miers）Miers［Alona microphylla Miers］。【参考异名】Rhopalostigma Phil.（1858）；Rhopalostigma Phil.（1860）Nom. illegit. ■☆

39741 Phryganocydia Mart. ex Baill.（1888）Nom. illegit. ＝? Phryganocydia Mart. ex Bureau（1872）［紫葳科 Bignoniaceae］●☆

39742 Phryganocydia Mart. ex Bureau（1872）【汉】品红紫葳属。【隶属】紫葳科 Bignoniaceae。【包含】世界 3 种。【学名诠释与讨论】〈阴〉（希）phryganon, 干木条, 小灌木+kydos, 光荣, 荣誉；kydeis, 壮丽的。指藤本植物，具有华丽而芳香的花。此属的学名，ING 记载是"Phryganocydia C. F. P. Martius ex Bureau, Bull. Soc. Bot. France 19：18. 1872"。"Phryganocydia Mart. ex DC.（1845）"是一个未合格发表的名称（Nom. inval.）。"Phryganocydia Mart. ex Baill., Hist. Pl.（Baillon）10：34. 1888［Nov-Dec 1888］"是晚出的

非法名称。"Phryganocydia Mart. ex Baill. , Hist. Pl. (Baillon) 10：34. 1888 [Nov-Dec 1888]"是晚出的非法名称。"Phryganocydia Mart. ex DC. , Prodr. [A. P. de Candolle] 9：198, in obs. 1845 [1 Jan 1845] = Macfadyena A. DC. (1845)"是一个未合格发表的名称(Nom. inval.)。"Phrygiobureaua O. Kuntze in Post et O. Kuntze, Lex. 433. Dec 1903 ('1904')"是"Phryganocydia Mart. ex Bureau (1872) [紫葳科 Bignoniaceae]"的晚出的同模式异名(Homotypic synonym, Nomenclatural synonym)。【分布】巴拿马,秘鲁,比尼翁,玻利维亚,厄瓜多尔,哥伦比亚(安蒂奥基亚),热带南美洲,中美洲。【模式】Phryganocydia corymbosa (Ventenat) Bureau ex K. Schumann [Spathodea corymbosa Ventenat]。【参考异名】Phrygiobureaua Kuntze(1903) Nom. illegit. ●☆

39743 Phryganocydia Mart. ex DC. (1845) Nom. inval. = Macfadyena A. DC. (1845) [紫葳科 Bignoniaceae] ●

39744 Phryganthus Baker (1879) = Phyganthus Poepp. et Endl. (1838); ~ = Tecophilaea Bertero ex Colla (1836) [百合科 Liliaceae//蒂可花科(百鸢科, 基叶草科) Tecophilaeaceae] ■☆

39745 Phrygia (Pers.) Gray (1821) = Centaurea L. (1753) (保留属名) [菊科 Asteraceae(Compositae)//矢车菊科 Centaureaceae] ●■

39746 Phrygia Gray (1821) Nom. illegit. ≡ Phrygia (Pers.) Gray (1821); ~ = Centaurea L. (1753) (保留属名) [菊科 Asteraceae (Compositae)//矢车菊科 Centaureaceae] ●■

39747 Phrygilanthus Eichler(1868) = Notanthera (DC.) G. Don (1834) [桑寄生科 Loranthaceae] ●☆

39748 Phrygiobureaua Kuntze (1903) Nom. illegit. = Phryganocydia Mart. ex Baill. (1872) [紫葳科 Bignoniaceae] ●☆

39749 Phryma Forssk. (1775) Nom. illegit. = Priva Adans. (1763) [马鞭草科 Verbenaceae] ■☆

39750 Phryma L. (1753) 【汉】透骨草属(透蛆草属, 蝎毒草属)。【日】ハエドクソウ属, ハヘドクサウ属。【俄】Фрима。【英】Lopseed。【隶属】透骨草科 Phrymaceae。【包含】世界 1-2 种, 中国 1 种。【学名诠释与讨论】〈阴〉phryma, 一种北美植物俗名。此属的学名, ING、GCI 和 IK 记载是"Phryma L. , Sp. Pl. 2：601. 1753 [1 May 1753]"。"Phryma Forssk. , Fl. Aegypt. - Arab. p. cxv, fide Vahl. 1775 [1 Oct 1775] = Priva Adans. (1763) [马鞭草科 Verbenaceae]"是晚出的非法名称。"Leptostachia Adanson, Fam. 2：201. Jul-Aug 1763"是"Phryma L. (1753)"的晚出的同模式异名(Homotypic synonym, Nomenclatural synonym)。【分布】巴基斯坦, 美国, 日本, 印度, 中国, 北美洲东部。【模式】Phryma leptostachya Linnaeus。【参考异名】Denisaea Neck. (1790) Nom. inval. ; Deniseia Neck. ex Kuntze (1898); Leptostachia Adans. (1763) Nom. illegit. ; Leptostachia Mitch. (1769) Nom. illegit. ; Leptostachya Benth. et Hook. f. (1876) ■

39751 Phrymaceae Schauer(1847) (保留科名) [亦见 Verbenaceae J. St. -Hil. (保留科名)马鞭草科] 【汉】透骨草科。【日】ハエドクソウ科, ハヘドクサウ科, ハマヂンチャウ科。【俄】Фримовые。【英】Lopseed Family。【包含】世界 1 属 1-2 种, 中国 1 属 1 种。【分布】东亚, 北美洲东部。【科名模式】Phryma L. (1753) ■

39752 Phrymataceae Schauer = Phrymaceae Schauer(保留科名) ■

39753 Phryna (Boiss.) Pax et K. Hoffm. (1934) Nom. illegit. ≡ Phrynella Pax et K. Hoffm. (1934) [石竹科 Caryophyllaceae] ■☆

39754 Phryne Bubani(1901) 【汉】蟾芥属。【俄】Фрина。【隶属】十字花科 Brassicaceae(Cruciferae)。【包含】世界 5 种。【学名诠释与讨论】〈阴〉(希)phrynos = phryne, 蟾蜍。此属的学名是"Phryne Bubani, Fl. Pyrenaea 3：171. ante 27 Aug 1901"。亦有文献把其处理为"Sisymbrium L. (1753)"的异名。【分布】高加索山区, 欧洲南部。【模式】未指定。【参考异名】Sisymbrium L. (1753) ■☆

39755 Phrynella Pax et K. Hoffm. (1934) 【汉】棱石竹属。【隶属】石竹科 Caryophyllaceae。【包含】世界 1 种。【学名诠释与讨论】〈阴〉(属)Phrynium 柊叶属(苳叶属)。此属的学名"Phrynella Pax et K. Hoffmann in Engler et Prantl, Nat. Pflanzenfam. ed. 2. 16c：364. 1934"是一个替代名称。"Phryna (Boissier) Pax et K. Hoffmann in Engler et Prantl, Nat. Pflanzenfam ed. 2. 16c：351. Jan-Apr 1934"是一个非法名称(Nom. illegit.), 因为此前已经有了"Phryne Bubani, Fl. Pyrenaea 3：171. ante 27 Aug 1901 [十字花科 Brassicaceae(Cruciferae)]"。故用"Phrynella Pax et K. Hoffm. (1934)"替代之。"Phryne Bubani(1901)"由"Gypsophila sect. Phryna Boiss. , Flora Orientalis 1：536. 1867"改级而来。【分布】安纳托利亚。【模式】Phrynella ortegioides (F. E. L. Fischer et C. A. Meyer) Pax et K. Hoffmann [Tunica ortegioides F. E. L. Fischer et C. A. Meyer [as 'artegioides']。【参考异名】Gypsophila sect. Phryna Boiss. (1867); Phryna (Boiss.) Pax et K. Hoffm. (1934) ■☆

39756 Phrynium Loefl (1758) Nom. inval. (废弃属名) ≡ Phrynium Loefl. ex Kuntze (1898) Nom. illegit. (废弃属名); ~ = Heteranthera Ruiz et Pav. (1794) (保留属名) [雨久花科 Pontederiaceae//水星草科 Heterantheraceae] ■☆

39757 Phrynium Loefl. ex Kuntze (1898) Nom. illegit. (废弃属名) = Heteranthera Ruiz et Pav. (1794) (保留属名) [雨久花科 Pontederiaceae//水星草科 Heterantheraceae] ■☆

39758 Phrynium Willd. (1797) (保留属名) 【汉】柊叶属。【俄】Фриниум。【英】Phrynium。【隶属】竹芋科 (苳叶科, 柊叶科) Marantaceae。【包含】世界 20-30 种, 中国 5 种。【学名诠释与讨论】〈中〉(希)phrynos, 蟾蜍 + -ius, -ia, -ium, 在拉丁文和希腊文中, 这些词尾表示性质或状态。指某些种生于水湿地。此属的学名"Phrynium Willd. , Sp. Pl. 1：1, 17. Jun 1797"是保留属名。相应的废弃属名是竹芋科 Marantaceae 的"Phyllodes Lour. , Fl. Cochinch. ：1, 13. 1790 = Phrynium Willd. (1797) (保留属名)"。雨久花科 Pontederiaceae 的"Phrynium Loefl. ex Kuntze, Revis. Gen. Pl. 3 [3]：318. 1898 [28 Sep 1898] = Heteranthera Ruiz et Pav. (1794) (保留属名)"是晚出的非法名称, 亦应废弃。"Phrynium Loefl. , Iter Hispan. 178. 1758 ≡ Phrynium Loefl. ex Kuntze(1898) Nom. illegit. (废弃属名)"是一个未合格发表的名称(Nom. inval.), 也须废弃。【分布】玻利维亚, 马达加斯加, 印度至马来西亚, 中国, 热带非洲。【模式】Phrynium capitatum Willdenow, Nom. illegit. [Pontederia ovata Linnaeus, non Phrynium ovatum C. G. D. Nees et C. F. P. Martius; Phrynium rheedei C. R. Suresh et D. H. Nicolson]。【参考异名】Ataenidia Gagnep. (1908); Ataenidium Gagnep. ; Crepula Noronha; Indianthus Suksathan et Borchs. (2009); Phyllodes Lour. (1790) (废弃属名) ■

39759 Phtheirospermum Bunge ex Fisch. et C. A. Mey. (1835) 【汉】松蒿属。【日】コシオガマ属, コシホガマ属。【俄】Фтейроспермум。【英】Phtheirospermum。【隶属】玄参科 Scrophulariaceae//列当科 Orobanchaceae。【包含】世界 3-7 种, 中国 2-5 种。【学名诠释与讨论】〈中〉(希)phtheiros, phtheir, 使腐化, 毁之 + sperma, 种子。指种子表皮具网纹。此属的学名, ING、TROPICOS 和 IK 记载是"Phtheirospermum Bunge ex F. E. L. Fischer et C. A. Meyer, Index Sem. Hortus Bot. Petrop. 1：35. Jan 1835"。"Phtheirospermum Bunge, Index Seminum [St. Petersburg (Petropolitanus)] i. 35 (1835) = Phtheirospermum Bunge ex Fisch. et C. A. Mey. (1835)"是一个未合格发表的名称(Nom. inval.)。化石植物(甲藻)的"Phthanoperidinium Drugg et A. R. Loeblich Jr. , Tulane Stud. Geol. 5：182. 29 Dec 1967"是晚出的非法名称。【分布】中国, 东亚。【模式】Phtheirospermum chinense Bunge ex

(1753) ■☆

F. E. L. Fischer et C. A. Meyer。【参考异名】*Centrantheropsis* Bonati（1914）；*Emmenospermum* C. B. Clarke ex Hook. f.（1883）Nom. illegit.；*Phtheirospermum* Bunge（1835）Nom. illegit.■

39760　*Phtheirospermum* Bunge（1835）Nom. illegit.≡*Phtheirospermum* Bunge ex Fisch. et C. A. Mey.（1835）［玄参科 Scrophulariaceae//列当科 Orobanchaceae］■

39761　*Phtheirotheca* Maxim. ex Regel（1857）=*Caulophyllum* Michx.（1803）［小檗科 Berberidaceae//狮足草科 Leonticaceae］●

39762　*Phthirusa* Mart.（1830）【汉】热美桑寄生属。【隶属】桑寄生科 Loranthaceae。【包含】世界40-70种。【学名诠释与讨论】〈阴〉（希）phtheir, phtheiros, 使腐化, 毁之。此属的学名, ING、TROPICOS、GCI 和 IK 记载是"*Phthirusa* Mart., Flora 13：110. 1830 ［21 Feb 1830］"。"*Phthirusa* Mart.（1830）"曾被处理为"*Loranthus* sect. *Phthirusa*（Mart.）Blume, Flora Javae 16. 1830"。亦有文献把"*Phthirusa* Mart.（1830）"处理为"*Hemitria* Raf.（1820）"的异名。【分布】巴拿马, 秘鲁, 玻利维亚, 厄瓜多尔, 哥伦比亚（安蒂奥基亚）, 哥斯达黎加, 尼加拉瓜, 中美洲。【模式】*Phthirusa clandestina*（C. F. P. Martius）C. F. P. Martius［*Loranthus clandestinus* C. F. P. Martius］。【参考异名】*Allohemia* Raf.（1838）；*Dendropemon*（Blume）Rchb.（1841）；*Hemitria* Raf.（1820）；*Lipotactes*（Blume）Rchb.（1841）；*Lipotactes* Blume（1830）Nom. inval.；*Loranthus* sect. *Phthirusa*（Mart.）Blume（1830）；*Pasovia* H. Karst.；*Passowia* H. Karst.（1852）Nom. illegit.；*Pusillanthus* Kuijt（2008）；*Triarthron* Baill.（1892）；*Weihea* Spreng. ex Eichler（废弃属名）●☆

39763　*Phtirium* Raf.（1814）Nom. illegit.≡*Delphinium* L.（1753）［毛茛科 Ranunculaceae//翠雀花科 Delphiniaceae］■

39764　*Phu* Ludw.（1757）Nom. illegit.=*Valeriana* L.（1753）［缬草科（败酱科）Valerianaceae］●■

39765　*Phu* Ruppius（1745）Nom. inval.=*Valeriana* L.（1753）［缬草科（败酱科）Valerianaceae］●■

39766　*Phucagrostis* Cavolini（1792）（废弃属名）=*Cymodocea* K. D. König（1805）（保留属名）；~=*Zostera* L.（1753）+*Cymodocea* K. D. König（1805）（保留属名）［眼子菜科 Potamogetonaceae//茨藻科 Najadaceae//角果藻科 Zannichelliaceae//丝粉藻科 Cymodoceaceae］■

39767　*Phucagrostis* Willd.（1806）Nom. illegit.（废弃属名）=*Cymodocea* K. D. König（1805）（保留属名）［眼子菜科 Potamogetonaceae//茨藻科 Najadaceae//角果藻科 Zannichelliaceae//丝粉藻科 Cymodoceaceae］■

39768　*Phuodendron*（Graebn.）Dalla Torre et Harms（1905）=*Valeriana* L.（1753）［缬草科（败酱科）Valerianaceae］●■

39769　*Phuodendron* Graebn.（1899）Nom. illegit.=*Valeriana* L.（1753）［缬草科（败酱科）Valerianaceae］●■

39770　*Phuopsis*（Griseb.）Benth. et Hook. f.（1873）【汉】长柱草属（球序茜属）。【俄】Фуопсис。【隶属】茜草科 Rubiaceae。【包含】世界1种, 中国1种。【学名诠释与讨论】〈阴〉（属）Phu=*Valeriana* 缬草属+希腊文 opsis, 外观, 模样, 相似。此属的学名, ING 记载是"*Phuopsis*（A. Grisebach）Benth. et Hook. f., Gen. 2：151. 7-9 Apr 1873", 由"*Asperula* sect. *Phuopsis* A. Grisebach, Spicil. Fl. Rumel. 2：167. Jan 1846"改级而来。IK 则记载为"*Phuopsis*（Griseb.）Hook. f., Gen. Pl.［Bentham et Hooker f.］2（1）：151. 1873［7-9 Apr 1873］"。"*Phuopsis* Griseb.≡*Phuopsis*（Griseb.）Hook. f.（1873）Nom. illegit."和"*Phuopsis* Benth. et Hook. f.（1873）≡*Phuopsis*（Griseb.）Benth. et Hook. f.（1873）"的命名人引证有误。【分布】伊朗, 中国, 高加索, 小亚细亚。【模式】*Crucianella stylosa* C. B. Trinius。【参考异名】*Asperula* sect.

Phuopsis Griseb.（1846）；*Laxmannia* S. G. Gmel. ex Trin.（1818）Nom. illegit.（废弃属名）；*Nemostylis* Steven（1857）Nom. illegit.；*Phuopsis*（Griseb.）Hook. f.（1873）Nom. illegit.；*Phuopsis* Benth. et Hook. f.（1873）Nom. illegit.；*Phuopsis* Griseb., Nom. illegit.■

39771　*Phuopsis*（Griseb.）Hook. f.（1873）Nom. illegit.≡*Phuopsis*（Griseb.）Benth. et Hook. f.（1873）［茜草科 Rubiaceae］■

39772　*Phuopsis* Benth. et Hook. f.（1873）Nom. illegit.≡*Phuopsis*（Griseb.）Benth. et Hook. f.（1873）［茜草科 Rubiaceae］■

39773　*Phuopsis* Griseb., Nom. illegit.≡*Phuopsis*（Griseb.）Hook. f.（1873）Nom. illegit.；~≡*Phuopsis*（Griseb.）Benth. et Hook. f.（1873）［茜草科 Rubiaceae］■

39774　*Phuphanochloa* Sungkaew et Teerawat.（2009）【汉】泰禾属。【隶属】禾本科 Poaceae（Gramineae）。【包含】世界1种。【学名诠释与讨论】〈阴〉词源不详。【分布】泰国, 中国。【模式】*Phuphanochloa capensis* E. H. F. Meyer ex Bentham■☆

39775　*Phusicarpos* Poir.（1816）Nom. illegit.≡*Hovea* R. Br.（1812）［豆科 Fabaceae（Leguminosae）］●■

39776　*Phycagrostis* Post et Kuntze（1903）=*Phucagrostis* Cavolini（1792）（废弃属名）；~=*Zostera* L.（1753）+*Cymodocea* K. D. König（1805）（保留属名）［眼子菜科 Potamogetonaceae］■

39777　*Phycella* Lindl.（1825）【汉】肖朱顶红属。【隶属】石蒜科 Amaryllidaceae。【包含】世界6种。【学名诠释与讨论】〈阴〉（希）phykos, 漆过的, 用化妆品着过色的, 海藻+-ellus, -ella, -ellum, 加在名词词干后面形成指小式的词尾。或加在人名、属名等后面以组成新属的名称。此属的学名, ING、TROPICOS 和 IK 记载是"*Phycella* Lindl., Bot. Reg. 11：sub t. 928. 1825［1 Nov 1825］"。"*Sphaerotele* K. B. Presl, Rel. Haenk. 1：119. 1827（'1830'）"是"*Phycella* Lindl.（1825）"的晚出的同模式异名（Homotypic synonym, Nomenclatural synonym）。亦有文献把"*Phycella* Lindl.（1825）"处理为"*Hippeastrum* Herb.（1821）（保留属名）"的异名。【分布】参见"*Hippeastrum* Herb.（1821）"。【模式】未指定。【参考异名】*Famatina* Ravenna（1972）；*Hippeastrum* Herb.（1821）（保留属名）；*Sphaerotele* C. Presl（1827）Nom. illegit.■☆

39778　*Phycoschoenus*（Asch.）Nakai（1943）=*Cymodocea* K. D. König（1805）（保留属名）［眼子菜科 Potamogetonaceae//茨藻科 Najadaceae//角果藻科 Zannichelliaceae//丝粉藻科 Cymodoceaceae］■

39779　*Phyganthus* Poepp. et Endl.（1838）=*Tecophilaea* Bertero ex Colla（1836）［百合科 Liliaceae//蒂可花科（百鸢科, 基叶草科）Tecophilaeaceae］■☆

39780　*Phygelius* E. Mey.（1836）Nom. illegit.≡*Phygelius* E. Mey. ex Benth.（1836）［玄参科 Scrophulariaceae］■●☆

39781　*Phygelius* E. Mey. ex Benth.（1836）【汉】南非吊金钟属（避日花属, 费格利木属, 南非金钟花属）。【日】フィグ-ミウス属。【英】Cape Figwort, Fuchsia。【隶属】玄参科 Scrophulariaceae。【包含】世界2种。【学名诠释与讨论】〈阳〉（希）phygein, 逃避+helios, 太阳+-ius, -ia, -ium, 具有……特性的。此属的学名, ING 和 IK 记载是"*Phygelius* E. H. F. Meyer ex Bentham in W. J. Hooker, Companion Bot. Mag. 2：53. 1 Sep 1836"。"*Phygelius* E. Mey.（1836）≡*Phygelius* E. Mey. ex Benth.（1836）"的命名人引证有误。【分布】非洲南部。【模式】*Phygelius capensis* E. H. F. Meyer ex Bentham。【参考异名】*Phygelius* E. Mey.（1836）Nom. illegit.■●☆

39782　*Phyla* Lour.（1790）【汉】过江藤属（鸭舌癀属）。【英】Phyla。【隶属】马鞭草科 Verbenaceae。【包含】世界10-15种, 中国1种。【学名诠释与讨论】〈阴〉（希）phyle, 氏族, 种族。指一个叶苞内含多数花。此属的学名,ING、TROPICOS、APNI、GCI 和 IK 记载是"Phyla Lour., Fl. Cochinch. 1: 63, 66. 1790 [Sep 1790]"。"Piarimula Rafinesque, Fl. Tell. 2: 102. Jan–Mar 1837('1836')"是"Phyla Lour.(1790)"的晚出的同模式异名(Homotypic synonym, Nomenclatural synonym)。【分布】巴基斯坦,巴拉圭,巴拿马,玻利维亚,厄瓜多尔,哥伦比亚(安蒂奥基亚),马达加斯加,尼加拉瓜,中国,北美洲,中美洲。【模式】Phyla chinensis Loureiro。【参考异名】Bertolonia Raf.(1818)(废弃属名);Diolotheca Raf.(1817)Nom. illegit.;Diototheca Raf.(1817);Piarimula Raf.(1837)Nom. illegit.;Pilopus Raf.(1837)(废弃属名);Platonia Raf.(1808)(废弃属名)■

39783 Phylacanthus Benth.(1835)= Angelonia Bonpl.(1812)[玄参科 Scrophulariaceae//婆婆纳科 Veronicaceae]■●☆

39784 Phylacium A. W. Benn.(1840)【汉】苞护豆属(长柄荚属)。【英】Phylacium。【隶属】豆科 Fabaceae(Leguminosae)//蝶形花科 Papilionaceae。【包含】世界 2-3 种,中国 1 种。【学名诠释与讨论】〈中〉(希)phylax,所有格 phylactos = phylacter,卫士,要避开的;phylake,监狱,看守所,监护的。指苞片结果时增大、膜质而叶状。【分布】东南亚,马来半岛,爪哇岛,中国。【模式】Phylacium bracteosum J. J. Bennett。【参考异名】Heleiotis Hassk.(1844)■

39785 Phylanthera Noronha(1790)= Hypobathrum Blume(1827)[茜草科 Rubiaceae]●☆

39786 Phylanthus Murr.(1774)= Phyllanthus L.(1753)[大戟科 Euphorbiaceae//叶下珠科(叶萝藦科)Phyllanthaceae]●■

39787 Phylax Noronha(1790)= Polygala L.(1753)[远志科 Polygalaceae]●■

39788 Phylesiaceae Dumort. = Philesiaceae Dumort.(保留科名)●■☆

39789 Phylica L.(1753)[as 'Philyca']【汉】菲利木属。【隶属】鼠李科 Rhamnaceae//菲利木科 Phylicaceae。【包含】世界 150 种。【学名诠释与讨论】〈阴〉(希)philyke,一种常绿灌木名,应该是 Rhamnus 的一个种。此属的学名,ING、APNI、APNI、GCI 和 IK 记载是"Phylica Linnaeus, Sp. Pl. 195. 1 May 1753"。"Philyca L.(1753)"是其拼写变体。"Alaternoides Adanson, Fam. 2: 304, 514. Aug 1763"是"Phylica L.(1753)[as 'Philyca']"的晚出的同模式异名(Homotypic synonym, Nomenclatural synonym)。【分布】马达加斯加,非洲南部。【后选模式】Phylica ericoides Linnaeus。【参考异名】Alaternoides Adans.(1763)Nom. illegit.;Alaternoides Fabr.(1759);Calophylica C. Presl(1845);Petalopogon Reiss.(1839)Nom. illegit.;Petalopogon Reiss. ex Endl. et Fenzl(1839);Philyca Boehm., Nom. illegit.;Philyca L.(1753)Nom. illegit.;Soulangia Brongn.(1827);Trichocephalus Brongn.(1826);Tylanthus Reissek(1840);Walpersia Reissek(1840)Nom. illegit.(废弃属名)●☆

39790 Phylicaceae J. Agardh(1858)[亦见 Rhamnaceae Juss.(保留科名)鼠李科]【汉】菲利木科。【包含】1 属世界 150 种。【分布】马达加斯加,非洲南部。【科名模式】Phylica L.(1753)●☆

39791 Phylidraceae Lindl. = Philydraceae Link(保留科名)■

39792 Phylidrum Willd.(1797)= Philydrum Banks ex Gaertn.(1788)[田葱科 Philydraceae]■

39793 Phylirastrum(Pierre)Pierre = Caloncoba Gilg(1908)[刺篱木科(大风子科)Flacourtiaceae]●☆

39794 Phyllacantha Hook. f.(1873)Nom. illegit. = Phyllacanthus Hook. f.(1871)[茜草科 Rubiaceae]■☆

39795 Phyllacanthus Hook. f.(1871)【汉】刺叶茜属。【隶属】茜草科 Rubiaceae。【包含】世界 1 种。【学名诠释与讨论】〈阳〉(希)phyllon,叶子+akantha,荆棘。akanthikos,荆棘的。akanthion,蓟

的一种,豪猪,刺猬,akanthinos,多刺的,用荆棘做成的。在植物学中,acantha 通常指刺。此属的学名,ING 记载是"Phyllacanthus Hook. f., Hooker's Icon. Pl. 11: 76. Jan 1871"。"Phyllacantha Hook. f., Gen. Pl. [Bentham et Hooker f.]2(1): 78. 1873 [7-9 Apr 1873]= Phyllacanthus Hook. f.(1871)"是一个非法名称(Nom. illegit.),因为此前已经有了褐藻的"Phyllacantha Kuetzing, Phycol. Gen. 355. 14-16 Sep 1843 ≡ Cystoseira C. A. Agardh 1820(nom. cons.)"。【分布】古巴。【模式】Phyllacanthus grisebachianus J. D. Hooker [Catesbaea phyllacantha Grisebach]。【参考异名】Phyllacantha Hook. f.(1873)Nom. illegit. ■☆

39796 Phyllachne J. R. Forst. et G. Forst.(1775)【汉】球垫花柱草属(叶壳草属)。【隶属】花柱草科(丝滴草科)Stylidiaceae。【包含】世界 4 种。【学名诠释与讨论】〈阴〉(希)phyllon,叶子+achne,鳞片,泡沫,泡囊,谷壳,稃。【分布】澳大利亚(塔斯曼半岛),新西兰,温带南美洲。【模式】Phyllachne uliginosa J. R. Forster et J. G. A. Forster。【参考异名】Helophyllum(Hook. f.)Hook. f.(1864);Helophyllum Hook. f.(1864)■☆

39797 Phyllactinia Benth.(1873)Nom. illegit. ≡ Pasaccardoa Kuntze(1891)[菊科 Asteraceae(Compositae)]■●☆

39798 Phyllactis Pers.(1805)【汉】叶线草属。【隶属】缬草科(败酱科)Valerianaceae。【包含】世界 32 种。【学名诠释与讨论】〈阴〉(希)phyllon,叶子+actis,射线。此属的学名,ING、TROPICOS 和 IK 记载是"Phyllactis Pers., Syn. Pl. [Persoon]1: 39. 1805 [1 Apr – 15 Jun 1805]"。"Phyllactis Steud., Nomencl. Bot. [Steudel], ed. 2. 1: 326. 1840 [菊科 Asteraceae(Compositae)]"是"Philactis Schrader, Linnaea 8 Litt. Ber.: 24. 1833"的拼写变体。亦有文献把"Phyllactis Pers.(1805)"处理为"Valeriana L.(1753)"的异名。【分布】秘鲁,玻利维亚,墨西哥,南美洲南部至巴塔哥尼亚。【后选模式】Phyllactis rigida(Ruiz et Pavon)Persoon [Valeriana rigida Persoon]。【参考异名】Amblyorhinum Turcz.(1852);Valeriana L.(1753)■☆

39799 Phyllactis Steud.(1840)Nom. illegit. ≡ Philactis Schrad.(1833)[菊科 Asteraceae(Compositae)]●☆

39800 Phyllagathis Blume(1831)【汉】锦香草属(金锦香属)。【英】Metalleaf。【隶属】野牡丹科 Melastomataceae。【包含】世界 47-60 种,中国 24-31 种。【学名诠释与讨论】〈阴〉(希)phyllon,叶子+agathos 极好的。指叶的颜色美丽。另说希腊文 phyllon,叶子+agathis,线球,线毯,结,一个圆头。指叶具数条基出脉。【分布】马来西亚,中国。【模式】Phyllagathis rotundifolia(W. Jack)Blume [Melastoma rotundifolia W. Jack]●■

39801 Phyllamphora Lour.(1790)= Nepenthes L.(1753)[猪笼草科 Nepenthaceae]●■

39802 Phyllangium Dunlop(1996)【汉】澳姬苗属。【隶属】马钱科(断肠草科,马钱子科)Loganiaceae//驱虫草科(度量草科)Spigeliaceae。【包含】世界 5 种。【学名诠释与讨论】〈阴〉(希)phyllon,叶子+angos,瓮,管子,指小式 angeion,容器,花托+-ius,-ia,-ium,在拉丁文和希腊文中,这些词尾表示性质或状态。此属的学名是"Phyllangium Dunlop, Flora of Australia 28: 315. 1996"。亦有文献把其处理为"Mitrasacme Labill.(1805)"的异名。【分布】澳大利亚。【模式】不详。【参考异名】Mitrasacme Labill.(1805)■☆

39803 Phyllanoa Croizat(1943)【汉】哥伦比亚大戟属。【隶属】大戟科 Euphorbiaceae。【包含】世界 1 种。【学名诠释与讨论】〈阴〉(希)phyllon,叶子+ano,在上,向上,在高处。【分布】哥伦比亚。【模式】Phyllanoa colombiana Croizat☆

39804 Phyllanthaceae J. Agardh = Euphorbiaceae Juss.(保留科名)●■

39805 Phyllanthaceae Martinov(1820)[亦见 Euphorbiaceae Juss.(保

留科名)大戟科]【汉】叶下珠科(叶萝藦科)。【包含】世界 56 属 1745-2100 种。【分布】哥伦比亚,玻利维亚,马达加斯加,巴基斯坦,巴拿马,巴拉圭,中美洲。【科名模式】Phyllanthus L. (1753) ●■

39806 Phyllanthera Blume(1827)【汉】叶药萝藦属。【隶属】萝藦科 Asclepiadaceae。【包含】世界 2 种。【学名诠释与讨论】〈阴〉(希)phyllon,叶子+anthera,花药。【分布】马来群岛,印度尼西亚(爪哇岛)。【模式】Phyllanthera bifida Blume ●☆

39807 Phyllantherum (Schult. et Schult. f.) Nieuwl. (1913) Nom. illegit. ,Nom. superfl. =Esdra Salisb. (1866) [百合科 Liliaceae]■☆

39808 Phyllantherum Raf. (1820) = Trillium L. (1753) [百合科 Liliaceae//延龄草科(重楼科)Trilliaceae]■

39809 Phyllanthidea Didr. (1857) = Andrachne L. (1753) [大戟科 Euphorbiaceae]●☆

39810 Phyllanthodendron Hemsl. (1898)【汉】珠子木属(叶珠木属,余甘树属)。【英】Pearlwood,Phyllanthodendron。【隶属】大戟科 Euphorbiaceae//叶下珠科(叶萝藦科)Phyllanthaceae。【包含】世界 16 种,中国 11 种。【学名诠释与讨论】〈中〉(属)Phyllanthus 叶下珠属+希腊文 dendron 或 dendros,树木,棍,丛林。指本属与叶下珠属近似。此属的学名是“Phyllanthodendron Hemsley, Hooker's Icon. Pl. 26: ad t. 2563,2564. Apr 1898”。亦有文献把其处理为“Phyllanthus L. (1753)”的异名。【分布】中国,马来半岛,中南半岛。【模式】Phyllanthodendron mirabilis (J. Müller Arg.)Hemsley [Phyllanthus mirabilis J. Müller Arg.]。【参考异名】Arachnodes Gagnep. (1950);Phyllanthus L. (1753);Uranthera Pax et K. Hoffm. (1911) Nom. illegit. ●

39811 Phyllanthopsis(Scheele)Voronts. et Petra Hoffm. (2008)【汉】拟叶下珠属。【隶属】大戟科 Euphorbiaceae//叶下珠科(叶萝藦科)Phyllanthaceae。【包含】世界 2 种。【学名诠释与讨论】〈阴〉(属)Phyllanthus 叶下珠属+希腊文 opsis,外观,模样,相似。此属的学名是“Phyllanthopsis (Scheele) Voronts. et Petra Hoffm. , Kew Bull. 63(1):47. 2008 [9 Jun 2008]”,由“Phyllanthus subgen. Phyllanthopsis Scheele,Linnaea 25(5):584. 1852 [1853]”改级而来。它曾被处理为“Andrachne sect. Phyllanthopsis (Scheele) Müll. Arg. ,Prodromus Systematis Naturalis Regni Vegetabilis 15(2 [2]):234. 1866”。【分布】美洲。【模式】不详。【参考异名】Andrachne sect. Phyllanthopsis (Scheele) Müll. Arg. (1866);Phyllanthus subgen. Phyllanthopsis Scheele(1852)●■☆

39812 Phyllanthos St. - Lag. (1880) Nom. illegit. = Phyllanthus L. (1753) [大戟科 Euphorbiaceae//叶下珠科(叶萝藦科)Phyllanthaceae]●■

39813 Phyllanthus L. (1753)【汉】叶下珠属(油甘属,油柑属)。【日】コミカンサウ属,コミカンソウ属。【俄】Филлантус。【英】Leaf Flower,Leaf-flower,Underleaf Pearl。【隶属】大戟科 Euphorbiaceae//叶下珠科(叶萝藦科)Phyllanthaceae。【包含】世界 600-750 种,中国 40 种。【学名诠释与讨论】〈阳〉(希)phylton,叶子+anthos,花。指花生于叶柄状的枝的背面。此属的学名,ING、TROPICOS、APNI、GCI 和 IK 记载是“Phyllanthus L. , Sp. Pl. 2:981. 1753 [1 May 1753]”。“Phyllanthos St. -Lag. ,Ann. Soc. Bot. Lyon vii. (1880) 131 =Phyllanthus L. (1753)”是晚出的非法名称。“Niruris Rafinesque,Sylva Tell. 91. Oct-Dec 1838”是“Phyllanthus L. (1753)”的晚出的同模式异名(Homotypic synonym,Nomenclatural synonym)。【分布】巴基斯坦,巴拉圭,巴拿马,秘鲁,玻利维亚,厄瓜多尔,哥斯达黎加,马达加斯加,美国(密苏里),尼加拉瓜,中国,中美洲。【后选模式】Phyllanthus niruri Linnaeus. “Phyllanthos St. -Lag. , Ann. Soc. Bot. Lyon vii. (1880) 131 =Phyllanthus L. (1753)”亦是晚出的非法名称。【参

考异名】Anisonema A. Juss. (1824);Aporosella Chodat et Hassl. (1905);Aporosella Chodat(1905);Aporosella Chodat(1905) Nom. illegit. ;Arachnodes Gagnep. (1950);Ardinghalia Comm. ex A. Juss. (1824) Nom. illegit. ;Asterandra Klotzsch(1841);Cathetus Lour. (1790);Ceramanthus Hassk. (1844);Chorisandra Wight (1994) Nom. illegit. ;Chorizandra Benth. et Hook. f. (1880) Nom. illegit. ;Chorizonema (Wight) Jean F. Brunel (1987) Nom. illegit. ;Chorizonema Jean F. Brunel (1987);Cicca L. ;Clambus Miers (1866);Conami Aubl. (1775);Dendrophyllanthus S. Moore (1921);Diasperus Kuntze (1891);Dichelactina Hance (1852);Dicholactina Hance;Dimorphocladium Britton (1920);Emblica Gaertn. (1790);Epistylium Sw. (1800);Eriococcus Hassk. (1843);Flueggeopsis K. Schum. (1905);Fluggeopsis K. Schum. ;Genesiphylla L'Hér. (1788);Hemicicca Baill. (1858);Hemiglochidion (Müll. Arg.) K. Schum. (1905) Nom. illegit. ;Hemiglochidion K. Schum. (1905) Nom. illegit. ;Hexadena Raf. (1838);Hexaspermum Domin (1927);Jablonskia G. L. Webster (1984);Kirganelia Juss. (1789);Leichhardtia F. Muell. (1877) Nom. illegit. ;Lomanthes Raf. (1838)(废弃属名);Maborea Aubl. ;Macraea Wight (1852) Nom. illegit. ;Mebora Steud. (1841) Nom. illegit. ;Meborea Aubl. (1775);Menarda Comm. ex A. Juss. (1824);Micranthea Panch. ex Baill. ;Micranthera Planch. ex Baill. ;Mirobalanus Rumph. ;Moeroris Raf. (1838);Nellica Raf. (1838);Niruri Adans. (1763);Niruris Raf. (1838) Nom. illegit. ;Nymania K. Schum. (1905) Nom. illegit. ;Nymphanthus Lour. (1790);Orbicularia Baill. (1858);Oxalistylis Baill. (1858);Peltandra Wight (1852) Nom. illegit. (废弃属名);Phylanthus Murr. (1774);Phyllanthodendron Hemsl. (1898);Phyllanthos St. -Lag. (1880) Nom. illegit. ;Plagiocladus Brunel ex Petra Hoffm. (2006);Pseudophyllanthus (Müll. Arg.) Voronts. et Petra Hoffm. (2008);Ramsdenia Britton(1920);Reidia Wight(1852);Rhopium Schreb. (1791) Nom. illegit. ;Roigia Britton (1920);Scepasma Blume (1826);Staurothyrax Griff. (1854);Synexemia Raf. (1825);Tephranthus Neck. (1790) Nom. inval. ;Tricarium Lour. (1790);Tricaryum Spreng. (1826);Uranthera Pax et K. Hoffm. (1911) Nom. illegit. ;Urinaria Medik. (1787);Williamia Baill. (1858);Wurtzia Baill. (1861);Xylophylla L. (1771)(废弃属名)●■

39814 Phyllapophysis Mansf. (1925) = Catanthera F. Muell. (1886) [野牡丹科 Melastomataceae]●☆

39815 Phyllarthron DC. (1839)【汉】叶节木属(菲拉尔木属)。【隶属】紫葳科 Bignoniaceae。【包含】世界 13-14 种。【学名诠释与讨论】〈阳〉(希)phyllon,叶子+arthron,关节。此属的学名“Phyllarthron A. P. de Candolle, Ann. Sci. Nat. Bot. ser. 2. 11:296. Mai 1839”是一个替代名称。“Arthrophyllum Bojer ex A. P. de Candolle, Biblioth. Universelle Genève ser. 2. 17:134. Sep 1838”是一个非法名称(Nom. illegit.),因为此前已经有了“Arthrophyllum Blume, Bijdr. 878. Jul-Dec 1826 [紫葳科 Bignoniaceae//五加科 Araliaceae]”。故用“Phyllarthron DC. (1839)”替代之。“Phyllarthron DC. ex Meisn. in Pl. Vasc. Gen. [Meisner] 301, Comm. 210(1840)=Phyllarthron DC. (1839)”则是晚出的非法名称。“Arthrophyllum Bojer, Hortus Maurit. 221 (1837) ≡ Arthrophyllum Bojer ex A. DC. (1838) Nom. illegit. [紫葳科 Bignoniaceae]”是一个未合格发表的名称(Nom. inval.)。【分布】科摩罗,马达加斯加。【模式】Phyllarthron bojerianum (A. P. de Candolle) A. P. de Candolle [Arthrophyllum bojerianum A. P. de Candolle]。【参考异名】Arthrophyllum Bojer ex A. DC. (1838) Nom. illegit. ;Arthrophyllum Bojer (1837) Nom. illegit. ;Phyllarthron

DC. ex Meisn. (1840) Nom. illegit. ; Zaa Baill. (1887) ●☆

39816 **Phyllarthron** DC. ex Meisn. (1840) Nom. illegit. = Phyllarthron DC. (1839) [紫葳科 Bignoniaceae] ●☆

39817 **Phyllarthus** Neck. (1790) Nom. inval. ≡ Phyllarthus Neck. ex M. Gomez(1914) ; ~ = Opuntia Mill. (1754) [仙人掌科 Cactaceae] ●

39818 **Phyllarthus** Neck. ex M. Gomez(1914) = Opuntia Mill. (1754) [仙人掌科 Cactaceae] ●

39819 **Phyllaurea** Lour. (1790)(废弃属名) ≡ Codiaeum A. Juss. (1824)(保留属名) [大戟科 Euphorbiaceae] ●

39820 **Phyllepidum** Raf. (1808) = Polygonella Michx. (1803) [蓼科 Polygonaceae] ■☆

39821 **Phyllera** Endl. , Nom. illegit. ≡ Philyra Klotzsch(1841) [大戟科 Euphorbiaceae] ●☆

39822 **Phyllimena** Blume ex DC. (1836) = Enydra Lour. (1790) [菊科 Asteraceae(Compositae)] ■

39823 **Phyllirea** Adans. (1763) Nom. illegit. , Nom. inval. ≡ Phillyrea L. (1753) [木犀榄科(木犀科) Oleaceae] ●☆

39824 **Phyllirea** Duhamel, Nom. illegit. = Phillyrea L. (1753) [木犀榄科(木犀科) Oleaceae] ●☆

39825 **Phyllirea** Tourn. ex Adans. (1763) Nom. illegit. , Nom. inval. ≡ Phyllirea Adans. (1763) Nom. illegit. , Nom. inval. ; ~ ≡ Phillyrea L. (1753) [木犀榄科(木犀科) Oleaceae] ●☆

39826 **Phyllis** L. (1753) 【汉】叶茜属。【隶属】茜草科 Rubiaceae。【包含】世界 2 种。【学名诠释与讨论】〈阴〉(希) phyllon, 叶子。Phyllis 是一种杏树的名字。Phyllis 是神话人物, 她变成了杏树。此属的学名, ING、TROPICOS 和 IK 记载是 "Phyllis L. , Sp. Pl. 1 : 232. 1753 [1 May 1753]"。"Bupleuroides Moench, Meth. 294. 4 Mai 1794" 和 "Nobula Adanson, Fam. 2 ; 145. Jul - Aug 1763" 是 "Phyllis L. (1753)" 的晚出的同模式异名(Homotypic synonym, Nomenclatural synonym)。地衣的 "Phyllis F. R. M. Wilson, Victorian Naturalist 6 ; 68. Aug 1889" 是晚出的非法名称。【分布】西班牙(加那利群岛), 葡萄牙(马德拉群岛)。【后选模式】Phyllis nobla Linnaeus。【参考异名】Bupleuroides Moench(1794) Nom. illegit. ; Nobula Adans. (1763) Nom. illegit. ●☆

39827 **Phylloboea** Benth. (1876) 【汉】叶苣苔属。【隶属】苦苣苔科 Gesneriaceae。【包含】世界 3-5 种。【学名诠释与讨论】〈阴〉(希) phyllon, 叶子 + (属) Boea 旋蒴苣苔属。此属的学名, ING 记载是 "Phyllobaea Bentham in Bentham et Hook. f. , Gen. 2 : 1020. Apr 1876"。IK 则记录为 "Phylloboea Benth. , Gen. Pl. [Bentham et Hooker f.] 2(2) : 1020. 1876 [May 1876]"。二者引用的文献相同。"Phylloboea C. B. Clarke in Alph. de Candolle et A. C. de Candolle, Monogr. PHAN. 5 : 139. 1883 [苦苣苔科 Gesneriaceae]" 是 "Phyllobaea Benth. (1876) Nom. illegit. " 的拼写变体及晚出异名。亦有文献把 "Phyllobaea Benth. (1876)" 处理为 "Phylloboea C. B. Clarke(1883)" 的异名。【分布】缅甸, 马来半岛。【后选模式】Phylloboea glandulosa B. L. Burtt。【参考异名】Phylloboea C. B. Clarke(1883) Nom. illegit. ■☆

39828 **Phylloboea** C. B. Clarke(1883) Nom. illegit. = Phylloboea Benth. (1876) [苦苣苔科 Gesneriaceae] ■☆

39829 **Phyllobolus** N. E. Br. (1925) 【汉】凤卵草属。【日】フィロボルス属。【隶属】番杏科 Aizoaceae。【包含】世界 25 种。【学名诠释与讨论】〈阳〉(希) phyllon, 叶子 + bolos, 投掷, 捕捉, 大药丸。phyllboleo, 树则脱落。此属的学名, ING、TROPICOS 和 IK 记载是 "Phyllobolus N. E. Brown, Gard. Chron ser. 3. 78 : 413. 21 Nov 1925"。"Phyllobolus N. E. Br. et N. E. Br. , in Phillips, Gen. S. Afr. Fl. Pl. 246(1926)" 修订了属的描述。【分布】非洲南部。【模式】Phyllobolus pearsonii N. E. Brown。【参考异名】Amoebophyllum N. E. Br. (1925) ; Aridaria N. E. Br. (1925) ; Nycteranthus Rothm. (1941) Nom. illegit. ; Nycterianthemum Haw. (1821) ; Pentacoilanthus Rappa et Camarrone(1954) Nom. inval. ; Prenia N. E. Br. (1925) ; Sceletium N. E. Br. (1925) ; Sphalmanthus N. E. Br. (1925) ●☆

39830 **Phyllobolus** N. E. Br. et N. E. Br. (1926) descr. ampl. = Phyllobolus N. E. Br. (1925) [番杏科 Aizoaceae] ●☆

39831 **Phyllobotrium** Willis, Nom. inval. = Phyllobotryon Müll. Arg. (1864) [刺篱木科(大风子科) Flacourtiaceae] ●☆

39832 **Phyllobotryon** Müll. Arg. (1864) 【汉】叶序大风属。【隶属】刺篱木科(大风子科) Flacourtiaceae。【包含】世界 3 种。【学名诠释与讨论】〈中〉(希) phyllon, 叶子 + botrys, 葡萄串, 总状花序, 簇生。此属的学名, ING 和 IK 记载是 "Phyllobotryon Müll. Arg. , Flora 47 : 534. 1864 [9 Nov 1864]"。"Phyllobotryum Müll. Arg. , Prodr. [A. P. de Candolle] 15(2. 2) : 1231. 1866 [late Aug 1866]" 是其拼写变体。【分布】热带非洲。【模式】Phyllobotryon spathulatum J. Müller Arg. 。【参考异名】Phyllobotrium Willis, Nom. inval. ; Phyllobotryum Müll. Arg. (1866) Nom. illegit. ●☆

39833 **Phyllobotrys**(Spach) Fourr. (1869) = Genista L. (1753) [豆科 Fabaceae(Leguminosae)//蝶形花科 Papilionaceae] ●

39834 **Phyllobotrys** Fourr. (1869) Nom. illegit. ≡ Phyllobotrys (Spach) Fourr. (1869) ; ~ = Genista L. (1753) [豆科 Fabaceae (Leguminosae)//蝶形花科 Papilionaceae] ●

39835 **Phyllobotryum** Müll. Arg. (1866) Nom. illegit. = Phyllobotryon Müll. Arg. (1864) [刺篱木科(大风子科) Flacourtiaceae] ●☆

39836 **Phyllobryon** Miq. (1843) = Peperomia Ruiz et Pav. (1794) [胡椒科 Piperaceae//草胡椒科(三瓣绿科) Peperomiaceae] ■

39837 **Phyllocactus** Link (1831) Nom. illegit. ≡ Epiphyllum Haw. (1812) [仙人掌科 Cactaceae] ●

39838 **Phyllocalymma** Benth. (1837) = Angianthus J. C. Wendl. (1808) (保留属名) [菊科 Asteraceae(Compositae)] ■●☆

39839 **Phyllocalyx** A. Rich. (1847) 【汉】叶萼豆属。【隶属】豆科 Fabaceae(Leguminosae)//蝶形花科 Papilionaceae。【包含】世界 27 种。【学名诠释与讨论】〈阳〉(希) phyllon, 叶子 + kalyx, 所有格 kalykos = 拉丁文 calyx, 花萼, 杯子。此属的学名, ING、TROPICOS 和 GCI 记载是 "Phyllocalyx A. Rich. , Tent. Fl. Abyss. 1 : 160, t. 34. 1847 [22 May 1847]"。桃金娘科 Myrtaceae 的 "Phyllocalyx O. Berg, Linnaea 27(2-3) : 136(in clave), 306. 1856 [Jan 1856]" 是晚出的非法名称; 它曾经被处理为 "Eugenia subgen. Phyllocalyx (O. Berg) Mattos, Loefgrenia ; communicaçoes avulsas de botânica 94 ; 1. 1989", 但是表述有误, 应该是 "Eugenia subgen. Phyllocalyx (O. Berg ex Mattos) Mattos", 因为非法名称是不能作基源异名的。亦有文献把 "Phyllocalyx A. Rich. (1847)" 处理为 "Crotalaria L. (1753)(保留属名)" 的异名。【分布】巴拉圭, 玻利维亚。【模式】Phyllocalyx quartinianus Richard。【参考异名】Crotalaria L. (1753)(保留属名) ●☆

39840 **Phyllocalyx** O. Berg(1856) Nom. illegit. = Eugenia L. (1753) [桃金娘科 Myrtaceae] ●

39841 **Phyllocara** Gusul. (1927) = Anchusa L. (1753) [紫草科 Boraginaceae] ■

39842 **Phyllocarpa** Nutt. ex Moq. (1849) = Atriplex L. (1753)(保留属名) [藜科 Chenopodiaceae//滨藜科 Atriplicaceae] ■●

39843 **Phyllocarpus** Riedel ex Endl. (1842) 【汉】叶果豆属(叶荚豆属)。【隶属】豆科 Fabaceae(Leguminosae)。【包含】世界 2 种。【学名诠释与讨论】〈阳〉(希) phyllon, 叶子 + karpos, 果实。此属的学名, ING 记载是 "Phyllocarpus Riedel ex Endlicher, Gen. suppl. 2 : 97. Mar-Jun 1842"。"Phyllocarpus Riedel ex Tulasne, Ann. Sci.

Nat. Bot. ser. 2. 20：142. Sep 1843"是晚出的非法名称,已被"Barnebydendron J. H. Kirkbr. (1999)"替代。【分布】巴拿马,秘鲁,玻利维亚,中美洲。【模式】Phyllocarpus pterocarpus (A. P. de Candolle) Endlicher ex B. D. Jackson [Lonchocarpus pterocarpus A. P. de Candolle]●☆

39844　Phyllocarpus Riedel ex Tul. (1843) Nom. illegit. ≡ Barnebydendron J. H. Kirkbr. (1999) [豆科 Fabaceae (Leguminosae)]●☆

39845　Phyllocasia Rchb. = Xanthosoma Schott (1832) [天南星科 Araceae]■

39846　Phyllocephalium Miq. (1856) Nom. illegit. = Phyllocephalum Blume(1826) [菊科 Asteraceae(Compositae)]■☆

39847　Phyllocephalum Blume(1826)【汉】叶苞瘦片菊属。【隶属】菊科 Asteraceae(Compositae)。【包含】世界 3-10 种。【学名诠释与讨论】〈中〉(希) phyllon,叶子+kephale,头。指花被。此属的学名,ING、TROPICOS 和 IK 记载是"Phyllocephalum Blume, Bijdr. Fl. Ned. Ind. 15：888. 1826 [Jul-Dec 1826]"。"Phyllocephalium Miq. ,Fl. Ned. Ind. ii. 20(1856)"似为其变体。亦有文献把"Phyllocephalum Blume(1826)"处理为"Centratherum Cass. (1817)"的异名。【分布】印度,印度尼西亚(爪哇岛)。【模式】Phyllocephalum frutescens Blume。【参考异名】Centratherum Cass. (1817);Phyllocephalium Miq. (1856)Nom. illegit. ■☆

39848　Phyllocereus Miq. (1839) Nom. illegit. ≡ Epiphyllum Haw. (1812) [仙人掌科 Cactaceae]●

39849　Phyllocereus Worsley(1931) Nom. inval. , Nom. illegit. [仙人掌科 Cactaceae]●☆

39850　Phyllocharis Diels (1917) Nom. illegit. ≡ Ruthiella Steenis (1965) [桔梗科 Campanulaceae]■☆

39851　Phyllochilium Cabrera(1937)Nom. illegit. ≡Chiliophyllum Phil. (1864)(保留属名) [菊科 Asteraceae(Compositae)]●☆

39852　Phyllochlamys Bureau(1873)【汉】酒饼树属(叶珠木属)。【隶属】桑科 Moraceae。【包含】世界 4 种。【学名诠释与讨论】〈阴〉(希) phyllon,叶子+chlamys,所有格 chlamydos,斗篷,外衣。此属的学名,ING、TROPICOS 和 IK 记载是"Phyllochlamys Bureau, Prodr. [A. P. de Candolle]17：217. 1873 [16 Oct 1873]"。它曾被处理为"Streblus sect. Phyllochlamys (Bureau) Corner, Gardens' Bulletin, Singapore 19：217-218. 1962"。亦有文献把"Phyllochlamys Bureau(1873)"处理为"Streblus Lour. (1790)"的异名。【分布】印度,中国,马来半岛,中南半岛。【模式】Phyllochlamys spinosa (Roxburgh) Bureau [Trophis spinosa Roxburgh]。【参考异名】Brownetara Rich. ex Tratt. (1825) Nom. illegit. ;Brownetera Rich. (1810) Nom. inval. , Nom. illegit. ;Streblus Lour. (1790);Streblus sect. Phyllochlamys (Bureau)Corner(1962)●

39853　Phyllocladaceae(Pilg.) Core ex H. Keng (1973) = Podocarpaceae Endl. (保留科名)●

39854　Phyllocladaceae Bessey(1907) [亦见 Podocarpaceae Endl. (保留科名)罗汉松科]【汉】叶枝杉科(伪叶竹柏科)。【包含】世界 1 属 5 种。【分布】马来西亚,澳大利亚(塔斯马尼亚岛),新西兰,新几内亚岛。【科名模式】Phyllocladus Rich. ex Mirb. (1825)(保留属名)●☆

39855　Phyllocladus Mirb. (1825) Nom. illegit. (废弃属名) ≡ Phyllocladus Rich. ex Mirb. (1825)(保留属名) [叶枝杉科(伪叶竹柏科)Phyllocladaceae//罗汉松科 Podocarpaceae]●☆

39856　Phyllocladus Rich. (1826) Nom. illegit. (废弃属名) ≡ Phyllocladus Rich. ex Mirb. (1825)(保留属名) [叶枝杉科(伪叶竹柏科)Phyllocladaceae//罗汉松科 Podocarpaceae]●●☆

39857　Phyllocladus Rich. ex Mirb. (1825)(保留属名)【汉】叶枝杉属

(叶状枝杉属)。【英】Celery Pine, Celery-pine。【隶属】叶枝杉科(伪叶竹柏科)Phyllocladaceae//罗汉松科 Podocarpaceae。【包含】世界 5 种。【学名诠释与讨论】〈阳〉(希) phyllon,叶子+klados,枝,芽,指小式 kladion,棍棒。kladodes 有许多枝子的。此属的学名"Phyllocladus Rich. et Mirb. in Mém. Mus. Hist. Nat. 13：48. 1825"是保留属名。法规未列出相应的废弃属名。"Phyllocladus Mirbel, Mém. Mus. Hist. Nat. 13：48. 1825 ≡ Phyllocladus Rich. ex Mirb. (1825)(保留属名)"的命名人引证有误;应予废弃。"Phyllocladus Rich. , Conif. 129. t. 3(1826) ≡ Phyllocladus Rich. ex Mirb. (1825)(保留属名)"是晚出的非法名称,亦应废弃。"Podocarpus Labillardière, Novae Holl. Pl. Spec. 2：71. t. 221. Aug 1806(废弃属名)"是"Phyllocladus Rich. ex Mirb. (1825)(保留属名)"的晚出的同模式异名(Homotypic synonym, Nomenclatural synonym)。"Brownetera L. C. Richard ex L. Trattinnick, Gen. Nov. Pl. ad t. [14]. 17 Jul 1825"是"Phyllocladus Rich. ex Mirb. (1825)(保留属名)"和"Podocarpus Labill. (1806)(废弃属名)"的晚出的同模式异名。亦有文献把"Phyllocladus Rich. ex Mirb. (1825)(保留属名)"处理为"Podocarpus Pers. (1807)(保留属名)"的异名。【分布】菲律宾,印度尼西亚(苏拉威西岛),澳大利亚(塔斯马尼亚岛),新西兰,加里曼丹岛,新几内亚岛。【模式】Phyllocladus billardieri Mirbel, Nom. illegit. [Podocarpus aspleniifolia Labillardière; Phyllocladus aspleniifolius (Labillardière) J. D. Hooker]。【参考异名】Brownetara Rich. ex Tratt. (1825) Nom. illegit. ; Brownetera Rich. (1810) Nom. inval. , Nom. illegit. ;Phyllocladus Mirb. (1825)Nom. illegit. (废弃属名); Phyllocladus Rich. (1826) Nom. illegit. (废弃属名);Podocarpus Labill. (1806)(废弃属名);Podocarpus Pers. (1807)(保留属名);Robertia Rich. ex Carrière (1855)Nom. illegit. (废弃属名); Thalamia Spreng. (1817)Nom. illegit. ●☆

39858　Phylloclinium Baill. (1890)【汉】斜叶大风子属。【隶属】刺篱木科(大风子科)Flacourtiaceae。【包含】世界 2 种。【学名诠释与讨论】〈中〉(希) phyllon,叶子+kline,床,来自 klino,倾斜,斜倚+-ius,-ia,-ium,在拉丁文和希腊文中,这些词尾表示性质或状态。【分布】热带非洲。【模式】Phylloclinium paradoxum Baillon ●☆

39859　Phyllocomos Mast. (1900) = Anthochortus Nees (1836) [as 'Antochortus'] [帚灯草科 Restionaceae]■☆

39860　Phyllocoryne Hook. f. (1856) = Scybalium Schott et Endl. (1832) [膜叶菰科 Scybaliaceae//蛇菰科(土鸟鷬科)Balanophoraceae]■☆

39861　Phyllocosmus Klotzsch(1857)【汉】叶饰木属。【隶属】黏木科 Ixonanthaceae。【包含】世界 8 种。【学名诠释与讨论】〈阳〉(希) phyllon,叶子+kosmos,秩序,形式,装饰。此属的学名是"Phyllocosmus Klotzsch, Abh. Königl. Akad. Wiss. Berlin 1856：232. 1857"。亦有文献把其处理为"Ochthocosmus Benth. (1843)"的异名。【分布】热带非洲南部。【模式】Phyllocosmus africanus (J. D. Hooker) Klotzsch [Ochtocosmus africanus J. D. Hooker]。【参考异名】Ochthocosmus Benth. (1843)●☆

39862　Phyllocrater Wernham(1914)【汉】叶杯茜属。【隶属】茜草科 Rubiaceae。【包含】世界 1 种。【学名诠释与讨论】〈阴〉(希) phyllon,叶子+krater,杯。【分布】加里曼丹岛。【模式】Phyllocrater gibbsle Wernham☆

39863　Phylloctenium Baill. (1887)【汉】篦叶紫葳属。【隶属】紫葳科 Bignoniaceae。【包含】世界 2 种。【学名诠释与讨论】〈中〉(希) phyllon,叶子+ktenis,梳,篦+-ius,-ia,-ium,在拉丁文和希腊文中,这些词尾表示性质或状态。在来源于人名的植物属名中,它们常常出现。在医学中,则用它们来作疾病或病状的名称。【分布】马达加斯加。【模式】Phylloctenium bernieri Baillon。【参考异名】Paracolea Baill.（1887）●☆

39864　Phyllocyclus Kurz（1874）= Canscora Lam.（1785）［龙胆科 Gentianaceae］■

39865　Phyllocytisus（W. D. J. Koch）Fourr.（1868）Nom. illegit. ≡ Cytisus L.（1753）（废弃属名）；~ = Cytisus Desf.（1798）（保留属名）［豆科 Fabaceae（Leguminosae）//蝶形花科 Papilionaceae］●

39866　Phyllocytisus Fourr.（1868）Nom. illegit. ≡ Phyllocytisus（W. D. J. Koch）Fourr.（1868）Nom. illegit. ；~ ≡ Cytisus L.（1753）（废弃属名）；~ = Cytisus Desf.（1798）（保留属名）［豆科 Fabaceae（Leguminosae）//蝶形花科 Papilionaceae］●

39867　Phyllodes Lour.（1790）（废弃属名）= Phrynium Willd.（1797）（保留属名）［竹芋科（苳叶科，柊叶科）Marantaceae］■

39868　Phyllodesmis Tiegh.（1895）= Taxillus Tiegh.（1895）［桑寄生科 Loranthaceae］●

39869　Phyllodium Desv.（1813）【汉】排钱树属（排钱草属）。【英】Phyllodium。【隶属】豆科 Fabaceae（Leguminosae）//蝶形花科 Papilionaceae。【包含】世界 6-8 种，中国 4 种。【学名诠释与讨论】〈中〉（希）phyllon，叶子+-idius，-idia，-idium，指示小的词尾。指花的苞片极大而呈叶状。或来自希腊文 phyllode，叶状叶柄。指总叶柄具侧生小叶。【分布】中国，东南亚。【模式】未指定●

39870　Phyllodoce Link（1831）Nom. illegit. = Acacia Mill.（1754）（保留属名）［豆科 Fabaceae（Leguminosae）//含羞草科 Mimosaceae//金合欢科 Acaciaceae］●■

39871　Phyllodoce Salisb.（1806）【汉】松毛翠属（枛樱属，母樱属）。【日】ツガザクラ属。【俄】Филлодоце。【英】Blue Heath，Mountain Heath，Mountain Heather，Mountainheath，Needlejade。【隶属】杜鹃花科（欧石南科）Ericaceae。【包含】世界 5-7 种，中国 2 种。【学名诠释与讨论】〈阴〉（拉）phyllodoce，海中魔女，系海神 Nereus 涅柔斯和 Doris 多里斯的女儿。此属的学名，ING、TROPICOS、GCI 和 IK 记载为"Phyllodoce Salisb.，Parad. Lond. ad t. 36. 1806［1 Jun 1806］"。"Phyllodoce Link，Handb. 2：132. ante Sep 1831（non R. A. Salisbury 1806）= Acacia Mill.（1754）（保留属名）［豆科 Fabaceae（Leguminosae）//含羞草科 Mimosaceae//金合欢科 Acaciaceae］"是晚出的非法名称。亦有文献把"Phyllodolon Salisb.（1866）"处理为"Allium L.（1753）"的异名。【分布】中国，北温带。【模式】Phyllodoce taxifolia R. A. Salisbury，Nom. illegit.［Andromeda coerulea Linnaeus；Phyllodoce coerulea（Linnaeus）Babington］●

39872　Phyllogeiton（Weberb.）Herzog（1903）【汉】象牙木属。【隶属】鼠李科 Rhamnaceae。【包含】世界 2 种。【学名诠释与讨论】〈阳〉（希）phyllon，叶子+geiton，所有格 geitonos，邻居。此属的学名，ING、TROPICOS 和 IK 记载是"Phyllogeiton（Weberbaur）Herzog，Beih. Bot. Centralbl. 15：168. 1903"，由"Berchemia sect. Phyllogeiton Weberb."改级而来。"Phyllogeiton Herzog（1903）≡ Phyllogeiton（Weberb.）Herzog（1903）"的命名人引证有误。亦有文献把"Phyllogeiton（Weberb.）Herzog（1903）"处理为"Berchemia Neck. ex DC.（1825）（保留属名）"的异名。【分布】澳大利亚，非洲。【模式】Phyllogeiton discolor（Klotzsch）Herzog［Scutia discolor Klotzsch］。【参考异名】Berchemia Neck. ex DC.（1825）（保留属名）；Berchemia sect. Phyllogeiton Weberb.；Phyllogeiton Herzog（1903）Nom. illegit. ●☆

39873　Phyllogeiton Herzog（1903）Nom. illegit. ≡ Phyllogeiton（Weberb.）Herzog（1903）［鼠李科 Rhamnaceae］●☆

39874　Phylloglottis Salisb.（1866）= Eriospermum Jacq. ex Willd.（1799）［毛子草科（洋莎草科）Eriospermaceae］■☆

39875　Phyllogonum Coville（1893）Nom. illegit. = Gilmania Coville（1936）［蓼科 Polygonaceae］■☆

39876　Phyllolepidum Trinajstić（1990）【汉】鳞叶荠属。【隶属】十字花科 Brassicaceae（Cruciferae）。【包含】世界 1 种。【学名诠释与讨论】〈中〉（希）phyllon，叶子+lepis，所有格 lepidos，指小式 lepion 或 lepidion，鳞，鳞片。lepidotos，多鳞的。lepos，鳞，鳞片。此属的学名"Phyllolepidum Trinajstić，Razpr. Slov. Akad. Znan. Umet. 31：362（1990）"是一个替代名称。"Lepidophyllum Trinajstić（1990）"是一个非法名称（Nom. illegit.），因为此前已经有了菊科 Asteraceae（Compositae）的"Lepidophyllum Cass.，Bulletin des Sciences，par la Societe Philomatique 1816：199. 1816"。故用"Phyllolepidum Trinajstić（1990）"替代之。亦有文献把"Phyllolepidum Trinajstić（1990）"处理为"Alyssum L.（1753）"的异名。【分布】欧洲。【模式】Phyllolepidum rupestre（Ten.）Trinajstić。【参考异名】Alyssum L.（1753）；Lepidophyllum Trinajstić（1990）Nom. illegit. ■☆

39877　Phyllolobium Fisch.（1818）Nom. illegit. ≡ Phyllolobium Fisch. ex Spreng.（1818）；~ = Astragalus L.（1753）［豆科 Fabaceae（Leguminosae）//蝶形花科 Papilionaceae］●■

39878　Phyllolobium Fisch. ex Spreng.（1818）= Astragalus L.（1753）［豆科 Fabaceae（Leguminosae）//蝶形花科 Papilionaceae］●■

39879　Phylloma Ker Gawl.（1813）= Lomatophyllum Willd.（1811）［百合科 Liliaceae//阿福花科 Asphodelaceae］■☆

39880　Phyllomatia（Wight et Arn.）Benth.（1838）= Rhynchosia Lour.（1790）（保留属名）［豆科 Fabaceae（Leguminosae）//蝶形花科 Papilionaceae］●■

39881　Phyllomatia Benth.（1838）Nom. illegit. ≡ Phyllomatia（Wight et Arn.）Benth.（1838）；~ = Rhynchosia Lour.（1790）（保留属名）［豆科 Fabaceae（Leguminosae）//蝶形花科 Papilionaceae］●■

39882　Phyllomelia Griseb.（1866）【汉】楝叶茜属。【隶属】茜草科 Rubiaceae。【包含】世界 1 种。【学名诠释与讨论】〈阴〉（希）phyllon，叶子+melia，为欧洲白蜡树的古名，后被林奈转用为楝的属名。此属的学名，ING、TROPICOS 和 IK 记载是"Phyllomelia Griseb.，Cat. Pl. Cub.［Grisebach］139. 1866［May–Aug 1866］"。【分布】古巴。【模式】Phyllomelia coronata Grisebach。【参考异名】Phyllomeria Griseb.（1880）●☆

39883　Phyllomeria Griseb.（1880）= Phyllomelia Griseb.（1866）［茜草科 Rubiaceae］●☆

39884　Phyllomphax Schltr.（1919）= Brachycorythis Lindl.（1838）［兰科 Orchidaceae］■

39885　Phyllonoma Schult.（1820）Nom. illegit. ≡ Phyllonoma Willd. ex Schult.（1820）［叶茶藨科（假茶藨科）Phyllonomaceae//醋栗科（茶藨子科）Grossulariaceae］●☆

39886　Phyllonoma Willd. ex Schult.（1820）【汉】叶茶藨属（假茶藨属，叶顶花属）。【隶属】叶茶藨（假茶藨科）Phyllonomaceae//醋栗科（茶藨子科）Grossulariaceae。【包含】世界 4 种。【学名诠释与讨论】〈中〉（希）phyllon，叶子+nomos，所有格 nomatos，草地，牧场，住所。此属的学名，ING 记载是"Phyllonoma J. A. Schultes in J. J. Roemer et J. A. Schultes，Syst. Veg. 6：xx. Aug–Dec 1820"。IK 记载为"Phyllonoma Willd. ex Schult.，Syst. Veg.，ed. 15 bis［Roemer et Schultes］6：xx. 1820［Aug–Dec 1820］"。TROPICOS 则记载为"Phyllonoma Willd. ex Roem. et Schult.，Systema Vegetabilium 6：xx，210. 1820.（Aug–Dec 1820）"。三者引用的文献相同。"Dulongia Kunth in Humboldt，Bonpland et Kunth，Nova Gen. Sp. 7：ed. fol. 59；ed. qu. 76. 20 Dec 1824"是"Phyllonoma Willd. ex Schult.（1820）"的晚出的同模式异名（Homotypic synonym，Nomenclatural synonym）。【分布】巴拿马，秘鲁，玻利维

亚,哥伦比亚(安蒂奥基亚),哥斯达黎加,墨西哥,中美洲。【模式】Phyllonoma ruscifolia Willdenow ex J. A. Schultes。【参考异名】Dulongia Kunth(1825)Nom. illegit.；Phyllonoma Schult.(1820)Nom. illegit.●☆

39887　Phyllonomaceae　Rusby = Dulongiaceae J. Agardh；~ = Grossulariaceae DC.(保留科名)；~ =Phyllonomataceae Small ●☆

39888　Phyllonomaceae Small(1905)[亦见 Grossulariaceae DC.(保留科名)醋栗科(茶藨子科)]【汉】叶茶藨科(假茶藨科)。【包含】世界1属4种。【分布】墨西哥至秘鲁。【科名模式】Phyllonoma Willd. ex Schult.●☆

39889　Phyllonomataceae　Small = Dulongiaceae J. Agardh；~ = Phyllonomaceae Small ●☆

39890　Phyllopappus Walp.(1840)= Microseris D. Don(1832)[菊科 Asteraceae(Compositae)]■☆

39891　Phyllopentas(Verdc.)Kårehed et B. Bremer(2007)【汉】叶星花属。【隶属】茜草科 Rubiaceae。【包含】世界13种。【学名诠释与讨论】〈阴〉(希)phyllon,叶子+(属)Pentas 五星花属。此属的学名,IPNI 和 TROPICOS 记载是"Phyllopentas(Verdc.)Kårehed et B. Bremer, Taxon 56(4):1076. 2007[30 Nov 2007]",由"Pentas subgen. Phyllopentas Verdc., Bulletin du Jardin Botanique de l' État à Bruxelles 23:254. 1953"改级而来。【分布】马达加斯加。【模式】Pentas mussaendoides Baker。【参考异名】Pentas subgen. Phyllopentas Verdc.(1953)●■☆

39892　Phyllophiorhiza Kuntze(1903)Nom. illegit. ≡Ophiorrhiziphyllon Kurz(1871)[爵床科 Acanthaceae]■

39893　Phyllophyton Kudô(1929)【汉】肖扭连钱属(扭连钱属)。【隶属】唇形科 Lamiaceae(Labiatae)//荆芥科 Nepetaceae。【包含】世界1种,中国1种。【学名诠释与讨论】〈中〉(希)phyllon,叶子+phyton,植物,树木,枝条。此属的学名是"Phyllophyton Kudo, Mem. Fac. Sci. Taihoku Imp. Univ. 2(2):225. Dec 1929"。亦有文献把其处理为"Marmoritis Benth.(1833)"或"Nepeta L.(1753)"的异名。【分布】中国。【后选模式】Phyllophyton cuneifolium(Linnaeus f.)Bentham[Manulea cuneifolia Linnaeus f.]。【参考异名】Marmorites Benth.(1833)Nom. illegit.；Marmoritis Benth.(1833)；Nepeta L.(1753)；Pseudolophanthus Kuprian.(1948)Nom. illegit.；Pseudolophanthus Levin(1941)■★

39894　Phyllopodium Benth.(1836)【汉】叶梗玄参属。【隶属】玄参科 Scrophulariaceae。【包含】世界26-115种。【学名诠释与讨论】〈中〉(希)phyllon,叶子+pous,所有格 podos,指小式 podion,脚,足,柄,梗。podotes,有脚的+-ius,-ia,-ium,在拉丁文和希腊文中,这些词尾表示性质或状态。指基部。【分布】非洲南部。【后选模式】Phyllopodium cuneifolium(Linnaeus f.)Bentham[Manulea cuneifolia Linnaeus f.]■☆

39895　Phyllopus DC.(1828)= Henriettea DC.(1828)[野牡丹科 Melastomataceae]●☆

39896　Phyllorachis Trimen(1879)【汉】叶梗禾属(刺状假叶柄草属)。【隶属】禾本科 Poaceae(Gramineae)。【包含】世界1种。【学名诠释与讨论】〈阴〉(希)phyllon,叶子+rachis,轴,花轴,叶轴,中轴,主轴,枝。【分布】热带非洲南部。【模式】Phyllorachis sagittata Trimen ■☆

39897　Phyllorchis Thouars ex Kuntze(1891)Nom. illegit.(废弃属名)≡Bulbophyllum Thouars(1822)(保留属名)；~ = Phyllorkis Thouars(1809)(废弃属名)[兰科 Orchidaceae]■

39898　Phyllorchis Thouars(1809)Nom. inval.(废弃属名)≡Phyllorchis Thouars ex Kuntze(1891)Nom. illegit.(废弃属名)；~ = Phyllorkis Thouars(1809)(废弃属名)；~ ≡Bulbophyllum Thouars(1822)(保留属名)[兰科 Orchidaceae]■

39899　Phyllorhachis Trimen ≡Phyllorachis Trimen(1879)[禾本科 Poaceae(Gramineae)]■☆

39900　Phyllorkis Thouars(1809)(废弃属名)≡Bulbophyllum Thouars(1822)(保留属名)[兰科 Orchidaceae]■

39901　Phylloschoenus Fourr.(1869)= Juncus L.(1753)[灯心草科 Juncaceae]■

39902　Phylloscirpus C. B. Clarke(1908)【汉】蕰叶莎属。【隶属】莎草科 Cyperaceae。【包含】世界1-5种。【学名诠释与讨论】〈阳〉(希)phyllon,叶子+(属)Scirpus 蕰草属。此属的学名,ING、GCI 和 IK 记载是"Phylloscirpus C. B. Clarke, Bull. Misc. Inform. Kew, Addit. Ser. 8:44. 1908"。"Phylloscirpus Döll ex Börner,Bot. -Syst. Not. 260. Apr 1912(non C. B. Clarke 1908)≡Scirpus L.(1753)(保留属名)[莎草科 Cyperaceae//蕰草科 Scirpaceae]"是晚出的非法名称。【分布】阿根廷,玻利维亚,厄瓜多尔。【模式】Phylloscirpus andesinus C. B. Clarke ■☆

39903　Phylloscirpus Döll ex Börner(1912)Nom. illegit. ≡Scirpus L.(1753)(保留属名)[莎草科 Cyperaceae//蕰草科 Scirpaceae]■

39904　Phyllosma L. Bolus ex Schltr.(1897)【汉】烈味芸香属。【隶属】芸香科 Rutaceae。【包含】世界2种。【学名诠释与讨论】〈阴〉(希)phyllon,叶子+osme = odme,香味,臭味,气味。在希腊文组合词中,词头 osm-和词尾-osma 通常指香味。此属的学名,ING 和 IK 记载是"Phyllosma Bolus ex Schltr., Bot. Jahrb. Syst. 24(3):457. 1897[7 Dec 1897]"。"Phyllosma L. Bolus(1897)≡Phyllosma L. Bolus ex Schltr.(1897)"的命名人引证有误。【分布】非洲南部。【模式】Phyllosma capensis H. Bolus ex Schlechter。【参考异名】Phyllosma L. Bolus(1897)Nom. illegit.●☆

39905　Phyllosma L. Bolus(1897)Nom. illegit. ≡Phyllosma L. Bolus ex Schltr.(1897)[芸香科 Rutaceae]●☆

39906　Phyllospadix Hook.(1838)【汉】虾海藻属(虾形藻属,叶肉穗藻属)。【日】エビアラロ属,スガモ属。【俄】Филлоспадикс。【英】Shrimpalga,Sud Grass,Surfgrass Surf-grass。【隶属】眼子菜科 Potamogetonaceae//大叶藻科(甘藻科)Zosteraceae。【包含】世界5种,中国2种。【学名诠释与讨论】〈阴〉(希)phyllon,叶子+spadix,所有格 spadikos =拉丁文 spadix,所有格 spadicis,棕榈之枝或复叶。新拉丁文 spadiceus,枣红色,胡桃褐色。拉丁文中 spadix 亦为佛焰花序或肉穗花序。指花序埋生于叶基部。【分布】日本,中国,太平洋地区沿岸北美洲。【模式】Phyllospadix scouleri W. J. Hooker ■

39907　Phyllostachys Siebold et Zucc.(1843)(保留属名)【汉】刚竹属(淡竹属,苦竹属,毛竹属,孟宗竹属,华篱竹属)。【日】マダケ属,モウソウチク属。【俄】Листоколосник,Филлостахис。【英】Bamboo,Black Bamboo,Firmbamboo,Hairy Bamboo,Hairy-bamboo,Phyllostachys,Surf-grass。【隶属】禾本科 Poaceae(Gramineae)。【包含】世界51-80种,中国51-70种。【学名诠释与讨论】〈阴〉(希)phyllon,叶子+stachys,穗,谷,长钉,穗状花序。指花序杂有具叶之苞片,即疏小穗基部的佛焰苞片顶端具退化的叶片。此属的学名"Phyllostachys Siebold et Zucc., Abh. Math. -Phys. Cl. Königl. Bayer. Akad. Wiss. 3(3):745. 1843"是保留属名。法规未列出相应的废弃属名。但是莎草科 Cyperaceae 的"Phyllostachys Torr., Ann. Lyceum Nat. Hist. New York iii.(1836)404, Nom. inval. ≡Phyllostachys Torr. ex Steud.(废弃属名)= Carex L.(1753)Nom. inval."亦应废弃。"Sinoarundinaria Ohwi in Mayebara, Fl. Austro-Higo 86. Nov 1931"是"Phyllostachys Siebold et Zucc.(1843)(保留属名)"的晚出的同模式异名(Homotypic synonym, Nomenclatural synonym)。【分布】秘鲁,玻利维亚,厄瓜多尔,哥斯达黎加,马达加斯加,美国(密苏里),尼加拉瓜,中国,喜马拉雅山至日本,中美洲。【模式】Phyllostachys bambusoides

Siebold et Zuccarini。【参考异名】Sinoarundinaria Ohwi(1931)●

39908　Phyllostachys Torr.（1836）Nom. inval.（废弃属名）≡ Phyllostachys Torr. ex Steud.（废弃属名）；~ = Carex L.（1753）［莎草科 Cyperaceae］■

39909　Phyllostachys Torr. ex Steud.（废弃属名）= Carex L.（1753）［莎草科 Cyperaceae］■

39910　Phyllostegia Benth.（1830）【汉】叶覆草属。【隶属】唇形科 Lamiaceae(Labiatae)。【包含】世界 1-34 种。【学名诠释与讨论】〈阴〉(希) phyllon，叶子+stege，盖子，覆盖物。【分布】美国(夏威夷),法属波利尼西亚(塔希提岛)。【模式】未指定■●☆

39911　Phyllostelidium Beauverd(1916)= Baccharis L.（1753）(保留属名)［菊科 Asteraceae(Compositae)］●■☆

39912　Phyllostema Neck.（1790）Nom. inval. = Quassia L.（1762）；~ = Simaba Aubl.（1775）［苦木科 Simaroubaceae］●☆

39913　Phyllostemonodaphne Kosterm.（1936）【汉】叶蕊楠属。【隶属】樟科 Lauraceae。【包含】世界 1 种。【学名诠释与讨论】〈阳〉(希) phyllon，叶子+stemon，雄蕊+(属)Daphne 瑞香属。【分布】巴西。【模式】Phyllostemonodaphne geminiflora（Mez）Kostermans［Acrodiclidium geminiflorum Mez］●☆

39914　Phyllostephanus Tiegh.（1895）= Aetanthus（Eichler）Engl.（1889）［桑寄生科 Loranthaceae］●☆

39915　Phyllostylon Capan. ex Benth.（1880）Nom. illegit. ≡Phyllostylon Capan. ex Benth. et Hook. f.（1880）［榆科 Ulmaceae］●☆

39916　Phyllostylon Capan. ex Benth. et Hook. f.（1880）【汉】叶柱榆属。【隶属】榆科 Ulmaceae。【包含】世界 2-3 种。【学名诠释与讨论】〈阳〉(希) phyllon，叶子+stylos = 拉丁文 style，花柱，中柱，有尖之物,桩,柱,支持物,支柱,石头做的界标。此属的学名,ING、TROPICOS 和 IK 记载是 "Phyllostylon Capan. ex Benth. et Hook. f.,Gen. Pl.［Bentham et Hooker f.］3(1):352. 1880［7 Feb 1880］"。"Phyllostylon Capan. ex Benth.（1880）≡ Phyllostylon Capan. ex Benth. et Hook. f.（1880）"的命名人引证有误。【分布】玻利维亚,尼加拉瓜,西印度群岛至巴拉圭,中美洲。【模式】Phyllostylon brasiliensis Capanema ex Bentham et J. D. Hooker。【参考异名】Phyllostylon Capan. ex Benth.（1880）Nom. illegit.；Samaroceltis J. Poiss.（1887）●☆

39917　Phyllota(DC.) Benth.（1837）【汉】耳叶豆属。【隶属】豆科 Fabaceae(Leguminosae)。【包含】世界 10 种。【学名诠释与讨论】〈阴〉(希) phyllon，叶子+ous，所有格 otos，指小式 otion，耳。otikos，耳的。此属的学名,ING 和 APNI 记载是 "Phyllota（A. P. de Candolle）Bentham in Endlicher et al.，Enum. Pl. Hügel. 33. Apr 1837"，由 "Pultenaea sect. Phyllota A. P. de Candolle,Prodr. 2;113. Nov.（med.）1825" 改级而来。IK 和 TROPICOS 则记载为 "Phyllota Benth.，Enum. Pl.［Endlicher］33. 1837［Apr 1837］"。三者引用的文献相同。【分布】澳大利亚。【模式】未指定。【参考异名】Phyllota Benth.（1837）Nom. illegit.；Pultenaea sect. Phyllota DC.（1825）；Walpersia Harv.（1862）(保留属名)；Walpersia Harv. et Sond.（1862）Nom. illegit.（废弃属名）●☆

39918　Phyllota Benth.（1837）Nom. illegit. ≡ Phyllota（DC.）Benth.（1837）［豆科 Fabaceae(Leguminosae)］●☆

39919　Phyllotaenium André（1872）= Xanthosoma Schott（1832）［天南星科 Araceae］■●

39920　Phyllotephrum Gand. = Clinopodium L.（1753）［唇形科 Lamiaceae(Labiatae)］■●

39921　Phyllotheca Nutt. ex Moq.（1849）= Atriplex L.（1753）(保留属名)［藜科 Chenopodiaceae//滨藜科 Atriplicaceae］■●

39922　Phyllotrichum Thorel ex Lecomte（1911）【汉】毛叶无患子属。【隶属】无患子科 Sapindaceae。【包含】世界 1 种。【学名诠释与讨论】〈中〉(希) phyllon，叶子+thrix，所有格 trichos，毛,毛发。【分布】中南半岛。【模式】Phyllotrichum mekongense Lecomte ●☆

39923　Phylloxylon Baill.（1861）【汉】叶木豆属。【隶属】豆科 Fabaceae(Leguminosae)。【包含】世界 5 种。【学名诠释与讨论】〈中〉(希) phyllon+xylon，木材。【分布】马达加斯加,毛里求斯。【模式】Phylloxylon decipiens Baillon。【参考异名】Neobaronia Baker(1884)●☆

39924　Phyllymena Blume ex Miq.（1856）= Enydra Lour.（1790）；~ = Phyllimena Blume ex DC.（1836）［菊科 Asteraceae(Compositae)］■

39925　Phyllyrea G. Don(1837-1838)= Phillyrea L.（1753）［木犀榄科(木犀科)Oleaceae］●☆

39926　Phylocarpos Raf. = Physocarpus（Cambess.）Raf.（1838）［as 'Physocarpa'］(保留属名)［蔷薇科 Rosaceae］●

39927　Phylogyne Haw.（1819）Nom. illegit. ≡ Philogyne Salisb. ex Haw.（1819）Nom. illegit.；~ ≡ Philogyne Salisb. ex Haw.（1819）［石蒜科 Amaryllidaceae］■

39928　Phylogyne Salisb. ex Haw.（1819）Nom. illegit. ≡ Philogyne Salisb. ex Haw.（1819）［石蒜科 Amaryllidaceae］■

39929　Phylohydrax Puff（1986）【汉】叶水茜属。【隶属】茜草科 Rubiaceae。【包含】世界 2 种。【学名诠释与讨论】〈阴〉(希) phyllon，叶子+hydor，所有格 hydatos，水。变为 hydra =爱奥尼亚语 hydre，一种水蛇。在希腊文组合词中,词头 hydro-即为 "水" 之义。另说是 Hydrophylax 水茜属的字母改缀。【分布】马达加斯加,非洲东部。【模式】Phylohydrax carnosa (Hochstetter) C. Puff［Diodia carnosa Hochstetter］☆

39930　Phyloma Gmel. = Cymbaria L.（1753）［玄参科 Scrophulariaceae//列当科 Orobanchaceae］■

39931　Phymaspermum Less.（1832）【汉】瘤子菊属。【隶属】菊科 Asteraceae(Compositae)。【包含】世界 18-19 种。【学名诠释与讨论】〈中〉(希) phyma，所有格 phymatos，瘤,结节,肿大,块茎+sperma，所有格 spermatos，种子,孢子。【分布】非洲南部。【模式】Phymaspermum junceum Lessing。【参考异名】Adenacantha B. D. Jacks.；Adenachaena DC.（1838）；Adenochaena DC.（1838）；Brachymeris DC.（1838）；Iocaste E. Mey. ex DC.（1838）Nom. inval. Iocaste E. Mey. ex Harv.（1865）Nom. illegit. Jacosta DC.（1838）；Jocaste Meisn.（1839）；Oligoglossa DC.（1838）●☆

39932　Phymatanthus Lindl. ex Sweet（1820）= Pelargonium L'Hér. ex Aiton(1789)［牻牛儿苗科 Geraniaceae］●■

39933　Phymatanthus Sweet（1820）Nom. illegit. ≡ Phymatanthus Lindl. ex Sweet（1820）；~ =Pelargonium L'Hér. ex Aiton（1789）［牻牛儿苗科 Geraniaceae］●■

39934　Phymatarum M. Hotta（1965）【汉】瘤南星属。【隶属】天南星科 Araceae。【包含】世界 2-3 种。【学名诠释与讨论】〈中〉(希) phyma，所有格 phymatos，瘤,结节,肿大,块茎+(属)Arum 疆南星属。【分布】加里曼丹岛。【模式】Phymatarum borneense M. Hotta ■☆

39935　Phymatidiopsis Szlach.（2006）【汉】拟瘤兰属。【隶属】兰科 Orchidaceae。【包含】世界 1 种。【学名诠释与讨论】〈阴〉(属) Phymatidium 小瘤兰属+希腊文 opsis，外观,模样,相似。此属的学名是 "Polish Botanical Journal 51：37. 2006"。亦有文献把其处理为 "Phymatidium Lindl.（1833）" 的异名。【分布】巴西。【模式】Phymatidiopsis mellobarretoi（L. O. Williams et Hoehne）Szlach.。【参考异名】Phymatidium Lindl.（1833）■☆

39936　Phymatidium Lindl.（1833）【汉】小瘤兰属。【隶属】兰科 Orchidaceae。【包含】世界 10 种。【学名诠释与讨论】〈中〉(希) phyma，所有格 phymatos，瘤,结节,块茎,肿大+-idius，-idia，-idium，指示小的词尾。【分布】巴拉圭,巴拿马,巴西。【后选模

式】Phymatidium delicatulum Lindley。【参考异名】Eloyella P. Ortiz(1979);Phymatidiopsis Szlach.(2006)■☆

39937　Phymatis E. Mey.(1843)= Carum L.(1753)［伞形花科(伞形科)Apiaceae(Umbelliferae)］■

39938　Phymatocarpus F. Muell.(1862)【汉】瘤果桃金娘属。【隶属】桃金娘科 Myrtaceae。【包含】世界 2 种。【学名诠释与讨论】〈阳〉(希)phyma,所有格 phymatos,瘤,结节,肿大,块茎+karpos,果实。【分布】澳大利亚(西部)。【模式】Phymatocarpus porphyrocephalus F. v. Mueller ●☆

39939　Phymatochilum Christenson(2005)【汉】瘤唇兰属。【隶属】兰科 Orchidaceae。【包含】世界 1 种。【学名诠释与讨论】〈中〉(希)phyma,所有格 phymatos,瘤,结节,肿大,块茎+cheilos,唇。在希腊文组合词中,cheil-,cheilo-,-chilus,-chilia 等均为“唇,边缘”之义。【分布】巴西。【模式】Phymatochilum brasiliense Christenson ■☆

39940　Phymosia Desv.(1825)Nom. illegit. ≡Phymosia Desv. ex Ham.(1825)［锦葵科 Malvaceae］●☆

39941　Phymosia Desv. ex Ham.(1825)【汉】菲莫斯木属。【隶属】锦葵科 Malvaceae。【包含】世界 8 种。【学名诠释与讨论】〈阴〉(希)phyma,所有格 phymatos,瘤,结节,肿大,块茎。此属的学名,ING 记载是“Phymosia Desvaux ex W. Hamilton, Prodr. Pl. Indiae Occid. xvi, 49. 1825”。GCI 和 IK 则记载为“Phymosia Ham., Prodr. Pl. Ind. Occid.［Hamilton］xvi, 49. 1825［late? 1825］”。三者引用的文献相同。“Phymosia Desv.(1825)≡ Phymosia Desv. ex Ham.(1825)”和“Phymosia Desv.(1825)≡ Phymosia Desv. ex Ham.(1825)”的命名人引证有误。【分布】墨西哥,危地马拉,西印度群岛,中美洲。【模式】Phymosia abutiloides(Linnaeus)W. Hamilton［Malva abutiloides Linnaeus］。【参考异名】Meliphlea Zucc.(1837);Phymosia Desv.(1825)Nom. illegit.;Phymosia Ham.(1825)Nom. illegit.;Sphaeroma(DC.)Schltdl.(1837);Sphaeroma Schltdl.(1837)Nom. illegit.●☆

39942　Phymosia Ham.(1825)Nom. illegit. ≡Phymosia Desv. ex Ham.(1825)［锦葵科 Malvaceae］●☆

39943　Phyodina Raf.(1837)= Callisia Loefl.(1758)［鸭趾草科 Commelinaceae］■☆

39944　Phyrrheima Hassk.(1871)= Pyrrheima Hassk.(1869)Nom. illegit.;~=Siderasis Raf.(1837)［鸭趾草科 Commelinaceae］■☆

39945　Physa Noronha ex Thouars(1806)= Glinus L.(1753)［番杏科 Aizoaceae//粟米草科 Molluginaceae//星粟草科 Glinaceae］■

39946　Physa Thouars(1806)Nom. illegit. ≡Physa Noronha ex Thouars(1806);~= Glinus L.(1753)［番杏科 Aizoaceae//粟米草科 Molluginaceae//星粟草科 Glinaceae］■

39947　Physacanthus Benth.(1876)【汉】泡刺爵床属。【隶属】爵床科 Acanthaceae。【包含】世界 5 种。【学名诠释与讨论】〈阳〉(希)physa,风箱,气泡+akantha,荆棘,akanthikos,荆棘的。akanthion,蓟的一种,豪猪,刺猬,akanthinos,多刺的,用荆棘做成的。在植物学中,acantha 通常指刺。【分布】热带非洲。【后选模式】Physacanthus inflatus C. B. Clarke, Nom. illegit.［Ruellia batangana J. Braun et K. M. Schumann;Physacanthus batanganus(J. Braun et K. M. Schumann)Lindau］。【参考异名】Haselhoffia Lindau(1897)■☆

39948　Physalastrum DC.(1969)Nom. illegit. =Sida L.(1753)［锦葵科 Malvaceae］●■

39949　Physalastrum Monteiro(1969)Nom. illegit. ≡Krapovickasia Fryxell(1978);~≡ Physaliastrum Monteiro(1969)Nom. illegit.;~=Sida L.(1753)［锦葵科 Malvaceae］●■

39950　Physaliastrum Makino(1914)【汉】散血丹属(白姑娘属,刺酸

浆属,地海椒属)。【日】イガホオズキ属,イガホオヅキ属。【俄】Физалиаструм。【英】Blooddisperser,Physaliastrum。【隶属】茄科 Solanaceae。【包含】世界 9 种,中国 7 种。【学名诠释与讨论】〈中〉(属)Physalis 酸浆属+-astrum,指示小的词尾,也有“不完全相似”的含义。此属的学名是“Physaliastrum Makino, Bot. Mag.(Tokyo)28:20. 1914”。亦有文献把其处理为“Leucophysalis Rydb.(1893)”的异名。【分布】中国,东亚。【后选模式】Physaliastrum savatieri Makino, Nom. illegit.［Chamaesaracha japonica Franchet et Savatier;Physaliastrum japonicum［Franchet et Savatier)M. Honda］。【参考异名】Archiphysalis Kuang(1966);Chamaesaracha(A. Gray)Franch. et Sav.(1878)Nom. illegit.;Chamaesaracha A. Gray ex Franch. et Sav.(1878)Nom. illegit.;Leucophysalis Rydb.(1893)■

39951　Physaliastrum Monteiro(1969)Nom. illegit. ≡Krapovickasia Fryxell(1978);~=Sida L.(1753)［锦葵科 Malvaceae］■☆

39952　Physalis L.(1753)【汉】酸浆属(灯笼草属)。【日】ホオズキ属,ホオヅキ属,ホホヅキ属。【俄】Вишня жидовская,Вишня пёсья,Вишня пузырная,Вишня пузырчатая,Можжуха,Мозжуха,Песья вишня,Физалис。【英】Alkekengi,Cape gooseberry,Chinese Lantern,Chinese Lanterns,Chinese-lantern,Ground Cherry,Groundcherry,Ground-cherry,Husk Tomato,Husk-tomato,Japanese-lantern,Physalis,Winter Cherry。【隶属】茄科 Solanaceae。【包含】世界 75-120 种,中国 6 种。【学名诠释与讨论】〈阴〉(希)physa,膀胱,囊,袋。physalis =phusallis,所有格 physallidos,气泡,水泡,囊,袋。指萼在果时膨大成囊状。此属的学名,ING、TROPICOS、APNI、GCI 和 IK 记载是“Physalis L., Sp. Pl. 1:182. 1753［1 May 1753］”。“Alkekengi P. Miller,Gard. Dict. Abr. ed. 4. 28 Jan 1754”和“Boberella E. H. L. Krause in Sturm, Deutschl. Fl. ed. 2. 10:54. 1903”是“Physalis L.(1753)”的晚出的同模式异名(Homotypic synonym, Nomenclatural synonym)。【分布】巴基斯坦,巴拉圭,巴拿马,秘鲁,玻利维亚,厄瓜多尔,哥伦比亚(安蒂奥基亚),马达加斯加,美国(密苏里),尼加拉瓜,利比里亚(宁巴),中国,中美洲。【后选模式】Physalis alkekengi Linnaeus。【参考异名】Alicabon Raf.(1838);Alkekengi Mill.(1754)Nom. illegit.;Alkekengi Tourn. ex Haller(1742)Nom. inval.;Boberella E. H. L. Krause(1903)Nom. illegit.;Darcya Hunz.(2000)Nom. illegit.;Darcyanthus Hunz.(2000)Nom. inval.;Epetorhiza Steud.(1840);Eurostorhiza G. Don ex Steud.(1840)Nom. inval.;Exodeconus Raf.(1838);Herschelia T. E. Bowdich ex Rchb.(1837)Nom. illegit.;Herschelia T. E. Bowdich(1825);Herschellia Bartl.(1830);Herschellia T. E. Bowdich ex Rchb.(1837)Nom. illegit.;Leucophysalis Rydb.(1893);Megista Fourr.(1869);Pentaphiltrum Rchb.(1841)Nom. illegit.;Phisalis Nocca(1793);Quincula Raf.(1832)■

39953　Physolobium Steud.(1841)Nom. illegit. ≡Physolobium Benth.;~=Kennedia Vent.(1805)［豆科 Fabaceae(Leguminosae)//蝶形花科 Papilionaceae］●☆

39954　Physalodes Boehm(1760)(废弃属名)≡Physalodes Boehm. ex Kuntze(1891)(废弃属名);~=Nicandra Adans.(1763)(保留属名)［茄科 Solanaceae］■

39955　Physalodes Boehm. ex Kuntze(1891)(废弃属名)≡ Nicandra Adans.(1763)(保留属名)［茄科 Solanaceae］■

39956　Physaloides Moench(1794)Nom. illegit. ≡ Alicabon Raf.(1838);~= Withania Pauquy(1825)(保留属名)［茄科 Solanaceae］●■

39957　Physandra Botsch.(1956)= Salsola L.(1753)［藜科 Chenopodiaceae//猪毛菜科 Salsolaceae］●■

39958　Physanthemum Klotzsch（1861）= Courbonia Brongn.（1863）；~ =Maerua Forssk.（1775）［山柑科（白花菜科，醉蝶花科）Capparaceae//白花菜科（醉蝶花科）Cleomaceae］●☆

39959　Physanthera Bert. ex Steud.（1841）= Rodriguezia Ruiz et Pav.（1794）［兰科 Orchidaceae］■☆

39960　Physanthillis Boiss.（1840）Nom. illegit. ≡ Physanthyllis Boiss.（1840）Nom. illegit. ；~ = Tripodion Medik.（1787）；~ = Anthyllis L.（1753）［豆科 Fabaceae（Leguminosae）//蝶形花科 Papilionaceae］■☆

39961　Physanthyllis Boiss.（1840）Nom. illegit. ≡ Tripodion Medik.（1787）；~ = Anthyllis L.（1753）［豆科 Fabaceae（Leguminosae）//蝶形花科 Papilionaceae］■☆

39962　Physaria（Nutt.）A. Gray（1848）【汉】胀荚荠属（洋球果荠属）。【英】Bladderpod。【隶属】十字花科 Brassicaceae（Cruciferae）。【包含】世界 14-22 种。【学名诠释与讨论】〈阴〉（希）physa，膀胱，囊，袋，风箱，空气泡，气泡。physalis = phusallis，所有格 physallidos，气泡，水泡，囊，袋+-arius，-aria，-arium，指示"属于、相似、具有、联系"的词尾。指膨胀的荚。此属的学名，ING 和 IPNI 记载是"Physaria（Nuttall）A. Gray，Gen. Fl. Amer. Bor. - Orient. 1：162. Apr（sero）- Mai（prim.）1848（'1849'）"，由"Vesicaria sectio Physaria Nuttall in Torrey et A. Gray，Fl. N. Amer. 1：102. Jul 1838 改级而来。IK 记载为"Physaria A. Gray，Gen. Amer. Bor. 1：162. 1848"。IPNI 记载为"Physaria（Nutt.）A. Gray，Gen. Amer. Bor. 1：162. 1848［dated 1849；published in Apr-May 1848］"。IPNI 记载为"Physaria（Nutt.）A. Gray（1848）"。TROPICOS 和《北美植物志》记载为"Physaria（Nutt. ex Torr. et A. Gray）A. Gray，Genera Florae Americae Boreali - Orientalis Illustrata 1：162. 1849"，基源异名是"Vesicaria sect. Physaria Nutt. ex Torr. et A. Gray，Fl. N. Amer1（1）：102. 1838.（Jul 1838）"。GCI 则记载为"Physaria A. Gray（1848）Nom. illegit. = Coulterina Kuntze Revis. Gen. Pl. 2：931. 1891［5 Nov 1891］［十字花科 Brassicaceae（Cruciferae）］"。ING 则记载"Coulterina O. Kuntze，Rev. Gen. 2：931. 5 Nov 1891"是"Physaria Nuttall ex Torrey et Gray（1848）Nom. illegit."的晚出的同模式异名（Homotypic synonym，Nomenclatural synonym）。ING 后来订正为"Physaria（Torrey et A. Gray）Nuttall ex A. Gray，Gen. Fl. Amer. Bor. -Orient. 1：162. Apr（sero）- Mai（prim.）1848（'1849'）"。亦有文献把"Physaria（Nutt.）A. Gray（1848）"处理为"Vesicaria Adans.（1763）"的异名。【分布】玻利维亚，美国，中国，太平洋地区北美洲。【模式】Physaria didymocarpa（W. J. Hooker）A. Gray［Vesicaria didymocarpa W. J. Hooker］。【参考异名】Coulterina Kuntze（1891）Nom. illegit. ；Physaria（Nutt. ex Torr. et A. Gray）A. Gray（1848）Nom. illegit. ；Physaria A. Gray（1848）Nom. illegit. ；Physaria Rchb. ；Physaria Nuttall ex Torrey et Gray（1848）Nom. illegit. ；Vesicaria Adans.（1763）；Vesicaria Tourn. ex Adans.（1763）Nom. illegit. ；Vesicaria sectio Physaria Nutt.（1838）；Vesicaria subg. Physaria Torrey et A. Gray（1838）；Vesicaria sect. Physaria Nutt. ex Torr. & A. Gray（1838）■

39963　Physaria（Nutt. ex Torr. et A. Gray）A. Gray（1848）Nom. illegit. ≡ Physaria（Nutt.）A. Gray（1848）［十字花科 Brassicaceae（Cruciferae）］■

39964　Physaria A. Gray（1848）Nom. illegit. ≡ Physaria（Nutt.）A. Gray（1848）；~ = Vesicaria Adans.（1763）［十字花科 Brassicaceae（Cruciferae）］■☆

39965　Physaria Nutt. ex Torr. et Gray（1848）Nom. illegit. ≡ Physaria（Nutt.）A. Gray（1848）［十字花科 Brassicaceae（Cruciferae）］■

39966　Physaria Rchb. ，Nom. illegit. = Coulterina Kuntze（1891）Nom.

illegit. ；~ = Physaria（Nutt.）A. Gray（1848）［十字花科 Brassicaceae（Cruciferae）］■

39967　Physarus Steud.（1841）Nom. illegit. = Physurus Rich. ex Lindl.（1840）［兰科 Orchidaceae］■

39968　Physcium Post et Kuntze（1903）= Physkium Lour.（1790）；~ = Vallisneria L.（1753）［水鳖科 Hydrocharitaceae//苦草科 Vallisneriaceae］■

39969　Physedra Hook. f.（1867）= Coccinia Wight et Arn.（1834）［葫芦科（瓜科，南瓜科）Cucurbitaceae］■

39970　Physena Noronha ex Thouars（1806）【汉】独子果属（非生木属）。【隶属】西番莲科 Passifloraceae//独子果科（非桐科）Physenaceae。【包含】世界 2 种。【学名诠释与讨论】〈阴〉（希）physa，膀胱，囊，袋。physalis = phusallis，所有格 physallidos，气泡，水泡，囊，袋。【分布】马达加斯加。【模式】Physena madagascariensis Steudel.【参考异名】Varonthe Juss. ex Rchb. ●☆

39971　Physenaceae Takht.（1985）［亦见 Passifloraceae Juss. ex Roussel（保留科名）西番莲科］【汉】独子果科（非桐科）。【包含】世界 1 属 2 种。【分布】马达加斯加。【科名模式】Physena Noronha ex Thouars ●☆

39972　Physeterostemon R. Goldenb. et Amorim（2006）【汉】孔蕊野牡丹属。【隶属】野牡丹科 Melastomataceae。【包含】世界 3 种。【学名诠释与讨论】〈阳〉（希）physeter，吹的人，或口吹的乐器，或鲸的吹气孔 + stemon，雄蕊。【分布】巴西。【模式】Physeterostemon fiaschii R. Goldenb. et Amorim ●■☆

39973　Physetobasis Hassk.（1857）= Holarrhena R. Br.（1810）［夹竹桃科 Apocynaceae］●

39974　Physianthus Mart.（1824）= Araujia Brot.（1817）［萝藦科 Asclepiadaceae］●☆

39975　Physianthus Mart. et Zucc.（1824）Nom. illegit. ≡ Physianthus Mart.（1824）；~ = Araujia Brot.（1817）［萝藦科 Asclepiadaceae］●☆

39976　Physicarpos DC.（1825）= Hovea R. Br.（1812）；~ = Phusicarpos Poir.（1816）Nom. illegit. ［豆科 Fabaceae（Leguminosae）］●■☆

39977　Physichilus Nees（1837）= Hygrophila R. Br.（1810）［爵床科 Acanthaceae］●■

39978　Physidium Schrad.（1821）= Angelonia Bonpl.（1812）［玄参科 Scrophulariaceae//婆婆纳科 Veronicaceae］■●☆

39979　Physiglochis Neck.（1790）Nom. inval. = Carex L.（1753）［莎草科 Cyperaceae］■

39980　Physinga Lindl.（1838）= Epidendrum L.（1763）（保留属名）［兰科 Orchidaceae］■☆

39981　Physiphora Sol. ex DC.（1824）Nom. inval. ，Nom. illegit. = Rinorea Aubl.（1775）（保留属名）［堇菜科 Violaceae］●

39982　Physiphora Sol. ex R. Br.（1818）= Rinorea Aubl.（1775）（保留属名）［堇菜科 Violaceae］●

39983　Physkium Lour.（1790）= Vallisneria L.（1753）［水鳖科 Hydrocharitaceae//苦草科 Vallisneriaceae］■

39984　Physocalycium Vest（1820）= Bryophyllum Salisb.（1805）［景天科 Crassulaceae］■

39985　Physocalymma Pohl（1827）【汉】胀被千屈菜属。【隶属】千屈菜科 Lythraceae。【包含】世界 1 种。【学名诠释与讨论】〈阴〉（希）physa，膀胱，囊，袋。physalis = phusallis，所有格 physallidos，气泡，水泡，囊，袋+kalymma，覆盖，面纱，头巾。此属的学名，ING、TROPICOS 和 IK 记载是"Physocalymma Pohl，Flora 10：152（1827）；et Pl. Bras. Ic. i. 99. ，t. 82. 83（1827）"。"Physocalymna DC. ，Prodr.［A. P. de Candolle］3：89. 1828［mid Mar 1828］"是"Physocalymma Pohl（1827）"的拼写变体，而且未能合格发表。

【分布】秘鲁,玻利维亚,厄瓜多尔。【模式】Physocalymma scaberrima Pohl。【参考异名】Physocalymna DC. (1828) Nom. illegit. , Nom. inval. ●☆

39986 Physocalymna DC. (1828) Nom. illegit. , Nom. inval. ≡ Physocalymma Pohl(1827)［千屈菜科 Lythraceae］●☆

39987 Physocalyx Pohl(1827)【汉】胀萼列当属(胀萼玄参属)。【隶属】玄参科 Scrophulariaceae//列当科 Orobanchaceae。【包含】世界 2 种。【学名诠释与讨论】〈阳〉(希) physa,膀胱,囊,袋。physalis =phusallis,所有格 physallidos,气泡,水泡,囊,袋+kalyx,所有格 kalykos =拉丁文 calyx,花萼,杯子。【分布】巴西。【模式】Physocalyx aurantiacus Pohl ●☆

39988 Physocardamum Hedge(1968)【汉】土耳其碎米荠属。【隶属】十字花科 Brassicaceae(Cruciferae)。【包含】世界 1 种。【学名诠释与讨论】〈中〉(希)physa,膀胱,囊,袋。physalis =phusallis,所有格 physallidos,气泡,水泡,囊,袋+(属)Cardamine 碎米荠属。【分布】土耳其。【模式】Physocardamum davisii I. C. Hedge ■☆

39989 Physocarpa(Cambess.)Raf.(1838)(废弃属名)≡Physocarpus (Cambess.)Raf.(1838)［as 'Physocarpa'](保留属名)［蔷薇科 Rosaceae］●

39990 Physocarpa Raf.(1838)Nom. illegit.(废弃属名)≡Physocarpus (Cambess.)Raf.(1838)［as 'Physocarpa'](保留属名)［蔷薇科 Rosaceae］●

39991 Physocarpon Neck.(1790)Nom. inval. ≡Physocarpon Neck. ex Raf.(1840);~ =Lychnis L.(1753)(废弃属名);~ =Melandrium Röhl.(1812)［石竹科 Caryophyllaceae］■

39992 Physocarpon Neck. ex Raf.(1840)= Lychnis L.(1753)(废弃属名);~ =Melandrium Röhl.(1812)［石竹科 Caryophyllaceae］■

39993 Physocarpum(DC.)Bercht. et J. Presl(1823)= Thalictrum L. (1753)［毛茛科 Ranunculaceae］■

39994 Physocarpum Bercht. et J. Presl(1823)Nom. illegit. ≡ Physocarpum (DC.)Bercht. et J. Presl(1823);~ =Thalictrum L. (1753)［毛茛科 Ranunculaceae］■

39995 Physocarpus(Cambess.)Raf.(1838)［as 'Physocarpa'](保留属名)【汉】风箱果属(鳈鱼梅属,托盘幌属)。【日】テマリシモッケ属。【俄】Пузыреплодник,Физокарпус。【英】Bellowsfruit, Ninebark,Nine-bark,Physocarpe。【隶属】蔷薇科 Rosaceae。【包含】世界 10-20 种,中国 1 种。【学名诠释与讨论】〈阳〉(希)physa,膀胱,囊,袋。physalis =phusallis,所有格 physallidos,气泡,水泡,囊,袋+karpos,果实。指果熟时成囊状。此属的学名 "Physocarpus (Cambess.)Raf., New Fl. 3:73. Jan-Mar 1838［as 'Physocarpa']" 由 "Spiraea sect. Physocarpus Cambess. in Ann. Sci. Nat. (Paris) 1:239,385. 1824, 'Physocarpos')(orth. cons.)" 改级而来,是保留属名。相应的废弃属名是 "Epicostorus Raf. in Atlantic J. 1:144. 1832 (sero)= Physocarpus (Cambess.)Raf. (1838)［as 'Physocarpa'](保留属名)"。蔷薇科 Rosaceae 的 "Physocarpus Maxim., Trudy Imp. S.-Peterburgsk. Bot. Sada vi. (1879) 219 ≡ Physocarpus (Cambess.)Maxim. (1879)= Physocarpus(Cambess.)Raf.(1838)［as 'Physocarpa'](保留属名)" 亦应废弃。"Physocarpus (Cambess.)Maxim. (1879) ≡ Physocarpus Maxim. (1879) = Physocarpus (Cambess.)Raf. (1838)" 以及 "Physocarpus Post et Kuntze(1903)Nom. illegit. = Hovea R. Br(1812)= Phusicarpos Poir. (1816)Nom. illegit." 亦应废弃。其拼写变体 "Physocarpa (Cambess.)Raf.(1838)" 也须废弃。"Physocarpa Raf.(1838)" 的命名人引证有误。《密苏里植物志》误用 "Physocarpus (Cambess.)Maxim. (1879)Nom. illegit. (废弃属名)" 为正名。"Opulaster Medikus ex Rydberg, N. Amer. Fl. 22:240. 12 Jun 1908" 是 "Physocarpus (Cambess.)Raf. (1838)

［as 'Physocarpa']](保留属名)" 的晚出的同模式异名 (Homotypic synonym, Nomenclatural synonym)。【分布】美国,中国,亚洲东北部,北美洲。【模式】Physocarpus riparius Rafinesque ［Spiraea opulifolia Linnaeus]。【参考异名】Epicostorus Raf. (1832)(废弃属名);Espicostorus Raf. (1834);Icotorus Raf. (1830);Opulaster Medik. (1799)Nom. inval.;Opulaster Medik. ex Kuntze(1891)Nom. illegit.;Opulaster Medik. ex Rydb. (1908) Nom. illegit.;Phylocarpos Raf. (废弃属名);Physocarpa (Cambess.)Raf. (1838)(废弃属名);Physocarpa Raf. (1838) Nom. illegit.(废弃属名);Physocarpus (Cambess.)Maxim. (1879) Nom. illegit. (废弃属名);Physocarpus Maxim. (1879)Nom. illegit. (废弃属名);Physotheca Raf.;Spiraea sect. Physocarpus Cambess. (1838)［as 'Physocarpa']●

39996 Physocarpus Maxim. (1879)Nom. illegit. (废弃属名)≡ Physocarpus (Cambess.)Raf. corr. Maxim. (1879)Nom. illegit. (废弃属名);~ = Physocarpus (Cambess.)Raf. (1838)［as 'Physocarpa'](保留属名)［蔷薇科 Rosaceae］●

39997 Physocarpus Post et Kuntze(1903)Nom. illegit. (废弃属名)= Hovea R. Br(1812);~ = Phusicarpos Poir. (1816)Nom. illegit. ［豆科 Fabaceae(Leguminosae)］●■☆

39998 Physocaulis (DC.)Tausch (1834)Nom. illegit. ≡ Myrrhoides Heist. ex Fabr. (1759)［伞形花科(伞形科)Apiaceae (Umbelliferae)］■☆

39999 Physocaulis Tausch (1834)Nom. illegit. ≡ Physocaulis (DC.) Tausch(1834)Nom. illegit.;~ ≡ Myrrhoides Heist. ex Fabr. (1759) ［伞形花科(伞形科)Apiaceae(Umbelliferae)］■☆

40000 Physocaulos Fiori et Paol. = Physocaulis (DC.)Tausch (1834) Nom. illegit.;~ ≡ Myrrhoides Heist. ex Fabr. (1759［伞形花科(伞形科)Apiaceae(Umbelliferae)］■☆

40001 Physocaulus Koch = Physocaulis (DC.)Tausch (1834)Nom. illegit.;~ ≡ Myrrhoides Heist. ex Fabr. (1759［伞形花科(伞形科) Apiaceae(Umbelliferae)］■☆

40002 Physoceras Schltr. (1925)【汉】膨距兰属。【隶属】兰科 Orchidaceae。【包含】世界 7 种。【学名诠释与讨论】〈中〉(希) physa,膀胱,囊,袋。physalis =phusallis,所有格 physallidos,气泡,水泡,囊,袋+keras,所有格 keratos,角,距,弓。【分布】马达加斯加。【后选模式】Physoceras bellum Schlechter. ■☆

40003 Physocheilus Nutt. ex Benth. (1846)= Orthocarpus Nutt. (1818) ［玄参科 Scrophulariaceae//列当科 Orobanchaceae］■☆

40004 Physochilus Post et Kuntze(1903)= Hygrophila R. Br. (1810); ~ = Physichilus Nees(1837)［爵床科 Acanthaceae］●■

40005 Physochlaena C. Koch (1849)Nom. illegit. , Nom. inval. ≡ Physochlaena K. Koch (1849);~ ≡ Physochlaina G. Don (1838) ［茄科 Solanaceae］■

40006 Physochlaena K. Koch (1849)Nom. illegit. , Nom. inval. ≡ Physochlaina G. Don(1838)［茄科 Solanaceae］■

40007 Physochlaena Miers = Physochlaina G. Don (1838)［茄科 Solanaceae］■

40008 Physochlaina G. Don(1838)【汉】泡囊草属(华山参属)。【日】フクロヒヨス 属。【俄】Пузырница,Физохлайна。【英】Bubbleweed,Physochlaina。【隶属】茄科 Solanaceae。【包含】世界 6-15 种,中国 6-7 种。【学名诠释与讨论】〈阴〉(希)physa,膀胱,囊,袋。physalis =phusallis,所有格 physallidos,气泡,水泡,囊,袋+chlaina,斗篷,外衣。指萼果时膨大成囊状。此属的学名, ING、TROPICOS 和 IK 记载是 "Physochlaina G. Don, Gen. Hist. 4: 470. 8 Mar-8 Apr 1838"。"Physochlaena K. Koch, Linnaea 22: 737. 1849" 是其变体。"Physochlaena C. Koch (1849) ≡

Physochlaena K. Koch(1849)"的命名人引证有误。【分布】巴基斯坦，中国，亚洲中部至喜马拉雅山。【后选模式】Physochlaina physaloides（Linnaeus）G. Don［Hyoscyamus physaloides Linnaeus］。【参考异名】Belenia Decne.（1835）；Physochlaena C. Koch；Physochlaena K. Koch（1849）；Physochlaena Miers；Physochlaena Miers.；Physoclaina Boiss.（1879）■

40009 Physoclada(DC.)Lindl(1846) = Cordia L.（1753）（保留属名）［紫草科 Boraginaceae//破布木科（破布树科）Cordiaceae］●

40010 Physoclaina Boiss.（1879）= Physochlaina G. Don（1838）［茄科 Solanaceae］■

40011 Physocodon Turcz.（1858）= Melochia L.（1753）（保留属名）［梧桐科 Sterculiaceae//锦葵科 Malvaceae//马松子科 Melochiaceae］●■

40012 Physodeira Hanst.（1854）= Episcia Mart.（1829）［苦苣苔科 Gesneriaceae］■☆

40013 Physodia Salisb.（1866）= Urginea Steinh.（1834）［百合科 Liliaceae//风信子科 Hyacinthaceae］■☆

40014 Physodium C. Presl（1836）= Melochia L.（1753）（保留属名）［梧桐科 Sterculiaceae//锦葵科 Malvaceae//马松子科 Melochiaceae］●■

40015 Physogeton Jaub. et Spach（1845）= Halanthium K. Koch（1844）［藜科 Chenopodiaceae］■☆

40016 Physoglochin Post et Kuntze（1903）= Carex L.（1753）；~ = Physiglochis Neck.（1790）Nom. inval.［莎草科 Cyperaceae］■

40017 Physogyne Garay（1982）= Pseudogoodyera Schltr.（1920）；~ = Schiedeella Schltr.（1920）［兰科 Orchidaceae］■☆

40018 Physokentia Becc.（1934）【汉】菱籽椰属（胞堪蒂属，瓦奴亚椰属）。【隶属】棕榈科 Arecaceae（Palmae）。【包含】世界 7 种。【学名诠释与讨论】〈阴〉（希）physa,膀胱,囊,袋。physalis = phusallis,所有格 physallidos,气泡,水泡,囊,袋+（属）Kentia = Howea 豪爵棕属。【分布】斐济,瓦努阿图。【后选模式】Physokentia tete（Beccari）Beccari。【参考异名】Goniosperma Burret（1935）●☆

40019 Physolepidion Schrenk（1841）= Cardaria Desv.（1815）；~ = Lepidium L.（1753）［十字花科 Brassicaceae（Cruciferae）］■

40020 Physolepidium Endl.（1842）Nom. illegit. ≡ Physolepidion Schrenk（1841）；~ = Cardaria Desv.（1815）；~ = Lepidium L.（1753）［十字花科 Brassicaceae（Cruciferae）］■

40021 Physoleucas（Benth.）Jaub. et Spach（1855）= Leucas Burm. ex R. Br.（1810）［唇形科 Lamiaceae（Labiatae）］●■

40022 Physoleucas Jaub. et Spach（1855）Nom. illegit. ≡ Physoleucas（Benth.）Jaub. et Spach（1855）；~ = Leucas Burm. ex R. Br.（1810）［唇形科 Lamiaceae（Labiatae）］●■

40023 Physolobium Benth.（1837）= Kennedia Vent.（1805）［豆科 Fabaceae（Leguminosae）//蝶形花科 Papilionaceae］●☆

40024 Physolophium Turcz.（1844）= Angelica L.（1753）；~ = Coelopleurum Ledeb.（1844）［伞形花科（伞形科）Apiaceae（Umbelliferae）］■

40025 Physolychnis（Benth.）Rupr.（1869）Nom. illegit. ≡ Gastrolychnis（Fenzl）Rchb.（1841）；~ = Lychnis L.（1753）（废弃属名）；~ = Silene L.（1753）（保留属名）［石竹科 Caryophyllaceae］■

40026 Physolychnis Rupr.（1869）Nom. illegit. ≡ Physolychnis（Benth.）Rupr.（1869）Nom. illegit.；~ ≡ Gastrolychnis（Fenzl）Rchb.（1841）；~ = Lychnis L.（1753）（废弃属名）；~ = Silene L.（1753）（保留属名）［石竹科 Caryophyllaceae］■

40027 Physominthe Harley et J. F. B. Pastore（2012）【汉】巴西薄荷属。【隶属】唇形科 Lamiaceae（Labiatae）。【包含】世界 2 种。【学名

诠释与讨论〉〈阴〉（希）physa,膀胱,囊,袋。physalis = phusallis,所有格 physalidos,气泡,水泡,囊,袋+mintha,薄荷。【分布】巴西。【模式】Physominthe vitifolia（Pohl ex Benth.）Harley et J. F. B. Pastore［Hyptis vitifolia Pohl ex Benth.］☆

40028 Physondra Raf.（1832）= Phaca L.（1753）［豆科 Fabaceae（Leguminosae）//蝶形花科 Papilionaceae］●■

40029 Physophora Link（1821）= Physospermum Cusson（1782）［伞形花科（伞形科）Apiaceae（Umbelliferae）］■☆

40030 Physophora Post et Kuntze（1903）Nom. illegit. = Physiphora Sol. ex R. Br.（1818）；~ = Rinorea Aubl.（1775）（保留属名）［堇菜科 Violaceae］●

40031 Physoplexis（Endl.）Schur（1853）【汉】喙檐花属。【隶属】桔梗科 Campanulaceae。【包含】世界 1 种。【学名诠释与讨论】〈阴〉（希）plexus,编织的行为。此属的学名,ING 记载是"Physoplexis（Endlicher）Schur, Verh. Mitth. Siebenbürg. Vereins Naturwiss. Hermannstadt 4（Anhang）: 47. Mai 1853", 由"Phyteuma a. Physoplexis Endlicher, Gen. 517. Jun 1838"改编而来。IK 则记载为"Physoplexis Schur, Verh. Mitth. Siebenbürg. Vereins Naturwiss. Hermannstadt iv.（1853）47"。"Synotoma（G. Don）R. Schulz, Monogr. Gatt. Phyteuma 19. 1904"是"Physoplexis（Endl.）Schur（1853）"的晚出的同模式异名（Homotypic synonym, Nomenclatural synonym）。【分布】南斯拉夫,意大利。【模式】Physoplexis comosum（Linnaeus）Schur［as 'comosa'］［Phyteuma comosum Linnaeus［as 'comosa'］。【参考异名】Physoplexis Schur（1853）Nom. illegit.；Phyteuma a. Physoplexis Endl.（1838）；Schellanderia Francisci（1878）；Synotoma（G. Don）R. Schulz（1904）Nom. illegit.；Synotoma R. Schulz（1904）Nom. illegit.■☆

40032 Physoplexis Schur（1853）Nom. illegit. ≡ Physoplexis（Endl.）Schur（1853）［桔梗科 Campanulaceae］■☆

40033 Physopodium Desv.（1826）= Combretum Loefl.（1758）（保留属名）［使君子科 Combretaceae］●

40034 Physopsis Turcz.（1849）【汉】风箱草属。【隶属】马鞭草科 Verbenaceae。【包含】世界 2 种。【学名诠释与讨论】〈阴〉（希）physa, 膀胱, 囊, 袋, 风箱。physalis = phusallis, 所有格 physallidos,气泡,水泡,囊,袋+希腊文 opsis,外观,模样,相似。【分布】澳大利亚。【模式】Physopsis spicata Turczaninow ●☆

40035 Physoptychis Boiss.（1867）【汉】泡褶芥属（泡折芥属）。【俄】Шарогнездка。【隶属】十字花科 Brassicaceae（Cruciferae）。【包含】世界 2 种。【学名诠释与讨论】〈阴〉（希）physa,膀胱,囊,袋。physalis = phusallis,所有格 physallidos,气泡,水泡,囊,袋+ptyche,所有格 ptychos,皱褶。【分布】东亚,伊朗。【模式】Physoptychis gnaphalodes（A. P. de Candolle）Boissier［Alyssum gnaphalodes A. P. de Candolle］■☆

40036 Physopyrum Popov（1935）【汉】泡子蓼属。【隶属】蓼科 Polygonaceae。【包含】世界 1 种。【学名诠释与讨论】〈中〉（希）physa,膀胱,囊,袋。physalis = phusallis,所有格 physallidos,气泡,水泡,囊,袋+pyren,核。【分布】亚洲中部。【模式】Physopyrum teretifolium M. Popov☆

40037 Physorhynchus Hook.（1851）【汉】膀胱喙芥属。【隶属】十字花科 Brassicaceae（Cruciferae）。【包含】世界 2 种。【学名诠释与讨论】〈阳〉（希）physa,膀胱,囊,袋。physalis = phusallis,所有格 physallidos,气泡,水泡,囊,袋+rhynchos,喙,嘴。【分布】伊朗至印度。【模式】Physorhynchus brahuicus W. J. Hooker。【参考异名】Physorhyncus Hook. f. et Andersson（1872）■☆

40038 Physorhyncus Hook. f. et Andersson（1872）= Physorhynchus Hook.（1851）［十字花科 Brassicaceae（Cruciferae）］■☆

40039 Physosiphon Lindl.（1835）= Pleurothallis R. Br.（1813）［兰科

Orchidaceae]■☆

40040　Physospermopsis H. Wolff（1925）【汉】滇芎属。【英】Dianxiong, Physospermopsis。【隶属】伞形科（伞形科）Apiaceae（Umbelliferae）。【包含】世界9-18种,中国8-9种。【学名诠释与讨论】〈阴〉（属）Physospermum囊果草属+希腊文 opsis,外观,模样,相似。【分布】中国,喜马拉雅山。【模式】Physospermopsis delavayi（Franchet）H. Wolff［Arracacia delavayi Franchet］。【参考异名】Haploseseli H. Wolff et Hand.-Mazz.（1933）■★

40041　Physospermum Cusson ex Juss.（1782）Nom. illegit. ≡ Physospermum Cusson（1782）［伞形科（伞形科）Apiaceae（Umbelliferae）］■☆

40042　Physospermum Cusson（1782）【汉】囊果草属。【英】Bladder Seed, Bladderseed。【隶属】伞形科（伞形科）Apiaceae（Umbelliferae）。【包含】世界2-6种。【学名诠释与讨论】〈中〉（希）physa,膀胱,囊,袋。physalis =phusallis,所有格 physallidos,气泡,水泡,囊,袋+sperma,所有格 spermatos,种子,孢子。此属的学名,ING 和 IK 记载是"Physospermum Cusson in A. L. Jussieu, Hist. Soc. Roy. Méd. 1782–1783：279. 1787"。"Physospermum Lag., Amen. Nat. Españ. ii. 97（1821）= Pleurospermum Hoffm.（1814）［伞形科（伞形科）Apiaceae（Umbelliferae）]"是晚出的非法名称。"Physospermum Cusson ex Juss.（1782）≡ Physospermum Cusson（1782）"的命名人引证有误。"Danaa Allioni, Fl. Pedem. 2：34. Apr–Jul 1785（nom. rej.）"是"Physospermum Cusson（1782）"的晚出的同模式异名（Homotypic synonym, Nomenclatural synonym）。【分布】温带欧亚大陆。【模式】Physospermum aquilegiifolium（Allioni）W. D. J. Koch［as 'aquilegiifolium'］［Coriandrum aquilegiifolium Allioni（'aquilegiifolium'）］。【参考异名】Danaa All.（1785）Nom. illegit.（废弃属名）；Physospermum Cusson ex Juss.（1782）Nom. illegit.；Pseudospermum Gray（1821）Nom. illegit.；Pseudospermum Spreng. ex Gray（1821）■☆

40043　Physospermum Lag.（1821）Nom. illegit. = Pleurospermum Hoffm.（1814）［伞形科（伞形科）Apiaceae（Umbelliferae）］■

40044　Physostegia Benth.（1829）【汉】假龙头花属（囊萼花属）。【日】ハナトラノオ属。【俄】Физостегия。【英】False Dragonhead, Lion's-heart, Obedient Plant。【隶属】唇形科 Lamiaceae（Labiatae）。【包含】世界12-15种。【学名诠释与讨论】〈中〉（希）physa,膀胱,囊,袋。physalis =phusallis,所有格 physallidos,气泡,水泡,囊,袋+stege,肿胀。指花萼呈囊状。【分布】美国,北美洲。【后选模式】Physostegia virginiana（Linnaeus）Bentham［Dracocephalum virginianum Linnaeus］■☆

40045　Physostelma Wight（1834）【汉】泡冠萝藦属。【隶属】萝藦科 Asclepiadaceae。【包含】世界6种。【学名诠释与讨论】〈中〉（希）physa,膀胱,囊,袋。physalis =phusallis,所有格 physallidos,气泡,水泡,囊,袋+stelma,王冠,花冠。【分布】东南亚。【模式】Physostelma wallichii R. Wight。【参考异名】Codonanthus Hassk.（1842）Nom. illegit.（废弃属名）；Cystidianthus Hassk.（1844）●☆

40046　Physostemon Mart.（1824）Nom. illegit. ≡ Physostemon Mart. et Zucc.（1824）［山柑科（白花菜科,醉蝶花科）Capparaceae//白花菜科（醉蝶花科）Cleomaceae］■☆

40047　Physostemon Mart. et Zucc.（1824）【汉】囊蕊白花菜属。【英】Calabar Bean。【隶属】山柑科（白花菜科,醉蝶花科）Capparaceae//白花菜科（醉蝶花科）Cleomaceae。【包含】世界7种。【学名诠释与讨论】〈阳〉（希）physa,膀胱,囊,袋。physalis =phusallis,所有格 physallidos,气泡,水泡,囊,袋+stemon,雄蕊。此属的学名,ING、TROPICOS 和 GCI 记载是"Physostemon C. F. P. Martius et Zuccarini, Flora 7（1, Beil.）：139. Mai–Jun 1824"。

"Physostemon Mart., Nov. Gen. Sp. Pl.（Martius）1（3）：72, t. 45. 1824（1 Oct 1824）≡ Physostemon Mart. et Zucc.（1824）"是晚出的非法名称。亦有文献把"Physostemon Mart. et Zucc.（1824）"处理为"Cleome L.（1753）"的异名。【分布】玻利维亚,墨西哥,热带南美洲,中美洲。【模式】未指定。【参考异名】Cleome L.（1753）；Physostemon Mart.（1824）Nom. illegit. ■☆

40048　Physostigma Balf.（1861）【汉】毒扁豆属（毒毛扁豆属,加拉拔儿豆属,加剌拔儿豆属）。【俄】Физостигма。【英】Calabar Bean, Calabarbean。【隶属】豆科 Fabaceae（Leguminosae）//蝶形花科 Papilionaceae。【包含】世界4种,中国1种。【学名诠释与讨论】〈中〉（希）physa,膀胱,囊,袋。physalis =phusallis,所有格 physallidos,气泡,水泡,囊,袋+stigma,所有格 stigmatos,柱头,眼点。指柱头膨大成囊状。【分布】中国,热带非洲。【模式】Physostigma venenosum J. H. Balfour ■

40049　Physothallis Garay（1953）Nom. illegit. = Pleurothallis R. Br.（1813）［兰科 Orchidaceae］■☆

40050　Physotheca Raf. = Physocarpus（Cambess.）Raf.（1838）［as 'Physocarpa']（保留属名）［蔷薇科 Rosaceae］●

40051　Physotrichia Hiern（1873）【汉】毛囊草属。【隶属】伞形科（伞形科）Apiaceae（Umbelliferae）。【包含】世界10种。【学名诠释与讨论】〈阴〉（希）physa,膀胱,囊,袋。physalis =phusallis,所有格 physallidos,气泡,水泡,囊,袋+thrix,所有格 trichos,毛,毛发。【分布】热带非洲。【模式】Physotrichia welwitschii Hiern。【参考异名】Physarus Steud.（1841）Nom. illegit. ■☆

40052　Physurus L. = Erythrodes Blume（1825）［兰科 Orchidaceae]■☆

40053　Physurus Rich.（1818）Nom. inval. ≡ Physurus Rich. ex Lindl.（1840）Nom. illegit.；~ ≡ Microchilus C. Presl（1827）；~ = Erythrodes Blume（1825）［兰科 Orchidaceae]■☆

40054　Physurus Rich. ex Lindl.（1840）Nom. illegit. ≡ Microchilus C. Presl（1827）；~ = Erythrodes Blume（1825）［兰科 Orchidaceae］■

40055　Phytarrhiza Vis.（1855）= Tillandsia L.（1753）［凤梨科 Bromeliaceae//花凤梨科 Tillandsiaceae]■☆

40056　Phytelephaceae Perleb（1838）= Arecaceae Bercht. et J. Presl（保留科名）//Palmae Juss.（保留科名）●

40057　Phytelephantaceae Brongn. ex Martinet = Arecaceae Bercht. et J. Presl（保留科名）//Palmae Juss.（保留科名）●

40058　Phytelephantaceae Martinet ex Perleb（1838）= Arecaceae Bercht. et J. Presl（保留科名）//Palmae Juss.（保留科名）●

40059　Phytelephantaceae Martinet（1838）= Palmae Juss.（保留科名）；~ = Phytelephantaceae Brongn. ex Martinet ●

40060　Phytelephas Ruiz et Pav.（1798）【汉】象牙棕属（石棕榈属,象牙椰属,象牙椰子属）。【日】アメリカゾウゲヤシ属。【俄】Фителефас。【英】Ivary Nut Palm, Ivary Palm, Ivory-nut Palm, Large-fruit Ivary Palm, Negro's Head Palm, Vagetable Ivary, Vagetable Ivary Palm。【隶属】棕榈科 Arecaceae（Palmae）。【包含】世界4-15种。【学名诠释与讨论】〈阴〉（希）phyton,植物,树木,枝条+elephas,象牙。指种子坚硬,象牙色,可作象牙的代用品。此属的学名,ING、TROPICOS 和 IK 记载是"Phytelephas Ruiz et Pav., Syst. Veg. Fl. Peruv. Chil. 1：299. 1798［late Dec 1798]"。"Elephantusia Willdenow, Sp. Pl. 4（2）：890, 1156. 1806（'1805'）"是"Phytelephas Ruiz et Pav.（1798）"的晚出的同模式异名（Homotypic synonym, Nomenclatural synonym）。【分布】巴拿马,秘鲁,玻利维亚,厄瓜多尔,哥伦比亚（安蒂奥基亚）,热带美洲。【后选模式】Phytelephas macrocarpa Ruiz et Pavon。【参考异名】Elephantusia Willd.（1806）Nom. illegit.；Palandra O. F. Cook（1927）；Yarima Burret, Nom. illegit.；Yarina O. F. Cook（1927）●☆

40061　Phytelephasiaceae Brongn. ex Chadef. et Emberg. = Arecaceae

Bercht. et J. Presl（保留科名）//Palmae Juss.（保留科名）●

40062　Phyteuma L.（1753）【汉】牧根草属。【日】シデシャジン属，フィテウーマ属。【俄】Кольник，Фитеума。【英】Horned Rampion，Mixed-flower，Rampion。【隶属】桔梗科 Campanulaceae。【包含】世界 40 种。【学名诠释与讨论】〈中〉（希）phyteuma，木犀草的希腊名。此属的学名，ING、TROPICOS 和 IK 记载是"Phyteuma L. , Sp. Pl. 1：170. 1753 [1 May 1753]"。"Phyteuma Lour. , Fl. Cochinch. 1：138. 1790 [Sep 1790] = Sambucus L.（1753）[忍冬科 Caprifoliaceae]"是晚出的非法名称。"Rapunculus P. Miller, Gard. Dict. Abr. ed. 4. 28 Jan 1754"和"Rapunculus Tourn. ex Mill. , Gard. Dict. , ed. 6"是"Phyteuma L.（1753）"的晚出的同模式异名（Homotypic synonym, Nomenclatural synonym）。【分布】地中海地区，欧洲，亚洲。【后选模式】Phyteuma spicatum Linnaeus [as 'spicata']。【参考异名】Hederanthum Steud. ; Rapunculus Mill.（1754）Nom. illegit. ; Rapunculus Tourn. ex Mill.（1754）Nom. illegit. ; Tracanthelium Kit. ex Schur（1853）■☆

40063　Phyteuma Lour.（1790）Nom. illegit. = Sambucus L.（1753）[忍冬科 Caprifoliaceae]●■

40064　Phyteumoides Smeathman ex DC.（1830）Nom. inval. = Virecta Sm.（1817）Nom. illegit. ; ~ = Virectaria Bremek.（1952）[茜草科 Rubiaceae]■☆

40065　Phyteumopsis Juss. ex Poir.（1816）Nom. illegit. ≡ Marshallia Schreb.（1791）（保留属名）[菊科 Asteraceae（Compositae）]■☆

40066　Phytholacca Brot.（1805）= Phytolacca L.（1753）[商陆科 Phytolaccaceae]●■

40067　Phytocrenaceae Arn. ex R. Br.（1852）= Icacinaceae Miers（保留科名）●■

40068　Phytocrene Wall.（1831）（保留属名）【汉】泉茶萸属。【俄】Фитокренум。【英】Phytocrenum。【隶属】铁青树科 Olacaceae//茶茱萸科 Icacinaceae。【包含】世界 11 种。【学名诠释与讨论】〈阴〉（希）phyton，植物，树木，枝条+krene，泉。此属的学名"Phytocrene Wall. , Pl. Asiat. Rar. 3：11. 10 Dec 1831"是保留属名。相应的废弃属名是茶茱萸科 Icacinaceae 的"Gynocephalum Blume, Bijdr. 483. 1825 ≡ Phytocrene Wall.（1831）（保留属名）"。【分布】东南亚。【模式】Phytocrene gigantea Wallich。【参考异名】Gynaecocephalium Hassk.（1844）; Gynocephalum Blume（1825）（废弃属名）; Gyrocephalium Rchb.（1841）●☆

40069　Phytogyne Salisb. ex Haw. = Narcissus L.（1753）[石蒜科 Amaryllidaceae//水仙科 Narcissaceae]■

40070　Phytolaca Hill（1768）Nom. illegit. =? Phytolacca L.（1753）[商陆科 Phytolaccaceae]●■

40071　Phytolacca L.（1753）【汉】商陆属。【日】ヤマゴバウ属，ヤマゴボウ属。【俄】Лаконос，Фитолакка。【英】Pock Berry，Pokeberry，Pokeweed。【隶属】商陆科 Phytolaccaceae。【包含】世界 25-35 种，中国 4 种。【学名诠释与讨论】〈阴〉（希）phyton，植物，树木，枝条+（法）lac =（意）lacca，漆，深红色的颜料。与波斯语 laka 及印地语 lakh，"染之"有关。指果汁深红色。此属的学名，ING、APNI 和 GCI 记载是"Phytolacca L. , Sp. Pl. 1：441. 1753 [1 May 1753]"。IK 则记载为"Phytolacca Tourn. ex L. , Sp. Pl. 1：441. 1753 [1 May 1753]"。"Phytolacca Tourn. "是命名起点著作之前的名称，故"Phytolacca L.（1753）"和"Phytolacca Tourn. ex L.（1753）"都是合法名称，可以通用。"Phytolaca Hill, Hort. Kew. 215（1768）sphalm. "似为"Phytolacca L.（1753）"的拼写变体。【分布】巴基斯坦，巴拉圭，巴勒斯坦，巴拿马，秘鲁，玻利维亚，厄瓜多尔，哥伦比亚（安蒂奥基亚），马达加斯加，美国（密苏里），尼加拉瓜，中国，中美洲。【后选模式】Phytolacca americana

Linnaeus。【参考异名】? Phytolaca Hill（1768）Nom. illegit. ; Phytholacca Brot.（1805）; Phytolacca Tourn. ex L.（1753）; Pircunia Bertero ex Arn. ; Pircunia Bertero ex Ruschenb.（1833）Nom. illegit. ; Pircunia Bertero（1829）Nom. inval. ; Pircunia Moq.（1849）Nom. illegit. ; Sarcoca Raf.（1837）●■

40072　Phytolacca Tourn. ex L.（1753）≡ Phytolacca L.（1753）[商陆科 Phytolaccaceae]●■

40073　Phytolaccaceae R. Br.（1818）（保留科名）【汉】商陆科。【日】ヤマゴバウ科，ヤマゴボウ科。【俄】Лаконосные，Фитолякковые，Фитолякковые。【英】Pokeweed Family。【包含】世界 4-18 属 32-135 种，中国 2 属 5 种。【分布】热带美洲和非洲南部。【科名模式】Phytolacca L.●■

40074　Phytosalpinx Lunell（1917）Nom. illegit. , Nom. superfl. ≡ Lycopus L.（1753）[唇形科 Lamiaceae（Labiatae）]■

40075　Phytoxis Molina（1810）（废弃属名）= Sphacele Benth.（1829）（保留属名）[唇形科 Lamiaceae（Labiatae）]●■☆

40076　Phytoxys Spreng.（1825）= Sphacele Benth.（1829）（保留属名）[唇形科 Lamiaceae（Labiatae）]●■☆

40077　Piaggiaea Chiov.（1932）= Wrightia R. Br.（1810）[夹竹桃科 Apocynaceae]●

40078　Piaradena Raf.（1837）= Salvia L.（1753）[唇形科 Lamiaceae（Labiatae）//鼠尾草科 Salviaceae]●■

40079　Piaranthus R. Br.（1810）【汉】脂花萝藦属。【日】ピアランツス属。【隶属】萝藦科 Asclepiadaceae。【包含】世界 5 种。【学名诠释与讨论】〈阳〉（希）piar，脂肪，树脂；piaros，肥的，富足的+anthos，花。【分布】非洲南部。【后选模式】Piaranthus punctatus（Masson）J. A. Schultes [as 'punctata'] [Stapelia punctata Masson]。【参考异名】Obesia Haw.（1812）■☆

40080　Piarimula Raf.（1837）Nom. illegit. ≡ Phyla Lour.（1790）; ~ = Lippia L.（1753）[马鞭草科 Verbenaceae]●■☆

40081　Piarophyla Raf.（1837）Nom. illegit. ≡ Bergenia Moench（1794）（保留属名）[虎耳草科 Saxifragaceae]■☆

40082　Piaropus Raf.（1837）（废弃属名）≡ Eichhornia Kunth（1843）（保留属名）[雨久花科 Pontederiaceae]■

40083　Picardaea Urb.（1903）【汉】皮卡尔茜属。【隶属】茜草科 Rubiaceae。【包含】世界 2 种。【学名诠释与讨论】〈阴〉（地）Picard，皮卡尔，位于海地。或说纪念法国植物采集家 Louis Picarda。【分布】古巴，海地。【模式】Picardaea haitiensis Urban ●☆

40084　Picardenia Steud.（1841）= Actinea Juss.（1803）; ~ = Actinella Pers.（1807）（废弃属名）; ~ = Picradenia Hook.（1833）[菊科 Asteraceae（Compositae）]■☆

40085　Piccia Neck.（1790）Nom. inval. = Moronobea Aubl.（1775）[猪胶树科（克鲁西科，山竹子科，藤黄科）Clusiaceae（Guttiferae）]●☆

40086　Picconia A. DC.（1844）【汉】皮康木犀属。【隶属】木犀榄科（木犀科）Oleaceae。【包含】世界 2 种。【学名诠释与讨论】〈阴〉（人）J. B. Picconi。【分布】西班牙（加那利群岛），葡萄牙（马德拉群岛），葡萄牙（亚速尔群岛）。【模式】Picconia excelsa（W. Aiton）Alph. de Candolle [Olea excelsa W. Aiton]。【参考异名】Henslowia Lowe ex DC. ●☆

40087　Picea A. Dietr.（1824）【汉】云杉属。【日】タラヒ属，トウヒ属，ハリモミ属。【俄】Ель。【英】Fir，Spruce。【隶属】松科 Pinaceae。【包含】世界 35-45 种，中国 18-40 种。【学名诠释与讨论】〈阴〉（拉）picea，云杉的古名，来自拉丁文 pix，所有格 picis，树脂，沥青。指本属树木富含树脂。此属的学名，ING、GCI、TROPICOS 和 IK 记载是"Picea A. Dietrich, Fl. Geg. Berlin 1（2）：794. 1824"。"Picea D. Don ex Loudon, Arbor. Fruticet. Britt. 4：2329. 1 Jul 1838"和"Picea Link, Abh. Akad. Berlin（1827）179"是

晚出的非法名称。【分布】巴基斯坦,玻利维亚,中国,北温带尤其东亚。【模式】Picea rubra A. Dietrich, Nom. illegit. ［Pinus abies Linnaeus, Picea abies (Linnaeus) H. Karsten］。【参考异名】Picea D. Don ex Loudon (1838) Nom. illegit. ; Veitchia Lindl. (1861) (废弃属名)●

40088　Picea D. Don ex Loudon (1838) Nom. illegit. ≡ Abies Mill. (1754)［松科 Pinaceae//冷杉科 Abietaceae］●

40089　Picea Link (1827) Nom. illegit. ［松科 Pinaceae］●☆

40090　Piceaceae Gorozh. (1904) = Pinaceae Spreng. ex F. Rudolphi (保留科名)

40091　Pichinia S. Y. Wong et P. C. Boyce (2010)【汉】皮基尼南星属。【隶属】天南星科 Araceae。【包含】世界 1 种。【学名诠释与讨论】〈阴〉(人) Pichini。【分布】加里曼丹岛。【模式】Pichinia disticha S. Y. Wong et P. C. Boyce ■☆

40092　Pichisermollia H. C. Monteiro (1976) = Areca L. (1753)［棕榈科 Arecaceae (Palmae)］●

40093　Pichleria Stapf et Wettst. (1886) = Zosima Hoffm. (1814)［伞形花科 (伞形科) Apiaceae (Umbelliferae)］■

40094　Pichonia Pierre (1890)【汉】皮雄榄属。【隶属】山榄科 Sapotaceae。【包含】世界 5-6 种。【学名诠释与讨论】〈阴〉(人) Thomas Pichon, 法国植物学者。此属的学名, ING、TROPICOS、APNI 和 IK 记载是"Pichonia Pierre, Not. Bot. Sapot. 22. 30 Dec 1890"。"Epiluma Baillon, Hist. Pl. 11: 287. Sep - Oct 1891 ('1892')"是"Pichonia Pierre (1890)"的晚出的同模式异名 (Homotypic synonym, Nomenclatural synonym)。亦有文献把"Pichonia Pierre (1890)"处理为"Lucuma Molina (1782)"的异名。【分布】所罗门群岛,法属新喀里多尼亚,新几内亚岛。【模式】Pichonia balansana Pierre。【参考异名】Aranthus Baehni (1964); Epiluma Baill. (1891) Nom. inval. , Nom. illegit. ; Lucuma Molina (1782); Rhamnoluma Baill. (1890)●☆

40095　Pickeringia Nutt. (1834) (废弃属名) = Ardisia Sw. (1788) (保留属名)［紫金牛科 Myrsinaceae］●■

40096　Pickeringia Nutt. (1840) (保留属名)【汉】加州山豆属。【隶属】豆科 Fabaceae (Leguminosae)。【包含】世界 1 种。【学名诠释与讨论】〈阴〉(人) Charles Pickering, 1805-1878, 美国植物学者,动物学者,博物学者,医生。此属的学名"Pickeringia Nutt. in Torr. et A. Gray, Fl. N. Amer. 1: 388. Jun 1840"是保留属名,相应的废弃属名是紫金牛科 Myrsinaceae 的"Pickeringia Nutt. in J. Acad. Nat. Sci. Philadelphia 7: 95. 28 Oct 1834 = Ardisia Sw. (1788) (保留属名)"; 二者极易混淆。"Pickeringia Nutt. (1834) (废弃属名)"曾先后被处理为"Ardisia sect. Pickeringia (Nutt.) A. DC. , Annales des Sciences Naturelles; Botanique, sér. 2 16: 95. 1841. (Aug)"和"Ardisia subgen. Pickeringia (Nutt.) Mez, Symbolae Antillanae seu Fundamenta Florae Indiae Occidentalis 2 (3): 391, 396. 1901. (1 Oct 1901)"。IK 记载的"Pickeringia Nutt. ex Torr. et A. Gray, Fl. N. Amer. (Torr. et A. Gray) 1 (3): 389. 1840 [Jun 1840]"的命名人引证有误,亦应废弃。"Xylothermia E. L. Greene, Pittonia 2: 188. 15 Sep 1891"是"Pickeringia Nutt. (1840) (保留属名)"的多余的替代名称。【分布】美国,墨西哥。【模式】Pickeringia montana Nuttall。【参考异名】Pickeringia Nutt. ex Torr. et A. Gray (1840) Nom. illegit. (废弃属名); Prickothamnus Nutt. ex Baill. ; Xylothermia Greene (1891) Nom. illegit. ●☆

40097　Pickeringia Nutt. ex Torr. et A. Gray (1840) Nom. illegit. (废弃属名) ≡ Pickeringia Nutt. (1840) (保留属名)［豆科 Fabaceae (Leguminosae)］●☆

40098　Picnocomon Wallr. ex DC. (1830) = Cephalaria Schrad. (1818) (保留属名)［川续断科 (刺参科, 蓟叶参科, 山萝卜科, 续断科)

Dipsacaceae］■

40099　Picnomon Adans. (1763)【汉】密苞蓟属。【俄】Пикномон。【英】Picnomon。【隶属】菊科 Asteraceae (Compositae)。【包含】世界 1 种。【学名诠释与讨论】〈阴〉(希) pikros, 辛辣的, 刺鼻的, 苦味的, 尖的+nomos, 草地, 牧场, 低洼地。此属的学名, ING、TROPICOS、APNI 和 IK 记载是"Picnomon Adanson, Fam. 2: 116, 590 ('Piknomon'). Jul-Aug 1763"。"Acarna J. Hill, Veg. Syst. 4: 13. 1762 (non Boehmer 1760)"和"Chamaeleon I. F. Tausch, Flora 11: 325. 7 Jun 1828 (non Cassini 1827)"是"Picnomon Adans. (1763)"的晚出的同模式异名 (Homotypic synonym, Nomenclatural synonym)。亦有文献把"Picnomon Adans. (1763)"处理为"Cirsium Mill. (1754)"的异名。【分布】伊朗,地中海东部,高加索,克里米亚半岛,欧洲欧洲南部,亚洲中部。【模式】Picnomon acarna (L.) Cass.。【参考异名】Acarna Hill (1762) Nom. illegit. ; Chamaeleon Tausch (1828) Nom. illegit. ; Cirsium Mill. (1754); Pycnocomon St. -Lag. (1880) Nom. illegit. ■☆

40100　Picotia Roem. et Schult. (1819) Nom. illegit. ≡ Omphalodes Mill. (1754)［紫草科 Boraginaceae］■

40101　Picradenia Hook. (1833) = Hymenoxys Cass. (1828)［菊科 Asteraceae (Compositae)］■☆

40102　Picradeniopsis Rydb. (1901) Nom. illegit. ≡ Picradeniopsis Rydb. ex Britton (1901)［菊科 Asteraceae (Compositae)］■☆

40103　Picradeniopsis Rydb. ex Britton (1901)【汉】拟尖膜菊属。【隶属】菊科 Asteraceae (Compositae)。【包含】世界 2 种。【学名诠释与讨论】〈阴〉(属) Picradenia = Hymenoxys 尖膜菊属+希腊文 opsis, 外观,模样,相似。此属的学名, ING 和 TROPICOS 记载是"Picradeniopsis Rydberg ex N. L. Britton, Manual 1008. 1901"。GCI 和 IK 则记载为"Picradeniopsis Rydb. , Man. Fl. N. States [Britton] 1008. 1901"。四者引用的文献相同。亦有文献把"Picradeniopsis Rydb. ex Britton (1901)"处理为"Bahia Lag. (1816)"的异名。【分布】北美洲。【模式】Picradeniopsis oppositifolia (Nuttall) Rydberg ex N. L. Britton [Trichophyllum oppositifolium Nuttall]。【参考异名】Bahia Lag. (1816); Picradeniopsis Rydb. (1901) Nom. illegit. ■☆

40104　Picraena Lindl. (1838) Nom. illegit. ≡ Picrita Sehumach. (1825); ~ = Aeschrion Vell. (1829); ~ = Picrasma Blume (1825)［苦木科 Simaroubaceae］●

40105　Picraena Steven (1832) = Astragalus L. (1753)［豆科 Fabaceae (Leguminosae)//蝶形花科 Papilionaceae］●■

40106　Picralima Pierre (1897)【汉】赤非夹竹桃属。【隶属】夹竹桃科 Apocynaceae。【包含】世界 1 种。【学名诠释与讨论】〈阴〉(拉) pikros, 苦味, 苦的, 辛辣的, 粗的+halimos, 盐的, 属于海的+-ima, 最高级的词尾。【分布】西赤道非洲。【模式】Picralima klaineana Pierre ●☆

40107　Picramnia Sw. (1788) (保留属名)【汉】美洲苦木属。【俄】Пикрамния。【英】Bitterbush, Macary Bitter。【隶属】美洲苦木科 (夷苦木科) Picramniaceae//苦木科 Simaroubaceae。【包含】世界 45-55 种。【学名诠释与讨论】〈阴〉(希) pikros, 苦味, 苦的, 辛辣的, 粗的+thamnos, 指小式 thamnion, 灌木, 灌丛, 树丛, 枝。此属的学名"Picramnia Sw. , Prodr. : 2, 27. 20 Jun-29 Jul 1788"是保留属名。相应的废弃属名是苦木科 Simaroubaceae 的"Pseudo-brasilium Adans. , Fam. Pl. 2: 341, 595. Jul-Aug 1763 = Picramnia Sw. (1788) (保留属名)"和"Tariri Aubl. , Hist. Pl. Guiane: Suppl. 37. Jun - Dec 1775 = Picramnia Sw. (1788) (保留属名)"。"Pseudobrasilium Adanson, Fam. 2: 341. Jul - Aug 1763"和"Pseudobrasilium Plum. ex Adans. , Fam. Pl. (Adanson) 2: 341"是"Pseudo-brasilium Adans. (1763)"的拼写变体, 亦应废弃。【分

布】巴拿马,秘鲁,玻利维亚,厄瓜多尔,哥伦比亚(安蒂奥基亚),哥斯达黎加,墨西哥,尼加拉瓜,西印度群岛,中美洲。【模式】Picramnia antidesma O. Swartz。【参考异名】Brasiliastrum Lam. (1785) Nom. illegit.; Fessonia DC. ex Pfeiff.; Gumillaea Roem. et Schult. (1820); Gumillea Ruiz et Pav. (1794); Phacellanthus Klotzsch ex Kunth; Pseudobasilicum Steud. (1841); Pseudo-brasilium Adans. (1763)(废弃属名); Pseudobrasilium Adans. (1763) Nom. illegit. (废弃属名); Pseudobrasilium Plum. ex Adans. (1763) Nom. illegit. (废弃属名); Tariri Aubl. (1775)(废弃属名); Valenzuela B. D. Jacks.; Valenzuelia S. Mutis ex Caldas(1810)●☆

40108 Picramniaceae Fernando et Quinn(1995)【汉】美洲苦木科(夷苦木科)。【包含】世界1-2属45-55种。【分布】美洲,西印度群岛。【科名模式】Picramnia Sw.●☆

40109 Picramnlaceae (Engl.) Fernando et Quinn (1995) = Picramniaceae Fernando et Quinn●☆

40110 Picranena Endl. (1841) = Picraena Lindl. (1838) Nom. illegit.; ~ =Picrita Sehumach. (1825); ~ = Aeschrion Vell. (1829); ~ = Picrasma Blume(1825) [苦木科 Simaroubaceae]●

40111 Picrasma Blume(1825)【汉】苦木属(苦树属)。【日】ニガキ属。【俄】Пикразма, Пикрасма。【英】Quassia, Quassia Wood, Quassiawood, Quassia-wood。【隶属】苦木科 Simaroubaceae。【包含】世界6-9种,中国3种。【学名诠释与讨论】〈阴〉(希)pikros,苦味,苦的,辛辣的,粗的+osme =odme,香味,臭味,气味。在希腊文组合词中,词头 osm-和词尾-osma 通常指香味。指植物体具苦味。【分布】巴基斯坦,玻利维亚,厄瓜多尔,斐济,马来西亚,尼加拉瓜,中国,西喜马拉雅山至日本,中美洲。【模式】Picrasma javanica Blume。【参考异名】Aeschrion Vell. (1829); Muenteria Walp. (1846) Nom. illegit.; Nima Buch.-Ham. ex A. Juss. (1825); Picraena Lindl. (1838) Nom. illegit.; Triscaphis Gagnep. (1948)●

40112 Picrella Baill. (1871) = Helietta Tul. (1847) [芸香科 Rutaceae]●☆

40113 Picreus Juss. (1826) = Pycreus P. Beauv. (1816) [莎草科 Cyperaceae]■

40114 Picria Benth. et Hook. f. (1876) Nom. illegit. =Coutoubea Aubl. (1775); ~ = Picrium Schreb. (1791) Nom. illegit. [龙胆科 Gentianaceae]■☆

40115 Picria Lour. (1790)【汉】苦玄参属。【英】Bitterfigwort, Picria。【隶属】玄参科 Scrophulariaceae//婆婆纳科 Veronicaceae。【包含】世界1-2种,中国1种。【学名诠释与讨论】〈阴〉(希)pikros,苦味,苦的,辛辣的,粗的。此属的学名,ING 和 IK 记载是"Picria Lour., Fl. Cochinch. 2:392. 1790 [Sep 1790]"。"Picria Benth. et Hook. f., Gen. Pl. [Bentham et Hooker f.]2(2):812. 1876 [May 1876] = Picrium Schreb. (1791) Nom. illegit. =Coutoubea Aubl. (1775) [龙胆科 Gentianaceae]"是晚出的非法名称。"Picria Lour., Fl. Cochinch. 2:392. 1790 [Sep 1790]"是"Picrium Schreb. (1791) Nom. illegit. ≡ Coutoubea Aubl. (1775) [龙胆科 Gentianaceae]"的拼写变体。亦有文献把"Picria Lour. (1790)"处理为"Curanga Juss. (1807)"的异名。【分布】印度,中国,中南半岛。【模式】Picria fel-terrae Loureiro。【参考异名】Curanga Juss. (1807); Pikria G. Don(1837)■

40116 Picricarya Dennst. (1818) = Olea L. (1753) [木犀榄科(木犀科)Oleaceae]●

40117 Picridaceae Martinov(1820) = Asteraceae Bercht. et J. Presl(保留科名)//Compositae Giseke(保留科名)●■

40118 Picridium Desf. (1799) = Reichardia Roth (1787) [菊科 Asteraceae(Compositae)]■☆

40119 Picrina Rchb. ex Steud. (1841) = Picris L. (1753) [菊科 Asteraceae(Compositae)]■

40120 Picris L. (1753)【汉】毛连菜属(毛莲菜属)。【日】カウゾリナ属, コウゾリナ属。【俄】Гельминция, Горечник, Горлюха, Горчак, Горчак желтый。【英】Oxtongue, Ox-tongue。【隶属】菊科 Asteraceae(Compositae)。【包含】世界40-50种,中国6种。【学名诠释与讨论】〈阴〉(希)pikros,苦味,苦的,辛辣的,粗的。此属的学名,ING、TROPICOS、APNI 和 IK 记载是"Picris L., Sp. Pl. 2:792. 1753 [1 May 1753]"。"Closirospermum Necker ex Ruprecht, Fl. Ingr. 611. Mai 1860"是"Picris L. (1753)"的晚出的同模式异名(Homotypic synonym, Nomenclatural synonym)。【分布】埃塞俄比亚,美国,中国,地中海地区,温带欧亚大陆。【后选模式】Picris hieracioides Linnaeus。【参考异名】Choeroseris Link (1829); Closirospermum Neck. (1790) Nom. inval.; Closirospermum Neck. ex Rupr. (1860) Nom. illegit.; Deckera Sch. Bip. (1834); Hagioseris Boiss. (1849); Helmentia J. St.-Hil. (1805); Helminthia Juss. (1789) Nom. illegit.; Helminthia Juss. (1789) Nom. illegit.; Hieraciastrum Fabr. (1759) Nom. illegit.; Hieraciastrum Heist. ex Fabr. (1759) Nom. illegit.; Medicasia Willk. (1870); Medicusia Moench(1794); Microderis DC. (1838) Nom. illegit.; Picrina Rchb. ex Steud. (1841); Ptilosia Tausch (1828); Spitgelia Sch. Bip. (1833); Vigineixia Pomel(1874)■

40121 Picrita Sehumach. (1825) = Aeschrion Vell. (1829) [苦木科 Simaroubaceae]●☆

40122 Picrium Schreb. (1791) Nom. illegit. ≡Coutoubea Aubl. (1775) [龙胆科 Gentianaceae]■☆

40123 Picriza Raf. =Gentiana L. (1753) [龙胆科 Gentianaceae]■

40124 Picrocardia Radlk. (1890) = Soulamea Lam. (1785) [苦木科 Simaroubaceae]●☆

40125 Picrococcus Nutt. (1842) Nom. illegit. ≡ Polycodium Raf. (1818); ~ = Vaccinium L. (1753) [杜鹃花科(欧石南科)Ericaceae//越橘科(乌饭树科)Vacciniaceae]●

40126 Picrodendraceae Small ex Britton et Millsp. = Euphorbiaceae Juss. (保留科名); ~ = Picrodendraceae Small(保留科名)●☆

40127 Picrodendraceae Small (1917)(保留科名) [亦见 Euphorbiaceae Juss. (保留科名)大戟科]【汉】脱皮树科(三叶脱皮树科)。【包含】世界1属4种。【分布】西印度群岛。【科名模式】Picrodendron Griseb. ●☆

40128 Picrodendron Griseb. (1860)(保留属名)【汉】脱皮树属。【隶属】大戟科 Euphorbiaceae//脱皮树科(三叶脱皮树科)Picrodendraceae//苦木科 Simaroubaceae。【包含】世界1-4种。【学名诠释与讨论】〈中〉(希)pikros,苦味,苦的,辛辣的,粗的+dendron 或 dendros,树木,棍,丛林。此属的学名"Picrodendron Griseb., Fl. Brit. W. I.:176. Jun 1860"是保留属名。相应的废弃属名是无患子科 Sapindaceae 的"Picrodendron Planch. in London J. Bot. 5;579. 1846"。【分布】西印度群岛。【模式】Picrodendron baccatum (L.) Krug [Juglans baccata L.]●☆

40129 Picrodendron Planch. (1846)(废弃属名)= Toxicodendron Mill. (1754) [漆树科 Anacardiaceae]●

40130 Picroderma Thorel ex Gagnep. (1944) = Trichilia P. Browne (1756)(保留属名) [楝科 Meliaceae]●

40131 Picrolemma Hook. f. (1862)【汉】苦柠木属。【隶属】苦木科 Simaroubaceae。【包含】世界3种。【学名诠释与讨论】〈阴〉(希)pikros,苦味,苦的,辛辣的,粗的+lemma,外稃,外颖,瓣片,鞘。【分布】巴西,秘鲁,亚马孙河流域。【模式】Picrolemma sprucei J. D. Hooker。【参考异名】Cedronia Cuatrec. (1951)●☆

40132　Picrophloeus Blume(1826) = Fagraea Thunb. (1782)［马钱科（断肠草科，马钱子科）Loganiaceae//龙爪七叶科 Potaliaceae］●

40133　Picrophyta F. Muell. (1853) = Goodenia Sm. (1794)［草海桐科Goodeniaceae］●■☆

40134　Picrorhiza Royle ex Benth. (1835)【汉】胡黄连属。【英】Picrorhiza。【隶属】玄参科 Scrophulariaceae//婆婆纳科Veronicaceae。【包含】世界 1-2 种，中国 1 种。【学名诠释与讨论】〈阴〉(希)pikros，苦味，苦的，辛辣的，粗的+rhiza，或 rhizoma，根，根茎。指根具苦味。此属的学名，ING 记载是 "Picrorhiza Royle ex Bentham, Scroph. Ind. 47. 1835"。IPNI 则记载为 "Picrorhiza Royle, Ill. Bot. Himal. Mts.［Royle］7:t. 71. 1835［24 Aug 1835］"。亦有文献把 "Picrorhiza Royle ex Benth. (1835)"处理为 "Neopicrorhiza D. Y. Hong(1984)"的异名。【分布】中国，西喜马拉雅山。【模式】Picrorhiza kurrooa Royle ex Bentham。【参考异名】Neopicrorhiza D. Y. Hong (1984)；Picrorhiza Royle (1835) Nom. illegit.；Picrorrhiza Wittst.，Nom. illegit. ■

40135　Picrorhiza Royle(1835) Nom. illegit. ≡Picrorhiza Royle ex Benth. (1835)［玄参科 Scrophulariaceae//婆婆纳科 Veronicaceae］■

40136　Picrorrhiza Wittst.，Nom. illegit. = Picrorhiza Royle ex Benth. (1835)［玄参科 Scrophulariaceae//婆婆纳科 Veronicaceae］■

40137　Picrosia D. Don (1830)【汉】糙毛苣属。【隶属】菊科Asteraceae(Compositae)。【包含】世界 2 种。【学名诠释与讨论】〈阴〉(希)pikros，苦味，苦的，辛辣的，粗的。【分布】巴拉圭，秘鲁，玻利维亚，南美洲。【模式】Picrosia longifolia D. Don。【参考异名】Psilopogon Phil. (1863) Nom. illegit. ■☆

40138　Picrothamnus Nutt. (1841)【汉】苦味蒿属。【英】Budsage。【隶属】菊科 Asteraceae(Compositae)//蒿科 Artemisiaceae。【包含】世界 1 种。【学名诠释与讨论】〈阴〉(希)pikros，苦味，苦的，辛辣的，粗的+thamnos，指小式 thamnion，灌木，灌丛，树丛，枝。此属的学名是 "Picrothamnus Nuttall, Trans. Amer. Philos. Soc. ser. 2. 7: 417. 2 Apr 1841"。亦有文献把其处理为 "Artemisia L. (1753)"的异名。【分布】北美洲。【模式】Picrothamnus desertorum Nuttall。【参考异名】Artemisia L. (1753)●☆

40139　Picroxylon Warb. (1919) = Eurycoma Jack (1822)［苦木科Simaroubaceae］●☆

40140　Pictetia DC. (1825)【汉】佛坦豆属。【隶属】豆科 Fabaceae(Leguminosae)。【包含】世界 6 种。【学名诠释与讨论】〈阴〉(人)Pictet。【分布】墨西哥，西印度群岛。【模式】未指定●☆

40141　Piddingtonia A. DC. (1839) = Pratia Gaudich. (1825)［桔梗科Campanulaceae］■

40142　Pierardia Post et Kuntze (1903) Nom. illegit. = Ethulia L. f. (1762)；~ = Pirarda Adans. (1763)［菊科 Asteraceae(Compositae)］■

40143　Pierardia Raf. (1838) Nom. illegit. = Dendrobium Sw. (1799)(保留属名)［兰科 Orchidaceae］■

40144　Pierardia Roxb. (1814) = Baccaurea Lour. (1790)［大戟科Euphorbiaceae］●

40145　Pierardia Roxb. ex Jack(1823) = Baccaurea Lour. (1790)［大戟科 Euphorbiaceae］●

40146　Piercea Mill. (1759) Nom. illegit. ≡ Rivina L. (1753)［商陆科Phytolaccaceae//毛头独子科(蒜臭母鸡草科)Petiveriaceae//数珠珊瑚科 Rivinaceae］■

40147　Pieridia Rchb. (1841) Nom. illegit. ≡ Pieris D. Don(1834)［杜鹃花科(欧石南科)Ericaceae］●

40148　Pieris D. Don(1834)【汉】马醉木属(栕木属，鮸木属)。【日】アセビ属。【俄】Арктерика，Пиерис，Пиэрис。【英】Andromeda，Pieris。【隶属】杜鹃花科(欧石南科)Ericaceae。【包含】世界 7-

10 种，中国 3-7 种。【学名诠释与讨论】〈阴〉(地)Pieris 或 Pierides，庇厄里亚，神话中掌管文艺女神的居所，她们来自希腊塞萨利亚的庇厄里亚 Pieria，在那里受到崇拜。另说来自马其顿的地名。此属的学名，ING、TROPICOS 和 IK 记载是 "Pieris D. Don，Edinburgh New Philos. J. 17: 159. 1834［Jul 1834］"。"Pieridia H. G. L. Reichenbach, Deutsche Bot. Herbarienbuch (Nom.)127. Jul 1841"是"Pieris D. Don(1834)"的晚出的同模式异名(Homotypic synonym, Nomenclatural synonym)。"Pieris D. Don(1834)"曾先后被处理为 "Andromeda sect. Pieris (D. Don)A. Gray, A Manual of the Botany of the Northern United States Ed. 2. 254. 1856"和"Lyonia sect. Pieris (D. Don)K. Koch, Dendrologie 2: 116. 1872"。【分布】巴基斯坦，中国，东亚，北美洲。【模式】Pieris formosa (Wallich) D. Don。【参考异名】Aegialea Klotzsch (1852)；Ampelothamnus Small(1913)；Andromeda sect. Pieris (D. Don)A. Gray (1856)；Arcterica Coville (1901)；Lyonia sect. Pieris (D. Don)K. Koch (1872)；Pieridia Rchb. (1841)Nom. illegit. ；Portuna Nutt. (1842)；Ptilosia Tausch ●

40149　Pierotia Blume (1850) = Ixonanthes Jack (1822)［亚麻科Linaceae//黏木科 Ixonanthaceae］●

40150　Pierranthus Bonati(1912)【汉】皮埃拉婆婆纳属(皮埃拉玄参属)。【隶属】玄参科 Scrophulariaceae//婆婆纳科 Veronicaceae。【包含】世界 1 种。【学名诠释与讨论】〈阳〉(人)Jean Baptiste Louis Pierre, 1833－1905, 法国植物学者+anthos, 花。ING 记载 "Pierranthus Bonati, Bull. Soc. Bot. Genève ser. 2. 4: 254. 30 Nov 1912"是一个替代名称。"Delpya Pierre ex Bonati, Bull. Soc. Bot. Genève ser. 2. 4: 238. 30 Sep 1912"是一个非法名称(Nom. illegit.)，因为此前已经有了 "Delpya Pierre ex Radlkofer, Notul. Syst. (Paris)1: 304. 21 Dec 1910 =Sisyrolepis Radlk. (1905)［无患子科 Sapindaceae］"。故用 "Pierranthus Bonati(1912)"替代之。【分布】中南半岛。【模式】Pierranthus capitatus (Bonati)Bonati［Vandellia capitata Bonati］。【参考异名】Delpya Pierre ex Bonati (1912)Nom. illegit. ；Pierreanthus Willis，Nom. inval. ■☆

40151　Pierrea F. Heim(1891)(保留属名)【汉】肖坡垒属。【隶属】龙脑香科 Dipterocarpaceae。【包含】世界 3 种。【学名诠释与讨论】〈阴〉(人)Jean Baptiste Louis Pierre, 1833－1905, 法国植物学者。此属的学名 "Pierrea F. Heim in Bull. Mens. Soc. Linn. Paris: 958. 1891"是保留属名。相应的废弃属名是刺篱木科(大风子科)Flacourtiaceae 的 "Pierrea Hance in J. Bot. 15: 339. Nov 1877 =Homalium Jacq. (1760)"。亦有文献把 "Pierrea F. Heim (1891)(保留属名)"处理为 "Hopea Roxb. (1811)(保留属名)"的异名。【分布】加里曼丹岛，马来半岛。【模式】Pierrea pachycarpa F. Heim。【参考异名】Hopea Roxb. (1811)(保留属名)●☆

40152　Pierrea Hance (1877)(废弃属名) = Homalium Jacq. (1760)［刺篱木科(大风子科)Flacourtiaceae//天料木科 Samydaceae］●

40153　Pierreanthus Willis，Nom. inval. =Pierranthus Bonati(1912)［玄参科 Scrophulariaceae//婆婆纳科 Veronicaceae］■☆

40154　Pierrebraunia Esteves(1997)【汉】皮玻掌属。【隶属】仙人掌科 Cactaceae。【包含】世界 2 种。【学名诠释与讨论】〈阴〉(人)Pierre Josef Braun, 1959－, 巴西仙人掌植物专家, On the taxonomy of Brazilian Cereeae (Cactaceae)的作者。此属的学名是 "Pierrebraunia E. Esteves Pereira, Cact. Succ. J. (Los Angeles)69: 296. 3 Dec 1997"。亦有文献把其处理为 "Cipocereus F. Ritter (1979)"或"Floribunda F. Ritter (1979)"的异名。【分布】巴西。【模式】Pierrebraunia bahiensis (P. J. Braun et E. Esteves Pereira)E. Esteves Pereira［Floribunda bahiensis P. J. Braun et E. Esteves Pereira］。【参考异名】Cipocereus F. Ritter (1979)；Floribunda F. Ritter (1979)■☆

40155 Pierredmondia Tamamsch. = Petroedmondia Tamamsch. (1987) ［伞形花科(伞形科)Apiaceae(Umbelliferae)］■☆

40156 Pierreocarpus Ridl. ex Symington(1934) = Hopea Roxb. (1811) (保留属名)［龙脑香科 Dipterocarpaceae］●

40157 Pierreodendron A. Chev. (1917) Nom. illegit. ≡Letestua Lecomte (1920)［山榄科 Sapotaceae］●☆

40158 Pierreodendron Engl. (1907)【汉】皮埃尔木属。【隶属】苦木科 Simaroubaceae。【包含】世界 1 种。【学名诠释与讨论】〈中〉(人)Jean Baptiste Louis Pierre,1833-1905,法国植物学者,植物采集家+dendron 或 dendros,树木,棍,丛林。此属的学名,ING 和 IK 记载是"Pierreodendron Engl. , Bot. Jahrb. Syst. 39(3-4):575. 1907［15 Jan 1907］"。"Pierreodendron A. Chevalier, Vég. Util. Afrique Trop. Franç. 9:257. Jan 1917 ≡Letestua Lecomte(1920)"是晚出的非法名称。亦有文献把"Pierreodendron Engl. (1907)"处理为"Quassia L. (1762)"的异名。【分布】热带非洲。【模式】Pierreodendron grandifolium Engler。【参考异名】Mannia Hook. f. (1862);Quassia L. (1762);Simarubopsis Engl. (1911)●☆

40159 Pierrina Engl. (1909)【汉】球果革瓣花属。【隶属】革瓣花科(木果树科)Scytopetalaceae。【包含】世界 1 种。【学名诠释与讨论】〈阴〉(人)Jean Baptiste Louis Pierre,1833-1905,法国植物学者,植物采集家+-inus,-ina,-inum 拉丁文加在名词词干之后,以形成形容词的词尾,含义为"属于、相似、关于、小的"。【分布】西赤道非洲。【模式】未指定●☆

40160 Pietrosia Nyar. (1999) = Andryala L. (1753)［菊科 Asteraceae (Compositae)］■☆

40161 Pigafetta(Blume) Becc. (1877)［as 'Pigafettia'］(保留属名)【汉】马来刺椰属(比加飞椰子属,比加飞棕属,金刺椰属,马来西亚葵属,皮非塔藤属)。【日】セダカウロコヤシ属。【英】Pigafettia。【隶属】棕榈科 Arecaceae(Palmae)。【包含】世界 2-3 种。【学名诠释与讨论】〈阴〉(人)Antonio Pigafetta,旅行家。此属的学名"Pigafetta(Blume) Becc. in Malesia 1:89. 1877 ('Pigafettia')"是保留属名,由"Sagus sect. Pigafetta Blume, Rumphia 2:154. Jan-Aug 1843"改级而来,相应的废弃属名是爵床科 Acanthaceae 的"Pigafetta Adans. , Fam. Pl. 2:223,590. Jul-Aug 1763 ≡Eranthemum L. (1753)"。"Pigafetta(Blume) Mart. ex Becc. (1877)≡Pigafetta(Blume) Becc. (1877)［as 'Pigafettia'］(保留属名)"和"Pigafetta Becc. (1877) ≡ Pigafetta (Blume) Becc. (1877)［as 'Pigafettia'］(保留属名)"的命名人引证有误,亦应废弃。棕榈科 Arecaceae 的"Pigafetta Benth. et Hook. f. , Gen. Pl. [Bentham et Hooker f.]3(2):933, sphalm. 1883［14 Apr 1883］=Pigafetta(Blume) Becc. (1877)［as 'Pigafettia'］(保留属名)"是晚出的非法名称,亦应废弃。"Pigafettia(Blume) Becc. (1877)"是"Pigafetta(Blume) Becc. (1877)"的拼写变体。【分布】马来西亚(东部)。【模式】Pigafetta filaris (Giseke) Beccari［Sagus filaris Giseke］。【参考异名】Eranthemum L. (1753);Pigafetta(Blume) Mart. ex Becc. (1877) Nom. illegit. (废弃属名);Pigafetta Becc. (1877) Nom. illegit. (废弃属名);Pigafetta Benth. et Hook. f. (1883) (废弃属名);Pigafettaea Post et Kuntze(1903);Pigafettia (Blume) Mart. ex Becc. (1877) Nom. illegit. (废弃属名);Sagus sect. Pigafetta Blume(1843)●☆

40162 Pigafetta(Blume) Mart. ex Becc. (1877) Nom. illegit. (废弃属名)≡Pigafetta(Blume) Becc. (1877)［as 'Pigafettia'］(保留属名)［棕榈科 Arecaceae(Palmae)］●☆

40163 Pigafetta Adans. (1763) Nom. illegit. (废弃属名)≡Eranthemum L. (1753)［爵床科 Acanthaceae］●■

40164 Pigafetta Becc. (1877) Nom. illegit. (废弃属名)≡Pigafetta (Blume) Becc. (1877)［as 'Pigafettia'］(保留属名)［棕榈科

40165 Pigafetta Benth. et Hook. f. (1883) Nom. illegit. (废弃属名)= Pigafetta (Blume) Becc. (1877)［as 'Pigafettia'］(保留属名)［棕榈科 Arecaceae(Palmae)］●☆

40166 Pigafettaea Post et Kuntze(1) = Pigafettia (Blume) Mart. ex Becc. (1877) Nom. illegit. (废弃属名); ~ = Pigafetta (Blume) Becc. (1877)(保留属名)［棕榈科 Arecaceae(Palmae)］●☆

40167 Pigafettaea Post et Kuntze(2) ≡ Eranthemum L. (1753); ~ = Pigafetta Adans. (1763) Nom. illegit. (废弃属名)［爵床科 Acanthaceae］●■

40168 Pigafettia(Blume) Becc. (1877) Nom. illegit. (废弃属名)≡ Pigafetta (Blume) Becc. (1877)［as 'Pigafettia'］(保留属名)［棕榈科 Arecaceae(Palmae)］●☆

40169 Pigafettia(Blume) Mart. ex Becc. (1877) Nom. illegit. (废弃属名)≡Pigafetta (Blume) Becc. (1877)(保留属名)［棕榈科 Arecaceae(Palmae)］●☆

40170 Pigea DC. (1824) Nom. illegit. =Hybanthus Jacq. (1760)(保留属名)［堇菜科 Violaceae］●■

40171 Pigeum Laness. (1886) = Lauro-Cerasus Duhamel(1755); ~ = Pygeum Gaertn. (1788)［蔷薇科 Rosaceae］●

40172 Pikria G. Don(1837) = Curanga Juss. (1807); ~ = Picria Lour. (1790)［玄参科 Scrophulariaceae//婆婆纳科 Veronicaceae］■

40173 Pilanthus Poit. ex Endl. (1840) = Centrosema (DC.) Benth. (1837) (保留属名)［豆科 Fabaceae(Leguminosae)//蝶形花科 Papilionaceae］●■☆

40174 Pilasia Raf. (1837) = Urginea Steinh. (1834)［百合科 Liliaceae//风信子科 Hyacinthaceae］■☆

40175 Pilbara Lander(2013)【汉】西澳菊属。【隶属】菊科 Asteraceae (Compositae)。【包含】世界 1 种。【学名诠释与讨论】〈阴〉词源不详。【分布】澳大利亚(西部)。【模式】Pilbara trudgenii Lander☆

40176 Pilderia Klotzsch (1854) = Begonia L. (1753)［秋海棠科 Begoniaceae］●■

40177 Pilea Lindl. (1821)(保留属名)【汉】冷水花属(冷水麻属)。【日】ミズ属,ミヅ属。【俄】Пилея, Пилея。【英】Artillery Plant, Clearweed, Coldwaterflower, Stingless Nettle。【隶属】荨麻科 Urticaceae。【包含】世界 200-400 种,中国 80-85 种。【学名诠释与讨论】〈阴〉(希)pileos,帽子。pilos,指小式 pilidion =拉丁文 pileus,指小式 pileolus,毡帽。指花被裂片帽形,或指雌花的大萼如同帽子覆盖瘦果。此属的学名"Pilea Lindl. , Collect. Bot. : ad t. 4. 1 Apr 1821"是保留属名。法规未列出相应的废弃属名。"Adicea Rafinesque ex N. L. Britton et A. Brown, Ill. Fl. N. U. S. 1: 533. 15 Aug 1896"是"Pilea Lindl. (1821)(保留属名)"的晚出的同模式异名(Homotypic synonym, Nomenclatural synonym)。【分布】巴基斯坦,巴拿马,秘鲁,玻利维亚,厄瓜多尔,哥伦比亚(安蒂奥基亚),马达加斯加,美国(密苏里),尼泊尔,尼加拉瓜,中国,中美洲。【模式】Pilea muscosa Lindley, Nom. illegit. [Parietaria microphylla Linnaeus; Pilea microphylla (Linnaeus) Liebmann]。【参考异名】Aboriella Bennet(1981);Achudemia Blume(1856); Adenia Torr. (1843) Nom. illegit. , Nom. inval. ; Adesia Eaton; Adicea Raf. ex Britton et A. Br. (1896) Nom. illegit. ; Adike Raf. (1836); Chamaecnide Nees et Mart. ex Miq. (1853); Dubreuilia Decne. (1834) Nom. illegit. ; Dubreuilia Gaudich. (1830); Dunniella Rauschert(1982) Nom. illegit. ; Neopilea Léandri(1950); Therebina Noronha(1790) ■

40178 Pileanthus Labill. (1806)【汉】帽花属。【隶属】桃金娘科 Myrtaceae。【包含】世界 3 种。【学名诠释与讨论】〈阳〉(希)

pileos,帽子。pilos,指小式 pilidion = 拉丁文 pileus,指小式
pileolus,毡帽+anthos,花。【分布】澳大利亚(西部)。【模式】
Pileanthus limacis Labillardière ●☆

40179　Pileocalyx Gasp. (1847)(废弃属名)≡ Mellonia Gasp. (1847);
~ =Cucurbita L. (1753)[葫芦科(瓜科,南瓜科)Cucurbitaceae]■

40180　Pileocalyx Post et Kuntze (1903) Nom. illegit. (废弃属名)=
Piliocalyx Brongn. et Gris (1865)(保留属名)[桃金娘科
Myrtaceae]■☆

40181　Pileostegia Hook. f. et Thomson(1857)【汉】冠盖藤属(青棉花
属)。【日】シマユキカヅラ属。【英】Pileostegia。【隶属】虎耳
草科 Saxifragaceae//绣球花科(八仙花科,绣球科)
Hydrangeaceae。【包含】世界3-4种,中国2-3种。【学名诠释与
讨论】〈阴〉(希)pileos,帽子+stege,盖子,覆盖物,屋顶。指花瓣
上部连合成帽盖。此属的学名,ING、TROPICOS 和 IK 记载是
"Pileostegia Hook. f. et Thomson, J. Proc. Linn. Soc., Bot. 2:57.
1857[1858 publ. 1857]"。"Pileostegia Turczaninow, Bull. Soc.
Imp. Naturalistes Moscou 32(1):276. 1859 = Ilex L. (1753)[冬青
科 Aquifoliaceae]"是晚出的非法名称。亦有文献把"Pileostegia
Hook. f. et Thomson(1857)"处理为"Schizophragma Siebold et
Zucc. (1838)"的异名。【分布】中国,喜马拉雅山。【模式】
Pileostegia viburnoides J. D. Hooker et T. Thomson。【参考异名】
Schizophragma Siebold et Zucc. (1838)●

40182　Pileostegia Turcz. (1859)Nom. illegit. = Ilex L. (1753)[冬青科
Aquifoliaceae]●

40183　Pileostigma B. D. Jacks. (废弃属名)= Piliostigma Hochst.
(1846)(保留属名)[豆科 Fabaceae(Leguminosae)//云实科(苏
木科)Caesalpiniaceae]■☆

40184　Pileostigma Hochst. (1846)(废弃属名)= Piliostigma Hochst.
(1846)(保留属名)[豆科 Fabaceae(Leguminosae)//云实科(苏
木科)Caesalpiniaceae]■☆

40185　Piletocarpus Hassk. (1866)= Aneilema R. Br. (1810);~ =
Dictyospermum Wight(1853)[鸭趾草科 Commelinaceae]■

40186　Piletophyllum(Soják)Soják(2008)【汉】喜马蔷薇属。【隶属】
蔷薇科 Rosaceae。【包含】世界2种。【学名诠释与讨论】〈阴〉词
源不详。此属的学名,TROPICOS 和 IPNI 记载是"Piletophyllum
(Soják) Soják, Botanische Jahrbücher für Systematik,
Pflanzengeschichte und Pflanzengeographie 127(3):356. 2008",由
"Sibbaldia sect. Piletophyllum Soják,Preslia 42:185. 1970"改级而
来。【分布】不丹,尼泊尔,喜马拉雅地区。【模式】不详。【参考
异名】Sibbaldia sect. Piletophyllum Soják ☆

40187　Pileus Ramirez (1901) = Jacaratia A. DC. (1864)[番木瓜科
(番木树科,万寿果科)Caricaceae]●☆

40188　Pilgerina Z. S. Rogers, Nickrent et Malécot (2008)【汉】马岛檀
香属。【隶属】檀香科 Santalaceae。【包含】世界1种。【学名诠
释与讨论】〈阴〉(人)Robert Knud Friedrich Pilger, 1876-1953,德
国植物学者+-inus,-ina,-inum 拉丁文加在名词词干之后,以形
成形容词的词尾,含义为"属于、相似、关于、小的"。【分布】马
达加斯加。【模式】Pilgerina madagascariensis Z. S. Rogers,
Nickrent et Malécot ●☆

40189　Pilgerochloa Eig. (1929)【汉】皮尔禾属。【隶属】禾本科
Poaceae(Gramineae)。【包含】世界1种。【学名诠释与讨论】
〈阴〉(人)Robert Knud Friedrich Pilger, 1876-1953,德国植物学
者,植物采集家+chloe,草的幼芽,嫩草,禾草。此属的学名是
"Pilgerochloa Eig, Repert Spec. Nov. Regni Veg. 26:71. 5 Mar
1929"。亦有文献把其处理为"Ventenata Koeler(1802)(保留属
名)"的异名。【分布】安纳托利亚。【模式】Pilgerochloa blanchei
(Boissier) Eig[Ventenata blanchei Boissier]。【参考异名】

Ventenata Koeler(1802)(保留属名)■☆

40190　Pilgerodendraceae A. V. Bobrov et Melikyan (2006)[亦见
Cupressaceae Gray(保留科名)柏科]【汉】南智利柏科。【包含】
世界1属1种。【分布】智利。【科名模式】Pilgerodendron Florin
●☆

40191　Pilgerodendron Florin(1930)【汉】南智利柏属(智利南部柏属,
智南柏属)。【隶属】柏科 Cupressaceae//南智利柏科
Pilgerodendraceae。【包含】世界1种。【学名诠释与讨论】〈中〉
(人)Robert Knud Friedrich Pilger, 1876-1953,德国植物学者,植
物采集家+dendron 或 dendros,树木,棍,丛林。【分布】智利。
【模式】Pilgerodendron uviferum (D. Don) Florin[Juniperus uvifera
D. Don]●☆

40192　Pilicordia(DC.)Lindl (1846)= Cordia L. (1753)(保留属名)
[紫草科 Boraginaceae//破布木科(破布树科)Cordiaceae]●

40193　Pilidiostigma Burret(1941)【汉】帽柱桃金娘属。【隶属】桃金
娘科 Myrtaceae。【包含】世界5种。【学名诠释与讨论】〈中〉
(希)pileos,帽子。pilos,指小式 pilidion = 拉丁文 pileus,指小式
pileolus,毡帽+stigma,所有格 stigmatos,柱头,眼点。【分布】澳大
利亚。【模式】Pilidiostigma glabrum Burret ●☆

40194　Pilinophyton Klotzsch (1841) Nom. illegit. ≡ Pilinophytum
Klotzsch(1841);~ = Croton L. (1753)[大戟科 Euphorbiaceae//
巴豆科 Crotonaceae]●

40195　Pilinophytum Klotzsch (1841)= Croton L. (1753)[大戟科
Euphorbiaceae//巴豆科 Crotonaceae]●

40196　Piliocalyx Brongn. et Gris(1865)(保留属名)【汉】帽萼草属
(帽萼属)。【隶属】桃金娘科 Myrtaceae。【包含】世界1-8种。
【学名诠释与讨论】〈阳〉(希)pileos,帽子+kalyx,所有格 kalykos
=拉丁文 calyx,花萼,杯子。此属的学名"Piliocalyx Brongn. et
Gris in Bull. Soc. Bot. France 12:185. 1865(post Apr)"是保留属
名。相应的废弃属名是葫芦科(瓜科,南瓜科)Cucurbitaceae 的
"Pileocalyx Gasp. in Ann. Sci. Nat., Bot., ser. 3,9:220. Apr 1848 =
Cucurbita L. (1753)≡ Mellonia Gasp. (1847)"。桃金娘科
Myrtaceae 的"Pileocalyx Post et Kuntze(1903)Nom. illegit. (废弃
属名)= Piliocalyx Brongn. et Gris(1865)(保留属名)"亦应废弃。
【分布】斐济,法属新喀里多尼亚。【模式】Piliocalyx robustus A.
T. Brongniart et Gris。【参考异名】Pileocalyx Post et Kuntze(1903)
Nom. illegit. (废弃属名)■☆

40197　Piliosanthes Hassk. (1843)= Peliosanthes Andréws(1808)[百
合科 Liliaceae//铃兰科 Convallariaceae//球子草科
Peliosanthaceae]■●

40198　Piliostigma Hochst. (1846)(保留属名)【汉】帽柱豆属(毛拉豆
属,毛柱豆属)。【隶属】豆科 Fabaceae(Leguminosae)//云实科
(苏木科)Caesalpiniaceae//羊蹄甲科 Bauhiniaceae。【包含】世界
3种。【学名诠释与讨论】〈中〉(希)pileos,帽子+stigma,所有格
stigmatos,柱头,眼点。此属的学名"Piliostigma Hochst. in Flora
29:598. 14 Oct 1846"是保留属名。相应的废弃属名是豆科
Fabaceae 的"Elayuna Raf., Sylva Tellur.:145. Oct-Dec 1838 =
Piliostigma Hochst. (1846)(保留属名)"。豆科 Fabaceae 的
"Piliostigma Walp., Ann. Bot. Syst. (Walpers)1(2):258, sphalm.
1848[25-27 Dec 1848]"亦应废弃。"Piliostigma Hochst. (1846)
(保留属名)"曾被处理为"Bauhinia sect. Piliostigma (Hochst.)
Benth., Genera Plantarum 1:576. 1865"。亦有文献把"Piliostigma
Hochst. (1846)(保留属名)"处理为"Bauhinia L. (1753)"的异
名。【分布】印度至马来西亚和澳大利亚(昆士兰),中国,热带
非洲。【模式】Piliostigma reticulatum (A. P. de Candolle)
Hochstetter[Bauhinia reticulata A. P. de Candolle]。【参考异名】?
Piliostigma Walp. (1848) Nom. illegit. (废弃属名);Bauhinia L.

（1753）；Bauhinia sect. Piliostigma（Hochst.）Benth.（1865）；Elayuna Raf.（1838）（废弃属名）；Pileostigma B. D. Jacks.（废弃属名）；Pileostigma Hochst.（1846）（废弃属名）●

40199　Piliostigma Walp.（1848）Nom. illegit.（废弃属名）=？Piliostigma Hochst.（1846）（保留属名）［豆科 Fabaceae（Leguminosae）//云实科（苏木科）Caesalpiniaceae//羊蹄甲科 Bauhiniaceae］●

40200　Pilitis Lindl.（1836）= Richea R. Br.（1810）（保留属名）［杜鹃花科（欧石南科）Ericaceae//尖苞木科 Epacridaceae］●☆

40201　Pillansia L. Bolus（1914）【汉】皮朗斯鸢尾属。【隶属】鸢尾科 Iridaceae。【包含】世界 1 种。【学名诠释与讨论】〈阴〉（人）Neville Stuart Pillans, 1884 - 1964, 南非植物学者, "The genus Phylica L."的作者。【分布】非洲南部。【模式】Pillansia templemanni（J. G. Baker）H. M. L. Bolus［Tritonia templemanni J. G. Baker］■☆

40202　Pillera Endl.（1833）= Mucuna Adans.（1763）（保留属名）［豆科 Fabaceae（Leguminosae）//蝶形花科 Papilionaceae］●■

40203　Piloblephis Raf.（1838）【汉】肖香草属。【隶属】唇形科 Lamiaceae（Labiatae）。【包含】世界 2 种。【学名诠释与讨论】〈阴〉词源不详。此属的学名, ING、TROPICOS 和 IK 记载是 "Piloblephis Rafinesque, New Fl. 3：52. Jan - Mar 1838"。"Pycnothymus（Bentham）J. K. Small, Fl. Southeast. U. S. 1042. Jul 1903"是"Piloblephis Raf.（1838）"的晚出的同模式异名（Homotypic synonym, Nomenclatural synonym）。亦有文献把"Piloblephis Raf.（1838）"处理为"Satureja L.（1753）"的异名。【分布】温带。【模式】Piloblephis rigida（Bartram ex Bentham）Rafinesque［Satureja rigida Bartram ex Bentham］。【参考异名】Pycnothymus（Benth.）Small（1903）Nom. illegit.；Satureja L.（1753）●☆

40204　Pilocanthus B. W. Benson et Backeb.（1957）= Pediocactus Britton et Rose（1913）［仙人掌科 Cactaceae］●☆

40205　Pilocarpaceae J. Agardh（1858）［亦见 Rutaceae Juss.（保留科名）芸香科］【汉】毛果芸香科。【包含】世界 1 属 13-22 种。【分布】热带美洲, 西印度群岛。【科名模式】Pilocarpus Vahl ●☆

40206　Pilocarpus Vahl（1796）【汉】毛果芸香属。【俄】Пилокарпус。【英】Jaborandi, Pilocarpus。【隶属】芸香科 Rutaceae//毛果芸香科 Pilocarpaceae。【包含】世界 13-22 种。【学名诠释与讨论】〈阳〉（希）pilos, 指小式 pilion, 毛发。pilinos, 毡制的。拉丁文 pilus, 毛。pilosus, 多毛的 + karpos, 果实。【分布】巴拉圭, 秘鲁, 玻利维亚, 厄瓜多尔, 哥伦比亚（安蒂奥基亚）, 尼加拉瓜, 西印度群岛, 热带美洲, 中美洲。【模式】Pilocarpus racemosus Vahl ●☆

40207　Pilocereus K. Schum.（1894）Nom. illegit. = Pilosocereus Byles et G. D. Rowley（1957）［仙人掌科 Cactaceae］●☆

40208　Pilocereus Lem.（1839）Nom. illegit. ≡ Cephalocereus Pfeiff.（1838）［仙人掌科 Cactaceae］●

40209　Pilocopiapoa F. Ritter（1961）= Copiapoa Britton et Rose（1922）［仙人掌科 Cactaceae］●

40210　Pilocosta Almeda et Whiffin（1981）【汉】毛肋野牡丹属。【隶属】野牡丹科 Melastomataceae。【包含】世界 5 种。【学名诠释与讨论】〈阴〉（希）pilos, 指小式 pilion, 毛发。pilinos, 毡制的。拉丁文 pilus, 毛。pilosus, 多毛的 + costa, 肋。【分布】巴拿马, 厄瓜多尔, 哥斯达黎加, 中美洲。【模式】Pilocosta oerstedii（Triana）F. Almeda et T. Whiffin［Pterolepis oerstedii Triana］●☆

40211　Pilogyne Eckl. ex Schrad.（1835）= Zehneria Endl.（1833）［葫芦科（瓜科, 南瓜科）Cucurbitaceae］■

40212　Pilogyne Gagnep.（1948）Nom. illegit. = Myrsine L.（1753）［紫金牛科 Myrsinaceae］●

40213　Pilogyne Schrad.（1835）Nom. illegit. = Zehneria Endl.（1833）［葫芦科（瓜科, 南瓜科）Cucurbitaceae］■

40214　Piloisa B. D. Jacks. = Piloisia Raf.（1838）；~ = Cordia L.（1753）（保留属名）［紫草科 Boraginaceae］●

40215　Piloisa Raf.（1838）Nom. illegit. ≡ Piloisia Raf.（1838）；~ = Cordia L.（1753）（保留属名）［紫草科 Boraginaceae//破布木科（破布树科）Cordiaceae］●

40216　Piloisia Raf.（1838）= Cordia L.（1753）（保留属名）［紫草科 Boraginaceae//破布木科（破布树科）Cordiaceae］●

40217　Pilophora Jacq.（1800）= Manicaria Gaertn.（1791）［棕榈科 Arecaceae（Palmae）］●☆

40218　Pilophyllum Schltr.（1914）【汉】毛叶兰属。【隶属】兰科 Orchidaceae。【包含】世界 1 种。【学名诠释与讨论】〈中〉（希）pilos, 指小式 pilion, 毛发。pilinos, 毡制的。拉丁文 pilus, 毛。pilosus, 多毛的 + phyllon, 叶子。此属的学名是"Pilophyllum Schlechter, Orchideen 131. 8 Jun 1914"。亦有文献把其处理为"Chrysoglossum Blume（1825）"的异名。【分布】马来西亚（西部）。【模式】Pilophyllum villosum（Blume）Schlechter［Chrysoglossum villosum Blume］。【参考异名】Chrysoglossum Blume（1825）■☆

40219　Pilopleura Schischk.（1951）【汉】毛棱芹属。【俄】волосоребрник。【隶属】伞形花科（伞形科）Apiaceae（Umbelliferae）。【包含】世界 1-2 种, 中国 1 种。【学名诠释与讨论】〈阴〉（希）pilos, 指小式 pilion, 毛发。pilinos, 毡制的。拉丁文 pilus, 毛。pilosus, 多毛的 + pleura = pleuron, 肋骨, 脉, 棱, 侧生。指果实的棱角具毛。【分布】中国, 亚洲中部。【模式】Pilopleura koso - poljanskii B. K. Schischkin, Nom. illegit.［Peucedanum dasycarpum Regel et Schmalhausen 1877, non Torrey et Gray 1840；Zosima dasycarpa E. P. Korovin］■

40220　Pilopsis Y. Ito, Nom. inval. = Arthrocereus A. Berger（1929）（保留属名）；~ = Echinopsis Zucc.（1837）［仙人掌科 Cactaceae］●

40221　Pilopus Raf.（1837）（废弃属名）（1）= Phyla Lour.（1790）；~ = Pilopus Raf.［马鞭草科 Verbenaceae］■

40222　Pilorea Raf.（1837）（废弃属名）（2）= Edraianthus A. DC.（1839）（保留属名）；~ = Wahlenbergia Schrad. ex Roth（1821）（保留属名）［桔梗科 Campanulaceae］■●

40223　Pilosanthus Stead.（1841）= Liatris Gaertn. ex Schreb.（1791）（保留属名）；~ = Psilosanthus Neck.（1790）Nom. inval.［菊科 Asteraceae（Compositae）］■☆

40224　Pilosella F. W. Schultz et Sch. Bip.（1862）Nom. illegit. = Hieracium L.（1753）［菊科 Asteraceae（Compositae）］■

40225　Pilosella Hill（1756）【汉】细毛菊属（匍茎山柳菊属）。【英】Mouse- ear Hawkweed。【隶属】菊科 Asteraceae（Compositae）。【包含】世界 20-80 种, 中国 2 种。【学名诠释与讨论】〈阴〉（希）pilos, 指小式 pilion, 毛发。pilinos, 毡制的。拉丁文 pilus, 毛。pilosus, 多毛的 +-ellus, -ella, -ellum, 加在名词词干后面形成指小式的词尾。或加在人名、属名等后面以组成新属的名称。此属的学名, ING、GCI、TROPICOS 和 IK 记载是"Pilosella Hill, Brit. Herb.（Hill）441. 1756［Nov 1756］"；多数文献包括《中国植物志》英文版都用此为正名。菊科的"Pilosella F. W. Schultz et Sch. Bip. , Flora 45：417. 1862 = Hieracium L.（1753）"和十字花科的"Pilosella Kostel. , Hort. Prag. 104（1844）Nom. inval. ≡ Pilosella Kostel. ex Rydb. , Torreya 7：158. 1907［Aug 1907］= Arabidopsis Heynh.（1842）（保留属名）"都是晚出的非法名称。IPNI 还记载了"Pilosella Vaill. , Königl. Akad. Wiss. Paris Anat. Abh. 5：703. 1754"；若此名称不是裸名的话, 则"Pilosella Hill（1756）"就是一个晚出的非法名称（Nom. illegit.）了。亦有文献把"Pilosella Hill

(1756)"处理为"Hieracium L.（1753）"的异名。【分布】玻利维亚,中国,欧洲,亚洲西南部至西伯利亚,中美洲。【模式】'Pilosella major repens hirsuta'C. Bauhin［Hieracium pilosella Linnaeus］。【参考异名】Hieracium L.（1753）;Pilosella Vaill.（1754）■

40226　Pilosella Kostel.（1844）Nom. inval.≡Pilosella Kostel. ex Rydb.（1907）Nom. illegit.;~=Arabidopsis Heynh.（1842）（保留属名）［十字花科 Brassicaceae（Cruciferae）］■

40227　Pilosella Kostel. ex Rydb.（1907）Nom. illegit.=Arabidopsis Heynh.（1842）（保留属名）［十字花科 Brassicaceae（Cruciferae）］■

40228　Pilosella Vaill.（1754）=Pilosella Hill（1756）［菊科 Asteraceae（Compositae）］■☆

40229　Piloselloides（Less.）C. Jeffrey ex Cufod.（1967）【汉】兔耳一枝箭属。【隶属】菊科 Asteraceae（Compositae）。【包含】世界2种,中国1种。【学名诠释与讨论】〈阴〉（属）Pilosella 细毛菊属（匍茎山柳菊属）+oides,来自 o+eides,像,似;或 o+eidos 形,含义为相像。此属的学名,ING 和 IK 记载是"Piloselloides（C. F. Lessing）C. Jeffrey ex G. Cufodontis, Bull. Jard. Bot. État. 37（3）Suppl. 1180. 30 Sep 1967",由"Gerbera sect. Piloselloides Less., Synopsis Generum Compositarum 119. 1832"改级而来。"Piloselloides（Less.）C. Jeffrey, Kew Bull. 21（2）：214. 1967［late 1967］［late 1967］≡Piloselloides（Less.）C. Jeffrey ex Cufod.（1967）"是晚出的非法名称。亦有文献把"Piloselloides（Less.）C. Jeffrey ex Cufod.（1967）"处理为"Gerbera L.（1758）（保留属名）"的异名。【分布】马达加斯加,中国,非洲南部,热带非洲,热带亚洲,中美洲。【模式】Piloselloides hirsuta（P. Forsskål）C. Jeffrey ex G. Cufodontis［Arnica hirsuta P. Forsskål］。【参考异名】Gerbera L.（1758）（保留属名）;Gerbera sect. Piloselloides Less.（1832）;Piloselloides（Less.）C. Jeffrey（1967）Nom. illegit.■

40230　Piloselloides（Less.）C. Jeffrey（1967）Nom. illegit.≡Piloselloides（Less.）C. Jeffrey ex Cufod.（1967）［菊科 Asteraceae（Compositae）］■

40231　Pilosocereus Byles et G. D. Rowley（1957）【汉】疏毛刺柱属（毛刺柱属,毛柱属）。【日】ピロソセレウス属。【英】Tree Cactus。【隶属】仙人掌科 Cactaceae。【包含】世界35-45种。【学名诠释与讨论】〈阳〉（希）pilos,指小式 pilion,毛发。pilinos,毡制的。拉丁文 pilus,毛。pilosus,多毛的+（属）Cereus 仙影掌属。此属的学名,ING、TROPICOS、GCI 和 IK 记载是"Pilosocereus Byles et G. D. Rowley, Cact. Succ. J. Gr. Brit. 19：66. 1957［Jul 1957］"。"Pilocereus Lemaire, Cact. Gen. Nova 6. Feb 1839."是"Cephalocereus Pfeiff., Allg. Gartenzeitung（Otto et Dietrich）6：142. 1838［5 May 1838］"的多余的替代名称。它已经被"Pilosocereus Byles et G. D. Rowley"所替代。它还曾被处理为"Cephalocereus subgen. Pilosocereus（Byles et G. D. Rowley）Bravo, Cactáceas y Suculentas Mexicanas 19：47. 1973"。【分布】巴西,秘鲁,厄瓜多尔,哥伦比亚,美国,墨西哥,尼加拉瓜,危地马拉,委内瑞拉,中美洲。【模式】Pilosocereus leucocephalus（Poselger）Byles et Rowley［Pilocereus leucocephalus Poselger］。【参考异名】Pilocereus K. Schum.（1894）Nom. illegit.;Pilocereus Lem.（1839）Nom. illegit.;Pseudopilocereus Buxb.（1968）●☆

40232　Pilosperma Planch. et Triana（1860）【汉】毛籽藤黄属。【隶属】猪胶树科（克鲁西科,山竹子科,藤黄科）Clusiaceae（Guttiferae）。【包含】世界2种。【学名诠释与讨论】〈中〉（希）pilos,指小式 pilion,毛发。pilinos,毡制的。拉丁文 pilus,毛。pilosus,多毛的+sperma,所有格 spermatos,种子,孢子。【分布】厄瓜多尔,哥伦比亚。【模式】Pilosperma caudatum Planchon et Triana●☆

40233　Pilostachys B. D. Jacks.=Pilostaxis Raf.（1838）［as

'Plostaxis'］Nom. illegit.;~=Pylostachya Raf.（1834）;~=Polygala L.（1753）［远志科 Polygalaceae］●■

40234　Pilostachys Raf.（1836）Nom. illegit.≡Polygala L.（1753）［远志科 Polygalaceae］●■

40235　Pilostaxis Raf.（1838）［as 'Plostaxis'］Nom. illegit.≡Pylostachya Raf.（1834）;~=Polygala L.（1753）［远志科 Polygalaceae］●■

40236　Pilostemon Iljin（1961）【汉】毛蕊菊属。【俄】Волосопыльник。【英】Pilostemon。【隶属】菊科 Asteraceae（Compositae）。【包含】世界2种,中国1种。【学名诠释与讨论】〈阳〉（希）pilos,毛发+stemon,雄蕊。指花药有细长毛。此属的学名是"Pilostemon Iljin, Bot. Mater. Gerb. Bot. Inst. Komarova Akad. Nauk SSSR 21：391. 1961（post 24 Jul）"。亦有文献把其处理为"Jurinea Cass.（1821）"的异名。【分布】阿富汗,中国,亚洲中部。【模式】Pilostemon karateginus（Lipsky）Iljin［as 'karategini'］［Saussurea karategina Lipsky］。【参考异名】Jurinea Cass.（1821）■

40237　Pilostigma Costantin（1912）Nom. illegit.≡Costantina Bullock（1965）;~=Lygisma Hook. f.（1883）［萝藦科 Asclepiadaceae］■

40238　Pilostigma Tiegh.（1895）=Amyema Tiegh.（1894）［桑寄生科 Loranthaceae］●☆

40239　Pilostyles Guill.（1834）【汉】毛柱大花草属（豆生花属）。【隶属】大花草科 Rafflesiaceae。【包含】世界12-25种。【学名诠释与讨论】〈阳〉（拉）pilos,毛发+stylos=拉丁文 style,花柱,中柱,有尖之物,桩,柱,支持物,支柱,石头做的界标。此属的学名,ING、TROPICOS、APNI 和 IK 记载是"Pilostyles Guillemin, Ann. Sci. Nat. Bot. ser. 2. 2：21. Jul 1834"。"Frostia Bertero ex Endlicher, Gen. 76. Aug 1836"是"Pilostyles Guill.（1834）"的晚出的同模式异名（Homotypic synonym, Nomenclatural synonym）。【分布】澳大利亚（西部）,巴拿马,玻利维亚,厄瓜多尔,伊朗,美国（南部）至热带南美洲,热带非洲,中美洲。【模式】Pilostyles berterii Guillemin。【参考异名】Frostia Bertero ex Guill.（1834）Nom. illegit.;Sarna H. Karst.（1857）■☆

40240　Pilotheca T. L. Mitch.（1848）=Philotheca Rudge（1816）［芸香科 Rutaceae］●☆

40241　Pilothecium（Kiaersk.）Kausel（1962）=Myrtus L.（1753）［桃金娘科 Myrtaceae］●

40242　Pilotrichum Hook. f. et T. Anderson（1872）=Ptilotrichum C. A. Mey.（1831）［十字花科 Brassicaceae（Cruciferae）］●■

40243　Pilouratea Tiegh.（1902）=Ouratea Aubl.（1775）（保留属名）［金莲木科 Ochnaceae］●

40244　Pilumna Lindl.（1844）=Trichopilia Lindl.（1836）［兰科 Orchidaceae］■☆

40245　Pimecaria Raf.（1838）=Ximenia L.（1753）［铁青树科 Olacaceae//海檀木科 Ximeniaceae］●

40246　Pimela Lour.（1790）=Canarium L.（1759）［橄榄科 Burseraceae］●

40247　Pimelaea Kuntze（1891）=Pimelea Banks ex Gaertn.（1788）（保留属名）［瑞香科 Thymelaeaceae］●☆

40248　Pimelandra A. DC.（1841）=Ardisia Sw.（1788）（保留属名）［紫金牛科 Myrsinaceae］●■

40249　Pimelea Banks et Sol.（1788）Nom. illegit.（废弃属名）≡Pimelea Banks ex Gaertn.（1788）（保留属名）［瑞香科 Thymelaeaceae］●☆

40250　Pimelea Banks et Sol. ex Gaertn.（1788）Nom. illegit.（废弃属名）≡Pimelea Banks ex Gaertn.（1788）（保留属名）［瑞香科 Thymelaeaceae］●☆

40251　Pimelea Banks ex Gaertn.（1788）（保留属名）【汉】稻花木属

（稻花属）。【日】ピメレア属。【俄】Пимелея。【英】Rice Flower,Rice-flower。【隶属】瑞香科 Thymelaeaceae。【包含】世界 100-108 种。【学名诠释与讨论】〈阴〉（希）pimele,脂肪。指种子含油。此属的学名"Pimelea Banks ex Gaertn.,Fruct. Sem. Pl. 1：186. Dec 1788"是保留属名。法规未列出相应的废弃属名。但是瑞香科 Thymelaeaceae 的"Pimelea Banks et Sol. ex Gaertn.,Fruct. Sem. Pl. i. 186. t. 39（1788）≡Pimelea Banks ex Gaertn.（1788）（保留属名）"、"Pimelea Banks et Sol. in J. Gaertner,Fruct. 1：186（1788）≡Pimelea Banks ex Gaertn.（1788）（保留属名）"和"Pimelea Banks ex Sol.,in J. Gaertner,Fruct. 1：186（1788）"应该废弃。"Cookia J. F. Gmelin,Syst. Nat. 2：19,24. Sep（sero）-Nov 1791（non Sonnerat 1782）"是"Pimelea Banks ex Sol.（1788）"的晚出的同模式异名（Homotypic synonym,Nomenclatural synonym）。【分布】澳大利亚（大陆,塔斯曼半岛）,菲律宾（菲律宾群岛）,新西兰,小巽他群岛,新几内亚岛东部。【模式】Pimelea laevigata J. Gaertner,Nom. illegit.［Banksia prostrata J. R. Forster et J. G. A. Forster;Pimelea prostrata（J. R. Forster et J. G. A. Forster）Willdenow］。【参考异名】Aschenfeldtia F. Muell.,Nom. illegit.;Aschenfeldtia F. Muell. ex Meisn.（1857）;Banksia J. R. Forst. et G. Forst.（1775）（废弃属名）;Calyptrostegia C. A. Mey.（1845）;Cookia J. F. Gmel.（1791）Nom. illegit.;Gymnococca C. A. Mey.（1845）;Gymnococca Fisch. et C. A. Mey. ex Fisch. Mey. et Avé-Lall.;Heterochlaena Post et Kuntze（1903）;Heterolaena（Endl.）C. A. Mey.（1845）;Heterolaena C. A. Mey.（1845）Nom. illegit.;Heterolaena C. A. Mey. ex Fisch. Mey. et Avé-Lall.（1873）Nom. illegit.;Heterolaena Sch. Bip. ex Benth. et Hook. f.（1873）Nom. illegit.;Macrostegia Turcz.（1852）Nom. illegit.;Pimelaea Kuntze（1891）;Pimelea Banks et Sol.（1788）Nom. illegit.（废弃属名）;Pimelea Banks et Sol. ex Gaertn.（1788）Nom. illegit.（废弃属名）;Pimelea Banks ex Sol.（1788）Nom. illegit.（废弃属名）;Thecanthes Wikstr.（1818）●☆

40252　Pimeleodendron Müll. Arg.（1866）Nom. illegit. ≡Pimelodendron Hassk.（1856）［大戟科 Euphorbiaceae］●

40253　Pimelodendron Hassk.（1856）【汉】油戟木属。【隶属】大戟科 Euphorbiaceae。【包含】世界 6-8 种。【学名诠释与讨论】〈中〉（希）pimele,脂肪+dendron 或 dendros,树木,棍,丛林。此属的学名,ING、TROPICOS、APNI 和 IK 记载是"Pimelodendron Hassk.,Verslagen Meded. Afd. Natuurk. Kon. Akad. Wetensch. 4：140. 1855"。"Pimeleodendron Müll. Arg.,Prodr.［A. P. de Candolle］15（2.2）：1143. 1866［late Aug 1866］"是其变体。【分布】马来西亚,中国。【模式】Pimelodendron amboinicum Hasskarl。【参考异名】Pimeleodendron Müll. Arg.（1866）Nom. illegit.;Stomatocalyx Müll. Arg.（1866）●

40254　Pimenta Lindl.（1821）【汉】众香树属（多香果属,香椒属）。【英】Pimento。【隶属】桃金娘科 Myrtaceae。【包含】世界 5-18 种。【学名诠释与讨论】〈阴〉（葡萄牙）pimenta,胡椒俗名。或来自西班牙俗名 pimento,pimienta,pimiento。此属的学名,ING、TROPICOS 和 IK 记载是"Pimenta Lindl.,Coll. Bot.（Lindley）4：sub t. 19. 1821［21 Oct 1821］"。"Evanesca Rafinesque,Sylva Tell. 105. Oct-Dec 1838"和"Pimentus Rafinesque,Sylva Tell. 105. Oct-Dec 1838"是"Pimenta Lindl.（1821）"的晚出的同模式异名（Homotypic synonym,Nomenclatural synonym）。【分布】巴拿马,玻利维亚,哥伦比亚（安蒂奥基亚）,哥斯达黎加,美国,尼加拉瓜,西印度群岛,中美洲。【模式】Pimenta officinalis J. Lindley［Myrtus pimenta Linnaeus］。【参考异名】Amomis O. Berg（1856）;Cryptorhiza Urb.（1921）;Evanesca Raf.（1838）Nom. illegit.;Krokia Urb.（1928）;Mentodendron Lundell（1971）;Myrcia Sol. ex

Lindl.（1821）;Myrtekmania Urb.（1928）;Pimentus Raf.（1838）Nom. illegit.;Pseudocaryophyllus O. Berg（1856）●☆

40255　Pimentelea Willis,Nom. inval. = Pimentelia Wedd.（1849）［茜草科 Rubiaceae］●☆

40256　Pimentelia Wedd.（1849）【汉】皮门茜属。【隶属】茜草科 Rubiaceae。【包含】世界 1 种。【学名诠释与讨论】〈阴〉（人）Pimentel。此属的学名,ING、TROPICOS 和 IK 记载是"Pimentelia Weddell,Hist. Nat. Monogr. Cinchona 94. t. 27B. 1849"。【分布】秘鲁,玻利维亚。【模式】Pimentelia glomerata Weddell。【参考异名】Pimentelea Willis,Nom. inval.;Pimentella Walp.（1852）;Pimentella Wedd.●☆

40257　Pimentella Walp.（1852）= Pimentelia Wedd.（1849）［茜草科 Rubiaceae］●☆

40258　Pimentella Wedd. = Pimentelia Wedd.（1849）［茜草科 Rubiaceae］●☆

40259　Pimentus Raf.（1838）Nom. illegit. ≡Pimenta Lindl.（1821）;～=Eugenia L.（1753）;～=Melaleuca L.（1767）（保留属名）［桃金娘科 Myrtaceae//白千层科 Melaleucaceae］●

40260　Pimia Seem.（1862）【汉】皮姆梧桐属。【隶属】梧桐科 Sterculiaceae//锦葵科 Malvaceae。【包含】世界 1 种。【学名诠释与讨论】〈阴〉（人）Pim。【分布】斐济。【模式】Pimia rhamnoides B. C. Seemann●☆

40261　Pimpinele St. -Lag.（1880）= Pimpinella L.（1753）［伞形花科（伞形科）Apiaceae（Umbelliferae）］■

40262　Pimpinella L.（1753）【汉】茴芹属。【日】ダケゼリ属,ヒカゲミツバ属,ミツバグサ属。【俄】Альбовия,Анис,Бедренец,Peyrepa。【英】Burnet,Burnet Saxifrage,Burnet - saxifrage,Pimpinella。【隶属】伞形花科（伞形科）Apiaceae（Umbelliferae）。【包含】世界 50-150 种,中国 44-54 种。【学名诠释与讨论】〈阴〉（意）pimpinella,紫繁缕的俗名。此属的学名,ING、APNI、GCI、TROPICOS 和 IK 记载是"Pimpinella L.,Sp. Pl. 1：263. 1753［1 May 1753］"。"Pimpinella Séguier,Pl. Veron 3：61. Jul-Dec 1754（non Linnaeus 1753）≡Poterium L.（1753）"是晚出的非法名称。"Pimpinella Tourn. ex Ruppius（1745）"是命名起点著作之前的名称。"Tragoselinum P. Miller,Gard. Dict. Abr. ed. 4. 28 Jan 1754"是"Pimpinella L.（1753）"的晚出的同模式异名（Homotypic synonym,Nomenclatural synonym）。【分布】巴基斯坦,玻利维亚,哥伦比亚（安蒂奥基亚）,马达加斯加,中国,非洲,欧亚大陆,北美洲,中美洲。【后选模式】Pimpinella saxifraga Linnaeus。【参考异名】Adarianta Knoche（1922）Nom. illegit.;Albovia Schischk.（1950）;Anisometros Hassk.（1847）;Anisum Gaertn.;Anisum Hill（1756）;Bunium W. D. J. Koch（1843）Nom. illegit.;Chesneya Bertol.（1842）Nom. illegit.;Disachoena Zoll. et Moritzi（1844）;Gaytania Münter（1843）;Gymnosciadium Hochst.（1844）;Heterachaena Zoll. et Moritzi（1845）Nom. illegit.;Khajepiri et Mozaff.（2010）;Ledebouria Rchb.（1828）Nom. illegit.;Ledeburia Link（1821）;Lereschia Boiss.（1844）;Murrithia Zoll. et Moritzi（1845）;Petrosciadium Edgew.（1846）;Pimpinele St. - Lag.（1880）;Platyraphe Miq.;Platyrhaphe Miq.（1867）;Pseudopimpinella F. Ghahrem.;Reutera Boiss.（1838）;Similisinocarum Cauwet et Farille（1984）;Spiroceratium H. Wolff（1921）;Spuriopimpinella（H. Boissieu）Kitag.（1941）;Thoraea Gand.;Tobion Raf.（1840）;Trachysciadium（DC.）Eckl. et Zeyh.（1837）;Trachysciadium Eckl. et Zeyh.（1837）Nom. illegit.;Tragium Spreng.（1813）;Tragolium Raf.（1840）;Tragoselinum Haller（1742）Nom. inval.;Tragoselinum Mill.（1754）Nom. illegit.;Tragoselinum Tourn. ex Haller（1742）Nom. inval.■

40263 Pimpinella Ség. (1754) Nom. illegit. ≡ Poterium L. (1753)［蔷薇科 Rosaceae］■☆

40264 Pimpinella Tourn. ex Ruppius (1745) Nom. inval.［蔷薇科 Rosaceae］☆

40265 Pimpinellaceae Bercht. et J. Presl = Apiaceae Lindl. (保留科名)//Umbelliferae Juss. (保留科名)■●

40266 Pinacantha Gilli(1959)【汉】板花草属。【隶属】伞形花科(伞形科) Apiaceae(Umbelliferae)。【包含】世界 1 种。【学名诠释与讨论】〈阴〉(希) pinax, 所有格 pinakos, 窄板, 牌, 匾, 大木盘+anthos, 花。【分布】阿富汗。【模式】Pinacantha porandica Gilli☆

40267 Pinaceae Adans. =Pinaceae Spreng. ex F. Rudolphi(保留科名)●

40268 Pinaceae Lindl. (1836) Nom. inval. = Pinaceae Spreng. ex F. Rudolphi(保留科名)●

40269 Pinaceae Spreng. ex F. Rudolphi(1830)(保留科名)【汉】松科。【日】マツ科。【俄】Сосновые。【英】Pine Family。【包含】世界 10-13 属 200-250 种, 中国 10 属 108-146 种。【分布】北半球。【科名模式】Pinus L. (1753)●

40270 Pinacopodium Exell et Mendonça (1951)【汉】扁梗古柯属。【隶属】古柯科 Erythroxylaceae。【包含】世界 2 种。【学名诠释与讨论】〈中〉(希) pinax, 所有格 pinakos, 窄板, 牌, 匾, 大木盘+pous, 所有格 podos, 指小式 podion, 脚, 足, 柄, 梗。podotes, 有脚的+-ius, -ia, -ium, 在拉丁文和希腊文中, 这些词尾表示性质或状态。【分布】热带非洲。【模式】Pinacopodium congolense (S. Moore) Exell et Mendonça［Nectaropetalum congolense S. Moore］。【参考异名】Morelodendron Cavaco et Normand(1951)●☆

40271 Pinalia Lindl. (1826)【汉】苹兰属。【隶属】兰科 Orchidaceae。【包含】世界 160 种, 中国 17 种。【学名诠释与讨论】〈阴〉(人) Pinal. 此属的学名是"Pinalia J. Lindley, Orch. Scel. 14, 21, 23. Jan 1826"。亦有文献把其处理为"Eria Lindl. (1825)(保留属名)"的异名。【分布】澳大利亚, 泰国, 越南, 中国, 从喜马拉雅山西北和印度(东北)至缅甸, 老挝, 马来半岛, 太平洋岛屿。【模式】未指定。【参考异名】Eria Lindl. (1825)(保留属名); Hymeneria (Lindl.) M. A. Clem. et D. L. Jones; Urostachya (Lindl.) Brieger (1981)■

40272 Pinanga Blume(1838)【汉】山槟榔属(类槟榔属)。【日】ソアグヤシ属, ピナンガ属。【俄】Пинанга。【英】Pinang Palm, Pinanga, Pinangapalm, Pinanga-palm。【隶属】棕榈科 Arecaceae (Palmae)。【包含】世界 120-128 种, 中国 8 种。【学名诠释与讨论】〈阴〉(马来) pinanga, 一种棕榈科 Arecaceae(Palmae)植物俗名。【分布】印度至马来西亚, 中国, 东南亚。【后选模式】Pinanga coronata (Blume) Blume［Areca coronata Blume］。【参考异名】Cladosperma Griff. (1851); Ophiria Becc. (1885); Pseudopinanga Burret(1936)●

40273 Pinarda Vell. (1829) = Micranthemum Michx. (1803)(保留属名)［玄参科 Scrophulariaceae］■☆

40274 Pinardia Cass. (1826) = Chrysanthemum L. (1753)(保留属名)［菊科 Asteraceae(Compositae)］■●

40275 Pinardia Neck. (1790) Nom. inval. = Aster L. (1753)［菊科 Asteraceae(Compositae)］●■

40276 Pinaria(DC.) Rchb. (1837) = Matthiola W. T. Aiton(1812)［as 'Mathiola'](保留属名)［十字花科 Brassicaceae(Cruciferae)］■●

40277 Pinaria Rchb. (1837) Nom. illegit. = Matthiola W. T. Aiton (1812)［as 'Mathiola'](保留属名)［十字花科 Brassicaceae (Cruciferae)］■●

40278 Pinaropappus Less. (1832)【汉】岩莴苣属(污毛菊属)。【英】Rocklettuce。【隶属】菊科 Asteraceae(Compositae)。【包含】世界 6-10 种。【学名诠释与讨论】〈阴〉(希) pinaro, 恶劣的, 肮脏的+希腊文 pappos 指柔毛, 软毛。pappus 则与拉丁文同义, 指冠毛。指冠毛的颜色。【分布】美国(南部), 墨西哥, 中美洲。【模式】Pinaropappus roseus (Lessing) Lessing［Achyrophorus roseus Lessing］■☆

40279 Pinarophyllon Brandegee(1914)【汉】劣叶茜属。【隶属】茜草科 Rubiaceae。【包含】世界 2 种。【学名诠释与讨论】〈阳〉(希) pinaro, 恶劣的, 肮脏的+希腊文 phyllon, 叶子。phyllodes, 似叶的, 多叶的。phylleion, 绿色材料, 绿草。【分布】墨西哥, 中美洲。【模式】Pinarophyllon flavum Brandegee☆

40280 Pinasgelon Raf. (1840) Nom. illegit. ≡ Cnidium Cusson ex Juss. (1787) Nom. illegit. ; ~ =Cnidium Cusson(1782)［伞形花科(伞形科) Apiaceae(Umbelliferae)］■

40281 Pincecnitia hort. ex Lem. (1861) Nom. illegit. ≡ Pincecnitia Lem. (1861) Nom. illegit. ≡ Pincenectia Lem. (1861)［百合科 Liliaceae//诺林兰科(玲花蕉科, 南青冈科, 陷孔木科) Nolinaceae］●■☆

40282 Pincecnitia Lem. (1861) Nom. illegit. ≡ Pincenectia Lem. (1861)［百合科 Liliaceae//龙舌兰科 Agavaceae//诺林兰科(玲花蕉科, 南青冈科, 陷孔木科) Nolinaceae］●■☆

40283 Pincenectia hort. ex Lem. (1861) Nom. illegit. ≡ Pincenectia Lem. (1861) = Pincenectitia Hort. ex Lem. (1861)［百合科 Liliaceae//诺林兰科(玲花蕉科, 南青冈科, 陷孔木科) Nolinaceae］●■☆

40284 Pincenectitia hort. ex Lem. (1861) ≡ Pincenectitia Lem. (1861); ~ =Nolina Michx. (1803)［龙舌兰科 Agavaceae//诺林兰科(玲花蕉科, 南青冈科, 陷孔木科) Nolinaceae］●☆

40285 Pincenictitia Baker (1880) Nom. illegit. = Pincenectitia Lem. (1861)［龙舌兰科 Agavaceae//诺林兰科(玲花蕉科, 南青冈科, 陷孔木科) Nolinaceae］●■☆

40286 Pincinectia hort. ex Lem. (1861) = Pincenectitia Lem. (1861)［龙舌兰科 Agavaceae//诺林兰科(玲花蕉科, 南青冈科, 陷孔木科) Nolinaceae］●■☆

40287 Pinckneya Michx. (1803)【汉】黄疟树属(宾克莱木属, 黄疟属)。【英】Fever Tree, Pinckneya。【隶属】茜草科 Rubiaceae。【包含】世界 1-2 种。【学名诠释与讨论】〈阴〉(人) Charles Pinckney(1746-1825) 和 Thomas Pinckney(1750-1828)。【分布】美国。【模式】Pinckneya pubens A. Michaux。【参考异名】Bartramia Bartram(1791) Nom. illegit. ; Pinknea Pers. (1805) Nom. illegit. ●☆

40288 Pinda P. K. Mukh. et Constance (1986)【汉】印度草属。【隶属】伞形花科(伞形科) Apiaceae(Umbelliferae)。【包含】世界 1 种。【学名诠释与讨论】〈阴〉词源不详。【分布】印度。【模式】Pinda concanensis (N. A. Dalzell) P. K. Mukherjee et L. Constance［Heracleum concanense N. A. Dalzell］■☆

40289 Pindarea Barb. Rodr. (1896) = Attalea Kunth(1816)［棕榈科 Arecaceae(Palmae)］●☆

40290 Pinea Opiz (1839) Nom. illegit. = Pinus L. (1753)［松科 Pinaceae］●

40291 Pinea Wolf(1776) = Pinus L. (1753)［松科 Pinaceae］●

40292 Pineda Ruiz et Pav. (1794)【汉】安第斯大风子属。【隶属】刺篱木科(大风子科) Flacourtiaceae。【包含】世界 1 种。【学名诠释与讨论】〈阴〉(人) Antonio de Pineda y Ramirez, 1753-1792, 西班牙博物学者。【分布】秘鲁, 玻利维亚, 厄瓜多尔, 安第斯山。【模式】Pineda incana Ruiz et Pavon。【参考异名】Christannia C. Presl(1831); Christiania Rchb. (1837) Nom. illegit. ; Christiannia Wittst. (1852) Nom. illegit. ●☆

40293 Pinelea Willis, Nom. inval. =Pinelia Lindl. (1853) Nom. illegit. ;

~ = Pinelianthe Rauschert(1983)［兰科 Orchidaceae］■☆

40294　Pinelia Lindl.（1853）Nom. illegit. ≡ Pinelianthe Rauschert（1983）［兰科 Orchidaceae］■☆

40295　Pinelianthe Rauschert(1983)【汉】皮内尔兰属。【隶属】兰科 Orchidaceae。【包含】世界 3 种。【学名诠释与讨论】〈阴〉（人）M. Pinel,法国植物学者+anthos,花。此属的学名"Pinelianthe S. Rauschert, Feddes Repert. 94：465. Sep 1983"是一个替代名称。它替代的是"Pinelia Lindley, Folia Orchid. 4：Pinelia 1. 20-30 Apr 1853",而非"Pinellia Tenore, Atti Reale Accad. Sci. Sez. Soc. Reale Borbon. 4：69. 1839(nom. cons.)［天南星科 Araceae］"。【分布】巴西。【模式】Pinelia hypolepta Lindley。【参考异名】Pinelea Willis, Nom. inval. ; Pinelia Lindl. (1853) ; Pinelianthe Rauschert（1983）■☆

40296　Pinellia Ten. (1839)（保留属名）【汉】半夏属。【日】ハンゲ属。【英】Halfummer,Pinellia。【隶属】天南星科 Araceae。【包含】世界 8 种,中国 8 种。【学名诠释与讨论】〈阴〉（人）Giovani Vincenzo Pinelli,1535-1601,意大利那不勒斯植物园主。此属的学名"Pinellia Ten. in Atti Reale Accad. Sci. Sez. Soc. Reale Borbon. 4：69. 1839"是保留属名。相应的废弃属名是天南星科 Araceae 的"Atherurus Blume, Rumphia 1：135. Apr－Jun 1837 = Pinellia Ten. (1839)（保留属名）"。【分布】日本,中国。【模式】Pinellia tuberifera Tenore, Nom. illegit.［Arum subulatum Desfontaines］。【参考异名】Hemicarpurus Nees(1839) ; therurus Blume(1837)（废弃属名）■

40297　Pinga Widjaja(1997)【汉】新几内亚禾属。【隶属】禾本科 Poaceae(Gramineae)。【包含】世界 1 种。【学名诠释与讨论】〈阴〉（拉）pinguis,肥壮的,结实的,脂肪。【分布】新几内亚岛。【模式】Pinga marginata Widjaja ☆

40298　Pingraea Cass. (1826) = Baccharis L. (1753)（保留属名）［菊科 Asteraceae(Compositae)］●■☆

40299　Pinguicola Zumagl. (1847) Nom. illegit.［狸藻科 Lentibulariaceae］■☆

40300　Pinguicula L. (1753)【汉】捕虫堇属（捕虫堇菜属）。【日】ムシトリスミレ属。【俄】Жирянка。【英】Bog Violet,Butter Wort,Butterwort。【隶属】狸藻科 Lentibulariaceae//捕虫堇科 Pinguiculaceae。【包含】世界 30-80 种,中国 2 种。【学名诠释与讨论】〈阴〉（拉）pinguis,肥,壮,结实的+-culus,-cula,-culum,加在名词词干后面形成指小式的词尾。pinguitia,肥胖。pinguiculus 有点肥的。指叶多汁而具光泽。此属的学名,ING、TROPICOS、GCI 和 IK 记载是"Pinguicula L. , Sp. Pl. 1：17. 1753 ［1 May 1753］"。"Pinguicola Zumagl. ,Fl. Pedem. i. 17(1847)"似为其变体。【分布】巴拿马,秘鲁,玻利维亚,厄瓜多尔,哥斯达黎加,美国（东部）,尼加拉瓜,智利,中国,安第斯山,西印度群岛,北温带,中美洲。【后选模式】Pinguicula vulgaris Linnaeus。【参考异名】Brandonia Rchb. (1828) ; Isoloba Raf. (1838)■

40301　Pinguiculaceae Dumort. (1829)［亦见 Lentibulariaceae Rich. (保留科名)狸藻科］【汉】捕虫堇科。【包含】世界 1 属 30-80 种,中国 1 属 2 种。【分布】智利,美国东部,中美洲,西印度群岛,安第斯山,北温带。【科名模式】Pinguicula L. ■

40302　Pinguin Adans. (1763) = Bromelia L. (1753)［凤梨科 Bromeliaceae］■☆

40303　Pinillosia Ossa ex DC. (1836) ≡ Pinillosia Ossa (1836)［菊科 Asteraceae(Compositae)］■☆

40304　Pinillosia Ossa(1836)【汉】佳乐菊属。【隶属】菊科 Asteraceae(Compositae)。【包含】世界 1 种。【学名诠释与讨论】〈阴〉（人）Pinillos。此属的学名,ING、GCI 和 IK 记载是"Pinillosia Ossa in A. P. de Candolle, Prodr. 5：528. Oct（prim.）1836"。

"Pinillosia Ossa ex DC. (1836) ≡ Pinillosia Ossa(1836)"的命名人引证有误。【分布】古巴。【模式】Pinillosia tetranthoides A. P. de Candolle, Nom. illegit.［Tetranthus berterii K. P. J. Sprengel ; Pinillosia berterii (K. P. J. Sprengel) Urban］。【参考异名】Pinillosia Ossa ex DC. (1836) Nom. illegit. ; Tetracanthus C. Wright ex Griseb. (1866) Nom. illegit. ■☆

40305　Pinknea Pers. (1805) Nom. illegit. = Pinckneya Michx. (1803)［茜草科 Rubiaceae］●☆

40306　Pinkneya Raf. (1820) = Pinknea Pers. (1805) Nom. illegit. ; ~ = Pinckneya Michx. (1803)［茜草科 Rubiaceae］●☆

40307　Pinochia M. E. Endress et B. F. Hansen(2007)【汉】美洲蛇木属。【隶属】夹竹桃科 Apocynaceae。【包含】世界 4 种。【学名诠释与讨论】〈阴〉词源不详。此属的学名是"Pinochia M. E. Endress et B. F. Hansen, Edinburgh Journal of Botany 64(2)：270-274,f. 1. 2007"。亦有文献把其处理为"Echites P. Browne (1756)"的异名。【分布】南美洲,中美洲。【模式】Pinochia corymbosa (Jacq.) M. E. Endress et B. F. Hansen［Echites corymbosus Jacq.］。【参考异名】Echites P. Browne(1756)●☆

40308　Pinosia Urb. (1930)【汉】古巴石竹属。【隶属】石竹科 Caryophyllaceae。【包含】世界 1 种。【学名诠释与讨论】〈阴〉（地）Pinos,皮诺斯岛（青年岛）,位于古巴。另说来自古巴植物俗名。或来自希腊文 pinos,污物。【分布】古巴。【模式】Pinosia ortegioides (Grisebach) Urban［Drymaria ortegioides Grisebach］■☆

40309　Pintoa Gay（1846）【汉】平托蒺藜属。【隶属】蒺藜科 Zygophyllaceae。【包含】世界 1 种。【学名诠释与讨论】〈阴〉（人）Antonio Pinto, 智利总统。【分布】智利。【模式】Pintoa chilensis C. Gay ●☆

40310　Pinus L. (1753)【汉】松属。【日】マツ属。【俄】Сосна。【英】Gopher Wood,Pine。【隶属】松科 Pinaceae。【包含】世界 80-110 种,中国 39-50 种。【学名诠释与讨论】〈阴〉（拉）pinus,松树的古名,来自凯尔特语 pin 或 pyn 山或岩石+-inus,-ina,-inum,拉丁文加在名词词干之后,以形成形容词的词尾,含义为"属于、相似、关于、小的"。指本属树木生于山地。一说来源于希腊文 pinoe 松树,为古希腊学者 Theophrastus 所用之名。另说来于一种具树脂树木的古希腊名。此属的学名,ING、TROPICOS、APNI、TROPICOS 和 IK 记载是"Pinus L. , Sp. Pl. 2：1000. 1753 ［1 May 1753］"。其异名中,"Leucopitys Nieuwland, Amer. Midl. Naturalist 3：69. 1 Apr 1913"是"Strobus (Sweet ex Spach) Opiz (1854)"的同模式异名（Homotypic synonym, Nomenclatural synonym）。"Strobus (Sweet ex Spach) Opiz(1854)"的基源异名是"Pinus sect. Strobus Sweet ex Spach, Hist. Nat. Vég. Phan. 11：394. 25 Dec 1841"; "Strobus (Spach) Opiz, Lotos 4：94. 1854［Apr 1854］≡ Strobus (Sweet ex Spach) Opiz (1854)"、"Strobus Opiz(1854) ≡ Strobus (Sweet ex Spach) Opiz(1854)"和"Strobus (Sweet) Opiz (1854) ≡ Strobus (Sweet ex Spach) Opiz (1854)"的命名人引证有误。【分布】巴基斯坦,巴拿马,玻利维亚,厄瓜多尔,哥伦比亚（安蒂奥基亚）,哥斯达黎加,马达加斯加,美国（密苏里）,尼加拉瓜,中国,北温带和北热带山区,中美洲。【后选模式】Pinus sylvestris Linnaeus。【参考异名】Apinus Neck. (1790) Nom. illegit. ; Apinus Neck. ex Rydb. (1905) ; Caryopitys Small(1903) ; Cedrus Loud. (1838) Nom. illegit. (废弃属名) ; Cedrus Mill. (1737) Nom. inval. ; Cembra (Spach) Opiz (1852) ; Cembra Opiz(1852) Nom. illegit. ; Ducampopinus A. Chev. (1944) ; Haploxylon (Koehne) Börner (1912) ; Haploxylon (Koehne) Kom. (1927) Nom. illegit. ; Haploxylon Kom. (1927) Nom. illegit. ; Leucopitys Nieuwl. (1913) Nom. illegit. ; Pinea Opiz (1839) Nom. illegit. ; Pinea Wolf (1776) ; Strobus (Endl.) Opiz

（1854）Nom. illegit.；Strobus（Spach）Opiz（1854）Nom. illegit.；Strobus（Sweet ex Spach）Opiz（1854）；Strobus（Sweet）Opiz（1854）Nom. illegit.；Strobus Opiz（1854）Nom. illegit. ●

40311　Pinzona Mart. et Zucc.（1832）【汉】高攀五桠果属。【隶属】五桠果科（第伦桃科，五丫果科，锡叶藤科）Dilleniaceae。【包含】世界1-2种。【学名诠释与讨论】〈阴〉（地）Pinzon，平松岛，位于中美洲。【分布】巴拿马，秘鲁，玻利维亚，厄瓜多尔，哥伦比亚（安蒂奥基亚），哥斯达黎加，尼加拉瓜，西印度群岛，中美洲。【模式】Pinzona coriacea Martius et Zuccarini ●☆

40312　Pioctonon Raf.（1838）＝Heliotropium L.（1753）［紫草科 Boraginaceae//天芥菜科 Heliotropiaceae］●■

40313　Piofontia Cuatrec.（1943）＝Diplostephium Kunth（1818）［菊科 Asteraceae（Compositae）］●☆

40314　Pionandra Miers（1845）＝Cyphomandra Mart. ex Sendtn.（1845）［茄科 Solanaceae］●■

40315　Pionocarpus S. F. Blake（1916）＝Iostephane Benth.（1873）［菊科 Asteraceae（Compositae）］■☆

40316　Piora J. Kost.（1966）【汉】香菀木属。【隶属】菊科 Asteraceae（Compositae）。【包含】世界1种。【学名诠释与讨论】〈阴〉（人）Pior。【分布】新几内亚岛。【模式】Piora ericoides J. T. Koster ●☆

40317　Pioriza Raf.＝Gentiana L.（1753）；~＝Picriza Raf.［龙胆科 Gentianaceae］■

40318　Piotes Sol. ex Britton（1884）＝Augea Thunb.（1794）（保留属名）［蒺藜科 Zygophyllaceae］■☆

40319　Pipaceae Dulac＝Aristolochiaceae Juss.（保留科名）■●

40320　Pipalia Swkes（1812）＝Litsea Lam.（1792）（保留属名）［樟科 Lauraceae］●

40321　Piparea Aubl.（1775）＝Casearia Jacq.（1760）［刺篱木科（大风子科）Flacourtiaceae//天料木科 Samydaceae］●

40322　Piper L.（1753）【汉】胡椒属。【日】コショウ属，コセウ属，フウトウカズラ属，フウトウカヅラ属。【俄】Дерево перечное，Перец，Перец настоящий。【英】Pepper, Pepper Tree。【隶属】胡椒科 Piperaceae。【包含】世界1000-2000种，中国60-71种。【学名诠释与讨论】〈中〉（拉）piper，胡椒的古名。来自希腊文 peper 胡椒，piperatus 辛辣的。一说来自孟加拉语 pippul 胡椒俗名或（希）pepto 消化。还有一说，来自阿拉伯语的 babary。【分布】巴拉圭，巴拿马，秘鲁，玻利维亚，厄瓜多尔，哥伦比亚（安蒂奥基亚），马达加斯加，尼加拉瓜，中国，热带，中美洲。【后选模式】Piper nigrum Linnaeus。【参考异名】Amalago Raf.（1838）；Anderssoniopiper Trel.（1934）；Artanthe Miq.（1840）Nom. illegit.；Betela Raf.（1838）；Calanira Post et Kuntze（1903）；Callianira Miq.（1843）；Carpunya C. Presl（1851）；Carpupica Raf.（1838）；Caulobryon Klotzsch ex C. DC.（1869）；Centridobryon Klotzsch ex Pfeiff.；Chavica Miq.（1843）；Churumaya Raf.（1838）；Coccobryon Klotzsch（1843）；Cubeba Raf.（1838）；Discipiper Trel. et Stehle（1946）；Dugagelia Gaudich.（1830）；Dugagelia Juss. ex Gaudich.（1830）Nom. illegit.；Enckea Kunth（1840）Nom. illegit.；Enkea Walp.（1849）；Gonistum Raf.（1838）；Heckeria Kunth（1840）Nom. illegit.；Lepanthes Post et Kuntze（1903）；Lepianthes Raf.（1838）；Lindeniopiper Trel.（1929）；Macropiper Miq.（1840）；Methysticum Raf.（1838）；Muldera Miq.（1839）；Nemananthera Miq.（1845）；Ottonia Spreng.（1820）；Oxodium Raf.（1838）；Peltobryon Klotzsch ex Miq.（1843）；Peltobryon Klotzsch（1843）Nom. illegit.；Peperidia Kostel.（1833）Nom. illegit.；Piperi St.-Lag.（1880）；Piperiphorum Neck.（1790）Nom. inval.；Piperiphorum Neck. ex Raf.（1838）；Pleiostachyopiper Trel.（1934）；Pleistachyopiper Trel.；Pothomorphe

Miq.（1840）Nom. illegit.；Quebeita Aubl.（1775）；Rhyncholepis Miq.（1843）；Saururus Mill.（1754）Nom. illegit.；Schilleria Kunth（1840）Nom. illegit.；Schizonephos Griff.（1854）；Serronia Gaudich.（1837）；Sphaerostachys Miq.（1843）；Steffensia Kunth（1840）Nom. illegit.；Suensonia Gaudich.（1843）Nom. illegit.；Suensonia Gaudich. ex Miq.（1843）●■

40323　Piperaceae C. Agardh（1824）＝Piperaceae Giseke（保留科名）●■

40324　Piperaceae Giseke（1792）［as 'Piperitae'］（保留科名）【汉】胡椒科。【日】コショウ科，コセウ科，ニショウ科。【俄】Перечные。【英】Pepper Family。【包含】世界5-9属2000-3100种，中国4属80种。【分布】泛热带。【科名模式】Piper L.（1753）●■

40325　Piperanthera C. DC.（1923）＝Peperomia Ruiz et Pav.（1794）［胡椒科 Piperaceae//草胡椒科（三瓣绿科）Peperomiaceae］■

40326　Piperella（C. Presl ex Rchb.）Spach（1838）＝Thymus L.（1753）［唇形科 Lamiaceae（Labiatae）］●

40327　Piperella C. Presl（1826）Nom. inval., Nom. nud.＝Micromeria Benth.（1829）（保留属名）［唇形科 Lamiaceae（Labiatae）］■●

40328　Piperi St.-Lag.（1880）＝Piper L.（1753）［胡椒科 Piperaceae］●■

40329　Piperia Rydb.（1901）【汉】派珀兰属。【隶属】兰科 Orchidaceae。【包含】世界4-10种。【学名诠释与讨论】〈阴〉（人）Charles Vancouver Piper，1867-1926，美国植物学者，真菌学者。此属的学名是"Piperia Rydberg, Bull. Torrey Bot. Club 28：269. 21 Mai 1901"。亦有文献把其处理为"Platanthera Rich.（1817）（保留属名）"的异名。【分布】北美洲。【后选模式】Piperia elegans（Lindley）Rydberg［Platanthera elegans Lindley］。【参考异名】Montolivaea Rydb. f.（1881）；Platanthera Rich.（1817）（保留属名）■☆

40330　Piperiphorum Neck.（1790）Nom. inval. ≡Piperiphorum Neck. ex Raf.（1838）；~＝Piper L.（1753）［胡椒科 Piperaceae］●■

40331　Piperiphorum Neck. ex Raf.（1838）＝Piper L.（1753）［胡椒科 Piperaceae］●■

40332　Piperodendron Fabr.（1759）Nom. illegit. ≡Piperodendron Heist. ex Fabr.（1759）Nom. illegit.；~ ≡Schinus L.（1753）［漆树科 Anacardiaceae］●

40333　Piperodendron Heist. ex Fabr.（1759）Nom. illegit. ≡Schinus L.（1753）［漆树科 Anacardiaceae］●

40334　Piperomia Pritz.（1855）Nom. illegit.＝Peperomia Ruiz et Pav.（1794）［胡椒科 Piperaceae//草胡椒科（三瓣绿科）Peperomiaceae］■

40335　Piperonia Pritz.（1865）Nom. illegit.＝Peperomia Ruiz et Pav.（1794）［胡椒科 Piperaceae//草胡椒科（三瓣绿科）Peperomiaceae］■

40336　Pippenalia McVaugh（1972）【汉】翠雀菊属。【隶属】菊科 Asteraceae（Compositae）。【包含】世界1种。【学名诠释与讨论】〈阴〉（人）Richard W. Pippen，1935-？，植物学者+alia 属于。【分布】墨西哥，中美洲。【模式】Pippenalia delphinifolia（Rydberg）R. McVaugh［Odontotrichum delphinifolium Rydberg］■☆

40337　Pipseva Raf.（1840）＝Chimaphila Pursh（1814）［鹿蹄草科 Pyrolaceae//杜鹃花科（欧石南科）Ericaceae］●■

40338　Piptadenia Benth.（1840）【汉】落腺豆属（落腺蕊属）。【俄】Пиптадения。【英】Piptadenia。【隶属】豆科 Fabaceae（Leguminosae）。【包含】世界11-15种。【学名诠释与讨论】〈阳〉（希）pipto，落下+aden，所有格 adenos，腺体。此属的学名是"Piptadenia Bentham, J. Bot.（Hooker）2：135. Apr 1840"。亦有文献把其处理为"Parapiptadenia Brenan（1963）"的异名。【分布】巴基斯坦，巴拉圭，巴拿马，秘鲁，玻利维亚，厄瓜多尔，哥斯

达黎加,马达加斯加,墨西哥,尼加拉瓜,中美洲。【后选模式】Piptadenia latifolia Bentham。【参考异名】Niopa(Benth.)Britton et Rose(1927);Niopa Britton et Rose(1927)Nom. illegit.;Parapiptadenia Brenan(1963);Pityrocarpa(Benth.)Britton et Rose(1928);Pityrocarpa(Benth.)Britton(1928);Pityrocarpa(Benth.)Britton,Rose et Brenan(1928)Nom. illegit.;Pityrocarpa Britton et Rose(1928);Rose et Brenan(1928)Nom. illegit.;Stachychrysum Bojer(1837)●☆

40339 Piptadeniastrum Brenan(1955)【汉】落腺瘤豆属。【隶属】豆科 Fabaceae(Leguminosae)。【包含】世界 1 种。【学名诠释与讨论】〈中〉(属)Piptadenia 落腺蕊属+-astrum,指示小的词尾,也有"不完全相似"的含义。【分布】热带非洲。【模式】Piptadeniastrum africanum(J. D. Hooker)Brenan[Piptadenia africana J. D. Hooker]●☆

40340 Piptadeniopsis Burkart(1944)【汉】类落腺豆属(拟落腺豆属)。【隶属】豆科 Fabaceae(Leguminosae)//含羞草科 Mimosaceae。【包含】世界 1 种。【学名诠释与讨论】〈阴〉(属)Piptadenia 落腺豆属+希腊文 opsis,外观,模样,相似。【分布】巴拉圭,玻利维亚,热带南美洲。【模式】Piptadeniopsis lomentifera Burkart●☆

40341 Piptandra Turcz.(1862)= Scholtzia Schauer(1843)[桃金娘科 Myrtaceae]●☆

40342 Piptanthocereus(A. Berger)Riccob.(1909)= Cereus Mill.(1754)[仙人掌科 Cactaceae]●

40343 Piptanthus D. Don ex Sweet(1828)Nom. illegit. ≡ Piptanthus Sweet(1828)[豆科 Fabaceae(Leguminosae)//蝶形花科 Papilionaceae]●

40344 Piptanthus Sweet(1828)【汉】黄花木属。【俄】Пиптант,Пиптантус。【英】Piptanthus。【隶属】豆科 Fabaceae(Leguminosae)//蝶形花科 Papilionaceae。【包含】世界 2-9 种,中国 2-6 种。【学名诠释与讨论】〈阳〉(希)pipto,落下+anthos,花。指花早落或成朵落下之意。此属的学名,ING、TROPICOS 和 IK 记载是"Piptanthus Sweet, Brit. Fl. Gard. 3:ad t. 264. 1828"。"Piptanthus D. Don ex Sweet(1828)≡Piptanthus Sweet(1828)"的命名人引证有误。【分布】中国,喜马拉雅山。【模式】Piptanthus nepalensis(W. J. Hooker)Sweet[Baptisia? nepalensis W. J. Hooker]。【参考异名】Piptanthus D. Don ex Sweet(1828)Nom. illegit. ●

40345 Piptatheropsis Romasch., P. M. Peterson et Soreng(2011)【汉】拟落芒草属。【隶属】禾本科 Poaceae(Gramineae)。【包含】世界 5 种。【学名诠释与讨论】〈阴〉(属)Piptatherum 落芒草属+希腊文 opsis,外观,模样,相似。【分布】加拿大,美国,北美洲。【模式】Piptatheropsis canadensis(Poir.)Romasch., P. M. Peterson et Soreng[Stipa canadensis Poir.]☆

40346 Piptatherum P. Beauv.(1812)【汉】落芒草属。【俄】Рисовидка。【隶属】禾本科 Poaceae(Gramineae)。【包含】世界 30-50 种,中国 9 种。【学名诠释与讨论】〈中〉(希)pipto,落下+other,芒。此属的学名,ING、TROPICOS、APNI、GCI 和 IK 记载是"Piptatherum P. Beauv., Ess. Agrostogr. 17, 173. 1812[Dec 1812]"。"Urachne Trinius, Fund. Agrost. 109. 1820(prim.)"是"Piptatherum P. Beauv.(1812)"的晚出的同模式异名(Homotypic synonym, Nomenclatural synonym)。"Piptatherum P. Beauv.(1812)"曾被处理为"Oryzopsis sect. Piptatherum(P. Beauv.)Benth. & Hook. f., Genera Plantarum 3(2):1142. 1883.(14 Apr 1883)"和"Urachne subgen. Piptatherum(P. Beauv.)Trin. & Rupr., Species Graminum Stipaceorum 9. 1842"。亦有文献把"Piptatherum P. Beauv.(1812)"处理为"Oryzopsis Michx.(1803)"的异名。【分布】巴基斯坦,玻利维亚,温带温暖地区和

热带山区,中国,中美洲。【后选模式】Piptatherum caerulescens(Desfontaines)Palisot de Beauvois[Milium caerulescens Desfontaines]。【参考异名】Eriocoma Nutt.(1818);Fendleria Steud.(1854);Oryzopsis Michx.(1803);Oryzopsis sect. Piptatherum(P. Beauv.)Benth. & Hook. f.(1883);Urachne Trin.(1820)Nom. illegit.;Urachne subgen. Piptatherum(P. Beauv.)Trin. & Rupr.(1842)■

40347 Piptocalyx Benth.(1870)(废弃属名)Nom. illegit. ≡ Piptocalyx Oliv. ex Benth.(1870)(废弃属名);~ = Trimenia Seem.(1873)(保留属名)[早落瓣科(腺齿木科)Trimeniaceae]●☆

40348 Piptocalyx Oliv. ex Benth.(1870)(废弃属名)= Trimenia Seem.(1873)(保留属名)[早落瓣科(腺齿木科)Trimeniaceae]●☆

40349 Piptocalyx Torr.(1871)Nom. illegit.(废弃属名)≡ Greeneocharis Gürke et Harms(1899);~ ≡ Piptocalyx Torr.(1871)Nom. illegit.(废弃属名);~ ≡ Wheelerella G. B. Grant(1906)Nom. illegit.;~ = Cryptantha Lehm. ex G. Don(1837)[紫草科 Boraginaceae]■☆

40350 Piptocalyx Torr. ex S. Watson(1871)Nom. illegit.(废弃属名)≡ Piptocalyx Torr.(1871)Nom. illegit.(废弃属名);~ ≡ Greeneocharis Gürke et Harms(1899);~ ≡ Piptocalyx Torr.(1871)Nom. illegit.(废弃属名);~ ≡ Wheelerella G. B. Grant(1906)Nom. illegit.;~ = Cryptantha Lehm. ex G. Don(1837)[紫草科 Boraginaceae]■☆

40351 Piptocarpha Hook. et Arn.(1835)Nom. illegit. = Chuquiraga Juss.(1789);~ = Dasyphyllum Kunth(1818)[菊科 Asteraceae(Compositae)]●☆

40352 Piptocarpha R. Br.(1817)【汉】落苞菊属(落枝菊属,南美菊属)。【隶属】菊科 Asteraceae(Compositae)。【包含】世界 43-50 种。【学名诠释与讨论】〈阳〉(希)pipto,落下+karphos,皮壳,谷壳,糠秕。此属的学名,ING 和 IK 记载是"Piptocarpha R. Br., Observ. Compositae 121. 1817[ante Sep 1817]"。"Piptocarpha Hook. et Arn., Companion Bot. Mag. 1:110. 1835 = Chuquiraga Juss.(1789)= Dasyphyllum Kunth(1818)[菊科 Asteraceae(Compositae)]"是晚出的非法名称。【分布】巴拉圭,巴拿马,秘鲁,玻利维亚,厄瓜多尔,哥伦比亚(安蒂奥基亚),尼加拉瓜,西印度群岛,热带南美洲,中美洲。【模式】Piptocarpha brasiliana Cassini。【参考异名】Vanillosma Spach(1841)●☆

40353 Piptocephalum Sch. Bip.(1860)= Catananche L.(1753)[菊科 Asteraceae(Compositae)]■☆

40354 Piptoceras Cass.(1827)= Centaurea L.(1753)(保留属名)[菊科 Asteraceae(Compositae)//矢车菊科 Centaureaceae]●■

40355 Piptochaetium J. Presl(1830)(保留属名)【汉】落毛禾属(美洲落芒草属)。【隶属】禾本科 Poaceae(Gramineae)。【包含】世界 30 种。【学名诠释与讨论】〈中〉(希)pipto,落下+chaite =拉丁文 chaeta,刚毛+-ius,-ia,-ium,在拉丁文和希腊文中,这些词尾表示性质或状态。此属的学名"Piptochaetium J. Presl in Presl, Reliq. Haenk. 1:222. Jan-Jun 1830"是保留属名。相应的废弃属名是禾本科 Poaceae(Gramineae)的"Podopogon Raf., Neogenyton:4. 1825 =Piptochaetium J. Presl(1830)(保留属名)"。【分布】秘鲁,玻利维亚,厄瓜多尔,中美洲。【模式】Piptochaetium setifolium J. S. Presl。【参考异名】Caryochloa Spreng.(1827)Nom. illegit.;Podopogon Raf.(1825)(废弃属名)■☆

40356 Piptochlaena Post et Kuntze(1903)= Piptolaena Harv.(1842);~ = Voacanga Thouars(1806)[夹竹桃科 Apocynaceae]●

40357 Piptochlamys C. A. Mey.(1843)= Thymelaea Mill.(1754)(保留属名)[瑞香科 Thymelaeaceae]●■

40358 Piptoclaina G. Don(1837)= Heliotropium L.(1753)[紫草科

Boraginaceae//天芥菜科 Heliotropiaceae]●■

40359 Piptocoma Cass. (1817)【汉】脱冠落苞菊属。【隶属】菊科 Asteraceae(Compositae)。【包含】世界 3-18 种。【学名诠释与讨论】〈中〉(希)pipto,落下+kome,毛发,束毛,冠毛,来自拉丁文 coma. 此属的学名,ING、TROPICOS 和 IK 记载是"Piptocoma Cassini, Bull. Sci. Soc. Philom. Paris 1817：10. Jan 1817"。"Piptocoma Less., Linnaea 4: 315. 1829 = Lychnophora Mart. (1822)［菊科 Asteraceae(Compositae)]"是晚出的非法名称。【分布】厄瓜多尔,哥伦比亚(安蒂奥基亚),西印度群岛(多明我),中美洲。【模式】Piptocoma rufescens Cassini。【参考异名】Pollalesta Kunth(1818)●☆

40360 Piptocoma Less. (1829) = Lychnophora Mart. (1822)［菊科 Asteraceae(Compositae)]●☆

40361 Piptolaena Harv. (1842)= Voacanga Thouars(1806)［夹竹桃科 Apocynaceae]●

40362 Piptolepis Benth. (1840)(废弃属名)= Forestiera Poir. (1810)(保留属名)［木犀榄科(木犀科)Oleaceae]●☆

40363 Piptolepis Sch. Bip. (1863)(保留属名)【汉】密叶巴西菊属。【隶属】菊科 Asteraceae(Compositae)。【包含】世界 6-9 种。【学名诠释与讨论】〈阴〉(希)pipto,落下+lepis,所有格 lepidos,指小式 lepion 或 lepidion,鳞,鳞片. lepidotos,多鳞的. lepos,鳞,鳞片. 此属的学名"Piptolepis Sch. Bip. in Jahresber. Pollichia 20-21：380. Jul-Dec 1863"是保留属名。相应的废弃属名是木犀榄科(木犀科)Oleaceae 的"Piptolepis Benth., Pl. Hartw.：29. Feb 1840 = Forestiera Poir. (1810)(保留属名)"。【分布】巴西。【模式】Piptolepis ericoides (Lamarck)C. H. Schultz-Bip.［Conyza ericoides Lamarck]●☆

40364 Piptomeris Turcz. (1853)= Jacksonia R. Br. ex Sm. (1811)［豆科 Fabaceae(Leguminosae)]●☆

40365 Piptophyllum C. E. Hubb. (1957)【汉】落叶草属。【隶属】禾本科 Poaceae(Gramineae)。【包含】世界 1 种。【学名诠释与讨论】〈中〉(希)pipto,落下+希腊文 phyllon,叶子。phyllodes,似叶的,多叶的. phylleion,绿色材料,绿草。【分布】热带非洲。【模式】Piptophyllum welwitschii (A. B. Rendle) C. E. Hubbard［Pentaschistis welwitschii A. B. Rendle]■☆

40366 Piptopogon Cass. (1827) Nom. illegit. ≡ Seriola L. (1763);~ = Hypochaeris L. (1753)［菊科 Asteraceae(Compositae)]■

40367 Piptoptera Bunge(1877)【汉】落翅蓬属。【俄】Пиптоптера。【隶属】藜科 Chenopodiaceae。【包含】世界 1 种。【学名诠释与讨论】〈阴〉(希)pipto,落下 + pteron,指小式 pteridion,翅。pteridios,有羽毛的。【分布】亚洲中部。【模式】Piptoptera turkestana Bunge ■☆

40368 Piptosaccos Turcz. (1858) = Dysoxylum Blume (1825)［楝科 Meliaceae]●

40369 Piptoseras Cass. = Centaurea L. (1753)(保留属名)［菊科 Asteraceae(Compositae)//矢车菊科 Centaureaceae]●■

40370 Piptospatha N. E. Br. (1879)【汉】落苞南星属。【隶属】天南星科 Araceae。【包含】世界 10 种。【学名诠释与讨论】〈阴〉(希)pipto,落下+spathe = 拉丁文 spatha,佛焰苞,鞘,叶片,匙状苞,窄而平之薄片,竿杖。【分布】马来西亚(西部)。【模式】Piptospatha insignis N. E. Brown。【参考异名】Gamogyne N. E. Br. (1882);Rhynchopyle Engl. (1880)■☆

40371 Piptostachya(C. E. Hubb.)J. B. Phipps(1964)= Zonotriche (C. E. Hubb.)J. B. Phipps(1964)［禾本科 Poaceae(Gramineae)]■☆

40372 Piptostegia Hoffmanns. (1841), Nom. illegit. ≡ Piptostegia Hoffmanns. et Rchb. (1841);~ = Merremia Dennst. ex Endl. (1841)(保留属名);~ = Operculina Silva Manso(1836)(废弃属名)［旋

花科 Convolvulaceae]●■

40373 Piptostegia Hoffmanns. et Rchb. (1841) = Merremia Dennst. ex Endl. (1841)(保留属名);~ = Operculina Silva Manso(1836)(废弃属名);~ = Merremia Dennst. ex Endl. (1841)(保留属名)［旋花科 Convolvulaceae]●■

40374 Piptostegia Rchb. (1841)Nom. illegit. ≡ Piptostegia Hoffmanns. et Rchb. (1841)［旋花科 Convolvulaceae]●■

40375 Piptostemma(D. Don)Spach(1841)【汉】落冠菊属。【隶属】菊科 Asteraceae(Compositae)。【包含】世界 1 种。【学名诠释与讨论】〈中〉(希)pipto+stemma,所有格 stemmatos,花冠,花环,王冠。此属的学名,ING 记载是"Piptostemma (D. Don)Spach, Hist. Nat. Vég. PHAN. 10: 34. 20 Mar 1841",由"Panargyrum sect. Piptostemma D. Don,Philos. Mag. ser. 2. 11:390. Mai. 1832"改级而来。IK 和 TROPICOS 则记载为"Piptostemma Spach, Hist. Nat. Vég. (Spach)10:34. 1841 [20 Mar 1841]"。三者引用的文献相同。"Piptostemma Turczaninow, Bull. Soc. Imp. Naturalistes Moscou 24(1):191. 1851 = Angianthus J. C. Wendl. (1808)(保留属名)［菊科 Asteraceae(Compositae)]"是晚出的非法名称。亦有文献把"Piptostemma (D. Don) Spach (1841)"处理为"Nassauvia Comm. ex Juss. (1789)"的异名。【分布】澳大利亚。【模式】Piptostemma carpesioides Turczaninow。【参考异名】Angianthus J. C. Wendl. (1808)(保留属名);Nassauvia Comm. ex Juss. (1789);Panargyrum sect. Piptostemma D. Don (1832);Piptostemma Spach (1841)Nom. illegit. ■☆

40376 Piptostemma Spach(1841)Nom. illegit. ≡ Piptostemma (D. Don) Spach(1841)［菊科 Asteraceae(Compositae)]●☆

40377 Piptostemma Turcz. (1851) Nom. illegit. = Angianthus J. C. Wendl. (1808)(保留属名)［菊科 Asteraceae(Compositae)]■●☆

40378 Piptostemum Steud. (1841)= Nassauvia Comm. ex Juss. (1789);~ = Piptostemma (D. Don) Spach (1841)［菊科 Asteraceae (Compositae)]●☆

40379 Piptostigma Oliv. (1865)【汉】落柱木属。【隶属】番荔枝科 Annonaceae。【包含】世界 12-14 种。【学名诠释与讨论】〈中〉(希)pipto,落下+stigma,所有格 stigmatos,柱头,眼点。【分布】热带非洲。【后选模式】Piptostigma pilosum D. Oliver。【参考异名】Brieya De Wild. (1914)●☆

40380 Piptostylis Dalzell(1851)= Clausena Burm. f. (1768)［芸香科 Rutaceae]●

40381 Piptothrix A. Gray (1886)【汉】落毛菊属。【隶属】菊科 Asteraceae(Compositae)。【包含】世界 4-5 种。【学名诠释与讨论】〈阳〉(希)pipto,落下 +thrix,所有格 trichos,毛,毛发。【分布】墨西哥,中美洲。【模式】Piptothrix palmeri A. Gray ■●☆

40382 Pipturus Wedd. (1854)【汉】落尾木属(落尾麻属)。【日】ヌノマオ属,ヌノマヲ属。【英】Pipturus。【隶属】荨麻科 Urticaceae。【包含】世界 30-40 种,中国 2 种。【学名诠释与讨论】〈阳〉(希)pipto,落下+-urus,-ura,-uro,用于希腊文组合词,含义为"尾巴"。【分布】中国,马斯克林群岛至澳大利亚和波利尼西亚群岛。【后选模式】Pipturus velutinus (Decaisne) Weddell［Boehmeria velutina Decaisne]。【参考异名】Botrymorus Miq. (1859);Perlarius Kuntze (1891) Nom. illegit. ;Perlarius Rumph. (1744)Nom. inval. ;Praetoria Baill. (1858)●

40383 Piqueria Cav. (1795)【汉】皮氏菊属(皮奎菊属,皮奎属)。【日】ピクェーリア属。【隶属】菊科 Asteraceae (Compositae)。【包含】世界 6-20 种。【学名诠释与讨论】〈阴〉(人)Andres Piquer (Andreas Pique-rius),1711-1772,西班牙医生。【分布】巴拿马,墨西哥至安第斯山,中美洲。【模式】Piqueria trinervia Cavanilles。【参考异名】Phalacraea DC. (1836)●■☆

40384　Piqueriella R. M. King et H. Rob.（1974）【汉】小皮氏菊属。【隶属】菊科 Asteraceae（Compositae）。【包含】世界 1 种。【学名诠释与讨论】〈阴〉（属）Piqueria 皮氏菊属（皮奎菊属，皮奎属）+-ellus，-ella，-ellum，加在名词词干后面形成指小式的词尾。或加在人名、属名等后面以组成新属的名称。【分布】巴西。【模式】Piqueriella brasiliensis R. M. King et H. Robinson ■☆

40385　Piqueriopsis R. M. King（1965）【汉】矮皮氏菊属。【隶属】菊科 Asteraceae（Compositae）。【包含】世界 1 种。【学名诠释与讨论】〈阴〉（属）Piqueria 皮氏菊属（皮奎菊属，皮奎属）+希腊文 opsis，外观，模样。【分布】墨西哥。【模式】Piqueriopsis michoacana R. M. King ■☆

40386　Piquetia（Pierre）Hallier f.（1921）= Camellia L.（1753）［山茶科（茶科）Theaceae］●

40387　Piquetia Hallier f.（1921）Nom. illegit. ≡ Piquetia（Pierre）Hallier f.（1921）；~ = Camellia L.（1753）［山茶科（茶科）Theaceae］●

40388　Piquetia N. E. Br.（1926）Nom. illegit. ≡Kensitia Fedde（1940）；~ =Erepsia N. E. Br.（1925）［番杏科 Aizoaceae］●☆

40389　Piranhea Baill.（1866）【汉】皮兰大戟属。【隶属】大戟科 Euphorbiaceae。【包含】世界 1-2 种。【学名诠释与讨论】〈阴〉piranha，图皮人的俗名。【分布】巴西，几内亚，委内瑞拉。【模式】Piranhea trifoliolata Baillon ●☆

40390　Pirarda Adans.（1763）= Ethulia L. f.（1762）［菊科 Asteraceae（Compositae）］■

40391　Piratinera Aubl.（1775）（废弃属名）= Brosimum Sw.（1788）（保留属名）［桑科 Moraceae］●☆

40392　Pirazzia Chiov.（1919）= Matthiola R. Br.（废弃属名）；~ = Matthiola W. T. Aiton（1812）［as 'Mathiola'］（保留属名）［十字花科 Brassicaceae（Cruciferae）］■●

40393　Pircunia Bertero ex Arn. = Phytolacca L.（1753）［商陆科 Phytolaccaceae］●■

40394　Pircunia Bertero ex Ruschenb.（1833）Nom. illegit. = Phytolacca L.（1753）［商陆科 Phytolaccaceae］●■

40395　Pircunia Bertero（1829）Nom. inval. ≡ Pircunia Bertero ex Ruschenb.（1833）Nom. illegit. ；~ =Phytolacca L.（1753）［商陆科 Phytolaccaceae］●■

40396　Pircunia Moq.（1849）Nom. illegit. = Phytolacca L.（1753）［商陆科 Phytolaccaceae］●■

40397　Pirea T. Durand（1888）= Nasturtium W. T. Aiton（1812）（保留属名）；~ = Rorippa Scop.（1760）［十字花科 Brassicaceae（Cruciferae）］■

40398　Pirenia K. Koch（1869）Nom. illegit. = Pyrenia Clairv.（1811）；~ =Pyrus L.（1753）［蔷薇科 Rosaceae］●

40399　Piresia Swallen（1964）【汉】皮雷禾属（派雷斯禾属）。【隶属】禾本科 Poaceae（Gramineae）。【包含】世界 7 种。【学名诠释与讨论】〈阴〉（人）Joato Murrca Pires，1916-?，植物学者。【分布】秘鲁，厄瓜多尔，特立尼达和多巴哥（特立尼达岛），热带南美洲。【模式】Piresia goeldii Swallen ■☆

40400　Piresiella Judz.，Zuloaga et Morrone（1993）【汉】小皮雷禾属。【隶属】禾本科 Poaceae（Gramineae）。【包含】世界 1 种。【学名诠释与讨论】〈阴〉（属）Piresia 皮雷禾属+-ellus，-ella，-ellum，加在名词词干后面形成指小式的词尾。或加在人名、属名等后面以组成新属的名称。【分布】古巴。【模式】Piresiella strephioides（Grisebach）E. J. Judziewicz，F. O. Zuloaga et O. Morrone［Olyra strephioides Grisebach］■☆

40401　Piresodendron Aubrév.（1963）Nom. inval. ≡ Piresodendron Aubrév. ex Le Thomas et Leroy（1983）；~ =Pouteria Aubl.（1775）［山榄科 Sapotaceae］●

40402　Piresodendron Aubrév. ex Le Thomas et Leroy（1983）= Pouteria Aubl.（1775）［山榄科 Sapotaceae］●

40403　Piriadacus Pichon（1946）= Cuspidaria DC.（1838）（保留属名）［紫葳科 Bignoniaceae］●☆

40404　Pirigara Aubl.（1775）= Gustavia L.（1775）（保留属名）［玉蕊科（巴西果科）Lecythidaceae//烈臭玉蕊科 Gustaviaceae］●☆

40405　Pirigarda C. B. Clarke（1879）= Pirigara Aubl.（1775）［玉蕊科（巴西果科）Lecythidaceae］●☆

40406　Piringa Juss.（1820）= Gardenia J. Ellis（1761）（保留属名）［茜草科 Rubiaceae//栀子科 Gardeniaceae］●

40407　Pirinia M. Král（1984）【汉】多子莲豆草属。【隶属】石竹科 Caryophyllaceae。【包含】世界 1 种。【学名诠释与讨论】〈阴〉（人）Pirini。【分布】保加利亚。【模式】Pirinia koenigii M. Král ■☆

40408　Piripea Aubl.（1775）= Buchnera L.（1753）［玄参科 Scrophulariaceae//列当科 Orobanchaceae］■

40409　Piriqueta Aubl.（1775）【汉】腺叶时钟花属。【隶属】时钟花科（穗柱榆科，窝籽科，有叶花科）Turneraceae//西番莲科 Passifloraceae。【包含】世界 21-44 种。【学名诠释与讨论】〈阴〉来自植物俗名。此属的学名，ING、TROPICOS、GCI 和 IK 记载是"Piriqueta Aubl.，Hist. Pl. Guiane 1；298. 1775［Jun-Dec 1775］"。"Burghartia Scopoli，Introd. 229. Jan-Apr 1777"是"Piriqueta Aubl.（1775）"的晚出的同模式异名（Homotypic synonym，Nomenclatural synonym）。亦有文献把"Piriqueta Aubl.（1775）"处理为"Erblichia Seem.（1854）"的异名。【分布】巴拉圭，巴拿马，秘鲁，玻利维亚，马达加斯加，尼加拉瓜，非洲南部，中美洲。【模式】Piriqueta villosa Aublet。【参考异名】Burcarda J. F. Gmel.（1791）Nom. illegit. ；Burcardia Schreb.（1789）（废弃属名）；Burghartia Scop.（1777）Nom. illegit. ；Burkhardia Benth. et Hook. f.（1867）；Erblichia Seem.（1854）■●☆

40410　Piriquetaceae Martinov（1820）= Theaceae Mirb.（1816）（保留科名）●

40411　Piritanera R. H. Schomb.（1851）= Brosimum Sw.（1788）（保留属名）；~ =Piratinera Aubl.（1775）（废弃属名）［桑科 Moraceae］●☆

40412　Pirocydonia H. K. A. Winkl. ex L. L. Daniel（1913）【汉】梨楂梓属。【隶属】蔷薇科 Rosaceae。【包含】世界 2 种。【学名诠释与讨论】〈阴〉（拉）pirum，梨+（属）Cydonia 楂梓属。指叶形似梨。【分布】参见 Pyrola L.（1753）。【模式】Pirocydonia danieli H. Winkler ex Daniel。【参考异名】Pyrocydonia Rehder（1926）Nom. illegit. ；yro-cydonia Guillaumin（1925）●☆

40413　Pirola Neck.（1770）Nom. inval. ，Nom. illegit. = Pyrola L.（1753）［鹿蹄草科 Pyrolaceae//杜鹃花科（欧石南科）Ericaceae］●■

40414　Pironneaua Benth. et Hook. f. = Pironneava Gaudich.（1843）Nom. inval. ；~ = Pironneava Gaudich. ex K. Koch（1860）［as 'Peronneava'］；~ = Hohenbergia Schult. f.（1830）［凤梨科 Bromeliaceae］■☆

40415　Pironneaua Post et Kuntze（1903）Nom. inval. ≡ Pironneava Gaudich.（1843）Nom. inval. ；~ ≡ Pironneava Gaudich. ex K. Koch（1860）［as 'Peronneava'］；~ = Hohenbergia Schult. f.（1830）［凤梨科 Bromeliaceae］■☆

40416　Pironneauella Kuntze（1903）= Pironneava Gaudich.（1843）Nom. inval. ；~ = Pironneava Gaudich. ex K. Koch（1860）［as 'Peronneava'］；~ = Hohenbergia Schult. f.（1830）［凤梨科 Bromeliaceae］■☆

40417　Pironneava Gaudich.（1843）Nom. inval. ≡Pironneava Gaudich.

ex K. Koch(1860)［as 'Peronneava'］；~ = Hohenbergia Schult. f. (1830)［凤梨科 Bromeliaceae］■☆

40418　Pironneava Gaudich. ex K. Koch(1860)［as 'Peronneava'］= Hohenbergia Schult. f. (1830)［凤梨科 Bromeliaceae］■☆

40419　Pironneava Gaudich. ex Regel(1874)Nom. illegit. = Hohenbergia Schult. f. (1830)［凤梨科 Bromeliaceae］■☆

40420　Pirophorum Neck. (1790)Nom. inval. = Pyrus L. (1753)［蔷薇科 Rosaceae］●

40421　Pirottantha Speg. (1916)= Plathymenia Benth. (1840)(保留属名)［豆科 Fabaceae(Leguminosae)//云 实 科（苏 木 科）Caesalpiniaceae］●☆

40422　Pirroneana Benth. et Hook. f. (1883) = Pironneava Gaudich. (1843)Nom. inval. ；~ = Pironneava Gaudich. ex K. Koch(1860)［as 'Peronneava'］；~ = Hohenbergia Schult. f. (1830)［凤梨科 Bromeliaceae］■☆

40423　Pirus Hall (1742)Nom. inval. = Pyrus L. (1753)［蔷薇科 Rosaceae］●

40424　Pisaura Bonato(1793)Nom. illegit. ≡ Pisaura Bonato ex Endl. (1841)；~ =Lopezia Cav. (1791)［柳叶菜科 Onagraceae］■☆

40425　Piscaria Piper(1906)Nom. illegit. , Nom. superfl. ≡ Eremocarpus Benth. (1844)［大戟科 Euphorbiaceae］■☆

40426　Piscidia L. (1759)(保留属名)【汉】毒鱼豆属。【隶属】豆科 Fabaceae(Leguminosae)。【包含】世界 7-8 种。【学名诠释与讨论】〈阴〉(拉)piscis, 鱼+cid, caedo, 割、杀的词根。此属的学名"Piscidia L. , Syst. Nat. , ed. 10：1151,1155,1376. 7 Jun 1759"是保留属名。相应的废弃属名是豆科 Fabaceae 的"Ichthyomethia P. Browne, Civ. Nat. Hist. Jamaica：296. 10 Mar 1756 ≡ Piscidia L. (1759)(保留属名)"。"Ichthyomethia Kuntze, Revis. Gen. Pl. 1：191. 1891［5 Nov 1891］［豆科 Fabaceae(Leguminosae)］"亦应废弃。"Ichthyomethia P. Browne, Civ. Nat. Hist. Jamaica 296. 10 Mar 1756(废弃属名)"是"Piscidia L. (1759)(保留属名)"的晚出的同模式异名(Homotypic synonym, Nomenclatural synonym)。【分布】巴拿马, 秘鲁, 玻利维亚, 厄瓜多尔, 哥斯达黎加, 美国(佛罗里达), 墨西哥, 尼加拉瓜, 西印度群岛, 中美洲。【模式】Piscidia erythrina Linnaeus 1759, Nom. illegit. [Erythrina piscipula Linnaeus；Piscidia piscipula (Linnaeus) Sargent]。【参考异名】Canizaresia Britton(1920)；Ichthyomethia P. Browne(1756)(废弃属名)；Ichtyomethia Kunth；Piscipula Loefl. (1758)Nom. illegit. ■☆

40427　Piscipula Loefl. (1758)Nom. illegit. ≡ Ichthyomethia P. Browne (1756)(废弃属名)；~ = Piscidia L. (1759)(保留属名)［豆科 Fabaceae(Leguminosae)］■☆

40428　Pisonia L. (1753)【汉】腺果藤属(避霜花属, 皮孙木属, 腺果木属)。【日】ウドノキ属, ピゾーニア属。【英】Pisonia。【隶属】紫茉莉科 Nyctaginaceae//腺果藤科(避霜花科)Pisoniaceae。【包含】世界 35-75 种, 中国 3 种。【学名诠释与讨论】〈阴〉(人) Willem Pison, 1611-1678, 荷兰著名医生及植物学者, 旅行家。此属的学名, ING, APNI 和 GCI 记载是"Pisonia L. , Sp. Pl. 2：1026. 1753［1 May 1753］"。IK 则记载为"Pisonia Plum. ex L. , Sp. Pl. 2：1026. 1753［1 May 1753］"。"Pisonia Plum. "是命名起点著作之前的名称, 故"Pisonia L. (1753)"和"Pisonia Plum. ex L. (1753)"都是合法名称, 可以通用。"Pisonia Rottb. =Diospyros L. (1753)［柿树科 Ebenaceae］"是晚出的非法名称。【分布】巴基斯坦, 巴拉圭, 巴拿马, 秘鲁, 玻利维亚, 厄瓜多尔, 哥伦比亚(安蒂奥基亚), 马达加斯加, 尼加拉瓜, 中国, 中美洲。【后选模式】Pisonia aculeata Linnaeus。【参考异名】Bessera Vell. (1829)(废弃属名)；Calpidia Thouars(1805)；Ceodes J. R. Forst. et G. Forst. (1775)；Columella Vahl(1805)Nom. illegit. (废弃属名)；

Columella Vell. (1829)Nom. illegit. (废弃属名)；Guapea Endl. (1841)；Guapira Aubl. (1775)；Gynastrum Neck. (1790)Nom. inval. ；Heimerlia Skottsb. (1936)Nom. illegit. ；Heimerliodendron Skottsb. (1941)；Pallavia Vell. (1829)；Pisonia Plum. ex L. (1753)；Rockia Heimerl(1913)；Timeroya Benth. (1880)Nom. illegit. ；Timeroya Benth. et Hook. f. (1880)Nom. illegit. ；Timeroyea Montrouz. (1860)；Torrukia Vell. (1829)；Tragularia Koch. ex Roxb. (1832)；Vieillardia Brongn. et Gris(1861)Nom. illegit. ●

40429　Pisonia Plum. ex L. (1753) ≡ Pisonia L. (1753)［紫茉莉科 Nyctaginaceae//腺果藤科(避霜花科)Pisoniaceae］●

40430　Pisonia Rottb. , Nom. illegit. = Diospyros L. (1753)［柿树科 Ebenaceae］●

40431　Pisoniaceae J. Agardh(1858)［亦见 Nyctaginaceae Juss. (保留科名)紫茉莉科]【汉】腺果藤科(避霜花科)。【包含】世界 2 属 60-100 种, 中国 2 属 5 种。【科名模式】Pisonia L. (1753)●

40432　Pisoniella(Heimerl)Standl. (1911)【汉】小腺果藤属(小避霜花属)。【隶属】紫茉莉科 Nyctaginaceae。【包含】世界 1 种。【学名诠释与讨论】〈阴〉(属)Pisonia 腺果藤属 + - ellus, - ella, - ellum, 加在名词词干后面形成指小式的词尾。或加在人名、属名等后面以组成新属的名称。此属的学名, ING 和 TROPICOS 记载为"Pisoniella (A. Heimerl) Standley, Contr. U. S. Natl. Herb. 13：385. 12 Jul 1911", 由"Pisonia sect. Pisoniella A. Heimerl in Engler et Prantl, Nat. Pflanzenfam. 3(1b)：29. Apr 1889"改级而来。GCI 和 IK 则记载为"Pisoniella Standl. , Contr. U. S. Natl. Herb. 13：385. 1911"。【分布】玻利维亚, 美洲温暖地区。【模式】Pisoniella arborescens (Lagasca et Rodrigues)Standley [Boerhavia arborescens Lagasca et Rodrigues]。【参考异名】Pisonia sect. Pisoniella Heimerl(1889)；Pisoniella Standl. (1911)Nom. illegit. ●☆

40433　Pisoniella Standl. (1911)Nom. illegit. ≡ Pisoniella (Heimerl) Standl. (1911)［紫茉莉科 Nyctaginaceae］●☆

40434　Pisophaca Rydb. (1929)= Astragalus L. (1753)［豆科 Fabaceae (Leguminosae)//蝶形花科 Papilionaceae］●■

40435　Pisosperma Sond. (1862)= Kedrostis Medik. (1791)［葫芦科 (瓜科, 南瓜科)Cucurbitaceae］■☆

40436　Pistacia L. (1753)【汉】黄连木属。【日】トネリバハゼノキ属。【俄】Фисташка。【英】Pistache, Pistache Tree, Pistachio。【隶属】漆树科 Anacardiaceae//黄连木科 Pistaciaceae。【包含】世界 10 种, 中国 5 种。【学名诠释与讨论】〈阴〉(希)pistake, 阿月浑子的俗名, 来自古波斯语 pistah, 一种硬壳果, 阿月浑子的果实。一说是从阿拉伯俗名 poustaq 演变而来。此属的学名, ING、TROPICOS 和 IK 记载是"Pistacia L. , Sp. Pl. 2：1025. 1753［1 May 1753］"。" Evrardia Adanson, Fam. 2：342. Jul – Aug 1763"、"Lentiscus O. Kuntze, Rev. Gen. 1：152. 5 Nov 1891(non P. Miller 1754)"和"Terebinthus P. Miller, Gard. Dict. Abr. ed. 4. 28 Jan 1754"是"Pistacia L. (1753)"的晚出的同模式异名(Homotypic synonym, Nomenclatural synonym)。【分布】巴基斯坦, 美国(南部), 墨西哥, 危地马拉, 中国, 地中海至阿富汗, 亚洲东南和东部至马来西亚, 中美洲。【后选模式】Pistacia vera Linnaeus。【参考异名】Evrardia Adans. (1763)Nom. illegit. ；Lentiscus Kuntze (1891)Nom. illegit. ；Lentiscus Mill. (1754)；Terebinthus Mill. (1754)Nom. illegit. ；Terminthos St. -Lag. (1881)；Therminthos St. -Lag. (1880)●

40437　Pistaciaceae (Marchand)Caruel =Pistaciaceae Caruel ●

40438　Pistaciaceae Caruel［亦见 Anacardiaceae R. Br. (保留科名)漆树科]【汉】黄连木科。【包含】世界 1 属 10 种。【分布】地中海至阿富汗, 亚洲东南和东部至马来西亚, 美国(南部), 墨西哥, 危地马拉。【科名模式】Pistacia L. ●

40439　Pistaciaceae Mart. ex Caruel = Anacardiaceae R. Br. (保留科名)；~ =Pistaciaceae Caruel ●

40440　Pistaciaceae Mart. ex Perleb = Anacardiaceae R. Br. (保留科名)；~ =Pistaciaceae Caruel ●

40441　Pistaciaceae Martinov (1820) = Anacardiaceae R. Br. (保留科名)；~ =Pistaciaceae Caruel ●

40442　Pistaciopsis Engl. (1902) = Haplocoelum Radlk. (1878) [无患子科 Sapindaceae] ●☆

40443　Pistaciovitex Kuntze (1903) = Aglaia Lour. (1790) (保留属名) [棟科 Meliaceae] ●

40444　Pistia L. (1753)【汉】大藻属(大萍属)。【日】ボタンウキクサ属。【俄】Пистия，Филодендрон писция。【英】Tropical Duchweed，Water Lettuce，Waterlettuce，Water-lettuce。【隶属】天南星科 Araceae//大藻科 Pistiaceae。【包含】世界 1 种，中国 1 种。【学名诠释与讨论】〈阴〉(希) pistos，纯真的，纯洁的，真正的，含水的，似水的，液体的。指其生境。此属的学名，ING、TROPICOS、APNI、GCI 和 IK 记载是"Pistia L.，Sp. Pl. 2：963. 1753 [1 May 1753]"。"Apiospermum Klotzsch，Abh. Königl. Akad. Wiss. Berlin 1852：351. 1853"和"Kodda-Pail Adanson，Fam. 2：75，541. Jul-Aug 1763"是"Pistia L. (1753)"的晚出的同模式异名(Homotypic synonym，Nomenclatural synonym)。【分布】巴基斯坦，巴拿马，秘鲁，玻利维亚，厄瓜多尔，哥伦比亚(安蒂奥基亚)，哥斯达黎加，马达加斯加，美国(密苏里)，尼加拉瓜，中国，中美洲。【模式】Pistia stratiotes Linnaeus。【参考异名】Apiospermum Klotzsch (1853) Nom. illegit.；Kodda-Pail Adans. (1763) Nom. illegit.；Limnonesis Klotzsch (1853)；Zala Lour. (1790) ■

40445　Pistiaceae C. Agardh = Cytinus L. + Nepenthes L. (1753) + Pistia L. (1753) ■

40446　Pistiaceae Dumort. [亦见 Araceae Juss. (保留科名)天南星科和 Pittosporaceae R. Br. (保留科名)海桐花科(海桐科)]【汉】大藻科。【包含】世界 1 属 1 种，中国 1 属 1 种。【分布】热带和亚热带。【科名模式】Pistia L. (1753) ■

40447　Pistiaceae Rich. ex C. Agardh (1822) = Araceae Juss. (保留科名)；~ =Pistiaceae Dumort. ■

40448　Pistolochia (Raf.) Raf. (1838) Nom. illegit. (废弃属名) = Aristolochia L. (1753) [马兜铃科 Aristolochiaceae] ■●

40449　Pistolochia Bernh. (1800) (废弃属名) ≡ Corydalis DC. (1805) (保留属名) [罂粟科 Papaveraceae//紫堇科(荷苞牡丹科) Fumariaceae] ■

40450　Pistolochia Raf. (1838) Nom. illegit. (废弃属名) ≡ Pistolochia (Raf.) Raf. (1838) Nom. illegit. (废弃属名)；~ = Aristolochia L. (1753) [马兜铃科 Aristolochiaceae] ■●

40451　Pistolochiaceae J. B. Mull. =Aristolochiaceae Juss. (保留科名) ■●

40452　Pistolochiaceae Link =Aristolochiaceae Juss. (保留科名) ■●

40453　Pistorinia DC. (1828)【汉】基丝景天属。【隶属】景天科 Crassulaceae//粟米草科 Molluginaceae。【包含】世界 2-3 种。【学名诠释与讨论】〈阴〉词源不详。此属的学名是"Pistorinia A. P. de Candolle，Prodr. 3：399. Mar (med.) 1828"。亦有文献把其处理为"Cotyledon L. (1753) (保留属名)"的异名。亦有文献把"Pistorinia DC. (1828)"处理为"Cotyledon L. (1753) (保留属名)"的异名。【分布】阿尔及利亚，摩洛哥，突尼斯，利比里亚半岛。【模式】Pistorinia hispanica (Linnaeus) A. P. de Candolle [Cotyledon hispanica Linnaeus]。【参考异名】Cotyledon L. (1753) ●☆

40454　Pisum L. (1753)【汉】豌豆属。【日】エンドウ属，ピズム属。【俄】Горох。【英】Garden Pea，Pea。【隶属】豆科 Fabaceae (Leguminosae)//蝶形花科 Papilionaceae。【包含】世界 2-6 种，中国 1 种。【学名诠释与讨论】〈中〉(希) pisos = pison =拉丁文 pisum，豌豆。【分布】巴基斯坦，秘鲁，玻利维亚，厄瓜多尔，哥伦比亚(安蒂奥基亚)，哥斯达黎加，美国(密苏里)，尼加拉瓜，中国，地中海地区，亚洲西部，中美洲。【模式】Pisum sativum Linnaeus ■

40455　Pitardella Tirveng. (2003)【汉】皮他茜属。【隶属】茜草科 Rubiaceae。【包含】世界 3 种。【学名诠释与讨论】〈阴〉(人) Charles-Joseph Marie Pitard，1873 - 1927，植物学者 + - ellus，-ella，-ellum，加在名词词干后面形成指小式的词尾。或加在人名、属名等后面以组成新属的名称。【分布】哥伦比亚，喜马拉雅山。【模式】不详 ●☆

40456　Pitardia Batt. ex Pit. (1918)【汉】肖荆芥属。【隶属】唇形科 Lamiaceae (Labiatae)//荆芥科 Nepetaceae。【包含】世界 2 种。【学名诠释与讨论】〈阴〉(人) Charles-Joseph Marie Pitard，1873-1927，法国植物学者，植物采集家。此属的学名是"Pitardia Battandier ex Pitard，Contr. Étude Fl. Maroc 31. 1918 (post 3 Jul)"。亦有文献把它处理为"Nepeta L. (1753)"的异名。【分布】非洲西北部。【模式】Pitardia nepetoides Battandier ex Pitard。【参考异名】Nepeta L. (1753) ■☆

40457　Pitavia Molina (1810)【汉】皮氏草属(皮达维草属)。【隶属】芸香科 Rutaceae。【包含】世界 1 种。【学名诠释与讨论】〈阴〉(人) Pitav。此属的学名"Pitavia Molina，Saggio Chili ed. 2. 287. 1810"是一个替代名称。"Galvezia Ruiz et Pavon，Prodr. 56. Oct (prim.) 1794"是一个非法名称(Nom. illegit.)，因为此前已经有了"Galvezia Dombey ex A. L. Jussieu，Gen. 119. 4 Aug 1789 [玄参科 Scrophulariaceae//婆婆纳科 Veronicaceae]"。故用"Pitavia Molina (1810)"替代之。"Pitavia Nutt. ex Torr. et A. Gray，Fl. N. Amer. (Torr. et A. Gray) 1 (2)：215. 1838 [Oct 1838] = Cneoridium Hook. f. (1862)"是晚出的非法名称。【分布】智利。【模式】Pitavia punctata (Ruiz et Pavon) Molina [Galvezia punctata Ruiz et Pavon]。【参考异名】Galvesia Pers. (1805) Nom. illegit.；Galvezia Ruiz et Pav. (1794) Nom. illegit. ●☆

40458　Pitavia Nutt. ex Torr. et A. Gray (1838) Nom. illegit. =Cneoridium Hook. f. (1862) [芸香科 Rutaceae] ●☆

40459　Pitaviaster T. G. Hartley (1997) = Euodia J. R. Forst. et G. Forst. (1776) [芸香科 Rutaceae] ●

40460　Pitcairinia Regel (1873) Nom. illegit. =Pitcairnia L' Hér. (1789) (保留属名) [凤梨科 Bromeliaceae] ■☆

40461　Pitcairnia J. F. Gmel.，Nom. illegit. (废弃属名) = Pitcairnia L' Hér. (1789) (保留属名) [凤梨科 Bromeliaceae] ■☆

40462　Pitcairnia J. R. Forst. et G. Forst. (废弃属名) = Pennantia J. R. Forst. et G. Forst. (1776) [澳茱萸科 Pennantiaceae] ●☆

40463　Pitcairnia L' Hér. (1789) (保留属名)【汉】翠凤草属(比氏凤梨属，短茎凤梨属，皮开儿属，皮开尼属，匹氏凤梨属，穗花凤梨属，穗花属，艳红凤梨属)。【日】ケイビアナナス属，ピトカイルニア属。【英】Pitcairnia。【隶属】凤梨科 Bromeliaceae。【包含】世界 250-320 种。【学名诠释与讨论】〈阴〉(人) W. Pitcairn，1711-1791，英国医生。此属的学名"Pitcairnia L' Hér.，Sert. Angl. ：7. Jan (prim.) 1789"是保留属名。相应的废弃属名是凤梨科 Bromeliaceae 的"Hepetis Sw.，Prodr. ：4，56. 20 Jun-29 Jul 1788 =Pitcairnia L' Hér. (1789) (保留属名)"。"Pitcairnia J. F. Gmel. = Pitcairnia L' Hér. (1789) (保留属名)"、"Pitcheria Nuttall，J. Acad. Nat. Sci. Philadelphia 7：93. 1834 = Rhynchosia Lour. (1790) (保留属名)"和"Pitcairnia J. R. Forst. et G. Forst. = Pennantia J. R. Forst. et G. Forst. (1776)"亦应废弃。"Pitcairinia Regel，Trudy Imp. S. - Peterburgsk. Bot. Sada ii. (1873) 435 =

Pitcairnia L'Hér.（1789）（保留属名）"拼写有误，而且晚出。【分布】巴拉圭，巴拿马，秘鲁，玻利维亚，厄瓜多尔，哥伦比亚（安蒂奥基亚），哥斯达黎加，尼加拉瓜，西印度群岛，非洲西部，热带美洲，中美洲。【模式】Pitcairnia bromeliifolia L'Héritier［as 'bromeliaefolia'］。【参考异名】Bromelia Adans.（1763）；Cochliopetalum Beer（1854）；Codonanthes Raf.（1838）；Conanthes Raf.（1838）；Hepetis Sw.（1788）（废弃属名）；Lamproconus Lem.（1852）；Melinonia Brongn.（1873）；Neumannia Brongn.（1841）；Orthopetalum Beer（1856）；Pepinia Brongn.（1870）；Pepinia Brongn. ex André.（1870）Nom. illegit.；Phlomostachys C. Koch（1856）Nom. illegit.；Phlomostachys K. Koch（1856）；Pitcairinia Regel（1873）Nom. illegit.；Pitcairinia J. F. Gmel.；Spirastigma L'Hér. ex Schult. f.（1830）；Spirostigma Post et Kuntze（1903）Nom. illegit.；Willrusselia A. Chev.（1938）；Willrussellia A. Chev.（1938）■☆

40464　Pitcheria Nutt.（1834）（废弃属名）= Rhynchosia Lour.（1790）（保留属名）［豆科 Fabaceae（Leguminosae）//蝶形花科 Papilionaceae］●■

40465　Pithecellobium Mart.（1837）［as 'Pithecollobium'］（保留属名）【汉】牛蹄豆属（猴耳环属，金龟树属，围涎树属）。【日】キンキジュ属。【英】Ape's Earring, Ape's-earring, Black Bead, Blackbead, Black-bead, Monkey Earrings Pea, Monkey's Ear-rings。【隶属】豆科 Fabaceae（Leguminosae）//含羞草科 Mimosaceae。【包含】世界 18-100 种，中国 1-6 种。【学名诠释与讨论】〈中〉（希）pithekos = pithex，恶作剧者，猴子+lobos＝拉丁文 lobulus，片，裂片，叶，荚，荫+-ius，-ia，-ium，在拉丁文和希腊文中，这些词尾表示性质或状态。指荚果旋卷如猴耳。此属的学名"Pithecellobium Mart. in Flora 20（2, Beibl.）; 114. 21 Oct 1837（'Pithecollobium'）（orth. cons.）"是保留属名。相应的废弃属名是豆科 Fabacee 的"Zygia P. Browne, Civ. Nat. Hist. Jamaica; 279. 10 Mar 1756 = Pithecellobium Mart.（1837）［as 'Pithecollobium'］（保留属名）"。其变体"Pithecollobium Mart.（1837）"和"Pithecolobium Benth.（1841）"也须废弃。"Zygia Benth. et Hook. f., Gen. Pl.［Bentham et Hooker f.］2（2）: 1188, err. typ. 1876［May 1876］ = Zygis Desv.（1825）（废弃属名）= Micromeria Benth.（1829）（保留属名）"是晚出的非法名称，也要废弃。"Zygia Kosterm. = Pithecellobium Mart.（1837）"、"Zygia Boehm. in Ludwig, Def. Gen. Pl., ed. 3. 72（1760）"和"Zygia Walp.（1842）= Albizia Durazz.（1772）［豆科 Fabaceae（Leguminosae）//含羞草科 Mimosaceae］"是晚出的非法名称，也应废弃。【分布】巴基斯坦，巴拉圭，巴拿马，秘鲁，玻利维亚，厄瓜多尔，哥伦比亚（安蒂奥基亚），哥斯达黎加，马达加斯加，尼加拉瓜，中国，中美洲。【后选模式】Pithecellobium unguis-cati（Linnaeus）Bentham［as 'Pithecolobium'］［Mimosa unguis-cati Linnaeus］。【参考异名】Chloroleucon（Benth.）Britton et Rose（1927）；Chloroleucon（Benth.）Record（1927）Nom. illegit.；Chloroleucon Britton et Rose ex Record（1928）；Chloroleucon Record（1927）Nom. illegit.；Chloroleucum（Benth.）Record（1927）Nom. illegit.；Chloroleucum Record（1927）Nom. illegit.；Cojoba Britton et Rose（1928）；Ebenopsis Britton et Rose（1928）；Jupunba Britton et Rose（1928）；Klugiodendron Britton et Killip（1936）；Marmaroxylon Killip（1940）；Paralbizzia Kosterm.（1954）；Pithecollobium Mart.（1837）Nom. illegit.（废弃属名）；Pithecolobium Benth.（1841）Nom. illegit.（废弃属名）；Pithecolobium Mart.（1837）Nom. illegit.（废弃属名）；Punjuba Britton et Rose（1928）；Spiroloba Raf.（1838）；Torcula Noronha；Toreala B. D. Jacks.；Zygia Kosterm.（废弃属名）；Zygia P. Browne（1756）（废弃属名）●

40466　Pithecoctenium Mart. ex DC.（1840）Nom. illegit. ≡ Pithecoctenium Mart. ex Meisn.（1840）［紫葳科 Bignoniaceae］●☆

40467　Pithecoctenium Mart. ex Meisn.（1840）【汉】猴梳藤属。【英】Monkey Comb。【隶属】紫葳科 Bignoniaceae。【包含】世界 3-7 种。【学名诠释与讨论】〈中〉（希）pithekos = pithex，恶作剧者，猴子+ktenis 梳，篦+-ius，-ia，-ium，在拉丁文和希腊文中，这些词尾表示性质或状态。此属的学名，IK 记载是"Pithecoctenium Mart. ex DC., in Meissn. Gen. 300; Comm. 208（1840）; et Prod. ix. 193（1845）"。ING、TROPICOS 和 GCI 则记载为"Pithecoctenium Mart. ex Meisn., Pl. Vasc. Gen.［Meisner］1; 300; 2; 208. 1840［25-31 Oct 1840］"。四者引用的文献相同。【分布】巴拉圭，巴拿马，秘鲁，比尼翁，玻利维亚，厄瓜多尔，哥伦比亚（安蒂奥基亚），尼加拉瓜，西印度群岛，墨西哥至热带南美洲，中美洲。【后选模式】Pithecoctenium echinatum（N. J. Jacquin）K. M. Schumann［Bignonia echinata N. J. Jacquin］。【参考异名】Anomoctenium Pichon（1945）；Leiogyne K. Schum.（1896）；Lejogyna Bur. ex Post et Kuntze（1903）Nom. illegit.；Neves-armondia K. Schum.（1897）；Pithecoctenium Mart. ex DC.（1840）Nom. illegit.●☆

40468　Pithecodendron Speg.（1923）= Acacia Mill.（1754）（保留属名）［豆科 Fabaceae（Leguminosae）//含羞草科 Mimosaceae//金合欢科 Acaciaceae］●■

40469　Pithecolobium Benth.（1841）Nom. illegit.（废弃属名）≡ Pithecellobium Mart.（1837）［as 'Pithecollobium'］（保留属名）［豆科 Fabaceae（Leguminosae）//含羞草科 Mimosaceae］●

40470　Pithecolobium Mart.（1837）Nom. illegit.（废弃属名）≡ Pithecellobium Mart.（1837）［as 'Pithecollobium'］（保留属名）［豆科 Fabaceae（Leguminosae）//含羞草科 Mimosaceae］●

40471　Pithecoseris Mart.（1836）Nom. illegit. ≡ Pithecoseris Mart. ex DC.（1836）［菊科 Asteraceae（Compositae）］■☆

40472　Pithecoseris Mart. ex DC.（1836）【汉】猴菊属。【隶属】菊科 Asteraceae（Compositae）。【包含】世界 1 种。【学名诠释与讨论】〈阴〉（希）pithekos = pithex + seris，菊苣。此属的学名，ING、TROPICOS 和 IK 记载是"Pithecoseris Mart. ex DC., Prodr.［A. P. de Candolle］5; 84. 1836［1-10 Oct 1836］"。"Pithecoseris Mart.（1836）≡ Pithecoseris Mart. ex DC.（1836）"的命名人引证有误。【分布】巴西。【模式】Pithecoseris pacourinoides C. F. P. Martius ex A. P. de Candolle。【参考异名】Pithecoseris Mart.■☆

40473　Pithecoxanium Corrêa de Mello（1952）Nom. inval. = Clytostoma Miers ex Bureau.（1868）［紫葳科 Bignoniaceae］●

40474　Pithecurus Kunth（1829）Nom. illegit. ≡ Pithecurus Willd. ex Kunth（1829）; ~ = Andropogon L.（1753）（保留属名）; ~ = Schizachyrium Nees（1829）［禾本科 Poaceae（Gramineae）//须芒草科 Andropogonaceae］■

40475　Pithecurus Willd. ex Kunth（1829）= Andropogon L.（1753）（保留属名）; ~ = Schizachyrium Nees（1829）［禾本科 Poaceae（Gramineae）//须芒草科 Andropogonaceae］■

40476　Pithocarpa Lindl.（1839）【汉】疏头鼠麹草属。【隶属】菊科 Asteraceae（Compositae）。【包含】世界 2-4 种。【学名诠释与讨论】〈阴〉（希）pitta，树脂 + karpos，果实。或 pithos，指小式 pithiskos，大广口瓶 + karpos，果实。【分布】澳大利亚（西部）。【后选模式】Pithocarpa pulchella Lindley●☆

40477　Pithodes O. F. Cook（1941）= Coccothrinax Sarg.（1899）［棕榈科 Arecaceae（Palmae）］●☆

40478　Pithosillum Cass.（1826）= Emilia（Cass.）Cass.（1817）; ~ = Senecio L.（1753）［菊科 Asteraceae（Compositae）//千里光科 Senecionidaceae］■●

40479　Pithuranthos DC.（1830）= Pituranthos Viv.（1824）［伞形花科

（伞形科）Apiaceae(Umbelliferae)]■☆

40480 Pitraea Turcz.(1863)【汉】皮特马鞭草属。【隶属】马鞭草科 Verbenaceae。【包含】世界1种。【学名诠释与讨论】〈阴〉（人）Adol'f Samoilovich Pitra,1830-1889,俄罗斯植物学者,教授。【分布】秘鲁,南美洲。【模式】Pitraea chilensis Turczaninow。【参考异名】Castelia Cav.(1801)（废弃属名）■☆

40481 Pittiera Cogn.(1891)≡Pittiera Cogn. ex T. Durand et Pitt.(1891);~=Polyclathra Bertol.(1840)［葫芦科(瓜科,南瓜科)Cucurbitaceae]■☆

40482 Pittiera Cogn. ex T. Durand et Pitt.(1891)=Polyclathra Bertol.(1840)［葫芦科(瓜科,南瓜科)Cucurbitaceae]■☆

40483 Pittierella Schltr.(1906)=Cryptocentrum Benth.(1880)［兰科 Orchidaceae]■☆

40484 Pittierothamnus Steyerm.(1962)=Amphidasya Standl.(1936)［茜草科 Rubiaceae]●☆

40485 Pittocaulon H. Rob. et Brettell(1973)【汉】肉脂菊属。【隶属】菊科 Asteraceae(Compositae)。【包含】世界5-6种。【学名诠释与讨论】〈中〉（希）pitta,树脂+kaulon,茎。【分布】墨西哥,中美洲。【模式】Pittocaulon praecox(Cavanilles)H. E. Robinson et R. D. Brettell［Cineraria praecox Cavanilles]●☆

40486 Pittonia Mill.(1754)Nom. illegit.≡Tournefortia L.(1753)［紫草科 Boraginaceae]●■

40487 Pittonia Plum. ex Adans.(1763)Nom. illegit.=? Tournefortia L.(1753)［紫草科 Boraginaceae]☆

40488 Pittoniotis Griseb.(1858)=Antirhea Comm. ex Juss.(1789)［茜草科 Rubiaceae]●

40489 Pittosporaceae R. Br.(1814)［as 'Pittosporeae'］（保留科名）【汉】海桐花科(海桐科)。【日】トベラ科。【俄】Пнттоспоровые。【英】Pittosporum Family,Seatung Family,Tobira Family。【包含】世界9属150-250种,中国1属46-62种。【分布】热带非洲至太平洋地区。【科名模式】Pittosporum Banks ex Gaertn.(1788)（保留属名）●

40490 Pittosporoides Sol. ex Gaertn.(1788)=Pittosporum Banks ex Gaertn.(1788)（保留属名）［海桐花科(海桐科)Pittosporaceae]●

40491 Pittosporopsis Craib(1911)【汉】假海桐属。【英】False Seatung,Pittosporopsis。【隶属】茶茱萸科 Icacinaceae//海桐花科(海桐科)Pittosporaceae。【包含】世界1种,中国1种。【学名诠释与讨论】〈阴〉（属）Pittosporum 海桐花属+希腊文 opsis,外观,模样,相似。【分布】中国,东南亚。【模式】Pittosporopsis kerrii Craib●

40492 Pittosporum Banks et Sol.(1788)（废弃属名）=Pittosporum Banks ex Gaertn.(1788)（保留属名）［海桐花科(海桐科)Pittosporaceae]●

40493 Pittosporum Banks ex Gaertn.(1788)（保留属名）【汉】海桐花属(海桐属)。【日】トベラ属。【俄】Питтоспорум,Смолосемянник。【英】Brisbane,Cheesewood,Pittosporum,Queensland Laurel,Seatung。【隶属】海桐花科(海桐科)Pittosporaceae。【包含】世界150-200种,中国46-62种。【学名诠释与讨论】〈中〉（希）pitta,树脂+spora,孢子,种子。指种子藏于有胶质的果肉内。此属的学名"Pittosporum Banks ex Gaertn.,Fruct. Sem. Pl. 1:286. Dec 1788"是保留属名。相应的废弃属名是海桐花科(海桐科)Pittosporaceae 的"Tobira Adans.,Fam. Pl. 2:449,611. Jul-Aug 1763 =Pittosporum Banks ex Gaertn.(1788)（保留属名）"。APNI 记载的海桐花科 Pittosporaceae 的"Pittosporum Banks et Sol.,De Fructibus et Seminibus Plantarum 1 1788 =Pittosporum Banks ex Gaertn.(1788)（保留属名）"和 IK 记载的"Pittosporum Banks ex Sol.,in J. Gaertner,Fruct. 1:286

（1788）= Pittosporum Banks ex Gaertn.(1788)（保留属名）"亦应废弃。【分布】澳大利亚,巴基斯坦,玻利维亚,厄瓜多尔,哥伦比亚(安蒂奥基亚),马达加斯加,新西兰,中国,太平洋地区,热带和亚热带非洲,亚洲。【模式】Pittosporum tenuifolium J. Gaertner。【参考异名】Auranticarpa L. W. Cayzer,Crisp et I. Telford(2000);Chelidospermum Zipp. ex Blume(1850);Citriobatus A. Cunn. et Putt.(1839);Crisp et I. Telford(2000);Cylbanida Noronha ex Tul.(1857);Glyaspermum Zoll. et Moritzi(1845);Pettospermum Roxb.(1814);Pittosporoides Sol. ex Gaertn.(1788);Pittosporum Banks et Sol.(1788)（废弃属名）;Pittosporum Banks ex Sol.(1788)（废弃属名）;Pseuditea Hassk.(1842);Quinsonia Montrouz.(1860);Schoutensia Endl.(1833);Senacia Comm. ex Lam. emend. Thouars;Senacia Lam.(1793)Nom. illegit.;Tobira Adans.(1763)（废弃属名）●

40494 Pittosporum Banks ex Sol.(1788)（废弃属名）=Pittosporum Banks ex Gaertn.(1788)（保留属名）［海桐花科(海桐科)Pittosporaceae]●

40495 Pittunia Miers(1826)=Petunia Juss.(1803)（保留属名）［茄科 Solanaceae]■

40496 Pitumba Aubl.(1775)=Casearia Jacq.(1760)［刺篱木科(大风子科)Flacourtiaceae//天料木科 Samydaceae]●

40497 Pituranthos Viv.(1824)【汉】肖德弗草属。【隶属】伞形花科(伞形科)Apiaceae(Umbelliferae)。【包含】世界25种。【学名诠释与讨论】〈阴〉（地）Pituri,皮图里,位于莫桑比克+anthos,花。或希腊文 pityron,糠,麸,谷类的皮壳+anthos。指花和果实。此属的学名是"Pituranthos D. Viviani,Fl. Libycae Spec. 15. 1824"。亦有文献把其处理为"Deverra DC.(1829)"或"Eriocycla Lindl.(1835)"的异名。【分布】巴基斯坦,摩洛哥至叙利亚,非洲南部。【模式】Pituranthos denudatus D. Viviani。【参考异名】Deverra DC.(1829);Eriocycla Lindl.(1835);Eryocycla Pritz.(1855);Hymenophora Viv. ex Coss.(1866);Pithuranthos DC.(1830);Pityranthes Willis,Nom. inval.;Pityranthus H. Wolff ■☆

40498 Pitygentias Gilg(1916)Nom. illegit.≡Selatium D. Don ex G. Don(1837);~=Gentianella Moench(1794)（保留属名）［龙胆科 Gentianaceae]■

40499 Pityopsis(Nutt.)Torr. et A. Gray,Nom. illegit.=Pityopsis Nutt.(1840)［菊科 Asteraceae(Compositae)]■☆

40500 Pityopsis Nutt.(1840)【汉】禾叶金菀属。【英】Grass-leaved Goldenasters。【隶属】菊科 Asteraceae(Compositae)。【包含】世界7-8种。【学名诠释与讨论】〈阴〉（希）pitys,松树+希腊文 opsis,外观,模样,相似。指其叶子与松针相似。此属的学名,ING、GCI 和 IK 记载是"Pityopsis Nutt.,Trans. Amer. Philos. Soc. ser. 2,7:317. 1840［Oct-Dec 1840]"。"Pityopsis(Nutt.)Torr. et A. Gray"的命名人引证有误。"Pityopsis Nutt.(1840)"曾被处理为"Chrysopsis［unranked]Pityopsis(Nutt.)Torr. et A. Gray,A Flora of North America 2(2):252. 1842"和"Heterotheca sect. Pityopsis(Nutt.)V. L. Harms,Wrightia 4(1):9. 1968"。亦有文献把"Pityopsis Nutt.(1840)"处理为"Chrysopsis(Nutt.)Elliott(1823)（保留属名）"的异名。【分布】美国(东部),墨西哥,中美洲。【后选模式】Pityopsis pinifolia Nuttall。【参考异名】Chrysopsis(Nutt.)Elliott(1823)（保留属名）;Chrysopsis Elliott(1823)（废弃属名）;Chrysopsis［unranked]Pityopsis(Nutt.)Torr. et A. Gray(1842);Heterotheca sect. Pityopsis(Nutt.)V. L. Harms(1968);Pityopsis(Nutt.)Torr. et A. Gray,Nom. illegit.■☆

40501 Pityopus Small(1914)【汉】松林杜鹃属(毛晶兰属)。【隶属】杜鹃花科(欧石南科)Ericaceae。【包含】世界2种。【学名诠释与讨论】〈阳〉（希）pitys,松树+pous,所有格 podos,指小式

podion,脚,足,柄,梗。podotes,有脚的。指其生境。【分布】美国,太平洋地区。【模式】Pityopus oregonus J. K. Small［as 'oregona'］●☆

40502 Pityothamnus Small(1933)= Asimina Adans. (1763)［番荔枝科 Annonaceae］●☆

40503 Pityphyllum Schltr. (1920)【汉】松叶兰属。【隶属】兰科 Orchidaceae。【包含】世界4种。【学名诠释与讨论】〈中〉(希) pitys,松树+希腊文 phyllon,叶子,phyllodes,似叶的,多叶的。phylleion,绿色材料,绿草。此属的学名,ING、TROPICOS 和 IK 记载是"Pityphyllum Schlechter, Repert. Spec. Nov. Regni Veg. Beih. 7;162. 31 Jan 1920"。它曾被处理为"Maxillaria sect. Pityphyllum (Schltr.) Schuit. & M. W. Chase, Phytotaxa 225(1):64. 2015. (4 Sept 2015)"。亦有文献把"Pityphyllum Schltr. (1920)"处理为"Maxillaria Ruiz et Pav. (1794)"的异名。【分布】秘鲁,玻利维亚,厄瓜多尔,哥伦比亚(安蒂奥基亚)。【后选模式】Pityphyllum antioquiense Schlechter。【参考异名】Maxillaria Ruiz et Pav. (1794);Maxillaria sect. Pityphyllum (Schltr.) Schuit. & M. W. Chase(2015)■☆

40504 Pityranthe Thwaites(1858)【汉】蕨椴属。【隶属】椴树科(椴科,田麻科)Tiliaceae//锦葵科 Malvaceae。【包含】世界2种,中国1种。【学名诠释与讨论】〈阴〉(希)pityron,糠,麸,谷类的皮壳+anthos,花。此属的学名是"Pityranthe Thwaites, Enum. Pl. Zeylaniae 29. Nov-Dec 1858"。亦有文献把其处理为"Diplodiscus Turcz. (1858)"的异名。【分布】斯里兰卡,中国。【模式】Pityranthe verrucosa Thwaites。【参考异名】Diplodiscus Turcz. (1858);Hainania Merr. (1935)●

40505 Pityranthes Willis, Nom. inval. = Pituranthos Viv. (1824)［伞形花科(伞形科)Apiaceae(Umbelliferae)］■☆

40506 Pityranthus H. Wolff = Pituranthos Viv. (1824)［伞形花科(伞形科)Apiaceae(Umbelliferae)］■☆

40507 Pityranthus Mart. (1817) = Alternanthera Forssk. (1775)［苋科 Amaranthaceae］■

40508 Pityrocarpa (Benth.) Britton et Rose (1928);~ = Piptadenia Benth. (1840)［豆科 Fabaceae (Leguminosae)//含羞草科 Mimosaceae］●☆

40509 Pityrocarpa(Benth.) Britton, Rose et Brenan(1928)Nom. illegit. ≡ Pityrocarpa (Benth.) Britton et Rose (1928);~ = Piptadenia Benth. (1840)［豆科 Fabaceae (Leguminosae)//含羞草科 Mimosaceae］●☆

40510 Pityrocarpa Britton et Rose (1928) Nom. illegit. ≡ Pityrocarpa (Benth.) Britton et Rose(1928);~ = Piptadenia Benth. (1840)［豆科 Fabaceae(Leguminosae)//含羞草科 Mimosaceae］●☆

40511 Pityrodia R. Br. (1810)【汉】叉毛灌属。【隶属】马鞭草科 Verbenaceae//唇形科 Lamiaceae(Labiatae)。【包含】世界41-45种。【学名诠释与讨论】〈阴〉(希)pityron,糠,麸,谷类的皮壳+odous,所有格 odontos,齿。指叶。【分布】澳大利亚。【模式】Pityrodia salvifolia R. Brown。【参考异名】Dasymalla Endl. (1839);Denisonia F. Muell. (1859);Dennisonia F. Muell. (1859);Depremesnilia F. Muell. (1876);Quoya Gaudich. (1829)●☆

40512 Pityrophyllum Beer (1856) = Tillandsia L. (1753)［凤梨科 Bromeliaceae//花凤梨科 Tillandsiaceae］■☆

40513 Pityrosperma Siebold et Zucc. (1843)= Cimicifuga Wernisch. (1763)［毛茛科 Ranunculaceae］●■

40514 Piuttia Mattei (1906) = Thalictrum L. (1753)［毛茛科 Ranunculaceae］■

40515 Pivonneava Hook. f. (1867)= Pironneava Gaudich. (1843)Nom. inval. ; ~ = Pironneava Gaudich. ex K. Koch (1860)［as 'Peronneava'］;~ = Hohenbergia Schult. f. (1830)［凤梨科 Bromeliaceae］■☆

40516 Placea Miers ex Lindl. (1841) Nom. illegit. ≡ Placea Miers ex Miers(1841)［石蒜科 Amaryllidaceae］■☆

40517 Placea Miers ex Miers(1841)【汉】扁石蒜属。【隶属】石蒜科 Amaryllidaceae。【包含】世界5-6种。【学名诠释与讨论】〈阴〉(希)plax,所有格 plakos,扁圆盘,牌匾,宽广的表面。plakodes 平盘状的,打నల薄叶的。另说来自智利植物俗名。此属的学名,ING 和 IK 记载是"Placea Miers in Lindley, Edwards's Bot. Reg. 27:50. Sep 1841"。"Placea Miers ex Lindl. (1841)"的命名人引证有误。"Placea Miers, Trav. Chil. ii. 529(1826)"是一个未合格发表的名称(Nom. inval.);故本书学名的准确表述应该是"Placea Miers ex Miers(1841)"。【分布】智利。【模式】Placea ornata Miers。【参考异名】Placea Miers ex Lindl. (1841) Nom. illegit. ;Placea Miers(1826)Nom. inval. ;Placea Miers(1841)Nom. illegit. ■☆

40518 Placea Miers(1826)Nom. inval. ≡ Placea Miers ex Miers(1841)［石蒜科 Amaryllidaceae］■☆

40519 Placea Miers(1841)Nom. illegit. ≡ Placea Miers ex Miers(1841)［石蒜科 Amaryllidaceae］■☆

40520 Placocarpa Hook. f. (1873)【汉】扁果茜属。【隶属】茜草科 Rubiaceae。【包含】世界1种。【学名诠释与讨论】〈阴〉(希)plax,所有格 plakos+karpos,果实。【分布】墨西哥。【模式】Placocarpa mexicana J. D. Hooker☆

40521 Placodiscus Radlk. (1878)【汉】盾盘木属。【隶属】无患子科 Sapindaceae。【包含】世界14-15种。【学名诠释与讨论】〈阳〉(希)plax,所有格 plakos,扁圆盘,牌匾,宽广的表面+diskos,圆盘。【分布】热带非洲。【模式】Placodiscus turbinatus Radlkofer ●☆

40522 Placodium Benth. et Hook. f. (1873) Nom. illegit. = Plocama Aiton(1789)［茜草科 Rubiaceae］●☆

40523 Placodium Hook. f. (1873) Nom. illegit. ≡ Placodium Benth. et Hook. f. (1873) Nom. illegit. ; ~ = Plocama Aiton (1789)［茜草科 Rubiaceae］●☆

40524 Placolobium Miq. (1858)【汉】盾荚豆属。【隶属】豆科 Fabaceae(Leguminosae)。【包含】世界12种。【学名诠释与讨论】〈中〉(希)plax,所有格 plakos,扁圆盘,牌匾,宽广的表面+lobos=拉丁文 lobulus,片,裂片,叶,荚,蒴+-ius,-ia,-ium,在拉丁文和希腊文中,这些词尾表示性质或状态。此属的学名是"Placolobium Miquel, Fl. Ind. Bat. 1(1):1082. 30 Sep 1858"。亦有文献把其处理为"Ormosia Jacks. (1811)(保留属名)"的异名。【分布】参见 Ormosia Jacks。【模式】Placolobium sumatranum Miquel。【参考异名】Ormosia Jacks. (1811)(保留属名)●☆

40525 Placoma J. F. Gmel. (1791)Nom. illegit. =Plocama Aiton(1789)［茜草科 Rubiaceae］●☆

40526 Placopoda Balf. f. (1882)【汉】扁足茜属。【隶属】茜草科 Rubiaceae。【包含】世界1种。【学名诠释与讨论】〈阴〉(希)plax,所有格 plakos,扁圆盘,牌匾,宽广的表面+pous,所有格 podos,指小式 podion,脚,足,柄,梗。podotes,有脚的。【分布】也门(索科特拉岛)。【模式】Placopoda virgata I. B. Balfour☆

40527 Placospermum C. T. White et W. D. Francis(1924)【汉】盾籽龙眼属。【英】Rose Silky Oak。【隶属】山龙眼科 Proteaceae。【包含】世界1种。【学名诠释与讨论】〈中〉(希)plax,所有格 plakos,扁圆盘,牌匾,宽广的表面+sperma,所有格 spermatos,种子,孢子。【分布】澳大利亚(昆士兰)。【模式】Placospermum coriaceum C. T. White et W. D. Francis ●☆

40528 Placostigma Blume (1828) Nom. illegit. = Podochilus Blume (1825)［兰科 Orchidaceae］■

40529 Placseptalia Espinosa(1947)= Ochagavia Phil. (1856)［凤梨科 Bromeliaceae］■☆

40530 Placus Lour. (1790)(废弃属名)= Blumea DC. (1833)(保留属名)［菊科 Asteraceae(Compositae)］■●

40531 Pladaroxylon(Endl.)Hook. f. (1870)【汉】白树菊属。【隶属】菊科 Asteraceae(Compositae)//千里光科 Senecionidaceae。【包含】世界 1 种。【学名诠释与讨论】〈中〉(希)pladaros,湿的,潮的 + xylon,木材。此属的学名,ING 记载是"Pladaroxylon(Endlicher)J. D. Hooker, Hooker's Icon. Pl. 11:42. Feb 1870",由"Lachanodes b. Pladaroxylon Endlicher,Gen. 461. Jun 1838"改级而来。IK 则记载为"Pladaroxylon Hook. f.,Hooker's Icon. Pl. 11:t. 1055. 1870［Feb 1870]"。二者引用的文献相同。亦有文献把"Pladaroxylon(Endl.)Hook. f. (1870)"处理为"Senecio L. (1753)"的异名。【分布】美国(海伦娜)。【模式】Pladaroxylon leucadendron(Willdenow)J. D. Hooker［Solidago leucadendron Willdenow］。【参考异名】Lachanodes b. Pladaroxylon Endl. (1838);Pladaroxylon Hook. f. (1870)Nom. illegit.;Senecio L. (1753)●☆

40532 Pladaroxylon Hook. f. (1870)Nom. illegit. ≡ Pladaroxylon(Endl.)Hook. f. (1870)［菊科 Asteraceae(Compositae)］●☆

40533 Pladera Sol. (1814)Nom. inval. ≡ Pladera Sol. ex Roxb. (1820);~ ≡ Canscora Lam. (1785)［龙胆科 Gentianaceae］■

40534 Pladera Sol. ex Roxb. (1820)Nom. illegit. ≡ Canscora Lam. (1785)［龙胆科 Gentianaceae］■

40535 Plaea Pers. (1805)= Pleea Michx. (1803)［百合科 Liliaceae//黑药花科(藜芦科)Melanthiaceae］■☆

40536 Plaesiantha Hook. f. (1865)= Pellacalyx Korth. (1836)［红树科 Rhizophoraceae］●

40537 Plaesianthera(C. B. Clarke)Livera(1924)= Brillantaisia P. Beauv. (1818);~ = Hygrophila R. Br. (1810)［爵床科 Acanthaceae］●■

40538 Plaesianthera Livera(1924)Nom. illegit. ≡ Plaesianthera(C. B. Clarke)Livera(1924);~ = Brillantaisia P. Beauv. (1818);~ = Hygrophila R. Br. (1810)［爵床科 Acanthaceae］●■

40539 Plagiacanthus Nees(1847)= Dianthera L. (1753);~ = Justicia L. (1753)［爵床科 Acanthaceae//鸭嘴花科(鸭咀花科)Justiciaceae］●■

40540 Plagiantha Renvoize(1982)【汉】斜花黍属。【隶属】禾本科 Poaceae(Gramineae)。【包含】世界 1 种。【学名诠释与讨论】〈阴〉(希)plagios,偏斜的,歪的 + anthos,花。【模式】Plagiantha tenella S. A. Renvoize ■☆

40541 Plagianthaceae J. Agardh(1858)= Malvaceae Juss. (保留科名)●■

40542 Plagianthera Rchb. f. et Zoll. (1856)【汉】斜药大戟属。【隶属】大戟科 Euphorbiaceae。【包含】世界 2 种。【学名诠释与讨论】〈阴〉(希)plagios,偏斜的,歪的 + anthera,花药。此属的学名是"Plagianthera H. G. L. Reichenbach ex Zollinger,Acta Soc. Regiae Sci. Indo-Neerl. 1(4):19. post 1 Sep 1856;H. G. L. Reichenbach et Zollinger ex Zollinger,Linnaea 28:321. Jan 1857"。亦有文献把其处理为"Mallotus Lour. (1790)"的异名。【分布】澳大利亚。【模式】Plagianthera oppositifolia(Blume)H. G. L. Reichenbach et Zollinger［Rottlera oppositifolia Blume］。【参考异名】Mallotus Lour. (1790)●☆

40543 Plagianthus J. R. Forst. et G. Forst. (1776)【汉】新西兰锦葵属。【俄】Плагиантус。【英】Ribbonwood,Twinebark。【隶属】锦葵科 Malvaceae。【包含】世界 2-3 种。【学名诠释与讨论】〈阳〉(希)plagios,偏斜的,歪的 + anthos,花。antheros,多花的。antheo,开花。希腊文 anthos 亦有"光明、光辉、优秀"之义。指花瓣不对

称。【分布】澳大利亚,新西兰。【模式】Plagianthus divaricatus J. R. Forster et J. G. A. Forster。【参考异名】Asterotrichion Klotzsch (1840);Blepharanthemum Klotzsch(1840);Gynatrix Alef. (1862);Gynothrix Post et Kuntze(1903);Holothamnus Post et Kuntze (1903);Lawrencia Hook. (1840);Palgianthus G. Forst. ex Baill. (1875);Philippodendrum Poit. (1837);Wrenciala A. Gray(1854)Nom. illegit. ●☆

40544 Plagiarthron P. A. Duvign.,Nom. inval. = Loxodera Launert (1963)［禾本科 Poaceae(Gramineae)］■☆

40545 Plagidia Raf. (1836)= Paronychia Mill. (1754)［石竹科 Caryophyllaceae//醉人花科(裸果木科)Illecebraceae//指甲草科 Paronichiaceae］■

40546 Plagielytrum Post et Kuntze(1903)= Plagiolytrum Nees(1841); ~ = Tripogon Roem. et Schult. (1817)［禾本科 Poaceae (Gramineae)］■

40547 Plagiobasis Schrenk(1845)【汉】斜果菊属。【俄】Пладиобазис。【英】Slantdaisy。【隶属】菊科 Asteraceae (Compositae)。【包含】世界 1 种,中国 1 种。【学名诠释与讨论】〈阴〉(希)plagios,偏斜的,歪的 + basis,基部,底部,基础。指瘦果的基部偏斜。【分布】中国,亚洲中部。【模式】Plagiobasis centuroides A. G. Schrenk ■

40548 Plagiobothrys Fisch. et C. A. Mey. (1836)【汉】斜紫草属。【俄】Разноорешек,Разноцвет。【英】Popcorn Flower,White Forget-me-not。【隶属】紫草科 Boraginaceae。【包含】世界 70 种。【学名诠释与讨论】〈阳〉(希)plagios,偏斜的,歪的 + bothros,疤痕。指分果片。【分布】秘鲁,玻利维亚,厄瓜多尔,太平洋地区美洲。【模式】Plagiobothrys rufescens F. E. L. Fischer et C. A. Meyer。【参考异名】Allocarya Greene(1887);Allocaryastrum Brand(1931);Echidiocarya A. Gray ex Benth. et Hook. f. (1876)Nom. illegit.;Echidiocarya A. Gray(1876);Echinoglochin(A. Gray)Brand(1925);Echinoglochin Brand(1925)Nom. illegit.;Sonnea Greene(1887)■☆

40549 Plagiocarpus Benth. (1873)【汉】偏果豆属(独花腋生豆属)。【隶属】豆科 Fabaceae(Leguminosae)。【包含】世界 1 种。【学名诠释与讨论】〈阳〉(希)plagios,偏斜的,歪的 + karpos,果实。【分布】澳大利亚(热带)。【模式】Plagiocarpus axillaris Bentham ■☆

40550 Plagioceltis Mildbr. ex Baehni(1937)= Ampelocera Klotzsch (1847)［榆科 Ulmaceae］●☆

40551 Plagiocheilus Arn. (1838)Nom. illegit. ≡ Plagiocheilus Arn. ex DC. (1838)［菊科 Asteraceae(Compositae)］■☆

40552 Plagiocheilus Arn. ex DC. (1838)【汉】偏唇菊属。【隶属】菊科 Asteraceae(Compositae)。【包含】世界 7 种。【学名诠释与讨论】〈阳〉(希)plagios,偏斜的,歪的 + cheilos,唇。在希腊文组合词中,cheil-,cheilo-,-chilus,-chilia 等均为"唇,边缘"之义。此属的学名,ING、GCI、TROPICOS 和 IK 记载是"Plagiocheilus Arn. ex DC.,Prodr.［A. P. de Candolle］6:142. 1838［dt. 1837;publ. early Jan 1838]"。"Plagiocheilus Arn. (1838)≡ Plagiocheilus Arn. ex DC. (1838)"的命名人引证有误。【分布】巴拉圭,秘鲁,玻利维亚,厄瓜多尔,哥伦比亚(安蒂奥基亚),中美洲。【模式】未指定。【参考异名】Hippia Kunth(1820)Nom. illegit.;Hippia L. f. (1782)Nom. illegit.;Plagiocheilus Arn. (1838)Nom. illegit.;Plagiochilus Lindl. (1847)■☆

40553 Plagiochilus Lindl. (1847)= Plagiocheilus Arn. ex DC. (1838)［菊科 Asteraceae(Compositae)］■☆

40554 Plagiochloa Adamson et Sprague(1941)【汉】肖三尖草属。【隶属】禾本科 Poaceae(Gramineae)。【包含】世界 7 种。【学名诠释与讨论】〈阴〉(希)plagios,偏斜的,歪的 + chloe,草的幼芽,嫩草,

禾草。此属的学名是"Plagiochloa R. S. Adamson et Sprague, J. S. African Bot. 7：89. Apr 1941"。亦有文献把其处理为"Tribolium Desv. (1831)"的异名。【分布】非洲南部。【模式】Plagiochloa uniolae (Linnaeus f.) R. S. Adamson et Sprague [Cynosurus uniolae Linnaeus f.]。【参考异名】Tribolium Desv. (1831)■☆

40555　Plagiocladus Brunel ex Petra Hoffm. (2006)【汉】喀麦隆叶下珠属。【隶属】大戟科 Euphorbiaceae//叶下珠科 (叶萝摩科) Phyllanthaceae。【包含】世界 1 种。【学名诠释与讨论】〈阳〉(希) plagios, 偏斜的, 歪的+klados, 指小式 kladodes, 枝, 芽。此属的学名, IPNI 记载了 2 个名称："Plagiocladus Jean F. Brunel, Gen. Phyllanthus Afr. Intertrop. Madag. 260. 1987"和"Plagiocladus Jean F. Brunel ex Petra Hoffm. , Kew Bull. 61(1)：45. 2006"。前者应该是一个未合格发表的名称 (Nom. inval.)。亦有文献把"Plagiocladus Brunel ex Petra Hoffm. (2006)"处理为"Phyllanthus L. (1753)"的异名。【分布】喀麦隆。【模式】Plagiocladus diandrus (Pax) Jean F. Brunel。【参考异名】Phyllanthus L. (1753)；Plagiocladus Brune(1987) Nom. inval. ●☆

40556　Plagiocladus Brunel(1987) Nom. inval. ≡Plagiocladus Brunel ex Petra Hoffm. (2006) [大戟科 Euphorbiaceae//叶下珠科(叶萝摩科) Phyllanthaceae]●☆

40557　Plagiolirion Baker(1883)【汉】肖耳壶石蒜属。【隶属】石蒜科 Amaryllidaceae。【包含】世界 1 种。【学名诠释与讨论】〈阳〉(希) plagios, 偏斜的, 歪的 + lirion, 百合。此属的学名是"Plagiolirion J. G. Baker, Gard. Chron. ser. 2. 20：38. 14 Jul 1883"。亦有文献把其处理为"Urceolina Rchb. (1829) (保留属名)"的异名。【分布】哥伦比亚。【模式】Plagiolirion horsmani J. G. Baker。【参考异名】Urceolina Rchb. (1829)(保留属名)■☆

40558　Plagioloba(C. A. Mey.) Rchb. (1841) = Hesperis L. (1753) [十字花科 Brassicaceae(Cruciferae)]■

40559　Plagioloba Rchb. (1841) Nom. illegit. ≡Plagioloba (C. A. Mey.) Rchb. (1841)；~ = Hesperis L. (1753) [十字花科 Brassicaceae(Cruciferae)]■

40560　Plagiolobium Sweet (1827) = Hovea R. Br. (1812) [豆科 Fabaceae(Leguminosae)]●■

40561　Plagiolophus Greenm. (1904)【汉】斜冠菊属。【隶属】菊科 Asteraceae(Compositae)。【包含】世界 1 种。【学名诠释与讨论】〈阳〉(希) plagios, 偏斜的, 歪的+lophos, 脊, 鸡冠, 装饰。【分布】墨西哥, 中美洲。【模式】Plagiolophus millspaughii Greenman ■☆

40562　Plagiolytrum Nees (1841) = Tripogon Roem. et Schult. (1817) [禾本科 Poaceae(Gramineae)]■

40563　Plagion St. -Lag. (1881) = Chrysanthemum L. (1753)(保留属名)；~ = Plagius L' Hér. ex DC. (1838) [菊科 Asteraceae(Compositae)]■☆

40564　Plagiopetalum Rehder (1917)【汉】偏瓣花属。【英】Plagiopetalum, Slantpetal。【隶属】野牡丹科 Melastomataceae。【包含】世界 2 种, 中国 2 种。【学名诠释与讨论】〈中〉(希) plagios, 偏斜的, 歪的+希腊文 petalos, 扁平的, 铺开的；petalon, 花瓣, 叶, 花叶, 金属叶子；拉丁文的花瓣为 petalum。指花瓣基部偏斜。此属的学名是"Plagiopetalum Rehder in Sargent, Pl. Wilsonae 3：452. 31 Jan 1917"。亦有文献把其处理为"Anerincleistus Korth. (1844)"的异名。【分布】中国。【模式】Plagiopetalum quadrangulum Rehder。【参考异名】Anerincleistus Korth. (1844)●■

40565　Plagiophyllum Schltdl. (1839) Nom. inval. =Centradenia G. Don (1832) [野牡丹科 Melastomataceae]●■☆

40566　Plagiopoda(R. Br.) Spach (1841) = Grevillea R. Br. ex Knight (1809) [as 'Grevillia'](保留属名) [山龙眼科 Proteaceae]●

40567　Plagiopoda Spach (1841) Nom. illegit. ≡Plagiopoda (R. Br.) Spach (1841)；~ = Grevillea R. Br. ex Knight (1809) [as 'Grevillia'](保留属名) [山龙眼科 Proteaceae]●

40568　Plagiopteraceae Airy Shaw (1965) [亦见 Celastraceae R. Br. (1814)(保留科名)卫矛科]【汉】斜翼科(印桐科)。【英】Plagiopteron Family, Slantwing Family。【包含】世界 1 属 1-2 种, 中国 1 属 1 种。【分布】中国, 印度, 缅甸, 泰国, 东南亚。【科名模式】Plagiopteron Griff. ●

40569　Plagiopteron Griff. (1843)【汉】斜翼属。【英】Oblique-wing, Plagiopteron, Slantwing。【隶属】刺篱木科 (大风子科) Flacourtiaceae//椴树科 (椴科, 田麻科) Tiliaceae//卫矛科 Celastraceae//斜翼科(印桐科) Plagiopteraceae。【包含】世界 1-2 种, 中国 1 种。【学名诠释与讨论】〈阴〉(希) plagios, 偏斜的, 歪的+pteron, 指小式 pteridion, 翅。pteridios, 有羽毛的。指翼的两侧不等大。【分布】缅甸, 中国。【模式】Plagiopteron fragrans Griffith ●

40570　Plagiorhegma Maxim. (1859)【汉】鲜黄连属。【日】タッタソウ属。【俄】Джефферсония。【隶属】小檗科 Berberidaceae//鬼臼科(桃儿七科) Podophyllaceae。【包含】世界 1 种, 中国 1 种。【学名诠释与讨论】〈阴〉(希) plagios, 偏斜的, 歪的+rhegma 破裂, 撕裂。此属的学名是"Plagiorhegma Maximowicz, Mém. Sav. Étrang. Acad. St. -Pétersbourg 9：34. 1859"。亦有文献把其处理为"Jeffersonia Barton(1793)"的异名。【分布】俄罗斯远东地区, 日本, 中国。【模式】Plagiorhegma dubium Maximowicz。【参考异名】Jeffersonia Barton(1793)■

40571　Plagiorrhiza(Pierre) Hallier. f. (1921) = Mesua L. (1753) [猪胶树科(克鲁西科, 山竹子科, 藤黄科) Clusiaceae(Guttiferae)]●

40572　Plagiorrhiza Hallier. f. (1921) Nom. illegit. ≡Plagiorrhiza (Pierre) Hallier. f. (1921)；~ = Mesua L. (1753) [猪胶树科(克鲁西科, 山竹子科, 藤黄科) Clusiaceae(Guttiferae)]●

40573　Plagioscyphus Radlk. (1878)【汉】斜杯木属。【隶属】无患子科 Sapindaceae。【包含】世界 2 种。【学名诠释与讨论】〈阳〉(希) plagios, 偏斜的, 歪的+skyphos = skythos, 杯。【分布】马达加斯加。【模式】Plagioscyphus cauliflorus Radlkofer。【参考异名】Cotylodiscus Radlk. (1878)；Poculodiscus Danguy et Choux(1927)；Strophiodiscus Choux(1926)●☆

40574　Plagiosetum Benth. (1877)【汉】斜毛草属。【隶属】禾本科 Poaceae(Gramineae)。【包含】世界 1 种。【学名诠释与讨论】〈中〉(希) plagios, 偏斜的, 歪的+setum, 刚毛。【分布】澳大利亚。【模式】Plagiosetum refractum (F. v. Mueller) Bentham [Setaria refracta F. v. Mueller]■☆

40575　Plagiosiphon Harms (1897)【汉】偏管豆属。【隶属】豆科 Fabaceae(Leguminosae)//云实科(苏木科) Caesalpiniaceae。【包含】世界 5 种。【学名诠释与讨论】〈阳〉(希) plagios, 偏斜的, 歪的+siphon, 所有格 siphonos, 管子。【分布】热带非洲。【模式】Plagiosiphon discifer Harms。【参考异名】Tripetalanthus A. Chev. (1946)■☆

40576　Plagiospermum Oliv. (1886) Nom. illegit. ≡Sinoplagiospermum Rauschert(1982)；~ =Prinsepia Royle(1835) [蔷薇科 Rosaceae]●

40577　Plagiospermum Pierre (1892) Nom. illegit. ≡Benzoin Hayne (1829) Nom. illegit. (废弃属名)；~ =Styrax L. (1753) [安息香科(齐墩果科, 野茉莉科) Styracaceae]●

40578　Plagiostachys Ridl. (1899)【汉】偏穗姜属。【英】Plagiostachys, Slantspike。【隶属】姜科(蘘荷科) Zingiberaceae。【包含】世界 10-20 种, 中国 1 种。【学名诠释与讨论】〈阴〉(希) plagios, 偏斜的, 歪的+stachys, 穗, 谷, 长钉。指花序偏斜。【分布】马来西亚(西部), 中国。【模式】Plagiostachys lateralis (Ridley) Ridley [Amomum laterale Ridley]■

40579　Plagiostemon Klotzsch（1838）= Simocheilus Klotzsch（1838）［杜鹃花科（欧石南科）Ericaceae］●☆

40580　Plagiostigma C. Presl（1845）= Aspalathus L.（1753）［豆科 Fabaceae（Leguminosae）//芳香木科 Aspalathaceae］●☆

40581　Plagiostigma Zucc.（1846）Nom. illegit. = Ficus L.（1753）［桑科 Moraceae］●

40582　Plagiostyles Pierre（1897）【汉】非洲斜柱大戟属。【隶属】大戟科 Euphorbiaceae。【包含】世界 1 种。【学名诠释与讨论】〈阳〉（希）plagios，偏斜的，歪的+stylos＝拉丁文 style，花柱，中柱，有尖之物，桩，柱，支持物，支柱，石头做的界标。【分布】热带非洲。【模式】Plagiostyles klaineana Pierre ●☆

40583　Plagiotaxis Wall.（1829）Nom. inval. ≡ Plagiotaxis Wall. ex Kuntze（1891）Nom. illegit. ; ~ ≡ Chukrasia A. Juss.（1830）［楝科 Meliaceae］●

40584　Plagiotaxis Wall. ex Kuntze（1891）Nom. illegit. ≡ Chukrasia A. Juss.（1830）［楝科 Meliaceae］●

40585　Plagiotheca Chiov.（1935）【汉】肖叉序草属。【隶属】爵床科 Acanthaceae。【包含】世界 1 种。【学名诠释与讨论】〈阴〉（希）plagios，偏斜的，歪的+theca，匣子，箱子，室，药室，囊。此属的学名是“Plagiotheca Chiovenda, Racc. Bot. Miss. Consol. Kenya 96. 1935”。亦有文献把其处理为“Isoglossa Oerst.（1854）（保留属名）”的异名。【分布】热带非洲东部。【模式】Plagiotheca fallax Chiovenda。【参考异名】Isoglossa Oerst.（1854）（保留属名）■☆

40586　Plagiotropis F. Muell.（1857）Nom. illegit. ［豆科 Fabaceae（Leguminosae）］☆

40587　Plagistra Raf.（1838）= Aristolochia L.（1753）［马兜铃科 Aristolochiaceae］■●

40588　Plagius L'Hér. ex DC.（1838）【汉】合肋菊属。【隶属】菊科 Asteraceae（Compositae）。【包含】世界 1-3 种。【学名诠释与讨论】〈阳〉（希）plaga，罗网，创伤，打击。plagios，偏斜的，横的，边，缘，侧方+-ius，-ia，-ium，具有……特性的。此属的学名是“Plagius L'Héritier ex A. P. de Candolle, Prodr. 6：135. Jan（prim.）1838（'1837'）”。亦有文献把其处理为“Chrysanthemum L.（1753）（保留属名）”的异名。【分布】欧洲。【模式】未指定。【参考异名】Chrysanthemum L.（1753）（保留属名）; Plagion St. -Lag.（1881）■☆

40589　Plakothira J. Florence（1986）【汉】马克萨斯刺莲花属。【隶属】刺莲花科（硬毛草科）Loasaceae。【包含】世界 1-3 种。【学名诠释与讨论】〈阴〉词源不详。【分布】毛里求斯。【模式】Plakothira frutescens J. Florence ●■☆

40590　Planaltina R. M. Salas et E. L. Cabral（2010）【汉】泼辣茜属。【隶属】茜草科 Rubiaceae。【包含】世界 3 种。【学名诠释与讨论】〈阴〉词源不详。【分布】巴西。【模式】Planaltina myndeliana R. M. Salas et E. L. Cabral ☆

40591　Planaltoa Taub.（1895）【汉】多花修泽兰属。【隶属】菊科 Asteraceae（Compositae）。【包含】世界 2 种。【学名诠释与讨论】〈阴〉来自巴西植物俗名。【分布】巴西。【模式】Planaltoa salviifolia Taubert ●☆

40592　Planarium Desv.（1826）【汉】平豆属。【隶属】豆科 Fabaceae（Leguminosae）。【包含】世界 1 种。【学名诠释与讨论】〈中〉（拉）planus，指小式 planula，平坦的+-arius，-aria，-arium，指示“属于、相似、具有、联系”的词尾。此属的学名是“Planarium Desvaux, Ann. Sci. Nat.（Paris）9：416. Dec 1826”。亦有文献把其处理为“Chaetocalyx DC.（1825）”的异名。【分布】巴拿马。【模式】Planarium latisiliquum（Jussieu ex Poiret）Desvaux［Hedysarum latisiliquum Jussieu ex Poiret］。【参考异名】Chaetocalyx DC.（1825）■☆

40593　Planchonella Pierre（1890）（保留属名）【汉】山榄属（假水石梓属，树青属）。【英】Planchonella, Wildolive。【隶属】山榄科 Sapotaceae。【包含】世界 100 种，中国 3 种。【学名诠释与讨论】〈阴〉（人）Jules Emile Planchon, 1833-1905（1823-1888），法国植物学者，教授+-ellus，-ella，-ellum，加在名词词干后面形成指小式的词尾；或加在人名、属名等后面以组成新属的名称。此属的学名“Planchonella Pierre, Not. Bot. Sapot. ; 34. 30 Dec 1890”是保留属名；相应的废弃属名是山榄科 Sapotaceae 的“Hormogyne A. DC. , Prodr. 8：176. Mar（med.）1844 = Planchonella Pierre（1890）（保留属名）”。金莲木科 Ochnaceae 的“Planchonella Tiegh. , J. Bot.（Morot）18：54（53-57）. 1904［Feb 1904］= Godoya Ruiz et Pav.（1794）= Krukoviella A. C. Sm.”是晚出的非法名称，亦应废弃。亦有文献把“Planchonella Pierre（1890）（保留属名）”处理为“Pouteria Aubl.（1775）”的异名。【分布】马来西亚，澳大利亚（热带），塞舌尔（塞舌尔群岛），新西兰，中国，中南半岛，太平洋地区，南美洲，中美洲。【模式】Planchonella obovata（R. Brown）Pierre［Sersalisia obovata R. Brown］。【参考异名】Beccariella Pierre（1890）; Hormogyne A. DC.（1844）（废弃属名）; Iteiluma Baill.（1890）Nom. illegit. ; Pouteria Aubl.（1775）; Siderocarpus Pierre ex L. Planch.（1888）●

40594　Planchonella Tiegh.（1904）Nom. illegit.（废弃属名）= Godoya Ruiz et Pav.（1794）; ~ = Krukoviella A. C. Sm.（1939）［金莲木科 Ochnaceae］●☆

40595　Planchonia Blume（1851-1852）【汉】澳大利亚玉蕊属（普兰木属，普朗金刀木属）。【隶属】玉蕊科（巴西果科）Lecythidaceae。【包含】世界 5-14 种。【学名诠释与讨论】〈阴〉（人）Jules Emile Planchon, 1833-1905（1823-1888），法国植物学者。此属的学名，ING、APNI、TROPICOS 和 IK 记载是“Planchonia Blume, Fl. Serres Jard. Eur. 7：24.［1851-52］”。“Planchonia Dunal, Prodr.［A. P. de Candolle］13（1）：471. 1852［10 May 1852］= Salpichroa Miers（1845）［茄科 Solanaceae］”和“Planchonia J. Gay ex Benth. et Hook. f. , Gen. Pl.［Bentham et Hooker f.］1（1）：154. 1862［7 Aug 1862］= Polycarpaea Lam.（1792）（保留属名）［as 'Polycarpea'］［石竹科 Caryophyllaceae］”是晚出的非法名称。【分布】印度（安达曼群岛）至澳大利亚。【后选模式】Planchonia timorensis Blume。【参考异名】Butonicoides R. Br. ; Butonicoides R. Br. ex T. Durand（1888）; Buttneria Duhamel（1801）Nom. illegit. ; Perigaria Span.（1841）●☆

40596　Planchonia Dunal（1852）Nom. illegit. = Salpichroa Miers（1845）［茄科 Solanaceae］●☆

40597　Planchonia J. Gay ex Benth. et Hook. f.（1862）Nom. illegit. = Polycarpaea Lam.（1792）（保留属名）［as 'Polycarpea'］［石竹科 Caryophyllaceae］■●

40598　Plancia Neck.（1790）Nom. inval. = Leontodon L.（1753）（保留属名）［菊科 Asteraceae（Compositae）］■☆

40599　Planea P. O. Karis（1990）【汉】寡头帚鼠麹属。【隶属】菊科 Asteraceae（Compositae）。【包含】世界 1 种。【学名诠释与讨论】〈阴〉（拉）planus，指小式 planula，平坦的。【分布】非洲南部。【模式】Planea schlechteri（L. Bolus）P. O. Karis［Metalasia schlechteri L. Bolus］●☆

40600　Planera Giseke（1792）Nom. illegit. ≡ Hellenia Retz.（1791）; ~ = Costus L.（1753）［姜科（蘘荷科）Zingiberaceae//闭鞘姜科 Costaceae］■

40601　Planera J. F. Gmel.（1791）【汉】水榆属（沼榆属）。【俄】Дзелква, Дзелкова, Зельква, Планера。【英】Planer Tree, Water Elm, Water-elm。【隶属】榆科 Ulmaceae。【包含】世界 1 种。【学名诠释与讨论】〈阴〉（人）Johann Jacob Planer, 1743-1789，德国

植物学者,教授,医生。此属的学名,ING 和 IK 记载是"Planera J. F. Gmel. ,Syst. Nat. ,ed. 13 [bis] . 2 (1) :150. 1791 [late Sep - Nov 1791] "。" Planera Giseke, Prael. Ord. Nat. Pl. 205 (1792) [Apr 1792] "是晚出的非法名称。【分布】美国(南部)。【模式】Planera aquatica J. F. Gmelin ●☆

40602　Planetanthemum (Endl.) Kuntze (1903) = Pseuderanthemum Radlk. ex Lindau(1895) [爵床科 Acanthaceae] ●■

40603　Planichloa B. K. Simon (1984) = Ectrosia R. Br. (1810) [禾本科 Poaceae(Gramineae)] ■

40604　Planocarpa C. M. Weiller(1996)【汉】扁果石南属。【隶属】尖苞木科 Epacridaceae//杜鹃花科(欧石南科)Ericaceae。【包含】世界 3 种。【学名诠释与讨论】〈阴〉(拉)planus,指小式 planula,平坦的+karpos,果实。【分布】澳大利亚。【模式】不详●☆

40605　Planodes Greene (1912)【汉】平芥属。【隶属】十字花科 Brassicaceae(Cruciferae)。【包含】世界 1 种。【学名诠释与讨论】〈阴〉(拉)planus,指小式 planula,平坦的+oides,相像。或 planodes,漫游的,布局凌乱的。此属的学名是"Planodes E. L. Greene, Leafl. Bot. Observ. Crit. 2:221. 11 Apr 1912"。亦有文献把其处理为"Sibara Greene (1896)"的异名。【分布】美国(南部)。【模式】Planodes virginicum (Linnaeus) E. L. Greene [Cardamine virginica Linnaeus] 。【参考异名】Sibara Greene (1896) ■☆

40606　Planotia Munro(1868)Nom. illegit. ≡ Neurolepis Meisn. (1843) [禾本科 Poaceae(Gramineae)] ●☆

40607　Plantaginaceae Juss. (1789) [as ' Plantagines '] (保留科名)【汉】车前科(车前草科)。【日】オオバコ科,オホバコ科。【俄】Подорожниковые。【英】Plantago Family, Plantain Family。【包含】世界 1-3 属 210-275 种,中国 1 属 22 种。【分布】广泛分布。【科名模式】Plantago L. (1753) ■

40608　Plantaginastrum Fabr. (1759) Nom. illegit. ≡ Plantaginastrum Heist. ex Fabr. (1759) ; ~ ≡ Alisma L. (1753) [泽泻科 Alismataceae] ■

40609　Plantaginastrum Heist. ex Fabr. (1759) Nom. illegit. ≡ Alisma L. (1753) [泽泻科 Alismataceae] ■

40610　Plantaginella Dill. ex Moench (1794) Nom. illegit. [玄参科 Scrophulariaceae] ☆

40611　Plantaginella Fourr. (1869) Nom. illegit. = Plantago L. (1753) [车前科(车前草科)Plantaginaceae] ■●

40612　Plantaginella Hill (1756) Nom. illegit. ≡ Limosella L. (1753) [玄参科 Scrophulariaceae//婆婆纳科 Veronicaceae//水茫草科 Limosellaceae] ■

40613　Plantaginorchis Szlach. (2004)【汉】车前兰属。【隶属】兰科 Orchidaceae。【包含】世界 18 种。【学名诠释与讨论】〈阴〉(拉)plantago,一种车前属植物。来自 planta,足迹+orchis,原义是睾丸,后变为植物兰的名称,因为根的形态而得名。变为拉丁文 orchis,所有格 orchidis。此属的学名是"Plantaginorchis Szlach. ,Richardiana 4:61. 2004"。亦有文献把其处理为"Habenaria Willd. (1805)"的异名。【分布】参见"Habenaria Willd. (1805)"。【模式】Plantaginorchis plantaginea (Lindley) D. L. Szlachetko [Habenaria plantaginea Lindley] 。【参考异名】Habenaria Willd. (1805) ■☆

40614　Plantago L. (1753)【汉】车前属(车前草属)。【日】オオバコ属,オホバコ属。【俄】Подорожник。【英】Plantain, Ribwort。【隶属】车前科(车前草科)Plantaginaceae。【包含】世界 200-270 种,中国 22-32 种。【学名诠释与讨论】〈阴〉(拉)plantago,所有格 plantaginis,车前属的一种植物名称。【分布】巴基斯坦,巴拿马,秘鲁,玻利维亚,厄瓜多尔,哥伦比亚(安蒂奥基亚),马达加

斯加,美国(密苏里),尼加拉瓜,中国,中美洲。【后选模式】Plantago major Linnaeus。【参考异名】Arnoglossum Gray (1821) Nom. illegit. ; Asterogeum Gray (1821) ; Bougueria Decne. (1836) ; Coronopus Mill. (1754) (废弃属名) ; Coronopus Rchb. (1837) Nom. illegit. (废弃属名) ; Lagopus (Gren. et Godr.) E. Fourn. (1869) Nom. illegit. ; Lagopus Fourr. (1869) Nom. illegit. ; Littorella P. J. Bergius (1768) ; Plantaginella Fourr. (1869) Nom. illegit. ; Psyllium Juss. (1789) Nom. illegit. ; Psyllium Mill. (1754) ; Psyllium Tourn. ex Juss. (1789) Nom. illegit. ■●

40615　Plantia Herb. (1844) = Hexaglottis Vent. (1808) [鸢尾科 Iridaceae] ■☆

40616　Plantinia Bubani (1873) Nom. illegit. = Phleum L. (1753) [禾本科 Poaceae(Gramineae)] ■

40617　Plappertia Rchb. (1828) Nom. illegit. ≡ Leucosia Thouars (1806) ; ~ = Dichapetalum Thouars (1806) [毒鼠子科 Dichapetalaceae] ●

40618　Plarodrigoa Looser(1935)= Cristaria Cav. (1799) (保留属名) [锦葵科 Malvaceae] ■●☆

40619　Plaso Adans. (1763) (废弃属名) ≡ Butea Roxb. ex Willd. (1802) (保留属名) [豆科 Fabaceae(Leguminosae)//蝶形花科 Papilionaceae] ●

40620　Plastobrassica (O. E. Schulz) Tzvelev (1995) = Erucastrum (DC.) C. Presl (1826) [十字花科 Brassicaceae(Cruciferae)] ■☆

40621　Plastolaena Pierre ex A. Chev. (1917) = Schumanniophyton Harms(1897) [茜草科 Rubiaceae] ●☆

40622　Platanaceae Dumort. =Platanaceae T. Lestib. (保留科名) ●

40623　Platanaceae T. Lestib. (1826) (保留科名)【汉】悬铃木科(法国梧桐科,条悬木科,洋桐科)。【日】スズカケノキ科。【俄】Ивоцветник, Платановые。【英】Plane Tree Family, Planetree Family, Plane-tree Family。【包含】世界 1 属 8-11 种,中国 1 属 3-5 种。【分布】北温带。【科名模式】Platanus L. ●

40624　Platanaceae T. Lestib. ex Dumort. =Platanaceae T. Lestib. (保留科名) ●

40625　Platanaria Gray (1821) = Sparganium L. (1753) [黑三棱科 Sparganiaceae//菖蒲科 Acoraceae//香蒲科 Typhaceae] ■

40626　Platanocarpum(Endl.) Korth. (1839) = Nauclea L. (1762) ; ~ = Sarcocephalus Afzel. ex Sabine(1824) [茜草科 Rubiaceae//乌檀科(水团花科)Naucleaceae] ●☆

40627　Platanocarpum Korth. (1839) Nom. illegit. ≡ Platanocarpum (Endl.) Korth. (1839) ; ~ = Nauclea L. (1762) ; ~ = Sarcocephalus Afzel. ex Sabine(1824) [茜草科 Rubiaceae//乌檀科(水团花科)Naucleaceae] ●☆

40628　Platanocarpus Korth. (1840) Nom. illegit. = Platanocarpum Korth. (1839) Nom. illegit. ; ~ ≡ Platanocarpum (Endl.) Korth. (1839) ; ~ = Nauclea L. (1762) ; ~ = Sarcocephalus Afzel. ex Sabine (1824) [茜草科 Rubiaceae//乌檀科(水团花科)Naucleaceae] ●☆

40629　Platanocephalus Crantz (1766) Nom. illegit. ≡ Platanocephalus Vaill. ex Crantz (1766) ; ~ = Nauclea L. (1762) [茜草科 Rubiaceae//乌檀科(水团花科)Naucleaceae] ●

40630　Platanocephalus Vaill. ex Crantz (1766) = Nauclea L. (1762) [茜草科 Rubiaceae//乌檀科(水团花科)Naucleaceae] ●

40631　Platanos St. -Lag. (1880) = Platanus L. (1753) [悬铃木科(法国梧桐科,条悬木科,洋桐木科)Platanaceae] ●

40632　Platanthera Lindl. ,Nom. illegit. (废弃属名)= Platanthera Rich. (1817) (保留属名) [兰科 Orchidaceae] ■

40633　Platanthera Rich. (1817) (保留属名)【汉】舌唇兰属(粉蝶兰属,长距兰属)。【日】ツレサギサウ属,ツレサギソウ属。【俄】

Лимнорхис, Любка, Перулярия。【英】Bog Orchid, Butter Orchid, Butterfly Orchid, Butterfly-orchid, Fringed Orchid, Platanthera, Rain Orchid。【隶属】兰科 Orchidaceae。【包含】世界 40-200 种, 中国 42 种。【学名诠释与讨论】〈阴〉（希）platys, platos, 平的, 宽的, 广的, 扁平的, 宽阔的。platy- = 拉丁文 lati-, 与前同义 +anthera, 花药。指花药宽阔。此属的学名 "Platanthera Rich. , De Orchid. Eur. ; 20, 26, 35. Aug-Sep 1817" 是保留属名。法规未列出相应的废弃属名。"Conopsidium Wallroth, Beitr. Bot. 101. 31 Aug-2 Sep 1842" 和 "Lysias Salisbury ex Rydberg, Mem. New York Bot. Gard. 1 ; 103. 15 Feb 1900" 是 "Platanthera Rich. (1817)（保留属名）" 的晚出的同模式异名（Homotypic synonym, Nomenclatural synonym）。"Platanthera Lindl. , Nom. illegit. = Platanthera Rich. (1817)（保留属名）" 亦应废弃。【分布】巴基斯坦, 玻利维亚, 马达加斯加, 美国（密苏里）, 中国, 非洲北部, 温带和热带欧亚大陆, 北美洲, 中美洲。【模式】Platanthera bifolia (Linnaeus) L. C. Richard ［Orchis bifolia Linnaeus］。【参考异名】Blephariglottis Raf. (1837) Nom. illegit. ; Centrochilus Schauer (1843) ; Conopsidium Wallr. (1840) Nom. illegit. ; Diplanthera Raf. (1833) Nom. illegit. , Nom. inval. ; Dracomonticola H. P. Linder et Kurzweil (1995) ; Fimbriella Farw. ex Butzin (1981) ; Gymnadeniopsis Rydb. (1901) ; Habenella Small (1903) ; Limnorchis Rydb. (1900) ; Lindblomia Fr. (1843) ; Lysias Salisb (1812) Nom. inval. ; Lysias Salisb. ex Rydb. (1900) Nom. illegit. ; Lysiella Rydb. (1900) ; Mecosa Blume (1825) ; Neolindleya Kraenzl. (1899) ; Perularia Lindl. (1834) ; Piperia Rydb. (1901) ; Pseudodiphryllum Nevski (1935) ; Sieberia Spreng. (1817)（废弃属名）; Tulotis Raf. (1833)■

40634 Platantheroides Szlach. (2004)【汉】假舌唇兰属。【隶属】兰科 Orchidaceae。【包含】世界 34 种。【学名诠释与讨论】〈阴〉（属）Platanthera 舌唇兰属 +oides, 来自 o+eides, 像, 似; 或 o+eidos 形, 含义为相像。此属的学名是 "Platantheroides Szlach. , Richardiana 4(3): 103-104. 2004. (8 Jun 2004)"。亦有文献把其处理为 "Habenaria Willd. (1805)" 的异名。【分布】玻利维亚。【模式】Platantheroides obtusa (Lindley) Szlachetko ［Habenaria obtusa Lindley］。【参考异名】Habenaria Willd. (1805)■☆

40635 Platanus L. (1753)【汉】悬铃木属（法国梧桐属）。【日】スズカケノキ属, プラタナス属, プラタヌス属。【俄】Платан。【英】Button Wood, Buttonwood, Plane, Plane Tree, Planetree, Plane-tree, Platan, Sycamore。【隶属】悬铃木科（法国梧桐科, 条悬木科, 洋桐木科）Platanaceae。【包含】世界 8-11 种, 中国 3-5 种。【学名诠释与讨论】〈阴〉（希）platandos, 为三球悬铃木的古名。来自 platys, platos 平, 宽, 广的, 扁平的, 宽阔的。指叶大型。【分布】巴基斯坦, 玻利维亚, 厄瓜多尔, 美国（西南部）, 墨西哥, 中国, 欧洲东南部至伊朗, 中南半岛, 北美洲东部, 中美洲。【后选模式】Platanus orientalis Linnaeus。【参考异名】Platanos St. -Lag. (1880)●

40636 Platcalaria W. T. Stearn = Anemopaegma Mart. ex Meisn. (1840)（保留属名）; ~ = Platolaria Raf. (1838)（废弃属名）［紫葳科 Bignoniaceae］●☆

40637 Platea Blume (1826)【汉】肖榄属。【英】Platea。【隶属】茶茱萸科 Icacinaceae//大戟科 Euphorbiaceae//管花木科 Metteniusaceae。【包含】世界 5 种, 中国 2 种。【学名诠释与讨论】〈阴〉（希）platys, platos, 平, 宽, 广的, 扁平的, 宽阔的。【分布】印度（阿萨姆）, 中国, 东南亚。【后选模式】Platea excelsa Blume。【参考异名】Platystigma R. Br. (1832) Nom. inval. ; Platystigma R. Br. ex Benth. (1880) Nom. illegit. ; Platystigma R. Br. ex Benth. et Hook. f. (1880) Nom. illegit. ; Platystigma R. Br. ex Hook. f. (1887) Nom. illegit. ●

40638 Plateana Salisb. (1866) = Narcissus L. (1753) ［石蒜科 Amaryllidaceae//水仙科 Narcissaceae］■

40639 Plateilema (A. Gray) Cockerell (1904)【汉】美洲阔苞菊属（阔封菊属）。【隶属】菊科 Asteraceae (Compositae)。【包含】世界 1 种。【学名诠释与讨论】〈阴〉（希）platys, platos, 平的, 宽的, 广的, 扁平的, 宽阔的 +eilema 封套。指宽的总苞。此属的学名, ING 和 TROPICOS 记载是 "Plateilema (A. Gray) Cockerell, Bull. Torrey Bot. Club 31 : 462. 4 Oct 1904", 由 "Actinella sect. Plateilema A. Gray, Proc. Amer. Acad. Arts 19 : 31. 30 Oct 1883" 改级而来。IK 则记载为 "Plateilema Cockerell, Bull. Torrey Bot. Club 1904, 462"。三者引用的文献相同。【分布】墨西哥。【模式】Plateilema palmeri (A. Gray) Cockerell ［Actinella palmeri A. Gray］。【参考异名】Actinella sect. Plateilema A. Gray (1883) ; Plateilema Cockercll (1904) Nom. illegit. ■☆

40640 Plateilema Cockercll (1904) Nom. illegit. ≡ Plateilema (A. Gray) Cockerell (1904) ［菊科 Asteraceae (Compositae)］■☆

40641 Platenia H. Karst. (1856) = Syagrus Mart. (1824) ［棕榈科 Arecaceae (Palmae)］●

40642 Plathymenia Benth. (1840)（保留属名）【汉】黄苏木属（黄木豆属）。【隶属】豆科 Fabaceae (Leguminosae)//云实科（苏木科）Caesalpiniaceae。【包含】世界 3-4 种。【学名诠释与讨论】〈阴〉（希）platys, platos, 平的, 宽的, 广的, 扁平的, 宽阔的 +hymen, 膜。此属的学名 "Plathymenia Benth. in J. Bot. (Hooker) 2 : 134. Apr 1840" 是保留属名。相应的废弃属名是 "Echyrospermum Schott in Schreibers, Nachr. Österr. Naturf. Bras. 2, App. : 55. 1822 = Plathymenia Benth. (1840)（保留属名）"。"Platyhymenia Walp. , Repert. Bot. Syst. (Walpers) i. 858 (1842) = Plathymenia Benth. (1840)（保留属名）" 是其变体, 亦应废弃。【分布】阿根廷, 巴拉圭, 巴西, 玻利维亚。【模式】Plathymenia foliolosa Bentham。【参考异名】Chrysoxylon Casar. (1843) ; Echyrospermum Schott (1823)（废弃属名）; Pirottantha Speg. (1916) ; Platyhymenia Walp. (1842)●☆

40643 Platolaria Raf. (1838)（废弃属名）= Anemopaegma Mart. ex Meisn. (1840)（保留属名）［紫葳科 Bignoniaceae］●☆

40644 Platonia Kunth (1829) Nom. illegit. （废弃属名）≡ Neurolepis Meisn. (1843) ; ~ = Planotia Munro (1868) Nom. illegit. ［禾本科 Poaceae (Gramineae)］●☆

40645 Platonia Mart. (1832)（保留属名）【汉】普拉顿藤黄属。【俄】Платония。【隶属】猪胶树科（克鲁西科, 山竹子科, 藤黄科）Clusiaceae (Guttiferae)。【包含】世界 1-2 种。【学名诠释与讨论】〈阴〉（人）Platon, 希腊哲学家。此属的学名 "Platonia Mart. , Nov. Gen. Sp. Pl. 3 : 168. Sep 1832" 是保留属名。相应的废弃属名是半日花科（岩蔷薇科）Cistaceae 的 "Platonia Raf. , Caratt. Nuov. Gen. : 73. Apr-Dec 1810 ≡ Helianthemum Mill. (1754)"。禾本科 Poaceae (Gramineae) 的 "Platonia Kunth, Révis. Gramin. 1 : 139. 1829 ［14 Nov 1829］ 1 : 327. 31 Aug 1830 ≡ Neurolepis Meisn. (1843) = Planotia Munro (1868) Nom. illegit." 与马鞭草科 Verbenaceae 的 "Platonia Raf. , Med. Repos. 5 : 352. 1808 = Phyla Lour. (1790)" 亦应废弃。"Aristoclesia Coville, Century Dict. 11 : 75. 1910" 是 "Platonia Mart. (1832)（保留属名）" 的晚出的同模式异名（Homotypic synonym, Nomenclatural synonym）。【分布】巴西。【模式】Platonia insignis C. F. P. Martius, Nom. illegit. ［Moronobea esculenta Arruda da Camara ; Platonia esculenta (Arruda da Camara) Rickett et Stafleu］。【参考异名】Aristoclesia Coville (1910) Nom. illegit. ●☆

40646 Platonia Raf. (1810)（废弃属名）≡ Helianthemum Mill. (1754) ［半日花科（岩蔷薇科）Cistaceae］●■

40647　Platorheedia Rojas(1914)＝Rheedia L.(1753)［猪胶树科(克鲁西科,山竹子科,藤黄科)Clusiaceae(Guttiferae)］●☆

40648　Platostoma P. Beauv.(1818)【汉】平口花属。【隶属】唇形科Lamiaceae(Labiatae)。【包含】世界5-45种。【学名诠释与讨论】〈中〉(希)platys,platos,平的,宽的,广的,扁平的,宽阔的+stoma,所有格stomatos,孔口。【分布】马达加斯加,印度,热带非洲。【模式】Platostoma africanum Palisot de Beauvois。【参考异名】Acrocephalus Benth.(1829);Ceratanthus F. Muell.(1865)Nom. inval.;Ceratanthus F. Muell. ex G. Taylor(1936);Geniosporum Wall. ex Benth.(1830);Limniboza R. E. Fr.(1916);Mesona Blume(1826);Nosema Prain(1904);Octomeron Robyns(1943);Platystoma Benth. et Hook. f.(1876)■☆

40649　Platunum A. Juss.(1806)＝Holmskioldia Retz.(1791)［马鞭草科 Verbenaceae］●

40650　Platyadenia B. L. Burtt(1971)【汉】宽腺苣属。【隶属】苦苣苔科 Gesneriaceae。【包含】世界1种。【学名诠释与讨论】〈阴〉(希)platys,platos,平的,宽的,广的,扁平的,宽阔的+aden,所有格adenos,腺体。【分布】加里曼丹岛。【模式】Platyadenia descendens Burtt。【参考异名】Calcareoboea C. Y. Wu,Nom. inval.■☆

40651　Platyaechmea(Baker)L. B. Sm. et W. J. Kress(1990)【汉】宽矛光萼荷属。【隶属】凤梨科 Bromeliaceae。【包含】世界18种。【学名诠释与讨论】〈阴〉(希)platys,platos,平的,宽的,广的,扁平的,宽阔的+aechme,凸头。此属的学名是"Platyaechmea(J. G. Baker)L. B. Smith et W. J. Kress,Phytologia 69：272. 14 Nov('Oct')1990"。亦有文献把其处理为"Aechmea Ruiz et Pav.(1794)(保留属名)"的异名。【分布】巴拉圭,玻利维亚。【模式】Platyaechmea distichantha(Lemaire)L. B. Smith et W. J. Kress［as 'disticantha'］［Aechmea distichantha Lemaire］。【参考异名】Aechmea Ruiz et Pav.(1794)(保留属名)■☆

40652　Platycalyx N. E. Br.(1905)【汉】宽萼杜鹃属。【隶属】杜鹃花科(欧石南科)Ericaceae。【包含】世界1种。【学名诠释与讨论】〈阳〉(希)platys,platos,平的,宽的,广的,扁平的,宽阔的+kalyx,所有格kalykos＝拉丁文calyx,花萼,杯子。此属的学名是"Platycalyx N. E. Brown in Thiselton-Dyer,Fl. Cap. 4(1)：335. Aug 1905"。亦有文献把其处理为"＝Erica L.(1753)"的异名。【分布】南非。【模式】Platycalyx pumila N. E. Brown。【参考异名】Erica L.(1753)●☆

40653　Platycapnos(DC.)Bernh.(1833)【汉】头花烟堇属。【英】Fumitory。【隶属】罂粟科 Papaveraceae。【包含】世界3种。【学名诠释与讨论】〈阳〉(希)platys,platos,平的,宽的,广的,扁平的,宽阔的+kapnos,烟,蒸汽,延胡索。此属的学名,ING、APNI和IK记载是"Platycapnos(A. P. de Candolle)Bernhardi,Linnaea 8：471. post Jul 1833";但是都未给基源异名。IK和TROPICOS则记载为"Platycapnos Bernh.,Linnaea 8：471. 1833"。四者引用的文献相同。【分布】地中海西部,西班牙(加那利群岛)。【模式】Platycapnos spicatus(Linnaeus)Bernhardi［Fumaria spicata Linnaeus］。【参考异名】Platycapnos Bernh.(1833)■☆

40654　Platycapnos Bernh.(1833)≡Platycapnos(DC.)Bernh.(1833)［罂粟科 Papaveraceae］■☆

40655　Platycarpha Less.(1831)【汉】紫莲菊属。【隶属】菊科 Asteraceae(Compositae)。【包含】世界3种。【学名诠释与讨论】〈阴〉(希)platys,platos,平的,宽的,广的,扁平的,宽阔的+karphos,木、石头等碎片,枝子,谷草等的皮壳。【分布】热带非洲和非洲南部。【模式】Platycarpha glomerata(Thunberg)A. P. de Candolle［Cynara glomerata Thunberg］■☆

40656　Platycarphella V. A. Funk et H. Rob.(1857)【汉】小紫莲菊属。【隶属】菊科 Asteraceae(Compositae)。【包含】世界2种。【学名诠释与讨论】〈阴〉(属)Platycarpha 紫莲菊属+-ellus,-ella,-ellum,加在名词词干后面形成指小式的词尾。或加在人名、属名等后面以组成新属的名称。【分布】热带非洲。【模式】Platycarphella validum F. v. Mueller■☆

40657　Platycarpidium F. Muell.(1857)＝Platysace Bunge(1845)［伞形花科(伞形科)Apiaceae(Umbelliferae)］■☆

40658　Platycarpum Bonpl.(1811)【汉】宽果茜属。【隶属】茜草科 Rubiaceae。【包含】世界10种。【学名诠释与讨论】〈中〉(希)platys,platos,平的,宽的,广的,扁平的,宽阔的+karpos,果实。此属的学名,ING、TROPICOS和IK记载是"Platycarpum Bonpland in Humboldt et Bonpland,Pl. Aequin. 2：81. Nov 1811('1809')"。"Platycarpum Humb. et Bonpl.(1811)≡Platycarpum Bonpl.(1811)"的命名人引证有误。【分布】秘鲁。【模式】Platycarpum orenocense Bonpland。【参考异名】Platycarpum Humb. et Bonpl.(1811)Nom. illegit.●☆

40659　Platycarpum Humb. et Bonpl.(1811)Nom. illegit.≡Platycarpum Bonpl.(1811)［茜草科 Rubiaceae］●☆

40660　Platycarya Siebold et Zucc.(1843)【汉】化香树属(化香属)。【日】ノグルミ属。【俄】Платикария。【英】Dyetree,Dye-tree,Platycarya。【隶属】胡桃科 Juglandaceae//化香树科 Platycaryaceae。【包含】世界4种,中国4种。【学名诠释与讨论】〈阴〉(希)platys,platos,平的,宽的,广的,扁平的,宽阔的+karyon,胡桃,硬壳果,核,坚果。指果具宽翅。【分布】中国,东亚。【模式】Platycarya strobilacea Siebold et Zuccarini。【参考异名】Fortunaea Lindl.(1846);Fortunea Poit.(1846)●

40661　Platycaryaceae Nakai ex Doweld(2000)［亦见 Juglandaceae DC. ex Perleb(保留科名)胡桃]【汉】化香树科。【包含】世界1属4种,中国1属4种。【分布】东亚。【科名模式】Platycarya Siebold et Zucc.(1843)●

40662　Platycaryaceae Nakai,Nom. inval.＝Juglandaceae DC. ex Perleb(保留科名);~＝Platycaryaceae Nakai ex Doweld●

40663　Platycaulos H. P. Linder(1984)【汉】扁茎帚灯草属。【隶属】帚灯草科 Restionaceae。【包含】世界8种。【学名诠释与讨论】〈阳〉(希)platys,platos,平的,宽的,广的,扁平的,宽阔的+kaulon,茎。【分布】非洲南部,马达加斯加。【模式】Platycaulos compressus(Rottbo]ll)H. P. Linder［Restio compressus Rottb.］■☆

40664　Platycelyphium Harms(1905)【汉】蓝花宽荚豆属(宽荚豆属)。【隶属】豆科 Fabaceae(Leguminosae)。【包含】世界1种。【学名诠释与讨论】〈中〉(希)platys,platos,平的,宽的,广的,扁平的,宽阔的+celyphos,果实的外壳或荚+-ius,-ia,-ium,在拉丁文和希腊文中,这些词尾表示性质或状态。【分布】热带非洲。【模式】Platycelyphium cyananthum Harms■☆

40665　Platycentrum Klotzsch(1854)Nom. illegit.＝Begonia L.(1753)［秋海棠科 Begoniaceae］●■

40666　Platycentrum Naudin(1852)＝Leandra Raddi(1820)［野牡丹科 Melastomataceae］●■☆

40667　Platychaete Boiss.(1849)＝Pulicaria Gaertn.(1791)［菊科 Asteraceae(Compositae)］■●

40668　Platychaete Bornm.＝Pulicaria Gaertn.(1791)［菊科 Asteraceae(Compositae)］■●

40669　Platycheilis Cass.(1825)Nom. illegit.≡Holocheilus Cass.(1818);~≡Platycheilus Cass.(1825);~≡Trixis P. Browne(1756)［菊科 Asteraceae(Compositae)］■●☆

40670　Platycheilus Cass.(1825)Nom. illegit.≡Holocheilus Cass.(1818);~≡Platycheilus Cass.(1825);~≡Trixis P. Browne(1756)［菊科 Asteraceae(Compositae)］■●☆

40671　Platychilum Delaun.（1815）= Hovea R. Br.（1812）［豆科 Fabaceae（Leguminosae）］●■

40672　Platychilum Laun.（1819）Nom. illegit. = Hovea R. Br.（1812）［豆科 Fabaceae（Leguminosae）］●■

40673　Platychilus Post et Kuntze（1903）= Platycheilus Cass.（1825）；~ = Trixis P. Browne（1756）［菊科 Asteraceae（Compositae）］■●★

40674　Platychorda B. G. Briggs et L. A. S. Johnson（1998）【汉】三室帚灯草属。【隶属】帚灯草科 Restionaceae。【包含】世界 2 种。【学名诠释与讨论】〈阴〉（希）platys, platos, 平的, 宽的, 广的, 扁平的, 宽阔的 + chorde, 线, 肠, 弦。【分布】澳大利亚。【模式】Platychorda applanata（K. P. J. Sprengel）B. G. Briggs et L. A. S. Johnson［Restio applanatus K. P. J. Sprengel］■★

40675　Platycladaceae A. V. Bobrov et Melikyan（2006）［亦见 Cupressaceae Gray（保留科名）柏科］【汉】侧柏科。【包含】世界 1 属 1 种, 中国 1 属 1 种。【分布】中国, 朝鲜。【科名模式】Platycladus Spach ●

40676　Platycladus Spach（1841）【汉】侧柏属。【俄】Биота, Платикладус。【英】Arborvitae, Chinese Arborvitae, Chinese Arborvitae。【隶属】柏科 Cupressaceae//侧柏科 Platycladaceae。【包含】世界 1 种, 中国 1 种。【学名诠释与讨论】〈阳〉（希）platys, platos, 平的, 宽的, 广的, 扁平的, 宽阔的 + klados, 枝, 芽, 指小式 kladion, 棍棒。kladodes 有许多枝子的。指小枝扁平。此属的学名, ING、TROPICOS 和 IK 记载是 "Platycladus Spach, Hist. Nat. Vég.（Spach）11：333. 1841［1842 publ. 25 Dec 1841］"。"Biota（D. Don）Endlicher, Syn. Conif. 46. Mai – Jun 1847（non Biotia Cassini 1825）" 是 "Platycladus Spach（1841）" 的晚出的同模式异名（Homotypic synonym, Nomenclatural synonym）。亦有文献把 "Platycladus Spach（1841）" 处理为 "Thuja L.（1753）" 的异名。【分布】朝鲜, 中国。【后选模式】Platycladus stricta Spach, Nom. illegit.［Thuja orientalis Linnaeus；Platycladus orientalis（Linnaeus）Franco］。【参考异名】Biota（D. Don）Endl.（1847）Nom. illegit.；Biota D. Don ex Endl.（1847）Nom. illegit.；Biota D. Don, Nom. illegit.；Thuja L.（1753）●

40677　Platyclinis Benth.（1881）【汉】平床兰属。【日】プラティクリニス属。【隶属】兰科 Orchidaceae。【包含】世界 37 种。【学名诠释与讨论】〈阴〉（希）platys, platos, 平的, 宽的, 广的, 扁平的, 宽阔的 + kline, 床, 来自 klino, 倾斜, 斜倚。此属的学名是 "Platyclinis Bentham, J. Linn. Soc., Bot. 18：295. 21 Feb 1881"。亦有文献把其处理为 "Dendrochilum Blume（1825）" 的异名。【分布】参见 Dendrochilum Blume。【模式】未指定。【参考异名】Dendrochilum Blume（1825）■★

40678　Platyclinium T. Moore（1850）= Begonia L.（1753）［秋海棠科 Begoniaceae］●■

40679　Platycodon A. DC.（1830）【汉】桔梗属（兰花参属）。【日】キキャウ属, キキョウ属。【俄】Валенбергая, Платикодон, Ширококолокольчик。【英】Balloon Flower, Balloonflower, Balloon-flower, Chinese Bellfower。【隶属】桔梗科 Campanulaceae。【包含】世界 1 种, 中国 1 种。【学名诠释与讨论】〈阳〉（希）platys, platos, 平的, 宽的, 广的, 扁平的, 宽阔的 + kodon, 指小式 kodonion, 钟, 铃。指花冠宽钟形。【分布】中国, 亚洲东北部。【后选模式】Platycodon grandiflorus（N. J. Jacquin）Alph. de Candolle［as ' grandiflorum'］［Campanula grandiflora N. J. Jacquin］■

40680　Platycodon Rchb.（1841）= Daucus L.（1753）［伞形花科（伞形科）Apiaceae（Umbelliferae）］■

40681　Platycoryne Rchb. f.（1855）【汉】扁棒兰属。【隶属】兰科 Orchidaceae。【包含】世界 17 种。【学名诠释与讨论】〈阴〉（希）platys, platos, 平的, 宽的, 广的, 扁平的, 宽阔的 + coryne, 棍棒。【分布】马达加斯加, 热带非洲。【模式】Platycoryne pervillei H. G. Reichenbach ■★

40682　Platycorynoides Szlach.（2005）【汉】拟扁棒兰属。【隶属】兰科 Orchidaceae。【包含】世界 3 种。【学名诠释与讨论】〈阴〉（属）Platycoryne 扁棒兰属 + oides, 来自 o + eides, 像, 似；或 o + eidos 形, 含义为相像。【分布】马达加斯加, 热带非洲。【模式】Platycorynoides hircina（Rchb. f.）Szlach.［Habenaria hircina Rchb. f.］■★

40683　Platycraspedum O. E. Schulz（1922）【汉】宽框荠属（阔脉芥属）。【英】Keeledsiliclecress, Platycraspedum。【隶属】十字花科 Brassicaceae（Cruciferae）。【包含】世界 2 种, 中国 2 种。【学名诠释与讨论】〈中〉（希）platys, platos + kraspedon 边缘。指膜质的果瓣中脉隆起呈龙骨状。【分布】中国。【模式】Platycraspedum tibeticum O. E. Schulz ■★

40684　Platycrater Siebold et Zucc.（1838）【汉】蛛网萼属（梅花甜茶属）。【日】バイカアマチャ属, バイクワアマチャ属。【英】Cobwebcalyx, Platycrater。【隶属】虎耳草科 Saxifragaceae//绣球花科（八仙花科, 绣球科）Hydrangeaceae。【包含】世界 1 种, 中国 1 种。【学名诠释与讨论】〈阴〉（希）platys, platos, 平的, 宽的, 广的, 扁平的, 宽阔的 + krater, 杯。指萼筒杯状。【分布】日本, 中国。【模式】Platycrater arguta Siebold et Zuccarini ●

40685　Platycyamus Benth.（1862）【汉】拟扁豆木属。【隶属】豆科 Fabaceae（Leguminosae）。【包含】世界 2 种。【学名诠释与讨论】〈阴〉（希）platys, platos + kyamos, 豆。【分布】巴西, 秘鲁, 玻利维亚。【模式】Platycyamus regnellii Bentham ●★

40686　Platycyparis A. V. Bobrov et Melikyan（2006）【汉】中国柏属。【隶属】柏科 Cupressaceae。【包含】世界 1 种。【学名诠释与讨论】〈阴〉（希）platys, platos, 平的, 宽的, 广的, 扁平的, 宽阔的 + kyparissos, 柏木。此属的学名是 "Platycyparis A. V. Bobrov et Melikyan, Komarovia 4：73. 2006"。亦有文献把其处理为 "Cupressus L.（1753）" 的异名。【分布】中国。【模式】Platycyparis funebris（Endl.）A. V. Bobrov et Melikyan。【参考异名】Cupressus L.（1753）●★

40687　Platydaucon Rchb.（1841）= Daucus L.（1753）［伞形花科（伞形科）Apiaceae（Umbelliferae）］■

40688　Platydesma H. Mann（1866）【汉】宽带芸香属。【隶属】芸香科 Rutaceae。【包含】世界 4 种。【学名诠释与讨论】〈阴〉（希）platys, platos, 平的, 宽的, 广的, 扁平的, 宽阔的 + desmos, 链, 束, 结, 带, 纽带。desma, 所有格 desmatos, 含义与 desmos 相似。【分布】美国（夏威夷）。【模式】Platydesma campanulata H. Mann ●★

40689　Platyelasma（Briq.）Kitag.（1933）= Elsholtzia Willd.（1790）［唇形科 Lamiaceae（Labiatae）］●■

40690　Platyelasma Kitag.（1933）Nom. illegit. ≡ Platyelasma（Briq.）Kitag.（1933）；~ = Elsholtzia Willd.（1790）［唇形科 Lamiaceae（Labiatae）］●■

40691　Platyestes Salisb.（1866）= Lachenalia J. Jacq.（1784）［百合科 Liliaceae//风信子科 Hyacinthaceae］■★

40692　Platyglottis L. O. Williams（1942）【汉】宽舌兰属。【隶属】兰科 Orchidaceae。【包含】世界 1 种。【学名诠释与讨论】〈阴〉（希）platys, platos, 平的, 宽的, 广的, 扁平的, 宽阔的 + glottis, 所有格 glottidos, 气管口, 来自 glotta = glossa, 舌。【分布】巴拿马。【模式】Platyglottis coriacea L. O. Williams ■★

40693　Platygonia Naudin（1866）= Trichosanthes L.（1753）［葫芦科（瓜科, 南瓜科）Cucurbitaceae］■●

40694　Platygyna P. Mercier（1830）【汉】宽蕊大戟属。【隶属】大戟科 Euphorbiaceae。【包含】世界 7 种。【学名诠释与讨论】〈阴

（希）platys，platos，平的、宽的、广的、扁平的、宽阔的+gyne，所有格gynaikos，雌性；雌蕊。【分布】古巴。【模式】Platygyna urens Mercier.【参考异名】Acanthocaulon Klotzsch ex Endl.（1850）；Acanthocaulon Klotzsch（1850）Nom. illegit.；Platygyne Howard, Nom. illegit. ☆

40695 Platygyne Howard, Nom. illegit. = Platygyna P. Mercier（1830）［大戟科 Euphorbiaceae］☆

40696 Platyhymenia Walp.（1842）Nom. illegit. = Plathymenia Benth.（1840）（保留属名）［豆科 Fabaceae（Leguminosae）//云实科（苏木科）Caesalpiniaceae］●☆

40697 Platykeleba N. E. Br.（1895）【汉】宽杯萝藦属。【隶属】萝藦科 Asclepiadaceae。【包含】世界1种。【学名诠释与讨论】〈阴〉（希）platys，platos+kelebe 瓶、杯、盘。此属的学名是"Platykeleba N. E. Brown, Bull. Misc. Inform. 1895；250. Oct 1895"。亦有文献把其处理为"Cynanchum L.（1753）"的异名。【分布】马达加斯加。【模式】Platykeleba insignis N. E. Brown.【参考异名】Cynanchum L.（1753）■☆

40698 Platylepis A. Rich.（1828）（保留属名）【汉】阔鳞兰属。【隶属】兰科 Orchidaceae。【包含】世界10种。【学名诠释与讨论】〈阴〉（希）platys，platos，平的、宽的、广的、扁平的、宽阔的+lepis，所有格 lepidos，指小式 lepion 或 lepidion，鳞，鳞片。lepidotos，多鳞的。lepos，鳞，鳞片。此属的学名"Platylepis A. Rich. in Mém. Soc. Hist. Nat. Paris 4；34. Sep 1828"是保留属名。相应的废弃属名是兰科 Orchidaceae 的"Erporkis Thouars in Nouv. Bull. Sci. Soc. Philom. Paris 1；317. Apr 1809 = Platylepis A. Rich.（1828）（保留属名）"。莎草科 Cyperaceae 的"Platylepis Kunth, Enum. Pl.[Kunth]2；269. 1837［1-6 May 1837］= Ascolepis Nees ex Steud.（1855）（保留属名）"是晚出的非法名称，亦应废弃。"Erporchis Thouars, Hist. Orchid. t. sp. 1, 1822 = Erporkis Thouars（1809）（废弃属名）= Platylepis A. Rich.（1828）（保留属名）"是废弃属名"Erporkis Thouars（1809）"的拼写变体，也应废弃。化石植物（裸子植物）的"Platylepis A. I. Turutanova-Ketova, Vopr. Paleontol. 1；340. 1950"和"Platylepis Saporta, Paléontol. Franc. Foss. 2；276. 1874"也是晚出的非法名称；须废弃。"Notiophrys Lindley, J. Proc. Linn. Soc., Bot. 1；189. 21 Mar 1857"是"Platylepis A. Rich.（1828）（保留属名）"的晚出的同模式异名（Homotypic synonym, Nomenclatural synonym）。【分布】马达斯加，南非，塞舌尔（塞舌尔群岛），马斯克林群岛，热带。【模式】Platylepis goodyeroides A. Richard, Nom. illegit.［Goodyera occulta Du Petit-Thouars；Platylepis occulta（Du Petit-Thouars）H. G. Reichenbach］。【参考异名】Crypterpis Thouars；Diplogastra Welw. ex Rchb. f.（1865）；Erporchis Thouars（1809）（废弃属名）；Erporkis Thouars（1809）（废弃属名）；Notiophrys Lindl.（1857）Nom. illegit. ■☆

40699 Platylepis Kunth（1837）Nom. illegit.（废弃属名）= Ascolepis Nees ex Steud.（1855）（保留属名）［莎草科 Cyperaceae］■☆

40700 Platylobium Sm.（1793）（废弃属名）= Bossiaea Vent.（1800）［豆科 Fabaceae（Leguminosae）］●☆

40701 Platylophus Cass.（1826）（废弃属名）= Centaurea L.（1753）（保留属名）［菊科 Asteraceae（Compositae）//矢车菊科 Centaureaceae］●■

40702 Platylophus D. Don（1830）（保留属名）【汉】阔脊木属。【隶属】火把树科（常绿梭枝树科，角瓣木科，库诺尼科，南蔷薇科，轻木科）Cunoniaceae。【包含】世界1种。【学名诠释与讨论】〈阳〉（希）platys，platos，平的、宽的、广的、扁平的、宽阔的+lophos，脊，鸡冠，装饰。此属的学名"Platylophus D. Don in Edinburgh New Philos. J. 9；92. Apr-Jun 1830"是保留属名。相应的废弃属名是菊科 Asteraceae 的"Platylophus Cass. in Cuvier, Dict. Sci. Nat. 44；

36. Dec 1826 = Centaurea L.（1753）（保留属名）"。"Trimerisma K. B. Presl, Abh. Königl. Böhm. Ges. Wiss. ser. 5. 3；503. Jul-Dec 1845"是"Platylophus D. Don（1830）（保留属名）"的晚出的同模式异名（Homotypic synonym, Nomenclatural synonym）。【分布】非洲南部。【模式】Platylophus trifoliatus（Linnaeus f.）D. Don[Weinmannia trifoliata Linnaeus f.]。【参考异名】Trimerisma C. Presl（1845）Nom. illegit. ●☆

40703 Platyluma Baill.（1891）= Micropholis（Griseb.）Pierre（1891）［山榄科 Sapotaceae］●☆

40704 Platymerium Bartl. ex DC.（1830）= Hypobathrum Blume（1827）［茜草科 Rubiaceae］●☆

40705 Platymetra Noronha ex Salisb.（1866）Nom. illegit. ≡ Tupistra Ker Gawl.（1814）［百合科 Liliaceae//铃兰科 Convallariaceae］■

40706 Platymetraceae Salisb. = Aspidistraceae J. Agardh；~ = Convallariaceae L. ■

40707 Platymiscium Vogel（1837）【汉】阔变豆属。【俄】Платимисциум，Роза порицветковая。【英】Macawood。【隶属】豆科 Fabaceae（Leguminosae）。【包含】世界20-30种。【学名诠释与讨论】〈阴〉（希）platys，platos，平的、宽的、广的、扁平的、宽阔的+mischos，小花梗。【分布】巴拿马，秘鲁，玻利维亚，厄瓜多尔，哥伦比亚（安蒂奥基亚），哥斯达黎加，墨西哥，尼加拉瓜，中美洲。【后选模式】Platymiscium floribundum Vogel。【参考异名】Hymenolobium Benth.（1860）Nom. illegit.；Hymenolobium Benth. ex Mart.（1837）●☆

40708 Platymitium Warb.（1895）= Dobera Juss.（1789）［牙刷树科（刺茉莉科）Salvadoraceae］●☆

40709 Platymitra Boerl.（1899）【汉】宽帽花属。【隶属】番荔枝科 Annonaceae。【包含】世界2种。【学名诠释与讨论】〈阴〉（希）platys，platos，平的、宽的、广的、扁平的、宽阔的+mitra，指小式 mitrion，僧帽，尖帽，头巾。mitratus，戴头巾或其他帽类之物的。【分布】泰国，印度尼西亚（爪哇岛），马来半岛。【模式】Platymitra macrocarpa Boerlage.【参考异名】Macania Blanco ●☆

40710 Platymitrium Willis, Nom. inval. = Dobera Juss.（1789）；~ = Platymitium Warb.（1895）［牙刷树科（刺茉莉科）Salvadoraceae］●☆

40711 Platynema Schrad.（1835）Nom. illegit. ≡ Winkleria Rchb.（1841）；~ = Mertensia Roth（1797）（保留属名）［紫草科 Boraginaceae］■

40712 Platynema Wight et Arn.（1833）= Tristellateia Thouars（1806）［金虎尾科（黄褥花科）Malpighiaceae］●

40713 Platyopuntia（Eng.）Frič et Schelle ex Kreuz.（1935）= Opuntia Mill.（1754）［仙人掌科 Cactaceae］●

40714 Platyopuntia（Eng.）Kreuz.（1935）= Opuntia Mill.（1754）［仙人掌科 Cactaceae］●

40715 Platyopuntia Kreuz.（1935）Nom. illegit. ≡ Platyopuntia（Eng.）Kreuz.（1935）；~ = Opuntia Mill.（1754）［仙人掌科 Cactaceae］●

40716 Platyosprion（Maxim.）Maxim.（1877）= Cladrastis Raf.（1824）［豆科 Fabaceae（Leguminosae）//蝶形花科 Papilionaceae］●

40717 Platyosprion Maxim.（1877）Nom. illegit. ≡ Platyosprion（Maxim.）Maxim.（1877）；~ = Cladrastis Raf.（1824）［豆科 Fabaceae（Leguminosae）//蝶形花科 Papilionaceae］●

40718 Platypetalum R. Br.（1823）= Braya Sternb. et Hoppe（1815）［十字花科 Brassicaceae（Cruciferae）］■

40719 Platypholis Maxim.（1887）【汉】小笠原列当属。【隶属】玄参科 Scrophulariaceae//列当科 Orobanchaceae。【包含】世界1种。【学名诠释与讨论】〈阴〉（希）platys，platos，平的、宽的、广的、扁平的、宽阔的+pholis，鳞甲。【分布】日本（小笠原群岛）。【模

式］Platypholis boninsimae Maximowicz ■☆

40720 Platypodanthera R. M. King et H. Rob.（1972）【汉】宽药柄泽兰属。【隶属】菊科 Asteraceae（Compositae）。【包含】世界 1 种。【学名诠释与讨论】〈阴〉（希）platys, platos, 平的, 宽的, 广的, 扁平的, 宽阔的+pous, 所有格 podos, 指小式 podion, 脚, 足, 柄, 梗。podotes, 有脚的 + anthera, 花药。【分布】巴西。【模式】Platypodanthera melissaefolia（A. P. de Candolle）R. M. King et H. E. Robinson［Ageratum melissaefolium A. P. de Candolle］■●☆

40721 Platypodium Vogel（1837）【汉】宽柄豆属。【隶属】豆科 Fabaceae（Leguminosae）。【包含】世界 1-2 种。【学名诠释与讨论】〈中〉（希）platys, platos, 平的, 宽的, 广的, 扁平的, 宽阔的 + pous, 所有格 podos, 指小式 podion, 脚, 足, 柄, 梗。podotes, 有脚的+-ius, -ia, -ium, 在拉丁文和希腊文中, 这些词尾表示性质或状态。【分布】巴拉圭, 巴拿马, 巴西, 玻利维亚, 哥伦比亚（安蒂奥基亚）, 中美洲。【后选模式】Platypodium elegans Vogel。【参考异名】Callisemaea Benth.（1837）；Calosemaea Post et Kuntze（1903）■☆

40722 Platyptelea J. Drumm. ex Harv.（1855）= Aphanopetalum Endl.（1839）［隐瓣藤科（胶藤科）Aphanopetalaceae//火把树科 Cunoniaceae］●☆

40723 Platypteris Kunth（1818）= Verbesina L.（1753）（保留属名）［菊科 Asteraceae（Compositae）］●■☆

40724 Platypterocarpus Dunkley et Brenan（1948）【汉】宽翅果卫矛属。【隶属】卫矛科 Celastraceae。【包含】世界 1 种。【学名诠释与讨论】〈阳〉（希）platys, platos, 平的, 宽的, 广的, 扁平的, 宽阔的+pteron, 指小式 pteridion, 翅。pteridios, 有羽毛的+karpos, 果实。【分布】热带非洲东部。【模式】Platypterocarpus tanganyikensis Dunkley et Brenan ●☆

40725 Platypus Small et Nash（1903）= Eulophia R. Br.（1821）［as 'Eulophus'］（保留属名）［兰科 Orchidaceae］■

40726 Platyraphe Miq. = Pimpinella L.（1753）［伞形花科（伞形科）Apiaceae（Umbelliferae）］■

40727 Platyraphium Cass.（1825）= Lamyra Cass.（1822）Nom. illegit. ；～ = Lamyra（Cass.）Cass.（1822）［菊科 Asteraceae（Compositae）］■☆

40728 Platyrhaphe Miq.（1867）= Pimpinella L.（1753）［伞形花科（伞形科）Apiaceae（Umbelliferae）］■

40729 Platyrhiza Barb. Rodr.（1881）【汉】扁根兰属。【隶属】兰科 Orchidaceae。【包含】世界 1 种。【学名诠释与讨论】〈阴〉（希）platys, platos, 平的, 宽的, 广的, 扁平的, 宽阔的+rhiza, 或 rhizoma, 根, 根茎。【分布】巴西。【模式】Platyrhiza quadricolor Barbosa Rodrigues ■☆

40730 Platyrhodon（Decne.）Hurst（1928）Nom. illegit. ≡ Platyrhodon Hurst（1928）［蔷薇科 Rosaceae］●

40731 Platyrhodon Hurst（1928）【汉】巴西刺梨属。【隶属】蔷薇科 Rosaceae。【包含】世界 1 种, 中国 1 种。【学名诠释与讨论】〈中〉（希）platys, platos, 平的, 宽的, 广的, 扁平的, 宽阔的 + rhodon, 红色。此属的学名, ING, TROPICOS 和 IK 均记载为 "Platyrhodon Hurst, Z. Indukt. Abstammungs – Vererbungsl. Suppl. Band II（Verh. V Int. Kongr. Vererb. Wiss. Berlin 1927）2: 902. 1928"。它被处理为 "Rosa subgen. Platyrhodon（Hurst）Rehder Man. Cult. Trees, ed. 2 451. 1940"。"Platyrhodon（Decne.）Hurst（1928）≡ Platyrhodon Hurst（1928）" 的命名人引证有误。亦有文献把 "Platyrhodon Hurst（1928）" 处理为 "Rosa L.（1753）" 的异名。【分布】中国, 东亚。【模式】Platyrhodon microphyllus Hurst［as ' microphylla '］［Rosa microphylla Roxburgh 1832, non Desfontaines 1798］。【参考异名】Opuntia subgen. Platopuntia

Engelm.（1856）；Platyrhodon（Decne.）Hurst（1928）Nom. illegit. ；Rosa L.（1753）；Rosa sect. Platyrhodon Decne.（1940）●

40732 Platyruscus A. P. Khokhr. et V. N. Tikhom.（1993）【汉】宽假叶树属。【隶属】百合科 Liliaceae//假叶树科 Ruscaceae。【包含】世界 4 种。【学名诠释与讨论】〈阴〉（希）platys, platos, 平的, 宽的, 广的, 扁平的, 宽阔的+（属）Ruscus 肖假叶树。此属的学名 " Platyruscus A. P. Khokhrjakov et V. N. Tichomirov, Byull. Moskovsk. Obshch. Isp. Prir. , Otd. Biol. 98（4）: 92. 1993（post 8 Sep）" 是 "Ruscus ser. Simplices Yeo" 替代名称。亦有文献把 "Platyruscus A. P. Khokhr. et V. N. Tikhom.（1993）" 处理为 "Ruscus L.（1753）" 的异名。【分布】参见 Ruscus L.（1753）。【模式】Platyruscus hypoglossum（Linnaeus）A. P. Khokhrjakov et V. N. Tichomirov［Ruscus hypoglossum Linnaeus］。【参考异名】Ruscus L.（1753）；Ruscus ser. Simplices Yeo ●☆

40733 Platysace Bunge（1845）【汉】宽盾草属。【隶属】伞形科（伞形科）Apiaceae（Umbelliferae）。【包含】世界 25 种。【学名诠释与讨论】〈阴〉（希）platys, platos, 平的, 宽的, 广的, 扁平的, 宽阔的 + sakos, 盾。【分布】澳大利亚。【模式】Platysace cirrosa Bunge。【参考异名】Caepha Leschen. ex Rchb.（1837）；Fischera Spreng.（1813）；Platycarpidium F. Muell.（1857）；Siebera Rchb.（1828）（废弃属名）；Trachymene DC.（1830）■☆

40734 Platyschkuhria（A. Gray）Rydb.（1906）【汉】盆雏菊属。【英】Basindaisy。【隶属】菊科 Asteraceae（Compositae）。【包含】世界 1 种。【学名诠释与讨论】〈阴〉（希）platys, platos, 平的, 宽的, 广的, 扁平的, 宽阔的+（属）Schkuhria 假丝叶菊属（史库菊属）。此属的学名, ING 记载为 "Platyschkuhria（A. Gray）Rydberg, Bull. Torrey Bot. Club 33: 154. 7 Apr 1906", 由 "Schkuhria sect. Platyschkuhria A. Gray, Amer. Naturalist 8: 213. 1874" 改级而来。GCI 和 IK 则记载为 "Platyschkuhria Rydb. , Bull. Torrey Bot. Club 33:154. 1906"。【分布】美国（西部）。【模式】Platyschkuhria integrifolia（A. Gray）Rydberg［Schkuhria integrifolia A. Gray］。【参考异名】Platyschkuhria Rydb.（1906）Nom. illegit. ；Schkuhria sect. Platyschkuhria A. Gray（1874）■☆

40735 Platyschkuhria Rydb.（1906）Nom. illegit. ≡ Platyschkuhria（A. Gray）Rydb.（1906）［菊科 Asteraceae（Compositae）］■☆

40736 Platysema Benth.（1838）= Centrosema（DC.）Benth.（1837）（保留属名）［豆科 Fabaceae（Leguminosae）//蝶形花科 Papilionaceae］●■☆

40737 Platysepalum Welw. ex Baker（1871）【汉】宽萼豆属。【隶属】豆科 Fabaceae（Leguminosae）。【包含】世界 12 种。【学名诠释与讨论】〈中〉（希）platys, platos, 平的, 宽的, 广的, 扁平的, 宽阔的+ sepalum, 花萼。【分布】热带非洲。【模式】Platysepalum violaceum Welwitsch ex J. G. Baker ■☆

40738 Platysma Blume（1825）Nom. illegit. = Placostigma Blume（1828）；～ = Podochilus Blume（1825）［兰科 Orchidaceae］■

40739 Platysperma Rchb. = Daucus L.（1753）；～ = Platyspermum Hoffm.（1814）［伞形花科（伞形科）Apiaceae（Umbelliferae）］■

40740 Platyspermatiaceae Doweld（2001）= Alseuosmiaceae Airy Shaw ●☆

40741 Platyspermation Guillaumin（1950）【汉】扁子岛海桐属。【隶属】岛海桐科 Alseuosmiaceae。【包含】世界 1 种。【学名诠释与讨论】〈中〉（希）platys, platos, 平的, 宽的, 广的, 扁平的, 宽阔的+ sperma, 所有格 spermatos, 种子, 孢子+-ion, 表示出现。【分布】法属新喀里多尼亚。【模式】Platyspermation crassifolium Guillaumin ●☆

40742 Platyspermum Hoffm.（1814）= Daucus L.（1753）［伞形花科（伞形科）Apiaceae（Umbelliferae）］■

40743 Platyspermum Hook.（1830）Nom. illegit. ≡ Idahoa A. Nelson et

J. F. Macbr. (1913) ［十字花科 Brassicaceae(Cruciferae)］■☆

40744 Platystachys C. Koch (1854) Nom. illegit. ≡ Platystachys K. Koch (1854) Nom. illegit. ; ~ ≡ Allardtia A. Dietr. (1852) ; ~ ≡ Tillandsia L. (1753) ［凤梨科 Bromeliaceae//花凤梨科 Tillandsiaceae］■☆

40745 Platystachys K. Koch (1854) Nom. illegit. ≡ Allardtia A. Dietr. (1852) ; ~ ≡ Tillandsia L. (1753) ［凤梨科 Bromeliaceae//花凤梨科 Tillandsiaceae）］■☆

40746 Platystele Schltr. (1910)【汉】阔柱兰属。【隶属】兰科 Orchidaceae。【包含】世界 80 种。【学名诠释与讨论】〈阴〉（希）platys, platos, 平的, 宽的, 广的, 扁平的, 宽阔的+stele, 支持物, 支柱, 石头做的界标, 柱, 中柱, 花柱。【分布】巴拿马, 秘鲁, 玻利维亚, 厄瓜多尔, 哥伦比亚（安蒂奥基亚）, 哥斯达黎加, 墨西哥, 尼加拉瓜, 中美洲。【模式】Platystele bulbinella Schlechter ■☆

40747 Platystemma Wall. (1831)【汉】堇叶苣苔属（花叶苣苔属, 叶花苣苔属）。【英】Platystemma。【隶属】苦苣苔科 Gesneriaceae。【包含】世界 1 种, 中国 1 种。【学名诠释与讨论】〈中〉（希）platys, platos, 平的, 宽的, 广的, 扁平的, 宽阔的+stemma, 所有格 stemmatos, 花冠, 花环, 王冠。【分布】中国, 喜马拉雅山。【后选模式】Platystemma violoides Wallich ■

40748 Platystemon Benth. (1835)【汉】宽蕊罂粟属（平蕊罂粟属）。【俄】Платистемон。【英】Cream Cups, Creamcups, Platystemon。【隶属】罂粟科 Papaveraceae//宽蕊罂粟科 Platystemonaceae。【包含】世界 1 种。【学名诠释与讨论】〈阳〉（希）platys, platos, 平的, 宽的, 广的, 扁平的, 宽阔的+stemon, 雄蕊。【分布】北美洲西部。【模式】Platystemon californicus Bentham［as 'californicum'］。【参考异名】Boothia Douglas ex Benth. (1835)■☆

40749 Platystemonaceae A. C. Sm.［亦见 Papaveraceae Juss. (保留科名) 罂粟科］【汉】宽蕊罂粟科。【包含】世界 1 属 1 种。【分布】北美洲。【科名模式】Platystemon Benth. ■

40750 Platystemonaceae Lilja (1870) = Papaveraceae Juss. (保留科名) ●■

40751 Platystephium Gardner (1848) = Egletes Cass. (1817)［菊科 Asteraceae(Compositae)］■☆

40752 Platystigma Benth. (1835)【汉】夜罂粟属（罂粟菊属）。【隶属】罂粟科 Papaveraceae。【包含】世界 1 种。【学名诠释与讨论】〈阴〉（希）hesperos, 西方的, 傍晚的+mekon, 罂粟。此属的学名, ING、GCI、TROPICOS 和 IK 记载是 "Hesperomecon E. L. Greene, Pittonia 5:146. 28 Aug 1903"。ING 记载它是 "Platystigma Bentham, Trans. Hort. Soc. London ser. 2. 1:406. 1835" 的晚出的同模式异名（Homotypic synonym, Nomenclatural synonym）。本属应使用 "Platystigma Benth. (1834)" 为正名。也有学者把 "Platystigma Benth. (1835)" 处理为 "Meconella Nutt. (1838)［罂粟科 Papaveraceae］" 的异名, 不妥; 这 2 个属若要归并, 应该用早出的 "Platystigma Benth. (1835)" 为正名。"Platystigma R. Br., Numer. List［Wallich］n. 7523. 1832［茶茱萸科 Icacinaceae//大戟科 Euphorbiaceae］" 是一个未合格发表的名称（Nom. inval.）; 合格化的名称是 "Platystigma R. Br. ex Benth., Gen. Pl.［Bentham & Hooker f.］3(1):283. 1880［7 Feb 1880］", 但是一个晚出的非法名称; 也有文献误记为 "Platystigma R. Br. ex Benth. et Hook. f. (1880)"; 它们是 "Platea Blume (1826)［茶茱萸科 Icacinaceae］" 的异名。【分布】北美洲西部。【模式】Platystigma lineare Bentham。【参考异名】Hesperomecon Greene (1903) Nom. illegit. ; Meconella Nutt. (1838)■☆

40753 Platystigma R. Br. ex Benth. (1880) Nom. illegit. = Platea Blume (1826)［茶茱萸科 Icacinaceae//大戟科 Euphorbiaceae］●

40754 Platystigma R. Br. ex Benth. et Hook. f. (1880) Nom. illegit. ≡ Platystigma R. Br. ex Benth. (1880) Nom. illegit. ; ~ = Platea Blume (1826)［茶茱萸科 Icacinaceae//大戟科 Euphorbiaceae］●

40755 Platystigma R. Br. ex Hook. f. (1887) Nom. illegit. = Platea Blume (1826)［茶茱萸科 Icacinaceae］●

40756 Platystoma Benth. et Hook. f. (1876) Nom. illegit. = Platostoma P. Beauv. (1818)［唇形科 Lamiaceae(Labiatae)］■☆

40757 Platystyliparis Marg. (2006)【汉】宽柱兰属。【隶属】兰科 Orchidaceae。【包含】世界 18 种。【学名诠释与讨论】〈阴〉（希）platys, platos, 平的, 宽的, 广的, 扁平的, 宽阔的+stylos = 拉丁文 style, 花柱, 中柱, 有尖之物, 桩, 柱, 支持物, 支柱, 石头做的界标+parisos, 几乎相等的, 平衡的。此属的学名是 "Platystyliparis Marg., Richardiana 7:35. 2006"。亦有文献把其处理为 "Malaxis Sol. ex Sw. (1788)" 的异名。【分布】参见 Malaxis Sol. ex Sw. (1788)。【模式】Platystyliparis decurrens (Blume) Marg.［Malaxis decurrens Blume］。【参考异名】Malaxis Sol. ex Sw. (1788)■☆

40758 Platystylis (Blume) Lindl. (1830) = Liparis Rich. (1817)（保留属名）［兰科 Orchidaceae］■

40759 Platystylis Lindl. (1830) Nom. illegit. ≡ Platystylis (Blume) Lindl. (1830) ; ~ = Liparis Rich. (1817)（保留属名）［兰科 Orchidaceae］■

40760 Platystylis Sweet (1828) = Lathyrus L. (1753)［豆科 Fabaceae (Leguminosae)//蝶形花科 Papilionaceae］■

40761 Platytaenia Nevski et Vved. (1937) Nom. illegit. ≡ Neoplatytaenia Geld. (1990) ; ~ = Semenovia Regel et Herder (1866)［伞形科 (伞形科) Apiaceae(Umbelliferae)］■

40762 Platythea O. F. Cook (1947) Nom. inval. = Chamaedorea Willd. (1806)（保留属名）［棕榈科 Arecaceae(Palmae)］●☆

40763 Platytheca Steetz (1845)【汉】阔囊孔药花属。【隶属】孔药木科（独勃门多拉科, 假石南科, 孔药花科）Tremandraceae//杜英科 Elaeocarpaceae。【包含】世界 2 种。【学名诠释与讨论】〈阴〉（希）platys, platos, 平的, 宽的, 广的, 扁平的, 宽阔的+theke = 拉丁文 theca, 匣子, 箱子, 室, 药室, 囊。【分布】澳大利亚。【模式】未指定●☆

40764 Platythelys Garay (1977)【汉】阔喙兰属。【隶属】兰科 Orchidaceae。【包含】世界 8-9 种。【学名诠释与讨论】〈阴〉（希）platys, platos, 平的, 宽的, 广的, 扁平的, 宽阔的+thely(s), 女人。指蕊喙宽而平。【分布】巴拿马, 哥伦比亚（安蒂奥基亚）, 尼加拉瓜, 中美洲。【模式】Platythelys querceticola (J. Lindley) L. A. Garay［Physurus querceticola J. Lindley］■☆

40765 Platythyra N. E. Br. (1925)【汉】平盾番杏属。【日】プラティティラ属。【隶属】番杏科 Aizoaceae。【包含】世界 1 种。【学名诠释与讨论】〈阴〉（希）platys, platos, 平的, 宽的, 广的, 扁平的, 宽阔的+thyra, 门。thyris, 所有格 thyridos, 窗。thyreos, 门限石, 形状如门的长方形石盾。此属的学名是 "Platythyra N. E. Brown, Gard. Chron. ser. 3. 78:412. 21 Nov 1925"。亦有文献把其处理为 "Aptenia N. E. Br. (1925)" 的异名。【分布】非洲南部。【模式】Platythyra haeckeliana (A. Berger) N. E. Brown［Mesembryanthemum haeckelianum A. Berger］。【参考异名】Aptenia N. E. Br. (1925)■☆

40766 Platytinospora (Engl.) Diels (1910)【汉】非洲青牛胆属。【隶属】防己科 Menispermaceae。【包含】世界 1 种。【学名诠释与讨论】〈阴〉（希）platys, platos, 平的, 宽的, 广的, 扁平的, 宽阔的+spora, 孢子, 种子。此属的学名, ING 和 TROPICOS 记载是 "Platytinospora (Engler) Diels in Engler, Pflanzenr. IV. 94 (Heft 46):126, 168. 6 Dec 1910", 由 "Tinospora sect. Platytinospora Engl., Botanische Jahrbücher für Systematik, Pflanzengeschichte und Pflanzengeographie 26:403. 1899. (Bot. Jahrb. Syst.)" 改级而来。IK 记载为 "Platytinospora Diels, Pflanzenr. (Engler) Menispermac.

168.1910〔6 Dec 1910〕"。三者引用的文献相同。【分布】西赤道非洲。【模式】Platytinospora buchholzii（Engler）Diels〔Tinospora buchholzii Engler〕。【参考异名】Platytinospora Diels（1910）Nom. illegit.；Tinospora sect. Platytinospora Engl.（1899）●☆

40767　Platytinospora Diels（1910）Nom. illegit. ≡ Platytinospora（Engl.）Diels（1910）〔防己科 Menispermaceae〕●☆

40768　Platyzamia Zucc.（1846）= Dioon Lindl.（1843）（保留属名）〔苏铁科 Cycadaceae//泽米苏铁科（泽米科）Zamiaceae〕●☆

40769　Platzchaeta Sch. Bip.（1855）= Platychaete Boiss.（1849）〔菊科 Asteraceae（Compositae）〕■●

40770　Plazaea Post et Kuntze（1903）= Plazia Ruiz et Pav.（1794）〔菊科 Asteraceae（Compositae）〕●☆

40771　Plazeria Steud.（1841）= Plazerium Willd. ex Kunth（1833）；~ = Saccharum L.（1753）〔禾本科 Poaceae（Gramineae）〕■

40772　Plazerium Kunth（1833）Nom. illegit. ≡ Plazerium Willd. ex Kunth（1833）〔禾本科 Poaceae（Gramineae）〕■

40773　Plazerium Willd. ex Kunth（1833）= Eriochrysis P. Beauv.（1812）；~ = Saccharum L.（1753）〔禾本科 Poaceae（Gramineae）〕■

40774　Plazia Ruiz et Pav.（1794）【汉】脂菊木属。【隶属】菊科 Asteraceae（Compositae）。【包含】世界3种。【学名诠释与讨论】〈阴〉（人）Anton Wilhelm Plaz,1708-1784,植物学者。【分布】阿根廷,秘鲁,玻利维亚,安第斯山。【模式】Plazia conferta Ruiz et Pavon。【参考异名】Aglaodendron J. Rémy（1849）；Crocodeilanthe Rchb. f. et Warsz.（1854）Nom. illegit.；Harthamnus H. Rob.（1980）；Hyalis D. Don ex Hook. et Arn.（1835）；Iobaphes Post et Kuntze（1903）；Jobaphes Phil.（1860）；Plazaea Post et Kuntze（1903）；Tobaphes Phil.●☆

40775　Pleconax Adans.（1763）= Silene L.（1753）（保留属名）〔石竹科 Caryophyllaceae〕■

40776　Pleconax Raf.（1840）Nom. illegit. = Silene L.（1753）（保留属名）〔石竹科 Caryophyllaceae〕■

40777　Plecospermum Trécul（1847）= Maclura Nutt.（1818）（保留属名）〔桑科 Moraceae〕●

40778　Plecostachys Hilliard et B. L. Burtt（1981）【汉】密头火绒草属。【隶属】菊科 Asteraceae（Compositae）。【包含】世界2种。【学名诠释与讨论】〈阴〉（希）pleko,织,搓,绞+stachys,穗,谷,长钉。【分布】非洲南部。【模式】Plecostachys serpyllifolia（P. J. Bergius）O. M. Hilliard et B. L. Burtt〔Gnaphalium serpyllifolium P. J. Bergius〕■☆

40779　Plecostigma Turcz.（1844）= Gagea Salisb.（1806）〔百合科 Liliaceae〕■

40780　Plectaneia Thouars（1806）【汉】编织夹竹桃属。【隶属】夹竹桃科 Apocynaceae。【包含】世界13种。【学名诠释与讨论】〈阴〉（希）plektane,编织物。只花冠。【分布】马达加斯加。【模式】Plectaneia thouarsii J. J. Roemer et J. A. Schultes●☆

40781　Plectanthera Mart.（1824）= Luxemburgia A. St. -Hil.（1822）〔金莲木科 Ochnaceae〕●☆

40782　Plectanthera Mart. et Zucc.（1824）= Luxemburgia A. St. -Hil.（1822）〔金莲木科 Ochnaceae〕●☆

40783　Plectis O. F. Cook（1904）= Euterpe Mart.（1823）（保留属名）〔棕榈科 Arecaceae（Palmae）〕●☆

40784　Plectocephalus D. Don（1830）【汉】网苞菊属。【英】Basketflower。【隶属】菊科 Asteraceae（Compositae）。【包含】世界4种。【学名诠释与讨论】〈阴〉（希）plektos,纺织物+kephale,头。指苞片边缘网状。此属的学名是"Plectocephalus D. Don in Sweet,Brit. Fl. Gard. 4：ad t. 51. Jun 1830"。亦有文献把其处理为"Centaurea L.（1753）（保留属名）"的异名。【分布】埃塞俄比亚,美国,墨西哥,温带南美洲,中美洲。【模式】Plectocephalus americanus D. Don。【参考异名】Centaurea L.（1753）（保留属名）■☆

40785　Plectocomia Mart. et Blume（1830）【汉】钩叶藤属（钩叶棕属,巨藤属,毛蕊桐属,毛藤属）。【日】シロジクトウ属。【英】Giant Mountain Rattan, Hookleafvine, Plectocomia。【隶属】棕榈科 Arecaceae（Palmae）。【包含】世界16种,中国4-5种。【学名诠释与讨论】〈阴〉（希）plektos,绞成的,扭曲的+kome,毛发,束毛,冠毛,来自拉丁文 coma。【分布】印度（阿萨姆）至马来西亚（西部）,中国。【模式】Plectocomia elongata Martius ex J. A. Schultes et J. H. Schultes。【参考异名】Canna Noronha,Nom. illegit.●

40786　Plectocomiopsis Becc.（1893）【汉】拟钩叶藤属（编织藤属,假钩叶藤属,假毛蕊桐属,来茛藤属,类钩叶藤属,囊凸藤属,拟毛藤属）。【日】シロジクトウモドキ属。【英】Plectocomiopsis。【隶属】棕榈科 Arecaceae（Palmae）。【包含】世界5-8种。【学名诠释与讨论】〈阴〉（属）Plectocomia 钩叶藤属+希腊文 opsis,外观,模样,相似。【分布】马来半岛,亚洲西南部。【后选模式】Plectocomiopsis geminiflora（Griffith）Beccari〔as 'geminiflorus'〕〔Calamus geminiflorus Griffith〕●☆

40787　Plectogyne Link（1834）= Aspidistra Ker Gawl.（1822）〔百合科 Liliaceae//铃兰科 Convallariaceae//蜘蛛抱蛋科 Aspidistraceae〕●■

40788　Plectoma Raf.（1838）= Utricularia L.（1753）〔狸藻科 Lentibulariaceae〕■

40789　Plectomirtha W. R. B. Oliv.（1948）= Pennantia J. R. Forst. et G. Forst.（1776）〔澳茱萸科 Pennantiaceae〕●☆

40790　Plectopoma Hanst.（1854）= Achimenes Pers.（1806）（保留属名）；~ = Gloxinia L' Hér.（1789）〔苦苣苔科 Gesneriaceae〕■☆

40791　Plectorrhiza Dockrill（1967）【汉】澳兰属。【隶属】兰科 Orchidaceae。【包含】世界3种。【学名诠释与讨论】〈阴〉（希）plektos,纺织物+rhiza,或 rhizoma,根,根茎。指杂乱的根。【分布】澳大利亚（东部,豪勋爵岛）。【模式】Plectorrhiza tridentata（Lindley）A. W. Dockrill〔Cleisostoma tridentatum Lindley〕■☆

40792　Plectrachne Henrard（1929）【汉】圆丘草属。【英】Spinifex。【隶属】禾本科 Poaceae（Gramineae）。【包含】世界16种。【学名诠释与讨论】〈中〉（希）plektron,距,用来打击的东西+achne,鳞片,泡沫,泡囊,谷壳,稃。【分布】澳大利亚。【模式】Plectrachne schinzii Henrard ■☆

40793　Plectranthastrum T. C. E. Fr.（1924）【汉】肖阿尔韦斯草属。【隶属】唇形科 Lamiaceae（Labiatae）。【包含】世界3种。【学名诠释与讨论】〈中〉（属）Plectranthus 香茶属（香茶菜属,香茶树属,延命草属）+-astrum,指示小的词尾,也有"不完全相似"的含义。此属的学名是"Plectranthastrum T. C. E. Fries, Repert. Spec. Nov. Regni Veg. 19：296. 20 Feb 1924"。亦有文献把其处理为"Alvesia Welw.（1869）（保留属名）"的异名。【分布】热带非洲东部。【模式】Plectranthastrum clerodendroides T. C. E. Fries。【参考异名】Alvesia Welw.（1869）（保留属名）；Plectranthrastrum Willis,Nom. inval.●☆

40794　Plectranthera Benth. et Hook. f.（1862）= Luxemburgia A. St. -Hil.（1822）；~ = Plectanthera Mart.（1824）〔金莲木科 Ochnaceae〕●☆

40795　Plectranthrastrum Willis, Nom. inval. = Alvesia Welw.（1869）（保留属名）；~ = Plectranthastrum T. C. E. Fr.（1924）〔唇形科 Lamiaceae（Labiatae）〕●☆

40796　Plectranthus L' Hér.（1788）（保留属名）【汉】香茶属（香茶菜属,香茶树属,延命草属）。【日】ヤマハッカ属。【俄】Шпороцветник。【英】Spurflower。【隶属】唇形科 Lamiaceae（Labiatae）。【包含】世界200-300种,中国2种。【学名诠释与

讨论】〈阳〉(希)plektron,距,用来打击的东西+anthos,花。指花冠基部具瘤。此属的学名"Plectranthus L'Hér.,Stirp. Nov. :84. Mar-Apr 1788"是保留属名。法规未列出相应的废弃属名。此属的学名,ING、APNI、GCI、TROPICOS 和 IK 记载是"Plectranthus L'Hér.,Stirp. Nov. 84, verso, t. 41,42(1785)"。亦有学者承认"网梗草属 Isodichyophorus"。但是文献记载的其3个学名"Isodichyophorus Briq. ex A. Chev.,Explor. Bot. Afrique Occ. Franc. i. 524(1920)"、"Isodichyophorus A. Chev. (1920)"和"Isodictyophorus Briquet in A. Chevalier, Bull. Soc. Bot. France Mém. 8:II-IV 285 1:Jan 1917"都是裸名。【分布】澳大利亚,巴基斯坦,玻利维亚,哥斯达黎加,马达加斯加,马来西亚,尼加拉瓜,中国,热带非洲至日本,太平洋地区,中美洲。【模式】Plectranthus fruticosus L'Héritier。【参考异名】Ascocarydion G. Taylor(1931);Burnatastrum Briq. (1897);Calchas P. V. Heath (1997);Capitanya Schweinf. ex Gürke(1895)Nom. illegit.; Capitanya Schweinf. ex Penz.(1893);Coleus Lour. (1790);Dielsia Kudô(1929)Nom. illegit.;Englerastrum Briq. (1894);Germanea Lam. (1788);Holostylon Robyns et Lebrun(1929);Isodichyophorus A. Chev. (1920)Nom. inval.,Nom. illegit.,Nom. nud.; Isodichyophorus Briq. ex A. Chev.(1920)Nom. inval.,Nom. nud.; Isodictyophorus Briq. (1917)Nom. inval.,Nom. nud.;Isodon (Benth.)Kudô(1929)Nom. illegit.;Isodon(Schrad. ex Benth.) Kudô(1929)Nom. illegit.;Neohyptis J. K. Morton(1962); Neomuellera Briq. (1894);Perrierastrum Guillaumin(1931); Rabdosia Hassk. (1842)Nom. illegit.;Rabdosiella Codd(1984); Saccostoma Wall. ex Voigt(1845);Skapanthus C. Y. Wu;Skapanthus C. Y. Wu et H. W. Li (1975);Solenostemon Thonn. (1827); Symphostemon Hiern(1900);Zatarhendi Forssk. ●■

40797 Plectreca Raf. (1838)= Vernonia Schreb. (1791)(保留属名) [菊科 Asteraceae(Compositae)//斑鸠菊科(绿菊科) Vernoniaceae]●■

40798 Plectrelminthes Merr. = Plectrelminthus Raf. (1838)[兰科 Orchidaceae]■☆

40799 Plectrelminthus Raf. (1838)【汉】蠕距兰属。【日】プレクトメルミンッス属。【隶属】兰科 Orchidaceae。【包含】世界2种。【学名诠释与讨论】〈阳〉(希)plektron,距+minthus,蠕虫。指长距。此属的学名,ING、TROPICOS 和 IK 记载是"Plectrelminthus Raf.,Fl. Tellur. 4:42. 1838[1836 publ. mid - 1838]"。"Leptocentrum Schlechter, Orchideen 600. 28 Nov 1914"是"Plectrelminthus Raf.(1838)"的晚出的同模式异名(Homotypic synonym, Nomenclatural synonym)。【分布】科摩罗,马达加斯加,热带非洲西部。【模式】Plectrelminthus bicolor Rafinesque, Nom. illegit.[Angraecum caudatum Lindley]。【参考异名】Leptocentrum Schltr. (1914)Nom. illegit.;Plectrelminthes Merr. ■☆

40800 Plectritis(Lindl.)DC.(1830)【汉】距缬草属。【隶属】缬草科(败酱科)Valerianaceae。【包含】世界4种。【学名诠释与讨论】〈阴〉(希)plektron,距+-itis,表示关系密切的词尾,像,具有。此属的学名,ING、GCI 和 IK 记载是"Plectritis(Lindl.)DC.,Prodr. [A. P. de Candolle]4:631. 1830[late Sep 1830]",由"Valerianella sect. Plectritis Lindley, Bot. Reg. 13:ad t. 1094. 1 Sep 1827"改级而来。"Plectritis DC. (1830)≡Plectritis(Lindl.)DC. (1830)"的命名人引证有误。【分布】美国(西部),智利。【模式】Plectritis congesta(Lindley)A. P. de Candolle[Valerianella congesta Lindley]。【参考异名】Plectritis DC. (1830)Nom. illegit.; Valerianella sect. Plectritis Lindl. (1827)■☆

40801 Plectritis DC. (1830)Nom. illegit. ≡ Plectritis(Lindl.)DC. (1830)[缬草科(败酱科)Valerianaceae]■☆

40802 Plectrocarpa Gillies ex Hook. (1833)Nom. illegit. = Plectrocarpa Gillies ex Hook. et Arn. (1833)[蒺藜科 Zygophyllaceae]●☆

40803 Plectrocarpa Gillies ex Hook. et Arn. (1833)【汉】距果蒺藜属。【隶属】蒺藜科 Zygophyllaceae。【包含】世界2-3种。【学名诠释与讨论】〈阴〉(希)plektron,距+karpos,果实。此属的学名,ING 和 IK 记载是"Plectrocarpa Gillies ex W. J. Hooker et Arnott, Bot. Misc. 3:166. 1 Mar 1833"。"Plectrocarpa Gillies, Bot. Misc. 3:166. 1833 ≡ Plectrocarpa Gillies ex Hook. et Arn. (1833)"的命名人引证有误。【分布】温带南美洲。【模式】Plectrocarpa tetracantha Gillies ex W. J. Hooker et Arnott。【参考异名】Plectrocarpa Gillies ex Hook. (1833)Nom. illegit.; Plectrocarpa Gillies(1833)Nom. illegit. ●☆

40804 Plectrocarpa Gillies(1833)Nom. illegit. ≡ Plectrocarpa Gillies ex Hook. et Arn. (1833)[蒺藜科 Zygophyllaceae]●☆

40805 Plectronema Raf. (1838)= Zephyranthes Herb. (1821)(保留属名)[石蒜科 Amaryllidaceae//葱莲科 Zephyranthaceae]■

40806 Plectronia Buching. ex Krauss(1844)Nom. illegit. (废弃属名)= Olinia Thunb. (1800)(保留属名)[方枝树科(阿林尼亚科)Oliniaceae//管萼木科(管萼科)Penaeaceae]●☆

40807 Plectronia L. (1767)(废弃属名)= Olinia Thunb. (1800)(保留属名)[方枝树科(阿林尼亚科)Oliniaceae//管萼木科(管萼科)Penaeaceae]●☆

40808 Plectronia Lour. (1790)Nom. illegit. (废弃属名)= Acanthopanax(Decne. et Planch.)Miq. (1863)Nom. illegit.; ~ = Eleutherococcus Maxim. (1859)[五加科 Araliaceae]●

40809 Plectroniaceae Hiern(1898)= Oliniaceae Harv. et Sond. (保留科名)●☆

40810 Plectroniella Robyns(1928)【汉】小距茜属。【隶属】茜草科 Rubiaceae。【包含】世界2种。【学名诠释与讨论】〈阴〉(希)plektron,距+-ellus,-ella,-ellum,加在名词词干后面形成指小式的词尾。或加在人名、属名等后面以组成新属的名称。【分布】热带非洲。【模式】Plectroniella armata(K. M. Schumann)W. Robyns[Vangueria armata K. M. Schumann]●☆

40811 Plectrophora H. Focke(1848)【汉】距兰属。【隶属】兰科 Orchidaceae。【包含】世界8种。【学名诠释与讨论】〈阴〉(希)plektron,距+phoros,具有,梗,负载,发现者。指距由花萼形成。此属的学名是"Plectrophora Focke, Tijdschr. Wis - Natuurk. Wetensch. Eerste Kl. Kon. Ned. Inst. Wetensch. 1:212. 1848"。亦有文献把其处理为"Jansenia Barb. Rodr. (1848)"的异名。藻类的"Plectrophora S. M. Wilson et G. T. Kraft, Austral. Syst. Bot. 13:353. 13 Jul 2000 ≡ Kentrophora S. M. Wilson et G. T. Kraft 2001[Rhodomelaceae]"是晚出的非法名称。【分布】巴拿马,巴西,秘鲁,玻利维亚,厄瓜多尔,哥斯达黎加,几内亚,特立尼达和多巴哥(特立尼达岛),中美洲。【模式】Plectrophora iridifolia Focke。【参考异名】Jansenia Barb. Rodr. (1891)■☆

40812 Plectrornis Raf. (1830)Nom. inval. ≡ Plectrornis Raf. ex Lunell (1916)Nom. illegit.; ~ = Delphinastrum(DC.)Spach(1839); ~ = Delphinium L. (1753)[毛茛科 Ranunculaceae//翠雀花科 Delphiniaceae]■

40813 Plectrornis Raf. ex Lunell(1916)Nom. illegit. ≡ Delphinastrum (DC.)Spach(1839); ~ = Delphinium L. (1753)[毛茛科 Ranunculaceae//翠雀花科 Delphiniaceae]■

40814 Plectrotropis Schumach. et Thonn. (1827)= Vigna Savi(1824)(保留属名)[豆科 Fabaceae(Leguminosae)//蝶形花科 Papilionaceae]■

40815 Plectrurus Raf. (1825)Nom. illegit. ≡ Tipularia Nutt. (1818)[兰科 Orchidaceae]■

40816 Pleea Michx. (1803)【汉】北美普氏百合属。【英】Rush -
featherling。【隶属】百合科 Liliaceae//黑药花科（藜芦科）
Melanthiaceae//纳茜菜科（肺筋草科）Nartheciaceae。【包含】世
界 1 种。【学名诠释与讨论】〈阴〉（人）Auguste Plée，1787-1825，
法国旅行家。此属的学名，ING、TROPICOS 和 IK 记载是"Pleea
Michx.，Fl. Bor. - Amer.（Michaux）1：247，t. 25. 1803［19 Mar
1803］"。"Ennearina Rafinesque, Aut. Bot. 65. 1840"是"Pleea
Michx.（1803）"的晚出的同模式异名（Homotypic synonym,
Nomenclatural synonym）。【分布】美国东南部。【模式】Pleea
tenuifolia A. Michaux。【参考异名】Ennearina Raf.（1840）Nom.
illegit. ;Plaea Pers.（1805）■☆

40817 Plegerina B. D. Jacks.，Nom. inval. = Pleragina Arruda ex Kost.
(1816) Nom. illegit. ; ~ = Licania Aubl.（1775）+ Couepia Aubl.
(1775)［金壳果科 Chrysobalanaceae］●☆

40818 Plegmatolemma Bremek.（1965）= Justicia L.（1753）［爵床科
Acanthaceae//鸭嘴花科（鸭咀花科）Justiciaceae］●■

40819 Plegorhiza Molina(1782)= Limonium Mill.（1754）（保留属名）
［白花丹科（矾松科，蓝雪科）Plumbaginaceae//补血草科
Limoniaceae］●■

40820 Plegorrhiza Spreng.（1817）Nom. illegit. =? Limonium Mill.
(1754)（保留属名）［白花丹科（矾松科，蓝雪科）
Plumbaginaceae//补血草科 Limoniaceae］●■

40821 Pleiacanthus(Hook. ex Nutt.) Rydb.（1917）【汉】刺骨苣属。
【英】Thorny Skeletonweed。【隶属】菊科 Asteraceae(Compositae)。
【包含】世界 1 种。【学名诠释与讨论】〈阴〉（希）pleio- = 拉丁文
multi-，多数的，更多的。这个词头常常用于属名中以指上新世
发生的种类或上新世时代+akantha，荆棘。akanthikos，荆棘的。
akanthion，蓟的一种，豪猪，刺猬。akanthinos，多刺的，用荆棘做
成的。在植物学中，acantha 通常指刺。此属的学名，ING 记载是
"Pleiacanthus（Hook. ex T. Nuttall）Rydberg, Fl. Rocky Mount.
1023. 31 Dec 1917"，由"Lycodesmia subgen. Pleiacanthus Hook. ex
T. Nuttall, Trans. Amer. Philos. Soc. ser. 2.7：444. 2 Apr 1841"改级
而来；而 IK 则记载为"Pleiacanthus Rydb.，Fl. Rocky Mts. 1023.
1917"；GCI、TROPICOS 和《北美植物志》记载为"Pleiacanthus
(Nutt.) Rydb.，Fl. Rocky Mts. 1023,1069. 1917［31 Dec 1917］，由
"Lycodesmia subgen. Pleiacanthus T. Nuttall, Trans. Amer. Philos.
Soc. ser. 2.7：444. 2 Apr 1841"改级而来"。四者引用的文献相
同。亦有文献把"Pleiacanthus（Hook. ex Nutt.）Rydb.（1917）"处
理为"Lygodesmia D. Don(1829)"的异名。【分布】美国（西部）。
【模式】Pleiacanthus spinosus （T. Nuttall） Rydberg ［Lygodesmia
spinosa T. Nuttall］。【参考异名】Lycodesmia subgen. Pleiacanthus
Hook. ex Nutt.（1841）; Lycodesmia subgen. Pleiacanthus Nutt.
(1841); Lygodesmia D. Don（1829）; Pleiacanthus（Nutt.）Rydb.
(1917); Pleiacanthus （Nutt.）Rydb. （1917）Nom. illegit. ;
Pleiacanthus Rydb.（1917）Nom. illegit. ■●☆

40822 Pleiacanthus(Nutt.) Rydb.（1917）Nom. illegit. ≡ Pleiacanthus
(Hook. ex Nutt.) Rydb.（1917）［菊科 Asteraceae(Compositae)］■
●☆

40823 Pleiacanthus Rydb.（1917）Nom. illegit. ≡ Pleiacanthus（Hook.
ex Nutt.) Rydb.（1917）; ~ ≡ Pleiacanthus（Hook. ex Nutt.）Rydb.
(1917)［菊科 Asteraceae(Compositae)］■●☆

40824 Pleiadelphia Stapf（1927）= Elymandra Stapf（1919）［禾本科
Poaceae(Gramineae)］■☆

40825 Pleianthemum K. Schum. ex A. Chev.（1920）= Duboscia Bocquet
(1866)［椴树科（椴科，田麻科）Tiliaceae//锦葵科 Malvaceae］●☆

40826 Pleiariana N. Chao et G. T. Gong，Nom. illegit. = Salix L.（1753）
（保留属名）［杨柳科 Salicaceae］●

40827 Pleiarina N. Chao et G. T. Gong，Nom. illegit. = Salix L.（1753）
（保留属名）［杨柳科 Salicaceae］●

40828 Pleiarina Raf.（1838）= Salix L.（1753）（保留属名）［杨柳科
Salicaceae］●

40829 Pleienta Raf.（1837）Nom. illegit. ≡ Sabatia Adans.（1763）［龙
胆科 Gentianaceae］■☆

40830 Pleimeris Raf.（1838）Nom. illegit. ≡ Thunbergia Montin（1773）
（废弃属名）; ~ = Gardenia J. Ellis(1761)（保留属名）［茜草科
Rubiaceae//栀子科 Gardeniaceae］●■

40831 Pleioblastus Nakai(1925)【汉】苦竹属（川竹属，大明竹属）。
【日】メダケ属。【俄】Плейобластус。【英】Bamboo, Bitter
Bamboo,Bitterbamboo,Bitter-bamboo,Striped Bamboo。【隶属】禾
本科 Poaceae(Gramineae)//青篱竹科 Arundinariaceae。【包含】
世界 40-50 种，中国 17-29 种。【学名诠释与讨论】〈阳〉（希）
pleio- = 拉丁文 multi-，多数的，更多的+blastos，芽，胚，嫩枝，枝，
花。指主秆每节上具三枚以上的分枝或幼芽。此属的学名是
"Pleioblastus Nakai,J. Arnold Arbor. 6：145. 30 Jul 1925"。亦有文
献把其处理为"Arundinaria Michx.（1803）"的异名。【分布】中
国,东亚。【后选模式】Pleioblastus communis （Makino）Nakai
［Arundinaria communis Makino］。【参考异名】Arundinaria Michx.
(1803); Polyanthus C. H. Hu ●

40832 Pleiocardia Greene(1904)【汉】多心芥属。【隶属】十字花科
Brassicaceae(Cruciferae)。【包含】世界 6 种。【学名诠释与讨
论】〈阴〉（希）pleio- = 拉丁文 multi-，多数的，更多的+kardia，心
脏。此属的学名是"Pleiocardia E. L. Greene, Leafl. Bot. Observ. 1：
85. 21 Dec 1904"。亦有文献把其处理为"Streptanthus Nutt.
(1825)"的异名。【分布】美国（加利福尼亚）。【模式】
Pleiocardia tortuosa （Kellogg）E. L. Greene［Streptanthus tortuosus
Kellogg］。【参考异名】Mesoreanthus Greene（1904）; Streptanthus
Nutt.（1825）■☆

40833 Pleiocarpa Benth.（1876）【汉】多果树属。【隶属】夹竹桃科
Apocynaceae。【包含】世界 3-5 种。【学名诠释与讨论】〈阴〉
（希）pleio- = 拉丁文 multi-，多数的，更多的+karpos，果实。【分
布】热带非洲。【后选模式】Pleiocarpa mutica Bentham。【参考异
名】Carpodinopsis Pichon(1953)●☆

40834 Pleiocarpidia K. Schum.（1897）【汉】繁果茜属。【隶属】茜草
科 Rubiaceae。【包含】世界 27 种。【学名诠释与讨论】〈阴〉
（希）pleio- = 拉丁文 multi-，多数的，更多的+karpos，果实+-
idius,-idia,-idium,指示小的词尾。此属的学名"Pleiocarpidia
K. M. Schumann in Engler et Prantl, Nat. Pflanzenfam. Nachtr. 1：
314. Oct 1897"是一个替代名称。"Aulacodiscus Hook. f. in
Bentham et Hook. f.，Gen. 2：71. 7-9 Apr 1873"是一个非法名称
(Nom. illegit.)，因为此前已经有了硅藻的"Aulacodiscus C. G.
Ehrenberg, Ber. Bekanntm. Verh. Königl. Preuss. Akad. Wiss. Berlin
1844：73. 1844（nom. cons.）"。故用"Pleiocarpidia K. Schum.
(1897)"替代之。【分布】马来西亚（西部）。【模式】
Aulacodiscus premnoides J. D. Hooker。【参考异名】Aulacodiscus
Hook. f.（1873）Nom. illegit. ; Pliocarpidia Post et Kuntze（1903）
Nom. illegit. ●☆

40835 Pleioceras Baill.（1888）【汉】多角竹桃属。【隶属】夹竹桃
科 Apocynaceae。【包含】世界 3 种。【学名诠释与讨论】〈中〉
（希）pleio- = 拉丁文 multi-，多数的，更多的+keras，所有格
keratos,角,距,弓。【分布】热带非洲西部。【模式】Pleioceras
barteri Baillon ●☆

40836 Pleiochasia(Kamienski) Barnhart（1916）= Utricularia L.（1753）
［狸藻科 Lentibulariaceae］■

40837 Pleiochasia Barnhart （1916） Nom. illegit. ≡ Pleiochasia

（Kamienski）Barnhart（1916）; ~ = Utricularia L.（1753）［狸藻科 Lentibulariaceae］■

40838　Pleiochiton Naudin ex A. Gray（1853）【汉】多被野牡丹属。【隶属】野牡丹科 Melastomataceae。【包含】世界 7 种。【学名诠释与讨论】〈中〉（希）pleio- = 拉丁文 multi-，多数的，更多的+chiton，覆盖。【分布】巴西（南部）。【模式】Pleiochiton crassifolius Naudin ex A. Gray［as 'crassifolia'］☆

40839　Pleiococca F. Muell.（1875）= Acronychia J. R. Forst. et G. Forst.（1775）（保留属名）［芸香科 Rutaceae］●

40840　Pleiocoryne Rauschert（1982）【汉】多棒茜属。【隶属】茜草科 Rubiaceae。【包含】世界 1 种。【学名诠释与讨论】〈阴〉（希）pleio- = 拉丁文 multi-，多数的，更多的+coryne，棍棒。此属的学名"Pleiocoryne S. Rauschert, Taxon 31:561. 9 Aug 1982"是一个替代名称。"Polycoryne Keay, Bull. Jard. Bot. État 28:32. 31 Mar 1958"是一个非法名称（Nom. illegit.），因为此前已经有了红藻的"Polycoryne Skottsberg, Wiss. Ergebn. Schwed. Südpolar - Exped. 1901 - 1903, 4（15）:36. 1919"。故用"Pleiocoryne Rauschert（1982）"替代之。【分布】热带非洲西部。【模式】Pleiocoryne fernandensis（W. P. Hiern）S. Rauschert［Gardenia fernandensis W. P. Hiern］。【参考异名】Polycoryne Keay（1958）Nom. illegit. ●☆

40841　Pleiocraterium Bremek.（1939）【汉】多杯茜属。【隶属】茜草科 Rubiaceae。【包含】世界 4 种。【学名诠释与讨论】〈中〉（希）pleio- = 拉丁文 multi-，多数的，更多的+krater，杯+-ius，-ia，-ium，在拉丁文和希腊文中，这些词尾表示性质或状态。【分布】斯里兰卡，印度尼西亚（苏门答腊岛），印度（南部）。【模式】Pleiocraterium verticillare（Wight et Arnott）Bremekamp［Hedyotis verticillaris Wight et Arnott］■☆

40842　Pleiodon Rchb., Nom. illegit. = Bouteloua Lag.（1805）［as 'Botelua'］（保留属名）; ~ = Polyodon Kunth（1816）［禾本科 Poaceae（Gramineae）］■

40843　Pleiogyne C. Koch（1843）Nom. illegit. ≡ Pleiogyne K. Koch（1843）; ~ ≡ Strongylosperma Less.（1832）; ~ = Cotula L.（1753）［菊科 Asteraceae（Compositae）］■☆

40844　Pleiogyne K. Koch（1843）Nom. illegit. ≡ Strongylosperma Less.（1832）; ~ = Cotula L.（1753）［菊科 Asteraceae（Compositae）］■

40845　Pleiogynium Engl.（1883）【汉】倍柱木属（伯德金李属）。【隶属】漆树科 Anacardiaceae。【包含】世界 2-3 种。【学名诠释与讨论】〈中〉（希）pleio- = 拉丁文 multi-，多数的，更多和+gyne，所有格 gynaikos，雌性，雌蕊+-ius，-ia，-ium，在拉丁文和希腊文中，这些词尾表示性质或状态。此属的学名，ING、TROPICOS、APNI 和 IK 记载是"Pleiogynium Engl., Monogr. Phan.［A. DC. et C. DC.］4:255. 1883［Mar 1883］"。"Pliogynopsis O. Kuntze in Post et O. Kuntze, Lex. 448. Dec 1903（'1904'）"是"Pleiogynium Engl.（1883）"的晚出的同模式异名（Homotypic synonym, Nomenclatural synonym）。【分布】澳大利亚（昆士兰），菲律宾，小巽他群岛，新几内亚岛。【模式】Pleiogynium solandri（Bentham）Engler［Spondias solandri Bentham］。【参考异名】Pliogynopsis Kuntze（1903）Nom. illegit. ●☆

40846　Pleiokirkia Capuron（1961）【汉】马岛苦木属。【隶属】苦木科 Simaroubaceae。【包含】世界 1 种。【学名诠释与讨论】〈阴〉（希）pleio- = 拉丁文 multi-，多数的，更多的+（属）Kirkia 番苦木属（棱镜果属）。【分布】马达加斯加。【模式】Pleiokirkia leandrii Capuron ●☆

40847　Pleioluma（Baill.）C. Baehni（1965）= Sersalisia R. Br.（1810）［山榄科 Sapotaceae］●

40848　Pleioluma Baill.（1965）Nom. illegit. ≡ Pleioluma（Baill.）C. Baehni（1965）［山榄科 Sapotaceae］●

40849　Pleiomeris A. DC.（1841）【汉】管基紫金牛属。【隶属】紫金牛科 Myrsinaceae。【包含】世界 1 种。【学名诠释与讨论】〈阴〉（希）pleio- = 拉丁文 multi-，多数的，更多的+meros，一部分。拉丁文 merus 含义为纯洁的，真正的。【分布】西班牙（加那利群岛），葡萄牙（马德拉群岛）。【模式】Pleiomeris canariensis（Willdenow）Alph. de Candolle［Scleroxylum canariense Willdenow］●☆

40850　Pleione D. Don（1825）【汉】独蒜兰属（一叶兰属）。【日】タイリントキサウ属，タイリントキソウ属，プレイオネ属。【英】Pleione。【隶属】兰科 Orchidaceae。【包含】世界 26 种，中国 23 种。【学名诠释与讨论】〈阴〉（希）pleion，更多的。另说 Pleione 为希腊神话中 Atlas 的妻子，生下了 7 个 Pleiades。【分布】印度至泰国，中国。【后选模式】Pleione praecox（J. E. Smith）D. Don［Epidendrum praecox J. E. Smith］■

40851　Pleioneura（C. E. Hubb.）J. B. Phipps（1973）Nom. illegit. = Danthoniopsis Stapf（1916）［禾本科 Poaceae（Gramineae）］■☆

40852　Pleioneura Rech. f.（1951）【汉】多脉石头花属。【隶属】石竹科 Caryophyllaceae。【包含】世界 1 种。【学名诠释与讨论】〈阴〉（希）pleio- = 拉丁文 multi-，多数的，更多的+neuron = 拉丁文 nervus，脉，筋，腱，神经。【分布】阿富汗，巴基斯坦，西喜马拉雅山，亚洲中部。【模式】未指定■☆

40853　Pleiophaca F. Muell. ex Baill. = Archidendron F. Muell.（1865）［豆科 Fabaceae（Leguminosae）//含羞草科 Mimosaceae］●

40854　Pleiosepalum Hand. -Mazz.（1922）= Aruncus L.（1758）［蔷薇科 Rosaceae］●■

40855　Pleiosepalum Moss（1931）Nom. illegit. ≡ Krauseola Pax et K. Hoffm.（1934）［石竹科 Caryophyllaceae］■☆

40856　Pleiosmilax Seem.（1868）= Smilax L.（1753）［百合科 Liliaceae//菝葜科 Smilacaceae］●

40857　Pleiosorbus L. H. Zhou et C. Y. Wu（2000）【汉】多蕊石灰树属。【英】Pleiosorbus。【隶属】蔷薇科 Rosaceae。【包含】世界 1 种，中国 1 种。【学名诠释与讨论】〈阳〉（希）pleio- = 拉丁文 multi-，多数的，更多的+（属）Sorbus 花楸属。此属的学名是"Pleiosorbus L. H. Zhou et C. Y. Wu, Acta Bot. Yunnan. 22:383. Nov 2000"。亦有文献把它处理为"Sorbus L.（1753）"的异名。【分布】中国。【模式】Pleiosorbus megacarpus L. H. Zhou et C. Y. Wu。【参考异名】Sorbus L.（1753）■★

40858　Pleiospermium（Engl.）Swingle（1916）【汉】多籽橘属（多子橘属）。【隶属】芸香科 Rutaceae。【包含】世界 5 种。【学名诠释与讨论】〈中〉（希）pleio- = 拉丁文 multi-，多数的，更多的+sperma，所有格 spermatos，种子，孢子+-ius，-ia，-ium，在拉丁文和希腊文中，这些词尾表示性质或状态。此属的学名，ING 和 TROPICOS 记载是"Pleiospermium（Engler）Swingle, J. Wash. Acad. Sci. 6:427. 1916"；由"Limonia sect. Pleiospermium Engler in Engler et Prantl, Nat. Pflanzemfam. 3（4）:189. Mar 1896"改级而来;而 IK 则记载为"Pleiospermium Swingle, J. Wash. Acad. Sci. 1916, vi. 427"。三者引用的文献相同。【分布】东南亚西部。【模式】Pleiospermium alatum（Wight et Arnott）Swingle［Limonia alata Wight et Arnott］。【参考异名】Limnocitrus Swingle（1938）; Pleiospermium Swingle（1916）Nom. illegit. ●☆

40859　Pleiospermium Swingle（1916）Nom. illegit. ≡ Pleiospermium（Engl.）Swingle（1916）［芸香科 Rutaceae］●☆

40860　Pleiospilos N. E. Br.（1925）【汉】对叶花属（凤卵属，凤卵玉属）。【日】カクイシソウ属，プレイオスピロズ属。【英】Loving-rock。【隶属】番杏科 Aizoaceae。【包含】世界 4-33 种。【学名诠释与讨论】〈阳〉（希）pleio- = 拉丁文 multi-，多数的，更多的+spilos，所有格 spilados，斑点，污点。spilotos，被污染的，污

点。指叶上斑点。【分布】非洲南部。【模式】Pleiospilos bolusii（J. D. Hooker）N. E. Brown［Mesembryanthemum bolusii J. D. Hooker］。【参考异名】Puncticularia N. E. Br. ex Lemee；Punctilaria Lemee；Punctillaria N. E. Br.（1925）■☆

40861　Pleiospora Harv.（1859）= Pearsonia Dümmer（1912）［豆科 Fabaceae（Leguminosae）］●☆

40862　Pleiostachya K. Schum.（1902）【汉】繁花竹芋属。【隶属】竹芋科（竻叶科，柊叶科）Marantaceae。【包含】世界 2-3 种。【学名诠释与讨论】〈阴〉（希）pleio- = 拉丁文 multi-，多数的，更多的+stachys，穗，谷，长钉。【分布】厄瓜多尔，中美洲。【后选模式】Pleiostachya pruinosa（Regel）K. M. Schumann［Maranta pruinosa Regel］■☆

40863　Pleiostachyopiper Trel.（1934）【汉】繁花胡椒属。【隶属】胡椒科 Piperaceae。【包含】世界 1 种。【学名诠释与讨论】〈中〉（希）pleio- = 拉丁文 multi-，多数的，更多的+stachys，穗，谷，长钉+piper 胡椒。此属的学名是“Pleiostachyopiper Trelease, Proc. Amer. Philos. Soc. 73：328. 1934”。亦有文献把其处理为“Piper L.（1753）”的异名。【分布】巴西，亚马孙河流域。【模式】Pleiostachyopiper nudilimbum（A. C. de Candolle）Trelease［Piper nudilimbum A. C. de Candolle］。【参考异名】Piper L.（1753）●☆

40864　Pleiostemon Sond.（1850）【汉】多蕊大戟属。【隶属】大戟科 Euphorbiaceae。【包含】世界 1 种。【学名诠释与讨论】〈阳〉（希）pleio- = 拉丁文 multi-，多数的，更多的+stemon，雄蕊。此属的学名是“Pleiostemon Sonder, Linnaea 23：135. Mai 1850”。亦有文献把其处理为“Flueggea Willd.（1806）”的异名。【分布】非洲南部。【模式】Pleiostemon verrucosus（Thunberg）Sonder［as ‘verrucosum’］［Phyllanthus verrucosus Thunberg］。【参考异名】Flueggea Willd.（1806）●☆

40865　Pleiosyngyne Baum. -Bod.（1992）【汉】大叶假山毛榉属。【隶属】壳斗科（山毛榉科）Fagaceae//假山毛榉科（南青冈科，南山毛榉科，拟山毛榉科）Nothofagaceae。【包含】世界 1 种。【学名诠释与讨论】〈阴〉（希）pleio- = 拉丁文 multi-+syn 共同+gyne，所有格 gynaikos，雌性，雌蕊。此属的学名是“Pleiosyngyne Baum. - Bod., Systematik der Flora Neu - Caledonien. Band 6. Thallophyta + Bryophyta 1：86. 1992”。亦有文献把其处理为“Nothofagus Blume（1851）（保留属名）”的异名。【分布】澳大利亚（温带），新西兰，法属新喀里多尼亚，新几内亚岛，温带南美洲。【模式】Pleiosyngyne alessandri（Espinosa）Baum. -Bod.。【参考异名】Nothofagus Blume（1851）（保留属名）●☆

40866　Pleiotaenia J. M. Coult. et Rose（1909）Nom. illegit.，Nom. superfl. ≡ Polytaenia DC.（1830）［伞形花科（伞形科）Apiaceae（Umbelliferae）］■☆

40867　Pleiotaxis Steetz（1864）【汉】多肋菊属。【隶属】菊科 Asteraceae（Compositae）。【包含】世界 26 种。【学名诠释与讨论】〈阴〉（希）pleio- = 拉丁文 multi-，多数的，更多的+taxis，排列。【分布】热带非洲。【模式】Pleiotaxis pulcherrima Steetz ●■☆

40868　Pleisolirion Raf.（1837）Nom. illegit. ≡ Paradisea Mazzuc.（1811）（保留属名）［百合科 Liliaceae//阿福花科 Asphodelaceae//吊兰科（猴面包科，猴面包树科）Anthericaceae］■☆

40869　Pleistachyopiper Trel. =Piper L.（1753）［胡椒科 Piperaceae］●■

40870　Plenckia Moc. et Sessé ex DC. =Choisya Kunth（1823）［芸香科 Rutaceae］●☆

40871　Plenckia Raf.（1814）（废弃属名）= Glinus L.（1753）［番杏科 Aizoaceae//粟米草科 Molluginaceae//星粟草科 Glinaceae］■

40872　Plenckia Reissek（1861）（保留属名）【汉】普伦卫矛属。【隶属】卫矛科 Celastraceae。【包含】世界 4 种。【学名诠释与讨论】〈阴〉（人）Joseph Jacob von Plenck，1738-1807，奥地利植物学者，

医生。此属的学名“Plenckia Reissek in Martius, Fl. Bras. 11（1）：29. 15 Feb 1861”是保留属名。相应的废弃属名是番杏科 Aizoaceae 的“Plenckia Raf. in Specchio Sci. 1：194. 1 Jun 1814 = Glinus L.（1753）”。芸香科 Rutaceae 的“Plenckia Moc. et Sessé ex DC. =Choisya Kunth（1823）”亦应废弃。“Austroplenckia Lundell, Lilloa 4：378. 1939”是“Plenckia Reissek（1861）（保留属名）”的晚出的同模式异名（Homotypic synonym, Nomenclatural synonym）。【分布】巴拉圭，玻利维亚，南美洲。【模式】Plenckia populnea Reissek。【参考异名】Austroplenckia Lundell（1939）Nom. illegit.；Viposia Lundell（1939）●☆

40873　Pleocarphus D. Don（1830）【汉】卷叶菊属。【隶属】菊科 Asteraceae（Compositae）。【包含】世界 1 种。【学名诠释与讨论】〈阳〉（希）pleos，充满+karphos，皮壳，谷壳，糠秕。此属的学名是“Pleocarphus D. Don, Trans. Linn. Soc. London 16：228. 27 Mai 1830”。亦有文献把其处理为“Jungia L. f.（1782）［as ‘Iungia’］（保留属名）”的异名。【分布】智利北部。【模式】Pleocarphus revolutus D. Don。【参考异名】Heocarphus Phil.（1861）；Jungia L. f.（1782）（保留属名）；Pleocarpus Walp（1849）●☆

40874　Pleocarpus Walp.（1849）= Pleocarphus D. Don（1830）［菊科 Asteraceae（Compositae）］●☆

40875　Pleocaulus Bremek.（1944）= Strobilanthes Blume（1826）［爵床科 Acanthaceae］●■

40876　Pleodendron Tiegh.（1899）【汉】多瓣樟属。【隶属】白桂皮科 Canellaceae//白樟科 Lauraceae//假樟科 Lauraceae。【包含】世界 1 种。【学名诠释与讨论】〈中〉（希）pleos，充满 + dendron 或 dendros，树木，棍，丛林。【分布】西印度群岛，中美洲。【模式】Pleodendron macranthum（Baillon）Van Tieghem［Cinnamodendron macranthum Baillon］。【参考异名】Pteleodendron K. Schum.（1901）Nom. illegit. ●☆

40877　Pleodiporochna Tiegh.（1903）= Ochna L.（1753）［金莲木科 Ochnaceae］●

40878　Pleogyne Benth.（1862）Nom. illegit. ≡ Pleogyne Miers（1851）［防己科 Menispermaceae］●☆

40879　Pleogyne Miers ex Benth.（1863）Nom. illegit. ≡ Pleogyne Miers（1851）［防己科 Menispermaceae］●☆

40880　Pleogyne Miers（1851）【汉】多心藤属。【隶属】防己科 Menispermaceae。【包含】世界 1 种。【学名诠释与讨论】〈阴〉（希）pleos，充满+gyne，所有格 gynaikos，雌性，雌蕊。此属的学名，ING、APNI、TROPICOS 和 IK 记载是“Pleogyne Miers, Ann. Mag. Nat. Hist. ser. 2, 7（37）：43. 1851［Jan 1851］”。“Pleogyne Miers ex Benth.，Fl. Austral. 1：58. 1863［30 May 1863］≡Pleogyne Miers（1851）”和“Microclisia Bentham in Bentham et Hook. f.，Gen. 1（1, Add.）:435. 7 Aug 1862”是“Pleogyne Miers（1851）”的晚出的同模式异名（Homotypic synonym, Nomenclatural synonym）。【分布】澳大利亚（热带，东部）。【模式】Pleogyne australis Bentham。【参考异名】Microclisia Benth.（1862）Nom. illegit.；Pleogyne Miers ex Benth.（1863）Nom. illegit.；Pliogyna Post et Kuntze（1903）●☆

40881　Pleomele Salisb.（1796）【汉】剑叶木属（龙血树属）。【隶属】百合科 Liliaceae//龙舌兰科 Agavaceae//龙血树科 Dracaenaceae。【包含】世界 50 种，中国 6 种。【学名诠释与讨论】〈阴〉（希）pleos+melon，苹果。此属的学名是“Pleomele R. A. Salisbury, Prodr. Stirp. 245. Nov - Dec 1796”。亦有文献把其处理为“Dracaena Vand. ex L.（1767）Nom. illegit.”的异名。【分布】中国，热带和亚热带旧世界。【模式】未指定。【参考异名】Dracaena Vand.（1762）；Dracaena Vand. ex L.（1767）Nom. illegit. ●

40882　Pleonanthus Ehrh. = Dianthus L.（1753）；~ = Kohlrauschia

Kunth（1838）［石竹科 Caryophyllaceae］☆

40883　Pleonotoma Miers（1863）【汉】多节花属。【隶属】紫葳科 Bignoniaceae。【包含】世界 14 种。【学名诠释与讨论】〈中〉（希）pleio- =拉丁文 multi-，多数的，更多的。这个词头常常用于属名中以指上新世发生的种类或上新世时代+tomos，一片，锐利的，切割的。tome，断片，残株。【分布】巴拿马，秘鲁，比尼翁，玻利维亚，厄瓜多尔，哥伦比亚（安蒂奥基亚），尼加拉瓜，特立尼达和多巴哥（特立尼达岛），中美洲。【模式】未指定。【参考异名】Clematitaria Bureau（1864）；Kuhlmannia J. C. Gomes（1956）；Nestoria Urb.（1916）●☆

40884　Pleopadium Raf.（1840）= Croton L.（1753）［大戟科 Euphorbiaceae//巴豆科 Crotonaceae］●

40885　Pleopetalum Tiegh.（1903）= Ochna L.（1753）［金莲木科 Ochnaceae］●

40886　Pleopogon Nutt.（1848）= Lycurus Kunth（1816）［禾本科 Poaceae（Gramineae）］■☆

40887　Pleorothyrium Endl.（1841）= Ocotea Aubl.（1775）；~ = Pleurothyrium Nees（1836）［樟科 Lauraceae］●☆

40888　Pleotheca Wall.（1830）Nom. inval. = Spiradiclis Blume（1827）［茜草科 Rubiaceae］■●

40889　Pleouratea Tiegh.（1902）= Ouratea Aubl.（1775）（保留属名）［金莲木科 Ochnaceae］●

40890　Pleradenophora Esser（2001）【汉】长尖齿阳桃属。【隶属】大戟科 Euphorbiaceae。【包含】世界 1 种。【学名诠释与讨论】〈阴〉（希）pleio- =拉丁文 multi-，多数的，更多的+aden，所有格 adenos，腺体+phoros，具有，梗，负载，发现者。此属的学名是"Pleradenophora Esser, Gen. Euphorb. 377. 2001"。亦有文献把其处理为"Sebastiania Spreng.（1821）"的异名。【分布】玻利维亚，洪都拉斯，危地马拉。【模式】Pleradenophora longicuspis（Standl.）Esser。【参考异名】Sebastiania Spreng.（1821）●☆

40891　Pleragina Arruda ex Kost.（1816）Nom. illegit. ≡ Pleragina Arruda（1816）；~ = Licania Aubl.（1775）+Couepia Aubl.（1775）［金壳果科 Chrysobalanaceae］●☆

40892　Pleragina Arruda（1816）= Licania Aubl.（1775）+Couepia Aubl.（1775）［金壳果科 Chrysobalanaceae］●☆

40893　Plerandra A. Gray（1854）= Schefflera J. R. Forst. et G. Forst.（1775）（保留属名）［五加科 Araliaceae］●

40894　Plerandropsis R. Vig.（1906）= Trevesia Vis.（1842）［五加科 Araliaceae］●

40895　Pleroma D. Don（1823）= Tibouchina Aubl.（1775）［野牡丹科 Melastomataceae］●■☆

40896　Plesiagopus Raf.（1838）= Ipomoea L.（1753）（保留属名）［旋花科 Convolvulaceae］●■

40897　Plesiatropha Pierre ex Hutch.（1912）【汉】肖麻疯树属。【隶属】大戟科 Euphorbiaceae。【包含】世界 3 种。【学名诠释与讨论】〈阴〉（希）plesios，近边，相近，附近+（属）Jatropha 麻疯树属（膏桐属，假白榄属，麻风树属）。指其与麻疯树属相近。此属的学名是"Plesiatropha Pierre ex Hutch., Fl. Trop. Afr. 6（1.5）: 799, 1912"。亦有文献把其处理为"Mildbraedia Pax（1909）"的异名。"Plesiatropha Pierre, Tab. Herb. L. Pierre t. 11/1900, 1900"是未合格发表的名称。【分布】热带非洲。【模式】Plesiatropha klaineana Pierre ex Hutch.。【参考异名】Mildbraedia Pax（1909）；Plesiatropha Pierre（1900）Nom. inval.。■☆

40898　Plesiatropha Pierre（1900）Nom. inval. ≡ Plesiatropha Pierre ex Hutch.（1912）［大戟科 Euphorbiaceae］■☆

40899　Plesilia Raf.（1836）= Breweria R. Br.（1810）；~ =Stylisma Raf.（1818）［旋花科 Convolvulaceae］☆

40900　Plesiopsora Raf. = Scabiosa L.（1753）［川续断科（刺参科，蓟叶参科，山萝卜科，续断科）Dipsacaceae//蓝盆花科 Scabiosaceae］●■

40901　Plesisa Raf.（1838）= Utricularia L.（1753）［狸藻科 Lentibulariaceae］■

40902　Plesmonium Schott（1856）【汉】印度芋属。【隶属】天南星科 Araceae。【包含】世界 1 种。【学名诠释与讨论】〈中〉（希）plesios，近边，相近，附近+（属）Monium。此属的学名是"Plesmonium H. W. Schott, Syn. Aroid. 34. Mar 1856"。亦有文献把其处理为"Amorphophallus Blume ex Decne.（1834）（保留属名）"的异名。【分布】印度（北部）。【模式】Plesmonium margaritiferum（Roxburgh）H. W. Schott［Arum margaritiferum Roxburgh］。【参考异名】Amorphophallus Blume ex Decne.（1834）（保留属名）■☆

40903　Plethadenia Urb.（1912）【汉】群腺芸香属。【隶属】芸香科 Rutaceae。【包含】世界 2 种。【学名诠释与讨论】〈阴〉（希）pletho，充满+aden，所有格 adenos，腺体。【分布】西印度群岛。【模式】Plethadenia granulata（Krug et Urban）Urban［Fagara granulata Krug et Urban］●☆

40904　Plethiandra Hook. f.（1867）【汉】群雄野牡丹属。【隶属】野牡丹科 Melastomataceae。【包含】世界 7 种。【学名诠释与讨论】〈阴〉（希）pletho，充满+aner，所有格 andros，雄性，雄蕊。【分布】加里曼丹岛，马来半岛。【模式】Plethiandra motleyi J. D. Hooker。【参考异名】Medinillopsis Cogn.（1891）●☆

40905　Plethiosphace（Benth.）Opiz（1852）= Salvia L.（1753）［唇形科 Lamiaceae（Labiatae）//鼠尾草科 Salviaceae］●■

40906　Plethiosphace Opiz（1852）Nom. illegit. ≡ Plethiosphace（Benth.）Opiz（1852）；~ = Salvia L.（1753）［唇形科 Lamiaceae（Labiatae）//鼠尾草科 Salviaceae］●■

40907　Plethostephia Miers（1875）= Cordia L.（1753）（保留属名）［紫草科 Boraginaceae//破布木科（破布树科）Cordiaceae］●

40908　Plethyrsis Raf.（1840）= Richardia L.（1753）［茜草科 Rubiaceae］■

40909　Plettkea Mattf.（1934）【汉】坚果繁缕属。【隶属】石竹科 Caryophyllaceae//醉人花科（裸果木科）Illecebraceae。【包含】世界4种。【学名诠释与讨论】〈阴〉词源不详。【分布】安第斯山，秘鲁，玻利维亚。【模式】未指定■☆

40910　Pleudia Raf.（1837）= Salvia L.（1753）［唇形科 Lamiaceae（Labiatae）//鼠尾草科 Salviaceae］●■

40911　Pleurachne Schrad.（1832）= Ficinia Schrad.（1832）（保留属名）［莎草科 Cyperaceae］■☆

40912　Pleuradena Raf.（1833）Nom. illegit. =Euphorbia L.（1753）［大戟科 Euphorbiaceae］●■

40913　Pleuradenia B. D. Jacks. = Pleuradena Raf.（1833）［大戟科 Euphorbiaceae］●■

40914　Pleuradenia Raf.（1825）= Collinsonia L.（1753）［唇形科 Lamiaceae（Labiatae）］■☆

40915　Pleuradenia Raf.（1833）Nom. illegit.［大戟科 Euphorbiaceae］■☆

40916　Pleuralluma Plowes（2008）= Caralluma R. Br.（1810）［萝藦科 Asclepiadaceae］■

40917　Pleurandra Labill.（1806）= Hibbertia Andréws（1800）［五桠果科（第伦桃科，五丫果科，锡叶藤科）Dilleniaceae//纽扣花科 Hibbertiaceae］●☆

40918　Pleurandra Raf.（1817）Nom. illegit. ≡ Pleurostemon Raf.（1819）；~ =Gaura L.（1753）［柳叶菜科 Onagraceae］■

40919　Pleurandropsis Baill.（1873）= Asterolasia F. Muell.（1854）［芸香科 Rutaceae］●☆

40920 Pleurandros St. -Lag.（1880）= Hibbertia Andréws（1800）；~ = Pleurandra Labill.（1806）［五桠果科（第伦桃科，五丫果科，锡叶藤科）Dilleniaceae//纽扣花科 Hibbertiaceae］●☆

40921 Pleuranthe Salisb.（1809）= Protea L.（1771）（保留属名）［山龙眼科 Proteaceae］●☆

40922 Pleuranthe Salisb. ex Knight（1809）Nom. illegit. ≡ Pleuranthe Salisb.（1809）；~ = Protea L.（1771）（保留属名）［山龙眼科 Proteaceae］●☆

40923 Pleuranthemum（Pichon）Pichon（1953）= Hunteria Roxb.（1832）［夹竹桃科 Apocynaceae］●

40924 Pleuranthium（Rchb. f.）Benth.（1881）= Epidendrum L.（1763）（保留属名）［兰科 Orchidaceae］■☆

40925 Pleuranthium Benth.（1881）Nom. illegit. ≡ Pleuranthium（Rchb. f.）Benth.（1881）；~ = Epidendrum L.（1763）（保留属名）［兰科 Orchidaceae］■☆

40926 Pleuranthodendron L. O. Williams（1961）【汉】侧花椴属。【隶属】椴树科（椴科，田麻科）Tiliaceae。【包含】世界1种。【学名诠释与讨论】〈中〉（希）pleura = pleuron，肋骨，脉，棱，侧生 + anthos，花 + dendron 或 dendros，树木，棍，丛林。【分布】巴拿马，秘鲁，厄瓜多尔，哥伦比亚（安蒂奥基亚），哥斯达黎加，墨西哥，尼加拉瓜，中美洲。【模式】Pleuranthodendron mexicanum（A. Gray）L. O. Williams［as 'mexicana'］［Banara mexicana A. Gray］。【参考异名】Hasseltiopsis Sleumer（1938）●☆

40927 Pleuranthodes Weberb.（1896）【汉】腋花鼠李属。【隶属】鼠李科 Rhamnaceae。【包含】世界2种。【学名诠释与讨论】〈阴〉（希）pleura = pleuron，肋骨，脉，棱，侧生 + anthos，花 + oides，相像。【分布】美国（夏威夷）。【模式】未指定●☆

40928 Pleuranthodium（K. Schum.）R. M. Sm.（1991）【汉】侧花姜属。【隶属】姜科（襄荷科）Zingiberaceae//山姜科 Alpiniaceae。【包含】世界23-25种。【学名诠释与讨论】〈中〉（希）pleura = pleuron，肋骨，脉，棱，侧生 + anthos，花 + -idius，-idia，-idium，指示小的词尾。此属的学名，ING 和 IK 记载是"Pleuranthodium（K. M. Schumann）R. M. Smith，Edinburgh J. Bot. 48；63. 30 Apr 1991"，由"Alpinia sect. Pleuranthodium K. M. Schumann in Engler，Pflanzenr. IV. 46（Heft 20）：322. 4 Oct 1904"改级而来。亦有文献把"Pleuranthodium（K. Schum.）R. M. Sm.（1991）"处理为"Alpinia Roxb.（1810）（保留属名）"的异名。【分布】参见 Alpinia Roxb.（1810）（保留属名）。【模式】Pleuranthodium tephrochlamys（Lauterbach et K. M. Schumann）R. M. Smith［Alpinia tephrochlamys Lauterbach et K. M. Schumann］。【参考异名】Alpinia Roxb.（1810）（保留属名）；Alpinia sect. Pleuranthodium K. Schum.（1904）；Psychanthus（K. Schum.）Ridl.（1916）Nom. illegit.；Psychanthus Ridl.（1916）Nom. illegit.■☆

40929 Pleuranthus Rich. ex Pers.（1805）= Dulichium Pers.（1805）［莎草科 Cyperaceae］■☆

40930 Pleuraphis Torr.（1824）【汉】侧芒草属（海氏草属，黑拉禾属）。【隶属】禾本科 Poaceae（Gramineae）。【包含】世界4种。【学名诠释与讨论】〈阴〉（希）pleura = pleuron，肋骨，脉，棱，侧生 + raphis，针，芒。此属的学名是"Pleuraphis Torrey，Ann. Lyceum Nat. Hist. New York 1：148. 1824"。亦有文献把其处理为"Hilaria Kunth（1816）"的异名。"Pleuroraphis Post et Kuntze（1903）"是其拼写变体。【分布】美国（西南部），墨西哥。【模式】Pleuraphis jamesii Torrey。【参考异名】Hilaria Kunth（1816）；Pleuroraphis Post et Kuntze（1903）Nom. illegit.■☆

40931 Pleurastis Raf.（1838）= Lycoris Herb.（1821）［石蒜科 Amaryllidaceae］■

40932 Pleureia Raf.（1838）= Psychotria L.（1759）（保留属名）［茜草科 Rubiaceae//九节科 Psychotriaceae］●

40933 Pleuremidis Raf.（1838）= Thunbergia Retz.（1780）（保留属名）［爵床科 Acanthaceae//老鸦嘴科（山牵牛科，老鸦咀科）Thunbergiaceae］●■

40934 Pleurendotria Raf.（1837）（废弃属名）≡ Lithophragma（Nutt.）Torr. et A. Gray（1840）（保留属名）［虎耳草科 Saxifragaceae］■☆

40935 Pleurenodon Raf.（1837）= Hypericum L.（1753）［金丝桃科 Hypericaceae//猪胶树科（克鲁西科，山竹子科，藤黄科）Clusiaceae（Guttiferae）］■●

40936 Pleuriarum Nakai（1950）= Arisaema Mart.（1831）［天南星科 Araceae］●■

40937 Pleuricospora A. Gray（1868）【汉】歪子杜鹃属（黄晶兰属）。【隶属】杜鹃花科（欧石南科）Ericaceae。【包含】世界3种。【学名诠释与讨论】〈阴〉（希）pleurikos，在边上 + spora，孢子，种子。【分布】太平洋地区，北美洲。【模式】Pleuricospora fimbriolata A. Gray ●☆

40938 Pleurima Raf. = Campanula L.（1753）［桔梗科 Campanulaceae］■●

40939 Pleurimaria B. D. Jacks. = Blackstonia Huds.（1762）；~ = Plurimaria Raf.（1836）［龙胆科 Gentianaceae］■☆

40940 Pleurimaria Raf.（1836）Nom. illegit. ≡ Plurimaria Raf.（1836）［龙胆科 Gentianaceae］■☆

40941 Pleuripetalum Becc. ex T. Durand（1838）Nom. illegit. = Pleuripetalum T. Durand（1838）Nom. illegit.；~ = Eburopetalum Becc.（1871）；~ = Anaxagorea A. St. -Hil.（1825）［番荔枝科 Annonaceae］●

40942 Pleuripetalum T. Durand（1838）Nom. illegit. ≡ Eburopetalum Becc.（1871）；~ = Anaxagorea A. St. -Hil.（1825）［番荔枝科 Annonaceae］●

40943 Pleurisanthaceae Tiegh.（1899）= Icacinaceae Miers（保留科名）●■

40944 Pleurisanthes Baill.（1874）【汉】侧花茶茱萸属。【隶属】茶茱萸科 Icacinaceae。【包含】世界5种。【学名诠释与讨论】〈阴〉（希）pleura = pleuron，肋骨，脉，棱，侧生 + anthos，花。【分布】秘鲁，热带南美洲。【模式】Pleurisanthes artocarpi Baillon。【参考异名】Martia Valeton（1886）Nom. illegit.；Valetonia T. Durand ex Engl.（1896）；Valetonia T. Durand（1888）Nom. inval. ●☆

40945 Pleuroblepharis Baill.（1890）= Crossandra Salisb.（1805）［爵床科 Acanthaceae］●

40946 Pleuroblepharon Kunze ex Rchb.（1828）Nom. illegit.［兰科 Orchidaceae］■☆

40947 Pleurobotryum Barb. Rodr.（1877）= Pleurothallis R. Br.（1813）［兰科 Orchidaceae］■☆

40948 Pleurocalyptus Brongn. et Gris（1868）【汉】隐脉桃金娘属。【隶属】桃金娘科 Myrtaceae。【包含】世界1种。【学名诠释与讨论】〈阳〉（希）pleura = pleuron，肋骨，脉，棱，侧生 + kalyptos，遮盖的，隐藏的。kalypter，遮盖物，鞘，小箱。或 pleura = pleuron + Eucalyptus 桉属。【分布】法属新喀里多尼亚。【模式】Pleurocalyptus deplanchei A. T. Brongniart et Gris ●☆

40949 Pleurocarpaea Benth.（1867）【汉】少花糙毛菊属。【隶属】菊科 Asteraceae（Compositae）。【包含】世界1-2种。【学名诠释与讨论】〈阴〉（希）pleura = pleuron，肋骨，脉，棱，侧生 + karpos，果实。【分布】澳大利亚（热带）。【模式】Pleurocarpaea denticulata Bentham ■☆

40950 Pleurocarpus Klotzsch（1859）= Cinchona L.（1753）；~ = Rhyssocarpus Endl.（1843）［茜草科 Rubiaceae//金鸡纳科 Cinchonaceae］●☆

40951 Pleurochaenia Griseb.（1860）= Miconia Ruiz et Pav.（1794）（保

留属名）［野牡丹科 Melastomataceae//米氏野牡丹科 Miconiaceae］●☆

40952　Pleurocitrus Tanaka(1929) Nom. inval. = Citrus L. (1753)［芸香科 Rutaceae］●

40953　Pleurocoffea Baill.(1880) = Coffea L. (1753)［茜草科 Rubiaceae//咖啡科 Coffeaceae］●

40954　Pleurocoronis R. M. King et H. Rob. (1966)【汉】侧冠菊属。【隶属】菊科 Asteraceae(Compositae)。【包含】世界3种。【学名诠释与讨论】〈阴〉（希）pleura = pleuron, 肋骨, 脉, 棱, 侧生+korone, 花冠。【分布】美国（西南部），墨西哥。【模式】Pleurocoronis pluriseta (A. Gray) R. M. King et H. E. Robinson［Hofmeisteria pluriseta A. Gray］●☆

40955　Pleurodesmia Arn. (1834) = Schumacheria Vahl(1810)［五桠果科(第伦桃科, 五丫果科, 锡叶藤科) Dilleniaceae］■☆

40956　Pleurodiscus Pierre ex A. Ghev. (1917) = Laccodiscus Radlk. (1879)［无患子科 Sapindaceae］●☆

40957　Pleurogyna Eschsch. ex Cham. et Schltdl. (1826) = Lomatogonium A. Braun(1830); ~ = Swertia L. (1753)［龙胆科 Gentianaceae］■

40958　Pleurogyne Eschsch. ex Griseb. (1838) Nom. illegit. = Lomatogonium A. Braun (1830); ~ = Swertia L. (1753)［龙胆科 Gentianaceae］■

40959　Pleurogyne Griseb. (1838) Nom. illegit. ≡ Lomatogonium A. Braun (1830); ~ = Pleurogyna Eschsch. ex Cham. et Schltdl. (1826); ~ = Swertia L. (1753)［龙胆科 Gentianaceae］■

40960　Pleurogynella Ikonn. (1970) = Lomatogonium A. Braun(1830); ~ = Swertia L. (1753)［龙胆科 Gentianaceae］■

40961　Pleurolobus J. St. -Hil. (1812)（废弃属名）= Desmodium Desv. (1813)（保留属名）［豆科 Fabaceae(Leguminosae)//蝶形花科 Papilionaceae］●■

40962　Pleuromenes Raf. (1838) = Prosopis L. (1767)［豆科 Fabaceae(Leguminosae)//含羞草科 Mimosaceae］●

40963　Pleuropappus F. Muell. (1855)【汉】齿鳞鼠麹草属。【隶属】菊科 Asteraceae(Compositae)。【包含】世界1种。【学名诠释与讨论】〈阳〉（希）pleura = pleuron, 肋骨, 脉, 棱, 侧生+希腊文 pappos 指柔毛, 软毛。pappus 则与拉丁文同义, 指冠毛。此属的学名是"Pleuropappus F. v. Mueller, Trans. & Proc. Victorian Inst. Advancem. Sci. 1854-1855：37. 1855"。亦有文献把其处理为"Angianthus J. C. Wendl. (1808)（保留属名）"的异名。【分布】澳大利亚。【模式】Pleuropappus phyllocalymmeus F. v. Mueller。【参考异名】Angianthus J. C. Wendl. (1808)（保留属名）■☆

40964　Pleuropetalon Blume (1851) Nom. illegit. ≡ Chariessa Miq. (1856)［茶茱萸科 Icacinaceae//铁青树科 Olacaceae//心翼果科 Cardiopteridaceae］●☆

40965　Pleuropetalum Benth. et Hook. f. (1862) Nom. inval. = Pleuropetalon Blume (1851) Nom. illegit.; ~ = Chariessa Miq. (1856)［茶茱萸科 Icacinaceae//铁青树科 Olacaceae//心翼果科 Cardiopteridaceae］●☆

40966　Pleuropetalum Hook. f. (1846)【汉】肋瓣苋属。【隶属】苋科 Amaranthaceae。【包含】世界4种。【学名诠释与讨论】〈中〉（希）pleura = pleuron, 肋骨, 脉, 棱, 侧生+希腊文 petalos, 扁平的, 铺开的; petalon, 花瓣, 叶, 花叶, 金属叶子; 拉丁文的花瓣为 petalum。此属的学名, ING、GCI、TROPICOS 和 IK 记载是"Pleuropetalum Hook. f., London J. Bot. 5：108. 1846［Mar 1846］"。"Pleuropetalum Benth. et Hook. f., Gen. Pl. [Bentham et Hooker f.]1(1)：354. 1862［7 Aug 1862］= Pleuropetalon Blume (1851)［铁青树科 Olacaceae//茶茱萸科 Icacinaceae］"是晚出的非法名称, 也未合格发表。"Allochlamys Moquin-Tandon in Alph.

de Candolle, Prodr. 13(2)：463. 5 Mai 1849"是"Pleuropetalum Hook. f. (1846)"的晚出的同模式异名（Homotypic synonym, Nomenclatural synonym）。"Pleuropetalon Blume, Mus. Bot. 1(16)：248. 1851［Jul 1850 publ. early 1851］"已经被"Chariessa Miquel, Fl. Ind. Bat. 1(1)：794. 10 Jul 1856"所替代。【分布】巴拿马, 秘鲁, 玻利维亚, 厄瓜多尔（包括科隆群岛）, 哥伦比亚（安蒂奥基亚）, 尼加拉瓜, 中美洲。【模式】Pleuropetalum darwinii J. D. Hooker。【参考异名】Allochlamys Moq. (1849); Melanocarpum Hook. f. (1880)［苋科 Amaranthaceae］●☆

40967　Pleurophora D. Don(1837)【汉】肋梗千屈菜属。【隶属】千屈菜科 Lythraceae。【包含】世界7-10种。【学名诠释与讨论】〈阴〉（希）pleura = pleuron, 肋骨, 脉, 棱, 侧生+phoros, 具有, 梗, 负载, 发现者。【分布】巴拉圭, 玻利维亚, 南美洲。【模式】Pleurophora pungens D. Don。【参考异名】Xeraeanthus Mart. ex Koehne ■☆

40968　Pleurophragma Rydb. (1907)【汉】肋隔芥属。【隶属】十字花科 Brassicaceae(Cruciferae)。【包含】世界4种。【学名诠释与讨论】〈中〉（希）pleura = pleuron, 肋骨, 脉, 棱, 侧生+phragma, 所有格 phragmatos, 篱笆。phragmos, 篱笆, 障碍物。phragmites, 长在篱笆中的。【分布】美国, 太平洋地区。【模式】Pleurophragma integrifolium (Nuttall) Rydberg［Pachypodium integrifolium Nuttall］■☆

40969　Pleurophyllum Hook. f. (1844)【汉】纵脉菀属。【隶属】菊科 Asteraceae(Compositae)。【包含】世界3种。【学名诠释与讨论】〈中〉（希）pleura = pleuron, 肋骨, 脉, 棱, 侧生+希腊文 phyllon, 叶子。phyllodes, 似叶的, 多叶的。phylleion, 绿色材料, 绿草。此属的学名, ING、TROPICOS 和 IK 记载是"Pleurophyllum Hook. f., Bot. Antarct. Voy. I. (Fl. Antarct.). 1：30, t. 22, 24. 1844［ante 4 Jul 1844］"。"Pleurophyllum Mart. ex K. Schum."是"Warszewiczia Klotzsch(1853) Nom. illegit.［芸香科 Rutaceae］"的异名。【分布】新西兰。【模式】未指定。【参考异名】Albinea Hombr. et Jacquinot ex Decne (1853); Albinea Hombr. et Jacquinot (1845) Nom. inval.; Pachythrix Hook. f. (1844)●☆

40970　Pleurophyllum Mart. ex K. Schum. = Warszewiczia Klotzsch (1853)［芸香科 Rutaceae］■☆

40971　Pleuroplitis Trin. (1820) = Arthraxon P. Beauv. (1812)［禾本科 Poaceae(Gramineae)］■

40972　Pleuropogon R. Br. (1823)【汉】北极甜茅属。【俄】Плевропогон, Плеуропогон。【英】Semaphore Grass, Semaphore-grass。【隶属】禾本科 Poaceae(Gramineae)。【包含】世界5种。【学名诠释与讨论】〈阳〉（希）pleura = pleuron, 肋骨, 脉, 棱, 侧生+pogon, 所有格 pogonos, 指小式 pogonion, 胡须, 髯毛, 芒。pogonias, 有须的。指内稃基部具芒。【分布】美国（西部）。【模式】Pleuropogon sabinii R. Brown。【参考异名】Lepitoma Steud. (1841) Nom. illegit.; Lepitoma Torr. ex Steud. (1841); Lophochlaena Nees(1838)■☆

40973　Pleuropsa Merr., Nom. illegit. = Pleurospa Raf. (废弃属名); ~ = Montrichardia Crueg. (1854)（保留属名）［天南星科 Araceae］●☆

40974　Pleuropterantha Franch. (1882)【汉】肋翅苋属。【隶属】苋科 Amaranthaceae。【包含】世界3种。【学名诠释与讨论】〈阴〉（希）pleura = pleuron, 肋骨, 脉, 棱, 侧生+pteron, 指小式 pteridion, 翅。pteridios, 有羽毛的+anthos, 花。【分布】索马里兰地区。【模式】Pleuropterantha revoilii Franchet ●☆

40975　Pleuropteropyrum Gross(1913)【汉】肋翅蓼属（虎杖属, 神血宁属）。【隶属】蓼科 Polygonaceae。【包含】世界15种。【学名诠释与讨论】〈中〉（希）pleura = pleuron, 肋骨, 脉, 棱, 侧生+pteron, 指小式 pteridion, 翅+pyros, 小粒。指果实具翅。此属的学名是

"Pleuropteropyrum Gross, Bull. Acad. Int. Géogr. Bot. 23：8. 1913"。亦有文献把其处理为"Aconogonon（Meisn.）Rchb.（1837）"或"Persicaria（L.）Mill.（1754）"的异名。【分布】参见 Aconogonon（Meisn.）Rchb. 和 Persicaria（L.）Mill.。【后选模式】Pleuropteropyrum weyrichii（F. K. Schmidt）Gross［Polygonum weyrichii F. K. Schmidt］。【参考异名】Aconogonon（Meisn.）Rchb.（1837）；Persicaria（L.）Mill.（1754）■●

40976　Pleuropterus Turcz.（1848）= Fallopia Adans.（1763）；~ = Polygonum L.（1753）（保留属名）［蓼科 Polygonaceae］■●

40977　Pleuroraphis Post et Kuntze（1903）= Pleuraphis Torr.（1824）［禾本科 Poaceae（Gramineae）］■☆

40978　Pleuroridgea Tiegh.（1902）= Brackenridgea A. Gray（1853）［金莲木科 Ochnaceae］●☆

40979　Pleurospa Raf.（1838）（废弃属名）= Montrichardia Crueg.（1854）（保留属名）［天南星科 Araceae］■☆

40980　Pleurospermopsis C. Norman（1938）【汉】簇苞芹属。【隶属】伞形花科（伞形科）Apiaceae（Umbelliferae）。【包含】世界 1 种,中国 1 种。【学名诠释与讨论】〈阴〉（属）pleura = pleuron, 肋骨, 脉, 棱, 侧生+sperma, 所有格 spermatos, 种子, 孢子+希腊文 opsis, 外观, 模样, 相似。【分布】中国, 东喜马拉雅山。【模式】Pleurospermopsis sikkimensis（C. B. Clarke）C. Norman［Pleurospermum sikkimense C. B. Clarke］■

40981　Pleurospermum Hoffm.（1814）【汉】棱子芹属。【日】オオカサモチ属, オホカサモチ属。【俄】Реброплодник。【英】Pleurospermum, Ribseedcelery。【隶属】伞形花科（伞形科）Apiaceae（Umbelliferae）。【包含】世界 40-50 种,中国 39-41 种。【学名诠释与讨论】〈中〉（希）pleura = pleuron, 肋骨, 脉, 棱, 侧生+sperma, 所有格 spermatos, 种子, 孢子。指小果背部具三棱。本属的同物异名"Grafia Rchb., Handb. 219. 1837"是一个替代名称；"Hladnikia W. D. J. Koch, Flora 19：166. 21 Mar 1836"是一个非法名称（Nom. illegit.）, 因为此前已经有了"Hladnikia Rchb., Icon Bot. Pl. Crit. 9：9. t. 825. 1831 ≡ Grafia Rchb.（1837）= Carum L.（1753）［伞形花科（伞形科）Apiaceae（Umbelliferae）］"。故用"Grafia Rchb.（1837）"替代之。【分布】巴基斯坦, 中国, 温带欧亚大陆。【后选模式】Pleurospermum austriacum（Linnaeus）G. F. Hoffmann［Ligusticum austriacum Linnaeus］。【参考异名】Aulacospermum Ledeb.（1833）；Enymonospermum Spreng. ex DC.（1830）；Grafia Rchb.（1837）；Gravia Steud.（1840）；Hladnikia W. D. J. Koch（1835）Nom. illegit.；Hymenidium DC.；Hymenidium Lindl.（1835）；Hymenochlaena Post et Kuntze（1903）；Hymenolaena DC.（1830）；Malabaila Tausch（1834）Nom. illegit.；Physospermum Lag.（1821）Nom. illegit.；Pterocyclus Klotzsch（1862）；Thysselinum Moench ■

40982　Pleurostachys Brongn.（1833）【汉】侧穗莎属。【隶属】莎草科 Cyperaceae。【包含】世界 30-50 种。【学名诠释与讨论】〈阴〉（希）pleura = pleuron, 肋骨, 脉, 棱, 侧生+stachys, 穗, 谷, 长钉。此属的学名, ING、TROPICOS 和 IK 记载是"Pleurostachys A. T. Brongniart in Duperrey, Voyage Coquille Bot. 2：172. Apr 1833（'1829'）"。它曾被处理为"Rhynchospora sect. Pleurostachys（Brongn.）Benth. & Hook. f., Genera Plantarum 3（2）：1060. 1883"。【分布】秘鲁, 玻利维亚, 厄瓜多尔, 哥伦比亚（安蒂奥基亚）。【后选模式】Pleurostachys urvillei A. T. Brongniart。【参考异名】Nemochloa Nees（1834）Nom. illegit.（废弃属名）；Nomochloa Nees（1834）Nom. illegit.（废弃属名）；Rhynchospora sect. Pleurostachys（Brongn.）Benth. & Hook. f.（1883）■☆

40983　Pleurostelma Baill.（1890）【汉】侧冠萝藦属。【隶属】萝藦科 Asclepiadaceae。【包含】世界 1 种。【学名诠释与讨论】〈中〉（希）pleura = pleuron, 肋骨, 脉, 棱, 侧生+stelma, 王冠, 花冠。此属的学名, ING 和 IK 记载是"Pleurostelma Baill., Hist. Pl.（Baillon）10：266. 1890 [Jul-Aug 1890]"。"Pleurostelma Schltr.（1895）Nom. illegit. ≡ Schlechterella K. Schum.（1899）［萝藦科 Asclepiadaceae//杠柳科 Periplocaceae］"是晚出的非法名称。【分布】马达加斯加, 非洲东部。【模式】Pleurostelma grevei Baillon。【参考异名】Microstephanus N. E. Br.（1895）；Schlechterella K. Schum.（1899）■☆

40984　Pleurostelma Schltr.（1895）Nom. illegit. ≡ Schlechterella K. Schum.（1899）［萝藦科 Asclepiadaceae//杠柳科 Periplocaceae］●☆

40985　Pleurostemon Raf.（1819）= Gaura L.（1753）［柳叶菜科 Onagraceae］■

40986　Pleurostena Raf.（1837）= Polygonum L.（1753）（保留属名）［蓼科 Polygonaceae］■●

40987　Pleurostigma Hochst.（1841）= Bouchea Cham.（1832）（保留属名）［马鞭草科 Verbenaceae］●☆

40988　Pleurostima Raf.（1837）【汉】亚顶柱属。【隶属】翡若翠科（巴西蒜科, 尖叶棱枝草科, 尖叶鳞枝科）Velloziaceae。【包含】世界 20-25 种。【学名诠释与讨论】〈阴〉（希）pleura = pleuron, 肋骨, 脉, 棱, 侧生 + stima, 柱头。此属的学名是"Pleurostima Rafinesque, Fl. Tell. 2：97. Jan-Mar 1837"。亦有文献把其处理为"Barbacenia Vand.（1788）"的异名。【分布】热带南美洲。【模式】Pleurostima purpurea Rafinesque。【参考异名】Barbacenia Vand.（1788）■☆

40989　Pleurostylia Wight et Arn.（1834）【汉】盾柱属（盾柱木属, 盾柱卫矛属）。【英】Pleurostylia, Shieldstyle。【隶属】卫矛科 Celastraceae。【包含】世界 4-8 种,中国 1 种。【学名诠释与讨论】〈阴〉（希）pleura = pleuron, 肋骨, 脉, 棱, 侧生+stylos = 拉丁文 style, 花柱, 中柱, 有尖之物, 桩, 柱, 支持物, 支柱, 石头做的界标。指花柱侧生。【分布】东南亚, 马达加斯加, 马斯卡林群岛, 热带和非洲南部, 印度, 中国。【后选模式】Pleurostylia wightii R. Wight et Arnott。【参考异名】Boottia Ayres ex Baker；Cathastrum Turcz.（1858）；Herya Cordem.（1895）；Pleurostylis Walp.（1842）●

40990　Pleurostylis Walp.（1842）= Pleurostylia Wight et Arn.（1834）［卫矛科 Celastraceae］●

40991　Pleurotaenia Hohen. ex Benth. et Hook. f.（1867）= Peucedanum L.（1753）［伞形花科（伞形科）Apiaceae（Umbelliferae）］■

40992　Pleurothallis R. Br.（1813）【汉】肋枝兰属（腋花兰属）。【日】プレウロタリス属。【英】Pleurothallis。【隶属】兰科 Orchidaceae。【包含】世界 1000-1120 种。【学名诠释与讨论】〈阴〉（希）pleura = pleuron, 肋骨, 脉, 棱, 侧生+thallos 分枝。【分布】巴拉圭, 巴拿马, 秘鲁, 玻利维亚, 厄瓜多尔, 哥伦比亚（安蒂奥基亚）, 哥斯达黎加, 马达加斯加, 墨西哥, 尼加拉瓜, 西印度群岛, 中美洲。【模式】Pleurothallis ruscifolia（N. J. Jacquin）R. Brown［Epidendrum ruscifolium N. J. Jacquin］。【参考异名】Aberrantia（Luer）Luer（2004）Nom. inval.；Aberrantia Luer（2005）Nom. illegit.；Acianthera Scheidw.（1842）；Acronia C. Presl（1827）；Anathallis Barb. Rodr.（1877）；Ancipitia（Luer）Luer（2004）；Andreettaea Luer（1978）；Anthereon Pridgeon et M. W. Chase（2001）Nom. illegit.；Antilla（Luer）Luer（2004）；Apoda-prorepentia（Luer）Luer（2004）；Areldia Luer（2004）；Arthrosia（Luer）Luer（2006）；Brenesia Schltr.（1923）；Centranthera Scheidw.（1842）Nom. illegit.；Colombiana Ospina（1973）；Crocodeilanthe Rchb. f., Nom. illegit.；Cryptophoranthus Barb. Rodr.（1881）；Cucumeria Luer（2004）；Didactylus（Luer）Luer（2004）Nom. inval.；Didactylus Luer（2005）；Draconanthes（Luer）Luer

(1996) Nom. inval.；Dracontia（Luer）Luer（2004）；Duboisia H. Karst.（1847）Nom. illegit.；Duboisia-Reymondia H. Karst.（1848）Nom. illegit.；Dubois - Reymondia H. Karst.（1848）；Dubois - reymondia H. Karst.（1848）Nom. illegit.；Echinella Pridgeon et M. W. Chase（2001）Nom. illegit.；Effusiella Luer（2007）；Elongatia（Luer）Luer（2004）；Elshotzia Roxb.（1832）；Empusella（Luer）Luer（2004）；Garayella Brieger（1975）；Geocalpa Brieger（1975）；Gerardoa Luer（2006）；Gyalanthos Szlach. et Marg.（2002）；Humboltia Ruiz. et Pav.（1794）（废弃属名）；Incaea Luer（2006）；Kraenzlinella Kuntze（1903）；Lindleyalis Luer（2004）；Lomax Luer（2006）；Lueranthos Szlach. et Marg.（2002）；Madisonia Luer（2004）；Masdevalliantha（Luer）Szlach. et Marg.（2002）；Mirandopsis Szlach. et Marg.（2002）；Mixis Luer（2004）；Muscarella Luer（2006）；Myoxanthus Poepp. et Endl.（1836）；Mystacorchis Szlach. et Marg.（2002）；Ogygia Luer（2006）；Orbis Luer（2005）；Otopetalum F. Lehm. et Kraenzl.（1899）Nom. illegit.；Pabstiella Brieger et Senghas（1976）；Palmoglossum Klotzsch ex Rchb. f.（1856）Nom. inval.；Phloeophila Hoehne et Schltr.（1926）；Physosiphon Lindl.（1835）；Physothallis Garay（1953）Nom. illegit.；Pleurobotryum Barb. Rodr.（1877）；Proctoria Luer（2004）；Pseudoctomeria Kraenzl.（1925）；Pseudostelis Schltr.（1922）；Restrepia Kunth（1816）；Reymondia H. Karst.；Rhynchopera Klotzsch（1844）；Rhynchopera Klotzsch（1850）；Rhynchopera Link, Klotzsch et Otto（1844）Nom. illegit.；Ronaldella Luer（2006）；Rubellia（Luer）Luer（2004）；Sarracenella Luer（1981）；Specklinia Lindl.（1830）；Talpinaria H. Karst.（1859）；Tigivesta Luer（2007）；Unciferia（Luer）Luer（2004）；Unguella Luer（2005）；Vestigium Luer（2005）；Xenosia Luer（2004）；Zootrophion Luer（1982）■☆

40993 Pleurothallopsis Porto et Brade（1937）【汉】类肋枝兰属。【隶属】兰科 Orchidaceae。【包含】世界 1 种。【学名诠释与讨论】〈阴〉（属）Pleurothallis 肋枝兰属+希腊文 opsis，外观，模样，相似。此属的学名，ING、TROPICOS、GCI 和 IK 记载是"Pleurothallopsis Campos Porto et Brade, Arq. Inst. Biol. Veg. 3：133. Aug 1937"。"Pleurothallopsis Porto（1937）≡ Pleurothallopsis Porto et Brade（1937）"的命名人引证有误。"Pleurothallopsis Porto et Brade（1937）"曾被处理为"Octomeria subgen. Pleurothallopsis（Porto & Brade）Luer, Monographs in Systematic Botany from the Missouri Botanical Garden 39：80. 1991"。亦有文献把"Pleurothallopsis Porto et Brade（1937）"处理为"Octomeria R. Br.（1813）"的异名。【分布】巴拿马，巴西。【模式】Pleurothallopsis nemorosa（Barbosa Rodrigues）Campos Porto et Brade［Lepanthes nemorosa Barbosa Rodrigues］。【参考异名】Octomeria R. Br.（1813）；Octomeria subgen. Pleurothallopsis（Porto & Brade）Luer（1991）；Pleurothallopsis Porto（1937）Nom. illegit. ■☆

40994 Pleurothallopsis Porto（1937）Nom. illegit. ≡ Pleurothallopsis Porto et Brade（1937）［兰科 Orchidaceae］■☆

40995 Pleurothyrium Nees ex Lindl., Nom. illegit. ≡ Pleurothyrium Nees（1836）［樟科 Lauraceae］●☆

40996 Pleurothyrium Nees（1836）【汉】蚁心樟属。【隶属】樟科 Lauraceae。【包含】世界 45 种。【学名诠释与讨论】〈中〉（希）pleura = pleuron，肋骨，脉，棱，侧生 + thyra，门。thyris，所有格 thyridos，窗。thyreos，门限石，形状如门的长方形石盾 + -ius，-ia，-ium，在拉丁文和希腊文中，这些词尾表示性质或状态。此属的学名，ING、GCI、TROPICOS 和 IK 记载是"Pleurothyrium Nees, Syst. Laur. 349. 1836［30 Oct - 5 Nov 1836］"。"Pleurothyrium Nees ex Lindl. ≡ Pleurothyrium Nees（1836）"的命名人引证有误。真菌的"Pleurothyrium Bubák, Ber. Deutsch. Bot. Ges. 34：322.

1916"是晚出的非法名称。亦有文献把"Pleurothyrium Nees（1836）"处理为"Ocotea Aubl.（1775）"的异名。【分布】巴拿马，秘鲁，玻利维亚，厄瓜多尔，哥伦比亚（安蒂奥基亚），哥斯达黎加，尼加拉瓜，中美洲。【后选模式】Pleurothyrium chrysophyllum C. G. D. Nees。【参考异名】Ocotea Aubl.（1775）；Pleurothyrium Nees ex Lindl., Nom. illegit. ●☆

40997 Pleuteron Raf.（1838）Nom. illegit. ≡ Breynia L.（1753）（废弃属名）；~ ≡ Linnaeobreynia Hutch.（1967）；~ = Capparis L.（1753）［山柑科（白花菜科，醉蝶花科）Capparaceae］●

40998 Plexaure Endl.（1833）= Phreatia Lindl.（1830）［兰科 Orchidaceae］■

40999 Plexinium Raf.（1837）= Androcymbium Willd.（1808）［秋水仙科 Colchicaceae］■☆

41000 Plexipus Raf.（1837）（废弃属名）= Bouchea Cham.（1832）（保留属名）；~ = Chascanum E. Mey.（1838）（保留属名）［马鞭草科 Verbenaceae］●☆

41001 Plexistena Raf.（1837）= Allium L.（1753）［百合科 Liliaceae//葱科 Alliaceae］■

41002 Pliarina Post et Kuntze（1903）= Pleiarina Raf.（1838）；~ = Salix L.（1753）（保留属名）［杨柳科 Salicaceae］●

41003 Plicangis Thouars = Angraecum Bory（1804）［兰科 Orchidaceae］■

41004 Plicosepalus Tiegh.（1894）【汉】扭萼寄生属。【隶属】桑寄生科 Loranthaceae。【包含】世界 5 种。【学名诠释与讨论】〈中〉（拉）plico，盘旋，折叠，编织 + sepalum，花萼。【分布】热带非洲南部。【模式】未指定。【参考异名】Ouratea Aubl.（1775）（保留属名）；Tapinostemma（Benth.）Tiegh.（1895）Nom. illegit.；Tapinostemma（Benth. et Hook. f.）Tiegh.（1895）；Tapinostemma Tiegh.（1895）Nom. illegit. ●☆

41005 Plicouratea Tiegh.（1902）= Ouratea Aubl.（1775）（保留属名）［金莲木科 Ochnaceae］●

41006 Plicula Raf.（1838）= Acnistus Schott ex Endl.（1831）［茄科 Solanaceae］●☆

41007 Plienta Post et Kuntze（1903）= Pleienta Raf.（1837）Nom. illegit.；~ = Sabatia Adans.（1763）［龙胆科 Gentianaceae］■☆

41008 Plinia Blanco（1837）= Kayea Wall.（1831）；~ = Mesua L.（1753）［猪胶树科（克鲁西科，山竹子科，藤黄科）Clusiaceae（Guttiferae）］●

41009 Plinia L.（1853）【汉】普林木属。【隶属】桃金娘科 Myrtaceae。【包含】世界 30 种。【学名诠释与讨论】〈阴〉（人）Plini，Plinius，Pliny，此属的学名，ING、TROPICOS 和 IK 记载是"Plinia L., Sp. Pl. 1：516. 1753［1 May 1753］"。"Plinia Blanco, Fl. Filip.［F. M. Blanco］423. 1837 = Kayea Wall.（1831）= Mesua L.（1753）［猪胶树科（克鲁西科，山竹子科，藤黄科）Clusiaceae（Guttiferae）］"是晚出的非法名称。【分布】巴拉圭，巴拿马，秘鲁，玻利维亚，厄瓜多尔，哥斯达黎加，尼加拉瓜，中国，中美洲。【后选模式】Plinia urvillei Steudel ●

41010 Plintanthesis Steud.（1853）Nom. illegit. ≡ Plinthanthesis Steud.（1853）［禾本科 Poaceae（Gramineae）］■☆

41011 Plinthanthesis Steud.（1853）【汉】干花扁芒草属。【隶属】禾本科 Poaceae（Gramineae）。【包含】世界 3 种。【学名诠释与讨论】〈阴〉（希）plinthos，指小式 plinthis，砖 + anthesis 花。此属的学名，ING、TROPICOS 和 IK 记载是"Plinthanthesis Steud., Syn. Pl. Glumac. 1（1）：14. 1853［1855 publ. 10-12 Dec 1853］"。"Plintanthesis Steud.（1853）"是其变体。"Blakeochloa J. F. Veldkamp, Taxon 30：478. 20 Mai 1981"是"Plinthanthesis Steud.（1853）"的晚出的同模式异名。亦有文献把"Plinthanthesis

Steud. (1853)"处理为"Danthonia DC. (1805)(保留属名)"的异名。【分布】澳大利亚。【后选模式】Plinthanthesis urvillei Steudel。【参考异名】Blakeochloa Veldkamp(1981)Nom. illegit. ; Danthonia DC. (1805)(保留属名)■☆

41012 Plinthine(Rchb.)Rchb. (1837)= Arenaria L. (1753)[石竹科 Caryophyllaceae]■

41013 Plinthine Rchb. (1837)Nom. illegit. ≡Plinthine (Rchb.)Rchb. (1837);~ = Arenaria L. (1753)[石竹科 Caryophyllaceae]■

41014 Plinthocroma Dulac (1867)Nom. illegit. ≡ Rhododendron L. (1753)[杜鹃花科(欧石南科)Ericaceae]●

41015 Plinthus Fenzl et I. Verd. (1941)descr. ampl. = Plinthus Fenzl (1839)[番杏科 Aizoaceae]●☆

41016 Plinthus Fenzl (1839)【汉】鳞叶番杏属。【隶属】番杏科 Aizoaceae。【包含】世界4种。【学名诠释与讨论】〈阳〉(希)plinthos, 指小式 plinthis, 砖。此属的学名, ING 和 TROPICOS 记载是"Plinthus Fenzl in Endlicher et Fenzl, Nov. Stirp. Decades 52. 20 Jun 1839;Ann. Wiener Mus. Naturgesch. 2:288. 1839"。IK 误记为"Plinthus Fenzl, in Endl. Nov. Stirp. Dec. 51(1889)"。"Plinthus Fenzl et I. Verd. ,Bothalia iv. 177(1941)"修订了属的描述。【分布】非洲南部。【模式】Plinthus pendula Aiton。【参考异名】Plinthus Fenzl et I. Verd. (1941)descr. ampl. ;Ruprechtia Reichb.●☆

41017 Pliocarpidia Post et Kuntze(1903)Nom. illegit. = Pleiocarpidia K. Schum. (1897)[茜草科 Rubiaceae]●☆

41018 Pliodon Post et Kuntze(1903)= Bouteloua Lag. (1805)[as 'Botelua'](保留属名);~ = Pleiodon Rchb. (1841)Nom. illegit. [禾本科 Poaceae(Gramineae)]■

41019 Pliogyna Post et Kuntze(1903)= Pleogyne Miers(1851)[防己科 Menispermaceae]●☆

41020 Pliogynopsis Kuntze (1903)Nom. illegit. ≡ Pleiogynium Engl. (1883)[漆树科 Anacardiaceae]●☆

41021 Pliophaca Post et Kuntze (1903) = Archidendron F. Muell. (1865);~ = Pleiophaca F. Muell. ex Baill. [豆科 Fabaceae (Leguminosae)//含羞草科 Mimosaceae]●

41022 Ploca Lour. ex Gomes (1868)= Christia Moench (1802);~ = Lourea Neck. ex Desv. (1813)Nom. illegit. [豆科 Fabaceae (Leguminosae)//蝶形花科 Papilionaceae]■●

41023 Plocaglottis Steud. (1841)= Plocoglottis Blume(1825)[兰科 Orchidaceae]■☆

41024 Plocama Aiton (1789)【汉】卷毛茜属。【隶属】茜草科 Rubiaceae。【包含】世界1种。【学名诠释与讨论】〈阴〉(希)plokamos, 所有格 plokamidos, 毛发, 卷发, 一卷毛发。【分布】西班牙(加那利群岛)。【模式】Plocama pendula Aiton。【参考异名】Bartlingia Rchb. (1824);Placodium Benth. et Hook. f. (1873)Nom. illegit. ;Placodium Hook. f. (1873)Nom. illegit. ;Placoma J. F. Gmel. (1791)Nom. illegit. ●☆

41025 Plocandra E. Mey. (1837)= Chironia L. (1753)[龙胆科 Gentianaceae//圣诞果科 Chironiaceae]●■☆

41026 Plocaniophyllon Brandegee (1914)= Deppea Cham. et Schltdl. (1830)[茜草科 Rubiaceae]●☆

41027 Plocoglottis Blume (1825)【汉】环唇兰属。【隶属】兰科 Orchidaceae。【包含】世界40-45种。【学名诠释与讨论】〈阴〉(希)plokos, 一缕毛, 卷发, 花环, plokion, 项圈, 项链+glottis, 所有格 glottidos, 气管口, 来自 glotta = glossa, 舌。【分布】马来西亚, 所罗门群岛。【模式】Plocoglottis javanica Blume。【参考异名】Plocaglottis Steud. (1841)■☆

41028 Plocosperma Benth. (1876)【汉】戴毛子属(毛子树属)。【隶属】戴毛子科(环生籽科, 毛子树科)Plocospermataceae//马钱科

(断肠草科, 马钱子科)Loganiaceae。【包含】世界1-3种。【学名诠释与讨论】〈中〉(希)plokos, 项圈, 项链+sperma, 所有格 spermatos, 种子, 孢子。【分布】哥斯达黎加, 墨西哥, 尼加拉瓜, 危地马拉, 中美洲。【模式】Plocosperma buxifolium Bentham。【参考异名】Lithophytum Brandegee(1911)●☆

41029 Plocospermaceae Hutch. =Plocospermataceae Hutch. ●☆

41030 Plocospermataceae Hutch. (1973)[亦见 Loganiaceae R. Br. ex Mart. (保留科名)马钱科(断肠草科, 马钱子科)]【汉】戴毛子科(环生籽科, 毛子树科)。【包含】世界1属1-3种。【分布】墨西哥, 中美洲。【科名模式】Plocosperma Benth. ●☆

41031 Plocostemma Blume (1849)= Hoya R. Br. (1810)[萝藦科 Asclepiadaceae]●

41032 Plocostigma Benth. (1881)= Placostigma Blume (1828)[兰科 Orchidaceae]■

41033 Plocostigma Post et Kuntze(1903)Nom. illegit. = Plokiostigma Schuch. (1854);~ =Stackhousia Sm. (1798)[异雄蕊科(木根草科)Stackhousiaceae//卫矛科 Celastraceae]■☆

41034 Ploearium Post et Kuntze(1903)= Ploiarium Korth. (1842)[猪胶树科(克鲁西科, 山竹子科, 藤黄科)Clusiaceae(Guttiferae)]●☆

41035 Ploesslia Endl. (1839)= Boswellia Roxb. ex Colebr. (1807)[橄榄科 Burseraceae]●☆

41036 Ploiarium Korth. (1842)【汉】舟胶树属。【隶属】猪胶树科(克鲁西科, 山竹子科, 藤黄科)Clusiaceae(Gutiferae)。【包含】世界3种。【学名诠释与讨论】〈中〉(希)ploiarion, 小舟+-ius, -ia, -ium, 在拉丁文和希腊文中, 这些词尾表示性质或状态。【分布】印度尼西亚(马鲁古群岛), 新几内亚岛, 东南亚西部。【模式】Ploiarium elegans Korthals。【参考异名】Ploearium Post et Kuntze (1903)●☆

41037 Ploionixus Tiegh. ex Lecomte(1927)= Viscum L. (1753)[桑寄生科 Loranthaceae//槲寄生科 Viscaceae]●

41038 Plokiostigma Schuch. (1854)= Stackhousia Sm. (1798)[异雄蕊科(木根草科)Stackhousiaceae//卫矛科 Celastraceae]■☆

41039 Plostaxis Raf. (1836)Nom. illegit. ≡ Pylostachya Raf. (1834);~ =Polygala L. (1753)[远志科 Polygalaceae]●■

41040 Plotea Cothen. (1790)Nom. inval. ≡Plotia Adans. (1763)[牙刷树科(刺茉莉科)Salvadoraceae//报春花科 Primulaceae]●

41041 Plotea J. F. Gmel. (1791)Nom. inval. ≡ Plotia Adans. (1763);~ =Salvadora Garcin ex L. (1753)[牙刷树科(刺茉莉科)Salvadoraceae//报春花科 Primulaceae]●

41042 Plothirium Raf. = Delphinium L. (1753)[毛茛科 Ranunculaceae//翠雀花科 Delphiniaceae]■

41043 Plotia Adans. (1763)= Salvadora Garcin ex L. (1753)[牙刷树科(刺茉莉科)Salvadoraceae//报春花科 Primulaceae]●

41044 Plotia Neck. (1790)Nom. inval. =Embelia Burm. f. (1768)(保留属名)[紫金牛科 Myrsinaceae//酸藤子科 Embeliacea//报春花科 Primulaceae]●■

41045 Plotia Schreb. ex Steud. (1841)= Glyceria R. Br. (1810)(保留属名);~ =Poa L. (1753)[禾本科 Poaceae(Gramineae)]■

41046 Plotia Steud. (1841)Nom. illegit. ≡ Plotia Schreb. ex Steud. (1841);~ = Glyceria R. Br. (1810)(保留属名);~ =Poa L. (1753)[禾本科 Poaceae(Gramineae)]■

41047 Plottzia Arn. (1836)= Paronychia Mill. (1754)[石竹科 Caryophyllaceae//醉人花科(裸果木科)Illecebraceae//指甲草科 Paronichiaceae]■

41048 Plowmania Hunz. et Subils(1986)【汉】普洛曼茄属。【隶属】茄科 Solanaceae。【包含】世界1种。【学名诠释与讨论】〈阴〉(人)Timothy Charles Plowman, 1944-1989, 植物学者。【分布】南

美洲,危地马拉,中美洲。【模式】Plowmania nyctaginoides (P. C. Standley) A. T. Hunziker et R. Subils ［Brunfelsia nyctaginoides P. C. Standley］●☆

41049 Plowmanianthus Faden et C. R. Hardy (2004)【汉】普洛曼花属。【隶属】鸭趾草科 Commelinaceae。【包含】世界 5 种。【学名诠释与讨论】〈阴〉（人）Timothy Charles Plowman, 1944－1989, 植物学者＋anthos, 花。【分布】中美洲。【模式】Plowmanianthus perforans R. B. Faden et C. R. Hardy ●■☆

41050 Pluchea Cass. (1817)【汉】阔苞菊属（燕茜属）。【日】ヒヒラギギク属。【俄】Плюхея。【英】Fleabane, Pluchea。【隶属】菊科 Asteraceae（Compositae）。【包含】世界 40-80 种, 中国 5 种。【学名诠释与讨论】〈阴〉（人）N. A. Pluche, 1688－1761, 法国博物学者。此属的学名, ING、TROPICOS、APNI、GCI 和 IK 记载是 "Pluchea Cass. , Bull. Sci. Soc. Philom. Paris 1817: 31. ［Feb 1817］"。"Stylimnus Rafinesque, J. Phys. Chim. Hist. Nat. Arts 89: 100. Aug 1819" 是 "Pluchea Cass. (1817)" 的晚出的同模式异名（Homotypic synonym, Nomenclatural synonym）。【分布】巴基斯坦, 巴拉圭, 巴拿马, 秘鲁, 玻利维亚, 马达加斯加, 美国（密苏里）, 尼加拉瓜, 中国, 中美洲。【模式】Pluchea marilandica (A. Michaux) Cassini ［as 'marylandica'］［Conyza marilandica A. Michaux］。【参考异名】Allopterigeron Dunlop (1981)；Berthelotia DC. (1836)；Bertholetia Rchb. (1841) Nom. illegit. ；Eremohylema A. Nelson (1924) Nom. illegit. ；Eyrea F. Muell. (1853) Nom. illegit. ；Gymnema Endl. ；Gymnostyles Raf. (1817) Nom. illegit. ；Gymnostylis Raf. (1818) Nom. inval. ；Gynema Raf. (1817)；Leptogyma Raf. ；Pluechea Zoll. (1845) Nom. illegit. ；Pluechea Zoll. et Moritzi (1845)；Spiropodium F. Muell. (1858)；Stylimnus Raf. (1819) Nom. illegit. ；Tanaxion Raf. (1837)●■

41051 Pluchia Vell. (1829) = Diclidanthera Mart. (1827)［远志科 Polygalaceae//轮蕊花科 Diclidantheraceae］●■☆

41052 Pluechea Zoll. (1845) Nom. illegit. ≡ Pluechea Zoll. et Moritzi (1845)；~ = Pluchea Cass. (1817)［菊科 Asteraceae（Compositae）］●■

41053 Plukenetia Boehm. = Plukenetia L. (1753)［大戟科 Euphorbiaceae］●☆

41054 Plukenetia L. (1753)【汉】普拉克戟属。【隶属】大戟科 Euphorbiaceae。【包含】世界 16 种。【学名诠释与讨论】〈阴〉（人）Leonard Plukenet, 1642－1706, 英国植物学者, 医生。此属的学名, ING、TROPICOS 和 IK 记载是 "Plukenetia L. , Sp. Pl. 2: 1192. 1753 ［1 May 1753］"。"Plukenetia Boehm." 是其异名。【分布】巴拿马, 秘鲁, 玻利维亚, 厄瓜多尔, 哥伦比亚（安蒂奥基亚）, 哥斯达黎加, 马达加斯加, 尼加拉瓜, 中美洲。【模式】Plukenetia volubilis Linnaeus。【参考异名】Botryanthe Klotzsch (1841)；Elaeophora Ducke (1925)；Eleutherostigma Pax et K. Hoffm. (1919)；Fragariopsis A. St. - Hil. (1840)；Pluknelia Boehm. ；Sajorium Endl. (1843) Nom. illegit. ●☆

41055 Plumaria Bubani (1902) Nom. illegit. （废弃属名）［莎草科 Cyperaceae］■☆

41056 Plumaria Fabr. (1759) Nom. illegit. （废弃属名）≡ Plumaria Heist. ex Fabr. (1759) Nom. illegit. （废弃属名）；~ ≡ Eriophorum L. (1753)［莎草科 Cyperaceae］■

41057 Plumaria Heist. ex Fabr. (1759) Nom. illegit. （废弃属名）≡ Eriophorum L. (1753)［莎草科 Cyperaceae］■

41058 Plumaria Opiz (1852) Nom. inval. , Nom. nud. （废弃属名）= Dianthus L. (1753)［石竹科 Caryophyllaceae］■

41059 Plumatichilos Szlach. (2001)【汉】羽兰属。【隶属】兰科 Orchidaceae。【包含】世界 4 种。【学名诠释与讨论】〈阳〉（希）

pluma, 指小式 plumula, 柔软的羽毛, plumatus 有羽毛的＋cheilos, 唇。在希腊文组合词中, cheil-, cheilo-, -chilus, -chilia 等均为 "唇, 边缘" 之义。【分布】澳大利亚, 新西兰。【模式】Plumatichilos barbata (Lindl.) Szlach. ■☆

41060 Plumbagella Spach (1841)【汉】鸡娃草属（鸡娃花属, 类白花丹属, 小蓝丹属, 小蓝雪花属, 小蓝血花属）。【俄】Зубница。【英】Plumbagella。【隶属】白花丹科（矶松科, 蓝雪科）Plumbaginaceae。【包含】世界 1 种, 中国 1 种。【学名诠释与讨论】〈阴〉（属）Plumbago 白花丹属＋-ellus, -ella, -ellum, 加在名词词干后面形成指小式的词尾。或加在人名、属名等后面以组成新属的名称。此属的学名是 "Plumbagella Spach, Hist. Nat. Vég. Phan. 10: 333. 20 Mar 1841"。亦有文献把其处理为 "Plumbago L. (1753)" 的异名。【分布】中国, 亚洲中部。【模式】Plumbagella micrantha (Ledebour) Boissier ［Plumbago micrantha Ledebour］。【参考异名】Plumbaginella Ledeb. (1849) Nom. illegit. ；Plumbago L. (1753)■

41061 Plumbaginaceae Juss. (1789) (保留科名)【汉】白花丹科（矶松科, 蓝雪科）。【日】イソマツ科。【俄】Плюмбаговые, Свинчатковые。【英】Leadwort Family, Plumbago Family, Thrift Family。【包含】世界 19-27 属 440-790 种, 中国 7 属 46-57 种。【分布】广泛分布。【科名模式】Plumbago L. (1753)●■

41062 Plumbaginella Ledeb. (1849) Nom. illegit. = Plumbagella Spach (1841)［白花丹科（矶松科, 蓝雪科）Plumbaginaceae］■

41063 Plumbago L. (1753)【汉】白花丹属（蓝雪花属, 蓝雪属, 乌面马属）。【日】プルムバーゴ属, ルリマツリ属。【俄】Зубница, Корень свинцовый, Плюмбаго, Свинцовка, Свинчатка, Свинчатник。【英】Lead Wort, Leadwort, Lead－wort, Plumbago。【隶属】白花丹科（矶松科, 蓝雪科）Plumbaginaceae。【包含】世界 17-24 种, 中国 3 种。【学名诠释与讨论】〈阴〉（拉）plumbago, 所有格 plumbaginis, 蓝雪属植物古名, 来自 plumbum, 铅＋-ago, 新拉丁文词尾, 表示关系密切, 相似, 追随, 携带, 诱导。意指疾病或机能失调。指从前传说一些种类能治疗铅引起的视力失调, 或指花铅色。此属的学名, ING、APNI 和 GCI 记载是 "Plumbago L. , Sp. Pl. 1: 151. 1753 ［1 May 1753］"。IK 则记载为 "Plumbago Tourn. ex L. , Sp. Pl. 1: 151. 1753 ［1 May 1753］"。"Plumbago Tourn." 是命名起点著作之前的名称, 故 "Plumbago L. (1753)" 和 "Plumbago Tourn. ex L. (1753)" 都是合法名称, 可以通用。【分布】巴基斯坦, 巴拿马, 秘鲁, 玻利维亚, 厄瓜多尔, 哥伦比亚（安蒂奥基亚）, 马达加斯加, 尼加拉瓜, 中国, 中美洲。【后选模式】Plumbago europaea Linnaeus。【参考异名】Findlaya Bowdich (1825)；Molubda Raf. (1838)；Plumbagidium Spach (1841)；Plumbago Tourn. ex L. (1753)；Thela Lour. (1790)●■

41064 Plumbago Tourn. ex L. (1753) ≡ Plumbago L. (1753)［白花丹科（矶松科, 蓝雪科）Plumbaginaceae］●■

41065 Plumea Lunan (1814) = Guarea F. Allam. (1771)［as 'Guara'］（保留属名）［楝科 Meliaceae］●☆

41066 Plumeria L. (1753)【汉】鸡蛋花属（缅栀属, 缅栀子属）。【日】インドソケイ属。【俄】Плюмрия。【英】Frangipani, Plumeria, Temple Tree。【隶属】夹竹桃科 Apocynaceae//鸡蛋花科 Plumeriaceae。【包含】世界 7-17 种, 中国 2 种。【学名诠释与讨论】〈阴〉（人）Charles Plumier, 1646－1704, 法国植物学者, 修道士。此属的学名, ING 和 GCI 记载是 "Plumeria L. , Sp. Pl. 1: 209. 1753 ［1 May 1753］"。IK 则记载为 "Plumeria Tourn. ex L. , Sp. Pl. 1; 209. 1753 ［1 May 1753］"。"Plumeria Tourn." 是命名起点著作之前的名称, 故 "Plumeria L. (1753)" 和 "Plumeria Tourn. ex L. (1753)" 都是合法名称, 可以通用。"Plumiera Adanson, Fam. 2: 172. Jul－Aug 1763" 是 "Plumeria L. (1753)" 的晚出的同

模式异名(Homotypic synonym, Nomenclatural synonym)。【分布】巴基斯坦,巴拿马,秘鲁,玻利维亚,厄瓜多尔,哥伦比亚(安蒂奥基亚),马达加斯加,尼加拉瓜,中国,中美洲。【后选模式】Plumeria rubra Linnaeus。【参考异名】Plumeria Tourn. ex L. (1753);Plumiera Adans. (1763)Nom. illegit.;Plumiera L. (1753)●

41067　Plumeria Tourn. ex L. (1753) ≡ Plumeria L. (1753) [夹竹桃科 Apocynaceae//鸡蛋花科 Plumeriaceae]●

41068　Plumeriaceae Horan. (1834) [亦见 Apocynaceae Juss. (保留科名)夹竹桃科]【汉】鸡蛋花科。【包含】世界 1 属 7-17 种,中国 1 属 2 种。【分布】美洲。【科名模式】Plumeria L. (1753)●

41069　Plumeriopsis Rusby et Woodson (1937) Nom. illegit. ≡ Thevetia L. (1758)(保留属名);~ = Ahouai Mill. (1754)(废弃属名) [夹竹桃科 Apocynaceae]●

41070　Plumiera Adans. (1763)Nom. illegit. ≡ Plumeria L. (1753) [夹竹桃科 Apocynaceae//鸡蛋花科 Plumeriaceae]●

41071　Plumiera L. (1753) = Plumeria L. (1753) [夹竹桃科 Apocynaceae//鸡蛋花科 Plumeriaceae]●

41072　Plumieria Scop. (1777)Nom. illegit. [夹竹桃科 Apocynaceae]☆

41073　Plummera A. Gray (1882) 【汉】普卢默菊属。【隶属】菊科 Asteraceae(Compositae)。【包含】世界 2 种。【学名诠释与讨论】〈阴〉(人)Sarah Alien Plummer,1836-1923,美国植物学者,植物采集家+meros,部分,股。此属的学名是"Plummera A. Gray, Proc. Amer. Acad. Arts 17：215. 26 Jun 1882"。亦有文献把其处理为"Hymenoxys Cass. (1828)"的异名。【分布】美国(西南部),中美洲。【模式】Plummera floribunda A. Gray。【参考异名】Hymenoxys Cass. (1828)■☆

41074　Plumosipappus Czerep. (1960) = Centaurea L. (1753)(保留属名);~ = Phaeopappus (DC.) Boiss. (1846) [菊科 Asteraceae(Compositae)//矢车菊科 Centaureaceae]■

41075　Plumosipappus De Moor = Centaurea L. (1753)(保留属名) [菊科 Asteraceae(Compositae)//矢车菊科 Centaureaceae]●■

41076　Pluridens Neck. (1790)Nom. inval. = Bidens L. (1753) [菊科 Asteraceae(Compositae)]●■

41077　Plurimaria Raf. (1836) = Blackstonia Huds. (1762) [龙胆科 Gentianaceae]■☆

41078　Plutarchia A. C. Sm. (1936)【汉】烟花莓属。【隶属】杜鹃花科(欧石南科)Ericaceae。【包含】世界 10-11 种。【学名诠释与讨论】〈阴〉(人)Plutarch,希腊哲学家。【分布】厄瓜多尔,安第斯山。【模式】Plutarchia rigida (Bentham) A. C. Smith [Ceratostema rigidum Bentham [as 'Ceratostemma']●☆

41079　Plutea Noronha(1790)Nom. illegit. [楝科 Meliaceae]●☆

41080　Plutonia Noronha (1790) = Phaleria Jack (1822) [瑞香科 Thymelaeaceae]●☆

41081　Plutonopuntia P. V. Heath(1999)【汉】暗紫属。【隶属】仙人掌科 Cactaceae。【包含】世界 1 种。【学名诠释与讨论】〈阴〉(拉)plutonius,黑暗的,来自 pluto = 希腊文 plouton 阴曹之神。此属的学名"Plutonopuntia P. V. Heath, Calyx 6(2)：41(1999)"是"Opuntia ser. Chaffeyanae"的替代名称。亦有文献把"Plutonopuntia P. V. Heath (1999)"处理为"Opuntia Mill. (1754)"的异名。【分布】墨西哥。【模式】Plutonopuntia chaffeyi (Britton et Rose)P. V. Heath。【参考异名】Opuntia Mill. (1754);Opuntia ser. Chaffeyanae ●☆

41082　Pneumaria Hill(1764)(废弃属名)= Mertensia Roth(1797)(保留属名) [紫草科 Boraginaceae]■

41083　Pneumonanthe Gilib. (1764) = Gentiana L. (1753) [龙胆科 Gentianaceae]■

41084　Pneumonanthe Gled. (1749) Nom. inval. = Gentiana L. (1753)

41085　Pneumonanthe Gled. (1782) Nom. illegit. = Gentiana L. (1753) [龙胆科 Gentianaceae]■

41086　Pneumonanthopsis(Griseb.) Miq. (1851) = Voyria Aubl. (1775) [龙胆科 Gentianaceae]■☆

41087　Pneumonanthopsis Miq. (1851) Nom. illegit. ≡ Pneumonanthopsis (Griseb.) Miq. (1851) [龙胆科 Gentianaceae]■☆

41088　Poa L. (1753)【汉】早熟禾属。【日】イチゴツナギ属。【俄】Арктофила,Мятлик。【英】Blue Grass, Bluegrass, Blue - grass, Meadow Grass, Meadow - grass, Poa, Spear - grass。【隶属】禾本科 Poaceae(Gramineae)。【包含】世界 500 种,中国 81-250 种。【学名诠释与讨论】〈阴〉(希) poa,禾草。此属的学名,ING、TROPICOS、APNI、GCI 和 IK 记载为"Poa L., Sp. Pl. 1：67. 1753 [1 May 1753]"。"Paneion Lunell, Amer. Midl. Naturalist 4：221. 20 Sep 1915"、"Panicularia Heister ex Fabricius, Enum. 207. 1759"和"Poagris Rafinesque,Fl. Tell. 1：18. Jan-Mar 1837('1836')"都是"Poa L. (1753)"的晚出的同模式异名(Homotypic synonym, Nomenclatural synonym)。【分布】巴基斯坦,巴拉圭,巴拿马,秘鲁,玻利维亚,厄瓜多尔,哥伦比亚(安蒂奥基亚),哥斯达黎加,马达加斯加,美国(密苏里),尼加拉瓜,中国,中美洲。【后选模式】Poa pratensis Linnaeus。【参考异名】Allagostachyum Nees ex Steud. (1840)Nom. inval.,Nom. nud.;Allagostachyum Nees(1840)Nom. inval.,Nom. nud.;Allagostachyum Steud. (1840)Nom. inval.,Nom. nud.;Arctopoa (Griseb.)Prob. (1974);Bellardiochloa Chiov. (1929);Collinaria Ehrh. (1789)Nom. inval.;Dasypoa Pilg. (1898);Exydra Endl. (1830);Nicoraepoa Soreng et L. J. Gillespie (2007);Ochlopoa (Asch. et Graebn.) H. Scholz(2003);Oreopoa Gand. (1891)Nom. inval.;Paneion Lunell (1915)Nom. illegit.;Panicularia Fabr. (1759)Nom. illegit.;Panicularia Heist. ex Fabr. (1759)Nom. illegit.;Parodiochloa C. E. Hubb. (1981);Plotia Schreb. ex Steud. (1841);Poagris Raf. (1837)Nom. illegit.;Poidium Nees(1836);Saxipoa Soreng, L. J. Gillespie et S. W. L. Jacobs(2009)■

41089　Poaceae Barnhart(1895)(保留科名)【汉】禾本科。【包含】世界 740-857 属 10000-11000 种,中国 261-284 属 1999-2597 种。Gramineae Juss. 和 Poaceae Barnhart 均为保留科名,是《国际植物命名法规》确定的九对互用科名之一。详见 Gramineae Juss. 。【分布】广泛分布。【科名模式】Poa L. (1753)■●

41090　Poaceae Caruel = Gramineae Juss. (保留科名)//Poaceae Barnhart(保留科名)■●

41091　Poaceae Rchb. (1828) = Gramineae Juss. (保留科名)//Poaceae Barnhart(保留科名)■●

41092　Poacynum Baill. (1888)【汉】白麻属。【俄】Поацинум。【隶属】夹竹桃科 Apocynaceae。【包含】世界 2 种,中国 2 种。【学名诠释与讨论】〈中〉(属)Apocynum 罗布麻属的字母改缀。此属的学名是"Poacynum Baillon, Bull. Mens. Soc. Linn. Paris 1：757. 7 Nov 1888"。亦有文献把其处理为"Apocynum L. (1753)"的异名。【分布】中国,亚洲中部。【模式】Poacynum pictum (Schrenk) Baillon [Apocynum pictum Schrenk]。【参考异名】Apocynum L. (1753)●

41093　Poaephyllum Ridl. (1907)【汉】肖禾叶兰属。【隶属】兰科 Orchidaceae。【包含】世界 9 种。【学名诠释与讨论】〈中〉(希) poa,禾草+希腊文 phyllon,叶子。phyllodes,似叶的,多叶的。phylleion,绿色材料,绿草。【分布】马来西亚。【模式】Poaephyllum pauciflora (J. D. Hooker) H. N. Ridley [Agrostophyllum pauciflorum J. D. Hooker]。【参考异名】Lectandra J. J. Sm. (1907)■☆

41094　Poagris Raf. (1837) Nom. illegit. ≡ Poa L. (1753) [禾本科 Poaceae(Gramineae)]■

41095　Poagrostis Stapf(1899)【汉】澳非属(南极小草属)。【隶属】禾本科 Poaceae(Gramineae)。【包含】世界1种。【学名诠释与讨论】〈阴〉(属)Poa 早熟禾属+Agrostis 剪股颖属。【分布】非洲南部。【模式】Poagrostis pusilla Stapf■☆

41096　Poarchon Allemão(1849)= Trimezia Salisb. ex Herb. (1844) [鸢尾科 Iridaceae]■☆

41097　Poarchon Mart. ex Seub. (1855)Nom. illegit. =Abolboda Bonpl. (1813) [黄眼草科(黄谷精科, 苈草科)Xyridaceae//三棱黄眼草科 Abolbodaceae]■☆

41098　Poarion Rchb. (1828)Nom. illegit. =Koeleria Pers. (1805); ~ = Rostraria Trin. (1820) [禾本科 Poaceae(Gramineae)]■☆

41099　Poarium Desv., Nom. illegit. = Poarium Desv. ex Ham. [玄参科 Scrophulariaceae//婆婆纳科 Veronicaceae]■☆

41100　Poarium Desv. ex Ham. (1825)【汉】禾叶玄参属。【隶属】玄参科 Scrophulariaceae//婆婆纳科 Veronicaceae。【包含】世界20种。【学名诠释与讨论】〈中〉(属)Poa 早熟禾属+-arius, -aria, -arium,指示"属于、相似、具有、联系"的词尾。此属的学名, ING 和 GCI 记载学名是"Poarium Desv. ex Ham., Prodr. Pl. Ind. Occid. [Hamilton]xv(46). 1825"IK 则记载为"Poarium Ham., Prodr. Pl. Ind. Occid. [Hamilton]46(1825)"。"Poarium Desv. = Poarium Desv. ex Ham."的命名人有误。亦有文献把"Poarium Desv. ex Ham. (1825)"处理为"Stemodia L. (1759)(保留属名)"的异名。【分布】热带美洲。【模式】Poarium veronicoides W. Hamilton。【参考异名】Lendneria Minod; Poarium Ham. (1825) Nom. illegit.; Poarium Desv., Nom. illegit.; Stemodia L. (1759)(保留属名)■☆

41101　Poarium Ham. (1825) Nom. illegit. ≡ Poarium Desv. ex Ham. (1825) [玄参科 Scrophulariaceae//婆婆纳科 Veronicaceae]■☆

41102　Pobeguinea (Stapf) Jacq. – Fél. (1950) = Anadelphia Hack. (1885) [禾本科 Poaceae(Gramineae)]■☆

41103　Pobeguinea Jacq. – Fél. (1950) Nom. illegit. ≡ Pobeguinea (Stapf)Jacq. –Fél. (1950); ~ = Anadelphia Hack. (1885) [禾本科 Poaceae(Gramineae)]■☆

41104　Pochota Ram. (1909)(废弃属名)= Bombacopsis Pittier(1916)(保留属名); ~ = Pachira Aubl. (1775) [木棉科 Bombacaceae//锦葵科 Malvaceae]●

41105　Pocilla(Dumort.)Fourr. (1869) Nom. illegit. ≡ Cochlidiosperman (Rchb.) Rchb. (1837); ~ = Veronica L. (1753) [玄参科 Scrophulariaceae//婆婆纳科 Veronicaceae]■

41106　Pocilla Fourr. (1869)Nom. illegit. ≡ Pocilla (Dumort.) Fourr. (1869) [玄参科 Scrophulariaceae//婆婆纳科 Veronicaceae]■

41107　Pocillaria Ridl. (1916)= Rhyticaryum Becc. (1877) [棕榈科 Arecaceae(Palmae)]●☆

41108　Pocillum Tul. (1844) Nom. inval. [豆科 Fabaceae (Leguminosae)]☆

41109　Pocockia Ser. (1825) Nom. illegit. ≡ Pocockia Ser. ex DC. (1825); ~ = Melissitus Medik. (1789); ~ = Trigonella L. (1753) [豆科 Fabaceae(Leguminosae)]■

41110　Pocockia Ser. ex DC. (1825)= Melissitus Medik. (1789); ~ = Trigonella L. (1753) [豆科 Fabaceae(Leguminosae)//蝶形花科 Papilionaceae]■

41111　Pocophorum Neck. (1790)Nom. inval. =Rhus L. (1753) [漆树科 Anacardiaceae]●

41112　Poculodiscus Danguy et Choux(1927)= Plagioscyphus Radlk. (1878) [无患子科 Sapindaceae]●☆

41113　Podachaenium Benth. (1853)【汉】白花冠鳞菊属(玻达开菊属,坡达开菊属)。【隶属】菊科 Asteraceae(Compositae)。【包含】世界2-6种。【学名诠释与讨论】〈中〉(希)pous,所有格 podos,指小式 podion,脚,足,柄,梗+achaenium,瘦果。此属的学名, ING 记载是"Podachaenium Bentham ex Oersted, Vidensk. Meddel. Dansk Naturhist. Foren. Kjøbenhavn 1852:98. 1852";而 IK 和 TROPICOS 则记载为"Podachaenium Benth. in Oerst. Videnskabelige Meddelelser fra Dansk Naturhistorisk Forening i Kjøbenhavn 1852 (5-7):98-99. 1853. (Vidensk. Meddel. Dansk Naturhist. Foren. Kjøbenhavn)"。二者引用的文献相同。【分布】哥伦比亚,墨西哥,尼加拉瓜,中美洲。【模式】Podachaenium sapida Thwaites ☆。【参考异名】Aspiliopsis Greenm. (1903); Cosmophyllum C. Koch; Cosmophyllum K. Koch(1854); Dicalymma Lem. (1855); Podachaenium Benth. ex Oerst. (1853)Nom. illegit. ●☆

41114　Podachaenium Benth. ex Oerst. (1853) Nom. illegit. ≡ Podachaenium Benth. (1853) [菊科 Asteraceae(Compositae)]●☆

41115　Podadenia Thwaites(1861)【汉】足腺大戟属。【隶属】大戟科 Euphorbiaceae。【包含】世界1种。【学名诠释与讨论】〈阴〉(希)pous,所有格 podos,指小式 podion,脚,足,柄,梗+aden,所有格 adenos,腺体。【分布】斯里兰卡。【模式】Podadenia sapida Thwaites☆

41116　Podaechmea(Mez) L. B. Sm. and W. J. Kress (1989) = Aechmea Ruiz et Pav. (1794)(保留属名); ~ = Ursulaea Read et Baensch (1944) [凤梨科 Bromeliaceae]■☆

41117　Podagraria Haller(1742) Nom. inval. = Podagraria Hill(1756) Nom. illegit. ; ~ = Aegopodium L. (1753) [伞形科(伞形科) Apiaceae(Umbelliferae)]■

41118　Podagraria Hill(1756) Nom. illegit. ≡ Aegopodium L. (1753) [伞形科(伞形科)Apiaceae(Umbelliferae)]■

41119　Podagrostis (Griseb.) Scribn. et Merr. (1910) = Agrostis L. (1753)(保留属名) [禾本科 Poaceae(Gramineae)//剪股颖科 Agrostidaceae]■

41120　Podagrostis Scribn. et Merr. (1910) Nom. illegit. ≡ Podagrostis (Griseb.)Scribn. et Merr. (1910); ~ = Agrostis L. (1753)(保留属名) [禾本科 Poaceae(Gramineae)//剪股颖科 Agrostidaceae]■

41121　Podaletra Raf. (1838) = Convolvulus L. (1753) [旋花科 Convolvulaceae]■●

41122　Podaliria Willd. (1809) = Podalyria Willd. (1799)(保留属名) [豆科 Fabaceae(Leguminosae)//蝶形花科 Papilionaceae]●☆

41123　Podalyria Lam. (1793)(废弃属名) ≡ Podalyria Willd. (1799) (保留属名) [豆科 Fabaceae (Leguminosae)//蝶形花科 Papilionaceae]●☆

41124　Podalyria Lam. ex Willd. (1799)(废弃属名) ≡ Podalyria Willd. (1799)(保留属名) [豆科 Fabaceae (Leguminosae)//蝶形花科 Papilionaceae]●☆

41125　Podalyria Willd. (1799)(保留属名)【汉】香豆木属(花槐属,坡笞里属)。【英】Sweet – pea Bush。【隶属】豆科 Fabaceae (Leguminosae)//蝶形花科 Papilionaceae。【包含】世界22-25种。【学名诠释与讨论】〈阴〉(人)Podaleirios,希腊医神 Asclepias 的儿子。此属的学名"Podalyria Willd., Sp. Pl. 2:492, 501. Mar 1799"是保留属名。法规未列出相应的废弃属名。但是"Podalyria Lamarck, Tabl. Encycl. 2:454, 471. 1793"和"Podalyria Lam. ex Willd. (1799)"应该废弃。"Podaliria Willd. (1809"似为变体。【分布】非洲南部。【模式】Podalyria retzii (J. F. Gmelin) Rickett et Stafleu [Sophora retzii J. F. Gmelin, Sophora biflora Retzius 1799, non Linnaeus 1759]。【参考异名】Podaliria Willd. (1809)(废弃属名); Podalyria Lam. (1793)(废弃属名); Podalyria Lam. ex Willd. (1799)(废弃属名)●☆

41126　Podandra Baill.（1890）【汉】足蕊萝藦属。【隶属】萝藦科 Asclepiadaceae。【包含】世界1种。【学名诠释与讨论】〈阴〉（希）pous，所有格 podos，指小式 podion，脚，足，柄，梗+aner，所有格 andros，雄性，雄蕊。【分布】玻利维亚。【模式】Podandra boliviana Baillon ■☆

41127　Podandria Rolfe（1898）= Habenaria Willd.（1805）［兰科 Orchidaceae］■

41128　Podandriella Szlach.（1998）= Podandria Rolfe（1898）［兰科 Orchidaceae］■

41129　Podandrogyne Ducke（1930）【汉】足蕊南星属。【隶属】山柑科（白花菜科，醉蝶花科）Capparaceae。【包含】世界10-26种。【学名诠释与讨论】〈阴〉（希）pous，所有格 podos，指小式 podion，脚，足，柄，梗+aner，所有格 andros，雄性，雄蕊+gyne，所有格 gynaikos，雌性，雌蕊。【分布】巴拿马，秘鲁，玻利维亚，厄瓜多尔，哥伦比亚（安蒂奥基亚），尼加拉瓜，安第斯山，中美洲。【模式】Podandrogyne glabra Ducke ■☆

41130　Podangis Schltr.（1918）【汉】足距兰属（裂距兰属）。【日】ポダンギス属。【隶属】兰科 Orchidaceae。【包含】世界1种。【学名诠释与讨论】〈阳〉（希）pous，所有格 podos，指小式 podion，脚，足，柄，梗+angos，瓮，管子，指小式 angeion，容器，花托。指距长似足。【分布】热带非洲。【模式】Podangis dactyloceras（H. G. Reichenbach）Schlechter［Listrostachys dactyloceras H. G. Reichenbach］☆

41131　Podanisia Raf.（1833）= Polanisia Raf.（1819）［白花菜科（醉蝶花科）Cleomaceae］■

41132　Podanthera Wight（1851）= Epipogium J. G. Gmel. ex Borkh.（1792）［兰科 Orchidaceae］■

41133　Podanthes Haw.（1812）（废弃属名）= Orbea Haw.（1812）［萝藦科 Asclepiadaceae］■

41134　Podanthum（G. Don）Boiss.（1875）= Asyneuma Griseb. et Schenk（1852）［桔梗科 Campanulaceae］■

41135　Podanthum Boiss.（1875）Nom. illegit. ≡ Podanthum（G. Don）Boiss.（1875）；~ = Asyneuma Griseb. et Schenk（1852）［桔梗科 Campanulaceae］■

41136　Podanthus Lag.（1816）（保留属名）【汉】柄花菊属。【隶属】菊科 Asteraceae（Compositae）。【包含】世界2种。【学名诠释与讨论】〈阳〉（希）pous，所有格 podos，指小式 podion，脚，足，柄，梗+anthos，花。此属的学名“Podanthus Lag., Gen. Sp. Pl.：24. Jun – Dec 1816”是保留属名。相应的废弃属名是萝藦科 Asclepiadaceae 的“Podanthes Haw., Syn. Pl. Succ.：32. 1812 = Orbea Haw.（1812）”。【分布】阿根廷，智利。【模式】Podanthus ovatifolius Lagasca。【参考异名】Euxenia Cham.（1820）Nom. illegit. ●☆

41137　Podasaemium Rchb.（1828）= Muhlenbergia Schreb.（1789）；~ = Podosemum Desv.（1810）［禾本科 Poaceae（Gramineae）］■

41138　Podia Neck.（1790）Nom. inval. = Centaurea L.（1753）（保留属名）［菊科 Asteraceae（Compositae）//矢车菊科 Centaureaceae］●

41139　Podianthus Schnital.（1843）= Trichopus Gaertn.（1788）［薯蓣科 Dioscoreaceae//毛柄花科（发柄花科，毛柄科，毛脚科，毛脚薯科）Trichopodaceae］☆

41140　Podionapus Dulac（1867）Nom. illegit. ≡ Deschampsia P. Beauv.（1812）［禾本科 Poaceae（Gramineae）］■

41141　Podiopetalum Hochst.（1841）= Dalbergia L. f.（1782）（保留属名）［豆科 Fabaceae（Leguminosae）//蝶形花科 Papilionaceae］●

41142　Podisonia Dumort. ex Steud.（1841）= Posidonia K. D. König（1805）（保留属名）［眼子菜科 Potamogetonaceae//波喜荡草科（波喜荡科，海草科，海神草科）Posidoniaceae］■

41143　Podistera S. Watson（1887）【汉】星梗芹属。【隶属】伞形花科（伞形科）Apiaceae（Umbelliferae）。【包含】世界4种。【学名诠释与讨论】〈阴〉（希）pous，所有格 podos，指小式 podion，脚，足，柄，梗+aster，相似，星，紫菀属。或 podion+stereos，坚固的，硬的，紧贴的，紧密的。【分布】北美洲西部。【模式】Podistera nevadensis（A. Gray）S. Watson［Cymopterus nevadensis A. Gray］。【参考异名】Ligusticella J. M. Coult. et Rose（1909）；Orumbella J. M. Coult. et Rose（1909）■☆

41144　Podlechiella Maassoumi et Kaz. Osaloo（2003）【汉】佛得角黄耆属。【隶属】豆科 Fabaceae（Leguminosae）//蝶形花科 Papilionaceae。【包含】世界1种。【学名诠释与讨论】〈阴〉（人）Dietrich Podlech，1931-，植物学者+-ellus，-ella，-ellum，加在名词词干后面形成指小式的词尾。或加在人名、属名等后面以组成新属的名称。此属的学名是“Podlechiella Maassoumi et Kaz. Osaloo，Plant Systematics and Evolution 242（1-4）：22. 2003.（18 Dec 2003）”。亦有文献把其处理为“Astragalus L.（1753）”或“Phaca L.（1753）”的异名。【分布】佛得角。【模式】Podlechiella vogelii（Webb）Maassoumi et Kaz. Osaloo。【参考异名】Astragalus L.（1753）；Phaca L.（1753）■☆

41145　Podoaceae Baill. ex Franck（1889）［亦见 Anacardiaceae R. Br.（保留科名）漆树科］【汉】九子母科（九子不离母科）。【英】Podoa Family。【包含】世界2属3种，中国1属2种。【分布】东南亚。【科名模式】Dobinea Buch. – Ham. ex D. Don［Podoon Baill.］●■

41146　Podocaelia（Benth.）A. Fern. et R. Fern.（1962）Nom. illegit. ≡ Derosiphia Raf.（1938）［野牡丹科 Melastomataceae］●■

41147　Podocallis Salisb.（1866）= Massonia Thunb. ex Houtt.（1780）［风信子科 Hyacinthaceae］■☆

41148　Podocalyx Klotzsch（1841）【汉】柄萼大戟属。【隶属】大戟科 Euphorbiaceae。【包含】世界1种。【学名诠释与讨论】〈阳〉（希）pous，所有格 podos，指小式 podion，脚，足，柄，梗+kalyx，所有格 kalykos=拉丁文 calyx，花萼，杯子。【分布】巴西，秘鲁，委内瑞拉，亚马孙河流域。【模式】Podocalyx loranthoides Klotzsch☆

41149　Podocarpaceae Endl.（1847）（保留科名）【汉】罗汉松科。【日】イヌマキ科，マキ科。【俄】Ногоплодниковые。【英】Longstalked Yew Family，Podocarp Family，Podocarpus Family，Yaccatree Family，Yellow-wood Family。【包含】世界7-18属130-180种，中国4属12-15种。【分布】广泛分布。【科名模式】Podocarpus L' Hér. ex Pers. ●

41150　Podocarpia Benth. = Hylodesmum H. Ohashi et R. R. Mill（2000）［豆科 Fabaceae（Leguminosae）］●■

41151　Podocarpium（Benth.）Yen C. Yang et P. H. Huang（1979）Nom. illegit. ≡ Hylodesmum H. Ohashi et R. R. Mill（2000）；~ = Desmodium Desv.（1813）（保留属名）［豆科 Fabaceae（Leguminosae）//蝶形花科 Papilionaceae］●■

41152　Podocarpus L' Hér. ex Pers.（1807）（废弃属名）= Podocarpus Pers.（1807）（保留属名）［罗汉松科 Podocarpaceae］●

41153　Podocarpus Labill.（1806）（废弃属名）≡ Phyllocladus Rich. ex Mirb.（1825）（保留属名）［叶枝杉科（伪叶竹柏科）Phylloclad（a）ceae//罗汉松科 Podocarpaceae］●☆

41154　Podocarpus Pers.（1807）（保留属名）【汉】罗汉松属（竹柏属）。【日】イヌマキ属，マキ属。【俄】Ногоплодник，Подокарпус。【英】African Yellow – wood，Longstalked Yew，Podocarpus，White Pine，Yaccatree，Yellow Wood，Yellow Woods，Yellowwood，Yellow – wood，Yew Pine。【隶属】罗汉松科 Podocarpaceae。【包含】世界94-100种，中国7-14种。【学名诠释与讨论】〈阳〉（希）pous，所有格 podos，指小式 podion，脚，足，

柄，梗+karpos，果实。指核果状种子常有梗（花托部分）。此属的学名"Podocarpus Pers. ，Syn. Pl. 2：580. Sep 1807"是保留属名。相应的废弃属名是罗汉松科 Podocarpaceae 的"Podocarpus Labill.，Nov. Holl. Pl. 2：71. Aug 1806 ≡ Phyllocladus Rich. ex Mirb.（1825）（保留属名）"和"Nageia Gaertn.，Fruct. Sem. Pl. 1：191. Dec 1788 =Podocarpus Pers.（1807）（保留属名）"。罗汉松科 Podocarpaceae 的"Podocarpus L' Hér. ex Pers.，Syn. Pl. [Persoon]2：580. 1807 [Sep 1807] =Podocarpus Pers.（1807）（保留属名）"亦应废弃。"Brownetera L. C. Richard ex L. Trattinnick，Gen. Nov. Pl. ad t. [14]. 17 Jul 1825 ≡ Phyllocladus Rich. ex Mirb.（1825）（保留属名）"是"Podocarpus Labill.（1806）（废弃属名）"的晚出的同模式异名（Homotypic synonym，Nomenclatural synonym）。"Thalamia K. P. J. Sprengel, Anleit. ed. 2. 2：218. 20 Apr 1817 ≡ Phyllocladus Rich. ex Mirb.（1825）（保留属名）"亦是"Podocarpus Labill.（1806）（废弃属名）"的晚出的同模式异名。亦有文献把"Podocarpus Pers.（1807）（保留属名）"处理为"Phyllocladus Rich. ex Mirb.（1825）（保留属名）"的异名。【分布】巴拿马，秘鲁，玻利维亚，厄瓜多尔，哥斯达黎加，马达加斯加，尼加拉瓜，中国，中美洲。【模式】Podocarpus aspleniifolia Labillardière。【参考异名】Laubenfelsia A. V. Bobrov et Melikyan（2000）；Margbensonia A. V. Bobrov et Melikyan（1998）；Nageia Gaertn.（1788）（废弃属名）；Phyllocladus Mirb.（1825）Nom. illegit.（废弃属名）；Phyllocladus Rich.（1826）Nom. illegit.（废弃属名）；Phyllocladus Rich. ex Mirb.（1825）（保留属名）；Podocarpus L' Hér. ex Pers.（1807）（废弃属名）；Prumnopitys Phil.（1861）；Retrophyllum C. N. Page（1989）；Stachycarpus（Endl.）Tiegh.（1891）；Stachycarpus Ticgh.（1891）Nom. illegit.；Stachypitys A. V. Bobrov et Melikyan（2000）Nom. illegit.；Thalamia Spreng.（1817）Nom. illegit. ●

41155 Podocentrum Borch. ex Meisn.（1841）= Emex Campd.（1819）（保留属名）［蓼科 Polygonaceae］■☆

41156 Podochilopsis Guillaumin（1963）【汉】类柄唇兰属。【隶属】兰科 Orchidaceae。【包含】世界 1 种。【学名诠释与讨论】〈阴〉（属）Podochilus 柄唇兰属+希腊文 opsis，外观，模样，相似。此属的学名是"Podochilopsis Guillaumin, Bull. Mus. Hist. Nat.（Paris）ser. 2. 34：478. 31 Mai 1963"。亦有文献把其处理为"Adenoncos Blume（1825）"的异名。【分布】越南。【模式】Podochilopsis dalatensis Guillaumin。【参考异名】Adenoncos Blume（1825）■☆

41157 Podochilus Blume（1825）【汉】柄唇兰属。【英】Podochilus。【隶属】兰科 Orchidaceae。【包含】世界 60 种，中国 2 种。【学名诠释与讨论】〈阳〉（希）pous，所有格 podos，指小式 podion，脚、足、柄、梗+cheilos，唇。在希腊文组合词中，cheil-，cheilo-，-chilus，-chilia 等均为"唇，边缘"之义。指唇瓣具柄。【分布】波利尼西亚群岛，印度至马来西亚，中国。【模式】Podochilus lucescens Blume。【参考异名】Apista Blume（1825）；Blumia Meyen ex Endl.；Cryptoglottis Blume（1825）；Cyrtoglottis Schltr.（1920）；Hexameria R. Br.（1838）Nom. illegit.；Pedochelus Wight（1852）；Placostigma Blume（1828）；Platysma Blume（1825）Nom. illegit. ■

41158 Podochrea Fourr.（1868）= Astragalus L.（1753）［豆科 Fabaceae（Leguminosae）//蝶形花科 Papilionaceae］●■

41159 Podochrosia Baill.（1888）= Rauvolfia L.（1753）［夹竹桃科 Apocynaceae］●

41160 Podococcus G. Mann et H. Wendl.（1864）【汉】梗椰属（柄裂果属，凸花椰属）。【隶属】棕榈科 Arecaceae（Palmae）。【包含】世界 1 种。【学名诠释与讨论】〈阳〉（希）pous，所有格 podos，指小式 podion，脚、足、柄、梗+kokkos，变为拉丁文 coccus，仁，谷粒，浆果。【分布】热带非洲。【模式】Podococcus barteri G. Mann et H.

Wendland ●☆

41161 Podocoma Cass.（1817）【汉】层菀属。【隶属】菊科 Asteraceae（Compositae）。【包含】世界 9-10 种。【学名诠释与讨论】〈中〉（希）pous，所有格 podos，指小式 podion，脚、足、柄、梗+kome，毛发，束毛，冠毛，来自拉丁文 coma。指冠毛梗，瘦果扁平。此属的学名，ING、TROPICOS、APNI 和 IK 记载是"Podocoma Cassini, Bull. Sci. Soc. Philom. Paris 1817：137. Sep 1817"。"Podocoma R. Brown, Bot. App. Sturt's Exped. 17. Jan–Feb 1849（non Cassini 1817）≡ Ixiochlamys F. v. Mueller et Sonder 1853 =Podocoma Cass.（1817）"是晚出的非法名称。【分布】澳大利亚，巴拉圭，玻利维亚，南美洲。【后选模式】Podocoma hieracifolia（Poiret）Cassini ［Erigeron hieracifolium Poiret］。【参考异名】Asteropsis Less.（1832）；Inulopsis（DC.）O. Hoffm.（1890）；Ixiochlamys F. Muell. et Sond.（1853）；Moritzia Sch. Bip. ex Benth. et Hook. f.；Podopappus Hook. et Arn.（1836）■☆

41162 Podocoma R. Br.（1849）Nom. illegit. ≡ Ixiochlamys F. Muell. et Sond.（1853）［菊科 Asteraceae（Compositae）］■●☆

41163 Podocybe K. Schum.（1901）Nom. illegit. =Gleditsia L.（1753）；~ =Pogocybe Pierre（1899）［豆科 Fabaceae（Leguminosae）//云实科（苏木科）Caesalpiniaceae］●

41164 Podocytisus Boiss. et Heldr.（1849）【汉】扫帚豆属。【隶属】豆科 Fabaceae（Leguminosae）。【包含】世界 1 种。【学名诠释与讨论】〈阳〉（希）pous，所有格 podos，指小式 podion，脚、足、柄、梗+（属）Cytisus 金雀儿属。【分布】希腊，安纳托利亚。【模式】Podocytisus caramanicus Boissier et Heldreich ■☆

41165 Podogyne Hoffmanns.（1824）= Gynandropsis DC.（1824）（保留属名）［白花菜科（醉蝶花科）Cleomaceae］■

41166 Podogynium Taub.（1896）= Zenkerella Taub.（1894）［豆科 Fabaceae（Leguminosae）］■☆

41167 Podolasia N. E. Br.（1882）【汉】毛足南星属。【隶属】天南星科 Araceae。【包含】世界 1 种。【学名诠释与讨论】〈阴〉（希）pous，所有格 podos，指小式 podion，脚、足、柄、梗+lasios，多毛的。lasio- =拉丁文 lani-，多毛的。【分布】加里曼丹岛。【模式】Podolasia stipitata N. E. Brown ■☆

41168 Podolepis Labill.（1806）（保留属名）【汉】柄鳞菊属（纸苞金绒草属）。【日】ポドレピス属。【隶属】菊科 Asteraceae（Compositae）。【包含】世界 20 种。【学名诠释与讨论】〈阴〉（希）pous，所有格 podos，指小式 podion，脚、足、柄、梗+lepis，所有格 lepidos，指小式 lepion 或 lepidion，鳞，鳞片。lepidotos，多鳞的。lepos，鳞，鳞片。指花梗具鳞片。此属的学名"Podolepis Labill.，Nov. Holl. Pl. 2：56. Jun 1806"是保留属名。法规未列出相应的废弃属名。【分布】澳大利亚。【模式】Podolepis rugata Labillardière。【参考异名】Panactia Cass.（1829）；Rutidochlamys Sond.（1853）；Rytidochlamys Post et Kuntze（1903）；Scalia Sieber ex Sims（1806）Nom. illegit.；Scalia Sims（1806）；Scaliopsis Walp.（1840）；Siemssenia Steetz（1845）；Stylolepis Lehm.（1828）■☆

41169 Podolobium R. Br.（1811）Nom. illegit. ≡ Podolobium R. Br. ex W. T. Aiton（1811）［豆科 Fabaceae（Leguminosae）］●☆

41170 Podolobium R. Br. ex W. T. Aiton（1811）【汉】裂足豆属。【隶属】豆科 Fabaceae（Leguminosae）。【包含】世界 6 种。【学名诠释与讨论】〈中〉（希）pous，所有格 podos，指小式 podion+lobos =拉丁文 lobulus，片，裂片，叶，荚，蒴+-ius，-ia，-ium，在拉丁文和希腊文中，这些词尾表示性质或状态。此属的学名，ING 记载是"Podolobium R. Brown ex W. T. Aiton, Hortus Kew. ed. 2. 3：9. Oct 1811"。APNI、TROPICOS 和 IK 则记载为"Podolobium R. Br.，Hortus Kewensis 3 1811"。亦有文献把"Podolobium R. Br. ex W. T. Aiton（1811）"处理为"Oxylobium Andréws（1807）（保留属名）"

的异名。【分布】参见"Oxylobium Andréws(1807)"。【模式】Podolobium trilobatum W. T. Aiton, Nom. illegit.［Pultenaea ilicifolia Andrews］。【参考异名】Oxylobium Andréws(1807)(保留属名); Podolobium R. Br. (1811)Nom. illegit. ●☆

41171　Podolobus Raf. (1819) Nom. illegit. =Stanleya Nutt. (1818)［十字花科 Brassicaceae(Cruciferae)］■☆

41172　Podolopus Steud. (1841)= Podolobus Raf. (1819) Nom. illegit. ; ~ =Stanleya Nutt. (1818)［十字花科 Brassicaceae(Cruciferae)］■☆

41173　Podolotus Benth. (1835) Nom. illegit. ≡ Podolotus Royle ex Benth. (1835); ~ =Astragalus L. (1753); ~ =Lotus L. (1753)［山榄科 Sapotaceae］●■

41174　Podolotus Royle ex Benth. (1835)= Astragalus L. (1753); ~ =Lotus L. (1753)［豆科 Fabaceae (Leguminosae)//蝶形花科 Papilionaceae］●■

41175　Podolotus Royle(1835)Nom. illegit. ≡Podolotus Royle ex Benth. (1835); ~ =Astragalus L. (1753); ~ =Lotus L. (1753)［山榄科 Sapotaceae］●■

41176　Podoluma Baill. (1891)= Lucuma Molina (1782); ~ =Pouteria Aubl. (1775)［山榄科 Sapotaceae］●

41177　Podonephelium Baill. (1874)【汉】足葶子属。【隶属】无患子科 Sapindaceae。【包含】世界 4 种。【学名诠释与讨论】〈中〉(希)pous, 所有格 podos, 指小式 podion, 脚, 足, 柄, 梗+(属)Nephelium 韶子属(红毛丹属, 毛龙眼属)。【分布】法属新喀里多尼亚。【模式】Podonephelium deplanchei Baillon ●☆

41178　Podonix Raf. (1838)= Tulipa L. (1753)［百合科 Liliaceae］■

41179　Podonosma Boiss. (1849)【汉】肖滇紫草属。【隶属】紫草科 Boraginaceae。【包含】世界 145-150 种。【学名诠释与讨论】〈阴〉(希)pous, 所有格 podos, 指小式 podion, 脚, 足, 柄, 梗+(属)Onosma 滇紫草属(驴臭草属)。此属的学名是"Podonosma Boissier, Diagn. Pl. Orient. 2(11): 113. Mar-Apr 1849"。亦有文献把其处理为"Onosma L. (1762)"的异名。【分布】参见"Onosma L. (1762)"。【模式】Podonosma syriaca (Labillardière) Boissier［Onosma syriaca Labillardière］。【参考异名】Onosma L. (1762)■☆

41180　Podoon Baill. (1887)= Dobinea Buch. -Ham. ex D. Don(1825)［漆树科 Anacardiaceae//九子母科 (九子不离母科) Podoaceae//］●■

41181　Podoonaceae Baill. ex Franch. =Podoaceae Baill. ex Franck ●■

41182　Podopappus Hook. et Arn. (1836)= Podocoma Cass. (1817)［菊科 Asteraceae(Compositae)］■☆

41183　Podopetalum F. Muell. (1882) Nom. illegit. = Ormosia Jacks. (1811)(保留属名)［豆科 Fabaceae (Leguminosae)//蝶形花科 Papilionaceae］●

41184　Podopetalum Gandin (1828)= Trochiscanthes W. D. J. Koch (1824)［伞形花科 (伞形科) Apiaceae(Umbelliferae)］■☆

41185　Podophania Baill. (1880)= Hofmeisteria Walp. (1846)［菊科 Asteraceae(Compositae)］■●☆

41186　Podophorus Phil. (1856)【汉】雀麦禾属。【隶属】禾本科 Poaceae(Gramineae)。【包含】世界 1 种。【学名诠释与讨论】〈阳〉(希)pous, 所有格 podos, 指小式 podion, 脚, 足, 柄, 梗+phoros, 具有, 梗, 负载, 发现者。【分布】智利(胡安-费尔南德斯群岛)。【模式】Podophorus bromoides Philippi ■☆

41187　Podophyllaceae DC. (1817)(保留科名)［亦见 Berberidaceae Juss. (保留科名)小檗科］【汉】鬼白科(桃儿七科)。【日】カワゴケソウ科。【包含】世界 6-8 属 20-71 种, 中国 5 属 60 种。【分布】喜马拉雅山东亚, 北美洲东部。【科名模式】Podophyllum L. (1753)■

41188　Podophyllum L. (1753)【汉】鬼白属(八角莲属, 北美桃儿七属, 足叶草属)。【日】ポドフィラム属。【俄】Ноголист, Ноголистник, Подофилл, Подофиллум, Подофиллюм。【英】Mandrake, May Apple, May - apple。【隶属】小檗科 Berberidaceae//鬼臼科(桃儿七科) Podophyllaceae。【包含】世界 2-10 种。【学名诠释与讨论】〈中〉(希)pous, 所有格 podos, 指小式 podion, 脚, 足, 柄, 梗+phyllon, 叶子。指根生叶具显著的柄。此属的学名, ING、TROPICOS 和 IK 记载是"Podophyllum L. , Sp. Pl. 1: 505. 1753［1 May 1753］"。"Anapodophyllum Moench, Meth. 277. 4 Mai 1794 (non Anapodophyllon P. Miller 1754)"是"Podophyllum L. (1753)"的晚出的同模式异名(Homotypic synonym, Nomenclatural synonym)。【分布】巴基斯坦, 美国, 喜马拉雅山, 东亚, 北美洲东部。【后选模式】Podophyllum peltatum Linnaeus。【参考异名】Anapodophyllon Mill. (1754) Nom. illegit. ; Anapodophyllum Moench (1794) Nom. illegit. ; Anapodophyllum Tourn. ex Moench (1794) Nom. illegit. , Nom. superfl. ; Sinopodophyllum T. S. Ying(1979)■☆

41189　Podopogon Raf. (1825)(废弃属名)= Piptochaetium J. Presl (1830)(保留属名); ~ = Stipa L. (1753)［禾本科 Poaceae (Gramineae)//针茅科 Stipaceae］■

41190　Podopterus Bonpl. (1812)【汉】刺蓼树属。【隶属】蓼科 Polygonaceae。【包含】世界 3 种。【学名诠释与讨论】〈阳〉(希)pous, 所有格 podos, 指小式 podion, 脚, 足, 柄, 梗+pteron, 指小式 pteridion, 翅。pteridios, pteridios, 有羽毛的。此属的学名, ING 和 IK 记载是"Podopterus Bonpland in Humboldt et Bonpland, Pl. Aequin. 2: 89. Apr 1812('1809')"。"Podopterus Humb. et Bonpl. (1812)≡ Podopterus Bonpl. (1812)"的命名人引证有误。【分布】墨西哥, 尼加拉瓜, 中美洲。【模式】Podopterus mexicanus Bonpland。【参考异名】Podopterus Humb. et Bonpl. (1812) Nom. illegit. ●☆

41191　Podopterus Humb. et Bonpl. (1812) Nom. illegit. ≡ Podopterus Bonpl. (1812)［蓼科 Polygonaceae］●☆

41192　Podoria Pers. (1806) Nom. illegit. ≡ Boscia Lam. ex J. St. -Hil. (1805)(保留属名)［山柑科 Capparaceae//白花菜科 Cleomaceae］■☆

41193　Podoriocarpus Lam. ex Pers. =Podoria Pers. (1806) Nom. illegit. ［山柑科(白花菜科, 醉蝶花科) Capparaceae］■☆

41194　Podorungia Baill. (1891)【汉】足孩儿草属。【隶属】爵床科 Acanthaceae。【包含】世界 1 种。【学名诠释与讨论】〈阴〉(希)pous, 所有格 podos, 指小式 podion, 脚, 足, 柄, 梗+(属)Rungia 孩儿草属(明萼草属)。【分布】马达加斯加。【模式】Podorungia lantzei Baillon。【参考异名】Warpuria Stapf(1908)■☆

41195　Podosaemon Spreng. (1830)= Muhlenbergia Schreb. (1789); ~ =Podosemum Desv. (1810)［禾本科 Poaceae(Gramineae)］■

41196　Podosaemum Kunth (1815)= Podosaemon Sprang. (1830); ~ = Muhlenbergia Schreb. (1789); ~ =Podosemum Desv. (1810)［禾本科 Poaceae(Gramineae)］■

41197　Podosciadium A. Gray(1868)= Perideridia Rchb. (1837)［伞形花科(伞形科) Apiaceae(Umbelliferae)］■☆

41198　Podosemum Desv. (1810)= Muhlenbergia Schreb. (1789)［禾本科 Poaceae(Gramineae)］■

41199　Podospadix Raf. (1838)= Anthurium Schott (1829)［天南星科 Araceae］■

41200　Podosperma Labill. (1806)(废弃属名)≡ Podotheca Cass. (1822)(保留属名)［菊科 Asteraceae(Compositae)］■☆

41201　Podospermaceae Dulac =Santalaceae R. Br. (保留科名)●■

41202　Podospermum DC. (1805)(保留属名)【汉】柄籽菊属。【隶属】菊科 Asteraceae(Compositae)。【包含】世界 70 种。【学名诠

释与讨论】〈阴〉（希）pous，所有格 podos，指小式 podion，脚，足，柄，梗+ sperma，所有格 spermatos，种子，孢子。此属的学名"Podospermum DC. in Lamarck et Candolle, Fl. Franç., ed. 3, 4:61. 17 Sep 1805"是保留属名。相应的废弃属名是菊科 Asteraceae 的"Arachnospermum F. W. Schmidt in Samml. Phys. −Oekon. Aufsätze 1:274. 1795 ≡ Podospermum DC. (1805)（保留属名）"。菊科 Asteraceae 的"Arachnospermum Berg ex Haberl = Hypochaeris L. (1753)"和"Arachnospermum Berg. = Hypochaeris L. (1753)"亦应废弃。亦有文献把"Podospermum DC. (1805)（保留属名）"处理为"Scorzonera L. (1753)"的异名。【分布】澳洲，亚洲，中美洲。【模式】Podospermum laciniatum（L.）DC. [Scorzonera laciniata L.]。【参考异名】Arachnospermum F. W. Schmidt (1795)；Scorzonera L. (1753)■☆

41203 Podostachys Klotzsch (1841) = Croton L. (1753) [大戟科 Euphorbiaceae//巴豆科 Crotonaceae]●

41204 Podostaurus Jungh. (1845) = Boenninghausenia Rchb. ex Meisn. (1837)（保留属名）[芸香科 Rutaceae]●■

41205 Podostelma K. Schum. (1893)【汉】足冠萝藦属。【隶属】萝藦科 Asclepiadaceae。【包含】世界 1 种。【学名诠释与讨论】〈中〉（希）pous，所有格 podos，指小式 podion，脚，足，柄，梗+ stelma，王冠，花冠。【分布】热带非洲。【模式】Podostelma schimperi（Vatke）K. M. Schumann [Astephanus schimperi Vatke]☆

41206 Podostemaceae Rich. ex C. Agardh = Podostemaceae Rich. ex Kunth（保留科名）■

41207 Podostemaceae Rich. ex Kunth (1816) [as 'Podostemeae']（保留科名）【汉】川苔草科。【日】カハゴケサウ科，カワゴケソウ科，ポドステモン科。【英】Riverweed Family。【包含】世界 40-54 属 130-280 种，中国 3 属 4 种。【分布】热带。【科名模式】Podostemum Michx. (1803)■

41208 Podostemma Greene (1897) = Asclepias L. (1753) [萝藦科 Asclepiadaceae]■

41209 Podostemon Michx. (1803) Nom. illegit. ≡ Podostemum Michx. (1803) [髯管花科 Geniostomaceae]■☆

41210 Podostemonaceae Rich. ex C. Agardh = Podostemaceae Rich. ex Kunth（保留科名）■

41211 Podostemum Michx. (1803)【汉】川苔草属。【英】Riverweed。【隶属】髯管花科 Geniostomaceae。【包含】世界 7-18 种。【学名诠释与讨论】〈中〉（希）pous，所有格 podos，指小式 podion，脚，足，柄，梗+ stemon，雄蕊。此属的学名，ING、TROPICOS 和 IK 记载是"Podostemum Michx., Fl. Bor. −Amer. (Michaux) 2:164, t. 44. 1803 [19 Mar 1803]"。"Podostemon Michx. (1803)"是"Podostemum Michx. (1803)"的拼写变体。"Dicraeia L. M. A. A. Du Petit − Thouars, Gen. Nova Madag. 2. 17 Nov 1806"是"Podostemum Michx. (1803)"的晚出的同模式异名（Homotypic synonym, Nomenclatural synonym）。【分布】马达加斯加，热带非洲和亚洲，中美洲和热带南美洲。【模式】Podostemum ceratophyllum A. Michaux。【参考异名】Dicraeia Thouars (1806) Nom. illegit.；Mavaelia Trimen (1895) Nom. inval.；Padostemon Griff. (1854)；Podostemon Michx. (1803)■☆

41212 Podostigma Elliott (1817) = Asclepias L. (1753) [萝藦科 Asclepiadaceae]■

41213 Podostima Raf. = Breweria R. Br. (1810)；~ = Stylisma Raf. (1818) [旋花科 Convolvulaceae]■☆

41214 Podotheca Cass. (1822)（保留属名）【汉】草苞鼠麹草属。【隶属】菊科 Asteraceae(Compositae)。【包含】世界 6 种。【学名诠释与讨论】〈阴〉（希）pous，所有格 podos，指小式 podion，脚，足，柄，梗+ theke =拉丁文 theca，匣子，箱子，室，药室，囊。此属的学名

"Podotheca Cass. in Cuvier, Dict. Sci. Nat. 23:561. Nov 1822"是保留属名。相应的废弃属名是菊科 Asteraceae 的"Podosperma Labill., Nov. Holl. Pl. 2:35. Apr 1806 ≡ Podotheca Cass. (1822)（保留属名）"。"Podosperma Labillardière, Novae Holl. Pl. Sp. 2:35. t. 177. Apr 1806（废弃属名）"是"Podotheca Cass. (1822)（保留属名）"的晚出的同模式异名（Homotypic synonym, Nomenclatural synonym）。【分布】澳大利亚（温带）。【模式】Podotheca angustifolia（Labillardière）Lessing [Podosperma angustifolium Labillardière]。【参考异名】Lophoclinium Endl. (1843)；Phaenopoda Cass. (1826) Nom. illegit.；Podosperma Labill. (1806)（废弃属名）■☆

41215 Podranea Sprague (1904)【汉】非洲凌霄属（肖粉凌霄属）。【英】Podranea。【隶属】紫葳科 Bignoniaceae。【包含】世界 1-2 种，中国 1 种。【学名诠释与讨论】〈阴〉（属）由粉花凌霄属 Pandorea 改缀而来。【分布】热带和非洲南部，中国。【模式】Podranea ricasoliana（Tanfani）Sprague [Tecoma ricasoliana Tanfani]●

41216 Poecadenia Wittst. = Poikadenia Elliott；~ = Psoralea L. (1753) [豆科 Fabaceae(Leguminosae)//蝶形花科 Papilionaceae]●■

41217 Poechia Endl. (1848) = Psilotrichum Blume (1826) [苋科 Amaranthaceae]●■

41218 Poechia Opiz (1852) Nom. illegit. ≡ Sicklera M. Roem. (1846)；~ = Murraya J. König ex L. (1771) [as 'Murraea']（保留属名）[芸香科 Rutaceae]●

41219 Poecilacanthus Post et Kuntze (1903) = Poikilacanthus Lindau (1895) [爵床科 Acanthaceae]●☆

41220 Poecilandra Tul. (1847)【汉】小蕊金莲木属。【隶属】金莲木科 Ochnaceae。【包含】世界 3 种。【学名诠释与讨论】〈阴〉（希）poikilos，杂色的，各样的+ aner，所有格 andros，雄性，雄蕊。【分布】北热带，南美洲。【模式】Poecilandra retusa Tulasne●☆

41221 Poecilanthe Benth. (1860)【汉】小花杂花豆属。【隶属】豆科 Fabaceae(Leguminosae)。【包含】世界 7-8 种。【学名诠释与讨论】〈阴〉（希）poikilos，杂色的，各样的+ anthos，花。【分布】巴拉圭，秘鲁，玻利维亚。【后选模式】Poecilanthe grandiflora Bentham。【参考异名】Amphiodon Huber (1909)●☆

41222 Poecilla Post et Kuntze (1903) = Jacaima Rendle (1936)；~ = Poicilla Griseb. (1866) [萝藦科 Asclepiadaceae]☆

41223 Poecilocalyx Bremek. (1940)【汉】杂萼茜属。【隶属】茜草科 Rubiaceae。【包含】世界 2 种。【学名诠释与讨论】〈阳〉（希）poikilos，杂色的，各样的+ kalyx，所有格 kalykos =拉丁文 calyx，花萼，杯子。【分布】热带非洲。【模式】Poecilocalyx schumannii Bremekamp■☆

41224 Poecilocarpus Nevski (1937) = Astragalus L. (1753) [豆科 Fabaceae(Leguminosae)//蝶形花科 Papilionaceae]●■

41225 Poecilochroma Miers (1848) Nom. illegit. ≡ Saracha Ruiz et Pav. (1794) [茄科 Solanaceae]●☆

41226 Poecilocnemis Mart. ex Nees (1847) = Geissomeria Lindl. (1827) [爵床科 Acanthaceae]☆

41227 Poecilodermis Schott et Endl. (1832) = Brachychiton Schott et Endl. (1832)；~ = Sterculia L. (1753) [梧桐科 Sterculiaceae//锦葵科 Malvaceae]●

41228 Poecilodermis Schott (1832) Nom. illegit. ≡ Poecilodermis Schott et Endl. (1832)；~ = Brachychiton Schott et Endl. (1832)；~ = Sterculia L. (1753) [梧桐科 Sterculiaceae//锦葵科 Malvaceae]●

41229 Poecilolepis Grau (1977)【汉】匐菀属。【隶属】菊科 Asteraceae (Compositae)。【包含】世界 2 种。【学名诠释与讨论】〈阴〉（希）poikilos，杂色的，各样的+ lepis，所有格 lepidos，指小式 lepion

或 lepidion，鳞，鳞片。lepidotos，多鳞的。lepos，鳞，鳞片。【分布】非洲南部。【模式】Poecilolepis ficoidea（A. P. de Candolle）J. Grau［Felicia ficoidea A. P. de Condolle］■☆

41230　Poeciloneuron Bedd.（1865）【汉】印度杂脉藤黄属（格脉树属）。【隶属】猪胶树科（克鲁西科，山竹子科，藤黄科）Clusiaceae（Guttiferae）。【包含】世界 2-3 种。【学名诠释与讨论】〈中〉（希）poikilos，杂色的，各样的＋neuron 叶脉。【分布】印度（南部），中国。【模式】Poeciloneuron indicum Beddome。【参考异名】Agasthiyamalaia S. Rajkumar et Janarth.（2007）●

41231　Poecilospermum Post et Kuntze（1903）＝Poikilospermum Zipp. ex Miq.（1864）［荨麻科 Urticaceae//蚁牺树科（号角树科，南美伞科，南美伞树科，伞树科，锥头麻科）Cecropiaceae］●

41232　Poecilostachys Hack.（1884）【汉】杂色穗草属。【隶属】禾本科 Poaceae（Gramineae）。【包含】世界 20 种。【学名诠释与讨论】〈阴〉（希）poikilos，杂色的，各样的＋stachys，穗，谷，长钉。【分布】马达加斯加。【模式】未指定。【参考异名】Chloachne Stapf（1916）■☆

41233　Poecilostemon Triana et Planch.（1860）Nom. inval. ＝ Chrysochlamys Poepp.（1840）［猪胶树科（克鲁西科，山竹子科，藤黄科）Clusiaceae（Guttiferae）］●☆

41234　Poecilotriche Dulac（1867）Nom. illegit. ≡Saussurea DC.（1810）（保留属名）［菊科 Asteraceae（Compositae）］●■

41235　Poeckia Benth. et Hook. f.（1880）＝Poechia Endl.（1848）；～＝Psilotrichum Blume（1826）［苋科 Amaranthaceae］●■

41236　Poederia Reuss（1802）＝Paederia L.（1767）（保留属名）［茜草科 Rubiaceae］●■

41237　Poederiopsis Rusby（1907）＝Manettia Mutis ex L.（1771）（保留属名）；～＝Paederia L.（1767）（保留属名）［茜草科 Rubiaceae］●■

41238　Poelinitzia Uitewaal（1940）【汉】红花松塔掌属（合片阿福花属）。【隶属】阿福花科 Asphodelaceae。【包含】世界 1 种。【学名诠释与讨论】〈阴〉（人）Joseph Karl（Carl）Leopoldt Arndt von Poellnitz，1896-1945，德国植物学者。【分布】非洲南部。【模式】Poelinitzia rubriflora（Bolus）Uitewaal［Apicra rubriflora Bolus］■☆

41239　Poenosedum Holub（1984）＝Rhodiola L.（1753）［景天科 Crassulaceae//红景天科 Rhodiolaceae］■

41240　Poeonia Crantz（1762）＝Paeonia L.（1753）［毛茛科 Ranunculaceae//芍药科 Paeoniaceae］●■

41241　Poeppigia Bertero ex Férussac（1830）Nom. inval. ＝ Rhaphithamnus Miers（1870）［马鞭草科 Verbenaceae］●☆

41242　Poeppigia Bertero（1830）Nom. inval. ≡ Poeppigia Bertero ex Férussac（1830）Nom. inval. ；～＝Rhaphithamnus Miers（1870）［马鞭草科 Verbenaceae］●☆

41243　Poeppigia C. Presl（1830）【汉】珀高豆属。【隶属】豆科 Fabaceae（Leguminosae）//云实科（苏木科）Caesalpiniaceae。【包含】世界 1 种。【学名诠释与讨论】〈阴〉（人）Eduard Friedrich Poepp.，1798-1868，德国植物学者，博物学者。【分布】巴拿马，秘鲁，玻利维亚，尼加拉瓜，西印度群岛，中美洲。【模式】Poeppigia procera（Poeppig ex K. P. J. Sprengel）K. B. Presl［Caesalpinia procera Poeppig ex K. P. J. Sprengel］。【参考异名】Ramirezia A. Rich.（1855）■☆

41244　Poeppigia Kuntze ex Rchb.（1828）Nom. inval. ＝Tecophilaea Bertero ex Colla（1836）［百合科 Liliaceae//蒂科花科（百合菜，基叶草科）Tecophilaeaceae］■☆

41245　Poevrea Tul.（1856）＝Combretum Loefl.（1758）（保留属名）；～＝Pevraea Comm. ex Juss.（1789）［使君子科 Combretaceae］●

41246　Poga Pierre（1896）【汉】赤非红树属。【隶属】红树科 Rhizophoraceae//异叶木科（四柱木科，异形叶科，异叶红树科）Anisophylleaceae。【包含】世界 1 种。【学名诠释与讨论】〈阴〉（希）pogon，所有格 pogonos，指小式 pogonion，胡须，髯毛，芒。pogonias，有须的。另说来自加蓬植物俗名。【分布】西赤道非洲。【模式】Poga oleosa Pierre●☆

41247　Pogadelpha Raf.（1838）＝Sisyrinchium L.（1753）［鸢尾科 Iridaceae］■

41248　Pogalis Raf.（1837）＝Polygonum L.（1753）（保留属名）［蓼科 Polygonaceae］■●

41249　Pogenda Raf.（1838）＝Olea L.（1753）［木犀榄科（木犀科）Oleaceae］●

41250　Poggea Gürke ex Warb.（1893）【汉】波格木属。【隶属】刺篱木科（大风子科）Flacourtiaceae。【包含】世界 4 种。【学名诠释与讨论】〈阴〉（人）Pogge。此属的学名，ING 和 TROPICOS 记载是"Poggea Gürke, Bot. Jahrb. Syst. 18：162. t. 7. 22 Dec 1893"。IK 则记载为"Poggea Gürke ex Warb.，Nat. Pflanzenfam.［Engler et Prantl］iii. 6a（1893）16；et in Bot. Jahrb. xviii.（1894）162"。【分布】热带非洲。【模式】Poggea alata Gürke。【参考异名】Poggea Gürke（1893）Nom. illegit. ●☆

41251　Poggea Gürke（1893）Nom. illegit. ≡ Poggea Gürke ex Warb.（1893）［刺篱木科（大风子科）Flacourtiaceae］●☆

41252　Poggendorffia H. Karst.（1857）＝Passiflora L.（1753）（保留属名）；～＝Tacsonia Juss.（1789）［西番莲科 Passifloraceae］●■

41253　Poggeophyton Pax（1894）＝Erythrococca Benth.（1849）［大戟科 Euphorbiaceae］●☆

41254　Pogoblephis Raf.（1837）＝Gentianella Moench（1794）（保留属名）［龙胆科 Gentianaceae］■

41255　Pogochilus Falc.（1841）＝Galeola Lour.（1790）［兰科 Orchidaceae］■

41256　Pogochloa S. Moore（1895）＝Gouinia E. Fourn.（1883）［禾本科 Poaceae（Gramineae）］■☆

41257　Pogocybe Pierre（1899）＝Gleditsia L.（1753）［豆科 Fabaceae（Leguminosae）//云实科（苏木科）Caesalpiniaceae］●

41258　Pogogyne Benth.（1834）【汉】须柱草属。【隶属】唇形科 Lamiaceae（Labiatae）。【包含】世界 6-7 种。【学名诠释与讨论】〈阴〉（希）pogon，所有格 pogonos，指小式 pogonion，胡须，髯毛，芒。pogonias，有须的＋gyne，所有格 gynaikos，雌性，雌蕊。【分布】美国（俄勒冈，加利福尼亚）。【后选模式】Pogogyne douglasii Bentham。【参考异名】Hedeomoides Briq.（1896）Nom. illegit. ■☆

41259　Pogoina B. Grant（1895）Nom. illegit. ＝ Pogonia Juss.（1789）［兰科 Orchidaceae］■

41260　Pogoina Griff. ex B. Grant（1895）Nom. illegit. ＝ Pogonia Juss.（1789）［兰科 Orchidaceae］■

41261　Pogomesia Raf.（1837）（废弃属名）＝Tinantia Scheidw.（1839）（保留属名）［鸭跖草科 Commelinaceae］■☆

41262　Pogonachne Bor（1949）【汉】总状须颖草属。【隶属】禾本科 Poaceae（Gramineae）。【包含】世界 1 种。【学名诠释与讨论】〈阴〉（希）pogon，所有格 pogonos，指小式 pogonion，胡须，髯毛，芒＋achne，鳞片，泡沫，泡囊，谷壳，稃。【分布】印度。【模式】Pogonachne racemosa Bor ■☆

41263　Pogonanthera（G. Don）Spach（1840）Nom. illegit. ＝Scaevola L.（1771）（保留属名）［草海桐科 Goodeniaceae//马鞭草科 Verbenaceae］●■

41264　Pogonanthera Blume（1831）【汉】毛药野牡丹属。【隶属】野牡丹科 Melastomataceae。【包含】世界 1 种。【学名诠释与讨论】〈阴〉（希）pogon，所有格 pogonos，指小式 pogonion，胡须，髯毛，芒＋anthera，花药。此属的学名，ING、TROPICOS 和 IK 记载是

"Pogonanthera Blume, Flora 14：520. Jul – Sep 1831"。"Pogonanthera（G. Don）Spach, Hist. Nat. Vég. PHAN. 9：583. 15 Aug 1840 = Scaevola L.（1771）（保留属名）［草海桐科 Goodeniaceae］"、"Pogonanthera H. W. Li et X. H. Guo, Acta Phytotax. Sin. 31：266. Jun 1993 ≡ Sinopogonanthera H. W. Li（1993）= Paraphlomis（Prain）Prain（1908）［唇形科 Lamiaceae（Labiatae）］"是晚出的非法名称。"Pogonanthera Spach, Hist. Nat. Vég.（Spach）9：583. 1840 ≡ Pogonanthera（G. Don）Spach（1838）Nom. illegit.［草海桐科 Goodeniaceae//马鞭草科 Verbenaceae］"的命名人引证有误。【分布】马来西亚。【模式】未指定。【参考异名】Scaevola sect. Pogonanthera G. Don（1834）■☆

41265 Pogonanthera H. W. Li et X. H. Guo（1993）Nom. illegit. ≡ Sinopogonanthera H. W. Li（1993）; ~ = Paraphlomis（Prain）Prain（1908）［唇形科 Lamiaceae（Labiatae）］●■

41266 Pogonanthera Spach（1840）Nom. illegit. ≡ Pogonanthera（G. Don）Spach（1838）Nom. illegit. ; ~ = Scaevola L.（1771）（保留属名）［草海桐科 Goodeniaceae//马鞭草科 Verbenaceae］●■

41267 Pogonanthus Montrouz.（1860）= Morinda L.（1753）［茜草科 Rubiaceae］●■

41268 Pogonarthria Stapf ex Rendle（1899）【汉】镰穗草属。【隶属】禾本科 Poaceae（Gramineae）。【包含】世界4种。【学名诠释与讨论】〈阴〉（希）pogon, 所有格 pogonos, 指小式 pogonion, 胡须, 髯毛, 芒+arthron, 关节。此属的学名, ING、TROPICOS 和 IK 记载是"Pogonarthria Stapf, Fl. Cap.（Harvey）7（2）：316, in clavi. 1898［Jul 1898］"。IK 还记载了"Pogonarthria Stapf ex Rendle, Cat. Afr. Pl.（Hiern）ii. 232（1899）; et in Hook. Ic. Pl. t. 2610（1899）［30 May 1899］"。【分布】马达加斯加, 热带和非洲南部。【模式】Pogonarthria falcata Stapf, Nom. illegit.［Fragrostis marlothii Hackel; Pogonarthria marlothii（Hackel）Hackel］。【参考异名】Pogonarthria Stapf（1898）Nom. inval. ■☆

41269 Pogonarthria Stapf（1898）Nom. inval. ≡ Pogonarthria Stapf ex Rendle（1899）［禾本科 Poaceae（Gramineae）］■☆

41270 Pogonatherum P. Beauv.（1812）【汉】金发草属（金丝茅属）。【日】イタチガヤ属。【英】Goldenhairgrass, Pogonatherum。【隶属】禾本科 Poaceae（Gramineae）。【包含】世界4种, 中国3种。【学名诠释与讨论】〈中〉（希）pogon, 所有格 pogonos, 指小式 pogonion, 胡须, 髯毛, 芒+athera 芒。指芒长。此属的学名, ING、TROPICOS 和 IK 记载是"Pogonatherum Palisot de Beauvois, Essai Agrost. 56, 176. Dec 1812"。"Homoplitis Trinius, Fund. Agrost. 166. 1820（prim.）"是"Pogonatherum P. Beauv.（1812）"的晚出的同模式异名（Homotypic synonym, Nomenclatural synonym）。【分布】巴基斯坦, 印度至日本, 中国, 中美洲。【模式】Pogonatherum saccharoideum Palisot de Beauvois, Nom. illegit.［Saccharum paniceum Lamarck; Pogonatherum paniceum（Lamarck）Hackel］。【参考异名】Homeoplitis Endl.（1836）; Homoplitis Trin.（1820）Nom. illegit. ; Pogonatum Steud.（1841）; Pogonopsis C. Presl（1830）Nom. illegit. ; Pogonopsis J. Presl et C. Presl（1830）Nom. illegit. ; Pogonopsis J. Presl（1830）■

41271 Pogonatum Steud.（1841）= Pogonatherum P. Beauv.（1812）［禾本科 Poaceae（Gramineae）］■

41272 Pogonella Salisb.（1866）Nom. illegit. ≡ Simethis Kunth（1843）（保留属名）［阿福花科 Asphodelaceae//萱草科 Hemerocallidaceae］■☆

41273 Pogonema Raf.（1838）= Zephyranthes Herb.（1821）（保留属名）［石蒜科 Amaryllidaceae//葱莲科 Zephyranthaceae］■

41274 Pogonetes Lindl.（1836）= Scaevola L.（1771）（保留属名）［草海桐科 Goodeniaceae］●■

41275 Pogonia Andréws（1801）= Myoporum Banks et Sol. ex G. Forst.（1786）［苦槛蓝科（苦槛盘科）Myoporaceae//玄参科 Scrophulariaceae］●

41276 Pogonia Juss.（1789）【汉】朱兰属（须唇兰属, 须兰属）。【日】トキサウ属, トキソウ属。【俄】Бородатка, Погония。【英】Beard Flower, Beard-flower, Pogonia。【隶属】兰科 Orchidaceae。【包含】世界4种, 中国3种。【学名诠释与讨论】〈阴〉（希）pogon, 所有格 pogonos, 指小式 pogonion, 胡须, 髯毛, 芒, pogonias, 有须的。指某些种的唇瓣细裂如毛。【分布】巴基斯坦, 巴拉圭, 巴拿马, 玻利维亚, 马达加斯加, 美国（密苏里）, 中国, 印度至东亚, 加拿大至热带南美洲, 西印度群岛。【后选模式】Pogonia ophioglossoides（Linnaeus）Ker-Gawler［Arethusa ophioglossoides Linnaeus］。【参考异名】Pogoina B. Grant; Pogoina Griff. ex B. Grant（1895）; Pongonia B. Grant（1895）Nom. illegit. ; Pongonia Griff. ex B. Grant（1895）Nom. illegit. ; Psilochilus Barb. Rodr.（1882）■

41277 Pogoniopsis Rchb. f.（1881）【汉】拟朱兰属。【隶属】兰科 Orchidaceae。【包含】世界2种。【学名诠释与讨论】〈阴〉（属）Pogonia 朱兰属+希腊文 opsis, 外观, 模样, 相似。【分布】巴西。【模式】Pogoniopsis nidus-avis H. G. Reichenbach ■☆

41278 Pogonitis Rchb.（1837）= Anthyllis L.（1753）［豆科 Fabaceae（Leguminosae）//蝶形花科 Papilionaceae］■☆

41279 Pogonochloa C. E. Hubb.（1940）【汉】热非须毛草属。【隶属】禾本科 Poaceae（Gramineae）。【包含】世界1种。【学名诠释与讨论】〈阳〉（希）pogon, 所有格 pogonos, 指小式 pogonion, 胡须, 髯毛, 芒。pogonias, 有须的+chloe, 草的幼芽, 嫩草, 禾草。【分布】热带非洲南部。【模式】Pogonochloa greenwayi Hubbard ■☆

41280 Pogonolepis Steetz（1845）【汉】须鳞鼠麴草属。【隶属】菊科 Asteraceae（Compositae）。【包含】世界2种。【学名诠释与讨论】〈阳〉（希）pogon, 所有格 pogonos, 指小式 pogonion, 胡须, 髯毛, 芒+lepis, 所有格 lepidos, 指小式 lepion 或 lepidion, 鳞, 鳞片。lepidotos, 多鳞的。lepos, 鳞, 鳞片。此属的学名是"Pogonolepis Steetz in J. G. C. Lehmann, Pl. Preiss. 1：440. 14-16 Aug 1845"。亦有文献把其处理为"Angianthus J. C. Wendl.（1808）（保留属名）"的异名。【分布】澳大利亚。【模式】Pogonolepis stricta Steetz. 【参考异名】Angianthus J. C. Wendl.（1808）（保留属名）■☆

41281 Pogonolobus F. Muell.（1858）= Coelospermum Blume（1827）［茜草科 Rubiaceae］●

41282 Pogononeura Napper（1963）【汉】东非双花草属。【隶属】禾本科 Poaceae（Gramineae）。【包含】世界1种。【学名诠释与讨论】〈阳〉（希）pogon, 所有格 pogonos, 指小式 pogonion, 胡须, 髯毛, 芒+neuron 拉丁文 nervus, 脉, 筋, 腱, 神经。【分布】热带非洲东部。【模式】Pogononeura biflora Napper ■☆

41283 Pogonophora Miers ex Benth.（1854）【汉】非洲毛梗大戟属。【隶属】大戟科 Euphorbiaceae。【包含】世界1-2种。【学名诠释与讨论】〈阴〉（希）pogon, 所有格 pogonos, 指小式 pogonion, 胡须, 髯毛, 芒+phoros, 具有, 梗, 负载, 发现者。【分布】玻利维亚, 赤道非洲, 热带南美洲。【模式】Pogonophora schomburgkiana Miers ex Bentham。【参考异名】Poraresia Gleason（1931）■☆

41284 Pogonophyllum Didr.（1857）= Micrandra Benth.（1854）（保留属名）［大戟科 Euphorbiaceae］●☆

41285 Pogonopsis C. Presl（1830）Nom. illegit. ≡ Pogonopsis J. Presl（1830）; ~ = Pogonatherum P. Beauv.（1812）［禾本科 Poaceae（Gramineae）］■

41286 Pogonopsis J. Presl et C. Presl（1830）Nom. illegit. ≡ Pogonopsis J. Presl（1830）; ~ = Pogonatherum P. Beauv.（1812）［禾本科 Poaceae（Gramineae）］■

41287 Pogonopsis J. Presl（1830）= Pogonatherum P. Beauv.（1812）［禾本科 Poaceae（Gramineae）］■

41288 Pogonopus Klotzsch（1854）【汉】髯毛花属。【隶属】茜草科 Rubiaceae。【包含】世界 2-3 种。【学名诠释与讨论】〈阳〉（希）pogon, 所有格 pogonos, 指小式 pogonion, 胡须, 髯毛, 芒+pous, 所有格 podos, 指小式 podion, 脚, 足, 柄, 梗。podotes, 有脚的。本属的同物异名"Howardia H. A. Weddell, Ann. Sci. Nat. Bot. ser. 4. 1：65. 1854"是一个替代名称；"Chrysoxylon H. A. Weddell, Hist. Nat. Quinquin. Monogr. Cinchona 100. 1849"是一个非法名称（Nom. illegit.），因为此前已经有了"Chrysoxylon Casaretto, Nov. Stirp. Brasil. Dec. 7：59. Jul 1843 = Plathymenia Benth.（1840）（保留属名）［豆科 Fabaceae（Leguminosae）//云实科（苏木科）Caesalpiniaceae］"。故用"Howardia Wedd.（1854）"替代之。【分布】巴拿马, 秘鲁, 玻利维亚, 哥伦比亚（安蒂奥基亚）, 中美洲。【模式】Pogonopus ottonis Klotzsch。【参考异名】Carmenocania Wernham（1912）；Chrysoxylon Wedd.（1849）Nom. illegit.；Howardia Wedd.（1854）■☆

41289 Pogonorhynchus Crueg.（1847）= Miconia Ruiz et Pav.（1794）（保留属名）［野牡丹科 Melastomataceae//米氏野牡丹科 Miconiaceae］●☆

41290 Pogonorrhinum Betsche（1984）= Linaria Mill.（1754）；~ = Nanorrhinum Betsche（1984）［玄参科 Scrophulariaceae//柳穿鱼科 Linariaceae//婆婆纳科 Veronicaceae］●■☆

41291 Pogonospermum Hochst.（1844）= Monechma Hochst.（1841）［爵床科 Acanthaceae］■●☆

41292 Pogonostemon Hassk.（1844）= Pogostemon Desf.（1815）［唇形科 Lamiaceae（Labiatae）］●■

41293 Pogonostigma Boiss.（1843）= Tephrosia Pers.（1807）（保留属名）［豆科 Fabaceae（Leguminosae）//蝶形花科 Papilionaceae］●■

41294 Pogonostylis Bertol.（1833）= Fimbristylis Vahl（1805）（保留属名）［莎草科 Cyperaceae］■

41295 Pogonotium J. Dransf.（1980）【汉】无鞭藤属（异苞藤属, 鬃毛藤属）。【隶属】棕榈科 Arecaceae（Palmae）。【包含】世界 3 种。【学名诠释与讨论】〈阳〉（希）pogon, 所有格 pogonos, 指小式 pogonion, 胡须, 髯毛, 芒+ous, 所有格 otos, 指小式 otion, 耳。otikos, 耳的+-ius, -ia, -ium, 在拉丁文和希腊文中, 这些词尾表示性质或状态。【分布】加里曼丹岛, 马来半岛。【模式】Pogonotium ursinum（Beccari）J. Dransfield［Daemonorops ursina Beccari［as 'ursinus'］●☆

41296 Pogonotrophe Miq.（1847）= Ficus L.（1753）［桑科 Moraceae］●

41297 Pogonura DC. ex Lindl.（1836）= Perezia Lag.（1811）［菊科 Asteraceae（Compositae）］■☆

41298 Pogopetalum Benth.（1841）= Emmotum Desv. ex Ham.（1825）［茶茱萸科 Icacinaceae］●☆

41299 Pogospermum Brongn.（1864）Nom. illegit. ≡ Catopsis Griseb.（1864）［凤梨科 Bromeliaceae］■☆

41300 Pogostemon Desf.（1815）【汉】刺蕊草属（广藿香属, 水珍珠菜属）。【日】ヒゲオシベ属。【英】Pogostemon, Spinestemon。【隶属】唇形科 Lamiaceae（Labiatae）。【包含】世界 60-100 种, 中国 17 种。【学名诠释与讨论】〈阳〉（希）pogon, 所有格 pogonos, 指小式 pogonion, 胡须, 髯毛, 芒+stemon, 雄蕊。指花丝中部通常具髯毛。【分布】巴基斯坦, 巴拉圭, 印度至马来西亚, 中国。【模式】Pogostemon plectranthoides Desfontaines。【参考异名】Alopecuro-veronica L.（1759）；Anuragia Raizada（1976）；Chotchia Benth.；Chotekia Opiz et Corda（1830）；Chotekia Steud., Nom. illegit.；Chotellia Hook. f.；Dysophylla Blume ex El Gazzar et Watson, Nom. illegit.；Dysophylla Blume（1826）；Dysophylla El Gazzar et L. Watson ex Airy Shaw（1967）Nom. illegit.；Eusteralis Raf.（1837）；Pogonostemon Hassk.（1844）；Wensea J. C. Wendl.（1819）●■

41301 Pogostoma Schrad.（1831）= Capraria L.（1753）［玄参科 Scrophulariaceae//婆婆纳科 Veronicaceae］■☆

41302 Pohlana Leandro（1819）= Pohlana Mart. et Nees（1823）；~ = Zanthoxylum L.（1753）［芸香科 Rutaceae//花椒科 Zanthoxylaceae］●

41303 Pohlana Mart. et Nees（1823）= Zanthoxylum L.（1753）［芸香科 Rutaceae//花椒科 Zanthoxylaceae］●

41304 Pohlidium Davidse, Soderstr. et R. P. Ellis（1986）【汉】波尔禾属（拟叶柄草属）。【隶属】禾本科 Poaceae（Gramineae）。【包含】世界 1 种。【学名诠释与讨论】〈中〉（人）Johann Baptist Emanuel Pohl, 1782-1834, 植物学者+-idius, -idia, -idium, 指示小的词尾。【分布】巴拿马, 中美洲。【模式】Pohlidium petiolatum G. Davidse, T. R. Soderstrom et R. P. Ellis■☆

41305 Pohliella Engl.（1926）【汉】波尔苔草属。【隶属】髯管花科 Geniostomaceae。【包含】世界 2 种。【学名诠释与讨论】〈阴〉（人）Johann Baptist Emanuel Pohl, 1782-1834, 植物学者+-ellus, -ella, -ellum, 加在名词词干后面形成指小式的词尾。或加在人名、属名等后面以组成新属的名称。另说纪念 Joseph Pohl, 1864-1939, 植物绘图者。【分布】西赤道非洲。【模式】Pohliella laciniata Engler☆

41306 Poicilla Griseb.（1866）= Jacaima Rendle（1936）［萝藦科 Asclepiadaceae］☆

41307 Poicillopsis Schltr.（1912）【汉】拟亚卡萝藦属。【隶属】萝藦科 Asclepiadaceae。【包含】世界 6 种。【学名诠释与讨论】〈阴〉（属）Poicilla =Jacaima 亚卡萝藦属+希腊文 opsis, 外观, 模样, 相似。此属的学名, TROPICOS 和 IK 记载是"Poicillopsis Schltr., Symb. Antill.（Urban）. 7（3）：339. 1912［1 Oct 1912］"。"Poicillopsis Schltr. et Rendle, J. Bot. 74：343"修订了属的描述；ING 记载为"Poicillopsis Schlechter ex Rendle, J. Bot. 74：343. Dec 1936"。【分布】西印度群岛（多明我）, 古巴。【模式】Poicillopsis ovatifolia（Grisebach）Rendle［Poicilla ovatifolia Grisebach］。【参考异名】Poicillopsis Schltr. et Rendle（1936）descr. ampl.；Poicillopsis Schltr. ex Rendle（1936）Nom. illegit.■☆

41308 Poicillopsis Schltr. et Rendle（1936）descr. ampl. = Poicillopsis Schltr.（1936）［萝藦科 Asclepiadaceae］■☆

41309 Poidium Nees（1836）= Poa L.（1753）［禾本科 Poaceae（Gramineae）］■

41310 Poikadenia Elliott = Psoralea L.（1753）［豆科 Fabaceae（Leguminosae）//蝶形花科 Papilionaceae］●■

41311 Poikilacanthus Lindau（1895）【汉】杂刺爵床属。【隶属】爵床科 Acanthaceae。【包含】世界 6 种。【学名诠释与讨论】〈阳〉（希）poikilos, 杂色的+akantha, 荆棘。akanthikos, 荆棘的。akanthion, 蓟的一种, 豪猪, 刺猬。akanthinos, 多刺的, 用荆棘做成的。在植物学中, acantha 通常指刺。【分布】巴拉圭, 巴拿马, 玻利维亚, 厄瓜多尔, 尼加拉瓜, 中美洲。【模式】Poikilacanthus tweedianus（C. G. D. Nees）Lindau［Adhatoda tweediana C. G. D. Nees］。【参考异名】Poecilacanthus Post et Kuntze（1903）●☆

41312 Poikilogyne Baker f.（1917）【汉】杂蕊野牡丹属。【隶属】野牡丹科 Melastomataceae。【包含】世界 12 种。【学名诠释与讨论】〈阴〉（希）poikilos, 杂色的, 各样的+gyne, 所有格 gynaikos, 雌性, 雌蕊。【分布】加里曼丹岛, 新几内亚岛。【模式】Poikilogyne arfakensis E. G. Baker。【参考异名】Dicerospermum Bakh. f.（1943）；Scrobicularia Mansf.（1925）●☆

41313 Poikilospermum Zipp. ex Miq.（1864）【汉】锥头麻属。【英】

Awlnettle, Poikilospermum。【隶属】荨麻科 Urticaceae//蚁栖树科（号角树科，南美伞科，南美伞树科，伞树科，锥头麻科）Cecropiaceae。【包含】世界 20-27 种,中国 4 种。【学名诠释与讨论】〈中〉(希) poikilos, 杂色的+sperma, 所有格 spermatos, 种子, 孢子。指种子具各种颜色。【分布】东喜马拉雅山至马来西亚, 中国。【模式】Poikilospermum amboinense Zippelius ex Miquel。【参考异名】Balansaephytum Drake (1896); Bisphaeria Noronha (1790); Conocephalus Blume (1825) Nom. illegit. ; Corocephalus D. Dietr. (1839); Poecilospermum Post et Kuntze (1903) ●

41314 Poilanedora Gagnep. (1948)【汉】五苞山柑属。【隶属】山柑科（白花菜科,醉蝶花科）Capparaceae。【包含】世界 1 种。【学名诠释与讨论】〈阴〉(人) Eugene Poilanie, 1887/1888-1964, 法国植物学者及采集家+dora 一张皮,doros, 革制的袋、囊。【分布】中南半岛。【模式】Poilanedora unijuga Gagnepain ■☆

41315 Poilania Gagnep. (1924) = Epaltes Cass. (1818) [菊科 Asteraceae(Compositae)] ■

41316 Poilaniella Gagnep. (1925)【汉】脆刺木属（博兰木属）。【隶属】大戟科 Euphorbiaceae。【包含】世界 1 种,中国 1 种。【学名诠释与讨论】〈阴〉(人) Eugene Poilanie, 1887/1888-1964, 法国植物学者及采集家+-ellus, -ella, -ellum, 加在名词词干后面形成指小式的词尾。或加在人名、属名等后面以组成新属的名称。【分布】中国,中南半岛。【模式】Poilaniella fragilis Gagnepain ●

41317 Poilannammia C. Hansen. (1988)【汉】博伊野牡丹属。【隶属】野牡丹科 Melastomataceae。【包含】世界 4 种。【学名诠释与讨论】〈阴〉(人) Eugene Poilanie, 1887/1888-1964, 法国植物学者及采集家。【分布】越南。【模式】Poilannammia costata C. Hansen ●☆

41318 Poincettia Klotzsch et Garcke (1859) = Euphorbia L. (1753); ~ = Poinsettia Graham (1836) [大戟科 Euphorbiaceae] ●■

41319 Poincia Neck. (1790) Nom. inval. [豆科 Fabaceae (Leguminosae)] ☆

41320 Poinciana L. (1753)【汉】金凤花属。【日】ホウオウボク属。【英】Poinciana。【隶属】豆科 Fabaceae (Leguminosae)//云实科（苏木科）Caesalpiniaceae。【包含】世界 42 种,中国种。【学名诠释与讨论】〈阴〉(人) M. de Poinci, 法国驻西印度官员+-anus, -ana, -anum, 加在名词词干后面使形成形容词的词尾, 含义为“属于”。此属的学名, ING 和 GCI 记载是“Poinciana L., Sp. Pl. 1: 380. 1753 [1 May 1753]”。也有文献用为“Poinciana Tourn. ex L. (1753)”。“Poinciana Tourn.”是命名起点著作之前的名称, 故“Poinciana L. (1753)”和“Poinciana Tourn. ex L. (1753)”都是合法名称, 可以通用。亦有文献把“Poinciana L. (1753)”处理为“Caesalpinia L. (1753)”的异名。【分布】巴基斯坦, 玻利维亚, 马达加斯加, 中国, 中美洲。【模式】Poinciana pulcherrima Linnaeus。【参考异名】Caesalpinia L. (1753); Poinciana Tourn. ex L. (1753) ●

41321 Poinciana Tourn. ex L. (1753) ≡ Poinciana L. (1753) [豆科 Fabaceae (Leguminosae)//云实科（苏木科）Caesalpiniaceae] ●

41322 Poincianella Britton et Rose (1930) = Caesalpinia L. (1753) [豆科 Fabaceae (Leguminosae)//云实科（苏木科）Caesalpiniaceae] ●

41323 Poinsettia Graham (1836)【汉】猩猩木属（一品红属）。【俄】Пуанзеция。【英】Poinsettia。【隶属】大戟科 Euphorbiaceae。【包含】世界 36 种。【学名诠释与讨论】〈阴〉(人) M. Poinsette, 法国旅行者。另说纪念美国外交家 Joel R. Poinsett, 1775-1851, 此属的学名是“Poinsettia Graham, Edinburgh New Philos. J. 20: 412. 1836”。亦有文献把其处理为“Euphorbia L. (1753)”的异名。【分布】巴基斯坦, 秘鲁, 玻利维亚, 美国（东部）至阿根廷, 中国, 中美洲。【模式】Poinsettia pulcherrima (Willdenow ex Klotzsch)

Graham [Euphorbia pulcherrima Willdenow ex Klotzsch]。【参考异名】Dichylium Britton (1924); Euphorbia L. (1753); Poincettia Klotzsch et Garcke (1859) ●■

41324 Poiretia Cav. (1797) Nom. illegit. (废弃属名) = Sprengelia Sm. (1794) [尖苞木科 Epacridaceae] ●☆

41325 Poiretia J. F. Gmel. (1791)（废弃属名）= Houstonia L. (1753) [茜草科 Rubiaceae//休氏茜草科 Houstoniaceae] ■☆

41326 Poiretia Sm. (1808) Nom. illegit. (废弃属名) ≡ Hovea R. Br. (1812) [豆科 Fabaceae (Leguminosae)] ●■

41327 Poiretia Vent. (1803) Nom. illegit. (废弃属名) = Turpinia Pers. (1807) Nom. illegit. (废弃属名); ~ = Glycine Willd. (1802)（保留属名）[豆科 Fabaceae (Leguminosae)//蝶形花科 Papilionaceae] ■

41328 Poiretia Vent. (1807)（保留属名）【汉】普瓦豆属。【隶属】豆科 Fabaceae (Leguminosae)//蝶形花科 Papilionaceae。【包含】世界 11 种。【学名诠释与讨论】〈阴〉(人) Jean Louis Marie Poiret, 1755-1834, 法国植物学者, 牧师。此属的学名“Poiretia Vent. in Mém. Cl. Sci. Math. Inst. Natl. France 1807(1): 4. Jul 1807”是保留属名。相应的废弃属名是茜草科 Rubiaceae 的“Poiretia J. F. Gmel., Syst. Nat. 2: 213, 263. Sep (sero) -Nov 1791 = Houstonia L. (1753)”。豆科 Fabaceae 的“Poiretia J. E. Smith, Trans. Linn. Soc. London 9: 304. 23 Nov 1808 ≡ Hovea R. Br. (1812)”和尖苞木科 Epacridaceae 的“Poiretia Cavanilles, Icon. 4: 24. Sep-Dec 1797 (non J. F. Gmelin 1791 = Sprengelia Sm. (1794)”亦应废弃。【分布】秘鲁, 玻利维亚, 厄瓜多尔, 尼加拉瓜, 中美洲。【模式】Poiretia scandens Ventenat。【参考异名】Poiretia Vent. (1803)（废弃属名）; Turpinia Cass. (废弃属名); Turpinia Pers. (1807) Nom. illegit. (废弃属名) ●■☆

41329 Poissonella Pierre (1890) = Lucuma Molina (1782); ~ = Pouteria Aubl. (1775) [山榄科 Sapotaceae] ●

41330 Poissonia Baill. (1870) = Coursetia DC. (1825) [豆科 Fabaceae (Leguminosae)] ●☆

41331 Poitaea DC. (1825) = Poitea Vent. (1800) [豆科 Fabaceae (Leguminosae)//蝶形花科 Papilionaceae] ●☆

41332 Poitea Vent. (1800)【汉】加勒比普豆属。【隶属】豆科 Fabaceae (Leguminosae)//蝶形花科 Papilionaceae。【包含】世界 12 种。【学名诠释与讨论】〈阴〉(人) Poiteau, 法国植物学者。【分布】西印度群岛。【模式】Poitea galegoides Ventenat。【参考异名】Bembicidium Rydb. (1920); Cajalbania Urb. (1928) Nom. illegit. ; Cerynella DC. ; Notodon Urb. (1899); Poitaea DC. (1825); Poitea Vent. (1807) Nom. illegit. ; Sabinea DC. (1825); Sauvallella Rydb. (1924); Vilmorinia DC. (1825) ●☆

41333 Poitea Vent. (1807) Nom. illegit. = Poitea Vent. (1800) [豆科 Fabaceae (Leguminosae)//蝶形花科 Papilionaceae] ●☆

41334 Poivrea Comm. ex DC. (1828) Nom. illegit. ≡ Cristaria Sonn. (1782)（废弃属名）; ~ = Combretum Loefl. (1758)（保留属名）[使君子科 Combretaceae] ●

41335 Poivrea Comm. ex Thouars (1806) Nom. inval. = Combretum Loefl. (1758)（保留属名）[使君子科 Combretaceae] ●

41336 Pojarkovia Askerova (1984)【汉】白蟹甲属。【隶属】菊科 Asteraceae(Compositae)。【包含】世界 1 种。【学名诠释与讨论】〈阴〉(人) Pojarkov, 俄罗斯植物学者。【分布】高加索, 亚洲西部。【模式】Pojarkovia stenocephala (Boissier) R. K. Askerova [Senecio stenocephalus Boissier] ■☆

41337 Pokornya Montrouz. (1860) = Lumnitzera Willd. (1803) [使君子科 Combretaceae] ●

41338 Polakia Stapf (1885) = Salvia L. (1753) [唇形科 Lamiaceae (Labiatae)//鼠尾草科 Salviaceae] ●■

41339 Polakiastrum Nakai(1917)【汉】日本鼠尾草属。【日】イヌタムラソウ属。【隶属】唇形科 Lamiaceae(Labiatae)//鼠尾草科 Salviaceae。【包含】世界 1 种。【学名诠释与讨论】〈阴〉(属) Polakia =Salvia 鼠尾草属+-astrum,指示小的词尾,也有"不完全相似"的含义。此属的学名是"Polakiastrum Nakai, Bot. Mag. (Tokyo) 31:19. 1917"。亦有文献把其处理为"Salvia L. (1753)"的异名。【分布】日本。【模式】Polakiastrum longipes Nakai。【参考异名】Salvia L. (1753)■☆

41340 Polakowskia Pittier(1910)【汉】肖佛手瓜属。【隶属】葫芦科 (瓜科,南瓜科)Cucurbitaceae。【包含】世界 6 种。【学名诠释与讨论】〈阴〉(人) Hellmuth Polakowski, 1847-1917, 德国植物学者,植物采集家,苔藓学者。此属的学名,ING、TROPICOS 和 IK 记载是"Polakowskia Pittier, Contr. U. S. Natl. Herb. 13:131. 11 Jun 1910"。它曾被处理为" Frantzia sect. Polakowskia (Pittier) Wunderlin, Brittonia 28 (2): 242. 1976 "。亦有文献把 "Polakowskia Pittier(1910)"处理为"Frantzia(1910)"或"Sechium P. Browne(1756)(保留属名)"的异名。【分布】哥斯达黎加,中美洲。【模式】Polakowskia tacaco Pittier。【参考异名】Frantzia (1910); Frantzia sect. Polakowskia (Pittier) Wunderlin (1976); Sechium P. Browne(1756)(保留属名)■☆

41341 Polameia Rchb. (1828) = Potameia Thouars (1806) [樟科 Lauraceae]●☆

41342 Polanina Raf. ,Nom. illegit. =Polanisia Raf. (1819) [白花菜科 (醉蝶花科)Cleomaceae]■

41343 Polanisia Raf. (1819)【汉】臭矢菜属(黄花菜属)。【英】Clammyweed。【隶属】白花菜科(醉蝶花科)Cleomaceae//山柑科 (白花菜科,醉蝶花科)Capparaceae。【包含】世界 6 种,中国 1 种。【学名诠释与讨论】〈阴〉(希)poly-=拉丁文 multi-,多数的+anisos,不等的,不同的。指雄蕊多数且不等长。此属的学名,ING、TROPICOS、APNI、GCI 和 IK 记载是"Polanisia Raf., Amer. J. Sci. (New York). ed. 2,1(4):378. 1819 [May? 1819]"。"Jacksonia Rafinesque ex E. L. Greene,Pittonia 2:174. 15 Sep 1891 (non R. Brown ex J. E. Smith 1811)"是"Polanisia Raf. (1819)"的晚出的同模式异名(Homotypic synonym,Nomenclatural synonym)。亦有文献把"Polanysia Raf. (1819)"处理为"Polanisia Raf. (1819)"的异名。【分布】巴基斯坦,马达加斯加,美国,中国,中美洲。【模式】Polanisia graveolens Rafinesque。【参考异名】Arivela Raf. (1838); Blanisia Pritz. (1855); Cleome L. ; Jacksonia Raf. (1808) Nom. inval. , Nom. nud. ; Jacksonia Raf. ex Greene (1891) Nom. illegit. ; Lagansa Raf. (1838); Lagansa Rumph. ex Raf. (1838); Podanisia Raf. (1833); Polanisia Raf. (1819); Polanysia Raf. (1819)■

41344 Polaskia Backeb. (1949)【汉】雷神阁属(雷神角柱属)。【日】ボラスキア属。【隶属】仙人掌科 Cactaceae。【包含】世界 2 种。【学名诠释与讨论】〈阴〉(人) Polask,美国仙人掌爱好者。【分布】墨西哥。【模式】Polaskia chichipe (Roland - Gosselin) Backeberg [Cereus chichipe Roland - Gosselin]。【参考异名】Chichipia Backeb. (1950); Chichipia Marn. - Lap. ; Heliabravoa Backeb. (1956)●☆

41345 Polathera Raf. = Polatherus Raf. (1818) [菊科 Asteraceae (Compositae)]■

41346 Polatherus Raf. (1818) = Gaillardia Foug. (1786) [菊科 Asteraceae(Compositae)]■

41347 Polemannia Eckl. et Zeyh. (1837) (保留属名)【汉】波尔曼草属。【隶属】伞形花科(伞形科)Apiaceae(Umbelliferae)。【包含】世界 3 种。【学名诠释与讨论】〈阴〉(人) Peter Heinrich Poleman (Pole-mann,Pohlmann),约 1780-1839,德国药剂师,博物学者。此属的学名"Polemannia Eckl. et Zeyh. ,Enum. Pl. Afric. Austral. : 347. Apr-Jun 1837"是保留属名。相应的废弃属名是百合科 Liliaceae 的"Polemannia K. Bergius ex Schltdl. in Linnaea 1:250. Apr 1826"。"Polemannia K. Bergius, Linnaea 1:250. 1826 [Apr 1826] ≡Polemannia K. Bergius ex Schltdl. (1826)(废弃属名)"的命名人引证有误,亦应废弃。【分布】非洲南部。【模式】Polemannia grossulariifolia Ecklon et Zeyher [as 'grossulariaefolia']■☆

41348 Polemannia K. Bergius ex Schltdl. (1826)(废弃属名)= Dipcadi Medik. (1790) [百合科 Liliaceae//风信子科 Hyacinthaceae]■☆

41349 Polemannia K. Bergius (1826) Nom. illegit. (废弃属名)≡ Polemannia K. Bergius ex Schltdl. (1826)(废弃属名); ~ =Dipcadi Medik. (1790) [百合科 Liliaceae//风信子科 Hyacinthaceae]■☆

41350 Polemanniopsis B. L. Burtt(1989)【汉】拟波尔曼草属。【隶属】伞形花科(伞形科)Apiaceae(Umbelliferae)。【包含】世界 1 种。【学名诠释与讨论】〈阴〉(属)Polemannia 波尔曼草属+希腊文 opsis,外观,模样,相似。【分布】非洲南部,纳米比亚。【模式】Polemanniopsis marlothii (H. Wolff) B. L. Burtt [Polemannia marlothii H. Wolff]■☆

41351 Polembrium Steud. (1841) = Polembryum A. Juss. (1825) [芸香科 Rutaceae]●☆

41352 Polembryon Benth. et Hook. f. (1862) = Polembryum A. Juss. (1825); ~ =Esenbeckia Kunth(1825) [芸香科 Rutaceae]●☆

41353 Polembryum A. Juss. (1825) = Esenbeckia Kunth(1825) [芸香科 Rutaceae]●☆

41354 Polemoniaceae Juss. (1789) [as 'Polemonia'](保留科名)【汉】花荵科。【日】ハイシノブ科,ハナシノブ科。【俄】Синюховые。【英】Jacob's - ladder Family, Phlox Family, Polemonium Family。【包含】世界 18-27 属 300-380 种,中国 3 属 9 种。【分布】主要北美洲,少数智利,秘鲁,厄瓜多尔,欧洲,北亚。【科名模式】Polemonium L.●■

41355 Polemoniella A. Heller(1904)【汉】小花荵属。【隶属】花荵科 Polemoniaceae。【包含】世界 3 种。【学名诠释与讨论】〈阴〉(属)Polemonium 花荵属+-ellus, -ella, -ellum,加在名词词干后面形成指小式的词尾。或加在人名、属名等后面以组成新属的名称。此属的学名是"Polemoniella Heller,Muhlenbergia 1: 57. 22 Feb 1904"。亦有文献把其处理为"Polemonium L. (1753)"的异名。【分布】参见 Polemonium L。【模式】Polemoniella micrantha (Bentham) Heller [Polemonium micranthum Bentham]。【参考异名】Polemonium L. (1753)■☆

41356 Polemonium L. (1753)【汉】花荵属。【日】ハイシノブ属,ハナシノブ属。【俄】Полемониум,Синюха。【英】Greek Valerian, Jacob's Ladder,Jacob's-ladder,Moss Pink,Polemonium。【隶属】花荵科 Polemoniaceae。【包含】世界 12-50 种,中国 3 种。【学名诠释与讨论】〈中〉(希)polemonion,一种植物古名。另说 Pontus 的王 Polemon。另说 polemos 战争。【分布】巴基斯坦,美国,墨西哥,智利,中国,温带欧亚大陆,北美洲。【后选模式】Polemonium caeruleum Linnaeus。【参考异名】Polemoniella A. Heller(1904)■

41357 Polevansia De Winter(1966)【汉】挺秆草属。【隶属】禾本科 Poaceae(Gramineae)。【包含】世界 1 种。【学名诠释与讨论】〈阴〉(人) Illtyd (Iltyd) Buller,Pole-Evans,1879-1968,威尔士植物学者。【分布】非洲西南部。【模式】Polevansia rigida B. de Winter■☆

41358 Polgidon Raf. (1840) Nom. illegit. ≡ Chaerophyllum L. (1753) [伞形花科(伞形科)Apiaceae(Umbelliferae)]■

41359 Polhillia C. H. Stirt. (1986)【汉】南非银豆属。【隶属】豆科

Fabaceae(Leguminosae)。【包含】世界6种。【学名诠释与讨论】〈阴〉(人) Roger Marcus Polhill, 1937-?, 邱园植物学者, 豆科 Fabaceae(Leguminosae) 专家。【分布】非洲南部。【模式】Polhillia waltersii(C. H. Stirton) C. H. Stirton [Lebeckia waltersii C. H. Stirton]●☆

41360　Polia Lour.(1790)(废弃属名)＝Polycarpaea Lam.(1792)(保留属名)[as 'Polycarpea'][石竹科 Caryophyllaceae]■●

41361　Polia Ten.(1845)Nom. illegit.(废弃属名)＝Cypella Herb.(1826)[鸢尾科 Iridaceae]■☆

41362　Polianthes L.(1753)【汉】晚香玉属(晚红玉属)。【日】ゲッカウ属,ゲッカコウ属,チュベロース属,チューベロース属。【俄】Полиантес, Тубероза。【英】Tuberose。【隶属】石蒜科 Amaryllidaceae//龙舌兰科 Agavaceae。【包含】世界2-14种,中国1种。【学名诠释与讨论】〈阴〉(希)polios, 灰白色的+anthos, 花。指花白色。此属的学名, ING、TROPICOS 和 IK 记载是 "Polianthes L., Sp. Pl. 1:316. 1753 [1 May 1753]"。"Pothos Adanson, Fam. 2:57, [594('Potos')]. Jul-Aug 1763(non Linnaeus 1753)"和"Tuberosa Heister ex Fabricius, Enum. 2. 1759"是 "Polianthes L.(1753)"的晚出的同模式异名(Homotypic synonym, Nomenclatural synonym)。"Tuberosa Heist., Syst. 5 (1748)"是一个未合格发表的名称(Nom. inval.)。"Tuberosa Fabr.(1759)"亦为合法名称。【分布】巴基斯坦, 巴拿马, 秘鲁, 墨西哥, 尼加拉瓜, 特立尼达和多巴哥(特立尼达岛), 中国, 中美洲。【模式】Polianthes tuberosa Linnaeus。【参考异名】Bravoa La Llave et Lex.(1824)Nom. illegit.; Bravoa Lex.(1824); Chaetocapnia Sweet(1839); Coetocapnia Link et Otto(1828); Polyanthes L.; Polyanthus Benth. & Hook. f.(1883)Nom. inval.; Polyanthus Comstock(1832)Nom. inval.; Pothos Adans.(1763)Nom. illegit.; Pseudobravoa Rose(1899); Robynsia Drap.(1841)(废弃属名); Tuberosa Fabr.(1759)Nom. illegit.; Tuberosa Heist.(1748)Nom. inval.; Tuberosa Heist. ex Fabr.(1759)Nom. illegit.; Zetocapnia Link et Otto(1828)■

41363　Polianthion K. R. Thiele(2006)【汉】澳鼠李属。【隶属】鼠李科 Rhamnaceae。【包含】世界4种。【学名诠释与讨论】〈阴〉词源不详。【分布】澳大利亚。【模式】Polianthion wichurae(Nees ex Reissek)K. R. Thiele [Trymalium wichurae Nees ex Reissek]●☆

41364　Policarpaea Lam.(1792)Nom. illegit. ≡ Policarpea Lam.(1792); ~ ＝ Polycarpaea Lam.(1792)(保留属名)[as 'Polycarpea'][石竹科 Caryophyllaceae]■●

41365　Polichia Schrank(1781)Nom. illegit.(废弃属名)≡ Lamiastrum Heist. ex Fabr.(1759); ~ ＝ Galeobdolon Adans.(1763)Nom. illegit.; ~ ＝ Lamium L.(1753)[唇形科 Lamiaceae(Labiatae)]■

41366　Poligala Neck.(1768)＝Polygala L.(1753)[远志科 Polygalaceae]●■

41367　Poligonum Neck.(1768)＝Polygonum L.(1753)(保留属名)[蓼科 Polygonaceae]■●

41368　Poliodendron Webb et Berthel.(1836-1850)＝Teucrium L.(1753)[唇形科 Lamiaceae(Labiatae)]●■

41369　Poliomintha A. Gray(1870)【汉】灰薄荷属。【隶属】唇形科 Lamiaceae(Labiatae)。【包含】世界7种。【学名诠释与讨论】〈阴〉(希)polios, 灰白色的+mintha, 薄荷。【分布】美国(西南部), 墨西哥。【后选模式】Poliomintha incana(Torrey)A. Gray [Hedeoma incana Torrey]●☆

41370　Poliophyton O. E. Schulz(1933)【汉】灰毛芥属。【隶属】十字花科 Brassicaceae(Cruciferae)。【包含】世界1种。【学名诠释与讨论】〈中〉(希)polios, 灰白色的+phyton, 植物, 树木, 枝条。此属的学名是"Poliophyton O. E. Schulz, Bot. Jahrb. Syst. 66:93. 20

Oct 1933"。亦有文献把其处理为"Mancoa Wedd.(1859)(保留属名)"的异名。【分布】美国(南部), 墨西哥。【模式】Poliophyton pubens(A. Gray)O. E. Schulz [Hymenolobus pubens A. Gray]。【参考异名】Mancoa Wedd.(1859)(保留属名)■☆

41371　Poliothyrsidaceae(G. S. Fan)Doweld(2001)＝Poliothyrsidaceae Doweld(2001)●

41372　Poliothyrsidaceae Doweld(2001)【汉】山拐枣科。【包含】世界1属1种, 中国1属1种。【分布】中国。【科名模式】Poliothyrsis Oliv.(1889)●

41373　Poliothyrsis Oliv.(1889)【汉】山拐枣属。【俄】Полиотирсис。【英】Pearl Bloom Tree, Pearlbloomtree, Pearlbloom-tree, Wild Turnjujube。【隶属】刺篱木科(大风子科)Flacourtiaceae//山拐枣科 Poliothyrsidaceae。【包含】世界1种, 中国1。【学名诠释与讨论】〈阴〉(希)polios, 灰白色的+thyrsos, 茎, 杖。thyrsus, 聚伞圆锥花序, 团。指圆锥花序灰白色。此属的学名, ING 和 IK 记载是"Poliothyrsis D. Oliver, Hooker's Icon. Pl. 19:ad t. 1885. Oct 1889"。"Polyothyrsis Koord."和"Polyothris Koord."是其拼写变体。【分布】中国。【模式】Poliothyrsis sinensis D. Oliver。【参考异名】Polyothyris Koord., Nom. illegit.; Polyothrsis Koord., Nom. illegit.●★

41374　Polium Mill.(1754)＝Teucrium L.(1753)[唇形科 Lamiaceae(Labiatae)]●■

41375　Polium Stokes(1812)Nom. illegit. ＝Polia Lour.(1790)(废弃属名); ~ ＝Polycarpaea Lam.(1792)(保留属名)[as 'Polycarpea'][石竹科 Caryophyllaceae]■●

41376　Poljakanthema Kamelin(1993)【汉】土耳其菊蒿属。【隶属】菊科 Asteraceae(Compositae)//菊蒿科 Tanacetaceae。【包含】世界2种。【学名诠释与讨论】〈阴〉(人)Frantisek Polivka, 1860-1923, 植物学者+anthemon, 花。此属的学名是"Poljakanthema R. V. Kamelin in T. A. Adylov et T. I. Zuckerwanik, Opredelit. Rast. Srednej Azii 10:634. 1993(post 26 Oct)"。亦有文献把其处理为 "Tanacetum L.(1753)"的异名。【分布】土耳其, 亚洲中部。【模式】Poljakanthema kokanica(I. M. Krascheninnikov)R. V. Kamelin [Tanacetum kokanicum I. M. Krascheninnikov]。【参考异名】Tanacetum L.(1753)■☆

41377　Poljakovia Grubov et Filatova(2001)＝Tanacetum L.(1753) [菊科 Asteraceae(Compositae)//菊蒿科 Tanacetaceae]■●

41378　Pollalesta Kunth(1818)【汉】波拉菊属。【隶属】菊科 Asteraceae(Compositae)。【包含】世界16种。【学名诠释与讨论】〈阴〉词源不详。此属的学名, ING、TROPICOS、GCI 和 IK 记载是"Pollalesta Kunth in Humboldt, Bonpland et Kunth, Nova Gen. Sp. 4:ed. fol. 36. 26 Oct 1818"。它曾被处理为"Piptocoma sect. Pollalesta(Kunth)Pruski, Novon 6(1):100. 1996"。亦有文献把 "Pollalesta Kunth(1818)"处理为"Piptocoma Cass.(1817)"的异名。【分布】巴拿马, 哥斯达黎加至巴西(北部)和秘鲁, 中美洲。【模式】Pollalesta vernonioides Kunth。【参考异名】Adenocyclus Less.(1829); Dialesta Kunth(1818); Odontoloma Kunth(1818); Piptocoma Cass.(1817); Piptocoma sect. Pollalesta(Kunth)Pruski(1996)●☆

41379　Pollardia Withner et P. A. Harding(2004)Nom. illegit. ＝ Epidendrum L.(1763)(保留属名)[兰科 Orchidaceae]■☆

41380　Pollia Thunb.(1781)【汉】杜若属。【日】ヤブミョウガ属, ヤブメウガ属。【英】Pollia。【隶属】鸭趾草科 Commelinaceae。【包含】世界17-26种, 中国8种。【学名诠释与讨论】〈阴〉(人)Jan van der(de)Poll, 荷兰植物学者。【分布】巴拿马, 马达加斯加, 中国, 中美洲。【模式】Pollia japonica Thunberg。【参考异名】Aclisia E. Mey.(1827)Nom. illegit.; Aclisia E. Mey. ex C. Presl

（1827）；Aclisia Hassk.；Lamprocarpus Blume ex Schult. et Schult. f.
（1830）；Lamprocarpus Blume（1830）Nom. illegit. ■

41381 Pollichia（Sol.）Aiton（1789）（废弃属名）≡ Pollichia Aiton
（1789）（保留属名）［石竹科 Caryophyllaceae//醉人花科（裸果木
科）Illecebraceae］●☆

41382 Pollichia Aiton（1789）（保留属名）【汉】指甲藤属。【隶属】石
竹科 Caryophyllaceae//醉人花科（裸果木科）Illecebraceae。【包
含】世界 1 种。【学名诠释与讨论】〈阴〉（人）Johann Adam
Pollich，1740-1780，德国植物学者，医生。此属的学名"Pollichia
Aiton，Hort. Kew. 1：5. 7 Aug-1 Oct 1789"是保留属名。相应的废
弃属名是唇形科 Lamiaceae（Labiatae）的"Polichia Schrank in Acta
Acad. Elect. Mogunt. Sci. Util. Erfurti 3：35. 1781 ≡ Lamiastrum
Heist. ex Fabr.（1759）"。"Pollichia（Sol.）Aiton（1789）≡
Pollichia Aiton（1789）（保留属名）"和"Pollichia Schrank，in Act.
Erford. iii.（1781）35 ≡ Polichia Schrank（1781）（废弃属名）"的命
名人引证有误，亦应废弃。紫草科 Boraginaceae 的"Pollichia
Medik.，Bot. Beob. 1782［Medikus］1783：247. 1784 ≡
Borraginoides Boehm.（1760）（废弃属名）= Trichodesma R. Br.
（1810）（保留属名）"也应废弃。"Pollichia Sol."似为错误引用。
"Pollichia Willd.，Flora Berolinensis Prodromus 198. 1787"是晚出
的非法名称。"Neckeria J. F. Gmelin，Syst. Nat. 2：3, 16. Sep
（sero）-Nov 1791（non Scopoli 1777（废弃属名））"是"Pollichia
Aiton（1789）（保留属名）"的晚出的同模式异名（Homotypic
synonym，Nomenclatural synonym）。【分布】阿拉伯地区，热带和
非洲南部。【模式】Pollichia campestris W. Aiton。【参考异名】
Meerburgia Moench（1802）；Neckeria J. F. Gmel.（1791）Nom.
illegit.；Polichia Schrank（1781）Nom. illegit.（废弃属名）；Pollichia
（Sol.）Aiton（1789）（废弃属名）；Pollichia Sol.，Nom. illegit.（废
弃属名）●☆

41383 Pollichia Medik.（1784）（废弃属名）≡ Borraginoides Boehm.
（1760）（废弃属名）；~ = Trichodesma R. Br.（1810）（保留属名）
［紫草科 Boraginaceae］●■

41384 Pollichia Schrank（1781）（废弃属名）≡ Polichia Schrank
（1781）Nom. illegit.（废弃属名）；~ ≡ Lamiastrum Heist. ex Fabr.
（1759）；~ = Galeobdolon Adans.（1763）Nom. illegit.；~ = Lamium
L.（1753）［唇形科 Lamiaceae（Labiatae）］■

41385 Pollichia Sol.，Nom. illegit.（废弃属名）= Pollichia Aiton（1789）
（保留属名）［石竹科 Caryophyllaceae//醉人花科（裸果木科）
Illecebraceae］●☆

41386 Pollichia Willd.（1787）Nom. illegit.（废弃属名）［唇形科
Lamiaceae（Labiatae）］■

41387 Pollinia Spreng.（1815）（废弃属名）= Chrysopogon Trin.
（1820）（保留属名）［禾本科 Poaceae（Gramineae）］■

41388 Pollinia Trin.（1833）Nom. illegit.（废弃属名）= Microstegium
Nees（1836）［禾本科 Poaceae（Gramineae）］■

41389 Pollinidium Haines（1924）Nom. illegit. ≡ Pollinidium Stapf ex
Haines（1924）；~ ≡ Eulaliopsis Honda（1924）［禾本科 Poaceae
（Gramineae）］■

41390 Pollinidium Stapf ex Haines（1924）Nom. illegit. ≡ Eulaliopsis
Honda（1924）［禾本科 Poaceae（Gramineae）］■

41391 Polliniopsis Hayata（1918）【汉】相马莠竹属。【隶属】禾本科
Poaceae（Gramineae）。【包含】世界 1 种，中国 1 种。【学名诠释
与讨论】〈阴〉（属）Pollinia 异味草属+希腊文 opsis，外观，模样，
相似。此属的学名是"Polliniopsis Hayata, Icon. Pl. Formosan. 7：
76. 25 Mar 1918"。亦有文献把其处理为"Microstegium Nees
（1836）"的异名。【分布】中国。【模式】Polliniopsis somai
Hayata。【参考异名】Microstegium Nees（1836）■

41392 Pollinirhiza Dulac（1867）Nom. illegit. ≡ Listera R. Br.（1813）
（保留属名）；~ = Neottia Guett.（1754）（保留属名）［兰科
Orchidaceae//鸟巢兰科 Neottiaceae］■

41393 Poloa DC.（1833）= Pulicaria Gaertn.（1791）［菊科 Asteraceae
（Compositae）］■●

41394 Polpoda C. Presl（1829）【汉】南非粟米草属（聚叶粟草属）。
【隶属】粟米草科 Molluginaceae//南非粟米草科 Polpodaceae。
【包含】世界 2 种。【学名诠释与讨论】〈阴〉（希）polys，多数的+
pous，所有格 podos，指小式 podion，脚，足，柄，梗。【分布】非洲南
部。【模式】Polpoda capensis K. B. Presl。【参考异名】
Blepharolepis Nees ex Lindl.（1836）；Blepharolepis Nees（1836）■☆

41395 Polpodaceae Nakai（1942）［亦见 Aizoaceae Martinov（保留科
名）番杏科和 Molluginaceae Bartl.（保留科名）粟米草科］【汉】南
非粟米草科。【包含】世界 1 属 2 种。【分布】非洲。【科名模
式】Polpoda C. Presl

41396 Poltolobium C. Presl（1845）= Andira Lam.（1783）（保留属名）
［豆科 Fabaceae（Leguminosae）］●☆

41397 Polulago Mill.（1754）= Caltha L.（1753）［毛茛科
Ranunculaceae］■

41398 Polyacantha Gray（1821）Nom. illegit. = Centaurea L.（1753）（保
留属名）［菊科 Asteraceae（Compositae）//矢车菊科
Centaureaceae］■

41399 Polyacantha Hill（1769）= Carduus L.（1753）+ Cirsium Mill.
（1754）［菊科 Asteraceae（Compositae）］■

41400 Polyacanthus C. Presl（1845）（废弃属名）= Gymnosporia（Wight
et Arn.）Benth. et Hook. f.（1862）（保留属名）［卫矛科
Celastraceae］●

41401 Polyachyrus Lag.（1811）【汉】繁花钝柱菊属。【隶属】菊科
Asteraceae（Compositae）。【包含】世界 7-20 种。【学名诠释与讨
论】〈阳〉（希）poly- =拉丁文 multi-，多数的+achyron，皮，壳，荚。
【分布】秘鲁，玻利维亚，智利，中美洲。【模式】Polyachyrus
poeppigii Kunze ex Lessing［as 'C. poeppigii'］。【参考异名】
Bridgesia Hook.（1831）（废弃属名）；Cephaloseris Poepp. ex Rchb.
（1828）；Diaphoranthus Meyen（1834）●■☆

41402 Polyactidium DC.（1836）Nom. illegit. ≡ Stenactis Cass.（1825）；
~ = Erigeron L.（1753）；~ = Polyactis Less.（1832）Nom. illegit.；
~ = Polyactidium DC.（1836）Nom. illegit.［菊科 Asteraceae
（Compositae）］■

41403 Polyactis Less.（1832）Nom. illegit. ≡ Polyactidium DC.（1836）
Nom. illegit.；~ ≡ Stenactis Cass.（1825）；~ = Erigeron L.（1753）
［菊科 Asteraceae（Compositae）］■●

41404 Polyactium（DC.）Eckl. et Zeyh.（1834）= Pelargonium L'Hér.
ex Aiton（1789）［牻牛儿苗科 Geraniaceae］●■

41405 Polyactium Eckl. et Zeyh.（1834）Nom. illegit. ≡ Polyactium
（DC.）Eckl. et Zeyh.（1834）；~ = Pelargonium L'Hér. ex Aiton
（1789）［牻牛儿苗科 Geraniaceae］●■

41406 Polyadelphaceae Dulac = Hypericaceae Juss.（保留科名）●■

41407 Polyadenia Nees（1833）= Lindera Thunb.（1783）（保留属名）
［樟科 Lauraceae］●

41408 Polyadoa Stapf（1902）= Hunteria Roxb.（1832）［夹竹桃科
Apocynaceae］●

41409 Polyalthia Blume（1830）【汉】暗罗属（鸡爪树属）。【日】キダ
チアウソウクワ属。【英】Greenstar。【隶属】番荔枝科
Annonaceae。【包含】世界 100-120 种，中国 19 种。【学名诠释与
讨论】〈阴〉（希）poly-，多数的+althaino，医治。指本属植物可药
用。【分布】巴基斯坦，马达加斯加，中国，热带。【后选模式】
Polyalthia subcordata（Blume）Blume［Unona subcordata Blume］。

【参考异名】Ammonia Noronha（1790）；Enicosanthellum Bân（1975）；Feneriva Airy Shaw；Fenerivia Diels（1925）；Greenwayodendron Verdc.（1969）；Kessler et Rogstad（2008）；Maasia Mols；Monoon Miq.（1865）；Schnittspahnia Rchb.（1841）Nom. inval.；Sphaerothalamus Hook. f.（1860）●

41410 Polyandra Leal（1951）【汉】多雄大戟属。【隶属】大戟科Euphorbiaceae。【包含】世界 1 种。【学名诠释与讨论】〈阴〉（希）poly-，多数的+aner，所有格 andros，雄性，雄蕊。【分布】巴西。【模式】Polyandra bracteosa C. G. Leal☆

41411 Polyandrococos Barb. Rodr.（1901）【汉】多蕊椰属（多蕊果属）。【日】ロウココヤシ属。【隶属】棕榈科 Arecaceae（Palmae）。【包含】世界 1-2 种。【学名诠释与讨论】〈阴〉（希）poly-，多数的+aner，所有格 andros，雄性，雄蕊+（属）Cocos 椰子属。指雄蕊多数。【分布】巴西，玻利维亚。【后选模式】Polyandrococos caudescens（C. F. P. Martius）Barbosa Rodrigues ［Diplothemium caudescens C. F. P. Martius］●☆

41412 Polyanthemum Bubani（1901）Nom. illegit. ≡ Leucojum L.（1753）［石蒜科 Amaryllidaceae//雪片莲科 Leucojaceae］■●

41413 Polyanthemum Medik.（1791）Nom. illegit. ≡ Armeria Willd.（1809）（保留属名）［白花丹科（矶松科，蓝雪科）Plumbaginaceae//海石竹科 Armeriaceae］■☆

41414 Polyantherix Nees（1838）= Elymus L.（1753）；~ = Sitanion Raf.（1819）［禾本科 Poaceae（Gramineae）］■☆

41415 Polyanthes Hill（1768）= Polyanthes Jacq.（1793）Nom. illegit. ；~ = Polyxena Kunth（1843）［风信子科 Hyacinthaceae］■☆

41416 Polyanthes Jacq.（1793）Nom. illegit. = Polyxena Kunth（1843）［风信子科 Hyacinthaceae］■☆

41417 Polyanthes L. = Polianthes L.（1753）［石蒜科 Amaryllidaceae//龙舌兰科 Agavaceae］■

41418 Polyanthina R. M. King et H. Rob.（1970）【汉】多花尖泽兰属。【隶属】菊科 Asteraceae（Compositae）。【包含】世界 1 种。【学名诠释与讨论】〈阴〉（希）poly-，多数的+anthos，花+-inus，-ina，-inum，拉丁文加在名词词干之后，以形成形容词的词尾，含义为"属于、相似、关于、小的"。【分布】巴拿马，秘鲁，玻利维亚，厄瓜多尔，哥伦比亚（安蒂奥基亚），中美洲。【模式】Polyanthina nemorosa（Klatt）R. M. King et H. E. Robinson ［Eupatorium nemorosum Klatt］■☆

41419 Polyanthus Benth. & Hook. f.（1883）Nom. inval. = Polianthes L.（1753）［石蒜科 Amaryllidaceae］■☆

41420 Polyanthus C. H. Hu et Y. C. Hu（1991）= Arundinaria Michx.（1803）［禾本科 Poaceae（Gramineae）//青篱竹科 Arundinariaceae］●

41421 Polyanthus C. H. Hu = Pleioblastus Nakai（1925）［禾本科 Poaceae（Gramineae）//青篱竹科 Arundinariaceae］●

41422 Polyanthus Comstock（1832）Nom. inval. = Polianthes L.（1753）［石蒜科 Amaryllidaceae］■☆

41423 Polyarrhena Cass.（1828）【汉】帚菀木属。【隶属】菊科 Asteraceae（Compositae）。【包含】世界 4 种。【学名诠释与讨论】〈阴〉（希）poly-，多数的+arrhena，所有格 ayrhenos，雄的。此属的学名是"Polyarrhena Cassini in F. Cuvier, Dict. Sci. Nat. 56：172. Sep 1828"。亦有文献把其处理为"Felicia Cass.（1818）（保留属名）"的异名。【分布】非洲南部。【模式】Polyarrhena reflexa（Linnaeus）Cassini ［Aster reflexus Linnaeus］。【参考异名】Felicia Cass.（1818）（保留属名）●☆

41424 Polyasmaceae Blume = Grossulariaceae DC.（保留科名）●

41425 Polyaster Hook. f.（1862）【汉】多星芸香属。【隶属】芸香科 Rutaceae。【包含】世界 1-2 种。【学名诠释与讨论】〈阳〉（希）poly-，多数的+希腊文 aster，所有格 asteros，星，紫菀属。拉丁文词尾-aster，-astra，-astrum 加在名词词干之后形成指小式名词。【分布】墨西哥，中美洲。【模式】Polyaster boronioides J. D. Hooker ●☆

41426 Polyaulax Backer（1945）【汉】多犁木属。【隶属】番荔枝科 Annonaceae。【包含】世界 1 种。【学名诠释与讨论】〈阴〉（希）poly-，多数的+aulax，所有格 aulakos = alox，所有格 alokos，犁沟，记号，伤痕，腔穴，子宫。此属的学名是"Polyaulax Backer, Blumea 5：492. 31 Dec 1945"。亦有文献把其处理为"Meiogyne Miq.（1865）"的异名。【分布】印度尼西亚（爪哇岛），新几内亚岛。【模式】Polyaulax cylindrocarpa（Burck）Backer ［Mitrephora cylindrocarpa Burck］。【参考异名】Meiogyne Miq.（1865）●☆

41427 Polybactrum Salisb.（1814）= Pseudorchis Ség.（1754）［兰科 Orchidaceae］■☆

41428 Polybaea Klotasch ex Benh. et Hook. f.（1876）Nom. illegit. = Cavendishia Lindl.（1835）（保留属名）；~ = Polyboea Klotzsch（1851）Nom. illegit. ［杜鹃花科（欧石南科）Ericaceae//越橘科（乌饭树科）Vacciniaceae］●☆

41429 Polyboea Klotzsch ex Endl.（1850）Nom. illegit. ≡ Polyboea Klotzsch（1850）Nom. illegit. ；~ = Adelia L.（1759）（保留属名）；~ = Bernardia Mill.（1754）（废弃属名）［大戟科 Euphorbiaceae］●

41430 Polyboea Klotzsch（1850）Nom. illegit. = Adelia L.（1759）（保留属名）；~ = Bernardia Mill.（1754）（废弃属名）［大戟科 Euphorbiaceae］●

41431 Polyboea Klotzsch（1851）Nom. illegit. = Cavendishia Lindl.（1835）（保留属名）［杜鹃花科（欧石南科）Ericaceae//越橘科（乌饭树科）Vacciniaceae］●☆

41432 Polycalymma F. Muell. et Sond.（1853）【汉】顶序鼠麹草属。【隶属】菊科 Asteraceae（Compositae）。【包含】世界 1-3 种。【学名诠释与讨论】〈阴〉（希）poly- = 拉丁文 multi-，多数的+calymma，覆盖，面纱。此属的学名是"Polycalymma F. v. Mueller et Sonder, Linnaea 25：494. Apr 1853"。亦有文献把其处理为"Myriocephalus Benth.（1837）"的异名。【分布】澳大利亚。【模式】Polycalymma stuartii F. v. Mueller et Sonder。【参考异名】Myriocephalus Benth.（1837）■☆

41433 Polycandia Steud.（1841）= Polycardia Juss.（1789）［卫矛科 Celastraceae］●☆

41434 Polycantha Hill（1762）= Polyacantha Hill（1769）；~ = Carduus L.（1753）+Cirsium Mill.（1754）［菊科 Asteraceae（Compositae）］■

41435 Polycardia Juss.（1789）【汉】多心卫矛属。【隶属】卫矛科 Celastraceae。【包含】世界 4-9 种。【学名诠释与讨论】〈阴〉（希）poly-，多数的+kardia，心脏。【分布】马达加斯加。【模式】Polycardia madagascarensis J. F. Gmelin。【参考异名】Commersonia Comm. ex Juss.，Nom. illegit. ；Florincla Noronha ex Endl.（1840）；Polycandia Steud.（1841）；Pulcheria Comm. ex Moewes ●☆

41436 Polycarena Benth.（1836）【汉】多头玄参属。【隶属】玄参科 Scrophulariaceae。【包含】世界 17 种。【学名诠释与讨论】〈阴〉（希）poly-，多数的+karenon，头。【分布】非洲南部。【后选模式】Polycarena capensis（Linnaeus）Bentham ［Buchnera capensis Linnaeus］■☆

41437 Polycarpa Kuntze（1891）Nom. illegit. ［石竹科 Caryophyllaceae］■☆

41438 Polycarpa L.（1759）Nom. illegit. ≡ Polycarpon Loefl. ex L.（1759）［石竹科 Caryophyllaceae］■

41439 Polycarpa Linden ex Carrière（1868）Nom. illegit. = Idesia Maxim.（1866）（保留属名）［刺篱木科（大风子科）Flacourtiaceae］●

41440 Polycarpa Loefl.（1758）Nom. illegit. ≡ Polycarpon Loefl. ex L.

(1759)［石竹科 Caryophyllaceae］■

41441　Polycarpaea Lam.（1792）［as 'Polycarpea'］（保留属名）【汉】白鼓钉属（白鼓丁属）。【英】Polycarpaea, Whitedrumnail。【隶属】石竹科 Caryophyllaceae。【包含】世界 50 种，中国 2 种。【学名诠释与讨论】〈阴〉（希）poly-，多数的+karpos，果实。指聚伞花序，有果多数。此属的学名"Polycarpaea Lam. in J. Hist. Nat. 2：3,5. 1792"是保留属名。相应的废弃属名是石竹科 Caryophyllaceae 的"Polia Lour., Fl Cochinch.：97,164. Sep 1790 = Polycarpaea Lam.（1792）（保留属名）"。鸢尾科 Iridaceae 的"Polia Tenore, Cat. Orto Bot. Napoli 92. 1845 = Cypella Herb.（1826）"亦应废弃。"Polycarpea Lam.（1792）"和"Polycarpoea Lam.（1792）"是其拼写变体，也要废弃。石竹科 Caryophyllaceae 的"Polycarpea Pomel, Nouv. Mat. Fl. Atl. 202. 1874 = Polycarpaea Lam.（1792）（保留属名）"是晚出的非法名称，亦应废弃。"Hagaea Ventenat, Tabl. Règne Vég. 3：240. 5 Mai 1799"、"Lahaya J. A. Schultes in J. J. Roemer et J. A. Schultes, Syst. Veg. 5：xxx,402. Dec 1819"和"Mollia Willdenow, Hortus Berol. 11［bis］. Jul – Nov 1803［non J. F. Gmelin 1791（废弃属名）, nec C. F. P. Martius 1826（nom. cons.）]"是"Polycarpaea Lam.（1792）［as 'Polycarpea'］（保留属名）"的晚出的同模式异名（Homotypic synonym, Nomenclatural synonym）。【分布】巴基斯坦，巴勒斯坦，巴拿马，秘鲁，玻利维亚，马达加斯加，中国，中美洲。【模式】Polycarpaea teneriffae Lamarck。【参考异名】Alymeria D. Dietr.（1839）; Aylmeria Mart.（1826）; Calycotropis Turcz.（1862）; Hagaea Vent.（1799）Nom. illegit. ; Hyala L' Hér. ex DC.（1828）; Lahaya Room. et Schult.（1819）Nom. illegit. ; Lahaya Schult.（1819）Nom. illegit. ; Lahnyea Roem. , Nom. illegit. ; Mollia Willd.（1803）Nom. illegit.（废弃属名）; Planchonia J. Gay ex Benth. et Hook. f.（1862）Nom. illegit. ; Polia Lour.（1790）（废弃属名）; Policarpaea Lam.（1792）; Policarpea Lam.（1792）; Policarpoea Lam.（1792）; Polium Stokes（1812）Nom. illegit. ; Polycarpea Pomel（1874）; Polycarpia Webb et Berthel.（1836）; Polycarpoea Lam.（1792）; Reesia Ewart（1913）; Robbairea Boiss.（1867）■●

41442　Polycarpaeaceae DC.（1835）= Caryophyllaceae Juss.（保留科名）■●

41443　Polycarpaeaceae Mart. =Caryophyllaceae Juss.（保留科名）■●

41444　Polycarpaeaceae Schur =Caryophyllaceae Juss.（保留科名）■●

41445　Polycarpea Lam.（1792）Nom. illegit. ≡ Polycarpaea Lam.（1792）（保留属名）［as 'Polycarpea'］［石竹科 Caryophyllaceae］■●

41446　Polycarpea Pomel（1874）Nom. illegit. = Polycarpaea Lam.（1792）（保留属名）［as 'Polycarpea'］［石竹科 Caryophyllaceae］■●

41447　Polycarpia Webb et Berthel.（1836）= Polycarpaea Lam.（1792）（保留属名）［as 'Polycarpea'］［石竹科 Caryophyllaceae］■●

41448　Polycarpoea Lam.（1792）Nom. illegit. ≡ Polycarpaea Lam.（1792）（保留属名）［as 'Polycarpea'］［石竹科 Caryophyllaceae］■●

41449　Polycarpon L.（1759）Nom. illegit. = Polycarpon Loefl.（1758）［石竹科 Caryophyllaceae］■

41450　Polycarpon Loefl.（1758）【汉】多荚草属。【俄】Многоплодник。【英】Allseed, Four-leaved Allseed, Fruitfulgrass, Manyseed, Polycarpon。【隶属】石竹科 Caryophyllaceae。【包含】世界 16 种，中国 1 种。【学名诠释与讨论】〈中〉（希）poly-，多数的+karpos，果实。指聚伞花序，有果多数。此属的学名, ING、TROPICOS 和 IK 记载是"Polycarpon Loefling in Linnaeus, Syst. ed. 10. 881, 1360. 7 Jun 1759"；《北美植物志》、《苏联植物志》等文献使用此名称。《中国植物志》中文版和《巴基斯坦植物志》

等文献采用"Polycarpon Loefling ex Linnaeus, Syst. ed. 10. 881, 1360. 7 Jun 1759"。"Anthyllis Adanson, Fam. 2：271. Jul – Aug 1763（non Linnaeus 1753）"是"Polycarpon Loefl. ex L.（1759）"的晚出的同模式异名（Homotypic synonym, Nomenclatural synonym）。【分布】巴基斯坦，巴勒斯坦，秘鲁，玻利维亚，厄瓜多尔，马达加斯加，中国，中美洲。【模式】Polycarpon tetraphyllum（Linnaeus）Linnaeus［Mollugo tetraphylla Linnaeus］。【参考异名】Anthyllis Adans.（1763）Nom. illegit. ; Arversia Cambess.（1829）; Aversia G. Don（1834）; Hapalosa Edgew.（1874）Nom. illegit. ; Hapalosa Edgew. et Hook. f.（1874）Nom. inval. ; Hapalosia Wall.（1832）Nom. inval. ; Hapalosia Wall. ex Wight et Arn.（1834）; Polycarpa L.（1759）Nom. illegit. ; Polycarpon L.（1759）Nom. illegit. ; Polycarpon Loefl. ex L.（1759）Nom. illegit. ■

41451　Polycarpon Loefl. ex L.（1759）Nom. illegit. ≡ Polycarpon Loefl.（1758）［石竹科 Caryophyllaceae］■

41452　Polycenia Choisy（1824）= Hebenstretia L.（1753）［玄参科 Scrophulariaceae］●☆

41453　Polycephalium Engl.（1897）【汉】多头菜萸属。【隶属】茶菜萸科 Icacinaceae。【包含】世界 2 种。【学名诠释与讨论】〈中〉（希）poly-，多数的+kephale，头+-ius,-ia,-ium，在拉丁文和希腊文中，这些词尾表示性质或状态。【分布】热带非洲。【模式】Polycephalium poggei Engler ●☆

41454　Polycephalos Forssk.（1775）= Sphaeranthus L.（1753）［菊科 Asteraceae（Compositae）］■

41455　Polyceratocarpus Engl. et Diels（1900）【汉】多角果属。【隶属】番荔枝科 Annonaceae。【包含】世界 7 种。【学名诠释与讨论】〈阳〉（希）poly-，多数的+keras，所有格 keratos，指小式 keration，角，弓。keraos, kerastes, keratophyes，有角的+karpos，果实。此属的学名, ING、TROPICOS 和 IK 记载是"Polyceratocarpus Engl. et Diels, Notizbl. Königl. Bot. Gart. Berlin 3：56. 1900"。"Dielsina O. Kuntze, Deutsche Bot. Monatsschr. 21：173. Nov – Dec 1903"是"Polyceratocarpus Engl. et Diels（1900）"的晚出的同模式异名（Homotypic synonym, Nomenclatural synonym）。【分布】热带非洲。【模式】Polyceratocarpus scheffleri Engler et Diels。【参考异名】Alphonseopsis Baker f.（1913）; Dielsina Kuntze（1903）Nom. illegit. ●☆

41456　Polychaetia Less.（1832）Nom. inval. = Nestlera Spreng.（1818）; ~ =Tolpis Adans.（1763）［菊科 Asteraceae（Compositae）］●■☆

41457　Polychaetia Tausch ex Less.（1832）Nom. illegit. ≡ Polychaetia Less.（1832）Nom. inval. ; ~ = Nestlera Spreng.（1818）; ~ = Tolpis Adans.（1763）［菊科 Asteraceae（Compositae）］●■☆

41458　Polychilos Breda（1828）Nom. illegit. = Phalaenopsis Blume（1825）［兰科 Orchidaceae］■

41459　Polychilos Breda, Kuhl et Hasselt（1827）= Phalaenopsis Blume（1825）［兰科 Orchidaceae］■

41460　Polychisma C. Muell.（1869）= Pelargonium L' Hér. ex Aiton（1789）; ~ = Polyschisma Turcz.（1859）［牻牛儿苗科 Geraniaceae］●■

41461　Polychlaena G. Don（1831）= Melochia L.（1753）（保留属名）［梧桐科 Sterculiaceae//锦葵科 Malvaceae//马松子科 Melochiaceae］●■

41462　Polychlaena Garcke（1867）Nom. illegit. = Hibiscus L.（1753）（保留属名）［锦葵科 Malvaceae//木槿科 Hibiscaceae］●■

41463　Polychnemum Zumagl.（1849）= Polycnemum L.（1753）［藜科 Chenopodiaceae］■

41464　Polychroa Lour.（1790）（废弃属名）= Pellionia Gaudich.（1830）（保留属名）［荨麻科 Urticaceae］●■

41465 Polychrysum(Tzvelev)Kovalevsk.（1962）【汉】密金蒿属。【隶属】菊科 Asteraceae（Compositae）。【包含】世界 1 种。【学名诠释与讨论】〈中〉（希）poly-，多数的+chrysos，黄金。chryseos，金的，富的，华丽的。chrysites，金色的。在植物形态描述中，chrys-和 chryso-通常指金黄色。此属的学名，IK 记载是"Polychrysum（Tzvelev）Kovalevsk.，Fl. Uzbekist. vi. 148, in adnot. 1962"，由"Cancrinia sect. Polychrysum Tzvelev."改级而来。【分布】亚洲中部。【模式】Polychrysum tadshikorum（Kudrj.）Kovalevsk.。【参考异名】Cancrinia sect. Polychrysum Tzvelev. ■☆

41466 Polyclados Phil.（1860）= Lepidophyllum Cass.（1816）［菊科 Asteraceae（Compositae）］●☆

41467 Polyclathra Bertol.（1840）【汉】多格瓜属。【隶属】葫芦科（瓜科，南瓜科）Cucurbitaceae。【包含】世界 1 种。【学名诠释与讨论】〈阴〉（希）poly-，多数的+clathri，格子。【分布】巴拿马，哥斯达黎加，墨西哥，尼加拉瓜，危地马拉，中美洲。【模式】Polyclathra cucumerina Bertoloni。【参考异名】Pentaclathra Endl.（1842）；Pittiera Cogn.（1891）；Pittiera Cogn. ex T. Durand et Pitt.（1891）；Roseanthus Cogn.（1896）■☆

41468 Polycline Oliv.（1894）= Athroisma DC.（1833）［菊科 Asteraceae（Compositae）］■●☆

41469 Polyclita A. C. Sm.（1936）【汉】大杞莓属。【隶属】杜鹃花科（欧石南科）Ericaceae。【包含】世界 1 种。【学名诠释与讨论】〈阴〉（希）poly-，多数的+klitos = klitys，山坡，斜面，低的，荆棘。另说纪念希腊雕刻家 Polyclitus。【分布】玻利维亚。【模式】Polyclita turbinata（O. Kuntze）A. C. Smith［Chupalon turbinatum O. Kuntze］●☆

41470 Polyclonos Raf.（1819）= Orobanche L.（1753）［列当科 Orobanchaceae//玄参科 Scrophulariaceae］■

41471 Polycnemaceae Menge（1839）= Amaranthaceae Juss.（保留科名）●■

41472 Polycnemon F. Muell.（1882）= Polycnemum L.（1753）［藜科 Chenopodiaceae］■

41473 Polycnemum L.（1753）【汉】多节草属。【俄】Хруплявник。【英】Needleleaf，Polycnemum。【隶属】藜科 Chenopodiaceae。【包含】世界 7-8 种，中国 1 种。【学名诠释与讨论】〈中〉（希）poly-，多数的+kneme，节间。knemis，所有格 knemidos，胫衣，脚绊。knema，所有格 knematos，碎片，碎屑，刨花。山的肩状突出部分。此属的学名，ING、TROPICOS、APNI 和 IK 记载是"Polycnemum L.，Sp. Pl. 1: 35. 1753［1 May 1753］"。"Rovillia Bubani, Fl. Pyrenaea 1: 182. 1897"是"Polycnemum L.（1753）"的晚出的同模式异名（Homotypic synonym，Nomenclatural synonym）。【分布】中国，地中海至亚洲中部，欧洲南部和中部。【模式】Polycnemum arvense Linnaeus。【参考异名】Polychnemum Zumagl.（1849）；Polycnemon F. Muell.（1882）；Rovillia Bubani（1897）Nom. illegit. ■

41474 Polycodium Raf.（1818）= Vaccinium L.（1753）［杜鹃花科（欧石南科）Ericaceae//越橘科（乌饭树科）Vacciniaceae］●

41475 Polycodium Raf. ex Greene，Nom. illegit. ≡ Polycodium Raf.（1818）；~ = Vaccinium L.（1753）［杜鹃花科（欧石南科）Ericaceae//越橘科（乌饭树科）Vacciniaceae］●

41476 Polycoelium A. DC.（1847）= Myoporum Banks et Sol. ex G. Forst.（1786）；~ = Pentacoelium Siebold et Zucc.（1846）［苦槛蓝科（苦槛盘科）Myoporaceae//玄参科 Scrophulariaceae］●

41477 Polycoryne Keay（1958）Nom. illegit. ≡ Pleiocoryne Rauschert（1982）［茜草科 Rubiaceae］●☆

41478 Polyctenium Greene（1912）【汉】多栉芥属。【隶属】十字花科 Brassicaceae（Cruciferae）。【包含】世界 1-2 种。【学名诠释与讨论】〈中〉（希）poly-，多数的+kteis，所有格 ktenos，梳子+-ius，-ia，-ium，在拉丁文和希腊文中，这些词尾表示性质或状态。【分布】美国。【模式】Polyctenium fremontii（S. Watson）E. L. Greene［Smelowskia fremontii S. Watson］■☆

41479 Polycycliska Ridl.（1926）= Lerchea L.（1771）（保留属名）［茜草科 Rubiaceae］●■

41480 Polycycnis Rchb. f.（1855）【汉】白鸟兰属。【日】ポリキクニス属。【隶属】兰科 Orchidaceae。【包含】世界 11-15 种。【学名诠释与讨论】〈阴〉（希）poly-，多数的+kyknos = 拉丁文 cycnus = cygnus 天鹅。指丛生的花穗和花形。【分布】巴拿马，秘鲁，玻利维亚，厄瓜多尔，哥伦比亚（安蒂奥基亚），哥斯达黎加，中美洲。【模式】未指定。【参考异名】Lueckelia Jenny（1954）■☆

41481 Polycycnopsis Szlach.（2006）【汉】拟白鸟兰属。【隶属】兰科 Orchidaceae。【包含】世界 4 种。【学名诠释与讨论】〈阴〉（属）Polycycnis 白鸟兰属+希腊文 opsis，外观，模样，相似。【分布】巴拿马，厄瓜多尔，哥伦比亚，苏里南，委内瑞拉，热带南美洲。【模式】Polycycnopsis aurita（Dressler）Szlach.［Polycycnis aurita Dressler］■☆

41482 Polycyema Voigt（1845）= Clausena Burm. f.（1768）［芸香科 Rutaceae］●

41483 Polycyrtus Schltdl.（1843）= Ferula L.（1753）［伞形花科（伞形科）Apiaceae（Umbelliferae）］■

41484 Polydendris Thouars = Dendrobium Sw.（1799）（保留属名）；~ = Polystachya Hook.（1824）（保留属名）［兰科 Orchidaceae］■

41485 Polydiclis（G. Don）Miers（1849）Nom. illegit. ≡ Amphipleis Raf.（1837）；~ = Nicotiana L.（1753）［茄科 Solanaceae//烟草科 Nicotianaceae］●■

41486 Polydiclis Miers（1849）Nom. illegit. ≡ Polydiclis（G. Don）Miers（1849）Nom. illegit.；~ = Amphipleis Raf.（1837）；~ = Nicotiana L.（1753）［茄科 Solanacea//烟草科 Nicotianaceae］●■

41487 Polydontia Blume（1826 - 1827）= Lauro - Cerasus Duhamel（1755）；~ = Pygeum Gaertn.（1788）［蔷薇科 Rosaceae］●

41488 Polydora Fenzl（2004）【汉】多毛瘦片菊属。【隶属】菊科 Asteraceae（Compositae）。【包含】世界 8 种。【学名诠释与讨论】〈阴〉（希）poly- = 拉丁文 multi-，多数的+dora，一张皮。doros，革制的袋、囊。此属的学名是"Polydora Fenzl, Flora of Tropical East Africa 27（1）: 312. 1844"。亦有文献把其处理为"Vernonia Schreb.（1791）（保留属名）"的异名。【分布】热带非洲。【模式】Polydora livida（Lindley）C. L. Withner et P. A. Harding［Epidendrum lividum Lindley］。【参考异名】Parapolydora H. Rob.（2005）；Vernonia Schreb.（1791）（保留属名）■☆

41489 Polydragma Hook. f.（1887）= Spathiostemon Blume（1826）［大戟科 Euphorbiaceae］●☆

41490 Polyechma Hochst.（1841）= Hygrophila R. Br.（1810）［爵床科 Acanthaceae］●■

41491 Polyembryum Schotr ex Stand.（1841）= Esenbeckia Kunth（1825）；~ = Polembryum A. Juss.（1825）；~ = Polyembryum Schott ex Stand.（1841）［芸香科 Rutaceae］●☆

41492 Polygala L.（1753）【汉】远志属。【日】ヒメハギ属。【俄】Истод。【英】Milkwort，Polygala。【隶属】远志科 Polygalaceae。【包含】世界 300-600 种，中国 44-45 种。【学名诠释与讨论】〈阴〉（希）polygalon，希腊古名。来自 poly-，多数的+gala，所有格 galaktos，牛乳，乳。galaxaios，似牛乳的。指某些种类有催乳作用。【分布】巴基斯坦，巴拉圭，巴拿马，秘鲁，玻利维亚，厄瓜多尔，哥伦比亚（安蒂奥基亚），马达加斯加，美国（密苏里），尼加拉瓜，中国，中美洲。【后选模式】Polygala vulgaris Linnaeus。【参考异名】Acanthocladus Klotzsch ex Hassk.（1864）；Anthallogea Raf.（1836）；Asemeia Raf.（1833）；Badiera Hassk.（1844）；

Brachytropis（DC.）Rchb.（1828）；Brachytropis Rchb.（1828）Nom. illegit.；Chamaebuxus（DC.）Spach（1838）Nom. illegit.；Chamaebuxus（Tourn.）Spach（1838）Nom. illegit.；Chamaebuxus Spach（1838）Nom. illegit.；Corymbula Raf.（1836）；Galypola Nieuwl.（1914）；Heterosamara Kuntze（1891）；Iridisperma Raf.（1834）Nom. illegit.；Isolophus Spach（1838）；Lalypoga Gand.；Leptrochia Raf.（1834）；Microlophium（Spach）Fourr.（1869）；Microlophium Fourr.（1869）Nom. illegit.；Monrosia Grondona（1949）；Phlebotaenia Griseb.（1860）；Phylax Noronha（1790）；Pilostachys Raf.（1836）；Pilostaxis Raf.（1838）［as 'Plostaxis'］Nom. illegit.；Plostaxis Raf.（1836）Nom. illegit.；Poligala Neck.（1768）；Polygaloides Haller（1768）；Psychanthus Raf.（1814）；Pylostachya Raf.（1834）；Semeiocardium Hassk.；Senega（DC.）Spach（1838）Nom. illegit.；Senega Spach（1838）；Senegaria Raf.（1834）；Sexilia Raf.（1836）；Tertria Schrank（1816）Nom. illegit.；Trichlisperma Raf.（1814）；Tricholophus Spach（1839）；Triclisperma Raf.（1814）；Zoroxus Raf.（1836）Nom. illegit.●■

41493　Polygalaceae Hoffmanns. et Link（1809）［as 'Polygalinae'］（保留科名）【汉】远志科。【日】ヒメハギ科。【俄】Истодовые。【英】Milkwort Family。【包含】世界 12-22 属 950-1050 种，中国 4 属 54 种。【分布】广泛分布。【科名模式】Polygala L.（1753）■●

41494　Polygalaceae Juss. = Polygalaceae Hoffmanns. et Link（1809）［as 'Polygalinae'］（保留科名）■●

41495　Polygalaceae R. Br. = Polygalaceae Hoffmanns. et Link（1809）［as 'Polygalinae'］（保留科名）■●

41496　Polygaloides Agosti（1770）Nom. illegit.［远志科 Polygalaceae］☆

41497　Polygaloides Haller（1768）【汉】拟远志属（假远志属）。【隶属】远志科 Polygalaceae。【包含】世界 25 种。【学名诠释与讨论】〈阴〉（属）Polygala 远志属+oides，来自 o+eides，像，似；或 o+eidos 形，含义为相像。此属的学名，ING、TROPICOS 和 IK 记载是 " Polygaloides Haller, Hist. Stirp. Helv. 1：149. 1768（post 7 Mar）"。"Chamaebuxus（A. P. de Candolle）Spach, Hist. Nat. Vég. Phan. 7：125. 4 Mai 1839 ≡ Chamaebuxus Spach（1838）Nom. illegit. "、"Tertria Schrank, Fl. Monac. 3：249. 1816" 和 "Zoroxus Rafinesque, New Fl. 4：88. 1838（sero）（'1836'）" 是 "Polygaloides Haller（1768）" 的晚出的同模式异名（Homotypic synonym, Nomenclatural synonym）。亦有文献把 "Polygaloides Haller（1768）" 处理为 "Polygala L.（1753）" 的异名。【分布】广泛分布。【模式】Polygala chamaebuxus Linnaeus。【参考异名】Chamaebuxus（DC.）Spach（1838）Nom. illegit.；Chamaebuxus（Tourn.）Spach（1838）Nom. illegit.；Chamaebuxus Spach（1838）Nom. illegit.；Polygala L.（1753）；Tertria Schrank（1816）Nom. illegit.；Zoroxus Raf.（1836）Nom. illegit. ●☆

41498　Polyglochin Ehrh.（1789）Nom. inval. = Carex L.（1753）［莎草科 Cyperaceae］■

41499　Polygonaceae Juss.（1789）（保留科名）【汉】蓼科。【日】タデ科。【俄】Гречиха，Гречишные。【英】Buckwheat Family，Knotweed Family。【包含】世界 43-53 属 1000-1320 种，中国 13-17 属 238-314 种。【分布】主要北温带，少数热带、极地。【科名模式】Polygonum L.（1753）（保留属名）●■

41500　Polygonanthaceae（Croizat）Croizat（1943）= Anisophylleaceae Ridl. ●☆

41501　Polygonanthaceae Croizat（1943）= Anisophylleaceae Ridl. ●☆

41502　Polygonanthus Ducke（1932）【汉】蓼花木属。【隶属】异叶木科（四柱木科，异形叶科，异叶红树科）Anisophylleaceae。【包含】世界 2 种。【学名诠释与讨论】〈阳〉（希）poly- = 拉丁文 multi-，多

数的+gonia，角，角隅，关节，膝，来自拉丁文 giniatus，成角度的+anthos，花。此属的学名，ING、GCI 和 IK 记载是 "Polygonanthus Ducke, Notizbl. Bot. Gart. Berlin – Dahlem 11：345. 1932"。"Polygonanthus Ducke, Baehni et Dans., Bull. Soc. Bot. France 86：183, descr. emend. 1939" 修订了属的描述。【分布】巴西，亚马孙河流域。【模式】Polygonanthus amazonicus Ducke。【参考异名】Polygonanthus Ducke（1932）●☆

41503　Polygonanthus Ducke, Baehni et Dans.（1939）descr. emend. = Polygonanthus Ducke（1932）［异叶木科（四柱木科，异形叶科，异叶红树科）Anisophylleaceae］●☆

41504　Polygonastrum Moench（1794）（废弃属名）= Maianthemum F. H. Wigg.（1780）（保留属名）；~ = Smilacina Desf.（1807）（保留属名）［百合科 Liliaceae//铃兰科 Convallariaceae］■

41505　Polygonataceae Salisb.（1866）［亦见 Convallariaceae L. 铃兰科和 Ruscaceae M. Roem.（保留科名）假叶树科]【汉】黄精科。【包含】世界 1 属 55-60 种，中国 1 属 39-47 种。【分布】北温带。【科名模式】Polygonatum Mill.（1754）■

41506　Polygonatum Adans.（1763）Nom. illegit. = Convallaria L.（1753）［百合科 Liliaceae//铃兰科 Convallariaceae］■

41507　Polygonatum Mill.（1754）【汉】黄精属（玉竹属）。【日】アマドコロ属。【俄】Купена，Печать соломонова，Соломонова печать。【英】Landpick，Seal – wort，Solomon's Seal，Solomon's - seal，Solomonseal。【隶属】百合科 Liliaceae//黄精科 Polygonataceae//铃兰科 Convallariaceae。【包含】世界 55-60 种，中国 39-47 种。【学名诠释与讨论】〈中〉（希）poly-，多数的+gonia，角，角隅，关节，膝，来自拉丁文 giniatus，成角度的。指根多节。另说希腊植物古名。此属的学名，ING、TROPICOS、GCI 和 IK 记载是 "Polygonatum Mill., Gard. Dict. Abr., ed. 4. s. n.［1109］. 1754［28 Jan 1754］"。"Axillaria Rafinesque, Amer. Monthly Mag. et Crit. Rev. 2：266. Feb 1818" 和 "Salomonia Heister ex Fabricius, Enum. 20. 1759（废弃属名）" 是 "Polygonatum Mill.（1754）" 的晚出的同模式异名（Homotypic synonym, Nomenclatural synonym）。"Polygonatum Adans., Fam. Pl.（Adanson）2：54. 1763 = Convallaria L.（1753）［百合科 Liliaceae//铃兰科 Convallariaceae]" 和 "Polygonatum Zinn, Cat. Pl. Gotting. 103（1757）= Convallaria L.（1753）［百合科 Liliaceae//铃兰科 Convallariaceae]" 是晚出的非法名称。【分布】巴基斯坦，美国（密苏里），中国，北温带。【后选模式】Polygonatum officinale Allioni［Convallaria polygonatum Linnaeus］。【参考异名】Axillaria Raf.（1818）Nom. illegit.；Campydorum Salisb.（1866）；Codomale Raf.（1840）；Evallaria Neck.（1790）Nom. inval.；Periballanthus Franch. et Sav.（1878）；Salomonia Fabr.（1759）Nom. illegit.（废弃属名）；Salomonia Heist. ex Fabr.（1759）Nom. illegit.（废弃属名）；Sigillum Friche – Joset et Montandon（1856）；Sigillum Montandon（1868）Nom. illegit.；Sigillum Tragus ex Montandon（1868）；Siphyalis Raf.（1838）；Troxilanthes Raf.（1840）■

41508　Polygonatum Zinn（1757）Nom. illegit. = Convallaria L.（1753）［百合科 Liliaceae//铃兰科 Convallariaceae］■

41509　Polygonella Michx.（1803）【汉】小蓼属（假蓼属，贴茎蓼属）。【英】Jointweed，Wireweed。【隶属】蓼科 Polygonaceae。【包含】世界 9-11 种。【学名诠释与讨论】〈阴〉（属）Polygonum 蓼属+-ellus，-ella，-ellum，加在名词词干后面形成指小式的词尾。或加在人名、属名等后面以组成新属的名称。此属的学名，ING、TROPICOS、GCI 和 IK 记载是 "Polygonella Michx., Fl. Bor. - Amer.（Michaux）2：240. 1803［19 Mar 1803］"。"Lyonella Rafinesque, Amer. Monthly Mag. et Crit. Rev. 2：266. Feb 1818"、"Lyonia Rafinesque, Med. Repos. ser. 2. 5：353. Feb – Apr 1808（废

弃属名）"和"Stopinaca Rafinesque, Fl. Tell. 3:11. Nov - Dec 1837（'1836'）"是"Polygonella Michx.（1803）"的晚出的同模式异名（Homotypic synonym, Nomenclatural synonym）。化石植物的"Polygonella G. F. Elliott, Micropaleontology 3:230. 28 Aug 1957 ≡ Qataria C. F. Read 1969"是晚出的非法名称。【分布】美国,北美洲。【模式】Polygonella parvifolia A. Michaux。【参考异名】Delopyrum Small（1913）; Dentoceras Small（1924）; Gonopyrum Fisch. et C. A. Mey.（1840）; Gonopyrum Fisch. et C. A. Mey. ex C. A. Mey.（1840）Nom. illegit.; Lyonella Raf.（1818）Nom. illegit.; Lyonia Raf.（1808）Nom. illegit.（废弃属名）; Phylepidum Raf.; Phyllepidum Raf.（1808）; Psammogonum Nieuwl.（1914）Nom. illegit.; Stopinaca Raf.（1837）Nom. illegit.; Thysanella A. Gray ex Engelm. et A. Gray（1845）; Thysanella A. Gray（1845）Nom. illegit. ■☆

41510 Polygonifolia Adans.（1763）Nom. illegit. [粟米草科 Molluginaceae] ■☆

41511 Polygonifolia Fabr.（1759）Nom. illegit. ≡ Corrigiola L.（1753）[石竹科 Caryophyllaceae] ■☆

41512 Polygonoidea Ortega（1773）Nom. illegit. ≡ Calligonum L.（1753）[蓼科 Polygonaceae//沙拐枣科 Calligonaceae] ●

41513 Polygonon St. - Lag.（1880）= Polygonum L.（1753）（保留属名）[蓼科 Polygonaceae] ■●

41514 Polygonum L.（1753）（保留属名）【汉】蓼属。【日】タデ属。【俄】Горец, Гречих, Гречишка, Гречишник, Полигонум。【英】Fleece Flower, Fleeceflower, Jointweed, Knotgrass, Knot - grass, Knotweed, Polygonum, Silver Lace Vine, Smartweed, Tearthumb。【隶属】蓼科 Polygonaceae。【包含】世界 230-300 种,中国 113-163 种。【学名诠释与讨论】〈中〉（希）poly-,多数的+gonia,角,角隅,关节,膝,来自拉丁文 giniatus,成角度的。指茎具膨大的节。此属的学名"Polygonum L., Sp. Pl.:359. 1 Mai 1753"是保留属名。法规未列出相应的废弃属名。"Avicularia（Meisner）Börner, Bot. - Syst. Not. 277. Apr 1912"、"Centinodium（H. G. L. Reichenbach）Montandon, Syn. Fl. Jura Sept. 270. 1856"和"Discolenta Rafinesque, Fl. Tell. 3:15. Nov-Dec 1837（'1836'）"是"Polygonum L.（1753）（保留属名）"的晚出的同模式异名（Homotypic synonym, Nomenclatural synonym）。【分布】巴基斯坦,巴拉圭,巴勒斯坦,巴拿马,秘鲁,玻利维亚,厄瓜多尔,哥伦比亚（安蒂奥基亚）,马达加斯加,美国（密苏里）,尼加拉瓜,中国,中美洲。【模式】Polygonum aviculare Linnaeus。【参考异名】Aconogonum（D. Don）H. Hara; Amblygonum（Meisn.）Rchb.（1837）; Ampelygonum Lindl.（1838）; Avicularia（Meisn.）Börner（1912）Nom. illegit.; Avicularia Börner（1912）Nom. illegit.; Avicularia Steud.（1840）; Biderdykia（L.）Dum. Cours.; Carcinetrum Post et Kuntze（1903）; Centinodia（Rchb.）Rchb.（1837）; Centinodia Rchb.（1837）Nom. illegit.; Centinodium（Rchb.）Drejer（1838）Nom. illegit.; Centinodium（Rchb.）Montandon（1856）Nom. illegit.; Cephalophilum（Meisn.）Börner（1913）Nom. illegit.; Cephalophilum Börner（1913）; Chulusium Raf.（1820）; Cnopos Raf.（1837）; Colubrina Friche - Joset et Montandon（1856）（废弃属名）; Colubrina Montandon（1856）Nom. illegit.（废弃属名）; Dioctis Raf.（1837）; Discolenta Raf.（1836）Nom. illegit.; Duravia（S. Watson）Greene（1904）; Duravia Greene（1904）; Echinocaulon Spach（1841）Nom. illegit.; Echinocaulos（Meisn.）Hassk.（1842）; Echinocaulos（Meisn. ex Endl.）Hassk.（1842）Nom. illegit.; Echinocaulos Hassk.（1842）; Goniaticum Stokes（1812）; Gononcus Raf.（1837）; Heptarina Raf.（1837）; Mitesia Raf.（1836）; Peutalis Raf.（1837）Nom. illegit.; Pleuropterus Turcz.（1848）; Pleurostena Raf.（1837）; Pogalis Raf.

（1837）; Poligonum Neck.（1768）; Polygonon St. - Lag.（1880）; Sovara Raf.; Spermaulaxen Raf.（1837）; Styphorrhiza Ehrh.（1789）; Tasoba Raf.（1837）; Tephis Adans.（1763）; Tracaulon Raf.（1837）; Truellum Houtt.（1777）■●

41515 Polygyne Phil.（1864）= Eclipta L.（1771）（保留属名）[菊科 Asteraceae（Compositae）] ■

41516 Polylepis Ruiz et Pav.（1794）【汉】多鳞木属（普利勒木属）。【隶属】蔷薇科 Rosaceae。【包含】世界 15-20 种。【学名诠释与讨论】〈阴〉（希）poly-,多数的+lepis,所有格 lepidos,指小式 lepion 或 lepidion,鳞,鳞片。lepidotos,多鳞的。lepos,鳞,鳞片。【分布】秘鲁,玻利维亚,厄瓜多尔,哥伦比亚（安蒂奥基亚）。【模式】Polylepis racemosa Ruiz et Pavon。【参考异名】Quinasis Raf.（1838）Nom. illegit. ●☆

41517 Polylobium Eckl. et Zeyh.（1836）= Lotononis（DC.）Eckl. et Zeyh.（1836）（保留属名）[豆科 Fabaceae（Leguminosae）//蝶形花科 Papilionaceae] ■

41518 Polylophium Boiss.（1844）【汉】多脊草属。【俄】Многокрыльник。【隶属】伞形花科（伞形科）Apiaceae（Umbelliferae）。【包含】世界 2 种。【学名诠释与讨论】〈中〉（希）poly-,多数的+lophos,脊,鸡冠,装饰+-ius,-ia,-ium,在拉丁文和希腊文中,这些词尾表示性质或状态。【分布】亚洲西部。【模式】Polylophium orientale Boissier。【参考异名】Acanthoplana C. Koch（1849）Nom. illegit.; Acanthoplana K. Koch（1849）☆

41519 Polylychnis Bremek.（1938）【汉】多花爵床属。【隶属】爵床科 Acanthaceae。【包含】世界 2 种。【学名诠释与讨论】〈阴〉（希）poly-,多数的+lychnos,灯。lychnis,所有格 lychnidos,开着明亮猩红色花的植物。【分布】几内亚。【模式】Polylychnis fulgens Bremekamp ☆

41520 Polymeria R. Br.（1810）【汉】澳新旋花属。【隶属】旋花科 Convolvulaceae。【包含】世界 7-10 种。【学名诠释与讨论】〈阴〉（希）poly-,多数的+meros,一部分。拉丁文 merus 含义为纯洁的,真正的。指分枝的花柱,或指植物体多分枝。【分布】澳大利亚（昆士兰）,法属新喀里多尼亚,帝汶岛。【后选模式】Polymeria calycina R. Brown ☆

41521 Polymita N. E. Br.（1930）【汉】白玲玉属。【隶属】番杏科 Aizoaceae。【包含】世界 2 种。【学名诠释与讨论】〈阴〉（希）poly-,多数的+mita 小体。【分布】非洲南部。【模式】Polymita pearsonii N. E. Brown ●☆

41522 Polymnia L.（1753）【汉】杯苞菊属（杯叶菊属）。【俄】Полимния。【英】Leaf Cup, Leafcup。【隶属】菊科 Asteraceae（Compositae）。【包含】世界 2-20 种。【学名诠释与讨论】〈阴〉（希）Polymnia,或 Polyhymnia,希腊神话中掌管拜殿及神琴的女神。【分布】巴拉圭,秘鲁,玻利维亚,美国（密苏里）,尼加拉瓜,中美洲。【模式】Polymnia canadensis Linnaeus。【参考异名】Alymnia（DC.）Spach（1841）Nom. illegit.; Alymnia Neck.（1790）Nom. inval.; Alymnia Neck. ex Spach（1841）Nom. illegit.; Polymniastrum Lam.（1823）Nom. illegit. ■●☆

41523 Polymniastrum Lam.（1823）Nom. illegit. = Polymnia L.（1753）[菊科 Asteraceae（Compositae）] ■●☆

41524 Polymniastrum Small（1913）Nom. illegit. = Smallanthus Mack. ex Small（1933）Nom. illegit.; ~ = Smallanthus Mack.（1933）[菊科 Asteraceae（Compositae）] ■●

41525 Polymorpha Fabr. = Salvia L.（1753）[唇形科 Lamiaceae（Labiatae）//鼠尾草科 Salviaceae] ■●

41526 Polyneura Peter（1930）Nom. illegit. = Panicum L.（1753）[禾本科 Poaceae（Gramineae）] ■

41527 Polynome Salisb.（1866）= Dioscorea L.（1753）（保留属名）

[薯蓣科 Dioscoreaceae]■

41528　Polyochnella Tiegh.（1902）= Ochna L.（1753）［金莲木科 Ochnaceae］●

41529　Polyodon Kunth（1816）= Bouteloua Lag.（1805）［as 'Botelua'］（保留属名）［禾本科 Poaceae（Gramineae）］■

41530　Polyodontia Meisn.（1837）= Lauro-Cerasus Duhamel（1755）；~ = Polyodontia Blume（1826-1827）；~ = Pygeum Gaertn.（1788）［蔷薇科 Rosaceae］●

41531　Polyosma Blume（1826）【汉】多香木属。【英】Polyosma。【隶属】虎耳草科 Saxifragaceae//多香木科 Polyosmataceae。【包含】世界 60 种，中国 1 种。【学名诠释与讨论】〈阴〉（希）poly-，多数的+osme = odme，香味，臭味，气味。在希腊文组合词中，词头 osm-和词尾-osma 通常指香味。指花有香气。【分布】东喜马拉雅山，热带澳大利亚，中国。【后选模式】Polyosma ilicifolia Blume［as 'ilicifolium'］●

41532　Polyosmaceae Blume（1851）= Escalloniaceae R. Br. ex Dumort.（保留科名）；~ = Polyosmataceae Blume ●

41533　Polyosmataceae Blume【汉】多香木科。【包含】世界 1 属 60 种，中国 1 属 1 种。【分布】东喜马拉雅山，热带澳大利亚。【科名模式】Polyosma Blume ●

41534　Polyosus Lour.（1790）= Polyozus Lour.（1790）；~ = Canthium Lam.（1785）+ Psychotria L.（1759）（保留属名）［茜草科 Rubiaceae］●

41535　Polyothyris Koord., Nom. illegit. ≡ Polyothyrsis Koord., Nom. illegit.；~ ≡ Poliothyrsis Oliv.（1889）［红木科（胭脂树科）Bixaceae］●★

41536　Polyothyrsis Koord., Nom. illegit. ≡ Poliothyrsis Oliv.（1889）［刺篱木科（大风子科）Flacourtiaceae］●★

41537　Polyotidium Garay（1958）【汉】多耳兰属。【隶属】兰科 Orchidaceae。【包含】世界 1 种。【学名诠释与讨论】〈中〉（希）poly-，多数的+ous，所有格 otos，指小式 otion，耳。otikos，耳的+-idius，-idia，-idium，指示小的词尾。指花柱。【分布】哥伦比亚。【模式】Polyotidium huebneri（Mansfeld）Garay［Hybochilus huebneri Mansfeld］■☆

41538　Polyotus Nutt.（1836）Nom. illegit. ≡ Acerates Elliott（1817）；~ = Asclepias L.（1753）［萝藦科 Asclepiadaceae］■

41539　Polyouratea Tiegh.（1902）= Ouratea Aubl.（1775）（保留属名）［金莲木科 Ochnaceae］●

41540　Polyozus Blume（1826-1827）Nom. illegit. = Psychotria L.（1759）（保留属名）；~ = Canthium Lam.（1785）+ Psychotria L.（1759）（保留属名）［茜草科 Rubiaceae//九节科 Psychotriaceae］●［茜草科 Rubiaceae//九节科 Psychotriaceae］●

41541　Polyozus Lour.（1790）= Psychotria L.（1759）（保留属名）；~ = Canthium Lam.（1785）+Psychotria L.（1759）（保留属名）［茜草科 Rubiaceae//九节科 Psychotriaceae］●

41542　Polypappus Less.（1829）= Baccharis L.（1753）（保留属名）［菊科 Asteraceae（Compositae）］●■☆

41543　Polypappus Nutt.（1848）Nom. illegit. = Tessaria Ruiz et Pav.（1794）［菊科 Asteraceae（Compositae）］●☆

41544　Polypara Lour.（1790）Nom. illegit. ≡ Houttuynia Thunb.（1784）［as 'Houtuynia'］（保留属名）［三白草科 Saururaceae］■

41545　Polypetalia Hort. =Prunus L.（1753）［蔷薇科 Rosaceae//李科 Prunaceae］●

41546　Polyphema Lour.（1790）= Artocarpus J. R. Forst. et G. Forst.（1775）（保留属名）［桑科 Moraceae//波罗蜜科 Artocarpaceae］●

41547　Polyphragmon Desf.（1820）（废弃属名）= Timonius DC.（1830）（保留属名）［茜草科 Rubiaceae］●

41548　Polyplethia（Griff.）Tiegh.（1896）= Balanophora J. R. Forst. et G. Forst.（1776）［蛇菰科（土鸟蘵科）Balanophoraceae］■●

41549　Polyplethia Tiegh.（1896）Nom. illegit. ≡ Polyplethia（Griff.）Tiegh.（1896）；~ = Balanophora J. R. Forst. et G. Forst.（1776）［蛇菰科（土鸟蘵科）Balanophoraceae］■

41550　Polypleurella Engl.（1927）【汉】小多脉川苔草属。【隶属】髯管花科 Geniostomaceae。【包含】世界 2 种。【学名诠释与讨论】〈阴〉（属）Polypleurum 多脉苔草属+-ellus，-ella，-ellum，加在名词词干后面形成指小式的词尾。或加在人名、属名等后面以组成新属的名称。【分布】泰国。【模式】Polypleurella schmidtiana（Warming）Engler［Polypleurum schmidtianum Warming］■☆

41551　Polypleurum（Taylor ex Tul.）Warm.（1901）Nom. illegit. ≡ Polypleurum（Tul.）Warm.（1901）［髯管花科 Geniostomaceae］■☆

41552　Polypleurum（Tul.）Warm.（1901）【汉】多脉川苔草属。【隶属】髯管花科 Geniostomaceae。【包含】世界 5-8 种。【学名诠释与讨论】〈中〉（希）poly- = 拉丁文 multi-，多数的+pleura = pleuron，肋骨，脉，棱，侧生。此属的学名，ING 和 IK 记载是"Polypleurum（Tul.）Warm., Kongel. Danske Vidensk. Selsk. Skr., Naturvidensk. Math. Afd. ser. 6, 11（1）:64. 1901"，由"Dicraeia［infragen. unranked］Polypleurum Tul. Arch. Mus. Hist. Nat. 6:118. 1852"改级而来。"Polypleurum（Taylor ex Tul.）Warm.（1901）"的命名人引证有误。【分布】斯里兰卡，印度（南部），热带非洲西部。【模式】Podostemum wallichii R. Brown ex Griffith。【参考异名】Dicraeia［infragen. unranked］Polypleurum Tul.（1852）；Polypleurum（Taylor ex Tul.）Warm.（1901）Nom. illegit.■☆

41553　Polypodiopsis Carrière（1867）Nom. illegit.［山龙眼科 Proteaceae］●☆

41554　Polypogon Desf.（1798）【汉】棒头草属。【日】ヒエガエリ属，ヒエガヘリ属。【俄】Многобородник, Полипогон。【英】Beard Grass, Beardgrass, Polypogon。【隶属】禾本科 Poaceae（Gramineae）。【包含】世界 10-25 种，中国 6 种。【学名诠释与讨论】〈阳〉（希）poly-，多数的+pogon，所有格 pogonos，指小式 pogonion，胡须，髯毛，芒。pogonias，有须的。指穗具髯毛。【分布】巴基斯坦，巴拿马，秘鲁，玻利维亚，厄瓜多尔，哥伦比亚（安蒂奥基亚），哥斯达黎加，尼加拉瓜，中国，中美洲。【模式】Polypogon monspeliensis（Linnaeus）Desfontaines［as 'monspeliense'］［Alopecurus monspeliensis Linnaeus］。【参考异名】Chaetotropis Kunth（1830）；Lepyroxis E. Fourn.（1886）Nom. inval.；Lepyroxis P. Beauv. ex E. Fourn.（1886）Nom. inval.；Nowodworskya C. Presl（1830）Nom. illegit.；Nowodworskya J. Presl et C. Presl（1830）Nom. illegit.；Nowodworskya J. Presl（1830）；Raspailia C. Presl（1830）Nom. inval.；Raspailia J. Presl et C. Presl（1830）Nom. illegit.；Raspailia J. Presl（1830）Nom. inval.；Santia Savi（1798）■

41555　Polypompholyx Lehm.（1844）（保留属名）【汉】四萼狸藻属。【隶属】狸藻科 Lentibulariaceae。【包含】世界 2 种。【学名诠释与讨论】〈阴〉（希）poly-，多数的+poma，pomatos，盖子，罩子。此属的学名"Polypompholyx Lehm. in Bot. Zeitung（Berlin）2:109. 9 Feb 1844"是保留属名。相应的废弃属名是狸藻科 Lentibulariaceae 的"Cosmiza Raf., Fl. Tellur. 4:110. 1838（med.）= Polypompholyx Lehm.（1844）（保留属名）= Utricularia L.（1753）"。亦有文献把"Polypompholyx Lehm.（1844）（保留属名）"处理为"Utricularia L.（1753）"的异名。【分布】澳大利亚，中国。【模式】Polypompholyx tenella J. G. C. Lehmann。【参考异名】Cosmiza Raf.（1838）（废弃属名）；Tetralobus A. DC.（1844）；Utricularia L.（1753）■

41556　Polyporandra Becc.（1877）【汉】多孔蕊茶萸属。【隶属】茶萸

黄科 Icacinaceae。【包含】世界 1 种。【学名诠释与讨论】〈阴〉(希)poly-，多数的+porus，孔+aner，所有格 andros，雄性，雄蕊。【分布】印度尼西亚(马鲁古群岛)，新几内亚岛。【模式】Polyporandra scandens Beccari ●☆

41557 Polypremaceae L. Watson ex Doweld et Reveal = Labiatae Juss. (保留科名)//Lamiaceae Martinov(保留科名); ~ = Tetrachondraceae Skottsb. ex R. W. Sanders et P. D. Cantino ■☆

41558 Polypremaceae Takht. ex Reveal(2011) = Labiatae Juss. (保留科名)//Lamiaceae Martinov(保留科名)●■

41559 Polypremum Adans. (1763) Nom. illegit. ≡ Valerianella Mill. (1754) [缬草科(败酱科) Valerianaceae]■

41560 Polypremum L. (1763)【汉】美洲四粉草属。【隶属】四粉草科 Tetrachondraceae//岩高兰科 Empetraceae//醉鱼草科 Buddlejaceae//马钱科 Loganiaceae。【包含】世界 1 种。【学名诠释与讨论】〈中〉(希)poly-，多数的+premnon，树干，树桩。此属的学名，ING、TROPICOS 和 IK 记载为"Polypremum L., Sp. Pl. 1：111. 1753 [1 May 1753]"。"Cleyera Adanson, Fam. 2：224, 540 ('Kleira'). Jul - Aug 1763 (废弃属名)"是"Polypremum L. (1763)"的晚出的同模式异名(Homotypic synonym, Nomenclatural synonym)。"Polypremum Adans., Fam. Pl. (Adanson) 2：152. 1763 ≡ Valerianella Mill. (1754) [缬草科(败酱科) Valerianaceae]"是晚出的非法名称。【分布】巴拉圭，巴拿马，美国，墨西哥，尼加拉瓜，西印度群岛，中美洲。【模式】Polypremum procumbens L.。【参考异名】Cleyera Adans. (1763)(废弃属名); Hasslerella Chodat(1908); Symphoranthus Mitch. (1748) Nom. inval. ●☆

41561 Polypsecadium O. E. Schulz(1924)【汉】多碎片芥属。【隶属】十字花科 Brassicaceae(Cruciferae)。【包含】世界 1-3 种。【学名诠释与讨论】〈中〉词源不详。【分布】玻利维亚，安第斯山。【模式】Polypsecadium harmsianum (Muschler) O. E. Schulz [Thelypodium harmsianum Muschler]■☆

41562 Polypteris Less. (1831) Nom. illegit. [菊科 Asteraceae (Compositae)]☆

41563 Polypteris Nutt. (1818) = Palafoxia Lag. (1816) [菊科 Asteraceae(Compositae)]■☆

41564 Polyradicion Garay(1969)【汉】多根兰属。【隶属】兰科 Orchidaceae。【包含】世界 4 种。【学名诠释与讨论】〈阳〉(希)poly-，多数的+radix，所有格 radicis，指小式 radicula，根+-ion，表示出现。指气根。此属的学名是"Polyradicion Garay, J. Arnold Arbor. 50：466. 15 Jul 1969"。亦有文献把其处理为"Dendrophylax Rchb. f. (1864)"的异名。【分布】美国(佛罗里达)，西印度群岛。【模式】Polyradicion lindenii (Lindley) Garay [Angraecum lindenii Lindley]。【参考异名】Dendrophylax Rchb. f. (1864); Polyrrhiza Pfitzer(1889)■☆

41565 Polyraphis (Trin.) Lindl. (1847) Nom. illegit. ≡ Pappophorum Schreb. (1791); ~ ≡ Polyrhaphis Lindl. (1846) Nom. illegit. ; ~ = Dendrophylax Rchb. f. (1864) [禾本科 Poaceae(Gramineae)]■☆

41566 Polyrhabda C. C. Towns. (1984)【汉】单花苋属。【隶属】苋科 Amaranthaceae。【包含】世界 1 种。【学名诠释与讨论】〈阴〉(希)poly-，多数的+rhabdos，四方形。【分布】索马里。【模式】Polyrhabda atriplicifolia C. C. Townsend ●☆

41567 Polyrhaphis Lindl. (1846) Nom. illegit. ≡ Pappophorum Schreb. (1791); ~ = Dendrophylax Rchb. f. (1864) [禾本科 Poaceae (Gramineae)]■☆

41568 Polyrrhiza Pfitzer(1889) = Polyradicion Garay(1969); ~ = Dendrophylax Rchb. f. (1864) + Polyradicion Garay(1969) [兰科 Orchidaceae]■☆

41569 Polyscalia Wall. (1832) = Cyathula Blume(1826)(保留属名)

[苋科 Amaranthaceae]■

41570 Polyscelis Hook. f. (1885) = Polyscalia Wall. (1832); ~ = Cyathula Blume(1826)(保留属名) [苋科 Amaranthaceae]■

41571 Polyschemone Schott, Nyman et Kotschy(1854) = Silene L. (1753)(保留属名) [石竹科 Caryophyllaceae]■

41572 Polyschisma Turcz. (1859) = Pelargonium L'Hér. ex Aiton (1789) [牻牛儿苗科 Geraniaceae]●■

41573 Polyschistis C. Presl(1830) Nom. illegit. ≡ Polyschistis J. Presl (1830); ~ = Pentarrhaphis Kunth (1816) [禾本科 Poaceae (Gramineae)]■☆

41574 Polyschistis J. Presl et C. Presl(1830) Nom. illegit. ≡ Polyschistis J. Presl(1830); ~ = Pentarrhaphis Kunth(1816) [禾本科 Poaceae (Gramineae)]■☆

41575 Polyschistis J. Presl(1830) = Pentarrhaphis Kunth(1816) [禾本科 Poaceae(Gramineae)]■☆

41576 Polyscias J. R. Forst. et G. Forst. (1776)【汉】南洋参属(福禄桐属，南洋森属)。【日】タイワンモミジ属，タイワンモミヂ属，ポリスキアス属。【英】Polyscias, Umbrella Tree。【隶属】五加科 Araliaceae。【包含】世界 75-150 种，中国 5 种。【学名诠释与讨论】〈阴〉(希)poly-，多数的+skias，伞，伞形花序。指小花梗多数，或说指叶多数，或说 poly- = 拉丁文 multi-，多数的+skia，影子，鬼。指生于阴湿的森林。【分布】巴拿马，秘鲁，马达加斯加，玻利维亚，利比里亚(宁巴)，中国，中美洲。【模式】Polyscias pinnata J. R. Forster et J. G. A. Forster。【参考异名】Bernardia Adans. (1763) Nom. illegit. ; Bonnierella R. Vig. (1905); Botryopanax Miq. (1863); Botrypanax Post et Kuntze (1903); Cuphocarpus Decne. et Planch. (1854); Cyphocarpus Post et Kuntze (1903) Nom. illegit. ; Eupteron Miq. (1856); Gastonia Comm. ex Lam. (1788); Gelibia Hutch. (1967); Grotefendia Seem. (1864) Nom. illegit. ; Indokingia Hemsl. (1906); Irvingia F. Muell. (1865) Nom. illegit. ; Kissodendron Seem. (1865); Maralia Thouars(1806); Montagueia Baker f. (1921); Nothopanax Miq. (1856); Nothopanax Miq. emend. Harms (1894); Oligoscias Seem. (1865); Palmeroandenbrockia Gibbs; Palmervandenbroekia Gibbs. (1917); Panax L. (1753); Passaea Baill. (1858) Nom. illegit. ; Peekeliopanax Harms (1926); Polyboea Klotzsch ex Endl. (1850); Sciadopanax Seem. (1865); Tieghemopanax R. Vig. (1905)●

41577 Polysolen Rauschert (1982) Nom. illegit. ≡ Indopolysolenia Bennet(1981); ~ ≡ Polysolenia Hook. f. (1873) Nom. illegit. ; ~ = Leptomischus Drake(1895) [茜草科 Rubiaceae]■

41578 Polysolenia Hook. f. (1873) Nom. illegit. ≡ Indopolysolenia Bennet (1981); ~ = Leptomischus Drake (1895) [茜草科 Rubiaceae]■

41579 Polyspatha Benth. (1849)【汉】歧苞草属(多苞鸭趾草属)。【隶属】鸭趾草科 Commelinaceae。【包含】世界 3 种。【学名诠释与讨论】〈阴〉(希)poly-，多数的+spathe = 拉丁文 spatha，佛焰苞，鞘，叶片，匙状苞，窄而平之薄片，竿杖。【分布】热带非洲西部。【模式】Polyspatha paniculata Bentham ●☆

41580 Polysphaeria Hook. f. (1873)【汉】多球茜属。【隶属】茜草科 Rubiaceae。【包含】世界 20 种。【学名诠释与讨论】〈阴〉(希)poly-，多数的+sphaira，指小式 sphairion，球。sphairikos，球形的。sphairotos，圆的。【分布】热带非洲东部。【后选模式】Polysphaeria lanceolata W. P. Hiern ●■☆

41581 Polyspora Sweet(1825) = Gordonia J. Ellis(1771)(保留属名) [山茶科(茶科) Theaceae]●

41582 Polystachya Hook. (1824)(保留属名)【汉】多穗兰属。【日】ポリズダーキア属。【英】Manyspikeorchis, Polystachya。【隶属】

兰科 Orchidaceae。【包含】世界 150-200 种,中国 1 种。【学名诠释与讨论】〈阴〉(希)poly-,多数的+stachys,穗,谷,长钉。此属的学名"Polystachya Hook., Exot. Fl. 2: ad t. 103. Mai 1824"是保留属名。相应的废弃属名是兰科 Orchidaceae 的"Dendrorkis Thouars in Nouv. Bull. Sci. Soc. Philom. Paris 1: 318. Apr 1809 = Polystachya Hook. (1824)(保留属名) = Aerides Lour. (1790)";其变体"Dendrorchis Thouars(1822)"亦应废弃。【分布】巴拉圭,巴拿马,秘鲁,玻利维亚,厄瓜多尔,菲律宾,哥伦比亚,哥斯达黎加,马达加斯加,美国(佛罗里达),尼加拉瓜,斯里兰卡,印度,中国,马斯克林群岛,西印度群岛,热带和非洲南部,中美洲。【模式】Polystachya luteola W. J. Hooker, Nom. illegit. [Epidendrum minutum Aublet]。【参考异名】Cultridendris Thouars;Dendrobianthe (Schltr.) Mytnik (2008);Dendrorchis Thouars (1822)Nom. illegit. (废弃属名);Dendrorkis Thouars(1809)(废弃属名);Disperanthoceros Mytnik et Szlach. (2007);Encyclia Poepp. et Endl. ;Epiphora Lindl. (1837);Fusidendris Thouars;Geerinckia Mytnik et Szlach. (2007);Nienokuea A. Chev. (1920);Polydendris Thouars;Szlachetkoella Mytnik (2007);Unguiculabia Mytnik et Szlach. (2008)■

41583　Polystemma Decne. (1844)【汉】多冠萝藦属。【隶属】萝藦科 Asclepiadaceae。【包含】世界 3 种。【学名诠释与讨论】〈中〉(希)poly-,多数的+stemma,所有格 stemmatos,花冠,花环,王冠。【分布】墨西哥,尼加拉瓜,中美洲。【模式】Polystemma viridiflora Decaisne■☆

41584　Polystemon D. Don (1830) = Belangera Cambess. (1829);~ = Lamanonia Vell. (1829)[火把树科(常绿棱枝树科,角瓣木科,库诺尼科,南蔷薇科,轻木科)Cunoniaceae]●☆

41585　Polystemonanthus Harms(1897)【汉】西非多蕊豆属。【隶属】豆科 Fabaceae(Leguminosae)//云实科(苏木科)Caesalpiniaceae。【包含】世界 1 种。【学名诠释与讨论】〈阳〉(希)poly-,多数的+stemon,雄蕊+anthos,花。【分布】热带非洲西部。【模式】Polystemonanthus dinklagei Harms■☆

41586　Polystepis Thouars =Epidendrum L. (1763)(保留属名);~ = Oeoniella Schltr. (1918)[兰科 Orchidaceae]■☆

41587　Polystigma Meisn. (1839)Nom. illegit. ≡Byronia Endl. (1836);~ ~ =Ilex L. (1753)[冬青科 Aquifoliaceae]●

41588　Polystorthia Blume (1828) Nom. illegit. ≡ Polydontia Blume (1826-1827)[蔷薇科 Rosaceae]●

41589　Polystylus Hasselt ex Hassk. (1855) = Phalaenopsis Blume (1825) [兰科 Orchidaceae]■

41590　Polytaenia DC. (1830)【汉】多带草属。【隶属】伞形花科(伞形科)Apiaceae(Umbelliferae)。【包含】世界 2 种。【学名诠释与讨论】〈阴〉(希)poly-,多数的+tainia,变为拉丁文 taenia,带。taeniatus,有条纹的。taenidium,螺旋丝。此属的学名,ING、TROPICOS 和 IK 记载是"Polytaenia DC., Coll. Mém. v. 53. t. 13 (1829); et Prod. iv. 196 (1830)"。"Pachiloma Rafinesque, New Fl. 4: 33. 1838 (sero)('1836')"是"Polytaenia DC. (1830)"的晚出的同模式异名(Homotypic synonym, Nomenclatural synonym)。"Pleiotaenia J. M. Coulter et J. N. Rose, Contr. U. S. Natl. Herb. 12: 447. 21 Jul 1909"是"Polytaenia DC. (1830)"的多余的替代名称。化石植物的"Polytaenia G. Saporta in G. Saporta et A. F. Marion, Évol. Règne Vég., Phanérog. 2: 119, 239. 1885"和绿藻的"Polytaenia A. J. Brook, Quekett J. Microscopy 38: 7. 1997 ≡ Tortitaenia A. J. Brook 1998"都是晚出的非法名称。【分布】美国,北美洲。【模式】Polytaenia nuttallii A. P. de Candolle。【参考异名】Pachiloma Raf. (1838) Nom. illegit. ;Pachyloma Post et Kuntze (1903) Nom. illegit. ;Phaeosperma Post et Kuntze (1903);

Phaiosperma Raf. (1836);Phanerotaenia St. John (1919);Pleiotaenia J. M. Coult. et Rose(1909)Nom. illegit. , Nom. superfl. ;Polytenia Raf. (1836)■☆

41591　Polytaxis Bunge (1843)【汉】肉木香属。【隶属】菊科 Asteraceae(Compositae)。【包含】世界 2 种。【学名诠释与讨论】〈阴〉(希)poly-,多数的+taxis,排列。此属的学名是"Polytaxis A. Bunge, Delect. Seminum Hortus Bot. Dorpat. 1843: VIII. post 30 Nov 1843"。亦有文献把其处理为"Jurinea Cass. (1821)"的异名。【分布】亚洲中部,中国。【模式】Polytaxis lehmannii A. Bunge [as 'lehmanni']。【参考异名】Jurinea Cass. (1821)■

41592　Polytenia Raf. (1836) = Polytaenia DC. (1830)[伞形花科(伞形科)Apiaceae(Umbelliferae)]■☆

41593　Polytepalum Suess. et Beyerle(1938)【汉】多萼木属。【隶属】石竹科 Caryophyllaceae。【包含】世界 1 种。【学名诠释与讨论】〈中〉(希)poly-,多数的+tepalum,被片。【分布】安哥拉。【模式】Polytepalum angolense Suessenguth et Beyerle●☆

41594　Polythecandra Planch. et Triana(1860) = Clusia L. (1753) [猪胶树科(克鲁西科,山竹子科,藤黄科)Clusiaceae(Guttiferae)]●☆

41595　Polythecanthum Tiegh. (1907) = Ochna L. (1753) [金莲木科 Ochnaceae]●

41596　Polythecium Tiegh. (1902) = Ochna L. (1753) [金莲木科 Ochnaceae]●

41597　Polythrix Nees (1847) = Crossandra Salisb. (1805) [爵床科 Acanthaceae]●

41598　Polythysania Hanst. (1854) = Alloplectus Mart. (1829)(保留属名);~ = Drymonia Mart. (1829) [苦苣苔科 Gesneriaceae]●☆

41599　Polytoca R. Br. (1838)【汉】多裔草属(多裔黍属)。【英】Polytoca。【隶属】禾本科 Poaceae(Gramineae)。【包含】世界 1-9 种,中国 1-2 种。【学名诠释与讨论】〈阴〉(希)poly-,多数的+tokos,裔。【分布】印度至马来西亚,中国。【模式】Polytoca bracteata R. Brown。【参考异名】Cyathorhachis Nees ex Steud. (1854);Cyathorhachis Steud. (1854)■

41600　Polytoma Lour. ex B. A. Gomes (1868) Nom. illegit. = Bletilla Rchb. f. (1853)(保留属名);~ =Bletilla Rchb. f. (1853)(保留属名)+Aerides Lour. (1790) [兰科 Orchidaceae]■

41601　Polytrema C. B. Clarke(1908) = Ptyssiglottis T. Anderson(1860) [爵床科 Acanthaceae]■☆

41602　Polytrias Hack. (1889)【汉】单序草属(三穗草属)。【英】Onespikegrass, Three - spikegrass。【隶属】禾本科 Poaceae(Gramineae)。【包含】世界 1 种,中国 1 种。【学名诠释与讨论】〈阴〉(希)poly-,多数的+trias 每三个一组。指穗轴各节具三小穗。【分布】印度尼西亚(爪哇岛),中国。【模式】Polytrias praemorsa (C. G. D. Nees) Hackel [Pollinia praemorsa C. G. D. Nees]。【参考异名】Aethonopogon Hack. ex Kuntze (1891);Aethonopogon Kuntze(1891)■

41603　Polytropis B. D. Jacks. Nom. illegit. =Polytropis C. Presl(1831) [豆科 Fabaceae(Leguminosae)//蝶形花科 Papilionaceae]●●

41604　Polytropis C. Presl(1831) = Rhynchosia Lour. (1790)(保留属名) [豆科 Fabaceae(Leguminosae)//蝶形花科 Papilionaceae]●■

41605　Polyura Hook. f. (1868)【汉】多尾草属。【隶属】茜草科 Rubiaceae。【包含】世界 1 种,中国 1 种。【学名诠释与讨论】〈阴〉(希)poly-,多数的+-urus, -ura, -uro,用于希腊文组合词,含义为"尾巴"。可能指圆锥花序多分枝。【分布】印度(阿萨姆),中国。【模式】Polyura geminata (Wallich ex G. Don) J. D. Hooker [Ophiorhiza geminata Wallich ex G. Don]■

41606　Polyxena Kunth(1843)【汉】外来风信子属。【隶属】风信子科 Hyacinthaceae。【包含】世界 2-6 种。【学名诠释与讨论】〈阴〉

（希）poly-，多数的+xenos 外乡人，外国人。xenikos，外乡人的，外国的，异乡的，外来的。【分布】非洲南部。【模式】Polyxena pygmaea（Jacquin）Kunth［Polyanthes pygmaea Jacquin］。【参考异名】Manlilia Salisb.（1866）Nom. illegit.；Manlilia Thunb. ex Salisb.（1866）；Polyanthes Hill（1768）；Polyanthes Jacq.（1793）Nom. illegit.■☆

41607 Polyzone Endl.（1839）= Darwinia Rudge（1816）［桃金娘科 Myrtaceae］●☆

41608 Polyzygus Dalzell（1850）【汉】多轭草属。【隶属】伞形花科（伞形科）Apiaceae（Umbelliferae）。【包含】世界 1 种。【学名诠释与讨论】〈阳〉（希）poly-，多数的+zygos，成对，连结，轭。【分布】印度（南部）。【模式】Polyzygus tuberosus Walpers☆

41609 Pomaceae Gray = Rosaceae Juss.（1789）（保留科名）●■

41610 Pomaderris Labill.（1805）【汉】安匾木属。【英】Anzacwood。【隶属】鼠李科 Rhamnaceae。【包含】世界 40-55 种。【学名诠释与讨论】〈阴〉（希）poma，所有格 pomatos，盖子，罩子+derris，毛皮，壳，毛布，革制的外罩。【分布】澳大利亚，新西兰。【后选模式】Pomaderris elliptica Labillardière。【参考异名】Ledelia Raf.（1838）；Pomatiderris Roem. et Schult.（1819）；Pomatoderris Roem. et Schult.（1819）Nom. illegit.；Pomatoderris Schult.（1819）●☆

41611 Pomangium Reinw.（1828）= Argostemma Wall.（1824）［茜草科 Rubiaceae］■

41612 Pomaria Cav.（1799）= Caesalpinia L.（1753）［豆科 Fabaceae（Leguminosae）//云实科（苏木科）Caesalpiniaceae］●

41613 Pomasterion Miq.（1865-1866）= Actinostemma Griff.（1845）［葫芦科（瓜科，南瓜科）Cucurbitaceae］■

41614 Pomasterium Miq.（1865-1866）Nom. illegit. ≡ Pomasterion Miq.（1865-1866）；~ = Actinostemma Griff.（1845）［葫芦科（瓜科，南瓜科）Cucurbitaceae］■

41615 Pomatiderris Roem. et Schult.（1819）Nom. illegit. ≡ Pomatoderris Schult.（1819）；~ = Pomaderris Labill.（1805）［鼠李科 Rhamnaceae］●☆

41616 Pomatium C. F. Gaertn.（1807）= Bertiera Aubl.（1775）［茜草科 Rubiaceae］■☆

41617 Pomatium Nees et Mart. ex Lindl. = Ocotea Aubl.（1775）［樟科 Lauraceae］●☆

41618 Pomatium Nees ex Meisn.（1866）Nom. illegit. =? Ocotea Aubl.（1775）［樟科 Lauraceae］●☆

41619 Pomatocalpa Breda（1829）【汉】鹿角兰属（绣球兰属）。【英】Antlerorchis，Pomatocalpa。【隶属】兰科 Orchidaceae。【包含】世界 30-35 种，中国 2 种。【学名诠释与讨论】〈阴〉（希）pomax，所有格 pomatos，盖子+kalpis，瓮。指球形距的中部或底部具一延伸至距口的褶片。此属的学名，ING、TROPICOS 和记载是"Genera et Species Orchidearum et Asclepiadearum［29］:，t.［15］. 1829.（15 Aug 1829）（Gen. Sp. Orchid. Asclep.）（IK 记载为"1827"）"。APNI 则记载为"Pomatocalpa Breda，Kuhlew. et Hasselt，Genera et Species Orchidacearum 1829"。【分布】澳大利亚，印度至马来西亚，中国，萨摩亚群岛，所罗门群岛。【模式】Pomatocalpa spicatum Breda。【参考异名】Pomatocalpa Breda，Kuhl et Hasselt（1829）Nom. illegit.■

41620 Pomatocalpa Breda，Kuhl et Hasselt（1829）Nom. illegit. = Pomatocalpa Breda（1829）［兰科 Orchidaceae］■

41621 Pomatoderris Roem. et Schult.（1819）Nom. illegit. ≡ Pomatoderris Schult.（1819）；~ = Pomaderris Labill.（1805）［鼠李科 Rhamnaceae］●☆

41622 Pomatoderris Schult.（1819）= Pomaderris Labill.（1805）［鼠李科 Rhamnaceae］●☆

41623 Pomatosace Maxim.（1881）【汉】羽叶点地梅属。【英】Pomatosace。【隶属】报春花科 Primulaceae。【包含】世界 1 种，中国 1 种。【学名诠释与讨论】〈阴〉（希）pomax，所有格 pomatos，盖子+sakos，盾。指蒴果盖裂。【分布】中国。【模式】Pomatosace filicula Maximowicz ■★

41624 Pomatostoma Stapf（1895）= Anerincleistus Korth.（1844）［野牡丹科 Melastomataceae］●☆

41625 Pomatotheca F. Muell.（1876）= Trianthema L.（1753）［番杏科 Aizoaceae］■

41626 Pomax Sol. ex DC.（1830）【汉】东亚茜属。【隶属】茜草科 Rubiaceae。【包含】世界 1 种。【学名诠释与讨论】〈阳〉（希）pomax，所有格 pomatos，盖子+axon，轴。此属的学名，ING、APNI、TROPICOS 和 IK 记载是"Pomax Sol. ex DC.，Prodr.［A. P. de Candolle］4：615. 1830［late Sep 1830］"。IK 还记载了"Pomax Sol. ex Gaertn.，Fruct. Sem. Pl. i. 112. t. 24（1788）"；它是晚出的非法名称。【分布】澳大利亚（东部）。【模式】未指定●☆

41627 Pomax Sol. ex Gaertn.（1788）Nom. illegit.［茜草科 Rubiaceae］☆

41628 Pomazota Ridl.（1893）= Coptophyllum Korth.（1851）（保留属名）［茜草科 Rubiaceae］■☆

41629 Pombalia Vand.（1771）= Hybanthus Jacq.（1760）（保留属名）［堇菜科 Violaceae］●■

41630 Pomelia Durando ex Pomel（1860）= Daucus L.（1753）［伞形花科（伞形科）Apiaceae（Umbelliferae）］■

41631 Pomelina（Maire）Güemes et Raynaud（1992）= Fumana（Dunal）Spach（1836）［半日花科（岩蔷薇科）Cistaceae］●☆

41632 Pomereula Dombey ex DC.（1828）Nom. inval. = Miconia Ruiz et Pav.（1794）（保留属名）［野牡丹科 Melastomataceae//米氏野牡丹科 Miconiaceae］●☆

41633 Pometia J. R. Forst. et G. Forst.（1776）【汉】番龙眼属。【日】シマリュウガン属。【英】Pometia。【隶属】无患子科 Sapindaceae。【包含】世界 1-8 种，中国 1-2 种。【学名诠释与讨论】〈阴〉（人）Pierre Pomet, 1658-1699, 法国植物学者，药剂师，商人。此属的学名，ING、GCI 和 IK 记载是"Pometia J. R. Forster et J. G. A. Forster, Charact. Gen. 55. 29 Nov 1775"。"Pometia Vell.，Fl. Flumin. 80. 1829［1825 publ. 7 Sep-28 Nov 1829］≡ Neopometia Aubrév.（1961）= Pradosia Liais（1872）［山榄科 Sapotaceae］"是晚出的非法名称。"Dabanus O. Kuntze，Rev. Gen. 1:143. 5 Nov 1891"是"Pometia J. R. Forst. et G. Forst.（1776）"的晚出的同模式异名（Homotypic synonym，Nomenclatural synonym）。"Neopometia Aubrév.（1961）"是"Pometia Vell.（1829）Nom. illegit."的替代名称。【分布】印度至马来西亚，中国。【模式】Pometia lackneri Wittmack。【参考异名】Cnesmocarpus Zipp. ex Blume（1849）；Dabanus Kuntze（1891）Nom. illegit.；Diplocardia Zipp. ex Blume（1849）；Eccremanthus Thwaites（1855）；Irina Noronha ex Blume（1825）Nom. illegit.，Nom. nud.；Irina Noronha（1790）Nom. inval.，Nom. nud.；Prostea Cambess.（1829）●

41634 Pometia Vell.（1829）Nom. illegit. ≡ Neopometia Aubrév.（1961）；~ = Pradosia Liais（1872）［山榄科 Sapotaceae］●☆

41635 Pometia Willd.，Nom. illegit. = Allophylus L.（1753）［无患子科 Sapindaceae］●

41636 Pommereschea Wittm.（1895）【汉】直唇姜属。【英】Pommereschea。【隶属】姜科（襄荷科）Zingiberaceae。【包含】世界 2 种，中国 2 种。【学名诠释与讨论】〈阴〉（人）Pommer-Esche, 18 世纪普鲁士园艺家。此属的学名，ING、GCI 和 IK 记载是"Pommereschea Wittm.，Gartenflora 44：131. 1895［post 31 Jan 1895］"。【分布】缅甸，中国。【模式】Pommereschea lackneri Wittmack。【参考异名】Croftia King et Prain（1896）■

41637　Pommereschia T. Durand et Jacks. = Pommereulla L. f. (1779) [禾本科 Poaceae(Gramineae)]■☆

41638　Pommereulla L. f. (1779)【汉】单生偏穗草属。【隶属】禾本科 Poaceae(Gramineae)。【包含】世界1种。【学名诠释与讨论】〈阴〉(人)Pommer+拉丁文-ullus,-ulla,-ullum,指示小的词尾,来自-ulus,指小式。【分布】斯里兰卡,印度(南部)。【模式】Pommereulla cornucopiae Linnaeus f.。【参考异名】Pommereschia T. Durand et Jacks. ■☆

41639　Pommereullia Post et Kuntze(1903)Nom. illegit. = Miconia Ruiz et Pav. (1794)(保留属名);~ = Pomereula Dombey ex DC. (1828) Nom. inval. [野牡丹科 Melastomataceae//米氏野牡丹科 Miconiaceae]●☆

41640　Pommereullia Willd. (1797) Nom. illegit. [禾本科 Poaceae(Gramineae)]■☆

41641　Pompadoura Buc'hoz ex DC. (1828) = Calycanthus L. (1759)(保留属名) [蜡梅科 Calycanthaceae]●

41642　Pomphidea Miers (1878) = Ravenia Vell. (1829) [芸香科 Rutaceae]●☆

41643　Pompila Noronha (1790) = Sterculia L. (1753) [梧桐科 Sterculiaceae//锦葵科 Malvaceae]●

41644　Ponaea Bubani(1899)Nom. illegit. ≡ Carpesium L. (1753) [菊科 Asteraceae(Compositae)]■

41645　Ponaea Schreb. (1789) Nom. illegit. ≡ Toulicia Aubl. (1775) [无患子科 Sapindaceae]●☆

41646　Ponapea Becc. (1924)【汉】波纳佩椰属(庞那皮椰属)。【隶属】棕榈科 Arecaceae(Palmae)。【包含】世界4种。【学名诠释与讨论】〈阴〉(地)Ponape,波纳佩,位于加罗林群岛。此属的学名是"Ponapea Beccari,Bot. Jahrb. Syst. 59:13. 15 Jan 1924"。亦有文献把其处理为"Ptychosperma Labill. (1809)"的异名。【分布】加罗林群岛。【模式】Ponapea ledermanniana Beccari。【参考异名】Ptychosperma Labill. (1809)●☆

41647　Ponaria Raf. (1830) = Veronica L. (1753) [玄参科 Scrophulariaceae//婆婆纳科 Veronicaceae]■☆

41648　Ponceletia R. Br. (1810) = Sprengelia Sm. (1794) [尖苞木科 Epacridaceae]●☆

41649　Ponceletia Thouars (1811) Nom. illegit. = Psammophila Schult. (1822);~ = Spartina Schreb. ex J. F. Gmel. (1789) [禾本科 Poaceae(Gramineae)//米草科 Spartinaceae]■

41650　Poncirus Raf. (1838)【汉】枳属(枸橘属)。【日】カラタチ属。【俄】Понцирус。【英】Poncirus, Stockorange, Trifoliate Orange, Trifoliate-orange。【隶属】芸香科 Rutaceae。【包含】世界2种,中国2种。【学名诠释与讨论】〈阴〉(法)poncire,一种香橼植物的俗名。此属的学名,ING、TROPICOS 和 IK 记载是"Poncirus Rafinesque,Sylva Tell. 143. Oct-Dec 1838"。"Pseudaegle Miquel, Ann. Mus. Bot. Lugduno - Batavi 2:83. 1865"是"Poncirus Raf. (1838)"的晚出的同模式异名(Homotypic synonym, Nomenclatural synonym)。【分布】巴基斯坦,美国(密苏里),中国,中美洲。【模式】Poncirus trifoliata (Linnaeus) Rafinesque [Citrus trifoliata Linnaeus]。【参考异名】Pseudaegle Miq. (1865)Nom. illegit. ●

41651　Ponera Lindl. (1831)【汉】波纳兰属(波内兰属)。【隶属】兰科 Orchidaceae。【包含】世界8-11种。【学名诠释与讨论】〈阴〉(希)poneros,可怜的,贫乏的,无价值的,低劣的。指小花。【分布】巴拿马,秘鲁,玻利维亚,厄瓜多尔,哥斯达黎加,墨西哥,尼加拉瓜,中美洲。【模式】Ponera juncifolia Lindley。【参考异名】Nemaconia Knowles et Westc. (1838);Pseudoponera Brieger(1976)Nom. inval. ■☆

41652　Ponerorchis Rchb. f. (1852)【汉】小红门兰属(少花兰属,小蝶

兰属)。【日】ポネロルキス属。【隶属】兰科 Orchidaceae。【包含】世界20种,中国4-13种。【学名诠释与讨论】〈阴〉(属)Ponera 波内兰属+orchis,原义是睾丸,后变为植物兰的名称,因为根的形态而得名。变为拉丁文 orchis,所有格 orchidis。指本属形态与 Ponera 属相似。或希腊文 poneros,可怜的,贫乏的,无价值的,低劣的 + orchis。此属的学名是"Ponerorchis H. G. Reichenbach,Linnaea 25:227. Dec 1852"。亦有文献把其处理为"Gymnadenia R. Br. (1813)"或"Habenaria Willd. (1805)"或"Orchis L. (1753)"的异名。【分布】朝鲜,日本,中国,喜马拉雅山。【模式】Ponerorchis graminifolia H. G. Reichenbach。【参考异名】Chusua Nevski;Gymnadenia R. Br. (1813);Habenaria Willd. (1805);Orchis L. (1753)■

41653　Pongam Adans. (1763)Nom. illegit. (废弃属名) ≡ Pongamia Adans. (1763)(保留属名) [as 'Pongam'] [豆科 Fabaceae(Leguminosae)//蝶形花科 Papilionaceae]●

41654　Pongamia Adans. (1763)(保留属名) [as 'Pongam']【汉】水黄皮属。【日】クロヨナ属。【英】Pongamia, Waterwampee。【隶属】豆科 Fabaceae(Leguminosae)//蝶形花科 Papilionaceae。【包含】世界1种,中国1种。【学名诠释与讨论】〈阴〉(马来)pongam,一种植物俗名。另说来自印度马拉巴尔语 pongaml 一种水黄皮属植物的俗名。此属的学名"Pongamia Adans. ,Fam. Pl. 2:322,593. Jul-Aug 1763('Pongam') (orth. cons.)"是保留属名。法规未列出相应的废弃属名。豆科 Fabaceae 的"Pongamia Vent. ,Jardin de la Malmaison 1803 =Pongamia Adans. (1763)(保留属名)= Millettia Wight et Arn. (1834)(保留属名)"是晚出的非法名称;应该废弃。"Pongam Adanson, Fam. 2:322,593. Jul-Aug 1763"是"Pongamia Adans. (1763)(保留属名)"的拼写变体,也应该废弃。【分布】印度至马来西亚,中国。【模式】Pongamia pinnata (Linnaeus) Pierre [Cytisus pinnatus Linnaeus]。【参考异名】Caju Kuntze;Cajum Kuntze (1891) Nom. illegit. ;Galedupa Lam. (1788);Pongam Adans. (1763) Nom. illegit. (废弃属名);Pongamia Vent. (1803)Nom. illegit. (废弃属名);Pungamia Lam. (1792)(废弃属名)●

41655　Pongamia Vent. (1803) Nom. illegit. (废弃属名) = Millettia Wight et Arn. (1834)(保留属名);~ = Pongamia Adans. (1763)(保留属名) [as 'Pongam'] [豆科 Fabaceae(Leguminosae)//蝶形花科 Papilionaceae]●

41656　Pongamiopsis R. Vig. (1950)【汉】类水黄皮属。【隶属】豆科 Fabaceae(Leguminosae)。【包含】世界3种。【学名诠释与讨论】〈阴〉(属)Pongamia 水黄皮属+希腊文 opsis,外观,模样,相似。【分布】马达加斯加。【后选模式】Pongamiopsis amygdalina (Baillon) R. Viguier [Millettia amygdalina Baillon]●☆

41657　Pongati Adans. (1756) = Sphenoclea Gaertn. (1788)(保留属名) [桔梗科 Campanulaceae//密穗桔梗科 Campanulaceae//楔瓣花科(尖瓣花科,蜜穗桔梗科)Sphenocleaceae]■

41658　Pongatiaceae Endl. =Sphenocleaceae T. Baskerv. (保留科名)■

41659　Pongatiaceae Endl. ex Meisn. = Sphenocleaceae T. Baskerv. (保留科名)■

41660　Pongatium Adans. (1763) = Pongati Adans. (1756);~ = Sphenoclea Gaertn. (1788)(保留属名) [桔梗科 Campanulaceae//密穗桔梗科 Campanulaceae//楔瓣花科(尖瓣花科,蜜穗桔梗科)Sphenocleaceae]■

41661　Pongatium Juss. (1789) Nom. illegit. ≡ Sphenoclea Gaertn. (1788)(保留属名) [桔梗科 Campanulaceae//密穗桔梗科 Campanulaceae//楔瓣花科 (尖瓣花科,蜜穗桔梗科) Sphenocleaceae]■

41662　Pongelia Raf. (1838)(废弃属名) ≡ Dolichandrone (Fenzl)

Seem. (1862)(保留属名)[紫葳科 Bignoniaceae]●

41663 Pongelion Adans. (1763)(废弃属名)= Ailanthus Desf. (1788)(保留属名)[苦木科 Simaroubaceae//臭椿科 Ailanthaceae]●

41664 Pongelium Scop. (1777) Nom. illegit. = Pongelion Adans. (1763)(废弃属名);~= Ailanthus Desf. (1788)(保留属名)[苦木科 Simaroubaceae//臭椿科 Ailanthaceae]●

41665 Pongonia Grant (1895) = Pogonia Juss. (1789)[兰科 Orchidaceae]■

41666 Pongonia Griff. ex Grant (1895) = Pogonia Juss. (1789)[兰科 Orchidaceae]■

41667 Ponista Raf. (1837) = Saxifraga L. (1753)[虎耳草科 Saxifragaceae]■

41668 Ponna Boehm. (1760) = Calophyllum L. (1753)[猪胶树科(克鲁西科,山竹子科,藤黄科) Clusiaceae (Guttiferae)//红厚壳科 Calophyllaceae]●

41669 Pontaletsje Adans. (1763) = Hedyotis L. (1753)(保留属名);~= Poutaletsje Adans. (1763) Nom. illegit. [茜草科 Rubiaceae]●■

41670 Pontania Lem. (1844) = Brachysema R. Br. (1811)[豆科 Fabaceae (Leguminosae)]●☆

41671 Pontechium U. -R. Böhle et Hilger (2000)【汉】法国蓝蓟属。【隶属】紫草科 Boraginaceae。【包含】世界1种。【学名诠释与讨论】〈中〉(拉) ponto,小舟,平底轻舟+(属) Echium 蓝蓟属。【分布】法国。【模式】Pontechium maculatum (L.) U. -R. Böhle et Hilger var. acutifolium (Lehm.) U. -R. Böhle et Hilger■☆

41672 Pontederas Hoffmanns. (1824) = Pontederia L. (1753)[雨久花科 Pontederiaceae]■☆

41673 Pontederia L. (1753)【汉】海寿花属(海寿属,美雨久属,梭鱼草属)。【俄】Понцирус。【英】Pickerel Weed, Pickerelweed, Pickerel-weed。【隶属】雨久花科 Pontederiaceae。【包含】世界5-6种。【学名诠释与讨论】〈阴〉(人) Giulio Pontedera, 1688-1757,意大利植物学者,医生,教授。此属的学名,ING、TROPICOS 和 IK 记载是"Pontederia L., Sp. Pl. 1: 288. 1753 [1 May 1753]"。"Narukila Adanson, Fam. 2: 54, 581. Jul-Aug 1763"和"Unisema Rafinesque, Med. Repos. 5: 352. 1808 (post Apr) ('Umsema'); corr. Rafinesque, Med. Fl. 2: 105. 1830"是"Pontederia L. (1753)"的晚出的同模式异名(Homotypic synonym, Nomenclatural synonym)。"Umsema Raf. (1808)"是"Unisema Raf. (1808) Nom. illegit."的拼写变体。【分布】巴基斯坦,巴拿马,秘鲁,玻利维亚,厄瓜多尔,哥斯达黎加,美国(密苏里),尼加拉瓜,中美洲。【后选模式】Pontederia cordata Linnaeus。【参考异名】Hirschtia K. Schum. ex Schwartz (1927); Michelia Adans. (1763) Nom. illegit.; Narukila Adans. (1763) Nom. illegit.; Pontederas Hoffmanns. (1824); Reussia Endl. (1836)(保留属名); Umsema Raf. (1808) Nom. illegit.; Unisema Raf. (1808) Nom. illegit. ■☆

41674 Pontederiaceae Kunth (1816)(保留科名)【汉】雨久花科。【日】ミズアオイ科,ミヅアフヒ科。【俄】Понтедериевые, Понтедерия。【英】Pickerelweed Family, Pickerel-weed Family。【包含】世界6-9属32-40种,中国2属5种。【分布】热带、亚热带和温带温暖地区。【科名模式】Pontederia L. (1753)■

41675 Ponthieva R. Br. (1813)【汉】蓬氏兰属。【日】ポンチエバ属。【隶属】兰科 Orchidaceae。【包含】世界25-60种。【学名诠释与讨论】〈阴〉(人) Henri de Ponthieu,西印度巨商,他曾在1778年资助 Joseph Banks 采集植物标本。【分布】阿根廷,巴拉圭,巴拿马,秘鲁,玻利维亚,厄瓜多尔,哥伦比亚(安蒂奥基亚),哥斯达黎加,美国东南部,尼加拉瓜,西印度群岛,中美洲。【模式】Ponthieva glandulosa (Sims) R. Brown [Neottia glandulosa Sims]。【参考异名】Calorchis Barb. Rodr. (1877); Nerissa Raf. (1837) Nom. illegit.; Schoenleinia Klotzsch ex Lindl. (1847) Nom. illegit. ■☆

41676 Pontia Bubani (1873) Nom. illegit., Nom. superfl. ≡ Pyrethrum Zinn (1757) [as 'Pyrethum'];~= Chrysanthemum L. (1753)(保留属名)[菊科 Asteraceae (Compositae)]■●

41677 Pontinia Fries (1843) Nom. illegit. ≡ Eudianthe (Rchb.) Rchb. (1841);~= Silene L. (1753)(保留属名)[石竹科 Caryophyllaceae]■

41678 Pontopidana Scop. (1777) Nom. illegit. ≡ Couroupita Aubl. (1775)[玉蕊科(巴西果科) Lecythidaceae]●☆

41679 Pontoppidana Steud. (1841) = Pontopidana Scop. (1777) Nom. illegit.;~= Couroupita Aubl. (1775)[玉蕊科(巴西果科) Lecythidaceae]●☆

41680 Pontya A. Chev. (1909) = Bosqueia Thouars ex Baill. (1863);~= Trilepisium Thouars (1806)[桑科 Moraceae]●☆

41681 Poortmannia Drake (1892) = Trianaea Planch. et Linden (1853)[茄科 Solanaceae]●☆

41682 Pootia Dennst. (1818) = Canscora Lam. (1785)[龙胆科 Gentianaceae]■

41683 Pootia Miq. (1857) = Voacanga Thouars (1806)[夹竹桃科 Apocynaceae]●

41684 Poponax Raf. (1838) = Acacia Mill. (1754)(保留属名)[豆科 Fabaceae (Leguminosae)//含羞草科 Mimosaceae//金合欢科 Acaciaceae]●■

41685 Popoviocodonia Fed. (1957)【汉】波氏桔梗属。【俄】поповиокодония。【隶属】桔梗科 Campanulaceae。【包含】世界2种。【学名诠释与讨论】〈阴〉(人) Mikhail Griegorievic Popov, 1893-1955,俄罗斯植物学者,探险家+kodon,指小式 kodonion,钟,铃。此属的学名是"Popoviocodonia An. A. Fedorov in B. K. Schischkin et E. G. Bobrov, Fl. URSS 24: 470. 1957 (post 9 Feb)"。亦有文献把其处理为"Campanula L. (1753)"的异名。【分布】东西伯利亚,库页岛。【模式】Popoviocodonia uyemurae (Kudo) An. A. Fedorov [Adenophora uyemurae Kudo]。【参考异名】Campanula L. (1753)■☆

41686 Popoviolimon Lincz. (1971)【汉】简枝补血草属。【隶属】白花丹科(矶松科,蓝雪科) Plumbaginaceae。【包含】世界1种。【学名诠释与讨论】〈中〉(人) Mikhail Griegorievic Popov, 1893-1955,俄罗斯植物学者,探险家+leimon 草地。【分布】亚洲中部。【模式】Popoviolimon turcomanicum (M. G. Popov ex I. A. Linczevski) I. A. Linczevski [Cephalorhizum turcomanicum M. G. Popov ex I. A. Linczevski]■☆

41687 Popowia Endl. (1839)【汉】嘉陵花属。【英】Popowia。【隶属】番荔枝科 Annonaceae。【包含】世界30-100种,中国1种。【学名诠释与讨论】〈阴〉(人) Johannes Siegmund Popowitsch, 1705-1774,维也纳植物学教授。【分布】马达加斯加,热带亚洲至热带澳大利亚,中国。【模式】Popowia pisocarpa (Blume) Endlicher ex Walpers●

41688 Poppia Cam ex Vilm. (1870) = Luffa Mill. (1754);~= Poppya Neck. ex M. Roem. (1846)[葫芦科(瓜科,南瓜科) Cucurbitaceae]■

41689 Poppia hort. ex Carrière (1870) Nom. illegit. ≡ Poppia Cam ex Vilm. (1870)[葫芦科(瓜科,南瓜科) Cucurbitaceae]■

41690 Poppigia Hook. et Arn. (1832) = Poeppigia Bertero ex Férussac (1830) Nom. inval.;~= Rhaphithamnus Miers (1870)[马鞭草科 Verbenaceae]●☆

41691 Poppya Neck. (1790) Nom. inval. ≡ Poppya Neck. ex M. Roem. (1846);~= Luffa Mill. (1754)[葫芦科(瓜科,南瓜科)

Cucurbitaceae]■

41692　Poppya Neck. ex M. Roem.（1846）= Luffa Mill.（1754）［葫芦科（瓜科,南瓜科）Cucurbitaceae］■

41693　Populago Mill.（1754）Nom. illegit. ≡ Caltha L.（1753）［毛茛科Ranunculaceae］

41694　Populina Baill.（1891）【汉】杨爵床属。【隶属】爵床科Acanthaceae。【包含】世界2种。【学名诠释与讨论】〈阴〉（拉）populus,白杨树的古名,原义为人民,多数。指叶很多又不断摇动,或指古罗马多栽植于公共场所,被称为民众之树+-inus,-ina,-inum拉丁文加在名词词干之后,以形成形容词的词尾,含义为"属于、相似、关于、小的"。【分布】马达加斯加。【模式】Populina richardii H. Baillon［as 'richardi'］☆

41695　Populus L.（1753）【汉】杨属。【日】ハコヤナギ属,ヤマナラシ属。【俄】Тополь,Туранга。【英】Aspen, Cotton Wood, Cottonwood, Poplar。【隶属】杨柳科Salicaceae。【包含】世界35-100种,中国71-85种。【学名诠释与讨论】〈阴〉（拉）populus,白杨树的古名,原义为人民,多数。指叶很多又不断摇动,或指古罗马多栽植于公共场所,被称为民众之树。【分布】巴基斯坦,巴勒斯坦,秘鲁,玻利维亚,厄瓜多尔,哥伦比亚（安蒂奥基亚）,美国（密苏里）,中国,北温带,中美洲。【后选模式】Populus alba Linnaeus。【参考异名】Aigeiros Lunell（1916）；Aigiros Raf.（1838）；Balsamifiua Griff.（1854）；Leuce Opiz（1852）；Monilistus Raf.（1838）；Octima Raf.（1838）；Tacamahaca Mill.（1758）；Tremula Dumort.（1826）；Tsavo Jarm.（1949）；Turanga（Bunge）Kimura（1938）●

41696　Porana Burm. f.（1768）【汉】翼萼藤属（飞蛾藤属）。【隶属】旋花科Convolvulaceae//翼萼藤科Poranaceae。【包含】世界3-20种。【学名诠释与讨论】〈阴〉（西印度）porana,一种植物俗名。【分布】澳大利亚,东南亚和印度至马来西亚,非洲。【模式】Porana volubilis N. L. Burman。【参考异名】Dinetopsis Roberty（1953）；Dinetus Buch. - Ham. ex D. Don；Duperreya Gaudich.（1829）；Poranopsis Roberty（1952）；Tridynamia Gagnep.（1950）●■☆

41697　Poranaceae J. Agardh（1858）［亦见Convolvulaceae Juss.（保留科名）旋花科］【汉】翼萼藤科。【包含】世界1属3-20种。【分布】澳大利亚,非洲,东南亚和印度-马来西亚。【科名模式】Porana Burm. f.●■

41698　Porandra D. Y. Hong（1974）【汉】孔药花属（孔药藤花属）。【英】Porandra。【隶属】鸭跖草科Commelinaceae。【包含】世界3种,中国3种。【学名诠释与讨论】〈阴〉（拉）porus,孔+aner,所有格andros,雄性,雄蕊。指花药顶孔开裂。此属的学名是"Porandra D. Y. Hong, Acta Phytotax. Sin. 12：462. Oct 1974"。亦有文献把其处理为"Amischotolype Hassk.（1863）"的异名。【分布】中国。【模式】Porandra ramosa D. Y. Hong。【参考异名】Amischotolype Hassk.（1863）■

41699　Poranopsis Roberty（1953）【汉】白花叶属。【隶属】旋花科Convolvulaceae//翼萼藤科Poranaceae。【包含】世界3种,中国3种。【学名诠释与讨论】〈阴〉（属）Porana翼萼藤属（飞蛾藤属）+希腊文opsis,外观,模样。此属的学名是"Poranopsis Roberty, Candollea 14：26. post 30 Sep 1953（'Oct 1952'）"。亦有文献把其处理为"Porana Burm. f.（1768）"的异名。【分布】巴基斯坦,印度（东北部）,中国。【后选模式】Poranopsis paniculata（Roxburgh）Roberty［Porana paniculata Roxburgh］。【参考异名】Porana Burm. f.（1768）●

41700　Poranthera Raf.（1830）Nom. illegit. = Sorghastrum Nash（1901）［禾本科Poaceae（Gramineae）］■☆

41701　Poranthera Rudge（1811）【汉】孔药大戟属。【隶属】大戟科Euphorbiaceae//孔药大戟科Porantheraceae。【包含】世界10种。【学名诠释与讨论】〈阴〉（希）porus,孔+anthera,花药。此属的学名,ING、TROPICOS、APNI和IK记载为"Poranthera Rudge, Trans. Linn. Soc. London 10（2）：302, t. 22. 1811"。"Poranthera Rafinesque, Bull. Bot., Geneva 1：221. Aug 1830（non Rudge 1811）= Sorghastrum Nash（1901）［禾本科Poaceae（Gramineae）］"是晚出的非法名称。【分布】澳大利亚。【模式】Poranthera ericifolia Rudge■☆

41702　Porantheraceae（Pax）Hurus. = Euphorbiaceae Juss.（保留科名）；~ = Phyllanthaceae J. Agardh●■

41703　Porantheraceae Hurus.（1954）［亦见Euphorbiaceae Juss.（保留科名）大戟科和Phyllanthaceae J. Agardh叶下珠科（叶萝藦科）］【汉】孔药大戟科。【包含】1属世界10种。【分布】澳大利亚。【科名模式】Poranthera Rudge■

41704　Poraqueiba Aubl.（1775）【汉】巴拿马茶萸属。【隶属】茶萸科Icacinaceae。【包含】世界3种。【学名诠释与讨论】〈阴〉词源不详。此属的学名,ING、TROPICOS和IK记载为"Poraqueiba Aubl., Hist. Pl. Guiane 1：123, t. 47. 1775［Jun - Dec 1775］"。"Barreria Scopoli, Introd. 182. Jan-Apr 1777（non Linnaeus 1753）"和"Meisteria Scopoli ex J. F. Gmelin, Syst. Nat. 2：297, 391. Sep（sero）- Nov 1791（non Scopoli 1777）"是"Poraqueiba Aubl.（1775）"的晚出的同模式异名（Homotypic synonym, Nomenclatural synonym）。【分布】巴拿马,秘鲁,热带南美洲,中美洲。【模式】Poraqueiba guianensis Aublet。【参考异名】Bareria Juss.（1806）；Barreria Scop.（1777）Nom. illegit.；Barreria Willd.（1798）Nom. illegit.；Meistera Cothen.（1790）；Meistera Gmel.（1791）Nom. illegit.；Meisteria Scop.（1777）Nom. inval.；Meisteria Scop. ex J. F. Gmelin（1791）Nom. illegit.；Paraqueiba Scop.●☆

41705　Poraresia Gleason（1931）= Pogonophora Miers ex Benth.（1854）［大戟科Euphorbiaceae］■☆

41706　Porcelia Pers., Nom. illegit. = Asimina Adans.（1763）［番荔枝科Annonaceae］●☆

41707　Porcelia Ruiz et Pav.（1794）【汉】泡泽木属。【隶属】番荔枝科Annonaceae。【包含】世界5-7种。【学名诠释与讨论】〈阴〉（人）Antonio Porcel,他是Ruiz和Pavon的朋友。此属的学名,ING、TROPICOS和IK记载为"Porcelia Ruiz et Pav., Fl. Peruv. Prodr. 84, t. 16. 1794［early Oct 1794］"。"Porcelia Pers. = Asimina Adans.（1763）［番荔枝科Annonaceae］"是一个非法名称。【分布】巴拿马,秘鲁,玻利维亚,厄瓜多尔,热带南美洲,中美洲。【模式】Porcelia nitidifolia Ruiz et Pavon●☆

41708　Porcellites Cass.（1822）Nom. illegit. ≡ Hypochaeris L.（1753）［菊科Asteraceae（Compositae）］■

41709　Porfiria Boed.（1926）= Mammillaria Haw.（1812）（保留属名）［仙人掌科Cactaceae］●

41710　Porfuris Raf.（1840）= Nemesia Vent.（1804）［玄参科Scrophulariaceae］■●☆

41711　Porliera Pers.（1805）= Porlieria Ruiz et Pav.（1794）［蒺藜科Zygophyllaceae］●☆

41712　Porlieria Ruiz et Pav.（1794）【汉】长小叶蒺藜属。【隶属】蒺藜科Zygophyllaceae。【包含】世界6种。【学名诠释与讨论】〈阴〉（人）Don Antonio（Anton）Porlier de Baxamar,西班牙外交官,植物学资助人。此属的学名,ING、TROPICOS和IK记载是"Porlieria Ruiz et Pav., Fl. Peruv. Prodr. 55, t. 9. 1794［early Oct 1794］"。"Porliera Pers., Syn. Pl.［Persoon］1：445. 1805"是其变体。【分布】秘鲁,玻利维亚,墨西哥,安第斯山。【模式】Porlieria hygrometra Ruiz et Pavon。【参考异名】Guaiacum L.（1753）（保留属名）；Porliera Pers.（1805）●☆

41713　Porocarpus Gaertn.（1791）（废弃属名）= Timonius DC.（1830）

（保留属名）［茜草科 Rubiaceae］●

41714　Porochna Tiegh.（1902）= Ochna L.（1753）［金莲木科 Ochnaceae］●

41715　Porocystis Radlk.（1878）【汉】孔囊无患子属。【隶属】无患子科 Sapindaceae。【包含】世界 2 种。【学名诠释与讨论】〈阴〉（希）porus，孔 + kystis，囊。【分布】热带南美洲。【模式】Porocystis toulicioides Radlkofer ●☆

41716　Porodittia G. Don ex Kraenzlin（1907）Nom. illegit. ≡ Stemotria Wettst. et Harms（1899）；~ ≡ Trianthera Wettst.（1891）Nom. illegit.［玄参科 Scrophulariaceae//荷包花科，蒲包花科 Calceolariaceae］●☆

41717　Porodittia G. Don（1838）Nom. inval. ≡ Porodittia G. Don ex Kraenzlin（1907）Nom. illegit.；~ ≡ Stemotria Wettst. et Harms（1899）；~ ≡ Trianthera Wettst.（1891）Nom. illegit.［玄参科 Scrophulariaceae//荷包花科，蒲包花科 Calceolariaceae］●☆

41718　Porolabium Ts. Tang et F. T. Wang（1940）【汉】孔唇兰属。【英】Porolabium。【隶属】兰科 Orchidaceae。【包含】世界 1 种，中国 1 种。【学名诠释与讨论】〈中〉（希）porus，孔 + labium，唇。指唇瓣具孔。【分布】中国。【模式】Porolabium biporosum（Maximowicz）T. Tang et F. T. Wang［Herminium biporosum Maximowicz］■★

41719　Porophyllum Adans.（1763）Nom. illegit. = Porophyllum Guett.（1754）［菊科 Asteraceae（Compositae）］■●☆

41720　Porophyllum Guett.（1754）【汉】孔叶菊属（点叶菊属）。【英】Poreleaf。【隶属】菊科 Asteraceae（Compositae）。【包含】世界 28-50 种。【学名诠释与讨论】〈中〉（希）porus，孔 + phyllon，叶子。指叶片具腺齿。此属的学名，ING、TROPICOS 和 IK 记载是"Porophyllum Guettard，Hist. Acad. Roy. Sci. Mém. Math. Phys.（Paris 4to）1750：377. 1754"。"Porophyllum Adans.，Fam. Pl.（Adanson）2：122. 1763 = Porophyllum Guett.（1754）"是晚出的非法名称。【分布】巴拉圭，巴拿马，秘鲁，玻利维亚，厄瓜多尔，哥伦比亚（安蒂奥基亚），尼加拉瓜，中美洲。【模式】Porophyllum ellipticum Cassini［Cacalia porophyllum Linnaeus］。【参考异名】Hunteria DC.；Kleinia Jacq.（1760）Nom. illegit.；Porophyllum Adans.（1763）■●☆

41721　Porosectaceae Dulac = Loranthaceae Juss.（保留科名）●

41722　Porospermum F. Muell.（1870）= Delarbrea Vieill.（1865）［五加科 Araliaceae］●☆

41723　Porostema Schreb.（1791）= Ocotea Aubl.（1775）［樟科 Lauraceae］●☆

41724　Porotheca K. Schum.（1905）= Chlaenandra Miq.（1868）［防己科 Menispermaceae］●☆

41725　Porothrinax H. Wendl. ex Griseb.（1866）= Thrinax L. f. ex Sw.（1788）［棕榈科 Arecaceae（Palmae）］●☆

41726　Porpa Blume（1825）= Triumfetta L.（1753）［椴树科（椴科，田麻科）Tiliaceae//锦葵科 Malvaceae］●■

41727　Porpax Lindl.（1845）【汉】盾柄兰属。【英】Porpax。【隶属】兰科 Orchidaceae。【包含】世界 11 种，中国 1 种。【学名诠释与讨论】〈阴〉（希）porpax，所有格 porpakos，圆环，盾牌的把手。指花，或叶，或假鳞茎。此属的学名，ING、TROPICOS 和 IK 记载是"Porpax J. Lindley，Edwards's Bot. Reg. 31（Misc.）：62. Sep 1845"。"Porpax T. Evans ex R. A. Salisbury，Gen. 9. 1866 = Aspidistra Ker Gawl.（1822）［百合科 Liliaceae//铃兰科 Convallariaceae//蜘蛛抱蛋科 Aspidistraceae］"是晚出的非法名称。"Porpax Salisb.，Gen. Pl.［Salisbury］9. 1866［Apr-May 1866］≡ Porpax T. Evans ex Salisb.（1866）Nom. illegit."的命名人引证有误。【分布】印度至泰国，中国。【模式】Porpax reticulata J. Lindley。【参考异名】

Aggeianthus Wight（1851）Nom. illegit.；Angianthus Post et Kuntze（1903）Nom. illegit.（废弃属名）；Lichenora Wight（1852）Nom. illegit.；Lichinora Wight（1852）■

41728　Porpax Salisb.（1866）Nom. illegit. = Aspidistra Ker Gawl.（1822）［百合科 Liliaceae//铃兰科 Convallariaceae//蜘蛛抱蛋科 Aspidistraceae］●■

41729　Porpax T. Evans ex Salisb.（1866）Nom. illegit. = Aspidistra Ker Gawl.（1822）［百合科 Liliaceae//铃兰科 Convallariaceae//蜘蛛抱蛋科 Aspidistraceae］●■

41730　Porphyra C. Agardh（1824）【汉】紫马鞭草属。【俄】Порфира。【英】Laver。【隶属】马鞭草科 Verbenaceae//牡荆科 Viticaceae。【包含】世界 1 种。【学名诠释与讨论】〈阴〉（希）porphyros，紫色，红棕色。指植物体紫色。此属的学名"Porphyra C. A. Agardh，Syst. Alg. xxxii，190. 1824"是保留属名；相应的废弃属名是"Porphyra Loureiro，Fl. Cochinch. 63，69. Sep 1790"。亦有文献把"Porphyra Lour.（1790）"处理为"Callicarpa L.（1753）"的异名。【分布】中国。【模式】Porphyra dichotoma Loureiro。【参考异名】Callicarpa L.（1753）；Porphyra Lour.（1790）●

41731　Porphyranthus Engl.（1899）= Panda Pierre（1896）［攀打科 Pandaceae//攀打科（盘木科，簫科，小盘木科，油树科）Pandaceae］●☆

41732　Porphyrocodon Hook. f.（1862）= Cardamine L.（1753）［十字花科 Brassicaceae（Cruciferae）］■

41733　Porphyrocoma Scheidw.（1849）Nom. illegit. = Justicia L.（1753）［爵床科 Acanthaceae//鸭嘴花科（鸭咀花科）Justiciaceae］●■

41734　Porphyrocoma Scheidw. ex Hook.（1845）= Justicia L.（1753）［爵床科 Acanthaceae//鸭嘴花科（鸭咀花科）Justiciaceae］●■

41735　Porphyrodesme Schltr.（1913）【汉】棕带兰属。【隶属】兰科 Orchidaceae。【包含】世界 3 种。【学名诠释与讨论】〈中〉（希）porphyros，紫色，红棕色 + desmos，链，束，结，带，纽带。desma，所有格 desmatos，含义与 desmos 相似。指花。【分布】新几内亚岛。【模式】Porphyrodesme papuana Schlechter［Saccolabium porphyrodesme Schlechter］■☆

41736　Porphyroglottis Ridl.（1896）【汉】紫舌兰属。【隶属】兰科 Orchidaceae。【包含】世界 1 种。【学名诠释与讨论】〈阴〉（希）porphyros，紫色，红棕色 + glottis，所有格 glottidos，气管口，来自 glotta = glossa，舌。【分布】加里曼丹岛，马来半岛。【模式】Porphyroglottis maxwelliae Ridley ■☆

41737　Porphyroscias Miq.（1867）【汉】紫花前胡属。【隶属】伞形花科（伞形科）Apiaceae（Umbelliferae）。【包含】世界 2 种，中国 1 种。【学名诠释与讨论】〈阴〉（希）porphyros，紫色，红棕色 + skias，伞形花序，伞。此属的学名是"Porphyroscias Miquel，Ann. Mus. Bot. Lugduno-Batavi 3：62. 1867"。亦有文献把其处理为"Angelica L.（1753）"的异名。【分布】日本，中国。【模式】Porphyroscias decursiva Miquel。【参考异名】Angelica L.（1753）■

41738　Porphyrospatha Engl.（1879）= Syngonium Schott ex Endl.（1831）［天南星科 Araceae］■☆

41739　Porphyrostachys Rchb. f.（1854）【汉】紫穗兰属。【隶属】兰科 Orchidaceae。【包含】世界 2 种。【学名诠释与讨论】〈阴〉（希）porphyros，紫色，红棕色 + stachys，穗，谷，长钉。指花序。【分布】秘鲁，厄瓜多尔。【模式】Porphyrostachys pilifera（Humboldt，Bonpland et Kunth）H. G. Reichenbach［Altensteinia pilifera Humboldt，Bonpland et Kunth］■☆

41740　Porphyrostemma Benth. et Hook. f.（1873）Nom. illegit. ≡ Porphyrostemma Grant ex Benth. et Hook. f.（1873）［菊科 Asteraceae（Compositae）］■☆

41741　Porphyrostemma Benth. ex Oliv.（1873）Nom. illegit. ≡

Porphyrostemma Grant ex Benth. et Hook. f. (1873)［菊科 Asteraceae（Compositae）］■☆

41742　Porphyrostemma Grant ex Benth. et Hook. f.（1873）【汉】红脂菊属。【隶属】菊科 Asteraceae（Compositae）。【包含】世界 4 种。【学名诠释与讨论】〈中〉（希）porphyros，紫色，红棕色+stemma，所有格 stemmatos，花冠，花环，王冠。此属的学名，ING 记载是"Porphyrostemma Grant ex Bentham et Hook. f., Gen. 2：336. 7-9 Apr 1873"。"Porphyrostemma Benth. et Hook. f., Gen. Pl.［Bentham et Hooker f.］2（1）：336. 1873［7-9 Apr 1873］≡ Porphyrostemma Grant ex Benth. et Hook. f.（1873）"的命名人引证有误。"Porphyrostemma Benth. ex Oliv., Trans. Linn. Soc. London 29（2）：96. 1873［23 Aug 1873］≡ Porphyrostemma Grant ex Benth. et Hook. f.（1873）"是晚出的非法名称。【分布】热带非洲。【模式】Porphyrostemma grantii Bentham ex D. Oliver。【参考异名】Porphyrostemma Benth. et Hook. f.（1873）Nom. illegit.；Porphyrostemma Benth. ex Oliv.（1873）■☆

41743　Porroglossum Schltr.（1920）【汉】葱兰属。【隶属】兰科 Orchidaceae。【包含】世界 30 种。【学名诠释与讨论】〈中〉（希）porrus，一种葱的希腊名+glossa，舌。或拉丁文 porro = 希腊文 porrho，向前+glossa，舌。【分布】秘鲁，玻利维亚，厄瓜多尔，哥伦比亚（安蒂奥基亚）。【模式】Porroglossum colombianum Schlechter。【参考异名】Lothiania Kraenzl.（1924）；Lothoniana Kraenzl.（1748）Nom. inval. ■☆

41744　Porrorhachis Garay（1972）【汉】葱刺兰属。【隶属】兰科 Orchidaceae。【包含】世界 2 种。【学名诠释与讨论】〈阴〉（希）porrus，一种葱的希腊名+rhachis，针，刺，叶轴，花轴，轴，中脉。或拉丁文 porro = 希腊文 porrho，向前+rhachis。【分布】马来西亚。【模式】Porrorhachis galbina（J. J. Smith）Garay［Saccolabium galbinum J. J. Smith］■☆

41745　Porroteranthe Steud.（1854）= Glyceria R. Br.（1810）（保留属名）［禾本科 Poaceae（Gramineae）］■

41746　Porrum Mill.（1754）= Allium L.（1753）［百合科 Liliaceae//葱科 Alliaceae］■

41747　Porsildia Á. Löve et D. Löve（1976）= Minuartia L.（1753）［石竹科 Caryophyllaceae］■

41748　Portaea Ten.（1846）= Juanulloa Ruiz et Pav.（1794）［茄科 Solanaceae］●☆

41749　Portalesia Meyen（1834）= Nassauvia Comm. ex Juss.（1789）［菊科 Asteraceae（Compositae）］●☆

41750　Portea Brongn. ex K. Koch（1856）Nom. illegit. ≡ Portea K. Koch（1856）［凤梨科 Bromeliaceae］■☆

41751　Portea K. Koch（1856）【汉】星果凤梨属（波提亚属，星果属）。【日】ポルテア属。【隶属】凤梨科 Bromeliaceae。【包含】世界 7-9 种。【学名诠释与讨论】〈阴〉（人）Marius Porte，？-1866，法国植物学者，采集家。此属的学名，ING 记载为"Portea K. H. E. Koch, Ann. Sci. Nat., Bot. ser. 4. 6：368. 1856"；IK 记载为"Portea K. Koch, Index Seminum［Berlin］7. 1856"；TROPICOS 则记载为"Portea Brongn. Ex K. Koch, Index Sem.（Berlin）1856：App. 7, 1857"。"Portea Pfeiff., Nom. 2：819, 1874"是晚出的非法名称。【分布】巴西。【模式】Portea kermesina K. H. E. Koch。【参考异名】Portea Brongn. ex K. Koch（1856）Nom. illegit. ■☆

41752　Portenschlagia Tratt.（1812）= Elaeodendron Jacq.（1782）［卫矛科 Celastraceae］●☆

41753　Portenschlagia Vis.（1850）Nom. inval., Nom. illegit. ≡ Portenschlagiella Tutin（1967）［伞形花科（伞形科）Apiaceae（Umbelliferae）］■☆

41754　Portenschlagiella Tutin（1967）【汉】波氏萝卜属。【隶属】伞形

花科（伞形科）Apiaceae（Umbelliferae）。【包含】世界 1 种。【学名诠释与讨论】〈阴〉（人）Franz von Portenschlag-Ledermayer，1772-1822，奥地利植物学者+-ellus，-ella，-ellum，加在名词词干后面形成指小式的词尾。或加在人名、属名等后面以组成新属的名称。或（属）Portenschlagia + -ella。此属的学名"Portenschlagiella T. G. Tutin in V. H. Heywood, Feddes Repert. 74：32. 20 Jan 1967"是一个替代名称。"Portenschlagia R. de Visiani, Fl. Dalmatica 3：45. 1850"是一个非法名称（Nom. illegit.），因为此前已经有了"Portenschlagia Trattinick, Arch. Gewächskunde 5：16. t.［250］. 1818 = Elaeodendron Jacq.（1782）［卫矛科 Celastraceae］"。故用"Portenschlagiella Tutin（1967）"替代之。【分布】克罗地亚（达尔马提亚）。【模式】Portenschlagiella ramosissima（Portenschlag ex K. P. J. Sprengel）T. G. Tutin［Athamanta ramosissima Portenschlag ex K. P. J. Sprengel］。【参考异名】Portenschlagia Vis.（1850）Nom. inval. ■☆

41755　Porterandia Ridl.（1940）【汉】绢冠茜属。【英】Porterandia。【隶属】茜草科 Rubiaceae。【包含】世界 9-15 种，中国 1 种。【学名诠释与讨论】〈阴〉（人）Marius Porte，植物学者+（属）Randia 山黄皮属（鸡爪簕属，茜草树属）。或说纪念 George Porter（Potter），植物采集家。【分布】加里曼丹岛，热带非洲，印度尼西亚（苏门答腊岛），中国。【模式】Porterandia anisophylla（Jack ex Roxburgh）Ridley［Gardenia anisophylla Jack ex Roxburgh］。【参考异名】Bungarimba K. M. Wong（2004）●

41756　Porteranthus Britton（1894）Nom. illegit. ≡ Gillenia Moench（1802）［蔷薇科 Rosaceae］■☆

41757　Porteranthus Small（1894）Nom. illegit. ≡ Porteranthus Britton（1894）Nom. illegit.；~ ≡ Gillenia Moench（1802）［蔷薇科 Rosaceae］■☆

41758　Porterella Torr.（1872）【汉】波特草属。【隶属】桔梗科 Campanulaceae。【包含】世界 1 种。【学名诠释与讨论】〈阴〉（人）Thomas Conrad Porter，1822-1901，美国植物学者和采集者，教授，作家、牧师+-ellus，-ella，-ellum，加在名词词干后面形成指小式的词尾。或加在人名、属名等后面以组成新属的名称。此属的学名是"Porterella Torrey in F. V. Hayden, Prelim. Rep. Geol. Surv. Montana 488. 1872"。亦有文献把其处理为"Laurentia Neck."的异名。【分布】美国（西部）。【模式】Porterella carnosula（W. J. Hooker et Arnott）Torrey［as 'carnulosa'］［Lobelia carnosula W. J. Hooker et Arnott］。【参考异名】Laurentia Neck.■☆

41759　Porteresia Tateoka（1965）【汉】盐稻属。【隶属】禾本科 Poaceae（Gramineae）。【包含】世界 1 种。【学名诠释与讨论】〈阴〉（人）Ronald Porteres，1906-1974，法国植物学者，植物采集家，农学家。此属的学名，ING、TROPICOS 和 IK 记载是"Porteresia Tateoka, Bull. Natl. Sci. Mus., Tokyo viii. 406（1965）"。"Indoryza A. N. Henry et B. Roy, Bull. Bot. Surv. India 10：274. 30 1969"是"Porteresia Tateoka（1965）"的晚出的同模式异名（Homotypic synonym, Nomenclatural synonym）。【分布】印度至马来西亚。【模式】Porteresia coarctata（Roxburgh）Tateoka［Oryza coarctata Roxburgh］。【参考异名】Indoryza A. N. Henry et B. Roy（1969）Nom. illegit.；Sclerophyllum Griff.（1851）Nom. illegit. ■☆

41760　Porteria Hook.（1851）= Valeriana L.（1753）［缬草科（败酱科）Valerianaceae］●●

41761　Portesia Cav.（1789）= Trichilia P. Browne（1756）（保留属名）［楝科 Meliaceae］●

41762　Portillia Königer（1996）【汉】厄瓜多尔细瓣兰属。【隶属】兰科 Orchidaceae。【包含】世界 1 种。【学名诠释与讨论】〈阴〉词源不详。此属的学名是"Portillia Königer, Arcula, Botanische

Abhandlungen 6：154. 1996"。亦有文献把其处理为"Masdevallia Ruiz et Pav.（1794）"的异名。【分布】厄瓜多尔。【模式】Portillia popowiana Königer et J. Portilla。【参考异名】Masdevallia Ruiz et Pav.（1794）■☆

41763　Portlandia Ellis ＝Gardenia J. Ellis（1761）（保留属名）［茜草科 Rubiaceae//栀子科 Gardeniaceae］●

41764　Portlandia L.（1759）Nom. illegit. ＝Portlandia P. Browne（1756）［茜草科 Rubiaceae］●☆

41765　Portlandia P. Browne（1756）【汉】波特兰木属（波特蓝木属）。【隶属】茜草科 Rubiaceae。【包含】世界 6-18 种。【学名诠释与讨论】〈阴〉（人）Cavendish Bentinck，她是 Portland 的女儿。此属的学名，ING、TROPICOS、GCI 和 IK 记载是"Portlandia P. Browne，Civ. Nat. Hist. Jamaica 164（t. 11）. 1756［10 Mar 1756］"。"Portlandia L.，Syst. Nat.，ed. 10. 2：928. 1759［7 Jun 1759］＝Portlandia P. Browne（1756）"是晚出的非法名称。"Portlandia Ellis"是"Gardenia J. Ellis（1761）（保留属名）［茜草科 Rubiaceae//栀子科 Gardeniaceae］"的异名。【分布】巴拉圭，玻利维亚，西印度群岛，中美洲。【模式】Portlandia grandiflora Linnaeus。【参考异名】Coutaportla Urb.（1923）；Gonianthes A. Rich.（1850）Nom. illegit.；Portlandia L.（1759）Nom. illegit.●☆

41766　Portula Dill. ex Moench（1794）Nom. illegit.［千屈菜科 Lythraceae］☆

41767　Portula Hill（1756）Nom. illegit. ≡Peplis L.（1753）［千屈菜科 Lythraceae］■

41768　Portulaca L.（1753）【汉】马齿苋属。【日】スベリヒユ属。【俄】Портулак。【英】Common Purslane，Portulaca，Purslane。【隶属】马齿苋科 Portulacaceae。【包含】世界 40-200 种，中国 5-6 种。【学名诠释与讨论】〈阴〉（拉）portulaca，马齿苋，来自 porto，具有+lac 乳汁。另说 porta，指小式 portula，入口。指果实成熟时盖即开口。【分布】巴基斯坦，巴拉圭，巴勒斯坦，巴拿马，秘鲁，玻利维亚，厄瓜多尔，哥伦比亚（安蒂奥基亚），马达加斯加，美国（密苏里），尼加拉瓜，中国，中美洲。【后选模式】Portulaca oleracea Linnaeus。【参考异名】Halimus P. Browne（1756）；Lamia Endl.（1839）Nom. illegit.；Lamia Vand. ex Endl.（1839）Nom. illegit.；Lemia Vand.（1788）Nom. inval.；Merida Neck.（1790）Nom. inval.；Meridiana L. f.（1782）Nom. illegit.（废弃属名）；Sedopsis（Engl.）Exell et Mendonça（1937）Nom. illegit.；Sedopsis（Engl. ex Legrand）Exell et Mendonça（1937）Nom. illegit.；Sedopsis（Legrand）Exell et Mendonça（1937）Nom. illegit.■

41769　Portulacaceae Adans. ＝Portulacaceae Juss.（保留科名）■●

41770　Portulacaceae Juss.（1789）［as 'Portulaceae'］（保留科名）【汉】马齿苋科。【日】スベリヒユ科。【俄】Портулаковые。【英】Blinks Family，Purslane Family。【包含】世界 19-32 属 380-600 种，中国 2-3 属 6-7 种。【分布】广泛分布，热带美洲。【科名模式】Portulaca L.（1753）■●

41771　Portulacaria Jacq.（1787）【汉】马齿苋树属（树马齿苋属）。【日】ポーチュラカリア属。【英】Portulacaria。【隶属】马齿苋科 Portulacaceae//马齿苋树科 Portulacariaceae。【包含】世界 2 种。【学名诠释与讨论】〈阴〉（属）Portulaca 马齿苋属+-arius，-aria，-arium，指示"属于、相似、具有、联系"的词尾。此属的学名，ING、TROPICOS 和 IK 记载是"Portulacaria Jacq.，Coll. i. 160. t. 22（1786）"。"Haenkea R. A. Salisbury，Prodr. Stirp. 174. Nov-Dec 1796（non F. W. Schmidt 1793）"是"Portulacaria Jacq.（1787）"的晚出的同模式异名（Homotypic synonym，Nomenclatural synonym）。【分布】非洲南部。【模式】Portulacaria afra N. J. Jacquin［Crassula portulacaria Linnaeus］。【参考异名】Haenkea Salisb.（1796）Nom. illegit.（废弃属名）●☆

41772　Portulacariaceae（Fenzl）Doweld（2001）＝Didiereaceae Radlk.（保留科名）●☆

41773　Portulacariaceae Doweld（2001）［亦见 Didiereaceae Radlk.（保留科名）刺戟木科（刺戟草科，刺戟科，棘针树科，龙树科）］【汉】马齿苋树科。【包含】世界 1 属 2 种。【分布】非洲。【科名模式】Portulacaria Jacq.●☆

41774　Portulacastrum Juss. ex Medik.（1789）Nom. illegit. ≡Trianthema L.（1753）［番杏科 Aizoaceae］■

41775　Portuna Nutt.（1842）＝Pieris D. Don（1834）［杜鹃花科（欧石南科）Ericaceae］●

41776　Posadaea Cogn.（1890）【汉】波萨瓜属。【隶属】葫芦科（瓜科，南瓜科）Cucurbitaceae。【包含】世界 1 种。【学名诠释与讨论】〈阴〉（人）Andrés Posada-Arango，1859-1923，植物学者。【分布】巴拿马，秘鲁，玻利维亚，厄瓜多尔，哥伦比亚（安蒂奥基亚），哥斯达黎加，尼加拉瓜，西印度群岛，中美洲。【模式】Posadaea sphaerocarpa Cogniaux ■☆

41777　Posidonia K. D. König（1805）（保留属名）【汉】波喜荡草属（波喜荡属）。【英】Posidonia，Tapeweed。【隶属】眼子菜科 Potamogetonaceae//波喜荡草科（波喜荡科，海草科，海神草科）Posidoniaceae。【包含】世界 3-10 种，中国 1 种。【学名诠释与讨论】〈阴〉（希）Posidon，希腊海神，也是马神。此属的学名"Posidonia K. D. Koenig in Ann. Bot.（König et Sims）2：95. 1 Jun 1805"是保留属名。相应的废弃属名是眼子菜科 Potamogetonaceae 的"Alga Boehm. in Ludwig, Def. Gen. Pl.，ed. 3：503. 1760 ＝Posidonia K. D. König（1805）（保留属名）"。波喜荡草科 Posidoniaceae 的"Alga Adanson，Fam. 2：469, 515. Jul-Aug 1763 ≡Zostera L.（1753）"、"Alga Lam.，Fl. Franç.（Lamarck）3：539. 1779［1778 publ. after 21 Mar 1779］＝Zostera L.（1753）"和"Alga Ludw.，Def.（1737）138"亦应废弃。"Caulinia A. P. de Candolle in Lamarck et A. P. de Candolle, Fl. Franç. ed. 3. 3：156. 17 Sep 1805（non Willdenow 1801）"和"Kernera Willdenow, Sp. Pl. 4（2）：947. 1806（'1805'）［non Schrank 1786（废弃属名），nec Medikus 1792（nom. cons.）]"是"Posidonia K. D. König（1805）（保留属名）"的晚出的同模式异名（Homotypic synonym，Nomenclatural synonym）。【分布】澳大利亚，中国，地中海地区。【模式】Posidonia caulini König, Nom. illegit.［Zostera oceanica Linnaeus；Posidonia oceanica（Linnaeus）Delile］。【参考异名】Aegle Dulac（1867）Nom. illegit.（废弃属名）；Aglae Dulac（1867）Nom. illegit.；Alga Boehm（1760）（废弃属名）；Alga Ludw.（1737）Nom. inval.；Caulinia DC.（1805）Nom. illegit.；Kernera Willd.（1805）Nom. illegit.（废弃属名）；Podisonia Dumort. ex Steud.（1841）；Posidonia K. D. König（1805）（保留属名）；Posidonion St. -Lag.（1881）；Taenidium Targ. Tozz.（1826）；Zostera Cavolini ■

41778　Posidoniaceae Hutch. ＝Posidoniaceae Vines（保留科名）■

41779　Posidoniaceae Lotsy ＝Posidoniaceae Vines（保留科名）■

41780　Posidoniaceae Vines（1895）（保留科名）【汉】波喜荡草科（波喜荡科，海草科，海神草科）。【包含】世界 1 属 3-10 种，中国 1 属 1 种。【分布】澳大利亚，中国，地中海。【科名模式】Posidonia K. D. Koenig ■

41781　Posidonion St. -Lag.（1881）＝Posidonia K. D. König（1805）（保留属名）［眼子菜科 Potamogetonaceae//波喜荡草科（波喜荡科，海草科，海神草科）Posidoniaceae］■

41782　Poskea Vatke（1882）【汉】密穗球花木属。【隶属】球花木科（球花科，肾药花科）Globulariaceae。【包含】世界 2 种。【学名诠释与讨论】〈阴〉（人）Poske。【分布】也门（索科特拉岛），索马里兰地区。【模式】Poskea africana Vatke。【参考异名】Cockburnia Balf. f.（1884）●☆

41783　Posoqueria Aubl. (1775)【汉】波苏茜属(鲍苏栎属)。【隶属】茜草科 Rubiaceae。【包含】世界 12 种。【学名诠释与讨论】〈阴〉来自圭亚那植物俗名。此属的学名,ING、TROPICOS 和 IK 记载是"Posoqueria Aubl., Hist. Pl. Guiane 1:133, t. 51. 1775"。"Cyrtanthus Schreber, Gen. 122. Apr 1789"、"Posoria Rafinesque, Ann. Gén. Sci. Phys. 6:80. Oct–Dec 1820"、"Ramspekia Scopoli, Introd. 145. Jan–Apr 1777"和"Solena Willdenow, Sp. Pl. 1:961. Jul 1798 (non Loureiro 1790)"是"Posoqueria Aubl. (1775)"的晚出的同模式异名(Homotypic synonym, Nomenclatural synonym)。【分布】巴基斯坦,巴拿马,秘鲁,玻利维亚,厄瓜多尔,哥伦比亚(安蒂奥基亚),美国,尼加拉瓜,西印度群岛,热带南美洲,中美洲。【模式】Posoqueria longiflora Aublet。【参考异名】Cyrtanthus Schreb. (1789)(废弃属名);Kyrtanthus J. F. Gmel. (1791);Martha F. Müll. (1866);Posoria Raf. (1820) Nom. illegit.;Ramspekia Scop. (1777) Nom. illegit.;Solena Willd. (1798) Nom. illegit.;Stannia H. Karst. (1848);Willdenovia J. F. Gmel. (1791) Nom. illegit.●☆

41784　Posoria Raf. (1820) Nom. illegit. ≡ Posoqueria Aubl. (1775)[茜草科 Rubiaceae]●☆

41785　Possira Aubl. (1775)(废弃属名)= Swartzia Schreb. (1791)(保留属名)[豆科 Fabaceae(Leguminosae)//蝶形花科 Papilionaceae]●☆

41786　Possiria Steud. (1841) = Postia Boiss. et Blanche (1875) Nom. illegit.;~ ≡ Rhanteriopsis Rauschert (1982)[菊科 Asteraceae(Compositae)]●☆

41787　Possura Aubl. ex Steud. (1841) = Postia Boiss. et Blanche (1875) Nom. illegit.;~ ≡ Rhanteriopsis Rauschert(1982)[菊科 Asteraceae(Compositae)]●☆

41788　Postia Boiss. et Blanche (1875) Nom. illegit. ≡ Rhanteriopsis Rauschert(1982)[菊科 Asteraceae(Compositae)]●☆

41789　Postiella Kljuykov(1985)【汉】波斯特草属。【隶属】伞形花科(伞形科)Apiaceae(Umbelliferae)。【包含】世界 1 种。【学名诠释与讨论】〈阴〉(人)George Edward Post,1838–1909,美国医生,传教士,植物采集家+-ellus, -ella, -ellum,加在名词词干后面形成指小式的词尾。或加在人名、属名等后面以组成新属的名称。【分布】土耳其。【模式】Postiella capillifolia (Post ex Boissier) E. V. Kljukov[Scaligeria capillifolia Post ex Boissier]■☆

41790　Postuera Raf. (1838) Nom. illegit. ≡ Notelaea Vent. (1804)[木犀榄科(木犀科)Oleaceae]●☆

41791　Potalia Aubl. (1775)【汉】龙爪七叶属。【隶属】马钱科(断肠草科,马钱子科)Loganiaceae//龙爪七叶科 Potaliaceae。【包含】世界 1 种。【学名诠释与讨论】〈阴〉(希)poton,饮,饮料,喝水者+-alia,新拉丁文中指示情况的词尾;或-ale 的复数,一群中的一个。其叶子和嫩茎可以做茶用。此属的学名,ING、TROPICOS 和 IK 记载是"Potalia Aublet, Hist. Pl. Guiane 1:394. Jun–Dec 1775"。"Nicandra Schreber, Gen. 283. Apr 1789[non Adanson 1763(nom. cons.)]"是"Potalia Aubl. (1775)"的晚出的同模式异名(Homotypic synonym, Nomenclatural synonym)。【分布】巴拿马,秘鲁,玻利维亚,厄瓜多尔,哥伦比亚(安蒂奥基亚),哥斯达黎加,尼加拉瓜,热带南美洲,中美洲。【模式】Potalia amara Aublet。【参考异名】Nicandra Schreb. (1789) Nom. illegit. (废弃属名)●☆

41792　Potaliaceae Mart. (1827)[亦见 Gentianaceae Juss. (保留科名)龙胆科]【汉】龙爪七叶科。【包含】世界 4 属 70 种。【分布】热带。【科名模式】Potalia Aubl.●☆

41793　Potameia Thouars(1806)【汉】合药樟属(白面柴属,河樟属,马岛樟属,油樟属)。【隶属】樟科 Lauraceae。【包含】世界 30 种。

【学名诠释与讨论】〈阴〉(希)potamos,河,溪流+melon,少的,小的。【分布】马达加斯加,东喜马拉雅山。【模式】Potameia thouarsii J. J. Roemer et J. A. Schultes。【参考异名】Cansiera Spreng.;Polameia Rchb. (1828);Potamica Poiret (1826);Syndiclis Hook. f. (1886)●☆

41794　Potamica Poiret (1826) = Potameia Thouars (1806)[樟科 Lauraceae]●☆

41795　Potamobryon Liebm. (1847)= Tristicha Thouars(1806)[髯管花科 Geniostomaceae//三列苔草科 Tristichaceae]■☆

41796　Potamobryum Liebm., Nom. illegit. ≡ Potamobryon Liebm. (1847);~ = Tristicha Thouars (1806)[髯管花科 Geniostomaceae//三列苔草科 Tristichaceae]■☆

41797　Potamocharis Rottb. (1778) = Mammea L. (1753)[猪胶树科(克鲁西科,山竹子科,藤黄科)Clusiaceae(Guttiferae)]●

41798　Potamochloa Griff. (1836)Nom. illegit. = Hygroryza Nees(1833)[禾本科 Poaceae(Gramineae)]■

41799　Potamoganos Sandwith(1937)【汉】河美紫葳属。【隶属】紫葳科 Bignoniaceae。【包含】世界 1 种。【学名诠释与讨论】〈阳〉(希)potamos,河,溪流+ganos,美丽的,光亮的,装饰。【分布】几内亚。【模式】Potamoganos microcalyx (G. F. W. Meyer) Sandwith[Bignonia microcalyx G. F. W. Meyer]●☆

41800　Potamogeton L. (1753)【汉】眼子菜属。【日】ヒルムシロ属。【俄】Рдест。【英】Curled Pondweed, Pond Weed, Pondweed, Pondweeds, Water Spike。【隶属】眼子菜科 Potamogetonaceae。【包含】世界 75-100 种,中国 20-35 种。【学名诠释与讨论】〈阳〉(希)potamos,河,溪流+geiton,所有格 geitonos,邻居。指本属植物生于水边。此属的学名,ING、TROPICOS、APNI、GCI 和 IK 记载是"Potamogeton L., Sp. Pl. 1:126. 1753[1 May 1753]"。"Potamogeton Walter, Fl. Carol. [Walter]90. 1788[Apr–Jun 1788]=Myriophyllum L. (1753)[小二仙草科 Haloragaceae//狐尾藻科 Myriophyllaceae]"是晚出的非法名称。"Patamogeton Honck., Syn. Pl. Germ. 2:110, err. typ. 1793"、"Potamogetum Clairv., Man. Herb. 34, 44(1811)"和"Potamogiton Raf., Med. Repos. 5:354. 1808"似都是"Potamogeton L. (1753)"的拼写变体。【分布】巴基斯坦,巴拿马,秘鲁,玻利维亚,厄瓜多尔,哥伦比亚(安蒂奥基亚),哥斯达黎加,马达加斯加,美国(密苏里),尼加拉瓜,中国,中美洲。【后选模式】Potamogeton natans Linnaeus。【参考异名】Buccafarrea Bubani(1873)Nom. illegit.;Hydrogeton Lour. (1790);Patamogeton Honck. (1793);Peltopsis Raf. (1819);Potamogetum Clairv. (1811);Spirillus J. Gay(1854);Stuckenia Börner(1912)■

41801　Potamogeton Walter (1788) Nom. illegit. = Myriophyllum L. (1753)[小二仙草科 Haloragaceae//狐尾藻科 Myriophyllaceae]■

41802　Potamogetonaceae Bercht. et J. Presl (1823)[as 'Potamogetinae'](保留科名)【汉】眼子菜科。【日】ヒルムシロ科,ヒルルシロ科。【俄】Рдестовые。【英】Pondweed Family。【包含】世界 2-10 属 85-170 种,中国 2-6 属 24-43 种。【分布】广泛分布。【科名模式】Potamogeton L. (1753)■

41803　Potamogetonaceae Dumort. =Potamogetonaceae Bercht. et J. Presl(保留科名)■

41804　Potamogetonaceae Rchb. =Potamogetonaceae Bercht. et J. Presl(保留科名)■

41805　Potamogetum Clairv. (1811)= Potamogeton L. (1753)[眼子菜科 Potamogetonaceae]■

41806　Potamogiton Raf. (1808)= Potamogeton L. (1753)[眼子菜科 Potamogetonaceae]■

41807　Potamophila R. Br. (1810)【汉】小叶河草属。【隶属】禾本科 Poaceae(Gramineae)。【包含】世界 1 种。【学名诠释与讨论】

〈阴〉(希)potamos,河,溪流+philos,喜欢的,爱的。此属的学名,ING、TROPICOS、GCI 和 IK 记载是"Potamophila R. Br., Prodr. Fl. Nov. Holland. 211. 1810[27 Mar 1810]"。"Potamophila Schrank, Pl. Rar. Horti Monac. 63. Jan-Jun 1821('1819')= Microtea Sw. (1788)[商陆科 Phytolaccaceae//美洲商陆科 Microteaceae]"是晚出的非法名称。【分布】澳大利亚,马达加斯加。【模式】Potamophila parviflora R. Brown ■☆

41808　Potamophila Schrank(1819)Nom. illegit. = Microtea Sw. (1788)[商陆科 Phytolaccaceae//美洲商陆科 Microteaceae]■☆

41809　Potamopithys Senb. = Potamopitys Adans. (1763)Nom. illegit. ; ~ ≡Elatine L. (1753)[沟繁缕科 Elatinaceae]■

41810　Potamopitys Adans. (1763)Nom. illegit. ≡ Elatine L. (1753)[繁缕科 Alsinaceae//沟繁缕科 Elatinaceae]■

41811　Potamopitys Buxb. ex Adans. (1763)Nom. illegit. ≡ Potamopitys Adans. (1763)Nom. illegit. ; ~ ≡ Elatine L. (1753)[繁缕科 Alsinaceae//沟繁缕科 Elatinaceae]■

41812　Potamotheca Post et Kuntze (1903) = Pomatotheca F. Muell. (1876); ~ =Trianthema L. (1753)[番杏科 Aizoaceae]■

41813　Potamoxylon Raf. (1838)= Tabebuia Gomes ex DC. (1838)[紫葳科 Bignoniaceae]●☆

41814　Potaninia Maxim. (1881)【汉】绵刺属(蒙古刺属)。【英】Cottonspine,Potaninia。【隶属】蔷薇科 Rosaceae。【包含】世界 1 种,中国 1 种。【学名诠释与讨论】〈阴〉(人)Grigorii Nikolajevic Potanin,1835-1920,俄罗斯植物学者,地理学者。1876-1877 年在新疆,1879-1880 年在蒙古和中国内蒙古采集了约 1450 种植物的大量标本。1884-1886 年在中国河北、内蒙古、甘肃、四川等地区采集标本 12000 号,约有植物 4000 种。1891-1894 年又在河北、河南、陕西、四川西部等地采集标本约 10000 号。其中包括一些新属和新种。他的标本大部分由 Carl Johann (Ivanovič) Maximowicz 研究。标本存放在苏联科学院柯马洛夫植物研究所标本馆。【分布】中国。【模式】Potaninia mongolica Maximowicz ●★

41815　Potanisia Wawra(1860)Nom. illegit. [山柑科(白花菜科,醉蝶花科)Capparaceae]☆

41816　Potarophytum Sandwith(1939)【汉】枝序偏穗草属。【隶属】偏穗草科(雷巴第科,瑞碑题雅科)Rapateaceae。【包含】世界 1 种。【学名诠释与讨论】〈中〉(地)Potaro 波塔罗,位于非洲+phyton,植物,树木,枝条。另说 potara,饮+phyton。【分布】几内亚。【模式】Potarophytum riparium Sandwith ■☆

41817　Potentilla Adans. (1763)Nom. illegit. ≡ Tormentilla L. (1753)[蔷薇科 Rosaceae//委陵菜科 Potentillaceae]■●

41818　Potentilla L. (1753)【汉】委陵菜属(翻白草属,金露梅属)。【日】ギジムシロ属。【俄】Курильский чай, Лапчатка, Потентилла。【英】Cinquefoil,Five Fingers,Five-finger,Potentil,Potentilla。【隶属】蔷薇科 Rosaceae//委陵菜科 Potentillaceae。【包含】世界 200-500 种,中国 86-94 种。【学名诠释与讨论】〈阴〉(拉)potens,所有格 potentis,强有力,有效力+illo 扭转。另说 potens,所有格 potentis,强有力,有效力+-ellus,-ella,-ellum,加在名词词干后面形成指小式的词尾。或加在人名、属名等后面以组成新属的名称。指一些种类医疗效能。此属的学名,ING、APNI、GCI 和 IK 记载是"Potentilla L., Sp. Pl. 1:495. 1753[1 May 1753]"。"Potentilla Adanson, Fam. 2:295. Jul-Aug 1763 ≡Tormentilla L. (1753)[蔷薇科 Rosaceae]"是晚出的非法名称。多有文献既承认"委陵菜属(翻白草属)Potentilla L. (1753)",又承认"金露梅属 Pentaphylloides Duhamel(1755)"。据 GCI 记载,"金露梅属 Pentaphylloides Duhamel, Traité Arbr. Arbust. (Duhamel)2:99. 1775"是"委陵菜属 Potentilla L. (1753)"的替代名称;那么,"Pentaphylloides Duhamel(1755)"就是多余的非法名

称了。换言之,这 2 个属中,只能承认一个,不能都承认。"Pentaphyllum J. Hill, Brit. Herbal 3. 24 Jan 1756"和"Quinquefolium Séguier, Pl. Veron. 3:217. Jul-Dec 1754"是"Potentilla L. (1753)"的晚出的同模式异名(Homotypic synonym, Nomenclatural synonym)。【分布】巴基斯坦,秘鲁,玻利维亚,厄瓜多尔,哥伦比亚(安蒂奥基亚),美国(密苏里),中国,中美洲。【后选模式】Potentilla reptans Linnaeus。【参考异名】Argentina Hill(1756); Argentina Lam. (1779)Nom. illegit. ; Bootia Bigel. (1824)Nom. illegit. ; Callionia Greene (1906); Chamaephyton Fourr. (1868); Chionice Bunge ex Ledeb. (1843); Comarella Rydb. (1896); Comarum L. (1753); Commarum Schrank (1792); Comocarpa Rydb. (1898); Dactylophyllum Spenn. (1829); Dasiphora Raf. (1840); Dasyphora Post et Kuntze (1903); Drymocallis Fourr. (1868)Nom. inval. ; Drymocallis Fourr. ex Rydb. (1898); Duchesnea Sm. (1811); Dynamidium Fourr. (1868); Farinopsis Chrtek et Soják(1984); Fourraea Gand. (1886)Nom. illegit. ; Fraga Lapeyr. (1813); Fragariastrum (Ser. ex DC.) Schur (1853)Nom. illegit. ; Fragariastrum Fabr. (1759)Nom. illegit. ; Fragariastrum Heist. (1748)Nom. inval. ; Fragariastrum Heist. ex Fabr. (1759); Gomarum Raf. ; Horkelia Cham. et Schltdl. (1827); Horkeliella (Rydb.) Rydb. (1908); Horkeliella Rydb. (1908); Hypargyrium Fourr. (1868)Nom. inval. ; Ivesia Torr. et A. Gray (1858); Jussiea L. ex Sm. (1811); Lehmannia Tratt. (1824)Nom. illegit. ; Pancovia Fabr. (1759); Pentaphylloides Duhamel(1755)Nom. illegit. , Nom. superfl. ; Pentaphyllum Gaertn. (1788)Nom. illegit. ; Pentaphyllum Hill(1756)Nom. illegit. ; Potentillopsis Opiz (1857); Purpusia Brandegee (1899); Quinquefolium Ség. (1754)Nom. illegit. ; Schistophyllidium (Juz. ex Fed.) Ikonn. (1979); Sibaldia L. (1754); Sibbaldia L. (1753); Sibbaldiopsis Rydb. (1898); Stellariopsis (Baill.) Rydb. (1898); Stellariopsis Rydb. (1898); Tormentilla L. (1753); Trichothalamus Spreng. (1818); Tridophyllum Neck. (1790)Nom. inval. ; Tridophyllum Neck. ex Greene(1906); Tylosperma Botsch. (1952)■●

41819　Potentillaceae Bercht. et J. Presl(1820)[亦见 Rosaceae Juss. (1789)(保留科名)蔷薇科]【汉】委陵菜科。【包含】世界 8 属 236-553 种,中国 4 属 103-113 种。【分布】广泛分布,主要北温带和极地。【科名模式】Potentilla L. (1753)●■

41820　Potentillaceae Perleb =Rosaceae Juss. (1789)(保留科名)●■

41821　Potentillopsis Opiz (1857) = Potentilla L. (1753)[蔷薇科 Rosaceae//委陵菜科 Potentillaceae]■●

41822　Poteranthera Bong. (1838)【汉】杯药野牡丹属。【隶属】野牡丹科 Melastomataceae。【包含】世界 2 种。【学名诠释与讨论】〈阴〉(希)poterion,杯,也是一种植物俗名+anthera,花药。【分布】玻利维亚,热带南美洲。【模式】Poteranthera pusilla Bongard。【参考异名】Onoctonia Naudin(1849)■☆

41823　Poteriaceae Raf. (1815)= Rosaceae Juss. (1789)(保留科名)●■

41824　Poteridium Spach (1846) = Sanguisorba L. (1753)[蔷薇科 Rosaceae//地榆科 Sanguisorbaceae]■

41825　Poterion St. -Lag. (1880)Nom. illegit. ≡ Poterium L. (1753)[蔷薇科 Rosaceae]■☆

41826　Poterium L. (1753)【汉】肖地榆属。【隶属】蔷薇科 Rosaceae//地榆科 Sanguisorbaceae。【包含】世界 85 种。【学名诠释与讨论】〈阴〉(希)poterion,希腊古名,也叫 phrynion。poterion 是一种喝酒或喝水的容器。此属的学名,ING、TROPICOS 和 IK 记载是"Poterium L., Sp. Pl. 2:994. 1753[1 May 1753]"。"Poterion St. -Lag., Ann. Soc. Bot. Lyon vii. (1880)132"是其变体。"Pimpinella Séguier, Pl. Veron 3:61. Jul-Dec 1754 （non Linnaeus 1753）"是"Poterium L.（1753）"的晚出的同模式异名（Homotypic synonym, Nomenclatural synonym）。亦有文献把"Poterium L.（1753）"处理为"Sanguisorba L.（1753）"的异名。【分布】玻利维亚，中国，温带欧亚大陆。【后选模式】Poterium sanguisorba Linnaeus。【参考异名】Pimpinella Ség.（1754）Nom. illegit.；Poterion St.‐Lag.（1880）Nom. illegit.；Sanguisorba L.（1753）；Tobium Raf. ■

41827 Potha Burm.（1747）Nom. inval.［天南星科 Araceae］☆

41828 Pothaceae Raf.（1838）= Araceae Juss.（保留科名）■●

41829 Pothoaceae Raf. = Araceae Juss.（保留科名）■●

41830 Pothoidium Schott（1857）【汉】假石柑属（假柚叶藤属）。【日】オホキノボリカヅラ属。【英】False Pothos, Pothoidium。【隶属】天南星科 Araceae。【包含】世界1种，中国1种。【学名诠释与讨论】〈中〉（属）Pothos 石柑属+‐idius，‐idia，‐idium，指示小的词尾。【分布】菲律宾（菲律宾群岛），印度尼西亚（马鲁古群岛，苏拉威西岛），中国。【模式】Pothoidium lobbianum H. W. Schott ●■

41831 Pothomorpha Willis, Nom. inval. = Pothomorphe Miq.（1840）Nom. illegit.；~ = Lepianthes Raf.（1838）；~ = Piper L.（1753）［胡椒科 Piperaceae］●

41832 Pothomorphe Miq.（1840）Nom. illegit. ≡ Lepianthes Raf.（1838）；~ = Piper L.（1753）［胡椒科 Piperaceae］●■

41833 Pothos Adans.（1763）Nom. illegit. ≡ Polianthes L.（1753）［石蒜科 Amaryllidaceae//龙舌兰科 Agavaceae］■

41834 Pothos L.（1753）【汉】石柑属（石柑子属，柚叶藤属）。【日】ハズノハカヅラ属，ポトス属，ユズノハカヅラ属。【英】Pothos。【隶属】天南星科 Araceae。【包含】世界50-80种，中国8种。【学名诠释与讨论】〈阳〉（锡）potha，一种攀缘植物 Pothos scandens L. 的僧伽罗人的俗名。此属的学名，ING、TROPICOS、APNI、GCI 和 IK 记载是"Pothos L., Sp. Pl. 2:968. 1753［1 May 1753］"。"Tapanava Adanson, Fam. 2:470. Jul‐Aug 1763"是"Pothos L.（1753）"的晚出的同模式异名（Homotypic synonym, Nomenclatural synonym）。"Pothos Adans., Fam. Pl.（Adanson）2:57. 1763 ≡ Polianthes L.（1753）［石蒜科 Amaryllidaceae//龙舌兰科 Agavaceae］"是晚出的非法名称。亦有文献把"Pothos L.（1753）"处理为"Epipremnum Schott（1857）"的异名。【分布】巴基斯坦，玻利维亚，马达加斯加，印度至马来西亚，中国。【模式】Pothos scandens Linnaeus。【参考异名】Epipremnum Schott（1857）；Goniurus C. Presl（1851）；Tapanava Adans.（1763）Nom. illegit.；Tapanawa Hassk.（1842）Nom. illegit. ●■

41835 Pothuava Gaudich.（1851）Nom. inval. ≡ Pothuava Gaudich. ex K. Koch（1860）；~ ≡ Hoiriri Adans.（1763）（废弃属名）；~ = Aechmea Ruiz et Pav.（1794）（保留属名）［凤梨科 Bromeliaceae］■☆

41836 Pothuava Gaudich. ex K. Koch（1860）Nom. illegit. ≡ Hoiriri Adans.（1763）（废弃属名）；~ = Aechmea Ruiz et Pav.（1794）（保留属名）［凤梨科 Bromeliaceae］■☆

41837 Potima R. Hedw.（1806）= Faramea Aubl.（1775）［茜草科 Rubiaceae］●☆

41838 Potosia（Schltr.）R. González et Szlach. ex Mytnik（2003）【汉】美洲肥根兰属。【隶属】兰科 Orchidaceae。【包含】世界5种。【学名诠释与讨论】〈阴〉（希）potos，饮。此属的学名，IPNI 和 TROPICOS 记载是"Potosia（Schltr.）R. González et Szlach. ex Mytnik, Genus Suppl.:59. 2003"，由"Pelexia sect. Potosia Schltr. Beih. Bot. Centralbl. 37（2）:398-399. 1920"改级而来。它曾被处理为"Sarcoglottis sect. Potosia（Schltr.）Burns‐Bal., American Journal of Botany 69（7）:1131. 1982.（30 Aug 1982）"和"Sarcoglottis sect. Potosia（Schltr.）Burns‐Bal., Phytologia 52（5）:

367. 1983.（17 Feb 1983）"。亦有文献把"Potosia（Schltr.）R. González et Szlach. ex Mytnik（2003）"处理为"Pelexia Poit. ex Lindl.（1826）（保留属名）"或"Sarcoglottis C. Presl（1827）"的异名。【分布】中美洲。【模式】Potosia schaffneri（Rchb. f.）R. González et Szlach. ex Mytnik。【参考异名】Pelexia Poit. ex Lindl.（1826）（保留属名）；Pelexia sect. Potosia Schltr.（1920）；Sarcoglottis C. Presl（1827）；Sarcoglottis sect. Potosia（Schltr.）Burns‐Bal.（1982）；Sarcoglottis sect. Potosia（Schltr.）Burns‐Bal.（1983）■☆

41839 Potoxylon Kosterm.（1978）【汉】婆罗秀樟属（婆罗秀榄属）。【隶属】樟科 Lauraceae。【包含】世界1种。【学名诠释与讨论】〈中〉（希）potos，饮+xylon，木材。【分布】加里曼丹岛。【模式】Potoxylon melagangai（C. F. Symington）A. J. G. H. Kostermans［Eusideroxylon melagangai C. F. Symington］●☆

41840 Pottingeria Prain（1898）【汉】托叶假樟属（单室木属）。【隶属】托叶假樟科（单室木科）Pottingeriaceae//卫矛科 Celastraceae。【包含】世界1种，中国1种。【学名诠释与讨论】〈阴〉（人）Pottinger。【分布】缅甸，泰国，印度（阿萨姆），中国。【模式】Pottingeria acuminata D. Prain ●

41841 Pottingeriaceae（Engl.）Takht.（1987）= Pottingeriaceae Takht.（1987）●

41842 Pottingeriaceae Takht.（1987）［亦见 Celastraceae R. Br.（1814）（保留科名）卫矛科］【汉】托叶假樟科（单室木科）。【包含】世界1属1种，中国1属1种。【分布】印度（东北部），缅甸，泰国，中国。【科名模式】Pottingeria Prain ●

41843 Pottsia Hook. et Arn.（1837）【汉】帘子藤属（蒲蔴藤属）。【英】Pottsia。【隶属】夹竹桃科 Apocynaceae。【包含】世界4-5种，中国3种。【学名诠释与讨论】〈阴〉（人）John Potts,？‐1822,英国植物采集家，曾在中国采集植物标本。【分布】东南亚，印度，印度尼西亚（爪哇岛），中国。【模式】Pottsia cantonensis W. J. Hooker et Arnott。【参考异名】Euthodon Griff.（1854）；Parapottsia Miq.（1856）；Teijsmannia Post et Kuntze（1903）●

41844 Pouchetia A. Rich.（1830）= Pouchetia A. Rich. ex DC.（1830）［茜草科 Rubiaceae］●☆

41845 Pouchetia A. Rich. ex DC.（1830）【汉】普谢茜属。【隶属】茜草科 Rubiaceae。【包含】世界6种。【学名诠释与讨论】〈阴〉（人）Felix‐Archimede Pouchet,1800-1872,法国植物学者，医生，教授。此属的学名，ING、TROPICOS 和 IK 记载是"Pouchetia A. Rich. ex DC., Prodr.［A. P. de Candolle］4:393. 1830［late Sep 1830］"。IK 还记载了"Pouchetia A. Rich., Mém. Soc. Hist. Nat. Paris v.（1830）251"。二者之间的关系待考。甲藻的"Pouchetia Schuett, Ergebn. Plankt.‐Exped. Humboldt‐Stiftung IV. M. a. A:95. Jan 1895 ≡ Warnowia Lindemann 1928"是晚出的非法名称。【分布】热带非洲。【模式】Pouchetia africana A. Richard ex A. P. de Candolle。【参考异名】Pouchetia A. Rich.（1830）●☆

41846 Poulsenia Eggers（1898）【汉】刺枝桑属。【隶属】桑科 Moraceae。【包含】世界1-2种。【学名诠释与讨论】〈阴〉（人）Viggo Albert Poulsen,1855-1919,丹麦植物学者。此属的学名，ING、GCI 和 IK 记载是"Poulsenia Eggers, Bot. Centralbl. 73:49［bis］. 11 Jan 1898"。"Poulensia Eggers 1898"是其拼写变体。【分布】巴拿马，秘鲁，玻利维亚，厄瓜多尔，哥伦比亚（安蒂奥基亚），哥斯达黎加，尼加拉瓜，中美洲。【模式】Poulsenia aculeata Eggers。【参考异名】Inophloeum Pittier（1916）●☆

41847 Pounguia Benoist（1939）= Whitfieldia Hook.（1845）［爵床科 Acanthaceae］■☆

41848 Poupartia Comm. ex Juss.（1789）【汉】波旁漆属（波岛漆属）。【隶属】漆树科 Anacardiaceae。【包含】世界12种。【学名诠释与

讨论〗〈阴〉（地）Bois de Poupatr,波旁岛。【分布】马达加斯加。【模式】Poupartia borbonica J. F. Gmelin。【参考异名】Pupartia Post et Kuntze(1903)●☆

41849　Poupartiopsis Capuron ex J. D. Mitch. et D. C. Daly(2006)【汉】拟波旁漆属。【隶属】漆树科 Anacardiaceae。【包含】世界 1 种。【学名诠释与讨论】〈阴〉（属）Poupartia 波旁漆属+希腊文 opsis,外观,模样,相似。【分布】马达加斯加。【模式】Poupartiopsis spondiocarpus Capuron ex J. D. Mitch. et Daly ●☆

41850　Pourouma Aubl.（1775）【汉】亚马孙葡萄属。【英】Amaxon Grape。【隶属】蚁栖树科（号角树科,南美伞科,南美伞树科,伞树科,锥头麻科）Cecropiaceae。【包含】世界 25 种。【学名诠释与讨论】〈阴〉来自圭亚那植物俗名。【分布】巴拿马,秘鲁,玻利维亚,厄瓜多尔,哥伦比亚（安蒂奥基亚）,美国,尼加拉瓜,中美洲。【模式】Pourouma guianensis Aublet。【参考异名】Puruma J. St. −Hil.（1805）●☆

41851　Pourretia Ruiz et Pav.（1794）Nom. illegit. = Dupuya J. H. Kirkbr.（2005）［豆科 Fabaceae（Leguminosae）］●☆

41852　Pourretia Willd.（1800）Nom. illegit. ≡Cavanillesia Ruiz et Pav.（1794）［木棉科 Bombacaceae//锦葵科 Malvaceae］●☆

41853　Pourthiaea Decne.（1874）【汉】鸡丁子属。【日】カマツカ属。【隶属】蔷薇科 Rosaceae。【包含】世界 17 种,中国 17 种。【学名诠释与讨论】〈阴〉（人）Pourthie,法国牧师,1866 年在朝鲜去世。此属的学名是"Pourthiaea Decaisne, Nouv. Arch. Mus. Hist. Nat. 10: 125, 146. 1874"。亦有文献把其处理为"Aronia Medik.（1789）（保留属名）"或"Photinia Lindl.（1820）"的异名。【分布】中国（参见 Aronia Medik. 和 Photinia Lindl.）。【模式】未指定。【参考异名】Aronia Medik.（1789）（保留属名）; Photinia Lindl.（1820）●

41854　Poutaletsje Adans.（1763）Nom. illegit. =Hedyotis L.（1753）（保留属名）［茜草科 Rubiaceae］●■

41855　Pouteria Aubl.（1775）【汉】桃榄属（山榄属）。【英】Pouteria。【隶属】山榄科 Sapotaceae。【包含】世界 50-200 种,中国 3 种。【学名诠释与讨论】〈阴〉pouter,圭亚那地区印第安人的植物俗名。此属的学名,ING、TROPICOS 和 IK 记载是"Pouteria Aubl., Hist. Pl. Guiane 1: 85. 1775［Jun 1775］"。"Chaetocarpus Schreber, Gen. 75. Apr 1789（废弃属名）"是"Pouteria Aubl.（1775）"的晚出的同模式异名（Homotypic synonym, Nomenclatural synonym）。【分布】巴拉圭,巴拿马,秘鲁,玻利维亚,厄瓜多尔,哥伦比亚（安蒂奥基亚）,马达加斯加,尼加拉瓜,中国,热带美洲,中美洲。【模式】Pouteria guianensis Aublet。【参考异名】Achradelpha O. F. Cook（1913）Nom. illegit. ; Albertisiella Pierre ex Aubrév.（1964）; Aningeria Aubrév. et Pellegr.（1935）; Aninguería Aubrév. et Pellegr.（1936）; Barylucuma Ducke（1925）; Beauvisagea Pierre ex Baill.（1892）; Beauvisagea Pierre（1890）Nom. inval. ; Beccariella Pierre（1890）; Beccarimnia Pierre ex Koord. ; Blabea Baehni（1964）Nom. illegit. ; Blabeia Baehni（1964）; Bureavella Pierre（1890）; Calocarpum Pierre ex Engl.（1897）Nom. illegit. ; Calocarpum Pierre（1897）Nom. illegit. ; Calospermum Pierre（1890）; Caramuri Aubrév. et Pellegr.（1961）; Chaetocarpus Schreb.（1789）Nom. illegit.（废弃属名）; Daphniluma Baill.（1890）Nom. inval. ; Discoluma Baill.（1891）; Dithecoluma Baill.（1891）Nom. inval. ; Eglerodendron Aubrév. et Pellegr.（1962）; Englerella Pierre（1891）; Eremoluma Baill.（1891）; Fontbrunea Pierre（1890）; Franchetella Pierre（1890）; Gayella Pierre（1890）; Gomphiluma Baill.（1891）; Guapeba Gomez（1812）; Hormogyne A. DC.（1844）（废弃属名）; Ichthyophora Baehni（1964）Nom. illegit. ; Iteiluma Baill.（1890）Nom. illegit. ; Krausella H. J. Lam（1932）; Krugella

Pierre（1891）; Labatia Sw.（1788）（保留属名）; Leioluma Baill.（1891）; Lucuma Molina（1782）; Maesoluma Baill.（1890）; Malacantha Pierre（1891）; Microluma Baill.（1891）; Myrsiniluma Baill.（1891）; Myrtiluma Baill.（1891）; Nemaluma Baill.（1891）; Neolabatia Aubrév.（1972）Nom. illegit. ; Neoxythece Aubrév. et Pellegr.（1961）; Ochroluma Baill.（1890）; Oxythece Miq.（1863）Nom. illegit. ; Paralabatia Pierre（1890）; Peteniodendron Lundell（1976）; Peuceluma Baill.（1890）; Piresodendron Aubrév.（1963）Nom. inval. ; Piresodendron Aubrév. ex Le Thomas et Leroy（1983）; Planchonella Pierre（1890）; Pleioluma Baill.（1965）Nom. illegit. ; Podoluma Baill.（1891）; Poissonella Pierre（1890）; Prozetia Neck.（1790）Nom. inval. ; Pseudocladia Pierre（1891）; Pseudolabatia Aubrév. et Pellegr.（1962）; Pseudoxythece Aubrév.（1972）; Pyriluma（Baill.）Aubrév.（1967）; Pyriluma Baill.（1967）Nom. illegit. ; Pyriluma Baill. ex Aubrév.（1967）Nom. illegit. ; Radlkoferella Pierre（1890）; Richardella Pierre（1890）; Sandwithiodendron Aubrév. et Pellegr. ; Sandwithiodoxa Aubrév. et Pellegr（1962）. ; Sersalisia R. Br.（1810）; Siderocarpus Pierre（1890）Nom. inval. ; Syzygiopsis Ducke（1925）; Urbanella Pierre（1890）; Van-royena Aubrév.（1964）; Wokoia Baehni（1964）●

41856　Pouzolsia Benth.（1873）Nom. illegit. = Pouzolzia Gaudich.（1830）［荨麻科 Urticaceae］●■

41857　Pouzolzia Gaudich.（1830）【汉】雾水葛属（水鸡油属）。【日】オオバヒメマオ属,コケツルマヲ属。【英】Pouzolzia, Reekkudzu。【隶属】荨麻科 Urticaceae。【包含】世界 37-70 种,中国 4-8 种。【学名诠释与讨论】〈阴〉（人）Pierre Marie Casimir de Pouzolz（Pouzols）,1785−1858,法国植物学者。此属的学名,ING、TROPICOS、APNI、GCI 和 IK 记载是"Pouzolzia Gaudich. in Freyc., Voy. Uranie, Bot. 12: 503. 1830［Mar 1830］"。"Pouzolsia Benth., Flora Australiensis 6 1873"是其变体。【分布】巴基斯坦,巴拿马,秘鲁,玻利维亚,厄瓜多尔,哥伦比亚（安蒂奥基亚）,马达加斯加,尼加拉瓜,中国,热带和非洲南部,热带亚洲,中美洲。【模式】Pouzolzia laevigata（Poiret）Decaisne［Parietaria laevigata Poiret［as 'levigata'］。【参考异名】Elkania Schltdl. ex Wedd.（1869）; Goethartia Herzog（1915）; Gonostegia Turcz.（1846）; Leptocnide Blume（1857）; Leucococcus Liebm.（1851）; Memorialis（Benn.）Buch. − Ham. ex Wedd.（1856）; Memorialis（Benn.）Wedd.（1856）Nom. illegit. ; Memorialis Buch. −Ham.（1831）Nom. inval. ; Memorialis Buch. − Ham. ex Wedd.（1856）Nom. illegit. ; Pentacnida Post et Kuntze（1903）; Pentocnide Raf.（1837）; Pouzolsia Benth.（1873）Nom. illegit. ; Stachycnida Post et Kuntze（1903）; Stachyocnide Blume（1857）●■

41858　Povedadaphne W. C. Burger（1988）【汉】肖绿心樟属。【隶属】樟科 Lauraceae。【包含】世界 1 种。【学名诠释与讨论】〈阴〉（人）Luis J. Poveda,植物学者+（属）Daphne 瑞香属。此属的学名是"Povedadaphne W. C. Burger, Brittonia 40: 276. 25 Aug 1988"。亦有文献把其处理为"Ocotea Aubl.（1775）"的异名。【分布】哥斯达黎加,中美洲。【模式】Povedadaphne quadriporata W. C. Burger。【参考异名】Ocotea Aubl.（1775）●☆

41859　Pozoa Hook. f. =Schizeilema（Hook. f.）Domin（1908）［伞形花科（伞形科）Apiaceae（Umbelliferae）］■☆

41860　Pozoa Lag.（1816）【汉】波索草属。【隶属】伞形花科（伞形科）Apiaceae（Umbelliferae）。【包含】世界 2 种。【学名诠释与讨论】〈阴〉（人）Pozo。此属的学名,ING、TROPICOS 和 IK 记载是"Pozoa Lag., Gen. Sp. Pl.［Lagasca］13. 1816"。"Pozoa Hook. f."是"Schizeilema（Hook. f.）Domin（1908）［伞形花科（伞形科）Apiaceae（Umbelliferae）］"的异名。【分布】阿根廷,智利。【模

式]Pozoa coriacea Lagasca。【参考异名】Schizeilema（Hook. f.）Domin（1908）■☆

41861　Pozoopsis Benth.（1867）= Pozopsis Hook.（1851）[伞形花科（伞形科）Apiaceae（Umbelliferae）]■☆

41862　Pozopsis Hook.（1851）= Huanaca Cav.（1800）[伞形花科（伞形科）Apiaceae（Umbelliferae）]■☆

41863　Pradosia Liais（1872）【汉】普拉榄属。【隶属】山榄科Sapotaceae。【包含】世界23种。【学名诠释与讨论】〈阴〉（人）Prados，植物学者。【分布】巴拉圭，秘鲁，玻利维亚，厄瓜多尔，哥伦比亚（安蒂奥基亚），尼加拉瓜，中美洲。【模式】Pradosia glycyphloea（Casaretto）Liais[Chrysophyllum glycyphloeum Casaretto]。【参考异名】Glycoxylon Ducke（1922）；Neopometia Aubrév.（1961）；Pometia Vell.（1829）Nom. illegit.●☆

41864　Praealstonia Miers（1879）= Symplocos Jacq.（1760）[山矾科（灰木科）Symplocaceae]●

41865　Praecereus Buxb.（1968）= Cereus Mill.（1754）[仙人掌科Cactaceae]●

41866　Praecitrullus Pangalo（1944）【汉】印度瓜属。【隶属】葫芦科（瓜科，南瓜科）Cucurbitaceae。【包含】世界1种。【学名诠释与讨论】〈阳〉（拉）prae-，在前面，极其+（属）Citrullus 西瓜属。【分布】印度。【模式】Praecitrullus fistulosus（Stocks）Pangalo[Citrullus fistulosus Stocks]■☆

41867　Praecoxanthus Hopper et A. P. Br.（2000）【汉】澳洲无叶兰属。【隶属】兰科 Orchidaceae。【包含】世界1种。【学名诠释与讨论】〈阳〉（拉）praecox = precox，所有格 praecocis，未成熟的 + anthos，花。此属的学名是"Praecoxanthus Hopper et A. P. Br., Lindleyana 15：124. 2000"。亦有文献把其处理为"Caladenia R. Br.（1810）"的异名。【分布】澳大利亚。【模式】Praecoxanthus aphyllus（Benth.）Hopper et A. P. Br.。【参考异名】Caladenia R. Br.（1810）■☆

41868　Praenanthes Hook.（1831）= Prenanthes L.（1753）[菊科Asteraceae（Compositae）]■

41869　Praepilosocereus Guiggi（2010）【汉】拟毛刺柱属。【隶属】仙人掌科 Cactaceae。【包含】世界1种。【学名诠释与讨论】〈阳〉（拉）prae-，词头，义为在前+（属）Pilocereus = Pilosocereus 疏毛刺柱属（毛刺柱属，毛柱属）。【分布】委内瑞拉。【模式】Praepilosocereus mortensenii（Croizat）Guiggi[Pilocereus mortensenii Croizat]☆

41870　Praetoria Baill.（1858）= Pipturus Wedd.（1854）[荨麻科Urticaceae]●

41871　Prageluria N. E. Br.（1907）Nom. illegit. ≡ Telosma Coville（1905）[萝藦科 Asclepiadaceae]●

41872　Pragmatropa Pierre（1894）Nom. illegit. ≡ Vyenomus C. Presl（1845）；~ = Euonymus L.（1753）[as 'Evonymus']（保留属名）[卫矛科 Celastraceae]●

41873　Pragmotessara Pierre（1894）= Euonymus L.（1753）[as 'Evonymus']（保留属名）[卫矛科 Celastraceae]●

41874　Pragmotropa Pierre = Euonymus L.（1753）[as 'Evonymus']（保留属名）[卫矛科 Celastraceae]●

41875　Prainea King ex Hook. f.（1888）【汉】陷毛桑属。【隶属】桑科 Moraceae。【包含】世界4种。【学名诠释与讨论】〈阴〉（人）David Prain，1857-1944，英国植物学者，教授。【分布】马来西亚。【模式】Prainea scandens King ex J. D. Hooker●☆

41876　Pranceacanthus Wassh.（1984）【汉】巴西刺爵床属。【隶属】爵床科 Acanthaceae。【包含】世界1种。【学名诠释与讨论】〈阴〉（人）Ghillean（'Iain'）Tolmie Prance,1937-，植物学者，邱园负责人+akantha，荆棘。akanthikos，荆棘的。akanthion，蓟的一种，豪

猪，刺猬。akanthinos，多刺的，用荆棘做成的。在植物描述中 acantha 通常指刺。【分布】巴西，玻利维亚。【模式】Pranceacanthus coccineus D. C. Wasshausen☆

41877　Prangos Lindl.（1825）【汉】栓翅芹属。【俄】Прангос。【俄】Прангос。【隶属】伞形花科（伞形科）Apiaceae（Umbelliferae）。【包含】世界38-40种。【学名诠释与讨论】〈阳〉（印度）prangos，一种植物名。【分布】巴基斯坦，地中海至亚洲中部。【后选模式】Prangos ferulaceum（Linnaeus）J. Lindley[Laserpitium ferulaceum Linnaeus[as 'ferulaceum']。【参考异名】Cryptodiscus Schrenk ex Fisch. et C. A. Mey.（1841）Nom. illegit.；Cryptodiscus Schrenk（1841）Nom. illegit.；Ekimia H. Duman et M. F. Watson（1999）；Heteroptera Steud.（1840）；Koelzella M. Hiroe（1958）；Melocarpus Post et Kuntze（1903）；Neocryptodiscus Hedge et Lamond（1987）；Pteromarathrum W. D. J. Koch ex DC.（1830）■☆

41878　Prantleia Mez（1891）Nom. illegit. ≡ Orthophytum Beer（1854）[凤梨科 Bromeliaceae]■☆

41879　Praravinia Korth.（1842）【汉】菲岛茜属。【隶属】茜草科 Rubiaceae。【包含】世界50种。【学名诠释与讨论】〈阴〉词源不详。此属的学名，ING 和 IK 记载是"Praravinia Korth., Verh. Nat. Gesch. Ned. Bezitt., Bot. 189. 1842[28 Oct 1842]"。"Praravinia Korth. et Bremek.（1940）"修订了属的描述。【分布】菲律宾（菲律宾群岛），加里曼丹岛，印度尼西亚（苏拉威西岛）。【模式】Praravinia densiflora Korthals。【参考异名】Paravinia Hassk.（1848）Nom. illegit.；Praravinia Korth. et Bremek.（1940）descr. ampl.；Williamsia Merr.（1908）●☆

41880　Praravinia Korth. et Bremek.（1940）descr. ampl. = Praravinia Korth.（1842）[茜草科 Rubiaceae]●☆

41881　Prasanthea（DC.）Decne.（1848）Nom. illegit. ≡ Codonophora Lindl.（1827）；~ = Paliavana Vell. ex Vand.（1788）[苦苣苔科 Gesneriaceae]●☆

41882　Prasanthea Decne.（1848）Nom. illegit. ≡ Prasanthea（DC.）Decne.（1848）Nom. illegit.；~ ≡ Codonophora Lindl.（1827）；~ = Paliavana Vell. ex Vand.（1788）[苦苣苔科 Gesneriaceae]●☆

41883　Prascoenum Post et Kuntze（1903）= Allium L.（1753）；~ = Praskoinon Raf.（1838）Nom. illegit.[百合科 Liliaceae//葱科 Alliaceae]■

41884　Prasiteles Salisb.（1866）= Narcissus L.（1753）[石蒜科 Amaryllidaceae//水仙科 Narcissaceae]■

41885　Prasium L.（1753）【汉】葱属。【隶属】唇形科 Lamiaceae（Labiatae）。【包含】世界1种。【学名诠释与讨论】〈中〉（希）prasinos = prasios，葱绿色+-ius,-ia,-ium，在拉丁文和希腊文中，这些词尾表示性质或状态。此属的学名，ING、TROPICOS、GCI 和 IK 记载是"Prasium L., Sp. Pl. 2：601. 1753[1 May 1753]"。"Levina Adanson, Fam. 2：190. Jul-Aug 1763"是"Prasium L.（1753）"的晚出的同模式异名（Homotypic synonym, Nomenclatural synonym）。【分布】地中海地区。【后选模式】Prasium majus Linnaeus。【参考异名】Levina Adans.（1763）Nom. illegit.●☆

41886　Praskoinon Raf.（1838）Nom. illegit. = Allium L.（1753）[百合科 Liliaceae//葱科 Alliaceae]■

41887　Prasopepon Naudin（1866）Nom. illegit. = Cucurbitella Walp.（1846）[葫芦科（瓜科，南瓜科）Cucurbitaceae]■☆

41888　Prasophyllum R. Br.（1810）【汉】韭兰属。【英】Leek Orchid。【隶属】兰科 Orchidaceae。【包含】世界60种。【学名诠释与讨论】〈中〉（希）prason，葱属之一种+phyllon，叶子。【分布】澳大利亚，新西兰。【模式】未指定。【参考异名】Chiloterus D. L. Jones et M. A. Clem.（2004）；Genoplesium R. Br.（1810）；Mecopodum D. L. Jones et M. A. Clem.（2004）■☆

41889 Prasoxylon M. Roem. (1846) Nom. illegit. ≡ Dysoxylum Blume (1825) [楝科 Meliaceae]●

41890 Pratia G. Don(1834)Nom. illegit. [桔梗科 Campanulaceae]☆

41891 Pratia Gaudich.(1825)【汉】铜锤玉带草属。【日】サクラダサウ属,サクラダソウ属。【英】Pratia, Purplehammer。【隶属】桔梗科 Campanulaceae//山梗菜科(半边莲科)Nelumbonaceae。【包含】世界35种,中国6种。【学名诠释与讨论】〈阴〉(人)M. C. L. Prat-Bernon,? -1817,法国海军军官。此属的学名,ING、TROPICOS、APNI 和 IK 记载是"Pratia Gaudichaud-Beaupré, Ann. Sci. Nat. (Paris)5:103. Mai 1825"。"Pratia G. Don, Gen. Hist. 3:699,partim. 1834 [8-15 Nov 1834]"是晚出的非法名称。"Pratia Gaudich.(1825)"曾被处理为"Lobelia unranked Pratia (Gaudich.) Heynh., Nomenclator Botanicus Hortensis 1:473. 1840"。亦有文献把"Pratia Gaudich.(1825)"处理为"Lobelia L. (1753)"的异名。【分布】澳大利亚,玻利维亚,新西兰,中国,太平洋地区,热带非洲,热带亚洲,南美洲。【模式】Pratia repens Gaudichaud-Beaupré。【参考异名】Colensoa Hook. f. (1852);Lobelia L. (1753);Lobelia unranked Pratia (Gaudich.) Heynh. (1840);Piddingtonia A. DC. (1857);Speirema Hook. f. et Thomson (1857);Spirema Benth. (1875)■

41892 Praticola Ehrh. (1789) = Thalictrum L. (1753) [毛茛科 Ranunculaceae]■

41893 Pravinaria Bremek. (1940)【汉】普拉茜属。【隶属】茜草科 Rubiaceae。【包含】世界2种。【学名诠释与讨论】〈阴〉词源不详。【分布】加里曼丹岛。【模式】Pravinaria leucocarpa Bremekamp☆

41894 Praxeliopsis G. M. Barroso(1949)【汉】寡毛假臭草属。【隶属】菊科 Asteraceae(Compositae)。【包含】世界1种。【学名诠释与讨论】〈阴〉(属)Praxelis 假臭草属(南美蓟属)+希腊文 opsis,外观,模样。【分布】巴西,玻利维亚。【模式】Praxeliopsis mattogrossensis G. M. Barroso■☆

41895 Praxelis Cass. (1826)【汉】假臭草属(南美蓟属)。【隶属】菊科 Asteraceae(Compositae)。【包含】世界15-16种,中国1种。【学名诠释与讨论】〈阴〉词源不详。【分布】巴拉圭,秘鲁,玻利维亚,哥伦比亚(安蒂奥基亚),中国。【模式】Praxelis villosa Cassini。【参考异名】Haberlea Pohl ex Baker(1876);Ooclinium DC. (1836)●●

41896 Preauxia Sch. Bip. (1844) Nom. illegit. ≡ Argyranthemum Webb ex Sch. Bip. (1839);~ = Chrysanthemum L. (1753)(保留属名)[菊科 Asteraceae(Compositae)]■●

41897 Precopiania Gusul. = Symphytum L. (1753) [紫草科 Boraginaceae]■

41898 Preissia Opiz(1852)Nom. inval. = Avena L. (1753) [禾本科 Poaceae(Gramineae)//燕麦科 Avenaceae]■

41899 Premna L. (1771)(保留属名)【汉】豆腐柴属(臭黄荆属,臭娘子属,臭鱼木属,腐婢属)。【日】ハマクサギ属。【英】Musk'Maple', Premna。【隶属】马鞭草科 Verbenaceae//唇形科 Lamiaceae(Labiatae)//牡荆科 Viticaceae。【包含】世界50-200种,中国46-47种。【学名诠释与讨论】〈阴〉(希)premnon,树干,树桩,或指某些种的树干矮小。此属的学名"Premna L., Mant. Pl. :154,252. Oct 1771"是保留属名。相应的废弃属名是马鞭草科 Verbenaceae 的"Appella Adans., Fam. Pl. 2:445,519. Jul-Aug 1763 =Premna L. (1771)(保留属名)"。【分布】中国,热带和亚热带非洲,亚洲。【模式】Premna serratifolia Linnaeus。【参考异名】Apella Scop. (1777);Appella Adans. (1763)(废弃属名);Baldingera Dennst. (1818) Nom. illegit. ;Cornutia Burm. f. ;Gumira Hassk. (1842) Gumira;Gumira Rumph. ex Hassk. (1842) Gumira;

Holochiloma Hochst. (1841);Phaenicanthus Thwaites (1861);Phoenicanthus Post et Kuntze(1903);Premna L. (1771)(保留属名);Pygmaeopremna Merr. (1910);Scrophularioides G. Forst. (1786);Solia Noronha(1790);Surfacea Moldenke(1980);Tatea F. Muell. (1883) Nom. illegit. ;Tinus L. (1754) Nom. illegit. ●■

41900 Prenanthella Rydb. (1906)【汉】小福王草属。【隶属】菊科 Asteraceae(Compositae)。【包含】世界1种。【学名诠释与讨论】〈阴〉(属)Prenanthes 福王草属+-ellus,-ella,-ellum,加在名词词干后面形成指小式的词尾。或加在人名、属名等后面以组成新属的名称。【分布】美洲西北。【模式】Prenanthella exigua (A. Gray) Rydberg [Prenanthes exigua A. Gray]■☆

41901 Prenanthes L. (1753)【汉】福王草属(盘果菊属)。【日】フクオウソウ属,フクワウサウ属。【俄】Косогорник, Пренантес。【英】Cankerweed, Gall - of - the - earth, Rattlesnake Root, Rattlesnakeroot。【隶属】菊科 Asteraceae(Compositae)。【包含】世界30-42种,中国10种。【学名诠释与讨论】〈阴〉(希)prenes,下垂的 + anthos,花。指头状花序下垂。此属的学名,ING、TROPICOS 和 IK 记载是"Prenanthes L., Sp. Pl. 2:797. 1753 [1 May 1753]"。"Hylethale Link, Handb. 1:788. ante Sep 1829"是"Prenanthes L. (1753)"的晚出的同模式异名(Homotypic synonym, Nomenclatural synonym)。【分布】西班牙(加那利群岛),马达加斯加,美国,中国,热带非洲,温带和热带亚洲,北美洲。【后选模式】Prenanthes purpurea Linnaeus。【参考异名】Chrysoprenanthes (Sch. Bip.) Bramwell;Esopon Raf. (1817);Faberia Hemsl. (1888);Harpalyce D. Don (1829) Nom. illegit. ;Harpolyce Post et Kuntze (1903);Hylethale Link (1829) Nom. illegit. ;Nabalus Cass. (1825);Narbalia Raf. (1838);Opicrina Raf. (1836);Penanthes Vell. (1829);Phrenanthes Wigg. (1780);Praenanthes Hook. (1831)■

41902 Prenantus Raf. (1832) Nom. illegit. [菊科 Asteraceae(Compositae)]■☆

41903 Prenia N. E. Br. (1925)【汉】花姬属。【日】プレニア属。【隶属】番杏科 Aizoaceae。【包含】世界1种。【学名诠释与讨论】〈阴〉(希)prenes,下垂的。此属的学名是"Prenia N. E. Brown, Gard. Chron. ser. 3. 78:412. 21 Nov 1925"。亦有文献把其处理为"Phyllobolus N. E. Br. (1925)"的异名。【分布】非洲南部。【模式】Prenia pallens (W. Aiton) N. E. Brown。【参考异名】Phyllobolus N. E. Br. (1925)●☆

41904 Preonanthus (DC.) Schur (1853) Nom. illegit. = Anemone L. (1753)(保留属名)[毛茛科 Ranunculaceae//银莲花科(罂粟莲花科)Anemonaceae]■

41905 Preonanthus Ehrh. (1789) = Anemone L. (1753)(保留属名)[毛茛科 Ranunculaceae//银莲花科(罂粟莲花科)Anemonaceae]■

41906 Prepodesma N. E. Br. (1930) = Aloinopsis Schwantes (1926);~ = Nananthus N. E. Br. (1925);~ = Prepodesma N. E. Br. (1931) descr. ampl. [番杏科 Aizoaceae]■☆

41907 Preptanthe Rchb. f. (1853) = Calanthe Ker Gawl. (1821)(废弃属名);~ = Calanthe R. Br. (1821)(保留属名)[兰科 Orchidaceae]■

41908 Prepusa Mart. (1827)【汉】显龙胆属。【隶属】龙胆科 Gentianaceae。【包含】世界5种。【学名诠释与讨论】〈阴〉(希)prepusa,明显的。【分布】巴西。【模式】Prepusa montana C. F. P. Martius。【参考异名】Gastrocalyx Gardner (1838) Nom. illegit. ;Perepusa Steud. (1840)■☆

41909 Prescotia Lindl. (1824) Nom. illegit. ≡ Prescottia Lindl. (1824) [as 'Prescotia'] [兰科 Orchidaceae]■☆

41910 Prescottia Lindl. (1824) [as 'Prescotia']【汉】普雷兰属。【隶

属】兰科 Orchidaceae。【包含】世界 21-24 种。【学名诠释与讨论】〈阴〉(人)John Prescott,? -1837,英国植物学者,居住在俄罗斯,他曾遍游北亚洲。此属的学名,ING、TROPICOS、GCI 和 IK 记载是"Prescottia Lindley in W. J. Hooker, Exot. Fl. 2:t. 115. Aug 1824('Prescotia')"。"Prescotia Lindl. (1824) ≡ Prescottia Lindl. (1824)"拼写有误。【分布】巴拉圭,巴拿马,秘鲁,玻利维亚,厄瓜多尔,哥伦比亚(安蒂奥基亚),哥斯达黎加,美国(佛罗里达),尼加拉瓜,西印度群岛,热带南美洲,中美洲。【模式】Prescottia plantaginifolia Lindley。【参考异名】Decaisnea Brongn. (1834)(废弃属名);Galeoglossum A. Rich. et Galeotti (1845);Prescotia Lindl. (1824)Nom. illegit. ■☆

41911 Preslaea Mart. (1827) Nom. illegit. = Heliotropium L. (1753) [紫草科 Boraginaceae//天芥菜科 Heliotropiaceae]●■

41912 Preslea G. Don (1837) Nom. illegit. = Preslia Opiz (1824); ~ = Mentha L. (1753) [唇形科 Lamiaceae (Labiatae)//薄荷科 Menthaceae]■

41913 Preslea Spreng. (1827) = Heliotropium L. (1753); ~ = Preslaea Mart. (1827) Nom. illegit. [紫草科 Boraginaceae//天芥菜科 Heliotropiaceae]●■

41914 Preslia Opiz (1824) = Mentha L. (1753) [唇形科 Lamiaceae (Labiatae)//薄荷科 Menthaceae]■●

41915 Preslianthus Iltis et Cornejo(2011)【汉】普莱花属。【隶属】山柑科(白花菜科,醉蝶花科)Capparaceae。【包含】世界 3 种。【学名诠释与讨论】〈阴〉(人)纪念 Jan Swatopluk Presl(1791-1849)和 Karl Boriwog Presl(1794-1852)兄弟,捷克植物学者、真菌学者 + anthus,花。【分布】玻利维亚,中美洲。【模式】Preslianthus detonsus (Triana et Planch.) Iltis et Cornejo [Capparis detonsa Triana et Planchon]■☆

41916 Presliophytum (Urb. et Gilg) Weigend (1997) Nom. inval. ≡ Presliophytum (Urb. et Gilg) Weigend(2006) [刺莲花科(硬毛草科)Loasaceae]●☆

41917 Presliophytum(Urb. et Gilg) Weigend(2006)【汉】爪瓣刺莲花属。【隶属】刺莲花科(硬毛草科)Loasaceae。【包含】世界 3 种。【学名诠释与讨论】〈阴〉(人)Carl (Karl, Carel, Carolus) Borivoj (Boriwog, Boriwag) Presl,1794-1852,捷克植物学者、真菌学者 + phyton,植物,树木,枝条。此属的学名,IK 记载是"Presliophytum (Urb. et Gilg) Weigend, Taxon 55(2):467. 2006 [22 Jun 2006]",由"Loasa sect. Presliophytum Urb. et Gilg Nova Acta Acad. Caes. Leop. -Carol. German. Nat. Cur. 76:260. 1900"改级而来。ING 记载的"Presliophytum (J. Urban et E. Gilg) M. Weigend, Nasa Conquest S. Amer. Syst. Rearrangements Loasaceae 215. Jun 1997",由"Loasa sect. Presliophytum J. Urban et E. Gilg in E. Gilg in Engler et Prantl, Nat. Pflanzenfam. 3(6a):118. 27 Feb 1894"改级而来;它是一个无效发表的名称。【分布】秘鲁,南美洲。【模式】Presliophytum incanum (R. C. Graham) M. Weigend [Loasa incana R. C. Graham]。【参考异名】Loasa sect. Presliophytum Urb. et Gilg (1900);Presliophytum (Urb. et Gilg) Weigend(1997)Nom. inval. ●☆

41918 Prestelia Sch. Bip. (1865) Nom. inval. ≡ Prestelia Sch. Bip. ex Benth. et Hook. f. (1873) [菊科 Asteraceae(Compositae)]●☆

41919 Prestelia Sch. Bip. ex Benth. et Hook. f. (1873)【汉】无茎灯头菊属。【隶属】菊科 Asteraceae(Compositae)。【包含】世界 1 种。【学名诠释与讨论】〈阴〉(人)Prestel。此属的学名,ING、TROPICOS 和 IK 记载的"Prestelia Sch. Bip., Festschr. Nat. Gesellsch. Emden 73(probably 1865)"是一个未合格发表的名称(Nom. inval.)。合法名称是 IK 记载的"Prestelia Sch. Bip. ex Benth. et Hook. f., Gen. Pl. [Bentham et Hooker f.]2(1):236. 1873 [7-9 Apr 1873]"。亦有文献把"Prestelia Sch. Bip. ex Benth.

et Hook. f. (1873)"处理为"Eremanthus Less. (1829)"的异名。【分布】巴西。【模式】Prestelia eriopus C. H. Schultz-Bip.。【参考异名】Eremanthus Less. (1829);Prestelia Sch. Bip. (1865)Nom. inval. ●☆

41920 Prestinaria Sch. Bip. ex Hochst. (1841) Nom. illegit. = Coreopsis L. (1753) [菊科 Asteraceae (Compositae)//金鸡菊科 Coreopsidaceae]●■

41921 Prestoea Hook. f. (1883)(保留属名)【汉】山甘蓝椰属(不列思多棕属,粉轴椰属,派斯托桐属)。【英】Prestoea。【隶属】棕榈科 Arecaceae(Palmae)。【包含】世界 10-12 种。【学名诠释与讨论】〈阴〉(人)Henry Prestoe, 1842-1923,英国植物学者,园艺学者,植物采集家。此属的学名"Prestoea Hook. f. in Bentham et Hooker, Gen. Pl. 3:875,899. 14 Apr 1883"是保留属名。相应的废弃属名是棕榈科 Arecaceae 的"Euterpe Gaertn., Fruct. Sem. Pl. 1:24. Dec 1788 = Euterpe Mart. (1823)(保留属名)"、"Martinezia Ruiz et Pav., Fl. Peruv. Prodr.: 148. Oct (prim.) 1794 = Prestoea Hook. f. (1883)(保留属名)= Euterpe Mart. (1823)(保留属名)"和"Oreodoxa Willd. in Deutsch. Abh. Königl. Akad. Wiss. Berlin 1801:251. 1803 = Prestoea Hook. f. (1883)(保留属名)"。【分布】巴基斯坦,玻利维亚,热带美洲。【模式】Prestoea pubigera (Grisebach et H. Wendland) J. D. Hooker [Hyospathe pubigera Grisebach et H. Wendland]。【参考异名】Acrista O. F. Cook (1901)Nom. illegit.;Martinezia Ruiz et Pav. (1794)(废弃属名);Oreodoxa Willd. (1806)(废弃属名)●☆

41922 Prestonia R. Br. (1810)(保留属名)【汉】五角木属。【英】Prestonia。【隶属】夹竹桃科 Apocynaceae。【包含】世界 65 种。【学名诠释与讨论】〈阴〉(人)Charles Preston, 1660-1711,英国植物学者,医生,教授。此属的学名"Prestonia R. Br., Asclepiadeae:58. 3 Apr 1810"是保留属名。相应的废弃属名是锦葵科 Malvaceae 的"Prestonia Scop., Intr. Hist. Nat.:281. Jan-Apr 1777 ≡ Lass Adans. (1763)(废弃属名)= Abutilon Mill. (1754)"。【分布】巴拉圭,巴拿马,秘鲁,玻利维亚,厄瓜多尔,哥伦比亚(安蒂奥基亚),尼加拉瓜,西印度群岛,中美洲。【模式】Prestonia tomentosa R. Brown。【参考异名】Belandra S. F. Blake (1917);Exothostemon G. Don (1837);Guachamaca De Gross (1870) Nom. illegit.; Guachamaca Grosourdy (1864); Haemadictyon Lindl. (1825) Nom. illegit.; Hylaea J. F. Morales (1999); Pentalinon Voigt (1845)●☆

41923 Prestonia Scop. (1777)(废弃属名)≡ Lass Adans. (1763)(废弃属名); ~ = Abutilon Mill. (1754) [锦葵科 Malvaceae]●■

41924 Prestoniopsis Müll. Arg. (1860)【汉】类五角木属。【隶属】夹竹桃科 Apocynaceae。【包含】世界 4 种。【学名诠释与讨论】〈阴〉(属)Prestonia 五角木属 + 希腊文 opsis,外观,模样,相似。此属的学名是"Prestoniopsis J. Müller-Arg., Bot. Zeitung (Berlin) 18: 22. 13 Jan 1860"。亦有文献把它处理为"Dipladenia A. DC. (1844)"的异名。【分布】澳大利亚,委内瑞拉。【模式】Prestoniopsis pubescens (J. J. Roemer et J. A. Schultes) J. Müller-Arg. [Echites pubescens J. J. Roemer et J. A. Schultes]。【参考异名】Dipladenia A. DC. (1844)●☆

41925 Pretera Steud. (1831)Nom. illegit. [胡麻科 Pedaliaceae]■☆

41926 Pretrea J. Gay ex Meisn. (1824) Nom. illegit. ≡ Dicerocaryum Bojer(1835) [胡麻科 Pedaliaceae]■☆

41927 Pretrea J. Gay (1840) Nom. illegit. = Pretrea J. Gay ex Meisn. (1824) Nom. illegit.; ~ ≡ Dicerocaryum Bojer (1835) [胡麻科 Pedaliaceae]■☆

41928 Pretreothamnus Engl. (1905) = Josephinia Vent. (1804) [胡麻科 Pedaliaceae]●■☆

41929 Preussiella Gilg(1897)【汉】普罗野牡丹属。【隶属】野牡丹科 Melastomataceae。【包含】世界 2 种。【学名诠释与讨论】〈阴〉（人）Paul Rudolf Preuss,1861-,德国植物学者,植物采集家+-ellus,-ella,-ellum,加在名词词干后面形成指小式的词尾。或加在人名、属名等后面以组成新属的名称。【分布】热带非洲西部。【模式】Preussiella kamerunensis Gilg☆

41930 Preussiodora Keay（1958）【汉】普罗茜属。【隶属】茜草科 Rubiaceae。【包含】世界 1 种。【学名诠释与讨论】〈阴〉（人）Paul Rudolf Preuss,1861-,德国植物学者,植物采集家+dora,一张皮。doros,革制的袋、囊。【分布】热带非洲西部。【模式】Preussiodora sulphurea（K. Schumann）Keay［Randia sulphurea K. Schumann］●☆

41931 Prevoita Steud.（1841）= Cerastium L.（1753）; ~ = Prevotia Adans.（1763）［石竹科 Caryophyllaceae］■

41932 Prevostea Choisy（1825）= Calycobolus Willd. ex Schult.（1819）［旋花科 Convolvulaceae］●☆

41933 Prevotia Adans.（1763）= Cerastium L.（1753）［石竹科 Caryophyllaceae］■

41934 Priamosia Urb.（1919）【汉】海地木属。【隶属】刺篱木科（大风子科）Flacourtiaceae。【包含】世界 1 种。【学名诠释与讨论】〈阴〉词源不详。【分布】西印度群岛（多明我）。【模式】Priamosia domingensis Urban ●☆

41935 Prianthes Pritz.（1865）= Prionanthes Schrank（1819）; ~ = Trixis P. Browne（1756）［菊科 Asteraceae（Compositae）］■●☆

41936 Prickothamnus Nutt. ex Baill. = Pickeringia Nutt.（1840）（保留属名）［豆科 Fabaceae（Leguminosae）］●☆

41937 Pridania Gagnep.（1938）= Pycnarrhena Miers ex Hook. f. et Thomson（1855）［防己科 Menispermaceae］●

41938 Priestleya DC.（1825）【汉】普里豆属。【隶属】豆科 Fabaceae（Leguminosae）。【包含】世界 45 种。【学名诠释与讨论】〈阴〉（人）Henry Priestley,1733-1804,英国植物学者,牧师,哲学家。此属的学名,ING 和 IPNI 记载是“Priestleya A. P. de Candolle, Ann. Sci. Nat.（Paris）4: 90. Jan 1825”。“Priestleya DC.（1836）= Montanoa Cerv.（1825）［as‘Montagnaea’］［菊科 Asteraceae（Compositae）]”和“Priestleya Moc. et Sessé ex DC.（1836）= Montanoa Cerv.（1825）［as‘Montagnaea’]”是晚出的非法名称。藻类的“Priestleya F. J. F. Meyen, Linnaea 2: 401. Aug-Oct 1827（non A. P. de Candolle 1825）≡ Phytoconis J. B. G. Bory de St.-Vincent 1797（by lectotypification）”也是晚出的非法名称。亦有文献把“Priestleya DC.（1825）”处理为“Liparia L.（1771）”的异名。【分布】非洲南部。【后选模式】Priestleya myrtifolia（Thunberg）A. P. de Candolle［Liparia myrtifolia Thunberg］。【参考异名】Achyronia J. C. Wendl.（1798）Nom. illegit. ; Liparia L.（1771）;Xiphotheca Eckl. et Zeyh.（1836）■☆

41939 Priestleya DC.（1836）Nom. illegit. = Montanoa Cerv.（1825）［as‘Montagnaea’］［菊科 Asteraceae（Compositae）］■●☆

41940 Priestleya Moc. et Sessé ex DC.（1836）Nom. illegit. = Montanoa Cerv.（1825）［as‘Montagnaea’］［菊科 Asteraceae（Compositae）］■●☆

41941 Prieurea DC.（1828）= Ludwigia L.（1753）［柳叶菜科 Onagraceae］●■

41942 Prieurella Pierre et Aubrév.（1964）Nom. inval. , Nom. illegit. = Chrysophyllum L.（1753）［山榄科 Sapotaceae］●☆

41943 Prieurella Pierre（1891）= Bumelia Sw.（1788）（保留属名）; ~ = Chrysophyllum L.（1753）［山榄科 Sapotaceae//刺李山榄科 Bumeliaceae］●

41944 Prieuria Benth. et Hook. f.（1867）= Ludwigia L.（1753）; ~ =

Prieurea DC.（1828）［柳叶菜科 Onagraceae］●■

41945 Prieuria DC. =Ludwigia L.（1753）［柳叶菜科 Onagraceae］●■

41946 Primula Hill（1756）Nom. illegit.［报春花科 Primulaceae］■

41947 Primula Kuntze（1891）Nom. illegit. ≡ Primula L.（1753）; ~ = Androsace L.（1753）［报春花科 Primulaceae］■

41948 Primula L.（1753）【汉】报春花属（报春，樱草属）。【日】サクラソウ属,サケリサウ属。【俄】Первоцвет,Примула。【英】Cowslip,Freckled Face,Primrose。【隶属】报春花科 Primulaceae。【包含】世界 400-600 种,中国 312 种。【学名诠释与讨论】〈阴〉（拉）primus,指小式 primulus,第一。或 prima,最初+-ulus,-ula,-ulum,指示小的词尾。指欧洲种 P. veris 在早春先于其他植物开花。此属的学名,ING,TROPICOS 和 IK 记载是“Primula L. , Sp. Pl. 1: 142. 1753 [1 May 1753]”。“Paralysis J. Hill, Brit. Herbal 68. Mar 1756”是“Primula L.（1753）”的晚出的同模式异名（Homotypic synonym, Nomenclatural synonym）。“Primula J. Hill, Brit. Herbal 68. Mar 1756 [报春花科 Primulaceae]”是晚出的非法名称。据 IK 记载,“Primula Kuntze”应该是“Primula Linn. fide Kuntze, Revis. Gen. Pl. 2: 398. 1891 [5 Nov 1891]”的误记。【分布】巴基斯坦,玻利维亚,美国,中国。【后选模式】Primula veris Linnaeus。【参考异名】Aleuritia Spach（1840）Nom. illegit. ; Aleuritia（Duby）Opiz（1839）; Aretia Link（1829）Nom. illegit. ; Auganthus Link（1829）; Auricula Hill（1756）; Auricula Tourn. ex Spach（1840）Nom. illegit. ;Cankrienia de Vriese（1850）;Carolinella Hemsl.（1902）; Evotrochis Raf.（1837）; Kablikia Opiz（1839）; Oscaria Lilja（1839）Nom. illegit. ; Paralysis Hill（1756）Nom. illegit. ; Primulidium Spach（1840）Nom. illegit. ; Pseudoprimula（Pax）O. Schwarz;Sredinskya（Stein ex Kusn.）Fed.（1950）■

41949 Primulaceae Batsch ex Borkh.（1797）（保留科名）【汉】报春花科。【日】サクラサウ科,サクラソウ科。【俄】Аврикуляриевые,Первоцветные。【英】Primrose Family, Primula Family。【包含】世界 22-23 属 850-1000 种,中国 12-14 属 517-559 种。【分布】北半球。【科名模式】Primula L.（1753）●

41950 Primulaceae Vent. =Primulaceae Batsch ex Borkh.（保留科名）●■

41951 Primularia Brenan（1953）= Cincinnobotrys Gilg（1897）［野牡丹科 Melastomataceae］■☆

41952 Primulidium Spach（1840）Nom. illegit. ≡ Auganthus Link（1829）; ~ = Primula L.（1753）［报春花科 Primulaceae］■

41953 Primulina Hance（1883）【汉】报春苣苔属。【英】Primulina。【隶属】苦苣苔科 Gesneriaceae。【包含】世界 1 种,中国 1 种。【学名诠释与讨论】〈阴〉（属）Primula 报春花属+inus, ina, inum 拉丁文加在名词词干之后,以形成形容词的词尾,含义为“属于”,相似。【分布】中国。【模式】Primulina tabacum Hance ■★

41954 Princea Dubard et Dop（1925）= Triainolepis Hook. f.（1873）［茜草科 Rubiaceae］■☆

41955 Principina Uittien（1935）【汉】松莎属。【隶属】莎草科 Cyperaceae。【包含】世界 1 种。【学名诠释与讨论】〈阴〉（希）princeps,第一,在前,为首的+pinus 松。此属的学名是“Principina Uittien, Recueil. Trav. Bot. Néerl. 32: 282. 1935”。亦有文献把其处理为“Hypolytrum Rich. ex Pers.（1805）Nom. illegit.”的异名。【分布】西赤道非洲。【模式】Principina grandis Uittien。【参考异名】Hypolytrum Rich. ex Pers.（1805）Nom. illegit. ■☆

41956 Pringlea T. Anderson ex Hook. f.（1845）【汉】普林芥属。【隶属】十字花科 Brassicaceae（Cruciferae）。【包含】世界 1 种。【学名诠释与讨论】〈阴〉（人）John Pringle,1707-1782,英国植物学者,医生。【分布】印度洋南部岛屿。【模式】Pringlea antiscorbutica R. Brown ex J. D. Hooker。【参考异名】

Diaphoranthus Anderson ex Hook. f. (1845) Nom. illegit. ■☆

41957　Pringleochloa Scribn. (1896)【汉】喜钙匍茎草属。【隶属】禾本科 Poaceae(Gramineae)。【包含】世界 1 种。【学名诠释与讨论】〈阴〉(人) Cyrus Guernsey Pringle,1838-1911,植物学者,植物采集家,The Record of a Quaker Conscience 的作者+chloe,草的幼芽,嫩草,禾草。此属的学名,ING、TROPICOS 和 IK 记载是"Pringleochloa Scribner, Bot. Gaz. 21:137. Mar 1896"。它曾被处理为"Opizia sect. Pringleochloa (Scribn.) Scribn., Circular, Division of Agrostology, United States Department of Agriculture 15:7. 1899. (14 Jul 1899)"。亦有文献把"Pringleochloa Scribn. (1896)"处理为"Opizia J. Presl et C. Presl(1830)"的异名。【分布】墨西哥。【模式】Pringleochloa stolonifera (Fournier) Scribner [Atheropogon stolonifer Fournier]。【参考异名】Opizia J. Presl et C. Presl (1830); Opizia sect. Pringleochloa (Scribn.) Scribn. (1899)■☆

41958　Pringleophytum A. Gray (1885) = Berginia Harv. ex Benth. et Hook. f. (1876); ~ = Holographis Nees (1847) [爵床科 Acanthaceae]■☆

41959　Prinodia Griseb. (1857) = Prinos Gronov. ex L. (1753) [冬青科 Aquifoliaceae]●

41960　Prinoides(DC.) Willis = Prinos Gronov. ex L. (1753) [冬青科 Aquifoliaceae]●

41961　Prinos Gronov. ex L. (1753) ≡ Prinos L. (1753); ~ = Ilex L. (1753) [冬青科 Aquifoliaceae]●

41962　Prinos L. (1753) = Ilex L. (1753) [冬青科 Aquifoliaceae]●

41963　Prinsepia Royle(1835)【汉】扁核木属(假皂荚属,蕤核属)。【日】タカサゴグミモドキ属,プリンセーピア属。【俄】Принсепия,Принцепия。【英】Cherry Prinsepia, Prinsepia。【隶属】蔷薇科 Rosaceae。【包含】世界 3-5 种,中国 4-5 种。【学名诠释与讨论】〈阴〉(人) James Prinsep,1799-1840,英国文物工作者,驻印度的官员。一说是瑞士气象学家。【分布】中国,喜马拉雅山。【模式】Prinsepia utilis Royle。【参考异名】Cycnia Lindl. (1847); Plagiospermum Oliv. (1886) Nom. illegit.; Sinoplagiospermum Rauschert(1982)●

41964　Printzia Cass. (1825)(保留属名)【汉】尾药菀属。【隶属】菊科 Asteraceae(Compositae)。【包含】世界 6 种。【学名诠释与讨论】〈阴〉(人) Karl Henrik Oppegaard Printz,1888-1978,丹麦植物学者。另说纪念 Jacob Printz,1740-1779,植物学者,林奈的学生。此属的学名"Printzia Cass. in Cuvier, Dict. Sci. Nat. 37:488. Dec 1825"是保留属名。相应的废弃属名是菊科 Asteraceae 的"Asteropterus Vaillant,Königl. Akad. Wiss. Paris Phys. Abh. 5:585. Jan-Apr 1754 ≡ Printzia Cass. (1825)(保留属名)"。菊科 Asteraceae 的"Asteropterus Adans., Fam. Pl. (Adanson) 2:124. 1763 [Jul-Aug 1763] = Leysera L. (1763)"亦应废弃。【分布】非洲南部。【模式】Printzia cernua (P. J. Bergius) Druce。【参考异名】Asteropterus Vaillant (1754)(废弃属名); Lioydia Neck. (1790) Nom. inval. (废弃属名); Lioydia Neck. ex Rchb. (1837)(废弃属名)■☆

41965　Prinus Post et Kuntze (1903) = Ilex L. (1753); ~ = Prinos L. (1753) [冬青科 Aquifoliaceae]●

41966　Priogymnanthus P. S. Green(1994)【汉】裸锯花属。【隶属】木犀榄科(木犀科) Oleaceae。【包含】世界 2 种。【学名诠释与讨论】〈阳〉(希) prion,锯+gymnos,裸露。gymno- = 拉丁文 nudi-,裸露 + anthos,花。【分布】巴拉圭,厄瓜多尔。【模式】Priogymnanthus hasslerianus (R. Chodat) P. S. Green [Mayepea hassleriana R. Chodat]●☆

41967　Prionachne Nees(1836) = Prionanthium Desv. (1831) [禾本科 Poaceae(Gramineae)]■☆

41968　Prionanthes Schrank (1819) = Trixis P. Browne (1756) [菊科 Asteraceae(Compositae)]●☆

41969　Prionanthium Desv. (1831)【汉】锯花禾属。【隶属】禾本科 Poaceae(Gramineae)。【包含】世界 3 种。【学名诠释与讨论】〈中〉(希) prion,锯+anthos,花+-ius,-ia,-ium,在拉丁文和希腊文中,这些词尾表示性质或状态。此属的学名是"Prionanthium Desvaux,Opusc. 64. 1831"。亦有文献把其处理为"Prionanthium Desv. (1831)"的异名。【分布】非洲南部。【模式】Prionanthium rigidum Desvaux。【参考异名】Chondrochlaena Kuntze, Nom. illegit.; Chondrochlaena Post et Kuntze(1903); Chondrolaena Nees (1841) Nom. illegit.; Ctenosachna Post et Kuntze (1903); Prionachne Nees(1836); Prionantium Desv. (1831)■☆

41970　Prioniaceae S. L. Munro et H. P. Linder (1998) [亦见 Thurniaceae Engl. 圭亚那草科(梭子草科)]【汉】南非灯心草科。【包含】世界1属1种。【分布】非洲。【科名模式】Prionium E. Mey. (1832)■

41971　Prionites Pritz. (1855) Nom. illegit. = Prionotes R. Br. (1810) [尖苞木科 Epacridaceae//杜鹃花科(欧石南科) Ericaceae]●☆

41972　Prionitis Adans. (1763) Nom. illegit. ≡ Falcaria Fabr. (1759)(保留属名) [伞形花科(伞形科) Apiaceae(Umbelliferae)]■

41973　Prionitis Oerst. (1854) = Barleria L. (1753) [爵床科 Acanthaceae]●■

41974　Prionium E. Mey. (1832)【汉】南非灯心草属。【隶属】灯心草科 Juncaceae//南非灯心草科 Prioniaceae。【包含】世界 1 种。【学名诠释与讨论】〈中〉(希) prion,锯+-ius,-ia,-ium,在拉丁文和希腊文中,这些词尾表示性质或状态。此属的学名,ING、TROPICOS 和 IK 记载是"Prionium E. H. F. Meyer, Linnaea 7:130. 1832"。"Prionoschoenus H. G. L. Reichenbach ex O. Kuntze in Post et O. Kuntze, Lex. 460. Dec 1903('1904')"是"Prionium E. Mey. (1832)"的晚出的同模式异名(Homotypic synonym, Nomenclatural synonym)。【分布】非洲南部。【模式】Prionium palmita E. H. F. Meyer, Nom. illegit. [Acorus palmita Lichtenstein, Nom. illegit.; Juncus serratus Linnaeus f.; Prionium serratum (Linnaeus f.) Drege ex E. H. F. Meyer]。【参考异名】Prionoschoenus (Rchb.) Kuntze (1903) Nom. illegit.; Prionoschoenus Rchb. ex Kuntze (1903) Nom. illegit.■☆

41975　Prionolepis Poepp. (1842) = Liabum Adans. (1763) Nom. illegit.; ~ = Amellus L. (1759)(保留属名) [菊科 Asteraceae (Compositae)]■●☆

41976　Prionolepis Poepp. et Endl. (1842) Nom. illegit. ≡ Prionolepis Poepp. (1842); ~ = Liabum Adans. (1763) Nom. illegit.; ~ = Amellus L. (1759)(保留属名) [菊科 Asteraceae(Compositae)]■●☆

41977　Prionophyllum C. Koch, Nom. illegit. ≡ Prionophyllum K. Koch (1873) Nom. illegit.; ~ ≡ Dyckia Schult. et Schult. f. (1830) Nom. illegit.; ~ = Dyckia Schult. f. (1830) [凤梨科 Bromeliaceae]■☆

41978　Prionophyllum K. Koch (1873) Nom. illegit. ≡ Dyckia Schult. et Schult. f. (1830) Nom. illegit.; ~ = Dyckia Schult. f. (1830) [凤梨科 Bromeliaceae]■☆

41979　Prionoplectus Oerst. (1861) Nom. illegit. = Alloplectus Mart. (1829)(保留属名) [苦苣苔科 Gesneriaceae]●■☆

41980　Prionopsis Nutt. (1840)【汉】锯菊属。【隶属】菊科 Asteraceae (Compositae)。【包含】世界 1 种。【学名诠释与讨论】〈阴〉(希) prion,锯+希腊文 opsis,外观,模样,相似。此属的学名是"Prionopsis Nuttall, Trans. Amer. Philos. Soc. ser. 2. 7: 329. Oct-Dec 1840"。亦有文献把其处理为"Haplopappus Cass. (1828)

［as'Aplopappus'］(保留属名)"的异名。【分布】北美洲。【模式】Prionopsis ciliata (Nuttall) Nuttall［Donia ciliata Nuttall］。【参考异名】Haplopappus Cass. (1828)［as'Aplopappus'］(保留属名)■☆

41981 Prionoschoenus (Rchb.) Kuntze (1903) Nom. illegit. ≡ Prionium E. Mey. (1832)［灯心草科 Juncaceae//南非灯心草科 Prioniaceae］■☆

41982 Prionoschoenus Kuntze (1903) Nom. illegit. ≡ Prionium E. Mey. (1832)［灯心草科 Juncaceae//南非灯心草科 Prioniaceae］■☆

41983 Prionoschoenus Rchb. ex Kuntze (1903) Nom. illegit. ≡ Prionium E. Mey. (1832)［灯心草科 Juncaceae//南非灯心草科 Prioniaceae］■☆

41984 Prionosciadium S. Watson (1888)【汉】锯伞芹属。【隶属】伞形花科(伞形科) Apiaceae (Umbelliferae)。【包含】世界 8 种。【学名诠释与讨论】〈阴〉(希) prion, 锯+(属) Sciadium 伞芹属。【分布】墨西哥至厄瓜多尔, 中美洲。【后选模式】Prionosciadium madrense S. Watson。【参考异名】Langlassea H. Wolff (1911)■☆

41985 Prionosepalum Steud. (1855) Nom. illegit. = Chaetanthus R. Br. (1810)［帚灯草科 Restionaceae］■☆

41986 Prionostachys Hassk. (1866) Nom. illegit. = Aneilema R. Br. (1810); ~ = Murdannia Royle (1840) (保留属名)［鸭跖草科 Commelinaceae］■

41987 Prionostemma Miers (1872)【汉】普瑞木属(齿梗木属)。【隶属】卫矛科 Celastraceae。【包含】世界 5 种。【学名诠释与讨论】〈阴〉(希) prion, 锯+stemma, 所有格 stemmatos, 花冠, 花环, 王冠。【分布】巴拿马, 玻利维亚, 哥伦比亚(安蒂奥基亚), 利比里亚(宁巴), 特立尼达和多巴哥(特立尼达岛), 中美洲。【后选模式】Prionostemma aspera (Lamarck) Miers［Hippocratea aspera Lamarck］●☆

41988 Prionotaceae Hutch. (1969) = Epacridaceae R. Br. (保留科名); ~ = Ericaceae Juss. (保留科名)●

41989 Prionotes R. Br. (1810)【汉】电珠石南属。【隶属】尖苞木科 Epacridaceae//杜鹃花科(欧石南科) Ericaceae。【包含】世界 1 种。【学名诠释与讨论】〈阳〉(希) prion, 锯+ous, 所有格 otos, 指小式 otion, 耳。otikos, 耳的。【分布】澳大利亚(塔斯马尼亚岛)。【模式】Prionotes cerinthoides (Labillardière) R. Brown［Epacris cerinthoides Labillardière］。【参考异名】Lebetanthus Endl. (1841); Prionites Pritz. (1855) Nom. illegit.; Prionotis Benth. et Hook. f. (1876)●☆

41990 Prionotis Benth. et Hook. f. (1876) = Prionotes R. Br. (1810)［尖苞木科 Epacridaceae//杜鹃花科(欧石南科) Ericaceae］●☆

41991 Prionotrichon Botsch. et Vved. (1948)【汉】齿毛芥属(锯毛芥属)。【俄】Прионотрихон。【隶属】十字花科 Brassicaceae (Cruciferae)。【包含】世界 4 种。【学名诠释与讨论】〈阳〉(希) prion, 锯 + thrix, 所有格 trichos, 毛, 毛发。此属的学名是"Prionotrichon V. P. Botschantzev et A. I. Vvedensky, Bot. Mater. Gerb. Inst. Bot. Zool. Akad. Nauk Uzbeksk. S. S. R. 12：8. 1948 (post 11 Sep)"。亦有文献把其处理为"Rhammatophyllum O. E. Schulz (1933)"的异名。【分布】阿富汗, 蒙古, 亚洲中部。【模式】Prionotrichon pseudoparrya V. P. Botschantzev et A. I. Vvedensky。【参考异名】Koeiea Rech. f. (1954); Rhammatophyllum O. E. Schulz (1933)■☆

41992 Priopetalon Raf. (1838) = Alstroemeria L. (1762)［石蒜科 Amaryllidaceae//百合科 Liliaceae//六出花科(彩花扭柄科, 扭柄叶科) Alstroemeriaceae］■☆

41993 Prioria Griseb. (1860)【汉】脂苏木属(普疗木属)。【隶属】豆科 Fabaceae (Leguminosae)。【包含】世界 1 种。【学名诠释与讨】

论〉〈阴〉(人) Prior, Richard Chandler Alexander Prior, 1809-1902, 英国植物学者, 医生, 植物采集家。【分布】巴拿马, 哥伦比亚(安蒂奥基亚), 哥斯达黎加, 尼加拉瓜, 牙买加, 中美洲。【模式】Prioria copaifera Grisebach●☆

41994 Priotropis Wight et Arn. (1834)【汉】黄雀儿属。【英】Priotropis, Siskinling。【隶属】豆科 Fabaceae (Leguminosae)//蝶形花科 Papilionaceae。【包含】世界 2 种, 中国 1 种。【学名诠释与讨论】〈阴〉(希) prion, 锯+tropos, 转弯, 方式上的改变。trope, 转弯的行为。tropo, 转。tropis, 所有格 tropeos, 后来的。tropis, 所有格 tropidos, 龙骨。指龙骨瓣先端具长喙, 状如锯形。此属的学名, ING, TROPICOS 和 IK 记载是"Priotropis R. Wight et Arnott, Prodr. 180. 10 Oct 1834"。它曾被处理为"Crotalaria subgen. Priotropis (Wight & Arn.) Meisn., Tabl. Diagn. 82. 1837"和"Crotalaria subsect. Priotropis (Wight & Arn.) Polhill, Kew Bulletin 22 (2): 247. 1968"。亦有文献把"Priotropis Wight et Arn. (1834)"处理为"Crotalaria L. (1753) (保留属名)"的异名。【分布】也门(索科特拉岛), 中国, 喜马拉雅山。【模式】Priotropis cytisoides (Roxburgh) R. Wight et Arnott［Crotalaria cytisoides Roxburgh］。【参考异名】Crotalaria L. (1753) (保留属名); Crotalaria subgen. Priotropis (Wight & Arn.) Meisn. (1837); Crotalaria subsect. Priotropis (Wight & Arn.) Polhill (1968)●

41995 Prisciana Raf. (1838) Nom. illegit. ≡ Carpopodium (DC.) Eckl. et Zeyh. (1834-1835) Nom. illegit.; ~ = Heliophila Burm. f. ex L. (1763)［十字花科 Brassicaceae (Cruciferae)］●■☆

41996 Prismatanthus Hook. et Arn. (1837) = Siphonostegia Benth. (1835)［玄参科 Scrophulariaceae］■

41997 Prismatocarpus L'Hér. (1789) (保留属名)【汉】棱果桔梗属。【隶属】桔梗科 Campanulaceae。【包含】世界 30 种。【学名诠释与讨论】〈阳〉(希) prisma, 所有格 prismatos, 角柱, 棱柱+karpos, 果实。此属的学名"Prismatocarpus L'Hér., Sert. Angl.: 1. Jan (prim.) 1789"是保留属名。法规未列出相应的废弃属名。【分布】非洲。【模式】Prismatocarpus paniculatus L'Héritier de Brutelle。【参考异名】Codiphus Raf. (1837); Ireon Raf. (1838) Nom. illegit.; Prismocarpa Raf.; Roelloides Banks ex A. DC. (1830)●■☆

41998 Prismatomeris Thwaites (1856)【汉】南山花属(三角瓣花属)。【英】Prismatomeris。【隶属】茜草科 Rubiaceae。【包含】世界 15 种, 中国 1-4 种。【学名诠释与讨论】〈阴〉(希) prisma, 所有格 prismatos, 角柱, 棱柱+meros, 一部分。拉丁文 merus 含义为纯洁的, 真正的。指花瓣角柱状。【分布】东喜马拉雅山至马来西亚西部, 斯里兰卡, 中国。【模式】Prismatomeris albidiflora Thwaites。【参考异名】Zeuxanthe Ridl. (1939)●

41999 Prismocarpa Raf. = Prismatocarpus L'Hér. (1789) (保留属名)［桔梗科 Campanulaceae］●■☆

42000 Prismophylis Thouars = Bulbophyllum Thouars (1822) (保留属名)［兰科 Orchidaceae］■

42001 Pristidia Thwaites (1859) = Gaertnera Lam. (1792) (保留属名)［茜草科 Rubiaceae］●

42002 Pristiglottis Cretz. et J. J. Sm. (1934)【汉】双丸兰属。【隶属】兰科 Orchidaceae。【包含】世界 13 种。【学名诠释与讨论】〈阴〉(希) pristes, 锯, 锉+glottis, 所有格 glottidos, 气管口, 来自 glotta = glossa, 舌。指花瓣。此属的学名"Pristiglottis Cretzoiu et J. J. Smith, Acta Fauna Fl. Universali, Ser. 2, Bot. 1 (14): 4. 1934"是一个替代名称。"Cystopus Blume, Fl. Javae Nova Ser. 1: 69. 1858"是一个非法名称(Nom. illegit.), 因为此前已经有了真菌的"Cystopus J. H. Léveillé, Ann. Sci. Nat. Bot. ser. 3. 8: 371. Dec 1847 ≡ Albugo Gray 1821"。故用"Pristiglottis Cretz. et J. J. Sm.

(1934)"替代之。亦有文献把"Pristiglottis Cretz. et J. J. Sm. (1934)"处理为"Odontochilus Blume(1858)"的异名。【分布】加里曼丹岛,瓦努阿图,印度尼西亚(爪哇岛),中国,法属新喀里多尼亚,萨摩亚群岛,印度尼西亚(苏门答腊岛),所罗门群岛,新几内亚岛。【后选模式】Cystopus unifloris Blume。【参考异名】Cystopus Blume(1858)Nom. illegit. ;Odontochilus Blume(1858)■

42003 Pristimera Miers(1872)【汉】扁蒴藤属(扁蒴果属)。【英】Pristimera。【隶属】翅子藤科 Hippocrateaceae。【包含】世界 24-30 种,中国 4 种。【学名诠释与讨论】〈阴〉(希)pristes,锯,锉+meros,部分,股。可能指花盘不明显。【分布】巴拉圭,巴拿马,秘鲁,玻利维亚,东亚,厄瓜多尔,马达加斯加,尼加拉瓜,印度至马来西亚,中国,西印度群岛,中美洲。【后选模式】Pristimera verrucosa (Kunth)Miers[Hippocratea verrucosa Kunth]●

42004 Pristocarpha E. Mey. ex DC. (1838)= Athanasia L. (1763)[菊科 Asteraceae(Compositae)]●☆

42005 Pritaelago Kuntze = Hornungia Rchb. (1837)[十字花科 Brassicaceae(Cruciferae)]■

42006 Pritchardia Seem. et H. Wendl. (1862)(保留属名)【汉】太平洋棕属(卜力查得棕属,布氏桐属,金棕属,普权桐属,普利加德属,夏威夷葵属,夏威夷棕属)。【日】フトエクマデヤシ属。【俄】Притчардия。【英】Fan Palm,Pritchardia,Pritchardia Palm。【隶属】棕榈科 Arecaceae(Palmae)。【包含】世界 25-38 种。【学名诠释与讨论】〈阴〉(人)William Thomas Pritchard,英国驻斐济的领事。此属的学名"Pritchardia Seem. et H. Wendl. in Bonplandia 10:197. 1 Jul 1862"是保留属名。相应的废弃属名是化石植物的"Pritchardia Unger ex Endl. ,Gen. Pl. ,Suppl. 2:102. Mar~Jun 1842"。"Pritchardia Seem. et H. Wendl. ex H. Wendl. (1862)≡Pritchardia Seem. et H. Wendl. (1862)(保留属名)"的命名人引证有误,亦应废弃。硅藻的"Pritchardia Rabenhorst,Fl. Eur. Algarum 1:162. 1864"也要废弃。"Eupritchardia O. Kuntze,Rev. Gen. 3 (3):323. 28 Sep 1898"和"Styloma O. F. Cook,J. Wash. Acad. Sci. 5:241. 4 Apr 1915"是"Pritchardia Seem. et H. Wendl. (1862)(保留属名)"的晚出的同模式异名(Homotypic synonym,Nomenclatural synonym)。【分布】巴基斯坦,巴拿马,玻利维亚,厄瓜多尔,斐济,哥伦比亚(安蒂奥基亚),美国(夏威夷)。【模式】Pritchardia pacifica B. C. Seemann et H. Wendland。【参考异名】Eupritchardia Kuntze (1898) Nom. illegit. ;Europritchardia Kuntze;Pritchardia Seem. et H. Wendl. (1862) Nom. illegit. (废弃属名);Pritchardia Unger ex Endl. (1842)(废弃属名);Styloma O. F. Cook(1915)Nom. illegit. ●☆

42007 Pritchardia Seem. et H. Wendl. ex H. Wendl. (1862)Nom. illegit. (废弃属名)≡Pritchardia Seem. et H. Wendl. (1862)(保留属名)[棕榈科 Arecaceae(Palmae)]●☆

42008 Pritchardiopsis Becc. (1910)【汉】脊果棕属(大果棕属)。【隶属】棕榈科 Arecaceae(Palmae)。【包含】世界 1 种。【学名诠释与讨论】〈阴〉(属)Pritchardia 太平洋棕属+希腊文 opsis,外观,模样,相似。【分布】法属新喀里多尼亚。【模式】Pritchardiopsis jennencyi Beccari ●☆

42009 Pritzelago Kuntze(1891)【汉】岩羚羊芥属。【隶属】十字花科 Brassicaceae(Cruciferae)。【包含】世界 1 种。【学名诠释与讨论】〈阴〉(属)Georg August Pritzel,1815-1874,德国植物学者+-ago,新拉丁文词尾,表示关系密切,相似,追随,携带,诱导。此属的学名是"Pritzelago O. Kuntze,Rev. Gen. 1:35. 5 Nov 1891"。亦有文献把其处理为"Hornungia Rchb. (1837)"的异名。【分布】地中海西部。【模式】Pritzelago alpina (Linnaeus) O. Kuntze [Lepidium alpinum Linnaeus]。【参考异名】Hornungia Rchb.

(1837);Hutchinsia R. Br. ,Nom. illegit. ■☆

42010 Pritzelia F. Muell. (1875)Nom. illegit. ≡Hetaeria Endl. (1836)(废弃属名);~ =Philydrella Caruel(1878)[田葱科 Philydraceae]■☆

42011 Pritzelia Klotzsch(1854)Nom. illegit. = Begonia L. (1753)[秋海棠科 Begoniaceae]●■

42012 Pritzelia Schauer(1843)Nom. illegit. =Scholtzia Schauer(1843)[桃金娘科 Myrtaceae]●☆

42013 Pritzelia Walp. (1843)= Trachymene Rudge(1811)[伞形花科(伞形科)Apiaceae(Umbelliferae)//天胡荽科 Hydrocotylaceae]■☆

42014 Priva Adans. (1763)【汉】异柱马鞭草属。【隶属】马鞭草科 Verbenaceae。【包含】世界 20 种。【学名诠释与讨论】〈阴〉(拉)privus,个别的,特殊的。此属的学名,ING、TROPICOS、GCI 和 IK 记载是"Priva Adans. ,Fam. Pl. (Adanson)2:505. 1763 [Jul-Aug 1763]"。"Busseria J. C. Cramer, Disp. Syst. 144. 1803"是"Priva Adans. (1763)"的晚出的同模式异名(Homotypic synonym,Nomenclatural synonym)。【分布】巴基斯坦,巴拉圭,巴拿马,秘鲁,玻利维亚,厄瓜多尔,哥伦比亚(安蒂奥基亚),马达加斯加,尼加拉瓜,中美洲。【模式】Priva lappulacea (Linnaeus)Persoon [Verbena lappulacea Linnaeus]。【参考异名】Blairia Adans. (1763) Nom. illegit. ; Busseria Cramer (1803) Nom. illegit. ; Phelloderma Miers (1870) Nom. illegit. ; Phryma Forssk. (1775) Nom. illegit. ; Steptium Boiss. (1879);Streptium Roxb. (1798); Tortula Roxb. ex Willd. (1800)■☆

42015 Proatriplex (Weber) Stutz et G. L. Chu (1990) = Atriplex L. (1753) (保留属名) [藜科 Chenopodiaceae//滨藜科 Atriplicaceae]■●

42016 Proatriplex Stutz et G. L. Chu(1990) Nom. illegit. ≡ Proatriplex (Weber)Stutz et G. L. Chu(1990);~ =Atriplex L. (1753)(保留属名)[藜科 Chenopodiaceae//滨藜科 Atriplicaceae]■●

42017 Probatea Raf. (1840) Nom. illegit. ≡ Asarina Mill. (1757) [玄参科 Scrophulariaceae//婆婆纳科 Veronicaceae]■☆

42018 Problastes Reinw. (1828)= Lumnitzera Willd. (1803)[使君子科 Combretaceae]●

42019 Probletostemon K. Schum. (1897)= Tricalysia A. Rich. ex DC. (1830)[茜草科 Rubiaceae]●

42020 Probosceila Tiegh. (1903)= Ochna L. (1753)[金莲木科 Ochnaceae]●

42021 Proboscidea Schmidel(1763)【汉】长角胡麻属(单角胡麻属,角胡麻属)。【日】ツノゴマ属。【俄】Пробосцидеа,Пробосцидея。【英】Devil's Claws,Devil's-claws,Proboscidea,Unicorn Plant。【隶属】角胡麻科 Martyniaceae//胡麻科 Pedaliaceae。【包含】世界 8-9 种,中国 1 种。【学名诠释与讨论】〈阴〉(希)proboskis,象鼻,指掌实象鼻状。【分布】秘鲁,美国(密苏里),中国,中美洲。【模式】Proboscidea louisianica (Miller) Thellung [Martynia louisianica Miller]。【参考异名】Martynia L. (1753)■

42022 Proboscidia Rich. ex DC. (1828)= Rhynchanthera DC. (1828)(保留属名)[野牡丹科 Melastomataceae]●☆

42023 Proboscidora Neck. (1790)Nom. inval. ≡ Proprosciphora Neck. ex Caruel (1885) Nom. illegit. ; ~ ≡ Rhynchocorys Griseb. (1844)(保留属名)[玄参科 Scrophulariaceae//列当科 Orobanchaceae]■☆

42024 Prosciphora Neck. ex Caruel (1885) Nom. illegit. ≡ Rhynchocorys Griseb. (1844) (保留属名) [玄参科 Scrophulariaceae//列当科 Orobanchaceae]■☆

42025 Procephalium Post et Kuntze (1903) = Proscephaleium Korth. (1851)[茜草科 Rubiaceae]☆

42026 Prochnyanthes Baker = Prochnyanthes S. Watson（1887）［龙舌兰科 Agavaceae］■☆

42027 Prochnyanthes S. Watson（1887）【汉】跪花龙舌兰属。【隶属】龙舌兰科 Agavaceae//石蒜科 Amaryllidaceae。【包含】世界 1-3 种。【学名诠释与讨论】〈阴〉（希）prochny, 跪+anthos, 花。此属的学名, ING、TROPICOS 和 IK 记载是"Prochnyanthes S. Watson, Proc. Amer. Acad. Arts 22：457. 1887（post 13 Apr）"。【分布】墨西哥。【模式】Prochnyanthes viridescens S. Watson。【参考异名】Prochnyanthes Baker ■☆

42028 Prockia P. Browne ex L.（1759）Nom. illegit. ≡ Prockia P. Browne（1759）［椴树科（椴科, 田麻科）Tiliaceae//刺篱木科 Flacourtiaceae］●☆

42029 Prockia P. Browne（1759）【汉】普罗椴属。【隶属】椴树科（椴科, 田麻科）Tiliaceae//刺篱木科 Flacourtiaceae。【包含】世界 3 种。【学名诠释与讨论】〈阴〉（人）Prock. 此属的学名, ING、GCI 和 IK 记载是"Prockia P. Browne in Linnaeus, Syst. Nat. ed. 10. 1068, 1074, 1372. 7 Jun 1759"；TROPICOS 则记载为"Prockia P. Browne ex Linnaeus, Syst. Nat. ed. 10. 1068, 1074, 1372. 7 Jun 1759"。四者引用的文献相同。ING 把其置于刺篱木科 Flacourtiaceae；GCI 和 IK 放在椴树科（椴科, 田麻科）Tiliaceae；TROPICOS 则归入杨柳科 Salicaceae。【分布】巴拉圭, 巴拿马, 秘鲁, 玻利维亚, 厄瓜多尔, 哥斯达黎加, 马达加斯加, 尼加拉瓜, 西印度群岛, 热带美洲, 中美洲。【模式】Prockia crucis Linnaeus。【参考异名】Jacquinia L.（1759）（保留属名）；Jacquinia Mutis ex L.（1759）（废弃属名）；Kellettia Seem.（1853）；Prockia P. Browne ex L.（1759）Nom. illegit. ; Tinea Spreng.（1821）；Tineoa Post et Kuntze（1903）；Trilix L.（1771）●☆

42030 Prockiaceae Bertuch（1801）= Flacourtiaceae Rich. ex DC.（保留科名）●

42031 Prockiaceae D. Don = Flacourtiaceae Rich. ex DC.（保留科名）●

42032 Prockiopsis Baill.（1886）【汉】普罗木属。【隶属】刺篱木科（大风子科）Flacourtiaceae。【包含】世界 3 种。【学名诠释与讨论】〈阴〉（属）Prockia 普罗椴属+希腊文 opsis, 外观, 模样, 相似。【分布】马达加斯加。【模式】Prockiopsis hildebrandtii Baillon ●☆

42033 Proclesia Klotzsch（1851）= Cavendishia Lindl.（1835）（保留属名）［杜鹃花科（欧石南科）Ericaceae］●☆

42034 Procopiana Gusul.（1928）Nom. illegit. ≡ Procopiania Gusul.（1928）Nom. illegit. ; ~ = Symphytum L.（1753）［紫草科 Boraginaceae］■

42035 Procopiania Gusul.（1928）Nom. illegit. = Symphytum L.（1753）［紫草科 Boraginaceae］■

42036 Procrassula Griseb.（1843）= Sedum L.（1753）［景天科 Crassulaceae］●■

42037 Procris Comm. ex Juss.（1789）【汉】藤麻属（望北京属, 乌来麻属）。【日】ウライサウ属, ウライソウ属。【英】Procris, Vinenettle。【隶属】荨麻科 Urticaceae。【包含】世界 16-20 种, 中国 1-2 种。【学名诠释与讨论】〈阴〉（希）prokrino, 选择。此属的学名, ING、GCI、TROPICOS 和 IK 记载是"Procris Comm. ex Juss., Gen. Pl.［Jussieu］403. 1789［4 Aug 1789］"。APNI 则记载为"Procris Juss., Genera Plantarum 1838"；它是晚出的非法名称。【分布】巴基斯坦, 玻利维亚, 马达加斯加, 中国。【模式】Procris axillaris J. F. Gmelin。【参考异名】Elatostema J. R. Forst. et G. Forst.（1775）（保留属名）；Horreola Noronha（1790）；Procris Juss.（1838）Nom. illegit. ; Sciobia Rchb.（1841）；Sciophila Gaudich.（1830）Nom. illegit. ●

42038 Procris Juss.（1838）Nom. illegit. = Procris Comm. ex Juss.（1789）［荨麻科 Urticaceae］●

42039 Proctoria Luer（2004）【汉】开曼兰属。【隶属】兰科 Orchidaceae。【包含】世界 1 种。【学名诠释与讨论】〈阴〉（人）Proctor. 此属的学名是"Proctoria Luer, Monographs in Systematic Botany from the Missouri Botanical Garden 95：258. 2004"。亦有文献把其处理为"Pleurothallis R. Br.（1813）"的异名。【分布】英属开曼群岛。【模式】Proctoria caymanensis（C. D. Adams）Luer。【参考异名】Pleurothallis R. Br.（1813）■☆

42040 Proineia Ehrh.（1789）= Aira L.（1753）（保留属名）［禾本科 Poaceae（Gramineae）］■

42041 Proiphys Herb.（1821）【汉】初泡石蒜属。【隶属】石蒜科 Amaryllidaceae。【包含】世界 2-3 种。【学名诠释与讨论】〈阴〉（希）prois, 一天或一年的初期+physa, 风箱, 气泡。此属的学名, ING、TROPICOS、APNI 和 IK 记载是"Proiphys Herb., App.［Bot. Reg.］42（1821）"。"Cearia Dumortier, Commentat. 65. Jul-Dec 1822"、"Cepa O. Kuntze, Rev. Gen. 2：703. 5 Nov 1891（non P. Miller 1754）"和"Eurycles J. A. Schultes et J. H. Schultes in J. J. Roemer et J. A. Schultes, Syst. Veg. 7（2）：lvi. 1830（sero）"是"Proiphys Herb.（1821）"的晚出的同模式异名（Homotypic synonym, Nomenclatural synonym）。亦有文献把"Proiphys Herb.（1821）"处理为"Eurycles Salisb.（1830）Nom. illegit. = Eurycles Salisb. ex Lindl.（1829）Nom. illegit. = Eurycles Salisb. ex Schult. et Schult. f.（1830）"的异名。【分布】澳大利亚（北部和东部）, 马来西亚, 新几内亚岛。【模式】Proiphys amboinensis（Linnaeus）Herbert［Pancratium amboinense Linnaeus］。【参考异名】Cearia Dumort.（1822）Nom. illegit. ; Cepa Kuntze（1891）Nom. illegit. ; Eurycles Drap.（1828）Nom. illegit. ; Eurycles Salisb.（1812）Nom. inval. ; Eurycles Salisb.（1830）Nom. illegit. ; Eurycles Salisb. ex Lindl.（1829）Nom. illegit. ; Eurycles Salisb. ex Schult. et Schult. f.（1830）；Eurycles Schult. et Schult. f.（1830）Nom. illegit. ■☆

42042 Prolobus R. M. King et H. Rob.（1982）【汉】黏叶柄泽兰属。【隶属】菊科 Asteraceae（Compositae）。【包含】世界 1 种。【学名诠释与讨论】〈阳〉（希）pro-, 在……前面, 之前+lobos = 拉丁文 lobulus, 片, 裂片, 叶, 荚, 蒴。【分布】巴西。【模式】Prolobus nitidulus（J. G. Baker）R. M. King et H. E. Robinson［Eupatorium nitidulum J. G. Baker］●☆

42043 Prolongoa Boiss.（1840）（保留属名）【汉】长莛菊属。【隶属】菊科 Asteraceae（Compositae）。【包含】世界 1 种。【学名诠释与讨论】〈阴〉（人）Pablo Prolongo y Garcia, 1808-1885, 植物学者。此属的学名"Prolongoa Boiss., Voy. Bot. Espagne：320. 23 Sep 1840"是保留属名。法规未列出相应的废弃属名。亦有文献把"Prolongoa Boiss.（1840）（保留属名）"处理为"Chrysanthemum L.（1753）（保留属名）"的异名。【分布】西班牙。【模式】Prolongoa hispanica G. López González et C. E. Jarvis。【参考异名】Chrysanthemum L.（1753）（保留属名）■☆

42044 Promenaea Lindl.（1843）【汉】普罗兰属。【日】プロメネーア属。【隶属】兰科 Orchidaceae。【包含】世界 14 种。【学名诠释与讨论】〈阴〉（人）Promeneia, 希腊神话中古都 Dodona 的女先知。【分布】巴西, 玻利维亚。【后选模式】Promenaea lentiginosa（Lindley）Lindley［Maxillaria lentiginosa Lindley］■☆

42045 Prometheum（A. Berger）H. Ohba（1978）【汉】普罗景天属。【隶属】景天科 Crassulaceae。【包含】世界 2-8 种。【学名诠释与讨论】〈中〉（人）Prometheus, 希腊神话 Titan 中神族的儿子 Lapetus. 此属的学名, ING 和 IK 记载是"Prometheum（A. Berger）H. Ohba, J. Fac. Sci. Univ. Tokyo, Sect. 3, Bot. 12：168. 31 Mar 1978", 由"Sedum sect. Prometheum A. Berger in Engler et Prantl, Nat. Pflanzenfam. ed. 2. 18a：459. May 1930"改级而来。"Pseudorosularia M. Z. Gurgenidze, Zametki Sist. Geogr. Rast. 35：

10. 1978（post 30 Jun）是"Prometheum（A. Berger）H. Ohba（1978）"的晚出的同模式异名（Homotypic synonym, Nomenclatural synonym）。【分布】土耳其，伊朗，高加索。【模式】Prometheum sempervivoides（F. E. L. Fischer ex Marschall von Bieberstein）H. Ohba［Sedum sempervivoides F. E. L. Fischer ex Marschall von Bieberstein］。【参考异名】Pseudorosularia Gurgen.（1979）Nom. illegit. ; Sedum sect. Prometheum A. Berger（1930）■☆

42046　Pronacron Cass.（1826）= Melampodium L.（1753）［菊科 Asteraceae（Compositae）］■●

42047　Pronaya Hügel ex Endl.（1837）Nom. illegit. ≡ Pronaya Hügel（1837）［海桐花科（海桐科）Pittosporaceae］●☆

42048　Pronaya Hügel（1837）【汉】普罗桐属。【英】Pronaya。【隶属】海桐花科（海桐科）Pittosporaceae。【包含】世界1种。【学名诠释与讨论】〈阴〉（人）Pronay。此属的学名，ING、APNI 和 IK 记载是"Pronaya Hügel, Bot. Arch. Gartenbauges. Österr. Kaiserstaates 1：6. Feb 1837"；"Pronaya Hügel ex Endl.（1837）≡ Pronaya Hügel（1837）"的命名人引证有误。【分布】澳大利亚（西部）。【模式】Pronaya elegans Hügel。【参考异名】Campylanthera Hook.（1837）Nom. illegit. ; Pronaya Hügel ex Endl.（1837）Nom. illegit. ; Spiranthera Hook.（1836）●☆

42049　Prosanerpis S. F. Blake（1922）= Clidemia D. Don（1823）［野牡丹科 Melastomataceae］●☆

42050　Prosartema Gagnep.（1925）= Trigonostemon Blume（1826）［as 'Trigostemon'］（保留属名）［大戟科 Euphorbiaceae］●

42051　Prosartes D. Don（1839）【汉】附加百合属。【隶属】百合科 Liliaceae//裂果草科（油点草科 Tricyrtidaceae//铃兰科 Convallariaceae//秋水仙科 Colchicaceae。【包含】世界5种。【学名诠释与讨论】〈阴〉（希）prosarto, 附加。指模式种胚珠下垂。此属的学名，ING、TROPICOS 和 IK 记载是"Prosartes D. Don, Proc. Linn. Soc. London 1：48. 17 Dec 1839"。Q. Jones 曾把其处理为"Disporum sect. Prosartes（D. Don）Q. Jones, Contributions from the Gray Herbarium of Harvard University 173：11. 1951"。亦有文献把"Prosartes D. Don（1839）"处理为"Disporum Salisb. ex D. Don（1812）"的异名。【分布】参见 Disporum Salisb. ex D. Don。【后选模式】Prosartes lanuginosa（A. Michaux）D. Don［Streptopus lanuginosus A. Michaux］。【参考异名】Disporum Salisb. ex D. Don（1812）; Disporum sect. Prosartes（D. Don）Q. Jones（1951）■☆

42052　Proscephaleium Korth.（1851）【汉】顶头茜属。【隶属】茜草科 Rubiaceae。【包含】世界1种。【学名诠释与讨论】〈中〉（希）pros, 向前，向着，在先，在前，附近+kephale, 头+-ius, -ia, -ium, 在拉丁文和希腊文中，这些词尾表示性质或状态。或 proskephalaion, 垫子，枕头。此属的学名，ING、TROPICOS 和 IK 记载是"Proscephaleium P. W. Korthals, Ned. Kruidk. Arch. 2（2）：248. 1851"。"Proscephalium Benth. et Hook. f., Gen. Pl.［Bentham et Hooker f.］2（1）：122. 1873［7-9 Apr 1873］"似为其变体。【分布】马达加斯加，印度尼西亚（爪哇岛）。【模式】Proscephaleium javanicum（Blume）P. W. Korthals［Coffea javanica Blume］。【参考异名】Procephalium Post et Kuntze（1903）; Proscephalium Benth. et Hook. f.（1873）☆

42053　Proscephalium Benth. et Hook. f.（1873）= Proscephaleium Korth.（1851）［茜草科 Rubiaceae］☆

42054　Proselia D. Don（1830）= Chaetanthera Ruiz et Pav.（1794）［菊科 Asteraceae（Compositae）］■☆

42055　Proselias Steven（1832）= Astragalus L.（1753）［豆科 Fabaceae（Leguminosae）//蝶形花科 Papilionaceae］●■

42056　Proserpinaca L.（1753）【汉】匍匐仙草属。【隶属】小二仙草科 Haloragaceae。【包含】世界2-3种。【学名诠释与讨论】〈阴〉（拉）proserpo, 爬。此属的学名，ING、TROPICOS 和 IK 记载是"Proserpinaca L., Sp. Pl. 1：88. 1753［1 May 1753］"。"Trixis Adanson, Fam. 2：76, 613. Jul-Aug 1763（non P. Browne 1756）"是"Proserpinaca L.（1753）"的晚出的同模式异名（Homotypic synonym, Nomenclatural synonym）。【分布】哥伦比亚（安蒂奥基亚），美国（密苏里），北美洲，中美洲。【模式】Proserpinaca palustris Linnaeus。【参考异名】Trixis Adans.（1763）Nom. illegit. ■☆

42057　Prosopanche de Bary（1868）【汉】牧豆寄生属。【隶属】腐臭草科（根寄生科，菌花科，菌口草科）Hydnoraceae。【包含】世界2种。【学名诠释与讨论】〈阴〉（属）Prosopis 牧豆树属+ancho, 绞杀，以带缚之。【分布】阿根廷，巴拉圭，玻利维亚，哥斯达黎加，中美洲。【模式】Prosopanche burmeisteri A. Bary ■☆

42058　Prosopia Rchb.（1828）Nom. illegit. = Pedicularis L.（1753）［玄参科 Scrophulariaceae//马先蒿科 Pedicalariaceae］■

42059　Prosopidastrum Burkart（1964）【汉】小牧豆树属（球形牧豆树属）。【隶属】豆科 Fabaceae（Leguminosae）//含羞草科 Mimosaceae。【包含】世界1种。【学名诠释与讨论】〈中〉（属）Prosopis 牧豆树属+-astrum, 指示小的词尾，也有"不完全相似"的含义。【分布】玻利维亚，墨西哥。【模式】Prosopidastrum mexicanum（Dressler）A. Burkart［Prosopis globosa var. mexicana Dressler］●☆

42060　Prosopis L.（1767）【汉】牧豆树属。【日】ケベヤ属。【俄】Мескито, Мимозка, Прозопис。【英】Algaroba, Mesquita, Mesquite。【隶属】豆科 Fabaceae（Leguminosae）//含羞草科 Mimosaceae。【包含】世界45种，中国1种。【学名诠释与讨论】〈阴〉（希）prosopis, 一种植物的名称，可能来自希腊文 prosopon, 脸，面具。【分布】巴基斯坦，巴拉圭，巴拿马，秘鲁，玻利维亚，厄瓜多尔，哥斯达黎加，马达加斯加，美国（密苏里），尼加拉瓜，印度，中国，高加索，热带非洲，中美洲。【模式】Prosopis spicigera Linnaeus。【参考异名】Algarobia（DC.）Benth.（1839）; Algarobia Benth.（1839）; Anonychium（Benth.）Schweinf.（1868）Nom. illegit. ; Anonychium Schweinf.（1868）; Dasiogyne Raf. ; Dasygyna Post et Kuntze（1903）; Lagonychium M. Bieb.（1819）; Mitostax Raf.（1838）; Neltuma Raf.（1838）; Pleuromenes Raf.（1838）; Sopropis Britton et Rose（1928）; Spirolobium Orb.（1839）; Strombocarpa（Benth.）A. Gray（1845）; Strombocarpa A. Gray（1845）Nom. illegit. ; Strombocarpus Benth. et Hook. f.（1865）Nom. illegit. ●

42061　Prosopostelma Baill.（1890）【汉】假冠萝藦属。【隶属】萝藦科 Asclepiadaceae。【包含】世界1-3种。【学名诠释与讨论】〈中〉（希）prosopon, 脸，假面具+stelma, 王冠，花冠。【分布】热带非洲西部。【模式】Prosopostelma madagascariense Jumelle et Perrier ●☆

42062　Prosorus Dalzell（1852）= Margaritaria L. f.（1782）［大戟科 Euphorbiaceae］●

42063　Prospero Salisb.（1866）【汉】无苞风信子属。【隶属】百合科 Liliaceae//风信子科 Hyacinthaceae//绵枣儿科 Scillaceae。【包含】世界25种。【学名诠释与讨论】〈中〉词源不详。此属的学名是"Prospero R. A. Salisbury, Gen. 28. Apr-Mai 1866"。亦有文献把其处理为"Scilla L.（1753）"的异名。【分布】非洲北部，欧洲，亚洲西部。【模式】未指定。【参考异名】Scilla L.（1753）■☆

42064　Prosphysis Dulac（1867）Nom. illegit. ≡ Nardurus（Bluff, Nees et Schauer）Rchb.（1841）; ~ = Festuca L.（1753）; ~ = Vulpia C. C. Gmel.（1805）［禾本科 Poaceae（Gramineae）//羊茅科 Festucaceae］■

42065　Prosphytochloa Schweick.（1961）【汉】南非攀高草属。【隶属】禾本科 Poaceae（Gramineae）。【包含】世界1种。【学名诠释与讨论】〈阴〉（希）prosphyo, 使生长，挂在上面，依附在上面+chloe,

草的幼芽,嫩草,禾草。【分布】非洲南部。【模式】Prosphytochloa prehensil (C. G. D. Nees) Schweickerdt [Maltebrunia prehensilis C. G. D. Nees]■☆

42066　Prosporus Thwaites = Margaritaria L. f. (1782); ~ = Prosorus Dalzell (1852) [大戟科 Euphorbiaceae]●

42067　Prostanthera Labill. (1806)【汉】薄荷木属(木薄荷属)。【英】Australian Mint, Mint Bush, Mintbush, Mint-bush。【隶属】唇形科 Lamiaceae(Labiatae)。【包含】世界 100 种。【学名诠释与讨论】〈阴〉(希)prostheke =prosthema,附属物,附加的东西+anthera,花药。【分布】澳大利亚。【模式】Prostanthera lasianthos Labillardière。【参考异名】Chilodia R. Br. (1810); Cryphia R. Br. (1810); Eichlerago Carrick (1977); Klanderia F. Muell. (1853)●☆

42068　Prostea Cambess. (1829) = Pometia J. R. Forst. et G. Forst. (1776) [无患子科 Sapindaceae]●

42069　Prosthechea Knowles et Westc. (1838)【汉】附属物兰属。【隶属】兰科 Orchidaceae。【包含】世界 100 种。【学名诠释与讨论】〈阴〉(希)prosthke =prosthema,附属物。指花柱上有附属物。此属的学名,ING、TROPICOS、GCI 和 IK 记载是"Prosthechea Knowles et Westc. ,Fl. Cab. 2:111. 1838 [Sep 1838]"。"Epithecia Knowles et Westcott, Fl. Cab. 2: 167. Jan 1839"是"Prosthechea Knowles et Westc. (1838)"的晚出的同模式异名(Homotypic synonym, Nomenclatural synonym)。亦有文献把"Prosthechea Knowles et Wastc. (1838)"处理为"Epidendrum L. (1763)(保留属名)"的异名。【分布】巴拿马,玻利维亚,厄瓜多尔,哥伦比亚,哥斯达黎加,尼加拉瓜,中美洲。【模式】Prosthechea glauca Knowles et Westcott。【参考异名】Anacheilium Hoffmanns. (1842) Nom. illegit.; Epicladium Small (1913) Nom. illegit.; Epidendrum L. (1763)(保留属名); Epithecia Knowles et Westc. (1838) Nom. illegit.; Hormidium Lindl. ex Heynh. (1841) Nom. illegit.■☆

42070　Prosthecidiscus Dorm. Sm. (1898)【汉】附盘萝藦属。【隶属】萝藦科 Asclepiadaceae。【包含】世界 1 种。【学名诠释与讨论】〈阳〉(希)prostheke =prosthema,附属物,帮助+diskos,圆盘。【分布】尼加拉瓜,中美洲。【模式】Prosthecidiscus guatemalensis J. D. Smith■☆

42071　Prosthesia Blume (1826) = Rinorea Aubl. (1775)(保留属名) [堇菜科 Violaceae]●

42072　Protamomum Ridl. (1891) = Orchidantha N. E. Br. (1886) [芭蕉科 Musaceae//兰花蕉科 Orchidanthaceae//娄氏兰花蕉科 Lowiaceae]■

42073　Protanthera Raf. (1806)【汉】原药百合属。【隶属】百合科 Liliaceae。【包含】世界 2 种。【学名诠释与讨论】〈阴〉(希)protos,第一,原始的+anthera,花药。【分布】北美洲。【模式】不详☆

42074　Protarum Engl. (1901)【汉】原始南星属。【隶属】天南星科 Araceae。【包含】世界 1 种。【学名诠释与讨论】〈中〉(希)protos,第一,原始的+(属)Arum 疆南星属。【分布】塞舌尔(塞舌尔群岛)。【模式】Protarum sechellarum Engler■☆

42075　Protasparagus Oberm. (1983) = Asparagus L. (1753) [百合科 Liliaceae//天门冬科 Asparagaceae]■

42076　Protea L. (1753)(废弃属名) ≡ Leucadendron R. Br. (1810)(保留属名) [山龙眼科 Proteaceae]●

42077　Protea L. (1771)(保留属名)【汉】海神木属(布罗特属,帝王花属,多变花属,鳞果山龙眼属,帕洛梯属,普罗梯亚木属,山龙眼属)。【日】プロチア属,プロテア属。【俄】Протея,Псевдобактерия。【英】Protea, Sugar Bush。【隶属】山龙眼科 Proteaceae。【包含】世界 100-130 种。【学名诠释与讨论】〈阴〉(希)Proteus,希腊神话中的海神,形态多变。此属的学名"Protea

L. ,Mant. Pl. :187,194,328. Oct 1771"是保留属名。相应的废弃属名是山龙眼科 Proteaceae 的"Protea L. ,Sp. Pl. :94. 1 Mai 1753 ≡Leucadendron R. Br. (1810)(保留属名)≡Conocarpus Adanson, Fam. 2:284. Jul-Aug 1763"和"Lepidocarpus Adans. ,Fam. Pl. 2: 284,569. Jul-Aug 1763 ≡Leucadendron L. 1753"。"Protea R. Br. =Protea L. (1771)(保留属名) [山龙眼科 Proteaceae]"亦应废弃。"Scolymocephalus O. Kuntze, Rev. Gen. 2:581. 5 Nov 1891"是"Protea L. (1771)(保留属名)"的晚出的同模式异名(Homotypic synonym, Nomenclatural synonym)。【分布】热带和非洲南部。【后选模式】Protea cynaroides (Linnaeus) Linnaeus [Leucadendron cynaroides Linnaeus [as ' cinaroides ']。【参考异名】Chrysodendron Meisn. (1856) Nom. illegit.; Chrysodendron Vaill. ex Meisn. (1856) Nom. illegit. ; Conocarpus Adans. (1763) Nom. illegit. ; Erodendrum Salisb. (1807) ; Gaguedi Bruce; Lepidocarpus Adans. (1763) Nom. illegit. (废弃属名); Leucadendron L. (1753) (废弃属名); Leucodendrum Post et Kuntze (1903); Pleuranthe Salisb. (1809); Pleuranthe Salisb. ex Knight (1809) Nom. illegit. ; Protea R. Br.; Scolymocephalus Kuntze (1891) Nom. illegit.●☆

42078　Protea R. Br. (废弃属名) = Protea L. (1771)(保留属名) [山龙眼科 Proteaceae]●☆

42079　Proteaceae Juss. (1789)(保留科名)【汉】山龙眼科。【日】ヤマモガシ科。【俄】Протейные。【英】Protea Family。【包含】世界 62-80 属 1050-1700 种,中国 3-4 属 25-29 种。【分布】热带和亚热带,主要南半球,多数在澳大利亚和南非。【科名模式】Protea L.●■

42080　Proteinia(Ser.) Rchb. (1841) = Saponaria L. (1753) [石竹科 Caryophyllaceae]■

42081　Proteinia Rchb. (1841) Nom. illegit. ≡ Proteinia (Ser.) Rchb. (1841); ~ = Saponaria L. (1753) [石竹科 Caryophyllaceae]■

42082　Proteinophallus Hook. f. (1875) = Amorphophallus Blume ex Decne. (1834)(保留属名) [天南星科 Araceae]■●

42083　Proteocarpus Börner (1913) = Carex L. (1753) [莎草科 Cyperaceae]■

42084　Proteopsis Mart. et Zucc. ex DC. (1836) Nom. inval. ≡ Proteopsis Mart. et Zucc. ex Sch. Bip. (1863) [菊科 Asteraceae(Compositae)] (1863) [菊科 Asteraceae(Compositae)]■☆

42085　Proteopsis Mart. et Zucc. ex Sch. Bip. (1863)【汉】尖苞灯头菊属。【隶属】菊科 Asteraceae(Compositae)。【包含】世界 1-2 种。【学名诠释与讨论】〈阴〉(人)Proteus,海神 Neptune 的牧人,他能随意变化自己的形状+希腊文 opsis,外观,模样。此属的学名,ING、TROPICOS 和 GCI 记载是"Proteopsis C. F. P. Martius et Zuccarini ex C. H. Schultz-Bip. , Jahresber. Pollichia 20/21:378. 1863"。"Proteopsis Mart. et Zucc. ex DC. , Prodr. [A. P. de Candolle]5:16. 1836 [1-10 Oct 1836],pro syn."是一个未合格发表的名称(Nom. inval.)。化石植物的"Proteopsis Velenovský, Abh. Königl. Böhm. Ges. Wiss. ser. 7. 3;19. t. 1,f.6-9. 1889"是晚出的非法名称。【分布】巴西(南部)。【模式】Proteopsis argentea C. F. P. Martius et Zuccarini ex C. H. Schultz - Bip. [Vernonia proteopsis A. P. de Candolle]。【参考异名】Proteopsis Mart. et Zucc. ex DC. (1836) Nom. inval. ; Protolepis Steud. (1841); Sipolisia Glaz. (1894) Nom. illegit.■☆

42086　Proteroceras J. Joseph et Vajr. (1974)【汉】前距兰属。【隶属】兰科 Orchidaceae。【包含】世界 1 种。【学名诠释与讨论】〈阴〉(希)proteros (pro),就时间说,或空间说,在前+keras,所有格 keratos,角,距,弓。【分布】亚洲热带,印度次大陆。【模式】Proteroceras holttumii J. Joseph et Vajr.■☆

42087　Proterpia Raf. (1838) = Tabebuia Gomes ex DC. (1838) [紫葳

科 Bignoniaceae]●☆

42088　*Protionopsis* Blume(1850) = *Commiphora* Jacq. (1797)(保留属名)[橄榄科 Burseraceae]●

42089　*Protium* Burm. f. (1768)(保留属名)【汉】马蹄果属(白蹄果属,羽叶橄榄属)。【英】Hooffruit,Protium,Resin Tree,Resintree。【隶属】橄榄科 Burseraceae。【包含】世界 81-85 种,中国 2 种。【学名诠释与讨论】〈中〉(印度尼西亚) prot,一种植物俗名+-ius,-ia,-ium,在拉丁文和希腊文中,这些词尾表示性质或状态。此属的学名"*Protium* Burm. f. , Fl. Indica:88. 1 Mar-6 Apr 1768"是保留属名。法规未列出相应的废弃属名。但是橄榄科 Burseraceae 的"*Protium* Wight et Arn. = *Commiphora* Jacq. (1797)(保留属名)"应该废弃。【分布】巴基斯坦,巴拿马,秘鲁,玻利维亚,厄瓜多尔,哥伦比亚(安蒂奥基亚),马达加斯加至马来西亚,尼加拉瓜,中国,热带美洲,中美洲。【模式】*Protium javanicum* N. L. Burman [*Amyris protium* Linnaeus]。【参考异名】*Dammara* Gaertn. (1791) Nom. illegit. ; *Icica* Aubl. (1775); *Icicopsis* Engl. (1874); *Marignia* Comm. ex Kunth (1824); *Paraprotium* Cuatrec. (1952); *Tingulonga* Kuntze (1891) Nom. illegit. ; *Tingulonga* Rumph. (1755) Nom. inval. ; *Tingulonga* Rumph. ex Kuntze(1891) Nom. illegit. ●

42090　*Protium* Wight et Arn. (废弃属名) = *Commiphora* Jacq. (1797)(保留属名)[橄榄科 Burseraceae]●

42091　*Protocamusia* Gand. = *Buphthalmum* L. (1753) [as 'Buphtalmum'] [菊科 Asteraceae(Compositae)]■

42092　*Protoceras* Joseph et Vajr. = *Pteroceras* Hasselt ex Hassk. (1842) [兰科 Orchidaceae]■

42093　*Protocyrtandra* Hosok. (1934) = *Cyrtandra* J. R. Forst. et G. Forst. (1775) [苦苣苔科 Gesneriaceae]●■

42094　*Protogabunia* Boiteau (1976) = *Tabernaemontana* L. (1753) [夹竹桃科 Apocynaceae//红月桂科 Tabernaemontanaceae]●

42095　*Protohopea* Miers (1879) Nom. illegit. ≡ *Hopea* Garden ex L. (1767)(废弃属名); ~ = *Symplocos* Jacq. (1760) [山矾科(灰木科)Symplocaceae]●

42096　*Protolepis* Steud. (1841) = *Proteopsis* Mart. et Zucc. ex DC. (1863) [菊科 Asteraceae(Compositae)]■☆

42097　Protoliriaceae Makino = Melanthiaceae Batsch ex Borkh. (保留科名); ~ = Petrosaviaceae Hutch. (保留科名)■

42098　*Protolirion* Ridl. (1895) = *Petrosavia* Becc. (1871) [百合科 Liliaceae//纳茜菜科(肺筋草科)Nartheciaceae//无叶莲科(樱井草科)Petrosaviaceae]■

42099　*Protomegabaria* Hutch. (1911)【汉】平舟大戟属。【隶属】大戟科 Euphorbiaceae。【包含】世界 2 种。【学名诠释与讨论】〈阴〉(希) protos,第一的,原始的+megas,大的+baris,埃及的一种平底小舟。【分布】热带非洲西部。【模式】未指定●☆

42100　*Protonopsis* Pfeiff. = *Commiphora* Jacq. (1797)(保留属名); ~ = *Protionopsis* Blume(1850) [橄榄科 Burseraceae]●

42101　*Protorhus* Engl. (1881)【汉】原始漆木属。【隶属】漆树科 Anacardiaceae。【包含】世界 2 种。【学名诠释与讨论】〈阴〉(希) protos,第一的,原始的+rhus,欧洲盐肤木的古称,来自希腊文 rhous 或 rous 盐肤木,源于凯尔特语 rhudd 红色或希腊语 rhodon,红色。指秋季有些种的果和叶片变红色。【分布】马达加斯加,非洲西南部。【后选模式】*Protorhus longifolia* (Bernhardi ex Krauss) Engler [*Anaphrenium longifolium* Bernhardi ex Krauss]●☆

42102　*Protoschwenckia* Soler. (1898) Nom. illegit. ≡ *Protoschwenkia* Soler. (1898) [茄科 Solanaceae]■☆

42103　*Protoschwenkia* Soler. (1898)【汉】原始施文克茄属。【隶属】茄科 Solanaceae。【包含】世界 1 种。【学名诠释与讨论】〈阴〉

(希) protos,第一的,原始的+(属)Schwenckia 施文克茄属。此属的学名,ING、GCI 和 IK 记载是"*Protoschwenkia* Solereder, Ber. Deutsch. Bot. Ges. 16:243. 30 Nov 1898"。"*Protoschwenckia* Soler. (1898)"是其拼写变体。【分布】玻利维亚。【模式】*Protoschwenkia mandoni* Solereder。【参考异名】*Protoschwenckia* Soler. (1898) Nom. illegit. ; *Schwenckiopsis* Dammer ■☆

42104　*Prototulbaghia* Vosa(2007)【汉】南非紫瓣花属。【隶属】百合科 Liliaceae//葱科 Alliaceae。【包含】世界 1 种。【学名诠释与讨论】〈阴〉(希) protos+(属)Tulbaghia 紫瓣花属(臭根葱莲属,土巴夫属,紫娇花属)。【分布】南非。【模式】*Prototulbaghia siebertii* Vosa ■☆

42105　*Proustia* Lag. (1807) Nom. inval. ≡ *Actinotus* Labill. (1805) [伞形花科(伞形科)Apiaceae(Umbelliferae)]●■☆

42106　*Proustia* Lag. (1811)【汉】刺枝钝柱菊属。【隶属】菊科 Asteraceae(Compositae)。【包含】世界 3 种。【学名诠释与讨论】〈阴〉(人) Louis Proust, 1878-1959, 植物学者。此属的学名, ING 和 IK 记载是"*Proustia* Lagasca, Amen. Nat. Españas 1(1):33. 1811 (post 19 Apr)"。"*Proustia* Lag. ex DC. (1830) = *Actinotus* Labill. (1805) [伞形花科(伞形科)Apiaceae(Umbelliferae)]"是晚出的非法名称。"*Proustia* Lag. (1807) ≡ *Actinotus* Labill. (1805)"是一个未合格发表的名称(Nom. inval.)。【分布】安第斯山,秘鲁,玻利维亚,古巴,西印度群岛,中美洲。【模式】*Proustia pyrifolia* A. P. de Candolle ●☆

42107　*Proustia* Lag. ex DC. (1830) Nom. illegit. = *Actinotus* Labill. (1805) [伞形花科(伞形科)Apiaceae(Umbelliferae)]●■☆

42108　*Provancheria* B. Boivin (1966) = *Cerastium* L. (1753) [石竹科 Caryophyllaceae]■

42109　*Provenzalia* Adans. (1763) Nom. illegit. ≡ *Calla* L. (1753) [天南星科 Araceae//水芋科 Callaceae]■

42110　*Prozetia* Neck. (1790) Nom. inval. = *Pouteria* Aubl. (1775) [山榄科 Sapotaceae]●

42111　*Prozopsis* Müll. Berol. (1858) = *Huanaca* Cav. (1800); ~ = *Pozopsis* Hook. (1851) [伞形花科(伞形科)Apiaceae(Umbelliferae)]■☆

42112　Prumnopityaceae A. V. Bobrov et Melikyan (2000) = Podocarpaceae Endl. (保留科名)●

42113　Prumnopityaceae Melikian et A. V. Bobrov (2000) = Podocarpaceae Endl. (保留科名)●

42114　*Prumnopitys* Phil. (1861)【汉】异罗汉松属(鳞梗杉属)。【英】Matai,Plum-fir。【隶属】罗汉松科 Podocarpaceae。【包含】世界 8 种。【学名诠释与讨论】〈阴〉(希) prumna,prumne,茎+pitys,松树,冷杉。此属的学名是"*Prumnopitys* Philippi, Linnaea 30:731. Mar 1861 ('1860')"。亦有文献把其处理为"*Podocarpus* Pers. (1807)(保留属名)"的异名。【分布】秘鲁,玻利维亚,厄瓜多尔,哥伦比亚(安蒂奥基亚),哥斯达黎加,委内瑞拉,新喀里多尼亚岛,新西兰,智利,中美洲。【模式】*Prumnopitys elegans* Philippi。【参考异名】*Podocarpus* Pers. (1807)(保留属名); *Stahycarpus* (Endl.)Tiegh. ●☆

42115　Prunaceae Bercht. et J. Presl = Rosaceae Juss. (1789)(保留科名)●■

42116　Prunaceae Burnett [亦见 Amygdalaceae Bartl. 桃科(拟李科)和 Rosaceae Juss. (1789)(保留科名)蔷薇科]【汉】李科。【包含】世界 1 属 200 种,中国 1 属 7 种。【分布】北温带。【科名模式】*Prunus* L. (1753)●

42117　Prunaceae Martinov (1820) = Rosaceae Juss. (1789)(保留科名)●■

42118　*Prunella* L. (1753)【汉】夏枯草属。【日】ウツボグサ属,プル

ネラ属。【俄】Селагинелловые,Селягинеллевые,Черноголовка。【英】Selfheal,Self-heal。【隶属】唇形科 Lamiaceae（Labiatae）。【包含】世界 4-15 种,中国 4 种。【学名诠释与讨论】〈阴〉（属）由 Brunella 改缀而来。德文中 bräune 为扁桃腺炎。可能指植物具有治疗扁桃腺炎的功能。此属的学名,ING、APNI、TROPICOS 和 IK 记载是"Prunella L.,Sp. Pl. 2:600. 1753［1 May 1753］"。"Brunella L.（1753）"是其变体。【分布】巴基斯坦,玻利维亚,厄瓜多尔,哥伦比亚（安蒂奥基亚）,哥斯达黎加,美国（密苏里）,中国,非洲西北部,温带欧亚大陆,中美洲。【后选模式】Prunella vulgaris Linnaeus。【参考异名】Brunella L.（1753）Nom. illegit. ; Brunella Mill.（1754）Nom. illegit. ; Brunella Moench（1794）Nom. illegit. ;Prunellopsis Kudô（1920）■

42119　Prunellopsis Kudô（1920）【汉】拟夏枯草属。【隶属】唇形科 Lamiaceae（Labiatae）。【包含】世界 1 种。【学名诠释与讨论】〈阴〉（属）Prunella 夏枯草属+希腊文 opsis,外观,模样,相似。此属的学名是" Prunellopsis Kudo, Bot. Mag.（Tokyo）34：182. 1920"。亦有文献把其处理为"Prunella L.（1753）"的异名。【分布】日本。【后选模式】Prunellopsis domestica Linnaeus。【参考异名】Prunella L.（1753）■☆

42120　Prunophora Neck.（1790）Nom. inval. = Prunus L.（1753）［蔷薇科 Rosaceae//李科 Prunaceae］●

42121　Prunopsis André（1883）Nom. illegit. ≡ Louiseania Carrière（1872）［蔷薇科 Rosaceae］●

42122　Prunus L.（1753）【汉】李属（梅属,樱属,樱桃属）。【日】サクラ属。【俄】Прунус,Слива,Терновник。【英】Almond, Apricot, Bird Cherry, Cherry, Cherry Plum, Laurel Cherry, Peach, Plum, Prune,Prunus。【隶属】蔷薇科 Rosaceae//李科 Prunaceae。【包含】世界 30-430 种,中国 7-101 种。【学名诠释与讨论】〈阳〉（拉）prunus,李树、梅树的古名,来自希腊文 proumne,李树,梅树。此属的学名,ING、TROPICOS、APNI、GCI 和 IK 记载是"Prunus L.,Sp. Pl. 1:473. 1753［1 May 1753］"。"Prunus Mill.（1754）= Prunus L.（1753）"和"Prunus Ser. = Prunus L.（1753）"是晚出的非法名称。广义的"Prunus"包括"Amygdalus"、"Cerasus,Padus"、"Lauro-Cerasus"、"Pygeum"等属。【分布】巴拉圭,巴拿马,秘鲁,玻利维亚,厄瓜多尔,哥伦比亚（安蒂奥基亚）,马达加斯加,美国（密苏里）,尼加拉瓜,中国,中美洲。【后选模式】Prunus domestica Linnaeus。【参考异名】Amygdalopersica Daniel（1915）;Amygdalophora M. Roem. ; Amygdalophora Neck.（1790）Nom. inval. ;Amygdalopsis M. Roem.（1847）Nom. illegit. ; Amygdalus L.（1753）; Armeniaca Mill.（1768）; Armeniaca Scop.（1754）; Cerapadus Buia; Ceraseidos Siebold et Zucc.（1843）; Cerasophora Neck.（1790）Nom. inval. ; Cerasus Mill.（1754）; Cerseidos Siebold et Zucc.; Emplectocladus Torr.（1851）;Hagidryas Griseb.（1841）; Laurocerasus Duhamel（1755）; Lauro - cerasus Duhamel（1755）; Louiseania Carrière（1872）; Microcerasus M. Room.（1847）; Orospodias Raf.（1833）; Padellus Vassilcz.（1973）; Padus Mill.（1754）; Persica Mill.（1754）; Polypetalia Hort. ;Prunophora Neck.（1790）Nom. inval. ;Prunus Mill.（1754）Nom. illegit. ;Prunus Ser.,Nom. illegit. ;Pygeum Gaertn.（1788）●■

42123　Prunus Mill.（1754）Nom. illegit. = Prunus L.（1753）［蔷薇科 Rosaceae//李科 Prunaceae］●■

42124　Prunus Ser.,Nom. illegit. = Prunus L.（1753）［蔷薇科 Rosaceae//李科 Prunaceae］●■

42125　Prunus - Cerasus Weston = Cerasus Mill.（1754）［蔷薇科 Rosaceae］●

42126　Pryona Miq.（1855）= Crudia Schreb.（1789）（保留属名）［豆科 Fabaceae（Leguminosae）//云实科（苏木科）Caesalpiniaceae］●☆

42127　Przewalskia Maxim.（1882）【汉】马尿泡属。【英】Horsebladder,Przewalskia。【隶属】茄科 Solanaceae。【包含】世界 1-2 种,中国 1 种。【学名诠释与讨论】〈阴〉（人）Nikolai Michailowicz Przewalski, 1839-1888, 俄罗斯植物学者, 早年当过军官。从 1870 年起, 他曾四次带队在中国北部和西北部采集标本, 长达 11 年。他采集的标本主要由 Carl Johann（Ivanovič）Maximowicz 研究,其中有新属 9 个,新种 300 多个。标本存放在苏联科学院柯马洛夫植物研究所标本馆。【分布】亚洲中部,中国。【模式】Przewalskia tangutica Maximowicz ■★

42128　Psacadocalymma Bremek.（1948）= Justicia L.（1753）; ~ = Stethoma Raf.（1838）［爵床科 Acanthaceae//鸭嘴花科（鸭咀花科）Justiciaceae］●■

42129　Psacadopaepale Bremek.（1944）= Strobilanthes Blume（1826）［爵床科 Acanthaceae］●■

42130　Psacaliopsis H. Rob. et Brettell（1974）【汉】类粒菊属（类印第安菊属）。【隶属】菊科 Asteraceae（Compositae）。【包含】世界 5-6 种。【学名诠释与讨论】〈阴〉（属）Psacalium 粒菊属（印第安菊属）+希腊文 opsis,外观,模样。此属的学名,ING、TROPICOS 和 IK 记载是"Psacaliopsis H. E. Robinson et R. D. Brettell, Phytologia 27:408. 21 Jan 1974"。它曾被处理为"Senecio sect. Psacaliopsides（H. Rob. & Brettell）L. O. Williams, Phytologia 31（6）:441. 1975.（29 Aug 1975）"。【分布】墨西哥,中美洲。【模式】Psacaliopsis purpusii（Greenman ex Brandegee）H. E. Robinson et R. D. Brettell［Senecio purpusii Greenman ex Brandegee］。【参考异名】Senecio sect. Psacaliopsides（H. Rob. & Brettell）L. O. Williams（1975）■☆

42131　Psacalium Cass.（1826）【汉】粒菊属（印第安菊属）。【隶属】菊科 Asteraceae（Compositae）。【包含】世界 40-41 种。【学名诠释与讨论】〈中〉（希）psakas,所有格 psakados = psekas,任何破裂下来的碎块,一粒。指花。【分布】中美洲。【模式】Psacalium peltatum（Kunth）Cassini［Cacalia peltata Kunth］。【参考异名】Cacalia DC.,Nom. illegit. ;Odontotrichum Zucc.（1832）■☆

42132　Psalina Raf.（1837）= Gentiana L.（1753）［龙胆科 Gentianaceae］■

42133　Psamma P. Beauv.（1812）= Ammophila Host（1809）［禾本科 Poaceae（Gramineae）］■☆

42134　Psammagrostis C. A. Gardner et C. E. Hubb.（1938）【汉】沙剪股颖属。【隶属】禾本科 Poaceae（Gramineae）。【包含】世界 1 种。【学名诠释与讨论】〈阴〉（希）psammos,砂+Agrostis 剪股颖属（小糠草属）。【分布】澳大利亚（西部）。【模式】Psammagrostis wiseana C. A. Gardner et Hubbard ■☆

42135　Psammanthe Hance（1852）Nom. illegit. = Sesuvium L.（1759）［番杏科 Aizoaceae//海马齿科 Sesuveriaceae］■

42136　Psammanthe Rchb.（1841）= Minuartia L.（1753）; ~ = Rhodalsine J. Gay（1845）［石竹科 Caryophyllaceae］■

42137　Psammetes Hepper（1962）【汉】马岛沙玄参属。【隶属】玄参科 Scrophulariaceae//透骨草科 Phrymaceae。【包含】世界 1 种。【学名诠释与讨论】〈阴〉（希）psammos,砂。【分布】热带非洲西部。【模式】Psammetes nigerica Hepper ■☆

42138　Psammisia Klotzsch（1851）【汉】杞莓属。【隶属】杜鹃花科（欧石南科）Ericaceae。【包含】世界 55-60 种。【学名诠释与讨论】〈阴〉（希）Greek psammisios,砂粒。【分布】巴拿马,秘鲁,玻利维亚,厄瓜多尔,哥伦比亚（安蒂奥基亚）,哥斯达黎加,中美洲。【模式】未指定●☆

42139　Psammochloa Hitchc.（1927）【汉】沙鞭属（沙茅属）。【英】Psammochloa,Sandwhip。【隶属】禾本科 Poaceae（Gramineae）。【包含】世界 2 种,中国 1 种。【学名诠释与讨论】〈阴〉（希）psammos,砂+chloe,草的幼芽,嫩草,禾草。此属的学名,ING 和

IK 记载是"Psammochloa Hitchcock, J. Wash. Acad. Sci. 17:140. 1927"。"Psammochloa Hitchc. et Bor, Kew Bull. 6(2):190, descr. emend. 1951 [10 Oct 1951]"修订了属的描述。【分布】蒙古,中国。【模式】Psammochloa mongolica Hitchcock。【参考异名】Psammochloa Hitchc. et Bor(1951) Nom. illegit. ■

42140 Psammochloa Hitchc. et Bor(1951) Nom. illegit. = Psammochloa Hitchc. (1927) [禾本科 Poaceae(Gramineae)] ■

42141 Psammocorchorus Rchb. = Corchorus L. (1753) [椴树科(椴科,田麻科)Tiliaceae//锦葵科 Malvaceae] ■●

42142 Psammogeton Edgew. (1845)【汉】沙地芹属。【俄】Тесколюб。【隶属】伞形花科(伞形科)Apiaceae(Umbelliferae)。【包含】世界 7 种。【学名诠释与讨论】〈中〉(希)psammos,砂+geiton,所有格 geitonos,邻居。【分布】巴基斯坦,中美洲至伊朗和西喜马拉雅山。【模式】Psammogeton biternatum Edgeworth ■☆

42143 Psammogonum Nieuwi. (1914) Nom. illegit., Nom. superfl. ≡ Gonopyrum Fisch. et C. A. Mey. (1840); ~ = Polygonella Michx. (1803) [蓼科 Polygonaceae] ■☆

42144 Psammomoya Diels et Loes. (1904)【汉】沙莫亚卫矛属。【隶属】卫矛科 Celastraceae。【包含】世界 2 种。【学名诠释与讨论】〈阴〉(希)psammos,砂+(属)Moya 莫亚卫矛属。【分布】澳大利亚。【后选模式】Psammomoya choretroides (F. v. Mueller) Diels et Loesener [Logania choretroides F. v. Mueller] ●☆

42145 Psammophila Fourr. (1868) Nom. inval. = Psammophila Fourr. ex Ikonn. (1971) Nom. illegit.; ~ ≡ Psammophiliella Ikonn. (1971) Nom. illegit.; ~ = Gypsophila L. (1753) [石竹科 Caryophyllaceae] ■●

42146 Psammophila Fourr. ex Ikonn. (1971) Nom. illegit. ≡ Psammophiliella Ikonn. (1971) Nom. illegit.; ~ = Gypsophila L. (1753) [石竹科 Caryophyllaceae] ■●

42147 Psammophila Ikonn. (1971) Nom. illegit. = Psammophila Fourr. ex Ikonn. (1971) Nom. illegit.; ~ ≡ Psammophiliella Ikonn. (1971) Nom. illegit.; ~ = Gypsophila L. (1753) [石竹科 Caryophyllaceae] ■●

42148 Psammophila Schult. (1822) Nom. illegit. ≡ Ponceletia Thouars (1811) Nom. illegit.; ~ = Spartina Schreb. ex J. F. Gmel. (1789) [禾本科 Poaceae(Gramineae)//米草科 Spartinaceae] ■

42149 Psammophiliella Ikonn. (1976) = Gypsophila L. (1753) [石竹科 Caryophyllaceae] ■●

42150 Psammophora Dinter et Schwantes (1926)【汉】藏沙玉属。【日】プサンモフォラ属。【隶属】番杏科 Aizoaceae。【包含】世界 2-3 种。【学名诠释与讨论】〈阴〉(希)psammos,砂+phoros,具有,梗,负载,发现者。指叶子。【分布】非洲南部。【后选模式】Psammophora nissenii (Dinter) Dinter et Schwantes [Mesembryanthemum nissenii Dinter] ●☆

42151 Psammopyrum Á. Löve (1986) = Elymus L. (1753) [禾本科 Poaceae(Gramineae)] ■

42152 Psammoseris Boiss. et Reut. (1849) = Crepis L. (1753) [菊科 Asteraceae(Compositae)] ■

42153 Psammosilene W. C. Wu et C. Y. Wu (1945)【汉】金铁锁属。【英】Golden Ironlock, Psammosilene。【隶属】石竹科 Caryophyllaceae。【包含】世界 1 种,中国 1 种。【学名诠释与讨论】〈阴〉(希)psammos+Silene 蝇子草属。指本属植物生于沙地。【分布】中国。【模式】Psammosilene tunicoides W. C. Wu et C. Y. Wu ■★

42154 Psammostachys C. Presl(1845) = Striga Lour. (1790) [玄参科 Scrophulariaceae//列当科 Orobanchaceae] ■

42155 Psammotropha Eckl. et Zeyh. (1836)【汉】沙粟草属。【隶属】粟米草科 Molluginaceae//番杏科 Aizoaceae。【包含】世界 11 种。

【学名诠释与讨论】〈阴〉(希)psammos,砂+trophe,喂食者,食物;trophis 大的,喂得好的;trophon,食物。此属的学名,ING、TROPICOS 和 IK 记载是"Psammotropha Eckl. et Zeyh., Enum. Pl. Afric. Austral. [Ecklon et Zeyher] 2:286. 1836 [Jan 1836]"。"Psammotrophe Benth. et Hook. f., Gen. Pl. [Bentham et Hooker f.]1(3):1033(Index). 1867 [Sep 1867]"是其变体。【分布】非洲南部。【模式】Psammotropha parviflora Ecklon et Zeyher。【参考异名】Mallogonum (E. Mey. ex Fenzl) Rchb. (1837); Mallogonum (Fenzl) Rchb. (1837) Nom. illegit.; Psammotrophe Benth. et Hook. f. (1867) Nom. illegit. ■☆

42156 Psammotrophe Benth. et Hook. f. (1867) Nom. illegit. = Psammotropha Eckl. et Zeyh. (1836) [粟米草科 Molluginaceae//番杏科 Aizoaceae] ●☆

42157 Psanacetum (Neck. ex DC.) Spach (1841) Nom. illegit. = Tanacetum L. (1753) [菊科 Asteraceae(Compositae)//菊蒿科 Tanacetaceae] ■●

42158 Psanacetum (Neck. ex Less.) Spach (1841) Nom. illegit. = Tanacetum L. (1753) [菊科 Asteraceae(Compositae)//菊蒿科 Tanacetaceae] ■●

42159 Psanacetum Neck. (1790) Nom. inval. = Tanacetum L. (1753) [菊科 Asteraceae(Compositae)//菊蒿科 Tanacetaceae] ■●

42160 Psanchum Neck. (1790) Nom. inval. = Cynanchum L. (1753) [萝藦科 Asclepiadaceae] ●■

42161 Psatherips Raf. (1838) = Salix L. (1753) (保留属名) [杨柳科 Salicaceae] ●

42162 Psathura Comm. ex Juss. (1789)【汉】脆茜属。【隶属】茜草科 Rubiaceae。【包含】世界 8 种。【学名诠释与讨论】〈阴〉(希)psathyros,脆弱的,易碎的,脆的。此属的学名,ING、TROPICOS 和 IK 记载是"Psathura Comm. ex Juss., Gen. Pl. [Jussieu] 206. 1789 [4 Aug 1789]"。它曾被处理为"Nonatelia sect. Psathura (Comm. ex Juss.) Kuntze, Revisio Generum Plantarum 1:291. 1891"。【分布】马达加斯加,马斯克林群岛。【模式】Psathura borbonica J. F. Gmelin。【参考异名】Chicoinaea Comm. ex DC. (1830); Nonatelia Aubl. (1775); Nonatelia sect. Psathura (Comm. ex Juss.) Kuntze (1891); Psathyra Spreng. (1818); Psatura Poir. (1805); Pstathura Raf. (1820) Nom. illegit. ■☆

42163 Psathurochaeta DC. (1836) = Melanthera Rohr(1792) [菊科 Asteraceae(Compositae)] ■●☆

42164 Psathyra Spreng. (1818) = Psathura Comm. ex Juss. (1789) [茜草科 Rubiaceae] ■☆

42165 Psathyranthus Ule(1907) = Psittacanthus Mart. (1830) [桑寄生科 Loranthaceae] ●

42166 Psathyrochaeta Post et Kuntze(1903) = Melanthera Rohr(1792); ~ = Psathurochaeta DC. (1836) [菊科 Asteraceae(Compositae)] ■●☆

42167 Psathyrodes Willis, Nom. inval. = Psathyrotes (Nutt.) A. Gray (1853) [菊科 Asteraceae(Compositae)] ■☆

42168 Psathyrostachys Nevski et Roshev. (1936) descr. ampl. = Psathyrostachys Nevski (1933); ~ = Psathyrostachys Nevski (1933) [禾本科 Poaceae(Gramineae)] ■

42169 Psathyrostachys Nevski ex Roshev. (1934) Nom. illegit. = Psathyrostachys Nevski(1933) [禾本科 Poaceae(Gramineae)] ■

42170 Psathyrostachys Nevski(1934)【汉】新麦草属(华新麦草属)。【俄】Ломкоколосник。【英】Newstraw, Psathyrostachys。【隶属】禾本科 Poaceae(Gramineae)。【包含】世界 10 种,中国 5 种。【学名诠释与讨论】〈阴〉(希)psathyros,脆弱的,易碎的,脆的+stachys,穗,谷,长钉。此属的学名,ING 和 IPNI 记载是

"Psathyrostachys S. A. Nevski ex R. Yu. Roshevitz in R. Yu. Roshevitz et B. K. Schischkin, Fl. URSS 2: 712. 1934 (post 24 Aug)"。IK 和 TROPICOS 则记载为 "Psathyrostachys Nevski, Trudy Bot. Inst. Akad. Nauk S. S. S. R. , Ser. 1, Fl. Sist. Vyssh. Rast. 1: 22, 27 (1933)"。《中国植物志》英文版使用 "Psathyrostachys Nevski in Komarov, Fl. URSS. 2: 712. 1934"。三者都引自《苏联植物志》。"Psathyrostachys Nevski et Nevski, Trudy Bot. Inst. Akad. Nauk S. S. S. R. , Ser. 1, Fl. Sist. Vyssh. Rast. 2: 57 (1936)" 修订了属的描述。此属的学名是 "Psathyrostachys S. A. Nevski ex R. Yu. Roshevitz in R. Yu. Roshevitz et B. K. Schischkin, Fl. URSS 2: 712. 1934 (post 24 Aug)"。亦有文献把其处理为 "Hordeum L. (1753)" 的异名。【分布】阿富汗, 巴基斯坦, 玻利维亚, 俄罗斯（欧洲部分）, 蒙古, 土耳其, 伊拉克, 伊朗, 中国, 库尔德斯坦地区, 阿尔泰山, 高加索, 外高加索, 西伯利亚西部和东部, 亚洲中部。【后选模式】Psathyrostachys lanuginosa (Trinius) R. Yu. Roshevitz [Elymus lanuginosus Trinius]。【参考异名】Hordeum L. (1753); Psathyrostachys (Boiss.) Nevski; Psathyrostachys Nevski et Roshev. (1936) descr. ampl. ; Psathyrostachys Nevski ex Roshev. (1934) Nom. illegit. ■

42171 Psathyrotes (Nutt.) A. Gray (1853) ≡ Psathyrotes A. Gray (1853) [菊科 Asteraceae (Compositae)] ■☆

42172 Psathyrotes A. Gray (1853)【汉】龟背菊属。【隶属】菊科 Asteraceae (Compositae)。【包含】世界 3 种。【学名诠释与讨论】〈阴〉(希) psathyros, 脆弱的, 易碎的, 脆的 + ous, 所有格 otos, 指小式 otion, 耳。otikos, 耳的。此属的学名, ING 和 IK 记载是 "Psathyrotes A. Gray, Smithsonian Contr. Knowl. 5 (6): 100, t. 13. 1853 [1 Feb 1853]"。TROPICOS 则记载为 "Psathyrotes (Nutt.) A. Gray, Smithsonian Contributions to Knowledge 5 (6): 100. 1853. (Smithsonian Contr. Knowl.)", 由 " Bulbostylis sect. Psathyrotus Nutt. , Proceedings of the Academy of Natural Sciences of Philadelphia 4 (1): 22. 1848. (Proc. Acad. Nat. Sci. Philadelphia)" 改级而来。【分布】美国（西部）, 墨西哥（北部）。【模式】Psathyrotes annua (Nuttall) A. Gray [Bulbostylis annua Nuttall]。【参考异名】Inyonia M. E. Jones (1898); Psathyrodes Willis, Nom. inval. ; Psathyrotes (Nutt.) A. Gray (1853); Psathyrotopsis Rydb. (1927); Pseudobartlettia Rydb. (1927)■☆

42173 Psathyrotopsis Rydb. (1927)【汉】类龟背菊属。【隶属】菊科 Asteraceae (Compositae)。【包含】世界 2-3 种。【学名诠释与讨论】〈阴〉(属) Psathyrotes 龟背菊属 + 希腊文 opsis, 外观, 模样, 相似。此属的学名是 "Psathyrotopsis Rydberg, N. Amer. Fl. 34: 360. 22 Jun 1927"。亦有文献把其处理为 "Psathyrotes A. Gray (1853)" 的异名。【分布】墨西哥。【模式】Psathyrotopsis purpusi (T. S. Brandegee) Rydberg [Psathyrotes purpusi T. S. Brandegee]。【参考异名】Psathyrotes A. Gray (1853); Pseudobartlettia Rydb. (1927)■☆

42174 Psatura Poir. (1805) = Psathura Comm. ex Juss. (1789) [茜草科 Rubiaceae] ■☆

42175 Psectra (Endl.) P. Tomšovic (1997)【汉】削刀蓝刺头属。【隶属】菊科 Asteraceae (Compositae)。【包含】世界 1 种。【学名诠释与讨论】〈阴〉(希) psektra, 削刀。此属的学名, IK 记载是 " Psectra (Endl.) Tomšovic, Preslia 69 (1): 33 (1997)", 由 "Echinops sect. Psectra Endl." 改级而来。亦有文献把 "Psectra (Endl.) P. Tomšovic (1997)" 处理为 "Echinops L. (1753)" 的异名。【分布】墨西哥, 西班牙。【模式】Psectra strigosa (L.) P. Tomšovic。【参考异名】Echinops L. (1753); Echinops sect. Psectra Endl. ■☆

42176 Psedera Neck. (1790) Nom. inval. ≡ Psedera Neck. ex Greene

(1906) Nom. illegit. ; ~ ≡ Parthenocissus Planch. (1887)（保留属名）; ~ = Ampelopsis Michx. (1803) [葡萄科 Vitaceae // 蛇葡萄科 Ampelopsidaceae] ●

42177 Psedera Neck. ex Greene (1906) Nom. illegit. ≡ Parthenocissus Planch. (1887)（保留属名）; ~ = Ampelopsis Michx. (1803) [葡萄科 Vitaceae // 蛇葡萄科 Ampelopsidaceae] ●

42178 Psednotrichia Hiern (1898)【汉】丝莲菊属。【隶属】菊科 Asteraceae (Compositae)。【包含】世界 1-2 种。【学名诠释与讨论】〈阴〉(希) psednos, 瘦的, 皱缩的, 裸的 + thrix, 所有格 trichos, 毛, 毛发。【分布】热带和非洲南部。【模式】Psednotrichia tenella Hiern。【参考异名】Xyridopsis B. Nord. (1978)■☆

42179 Psedomelia Neck. (1790) Nom. inval. = Bromelia L. (1753) [凤梨科 Bromeliaceae]■☆

42180 Pseliaceae Raf. (1838) = Menispermaceae Juss.（保留科名）●■

42181 Pselium Lour. (1790)（废弃属名） = Pericampylus Miers (1851)（保留属名）; ~ = Pericampylus Miers + Stephania Lour. (1790) [防己科 Menispermaceae] ●

42182 Psephellus Cass. (1826)【汉】膜片菊属。【隶属】菊科 Asteraceae (Compositae) // 矢车菊科 Centaureaceae。【包含】世界 100 种。【学名诠释与讨论】〈阳〉(希) psephos 或 psephis, 石子 + -ellus, -ella, -ellum 加在名词词干后面形成指小式的词尾。此属的学名是 "Psephellus Cassini in F. Cuvier, Dict. Sci. Nat. 43: 488. Sep 1826"。亦有文献把其处理为 "Centaurea L. (1753)（保留属名）" 的异名。【分布】土耳其, 乌克兰, 伊朗, 高加索, 克里米亚半岛, 西伯利亚西部。【模式】Psephellus calocephalus Cassini, Nom. illegit. [Centaurea dealbata Willdenow; Psephellus dealbata (Willdenow) K. H. E. Koch]。【参考异名】Aetheopappus Cass. (1827); Hymenocephalus Jaub. et Spach (1847); Phaeopappus (DC.) Boiss. (1846); Phaeopappus Boiss. (1846) Nom. illegit. ●■☆

42183 Pseudabutilon R. E. Fr. (1908)【汉】假苘麻属。【隶属】锦葵科 Malvaceae。【包含】世界 18-19 种。【学名诠释与讨论】〈中〉(希) pseudes, 假的, 骗人的。在植物名称中, pseud- 和 pseudo- 均指相似而不相等 + (属) Abutilon 苘麻属。【分布】巴拉圭, 秘鲁, 玻利维亚, 哥斯达黎加, 尼加拉瓜, 中美洲。【后选模式】Pseudabutilon scabrum (K. B. Presl) R. E. Fries [Wissadula scabra K. B. Presl] ●☆

42184 Pseudacacia Moench (1794) Nom. illegit. ≡ Robinia L. (1753); ~ = Pseudo-Acacia Duhamel (1755) Nom. illegit. [豆科 Fabaceae (Leguminosae) // 蝶形花科 Papilionaceae] ●

42185 Pseudacanthopale Benoist (1950) = Strobilanthopsis S. Moore (1900) [爵床科 Acanthaceae] ●☆

42186 Pseudacoridium Ames (1922)【汉】假足柱兰属。【隶属】兰科 Orchidaceae。【包含】世界 1 种。【学名诠释与讨论】〈中〉(希) pseudes, 假的, 骗人的 + (属) Acoridium = Dendrochilum 足柱兰属。【分布】菲律宾（菲律宾群岛）。【模式】Pseudacoridium woodianum (O. Ames) O. Ames [Dendrochilum woodianum O. Ames]■☆

42187 Pseudactis S. Moore (1919) = Emilia (Cass.) Cass. (1817) [菊科 Asteraceae (Compositae)]■

42188 Pseudaechmanthera Bremek. (1944)【汉】假尖药草属（假尖蕊属, 假尖药花属, 毛叶草属）。【英】Pseudaechmanthera。【隶属】爵床科 Acanthaceae。【包含】世界 1 种, 中国 1 种。【学名诠释与讨论】〈阴〉(希) pseudes, 假的, 骗人的 + (属) Aechmanthera 尖药草属。此属的学名是 "Pseudaechmanthera Bremekamp, Verh. Kon. Ned. Akad. Wetensch. , Afd. Natuurk. , Tweede Sect. 41 (1): 188. 11 Mai 1944"。亦有文献把其处理为 "Strobilanthes Blume (1826)" 的异名。【分布】巴基斯坦, 中国, 喜马拉雅山。【模式】

Pseudaechmanthera glutinosa（Nees）Bremekamp［Strobilanthes glutinosa Nees］。【参考异名】Strobilanthes Blume（1826）●■

42189　Pseudaechmea L. B. Sm. et Read（1982）【汉】假光萼荷属。【隶属】凤梨科 Bromeliaceae。【包含】世界 1 种。【学名诠释与讨论】〈阴〉（希）pseudes，假的，骗人的+（属）Aechmea 光萼荷属。【分布】哥伦比亚。【模式】Pseudaechmea ambigua L. B. Smith et R. W. Read ●☆

42190　Pseudaegiphila Rusby（1927）= Aegiphila Jacq.（1767）［马鞭草科 Verbenaceae//唇形科 Lamiaceae（Labiatae）］●■☆

42191　Pseudaegle Miq.（1865）Nom. illegit. ≡ Poncirus Raf.（1838）［芸香科 Rutaceae］●★

42192　Pseudagrostistachys Pax et K. Hoffm.（1912）【汉】假田穗戟属。【隶属】大戟科 Euphorbiaceae。【包含】世界 2 种。【学名诠释与讨论】〈阴〉（希）pseudes，假的，骗人的+（属）Agrostistachys 田穗戟属。【分布】热带非洲。【模式】Pseudagrostistachys africana（J. Müller Arg.）Pax et K. Hoffmann［Agrostistachys africana J. Müller Arg.］■☆

42193　Pseudaidia Tirveng.（1987）【汉】假茜树属。【隶属】茜草科 Rubiaceae。【包含】世界 1 种。【学名诠释与讨论】〈阴〉（希）pseudes，假的，骗人的+（属）Aidia 茜树属。【分布】印度。【模式】Pseudaidia speciosa（R. H. Beddome）D. D. Tirvengadum［Griffithia speciosa R. H. Beddome］●☆

42194　Pseudais Decne.（1843）= Phaleria Jack（1822）［瑞香科 Thymelaeaceae］●☆

42195　Pseudalangium F. Muell.（1860）= Alangium Lam.（1783）（保留属名）［八角枫科 Alangiaceae］●

42196　Pseudalbizzia Britton et Rose（1928）= Albizia Durazz.（1772）［豆科 Fabaceae（Leguminosae）//含羞草科 Mimosaceae］●

42197　Pseudaleia Thouars ex DC.（1824）Nom. illegit. ≡ Olax L.（1753）［铁青树科 Olacaceae］●

42198　Pseudaleia Thouars（1806）Nom. inval. ≡ Pseudaleia Thouars ex DC.（1824）Nom. illegit.；~ ≡ Olax L.（1753）［铁青树科 Olacaceae］●

42199　Pseudaleioides Thouars（1806）= Olax L.（1753）；~ = Pseudaleia Thouars ex DC.（1824）Nom. illegit.；~ ≡ Olax L.（1753）［铁青树科 Olacaceae］●☆

42200　Pseudaleiopsis Rchb. = Olax L.（1753）；~ = Pseudaleia Thouars ex DC.（1824）Nom. illegit.［铁青树科 Olacaceae］●☆

42201　Pseudalepyrum Dandy（1932）= Centrolepis Labill.（1804）［刺鳞草科 Centrolepidaceae］■

42202　Pseudalomia Zoll. et Moritzi（1844）= Ethulia L. f.（1762）［菊科 Asteraceae（Compositae）］■

42203　Pseudalthenia（Graebn.）Nakai（1943）【汉】拟加那亚草属。【隶属】眼子菜科 Potamogetonaceae//茨藻科 Najadaceae//角果藻科 Zannichelliaceae。【包含】世界 1 种。【学名诠释与讨论】〈阴〉（希）pseudes，假的，骗人的+（属）Althenia。此属的学名，ING 和 IK 记载是“Pseudalthenia（Graebn.）Nakai, Ord., Fam., etc. 213（1943）”。“Pseudalthenia Nakai（1937）”是一个未合格发表的名称（Nom. inval.）。亦有文献把“Pseudalthenia（Graetn.）Nakai（1943）”处理为“Zannichellia L.（1753）”的异名。【分布】澳大利亚，非洲。【模式】未指定。【参考异名】Pseudalthenia Nakai（1943）Nom. inval.；Vleisia Toml. et Posl.（1976）；Zannichellia L.（1753）■☆

42204　Pseudalthenia Nakai（1937）Nom. inval. ≡ Pseudalthenia（Graebn.）Nakai（1943）［眼子菜科 Potamogetonaceae//角果藻科 Zannichelliaceae］■☆

42205　Pseudammi H. Wolff（1921）= Seseli L.（1753）［伞形花科（伞形科）Apiaceae（Umbelliferae）］■

42206　Pseudanamomis Kausel（1956）【汉】假繁花桃金娘属。【隶属】桃金娘科 Myrtaceae。【包含】世界 13 种。【学名诠释与讨论】〈阴〉（希）pseudes，假的，骗人的+（属）Anamomis = Myrcianthes 繁花桃金娘属。此属的学名是“Pseudanamomis Kausel, Ark. Bot. ser. 2. 3：511. 10 Sep 1956”。亦有文献把其处理为“Myrtus L.（1753）”的异名。【分布】参见 Myrtus L.（1753）。【模式】Pseudanamomis umbellulifera（Kunth）Kausel［Myrtus umbellulifera Kunth］。【参考异名】Myrtus L.（1753）●☆

42207　Pseudananas（Hassl.）Harms（1930）【汉】假凤梨属。【日】プセウドアナナス属。【隶属】凤梨科 Bromeliaceae。【包含】世界 1 种。【学名诠释与讨论】〈阴〉（希）pseudes，假的，骗人的+（属）Ananas 凤梨属。此属的学名，ING 记载是“Pseudananas（Hassler）Harms in Engler et Prantl, Nat. Pflanzenfam. ed. 2. 15a：153. 1930”，由“Ananas sect. Pseudananas Hassler, Annuaire Conserv. Jard. Bot. Genève 20：280. 1919”改级而来。GCI 的记载是“Pseudananas Hassl. ex Harms, Nat. Pflanzenfam., ed. 2［Engler et Prantl］15a：153. 1930”。IK 记载为“Pseudananas Hassl., Annuaire Conserv. Jard. Bot. Genève xx. 280（1919）, nomen event.；Harms in Engl. et Prantl, Nat. Pflanzenfam. ed. 2, XV a. 153（1930）”。TROPICOS 则记载为“Pseudananas Hassl. et Harms Die natürlichen Pflanzenfamilien, Zweite Auflage 15a：153. 1930.（Nat. Pflanzenfam.（ed. 2））”。四者引用的文献相同。【分布】阿根廷，巴拉圭，玻利维亚，厄瓜多尔。【模式】Pseudananas macrodontes（E. Morren）Harms［Ananas macrodontes E. Morren］。【参考异名】Ananas sect. Pseudananas Hassl.（1919）；Pseudananas Hassl.（1919）Nom. inval.；Pseudananas Hassl. et Harms（1930）Nom. illegit.；Pseudananas Hassl. ex Harms（1930）Nom. illegit.■☆

42208　Pseudananas（Hassl.）Hassl.（1930）= Pseudananas（Hassl.）Harms（1930）［凤梨科 Bromeliaceae］■☆

42209　Pseudananas Hassl.（1919）Nom. inval. ≡ Pseudananas（Hassl.）Harms（1930）［凤梨科 Bromeliaceae］■☆

42210　Pseudananas Hassl. et Harms（1930）Nom. illegit. = Pseudananas（Hassl.）Harms（1930）［凤梨科 Bromeliaceae］■☆

42211　Pseudanastatica（Boiss.）Lemee = Clypeola L.（1753）；~ = Pseudoanastatica（Boiss.）Grossh.（1930）［十字花科 Brassicaceae（Cruciferae）］■☆

42212　Pseudanchusa（A. DC.）Kuntze = Lindelofia Lehm.（1850）［紫草科 Boraginaceae］■

42213　Pseudannona（Baill.）Saff.（1913）Nom. illegit. ≡ Pseudannona Saff.（1913）［番荔枝科 Annonaceae］●

42214　Pseudannona Saff.（1913）= Annona L.（1753）；~ = Xylopia L.（1759）（保留属名）［番荔枝科 Annonaceae］●

42215　Pseudanthaceae Endl.（1839）［亦见 Euphorbiaceae Juss.（保留科名）大戟科、Phyllanthaceae 叶下珠科（叶萝藦科）和 Picrodendraceae Small（保留科名）脱皮树科（三叶脱皮树科）］【汉】假花大戟科。【包含】世界 1 属 8 种。【分布】澳大利亚。【科名模式】Pseudanthus Sieber ex A. Spreng. ■

42216　Pseudanthistiria（Hack.）Hook. f.（1896）【汉】假铁秆草属（假铁秆蒿属，伪铁秆草属）。【英】False Ironculm, Pseudanthistiria。【隶属】禾本科 Poaceae（Gramineae）。【包含】世界 3-5 种，中国 1-2 种。【学名诠释与讨论】〈阴〉（希）pseudes，假的，骗人的+（属）Anthistiria 铁杆草属。此属的学名，ING 和 TROPICOS 记载是“Pseudanthistiria（Hackel）Hook. f., Fl. Brit. India 7：219. Apr（sero）1896（‘1897’）”，由“Andropogon sect. Pseudanthistiria Hack., Monographiae Phanerogamarum 6：400. 1889.（Apr 1889）”改级而来。IK 则记载为“Pseudanthistiria Hook. f., Fl. Brit. India

[J. D. Hooker]7(21):219. 1896［Apr 1896］"。二者引用的文献相同。【分布】泰国，印度，中国。【模式】Pseudanthistiria heteroclita（Roxb.）Hook. f.。【参考异名】Andropogon sect. Pseudanthistiria Hack.（1896）；Pseudanthistiria Hook. f.（1896）Nom. illegit. ■

42217 Pseudanthistiria Hook. f.（1896）Nom. illegit. ≡Pseudanthistiria（Hack.）Hook. f.（1896）［禾本科 Poaceae（Gramineae）］■

42218 Pseudanthus Sieber ex A. Spreng.（1827）【汉】假花大戟属。【隶属】大戟科 Euphorbiaceae//假花大戟科 Pseudanthaceae。【包含】世界8种。【学名诠释与讨论】〈阳〉（希）pseudes，假的，骗人的 + anthos，花。此属的学名，ING、APNI 和 IK 记载是"Pseudanthus Sieber ex A. Sprengel in K. P. J. Sprengel, Syst. Veg. 4（2）:22, 25. Jan–Jun 1827"。"Pseudanthus Wight, Icon. Pl. Ind. Orient.［Wight］v. 3; vi. t. 1776 bis（1852）≡Nothosaerva Wight（1853）［苋科 Amaranthaceae］"是晚出的非法名称。【分布】澳大利亚。【模式】Pseudanthus pimeleoides Sieber ex A. Sprengel。【参考异名】Chorizotheca Müll. Arg.（1863）；Chrysostemon Klotzsch（1848）■☆

42219 Pseudanthus Wight（1852）Nom. illegit. ≡Nothosaerva Wight（1853）［苋科 Amaranthaceae］■☆

42220 Pseudarabidella O. E. Schulz（1924）= Arabidella（F. Muell.）O. E. Schulz（1924）［十字花科 Brassicaceae（Cruciferae）］■☆

42221 Pseudarrhenatherum Rouy（1922）【汉】肖燕麦草属。【隶属】禾本科 Poaceae（Gramineae）。【包含】世界7种。【学名诠释与讨论】〈中〉（希）pseudes，假的，骗人的+（属）Arrhenatherum 燕麦草属（大蟹钓属）。此属的学名"Pseudarrhenatherum Rouy, Bull. Soc. Bot. France 68:401. 1922"是一个替代名称。"Thorea Rouy, Fl. France 14:142. Apr 1913"是一个非法名称（Nom. illegit.），因为此前已经有了红藻的"Thorea Bory de St. -Vincent, Ann. Mus. Natl. Hist. Nat. 12:127. 1808"。故用"Pseudarrhenatherum Rouy（1922）"替代之。同理，"Thorea J. Briquet, Arch. Sci. Phys. Nat. ser. 4. 13:614. 1902 ≡Caropsis（Rouy et Camus）Rauschert（1982）= Thorella Briq.（1914）Nom. illegit.［伞形花科（伞形科）Apiaceae（Umbelliferae）］"亦是非法名称。"Thoreochloa J. Holub, Acta Univ. Carol., Biol. 1962: 154. 1963（post 15 Mai）"是"Pseudarrhenatherum Rouy（1922）"的晚出的同模式异名（Homotypic synonym, Nomenclatural synonym）。亦有文献把"Pseudarrhenatherum Rouy（1922）"处理为"Arrhenatherum P. Beauv.（1812）"的异名。【分布】法国，葡萄牙，西班牙。【模式】Pseudarrhenatherum longifolia（Thore）Rouy［Avena longifolia Thore］。【参考异名】Arrhenatherum P. Beauv.（1812）；Pseudoarrenatherum Holub；Thorea Rouy（1913）Nom. illegit.；Thoreochloa Holub（1962）Nom. illegit. ■☆

42222 Pseudartabotrys Pellegr.（1920）【汉】非洲鹰爪花属（拟鹰爪花属）。【隶属】番荔枝科 Annonaceae。【包含】世界1种。【学名诠释与讨论】〈阳〉（希）pseudes，假的，骗人的+（属）Artabotrys 鹰爪花属。【分布】西赤道非洲。【模式】Pseudartabotrys letestui Pellegrin ●☆

42223 Pseudarthria Wight et Arn.（1834）【汉】假节豆属。【隶属】豆科 Fabaceae（Leguminosae）。【包含】世界5种。【学名诠释与讨论】〈阴〉（希）pseudes，假的，骗人的+arthron，关节。【分布】热带和非洲南部，热带亚洲。【模式】Pseudarthria viscida（Linnaeus）R. Wight et Arnott［Hedysarum viscidum Linnaeus］。【参考异名】Anarthrosyne E. Mey.（1835）■☆

42224 Pseudatalaya Baill.（1874）= Atalaya Blume（1849）［无患子科 Sapindaceae］●☆

42225 Pseudechinolaena Stapf（1919）【汉】钩毛黍属。【英】

Barkgrass, Pseudochinolaena。【隶属】禾本科 Poaceae（Gramineae）。【包含】世界6种，中国1种。【学名诠释与讨论】〈阴〉（希）pseudes，假的，骗人的+（属）Echinolaena 刺衣黍属。【分布】巴拿马，秘鲁，玻利维亚，厄瓜多尔，哥伦比亚（安蒂奥基亚），哥斯达黎加，马达加斯加，尼加拉瓜，中国，中美洲。【模式】Pseudechinolaena polystachya（Kunth）Stapf［Echinolaena polystachya Kunth］。【参考异名】Loxostachys Peter（1930）Nom. illegit.；Perulifera A. Camus（1928）■

42226 Pseudechinopepon（Cogn.）Kuntze = Vaseyanthus Cogn.（1891）［葫芦科（瓜科，南瓜科）Cucurbitaceae］■☆

42227 Pseudehretia Turcz.（1863）= Ilex L.（1753）［冬青科 Aquifoliaceae］●

42228 Pseudelephantopus Rohr（1792）［as 'Pseudo-Elephantopus'］（保留属名）【汉】假地胆草属。【英】Fake Earthgall, False Elephant's Foot, Pseudelephantopus, Pseudolephantopus。【隶属】菊科 Asteraceae（Compositae）。【包含】世界2-3种，中国1种。【学名诠释与讨论】〈阳〉（希）pseudes，假的，骗人的+（属）Elephantopus 地胆草属。此属的学名"Pseudelephantopus Rohr in Skr. Naturhist. -Selsk. 2（1）. 214. 1792（'Pseudo-elephantopus'）（orth. cons.）"是保留属名。法规未列出相应的废弃属名。但是其变体"Pseudo-Elephantopus Rohr（1792）"、"Pseudo-elephantopus Steud.（1841）"和"Pseudo-elephantopus Rohr（1792）"应该废弃。"Distreptus Cassini, Bull. Sci. Soc. Philom. Paris 1817:66. Apr 1817"是"Pseudelephantopus Rohr（1792）［as 'Pseudo-Elephantopus'］（保留属名）"的晚出的同模式异名（Homotypic synonym, Nomenclatural synonym）。亦有文献把"Pseudelephantopus Rohr（1792）［as 'Pseudo-Elephantopus'］（保留属名）"处理为"Elephantopus L.（1753）"的异名。【分布】巴拉圭，巴拿马，秘鲁，玻利维亚，厄瓜多尔，哥伦比亚（安蒂奥基亚），尼加拉瓜，中国，中美洲。【模式】Pseudelephantopus spicatus（B. Jussieu ex Aublet）C. F. Baker［Elephantopus spicatus B. Jussieu ex Aublet］。【参考异名】Chaetospira S. F. Blake（1935）Nom. illegit.；Distreptus Cass.（1817）Nom. illegit.；Elephantopus L.（1753）；Pseudoelephantopus Rohr ex Steud.（1841）Nom. illegit.（废弃属名）；Pseudo-Elephantopus Rohr（1792）Nom. illegit.（废弃属名）；Pseudo-elephantopus Steud.（1841）（废弃属名）■

42229 Pseudelleanthus Brieger（1983）= Elleanthus C. Presl（1827）［兰科 Orchidaceae］■☆

42230 Pseudellipanthus G. Schellenb.（1922）= Ellipanthus Hook. f.（1862）［牛栓藤科 Connaraceae］●

42231 Pseudeminia Verdc.（1970）【汉】热非草豆属。【隶属】豆科 Fabaceae（Leguminosae）。【包含】世界4种。【学名诠释与讨论】〈阴〉（希）pseudes，假的，骗人的+（属）Eminia 热非鹿藿属。【分布】热带非洲。【模式】Pseudeminia comosa（J. G. Baker）Verdcourt［Rhynchosia comosa J. G. Baker］■☆

42232 Pseudencyclia Chiron et V. P. Castro（2003）【汉】假围柱兰属。【隶属】兰科 Orchidaceae。【包含】世界24种。【学名诠释与讨论】〈阴〉（希）pseudes，假的，骗人的+（属）Encyclia 围柱兰属。此属的学名是"Pseudencyclia G. R. Chiron et V. P. Castro, Richardiana 4: 31. Nov 2003"。亦有文献把其处理为"Epidendrum L.（1763）（保留属名）"的异名。【分布】中美洲。【模式】Pseudencyclia michuacana（La Llave et Lexarza）G. R. Chiron et V. P. Castro［Epidendrum michuacanum La Llave et Lexarza］。【参考异名】Epidendrum L.（1753）（废弃属名）■☆

42233 Pseudephedranthus Aristeg.（1969）【汉】假麻黄花属。【隶属】番荔枝科 Annonaceae。【包含】世界1种。【学名诠释与讨论】〈阴〉（希）pseudes，假的，骗人的+（属）Ephedranthus 麻黄花属。

【分布】巴西，委内瑞拉。【模式】Pseudephedranthus fragans（R. E. Fries）L. Aristeguieta［Ephedranthus fragans R. E. Fries］●☆

42234 Pseudepidendrum Rchb. f.（1852）= Epidendrum L.（1763）（保留属名）［兰科 Orchidaceae］☆

42235 Pseuderanthemum Radlk.（1884）Nom. inval. ≡ Pseuderanthemum Radlk. ex Lindau（1895）［爵床科 Acanthaceae］●■

42236 Pseuderanthemum Radlk. ex Lindau（1895）【汉】钩粉草属（拟美花属，山壳骨属）。【日】プセウデランテムム属。【俄】Псевдоерантемум。【英】Pseuderanthemum。【隶属】爵床科 Acanthaceae。【包含】世界 60-120 种，中国 8-10 种。【学名诠释与讨论】〈中〉（希）pseudes，假的，骗人的+（属）Eranthemum 可爱花属。此属的学名，ING、TROPICOS 和 GCI 记载是"Pseuderanthemum Radlkofer ex Lindau in Engler et Prantl, Nat. Pflanzenfam. 4（3b）：330. 12 Mar 1895"。"Pseuderanthemum Radlk., Sitzungsber. Math. –Phys. Cl. Königl. Bayer. Akad. Wiss. München 13：282. 1884 ≡ Pseuderanthemum Radlk. ex Lindau（1895）"是一个未合格发表的名称（Nom. inval.）。"Siphoneranthemum（Oersted）O. Kuntze, Rev. Gen. 1：494. 5 Nov 1891"是"Pseuderanthemum Radlk. ex Lindau（1895）"的晚出的同模式异名（Homotypic synonym, Nomenclatural synonym）。【分布】巴拿马，秘鲁，玻利维亚，厄瓜多尔，哥伦比亚（安蒂奥基亚），马达加斯加，尼加拉瓜，中国，中美洲。【后选模式】Pseuderanthemum bicolor（Schrank）Lindau［Eranthemum bicolor Schrank］。【参考异名】Adelaster Veitch（1861）（废弃属名）；Aldelaster C. Koch（1861）Nom. illegit. ；Aldelaster K. Koch（1861）；Antheliacanthus Ridl.（1920）；Chrestienia Montrouz.（1901）；Odontonemella Lindau（1893）；Planetanthemum（Endl.）Kuntze（1903）；Pseuderanthemum Radlk.（1884）Nom. inval. ；Pseudo-eranthemum Radlk.（1883）；Siphoneranthemum（Oerst.）Kuntze（1891）Nom. illegit. ；Siphoneranthemum Kuntze（1891）Nom. illegit. ●■

42237 Pseuderemostachys Popov（1941）【汉】假沙穗属。【俄】Лжепустынноколосник。【隶属】唇形科 Lamiaceae（Labiatae）。【包含】世界 1 种。【学名诠释与讨论】〈阴〉（希）pseudes，假的，骗人的+（属）Eremostachys 沙穗属（雅穗草属）。【分布】亚洲中部。【模式】Pseuderemostachys sewerzovii（Severtzovii）（Herd.）Popov。【参考异名】Pseudoeremostachys Popov ■☆

42238 Pseuderia（Schltr.）Schltr.（1912）Nom. illegit. ≡ Pseuderia Schltr.（1912）［兰科 Orchidaceae］☆

42239 Pseuderia Schltr.（1912）【汉】假毛兰属。【隶属】兰科 Orchidaceae。【包含】世界 4 种。【学名诠释与讨论】〈阴〉（希）pseudes，假的，骗人的+（属）Eria 毛兰属（欧石南属，绒兰属）。此属的学名，ING、TROPICOS 和 IK 记载是"Pseuderia Schlechter, Repert. Spec. Nov. Regni Veg. Beih. 1：644. 1 Dec 1912"。"Pseuderia（Schltr.）Schltr.（1912）≡ Pseuderia Schltr.（1912）"的命名人引证有误。【分布】马来西亚，波利尼西亚群岛。【模式】未指定。【参考异名】Pseuderia（Schltr.）Schltr.（1912）Nom. illegit. ■☆

42240 Pseuderiopsis Rchb. f.（1850）= Eriopsis Lindl.（1847）［兰科 Orchidaceae］■☆

42241 Pseudernestia Post et Kuntze（1903）= Pseudoernestia（Cogn.）Krasser（1893）［野牡丹科 Melastomataceae］☆

42242 Pseuderucaria（Boiss.）O. E. Schulz（1916）【汉】假芝麻芥属。【隶属】十字花科 Brassicaceae（Cruciferae）。【包含】世界 2 种。【学名诠释与讨论】〈阴〉（希）pseudes，假的，骗人的+（属）Erucaria 芝麻芥属。此属的学名，ING 记载是"Pseuderucaria（Boissier）O. E. Schulz, Bot. Jahrb. Syst. 54 Beibl. 119：54. 4 Oct

1916"，由"Moricandia sect. Pseuderucaria Boissier, Fl. Orient. 1：387. Apr. –Jun. 1867"改级而来；而 IK 和 TROPICOS 则记载为"Pseuderucaria O. E. Schulz, Bot. Jahrb. Syst. 54（3, Beibl. 119）：54. 1916［4 Oct 1916］"。三者引用的文献相同。【分布】摩洛哥至巴勒斯坦。【后选模式】Pseuderucaria clavata（Boissier et Reuter）O. E. Schulz［Moricandia clavata Boissier et Reuter］。【参考异名】Moricandia sect. Pseuderucaria Boiss.（1867）；Pseuderucaria O. E. Schulz（1916）Nom. illegit. ■☆

42243 Pseuderucaria O. E. Schulz（1916）Nom. illegit. = Pseuderucaria（Boiss.）O. E. Schulz（1916）［十字花科 Brassicaceae（Cruciferae）］■☆

42244 Pseudetalon Raf. = Pseudopetalon Raf.（1817）；~ = Zanthoxylum L.（1753）［芸香科 Rutaceae//花椒科 Zanthoxylaceae］●

42245 Pseudeugenia D. Legrand et Mattos（1966）【汉】巴西番樱桃属。【隶属】桃金娘科 Myrtaceae。【包含】世界 1 种。【学名诠释与讨论】〈阴〉（希）pseudes，假的，骗人的+（属）Eugenia 番樱桃属（巴西蒲桃属）。此属的学名，ING、TROPICOS 和 IK 记载是"Pseudeugenia D. Legrand et J. R. Mattos, Arq. Bot. Estado São Paulo 4：63. Dec 1966"。《显花植物与蕨类植物词典》记载的"Pseudeugenia Post et Kuntze（1903）= Pseudoeugenia Scort.（1885）= Syzygium P. Browne ex Gaertn.（1788）（保留属名）［桃金娘科 Myrtaceae］"似是未合格发表的名称。【分布】巴西。【模式】Pseudeugenia stolonifera D. Legrand et J. R. Mattos ●☆

42246 Pseudeugenia Post et Kuntze（1903）= Pseudoeugenia Scort.（1885）；~ = Syzygium P. Browne ex Gaertn.（1788）（保留属名）［桃金娘科 Myrtaceae］●

42247 Pseudevax DC. ex Pomel（1888）Nom. illegit. = Evax Gaertn.（1791）［菊科 Asteraceae（Compositae）］■☆

42248 Pseudevax DC. ex Steud.（1840）= Evax Gaertn.（1791）［菊科 Asteraceae（Compositae）］■☆

42249 Pseudevax Pomel（1888）Nom. illegit. ≡ Pseudevax DC. ex Pomel（1888）Nom. illegit. ；~ = Evax Gaertn.（1791）［菊科 Asteraceae（Compositae）］■☆

42250 Pseudibatia Malme（1900）【汉】假伊巴特萝藦属。【隶属】萝藦科 Asclepiadaceae。【包含】世界 15 种。【学名诠释与讨论】〈阴〉（希）pseudes，假的，骗人的+（属）Ibatia 伊巴特萝藦属。【分布】玻利维亚，南美洲。【模式】未指定●☆

42251 Pseudima Radlk.（1878）【汉】中南美无患子属。【隶属】无患子科 Sapindaceae。【包含】世界 3 种。【学名诠释与讨论】〈中〉（希）pseudes，假的，骗人的+（属）Dimocarpus 龙眼属。【分布】巴拿马，秘鲁，玻利维亚，哥伦比亚（安蒂奥基亚），中美洲。【模式】Pseudima frutescens（Aublet）L. Radlkofer［Sapindus frutescens Aublet］●☆

42252 Pseudiosma A. Juss.（1825）Nom. illegit. = Zanthoxylum L.（1753）［芸香科 Rutaceae//花椒科 Zanthoxylaceae］●

42253 Pseudiosma DC.（1824）【汉】假逸香木属。【隶属】芸香科 Rutaceae。【包含】世界 1 种。【学名诠释与讨论】〈阴〉（希）pseudes，假的，骗人的+（属）Diosma 逸香木属（布枯属，迪奥斯玛属，地奥属，香叶木属）。此属的学名，ING、TROPICOS 和 IK 记载是"Pseudiosma A. P. de Candolle, Prodr. 1：718. Jan（med.）1824"。"Pseudiosma A. Juss., Mém. Mus. Par. xii.（1825）519"是晚出的非法名称。【分布】中南半岛。【模式】Pseudiosma asiatica（Loureiro）G. Don［Diosma asiatica Loureiro］●☆

42254 Pseudipomoea Roberty（1964）= Ipomoea L.（1753）（保留属名）［旋花科 Convolvulaceae］●■

42255 Pseudiris Chukr et A. Gil（2008）【汉】假鸢尾属。【隶属】鸢尾科 Iridaceae。【包含】世界 1 种。【学名诠释与讨论】〈阴〉（希）

pseudes,假的,骗人的+(属)Iris 鸢尾属。此属的学名,ING、TROPICOS 和 IK 记载是"Pseudiris N. S. Chukr et A. Gil in A. Gil et al., Proc. Calif. Acad. Sci. 59:725. 30 Dec 2008"。"Pseudiris Post et Kuntze(1903)= Iris L. (1753)= Pseudo−Iris Medik. (1790)[鸢尾科 Iridaceae]"是晚出的非法名称。【分布】巴西。【模式】Pseudiris speciosa Chukr et A. Gil■☆

42256　Pseudiris Post et Kuntze(1903)= Iris L. (1753);~=Pseudo−Iris Medik. (1790)[鸢尾科 Iridaceae]■

42257　Pseuditea Hassk. (1842)= Pittosporum Banks ex Gaertn. (1788)(保留属名)[海桐花科(海桐科)Pittosporaceae]●

42258　Pseudixora Miq. (1856)= Anomanthodia Hook. f. (1873);~=Randia L. (1753)[茜草科 Rubiaceae//山黄皮科 Randiaceae]●

42259　Pseudixus Hayata(1915)= Korthalsella Tiegh. (1896)[桑寄生科 Loranthaceae]●

42260　Pseudoacacia Duhamel(1755)Nom. illegit. ≡ Robinia L. (1753)[豆科 Fabaceae(Leguminosae)(刺槐科 Robiniaceae//蝶形花科 Papilionaceae]●

42261　Pseudo − Acacia Duhamel(1755)Nom. illegit. ≡ Robinia L. (1753)[豆科 Fabaceae(Leguminosae)(刺槐科 Robiniaceae//蝶形花科 Papilionaceae]●

42262　Pseudo−acacia Medik. (1787)Nom. illegit. = Robinia L. (1753)[豆科 Fabaceae(Leguminosae)(刺槐科 Robiniaceae//蝶形花科 Papilionaceae]●

42263　Pseudoacanthocereus F. Ritter(1979)【汉】假刺萼柱属。【隶属】仙人掌科 Cactaceae。【包含】世界3种。【学名诠释与讨论】〈阳〉(希)pseudes,假的,骗人的+(属)Acanthocereus 刺萼柱属。此属的学名是"Pseudoacanthocereus F. Ritter, Kakteen Südamerika 1:47. 1979"。亦有文献把其处理为"Acanthocereus (Engelm. ex A. Berger)Britton et Rose(1909)"的异名。【分布】巴西,委内瑞拉。【模式】Pseudoacanthocereus brasiliensis (N. L. Britton et J. N. Rose)F. Ritter [Acanthocereus brasiliensis N. L. Britton et J. N. Rose]。【参考异名】Acanthocereus (Engelm. ex A. Berger)Britton et Rose(1909)■☆

42264　Pseudoampelopsis Planch. (1887)= Ampelopsis Michx. (1803)[葡萄科 Vitaceae//蛇葡萄科 Ampelopsidaceae]●

42265　Pseudoanastatica(Boiss.)Grossh. (1930)【汉】假复活草属。【隶属】十字花科 Brassicaceae(Cruciferae)。【包含】世界1种。【学名诠释与讨论】〈阴〉(希)pseudes,假的,骗人的+(属)Anastatica 复活草属(安产树属)。此属的学名,ING 记载是"Pseudoanastatica (E. Boissier)A. A. Grossheim, Fl. Kavkaza 2:212. 1930 (post 30 Mar)",由"Clypeola sect. Pseudoanastatica Boissier,Fl. Orient. 1:310. 1867"改级而来;而 IK 和 TROPICOS 则记载为"Pseudoanastatica Grossh.,Fl. Kavkaza [Grossheim]2:212. 1930"。三者引用的文献相同。亦有文献把"Pseudoanastatica (Boiss.)Grossh. (1930)"处理为"Clypeola L. (1753)"的异名。【分布】亚洲中部。【模式】Pseudoanastatica dichotoma (E. Boissier)A. A. Grossheim [Clypeola dichotoma E. Boissier]。【参考异名】Clypeola L. (1753);Clypeola sect. Pseudoanastatica Boiss. (1867);Pseudanastatica (Boiss.)Lemee;Pseudoanastatica Grossh. (1930)Nom. illegit. ■☆

42266　Pseudoanastatica Grossh. (1930)Nom. illegit. ≡Pseudoanastatica (Boiss.)Grossh. (1930)[十字花科 Brassicaceae(Cruciferae)]■☆

42267　Pseudoarabidopsis Al−Shehbaz,O'Kane et R. A. Price(1999)【汉】假鼠耳芥属。【隶属】十字花科 Brassicaceae (Cruciferae)。【包含】世界1种,中国1种。【学名诠释与讨论】〈阴〉(希)pseudes,假的,骗人的+(属)Arabidopsis 鼠耳芥属(拟筷子芥属,拟南菜属,拟南芥属)。【分布】阿富汗,俄罗斯,哈萨克斯坦,中国。【模式】Pseudoarabidopsis toxophylla (Marschall von Bieberstein)I. A. Al−Shehbaz, S. L. O'Kane et R. A. Price [Arabis toxophylla Marschall von Bieberstein]■

42268　Pseudoarrenatherum Holub = Pseudarrhenatherum Rouy(1922)[禾本科 Poaceae(Gramineae)]■☆

42269　Pseudobaccharis Cabrera(1944)【汉】假种棉木属。【隶属】菊科 Asteraceae(Compositae)。【包含】世界15种。【学名诠释与讨论】〈阴〉(希)pseudes,假的,骗人的+(属)Baccharis 种棉木属(无舌紫菀属)。此属的学名是"Pseudobaccharis A. L. Cabrera, Notas Mus. La Plata Bot. 9:246. 1944"。亦有文献把其处理为"Baccharis L. (1753)(保留属名)"或"Psila Phil. (1891)"的异名。【分布】玻利维亚,中美洲。【模式】Pseudobaccharis spartioides (W. J. Hooker et Arnott ex A. P. de Candolle)A. L. Cabrera [Heterothalamus spartioides W. J. Hooker et Arnott ex A. P. de Candolle]。【参考异名】Baccharis L.;Psila Phil. (1891)●☆

42270　Pseudobaeckea Nied. (1891)【汉】假岗松属。【隶属】鳞叶树科(布鲁尼科,小叶树科)Bruniaceae。【包含】世界4种。【学名诠释与讨论】〈阴〉(希)pseudes,假的,骗人的+(属)Baeckea 岗松属。【分布】非洲南部。【模式】未指定●☆

42271　Pseudobahia(A. Gray)Rydb. (1915)【汉】旭日菊属(假黄羽菊属)。【英】Sunburst。【隶属】菊科 Asteraceae(Compositae)。【包含】世界3种。【学名诠释与讨论】〈阴〉(希)pseudes,假的,骗人的+(属)Bahia 黄羽菊属。此属的学名,ING 和 TROPICOS 记载是"Pseudobahia (A. Gray)Rydberg, N. Amer. Fl. 34:83. 28 Jul 1915",由"Monolopia sect. Pseudobahia A. Gray in S. Watson, Bot. California 1:383. Mai-Jun 1876"改级而来。而 IK 和 GCI 则记载为"Pseudobahia Rydb., N. Amer. Fl. 34(2):83. 1915 [28 Jul 1915]"。四者引用的文献相同。【分布】美国(加利福尼亚)。【后选模式】Pseudobahia bahiaefolia (Bentham)Rydberg [Monolopia bahiaefolia Bentham]。【参考异名】Pseudobahia Rydb. (1915)Nom. illegit. ■☆

42272　Pseudobahia Rydb. (1915)Nom. illegit. ≡ Pseudobahia (A. Gray)Rydb. (1915)[菊科 Asteraceae(Compositae)]■☆

42273　Pseudobambusa T. Q. Nguyen(1991)【汉】假竹属。【隶属】禾本科 Poaceae(Gramineae)。【包含】世界2种。【学名诠释与讨论】〈阴〉(希)pseudes,假的,骗人的+(属)Bambusa 簕竹属(莿竹属,凤凰竹属,箣竹属,蓬莱竹属,山白竹属,孝顺竹属)。【分布】印度(安达曼群岛)。【模式】Pseudobambusa schizostachyoides (S. Kurz)Nguyen [Cephalostachyum schizostachyoides S. Kurz]●☆

42274　Pseudobarleria Oerst. (1854)【汉】肖甫爵床属。【隶属】爵床科 Acanthaceae。【包含】世界33种。【学名诠释与讨论】〈阴〉(希)pseudes,假的,骗人的+(属)Barleria 假杜鹃属。此属的学名,ING、TROPICOS 和 IK 记载是"Pseudobarleria Oerst.,Vidensk. Meddel. Naturhist. Foren. Kjøbenhavn (1854) 135"。爵床科 Acanthaceae 的"Pseudobarleria T. Anderson, J. Proc. Linn. Soc., Bot. 7:26. 1863 [1864 publ. 1863]= Petalidium Nees(1832)"是晚出的非法名称。"Pseudo−Barleria Oerst. (1854)Nom. illegit. = Barleria L. (1753"拼写有误。亦有文献把"Pseudobarleria Oerst. (1854)"处理为"Barleria L. (1753)"的异名。【分布】参见 Petalidium Nees。【模式】Pseudobarleria hirsuta T. Anderson。【参考异名】Petalidium Nees(1832)■☆

42275　Pseudo−Barleria Oerst. (1854)Nom. illegit. = Barleria L. (1753)[爵床科 Acanthaceae]●■

42276　Pseudobarleria T. Anderson (1863) Nom. illegit. = Petalidium Nees(1832)[爵床科 Acanthaceae]■☆

42277　Pseudobartlettia Rydb. (1927)【汉】假巴氏菊属。【隶属】菊科 Asteraceae(Compositae)。【包含】世界1种。【学名诠释与讨论】

〈阴〉（希）pseudes, 假的, 骗人的+（属）Bartlettia 巴氏菊属。此属的学名是"Pseudobartlettia Rydberg, N. Amer. Fl. 34：358. 22 Jun 1927"。亦有文献把其处理为"Psathyrotes（Nutt.）A. Gray（1853）"的异名。【分布】美国（西南部），墨西哥。【模式】Pseudobartlettia scaposa（A. Gray）Rydberg ［Psathyrotes scaposa A. Gray］。【参考异名】Psathyrotes（Nutt.）A. Gray（1853）; Psathyrotopsis Rydb.（1927）■☆

42278　Pseudobartsia D. Y. Hong（1979）【汉】五齿萼属（五齿草属）。【英】Palmcalyx, Pseudobartsia。【隶属】玄参科 Scrophulariaceae。【包含】世界 1 种, 中国 1 种。【学名诠释与讨论】〈阴〉（希）pseudes, 假的, 骗人的+（属）Bartsia 巴茨列当属。此属的学名是"Pseudobartsia D. Y. Hong in P. C. Tsoong et H. P. Yang, Fl. Reipubl. Popul. Sin. 67（2）：406. Oct-Dec 1979"。亦有文献把其处理为"Parentucellia Viv.（1824）"的异名。【分布】中国。【模式】Pseudobartsia yunnannensis D. Y. Hong。【参考异名】Parentucellia Viv.（1824）■★

42279　Pseudobasilicum Steud.（1841）= Picramnia Sw.（1788）（保留属名）［美洲苦木科（夷苦木科）Picramniaceae//苦木科 Simaroubaceae］●☆

42280　Pseudobastardia Hassl.（1909）Nom. illegit. ≡ Herissantia Medik.（1788）［锦葵科 Malvaceae］■●

42281　Pseudoberlinia P. A. Duvign.（1950）【汉】假鞋木豆属。【隶属】豆科 Fabaceae（Leguminosae）//云实科（苏木科）Caesalpiniaceae。【包含】世界 4 种。【学名诠释与讨论】〈阴〉（希）pseudes, 假的, 骗人的+（属）Berlinia 鞋木豆属（鞋木属）。此属的学名是"Pseudoberlinia Duvigneaud, Bull. Inst. Roy. Colon. Belge 21：431. 1950"。亦有文献把其处理为"Julbernardia Pellegr.（1943）"的异名。【分布】热带非洲。【模式】Pseudoberlinia baumii（Harms）Duvigneaud ［Berlinia baumii Harms］。【参考异名】Julbernardia Pellegr.（1943）●☆

42282　Pseudobersama Verdc.（1956）【汉】莫桑比克楝属。【隶属】楝科 Meliaceae。【包含】世界 1 种。【学名诠释与讨论】〈阴〉（希）pseudes, 假的, 骗人的+（属）Bersama 伯萨马属。【分布】热带非洲东部。【模式】Pseudobersama mossambicensis（Sim）Verdcourt ［Bersama mossambicensis Sim］●☆

42283　Pseudobesleria Oerst.（1861）= Besleria L.（1753）［苦苣苔科 Gesneriaceae//贝思乐苣苔科 Besoniaceae］■●☆

42284　Pseudobetckea（Höck）Lincz.（1958）【汉】贝才草属。【俄】Ложнобецкея。【隶属】缬草科（败酱科）Valerianaceae。【包含】世界 1 种。【学名诠释与讨论】〈阴〉（希）pseudes, 假的, 骗人的+（属）Betckea。此属的学名, ING、TROPICOS 和 IK 记载是"Pseudobetckea（Höck）I. A. Linczevski in B. K. Schischkin, Fl. URSS 23：740. 1958（post 12 Dec）", 由"Valerianella sect. Pseudobetckea Höck in Engler et Prantl, Nat. Pflanzenfam 4（4）：177. Nov. 1891"改级而来。【分布】高加索。【模式】Pseudobetckea caucasica（Boissier）I. A. Linczevski ［Betckea caucasica Boissier］。【参考异名】Valerianella sect. Pseudobetckea Höck（1891）●☆

42285　Pseudoblepharis Baill.（1890）Nom. illegit. = Sclerochiton Harv.（1842）［爵床科 Acanthaceae］●☆

42286　Pseudoblepharispermum J. -P. Lebrun et Stork（1982）【汉】假睑子菊属。【隶属】菊科 Asteraceae（Compositae）。【包含】世界 1-2 种。【学名诠释与讨论】〈阴〉（希）pseudes, 假的, 骗人的+（属）Blepharispermum 睑子菊属。【分布】埃塞俄比亚。【模式】Pseudoblepharispermum bremeri J. -P. Lebrun et A. L. Stork ●☆

42287　Pseudoboivinella Aubrév. et Pellegr.（1961）= Englerophytum K. Krause（1914）［山榄科 Sapotaceae］●☆

42288　Pseudobombax Dugand（1943）【汉】假木棉属。【隶属】木棉科 Bombacaceae//锦葵科 Malvaceae。【包含】世界 20 种。【学名诠释与讨论】〈中〉（希）pseudes, 假的, 骗人的+（属）Bombax 木棉属。【分布】巴拉圭, 巴拿马, 秘鲁, 玻利维亚, 厄瓜多尔, 哥伦比亚（安蒂奥基亚）, 墨西哥, 尼加拉瓜, 中美洲。【模式】Pseudobombax septenatum（N. J. Jacquin）Dugand ［Bombax septenatum N. J. Jacquin］●☆

42289　Pseudobotrys Moeser（1912）【汉】总状茶茱萸属。【隶属】茶茱萸科 Icacinaceae。【包含】世界 2 种。【学名诠释与讨论】〈阴〉（希）pseudes, 假的, 骗人的+botrys, 葡萄串, 总状花序, 簇生。【分布】新几内亚岛。【模式】Pseudobotrys dorae Moeser ●☆

42290　Pseudobrachiaria Launert（1970）= Brachiaria（Trin.）Griseb.（1853）; ~ = Urochloa P. Beauv.（1812）［禾本科 Poaceae（Gramineae）］■

42291　Pseudo-brasilium Adans.（1763）（废弃属名）= Picramnia Sw.（1788）（保留属名）［美洲苦木科（夷苦木科）Picramniaceae//苦木科 Simaroubaceae］●☆

42292　Pseudobrasilium Adans.（1763）Nom. illegit.（废弃属名）≡ Pseudo-brasilium Adans.（1763）（废弃属名）; ~ = Picramnia Sw.（1788）（保留属名）［美洲苦木科（夷苦木科）Picramniaceae//苦木科 Simaroubaceae］●☆

42293　Pseudobrasilium Plum. ex Adans.（1763）Nom. illegit.（废弃属名）≡ Pseudobrasilium Adans.（1763）Nom. illegit.（废弃属名）; ~ ≡ Pseudo-brasilium Adans.（1763）（废弃属名）; ~ = Picramnia Sw.（1788）（保留属名）［美洲苦木科（夷苦木科）Picramniaceae//苦木科 Simaroubaceae］●☆

42294　Pseudobrassaiopsis R. N. Banerjee（1975）= Brassaiopsis Decne. et Planch.（1854）［五加科 Araliaceae］●

42295　Pseudobravoa Rose（1899）【汉】假布拉沃兰属。【隶属】石蒜科 Amaryllidaceae//龙舌兰科 Agavaceae。【包含】世界 1 种。【学名诠释与讨论】〈阴〉（希）pseudes, 假的, 骗人的+（属）Bravoa 布拉沃兰属（红花月下香属）。此属的学名是"Pseudobravoa Rose, Contr. U. S. Natl. Herb. 5：155. 31 Oct 1899"。亦有文献把其处理为"Polianthes L.（1753）"的异名。【分布】墨西哥。【模式】Pseudobravoa densiflora（B. L. Robinson et Fernald）Rose ［Bravoa densiflora B. L. Robinson et Fernald］。【参考异名】Polianthes L.（1753）■☆

42296　Pseudobraya Korsh.（1896）= Draba L.（1753）［十字花科 Brassicaceae（Cruciferae）//葶苈科 Drabaceae］■

42297　Pseudobrazzeia Engl.（1921）= Brazzeia Baill.（1886）［革瓣花科（木果树科）Scytopetalaceae］●☆

42298　Pseudobrickellia R. M. King et H. Rob.（1972）【汉】线叶肋泽兰属。【隶属】菊科 Asteraceae（Compositae）。【包含】世界 2 种。【学名诠释与讨论】〈阴〉（希）pseudes, 假的, 骗人的+（属）Brickellia 肋泽兰属（布氏菊属, 鞘冠菊属）。【分布】巴西。【模式】Pseudobrickellia brasiliensis（K. P. J. Sprengel）R. M. King et H. E. Robinson ［Eupatorium brasiliense K. P. J. Sprengel］●☆

42299　Pseudobromus K. Schum.（1895）【汉】肖羊茅属。【隶属】禾本科 Poaceae（Gramineae）//羊茅科 Festucaceae。【包含】世界 10 种。【学名诠释与讨论】〈阳〉（希）pseudes, 假的, 骗人的+（属）Bromus 雀麦属。此属的学名是"Pseudobromus Schumann in Engler, Pflanzenwelt Ost-Afrikas 5（C）：108. 1895"。亦有文献把其处理为"Festuca L.（1753）"的异名。【分布】马达加斯加, 热带和非洲南部。【模式】Pseudobromus silvaticus Schumann。【参考异名】Festuca L.（1753）■☆

42300　Pseudobrownanthus Ihlenf. et Bittrich（1985）【汉】假褐花属（坚果露花树属）。【隶属】番杏科 Aizoaceae。【包含】世界 1 种。

【学名诠释与讨论】〈阳〉（希）pseudes，假的，骗人的＋（属）Brownanthus 褐花属。【分布】纳米比亚，非洲南部。【模式】Pseudobrownanthus nucifer H. -D. Ihlenfeldt et V. Bittrich ●☆

42301　Pseudobulbostylis Nutt. = Brickellia Elliott（1823）（保留属名）［菊科 Asteraceae（Compositae）］■●

42302　Pseudocadia Harms（1902）= Xanthocercis Baill.（1870）［豆科 Fabaceae（Leguminosae）//蝶形花科 Papilionaceae］●■☆

42303　Pseudocadiscus Lisowski（1987）【汉】假水漂菊属。【隶属】菊科 Asteraceae（Compositae）。【包含】世界 1 种。【学名诠释与讨论】〈阴〉（希）pseudes，假的，骗人的＋（属）Cadiscus 水漂菊属。此属的学名是"Pseudocadiscus S. Lisowski，Bull. Jard. Bot. Belgique 57：467. 31 Dec 1987"。亦有文献把其处理为"Stenops B. Nord.（1978）"的异名。【分布】刚果（金）。【模式】Pseudocadiscus zairensis S. Lisowski。【参考异名】Stenops B. Nord.（1978）■☆

42304　Pseudocalymma A. Samp. et Kuhlm.（1933）【汉】假绿苞草属。【隶属】紫葳科 Bignoniaceae。【包含】世界 4 种。【学名诠释与讨论】〈阴〉（希）pseudes，假的，骗人的＋（属）Chlorocalymma 东非绿苞草属。此属的学名是"Pseudocalymma A. J. Sampaio et Kuhlmann，Campo Rio de Janeiro 4（11）：15. 1933；Bol. Mus. Nac. Rio de Janeiro 10：99，101. Mar–Dec 1934"。亦有文献把其处理为"Mansoa DC.（1838）"的异名。【分布】玻利维亚，西印度群岛，中美洲。【模式】Pseudocalymma laevigatum A. Samp. et Kuhlm.。【参考异名】Choriosphaera Melch.（1937）；Mansoa DC.（1838）●☆

42305　Pseudocalyx Radlk.（1883）【汉】假萼爵床属。【隶属】爵床科 Acanthaceae。【包含】世界 4 种。【学名诠释与讨论】〈阳〉（希）pseudes，假的，骗人的＋kalyx，所有格 kalykos＝拉丁文 calyx，花萼，杯子。【分布】马达加斯加，热带非洲。【模式】Pseudocalyx saccatus Radlkofer ■☆

42306　Pseudocamelina（Boiss.）N. Busch（1928）【汉】假亚麻荠属。【俄】лжерыжик。【隶属】十字花科 Brassicaceae（Cruciferae）。【包含】世界 3-6 种。【学名诠释与讨论】〈阴〉（希）pseudes，假的，骗人的＋（属）Camelina 亚麻荠属。此属的学名，ING 和 IK 记载是"Pseudocamelina（Boissier）Busch，Zurn. Russk. Bot. Obsc. Akad. Nauk SSSR 13：113. 1928"，由"Cochlearia sect. Pseudocamelina Boissier，Fl. Orient. 1：247. Apr.–Jun. 1867"改级而来。IK 和 TROPICOS 则记载为"Pseudocamelina N. Busch，Beih. Bot. Centralbl.，Abt. 2. 44（2）：214. 1927"。【分布】伊朗。【模式】未指定。【参考异名】Cochlearia sect. Pseudocamelina Boiss.（1867）；Pseudocamelina N. Busch（1927）Nom. illegit. ■☆

42307　Pseudocamelina N. Busch（1927）Nom. illegit. ≡ Pseudocamelina（Boiss.）N. Busch（1928）［十字花科 Brassicaceae（Cruciferae）］■☆

42308　Pseudocampanula Kolak.（1980）= Campanula L.（1753）［桔梗科 Campanulaceae］●■

42309　Pseudocannaboides B. -E. van Wyk（1999）【汉】假大麻属。【隶属】伞形花科（伞形科）Apiaceae（Umbelliferae）。【包含】世界 1 种。【学名诠释与讨论】〈阴〉（希）pseudes，假的，骗人的＋（属）Cannaboides 拟大麻属。【分布】马达加斯加。【模式】Pseudocannaboides andringitrensis（Humbert）B. -E. van Wyk ■☆

42310　Pseudocapsicum Medik.（1789）= Solanum L.（1753）［茄科 Solanaceae］●■

42311　Pseudocarapa Hemsl.（1884）【汉】假酸渣树属。【隶属】楝科 Meliaceae。【包含】世界 4 种。【学名诠释与讨论】〈阴〉（希）pseudes，假的，骗人的＋（属）Carapa 酸渣树属（苦油楝属，苦油树属）。此属的学名是"Pseudocarapa Hemsley in J. D. Hooker，Hooker's Icon. Pl. 15：46. Sep 1884"。亦有文献把其处理为"Dysoxylum Blume（1825）"的异名。【分布】澳大利亚（东部），斯

里兰卡，法属新喀里多尼亚，新几内亚岛。【模式】Pseudocarapa championii（J. D. Hooker et Thwaites）Hemsley［Dysoxylum championii J. D. Hooker et Thwaites］。【参考异名】Dysoxylum Blume（1825）●☆

42312　Pseudocarex Miq.（1865 – 1866）= Carex L.（1753）［莎草科 Cyperaceae］■

42313　Pseudocarpidium Millsp.（1906）【汉】假果马鞭草属。【隶属】马鞭草科 Verbenaceae。【包含】世界 8 种。【学名诠释与讨论】〈阴〉（希）pseudes，假的，骗人的＋karpos，果实＋-idius，-idia，-idium，指示小的词尾。【分布】西印度群岛。【后选模式】Pseudocarpidium ilicifolium（A. Richard）Millspaugh［Vitex ilicifolia A. Richard］●☆

42314　Pseudocarum C. Norman（1924）【汉】假葛缕子属。【隶属】伞形花科（伞形科）Apiaceae（Umbelliferae）。【包含】世界 1 种。【学名诠释与讨论】〈中〉（希）pseudes，假的，骗人的＋（属）Carum 葛缕子属。【分布】热带非洲东部。【模式】Pseudocarum clematidifolium C. Norman ■☆

42315　Pseudocaryophyllus O. Berg（1856）【汉】假蒲桃属（假石竹属）。【隶属】桃金娘科 Myrtaceae。【包含】世界 17 种。【学名诠释与讨论】〈阳〉（希）pseudes，假的，骗人的＋（属）Caryophyllus＝Syzygium 蒲桃属。此属的学名是"Pseudocaryophyllus O. C. Berg，Linnaea 27：348（in clave）. Jan 1856；415. Feb 1856"。亦有文献把其处理为"Pimenta Lindl.（1821）"的异名。【分布】中国，热带南美洲。【后选模式】Pseudocaryophyllus sericeus O. C. Berg［Myrtus pseudocaryophyllus Gomes］。【参考异名】Pimenta Lindl.（1821）●

42316　Pseudocaryopteris（Briq.）P. D. Cantino（1999）【汉】假莸属。【隶属】马鞭草科 Verbenaceae//唇形科 Lamiaceae（Labiatae）。【包含】世界 3 种，中国 1 种。【学名诠释与讨论】〈阴〉（希）pseudes，假的，骗人的＋（属）Caryopteris 莸属。此属的学名，IK 记载是"Pseudocaryopteris（Briq.）P. D. Cantino，Syst. Bot. 23（3）：380. 1999 [1998 publ. 1999]"，由"Caryopteris sect. Pseudocaryopteris Briq."改级而来。【分布】印度，中国，喜马拉雅山。【模式】不详。【参考异名】Caryopteris sect. Pseudocaryopteris Briq. ●

42317　Pseudocassia Britton et Rose（1930）= Senna Mill.（1754）［豆科 Fabaceae（Leguminosae）//云实科（苏木科）Caesalpiniaceae］●■

42318　Pseudocassine Bredell（1936）= Crocoxylon Eckl. et Zeyh.（1835）［卫矛科 Celastraceae］●☆

42319　Pseudocatalpa A. H. Gentry（1973）【汉】假梓属。【隶属】紫葳科 Bignoniaceae。【包含】世界 1 种。【学名诠释与讨论】〈阴〉（希）pseudes，假的，骗人的＋（属）Catalpa 梓属（楸属，梓树属）。【分布】伯利兹，墨西哥，中美洲。【模式】Pseudocatalpa caudiculata（P. C. Standley）A. Gentry［Petastoma caudiculatum P. C. Standley］●☆

42320　Pseudocedrela Harms（1895）【汉】假洋椿属。【隶属】楝科 Meliaceae。【包含】世界 1-6 种。【学名诠释与讨论】〈阴〉（希）pseudes，假的，骗人的＋（属）Cedrela 洋椿属（椿属）。【分布】热带非洲。【模式】Pseudocedrela kotschyi（Schweinfurth）Harms［Cedrela kotschyi Schweinfurth］●☆

42321　Pseudocentema Chiov.（1932）Nom. illegit. ≡ Centema Hook. f.（1880）［苋科 Amaranthaceae］■●☆

42322　Pseudocentrum Lindl.（1858）【汉】假心兰属。【隶属】兰科 Orchidaceae。【包含】世界 6 种。【学名诠释与讨论】〈阴〉（希）pseudes，假的，骗人的＋kentron，点，刺，圆心，中央，距。【分布】巴拿马，秘鲁，玻利维亚，厄瓜多尔，哥斯达黎加，西印度群岛，中美洲。【模式】Pseudocentrum macrostachyum Lindley ■☆

42323　Pseudocerastium C. Y. Wu, X. H. Guo et X. P. Zhang（1998）【汉】假卷耳属。【英】Pseudocerastium。【隶属】石竹科 Caryophyllaceae。【包含】世界1种,中国1种。【学名诠释与讨论】〈中〉（希）pseudes,假的,骗人的+（属）Cerastium 卷耳属。【分布】中国。【模式】Pseudocerastium stellarioides C. Y. Wu, X. H. Guo et X. P. Zhang ■★

42324　Pseudochaenomeles Carrière（1882）= Chaenomeles Lindl.（1821）［as 'Choenomeles'］（保留属名）［蔷薇科 Rosaceae］●

42325　Pseudo – chaenomeles Carrière（1882）Nom. illegit. ≡ Pseudochaenomeles Carrière（1882）［蔷薇科 Rosaceae］●

42326　Pseudochaetochloa Hitchc.（1924）【汉】澳洲假刚毛草属。【隶属】禾本科 Poaceae（Gramineae）。【包含】世界1种。【学名诠释与讨论】〈阴〉（希）pseudes,假的,骗人的+（属）Chaetochloa = Setaria 狗尾草属（粟属）。【分布】澳大利亚（西部）。【模式】Pseudochaetochloa australiensis Hitchcock ■☆

42327　Pseudochamaesphacos Parsa（1946）【汉】假矮刺苏属。【隶属】唇形科 Lamiaceae（Labiatae）。【包含】世界1种。【学名诠释与讨论】〈阴〉（希）pseudes,假的,骗人的+（属）Chamaesphacos 矮刺苏属。【分布】伊朗。【模式】Pseudochamaesphacos spinosa Parsa ■☆

42328　Pseudocherleria Dillenb. et Kadereit（2014）Nom. inval. ［石竹科 Caryophyllaceae］☆

42329　Pseudochimarrhis Ducke（1922）= Chimarrhis Jacq.（1763）［茜草科 Rubiaceae］■☆

42330　Pseudochirita W. T. Wang（1983）【汉】异裂苣苔属。【英】Falsechirita。【隶属】苦苣苔科 Gesneriaceae。【包含】世界1种,中国1种。【学名诠释与讨论】〈阴〉（希）pseudes,假的,骗人的+（属）Chirita 唇柱苣苔属。【分布】中国。【模式】Pseudochirita guangxiensis（S. Z. Huang）W. T. Wang［Chirita guangxiensis S. Z. Huang］■★

42331　Pseudochrosia Blume（1850）= Ochrosia Juss.（1789）［夹竹桃科 Apocynaceae］●

42332　Pseudocimum Bremek.（1933）= Endostemon N. E. Br.（1910）［唇形科 Lamiaceae（Labiatae）］●■☆

42333　Pseudocinchona A. Chev.（1909）= Corynanthe Welw.（1869）; ~ = Pausinystalia Pierre ex Beille（1906）［茜草科 Rubiaceae］●☆

42334　Pseudocinchona A. Chev. ex Perrot（1909）Nom. illegit. ≡ Pseudocinchona A. Chev.（1909）; ~ = Corynanthe Welw.（1869）; ~ = Pausinystalia Pierre ex Beille（1906）［茜草科 Rubiaceae］●☆

42335　Pseudocione Mart. ex Engl. = Thyrsodium Salzm. ex Benth.（1852）［漆树科 Anacardiaceae］●☆

42336　Pseudocladia Pierre（1891）= Lucuma Molina（1782）; ~ = Pouteria Aubl.（1775）［山榄科 Sapotaceae］●

42337　Pseudoclappia Rydb.（1923）【汉】假盐菊属。【隶属】菊科 Asteraceae（Compositae）。【包含】世界2种。【学名诠释与讨论】〈阴〉（希）pseudes,假的,骗人的+（属）Clappia 盐菊属。【分布】美国（西南部）。【模式】Pseudoclappia arenaria Rydberg ●☆

42338　Pseudoclausena T. P. Clark（1994）【汉】假黄皮属。【隶属】芸香科 Rutaceae。【包含】世界1种。【学名诠释与讨论】〈阴〉（希）pseudes,假的,骗人的+（属）Clausena 黄皮属。此属的学名是"Pseudoclausena T. P. Clark, Blumea 38: 291. 7 Jun 1994"。亦有文献把其处理为"Clausena Burm. f.（1768）"的异名。【分布】马来西亚,中国。【模式】Walsura glabra E. D. Merrill。【参考异名】Clausena Burm. f.（1768）●

42339　Pseudoclausia Popov（1955）【汉】假香芥属。【俄】Ложнокляусия。【隶属】十字花科 Brassicaceae（Cruciferae）。【包含】世界1-10种,中国1种。【学名诠释与讨论】〈阴〉（希）

pseudes,假的,骗人的+（属）Clausia 香芥属。【分布】中国,亚洲中部。【模式】Chorispora hispida E. Regel ■

42340　Pseudoclinium Kuntze（1903）Nom. illegit. ≡ Leptoclinium（Nutt.）Benth. et Hook. f.（1873）［菊科 Asteraceae（Compositae）］●☆

42341　Pseudocoeloglossum（Szlach. et Olszewski）Szlach.（2003）【汉】拟凹舌兰属。【隶属】兰科 Orchidaceae。【包含】世界5种。【学名诠释与讨论】〈中〉（希）pseudes,假的,骗人的+（属）Coeloglossum 凹舌兰属（凹唇兰属）。此属的学名,IPNI 记载是"Pseudocoeloglossum（Szlach. et Olszewski）Szlach., Orchidee（Hamburg）54（3）: 334（2003）",由"Kryptostoma sect. Pseudocoeloglossum Szlach. et Olszewski in Fl. Cameroun 34: 228（1998）"改级而来。TROPICOS 则记载为"Pseudocoeloglossum Szlach., Orchidee（Hamburg）54: 334, 2003"。二者引用的文献相同。【分布】非洲。【模式】不详。【参考异名】Kryptostoma sect. Pseudocoeloglossum Szlach.（1998）; Pseudocoeloglossum Szlach.（2003）Nom. illegit. ■☆

42342　Pseudocoeloglossum Szlach.（2003）Nom. illegit. ≡ Pseudocoeloglossum（Szlach. et Olszewski）Szlach.（2003）［兰科 Orchidaceae］■☆

42343　Pseudocoix A. Camus（1924）【汉】假薏苡竹属。【隶属】禾本科 Poaceae（Gramineae）。【包含】世界1种。【学名诠释与讨论】〈阴〉（希）pseudes,假的,骗人的+（属）Coix 薏苡属。【分布】马达加斯加。【模式】Pseudocoix perrieri A. Camus ●☆

42344　Pseudoconnarus Radlk.（1887）【汉】假牛栓藤属。【隶属】牛栓藤科 Connaraceae。【包含】世界5-6种。【学名诠释与讨论】〈阴〉（希）pseudes,假的,骗人的+（属）Connarus 牛栓藤属。【分布】秘鲁,玻利维亚,中美洲。【模式】Pseudoconnarus fecundus（J. G. Baker）Radlkofer［Connarus fecundus J. G. Baker］●☆

42345　Pseudoconyza Cuatrec.（1961）【汉】尾酒草属。【隶属】菊科 Asteraceae（Compositae）。【包含】世界1种。【学名诠释与讨论】〈阴〉（希）pseudes,假的,骗人的+（属）Conyza 白酒草属（假蓬属）。此属的学名是"Pseudoconyza J. Cuatrecasas, Ciencia（Mexico）21: 30. 10 Apr 1961"。亦有文献把其处理为"Laggera Sch. Bip. ex Benth.（1873）Nom. illegit."的异名。【分布】巴基斯坦,马达加斯加,美国（佛罗里达）,墨西哥至玻利维亚,尼加拉瓜,中美洲。【模式】Pseudoconyza lyrata（Humboldt, Bonpland et Kunth）J. Cuatrecasas［Conyza lyrata Humboldt, Bonpland et Kunth］。【参考异名】Laggera Sch. Bip. ex Benth.（1846）Nom. inval.; Laggera Sch. Bip. ex Benth.（1873）Nom. illegit. ■☆

42346　Pseudocopaiva Britton et P. Wilson（1929）= Copaifera L.（1762）（保留属名）; ~ = Guibourtia Benn.（1857）［豆科 Fabaceae（Leguminosae）//云实科（苏木科）Caesalpiniaceae］●☆

42347　Pseudocopaiva Britton（1929）Nom. illegit. ≡ Pseudocopaiva Britton et P. Wilson（1929）; ~ = Copaifera L.（1762）（保留属名）; ~ = Guibourtia Benn.（1857）［豆科 Fabaceae（Leguminosae）//云实科（苏木科）Caesalpiniaceae］●☆

42348　Pseudocorchorus Capuron（1963）【汉】假黄麻属。【隶属】椴树科（椴科,田麻科）Tiliaceae//锦葵科 Malvaceae。【包含】世界6种。【学名诠释与讨论】〈阳〉（希）pseudes,假的,骗人的+（属）Corchorus 黄麻属。【分布】马达加斯加。【模式】Pseudocorchorus greveanus（Baillon）Capuron［Corchorus greveanus Baillon］■☆

42349　Pseudocranichis Garay（1982）【汉】假宝石兰属。【隶属】兰科 Orchidaceae。【包含】世界1种。【学名诠释与讨论】〈阴〉（希）pseudes,假的,骗人的+（属）Cranichis 宝石兰属。【分布】墨西哥。【模式】Pseudocranichis thysanochila（B. L. Robinson et J. M. Greenman）L. A. Garay［Cranichis thysanochila B. L. Robinson et J.

M. Greenman]■☆

42350　Pseudocroton Müll. Arg. (1872)【汉】假巴豆属。【隶属】大戟科 Euphorbiaceae。【包含】世界 1 种。【学名诠释与讨论】〈中〉(希)pseudes, 假的, 骗人的 +(属)Croton 巴豆属。【分布】中美洲。【模式】Pseudocroton tinctorius J. Müller Arg. ●☆

42351　Pseudocrupina Velen. (1923)【汉】假半毛菊属。【隶属】菊科 Asteraceae(Compositae)。【包含】世界 1 种。【学名诠释与讨论】〈阴〉(希)pseudes, 假的, 骗人的 +(属)Crupina 半毛菊属。此属的学名是 "Pseudocrupina J. Velenovský, Vestn. Král. Ceské Spolecn. Nauk, Tr. Mat. -Prir. 1921-1922(6)：6. 1923"。亦有文献把其处理为 "Leysera L. (1763)" 的异名。【分布】阿拉伯地区。【模式】Pseudocrupina arabica J. Velenovský。【参考异名】Leysera L. (1763)●☆

42352　Pseudocryptocarya Teschner(1923) = Cryptocarya R. Br. (1810) (保留属名) [樟科 Lauraceae] ●

42353　Pseudoctomeria Kraenzl. (1925) = Pleurothallis R. Br. (1813) [兰科 Orchidaceae]■☆

42354　Pseudocucumis(A. Meeuse) C. Jeffrey (2009)【汉】假黄瓜属。【隶属】葫芦科(瓜科, 南瓜科)Cucurbitaceae。【包含】世界 1 种。【学名诠释与讨论】〈阳〉(希)pseudes, 假的, 骗人的 +(属)Cucumis 黄瓜属(甜瓜属, 香瓜属)。此属的学名, IPNI 记载是 "Pseudocucumis (A. Meeuse) C. Jeffrey (2009)", 由 "Citrullus subgen. Pseudocucumis A. Meeuse Bothalia 8：55. 1962" 改级而来。【分布】不详。【模式】Pseudocucumis naudinianus (Sond.) C. Jeffrey [Cucumis naudinianus Sond.]。【参考异名】Citrullus subgen. Pseudocucumis A. Meeuse(1962)■☆

42355　Pseudocunila Brade(1944) = Hedeoma Pers. (1806) [唇形科 Lamiaceae(Labiatae)]■●☆

42356　Pseudocyclanthera Mart. Crov. (1954)【汉】假小雀瓜属。【隶属】葫芦科(瓜科, 南瓜科)Cucurbitaceae。【包含】世界 1 种。【学名诠释与讨论】〈阴〉(希)pseudes, 假的, 骗人的 +(属)Cyclanthera 小雀瓜属。【分布】玻利维亚, 南美洲。【模式】Pseudocyclanthera australis (Cogniaux) Martinez Crovetto [Echinocystis australis Cogniaux]■☆

42357　Pseudocydonia(C. K. Schneid.) C. K. Schneid. (1906)【汉】木瓜属(假榅桲属, 木李属)。【日】カリン属。【英】Chinese Quince。【隶属】蔷薇科 Rosaceae。【包含】世界 1 种, 中国 1 种。【学名诠释与讨论】〈阴〉(希)pseudes, 假的, 骗人的 +(属)Cydonia 榅桲属。此属的学名, ING 记载是 "Pseudocydonia (C. K. Schneider) C. K. Schneider, Repert. Spec. Nov. Regni Veg. 3：180. 15 Dec 1906", 但是未给出基源异名。IK、《北美植物志》和 TROPICOS 的记载如前, 给出的基源异名是 "Chaenomeles sect. Pseudocydonia C. K. Schneid. Ill. Handb. Laubholzk. [C. K. Schneider] 1：729. 1906 [1 May 1906]"。"Pseudocydonia C. K. Schneid. (1906) ≡ Pseudocydonia (C. K. Schneid.) C. K. Schneid. (1906)" 的命名人引证有误。亦有文献把 "Pseudocydonia (C. K. Schneid.) C. K. Schneid. (1906)" 处理为 "Chaenomeles Lindl. (1821) [as 'Choenomeles'](保留属名)" 或 "Cydonia Mill. (1754)" 的异名。【分布】中国。【模式】Pseudocydonia sinensis (Thouin) C. K. Schneider [Cydonia sinensis Thouin]。【参考异名】Chaenomeles sect. Pseudocydonia C. K. Schneid. (1906)；Cydonia Mill. (1754)；Pseudocydonia C. K. Schneid. (1906)Nom. illegit. ●★

42358　Pseudocydonia C. K. Schneid. (1906) Nom. illegit. ≡ Pseudocydonia (C. K. Schneid.) C. K. Schneid. (1906) [蔷薇科 Rosaceae]●★

42359　Pseudocymbidium Szlach. et Sitko(2012)【汉】假蕙兰属。【隶属】兰科 Orchidaceae。【包含】世界 5 种。【学名诠释与讨论】〈中〉(希)pseudes, 假的, 骗人的 +(属)Cymbidium 兰属(蕙兰属, 墨兰属)。【分布】秘鲁, 厄瓜多尔。【模式】Pseudocymbidium lineare (C. Schweinf.) Szlach. et Sitko [Maxillaria linearis C. Schweinf.]☆

42360　Pseudocymopterus J. M. Coult. et Rose(1888)【汉】假聚散翼属。【隶属】伞形花科(伞形科)Apiaceae(Umbelliferae)。【包含】世界 7 种。【学名诠释与讨论】〈阳〉(希)pseudes, 假的, 骗人的 +(属)Cymopterus 聚散翼属。【分布】美国(西南部)。【后选模式】Pseudocymopterus montanus (A. Gray) J. M. Coulter et J. N. Rose [Thaspium montanum A. Gray]。【参考异名】Pseudopteryxia Rydb. (1913)；Pseudoreoxis Rydb. (1913)■☆

42361　Pseudocynometra(Wight et Arn.) Kuntze (1903) Nom. illegit. ≡ Pseudocynometra Kuntze(1903)；~ ≡ Maniltoa Scheff. (1876) [豆科 Fabaceae(Leguminosae)//云实科(苏木科)Caesalpiniaceae]■☆

42362　Pseudocynometra Kuntze(1903) = Maniltoa Scheff. (1876) [豆科 Fabaceae(Leguminosae)//云实科(苏木科)Caesalpiniaceae]■☆

42363　Pseudocyperus Steud. (1850) = Fimbristylis Vahl(1805)(保留属名) [莎草科 Cyperaceae]■

42364　Pseudocytisus Kuntze (1903) = Vella L. (1753) [十字花科 Brassicaceae(Cruciferae)]●☆

42365　Pseudodacryodes R. Pierlot(1997)【汉】假蜡烛木属。【隶属】橄榄科 Burseraceae。【包含】世界 1 种。【学名诠释与讨论】〈阴〉(希)pseudes, 假的, 骗人的 +(属)Dacryodes 蜡烛木属。【分布】刚果(金)。【模式】Pseudodacryodes leonardiana R. Pierlot ●☆

42366　Pseudodanthonia Bor et C. E. Hubb. (1958)【汉】假扁芒草属(假三蕊草属)。【隶属】禾本科 Poaceae(Gramineae)。【包含】世界 2 种。【学名诠释与讨论】〈阴〉(希)pseudes, 假的, 骗人的 +(属)Danthonia 扁芒草属。【分布】喜马拉雅山。【模式】Pseudodanthonia himalaica (J. D. Hooker) N. L. Bor et C. E. Hubbard [Danthonia himalaica J. D. Hooker]。【参考异名】Sinochasea Keng(1958)■☆

42367　Pseudodatura Zijp (1920) Nom. illegit. ≡ Brugmansia Pers. (1805) [茄科 Solanaceae]●

42368　Pseudodesmos Spruce ex Engl. = Moronobea Aubl. (1775) [猪胶树科(克鲁西科, 山竹子科, 藤黄科)Clusiaceae(Guttiferae)]●☆

42369　Pseudodichanthium Bor(1940)【汉】假双花草属。【隶属】禾本科 Poaceae(Gramineae)。【包含】世界 1 种。【学名诠释与讨论】〈阴〉(希)pseudes, 假的, 骗人的 +(属)Dichanthium 双花草属。【分布】印度。【模式】Pseudodichanthium serrafalcoides (Cooke et Stapf) Bor [Andropogon serrafalcoides Cooke et Stapf]■☆

42370　Pseudodicliptera Benoist(1939)【汉】假狗肝菜属。【隶属】爵床科 Acanthaceae。【包含】世界 2 种。【学名诠释与讨论】〈阴〉(希)pseudes, 假的, 骗人的 +(属)Dicliptera 狗肝菜属。【分布】马达加斯加。【模式】Pseudodicliptera humilis Benoist。【参考异名】Delphinacanthus Benoist(1948)●■☆

42371　Pseudodictamnus Boehm. (1760) Nom. illegit. [唇形科 Lamiaceae(Labiatae)]☆

42372　Pseudodictamnus Fabr. (1759) = Ballota L. (1753) [唇形科 Lamiaceae(Labiatae)]●■☆

42373　Pseudodictamnus Tourn. ex Adans. (1763)Nom. illegit. [唇形科 Lamiaceae(Labiatae)]☆

42374　Pseudodigera Chiov. (1936) = Digera Forssk. (1775) [苋科 Amaranthaceae]■☆

42375　Pseudodiphryllum Nevski (1935)【汉】假对叶兰属。【俄】Лжетайник。【隶属】兰科 Orchidaceae。【包含】世界 1 种。【学名诠释与讨论】〈中〉(希)pseudes, 假的, 骗人的 +(属)Diphryllum = Listera 对叶兰属。此属的学名是 "Pseudodiphryllum S. A.

Nevski in V. L. Komarov, Fl. URSS 4：752. 1935（post 25 Oct）"。亦有文献把其处理为"Platanthera Rich.（1817）（保留属名）"的异名。【分布】日本，西伯利亚。【模式】Pseudodiphryllum chorisianum（Chamisso）S. A. Nevski［Habenaria chorisiana Chamisso］。【参考异名】Platanthera Rich.（1817）（保留属名）■☆

42376　Pseudodiplospora Deb（2001）【汉】假狗骨柴属。【隶属】茜草科 Rubiaceae。【包含】世界 1 种。【学名诠释与讨论】〈阴〉（希）pseudes，假的，骗人的+（属）Diplospora 狗骨柴属。此属的学名是"Pseudodiplospora Deb, Phytotaxonomy 1：53. 2001"。亦有文献把其处理为"Diplospora DC.（1830）"的异名。【分布】印度（安达曼群岛）。【模式】Pseudodiplospora andamanica（N. P. Balakr. et N. G. Nair）Deb。【参考异名】Diplospora DC.（1830）●☆

42377　Pseudodissochaeta M. P. Nayar（1969）【汉】假双毛藤属。【隶属】野牡丹科 Melastomataceae。【包含】世界 5 种。【学名诠释与讨论】〈阴〉（希）pseudes，假的，骗人的+（属）Dissochaeta 双毛藤。此属的学名是"Pseudodissochaeta M. P. Nayar, J. Bombay Nat. Hist. Soc. 65：557. 28 Mai 1969"。亦有文献把其处理为"Medinilla Gaudich. ex DC.（1828）"的异名。【分布】印度（北部）至中国（海南岛）。【模式】Pseudodissochaeta assamica（C. B. Clarke）M. P. Nayar［Anplectrum assamicum C. B. Clarke］。【参考异名】Medinilla Gaudich. ex DC.（1828）●☆

42378　Pseudodraba Al-Shehbaz, D. A. German et M. Koch（2011）【汉】阿富汗葶苈属。【隶属】十字花科 Brassicaceae（Cruciferae）。【包含】世界 1 种。【学名诠释与讨论】〈阴〉（希）（希）pseudes，假的，骗人的+（属）Draba 葶苈属（山荠属）。【分布】阿富汗。【模式】Pseudodraba hystrix（Hook. f. et Thomson）Al-Shehbaz, D. A. German et M. Koch［Draba hystrix Hook. f. et Thomson］☆

42379　Pseudodracontium N. E. Br.（1882）【汉】假小龙南星属。【隶属】天南星科 Araceae。【包含】世界 7 种。【学名诠释与讨论】〈阴〉（希）pseudes，假的，骗人的+（属）Dracontium 小龙南星属。【分布】泰国，中南半岛。【后选模式】Pseudodracontium anomalum N. E. Brown ■☆

42380　Pseudodrimys Doweld（2000）【汉】假辛酸木属。【隶属】林仙科（冬木科，假八角科，辛辣木科）Winteraceae。【包含】世界 7 种。【学名诠释与讨论】〈阴〉（希）pseudes，假的，骗人的+（属）Drimys 辛酸木属。【分布】澳大利亚。【模式】Pseudodrimys stipitata（R. Vickery）A. B. Doweld［Drimys stipitata R. Vickery］●☆

42381　Pseudoechinocereus Buining, Nom. inval. = Borzicactus Riccob.（1909）；~ = Cleistocactus Lem.（1861）［仙人掌科 Cactaceae］●☆

42382　Pseudoechinopepon（Cogn.）Cockerell = Vaseyanthus Cogn.（1891）［葫芦科（瓜科，南瓜科）Cucurbitaceae］■☆

42383　Pseudoelephantopus Rohr ex Steud.（1841）Nom. illegit.（废弃属名）= Pseudelephantopus Rohr（1792）［as 'Pseudo-Elephantopus'］（保留属名）［菊科 Asteraceae（Compositae）］■

42384　Pseudo-Elephantopus Rohr（1792）Nom. illegit.（废弃属名）≡ Pseudelephantopus Rohr（1792）［as 'Pseudo-Elephantopus'］（保留属名）；~ = Pseudelephantopus Rohr（1792）［as 'Pseudo-Elephantopus'］（保留属名）［菊科 Asteraceae（Compositae）］■

42385　Pseudo-elephantopus Steud.（1841）Nom. illegit.（废弃属名）= Pseudelephantopus Rohr（1792）［as 'Pseudo-Elephantopus'］（保留属名）［菊科 Asteraceae（Compositae）］■

42386　Pseudoentada Britton et Rose（1928）= Adenopodia C. Presl（1851）；~ = Entada Adans.（1763）（保留属名）［豆科 Fabaceae（Leguminosae）//含羞草科 Mimosaceae］●

42387　Pseudo-eranthemum Radlk.（1883）= Pseuderanthemum Radlk. ex Lindau（1895）［爵床科 Acanthaceae］●■

42388　Pseudoeremostachys Popov = Pseuderemostachys Popov（1941）［唇形科 Lamiaceae（Labiatae）］■☆

42389　Pseudoeriosema Hauman（1955）【汉】假鸡头薯属。【隶属】豆科 Fabaceae（Leguminosae）。【包含】世界 6 种。【学名诠释与讨论】〈中〉（希）pseudes，假的，骗人的+（属）Eriosema 鸡头薯属（毛瓣花属，雀脾珠属，猪仔笠属）。【分布】热带非洲。【模式】Pseudoeriosema andongense（Welwitsch ex J. G. Baker）Hauman［Psoralea andongensis Welwitsch ex J. G. Baker］■●☆

42390　Pseudoernestia（Cogn.）Krasser（1893）【汉】拟欧内野牡丹属。【隶属】野牡丹科 Melastomataceae。【包含】世界 1 种。【学名诠释与讨论】〈阴〉（希）pseudes，假的，骗人的+（属）Ernestia 欧内野牡丹属。此属的学名，ING 记载为"Pseudoernestia（Cogniaux）Krasser in Engler et Prantl, Nat. Pflanzenfam. 3（7）：149. Aug 1893"；但是未给出基源异名。而 GCI、TROPICOS 和 IK 则记载为"Pseudoernestia Krasser, Nat. Pflanzenfam.［Engler et Prantl］3, Abt. 7：149. 1893"。三者引用的文献相同。【分布】委内瑞拉。【模式】Pseudoernestia cordifolia（O. Berg ex Triana）Krasser［Ernestia cordifolia O. Berg ex Triana］。【参考异名】Pseudernestia Post et Kuntze（1903）；Pseudoernestia Krasser（1893）Nom. illegit. ☆

42391　Pseudoernestia Krasser（1893）Nom. illegit. ≡ Pseudoernestia（Cogn.）Krasser（1893）［野牡丹科 Melastomataceae］☆

42392　Pseudoespostoa Backeb.（1933）【汉】肖老乐柱属。【日】プセウドエスポストア属。【英】Catton Ball, Catton-ball。【隶属】仙人掌科 Cactaceae。【包含】世界 2 种。【学名诠释与讨论】〈中〉（希）pseudes，假的，骗人的+（属）Espostoa 老乐柱属。此属的学名"Pseudoespostoa Backeberg, Cact. J.（Croydon）1：52. Jan 1933"是一个替代名称。"Binghamia N. L. Britton et J. N. Rose, Cact. 2：167. 9 Sep 1920"是一个非法名称（Nom. illegit.），因为此前已经有了红藻的"Binghamia J. G. Agardh, Acta Univ. Lund. Afd. 2. 30（7）：63（adnot.）. 1894"。故用"Pseudoespostoa Backeb.（1933）"替代之。亦有文献把"Pseudoespostoa Backeb.（1933）"处理为"Espostoa Britton et Rose（1920）"的异名。【分布】秘鲁，中国。【模式】Pseudoespostoa melanostele（Vaupel）Backeberg［Cephalocereus melanostele Vaupel］。【参考异名】Binghamia Britton et Rose（1920）Nom. illegit.；Espostoa Britton et Rose（1920）■

42393　Pseudoeugenia Scort.（1885）= Aphanomyrtus Miq.；~ = Syzygium P. Browne ex Gaertn.（1788）（保留属名）［桃金娘科 Myrtaceae］●

42394　Pseudoeurya Yamam.（1933）= Eurya Thunb.（1783）［山茶科（茶科）Theaceae//厚皮香科 Ternstroemiaceae］●

42395　Pseudoeurystyles Hoehne（1944）= Eurystyles Wawra（1863）［兰科 Orchidaceae］■☆

42396　Pseudoeverardia Gilly（1951）= Everardia Ridl. ex Oliv.（1886）［莎草科 Cyperaceae］■☆

42397　Pseudofortuynia Hedge（1968）【汉】假曲序芥属。【隶属】十字花科 Brassicaceae（Cruciferae）。【包含】世界 1 种。【学名诠释与讨论】〈阴〉（希）pseudes，假的，骗人的+（属）Fortuynia 曲序芥属。【分布】伊朗。【模式】Pseudofortuynia esfandiarii I. Hedge ■☆

42398　Pseudo-fumaria Medik.（1789）（废弃属名）= Corydalis DC.（1805）（保留属名）［罂粟科 Papaveraceae//紫堇科（荷苞牡丹科）Fumariaceae］■

42399　Pseudofumaria Medik.（1789）（废弃属名）= Corydalis DC.（1805）（保留属名）［罂粟科 Papaveraceae//紫堇科（荷苞牡丹科）Fumariaceae］■

42400　Pseudogaillonia Lincz.（1973）【汉】假加永茜属。【隶属】茜草科 Rubiaceae。【包含】世界 1 种。【学名诠释与讨论】〈阴〉（希）pseudes，假的，骗人的+（属）Gaillonia = Neogaillonia 加永茜属。此属的学名是"Pseudogaillonia I. A. Linczevski, Novosti Sist.

Vyssh. Rast. 10：235. 1973（post 30 Mar）"。亦有文献把其处理为"Gaillonia A. Rich. ex DC.（1830）"的异名。【分布】亚洲西部。【模式】Pseudogaillonia hymenostephana（Jaubert et Spach）I. A. Linczevski［Gaillonia hymenostephana Jaubert et Spach］。【参考异名】Gaillonia A. Rich. ex DC.（1830）■☆

42401　Pseudogaltonia（Kuntze）Engl.（1888）【汉】假夏风信子属。【隶属】风信子科 Hyacinthaceae//百合科 Liliaceae。【包含】世界1种。【学名诠释与讨论】〈阴〉（希）pseudes，假的，骗人的+（属）Galtonia 夏风信子属。此属的学名，ING 和 TROPICOS 记载是"Pseudogaltonia（O. Kuntze）Engler in Engler et Prantl, Nat. Pflanzenfam. 2（5）：158. Mar 1888"，由"Hyacinthus sect. Pseudogaltonia O. Kuntze, Jahrb. Königl. Bot. Gart. Berlin 4：274. 1886"改级而来。而 IK 则记载为"Pseudogaltonia Kuntze, Jahrb. Königl. Bot. Gart. Berlin 4：274. 1886；et in Engl. et Prantl, Naturl. Pflanzenfam. ii. 5（1888）158"。它曾被处理为"Pseudogaltonia（Kuntze）Kuntze, Novarum et minus cognitarum stirpium pugillus（Nov. Stirp. Pug.）"。【分布】非洲南部。【模式】Pseudogaltonia pechuelii（O. Kuntze）Engler［Hyacinthus pechuelii O. Kuntze］。【参考异名】Hyacinthus sect. Pseudogaltonia Kuntze（1886）；Lindneria T. Durand et Lubbers（1890）；Pseudogaltonia Kuntze（1886）Nom. illegit. ■☆

42402　Pseudogaltonia Kuntze（1886）Nom. illegit. ≡ Pseudogaltonia（Kuntze）Engl.（1888）［风信子科 Hyacinthaceae//百合科 Liliaceae］■☆

42403　Pseudogardenia Keay（1958）【汉】假栀子属。【隶属】茜草科 Rubiaceae。【包含】世界1种。【学名诠释与讨论】〈阴〉（希）pseudes，假的，骗人的+（属）Gardenia 栀子属。【分布】热带非洲。【模式】Pseudogardenia kalbreyeri（Hiern）Keay［Gardenia kalbreyeri Hiern］●☆

42404　Pseudogardneria Racib.（1896）= Gardneria Wall.（1820）［马钱科（断肠草科，马钱子科）Loganiaceae］●

42405　Pseudoglochidion Gamble（1925）= Glochidion J. R. Forst. et G. Forst.（1776）（保留属名）［大戟科 Euphorbiaceae］●

42406　Pseudoglossanthis P. P. Poljakov（1967）【汉】假毛春黄菊属。【隶属】菊科 Asteraceae（Compositae）。【包含】世界9种。【学名诠释与讨论】〈阴〉（希）pseudes，假的，骗人的+（属）Glossanthis Poljakov =Trichanthemis Regel et Schmalh. 毛春黄菊属。此属的学名"Pseudoglossanthis Poljakov, Sist. i Proiskhozhdenie Slozhnotsvetnykh 267. 1967"是"Glossanthis Poljakov, Bot. Mater. Gerb. Bot. Inst. Komarova Akad. Nauk S. S. S. R. 19：369. 1959"的替代名称。可能是因为它与"Glossanthus Klein ex Benth.（1835）= Rhynchoglossum Blume（1826）［as 'Rhinchoglossum'］（保留属名）［苦苣苔科 Gesneriaceae］"太容易混淆了。亦有文献把"Pseudoglossanthis P. P. Poljakov（1967）"处理为"Trichanthemis Regel et Schmalh.（1877）"的异名。【分布】亚洲中部。【模式】不详。【参考异名】Glossanthis P. P. Poljakov（1959）Nom. illegit.；Trichanthemis Regel et Schmalh.（1877）■●☆

42407　Pseudoglycine F. J. Herm.（1962）= Ophrestia H. M. L. Forbes（1948）［豆科 Fabaceae（Leguminosae）//蝶形花科 Papilionaceae］●■

42408　Pseudognaphalium Kirp.（1950）【汉】假鼠麴草属。【隶属】菊科 Asteraceae（Compositae）。【包含】世界80-90种。【学名诠释与讨论】〈阴〉（希）pseudes，假的，骗人的+（属）Gnaphalium 鼠麴草属。此属的学名是"Pseudognaphalium M. E. Kirpicznikov in M. E. Kirpicznikov et L. A. Kuprijanova, Trudy Bot. Inst. Akad. Nauk SSSR, Ser. 1, Fl. Sist. Vyss. Rast. 9：33. 1950（post 14 Dec）"。亦有文献把其处理为"Gnaphalium L.（1753）"的异名。【分布】巴

基斯坦,玻利维亚,马达加斯加,美国（密苏里）,中美洲。【模式】Pseudognaphalium oxyphyllum（A. P. de Candolle）M. E. Kirpicznikov［Gnaphalium oxyphyllum A. P. de Candolle］。【参考异名】Gnaphalium L.（1753）；Hypelichrysum Kirp.（1950）■☆

42409　Pseudognidia E. Phillips（1944）= Gnidia L.（1753）［瑞香科 Thymelaeaceae］●☆

42410　Pseudogomphrena R. E. Fr.（1920）【汉】假千日红属。【隶属】苋科 Amaranthaceae。【包含】世界1种。【学名诠释与讨论】〈阴〉（希）pseudes，假的，骗人的+（属）Gomphrena 千日红属。【分布】巴西。【模式】Pseudogomphrena scandens R. E. Fries ■☆

42411　Pseudogonocalyx Bisse et Berazain（1984）【汉】假棱萼杜鹃属。【隶属】杜鹃花科（欧石南科）Ericaceae。【包含】世界1种。【学名诠释与讨论】〈阳〉（希）pseudes，假的，骗人的+（属）Gonocalyx 棱萼杜鹃属。【分布】古巴。【模式】Pseudogonocalyx paradoxus J. Bisse et R. Berazaín［as 'paradoxa'］●☆

42412　Pseudogoodyera Schltr.（1920）【汉】假斑叶兰属。【隶属】兰科 Orchidaceae。【包含】世界1种。【学名诠释与讨论】〈阴〉（希）pseudes，假的，骗人的+（属）Goodyera 斑叶兰属。【分布】古巴,中美洲。【后选模式】Pseudogoodyera wrightii（H. G. Reichenbach）Schlechter［Goodyera wrightii H. G. Reichenbach］。【参考异名】Physogyne Garay（1982）●☆

42413　Pseudo-gunnera Oerst.（1857）= Gunnera L.（1767）［大叶草科（南洋小二仙科,洋二仙草科）Gunneraceae//小二仙草科 Haloragaceae］■☆

42414　Pseudogynoxys（Greenm.）Cabrera（1950）【汉】蔓黄金菊属。【隶属】菊科 Asteraceae（Compositae）。【包含】世界14种。【学名诠释与讨论】〈阴〉（希）pseudes，假的，骗人的+（属）Gynoxys。此属的学名，ING,GCI 和 IK 记载是"Pseudogynoxys（Greenm.）Cabrera, Brittonia 7：54. 1950［25 Mar 1950］"，由"Senecio subgen. Pseudogynoxys Greenman, Bot. Jahrb. Syst. 32：19. 2 May 1902"改级而来。【分布】巴拿马,秘鲁,玻利维亚,厄瓜多尔,哥伦比亚（安蒂奥基亚）,尼加拉瓜,中美洲。【模式】Pseudogynoxys cordifolia（Cassini）Cabrera［Gynoxys cordifolia Cassini］。【参考异名】Senecio subgen. Pseudogynoxys Greenm.（1902）■●☆

42415　Pseudohamelia Wernham（1912）【汉】假长隔木属。【隶属】茜草科 Rubiaceae。【包含】世界1种。【学名诠释与讨论】〈阴〉（希）pseudes，假的,骗人的+（属）Hamelia 长隔木属。【分布】厄瓜多尔,安第斯山。【模式】Pseudohamelia hirsuta Wernham ●☆

42416　Pseudohandelia Tzvelev（1961）【汉】假天山蓍属（蓍菊属,腺果菊属）。【俄】Псевдоханделия。【隶属】菊科 Asteraceae（Compositae）。【包含】世界1种,中国1种。【学名诠释与讨论】〈阴〉（希）pseudes，假的,骗人的+（属）Handelia 天山蓍属。【分布】阿富汗,亚洲中部,伊朗,中国。【模式】Pseudohandelia umbellifera（Boissier）N. N. Tzvelev［Tanacetum umbelliferum Boissier］■

42417　Pseudohemipilia Szlach.（2003）【汉】莫桑比克兰属。【隶属】兰科 Orchidaceae。【包含】世界10种。【学名诠释与讨论】〈阴〉（希）pseudes，假的,骗人的+（属）Hemipilia 舌喙兰属（独叶一枝花属,玉山一叶兰属）。【分布】非洲。【模式】Pseudohemipilia hirsutissima（V. S. Summerhayes）D. L. Szlachetko［Habenaria hirsutissima V. S. Summerhayes］■☆

42418　Pseudohexadesmia Brieger（1976）Nom. inval. = Hexadesmia Brongn.（1842）；~ = Scaphyglottis Poepp. et Endl.（1836）（保留属名）［兰科 Orchidaceae］■☆

42419　Pseudohomalomena A. D. Hawkes（1951）= Zantedeschia Spreng.（1826）（保留属名）［天南星科 Araceae］■

42420　Pseudohydrosme Engl.（1892）【汉】假魔芋属。【隶属】天南星

科 Araceae。【包含】世界 2 种。【学名诠释与讨论】〈阳〉(希) pseudes, 假的, 骗人的 +(属) Hydrosme = Amorphophallus 魔芋属。【分布】热带非洲西部。【后选模式】Pseudohydrosme gabunensis Engler。【参考异名】Zyganthera N. E. Br. (1901) ■☆

42421　Pseudo-Iris Medik. (1790) = Iris L. (1753) [鸢尾科 Iridaceae] ■

42422　Pseudojacobaea (Hook. f.) R. Mathur (2013) = Senecio L. (1753) [菊科 Asteraceae (Compositae) //千里光科 Senecionidaceae] ■●

42423　Pseudokyrsteniopsis R. M. King et H. Rob. (1973)【汉】假展毛修泽兰属。【隶属】菊科 Asteraceae(Compositae)。【包含】世界 1 种。【学名诠释与讨论】〈阴〉(希) pseudes, 假的, 骗人的 +(属) Kyrsteniopsis 展毛修泽兰属。【分布】墨西哥, 危地马拉, 中美洲。【模式】Pseudokyrsteniopsis perpetiolata R. M. King et H. E. Robinson ■☆

42424　Pseudolabatia Aubrév. et Pellegr. (1962) = Pouteria Aubl. (1775) [山榄科 Sapotaceae] ●

42425　Pseudolachnostylis Pax(1899)【汉】假毛柱大戟属。【隶属】大戟科 Euphorbiaceae。【包含】世界 1-5 种。【学名诠释与讨论】〈阴〉(希) pseudes, 假的, 骗人的 +(属) Lachnostylis 毛柱大戟属。【分布】热带和非洲南部。【后选模式】Pseudolachnostylis dekindtii Pax ●☆

42426　Pseudolaelia Porto et Brade(1935)【汉】假蕾丽兰属。【隶属】兰科 Orchidaceae。【包含】世界 6 种。【学名诠释与讨论】〈阴〉(希) pseudes, 假的, 骗人的 +(属) Laelia 蕾丽兰属。此属的学名是 "Pseudolaelia Porto et Brade, Arq. Inst. Biol. Veg. 2: 209. Dec 1935"; "Pseudolaelia Porto(1935)" 的命名人引证有误。亦有文献 "Pseudolaelia Porto et Brade(1935)" 处理为 "Schomburgkia Lindl. (1838)" 的异名。【分布】巴西(东南部)。【模式】Pseudolaelia corcovadensis Porto et Brade。【参考异名】Pseudolaelia Porto (1935) Nom. illegit.; Renata Ruschi (1946); Schomburgkia Lindl. (1838) ■☆

42427　Pseudolaelia Porto (1935) Nom. illegit. = Pseudolaelia Porto et Brade(1935) [兰科 Orchidaceae] ■☆

42428　Pseudolarix Gordon(1858)(保留属名)【汉】金钱松属。【日】イヌカラマツ属。【俄】Лжелиственница, Лиственница ложная, Ложнолиственница。【英】False - larch, Golden Larch, Goldenlarch, Golden-larch, Goldlarch。【隶属】松科 Pinaceae。【包含】世界 1 种, 中国 1 种。【学名诠释与讨论】〈阴〉(希) pseudes, 假的, 骗人的 +(属) Larix 落叶松属。指其与落叶松属相近。此属的学名 "Pseudolarix Gordon, Pinetum: 292. Jun-Dec 1858" 是保留属名。法规未列出相应的废弃属名。"Laricopsis A. H. Kent, Veitch's Manual Man. Conif. ed. 2. 403. 1900(non Fontaine 1889)" 是 "Pseudolarix Gordon(1858)(保留属名)" 的晚出的同模式异名 (Homotypic synonym, Nomenclatural synonym)。【分布】中国。【模式】' Herb. George Gordon '。【参考异名】Chrysolarix H. E. Moore(1965) Nom. illegit.; Laricopsis Kent(1900) Nom. illegit. ●★

42429　Pseudolasiacis(A. Camus) A. Camus(1945)【汉】假毛尖草属。【隶属】禾本科 Poaceae(Gramineae)。【包含】世界 4 种。【学名诠释与讨论】〈阴〉(希) pseudes, 假的, 骗人的 +(属) Lasiacis 毛尖草。此属的学名, ING 和 IK 记载是 "Pseudolasiacis (A. Camus) A. Camus, Bull. Mens. Soc. Linn. Lyon 14: 72. Apr 1945", 由 "Panicum subgen. Pseudolasiacis A. Camus, Bull. Soc. Bot. France 73: 974. post 28 Feb. 1927(' 1926 ')" 改级而来。亦有文献把 "Pseudolasiacis (A. Camus) A. Camus(1945)" 处理为 "Lasiacis (Griseb.) Hitchc. (1910)" 的异名。【分布】马达加斯加。【后选模式】Pseudolasiacis leptolomoides (A. Camus) A. Camus [Panicum leptolomoides A. Camus]。【参考异名】Lasiacis (Griseb.) Hitchc.

(1910); Panicum subgen. Pseudolasiacis A. Camus(1927) ■☆

42430　Pseudolepanthes (Luer) Archila(2000)【汉】假鳞花兰属。【隶属】兰科 Orchidaceae。【包含】世界 10 种。【学名诠释与讨论】〈阴〉(希) pseudes, 假的, 骗人的 +(属) Lepanthes 鳞花兰属(丽斑兰属)。此属的学名, GCI 记载是 "Pseudolepanthes (Luer) Archila, Revista Guatemalensis 3(1): 76. 2000 [Jun 2000]", 由 "Trichosalpinx sect. Pseudolepanthes Luer Monogr. Syst. Bot. Missouri Bot. Gard. 15: 68. 1986 ≡ Trichosalpinx subgen. Psuedolepanthes Luer, Monogr. Syst. Bot. 64: 5. 1997" 改级而来。亦有文献把 "Pseudolepanthes (Luer) Archila (2000)" 处理为 "Trichosalpinx Luer(1983)" 的异名。【分布】参见 Trichosalpinx Luer。【模式】不详。【参考异名】Trichosalpinx Luer (1983); Trichosalpinx subgen. Psuedolepanthes Luer (1997); Trichosalpinx sect. Pseudolepanthes Luer(1986) ■☆

42431　Pseudolephantopus Rohr = Pseudelephantopus Rohr(1792) [as ' Pseudo - Elephantopus '] (保留属名) [菊科 Asteraceae (Compositae)] ■

42432　Pseudolgsimachion Opiz = Veronica L. (1753) [玄参科 Scrophulariaceae//婆婆纳科 Veronicaceae] ■

42433　Pseudoligandra Dillon et Sagast. (1990) = Chionolaena DC. (1836) [菊科 Asteraceae(Compositae)] ●☆

42434　Pseudolinosyris Novopokr. (1918)【汉】假麻菀属。【俄】псевдолинозирис。【隶属】菊科 Asteraceae (Compositae)。【包含】世界 4 种。【学名诠释与讨论】〈阴〉(希) pseudes, 假的, 骗人的 +(属) Linosyris 麻菀属(灰毛麻菀属)。此属的学名是 "Pseudolinosyris Novopokrovsky, Izv. Glavn. Bot. Sada RSFSR 11. 1918"。亦有文献把其处理为 "Linosyris Cass. (1825) Nom. illegit." 的异名。【分布】亚洲中部。【模式】未指定。【参考异名】Linosyris Cass. (1825) Nom. illegit. ■☆

42435　Pseudoliparis Finet (1907) = Crepidium Blume (1825); ~ = Malaxis Sol. ex Sw. (1788) [兰科 Orchidaceae] ■

42436　Pseudolitchi Danguy et Choux(1926) = Stadmannia Lam. (1794) [无患子科 Sapindaceae] ●☆

42437　Pseudolithos P. R. O. Bally(1965)【汉】假石萝藦属。【隶属】萝藦科 Asclepiadaceae。【包含】世界 5 种。【学名诠释与讨论】〈中〉(希) pseudes, 假的, 骗人的 + lithos, 石头。此属的学名 "Pseudolithos Bally, Candollea 20: 41. Dec 1965" 是一个替代名称。"Lithocaulon Bally, Candollea 17: 55. Mar-Dec 1961" 是一个非法名称(Nom. illegit.), 因为此前已经有了化石植物的 "Lithocaulon I. Meneghini in A. de la Marmora, Voyage Sardaigne 3(2): 630. 1857"。故用 "Pseudolithos P. R. O. Bally(1965)" 替代之。【分布】热带非洲东北部。【模式】Pseudolithos sphaericus (Bally) Bally [Lithocaulon sphaericum Bally]。【参考异名】Anomalluma Plowes(1993); Lithocaulon P. R. O. Bally(1959) ■☆

42438　Pseudolitsea Yen C. Yang(1945) = Litsea Lam. (1792)(保留属名) [樟科 Lauraceae] ●

42439　Pseudolmedia H. Karat. (1862) Nom. illegit. = Olmediophaena H. Karst. (1887) [桑科 Moraceae] ●☆

42440　Pseudolmedia Trécul(1847)【汉】假牛筋树属。【隶属】桑科 Moraceae。【包含】世界 8-9 种。【学名诠释与讨论】〈阴〉(希) pseudes, 假的, 骗人的 +(属) Olmedia 奥尔桑属。此属的学名, ING、TROPICOS 和 IK 记载是 "Pseudolmedia Trécul, Ann. Sci. Nat., Bot. sér. 3, 8: 129, t. 5. 1847"。 "Pseudolmedia H. Karat. (1862) = Olmediophaena H. Karst. (1887)" 是晚出的非法名称。【分布】巴拉圭, 巴拿马, 秘鲁, 玻利维亚, 厄瓜多尔, 哥伦比亚(安蒂奥基亚), 哥斯达黎加, 尼加拉瓜, 西印度群岛, 热带南美洲, 中美洲。【后选模式】Pseudolmedia havanensis Trécul。【参考异名】

Olmediopsis H. Karst. (1862)●☆

42441 Pseudolobelia A. Chev. (1920) = Torenia L. (1753) [玄参科 Scrophulariaceae//婆婆纳科 Veronicaceae]■

42442 Pseudolobivia(Backeb.)Backeb.(1942)【汉】肖丽花属。【日】プセウドロビビア属。【隶属】仙人掌科 Cactaceae。【包含】世界 29 种。【学名诠释与讨论】〈阴〉(希)pseudes,假的,骗人的+(属)Lobivia 丽花球属(丽花属)。此属的学名,ING 记载是 "Pseudolobivia(Backeberg)Backeberg, Cactaceae 1941(2):31,76. Jun 1942",但是未给出基源异名。IK 的记载如前;附记基源异名 是 "Pseudolobivia Echinopsis subgen. Pseudolobivia Backeb."。 TROPICOS 则记载为 "Pseudolobivia Backeb., Cactaceae//Berlin) 1941(2):31,76,1942"。亦有文献把"Pseudolobivia(Backeb.) Backeb.(1942)"处理为"Echinopsis Zucc.(1837)"的异名。【分布】玻利维亚。【模式】Pseudolobivia ancistrophora(Spegazzini) Backeberg [Echinopsis ancistrophora Spegazzini]。【参考异名】 Echinopsis Zucc.(1837);Echinopsis subgen. Pseudolobivia Backeb.; Pseudolobivia Backeb.(1942)Nom. illegit.■☆

42443 Pseudolobivia Backeb.(1942)Nom. illegit. ≡ Pseudolobivia (Backeb.)Backeb.(1942)[仙人掌科 Cactaceae]■☆

42444 Pseudolopezia Rose(1909)= Lopezia Cav.(1791)[柳叶菜科 Onagraceae]■☆

42445 Pseudolophanthus Kuprian.(1948)Nom. illegit. = Pseudolophanthus Levin(1941);~ = Marmoritiis Benth.(1833);~ = Phyllophyton Kudô(1929)[唇形科 Lamiaceae(Labiatae)]■

42446 Pseudolophanthus Levin(1941)= Marmoritiis Benth.(1833);~ = Phyllophyton Kudô(1929)[唇形科 Lamiaceae(Labiatae)]■★

42447 Pseudolotus Rech. f.(1958)= Lotus L.(1753)[豆科 Fabaceae (Leguminosae)//蝶形花科 Papilionaceae]■

42448 Pseudoludovia Harling(1958)= Sphaeradenia Harling(1954)[巴拿马草科(环花科)Cyclanthaceae]■☆

42449 Pseudolysimachion(W. D. J. Koch)Opiz(1852)【汉】穗花属(水萝卜属,水蔓菁属,兔尾草属)。【日】ルリトラノオ属。【隶属】玄参科 Scrophulariaceae//婆婆纳科 Veronicaceae。【包含】世界 15-30 种,中国 10 种。【学名诠释与讨论】〈中〉(希)pseudes,假的,骗人的+(属)Lysimachia 珍珠菜属,源于希腊文 lysimachion 一种药用草本植物。此属的学名,ING 和 IK 记载是 "Pseudolysimachion Opiz, Seznam Rostlin Květeny Céské 80. Jul-Dec 1852"。TROPICOS 和《中国植物志》英文版使用 "Pseudolysimachion(W. D. J. Koch)Opiz, Seznam. 80. 1852",由 "Veronica sect. Pseudolysimachia W. D. J. Koch, Syn. Fl. Germ. Helv. 527. 1837"改级而来。【分布】中国,北温带,中美洲。【后选模式】Veronica spicata Linneaus。【参考异名】Hedystachys Fourr.(1869);Pseudolysimachion Opiz(1852)Nom. illegit.; Pseudo-Lysimachium(W. D. J. Koch)Opiz(1852)Nom. illegit.; Veronica L.(1753);Veronica sect. Pseudolysimachium W. D. J. Koch(1837)■

42450 Pseudolysimachion Opiz(1852)Nom. illegit. ≡ Pseudolysimachion(W. D. J. Koch)Opiz(1852)[玄参科 Scrophulariaceae//婆婆纳科 Veronicaceae]■

42451 Pseudo-Lysimachium(W. D. J. Koch)Opiz(1852)Nom. illegit. ≡ Pseudolysimachion(W. D. J. Koch)Opiz(1852)[玄参科 Scrophulariaceae//婆婆纳科 Veronicaceae]■

42452 Pseudomachaerium Hassl.(1906)【汉】拟军刀豆属。【隶属】豆科 Fabaceae(Leguminosae)。【包含】世界 1 种。【学名诠释与讨论】〈中〉(希)pseudes,假的,骗人的+(属)Machaerium 军刀豆属。此属的学名是"Pseudomachaerium Hassler, Bull. Herb. Boissier ser. 2. 7:1. 31 Dec 1906"。亦有文献把其处理为

"Nissolia Jacq.(1760)(保留属名)"的异名。【分布】巴拉圭。【模式】Pseudomachaerium rojasianum Hassler。【参考异名】Nissolia Jacq.(1760)(保留属名)■☆

42453 Pseudomacodes Rolfe(1892)= Macodes(Blume)Lindl.(1840) [兰科 Orchidaceae]■☆

42454 Pseudomacrolobium Hauman(1952)【汉】刚果异蕊豆属。【隶属】豆科 Fabaceae(Leguminosae)//云实科(苏木科)Caesalpiniaceae。【包含】世界 1 种。【学名诠释与讨论】〈阴〉(希)pseudes,假的,骗人的+(属)Macrolobium 大瓣苏木属(巨瓣苏木属)。【分布】热带非洲。【模式】Pseudomacrolobium mengei (De Wildeman)Hauman [Berlinia mengei De Wildeman]●☆

42455 Pseudomaihueniopsis Guiggi(2013)【汉】假雄叫武者属。【隶属】仙人掌科 Cactaceae。【包含】世界 1 种 1 亚种。【学名诠释与讨论】〈阴〉(希)pseudes,假的,骗人的+(属)Maihueniopsis 雄叫武者属。【分布】玻利维亚。【模式】Pseudomaihueniopsis nigrispina(K. Schum.)Guiggi [Opuntia nigrispina K. Schum.]☆

42456 Pseudomalachra(K. Schum.)H. Monteiro(1974)= Sida L. (1753)[锦葵科 Malvaceae]●■

42457 Pseudomalachra H. Monteiro(1974)Nom. illegit. ≡ Pseudomalachra(K. Schum.)H. Monteiro(1974);~ = Sida L. (1753)[锦葵科 Malvaceae]●■

42458 Pseudomalmea Chatrou(1998)【汉】假马尔木属。【隶属】番荔枝科 Annonaceae。【包含】世界 4 种。【学名诠释与讨论】〈阴〉(希)pseudes,假的,骗人的+(属)Malmea 马尔木属。此属的学名是"Pseudomalmea L. W. Chatrou, Changing Gen. 180. 12 Oct 1998"。亦有文献把其处理为"Malmea R. E. Fr.(1905)"的异名。【分布】玻利维亚,哥伦比亚(安蒂奥基亚)。【模式】Pseudomalmea diclina(R. E. Fries)L. W. Chatrou [Malmea diclina R. E. Fries]。【参考异名】Malmea R. E. Fr.(1905)●☆

42459 Pseudomammillaria Buxb.(1951)= Mammillaria Haw.(1812) (保留属名)[仙人掌科 Cactaceae]●

42460 Pseudomantalania J. -F. Leroy(1973)【汉】拟曼塔茜属。【隶属】茜草科 Rubiaceae。【包含】世界 1-2 种。【学名诠释与讨论】〈阴〉(希)pseudes,假的,骗人的+(属)Mantalania 曼塔茜属。【分布】马达加斯加。【模式】Pseudomantalania macrophylla J. -F. Leroy☆

42461 Pseudomariscus Rauschert(1982)Nom. illegit. ≡ Courtoisina Soják(1980)[莎草科 Cyperaceae]■

42462 Pseudomarrubium Popov(1940)【汉】类欧夏至草属。【俄】неуструевия。【隶属】唇形科 Lamiaceae(Labiatae)。【包含】世界 1 种。【学名诠释与讨论】〈中〉(希)pseudes,假的,骗人的+(属)Marrubium 欧夏至草属。【分布】亚洲中部。【模式】Pseudomarrubium eremostachydioides Popov。【参考异名】Neustruevia Juz.(1954)■☆

42463 Pseudomarsdenia Baill.(1890)【汉】类牛奶菜属。【隶属】萝藦科 Asclepiadaceae。【包含】世界 5 种。【学名诠释与讨论】〈阴〉(希)pseudes,假的,骗人的+(属)Marsdenia 牛奶菜属。此属的学名,ING、TROPICOS、GCI 和 IK 记载是"Pseudomarsdenia Baill., Hist. Pl.(Baillon)10:268. 1890 [Jul-Aug 1890]"。它曾被处理为"Marsdenia sect. Pseudomarsdenia(Baill.)W. Rothe, Botanische Jahrbücher für Systematik, Pflanzengeschichte und Pflanzengeographie 52:406. 1915"。亦有文献把"Pseudomarsdenia Baill.(1890)"处理为"Marsdenia R. Br.(1810)(保留属名)"的异名。【分布】热带美洲。【模式】Pseudomarsdenia pedicularioides (J. G. Baker)E. Fischer [Alectra pedicularioides J. G. Baker]。【参考异名】Marsdenia R. Br.(1810)(保留属名);Marsdenia sect. Pseudomarsdenia(Baill.)W. Rothe(1915)●☆

42464　Pseudomaxillaria Hoehne（1947）＝ Maxillaria Ruiz et Pav.（1794）；～＝ Ornithidium Salisb. ex R. Br.（1813）［兰科 Orchidaceae］●☆

42465　Pseudomelasma Eb. Fisch.（1996）【汉】假黑蒴属。【隶属】玄参科 Scrophulariaceae//列当科 Orobanchaceae。【包含】世界 1 种。【学名诠释与讨论】〈阴〉（希）pseudes，假的，骗人的＋（属）Melasma 黑蒴属。【分布】马达加斯加。【模式】Pseudomelasma pedicularioides（J. G. Baker）E. Fischer［Alectra pedicularioides J. G. Baker］■☆

42466　Pseudomelissitus Ovcz., Rassulova et Kinzik.（1978）Nom. illegit. ≡ Radiata Medik.（1789）；～＝ Medicago L.（1753）（保留属名）［豆科 Fabaceae（Leguminosae）//蝶形花科 Papilionaceae］●■

42467　Pseudomertensia Riedl（1967）【汉】假滨紫草属。【隶属】紫草科 Boraginaceae。【包含】世界 8 种，中国 1 种。【学名诠释与讨论】〈阴〉（希）pseudes，假的，骗人的＋（属）Mertensia 滨紫草属。此属的学名"Pseudomertensia H. Riedl in K. H. Rechinger, Fl. Iranica 48：58. 15 Apr 1967"是一个替代名称。它替代的是"Oreocharis（Decaisne）Lindley, Veg. Kingdom 656. Jan－Mai 1846（废弃属名）［紫草科 Boraginaceae］"，而非"Oreocharis Bentham in Bentham et Hook. f., Gen. 2：995, 1021. Mai 1876（nom. cons.）［苦苣苔科 Gesneriaceae］"。【分布】巴基斯坦，中国，伊朗至喜马拉雅山。【模式】Pseudomertensia elongata（Decaisne）H. Riedl［Lithospermum elongatum Decaisne］。【参考异名】Mertensia Roth（1797）（保留属名）；Oreocharis（Decne.）Lindl.（1846）（废弃属名）；Oreocharis Lindl.（1846）（废弃属名）；Scapicephalus Ovcz. et Czukav.（1974）■

42468　Pseudomiltemia Borhidi（2004）【汉】假奥米茜属。【隶属】茜草科 Rubiaceae。【包含】世界 1 种。【学名诠释与讨论】〈阴〉（希）pseudes，假的，骗人的＋（属）Omiltemia 奥米茜属。此属的学名是"Pseudomiltemia Borhidi, Acta Botanica Hungarica 46（1-2）：73（-74）, f. 6-9. 2004"。亦有文献把其处理为"Omiltemia Standl.（1918）"的异名。【分布】墨西哥，中美洲。【模式】Pseudomiltemia filisepala（Standl.）Borhidi。【参考异名】Kohleria Regel（1847）；Omiltemia Standl.（1918）●☆

42469　Pseudomisopates Güemes（1997）【汉】假劣参属。【隶属】玄参科 Scrophulariaceae//婆婆纳科 Veronicaceae。【包含】世界 1 种。【学名诠释与讨论】〈阴〉（希）pseudes，假的，骗人的＋（属）Misopates 劣参属。此属的学名是"Pseudomisopates J. Güemes, Anales Jard. Bot. Madrid 55：493. 28 Nov 1997"。亦有文献把其处理为"Misopates Raf.（1840）"的异名。【分布】西班牙。【模式】Pseudomisopates rivas－martinezii（D. Sánchez Mata）J. Güemes［Misopates rivas－martinezii D. Sánchez Mata］。【参考异名】Misopates Raf.（1840）■☆

42470　Pseudomitrocereus Bravo et Buxb.（1961）＝ Neobuxbaumia Backeb.（1938）；～＝ Pachycereus（A. Berger）Britton et Rose（1909）［仙人掌科 Cactaceae］●

42471　Pseudomonotes A. C. Londoño, E. Alvarez et Forero（1995）【汉】假单列木属。【隶属】龙脑香科 Dipterocarpaceae。【包含】世界 1 种。【学名诠释与讨论】〈阳〉（希）pseudes，假的，骗人的＋（属）Monotes 单列木属（非洲香属）。【分布】哥伦比亚。【模式】Pseudomonotes tropenbosii A. C. Londoño, E. Alvarez et Forero ●☆

42472　Pseudomorus Bureau（1869）＝ Streblus Lour.（1790）［桑科 Moraceae］●

42473　Pseudomuscari Garbari et Greuter（1970）【汉】假葡萄风信子属。【隶属】百合科 Liliaceae//风信子科 Hyacinthaceae。【包含】世界 7 种。【学名诠释与讨论】〈阴〉（希）pseudes，假的，骗人的＋（属）Muscari 葡萄风信子属。此属的学名是"Pseudomuscari Garbari et Greuter, Taxon 19：334. 29 Jun 1970"。亦有文献把其处理为"Muscari Mill.（1754）"的异名。【分布】高加索。【模式】Pseudomuscari azureum（Fenzl）Garbari et Greuter［Muscari azureum Fenzl］。【参考异名】Muscari Mill.（1754）■☆

42474　Pseudomussaenda Wernham（1916）【汉】假玉叶金花属。【隶属】茜草科 Rubiaceae。【包含】世界 4-5 种。【学名诠释与讨论】〈阴〉（希）pseudes，假的，骗人的＋（属）Mussaenda 玉叶金花属。【分布】巴基斯坦，热带非洲。【模式】未指定■☆

42475　Pseudomyrcianthes Kausel（1956）＝ Myrcianthes O. Berg（1856）［桃金娘科 Myrtaceae］●☆

42476　Pseudonemacladus McVaugh（1943）【汉】假丝枝参属。【隶属】桔梗科 Campanulaceae。【包含】世界 1 种。【学名诠释与讨论】〈阳〉（希）pseudes，假的，骗人的＋（属）Nemacladus 丝枝参属。此属的学名"Pseudonemacladus McVaugh, N. Amer. Fl. 32A：3. 5 Jan 1943"是一个替代名称。"Baclea E. L. Greene, Erythea 1：238. 1893"是一个非法名称（Nom. illegit.），因为此前已经有了"Baclea E. P. N. Fournier in Baillon, Dict. Bot. 1：338. 7 Dec 1877［萝藦科 Asclepiadaceae］"。故用"Pseudonemacladus McVaugh（1943）"替代之。【分布】墨西哥。【模式】Pseudonemacladus oppositifolius（B. L. Robinson）McVaugh［Nemacladus oppositifolius B. L. Robinson］。【参考异名】Baclea Greene（1893）Nom. illegit. ■☆

42477　Pseudonephelium Radlk.（1879）＝ Dimocarpus Lour.（1790）［无患子科 Sapindaceae］●

42478　Pseudonesohedyotis Tennant（1965）【汉】假美耳茜属。【隶属】茜草科 Rubiaceae。【包含】世界 1 种。【学名诠释与讨论】〈阴〉（希）pseudes，假的，骗人的＋（属）Nesohedyotis 美耳茜属。【分布】热带非洲东部。【模式】Pseudonesohedyotis bremekampii Tennant ☆

42479　Pseudonopalxochia Backeb.（1958）【汉】假令箭荷花属。【隶属】仙人掌科 Cactaceae。【包含】世界 1 种。【学名诠释与讨论】〈阴〉（希）pseudes，假的，骗人的＋（属）Nopalxochia 令箭荷花属（孔雀仙人掌属）。此属的学名是"Pseudonopalxochia C. Backeberg, Cact. Handb. Kakteenk. 1：69. 1958"。亦有文献把其处理为"Disocactus Lindl.（1845）"或"Nopalxochia Britton et Rose（1923）"的异名。【分布】墨西哥。【模式】Pseudonopalxochia conzattianum（T. M. MacDougall）C. Backeberg［Nopalxochia conzattianum T. M. MacDougall］。【参考异名】Disocactus Lindl.（1845）；Nopalxochia Britton et Rose（1923）●☆

42480　Pseudonoseris H. Rob. et Brettell（1974）【汉】红安菊属。【隶属】菊科 Asteraceae（Compositae）。【包含】世界 3 种。【学名诠释与讨论】〈阴〉（希）pseudes，假的，骗人的＋（属）Onoseris 驴菊木属。【分布】秘鲁，玻利维亚。【模式】Pseudonoseris striata（Cuatrecasas）H. E. Robinson et R. D. Brettell［as 'striatum'］［Liabum striatum Cuatrecasas］■☆

42481　Pseudopachystela Aubrév. et Pellegr.（1961）【汉】假粗柱山榄属。【隶属】山榄科 Sapotaceae。【包含】世界 2 种。【学名诠释与讨论】〈阴〉（希）pseudes，假的，骗人的＋（属）Pachystela 粗柱山榄属。此属的学名是"Pseudopachystela Aubréville et Pellegrin in Aubréville, Notul. Syst.（Paris）16：275. Jan－Mar 1961（'Dec 1960'）"。亦有文献把其处理为"Synsepalum（A. DC.）Daniell（1852）"的异名。【分布】热带非洲。【模式】Pseudopachystela lastoursvillensis Aubréville et Pellegrin。【参考异名】Synsepalum（A. DC.）Daniell（1852）●☆

42482　Pseudopaegma Urb.（1916）＝ Anemopaegma Mart. ex Meisn.（1840）（保留属名）［紫葳科 Bignoniaceae］●☆

42483　Pseudopanax C. Koch（1859）【汉】假人参属（新树参属）。【隶属】五加科 Araliaceae。【包含】世界 10-20 种。【学名诠释与讨

论〉〈阳〉（希）pseudes，假的，骗人的＋（属）Panax 人参属。此属的学名是“Pseudopanax C. Koch，Wochenschr. Gärtnerei Pflanzenk. 2：366. 17 Nov 1859”。“Pseudopanax K. Koch（1859）”的命名人引证有误。亦有文献把“Pseudopanax K. Koch（1859）”处理为“Nothopanax Miq.（1856）”的异名。【分布】新西兰，中国，温带南美洲。【模式】Pseudopanax crassifolius（Solander ex A. Cunningham）K. Koch［as ‘crassifolium’］［Aralia crassifolia Solander ex A. Cunningham］。【参考异名】Neopanax Allan（1961）；Nothopanax Miq.（1856）；Pseudopanax C. Koch（1859）；Raukana Seem.（1866）Nom. illegit.；Raukaua Seem.（1866）Nom. illegit. ●■

42484　Pseudopanax K. Koch（1859）Nom. illegit. ≡Pseudopanax K. Koch（1859）［五加科 Araliaceae］●■

42485　Pseudopancovia Pellegr.（1955）【汉】假潘考夫无患子属。【隶属】无患子科 Sapindaceae。【包含】世界 1 种。【学名诠释与讨论】〈阴〉（希）pseudes，假的，骗人的＋（属）Pancovia 潘考夫无患子属。【分布】西赤道非洲。【模式】Pseudopancovia heteropetala Pellegrin ●☆

42486　Pseudoparis H. Perrier（1936）【汉】假重楼属。【隶属】鸭趾草科 Commelinaceae。【包含】世界 2-3 种。【学名诠释与讨论】〈阴〉（希）pseudes，假的，骗人的＋（属）Paris 重楼属。【分布】马达加斯加。【后选模式】Pseudoparis cauliflora H. Perrier de la Bâthie ☆

42487　Pseudopavonia Hassl.（1909）＝ Pavonia Cav.（1786）（保留属名）［锦葵科 Malvaceae］●■☆

42488　Pseudopectinaria Lavranos（1971）【汉】假苦瓜掌属。【隶属】萝藦科 Asclepiadaceae。【包含】世界 1 种。【学名诠释与讨论】〈阴〉（希）pseudes，假的，骗人的＋（属）Pseudopectinaria ＝ Echidnopsis 苦瓜掌属。此属的学名是“Pseudopectinaria Lavranos，Cact. Succ. J.（Los Angeles）43：9. Jan–Feb 1971”。亦有文献把其处理为“Echidnopsis Hook. f.（1871）”的异名。【分布】索马里。【模式】Pseudopectinaria malum Lavranos。【参考异名】Echidnopsis Hook. f.（1871）■☆

42489　Pseudopegolettia H. Rob.，Skvarla et V. A. Funk（2016）【汉】假叉尾菊属。【隶属】菊科 Asteraceae（Compositae）。【包含】世界 2 种。【学名诠释与讨论】〈阴〉（希）pseudes，假的，骗人的＋（属）Pegolettia 叉尾菊属。【分布】非洲南部。【模式】Pseudopegolettia tenella（DC.）H. Rob.，Skvarla et V. A. Funk［Pegolettia tenella DC.］☆

42490　Pseudopentameris Conert（1971）【汉】假五部芒属（假五数草属）。【隶属】禾本科 Poaceae（Gramineae）。【包含】世界 2 种。【学名诠释与讨论】〈阴〉（希）pseudes，假的，骗人的＋（属）Pentameris 五部芒属。【分布】非洲南部。【模式】Pseudopentameris macrantha（H. A. Schrader ex J. A. Schultes）H. J. Conert［Danthonia macrantha H. A. Schrader ex J. A. Schultes］■☆

42491　Pseudopentatropis Costantin（1912）【汉】假朱砂莲属。【隶属】萝藦科 Asclepiadaceae。【包含】世界 1 种。【学名诠释与讨论】〈阴〉（希）pseudes，假的，骗人的＋（属）Pentatropis 朱砂莲属。【分布】中南半岛。【模式】Pseudopentatropis oblongifolia Costantin ■☆

42492　Pseudopepridium Homolle ex Arènes（1960）＝ Pyrostria Comm. ex Juss.（1789）［茜草科 Rubiaceae］●☆

42493　Pseudoperistylus（P. F. Hunt）Szlach. et Olszewski（1998）【汉】假阔蕊兰属。【隶属】兰科 Orchidaceae。【包含】世界 10 种。【学名诠释与讨论】〈阴〉（希）pseudes，假的，骗人的＋（属）Peristylus 阔蕊兰属。此属的学名，ING 和 IK 记载是

“Pseudoperistylus（P. F. Hunt）Szlach. et Olszewski，in Fl. Cameroun 34：210（1998）”，由“Habenaria sect. Pseudoperistylus P. F. Hunt”改级而来。TROPICOS 则记载为“Pseudoperistylus Szlach. et Olszewski（1998）”。亦有文献把“Pseudoperistylus（P. F. Hunt）Szlach. et Olszewski（1998）”处理为“Habenaria Willd.（1805）”的异名。【分布】参见 Habenaria Willd.（1805）。【模式】不详。【参考异名】Habenaria Willd.（1805）；Habenaria sect. Pseudoperistylus P. F. Hunt；Pseudoperistylus Szlach. et Olszewski（1998）■☆

42494　Pseudoperistylus Szlach. et Olszewski（1998）Nom. illegit. ≡ Pseudoperistylus（P. F. Hunt）Szlach. et Olszewski（1998）［兰科 Orchidaceae］■☆

42495　Pseudopetalon Raf.（1817）＝ Zanthoxylum L.（1753）［芸香科 Rutaceae//花椒科 Zanthoxylaceae］●

42496　Pseudophacelurus A. Camus（1921）【汉】假束尾草属。【隶属】禾本科 Poaceae（Gramineae）。【包含】世界 2 种。【学名诠释与讨论】〈阳〉（希）pseudes，假的，骗人的＋（属）Phacelurus 束尾草属。此属的学名是“Pseudophacelurus A. Camus，Bull. Mus. Hist. Nat.（Paris）27：370. 1921”。亦有文献把其处理为“Phacelurus Griseb.（1846）”或“Rottboellia L. f.（1782）（保留属名）”的异名。【分布】巴基斯坦，中国。【模式】未指定。【参考异名】Phacelurus Griseb.（1846）；Rottboellia L. f.（1782）（保留属名）■

42497　Pseudophleum Dogan（1982）【汉】类梯牧草属。【隶属】禾本科 Poaceae（Gramineae）。【包含】世界 1 种。【学名诠释与讨论】〈中〉（希）pseudes，假的，骗人的＋（属）Phleum 梯牧草属（大粟米草属）。【分布】土耳其。【模式】Pseudophleum gibbum（Boissier）M. Dogan［Phleum gibbum Boissier］。【参考异名】Phalarella Boiss.（1844）Nom. inval.，Nom. illegit.；Phleum L.（1753）■☆

42498　Pseudophoeniaceae O. F. Cook（1913）＝ Arecaceae Bercht. et J. Presl（保留科名）//Palmae Juss.（保留科名）●

42499　Pseudophoenicaceae O. F. Cook（1913）＝ Arecaceae Bercht. et J. Presl（保留科名）//Palmae Juss.（保留科名）●

42500　Pseudophoenix H. Wendl.（1888）Nom. illegit.（废弃属名）≡ Pseudophoenix H. Wendl. ex Sarg.（1886）（废弃属名）；~ = Sargentia S. Watson（1890）（保留属名）［棕榈科 Arecaceae（Palmae）］●☆

42501　Pseudophoenix H. Wendl. et Drude ex Drude（1887）Nom. illegit.（废弃属名）≡Pseudophoenix H. Wendl. ex Sarg.（1886）（废弃属名）；~ = Sargentia S. Watson（1890）（保留属名）［棕榈科 Arecaceae（Palmae）］●☆

42502　Pseudophoenix H. Wendl. et Drude（1887）Nom. illegit.（废弃属名）≡Pseudophoenix H. Wendl. ex Sarg.（1886）（废弃属名）；~ = Sargentia S. Watson（1890）（保留属名）［棕榈科 Arecaceae（Palmae）］●☆

42503　Pseudophoenix H. Wendl. ex Sarg.（1886）（废弃属名）＝ Sargentia S. Watson（1890）（保留属名）［棕榈科 Arecaceae（Palmae）］●☆

42504　Pseudopholidia A. DC.（1847）＝ Pholidia R. Br.（1810）［苦槛蓝科 Myoporaceae］●☆

42505　Pseudophyllanthus（Müll. Arg.）Voronts. et Petra Hoffm.（2008）【汉】肖叶下珠属。【隶属】大戟科 Euphorbiaceae//叶下珠科（叶萝藦科）Phyllanthaceae。【包含】世界 1 种。【学名诠释与讨论】〈阳〉（希）pseudes，假的，骗人的＋（属）Phyllanthus 叶下珠属（油甘属，油柑属）。此属的学名，IPNI 记载是“Pseudophyllanthus（Müll. Arg.）Voronts. et Petra Hoffm.，Kew Bull. 63（1）：50. 2008［9 Jun 2008］”，由“Andrachne sect. Pseudophyllanthus Müll. Arg. Prodr.［A. P. de Candolle］15（2）：233. 1866”改级而来。亦有文

献把"Pseudophyllanthus（Müll. Arg.）Voronts. et Petra Hoffm.（2008）"处理为"Phyllanthus L.（1753）"的异名。【分布】参见"Phyllanthus L.（1753）"。【模式】Pseudophyllanthus ovalis（E. Mey. ex Sond.）Voronts. et Petra Hoffm.［Phyllanthus ovalis E. Mey. ex Sond.］。【参考异名】Andrachne sect. Pseudophyllanthus Müll. Arg.（1866）；Phyllanthus L.（1753）●☆

42506　Pseudopilocereus Buxb.（1968）＝Pilosocereus Byles et G. D. Rowley（1957）［仙人掌科 Cactaceae］●☆

42507　Pseudopimpinella F. Ghahrem., Khajepiri et Mozaff.（2010）【汉】假茴芹属。【隶属】伞形花科（伞形科）Apiaceae（Umbelliferae）。【包含】世界1种。【学名诠释与讨论】〈阴〉（希）pseudes，假的，骗人的＋（属）Pimpinella 茴芹属。亦有文献把"Pseudopimpinella F. Ghahrem., Khajepiri et Mozaff.（2010）"处理为"Pimpinella L.（1753）"的异名。【分布】叙利亚，伊朗。【模式】Pseudopimpinella anthriscoides（Boiss.）F. Ghahrem., Khajepiri et Mozaff.。【参考异名】Pimpinella L.（1753）■☆

42508　Pseudopinanga Burret（1936）【汉】假山槟榔属。【隶属】棕榈科 Arecaceae（Palmae）。【包含】世界15种。【学名诠释与讨论】〈阴〉（希）pseudes，假的，骗人的＋（属）Pinanga 山槟榔属（类槟榔属）。此属的学名是"Pseudopinanga Burret, Notizbl. Bot. Gart. Berlin-Dahlem 13：188. 15 Jul 1936"。亦有文献把其处理为"Pinanga Blume（1838）"的异名。【分布】菲律宾，加里曼丹岛，印度尼西亚（苏拉威西岛）。【模式】Pseudopinanga insignis（Beccari）Burret［Pinanga insignis Beccari］。【参考异名】Pinanga Blume（1838）●☆

42509　Pseudopiptadenia Rauschert（1982）【汉】假落腺豆属。【隶属】豆科 Fabaceae（Leguminosae）。【包含】世界2种。【学名诠释与讨论】〈阴〉（希）pseudes，假的，骗人的＋（属）Piptadenia 落腺蕊属（落腺豆属）。此属的学名"Pseudopiptadenia S. Rauschert, Taxon 31：559. 9 Aug 1982"是一个替代名称。"Monoschisma Brenan, Kew Bull. 1955：179. 1955"是一个非法名称（Nom. illegit.），因为此前已经有了苔藓的"Monoschisma Duby, Mém. Soc. Phys. Genève 19：294. 1868"。故用"Pseudopiptadenia Rauschert（1982）"替代之。【分布】玻利维亚，厄瓜多尔，哥斯达黎加，中美洲。【模式】Pseudopiptadenia leptostachya（Bentham）S. Rauschert［Piptadenia leptostachya Bentham］。【参考异名】Monoschisma Brenan（1955）Nom. illegit.■☆

42510　Pseudopiptocarpha H. Rob.（1994）【汉】假落苞菊属。【隶属】菊科 Asteraceae（Compositae）。【包含】世界2-4种。【学名诠释与讨论】〈阴〉（希）pseudes，假的，骗人的＋（属）Piptocarpha 落苞菊属。【分布】哥伦比亚，委内瑞拉。【模式】Pseudopiptocarpha elaeagnoides（Kunth）H. E. Robinson［Vernonia elaeagnoides Kunth］。【参考异名】Nothocnide Blume ex Chew（1869）●☆

42511　Pseudopipturus Skottsb.（1933）Nom. illegit. ≡Nothocnide Blume ex Chew（1869）［荨麻科 Urticaceae］●☆

42512　Pseudoplantago Suess.（1934）【汉】车前苋属。【隶属】苋科 Amaranthaceae。【包含】世界2种。【学名诠释与讨论】〈阴〉（希）pseudes，假的，骗人的＋（属）Plantago 车前属。【分布】阿根廷。【模式】Pseudoplantago friesii Suessenguth■☆

42513　Pseudopodospermum（Lipsch. et Krasch.）A. I. Kuth.（1978）＝Scorzonera L.（1753）［菊科 Asteraceae（Compositae）］■

42514　Pseudopogonatherum A. Camus（1921）【汉】假金发草属（笔草属）。【英】Pengrass, Pseudopogonatherum, Shamgoldquitch。【隶属】禾本科 Poaceae（Gramineae）。【包含】世界3-6种，中国3种。【学名诠释与讨论】〈中〉（希）pseudes，假的，骗人的＋（属）Pogonatherum 金发草属。此属的学名，ING、APNI 和 IK 记载是"Pseudopogonatherum A. Camus, Ann. Soc. Linn. Lyon ser. 2. 68：

204. 1921"。此属名还曾先后被处理为"Eulalia sect. Pseudopogonatherum（A. Camus）Pilg. Die Nat? rlichen Pflanzenfamilien ed. 2, 14e 1940"和"Pogonatherum sect. Pseudopogonatherum（A. Camus）Pilg. Die Nat? rlichen Pflanzenfamilien ed. 2, 14e 1940"。亦有文献把"Pseudopogonatherum A. Camus（1921）"处理为"Eulalia Kunth（1829）"的异名。【分布】中国，热带亚洲。【后选模式】Pseudopogonatherum irritans（R. Brown）A. Camus［Saccharum irritans R. Brown］。【参考异名】Eulalia Kunth（1829）；Eulalia sect. Pseudopogonatherum（A. Camus）Pilg.（1940）；Pogonatherum sect. Pseudopogonatherum（A. Camus）Pilg.（1940）；Puliculum Haines（1924）Nom. illegit.；Puliculum Stapf ex Haines（1924）■

42515　Pseudoponera Brieger（1976）Nom. inval. ＝Ponera Lindl.（1831）［兰科 Orchidaceae］■☆

42516　Pseudoprimula（Pax）O. Schwarz ＝Primula L.（1753）［报春花科 Primulaceae］■

42517　Pseudoprosopis Harms（1902）【汉】假牧豆树属。【隶属】豆科 Fabaceae（Leguminosae）//含羞草科 Mimosaceae。【包含】世界7种。【学名诠释与讨论】〈阴〉（希）pseudes，假的，骗人的＋（属）Prosopis 牧豆树属。【分布】热带非洲。【模式】Pseudoprosopis fischeri（Taubert）Harms［Prosopis fischeri Taubert］●☆

42518　Pseudoprospero Speta（1998）【汉】双珠风信子属。【隶属】风信子科 Hyacinthaceae。【包含】世界1种。【学名诠释与讨论】〈阴〉（希）pseudes，假的，骗人的＋（属）Prospero。【分布】澳大利亚，非洲。【模式】Pseudoprospero firmifolium（Baker）Speta■☆

42519　Pseudoprotorhus H. Perrier（1944）＝Filicium Thwaites ex Benth.（1862）Nom. illegit.；~ ＝Filicium Thwaites ex Benth. et Hook. f.（1862）［无患子科 Sapindaceae］●☆

42520　Pseudopteris Baill.（1874）【汉】假翼无患子属。【隶属】无患子科 Sapindaceae。【包含】世界1种。【学名诠释与讨论】〈阴〉（希）pseudes，假的，骗人的＋pteron，指小式 pteridion，翅，pteridios，有羽毛的。【分布】马达加斯加。【模式】Pseudopteris decipiens Baillon●☆

42521　Pseudopteryxia Rydb.（1913）＝Pseudocymopterus J. M. Coult. et Rose（1888）［伞形花科（伞形科）Apiaceae（Umbelliferae）］■☆

42522　Pseudopyxis Miq.（1867）【汉】假盖果草属。【日】イナモリサウ属，イナモリソウ属。【英】Pseudopyxis。【隶属】茜草科 Rubiaceae。【包含】世界3-4种，中国1种。【学名诠释与讨论】〈阴〉（希）pseudes，假的，骗人的＋pyxis，指小式 pyxidion ＝拉丁文 pyxis，所有格 pixidis，箱，果，盖果。【分布】日本，中国。【模式】Pseudopyxis depressa Miquel■

42523　Pseudorachicallis Post et Kuntze（1903）Nom. illegit. ＝Arcytophyllum Willd. ex Schult. et Schult. f.（1827）；~ ＝Mallostoma H. Karst.（1862）；~ ＝Pseudrachicallis H. Karst.（1862）［茜草科 Rubiaceae］●☆

42524　Pseudoraphis Griff.（1851）Nom. inval. ≡Pseudoraphis Griff. ex R. Pilger（1928）［禾本科 Poaceae（Gramineae）］■

42525　Pseudoraphis Griff. ex R. Pilger（1928）【汉】伪针茅属（大伪针茅属，蛐蜒茅属）。【日】ウキシバ属。【英】Fake Needlegrass, Pseudoraphis。【隶属】禾本科 Poaceae（Gramineae）。【包含】世界7种，中国3种。【学名诠释与讨论】〈阴〉（希）pseudes，假的，骗人的＋raphis，针，芒。此属的学名，ING 和 IK 记载是"Pseudoraphis Griff. ex R. Pilger, Notizbl. Bot. Gart. Berlin-Dahlem 10（93）：209, 210. 1928"。"Pseudoraphis Griff., Not. Pl. Asiat. 3：29. 1851 ≡Pseudoraphis Griff. ex R. Pilger（1928）"是一个未合格发表的名称（Nom. inval.）。【分布】日本至澳大利亚，印度，中国。【后选模式】Pseudoraphis brunoniana（Wallich et W. Griffith）

Pilger［Panicum brunonianum Wallich et W. Griffith］。【参考异名】Pseudoraphis Griff.（1851）Nom. inval.■

42526　Pseudorchis Gray（1821）Nom. illegit. ≡ Liparis Rich.（1817）（保留属名）［兰科 Orchidaceae］■

42527　Pseudorchis Ség.（1754）【汉】拟红门兰属（白兰属）。【俄】Левкорхис，Леукорхис。【英】Leucorchis，Orchid，Small White Orchid。【隶属】兰科 Orchidaceae。【包含】世界 3 种。【学名诠释与讨论】〈阴〉（希）pseudes，假的，骗人的+orchis，原义是睾丸，后变为植物兰的名称，因为根的形态而得名。变为拉丁文 orchis，所有格 orchidis。此属的学名，ING、TROPICOS 和 IK 记载是"Pseudorchis Ség.，Pl. Veron. iii. 254（1754）"。"Pseudorchis S. F. Gray，Nat. Arr. Brit. Pl. 2；199，213. 1 Nov 1821 ≡ Liparis Rich.（1817）（保留属名）"是晚出的非法名称。"Bicchia Parlatore，Fl. Ital. 3；396. 1 Mai 1860（'1858'）"和"Leucorchis E. H. F. Meyer，Preuss. Pflanzengatt. 50. 1839"是"Pseudorchis Ség.（1754）"的晚出的同模式异名（Homotypic synonym，Nomenclatural synonym）。【分布】冰岛，丹麦（格陵兰岛），欧洲，北美洲东部。【模式】Pseudorchis albidus（Linnaeus）Á. Löve et D. Löve［Satyrium albidum Linnaeus］。【参考异名】Bicchia Parl.（1860）Nom. illegit.；Leucorchis E. Mey.（1839）Nom. illegit.；Polybactrum Salisb.（1814）；Triplorhiza Ehrh.（1789）Nom. inval.■☆

42528　Pseudoreoxis Rydb.（1913）= Pseudocymopterus J. M. Coult. et Rose（1888）［伞形花科（伞形科）Apiaceae（Umbelliferae）］■☆

42529　Pseudorhachicallis Benth. et Hook. f.（1873）= Arcytophyllum Willd. ex Schult. et Schult. f.（1827）；~ = Mallostoma H. Karst.（1862）；~ = Pseudrachicallis H. Karst.（1862）［茜草科 Rubiaceae］●☆

42530　Pseudorhachicallis Hook. f.（1873）Nom. illegit. ≡ Pseudorhachicallis Benth. et Hook. f.（1873）；~ = Arcytophyllum Willd. ex Schult. et Schult. f.（1827）；~ = Mallostoma H. Karst.（1862）；~ = Pseudrachicallis H. Karst.（1862）［茜草科 Rubiaceae］●☆

42531　Pseudorhipsalis Britton et Rose（1923）【汉】假丝苇属（假苇属，假仙人棒属）。【日】シュードリプサリス属。【隶属】仙人掌科 Cactaceae。【包含】世界 5 种。【学名诠释与讨论】〈阴〉（希）pseudes，假的，骗人的+（属）Rhipsalis 仙人棒属（丝苇属）。此属的学名，ING、TROPICOS 和 IK 记载是"Pseudorhipsalis N. L. Britton et Rose，Cact. 4；213. 24 Dec 1923"。它曾先后被处理为"Disocactus subgen. Pseudorhipsalis（Britton & Rose）Kimnach，Cactus and Succulent Journal 51（4）；170-171. 1979"和"Disocactus sect. Pseudorhipsalis（Britton & Rose）Kimnach，Haseltonia 1；106. 1993"。亦有文献把"Pseudorhipsalis Britton et Rose（1923）"处理为"Disocactus Lindl.（1845）"的异名。【分布】巴拿马，秘鲁，玻利维亚，哥伦比亚（安蒂奥基亚），尼加拉瓜，西印度群岛，中美洲。【模式】Pseudorhipsalis alata（Swartz）N. L. Britton et Rose。【参考异名】Disocactus Lindl.（1845）；Disocactus sect. Pseudorhipsalis（Britton & Rose）Kimnach（1993）；Disocactus subgen. Pseudorhipsalis（Britton & Rose）Kimnach（1979）●☆

42532　Pseudoridolfia Reduron，Mathez et S. R. Downie（2009）【汉】假里多尔菲草属。【隶属】伞形花科（伞形科）Apiaceae（Umbelliferae）。【包含】世界 1 种。【学名诠释与讨论】〈阴〉（希）pseudes，假的，骗人的+（属）Ridolfia 里多尔菲草属。【分布】摩洛哥。【模式】Pseudoridolfia fennanei Reduron，Mathez et S. R. Downie ■☆

42533　Pseudorlaya（Murb.）Murb.（1897）【汉】假奥尔雷草属。【隶属】伞形花科（伞形科）Apiaceae（Umbelliferae）。【包含】世界 1-2 种。【学名诠释与讨论】〈阴〉（希）pseudes，假的，骗人的+（属）Orlaya 奥尔雷草属。此属的学名，ING 和 TROPICOS 记载是"Pseudorlaya（Murbeck）Murbeck，Acta Univ. Lund. 33（12）；86. 1897"，由"Daucus sect. Pseudorlaya Murbeck，Acta Univ. Lund. 27（5）；122. 1892"改级而来；而 IK 则记载为"Pseudorlaya Murb. in Act. Univ. Lund. xxxiii. no. 12（1897）86"。二者引用的文献相同。【分布】地中海地区，欧洲西部。【后选模式】Pseudorlaya maritima Murbeck，Nom. illegit.［Caucalis pumila Linnaeus；Pseudorlaya pumila（Linnaeus）L. Grande］。【参考异名】Daucus sect. Pseudorlaya Murb.（1892）；Pseudorlaya Murb.（1897）Nom. illegit. ●☆

42534　Pseudorlaya Murb.（1897）Nom. illegit. ≡ Pseudorlaya（Murb.）Murb.（1897）［伞形花科（伞形科）Apiaceae（Umbelliferae）］●☆

42535　Pseudorleanesia Rauschert（1983）= Orleanesia Barb. Rodr.（1877）［兰科 Orchidaceae］■☆

42536　Pseudornelissitus Ovcz.，Rassulova et Kinzik. = Medicago L.（1753）（保留属名）［豆科 Fabaceae（Leguminosae）//蝶形花科 Papilionaceae］●●

42537　Pseudorobanche Rouy（1909）= Alectra Thunb.（1784）［玄参科 Scrophulariaceae//列当科 Orobanchaceae］■

42538　Pseudoroegneria（Nevski）Á. Löve（1980）【汉】假鹅观草属。【隶属】禾本科 Poaceae（Gramineae）。【包含】世界 15 种，中国 1 种。【学名诠释与讨论】〈阴〉（希）pseudes，假的，骗人的+（属）Roegneria 鹅观草属。此属的学名，ING 和 IK 记载是"Pseudoroegneria（S. A. Nevski）Á. Löve，Taxon 29；168. 1 Feb 1980"，由"Elytrigia sect. Pseudoroegneria S. A. Nevski，Trudy Sredne-Aziatsk. Gosud. Univ.，Ser. 8b，Bot. 17；60. 1934（post 13 Apr）"改级而来。亦有文献把"Pseudoroegneria（Nevski）Á. Löve（1980）"处理为"Elymus L.（1753）"或"Elytrigia Desv.（1810）"的异名。【分布】中国，北半球。【模式】Pseudoroegneria strigosa（Marschall von Bieberstein）Á. Löve［Bromus strigosus Marschall von Bieberstein］。【参考异名】Elymus L.（1753）；Elytrigia Desv.（1810）；Elytrigia sect. Pseudoroegneria Nevski（1934）■

42539　Pseudorontium（A. Gray）Rothm.（1943）【汉】假金棒芋属。【隶属】玄参科 Scrophulariaceae//婆婆纳科 Veronicaceae。【包含】世界 1 种。【学名诠释与讨论】〈阴〉（希）pseudes，假的，骗人的+（属）Orontium 金棒芋属（奥昂蒂属）。此属的学名，ING 和 IK 记载是"Pseudorontium（A. Gray）Rothmaler，Feddes Repert. Spec. Nov. Regni Veg. 52；33. 15 Jun 1943"，由"Antirrhinum sect. Pseudorontium A. Gray，Proc. Amer. Acad. Arts 12；81. post Oct. 1870"改级而来。【分布】美国（西南部）。【模式】Pseudorontium cyathiferum（Bentham）Rothmaler［Antirrhinum cyathiferum Bentham］。【参考异名】Antirrhinum sect. Pseudorontium A. Gray（1870）■☆

42540　Pseudorosularia Gurgen.（1979）Nom. illegit. ≡ Prometheum（A. Berger）H. Ohba（1978）［景天科 Crassulaceae］■☆

42541　Pseudoruellia Benoist（1962）【汉】拟芦莉草属。【隶属】爵床科 Acanthaceae。【包含】世界 1 种。【学名诠释与讨论】〈阴〉（希）pseudes，假的，骗人的+（属）Ruellia 芦莉草属。【分布】马达加斯加。【模式】Pseudoruellia perrieri（Benoist）Benoist［Ruellia perrieri Benoist］■☆

42542　Pseudoryza Griff.（1851）Nom. illegit. = Leersia Sw.（1788）（保留属名）［禾本科 Poaceae（Gramineae）］■

42543　Pseudosabicea N. Hallé（1963）【汉】假萨比斯茜属。【隶属】茜草科 Rubiaceae。【包含】世界 12 种。【学名诠释与讨论】〈阴〉（希）pseudes，假的，骗人的+（属）Sabicea 萨比斯茜属。【分布】热带非洲。【模式】Pseudosabicea mitisphaera Hallé ●☆

42544　Pseudosagotia Secco（1985）【汉】假萨戈大戟属。【隶属】大戟

科 Euphorbiaceae。【包含】世界1种。【学名诠释与讨论】〈阴〉（希）pseudes，假的，骗人的+（属）Sagotia 萨戈大戟属。【分布】委内瑞拉。【模式】Pseudosagotia brevipetiolata R. de S. Secco☆

42545　Pseudosalacia Codd（1972）【汉】假五层龙属。【隶属】卫矛科 Celastraceae。【包含】世界1种。【学名诠释与讨论】〈阴〉（希）pseudes，假的，骗人的+（属）Salacia 五层龙属。【分布】非洲南部。【模式】Pseudosalacia streyi L. E. Codd●☆

42546　Pseudosamanea Harms（1930）【汉】拟雨树属。【隶属】豆科 Fabaceae（Leguminosae）//含羞草科 Mimosaceae。【包含】世界1种。【学名诠释与讨论】〈阴〉（希）pseudes，假的，骗人的+（属）Samanea 雨树属。此属的学名是"Pseudosamanea Harms，Notizbl. Bot. Gart. Berlin-Dahlem 11：54. 30 Dec 1930"。亦有文献把其处理为"Albizia Durazz.（1772）"的异名。【分布】巴拿马，厄瓜多尔，哥伦比亚（安蒂奥基亚），哥斯达黎加，尼加拉瓜，委内瑞拉，中美洲。【模式】Pseudosamanea guachapele（Kunth）Harms［Acacia guachapele Kunth］。【参考异名】Albizia Durazz.（1772）●☆

42547　Pseudosantalum Kuntze（1891）Nom. illegit. ≡ Pseudosantalum Rumph. ex Kuntze（1891）；~ ≡ Osmoxylon Miq.（1863）［五加科 Araliaceae］●

42548　Pseudosantalum Mill.（1768）＝ Caesalpinia L.（1753）［豆科 Fabaceae（Leguminosae）//云实科（苏木科）Caesalpiniaceae］●

42549　Pseudosantalum Rumph.，Nom. inval. ≡ Pseudosantalum Rumph. ex Kuntze（1891）Nom. illegit.；~ ≡ Osmoxylon Miq.（1863）［五加科 Araliaceae］●

42550　Pseudosantalum Rumph. ex Kuntze（1891）Nom. illegit. ≡ Osmoxylon Miq.（1863）［五加科 Araliaceae］●

42551　Pseudosaponaria（F. N. Williams）Ikonn.（1979）＝ Gypsophila L.（1753）［石竹科 Caryophyllaceae］■●

42552　Pseudosarcolobus Costantin（1912）＝ Gymnema R. Br.（1810）［萝藦科 Asclepiadaceae］●

42553　Pseudosarcopera Gir.－Cañas（2007）【汉】假穗状附生藤属。【隶属】蜜囊花科（附生藤科）Marcgraviaceae。【包含】世界2种。【学名诠释与讨论】〈阴〉（希）pseudes，假的，骗人的+（属）Sarcopera 穗状附生藤属。【分布】玻利维亚，南美洲。【模式】Pseudosarcopera oxystylis（Baillon）D. Giraldo－Cañas［Norantea oxystylis Baillon［as 'oxystilis'］●☆

42554　Pseudosasa Makino ex Nakai（1925）【汉】茶秆竹属（假箬竹属，箭竹属，青篱竹属，矢竹属）。【日】プセウドササ属，ヤダケ属。【俄】Псевдосаза。【英】Arrow Bamboo，Bamboo，Pseudosasa。【隶属】禾本科 Poaceae（Gramineae）。【包含】世界4-30种，中国18-30种。【学名诠释与讨论】〈阴〉（希）pseudes，假的，骗人的+（属）Sasa 赤竹属。指其与赤竹属相近。此属的学名，ING 和 IK 记载是"Pseudosasa Makino ex Nakai，J. Arnold Arbor. 6：150. 30 Jul 1925"。"Pseudosasa Makino，J. Jap. Bot. ii. 15（1920）≡ Pseudosasa Makino ex Nakai（1925）"是一个未合格发表的名称（Nom. nud.）。"Pseudosasa Makino et Makino，J. Jap. Bot. v. 15（1928）"是晚出的非法名称。"Yadakeya Makino，J. Jap. Bot. 6：16. 15 Jul 1929"是"Pseudosasa Makino ex Nakai（1925）"的晚出的同模式异名（Homotypic synonym，Nomenclatural synonym）。亦有文献把"Pseudosasa Makino ex Nakai（1925）"处理为"Sasa Makino et Shibata（1901）"的异名。【分布】中国，高加索，亚洲中部和东部。【后选模式】Pseudosasa japonica（Siebold et Zuccarini ex Steudel）Nakai［Arundinaria japonica Siebold et Zuccarini ex Steudel］。【参考异名】Pseudosasa Makino（1920）Nom. inval.；Pseudosasa Nakai（1925）Nom. illegit.；Sasa Makino et Shibata（1901）；Yadakea Makino（1929）Nom. illegit.；Yadakeya Makino（1929）Nom. illegit. ●

42555　Pseudosasa Makino（1920）Nom. inval. ≡ Pseudosasa Makino ex

Nakai（1925）［禾本科 Poaceae（Gramineae）]●

42556　Pseudosasa Nakai（1925）Nom. illegit. ≡ Pseudosasa Makino ex Nakai（1925）［禾本科 Poaceae（Gramineae）]●

42557　Pseudosassafras Lecomte（1912）【汉】肖檫木属（假檫木属）。【隶属】樟科 Lauraceae。【包含】世界1种，中国1种。【学名诠释与讨论】〈阴〉（希）pseudes，假的，骗人的+（属）Sassafras 檫木属（檫树属）。此属的学名是"Pseudosassafras Lecomte，Notul. Syst.（Paris）2：268. 20 Nov 1912"。亦有文献把其处理为"Sassafras J. Presl（1825）"的异名。【分布】中国。【模式】Pseudosassafras tzumu（Hemsley）Lecomte［Lindera tzumu Hemsley］。【参考异名】Sassafras J. Presl（1825）●

42558　Pseudosbeckia A. Fern. et R. Fern.（1956）【汉】假金锦香属。【隶属】野牡丹科 Melastomataceae。【包含】世界1种。【学名诠释与讨论】〈阴〉（希）pseudes，假的，骗人的+（属）Osbeckia 金锦香属（朝天罐属）。【分布】热带非洲东部。【模式】Pseudosbeckia swynnertonii（E. G. Baker）A. et R. Fernandes［Osbeckia swynnertonii E. G. Baker］●☆

42559　Pseudoscabiosa Devesa（1984）【汉】假蓝盆花属。【隶属】川续断科（刺参科，蓟叶参科，山萝卜科，续断科）Dipsacaceae//蓝盆花科 Scabiosaceae。【包含】世界4种。【学名诠释与讨论】〈阴〉（希）pseudes，假的，骗人的+（属）Scabiosa 蓝盆花属。此属的学名是"Pseudoscabiosa J. A. Devesa，Lagascalia 12：216. Jun 1984"。亦有文献把其处理为"Scabiosa L.（1753）"的异名。【分布】摩洛哥，西班牙，意大利（西西里岛）。【模式】Pseudoscabiosa saxatilis（Cavanilles）J. A. Devesa［Scabiosa saxatilis Cavanilles］。【参考异名】Scabiosa L.（1753）●■☆

42560　Pseudoschoenus（C. B. Clarke）Oteng-Yeb.（1974）【汉】假赤箭莎属。【隶属】莎草科 Cyperaceae//藨草科 Scirpaceae。【包含】世界1种。【学名诠释与讨论】〈阳〉（希）pseudes，假的，骗人的+（属）Schoenus 小赤箭莎属。此属的学名，IK 和 TROPICOS 记载是"Pseudoschoenus（C. B. Clarke）Oteng-Yeb.，Notes Roy. Bot. Gard. Edinburgh 33（2）：308. 1974"，由"Scirpus sect. Pseudoschoenus"改级而来。亦有文献把"Pseudoschoenus（C. B. Clarke）Oteng-Yeb.（1974）"处理为"Scirpus L.（1753）（保留属名）"的异名。亦有文献把"Pseudoschoenus（C. B. Clarke）Oteng-Yeb.（1974）"处理为"Scirpus L.（1753）（保留属名）"的异名。【分布】非洲南部。【模式】Scirpus spathaceus Hochstetter 1845，non（Linnaeus）A. Michaux 1803。【参考异名】Scirpus L.（1753）（保留属名）；Scirpus sect. Pseudoschoenus ■☆

42561　Pseudosciadium Baill.（1878）【汉】假伞五加属。【隶属】五加科 Araliaceae。【包含】世界1种。【学名诠释与讨论】〈阴〉（希）pseudes，假的，骗人的+sciadium 伞。【分布】法属新喀里多尼亚。【模式】Pseudosciadium balansae Baillon●☆

42562　Pseudosclerochloa Tzvelev（2004）【汉】假硬草属（耿氏假硬草属）。【隶属】禾本科 Poaceae（Gramineae）。【包含】世界2种，中国1种。【学名诠释与讨论】〈阴〉（希）pseudes，假的，骗人的+（属）Sclerochloa 硬草属（粗茅属，硬茅属）。【分布】中国，欧洲西部。【模式】Pseudosclerochloa rupestris（W. Withering）Tzvelev［Poa rupestris W. Withering］■

42563　Pseudoscolopia E. Phillips（1926）Nom. illegit. ≡ Pseudoscolopia Gilg（1917）［刺篱木科（大风子科）Flacourtiaceae］●☆

42564　Pseudoscolopia Gilg（1917）【汉】假簕柊属。【隶属】刺篱木科（大风子科）Flacourtiaceae。【包含】世界1种。【学名诠释与讨论】〈阴〉（希）pseudes，假的，骗人的+（属）Scolopia 簕柊属。此属的学名，ING、TROPICOS 和 IK 记载是"Pseudoscolopia Gilg，Bot. Jahrb. Syst. 54（4）：343. 1917［13 Mar 1917］"。"Pseudoscolopia E. Phillips（1926）≡ Pseudoscolopia Gilg（1917）"

是晚出的非法名称。【分布】非洲南部。【模式】Pseudoscolopia polyantha Gilg。【参考异名】Pseudoscolopia E. Phillips（1926）Nom. illegit。●☆

42565 Pseudoscordum Herb.（1837）= Nothoscordum Kunth（1843）（保留属名）［百合科 Liliaceae//葱科 Alliaceae］■☆

42566 Pseudosecale（Godr.）Degen（1936）Nom. illegit. ≡ Dasypyrum（Coss. et Durieu）T. Durand（1888）；~ ≡ Haynaldia Schur（1866）Nom. illegit. ；~ = Dasypyrum（Coss. et Durieu）T. Durand（1888）［禾本科 Poaceae（Gramineae）］■☆

42567 Pseudosedum（Boiss.）A. Berger（1930）【汉】合景天属（假景天属，六瓣景天属）。【俄】Ложноочиток。【英】Falsestonecrop。【隶属】景天科 Crassulaceae。【包含】世界 10-12 种，中国 2 种。【学名诠释与讨论】〈中〉（希）pseudes，假的，骗人的+（属）Sedum 景天属。指其与景天属相近。此属的学名，ING 记载和 TROPICOS 是"Pseudosedum（Boissier）Berger in Engler et Prantl, Nat. Pflanzenfam. ed. 2. 18a：465. 1930"，由"Umbilicus sect. Pseudosedum Boissier, Fl. Orient. 2：775. Dec 1872–Jan 1873"改级而来；而 IK 则记载为"Pseudosedum A. Berger, Nat. Pflanzenfam., ed. 2［Engler et Prantl］18a：465. 1930"。三者引用的文献相同。【分布】巴基斯坦，伊朗，中国，西伯利亚，亚洲中部。【模式】Pseudosedum lievenii（Ledebour）Berger［Cotyledon lievenii Ledebour］。【参考异名】Pseudosedum A. Berger（1930）Nom. illegit. ；Umbilicus sect. Pseudosedum Boiss.（1872–1873）●■

42568 Pseudosedum A. Berger（1930）Nom. illegit. ≡ Pseudosedum（Boiss.）A. Berger（1930）［景天科 Crassulaceae］●■

42569 Pseudoselago Hilliard（1995）【汉】假塞拉玄参属。【隶属】玄参科 Scrophulariaceae。【包含】世界 28 种。【学名诠释与讨论】〈阴〉（希）pseudes，假的，骗人的+（属）Selago 塞拉玄参属。此属的学名是"Pseudoselago O. M. Hilliard, Edinburgh J. Bot. 52：245. 1 Nov 1995"。亦有文献把其处理为"Selago L.（1753）"的异名。【分布】参见 Selago L.【模式】Pseudoselago spuria（Linnaeus）O. M. Hilliard［Selago spuria Linnaeus］。【参考异名】Selago L.（1753）●■

42570 Pseudoselinum C. Norman（1929）【汉】假亮床属。【隶属】伞形花科（伞形科）Apiaceae（Umbelliferae）。【包含】世界 1 种。【学名诠释与讨论】〈阴〉（希）pseudes，假的，骗人的 +（属）Selinum 亮蛇床属。【分布】安哥拉。【模式】Pseudoselinum angolense（C. Norman）C. Norman［Selinum angolense C. Norman］■☆

42571 Pseudosempervivum（Boiss.）Grossh.（1930）【汉】假长生草属。【隶属】十字花科 Brassicaceae（Cruciferae）。【包含】世界 8 种。【学名诠释与讨论】〈中〉（希）pseudes，假的，骗人的 +（属）Sempervivum 长生草属。此属的学名，ING 和 IK 记载是"Pseudosempervivum（Boisser）A. A. Grossheim, Fl. Kavkaza 2：159. 1930（post 30 Mar）"，由"Cochlearia sect. Pseudosempervivum Boissier, Fl. Orient. 1：246. 1867"改级而来。TROPICOS 则记载为"Pseudosempervivum Grossh., Flora Kavkaza 2：159. 1930"。三者引用的文献相同。亦有文献把"Pseudosempervivum（Boiss.）Grossh.（1930）"处理为"Cochlearia L.（1753）"的异名。【分布】参见 Cochlearia L.【模式】未指定。【参考异名】Cochlearia L.（1753）；Cochlearia sect. Pseudosempervivum Boiss.（1867）；Pseudosempervivum Grossh.（1930）Nom. illegit. ■☆

42572 Pseudosempervivum Grossh.（1930）Nom. illegit. ≡ Pseudosempervivum（Boiss.）Grossh.（1930）；~ = Cochlearia L.（1753）［十字花科 Brassicaceae（Cruciferae）］■

42573 Pseudosenefeldera Esser（2001）【汉】假塞内大戟属。【隶属】大戟科 Euphorbiaceae。【包含】世界 1 种。【学名诠释与讨论】

〈阴〉（希）pseudes，假的，骗人的+（属）Senefeldera 塞内大戟属。【分布】巴西，玻利维亚。【模式】Pseudosenefeldera inclinata（Müll. Arg.）Esser■☆

42574 Pseudosericocoma Cavaco（1962）【汉】假绢毛苋属。【隶属】苋科 Amaranthaceae。【包含】世界 1 种。【学名诠释与讨论】〈阴〉（希）pseudes，假的，骗人的+（属）Sericocoma 绢毛苋属。【分布】非洲。【模式】Pseudosericocoma pungens（E. Fenzl）A. Cavaco［Sericocoma pungens E. Fenzl］。【参考异名】Gerbera L.（1758）（保留属名）●☆

42575 Pseudoseris Baill.（1881）= Gerbera L.（1758）（保留属名）［菊科 Asteraceae（Compositae）］■

42576 Pseudosicydium Harms（1927）【汉】肖野胡瓜属。【隶属】葫芦科（瓜科，南瓜科）Cucurbitaceae。【包含】世界 1 种。【学名诠释与讨论】〈阴〉（希）pseudes，假的，骗人的+（属）Sicydium 野胡瓜属。【分布】秘鲁，玻利维亚，厄瓜多尔，中美洲。【模式】Pseudosicydium acariaeanthum Harms■☆

42577 Pseudosindora Symington（1944）【汉】假油楠属。【隶属】豆科 Fabaceae（Leguminosae）//云实科（苏木科）Caesalpiniaceae。【包含】世界 1 种。【学名诠释与讨论】〈阴〉（希）pseudes，假的，骗人的 +（属）Sindora 油楠属。此属的学名是"Pseudosindora Symington, Proc. Linn. Soc. London 155：285. 9 Jun 1944"。亦有文献把其处理为"Copaifera L.（1762）（保留属名）"的异名。【分布】加里曼丹岛。【模式】Pseudosindora palustris Symington。【参考异名】Copaifera L.（1762）（保留属名）●☆

42578 Pseudosmelia Sleumer（1954）【汉】假香木属。【隶属】刺篱木科（大风子科）Flacourtiaceae。【包含】世界 1 种。【学名诠释与讨论】〈阴〉（希）pseudes，假的，骗人的+（属）Osmelia 香风子属。【分布】印度尼西亚（马鲁古群岛）。【模式】Pseudosmelia moluccana Sleumer●☆

42579 Pseudosmilax Hayata（1920）【汉】假菝葜属（假土茯苓属）。【日】シホデモドキ属。【英】Pseudosmilax。【隶属】百合科 Liliaceae//菝葜科 Smilacaceae。【包含】世界 1 种，中国 1 种。【学名诠释与讨论】〈阴〉（希）pseudes，假的，骗人的+（属）Smilax 菝葜属。此属的学名是"Pseudosmilax Hayata, Icon. Pl. Formosan. 9：124. 25 Mar 1920"。亦有文献把其处理为"Heterosmilax Kunth（1850）"的异名。【分布】中国。【模式】未指定。【参考异名】Heterosmilax Kunth（1850）●■★

42580 Pseudosmodingium Engl.（1881）【汉】假肿漆属。【隶属】漆树科 Anacardiaceae。【包含】世界 7 种。【学名诠释与讨论】〈阴〉（希）pseudes，假的，骗人的+（属）Smodingium 肿漆属。【分布】墨西哥。【后选模式】Pseudosmodingium perniciosum（Kunth）Engler［Rhus perniciosa Kunth］●☆

42581 Pseudosolisia Y. Ito（1981）Nom. illegit. = Neolloydia Britton et Rose（1922）［仙人掌科 Cactaceae］●☆

42582 Pseudosophora（DC.）Sweet（1830）Nom. illegit. ≡ Radiusia Rchb.（1828）；~ = Sophora L.（1753）［豆科 Fabaceae（Leguminosae）//蝶形花科 Papilionaceae］●■

42583 Pseudosophora Sweet（1830）Nom. illegit. ≡ Pseudosophora（DC.）Sweet（1830）Nom. illegit. ；~ ≡ Radiusia Rchb.（1828）；~ = Sophora L.（1753）［豆科 Fabaceae（Leguminosae）//蝶形花科 Papilionaceae］●■

42584 Pseudosopubia Engl.（1897）【汉】假短冠草属。【隶属】玄参科 Scrophulariaceae//列当科 Orobanchaceae。【包含】世界 5-7 种。【学名诠释与讨论】〈阴〉（希）pseudes，假的，骗人的+（属）Sopubia 短冠草属。【分布】热带非洲。【模式】未指定■●☆

42585 Pseudosorghum A. Camus（1921）【汉】肖高粱属（假蜀黍属，拟高粱属）。【隶属】禾本科 Poaceae（Gramineae）。【包含】世界 1-2

种,中国 1 种。【学名诠释与讨论】〈中〉(希)pseudes,假的,骗人的+(属)Sorghum 高粱属(蜀黍属)。【分布】中国,热带亚洲。【模式】未指定。■

42586　Pseudosorocea Baill. (1875) = Sorocea A. St. -Hil. (1821); ~ = Sorocea A. St. -Hil. (1821) + Acanthinophyllum M. Allemão [桑科 Moraceae] ●☆

42587　Pseudospermum Gray (1821) Nom. illegit. ≡ Pseudospermum Spreng. ex Gray(1821); ~ = Physospermum Cusson(1782) [伞形花科(伞形科)Apiaceae(Umbelliferae)]☆

42588　Pseudospermum Spreng. ex Gray (1821) = Physospermum Cusson (1782) [伞形花科(伞形科)Apiaceae(Umbelliferae)]■☆

42589　Pseudospigelia W. Klett(1923)【汉】假驱虫草属。【隶属】马钱科(断肠草科,马钱子科)Loganiaceae//驱虫草科(度量草科)Spigeliaceae。【包含】世界 1 种。【学名诠释与讨论】〈阴〉(希)pseudes,假的,骗人的+(属)Spigelia 驱虫草属。此属的学名,ING、TROPICOS、GCI 和 IK 记载是"Pseudospigelia W. Klett, Bot. Arch. 3: 134. 15 Feb 1923"。它曾被处理为"Spigelia subgen. Pseudospigelia (W. Klett) Fern. Casas, Fontqueria 55(5): 21. 2001. (14 Nov 2001)"。亦有文献把"Pseudospigelia W. Klett(1923)"处理为"Spigelia L. (1753)"的异名。【分布】中美洲和热带美洲。【模式】Pseudospigelia polystachya (Klotsch ex Progel) W. Klett [Spigelia polystachya Klotsch ex Progel]。【参考异名】Spigelia L. (1753); Spigelia subgen. Pseudospigelia (W. Klett) Fern. Casas (2001)■☆

42590　Pseudospondias Engl. (1883)【汉】假槟榔青属。【隶属】漆树科 Anacardiaceae。【包含】世界 2 种。【学名诠释与讨论】〈阴〉(希)pseudes,假的,骗人的+(属)Spondias 槟榔青属。【分布】热带非洲。【模式】Pseudospondias microcarpa (A. Richard) Engler [Spondias microcarpa A. Richard]●☆

42591　Pseudostachyum Munro(1868)【汉】泡竹属(假穗竹属,小薄竹属)。【英】Bubblebamboo, Thinestwalled Bamboon, Thinest-walled Bamboon。【隶属】禾本科 Poaceae(Gramineae)。【包含】世界 1 种,中国 1 种。【学名诠释与讨论】〈中〉(希)pseudes,假的,骗人的+stachys,穗,穗状花序。指花序不具真正延续的穗轴。此属的学名是"Pseudostachyum Munro, Trans. Linn. Soc. London 26: 141. 5 Mar-11 Apr 1868"。亦有文献把其处理为"Schizostachyum Nees(1829)"的异名。【分布】中国,亚洲南部和东南部。【模式】Pseudostachyum polymorphum Munro。【参考异名】Schizostachyum Nees(1829)●

42592　Pseudostelis Schltr. (1922) = Pleurothallis R. Br. (1813) [兰科 Orchidaceae]■☆

42593　Pseudostellaria Pax(1934)【汉】孩儿参属(假繁缕属,太子参属)。【日】ワチガイサウ属,ワチガイソウ属。【俄】Звездаточка。【英】Childseng, False Chickweed, Falsestarwort, Sticky Starwort。【隶属】石竹科 Caryophyllaceae。【包含】世界 16-21 种,中国 9-10 种。【学名诠释与讨论】〈阴〉(希)pseudes,假的,骗人的+(属)Stellaria 繁缕属。此属的学名"Pseudostellaria Pax in Engler et Prantl, Nat. Pflanzenfam. ed. 2. 16c: 318. Jan-Mar 1934"是一个替代名称。"Krascheninikovia Turczaninow ex Fenzl in Endlicher, Gen. 968. 1-14 Feb 1840"是一个非法名称(Nom. illegit.),因为此前已经有了"Krascheninnikovia Gueldenstaedt, Novi Comment. Acad. Sci. Imp. Petrop. 16: 551. 1772 [藜科 Chenopodiaceae]"。故用"Pseudostellaria Pax(1934)"替代之。【分布】巴基斯坦,阿富汗至日本,中国,亚洲中部。【模式】Pseudostellaria rupestris (Turczaninow) Pax [Krascheninikovia rupestris Turczaninow]。【参考异名】Krascheninikovia Turcz. ex Fenzl(1840) Nom. illegit.; Krascheninnikovia Turcz. ex Fenzl, Nom.

illegit. ■

42594　Pseudostenomesson Velarde(1949)【汉】假狭管石蒜属。【隶属】石蒜科 Amaryllidaceae。【包含】世界 2 种。【学名诠释与讨论】〈阴〉(希)pseudes,假的,骗人的+(属)Stenomesson 狭管石蒜属。【分布】安第斯山。【模式】Pseudostenomesson vargasi Velarde ■☆

42595　Pseudostenosiphonium Lindau(1893) = Gutzlaffia Hance(1849); ~ = Strobilanthes Blume(1826) [爵床科 Acanthaceae]●■

42596　Pseudostifftia H. Rob. (1979)【汉】假亮毛菊属。【隶属】菊科 Asteraceae(Compositae)。【包含】世界 1 种。【学名诠释与讨论】〈阴〉(希)pseudes,假的,骗人的+(属)Stifftia 亮毛菊属。【分布】巴西。【模式】Pseudostifftia kingii H. E. Robinson ●☆

42597　Pseudostonium Kuntze (1903) Nom. illegit. ≡ Pseudostenosiphonium Lindau (1893); ~ = Gutzlaffia Hance (1849) [爵床科 Acanthaceae]●■

42598　Pseudostreblus Bureau(1873)【汉】类鹊肾树属。【隶属】桑科 Moraceae。【包含】世界 1 种。【学名诠释与讨论】〈阳〉(希)pseudes,假的,骗人的+(属)Streblus 鹊肾树。此属的学名是"Pseudostreblus Bureau in Alph. de Candolle, Prodr. 17: 213, 219. 16 Oct 1873"。亦有文献把其处理为"Streblus Lour. (1790)"的异名。【分布】印度,马来半岛。【模式】Pseudostreblus indica Bureau。【参考异名】Streblus Lour. (1790)●☆

42599　Pseudostreptogyne A. Camus (1930) = Streblochaete Hochst. ex Pilg. (1906) Nom. illegit. ; ~ = Streblochaete Hochst. ex A. Rich. (1806) [禾本科 Poaceae(Gramineae)]■☆

42600　Pseudostriga Bonati(1911)【汉】假独脚金属。【隶属】玄参科 Scrophulariaceae//列当科 Orobanchaceae。【包含】世界 1 种。【学名诠释与讨论】〈阴〉(希)pseudes,假的,骗人的+(属)Striga 独脚金属。【分布】中南半岛。【模式】Pseudostriga cambodiana Bonati ■☆

42601　Pseudostrophis T. Durand et B. D. Jacks. = Pseudotrophis Warb. (1891); ~ = Streblus Lour. (1790) [桑科 Moraceae]●

42602　Pseudotaenidia Mack. (1903)【汉】假太尼草属。【隶属】伞形花科(伞形科)Apiaceae(Umbelliferae)。【包含】世界 1 种。【学名诠释与讨论】〈阴〉(希)pseudes,假的,骗人的+(属)Taenidia 太尼草属。此属的学名是"Pseudotaenidia Mackenzie, Torreya 3: 158. 1903"。亦有文献把其处理为"Taenidia (Torr. et A. Gray) Drude(1898)"的异名。【分布】美洲。【模式】Pseudotaenidia montana Mackenzie。【参考异名】Taenidia (Torr. et A. Gray) Drude (1898)☆

42603　Pseudotaxus W. C. Cheng(1947)【汉】白豆杉属。【英】White Aril Yew, Whitearil Yew, White-aril Yew。【隶属】红豆杉科(紫杉科)Taxaceae。【包含】世界 1 种,中国 1 种。【学名诠释与讨论】〈阴〉(希)pseudes,假的,骗人的+(属)Taxus 红豆杉属。指其与红豆杉科相近。此属的学名,ING、TROPICOS 和 IK 记载是"Pseudotaxus Cheng, Res. Notes Forest. Inst. Natl. Centr. Univ. Nanking, Dendrol. Ser. 1: 1. Dec 1947(? Feb 1948)"。"Nothotaxus Florin, Acta Horti Berg. 14: 394. Apr 1948"是"Pseudotaxus W. C. Cheng(1947)"的晚出的同模式异名(Homotypic synonym, Nomenclatural synonym)。【分布】中国。【模式】Pseudotaxus chienii (Cheng) Cheng [Taxus chienii Cheng]。【参考异名】Nothotaxus Florin(1948) Nom. illegit. ●★

42604　Pseudotenanthera R. B. Majumdar (1989) Nom. illegit. ≡ Pseudoxytenanthera Soderstr. et R. P. Ellis(1988) [禾本科 Poaceae (Gramineae)]●☆

42605　Pseudotephrocactus Frič et Schelle (1933) Nom. illegit. = Opuntia Mill. (1754); ~ = Opuntia Mill. (1754) [仙人掌科 Cactaceae]●

42606 Pseudotigandra Dillon et Sagast. = Chionolaena DC. (1836) [菊科 Asteraceae(Compositae)]●☆

42607 Pseudotrachydium (Kljukov, Pimenov et V. N. Tikhom.) Pimenov et Kljuykov(2000)【汉】假瘤果芹属。【隶属】伞形花科(伞形科)Apiaceae(Umbelliferae)。【包含】世界 5 种。【学名诠释与讨论】〈中〉(希)pseudes, 假的, 骗人的+(属)Trachydium 瘤果芹属(粗子芹属)。此属的学名, ING 和 IK 记载是"Pseudotrachydium (E. V. Kljukov, M. G. Pimenov et V. N. Tichomirov) M. G. Pimenov et E. V. Kljuykov, Feddes Repert. 111: 526. Dec 2000", 由"Aulacospermum sect. Pseudotrachydium E. V. Kljukov, M. G. Pimenov et V. N. Tichomirov, Byull. Moskovsk. Obshch. Isp. Prir. , Otd. Biol. 81(5):65. 1976"改级而来。【分布】亚洲中部。【模式】Pseudotrachydium dichotomum (E. P. Korovin) M. G. Pimenov et E. V. Kljuykov [Trachydium dichotomum E. P. Korovin]。【参考异名】Aulacospermum sect. Pseudotrachydium Kljukov, Pimenov et V. N. Tikhom. (1976)■☆

42608 Pseudotragia Pax(1908) = Pterococcus Hassk. (1842)(保留属名)[大戟科 Euphorbiaceae]●☆

42609 Pseudotreculia (Baill.) B. D. Jacks. , Nom. illegit. = Treculia Decne. ex Trécul(1847) [桑科 Moraceae]●☆

42610 Pseudotreculia Baill. (1875) Nom. inval. = Treculia Decne. ex Trécul(1847) [桑科 Moraceae]●☆

42611 Pseudotrewia Miq. (1859) Nom. illegit. ≡ Wetria Baill. (1858) [大戟科 Euphorbiaceae]●☆

42612 Pseudotrillium S. B. Farmer(2002)【汉】假延龄草属。【隶属】百合科 Liliaceae//延龄草科(重楼科)Trilliaceae。【包含】世界 1 种。【学名诠释与讨论】〈中〉(希)pseudes, 假的, 骗人的+(属)Trillium 延龄草属(头顶一颗珠属)。此属的学名是"Pseudotrillium S. B. Farmer, Systematic Botany 27(4): 687-688. 2002"。亦有文献把其处理为"Trillium L. (1753)"的异名。【分布】北美洲。【模式】Pseudotrillium rivale (S. Watson) S. B. Farmer。【参考异名】Trillium L. (1753)■☆

42613 Pseudotrimezia R. C. Foster(1945)【汉】假枝端花属。【隶属】鸢尾科 Iridaceae。【包含】世界 6-14 种。【学名诠释与讨论】〈阴〉(希)pseudes, 假的, 骗人的+(属)Trimezia 枝端花属。【分布】巴西。【模式】Pseudotrimezia barretoi R. C. Foster■☆

42614 Pseudotrophis Warb. (1891) = Streblus Lour. (1790) [桑科 Moraceae]●

42615 Pseudotsuga Carrière(1867)【汉】黄杉属。【日】トガサハラ属, トガサワラ属。【俄】Дугласин, Дугласия, Лжетсуга, Псевдотсуга。【英】Douglas Fir, Douglas-fir, Hongcone-fir。【隶属】松科 Pinaceae。【包含】世界 6-18 种, 中国 5-9 种。【学名诠释与讨论】〈阴〉(希)pseudes, 假的, 骗人的+(属)Tsuga 铁杉属。指其与铁杉属相近。此属的学名, ING、TROPICOS 和 IK 记载是"Pseudotsuga Carrière, Traité Gén. Conif. , ed. 2. 256. 1867"。"Abietia A. H. Kent, Veitch's Manual Conif. ed. 2. 474. 1900"是"Pseudotsuga Carrière(1867)"的晚出的同模式异名(Homotypic synonym, Nomenclatural synonym)。【分布】中国, 东亚, 北美洲西部。【模式】Pseudotsuga douglasii (Sabine ex D. Don) Carrière [Pinus douglasii Sabine ex D. Don]。【参考异名】Abietia Kent (1900) Nom. illegit. ●

42616 Pseudoturritis Al-Shehbaz(2005)【汉】意大利南芥属。【隶属】十字花科 Brassicaceae(Cruciferae)。【包含】世界 1 种。【学名诠释与讨论】〈阴〉(希)pseudes, 假的, 骗人的+(属)Turritis = Arabis 南芥属(筷子芥属)。此属的学名是"Novon 15(4): 522. 2005. (12 Dec. 2005)"。亦有文献把其处理为"Arabis L. (1753)"的异名。【分布】意大利。【模式】Pseudoturritis turrita

(L.) Al-Shehbaz。【参考异名】Arabis L. (1753)■☆

42617 Pseudourceolina Vargas(1960) = Urceolina Rchb. (1829)(保留属名)[石蒜科 Amaryllidaceae]■☆

42618 Pseudovanilla Garay(1986)【汉】假香荚兰属。【隶属】兰科 Orchidaceae。【包含】世界 8 种。【学名诠释与讨论】〈阴〉(希)pseudes, 假的, 骗人的+(属)Vanilla 香荚兰属。【分布】澳大利亚, 菲律宾, 斐济, 密克罗尼西亚联邦(波纳佩岛), 印度尼西亚(马鲁古群岛, 特尔纳特岛, 爪哇岛), 新几内亚岛。【模式】Pseudovanilla foliata (F. von Mueller) L. A. Garay [Ledgeria foliata F. von Mueller]■☆

42619 Pseudovesicaria(Boiss.)Rupr. (1869)【汉】膀胱菜属。【俄】лжепузырник。【隶属】十字花科 Brassicaceae(Cruciferae)。【包含】世界 1 种。【学名诠释与讨论】〈阴〉(希)pseudes, 假的, 骗人的+(属)Vesicaria = Lesquerella 小莱克芥属。此属的学名, ING 和 IK 记载是"Pseudovesicaria (Boissier) Ruprecht, Mém. Acad. Imp. Sci. Saint Pétersbourg ser. 7. 15(2): 97. 1869", 由"Vesicaria subgen. Pseudovesicaria Boissier, Fl. Orient. 1: 262. Apr-Jun 1867"改级而来。IK 还记载了"Pseudovesicaria Boiss. , Fl. Orient. [Boissier]Suppl. 48. 1888 [Oct 1888]"; 这是一个晚出的非法名称(Nom. illegit.)。【分布】高加索。【模式】Pseudovesicaria digitata (C. A. Meyer) Ruprecht [Vesicaria digitata C. A. Meyer]。【参考异名】Pseudovesicaria Boiss. (1888) Nom. illegit. ; Vesicaria subgen. Pseudovesicaria Boiss. (1867)■☆

42620 Pseudovesicaria Boiss. (1888) Nom. illegit. ≡ Pseudovesicaria (Boiss.)Rupr. (1869) [十字花科 Brassicaceae(Cruciferae)]■☆

42621 Pseudovigna(Harms)Verdc. (1970)【汉】假豇豆属。【隶属】豆科 Fabaceae(Leguminosae)//蝶形花科 Papilionaceae。【包含】世界 2 种。【学名诠释与讨论】〈阴〉(希)pseudes, 假的, 骗人的+(属)Vigna 豇豆属。此属的学名, ING 和 IK 记载是"Pseudovigna (Harms) Verdcourt, Kew Bull. 24: 390. Dec 1970", 由"Dolichos sect. Pseudovigna Harms in Engler et Drude, Veg. Erde 9 (Pflanzenw. Afr. 3(1)):681. 1915"改级而来。【分布】热带非洲。【模式】Pseudovigna argentea (Willdenow) Verdcourt [Dolichos argenteus Willdenow]。【参考异名】Dolichos sect. Pseudovigna Harms(1915)■☆

42622 Pseudovossia A. Camus(1920) = Phacelurus Griseb. (1846) [禾本科 Poaceae(Gramineae)]■

42623 Pseudovouapa Britton et Killip (1936) = Macrolobium Schreb. (1789)(保留属名); ~ = Macrolobium Schreb. (1789)(保留属名) [豆科 Fabaceae (Leguminosae))//云实科 (苏木科) Caesalpiniaceae]●☆

42624 Pseudoweinmannia Engl. (1930)【汉】假万灵木属。【隶属】火把树科(常绿棱枝树科, 角瓣木科, 库诺尼科, 南薔薇科, 轻木科)Cunoniaceae。【包含】世界 2 种。【学名诠释与讨论】〈阴〉(希)pseudes, 假的, 骗人的+(属)Weinmannia 万灵木属。【分布】澳大利亚(昆士兰)。【后选模式】Pseudoweinmannia lachnocarpa (F. von Mueller)Engler [Weinmannia lachnocarpa F. von Mueller]●☆

42625 Pseudowillughbeia Markgr. (1927) = Melodinus J. R. Forst. et G. Forst. (1775) [夹竹桃科 Apocynaceae]●

42626 Pseudo-willughbeia Markgr. (1927) = Melodinus J. R. Forst. et G. Forst. (1775) [夹竹桃科 Apocynaceae]●

42627 Pseudowintera Dandy(1933)【汉】假林仙属(哈罗皮图木属)。【隶属】八角科 Illiciaceae//林仙科(冬木科, 假八角科, 辛辣木科)Winteraceae。【包含】世界 3 种。【学名诠释与讨论】〈阳〉(希)pseudes, 假的, 骗人的+(属)Wintera 林仙属。此属的学名"Pseudowintera Dandy, J. Bot. 71: 121. Mai 1933"是一个替代名称。"Wintera J. R. G. Forster, Fl. Ins. Austral. Prodr. 42. Oct-Nov

1786"是一个非法名称(Nom. illegit.)。因为此前已经有了"Wintera J. A. Murray, Syst. Veg. ed. 14. 507. Mai – Jun 1784 ≡ Drimys J. R. Forst. et G. Forst.(1775)(保留属名)〔八角科 Illiciaceae//林仙科（冬木科，假八角科，辛辣木科）Winteraceae〕"。故用"Pseudowintera Dandy(1933)"替代之。【分布】新西兰。【模式】Pseudowintera axillaris（J. R. et J. G. A. Forster）Dandy［Drimys axillaris J. R. et J. G. A. Forster］。【参考异名】Wintera G. Forst.(1786)Nom. illegit. ●☆

42628　Pseudowolffia Hartog et Plas(1970)【汉】假芜萍属。【隶属】浮萍科 Lemnaceae。【包含】世界 3 种。【学名诠释与讨论】〈阴〉（希）pseudes, 假的，骗人的 +（属）Wolffia 芜萍属。此属的学名"Pseudowolffia C. den Hartog et F. van der Plas, Blumea 18：365. 31 Dec 1970"是一个替代名称。它替代的是"Wolffia Horkel ex Schleiden, Linnaea 13：389. Oct – Dec 1839（nom. rej.）"，而非"Wolffia Horkel ex Schleiden, Beitr. Bot. 1：233. 11-13 Jul 1844（nom. cons.）"。亦有文献把"Pseudowolffia Hartog et Plas(1970)"处理为"Wolffiella（Hegelm.）Hegelm.(1895)"的异名。【分布】非洲北部和中部。【模式】Pseudowolffia hyalina（Delile）C. den Hartog et F. van der Plas［Lemna hyalina Delile］。【参考异名】Wolffia Horkel ex Schleid.(1839)；Wolffia Schleid.(1844)（废弃属名）；Wolffiella（Hegelm.）Hegelm.(1895)■☆

42629　Pseudoxalis Rose(1906)= Oxalis L.(1753)［酢浆草科 Oxalidaceae］■●

42630　Pseudoxandra R. E. Fr.(1937)【汉】假剑木属（假酸蕊花属）。【隶属】番荔枝科 Annonaceae。【包含】世界 6-10 种。【学名诠释与讨论】〈阴〉（希）pseudes, 假的，骗人的 +（属）Oxandra 剑木属（酸蕊花属）。【分布】秘鲁，玻利维亚，厄瓜多尔，哥伦比亚（安蒂奥基亚）。【后选模式】Pseudoxandra leiophylla（Diels）R. E. Fries［Unonopsis leiophylla Diels］●☆

42631　Pseudoxytenanthera Soderstr. et R. P. Ellis(1988)【汉】假锐药竹属。【隶属】禾本科 Poaceae(Gramineae)。【包含】世界 1 种。【学名诠释与讨论】〈阴〉（希）pseudes, 假的，骗人的 +（属）Oxytenanthera 锐药竹属（滇竹属）。此属的学名，ING、TROPICOS 和 IK 记载是"Pseudoxytenanthera T. R. Soderstrom et R. P. Ellis, Smithsonian Contr. Bot. 72：52. 14 Dec 1988"。亦有文献把"Pseudoxytenanthera Soderstr. et R. P. Ellis(1988)"处理为"Schizostachyum Nees(1829)"的异名。【分布】斯里兰卡。【模式】Pseudoxytenanthera monadelpha（Thwaites）T. R. Soderstrom et R. P. Ellis［Dendrocalamus monadelphus Thwaites］。【参考异名】Pseudotenanthera R. B. Majumdar(1989)Nom. illegit. ；Schizostachyum Nees(1829)●☆

42632　Pseudoxythece Aubrév.(1972)= Pouteria Aubl.(1775)［山榄科 Sapotaceae］●

42633　Pseudoyoungia D. Maity et Maiti(2010)【汉】假黄鹌菜属。【隶属】菊科 Asteraceae(Compositae)。【包含】世界 9 种，中国 9 种。【学名诠释与讨论】〈阴〉（希）pseudes, 假的，骗人的 +（属）Youngia 黄鹌菜属。【分布】中国，温带和热带亚洲，中美洲。【模式】Pseudoyoungia parva（Babc. et Stebbins）D. Maity et Maiti［Youngia parva Babc. et Stebbins］■

42634　Pseudozoysia Chiov.(1928)【汉】假结缕属（卷曲刺毛叶草属）。【隶属】禾本科 Poaceae(Gramineae)。【包含】世界 1 种。【学名诠释与讨论】〈阴〉（希）pseudes, 假的，骗人的 +（属）Zoysia 结缕草属。【分布】索马里。【模式】Pseudozoysia sessilis Chiovenda ■☆

42635　Pseudozygocactus Backeb.(1938)= Hatiora Britton et Rose(1915)［仙人掌科 Cactaceae］●

42636　Pseudrachicallis H. Karst.(1862)= Mallostoma H. Karst.(1862)

［茜草科 Rubiaceae］●☆

42637　Pseuduvaria Miq.(1858)【汉】金钩花属（假紫玉盘属）。【英】Goldenhook, Pseuduvaria。【隶属】番荔枝科 Annonaceae。【包含】世界 17-35 种，中国 1 种。【学名诠释与讨论】〈阴〉（希）pseudes, 假的，骗人的 +（属）Uvaria 紫玉盘属。指其与紫玉盘属相近。【分布】东南亚西部，新几内亚岛，中国。【模式】Pseuduvaria reticulata（Blume）Miquel［Uvaria reticulata Blume］●

42638　Pseusmagennetus Ruschenb.(1873)= Marsdenia R. Br.(1810)（保留属名）［萝藦科 Asclepiadaceae］●

42639　Pseva Raf.(1819)= Chimaphila Pursh(1814)［鹿蹄草科 Pyrolaceae//杜鹃花科（欧石南科）Ericaceae］●■

42640　Psiadia Jacq.(1803)【汉】黄胶菊属。【隶属】菊科 Asteraceae(Compositae)。【包含】世界 60 种。【学名诠释与讨论】〈阴〉（希）psias, 所有格 psiados, 一滴。【分布】马达加斯加，英国（圣赫勒拿岛），也门（索科特拉岛），马斯克林群岛，热带非洲。【模式】Psiadia glutinosa（Lamarck）Willdenow［Conyza glutinosa Lamarck］。【参考异名】Alix Comm. ex DC.(1836)；Elphegea Cass.(1818)；Epilatoria Comm. ex Steud.(1840)；Frappieria Cordem.(1871)；Glycideras DC.(1838)；Glycyderas Cass.(1829)Nom. illegit. ；Glyphia Cass.(1818)；Henricia Cass.(1817)；Sarcanthemum Cass.(1818)；Sarcauthemum Cass. ；Thouarsia Vent. ex DC.(1836)●☆

42641　Psiadiella Humbert(1923)【汉】单脉黄胶菊属。【隶属】菊科 Asteraceae(Compositae)。【包含】世界 1 种。【学名诠释与讨论】〈阴〉（属）Psiadia 黄胶菊属 +ella, 小的。【分布】马达加斯加。【模式】Psiadiella humilis Humbert ●☆

42642　Psidiastrum Bello(1881)= Eugeissona Griff.(1844)［棕榈科 Arecaceae(Palmae)］●

42643　Psidiomyrtus Guillaumin(1932)= Rhodomyrtus（DC.）Rchb.(1841)［桃金娘科 Myrtaceae］●

42644　Psidiopsis O. Berg(1856)【汉】类番石榴属。【隶属】桃金娘科 Myrtaceae。【包含】世界 1 种。【学名诠释与讨论】〈阴〉（属）Psidium 番石榴属 +希腊文 opsis, 外观，模样，相似。此属的学名，ING 和 TROPICOS 记载是"Psidiopsis O. C. Berg, Linnaea 27：347（in clave），350. Jan 1856"。它曾被处理为"Psidium subgen. Psidiopsis（O. Berg）Kiaersk., Enumeratio Myrtacearum Brasiliensium 33. 1893"。亦有文献把"Psidiopsis O. Berg(1856)"处理为"Psidium L.(1753)"的异名。【分布】委内瑞拉。【模式】Psidiopsis moritziana O. C. Berg。【参考异名】Psidium L.(1753)；Psidium subgen. Psidiopsis（O. Berg）Kiaersk.(1893)●☆

42645　Psidium L.(1753)【汉】番石榴属（兽石榴属）。【日】バンジラウ属，バンジロウ属。【俄】Гуава, Гуайава, Гуайява, Гуаява, Гуйава, Гуйява, Псидиум。【英】Guava。【隶属】桃金娘科 Myrtaceae。【包含】世界 100-150 种，中国 2 种。【学名诠释与讨论】〈中〉（希）psidion, 石榴树的古名，后被林奈转用为本属名。此属的学名，ING、TROPICOS、APNI、GCI 和 IK 记载是"Psidium L. ,Sp. Pl. 1：470. 1753［1 May 1753］"。"Cuiavus C. J. Trew, Pl. Sel. Pinx. Ehret 4：12. 1754"、"Guaiava Adanson, Fam. 2：88, 563（'Guiava'）. Jul–Aug 1763"和"Guajava P. Miller, Gard. Dict. Abr. ed. 4. 28 Jan 1754"是"Psidium L.(1753)"的晚出的同模式异名（Homotypic synonym, Nomenclatural synonym）。【分布】巴基斯坦，巴拉圭，巴拿马，秘鲁，玻利维亚，厄瓜多尔，哥伦比亚（安蒂奥基亚），马达加斯加，尼加拉瓜，中国，西印度群岛，热带美洲，中美洲。【模式】Psidium guajava Linnaeus。【参考异名】Burchardia Neck.(1790)Nom. inval.（废弃属名）；Calyptropsidium O. Berg(1856)；Cuiavus Trew(1754)Nom. illegit. ；Guaiava Adans.(1763)；Guaiava Tourn. ex Adans.(1763)Nom.

illegit.；Guajava Mill.（1754）Nom. illegit.；Guayaba Noronha（1790）；Mitropsidium Burret（1941）；Psidiopsis O. Berg（1856）●

42646　Psiguria Arn.（1841）Nom. illegit. ≡ Psiguria Neck. ex Arn.（1841）［葫芦科（瓜科，南瓜科）Cucurbitaceae］■☆

42647　Psiguria Neck.（1790）Nom. inval. ≡ Psiguria Neck. ex Arn.（1841）［葫芦科（瓜科，南瓜科）Cucurbitaceae］■☆

42648　Psiguria Neck. ex Arn.（1841）【汉】热美葫芦属。【隶属】葫芦科（瓜科，南瓜科）Cucurbitaceae。【包含】世界15种。【学名诠释与讨论】〈阴〉词源不详。此属的学名，ING 记载是“Psiguria Arnott，J. Bot.（Hooker）3：274. Feb 1841”；IPNI 和 TROPICOS 则记载为“Psiguria Neck. ex Arn.，J. Bot.（Hooker）3：274. 1841”。三者引用的文献相同。“Psiguria Neck.，Elem. Bot.（Necker）1：137. 1790 ≡ Psiguria Neck. ex Arn.（1841）≡ Psiguria Neck. ex Arn.（1841）”是一个未合格发表的名称（Nom. inval.）。“Anguria N. J. Jacquin，Enum. Pl. Carib. 9，31. Aug–Sep 1760［non P. Miller 1754（废弃属名）］”是“Psiguria Neck. ex Arn.（1841）”的晚出的同模式异名（Homotypic synonym，Nomenclatural synonym）。【分布】巴拿马，秘鲁，玻利维亚，厄瓜多尔，哥伦比亚（安蒂奥基亚），哥斯达黎加，尼加拉瓜，热带美洲，中美洲。【模式】Psiguria pedata（Linnaeus）R. A. Howard［Cucumis pedatus Linnaeus］。【参考异名】Anguria Jacq.（1760）Nom. illegit.；Psiguria Arn.（1841）Nom. illegit.；Psiguria Neck.（1790）Nom. inval. ■☆

42649　Psila Phil.（1891）= Baccharis L.（1753）（保留属名）［菊科 Asteraceae（Compositae）］●■☆

42650　Psilachaenia Post et Kuntze（1903）= Psilachenia Benth.（1873）［菊科 Asteraceae（Compositae）］■

42651　Psilachenia Benth.（1873）= Crepis L.（1753）；~ = Psilochenia Nutt.（1841）［菊科 Asteraceae（Compositae）］■

42652　Psilactis A. Gray（1849）【汉】裸冠菀属。【隶属】菊科 Asteraceae（Compositae）。【包含】世界6种。【学名诠释与讨论】〈阴〉（希）psilos，赤裸的，平滑的，细弱的+actis，射线。指花无冠毛。此属的学名，ING、TROPICOS、GCI 和 IK 记载是“Psilactis A. Gray，Mem. Amer. Acad. Arts ser. 2，4（1）：71. 1849［10 Feb 1849］”。它曾被处理为“Machaeranthera sect. Psilactis（A. Gray）B. L. Turner & D. B. Horne，Brittonia 16（3）：321. 1964”。亦有文献把“Psilactis A. Gray（1849）”处理为“Machaeranthera Nees（1832）”的异名。【分布】秘鲁，厄瓜多尔，美国（西南部），墨西哥（北部），中美洲。【后选模式】Psilactis asteroides A. Gray。【参考异名】Machaeranthera Nees（1832）；Machaeranthera sect. Psilactis（A. Gray）B. L. Turner & D. B. Horne（1964）■☆

42653　Psilaea Miq.（1861）= Linostoma Wall. ex Endl.（1837）［瑞香科 Thymelaeaceae］●☆

42654　Psilantha（C. Koch）Tzvelev（1968）Nom. illegit. ≡ Eragrostis Wolf（1776）；~ ≡ Boriskellera Terechov；~ = Eragrostis Wolf（1776）［禾本科 Poaceae（Gramineae）］■

42655　Psilantha（K. Koch）Tzvelev（1968）Nom. illegit. ≡ Boriskellera Terechov；~ = Eragrostis Wolf（1776）［禾本科 Poaceae（Gramineae）］■

42656　Psilanthele Lindau（1897）【汉】裸花爵床属。【隶属】爵床科 Acanthaceae。【包含】世界1种。【学名诠释与讨论】〈中〉（希）psilos，赤裸的，平滑的，细弱的+anthela，长侧枝聚伞花序，苇鹰的羽毛。【分布】厄瓜多尔。【模式】Psilanthele eggersii Lindau ☆

42657　Psilanthopsis A. Chev.（1939）= Coffea L.（1753）［茜草科 Rubiaceae//咖啡科 Coffeaceae］●

42658　Psilanthus（DC.）Juss ex M. Roem.（1846）（废弃属名）≡ Synactila Raf.（1838）（废弃属名）；~ = Passiflora L.（1753）（保留属名）［西番莲科 Passifloraceae］●■

42659　Psilanthus（DC.）M. Roem.（1846）Nom. illegit.（废弃属名）≡ Psilanthus（DC.）Juss ex M. Roem.（1846）（废弃属名）；~ ≡ Synactila Raf.（1838）（废弃属名）；~ = Passiflora L.（1753）（保留属名）［西番莲科 Passifloraceae］●☆

42660　Psilanthus Hook. f.（1873）（保留属名）【汉】光花咖啡属。【隶属】茜草科 Rubiaceae。【包含】世界1-90种。【学名诠释与讨论】〈阳〉（希）psilos，赤裸的，平滑的，细弱的+anthos，花。此属的学名“Psilanthus Hook. f. in Bentham et Hooker，Gen. Pl. 2：23，115. 7-9 Apr 1873”是保留属名。相应的废弃属名是西番莲科 Passifloraceae 的“Psilanthus（DC.）Juss. ex M. Roem.，Fam. Nat. Syn. Monogr. 2：132，198. Dec 1846 = Psilanthus Hook. f.（1873）（保留属名）≡ Synactila Raf.（1838）（废弃属名）”。ING 记载的“Psilanthus（A. P. de Candolle）M. J. Roemer，Fam. Nat. Syn. Monogr. 2：132，198. Dec 1846 ≡ Psilanthus（DC.）Juss ex M. Roem.（1846）（废弃属名）”亦应废弃。IK 和 TROPICOS 记载的“Psilanthus Juss ex M. Roem.，Syn. Monogr. Fasc. 2，132，in clavi，198 = Psilanthus（DC.）Juss ex M. Roem.（1846）（废弃属名）”和“Psilanthus Juss.，Ann. Mus. Natl. Hist. Nat. vi.（1805）396 ≡ Psilanthus（DC.）Juss ex M. Roem.（1846）”亦应废弃。“Synactila Rafinesque，Fl. Tell. 4：104. 1838（med.）（‘1836’）.”是“Psilanthus（DC.）M. Roem.（1846）Nom. illegit.（废弃属名）”的同模式异名（Homotypic synonym，Nomenclatural synonym）。【分布】热带非洲西部。【模式】Psilanthus mannii J. D. Hooker。【参考异名】Cofeanthus A. Chev.（1947）；Paracoffea（Miq.）J. - F. Leroy（1967）；Paracoffea J. -F. Leroy（1967）Nom. illegit. ●☆

42661　Psilanthus Juss.（1805）Nom. illegit.（废弃属名）≡ Psilanthus（DC.）Juss ex M. Roem.（1846）（废弃属名）；~ ≡ Synactila Raf.（1838）（废弃属名）；~ = Passiflora L.（1753）（保留属名）［西番莲科 Passifloraceae］●☆

42662　Psilanthus Juss. ex M. Roem.（1846）Nom. illegit.（废弃属名）= Psilanthus（DC.）Juss ex M. Roem.（1846）（废弃属名）；~ ≡ Synactila Raf.（1838）（废弃属名）；~ = Passiflora L.（1753）（保留属名）［西番莲科 Passifloraceae］●☆

42663　Psilarabis Fourr.（1868）= Arabis L.（1753）［十字花科 Brassicaceae（Cruciferae）］●■

42664　Psilathera Link（1827）= Sesleria Scop.（1760）［禾本科 Poaceae（Gramineae）］■☆

42665　Psilobium Jack（1822）（废弃属名）= Acranthera Arn. ex Meisn.（1838）（保留属名）［茜草科 Rubiaceae］●

42666　Psilocarphus Nutt.（1840）【汉】绵石菊属。【英】Woolly Marbles，Woollyheads。【隶属】菊科 Asteraceae（Compositae）。【包含】世界8种。【学名诠释与讨论】〈阴〉（希）psilos，赤裸的，平滑的，细弱的+karphos，皮壳，谷壳，糠秕。指托苞像纸一样薄。此属的学名，ING、TROPICOS 和 IK 记载是“Psilocarphus Nutt.，Trans. Amer. Philos. Soc. ser. 2，7：340. 1840［Oct–Dec 1840］、GCI。“Bezanilla E. J. Remy in C. Gay，Hist. Chile Bot. 4：109. ante Aug 1849”是“Psilocarphus Nutt.（1840）”的晚出的同模式异名（Homotypic synonym，Nomenclatural synonym）。【分布】美国西部，温带南美洲。【后选模式】Psilocarphus berteri I. M. Johnston［Micropus globiferus Bertero ex A. P. de Candolle，non Psilocarphus globiferus Nuttall］。【参考异名】Bezanilla J. Rémy（1849）Nom. illegit.；Bizanilla J. Rémy（1849）■☆

42667　Psilocarpus Pritz.（1865）= Psophocarpus Neck. ex DC.（1825）（保留属名）［豆科 Fabaceae（Leguminosae）//蝶形花科 Papilionaceae］■

42668　Psilocarya Torr.（1836）= Rhynchospora Vahl（1805）［as ‘Rynchospora’］（保留属名）［莎草科 Cyperaceae］■☆

42669　Psilocaulon N. E. Br.（1925）【汉】裸茎日中花属。【日】プシロカウロン属。【隶属】番杏科 Aizoaceae。【包含】世界 12 种。【学名诠释与讨论】〈阳〉（希）psilos，赤裸的，平滑的，细弱的+kaulon，茎。【分布】非洲南部。【后选模式】Psilocaulon articulatum（Thunberg）N. E. Brown［Mesembryanthemum articulatum Thunberg］■☆

42670　Psilochenia Nutt.（1841）= Crepis L.（1753）［菊科 Asteraceae（Compositae）］■

42671　Psilochilus Barb. Rodr.（1882）【汉】弱唇兰属。【隶属】兰科 Orchidaceae。【包含】世界 7 种。【学名诠释与讨论】〈阳〉（希）psilos，赤裸的，平滑的，细弱的+cheilos，唇。在希腊文组合词中，cheil-，cheilo-，-chilus，-chilia 等均为“唇，边缘”之义。此属的学名是“Psilochilus Barbosa Rodrigues, Gen. Sp. Orchid. Nov. 2: 272.1882”。亦有文献把其处理为“Pogonia Juss.（1789）”的异名。【分布】巴拿马，巴西，秘鲁，玻利维亚，厄瓜多尔，哥伦比亚（安蒂奥基亚），哥斯达黎加，尼加拉瓜，委内瑞拉，中美洲。【模式】Psilochilus modestus Barbosa Rodrigues。【参考异名】Pogonia Juss.（1789）■☆

42672　Psilochlaena Walp.（1843）= Crepis L.（1753）；~ = Psilochenia Nutt.（1841）［菊科 Asteraceae（Compositae）］■

42673　Psilochloa Launert（1970）= Panicum L.（1753）［禾本科 Poaceae（Gramineae）］■

42674　Psilodigera Suess.（1952）= Saltia R. Br. ex Moq.（1849）［苋科 Amaranthaceae］●☆

42675　Psiloesthes Benoist（1935）= Peristrophe Nees（1832）［爵床科 Acanthaceae］■

42676　Psilogyne DC.（1838）= Vitex L.（1753）［马鞭草科 Verbenaceae//唇形科 Lamiaceae（Labiatae）//牡荆科 Viticaceae］●

42677　Psilolaemus I. M. Johnst.（1954）【汉】裸喉紫草属。【隶属】紫草科 Boraginaceae。【包含】世界 1 种。【学名诠释与讨论】〈阳〉（希）psilos，赤裸的，平滑的，细弱的+laimos，咽喉，喉管。【分布】墨西哥。【模式】Psilolaemus revolutus（B. L. Robinson）I. M. Johnston［Lithospermum revolutum B. L. Robinson］■☆

42678　Psilolemma S. M. Phillips（1974）【汉】光颖草属。【隶属】禾本科 Poaceae（Gramineae）。【包含】世界 1 种。【学名诠释与讨论】〈中〉（希）psilos，赤裸的，平滑的，细弱的+lemma，外稃，外颖，瓣片。【分布】非洲东部。【模式】Psilolemma jaegeri（R. Pilger）S. M. Phillips［Diplachne jaegeri R. Pilger］■☆

42679　Psilolepus C. Presl（1845）= Aspalathus L.（1753）［豆科 Fabaceae（Leguminosae）//芳香木科 Aspalathaceae］●☆

42680　Psilonema C. A. Mey.（1831）= Alyssum L.（1753）［十字花科 Brassicaceae（Cruciferae）］■●

42681　Psilopeganum Hemsl.（1886）【汉】裸芸香属（臭草属，臭节草属，拟芸香属，山麻黄属）。【英】Nakerue，Psilopeganum。【隶属】芸香科 Rutaceae。【包含】世界 1 种，中国 1 种。【学名诠释与讨论】〈中〉（希）psilos，赤裸的，平滑的，细弱的+peganon，芸香。此属的学名，ING 和 TROPICOS 记载是“Psilopeganum Hemsley, J. Linn. Soc., Bot. 23: 103. 1886”。IK 则记载为“Psilopeganum Hemsl. ex F. B. Forbes et Hemsl., J. Linn. Soc., Bot. 23: 103. 1886［1886-88 publ. 1886］”。三者引用的文献相同。中国文献包括《中国植物志》英文版学名使用“Psilopeganum Hemsl.（1886）”。【分布】中国。【模式】Psilopeganum sinense Hemsley。【参考异名】Psilopeganum Hemsl. ex Forb. et Hemsl.（1886）■★

42682　Psilopeganum Hemsl. ex Forb. et Hemsl.（1886）≡ Psilopeganum Hemsl.（1886）［芸香科 Rutaceae］■★

42683　Psilopogon Hochst.（1841）= Arthraxon P. Beauv.（1812）；~ = Microstegium Nees（1836）［禾本科 Poaceae（Gramineae）］■

42684　Psilopogon Phil.（1863）Nom. illegit. = Picrosia D. Don（1830）［菊科 Asteraceae（Compositae）］■☆

42685　Psilopsis Neck.（1790）Nom. inval. = Lamium L.（1753）［唇形科 Lamiaceae（Labiatae）］■

42686　Psilorhegma（Vogel）Britton et Rose（1930）= Cassia L.（1753）（保留属名）［豆科 Fabaceae（Leguminosae）//云实科（苏木科）Caesalpiniaceae］●■

42687　Psilorhegma Britton et Rose（1930）Nom. illegit. ≡ Psilorhegma（Vogel）Britton et Rose（1930）；~ = Cassia L.（1753）（保留属名）［豆科 Fabaceae（Leguminosae）//云实科（苏木科）Caesalpiniaceae］●■

42688　Psilosanthus Neck.（1790）Nom. inval. = Liatris Gaertn. ex Schreb.（1791）（保留属名）［菊科 Asteraceae（Compositae）］■☆

42689　Psilosiphon Welw. ex Baker（1878）Nom. inval. = Lapeirousia Pourr.（1788）［鸢尾科 Iridaceae］■☆

42690　Psilosiphon Welw. ex Goldblatt et J. C. Manning（2015）Nom. illegit. = Lapeirousia Pourr.（1788）［鸢尾科 Iridaceae］■☆

42691　Psilosolena C. Presl（1845）= Peddiea Harv. ex Hook.（1840）［瑞香科 Thymelaeaceae］●☆

42692　Psilostachys Hochst.（1844）Nom. illegit. ≡ Poechia Endl.（1848）；~ = Psilotrichum Blume（1826）［苋科 Amaranthaceae］●■

42693　Psilostachys Steud.（1854）Nom. illegit. = Dimeria R. Br.（1810）［禾本科 Poaceae（Gramineae）］■

42694　Psilostachys Turcz.（1843）= Cleidion Blume（1826）［大戟科 Euphorbiaceae］●

42695　Psilostemon DC.（1846）Nom. illegit. ≡ Trachystemon D. Don（1832）［紫草科 Boraginaceae］●☆

42696　Psilostemon DC. et A. DC.（1846）Nom. illegit. ≡ Trachystemon D. Don（1832）［紫草科 Boraginaceae］●☆

42697　Psilostoma Klotzsch ex Eckl. et Zeyh.（1837）= Canthium Lam.（1785）；~ = Plectronia L.（1767）（废弃属名）；~ = Olinia Thunb.（1800）（保留属名）［方枝树科（阿林尼亚科）Oliniaceae//管萼木科（管萼科）Penaeaceae//茜草科 Rubiaceae］●☆

42698　Psilostoma Klotzsch（1837）Nom. illegit. ≡ Psilostoma Klotzsch ex Eckl. et Zeyh.（1837）；~ = Canthium Lam.（1785）；~ = Plectronia L.（1767）（废弃属名；~ = Olinia Thunb.（1800）（保留属名）［方枝树科（阿林尼亚科）Oliniaceae//管萼木科（管萼科）Penaeaceae//茜草科 Rubiaceae］●☆

42699　Psilostrophe DC.（1838）【汉】纸花菊属。【英】Paperflower。【隶属】菊科 Asteraceae（Compositae）。【包含】世界 7 种。【学名诠释与讨论】〈阴〉（希）psilos，赤裸的，平滑的，细弱的+strophe，转变，扭曲，缠绕；trophe，食物。【分布】美国（南部），墨西哥（北部）。【模式】Psilostrophe gnaphalodes A. P. de Candolle。【参考异名】Gamolepis Less.（1832）；Riddellia Nutt.（1841）Nom. inval.；Steirodiscus Less.（1832）■☆

42700　Psilostylis Andrz. ex DC.（1824）Nom. inval.［十字花科 Brassicaceae（Cruciferae）］☆

42701　Psilothamnus DC.（1838）= Gamolepis Less.（1832）；~ = Steirodiscus Less.（1832）［菊科 Asteraceae（Compositae）］■☆

42702　Psilothonna（E. Mey. ex DC.）E. Phillips（1950）= Gamolepis Less.（1832）［菊科 Asteraceae（Compositae）］■☆

42703　Psilothonna E. Mey. ex DC.（1838）Nom. inval. = Steirodiscus Less.（1832）［菊科 Asteraceae（Compositae）］■☆

42704　Psilotrichium Hassk.（1844）Nom. illegit., Nom. inval. ≡ Psilotrichum Blume（1826）［苋科 Amaranthaceae］●■

42705　Psilotrichopsis C. C. Towns.（1974）【汉】青花苋属（假林地苋属，类林地苋属）。【隶属】苋科 Amaranthaceae。【包含】世界 2-3

种,中国1种。【学名诠释与讨论】〈阴〉(属)Psilotrichum 林地苋属+希腊文 opsis,外观,模样,相似。【分布】泰国,越南,中国,马来半岛。【模式】Psilotrichopsis curtisii（D. Oliver）C. C. Townsend［Aerva curtisii D. Oliver］■

42706　Psilotrichum Blume(1826)【汉】林地苋属(裸被苋属)。【英】Psilotrichum。【隶属】苋科 Amaranthaceae。【包含】世界14-18种,中国3种。【学名诠释与讨论】〈中〉(希)psilos,赤裸的,平滑的,细弱的+thrix,所有格 trichos,毛,毛发。指小叶把果实围起来。此属的学名,ING、TROPICOS 和 IK 记载是"Psilotrichum Blume, Bijdr. Fl. Ned. Ind. 11:544. 1826［24 Jan 1826］"。"Psilotrichium Hassk., Catalogus Plantarum in Horto Botanico Bogoriensi Cultarum Alter 83. 1844.（Cat. Hort. Bot. Bogor.）"是其变体,而且未能合格发表。【分布】马达加斯加,印度,中国,热带非洲,东南亚。【模式】Psilotrichum trichotomum Blume。【参考异名】Leiospermum Wall.（1832）Nom. illegit.；Poechia Endl.（1848）；Poeckia Benth. et Hook. f.（1880）；Psilostachys Hochst.（1844）Nom. illegit.；Psilotrichium Hassk.（1844）Nom. illegit., Nom. inval.；Sicklera M. Roem.（1846）●■

42707　Psiloxylaceae Croizat(1960)［亦见 Myrtaceae Juss.（保留科名）桃金娘科］【汉】亮皮树科(裸木科)。【包含】世界1属1种。【分布】马斯克林群岛。【科名模式】Psiloxylon Thouars ex Tul.●☆

42708　Psiloxylon Thouars ex Tul.（1856）【汉】亮皮树属(裸木属)。【隶属】亮皮树科(裸木科)Psiloxylaceae//桃金娘科 Myrtaceae。【包含】世界1种。【学名诠释与讨论】〈中〉(希)psilos,赤裸的,平滑的,细弱的+xylon,木材。此属的学名,ING、TROPICOS 和 IK 记载是"Psiloxylon Du Petit-Thouars ex Tulasne, Ann. Sci. Nat. Bot. ser. 4. 6:138. 1856"。"Fropiera Bouton ex Hook. f., J. Proc. Linn. Soc., Bot. 5:2. t. 1. 5 Jun 1860"是"Psiloxylon Thouars ex Tul.（1856）"的晚出的同模式异名(Homotypic synonym, Nomenclatural synonym)。【分布】毛里求斯。【模式】Psiloxylon mauritianum（J. D. Hooker）Baillon［Fropiera mauritiana J. D. Hooker］。【参考异名】Fropiera Bouton ex Hook. f.（1860）Nom. illegit.；Psyloxylon Thouars ex Gaudich.（1826）●☆

42709　Psilurus Trin.（1820）【汉】内曲草属。【俄】Мелкохвостник。【英】Psilurus。【隶属】禾本科 Poaceae（Gramineae）。【包含】世界1种。【学名诠释与讨论】〈阳〉(希)psilos,赤裸的,平滑的,细弱的+-urus,-ura,-uro,用于希腊文组合词,含义为"尾巴"。此属的学名"Psilurus Trinius, Fund. Agrost. 93. 1820（prim.）"是一个替代名称。"Asprella Host, Icon. Descr. Gram. Austr. 4:17. 1809"是一个非法名称(Nom. illegit.),因为此前已经有了"Asprella Schreber, Gen. 45. Apr 1789 ≡ Homalocenchrus Mieg ex Haller(1768)（废弃属名）≡ Leersia Sw.（1788）（保留属名）［禾本科 Poaceae（Gramineae）]"。故用"Psilurus Trin.（1820）"替代之。【分布】巴基斯坦,欧洲南部至阿富汗。【模式】Psilurus nardoides Trinius, Nom. illegit.［Nardus aristatus Linnaeus；Psilurus aristatus（Linnaeus）J. M. C. Lange］。【参考异名】Asprella Host（1809）Nom. illegit.；Ophiurinella Desv.（1831）■☆

42710　Psistina Raf.（1838）= Helianthemum Mill.（1754）［半日花科(岩蔷薇科)Cistaceae］●■

42711　Psistus Neck.（1790）Nom. inval. = Psistina Raf.（1838）［半日花科(岩蔷薇科)Cistaceae］●■

42712　Psithyrisma Herb.（1843）Nom. illegit. ≡ Phaiophleps Raf.（1838）；~ = Symphyostemon Miers ex Klatt（1861）Nom. illegit.；~ = Phaiophleps Raf.（1838）；~ = Olsynium Raf.（1836）［鸢尾科 Iridaceae］■☆

42713　Psittacanthaceae Nakai(1952)= Loranthaceae Juss.（保留科名）●

42714　Psittacanthus Mart.（1830）【汉】鹦鹉刺属。【隶属】桑寄生科 Loranthaceae。【包含】世界50种。【学名诠释与讨论】〈阳〉(希)psittake = psittakos 鹦鹉+akantha,荆棘。akanthikos,荆棘的。akanthion,蓟的一种,豪猪,刺猬。akanthinos,多刺的,用荆棘做成的。在植物学中,acantha 通常指刺。此属的学名,ING、TROPICOS、GCI 和 IK 记载是"Psittacanthus Mart., Flora 13（1(7)）:106（-107）. 1830［21 Feb 1830]";四者引用的文献相同;它是废弃属名"Loranthus L., Sp. Pl. 1:331. 1753［1 May 1753]"的替代名称;GCI 标注这个替代是多余的,这个名称是非法的。"Lonicera Boehmer in C. G. Ludwig, Def. Gen. ed. Boehmer. 139. 1760（non Linnaeus 1753）"是"Psittacanthus Mart.（1830）"的同模式异名(Homotypic synonym, Nomenclatural synonym)。【分布】巴拿马,秘鲁,玻利维亚,厄瓜多尔,哥伦比亚(安蒂奥基亚),哥斯达黎加,尼加拉瓜,中国,中美洲。【模式】未指定。【参考异名】Alveolina Tiegh.（1895）；Apodina Tiegh.（1895）；Arthraxella Nakai（1952）；Arthraxon（Eichler）Tiegh.（1895）Nom. illegit.；Arthraxon Tiegh.（1895）Nom. illegit.；Chatinia Tiegh.（1895）；Epicoila Raf.（1838）；Glossidea Tiegh.（1895）；Hemiarthron（Eichler）Tiegh.（1895）；Hemiarthron Tiegh.（1895）Nom. illegit.；Hyphear Danser（1929）Nom. illegit.；Hyphipus Raf.（1838）；Isocaulon（Eichl.）Tiegh.（1895）；Isocaulon Tiegh.（1895）Nom. illegit.；Lonicera Boehm.（1760）Nom. illegit.；Loranthus L.（1753）（废弃属名）；Lorantus Bertero（1829）Nom. illegit.；Macrocalyx Tiegh.（1895）Nom. illegit.；Martiella Tiegh.（1895）；Meranthera Tiegh.（1895）；Merisma Tiegh.（1895）Nom. illegit.；Merismia Tiegh.（1895）Nom. illegit.；Psathyranthus Ule（1907）；Siphanthemum Tiegh.（1895）；Solenocalyx Tiegh.（1895）；Velvetia Tiegh.（1895）●

42715　Psittacaria Fabr. = Amaranthus L.（1753）［苋科 Amaranthaceae］■

42716　Psittacoglossum La Llave et Lex.（1825）Nom. illegit. ≡ Psittacoglossum Lex.（1825）；~ = Maxillaria Ruiz et Pav.（1794）［兰科 Orchidaceae］■☆

42717　Psittacoglossum Lex.（1825）= Maxillaria Ruiz et Pav.（1794）［兰科 Orchidaceae］■☆

42718　Psittacoschoenus Nees(1846)= Gahnia J. R. Forst. et G. Forst.（1775）［莎草科 Cyperaceae］■

42719　Psittaglossum Post et Kuntze（1903）= Maxillaria Ruiz et Pav.（1794）；~ = Psittacoglossum La Llave et Lex.（1825）［兰科 Orchidaceae］■☆

42720　Psolanum Neck.（1790）Nom. inval. = Solanum L.（1753）［茄科 Solanaceae］●■

42721　Psophiza Raf.（1838）= Aristolochia L.（1753）［马兜铃科 Aristolochiaceae］■●

42722　Psophocarpus DC.（1825）Nom. illegit.（废弃属名）≡ Psophocarpus Neck. ex DC.（1825）（保留属名）［豆科 Fabaceae（Leguminosae）//蝶形花科 Papilionaceae］■

42723　Psophocarpus Neck.（1790）Nom. illegit.（废弃属名）≡ Psophocarpus Neck. ex DC.（1825）（保留属名）［豆科 Fabaceae（Leguminosae）//蝶形花科 Papilionaceae］■

42724　Psophocarpus Neck. ex DC.（1825）（保留属名）【汉】四棱豆属。【日】シカクマメ属,トウサイ属。【英】Goabean。【隶属】豆科 Fabaceae（Leguminosae）//蝶形花科 Papilionaceae。【包含】世界9-10种,中国1种。【学名诠释与讨论】〈阳〉(希)psophos,沙沙声+karpos,果实。指荚果摇动时有响声,或指果实在日晒时爆裂发出的声音。此属的学名"Psophocarpus Neck. ex DC., Prodr. 2:403. Nov（med.）1825"是保留属名。相应的废弃属名是豆科 Fabaceae 的"Botor Adans., Fam. Pl. 2:326, 527. Jul-Aug 1763 ≡ Psophocarpus Neck. ex DC.（1825）（保留属名）"。

"Psophocarpus DC.（1825）≡ Psophocarpus Neck. ex DC.（1825）（保留属名）"和"Psophocarpus Neck.（1790）≡ Psophocarpus Neck. ex DC.（1825）（保留属名）"亦应废弃。"Botor Adanson, Fam. 2：326. Jul–Aug 1763（废弃属名）"是"Psophocarpus Neck. ex DC.（1825）（保留属名）"的晚出的同模式异名（Homotypic synonym，Nomenclatural synonym）。【分布】中国，马斯克林群岛，热带非洲。【模式】Psophocarpus tetragonolobus（Linnaeus）A. P. de Candolle［Dolichos tetragonolobus Linnaeus］。【参考异名】Botor Adans.（1763）（废弃属名）；Diesingia Endl.（1832）；Psilocarpus Pritz.（1865）；Psophocarpus DC.（1825）Nom. illegit.（废弃属名）；Psophocarpus Neck.（1790）Nom. illegit.（废弃属名）；Vignopsis De Wild.（1902）■

42725 Psora Hill（1762）= Centaurea L.（1753）（保留属名）［菊科 Asteraceae（Compositae）//矢车菊科 Centaureaceae］●■

42726 Psoralea L.（1753）【汉】补骨脂属（南非补骨脂属，沥青补骨脂属）。【日】オランダビュ属，ヌソラ—レア属。【俄】Псоалея。【英】Psoralea, Scurf Pea, Scurfpea, Scurfy Pea, Scurfy-pea。【隶属】豆科 Fabaceae（Leguminosae）//蝶形花科 Papilionaceae。【包含】世界 20-150 种，中国 1 种。【学名诠释与讨论】〈阴〉（希）psora，癣，疥疮；psoraleos，结痂的，有疣的，有皮屑的。指植物体具小疣。此属的学名，ING、APNI、TROPICOS 和 IK 记载是"Psoralea L., Sp. Pl. 2：762. 1753［1 May 1753］"。Fabricius（1759）曾用"Bituminaria Heist. ex Fabr., Enum. [Fabr.]. 165. 1759"替代"Psoralea L.（1753）"，多余了。"Bituminaria C. H. Stirt., Bothalia 13（3-4）：318. 1981［16 Oct 1981］"则是晚出的非法名称。"Lotodes O. Kuntze, Rev. Gen. 1：193. 5 Nov 1891"和"Ruteria Medikus, Vorles. Churpfälz. Phys. –Öcon. Ges. 2：380. 1787"是"Psoralea L.（1753）"的晚出的同模式异名（Homotypic synonym，Nomenclatural synonym）。【分布】巴基斯坦，玻利维亚，中国，地中海地区，热带和亚热带。【后选模式】Psoralea pinnata Linnaeus。【参考异名】Aspalthium Medik.（1789）Nom. illegit.；Asphalthium Medik.（1787）Nom. illegit.；Bauerella Schindl.（1926）Nom. illegit.；Bipontinia Alef.（1866）；Bituminaria Fabr.（1759）Nom. illegit.；Cullen Medik.（1787）；Dorychnium Moench（1794）Nom. illegit.；Dorychnium Royen ex Moench（1794）Nom. illegit.；Hallia Thunb.（1799）；Hoita Rydb.（1919）；Ladeania A. N. Egan et Reveal（2009）；Lamottea Pomel（1870）Nom. illegit.；Lotodes Kuntze（1891）Nom. illegit.；Munbya Pomel（1860）Nom. illegit.；Orbexilum Raf.（1832）；Otholobium C. H. Stirt.（1981）；Poecadenia Wittst.；Poikadenia Elliott；Rhynchodium C. Presl（1845）；Rhytidomene Rydb.（1919）；Rupertia J. W. Grimes（1990）；Ruteria Medik.（1787）Nom. illegit.●■

42727 Psoralidium Rydb.（1919）【汉】小疬豆属。【隶属】豆科 Fabaceae（Leguminosae）//蝶形花科 Papilionaceae。【包含】世界 15 种。【学名诠释与讨论】〈中〉（希）psora，癣，疥疮 +-idius, -idia, -idium，指示小的词尾。此属的学名是"Psoralidium Rydberg, N. Amer. Fl. 24：12. 25 Apr 1919"。亦有文献把其处理为"Orbexilum Raf.（1832）"的异名。【分布】美国，北美洲西部。【模式】Psoralidium tenuiflorum（Pursh）Rydberg［Psoralea tenuiflora Pursh］。【参考异名】Orbexilum Raf.（1832）；Psorobates Willis, Nom. inval. ■☆

42728 Psorobates Willis, Nom. inval. = Psorobatus Rydb.（1919）；~ = Dalea L.（1758）（保留属名）；~ = Errazurizia Phil.（1872）［豆科 Fabaceae（Leguminosae）//蝶形花科 Papilionaceae］●☆

42729 Psorobatus Rydb.（1919）= Dalea L.（1758）（保留属名）；~ = Errazurizia Phil.（1872）［豆科 Fabaceae（Leguminosae）//蝶形花科 Papilionaceae］●☆

42730 Psorodendron Rydb.（1919）= Dalea L.（1758）（保留属名）；~ =Psorothamnus Rydb.（1919）［豆科 Fabaceae（Leguminosae）//蝶形花科 Papilionaceae］●☆

42731 Psorophytum Spach（1836）= Hypericum L.（1753）［金丝桃科 Hypericaceae//猪胶树科（克鲁西科，山竹子科，藤黄科）Clusiaceae（Guttiferae）］●■

42732 Psorospermum Spach（1836）【汉】普梭木属（普梭草属）。【隶属】金丝桃科 Hypericaceae//猪胶树科（克鲁西科，山竹子科，藤黄科）Clusiaceae（Guttiferae）。【包含】世界 40-50 种。【学名诠释与讨论】〈中〉（希）psora，癣，疥疮 +种子 spermum。此属的学名是"Psorospermum Spach, Ann. Sci. Nat. Bot. ser. 2. 5：157. Mar 1836"。亦有文献把其处理为"Harungana Lam.（1796）"的异名。【分布】马达加斯加，热带。【模式】未指定。【参考异名】Harungana Lam.（1796）●■☆

42733 Psorothamnus Rydb.（1919）【汉】癣豆属。【隶属】豆科 Fabaceae（Leguminosae）//蝶形花科 Papilionaceae。【包含】世界 9 种。【学名诠释与讨论】〈阴〉（希）psora，癣，疥疮 +thamnos，指小式 thamnion，灌木，灌丛，树丛，枝。此属的学名是"Psorothamnus Rydberg, N. Amer. Fl. 24：45. 25 Apr 1919"。亦有文献把其处理为"Dalea L.（1758）（保留属名）"的异名。【分布】美国（西南部），墨西哥（西北部）。【模式】Psorothamnus emoryi（A. Gray）Rydberg［Dalea emoryi A. Gray］。【参考异名】Asagraea Baill.（1870）Nom. illegit.；Dalea L.（1758）（保留属名）；Psorodendron Rydb.（1919）●☆

42734 Pstathura Raf.（1820）Nom. illegit. = Psathura Comm. ex Juss.（1789）［茜草科 Rubiaceae］■☆

42735 Psychanthus（K. Schum.）Ridl.（1916）Nom. illegit. = Alpinia Roxb.（1810）（保留属名）；~ =Pleuranthodium（K. Schum.）R. M. Sm.（1991）［姜科（襄荷科）Zingiberaceae//山姜科 Alpiniaceae］■☆

42736 Psychanthus Raf.（1814）= Polygala L.（1753）［远志科 Polygalaceae］●■

42737 Psychanthus Ridl.（1916）Nom. illegit. ≡ Psychanthus（K. Schum.）Ridl.（1916）Nom. illegit.；~ = Alpinia Roxb.（1810）（保留属名）；~ =Pleuranthodium（K. Schum.）R. M. Sm.（1991）［姜科（襄荷科）Zingiberaceae//山姜科 Alpiniaceae］■☆

42738 Psychanthus Spach（1838）Nom. illegit. ［远志科 Polygalaceae］☆

42739 Psyche Salisb.（1808）= Byblis Salisb.（1808）［二型腺毛科 Byblidaceae］●☆

42740 Psychechilos Breda（1829）= Zeuxine Lindl.（1826）［as 'Zeuxina'］（保留属名）［兰科 Orchidaceae］■

42741 Psychilis Raf.（1838）【汉】蝶唇兰属。【隶属】兰科 Orchidaceae。【包含】世界 15 种。【学名诠释与讨论】〈阴〉（希）Psyche，普绪刻，希腊神话中爱神的情妇，朱庇特赐她永生不死。有时用蝴蝶来代表她。此属的学名是"Psychilis Rafinesque, Fl. Tell. 4：40. 1838（med.）（'1836'）"。亦有文献把其处理为"Epidendrum L.（1763）（保留属名）"的异名。【分布】参见 Epidendrum L。【模式】Psychilis amena Rafinesque, Nom. illegit. ［Epidendrum bifidum Aublet］。【参考异名】Epidendrum L.（1763）（保留属名）■☆

42742 Psychine Desf.（1798）【汉】蝶荠属。【隶属】十字花科 Brassicaceae（Cruciferae）。【包含】世界 1 种。【学名诠释与讨论】〈阴〉（希）psyche，蝴蝶 +-inus, -ina, -inum 拉丁文加在名词词干之后，以形成形容词的词尾，含义为"属于、相似、关于、小的"。Psyche，希腊一女神，有时用蝴蝶来代表她。因为它的荚上有蝶形的附属物。指荚上有蝶形附属物。【分布】非洲北部。【模式】Psychine stylosa Desfontaines ■☆

42743 Psychochilus Post et Kuntze（1903）= Psychechilos Breda

（1829）；~ = Zeuxine Lindl.（1826）［as 'Zeuxina'］（保留属名）
［兰科 Orchidaceae］■

42744　Psychodendron Walp. ex Voigt = Bischofia Blume（1827）［大戟
科 Euphorbiaceae//重阳木科 Bischofiaceae］●

42745　Psycholobium Blume ex Burck = Mucuna Adans.（1763）（保留属
名）［豆科 Fabaceae（Leguminosae）//蝶形花科 Papilionaceae］●■

42746　Psychopsiella Lückel et Braem（1982）【汉】赛蝶唇兰属。【隶
属】兰科 Orchidaceae。【包含】世界 1 种。【学名诠释与讨论】
〈阴〉（希）psyche，蝴蝶+希腊文 opsis，外观，模样，相似+-ellus，-
ella，-ellum，加在名词词干后面形成指小式的词尾。或加在人
名、属名等后面以组成新属的名称。或（属）Psychopsis+opsis。
【分布】委内瑞拉。【模式】Psychopsiella limminghei（E. Morren ex
Lindley）E. Lückel et G. J. Braem［Oncidium limminghei E. Morren
ex Lindley［as 'limminghii'］■☆

42747　Psychopsis Nutt. ex Greene（1890）= Hosackia Douglas ex Benth.
（1829）［豆科 Fabaceae（Leguminosae）//蝶形花科 Papilionaceae］
■☆

42748　Psychopsis Raf.（1838）【汉】拟蝶唇兰属。【英】Butterfly
Orchid。【隶属】兰科 Orchidaceae。【包含】世界 4-5 种。【学名
诠释与讨论】〈阴〉（希）psyche，蝴蝶+希腊文 opsis，外观，模样，
相似的。指其蕊柱长出如蝴蝶的一对触角。此属的学名，ING、
TROPICOS 和 IK 记载是"Psychopsis Raf., Fl. Tellur. 4:40. 1838
［1836 publ. mid－1838］"。它曾被处理为"Oncidium sect.
Psychopsis（Raf.）Kuntze, Lexicon Generum Phanerogamarum 399.
1903"。亦有文献把"Psychopsis Raf.（1838）"处理为"Oncidium
Sw.（1800）（保留属名）"的异名。【分布】秘鲁，玻利维亚，厄瓜
多尔，哥斯达黎加，中美洲。【模式】Psychopsis picta Rafinesque,
Nom. illegit.［Oncidium papilio Lindley］。【参考异名】Oncidium
Sw.（1800）（保留属名）；Oncidium sect. Psychopsis（Raf.）Kuntze
（1903）■☆

42749　Psychopterys W. R. Anderson et S. Corso（2007）【汉】蝶翅藤属。
【隶属】金虎尾科（黄褥花科）Malpighiaceae。【包含】世界 8 种。
【学名诠释与讨论】〈阴〉（希）psyche，蝴蝶 + pteryx，所有格
pterygos，指小式 pterygion，翼，羽毛，鳍。【分布】美洲。【模式】
Psychopterys dipholiphylla（Small）W. R. Anderson et S. Corso
［Hiraea dipholiphylla Small］●☆

42750　Psychosperma Dumort.（1829）= Ptychosperma Labill.（1809）
［棕榈科 Arecaceae（Palmae）］●☆

42751　Psychotria L.（1759）（保留属名）【汉】九节属。【日】ボチャ
ウジ属，ボチョウジ属，リュウギュウアオギ属。【俄】
Психотрия。【英】Ninenode，Psychotria，Wild Coffee，Wild-coffee。
【隶属】茜草科 Rubiaceae//九节科 Psychotriaceae。【包含】世界
800-1500 种，中国 18 种。【学名诠释与讨论】〈阴〉（希）psyche，
生命+trepho，保持。指某些种类可药用。此属的学名"Psychotria
L., Syst. Nat., ed. 10:906,929,1364. 7 Jun 1759"是保留属名。相
应的废弃属名是茜草科 Rubiaceae 的"Psychotrophum P. Browne,
Civ. Nat. Hist. Jamaica:160. 10 Mar 1756 = Psychotria L.（1759）
（保留属名）"和"Myrstiphyllum P. Browne, Civ. Nat. Hist. Jamaica:
152. 10 Mar 1756 = Psychotria L.（1759）（保留属名）"。【分布】
巴拉圭，巴拿马，玻利维亚，厄瓜多尔，马达加斯加，尼加拉瓜，中
国，温暖地带，中美洲。【模式】Psychotria asiatica Linnaeus。【参
考异名】Antherura Lour.（1790）；Apomuria Bremek.（1963）；
Aucubaephyllum Ahlburg（1878）；Callicocca Schreb.（1789）Nom.
illegit.；Calycodendron A. C. Sm.（1936）；Camptopus Hook. f.
（1869）；Carapichea Aubl.（1775）（废弃属名）；Cephaëlis Sw.
（1788）（保留属名）；Cephaleis Vahl（1796）Nom. illegit.；Chesnea
Scop.（1777）Nom. illegit.；Chytropsia Bremek.（1934）；

Codonocalyx Miers ex Lindl.（1847）；Codonocalyx Miers（1847）
Nom. illegit.；Colleteria David W. Taylor（2003）Nom. inval.；
Delpechia Montrouz.（1860）；Douarrea Montrouz.（1860）；Dychotria
Raf.（1820）；Eumachia DC.（1830）；Eumorphanthus A. C. Sm.
（1936）；Eurhotia Neck.（1790）Nom. inval.；Evea Aubl.（1775）
（废弃属名）；Eves Aubl.；Furcatella Baum.－Bod.（1989）Nom.
illegit.；Galvania Vand.（1788）；Galvania Vell. ex Vand.（1788）
Nom. illegit.；Gamatopea Bremek.；Gloneria André（1871）；Grumilea
Gaertn.（1788）；Grundlea Steud.（1840）Nom. illegit.；Grunilea
Poir., Nom. illegit.；Harpagonia Noronha（1790）；Hilacium Steud.
（1840）；Hylacium P. Beauv.（1819）；Ipecacuanha Arruda ex A. St.
Hil.（1824）；Ipecacuanha Arruda（1810）Nom. inval.；Kermula
Noronha（1790）；Mapouria Aubl.（1775）；Mapuria J. F. Gmel.
（1791）Nom. illegit.；Megalopus K. Schum.（1900）；Myrstiphylla
Raf.（1838）Nom. illegit.；Myrstiphyllum P. Browne（1756）（废弃属
名）；Naletonia Bremek.（1934）；Nettlera Raf.（1838）；Notopleura
（Benth.）Bremek.（1934）；Notopleura（Benth. et Hook. f.）
Bremek.（1934）Nom. illegit.；Notopleura（Hook. f.）Bremek.
（1934）Nom. illegit.；Petagomoa Bremek.（1934）；Pleureia Raf.
（1838）；Polyozus Blume（1826-1827）Nom. illegit.；Polyozus Lour.
（1790）；Psychotrophum P. Browne（1756）（废弃属名）；Psycothria
L.；Ronabea Aubl.（1775）；Ronabia St.－Lag.（1880）Nom. illegit.；
Stellix Noronha（1790）Nom. inval., Nom. nud.；Straussia（DC.）A.
Gray（1860）；Straussia A. Gray（1860）Nom. illegit.；Strempelia A.
Rich.（1834）Nom. illegit.；Strempelia A. Rich. ex DC.（1830）；
Suteria DC.（1830）；Tapogomea Aubl.（1775）（废弃属名）；
Trevirania Heynh.（1847）Nom. illegit.；Trigonopyren Bremek.
（1963）；Uragoga Baill.（1879）Nom. illegit.；Viscoides Jacq.
（1763）Nom. inval.；Zwaardekronia Korth.（1851）●

42752　Psychotriaceae F. Rudolphi（1830）［亦见 Rubiaceae Juss.（保留
科名）茜草科］【汉】九节科。【包含】世界 1 属 800-1500 种，中国
1 属 18 种。【分布】温暖地带。【科名模式】Psychotria L.●

42753　Psychotrion St.－Lag.（1880）Nom. illegit.［茜草科 Rubiaceae］☆

42754　Psychotrophum P. Browne（1756）（废弃属名）= Psychotria L.
（1759）（保留属名）［茜草科 Rubiaceae//九节科 Psychotriaceae］●

42755　Psychridium Steven（1832）= Astragalus L.（1753）［豆科
Fabaceae（Leguminosae）//蝶形花科 Papilionaceae］●■

42756　Psychrobatia Greene（1906）= Ametron Raf.（1838）；~ = Rubus
L.（1753）［蔷薇科 Rosaceae］●■

42757　Psychrogeton Boiss.（1875）【汉】寒蓬属（寒菊属）。【英】
Psychrogeton。【隶属】菊科 Asteraceae（Compositae）。【包含】世
界 20 种，中国 2 种。【学名诠释与讨论】〈中〉（希）psychros，寒冷
的+geiton，所有格 geitonos，邻居。指模式种生于寒冷地带。【分
布】中国，亚洲中部和西南。【模式】Psychrogeton cabulicum
Boissier ■

42758　Psychrophila（DC.）Bercht. et J. Presl（1823）【汉】寒金盏花属。
【隶属】毛茛科 Ranunculaceae。【包含】世界 9 种。【学名诠释与
讨论】〈阴〉（希）psychros，寒冷的+philos，喜欢的，爱的。此属的
学名，ING 记载是"Psychrophila（A. P. de Candolle）Berchtold et J.
S. Presl, Prirozenosti Rostl. 1 Ran. 79. 1823"，但是未给出基源异
名。IK 和 GCI 给出基源异名是"Caltha sect. Psychrophila DC.
Syst. Nat.［Candolle］1:307. 1817［1-15 Nov 1817］"。TROPICOS
则记载为"Psychrophila Bercht. et J. Presl, Prirozenosti Rostl. 1
Ran. 79., 1823"。三者引用的文献相同。毛茛科 Ranunculaceae
的"Psychrophila Gay, Fl. Chil. 1（1）:47-51, t. 2,1845"是晚出的非
法名称。亦有文献把"Psychrophila（DC.）Bercht. et J. Presl
（1823）"处理为"Caltha L.（1753）"的异名。【分布】参见 Caltha

L.（1753）。【模式】未指定。【参考异名】Caltha L.（1753）；Caltha sect. Psychrophila DC.（1817）；Psychrophila Bercht. et J. Presl（1823）Nom. illegit. ；Psycrophila Raf.（1832）■☆

42759　Psychrophila Bercht. et J. Presl（1823）Nom. illegit. ≡ Psychrophila（DC.）Bercht. et J. Presl（1823）［毛茛科 Ranunculaceae］■☆

42760　Psychrophila Gay（1845）Nom. illegit.［毛茛科 Ranunculaceae］■☆

42761　Psychrophyton Beauverd（1910）【汉】喜寒菊属。【英】Vegetable Sheep。【隶属】菊科 Asteraceae（Compositae）。【包含】世界 10 种。【学名诠释与讨论】〈中〉（希）psychros，寒冷的+phyton，植物，树木，枝条。此属的学名是"Psychrophyton Beauverd, Bull. Soc. Bot. Genève ser. 2. 2：227. 30 Nov-31 Dec 1910"。亦有文献把其处理为"Raoulia Hook. f. ex Raoul（1846）"的异名。【分布】新西兰。【模式】未指定。【参考异名】Raoulia Hook. f. ex Raoul（1846）■☆

42762　Psycotria L. = Psychotria L.（1759）（保留属名）［茜草科 Rubiaceae//九节科 Psychotriaceae］●

42763　Psycrophila Raf.（1832）= Caltha L.（1753）；~ = Psychrophila（DC.）Bercht. et J. Presl（1823）［毛茛科 Ranunculaceae］■☆

42764　Psydaranta Neck.（1790）Nom. inval. ≡Psydaranta Neck. ex Raf.（1838）；~ =Calathea G. Mey.（1818）［竹芋科（蒉叶科，柊叶科）Marantaceae］■

42765　Psydaranta Neck. ex Raf.（1838）= Calathea G. Mey.（1818）［竹芋科（蒉叶科，柊叶科）Marantaceae］■

42766　Psydarantha Steud.（1841）= Psydaranta Neck. ex Raf.（1838）［竹芋科（蒉叶科，柊叶科）Marantaceae］■

42767　Psydax Steud.（1841）= Psydrax Gaertn.（1788）［茜草科 Rubiaceae］●☆

42768　Psydrax Gaertn.（1788）【汉】疱茜属。【隶属】茜草科 Rubiaceae。【包含】世界 100 种。【学名诠释与讨论】〈阴〉（希）psydrax，所有格 psydrakos，水泡，小脓疱，肿块。指果实或种子。此属的学名是"Psydrax J. Gaertner, Fruct. 1：125. Dec 1788"。亦有文献把其处理为"Canthium Lam.（1785）"的异名。【分布】马达加斯加，马来西亚，斯里兰卡，印度，大洋洲到美国（夏威夷）和法属波利尼西亚（土阿莫土群岛），阿拉伯半岛，中南半岛，热带非洲和亚洲南部。【模式】Psydrax dicoccos J. Gaertner。【参考异名】Canthium Lam.（1785）；Carandra Gaertn. ；Mesoptera Hook. f.（1873）（保留属名）；Mitrastigma Harv.（1842）；Mitrostigma Post et Kuntze（1903）；Phallaria Schumach. et Thonn.（1827）；Psydax Steud.（1841）●☆

42769　Psygmorchis Dodson et Dressler（1972）【汉】扇兰属。【隶属】兰科 Orchidaceae。【包含】世界 5 种。【学名诠释与讨论】〈阴〉（希）psygma，所有格 psygmatos，扇；psygmos，潮湿，阴凉+orchis，原义是睾丸，后变为植物兰的名称，因为根的形态而得名。变为拉丁文 orchis，所有格 orchidis。指花，或指生境。【分布】巴拿马，秘鲁，玻利维亚，厄瓜多尔，哥伦比亚（安蒂奥基亚），哥斯达黎加，尼加拉瓜，中美洲。【模式】Psygmorchis pusilla（Linnaeus）C. H. Dodson et R. L. Dressler［Epidendrum pusillum Linnaeus］■☆

42770　Psylliaceae Horan.（1834）= Plantaginaceae Juss.（保留科名）■

42771　Psylliostachys（Jaub. et Spach）Nevski（1937）【汉】长筒补血草属。【俄】Подоложникоцветник。【英】Statice。【隶属】白花丹科（矶松科，蓝雪科）Plumbaginaceae。【包含】世界 6-10 种。【学名诠释与讨论】〈阴〉（希）psylla，蚤，变为 psyllion，欧洲产的一种紫菀植物+stachys，穗，谷，长钉。此属的学名，ING 和 IK 记载是"Psylliostachys（Jaub. et Spach）Nevski, Trudy Bot. Inst. Akad. Nauk S. S. S. R. , Ser. 1, Fl. Sist. Vyssh. Rast. 4：314（1937）"，由"Statice subgen. Psylliostachys Jaubert et Spach, Ill. Pl. Orient. 1：158. Feb.

1844"改级而来。【分布】巴基斯坦，亚洲中部。【模式】Psylliostachys spicata（Willdenow）Nevski［Statice spicata Willdenow］。【参考异名】Statice subgen. Psylliostachys Jaub. et Spach（1844）■☆

42772　Psyllium Juss.（1789）Nom. illegit. = Plantago L.（1753）［车前科（车前草科）Plantaginaceae］■●

42773　Psyllium Mill.（1754）= Plantago L.（1753）［车前科（车前草科）Plantaginaceae］■●

42774　Psyllium Tourn. ex Juss.（1789）Nom. illegit. = Plantago L.（1753）［车前科（车前草科）Plantaginaceae］■●

42775　Psyllocarpus Mart.（1824）Nom. illegit. ≡ Psyllocarpus Mart. et Zucc.（1824）［茜草科 Rubiaceae］■☆

42776　Psyllocarpus Mart. et Zucc.（1824）【汉】蚤茜属。【隶属】茜草科 Rubiaceae。【包含】世界 8 种。【学名诠释与讨论】〈阳〉（希）psylla，蚤，变为 psyllion，欧洲产的一种紫菀植物+karpos，果实。此属的学名，ING 和 TROPICOS 记载是"Psyllocarpus C. F. P. Martius et Zuccarini, Flora 7（1, Beil.）：130. Mai-Jun 1824"。IK 则记载为"Psyllocarpus Mart. , Nov. Gen. Sp. Pl.（Martius）1（3）：44, t. 28. 1824［1 Oct 1824］"；这是晚出的非法名称。"Psyllocarpus Pohl ex DC. , Prodr.［A. P. de Candolle］4：479. 1830［late Sep 1830］=Congdonia Müll. Arg.（1876）"是另一个晚出的非法名称。【分布】巴西。【模式】未指定。【参考异名】Diodois Pohl（1825）；Psyllocarpus Mart.（1824）Nom. illegit. ■☆

42777　Psyllocarpus Pohl ex DC.（1830）= Congdonia Müll. Arg.（1876）［茜草科 Rubiaceae］■☆

42778　Psyllophora Ehrh.（1789）Nom. inval. = Carex L.（1753）［莎草科 Cyperaceae］■

42779　Psyllophora Heuffel（1844）Nom. illegit. = Carex L.（1753）［莎草科 Cyperaceae］■

42780　Psyllothamnus Oliv.（1885）= Sphaerocoma T. Anderson（1861）［石竹科 Caryophyllaceae］●☆

42781　Psylostachys Oerst. = Chamaedorea Willd.（1806）（保留属名）［棕榈科 Arecaceae（Palmae）］●☆

42782　Psyloxylon Thouars ex Gaudich.（1826）= Psiloxylon Thouars ex Tul.（1856）［亮皮树科（裸木科）Psiloxylaceae//桃金娘科 Myrtaceae］●☆

42783　Psythirhisma Herb. ex Lindl.（1847）= Psithyrisma Herb.（1843）Nom. illegit. ; ~ = Symphyostemon Miers ex Klatt（1861）Nom. illegit. ; ~ = Phaiophleps Raf.（1838）；~ = Olsynium Raf.（1836）［鸢尾科 Iridaceae］■☆

42784　Psythirhisma Lindl.（1847）Nom. illegit. ≡Psythirhisma Herb. ex Lindl.（1847）；~ = Psithyrisma Herb.（1843）Nom. illegit. ; ~ = Symphyostemon Miers ex Klatt（1861）Nom. illegit. ; ~ = Phaiophleps Raf.（1838）；~ =Olsynium Raf.（1836）［鸢尾科 Iridaceae］■☆

42785　Ptacoseia Ehrh.（1789）Nom. inval. = Carex L.（1753）［莎草科 Cyperaceae］■

42786　Ptaeroxylaceae J. -F. Leroy（1960）［亦见 Rutaceae Juss.（保留科名）芸香科］【汉】喷嚏木科（嚏树科）。【包含】世界 2-3 属 9-10 种。【分布】马达加斯加，热带和非洲南部。【科名模式】Ptaeroxylon Eckl. et Zeyh. ●☆

42787　Ptaeroxylaceae Sander = Ptaeroxylaceae J. - F. Leroy；~ = Rutaceae Juss.（保留科名）●■

42788　Ptaeroxylon Eckl. et Zeyh.（1835）【汉】喷嚏木属（喷嚏树属，嚏树属）。【俄】Птероксилон。【英】Sneezewood。【隶属】喷嚏木科（嚏树科）Ptaeroxylaceae//无患子科 Sapindaceae//芸香科 Rutaceae。【包含】世界 1-3 种。【学名诠释与讨论】〈中〉（希）ptairo 打喷嚏 + xylon，木材。【分布】非洲南部。【模式】

Ptaeroxylon utile Ecklon et Zeyher。【参考异名】Pteroxylon Hook.
f. (1868)●☆

42789 Ptarmica Mill. (1754)【汉】长舌蓍属(假蓍属)。【隶属】菊科
Asteraceae(Compositae)。【包含】世界 80-115 种。【学名诠释与
讨论】〈阴〉(希)ptarmike,(欧美之)蓍草,来自 ptarmikos 引起喷
嚏的。此属的学名是"Ptarmica P. Miller, Gard. Dict. Abr. ed. 4. 28
Jan 1754"。亦有文献把其处理为"Achillea L. (1753)"的异名。
【分布】澳大利亚,南非,新西兰,非洲北部,欧洲,亚洲,北美洲,
中美洲。【模式】未指定。【参考异名】Achillea L. (1753)■■☆

42790 Ptarmica Neck. (1790) Nom. inval. = Achillea L. (1753)[菊科
Asteraceae(Compositae)]■

42791 Ptelaea Moench(1794) Nom. illegit. [芸香科 Rutaceae]☆

42792 Ptelandra Triana = Macrolenes Naudin ex Miq. (1850)[禾本科
Poaceae(Gramineae)]●☆

42793 Ptelea L. (1753)【汉】榆橘属(翅果椒属)。【日】ホップノキ
属。【俄】Вязовик, Кожанка, Птелея。【英】Hop Tree, Hoptree,
Hop- tree, Wafer Ash。【隶属】芸香科 Rutaceae//榆橘科
Pteleaceae。【包含】世界 11 种,中国 1 种。【学名诠释与讨论】
〈阴〉(希)ptelea,榆树的俗名,来源于希腊文 ptao,飞,飘扬。指
果为翅果,与榆树相似。后由林奈转用为本属名。此属的学名,
ING、TROPICOS 和 IK 记载是"Ptelea L. , Sp. Pl. 1:118. 1753[1
May 1753]"。"Belluccia Adanson, Fam. 2:344,525. Jul-Aug 1763
(废弃属名)"和"Dodonaea Boehmer in C. G. Ludwig, Def. Gen.
ed. 3. 212. 1760(non P. Miller 1754)"是"Ptelea L. (1753)"的晚
出的同模式异名(Homotypic synonym, Nomenclatural synonym)。
【分布】巴基斯坦,美国,墨西哥,中国。【后选模式】Ptelea
trifoliata Linnaeus。【参考异名】Belluccia Adans. (1763) Nom.
illegit. (废弃属名); Dodonaea Böhm. (1760) Nom. illegit. ;
Taravalia Greene(1906)●

42794 Pteleaceae Kunth(1824)[亦见 Rutaceae Juss. (保留科名)芸
香科]【汉】榆橘科。【包含】世界 1 属 11 种,中国 1 属 1 种。【分
布】北美洲。【科名模式】Ptelea L. ●

42795 Pteleocarpa Oilv. (1873)【汉】翅果紫草属。【隶属】紫草科
Boraginaceae//翅果紫草科 Pteleocarpaceae。【包含】世界 1 种。
【学名诠释与讨论】〈阴〉(希)ptelea,榆树的俗名+karpos,果实。
【分布】马来西亚(西部)。【模式】Pteleocarpa malaccensis Oliver
●☆

42796 Pteleocarpaceae Brummitt(2011)【汉】翅果紫草科。【包含】世
界 1 属 1 种。【科名模式】Pteleocarpa Oilv. ●☆

42797 Pteleodendron K. Schum. (1901) Nom. illegit. = Pleodendron
Tiegh. (1899)[白桂皮科 Canellaceae//白樟科 Lauraceae//假樟
科 Lauraceae]●☆

42798 Pteleopsis Engl. (1895)【汉】假榆橘属。【隶属】使君子科
Combretaceae。【包含】世界 9-10 种。【学名诠释与讨论】〈阴〉
(属)Ptelea 榆橘属+希腊文 opsis,外观,模样,相似。或 ptelea,榆
树的俗名+opsis。【分布】热带非洲。【模式】Pteleopsis variifolia
Engler ●☆

42799 Ptelidium Thouars(1804)【汉】榆橘卫矛属。【隶属】卫矛科
Celastraceae。【包含】世界 2 种。【学名诠释与讨论】〈中〉(属)
Ptelea 榆橘属(翅果椒属)+-idius,-idia,-idium,指示小的词尾。
或 ptelea,榆树的俗名+-idium。此属的学名,ING、TROPICOS 和
IK 记载是"Ptelidium Du Petit-Thouars, Hist. Vég. Îles France 25.
1804(ante 22 Sep)"。"Seringia K. P. J. Sprengel, Anleit. ed. 2. 2
(2):694. 31 Mar 1818(废弃属名)"是"Ptelidium Thouars
(1804)"的晚出的同模式异名(Homotypic synonym, Nomenclatural
synonym)。【分布】马达加斯加。【模式】Ptelidium integrifolium
Jaume Saint-Hilaire。【参考异名】Seringia Spreng. (1818) Nom.

illegit. (废弃属名)●☆

42800 Pteracanthus(Nees)Bremek. (1944)【汉】翅柄马蓝属(对节叶
属,马蓝属)。【隶属】爵床科 Acanthaceae。【包含】世界 32 种,
中国 32 种。【学名诠释与讨论】〈阳〉(希)pteron, 指小式
pteridion,翅。pteridios,有羽毛的+akantha, 荆棘。akanthikos, 荆
棘的。akanthion, 蓟的一种, 豪猪, 刺猬。akanthinos, 多刺的, 用
荆棘做成的。在植物学中,acantha 通常指刺。此属的学名是
"Pteracanthus (C. G. D. Nees) Bremekamp, Verh. Kon. Ned. Akad.
Wetensch. , Afd. Natuurk. , Tweede Sect. 41(1):198. 11 Mai
1944", 由" Strobilanthes subg. Pteracanthus C. G. D. Nees in
Wallich, Pl. Asiat. Rar. 3:87. 15 Aug 1832"改级而来。亦有文献
把" Pteracanthus (Nees) Bremek. (1944)"处理为"Strobilanthes
Blume (1826)"的异名。【分布】巴基斯坦,喜马拉雅山,印度
(阿萨姆),中国。【模式】Pteracanthus alatus (Wallich)
Bremekamp [Ruellia alata Wallich]。【参考异名】Strobilanthes
Blume(1826)●■

42801 Pterachaenia (Benth.) Lipsch. (1939) Nom. illegit. =
Pterachaenia (Benth. et Hook. f.) Lipsch. (1971)[菊科 Asteraceae
(Compositae)]■☆

42802 Pterachaenia(Benth. et Hook. f.) Lipsch. (1971)【汉】三翅苣
属。【隶属】菊科 Asteraceae(Compositae)。【包含】世界 2 种。
【学名诠释与讨论】〈阴〉(希)pteron, 指小式 pteridion,翅+achen
贫乏。此属的学名,ING 和 GCI 记载是"Pterachaenia (Bentham et
Hook. f.) S. J. Lipschitz, Bot. Zhurn. (Moscow et Leningrad) 56:
1152. Aug 1971", 由" corzonera sect. Pterachaenia Bentham et
Hook. f. , Gen. 2:532. 7-9 Apr 1873"改级而来。IK 则记载为
"Pterachaenia (Benth.) Lipsch. , Fragm. Monogr. Gen. Scorzon. 11.
Soc. Nat. Mosc.) 31(1939), in obs. "。"Pterachenia (Benth.)
Lipsch. (1939)"则是其拼写变体。"Pterachenia (Benth.)
Lipsch. (1939)"的命名人引证有误。【分布】阿富汗, 巴基斯坦
(俾路支)。【模式】不详。【参考异名】Pterachaenia (Benth.)
Lipsch. (1939) Nom. illegit. ; Pterachaenia (Benth. et Hook. f.)
Lipsch. (1939) Nom. illegit. ;Scorzonera sect. Pterachaenia Benth. et
Hook. f. (1873)■☆

42803 Pterachenia(Benth.)Lipsch. (1939) Nom. illegit. = Pterachaenia
(Benth. et Hook. f.) Lipsch. (1971)[菊科 Asteraceae
(Compositae)]■☆

42804 Pterachne Schrad. ex Nees(1842) = Ascolepis Nees ex Steud.
(1855)(保留属名)[莎草科 Cyperaceae]■☆

42805 Pteralyxia K. Schum. (1895)【汉】大翅夹竹桃属。【隶属】夹
竹桃科 Apocynaceae。【包含】世界 2 种。【学名诠释与讨论】
〈阴〉(希)pteron, 指小式 pteridion, 翅+aluxis, 逃避, 忧虑。【分
布】美国(夏威夷)。【模式】Pteralyxia macrocarpa (Hildebrand)
K. Schumann [Vallesia macrocarpa Hildebrand]●☆

42806 Pterandra A. Juss. (1833)【汉】翼雄花属。【隶属】金虎尾科
(黄褥花科)Malpighiaceae。【包含】世界 6 种。【学名诠释与讨
论】〈阴〉(希)pteron, 指小式 pteridion, 翅+aner, 所有格 andros, 雄
性,雄蕊。【分布】巴拿马,玻利维亚,哥伦比亚(安蒂奥基亚)。
【后选模式】Pterandra pyroidea A. H. L. Jussieu ●☆

42807 Pteranthera Blume (1856) = Vatica L. (1771)[龙脑香科
Dipterocarpaceae]●

42808 Pteranthus Forssk. (1775)【汉】翼萼裸果草属(翅萼指甲属,
翼萼裸果木属,翼花裸果木属)。【俄】Крылоцветник。【隶属】
醉人花科(裸果木科)Illecebraceae//石竹科 Caryophyllaceae。
【包含】世界 1 种。【学名诠释与讨论】〈阳〉(希)pteron, 指小式
pteridion, 翅+anthos, 花。此属的学名,ING、TROPICOS 和 IK 记
载是"Pteranthus Forssk. , Fl. Aegypt. - Arab. 36(1775)[1 Oct

1775]"。"Louichea L' Héritier de Brutelle, Stirp. Novae 135. Sep 1791"是"Pteranthus Forssk. (1775)"的晚出的同模式异名（Homotypic synonym, Nomenclatural synonym）。【分布】巴基斯坦,巴勒斯坦,马尔他岛,摩洛哥至伊朗,塞浦路斯。【模式】Pteranthus dichotomus Forsskål [Camphorosma pteranthus Linnaeus]。【参考异名】Louichea L' Hér. (1791) Nom. illegit. ■☆

42809　Pteraton Raf. (1840) = Bupleurum L. (1753) [伞形花科（伞形科）Apiaceae（Umbelliferae）] ●■

42810　Pterichis Lindl. (1840)【汉】翼兰属。【隶属】兰科 Orchidaceae。【包含】世界20种。【学名诠释与讨论】〈阴〉（希）pteron,指小式 pteridion,翅+orchis,原义是睾丸,后变为植物兰的名称,因为根的形态而得名。变为拉丁文 orchis,所有格 orchidis。此属的学名是"Pterichis Lindley, Gen. Sp. Orchid. Pl. 444. Sep 1840"。亦有文献把其处理为"Acraea Lindl. (1845)"的异名。【分布】巴拿马,秘鲁,玻利维亚,厄瓜多尔,哥伦比亚（安蒂奥基亚）,哥斯达黎加,中美洲。【模式】Pterichis galeata Lindley。【参考异名】Acraea Lindl. (1845) ■☆

42811　Pteridocalyx Wernham(1911)【汉】翼萼茜属。【隶属】茜草科 Rubiaceae。【包含】世界2种。【学名诠释与讨论】〈阳〉（希）pteron,指小式 pteridion,翅。pteridios,有羽毛的+kalyx,所有格 kalykos =拉丁文 calyx,花萼,杯子。【分布】几内亚。【模式】Pteridocalyx appunii Wernham ☆

42812　Pteridophyilaceae Reveal et Hoogland = Pteridophyllaceae (Murbeck) Sugiura ex Nakai ■☆

42813　Pteridophyllaceae(Murbeck) Nakai ex Reveal et Hoogland(1991) = Pteridophyllaceae (Murbeck) Sugiura ex Nakai ■☆

42814　Pteridophyllaceae(Murbeck) Sugiura ex Nakai(1943)【汉】蕨叶草科（蕨罂粟科）。【包含】世界1属1种。【分布】日本。【科名模式】Pteridophyllum Siebold et Zucc. ■☆

42815　Pteridophyllaceae Nakai ex Reveal et Hoogland (1991) = Pteridophyllaceae (Murbeck) Sugiura ex Nakai ■☆

42816　Pteridophyllaceae Sugiura ex Nakai = Papaveraceae Juss.（保留科名）; ~ = Pteridophyllaceae (Murbeck) Sugiura ex Nakai; ~ = Pterostemonaceae Small(保留科名) ●☆

42817　Pteridophyllum Siebold et Zucc. (1843)【汉】蕨叶草属（蕨叶罂粟属,蕨罂粟属,御鯖草属）。【隶属】蕨叶草科（蕨罂粟科）Pteridophyllaceae//罂粟科 Papaveraceae。【包含】世界1种。【学名诠释与讨论】〈中〉（希）pteris,所有格 pteridos,蕨类植物+希腊文 phyllon,叶子。phyllodes,似叶的,多叶的。phylleion,绿色材料,绿草。【分布】日本。【模式】Pteridophyllum racemosum Siebold et Zuccarini ■☆

42818　Pteridophyllum Thwaites(1854) Nom. illegit. ≡ Filicium Thwaites ex Benth. (1862) Nom. illegit.; ~ = Filicium Thwaites ex Benth. et Hook. f. (1862) [无患子科 Sapindaceae] ●☆

42819　Pterigeron (DC.) Benth. (1867) Nom. illegit. = Allopterigeron Dunlop (1981); ~ = Oliganthemum F. Muell. (1859); ~ = Streptoglossa Steetz ex F. Muell. (1863) [菊科 Asteraceae (Compositae)] ■●☆

42820　Pterigeron A. Gray(1852) Nom. inval. = Oliganthemum F. Muell. (1859) [菊科 Asteraceae(Compositae)] ■☆

42821　Pterigium Corrêa (1806) = Dipterocarpus C. F. Gaertn. (1805) [龙脑香科 Dipterocarpaceae] ●

42822　Pterigostachyum Nees ex Steud. (1841) = Dimeria R. Br. (1810); ~ = Pterygostachyum Nees ex Steud. (1854) [禾本科 Poaceae(Gramineae)] ■

42823　Pterilema Reinw. (1828) = Engelhardia Lesch. ex Blume(1826) [胡桃科 Juglandaceae//黄杞科 Engelhardtiaceae] ●

42824　Pteriphis Raf. (1838) = Aristolochia L. (1753) [马兜铃科 Aristolochiaceae] ■●

42825　Pterisanthaceae J. Agardh(1858) = Vitaceae Juss. (保留科名) ●■

42826　Pterisanthes Blume(1825)【汉】翼花藤属。【隶属】葡萄科 Vitaceae。【包含】世界18-20种。【学名诠释与讨论】〈阴〉（希）pteron,指小式 pteridion,翅。pteridios,有羽毛的+anthos,花。【分布】马来西亚（西部）,缅甸。【模式】Pterisanthes cissioides Blume。【参考异名】Embamma Griff. (1854) ●☆

42827　Pterium Desv. (1813) = Lamarckia Moench (1794) [as 'Lamarkia'] (保留属名) [禾本科 Poaceae(Gramineae)] ■☆

42828　Pternandra Jack(1822)【汉】翼药花属。【英】Pternandra。【隶属】野牡丹科 Melastomataceae。【包含】世界2-15种,中国1种。【学名诠释与讨论】〈阴〉（希）pterna,脚后跟+aner,所有格 andros,雄性,雄蕊。指药隔下延为短距,呈小尖头状。【分布】中国,东南亚。【模式】Pternandra coerulescens W. Jack。【参考异名】Apteuxis Griff. (1854); Ewyckia Blume(1831); Kibbesia Walp. (1843); Kibbessia Walp. (1843) Nom. illegit.; Kibessia DC. (1828); Rectomitra Blume(1849) ●

42829　Pternix Hill (1762) = Carduus L. (1753) [菊科 Asteraceae (Compositae)//飞廉科 Carduaceae] ■

42830　Pternix Raf. (1817) Nom. illegit. = Silybum Vaill. (1754) (保留属名) [菊科 Asteraceae (Compositae)//苦香木科（水飞蓟科）Simabaceae] ■

42831　Pternopetalum Franch. (1885)【汉】囊瓣芹属（肿瓣芹属）。【日】イワセントウソウ属。【英】Cystopetal。【隶属】伞形花科（伞形科）Apiaceae（Umbelliferae）。【包含】世界25-28种,中国23-28种。【学名诠释与讨论】〈中〉（希）pterna,脚后跟+希腊文 petalos,扁平的,铺开的; petalon,花瓣,叶,花叶,金属叶子;拉丁文的花瓣为 petalum。指瓣基部内弯成囊状。另说 pterno,逃逸+希腊文 petalos,扁平的,铺开的; petalon,花瓣,叶,花叶,金属叶子;拉丁文的花瓣为 petalum。指花瓣凋落。【分布】中国,东亚。【模式】Pternopetalum davidii Franchet [as 'davidi']。【参考异名】Cryptotaeniopsis Dunn(1902) ■

42832　Pterobesleria C. V. Morton(1953) = Besleria L. (1753) [苦苣苔科 Gesneriaceae//贝思乐苣苔科 Besoniaceae] ●■☆

42833　Pterocactus K. Schum. (1897)【汉】翅子掌属（真翅仙人属）。【日】プテロカクタス属。【俄】Каркас крылатый, Птерокактус, Птероцелтис。【英】Wing Cactus。【隶属】仙人掌科 Cactaceae。【包含】世界5-9种。【学名诠释与讨论】〈阳〉（希）pteron,指小式 pteridion,翅。pteridios,有羽毛的+cactos,有刺的植物,通常指仙人掌科 Cactaceae 植物。【分布】阿根廷。【模式】Pterocactus kuntzei K. Schumann ●☆

42834　Pterocalymma Turcz. (1846) = Lagerstroemia L. (1759) [千屈菜科 Lythraceae//紫薇科 Lagerstroemiaceae] ●

42835　Pterocalymna Benth. et Hook. f. (1867) Nom. illegit. = Pterocalymma Turcz. (1846); ~ = Lagerstroemia L. (1759) [千屈菜科 Lythraceae//紫薇科 Lagerstroemiaceae] ●

42836　Pterocalyx Schrenk (1843) = Alexandra Bunge (1843) [藜科 Chenopodiaceae] ■☆

42837　Pterocariaceae Nakai = Juglandaceae DC. ex Perleb(保留科名) ●

42838　Pterocarpos St. -Lag. (1880) = Pterocarpus Jacq. (1763) (保留属名) [豆科 Fabaceae(Leguminosae)//蝶形花科 Papilionaceae] ●

42839　Pterocarpus Burm. (废弃属名) = Brya P. Browne (1756); ~ = Aldina Endl. (1840) (保留属名) [豆科 Fabaceae (Leguminosae)//云实科（苏木科）Caesalpiniaceae] ●☆

42840　Pterocarpus Jacq. (1763) (保留属名)【汉】紫檀属。【日】シタン属。【俄】Падук, Птерокарпус。【英】Amboyna Wood, Blood

Wood，Padauk，Padouk，Philippine Mahogany，Sandalwood，Vermilion Wood。【隶属】豆科 Fabaceae（Leguminosae）//蝶形花科 Papilionaceae。【包含】世界 20-30 种，中国 1-3 种。【学名诠释与讨论】〈阳〉（希）pteron，指小式 pteridion，翅+karpos，果实。指荚果的缝线延伸成翅。此属的学名"Pterocarpus Jacq.，Sel. Stirp. Amer. Hist.：283. 5 Jan 1763"是保留属名。相应的废弃属名是豆科 Fabaceae 的"Pterocarpus L.，Herb. Amb.：10. 11 Mai 1754 = Derris Lour.（1790）（保留属名）"。豆科 Fabaceae 的"Pterocarpus O. Kuntze，Rev. Gen. 1：202. 5 Nov 1891 ≡ Derris Lour.（1790）（保留属名）"和"Pterocarpus Bergius，Kongl. Vetensk. Akad. Handl. 30：116. Mai-Aug 1769 ≡ Ecastaphyllum P. Browne（1756）（废弃属名）= Dalbergia L. f.（1782）（保留属名）"亦应废弃。"Pterocarpus Burm. = Brya P. Browne（1756）[豆科 Fabaceae（Leguminosae）]"也须废弃。"Lingoum Adanson，Fam. 2；319. Jul-Aug 1763"是"Pterocarpus L.（1754）Nom. illegit.（废弃属名）"的晚出的同模式异名（Homotypic synonym，Nomenclatural synonym）。【分布】巴拉圭，巴拿马，秘鲁，玻利维亚，厄瓜多尔，哥伦比亚（安蒂奥基亚），哥斯达黎加，尼加拉瓜，利比亚亚（宁巴），中国，中美洲。【模式】Pterocarpus officinalis N. J. Jacquin。【参考异名】Amphymenium Kunth（1823）；Ancylocalyx Tul.（1843）；Clypeola Burm. ex DC.，Nom. illegit.；Echinodiscus（DC.）Benth.（1838）；Echinodiscus Benth.（1838）Nom. illegit.；Griselinia Scop.（1777）Nom. illegit.；Lingoum Adans.（1763）Nom. illegit.；Malaparius Miq.（1855）；Moutouchi Aubl.（1775）；Moutouchia Benth.（1838）；Mutuchi J. F. Gmel.（1792）；Nephraea Hassk.（1844）；Nephrea Noronha（1790）；Phellocarpus Benth.（1837）；Pterocarpos St. - Lag.（1880）；Weinreichia Rchb.（1841）Nom. illegit. ●

42841　Pterocarpus Kuntze（1891）Nom. illegit.（废弃属名）≡ Derris Lour.（1790）（保留属名）[豆科 Fabaceae（Leguminosae）//蝶形花科 Papilionaceae]●

42842　Pterocarpus L.（1754）Nom. illegit.（废弃属名）= Derris Lour.（1790）（保留属名）[豆科 Fabaceae（Leguminosae）//蝶形花科 Papilionaceae]●

42843　Pterocarpus P. J. Bergius（1769）Nom. illegit.（废弃属名）≡ Ecastaphyllum P. Browne（1756）（废弃属名）；~ = Dalbergia L. f.（1782）（保留属名）[豆科 Fabaceae（Leguminosae）//蝶形花科 Papilionaceae]●

42844　Pterocarya Kunth（1824）【汉】枫杨属。【日】サハグルミ属，サワグルミ属。【俄】Крылоолешина，Крылоолешник，Лапина，Птерокария。【英】Chinese Wing - nut，Wing Nut，Wingnut。【隶属】胡桃科 Juglandaceae。【包含】世界 6-10 种，中国 5-7 种。【学名诠释与讨论】〈阴〉（希）pteron，指小式 pteridion，翅+karyon，胡桃，硬壳果，核，坚果。指坚果有翅。此属的学名，ING、TROPICOS 和 IK 记载是"Pterocarya Kunth，Ann. Sci. Nat.（Paris）2；345. 1824"。"Pterocarya Nutt. ex Moq.，Prodr.[A. P. de Candolle]13（2）：106. 1849[5 May 1849]= Atriplex L.（1753）（保留属名）"是一个未合格发表的名称（Nom. inval.），也是晚出的非法名称。【分布】中国，高加索至日本。【模式】Juglans pterocarpa A. Michaux ●

42845　Pterocarya Nutt. ex Moq.（1849）Nom. inval.，Nom. illegit. = Atriplex L.（1753）（保留属名）[藜科 Chenopodiaceae//滨藜科 Atriplicaceae]■●

42846　Pterocaryaceae Nakai = Juglandaceae DC. ex Perleb（保留科名）●

42847　Pterocassia Britton et Rose（1930）= Cassia L.（1753）（保留属名）；~ = Senna Mill.（1754）[豆科 Fabaceae（Leguminosae）//云实科（苏木科）Caesalpiniaceae]●■

42848　Pterocaulon Elliott（1823）【汉】翼茎草属（翅茎菊属）。【英】Pterocaulon。【隶属】菊科 Asteraceae（Compositae）。【包含】世界 18-25 种，中国 1 种。【学名诠释与讨论】〈阴〉（希）pteron，指小式 pteridion，翅 + kaulon，茎。指茎具翼。此属的学名是"Pterocaulon S. Elliott，Sketch Bot. S. - Carolina Georgia 2：323. 1823"。亦有文献把其处理为"Neojeffreya Cabrera（1978）"的异名。【分布】澳大利亚，巴拉圭，巴拿马，秘鲁，玻利维亚，哥伦比亚（安蒂奥基亚），马达加斯加，中国，亚洲，中美洲。【模式】Pterocaulon pycnostachyum（A. Michaux）S. Elliott[Conyza pycnostachya A. Michaux]。褐藻植物的"Pterocaulon Kuetzing，Phycol. Gen. 360. 14-16 Sep 1843[马尾藻科 Sargassaceae]"是晚出的非法名称。【参考异名】Chaenolobus Small（1903）；Chlaenobolus Cass.（1827）；Monenteles Labill.（1825）；Neojeffreya Cabrera（1978）；Sphaeranthoides A. Cunn. ex DC.（1836）■

42849　Pterocelastrus Meisn.（1837）【汉】翅蛇藤属。【隶属】卫矛科 Celastraceae。【包含】世界 4-5 种。【学名诠释与讨论】〈阳〉（希）pteron，指小式 pteridion，翅+Celastrus 南蛇藤属。此属的学名"Pterocelastrus C. F. Meisner，Pl. Vasc. Gen. 1：68. 21-27 Mai 1837；2：49. 27 Aug-3 Sep 1837"是一个替代名称。它替代的是"Asterocarpus Ecklon et Zeyher，Enum. 122. Dec 1834-Mar 1835"，而非"Astrocarpa Necker ex Dumortier，Commentat. 64. Jul - Dec 1822 = Sesamoides Ortega（1773）[木犀草科 Resedaceae]"。【分布】非洲南部。【后选模式】Pterocelastrus tricuspidatus[Celastrus tricuspidatus Lamarck]。【参考异名】Asterocarpus Eckl. et Zeyh.（1834-1835）Nom. illegit. ●☆

42850　Pteroceltis Maxim.（1873）【汉】青檀属（青朴属，翼朴属）。【俄】Каркас крылатый。【英】Whinghack Berry，Whinghackberry，Whing - hackberry，Wing Celtis，Wing - cactus，Wingceltis，Winged Hackberry。【隶属】榆科 Ulmaceae。【包含】世界 1 种，中国 1 种。【学名诠释与讨论】〈阴〉（希）pteron，指小式 pteridion，翅+（属）Celtis 朴属。指外形似朴树而果具翼。【分布】中国。【模式】Pteroceltis tatarinowii Maximowicz ●★

42851　Pterocephalidium G. López（1987）【汉】小翼首花属。【隶属】川续断科（刺参科，蓟叶参科，山萝卜科，续断科）Dipsacaceae。【包含】世界 1 种。【学名诠释与讨论】〈中〉（属）Pterocephalus 翼首花属+-idius，-idia，-idium，指示小的词尾。此属的学名是"Pterocephalidium G. López González，Anales Jard. Bot. Madrid 43：251. Mai 1987（'1986'）"。亦有文献把其处理为"Pterocephalus Vaill. ex Adans.（1763）"的异名。【分布】伊比利亚半岛。【模式】Pterocephalidium diandrum（Lagasca）G. López Gonzáles[Scabiosa diandra Lagasca]。【参考异名】Pterocephalus Vaill. ex Adans.（1763）■☆

42852　Pterocephalodes V. Mayer et Ehrend.（2000）【汉】拟翼首花属。【隶属】川续断科（刺参科，蓟叶参科，山萝卜科，续断科）Dipsacaceae。【包含】世界 3 种，中国 2 种。【学名诠释与讨论】〈阴〉（属）Pterocephalus 翼首花属+希腊文 oides，相像。【分布】泰国，中国，喜马拉雅山。【模式】Pterocephalodes bretschneideri（A. T. Batalin）V. Mayer et F. Ehrendorfer[Scabiosa bretschneideri A. T. Batalin]■●

42853　Pterocephalus Adans.（1763）Nom. illegit. ≡ Pterocephalus Vaill. ex Adans.（1763）[川续断科（刺参科，蓟叶参科，山萝卜科，续断科）Dipsacaceae]●■

42854　Pterocephalus Vaill. ex Adans.（1763）【汉】翼首花属。【俄】Перистоголовник，Птероцефалюс。【英】Whinghead，Whinghead Flower。【隶属】川续断科（刺参科，蓟叶参科，山萝卜科，续断科）Dipsacaceae。【包含】世界 25 种，中国 2 种。【学名诠释与讨论】〈阴〉（希）pteron，指小式 pteridion，翅+kephale，头。此属的学

名,ING 记载是"Pterocephalus Adanson,Fam. 2;152,595. Jul−Aug 1763"。IK 则记载为"Pterocephalus Vaill. ex Adans. ,Fam. Pl. (Adanson)2:152. 1763";《中国植物志》英文版亦使用此名称。三者引用的文献相同。【分布】巴基斯坦,中国,喜马拉雅山,热带非洲,地中海至亚洲中部。【后选模式】Pterocephalus parnassi K. P. J. Sprengel［Scabiosa pterocephala Linnaeus］。【参考异名】Pterocephalus Adans. (1763)Nom. illegit. ●■

42855　Pteroceras Hasselt ex Hassk. (1842)【汉】翅足兰属(长脚兰属,肖囊唇兰属)。【英】Longlegorchis,Pteroceras。【隶属】兰科 Orchidaceae。【包含】世界 20-28 种,中国 2 种。【学名诠释与讨论】〈中〉(希)pteron,指小式 pteridion,翅+keras,所有格 keratos,角,距,弓。此属的学名,ING、APNI、GCI 和 IK 记载是"Pteroceras Hasselt ex Hassk. ,Flora 25(2,Beibl.):6. 1842［Jul−Dec 1842］Tijdschr. Natuurl. Gesch. Physiol. 9: 142. 1842"。"Pteroceras Hassk. (1842)"的命名人引证有误。"Pteroceras Kuetzing,Sp. Algarum 690. 23-24 Jul 1849"(红藻)是晚出的非法名称。【分布】印度,中国,东南亚。【模式】Pteroceras radicans Hasskarl。【参考异名】Ascochilus Ridl. (1896)Nom. illegit. ;Ornitharium Lindl. et Paxton(1850−1851);Parasarcochilus Dockrill(1967)Nom. illegit. ;Protoceras Joseph et Vajr. ;Pteroceras Hassk. (1842)Nom. illegit. ■

42856　Pteroceras Hassk. (1842)Nom. illegit. ≡ Pteroceras Hasselt ex Hassk. (1842)［兰科 Orchidaceae］■

42857　Pterocereus T. MacDoug. et Miranda(1954)【汉】翼柱属(有翼柱属)。【隶属】仙人掌科 Cactaceae。【包含】世界 1 种。【学名诠释与讨论】〈阳〉(希)pteron,指小式 pteridion,翅+(属)Cereus 仙影掌属。此属的学名,ING 和 IK 记载是"Pterocereus MacDougall et Miranda,Ceiba 4;135. 6 Feb 1954"。亦有文献把"Pterocereus T. MacDoug. et Miranda(1954)"处理为"Pachycereus (A. Berger)Britton et Rose(1909)"的异名。【分布】洪都拉斯,墨西哥,危地马拉,中美洲。【模式】Pterocereus foetidus MacDougall et Miranda。【参考异名】Pachycereus (A. Berger)Britton et Rose (1909)●☆

42858　Pterochaeta Boiss. (1846)Nom. illegit. ≡ Pterochaete Boiss. (1846)Nom. illegit. ; ~ = Platychaete Boiss. (1849); ~ = Pulicaria Gaertn. (1791)［菊科 Asteraceae(Compositae)］■●

42859　Pterochaeta Steetz(1845)【汉】彩苞金绒草属。【隶属】菊科 Asteraceae(Compositae)。【包含】世界 1 种。【学名诠释与讨论】〈阴〉(希)pteron,指小式 pteridion,翅+chaite＝拉丁文 chaeta,刚毛。此属的学名,ING、APNI、TROPICOS 和 IK 记载是"Pterochaeta Steetz in J. G. C. Lehmann,Pl. Preiss. 1;455. 14-16 Aug 1845"。"Pterochaeta Boiss. (1846)Nom. illegit. = Pterochaete Boiss. (1846)Nom. illegit. ［菊科 Asteraceae(Compositae)］"似为误引。亦有文献把"Pterochaeta Steetz(1845)"处理为"Waitzia J. C. Wendl. (1808)"的异名。【分布】澳大利亚。【模式】Pterochaeta paniculata Steetz。【参考异名】Waitzia J. C. Wendl. (1808)■☆

42860　Pterochaete Arn. ex Boeck. (1873)Nom. illegit. = Rhynchospora Vahl(1805)［as 'Rynchospora'］(保留属名)［莎草科 Cyperaceae]■☆

42861　Pterochaete Boiss. (1846)Nom. illegit. ≡ Platychaete Boiss. (1849); ~ = Pulicaria Gaertn. (1791)［菊科 Asteraceae (Compositae)]■●

42862　Pterochilus Hook. et Arn. (1832)= Crepidium Blume(1825); ~ =Maxillaria Ruiz et Pav. (1794)［兰科 Orchidaceae]■☆

42863　Pterochiton Torr. (1845)Nom. illegit. ≡ Pterochiton Torr. et Frém. (1845); ~ = Atriplex L. (1753)(保留属名)［藜科

Chenopodiaceae//滨藜科 Atriplicaceae]■●

42864　Pterochiton Torr. et Frém. (1845)= Atriplex L. (1753)(保留属名)［藜科 Chenopodiaceae//滨藜科 Atriplicaceae]■●

42865　Pterochlaena Chiov. (1914)= Alloteropsis J. Presl ex C. Presl (1830)［禾本科 Poaceae(Gramineae)]■

42866　Pterochlamys Fisch. ex Endl. (1837)= Panderia Fisch. et C. A. Mey. (1836)［藜科 Chenopodiaceae]■

42867　Pterochlamys Roberty(1953)Nom. illegit. = Hildebrandtia Vatke (1876)［旋花科 Convolvulaceae]●☆

42868　Pterochloris(A. Camus)A. Camus(1957)= Chloris Sw. (1788) ［禾本科 Poaceae(Gramineae)]●■

42869　Pterochloris A. Camus(1957)Nom. illegit. ≡ Pterochloris (A. Camus)A. Camus(1957); ~ = Chloris Sw. (1788)［禾本科 Poaceae (Gramineae)]●■

42870　Pterochrosia Baill. (1889)= Cerberiopsis Vieill. ex Pancher et Sebert(1874)［夹竹桃科 Apocynaceae]●☆

42871　Pterocissus Urb. et Ekman(1926)【汉】翅春藤属。【隶属】葡萄科 Vitaceae。【包含】世界 1 种。【学名诠释与讨论】〈阳〉(希)pteron,指小式 pteridion,翅 + kissos,常春藤。此属的学名是 "Pterocissus Urban et Ekman,Ark. Bot. 20A(5): 20. 14 Jun 1926"。亦有文献把其处理为"Cissus L. (1753)"的异名。【分布】海地,中美洲。【模式】Pterocissus mirabilis Urban et Ekman。【参考异名】Cissus L. (1753)●☆

42872　Pterocladis Lamb. ex G. Don(1839)= Baccharis L. (1753)(保留属名)［菊科 Asteraceae(Compositae)］●■☆

42873　Pterocladon Hook. f. (1867)= Miconia Ruiz et Pav. (1794)(保留属名)［野牡丹科 Melastomataceae//米氏野牡丹科 Miconiaceae]●☆

42874　Pterocladum Triana(1871)= Pterocladon Hook. f. (1867); ~ = Miconia Ruiz et Pav. (1794)(保留属名)［野牡丹科 Melastomataceae//米氏野牡丹科 Miconiaceae]●☆

42875　Pterococcus Hassk. (1842)(保留属名)【汉】翼果大戟属。【隶属】大戟科 Euphorbiaceae。【包含】世界 1 种。【学名诠释与讨论】〈阳〉(希)pteron,指小式 pteridion,翅+kokkos,变为拉丁文 coccus,仁,谷粒,浆果。此属的学名"Pterococcus Hassk. in Flora 25(2,Beibl.):41. 7 Aug 1842"是保留属名。相应的废弃属名是蓼科 Polygonaceae 的"Pterococcus Pall. ,Reise Russ. Reich. 2:738. 1773 = Calligonum L. (1753)"。"Ceratococcus C. F. Meisner,Pl. Vasc. Gen. 2: 369. 2-4 Nov 1843"、"Hedraiostylus Hasskarl, Tijdschr. Natuurl. Gesch. Physiol. 10:141. 1843"、"Pallasia Linnaeus f. ,Suppl. 37, 252. Apr 1782(non Scopoli 1777, nec Pallassia Houttuyn 1775)"和"Sajorium Endlicher, Gen. Suppl. 3: 98. Oct 1843"都是"Pterococcus Hassk. (1842)(保留属名)"的同模式异名(Homotypic synonym, Nomenclatural synonym)。绿枝藻的"Pterococcus Lohmann,Ergebn. Plankt. −Exped. Humboldt−Stiftung IV. N: 41, 47. Nov 1904"是晚出的非法名称,亦应废弃。"Pterococcus Hassk. (1842)(保留属名)"曾被处理为"Plukenetia sect. Pterococcus (Hassk.)Benth. & Hook. f. ,Genera Plantarum 3 (1):327. 1880"。【分布】印度尼西亚(马鲁古群岛),东南亚南部,东喜马拉雅山。【模式】Pterococcus glaberrimus Hasskarl, Nom. illegit. ［Plukenetia corniculata J. E. Smith；Pterococcus corniculata (J. E. Smith)Pax et K. Hoffmann］。【参考异名】Ceratococcus Meisn. (1843)Nom. illegit. ;Hedraiostylus Hassk. (1843)Nom. illegit. ;Plukenetia sect. Pterococcus (Hassk.)Benth. & Hook. f. (1880);Pseudotragia Pax(1908);Sajorium Endl. (1843)Nom. illegit. ●☆

42876　Pterococcus Pall. (1773)(废弃属名)= Calligonum L. (1753)

[蓼科 Polygonaceae//沙拐枣科 Calligonaceae]●

42877　Pterocoelion Turcz.（1863）Nom. illegit. ≡Pterocoellion Turcz.（1863）；～=Berrya Roxb.（1820）（保留属名）［椴树科（椴科，田麻科）Tiliaceae//锦葵科 Malvaceae]●

42878　Pterocoellion Turcz.（1863）=Berrya Roxb.（1820）（保留属名）［椴树科（椴科，田麻科）Tiliaceae//锦葵科 Malvaceae]●

42879　Pterocyclus Klotzsch（1862）【汉】滇羌活属（翼轮芹属）。【隶属】伞形花科（伞形科）Apiaceae（Umbelliferae）。【包含】世界3种，中国2种。【学名诠释与讨论】〈阳〉（希）pteron，指小式 pteridion，翅+kyklos，圆圈。kyklas，所有格 kyklados，圆形的。kyklotos，圆的，关住，围住。此属的学名是"Pterocyclus Klotzsch in Klotzsch et Garcke, Bot. Ergebn. Reise 150. t. 47. 1862"。亦有文献把其处理为"Pleurospermum Hoffm.（1814）"的异名。【分布】中国，喜马拉雅山。【模式】Pterocyclus angelicoides（A. P. de Candolle）Klotzsch［Hymenolaena angelicoides A. P. de Candolle］。【参考异名】Pleurospermum Hoffm.（1814）■

42880　Pterocymbium R. Br.（1844）【汉】翅梧桐属。【隶属】梧桐科 Sterculiaceae//锦葵科 Malvaceae。【包含】世界10-15种。【学名诠释与讨论】〈中〉（希）pteron，指小式 pteridion，翅。pteridios，有羽毛的+kymbos=kymbe，指小式 kymbion，杯，小舟+-ius，-ia，-ium，在拉丁文和希腊文中，这些词尾表示性质或状态。【分布】东南亚，斐济。【模式】Pterocymbium javanicum R. Brown●☆

42881　Pterocyperus（Peterm.）Opiz（1852）=Cyperus L.（1753）［莎草科 Cyperaceae]■

42882　Pterocyperus Opiz（1852）Nom. illegit. ≡Pterocyperus（Peterm.）Opiz（1852）；～=Cyperus L.（1753）［莎草科 Cyperaceae]■

42883　Pterocypsela C. Shih（1988）【汉】翅果菊属（刺果菊属）。【英】Pterocypsela, Samaradaisy。【隶属】菊科 Asteraceae（Compositae）。【包含】世界8种，中国7-8种。【学名诠释与讨论】〈阴〉（希）pteron，指小式 pteridion，翅+kypsele 蜂巢。【分布】马达加斯加，中国，非洲南部，热带亚洲和东亚。【模式】Pterocypsela indica（Linnaeus）C. Shih［Lactuca indica Linnaeus］■

42884　Pterodes（Griseb.）Börner（1912）Nom. illegit.［灯心草科 Juncaceae]☆

42885　Pterodiscus Hook.（1844）【汉】翅盘麻属。【日】プテロディスクス属。【隶属】胡麻科 Pedaliaceae。【包含】世界13-18种。【学名诠释与讨论】〈阳〉（希）pteron，指小式 pteridion，翅+diskos，圆盘。【分布】热带和非洲南部。【模式】Pterodiscus speciosus W. J. Hooker。【参考异名】Pedaliophyton Engl.（1902）■☆

42886　Pterodon Vogel（1837）【汉】翼齿豆属（翅齿豆属）。【隶属】豆科 Fabaceae（Leguminosae）。【包含】世界6种。【学名诠释与讨论】〈阳〉（希）pteron，指小式 pteridion，翅+odous，所有格 odontos，齿。【分布】巴西，玻利维亚。【模式】Pterodon emarginatus Vogel。【参考异名】Commilobium Benth.（1838）■☆

42887　Pterogaillonia Lincz.（1973）【汉】翅加永茜属。【隶属】茜草科 Rubiaceae。【包含】世界3种。【学名诠释与讨论】〈阴〉（希）pteron，指小式 pteridion，翅+（属）Gaillonia 加永茜属。【分布】巴基斯坦，伊朗。【模式】Pterogaillonia calycoptera（Decaisne）I. A. Linczevski［Spermacoce calycoptera Decaisne］■☆

42888　Pterogastra Naudin（1850）【汉】翅果野牡丹属。【隶属】野牡丹科 Melastomataceae。【包含】世界4种。【学名诠释与讨论】〈阴〉（希）pteron，指小式 pteridion，翅+gaster，所有格 gasteros，简写 gastros，腹，胃。【分布】秘鲁，玻利维亚，厄瓜多尔，哥伦比亚（安蒂奥基亚）。【模式】Pterogastra minor Naudin●■☆

42889　Pteroglossa Schltr.（1920）【汉】南美翼舌兰属。【隶属】兰科 Orchidaceae。【包含】世界8种。【学名诠释与讨论】〈阴〉（希）pteron，指小式 pteridion，翅+glossa，舌。此属的学名，ING、

TROPICOS 和 IK 记载是"Pteroglossa Schlechter, Beih. Bot. Centralbl. 37（2）：450. 31 Mar 1920"。它曾被处理为"Stenorrhynchos sect. Pteroglossa（Schltr.）Burns-Bal., American Journal of Botany 69（7）：1132. 1982.（30 Aug 1982）"。亦有文献把"Pteroglossa Schltr.（1920）"处理为"Stenorrhynchos Rich. ex Spreng.（1826）"的异名。【分布】阿根廷，巴拉圭，巴西。【后选模式】Pteroglossa macrantha（H. G. Reichenbach）Schlechter［Spiranthes macrantha H. G. Reichenbach］。【参考异名】Stenorrhynchos Rich. ex Spreng.（1826）；Stenorrhynchos sect. Pteroglossa（Schltr.）Burns-Bal.（1982）■☆

42890　Pteroglossaspis Rchb. f.（1878）【汉】翼舌兰属。【隶属】兰科 Orchidaceae。【包含】世界3-10种。【学名诠释与讨论】〈阴〉（希）pteron+glossa，舌+aspis，盾。【分布】阿根廷，巴拉圭，玻利维亚，古巴，美国（佛罗里达），热带非洲。【模式】Pteroglossaspis eustachya H. G. Reichenbach。【参考异名】Smallia Nieuwl.（1913）Nom. illegit., Nom. superfl.；Triorchos Small et Nash ex Small（1903）；Triorchos Small et Nash（1903）Nom. illegit.■☆

42891　Pteroglossis Miers（1850）=Reyesia Clos；～=Salpiglossis Ruiz et Pav.（1794）［茄科 Solanaceae//智利喇叭花科（美人襟科）Salpiglossidaceae]■☆

42892　Pterogonum H. Gross（1913）【汉】翼胚木属。【隶属】蓼科 Polygonaceae//野荞麦木科 Eriogonaceae。【包含】世界3种。【学名诠释与讨论】〈中〉（希）pteron，指小式 pteridion，翅+（属）Eriogonum 野荞麦木属（绒毛蓼属）。此属的学名，ING、TROPICOS 和 IK 记载是"Pterogonum H. Gross, Bot. Jahrb. Syst. 49（2）：239. 1913［14 Jan 1913]"。它曾经被处理为"Eriogonum subgen. Pterogonum（H. Gross）Reveal, Sida 3（2）：82. 1967"和"Eriogonum subsect. Pterygonum（H. Gross）W. J. Hess et Reveal, Great Basin Naturalist 36（3）：298. 1976"。亦有文献把"Pterogonum H. Gross（1913）"处理为"Eriogonum Michx.（1803）"的异名。【分布】美国，墨西哥，新墨西哥。【后选模式】Pterogonum atrorubens（Engelmann）Gross［Eriogonum atrorubens Engelmann］。【参考异名】Eriogonum Michx.（1803）；Eriogonum subgen. Pterogonum（H. Gross）Reveal（1967）；Eriogonum subsect. Pterygonum（H. Gross）W. J. Hess et Reveal（1976）●☆

42893　Pterogyne Schrad. ex Nees（1842）= Ascolepis Nees ex Steud.（1855）（保留属名）［莎草科 Cyperaceae]■☆

42894　Pterogyne Tul.（1843）【汉】翅雌豆属（翼豆属）。【隶属】豆科 Fabaceae（Leguminosae）。【包含】世界1种。【学名诠释与讨论】〈阴〉（希）pteron，指小式 pteridion，翅。pteridios，有羽毛的+gyne，所有格 gynaikos，雌性，雌蕊。此属的学名，ING、TROPICOS 和 IK 记载是"Pterogyne Tulasne, Ann. Sci. Nat. Bot. ser. 2. 20：140. Sep 1843"。"Pterogyne Schrad. ex Nees, Fl. Bras.（Martius）2（1）：in nota. 1842［1 Apr 1842]=Ascolepis Nees ex Steud.（1855）（保留属名）［莎草科 Cyperaceae]= Platylepis Kunth（1837）Nom. illegit.（废弃属名）"是一个未合格发表的名称（Nom. inval.）。【分布】巴拉圭，巴西，玻利维亚。【模式】Pterogyne nitens Tulasne ■☆

42895　Pterolepis（DC.）Miq.（1840）（保留属名）【汉】翼鳞野牡丹属。【隶属】野牡丹科 Melastomataceae。【包含】世界15种。【学名诠释与讨论】〈阴〉（希）pteron，指小式 pteridion，翅+lepis，所有格 lepidos，指小式 lepion 或 lepidion，鳞，鳞片。lepidotos，多鳞的。lepos，鳞，鳞片。此属的学名"Pterolepis（DC.）Miq., Comm. Phytogr.：72. 16-21 Mar 1840"是保留属名，它由"Osbeckia sect. Pterolepis DC., Prodr. 3：140. Mar（med.）1828"改级而来。相应的废弃属名是莎草科 Cyperaceae 的"Pterolepis Schrad. in Gött. Gel. Anz. 1821：2071. 29 Dec 1821 = Scirpus L.（1753）（保留属

名）"。野牡丹科 Melastomataceae 的 "Pterolepis Endl., Gen. Pl. [Endlicher]1214. 1840 [Aug 1840] = Osbeckia L. (1753)"亦应废弃。"Pterolepis Miq., Comm. Phytogr. 72 (1840) ≡ Pterolepis (DC.)Miq. (1840)(保留属名)"的命名人引证有误；也须废弃。"Malacochaete C. G. D. Nees, Linnaea 9：292. 22-28 Jun 1834"是 "Pterolepis Schrad. (1821)(废弃属名)" 的 同 模 式 异 名 (Homotypic synonym, Nomenclatural synonym)。【分布】巴拉圭，巴拿马，秘鲁，玻利维亚，厄瓜多尔，哥斯达黎加，尼加拉瓜，中美洲。【模式】Pterolepis parnassiifolia (A. P. de Candolle) Triana [as 'parnassiaefolia'] [Osbeckia parnassiifolia A. P. de Candolle [as 'parnassifolia']。【参考异名】Arthrostemma Naudin (1850)；Brachyandra Naudin(1844)(废弃属名)；Osbeckia sect. Pterolepis DC. (1828)；Pterolepis Miq. (1840)Nom. illegit. ●■☆

42896 Pterolepis Endl. (1840)Nom. illegit. (废弃属名) = Osbeckia L. (1753) [野牡丹科 Melastomataceae]●■

42897 Pterolepis Miq. (1840)Nom. illegit. (废弃属名) ≡ Pterolepis (DC.)Miq. (1840)(保留属名) [野牡丹科 Melastomataceae]●■☆

42898 Pterolepis Schrad. (1821)(废弃属名) = Scirpus L. (1753)(保留属名) [莎草科 Cyperaceae//藨草科 Scirpaceae]■

42899 Pterolobium Andrz. (废弃属名) = Pterolobium R. Br. ex Wight et Arn. (1834)(保留属名) [豆科 Fabaceae(Leguminosae)//云实科 (苏木科)Caesalpiniaceae]●

42900 Pterolobium Andrz. ex C. A. Mey. (1831) Nom. illegit. (废弃属名) [十字花科 Brassicaceae(Cruciferae)]■☆

42901 Pterolobium Andrz. ex DC. (1821) Nom. inval. (废弃属名) = Pachyphragma Rchb. (1841) [十字花科 Brassicaceae (Cruciferae)]■☆

42902 Pterolobium R. Br. (1814) Nom. inval. (废弃属名) = Pterolobium R. Br. ex Wight et Arn. (1834)(保留属名) [豆科 Fabaceae(Leguminosae)//云实科(苏木科)Caesalpiniaceae]●

42903 Pterolobium R. Br. ex Wight et Arn. (1834)(保留属名)【汉】老虎刺属(雀不踏属，崖颇篍属)。【英】Pterolobium, Tigerthorn。【隶属】豆科 Fabaceae (Leguminosae)//云实科(苏木科)Caesalpiniaceae。【包含】世界 11 种，中国 2-3 种。【学名诠释与讨论】〈中〉(希)pteron, 指小式 pteridion, 翅 + lobos = 拉丁文 lobulus, 片, 裂片, 叶, 荚, 蒴 +-ius, -ia, -ium, 在拉丁文和希腊文中, 这些词尾表示性质或状态。指荚果顶端具膜质翅。此属的学名"Pterolobium R. Br. ex Wight et Arn., Prodr. Fl. Ind. Orient.：283. Oct (prim.)1834"是保留属名。相应的废弃属名是十字花科 Brassicaceae 的 "Pterolobium Andrz. ex C. A. Mey., Verz. Pfl. Casp. Meer.：185. Nov - Dec 1831" 和 豆 科 Fabaceae (Leguminosae)//云实科(苏木科)Caesalpiniaceae 的"Cantuffa J. F. Gmel., Syst. Nat. 2：677. Sep (sero)-Nov 1791 = Pterolobium R. Br. ex Wight et Arn. (1834)(保留属名)"。十字花科 Brassicaceae 的"Pterolobium Andrz. ex DC., Syst. Nat. [Candolle]2：373. 1821 [late May 1821] = Pachyphragma Rchb. (1841)"亦应废弃。"Pterolobium Andrz." 和"Pterolobium R. Br. (1814)"是未合格发表的名称(Nom. inval.)。【分布】澳大利亚, 中国, 热带非洲, 热带和亚热带亚洲。【模式】Pterolobium lacerans (Roxburgh) R. Wight et Arnott [Caesalpinia lacerans Roxburgh]。【参考异名】Cantuffa J. F. Gmel. (1791)(废弃属名)；Kantuffa Bruce(1790)；Pterolobium Andrz. (废弃属名)；Pterolobium R. Br. (1814) Nom. inval. (废弃属名)；Quartinia A. Rich. (1840)；Reichardia Roth (1787)；Reichardia Roth (1821) Nom. illegit.；Richardia Lindl. (1847)Nom. illegit. ●

42904 Pteroloma DC. (1825) Nom. inval. [豆科 Fabaceae (Leguminosae)]●☆

42905 Pteroloma Desv. ex Benth. (1852) Nom. illegit. ≡ Tadehagi H. Ohashi(1973)；~ = Desmodium Desv. (1813) (保留属名) [豆科 Fabaceae(Leguminosae)//蝶形花科 Papilionaceae]●■

42906 Pteroloma Hochst. et Steud. (1837)【汉】蔓茎葫芦茶属(葫芦茶属)。【隶属】[山柑科(白花菜科, 醉蝶花科)Capparaceae//白花菜科 Cleomaceae。【包含】世界 5 种。【学名诠释与讨论】〈中〉(希)pteron, 指小式 pteridion, 翅 + loma, 所有格 lomatos, 袍的边缘。指叶柄顶端有阔翅。此属的学名, GCI、TROPICOS 和 IK 记载是 "Pteroloma Hochst. et Steud., Unio Itin. Arab. Exsiccate no. 851. 1837"。TROPICOS 记载的 "Prodromus Systematis Naturalis Regni Vegetabilis 2：325. 1825 [豆科 Fabaceae(Leguminosae)]"是一个未合格发表的名称。"Pteroloma Desv. ex Benth., Pl. Jungh. [Miquel]2：219. 1852 [Aug 1852] = Desmodium Desv. (1813)(保留属名) [豆科 Fabaceae (Leguminosae)//蝶形花科 Papilionaceae]" 是晚出的非法名称；"Tadehagi H. Ohashi, Ginkgoana 1：280. 15 Feb 1973" 是其晚出的同模式异名 (Homotypic synonym, Nomenclatural synonym)。亦有文献把 "Pteroloma Hochst. et Steud. (1837)"处理为"Dipterygium Decne. (1835)"的异名。【分布】东南亚。【模式】Pteroloma arabicum Hochstetter et Steudel。【参考异名】Dipterygium Decne. (1835)；Tadehagi (Schindl.) H. Ohashi (1973) Nom. illegit.；Tadehagi H. Ohashi(1973)●☆

42907 Pterolophus Cass. (1826) = Centaurea L. (1753)(保留属名) [菊科 Asteraceae(Compositae)//矢车菊科 Centaureaceae]●■

42908 Pteromarathrum W. D. J. Koch ex DC. (1830) = Prangos Lindl. (1825) [伞形花科(伞形科)Apiaceae(Umbelliferae)]■☆

42909 Pteromimosa Britton(1928) = Mimosa L. (1753) [豆科 Fabaceae (Leguminosae)//含羞草科 Mimosaceae]●■

42910 Pteromischus Pichon(1945) = Crescentia L. (1753) [紫葳科 Bignoniaceae//葫芦树科(炮弹果科)Crescentiaceae]●

42911 Pteromonnina B. Eriksen(1993)【汉】裂柱远志属。【隶属】远志科 Polygalaceae。【包含】世界 30 种。【学名诠释与讨论】〈阴〉(希)pteron, 指小式 pteridion, 翅 + (属) Monnina 莫恩远志属(蒙宁草属, 莫恩草属)。【分布】玻利维亚, 厄瓜多尔。【模式】Pteromonnina pterocarpa (Ruiz et Pavon) B. Eriksen [Monnina pterocarpa Ruiz et Pavon]■☆

42912 Pteronema Pierre (1897) = Spondias L. (1753) [漆树科 Anacardiaceae]●

42913 Pteroneuron DC. ex Meisn. (1837) Nom. illegit. ≡ Pteroneurum DC. (1821)；~ = Cardamine L. (1753) [十字花科 Brassicaceae (Cruciferae)]■

42914 Pteroneuron Meisn. (1837) Nom. illegit. ≡ Pteroneuron DC. ex Meisn. (1837) Nom. illegit.；~ ≡ Pteroneurum DC. (1821)；~ = Cardamine L. (1753) [十字花科 Brassicaceae(Cruciferae)]■

42915 Pteroneurum DC. (1821) = Cardamine L. (1753) [十字花科 Brassicaceae(Cruciferae)]■

42916 Pteronia L. (1763)(保留属名)【汉】橙菀属。【隶属】菊科 Asteraceae(Compositae)。【包含】世界 80 种。【学名诠释与讨论】〈阴〉(希)pteron, 指小式 pteridion, 翅。指种子。此属的学名 "Pteronia L., Sp. Pl., ed. 2：1176. Jul-Aug 1763"是保留属名。相应的废弃属名是菊科 Asteraceae 的 "Pterophorus Vaill., Königl. Akad. Wiss. Paris 5：375. ca. 14 Apr 1754 ≡ Pteronia L. (1763)(保留属名) ≡ Pterophorus Vaill. ex Adans. (1763)(废弃属名)" 和 "Pterophora L., Pl. Rar. Afr.：17. 20 Dec 1760 ≡ Pteronia L. (1763)(保留属名) ≡ Bigelowia DC. (1836)(保留属名) = Spermacoce L. (1753)"。菊科 Asteraceae 的 "Pterophorus Boehm (1760) = Pteronia L. (1763)(保留属名)"、"Pterophorus Vaill. ex

Adans. , Fam. Pl. (Adanson)2 : 118. 1763 ≡ Pteronia L. (1763) (保留属名)" 和 "Pterophora Neck. , Elem. Bot. (Necker)1 : 78. 1790, Nom. inval. , Nom. illegit." 亦应废弃。萝藦科 Asclepiadaceae 的 "Pterophora Harv. , Gen. S. Afr. Pl. 223. 1838 ≡ Dregea E. Mey. (1838) (保留属名)" 也应废弃。"Pterophora Linnaeus, Pl. Rar. Africanae 17. 20 Dec 1760 (废弃属名)" 是 "Pteronia L. (1763) (保留属名)" 的晚出的同模式异名 (Homotypic synonym, Nomenclatural synonym)。【分布】澳大利亚 (西部), 马达加斯加, 热带和非洲南部。【模式】Pteronia camphorata Linnaeus。【参考异名】Henanthus Less. (1832); Pachyderis Cass. (1828); Petronia Jungh. (1845) Nom. illegit. ; Pterophora L. (1760) (废弃属名); Pterophorus Boehm (1760); Pterophorus Vaill. (废弃属名); Pterophorus Vaill. ex Adans. (1763); Scepinia Neck. (1790) Nom. inval. ; Scepinia Neck. ex Cass. (1825)●☆

42917 Pteroon Luer(2006) = Masdevallia Ruiz et Pav. (1794) [兰科 Orchidaceae]■☆

42918 Pteropappus Pritz. (1865) = Pterygopappus Hook. f. (1874) [菊科 Asteraceae(Compositae)]■☆

42919 Pteropavonia Mattei(1921) = Pavonia Cav. (1786) (保留属名) [锦葵科 Malvaceae]●■☆

42920 Pteropentacoilanthus F. Rappa et Camarrone (1962) = Mesembryanthemum L. (1753) (保留属名) [番杏科 Aizoaceae//龙须海棠科 (日中花科) Mesembryanthemaceae]●■

42921 Pteropepon(Cogn.)Cogn. (1916)【汉】翼瓠果属。【隶属】葫芦科 (瓜科, 南瓜科) Cucurbitaceae。【包含】世界 3 种。【学名诠释与讨论】〈阳〉(希)pteron, 指小式 pteridion, 翅+pepon, 所有格 peponos, 熟, 软熟的, 变为拉丁文 pepo, 所有格 peponis, 一种甜瓜。此属的学名, ING 记载是 "Pteropepon (Cogniaux) Cogniaux in Engler, Pflanzenr. IV. 275 1(Heft 66) : 260. 26 Sep 1916"; 但是未给出基源异名。IK 则记载为 "Pteropepon Cogn. , Pflanzenr. (Engler) Cucurb. -Fevill. et Melothr. 260. 1916 [26 Sep 1916]"。二者引用的文献相同。【分布】阿根廷, 巴西, 秘鲁, 玻利维亚, 厄瓜多尔, 哥伦比亚 (安蒂奥基亚)。【模式】Pteropepon monospermus (Vellozo) Cogniaux [Fevillea monosperma Vellozo]。【参考异名】Pteropepon Cogn. (1916) Nom. illegit. ■☆

42922 Pteropepon Cogn. (1916) Nom. illegit. ≡ Pteropepon (Cogn.) Cogn. (1916) [葫芦科 (瓜科, 南瓜科) Cucurbitaceae]■☆

42923 Pteropetalum Pax(1891) = Euadenia Oliv. ex Benth. et Hook. f. (1867) [山柑科 (白花菜科, 醉蝶花科) Capparaceae]●☆

42924 Pterophacos Rydb. (1917) = Astragalus L. (1753) [豆科 Fabaceae(Leguminosae)//蝶形花科 Papilionaceae]●■

42925 Pterophora Harv. (1838) Nom. illegit. (废弃属名) ≡ Dregea E. Mey. (1838) (保留属名) [萝藦科 Asclepiadaceae]●

42926 Pterophora L. (1760) (废弃属名) ≡ Bigelowia DC. (1836) (保留属名); ~ ≡ Pteronia L. (1763) (保留属名) [菊科 Asteraceae (Compositae)]●☆

42927 Pterophora Neck. (1790) Nom. inval. , Nom. illegit. (废弃属名) [菊科 Asteraceae(Compositae)]☆

42928 Pterophorus Boehm(1760) (废弃属名) = Pterophora L. (1760) (废弃属名); ~ ≡ Bigelowia DC. (1836) (保留属名); ~ ≡ Pteronia L. (1763) (保留属名) [菊科 Asteraceae(Compositae)]●☆

42929 Pterophorus Vaill. (废弃属名) ≡ Pterophorus Vaill. ex Adans. (1763) (废弃属名); ~ ≡ Pteronia L. (1763) (保留属名) [菊科 Asteraceae(Compositae)]●☆

42930 Pterophorus Vaill. ex Adans. (1763) (废弃属名) = Pteronia L. (1763) (保留属名) [菊科 Asteraceae(Compositae)]●☆

42931 Pterophylla D. Don(1830) = Weinmannia L. (1759) (保留属名)

[火把树科 (常绿棱枝树科, 角瓣木科, 库诺尼科, 南蔷薇科, 轻木科) Cunoniaceae]●☆

42932 Pterophyllus J. Nelson(1866) Nom. illegit. ≡ Ginkgo L. (1771) [银杏科 Ginkgoaceae]●★

42933 Pterophyton Cass. (1818) = Actinomeris Nutt. (1818) (保留属名) [菊科 Asteraceae(Compositae)]■☆

42934 Pteropodium DC. (1840) Nom. illegit. ≡ Pteropodium DC. ex Meisn. (1840) Nom. illegit. ; ~ = Jacaranda Juss. (1789) [紫葳科 Bignoniaceae]●

42935 Pteropodium DC. ex Meisn. (1840) = Jacaranda Juss. (1789) [紫葳科 Bignoniaceae]●

42936 Pteropodium Steud. (1841) Nom. inval. , Nom. nud. ≡ Pteropodium Willd. ex Steud. (1841) Nom. inval. , Nom. nud. ; ~ = Calamagrostis Adans. (1763); ~ = Deyeuxia Clarion ex P. Beauv. (1812) [禾本科 Poaceae(Gramineae)]■

42937 Pteropodium Willd. ex Steud. (1841) Nom. inval. , Nom. nud. = Calamagrostis Adans. (1763); ~ = Deyeuxia Clarion ex P. Beauv. (1812) [禾本科 Poaceae(Gramineae)]■

42938 Pteropogon A. Cunn. ex DC. (1838) Nom. illegit. ≡ Pteropogon DC. (1838); ~ = Helipterum DC. ex Lindl. (1836) Nom. confus. ; ~ = Rhodanthe Lindl. (1834) [菊科 Asteraceae(Compositae)]●■☆

42939 Pteropogon DC. (1838) = Helipterum DC. ex Lindl. (1836) Nom. confus. ; ~ = Rhodanthe Lindl. (1834) [菊科 Asteraceae (Compositae)]●■☆

42940 Pteropogon Fenzl(1839) Nom. illegit. = Facelis Cass. (1819) [菊科 Asteraceae(Compositae)]■☆

42941 Pteropogon Neck. (1790) Nom. inval. = Scabiosa L. (1753) [川续断科 (刺参科, 蓟叶参科, 山萝卜科, 续断科) Dipsacaceae//蓝盆花科 Scabiosaceae]●■

42942 Pteroptychia Bremek. (1944)【汉】假蓝属。【英】Pteroptychia。【隶属】爵床科 Acanthaceae。【包含】世界 7 种, 中国 1 种。【学名诠释与讨论】〈阴〉(希)pteron, 指小式 pteridion, 翅+ptyche, 所有格 ptychos, 皱褶。指花冠檐部向后折弯。此属的学名是 "Pteroptychia Bremekamp, Verh. Kon. Ned. Akad. Wetensch. , Afd. Natuurk. , Tweede Sect. 41(1): 303. 11 Mai 1944"。亦有文献把其处理为 "Strobilanthes Blume(1826)" 的异名。【分布】马来西亚 (西部), 中国, 中南半岛。【模式】Pteroptychia ridleyi (Merrill) Bremekamp [Strobilanthes ridleyi Merrill]。【参考异名】Strobilanthes Blume(1826)●■

42943 Pteropyrum Jaub. et Spach(1844)【汉】中亚翅果蓼 (翅蓼属)。【隶属】蓼科 Polygonaceae。【包含】世界 5-6 种。【学名诠释与讨论】〈中〉(希)pteron, 指小式 pteridion, 翅+pyren, 核, 颗粒。【分布】亚洲西南部。【后选模式】Pteropyrum aucheri Jaubert et Spach ●☆

42944 Pterorhachis Harms(1895)【汉】刺翅楝属。【隶属】楝科 Meliaceae。【包含】世界 1-2 种。【学名诠释与讨论】〈阴〉(希)pteron, 指小式 pteridion, 翅+rhachis, 针, 刺。【分布】西赤道非洲。【模式】Pterorhachis zenkeri Harms ●☆

42945 Pteroscleria Nees(1842) = Diplacrum R. Br. (1810) [莎草科 Cyperaceae]■

42946 Pteroselinum(Rchb.)Rchb. (1832)【汉】翅蛇床属。【隶属】伞形花科 (伞形科) Apiaceae(Umbelliferae)。【包含】世界 1 种。【学名诠释与讨论】〈中〉(希)pteron, 指小式 pteridion, 翅+(属) Selinum 亮蛇床属 (滇前胡属)。此属的学名, ING 记载是 "Pteroselinum (H. G. L. Reichenbach) H. G. L. Reichenbach, Fl. Germ. Excurs. 453. Jan-Jul 1832", 由 "Peucedanum b. Pteroselinum H. G. L. Reichenbach in J. C. Mössler, Handb. Gewächsk. ed. 2. 1 :

450. Dec 1827"改级而来；而 IK 则记载为"Pteroselinum Rchb.，Fl. Germ. Excurs. 453（1832）"。二者引用的文献相同。亦有文献把"Pteroselinum（Rchb.）Rchb.（1832）"处理为"Peucedanum L.（1753）"的异名。【分布】澳大利亚。【后选模式】Pteroselinum austriacum（N. J. Jacquin）H. G. L. Reichenbach［Selinum austriacum N. J. Jacquin］。【参考异名】Peucedanum L.（1753）；Peucedanum b. Pteroselinum Rchb.（1827）；Pteroselinum Rchb.（1832）Nom. illegit. ■☆

42947　Pteroselinum Rchb.（1832）Nom. illegit. ≡ Pteroselinum（Rchb.）Rchb.（1832）［伞形花科（伞形科）Apiaceae（Umbelliferae）］■☆

42948　Pterosenecio Sch. Bip. ex Baker（1884）= Senecio L.（1753）［菊科 Asteraceae（Compositae）//千里光科 Senecionidaceae］■●

42949　Pterosicyos Brandegee（1914）= Sechiopsis Naudin（1866）［葫芦科（瓜科，南瓜科）Cucurbitaceae］■

42950　Pterosiphon Turcz.（1863）= Cedrela P. Browne（1756）［楝科 Meliaceae］●

42951　Pterospartum（Spach.）K. Koch（1853）【汉】肖染料木属。【隶属】豆科 Fabaceae（Leguminosae）//蝶形花科 Papilionaceae。【包含】世界 11 种。【学名诠释与讨论】〈中〉（希）pteron，指小式 pteridion，翅 + sparton 金雀花。此属的学名，ING 记载是"Pterospartum（E. Spach）K. H. E. Koch，Hort. Dendrol. 142. 1853"，由"Genista subgen. Pterospartum E. Spach，Ann. Sci. Nat. Bot. ser. 3. 3：146. 1845"改级而来；而 IK 则记载为"Pterospartum K. Koch，Hort. Dendrol. 242. 1854"。二者引用的文献相同。IK 记载的"Pterospartum Willk.，Willk. et Lange，Prod. Fl. Hisp. iii. 440（1880）= Genista L.（1753）"则是晚出的非法名称。亦有文献把"Pterospartum（Spach.）K. Koch（1853）"处理为"Chamaespartium Adans.（1763）"或"Genista L.（1753）"的异名。【分布】中国（参见 Chamaespartium Adans. 和 Genista L.）。【模式】未指定。【参考异名】Chamaespartium Adans.（1763）；Genista L.（1753）；Genista subgen. Pterospartum Spach（1845）；Pterospartum K. Koch（1853）Nom. illegit. ●

42952　Pterospartum K. Koch（1853）Nom. illegit. ≡ Pterospartum（Spach.）K. Koch（1853）；~ = Genista L.（1753）［豆科 Fabaceae（Leguminosae）//蝶形花科 Papilionaceae］●

42953　Pterospartum Willk.（1880）Nom. illegit. = Genista L.（1753）［豆科 Fabaceae（Leguminosae）//蝶形花科 Papilionaceae］●●

42954　Pterospermadendron Kuntze（1891）Nom. illegit. ≡ Pterospermum Schreb.（1791）（保留属名）［梧桐科 Sterculiaceae//锦葵科 Malvaceae］●

42955　Pterospermopsis Arch. = Macarisia Thouars（1805）［红树科 Rhizophoraceae］●☆

42956　Pterospermopsis Arènes（1949）【汉】拟翅子树属。【隶属】梧桐科 Sterculiaceae//锦葵科 Malvaceae。【包含】世界 1 种。【学名诠释与讨论】〈阴〉（属）Pterospermum 翅子树属 +opsis，外观，模样。此属的学名，ING 和 IK 记载是"Pterospermopsis Arènes，Mém. Inst. Sci. Madagascar，Sér. B，Biol. Vég. 2：27. 1949"。化石植物的"Pterospermopsis W. Wetzel，Geol. Jahrb. 66：412. Oct 1952"是晚出的非法名称。"Pterospermopsis Arch."是"Macarisia Thouars（1805）［红树科 Rhizophoraceae］"的异名。【分布】马达加斯加。【模式】Pterospermopsis nossibeensis Arènes ●☆

42957　Pterospermum Schreb.（1791）（保留属名）【汉】翅子树属。【日】シマウラジロノキ属。【俄】Птероспермум。【英】Pterospermum，Wingseed Tree，Wingseedtree，Wing-seed-tree。【隶属】梧桐科 Sterculiaceae//锦葵科 Malvaceae。【包含】世界 18-40 种，中国 9-11 种。【学名诠释与讨论】〈中〉（希）pteron，指小式

pteridion，翅。pteridios，有羽毛的 +sperma，所有格 spermatos，种子，孢子。指种子顶端有翅。此属的学名"Pterospermum Schreb.，Gen. Pl. :461. Mai 1791"是保留属名。法规未列出相应的废弃属名。"Pterospermadendron O. Kuntze，Rev. Gen. 1：80. 5 Nov 1891"和"Velaga Adanson，Fam. 2：398. Jul – Aug 1763"是"Pterospermum Schreb.（1791）（保留属名）"的晚出的同模式异名（Homotypic synonym，Nomenclatural synonym）。【分布】巴基斯坦，中国，东喜马拉雅山，东南亚西部。【模式】Pterospermum suberifolium（Linnaeus）Willdenow［Pentapetes suberifolia Linnaeus］。【参考异名】Pterospermadendron Kuntze（1891）Nom. illegit.；Sczegleewia Turcz.（1858）；Velaga Adans.（1763）Nom. illegit. ●

42958　Pterospora Nutt.（1818）【汉】松滴兰属（翅孢属，松球属）。【隶属】鹿蹄草科 Pyrolaceae//杜鹃花科（欧石南科）Ericaceae。【包含】世界 1 种。【学名诠释与讨论】〈阴〉（希）pteron，指小式 pteridion，翅 +spora，孢子，种子。指种子具翅。【分布】北美洲。【模式】Pterospora andromedea Nuttall ■☆

42959　Pterosporopsis Kellogg（1854）= Sarcodes Torr.（1851）［杜鹃花科（欧石南科）Ericaceae］●☆

42960　Pterostegia Fisch. et C. A. Mey.（1836）【汉】翅苞蓼属。【英】Woodland Threadstem。【隶属】蓼科 Polygonaceae。【包含】世界 1 种。【学名诠释与讨论】〈阴〉（希）pteron，指小式 pteridion，翅 +stegon，遮盖物。指苞片具翅。【分布】美国，墨西哥，太平洋地区。【模式】Pterostegia drymarioides F. E. L. Fischer et C. A. Meyer ■☆

42961　Pterostelma Wight（1834）= Hoya R. Br.（1810）［萝藦科 Asclepiadaceae］●

42962　Pterostemma Kraenzl.（1899）【汉】翅冠兰属。【隶属】兰科 Orchidaceae。【包含】世界 5 种。【学名诠释与讨论】〈中〉（希）pteron，指小式 pteridion，翅 +stemma，所有格 stemmatos，花冠，花环，王冠。此属的学名，ING、GCI 和 IK 记载是"Pterostemma Kraenzl.，Bot. Jahrb. Syst. 26（5）：489. 1899［18 Apr 1899］"。"Pterostemma Lehm. et Kraenzl. = Pterostemma Kraenzl.（1899）"的命名人引证有误。【分布】秘鲁，哥伦比亚。【模式】Pterostemma antioquiense Lehmann et Kraenzlin。【参考异名】Pterostemma Lehm. et Kraenzl.，Nom. illegit. ■☆

42963　Pterostemma Lehm. et Kraenzl.，Nom. illegit. = Pterostemma Kraenzl.（1899）［兰科 Orchidaceae］■☆

42964　Pterostemon Schauer（1847）【汉】翼蕊木属（齿蕊属）。【日】プチロズティリス属。【英】Green Hoods，Hood Orchids。【隶属】翼蕊木科（齿蕊科）Pterostemonaceae//醋栗科（茶藨子科）Grossulariaceae。【包含】世界 2 种。【学名诠释与讨论】〈阳〉（希）pteron，指小式 pteridion，翅 +stemon，雄蕊。【分布】墨西哥。【模式】Pterostemon mexicanus Schauer ■☆

42965　Pterostemonaceae Small（1905）（保留科名）［亦见 Grossulariaceae DC.（保留科名）醋栗科（茶藨子科）］【汉】翼蕊木科（齿蕊科）。【包含】世界 1 属 2 种。【分布】墨西哥。【科名模式】Pterostemon Schauer ●☆

42966　Pterostephanus Kellogg（1863）= Anisocoma Torr. et A. Gray（1845）［菊科 Asteraceae（Compositae）］■☆

42967　Pterostephus（Jaub. et Spach）C. Presl（1845）= Spermacoce L.（1753）［茜草科 Rubiaceae//繁缕科 Alsinaceae］●■

42968　Pterostephus C. Presl（1845）Nom. illegit. ≡ Pterostephus（Jaubert et Spach）C. Presl（1845）；~ = Spermacoce L.（1753）［茜草科 Rubiaceae//繁缕科 Alsinaceae］●■

42969　Pterostigma Benth.（1835）= Adenosma R. Br.（1810）［玄参科 Scrophulariaceae］■

42970 Pterostylis R. Br. (1810)(保留属名)【汉】翅柱兰属。【日】プテロスティリス属。【英】Green Hoods, Greenhood, Greenhoods, Hood Orchids。【隶属】兰科 Orchidaceae。【包含】世界 95-120 种。【学名诠释与讨论】〈阴〉(希)pteron, 指小式 pteridion, 翅+stylos =拉丁文 style, 花柱, 中柱, 有尖之物, 桩, 柱, 支持物, 支柱, 石头做的界标。此属的学名"Pterostylis R. Br., Prodr. : 326. 27 Mar 1810"是保留属名。相应的废弃属名是兰科 Orchidaceae 的"Diplodium Sw. in Ges. Naturf. Freunde Berlin Mag. Neuesten Entdeck. Gesammten Naturk. 4 : 84. Jul 1810 = Pterostylis R. Br. (1810)(保留属名)"。【分布】澳大利亚, 新几内亚岛, 新西兰, 法属新喀里多尼亚。【模式】Pterostylis curta R. Brown。【参考异名】Crangonorchis D. L. Jones et M. A. Clem. (2002); Diplodium Sw. (1810)(废弃属名); Eremorchis D. L. Jones et M. A. Clem. (2002); Hymenochilus D. L. Jones et M. A. Clem. (2002); Linguella D. L. Jones et M. A. Clem. (2002); Petrorchis D. L. Jones et M. A. Clem. (2002); Petrostylis Pritz. (1855); Pharochilum D. L. Jones et M. A. Clem. (2002); Ranorchis D. L. Jones et M. A. Clem. (2002); Speculantha D. L. Jones et M. A. Clem. (2002); Stamnorchis D. L. Jones et M. A. Clem. (2002); Urochilus D. L. Jones et M. A. Clem. (2002)■☆

42971 Pterostyrax Siebold et Zucc. (1839)【汉】白辛树属。【日】アサガラ属。【俄】Птеростиракс。【英】Epaulette Tree, Epaulettetree, Epaulette-tree。【隶属】安息香科(齐墩果科, 野茉莉科) Styracaceae。【包含】世界 4 种, 中国 2 种。【学名诠释与讨论】〈阳〉(希)pteron, 指小式 pteridion, 翅+(属)Styrax 野茉莉属。指其与野茉莉属近缘, 而果有翅或有棱。【分布】缅甸至日本, 中国。【模式】Pterostyrax corymbosum Siebold et Zuccarini。【参考异名】Decavenia (Nakai) Koidz. (1930); Decavenia Koidz. (1930)●

42972 Pterota P. Browne(1756)(废弃属名) ≡ Fagara L. (1759)(保留属名) [芸香科 Rutaceae]●

42973 Pterotaberna Stapf(1902) = Tabernaemontana L. (1753) [夹竹桃科 Apocynaceae//红月桂科 Tabernaemontanaceae]●

42974 Pterotetracoilanthus Rappa et Camarrone(1962)Nom. inval. [番杏科 Aizoaceae]☆

42975 Pterothamnus V. Mayer et Ehrend. (2013)【汉】莫桑比克翼首花属。【隶属】川续断科(刺参科, 蓟叶参科, 山萝卜科, 续断科) Dipsacaceae。【包含】世界 1 种。【学名诠释与讨论】〈阴〉(希)pteron, 指小式 pteridion, 翅+thamnos, 指小式 thamnion, 灌木, 灌丛, 树丛, 枝。【分布】莫桑比克。【模式】Pterothamnus centennii (M. J. Cannon)V. Mayer et Ehrend. [Pterocephalus centennii M. J. Cannon]☆

42976 Pterotheca C. Presl (1831) Nom. illegit. = Rhynchospora Vahl (1805) [as 'Rynchospora'](保留属名) [莎草科 Cyperaceae]■☆

42977 Pterotheca Cass. (1816) = Crepis L. (1753) [菊科 Asteraceae (Compositae)]■

42978 Pterothrix DC. (1838)【汉】羽冠帚鼠麴属。【隶属】菊科 Asteraceae(Compositae)。【包含】世界 6 种。【学名诠释与讨论】〈阴〉(希)pteron, 指小式 pteridion, 翅+thrix, 所有格 trichos, 毛, 毛发。【分布】非洲南部。【后选模式】Pterothrix spinescens A. P. de Candolle●☆

42979 Pterotrichis Rchb. (1841) = Lachnostoma Kunth (1819); ~ = Pherotrichis Decne. (1838) [萝藦科 Asclepiadaceae]●☆

42980 Pterotropia Hillebr. (1888) Nom. illegit. ≡ Dipanax Seem. (1868); ~ =Tetraplasandra A. Gray(1854) [五加科 Araliaceae]●☆

42981 Pterotropis(DC.)Fourr. (1868) = Thlaspi L. (1753) [十字花科 Brassicaceae(Cruciferae)//荠菜科 Thlaspiaceae]■

42982 Pterotropis Fourr. (1868) Nom. illegit. ≡ Pterotropis (DC.)

Fourr. (1868); ~ = Thlaspi L. (1753) [十字花科 Brassicaceae (Cruciferae)//荠菜科 Thlaspiaceae]■

42983 Pteroxygonum Dammer et Diels(1905)【汉】翼蓼属(红药子属)。【英】Pteroxygonum, Wingknotweed。【隶属】蓼科 Polygonaceae。【包含】世界 1 种, 中国 1 种。【学名诠释与讨论】〈中〉(希)pteron, 指小式 pteridion, 翅+oxys, 锐尖, 敏锐, 迅速, 或酸的。oxytenes, 锐利的, 有尖的。oxyntos, 使锐利的, 使发酸的+gone, 所有格 gonos =gone, 后代, 子孙, 籽粒, 生殖器官。Goneus, 父亲。Gonimos, 能生育的, 有生育力的。新拉丁文 gonas, 所有格 gonatis, 胚腺, 生殖腺, 生殖器官。指三棱形瘦果具三翅。此属的学名是"Pteroxygonum Dammer et Diels, Bot. Jahrb. Syst. 36 Beibl. 82 : 36. 10 Nov 1905"。亦有文献把其处理为"Fagopyrum Mill. (1754)(保留属名)"的异名。【分布】中国。【模式】Pteroxygonum giraldii Dammer et Diels。【参考异名】Fagopyrum Mill. (1754)(保留属名)●■★

42984 Pteroxylon Hook. f. (1868) = Ptaeroxylon Eckl. et Zeyh. (1835) [喷嚏木科(嚏树科)Ptaeroxylaceae//无患子科 Sapindaceae//芸香科 Rutaceae]●☆

42985 Pterygiella Oliv. (1896)【汉】翅茎草属(马松蒿属)。【英】Pterygiella。【隶属】玄参科 Scrophulariaceae//列当科 Orobanchaceae。【包含】世界 5 种, 中国 5 种。【学名诠释与讨论】〈阴〉(希)pteryx, 所有格 pterygos, 指小式 pterygion, 翼, 羽毛, 鳍+拉丁文 - ellus 小。指茎具狭翅。【分布】中国。【模式】Pterygiella nigrescens D. Oliver。【参考异名】Xizangia D. Y. Hong (1986)●■★

42986 Pterygiosperma O. E. Schulz(1924)【汉】翅籽芥属。【隶属】十字花科 Brassicaceae(Cruciferae)。【包含】世界 1 种。【学名诠释与讨论】〈中〉(希)pteryx, 所有格 pterygos, 指小式 pterygion, 翼, 羽毛, 鳍+sperma, 所有格 spermatos, 种子, 孢子。【分布】巴塔哥尼亚。【模式】Pterygiosperma tehuelches (Spegazzini)O. E. Schulz [Sisymbrium tehuelches Spegazzini]■☆

42987 Pterygium Endl. (1840) = Dipterocarpus C. F. Gaertn. (1805); ~ = Pterigium Corrêa(1806) [龙脑香科 Dipterocarpaceae]●

42988 Pterygocalyx Maxim. (1859)【汉】翼萼蔓属。【日】ホソバノツルリンドウ属。【英】Pterygocalyx。【隶属】龙胆科 Gentianaceae。【包含】世界 1 种, 中国 1 种。【学名诠释与讨论】〈阳〉(希)pteryx, 所有格 pterygos, 指小式 pterygion, 翼, 羽毛, 鳍+kalyx, 所有格 kalykos =拉丁文 calyx, 花萼, 杯子。指萼翼状。此属的学名是"Pterygocalyx Maximowicz, Mém. Acad. Imp. Sci. St. -Pétersbourg Divers Savans 9 : 198. 9 Sep 1859"。亦有文献把其处理为"Crawfurdia Wall. (1826)"或"Gentiana L. (1753)"的异名。【分布】俄罗斯(阿穆尔), 中国。【模式】Pterygocalyx volubilis Maximowicz。【参考异名】Crawfurdia Wall. (1826); Gentiana L. (1753)■

42989 Pterygocarpus Hochst. (1843) = Dregea E. Mey. (1838)(保留属名) [萝藦科 Asclepiadaceae]●

42990 Pterygodium Sw. (1800)【汉】非洲兰属(非兰属)。【隶属】兰科 Orchidaceae。【包含】世界 15 种, 中国 2 种。【学名诠释与讨论】〈阴〉(希)pteryx, 所有格 pterygos, 指小式 pterygion, 翼, 羽毛, 鳍+-idius, -idia, -idium, 指示小的词尾。【分布】巴基斯坦, 热带和非洲南部。【后选模式】Pterygodium alatum (Linnaeus f.)O. Swartz [Ophrys alata Linnaeus f.]。【参考异名】Anochilus (Schltr.)Rolfe (1913); Anochilus Rolfe (1913) Nom. illegit. ; Ommatodium Lindl. (1838); Pterypodium Rchb. f. (1867)■☆

42991 Pterygolepis Rchb. (1841) = Pterolepis Schrad. (1821)(废弃属名); ~ = Scirpus L. (1753)(保留属名) [莎草科 Cyperaceae//藨草科 Scirpaceae]■

42992　Pterygoloma Hanst. (1854)= Alloplectus Mart. (1829)（保留属名）;~＝Columnea L. (1753)［苦苣苔科 Gesneriaceae］●■☆

42993　Pterygopappus Hook. f. (1874)【汉】尖叶藓菊属。【隶属】菊科 Asteraceae(Compositae)。【包含】世界1种。【学名诠释与讨论】〈阳〉(希)pteryx, 所有格 pterygos, 指小式 pterygion, 翼, 羽毛, 鳍+希腊文 pappos 指柔毛, 软毛。pappus 则与拉丁文同义, 指冠毛。【分布】澳大利亚(塔斯马尼亚岛)。【模式】Pterygopappus lawrencii J. D. Hooker。【参考异名】Maja Wedd. (1857) Nom. illegit. ;Pteropappus Pritz. (1865)■☆

42994　Pterygopleurum Kitag. (1937)【汉】翅棱芹属(翅肋芹属, 凤尾参属)。【日】シルラニンジン属。【英】Pterygopleurum。【隶属】伞形花科(伞形科) Apiaceae(Umbelliferae)。【包含】世界2种, 中国1种。【学名诠释与讨论】〈中〉(希)pteryx, 所有格 pterygos, 指小式 pterygion, 翼, 羽毛, 鳍+pleuron, 肋。指果棱显着呈翅状。【分布】朝鲜, 日本, 中国。【模式】Pterygopleurum neurophyllum (Maximowicz) Kitagawa［Edosmia neurophyllum Maximowicz］■

42995　Pterygopodium Harms(1913)＝ Oxystigma Harms(1897)［豆科 Fabaceae(Leguminosae)］●☆

42996　Pterygostachyum Nees ex Steud. (1854)＝ Dimeria R. Br. (1810)［禾本科 Poaceae(Gramineae)］■

42997　Pterygostachyum Steud. (1854) Nom. illegit. ≡ Pterygostachyum Nees ex Steud. (1854); ~ = Dimeria R. Br. (1810)［禾本科 Poaceae(Gramineae)］■

42998　Pterygostemon V. V. Botsch. (1977)【汉】翅蕊芥属。【隶属】十字花科 Brassicaceae(Cruciferae)。【包含】世界1种。【学名诠释与讨论】〈阴〉(希)pteryx, 所有格 pterygos, 指小式 pterygion, 翼, 羽毛, 鳍 + stemon, 花蕊。此属的学名" Pterygostemon V. V. Botschantzeva, Bot. Zhurn. (Moscow et Leningrad) 62: 1504. 6-31 Oct 1977"是一个替代名称。" Asterotricha V. V. Botschantzeva, Bot. Zhurn. (Moscow et Leningrad)61: 930. Jul 1976"是一个非法名称(Nom. illegit.), 因为此前已经有了褐藻的"Asterotrichia G. Zanardini, Saggio Classific. Nat. Ficee 63. Mar 1843"。故用"Pterygostemon V. V. Botsch. (1977)"替代之。亦有文献把"Pterygostemon V. V. Botsch. (1977)"处理为"Fibigia Medik. (1792)"的异名。【分布】哈萨克斯坦。【模式】Pterygostemon spathulatus (G. Karelin et I. Kirilov) V. V. Botschantzeva［Farsetia spathulata G. Karelin et I. Kirilov］。【参考异名】Asterotricha V. V. Botschantz. (1976) Nom. illegit. ;Fibigia Medik. (1792)■☆

42999　Pterygota Schott et Endl. (1832)【汉】翅苹婆属(翅子桐属)。【英】Pterygota。【隶属】梧桐科 Sterculiaceae//锦葵科 Malvaceae。【包含】世界15-20种, 中国1种。【学名诠释与讨论】〈阴〉(希)pterygotos, 有翅的。指种子顶端有长而阔的翅。【分布】巴基斯坦, 巴拿马, 秘鲁, 玻利维亚, 哥伦比亚(安蒂奥基亚), 马达加斯加, 中国, 热带, 中美洲。【模式】Pterygota roxburghii H. W. Schott et Endlicher, Nom. illegit.［Sterculia alata Roxburgh;Pterygota alata (Roxburgh) R. Brown］。【参考异名】Basiloxylon K. Schum. (1886) ;Tetradia R. Br. (1844)●

43000　Pterypodium Rchb. f. (1867)＝ Pterygodium Sw. (1800)［兰科 Orchidaceae］■☆

43001　Pteryxia (Nutt.) J. M. Coult. et Rose (1900) Nom. illegit. ≡ Pteryxia (Nutt. ex Torr. et A. Gray) J. M. Coult. et Rose(1900)［伞形花科(伞形科) Apiaceae(Umbelliferae)］■☆

43002　Pteryxia (Nutt. ex Torr. et A. Gray) J. M. Coult. et Rose (1900)【汉】北美芹属。【隶属】伞形花科(伞形科) Apiaceae(Umbelliferae)。【包含】世界5种。【学名诠释与讨论】〈阴〉(希)pteryx, 所有格 pterygos, 指小式 pterygion, 翼, 羽毛, 鳍。另说 pteris, 蕨类植物+Ixia 鸟娇花属(非洲鸢尾属, 小鸢尾属)。此属

的学名, ING 和 TROPICOS 记载是"Pteryxia (Nuttall ex Torrey et A. Gray) J. M. Coulter et J. N. Rose, Contr. U. S. Natl. Herb. 7: 170. 31 Dec 1900", 由"Cymopterus sect. Pteryxia Nuttall ex Torrey et A. Gray, Fl. N. Amer. 1: 624. Jun 1840"改级而来。GCI 则记载为"Pteryxia (Torr. et A. Gray) J. M. Coult. et Rose, Contr. U. S. Natl. Herb. 7(1): 170. 1900［31 Dec 1900］"。三者引用的文献包括基源异名的文献完全相同。IK 记载的"Pteryxia Nutt. ex Torr. et A. Gray, Fl. N. Amer. (Torr. et A. Gray)1(4): 624. 1840［Jun 1840］Pteryxia (Nutt. ex Torr. et A. Gray) J. M. Coult. et Rose(1900)＝ Cymopterus Raf. (1819)［伞形花科(伞形科) Apiaceae(Umbelliferae)]"是一个未合格发表的名称(Nom. inval.)。"Pteryxia Nutt. "也是一个未合格发表的名称。"Pteryxia (Nutt.) J. M. Coult. et Rose(1900) ≡ Pteryxia (Nutt. ex Torr. et A. Gray) J. M. Coult. et Rose(1900)"的命名人引证有误。【分布】北美洲西部。【模式】未指定。【参考异名】Cymopterus Raf. (1819) ;Cymopterus sect. Pteryxia Nutt. ex Torr. et A. Gray(1840) ;Pteryxia (Nutt.) J. M. Coult. et Rose(1900) Nom. illegit. ;Pteryxia (Torr. et A. Gray) J. M. Coult. et Rose(1900) Nom. illegit. ;Pteryxia Nutt. , Nom. inval. ;Pteryxia Nutt. ex Torr. et A. Gray(1840) Nom. inval. ■☆

43003　Pteryxia (Torr. et A. Gray) J. M. Coult. et Rose (1900) Nom. illegit. ≡ Pteryxia (Nutt. ex Torr. et A. Gray) J. M. Coult. et Rose (1900)［伞形花科(伞形科) Apiaceae(Umbelliferae)］■☆

43004　Pteryxia Nutt. , Nom. inval. ≡ Pteryxia (Nutt. ex Torr. et A. Gray) J. M. Coult. et Rose(1900)［伞形花科(伞形科) Apiaceae(Umbelliferae)］■☆

43005　Pteryxia Nutt. ex Torr. et A. Gray(1840) Nom. illegit. ≡ Pteryxia (Nutt. ex Torr. et A. Gray) J. M. Coult. et Rose (1900); ~ = Cymopterus Raf. (1819)［伞形花科(伞形科) Apiaceae(Umbelliferae)］■☆

43006　Ptichochilus Benth. (1881)＝ Ptychochilus Schauer(1843); ~ = Tropidia Lindl. (1833)［兰科 Orchidaceae］■

43007　Ptilagrostis Griseb. (1852)【汉】细柄茅属(剪股颖属, 细柄草属)。【日】ヒゲナガコメススギ属。【俄】Птилагростис。【英】Ptilagrostis。【隶属】禾本科 Poaceae (Gramineae)//针茅科 Stipaceae。【包含】世界11种, 中国7种。【学名诠释与讨论】〈阴〉(希)ptilon, 羽毛, 翼, 柔毛+(属)Agrostis 剪股颖属(小糠草属)。指宿存的芒羽毛状。此属的学名是"Ptilagrostis Grisebach in Ledebour, Fl. Rossica 4: 447. Sep 1852 ('1853')"。亦有文献把其处理为"Stipa L. (1753)"的异名。【分布】巴基斯坦, 中国, 亚洲中部和东北部。【模式】Ptilagrostis mongholica (Turczaninow) Grisebach［Stipa mongholica Turczaninow］。【参考异名】Stipa L. (1753)■

43008　Ptilanthelium Steud. (1855)＝ Schoenus L. (1753)［莎草科 Cyperaceae］■

43009　Ptilanthus Gleason (1945)＝ Graffenrieda DC. (1828)［野牡丹科 Melastomataceae］●☆

43010　Ptilepida Raf. (1818) Nom. illegit. ＝Actinella Pers. (1807)（废弃属名）; ~ = Helenium L. (1753)［菊科 Asteraceae (Compositae)//堆心菊科 Heleniaceae］■

43011　Ptileris Raf. (1818)＝ Erechtites Raf. (1817)［菊科 Asteraceae (Compositae)］■

43012　Ptilimnium Raf. (1819) Nom. nud. , Nom. inval. ≡ Ptilimnium Raf. (1825)［伞形花科(伞形科) Apiaceae(Umbelliferae)］■☆

43013　Ptilimnium Raf. (1825)【汉】沼毛草属。【隶属】伞形花科(伞形科) Apiaceae(Umbelliferae)。【包含】世界5种。【学名诠释与讨论】〈中〉(希)ptilon, 羽毛, 翼, 柔毛 + limne, 沼泽, 池塘。limnetes, 生活在沼泽中的。limnas, 所有格 limnados, 沼泽的+-

ius,-ia,-ium,在拉丁文和希腊文中,这些词尾表示性质或状态。此属的学名,ING、TROPICOS 和 IK 记载是 " Ptilimnium Rafinesque,Neogenyton 2. 182"。" Discopleura A. P. de Candolle, Collect. Mém. Ombellif. 38. 12 Sep 1829 " 是 " Ptilimnium Raf. (1825)"的晚出的同模式异名(Homotypic synonym,Nomenclatural synonym)。" Ptilimnium Raf., Amer. Monthly Mag. et Crit. Rev. 4 (3):192. 1819 [Jan 1819], Nom. nud., Nom. inval. ≡ Ptilimnium Raf. (1825)"是一个未合格发表的名称。【分布】美国,北美洲。【后选模式】Ptilimnium capillaceum (A. Michaux) Rafinesque [Ammi capillaceum A. Michaux]。【参考异名】Daucosma Engelm. et A. Gray ex A. Gray (1850); Discopleura DC. (1829) Nom. illegit.;Ptilimnium Raf. (1819)Nom. nud., Nom. inval. ■☆

43014 Ptilina Nutt. ex Torr. et A. Gray(1840) = Didiplis Raf. (1833); ~ =Lythrum L. (1753) [千屈菜科 Lythraceae]●■

43015 Ptilium Pers. (1805) = Fritillaria L. (1753); ~ =Petilium Ludw. (1757) [百合科 Liliaceae//贝母科 Fritillariaceae]■

43016 Ptilocalais A. Gray ex Greene(1886) = Microseris D. Don(1832) [菊科 Asteraceae(Compositae)]■☆

43017 Ptilocalais Greene (1886) Nom. illegit. ≡ Ptilocalais Torr. ex Greene(1886); ~ = Microseris D. Don (1832) [菊科 Asteraceae (Compositae)]■☆

43018 Ptilocalais Torr. ex Greene(1886) = Microseris D. Don (1832) [菊科 Asteraceae(Compositae)]■☆

43019 Ptilocalyx Torr. et A. Gray(1857)【汉】羽萼紫草属。【隶属】紫草科 Boraginaceae。【包含】世界 1 种。【学名诠释与讨论】〈阳〉(希)ptilon,羽毛,翼,柔毛+kalyx,所有格 kalykos =拉丁文 calyx,花萼,杯子。此属的学名是 "Ptilocalyx Torrey et A. Gray, Rep. Explor. Railroad Pacific Ocean ed. 2. 2(4): 170. 1857 (med.)('1855')"。亦有文献把其处理为 "Coldenia L. (1753)" 的异名。【分布】新墨西哥。【模式】Ptilocalyx greggii Torrey et A. Gray。【参考异名】Coldenia L. (1753)■☆

43020 Ptilochaeta Nees (1842) (废弃属名) = Rhynchospora Vahl (1805) [as 'Rynchospora'](保留属名) [莎草科 Cyperaceae]■☆

43021 Ptilochaeta Turcz. (1843) (保留属名)【汉】翼毛木属。【隶属】金虎尾科(黄褥花科)Malpighiaceae。【包含】世界 5 种。【学名诠释与讨论】〈阴〉(希)ptilon,羽毛,翼,柔毛+chaite =拉丁文 chaeta,刚毛。此属的学名 "Ptilochaeta Turcz. in Bull. Soc. Imp. Naturalistes Moscou 16:52. 1843 (prim.)"是保留属名。相应的废弃属名是莎草科 Cyperaceae 的 "Ptilochaeta Nees in Martius, Fl. Bras. 2(1): 147. 1 Apr 1842 = Rhynchospora Vahl (1805) [as 'Rynchospora'](保留属名)"。【分布】巴拉圭,玻利维亚。【模式】Ptilochaeta bahiensis Turczaninow ●☆

43022 Ptilocnema D. Don(1825) = Pholidota Lindl. ex Hook. (1825) [兰科 Orchidaceae]■

43023 Ptilomeria Nutt. (1841) = Baeria Fisch. et C. A. Mey. (1836) [菊科 Asteraceae(Compositae)]■☆

43024 Ptiloneilema Steud. (1850) = Melanocenchris Nees(1841) [禾本科 Poaceae(Gramineae)]■☆

43025 Ptilonella Nutt. (1841) Nom. illegit. ≡ Blepharipappus Hook. (1833) (废弃属名); ~ = Lebetanthus Endl. (1841) [as 'Lebethanthus'](保留属名) [菊科 Asteraceae(Compositae)]●☆

43026 Ptilonema Hook. f. (1896) Nom. illegit. = Melanocenchris Nees (1841); ~ = Ptiloneilema Steud. (1850) [禾本科 Poaceae (Gramineae)]■☆

43027 Ptilonilema Post et Kuntze (1903) = Melanocenchris Nees (1841); ~ = Ptilonema Hook. f. (1896) Nom. illegit.; ~ = Melanocenchris Nees(1841); ~ =Ptiloneilema Steud. (1850) [禾本科

科 Poaceae(Gramineae)]■☆

43028 Ptilophora(Torr. et A. Gray ex Hook. f.) A. Gray (1849) Nom. illegit. ≡ Ptilocalais A. Gray ex Greene (1886); ~ = Microseris D. Don(1832) [菊科 Asteraceae(Compositae)]■☆

43029 Ptilophora A. Gray(1849)Nom. illegit. ≡ Ptilophora (Torr. et A. Gray ex Hook. f.) A. Gray (1849) Nom. illegit. ; ~ = Ptilocalais A. Gray ex Greene (1886); ~ = Microseris D. Don (1832) [菊科 Asteraceae(Compositae)]■☆

43030 Ptilophyllum(Nutt.) Rchb. (1841) Nom. illegit. ≡ Burshia Raf. (1808) [小二仙草科 Haloragaceae//狐尾藻科 Myriophyllaceae]■

43031 Ptilophyllum Raf. = Myriophyllum L. (1753) [小二仙草科 Haloragaceae//狐尾藻科 Myriophyllaceae]■

43032 Ptiloria Raf. (1832) (废弃属名) = Stephanomeria Nutt. (1841) (保留属名) [菊科 Asteraceae(Compositae)]●■☆

43033 Ptilosciadium Steud. (1855) = Rhynchospora Vahl(1805) [as 'Rynchospora'](保留属名) [莎草科 Cyperaceae]■☆

43034 Ptilosia Tausch (1828) = Picris L. (1753) [菊科 Asteraceae (Compositae)]■

43035 Ptilostemon Cass. (1816)【汉】卵果蓟属(羽蕊菊属)。【英】Thistle。【隶属】菊科 Asteraceae(Compositae)。【包含】世界 14 种。【学名诠释与讨论】〈阳〉(希)ptilon,羽毛,翼,柔毛+stemon,雄蕊。此属的学名,ING、TROPICOS 和 IK 记载是 "Ptilostemon Cassini, Bull. Sci. Soc. Philom. Paris 1816:200. Dec 1816"。"Chamaepeuce A. P. de Candolle, Prodr. 6:657. 1837"是 "Ptilostemon Cass. (1816)"的晚出的同模式异名(Homotypic synonym,Nomenclatural synonym)。【分布】地中海至亚洲中部。【模式】Ptilostemon muticus Cassini [as 'muticum'], Nom. illegit. [Serratula chamaepeuce Linnaeus; Ptilostemon chamaepeuce (Linnaeus)Lessing]。【参考异名】Chamaepeuce DC. (1838)Nom. illegit.;Koechlea Endl. (1842); Lamyra (Cass.) Cass. (1822); Lamyra Cass. (1822)Nom. illegit.;Ptilostemum Steud. (1841)●☆

43036 Ptilostemum Steud. (1841) = Ptilostemon Cass. (1816) [菊科 Asteraceae(Compositae)]■☆

43037 Ptilostephium Kunth (1818) = Tridax L. (1753) [菊科 Asteraceae(Compositae)]■●

43038 Ptilothrix K. L. Wilson(1994)【汉】羽毛莎属。【隶属】莎草科 Cyperaceae。【包含】世界 1 种。【学名诠释与讨论】〈阴〉(希) ptilon,羽毛,翼,柔毛+thrix,所有格 trichos,毛,毛发。【分布】澳大利亚(东部)。【模式】Ptilothrix deusta (R. Brown) K. L. Wilson [Carpha deusta R. Brown]■●☆

43039 Ptilotrichum C. A. Mey. (1831)【汉】燥原芥属(节毛芥属,节毛荠属)。【俄】Птилотрихум。【英】Ptilotrichum。【隶属】十字花科 Brassicaceae(Cruciferae)。【包含】世界 12 种,中国 3 种。【学名诠释与讨论】〈中〉(希)ptilon,羽毛,翼,柔毛+thrix,所有格 trichos,毛,毛发。此属的学名是 "Ptilotrichum C. A. Meyer in Ledebour, Fl. Altaica 3: 64. Jul-Dec 1831"。亦有文献把其处理为 "Alyssum L. (1753)"的异名。【分布】巴基斯坦,中国,地中海至亚洲中部。【模式】未指定。【参考异名】Alyssum L. (1753); Pilotrichum Hook. f. et T. Anderson(1872)●■

43040 Ptilotum Dulac(1867)Nom. illegit. ≡ Dryas L. (1753) [蔷薇科 Rosaceae]●■

43041 Ptilotus R. Br. (1810)【汉】澳洲苋属(澳大利亚苋属)。【英】Multa-mulla,Pussy Tail。【隶属】苋科 Amaranthaceae。【包含】世界 90-100 种。【学名诠释与讨论】〈阳〉(希)ptilotos,具翅的。指花或花萼。【分布】澳大利亚,塔斯曼半岛。【模式】未指定。【参考异名】Dipteranthemum F. Muell. (1884); Hemisteirus F. Muell. (1853);Trichinium R. Br. (1810)■●☆

43042 Ptilurus D. Don（1830）= Leucheria Lag.（1811）［菊科 Asteraceae（Compositae）］■☆

43043 Ptosimopappus Boiss.（1845）= Centaurea L.（1753）（保留属名）［菊科 Asteraceae（Compositae）//矢车菊科 Centaureaceae］●■

43044 Ptyas Salisb.（1866）Nom. illegit. ≡ Kumara Medik.（1786）；~ = Aloe L.（1753）［百合科 Liliaceae//阿福花科 Asphodelaceae//芦荟科 Aloaceae］●■

43045 Ptycanthera Decne.（1844）〖汉〗褶药萝藦属。〖隶属〗萝藦科 Asclepiadaceae。〖包含〗世界 1 种。〖学名诠释与讨论〗〈阴〉（希）ptyche，所有格 ptychos，皱褶+anthera，花药。〖分布〗西印度群岛（多明我）。〖模式〗Ptycanthera berteroi Decaisne［as 'Berterii'］。〖参考异名〗Ptychanthera Post et Kuntze（1903）☆

43046 Ptychandra Scheff.（1876）〖汉〗襞蕊桐属。〖隶属〗棕榈科 Arecaceae（Palmae）。〖包含〗世界 7 种。〖学名诠释与讨论〗〈阴〉（希）ptyche，所有格 ptychos，皱褶+aner，所有格 andros，雄性，雄蕊。此属的学名是"Ptychandra Scheffer, Ann. Jard. Bot. Buitenzorg 1：140. 1876"。亦有文献把其处理为"Heterospathe Scheff.（1876）"的异名。〖分布〗印度尼西亚（马鲁古群岛），新几内亚岛。〖模式〗Ptychandra glauca Scheffer。〖参考异名〗Heterospathe Scheff.（1876）●☆

43047 Ptychanthera Post et Kuntze（1903）= Ptycanthera Decne.（1844）［萝藦科 Asclepiadaceae］☆

43048 Ptychocarpa（R. Br.）Spach（1841）= Grevillea R. Br. ex Knight（1809）［as 'Grevillia'］（保留属名）［山龙眼科 Proteaceae］●

43049 Ptychocarpa Spach（1841）Nom. illegit. ≡ Ptychocarpa（R. Br.）Spach（1841）；~ = Grevillea R. Br. ex Knight（1809）［as 'Grevillia'］（保留属名）［山龙眼科 Proteaceae］●

43050 Ptychocarpus Hils. ex Sieber = Melochia L.（1753）（保留属名）［梧桐科 Sterculiaceae//锦葵科 Malvaceae//马松子科 Melochiaceae］●■

43051 Ptychocarpus Kuhlm.（1925）Nom. illegit. ≡ Neoptychocarpus Buchheim（1959）［刺篱木科（大风子科）Flacourtiaceae］●☆

43052 Ptychocarya R. Br.（1831）Nom. inval., Nom. nud. = Ptychocarya R. Br. ex Wall.；~ = Scirpodendron Zipp. ex Kurz（1869）［莎草科 Cyperaceae］■☆

43053 Ptychocarya R. Br. ex Steud.（1841）Nom. inval., Nom. nud.［莎草科 Cyperaceae］■☆

43054 Ptychocarya R. Br. ex Wall. = Scirpodendron Zipp. ex Kurz（1869）［莎草科 Cyperaceae］■☆

43055 Ptychocaryum Kuntze ex H. Pfeiff.（1925）Nom. illegit. = Ptychocarya R. Br. ex Wall.；~ = Scirpodendron Zipp. ex Kurz（1869）［莎草科 Cyperaceae］■☆

43056 Ptychocaryum R. Br. corr. Kuntze（1903）= Ptychocarya R. Br. ex Wall.［莎草科 Cyperaceae］■☆

43057 Ptychocentrum（Wight et Arn.）Benth.（1838）= Rhynchosia Lour.（1790）（保留属名）［豆科 Fabaceae（Leguminosae）//蝶形花科 Papilionaceae］●■

43058 Ptychocentrum Benth.（1838）Nom. illegit. ≡ Ptychocentrum（Wight et Arn.）Benth.（1838）；~ = Rhynchosia Lour.（1790）（保留属名）［豆科 Fabaceae（Leguminosae）］●■

43059 Ptychochilus Schauer（1843）= Tropidia Lindl.（1833）［兰科 Orchidaceae］■

43060 Ptychococcus Becc.（1885）〖汉〗皱果片棕属（襞果桐属，襞果椰属，襞实桐属，摺果椰子属，皱果椰属）。〖日〗オオミヤハズ属。〖英〗Ptychococcus。〖隶属〗棕榈科 Arecaceae（Palmae）。〖包含〗世界 5-8 种。〖学名诠释与讨论〗〈阳〉（希）ptyche，所有格 ptychos，皱褶+kokkos，变为拉丁文 coccus，仁，谷粒，浆果。〖分布〗马来西亚（东部）。〖后选模式〗Ptychococcus paradoxus（Scheffer）Beccari［Drymophloeus paradoxus Scheffer］●☆

43061 Ptychodea Willd. ex Cham.（1829）Nom. illegit. ≡ Ptychodea Willd. ex Cham. et Schltdl.（1829）；~ = Sipanea Aubl.（1775）［茜草科 Rubiaceae］●■☆

43062 Ptychodea Willd. ex Cham. et Schltdl.（1829）= Sipanea Aubl.（1775）［茜草科 Rubiaceae］●■☆

43063 Ptychodon（Endl.）Rchb.（1841）Nom. illegit. ≡ Ptychodon（Klotzsch ex Endl.）Rchb.（1841）；~ = Lafoensia Vand.（1788）［千屈菜科 Lythraceae］●

43064 Ptychodon（Klotzsch ex Endl.）Rchb.（1841）= Lafoensia Vand.（1788）［千屈菜科 Lythraceae］●

43065 Ptychodon Klotzsch ex Rchb.（1841）Nom. illegit. ≡ Ptychodon（Klotzsch ex Endl.）Rchb.（1841）；~ = Lafoensia Vand.（1788）［千屈菜科 Lythraceae］●

43066 Ptychogyne Pfitzer（1907）= Coelogyne Lindl.（1821）［兰科 Orchidaceae］■

43067 Ptycholepis Griseb. ex Lechler（1857）Nom. illegit. ≡ Ptycholepis Griseb.（1857）；~ = Blepharodon Decne.（1844）［萝藦科 Asclepiadaceae］■☆

43068 Ptycholobium Harms（1915）〖汉〗异灰毛豆属。〖隶属〗豆科 Fabaceae（Leguminosae）。〖包含〗世界 3 种。〖学名诠释与讨论〗〈中〉（希）ptyche，所有格 ptychos，皱褶+lobos = 拉丁文 lobulus，片，裂片，叶，荚，蒴+-ius，-ia，-ium，在拉丁文和希腊文中，这些词尾表示性质或状态。〖分布〗热带非洲。〖模式〗Ptycholobium plicatum（Oliver）Harms［Tephrosia plicata Oliver］。〖参考异名〗Sylitra E. Mey.（1835）Nom. illegit. ■☆

43069 Ptychomeria Benth.（1855）= Gymnosiphon Blume（1827）［水玉簪科 Burmanniaceae］■☆

43070 Ptychopetalum Benth.（1843）〖汉〗褶瓣树属（巴西榥榅木属）。〖隶属〗铁青树科 Olacaceae。〖包含〗世界 4 种。〖学名诠释与讨论〗〈中〉（希）ptyche，所有格 ptychos，皱褶+希腊文 petalos，扁平的，铺开的；petalon，花瓣，叶，花叶，金属叶子；拉丁文的花瓣为 petalum。〖分布〗热带非洲，热带南美洲。〖模式〗Ptychopetalum olacoides Bentham。〖参考异名〗Anisandra Planch. ex Oilv.（1868）Nom. illegit.；Athesiandra Miers ex Benth. et Hook. f.（1862）●☆

43071 Ptychopyxis Miq.（1861）〖汉〗皱果大戟属。〖隶属〗大戟科 Euphorbiaceae。〖包含〗世界 13 种。〖学名诠释与讨论〗〈阴〉（希）ptyche，所有格 ptychos，皱褶+pyxis，指小式 pyxidion = 拉丁文 pyxis，所有格 pixidis，箱，果，盖果。〖分布〗马来西亚（西部），泰国，新几内亚岛东部，中南半岛。〖模式〗Ptychopyxis costata Miquel。〖参考异名〗Clarorivinia Pax et K. Hoffm.（1914）●☆

43072 Ptychoraphis Becc.（1885）= Rhopaloblaste Scheff.（1876）［棕榈科 Arecaceae（Palmae）］●☆

43073 Ptychosema Benth.（1839）〖汉〗异荚豆属。〖隶属〗豆科 Fabaceae（Leguminosae）。〖包含〗世界 2 种。〖学名诠释与讨论〗〈中〉（希）ptyche，所有格 ptychos，皱褶+sema，所有格 sematos，旗帜，标记。〖分布〗澳大利亚。〖模式〗Ptychosema pusillum Bentham ■☆

43074 Ptychosperma Labill.（1809）〖汉〗绉子棕属（襞籽椰属，海桃椰子属，麦加绉子棕属，射叶椰属，射叶椰子属，绉子椰属，绉籽椰属，皱子棕属）。〖日〗シーフォーシア属，ニコバルヤシ属，ヤハズ属。〖俄〗Птихосперма。〖英〗Ptychosperma，Solitaire Palm。〖隶属〗棕榈科 Arecaceae（Palmae）。〖包含〗世界 28-38 种。〖学名诠释与讨论〗〈中〉（希）ptyche，所有格 ptychos，皱褶+sperma，所有格 spermatos，种子，孢子。〖分布〗澳大利亚（北部），巴布亚新几内亚（俾斯麦群岛），所罗门群岛，新几内亚岛。〖模式〗

Ptychosperma gracile Labillardière［as 'gracilis'］。【参考异名】Actinophloeus（Becc.）Becc.（1885）；Dransfieldia W. J. Baker et Zona（2006）；Ponapea Becc.（1924）；Psychosperma Dumort.（1829）；Romanowia Gander ex André（1899）；Romanowia Sander；Romanowia Sander ex André（1899）；Seaforthia R. Br.（1810）；Strongylocaryum Burret（1936）●☆

43075　Ptychostigma Hochst.（1844）Nom. inval. ≡ Galiniera Delile（1843）［茜草科 Rubiaceae］●☆

43076　Ptychostoma Post et Kuntze（1903）= Lonchostoma Wikstr.（1818）（保留属名）；~ = Ptyxostoma Vahl（1810）（废弃属名）；~ = Lonchostoma Wikstr.（1818）（保留属名）［鳞叶树科（布鲁尼科，小叶树科）Bruniaceae］■☆

43077　Ptychostylus Tiegh.（1895）= Loranthus Jacq.（1762）（保留属名）；~ = Struthanthus Mart.（1830）（保留属名）［桑寄生科 Loranthaceae］●☆

43078　Ptychotis Thell.（1926）Nom. illegit. ［伞形花科（伞形科）Apiaceae（Umbelliferae）］☆

43079　Ptychotis W. D. J. Koch（1824）【汉】褶耳草属。【英】Ptychotis。【隶属】伞形花科（伞形科）Apiaceae（Umbelliferae）。【包含】世界1-2 种。【学名诠释与讨论】〈阴〉（希）ptyche = ptyx，所有格 ptychos，皱褶 + ous，所有格 otos，指小式 otion，耳。otikos，耳的。此属的学名是"Ptychotis W. D. J. Koch, Nova Acta Phys. -Med. Acad. Caes. Leop. -Carol. Nat. Cur. 12：124. 1824"。亦有文献把其处理为"Carum L.（1753）"的异名。【分布】巴基斯坦，中国，欧洲。【后选模式】Ptychotis heterophylla W. D. J. Koch, Nom. illegit.［Seseli saxifragum Linnaeus；Ptychotis saxifraga（Linnaeus）H. Loret et A. Barrandon］。【参考异名】Carum L.（1753）■

43080　Ptyssiglottis T. Anderson（1860）【汉】折舌爵床属。【隶属】爵床科 Acanthaceae。【包含】世界 60 种。【学名诠释与讨论】〈阴〉（希）ptysso，折起来，折叠 + glottis，所有格 glottidos，气管口，来自 glotta = glossa，舌。【分布】马来西亚（西部），斯里兰卡，中南半岛。【模式】Ptyssiglottis radicosa T. Anderson。【参考异名】Ancylacanthus Lindau（1913）；Hallieracantha Stapf（1907）；Oreothyrsus Lindau（1905）；Polytrema C. B. Clarke（1908）■☆

43081　Ptyxostoma Vahl（1810）（废弃属名）= Lonchostoma Wikstr.（1818）（保留属名）［鳞叶树科（布鲁尼科，小叶树科）Bruniaceae］●☆

43082　Puberula Rydb. = Johanneshowellia Reveal（2004）［蓼科 Polygonaceae］■☆

43083　Pubeta L.（1775）（废弃属名）= Duroia L. f.（1782）（保留属名）［茜草科 Rubiaceae］●☆

43084　Pubilaria Raf.（1837）= Simethis Kunth（1843）（保留属名）［阿福花科 Asphodelaceae//萱草科 Hemerocallidaceae］■☆

43085　Pubistylus Thoth.（1966）【汉】柔毛茜属。【隶属】茜草科 Rubiaceae。【包含】世界 1 种。【学名诠释与讨论】〈阳〉（希）pubes，青春期生长的任何毛，尤指生殖器官上的毛。puber = pubes = pubis，复有柔毛的，尤指到了青春期亦即长毛期，含义为成年期 + stylos = 拉丁文 style，花柱，中柱，有尖之物，桩，柱，支持物，支柱，石头做的界标。指花柱。【分布】印度（安达曼群岛）。【模式】Pubistylus andamanensis K. Thothathri ●☆

43086　Publicaria Deflers（1889）= Pulicaria Gaertn.（1791）［菊科 Asteraceae（Compositae）］■●

43087　Pucara Ravenna（1972）【汉】北秘鲁石蒜属。【隶属】石蒜科 Amaryllidaceae//百合科 Liliaceae。【包含】世界 1 种。【学名诠释与讨论】〈阴〉词源不详。【分布】北部，秘鲁。【模式】Pucara leucantha P. Ravenna ■☆

43088　Puccinellia Parl.（1848）（保留属名）【汉】碱茅属（卜氏草属，铺茅属，盐茅属）。【日】チシマドジャウツナギ属，チシマドジョウツナギ属。【俄】Бескильница。【英】Alkali Grass, Alkaligrass, Alkali-grass, Saltmarsh Grass。【隶属】禾本科 Poaceae（Gramineae）。【包含】世界 25-200 种，中国 50-73 种。【学名诠释与讨论】〈阴〉（人）Benedetto Luigi Puccinelli, 1808-1850，意大利植物学者。此属的学名"Puccinellia Parl., Fl. Ital. 1：366. 1848"是保留属名。相应的废弃属名是禾本科 Poaceae（Gramineae）的"Atropis（Trin.）Rupr. ex Griseb. in Ledebour, Fl. Ross. 4：388. Sep 1852 ≡ Puccinellia Parl.（1848）（保留属名）"。"Beitraege zur Pflanzenkunde des Russischen Reiches 2：64. 1845 = Pucara Ravenna（1972）"也须废弃。"Atropis（Trin.）Griseb.（1845）≡ Atropis（Trin.）Rupr. ex Griseb.（1845）（废弃属名）"的命名人引证有误。【分布】巴基斯坦，玻利维亚，厄瓜多尔，马达加斯加，美国（密苏里），中国，北温带，非洲南部。【模式】Puccinellia distans（Linnaeus）Parlatore［Poa distans Linnaeus］。【参考异名】Atropis（Trin.）Griseb.（1845）（废弃属名）；Atropis（Trin.）Rupr. ex Griseb.（1845）（废弃属名）；Atropis Rupr.（1845）（废弃属名）■

43089　Puccionia Chiov.（1929）【汉】普奇尼南星属。【隶属】山柑科（白花菜科，醉蝶花科）Capparaceae。【包含】世界 1 种。【学名诠释与讨论】〈阴〉（人）Puccioni。【分布】索马里。【模式】Puccionia macradenia Chiovenda ■☆

43090　Pucedanum Hill（1768）= Peucedanum L.（1753）［伞形花科（伞形科）Apiaceae（Umbelliferae）］■

43091　Puebloa Doweld（1999）= Pediocactus Britton et Rose（1913）［仙人掌科 Cactaceae］●☆

43092　Puelia Franch.（1887）【汉】皮埃尔禾属（珀尔禾属）。【隶属】禾本科 Poaceae（Gramineae）。【包含】世界 5 种。【学名诠释与讨论】〈阴〉（人）Timothee Puel, 1812-1890，法国植物学者，医生。【分布】热带非洲。【模式】Puelia ciliata Franchet。【参考异名】Atractocarpa Franch.（1887）；Atractocarpeae Jacq. -Fél.（1962）Nom. inval.；Atractocarpeae Jacq. -Fél. ex Tzvelev（1987）；Atractocarpinae E. G. Camus（1913）Nom. illegit. ■☆

43093　Pueraria DC.（1825）【汉】葛属（葛藤属）。【日】クズ属。【俄】Кудзу, Пуерария, Пуэрария。【英】Kudzu Bean, Kudzu Vine, Kudzubean, Kudzuvine, Pueraria。【隶属】豆科 Fabaceae（Leguminosae）//蝶形花科 Papilionaceae。【包含】世界 17-35 种，中国 12 种。【学名诠释与讨论】〈阴〉（人）Marc Nicolas Puerari, 1766-1845，丹麦植物学者。一说瑞士植物学者。【分布】巴基斯坦，巴拿马，秘鲁，玻利维亚，厄瓜多尔，哥伦比亚（安蒂奥基亚），哥斯达黎加，美国（密苏里），尼加拉瓜，中国，喜马拉雅山至日本，东南亚，中美洲。【后选模式】Pueraria tuberosa（Roxburgh ex Willdenow）A. P. de Candolle［Hedysarum tuberosum Roxburgh ex Willdenow］。【参考异名】Neustanthus Benth.（1852）；Puraria Wall.（1831-1832）；Zeydora Lour. ex Gomes（1868）●■

43094　Pugetia（Gand.）Gand.（1886）= Rosa L.（1753）［蔷薇科 Rosaceae］●

43095　Pugetia Gand.（1886）Nom. illegit. ≡ Pugetia（Gand.）Gand.（1886）；~ = Rosa L.（1753）［蔷薇科 Rosaceae］●

43096　Pugionella Salisb.（1866）= Strumaria Jacq.（1790）［石蒜科 Amaryllidaceae］■☆

43097　Pugionium Gaertn.（1791）【汉】沙芥属（漠芥属）。【英】Pugionium, Sandcress。【隶属】十字花科 Brassicaceae（Cruciferae）。【包含】世界 3-5 种，中国 2-5 种。【学名诠释与讨论】〈中〉（希）pugio，所有格 pugionis，短刀，匕首 + -ius，-ia，-ium，在拉丁文和希腊文中，这些词尾表示性质或状态。指角果短刀形。【分布】蒙古，中国。【模式】Pugionium cornutum（Linnaeus）

J. Gaertner［Bunias cornuta Linnaeus］■

43098　Pugiopappus A. Gray ex Torr.（1857）Nom. illegit. ≡Pugiopappus A. Gray（1857）；~ = Coreopsis L.（1753）［菊科 Asteraceae （Compositae）］●■

43099　Pugiopappus A. Gray（1857）= Coreopsis L.（1753）［菊科 Asteraceae（Compositae）//金鸡菊科 Coreopsidaceae］●■

43100　Puja Molina（1810）= Puya Molina（1782）［凤梨科 Bromeliaceae］■☆

43101　Pukanthus Raf.（1838）Nom. illegit. = Grabowskia Schltdl. （1832）［茄科 Solanaceae］●☆

43102　Pukateria Raoul（1844）= Griselinia J. R. Forst. et G. Forst. （1775）［山茱萸科 Cornaceae//夷茱萸科 Griseliniaceae］●☆

43103　Pulassarium Kuntze（1891）Nom. illegit. ≡Pulassarium Rumph. ex Kuntze（1891）；~ ≡Alyxia Banks ex R. Br.（1810）（保留属名） ［夹竹桃科 Apocynaceae］●

43104　Pulassarium Rumph.（1745–1747）Nom. inval. ≡Pulassarium Rumph. ex Kuntze（1891）；~ ≡Alyxia Banks ex R. Br.（1810）（保留属名）［夹竹桃科 Apocynaceae］●

43105　Pulassarium Rumph. ex Kuntze（1891）Nom. illegit. ≡Alyxia Banks ex R. Br.（1810）（保留属名）［夹竹桃科 Apocynaceae］●

43106　Pulcheria Comm. ex Moewes = Polycardia Juss.（1789）［卫矛科 Celastraceae］●☆

43107　Pulcheria Noronha（1790）Nom. inval. = Kadsura Kaempf. ex Juss.（1810）［木兰科 Magnoliaceae//五味子科 Schisandraceae］●

43108　Pulchia Steud.（1841）Nom. illegit. = Diclidanthera Mart. （1827）；~ = Pluchia Vell.（1829）［远志科 Polygalaceae//轮蕊花科 Diclidantheraceae］●■☆

43109　Pulchranthus V. M. Baum, Reveal et Nowicke（1983）【汉】美花爵床属。【隶属】爵床科 Acanthaceae。【包含】世界4种。【学名诠释与讨论】〈阳〉（拉）pulchra，美的，好的+anthos，花。【分布】巴西，秘鲁，玻利维亚，厄瓜多尔，哥伦比亚，几内亚，苏里南。【模式】Pulchranthus surinamensis（Bremekamp）V. M. Baum, J. L. Reveal et J. W. Nowicke［Odontonema surinamense Bremekamp］●■☆

43110　Pulegium Mill.（1754）= Mentha L.（1753）［唇形科 Lamiaceae （Labiatae）//薄荷科 Menthaceae］■●

43111　Pulegium Ray ex Mill.（1754）Nom. illegit. ≡Pulegium Mill. （1754）；~ = Mentha L.（1753）［唇形科 Lamiaceae（Labiatae）//薄荷科 Menthaceae］■●

43112　Pulicaria Gaertn.（1791）【汉】蚤草属（臭蚤草属）。【日】カセンサウモドキ属。【俄】Блошница, Пуликария。【英】False Fleabane, Fleabane, Fleaweed, Pulicaria。【隶属】菊科 Asteraceae （Compositae）。【包含】世界50-85种，中国6种。【学名诠释与讨论】〈阴〉（拉）pulex，所有格 pulicis，蚤+-arius，-aria，-arium，指示"属于、相似、具有、联系"的词尾。指种子状如蚤。【分布】中国，热带和非洲南部，温带和欧亚大陆。【模式】Pulicaria vulgaris J. Gaertner［Inula pulicaria Linnaeus］。【参考异名】Deinosmos Raf.（1837）；Dinosma Post et Kuntze（1903）；Duchesnea Post et Kuntze（1903）Nom. illegit.；Duchesnia Cass.（1817）Nom. illegit.；Francoeuria Cass.（1825）；Frankoeria Steud.（1840）；Kiliania Sch. Bip. ex Benth. et Hook. f.（1873）；Platychaete Boiss. （1849）；Platychaete Bornm.；Poloa DC.（1833）；Pterochaete Boiss. （1846）Nom. illegit.；Publicaria Deflers（1889）；Sclerostephane Chiov.（1929）；Strabonia DC.（1836）；Tubilium Cass.（1817）■●

43113　Pulicarioidea Bunwong, Chantar. et S. C. Keeley（2014）【汉】拟蚤草属。【隶属】菊科 Asteraceae（Compositae）。【包含】世界1种。【学名诠释与讨论】〈阴〉（属）Pulicaria 蚤草属（臭蚤草属）+oideos =（拉）oideus，形容词词尾，义为……的形状或型。【分

布】越南。【模式】Pulicarioidea annamica（Gagnep.）Bunwong, Chantar. et S. C. Keeley［Pulicaria annamica Gagnep.］☆

43114　Puliculum Haines（1924）Nom. illegit. ≡Puliculum Stapf ex Haines （1924）；~ = Eulalia Kunth（1829）；~ = Pseudopogonatherum A. Camus（1921）［禾本科 Poaceae（Gramineae）］■

43115　Puliculum Stapf ex Haines（1924）= Eulalia Kunth（1829）；~ = Pseudopogonatherum A. Camus（1921）［禾本科 Poaceae （Gramineae）］■

43116　Pullea Schltr.（1914）【汉】普莱木属。【隶属】火把树科（常绿棱枝树科，角瓣木科，库诺尼科，南蔷薇科，轻木科）Cunoniaceae。【包含】世界3种。【学名诠释与讨论】〈阴〉（人）August Adriaan Pulle, 1878 – 1955, 荷兰植物学者。此属的学名是"Pullea Schlechter, Bot. Jahrb. Syst. 52：164. 24 Nov 1914"。亦有文献把其处理为"Codia J. R. Forst. et G. Forst.（1775）"的异名。【分布】斐济，新几内亚岛。【后选模式】Pullea mollis Schlechter。【参考异名】Codia J. R. Forst. et G. Forst.（1775）；Stutzeria F. Muell. （1865）Nom. inval.●☆

43117　Pullipes Raf.（1840）= Caucalis L.（1753）［伞形花科（伞形科）Apiaceae（Umbelliferae）］■●☆

43118　Pullipuntu Ruiz = Phytelephas Ruiz et Pav.（1798）+Yarina O. F. Cook［棕榈科 Arecaceae（Palmae）］●☆

43119　Pulmonaria L.（1753）【汉】肺草属。【日】プルモナーリア属。【俄】Лёгочница, Медуница, Трава легочная, Трава лёгочная。【英】Lungwort, Lung-wort。【隶属】紫草科 Boraginaceae。【包含】世界5-18种，中国1种。【学名诠释与讨论】〈阴〉（拉）pulmo，所有格 pulmonis，肺。pulmonarius，关于肺的，对肺有益的。指某个种的叶上具斑点，或指可治疗肺病。【分布】中国，欧洲。【后选模式】Pulmonaria officinalis Linnaeus。【参考异名】Bessera Schult. （1809）（废弃属名）；Palmonaria Boiss.（1875）■

43120　Pulpaceae Dulac = Grossulariaceae DC.（保留科名）●■

43121　Pulsatilla Mill.（1754）【汉】白头翁属。【日】オキナグサ属。【俄】Прострел, Сон-трава。【英】Anemone, Asqueflower, European Pasque-flower, Pasque Flower, Pasqueflower, Pulsatilla, Windflower。【隶属】毛莨科 Ranunculaceae。【包含】世界33-43种，中国12种。【学名诠释与讨论】〈阴〉（拉）pulsatillus，被打击的，鸣的。指花形似钟。此属的学名是"Pulsatilla P. Miller, Gard. Dict. Abr. ed. 4. 28 Jan 1754"。亦有文献把其处理为"Anemone L.（1753）（保留属名）"的异名。【分布】巴基斯坦，中国，温带欧洲。【后选模式】Pulsatilla vulgaris P. Miller［Anemone pulsatilla Linnaeus］。【参考异名】Anemone L.（1753）（保留属名）■

43122　Pulsatilloides（DC.）Starod.（1991）【汉】拟白头翁属。【隶属】毛莨科 Ranunculaceae//银莲花科（罂粟莲花科）Anemonaceae。【包含】世界6种，中国3种。【学名诠释与讨论】〈阴〉（属）Pulsatilla 白头翁属+oides，来自 o+eides，像，似；或 o+eidos 形，含义为相像。此属的学名，IK 记载是"Pulsatilloides（DC.）Starod., Vetrenitsy：sist. evol. 124（1991）"，由"Anemone sect. Pulsatilloides DC."改级而来。亦有文献把"Pulsatilloides（DC.）Starod. （1991）"处理为"Anemone L.（1753）（保留属名）"的异名。【分布】中国，喜马拉雅山。【模式】不详。【参考异名】Anemone L. （1753）（保留属名）；Anemone sect. Pulsatilloides DC. ■

43123　Pultenaea Sm.（1794）【汉】灌木豆属（普尔特木属）。【英】Bush-pea。【隶属】豆科 Fabaceae（Leguminosae）。【包含】世界100种。【学名诠释与讨论】〈阴〉（人）Richard Pulteney, 1730 – 1801, 英国植物学者，医生，博物学者。此属的学名，ING 和APNI 记载是"Pultenaea J. E. Smith, Spec. Bot. New Holland 1：35. 2 Jul 1794（'1793'）"。"Pultenea A. St. -Hil."是其拼写变体。

【分布】澳大利亚。【模式】Pultenaea stipularis J. E. Smith。【参考异名】Bartlingia Brongn. (1827) Nom. inval. ; Bartlingia Brongn. (1882); Euchilus R. Br. (1811); Euchilus R. Br. ex W. T. Aiton (1811) Nom. illegit. ; Euchylus Poir. (1819); Pultenea A. St. -Hil., Nom. illegit. ; Pulteneja Hoffmanns. (1824); Pulteneya Hoffmanns. (1824); Pulteneya Post et Kuntze (1903) Nom. illegit. ; Pultnaea Graham(1836); Spadostyles Benth. (1837); Stonesiella Crisp et P. H. Weston(1999); Urodon Turcz. (1849)●☆

43124 Pultenea A. St. -Hil., Nom. illegit. = Pultenaea Sm. (1794)［豆科 Fabaceae(Leguminosae)］●☆

43125 Pulteneya Hoffmanns. (1824) = Pultenaea Sm. (1794)［豆科 Fabaceae(Leguminosae)］●☆

43126 Pulteneya Post et Kuntze (1903) Nom. illegit. = Pultenaea Sm. (1794)［豆科 Fabaceae(Leguminosae)］●☆

43127 Pultnaea Graham (1836) = Pultenaea Sm. (1794)［豆科 Fabaceae(Leguminosae)］●☆

43128 Pultoria Raf. = Ilex L. (1753); ~ = Paltoria Ruiz et Pav. (1794)［冬青科 Aquifoliaceae］●

43129 Pulvinaria E. Fourn. (1885) Nom. illegit. ≡ Lhotzkyella Rauschert (1982)［萝藦科 Asclepiadaceae］■☆

43130 Pumilea P. Browne(1756) = Turnera L. (1753)［时钟花科(穗柱榆科,窝籽科,有叶花科)Turneraceae］●■☆

43131 Pumilo Schltdl. (1848) = Rutidosis DC. (1838)［菊科 Asteraceae(Compositae)］■☆

43132 Puna R. Kiesling (1982) = Opuntia Mill. (1754)［仙人掌科 Cactaceae］●

43133 Puncticularia N. E. Br. ex Lemee = Punctillaria N. E. Br. (1925)［番杏科 Aizoaceae］■☆

43134 Punctilaria Lemee = Punctillaria N. E. Br. (1925)［番杏科 Aizoaceae］■☆

43135 Punctillaria N. E. Br. (1925) = Pleiospilos N. E. Br. (1925)［番杏科 Aizoaceae］■☆

43136 Punduana Steetz(1864) = Vernonia Schreb. (1791)(保留属名)［菊科 Asteraceae(Compositae)//斑鸠菊科(绿菊科)Vernoniaceae］●■

43137 Puneeria Stocks(1849) = Withania Pauquy(1825)(保留属名)［茄科 Solanaceae］●■

43138 Pungamia Lam. (1792)(废弃属名) = Pongamia Adans. (1763)(保留属名)［as 'Pongam'］［豆科 Fabaceae(Leguminosae)//蝶形花科 Papilionaceae］●

43139 Punica L. (1753)【汉】石榴属(安石榴属)。【日】ザクロ属。【俄】Гранат, Гранатник。【英】Pomegranate, Punica。【隶属】石榴科(安石榴科)Punicaceae//千屈菜科 Lythraceae。【包含】世界2种,中国1种。【学名诠释与讨论】〈阴〉(拉)punica,石榴的古名,来自北非古国迦太基 Carthage 的古名 Punicus,据说石榴在该城附近特多,曾被首先发现,后传入欧洲时称为迦太基苹果 malum punicum。或来自拉丁文 puniceus,绯红色的,深红色的。指花的颜色。此属的学名,ING、TROPICOS、APNI 和 IK 记载是"Punica L., Sp. Pl. 1:472. 1753［1 May 1753］"。"Granatum Saint－Lager, Ann. Soc. Bot. Lyon 7:132. 1880"是"Punica L. (1753)"的晚出的同模式异名(Homotypic synonym, Nomenclatural synonym)。【分布】巴基斯坦,巴拿马,玻利维亚,厄瓜多尔,哥伦比亚(安蒂奥基亚),尼加拉瓜,也门(索科特拉岛),中国,巴尔干半岛至喜马拉雅山,中美洲。【模式】Punica granatum Linnaeus。【参考异名】Granatum St. -Lag. (1880) Nom. illegit. ; Rhoea St. -Lag. (1880); Socotria G. M. Levin(1980)●

43140 Punicaceae Bercht. et J. Presl (1825)(保留科名)［亦见 Lythraceae J. St. -Hil. (保留科名)千屈菜科］【汉】石榴科(安石榴科)。【日】ザクロ科。【俄】Гранатовые。【英】Pomegranate Family。【包含】世界1属2种,中国1属1种。【分布】欧洲东南部至喜马拉雅山,也门(索科特拉岛)。【科名模式】Punica L. (1753)●

43141 Punicaceae Horan. = Punicaceae Bercht. et J. Presl(保留科名); ~ = Putranjivaceae Endl. ●

43142 Punicella Turcz. (1852) = Balaustion Hook. (1851)●［桃金娘科 Myrtaceae］☆

43143 Punjuba Britton et Rose(1928)【汉】热美围涎树属。【隶属】豆科 Fabaceae(Leguminosae)//含羞草科 Mimosaceae。【包含】世界3种。【学名诠释与讨论】〈阴〉词源不详。此属的学名是"Punjuba N. L. Britton et J. N. Rose, N. Amer. Fl. 23: 28. 11 Feb 1928"。亦有文献把其处理为"Pithecellobium Mart. (1837)［as 'Pithecollobium'］(保留属名)"的异名。【分布】玻利维亚,南美洲,中美洲。【模式】Punjuba racemiflora (J. D. Smith) N. L. Britton et J. N. Rose［Pithecolobium racemiflorum J. D. Smith］。【参考异名】Pithecellobium Mart. (1837)［as 'Pithecollobium'］(保留属名)●☆

43144 Puntia Hedge (1983)【汉】蓬特草属。【隶属】唇形科 Lamiaceae(Labiatae)。【包含】世界1种。【学名诠释与讨论】〈阴〉(人) Punt。此属的学名是"Puntia I. C. Hedge, Notes Roy. Bot. Gard. Edinburgh 41: 115. 15 Jun 1983"。亦有文献把其处理为"Endostemon N. E. Br. (1910)"的异名。【分布】索马里。【模式】Puntia stenocaulis Hedge。【参考异名】Endostemon N. E. Br. (1910)●☆

43145 Pupal Adans. (1763) Nom. illegit. (废弃属名) ≡ Pupalia Adans. (1763)［as 'Pupal'］(废弃属名); ~ ≡ Pupalia Juss. (1803)(保留属名)［苋科 Amaranthaceae］■☆

43146 Pupalia Adans. (1763)［as 'Pupal'］(废弃属名) ≡ Pupalia Juss. (1803)(保留属名)［苋科 Amaranthaceae］■☆

43147 Pupalia Juss. (1803)(保留属名)【汉】钩刺苋属(非洲苋属,钩牛膝属)。【隶属】苋科 Amaranthaceae。【包含】世界4种。【学名诠释与讨论】〈阴〉pupali,植物俗名。此属的学名"Pupalia Juss. in Ann. Mus. Natl. Hist. Nat. 2:132. 1803"是保留属名。相应的废弃属名是苋科 Amaranthaceae 的"Pupal Adans., Fam. Pl. 2: 268,596. Jul－Aug 1763 ≡ Pupalia Juss. (1803)(保留属名)"。"Cadelari Medikus, Malvenfam. 91. 1787(废弃属名)(non Adanson 1763)"、"Codivalia Rafinesque, Fl. Tell. 3: 40. Nov － Dec 1837 ('1836')"和"Desmochaeta A. P. de Candolle, Cat. Horti Monspel. 101. Feb-Mar 1813"都是"Pupalia Juss. (1803)(保留属名)"的同模式异名(Homotypic synonym, Nomenclatural synonym)。"Pupal Adans. (1763)"是错误拼写。【分布】巴基斯坦,印度,马达加斯加,热带非洲。【模式】Pupalia lappacea (Linnaeus) A. L. Jussieu［Achyranthes lappacea Linnaeus］。【参考异名】Cadelari Medik. (1787) Nom. illegit. ; Codivalia Raf. (1837) Nom. illegit. ; Desmochaeta DC. (1813) Nom. illegit. ; Kommia Ehrenb. ex Schweinf. (1867); Pupal Adans. (1763) Nom. illegit. (废弃属名); Pupalia Adans. (1763)(废弃属名); Syama Jones (1795) Nom. inval. ■☆

43148 Pupartia Post et Kuntze (1903) = Poupartia Comm. ex Juss. (1789)［漆树科 Anacardiaceae］●☆

43149 Pupilla Rizzini (1950) = Justicia L. (1753)［爵床科 Acanthaceae//鸭嘴花科(鸭咀花科)Justiciaceae］●■

43150 Puraria Wall. (1831－1832) = Pueraria DC. (1825)［豆科 Fabaceae(Leguminosae)//蝶形花科 Papilionaceae］●■

43151 Purchia Dumort. (1829) = Onosmodium Michx. (1803); ~ =

Purshia Spreng. (1817) Nom. illegit. [紫草科 Boraginaceae]■☆

43152　Purdiaea Planch. (1846)【汉】宽萼桤叶树属。【隶属】桤叶树科(山柳科) Clethraceae//翅萼树科(翅萼木科, 西里拉科) Cyrillaceae。【包含】世界 12 种。【学名诠释与讨论】〈阴〉(人) William Purdie, 1817-1857, 英国植物学者, 植物采集家。或说可能是纪念美国植物学者 Carlton Elmer Purdy, 1861-1945。【分布】巴拿马, 秘鲁, 厄瓜多尔, 古巴, 中美洲。【模式】Purdiaea nutans Planchon。【参考异名】Alloiosepalum Gilg(1931); Costaea A. Rich. (1853); Costea A. Rich. (1853); Schizocardia A. C. Sm. et Standl. (1932)●☆

43153　Purdieanthus Gilg(1895) = Lehmanniella Gilg(1895) [龙胆科 Gentianaceae]■☆

43154　Purga Schiede ex Zucc. = Exogonium Choisy(1833) [旋花科 Convolvulaceae]■☆

43155　Purgosea Haw. (1828) = Crassula L. (1753) [景天科 Crassulaceae]●■☆

43156　Purgosia G. Don (1834) = Purgosea Haw. (1828) [景天科 Crassulaceae]●■☆

43157　Puria N. C. Nair(1974) = Cissus L. (1753) [葡萄科 Vitaceae]●

43158　Purkayasthaea Purkayastha(1938) = Beilschmiedia Nees(1831) [樟科 Lauraceae]●

43159　Purkinjia C. Presl(1833) = Ardisia Sw. (1788)(保留属名) [紫金牛科 Myrsinaceae]●■

43160　Purpurabenis Thouars = Cynorkis Thouars(1809); ~ = Habenaria Willd. (1805) [兰科 Orchidaceae]■

43161　Purpurella Naudin(1850) = Tibouchina Aubl. (1775) [野牡丹科 Melastomataceae]●■☆

43162　Purpureostemon Gugerli (1939)【汉】紫蕊桃金娘属。【隶属】桃金娘科 Myrtaceae。【包含】世界 1 种。【学名诠释与讨论】〈阳〉(拉) purpureus, 紫色的, 微红的; Purpurascens, 微紫的, 变紫的 + stemon, 雄蕊。【分布】法属新喀里多尼亚。【模式】Purpureostemon ciliatus (J. R. et J. G. A. Forster) Gugerli [as 'ciliatum'] [Leptospermum ciliatum J. R. et J. G. A. Forster]●☆

43163　Purpurocynis Thouars = Cynorkis Thouars (1809); ~ = Cynosorchis Thouars(1822) Nom. illegit. [兰科 Orchidaceae]■☆

43164　Purpusia Brandegee(1899)【汉】普尔蔷薇属。【隶属】蔷薇科 Rosaceae//委陵菜科 Potentillaceae。【包含】世界 1 种。【学名诠释与讨论】〈阴〉(人) Carl Albert Purpus, 1853-1941, 德国植物学者, 植物采集家。此属的学名, ING、TROPICOS、GCI 和 IK 记载是"Purpusia Brandegee, Bot. Gaz. 27:446. 1899 [22 Jun 1899]"。它曾被处理为"Potentilla subgen. Purpusia (Brandegee) J. T. Howell, Leaflets of Western Botany 4(6):172. 1945"。亦有文献把"Purpusia Brandegee(1899)"处理为"Potentilla L. (1753)"的异名。【分布】美国(西南部)。【模式】Purpusia saxosa T. S. Brandegee。【参考异名】Potentilla L. (1753); Potentilla subgen. Purpusia (Brandegee) J. T. Howell(1945)●☆

43165　Purshia DC. (1818) Nom. illegit. ≡ Purshia DC. ex Poir. (1816) [蔷薇科 Rosaceae]●☆

43166　Purshia DC. ex Poir. (1816)【汉】珀什蔷薇属。【英】Antelope Bush。【隶属】蔷薇科 Rosaceae。【包含】世界 2-7 种。【学名诠释与讨论】〈阴〉(人) Frederick Traugott Pursh, 1774-1820, 德国植物学者, 植物采集家。此属的学名, ING、TROPICOS 和 GCI 记载是"Purshia DC. ex Poir. , Encyc. [J. Lamarck et al.] Suppl. 4. 623. 1816 [14 Dec 1816]";《北美植物志》亦使用此名称。"Purshia DC. , Trans. Linn. Soc. London 22:157. 1818 [25 Feb 1818] ≡ Purshia DC. ex Poir. (1816)"、"Purshia Dennst. , Schlüssel Hortus Malab. 35(1818) [20 Oct 1818] = Centranthera R. Br. (1810) [玄

参科 Scrophulariaceae]"、"Purshia Raf. , Amer. Monthly Mag. et Crit. Rev. 191, sub n. 33. 1819 Burshia Raf. (1808)"和"Purshia Spreng. , Anleit. Kenntn. Gew. , ed. 2. 2(1):450. 1817 [Apr 1817] ≡ Onosmodium Michx. (1803) [紫草科 Boraginaceae]"都是晚出的非法名称。"Purshia Poir. (1816) ≡ Purshia DC. ex Poir. (1816)"的命名人引证有误。"Kunzia K. P. J. Sprengel, Anleit. ed. 2. 2(2):869. 31 Mar 1818"是"Purshia DC. ex Poir. (1816)"的晚出的同模式异名(Homotypic synonym, Nomenclatural synonym)。"Purshia K. P. J. Sprengel, Anleit. ed. 2. 2:450. Apr 1817(non A. P. de Candolle ex Poiret 1816)"则是"Onosmodium Michx. (1803) [紫草科 Boraginaceae]"的晚出的同模式异名。【分布】太平洋地区, 北美洲。【模式】Purshia tridentata (Pursh) A. P. de Candolle [Tigarea tridentata Pursh]。【参考异名】Cowania D. Don(1824); Kunzia Spreng. (1818) Nom. inval. ; Kunzia Spreng. (1825) Nom. illegit. ; Purshia DC. (1818) Nom. illegit. ; Purshia Poir. (1816) Nom. illegit. ; Tigarea Pursh(1813) Nom. illegit. ●☆

43167　Purshia Dennst. (1818) Nom. illegit. = Centranthera R. Br. (1810) [玄参科 Scrophulariaceae]■

43168　Purshia Poir. (1816) Nom. illegit. ≡ Purshia DC. ex Poir. (1816) [蔷薇科 Rosaceae]●☆

43169　Purshia Raf. (1819) Nom. illegit. , Nom. inval. = Myriophyllum L. (1753); ~ = Burshia Raf. (1808) [小二仙草科 Haloragaceae//狐尾藻科 Myriophyllaceae]■

43170　Purshia Spreng. (1817) Nom. illegit. ≡ Onosmodium Michx. (1803) [紫草科 Boraginaceae]■☆

43171　Puruma J. St. -Hil. (1805) = Pourouma Aubl. (1775) [蚁栖树科(号角树科, 南美伞科, 南美伞树科, 伞树科, 锥头麻科) Cecropiaceae]●☆

43172　Pusaetha Kuntze(1891) Nom. illegit. ≡ Entada Adans. (1763)(保留属名) [豆科 Fabaceae (Leguminosae)//含羞草科 Mimosaceae]●

43173　Puschkinia Adams(1805)【汉】蚁播花属。【日】プーシュキニア属。【俄】Пушкиния。【英】Lebanon Squill, Puschkinia。【隶属】百合科 Liliaceae//风信子科 Hyacinthaceae。【包含】世界 3-4 种。【学名诠释与讨论】〈阴〉(人) Apollos Apollossowitsch (Apollinairevon) Muschkin - Puschkin (Mussin - Pus [c] hkin), 1760-1805, 俄罗斯植物采集家。此属的学名, ING、TROPICOS 和 IK 记载是"Puschkinia M. F. Adams, Nova Acta Acad. Sci. Imp. Hist. Acad. Petrop. 14:164. 1805"。"Adamsia Willdenow, Ges. Naturf. Freunde Berlin Mag. Neuesten Entdeck. Gesammten Naturk. 2:16. 1808"是"Puschkinia Adams(1805)"的晚出的同模式异名(Homotypic synonym, Nomenclatural synonym)。【分布】亚洲西部。【模式】Puschkinia scilloides M. F. Adams。【参考异名】Adamsia Willd. (1808) Nom. illegit. ■☆

43174　Pusillanthus Kuijt(2008)【汉】弱花桑寄生属。【隶属】桑寄生科 Loranthaceae。【包含】世界 1 种。【学名诠释与讨论】〈阳〉(拉) pusillus 极小的, 极弱的 + anthoshua 花。此属的学名是"Novon 18(3): 372. 2008. (2 Sept 2008)"。亦有文献把其处理为"Phthirusa Mart. (1830)"的异名。【分布】委内瑞拉。【模式】Pusillanthus trichodes (Rizzini) Kuijt。【参考异名】Phthirusa Mart. (1830)●☆

43175　Pusiphylis Thouars = Bulbophyllum Thouars(1822)(保留属名) [兰科 Orchidaceae]■

43176　Putoria Pers. (1805)【汉】臭茜属。【英】Bitterbrush。【隶属】茜草科 Rubiaceae。【包含】世界 3 种。【学名诠释与讨论】〈阴〉(拉) putor, 所有格 putoris, 臭气, 不好闻的气味。【分布】地中海地区。【模式】Putoria calabrica (Linnaeus f.) Persoon [Asperula calabrica Linnaeus f.]●☆

43177　Putranjiva Wall.（1826）【汉】羽柱果属。【隶属】羽柱果科 Putranjivaceae//大戟科 Euphorbiaceae。【包含】世界1种,中国1种。【学名诠释与讨论】〈阴〉来自梵文 putra,儿子,后裔+juvi,兴旺,繁荣。此属的学名是"Putranjiva Wallich, Tent. Fl. Napal. 61. Sep-Dec 1826"。亦有文献把其处理为"Drypetes Vahl（1807）"的异名。【分布】巴基斯坦,缅甸,印度,中国。【模式】Putranjiva roxburghii Wallich ［Nageia putranjiva Roxburgh］。【参考异名】Drypetes Vahl（1807）; Nageia Roxb.（1814）Nom. illegit.; Palenga Thwaites（1856）●

43178　Putranjivaceae Endl.（1837）［as 'Putranjiveae'］Nom. inval. = Putranjivaceae Meisn.; ~ = Euphorbiaceae Juss.（保留科名）; ~ = Putranjivaceae Meisn.●■

43179　Putranjivaceae Endl.（1841）［as 'Putranjivea'］Nom. inval. = Putranjivaceae Meisn.●

43180　Putranjivaceae Endl. ex Meisn.（1842）［as 'Putranjiveae'］【汉】羽柱果科。【包含】世界1属1种,中国1属1种。【分布】印度,缅甸,中国。【科名模式】Putranjiva Wall.（1826）●

43181　Putranjivaceae Meisn.（1842）= Putranjivaceae Endl. ex Meisn.（1842）［as 'Putranjiveae'］●

43182　Putterlickia Endl.（1840）【汉】普氏卫矛属（普特里亚属,普特木属）。【隶属】卫矛科 Celastraceae。【包含】世界3-4种。【学名诠释与讨论】〈阴〉（人）Alois（Aloys）Putterlick,1810-1845,奥地利植物学者,医生,苔藓学者。【分布】非洲南部。【模式】Putterlickia pyracantha（Linnaeus）Endlicher ex B. D. Jackson ［Celastrus pyracanthus Linnaeus］●☆

43183　Putzeysia Klotzsch（1855）= Begonia L.（1753）［秋海棠科 Begoniaceae］●■

43184　Putzeysia Planch. et Linden（1857）Nom. illegit. = Aesculus L.（1753）［七叶树科 Hippocastanaceae//无患子科 Sapindaceae］●

43185　Puya Molina（1782）【汉】普亚凤梨属（安第斯凤梨属,粗茎凤梨属,火星草属,蒲雅凤梨属,蒲亚属,普雅属,普亚属,普椰属）。【日】プヤ属。【英】Puya。【隶属】凤梨科 Bromeliaceae。【包含】世界120-190种。【学名诠释与讨论】〈阴〉（智利）植物俗名。另说来自西班牙植物俗名。【分布】秘鲁,玻利维亚,厄瓜多尔,哥伦比亚（安蒂奥基亚）,哥斯达黎加,中美洲,安第斯山。【模式】Puya chilensis Molina。【参考异名】Achupalla Humb.; Phlomostachys Beer（1856）; Puja Molina（1810）■

43186　Pyankovia Akhani et Roalson（2007）【汉】皮氏猪毛菜属。【隶属】藜科 Chenopodiaceae//猪毛菜科 Salsolaceae。【包含】世界1种。【学名诠释与讨论】〈阴〉（人）Pyankov。亦有文献把"Pyankovia Akhani et Roalson（2007）"处理为"Salsola L.（1753）"的异名。【分布】亚洲中部。【模式】Pyankovia brachiata（Pall.）Akhani et Roalson。【参考异名】Salsola L.（1753）●☆

43187　Pycanthus Post et Kuntze（1903）= Grabowskia Schltdl.（1832）; ~ = Pukanthus Raf.（1838）Nom. illegit. ［茄科 Solanaceae］●☆

43188　Pychnanthemum G. Don（1837）= Pycnanthemum Michx.（1803）（保留属名）［唇形科 Lamiaceae（Labiatae）］■☆

43189　Pychnostachys G. Don（1837）Nom. illegit. = Pycnostachys Hook.（1826）［唇形科 Lamiaceae（Labiatae）］●■☆

43190　Pychnostachys Hook. ex Baill.（1891）Nom. illegit. ［唇形科 Lamiaceae（Labiatae）］☆

43191　Pycnandra Benth.（1876）【汉】密蕊榄属。【隶属】山榄科 Sapotaceae。【包含】世界12种。【学名诠释与讨论】〈阴〉（希）pyknos = pychnos,浓密的,密集的,坚实的,强壮的,固体的+aner,所有格 andros,雄性,雄蕊。【分布】法属新喀里多尼亚。【模式】Pycnandra benthamii Baillon ［as 'benthami'］。【参考异名】Achradotypus Baill.（1890）; Chorioluma Baill.（1890）; Jollya Pierre ex Baill.（1891）; Jollya Pierre, Nom. illegit.; Tropalanthe S. Moore（1921）●☆

43192　Pycnantha Ravenna（2011）【汉】密花草属。【隶属】密花草科 Pycnanthaceae。【包含】世界1种。【学名诠释与讨论】〈阴〉（希）pyknos = pychnos,浓密的,密集的,坚实的,强壮的,固体的+希腊文 anthos,花。antheros,多花的。antheo,开花。【分布】阿根廷。【模式】Pycnantha orchioides Ravenna☆

43193　Pycnanthaceae Ravenna（2011）【汉】密花草科。【包含】世界1属1种。【分布】阿根廷。【科名模式】Pycnantha Ravenna●■

43194　Pycnanthemum Michx.（1803）（保留属名）【汉】山薄荷属。【俄】Мята горная, Пикнантемум。【英】Mountain Mint, Mountain-mint。【隶属】唇形科 Lamiaceae（Labiatae）。【包含】世界17-21种。【学名诠释与讨论】〈中〉（希）pyknos,浓密的+anthemon,花。此属的学名"Pycnanthemum Michx., Fl. Bor. -Amer. 2: 7. 19 Mar 1803"是保留属名。相应的废弃属名是唇形科 Lamiaceae（Labiatae）的"Furera Adans., Fam. Pl. 2: 193, 560. Jul-Aug 1763 = Pycnanthemum Michx.（1803）（保留属名）"。石竹科 Caryophyllaceae 的"Furera Bubani, Fl. Pyren.（Bubani）3: 16. 1901 ［Aug 1901］ = Corrigiola L.（1753）"亦应废弃。【分布】美国,北美洲。【模式】Pycnanthemum incanum（Linnaeus）A. Michaux ［Clinopodium incanum Linnaeus］。【参考异名】Brachystemum Michx.（1803）; Furera Adans.（1763）（废弃属名）; Koellia Moench（1794）Nom. illegit.; Pychnanthemum G. Don（1837）; Pycnanthes Raf.（1836）; Pynanthemum Raf.; Tullia Leavenw.（1830）; Tullya Raf.■☆

43195　Pycnanthes Raf.（1836）= Pycnanthemum Michx.（1803）（保留属名）［唇形科 Lamiaceae（Labiatae）］■☆

43196　Pycnanthus Warb.（1895）【汉】密花木属（密花楠属）。【隶属】肉豆蔻科 Myristicaceae。【包含】世界7种。【学名诠释与讨论】〈阳〉（希）pyknos = pychnos,浓密的,密集的,坚实的,强壮的,固体的+anthos,花。【分布】热带非洲。【模式】未指定●☆

43197　Pycnarrhena Miers ex Hook. f. et Thomson（1855）【汉】密花藤属。【英】Pycnarrhena。【隶属】防己科 Menispermaceae。【包含】世界9-25种,中国2种。【学名诠释与讨论】〈阴〉（希）pyknos = pychnos,浓密的,密集的,坚实的,强壮的,固体的+arrhena,所有格 ayrhenos,雄的。指雄花密集。此属的学名,ING、APNI、TROPICOS 和 IK 记载是"Pycnarrhena Miers ex Hook. f. et Thomson, Fl. Ind. ［Hooker f. et Thomson］206. 1855 ［1-19 Jul 1855］"。"Pycnarrhena Miers, Ann. Mag. Nat. Hist. ser. 2, 7（37）: 44. 1851 ［Jan 1851］ ≡ Pycnarrhena Miers ex Hook. f. et Thomson（1855）"是一个未合格发表的名称（Nom. inval.）。【分布】澳大利亚,东南亚,印度至马来西亚,中国。【模式】Pycnarrhena planiflora Miers ex J. D. Hooker et T. Thomson。【参考异名】Antitaxis Miers（1851）; Batania Hatus.（1966）; Gabila Baill.（1871）; Galiba Post et Kuntze（1903）; Pridania Gagnep.（1938）; Pycnarrhena Miers（1851）Nom. inval.; Telotia Pierre（1888）●

43198　Pycnarrhena Miers（1851）Nom. inval. ≡ Pycnarrhena Miers ex Hook. f. et Thomson（1855）［防己科 Menispermaceae］●

43199　Pycnobolus Willd. ex O. E. Schulz（1924）= Eudema Humb. et Bonpl.（1813）Nom. illegit.; ~ = Eudema Bonpl.（1813）［十字花科 Brassicaceae（Cruciferae）］■☆

43200　Pycnobotrya Benth.（1876）【汉】密穗夹竹桃属。【隶属】夹竹桃科 Apocynaceae。【包含】世界2种。【学名诠释与讨论】〈阴〉（希）pyknos = pychnos,浓密的,密集的,坚实的,强壮的,固体的+botrys,葡萄串,总状花序,簇生。【分布】热带非洲。【模式】Pycnobotrya nitida Bentham ●☆

43201 Pycnobregma Baill. (1890)【汉】密额萝藦属。【隶属】萝藦科 Asclepiadaceae。【包含】世界 1 种。【学名诠释与讨论】〈中〉(希) pyknos，浓密的+bregma，所有格 bregmatos 前额。【分布】哥伦比亚。【模式】Pycnobregma funckii Baillon ☆

43202 Pycnocephalum(Benth.) Rydb. (1917) = Salvia L. (1753) [唇形科 Lamiaceae(Labiatae) //鼠尾草科 Salviaceae] ●

43203 Pycnocephalum (Less.) DC. (1836)【汉】密头菊属。【隶属】菊科 Asteraceae(Compositae)。【包含】世界 3 种。【学名诠释与讨论】〈中〉(希) pyknos，浓密的+kephale，头。此属的学名，ING 和 TROPICOS 记载是 "Pycnocephalum (Lessing) A. P. de Candolle, Prodr. 5:83. Oct (prim.) 1836"，由 "Vernonia sect. Pycnocephalum Lessing, Linnaea 6:630. 1831" 改级而来；而 IK 则记载为 "Pycnocephalum DC., Prodr. [A. P. de Candolle] 5:83. 1836 [1-10 Oct 1836])"。三者引用的文献相同。它曾被处理为 "Eremanthus sect. Pycnocephalum (Less.) Baker, Flora Brasiliensis 6(2):168. 1873. (1 Jun 1873)"。亦有文献把 "Pycnocephalum (Less.) DC. (1836)" 处理为 "Eremanthus Less. (1829)" 的异名。【分布】参见 "Eremanthus Less. (1829)"。【模式】未指定。【参考异名】Eremanthus Less. (1829); Eremanthus sect. Pycnocephalum (Less.) Baker (1873); Pycnocephalum DC. (1836) Nom. illegit.; Vernonia sect. Pycnocephalum Less. (1831) ● ☆

43204 Pycnocephalum DC. (1836) Nom. illegit. ≡ Pycnocephalum (Less.) DC. (1836); ~ = Eremanthus Less. (1829) [菊科 Asteraceae(Compositae)] ● ☆

43205 Pycnocoma Benth. (1849)【汉】密毛大戟属。【隶属】大戟科 Euphorbiaceae。【包含】世界 15 种。【学名诠释与讨论】〈阴〉(希) pyknos =pychnos，浓密的，密集的，坚实的，强壮的，固体的+kome，毛发，束毛，冠毛，种缨。来自拉丁文 coma。【分布】马达加斯加，马斯克林群岛，热带非洲。【模式】Pycnocoma macrophylla Bentham。【参考异名】Comopycna Kuntze(1903) ● ☆

43206 Pycnocomon Hoffmanns. et Link(1820)【汉】密毛续断属。【隶属】川续断科(刺参科，蓟叶参科，山萝卜科，续断科) Dipsacaceae//蓝盆花科 Scabiosaceae。【包含】世界 2 种。【学名诠释与讨论】〈中〉(希) pyknos，浓密的+kome，毛发，束毛，冠毛，来自拉丁文 coma。此属的学名，ING、TROPICOS 和 IK 记载是 "Pycnocomon Hoffmanns. et Link, Fl. Portug. [Hoffmannsegg] 2:93, t. 88. [1820-1834]"。菊科的 "Pycnocomon St. -Lag., Ann. Soc. Bot. Lyon vii. (1880) 132 = Cirsium Mill. (1754) = Picnomon Adans. (1763)" 是晚出的非法名称。"Pycnocomum Link" 似为错误引证或变体。"Pycnocomon Wallr." 是 "Cephalaria Schrad. (1818)(保留属名) [川续断科(刺参科，蓟叶参科，山萝卜科，续断科) Dipsacaceae] 的异名。亦有文献把 "Pycnocomon Hoffmanns. et Link(1820)" 处理为 "Scabiosa L. (1753)" 的异名。【分布】地中海地区。【模式】Pycnocomon rutaefolium Hoffmannsegg et Link。【参考异名】Pycnocomum Link; Scabiosa L. (1753) ■ ☆

43207 Pycnocomon St. -Lag. (1880) Nom. illegit. = Cirsium Mill. (1754); ~ = Picnomon Adans. (1763) [菊科 Asteraceae(Compositae)] ■ ☆

43208 Pycnocomon Wallr. = Cephalaria Schrad. (1818)(保留属名) [川续断科(刺参科，蓟叶参科，山萝卜科，续断科) Dipsacaceae] ■

43209 Pycnocomum Link = Pycnocomon Hoffmanns. et Link(1820) [川续断科(刺参科，蓟叶参科，山萝卜科，续断科) Dipsacaceae] ■ ☆

43210 Pycnocomus Hill (1762) Nom. illegit. ≡ Calcitrapoides Fabr. (1759); ~ = Centaurea L. (1753)(保留属名) [菊科 Asteraceae(Compositae) //矢车菊科 Centaureaceae] ● ■

43211 Pycnocycla Lindl. (1835)【汉】密环草属。【隶属】伞形花科(伞形科) Apiaceae(Umbelliferae)。【包含】世界 12 种。【学名诠释与讨论】〈阴〉(希) pyknos =pychnos，浓密的，密集的，坚实的，强壮的，固体的+kyklos，圆圈。kyklas，所有格 kyklados，圆形的。kyklotos，圆的，关住，围住。【分布】巴基斯坦，热带非洲西部至印度。【模式】Pycnocycla glauca Lindley ☆

43212 Pycnolachne Turcz. (1863) = Lachnostachys Hook. (1841) [马鞭草科 Verbenaceae] ● ☆

43213 Pycnoneurum Decne. (1838)【汉】密脉萝藦属。【隶属】萝藦科 Asclepiadaceae。【包含】世界 2 种。【学名诠释与讨论】〈中〉(希) pyknos+neuron =拉丁文 nervus，脉，筋，腱，神经。此属的学名是 "Pycnoneurum Decaisne, Ann. Sci. Nat. Bot. ser. 2. 9:340. 1838"。亦有文献把其处理为 "Cynanchum L. (1753)" 的异名。【分布】马达加斯加。【后选模式】Pycnoneurum junciforme Decaisne。【参考异名】Cynanchum L. (1753) ■ ☆

43214 Pycnonia L. A. S. Johnson et B. G. Briggs(1975)【汉】澳大利亚山龙眼属。【隶属】山龙眼科 Proteaceae。【包含】世界 1-6 种。【学名诠释与讨论】〈阴〉(希) pyknos，浓密的，密集的。【分布】澳大利亚。【模式】Pycnonia teretifolia (R. Brown) L. A. S. Johnson et B. G. Briggs [Persoonia teretifolia R. Brown] ● ☆

43215 Pycnophyllopsis Skottsb. (1916)【汉】类密叶花属。【隶属】石竹科 Caryophyllaceae。【包含】世界 2 种。【学名诠释与讨论】〈阴〉(属) Pycnophyllum 密叶花属+希腊文 opsis，外观，模样，相似。【分布】玻利维亚，安第斯山。【模式】Pycnophyllopsis muscosa Skottsberg ■ ☆

43216 Pycnophyllum J. Rémy (1846)【汉】密叶花属。【隶属】石竹科 Caryophyllaceae。【包含】世界 17 种。【学名诠释与讨论】〈中〉(希) pyknos =pychnos，浓密的，密集的，坚实的，强壮的，固体的+希腊文 phyllon，叶子。phyllodes，似叶的，多叶的。phylleion，绿色材料，绿草。【分布】秘鲁，玻利维亚，安第斯山。【模式】未指定。【参考异名】Drudea Griseb. (1879); Stichophyllum Phil. (1860); Stychophyllum Phil. (1860); Xeria C. Presl ex Rohrb. ■ ☆

43217 Pycnoplinthopsis Jafri(1972)【汉】假簇芥属。【隶属】十字花科 Brassicaceae(Cruciferae)。【包含】世界 2 种，中国 1 种。【学名诠释与讨论】〈阴〉(属) Pycnoplinthus 簇芥属+希腊文 opsis，外观，模样，相似。【分布】不丹，尼泊尔，中国。【模式】Pycnoplinthopsis bhutanica S. M. H. Jafri ■

43218 Pycnoplinthus O. E. Schulz (1924)【汉】簇芥属。【英】Pycnoplinthus。【隶属】十字花科 Brassicaceae(Cruciferae)。【包含】世界 1 种，中国 1 种。【学名诠释与讨论】〈阴〉(希) pyknos =pychnos，浓密的，密集的，坚实的，强壮的，固体的+plinthos 砖。【分布】巴基斯坦，中国，喜马拉雅山。【模式】Pycnoplinthus uniflora (J. D. Hooker et T. Thomson) O. E. Schulz [Braya uniflora J. D. Hooker et T. Thomson] ■

43219 Pycnorhachis Benth. (1876)【汉】密刺萝藦属。【隶属】萝藦科 Asclepiadaceae。【包含】世界 1 种。【学名诠释与讨论】〈阴〉(希) pyknos =pychnos，浓密的，密集的，坚实的，强壮的，固体的+rhachis，针，刺。亦有文献把 "Pycnosandra Blume(1856)" 处理为 "Drypetes Vahl(1807)" 的异名。【分布】马来半岛。【模式】Pycnorhachis maingayi J. D. Hooker ☆

43220 Pycnosorus Benth. (1837)【汉】密头彩鼠麴属。【隶属】菊科 Asteraceae(Compositae)。【包含】世界 6 种。【学名诠释与讨论】〈阳〉(希) pyknos，浓密的+sorus 堆。此属的学名是 "Pycnosorus Bentham in Endlicher et al., Enum. Pl. Hügel. 63. Apr 1837"。亦有文献把其处理为 "Craspedia G. Forst. (1786)" 的异名。【分布】澳大利亚。【模式】Pycnosorus globosus Bentham。【参考异名】Craspedia G. Forst. (1786) ■ ☆

43221 Pycnospatha Thorel ex Gagnep. (1941)【汉】密苞南星属。【隶

属】天南星科 Araceae。【包含】世界 2 种。【学名诠释与讨论】〈阴〉（希）pyknos ＝pychnos，浓密的，密集的，坚实的，强壮的，固体的+spathe ＝拉丁文 spatha，佛焰苞，鞘，叶片，匙状苞，窄而平之薄片，竿杖。【分布】泰国，中南半岛。【模式】Pycnospatha palmata Thorel ex Gagnepain ■☆

43222　Pycnosphace（Benth.）Rydb.（1917）Nom. illegit. ≡ Pycnocephalum（Benth.）Rydb.（1917）［唇形科 Lamiaceae（Labiatae）]●■

43223　Pycnosphace Rydb.（1917）Nom. illegit. ≡ Pycnosphace（Benth.）Rydb.（1917）Nom. illegit.；~ ≡ Pycnocephalum（Benth.）Rydb.（1917）［唇形科 Lamiaceae（Labiatae）]●■

43224　Pycnosphaera Gilg（1903）【汉】密球龙胆属。【隶属】龙胆科 Gentianaceae。【包含】世界 5 种。【学名诠释与讨论】〈阴〉（希）pyknos ＝ pychnos，浓密的，密集的，坚实的，强壮的，固体的 + sphaira，指小式 sphairion，球。sphairikos，球形的，sphairotos，圆的。【分布】热带非洲。【模式】Pycnosphaera trimera Gilg ■☆

43225　Pycnospora R. Br. ex Wight et Arn.（1834）【汉】密子豆属。【日】キンチャクハギ属。【英】Pycnospora, Seedybean。【隶属】豆科 Fabaceae（Leguminosae）//蝶形花科 Papilionaceae。【包含】世界 1 种，中国 1 种。【学名诠释与讨论】〈阴〉（希）pyknos ＝ pychnos，浓密的，密集的，坚实的，强壮的，固体的+spora，孢子，种子。指荚果具种子多数。【分布】澳大利亚（东北部），菲律宾，印度，印度尼西亚（爪哇岛），中国，热带非洲，东南亚。【模式】Pycnospora nervosa R. Wight et Arnott ●■

43226　Pycnostachys Hook.（1826）【汉】密穗花属（密穗木属）。【隶属】唇形科 Lamiaceae（Labiatae）。【包含】世界 37-40 种。【学名诠释与讨论】〈阴〉（希）pyknos ＝pychnos，浓密的，密集的，坚实的，强壮的，固体的+stachys，穗，谷，长钉。【分布】马达加斯加，热带和非洲南部。【模式】Pycnostachys coerulea W. J. Hooker。【参考异名】Echinostachys E. Mey.；Pychnostachys G. Don（1837）●■☆

43227　Pycnostelma Bunge ex Decne.（1844）【汉】徐长卿属。【俄】Пикностельма。【隶属】萝藦科 Asclepiadaceae。【包含】世界 1 种，中国 1 种。【学名诠释与讨论】〈中〉（希）pyknos，浓密的+stelma，王冠，花冠，支柱。此属的学名，ING 和 IK 记载是 "Pycnostelma Bunge ex Decaisne in Alph. de Candolle, Prodr. 8：512. Mar（med.）1844"。"Pycnostelma Decne.（1844）"的命名人引证有误。亦有文献把 "Pycnostelma Bunge ex Decne.（1844）"处理为 "Cynanchum L.（1753）"的异名。【分布】中国。【模式】Pycnostelma chinense Bunge ex Decaisne, Nom. illegit.［Pycnostelma paniculatum（Bunge）K. Schumann, Asclepias paniculata Bunge］。【参考异名】Cynanchum L.（1753）；Pycnostelma Decne.（1844）Nom. illegit. ■

43228　Pycnostelma Decne.（1844）Nom. illegit. ≡Pycnostelma Bunge ex Decne.（1844）［萝藦科 Asclepiadaceae］■

43229　Pycnostylis Pierre（1898）= Triclisia Benth.（1862）［防己科 Menispermaceae］●☆

43230　Pycnothryx M. E. Jones（1912）= Drudeophytum J. M. Coult. et Rose；~ =Tauschia Schltdl.（1835）（保留属名）［伞形花科（伞形科）Apiaceae（Umbelliferae）]●☆

43231　Pycnothymus（Benth.）Small（1903）Nom. illegit. ≡ Piloblephis Raf.（1838）［唇形科 Lamiaceae（Labiatae）]●☆

43232　Pycnothymus Small（1903）Nom. illegit. ≡ Pycnothymus（Benth.）Small（1903）Nom. illegit.；~ ≡ Piloblephis Raf.（1838）［唇形科 Lamiaceae（Labiatae）]●■

43233　Pycreus P. Beauv.（1816）【汉】扁莎属（侧扁莎属）。【俄】Ситовник。【英】Flatsedge, Pycreus。【隶属】莎草科 Cyperaceae。

【包含】世界 70-100 种，中国 12-14 种。【学名诠释与讨论】〈阳〉（希）pikros，苦味的。此属的学名，ING、TROPICOS、APNI、GCI 和 IK 记载是 "Pycreus P. Beauv., Fl. Oware 2：48. 1816 ［26 Aug 1816］"。"Chlorocyperus Rikli, Jahrb. Wiss. Bot. 27：563. 1895"是 "Pycreus P. Beauv.（1816）"的晚出的同模式异名（Homotypic synonym, Nomenclatural synonym）。亦有文献把 "Pycreus P. Beauv.（1816）"处理为 "Cyperus L.（1753）"的异名。【分布】巴基斯坦，巴拿马，秘鲁，玻利维亚，厄瓜多尔，马达加斯加，中国，中美洲。【模式】Pycreus polystachyos（Rottb.）Palisot de Beauvois ［Cyperus polystachyos Rottb.］。【参考异名】Chlorocyperus Rikli（1895）Nom. illegit.；Cyperus L.（1753）；Distimus Raf.（1819）；Picreus Juss.（1826）；Torreya Raf.（1819）（废弃属名）■

43234　Pygeum Gaertn.（1788）【汉】臀果木属（肾果木属，臀形果属，臀形木属，野樱属）。【日】カキバイヌザクラ属。【英】Pygeum。【隶属】蔷薇科 Rosaceae//李科 Prunaceae。【包含】世界 40 种，中国 9 种。【学名诠释与讨论】〈中〉（希）pyge，臀部。指核果臀形。此属的学名是 "Pygeum J. Gaertner, Fruct. 1：218. Dec 1788"。亦有文献把其处理为 "Lauro-Cerasus Duhamel（1755）"或 "Prunus L.（1753）"的异名。【分布】朝鲜，马达加斯加，日本，印度，中国，东南亚，中美洲，喜马拉雅山。【模式】Pygeum zeylanicum J. Gaertner。【参考异名】Digaster Miq.（1861）；Dodecadia Lour.（1790）；Germaria C. Presl（1851）；Lauro-Cerasus Duhamel（1755）；Pigeum Laness.（1886）；Polydontia Blume（1826-1827）；Polyodontia Meisn.（1837）；Polystorthia Blume（1828）Nom. illegit.；Prunus L.（1753）●

43235　Pygmaea Hook. f.（1895）Nom. illegit. =Chionohebe B. G. Briggs et Ehrend.（1976）［玄参科 Scrophulariaceae//婆婆纳科 Veronicaceae]●☆

43236　Pygmaea Jacks.（1895）= Chionohebe B. G. Briggs et Ehrend.（1976）［玄参科 Scrophulariaceae//婆婆纳科 Veronicaceae]●☆

43237　Pygmaeocereus J. H. Johnson et Backeb.（1957）【汉】矮小天轮柱属。【隶属】仙人掌科 Cactaceae。【包含】世界 2 种。【学名诠释与讨论】〈阳〉（希）pygme，矮的+（属）Cereus 仙影掌属。此属的学名是 "Pygmaeocereus H. Johnson et Backeberg, Natl. Cact. Succ. J.12：86. Dec 1957"。亦有文献把其处理为 "Echinopsis Zucc.（1837）"的异名。【分布】秘鲁。【模式】Pygmaeocereus bylesianus Andreae et Backeberg。【参考异名】Echinopsis Zucc.（1837）●☆

43238　Pygmaeopremna Merr.（1910）【汉】千解草属。【英】Pygmaeopremna。【隶属】马鞭草科 Verbenaceae//唇形科 Lamiaceae（Labiatae）//牡荆科 Viticaceae。【包含】世界 5 种，中国 1 种。【学名诠释与讨论】〈阴〉（希）pygme，矮的+premna 树干。指植株矮小。此属的学名是 "Pygmaeopremna E. D. Merrill, Philipp. J. Sci., C 5：225. 19 Aug 1910"。亦有文献把其处理为 "Premna L.（1771）（保留属名）"的异名。【分布】澳大利亚，巴基斯坦，菲律宾（菲律宾群岛），马来西亚（东部），印度，中国，东南亚。【模式】Pygmaeopremna humilis E. D. Merrill。【参考异名】Premna L.（1771）（保留属名）；Tatea F. Muell.（1883）Nom. illegit. ●

43239　Pygmaeorchis Brade（1939）【汉】侏儒兰属。【隶属】兰科 Orchidaceae。【包含】世界 2 种。【学名诠释与讨论】〈阴〉（希）pygme，矮的+orchis，原义是睾丸，后变为植物兰的名称，因为根的形态而得名。变为拉丁文 orchis，所有格 orchidis。【分布】巴西。【模式】Pygmaeorchis brasiliensis Brade ■☆

43240　Pygmaeothamnus Robyns（1928）【汉】矮灌茜属。【隶属】茜草科 Rubiaceae。【包含】世界 4 种。【学名诠释与讨论】〈阴〉（希）pygme，矮的 + thamnos，指小式 thamnion，灌木，灌丛，树丛，枝。

【分布】热带和非洲南部。【后选模式】Pygmaeothamnus zeyheri (Sonder) W. Robyns [Pachystigma zeyheri Sonder] ●☆

43241 Pygmea Hook. f. (1864) Nom. illegit. ≡ Chionohebe B. G. Briggs et Ehrend. (1976) [玄参科 Scrophulariaceae//婆婆纳科 Veronicaceae] ●☆

43242 Pygmea J. Buchanan = Chionohebe B. G. Briggs et Ehrend. (1976) [玄参科 Scrophulariaceae//婆婆纳科 Veronicaceae] ●☆

43243 Pylostachya Raf. (1834) = Polygala L. (1753) [远志科 Polygalaceae] ●■

43244 Pynaertia De Willd. (1908) = Anopyxis (Pierre) Engl. (1900) [红树科 Rhizophoraceae] ●☆

43245 Pynaertiodendron De Wild. (1915) = Cryptosepalum Benth. (1865) [豆科 Fabaceae(Leguminosae)] ●☆

43246 Pynanthemum Raf. = Pycnanthemum Michx. (1803)(保留属名) [唇形科 Lamiaceae(Labiatae)] ■☆

43247 Pyracantha M. Roem. (1847)【汉】火棘属(蔷若属,火把果属,火刺木属)。【日】トキハサンザシ属,トキワサンザシ属。【俄】Пираканта。【英】Fire Thorn, Firethorn。【隶属】蔷薇科 Rosaceae。【包含】世界 3-12 种,中国 7-9 种。【学名诠释与讨论】〈阴〉(希)pyr,所有格 gyros,火+akantha,荆棘。akanthikos,荆棘的。akanthion,蓟的一种,豪猪,刺猬。akanthinos,多刺的,用荆棘做成的。在植物描述中 acantha 通常指刺。指浆果红色,枝条有刺。【分布】秘鲁,玻利维亚,哥伦比亚(安蒂奥基亚),美国(密苏里),中国,欧洲东南部至中南半岛,中美洲。【后选模式】Pyracantha coccinea M. J. Roemer [Mespilus pyracantha Linnaeus]。【参考异名】Sportella Hance(1877); Timbalia Clos(1872) ●

43248 Pyraceae Burnett = Pomaceae Gray; ~ = Rosaceae Juss. (1789)(保留科名) ●■

43249 Pyraceae Vest(1818) = Rosaceae Juss. (1789)(保留科名) ●■

43250 Pyragma Noronha (1790) = Stelechocarpus Hook. f. et Thomson; ~ = Uvaria L. (1753) [番荔枝科 Annonaceae] ●

43251 Pyragra Bremek. (1958)【汉】皮拉茜属。【隶属】茜草科 Rubiaceae。【包含】世界 2 种。【学名诠释与讨论】〈阴〉(希) pyragra,火钳。【分布】马达加斯加。【模式】Pyragra obtusifolia Bremekamp ■☆

43252 Pyramia Cham. (1835) = Cambessedesia DC. (1828)(保留属名) [野牡丹科 Melastomataceae] ●■☆

43253 Pyramidanthe Miq. (1865)【汉】长瓣银帽花属。【隶属】番荔枝科 Annonaceae。【包含】世界 1 种。【学名诠释与讨论】〈阴〉(希)pyramis,所有格 pyramidos,金字塔+anthos,花。【分布】马来西亚(西部),泰国。【模式】Pyramidanthe rufa Miquel ●☆

43254 Pyramidium Boiss. (1854) Nom. illegit. ≡ Veselskya Opiz(1956) [十字花科 Brassicaceae(Cruciferae)] ■☆

43255 Pyramidocarpus Oliv. (1865) = Dasylepis Oliv. (1865) [刺篱木科(大风子科) Flacourtiaceae] ●☆

43256 Pyramidoptera Boiss. (1856)【汉】锥翅草属。【隶属】伞形花科(伞形科)Apiaceae(Umbelliferae)。【包含】世界 1 种。【学名诠释与讨论】〈阴〉(希)pyramis,所有格 pyramidos,金字塔+pteron,指小式 pteridion,翅。pteridios,有羽毛的。【分布】阿富汗。【模式】Pyramidoptera cabulica Boissier ☆

43257 Pyramidostylium Mart. (1878) Nom. illegit. ≡ Pyramidostylium Mart. ex Peyr. (1878); ~ = Salacia L. (1771)(保留属名) [卫矛科 Celastraceae] ●

43258 Pyramidostylium Mart. ex Peyr. (1878) = Salacia L. (1771)(保留属名) [卫矛科 Celastraceae//翅子藤科 Hippocrateaceae//五层龙科 Salaciaceae] ●

43259 Pyranthus Du Puy et Labat(1995)【汉】脓花豆属。【隶属】豆科 Fabaceae(Leguminosae)。【包含】世界 6 种。【学名诠释与讨论】〈阳〉(希)pyon,脓+anthos,花。【分布】马达加斯加。【模式】不详●☆

43260 Pyrarda Cass. (1826) = Grangea Adans. (1763) [菊科 Asteraceae(Compositae)] ■

43261 Pyrecnia Noronha ex Hassk., Nom. illegit. = Laportea Gaudich. (1830)(保留属名) [荨麻科 Urticaceae] ●■

43262 Pyrecnia Noronha (1790) Nom. inval., Nom. nud. = Laportea Gaudich. (1830)(保留属名) [荨麻科 Urticaceae] ●■

43263 Pyrenacantha Hook. (1830) Nom. illegit. (废弃属名) ≡ Pyrenacantha Hook. ex Wight(1830) Nom. illegit. (废弃属名); ~ ≡ Pyrenacantha Wight(1830)(保留属名) [茶茱萸科 Icacinaceae] ●

43264 Pyrenacantha Hook. ex Wight(1830) Nom. illegit. (废弃属名) ≡ Pyrenacantha Wight(1830)(保留属名) [茶茱萸科 Icacinaceae] ●

43265 Pyrenacantha Hook. f. (1830) Nom. illegit. (废弃属名) ≡ Pyrenacantha Wight(1830)(保留属名) [茶茱萸科 Icacinaceae] ●

43266 Pyrenacantha Wight(1830)(保留属名)【汉】刺核藤属。【日】ピレナカンタ属。【英】Pyrenacantha。【隶属】茶茱萸科 Icacinaceae。【包含】世界 20-22 种,中国 1 种。【学名诠释与讨论】〈阴〉(希)pyren,核+akantha,荆棘。akanthikos,荆棘的。akanthion,蓟的一种,豪猪,刺猬。akanthinos,多刺的,用荆棘做成的。在植物描述中 acantha 通常指刺。指果核刺穿入果肉的刺。此属的学名"Pyrenacantha Wight in Bot. Misc. 2:107. Nov-Dec 1830"是保留属名。法规未列出相应的废弃属名。但是茶茱萸科 Icacinaceae 的"Pyrenacantha Hook. ex Wight (1830) ≡ Pyrenacantha Wight(1830)(保留属名)""Pyrenacantha W. J. Hooker in Wight, Bot. Misc. 2:107. Nov-Dec 1830 ≡ Pyrenacantha Hook. ex Wight (1830) Nom. illegit. (废弃属名)""Pyrenacantha Hook. f. (1830) ≡ Pyrenacantha Wight(1830)(保留属名)"应该废弃。【分布】菲律宾,马达加斯加,中国,东南亚,热带和非洲南部。【模式】Pyrenacantha volubilis Wight。【参考异名】Adelanthus Endl. (1840); Cavanilla Thunb. (1792); Endacanthus Baill. (1892); Freeria Merr. (1912); Moldenhauera (Thunb.) Spreng. (1824) Nom. illegit.; Moldenhauera Spreng. (1824) Nom. illegit.; Monocephalium S. Moore(1920); Pyrenacantha Hook. (1830) Nom. illegit. (废弃属名); Pyrenacantha Hook. ex Wight (1830) Nom. illegit. (废弃属名); Pyrenacantha Hook. f. (1830) (废弃属名) Nom. illegit.; Sadrum Sol. ex Baill. (1873); Trematosperma Urb. (1883) ●

43267 Pyrenaceae Vent. = Verbenaceae J. St. -Hil. (保留科名) ●■

43268 Pyrenaria Blume(1827)【汉】核果茶属(雕果茶属,乌皮茶属)。【英】Drupetea, Pyrenaria。【隶属】山茶科(茶科)Theaceae。【包含】世界 26 种,中国 13 种。【学名诠释与讨论】〈阴〉(希)pyren,核+-arius,-aria,-arium,指示"属于,相似,具有,联系"的词尾。指果为核果状。【分布】中国,东南亚西部。【模式】Pyrenaria serrata Blume。【参考异名】Dubardella H. J. Lam (1925); Eusynaxis Griff. (1854); Glyptocarpa Hu (1965); Parapyrenaria Hung T. Chang (1963); Sinopyrenaria Hu (1956); Tutcheria Dunn(1908) ●

43269 Pyrenia Clairv. (1811) = Pyrus L. (1753) [蔷薇科 Rosaceae] ●

43270 Pyrenocarpa Hung T. Chang et R. H. Miao (1975) Nom. inval. = Decaspermum J. R. Forst. et G. Forst. (1776) [桃金娘科 Myrtaceae] ●

43271 Pyrenoglyphis H. Karst. (1869) = Bactris Jacq. ex Scop. (1777) [棕榈科 Arecaceae(Palmae)] ●

43272 Pyrethraria Pers. ex Steud. (1841) = Cotula L. (1753) [菊科 Asteraceae(Compositae)] ■

43273　Pyrethron St. - Lag. (1880) Nom. illegit. ［菊科 Asteraceae (Compositae)］■☆

43274　Pyrethrum Haller (1742) Nom. inval. = Pyrethrum Zinn (1757) ［as 'Pyrethum'］［菊科 Asteraceae (Compositae)］■

43275　Pyrethrum Medik. (1775) Nom. illegit. =Spilanthes Jacq. (1760) ［菊科 Asteraceae(Compositae)］■

43276　Pyrethrum Scop. (1772) Nom. illegit. ［菊科 Asteraceae (Compositae)］■☆

43277　Pyrethrum Zinn (1757) ［as 'Pyrethum'］【汉】匹菊属(除虫菊属,菊属,小黄菊属)。【俄】Златоцвет, Золотоцвет, Пиретрум, Поповник, Ромашник。【英】Painted Daisy, Pyrethrum。【隶属】菊科 Asteraceae(Compositae)//菊蒿科 Tanacetaceae。【包含】世界 100 种, 中国 14-20 种。【学名诠释与讨论】〈中〉(希) pyrethron, 一种强烈芳香的植物。来自 pyr, 火+athroon, 成堆的,多的。指根红色。此属的学名, ING、APNI、GCI、TROPICOS 和 IK 记载是"Pyrethrum Zinn, Cat. Pl. Hort. Gott. 414('Pyrethrum'), 452. 1757 [20 Apr-21 May 1757]";《中国植物志》亦使用此名称。"Pyrethrum Haller, Enum. Stirp. Helv. ii. 720 (1742) = Pyrethrum Zinn (1757) [as 'Pyrethum'] 是一个未合格发表的名称 (Nom. inval.)。"Pyrethrum Medik., Hist. et Commentat. Acad. Elect. Sci. Theod. - Palat. iii. (1775) 237. t. 18 = Spilanthes Jacq. (1760) ［菊科 Asteraceae (Compositae)]" 和 "Pyrethrum Scop., Fl. Carniol., ed. 2. 2: 148. 1772 ［菊科 Asteraceae (Compositae)]" 是晚出的非法名称。"Pontia P. Bubani, Fl. Pyrenaea 2: 218. 1899 (sero)" 是 "Pyrethrum Zinn (1757) [as 'Pyrethum']" 的晚出的同模式异名 (Homotypic synonym, Nomenclatural synonym)。"Pyrethum Zinn(1757)" 是"Pyrethrum Zinn(1757)"的拼写变体。"Pyrethron St. -Lag., Ann. Soc. Bot. Lyon vii. (1880) 133 ［菊科 Asteraceae (Compositae)]" 似为 "Pyrethrum Zinn(1757)" 的拼写变体。亦有文献把"Pyrethrum Zinn(1757)[as 'Pyrethum']处理为"Chrysanthemum L. (1753) (保留属名)"或"Tanacetum L. (1753)"的异名。【分布】玻利维亚,中国,温带欧亚大陆,中美洲。【模式】未指定。【参考异名】Chrysanthemum L. (1753) (保留属名); Gumnocline Cass. ; Pontia Bubani(1873)Nom. illegit. , Nom. superfl. ;Pyrethrum Haller(1742) Nom. inval. ;Tanacetum L. (1753)■

43278　Pyrethum Zinn (1757) Nom. illegit. ≡Pyrethrum Zinn (1757) ［as 'Pyrethum'] ［菊科 Asteraceae (Compositae)//菊蒿科 Tanacetaceae]■

43279　Pyrgophyllum(Gagnep.)T. L. Wu et Z. Y. Chen(1989)【汉】苞叶姜属。【英】Pyrgophyllum。【隶属】姜科 (蘘荷科) Zingiberaceae。【包含】世界 1 种,中国 1 种。【学名诠释与讨论】〈中〉(希)pyrgos, 塔。pyrginos, 像塔的+希腊文 phyllon, 叶子。【分布】中国。【后选模式】Pyrgophyllum yunnanense (Gagnepain) T. L. Wu et Z. Y. Chen [Kaempferia yunnanensis Gagnepain]■★

43280　Pyrgosea Eckl. et Zeyh. (1837) Nom. illegit. ≡Turgosea Haw. (1821); ~ =Crassula L. (1753); ~ =Purgosea Haw. (1828) ［景天科 Crassulaceae]●■☆

43281　Pyrgus Lour. (1790) = Ardisia Sw. (1788) (保留属名) ［紫金牛科 Myrsinaceae]●■

43282　Pyriluma(Baill.) Aubrév. (1967) = Pouteria Aubl. (1775) ［山榄科 Sapotaceae]●

43283　Pyriluma Baill. (1967) Nom. illegit. ≡Pyriluma (Baill.) Aubrév. (1967); ~ = Pyriluma (Baill.) Aubrév. (1967) ［山榄科 Sapotaceae]●

43284　Pyriluma Baill. ex Aubrév. (1967) Nom. illegit. ≡ Pyriluma (Baill.) Aubrév. (1967); ~ = Pouteria Aubl. (1775) ［山榄科 Sapotaceae]●

43285　Pyro-cydonia Guillaumin(1925) = Pirocydonia H. K. A. Winkl. ex L. L. Daniel(1913) ［蔷薇科 Rosaceae]●☆

43286　Pyrocydonia Rehder(1926) Nom. illegit. = Pirocydonia H. K. A. Winkl. ex L. L. Daniel(1913) ［蔷薇科 Rosaceae]●☆

43287　Pyrogennema J. Lunell (1916) Nom. illegit. ≡ Chamaenerion Adans. (1763) Nom. illegit. ; ~ ≡ Chamaenerion Ség. (1754); ~ ≡ Epilobium L. (1753) ［柳叶菜科 Onagraceae]■

43288　Pyrola Alef. =Orthilia Raf. (1840) ［鹿蹄草科 Pyrolaceae//杜鹃花科 (欧石南科)Ericaceae]■

43289　Pyrola L. (1753)【汉】鹿蹄草属。【日】イチヤクサウ属,イチヤクソウ属。【俄】Грушанка。【英】Pyrola, Shinleaf, Winter Green, Wintergreen, Winter-green。【隶属】鹿蹄草科 Pyrolaceae//杜鹃花科 (欧石南科)Ericaceae。【包含】世界 30-40 种,中国 26-29 种。【学名诠释与讨论】〈阴〉(拉) pyrum, 梨+-olus, -ola, -olum, 拉丁文指示小的词尾。指叶形似梨。此属的学名, ING、TROPICOS、GCI 和 IK 记载是"Pyrola L. , Sp. Pl. 1: 396. 1753 [1 May 1753]"。"Thelaia Alefeld, Linnaea 28: 8, 33. Aug 1856" 是 "Pyrola L. (1753)" 的晚出的同模式异名 (Homotypic synonym, Nomenclatural synonym)。"Pyrola Alef. "是"Orthilia Raf. (1840) ［鹿蹄草科 Pyrolaceae//杜鹃花科 (欧石南科)Ericaceae]"的异名。【分布】巴基斯坦,中国,北温带,中美洲。【后选模式】Pyrola rotundifolia Linnaeus。【参考异名】Amelia Alef. (1856) Nom. illegit. ; Braxilia Raf. (1840); Erxlebenia Opiz ex Rydb. (1914) Nom. illegit. ; Erxlebenia Opiz(1852) Nom. inval. , Nom. illegit. ; Monanthium Ehrh. (1789) Nom. inval. ; Pirola Neck. (1770) Nom. inval. ; Thelaia Alef. (1856) Nom. illegit. ●■

43290　Pyrolaceae Dumort. = Ericaceae Juss. (保留科名); ~ = Pyrolaceae Lindl. (保留科名)●■

43291　Pyrolaceae Lindl. (1829) (保留科名)【汉】鹿蹄草科。【日】イチヤクサウ科, イチヤクソウ科。【俄】Грушанковые。【英】Pyrola Family, Wintergreen Family。【包含】世界 3-14 属 30-60 种,中国 7 属 43 种。【分布】北温带寒冷地区和极地。【科名模式】Pyrola L. (1753)●■

43292　Pyrolirion Herb. (1821)【汉】火石蒜属。【隶属】石蒜科 Amaryllidaceae。【包含】世界 4-10 种。【学名诠释与讨论】〈阳〉(希)pyr, 所有格 pyros, 火+lirion, 百合。【分布】秘鲁,玻利维亚,安第斯山。【模式】未指定■☆

43293　Pyronia Veitch ex Trab. (1916) Nom. illegit. ［蔷薇科 Rosaceae]☆

43294　Pyrophorum DC. (1825) = Pirophorum Neck. (1790) Nom. inval. ; ~ = Pyrus L. (1753) ［蔷薇科 Rosaceae]●

43295　Pyropsis Hort. ex Fisch. Mey. et Avé - Lall. (1840) = Madia Molina(1782) ［菊科 Asteraceae(Compositae)]■☆

43296　Pyrorchis D. L. Jones et M. A. Clem. (1995)【汉】澳火兰属。【隶属】兰科 Orchidaceae。【包含】世界 2 种。【学名诠释与讨论】〈阴〉(希)pyr, 所有格 pyros, 火 + orchis, 原义是睾丸,后变为植物兰的名称,因为根的形态而得名。变为拉丁文 orchis, 所有格 orchidis。此属的学名是"Pyrorchis D. L. Jones et M. A. Clem. , Phytologia 77(6): 448. 1994 [1995]"。亦有文献把其处理为"Lyperanthus R. Br. (1810)"的异名。【分布】澳大利亚。【模式】不详。【参考异名】Lyperanthus R. Br. (1810)■☆

43297　Pyrospermum Miq. (1861) = Bhesa Buch. - Ham. ex Arn. (1834); ~ = Kurrimia Wall. ex Thwaites (1837) ［卫矛科 Celastraceae]●

43298　Pyrostegia C. Presl(1845)【汉】炮仗藤属(火把果属,炮仗花

属)。【日】ピロステギア属。【英】Crackflower, Pyrostegia。【隶属】紫葳科 Bignoniaceae。【包含】世界 3-5 种,中国 1 种。【学名诠释与讨论】〈阴〉(希)pyr,所有格 pyros,火+stege, stegos,盖子。指唇瓣上部红色。【分布】巴基斯坦,巴拉圭,巴拿马,秘鲁,比尼翁,玻利维亚,厄瓜多尔,哥伦比亚(安蒂奥基亚),尼加拉瓜,中国,中美洲。【模式】Pyrostegia ignea (Vellozo) K. B. Presl [Bignonia ignea Vellozo]●

43299 Pyrostoma G. Mey. (1818) = Vitex L. (1753) [马鞭草科 Verbenaceae//唇形科 Lamiaceae(Labiatae)//牡荆科 Viticaceae]●

43300 Pyrostria Comm. ex Juss. (1789)【汉】火畦茜属。【隶属】茜草科 Rubiaceae。【包含】世界 45 种。【学名诠释与讨论】〈阴〉(希)pyr,所有格 pyros,火+stria,畦,沟。或 pyr+ostreios, ostrios,紫色。指花的颜色。此属的学名,ING、TROPICOS 和 IK 记载是 "Pyrostria Comm. ex Juss., Gen. Pl. [Jussieu] 206. 1789 [4 Aug 1789]"。"Pyrostria Roxb., Hort. Bengal. 83 (1814); Fl. Ind. i. 403 (1832) = Timonius DC. (1830)(保留属名)[茜草科 Rubiaceae]" 是晚出的非法名称。【分布】马达加斯加,毛里求斯(包含罗德里格斯岛)。【模式】Pyrostria commersoni J. F. Gmelin。【参考异名】Dinocanthium Bremek. (1933); Leroya Cavaco (1970) Nom. illegit. ; Leroyia Cavaco (1970) Nom. illegit. ; Pseudopeponidium Homolle ex Arènes(1960)●☆

43301 Pyrostria Roxb. (1814) Nom. illegit. = Timonius DC. (1830)(保留属名)[茜草科 Rubiaceae]●

43302 Pyrotheca Steud. (1841) Nom. illegit. = Gyrotheca Salisb. (1812); ~ = Lachnanthes Elliott(1816)(保留属名)[血草科(半授花科,给血草科,血皮草科)Haemodoraceae]■☆

43303 Pyrranthus A. Gray (1854) Nom. illegit. [使君子科 Combretaceae]●☆

43304 Pyrrhanthera Zotov(1963)【汉】侏儒草属(小侏儒草属)。【隶属】禾本科 Poaceae(Gramineae)。【包含】世界 1 种。【学名诠释与讨论】〈阴〉(希)pyrrhos,浅黄红色,火色的,微红的+anthera,花药。【分布】新西兰。【模式】Pyrrhanthera exigua (T. Kirk) Zotov [Triodia exigua T. Kirk]■☆

43305 Pyrrhanthus Jack(1822) = Lumnitzera Willd. (1803) [使君子科 Combretaceae]●

43306 Pyrrheima Hassk. (1869) Nom. illegit. ≡ Siderasis Raf. (1837) [鸭趾草科 Commelinaceae]■☆

43307 Pyrrhocactus (A. Berger) Backeb. (1936) Nom. illegit. ≡ Pyrrhocactus Backeb. (1936) Nom. illegit. ; ~ = Neoporteria Britton et Rose(1922) [仙人掌科 Cactaceae]●■

43308 Pyrrhocactus(A. Berger) Backeb. et F. M. Knuth (1936) Nom. illegit. ≡ Pyrrhocactus Backeb. (1936) Nom. illegit. ; ~ = Neoporteria Britton et Rose(1922) [仙人掌科 Cactaceae]●■

43309 Pyrrhocactus A. Berger(1929)【汉】焰树球属。【日】ピロカクタス属。【隶属】仙人掌科 Cactaceae。【包含】世界 97 种。【学名诠释与讨论】〈阳〉(希)pyrrhos,浅黄红色,火色的,微红的+cactos,有刺的植物,通常指仙人掌科 Cactaceae 植物。此属的学名,ING、GCI、TROPICOS 和 IK 记载是 "Pyrrhocactus A. Berger, Kakteen (Berger) 345,215. 1929 [Jul-Aug 1929]"。"Pyrrhocactus Backeb., Kaktus – ABC [Backeb. et Knuth] 262. 1936 [12 Feb 1936] = Neoporteria Britton et Rose (1922) [仙人掌科 Cactaceae]" 是晚出的非法名称。"Pyrrhocactus (A. Berger) Backeb. (1936) Nom. illegit. ≡ Pyrrhocactus Backeb. (1936) Nom. illegit. "、"Pyrrhocactus (A. Berger) Backeb. et F. M. Knuth (1936) Nom. illegit. "和 "Pyrrhocactus Backeb. et F. M. Knuth (1936) Nom. illegit. ≡ Pyrrhocactus Backeb. (1936) Nom. illegit. "的命名人引证有误。【分布】阿根廷,智利。【模式】Pyrrhocactus strausianus

(K. M. Schumann) A. Berger [Echinocactus strausianus K. M. Schumann]。【参考异名】Friesia Frič ex Kreuz. (1930) Nom. illegit. ; Friesia Frič (1930) Nom. illegit. ; Pyrrhocactus Backeb. (1936) Nom. illegit. ■☆

43310 Pyrrhocactus Backeb. (1936) Nom. illegit. = Neoporteria Britton et Rose(1922) [仙人掌科 Cactaceae]●■

43311 Pyrrhocactus Backeb. et F. M. Knuth (1936) Nom. illegit. ≡ Pyrrhocactus Backeb. (1936) Nom. illegit. ; ~ = Neoporteria Britton et Rose(1922) [仙人掌科 Cactaceae]●■

43312 Pyrrhocoma Walp. (1843) = Haplopappus Cass. (1828) [as 'Aplopappus'](保留属名); ~ = Pyrrocoma Hook. (1833) [菊科 Asteraceae(Compositae)]■☆

43313 Pyrrhopappus A. Rich. (1848) Nom. illegit. (废弃属名) = Lactuca L. (1753) [菊科 Asteraceae (Compositae)//莴苣科 Lactucaceae]■

43314 Pyrrhopappus DC. (1838)(保留属名)【汉】火红苣属。【隶属】菊科 Asteraceae(Compositae)。【包含】世界 3 种。【学名诠释与讨论】〈阳〉(希)pyrrhos,浅黄红色,火色的,微红的+希腊文 pappos 指柔毛,软毛。pappus 则与拉丁文同义,指冠毛。此属的学名 "Pyrrhopappus DC., Prodr. 7: 144. Apr (sero) 1838" 是保留属名。法规未列出相应的废弃属名。但是菊科 Asteraceae 的 "Pyrrhopappus A. Rich., Tent. Fl. Abyss. 1: 463. 1848 [26 Feb 1848] = Lactuca L. (1753)" 应该废弃。"Sitilias Rafinesque, New. Fl. 4: 85. 1838 (sero) ('1836')" 是 "Pyrrhopappus DC. (1838)(保留属名)" 的晚出的同模式异名(Homotypic synonym, Nomenclatural synonym)。【分布】美国,北美洲。【模式】Pyrrhopappus carolinianus (Walter) A. P. de Candolle [Leontodon carolinianus Walter [as 'carolinianum']。【参考异名】Crinissa Rchb. (1841); Sitilias Raf. (1838) Nom. illegit. ■☆

43315 Pyrrhosa(Blume) Endl. (1839) Nom. illegit. ≡ Horsfieldia Willd. (1806) [肉豆蔻科 Myristicaceae]●

43316 Pyrrhosa Endl. (1839) Nom. illegit. ≡ Pyrrhosa (Blume) Endl. (1839) Nom. illegit. ; ~ ≡ Horsfieldia Willd. (1806) [肉豆蔻科 Myristicaceae]●

43317 Pyrrhotrichia Wight et Arn. (1834) = Eriosema (DC.) Desv. (1826) [as 'Euriosma'](保留属名) [豆科 Fabaceae (Leguminosae)//蝶形花科 Papilionaceae]●

43318 Pyrrocoma Hook. (1833)【汉】红毛菀属。【英】Goldenweed。【隶属】菊科 Asteraceae (Compositae)。【包含】世界 10-14 种。【学名诠释与讨论】〈中〉(希)pyrrhos,浅黄红色,火色的,微红的+kome,毛发,束毛,冠毛,来自拉丁文 coma。此属的学名是 "Pyrrocoma W. J. Hooker, Fl. Boreal. – Amer. 1: 306. 1833 (sero)"。亦有文献把其处理为 "Haplopappus Cass. (1828) [as 'Aplopappus'](保留属名)" 的异名。【分布】北美洲。【模式】Pyrrocoma carthamoides W. J. Hooker。【参考异名】Haplopappus Cass. (1828) [as 'Aplopappus'](保留属名); Haplopappus sect. Pyrrocoma (Hook.) H. M. Hall; Pyrrhocoma Walp. (1843)■☆

43319 Pyrrorhiza Maguire et Wurdack(1957)【汉】红根血草属。【隶属】血草科(半授花科,给血草科,血皮草科)Haemodoraceae。【包含】世界 1 种。【学名诠释与讨论】〈阴〉(希)pyrrhos,浅黄红色,火色的,微红的+rhiza,或 rhizoma,根,根茎。【分布】委内瑞拉。【模式】Pyrrorhiza neblinae Maguire et Wurdack ■☆

43320 Pyrrothrix Bremek. (1944)【汉】红毛蓝属。【隶属】爵床科 Acanthaceae。【包含】世界 13 种,中国 3 种。【学名诠释与讨论】〈阴〉(希)pyrrhos,浅黄红色,火色的,微红的 + thrix,所有格 trichos,毛,毛发。此属的学名是 "Pyrrothrix Bremekamp, Verh. Kon. Ned. Akad. Wetensch., Afd. Natuurk., Tweede Sect. 41 (1):

209.11 Mai 1944"。亦有文献把其处理为"Strobilanthes Blume (1826)"的异名。【分布】印度(阿萨姆)至印度尼西亚(苏门答腊岛),中国。【模式】Pyrrothrix deliensis Bremekamp。【参考异名】Strobilanthes Blume(1826)■

43321 Pyrrotrichia Baker(1876)Nom. illegit. [豆科 Fabaceae (Leguminosae)]☆

43322 Pyrsonota Ridl. (1916) = Sericolea Schltr. (1916)[杜英科 Elaeocarpaceae]●☆

43323 Pyrularia Michx. (1803)【汉】檀梨属(冠梨属,油葫芦属)。【英】Oilnut,Oil-nut。【隶属】檀香科 Santalaceae。【包含】世界 2-5 种,中国 1-5 种。【学名诠释与讨论】〈阴〉(拉)pyrum = pirum,梨果,指小式 pirula,梨+-arius,-aria,-arium,指示"属于、相似、具有、联系"的词尾。指核果为梨形。此属的学名,ING、TROPICOS 和 IK 记载是"Pyrularia Michx. ,Fl. Bor. - Amer. (Michaux)2:231. 1803 [19 Mar 1803]"。"Calinux Rafinesque, Med. Repos. ser. 2. 5:353. Feb - Apr 1808"和"Hamiltonia Mühlenberg ex Willldenow,Sp. Pl. 4(2):1114. 1806('1805')"是"Pyrularia Michx. (1803)"的晚出的同模式异名(Homotypic synonym,Nomenclatural synonym)。【分布】美国(东南部),中国,喜马拉雅山。【模式】Pyrularia pubera A. Michaux。【参考异名】Calinux Raf. (1808)Nom. illegit. ;Calynux Raf. (1819);Hamiltonia Muhlenb. ex Willd. (1806)Nom. illegit. ;Sphaerocarya Wall. (1824)●

43324 Pyrus L. (1753)【汉】梨属(棠梨属)。【日】ナシ属。【俄】Груша。【英】Pear,Pear Tree。【隶属】蔷薇科 Rosaceae。【包含】世界 10-25 种,中国 14-20 种。【学名诠释与讨论】〈阴〉(拉)pyrus =pirus,梨树的古名,来自凯尔特语 peren,梨果,梨树。【分布】秘鲁,玻利维亚,厄瓜多尔,哥伦比亚(安蒂奥基亚),美国(密苏里),中国,温带欧亚大陆,中美洲。【后选模式】Pyrus communis Linnaeus。【参考异名】Apirophorum Neck. (1790)Nom. inval. ;Bollwilleria Zabel(1907);Pirenia K. Koch(1869)Nom. illegit. ;Pirophorum Neck. (1790)Nom. inval. ;Pirus Hall(1742)Nom. inval. ;Pyrenia Clairv. (1811);Pyrophorum DC. (1825)●

43325 Pyrus - cydonia Weston = Cydonia Mill. (1754)[蔷薇科 Rosaceae]●

43326 Pythagorea Lour. (1790) = Homalium Jacq. (1760)[刺篱木科 (大风子科)Flacourtiaceae//天料木科 Samydaceae]●

43327 Pythagorea Raf. (1819)Nom. illegit. ≡Mozula Raf. (1820);~ = Lythrum L. (1753)[千屈菜科 Lythraceae]●■

43328 Pythion Mart. (1831)(废弃属名) = Amorphophallus Blume ex Decne. (1834)(保留属名)[天南星科 Araceae]■●

43329 Pythius B. D. Jacks. ,Nom. illegit. =Euphorbia L. (1753)[大戟科 Euphorbiaceae]●■

43330 Pythius Raf. (1838)【汉】腐戟属。【隶属】大戟科 Euphorbiaceae。【包含】世界 4 种。【学名诠释与讨论】〈阴〉(希)pytho,使腐败。此属的学名,ING、TROPICOS 和 IK 记载是"Pythius Raf. ,Fl. Tellur. 4:116. 1838 [1836 publ. mid-1838]"。"Pythius B. D. Jacks. "是一个非法名称,基于"Trithymalis subgen. Pythiusa";它被处理为"Euphorbia L. (1753)[大戟科 Euphorbiaceae]"的异名。【分布】不详。【模式】未指定☆

43331 Pythonium Schott(1832)Nom. illegit. ≡Thomsonia Wall. (1830)(废弃属名);~ = Amorphophallus Blume ex Decne. (1834)(保留属名)[天南星科 Araceae]■●

43332 Pytinicarpa G. L. Nesom(1994)【汉】锐托菀属。【隶属】菊科 Asteraceae(Compositae)。【包含】世界 2-3 种。【学名诠释与讨论】〈阴〉词源不详。【分布】斐济,法属新喀里多尼亚。【模式】不详■☆

43333 Pyxa Noronha(1790)Nom. inval. = Costus L. (1753)[姜科(蘘

荷科)Zingiberaceae//闭鞘姜科 Costaceae]■

43334 Pyxidanthera Michx. (1803)【汉】岩樱属。【英】Pyxie-moss,Pyxie,Flowering-moss。【隶属】岩梅科 Diapensiaceae。【包含】世界 1-3 种。【学名诠释与讨论】〈阴〉(希)pyxis,指小式 pyxidion=拉丁文 pyxis,所有格 pixidis,箱,果,盖果+anthera,花药。此属的学名,ING、GCI 和 IK 记载是"Pyxidanthera Michx. ,Fl. Bor. - Amer. (Michaux)1:152,t. 17. 1803 [19 Mar 1803]"。【分布】美国(东部)。【模式】Pyxidanthera barbulata A. Michaux ●☆

43335 Pyxidanthera Muehlenbeck =Lepuropetalon Elliott(1817)[微形草科 Lepuropetalaceae//梅花草科 Parnassiaceae]■☆

43336 Pyxidanthus Naudin(1852) = Blakea P. Browne(1756)[野牡丹科 Melastomataceae//布氏野牡丹科 Blakeaceae]■☆

43337 Pyxidaria Kuntze(1891)Nom. illegit. ≡Lindernia All. (1766)[玄参科 Scrophulariaceae//母草科 Linderniaceae//婆婆纳科 Veronicaceae]■

43338 Pyxidaria Schott(1822)Nom. illegit. =? Lecythis Loefl. (1758)[玉蕊科(巴西果科)Lecythidaceae]●☆

43339 Pyxidiaceae Dulac =Plantaginaceae Juss. (保留科名)■

43340 Pyxidium Moench ex Montandon(1856)Nom. illegit. = Amaranthus L. (1753)[苋科 Amaranthaceae]■

43341 Pyxidium Montandon(1856)Nom. illegit. ≡Pyxidium Moench ex Montandon(1856)Nom. illegit. ;~ = Amaranthus L. (1753)[苋科 Amaranthaceae]■

43342 Pyxipoma Fenzl(1839) = Sesuvium L. (1759)[番杏科 Aizoaceae//海马齿科 Sesuveriaceae]■

43343 Qaeria Raf. =Queria L. (1753)[石竹科 Caryophyllaceae]■

43344 Qaisera Omer(1989)【汉】夸伊泽龙胆属。【隶属】龙胆科 Gentianaceae。【包含】世界 3 种。【学名诠释与讨论】〈阴〉(人)Mohammad Qaiser,? - 1946。此属的学名是"Qaisera Omer,Botanische Jahrbücher für Systematik, Pflanzengeschichte und Pflanzengeographie 111(2):206. 1989. (20 Dec 1989)"。亦有文献把其处理为"Gentiana L. (1753)"的异名。【分布】中国。【模式】不详。【参考异名】Gentiana L. (1753)■

43345 Qiongzhuea(T. H. Wen et Ohrnb.)J. R. Xue et T. P. Yi(1996)Nom. illegit. ≡Qiongzhuea J. R. Xue et T. P. Yi(1983)[禾本科 Poaceae(Gramineae)]●

43346 Qiongzhuea J. R. Xue et T. P. Yi ex J. R. Xue et T. P. Yi(1983)【汉】筇竹属。【英】Qiongzhu,Swollennoded Cane。【隶属】禾本科 Poaceae(Gramineae)。【包含】世界 12 种,中国 12 种。【学名诠释与讨论】〈阴〉(汉)Qiong zhu,筇竹,来自模式产地的俗名。此属的学名,"Qiongzhuea Hsueh et T. P. Yi, Acta Bot. Yunnan. 2(1):92. 1980"发表在先,但是因为没有给出模式而成为一个未合格发表的名称(Nom. inval.)。IPNI、TROPICOS 和 IPNI 记载的"Qiongzhuea Hsueh et T. P. Yi, Acta Phytotax. Sin. 21(1):96(-99). 1983 [Feb 1983]"补充了模式,得以合格发表;但是命名人的表述有误,应该表述为"Qiongzhuea J. R. Xue et T. P. Yi ex J. R. Xue et T. P. Yi(1983)";原始文献是"新属"的表述方式亦不妥,那样它就是晚出的非法名称了。【分布】中国。【模式】Qiongzhuea tumidinoda J. R. Xue et T. P. Yi。【参考异名】Chimonobambusa Makino(1914);Qiongzhuea(T. H. Wen et Ohrnb.)J. R. Xue et T. P. Yi(1996)Nom. illegit. ;Qiongzhuea J. R. Xue et T. P. Yi(1980)Nom. inval. ;Qiongzhuea J. R. Xue et T. P. Yi(1983)Nom. illegit. ●★

43347 Qiongzhuea J. R. Xue et T. P. Yi(1980)Nom. inval. ≡Qiongzhuea J. R. Xue et T. P. Yi ex J. R. Xue et T. P. Yi(1983)[禾本科 Poaceae(Gramineae)]●★

43348 Qiongzhuea J. R. Xue et T. P. Yi(1983)Nom. illegit. ≡

Qiongzhuea J. R. Xue et T. P. Yi ex J. R. Xue et T. P. Yi（1983）［禾本科 Poaceae（Gramineae）］●★

43349　Quadrangula Baum. -Bod.（1989）Nom. inval. ＝Gymnostoma L. A. S. Johnson（1980）［木麻黄科 Casuarinaceae］●☆

43350　Quadrania Noronha（1790）＝Kopsia Blume（1823）（保留属名）［夹竹桃科 Apocynaceae］●

43351　Quadrasia Elmer（1915）＝Claoxylon A. Juss.（1824）［大戟科 Euphorbiaceae］●

43352　Quadrella（DC.）J. Presl（1825）＝Capparis L.（1753）［山柑科（白花菜科，醉蝶花科）Capparaceae］●

43353　Quadrella J. Presl（1825）Nom. illegit. ≡Quadrella（DC.）J. Presl（1825）；~＝Capparis L.（1753）［山柑科（白花菜科，醉蝶花科）Capparaceae］●

43354　Quadria Mutis（1821）Nom. illegit. ＝Vismia Vand.（1788）（保留属名）［猪胶树科（克鲁西科，山竹子科，藤黄科）Clusiaceae（Guttiferae）］●☆

43355　Quadria Rniz et Pav.（1794）＝Gevuina Molina（1782）［山龙眼科 Proteaceae］●☆

43356　Quadriala Siebold et Zucc.（1845）＝Buckleya Torr.（1843）（保留属名）［檀香科 Santalaceae］●

43357　Quadribractea Orchard（2013）【汉】四苞菊属。【隶属】菊科 Asteraceae（Compositae）。【包含】世界 1 种。【学名诠释与讨论】〈阴〉（拉）quadrus 四倍+bractea，苞片，苞鳞。【分布】印度尼西亚（马鲁古群岛）。【模式】Quadribractea moluccana（Blume）Orchard［Verbesina moluccana Blume］☆

43358　Quadricasaea Woodson（1941）＝Tabernaemontana L.（1753）［夹竹桃科 Apocynaceae//红月桂科 Tabernaemontanaceae］●

43359　Quadricosta Dulac（1867）Nom. illegit. ≡Isnardia L.（1753）；~＝Ludwigia L.（1753）［柳叶菜科 Onagraceae］●■

43360　Quadrifaria Manetti ex Gordon（1862）＝Araucaria Juss.（1789）［南洋杉科 Araucariaceae］●

43361　Quadripterygium Tardieu（1948）Nom. illegit. ＝Euonymus L.（1753）［as 'Evonymus'］（保留属名）［卫矛科 Celastraceae］●

43362　Quaiacum Scop.（1777）＝Guaiacum L.（1753）［as 'Guajacum'］（保留属名）［蒺藜科 Zygophyllaceae］●

43363　Qualea Aubl.（1775）【汉】腺托囊萼花属。【隶属】独蕊科（蜡烛树科，囊萼花科）Vochysiaceae。【包含】世界 59-63 种。【学名诠释与讨论】〈阴〉词源不详。【分布】巴拉圭，巴拿马，秘鲁，玻利维亚，厄瓜多尔，哥伦比亚（安蒂奥基亚），美国（马萨诸塞），尼加拉瓜，中美洲。【后选模式】Qualea rosea Aublet。【参考异名】Agardhia Spreng.（1824）；Amphilochia Mart.（1826）；Ruizterania Marc. -Berti（1969）；Schuechia Endl.（1840）●☆

43364　Quamasia Raf.（1818）＝Camassia Lindl.（1832）（保留属名）［百合科 Liliaceae//风信子科 Hyacinthaceae］■☆

43365　Quamassia B. D. Jacks. ＝Quamasia Raf.（1818）［风信子科 Hyacinthaceae//百合科 Liliaceae］■☆

43366　Quamassia Raf.（1837）Nom. illegit.［风信子科 Hyacinthaceae］☆

43367　Quamoclidion Choisy（1849）【汉】山豆茉莉属。【隶属】紫茉莉科 Nyctaginaceae。【包含】世界 1 种。【学名诠释与讨论】〈中〉（希）kuamos，豆+kleis，所有格 kleidos，钥匙，锁骨。或来自阿芝台克语和墨西哥植物俗名 cuamochitl，guamuchil，cuamuchil，quamochtl。此属的学名，ING、TROPICOS、GCI 和 IK 记载是"Quamoclidion Choisy，Prodr.［A. P. de Candolle］13（2）：429. 1849［5 May 1849］"。它曾被处理为"Mirabilis subgen. Quamoclidion（Choisy）Jeps."和"Mirabilis sect. Quamoclidion（Choisy）A. Gray，Report on the United States and Mexican Boundary... Botany 2（1）：173. 1859.（Rep. U. S. Mex. Bound.）"。【分布】墨西哥。【模式】Quamoclidion nyctagineum J. D. Choisy，Nom. illegit.［Mirabilis triflora Bentham；Quamoclidion triflorum（Bentham）Standley］。【参考异名】Mirabilis sect. Quamoclidion（Choisy）A. Gray（1859）；Mirabilis subgen. Quamoclidion（Choisy）Jeps.；Quamoclitium Post et Kuntze（1903）■☆

43368　Quamoclit Mill.（1754）【汉】茑萝属。【日】ルカウサウ属，ルカウソウ属，ルコウソウ属。【俄】Квамоклит。【英】Cypress Vine，Star Glory，Star-glory。【隶属】旋花科 Convolvulaceae。【包含】世界 10 种，中国 3 种。【学名诠释与讨论】〈阴〉（希）quamoclit，来自 kuamos，豆+klitos＝klitys，山坡，斜面，低的，荆棘。指某些种生于山坡上。另说指植物蔓性。或说来自印度 Mahratta 人的俗名。或来自梵语 kamalata。或来自阿芝台克语和墨西哥植物俗名 guamuchil，cuamuchil，quamochtl。此属的学名，ING、GCI、TROPICOS，IK 和 APNI 记载是"Quamoclit Mill.，Gard. Dict. Abr.，ed. 4.（1754）"。"Quamoclit Tourn. ex Moench，Methodus（Moench）453（1794）［4 May 1794］＝Ipomoea L.（1753）（保留属名）［旋花科 Convolvulaceae］"，ING 引用为"Quamoclit Moench，Meth. 453. 4 May 1794"是晚出的非法名称。"Quamoclitia Lowe，Man. Fl. Madeira ii. 51（1868）"是"Quamoclit Moench（1794）Nom. illegit.［旋花科 Convolvulaceae］"的拼写变体。亦有文献把"Quamoclit Mill.（1754）"处理为"Ipomoea L.（1753）（保留属名）"的异名。【分布】巴基斯坦，巴拉圭，玻利维亚，马达加斯加，中国。【模式】Ipomoea quamoclit Linnaeus。【参考异名】Ipomoea L.（1753）（保留属名）；Macrostema Pers.（1805）Nom. illegit.；Macrostoma Hedw.，Nom. illegit.；Quamoclita Raf.（1838）；Quamoclitia Lowe（1868）Nom. illegit.■

43369　Quamoclit Moench（1794）Nom. illegit. ≡Quamoclit Tourn. ex Moench（1794）Nom. illegit.；~＝Ipomoea L.（1753）（保留属名）［旋花科 Convolvulaceae］●■

43370　Quamoclit Tourn. ex Moench（1794）Nom. illegit. ＝Ipomoea L.（1753）（保留属名）［旋花科 Convolvulaceae］●■

43371　Quamoclita Raf.（1838）＝Ipomoea L.（1753）（保留属名）；~＝Quamoclit Mill.（1754）［旋花科 Convolvulaceae］■

43372　Quamoclitia Lowe（1868）Nom. illegit. ≡Quamoclit Moench（1794）Nom. illegit.；~＝Quamoclit Mill.（1754）［旋花科 Convolvulaceae］■

43373　Quamoclitium Post et Kuntze（1903）＝Quamoclidion Choisy（1849）［紫茉莉科 Nyctaginaceae］■☆

43374　Quapoja Batsch（1800）Nom. illegit. ＝Quapoya Aubl.（1775）［猪胶树科（克鲁西科，山竹子科，藤黄科）Clusiaceae（Guttiferae）］●☆

43375　Quapoya Aubl.（1775）【汉】秘鲁藤黄属。【隶属】猪胶树科（克鲁西科，山竹子科，藤黄科）Clusiaceae（Guttiferae）。【包含】世界 4-5 种。【学名诠释与讨论】〈阴〉词源不详。此属的学名，ING、TROPICOS、GCI 和 IK 记载是"Quapoya Aublet，Hist. Pl. Guiane 897. Jun-Dec 1775"。"Smithia Scopoli，Introd. 322. Jan-Apr 1777（废弃属名）"和"Xanthe Schreber，Gen. 710. Mai 1791"是"Quapoya Aubl.（1775）"的晚出的同模式异名（Homotypic synonym，Nomenclatural synonym）。"Quapoja Batsch，Tab. Aff. 89（1800）"似为"Quapoya Aubl.（1775）"的拼写变体。【分布】巴拿马，秘鲁，玻利维亚，几内亚。【后选模式】Quapoya scandens Aublet。【参考异名】Quapoja Batsch（1800）Nom. illegit.；Rengifa Poepp.（1842）；Rengifa Poepp. et Endl.（1842）Nom. illegit.；Smithia Scop.（1777）Nom. illegit.（废弃属名）；Xanthe Schreb.（1791）Nom. illegit. ●☆

43376　Quaqua N. E. Br.（1879）【汉】南非萝藦属。【隶属】萝藦科 Asclepiadaceae。【包含】世界 5-13 种。【学名诠释与讨论】〈阴〉

或许来自霍屯督人的植物俗名。或来自津巴布韦的地名,在那里采到了模式种。此属的学名是"Quaqua N. E. Brown, Gard. Chron. ser. 2. 12:8. 1879"。亦有文献把其处理为"Caralluma R. Br.(1810)"的异名。【分布】非洲西南部。【模式】Quaqua hottentotorum N. E. Brown。【参考异名】Caralluma R. Br.(1810); Sarcophagophilus Dinter(1923)■☆

43377 Quararibea Aubl.(1775)【汉】夸拉木属。【隶属】木棉科 Bombacaceae//锦葵科 Malvaceae。【包含】世界 20-35 种。【学名诠释与讨论】〈阴〉guarariba,模式种的俗名。此属的学名,ING、TROPICOS、GCI 和 IK 记载是"Quararibea Aubl., Hist. Pl. Guiane 2:691. 1775 [Jun-Dec 1775]"。"Gerberia Scopoli, Introd. 286. Jan-Apr 1777 [non Gerbera Linnaeus 1758 (nom. cons.)]"和"Myrodia O. Swartz, Prodr. 7, 102. 20 Jun – 29 Jul 1788"是"Quararibea Aubl.(1775)"的晚出的同模式异名(Homotypic synonym, Nomenclatural synonym)。【分布】巴拿马,秘鲁,玻利维亚,厄瓜多尔,哥伦比亚(安蒂奥基亚),尼加拉瓜,中美洲。【模式】Quararibea guianensis Aublet。【参考异名】Gerbera J. F. Gmel.(1791) Nom. illegit.; Gerberia Scop.(1777) Nom. illegit.; Guararibea Cav.(1786); Lexarza La Llave(1825); Myrodia Sw.(1788) Nom. illegit. ●☆

43378 Quarena Raf.(1838)= Cordia L.(1753)(保留属名)[紫草科 Boraginaceae//破布木科(破布树科) Cordiaceae]●

43379 Quartinia A. Rich.(1840)= Pterolobium R. Br. ex Wight et Arn.(1834)(保留属名)[豆科 Fabaceae (Leguminosae)//云实科(苏木科) Caesalpiniaceae]●

43380 Quartinia Endl.(1842) Nom. illegit. ≡ Rhyacophila Hochst.(1841) Nom. illegit.;~ = Rotala L.(1771)[千屈菜科 Lythraceae]■

43381 Quassia L.(1762)【汉】类苦木属(苦木属)。【日】カッシア属。【俄】Квассия。【英】Quassia。【隶属】苦木科 Simaroubaceae。【包含】世界 35-40 种。【学名诠释与讨论】〈阴〉(人)Quassi(或 Quassi,或 Kwasi),他是第一个向欧洲介绍作为解热剂价值的人。【分布】巴拿马,玻利维亚,哥伦比亚(安蒂奥基亚),马达加斯加,尼加拉瓜,利比里亚(宁巴),中美洲。【模式】Quassia amara Linnaeus。【参考异名】Aruba Aubl.(1775); Biporeia Thouars(1806); Hannoa Planch.(1846); Homalolepis Turcz.(1848); Hyptiandra Hook. f.(1862) Nom. illegit.; Locandi Adans.(1763)(废弃属名); Manduyta Comm. ex Steud.(1841); Mannia Hook. f.(1862); Manungala Blanco(1837); Marungala Blanco; Marupa Miers(1873); Mauduita Comm. ex DC.(1824); Mauduyta Comm. ex Endl.(1840); Mauduyta Endl.(1840) Nom. illegit.; Niota Lam.(1792) Nom. illegit.; Odyendea (Pierre) Engl.(1896) Nom. illegit.; Odyendea Engl.(1896) Nom. illegit.; Odyendea Pierre ex Engl.(1896); Phyllostema Neck.(1790) Nom. inval.; Pierreodendron Engl.(1907); Samadera Gaertn.(1791)(保留属名); Samandura Baill.(1884); Simaba Aubl.(1775); Simarouba Aubl.(1775)(保留属名); Simarubopsis Engl.(1911); Vitmannia Vahl(1794) Nom. illegit.; Zwingera Schreb.(1791) ●☆

43382 Quassiaceae Bertol.(1827)= Simaroubaceae DC.(保留科名)●

43383 Quaternella Ehrh. = Moenchia Ehrh.(1783)(保留属名)[石竹科 Caryophyllaceae]■☆

43384 Quaternella Pedersen(1990)【汉】四数苋属。【隶属】苋科 Amaranthaceae。【包含】世界 1 种。【学名诠释与讨论】〈阴〉(拉)quaterni,每人 4 个+-ellus,-ella,-ellum,加在名词词干后面形成指小式的词尾。或加在人名、属名等后面以组成新属的名称。此属的学名,ING 和 IK 记载是"Quaternella T. M. Pedersen, Bull. Mus. Natl. Hist. Nat., B, Adansonia 12:92. 2 Aug 1990"。【分布】南美洲。【模式】Quaternella confusa T. M. Pedersen ■☆

43385 Quebitea Aubl.(1775)= Piper L.(1753)[胡椒科 Piperaceae]●

43386 Quebrachia Griseb.(1874) Nom. inval. = Loxopterygium Hook. f.(1862)[漆树科 Anacardiaceae]●☆

43387 Quebrachia Griseb.(1879)【汉】破斧木属(破斧树属)。【俄】Дерево квебраховое, Квебрахо, Квебрачо, Кебрачо。【英】Red Quebracho。【隶属】漆树科 Anacardiaceae。【包含】世界 7 种。【学名诠释与讨论】〈阴〉葡萄牙语 quebracho,或西班牙语 quebrar,斧-碎者,破裂,也是南美几种硬木的名称:quebracha 是 Aspidosperma tomentosum Martius et Zucc. 的俗名,quebracho 则指 Schinopsis spp.。此属的学名,ING、TROPICOS 和 IK 记载是"Quebrachia Grisebach, Abh. Königl. Ges. Wiss. Göttingen 24:95. 1879"。"Quebrachia Griseb.(1874) = Loxopterygium Hook. f.(1862)[漆树科 Anacardiaceae]"是一个未合格发表的名称(Nom. inval.)。亦有文献把"Quebrachia Griseb.(1879)"处理为"Schinopsis Engl.(1876)"的异名。【分布】阿根廷,巴拉圭。【模式】Quebrachia lorentzii (Grisebach) Grisebach [Loxopterygium lorentzii Grisebach]。【参考异名】Schinopsis Engl.(1876)●☆

43388 Quechua Salazar et L. Jost(2012)【汉】克丘亚兰属。【隶属】兰科 Orchidaceae。【包含】世界 1 种。【学名诠释与讨论】〈阴〉(地)Quechu,克丘亚。【分布】秘鲁。【模式】Quechua glabrescens (T. Hashim.) Salazar et L. Jost [Spiranthes glabrescens T. Hashim.; Beadlea glabrescens (T. Hashim.) Garay]☆

43389 Quechualia H. Rob.(1993)【汉】毛喉斑鸠菊属。【隶属】菊科 Asteraceae (Compositae)。【包含】世界 4 种。【学名诠释与讨论】〈阴〉词源不详。【分布】阿根廷,玻利维亚。【模式】Quechualia fulta (Grisebach) H. E. Robinson [Vernonia fulta Grisebach]●☆

43390 Queenslandiella Domin(1915)【汉】昆士兰莎草属。【隶属】莎草科 Cyperaceae。【包含】世界 1 种。【学名诠释与讨论】〈阴〉(地)Queensland,昆士兰,位于澳大利亚+-ellus,-ella,-ellum,加在名词词干后面形成指小式的词尾。或加在人名、属名等后面以组成新属的名称。此属的学名,ING、TROPICOS 和 IK 记载是"Queenslandiella Domin, Biblioth. Bot. lxxxv. 415 (1915)"。它曾被处理为"Cyperus sect. Queenslandiella (Domin) J. Kern, Flora Malesiana :Series I : Spermatophyta 7(3):654. 1974"和"Cyperus subgen. Queenslandiella (Domin) Govind., Reinwardtia 9: 194. 1975"。【分布】澳大利亚(昆士兰),马达加斯加,斯里兰卡,印度,印度尼西亚(爪哇岛),帝汶岛,加里曼丹岛,热带非洲东部。【模式】Queenslandiella mira Domin。【参考异名】Cyperus sect. Queenslandiella (Domin) J. Kern(1974); Cyperus subgen. Queenslandiella (Domin) Govind.(1975); Mariscopsis Cherm.(1919)■☆

43391 Quekettia Lindl.(1839)【汉】快特兰属。【隶属】兰科 Orchidaceae。【包含】世界 5 种。【学名诠释与讨论】〈阴〉(人)Edwin John Quekett,1808-1847,英国植物学者,医生。【分布】巴西,几内亚,特立尼达和多巴哥(特立尼达岛)。【模式】Quekettia microscopica J. Lindley。【参考异名】Scolopendrogyne Szlach. et Mytnik(2009)■☆

43392 Quelchia N. E. Br.(1901)【汉】寡枝菊属。【隶属】菊科 Asteraceae (Compositae)。【包含】世界 4 种。【学名诠释与讨论】〈阴〉(人)Quelch。【分布】几内亚,委内瑞拉。【模式】Quelchia conferta N. E. Brown ●☆

43393 Queltia Salisb.(1812) Nom. inval. ≡ Queltia Salisb. ex Haw.(1812);~ = Narcissus L.(1753)[石蒜科 Amaryllidaceae//水仙科 Narcissaceae]■

43394 Queltia Salisb. ex Haw.(1812)= Narcissus L.(1753)[石蒜科 Amaryllidaceae//水仙科 Narcissaceae]■

43395 Quelusia Vand.（1788）= Fuchsia L.（1753）[柳叶菜科 Onagraceae]●■

43396 Quercaceae Martinov（1820）= Fagaceae Dumort.（保留科名）●

43397 Quercus L.（1753）【汉】栎属（麻栎属，橡属）。【日】カシノキ属，カシ属，コナラ属。【俄】Дуб。【英】Oak。【隶属】壳斗科（山毛榉科）Fagaceae。【包含】世界 300-600 种，中国 35-128 种。【学名诠释与讨论】〈阴〉（拉）quercus，栎树的古名，由凯尔特语 quer，优良的，美好的+cuez，树木，木材。指树木美丽或木材优质。【分布】巴基斯坦，巴勒斯坦，巴拿马，非洲北部，哥斯达黎加，美国（密苏里），尼加拉瓜，中国，温带和亚热带欧亚大陆，北美洲至亚热带南美洲，中美洲。【后选模式】Quercus robur Linnaeus。【参考异名】Balanaulax Raf.（1838）；Cannon et S. H. Oh（1964）；Cerris Raf.（1838）；Cyclobalanopsis（Endl.）Oerst.（1867）（废弃属名）；Cyclobalanopsis Oerst.（1867）（保留属名）；Dryopsila Raf.（1838）；Eriodrys Raf.（1838）；Erythrobalanus（Oerst.）O. Schwarz（1936）；Formanodendron Nixon et Crepet（1989）；Ilex Mill.（1754）Nom. illegit.；Limlia Masam. et Tomiya（1947）；Macrobalanus（Oerst.）O. Schwarz（1936）；Notholithocarpus Manos；Scolodrys Raf.（1838）；Suber Mill.（1754）●

43398 Querezia L.= Queria L.（1753）[石竹科 Caryophyllaceae]■

43399 Queria L.（1753）≡ Queria Loefl. ex L.（1753）；~ = Minuartia L.（1753）[石竹科 Caryophyllaceae]■

43400 Queria Loefl.（1753）Nom. illegit.≡ Queria Loefl. ex L.（1753）；~ = Minuartia L.（1753）[石竹科 Caryophyllaceae]■

43401 Queria Loefl. ex L.（1753）= Minuartia L.（1753）[石竹科 Caryophyllaceae]■

43402 Quesnelia Gaudich.（1842）【汉】豪华菠萝属（龟甲凤梨属，魁氏凤梨属）。【日】ケスネリア属。【隶属】凤梨科 Bromeliaceae。【包含】世界 12-15 种。【学名诠释与讨论】〈阴〉（人）M. Quesnel，曾任法国驻越南领事。另说纪念 M. E. Quesnel，法国植物学者，植物采集家，他曾往法属圭亚那采集标本。【分布】热带南美洲。【模式】Quesnelia rufa Gaudichaud-Beaupré。【参考异名】Guesmelia Walp.（1849）；Lievena Regel（1879）■☆

43403 Queteletia Blume（1859）Nom. illegit.，Nom. superfl.≡ Orchipedum Breda（1829）Nom. illegit.；~ = Orchipedum Breda, Kuhl et Hasselt（1827）[兰科 Orchidaceae]■☆

43404 Quetia Gand.= Chaerophyllum L.（1753）[伞形花科（伞形科）Apiaceae（Umbelliferae）]■

43405 Quetzalia Lundell（1970）【汉】奎茨卫矛属。【隶属】卫矛科 Celastraceae。【包含】世界 9-11 种。【学名诠释与讨论】〈阴〉（人）Quetzalcoatl，古代墨西哥阿芝台克（阿兹特克）人和托尔特克人供奉的羽蛇神。【分布】巴拿马，热带南美洲，中美洲。【模式】Quetzalia occidentalis（Loesener ex J. D. Smith）C. L. Lundell [Microtropis occidentalis Loesener ex J. D. Smith]●☆

43406 Quezelia H. Scholz（1966）Nom. illegit.≡ Quezeliantha H. Scholz ex Rauschert（1982）[十字花科 Brassicaceae（Cruciferae）]■☆

43407 Quezeliantha H. Scholz ex Rauschert（1982）【汉】撒哈拉芥属。【隶属】十字花科 Brassicaceae（Cruciferae）。【包含】世界 1 种。【学名诠释与讨论】〈阴〉（人）Pierre Ambmnaz Quezel，1926-，植物学者+anthos，花。此属的学名是一个替代名称。ING 记载是"Quezeliantha H. Scholz ex S. Rauschert, Taxon 31：558. 9 Aug 1982"。IK 则记载为"Quezeliantha H. Scholz, Taxon 31（3）：558（1982）"。"Quezelia H. Scholz, Willdenowia 4；207. 1 Dec 1966"是一个非法名称（Nom. illegit.），因为此前已经有了真菌的"Quezelia L. Faurel et G. Schotter, Rev. Mycol.（Paris）30（3）：161. 1965"。故替代之。【分布】撒哈拉沙漠。【模式】Quezeliantha tibestica（H. Scholz）S. Rauschert [Quezelia tibestica H. Scholz]。

【参考异名】Quezelia H. Scholz（1966）Nom. illegit.；Quezeliantha H. Scholz（1982）Nom. illegit.■☆

43408 Quezeliantha H. Scholz（1982）Nom. illegit.= Quezeliantha H. Scholz ex Rauschert（1982）[十字花科 Brassicaceae（Cruciferae）]■☆

43409 Quiabentia Britton et Rose（1923）【汉】顶花麒麟掌属（奎阿本特属）。【日】クィアベンティア属。【隶属】仙人掌科 Cactaceae。【包含】世界 2-5 种。【学名诠释与讨论】〈阴〉quiabent，植物俗名。【分布】阿根廷，巴拉圭，巴西，玻利维亚。【模式】Quiabentia zehntneri（N. L. Britton et Rose）N. L. Britton et Rose [Pereskia zehntneri N. L. Britton et Rose]●☆

43410 Quidproquo Greuter et Burdet（1983）= Raphanus L.（1753）[十字花科 Brassicaceae（Cruciferae）]■

43411 Quiducia Gagnep.（1948）= Silvianthus Hook. f.（1868）[茜草科 Rubiaceae//香茜科 Carlemanniaceae]●

43412 Quiina Aubl.（1775）【汉】绒子树属。【隶属】绒子树科（羽叶树科）Quiinaceae。【包含】世界 25-35 种。【学名诠释与讨论】〈阴〉来自植物俗名。【分布】巴拿马，秘鲁，玻利维亚，厄瓜多尔，哥伦比亚（安蒂奥基亚），尼加拉瓜，中美洲。【模式】Quiina guianensis Aublet。【参考异名】Guiina Crueg.（1847）；Macrodendron Taub.（1890）；Robinsonia Scop.（1777）（废弃属名）●☆

43413 Quiinaceae Choisy ex Engl.（1888）（保留科名）【汉】绒子树科（羽叶树科）。【包含】世界 4 属 45-50 种。【分布】热带南美洲。【科名模式】Quiina Aubl.●☆

43414 Quiinaceae Choisy = Quiinaceae Choisy ex Engl.（保留科名）●☆

43415 Quiinaceae Engl.= Quiinaceae Choisy ex Engl.（保留科名）●☆

43416 Quilamum Blanco（1837）= Crypteronia Blume（1827）[隐翼木科 Crypteroniaceae]●

43417 Quilesia Blanco（1837）= Dichapetalum Thouars（1806）[毒鼠子科 Dichapetalaceae]●

43418 Quiliusa Hook. f.（1869）Nom. illegit.= Fuchsia L.（1753）；~ = Quelusia Vand.（1788）[柳叶菜科 Onagraceae]●■

43419 Quillaia Molina（1782）Nom. illegit.≡ Quillaja Molina（1782）[蔷薇科 Rosaceae//皂树科 Quillajaceae]●☆

43420 Quillaiaceae D. Don（1831）= Rosaceae Juss.（1789）（保留科名）●

43421 Quillaja Molina（1782）【汉】皂树属（肥皂树属，奎拉雅属）。【日】キラア属。【俄】Квилайя，Квиллайя，Килайя。【英】Soapbark Tree。【隶属】蔷薇科 Rosaceae//皂树科 Quillajaceae。【包含】世界 1-3 种。【学名诠释与讨论】〈阴〉（智利）quillai，来自 quillean 洗，指树皮可代肥皂用。此属的学名，ING、GCI、TROPICOS 和 IK 记载是"Quillaja Molina, Sag. Stor. Nat. Chili 354. 1782 [ante 31 Oct 1782]"。"Quillaia Molina（1782）"是其拼写变体。"Smegmadermos Ruiz et Pavon, Prodr. 144. Oct（prim.）1794"是"Quillaja Molina（1782）"的晚出的同模式异名（Homotypic synonym, Nomenclatural synonym）。【分布】巴拉圭，秘鲁，玻利维亚，温带南美洲。【模式】Quillaja saponaria Molina。【参考异名】Cullay Molina ex Steud.（1840）；Fontenella Walp.（1842）；Fontenellea A. St-Hil. et Tul.（1842）；Leucoxyla Rojas（1897）；Quillaia Molina（1782）Nom. illegit.；Smegmadermos Ruiz et Pav.（1794）Nom. illegit.；Smegmaria Willd.（1806）●☆

43422 Quillajaceae D. Don（1831）[亦见 Rosaceae Juss.（1789）（保留科名）蔷薇科]【汉】皂树科（皂皮树科）。【包含】世界 1 属 3 种。【分布】温带南美洲。【科名模式】Quillaja Molina（1782）●☆

43423 Quinaria Lour.（1790）= Clausena Burm. f.（1768）[芸香科 Rutaceae]●

43424 Quinaria Raf.（1830）Nom. illegit.≡ Parthenocissus Planch.

（1887）（保留属名）；~＝Polylepis Ruiz et Pav.（1794）［蔷薇科
Rosaceae］●☆

43425　Quinasis Raf.（1838）Nom. illegit. ＝ Polylepis Ruiz et Pav.
（1794）［蔷薇科 Rosaceae］●☆

43426　Quinata Medik.（1787）（废弃属名）≡ Machaerium Pers.
（1807）（保留属名）［豆科 Fabaceae（Leguminosae）］●☆

43427　Quinchamala Willd.（1798）＝Quinchamalium Molina（1782）（保
留属名）［檀香科 Santalaceae］●☆

43428　Quinchamalium Juss.（1789）（废弃属名）＝ Quinchamalium
Molina（1782）（保留属名）［檀香科 Santalaceae］●☆

43429　Quinchamalium Molina（1782）（保留属名）【汉】智利檀属。
【隶属】檀香科 Santalaceae。【包含】世界 25 种。【学名诠释与讨
论】〈阴〉来自植物俗名。此属的学名"Quinchamalium Molina,
Sag. Stor. Nat. Chili：151，350. 12-13 Oct 1782"是保留属名。法规
未列出相应的废弃属名。檀香科 Santalaceae 的"Quinchamalium
Juss.，Gen. Pl.［Jussieu］75. 1789［4 Aug 1789］＝Quinchamalium
Molina（1782）（保留属名）"是晚出的非法名称；应该废弃。【分
布】秘鲁，玻利维亚，智利，安第斯山。【模式】Quinchamalium
chilense Molina。【参考异名】Quinchamala Willd.（1798）；
Quinchamalium Juss.（1789）（废弃属名）●☆

43430　Quincula Raf.（1832）【汉】北美茄属。【隶属】茄科
Solanaceae。【包含】世界 1 种。【学名诠释与讨论】〈阴〉（拉）
quinque，五+-ulus，-ula，-ulum，指示小的词尾。此属的学名是
"Quincula Rafinesque，Atlantic J. 1：145. Winter 1832"。亦有文献
把其处理为"Physalis L.（1753）"的异名。【分布】北美洲。【模
式】Quincula lobata（Torrey）Rafinesque［Physalis lobata Torrey］。
【参考异名】Physalis L.（1753）■☆

43431　Quinetia Cass.（1830）【汉】紫鼠麹属。【隶属】菊科 Asteraceae
（Compositae）。【包含】世界 1 种。【学名诠释与讨论】〈阴〉
（人）Edgar Quinet，1803-1875，法国诗人。【分布】澳大利亚（西
部）。【模式】Quinetia urvillei Cassini ■☆

43432　Quinio Schltdl.（1855）＝ Cocculus DC.（1817）（保留属名）［防
己科 Menispermaceae］●

43433　Quinquedula Noronha（1790）＝ Litsea Lam.（1792）（保留属名）
［樟科 Lauraceae］●

43434　Quinquefolium Ség.（1754）Nom. illegit. ≡ Potentilla L.（1753）
［蔷薇科 Rosaceae//委陵菜科 Potentillaceae］■●

43435　Quinquefolium Tourn. ex Adans.（1763）Nom. illegit. ＝ Potentilla
L.（1753）［蔷薇科 Rosaceae//委陵菜科 Potentillaceae］■●

43436　Quinquelobus Benj.（1847）＝ Bacopa Aubl.（1775）（保留属
名）；~ ≡ Benjaminia Mart. ex Benj.（1847）［玄参科
Scrophulariaceae//婆婆纳科 Veronicaceae］■☆

43437　Quinquelocularia C. Koch（1850）Nom. illegit. ≡Quinquelocularia
K. Koch（1850）；~ ＝ Campanula L.（1753）［桔梗科
Campanulaceae］■●

43438　Quinquelocularia K. Koch（1850）＝ Campanula L.（1753）［桔梗
科 Campanulaceae］■●

43439　Quinqueremulus Paul G. Wilson（1987）【汉】线鼠麹属。【隶
属】菊科 Asteraceae（Compositae）。【包含】世界 1 种。【学名诠释
与讨论】〈阳〉（拉）quinque，五+Remulus，古意大利阿尔班王。另
说 quinque，五+remulus，小浆，小橹。指冠毛。【分布】澳大利亚
（西部）。【模式】Quinqueremulus linearis Paul G. Wilson ■☆

43440　Quinquina Boehm.（1760）Nom. illegit.，Nom. superfl. ≡
Cinchona L.（1753）；~ ≡ Quinquina Condam. ex Boehm.（1760）
Nom. illegit.，Nom. superfl.［茜草科 Rubiaceae//金鸡纳科
Cinchonaceae］■●

43441　Quinquina Condam.，Nom. inval. ≡ Quinquina Condam. ex

Boehm.（1760）Nom. illegit.；~ ≡ Quinquina Condam. ex Kuntze
（1891）Nom. illegit.；~ ≡ Cinchona L.（1753）［茜草科
Rubiaceae//金鸡纳科 Cinchonaceae］■●

43442　Quinquina Condam. ex Boehm.（1760）Nom. illegit.，Nom.
superfl. ≡ Cinchona L.（1753）［茜草科 Rubiaceae//金鸡纳科
Cinchonaceae］■●

43443　Quinquina Condam. ex Kuntze（1891）Nom. illegit.，Nom.
superfl. ≡ Cinchona L.（1753）［茜草科 Rubiaceae//金鸡纳科
Cinchonaceae］■●

43444　Quinsonia Montrouz.（1860）＝ Pittosporum Banks ex Gaertn.
（1788）（保留属名）［海桐花科（海桐科）Pittosporaceae］●

43445　Quintilia Endl.（1841）Nom. illegit.，Nom. superfl. ≡
Anomorhegmia Meisn. Nom. illegit.；~＝Stauranthera Benth.（1835）
［苦苣苔科 Gesneriaceae］■

43446　Quintinia A. DC.（1830）【汉】昆廷树属（昆亭尼亚属，昆亭树
属）。【隶属】虎耳草科 Saxifragaceae//昆廷树科 Quintiniaceae。
【包含】世界 20 种。【学名诠释与讨论】〈阴〉（人）Quintin，1626-
1688，Jean（Johannis）de la Quin-tinie（Quintinye），法国植物学
者，园艺学者。【分布】澳大利亚，菲律宾（菲律宾群岛），新西
兰，法属新喀里多尼亚，新几内亚岛。【模式】Quintinia sieberi
Alph. de Candolle。【参考异名】Curraniodendron Merr.（1910）；
Dedea Baill.（1879）●☆

43447　Quintiniaceae Doweld（2001）【汉】昆廷树科。【包含】世界 1
属 20 种。【分布】澳大利亚，法属新喀里多尼亚，新西兰，菲律宾
群岛，新几内亚岛。【科名模式】Quintinia A. DC.（1830）●☆

43448　Quiotania Zarucchi（1991）【汉】哥伦比亚夹竹桃属。【隶属】
夹竹桃科 Apocynaceae。【包含】世界 1 种。【学名诠释与讨论】
〈阴〉词源不详。【分布】哥伦比亚。【模式】Quiotania colombiana
J. L. Zarucchi ●☆

43449　Quipuanthus Michelang. et C. Ulloa（2014）【汉】秘鲁野牡丹属。
【隶属】野牡丹科 Melastomataceae。【包含】世界 1 种。【学名诠
释与讨论】〈阳〉Quipu？+希腊文 anthos，花。antheros，多花的。
antheo，开花。【分布】秘鲁。【模式】Quipuanthus epipetricus
Michelang. et C. Ulloa☆

43450　Quirina Raf.（1838）＝ Cuphea Adans. ex P. Browne（1756）［千
屈菜科 Lythraceae］●■

43451　Quirivelia Poir.（1804）＝ Ichnocarpus R. Br.（1810）（保留属
名）［夹竹桃科 Apocynaceae］●■

43452　Quirosia Blanco（1845）＝ Crotalaria L.（1753）（保留属名）［豆
科 Fabaceae（Leguminosae）//蝶形花科 Papilionaceae］●■

43453　Quisqualis L.（1762）【汉】使君子属。【日】シクンシ属。
【俄】Квисквалис。【英】Quisqualis。【隶属】使君子科
Combretaceae。【包含】世界 17 种，中国 2 种。【学名诠释与讨
论】〈阴〉（拉）quis，谁，哪一个+qualis，哪一种的，何类。指本属
当初命名时不明确其分类位置。此属的学名，ING、TROPICOS、
APNI 和 IK 记载是"Quisqualis L.，Sp. Pl.，ed. 2. 1：556. 1762
［Sep 1762］"。"Kleinia Crantz，Inst. 2：488. 1766（non P. Miller
1754）"和"Udani Adanson，Fam. 2：（22）. Jul - Aug 1763"是
"Quisqualis L.（1762）"的晚出的同模式异名（Homotypic
synonym，Nomenclatural synonym）。亦有文献把"Quisqualis L.
（1762）"处理为"Combretum Loefl.（1758）（保留属名）"的异名。
【分布】巴基斯坦，巴拿马，秘鲁，厄瓜多尔，哥伦比亚（安蒂奥基
亚），尼加拉瓜，印度至马来西亚，中国，热带和非洲南部，中美
洲。【模式】Quisqualis indica Linnaeus。【参考异名】Aurora
Noronha（1790）Nom. nud.；Campylogyne Welw. ex Hemsl.（1897）；
Combretum Loefl.（1758）（保留属名）；Kleinia Crantz（1766）Nom.
illegit.；Mekistus Lour. ex Gomes（1868）；Spalanthus Walp.

（1843）；Sphalanthus Jack（1822）；Udani Adans.（1763）Nom. illegit. ●

43454 Quisqueya Dod（1979）【汉】海地兰属。【隶属】兰科 Orchidaceae。【包含】世界 4 种。【学名诠释与讨论】〈阴〉加勒比人称呼 Antillan island Hispaniola（海地）的名称。【分布】海地。【模式】Quisqueya karstii D. D. Dod ■☆

43455 Quisumbingia Merr.（1936）【汉】奎苏萝藦属。【隶属】萝藦科 Asclepiadaceae。【包含】世界 1 种。【学名诠释与讨论】〈阴〉（人）Eduardo Quisumbing，1895-1986，菲律宾植物学者。此属的学名"Quisumbingia Merrill, Philipp. J. Sci. 60：33. 1936"是一个替代名称。"Petalonema Schlechter, Repert. Spec. Nov. Regni Veg. 13：543. 30 Jun 1915"是一个非法名称（Nom. illegit.），因为此前已经有了蓝藻的"Petalonema Berkeley ex Correns, Flora 72：321. 20 Jul 1889"。故用"Quisumbingia Merr.（1936）"替代之。同理，"Petalonema A. Peter, Abh. Königl. Ges. Wiss. Göttingen, Math. – Phys. Kl. ser. 2. 13（2）：84. 1928"和"Petalonema Gilg in Engler et Prantl, Nat. Pflanzenfam. Nachtr.（2-4）：264. Oct 1897"亦是非法名称。"Schlechterianthus Quisumbing, Philipp. J. Sci. 41：342. 1930（non Schlechteranthus Schwantes 1929）"是"Quisumbingia Merr.（1936）"的晚出的同模式异名（Homotypic synonym, Nomenclatural synonym）。【分布】菲律宾。【模式】Quisumbingia merrillii（Schlechter）Merrill［Petalonema merrillii Schlechter］。【参考异名】Petalonema Schltr.（1915）Nom. illegit.；Schlechterianthus Quisumb.（1930）Nom. illegit. ●☆

43456 Quivisia Cav. = Turraea L.（1771）［棟科 Meliaceae］●

43457 Quivisia Comm. ex Juss.（1789）= Turraea L.（1771）［棟科 Meliaceae］●

43458 Quivisiantha Willis, Nom. inval. = Quivisianthe Baill.（1893）［棟科 Meliaceae］●☆

43459 Quivisianthe Baill.（1893）【汉】基维棟属。【隶属】棟科 Meliaceae。【包含】世界 1 种。【学名诠释与讨论】〈阴〉（属）Quivisia+希腊文 anthos，花。【分布】马达加斯加。【模式】Quivisianthe papinae Baillon。【参考异名】Quivisiantha Willis, Nom. inval.；? Trichilia P. Browne（1756）（保留属名）●☆

43460 Quoya Gaudich.（1829）= Pityrodia R. Br.（1810）［马鞭草科 Verbenaceae//唇形科 Lamiaceae（Labiatae）］●☆

43461 Qveria L.（1753）Nom. illegit. ≡ Minuartia L.（1753）；~ ≡ Queria L.（1753）［石竹科 Caryophyllaceae］■

43462 Raaltema Mus. Lugd. ex C. B. Clarke = Boea Comm. ex Lam.（1785）［苦苣苔科 Gesneriaceae］■

43463 Rabarbarum Post et Kuntze（1903）= Rhabarbarum Adans.（1763）Nom. illegit.；~ = Rheum L.（1753）［蓼科 Polygonaceae］■

43464 Rabdadenia Post et Kuntze（1903）= Rhabdadenia Müll. Arg.（1860）［夹竹桃科 Apocynaceae］●☆

43465 Rabdia Post et Kuntze（1903）= Rhabdia Mart.（1827）；~ = Rotula Lour.（1790）［紫草科 Boraginaceae//破布木科（破布树科）Cordiaceae］●

43466 Rabdochloa P. Beauv.（1812）= Leptochloa P. Beauv.（1812）［禾本科 Poaceae（Gramineae）］■

43467 Rabdosia（Blume）Hassk.（1842）【汉】小香茶菜属（回菜花属）。【日】ヤマハッカ属。【英】Rabdosia。【隶属】唇形科 Lamiaceae（Labiatae）。【包含】世界 1 种，中国 1 种。【学名诠释与讨论】〈阴〉（希）rhabdos，棒。此属的学名，ING 记载是"Rabdosia（Blume）Hasskarl, Flora 25（2, Beibl.）：25. 21-28 Jul 1842"；但是未给出基源异名；《中国植物志》和《台湾植物志》使用此名称。IK 则记载为"Rabdosia Hassk., Flora 25（2, Beibl.）：25. 1842"。二者引用的文献相同。亦有文献把"Rabdosia

（Blume）Hassk.（1842）"处理为"Isodon（Schrad. ex Benth.）Spach（1840）"或"Plectranthus L'Hér.（1788）（保留属名）"的异名。【分布】巴基斯坦，中国。【模式】Rabdosia javanica（Blume）Hasskarl［Elsholtzia javanica Blume］。【参考异名】Amethystanthus Nakai（1934）；Homalocheilos J. K. Morton（1962）；Isodon（Schrad. ex Benth.）Spach（1840）；Plectranthus L'Hér.（1788）（保留属名）●■

43468 Rabdosia Hassk.（1842）Nom. illegit. ≡ Rabdosia（Blume）Hassk.（1842）［唇形科 Lamiaceae（Labiatae）］●■

43469 Rabdosiella Codd（1984）【汉】肖香茶菜属。【隶属】唇形科 Lamiaceae（Labiatae）。【包含】世界 3 种，中国 3 种。【学名诠释与讨论】〈阴〉（属）Rabdosia 小香茶菜属+-ellus，-ella，-ellum，加在名词词干后面形成指小式的词尾。或加在人名、氏名等后面以组成新属的名称。此属的学名是"Rabdosiella L. E. Codd, Bothalia 15：9. Aug 1984"。亦有文献把其处理为"Plectranthus L'Hér.（1788）（保留属名）"的异名。【分布】南非，印度，中国。【模式】Rabdosiella calycina（Bentham）L. E. Codd［Plectranthus calycinus Bentham］。【参考异名】Plectranthus L'Hér.（1788）（保留属名）●■

43470 Rabelaisia Planch.（1845）= Lunasia Blanco（1837）［芸香科 Rutaceae］●☆

43471 Rabenhorstia Rchb.（1841）Nom. illegit. ≡ Heterodon Meisn.（1837）；~ = Berzelia Brongn.（1826）［饰球花科 Berzeliaceae//鳞叶树科（布鲁尼科，小叶树科）Bruniaceae］●☆

43472 Rabiea N. E. Br.（1930）【汉】旭波属。【日】ラビエア属。【隶属】番杏科 Aizoaceae。【包含】世界 4-9 种。【学名诠释与讨论】〈阴〉（人）Rabie。【分布】非洲南部。【模式】Rabiea albinota（Haworth）N. E. Brown［Mesembryanthemum albinotum Haworth］■☆

43473 Racapa M. Roem.（1846）= Carapa Aubl.（1775）［棟科 Meliaceae］●☆

43474 Racaria Aubl.（1775）= Talisia Aubl.（1775）［无患子科 Sapindaceae］●☆

43475 Racemaria Raf.（1832）= Smilacina Desf.（1807）（保留属名）［百合科 Liliaceae//铃兰科 Convallariaceae］■

43476 Racemobambos Holttum（1956）【汉】总序竹属。【英】Racemobambos。【隶属】禾本科 Poaceae（Gramineae）。【包含】世界 2-18 种，中国 2 种。【学名诠释与讨论】〈阴〉（希）racemus，指小式 racemulus，丛茎，一把浆果，一串葡萄+bambos，竹子。【分布】中国，加里曼丹岛，马来半岛。【模式】Racemobambos gibbsiae（Stapf）Holttum［Bambusa gibbsiae Stapf］。【参考异名】Microcalamus Gamble（1890）Nom. illegit.；Neomicrocalamus P. C. Keng（1983）●

43477 Rachea DC. = Crassula L.（1753）［景天科 Crassulaceae］●■☆

43478 Racheella Pax = Lyallia Hook. f.（1847）［马齿苋科 Portulacaceae//南极石竹科 Hectorellaceae］■☆

43479 Rachelia J. M. Ward et Breitw.（1997）【汉】腋头紫绒草属。【隶属】菊科 Asteraceae（Compositae）。【包含】世界 1 种。【学名诠释与讨论】〈阴〉（人）Rachel。【分布】新西兰南部岛屿。【模式】Rachelia glaria J. M. Ward et I. Breitwieser ■☆

43480 Rachia Klotzsch（1854）= Begonia L.（1753）［秋海棠科 Begoniaceae］●■

43481 Rachicallis DC.（1830）Nom. illegit. = Arcytophyllum Willd. ex Schult. et Schult. f.（1827）［茜草科 Rubiaceae］●☆

43482 Raciborskanthos Szlach.（1995）【汉】拉氏兰属。【隶属】兰科 Orchidaceae。【包含】世界 6 种。【学名诠释与讨论】〈阳〉（人）Marjan Raciborsky，1863-1917，波兰植物学者+anthos，花。此属的学名是"Raciborskanthos D. L. Szlachetko, Fragm. Florist. Geobot.

Suppl. 3：135. 11 Dec 1995"。亦有文献把其处理为"Ascochilus Ridl. (1896) Nom. illegit."的异名。【分布】参见 Ascochilus Ridl.。【模式】Raciborskanthos capricornis (H. N. Ridley) D. L. Szlachetko［Ascochilus capricornis H. N. Ridley］。【参考异名】Ascochilus Ridl. (1896) Nom. illegit.■☆

43483 Racinaea M. A. Spencer et L. B. Sm. (1993)【汉】拉西纳凤梨属（拉辛铁兰属）。【隶属】凤梨科 Bromeliaceae。【包含】世界 51-56 种。【学名诠释与讨论】〈阴〉(人) Racina。【分布】巴西，秘鲁，玻利维亚，厄瓜多尔，哥伦比亚，哥斯达黎加，古巴，圭亚那，墨西哥，尼加拉瓜，特立尼达和多巴哥(特立尼达岛)，委内瑞拉，牙买加。【模式】Racinaea cuspidata (L. B. Smith) L. B. Smith［Tillandsia cuspidata L. B. Smith］■☆

43484 Racka J. F. Gmel. (1791) = Avicennia L. (1753)［马鞭草科 Verbenaceae//海榄雌科 Avicenniaceae］●

43485 Raclathris Raf. (1838) = Rochelia Rchb. (1824)(保留属名)［紫草科 Boraginaceae］■

43486 Racletia Adans. (1763) = ? Reaumuria L. (1759)［柽柳科 Tamaricaceae//红砂柳科 Reaumuriaceae］●

43487 Racoma Willd. ex Steud. (1841) Nom. illegit. = Rocama Forssk. (1775)；~ = Trianthema L. (1753)［番杏科 Aizoaceae］■

43488 Racosperma(DC.) Mart. (1829) = Acacia Mill. (1754)(保留属名)［豆科 Fabaceae(Leguminosae)//含羞草科 Mimosaceae//金合欢科 Acaciaceae］●■

43489 Racosperma Mart. (1835) Nom. illegit. = Acacia Mill. (1754)(保留属名)［豆科 Fabaceae(Leguminosae)//含羞草科 Mimosaceae//金合欢科 Acaciaceae］●■

43490 Racoubea Aubl. (1775) = Homalium Jacq. (1760)［刺篱木科(大风子科) Flacourtiaceae//天料木科 Samydaceae］●

43491 Racua J. F. Gmel. (1792) = Avicennia L. (1753)；~ = Racka J. F. Gmel. (1791)［马鞭草科 Verbenaceae//海榄雌科 Avicenniaceae］●

43492 Radamaea Benth. (1846)【汉】马岛林列当属。【隶属】玄参科 Scrophulariaceae//列当科 Orobanchaceae。【包含】世界 5 种。【学名诠释与讨论】〈阴〉(地) Radama，拉达马群岛，位于马达加斯加。【分布】马达加斯加。【后选模式】Radamaea prostrata (Bojer) Alph. de Candolle［Centranthera prostrata Bojer］●☆

43493 Radcliffea Petra Hoffm. et K. Wurdack(2006)【汉】拉德大戟属。【隶属】大戟科 Euphorbiaceae。【包含】世界 1 种。【学名诠释与讨论】〈阴〉(人) Radcliffe。【分布】马达加斯加，非洲。【模式】Radcliffea smithii Petra Hoffm. et K. Wurdack ●☆

43494 Raddia Bertol. (1819)【汉】雷迪禾属。【隶属】禾本科 Poaceae(Gramineae)。【包含】世界 5-7 种。【学名诠释与讨论】〈阴〉(人) Giuseppe Raddi，1770-1829，意大利植物学者，植物采集家，隐花植物学者，曾在巴西和埃及采集标本。此属的学名，ING，TROPICOS 和 IK 记载是"Raddia Bertoloni, Opusc. Sci. 3：410. 28 Dec 1819"。"Raddia Mazziari, Ionios Anthologia 1(2)：448. 1834 = Crypsis Aiton(1789)(保留属名)［禾本科 Poaceae(Gramineae)]"和"Raddia Miers, Trans. Linn. Soc. London 28：388. 1872 = Raddisia Leandro(1821) = Salacia L. (1771)(保留属名)［卫矛科 Celastraceae//翅子藤科 Hippocrateaceae//五层龙科 Salaciaceae]"是晚出的非法名称。"Raddia DC. ex Miers(1872) ≡ Raddia Miers(1872) Nom. illegit.［卫矛科 Celastraceae//翅子藤科 Hippocrateaceae//五层龙科 Salaciaceae]"的命名人引证有误。"Raddia DC., Prodromus Systematis Naturalis Regni Vegetabilis 1：570. 1824 ≡ Raddia Miers(1872) Nom. illegit."是一个未合格发表的名称(Nom. inval.)。【分布】巴基斯坦，玻利维亚，厄瓜多尔，墨西哥，中美洲。【模式】Raddia brasiliensis Bertoloni。【参考异

名] Hellera Doll(1877) Nom. inval.；Hellera Schrad. ex Doll(1877) Nom. inval.；Strephium Nees (1829) Nom. illegit.；Strephium Schrad. ex Nees(1829)■☆

43495 Raddia DC. (1824) Nom. inval. ≡ Raddia Miers(1872) Nom. illegit.；~ = Raddisia Leandro(1821)；~ = Salacia L. (1771)(保留属名)［卫矛科 Celastraceae//翅子藤科 Hippocrateaceae//五层龙科 Salaciaceae］●

43496 Raddia DC. ex Miers(1872) Nom. illegit. ≡ Raddia Miers(1872) Nom. illegit.；~ = Raddisia Leandro (1821)；~ = Salacia L. (1771)(保留属名)［卫矛科 Celastraceae//翅子藤科 Hippocrateaceae//五层龙科 Salaciaceae］●

43497 Raddia Mazziari(1834) Nom. illegit. = Crypsis Aiton(1789)(保留属名)［禾本科 Poaceae(Gramineae)］■

43498 Raddia Miers(1872) Nom. illegit. = Raddisia Leandro(1821)；~ = Salacia L. (1771)(保留属名)［卫矛科 Celastraceae//翅子藤科 Hippocrateaceae//五层龙科 Salaciaceae］●

43499 Raddia Pieri = Crypsis Aiton(1789)(保留属名)［禾本科 Poaceae(Gramineae)］■

43500 Raddia Post et Kuntze(1903) Nom. illegit. = Barbacenia Vand. (1788)；~ = Radia A. Rich. ex Kunth(1822)；~ = Radia A. Rich. (1822)［翡若翠科(巴西蒜科，尖叶棱枝草科，尖叶鳞枝科) Velloziaceae］■☆

43501 Raddiella Swallen(1948)【汉】小雷迪禾属。【隶属】禾本科 Poaceae(Gramineae)。【包含】世界 8 种。【学名诠释与讨论】〈阴〉(属) Raddia 雷迪禾属+-ellus, -ella, -ellum，加在名词词干后面形成指小式的词尾。或加在人名、属名等后面以组成新属的名称。【分布】巴拿马，玻利维亚，哥伦比亚(安蒂奥基亚)，特立尼达和多巴哥(特立尼达岛)，中美洲。【模式】Raddiella nana Swallen, Nom. illegit.［Olyra nana Doell, Nom. illegit., Panicum esenbeckii Steudel］■☆

43502 Raddisia Leandro(1821) = Salacia L. (1771)(保留属名)［卫矛科 Celastraceae//翅子藤科 Hippocrateaceae//五层龙科 Salaciaceae］●

43503 Rademachia Steud. (1821) Nom. illegit. ≡ Radermachia Thunb. (1776)；~ ≡ Rademachia Thunb. (1776) Nom. illegit.；~ = Artocarpus J. R. Forst. et G. Forst. (1775)(保留属名)［桑科 Moraceae//波罗蜜科 Artocarpaceae］●

43504 Rademachia Thunb. (1776) Nom. illegit. ≡ Radermachia Thunb. (1776)［桑科 Moraceae//波罗蜜科 Artocarpaceae］●

43505 Radermachera Zoll. et Moritzi(1855) Nom. illegit.【汉】菜豆树属(山菜豆属)。【日】センダンキササゲ属。【英】Bell Tree, Belltree。【隶属】紫葳科 Bignoniaceae。【包含】世界 16-40 种，中国 7 种。【学名诠释与讨论】〈阴〉(人) Jacobus Cornelius Matthaeus Radermacher，1741-1783，荷兰植物学者，他是驻爪哇官吏，著有《爪哇植物志》。此属的学名，ING、TROPICOS 和 IK 记载是"Radermachera Zollinger et Moritzi in Zollinger, Syst. Verzeichniss Ind. Archipel 3：53. post Mar 1855";《中国植物志》中文版版和英文版亦使用此名称；但是它是一个晚出的非法名称，因为此前已经有了"Radermachia Thunberg, Kon. Vet. Acad. Handl. [Stockholm] 37：251. 1776 ('Rademachia'); corr. Thunberg, Nov. Gen. 24. 24 Nov 1781 = Artocarpus J. R. Forst. et G. Forst. (1775)(保留属名)［桑科 Moraceae//波罗蜜科 Artocarpaceae]"。暂放于此。【分布】菲律宾(菲律宾群岛)，印度尼西亚(苏拉威西岛，爪哇岛)，印度，中国。【模式】Radermachera stricta Zollinger et Moritzi。【参考异名】Lagaropyxis Miq. (1864)；Mayodendron Kurz (1875)；Radermachia B. D. Jacks. ●

43506 Radermachia B. D. Jacks. = Radermachera Zoll. et Moritzi(1855)

［紫葳科 Bignoniaceae］●

43507 Radermachia Thunb. (1776) = Artocarpus J. R. Forst. et G. Forst. (1775)（保留属名）［桑科 Moraceae//波罗蜜科 Artocarpaceae］●

43508 Radia A. Rich. (1822) = Barbacenia Vand. (1788)［翡若翠科（巴西蒜科，尖叶棱枝草科，尖叶鳞枝科）Velloziaceae］■☆

43509 Radia A. Rich. ex Kunth (1822) Nom. illegit. ≡ Radia A. Rich. (1822)；~ = Barbacenia Vand. (1788)［翡若翠科（巴西蒜科，尖叶棱枝草科，尖叶鳞枝科）Velloziaceae］■☆

43510 Radia Noronha (1790) Nom. inval. = Mimusops L. (1753)［山榄科 Sapotaceae］●☆

43511 Radiana Raf. (1814) Nom. inval. ≡ Radiana Raf. ex DC. (1814) Nom. illegit.；~ = Cypselea Turpin (1806)［番杏科 Aizoaceae］■☆

43512 Radiana Raf. ex DC., Nom. illegit. = Cypselea Turpin (1806)［紫茉莉科 Nyctaginaceae］■☆

43513 Radiata Medik. (1789) = Medicago L. (1753)（保留属名）［豆科 Fabaceae(Leguminosae)//蝶形花科 Papilionaceae］●■

43514 Radiaxaceae Dulac = Cornaceae Bercht. et J. Presl (保留科名)●

43515 Radicula Dill. ex Moench (1794) Nom. illegit. ≡ Rorippa Scop. (1760)［十字花科 Brassicaceae(Cruciferae)］■

43516 Radicula Hill (1756) = Nasturtium W. T. Aiton (1812)（保留属名）；~；~ = Rorippa Scop. (1760)［十字花科 Brassicaceae(Cruciferae)］■

43517 Radicula Moench (1794) Nom. illegit. ≡ Radicula Dill. ex Moench (1794) Nom. illegit.；~ ≡ Rorippa Scop. (1760)［十字花科 Brassicaceae(Cruciferae)］■

43518 Radinocion Ridl. (1887) = Aerangis Rchb. f. (1865)［兰科 Orchidaceae］■☆

43519 Radinosiphon N. E. Br. (1932)【汉】细管鸢尾属。【隶属】鸢尾科 Iridaceae。【包含】世界 1-2 种。【学名诠释与讨论】〈中〉(希) rhadinos,细的、瘦的、柔弱的、轻的、优雅的 + siphon, 所有格 siphonos, 管子。【分布】热带和非洲南部。【模式】未指定■☆

43520 Radiola Hill (1756)【汉】射线亚麻属。【俄】Радиола。【英】Allseed, Flaxseed, Radiola。【隶属】亚麻科 Linaceae。【包含】世界 1 种。【学名诠释与讨论】〈阴〉(拉) radius, 指小式 radiolus, 光线、辐射、轮上的辐。暗喻似蕨。此属的学名，ING、TROPICOS 和 IK 记载是 "Radiola J. Hill, Brit. Herbal 227. Jun 1756"。"Linodes O. Kuntze, Rev. Gen. 1；87. 5 Nov 1891" 和 "Millegrana Adanson, Fam. 2；269. Jul-Aug 1763" 是 "Radiola Hill (1756)" 的晚出的同模式异名(Homotypic synonym, Nomenclatural synonym)。【分布】非洲，欧洲，温带亚洲。【模式】Radiola linoides A. W. Roth［Linum radiola Linnaeus］。【参考异名】Chamaelinum Guett.；Linodes Kuntze (1891) Nom. illegit.；Millefolium Tourn. ex Adans. (1763) Nom. illegit.；Millegrana Adans. (1763) Nom. illegit.；Radiola Roth (1788)；Rhadiola Savi (1840)■☆

43521 Radiola Roth (1788) = Radiola Hill (1756)［亚麻科 Linaceae］■☆

43522 Radiusia Rchb. (1828) = Sophora L. (1753)［豆科 Fabaceae(Leguminosae)//蝶形花科 Papilionaceae］●■

43523 Radlkofera Gilg (1897)【汉】拉氏无患子属。【隶属】无患子科 Sapindaceae。【包含】世界 1 种。【学名诠释与讨论】〈阴〉(人) Ludwig Adolph Timotheus Radlkofer, 1829-1927, 德国植物学者, 医生。【分布】热带非洲。【模式】Radlkofera calodendron Gilg ●☆

43524 Radlkoferella Pierre (1890) = Lucuma Molina (1782)；~ = Pouteria Aubl. (1775)［山榄科 Sapotaceae］●

43525 Radlkoferotoma Kuntze (1891)【汉】玫菊木属。【隶属】菊科 Asteraceae(Compositae)。【包含】世界 3 种。【学名诠释与讨论】〈阴〉(人) Ludwig Adolph Timotheus Radlkofer, 1829-1927, 德国植物学者, 医生 + tomos, 一片, 锐利的, 切割的。tome, 断片, 残株。

此属的学名 "Radlkoferotoma O. Kuntze, Rev. Gen. 1；358. 5 Nov 1891" 是一个替代名称。"Carelia Lessing, Syn. Comp. 156. 1832" 是一个非法名称 (Nom. illegit.), 因为此前已经有了 "Carelia Fabricius, Enum. 85. 1759 ≡ Ageratum L. (1753) ≡ Carelia Ponted. ex Fabr. (1759)［菊科 Asteraceae (Compositae)］"。故用 "Radlkoferotoma Kuntze (1891)" 替代之。同理, "Carelia A. L. Jussieu ex Cavanilles, Anales Ci. Nat. 6；317. Oct 1803 ≡ Carelia Cav. (1802) Nom. illegit. = Mikania Willd. (1803)（保留属名）［菊科 Asteraceae (Compositae)］" 和 "Carelia Adans. (1763) Nom. illegit. = Ageratum L. (1753)［菊科 Asteraceae(Compositae)］" 亦是非法名称。"Carelia Moehring (1736) = Ageratum L. (1753) = Carelia Adans. (1763) Nom. illegit.［菊科 Asteraceae (Compositae)］" 是一个未合格发表的名称 (Nom. inval.)。【分布】巴西 (南部), 乌拉圭。【模式】Radlkoferotoma cistifolium (Lessing) O. Kuntze［Carelia cistifolia Lessing］。【参考异名】Carelia Less. (1832)●☆

43526 Radojitskya Turcz. (1852) = Lachnaea L. (1753)［瑞香科 Thymelaeaceae］●☆

43527 Radyera Bullock (1957)【汉】拉迪锦葵属。【隶属】锦葵科 Malvaceae。【包含】世界 1-2 种。【学名诠释与讨论】〈阴〉(人) Robert Allen Dyer, 1900-1987, 南非植物学者, 1944-1963 年主管比勒陀利亚植物研究所。此属的学名 "Radyera Bullock, Kew Bull. 1956；454. 23 Feb 1957" 是一个替代名称。"Allenia Phillips, J. S. African Bot. 10；33. 1944" 是一个非法名称 (Nom. illegit.), 因为此前已经有了 "Allenia Ewart, Proc. Roy. Soc. Victoria ser. 2. 22；7. Sep 1909 = Micrantheum Desf. (1818)［大戟科 Euphorbiaceae］"。故用 "Radyera Bullock (1957)" 替代之。【分布】澳大利亚, 非洲南部。【模式】Radyera urens (Linnaeus f.) Bullock［Hibiscus urens Linnaeus f.］。【参考异名】Allenia E. Phillips (1944) Nom. illegit. ●☆

43528 Raffenaldia Godr. (1853)【汉】北非芥属。【隶属】十字花科 Brassicaceae(Cruciferae)。【包含】世界 2 种。【学名诠释与讨论】〈阴〉(人) Alire Delile (Raffeneau-Delile), 1778-1850, 法国植物学者, 医生, 教授。【分布】阿尔及利亚, 摩洛哥。【模式】Raffenaldia primuloides Godron。【参考异名】Cossonia Durieu (1853)■☆

43529 Rafflesia R. Br. (1821) Nom. illegit. = Rafflesia R. Br. ex Gray (1820)［大花草科 Rafflesiaceae//簇花科 (簇花草科, 大花草科) Cytinaceae］■☆

43530 Rafflesia R. Br. ex Gray (1820)【汉】大花草属。【日】ラフレシア属。【俄】Раффлезия。【英】Monster Flower, Monsterflower, Rafflesia。【隶属】大花草科 Rafflesiaceae//簇花科 (簇花草科, 大花草科) Cytinaceae。【包含】世界 12-16 种。【学名诠释与讨论】〈阴〉(人) Thomas Stamford Bingley Raffles, 1781-1826, 英国博物学者, 植物采集家, 他是该属植物的发现者。此属的学名, IPNI 和 TROPICOS 记载是 "Rafflesia R. Br. ex Gray, Ann. Philos. Mag. Chem. 16；225. 1820［Sep 1820］"。ING、GCI 和 IK 记载的 "Rafflesia R. Br., Trans. Linn. Soc. London 13；207. 1821［23 May-21 Jun 1821］" 是晚出的非法名称。【分布】马来西亚 (西部)。【后选模式】Rafflesia arnoldii R. Brown［as 'arnoldi'］。【参考异名】Rafflesia R. Br. (1821) Nom. illegit. ■☆

43531 Rafflesiaceae Dumort. (1829)（保留科名）［亦见 Cytinaceae Brongn. 簇花科 (簇花草科, 大花草科)］【汉】大花草科。【日】ヤッコサウ科, ヤッコソウ科, ラフレシア科。【俄】Рафлезиевые, Раффлезиевые。【英】Monsterflower Family, Rafflesia Family。【包含】世界 3-9 属 15-55 种, 中国 2 属 4 种。【分布】热带。【科名模式】Rafflesia R. Br. ■

43532　Rafia Bory ＝ Raphia P. Beauv.（1806）［棕榈科 Arecaceae（Palmae）］●

43533　Rafinesquia Nutt.（1841）（保留属名）【汉】雪苣属。【英】Rafinesqui's Chicory。【隶属】菊科 Asteraceae（Compositae）。【包含】世界 2 种。【学名诠释与讨论】〈阴〉（人）Constantine（Constantin）Samuel Rafinesque（-Schmaltz），1783-1840，美国植物学者，James J. Audubon 的朋友，植物采集家，博物学者。此属的学名"Rafinesquia Nutt. in Trans. Amer. Philos. Soc.，ser. 2，7：429. 2 Apr 1841"是保留属名。相应的废弃属名是豆科 Fabaceae//蝶形花科 Papilionaceae 的"Rafinesquia Raf.，Fl. Tellur. 2：96. Jan-Mar 1837 ≡ Hosackia Benth. ex Lindl. 1829"；ING 误记为"Rafinesquia Rafinesque，Fl. Tell. 2：96. Jan - Mar 1837（'1836'）≡ Hosackia Bentham ex J. Lindley（1829）≡ Hosackia Douglas ex Benth.（1829）"。唇形科 Lamiaceae（Labiatae）的"Rafinesquia Raf.，Fl. Tellur. 3：82. 1837［1836 publ. Nov - Dec 1837］≡ Diodeilis Raf.（1837）＝ Clinopodium L.（1753）"亦应废弃。紫葳科 Bignoniaceae 的"Rafinesquia Raf.，Sylva Tellur. 79. 1838［Oct - Dec 1838］≡ Jacaranda Juss.（1789）"也须废弃。"Nemoseris E. L. Greene，Pittonia 2：192. 15 Sep 1891"是"Rafinesquia Nutt.（1841）（保留属名）"的晚出的同模式异名（Homotypic synonym，Nomenclatural synonym）。【分布】美国（西南部）。【模式】Rafinesquia californica Nuttall。【参考异名】Nemoseris Greene（1891）Nom. illegit.；Rafinesquia Raf.（1837）（废弃属名）■☆

43534　Rafinesquia Raf.（1837）（废弃属名）（1）≡ Diodeilis Raf.（1837）；~ ＝ Clinopodium L.（1753）［唇形科 Lamiaceae（Labiatae）］■●

43535　Rafinesquia Raf.（1837）Nom. illegit.（废弃属名）（2）≡ Hosackia Benth. ex Lindl.（1829）；~ ≡ Hosackia Douglas ex Benth.（1829）［豆科 Fabaceae（Leguminosae）//蝶形花科 Papilionaceae］■☆

43536　Rafnia Thunb.（1800）【汉】拉菲豆属（雷夫豆属）。【隶属】豆科 Fabaceae（Leguminosae）//蝶形花科 Papilionaceae。【包含】世界 22-31 种。【学名诠释与讨论】〈阴〉（人）Carl Gottlob Rafn，1769-1808，丹麦植物学者。【分布】非洲南部。【后选模式】Rafnia amplexicaulis（Linnaeus）Thunberg［Crotalaria amplexicaulis Linnaeus］。【参考异名】Aedmannia Spach（1841）；Hybotropis E. Mey. ex Steud.（1840）；Oedmannia Thunb.（1800）；Pelecynthis E. Mey.（1835）；Vascoa DC.（1825）■☆

43537　Ragadiolus Post et Kuntze（1903）＝ Rhagadiolus Vaill.（1789）（保留属名）［菊科 Asteraceae（Compositae）］■☆

43538　Ragala Pierre（1891）＝ Chrysophyllum L.（1753）［山榄科 Sapotaceae］●

43539　Ragenium Gand. ＝ Geranium L.（1753）［牻牛儿苗科 Geraniaceae］■●

43540　Rahowardiana D'Arcy（1974）【汉】拉氏茄属。【隶属】茄科 Solanaceae。【包含】世界 1 种。【学名诠释与讨论】〈阴〉（希）Rahoward+-anus，-ana，-anum，加在名词词干后面使形成形容词的词尾，含义为"属于"。此属的学名是"Rahowardiana W. G. D'Arcy，Ann. Missouri Bot. Gard. 60：670. 3 Jul 1974（'1973'）"。亦有文献把其处理为"Markea Rich.（1792）"的异名。【分布】巴拿马。【模式】Rahowardiana wardiana W. G. D'Arcy。【参考异名】Markea Rich.（1792）●☆

43541　Raiania Scop.（1838）＝ Rajania L.（1753）［薯蓣科 Dioscoreaceae］■☆

43542　Raillarda Endl.（1838）＝ Raillardia Spreng.（1831）；~ ＝ Railliardia Gaudich.（1830）［菊科 Asteraceae（Compositae）］●■☆

43543　Raillardella（A. Gray）A. Gray（1876）Nom. illegit. ≡ Raillardella（A. Gray）Benth. et Hook. f.（1873）［菊科 Asteraceae（Compositae）］■☆

43544　Raillardella（A. Gray）Benth. et Hook. f.（1873）【汉】小轮菊属。【隶属】菊科 Asteraceae（Compositae）。【包含】世界 3 种。【学名诠释与讨论】〈阴〉（属）Raillardia+-ellus，-ella，-ellum，加在名词词干后面形成指小式的词尾。或加在人名、属名等后面以组成新属的名称。此属的学名，ING 和 GCI 记载是"Raillardella（A. Gray）Bentham et J. D. Hooker，Gen. 2：442. 7-9 Apr 1873"，由"Raillardia［par.］Raillardella A. Gray，Proc. Amer. Acad. Arts 6：550. Nov 1865"改级而来；而 IK 则记载为"Raillardella Benth.，Gen. Pl.［Bentham et Hooker f.］2（1）：442. 1873［7-9 Apr 1873］"。三者引用的文献相同。"Raillardella（A. Gray）Benth. et Hook. f.（1873）"曾被处理为"Raillardella（A. Gray）A. Gray，Geological Survey of California，Botany 1：416-417. 1876"；这是晚出的非法名称。【分布】美国（西部）。【后选模式】Raillardella argentea（A. Gray）A. Gray［Raillardia argentea A. Gray］。【参考异名】Raillardella Benth.（1873）Nom. illegit.；Raillardia［par.］Raillardella A. Gray（1865）；Raillardiopsis Rydb.（1927）■☆

43545　Raillardella Benth.（1873）Nom. illegit. ≡ Raillardella（A. Gray）Benth. et Hook. f.（1873）［菊科 Asteraceae（Compositae）］■☆

43546　Raillardia Gaudich.（1830）Nom. illegit. ≡ Railliardia Gaudich.（1830）；~ ＝ Dubautia Gaudich.（1830）［菊科 Asteraceae（Compositae）］●■☆

43547　Raillardia Spreng.（1831）＝ Railliardia Gaudich.（1830）；~ ＝ Dubautia Gaudich.（1830）［菊科 Asteraceae（Compositae）］●■☆

43548　Raillardiopsis Rydb.（1927）【汉】拟轮菊属。【隶属】菊科 Asteraceae（Compositae）。【包含】世界 2 种。【学名诠释与讨论】〈阴〉（属）Raillardia+希腊文 opsis，外观，模样，相似。此属的学名是"Raillardiopsis Rydberg，N. Amer. Fl. 34：319. 22 Jun 1927"。亦有文献把其处理为"Raillardella（A. Gray）Benth. et Hook. f.（1873）"的异名。【分布】美国（加利福尼亚）。【模式】Raillardiopsis scabrida（Eastwood）Rydberg［Raillardella scabrida Eastwood］。【参考异名】Raillardella（A. Gray）Benth.（1873）■☆

43549　Railliarda DC.（1838）＝ Railliardia Gaudich.（1830）［菊科 Asteraceae（Compositae）］●■☆

43550　Railliardia Gaudich.（1830）＝ Dubautia Gaudich.（1830）［菊科 Asteraceae（Compositae）］●■☆

43551　Raimannia Rose ex Britton et A. Br.（1913）＝ Oenothera L.（1753）［柳叶菜科 Onagraceae］●■

43552　Raimannia Rose（1905）Nom. inval. ≡ Raimannia Rose ex Britton et A. Br.（1913）；~ ＝ Oenothera L.（1753）［柳叶菜科 Onagraceae］●■

43553　Raimondia Saff.（1913）【汉】拉伊木属（雷蒙木属）。【隶属】番荔枝科 Annonaceae。【包含】世界 2 种。【学名诠释与讨论】〈阴〉（人）Antonio Raimondi，1826-1890，意大利植物学者，博物学者，地质学者，教授，植物采集家。【分布】厄瓜多尔，哥伦比亚，中美洲。【模式】Raimondia monoica Safford ●☆

43554　Raimondianthus Harms（1928）＝ Chaetocalyx DC.（1825）［豆科 Fabaceae（Leguminosae）］■☆

43555　Raimundochloa A. M. Molina（1987）＝ Koeleria Pers.（1805）［禾本科 Poaceae（Gramineae）］■

43556　Rainiera Greene（1898）【汉】长序蟹甲草属。【隶属】菊科 Asteraceae（Compositae）。【包含】世界 1 种。【学名诠释与讨论】〈阴〉（人）Rainier。此属的学名是"Rainiera E. L. Greene，Pittonia 3：291. 29 Mar 1898"。亦有文献把其处理为"Luina Benth.（1873）"的异名。【分布】美国。【模式】Rainiera stricta（E. L.

Greene) E. L. Greene ［Prenanthes stricta E. L. Greene］。【参考异名】Luina Benth. (1873)■☆

43557　Raja Burm. (1758) Nom. illegit. ≡ Rajania L. (1753)［薯蓣科 Dioscoreaceae］■☆

43558　Rajania L. (1753)【汉】闭果薯蓣属。【俄】Раяния。【英】Tuber Vine。【隶属】薯蓣科 Dioscoreaceae。【包含】世界 20-25 种。【学名诠释与讨论】〈阴〉（人）John Ray (Wray), 1627-1705, 英国博物学者, 旅行家。此属的学名, ING、TROPICOS、GCI 和 IK 记载是 "Rajania L., Sp. Pl. 2: 1032. 1753［1 May 1753］"。"Rayania Raf., Autikon Botanikon 125. 1840" 和 "Raynia Raf., Analyse de la Nature 199. 1815" 似为其变体。"Janraia Adanson, Fam. 2: 76, 564. Jul-Aug 1763" 和 "Raja J. Burman, Pl. Amer. 148. 1758" 是 "Rajania L. (1753)" 的晚出的同模式异名 (Homotypic synonym, Nomenclatural synonym)。"Rajania L. (1753)" 曾被处理为 "Dioscorea sect. Rajania (L.) Raz, Phytotaxa 258 (1): 28. 2016. (26 Apr 2016)"。"Rajania T. Walter, Fl. Carol. 247. Apr-Jun 1788 (non Linnaeus 1753) = Brunnichia Banks ex Gaertn. (1788)［蓼科 Polygonaceae］是晚出的非法名称。【分布】巴基斯坦, 西印度群岛。【后选模式】Rajania hastata Linnaeus。【参考异名】Dioscorea sect. Rajania (L.) Raz (2016); Janraia Adans. (1763) Nom. illegit.; Raiania Scop. (1838); Raja Burm. (1758) Nom. illegit.; Rayania Raf. (1840); Raynia Raf. (1815)■☆

43559　Rajania Walter (1788) Nom. illegit. = Brunnichia Banks ex Gaertn. (1788)［蓼科 Polygonaceae］●☆

43560　Raleighia Gardner (1845) = Abatia Ruiz et Pav. (1794)［刺篱木科(大风子科)Flacourtiaceae］●☆

43561　Ramangis Thouars = Angraecum Bory (1804)［兰科 Orchidaceae］■

43562　Ramatuela Kunth (1825) = Terminalia L. (1767)(保留属名)［使君子科 Combretaceae//榄仁树科 Terminaliaceae］●

43563　Ramatuella Kunth (1825) Nom. illegit. ≡ Ramatuela Kunth (1825); ~ = Terminalia L. (1767)(保留属名)［使君子科 Combretaceae］●

43564　Ramatuella Poir. (1826) = Terminalia L. (1767)(保留属名)［使君子科 Combretaceae//榄仁树科 Terminaliaceae］●

43565　Ramelia Baill. (1874) = Bocquillonia Baill. (1862)［大戟科 Euphorbiaceae］●☆

43566　Rameya Baill. (1870) = Triclisia Benth. (1862)［防己科 Menispermaceae］●☆

43567　Ramirezella Rose (1903) = Vigna Savi (1824)(保留属名)［豆科 Fabaceae(Leguminosae)//蝶形花科 Papilionaceae］■

43568　Ramirezia A. Rich. (1855) = Poeppigia C. Presl (1830)［豆科 Fabaceae(Leguminosae)//云实科(苏木科)Caesalpiniaceae］■☆

43569　Ramischia Opiz ex Garcke (1858) Nom. illegit. = Orthilia Raf. (1840)［鹿蹄草科 Pyrolaceae//杜鹃花科(欧石南科)Ericaceae］■

43570　Ramischia Opiz (1852) Nom. inval. ≡ Ramischia Opiz ex Garcke (1858) Nom. illegit.; ~ = Orthilia Raf. (1840)［鹿蹄草科 Pyrolaceae//杜鹃花科(欧石南科)Ericaceae］■

43571　Ramisia Glaz. (1887) Nom. illegit. ≡ Ramisia Glaz. ex Baill. (1887)［紫茉莉科 Nyctaginaceae］●☆

43572　Ramisia Glaz. ex Baill. (1887)【汉】巴西茉莉属。【隶属】紫茉莉科 Nyctaginaceae。【包含】世界 1 种。【学名诠释与讨论】〈阴〉（人）Ramis, 植物学者。此属的学名, ING、GCI 和 IK 记载是 "Ramisia Glaz. ex Baill., Bull. Mens. Soc. Linn. Paris i. 697. 1887［3 Aug 1887］"。GCI 记载的 "Ramisia Glaz., Bull. Mens. Soc. Linn. Paris 1 (no. 88): 697. 1887［3 Aug 1887］"命名人引证有误。【分布】巴西东南。【模式】Ramisia brasiliensis D. Oliver。【参考异名】Ramisia Glaz. (1887) Nom. illegit.●☆

43573　Ramium Kuntze (1891) Nom. illegit. ≡ Ramium Rumph. ex Kuntze (1891) Nom. illegit.; ~ ≡ Boehmeria Jacq. (1760)［荨麻科 Urticaceae］●

43574　Ramium Rumph. (1747) Nom. inval. ≡ Ramium Rumph. ex Kuntze (1891) Nom. illegit.; ~ ≡ Boehmeria Jacq. (1760)［荨麻科 Urticaceae］●

43575　Ramium Rumph. ex Kuntze (1891) Nom. illegit. ≡ Boehmeria Jacq. (1760)［荨麻科 Urticaceae］●

43576　Ramona Greene (1892) = Audibertia Benth. (1829) Nom. illegit.; ~ = Salvia L. (1753)［唇形科 Lamiaceae(Labiatae)//鼠尾草科 Salviaceae］●■

43577　Ramonda Caruel (1894) Nom. illegit. (废弃属名) = Ramonda Rich. (1805)(保留属名)［苦苣苔科 Gesneriaceae//欧洲苣苔科 Ramondaceae］■☆

43578　Ramonda Pers. (1805) Nom. illegit. (废弃属名) ≡ Ramonda Rich. (1805)(保留属名)［苦苣苔科 Gesneriaceae//欧洲苣苔科 Ramondaceae］■☆

43579　Ramonda Rich. (1805)(保留属名)【汉】欧洲苣苔属(拉蒙达花属,拉蒙苣苔属)。【日】ラモンダ属。【俄】Рамонда。【英】Pyrenean-violet, Ramonda, Ramondia。【隶属】苦苣苔科 Gesneriaceae//欧洲苣苔科 Ramondaceae。【包含】世界 3-4 种。【学名诠释与讨论】〈阴〉（人）Louis François Elisabeth Ramond de Carbonniere, 1753-1827, 法国植物学者, 地质学者, 植物采集家。此属的学名 "Ramonda Rich. in Persoon, Syn. Pl. 1: 216. 1 Apr-15 Jun 1805" 是保留属名。相应的废弃属名是蕨类的 "Ramondia Mirb. in Bull. Sci. Soc. Philom. Paris 2: 179. 20 Jan-21 Feb 1801"。"Ramonda Rich. ex Pers. (1805) ≡ Ramonda Rich. (1805)(保留属名)" 和 "Ramonda Persoon, Syn. Pl. 1: 216. 1 Apr-15 Jun 1805 ≡ Ramonda Rich. (1805)(保留属名)" 的命名人引证有误; 也须废弃。苦苣苔科 Gesneriaceae 的 "Ramonda Caruel, Epit. Fl. Eur. ii. (1894) 140 = Ramonda Rich. (1805)(保留属名)亦应废弃。"Ramondia J. St.-Hil. = Ramonda Rich. (1805)(保留属名)" 和 "Ramondia Rich. (1805) ≡ Ramonda Rich. (1805)(保留属名)" 是 "Ramonda Rich. (1805)(保留属名)" 的拼写变体, 亦应废弃。"Chaixia Lapeyrouse, Hist. Abr. Pl. Pyrénées Suppl. 38. 14 Mar 1818 (废弃属名)"、"Lobirota Dulac, Fl. Hautes-Pyrénées 430. 1867" 和 "Myconia Ventenat, Dec. Gen. 6. 1808" 是 "Ramonda Rich. (1805)(保留属名)" 的晚出的同模式异名 (Homotypic synonym, Nomenclatural synonym)。【分布】巴尔干半岛, 比利牛斯山。【模式】Ramonda pyrenaica Persoon, Nom. illegit. ［Verbascum myconi L.; Ramonda myconi (Linnaeus) H. G. L. Reichenbach］。【参考异名】Chaixia Lapeyr. (1818) Nom. illegit.; Lobirota Dulac (1867) Nom. illegit.; Myconia Lapeyr. (1813) Nom. illegit.; Myconia Vent. (1808) Nom. illegit.; Ramonda Caruel (1894) Nom. illegit. (废弃属名); Ramonda Pers. (1805)(废弃属名); Ramonda Rich. ex Pers. (1805)(废弃属名); Ramondia J. St.-Hil. (废弃属名); Ramondia Rich. (1805)(废弃属名)■☆

43580　Ramonda Rich. ex Pers. (1805) Nom. illegit. (废弃属名) ≡ Ramonda Rich. (1805)(保留属名)［苦苣苔科 Gesneriaceae//欧洲苣苔科 Ramondaceae］■☆

43581　Ramondaceae Godr. (1850) = Ramondaceae Godr. et Gren. ex Godr. ■

43582　Ramondaceae Godr. et Gren. = Gesneriaceae Rich. et Juss. (保留科名); ~ = Ramondaceae Godr. et Gren. ex Godr. ■

43583　Ramondaceae Godr. et Gren. ex Godr. ［亦见 Gesneriaceae Rich. et Juss. (保留科名)苦苣苔科］【汉】欧洲苣苔科。【包含】世界 1

属 3-4 种。【分布】欧洲。【科名模式】Ramonda Rich. ■☆

43584 Ramondia J. St. –Hil.（废弃属名）= Ramonda Rich.（1805）（保留属名）［苦苣苔科 Gesneriaceae//欧洲苣苔科 Ramondaceae］■☆

43585 Ramondia Rich.（1805）（废弃属名）≡ Ramonda Rich.（1805）（保留属名）［苦苣苔科 Gesneriaceae//欧洲苣苔科 Ramondaceae］☆

43586 Ramonia Post et Kuntze（1903）Nom. illegit. = Ramona Greene（1892）；~ = Salvia L.（1753）［唇形科 Lamiaceae（Labiatae）//鼠尾草科 Salviaceae］●■

43587 Ramonia Schltr.（1923）= Hexadesmia Brongn.（1842）；~ = Scaphyglottis Poepp. et Endl.（1836）（保留属名）［兰科 Orchidaceae］■☆

43588 Ramorinoa Speg.（1924）【汉】拉莫豆属。【隶属】豆科 Fabaceae（Leguminosae）//蝶形花科 Papilionaceae。【包含】世界 1 种。【学名诠释与讨论】〈阴〉（人）Ramorino。【分布】阿根廷。【模式】Ramorinoa girolae Spegazzini ■☆

43589 Ramosia Merr.（1916）= Centotheca Desv.（1810）［as 'Centosteca'］（保留属名）［禾本科 Poaceae（Gramineae）］■

43590 Ramosmania Tirveng. et Verdc.（1982）【汉】拉氏茜属。【隶属】茜草科 Rubiaceae。【包含】世界 2 种。【学名诠释与讨论】〈阴〉（人）Ramosman。【分布】毛里求斯（罗德里格斯岛）。【模式】Ramosmania heterophylla（I. B. Balfour）D. D. Tirvengadum et B. Verdcourt［Randia heterophylla I. B. Balfour］●☆

43591 Ramostigmaceae Dulac = Empetraceae Hook. et Lindl.（保留科名）●

43592 Ramotha Raf.（1837）Nom. illegit. ≡ Xyris L.（1753）［黄眼草科（黄谷精科，芴草科）Xyridaceae］■

43593 Ramphicarpa Rchb.（1841）= Rhamphicarpa Benth.（1836）［玄参科 Scrophulariaceae//列当科 Orobanchaceae］■☆

43594 Ramphidia Miq.（1858）= Hetaeria Blume（1825）［as 'Etaeria'］（保留属名）；~ = Myrmechis（Lindl.）Blume（1859）；~ = Rhamphidia Lindl.（1857）Nom. illegit.；~ = Rhamphidia（Lindl.）Lindl.（1857）［兰科 Orchidaceae］■

43595 Ramphocarpus Neck.（1790）Nom. inval. = Geranium L.（1753）［牻牛儿苗科 Geraniaceae］●■

43596 Rampholepis Stapf（1920）= Rhampholepis Stapf（1917）；~ = Sacciolepis Nash（1901）［禾本科 Poaceae（Gramineae）］■

43597 Ramphospermum Andrz. ex Rchb.（1827）= Rhamphospermum Rchb.（1827）Nom. illegit.；~ = Sinapis L.（1753）；~ = Sinapis L.（1753）［十字花科 Brassicaceae（Cruciferae）］■

43598 Rampinia C. B. Clarke（1876）= Herpetospermum Wall. ex Hook. f.（1867）Nom. illegit.；~ = Herpetospermum Wall. ex Benth. et Hook. f.（1867）［葫芦科（瓜科，南瓜科）Cucurbitaceae］■■

43599 Ramsaia W. Anderson ex R. Br. = Bauera Banks ex Andréws（1801）［虎耳草科 Saxifragaceae//鲍氏木科（常绿棱枝树科，常绿枝科，角瓣木科）Baueraceae］●☆

43600 Ramsaia W. Anderson（1810）Nom. inval. = Bauera Banks ex Andréws（1801）= Bauera Banks ex Andréws（1801）［虎耳草科 Saxifragaceae//鲍氏木科（常绿棱枝树科，常绿枝科，角瓣木科）Baueraceae］●☆

43601 Ramsdenia Britton（1920）= Phyllanthus L.（1753）［大戟科 Euphorbiaceae//叶下珠科（叶萝摩科）Phyllanthaceae］●■

43602 Ramspekia Scop.（1777）Nom. illegit. ≡ Posoqueria Aubl.（1775）［茜草科 Rubiaceae］●☆

43603 Ramtilla DC.（1834）= Guizotia Cass.（1829）（保留属名）［菊科 Asteraceae（Compositae）］■●

43604 Ramusia E. Mey.（1843）= Asystasia Blume（1826）［爵床科 Acanthaceae］●■

43605 Ramusia Nees（1847）Nom. illegit. = Peristrophe Nees（1832）［爵床科 Acanthaceae］■

43606 Ranalisma Stapf（1900）【汉】毛茛泽泻属。【俄】Рамондия。【英】Ranalisma。【隶属】泽泻科 Alismataceae。【包含】世界 2 种，中国 1 种。【学名诠释与讨论】〈中〉（拉）rana，蛙 +（属）Alisma 泽泻属。指某些种生于湿地。【分布】中国，马来半岛，热带非洲西部，中南半岛。【模式】Ranalisma rostrata Stapf ■

43607 Ranapalus Kellogg（1877）= Bacopa Aubl.（1775）（保留属名）；~ = Herpestis C. F. Gaertn.（1807）［玄参科 Scrophulariaceae//婆婆纳科 Veronicaceae］■

43608 Ranaria Cham.（1833）= Bacopa Aubl.（1775）（保留属名）［玄参科 Scrophulariaceae//婆婆纳科 Veronicaceae］■

43609 Rancagua Poepp. et Endl.（1835）= Lasthenia Cass.（1834）［菊科 Asteraceae（Compositae）］■☆

43610 Randalia Desv.（1828）Nom. illegit. ≡ Randalia P. Beauv. ex Desv.（1828）Nom. illegit.；~ ≡ Eriocaulon L.（1753）［谷精草科 Eriocaulaceae］■

43611 Randalia P. Beauv. ex Desv.（1828）Nom. illegit. ≡ Eriocaulon L.（1753）［谷精草科 Eriocaulaceae］■

43612 Randia L.（1753）【汉】山黄皮属（鸡爪簕属，茜草树属）。【日】ミサオノキ属，ミサヲノキ属。【英】Randia。【隶属】茜草科 Rubiaceae//山黄皮科 Randiaceae。【包含】世界 100-230 种，中国 18 种。【学名诠释与讨论】〈阴〉（人）J. Isaac Rand，1743−，英国植物学者，药剂师。此属的学名是"Randia Linnaeus, Sp. Pl. 1192. 1 Mai 1753"。亦有文献把其处理为"Hyperacanthus E. Mey. ex Bridson（1985）"的异名。【分布】巴基斯坦，巴拉圭，巴拿马，秘鲁，玻利维亚，厄瓜多尔，哥伦比亚（安蒂奥基亚），马达加斯加，尼加拉瓜，中美洲。【后选模式】Randia mitis Linnaeus。【参考异名】Aedia Post et Kuntze（1903）；Anomanthodia Hook. f.（1873）；Basanacantha Hook. f.（1873）；Benkara Adans.（1763）；Canthiopsis Seem.（1866）；Canthopsis Miq.（1857）；Catunaregam Adans. ex Wolf（1776）Nom. illegit.；Catunaregam Wolf（1776）；Ceriscus Gaertn.（1788）Nom. inval.；Euclinia Salisb.（1808）；Foscarenia Vand.（1788）Nom. illegit.；Foscarenia Vell. ex Vand.（1788）Nom. illegit.；Glossostipula Lorence（1986）；Griffithia Wight et Arn.（1834）；Gynaecopachys Hassk.（1844）Nom. illegit.；Gynopachis Blume（1823）；Hyperacanthus E. Mey. ex Bridson（1985）●☆；Menestoria DC.（1830）；Narega Raf.（1838）；Oxiceros Lour.（1790）；Oxyceros Lour.（1790）；Pelagodendron Seem.（1866）；Pseudixora Miq.（1856）；Rangia Griseb.（1866）Nom. illegit.；Rosenbergiodendron Fagerl.（1948）；Talangninia Chapel. ex DC.（1830）Nom. inval.；Thiollierea Montrouz.（1860）；Trukia Kaneh.（1935）；Xeromphis Raf.（1838）●

43613 Randiaceae Martinov（1820）［亦见 Rubiaceae Juss.（保留科名）茜草科］【汉】山黄皮科。【包含】世界 5 属 115-250 种，中国 2 属 19 种。【分布】热带。【科名模式】Randia L.（1753）●

43614 Randonia Coss.（1859）【汉】朗东木犀草属。【隶属】木犀草科 Resedaceae。【包含】世界 3 种。【学名诠释与讨论】〈阴〉（人）Randon。【分布】索马里，阿拉伯地区，非洲北部。【模式】Randonia africanum Cosson ●☆

43615 Ranevea L. H. Bailey（1902）【汉】拉内棕属（拉昵棕属）。【英】Ranevea。【隶属】棕榈科 Arecaceae（Palmae）。【包含】世界 1 种。【学名诠释与讨论】〈阴〉（属）由 Ravenea 国王椰子属（国王椰属，溪棕属）字母改缀而来。此属的学名"Ranevea L. H. Bailey, Cycl. Am. Hort. 1497. 1902"是一个替代名称。它替代的是"Ravenea C. D. Bouché（1878）"，而非"Ravenea H. Wendl. ex C.

D. Bouché（1878）［棕榈科 Arecaceae］"。亦有文献把"Ranevea L. H. Bailey（1902）"处理为"Ravenea H. Wendl. ex C. D. Bouché（1878）"的异名。【分布】科摩罗群岛，马达加斯加。【模式】Ranevea hildebrandtii（C. Bouché）L. H. Bailey［Ravenea hildebrandtii C. Bouché］。【参考异名】Ravenea C. D. Bouché（1878）Nom. illegit.；Ravenea L. H. Bailey（1902）Nom. illegit. ●☆

43616 Rangaeris（Schltr.）Summerh.（1936）【汉】朗加兰属。【隶属】兰科 Orchidaceae。【包含】世界 1-11 种。【学名诠释与讨论】〈阴〉（属）由 Aerangis 空船兰属（艾兰吉斯兰属，船形兰属）字母改缀而来。此属的学名，TROPICOS 记载为"Rangaeris Summerh., Bulletin of Miscellaneous Information, Royal Gardens, Kew 227. 1936.（Bull. Misc. Inform. Kew）"；ING 则记载为"Rangaeris（Schlechter）Summerhayes, Bull. Misc. Inform. 1936：227. 27 Jun 1936"。二者引用的文献相同。【分布】热带和非洲南部。【模式】Rangaeris muscicola（H. G. Reichenbach）Summerhayes［Aëranthus muscicola H. G. Reichenbach］。【参考异名】Leptocentrum Schltr.（1914）Nom. illegit.；Rangaeris Summerh.（1936）■☆

43617 Rangaeris Summerh.（1936）= Rangaeris（Schltr.）Summerh.（1936）■☆

43618 Rangia Griseb.（1866）Nom. illegit. = Randia L.（1753）［茜草科 Rubiaceae//山黄皮科 Randiaceae］●

43619 Rangium Juss.（1822）Nom. illegit. ≡ Forsythia Vahl（1804）（保留属名）［木犀榄科（木犀科）Oleaceae］●

43620 Ranisia Salisb.（1866）Nom. illegit. ≡ Lilio-gladiolus Trew（1754）；~ = Gladiolus L.（1753）［鸢尾科 Iridaceae］■●

43621 Ranopisoa J.-F. Leroy（1977）【汉】拉诺玄参属。【隶属】玄参科 Scrophulariaceae。【包含】世界 1 种。【学名诠释与讨论】〈阴〉（地）Ranopiso，拉努皮苏，位于马达加斯加。【分布】马达加斯加。【模式】Ranopisoa rakotosonii（R. Capuron）J.-F. Leroy［Oftia rakotosonii R. Capuron］●☆

43622 Ranorchis D. L. Jones et M. A. Clem.（2002）【汉】拉诺兰属。【隶属】兰科 Orchidaceae。【包含】世界 1 种。【学名诠释与讨论】〈阴〉（人）Ran+orchis，原义是睾丸，后变为植物兰的名称，因为根的形态而得名。变为拉丁文 orchis，所有格 orchidis。此属的学名是"Ranorchis D. L. Jones et M. A. Clem., Australian Orchid Research 4：82. 2002"。亦有文献把其处理为"Pterostylis R. Br.（1810）（保留属名）"的异名。【分布】澳大利亚。【模式】Ranorchis sargentii（C. R. P. Andrews）D. L. Jones et M. A. Clem.。【参考异名】Pterostylis R. Br.（1810）（保留属名）■☆

43623 Ranugia（Schltdl.）Post et Kuntze（1903）Nom. illegit. ≡ Dieudonnaea Cogn.（1875）；~ = Gurania（Schltdl.）Cogn.（1875）［葫芦科（瓜科，南瓜科）Cucurbitaceae］■☆

43624 Ranula Fourr.（1868）= Ranunculus L.（1753）［毛茛科 Ranunculaceae］■

43625 Ranunculaceae Adans. = Ranunculaceae Juss.（保留科名）●■

43626 Ranunculaceae Juss.（1789）（保留科名）【汉】毛茛科。【日】ウマノアシガタ科，キンポウゲ科。【俄】Лютиковые。【英】Buttercup Family, Crowfoot Family。【包含】世界 50-63 属 1900-2500 种,中国 38-42 属 921-978 种。【分布】主要北温带。【科名模式】Ranunculus L.（1753）■●

43627 Ranunculastrum Fabr.（1763）Nom. illegit. ≡ Ranunculastrum Heist. ex Fabr.（1763）Nom. illegit.；~ = Trollius L.（1753）［毛茛科 Ranunculaceae］■

43628 Ranunculastrum Fourr.（1868）Nom. illegit. = Ranunculus L.（1753）［毛茛科 Ranunculaceae］■

43629 Ranunculastrum Heist. ex Fabr.（1763）Nom. illegit. ≡ Trollius

L.（1753）［毛茛科 Ranunculaceae］■

43630 Ranunculus L.（1753）【汉】毛茛属。【日】ウマノアシガタ属，キンポウゲ属。【俄】Лютик, Ранупкул, Ранупкулюс。【英】Butter Cup, Buttercup, Craw Foot, Crowfoot, Frogflower, Paigle, Ranunculus。【隶属】毛茛科 Ranunculaceae。【包含】世界 550-600 种,中国 125-144 种。【学名诠释与讨论】〈阳〉（希）rana，指小式 ranunculus，蛙。指某些种生于湿地。此属的学名是"Ranunculus Linnaeus, Sp. Pl. 548. 1 Mai 1753"。有文献承认"Glossophyllum Fourr.（1868）舌叶毛茛属"，但是它是一个未合格发表的名称。【分布】澳大利亚,巴基斯坦,巴拿马,秘鲁,玻利维亚,地中海地区,厄瓜多尔,哥伦比亚（安蒂奥基亚）,马达加斯加,美国（密苏里）,欧洲,中国,中美洲。【后选模式】Ranunculus acris Linnaeus。【参考异名】Aphanostemma A. St.-Hil.（1824）；Arcteranthis Greene（1897）；Aspidophyllum Ulbr.（1922）；Batrachium（DC.）Gray（1821）；Beckwithia Jeps.（1898）；Buschia Ovcz.（1940）；Casalea A. St.-Hil.（1824）；Coptidium（Prantl）Á. Löve et D. Löve ex Tzvelev（1994）Nom. illegit.；Coptidium（Prantl）Beurl. ex Rydb.（1917）Nom. illegit.；Coptidium（Prantl）Rydb.（1917）Nom. illegit.；Coptidium（Prantl）Tzvelev（1994）Nom. illegit.；Coptidium Nyman（1878）；Cyprianthe Spach（1838）；Cyrtorrhyncha Nutt. ex Torr. et A. Gray（1838）Nom. illegit.；Ficaria Guett.（1754）；Ficaria Haller（1742）Nom. inval.；Ficaria Schaeff.（1760）Nom. illegit.；Flammula（Webb ex Spach）Fourr.（1868）；Flammula Fourr.（1868）；Gampsoceras Steven（1852）；Glossophyllum Fourr.（1868）；Hecatonia Lour.（1790）；Hecatounia Poir.（1821）；Hericinia Fourr.（1868）；Ionosmanthus Jord. et Fourr.（1869）；Krapfia DC.（1817）；Kumlienia Greene（1885）；Leuconoe Fourr.（1868）；Notophilus Fourr.（1868）；Pachyloma Spach（1838）Nom. illegit.；Peltocalathos Tamura（1992）；Pfundia Opiz ex Nevski（1937）；Pfundia Opiz（1852）Nom. illegit.；Ranula Fourr.（1868）；Ranunculastrum Fourr.（1868）Nom. illegit.；Rhopalopodium Ulbr.（1922）；Sardonula Raf.（1834）；Sarpedonia Raf.；Scotanum Adans.（1763）；Stylurus Raf.（1817）（废弃属名）；Thora Fourr.（1868）Nom. illegit.；Thora Hill（1756）；Xerodera Fourr.（1868）；Xiphocoma Steven（1848）■

43631 Ranzania T. Ito（1888）【汉】草檗属（兰山草属）。【日】トガクシショウマ属,トガクシソウ属。【隶属】小檗科 Berberidaceae//草檗科 Ranzaniaceae。【包含】世界 1 种。【学名诠释与讨论】〈阴〉（人）Ono Ranzan,小野蘭山,1729-1810,日本江户时代的植物学者。此属的学名,ING 和 IK 记载是"Ranzania T. Ito, J. Bot. 26：302. Sep 1888"。"Yatabea Maximowicz ex Yatabe, Bot. Mag.（Tokyo）5：281. t. 28. 1891"是"Ranzania T. Ito（1888）"的晚出的同模式异名（Homotypic synonym, Nomenclatural synonym）。【分布】日本。【模式】Ranzania japonica（T. Ito ex Maximowicz）T. Ito［Podophyllum japonicum T. Ito ex Maximowicz］。【参考异名】Yatabea Maxim ex Yatabe（1891）Nom. illegit. ■☆

43632 Ranzaniaceae（Kumaz. ex Terabayashi）Takht.（1994）= Berberidaceae Juss.（保留科名）；~ = Rapateaceae Dumort.（保留科名）●■☆

43633 Ranzaniaceae Takht.（1994）［亦见 Berberidaceae Juss.（保留科名）小檗科和 Rapateaceae Dumort.（保留科名）偏穗草科（雷巴第科,瑞碑题雅科）］【汉】草檗科。【包含】世界 1 属 1 种。【分布】日本。【科名模式】Ranzania T. Ito ■☆

43634 Raoulia Hook. f.（1852）Nom. inval. ≡ Raoulia Hook. f. ex Raoul（1846）［菊科 Asteraceae（Compositae）］■☆

43635 Raoulia Hook. f. ex Raoul（1846）【汉】鲜菊属（藓菊属）。【日】ザンセツソウ属。【俄】Раулия。【英】Mat Daisy, New Zealand

Pincushion, Raoulia, Vegetable Sheep。【隶属】菊科 Asteraceae（Compositae）。【包含】世界 11-23 种。【学名诠释与讨论】〈阴〉（人）Raoul, Edouard Fiacre Louis Raoul, 1815-1852, 法国植物学者, 医生。此属的学名, ING、APNI 和 IPNI 记载是 "Raoulia Hook. f. ex Raoul, Choix Pl. Nouv. -Zélande 20. 1846"。"Raoulia Hook. f., Bot. Antarct. Voy. II. (Fl. Nov. -Zel.). 1：134, tt. 36, 37. 1852" 是一个未合格发表的名称（Nom. inval.）。【分布】澳大利亚, 新西兰, 新几内亚岛。【模式】Raoulia australis J. D. Hooker ex Raoul。【参考异名】Psychrophyton Beauverd（1910）; Raoulia Hook. f. (1852) Nom. inval.■☆

43636　Raouliopsis S. F. Blake（1938）【汉】类薹菊属。【隶属】菊科 Asteraceae（Compositae）。【包含】世界 2 种。【学名诠释与讨论】〈阴〉（属）Raoulia 薹菊属（薹属）+希腊文 opsis, 外观, 模样。【分布】安第斯山。【模式】未指定■☆

43637　Rapa Mill.（1754）= Brassica L.（1753）[十字花科 Brassicaceae（Cruciferae）]■●

43638　Rapanea Aubl.（1775）【汉】密花树属（酸金牛属）。【日】タイミンタチバナ属。【俄】Рапанея。【英】Rapanea。【隶属】紫金牛科 Myrsinaceae。【包含】世界 200-300 种, 中国 7 种。【学名诠释与讨论】〈阴〉（圭亚那）rapana, 热带美洲植物俗名。此属的学名是 "Rapanea Aublet, Hist. Pl. Guiane 121. Jun-Dec 1775"。亦有文献把其处理为 "Myrsine L. (1753)" 的异名。【分布】巴拉圭, 巴拿马, 玻利维亚, 马达加斯加, 中国, 热带, 亚热带, 中美洲。【模式】Rapanea guianensis Aublet。【参考异名】Athruphyllum Lour.（1790）; Fialaris Raf.（1838）; Gynoglossum Zipp. ex Scheft.; Heurlinia Raf.（1838）; Hunsteinia Lauterb.（1918）Nom. illegit.; Manglilla Juss.（1789）; Myrsine L.（1753）; Suttonia A. Rich.（1832）●

43639　Raparia F. K. Mey.（1973）= Thlaspi L.（1753）[十字花科 Brassicaceae（Cruciferae）//菥蓂科 Thlaspiaceae]■

43640　Rapatea Aubl.（1775）【汉】偏穗草属（雷巴第属, 瑞碑题雅属）。【隶属】偏穗草科（雷巴第科, 瑞碑题雅科）Rapateaceae//十字花科 Brassicaceae（Cruciferae）。【包含】世界 10-20 种。【学名诠释与讨论】〈阴〉（圭）rapate, 圭亚那植物俗名。此属的学名, ING 和 IK 记载是 "Rapatea Aubl.（1775）"。"Mnasium Schreber, Gen. 214. Apr 1789" 是 "Rapatea Aubl.（1775）" 的晚出的同模式异名（Homotypic synonym, Nomenclatural synonym）。【分布】巴拿马, 秘鲁, 玻利维亚, 厄瓜多尔。【模式】Rapatea paludosa Aublet。【参考异名】Mnasium Schreb.（1789）Nom. illegit.■☆

43641　Rapateaceae Dumort.（1829）（保留科名）【汉】偏穗草科（雷巴第科, 瑞碑题雅科）。【包含】世界 16-17 属 80-94 种。【分布】热带和亚热带。【科名模式】Rapatea Aubl.■☆

43642　Raphanaceae Horan.（1847）= Brassicaceae Burnett（保留科名）; ~ = Cruciferae Juss.（保留科名）; ~ = Rapateaceae Dumort.（保留科名）■☆

43643　Raphanis Dod. ex Moench（1794）（废弃属名）= Armoracia P. Gaertn., B. Mey. et Scherb.（1800）（保留属名）[十字花科 Brassicaceae（Cruciferae）]■

43644　Raphanis Moench（1794）（废弃属名）= Armoracia P. Gaertn., B. Mey. et Scherb.（1800）（保留属名）[十字花科 Brassicaceae（Cruciferae）]■

43645　Raphanistrocarpus（Baill.）Pax（1889）Nom. illegit. = Momordica L.（1753）[葫芦科（瓜科, 南瓜科）Cucurbitaceae]■

43646　Raphanistrocarpus Baill.（1883）Nom. illegit. = Momordica L.（1753）[葫芦科（瓜科, 南瓜科）Cucurbitaceae]■

43647　Raphanistrum Mill.（1754）= Raphanus L.（1753）[十字花科 Brassicaceae（Cruciferae）]■

43648　Raphanistrum Tourn. ex Adans.（1763）Nom. illegit. [十字花科 Brassicaceae（Cruciferae）]■☆

43649　Raphanocarpus Hook. f.（1871）= Momordica L.（1753）[葫芦科（瓜科, 南瓜科）Cucurbitaceae]■

43650　Raphanopsis Welw.（1859）= Oxygonum Burch. ex Campd.（1819）[蓼科 Polygonaceae]●■☆

43651　Raphanorrhyncha Rollins（1976）【汉】萝卜秧属。【隶属】十字花科 Brassicaceae（Cruciferae）。【包含】世界 1 种。【学名诠释与讨论】〈阴〉（希）Raphanus 萝卜属（莱菔属）+rhynchos, 喙, 嘴。【分布】墨西哥。【模式】Raphanorhyncha crassa R. C. Rollins■☆

43652　Raphanus L.（1753）【汉】萝卜属（莱菔属）。【日】ダイコン属。【俄】Редька。【英】Radish。【隶属】十字花科 Brassicaceae（Cruciferae）。【包含】世界 3-8 种, 中国 2 种。【学名诠释与讨论】〈阳〉（希）raphanos = rhaphanos, 甘蓝。rhaphanis = rhaphane, rhephane, 甘蓝, 做沙拉用的小萝卜。来自希腊文 ra, 迅速 + phainomai, 出现。指发芽早, 迅速。【分布】巴基斯坦, 巴拿马, 秘鲁, 玻利维亚, 厄瓜多尔, 哥伦比亚（安蒂奥基亚）, 美国（密苏里）, 尼加拉瓜, 中国, 欧洲中部和西部, 地中海至亚洲中部, 中美洲。【后选模式】Raphanus sativus Linnaeus。【参考异名】Dondisia Scop.（1777）; Durandea Delarbre（1800）（废弃属名）; Hormocarpus Post et Kuntze（1903）Nom. illegit.; Ormycarpus Neck.（1790）Nom. inval.; Quidproquo Greuter et Burdet（1983）; Raphanistrum Mill.（1754）; Raphinastrum Mill.（1754）; Rhaphanos St. -Lag.（1880）■

43653　Raphelingia Dumort.（1829）= Ornithogalum L.（1753）[百合科 Liliaceae//风信子科 Hyacinthaceae]■

43654　Raphia P. Beauv.（1806）【汉】酒椰属（酒柳属, 酒椰子属, 拉非棕属, 拉菲亚椰子属, 拉菲棕属, 罗非亚椰子属, 棕竹属）。【日】ラフィア属。【俄】Рафия, Раффия。【英】Raffia, Raffia Palm, Raphia, Raphia Palm。【隶属】棕榈科 Arecaceae（Palmae）。【包含】世界 28 种, 中国 3 种。【学名诠释与讨论】〈阴〉（希）来自马达加斯加俗名 rofia, raffia, ruffia, raphia。【分布】巴拿马, 非洲南部, 哥伦比亚（安蒂奥基亚）, 哥斯达黎加, 马达加斯加, 尼加拉瓜, 中国, 中美洲。【后选模式】Raphia vinifera Palisot de Beauvois。【参考异名】Metroxylon Spreng.（1830）Nom. illegit.（废弃属名）; Rafia Bory; Sagus Gaertn.（1788）Nom. illegit.; Sagus Rumph. ex Gaertn.（1788）Nom. illegit.●

43655　Raphiacme K. Schum.（1893）= Raphionacme Harv.（1842）[萝藦科 Asclepiadaceae]■☆

43656　Raphidiocystis Hook. f.（1867）【汉】针囊葫芦属。【隶属】葫芦科（瓜科, 南瓜科）Cucurbitaceae。【包含】世界 5 种。【学名诠释与讨论】〈阴〉（希）rhaphis, 所有格 raphidos, 针+kystis 囊。【分布】马达加斯加, 热带非洲。【后选模式】Raphidiocystis mannii J. D. Hooker。【参考异名】Rhaphidiocystis Hook. f.（1871）■☆

43657　Raphidophora Hassk.（1842）= Rhaphidophora Hassk.（1842）[天南星科 Araceae]●

43658　Raphidophyllum Hochst.（1841）【汉】针叶玄参属。【英】Needle Palm。【隶属】玄参科 Scrophulariaceae。【包含】世界 2 种。【学名诠释与讨论】〈中〉（希）rhaphis, 所有格 raphidos, 针+希腊文 phyllon, 叶子。phyllodes, 似叶的, 多叶的。phylleion, 绿色材料, 绿草。此属的学名是 "Raphidophyllum C. F. Hochstetter, Flora 24：666. 14 Nov 1841"。亦有文献把其处理为 "Sopubia Buch. -Ham. ex D. Don（1825）" 的异名。【分布】澳大利亚, 非洲。【模式】未指定。【参考异名】Rhaphidophyllum Benth.（1846）; Sopubia Buch. -Ham. ex D. Don（1825）■☆

43659　Raphidospora Rchb.（1837）= Justicia L.（1753）; ~ = Rhaphidospora Nees（1832）[爵床科 Acanthaceae//鸭嘴花科（鸭

咀花科)Justiciaceae]●■

43660 Raphinastrum Mill. (1754) = Raphanus L. (1753) [十字花科 Brassicaceae(Cruciferae)]■☆

43661 Raphiocarpus Chun(1946)【汉】针果苣苔属(细蒴苣苔属)。【隶属】苦苣苔科 Gesneriaceae。【包含】世界1种。【学名诠释与讨论】〈阳〉(希)rhaphis, 所有格 raphidos, 针+karpos, 果实。此属的学名是"Raphiocarpus W.-Y. Chun, Sunyatsenia 6: 273. 8 Nov 1946"。亦有文献把其处理为"Didissandra C. B. Clarke(1883)(保留属名)"的异名。【分布】参见"Didissandra C. B. Clarke(1883)"。【模式】Raphiocarpus sinicus W.-Y. Chun。【参考异名】Didissandra C. B. Clarke(1883)(保留属名)■☆

43662 Raphiodon Benth.(1848) = Hyptis Jacq.(1787)(保留属名); ~=Rhaphiodon Schauer(1844) [唇形科 Lamiaceae(Labiatae)]■☆

43663 Raphiolepis Lindl.(1820) Nom. illegit.(废弃属名) ≡ Rhaphiolepis Lindl.(1820) [as 'Raphiolepis'](保留属名) [蔷薇科 Rosaceae]●

43664 Raphionacme Harv.(1842)【汉】澳非萝藦属。【隶属】萝藦科 Asclepiadaceae。【包含】世界30-36种。【学名诠释与讨论】〈阴〉词源不详。【分布】热带和非洲南部。【后选模式】Raphionacme divaricata Harvey。【参考异名】Apoxyanthera Hochst.(1843); Kappia Vente, A. P. Dold et R. L. Verh.(2006); Mafekingia Baill.(1890); Raphiacme K. Schum.(1893); Rhaphiacme K. Schum.(1893); Rhaphionacme Müll. Berol., Nom. illegit.; Zaczatea Baill.(1889); Zucchellia Decne.(1844)■☆

43665 Raphione Salisb.(1866) = Allium L.(1753) [百合科 Liliaceae//葱科 Alliaceae]■

43666 Raphiostyles Benth. et Hook. f.(1862) = Rhaphiostylis Planch. ex Benth.(1849) [茶茱萸科 Icacinaceae]●☆

43667 Raphis P. Beauv.(1812) = Chrysopogon Trin.(1820)(保留属名); ~=Rhaphis Lour.(1790)(废弃属名) [禾本科 Poaceae (Gramineae)]■

43668 Raphisanthe Lilja(1841) = Blumenbachia Schrad.(1825)(保留属名); ~=Caiophora C. Presl(1831) [刺莲花科(硬毛草科) Loasaceae]■☆

43669 Raphistemma Wall.(1831)【汉】大花藤属。【英】Raphistemma。【隶属】萝藦科 Asclepiadaceae。【包含】世界2种, 中国2种。【学名诠释与讨论】〈中〉(希)rhaphis, 所有格 raphidos, 针+stemma, 所有格 stemmatos, 花冠, 花环, 王冠。指花冠裂片为披针形。此属的学名, ING、TROPICOS 和 IK 记载是"Raphistemma Wall., Pl. Asiat. Rar.(Wallich). 2: 50, t. 163. 1831"。"Rhaphistemma Meisn., Pl. Vasc. Gen.[Meisner] 268(1840)"是其变体。【分布】印度至马来西亚, 中国。【模式】Raphistemma pulchellum(Roxburgh) Wallich [Asclepias pulchella Roxburgh]。【参考异名】Rhaphistemma Meisn.(1840) Nom. illegit.; Rhaphistemum Walp.(1849)●

43670 Raphithamnus Dalli Torre et Harms(1904) Nom. illegit. = Rhaphithamnus Miers(1870) [马鞭草科 Verbenaceae]●☆

43671 Raphithamnus Miers(1870) Nom. inval., Nom. illegit. = Rhaphithamnus Miers(1870) [马鞭草科 Verbenaceae]●☆

43672 Rapicactus Buxb. et Oehme ex Buxb.(1942) = Turbinicarpus (Backeb.) Buxb. et Backeb.(1937) [仙人掌科 Cactaceae]■☆

43673 Rapicactus Buxb. et Oehme(1942) Nom. inval. ≡ Rapicactus Buxb. et Oehme ex Buxb.(1942); ~=Turbinicarpus (Backeb.) Buxb. et Backeb.(1937) [仙人掌科 Cactaceae]■☆

43674 Rapinia Lour.(1790) Nom. inval. = Sphenoclea Gaertn.(1788) (保留属名) [桔梗科 Campanulaceae//密穗桔梗科 Campanulaceae//楔瓣花科(尖瓣花科, 蜜穗桔梗科) Sphenocleaceae]■

43675 Rapinia Montrouz.(1860) Nom. illegit. ≡ Neorapinia Moldenke (1955) [马鞭草科 Verbenaceae]●☆

43676 Rapis L. f.(1789) Nom. illegit. ≡ Rhapis L. f.(1789) [棕榈科 Arecaceae(Palmae)]●

43677 Rapis L. f. ex Aiton(1789) Nom. illegit. ≡ Rhapis L. f.(1789) [棕榈科 Arecaceae(Palmae)]●

43678 Rapistrella Pomel(1860)【汉】小匕果芥属。【隶属】十字花科 Brassicaceae(Cruciferae)。【包含】世界1种。【学名诠释与讨论】〈阴〉(属)Rapistrum 匕果芥属(小萝卜属)+-ellus, -ella, -ellum, 加在名词词干后面形成指小式的词尾。或加在人名、属名等后面以组成新属的名称。此属的学名是"Rapistrella Pomel, Matér. Fl. Atl. 11. 1860"。亦有文献把其处理为"Rapistrum Crantz(1769)(保留属名)"的异名。【分布】非洲北部。【模式】Rapistrella ramosissima Pomel [as 'ramosinima']。【参考异名】Rapistrum Crantz(1769)(保留属名)■☆

43679 Rapistrum Bergeret(废弃属名) = Calepina Adans.(1763) [十字花科 Brassicaceae(Cruciferae)]■☆

43680 Rapistrum Crantz(1769)(保留属名)【汉】匕果芥属(小萝卜属)。【俄】Редечник, Репник。【英】Cabbage, Rapistrum。【隶属】十字花科 Brassicaceae(Cruciferae)。【包含】世界2-10种。【学名诠释与讨论】〈中〉(拉)rapistrum, 野芜菁。此属的学名"Rapistrum Crantz, Class. Crucif. Emend.:105. Jan-Aug 1769"是保留属名。相应的废弃属名是十字花科 Brassicaceae 的"Rapistrum Scop., Meth. Pl.:13. 25 Mar 1754 ≡ Neslia Desv.(1815)(保留属名)"。十字花科 Brassicaceae 的"Rapistrum Medik.(1789) Nom. illegit.(废弃属名) ≡ Rapistrum Tourn. ex Medik., Philos. Bot. (Medikus) 1:190. 1789 = Crambe L.(1753)"亦应废弃。必须废弃的属名还有:十字花科 Brassicaceae 的"Rapistrum Bergeret = Calepina Adans.(1763)"、"Rapistrum Fabr. = Neslia Desv.(1815)(保留属名)"、"Rapistrum Haller f. = Neslia Desv.(1815)(保留属名)"、"Rapistrum Mill.(废弃属名) = Sinapis L.(1753)"和"Rapistrum R. Br. = Ochthodium DC.(1821)"。【分布】巴基斯坦, 玻利维亚, 美国(密苏里), 地中海地区, 欧洲中部, 亚洲西部。【模式】Rapistrum hispanicum(Linnaeus) Crantz [Myagrum hispanicum Linnaeus]。【参考异名】Arthrolobus Andrz. ex DC.(1821); Condylocarya Bess. ex Endl.; Cordylocarya Besser ex DC.; Neslia Desv.(1815)(保留属名); Rapistrella Pomel(1860); Stylocarpum Noulet(1837) Nom. illegit. ■☆

43681 Rapistrum Fabr.(废弃属名) = Neslia Desv.(1815)(保留属名) [十字花科 Brassicaceae(Cruciferae)]■

43682 Rapistrum Haller f.(废弃属名) = Neslia Desv.(1815)(保留属名) [十字花科 Brassicaceae(Cruciferae)]■

43683 Rapistrum Medik.(1789) Nom. illegit.(废弃属名) ≡ Rapistrum Tourn. ex Medik.(1789)(废弃属名); ~=Crambe L.(1753) [十字花科 Brassicaceae(Cruciferae)]■

43684 Rapistrum Mill.(废弃属名) = Sinapis L.(1753) [十字花科 Brassicaceae(Cruciferae)]■

43685 Rapistrum R. Br.(废弃属名) = Ochthodium DC.(1821) [十字花科 Brassicaceae(Cruciferae)]■☆

43686 Rapistrum Scop.(1754)(废弃属名) ≡ Neslia Desv.(1815)(保留属名) [十字花科 Brassicaceae(Cruciferae)]■

43687 Rapistrum Tourn. ex Medik.(1789)(废弃属名) = Crambe L.(1753) [十字花科 Brassicaceae(Cruciferae)]■

43688 Rapolocarpus Bojer(1837) = Ropalocarpus Bojer(1837) [球萼树科(刺果树科, 球形萼科, 圆萼树科) Sphaerosepalaceae//棒果树科(刺果树科) Rhopalocarpaceae]●☆

43689　Rapona Baill.（1890）【汉】椴叶旋花属。【隶属】旋花科 Convolvulaceae。【包含】世界1种。【学名诠释与讨论】〈阴〉词源不详。【分布】马达加斯加。【模式】Rapona madagascariensis Baillon ●☆

43690　Rapourea Rchb.（1828）= Diospyros L.（1753）；~ = Ropourea Aubl.（1775）［柿树科 Ebenaceae］●

43691　Raptostylus Post et Kuntze（1903）= Heisteria Jacq.（1760）（保留属名）；~ = Rhaptostylum Humb. et Bonpl.（1813）Nom. illegit.；~ = Rhaptostylum Bonpl.（1813）［铁青树科 Olacaceae］●☆

43692　Rapum Hill（1756）Nom. illegit. ≡ Rapa Mill.（1754）；~ = Brassica L.（1753）［十字花科 Brassicaceae（Cruciferae）］■●

43693　Rapunculus Fourr.（1869）Nom. illegit. = Campanula L.（1753）［桔梗科 Campanulaceae］■●

43694　Rapunculus Mill.（1754）Nom. illegit. ≡ Phyteuma L.（1753）［桔梗科 Campanulaceae］■☆

43695　Rapunculus Tourn. ex Mill.（1754）Nom. illegit. ≡ Rapunculus Mill.（1754）；~ ≡ Phyteuma L.（1753）［桔梗科 Campanulaceae］■☆

43696　Rapuntia Chevall.（1836）= Campanula L.（1753）［桔梗科 Campanulaceae］■●

43697　Rapuntium Mill.（1754）Nom. illegit., Nom. superfl. ≡ Lobelia L.（1753）［桔梗科 Campanulaceae//山梗菜科（半边莲科）Nelumbonaceae］■●

43698　Rapuntium Post et Kuntze（1903）Nom. illegit. = Campanula L.（1753）；~ = Rapuntia Chevall.（1836）［桔梗科 Campanulaceae］■

43699　Rapuntium Tourn. ex Mill.（1768）Nom. illegit. ≡ Rapuntium Mill.（1754）Nom. illegit., Nom. superfl.；~ = Lobelia L.（1753）［桔梗科 Campanulaceae//山梗菜科（半边莲科）Nelumbonaceae］■●

43700　Raputia Aubl.（1775）【汉】拉普芸香属。【隶属】芸香科 Rutaceae。【包含】世界4种。【学名诠释与讨论】〈阴〉（地）Orapu，位于圭亚那。模式种产地。此属的学名，ING 和 IK 记载是"Raputia Aublet, Hist. Pl. Guiane 2：670. Jun - Dec 1775"。"Sciuris Schreber, Gen. 1：24. Apr 1789"是"Raputia Aubl.（1775）"的晚出的同模式异名（Homotypic synonym, Nomenclatural synonym）。【分布】巴拿马，秘鲁，玻利维亚，哥伦比亚（安蒂奥基亚），西印度群岛，中美洲。【模式】Raputia aromatica Aublet。【参考异名】Aucuba Cham.；Myllanthus R. S. Cowan（1960）；Neoraputia Emmerich ex Kallunki（2009）；Neoraputia Emmerich（1978）Nom. inval.；Pholidandra Neck.（1790）Nom. inval.；Raputiarana Emmerich（1978）；Sciuris Schreb.（1789）Nom. illegit.；Sigmatanthus Huber ex Ducke（1922）；Sigmatanthus Huber ex Emmerich（1978）Nom. illegit. ●☆

43701　Raputiarana Emmerich（1978）= Raputia Aubl.（1775）［芸香科 Rutaceae］●☆

43702　Raram Adans.（1763）Nom. illegit. ≡ Cenchrus L.（1753）［禾本科 Poaceae（Gramineae）］■

43703　Raritebe Wernham（1917）【汉】哥伦比亚茜草属。【隶属】茜草科 Rubiaceae。【包含】世界1-6种。【学名诠释与讨论】〈阴〉词源不详。【分布】巴拿马，秘鲁，厄瓜多尔，哥伦比亚（包括安蒂奥基亚），美国，尼加拉瓜，中美洲。【模式】Raritebe palicoureoides Wernham。【参考异名】Dukea Dwyer（1966）●☆

43704　Raspailia C. Presl（1830）= Polypogon Desf.（1798）［禾本科 Poaceae（Gramineae）］■

43705　Raspailia Endl. = Raspalia Brongn.（1826）［鳞叶树科（布鲁尼科，小叶树科）Bruniaceae］●☆

43706　Raspailia J. Presl et C. Presl（1830）Nom. illegit. ≡ Raspailia J. Presl（1830）Nom. inval.；~ = Polypogon Desf.（1798）［禾本科 Poaceae（Gramineae）］■

43707　Raspailia J. Presl（1830）Nom. inval. = Polypogon Desf.（1798）［禾本科 Poaceae（Gramineae）］■

43708　Raspalia Brongn.（1826）【汉】南非鳞叶树属。【隶属】鳞叶树科（布鲁尼科，小叶树科）Bruniaceae。【包含】世界16种。【学名诠释与讨论】〈阴〉（人）François Vincent Raspail，1794 - 1878，法国植物学者，博物学者。【分布】非洲南部。【模式】Raspalia microphylla（Thunberg）A. T. Brongniart［Brunia microphylla Thunberg］。【参考异名】Raspailia Endl. ●☆

43709　Rassia Neck.（1790）Nom. inval. = Gentiana L.（1753）［龙胆科 Gentianaceae］■

43710　Rastrophyllum Wild et G. V. Pope（1977）【汉】耙叶菊属（锄叶菊属）。【隶属】菊科 Asteraceae（Compositae）。【包含】世界2种。【学名诠释与讨论】〈中〉（拉）rastrum，指小式 rastrella，耙 + 希腊文 phyllon，叶子。phyllodes，似叶的，多叶的。phylleion，绿色材料，绿草。【分布】赞比亚。【模式】Rastrophyllum pinnatipartitum H. Wild et G. V. Pope ■☆

43711　Ratabida Loudon（1839）= Ratibida Raf.（1818）［菊科 Asteraceae（Compositae）］■☆

43712　Ratanhia Raf., Nom. inval. = Krameria L. ex Loefl.（1758）［刺球果科（刚毛果科，克雷木科，拉坦尼科）Krameriaceae］●■☆

43713　Rathbunia Britton et Rose（1909）（废弃属名）= Stenocereus（A. Berger）Riccob.（1909）（保留属名）［仙人掌科 Cactaceae］●☆

43714　Rathea H. Karst.（1858）Nom. illegit. = Synechanthus H. Wendl.（1858）［棕榈科 Arecaceae（Palmae）］●☆

43715　Rathea H. Karst.（1860）Nom. illegit. = Passiflora L.（1753）（保留属名）［西番莲科 Passifloraceae］●■

43716　Rathkea Schumch.（1827）= Ormocarpum P. Beauv.（1810）（保留属名）［豆科 Fabaceae（Leguminosae）//蝶形花科 Papilionaceae］●

43717　Rathkea Schumch. et Thonn.（1827）Nom. illegit. ≡ Rathkea Schumch.（1827）；~ = Ormocarpum P. Beauv.（1810）（保留属名）［豆科 Fabaceae（Leguminosae）//蝶形花科 Papilionaceae］●

43718　Ratibida Raf.（1818）【汉】草原松果菊属（草光菊属，拉提比达菊属，松果菊属）。【日】バレンギク属。【英】Mexican Hat，Mexican-hat，Prairie Coneflower，Prairie Voneflower，Ratibida。【隶属】菊科 Asteraceae（Compositae）。【包含】世界6-7种。【学名诠释与讨论】〈阴〉语义不详。Rafinesque 命名的一些属常莫名其妙。【分布】美国，墨西哥。【模式】Ratibida pulcherrima Kunth。【参考异名】Lepachys Raf.（1819）Nom. illegit.；Obelisteca Raf.（1817）；Ratabida Loudon（1839）■☆

43719　Ratonia DC.（1824）= Matayba Aubl.（1775）［无患子科 Sapindaceae］●☆

43720　Ratopitys Carrière（1867）= Cunninghamia R. Br.（1826）（保留属名）［杉科（落羽杉科）Taxodiaceae］●★

43721　Rattraya J. B. Phipps（1964）= Danthoniopsis Stapf（1916）［禾本科 Poaceae（Gramineae）］■☆

43722　Ratzeburgia Kunth（1831）【汉】极美草属。【隶属】禾本科 Poaceae（Gramineae）。【包含】世界1种。【学名诠释与讨论】〈阴〉（人）Julius Theodor Christian Ratzeburg，1801 - 1871，植物学者，昆虫学者。【分布】缅甸。【模式】Ratzeburgia pulcherrima Kunth。【参考异名】Aikinia Wall.（1832）Nom. illegit. ■☆

43723　Rauhia Traub（1957）【汉】劳氏石蒜属。【隶属】石蒜科 Amaryllidaceae。【包含】世界2-3种。【学名诠释与讨论】〈阴〉（人）Werner Rauh，1913 - 1997，德国植物学者，植物采集家，苔藓学者，肉质植物和凤梨科 Bromeliaceae 专家。【分布】秘鲁。【模式】Rauhia peruviana Traub ■☆

43724　Rauhiella Pabst et Braga（1978）【汉】劳兰属。【隶属】兰科

Orchidaceae。【包含】世界 2 种。【学名诠释与讨论】〈阴〉（人）Werner Rauh,1913-1997,德国植物学者+-ellus,-ella,-ellum,加在名词词干后面形成指小式的词尾。或加在人名、属名等后面以组成新属的名称。【分布】巴西。【模式】Rauhiella brasiliensis G. F. J. Pabst et P. I. S. Braga ■☆

43725　Rauhocereus Backeb.（1956）= Weberbauerocereus Backeb.（1942）［仙人掌科 Cactaceae］●☆

43726　Rauia Nees et Mart.（1823）= Angostura Roem. et Schult.（1819）［芸香科 Rutaceae］●☆

43727　Raukana Seem.（1866）Nom. illegit. = Pseudopanax C. Koch（1859）［五加科 Araliaceae］●■

43728　Raukaua Seem.（1866）Nom. illegit. ≡ Raukana Seem.（1866）Nom. illegit.；~ = Pseudopanax C. Koch（1859）［五加科 Araliaceae］●■

43729　Raulinoa R. S. Cowan（1960）【汉】多刺芸香属。【隶属】芸香科 Rutaceae。【包含】世界 1 种。【学名诠释与讨论】〈阴〉（人）Raulino。【分布】巴西。【模式】Raulinoa echinata R. S. Cowan ●☆

43730　Raulinoreitzia R. M. King et H. Rob.（1971）【汉】簇泽兰属。【隶属】菊科 Asteraceae(Compositae)。【包含】世界 3 种。【学名诠释与讨论】〈阴〉（人）Raulino+Reitz。【分布】阿根廷,巴拉圭,巴西,秘鲁,玻利维亚。【模式】Raulinoreitzia crenulata（K. P. J. Sprengel）R. M. King et H. E. Robinson［Baccharis crenulata K. P. J. Sprengel］●☆

43731　Raussinia Neck.（1790）Nom. inval. = Pachira Aubl.（1775）［木棉科 Bombacaceae//锦葵科 Malvaceae］●

43732　Rautanenia Buchenau(1897)【汉】劳氏泽泻属(劳坦宁泻属)。【隶属】泽泻科 Alismataceae。【包含】世界 1 种。【学名诠释与讨论】〈阴〉（人）Martti（Martin）Rau-tanen,1845-1926,芬兰牧师,植物采集家。此属的学名是"Rautanenia Buchenau, Bull. Herb. Boissier 5：854. 1897"。亦有文献把其处理为"Burnatia Micheli（1881）"的异名。【分布】非洲西南部。【模式】Rautanenia schinzii（Buchenau）Buchenau［Echinodorus schinzii Buchenau］。【参考异名】Burnatia Micheli(1881) ■☆

43733　Rauvolfia L.（1753）【汉】萝芙木属(矮青木属,萝芙藤属)。【日】インドジャボク属,ホウライアオキ,ホウライアヲキ属。【俄】Раувольфия。【英】Devil Pepper, Devilpepper, Devil-pepper, Rauvolfia, Rauwolfia。【隶属】夹竹桃科 Apocynaceae。【包含】世界 60-135 种,中国 7-14 种。【学名诠释与讨论】〈阴〉（人）Leonhart（Leonhardus, Leonhard）,Rauwolff（Rauwolf, Rawolff, Rauvolfius）,1535-1596,德国医生,植物采集家。此属的学名,ING、APNI、TROPICOS 和 GCI 记载是"Rauvolfia L., Sp. Pl. 1：208. 1753［1 May 1753］"。IK 则记载为"Rauvolfia Plum. ex L., Sp. Pl. 1:208. 1753［1 May 1753］"。"Rauvolfia Plum."是命名起点著作之前的名称,故"Rauvolfia L.（1753）"和"Rauvolfia Plum. ex L.（1753）"都是合法名称,可以通用。"Rauwolfia Gled.（1764）,Systema Vegetabilium 212. 1764［1764］"和"Rauwolfia L.（1753）Nom. illegit."是其变体。【分布】巴基斯坦,巴拉圭,巴拿马,秘鲁,玻利维亚,厄瓜多尔,哥伦比亚(安蒂奥基亚),马达加斯加,尼加拉瓜,中国,中美洲。【模式】Rauvolfia tetraphylla Linnaeus。【参考异名】Cyrtosiphonia Miq.（1856）；Dissolaena Lour.（1790）Nom. illegit.；Dissolena Lour.（1790）；Hylacium P. Beauv.（1819）；Ophioxylon L.（1753）；Ophyoxylon Raf.；Podochrosia Baill.（1888）；Rauvolfia Plum. ex L.（1753）；Rauwolfia Gled.（1764）Nom. illegit.；Rauwolfia L.（1753）Nom. illegit. ●

43734　Rauvolfia Plum. ex L.（1753）≡ Rauvolfia L.（1753）［夹竹桃科 Apocynaceae］●

43735　Rauwenhoffia Scheff.（1885）【汉】爪瓣玉盘属。【隶属】番荔

枝科 Annonaceae。【包含】世界 5 种。【学名诠释与讨论】〈阴〉（人）Nicolaas Willem Pieter Rauwenhoff,1826-1909,荷兰植物学者。此属的学名是"Rauwenhoffia Scheffer, Ann. Jard. Bot. Buitenzorg 2：21. 1885"。亦有文献把其处理为"Melodorum Lour.（1790）"的异名。【分布】澳大利亚(东部),泰国,马来半岛,新几内亚岛,中南半岛。【后选模式】Rauwenhoffia siamensis Scheffer。【参考异名】Melodorum Lour.（1790）●☆

43736　Rauwolfia Gled.（1764）≡ Rauvolfia L.（1753）［夹竹桃科 Apocynaceae］●

43737　Rauwolfia L.（1753）Nom. illegit. = Rauvolfia L.（1753）［夹竹桃科 Apocynaceae］●

43738　Rauwolfia Ruiz et Pav.（1799）= Citharexylum Mill.（1754）Nom. illegit.；~ = Citharexylum L.（1753）［马鞭草科 Verbenaceae］●☆

43739　Ravenala Adans.（1763）【汉】旅人蕉属。【日】アフギバセウ属,オウギバショウ属,タビビトノキ属。【俄】Равенала。【英】Traveler's-tree, Travelerstree, Yunnan Devilpepper。【隶属】芭蕉科 Musaceae//鹤望兰科(旅人蕉科)Strelitziaceae。【包含】世界 1 种,中国 1 种。【学名诠释与讨论】〈阴〉（马达加斯加）ravenala,一种植物俗名。此属的学名,ING、GCI 和 IK 记载是"Ravenala Adans. , Fam. Pl.（Adanson）2：67. 1763［Jul - Aug 1763］"。"Urania Schreber, Gen. 1：212. Apr 1789"是"Ravenala Adans.（1763）"的晚出的同模式异名(Homotypic synonym, Nomenclatural synonym)。【分布】马达加斯加,中国。【模式】Ravenala madagascariensis J. F. Gmelin。【参考异名】Musidendron Nakai（1948）；Urania Schreb.（1789）Nom. illegit. ●■

43740　Ravenea C. D. Bouché ex H. Wendl.（1878）= Ravenea H. Wendl. ex C. D. Bouché(1878)［棕榈科 Arecaceae(Palmae)］●☆

43741　Ravenea C. D. Bouché（1878）≡ Ranevea L. H. Bailey（1902）；~ = Ravenea H. Wendl. ex C. D. Bouché(1878)［棕榈科 Arecaceae(Palmae)］●☆

43742　Ravenea H. Wendl.（1878）Nom. illegit. = Ravenea H. Wendl. ex C. D. Bouché(1878)［棕榈科 Arecaceae(Palmae)］●☆

43743　Ravenea H. Wendl. ex C. D. Bouché(1878)【汉】国王椰子属(国王椰属,溪棕属)。【隶属】棕榈科 Arecaceae(Palmae)。【包含】世界 9-17 种。【学名诠释与讨论】〈阴〉（人）Raven。此属的学名,ING 和 TROPICOS 记载是"Ravenea C. Bouché, Monatsschr. Vereines Beförd. Gartenbaues Königl. Preuss. Staaten 21：197,324. Jul 1878"。IK 则记载为"Ravenea H. Wendl. ex C. D. Bouché, in Monatschr. Ver. Befoerd. Gartenb.（1878）197,323,324"。"Ravenea C. D. Bouché ex H. Wendl.（1878）= Ravenea H. Wendl. ex C. D. Bouché（1878）"和"Ravenea H. Wendl.（1878）Nom. illegit. =Ravenea H. Wendl. ex C. D. Bouché(1878)"似命名人引证有误。"Ranevea L. H. Bailey, Cycl. Am. Hort. 1497. 1902"是"Ranevea L. H. Bailey（1902）［棕榈科 Arecaceae(Palmae)］"的同模式异名(Homotypic synonym, Nomenclatural synonym)。【分布】科摩罗,马达加斯加。【模式】Ravenea hildebrandtii C. Bouché。【参考异名】Louvelia Jum. et H. Perrier（1912）；Ranevea L. H. Bailey(1902)；Ravenea C. D. Bouché ex H. Wendl.（1878）；Ravenea C. D. Bouché（1878）；Ravenea H. Wendl.（1878）Nom. illegit.；Ranevea L. H. Bailey ●☆

43744　Ravenea L. H. Bailey(1902)Nom. illegit. ≡ Ranevea L. H. Bailey（1902）；~ ≡ Ravenea C. D. Bouché(1878)；~ = Ravenea H. Wendl. ex C. D. Bouché(1878)［棕榈科 Arecaceae(Palmae)］●☆

43745　Ravenia Benth. et Hook. f.（1883）Nom. illegit.［棕榈科 Arecaceae(Palmae)］☆

43746　Ravenia Vell.（1829）【汉】拉氏芸香属。【日】ラベーニア属。

【隶属】芸香科 Rutaceae。【包含】世界 18 种。【学名诠释与讨论】〈阴〉（人）J. F. R. Raven，法国教授，Tournefort 的学生。【分布】巴拿马，秘鲁，玻利维亚，尼加拉瓜，热带南美洲，西印度群岛，中美洲。【模式】Ravenia infelix Vellozo。【参考异名】Lemonia Lindl. (1840) Nom. illegit. ; Pomphidea Miers (1878) ; Ravinia Post et Kuntze (1903) ●☆

43747　Raveniopsis Gleason (1939)【汉】拟拉氏芸香属。【日】ラベニア属。【隶属】芸香科 Rutaceae。【包含】世界 2-17 种。【学名诠释与讨论】〈阴〉（属）Ravenia 拉氏芸香属+希腊文 opsis，外观，模样，相似。【分布】委内瑞拉。【模式】Raveniopsis tomentosa Gleason ●☆

43748　Ravensara Sonn. (1782)（废弃属名）≡ Agathophyllum Juss. (1789) Nom. illegit. ; ~ = Cryptocarya R. Br. (1810)（保留属名）[樟科 Lauraceae] ●

43749　Ravia Schult. (1824) = Rauia Nees et Mart. (1823) [芸香科 Rutaceae] ●☆

43750　Ravinia Post et Kuntze (1903) = Ravenia Vell. (1829) [芸香科 Rutaceae] ●☆

43751　Ravnia Oerst. (1852)【汉】拉夫恩茜属。【隶属】茜草科 Rubiaceae。【包含】世界 3 种。【学名诠释与讨论】〈阴〉（人）Frederik Kølpin Ravn, 1873-1920，植物学者。另说纪念挪威植物采集家 Peter Ravn, ? -1839。【分布】巴拿马，中美洲。【模式】Ravnia triflora Oersted ●☆

43752　Rawsonia Harv. et Sond. (1860)【汉】罗森木属。【隶属】刺篱木科（大风子科）Flacourtiaceae。【包含】世界 2 种。【学名诠释与讨论】〈阴〉（人）Rawson William Rawson, 1812-1899，英国官员。【分布】热带和非洲南部。【模式】Rawsonia lucida W. H. Harvey et Sonder ●☆

43753　Raxamaris Raf. (1837) Nom. illegit. ≡ Soulamea Lam. (1785) [苦木科 Simaroubaceae] ●☆

43754　Raxopitys J. Nelson (1866) Nom. illegit. ≡ Belis Salisb. (1807)（废弃属名）; ~ ≡ Cunninghamia R. Br. (1826)（保留属名）[杉科（落羽杉科）Taxodiaceae] ●★

43755　Rayania Meisn. (1856) = Brunnichia Banks ex Gaertn. (1788) [蓼科 Polygonaceae] ●☆

43756　Rayania Raf. (1840) = Rajania L. (1753) [薯蓣科 Dioscoreaceae] ■☆

43757　Raycadenco Dodson (1989)【汉】厄瓜多尔兰属。【隶属】兰科 Orchidaceae。【包含】世界 1 种。【学名诠释与讨论】〈阴〉（人）Raymond McCoullough, Carl Whitner, Dennis D'Alessandro 和 Cornelia Head。【分布】厄瓜多尔。【模式】Raycadenco teretifolia Gaudichaud-Beaupré ■☆

43758　Rayera Gaudich. (1851) Nom. illegit. ≡ Rayeria Gaudich. (1851) ; ~ = Nolana L. ex L. f. (1762) [茄科 Solanaceae//铃花科（假茄科）Nolanaceae] ■☆

43759　Rayeria Gaudich. (1851) = Alona Lindl. (1844) [茄科 Solanaceae//铃花科（假茄科）Nolanaceae] ■☆

43760　Rayjacksonia R. L. Hartm. et M. A. Lane (1996)【汉】樟雏菊属。【隶属】菊科 Asteraceae (Compositae)。【包含】世界 3 种。【学名诠释与讨论】〈阴〉（人）Raymond Carl Jackson, 1928-，美国植物学者。【分布】北美洲。【模式】Rayjacksonia phyllocephala (A. P. de Candolle) R. L. Hartman et M. A. Lane [Haplopappus phyllocephalus A. P. de Candolle] ■☆

43761　Rayleya Cristóbal (1981)【汉】雷梧桐属。【隶属】梧桐科 Sterculiaceae//锦葵科 Malvaceae。【包含】世界 1 种。【学名诠释与讨论】〈阴〉词源不详。【分布】巴西。【模式】Rayleya bahiensis C. L. Cristóbal ●☆

43762　Raynalia Soják (1980) Nom. illegit. ≡ Alinula J. Raynal (1977) [莎草科 Cyperaceae] ■☆

43763　Raynaudetia Bubani (1901) Nom. illegit. ≡ Telephium L. (1753) [石竹科 Caryophyllaceae] ■☆

43764　Raynia Raf. (1815) = Rajania L. (1753) [薯蓣科 Dioscoreaceae] ■☆

43765　Razafimandimbisonia Kainul. et B. Bremer (2009)【汉】拉扎木属。【隶属】茜草科 Rubiaceae。【包含】世界 5 种。【学名诠释与讨论】〈阴〉词源不详。此属的学名是"Razafimandimbisonia Kainul. et B. Bremer, Taxon 58(3): 765. 2009"。亦有文献把其处理为"Alberta E. Mey. (1838)"的异名。【分布】马达加斯加，南非。【模式】Razafimandimbisonia minor (Baill.) Kainul. et B. Bremer [Alberta minor Baill.]。【参考异名】Alberta E. Mey. (1838) ●☆

43766　Razisea Oerst. (1854)【汉】拉齐爵床属。【隶属】爵床科 Acanthaceae。【包含】世界 3 种。【学名诠释与讨论】〈阴〉（人）Razis。【分布】巴拿马，秘鲁，厄瓜多尔，哥伦比亚（安蒂奥基亚），尼加拉瓜，中美洲。【模式】Razisea spicata Oersted ☆

43767　Razoumofskia Hoffm. (1808) Nom. illegit.（废弃属名）≡ Razoumofskya Hoffm. (1808)（废弃属名）; ~ = Arceuthobium M. Bieb. (1819)（保留属名）[桑寄生科 Loranthaceae] ●

43768　Razoumowskia Hoffm. (1808)（废弃属名）≡ Razoumofskya Hoffm. (1808)（废弃属名）; ~ = Arceuthobium M. Bieb. (1819)（保留属名）[桑寄生科 Loranthaceae] ●

43769　Razoumowskia Hoffm. ex M. Bieb. (1819) Nom. illegit. ≡ Razoumowskia Hoffm. (1808)（废弃属名）; ~ = Razoumofskya Hoffm. (1808)（废弃属名）; ~ = Arceuthobium M. Bieb. (1819)（保留属名）[桑寄生科 Loranthaceae] ●

43770　Razoumowskya Hoffm. (1808) Nom. illegit.（废弃属名）≡ Razoumofskya Hoffm. (1808)（废弃属名）; ~ = Arceuthobium M. Bieb. (1819)（保留属名）[桑寄生科 Loranthaceae] ●

43771　Razulia Raf. (1840) = Angelica L. (1753) [伞形花科（伞形科）Apiaceae (Umbelliferae)] ■

43772　Razumovia Spreng. (1807) Nom. inval. = Centranthera R. Br. (1810) [玄参科 Scrophulariaceae//列当科 Orobanchaceae] ■●☆

43773　Razumovia Spreng. ex Juss. (1826) Nom. illegit. ≡ Calomeria Vent. (1804) [菊科 Asteraceae (Compositae)] ■●☆

43774　Rea Bertero ex Decne. (1833) = Dendroseris D. Don (1832) [菊科 Asteraceae (Compositae)] ●☆

43775　Readea Gillespie (1930)【汉】里德茜属。【隶属】茜草科 Rubiaceae。【包含】世界 3 种。【学名诠释与讨论】〈阴〉（人）Reade。【分布】斐济。【模式】Readea membranacea Gillespie ●☆

43776　Reana Brign. (1849) = Euchlaena Schrad. (1832) ; ~ = Zea L. (1753) [禾本科 Poaceae (Gramineae)//玉蜀黍科 Zeaceae] ■

43777　Reaumurea Steud. (1821) = Reaumuria L. (1759) [柽柳科 Tamaricaceae//红砂柳科 Reaumuriaceae] ●

43778　Reaumuria L. (1759)【汉】红砂柳科（红沙属，红砂属，枇杷柴属，琵琶柴属，瑞莱花属）。【俄】Реомюрия, Хололахна。【英】Reaumuria, Redsandplant。【隶属】柽柳科 Tamaricaceae//红砂柳科 Reaumuriaceae。【包含】世界 12 种，中国 4-6 种。【学名诠释与讨论】〈阴〉（人）Rene Antoine Ferchault de Reaumur, 1683-1757，法国博物学者，动物学者。【分布】地中海东部至亚洲中部和巴基斯坦（俾路支），中国。【模式】Reaumuria vermiculata Linnaeus。【参考异名】Beaumulix Willd. ex Poir. (1817) ; Eichwaldia Ledeb. (1833) ; Halolachna Endl. (1840) Nom. illegit. ; Hololachna Ehrenb. (1827) ; Racletia Adans. (1763) ; Reaumurea Steud. (1821) ●

43779　Reaumuriaceae Ehrenb. = Reaumuriaceae Ehrenb. ex Lindl. ; ~ = Tamaricaceae Link(保留科名)●■

43780　Reaumuriaceae Ehrenb. ex Lindl. [亦见 Tamaricaceae Link(保留科名)柽柳科]【汉】红砂柳科。【包含】世界 1 属 12 种,中国 1 属 4-6 种。【分布】中国,地中海东部至亚洲中部和巴基斯坦(俾路支)。【科名模式】Reaumuria L. (1759)●

43781　Rebentischia Opiz(1854) Nom. inval. , Nom. illegit. = Trisetum Pers. (1805) [禾本科 Poaceae(Gramineae)]■

43782　Rebis Spach (1835) = Ribes L. (1753) [虎耳草科 Saxifragaceae//醋栗科(茶藨子科)Grossulariaceae]●

43783　Reboudia Coss. et Durieu(1857)【汉】粉花芥属。【隶属】十字花科 Brassicaceae(Cruciferae)。【包含】世界 2 种。【学名诠释与讨论】〈阴〉(人)Reboud。此属的学名是"Reboudia Cosson et Durieu in Cosson,Bull. Soc. Bot. France 3 : 704. 1856"。亦有文献把其处理为"Erucaria Gaertn. (1791)"的异名。【分布】地中海东南部,非洲北部。【模式】Reboudia minuscula K. Schumann。【参考异名】Erucaria Gaertn. (1791)■☆

43784　Reboulea Kunth (1830) Nom. illegit. ≡ Sphenopholis Scribn. (1906) [禾本科 Poaceae(Gramineae)]■☆

43785　Rebsamenia Conz. (1903) = Robinsonella Rose et Baker f. (1897) [锦葵科 Malvaceae]●☆

43786　Rebulobivia Frič(1935) Nom. inval. = Echinopsis Zucc. (1837) ; ~ = Rebutia K. Schum. (1895) [仙人掌科 Cactaceae]●

43787　Rebulobivia Frič. et Schelle ex Backeb. et F. M. Knuth(1936) Nom. illegit. = Lobivia Britton et Rose (1922) [仙人掌科 Cactaceae]■

43788　Rebulobivia Frič. ex K. Kreuz. (1935) Nom. inval. = Echinopsis Zucc. (1837) ; ~ = Rebutia K. Schum. (1895) [仙人掌科 Cactaceae]●

43789　Rebutia K. Schum. (1895)【汉】子孙球属(宝山属,翁宝属)。【日】レブティア属。【英】Crown Cactus,Crowncactus。【隶属】仙人掌科 Cactaceae。【包含】世界 6-70 种,中国 6 种。【学名诠释与讨论】〈阴〉(人)Pierre Rebut,1830-1898,法国仙人掌培育学者。【分布】阿根廷,秘鲁,玻利维亚,中国。【模式】Rebutia minuscula K. Schumann。【参考异名】Acantholobivia Y. Ito(1957) Nom. illegit. ; Aylostera Speg. (1923) ; Bridgesia Backeb. (1934) Nom. inval. (废弃属名) ; Cylindrorebutia Frič et Kreuz. (1938) ; Digitorebutia Frič et Kreuz. (1940) ; Digitorebutia Frič et Kreuz. ex Buining (1940) ; Echinorebutia Frič ex K. Kreuz. (1935) Nom. inval. ; Eurebutia (Backeb.) G. Vande Weghe (1938) ; Eurebutia Frič ; Gymnantha Y. Ito (1957) ; Mediolobivia Backeb. (1934) ; Mediorebutia Frič ; Neogymnantha Y. Ito ; Rebulobivia Frič (1935) Nom. inval. ; Reicheocactus Backeb. (1942) ; Setirebutia Frič et Kreuz. (1938) Nom. inval. ; Spegazzinia Backeb. (1933) Nom. illegit. ; Sulcorebutia Backeb. (1951) ; Weingartia Werderm. (1937)●

43790　Recchia Moc. et Sessé ex DC. (1817)【汉】短梗苦木属。【隶属】苦木科 Simaroubaceae。【包含】世界 3 种。【学名诠释与讨论】〈阴〉(人)Recchi。【分布】墨西哥,中美洲。【模式】Recchia mexicana Sessé et Moçiño ex A. P. de Candolle。【参考异名】Rigiostachys Planch. (1847)●☆

43791　Receveura Vell. (1829) = Hypericum L. (1753) [金丝桃科 Hypericaceae//猪胶树科(克鲁西科,山竹子科,藤黄科)Clusiaceae(Guttiferae)]■●

43792　Rechsteinera Kuntze (1891) Nom. illegit. ≡ Rechsteineria Regel (1848) (保留属名) [苦苣苔科 Gesneriaceae]■☆

43793　Rechsteineria Regel(1848)(保留属名)【汉】月宴属(月之宴属)。【日】レックステイネリア属。【英】Gesnera,Gesneria。【隶属】苦苣苔科 Gesneriaceae。【包含】世界 75 种。【学名诠释与讨论】〈阴〉(人)P. Rechsteiner,德国植物学者。另说纪念美国植物学者 Samuel James Record, 1881 - 1945。此属的学名 "Rechsteineria Regel in Flora 31 : 247. 21 Apr 1848" 是保留属名。相应的废弃属名是苦苣苔科 Gesneriaceae 的 "Alagophyla Raf. , Fl. Tellur. 2 : 33. Jan–Mar 1837 = Gesneria L. (1753) = Sinningia Nees (1825) ≡ Rechsteineria Regel (1848) (保留属名)"、"Megapleilis Raf. , Fl. Tellur. 2 : 57. Jan–Mar 1837 ≡ Rechsteineria Regel(1848) (保留属名) = Sinningia Nees (1825)"、"Styrosinia Raf. ,Fl. Tellur. 2 : 95. Jan–Mar 1837 ≡ Rechsteineria Regel(1848) (保留属名) = Sinningia Nees (1825) = Hyssopus L. (1753)"和 "Tulisma Raf. , Fl. Tellur. 2 : 98. Jan – Mar 1837 ≡ Rechsteineria Regel(1848) (保留属名) = Corytholoma (Benth.) Decne. (1848) = Sinningia Nees(1825)"。"Alagophyla Raf. (1837) (废弃属名)" 的拼写变体 "Alagophyla Rafinesque, Fl. Tell. 2 : 33. Jan–Mar 1837 ('1836')" 亦应废弃。"Rechsteinera Kuntze, Revis. Gen. Pl. 2 : 474. 1891 [5 Nov 1891]" 是 "Rechsteineria Regel(1848) (保留属名)" 的拼写变体。【分布】玻利维亚,墨西哥至阿根廷(北部)。【模式】Rechsteineria allagophylla (C. F. P. Martius) Regel [Gesnera allagophylla C. F. P. Martius]。【参考异名】Alagophyla Raf. (1837) (废弃属名) ; Bechsteineria Muell. ; Corytholoma (Benth.) Decne. (1848) ; Corytholoma Decne. (1848) Nom. illegit. ; Dircaea Decne. (1848) Nom. illegit. ; Gesnera Mart. (1829) Nom. illegit. ; Gesneria L. (1753) ; Megapleilis Raf. (1837) (废弃属名) ; Rechsteinera Kuntze(1891) Nom. illegit. ; Sinningia Nees(1825) ; Styrosinia Raf. (1837) (废弃属名) ; Tulisma Raf. (1837) (废弃属名)■☆

43794　Recordia Moldenke(1934)【汉】雷科德草属。【隶属】马鞭草科 Verbenaceae。【包含】世界 1 种。【学名诠释与讨论】〈阴〉(人)Samuel James Record,1881–1945,美国植物学者。【分布】玻利维亚。【模式】Recordia boliviana Moldenke ●☆

43795　Recordoxylon Ducke(1934)【汉】雷豆木属(记木豆属)。【隶属】豆科 Fabaceae(Leguminosae)。【包含】世界 3 种。【学名诠释与讨论】〈中〉(人)Record+xylon,木材。【分布】巴西。【模式】Recordoxylon amazonicum (Ducke) Ducke [Melanoxylon amazonicum Ducke]●☆

43796　Rectangis Thouars = Angraecum Bory (1804) ; ~ = Jumellea Schltr. (1914) [兰科 Orchidaceae]■☆

43797　Rectanthera O. Deg. (1932) = Callisia Loefl. (1758) [鸭跖草科 Commelinaceae]■☆

43798　Rectomitra Blume(1849) = Kibessia DC. (1828) ; ~ = Pternandra Jack(1822) [野牡丹科 Melastomataceae]●

43799　Rectophylis Thouars = Bulbophyllum Thouars (1822) (保留属名) [兰科 Orchidaceae]■

43800　Rectophyllum Post et Kuntze(1903) = Rhektophyllum N. E. Br. (1882) [天南星科 Araceae]■☆

43801　Redfieldia Vasey(1887)【汉】雷德禾属(毛之枝草属)。【隶属】禾本科 Poaceae(Gramineae)。【包含】世界 1 种。【学名诠释与讨论】〈阴〉(人)John Howard Redfield,1815–1895,美国植物学者,动物学者,植物采集家。【分布】马达加斯加,美国(西南部)。【模式】Redfieldia flexuosa (Thurber ex A. Gray) Vasey [Graphephorum flexuosum Thurber ex A. Gray]■☆

43802　Redia Casar. (1843) = Cleidion Blume (1826) [大戟科 Euphorbiaceae]●

43803　Redoutea Vent. (1800) = Cienfuegosia Cav. (1786) [锦葵科 Malvaceae]■●☆

43804　Redovskia Cham. et Schltdl. (1826) Nom. illegit. ≡ Redowskia

Cham. et Schltdl. (1826) [十字花科 Brassicaceae(Cruciferae)] ■☆

43805　Redowskia Cham. et Schltdl. (1826)【汉】播娘蒿叶芥属。【俄】Редька Редовския。【隶属】十字花科 Brassicaceae(Cruciferae)。【包含】世界 1 种。【学名诠释与讨论】〈阴〉(人)Redowsk, 植物学者。【分布】西伯利亚。【模式】Redowskia sophiifolia Chamisso et Schlechtendal [as 'sophiaefolia']。【参考异名】Redovskia Cham. et Schltdl. (1826) Nom. illegit. ■☆

43806　Redutea Pers. (1806) Nom. illegit. = Cienfuegosia Cav. (1786);～= Redoutea Vent. (1800);～= Cienfuegosia Cav. (1786) [锦葵科 Malvaceae] ■●☆

43807　Redutea Vent. (1800) = Redoutea Vent. (1800);～= Cienfuegosia Cav. (1786) [锦葵科 Malvaceae] ■●☆

43808　Reederochloa Soderstr. et H. F. Decker(1964)【汉】啮蚀草属。【隶属】禾本科 Poaceae(Gramineae)。【包含】世界 1 种。【学名诠释与讨论】〈阴〉(希)Reeder, 植物学者+chloe, 草的幼芽, 嫩草, 禾草。【分布】墨西哥。【模式】Reederochloa eludens Soderstrom et H. F. Decker ■☆

43809　Reedia F. Muell. (1859)【汉】里德莎草属。【隶属】莎草科 Cyperaceae。【包含】世界 1 种。【学名诠释与讨论】〈阴〉(人)Joseph Reed, 澳大利亚建筑师。【分布】澳大利亚(西南部)。【模式】Reedia spathacea F. v. Mueller ■☆

43810　Reedrollinsia J. W. Walker(1971)【汉】雷德木属。【隶属】番荔枝科 Annonaceae。【包含】世界种。【学名诠释与讨论】〈阴〉(人)Reed Clark Rollins, 1911 -, 美国植物学者, 十字花科 Brassicaceae(Cruciferae)专家。此属的学名是"Reedrollinsia J. W. Walker, Rhodora 73: 461. 15 Oct 1971"。亦有文献把其处理为"Stenanona Standl. (1929)"的异名。【分布】墨西哥, 中美洲。【模式】Reedrollinsia cauliflora J. W. Walker。【参考异名】Stenanona Standl. (1929) ●☆

43811　Reesia Ewart(1913) = Polycarpaea Lam. (1792)(保留属名) [as 'Polycarpea'] [石竹科 Caryophyllaceae] ■●

43812　Reevesia Lindl. (1827)【汉】梭罗树属(梭罗属)。【日】チャセンギリ属。【英】Reevesia, Suoluo。【隶属】梧桐科 Sterculiaceae//锦葵科 Malvaceae。【包含】世界 4-25 种, 中国 16 种。【学名诠释与讨论】〈阴〉(人)John Reeves, 1774-1856, 英国博物学者, 植物采集家。【分布】中国, 喜马拉雅山。【模式】Reevesia thyrsoidea Lindley。【参考异名】Reevesia Walp. (1827);Reveesia Walp. (1848) Nom. illegit.;Veeresia Monach. et Moldenke(1940) ●

43813　Reevesia Walp. (1848) Nom. illegit. = Reevesia Lindl. (1827) [梧桐科 Sterculiaceae//锦葵科 Malvaceae] ●

43814　Regalia Luer (2006)【汉】雷加尔兰属。【隶属】兰科 Orchidaceae。【包含】世界 10 种。【学名诠释与讨论】〈阴〉(人)Regal。此属的学名是"Monographs in Systematic Botany from the Missouri Botanical Garden 105: 12. 2006. (May 2006)"。亦有文献把其处理为"Masdevallia Ruiz et Pav. (1794)"的异名。【分布】中美洲。【模式】Regalia dura (Luer) Luer [Masdevallia dura Luer]。【参考异名】Masdevallia Ruiz et Pav. (1794) ■☆

43815　Regelia(Lem.)Lindm. (1890) Nom. illegit. ≡ Neoregelia L. B. Sm. (1934) [凤梨科 Bromeliaceae] ■☆

43816　Regelia H. Wendl. (1865) Nom. inval. = Verschaffeltia H. Wendl. (1865) [棕榈科 Arecaceae(Palmae)] ●☆

43817　Regelia Lem. (1860) Nom. inval. = Aregelia Kuntze(1891) Nom. illegit. , Nom. superfl. [凤梨科 Bromeliaceae] ■☆

43818　Regelia Schauer(1843)【汉】雷格尔木属。【隶属】桃金娘科 Myrtaceae。【包含】世界 5-6 种。【学名诠释与讨论】〈阴〉(人)Eduard August von Regel, 1815-1892, 德国植物学者。此属的学名, ING、APNI、TROPICOS 和 IK 记载是"Regelia Schauer, Linnaea

17: 243. post May 1843"。"Regelia (Lem.)Lindm. , Öfvers. Kongl. Vetensk. - Akad. Förh. 47: 542. 1890 [post 10 Dec 1890] ≡ Neoregelia L. B. Sm. (1934) [凤梨科 Bromeliaceae]"、"Regelia H. Wendl. , Ill. Hort. xii. (1865) Misc. 6 = Verschaffeltia H. Wendl. (1865) [棕榈科 Arecaceae(Palmae)]"和"Regelia Lem. , Ill. Hort. vii. (1860) sub t. 245, in nota = Aregelia Kuntze(1891) Nom. illegit. , Nom. superfl. [凤梨科 Bromeliaceae]"都是晚出的非法名称。"Regelia Lindm. (1890) Nom. illegit. ≡ Regelia (Lem.) Lindm. (1890) Nom. illegit. "的命名人引证有误。【分布】澳大利亚(西部)。【模式】Regelia ciliata Schauer ●☆

43819　Reggeria Raf. (1840) = Gagea Salisb. (1806) [百合科 Liliaceae] ■

43820　Regia Loudon ex DC. (1864) = Juglans L. (1753) [胡桃科 Juglandaceae] ●

43821　Regina Buc'hoz(1783) = Bontia L. (1753) [苦槛蓝科(苦槛盘科)Myoporaceae//假瑞香科 Bontiaceae] ●☆

43822　Registaniella Rech. f. (1987)【汉】勒吉斯坦草属。【隶属】伞形花科(伞形科)Apiaceae(Umbelliferae)。【包含】世界 1 种。【学名诠释与讨论】〈阴〉(地)Registan, 勒吉斯坦, 位于阿富汗+-ellus, -ella, -ellum, 加在名词词干后面形成指小式的词尾。或加在人名、属名等后面以组成新属的名称。【分布】阿富汗。【模式】Registaniella hapaxlegomena K. H. Rechinger ☆

43823　Regmus Dulac(1867) Nom. illegit. ≡ Circaea L. (1753) [柳叶菜科 Onagraceae] ■

43824　Regnaldia Baill. (1861) = Chaetocarpus Thwaites(1854)(保留属名) [大戟科 Euphorbiaceae] ●

43825　Regnellia Barb. Rodr. (1877)【汉】伦内尔兰属。【隶属】兰科 Orchidaceae。【包含】世界 1 种。【学名诠释与讨论】〈阴〉(人)Anders Fredrik(Andre Frederick)Regnell, 1807-1884, 瑞典植物学者, 植物采集家。另说纪念 Alfred Rehder, 1863-1949, 德国植物学者, 园艺学者, 树木学者。此属的学名是"Regnellia Barbosa Rodrigues, Gen. Sp. Orchid. Nov. 1: 81. Aug 1877"。亦有文献把其处理为"Bletia Ruiz et Pav. (1794)"的异名。【分布】巴西, 玻利维亚。【模式】Regnellia purpurea Barbosa Rodrigues。【参考异名】Bletia Ruiz et Pav. (1794) ■☆

43826　Rehdera Moldenke(1935)【汉】雷德尔草属。【隶属】马鞭草科 Verbenaceae。【包含】世界 3 种。【学名诠释与讨论】〈阴〉(人)Alfred Rehder, 1863-1949, 美国植物学者。【分布】尼加拉瓜, 中美洲。【模式】Rehdera trinervis Moldenke [Citharexylum trinerve S. F. Blake] ●☆

43827　Rehderodendron Hu(1932)【汉】木瓜红属。【英】Rehder Tree, Rehdertree, Rehder-tree。【隶属】安息香科(齐墩果科, 野茉莉科)Styracaceae。【包含】世界 5-8 种, 中国 5-8 种。【学名诠释与讨论】〈中〉(人)Alfred Rehder, 1863-1949, 德国植物学者+希腊文 dendron 或 dendros, 树木, 棍, 丛林。【分布】中国, 中南半岛。【模式】Rehderodendron kweichowense Hsu-Hu ●

43828　Rehderophoenix Burret (1936) = Drymophloeus Zipp. (1829) [棕榈科 Arecaceae(Palmae)] ●☆

43829　Rehia Fijten(1975)【汉】珠芽禾属。【隶属】禾本科 Poaceae(Gramineae)。【包含】世界 1 种。【学名诠释与讨论】〈阴〉(人)Richard Eric Holttum, 1895-1990, 英国植物学者, 探险家。此属的学名"Rehia F. Fijten, Blumea 22: 416. 24 Sep 1975"是一个替代名称。它替代的是"Bulbulus Swallen, Phytologia 11: 154. 1964 = Rehia Fijten(1975) [禾本科 Poaceae(Gramineae)]";TROPICOS 记载它是未有效发表的名称。若如此, 则此替代就无必要了。【分布】巴西。【模式】Rehia nervata F. Fijten。【参考异名】Bulbulus Swallen(1964) Nom. inval. ■☆

43830 Rehmannia Libosch. （1835） Nom. illegit. （废弃属名） ≡ Rehmannia Libosch. ex Fisch. et C. A. Mey. （1835）（保留属名）［玄参科 Scrophulariaceae//地黄科 Rehmanniaceae］■★

43831 Rehmannia Libosch. ex Fisch. et C. A. Mey. （1835）（保留属名）【汉】地黄属。【日】ジオウ属,ヂワウ属,レーマンニア属。【俄】Ремания。【英】Chinese Foxglove, Rehmannia。【隶属】玄参科 Scrophulariaceae//地黄科 Rehmanniaceae。【包含】世界6-9种,中国6种。【学名诠释与讨论】〈阴〉（人）Joseph Rehmann, 1779-1839,俄国御医。此属的学名"Rehmannia Libosch. ex Fisch. et C. A. Mey. , Index Sem. Hort. Petrop. 1：36. Jan 1835"是保留属名。法规未列出相应的废弃属名。"Rehmannia Libosch. （1835） ≡ Rehmannia Libosch. ex Fisch. et C. A. Mey. （1835）（保留属名）"的命名人引证有误;应该废弃。"Sparmannia Buchoz, Pl. Nouvellem. Découv. 3：t. 1. 1779（废弃属名）"是"Rehmannia Libosch. ex Fisch. et C. A. Mey. （1835）（保留属名）"的同模式异名（Homotypic synonym, Nomenclatural synonym）。【分布】中国,东亚。【模式】Rehmannia sinensis （Buchoz） Liboschitz ex F. E. L. Fischer et C. A. Meyer［as ' chinensis'］［Sparmannia sinensis Buchoz］。【参考异名】Rehmannia Libosch. （1835） Nom. illegit. （废弃属名）;Sparmannia Buc'hoz（1779）（废弃属名）■★

43832 Rehmanniaceae G. Kunkel（1984）Nom. nud. = Scrophulariaceae Juss. ■●

43833 Rehmanniaceae Reveal（2011）【汉】地黄科。【包含】世界1属6-9种,中国1属6种。【分布】东亚。【科名模式】Rehmannia Libosch. ex Fisch. et C. A. Mey. ■

43834 Rehsonia Stritch（1984） = Wisteria Nutt. （1818）（保留属名）［豆科 Fabaceae（Leguminosae）//蝶形花科 Papilionaceae］●

43835 Reichantha Luer（2006）【汉】赖克兰属。【隶属】兰科 Orchidaceae。【包含】世界19种。【学名诠释与讨论】〈阴〉（人）Reich+anthos,花。此属的学名是"Reichantha Luer, Monographs in Systematic Botany from the Missouri Botanical Garden 105：13. 2006. （May 2006）"。亦有文献把其处理为"Masdevallia Ruiz et Pav. （1794）"的异名。【分布】中美洲。【模式】Reichantha schroederiana （H. J. Veitch） Luer［Masdevallia schroederiana H. J. Veitch］。【参考异名】Masdevallia Ruiz et Pav. （1794）■☆

43836 Reichardia Dennst. （1818） Nom. illegit. = Tabernaemontana L. （1753）［夹竹桃科 Apocynaceae//红月桂科 Tabernaemontanaceae］●

43837 Reichardia Roth（1787）【汉】直梗栓果菊属（赖卡菊属）。【俄】Рейхардия。【英】Reichardia。【隶属】菊科 Asteraceae（Compositae）。【包含】世界4-8种。【学名诠释与讨论】〈阴〉（人）Johann Jacob （Jakob） Reichard, 1743-1782,德国植物学者,医生。此属的学名,ING、APNI 和 IK 记载是"Reichardia A. W. Roth, Bot. Abh. Beob. 35. 1787"。" Reichardia A. W. Roth, Catalecta 2：64. 1800"、"Reichardia Dennst. , Schlüssel Hortus Malab. 32（1818）"和"Reichardia A. W. Roth, Novae Pl. Sp. 210. Jan-Jun 1821"都是晚出的非法名称。"Richardia Lindl. , Veg. Kingd. 715（1847）"是其拼写变体。【分布】巴基斯坦,地中海地区。【后选模式】Reichardia tingitana （Linnaeus） A. W. Roth［Scorzonera tingitana Linnaeus］。【参考异名】Picridium Desf. （1799）;Richardia Lindl. （1847） Nom. illegit. ■☆

43838 Reichardia Roth（1800） Nom. illegit. ≡ Maurandya Ortega（1797）［玄参科 Scrophulariaceae//婆婆纳科 Veronicaceae］■☆

43839 Reichardia Roth （1821） Nom. illegit. = Pterolobium R. Br. ex Wight et Arn. （1834）（保留属名）［豆科 Fabaceae（Leguminosae）//云实科（苏木科）Caesalpiniaceae］●

43840 Reichea Kausel（1940） = Myrcianthes O. Berg（1856）［桃金娘科 Myrtaceae］●☆

43841 Reicheella Pax （1900）【汉】薛缀属。【隶属】石竹科 Caryophyllaceae。【包含】世界1种。【学名诠释与讨论】〈阴〉（人）Karl （Carl, Carlos Federico） Friedrich Reiche, 1860-1929,德国植物学者+-ellus, -ella, -ellum,加在名词词干后面形成指小式的词尾。或加在人名、属名等后面以组成新属的名称。此属的学名"Reicheella Pax in Engler et Prantl, Nat. Pflanzenfam. Nachtr. 2：21. Sep 1900"是一个替代名称。"Bryopsis C. F. Reiche, Anales Univ. Chile 91：354. Sep 1895"是一个非法名称（Nom. illegit. ）,因为此前已经有了绿藻的"Bryopsis J. V. F. Lamouroux, Nouv. Bull. Sci. Soc. Philom. Paris 1：333. Mai 1809"。故用"Reicheella Pax （1900）"替代之。【分布】智利。【模式】Reicheella andicola （Philippi） Pax［Lyallia andicola Philippi］。【参考异名】Bryopsis Reiche（1895）Nom. illegit. ■☆

43842 Reicheia Kausel （1942） Nom. illegit. = Myrcianthes O. Berg （1856）［桃金娘科 Myrtaceae］●☆

43843 Reichelea A. W. Benn. （1870） Nom. illegit. = Reichelia Schreb. （1789）. Nom. illegit. ; ~ = Sagonea Aubl. （1775）; ~ = Hydrolea L. （1762）（保留属名）［田基麻科（叶藏刺科）Hydroleaceae//田梗草科（田基麻,田亚麻科）Hydrophyllaceae］■

43844 Reichelia Schreb. （1789）Nom. illegit. ≡Sagonea Aubl. （1775）; ~ = Hydrolea L. （1762）（保留属名）［田基麻科（叶藏刺科）Hydroleaceae//田梗草科（田基麻,田亚麻科）Hydrophyllaceae］■

43845 Reichembachanthus B. D. Jacks. , Nom. illegit. = Reichenbachanthus Barb. Rodr. （1882）［as 'Reichembachanthus'］［兰科 Orchidaceae］■☆

43846 Reichembachanthus Barb. Rodr. （1882） Nom. illegit. ≡ Reichenbachanthus Barb. Rodr. （1882）［as 'Reichembachanthus'］［兰科 Orchidaceae］■☆

43847 Reichenbachanthus Barb. Rodr. （1882）［as 'Reichembachanthus'］【汉】赖兴巴赫兰属。【隶属】兰科 Orchidaceae。【包含】世界3种。【学名诠释与讨论】〈阴〉（人）Heinrich Gustav Reichenbach, 1824-1889,德国植物学者+anthos,花。此属的学名, ING、GCI 和 IK 记载是"Reichenbachanthus Barbosa Rodrigues, Gen. Sp. Orch. Nov. 2： 164 （'Reichembachanthus'）. 1882（'1881'）"。"Reichembachanthus Barb. Rodr. （1882）"是其拼写变体。亦有文献把"Reichenbachanthus Barb. Rodr. （1882）"处理为"Fractiunguis Schltr. （1922）"的异名。【分布】巴拿马,玻利维亚,厄瓜多尔,哥伦比亚（安蒂奥基亚）,哥斯达黎加,西印度群岛,中美洲。【模式】Reichenbachanthus modestus Barbosa Rodrigues。【参考异名】Fractiunguis Schltr. （1922）;Reichembachanthus B. D. Jacks. , Nom. illegit. ;Reichembachanthus Barb. Rodr. （1882） Nom. illegit. ■☆

43848 Reichenbachia Spreng. （1823）【汉】管花茉莉属。【隶属】紫茉莉科 Nyctaginaceae。【包含】世界2种。【学名诠释与讨论】〈阴〉（人）Heinrich Gottlieb Ludwig Reichenbach, 1793-1879,德国植物学者。【分布】巴拉圭,秘鲁,玻利维亚。【模式】Reichenbachia hirsuta K. P. J. Sprengel ●☆

43849 Reichenheimia Klotzsch（1854） = Begonia L. （1753）［秋海棠科 Begoniaceae］■●

43850 Reicheocactus Backeb. （1942）【汉】螺棱球属。【日】レイケオカクタス属。【隶属】仙人掌科 Cactaceae。【包含】世界3种。【学名诠释与讨论】〈阳〉（人）Karl Friedrich （Carlos Federico） Reiche, 1860-1929,智利植物学者+cactos,有刺的植物,通常指仙人掌科 Cactaceae 植物。此属的学名是"Reicheocactus Backeberg, Cactaceae 1941（2）：76. 1942"。亦有文献把其处理为"Pyrrhocactus （A. Berger） Backeb. et F. M. Knuth （1935） Nom. illegit. "或"Rebutia K. Schum. （1895）"的异名。【分布】智利。

【模式】Reicheocactus pseudoreicheanus Backeberg。【参考异名】Pyrrhocactus（A. Berger）Backeb. et F. M. Knuth；Rebutia K. Schum.（1895）■☆

43851 Reichertia H. Karst.（1848）= Schultesia Mart.（1827）（保留属名）[龙胆科 Gentianaceae]■☆

43852 Reidia Wight（1852）= Eriococcus Hassk.（1843）；~ = Phyllanthus L.（1753）[大戟科 Euphorbiaceae//叶下珠科（叶萝摩科）Phyllanthaceae]●■

43853 Reifferscheidia C. Presl（1836）= Dillenia L.（1753）[五桠果科（第伦桃科，五丫果科，锡叶藤科）Dilleniaceae]●

43854 Reifferschiedia Spach（1838）Nom. illegit. =? Dillenia L.（1753）[五桠果科（第伦桃科，五丫果科，锡叶藤科）Dilleniaceae]☆

43855 Reigera Opiz（1852）= Bolboschoenus（Asch.）Palla（1905）[莎草科 Cyperaceae]■

43856 Reilia Steud.（1855）【汉】阿根廷草属。【隶属】伞形花科（伞形科）Apiaceae（Umbelliferae）。【包含】世界 1 种。【学名诠释与讨论】〈阴〉（人）Reil。【分布】阿根廷。【模式】Reilia eryngioides Steudel☆

43857 Reimaria Flüggé（1810）Nom. illegit. = Paspalum L.（1759）[禾本科 Poaceae（Gramineae）]■

43858 Reimaria Humb. et Bonpl. ex Flüggé（1810）= Paspalum L.（1759）[禾本科 Poaceae（Gramineae）]■

43859 Reimarochloa Hitchc.（1909）【汉】沼生雀稗属。【隶属】禾本科 Poaceae（Gramineae）。【包含】世界 4 种。【学名诠释与讨论】〈阴〉（人）Reimarus+chloe，草的幼芽，嫩草，禾草。此属的学名是"Reimarochloa Hitchcock, Contr. U. S. Natl. Herb. 12：198. 23 Mar 1909"。亦有文献把其处理为"Reimaria Flüggé（1810）"的异名。【分布】阿根廷，秘鲁，玻利维亚，美国（南部），中美洲。【模式】Reimarochloa acuta（Flügge）Hitchcock [Reimaria acuta Flügge]。【参考异名】Reimaria Flüggé（1810）■☆

43860 Reimbolea Debeaux（1890）【汉】雷穗草属。【隶属】禾本科 Poaceae（Gramineae）。【包含】世界 1 种。【学名诠释与讨论】〈阴〉词源不详。此属的学名是"Reimbolea O. Debeaux, Rev. Bot. Bull. Mens. 8：266. 1 Apr 1890"。亦有文献把其处理为"Echinaria Desf.（1799）（保留属名）"的异名。【分布】意大利（西西里岛）。【模式】Reimbolea spicata O. Debeaux。【参考异名】Echinaria Desf.（1799）（保留属名）■☆

43861 Reineckea H. Karst.（1858）[as 'Reineckia']Nom. illegit.（废弃属名）= Synechanthus H. Wendl.（1858）[棕榈科 Arecaceae（Palmae）]●☆

43862 Reineckea Kunth（1844）（保留属名）【汉】吉祥草属。【日】キチジャウサウ属，キチジャウソウ属，キチジョウソウ属，ライネッキア属。【俄】Рейнекия。【英】Reineckia。【隶属】百合科 Liliaceae//铃兰科 Convallariaceae。【包含】世界 1-2 种，中国 2 种。【学名诠释与讨论】〈阴〉（人）Johann Heinrich Julius Reinecke, 1799-1871, 德国植物学者，园艺家。此属的学名"Reineckea Kunth in Abh. Königl. Akad. Wiss. Berlin 1842；29. 1844"是保留属名。法规未列出相应的废弃属名。但是"Reineckea H. Karst., Wochenschr. Gärtnerei Pflanzenk. 1（44）：349. 1858 [4 Nov 1858] =Synechanthus H. Wendl.（1858）[棕榈科 Arecaceae（Palmae）]"是晚出的非法名称，应该废弃；其拼写变体"Reineckia H. Karst.（1858）Nom. illegit."也应该废弃。【分布】中国，东亚。【模式】Reineckea carnea（Andrews）Kunth [Sansevieria carnea Andrews [as 'Sanseviera']。【参考异名】Liriope Salisb. ■

43863 Reineckia H. Karst.（1858）Nom. illegit.（废弃属名）=

Synechanthus H. Wendl.（1858）[棕榈科 Arecaceae（Palmae）]●☆

43864 Reineckia Kunth（1842）（废弃属名）= Reineckea Kunth（1844）（保留属名）[百合科 Liliaceae//铃兰科 Convallariaceae]■

43865 Reinera Dennst.（1818）= Leptadenia R. Br.（1810）[萝藦科 Asclepiadaceae]●☆

43866 Reineria Moench（1802）（废弃属名）= Tephrosia Pers.（1807）（保留属名）[豆科 Fabaceae（Leguminosae）//蝶形花科 Papilionaceae]●■

43867 Reinhardtia Liebm.（1849）【汉】窗孔椰属（来哈特棕属，鸢氏椰子属，美兰葵属，芮哈德椰属）。【日】アメリカチャボシ属，アメリカチャボヤシ属。【英】Reinhardt Palm。【隶属】棕榈科 Arecaceae（Palmae）。【包含】世界 6-8 种。【学名诠释与讨论】〈阴〉（人）Caspar Georg Carl Reinwardt, 1773-1854, 印度尼西亚植物学者。【分布】墨西哥，中美洲。【模式】Reinhardtia elegans Liebmann in C. F. P. Martius。【参考异名】Maliortea W. Watson（1886）；Malortiea H. Wendl.（1853）●☆

43868 Reinia Franch.（1876）Nom. illegit. ≡ Reinia Franch. et Sav.（1876）；~ = Itea L.（1753）[虎耳草科 Saxifragaceae//南美鼠刺科（吊片果科，鼠刺科，夷鼠刺科）Escalloniaceae//鼠刺科 Iteaceae]●

43869 Reinia Franch. et Sav.（1876）= Itea L.（1753）[虎耳草科 Saxifragaceae//南美鼠刺科（吊片果科，鼠刺科，夷鼠刺科）Escalloniaceae//鼠刺科 Iteaceae]●

43870 Reinwardtia Blume ex Nees（1824）Nom. illegit. ≡ Prevostea Choisy（1825）；~ = Breweria R. Br.；~ = Saurauia Willd.（1801）（保留属名）[猕猴桃科 Actinidiaceae//水东哥科（伞罗夷科，水冬瓜科）Saurauiaceae]●

43871 Reinwardtia Dumort.（1822）【汉】石海椒属（过山青属）。【日】キバナアマ属。【俄】Рейнвардтия。【英】Stonecayenne, Yellow Flax, Yellowflax, Yellow-flax。【隶属】亚麻科 Linaceae。【包含】世界 1-2 种，中国 1 种。【学名诠释与讨论】〈阴〉（人）Kasper Georg Karl Reinwardt, 1773-1854, 荷兰植物学者，植物采集家，爪哇 Bogar 植物园的创办人。此属的学名，ING、APNI、TROPICOS 和 IK 记载为"Reinwardtia Dumort., Commentat. Bot.（Dumort.）19. 1822"。"Kittelocharis Alefeld, Bot. Zeitung（Berlin）21：282. 18 Sep 1863"和"Macrolinum H. G. L. Reichenbach, Handb. 306. 1-7 Oct 1837"是"Reinwardtia Dumort.（1822）"的晚出的同模式异名（Homotypic synonym, Nomenclatural synonym）。"Reinwardtia Blume ex C. G. D. Nees, Syll. Pl. Nov. 1；96. 1823-1824 = Saurauia Willd.（1801）（保留属名）[猕猴桃科 Actinidiaceae//水东哥科（伞罗夷科，水冬瓜科）Saurauiaceae]"、"Reinwardtia K. P. J. Sprengel, Syst. Veg. 1：527. 1824（sero）= Breweria R. Br.（1810）= Bonamia Thouars（1804）（保留属名）≡ Dufourea Gren.（1827）Nom. illegit.（废弃属名）≡ Prevostea Choisy（1825）[旋花科 Convolvulaceae]"、"Reinwardtia Spreng.（1826）Nom. illegit. ≡ Reinwardtia Blume ex Nees（1824）Nom. illegit.[猕猴桃科 Actinidiaceae//水东哥科（伞罗夷科，水冬瓜科）Saurauiaceae]"和"Reinwardtia Korthals in Temminck, Verh. Natuurl. Gesch. Ned. Overz. Bezitt. 101. 18 Aug 1841 =Ternstroemia Mutis ex L. f.（1782）（保留属名）[山茶科（茶科）Theaceae//厚皮香科 Ternstroemiaceae]"都是晚出的非法名称。"Blumia K. P. J. Sprengel, Syst. Veg. 3；12, 126. Jan-Mar 1826"则是"Reinwardtia Blume ex Nees（1824）Nom. illegit."的晚出的同模式异名。【分布】巴基斯坦，印度（北部），中国。【模式】Reinwardtia indica Dumortier [Linum trigynum Roxburgh 1799, non Linnaeus 1753]。【参考异名】Kittelocharis Alef.（1863）Nom. illegit.；Macrolinum Rchb.（1837）Nom. illegit.；Numisaureum Raf.（1837）●

43872　Reinwardtia Korth.（1842）Nom. illegit. = Ternstroemia Mutis ex L. f.（1782）（保留属名）［山茶科（茶科）Theaceae//厚皮香科 Ternstroemiaceae］●

43873　Reinwardtia Spreng.（1824）Nom. illegit. ≡ Prevostea Choisy（1825）;～=Breweria R. Br.（1810）［旋花科 Convolvulaceae］●☆

43874　Reinwardtia Spreng.（1826）Nom. illegit. ≡ Reinwardtia Blume ex Nees（1824）Nom. illegit. ;～≡ Prevostea Choisy（1825）;～= Breweria R. Br.（1810）［猕猴桃科 Actinidiaceae//水东哥科（伞罗夷科,水冬瓜科）Saurauiaceae］●

43875　Reinwardtiodendron Koord.（1898）【汉】雷楝属。【英】Thundermelia。【隶属】楝科 Meliaceae。【包含】世界6种,中国1种。【学名诠释与讨论】〈中〉（人）Kasper Georg Karl Reinwardt,1773-1854,荷兰植物学者,爪哇 Bogar 植物园的创办人+dendron 或 dendros,树木,棍,丛林。【分布】菲律宾,印度尼西亚（苏拉威西岛,马鲁古群岛）,中国,加里曼丹岛,新几内亚岛。【模式】Reinwardtiodendron celebicum Koorders ●

43876　Reissantia N. Hallé（1958）【汉】星刺卫矛属（星刺属）。【隶属】卫矛科 Celastraceae。【包含】世界6-7种,中国1种。【学名诠释与讨论】〈阴〉词源不详。【分布】马达加斯加,中国,热带非洲,亚洲。【模式】Reissantia astericantha N. Hallé。【参考异名】Trifax Noronha（1790）●

43877　Reissekia Endl.（1840）【汉】赖斯鼠李属。【隶属】鼠李科 Rhamnaceae。【包含】世界1种。【学名诠释与讨论】〈阴〉（人）Siegfried Reissek,1819-1871,奥地利植物学者。【分布】巴西。【模式】Reissekia smilacina（J. E. Smith）Steudel［Gouania smilacina J. E. Smith］●☆

43878　Reissipa Steud. ex Klotzsch（1848）= Monotaxis Brongn.（1834）［大戟科 Euphorbiaceae］■☆

43879　Reitzia Swallen（1956）【汉】赖茨禾属。【隶属】禾本科 Poaceae（Gramineae）。【包含】世界1种。【学名诠释与讨论】〈阴〉（人）Reitz。【分布】巴西。【模式】Reitzia smithii Swallen ■☆

43880　Rejoua Gaudich.（1829）【汉】假金橘属。【英】Rejoua。【隶属】夹竹桃科 Apocynaceae//红月桂科 Tabernaemontanaceae。【包含】世界5种,中国1种。【学名诠释与讨论】〈阴〉词源不详。此属的学名是“Rejoua Gaudichaud-Beaupré in Freycinet, Voyage Monde, Uranie Physicienne Bot. t. 61. Aug 1828（‘1826’）; 450. Sep 1829（‘1826’）”。亦有文献把其处理为“Tabernaemontana L.（1753）”的异名。【分布】马达加斯加,中国。【模式】Rejoua nitidum（Kunth）K. Schumann［Rubia nitida Kunth］。【参考异名】Tabernaemontana L.（1753）●

43881　Relbunium(Endl.)Benth. et Hook. f.（1873）【汉】肖拉拉藤属。【隶属】茜草科 Rubiaceae。【包含】世界30种。【学名诠释与讨论】〈中〉词源不详。此属的学名,ING 和 TROPICOS 记载是“Relbunium（Endlicher）Bentham et J. D. Hooker, Gen. 2:149. 7-9 Apr 1873”, 由“Galium o. Relbunium Endlicher, Gen. 523. Jun 1838”改级而来。而 IK 则记载为“Relbunium Benth. et Hook. f., Gen. Pl.［Bentham et Hooker f.］2（1）: 149. 1873［7-9 Apr 1873］”。三者引用的文献相同。“Relbunium（Endl.）Hook. f.（1873）Nom. illegit. ≡ Relbunium（Endl.）Benth. et Hook. f.（1873）”和“Relbunium Benth. et Hook. f.（1873）≡ Relbunium（Endl.）Benth. et Hook. f.（1873）”的命名人引证有误。亦有文献把“Relbunium（Endl.）Benth. et Hook. f.（1873）”处理为“Galium L.（1753）”的异名。【分布】阿根廷,巴拉圭,巴拿马,玻利维亚,马达加斯加,墨西哥,中美洲。【模式】Relbunium nitidum（Kunth）K. Schumann［Rubia nitida Kunth］。【参考异名】Galium L.（1753）; Galium o. Relbunium Endl.（1838）; Relbunium（Endl.）Hook. f.（1873）Nom. illegit. ;Relbunium Benth. et Hook. f.

（1873）Nom. illegit. ■☆

43882　Relbunium（Endl.）Hook. f.（1873）Nom. illegit. ≡ Relbunium（Endl.）Benth. et Hook. f.（1873）［茜草科 Rubiaceae］■☆

43883　Relbunium Benth. et Hook. f.（1873）Nom. illegit. ≡ Relbunium（Endl.）Benth. et Hook. f.（1873）［茜草科 Rubiaceae］■☆

43884　Relchardia Roth = Maurandya Ortega（1797）［玄参科 Scrophulariaceae//婆婆纳科 Veronicaceae］■☆

43885　Relchela Steud.（1854）【汉】黍状凌风草属。【隶属】禾本科 Poaceae（Gramineae）。【包含】世界1种。【学名诠释与讨论】〈阴〉（属）由 Lechlera 字母改缀而来。此属的学名是“Relchela Steudel, Syn. Pl. Glum. 1: 101. Feb 1854（‘1855’）”。亦有文献把其处理为“Briza L.（1753）”的异名。【模式】Relchela panicoides Steudel。【参考异名】Briza L.（1753）; Lechlera Steud.（1854）Nom. illegit. ■☆

43886　Reldia Wiehler（1977）【汉】雷尔芭苣苔属。【隶属】苦苣苔科 Gesneriaceae。【包含】世界5种。【学名诠释与讨论】〈阴〉词源不详。【分布】巴拿马,秘鲁,厄瓜多尔,哥伦比亚（安蒂奥基亚）,哥斯达黎加,中美洲。【模式】Reldia alternifolia H. Wiehler ■☆

43887　Relhamia J. F. Gmel.（1791）= Curtisia Aiton（1789）（保留属名）［南非茱萸科（菲茱萸科,山茱萸树科）Curtisiaceae//山茱萸科 Cornaceae］●☆

43888　Relhania L' Hér.（1789）（保留属名）【汉】寡头鼠麴木属。【隶属】菊科 Asteraceae（Compositae）。【包含】世界13种。【学名诠释与讨论】〈阴〉（人）Richard Relhan,1754-1823,植物学者。此属的学名“Relhania L' Hér., Sert. Angl. ;22. Jan（prim.）1789”是保留属名。相应的废弃属名是菊科 Asteraceae 的“Osmites L., Sp. Pl., ed. 2:1285. Jul-Aug 1763 = Relhania L' Hér.（1789）（保留属名）”。【分布】非洲南部。【模式】Relhania paleacea（Linnaeus）L' Héritier de Brutelle［Leysera paleacea Linaeus］。【参考异名】Eclopes Banks ex Gaertn.（1791）; Eclopes Gaertn.（1791）; Michauxia Neck.（废弃属名）; Odontophyllum（Less.）Spach（1841）; Osmites L.（1764）（废弃属名）; Rhynchocarpus Less.（1832）Nom. illegit. ; Rhynchopsidium DC.（1836）; Rigiophyllum（Less.）Spach（1847）●☆

43889　Rellesta Turcz.（1849）= Swertia L.（1753）［龙胆科 Gentianaceae］■

43890　Remaclea C. Morren（1853）= Trimeza Salisb.（1812）Nom. inval. ;～=Trimezia Salisb. ex Herb.（1844）［鸢尾科 Iridaceae］■☆

43891　Rembertia Adans.（1763）Nom. illegit. ≡ Diapensia L.（1753）［岩梅科 Diapensiaceae］●

43892　Reme Adans.（1763）Nom. illegit. = Trianthema L.（1753）［番杏科 Aizoaceae］■

43893　Remijia DC.（1829）【汉】铜色树属。【隶属】茜草科 Rubiaceae。【包含】世界25种。【学名诠释与讨论】〈阴〉词源不详。【分布】秘鲁,玻利维亚,厄瓜多尔。【模式】未指定。【参考异名】Acrostoma Didr., Nom. nud. ; Acrosynanthus Urb.（1913）; Macrocneumum Vand.（1788）●☆

43894　Remirea Aubl.（1775）【汉】海滨莎属（海莎草属）。【日】コウシュンスゲ属。【英】Remirea。【隶属】莎草科 Cyperaceae。【包含】世界1种,中国1种。【学名诠释与讨论】〈阴〉来自圭亚那植物俗名。此属的学名, ING、APNI 和 IK 记载是“Remirea Aubl., Hist. Pl. Guiane 1: 44, t. 16. 1775”。“Miegia Schreber, Gen. 786. Mai 1791”是“Remirea Aubl.（1775）”的晚出的同模式异名（Homotypic synonym, Nomenclatural synonym）。“Remirea Aubl.（1775）”还曾先后被处理为“Cyperus sect. Remirea（Aubl.）T. Koyama, Quarterly Journal of the Taiwan Museum 14:162. 1961”和“Cyperus subgen. Remirea（Aubl.）Lye, Nordic Journal of Botany 3

（2）：230.1983"。【分布】巴拿马，哥斯达黎加，马达加斯加，尼加拉瓜，中国，中美洲。【模式】Remirea maritima Aublet。【参考异名】Cyperus sect. Remirea (Aubl.) T. Koyama (1961)；Cyperus subgen. Remirea (Aubl.) Lye(1983)；Miegia Schreb. (1791) ■

43895 Remirema Kerr (1943)【汉】雷米花属。【隶属】旋花科Convolvulaceae。【包含】世界1种。【学名诠释与讨论】〈阴〉词源不详。【分布】中南半岛。【模式】Remirema bracteata Kerr ☆

43896 Remusatia Schott (1832)【汉】岩芋属（零余芋属，目贼芋属，曲苞芋属）。【日】タコイモ属。【俄】Ремузация【英】Rocktaro。【隶属】天南星科Araceae。【包含】世界4种，中国4种。【学名诠释与讨论】〈阴〉（人）Jean Pierre Abel Remusat，1785-1832，法国医生，植物学者。【分布】马达加斯加，利比里亚（宁巴），中国，喜马拉雅山，热带非洲。【模式】Remusatia vivipara (Roxburgh) H. W. Schott [Arum viviparum Roxburgh [as 'viviparium']。【参考异名】Ditinnia A. Chev. (1920)；Gonatanthus Klotzsch(1840) ■

43897 Remya Hillebr. ex Benth. (1873) Nom. illegit. ≡ Remya Hillebr. ex Benth. et Hook. f. (1873) [菊科 Asteraceae(Compositae)] ● ☆

43898 Remya Hillebr. ex Benth. et Hook. f. (1873)【汉】黄绒菀属。【隶属】菊科 Asteraceae(Compositae)。【包含】世界3种。【学名诠释与讨论】〈阴〉（人）Ezechiel Jules Remy，1826-1893，法国植物学者，博物学者。此属的学名，ING 和 IK 记载是"Remya Hillebr. ex Benth. et Hook. f.，Gen. Pl. [Bentham et Hooker f.]2 (1)：536. 1873 [7-9 Apr 1873]"。TROPICOS 则记载为"Remya Hillebr. ex Benth.，Genera Plantarum 2：536. 1873"。【分布】美国（夏威夷）。【模式】Remya mauiensis W. Hillebrand。【参考异名】Remya Hillebr. ex Benth. (1873) Nom. illegit. ● ☆

43899 Renanthera Lour. (1790)【汉】火焰兰属（龙爪兰属，肾药兰属）。【日】レナンセラ属。【英】Flameorchis, Renanthera。【隶属】兰科 Orchidaceae。【包含】世界19种，中国3种。【学名诠释与讨论】〈阴〉（拉）ren，肾+anthera，花药。指花粉块肾形。【分布】印度，中国，所罗门群岛，东南亚。【模式】Renanthera coccinea Loureiro。【参考异名】Nephranthera Hassk. (1842) ■

43900 Renantherella Ridl. (1896)【汉】小火焰兰属。【隶属】兰科 Orchidaceae。【包含】世界2种。【学名诠释与讨论】〈阴〉（属）Renanthera 火焰兰属+-ellus，-ella，-ellum，加在名词词干后面形成指小式的词尾。或加在人名、属名等后面以组成新属的名称。【分布】泰国，马来半岛。【模式】Renantherella histrionica Ridley ■ ☆

43901 Renarda Regel(1882) = Hymenolaena DC. (1830) [伞形花科（伞形科）Apiaceae(Umbelliferae)] ■

43902 Renardia (Regel et Schmalh.) Kuntze = Schmalhausenia C. Winkl. (1892) [菊科 Asteraceae(Compositae)] ■ ★

43903 Renardia Moc. et Sessé ex DC. = Rhynchanthera DC. (1828)（保留属名）[野牡丹科 Melastomataceae] ● ☆

43904 Renardia Turcz. (1858) = Trimeria Harv. (1838) [刺篱木科（大风子科）Flacourtiaceae] ● ☆

43905 Renata Ruschi (1946) = Pseudolaelia Porto et Brade (1935) [兰科 Orchidaceae] ■ ☆

43906 Rendlia Chiov. (1914) = Microchloa R. Br. (1810) [禾本科 Poaceae(Gramineae)] ■

43907 Renealmia Houtt. (1777) Nom. illegit. （废弃属名）= Villarsia Vent. (1803)（保留属名）[睡菜科（荇菜科）Menyanthaceae] ■ ☆

43908 Renealmia L. (1753)（废弃属名）= Tillandsia L. (1753) [凤梨科 Bromeliaceae//花凤梨科 Tillandsiaceae] ■ ☆

43909 Renealmia L. f. (1782)（保留属名）【汉】雷内姜属（润尼花属）。【隶属】姜科（蘘荷科）Zingiberaceae。【包含】世界61-75种。【学名诠释与讨论】〈阴〉（人）Paul Reneaulme (Paulus

Renealmus)，1560-1624，法国植物学者，医生，Specimen Historiae Plantarum 的作者。此属的学名"Renealmia L. f.，Suppl. Pl. ：7，79. Apr 1782"是保留属名。相应的废弃属名是凤梨科 Bromeliaceae//花凤梨科 Tillandsiaceae）的"Renealmia L.，Sp. Pl.：286. 1 Mai 1753 = Tillandsia L. (1753)"。龙胆科 Gentianaceae 的"Renealmia Houttuyn, Natuurl. Hist. 2(8)：335. 31 Dec 1777 = Villarsia Vent. (1803)（保留属名）"和鸢尾科 Iridaceae 的"Renealmia R. Br.，Prodr. Fl. Nov. Holland. [591]. 1810 [27 Mar 1810] =Libertia Spreng. (1824)（保留属名）"亦应废弃。APNI 把"Renealmia Houtt. (1777)"置于睡菜科 Menyanthaceae；ING 和 IK 则放入龙胆科 Gentianaceae。【分布】巴拿马，秘鲁，玻利维亚，厄瓜多尔，哥伦比亚，哥斯达黎加，尼加拉瓜，西印度群岛，热带非洲西部，热带美洲，中美洲。【模式】Renealmia exaltata Linnaeus f.。【参考异名】Allucia Klotzsch ex Petersen, Nom. illegit.；Alpinia L. (1753)（废弃属名）；Catimbium Juss. (1789)；Ethanium Salisb. (1812)；Geocallis Horan. (1862)；Gethyra Salisb. (1812)；Peperidium Lindl. (1836)；Siphotria Raf. (1838)；Wolfia Dennst. (1818) Nom. illegit. （废弃属名）■ ☆

43910 Renealmia R. Br. (1810) Nom. illegit. （废弃属名）= Libertia Spreng. (1824)（保留属名）[鸢尾科 Iridaceae] ■ ☆

43911 Renggeria Meisn. (1837)【汉】伦格藤属。【隶属】猪胶树科（克鲁西科，山竹子科，藤黄科）Clusiaceae(Guttiferae)。【包含】世界3种。【学名诠释与讨论】〈阴〉词源不详。此属的学名"Renggeria C. F. Meisner, Pl. Vasc. Gen. 1：42. 21-27 Mai 1837"是一个替代名称。"Schweiggera C. F. P. Martius, Nova Gen. Sp. 3：166. Sep 1832 ('1829')"是一个非法名称（Nom. illegit.），因为此前已经有了"Schweiggera K. P. J. Sprengel, Neue Entdeck. Pflanzenk. 2：167. 1820 [堇菜科 Violaceae]"。故用"Renggeria Meisn. (1837)"替代之。【分布】巴西。【模式】Renggeria comans (C. F. P. Martius) C. F. Meisner ex Engler [Schweiggera comans C. F. P. Martius]。【参考异名】Schweiggera Mart. (1832) Nom. illegit. ● ☆

43912 Rengifa Poepp. (1842) = Quapoya Aubl. (1775) [猪胶树科（克鲁西科，山竹子科，藤黄科）Clusiaceae(Guttiferae)] ● ☆

43913 Rengifa Poepp. et Endl. (1842) Nom. illegit. ≡ Rengifa Poepp. (1842)；~ = Quapoya Aubl. (1775) [猪胶树科（克鲁西科，山竹子科，藤黄科）Clusiaceae(Guttiferae)] ● ☆

43914 Renia Noronha (1790) = Inocarpus J. R. Forst. et G. Forst. (1775)（保留属名）[豆科 Fabaceae(Leguminosae)] ● ☆

43915 Renistipula Borhidi (2004)【汉】肾叶木属。【隶属】茜草科 Rubiaceae。【包含】世界3种。【学名诠释与讨论】〈阴〉（拉）ren，肾+stipula 托叶。此属的学名是"Renistipula Borhidi, Acta Botanica Hungarica 46(1-2)：122-124. 2004"。亦有文献把其处理为"Rondeletia L. (1753)"的异名。【分布】哥斯达黎加，墨西哥，危地马拉，中国，中美洲。【模式】Renistipula galeottii (Standl.) Borhidi [Rondeletia galeottii Standl.]。【参考异名】Rondeletia L. (1753) ●

43916 Rennellia Korth. (1851)【汉】伦内尔茜属。【隶属】茜草科 Rubiaceae。【包含】世界4种。【学名诠释与讨论】〈阴〉（人）James Rennell，1742-1830，英国地理学者。【分布】马来西亚（西部），缅甸。【后选模式】Rennellia elliptica Korthals。【参考异名】Didymoecium Bremek. (1935)；Tribrachya Korth. (1851) ● ☆

43917 Rennera Merxm. (1957)【汉】皱果菊属。【隶属】菊科 Asteraceae(Compositae)。【包含】世界3-4种。【学名诠释与讨论】〈阴〉（人）Otto Renner，1883-1960，德国植物学者，教授。【分布】非洲西南部。【模式】Rennera limnophila Merxmueller ■ ☆

43918 Renschia Vatke (1881)【汉】伦施木属。【隶属】唇形科

Lamiaceae(Labiatae)。【包含】世界 1 种。【学名诠释与讨论】〈阴〉(人) Rensch。【分布】热带非洲。【模式】Renschia heterotypica (S. Moore) Vatke [Tinnea heterotypica S. Moore] ●☆

43919 Rensonia S. F. Blake(1923)【汉】稻翅菊属。【隶属】菊科 Asteraceae(Compositae)。【包含】世界 1 种。【学名诠释与讨论】〈阴〉(人) Renson。【分布】中美洲。【模式】Rensonia salvadorica S. F. Blake ●☆

43920 Rensselaeria Beck(1833)= Peltandra Raf.(1819)(保留属名)[天南星科 Araceae] ■☆

43921 Renvoizea Zuloaga et Morrone(2008)【汉】赖恩草属。【隶属】禾本科 Poaceae(Gramineae)。【包含】世界 10 种。【学名诠释与讨论】〈阴〉词源不详。此属的学名是 "Renvoizea Zuloaga et Morrone, Systematic Botany 33(2): 294, f. 8-12. 2008.(23 May 2008)"。亦有文献把其处理为 "Panicum L.(1753)" 的异名。【分布】巴西。【模式】Renvoizea trinii (Kunth) Zuloaga et Morrone [Panicum trinii Kunth]。【参考异名】Panicum L.(1753) ■☆

43922 Renzorchis Szlach. et Olszewski(1998)【汉】伦兰属。【隶属】兰科 Orchidaceae。【包含】世界 2 种。【学名诠释与讨论】〈阴〉(人) Renz+orchis, 原义是睾丸, 后变为植物兰的名称, 因为根的形态而得名。变为拉丁文 orchis, 所有格 orchidis。【分布】加蓬, 津巴布韦。【模式】Renzorchis pseudoplatycoryne D. L. Szlachetko et T. S. Olszewski ■☆

43923 Repandra Lindl.(1826)= Disa P. J. Bergius(1767)[兰科 Orchidaceae] ■☆

43924 Rephesis Raf.(1838)= Urostigma Gasp.(1844)Nom. illegit.; ~ ≡ Mastosuke Raf.(1838); ~ = Ficus L.(1753)[桑科 Moraceae] ●

43925 Reptonia A. DC.(1844)= Monotheca A. DC.(1844); ~ = Sideroxylon L.(1753)[山榄科 Sapotaceae] ●☆

43926 Requienia DC.(1825)【汉】勒基灰毛豆属。【隶属】豆科 Fabaceae(Leguminosae)//蝶形花科 Papilionaceae。【包含】世界 3 种。【学名诠释与讨论】〈阴〉(人) Esprit Requien, 1788-1851, 法国植物学者。此属的学名是 "Requienia A. P. de Candolle, Ann. Sci. Nat.(Paris)4: 91. Jan 1825('1824')"。亦有文献把其处理为 "Tephrosia Pers.(1807)(保留属名)" 的异名。【分布】非洲。【后选模式】Requienia obcordata (Lamarck ex Poiret) A. P. de Candolle [Podalyria obcordata Lamarck ex Poiret]。【参考异名】Tephrosia Pers.(1807)(保留属名) ■☆

43927 Reseda L.(1753)【汉】木犀草属。【日】モクセイサウ属, モクセイソウ属。【俄】Резеда。【英】Mignonette, Reseda。【隶属】木犀草科 Resedaceae。【包含】世界 60 种, 中国 3-4 种。【学名诠释与讨论】〈阴〉(拉) reseda, 一种植物的名称, 来自 resedo 缓和, 减轻, 使安静。指其具有镇静剂之药效。此属的学名, ING、APNI 和 GCI 记载是 "Reseda L., Sp. Pl. 1: 448. 1753 [1 May 1753]"。IK 则记载为 "Reseda Tourn. ex L., Sp. Pl. 1: 448. 1753 [1 May 1753]"。"Reseda Tourn." 是命名起点著作之前的名称, 故 "Reseda L.(1753)" 和 "Reseda Tourn. ex L.(1753)" 都是合法名称, 可以通用。【分布】巴基斯坦, 巴拿马, 玻利维亚, 厄瓜多尔, 美国(密苏里), 中国, 地中海至亚洲中部, 欧洲, 中美洲。【后选模式】Reseda lutea Linnaeus。【参考异名】Arkopoda Raf.(1837); Eresda Spach(1838); Luteola Mill.(1754); Pectanisia Raf.(1837); Reseda Tourn. ex L.(1753); Stefaninia Chiov.(1929); Tereianthes Raf.(1837) ■

43928 Reseda Tourn. ex L.(1753)≡ Reseda L.(1753)[木犀草科 Resedaceae] ■

43929 Resedaceae Bercht. et J. Presl = Resedaceae Martinov(保留科名) ■●

43930 Resedaceae DC. ex Gray = Astrocarpaceae A. Kern.; ~ = Resedaceae Martinov(保留科名) ■●

43931 Resedaceae Gray = Resedaceae Martinov(保留科名) ■●

43932 Resedaceae Martinov(1820)(保留科名)【汉】木犀草科。【日】モクセイサウ科。【俄】Резедовые。【英】Mignonette Family。【包含】世界 6 属 70-90 种, 中国 2 属 4-5 种。【分布】主要地中海, 欧洲至亚洲中部和印度, 非洲南部, 美国(加利福尼亚)。【科名模式】Reseda L.(1753) ■●

43933 Resedella Webb et Berthel.(1836)= Oligomeris Cambess.(1839)(保留属名)[木犀草科 Resedaceae] ■●

43934 Resetnikia Španiel, Al - Shehbaz, D. A. German et Marhold(2015)【汉】大茴香芥属。【隶属】十字花科 Brassicaceae(Cruciferae)。【包含】世界 1 种。【学名诠释与讨论】〈阴〉词源不详。似来自人名。【分布】达尔马。【模式】Resetnikia triquetra (DC.) Španiel, Al - Shehbaz, D. A. German et Marhold [Farsetia triquetra DC.] ☆

43935 Resia H. E. Moore(1962)【汉】雷斯苣苔属。【隶属】苦苣苔科 Gesneriaceae。【包含】世界 1-2 种。【学名诠释与讨论】〈阴〉(人) Res。【分布】哥伦比亚。【模式】Resia nimbicola H. E. Moore ■●☆

43936 Resinanthus(Borhidi)Borhidi(2007)【汉】脂花木属。【隶属】茜草科 Rubiaceae。【包含】世界 17 种。【学名诠释与讨论】〈阴〉(拉) resina, 树脂+anthos, 花。此属的学名, Nom. inval. 记载是 "Resinanthus(Borhidi)Borhidi, Acta Bot. Hung. 49(3-4): 312. 2007 [Sep 2007]", 由 "Stenostomum sect. Resinanthus Borhidi Acta Bot. Hung. 38(1-4):158. 1995 [1993-94 publ. 1995]" 改级而来。亦有文献把 "Resinanthus(Borhidi)Borhidi(2007)" 处理为 "Antirhea Comm. ex Juss.(1789)" 或 "Stenostomum C. F. Gaertn.(1806)" 的异名。【分布】参见 Antirhea Comm. ex Juss.(1789)。【模式】Antirhea abbreviata Urb.。【参考异名】Antirhea Comm. ex Juss.(1789); Stenostomum C. F. Gaertn.(1806); Stenostomum sect. Resinanthus Borhidi(1995) ●☆

43937 Resinaria Comm. ex Lam.(1785)= Terminalia L.(1767)(保留属名)[使君子科 Combretaceae//榄仁树科 Terminaliaceae] ●

43938 Resinocaulon Lunell(1917)= Silphium L.(1753)[菊科 Asteraceae(Compositae)] ■

43939 Resnova Van der Merwe(1946)【汉】肖辛酸木属。【隶属】风信子科 Hyacinthaceae。【包含】世界 10 种。【学名诠释与讨论】〈阴〉词源不详。此属的学名是 "Resnova Van der Merwe, Tydskrif vir Wetenskap en Kuns 6(Afl. 3): 46. 1946"。亦有文献把其处理为 "Drimiopsis Lindl. et Paxton(1851)" 的异名。【分布】非洲南部。【模式】不详。【参考异名】Drimiopsis Lindl. et Paxton(1851) ■☆

43940 Restella Pobed.(1941)【汉】中美瑞香属。【隶属】瑞香科 Thymelaeaceae。【包含】世界 1 种。【学名诠释与讨论】〈阴〉(属)由 Stellera 似狼毒属字母改缀而来。此属的学名是 "Restella E. G. Pobedimova, Bot. Zurn. SSSR 26: 35. 17 Mar 1941"。亦有文献把其处理为 "Wikstroemia Endl.(1833)[as 'Wickstroemia'](保留属名)" 的异名。【分布】亚洲中部。【模式】Restella alberti (Regel) E. G. Pobedimova [Stellera albertii Regel]。【参考异名】Wikstroemia Endl.(1833)[as 'Wickstroemia'](保留属名) ●☆

43941 Restiaria Kuntze(1891)Nom. illegit. ≡ Commersonia J. R. Forst. et G. Forst.(1775)[梧桐科 Sterculiaceae//锦葵科 Malvaceae] ●

43942 Restiaria Lour.(1790)= Uncaria Schreb.(1789)(保留属名)[茜草科 Rubiaceae] ●

43943 Restio L.(1767)(废弃属名)= Thamnochortus P. J. Bergius(1767)[帚灯草科 Restionaceae] ■☆

43944 Restio Rottb.(1772)(保留属名)【汉】绳草属。【俄】Ресто。

【英】Rope Grass，Rope-grass。【隶属】帚灯草科 Restionaceae。【包含】世界 88-93 种。【学名诠释与讨论】〈阳〉(拉) restis，指小式 resticula，绳。指早期南非移民用其编织衣物。此属的学名"Restio Rottb.，Descr. Pl. Rar. :9. 1772"是保留属名。相应的废弃属名是帚灯草科 Restionaceae 的"Restio L.，Syst. Nat.，ed. 12，2:735. 15-31 Oct 1767 = Thamnochortus P. J. Bergius(1767)"。【分布】马达加斯加，澳大利亚，非洲南部。【模式】Restio triticeus Rottb.。【参考异名】Baloskion Raf.(1838)；Craspedolepis Steud.(1855)；Ischyrolepis Steud.(1850)；Leiena Raf.(1838)；Megalotheca F. Muell.(1873)；Rhodocoma Nees(1836)■☆

43945 Restionaceae R. Br.(1810)(保留科名)【汉】帚灯草科。【日】クロウメモドキ科，サンアソウ科。【英】Ropegrass Family。【包含】世界 28-55 属 320-490 种，中国 1 属 1 种。【分布】澳大利亚，新西兰，智利，南非，马达加斯加，中南半岛，马来半岛，新几内亚岛，温带南美洲，热带南部。【科名模式】Restio Rottb.(1772)(保留属名)■

43946 Restrepia Kunth(1816)【汉】雷氏兰属。【日】レストレピア属。【隶属】兰科 Orchidaceae。【包含】世界 30-60 种。【学名诠释与讨论】〈阴〉(人) J. E. Restrepo，西班牙地理学者，博物学者。此属的学名，ING、TROPICOS、GCI 和 IK 记载是"Restrepia Kunth，Nov. Gen. Sp. [H. B. K.]1:366，t. 94. 1816"。它曾被处理为"Pleurothallis sect. Restrepia(Kunth)L. O. Williams，Botanical Museum Leaflets 8(7):143. 1940"和"Pleurothallis ser. Restrepia(Kunth)L. O. Williams"。亦有文献把"Restrepia Kunth(1816)"处理为"Pleurothallis R. Br.(1813)"的异名。【分布】巴拿马，秘鲁，玻利维亚，厄瓜多尔，哥伦比亚(安蒂奥基亚)，哥斯达黎加，墨西哥，尼加拉瓜，中美洲。【模式】Restrepia antennifera Kunth。【参考异名】Pleurothallis R. Br.(1813)；Pleurothallis sect. Restrepia(Kunth)L. O. Williams(1940)；Pleurothallis ser. Restrepia(Kunth)L. O. Williams■☆

43947 Restrepiella Garay et Dunst.(1966)【汉】小雷氏兰属。【隶属】兰科 Orchidaceae。【包含】世界 1 种。【学名诠释与讨论】〈阴〉(属) Restrepia 雷氏兰属+-ellus，-ella，-ellum，加在名词词干后面形成指小式的词尾。或加在人名、属名等后面以组成新属的名称。【分布】秘鲁，哥伦比亚(安蒂奥基亚)，哥斯达黎加，尼加拉瓜，中美洲。【模式】Restrepiella ophiocephala(Lindley)Garay et Dunsterville[Pleurothallis ophiocephala Lindley]■☆

43948 Restrepiopsis Luer(1978)【汉】拟雷氏兰属。【隶属】兰科 Orchidaceae。【包含】世界 15 种。【学名诠释与讨论】〈阴〉(属) Restrepia 雷氏兰属+希腊文 opsis，外观，模样，相似。【分布】玻利维亚，包括危地马拉，尼加拉瓜，哥斯达黎加，巴拿马，哥伦比亚，委内瑞拉，厄瓜多尔，秘鲁，热带美洲。【模式】Restrepiopsis ujarensis(H. G. Reichenbach)C. A. Luer[Restrepia ujarensis H. G. Reichenbach]■☆

43949 Resupinaria Raf.(1838)Nom. illegit. ≡ Agati Adans.(1763)(废弃属名)；~ = Sesbania Scop.(1777)(保留属名)[豆科 Fabaceae(Leguminosae)//蝶形花科 Papilionaceae]●■

43950 Retalaceae Dulac = Pyrolaceae Lindl.(保留科名)●■

43951 Retama Boiss.(废弃属名)= Genista L.(1753)；~ = Lygos Adans.(1763)(废弃属名)；~ = Retama Raf.(1838)(保留属名)[豆科 Fabaceae(Leguminosae)//蝶形花科 Papilionaceae]●

43952 Retama Raf.(1838)(保留属名)【汉】勒塔木属(杜松属)。【英】Retam。【隶属】豆科 Fabaceae(Leguminosae)。【包含】世界 4 种。【学名诠释与讨论】〈阴〉来自阿拉伯植物俗名 retem，retam。此属的学名"Retama Raf.，Sylva Tellur.：22. Oct-Dec 1838"是保留属名。相应的废弃属名是豆科 Fabaceae 的"Lygos Adans.，Fam. Pl. 2:321，573. Jul-Aug 1763 ≡ Retama Raf.(1838)

(保留属名)"。"Retama Boiss. = Genista L.(1753)= Lygos Adans.(1763)(废弃属名)[豆科 Fabaceae(Leguminosae)//蝶形花科 Papilionaceae]"亦应废弃。【分布】巴勒斯坦，玻利维亚，厄瓜多尔，意大利(西西里岛)，叙利亚，非洲北部从摩洛哥至埃及(包括西奈半岛)，阿拉伯半岛，伊比利亚半岛。【模式】Retama monosperma(Linnaeus)Boissier。【参考异名】Genista L.(1753)；Lygos Adans.(1763)(废弃属名)●☆

43953 Retamilia Miers(1860)= Retanilla(DC.)Brongn.(1826)[鼠李科 Rhamnaceae]●☆

43954 Retanilla(DC.)Brongn.(1826)【汉】南美鼠李属(瑞大尼拉木属)。【隶属】鼠李科 Rhamnaceae。【包含】世界 2-4 种。【学名诠释与讨论】〈阴〉词源不详。此属的学名，ING 和 IK 记载是"Retanilla(A. P. de Candolle)A. T. Brongniart，Mém. Fam. Rhamnées 57. Jul 1826"，由"Colletia sect. Retanilla A. P. de Candolle，Prodr. 2:28. Nov(med.)1825"改级而来。"Retanilla Brongn.，Ann. Sci. Nat.(Paris)10:364，t. 2. 1827"则是晚出的非法名称。【分布】秘鲁，智利。【后选模式】Retanilla ephedra(Ventenat)A. T. Brongniart[Colletia ephedra Ventenat]。【参考异名】Colletia sect. Retanilla DC.(1825)；Molinaea Comm. ex Brongn.；Retamilia Miers(1860)；Retanilla Brongn.(1826)Nom. illegit.●☆

43955 Retanilla Brongn.(1827)Nom. illegit. ≡ Retanilla(DC.)Brongn.(1826)[鼠李科 Rhamnaceae]●☆

43956 Retinaria Gaertn.(1791)= Gouania Jacq.(1763)[鼠李科 Rhamnaceae//咀签科 Gouaniaceae]●

43957 Retiniphyllum Bonpl.(1806)【汉】脂叶茜属。【隶属】茜草科 Rubiaceae。【包含】世界 1 种。【学名诠释与讨论】〈中〉(希) rhetine，松脂+phyllon，叶子。phyllodes，似叶的，多叶的。此属的学名，ING 和 IK 记载是"Retiniphyllum Bonpland in Humboldt et Bonpland，Pl. Aequin. 1：86. 15 Dec 1806('1808')"。"Retiniphyllum Humb. et Bonpl.(1806)"的命名人引证有误。【分布】秘鲁，热带南美洲。【模式】Retiniphyllum secundiflorum Bonpland。【参考异名】Ammianthus Spruce ex Benth.(1873)Nom. illegit.；Ammianthus Spruce ex Benth. et Hook. f.(1873)Nom. illegit.；Commianthus Benth.(1841)；Endolithodes Bartl.；Retiniphyllum Humb. et Bonpl.(1806)Nom. illegit.；Synisoon Baill.(1879)●☆

43958 Retiniphyllum Humb. et Bonpl.(1806)Nom. illegit. ≡ Retiniphyllum Bonpl.(1806)[茜草科 Rubiaceae]●☆

43959 Retinispora Siebold et Zucc.(1844)= Chamaecyparis Spach(1841)[柏科 Cupressaceae]●☆

43960 Retinodendron Korth.(1840)= Vatica L.(1771)[龙脑香科 Dipterocarpaceae]●

43961 Retinodendropsis Heim(1892)= Retinodendron Korth.(1840)；~ = Vatica L.(1771)[龙脑香科 Dipterocarpaceae]●

43962 Retinophleum Benth. et Hook. f.(1865)= Cercidium Tul.(1844)；~ = Rhetinophloeum H. Karst.(1862)[豆科 Fabaceae(Leguminosae)//云实科(苏木科)Caesalpiniaceae]●☆

43963 Retinospora Carrière(1855)= Retinispora Siebold et Zucc.(1844)[柏科 Cupressaceae]●

43964 Retispatha J. Dransf.(1980)【汉】网苞藤属。【隶属】棕榈科 Arecaceae(Palmae)。【包含】世界 1 种。【学名诠释与讨论】〈阴〉(拉) rete，指小式 reticulum，网+spathe =拉丁文 spatha，佛焰苞，鞘，叶片，匙状苞，窄而平之薄片，竿杖。【分布】加里曼丹岛。【模式】Retispatha dumetosa J. Dransfield●☆

43965 Retrophyllum C. N. Page(1989)【汉】扭叶罗汉松属。【隶属】罗汉松科 Podocarpaceae。【包含】世界 2-5 种。【学名诠释与讨

论】〈中〉〈希〉retro-,向后,在后面。retrorvus＝retrorsus,向后弯,转＋希腊文 phyllon,叶子。phyllodes,似叶的,多叶的。phylleion,绿色材料,绿草。此属的学名"Retrophyllum C. N. Page, Notes Roy. Bot. Gard. Edinburgh 45：379. 22 Feb 1989('1988')"是"Podocarpus sect. Polypodiopsis Bertrand, Ann. Sci. Nat., Bot. ser. 5. 20：65. 1874"的替代名称。亦有文献把"Retrophyllum C. N. Page(1989)"处理为"Podocarpus Pers.(1807)(保留属名)"的异名。【分布】玻利维亚。【模式】Retrophyllum vitiense(B. C. Seemann)C. N. Page［Podocarpus vitiensis B. C. Seemann］。【参考异名】Decussocarpus de Laub.(1969)Nom. illegit.；Podocarpus Pers.(1807)(保留属名)；Podocarpus sect. Polypodiopsis Bertrand(1874)●☆

43966　Retrosepalaceae Dulac ＝ Violaceae Batsch(保留科名)●■

43967　Rettbergia Raddi(1823)＝ Chusquea Kunth(1822)［禾本科 Poaceae(Gramineae)］●☆

43968　Retzia Thunb.(1776)【汉】异轮叶属(轮叶木属,轮叶属)。【隶属】异轮叶科(轮叶科,轮叶木科)Retziaceae//密穗草科 Stilbaceae。【包含】世界1种。【学名诠释与讨论】〈阴〉(人)Anders Jahan(Johan)Retzius,1742-1821,瑞典植物学者,地衣学者,苔藓学者,博物学者,昆虫学者,教授。【分布】非洲南部。【模式】Retzia capensis Thunberg。【参考异名】Solenostigma Klotzsch ex Walp.(1844-1845)●☆

43969　Retziaceae Bartl.(1830)［亦见 Stilbaceae Kunth(保留科名)密穗草科］【汉】异轮叶科(轮叶科,轮叶木科)。【包含】世界1属1种。【分布】非洲南部。【科名模式】Retzia Thunb.●☆

43970　Retziaceae Choisy(1834)＝ Retziaceae Bartl.●☆

43971　Reussia Dennst.(1818)Nom. illegit.(废弃属名)＝ Paederia L.(1767)(保留属名)［茜草科 Rubiaceae］●■

43972　Reussia Endl.(1836)(保留属名)【汉】罗伊斯花属。【隶属】雨久花科 Pontederiaceae。【包含】世界1种。【学名诠释与讨论】〈阴〉(人)Georg Christian Reuss,捷克植物学者。此属的学名"Reussia Endl., Gen. Pl.：139. Dec 1836"是保留属名。法规未列出相应的废弃属名。但是茜草科 Rubiaceae 的"Reussia Dennst.(1818)"应该废弃。化石植物的"Reussia K. B. Presl in Sternberg, Versuch Fl. Vorwelt 2(7-8)：125. Sep - Oct 1838 ≡ Scolopendrites Göppert 1836"亦应废弃。亦有文献把"Reussia Endl.(1836)(保留属名)"处理为"Pontederia L.(1753)"的异名。【分布】玻利维亚,中美洲。【模式】Reussia triflora Seubert。【参考异名】Pontederia L.(1753)■☆

43973　Reutealis Airy Shaw(1967)【汉】菲律宾大戟属。【隶属】大戟科 Euphorbiaceae。【包含】世界1种。【学名诠释与讨论】〈阴〉词源不详。【分布】菲律宾(菲律宾群岛)。【模式】Reutealis trisperma(F. M. Blanco)H. K. Airy Shaw［Aleurites trisperma F. M. Blanco］●☆

43974　Reutera Boiss.(1838)＝ Pimpinella L.(1753)［伞形花科(伞形科)Apiaceae(Umbelliferae)］■

43975　Revatophyllum Roehl.(1812)Nom. illegit. ≡ Ceratophyllum L.(1753)［金鱼藻科 Ceratophyllaceae］■

43976　Revealia R. M. King et H. Rob.(1976)【汉】短芒菊属。【隶属】菊科 Asteraceae(Compositae)。【包含】世界1-2种。【学名诠释与讨论】〈阴〉(人)James Lauritz Reveal,1941-?,植物学者。此属的学名是"Revealia R. M. King et H. Robinson, Phytologia 33：277. Apr 1976"。亦有文献把其处理为"Carphochaete A. Gray(1849)"的异名。【分布】墨西哥。【模式】Revealia stevioides R. M. King et H. Robinson。【参考异名】Carphochaete A. Gray(1849)●☆

43977　Reveesia Walp.(1848)＝ Reevesia Lindl.(1827)［梧桐科 Sterculiaceae//锦葵科 Malvaceae］●

43978　Reverchonia A. Gray(1880)【汉】勒韦雄大戟属。【隶属】大戟科 Euphorbiaceae。【包含】世界1种。【学名诠释与讨论】〈阴〉(人)Julien Reverchon,1834-1905,法国植物学者,植物采集家。他与植物采集家 Elisee Reverchon(1835-1914)是兄弟。此属的学名,ING、TROPICOS、APNI、GCI、TROPICOS 和 IK 记载是"Reverchonia A. Gray, Proc. Amer. Acad. Arts 16：107. 1880［1 Sep 1880］"。它曾被处理为"Phyllanthus sect. Reverchonia(A. Gray)G. L. Webster, Contributions from the University of Michigan Herbarium 25：235. 2007.(13 Aug 2007)(Contr. Univ. Michigan Herb.)"。【分布】美国(南部),墨西哥。【模式】Reverchonia arenaria A. Gray。【参考异名】Phyllanthus sect. Reverchonia(A. Gray)G. L. Webster(2007)☆

43979　Reverchonia Gand. ＝ Armeria Willd.(1809)(保留属名)［白花丹科(矾松科,蓝雪科)Plumbaginaceae//海石竹科 Armeriaceae］■☆

43980　Reya Kuntze(1891)Nom. illegit. ≡ Burchardia R. Br.(1810)(保留属名)［秋水仙科 Colchicaceae//球茎草科 Burchardiaceae］■☆

43981　Reyemia Hilliard(1993)【汉】雷耶玄参属。【隶属】玄参科 Scrophulariaceae。【包含】世界2种。【学名诠释与讨论】〈阴〉词源不详。【分布】澳大利亚,非洲。【模式】不详☆

43982　Reyesia Clos ＝ Salpiglossis Ruiz et Pav.(1794)［茄科 Solanaceae//智利喇叭花科(美人襟科)Salpiglossidaceae］■☆

43983　Reyesia Gay(1849)【汉】雷耶斯茄属。【隶属】茄科 Solanaceae。【包含】世界4种。【学名诠释与讨论】〈阴〉(人)Ant. Garcia Reyes,19世纪智利植物学者。【分布】阿根廷,智利。【模式】Reyesia chilensis C. Gay■☆

43984　Reynandia B. D. Jacks., Nom. illegit. ＝ Reynaudia Kunth(1829)［禾本科 Poaceae(Gramineae)］■☆

43985　Reynaudia Kunth(1829)【汉】丝形草属。【隶属】禾本科 Poaceae(Gramineae)。【包含】世界1种。【学名诠释与讨论】〈阴〉(人)N. Reynaud,植物采集家。【分布】古巴,西印度群岛(多明我)。【模式】Reynaudia filiformis(Sprengel ex J. A. Schultes)Kunth［Polypogon filiformis Sprengel ex J. A. Schultes］。【参考异名】Reynandia B. D. Jacks., Nom. illegit.■☆

43986　Reynoldsia A. Gray(1854)【汉】雷诺五加属。【隶属】五加科 Araliaceae。【包含】世界2种。【学名诠释与讨论】〈阴〉(人)Reynolds,植物学者。【分布】波利尼西亚群岛,中美洲。【模式】未指定●☆

43987　Reynosia Griseb.(1866)【汉】雷诺木属(瑞诺木属)。【隶属】鼠李科 Rhamnaceae。【包含】世界15-18种。【学名诠释与讨论】〈阴〉(人)A. Reynoso,西班牙人。【分布】美国(佛罗里达),西印度群岛,中美洲。【后选模式】Reynosia retusa Grisebach ●☆

43988　Reynoutria Houtt.(1777)【汉】虎杖属。【日】イタドリ属。【俄】Сахалинская гречиха。【英】Japanes Knotweed, Reynoutria, Tigerstick。【隶属】蓼科 Polygonaceae。【包含】世界2-15种,中国1种。【学名诠释与讨论】〈阴〉(人)Reynoutre,荷兰(或法国)植物学者,博物学者。此属的学名是"Reynoutria Houttuyn, Natuurl. Hist. 2(8)：639. 31 Dec 1777"。亦有文献把其处理为"Fallopia Adans.(1763)"的异名。【分布】中国,温带亚洲。【模式】Reynoutria japonica Houttuyn。【参考异名】Fallopia Adans.(1763)■

43989　Rhabarbarum Adans.(1763)Nom. illegit. ≡ Rhabarbarum Tourn. ex Adans.(1763)；~ ＝ Rheum L.(1753)［蓼科 Polygonaceae］■

43990　Rhabarbarum Fabr.(1759)Nom. illegit. ≡ Rheum L.(1753)［蓼科 Polygonaceae］■

43991　Rhabarbarum Tourn. ex Adans.(1763)Nom. illegit. ＝ Rheum L.

（1753）［蓼科 Polygonaceae］■

43992　Rhabdadenia Müll. Arg.（1860）【汉】杆腺木属。【隶属】夹竹桃科 Apocynaceae。【包含】世界 3 种。【学名诠释与讨论】〈阴〉（希）rhabdos，棒，鞭，竿，魔杖+aden，所有格 adenos，腺体。【分布】巴拉圭，巴拿马，秘鲁，玻利维亚，哥伦比亚（安蒂奥基亚），美国，尼加拉瓜，西印度群岛，中美洲。【后选模式】Rhabdadenia pohlii J. Müller Arg.。【参考异名】Rabdadenia Post et Kuntze（1903）●☆

43993　Rhabdia Mart.（1827）【汉】杆紫草属。【隶属】紫草科 Boraginaceae。【包含】世界 7 种。【学名诠释与讨论】〈阴〉（希）rhabdos，棒，鞭，竿。rhabdion，小棒，rhsbdotos，有条纹的。此属的学名是"Rhabdia C. F. P. Martius, Nova Gen. Sp. 2：136. Jan-Jul 1827"。亦有文献把其处理为"Rotula Lour.（1790）"的异名。【分布】中国，非洲，亚洲，美洲。【模式】Rhabdia lycioides C. F. P. Martius。【参考异名】Rotula Lour.（1790）●

43994　Rhabdocalyx（A. DC.）Lindl.（1847）= Cordia L.（1753）（保留属名）［紫草科 Boraginaceae//破布木科（破布树科）Cordiaceae］●

43995　Rhabdocalyx Lindl.（1847）Nom. illegit. ≡ Rhabdocalyx（A. DC.）Lindl.（1847）；~ = Cordia L.（1753）（保留属名）［紫草科 Boraginaceae//破布木科（破布树科）Cordiaceae］●

43996　Rhabdocaulon（Benth.）Epling（1936）【汉】棒茎草属。【隶属】唇形科 Lamiaceae（Labiatae）。【包含】世界 7 种。【学名诠释与讨论】〈中〉（希）rhabdos，棒，鞭，竿，魔杖+kaulon，茎。此属的学名，ING 和 IK 记载是"Rhabdocaulon（Bentham）Epling, Repert. Spec. Nov. Regni Veg. Beih. 85：134. 20 Jun 1936"，由"Keithia sect. Rhabdocaulon Benth."改级而来。【分布】热带南美洲。【模式】Rhabdocaulon denudata（Bentham）Epling［Keithia denudata Bentham］。【参考异名】Keithia Benth.（1834）Nom. illegit.；Keithia sect. Rhabdocaulon Benth.●■☆

43997　Rhabdochloa Kunth（1815）= Leptochloa P. Beauv.（1812）；~ = Rabdochloa P. Beauv.（1812）［禾本科 Poaceae（Gramineae）］■

43998　Rhabdocrinum Rchb.（1828）= Lloydia Salisb. ex Rchb.（1830）（保留属名）［百合科 Liliaceae］■

43999　Rhabdodendraceae（Huber）Prance（1968）【汉】棒状木科（棒木科）。【包含】世界 1 属 3-4 种。【分布】热带南美洲北部。【科名模式】Rhabdodendron Gilg et Pilg.●☆

44000　Rhabdodendraceae Prance（1968）= Rhabdodendraceae（Huber）Prance●☆

44001　Rhabdodendron Gilg et Pilg.（1905）【汉】棒状木属。【隶属】棒状木科 Rhabdodendraceae。【包含】世界 3-4 种。【学名诠释与讨论】〈中〉（希）rhabdos，棒，鞭，竿，魔杖+dendron 或 dendros，树木，棍，丛林。【分布】巴西（北部）。【模式】Rhabdodendron columnare Gilg et Pilger●☆

44002　Rhabdolosperma Hartley = Veratrum L.（1753）［百合科 Liliaceae//黑药花科（藜芦科）Melanthiaceae］■●

44003　Rhabdophyllum Tiegh.（1902）【汉】棒叶金莲木属。【隶属】金莲木科 Ochnaceae。【包含】世界 25 种。【学名诠释与讨论】〈中〉（希）rhabdos，棒，鞭，竿，魔杖+phyllon，叶子。此属的学名是"Rhabdophyllum Van Tieghem, J. Bot.（Morot）17：201. Jun 1902；Bull. Mus. Hist. Nat.（Paris）8：216. 1902"。亦有文献把其处理为"Gomphia Schreb.（1789）"的异名。【分布】热带非洲。【模式】Rhabdophyllum calophyllum（J. D. Hooker）Van Tieghem［Gomphia calophylla J. D. Hooker］。【参考异名】Gomphia Schreb.（1789）●☆

44004　Rhabdosciadium Boiss.（1844）【汉】棒伞芹属。【隶属】伞形花科（伞形科）Apiaceae（Umbelliferae）。【包含】世界 5 种。【学名诠释与讨论】〈阴〉（希）rhabdos，棒，鞭，竿，魔杖+（属）Sciadium

伞芹属。【分布】伊朗，库尔德斯坦地区。【模式】Rhabdosciadium aucheri Boissier■☆

44005　Rhabdostigma Hook. f.（1873）= Kraussia Harv.（1842）［茜草科 Rubiaceae］●☆

44006　Rhabdothamnopsis Hemsl.（1903）【汉】长冠苣苔属。【英】Rhabdothamnopsis。【隶属】苦苣苔科 Gesneriaceae。【包含】世界 1 种，中国 1 种。【学名诠释与讨论】〈阴〉（属）Rhabdothamnus 杆丛苣苔属+希腊文 opsis，外观，模样，相似。【分布】中国。【模式】Rhabdothamnopsis sinensis Hemsley●★

44007　Rhabdothamnus A. Cunn.（1838）【汉】杆丛苣苔属。【日】ラブドタムヌス属。【英】Rhabdothamus。【隶属】苦苣苔科 Gesneriaceae。【包含】世界 1 种。【学名诠释与讨论】〈阳〉（拉）rhabdos，棒，鞭，竿，魔杖+thamnos，指小式 thamnion，灌木，灌丛，树丛，枝。指植物分枝多。【分布】新西兰。【模式】Rhabdothamnus solandri A. Cunningham●☆

44008　Rhabdotheca Cass.（1827）= Launaea Cass.（1822）［菊科 Asteraceae（Compositae）］■

44009　Rhabdotosperma Hartl（1977）【汉】棒籽花属。【隶属】玄参科 Scrophulariaceae//毛蕊花科 Verbascaceae。【包含】世界 7 种。【学名诠释与讨论】〈中〉（希）rhabdos，棒，鞭，竿，魔杖+sperma，所有格 spermatos，种子，孢子。此属的学名是"Rhabdotosperma D. Hartl, Beitr. Biol. Pflanzen 53：57. 1977"。亦有文献把其处理为"Verbascum L.（1753）"的异名。【分布】热带非洲。【模式】Rhabdotosperma brevipedicellatum（Engler）D. Hartl［as 'brevipedicellata'］［Celsia brevipedicellata Engler］。【参考异名】Verbascum L.（1753）●☆

44010　Rhachicallis DC.（1830）Nom. illegit. = Arcytophyllum Willd. ex Schult. et Schult. f.（1827）；~ = Rachicallis DC.（1830）Nom. illegit.［茜草科 Rubiaceae］●☆

44011　Rhachicallis Spach（1838）Nom. illegit. = Arcythophyllum Willd. ex Schltdl.（1857）Nom. illegit.；~ = Arcytophyllum Willd. ex Schult. et Schult. f.（1827）；~ = Rachicallis DC.（1830）Nom. illegit.［茜草科 Rubiaceae］●☆

44012　Rhachidospermum Vasey（1890）= Jouvea E. Fourn.（1876）［禾本科 Poaceae（Gramineae）］■☆

44013　Rhacodiscus Lindau（1897）= Justicia L.（1753）［爵床科 Acanthaceae//鸭嘴花科（鸭咀花科）Justiciaceae］●■

44014　Rhacoma Adans.（1763）Nom. illegit. ≡ Chartolepis Cass.（1826）；~ = Leuzea DC.（1805）［菊科 Asteraceae（Compositae）］■☆

44015　Rhacoma L.（1759）Nom. illegit. ≡ Crossopetalum P. Browne（1756）［卫矛科 Celastraceae］●☆

44016　Rhacoma P. Browne ex L.（1759）Nom. illegit. = Crossopetalum P. Browne（1756）［卫矛科 Celastraceae］●☆

44017　Rhadamanthopsis（Oberm.）Speta（1998）【汉】拟细花风信子属。【隶属】百合科 Liliaceae//风信子科 Hyacinthaceae。【包含】世界 2 种。【学名诠释与讨论】〈阴〉（属）Rhadamanthus 细花风信子属+希腊文 opsis，外观，模样，相似。此属的学名，TROPICOS 和 IK 记载是"Rhadamanthopsis（Oberm.）Speta, Phyton（Horn）38（1）：74. 1998"，由"Rhadamanthus subgen. Rhadamanthopsis Oberm., Bothalia 13（12）：137. 1980"改级而来。亦有文献把"Rhadamanthopsis（Oberm.）Speta（1998）"处理为"Rhadamanthus Salisb.（1866）"的异名。【分布】纳米比亚，非洲南部。【模式】不详。【参考异名】Rhadamanthus Salisb.（1866）；Rhadamanthus subgen. Rhadamanthopsis Oberm.（1980）■☆

44018　Rhadamanthus Salisb.（1866）【汉】细花风信子属。【隶属】风信子科 Hyacinthaceae。【包含】世界 10 种。【学名诠释与讨论】〈阳〉（希）rhadinos，细的，瘦的，柔弱的，轻的，优雅的+anthos，花。

【分布】非洲南部。【模式】Rhadamanthus convallarioides (Linnaeus f.) J. G. Baker。【参考异名】Rhadamanthopsis (Oberm.) Speta(1998); Rhodocodon Baker(1881)■☆

44019 Rhadinocarpus Vogel(1838) = Chaetocalyx DC.(1825) [豆科 Fabaceae(Leguminosae)]■☆

44020 Rhadinopus S. Moore(1930)【汉】细足茜属。【隶属】茜草科 Rubiaceae。【包含】世界2种。【学名诠释与讨论】〈阳〉(希) rhadinos,细的,瘦的,柔弱的,轻的,优雅的+pous,所有格 podos,指小式 podion,脚,足,柄,梗。podotes,有脚的。【分布】新几内亚岛。【模式】Rhadinopus papuanus S. Moore☆

44021 Rhadinothamnus Paul G. Wilson(1971)【汉】柔灌芸香属。【隶属】芸香科 Rutaceae。【包含】世界3种。【学名诠释与讨论】〈阴〉(希) rhadinos,细的,瘦的,柔弱的,轻的,优雅的+thamnos,指小式 thamnion,灌木,灌丛,树丛,枝。【分布】澳大利亚(西部)。【模式】Rhadinothamnus euphemiae (F. von Mueller) Paul G. Wilson [Nematolepis euphemiae F. von Mueller]●☆

44022 Rhadiola Savi(1840) = Radiola Hill(1756) [亚麻科 Linaceae]■☆

44023 Rhaeo C. B. Clarke (1881) = Rhoeo Hance (1852); ~ = Tradescantia L.(1753) [鸭跖草科 Commelinaceae]■

44024 Rhaesteria Summerh.(1966)【汉】东非兰属。【隶属】兰科 Orchidaceae。【包含】世界1种。【学名诠释与讨论】〈阴〉(希) rhaister,所有格 rhaisteros,锤子。指喙的形状。【分布】热带非洲东部。【模式】Rhaesteria eggelingii V. S. Summerhayes ■☆

44025 Rhagadiolus Juss.(1789) Nom. illegit.(废弃属名) = Rhagadiolus Vaill.(1789)(保留属名) [菊科 Asteraceae (Compositae)]■☆

44026 Rhagadiolus Scop.(1754)(废弃属名) = Rhagadiolus Vaill.(1789)(保留属名) [菊科 Asteraceae(Compositae)]■☆

44027 Rhagadiolus Tourn. ex Scop.(1777) Nom. illegit.(废弃属名) = Rhagadiolus Vaill.(1789)(保留属名) [菊科 Asteraceae (Compositae)]■☆

44028 Rhagadiolus Vaill.(1789)(保留属名)【汉】双苞莒属(线苞果属)。【俄】Рарадиолюс。【隶属】菊科 Asteraceae (Compositae)。【包含】世界1-2种。【学名诠释与讨论】〈阳〉(希) rhagas,所有格 rhagados,裂口,破处+-olus,-ola,-olum,拉丁文指示小的词尾。指苞片或子房。此属的学名"Rhagadiolus Vaill., Königl. Akad. Wiss. Paris Phys. Abh. 5:737. 1754"是保留属名。ING 记载 "Rhagadiolus A. L. Jussieu, Gen. 168. 4 Aug 1789(nom. cons.)"有误。法规未列出相应的废弃属名。但是菊科 Asteraceae 的 "Rhagadiolus A. L. Jussieu, Gen. 168. 4 Aug 1789 = Rhagadiolus Vaill.(1789)(保留属名)"、"Rhagadiolus Scop., Meth. Pl. 20. 1754 = Rhagadiolus Vaill.(1789)(保留属名)"、"Rhagadiolus Tourn. ex Scop., Introd. 122(1777) = Rhagadiolus Vaill.(1789)(保留属名)"和"Rhagadiolus Zinn, Cat. Pl. Gott. 436(1757) = Rhagadiolus Vaill.(1789)(保留属名) = Hedypnois Mill.(1754)"应该废弃。【分布】地中海地区。【模式】Rhagadiolus edulis J. Gaertner [Lapsana rhagadiolus Linnaeus]。【参考异名】Garhadiolus Jaub. et Spach (1850); Ragadiolus Post et Kuntze (1903); Rhagadiolus Juss.(1789) Nom. illegit.(废弃属名); Rhagadiolus Scop.(1754)(废弃属名); Rhagadiolus Tourn. ex Scop.(1777) Nom. illegit.(废弃属名); Rhagadiolus Zinn(1757) Nom. illegit.(废弃属名)■☆

44029 Rhagadiolus Zinn(1757) Nom. illegit.(废弃属名) ≡ Hedypnois Mill.(1754); ~ = Rhagadiolus Vaill.(1789)(保留属名) [菊科 Asteraceae(Compositae)]■☆

44030 Rhaganus E. Mey.(1843) = Bersama Fresen.(1837) [蜜花科 (假栾树科,羽叶树科)Melianthaceae]●☆

44031 Rhagodia R. Br.(1810)【汉】肉被藜属(假葡萄属)。【隶属】藜科 Chenopodiaceae。【包含】世界11种。【学名诠释与讨论】〈阴〉(希) rhax,所有格 rhagos,浆果,仁,核,葡萄。rhagodes,像葡萄的+odous,所有格 odontos,齿。【分布】澳大利亚,玻利维亚。【后选模式】Rhagodia billardieri R. Brown, Nom. illegit. [Chenopodium baccatum Labillardière; Rhagodia baccata (Labillardière) Moquin]。【参考异名】Einadia Raf.(1838)●☆

44032 Rhamindium Sarg.(1884) = Rhamnidium Reissek(1861) [鼠李科 Rhamnaceae]●☆

44033 Rhammatophyllum O. E. Schulz(1933)【汉】假糖芥属。【隶属】十字花科 Brassicaceae(Cruciferae)。【包含】世界2-9种。【学名诠释与讨论】〈中〉(希) rhamma,所有格 rhammatos 缝,线,补丁+希腊文 phyllon,叶子。phyllodes,似叶的,多叶的。phylleion,绿色材料,绿草。此属的学名"Rhammatophyllum O. E. Schulz, Repert. Spec. Nov. Regni Veg. 33:190. 15 Nov 1933"是一个替代名称。"Mitophyllum O. E. Schulz, Notizbl. Bot. Gart. Berlin-Dahlem 11:872. 1 Aug 1933"是一个非法名称(Nom. illegit.),因为此前已经有了"Mitophyllum E. L. Greene, Leafl. Bot. Observ. Crit. 1:88. 21 Dec 1904 [十字花科 Brassicaceae (Cruciferae)]"。故用"Rhammatophyllum O. E. Schulz(1933)"替代之。亦有文献把"Rhammatophyllum O. E. Schulz(1933)"处理为"Erysimum L.(1753)"的异名。【分布】亚洲中部。【模式】Rhammatophyllum pachyrhizum (Karelin et Kirilov) O. E. Schulz [as 'pachyrrhizum'] [Arabis pachyrhiza Karelin et Kirilov]。【参考异名】Erysimum L.(1753); Koelzia Rech. f.(1951); Mitophyllum Greene(1904); Mitophyllum O. E. Schulz(1933) Nom. illegit.; Prionotrichon Botsch. et Vved.(1948)■☆

44034 Rham-Mloluma Baill.(1890) Nom. illegit. = Lucuma Molina (1782); ~ = Rhamnoluma Baill.(1890) [山榄科 Sapotaceae]●

44035 Rhamnaceae Juss.(1789) [as 'Rhamni'](保留科名)【汉】鼠李科。【日】クロウメモドキ科。【俄】Крушинные, Крушиновые。【英】Buckthorn Family。【包含】世界49-58属900-925种,中国13-15属137-157种。【分布】广泛分布。【科名模式】Rhamnus L.(1753)●■

44036 Rhamnella Miq.(1867)【汉】猫乳属(假鼠李属,长叶绿柴属)。【日】ネコノチチ属。【英】Rhamnella。【隶属】鼠李科 Rhamnaceae。【包含】世界8-10种,中国8种。【学名诠释与讨论】〈阴〉(属) Rhamnus 鼠李属+拉丁文-ella 指小式尾。指其与鼠李属相近。【分布】澳大利亚(热带),巴基斯坦,马来西亚,中国,美拉尼西亚群岛至斐济,亚洲从西喜马拉雅山至日本。【模式】Rhamnella japonica Miquel [as 'iaponica']。【参考异名】Chaydaia Pit.(1912); Dallachya F. Muell.(1875); Microhamnus A. Gray●

44037 Rhamnicastrum Kuntze(1891) Nom. illegit. ≡ Aembilla Adans.(1763)(废弃属名); ~ = Scolopia Schreb.(1789)(保留属名) [刺篱木科(大风子科)Flacourtiaceae]●

44038 Rhamnicastrum L. ex Kuntze(1891) Nom. illegit. ≡ Rhamnicastrum Kuntze(1891) Nom. illegit.; ~ ≡ Aembilla Adans.(1763)(废弃属名); ~ = Scolopia Schreb.(1789)(保留属名) [刺篱木科(大风子科)Flacourtiaceae]●

44039 Rhamnidium Reissek(1861)【汉】肖鼠李属。【隶属】鼠李科 Rhamnaceae。【包含】世界12种。【学名诠释与讨论】〈中〉(属) Rhamnus 鼠李属+-idius,-idia,-idium,指示小的词尾。【分布】巴拿马,秘鲁,玻利维亚,厄瓜多尔,西印度群岛,中美洲。【后选模式】Rhamnidium elaeocarpum Reissek。【参考异名】Rhamindium Sarg.(1884)●☆

44040 Rhamnobrina H. Perrier(1943) = Colubrina Rich. ex Brongn.

（1826）（保留属名）［鼠李科 Rhamnaceae］●

44041 Rhamnoides Mill.（1754）Nom. illegit. ≡ Hippophae L.（1753）［胡颓子科 Elaeagnaceae］●

44042 Rhamnoides Tourn. ex Moench（1794）= Hippophae L.（1753）［胡颓子科 Elaeagnaceae］●

44043 Rhamnoluma Baill.（1890）= Lucuma Molina（1782）；~ = Pichonia Pierre（1890）［山榄科 Sapotaceae］●☆

44044 Rhamnoneuron Gilg（1894）【汉】鼠皮树属。【英】Rhamnoneuron。【隶属】瑞香科 Thymelaeaceae。【包含】世界 2 种，中国 1 种。【学名诠释与讨论】〈中〉（希）rhamnos，鼠李 + neuron = 拉丁文 nervus，脉，筋，腱，神经。【分布】中国，中南半岛。【模式】Rhamnoneuron balansae（Drake）Gilg［Wikstroemia balansae Drake］●

44045 Rhamnopsis Rchb.（1828）= Flacourtia Comm. ex L'Hér.（1786）［刺篱木科（大风子科）Flacourtiaceae］●

44046 Rhamnos St. -Lag.（1880）= Rhamnus L.（1753）［鼠李科 Rhamnaceae］●

44047 Rhamnus L.（1753）【汉】鼠李属。【日】クロウメモドキ属。【俄】Жестер, Жестёр, Жостер, Крушина, Крушинник。【英】Alder Buckthorn, Buckthorn, Chinese Green Indigo, Dogwood。【隶属】鼠李科 Rhamnaceae。【包含】世界 100-250 种，中国 57-69 种。【学名诠释与讨论】〈阴〉（希）rhamnos，鼠李的古名。来自凯尔特语 ram，枝条，灌木。指枝条丛生、具刺的灌木。此属的学名，ING、APNI、TROPICOS 和 IK 记载是"Rhamnus L. , Sp. Pl. 1：193. 1753［1 May 1753］"。"Cervispina C. G. Ludwig, Inst. ed. 2. 141. 1-5 Mar 1757"是"Rhamnus L.（1753）"的晚出的同模式异名（Homotypic synonym, Nomenclatural synonym）。【分布】巴基斯坦，巴拿马，秘鲁，玻利维亚，厄瓜多尔，哥伦比亚（安蒂奥基亚），马达加斯加，美国（密苏里），尼加拉瓜，中国，中美洲。【后选模式】Rhamnus catharticus Linnaeus。【参考异名】Alaternus Mill.（1754）；Apetiorhamnus Nieuwl.（1915）Nom. inval.；Apetlothamnus Nieuwl. ex Lunell（1916）；Aspidocarpus Neck.（1790）Nom. inval.；Atadinus Raf.（1838）；Atulandra Raf.（1838）；Cardiolepis Raf.（1825）Nom. illegit.；Ceanothus Wall.；Cervispina Ludw.（1757）Nom. illegit.；Cervispina Moench（1794）Nom. illegit.；Endotropis Raf.（1825）；Endotropis Raf.（1838）Nom. illegit.；Forgerouxa Neck.（1790）Nom. inval.；Frangula（Tourn.）Mill.（1754）Nom. illegit.；Frangula Mill.（1754）；Frangula Tourn. ex Haller（1742）Nom. inval.；Girtaneria Raf.（1838）Nom. illegit.；Girtanneria Neck.（1790）Nom. inval.；Girtanneria Neck. ex Raf.（1838）；Hethingeria Raf.；Hettlingeria Neck.（1790）Nom. inval.；Lithoplis Raf.（1838）；Oreoherzogia W. Vent（1962）；Oreorhamnus Ridl.（1920）；Perfonon Raf.（1838）；Rhamnos St. - Lag.（1880）；Sciadophila Phil.（1857）；Trichroa Raf. ●

44048 Rhamophidia Lindl. = Hetaeria Blume（1825）［as 'Etaeria'］（保留属名）［兰科 Orchidaceae］■

44049 Rhamphicarpa Benth.（1836）【汉】钩果列当属（钩果玄参属）。【俄】Рамфикарпа。【隶属】玄参科 Scrophulariaceae//列当科 Orobanchaceae。【包含】世界 6 种。【学名诠释与讨论】〈阴〉（希）rhamphis，所有格 rhamphidos，钩；rhamphos，鸟嘴，喙 + karpos，果实。【分布】澳大利亚，非洲，马达加斯加，新几内亚岛，印度。【后选模式】R Rhamphicarpa. tubulosa（Linnaeus f.）Bentham［Gerardia tubulosa Linnaeus f.］。【参考异名】Bradshawia F. Muell.（1890）；Macrosiphon Hochst.（1841）；Ramphicarpa Rchb.（1841）■☆

44050 Rhamphidia（Lindl.）Lindl.（1857）= Hetaeria Blume（1825）［as 'Etaeria'］（保留属名）［兰科 Orchidaceae］■

44051 Rhamphidia Lindl.（1857）Nom. illegit. ≡ Rhamphidia（Lindl.）Lindl.（1857）；~ = Hetaeria Blume（1825）［as 'Etaeria'］（保留属名）［兰科 Orchidaceae］■

44052 Rhamphocarya Kuang（1941）= Annamocarya A. Chev.（1941）；~ = Carya Nutt.（1818）（保留属名）［胡桃科 Juglandaceae］●

44053 Rhamphogyne S. Moore（1914）【汉】喙果菀属。【隶属】菊科 Asteraceae（Compositae）。【包含】世界 2 种。【学名诠释与讨论】〈阴〉（希）rhamphos，鸟嘴，喙 + gyne，所有格 gynaikos，雌性，雌蕊。【分布】毛里求斯（罗德里格斯岛）。【模式】Rhamphogyne rhynchocarpa（I. B. Balfour）S. M. Moore［Abrotanella rhynchocarpa I. B. Balfour］■☆

44054 Rhampholepis Stapf（1917）= Sacciolepis Nash（1901）［禾本科 Poaceae（Gramineae）］■

44055 Rhamphorhynchus Garay（1977）【汉】新钩喙兰属。【隶属】兰科 Orchidaceae。【包含】世界 1 种。【学名诠释与讨论】〈阳〉（希）rhamphis，所有格 rhamphidos，钩 + rhynchos，喙，嘴。【分布】巴西。【模式】Rhamphorhynchus mendoncae（A. C. Brade et G. F. J. Pabst）L. A. Garay［Erythrodes mendoncae A. C. Brade et G. F. J. Pabst］■☆

44056 Rhamphospermum Andrz. ex Besser（1822）= Sinapis L.（1753）［十字花科 Brassicaceae（Cruciferae）］■

44057 Rhamphospermum Rchb.（1827）Nom. illegit. = Sinapis L.（1753）［十字花科 Brassicaceae（Cruciferae）］■

44058 Rhanteriopsis Rauschert（1982）【汉】隆脉菊属。【隶属】菊科 Asteraceae（Compositae）。【包含】世界 2-4 种。【学名诠释与讨论】〈阴〉（属）Rhanterium 外包菊属 + 希腊文 opsis，外观，模样，相似。此属的学名"Rhanteriopsis S. Rauschert, Taxon 31：557. 9 Aug 1982"是一个替代名称。"Postia E. P. Boissier et E. Blanche in E. P. Boissier, Fl. Orient. 3：182. Sep - Oct 1875"是一个非法名称（Nom. illegit.），因为此前已经有了真菌的"Postia Fries, Hym. Europ. 586. 1874"。故用"Rhanteriopsis Rauschert（1982）"替代之。"Takhtajanianthus A. B. De, Curr. Sci. 57：615. 5 Jun 1988"亦是"Rhanteriopsis Rauschert（1982）"的晚出的同模式异名（Homotypic synonym, Nomenclatural synonym）。【分布】亚洲西部。【模式】Rhanteriopsis lanuginosa（A. P. de Candolle）S. Rauschert［Asteriscus lanuginosus A. P. de Candolle］。【参考异名】Postia Boiss. et Blanche（1875）Nom. illegit.；Takhtajanianthus A. B. De（1988）Nom. illegit. ●☆

44059 Rhanterium Desf.（1799）【汉】外包菊属。【隶属】菊科 Asteraceae（Compositae）。【包含】世界 3 种。【学名诠释与讨论】〈中〉（希）rhantos，露水洒得斑斑点点的。Rhanter，洒，撒。指种子。【分布】非洲西北部至巴基斯坦（俾路支）。【模式】Rhanterium suaveolens Desfontaines。【参考异名】Musilia Velen.（1923）●☆

44060 Rhaphanos St. -Lag.（1880）= Raphanus L.（1753）［十字花科 Brassicaceae（Cruciferae）］■

44061 Rhaphedospera Wight（1850）= Justicia L.（1753）；~ = Rhaphidospora Nees（1832）［爵床科 Acanthaceae//鸭嘴花科（鸭咀花科）Justiciaceae］●■

44062 Rhaphiacme K. Schum.（1893）= Raphionacme Harv.（1842）［萝藦科 Asclepiadaceae］■☆

44063 Rhaphidanthe Hiern ex Gürke（1891）= Diospyros L.（1753）［柿树科 Ebenaceae］●

44064 Rhaphidiocystis Hook. f.（1871）= Raphidiocystis Hook. f.（1867）［葫芦科（瓜科，南瓜科）Cucurbitaceae］■☆

44065 Rhaphidophora Hassk.（1842）【汉】崖角藤属（莉牟芋属，针房藤属）。【日】ラフィドフォラ属。【英】Rhaphidophora。【隶属】

天南星科 Araceae。【包含】世界 100-140 种，中国 11 种。【学名诠释与讨论】〈阴〉〈希〉rhaphis，所有格 rhaphidos，针，棒+phoros，具有，梗，负载，发现者。指果实。【分布】巴基斯坦，印度至马来西亚，中国，法属新喀里多尼亚。【模式】Rhaphidophora lacera Hasskarl, Nom. illegit. ［Pothos pertusa Roxburgh；Rhaphidophora pertusa（Roxburg）Schott］。【参考异名】Afrorhaphidophora Engl.（1906）；Raphidophora Hassk.（1842）●■

44066 Rhaphidophyllum Benth.（1846）= Raphidophyllum Hochst.（1841）；~ = Sopubia Buch. – Ham. ex D. Don（1825）［玄参科 Scrophulariaceae］■

44067 Rhaphidophyton Iljin（1936）【汉】硬叶蓬属。【俄】Рафидофитон。【隶属】藜科 Chenopodiaceae。【包含】世界 1 种。【学名诠释与讨论】〈中〉〈希〉rhaphis，所有格 rhaphidos，针+phyton，植物，树木，枝条。此属的学名是"Rhaphidophyton M. M. Iljin in B. K. Schischkin, Fl. URSS 6：877. 1936（post 5 Nov）"。亦有文献把其处理为"Noaea Moq.（1849）"的异名。【分布】亚洲中部。【模式】Rhaphidophyton regelii（Bunge）M. M. Iljin ［Noaea regelii Bunge］。【参考异名】Noaea Moq.（1849）●☆

44068 Rhaphidorhynchus Finet（1907）= Aerangis Rchb. f.（1865）；~ = Beclardia A. Rich.（1828）Nom. illegit.；~ = Calyptrochilum Kraenzl.（1895）；~ = Microcoelia Lindl.（1830）；~ = Tridactyle Schltr.（1914）［兰科 Orchidaceae］■☆

44069 Rhaphidosperma G. Don（1839）= Rhaphidospora Nees（1832）［爵床科 Acanthaceae］●■

44070 Rhaphidospora Nees（1832）【汉】针子草属。【英】Needlegrass, Needle-grass。【隶属】爵床科 Acanthaceae。【包含】世界 12 种，中国 1 种。【学名诠释与讨论】〈阴〉〈希〉rhaphis，所有格 rhaphidos，针+spora，孢子，种子。指种子细长如针。此属的学名是"Rhaphidospora Nees in Wallich, Pl. Asiat. Rar. 3：77, 115. 15 Aug 1832"。亦有文献把其处理为"Justicia L.（1753）"的异名。【分布】巴基斯坦，马达加斯加，马来西亚（西部），中国，热带非洲。【模式】Rhaphidospora glabra（Koenig ex Roxburgh）Nees ［Justicia glabra Koenig ex Roxburgh］。真菌的"Rhaphidophora Cesati et De Notaris, Sfer. Ital. 79. 1863（non Hasskarl 1842）≡ Rhaphidospora E. M. Fries 1849"和"Rhaphidospora E. M. Fries, Summa Veg. Scand. 401. 1849"是晚出的非法名称。【参考异名】Justicia L.（1753）；Raphidospora Rchb.（1837）；Rhaphedospera Wight（1850）；Rhaphidosperma G. Don（1839）；Rhapidospora Rchb.（1841）●■

44071 Rhaphidura Bremek.（1940）【汉】针尾茜属。【隶属】茜草科 Rubiaceae。【包含】世界 1 种。【学名诠释与讨论】〈阴〉〈希〉rhaphis，所有格 rhaphidos，针+-urus，-ura，-uro，用于希腊文组合词，含义为"尾巴"。【分布】加里曼丹岛。【模式】Rhaphidura lowii（Ridley）Bremekamp ［Urophyllum lowii Ridley］●☆

44072 Rhaphiodon Schauer（1844）【汉】针齿草属。【隶属】唇形科 Lamiaceae（Labiatae）。【包含】世界 1 种。【学名诠释与讨论】〈阳〉〈希〉rhaphis，所有格 rhaphidos，针+odous，所有格 odontos，齿。此属的学名是"Rhaphiodon Schauer, Flora 27：345. 7 Jun 1844"。亦有文献把其处理为"Hyptis Jacq.（1787）（保留属名）"的异名。【分布】巴西。【模式】Rhaphiodon echinus（Nees et Martius）Schauer ［Zapania echinus Nees et Martius］。【参考异名】Hyptis Jacq.（1787）（保留属名）；Raphiodon Benth.（1848）；Zapania Nees et Mart.■☆

44073 Rhaphiolepis Ker Gawl.（废弃属名）= Rhaphiolepis Lindl.（1820）［as 'Raphiolepis'］（保留属名）［蔷薇科 Rosaceae］●

44074 Rhaphiolepis Lindl.（1820）［as 'Raphiolepis'］（保留属名）【汉】石斑木属（车轮梅属，春花属）。【日】シャリンバイ属。

【俄】Иглочешуйник。【英】Hawthorn, Indian Hawthorn, Raphiolepis。【隶属】蔷薇科 Rosaceae。【包含】世界 5-15 种，中国 7-8 种。【学名诠释与讨论】〈阴〉〈希〉rhaphis，所有格 rhaphidos，针+lepis，所有格 lepidos，指小式 lepion 或 lepidion，鳞，鳞片。lepidotos，多鳞的。lepos，鳞，鳞片。指花序上的苞片狭披针形。此属的学名"Rhaphiolepis Lindl. in Bot. Reg.：ad t. 468. 1 Jul 1820（'Raphiolepis'）（orth. cons.）"是保留属名。相应的废弃属名是蔷薇科 Rosaceae 的"Opa Lour. ,Fl. Cochinch. :304,308. Sep 1790 = Rhaphiolepis Lindl.（1820）［as 'Raphiolepis'］（保留属名）= Syzygium P. Browne ex Gaertn.（1788）（保留属名）= Syzygium P. Browne ex Gaertn.（1788）（保留属名）+ Raphiolepis Lindl.（1820）Nom. illegit."。其变体"Raphiolepis Lindl.（1820）Nom. illegit.（废弃属名）≡ Rhaphiolepis Lindl.（1820）"亦应废弃。蔷薇科 Rosaceae 的"Rhaphiolepis Poir. ,Dict. Sci. Nat. ,ed. 2. ［F. Cuvier］45：314. 1827 ［Feb 1827］= Rhaphiolepis Lindl.（1820）［as 'Raphiolepis'］（保留属名）"也应废弃。"Rhaphiolepis Ker Gawl. = Rhaphiolepis Lindl.（1820）［as 'Raphiolepis'］（保留属名）"和"Rhaphiolepis Lindl. ex Ker Gawl.（废弃属名）= Rhaphiolepis Lindl.（1820）［as 'Raphiolepis'］（保留属名）"似命名人引证有误，亦应废弃。【分布】中国，亚热带东亚。【模式】Rhaphiolepis indica（Linnaeus）Lindley ［Crataegus indica Linnaeus］。【参考异名】Opa Lour.（1790）（废弃属名）；Raphiolepis Lindl.（1820）Nom. illegit.；Rhaphiolepis Ker Gawl.（废弃属名）；Rhaphiolepis Lindl. ex Ker Gawl.（废弃属名）；Rhaphiolepis Poir.（1827）（废弃属名）●

44075 Rhaphiolepis Lindl. ex Ker Gawl.（废弃属名）= Rhaphiolepis Lindl.（1820）［as 'Raphiolepis'］（保留属名）［蔷薇科 Rosaceae］●

44076 Rhaphiolepis Poir.（1827）（废弃属名）= Rhaphiolepis Lindl.（1820）［as 'Raphiolepis'］（保留属名）［蔷薇科 Rosaceae］●

44077 Rhaphionacme Müll. Berol. , Nom. illegit. = Raphionacme Harv.（1842）［萝藦科 Asclepiadaceae］■☆

44078 Rhaphiophallus Schott（1858）= Amorphophallus Blume ex Decne.（1834）（保留属名）［天南星科 Araceae］■●

44079 Rhaphiostylis Planch. ex Benth.（1849）【汉】针柱茶萸属。【隶属】茶萸科 Icacinaceae。【包含】世界 6 种。【学名诠释与讨论】〈阴〉〈希〉rhaphis，所有格 rhaphidos，针+stylos =拉丁文 style，花柱，中柱，有尖之物，桩，柱，支持物，支柱，石头做的界标。【分布】热带非洲西部。【模式】Rhaphiostylis beninensis（J. D. Hooker ex Planchon）Planchon ex Bentham ［Apodytes beninensis J. D. Hooker ex Planchon］。【参考异名】Chelonecarya Pierre（1896）；Raphiostyles Benth. et Hook. f.（1862）●☆

44080 Rhaphis Lour.（1790）（废弃属名）= Chrysopogon Trin.（1820）（保留属名）［禾本科 Poaceae（Gramineae）］■

44081 Rhaphis Walp.（1852）Nom. illegit.（废弃属名）= Rhapis L. f.（1789）［棕榈科 Arecaceae（Palmae）］●

44082 Rhaphispermum Benth.（1846）【汉】针子参属。【隶属】玄参科 Scrophulariaceae//列当科 Orobanchaceae。【包含】世界 1 种。【学名诠释与讨论】〈中〉〈希〉rhaphis，所有格 rhaphidos，针+sperma，所有格 spermatos，种子，孢子。【分布】马达加斯加。【模式】Rhaphispermum gerardioides Bentham ●☆

44083 Rhaphistemma Meisn.（1840）Nom. illegit. ≡ Raphistemma Wall.（1831）［萝藦科 Asclepiadaceae］●

44084 Rhaphistemum Walp.（1849）= Raphistemma Wall.（1831）［萝藦科 Asclepiadaceae］●●

44085 Rhaphitamnus B. D. Jacks. , Nom. illegit. = Rhaphithamnus Miers（1870）［马鞭草科 Verbenaceae］●☆

44086　Rhaphithamnus Miers(1870)【汉】刺番樱桃属。【日】ラフィサムヌス属。【隶属】马鞭草科 Verbenaceae。【包含】世界2种。【学名诠释与讨论】〈阳〉(希)rhaphis, 所有格 rhaphidos, 针 + thamnos, 指小式 thamnion, 灌木, 灌丛, 树丛, 枝。【分布】阿根廷, 胡安 - 费尔南德斯群岛, 智利。【模式】Rhaphithamnus cyanocarpus (W. J. Hooker et Arnott) Miers [Citharexylon cyanocarpum W. J. Hooker et Arnott]。【参考异名】Guayunia Gay ex Moldenke(1937); Horbleria Pav. ex Moldenke(1937); Poeppigia Bertero ex Férussac(1830) Nom. inval.; Poeppigia Bertero(1830) Nom. inval.; Poppigia Hook. et Arn. (1832); Raphithamnus Dalli Torre et Harms (1904) Nom. illegit.; Raphithamnus Miers (1870) Nom. inval., Nom. illegit.; Rhaphitamnus B. D. Jacks. ●☆

44087　Rhapidaceae Bercht. et J. Presl = Arecaceae Bercht. et J. Presl (保留科名)//Palmae Juss. (保留科名)●

44088　Rhapidophyllum H. Wendl. et Drude(1876)【汉】棘叶棕属(发棕榈属, 针棕属)。【日】ハリヤシ属。【俄】Рапидофиллум, Рапидофиллюм。【英】Needle Palm。【隶属】棕榈科 Arecaceae (Palmae)。【包含】世界1种。【学名诠释与讨论】〈中〉(希)rhaphis, 所有格 rhaphidos, 针, 棒。指叶的裂片细长, 或指花冠裂齿具尖芒。或 Rhapis 棕竹属(观音棕竹属, 竹棕属) + phyllon。【分布】美国(东南部)。【模式】Rhapidophyllum hystrix (Pursh) H. Wendland et Drude [Chamaerops hystrix Pursh]●☆

44089　Rhapidospora Rchb. (1841) = Rhaphidospora Nees(1832) [爵床科 Acanthaceae]●■

44090　Rhapis L. f. (1789)【汉】棕竹属(观音棕竹属, 竹棕属)。【日】カンノンジュロ属, クワンオンチク属, シュロチク属, ハリヤシ属。【俄】Рапис。【英】China Cane, Lady Palm, Ladypalm, Ladypalms, Patridge Cane, Rhapis。【隶属】棕榈科 Arecaceae (Palmae)。【包含】世界12种, 中国5-6种。【学名诠释与讨论】〈阴〉(希)rhaphis, 所有格 rhaphidos, 针。指叶的裂片细长, 或指花冠裂齿具尖芒。此属的学名, ING 和 TROPICOS 记载是 "Rhapis Linnaeus f. ex W. Aiton, Hortus Kew 3: 473. 7 Aug-1 Oct 1789"。IK 则记载为 "Rhapis L. f., Hort. Kew. [W. Aiton]3: 473. 1789"。三者引用的文献相同。【分布】巴基斯坦, 哥伦比亚(安蒂奥基亚), 印度尼西亚(爪哇岛), 中国。【后选模式】Rhapis flabelliformis L' Héritier ex W. Aiton, Nom. illegit. [Chamaerops excelsa Thunberg; Rhapis excelsa (Thunberg) A. Henry ex Rehder]。【参考异名】Rapis L. f. (1789) Nom. illegit.; Rapis L. f. ex Aiton (1789) Nom. illegit.; Rhaphis Walp. (1852) Nom. illegit. (废弃属名); Rhapis L. f. ex Aiton(1789) Nom. illegit. ●

44091　Rhapis L. f. ex Aiton(1789) Nom. illegit. ≡ Rhapis L. f. (1789) [棕榈科 Arecaceae(Palmae)]●

44092　Rhapontica Hill (1762) = Rhaponticum Ludw. (1757) Nom. illegit.; ~ = Jacea Mill. (1754); ~ = Centaurea L. (1753) (保留属名); ~ = Leuzea DC. (1805) [菊科 Asteraceae(Compositae)//矢车菊科 Centaureaceae]●■

44093　Rhaponticoides Vaill. (1754)【汉】缘膜菊属。【隶属】菊科 Asteraceae(Compositae)。【包含】世界17种。【学名诠释与讨论】〈阴〉(属)Rhaponticum 漏芦属(祁州漏芦属, 洋漏芦属) + eides, 像, 似, 或 o+eidos 形。词义为相像。【分布】安纳托利亚, 非洲, 欧洲, 亚洲中部。【模式】Centaurea centaurium L. ■☆

44094　Rhaponticum Adans. (1763) Nom. illegit. ≡ Leuzea DC. (1805); ~ = Rhaponticum Ludw. (1757) Nom. illegit. ≡ Jacea Mill. (1754); ~ = Centaurea L. (1753) (保留属名); ~ = Leuzea DC. (1805) [菊科 Asteraceae(Compositae)//矢车菊科 Centaureaceae]■

44095　Rhaponticum Haller(1742) Nom. inval. ≡ Centaurea L. (1753) (保留属名) [菊科 Asteraceae (Compositae)//矢车菊科 Centaureaceae]●■

44096　Rhaponticum Ludw. (1757) Nom. illegit. ≡ Jacea Mill. (1754); ~ = Centaurea L. (1753) (保留属名); ~ = Leuzea DC. (1805) [菊科 Asteraceae(Compositae)//矢车菊科 Centaureaceae]●■

44097　Rhaponticum Vaill. (1754)【汉】漏芦属(祁州漏芦属, 洋漏芦属)。【俄】Большеголовник, Корень маралий, Рапонтикум。【英】Rhapontic, Swiss Centaury。【隶属】菊科 Asteraceae (Compositae)。【包含】世界20-26种, 中国2种。【学名诠释与讨论】〈中〉(拉)rhaponticum, 黑海植物名称。此属的学名, 《中国植物志》英文版使用 "Rhaponticum Vaillant, Königl. Akad. Wiss. Paris. 5: 177. 1754" 为正名。早期文献经常用为正名的 "Rhaponticum Ludwig, Inst. Reg. Veg. ed. 2. 123. 1757 ≡ Centaurea L. (1753) (保留属名) = Leuzea DC. (1805) ≡ Jacea Mill. (1754) [菊科 Asteraceae (Compositae)]" 是晚出的非法名称。"Rhaponticum Adans. , Fam. Pl. (Adanson) 2: 117(1763) ≡ Leuzea DC. (1805) = Rhaponticum Ludw. (1757) Nom. illegit. [菊科 Asteraceae(Compositae)]" 亦是晚出的非法名称。"Rhaponticum Haller, Enum. Stirp. Helv. ii. 687(1742) = Centaurea L. (1753) (保留属名) [菊科 Asteraceae (Compositae)//矢车菊科 Centaureaceae]" 是命名起点著作之前的名称。《中国植物名称》使用的 "Rhaponticum Lam." 来源不详。《中国植物志》中文版承认 "顶羽菊属 Acroptilon Cass. (1827)"; 英文版则把其处理为本属的异名。【分布】中国, 欧洲山区, 亚洲。【后选模式】Rhaponticum jacea (Linnaeus) Scopoli [Centaurea jacea Linnaeus]。【参考异名】Acroptilon Cass. (1827); Centaurea L. (1753) (保留属名); Centaurium Haller(1768) Nom. illegit.; Jacea Mill. (1754); Klaseopsis L. Martins (2006); Leuzea DC. (1805); Rhapontica Hill (1762); Rhaponticum Adans. (1763) Nom. illegit.; Stemmacantha Cass. (1817)■

44098　Rhaptocalymma Börner (1913) = Carex L. (1753) [莎草科 Cyperaceae]■

44099　Rhaptocarpus Miers(1878) = Echites P. Browne(1756) [夹竹桃科 Apocynaceae]●☆

44100　Rhaptomeris Miers(1851) Nom. illegit. ≡ Cyclea Arn. ex Wight (1840) [防己科 Menispermaceae]●■

44101　Rhaptopetalaceae Pierre ex Tiegh. = Lecythidaceae A. Rich. (保留科名); ~ = Scytopetalaceae Engl. (保留科名)●☆

44102　Rhaptopetalaceae Tiegh. = Lecythidaceae A. Rich. (保留科名); ~ = Scytopetalaceae Engl. (保留科名)●☆

44103　Rhaptopetalaceae Tiegh. ex Soler. (1908) = Lecythidaceae A. Rich. (保留科名); ~ = Scytopetalaceae Engl. (保留科名)●☆

44104　Rhaptopetalum Oliv. (1864)【汉】带梗革瓣花属。【隶属】革瓣花科(木果树科)Scytopetalaceae。【包含】世界10种。【学名诠释与讨论】〈中〉(希)phapto, 缝 + 希腊文 petalos, 扁平的, 铺开的; petalon, 花瓣, 叶, 花叶, 金属叶子; 拉丁文的花瓣为 petalum。指花冠。【分布】热带非洲。【模式】Rhaptopetalum coriaceum Oliver ●☆

44105　Rhaptostylum Bonpl. (1813) = Heisteria Jacq. (1760) (保留属名) [铁青树科 Olacaceae]●☆

44106　Rhaptostylum Humb. et Bonpl. (1813) Nom. illegit. ≡ Rhaptostylum Bonpl. (1813); ~ = Heisteria Jacq. (1760) (保留属名) [铁青树科 Olacaceae]●☆

44107　Rhazya Decne. (1835)【汉】拉兹草属(瑞兹亚属, 瑞子亚属)。【英】Rhazya。【隶属】夹竹桃科 Apocynaceae。【包含】世界1-2种。【学名诠释与讨论】〈阴〉(希)rhazein, 狗的嗥叫。【分布】巴基斯坦, 希腊(色雷斯), 阿拉伯地区至印度, 安纳托利亚。【模式】Rhazya stricta Decaisne ■☆

44108 Rhea Endl.（1841）= Rea Bertero ex Decne.（1833）［菊科 Asteraceae（Compositae）］●☆

44109 Rheedia L.（1753）【汉】瑞氏木属（瑞地木属，瑞地木亚属）。【俄】Реедия。【英】Rheedia。【隶属】猪胶树科（克鲁西科，山竹子科，藤黄科）Clusiaceae（Guttiferae）//金丝桃科 Hypericaceae。【包含】世界 45 种。【学名诠释与讨论】〈阴〉（人）H. van Rheede，1637-1691，荷兰植物学者。此属的学名是“Rheedia Linnaeus，Sp. Pl. 1193. 1 Mai 1753”。亦有文献把其处理为“Garcinia L.（1753）”的异名。【分布】巴拿马，秘鲁，玻利维亚，马达加斯加，西印度群岛，中美洲。【模式】Rheedia lateriflora Linnaeus。【参考异名】Chloromyron Pers.（1806）Nom. illegit.；Garcinia L.（1753）；Lamprophyllum Miers（1854）Nom. illegit.；Platorheedia Rojas（1914）；Verticillaria Ruiz et Pav.（1794）●☆

44110 Rheithrophyllum Hassk.（1844）Nom. illegit.，Nom. inval. ≡ Rheitrophyllum Hassk.（1842）［苦苣苔科 Gesneriaceae］●■

44111 Rheitrophyllum Hassk.（1842）= Aeschynanthus Jack（1823）（保留属名）［苦苣苔科 Gesneriaceae］●■

44112 Rhektophyllum N. E. Br.（1882）【汉】肖网纹芋属。【英】Rhektophyllum。【隶属】天南星科 Araceae。【包含】世界 1 种。【学名诠释与讨论】〈阴〉（希）rhektos，可穿透的+phyllon，叶子。此属的学名是“Rhektophyllum N. E. Brown，J. Bot. 20：194. Jul 1882”。亦有文献把其处理为“Cercestis Schott（1857）”的异名。【分布】热带非洲西部。【模式】Rhektophyllum mirabile N. E. Brown。【参考异名】Cercestis Schott（1857）；Rectophyllum Post et Kuntze（1903）■☆

44113 Rhenactina Less. = Krylovia Schischk.（1949）［菊科 Asteraceae（Compositae）］■

44114 Rheo Hance = Tradescantia L.（1753）［鸭趾草科 Commelinaceae］■

44115 Rheochloa Filg.，P. M. Peterson et Y. Herrera（1999）【汉】新巴西禾属。【隶属】禾本科 Poaceae（Gramineae）。【包含】世界 1 种。【学名诠释与讨论】〈阴〉（希）rheo，流动，溪流+chloe，草的幼芽，嫩草，禾草。【分布】巴西。【模式】Rheochloa scabriflora Filg.，P. M. Peterson et Y. Herrera ■☆

44116 Rheome Goldblatt（1980）【汉】南非鸢尾属。【隶属】鸢尾科 Iridaceae。【包含】世界 3 种。【学名诠释与讨论】〈阴〉（属）由 Homeria 合丝鸢尾属（合满花属）字母改缀而来。此属的学名是“Rheome P. Goldblatt，Bot. Not. 133：92. 17 Mar 1980”。亦有文献把其处理为“Moraea Mill.（1758）［as ‘Morea’］（保留属名）”的异名。【分布】南非。【模式】Rheome maximilianii（Schlechter）P. Goldblatt［as ‘maximiliani’］［Homeria maximilianii Schlechter［as ‘maximiliani’］。【参考异名】Moraea Mill.（1758）［as ‘Morea’］（保留属名）■☆

44117 Rhesa Walp.（1842）= Bhesa Buch. -Ham. ex Arn.（1834）［卫矛科 Celastraceae］●

44118 Rhetinantha M. A. Blanco（2007）【汉】脂花兰属。【隶属】兰科 Orchidaceae。【包含】世界 15 种。【学名诠释与讨论】〈阴〉（希）rhetine，松脂+anthos，花。此属的学名是“Rhetinantha M. A. Blanco，Lankesteriana 7（3）：534，2007”。亦有文献把其处理为“Maxillaria Ruiz et Pav.（1794）”的异名。【分布】玻利维亚。【模式】Rhetinantha acuminata（Lindl.）M. A. Blanco［Maxillaria acuminata Lindl.］。【参考异名】Maxillaria Ruiz et Pav.（1794）■☆

44119 Rhetinocarpha Paul G. Wilson et M. A. Wilson（2006）【汉】澳大利亚万头菊属。【隶属】菊科 Asteraceae（Compositae）。【包含】世界 1 种。【学名诠释与讨论】〈阳〉（希）rhetine，松脂+carphos，木，石等的碎片，枝子，谷草等的皮壳，草藁。亦有文献把“Rhetinocarpha Paul G. Wilson et M. A. Wilson（2006）”处理为“Myriocephalus Benth.（1837）”的异名。【分布】澳大利亚（温带）。【模式】Rhetinocarpha suffruticosa（Benth.）Paul G. Wilson et M. A. Wilson。【参考异名】Myriocephalus Benth.（1837）■☆

44120 Rhetinodendron Meisn.（1839）= Robinsonia DC.（1833）（保留属名）［菊科 Asteraceae（Compositae）］●☆

44121 Rhetinolepis Coss.（1857）【汉】微囊菊属。【隶属】菊科 Asteraceae（Compositae）//春黄菊科 Anthemidaceae。【包含】世界 1 种。【学名诠释与讨论】〈阴〉（希）rhetine，松脂+lepis，所有格 lepidos，指小式 lepion 或 lepidion，鳞，鳞片。lepidotos，多鳞的。lepos，鳞，鳞片。此属的学名是“Rhetinolepis Cosson，Bull. Soc. Bot. France 3：707. post 26 Dec 1856”。亦有文献把其处理为“Anthemis L.（1753）”的异名。【分布】阿尔及利亚。【模式】Rhetinolepis lonadioides Cosson。【参考异名】Anthemis L.（1753）■☆

44122 Rhetinophloeum H. Karst.（1862）= Cercidium Tul.（1844）［豆科 Fabaceae（Leguminosae）//云实科（苏木科）Caesalpiniaceae］●☆

44123 Rhetinosperma Radlk.（1907）= Chisocheton Blume（1825）［棟科 Meliaceae］●

44124 Rheum L.（1753）【汉】大黄属。【日】カラダイオウ属，カラダイワウ属。【俄】Ревень，Реум。【英】Rhubarb。【隶属】蓼科 Polygonaceae。【包含】世界 30-60 种，中国 38-49 种。【学名诠释与讨论】〈中〉（希）rha，大黄。另说为俄语中的 Rha 河，Rha 河流域盛产大黄。另说来自希腊文 rheo，流动，指它具有泻下通便的作用。此属的学名，ING 和 IK 记载是“Rheum L.，Sp. Pl. 1：371. 1753［1 May 1753］”。“Rhabarbarum Fabricius，Enum. 28. 1759”是“Rheum L.（1753）”的晚出的同模式异名（Homotypic synonym，Nomenclatural synonym）。【分布】巴基斯坦，巴勒斯坦，玻利维亚，哥伦比亚（安蒂奥基亚），中国，温带和亚热带亚洲。【后选模式】Rheum rhaponticum Linnaeus。【参考异名】Rabarbarum Post et Kuntze（1903）；Rhabarbarum Adans.（1763）Nom. illegit.；Rhabarbarum Fabr.（1759）Nom. illegit.；Rhabarbarum Tourn. ex Adans.（1763）Nom. illegit. ■

44125 Rhexia Gronov.（1753）Nom. illegit. ≡ Rhexia L.（1753）［野牡丹科 Melastomataceae］●■☆

44126 Rhexia Gronov. ex L.（1753）≡ Rhexia L.（1753）［野牡丹科 Melastomataceae］●■☆

44127 Rhexia L.（1753）【汉】鹿草属（瑞克希阿木属，瑞克希阿属）。【日】レキシア属。【英】Meadow Beauty。【隶属】野牡丹科 Melastomataceae。【包含】世界 13 种。【学名诠释与讨论】〈阴〉（希）希腊古名。rhegnymi，打破，折断，裂口，破裂。rhexis，破裂。可能指其有愈伤的药效。此属的学名，ING 和 TROPICOS 记载是“Rhexia Linnaeus，Sp. Pl. 346. 1 Mai 1753”。GCI 和 IK 则记载为“Rhexia Gronov.，Sp. Pl. 1：346. 1753［1 May 1753；Gen. Pl. ed. 5. 163. 1754”。“Rhexia Gronov.”是命名起点著作之前的名称，故“Rhexia L.（1753）”和“Rhexia Gronov. ex L.（1753）”都是合法名称，可以通用。但是不能用“Rhexia（Gronov.）L.（1753）”和“Rhexia Gronov.（1753）”。“Alifanus Adanson，Fam. 2：234. Jul-Aug 1763”和“Alifanus Pluk. ex Adans.，Fam. Pl.（Adanson）2：234. 1763”是“Rhexia L.（1753）”的晚出的同模式异名（Homotypic synonym，Nomenclatural synonym）。【分布】玻利维亚，美国（东部），中美洲。【后选模式】Rhexia virginica Linnaeus。【参考异名】Alifanus Adans.（1763）Nom. illegit.；Alifanus Pluk. ex Adans.（1763）Nom. illegit.；Hypostate Hoffmanns.（1833）；Rhexia Gronov.（1753）Nom. illegit. ●；Rhexia Gronov. ex L.（1753）■☆

44128 Rhexiaceae Dumort.（1822）= Melastomataceae Juss.（保留科名）●■

44129　Rhigiocarya Miers（1864）【汉】硬果藤属。【隶属】防己科 Menispermaceae。【包含】世界 2-3 种。【学名诠释与讨论】〈阴〉（希）rhigos，霜，冷+karyon，胡桃，硬壳果，核，坚果。【分布】热带非洲西部。【模式】Rhigiocarya racemifera Miers。【参考异名】Miersiophyton Engl.（1899）；Rhigicarya Miers；Rigiocarya Post et Kuntze（1903）●☆

44130　Rhigiophyllum Hochst.（1842）【汉】霜叶桔梗属。【隶属】桔梗科 Campanulaceae。【包含】世界 1 种。【学名诠释与讨论】〈中〉（希）rhigos，霜，冷+希腊文 phyllon，叶子。phyllodes，似叶的，多叶的。phylleion，绿色材料，绿草。【分布】非洲南部。【模式】Rhigiophyllum squarrosum Hochstetter。【参考异名】Rigiophyllum Post et Kuntze（1903）Nom. illegit. ●☆

44131　Rhigiothamnus（Less.）Spach（1841）= Dicoma Cass.（1817）［菊科 Asteraceae（Compositae）]●☆

44132　Rhigiothamnus Spach（1841）Nom. illegit. ≡ Rhigiothamnus（Less.）Spach（1841）= Dicoma Cass.（1817）［菊科 Asteraceae（Compositae）]●☆

44133　Rhigospira Miers（1878）【汉】南美夹竹桃属。【隶属】夹竹桃科 Apocynaceae//红月桂科 Tabernaemontanaceae。【包含】世界 1 种。【学名诠释与讨论】〈阴〉（希）rhigos，霜，冷+spira，绣线菊，线圈。此属的学名是"Rhigospira Miers, Apocyn. South Amer. 67. 1878"。亦有文献把其处理为"Tabernaemontana L.（1753）"的异名。【分布】秘鲁，热带南美洲。【后选模式】Rhigospira quadrangularis（J. Müller Arg.）Miers［Ambelania quadrangularis J. Müller Arg.]。【参考异名】Rigospira Post et Kuntze（1903）；Tabernaemontana L.（1753）●☆

44134　Rhigozum Burch.（1822）【汉】五蕊簇叶木属。【隶属】紫葳科 Bignoniaceae。【包含】世界 7 种。【学名诠释与讨论】〈阴〉（希）rhigos，霜，冷+ozos，分枝，分叉，结节。指枝条刚直，不弯曲。【分布】马达加斯加，热带和非洲南部。【模式】Rhigozum trichotomum Burchell。【参考异名】Rhizogum Rchb.（1828）；Rigozum Post et Kuntze（1903）●☆

44135　Rhinacanthus Nees（1832）【汉】白鹤灵芝属（老鼠簕属，灵芝草属，灵枝草属）。【俄】Погремок。【英】Rhinacanthus。【隶属】爵床科 Acanthaceae。【包含】世界 7-25 种，中国 3 种。【学名诠释与讨论】〈阳〉（希）rhis，所有格 rhinos，鼻子+（属）Acanthus 老鼠簕属。指花冠上唇弯成鼻状。或 rhinos，鼻子+akanthos，刺。【分布】马达加斯加，也门（索科特拉岛），印度至马来西亚，中国，热带非洲，东亚。【模式】Rhinacanthus communis Nees, Nom. illegit. ［Justicia nasuta Linnaeus；Rhinacanthus nasutus（Linnaeus）Kurz]●■

44136　Rhinactina Less.（1831）Nom. illegit. ≡ Krylovia Schischk.（1949）Nom. illegit. ；~ ≡ Rhinactinidia Novopokr.（1948）［菊科 Asteraceae（Compositae）]■

44137　Rhinactina Willd.（1807）= Jungia L. f.（1782）［as 'Iungia'］（保留属名）［菊科 Asteraceae（Compositae）]■●☆

44138　Rhinactinidia Novopokr.（1948）【汉】岩菀属（岩菊属）。【俄】Крыловия。【英】Krylovia, Rockaster。【隶属】菊科 Asteraceae（Compositae）。【包含】世界 4 种，中国 2 种。【学名诠释与讨论】〈阴〉（人）Porphyry Nikitic Krylov（Porfiry Nikitich Kruilov），1850-1931，俄罗斯植物学者。此属的学名比较混乱。多有文献用"Krylovia Schischk.（1949）"为正名，包括《中国植物志》；但是它是一个晚出的非法名称，因为此前已经有了化石植物的"Krylovia V. A. Hahlov, Trudy Tomsk. Gosud. Univ. Kuibysheva, Ser. Geol. 96：12. 1939"。故 Ignatov（1983）用"Borkonstia Ignatov, Byull. Moskovsk. Obshch. Isp. Prir., Otd. Biol. 88（5）：105（1983）"替代"Krylovia Schischk.（1949）Nom. illegit."。但是，ING 记载"Krylovia Schischk.（1949）Nom. illegit."又是"Rhinactina

Lessing, Linnaea 6：119. 1831（post Mar）"的晚出的同模式异名（Homotypic synonym, Nomenclatural synonym）；而"Rhinactina Less.（1831）"亦是一个晚出的非法名称，因为此前已经有了"Rhinactina Willd., Mag. Neuesten Entdeck. Gesammten Naturk. Ges. Naturf. Freunde Berlin 1：139. 1807［菊科 Asteraceae（Compositae）]"；Novopokrovskij（1948）已经用"Rhinactinidia Novopokrovskij, Trudy Bot. Inst. Akad. Nauk SSSR, Ser. 1, Fl. Sist. Vyss. Rast. 7：114, 134. 1948"将"Rhinactina Less.（1831）Nom. illegit."替代。所以，上面所述的替代名称"Borkonstia Ignatov（1983）"就是一个晚出的非法名称了；TROPICOS 标注"Borkonstia Ignatov（1983）"是"nom. illeg. superfl."，有理。亦有文献把"Rhinactinidia Novopokr.（1948）"处理为"Aster L.（1753）"的异名。【分布】中国，亚洲中部至东西伯利亚。【模式】不详。【参考异名】Aster L.（1753）；Krylovia Schischk.（1949）Nom. illegit. ；Rhinactina Less.（1831）Nom. illegit. ；Rhinactinidia Novopokr.（1948）■

44139　Rhinanthaceae Vent.（1799）［亦见 Orobanchaceae Vent.（保留科名）列当科和 Scrophulariaceae Juss.（保留科名）玄参科］【汉】鼻花科。【包含】世界 1 属 40-50 种，中国 1 属 1 种。【分布】温带欧亚大陆，北美洲。【科名模式】Rhinanthus L.●■

44140　Rhinanthera Blume（1827）【汉】鼻药红木属。【隶属】红木科（胭脂树科）Bixaceae//刺篱木科（大风子科）Flacourtiaceae。【包含】世界 2 种。【学名诠释与讨论】〈阴〉（希）rhis，所有格 rhinos，鼻子+anthera，花药。此属的学名是"Rhinanthera Blume, Bijdr. 1121. Oct 1826 – Nov 1827"。亦有文献把其处理为"Scolopia Schreb.（1789）（保留属名）"的异名。【分布】印度尼西亚（爪哇岛）。【模式】Rhinanthera blumei Steudel。【参考异名】Scolopia Schreb.（1789）（保留属名）●☆

44141　Rhinanthus L.（1753）【汉】鼻花属。【日】オクエゾガラガラ属。【俄】Погремок。【英】Rattle, Rattlebox, Rattleweed, Yellow Rattle。【隶属】玄参科 Scrophulariaceae//鼻花科 Rhinanthaceae。【包含】世界 40-50 种，中国 1 种。【学名诠释与讨论】〈阳〉（希）rhis，所有格 rhinos，鼻子+anthos，花。指萼筒的形状如鼻。此属的学名，ING、GCI 和 IK 记载是"Rhinanthus L., Sp. Pl. 2：603. 1753［1 May 1753]"。"Alectorolophus Zinn, Cat. Pl. Gott. 288. 20 Apr – 21 Mai 1757"、"Fistularia O. Kuntze, Rev. Gen. 2：460. 5 Nov 1891（non J. Stackhouse 1816）"和"Mimulus Adanson, Fam. 2：211. Jul – Aug 1763（non Linnaeus 1753）"是"Rhinanthus L.（1753）"的晚出的同模式异名（Homotypic synonym, Nomenclatural synonym）。【分布】中国，温带欧亚大陆，北美洲。【后选模式】Rhinanthus crista – galli Linnaeus。【参考异名】Alectorolophus Mill. ；Alectorolophus Zinn（1757）Nom. illegit. ；Elephantina Bertol.（1844）Nom. illegit. ；Fistularia Kuntze（1891）Nom. illegit. ；Mimulus Adans.（1763）Nom. illegit. ；Rinanthus Gilib.（1782）■

44142　Rhinantus Gilib.（1792）Nom. illegit.［玄参科 Scrophulariaceae]☆

44143　Rhinchoglossum Blume（1826）= Rhynchoglossum Blume（1826）［as 'Rhinchoglossum'］（保留属名）［苦苣苔科 Gesneriaceae]■

44144　Rhinchosia Zoll. et Moritzi（1846）= Rhynchosia Lour.（1790）（保留属名）［豆科 Fabaceae（Leguminosae）//蝶形花科 Papilionaceae]●■

44145　Rhincospora Gaudich.（1829）= Rhynchospora Vahl（1805）［as 'Rynchospora'］（保留属名）［莎草科 Cyperaceae]■☆

44146　Rhinephyllum N. E. Br.（1927）【汉】鼻叶草属（鼻叶花属）。【日】リネフィルム属。【隶属】番杏科 Aizoaceae。【包含】世界 14 种。【学名诠释与讨论】〈中〉（希）rhis，所有格 rhinos，鼻子+phyllon，叶子。指叶形鼻状。【分布】非洲南部。【模式】

Rhinephyllum muiri N. E. Brown。【参考异名】Neorhine Schwantes（1930）；Peersia L. Bolus（1927）●☆

44147　Rhinerrhiza Rupp（1951）【汉】锉根兰属。【日】リネルミーザ属。【隶属】兰科 Orchidaceae。【包含】世界 2 种。【学名诠释与讨论】〈阴〉（希）rhine，锉+rhiza，或 rhizoma，根，根茎。【分布】澳大利亚（昆士兰，新南威尔士）。【模式】Rhinerrhiza divitiflora（F. von Mueller ex G. Bentham）H. M. R. Rupp［Sarcochilus divitiflorus F. von Mueller ex G. Bentham］■☆

44148　Rhiniachne Hochst. ex Steud.（1854）Nom. illegit. = Thelepogon Roth ex Roem. et Schult.（1817）［禾本科 Poaceae（Gramineae）］■☆

44149　Rhiniachne Steud.（1854）Nom. illegit. ≡ Rhiniachne Hochst. ex Steud.（1854）Nom. illegit. = Thelepogon Roth ex Roem. et Schult.（1817）［禾本科 Poaceae（Gramineae）］■☆

44150　Rhinium Schreb.（1791）Nom. illegit. ≡ Tigarea Aubl.（1775）；~ = Tetracera L.（1753）［锡叶藤科 Tetraceraceae//五桠果科（第伦桃科，五丫果科，锡叶藤科 Dilleniaceae］●

44151　Rhinocarpus Bertero et Balbis ex Kunth（1824）【汉】鼻果漆属。【隶属】漆树科 Anacardiaceae。【包含】世界 1 种。【学名诠释与讨论】〈阳〉（希）rhis，所有格 rhinos，鼻+karpos，果实。此属的学名，ING 记载是 "Rhinocarpus Bertero et Balbis ex Kunth in Humboldt，Bonpland et Kunth，Nova Gen. Sp. 7；ed. fol. 4；ed. qu. 5. 2 Nov 1824"。IK 记载为 "Rhinocarpus Bert. ex Kunth，Nov. Gen. Sp.［H. B. K.］viii. 5. t. 601（1825）"。TROPICOS 则记载为 "Rhinocarpus Kunth，Nov. Gen. Sp.（quarto ed.）7；5，1824"。亦有文献把 "Rhinocarpus Bertero et Balbis ex Kunth（1824）" 处理为 "Anacardium L.（1753）" 的异名。【分布】中美洲。【模式】Rhinocarpus excelsa Bertero et Balbis ex Kunth。【参考异名】Anacardium L.（1753）；Rhinocarpus Bertero ex Kunth（1824）●☆

44152　Rhinocarpus Bertero ex Kunth（1824）Nom. illegit. ≡ Rhinocarpus Bertero et Balbis ex Kunth（1824）［漆树科 Anacardiaceae］●

44153　Rhinocarpus Kunth（1824）Nom. illegit. ≡ Rhinocarpus Bertero et Balbis ex Kunth（1824）［漆树科 Anacardiaceae］●

44154　Rhinocerotidium Szlach.（2006）= Oncidium Sw.（1800）（保留属名）［兰科 Orchidaceae］■☆

44155　Rhinocidium Baptista（2006）= Oncidium Sw.（1800）（保留属名）［兰科 Orchidaceae］■☆

44156　Rhinoglossum Pritz.（1855）= Rhynchoglossum Blume（1826）［as 'Rhinchoglossum'］（保留属名）［苦苣苔科 Gesneriaceae］■

44157　Rhinolobium Arn.（1838）= Lagarinthus E. Mey.（1837）；~ = Schizoglossum E. Mey.（1838）［萝藦科 Asclepiadaceae］■☆

44158　Rhinopetalum Fisch. ex Alex.（1829）= Fritillaria L.（1753）［百合科 Liliaceae//贝母科 Fritillariaceae］■

44159　Rhinopetalum Fisch. ex D. Don（1835）Nom. illegit. = Fritillaria L.（1753）［百合科 Liliaceae//贝母科 Fritillariaceae］■

44160　Rhinopterys Nied.（1896）= Acridocarpus Guill. et Perr.（1831）（保留属名）；~ = Rhinopterys Nied.（1896）［金虎尾科（黄褥花科）Malpighiaceae］●☆

44161　Rhinorchis Szlach.（2012）【汉】鼻兰属。【隶属】兰科 Orchidaceae。【包含】世界 21 种。【学名诠释与讨论】〈阴〉（希）rhis，所有格 rhinos，鼻+orchis，所有格 orchis，兰。【分布】巴西，格兰纳特，南美洲。【模式】Rhinorchis mattogrossensis（Kraenzl.）Szlach.［Habenaria mattogrossensis Kraenzl.］☆

44162　Rhinostegia Turcz.（1843）= Thesium L.（1753）［檀香科 Santalaceae］■

44163　Rhinostigma Miq.（1861）= Garcinia L.（1753）［猪胶树科（克鲁西科，山竹子科，藤黄科）Clusiaceae（Guttiferae）//金丝桃科 Hypericaceae］●

44164　Rhinotropis（S. F. Blake）J. R. Abbott（2011）【汉】北美远志属。【隶属】远志科 Polygalaceae。【包含】世界 17 种。【学名诠释与讨论】〈阴〉（希）rhis，所有格 rhinos，鼻+tropos，转弯，方式上的改变。trope，转弯的行为。tropo，转。tropis，所有格 tropeos，后来的。tropis，所有格 tropidos，龙骨。此属的学名是 "Rhinotropis（S. F. Blake）J. R. Abbott, J. Bot. Res. Inst. Texas 5（1）：134. 2011 ［5 Aug 2011］"，由 "Polygala sect. Rhinotropis S. F. Blake Contr. Gray Herb. 47：70. 1916 ［10 Aug 1916］"改级而来。【分布】美国，北美洲。【模式】Rhinotropis lindheimeri（A. Gray）J. R. Abbott ［Polygala lindheimeri A. Gray］。【参考异名】Polygala sect. Rhinotropis S. F. Blake（1916）☆

44165　Rhiphidosperma G. Don，Nom. illegit. = Justicia L.（1753）［爵床科 Acanthaceae//鸭嘴花科（鸭咀花科）Justiciaceae］●■

44166　Rhipidantha Bremek.（1940）【汉】扇花茜属。【隶属】茜草科 Rubiaceae。【包含】世界 1 种。【学名诠释与讨论】〈阴〉（希）rhipis，所有格 rhipidos，扇，风箱+anthos，花。【分布】热带非洲。【模式】Rhipidantha chlorantha（K. Schumann）Bremekamp ［Urophyllum chloranthum K. Schumann］●☆

44167　Rhipidia Markgr.（1930）= Condylocarpon Desf.（1822）［夹竹桃科 Apocynaceae］●☆

44168　Rhipidocladum McClure（1973）【汉】扇枝竹属。【隶属】禾本科 Poaceae（Gramineae）。【包含】世界 12 种。【学名诠释与讨论】〈中〉（希）rhipis，所有格 rhipidos，扇，风箱+klados，枝，芽，指小式 kladion，棍棒。kladodes 有许多枝子的。【分布】阿根廷，巴拿马，秘鲁，玻利维亚，厄瓜多尔，哥伦比亚（安蒂奥基亚），哥斯达黎加，墨西哥，尼加拉瓜，中美洲。【模式】Rhipidocladum harmonicum（L. R. Parodi）F. A. McClure ［Arthrostylidium harmonicum L. R. Parodi］●☆

44169　Rhipidodendron Spreng.（1817）= Aloe L.（1753）［百合科 Liliaceae//阿福花科 Asphodelaceae//芦荟科 Aloaceae］●■

44170　Rhipidodendrum Willd.（1811）= Aloe L.（1753）［百合科 Liliaceae//阿福花科 Asphodelaceae//芦荟科 Aloaceae］●■

44171　Rhipidoglossum Schltr.（1918）【汉】扇舌兰属。【隶属】兰科 Orchidaceae。【包含】世界 43 种。【学名诠释与讨论】〈中〉（希）rhipis，所有格 rhipidos，扇，风箱+glossa，舌。此属的学名是 "Rhipidoglossum Schlechter, Beih. Bot. Centralbl. 36（2）：80. 30 Apr 1918"。亦有文献把其处理为 "Diaphananthe Schltr.（1914）" 的异名。【分布】参见 Diaphananthe Schltr。【后选模式】Rhipidoglossum xanthopollinium（H. G. Reichenbach）Schlechter ［Aëranthus xanthopollinius H. G. Reichenbach］。【参考异名】Diaphananthe Schltr.（1914）■☆

44172　Rhipidorchis D. L. Jones et M. A. Clem.（2004）【汉】小扇兰属。【隶属】兰科 Orchidaceae。【包含】世界 1 种。【学名诠释与讨论】〈阴〉（希）rhipis，所有格 rhipidos，扇，风箱+orchis，原义是睾丸，后变为植物兰的名称，因为根的形态而得名。变为拉丁文 orchis，所有格 orchidis。此属的学名是 "Rhipidorchis D. L. Jones et M. A. Clem.，Orchadian ［Australasian native orchid society］14（8：Sci. Suppl.）：xiv. 2004"。亦有文献把其处理为 "Oberonia Lindl.（1830）（保留属名）" 的异名。【分布】参见 Oberonia Lindl。【模式】Rhipidorchis micrantha（A. Rich.）D. L. Jones et M. A. Clem.。【参考异名】Oberonia Lindl.（1830）（保留属名）■☆

44173　Rhipidostigma Hassk.（1855）= Diospyros L.（1753）［柿树科 Ebenaceae］●

44174　Rhipogonaceae Conran. et Clifford（1985）= Ripogonaceae Conran. et Clifford ●☆

44175　Rhipogonum J. R. Forst. et G. Forst.（1776）【汉】无须菝葜属（菝葜藤属，无须藤属）。【隶属】菝葜科 Smilacaceae//红树科

Rhizophoraceae//无须藤科 Ripogonaceae。【包含】世界 6-8 种。【学名诠释与讨论】〈中〉(希) rhipis，所有格 rhipidos，扇，风箱 + pogon，所有格 pogonos，指小式 pogonion，胡须，髯毛，芒。pogonias，有须的。【分布】澳大利亚(东部)，新西兰，新几内亚岛东部。【模式】Rhipogonum scandens J. R. Forst. et G. Forst. [Ripogonum scandens J. R. Forster et J. G. A. Forster]。【参考异名】Heckelia K. Schum. (1905)；Ripogonum J. R. Forst. et G. Forst. (1776) Nom. illegit. ●☆

44176 **Rhipogonum** Spreng. (1838) = Ripogonum J. R. Forst. et G. Forst. (1776) [菝葜科 Smilacaceae//红树科 Rhizophoraceae//无须藤科 Ripogonaceae] ●☆

44177 **Rhipsalidopsis** Britton et Rose(1923)【汉】假仙人棒属(假昙花属)。【日】リプサリドプシス属。【英】Rhipsalidopsis。【隶属】仙人掌科 Cactaceae。【包含】世界 2 种，中国 1 种。【学名诠释与讨论】〈阴〉(属) Rhipsalis 仙人棒属 + 希腊文 opsis，外观，模样，相似。此属的学名是"Rhipsalidopsis N. L. Britton et J. N. Rose, Cact. 4：209. 24 Dec 1923"。亦有文献把其处理为"Hatiora Britton et Rose(1915)"的异名。【分布】巴西(南部)，中国。【模式】Rhipsalidopsis rosea (Lagerheim) N. L. Britton et J. N. Rose [Rhipsalis rosea Lagerheim]。【参考异名】Epiphyllopsis (A. Berger) Backeb. et F. M. Knuth, Nom. illegit. ；Hatiora Britton et Rose (1915) ●

44178 **Rhipsalis** Gaertn. (1788) (保留属名)【汉】仙人棒属(丝苇属)。【日】リプサリス属。【俄】Кактус пинсалис, Рипсалис。【英】Mistletoe Cactus, Rhipsalis, Wickerware Cactus。【隶属】仙人掌科 Cactaceae。【包含】世界 50-60 种，中国 4 种。【学名诠释与讨论】〈阴〉(希) rhips，编织物。指本属植物具交错而柔软的分枝。此属的学名"Rhipsalis Gaertn. , Fruct. Sem. Pl. 1：137. Dec 1788"是保留属名。相应的废弃属名是仙人掌科 Cactaceae 的"Hariota Adans. , Fam. Pl. 2：243, 520. Jul-Aug 1763 = Rhipsalis Gaertn. (1788) (保留属名)"。【分布】阿根廷，巴拿马，巴西，秘鲁，玻利维亚，厄瓜多尔，哥伦比亚，马达加斯加，尼加拉瓜，中国，西印度群岛，中美洲。【模式】Rhipsalis cassutha J. Gaertner。【参考异名】Acanthorhipsalis Britton et Rose (1923) Nom. illegit. ；Cassyta J. M. Mill. , Nom. illegit. ；Cassytha Mill. (1768) Nom. illegit. ；Disisorhipsalis Doweld (2002)；Erythrorhipsalis A. Berger (1920)；Hariota Adans. (1763) (废弃属名)；Hylorhipsalis Doweld (2002)；Lepismium Pfeiff. (1835)；Nothorhipsalis Doweld(2002)；Ophiorhipsalis (K. Schum.) Doweld (2002)；Ripsalis Post et Kuntze (1903) ●

44179 **Rhizaeris** Raf. (1838) Nom. illegit. = Laguncularia C. F. Gaertn. (1791) [使君子科 Combretaceae] ●☆

44180 **Rhizakenia** Raf. (1840) = Limnobium Rich. (1814) [水鳖科 Hydrocharitaceae] ●☆

44181 **Rhizanota** Lour. ex Gomes(1868) = Corchorus L. (1753) [椴树科(椴科，田麻科) Tiliaceae//锦葵科 Malvaceae] ●●

44182 **Rhizanthella** R. S. Rogers(1928)【汉】小根花兰属。【隶属】兰科 Orchidaceae。【包含】世界 3 种。【学名诠释与讨论】〈阴〉(希) rhiza，根，根茎 + anthos，花 +-ellus，-ella，-ellum，加在名词词干后面形成指小式的词尾。或加在人名、属名等后面以组成新属的名称。或 Rhizanthes 根生花属 +-ella。【分布】澳大利亚(西部)。【模式】Rhizanthella gardneri R. S. Rogers。【参考异名】Cryptanthemis Rupp(1932) ■☆

44183 **Rhizanthemum** Tiegh. (1901) = Amyema Tiegh. (1894) [桑寄生科 Loranthaceae] ●☆

44184 **Rhizanthes** Dumort. (1829)【汉】根生花属。【隶属】大花草科 Rafflesiaceae。【包含】世界 2-4 种。【学名诠释与讨论】〈阴〉

(希) rhiza，根，根茎 + anthos，花。此属的学名"Rhizanthes Dumortier, Analyse Fam. 14. 1829"是一个替代名称。"Brugmansia Blume, Bijdr. Natuurk. Wetensch. 2：422. 1827"是一个非法名称(Nom. illegit.)，因为此前已经有了"Brugmansia Persoon, Syn. Pl. 1：216. 1 Apr-15 Jun 1805 ≡ Rhizanthes Dumort. (1829) [大花草科 Rafflesiaceae]"。故用"Rhizanthes Dumort. (1829)"替代之。"Mycetanthe H. G. L. Reichenbach, Deutsche Bot. Herbarienbuch (Nom.) 61. Jul 1841"也是"Brugmansia Blume (1828) Nom. illegit."是替代名称，但是晚出了。"Zippelia H. G. L. Reichenbach, Handb. 164. 1-7 Oct 1837 (non Blume 1830)"和"Zippelia Rchb. ex Endl. , Gen. Pl. [Endlicher] Suppl. 2：6. 1842 [Mar-Jun 1842]"也是"Rhizanthes Dumort. (1829)"的晚出的同模式异名(Homotypic synonym, Nomenclatural synonym)。【分布】马来西亚(西部)。【模式】Rhizanthes zippelii (Blume) Spach [Brugmansia zippelii Blume]。【参考异名】Brugmansia Blume (1828) Nom. illegit. ；Mycetanthe Rchb. (1841) Nom. illegit. ；Zippelia Rchb. (1837) Nom. inval. , Nom. illegit. ；Zippelia Rchb. ex Endl. (1842) Nom. illegit. ■☆

44185 **Rhizemys** Raf. (1838) Nom. illegit. ≡ Testudinaria Salisb. (1824)；~ = Dioscorea L. (1753) (保留属名) [薯蓣科 Dioscoreaceae] ■

44186 **Rhizirideum** (G. Don) Fourr. (1869) = Allium L. (1753) [百合科 Liliaceae//葱科 Alliaceae] ■

44187 **Rhizirideum** Fourr. (1869) Nom. illegit. ≡ Rhizirideum (G. Don) Fourr. (1869)；~ = Allium L. (1753) [百合科 Liliaceae//葱科 Alliaceae] ■

44188 **Rhizium** Dulac (1867) Nom. illegit. ≡ Elatine L. (1753) [繁缕科 Alsinaceae//沟繁缕科 Elatinaceae] ■

44189 **Rhizobolaceae** DC. = Caryocaraceae Voigt(保留科名) ●☆

44190 **Rhizobolus** Gaertn. ex Schreb. (1789) Nom. illegit. ≡ Pekea Aubl. (1775)；~ = Caryocar F. Allam. ex L. (1771) [多柱树科(油桃木科) Caryocaraceae] ●☆

44191 **Rhizobotrya** Tausch(1836)【汉】奥地利山芥属。【隶属】十字花科 Brassicaceae(Cruciferae)。【包含】世界 1 种。【学名诠释与讨论】〈阴〉(希) rhiza，根，根茎 + botrys，葡萄串，总状花序，簇生。【分布】奥地利(蒂罗尔)。【模式】Rhizobotrya alpina Tausch ■☆

44192 **Rhizocephalum** Wedd. (1858)【汉】安第斯桔梗属。【隶属】桔梗科 Campanulaceae。【包含】世界 5 种。【学名诠释与讨论】〈中〉(希) rhiza，根，根茎 + kephale，头。【分布】玻利维亚，安第斯山。【模式】未指定 ●☆

44193 **Rhizocephalus** Boiss. (1844)【汉】微秆草属。【俄】Ризоцефалус。【隶属】禾本科 Poaceae(Gramineae)。【包含】世界 1 种。【学名诠释与讨论】〈阳〉(希) rhiza，根，根茎 + kephale，头。【分布】亚洲中部和西南部。【模式】Rhizocephalus orientalis Boissier ■☆

44194 **Rhizocorallon** Gagnebin (1755) Nom. illegit. = Corallorhiza Gagnebin (1755) [as 'Corallorrhiza'] (保留属名) [兰科 Orchidaceae] ■

44195 **Rhizocorallon** Hall. (1745) Nom. inval. [兰科 Orchidaceae] ■☆

44196 **Rhizogum** Rchb. (1828) = Rhigozum Burch. (1822) [紫葳科 Bignoniaceae] ●☆

44197 **Rhizomatophora** Pimenov(2012)【汉】根囊果草属。【隶属】伞形花科(伞形科) Apiaceae(Umbelliferae)。【包含】世界 1 种。【学名诠释与讨论】〈阴〉(希) rhiza，根，根茎 + mataios，空的，懒的，愚的 + phoros，具有，梗，负载，发现者。【分布】马其顿。【模式】Rhizomatophora aegopodioides (Boiss.) Pimenov [Physospermum aegopodioides Boiss.] ☆

44198 Rhizomonanthes Danser(1933)【汉】根单花寄生属。【隶属】桑寄生科 Loranthaceae。【包含】世界 1-2 种。【学名诠释与讨论】〈阴〉(希)rhiza,根,根茎+monas 单一的+anthos,花。【分布】新几内亚岛。【模式】Rhizomonanthes curvifolia (Krause) Danser [Loranthus curvifolius Krause]●☆

44199 Rhizophora L. (1753)【汉】红树属(红茄苳属)。【日】シュドリプサリス属,ヤエヤマヒルギ属,ヤヘヤマヒルギ属。【俄】Древокорень, Ризофора。【英】Mangrove。【隶属】红树科 Rhizophoraceae。【包含】世界 8-9 种,中国 3 种。【学名诠释与讨论】〈阴〉(希)rhiza,根,根茎+phoros,具有,梗,负载,发现者。指本属树木的支柱根由茎的下部发出伸入泥中。一说指种子在脱离母树前即已发芽。此属的学名,ING、APNI、GCI 和 IK 记载是 “ Rhizophora L., Sp. Pl. 1:443. 1753［1 May 1753］”。“ Mangle Adanson, Fam. 2:445,574. Jul-Aug 1763”是“Rhizophora L.(1753)”的晚出的同模式异名(Homotypic synonym, Nomenclatural synonym)。【分布】巴基斯坦,巴拿马,厄瓜多尔,哥伦比亚(安蒂奥基亚),马达加斯加,尼加拉瓜,中国,中美洲。【后选模式】Rhizophora mangle Linnaeus。【参考异名】Aerope (Endl.) Rchb. (1841); Azophora Neck. (1790) Nom. inval. ; Mangium Rumph. ex Scop. (1777); Mangle Adans. (1763) Nom. illegit. ●

44200 Rhizophoraceae Pers. (1806)(保留科名)【汉】红树科。【日】ヒルギ科。【英】Mangrove Family。【包含】世界 15-17 属 120-150 种,中国 6 属 13 种。【分布】热带,多数在旧世界。【科名模式】Rhizophora L. (1753)●

44201 Rhizophoraceae R. Br. =Rhizophoraceae Pers. (保留科名)●

44202 Rhizotaechia Radlk. (1895) Nom. illegit. [无患子科 Sapindaceae]☆

44203 Rhoaceae Spreng. ex J. Sadler =Anacardiaceae R. Br. (保留科名)●

44204 Rhoanthus Raf. = Mentzelia L. (1753) [刺莲花科(硬毛草科) Loasaceae]●■☆

44205 Rhodactinea Gardner(1847) = Barnadesia Mutis ex L. f. (1782) [菊科 Asteraceae(Compositae)]●☆

44206 Rhodactinia Benth. et Hook. f. (1873) = Rhodactinea Gardner (1847) [菊科 Asteraceae(Compositae)]●☆

44207 Rhodactinia Hook. f. (1873) Nom. illegit. ≡Rhodactinia Benth. et Hook. f. (1873); ~ =Rhodactinea Gardner(1847)[菊科 Asteraceae (Compositae)]●☆

44208 Rhodalix Raf. =Spiraea L. (1753) [蔷薇科 Rosaceae//绣线菊科 Spiraeaceae]●

44209 Rhodalsine J. Gay(1845) = Arenaria L. (1753); ~ =Minuartia L. (1753) [石竹科 Caryophyllaceae]■

44210 Rhodamnia Jack (1822)【汉】玫瑰木属。【英】Rhodamnia。【隶属】桃金娘科 Myrtaceae。【包含】世界 20-28 种,中国 1 种。【学名诠释与讨论】〈阴〉(希)rhodon,红色,玫瑰+amnos 小羊,指小式 amnion,羊膜,胞衣,接取牺牲者血液的碗。指果实。一说来自(希)rhodamnos,小枝,嫩枝。指植株矮小。【分布】澳大利亚(东部),中国,法属新喀里多尼亚,东南亚。【模式】Rhodamnia cinerea Jack。【参考异名】Monoxora Wight(1841); Opanea Raf. (1838)●

44211 Rhodanthe Lindl. (1834)【汉】鳞托菊属。【英】Australian Everlasting, Strawflower。【隶属】菊科 Asteraceae (Compositae)。【包含】世界 43-46 种。【学名诠释与讨论】〈阴〉(希)rhodon,红色,玫瑰 + anthos,花。此属的学名是 “ Rhodanthe Lindley, Edwards's Bot. Reg. 1703. 1 Sep 1834”。亦有文献把其处理为 “Helipterum DC. ex Lindl. (1836) Nom. confus. ”的异名。【分布】澳大利亚。【模式】Rhodanthe manglesii Lindley。【参考异名】Acroclinium A. Gray(1852); Helipterum DC. ex Lindl. (1836) Nom. confus. ; Pteropogon A. Cunn. ex DC. (1838); Pteropogon DC.

(1838); Roccardia Neck. ex Voss (1896) Nom. illegit. , Nom. inval. ; Xyridanthe Lindl. (1839)●■☆

44212 Rhodanthemum (Vogt) B. H. Wilcox, K. Bremer et Humphries (1993) Nom. illegit. ≡ Rhodanthemum B. H. Wilcox, K. Bremer et Humphries(1993) [菊科 Asteraceae(Compositae)]●■☆

44213 Rhodanthemum B. H. Wilcox, K. Bremer et Humphries (1993)【汉】假匹菊属。【隶属】菊科 Asteraceae(Compositae)。【包含】世界 14-15 种。【学名诠释与讨论】〈中〉(希)rhodon,红色,玫瑰+anthemon,花。此属的学名,ING 和 IK 记载是“Rhodanthemum B. H. Wilcox, K. Bremer et C. J. Humphries in K. Bremer et C. J. Humphries, Bull. Nat. Hist. Mus. London, Bot. 23:141. Nov 1993”。“Rhodanthemum (Vogt) B. H. Wilcox, K. Bremer et Humphries (1993)”的命名人引证有误。【分布】阿尔及利亚,摩洛哥,西班牙。【模式】Rhodanthemum arundanum (Boissier) B. H. Wilcox, K. Bremer et C. J. Humphries [Pyrethrum arundanum Boissier]。【参考异名】Rhodanthemum (Vogt) B. H. Wilcox, K. Bremer et Humphries(1993) Nom. illegit. ●■☆

44214 Rhodax Spach(1836) = Helianthemum Mill. (1754); ~ = Rohdea Roth(1821) [百合科 Liliaceae//铃兰科 Convallariaceae]■

44215 Rhodea Endl. (1836) = Rohdea Roth (1821) [百合科 Liliaceae//铃兰科 Convallariaceae]■

44216 Rhodia Adans. (1763) Nom. illegit. ≡ Rhodiola L. (1753) [景天科 Crassulaceae//红景天科 Rhodiolaceae]■

44217 Rhodiola L. (1753)【汉】红景天属。【日】イワベンケイ属。【俄】Родиола。【英】Rhodiola, Roseroot。【隶属】景天科 Crassulaceae//红景天科 Rhodiolaceae。【包含】世界 91 种,中国 55-75 种。【学名诠释与讨论】〈阴〉(希)rhodon,红色,玫瑰+-olus,-ola,-olum,拉丁文指示小的词尾。此属的学名,ING、GCI、TROPICOS 和 IK 记载是“Rhodiola Linnaeus, Sp. Pl. 1035. 1 May 1753”。“Rhodiola Lour. , Fl. Cochinch. 2:627. 1790 [Sep 1790]”是晚出的非法名称。“Rhodia Adanson, Fam. 2:248. Jul-Aug 1763”和“Rosea Fabricius, Enum. 147. 1759”是“Rhodiola L. (1753)”的晚出的同模式异名(Homotypic synonym, Nomenclatural synonym)。“Rhodiola L. (1753)”曾先后被处理为“Sedum sect. Rhodiola (L.) Scop. , Introductio ad Historiam Naturalem 255”和“Sedum subgen. Rhodiola (L.) R. T. Clausen, Sedum of North America 474. 1975”。亦有文献把“Rhodiola L. (1753)”处理为“Sedum L. (1753)”的异名。【分布】巴基斯坦,北温带,中国。【模式】Rhodiola rosea Linnaeus。【参考异名】Chamaerhodiola Nakai (1933); Clementsia Rose ex Britton et Rose (1903); Clementsia Rose(1903); Kirpicznikovia Á. Löve et D. Löve (1976) Nom. illegit. ; Poenosedum Holub (1984); Rhodia Adans. (1763) Nom. illegit. ; Rosea Fabr. (1759) Nom. illegit. ; Sedum L. (1753); Sedum sect. Rhodiola (L.) Scop. ; Sedum subgen. Rhodiola (L.) R. T. Clausen (1975); Tetradium Dulac (1867) Nom. illegit. ; Tolmachevia Á. Löve et D. Löve(1976)■

44218 Rhodiola Lour. (1790) Nom. illegit. =Cardiospermum L. (1753) [无患子科 Sapindaceae]■

44219 Rhodiolaceae Martinov(1820) [亦见 Crassulaceae J. St. -Hil. (保留科名)景天科]【汉】红景天科。【包含】世界 1 属 91 种,中国 1 属 55-75 种。【分布】北温带。【科名模式】Rhodiola L. (1753)■

44220 Rhodocactus(A. Berger) F. M. Knuth (1930) = Pereskia Mill. (1754) [仙人掌科 Cactaceae]●

44221 Rhodocactus F. M. Knuth(1930) Nom. illegit. ≡Rhodocactus (A. Berger) F. M. Knuth (1930); ~ = Pereskia Mill. (1754) [仙人掌科 Cactaceae]●

44222 Rhodocalyx Müll. Arg. (1860)【汉】红萼夹竹桃属。【隶属】夹竹

桃科 Apocynaceae。【包含】世界 1 种。【学名诠释与讨论】〈阳〉（希）rhodon，红色，玫瑰+kalyx，所有格 kalykos =拉丁文 calyx，花萼，杯子。【分布】巴拉圭，巴西，玻利维亚。【模式】Rhodocalyx rotundifolius J. Müller – Arg.，Nom. illegit.［Echites erecta Velloso］●☆

44223　Rhodochiton Zucc.（1832）Nom. inval. =Rhodochiton Zucc. ex Otto et A. Dietr.（1834）［玄参科 Scrophulariaceae//婆婆纳科 Veronicaceae］■☆

44224　Rhodochiton Zucc. ex Otto et A. Dietr.（1834）【汉】缠柄花属。【日】ロド-キトン属。【隶属】玄参科 Scrophulariaceae//婆婆纳科 Veronicaceae。【包含】世界 1-3 种。【学名诠释与讨论】〈中〉（希）rhodon，红色，玫瑰+chiton 覆盖。指萼大型、红色。此属的学名，ING 和 IPNI 记载是 "Rhodochiton Zuccarini ex Otto et Dietrich，Verh. Vereins Beförd. Gartenbaues Königl. Preuss. Staaten 10：152. 1834"。"Rhodochiton Zucc.，Abh. Math. – Phys. Cl. Königl. Bayer. Akad. Wiss. 1：306. 1832［1829–1830 publ. 1832］"是一个未合格发表的名称（Nom. inval.）。"Rhodochiton Zucc. ex Otto et A. Dietr.（1834）"曾被处理为"Lophospermum sect. Rhodochiton（Zucc. ex Otto & A. Dietr.）Elisens sect. Rhodochiton（Zucc. ex Otto & A. Dietr.）Elisens，Systematic Botany Monographs 5：78-79, f. 31. 1985.（9 May 1985）"。亦有文献把 "Rhodochiton Zucc. ex Otto et A. Dietr.（1834）"处理为"Lophospermum D. Don（1826）"的异名。【分布】墨西哥，中美洲。【模式】Rhodochiton volubilis Zuccarini ex Otto et Dietrich［as 'volubile'］，Nom. illegit.［Lophospermum atrosanguineum Zuccarini；Rhodochiton atrosanguineus（Zuccarini）Rothmaler［as 'atro-sanguineum'］。【参考异名】Lophospermum sect. Rhodochiton（Zucc. ex Otto & A. Dietr.）Elisens sect. Rhodochiton（Zucc. ex Otto & A. Dietr.）Elisens（1985）；Rhodochiton Zucc.（1832）Nom. inval. ■☆

44225　Rhodochlaena Spreng.（1825）= Rhodolaena Thouars（1805）［苞杯花科（旋花树科）Sarcolaenaceae］●☆

44226　Rhodochlamys S. Schauer（1847）= Salvia L.（1753）［唇形科 Lamiaceae（Labiatae）//鼠尾草科 Salviaceae］●■

44227　Rhodocistus Spach（1836）= Cistus L.（1753）［半日花科（岩蔷薇科）Cistaceae］●

44228　Rhodoclada Baker（1884）= Asteropeia Thouars（1805）［翼萼茶科 Asteropeiaceae］●☆

44229　Rhodococcum（Rupr.）Avrorin（1958）Nom. inval. = Vaccinium L.（1753）［杜鹃花科（欧石南科）Ericaceae//越橘科（乌饭树科）Vacciniaceae］●■

44230　Rhodocodon Baker（1881）【汉】红钟风信子属。【隶属】百合科 Liliaceae//风信子科 Hyacinthaceae。【包含】世界 8 种。【学名诠释与讨论】〈阳〉（希）rhodon，红色，玫瑰+kodon，指小式 kodonion，钟，铃。此属的学名是"Rhodocodon J. G. Baker, J. Linn. Soc.，Bot. 18：280. 21 Feb 1881"。亦有文献把其处理为"Rhadamanthus Salisb.（1866）"的异名。【分布】马达加斯加。【模式】Rhodocodon madagascariensis J. G. Baker。【参考异名】Rhadamanthus Salisb.（1866）■☆

44231　Rhodocolea Baill.（1887）【汉】红鞘紫葳属。【隶属】紫葳科 Bignoniaceae。【包含】世界 6-7 种。【学名诠释与讨论】〈阴〉（希）rhodon，红色，玫瑰 +koleos，鞘。【分布】马达加斯加。【模式】Rhodocolea nobilis Baillon。【参考异名】Uloma Raf.（1837）（废弃属名）●☆

44232　Rhodocoma Nees（1836）【汉】红毛帚灯草属。【隶属】帚灯草科 Restionaceae。【包含】世界 3-7 种。【学名诠释与讨论】〈中〉（希）rhodon，红色，玫瑰+kome，毛发，束毛，冠毛，来自拉丁文 coma。此属的学名是"Rhodocoma C. G. D. Nees in Lindley, Nat. Syst. ed. 2.

450. Jul 1836"。亦有文献把其处理为"Restio Rottb.（1772）（保留属名）"的异名。【分布】非洲南部。【模式】Rhodocoma capense C. G. D. Nees ex Steudel。【参考异名】Restio Rottb.（1772）（保留属名）■☆

44233　Rhododendraceae Juss.（1789）= Ericaceae Juss.（保留科名）●

44234　Rhododendron L.（1753）【汉】杜鹃花属（杜鹃属）。【日】アザレア属，シャクナゲ属，ツツジ属。【俄】Азалея，Азалия，Рододендрон。【英】Azalea, Mountain Rose, Rhododendron, Rose Bay, Rosebay, Rose – bay。【隶属】杜鹃花科（欧石南科）Ericaceae。【包含】世界 850-1000 种，中国 571-663 种。【学名诠释与讨论】〈中〉（希）rhodon，红色，玫瑰+dendron 或 dendros，树木，棍，丛林。指某些种类的花红色，或指顶端花簇的外貌。另说，来自欧洲夹竹桃之古希腊名，转用于本属。此属的学名，ING、APNI、GCI、TROPICOS 和 IK 记载是"Rhododendron L.，Sp. Pl. 1：392. 1753［1 May 1753］"。"Rhododendrum L.（1753）"是其拼写变体。"Plinthocroma Dulac, Fl. Hautes – Pyrénées 419. 1867"是"Rhododendron L.（1753）"的晚出的同模式异名（Homotypic synonym, Nomenclatural synonym）。【分布】澳大利亚，巴基斯坦，玻利维亚，哥伦比亚（安蒂奥基亚），美国（密苏里），尼加拉瓜，中国，北温带，中美洲。【后选模式】Rhododendron ferrugineum Linnaeus。【参考异名】Anthocoma K. Koch（1854）Nom. illegit.；Anthodendron Rchb.（1827）；Azalea Desv.；Azalea L.（1753）（废弃属名）；Azaleastrum（Maxim.）Rydb.（1900）Nom. illegit.；Azaleastrum（Planch. ex Maxim.）Rydb.（1900）；Azaleastrum Rydb.（1900）Nom. illegit.；Beverinekia Salisb. ex DC.；Biltia Small（1903）；Brachycalyx Sweet ex DC.；Chamaecistus（G. Don）Regel（1874）Nom. illegit.；Chamaecistus Regel（1874）Nom. illegit.；Chamaerhodendron Bubani（1899）；Chamaerhododendron Bubani（1899）Nom. illegit.；Chamaerhododendron Mill.（1754）；Haustrum Noronha；Hochenwartia Crantz（1766）Nom. illegit.；Hymenanthes Blume（1826）；Hymenanthus D. Dietr.（1843）；Iposues Raf.（1840）；Ledum L.（1753）；Ledum Ruppius ex L.（1753）；Loiseleria Rchb.（1831）；Loiseleuria Rchb.（1841）Nom. illegit.（废弃属名）；Mumeazalea Makino（1914）Nom. inval.；Osmothamnus DC.（1839）；Plinthocroma Dulac（1867）Nom. illegit.；Rhododendrum L.（1753）Nom. illegit.；Rhodora L.（1762）；Rhodothamnus Lindl. et Paxton（1851）Nom. illegit.（废弃属名）；Rodora Adans.；Stemotis Raf.（1838）；Theis Salisb. ex DC.（1839）；Therorhodion（Maxim.）Small（1914）；Tsusiophyllum Maxim.（1870）Nom. illegit.；Viereya Steud.（1841）Nom. illegit.；Vireya Blume（1826）（废弃属名）；Waldemaria Klotzsch（1862）●

44235　Rhododendros Adans.（1763）Nom. illegit. = Andromeda L.（1753）+Kalmia L.（1753）+Chamaedaphne Moench（1794）（保留属名）+Rhododendron L.（1753）［杜鹃花科（欧石南科）Ericaceae］●

44236　Rhododendrum L.（1753）Nom. illegit. ≡ Rhododendron L.（1753）［杜鹃花科（欧石南科）Ericaceae］●

44237　Rhododon Epling（1939）【汉】红齿草属。【隶属】唇形科 Lamiaceae（Labiatae）。【包含】世界 1 种。【学名诠释与讨论】〈阳〉（希）rhodon，红色，玫瑰+odous，所有格 odontos，齿。【分布】美国（南部）。【模式】Rhododon ciliatus（Bentham）Epling［Keithia ciliata Bentham］■☆

44238　Rhodogeron Griseb.（1866）【汉】红蓬属。【隶属】菊科 Asteraceae（Compositae）。【包含】世界 1 种。【学名诠释与讨论】〈阳〉（希）rhodon，红色，玫瑰+geron，老人。可能指冠毛。此属的学名是"Rhodogeron Grisebach, Cat. Pl. Cub. 151. Mai~Aug 1866"。亦有文献把其处理为"Sachsia Griseb.（1866）"的异名。【分布】古巴。【模式】Rhodogeron coronopifolius Grisebach。【参考异名】

Sachsia Griseb. (1866) ■☆

44239　Rhodognaphalon (Ulbr.) Roberty (1953) = Bombax L. (1753)(保留属名);~ =Pachira Aubl. (1775) [木棉科 Bombacaceae//锦葵科 Malvaceae]●

44240　Rhodognaphalopsis A. Robyns (1963) = Rhodognaphalon (Ulbr.) Roberty (1953) [木棉科 Bombacaceae]●

44241　Rhodohypoxis Nel (1914)【汉】红金梅草属(红星草属,樱茅属)。【日】ロードヒポキシス属。【英】Oxblood Lilies, Rhodohypoxis。【隶属】石蒜科 Amaryllidaceae//长喙科(仙茅科) Hypoxidaceae。【包含】世界 2-6 种。【学名诠释与讨论】〈阴〉(希) rhodon,红色,玫瑰+(属) Hypoxis 小金梅草属。【分布】非洲东南部。【后选模式】Rhodohypoxis bauri (J. G. Baker) Nel [Hypoxis bauri J. G. Baker] ■☆

44242　Rhodolaena Thouars (1805)【汉】红被花属。【隶属】苞杯花科(旋花树科) Sarcolaenaceae。【包含】世界 4-5 种。【学名诠释与讨论】〈阴〉(希) rhodon,红色,玫瑰+laina =chlaine =拉丁文 laena,外衣,衣服。【分布】马达加斯加。【模式】Rhodolaena altivola Du Petit-Thouars。【参考异名】Pandora Noronha ex Thouars (1806); Rhodochlaena Spreng. (1825)●☆

44243　Rhodolaenaceae Bullock (1958) = Ericaceae Juss. (保留科名);~ =Sarcolaenaceae Caruel(保留科名)●☆

44244　Rhodoleia Champ. ex Hook. (1850)【汉】红花荷属(红苞荷属,红苞木属,红花木荷属)。【日】ロドレイア属。【英】Rhodoleia。【隶属】金缕梅科 Hamamelidaceae//红花荷科(红花木荷科) Rhodoleiaceae。【包含】世界 1-10 种,中国 6 种。【学名诠释与讨论】〈阴〉(希) rhodon,红色,玫瑰+leios,平滑的。指花红色,枝平滑。【分布】缅甸,印度尼西亚(苏门答腊岛),中国,马来半岛。【模式】Rhodoleia championii W. J. Hooker ●

44245　Rhodoleiaceae Nakai (1943) [亦见 Hamamelidaceae R. Br. (保留科名)金缕梅科和 Rhoipteleaceae Hand. -Mazz. (保留科名)马尾树科]【汉】红花荷科(红花木荷科)。【包含】世界 1 属 10 种,中国 1 属 6 种。【分布】东南亚西部。【科名模式】Rhodoleia Champ. ex Hook.●

44246　Rhodolirion Dalla Torre et Harms (1907) Nom. illegit. , Nom. inval. =Rhodolirium Phil. (1858) = Rhodophiala C. Presl (1845) [石蒜科 Amaryllidaceae]■☆

44247　Rhodolirion Phil. =Hippeastrum Herb. (1821)(保留属名);~ = Rhodophiala C. Presl (1845) [石蒜科 Amaryllidaceae]■

44248　Rhodolirium Phil. (1858) = Rhodophiala C. Presl (1845) [石蒜科 Amaryllidaceae]■☆

44249　Rhodomyrtus (DC.) Rchb. (1841)【汉】桃金娘属。【日】テンニンカ属,テンニンクワ属。【俄】Родомирт。【英】Rose Myrtle, Rosemyrtle, Rose-myrtle。【隶属】桃金娘科 Myrtaceae。【包含】世界 18-20 种,中国 1 种。【学名诠释与讨论】〈阴〉(希) rhodon,红色,玫瑰+(属) Myrtus 香桃木属。指其与香桃木属相近,花桃红色。此属的学名, ING、APNI、TROPICOS 和 IK 记载是"Rhodomyrtus (A. P. de Candolle) H. G. L. Reichenbach, Deutsche Bot. Herbarienbuch (Nom.) 177. Jul 1841",由"Myrtus sect. Rhodomyrtus A. P. de Candolle, Prodr. 3:240. Mar (med.) 1828"改级而来。"Rhodomyrtus Rchb. (1841)"的命名人引证有误。"Cynomyrtus Scrivenor, J. Fed. Malay States Mus. 6:253. Feb 1916"是"Rhodomyrtus (DC.) Rchb. (1841)"的晚出的同模式异名(Homotypic synonym, Nomenclatural synonym)。【分布】澳大利亚,菲律宾(菲律宾群岛),斯里兰卡,泰国,印度(南部),中国,法属新喀里多尼亚,新几内亚岛。【模式】Rhodomyrtus tomentosa (W. Aiton) R. Wight [Myrtus tomentosa W. Aiton]。【参考异名】Archirhodomyrtus (Nied.) Burret (1941); Cynomyrtus Scriv. (1916)

Nom. illegit. ; Myrtus sect. Rhodomyrtus DC. (1828); Psidiomyrtus Guillaumin (1932); Rhodomyrtus Rchb. (1841) Nom. illegit.●

44250　Rhodomyrtus Rchb. (1841) Nom. illegit. ≡ Rhodomyrtus (DC.) Rchb. (1841) [桃金娘科 Myrtaceae]●

44251　Rhodopentas Kårehed et B. Bremer (2007)【汉】红星花属。【隶属】茜草科 Rubiaceae。【包含】世界 2 种。【学名诠释与讨论】〈阴〉(希) rhodon,红色,玫瑰+(属) Pentas 五星花属。此属的学名"Rhodopentas Kårehed et B. Bremer, Taxon 56 (4):1076. 2007 [30 Nov 2007]"是一个替代名称。"Pentas subgen. Coccineae Verdc. , Bulletin du Jardin Botanique de l'État à Bruxelles 23:296. 1953"是一个非法名称(Nom. illegit.),故用"Rhodopentas Kårehed et B. Bremer (2007)"替代之。【分布】热带非洲。【模式】Pentas parvifolia Hiern. 。【参考异名】Pentas subgen. Coccineae Verdc. (1953)●■☆

44252　Rhodophiala C. Presl (1845)【汉】红瓶兰属。【日】ロドフィアラ属。【隶属】石蒜科 Amaryllidaceae。【包含】世界 30 种。【学名诠释与讨论】〈阴〉(希) rhodon,红色,玫瑰+phiala,瓶,皿。此属的学名是"Rhodophiala K. B. Presl, Abh. Königl. Böhm. Ges. Wiss. ser. 5. 3: 545. Jul-Dec 1845; Bot. Bemerk. 115. Jan-Apr 1846"。亦有文献把其处理为"Hippeastrum Herb. (1821)(保留属名)"的异名。【分布】玻利维亚。【模式】Rhodophiala amarylloides K. B. Presl。【参考异名】Hippeastrum Herb. (1821)(保留属名); Rhodolirium Phil. (1858)■☆

44253　Rhodophora Neck. (1790) Nom. inval. = Rosa L. (1753) [蔷薇科 Rosaceae]●

44254　Rhodopis Urb. (1900)(保留属名)【汉】玫瑰豆属。【隶属】豆科 Fabaceae(Leguminosae)//蝶形花科 Papilionaceae。【包含】世界 1 种。【学名诠释与讨论】〈阴〉(希) rhodon,红色,玫瑰+Opis,希腊神话的山林女神。此属的学名"Rhodopis Urb. , Symb. Antill. 2: 304. 20 Oct 1900"是保留属名。相应的废弃属名是马齿苋科 Portulacaceae 的"Rhodopsis Lilja, Fl. Sv. Odl. Vext. , Suppl. 1: 42. 1840 ≡ Tegneria Lilja (1839) = Calandrinia Kunth (1823)(保留属名)"。蔷薇科 Rosaceae 的"Rhodopsis (Endlicher) H. G. L. Reichenbach, Deutsche Bot. Herbarienbuch (Nom.) 168. Jul 1841" = Rosa L. (1753)"和"Rhodopsis Rchb. , Deut. Bot. Herb. -Buch 168. 1841 [Jul 1841] = Rosa L. (1753)"、"Rhodopsis (Ledeb.) Dippel = Hulthemia Dumort. (1824)"亦应废弃。"Rudolphia Willdenow, Ges. Naturf. Freunde Berlin Neue Schriften 3: 451. 1801 (non Medikus 1787)"是"Rhodopis Urb. (1900)(保留属名)"的晚出的同模式异名(Homotypic synonym, Nomenclatural synonym)。【分布】西印度群岛。【模式】Rhodopis planisiliqua (Linnaeus) Urban [Erythrina planisiliqua Linnaeus]。【参考异名】Rudolphia Willd. (1801) Nom. illegit. ■☆

44255　Rhodopsis (Endl.) Rchb. (1841) Nom. illegit. (废弃属名) = Rosa L. (1753) [蔷薇科 Rosaceae]●

44256　Rhodopsis (Ledeb.) Dippel (废弃属名) = Hulthemia Dumort. (1824) [蔷薇科 Rosaceae]●☆

44257　Rhodopsis Lilja (1840) Nom. illegit. (废弃属名) ≡ Tegneria Lilja (1839);~ = Calandrinia Kunth (1823)(保留属名) [马齿苋科 Portulacaceae]■☆

44258　Rhodopsis Rchb. (1841) Nom. illegit. (废弃属名) = Rhodopsis (Endl.) Rchb. (1841) Nom. illegit. (废弃属名);~ =Rosa L. (1753) [蔷薇科 Rosaceae]●

44259　Rhodoptera Raf. (1837) = Rumex L. (1753) [蓼科 Polygonaceae] ■●

44260　Rhodora L. (1762) = Rhododendron L. (1753) [杜鹃花科(欧石南科) Ericaceae]●

44261　Rhodoraceae Vent.（1799）＝Ericaceae Juss.（保留科名）●

44262　Rhodorhiza Webb（1841）Nom. illegit.≡Rhodoxylon Raf.（1838）；~＝Convolvulus L.（1753）［旋花科 Convolvulaceae］■●

44263　Rhodormis Raf.（1837）＝Salvia L.（1753）［唇形科 Lamiaceae（Labiatae）//鼠尾草科 Salviaceae］●■

44264　Rhodorrhiza Webb et Berthel.（1844）＝Convolvulus L.（1753）；~＝Rhodorhiza Webb（1841）Nom. illegit.；~＝Rhodoxylon Raf.（1838）［旋花科 Convolvulaceae］■●

44265　Rhodosciadium S. Watson（1889）【汉】红伞芹属。【隶属】伞形花科（伞形科）Apiaceae（Umbelliferae）。【包含】世界15种。【学名诠释与讨论】〈阴〉（希）rhodon，红色，玫瑰＋（属）Sciadium 伞芹属。【分布】墨西哥，中美洲。【模式】Rhodosciadium pringlei S. Watson。【参考异名】Deanea J. M. Coult. et Rose（1895）■☆

44266　Rhodoscirpus Léveillé-Bourret（2015）【汉】红薦草属。【隶属】莎草科 Cyperaceae。【包含】世界1种。【学名诠释与讨论】〈阴〉（希）rhodon，红色，玫瑰＋（属）Scirpus 薦草属（莞草属，莞属）。【分布】智利。【模式】Rhodoscirpus asper（J. Presl et C. Presl）Lév.-Bourret, Donadío et J. R. Starr［Scirpus asper J. Presl et C. Presl］☆

44267　Rhodosepala Baker（1887）＝Dissotis Benth.（1849）（保留属名）［野牡丹科 Melastomataceae］●☆

44268　Rhodoseris Turcz.（1851）＝Onoseris Willd.（1803）［菊科 Asteraceae（Compositae）］●■☆

44269　Rhodospatha Poepp.（1845）【汉】红匙南星属。【日】ロドスパサ属。【隶属】天南星科 Araceae。【包含】世界12-75种。【学名诠释与讨论】〈阴〉（希）rhodon，红色，玫瑰＋spathe＝拉丁文 spatha，佛焰苞，鞘，叶片，匙状苞，窄而平之薄片，竿杖。【分布】巴拿马，秘鲁，玻利维亚，厄瓜多尔，哥伦比亚（安蒂奥基亚），哥斯达黎加，尼加拉瓜，中美洲。【后选模式】Rhodospatha latifolia Poeppig。【参考异名】Anepsias Schott（1858）；Atimeta Schott（1858）■☆

44270　Rhodosphaera Engl.（1881）【汉】红球漆属。【隶属】漆树科 Anacardiaceae。【包含】世界1种。【学名诠释与讨论】〈阴〉（希）rhodon，红色，玫瑰＋sphaira，指小式 sphairion，球。sphairikos，球形的。sphairotos，圆的。【分布】澳大利亚（东部）。【模式】Rhodosphaera rhodanthema（F. v. Mueller）Engler［Rhus rhodanthema F. v. Mueller］●☆

44271　Rhodostachys Phil.（1858）＝Ochagavia Phil.（1856）［凤梨科 Bromeliaceae］■☆

44272　Rhodostegiella（Pobed.）C. Y. Wu et D. Z. Li（1990）【汉】地梢瓜属（雀瓢属）。【隶属】萝藦科 Asclepiadaceae。【包含】世界1种，中国1种。【学名诠释与讨论】〈阴〉（希）rhodon，红色，玫瑰＋stege，盖子，覆盖物＋-ellus，-ella，-ellum，加在名词词干后面形成指小式的词尾。或加在人名、属名等后面以组成新属的名称。此属的学名，IK 记载是"Rhodostegiella（Pobed.）C. Y. Wu et D. Z. Li, Acta Phytotax. Sin. 28（6）：465（1990）"，由"Antitoxicum sect. Rhodostegiella"改级而来。"Rhodostegiella C. Y. Wu et D. Z. Li（1990）"的命名人引证有误。亦有文献把"Rhodostegiella（Pobed.）C. Y. Wu et D. Z. Li（1990）"处理为"Cynanchum L.（1753）"的异名。【分布】中国，西伯利亚。【模式】Rhodostegiella sibirica（L.）C. Y. Wu et D. Z. Li。【参考异名】Antitoxicum sect. Rhodostegiella；Cynanchum L.（1753）；Rhodostegiella C. Y. Wu et D. Z. Li（1990）Nom. illegit.●■

44273　Rhodostegiella C. Y. Wu et D. Z. Li（1990）Nom. illegit.≡Rhodostegiella（Pobed.）C. Y. Wu et D. Z. Li（1990）［萝藦科 Asclepiadaceae］●■

44274　Rhodostemonodaphne Rohwer et Kubitzki（1985）【汉】红蕊樟属。【隶属】樟科 Lauraceae。【包含】世界20种。【学名诠释与讨论】〈阳〉（希）rhodon，红色，玫瑰＋stemon，雄蕊＋（属）Daphne 瑞香属。

此属的学名"Rhodostemonodaphne J. Rohwer et K. Kubitzki, Bot. Jahrb. Syst. 107：135. 20 Dec 1985"是一个替代名称。它替代的是废弃属名"Synandrodaphne Meisner in Alph. de Candolle, Prodr. 15（1）：176. Mai（prim.）1864（nom. rej.）"，其相应的保留属名是瑞香科 Thymelaeaceae 的"Synandrodaphne Gilg, Bot. Jahrb. Syst. 53：362. 19 Oct 1915（nom. cons.）"。【分布】巴拿马，巴西，秘鲁，玻利维亚，厄瓜多尔，哥伦比亚（安蒂奥基亚），哥斯达黎加，尼加拉瓜，中美洲。【模式】未指定。【参考异名】Synandrodaphne Meisn.（1864）（废弃属名）●☆

44275　Rhodostoma Scheidw.（1842）＝Palicourea Aubl.（1775）［茜草科 Rubiaceae］●☆

44276　Rhodothamnus Lindl. et Paxton（1851）Nom. illegit.（废弃属名）≡Therorhodion（Maxim.）Small（1914）；~＝Rhododendron L.（1753）［杜鹃花科（欧石南科）Ericaceae］●

44277　Rhodothamnus Rchb.（1827）（保留属名）【汉】伏石花属。【隶属】杜鹃花科（欧石南科）Ericaceae。【包含】世界1-2种。【学名诠释与讨论】〈阳〉（希）rhodon，红色，玫瑰＋thamnos，指小式 thamnion，灌木，灌丛，树丛，枝。此属的学名"Rhodothamnus Rchb. in Mössler, Handb. Gewächsk., ed. 2, 1：667, 688. Jul-Dec 1827"是保留名。法规未列出相应的废弃属名。但是杜鹃花科（欧石南科）Ericaceae 的"Rhodothamnus Lindl. et Paxton（1851）≡Therorhodion（Maxim.）Small（1914）＝Rhododendron L.（1753）"应予废弃。"Adodendrum Necker ex O. Kuntze, Rev. Gen. 2：358. 5 Nov 1891"和"Chamaecistus（G. Don）Regel, Gartenflora 23：60. 1874（non Oeder 1762）"是"Rhodothamnus Rchb.（1827）（保留属名）"的晚出的同模式异名（Homotypic synonym, Nomenclatural synonym）。"Adodendrum Neck., Elem. Bot.（Necker）1：214. 1790≡Adodendrum Neck. ex Kuntze（1891）Nom. illegit."是一个未合格发表的名称（Nom. inval.）。【分布】阿尔卑斯山，亚洲东北。【模式】Rhodothamnus chamaecistus（Linnaeus）H. G. L. Reichenbach［Rhododendron chamaecistus Linnaeus］。【参考异名】Adodendrum Neck.（1790）Nom. inval.；Adodendrum Neck. ex Kuntze（1891）Nom. illegit.；Chamaecistus（G. Don）Regel（1874）Nom. illegit.；Chamaecistus Regel（1874）Nom. illegit.●☆

44278　Rhodothyrsus Esser（1999）【汉】南美大戟属。【隶属】大戟科 Euphorbiaceae。【包含】世界2种。【学名诠释与讨论】〈阴〉（希）rhodon，红色，玫瑰＋thyrsos，茎，杖。thyrsus，聚伞圆锥花序，团。【分布】哥伦比亚，委内瑞拉，南美洲。【模式】不详☆

44279　Rhodotypaceae J. Agardh（1858）［亦见 Rosaceae Juss.（1789）（保留科名）蔷薇科］【汉】鸡麻科。【包含】世界1属1种，中国1属1种。【分布】日本。【科名模式】Rhodotypos Siebold et Zucc.●

44280　Rhodotypos Siebold et Zucc.（1841）【汉】鸡麻属。【日】シロヤマブキ属。【俄】Родотип，Родотипус，Розовик。【英】Black Jetbead, Jetbead。【隶属】蔷薇科 Rosaceae//鸡麻科 Rhodotypaceae。【包含】世界1种，中国1种。【学名诠释与讨论】〈阴〉（希）rhodon，红色，玫瑰＋typos，类型，模样。指花似蔷薇花。此属的学名，ING 和 IK 记载是"Rhodotypos Siebold et Zucc., Fl. Jap.（Siebold）1：187, t. 99. 1841"。"Rhodotypus Endl."是其拼写变体。【分布】日本，中国。【模式】Rhodotypos kerrioides Siebold et Zuccarini。【参考异名】Rhodotypus Endl.●

44281　Rhodotypus Endl.＝Rhodotypos Siebold et Zucc.（1841）［蔷薇科 Rosaceae//鸡麻科 Rhodotypaceae］●

44282　Rhodoxylon Raf.（1838）＝Convolvulus L.（1753）［旋花科 Convolvulaceae］■●

44283　Rhodusia Vasilch.（1972）＝Medicago L.（1753）（保留属名）［豆科 Fabaceae（Leguminosae）//蝶形花科 Papilionaceae］●■

44284　Rhoea St.-Lag.（1880）＝Punica L.（1753）［石榴科（安石榴科）

Punicaceae//千屈菜科 Lythraceae]●

44285 Rhoeadia C. Lemaire(1853)Nom. illegit. [锦葵科 Malvaceae]☆

44286 Rhoeidlum Greeue (1905) = Rhus L. (1753) [漆树科 Anacardiaceae]●

44287 Rhoeo Hance(1852)【汉】紫万年青属(紫背万年青属)。【日】ムラサキオモト属。【俄】Peo。【英】Oyster Plant,Rhoeo。【隶属】鸭趾草科 Commelinaceae。【包含】世界 1 种,中国 1 种。【学名诠释与讨论】〈阴〉(希)词源不详,可能来自 rhoia,石榴,或 rhoeas,普通红罂粟。此属的学名,ING、TROPICOS 和 IK 记载是"Rhoeo Hance, Ann. Bot. Syst. (Walpers) 3 (4): 659. 1852 [28-29 Sep 1852]"。它曾被处理为"Tradescantia sect. Rhoeo (Hance) D. R. Hunt,Kew Bulletin 41(2):401. 1986"。亦有文献把"Rhoeo Hance (1852)"处理为"Tradescantia L. (1753)"的异名。【分布】巴基斯坦,墨西哥,中国,西印度群岛,中美洲。【模式】Rhoeo discolor(L'Héritier)Hance [Tradescantia discolor L'Héritier]。【参考异名】Rhaeo C. B. Clarke (1881);Tradescantia L. (1753);Tradescantia sect. Rhoeo (Hance)D. R. Hunt(1986)■

44288 Rhoiacarpos A. DC.(1857)【汉】榴果檀香属。【隶属】檀香科 Santalaceae。【包含】世界 1 种。【学名诠释与讨论】〈阳〉(希)rhoia,rhoa,rhoie,石榴,石榴树+karpos,果实。指暗红色的果实。此属的学名,ING 和 IK 记载是"Rhoiacarpos A. DC., Prodr. [A. P. de Candolle]14(2):634. 1857 [late Nov 1857]"。"Rhoicarpos B. D. Jacks." 引用错误。【分布】非洲南部。【模式】Rhoiacarpos capensis (W. H. Harvey)Alph. de Candolle [Hamiltonia capensis W. H. Harvey]。【参考异名】Rhoicarpos B. D. Jacks. , Nom. illegit. ●☆

44289 Rhoicarpos B. D. Jacks. , Nom. illegit. = Rhoiacarpos A. DC. (1857) [檀香科 Santalaceae]●☆

44290 Rhoicissus Planch.(1887)【汉】菱叶藤属。【隶属】葡萄科 Vitaceae。【包含】世界 10-12 种。【学名诠释与讨论】〈阴〉(希)rhous,rhoicus,盐肤木+kissos,常春藤。或 rhoia,石榴,石榴树+kissos,常春藤。【分布】热带和非洲南部。【后选模式】Rhoicissus capensis (N. L. Burman)Planchon [Vitis capensis N. L. Burman]●☆

44291 Rhoiptelea Diels et Hand. -Mazz. (1932)【汉】马尾树属(漆榕属)。【英】Horsetailtree,Rhoiptelea。【隶属】马尾树科 Rhoipteleaceae。【包含】世界 1 种,中国 1 种。【学名诠释与讨论】〈阴〉(希)rhous,rhoicus,盐肤木+ptelea 榆树。指本属叶似盐肤木,果似榆树。【分布】中国,中南半岛。【模式】Rhoiptelea chiliantha Diels et Handel-Mazzetti ●

44292 Rhoipteleaceae Hand. -Mazz. (1932)(保留科名)【汉】马尾树科。【英】Horsetailtree Family,Rhoiptelea Family。【包含】世界 1 科 1 种,中国 1 科 1 种。【分布】中国(南部),中南半岛。【科名模式】Rhoiptelea Diels et Hand. -Mazz. ●

44293 Rhombifolium Rich. ex DC. (1825) = Clitoria L. (1753) [豆科 Fabaceae(Leguminosae)//蝶形花科 Papilionaceae]●

44294 Rhombochlamys Lindau(1897)【汉】菱被爵床属。【隶属】爵床科 Acanthaceae。【包含】世界 2 种。【学名诠释与讨论】〈阴〉(希)rhombos,旋转,转身,菱形,斜方形+chlamys,所有格 chlamydos,斗篷,外衣。【分布】哥伦比亚。【后选模式】Rhombochlamys rosulata Lindau☆

44295 Rhomboda Lindl. (1857)【汉】菱兰属。【隶属】兰科 Orchidaceae。【包含】世界 25 种,中国 4 种。【学名诠释与讨论】〈阴〉(希)rhombos,旋转,转身,斜方形。指唇瓣基部。此属的学名是"Rhomboda Lindley,J. Proc. Linn. Soc. ,Bot. 1:181. 21 Mar 1857"。亦有文献把其处理为"Hetaeria Blume (1825) [as 'Etaeria'](保留属名)"或"Zeuxine Lindl. (1826) [as 'Zeuxina'](保留属名)"的异名。【分布】从喜马拉雅山和印度东北部至日本,东南亚至新几内亚岛和太平洋西南岛屿。【模式】Rhomboda

longifolia Lindley。【参考异名】Hetaeria Blume (1825) [as 'Etaeria'](保留属名);Romboda Post et Kuntze (1903);Zeuxine Lindl. (1826) [as 'Zeuxina'](保留属名)■☆

44296 Rhombolobium Rich. ex Kunth, Nom. illegit. = Clitoria L. (1753) [豆科 Fabaceae(Leguminosae)//蝶形花科 Papilionaceae]●

44297 Rhombolythrum Airy Shaw = Rhombolytrum Link(1833) [禾本科 Poaceae(Gramineae)]■☆

44298 Rhombolythrum Link (1833) Nom. illegit. = Rhombolytrum Link (1833) [禾本科 Poaceae(Gramineae)]■☆

44299 Rhombolytrum Link(1833)【汉】石坡草属。【隶属】禾本科 Poaceae(Gramineae)。【包含】世界 3 种。【学名诠释与讨论】〈中〉(希)rhombos,旋转,转身,菱形,斜方形+elytron,皮壳,套子,盖,鞘。此属的学名,ING、TROPICOS 和 IK 记载是"Rhombolytrum Link,Hortus Berol. 2:296. Jul-Dec 1833"。它曾被处理为"Triodia sect. Rhombolytrum (Link)Hack. ,Die Natürlichen Pflanzenfamilien 2 (2):68. 1887. (Nat. Pflanzenfam.)"。【分布】智利。【模式】Rhombolytrum rhomboidea Link。【参考异名】Gymnachne L. Parodi (1938);Rhombolythrum Airy Shaw;Rhombolytrum Link (1833) Nom. illegit. ;Triodia sect. Rhombolytrum (Link)Hack. (1887)■☆

44300 Rhombonema Schltr. (1895) = Parapodium E. Mey. (1838) [萝藦科 Asclepiadaceae]●☆

44301 Rhombophyllum(Schwantes)Schwantes(1927)【汉】棱叶属(快刀乱麻属,菱叶草属)。【日】ロンボフィルム属。【隶属】番杏科 Aizoaceae。【包含】世界 3 种。【学名诠释与讨论】〈中〉(希)rhombos,旋转,转身,菱形,斜方形+phyllon,叶子。指叶菱形。此属的学名,ING 和 IK 记载是"Rhombophyllum (Schwantes) Schwantes, Z. Sukkulentenk. 3:16, 23. 1927"。"Rhombophyllum Schwantes(1927)"的命名人引证有误。【分布】非洲南部。【模式】Rhombophyllum rhomboideum (Salm-Dyck) Schwantes [Mesembryanthemum rhomboideum Salm-Dyck]。【参考异名】Rhombophyllum Schwantes(1927)Nom. illegit. ●☆

44302 Rhombophyllum Schwantes(1927)Nom. illegit. ≡Rhombophyllum (Schwantes)Schwantes(1927) [番杏科 Aizoaceae]●☆

44303 Rhombospora Korth. (1850)= Greenea Wight et Arn. (1834) [茜草科 Rubiaceae]●☆

44304 Rhoogeton Leeuwenb. (1958)【汉】莱文苣苔属。【隶属】苦苣苔科 Gesneriaceae。【包含】世界 3-4 种。【学名诠释与讨论】〈阴〉(希)rhoos,小河,溪流+geiton,邻居。【分布】巴拿马,几内亚,委内瑞拉,中美洲。【模式】Rhoogeton cyclophyllus Leeuwenberg ■☆

44305 Rhopala Schreb. (1789) = Roupala Aubl. (1775) [山龙眼科 Proteaceae]●☆

44306 Rhopalandria Stapf (1898) = Dioscoreophyllum Engl. (1895) [薯蓣科 Dioscoreaceae]●☆

44307 Rhopalephora Hassk. (1864)【汉】毛果竹叶菜属(钩毛子草属)。【隶属】鸭趾草科 Commelinaceae。【包含】世界 4 种,中国 1 种。【学名诠释与讨论】〈阴〉(希)rhopalon,棍棒,杖,阴茎+phoros,具有,梗,负载,发现者。此属的学名是"Rhopalephora Hasskarl,Bot. Zeitung 22: 58. 19 Feb 1864"。亦有文献把其处理为"Aneilema R. Br. (1810)"或"Dictyospermum Wight(1853)"的异名。【分布】马达加斯加,马来西亚,中国,美拉尼西亚群岛至斐济,亚洲南部和东南部。【模式】Rhopalephora blumei Hasskarl, Nom. illegit. [Commelina monadelpha Blume]。【参考异名】Aneilema R. Br. (1810);Dictyospermum Wight (1853);Ropalophora Post et Kuntze (1903)■

44308 Rhopaloblaste Scheff. (1876)【汉】杖花棕属(棒果芽棕属,棒椰属,垂叶椰属,垂羽椰属,拟槟榔椰属,手杖棕属)。【日】モルッカヤシ属。【英】Rhopalobiaste。【隶属】棕榈科 Arecaceae(Palmae)。

【包含】世界6-7种。【学名诠释与讨论】〈阴〉（希）rhopalon，棍棒、杖+blastos，芽，胚，嫩枝，枝，花。指幼叶枪形，或指胚具棒形附属物。【分布】马来西亚，印度尼西亚（马鲁古群岛），印度（尼科巴群岛），所罗门群岛，新几内亚岛。【模式】Rhopaloblaste hexandra Scheffer。【参考异名】Ptychoraphis Becc. (1885) ●☆

44309　Rhopalobrachium Schltr. et K. Krause（1908）【汉】短棒茜属。【隶属】茜草科 Rubiaceae。【包含】世界1种。【学名诠释与讨论】〈中〉（希）rhopalon，棍棒，杖+brachion，鳍。【分布】法属新喀里多尼亚。【后选模式】Rhopalobrachium fragrans Schlechter et K. Krause☆

44310　Rhopalocarpaceae Hemsl. = Rhopalocarpaceae Hemsl. ex Takht. ●☆

44311　Rhopalocarpaceae Hemsl. ex Takht.（1987）［亦见 Sphaerosepalaceae（Warb.）Tiegh. ex Bullock.（1959）球萼树科（刺果树科，球形萼科，圆萼树科）］【汉】棒果树科（刺果树科）。【包含】世界1属13种。【分布】马达加斯加。【科名模式】Rhopalocarpus Bojer ●☆

44312　Rhopalocarpus Bojer（1846）【汉】棒果树属（刺果树属）。【隶属】球萼树科（刺果树科，球形萼科，圆萼树科）Sphaerosepalaceae//棒果树科（刺果树科）Rhopalocarpaceae。【包含】世界13种。【学名诠释与讨论】〈阳〉（希）rhopalon，棍棒，杖+karpos，果实。【分布】马达加斯加。【模式】Rhopalocarpus lucidus Bojer。【参考异名】Ropalocarpus Bojer（1837）；Sphaerosepalum Baker（1884）●☆

44313　Rhopalocarpus Teijsm. et Binn. ex Miq.（1865）Nom. illegit. = Anaxagorea A. St.-Hil.（1825）［番荔枝科 Annonaceae］●

44314　Rhopalocnemis Jungh.（1841）【汉】盾片蛇菰属（大蛇菰属，鬼笔蛇菰属，双柱蛇菰属）。【英】Rhopalocnemis。【隶属】蛇菰科（土鳞鬣科）Balanophoraceae。【包含】世界1-2种，中国1种。【学名诠释与讨论】〈阴〉（希）rhopalon，棍棒，杖+kneme，节间。knemis，所有格 knemidos，胫衣，脚绊。knema，所有格 knematos，碎片，碎屑，刨花。山的肩状突出部分。指粗大的肉穗花序似阴茎。【分布】马达加斯加，印度尼西亚（苏门答腊岛至马鲁古群岛），印度（阿萨姆），中国，喜马拉雅山。【模式】Rhopalocnemis phalloides Junghuhn。【参考异名】Lytogomphus Jungh.（1847）；Lytogomphus Jungh. ex Gopp.（1847）Nom. illegit.；Phaeocordylis Griff.（1844）●■

44315　Rhopalocyclus Schwantes（1928）= Leipoldtia L. Bolus（1927）［番杏科 Aizoaceae］●☆

44316　Rhopalopilia Pierre（1896）【汉】毛杖木属。【隶属】山柚子科（山柑科，山柚仔科）Opiliaceae。【包含】世界3种。【学名诠释与讨论】〈阴〉（希）rhopalon，棍棒，杖+pilos，毡毛。或 rhopalon，棍棒，杖+Opilia 山柚子属（山柚仔属）。【分布】马达加斯加，热带非洲。【模式】Rhopalopilia pallens Pierre ●☆

44317　Rhopalopodium Ulbr.（1922）= Ranunculus L.（1753）［毛茛科 Ranunculaceae］■

44318　Rhopalosciadium Rech. f.（1952）【汉】波斯伞芹属。【隶属】伞形花科（伞形科）Apiaceae（Umbelliferae）。【包含】世界1种。【学名诠释与讨论】〈阴〉（希）rhopalon，棍棒，杖+（属）Sciadium 伞芹属。【分布】伊朗。【模式】Rhopalosciadium stereocalyx K. H. Rechinger ■☆

44319　Rhopalostigma Phil.（1858）Nom. illegit. ≡ Phrodus Miers（1849）［茄科 Solanaceae］■☆

44320　Rhopalostigma Phil.（1860）Nom. illegit. ≡ Phrodus Miers（1849）［茄科 Solanaceae］■☆

44321　Rhopalostigma Schott（1859）Nom. illegit. = Asterostigma Fisch. et C. A. Mey.（1845）［天南星科 Araceae］■☆

44322　Rhopalostylis H. Wendl. et Drude（1875）Nom. illegit.【汉】棒柱椰属（棒花棕属，胡刷椰属，细叶椰子属，香棕属，新西兰椰属）。【日】ハケヤシ属。【俄】Ропалостилис。【英】Rhopalostylis。【隶属】棕榈科 Arecaceae（Palmae）。【包含】世界3种。【学名诠释与讨论】〈阴〉（希）rhopalon，棍棒，杖+stylos =拉丁文 style，花柱，中柱，有尖之物，桩，柱，支持物，支柱，石头做的界标。此属的学名，ING 和 IK 记载是"Rhopalostylis H. Wendland et Drude，Linnaea 39：180，234. Jun 1875"；但是它是一个晚出的非法名称，因为此前已经有了"Rhopalostylis Klotzsch ex Baill.，Adansonia 5：317. 1865"。"Eora O. F. Cook，J. Heredity 18：409. 1927"是"Rhopalostylis H. Wendl. et Drude（1875）"的晚出的同模式异名（Homotypic synonym，Nomenclatural synonym）。多有文献还在使用"Rhopalostylis H. Wendl. et Drude（1875）"为正名，故暂放于此。【分布】澳大利亚（诺福克岛），新西兰。【模式】Rhopalostylis baueri H. Wendland et Drude。【参考异名】Eora O. F. Cook（1927）Nom. illegit. ●☆

44323　Rhopalostylis Klotzsch ex Baill.（1865）Nom. illegit. = Dalechampia L.（1753）［大戟科 Euphorbiaceae］●

44324　Rhopalota N. E. Br.（1931）= Crassula L.（1753）［景天科 Crassulaceae］●■☆

44325　Rhophostemon Wittst.（1856）= Nervilia Comm. ex Gaudich.（1829）（保留属名）；~ = Roptrostemon Blume（1828）［兰科 Orchidaceae］■

44326　Rhopium Schreb.（1791）Nom. illegit. ≡ Meborea Aubl.（1775）；~ = Phyllanthus L.（1753）［大戟科 Euphorbiaceae//叶下珠科（叶萝藦科）Phyllanthaceae］●■

44327　Rhoradendron Griseb.（1857）= Phoradendron Nutt.（1848）［桑寄生科 Loranthaceae//美洲桑寄生科 Phoradendraceae］●☆

44328　Rhouancou Augier = Rouhamon Aubl.（1775）；~ = Strychnos L.（1753）［马钱科（断肠草科，马钱子科）Loganiaceae］●

44329　Rhuacophila Blume（1827）【汉】线脐籽属。【隶属】百合科 Liliaceae//萱草科 Hemerocallidaceae//山营科（山营兰科）Dianellaceae。【包含】世界1种。【学名诠释与讨论】〈阴〉（希）rhyax，所有格 rhyakos，小河+philos，喜欢的，爱的。此属的学名是"Rhuacophila Blume，Enum. Pl. Javae 13. 1827"。亦有文献把其处理为"Dianella Lam. ex Juss.（1789）"的异名。【分布】马来西亚，所罗门群岛，法属新喀里多尼亚，亚洲西南、南部和东南。【后选模式】Rhuacophila javanica Blume。【参考异名】Dianella Lam. ex Juss.（1789）；Ryacophila Post et Kuntze（1903）■☆

44330　Rhus（Tourn.）L.（1753）Nom. illegit. ≡ Rhus L.（1753）［漆树科 Anacardiaceae］●

44331　Rhus（Tourn.）L. emend. Moench, Nom. illegit. = Rhus L.（1753）［漆树科 Anacardiaceae］●

44332　Rhus L.（1753）【汉】盐肤木属（漆树属）。【日】ウルシ属。【俄】Желтинник，Кожевник，Сумах，Шмальница。【英】Stag's-horn Sumach，Sumac，Sumch，Threeleaf Lacquertree，Trileaved Lacquer-tree。【隶属】漆树科 Anacardiaceae。【包含】世界200-250种，中国6-10种。【学名诠释与讨论】〈阴〉（拉）rhus，欧洲盐肤木的古称，来自希腊文 rhous 或 rous，盐肤木，源于凯尔特语 rhudd 红色或希腊语 rhodon，红色。指秋季有些种的果和叶片变红色。此属的学名，ING、APNI、GCI、TROPICOS 和 IK 记载是"Rhus L.，Sp. Pl. 1：265. 1753 [1 May 1753]"。《中国植物志》英文版亦使用此名称。"Rhus（Tourn.）L.（1753）≡ Rhus L.（1753）"和"Rhus（Tourn.）L. emend. Moench = Rhus L.（1753）"的命名人引证有误。《中国植物志》英文版承认"三叶漆属"，用"Terminthia Bernh.，Linnaea 12：134. 1838"为正名。但是，IK 和 TROPICOS 都记载它是一个未合格发表的名称（Nom. inval.）。

"Sumachium Rafinesque, Amer. Monthly Mag. et Crit. Rev. 2：265. Feb 1818"和"Sumacus Rafinesque, Fl. Tell. 3：56. Nov－Dec 1837"是"Rhus L.（1753）"的晚出的同模式异名（Homotypic synonym, Nomenclatural synonym）。【分布】巴基斯坦,玻利维亚,马达加斯加,美国,尼加拉瓜,中国,亚热带和温带,中美洲。【后选模式】Rhus coriaria Linnaeus。【参考异名】Augia Lour.（1790）（废弃属名）；Baronia Baker（1882）；Cominia Raf.（1840）Nom. illegit.；Duckera F. A. Barkley（1942）Nom. illegit.；Festania Raf.（1840）；Lilithia Raf.；Lobadium Raf.（1819）；Malosma（Nutt.）Raf.；Malosma Engl.（1883）Nom. inval.；Melanococca Blume（1850）；Neostyphonia Shafer（1908）Nom. illegit.；Philostemon Raf.（1817）；Philostemum Steud.（1841）Nom. illegit.；Pocophorum Neck.（1790）Nom. inval.；Rhoeidlum Greeue（1905）；Rhus（Tourn.）L. emend. Moench, Nom. illegit.；Rhus（Tourn.）L.（1753）；Schmaltzia Desv., Nom. illegit.；Schmaltzia Desv. ex Small（1903）Nom. illegit.；Schmaltzia Desv. ex Steud.（1841）Nom. inval.；Searsia F. A. Barkley（1942）；Stiphonia Hemsl.（1880）；Styphonia Nutt.（1838）Nom. illegit.；Styphonia Nutt. ex Torr. et A. Gray（1838）Nom. illegit.；Sumachium Raf.（1818）Nom. illegit.；Sumacrus R. Hedw.；Sumacus Raf.（1840）Nom. illegit.；Terminthia Bernh.（1838）Nom. inval.；Thezera（DC.）Raf.（1840）Nom. inval.；Thezera Raf.（1840）Nom. illegit.；Toxicodendron Mill.（1754）；Trujanoa La Llave（1825）；Turpinia Raf.（1808）Nom. illegit.（废弃属名）；Vernix Adans.（1763）●

44333 Rhuyschiana Adans.（1763）= Dracocephalum L.（1753）（保留属名）［唇形科 Lamiaceae（Labiatae）］■●

44334 Rhyacophila Hochst.（1841）Nom. illegit. ≡ Quartinia Endl.（1842）；~ = Rotala L.（1771）［千屈菜科 Lythraceae］■

44335 Rhyanspermum C. F. Gaertn. = Notelaea Vent.（1804）［木犀榄科（木犀科）Oleaceae］●☆

44336 Rhyditospermum Walp.（1846－1847）= Matricaria L.（1753）（保留属名）；~ = Rhytidospermum Sch. Bip.（1844）Nom. illegit.；~ = Tripleurospermum Sch. Bip.（1844）［菊科 Asteraceae（Compositae）］■

44337 Rhynchadenia A. Rich.（1853）= Macradenia R. Br.（1822）［兰科 Orchidaceae］■☆

44338 Rhynchandra Rchb. f.（1841）Nom. illegit. ≡ Rhynchanthera Blume（1825）；~ = Corymborkis Thouars（1809）［兰科 Orchidaceae］■

44339 Rhynchanthera Benth.（1868）Nom. illegit.（废弃属名）= Rhyncharrhena F. Muell.（1859）［萝藦科 Asclepiadaceae］■☆

44340 Rhynchanthera Blume（1825）（废弃属名）= Corymborkis Thouars（1809）［兰科 Orchidaceae］■

44341 Rhynchanthera DC.（1828）（保留属名）【汉】喙药野牡丹属（喙花牡丹属）。【隶属】野牡丹科 Melastomataceae。【包含】世界15种。【学名诠释与讨论】〈阴〉（希）rhynchos,喙+anthera,花药。此属的学名"Rhynchanthera DC., Prodr. 3：106. Mar（med.）1828"是保留属名。相应的废弃属名是兰科 Orchidaceae 的"Rynchanthera Blume, Tab. Pl. Jav. Orchid.：ad t. 78. 1-7 Dec 1825 = Corymborkis Thouars（1809）"。萝藦科 Asclepiadaceae 的"Rhynchanthera Blume（1825）= Corymborkis Thouars（1809）"亦应废弃。"Alosemis Rafinesque, Sylva Tell. 96. Oct－Dec 1838"和"Zulatia Necker ex Rafinesque, Sylva Tell. 97. Oct－Dec 1838"是"Rhynchanthera DC.（1828）（保留属名）"的晚出的同模式异名（Homotypic synonym, Nomenclatural synonym）。【分布】巴拉圭,巴拿马,秘鲁,玻利维亚,哥斯达黎加,尼加拉瓜,中美洲。【模式】Rhynchanthera grandiflora（Aublet）A. P. de Candolle

［Melastoma grandiflorum Aublet［as 'grandiflora'］。【参考异名】Alosemis Raf.（1838）Nom. illegit.；Proboscidia Rich. ex DC.（1828）；Renardia Moc. et Sessé ex DC.；Thenardia Moc. et Sessé ex DC.（1828）Nom. illegit.；Zulatia Neck.（1790）Nom. inval.；Zulatia Neck. ex Raf.（1838）Nom. illegit.●☆

44342 Rhynchanthus Hook. f.（1886）【汉】喙花姜属。【英】Beakflower。【隶属】姜科（蘘荷科）Zingiberaceae。【包含】世界5-7种,中国1种。【学名诠释与讨论】〈阳〉（希）rhynchos,喙+anthos,花。指花冠喙状。【分布】马来西亚（西部）,缅甸,中国。【模式】Rhynchanthus longiflorus J. D. Hooker。

44343 Rhyncharrhena F. Muell.（1859）【汉】雄喙萝藦属（喙萝藦属）。【隶属】萝藦科 Asclepiadaceae。【包含】世界1种。【学名诠释与讨论】〈阴〉（希）rhynchos,喙+arrhena,所有格 ayrhenos,雄的,凸形的。此属的学名,ING、APNI 和 IK 记载是"Rhyncharrhena F. Muell., Fragm.（Mueller）1（5）：128. 1859［Apr 1859］"。"Rhynchanthera Benth., Flora Australiensis 4 1868"是其变体。亦有文献把"Rhyncharrhena F. Muell.（1859）"处理为"Pentatropis R. Br. ex Wight et Arn.（1834）"的异名。【分布】澳大利亚。【后选模式】Rhyncharrhena atropurpurea F. von Mueller。【参考异名】Pentatropis R. Br. ex Wight et Arn.（1834）；Rhynchanthera Blume（1825）（废弃属名）■☆

44344 Rhynchelythrum Nees（1836）【汉】红毛草属。【英】Redhairgrass, Rhynchelytrum。【隶属】禾本科 Poaceae（Gramineae）。【包含】世界14种,中国2种。【学名诠释与讨论】〈中〉（希）rhynchos,喙+lythron,血。指第二颖顶的喙状体红色。此属的学名,ING、TROPICOS 和 IK 记载是"Rhynchelythrum C. G. D. Nees in Lindley, Nat. Syst. ed. 2. 378, 446. Jul 1836"。"Rhynchelytrum Nees（1836）"是其拼写变体。"Rhynchelytrum Endl., Gen. Pl.［Endlicher］83. 1836［Dec 1836］"和"Rhynchelytrum Hochst., Flora 27（1）：249. 1844"似也似其变体。亦有文献把"Rhynchelytrum Nees（1836）"处理为"Melinis P. Beauv.（1812）"的异名。【分布】马达加斯加,中国,阿拉伯地区至中南半岛,热带非洲。【模式】Rhynchyletrum degranum Nees。【参考异名】Melinis P. Beauv.（1812）；Monachyron Parl.（1849）Nom. illegit.；Monachyron Parl. ex Hook. f.（1849）；Rhynchelythrum Nees（1836）Nom. illegit.■

44345 Rhynchelytrum Endl.（1836）Nom. illegit.［禾本科 Poaceae（Gramineae）］☆

44346 Rhynchelytrum Hochst.（1844）Nom. illegit.［禾本科 Poaceae（Gramineae）］☆

44347 Rhynchelytrum Nees（1836）Nom. illegit. ≡ Rhynchelythrum Nees（1836）［禾本科 Poaceae（Gramineae）］■

44348 Rhynchium Dulac（1867）= Vicia L.（1753）［豆科 Fabaceae（Leguminosae）//蝶形花科 Papilionaceae//野豌豆科 Viciaceae］■

44349 Rhynchocalycaceae L. A. S. Johnson et B. G. Briggs（1985）［亦见 Crypteroniaceae A. DC.（保留科名）隐翼木科和 Lythraceae J. St. -Hil.（保留科名）千屈菜科］【汉】喙萼花科。【包含】世界1属1种。【分布】非洲南部。【科名模式】Rhynchocalyx Oliv.●☆

44350 Rhynchocalyx Oliv.（1894）【汉】喙萼花属。【隶属】喙萼花科 Rhynchocalycaceae//千屈菜科 Lythraceae。【包含】世界1种。【学名诠释与讨论】〈阴〉（希）rhynchos,喙+kalyx,所有格 kalykos=拉丁文 calyx,花萼,杯子。【分布】巴西（纳塔尔）。【模式】Rhynchocalyx lawsonioides Oliver●☆

44351 Rhynchocarpa Backer ex K. Heyne（1927）Nom. illegit. ≡ Dansera Steenis（1848）；~ = Dialium L.（1767）［豆科 Fabaceae（Leguminosae）//云实科（苏木科）Caesalpiniaceae］●☆

44352 Rhynchocarpa Becc.（1920）Nom. illegit. ≡ Burretiokentia Pic.

Serm. (1955) [棕榈科 Arecaceae(Palmae)] ●☆

44353　Rhynchocarpa Endl. (1839) Nom. illegit. = Kedrostis Medik. (1791) [葫芦科(瓜科,南瓜科)Cucurbitaceae] ■☆

44354　Rhynchocarpa Schrad. (1838) Nom. inval. ≡ Rhynchocarpa Schrad. ex Endl. (1839); ~ = Kedrostis Medik. (1791) [葫芦科(瓜科,南瓜科)Cucurbitaceae] ■☆

44355　Rhynchocarpa Schrad. ex Endl. (1839) = Kedrostis Medik. (1791) [葫芦科(瓜科,南瓜科)Cucurbitaceae] ■☆

44356　Rhynchocarpus Less. (1832) Nom. illegit. = Relhania L' Hér. (1789)(保留属名) [菊科 Asteraceae(Compositae)] ●☆

44357　Rhynchocarpus Reinw. ex Blume(1823) = Cyrtandra J. R. Forst. et G. Forst. (1775) [苦苣苔科 Gesneriaceae] ●■

44358　Rhynchocladium T. Koyama(1972)【汉】委内瑞拉莎草属。【隶属】莎草科 Cyperaceae。【包含】世界 1 种。【学名诠释与讨论】〈中〉(希)rhynchos,喙 + klados,枝,芽,指小式 kladion,棍棒。Kladodes,有许多枝子的 +-ius,-ia,-ium,在拉丁文和希腊文中,这些词尾表示性质或状态。【分布】委内瑞拉。【模式】Rhynchocladium steyermarkii (T. Koyama) T. Koyama [Cladium steyermarkii T. Koyama] ■☆

44359　Rhynchocorys Griseb. (1844)(保留属名)【汉】伊朗参属。【隶属】玄参科 Scrophulariaceae//列当科 Orobanchaceae。【包含】世界 6 种。【学名诠释与讨论】〈阴〉(希)rhynchos,喙 + korys,兜;korythos,头盔。此属的学名 "Rhynchocorys Griseb. , Spicil. Fl. Rumel. 2：12. Jul 1844"是保留属名。相应的废弃属名是玄参科 Scrophulariaceae 的"Elephas Mill. ,Gard. Dict. Abr. ,ed. 4：[461]. 28 Jan 1754 ≡ Rhynchocorys Griseb. (1844)(保留属名)"。玄参科 Scrophulariaceae 的 "Elephas Tourn. ex Adans. , Fam. Pl. (Adanson) 2：211(1763)"亦应废弃。"Elephantina A. Bertoloni, Fl. Ital. 6；279. Mai 1846"和 "Proboschiphora Necker ex Caruel in Parlatore, Fl. Ital. 6：454. Aug 1885"是 "Rhynchocorys Griseb. (1844)(保留属名)"的晚出的同模式异名(Homotypic synonym, Nomenclatural synonym)。【分布】欧洲南部至伊朗。【模式】Rhynchocorys elephas (Linnaeus) Grisebach [Rhinanthus elephas Linnaeus]。【参考异名】Elephantina Bertol. (1844) Nom. illegit. ; Elephas Mill. (1754)(废弃属名); Elephas Tourn. ex Adans. (1763) Nom. illegit. (废弃属名); Proboschiphora Neck. (1790) Nom. inval. ; Proboschiphora Neck. ex Caruel(1885) Nom. illegit. ■☆

44360　Rhynchodia Benth. (1876)【汉】尖子藤属(尖种藤属)。【英】Beakseedvine, Rhynchodia。【隶属】夹竹桃科 Apocynaceae。【包含】世界 8 种,中国 1 种。【学名诠释与讨论】〈阴〉(希)rhynchos,喙 + odous,所有格 odontos,齿。指种子有喙。此属的学名"Rhynchodia Bentham in Bentham et Hook. f. , Gen. 2：719. Mai 1876"是一个替代名称。"Rhyncospermum Alph. de Candolle, Prodr. 8：431. Mar(med.)1844"是一个非法名称(Nom. illegit.),因为此前已经有了"Rhynchospermum Reinwardt, Syll. Pl. Nov. 2：7. 1825('1828')"。故用"Rhynchodia Benth. (1876)"替代之。亦有文献把"Rhynchodia Benth. (1876)"处理为"Chonemorpha G. Don(1837)(保留属名)"的异名。【分布】印度至印度尼西亚(爪哇岛),中国。【模式】Rhynchodia rhynchosperma (Wallich)K. Schumann [Echites rhynchosperma Wallich]。【参考异名】Cercocoma Miq. (1856) Nom. illegit. ; Chonemorpha G. Don(1837)(保留属名); Rhynchospermum Lindl. (1846) Nom. illegit. ; Rhyncospermum A. DC. (1844) Nom. illegit. ; Rhynospermum Walp. (1852); Rynchospermum Post et Kuntze(1903) ●■

44361　Rhynchodium C. Presl (1845) = Bituminaria Heist. ex Fabr. (1759) Nom. illegit. , Nom. superfl. ; ~ = Psoralea L. (1753) [豆科 Fabaceae(Leguminosae)//蝶形花科 Papilionaceae] ●■

44362　Rhynchoglossum Blume(1826) [as 'Rhinchoglossum'](保留属名)【汉】尖舌苣苔属(尖舌草属,歪冠苣苔属)。【日】ルリブクロ属。【英】Rhynchoglossum。【隶属】苦苣苔科 Gesneriaceae。【包含】世界 10-12 种,中国 2 种。【学名诠释与讨论】〈中〉(希)rhynchos,喙 + glossa,舌。指条形的苞片舌尖。此属的学名 "Rhynchoglossum Blume, Bijdr. ：741. Jul – Dec 1826('Rhinchoglossum')(orth. cons.)"是保留属名。法规未列出相应的废弃属名。但是其变体"Rhinchoglossum Blume(1826)"应该废弃。【分布】印度至马来西亚,中国。【模式】Rhynchoglossum obliquum Blume。【参考异名】Aithonium Zipp. ex C. B. Clarke; Antonia R. Br. (1832) Nom. illegit. , Nom. inval. , Nom. nud. ; Glossanthus Klein ex Benth. (1835); Klugia Schltdl. (1833); Knappia F. L. Bauer ex Steud. ; Loxotis (R. Br.) Benth. (1835) Nom. illegit. ; Loxotis R. Br. (1835) Nom. illegit. ; Loxotis R. Br. ex Benth. (1835); Rhinchoglossum Blume(1826); Rhinoglossum Pritz. (1855) ■

44363　Rhynchogyna Seidenf. et Garay(1973)【汉】雌喙兰属。【隶属】兰科 Orchidaceae。【包含】世界 3 种。【学名诠释与讨论】〈阴〉(希)rhynchos,喙 + gyne,所有格 gynaikos,雌性,雌蕊。【分布】泰国,越南,马来半岛。【模式】Rhynchogyna luisifolia (Ridley) Seidenfaden et Garay [Saccolabium luisifolium Ridley] ■☆

44364　Rhyncholacis Tul. (1849)【汉】空喙苔草属。【隶属】髯管花科 Geniostomaceae。【包含】世界 25-26 种。【学名诠释与讨论】〈阴〉(希)rhynchos,喙 + lakkos,水池,引申为中空。或 rhynchos,喙 + (属)Lads。【分布】热带南美洲北部。【模式】未指定 ■☆

44365　Rhyncholaelia Schltr. (1918)【汉】喙果兰属(林可蕾利亚属)。【日】リンコレリア属。【隶属】兰科 Orchidaceae。【包含】世界 2 种。【学名诠释与讨论】〈阴〉(希)rhynchos,喙 + (属)Laelia 蕾丽兰属。【分布】巴拿马,墨西哥,中美洲。【模式】未指定 ☆

44366　Rhyncholepis Miq. (1843) = Piper L. (1753) [胡椒科 Piperaceae] ●■

44367　Rhyncholepis C. DC. (1869) = Rhyncholepis Miq. (1843) [胡椒科 Piperaceae] ●■

44368　Rhynchopappus Dulac (1867) = Crepis L. (1753) [菊科 Asteraceae(Compositae)] ■

44369　Rhynchopera Börner(1913) Nom. illegit. = Carex L. (1753) [莎草科 Cyperaceae] ■

44370　Rhynchopera Klotzsch(1844) = Pleurothallis R. Br. (1813) [兰科 Orchidaceae] ■☆

44371　Rhynchopera Klotzsch(1850) = Pleurothallis R. Br. (1813) [兰科 Orchidaceae] ■☆

44372　Rhynchopera Link, Klotzsch et Otto (1844) Nom. illegit. = Pleurothallis R. Br. (1813) [兰科 Orchidaceae] ■☆

44373　Rhynchopetalum Fresen. (1838) = Lobelia L. (1753) [桔梗科 Campanulaceae//山梗菜科(半边莲科)Nelumbonaceae] ●■

44374　Rhynchophora Arènes(1946)【汉】喙梗木属(隐柱金虎尾属)。【隶属】金虎尾科(黄褥花科)Malpighiaceae。【包含】世界 1 种。【学名诠释与讨论】〈阴〉(希)rhynchos,喙 + phoros,具有,梗,负载,发现者。此属的学名,ING 和 IK 记载是 "Rhynchophora Arènes, Notul. Syst. (Paris) 12：127. Feb 1946";模式是 "Rhynchophora humbertii Arènes"。它们还记载了"Calyptostylis Arènes, Notul. Syst. (Paris) 12：131. Feb 1946";模式是 "Calyptostylis humbertii Arènes"。后人认为"Calyptostylis Arènes, Notul. Syst. (Paris) 12：131. Feb 1946"是"Rhynchophora Arènes (1946)"的晚出的同模式异名(Homotypic synonym, Nomenclatural synonym)。【分布】马达加斯加。【模式】Rhynchophora humbertii Arènes。【参考异名】Calyptostylis Arènes(1946) Nom. illegit. ●☆

44375　Rhynchophorum(Miq.) Small(1933) = Peperomia Ruiz et Pav. (1794)［胡椒科 Piperaceae//草胡椒科（三瓣绿科）Peperomiaceae］■

44376　Rhynchophreatia Schltr. (1921)【汉】喙馥兰属。【隶属】兰科 Orchidaceae。【包含】世界5种。【学名诠释与讨论】〈阴〉（希）rhynchos, 喙+（属）Phreatia 馥兰属（芙乐兰属）。【分布】密克罗尼西亚岛,新几内亚岛。【模式】未指定■☆

44377　Rhynchopsidium DC. (1836)【汉】棕苞金绒草属。【隶属】菊科 Asteraceae(Compositae)。【包含】世界2种。【学名诠释与讨论】〈中〉（希）rhynchos, 喙+（属）Psidium 番石榴属。此属的学名是"Rhynchopsidium A. P. de Candolle et Alph. de Candolle, Mém. Soc. Phys. Hist. Nat. Genève 7：283,286. 1836"。亦有文献把其处理为"Relhania L' Hér. (1789)（保留属名）"的异名。【分布】澳大利亚,非洲。【模式】Rhynchopsidium sessiliflorum (Thunberg) A. P. et Alph. de Candolle [Relhania sessiliflora Thunberg]。【参考异名】Relhania L' Hér. (1789)（保留属名）■☆

44378　Rhynchopyle Engl. (1880) = Piptospatha N. E. Br. (1879)［天南星科 Araceae］■☆

44379　Rhynchoryza Baill. (1893)【汉】多年稻属。【隶属】禾本科 Poaceae(Gramineae)。【包含】世界1种。【学名诠释与讨论】〈阴〉（希）rhynchos, 喙+（属）Oryza 稻属。此属的学名,ING、TROPICOS 和 GCI 记载是"Rhynchoryza Baill. , Bull. Mens. Soc. Linn. Paris 1063. 1892"。它曾先后被处理为"Oryza sect. Rhynchoryza (Baill.) Roshev. , Trudy po Prikladnoi Botanike, Genetike i Selektsii 27（4）：120. 1931"和"Oryza subgen. Rhynchoryza (Baill.) Pilg. ,Die natürlichen Pflanzenfamilien,Zweite Auflage 14d：151. 1956"。亦有文献把"Rhynchoryza Baill. (1893)"处理为"Oryza L. (1753)"的异名。【分布】巴西（南部）,巴拉圭,阿根廷（北部）,南美洲。【模式】Rhynchoryza subulata (C. G. D. Nees) Baillon [Oryza subulata C. G. D. Nees]。【参考异名】Oryza L. (1753); Oryza sect. Rhynchoryza (Baill.) Roshev. (1931); Oryza subgen. Rhynchoryza (Baill.) Pilg. (1956)■☆

44380　Rhynchosia Lour. (1790)（保留属名）【汉】鹿藿属（括根属）。【日】タンキリマメ属。【俄】Ринхозия。【英】Rhynchosia。【隶属】豆科 Fabaceae(Leguminosae)//蝶形花科 Papilionaceae。【包含】世界200-300种,中国13种。【学名诠释与讨论】〈阴〉（希）rhynchos, 喙。指龙骨瓣或花柱喙状。此属的学名"Rhynchosia Lour. ,Fl. Cochinch. ：425,460. Sep 1790"是保留属名。相应的废弃属名是豆科 Fabaceae 的"Dolicholus Medik. in Vorles. Churpfälz. Phys. –Öcon. Ges. 2：354. 1787 =Rhynchosia Lour. (1790)（保留属名）"和"Cylista Aiton,Hort. Kew. 3：36,512. 7 Aug–1 Oct 1789 = Rhynchosia Lour. (1790)（保留属名）= Paracalyx Ali (1968)"。【分布】巴基斯坦,巴拉圭,巴拿马,秘鲁,玻利维亚,厄瓜多尔,哥伦比亚（安蒂奥基亚）,哥斯达黎加,马达加斯加,美国（密苏里）,尼加拉瓜,中国,热带和亚热带,非洲,中美洲。【模式】Rhynchosia volubilis Loureiro。【参考异名】Arcyphyllum Elliott (1818); Austerium Poir. ex DC. (1825); Baukea Vatke (1881); Chrysonias Benth. ex Steud. (1840); Chrysoscias E. Mey. (1836); Copisma E. Mey. (1836); Cyanospermum Wight et Arn. (1834); Cylista Aiton(1789)（废弃属名）; Dolicholus Medik. (1787)（废弃属名）; Hidrosia E. Mey. (1835); Hydrosia A. Juss. (1849); Leucopterum Small(1933); Leycephyllum Piper (1924); Nomismia Wight et Arn. (1834); Orthodanum E. Mey. (1835); Phyllomatia (Wight et Arn.) Benth. (1838); Phyllomatia Benth. (1838) Nom. illegit. ; Pitcheria Nutt. (1834)（废弃属名）; Polytropis C. Presl (1831); Ptychocentrum (Wight et Arn.) Benth. (1838);

Ptychocentrum Benth. (1838) Nom. illegit. ; Rhinchosia Zoll. et Moritzi (1846); Rhyncosia Webb (1850); Rynchosia Macfad. (1837); Sigmodostyles Meisn. (1843); Walpersia Meisn. ex Krauss (1844) Nom. illegit. (废弃属名)●■

44381　Rhynchosida Fryxell (1978)【汉】喙稔属。【隶属】锦葵科 Malvaceae。【包含】世界2种。【学名诠释与讨论】〈阴〉（希）rhynchos, 喙+（属）Sida 黄花稔属（金午时花属）。【分布】阿根廷,巴拉圭,巴西,玻利维亚,美国,墨西哥。【模式】Rhynchosida physocalyx (A. Gray) P. A. Fryxell [Sida physocalyx A. Gray]■●☆

44382　Rhynchosinapis Hayek (1911) = Coincya Rouy (1891)［十字花科 Brassicaceae(Cruciferae)］■☆

44383　Rhynchospermum A. DC. (1844) Nom. illegit. ≡ Rhynchodia Benth. (1876)［夹竹桃科 Apocynaceae]●■

44384　Rhynchospermum Lindl. (1846) Nom. illegit. = Rhynchodia Benth. (1876); ~ = Rhyncospermum A. DC. (1844) Nom. illegit. ; ~ =Rhynchodia Benth. (1876)［夹竹桃科 Apocynaceae]●■

44385　Rhynchospermum Reinw. (1825)【汉】秋分草属。【日】シウブンサウ属,シウブンソウ属,シュウブンソウ属。【英】Rhynchospermum。【隶属】菊科 Asteraceae(Compositae)。【包含】世界2种,中国1种。【学名诠释与讨论】〈中〉（希）rhynchos, 喙+sperma,所有格 spermatos,种子,孢子。指瘦果顶端具喙。此属的学名,ING 和 TROPICOS 记载是"Rhynchospermum Reinwardt, Syll. Pl. Nov. 2：7. 1825 ('1828')"。IK 误记为"Rhynchospermum Reinw. , Syll. Pl. Nov. ii. (1828) 7"。"Rhynchospermum Reinw. ex Blume (1825) Rhynchospermum Reinw. (1825)"的命名人引证也有误。"Rhynchospermum A. DC. ,Prodr. [A. P. de Candolle] 8：431. 1844 [mid Mar 1844] = Rhyncospermum A. DC. (1844) Nom. illegit. [夹竹桃科 Apocynaceae]"和"Rhynchospermum Lindl. ,J. Hort. Soc. London i. (1846) 74 = Rhyncospermum A. DC. (1844) Nom. illegit. = Rhynchodia Benth. (1876)［夹竹桃科 Apocynaceae]"是晚出的非法名称。"Rhynchospermum A. DC. (1844)"已经被"Rhynchodia Bentham in Bentham et Hook. f. , Gen. 2：719. Mai 1876"所替代。【分布】巴基斯坦,中国,喜马拉雅山至日本。【模式】Rhynchospermum verticillatum Reinwardt。【参考异名】Leptocoma Less. (1831); Rhynchospermum Reinw. (1825) Nom. illegit. ; Zollingeria Sch. Bip. (1854)（废弃属名）■

44386　Rhynchospermum Reinw. ex Blume (1825) Nom. illegit. ≡ Rhynchospermum Reinw. (1825)［菊科 Asteraceae(Compositae)]■

44387　Rhynchospora Vahl (1805)［as 'Rynchospora'］（保留属名）【汉】刺子莞属。【日】イヌノハナヒゲ属,ツカヅキグサ属。【俄】Очеретник。【英】Beak Rush, Beak Sedge, Beakrush, Beak–rush, Beak–sedge, Rhynchospore, Whitetop Sedge。【隶属】莎草科 Cyperaceae。【包含】世界250种,中国9种。【学名诠释与讨论】〈阴〉（希）rhynchos, 喙+spora,种子,孢子。指瘦果顶端具喙。此属的学名"Rhynchospora Vahl, Enum. Pl. 2：229. Oct–Dec 1805 ('Rynchospora') (orth. cons.)"是保留属名。相应的废弃属名是莎草科 Cyperaceae 的"Dichromena Michx. , Fl. Bor. –Amer. 1：37. 19 Mar 1803 =Rhynchospora Vahl(1805)［as 'Rynchospora'］（保留属名）"。"Rhynchospora Vahl (1805)"的拼写变体"Rynchospora Vahl (1805)"亦应废弃。莎草科 Cyperaceae 的"Rhynchospora Willd. , Enum. Pl. [Willdenow] 1：71. 1809 [Apr 1809] =Rhynchospora Vahl(1805)"也要废弃。"Phaeocephalum Ehrhart ex House, Amer. Midl. Naturalist 6：201. 1920"是"Rhynchospora Vahl(1805)［as 'Rynchospora'］（保留属名）"的晚出的同模式异名（Homotypic synonym,Nomenclatural synonym）。"Phaeocephalum House (1920) Nom. illegit. ≡ Phaeocephalum

Ehrh. ex House（1920）Nom. illegit. ”的命名人引证有误。"Phaeocephalum Ehrh.（1789）≡ Phaeocephalum Ehrh. ex House（1920）Nom. illegit. "是一个未合格发表的名称（Nom. inval. ）。【分布】巴拿马，秘鲁，玻利维亚，厄瓜多尔，哥斯达黎加，马达加斯加，美国（密苏里），尼加拉瓜，中国，中美洲。【模式】Rhynchospora alba（Linnaeus）Vahl［Schoenus albus Linnaeus］。【参考异名】Asteroschoenus Nees（1842）；Calyptrolepis Steud.（1855）；Calyptrostylis Nees（1834）；Cephaloschoenus Nees（1834）；Ceratoschoenus Nees（1834）；Chaetospora Kunth（1816）Nom. illegit.；Cleistocalyx Steud.（1855）Nom. illegit.；Dichromena Michx.（1803）（废弃属名）；Diplochaete Nees（1834）；Ephippiorhynchium Nees（1842）；Eriochaeta Torr. ex Steud.（1840）；Exphaloschoenus Nees（1840）；Haloschoenus Nees（1834）；Haplostylis Nees et Meyen（1834）Nom. illegit.；Haplostylis Nees（1834）；Hygrocharis Nees（1842）；Kleistrocalyx Steud.（1850）；Leptoschoenus Nees（1840）；Lonchostylis Torr.（1836）；Mariscus Gaertn.（1788）Nom. illegit.（废弃属名）；Microchaeta Rchb.；Micropapyrus Suess.（1943）；Mitrospora Nees（1834）；Morisia Nees（1834）Nom. illegit.；Oncostylis Mart.（1842）Nom. illegit.；Oncostylis Mart. ex Nees（1842）；Oncostylis Nees（1842）Nom. illegit.；Pachymitra Nees（1842）；Phaeocephalum Ehrh.（1789）Nom. inval.；Phaeocephalum Ehrh. ex House（1920）Nom. illegit.；Phaeocephalum House（1920）Nom. illegit.；Psilocarya Torr.（1836）；Pterochaete Arn. ex Boeck.（1873）；Pterotheca C. Presl（1831）；Ptilochaeta Nees（1842）（废弃属名）；Ptilosciadium Steud.（1855）；Rhincospora Gaudich.（1829）；Rhynchospora Willd.（1809）Nom. illegit.（废弃属名）；Rynchospora Vahl（1805）Nom. illegit.（废弃属名）；Spermadon Post et Kuntze（1903）；Spermodon P. Beauv. ex T. Lestib.（1819）；Sphaeroschoenus Arn.（1837）Nom. illegit.，Nom. superfl.；Sphaeroschoenus Nees（1843）；Syntrinema H. Pfeiff.（1925）；Syntrinema Radlk.（1925）Nom. illegit.；Trichochaeta Steud.（1855）；Triodon Rich.（1805）Nom. inval.；Zosterospermon P. Beauv. ex T. Lestib.（1819）；Zosterospermum P. Beauv. ■

44388　Rhynchospora Willd.（1809）Nom. illegit.（废弃属名）= Rhynchospora Vahl（1805）［as 'Rynchospora'］（保留属名）［莎草科 Cyperaceae］■☆

44389　Rhynchostele Rchb. f.（1852）= Leochilus Knowles et Westc.（1838）［兰科 Orchidaceae］■☆

44390　Rhynchostemon Steetz（1848）= Thomasia J. Gay（1821）［梧桐科 Sterculiaceae//锦葵科 Malvaceae］●☆

44391　Rhynchostigma Benth.（1876）= Toxocarpus Wight et Arn.（1834）［萝藦科 Asclepiadaceae］●

44392　Rhynchostylis Blume（1825）【汉】钻喙兰属（狐狸尾属，喙蕊兰属）。【日】リンコスティリス属。【英】Awlbillorchis, Fox Tail Orchid, Fox-tail Orchid, Rhynchostylis。【隶属】兰科 Orchidaceae。【包含】世界 3-6 种，中国 2 种。【学名诠释与讨论】〈阴〉（希）rhynchos，喙+stylos =拉丁文 style，花柱，中柱，有尖之物，桩，柱，支持物，支柱，石头做的界标。指花柱或花喙状。此属的学名，ING、TROPICOS 和 IK 记载是 "Rhynchostylis Blume, Bijdr. Fl. Ned. Ind. 7：285, t. 49（Rhynchostylis）. 1825［20 Sep – 7 Dec 1825］"。"Rhynchostylis Tausch, Flora 17：343. 14 Jun 1834 = Chaerophyllum L.（1753）［伞形花科（伞形科）Apiaceae（Umbelliferae）]"是晚出的非法名称。【分布】印度至马来西亚，中国。【模式】未指定。【参考异名】Anota（Lindl.）Schltr.（1914）；Anota Schltr.（1914）Nom. illegit.；Rhyncostylis Steud.（1841）；Rynchostylis Blume（1825）Nom. illegit. ■

44393　Rhynchostylis Tausch（1834）= Chaerophyllum L.（1753）［伞形

花科（伞形科）Apiaceae（Umbelliferae）]■

44394　Rhynchotechum Blume（1826）【汉】线柱苣苔属。【日】ヤマビワソウ属。【英】Rhynchotechum。【隶属】苦苣苔科 Gesneriaceae。【包含】世界 12-15 种，中国 5-7 种。【学名诠释与讨论】〈中〉（希）rhynchos，喙+teichos 墙。【分布】斯里兰卡，印度至马来西亚，中国。【模式】Rhynchotechum parviflorum Blume。【参考异名】Cheilosandra Griff. ex Lindl.（1847）；Chiliandra Griff.（1854）；Chilosandra Post et Kuntze（1903）；Corisanthera C. B. Clarke（1884）；Corysanthera Endl.（1839）Nom. illegit.；Corysanthera Wall.（1832）Nom. inval.；Corysanthera Wall. ex Benth.（1839）；Corysanthera Wall. ex Endl.（1839）Nom. illegit.；Isanthera Nees（1834）；Rhynchotoechum Blume；Rhyncothecum A. DC.（1845）●

44395　Rhynchotheca Pers. = Rhynchotheca Ruiz et Pav.（1847）［喙果木科（刺灌木科）Rhynchothecaceae//牻牛儿苗科 Geraniaceae］●☆

44396　Rhynchotheca Ruiz et Pav.（1794）【汉】喙果木科（刺灌木属）。【隶属】喙果木科（刺灌木科）Rhynchothecaceae//牻牛儿苗科 Geraniaceae。【包含】世界 1 种。【学名诠释与讨论】〈阴〉（希）rhynchos，喙+theke =拉丁文 theca，匣子，箱子，室，药室，囊。指果实具喙。此属的学名，ING、TROPICOS 和 IK 记载是 "Rhynchotheca Ruiz et Pav., Fl. Peruv. Prodr. 82，t. 15. 1794［early Oct 1794］"。真菌的 "Rhynchotheca Klebahn, Phytopathol. Z. 6：300. f. 104-107. 1933"是晚出的非法名称。【分布】秘鲁，厄瓜多尔，安第斯山。【模式】Rhynchotheca spinosa Ruiz et Pavon。【参考异名】Aulacostigma Turcz.（1847）；Rhynchotheca Pers.●☆

44397　Rhynchothecaceae A. Juss.（1848）= Rhynchothecaceae Endl.●☆

44398　Rhynchothecaceae Endl.（1841）［亦见 Geraniaceae Juss.（保留科名）牻牛儿苗科］【汉】喙果木科（刺灌木科）。【包含】世界 1 属 1 种。【分布】南美洲。【科名模式】Rhynchotheca Ruiz et Pav.（1794）●☆

44399　Rhynchothecaceae J. Agardh = Ledocarpaceae Meyen；～= Ricinocarpaceae Hurus.●

44400　Rhynchotoechum Blume = Rhynchotechum Blume（1826）［苦苣苔科 Gesneriaceae］●

44401　Rhynchotropis Harms（1901）【汉】喙龙骨豆属。【隶属】豆科 Fabaceae（Leguminosae）//蝶形花科 Papilionaceae。【包含】世界 2 种。【学名诠释与讨论】〈阴〉（希）rhynchos，喙+tropos，转弯，方式上的改变。trope，转弯的行为。tropo，转。tropis，所有格 tropeos，后来的。tropis，所有格 tropidos，龙骨。【分布】热带非洲。【模式】Rhynchotropis poggei（Taubert）Harms［Indigofera poggei Taubert］■☆

44402　Rhyncosia Webb（1850）= Rhynchosia Lour.（1790）（保留属名）［豆科 Fabaceae（Leguminosae）//蝶形花科 Papilionaceae］●■

44403　Rhyncospermum A. DC.（1844）Nom. illegit. = Rhynchodia Benth.（1876）［夹竹桃科 Apocynaceae］■☆

44404　Rhyncostylis Steud.（1841）= Rhynchostylis Blume（1825）［兰科 Orchidaceae］■

44405　Rhyncothecum A. DC.（1845）= Rhynchotechum Blume（1826）［苦苣苔科 Gesneriaceae］●

44406　Rhyncothelia Pers.（1806）Nom. illegit.［牻牛儿苗科 Geraniaceae］☆

44407　Rhynea DC.（1838）Nom. illegit. ≡ Tenrhynea Hilliard et B. L. Burtt（1981）；～= Cassinia R. Br.（1817）（保留属名）［菊科 Asteraceae（Compositae）//滨篱菊科 Cassiniaceae］●☆

44408　Rhynea Scop.（1777）Nom. illegit. ≡ Nagassari Adans.（1763）；～= Mesua L.（1753）［猪胶树科（克鲁西科，山竹子科，藤黄科）Clusiaceae（Guttiferae）］●

44409　Rhynospermum Walp.（1852）= Rhynchodia Benth.（1876）；~ = Rhyncospermum A. DC.（1844）Nom. illegit.［夹竹桃科 Apocynaceae］●■

44410　Rhyparia Blume ex Hassk.（1844）Nom. illegit. ≡ Ryparosa Blume（1826）［大戟科 Euphorbiaceae//刺篱木科（大风子科）Flacourtiaceae］●☆

44411　Rhyparia Hassk.（1844）Nom. illegit. ≡ Rhyparia Blume ex Hassk.（1844）；~ ≡ Ryparosa Blume（1826）［大戟科 Euphorbiaceae//刺篱木科（大风子科）Flacourtiaceae］●☆

44412　Rhysolepis S. F. Blake（1917）【汉】皱鳞菊属（软肋菊属）。【隶属】菊科 Asteraceae（Compositae）。【包含】世界3种。【学名诠释与讨论】〈阴〉（希）rhyssos = rhysos，起皱的+lepis，所有格 lepidos，指小式 lepion 或 lepidion，鳞，鳞片。lepidotos，多鳞的。lepos，鳞，鳞片。【分布】玻利维亚，墨西哥。【模式】Rhysolepis palmeri（A. Gray）S. F. Blake［Viguiera palmeri A. Gray］■☆

44413　Rhysopteris Blume ex A. Juss. = Ryssopterys Blume ex A. Juss.（1838）（保留属名）［金虎尾科（黄褥花科）Malpighiaceae］●

44414　Rhysopterus J. M. Coult. et Rose（1900）【汉】皱翅草属。【隶属】伞形花科（伞形科）Apiaceae（Umbelliferae）。【包含】世界3种。【学名诠释与讨论】〈阳〉（希）rhyssos = rhysos，起皱的+pteron，指小式 pteridion，翅。pteridios，有羽毛的。此属的学名，ING，TROPICOS 和 IK 记载是"Rhysopterus J. M. Coulter et J. N. Rose, Contr. U. S. Natl. Herb. 7：185. 31 Dec 1900"。"Ryssosciadium O. Kuntze in T. Post et O. Kuntze, Lex. 493. Dec 1903"是"Rhysopterus J. M. Coult. et Rose（1900）"的晚出的同模式异名（Homotypic synonym，Nomenclatural synonym）。【分布】北美洲。【模式】Rhysopterus plurijugus J. M. Coulter et J. N. Rose。【参考异名】Ryssosciadium Kuntze（1903）Nom. illegit. , Nom. superfl. ☆

44415　Rhysospermum C. F. Gaertn.（1807）= Notelaea Vent.（1804）［木犀榄科（木犀科）Oleaceae］●☆

44416　Rhysotoechia Radlk.（1879）【汉】皱壁无患子属。【隶属】无患子科 Sapindaceae。【包含】世界15种。【学名诠释与讨论】〈阴〉（希）rhyssos = rhysos，起皱的+toichos，墙。可能指果实。【分布】菲律宾（菲律宾群岛），加里曼丹岛至澳大利亚（昆士兰）。【后选模式】Rhysotoechia mortoniana（F. von Mueller）Radlkofer［Cupania mortoniana F. von Mueller］。【参考异名】Ryssotoechia Kuntze ●☆

44417　Rhyssocarpus Endl.（1843）= Billiottia DC.（1830）Nom. illegit. ；~ = Melanopsidium Colla（1824）Nom. illegit. ；~ = Melanopsidium Cels ex Colla（1824）［茜草科 Rubiaceae］●☆

44418　Rhyssolobium E. Mey.（1838）【汉】皱片萝藦属。【隶属】萝藦科 Asclepiadaceae。【包含】世界1种。【学名诠释与讨论】〈中〉（希）rhyssos = rhysos，起皱的+lobos=拉丁文 lobulus，片，裂片，叶，荚，蒴+-ius，-ia，-ium，在拉丁文和希腊文中，这些词尾表示性质或状态。【分布】非洲南部。【模式】Rhyssolobium dumosum E. H. F. Meyer☆

44419　Rhyssopteris（Blume）A. Juss.（1838）Nom. illegit. ≡ Ryssopterys Blume ex A. Juss.（1838）（保留属名）［金虎尾科（黄褥花科）Malpighiaceae］●

44420　Rhyssopteris Blume ex A. Juss.（1838）Nom. illegit. ≡ Ryssopterys Blume ex A. Juss.（1838）（保留属名）［金虎尾科（黄褥花科）Malpighiaceae］●

44421　Rhyssopteris Rickctt et Stafieu = Ryssopterys Blume ex A. Juss.（1838）Nom. illegit. ；~ = Ryssopterys Blume ex A. Juss.（1838）（保留属名）［金虎尾科（黄褥花科）Malpighiaceae］●

44422　Rhyssopterys Blume ex A. Juss.（1838）Nom. illegit. ≡

Ryssopterys Blume ex A. Juss.（1838）（保留属名）［金虎尾科（黄褥花科）Malpighiaceae］●

44423　Rhyssopteryx Dalla Torre et Harms = Ryssopterys Blume ex A. Juss.（1838）（保留属名）［金虎尾科（黄褥花科）Malpighiaceae］●

44424　Rhyssostelma Decne.（1844）【汉】皱冠萝藦属。【隶属】萝藦科 Asclepiadaceae。【包含】世界1种。【学名诠释与讨论】〈中〉（希）rhyssos = rhysos，起皱的+stelma，王冠，花冠。【分布】阿根廷。【模式】Rhyssostelma nigricans Decaisne☆

44425　Rhytachne Desv.（1825）Nom. illegit. ≡ Rhytachne Desv. ex Ham.（1825）［禾本科 Poaceae（Gramineae）］■

44426　Rhytachne Desv. ex Ham.（1825）【汉】皱颖草属。【隶属】禾本科 Poaceae（Gramineae）。【包含】世界12种，中国2种。【学名诠释与讨论】〈阴〉（希）rhytis，所有格 rhytidos，皱褶，皱纹+achne，鳞片，泡沫，泡囊，谷壳，秤。此属的学名，ING，TROPICOS 和 GCI 记载是"Rhytachne Desvaux ex W. Hamilton, Prodr. Pl. Indiae Occid. xiv, 11. 1825"。IK 则记载为"Rhytachne Ham., Prodr. Pl. Ind. Occid.［Hamilton］11（1825）"。四者引用的文献相同。"Rhytachne Desv.（1825）"的命名人引证有误。【分布】巴基斯坦，玻利维亚，马达加斯加，中国，热带非洲，中美洲。【模式】Rhytachne rottboellioides W. Hamilton。【参考异名】Lepturopsis Steud.（1854）；Rhytachne Desv.（1825）Nom. illegit. ；Rhytachne Ham.（1825）Nom. illegit. ；Rhytidachne K. Schum.（1895）Nom. illegit. ；Rytachne Endl.（1836）■

44427　Rhytachne Ham.（1825）Nom. illegit. ≡ Rhytachne Desv. ex Ham.（1825）［禾本科 Poaceae（Gramineae）］■

44428　Rhyticalymma Bremek.（1948）= Justicia L.（1753）［爵床科 Acanthaceae//鸭嘴花科（鸭咀花科）Justiciaceae］●

44429　Rhyticarpus Sond.（1862）Nom. illegit. ≡ Anginon Raf.（1840）［伞形花科（伞形科）Apiaceae（Umbelliferae）］■☆

44430　Rhyticarum Boerl. = Rhyticaryum Becc.（1877）［棕榈科 Arecaceae（Palmae）］●☆

44431　Rhyticaryum Becc.（1877）【汉】新几内亚棕属。【隶属】棕榈科 Arecaceae（Palmae）。【包含】世界12种。【学名诠释与讨论】〈中〉（希）rhytis，所有格 rhytidos，皱褶，皱纹+karyon，胡桃，硬壳果，核，坚果。此属的学名，TROPICOS、APNI 和 IK 记载是"Rhyticaryum Becc., Malesia 1；256. 1878"。【分布】新几内亚岛。【模式】未指定。【参考异名】Pocillaria Ridl. ；Rhyticarum Boerl.（1916）；Rhytidocaryum K. Schum. et Lauterb.（1900）；Ryticaryum Becc.（1877）●☆

44432　Rhyticocos Becc.（1887）【汉】皱苞椰属（皱果片果棕属）。【日】アンチルココヤシ属。【隶属】棕榈科 Arecaceae（Palmae）。【包含】世界12种。【学名诠释与讨论】〈阴〉（希）rhytis，所有格 rhytidos，皱褶，皱纹 +（属）Cocos 椰子属。此属的学名是"Rhyticocos Beccari, Malpighia 1：350, 353. 1887"。亦有文献把其处理为"Syagrus Mart.（1824）"的异名。【分布】西印度群岛。【模式】Rhyticocos amara（N. J. Jacquin）Beccari［Cocos amara N. J. Jacquin］。【参考异名】Syagrus Mart.（1824）●☆

44433　Rhytidachne K. Schum.（1895）Nom. illegit. = Rhytachne Desv. ex Ham.（1825）［禾本科 Poaceae（Gramineae）］■

44434　Rhytidandra A. Gray（1854）= Alangium Lam.（1783）（保留属名）［八角枫科 Alangiaceae］●

44435　Rhytidanthe Benth.（1837）= Leptorhynchos Less.（1832）［菊科 Asteraceae（Compositae）］■☆

44436　Rhytidanthera（Planch.）Tiegh.（1904）Nom. illegit. = Rhytidanthera Tiegh.（1904）［金莲木科 Ochnaceae］●☆

44437　Rhytidanthera Tiegh.（1904）【汉】皱药木属。【隶属】金莲木科 Ochnaceae。【包含】世界5种。【学名诠释与讨论】〈阴〉（希）

rhytis, 所有格 rhytidos, 皱褶, 皱纹＋anthera, 花药。此属的学名, ING、GCI 和 IK 记载是 "Rhytidanthera Van Tieghem, Ann. Sci. Nat. Bot. ser. 8. 19：43. Jan－Jun 1904"。TROPICOS 则记载为 "Rhytidanthera (Planch.) Tiegh., Annales des Sciences Naturelles Botanique, sér. 8 19：43. 1904", 由 "Godoya subgen. Rhytidanthera Planch., London Journal of Botany 5：599. 1846" 改级而来。【分布】哥伦比亚。【模式】Rhytidanthera splendida (Planchon) Van Tieghem [Godoya splendida Planchon]。【参考异名】Godoya subgen. Rhytidanthera Planch. (1846); Rhytidanthera (Planch.) Tiegh. (1904) Nom. illegit. ●☆

44438 Rhytidea Lindl. (1856)【汉】皱药天门冬属。【隶属】天门冬科 Asparagaceae。【包含】世界 1 种。【学名诠释与讨论】〈阴〉(希) rhytis, 所有格 rhytidos, 皱褶, 皱纹＋anthera, 花药。【分布】美国。【模式】Rhytidea bicolor Lindl. ☆

44439 Rhytidocaryum K. Schum. et Lauterb. (1900) = Rhyticaryum Becc. (1877) [棕榈科 Arecaceae(Palmae)]●☆

44440 Rhytidocaulon P. R. O. Bally(1963)(保留属名)【汉】皱茎萝藦属。【隶属】萝藦科 Asclepiadaceae。【包含】世界 2-8 种。【学名诠释与讨论】〈中〉(希) rhytis, 所有格 rhytidos, 皱褶, 皱纹＋kaulon, 茎茎。此属的学名 "Rhytidocaulon P. R. O. Bally in Candollea 18：335. Mar 1963('1962')" 是保留属名。相应的废弃属名是地衣的 "Rhytidocaulon Nyl. ex Elenkin in Izv. Imp. Bot. Sada Petra Velikago 16：263. 1916 ≡ Chlorea Nyl. 1855 ≡ Letharia (Th. M. Fries) A. Zahlbruckner 1892"。【分布】热带非洲。【模式】Rhytidocaulon subscandens P. R. O. Bally ●☆

44441 Rhytidolobus Dulac(1867)【汉】褶瓣百合属。【隶属】百合科 Liliaceae。【包含】世界 1 种。【学名诠释与讨论】〈阴〉(希) rhytis, 所有格 rhytidos, 皱褶, 皱纹＋lobos ＝ 拉丁文 lobulus, 片, 裂片, 叶, 荚, 蒴。【分布】不详。【模式】Rhytidolobus appendiculatus Dulac ☆

44442 Rhytidomene Rydb. (1919) = Orbexilum Raf. (1832); ~ = Psoralea L. (1753) [豆科 Fabaceae(Leguminosae)//蝶形花科 Papiliaceae]●■

44443 Rhytidophyllum Mart. (1829) [as 'Rytidophyllum'](保留属名)【汉】皱叶苣苔属。【日】リチドフィルム属。【英】Rhytidophyllum。【隶属】苦苣苔科 Gesneriaceae。【包含】世界 20-21 种。【学名诠释与讨论】〈中〉(希) rhytis, 所有格 rhytidos, 皱褶, 皱纹＋希腊文 phyllon, 叶子。phyllodes, 似叶的, 多叶的。phylleion, 绿色材料, 绿草。此属的学名 "Rhytidophyllum Mart., Nov. Gen. Sp. Pl. 3：38. Jan－Jun 1829('Rytidophyllum')(orth. cons.)" 是保留属名。法规未列出相应的废弃属名。但是其变体 "Rytidophyllum Mart. (1829)" 也应该废弃。【分布】西印度群岛。【模式】Rhytidophyllum tomentosum (Linnaeus) C. F. P. Martius [Gesneria tomentosa Linnaeus]。【参考异名】Ryditophyllum Walp. (1843)(废弃属名); Rytidophyllum Mart. (1829) Nom. illegit. (废弃属名)●☆

44444 Rhytidosolen Tiegh. (1893) = Arthrosolen C. A. Mey. (1843) [瑞香科 Thymelaeaceae]●☆

44445 Rhytidospermum Sch. Bip. (1844) Nom. illegit. ≡ Tripleurospermum Sch. Bip. (1844) [菊科 Asteraceae(Compositae)]■

44446 Rhytidosporum F. Muell. (1862) Nom. illegit. ＝ Marianthus Hügel ex Endl. (1837) [海桐花科(海桐科) Pittosporaceae]●☆

44447 Rhytidosporum F. Muell. ex Hook. f. (1855) Nom. inval. ＝ Marianthus Hügel ex Endl. (1837) [海桐花科(海桐科) Pittosporaceae]●☆

44448 Rhytidostemma Morillo(2013)【汉】南美萝藦属。【隶属】萝藦

科 Asclepiadaceae。【包含】世界 8 种。【学名诠释与讨论】〈阴〉词源不详。【分布】巴西, 哥伦比亚, 圭亚那, 委内瑞拉, 南美洲。【模式】Rhytidostemma viride (Moldenke) Morillo [Fischeria viridis Moldenke]☆

44449 Rhytidostylis Rchb. (1841) Nom. illegit. = Rytidostylis Hook. et Arn. (1840) [葫芦科(瓜科, 南瓜科) Cucurbitaceae]■☆

44450 Rhytidotus Hook. f. (1873) Nom. illegit. = Bobea Gaudich. (1830); ~ =Rytidotus Hook. f. (1870) [茜草科 Rubiaceae]●☆

44451 Rhytiglossa Nees ex Lindl. (1836) Nom. illegit. (废弃属名) ≡ Rhytiglossa Nees(1836)(废弃属名); ~ = Isoglossa Oerst. (1854) (保留属名); ~ = Dianthera L. (1753); ~ = Justicia L. (1753) [爵床科 Acanthaceae//鸭嘴花科(鸭咀花科)Justiciaceae]■★

44452 Rhytiglossa Nees(1836)(废弃属名) ≡ Isoglossa Oerst. (1854) (保留属名); ~ = Dianthera L. (1753); ~ = Justicia L. (1753) [爵床科 Acanthaceae//鸭嘴花科(鸭咀花科)Justiciaceae]■

44453 Rhytiglossa Oerst. (1854) Nom. illegit. (废弃属名) [爵床科 Acanthaceae]☆

44454 Rhytileucoma F. Muell. (1860) = Chilocarpus Blume(1823) [夹竹桃科 Apocynaceae]●☆

44455 Rhytionanthos Garay, Hamer et Siegerist(1994) = Bulbophyllum Thouars(1822)(保留属名) [兰科 Orchidaceae]■

44456 Rhytis Lour. (1790) = Antidesma L. (1753) [大戟科 Euphorbiaceae//五月茶科 Stilaginaceae//叶下珠科(叶萝藦科) Phyllanthaceae]●

44457 Rhytispermum Link (1829) Nom. illegit. ≡ Alkanna Tausch (1824)(保留属名); ~ = Aegonychon Gray (1821); ~ = Lithospermum L. (1753) [紫草科 Boraginaceae]■

44458 Rhyttiglossa T. Anderson (1863) = Justicia L. (1753) [爵床科 Acanthaceae//鸭嘴花科(鸭咀花科)Justiciaceae]●■

44459 Riana Aubl. (1775) = Rinorea Aubl. (1775)(保留属名) [堇菜科 Violaceae]●

44460 Ribeirea Allemão (1864) Nom. illegit. = Schoepfia Schreb. (1789) [铁青树科 Olacaceae//青皮木科(香芙木科) Schoepfiaceae//山龙眼科 Proteaceae]●

44461 Ribeirea Arruda ex H. Kost. (1816) = Hancornia Gomes(1812) [夹竹桃科 Apocynaceae]●☆

44462 Ribeirta Willis, Nom. inval. = Ribeirea Arruda ex H. Kost. (1816) [蔷薇科 Rosaceae]●☆

44463 Ribes L. (1753)【汉】茶藨子属。【日】スグリ属。【俄】Крыжовник, Смородина。【英】Currant, Gooseberry。【隶属】虎耳草科 Saxifragaceae//醋栗科(茶藨子科) Grossulariaceae。【包含】世界 150-160 种, 中国 59-80 种。【学名诠释与讨论】〈中〉(阿拉伯语或波斯语) ribas, 一种果具酸汁的植物俗名, 其词义为酸味。指浆果具酸味。此属的学名, ING、APNI、GCI 和 IK 记载是 "Ribes L., Sp. Pl. 1：200. 1753 [1 May 1753]"。"Grossularia Adanson, Fam. 2：243. Jul－Aug 1763 (non P. Miller 1754) ≡ Grossularia Tourn. ex Adans. (1763) Nom. illegit." 和 "Ribesium Medikus, Philos. Bot. 1：120. Apr 1789" 是 "Ribes L. (1753)" 的晚出的同模式异名(Homotypic synonym, Nomenclatural synonym)。"Grossularia Mill., Gard. Dict. Abr., ed. 4. [586]. 1754 [28 Jan 1754]" 亦是 "Ribes L. (1753)" 的异名。【分布】巴基斯坦, 巴拿马, 秘鲁, 玻利维亚, 厄瓜多尔, 哥伦比亚(安蒂奥基亚), 哥斯达黎加, 美国(密苏里), 中国, 北温带, 北非, 中美洲。【后选模式】Ribes rubrum Linnaeus。【参考异名】Botrycarpum (A. Rich.) Opiz; Botrycarpum A. Rich. (1823) Nom. illegit. ; Botryocarpium (A. Rich.) Spach (1838); Botryocarpium Spach (1838) Nom. illegit. ; Calobotrya Spach (1835); Cavaleriea H. Lév. (1912); Cerophyllum

Spach（1838）；Chrysobotrya Spach（1835）；Coreosma Spach（1835）；Grossularia Adans.（1763）Nom. illegit.；Grossularia Mill.（1754）；Grossularia Rupr., Nom. inval.；Grossularia Tourn. ex Adans.（1763）Nom. illegit.；Imbutis Raf.；Liebichia Opiz（1844）；Limnobotrya Rydb.（1917）；Oxyacanthus Chevall.（1836）；Rebis Spach（1835）；Ribesium Medik.（1789）Nom. illegit.；Robsonia（Berland.）Rchb.（1837）；Robsonia Rchb.（1837）Nom. illegit.；Rolsonia Rchb. ●

44464　Ribesiaceae A. Rich. ＝Grossulariaceae DC.（保留科名）●

44465　Ribesiaceae Marquis（1820）＝ Grossulariaceae DC.（保留科名）●

44466　Ribesiodes Kuntze（1891）Nom. illegit. ≡ Embelia Burm. f.（1768）（保留属名）［紫金牛科 Myrsinaceae//酸藤子科 Embeliaceae］●■

44467　Ribesium Medik.（1789）Nom. illegit. ≡Ribes L.（1753）［虎耳草科 Saxifragaceae//醋栗科（茶藨子科）Grossulariaceae］●

44468　Ricardia Adans.（1763）Nom. illegit. ≡Richardia L.（1753）［茜草科 Rubiaceae］■

44469　Ricaurtea Triana（1858）＝ Doliocarpus Rol.（1756）［五桠果科（第伦桃科，五丫果科，锡叶藤科）Dilleniaceae］●☆

44470　Richaeia Thouars（1806）（废弃属名）≡Weihea Spreng.（1825）（保留属名）；~ ＝ Cassipourea Aubl.（1775）［红树科 Rhizophoraceae］●☆

44471　Richardella Pierre（1890）＝ Lucuma Molina（1782）；~ ＝Pouteria Aubl.（1775）［山榄科 Sapotaceae］●

44472　Richardia Houst. ex L.（1753）≡Richardia L.（1753）［茜草科 Rubiaceae］■

44473　Richardia Kunth（1818）Nom. illegit. ≡ Zantedeschia Spreng.（1826）（保留属名）［天南星科 Araceae］■

44474　Richardia L.（1753）【汉】墨苜蓿属（波状吐根属，糙独根属，拟鸭舌癀属）。【俄】Зантедешия, Рисовидка, Ричардия。【英】Calla Lily, Mexican Clover, Trumpet Lily。【隶属】茜草科 Rubiaceae。【包含】世界 10-15 种，中国 1 种。【学名诠释与讨论】〈阴〉（人）Richard Richardson，1663-1741，英国植物学者，医生。另说纪念 Louis Claude Marie Richard，1754-1821，法国植物学者。此属的学名，ING、APNI 和 TROPICOS 记载是"Richardia L., Sp. Pl. 1：330. 1753［1 May 1753］"。IK 则记为"Richardia Houst. ex L.（1753）"。"Richardia Houst."是命名起点著作之前的名称，故"Richardia L.（1753）"和"Richardia Houst. ex L.（1753）"都是合法名称，可以通用。"Richardia Kunth, Mém. Mus. Hist. Nat. 4：433，437. 1818 ≡ Zantedeschia Spreng.（1826）（保留属名）［天南星科 Araceae］"是晚出的非法名称。"Richardia Lindl., Veg. Kingd. 715（1847），sphalm. ＝ Picridium Desf.（1799）＝ Reichardia Roth（1787）［菊科 Asteraceae（Compositae）］"亦是晚出的非法名称，它是"Reichardia Roth（1787）"的拼写变体。"Ricardia Adanson, Fam. 2：（21）（'Rikarda'），158，598. Jul-Aug 1763"和"Richardsonia Kunth, Mém. Mus. Hist. Nat. 4：430. 1818"是"Richardia L.（1753）"的晚出的同模式异名（Homotypic synonym, Nomenclatural synonym）。"Rikarda Adans., Fam. Pl.（Adanson）2：158. 1763"则是"Ricardia Adans.（1763）Nom. illegit."的拼写变体。红藻的"Ricardia Derbès et Solier, Ann. Sci. Nat. Bot. ser. 4. 5：211. Apr 1856（non Adanson 1763）"亦是晚出的非法名称。【分布】巴基斯坦，巴拉圭，巴拿马，秘鲁，玻利维亚，厄瓜多尔，哥伦比亚（安蒂奥基亚），马达加斯加，尼加拉瓜，中国，中美洲。【模式】Richardia scabra Linnaeus。【参考异名】Colocaia Link（1795）（废弃属名）；Plethyrsis Raf.（1840）；Ricardia Adans.（1763）Nom. illegit.；Richardia Houst. ex L.（1753）；Richardsonia Kunth（1818）Nom.

illegit.；Schiedea Bartl.（1830）Nom. illegit. ■

44475　Richardia Lindl.（1847）Nom. illegit. ＝Picridium Desf.（1799）；~ ＝Reichardia Roth（1787）［菊科 Asteraceae（Compositae）］■☆

44476　Richardsiella Elffers et Kenn.-O'Byrne（1957）【汉】丝秆草属。【隶属】禾本科 Poaceae（Gramineae）。【包含】世界 1 种。【学名诠释与讨论】〈阴〉（人）Mary Alice Eleanor Richards，1885-1977，植物学者曾为邱园到非洲采集标本+-ellus, -ella, -ellum，加在名词词干后面形成指小式的词尾。或加在人名、属名等后面以组成新属的名称。【分布】热带非洲南部。【模式】eruciformis J. Elffers et J. Kennedy-O'Byrne ■☆

44477　Richardsonia Kunth（1818）Nom. illegit. ≡ Richardia L.（1753）［茜草科 Rubiaceae］■

44478　Richea Kuntze（1891）Nom. illegit.（废弃属名）＝ Cassipourea Aubl.（1775）；~ ＝ Richaeia Thouars（1806）（废弃属名）；~ ＝ Weihea Spreng.（1825）（保留属名）［红树科 Rhizophoraceae］●☆

44479　Richea Lablll.（1800）（废弃属名）＝ Craspedia G. Forst.（1786）［菊科 Asteraceae（Compositae）］■☆

44480　Richea R. Br.（1810）（保留属名）【汉】彩穗木属（利切木属，芦荟石南属）。【隶属】杜鹃花科（欧石南科）Ericaceae//尖苞木科 Epacridaceae。【包含】世界 11 种。【学名诠释与讨论】〈阴〉（人）Claude Antoine Gaspard Riche，1762-1797，法国博物学者，医生。此属的学名"Richea R. Br., Prodr.：555. 27 Mar 1810"是保留属名。相应的废弃属名是菊科 Asteraceae 的"Richea Labill., Voy. Rech. Pérouse 1：186. 22 Feb-4 Mar 1800 ＝ Craspedia G. Forst.（1786）"和"Cystanthe R. Br., Prodr.：555. 27 Mar 1810 ＝ Richea R. Br.（1810）（保留属名）"。红树科 Rhizophoraceae 的"Richea Kuntze, Revis. Gen. Pl. 1：235. 1891 ＝ Cassipourea Aubl.（1775）＝ Richaeia Thouars（1806）（废弃属名）"亦应废弃。【分布】澳大利亚（塔斯马尼亚岛，维多利亚）。【模式】Richardsiella dracophylla R. Brown。【参考异名】Cyrtanthe F. M. Bailey ex T. Durand et B. D. Jacks.（1902）；Cyrtanthe T. Durand et B. D. Jacks.（1902）Nom. illegit.；Cyrtanthe T. Durand（1902）Nom. illegit.；Cystanthe R. Br.（1810）（废弃属名）；Pilitis Lindl.（1836）●☆

44481　Richeia Steud.（1821）Nom. illegit. ＝? Richaeia Thouars（1806）（废弃属名）［红树科 Rhizophoraceae］●☆

44482　Richella A. Gray（1852）【汉】尖花藤属（尖帽花属）。【英】Pointedflowervine, Richella。【隶属】番荔枝科 Annonaceae。【包含】世界 3-58 种，中国 1 种。【学名诠释与讨论】〈阴〉（属）Richea 彩穗木属（利切木属）+-ellus, -ella, -ellum，加在名词词干后面形成指小式的词尾。或加在人名、属名等后面以组成新属的名称。此属的学名，ING 和 IK 记载是"Richella A. Gray, Proc. Amer. Acad. Arts ii.（1852）325"。多有文献承认"尖帽花属 Oxymitra（Blume）Hook. f. et Thomson（1855）"；但是它是一个晚出的非法名称（Nom. illegit.），因为此前已经有了苔藓的"Oxymitra Bischoff ex Lindenberg, Nova Acta Phys.-Med. Acad. Caes. Leop.-Carol. Nat. Cur. 14 Suppl. 1：124. 1829"。"Oxymitra Hook. f. et Thomson（1855）"的命名人引证有误。【分布】斐济，中国，法属新喀里多尼亚，加里曼丹岛。【模式】Richella monosperma A. Gray。【参考异名】Friesodielsia Steenis（1948）；Oxymitra（Blume）Hook. f. et Thomson（1855）Nom. illegit.；Oxymitra Hook. f. et Thomson（1855）Nom. illegit. ●

44483　Richeopsis Arènes（1954）＝ Scolopia Schreb.（1789）（保留属名）［刺篱木科（大风子科）Flacourtiaceae］●

44484　Richeria Vahl（1797）【汉】里谢大戟属。【隶属】大戟科 Euphorbiaceae。【包含】世界 5-7 种。【学名诠释与讨论】〈阴〉（人）Pierre Richer de Belleval, circa 1564-1632，法国植物学者，医生，园艺学者。【分布】巴拿马，秘鲁，玻利维亚，厄瓜多尔，哥伦

比亚(安蒂奥基亚),哥斯达黎加,尼加拉瓜,中美洲。【模式】Richeria grandis M. Vahl。【参考异名】Bellevalia Roem. et Schult. (废弃属名);Guarania Wedd. ex Baill. (1858)●☆

44485 Richeriella Pax et K. Hoffm. (1922)【汉】龙胆木属(梨查木属)。【英】Gentian‐wood, Gentiawood。【隶属】大戟科 Euphorbiaceae。【包含】世界 2 种,中国 1 种。【学名诠释与讨论】〈阴〉(属)Richeria 里谢大戟属+-ellus,-ella,-ellum,小型词尾。【分布】菲律宾群岛,加里曼丹岛,马来半岛,中国。【模式】Richeriella gracilis (Merrill) Pax et K. Hoffmann [Baccaurea gracilis Merrill]●

44486 Richetia Heim(1892)= Balanocarpus Bedd. (1874) [龙脑香科 Dipterocarpaceae]●☆

44487 Richiaea Benth. et Hook. f. (1865)= Cassipourea Aubl. (1775); ~ = Richaeia Thouars (1806)(废弃属名); ~ = Weihea Spreng. (1825)(保留属名) [红树科 Rhizophoraceae]●☆

44488 Richiea G. Don(1831)= Ritchiea R. Br. ex G. Don(1831) [山柑科(白花菜科,醉蝶花科)Capparaceae]●☆

44489 Richtera Rchb. f. (1841) Nom. illegit. ≡ Anneslea Wall. (1829) (保留属名) [山茶科(茶科)Theaceae//厚皮香科 Ternstroemiaceae]●

44490 Richterago Kuntze (1891)【汉】小绒菊木属。【隶属】菊科 Asteraceae(Compositae)。【包含】世界9种。【学名诠释与讨论】〈阴〉(属)Richteria 细裂匹菊属(灰叶菊属)+-ago,新拉丁文词尾,表示关系密切,相似,追随,携带,诱导。此属的学名"Richterago O. Kuntze, Rev. Gen. 1:360. 5 Nov 1891"是一个替代名称。"Seris Lessing, Linnaea 5:253. Apr 1830"是一个非法名称(Nom. illegit.),因为此前已经有了"Seris Willdenow, Ges. Naturf. Freunde Berlin Mag. Neuesten Entdeck. Gesammten Naturk. 1:139. 1807 =Onoseris Willd. (1803) [菊科 Asteraceae(Compositae)]"。故用"Richterago Kuntze(1891"替代之。"Discoseris (Endlicher) Post et O. Kuntze, Lex. 181. Dec 1903"和"Seris Lessing, Linnaea 5:253. Apr 1830 (non Willdenow 1807)"是"Richterago Kuntze (1891)"的晚出的同模式异名(Homotypic synonym, Nomenclatural synonym)。亦有文献把"Richterago Kuntze (1891)"处理为"Gochnatia Kunth(1818)"的异名。【分布】巴西。【后选模式】Richterago discoidea (Lessing) O. Kuntze [as ‘discodea’] [Seris discoidea Lessing]。【参考异名】Discoseris (Endl.) Post et Kuntze (1903) Nom. illegit. ; Gochnatia Kunth(1818); Seris Less. (1830) Nom. illegit. ●☆

44491 Richteria Kar. et Kir. (1842)【汉】细裂匹菊属(灰叶菊属)。【隶属】菊科 Asteraceae(Compositae)。【包含】世界3-6种。【学名诠释与讨论】〈阴〉(人)Alexander Richter,植物学者。此属的学名是"Richteria Karelin et Kirilov, Bull. Soc. Imp. Naturalistes Moscou 15:126. 3 Jan‐31 Oct 1842"。亦有文献把其处理为"Chrysanthemum L. (1753)(保留属名)"或"Leucopoa Griseb. (1852)"的异名。【分布】巴基斯坦,亚洲。【模式】Richteria pyrethroides Karelin et Kirilov。【参考异名】Chrysanthemum L. (1753)(保留属名)●☆

44492 Richtersveldia Meve et Liede(2002)【汉】柱萝罗汉属。【隶属】萝藦科 Asclepiadaceae。【包含】世界 1 种。【学名诠释与讨论】〈阴〉词源不详。此属的学名是"Richtersveldia Meve et Liede, Plant Systematics and Evolution 234(1-4):204. 2002"。亦有文献把其处理为"Trichocaulon N. E. Br. (1878)"的异名。【分布】非洲。【模式】Richtersveldia columnaris (Nel) Meve et Liede。【参考异名】Trichocaulon N. E. Br. (1878)■☆

44493 Richthofenia Hosseus(1907)= Sapria Griff. (1844) [大花草科 Rafflesiaceae]■

44494 Ricinaceae Barkley = Euphorbiaceae Juss. (保留科名)●

44495 Ricinaceae Martinov(1820)= Euphorbiaceae Juss. (保留科名)●■

44496 Ricinella Müll. Arg. (1865) Nom. illegit. ≡ Adelia L. (1759)(保留属名) [大戟科 Euphorbiaceae]●☆

44497 Ricinocarpaceae(Müll. Arg.) Hurus. = Euphorbiaceae Juss. (保留科名)●■

44498 Ricinocarpaceae (Pax) Hurus. = Euphorbiaceae Juss. (保留科名)●■

44499 Ricinocarpaceae Hurus. (1954) [亦见 Euphorbiaceae Juss. (保留科名)大戟科]【汉】蓖麻果木科。【包含】世界 1 属 1-15 种。【分布】澳大利亚,法属新喀里多尼亚。【科名模式】Ricinocarpos Desf. ●

44500 Ricinocarpodendron Arum. ex Boehm. (1760) Nom. illegit. ≡ Ricinocarpodendron Boehm. (1760); ~ =? Dysoxylum Blume (1825) [楝科 Meliaceae]●

44501 Ricinocarpodendron Boehm. (1760) = ? Dysoxylum Blume (1825) [楝科 Meliaceae]●

44502 Ricinocarpos A. Juss. (1824) Nom. illegit. = Ricinocarpus A. Juss. (1824); ~ = Ricinocarpos Desf. (1817) [大戟科 Euphorbiaceae//蓖麻果木科 Ricinocarpaceae]●☆

44503 Ricinocarpos Desf. (1817)【汉】蓖麻果木属。【英】Wedding Bush。【隶属】大戟科 Euphorbiaceae//蓖麻果木科 Ricinocarpaceae。【包含】世界1-15 种。【学名诠释与讨论】〈阳〉(属)Ricinus 蓖麻属+karpos,果实。此属的学名,ING、APNI、GCI、TROPICOS 和 IK 记载是"Ricinocarpos Desf. , Mém. Mus. Hist. Nat. 3:459, t. 22. 1817"。"Ricinocarpos A. Juss. (1824) Nom. illegit. =Ricinocarpus A. Juss. , De Euphorbiacearum Generibus Medicisque earumdem viribus tentamen, tabulis aeneis 18 illustratum 36. 1824. (Euphorb. Gen.)= Ricinocarpos Desf. (1817)"是晚出的非法名称。【分布】澳大利亚,玻利维亚,塔斯曼半岛,新喀里多尼亚岛。【模式】Ricinocarpos pinifolia Desfontaines。【参考异名】Echinosphaera Sieber ex Steud. (1840); Echinosphaera Steud. (1840); Ricinocarpos A. Juss. (1824) Nom. illegit. ; Ricinocarpus A. Juss. (1824) Nom. illegit. ; Roeperia Spreng. (1826)●☆

44504 Ricinocarpus A. Juss. (1824) Nom. illegit. = Ricinocarpos Desf. (1817) [大戟科 Euphorbiaceae//蓖麻果木科 Ricinocarpaceae]●☆

44505 Ricinocarpus Burm. ex Kuntze (1891) Nom. illegit. ≡ Ricinocarpus Kuntze(1891) Nom. illegit. ; ~ = Acalypha L. (1753) [大戟科 Euphorbiaceae//铁苋菜科 Acalyphaceae]●■

44506 Ricinocarpus Kuntze (1891) Nom. illegit. , Nom. superfl. ≡ Acalypha L. (1753) [大戟科 Euphorbiaceae//铁苋菜科 Acalyphaceae]●■

44507 Ricinodendron Müll. Arg. (1864)【汉】蓖麻树属。【隶属】大戟科 Euphorbiaceae。【包含】世界1-2 种。【学名诠释与讨论】〈中〉(希)ricinus,蓖麻的古名,也是一种扁虱的名称。在地中海地方,ricinus 为船。指种子与之相似+dendron 或 dendros,树木,棍,丛林。【分布】热带和非洲西南部。【模式】Ricinodendron africanum J. Mueller‐Arg. [as ‘africanus’]。【参考异名】Barrettia Sim(1909)●☆

44508 Ricinoides Gagnebin (1755) Nom. illegit. ≡ Croton L. (1753) [大戟科 Euphorbiaceae//巴豆科 Crotonaceae]●

44509 Ricinoides Mill. (1754)= Jatropha L. (1753)(保留属名) [大戟科 Euphorbiaceae]●■

44510 Ricinoides Moench (1794) Nom. illegit. ≡ Tournesol Adans. (1763) (废弃属名); ~ = Chrozophora A. Juss. (1824) [as ‘Crozophora’](保留属名) [大戟科 Euphorbiaceae]●

44511 Ricinoides Tourn. ex Moench (1794) Nom. illegit. ≡ Ricinoides Moench (1794) Nom. illegit. ; ~ ≡ Tournesol Adans. (1763)（废弃属名）; ~ = Chrozophora A. Juss. (1824)［as 'Crozophora'］（保留属名）［大戟科 Euphorbiaceae］●

44512 Ricinophyllum Pall. ex Ledeb. (1844)【汉】蓖麻叶五加属。【隶属】五加科 Araliaceae。【包含】世界 2 种。【学名诠释与讨论】〈中〉(希) ricinus, 蓖麻的古名, 也是一种扁虱的名称。在地中海地方, ricinus 为船+希腊文 phyllon, 叶子。phyllodes, 似叶的, 多叶的。phylleion, 绿色材料, 绿草。此属的学名是"Ricinophyllum Pall. ex Ledeb., Flora Rossica 2: 375. 1844"。亦有文献把其处理为"Fatsia Decne. et Planch. (1854)"的异名。【分布】美洲。【模式】Ricinophyllum americanum Pall. ex Ledeb.。【参考异名】Fatsia Decne. et Planch. (1854)●☆

44513 Ricinus L. (1753)【汉】蓖麻属。【日】タウゴマ属, トウゴマ属。【俄】Клещевина, Рицин, Рицинус。【英】Castor Bean, Castor Oil Plant, Castor Oil Tree, Castorbean, Castor-bean, Castorbean-oilplant, Castor-oil Bean, Castor-oil Plant, Palma Christi。【隶属】大戟科 Euphorbiaceae。【包含】世界 1 种, 中国 1 种。【学名诠释与讨论】〈阴〉(拉) ricinus, 蓖麻的古名。【分布】中国, 热带非洲, 亚洲。【模式】Ricinus communis Linnaeus。【参考异名】Cataputia Boehm. ; Cataputia Ludw. (1760)●■

44514 Ricoila Renealm. ex Raf. (1837) = Gentiana L. (1753)［龙胆科 Gentianaceae］■

44515 Ricophora Mill. (1754) = Dioscorea L. (1753)（保留属名）［薯蓣科 Dioscoreaceae］■

44516 Ricotia L. (1763)（保留属名）【汉】凹瓣芥属。【隶属】十字花科 Brassicaceae (Cruciferae)。【包含】世界 9 种。【学名诠释与讨论】〈阴〉(人) Ricot。此属的学名"Ricotia L., Sp. Pl., ed. 2: 912. Jul-Aug 1763"是保留属名。法规未列出相应的废弃属名。"Scopolia Adanson, Fam. 2: 419. Jul-Aug 1763（废弃属名）"是"Ricotia L. (1763)（保留属名）"的晚出的同模式异名 (Homotypic synonym, Nomenclatural synonym)。【分布】地中海东部。【模式】Ricotia aegyptiaca Linnaeus, Nom. illegit. ［Cardamine lunaria Linnaeus; Ricotia lunaria (Linnaeus) A. P. de Candolle］。【参考异名】Notarisia Pestal. ex Cesati (1856); Scopolia Adans. (1763) Nom. illegit.（废弃属名）■☆

44517 Ridan Adans. (1763)（废弃属名）≡ Actinomeris Nutt. (1818)（保留属名）［菊科 Asteraceae (Compositae)］■☆

44518 Ridan Kuntze (1891) Nom. illegit. ［菊科 Asteraceae (Compositae)］■☆

44519 Ridania Kuntze (1891) = Ridan Adans. (1763)（废弃属名）; ~ = Actinomeris Nutt. (1818)（保留属名）［菊科 Asteraceae (Compositae)］■☆

44520 Riddelia Raf. (1838) Nom. illegit. ≡ Riddellia Raf. (1838); ~ = Melochia L. (1753)（保留属名）［梧桐科 Sterculiaceae//锦葵科 Malvaceae//马松子科 Melochiaceae］●■

44521 Riddellia Nutt. (1841) Nom. inval. = Psilostrophe DC. (1838)［菊科 Asteraceae (Compositae)］■☆

44522 Riddellia Raf. (1838) = Melochia L. (1753)（保留属名）［梧桐科 Sterculiaceae//锦葵科 Malvaceae//马松子科 Melochiaceae］●■

44523 Ridelia Spach (1840) = Lantana L. (1753)（保留属名）; ~ = Riedelia Cham. (1832)（废弃属名）; ~ = Lantana L. (1753)（保留属名）［马鞭草科 Verbenaceae//马缨丹科 Lantanaceae］●■

44524 Ridleia Endl. (1840) = Melochia L. (1753)（保留属名）; ~ = Riedlea Vent. (1807) Nom. illegit. ; ~ = Melochia L. (1753)（保留属名）［梧桐科 Sterculiaceae//锦葵科 Malvaceae//马松子科 Melochiaceae］●■

44525 Ridleya (Hook. f.) Pfitzer (1900) = Thrixspermum Lour. (1790)［兰科 Orchidaceae］■

44526 Ridleya K. Schum. (1900) Nom. illegit. = Risleya King et Pantl. (1898)［兰科 Orchidaceae］■

44527 Ridleyandra A. Weber et B. L. Burtt (1998)【汉】里德利苣苔属。【隶属】苦苣苔科 Gesneriaceae。【包含】世界 20 种。【学名诠释与讨论】〈阴〉(人) Henry Nicholas Ridley, 1855-1956, 英国植物学者, 植物采集家+aner, 所有格 andros, 雄性, 雄蕊。【分布】马来半岛, 热带亚洲。【模式】不详☆

44528 Ridleyella Schltr. (1913)【汉】里德利兰属。【隶属】兰科 Orchidaceae。【包含】世界 1 种。【学名诠释与讨论】〈阴〉(人) Ridley, 植物学者+-ellus, -ella, -ellum, 加在名词词干后面形成指小式的词尾。或加在人名、属名等后面以组成新属的名称。【分布】新几内亚岛。【模式】Ridleyella paniculata (Ridley) Schlechter ［Bulbophyllum paniculatum Ridley］■☆

44529 Ridleyinda Kuntze (1891) Nom. illegit. ≡ Isoptera Scheft. ex Burck (1887)［龙脑香科 Dipterocarpaceae］●

44530 Ridolfia Moris (1841)【汉】里多尔菲草属。【英】False Fennel。【隶属】伞形花科 (伞形科) Apiaceae (Umbelliferae)。【包含】世界 1 种。【学名诠释与讨论】〈阴〉(人) Cosimo Ridolfi, 1794-1865, 意大利植物学者, 政治家。此属的学名是"Ridolfia J. H. Moris, Enum. Seminum Regii Horti Bot. Taurin. 1841: 43. Nov-Dec 1841"。亦有文献把其处理为"Carum L. (1753)"的异名。【分布】安纳托利亚, 非洲西北和北部, 欧洲西部和南部。【模式】Ridolfia segetum (Linnaeus) J. H. Moris ［Anethum segetum Linnaeus］。【参考异名】Carum L. (1753)■☆

44531 Riedelia Cham. (1832)（废弃属名）= Lantana L. (1753)（保留属名）［马鞭草科 Verbenaceae//马缨丹科 Lantanaceae］●

44532 Riedelia Kunth (1833) Nom. illegit.（废弃属名）= Arundinella Raddi (1823)［禾本科 Poaceae (Gramineae)//野古草科 Arundinellaceae］■

44533 Riedelia Meisn. (1863) Nom. illegit.（废弃属名）= Satyria Klotzsch (1851)［杜鹃花科 (欧石南科) Ericaceae］●☆

44534 Riedelia Oliv. (1883)（保留属名）【汉】里德尔姜属。【隶属】姜科 (蘘荷科) Zingiberaceae。【包含】世界 60 种。【学名诠释与讨论】〈阴〉(人) Riedel, 植物学者。此属的学名"Riedelia Oliv. in Hooker's Icon. Pl. 15: 15. Mar 1883"是保留属名。相应的废弃属名是马鞭草科 Verbenaceae 的"Riedelia Cham. in Linnaea 7: 240 ('224'). 1832 = Lantana L. (1753)（保留属名）"和"Nyctophylax Zipp. in Alg. Konst-Lett.-Bode 1829 (1): 298. 8 Mai 1829 = Riedelia Oliv. (1883)（保留属名）"。杜鹃花科 (欧石南科) Ericaceae 的"Riedelia C. F. Meisner in C. F. P. Martius, Fl. Brasil. 7: 171. 10 Jul 1863 = Satyria Klotzsch (1851)"和禾本科 Poaceae (Gramineae) 的"Riedelia Kunth, Enum. Pl. 1: 515, 1833"亦应废弃。"Riedelia Trin. ex Kunth (1833)"的命名人引证有误。化石植物的"Riedelia A. P. Jousé et V. S. Sheshukova-Poretzkaya, Nov. Sist. Nizsh. Rast. (Bot. Inst. Akad. Nauk SSSR) 8: 19. 27 Jul 1971"和"Riedelia F. Thiergart et U. Frantz, Palaeobotanist 11: 44. Apr 1963"亦在废弃之列。"Oliverodoxa O. Kuntze, Rev. Gen. 2: 692. 5 Nov 1891"是"Riedelia Oliv. (1883)（保留属名）"的晚出的同模式异名 (Homotypic synonym, Nomenclatural synonym)。"Rudelia Oliv., Hooker's Icon. Pl. 15; t. 1419. 1883"是"Riedelia Oliv. (1883)（保留属名）"的拼写变体。【分布】巴基斯坦, 马来西亚。【模式】Riedelia curviflora D. Oliver。【参考异名】Naumannia Warb. (1891); Nyctophylax Zipp. (1829)（废弃属名）; Oliverodoxa Kuntze (1891) Nom. illegit. ; Rudelia B. D. Jacks. ; Rudelia Oliv. (1883) Nom. illegit. ; Rudella Loes., Nom. illegit. ; Thylacophora

Ridl.（1916）■☆

44535　Riedelia Trin. ex Kunth（1833）Nom. illegit.（废弃属名）≡ Riedelia Kunth（1833）Nom. illegit.（废弃属名）；~ = Arundinella Raddi（1823）［禾本科 Poaceae（Gramineae）//野古草科 Arundinellaceae］■

44536　Riedeliella Harms（1903）【汉】醉畜豆属。【隶属】豆科 Fabaceae（Leguminosae）。【包含】世界3种。【学名诠释与讨论】〈阴〉（人）Ludwig Riedel，1790-1861，植物采集家+-ellus，-ella，-ellum，加在名词词干后面形成指小式的词尾。或加在人名、属名等后面以组成新属的名称。【分布】巴拉圭，巴西。【模式】Riedeliella graciliflora Harms。【参考异名】Itaobimia Rizzini（1977）；Sweetiopsis Chodat et Hassk.（1904）■☆

44537　Riedlea Vent.（1807）Nom. illegit. = Melochia L.（1753）（保留属名）［梧桐科 Sterculiaceae//锦葵科 Malvaceae//马松子科 Melochiaceae］●■

44538　Riedleia DC.（1824）Nom. inval. = Riedlea Vent.（1807）Nom. illegit.；~ = Melochia L.（1753）（保留属名）［梧桐科 Sterculiaceae//锦葵科 Malvaceae//马松子科 Melochiaceae］●■

44539　Riedleja Hassk.（1844）Nom. illegit. ≡ Riedlea Vent.（1807）Nom. illegit.；~ = Melochia L.（1753）（保留属名）［梧桐科 Sterculiaceae//锦葵科 Malvaceae//马松子科 Melochiaceae］●■

44540　Riedlia Dumort.（1829）Nom. illegit. ≡ Riedlea Vent.（1807）Nom. illegit.；~ = Melochia L.（1753）（保留属名）［梧桐科 Sterculiaceae//锦葵科 Malvaceae//马松子科 Melochiaceae］●■

44541　Riencourtia Cass.（1818）［as 'Riencurtia'］【汉】双凸菊属。【隶属】菊科 Asteraceae（Compositae）。【包含】世界6-8种。【学名诠释与讨论】〈阴〉（人）Riencourt。此属的学名，ING、TROPICOS 和 IK 记载是"Riencourtia Cassini，Bull. Sci. Soc. Philom. Paris 1818：76. Mai 1818"。作者原来的拼写是"Riencurtia"，后来订正为"Riencourtia"。【分布】玻利维亚，中美洲。【模式】Riencourtia spiculifera Cassini。【参考异名】Petrantha DC.（1836）；Riencurtia Cass.（1818）Nom. illegit.；Tetrantha Poit.（1836）Nom. illegit.；Tetrantha Poit. ex DC.（1836）■☆

44542　Riencurtia Cass.（1818）Nom. illegit. ≡ Riencourtia Cass.（1818）［as 'Riencurtia'］［菊科 Asteraceae（Compositae）］■☆

44543　Riesenbachia C. Presl（1831）= Lopezia Cav.（1791）［柳叶菜科 Onagraceae］■☆

44544　Riessia Klotzsch（1854）Nom. illegit. ≡ Steineria Klotzsch（1854）；~ = Begonia L.（1753）［秋海棠科 Begoniaceae］●■

44545　Rigidella Lindl.（1840）【汉】硬鸢尾属。【隶属】鸢尾科 Iridaceae。【包含】世界4种。【学名诠释与讨论】〈阴〉（拉）rigidus，僵硬+-ellus，-ella，-ellum，加在名词词干后面形成指小式的词尾。或加在人名、属名等后面以组成新属的名称。此属的学名是"Rigidella Lindley，Edwards's Bot. Reg. 26：16. 1 Mar 1840"。亦有文献把其处理为"Tigridia Juss.（1789）"的异名。【分布】秘鲁，墨西哥，危地马拉，中美洲。【模式】Rigidella flammea Lindley。【参考异名】Tigridia Juss.（1789）■☆

44546　Rigiocarya Post et Kuntze（1903）= Rhigiocarya Miers（1864）［防己科 Menispermaceae］●☆

44547　Rigiolepis Hook. f.（1873）= Vaccinium L.（1753）［杜鹃花科（欧石南科）Ericaceae//越橘科（乌饭树科）Vacciniaceae］●■

44548　Rigiopappus A. Gray（1865）【汉】硬冠菀属。【隶属】菊科 Asteraceae（Compositae）。【包含】世界1种。【学名诠释与讨论】〈阴〉（拉）rigeo，硬的+希腊文 pappos 指柔毛，软毛。pappus 则与拉丁文同义，指冠毛。【分布】美国（西南部）。【模式】Rigiopappus leptocladus A. Gray ■☆

44549　Rigiophyllum（Less.）Spach（1847）= Relhania L'Hér.（1789）

（保留属名）［菊科 Asteraceae（Compositae）］●☆

44550　Rigiophyllum Post et Kuntze（1903）Nom. illegit. = Rhigiophyllum Hochst.（1842）［桔梗科 Campanulaceae］●☆

44551　Rigiostachys Planch.（1847）= Recchia Moc. et Sessé ex DC.（1817）［苦木科 Simaroubaceae］●☆

44552　Rigocarpus Neck.（1790）= Rytidostylis Hook. et Arn.（1840）［葫芦科（瓜科，南瓜科）Cucurbitaceae］■☆

44553　Rigospira Post et Kuntze（1903）= Rhigospira Miers（1878）；~ = Tabernaemontana L.（1753）［夹竹桃科 Apocynaceae//红月桂科 Tabernaemontanaceae］●

44554　Rigozum Post et Kuntze（1903）= Rhigozum Burch.（1822）［紫葳科 Bignoniaceae］●☆

44555　Rikarda Adans.（1763）Nom. illegit. ≡ Ricardia Adans.（1763）Nom. illegit.；~ ≡ Richardia L.（1753）［茜草科 Rubiaceae］■

44556　Rikliella J. Raynal（1973）= Lipocarpha R. Br.（1818）（保留属名）［莎草科 Cyperaceae］■

44557　Rima Sonn.（1776）= Artocarpus J. R. Forst. et G. Forst.（1775）（保留属名）［桑科 Moraceae//波罗蜜科 Artocarpaceae］●

44558　Rimacactus Mottram（2001）【汉】智利极光球属。【隶属】仙人掌科 Cactaceae。【包含】世界1种。【学名诠释与讨论】〈阳〉（拉）rima，指小式 rimula，裂缝。rimosus，裂缝的+cactos，有刺的植物，通常指仙人掌。此属的学名是"Rimacactus Mottram，Bradleya；Yearbook of the British Cactus and Succulent Society 19：75-81，f. 1-6. 2001.（3 Oct 2001）"。亦有文献把其处理为"Eriosyce Phil.（1872）"的异名。【分布】智利。【模式】Rimacactus laui（Lüthy）Mottram。【参考异名】Eriosyce Phil.（1872）●☆

44559　Rimacola Rupp（1942）【汉】隙居兰属。【隶属】兰科 Orchidaceae。【包含】世界1种。【学名诠释与讨论】〈阴〉（拉）rima，指小式 rimula，裂缝+-olus，-ola，-olum，拉丁文指示小的词尾；或+cola，居住者。此属的学名，ING、APNI 和 IK 记载是"Rimacola H. M. R. Rupp，Victorian Naturalist 58：188. 9 Apr 1942"。"Fitzgeraldia F. v. Mueller, S. Sci. Rec. 2：56. Mar 1882（non F. v. Mueller 1867）"是"Rimacola Rupp（1942）"的晚出的同模式异名（Homotypic synonym，Nomenclatural synonym）。【分布】澳大利亚（新南威尔士）。【模式】Rimacola elliptica（R. Brown）H. M. R. Rupp［Lyperanthus ellipticus R. Brown］。【参考异名】Fitzgeraldia F. Muell.（1882）Nom. illegit.■☆

44560　Rimaria L. Bolus（1937）Nom. illegit. = Vanheerdea L. Bolus ex H. E. K. Hartmann（1992）［番杏科 Aizoaceae］●☆

44561　Rimaria N. E. Br.（1925）Nom. inval. = Gibbaeum Haw. ex N. E. Br.（1922）［番杏科 Aizoaceae］●☆

44562　Rinanthus Gilib.（1782）= Rhinanthus L.（1753）［玄参科 Scrophulariaceae//鼻花科 Rhinanthaceae］■

44563　Rindera Pall.（1771）【汉】翅果草属（凌德草属，运得草属，紫果紫草属）。【俄】Риндера。【英】Rindera。【隶属】紫草科 Boraginaceae。【包含】世界14-25种，中国1种。【学名诠释与讨论】〈阴〉（人）A. Rinder，俄国医生，植物采集家。【分布】中国，地中海至亚洲中部。【模式】Rindera tetraspis Pallas。【参考异名】Bilegnum Brand（1915）；Cyphomattia Boiss.（1875）；Mattia Schult.（1809）■

44564　Ringentiarum Nakai（1950）= Arisaema Mart.（1831）［天南星科 Araceae］●■

44565　Rinopodium Salisb.（1866）Nom. illegit. ≡ Scilla L.（1753）［百合科 Liliaceae//风信子科 Hyacinthaceae//绵枣儿科 Scillaceae］■

44566　Rinorea Aubl.（1775）（保留属名）【汉】三角车属（雷诺木属）。【英】Rinorea。【隶属】堇菜科 Violaceae。【包含】世界200-

340 种,中国 4 种。【学名诠释与讨论】〈阴〉(人) Rinore。或来自法属圭亚那植物俗名。此属的学名"Rinorea Aubl., Hist. Pl. Guiane:235. Jun-Dec 1775"是保留属名。相应的废弃属名是堇菜科 Violaceae 的"Conohoria Aubl., Hist. Pl. Guiane 239. Jun-Dec 1775 = Rinorea Aubl. (1775)(保留属名)"。【分布】巴拿马,秘鲁,玻利维亚,厄瓜多尔,哥伦比亚(安蒂奥基亚),马达加斯加,尼加拉瓜,中国,中美洲。【模式】Rinorea guianensis Aublet。【参考异名】Alsodeia Thouars (1807); Ceranthera P. Beauv. (1808); Conohoria Aubl. (1775)(废弃属名); Conoria Juss. (1789); Cuspa Humb. (1814); Dioryktandra Hassk. (1855); Doryctandea Hook. f. et Thomson(1872); Dripax Noronha ex Thouars (1807); Exotanthera Turcz. (1854); Gonohoria G. Don (1831); Imhofia Zoll. ex Taub. (废弃属名); Juergensia Spreng. (1826) Nom. illegit.; Jurgensia Benth. et Hook. f. (1867) Nom. illegit.; Medusa Lour. (1790); Medusula Pers. (1806); Passalia Sol. ex R. Br. (1818) Nom. inval.; Passoura Aubl. (1775); Pentaloba Lour. (1790); Physiphora Sol. ex DC. (1824) Nom. inval., Nom. illegit.; Physiphora Sol. ex R. Br. (1818); Physophora Post et Kuntze(1903) Nom. illegit.; Prosthesia Blume(1826); Riana Aubl. (1775); Ronoria Augier; Scyphellandra Thwaites(1858); Vareca Roxb. (1824) Nom. illegit. ●

44567　Rinoreocarpus Ducke(1925)【汉】尖隔堇属。【隶属】堇菜科 Violaceae。【包含】世界 1 种。【学名诠释与讨论】〈阴〉(属) Rinorea 三角车属(雷诺木属)+karpos,果实。【分布】巴西,秘鲁,玻利维亚,厄瓜多尔,亚马孙河流域。【模式】Rinoreocarpus salmoneus Ducke, Nom. illegit.［Gloeospermum ulei Melchoir; Rinoreocarpus ulei (Melchoir) Ducke］■☆

44568　Rinxostylis Raf. (1838) = Cissus L. (1753)［葡萄科 Vitaceae］●

44569　Rinzia Schauer(1843)【汉】林茨桃金娘属。【隶属】桃金娘科 Myrtaceae。【包含】世界 12 种。【学名诠释与讨论】〈阴〉(人) Sebastian Rinz,19 世纪早期法国植物学者。此属的学名是"Rinzia Schauer, Linnaea 17: 239. post Mai 1843"。亦有文献把其处理为"Baeckea L. (1753)"的异名。【分布】澳大利亚(西部)。【模式】Rinzia fumana Schauer。【参考异名】Baeckea L. (1753)●☆

44570　Riocreuxia Decne. (1844)【汉】里奥萝藦属。【隶属】萝藦科 Asclepiadaceae。【包含】世界 9 种。【学名诠释与讨论】〈阴〉(人) Alfred Riocreux,1820-1912,法国美术家,植物插图画家。【分布】尼泊尔,热带和非洲南部。【模式】Riocreuxia torulosa (E. H. F. Meyer) Decaisne［Ceropegia torulosa E. H. F. Meyer］■☆

44571　Riodocea Delprete (1999)【汉】里奥茜属。【隶属】茜草科 Rubiaceae。【包含】世界 1 种。【学名诠释与讨论】〈阴〉(地) Rio Doce Valley,位于巴西。【分布】巴西。【模式】Riodocea pulcherrima Delprete ■☆

44572　Riparia Raf. = Baptisia Vent. (1808); ~ = Ripasia Raf. (1836)［豆科 Fabaceae(Leguminosae)//蝶形花科 Papilionaceae］■☆

44573　Ripartia (Gand.) Gand. (1886) = Rosa L. (1753)［蔷薇科 Rosaceae］●

44574　Ripartia Gand. (1886) Nom. illegit. ≡ Ripartia (Gand.) Gand. (1886); ~ = Rosa L. (1753)［蔷薇科 Rosaceae］●

44575　Ripasia Raf. (1836) = Baptisia Vent. (1808)［豆科 Fabaceae (Leguminosae)//蝶形花科 Papilionaceae］■☆

44576　Ripidium Trin. (1820) Nom. illegit. = Erianthus Michx. (1803); ~ = Saccharum L. (1753)［禾本科 Poaceae(Gramineae)］■

44577　Ripidodendrum Post et Kuntze(1903) = Aloe L. (1753); ~ = Rhipidodendrum Willd. (1811)［百合科 Liliaceae//阿福花科 Asphodelaceae//芦荟科 Aloaceae］●■

44578　Ripidostigma Post et Kuntze(1903) = Diospyros L. (1753); ~ = Rhipidostigma Hassk. (1855)［柿树科 Ebenaceae］●

44579　Ripogonaceae Conran. et Clifford (1985)［亦见 Smilacaceae Vent. (保留科名)菝葜科］【汉】无须藤科。【包含】世界 1 属 6-8 种。【分布】澳大利亚(东北部),新西兰,新几内亚岛。【科名模式】Ripogonum J. R. Forst. et G. Forst. ●☆

44580　Ripogonum J. R. Forst. et G. Forst. (1776) Nom. illegit. = Rhipogonum J. R. Forst. et G. Forst. (1776)［菝葜科 Smilacaceae//红树科 Rhizophoraceae//无须藤科 Ripogonaceae］●☆

44581　Ripsalis Post et Kuntze(1903) = Rhipsalis Gaertn. (1788)(保留属名)［仙人掌科 Cactaceae］●

44582　Ripselaxis Raf. (1838) = Salix L. (1753)(保留属名)［杨柳科 Salicaceae］●

44583　Ripsoctis Raf. (1838) = Salix L. (1753)(保留属名)［杨柳科 Salicaceae］●

44584　Riqueria Pers. (1805) = Riqueuria Ruiz et Pav. (1794)［茜草科 Rubiaceae］☆

44585　Riqueuria Ruiz et Pav. (1794)【汉】里克尔茜属。【隶属】茜草科 Rubiaceae。【包含】世界 1 种。【学名诠释与讨论】〈阴〉(人) Riqueur。【分布】秘鲁。【模式】Riqueuria avenia Ruiz et Pavon。【参考异名】Riqueria Pers. (1805) ☆

44586　Riseleya Hemsl. (1917) = Drypetes Vahl (1807)［大戟科 Euphorbiaceae］●

44587　Risleya King et Pantl. (1898)【汉】紫茎兰属。【英】Risleya。【隶属】兰科 Orchidaceae。【包含】世界 1 种,中国 1 种。【学名诠释与讨论】〈阴〉(人) Risley,美国植物学者。另说 Herbert Hope Risley,孟加拉人。此属的学名,ING 和 IK 记载是"Risleya G. King et Pantling, Ann. Roy. Bot. Gard. (Calcutta) 8: 246. 1898"。【分布】中国,喜马拉雅山。【模式】Risleya atropurpurea G. King et Pantling。【参考异名】Ridleya K. Schum. (1900) ■

44588　Rissoa Arn. (1836) = Atalantia Corrêa(1805)(保留属名)［芸香科 Rutaceae］●

44589　Ristantia Peter G. Wilson et J. T. Waterh. (1982)【汉】昆士兰桃金娘属。【隶属】桃金娘科 Myrtaceae。【包含】世界 3 种。【学名诠释与讨论】〈阴〉(属)由 Tristania 红胶木属(三胶木属)字母改缀而来。【分布】澳大利亚(昆士兰)。【模式】Ristantia pachysperma (F. von Mueller et F. M. Bailey) Peter G. Wilson et J. T. Waterhouse［Xanthostemon pachyspermus F. von Mueller et F. M. Bailey］●☆

44590　Ritaia King et Pantl. (1898) = Ceratostylis Blume(1825)［兰科 Orchidaceae］■

44591　Ritchiea R. Br. (1826) Nom. inval. ≡ Ritchiea R. Br. ex G. Don (1831)［山柑科(白花菜科,醉蝶花科) Capparaceae］●☆

44592　Ritchiea R. Br. ex G. Don(1831)【汉】里奇山柑属。【隶属】山柑科(白花菜科,醉蝶花科) Capparaceae。【包含】世界 15-30 种。【学名诠释与讨论】〈阴〉(人) Joseph Ritchie,?-1821,英国植物学者,医生,植物采集家,探险家。【分布】热带非洲。【模式】Ritchiea fragrans (Sims) R. Brown ex G. Don, Nom. illegit.［Crateva fragrans Sims, Nom. illegit., Crateva capparoides Andrews; Ritchiea capparoides (Andrews) Britten］。【参考异名】Richiea G. Don (1831); Ritchiea R. Br. (1826) Nom. inval. ●☆

44593　Ritchieophyton Pax (1910) = Givotia Griff. (1843)［大戟科 Euphorbiaceae］●☆

44594　Rithrophyllum Post et Kuntze(1903) = Aeschynanthus Jack (1823)(保留属名); ~ = Rheithrophyllum Hassk. (1844) Nom. illegit., Nom. inval.; ~ = Rheitrophyllum Hassk. (1842)［苦苣苔科 Gesneriaceae］●■

44595　Ritinophora Neck. (1790) Nom. inval. = Amyris P. Browne (1756)［芸香科 Rutaceae//胶香木科 Amyridaceae］●☆

44596　Ritonia Benoist（1962）【汉】里顿爵床属。【隶属】爵床科 Acanthaceae。【包含】世界 3-4 种。【学名诠释与讨论】〈阴〉词源不详。【分布】马达加斯加。【模式】Ritonia humbertii Benoist ■☆

44597　Rittenasia Raf. = Menispermum L.（1753）［防己科 Menispermaceae］●■

44598　Rittera Raf.（1840）Nom. illegit. ≡ Monastes Raf.（1840）；~ = Centranthus Lam. et DC.（1805）Nom. illegit.；~ = Centranthus DC.（1805）［缬草科（败酱科）Valerianaceae］■

44599　Rittera Schreb.（1789）Nom. illegit. ≡ Possira Aubl.（1775）（废弃属名）；~ = Swartzia Schreb.（1791）（保留属名）［豆科 Fabaceae（Leguminosae）//蝶形花科 Papilionaceae］●☆

44600　Ritterocactus Doweld（1999）【汉】巴西仙人球属。【隶属】仙人掌科 Cactaceae。【包含】世界 20 种。【学名诠释与讨论】〈阴〉（人）Ritter+cactos，有刺的植物，通常指仙人掌。此属的学名是"Ritterocactus A. B. Doweld, Sukkulenty 1999（2）：22. 25 Dec 1999"。亦有文献把其处理为"Echinocactus Link et Otto（1827）"的异名。【分布】参见 Echinocactus Link et Otto（1827）。【模式】Ritterocactus mammulosus（Lemaire）A. B. Doweld［Echinocactus mammulosus Lemaire］。【参考异名】Echinocactus Link et Otto（1827）●☆

44601　Ritterocereus Backeb.（1941）= Lemaireocereus Britton et Rose（1909）；~ =Stenocereus（A. Berger）Riccob.（1909）（保留属名）［仙人掌科 Cactaceae］●☆

44602　Rivasgodaya Esteve（1973）= Genista L.（1753）［豆科 Fabaceae（Leguminosae）//蝶形花科 Papilionaceae］●

44603　Rivasmartinezia Fern. Prieto et Cires（2013）【汉】西班牙草属。【隶属】伞形花科（伞形科）Apiaceae（Umbelliferae）。【包含】世界 1 种。【学名诠释与讨论】〈阴〉词源不详。似来自人名。【分布】西班牙。【模式】Rivasmartinezia vazquezii Fern. Prieto et Cires ☆

44604　Rivea Choisy（1833）【汉】里夫藤属（赖维亚属，力夫藤属）。【隶属】旋花科 Convolvulaceae。【包含】世界 3-4 种。【学名诠释与讨论】〈阴〉（人）Auguste de la Rive，瑞士医生。或来自拉丁文 rivus，小河。【分布】巴基斯坦，巴拉圭，玻利维亚，马达加斯加，印度，中国，东南亚。【后选模式】Rivea hypocrateriformis（Desrousseaux）J. D. Choisy［Convolvulus hypocrateriformis Desrousseaux］。【参考异名】Turbina Raf.（1838）●

44605　Riveria Kunth（1825）= Swartzia Schreb.（1791）（保留属名）［豆科 Fabaceae（Leguminosae）//蝶形花科 Papilionaceae］●☆

44606　Rivina L.（1753）【汉】数珠珊瑚属（蕾芬属）。【日】ジュズサンゴ属。【俄】Ривина。【英】Rivin, Rouge Plant, Rougeplant。【隶属】商陆科 Phytolaccaceae//毛头独子科（蒜臭母鸡草科）Petiveriaceae//数珠珊瑚科 Rivinaceae。【包含】世界 1-8 种，中国 1 种。【学名诠释与讨论】〈阴〉（人）Augustus Quirinus（Bachmann）Rivinus，1652-1723，德国植物学者，医生，教授。此属的学名，ING、APNI、TROPICOS 和 GCI 记载为"Rivina L., Sp. Pl. 1：121. 1753［1 May 1753］"。IK 则记为"Rivina Plum. ex L., Sp. Pl. 1：121. 1753［1 May 1753］"。"Rivina Plum."是命名起点著作之前的名称，故"Rivina L.（1753）"和"Rivina Plum. ex L.（1753）"都是合法名称，可以通用。"Piercea P. Miller, Gard. Dict. ed. 7. 1759"和"Tithonia O. Kuntze, Rev. Gen. 2：552. 5 Nov 1891（non Desfontaines ex A. L. Jussieu 1789）"是"Rivina L.（1753）"的晚出的同模式异名（Homotypic synonym, Nomenclatural synonym）。"Rivinia L., Genera Plantarum, ed. 5 57. 1754"和"Rivinia P. Miller, Gard. Dict. Abr. ed. 4. 28 Jan 1754"是"Rivina L.（1753）"的拼写变体。【分布】巴基斯坦，巴拉圭，巴拿马，秘鲁，玻利维亚，厄瓜多尔，哥伦比亚（安蒂奥基亚），尼加拉瓜，中国，中美洲。【模式】Rivina humilis Linnaeus。【参考异名】Piercea

Mill.（1759）Nom. illegit.；Rivina Plum., Nom. inval.；Rivina Plum. ex L.（1753）；Rivinia L.（1753）Nom. illegit.；Rivinia Mill.（1754）Nom. illegit.；Solanoides Mill.（1754）；Solanoides Tourn. ex Moench（1794）Nom. illegit.；Tithonia Kuntze（1891）Nom. illegit. ●

44607　Rivina Plum. ex L.（1753）≡ Rivina L.（1753）［商陆科 Phytolaccaceae//毛头独子科（蒜臭母鸡草科）Petiveriaceae//数珠珊瑚科 Rivinaceae］●

44608　Rivinaceae C. Agardh（1824）［as 'Rivineae'］［亦见 Petiveriaceae C. Agardh 毛头独子科（蒜臭母鸡草科）和 Phytolaccaceae R. Br.（保留科名）商陆科］【汉】数珠珊瑚科。【包含】世界 1 属 1-8 种，中国 1 属 1 种。【分布】热带美洲。【科名模式】Rivina L.（1753）●

44609　Rivinia L.（1753）Nom. illegit. ≡ Rivina L.（1753）；~ ≡ Rivina Plum. ex L.（1753）；~ = Trichostigma A. Rich.（1845）［商陆科 Phytolaccaceae//毛头独子科（蒜臭母鸡草科）Petiveriaceae//数珠珊瑚科 Rivinaceae］●

44610　Rivinia Mill.（1754）Nom. illegit. ≡ Rivina L.（1753）；~ ≡ Rivina Plum. ex L.（1753）；~ ≡ Trichostigma A. Rich.（1845）［商陆科 Phytolaccaceae//毛头独子科（蒜臭母鸡草科）Petiveriaceae//数珠珊瑚科 Rivinaceae］●☆

44611　Riviniaceae C. Agardh（1824）［as 'Rivineae'］= Phytolaccaceae R. Br.（保留科名）●■

44612　Rivinoides Afzel. ex Prain（1911）Nom. illegit. = Erythrococca Benth.（1849）［大戟科 Euphorbiaceae］●☆

44613　Rixea C. Morren（1845）= Tropaeolum L.（1753）［旱金莲科 Tropaeolaceae］■

44614　Rixia Lindl.（1847）= Rixea C. Morren（1845）［牻牛儿苗科 Geraniaceae］■

44615　Rizoa Cav.（1801）= Gardoquia Ruiz et Pav.（1794）；~ = Satureja L.（1753）［唇形科 Lamiaceae（Labiatae）］●■

44616　Robbairea Boiss.（1867）= Polycarpaea Lam.（1792）（保留属名）［as 'Polycarpa'］［石竹科 Caryophyllaceae］■●

44617　Robbia A. DC.（1844）= Malouetia A. DC.（1844）［夹竹桃科 Apocynaceae］●☆

44618　Robbrechtia De Block（2003）【汉】罗伯茜属。【隶属】茜草科 Rubiaceae。【包含】世界 2 种。【学名诠释与讨论】〈阴〉（人）Elmar Robbrecht，1946-?，植物学者。【分布】马达加斯加。【模式】Robbrechtia grandifolia P. De Block ●☆

44619　Robergia Roxb. = Pegia Colebr.（1827）［漆树科 Anacardiaceae］●

44620　Robergia Schreb.（1789）Nom. illegit. ≡ Rourea Aubl.（1775）（保留属名）［牛栓藤科 Connaraceae］●

44621　Roberta St. -Lag.（1881）= Robertia DC.（1815）Nom. illegit.（废弃属名）；~ = Hypochaeris L.（1753）［菊科 Asteraceae（Compositae）］■

44622　Robertia DC.（1815）Nom. illegit.（废弃属名）= Hypochaeris L.（1753）［菊科 Asteraceae（Compositae）］■

44623　Robertia Mérat（1812）Nom. illegit.（废弃属名）≡ Eranthis Salisb.（1807）（保留属名）［毛茛科 Ranunculaceae］■☆

44624　Robertia Rich. ex Carrière（1855）Nom. illegit.（废弃属名）= Phyllocladus Rich. ex Mirb.（1825）（保留属名）［叶枝杉科（伪叶竹柏科）Phylloctadaceae//罗汉松科 Podocarpaceae］●☆

44625　Robertia Rich. ex DC.（1815）Nom. illegit.（废弃属名）= Hypochaeris L.（1753）［菊科 Asteraceae（Compositae）］■

44626　Robertia Scop.（1777）（废弃属名）= Bumelia Sw.（1788）（保留属名）；~ = Sideroxylon L.（1753）［山榄科 Sapotaceae//刺李山榄科 Bumeliaceae］●☆

44627　Robertiella Hanks（1907）＝ Geranium L. （1753）；~ ＝ Robertium Picard（1837）［牻牛儿苗科 Geraniaceae］■●

44628　Robertium Picard（1837）＝ Geranium L. （1753）［牻牛儿苗科 Geraniaceae］■●

44629　Robertsia Endl. （1839）＝ Sideroxylon L. （1753）［山榄科 Sapotaceae］●☆

44630　Robertsonia Haw. （1812）＝ Saxifraga L. （1753）［虎耳草科 Saxifragaceae］■

44631　Robeschia Hochst. ex E. Fourn. （1865）＝ Descurainia Webb et Berthel. （1836）（保留属名）［十字花科 Brassicaceae （Cruciferae）］■

44632　Robeschia Hochst. ex O. E. Schulz（1924）【汉】中东芥属。【隶属】十字花科 Brassicaceae（Cruciferae）。【包含】世界 1 种。【学名诠释与讨论】〈阴〉词源不详。此属的学名，ING、《巴基斯坦植物志》和 TROPICOS 记载为“Robeschia C. F. Hochstetter ex O. E. Schulz in Engler, Pflanzenr. IV. 105（Heft 86）：359. 22 Jul 1924”。IK 则记载为“Robeschia Hochst. ex E. Fourn. , Recherches Anat. Taxon. Fam. Crucifer. 146（1865）”。如果后者合格发表的话，则前者是非法名称。【分布】阿富汗，埃及（西奈半岛），巴基斯坦，黎巴嫩，叙利亚，以色列。【模式】Robeschia schimperi （Boissier） O. E. Schulz［Sisymbrium schimperi Boissier］■☆

44633　Robina Aubl. （1775）＝ Robinia L. （1753）［豆科 Fabaceae （Leguminosae）//刺槐科 Robiniaceae//蝶形花科 Papilionaceae］●

44634　Robinia L. （1753）【汉】刺槐属（洋槐属）。【日】ハリエンジュ属。【俄】Белая акация, Робиния。【英】Acacia, Black Locust, False Acacia, Locust, Locust Bean, Robinia。【隶属】豆科 Fabaceae （Leguminosae）//刺槐科 Robiniaceae//蝶形花科 Papilionaceae。【包含】世界 4-20 种，中国 2 种。【学名诠释与讨论】〈阴〉（人）Jean Robin（1550-1629）和儿子 Vespasian Robin（1579-1662），法国植物学者。他是享利四世的宫庭园艺师，于 1600 年把刺槐从原产地北美洲引种到法国巴黎植物园栽培。此属的学名，ING、TROPICOS、APNI、GCI 和 IK 记载是“Robinia L. , Sp. Pl. 2：722. 1753［1 May 1753］”。“Pseudacacia Moench, Meth. 145. 4 Mai 1794”和“Pseudo-Acacia Duhamel du Monceau, Traité Arb. Arbust. 2：187. 1755”是“Robinia L. （1753）”的晚出的同模式异名（Homotypic synonym, Nomenclatural synonym）。【分布】巴基斯坦，玻利维亚，马达加斯加，美国（密苏里），墨西哥，中国，北美洲东部，中美洲。【后选模式】Robinia pseudoacacia Linnaeus。【参考异名】Endosamara R. Geesink （1984）；Pseudacacia Moench （1794）Nom. illegit. ; Pseudoacacia Duhamel （1755）Nom. illegit. ; Pseudo – Acacia Duhamel （1755）Nom. illegit. ; Pseudo – acacia Medik. （1787）Nom. illegit. ; Robina Aubl. （1775）●

44635　Robiniaceae Vest ＝Robiniaceae Welw. ●

44636　Robiniaceae Welw. ［亦见 Fabaceae Lindl. （保留科名）豆科//Leguminosae Juss. （1789）（保留科名）豆科］【汉】刺槐科。【包含】世界 1 属 4-20 种，中国 1 属 2 种。【分布】墨西哥，北美洲东部。【科名模式】Robinia L. （1753）●

44637　Robinsonecio T. M. Barkley et Janovec（1996）【汉】外苞狗舌草属。【隶属】菊科 Asteraceae（Compositae）。【包含】世界 2 种。【学名诠释与讨论】〈阴〉（人）Robinson, 植物学者＋（属）Senecio 千里光属。【分布】墨西哥，中美洲。【模式】Robinsonecio gerberiifolius （Sch. Bip. ）T. M. Barkley et Janovec［Senecio gerberiifolius Sch. Bip. ］●☆

44638　Robinsonella Rose et Baker f. （1897）【汉】罗氏锦葵属。【隶属】锦葵科 Malvaceae。【包含】世界 7-15 种。【学名诠释与讨论】〈阴〉（属）Robinsonia 顶叶菊属+-ellus, -ella, -ellum, 加在名词词干后面形成指小式的词尾。或加在人名、属名等后面以组

成新属的名称。或 Benjamin Lincoln Robinson, 1864-1935, 美国植物学者，植物采集家。【分布】墨西哥，中美洲。【模式】Robinsonella cordata J. N. Rose et E. G. Baker。【参考异名】Rebsamenia Conz. （1903）●☆

44639　Robinsonia DC. （1833）（保留属名）【汉】顶叶菊属。【隶属】菊科 Asteraceae（Compositae）。【包含】世界 7 种。【学名诠释与讨论】〈阴〉（人）Robinson Crusoe, 植物学者。此属的学名“Robinsonia DC. in Arch. Bot. （Paris）2：333. 21 Oct 1833”是保留属名。相应的废弃属名是猪胶树科 Clusiaceae 的“Robinsonia Scop. , Intr. Hist. Nat. : 218. Jan – Apr 1777 ≡ Touroulia Aubl. （1775）＝ Quiina Aubl. （1775）”。【分布】智利（胡安-费尔南德斯群岛）。【后选模式】Robinsonia gayana Decaisne。【参考异名】Rhetinodendron Meisn. （1839）；Symphyochaeta （DC. ） Skottsb. （1953）；Touroulia Aubl. （1775）；Vendredia Baill. （1882）Nom. illegit. , Nom. superfl. ●☆

44640　Robinsonia Scop. （1777）（废弃属名）≡ Touroulia Aubl. （1775）；~ ＝ Quiina Aubl. （1775）［绒子树科（羽叶树科） Quiinaceae］●☆

44641　Robinsoniodendron Merr. （1917）＝ Maoutia Wedd. （1854）［荨麻科 Urticaceae］●

44642　Robiquetia Gaudich. （1829）【汉】寄树兰属。【英】Robiquetia。【隶属】兰科 Orchidaceae。【包含】世界 40 种，中国 2 种。【学名诠释与讨论】〈阴〉（人）Pierre-Jean Robiquet, 1780-1840, 法国科学家。【分布】斐济，印度，中国，所罗门群岛，东南亚。【模式】Robiquetia ascendens Gaudichaud-Beaupré ■

44643　Roborowskia Batalin（1893）【汉】疆芹属（疆堇属）。【英】Xinjiang Violet。【隶属】罂粟科 Papaveraceae。【包含】世界 1 种，中国 1 种。【学名诠释与讨论】〈阴〉（人）Roborowski, 俄罗斯植物学者。此属的学名是“Roborowskia Batalin, Trudy Imp. S. - Peterburgsk. Bot. Sada 13：91. 1893”。亦有文献把其处理为“Corydalis DC. （1805）（保留属名）”的异名。【分布】中国，亚洲中部。【模式】Roborowskia mira Batalin。【参考异名】Corydalis DC. （1805）（保留属名）■

44644　Robsonia（Berland. ）Rchb. （1837）＝ Ribes L. （1753）［虎耳草科 Saxifragaceae//醋栗科（茶藨子科）Grossulariaceae］●

44645　Robsonia Rchb. （1837）Nom. illegit. ≡ Robsonia （Berland. ） Rchb. （1837）；~ ＝Ribes L. （1753）［虎耳草科 Saxifragaceae//醋栗科（茶藨子科）Grossulariaceae］●

44646　Robsonodendron R. H. Archer（1997）【汉】罗氏卫矛属。【隶属】卫矛科 Celastraceae。【包含】世界 2 种。【学名诠释与讨论】〈中〉（人）Robson+dendron 或 dendros, 树木, 棍, 丛林。【分布】澳大利亚，非洲。【模式】Robsonodendron eucleiforme （Ecklon et Zeyher）R. H. Archer［Mystroxylon eucleiforme Ecklon et Zeyher［as ‘eucleaeforme’］●☆

44647　Robynsia Drap. （1841）（废弃属名）＝ Bravoa Lex. （1824）；~ ＝ Polianthes L. （1753）［石蒜科 Amaryllidaceae//龙舌兰科 Agavaceae］■

44648　Robynsia Hutch. （1931）（保留属名）【汉】罗宾茜属。【隶属】茜草科 Rubiaceae。【包含】世界 1 种。【学名诠释与讨论】〈阴〉（人）Frans-Hubert Edouard Arthur Walter Robyns, 1901-1986, 比利时植物学者，植物采集家。此属的学名“Robynsia Hutch. in Hutchinson et Dalziel, Fl. W. Trop. Afr. 2：68, 108. Mar 1931”是保留名。相应的废弃属名是石蒜科 Amaryllidaceae 的“Robynsia Drap. in Lemaire, Hort. Universel 2：127. Aug – Oct 1840 ＝ Bravoa Lex. （1824）＝ Polianthes L. （1753）”, 豆科 Fabaceae 的“Robynsia Martens et Galeotti, Bull. Acad. Roy. Sci. Bruxelles 10（2）：193. 1843 （post 5 Aug）＝ Pachyrhizus Rich. ex DC. （1825）（保留属名）”亦

应废弃。亦有文献把"Robynsia Hutch. (1931)(保留属名)"处理为"Rytigynia Blume(1850)"的异名。【分布】热带非洲西部。【模式】Robynsia glabrata Hutchinson。【参考异名】? Rytigynia Blume(1850) ☆

44649　Robynsia M. Martens et Galeotti(1843) = Pachyrhizus Rich. ex DC. (1825)(保留属名)[豆科 Fabaceae(Leguminosae)//蝶形花科 Papilionaceae]■

44650　Robynsiella Suess. (1938) = Centemopsis Schinz(1911)[苋科 Amaranthaceae]■☆

44651　Robynsiochloa Jacq. -Fél. (1952) = Rottboellia L. f. (1782)(保留属名)[禾本科 Poaceae(Gramineae)]■

44652　Robynsiophyton R. Wilczek(1953)【汉】罗宾豆属。【隶属】豆科 Fabaceae(Leguminosae)//蝶形花科 Papilionaceae。【包含】世界 1 种。【学名诠释与讨论】〈中〉(人)Frans-Hubert Edouard Arthur Walter Robyns,1901-1986,比利时植物学者,植物采集家+phyton,植物,树木,枝条。【分布】热带非洲。【模式】Robynsiophyton vanderystii Wilczek ■☆

44653　Rocama Forssk. (1775) = Trianthema L. (1753)[番杏科 Aizoaceae]■

44654　Roccardia Neck. (1790) Nom. inval. = Helipterum DC. ex Lindl. (1836) Nom. confus. [菊科 Asteraceae(Compositae)]■☆

44655　Roccardia Neck. ex Raf. (1838) Nom. illegit. ≡ Staehelina L. (1753)[菊科 Asteraceae(Compositae)]●☆

44656　Roccardia Neck. ex Voss (1896) Nom. inval. , Nom. illegit. = Rhodanthe Lindl. (1834); ~ = Syncarpha DC. (1810)[菊科 Asteraceae(Compositae)]■☆

44657　Roccardia Raf. (1838) Nom. illegit. ≡ Roccardia Neck. ex Raf. (1838) Nom. illegit. ; ~ ≡ Staehelina L. (1753)[菊科 Asteraceae(Compositae)]●☆

44658　Rochea DC. (1802)(保留属名)【汉】罗景天属(罗齐阿属)。【日】ローケア属。【隶属】景天科 Crassulaceae。【包含】世界 4 种。【学名诠释与讨论】〈阴〉(人)Daniel de la Roche (Delaroche, de Laroche),1743-1813,瑞士植物学者,医生。另说是法国植物学者。此属的学名"Rochea DC. , Pl. Hist. Succ. : ad t. 103. 16 Oct 1802"是保留属名。相应的废弃属名是豆科 Fabaceae 的"Rochea Scop. , Intr. Hist. Nat. ; 296. Jan - Apr 1777 = Aeschynomene L. (1753)"。鸢尾科 Iridaceae 的"Rochea Salisb. , Trans. Hort. Soc. London i. (1812) 322 = Geissorhiza Ker Gawl. (1803)"亦应废弃。"Larochea Persoon, Syn. Pl. 1 ; 337. 1 Apr-15 Jun 1805"是"Rochea DC. (1802)(保留属名)"的晚出的同模式异名(Homotypic synonym, Nomenclatural synonym)。亦有文献把"Rochea DC. (1802)(保留属名)"处理为"Crassula L. (1753)"的异名。【分布】非洲南部。【模式】Rochea coccinea (Linnaeus) A. P. de Candolle [Crassula coccinea Linnaeus]。【参考异名】Crassula L. (1753); Danielia Lem. (1869) Nom. illegit. ; Dietrichia Tratt. (1812) Nom. illegit. ; Kalosanthes Haw. (1821); Larochea Pers. (1805) Nom. illegit. ●■☆

44659　Rochea Salisb. (1812) Nom. illegit. (废弃属名) = Geissorhiza Ker Gawl. (1803)[鸢尾科 Iridaceae]■☆

44660　Rochea Scop. (1777)(废弃属名) = Aeschynomene L. (1753)[豆科 Fabaceae(Leguminosae)//蝶形花科 Papilionaceae]●■

44661　Rochefortia Sw. (1788)【汉】罗什紫属。【隶属】紫草科 Boraginaceae。【包含】世界 13 种。【学名诠释与讨论】〈阴〉(人)Rochefort。【分布】秘鲁,哥伦比亚,尼加拉瓜,西印度群岛,中美洲。【后选模式】Rochefortia cuneata O. Swartz。【参考异名】Diplostylis H. Karst. et Triana(1857) Nom. illegit. ; Diplostylis Triana (1857) Nom. illegit. ; Dyplostylis H. Karst. et Triana (1857) Nom.

44662　Rochelia Rchb. (1824)(保留属名)【汉】李果鹤虱属(双果鹤虱属,弯果鹤虱属,旋果草属)。【俄】Рохелия。【英】Rochelia。【隶属】紫草科 Boraginaceae。【包含】世界 15-20 种,中国 5 种。【学名诠释与讨论】〈阴〉(人)Anton Rochel,1770-1847,奥地利植物学者。另说是匈牙利植物学者。此属的学名"Rochelia Rchb. in Flora 7 ; 243. 28 Apr 1824"是保留属名。相应的废弃属名是紫草科 Boraginaceae 的"Rochelia Roem. et Schult. , Syst. Veg. 4 ; xi, 108. Jan - Jun 1819 ≡ Lappula Moench (1794) = Echinospermum Sw. ex Lehm. (1818)"。【分布】巴基斯坦,中国,地中海至澳大利亚。【模式】Rochelia saccharata H. G. L. Reichenbach, Nom. illegit. [Lithospermum dispermum Linnaeus f. ; Rochelia disperma (Linnaeus f.) Wettstein]。【参考异名】Cervia Rodr. ex Lag. (1816); Maccoya F. Muell. (1859); Raclathris Raf. (1838); Rochelia Roem. et Schult. (1819)(废弃属名)■

44663　Rochelia Roem. et Schult. (1819) Nom. illegit. (废弃属名) ≡ Lappula Moench(1794); ~ = Echinospermum Sw. ex Lehm. (1818) [紫草科 Boraginaceae]■

44664　Rochetia Delile(1846) = Trichilia P. Browne(1756)(保留属名) [棟科 Meliaceae]●

44665　Rochonia DC. (1836)【汉】绒菀木属。【隶属】菊科 Asteraceae (Compositae)。【包含】世界 4 种。【学名诠释与讨论】〈阴〉(人)Rochon。【分布】马达加斯加。【模式】未指定●☆

44666　Rockia Heimerl (1913) = Pisonia L. (1753)[紫茉莉科 Nyctaginaceae//腺果藤科(避霜花科)Pisoniaceae]●

44667　Rockinghamia Airy Shaw(1966)【汉】罗金大戟属。【隶属】大戟科 Euphorbiaceae。【包含】世界 2 种。【学名诠释与讨论】〈阴〉(人)Charles Watson Wentworth,1730-1782,英国政治家,Rockingham 二世侯爵。【分布】澳大利亚(昆士兰)。【模式】Rockinghamia angustifolia (Bentham) Airy Shaw [Mallotus angustifolius Bentham]●☆

44668　Rodatia Raf. (1840) = Beloperone Nees(1832); ~ = Justicia L. (1753)[爵床科 Acanthaceae//鸭嘴花科(鸭咀花科) Justiciaceae]●■

44669　Rodentiophila Backeb. (1959) Nom. inval. = Eriosyce Phil. (1872)[仙人掌科 Cactaceae]●☆

44670　Rodentiophila F. Ritter et Y. Itô (1981) Nom. inval. = Eriosyce Phil. (1872)[仙人掌科 Cactaceae]●☆

44671　Rodentiophila F. Ritter ex Backeb. (1959) Nom. inval. = Eriosyce Phil. (1872)[仙人掌科 Cactaceae]●☆

44672　Rodetia Moq. (1849) = Bosea L. (1753)[苋科 Amaranthaceae] ●☆

44673　Rodgersia A. Gray(1858)【汉】鬼灯檠属。【日】ヤグルマサウ属,ヤグルマソウ属。【英】Ghost Lampstand, Rodgersflower, Rodgersia。【隶属】虎耳草科 Saxifragaceae。【包含】世界 5-6 种,中国 4 种。【学名诠释与讨论】〈阴〉(人)John Rodgers, 1812-1882,美国海军军官。【分布】中国,东亚。【模式】Rodgersia podophylla A. Gray ■

44674　Rodigia Spreng. (1820) = Crepis L. (1753)[菊科 Asteraceae (Compositae)]■

44675　Rodionenkoa M. B. Crespo, Mart. -Azorín et Mavrodiev(2015) 【汉】洛氏鸢尾属。【隶属】鸢尾科 Iridaceae。【包含】世界种。【学名诠释与讨论】〈阴〉(人)Georgi Ivanovich Rodionenko (1913 -?),植物学者。【分布】日本,北美洲。【模式】Rodionenkoa tenuis (S. Watson) M. B. Crespo, Mart. -Azorín et Mavrodiev [Iris tenuis S. Watson] ☆

44676　Rodora Adans. (1763) = Rhododendron L. (1753); ~ = Rhodora

L.（1762）［杜鹃花科（欧石南科）Ericaceae］●

44677　Rodrigoa Braas（1979）= Masdevallia Ruiz et Pav.（1794）［兰科 Orchidaceae］■☆

44678　Rodriguezia Ruiz et Pav.（1794）【汉】凹尊兰属（茹氏兰属）。【日】ロドリゲューチア属。【英】Rodriguezia。【隶属】兰科 Orchidaceae。【包含】世界 30-40 种。【学名诠释与讨论】〈阴〉（人）Emanuel Rodriguez，西班牙医生、植物学者。或 Don Manuel Antonio Rodriguez de Vera（1780－1846），或 Jose Demetrio Rodriguez（1780-1847），或 Don Manuel Rodriguez。【分布】巴拉圭，巴拿马，秘鲁，玻利维亚，厄瓜多尔，哥伦比亚（安蒂奥基亚），哥斯达黎加，尼加拉瓜，西印度群岛，中美洲。【后选模式】Rodriguezia lanceolata Ruiz et Pavon。【参考异名】Burlingtonia Lindl.（1837）；Physanthera Bert. ex Steud.（1841）●■☆

44679　Rodrigueziella Kuntze（1891）【汉】小凹尊兰属。【隶属】兰科 Orchidaceae。【包含】世界 5 种。【学名诠释与讨论】〈阴〉（属）Joao Barbosa Rodrigues，1842－1909，巴西植物学者，植物采集家+-ellus，-ella，-ellum，加在名词词干后面形成指小式的词尾。或加在人名、属名等后面以组成新属的名称。此属的学名"Rodrigueziella O. Kuntze，Rev. Gen. 2：649. 5 Nov 1891"是一个替代名称。它替代的是"Theodorea Barbosa Rodrigues，Gen. Sp. Orchid. Nov. 1：144. Aug 1877"，而非"Theodora Medikus，Theodora 16. 1786（废弃属名）≡ Schotia Jacq.（1787）（保留属名）［豆科 Fabaceae（Leguminosae）］"。"Hellerorchis Hawkes，Orchid. J. 3：275. Jun 1959"是"Rodrigueziella Kuntze（1891）"的晚出的同模式异名（Homotypic synonym，Nomenclatural synonym）。【分布】巴西。【模式】Theodorea gomezoides Barbosa Rodrigues。【参考异名】Hellerorchis A. D. Hawkes（1855）Nom. illegit. ；Theodorea Barb. Rodr.（1877）Nom. illegit. ■☆

44680　Rodrigueziopsis Schltr.（1920）【汉】类凹尊兰属。【隶属】兰科 Orchidaceae。【包含】世界 2 种。【学名诠释与讨论】〈阴〉（属）Rodriguezia 凹尊兰属+希腊文 opsis，外观，模样，相似。【分布】巴西。【后选模式】Rodrigueziopsis eleutherosepala（Barbosa Rodrigues）Schlechter［Rodriguezia eleutherosepala Barbosa Rodrigues］■☆

44681　Rodschiedia Dennst.（1818）Nom. illegit. ［大戟科 Euphorbiaceae］☆

44682　Rodschiedia G. Gaertn.，B. Mey. et Scberb.（1800）Nom. illegit. ≡ Capsella Medik.（1792）（保留属名）［十字花科 Brassicaceae（Cruciferae）］■

44683　Rodschiedia Miq.（1845）Nom. illegit. = Securidaca L.（1759）（保留属名）［远志科 Polygalaceae］●

44684　Rodwaya F. Muell.（1890）= Thismia Griff.（1845）［水玉簪科 Burmanniaceae//水玉杯科（腐杯草科，肉质腐生草科）Thismiaceae］■☆

44685　Roea Hügel ex Benth.（1837）= Sphaerolobium Sm.（1805）［豆科 Fabaceae（Leguminosae）//蝶形花科 Papilionaceae］■☆

44686　Roebelia Engel（1865）= Calyptrogyne H. Wendl.（1859）；~ = Geonoma Willd.（1805）［棕榈科 Arecaceae（Palmae）］●☆

44687　Roebuckia P. S. Short（2014）Nom. illegit. ≡ Roebuckiella P. S. Short（2015）［菊科 Asteraceae（Compositae）］☆

44688　Roebuckiella P. S. Short（2015）【汉】澳洲菊属。【隶属】菊科 Asteraceae（Compositae）。【包含】世界 9 种。【学名诠释与讨论】〈阴〉（属）Roebuckia+-ellus，-ella，-ellum，加在名词词干后面形成指小式的词尾。或加在人名、属名等后面以组成新属的名称。此属的学名"Roebuckiella P. S. Short，J. Adelaide Bot. Gard. 28（2）：221. 2015 ［30 Mar 2015］"是一个替代名称。"Roebuckia P. S. Short，J. Adelaide Bot. Gard. 28（1）：169. 2014 ［1 Dec 2014］"是

一个非法名称（Nom. illegit.），因为此前已经有了化石植物（蕨类）"Roebuckia McLoughlin."。故用"Roebuckiella P. S. Short（2015）"替代之。【分布】澳大利亚。【模式】［Brachyscome halophila P. S. Short；Roebuckia halophila（P. S. Short）P. S. Short］。【参考异名】Roebuckia P. S. Short（2014）Nom. illegit. ☆

44689　Roegneria C. Koch（1848）Nom. illegit. ≡ Roegneria K. Koch（1848）［禾本科 Poaceae（Gramineae）］■

44690　Roegneria K. Koch（1848）【汉】鹅观草属。【日】カモジグサ属。【俄】Рэгнерия。【英】Goosecomb，Roegneria。【隶属】禾本科 Poaceae（Gramineae）。【包含】世界 126 种，中国 101 种。【学名诠释与讨论】〈阴〉（人）Roegner，俄国人。此属的学名，ING、TROPICOS、GCI 和 IK 记载是"Roegneria K. Koch，Linnaea 21（4）：413. 1848 ［Aug 1848］"。"Roccardia Necker ex Rafinesque，Fl. Tell. 4：119. 1838（med.）（'1836'）"是"Roegneria K. Koch（1848）［禾本科 Poaceae（Gramineae）］"和"Staehelina Linnaeus 1753"的同模式异名（Homotypic synonym，Nomenclatural synonym）。"Roegneria C. Koch（1848）"的命名人是文献中常见的不标准缩写。亦有文献把"Roegneria K. Koch（1848）"处理为"Elymus L.（1753）"的异名。【分布】巴基斯坦，中国，温带欧亚大陆。【模式】Roegneria caucasica K. H. E. Koch。【参考异名】Elymus L.（1753）；Roccardia Neck.（1790）Nom. inval. ；Roccardia Neck. ex Raf.（1838）Nom. illegit. ；Roegneria C. Koch（1848）Nom. illegit. ；Staehelina L.（1753）■

44691　Roehlingia Dennst.（1818）= Tetracera L.（1753）［锡叶藤科 Tetraceraceae//五桠果科（第伦桃科，五丫果科，锡叶藤科）Dilleniaceae］●

44692　Roehlingia Roepert = Eranthis Salisb.（1807）（保留属名）［毛茛科 Ranunculaceae］■

44693　Roela Scop.（1777）= Roella L.（1753）［桔梗科 Campanulaceae］●■☆

44694　Roelana Comm. ex DC.（1824）= Erythroxylum P. Browne（1756）［古柯科 Erythroxylaceae］●

44695　Roella L.（1753）【汉】南非桔梗属。【隶属】桔梗科 Campanulaceae。【包含】世界 25 种。【学名诠释与讨论】〈阴〉（人）Wilhelm ［Gulielmus］Roell，园艺学者。【分布】非洲南部。【后选模式】Roella ciliata Linnaeus。【参考异名】Roela Scop.（1777）●■☆

44696　Roellana Comm. ex Lam. = Erythroxylum P. Browne（1756）［古柯科 Erythroxylaceae］●

44697　Roelloides Banks ex A. DC.（1830）= Prismatocarpus L' Hér.（1789）（保留属名）［桔梗科 Campanulaceae］●■☆

44698　Roelpinia Scop.（1777）Nom. illegit. ≡ Cunto Adans.（1763）；~ = Acronychia J. R. Forst. et G. Forst.（1775）（保留属名）；~ = Koelpinia Scop.（1777）Nom. illegit. ［芸香科 Rutaceae］●

44699　Roemera Tratt.（1802）Nom. illegit. ≡ Roemeria Tratt. ex DC.（1821）Nom. illegit. ；~ ≡ Steriphoma Spreng.（1827）（保留属名）［山柑科（白花菜科，醉蝶花科）Capparaceae］●☆

44700　Roemeria DC.（1821）Nom. illegit. ≡ Roemeria Tratt. ex DC.（1821）Nom. illegit. ；~ ≡ Steriphoma Spreng.（1827）（保留属名）［山柑科（白花菜科，醉蝶花科）Capparaceae］●☆

44701　Roemeria Dennst.（1818）Nom. illegit. = Scaevola L.（1771）（保留属名）［草海桐科 Goodeniaceae］●■

44702　Roemeria Medik.（1792）【汉】裂叶罂粟属（红罂粟属，疆罂粟属，新疆罂粟属）。【俄】Ремерия，Рёмерия。【英】Asia Poppy，Horned-poppy。【隶属】罂粟科 Papaveraceae。【包含】世界 3-7 种，中国 2 种。【学名诠释与讨论】〈阴〉（人）Johann Jakob Roemer，1763-1819，瑞士植物学者，医生，博物学者。此属的学

名, ING、APNI、TROPICOS 和 IK 记载是"Roemeria Medik., in Usteri, Ann. Bot. iii. (1792) 15; DC. Syst. ii. 92 (1821)";《中国植物志》英文版、《北美植物志》和《巴基斯坦植物志》亦使用此名称。此后又出现多个非法名称:"Roemeria Dennst., Schlüssel Hortus Malab. 30 (1818) [20 Oct 1818] = Scaevola L. (1771) (保留属名) [草海桐科 Goodeniaceae]"、"Roemeria J. J. Roemer et J. A. Schultes, Syst. Veg. 1: 61. Jan–Jun 1817 = Diarrhena P. Beauv. (1812) (保留属名) [禾本科 Poaceae (Gramineae)]"、"Roemeria Moench, Methodus (Moench) 341 (1794) [4 May 1794] ≡ Amblogyna Raf. (1837) = Amaranthus L. (1753) [苋科 Amaranthaceae]"、"Roemeria Thunberg, Nova Gen. 130. 17 Dec 1798 = Heeria Meisn. (1837) [漆树科 Anacardiaceae] = Sideroxylon L. (1753) [山榄科 Sapotaceae]"、"Roemeria Zea ex Roem. et Schult., Syst. Veg., ed. 15 bis [Roemer et Schultes] 1: 61, 287. 1817 [Jan–Jun 1817] = Diarrhena P. Beauv. (1812) (保留属名) [禾本科 Poaceae (Gramineae)]"和"Roemeria Tratt. ex DC., Syst. Nat. [Candolle] 2: 92. 1821 [late May 1821] ≡ Steriphoma Spreng. (1827) (保留属名) [山柑科 (白花菜科, 醉蝶花科) Capparaceae]"。化石植物的"Roemeria F. J. A. N. Unger in F. Roemer, Kreidebildungen Texas 95. Aug–Dec 1852"和苔藓植物的"Roemeria Raddi, Jungermanniografia Etrusca 35. 1818"亦是晚出的非法名称。"Roemeria Roem. et Schult. (1817) ≡ Roemeria Zea ex Roem. et Schult. (1817) Nom. illegit. [禾本科 Poaceae (Gramineae)]"的命名人引证有误。"Roemera Trattinick, Gen. 88. Apr–Oct 1802 (non Roemeria Medikus 1792)"则是"Steriphoma Spreng. (1827) (保留属名) [山柑科 (白花菜科, 醉蝶花科) Capparaceae]"的晚出的同模式异名 (Homotypic synonym, Nomenclatural synonym)。【分布】巴基斯坦, 阿富汗, 中国, 地中海至亚洲中部。【模式】Roemeria violacea Medikus, Nom. illegit. [Chelidonium hybridum Linnaeus; Roemeria hybrida (Linnaeus) A. P. de Candolle] ■

44703 Roemeria Moench (1794) Nom. illegit. ≡ Amblogyna Raf. (1837); ~ = Amaranthus L. (1753) [苋科 Amaranthaceae] ■☆

44704 Roemeria Roem. et Schult. (1817) Nom. illegit. ≡ Roemeria Zea ex Roem. et Schult. (1817) Nom. illegit.; ~ = Diarrhena P. Beauv. (1812) (保留属名) [禾本科 Poaceae (Gramineae)] ■

44705 Roemeria Thunb. (1798) Nom. illegit. = Heeria Meisn. (1837) + Myrsine L. (1753) + Sideroxylon L. (1753) [山榄科 Sapotaceae] ●☆

44706 Roemeria Tratt. ex DC. (1821) Nom. illegit. ≡ Steriphoma Spreng. (1827) (保留属名) [山柑科 (白花菜科, 醉蝶花科) Capparaceae] ●☆

44707 Roemeria Zea ex Roem. et Schult. (1817) Nom. illegit. = Diarrhena P. Beauv. (1812) (保留属名) [禾本科 Poaceae (Gramineae)] ■

44708 Roentgenia Urb. (1916) 【汉】伦琴紫葳属。【隶属】紫葳科 Bignoniaceae。【包含】世界 2 种。【学名诠释与讨论】〈阴〉(人) Wilhelm Konrad (Conrad) von Rontgen (Roentgen), 1845–1923, 德国医生, 教授。【分布】热带南美洲北部。【模式】Roentgenia bracteomana (K. Schumann ex Sprague) Urban [Cydista bracteomana K. Schumann ex Sprague] ●☆

44709 Roepera A. Juss. (1825) 【汉】勒珀蒺藜属。【隶属】蒺藜科 Zygophyllaceae。【包含】世界 17 种。【学名诠释与讨论】〈阴〉(人) Johannes August Christian Roeper (Roper), 1801–1885, 德国植物学者, 医生。此属的学名是"Roepera A. H. L. Jussieu, Mém. Mus. Hist. Nat. 12: 454. 1825"。亦有文献把其处理为"Zygophyllum L. (1753)"的异名。【分布】参见 Zygophyllum L. (1753)。【模式】未指定。【参考异名】Zygophyllum L. (1753) ●■☆

44710 Roeperia F. Muell. (1857) Nom. illegit. ≡ Justago Kuntze (1891) [山柑科 (白花菜科, 醉蝶花科) Capparaceae] ●■

44711 Roeperia Spreng. (1826) = Ricinocarpos Desf. (1817) [大戟科 Euphorbiaceae // 蓖麻果木科 Ricinocarpaceae] ●☆

44712 Roeperocharis Rchb. f. (1881) 【汉】勒珀兰属。【隶属】兰科 Orchidaceae。【包含】世界 5 种。【学名诠释与讨论】〈阴〉(人) Johannes August Christian Roeper (Roper), 1801–1885, 德国植物学者, 医生 + charis, 喜悦, 雅致, 美丽, 流行。【分布】热带非洲。【模式】未指定 ■☆

44713 Roeslinia Moench (1802) = Chironia L. (1753) [龙胆科 Gentianaceae // 圣诞果科 Chironiaceae] ●■☆

44714 Roettlera Post et Kuntze (1) Nom. illegit. = Rottlera Willd. (1797) Nom. illegit.; ~ = Mallotus Lour. (1790) [大戟科 Euphorbiaceae] ●

44715 Roettlera Post et Kuntze (2) Nom. illegit. = Trewia L. (1753); ~ = Rottlera Willd. (1804) Nom. illegit.; ~ = Mallotus Lour. (1790) [大戟科 Euphorbiaceae] ●

44716 Roettlera Vahl (1804) Nom. illegit. ≡ Henckelia Spreng. (1817) (废弃属名); ~ = Didymocarpus Wall. (1819) (保留属名) [苦苣苔科 Gesneriaceae] ●■

44717 Roezlia Hort. = Furcraea Vent. (1793) [龙舌兰科 Agavaceae] ■☆

44718 Roezlia Lem. (1863) Nom. illegit. [石蒜科 Amaryllidaceae] ■☆

44719 Roezlia Regel (1871) Nom. illegit. = Monochaetum (DC.) Naudin (1845) (保留属名) [野牡丹科 Melastomataceae] ●☆

44720 Roezliella Schltr. (1918) 【汉】勒茨兰属。【隶属】兰科 Orchidaceae。【包含】世界 7 种。【学名诠释与讨论】〈阴〉(人) Benedikt (Benito) Roezl, 1824–1885, 捷克植物学者, 植物采集家 + -ellus, -ella, -ellum, 加在名词词干后面形成指小式的词尾。或加在人名、属名等后面以组成新属的名称。此属的学名是"Roezliella Schlechter, Repert. Spec. Nov. Regni Veg. 15: 146. 31 Mai 1918"。亦有文献把其处理为"Sigmatostalix Rchb. f. (1852)"的异名。【分布】哥伦比亚。【模式】未指定。【参考异名】Sigmatostalix Rchb. f. (1852) ■☆

44721 Rogeonella A. Chev. (1943) = Afrosersalisia A. Chev. (1943); ~ = Synsepalum (A. DC.) Daniell (1852) [山榄科 Sapotaceae] ●☆

44722 Rogeria J. Gay ex Delile (1827) 【汉】罗杰麻属。【英】Rogeria。【隶属】胡麻科 Pedaliaceae。【包含】世界 4-6 种。【学名诠释与讨论】〈阴〉(人) Roger, 法国植物采集家。此属的学名, ING 和 TROPICOS 记载是"Rogeria J. Gay ex Delile in Cailliaud, Voyage Méroé 4: 368. Sep 1827"。IK 记载的"Rogeria J. Gay, Ann. Sci. Nat. (Paris) 1: 457. 1824"是一个未合格发表的名称 (Nom. inval.)。【分布】巴西, 马达加斯加, 热带和非洲南部。【模式】Rogeria adenophylla J. Gay ex Delile。【参考异名】Basonca Raf. (1838); Dewinteria van Jaarsv. et A. E. van Wyk (2007); Rogeria J. Gay (1824) Nom. inval. ■☆

44723 Rogeria J. Gay (1824) Nom. inval. ≡ Rogeria J. Gay ex Delile (1827) [胡麻科 Pedaliaceae] ■☆

44724 Rogersonanthus Maguire et B. M. Boom (1989) 【汉】罗杰森龙胆属。【隶属】龙胆科 Gentianaceae。【包含】世界 3 种。【学名诠释与讨论】〈阳〉(人) Clark Thomas Rogerson, 1918–2001, 植物学者 + anthos, 花。【分布】巴西, 圭亚那, 委内瑞拉。【模式】Rogersonanthus quelchii (N. E. Br.) Maguire et B. M. Boom ●☆

44725 Roggeveldia Goldblatt (1980) 【汉】罗格鸢尾属。【隶属】鸢尾科 Iridaceae。【包含】世界 2 种。【学名诠释与讨论】〈阴〉(地) Roggeveld, 位于南非。此属的学名是"Roggeveldia P. Goldblatt, Ann. Missouri Bot. Gard. 66: 840. 22 Feb 1980 ('1979')"。亦有文献把其处理为"Moraea Mill. (1758) [as 'Morea'] (保留属

名)"的异名。【分布】非洲南部。【模式】Roggeveldia fistulosa P. Goldblatt。【参考异名】Moraea Mill.（1758）［as 'Morea'］（保留属名）■☆

44726　Rogiera Planch.（1849）【汉】罗吉茜属。【隶属】茜草科 Rubiaceae。【包含】世界18种。【学名诠释与讨论】〈阴〉（人）Rogier。此属的学名是"Rogiera J. E. Planchon, Fl. Serres Jard. Eur. 5：442. Mar 1849"。亦有文献把其处理为"Rondeletia L.（1753）"的异名。【分布】巴拿马，墨西哥，中美洲。【后选模式】Rogiera amoena Planchon。【参考异名】Rondeletia L.（1753）■☆

44727　Rohdea Roth（1821）【汉】万年青属。【日】オモト属。【俄】Родея。【英】Nippon Lily, Nipponlily, Rogeria。【隶属】百合科 Liliaceae//铃兰科 Convallariaceae。【包含】世界2-3种，中国1种。【学名诠释与讨论】〈阴〉（人）Michael Rohde, 1782-1812, 德国医生，植物学教授。此属的学名，ING, TROPICOS和IK记载是"Rohdea Roth, Nov. Pl. Sp. 196. 1821［Jan-Jun 1821］"。"Titragyne R. A. Salisbury, Gen. 9. Apr-Mai 1866"是"Rohdea Roth（1821）"的晚出的同模式异名（Homotypic synonym, Nomenclatural synonym）。【分布】中国，亚洲东部。【模式】Rohdea japonica（Thunberg）A. W. Roth［Orontium japonicum Thunberg］。【参考异名】Amidena Raf. ; Rhodea Endl.（1836）; Titragyne Salisb.（1866）Nom. illegit.■

44728　Rohmooa Farille et Lachard（2002）【汉】罗姆草属。【隶属】伞形花科（伞形科）Apiaceae（Umbelliferae）。【包含】世界1种。【学名诠释与讨论】〈阴〉词源不详。【分布】尼泊尔。【模式】Rohmooa kirmzii Farille et Lachard ■☆

44729　Rohrbachia（Kronf. ex Riedl）Mavrodiev（2001）= Typha L.（1753）［香蒲科 Typhaceae］■

44730　Rohria Schreb.（1789）Nom. illegit. ≡ Tapura Aubl.（1775）［毒鼠子科 Dichapetalaceae］●☆

44731　Rohria Vahl（1791）Nom. illegit. = Berkheya Ehrh.（1784）（保留属名）［菊科 Asteraceae（Compositae）］●■☆

44732　Roia Scop.（1777）Nom. illegit. ≡ Swietenia Jacq.（1760）［楝科 Meliaceae］●

44733　Roifia Verdc.（2009）【汉】网果槿属。【隶属】锦葵科 Malvaceae//木槿科 Hibiscaceae。【包含】世界1种。【学名诠释与讨论】〈阴〉词源不详。亦有文献把"Roifia Verdc.（2009）"处理为"Hibiscus L.（1753）（保留属名）"的异名。【分布】热带非洲。【模式】Roifia dictyocarpa（Webb）Verdc.。【参考异名】Hibiscus L.（1753）（保留属名）●☆

44734　Roigella Borhidi et M. Fernández（1982）【汉】罗伊格茜属。【隶属】茜草科 Rubiaceae。【包含】世界1种。【学名诠释与讨论】〈阴〉（人）Roig+-ellus, -ella, -ellum, 加在名词词干后面形成指小式的词尾。或加在人名、属名等后面以组成新属的名称。【分布】古巴。【模式】Roigella correifolia（Grisebach）A. Borhidi et M. Z. Fernandez［Rondeletia correifolia Grisebach］●☆

44735　Roigia Britton（1920）= Phyllanthus L.（1753）［大戟科 Euphorbiaceae//叶下珠科（叶萝藦科）Phyllanthaceae］●■

44736　Rojasia Malme（1905）【汉】罗加草属。【隶属】萝藦科 Asclepiadaceae。【包含】世界1种。【学名诠释与讨论】〈阴〉（人）Teodor Rojas, 1877-1954, 巴拉圭植物学者，植物采集家。【分布】巴拉圭，巴西，玻利维亚。【模式】Rojasia gracilis（Morong）Malme［Gothofreda gracilis Morong］●■☆

44737　Rojasianthe Standl. et Steyerm.（1940）【汉】乳丝菊属。【隶属】菊科 Asteraceae（Compositae）。【包含】世界1种。【学名诠释与讨论】〈阴〉（人）Ulises Rojas, 危地马拉植物学教授+anthos, 花。【分布】中美洲。【模式】Rojasianthe superba Standley et Steyermark ●■☆

44738　Rojasimalva Fryxell（1984）【汉】委内瑞拉锦葵属。【隶属】锦葵科 Malvaceae。【包含】世界1种。【学名诠释与讨论】〈阴〉（人）Rojas+（属）Malva 锦葵属。【分布】委内瑞拉。【模式】Rojasimalva tetrahedralis P. A. Fryxell ■☆

44739　Rojasiophyton Hassl.（1910）= Xylophragma Sprague（1903）［紫葳科 Bignoniaceae］●☆

44740　Rojasiophytum Hassl.（1910）Nom. illegit. ≡ Rojasiophyton Hassl.（1910）; ~ = Xylophragma Sprague（1903）［紫葳科 Bignoniaceae］●☆

44741　Rojoc Adans.（1763）Nom. illegit. ≡ Morinda L.（1753）［茜草科 Rubiaceae］●■

44742　Rokejeka Forssk.（1775）= Gypsophila L.（1753）［石竹科 Caryophyllaceae］■●

44743　Rolandra Rottb.（1775）【汉】银菊木属。【隶属】菊科 Asteraceae（Compositae）。【包含】世界1种。【学名诠释与讨论】〈阴〉（人）Daniel Rolander, 1725-1793, 瑞典植物学者，植物采集家。【分布】巴拿马，玻利维亚，哥伦比亚（安蒂奥基亚），尼加拉瓜，中美洲。【模式】Rolandra argentea Rottbøll。【参考异名】Ocneron Raf.（1838）●☆

44744　Roldana La Llave（1825）【汉】伞蟹甲属（罗达纳菊属）。【隶属】菊科 Asteraceae（Compositae）//千里光科 Senecionidaceae。【包含】世界50-65种。【学名诠释与讨论】〈阴〉（人）Robert Allen Rolfc, 1855-1921, 英国植物学者，植物采集家，兰科 Orchidaceae专家。另说 Eugenio Montana y Roldan Otumbensi, 军官。此属的学名是"Roldana La Llave in La Llave et Lexarza, Nov. Veg. 2：10. 1825"。亦有文献把其处理为"Senecio L.（1753）"的异名。【分布】墨西哥，中美洲。【模式】Roldana lobata La Llave。【参考异名】Pericalia Cass. ; Senecio L.（1753）●■☆

44745　Rolfea Zahlbr.（1898）= Palmorchis Barb. Rodr.（1877）［兰科 Orchidaceae］■☆

44746　Rolfeella Schltr.（1924）= Benthamia A. Rich.（1828）［兰科 Orchidaceae］●☆

44747　Rolfinkia Zenk.（1837）= Centratherum Cass.（1817）［菊科 Asteraceae（Compositae）］■☆

44748　Rollandia Gaudich.（1829）【汉】罗兰桔梗属。【隶属】桔梗科 Campanulaceae。【包含】世界26种。【学名诠释与讨论】〈阴〉（人）M. Rolland, 1817-1820年 Freycinet 探险队成员。此属的学名是"Rollandia Gaudichaud-Beaupré in Freycinet, Voyage Monde Bot. 458. 28 Nov 1829"。亦有文献把其处理为"Cyanea Gaudich.（1829）"的异名。【分布】美国（夏威夷）。【后选模式】Rollandia lanceolata Gaudichaud-Beaupré。【参考异名】Cyanea Gaudich. ●☆

44749　Rollinia A. St. -Hil.（1824）【汉】娄林果属（比丽巴属，卷团属，罗林果属，罗林木属，罗林属）。【隶属】番荔枝科 Annonaceae。【包含】世界60-65种，中国1种。【学名诠释与讨论】〈阴〉（人）Charles Rollin, 1661-1741, 法国历史学教授。另说 C. Rollin, 德国人。【分布】阿根廷，巴拉圭，巴拿马，秘鲁，玻利维亚，厄瓜多尔，哥伦比亚（安蒂奥基亚），尼加拉瓜，中国，西印度群岛，中美洲。【后选模式】Rollinia dolabripetala（Raddi）R. E. Fries［Annona dolabripetala Raddi］。【参考异名】Rolliniopsis Saff.（1916）●

44750　Rolliniopsis Saff.（1916）【汉】拟娄林果属。【隶属】番荔枝科 Annonaceae。【包含】世界4种。【学名诠释与讨论】〈阴〉（属）Rollinia 娄林果属（比丽巴属，卷团属，罗林果属，罗林木属，罗林属）+希腊文 opsis, 外观，模样。此属的学名是"Rolliniopsis Safford, J. Wash. Acad. Sci. 6; 198. 19 Apr 1916"。亦有文献把其处理为"Rollinia A. St. -Hil.（1824）"的异名。【分布】巴西，中美洲。【模式】Rolliniopsis discreta Safford。【参考异名】Rollinia A.

St. -Hil. (1824) ● ☆

44751　Rollinsia Al-Shehbaz(1982)【汉】罗林斯芥属。【隶属】十字花科 Brassicaceae(Cruciferae)。【包含】世界 1 种。【学名诠释与讨论】〈阴〉(人)Reed Clarke Rollins,1911-,美国植物学者,十字花科 Brassicaceae(Cruciferae)专家。【分布】美国(南部),墨西哥。【模式】Rollinsia paysonii (R. C. Rollins) I. A. Al-Shehbaz [Thelypodium paysonii R. C. Rollins]■☆

44752　Rolofa Adans. (1763) Nom. illegit. ≡ Glinus L. (1753) [番杏科 Aizoaceae//粟米草科 Molluginaceae//星粟草科 Glinaceae]■

44753　Rolpa Zahlbr. = Palmorchis Barb. Rodr. (1877) [兰科 Orchidaceae]■☆

44754　Rolsonia Rchb. = Ribes L. (1753) [虎耳草科 Saxifragaceae//醋栗科(茶藨子科)Grossulariaceae]●

44755　Romana Vell. (1829) = Buddleja L. (1753) [醉鱼草科 Buddlejaceae//马钱科(断肠草科,马钱子科)Loganiaceae]●■

44756　Romanesia Gand. = Antirrhinum L. (1753) [玄参科 Scrophulariaceae//金鱼草科 Antirrhinaceae//婆婆纳科 Veronicaceae]●■

44757　Romanoa Trevis. (1848)【汉】罗马诺大戟属。【隶属】大戟科 Euphorbiaceae。【包含】世界 1 种。【学名诠释与讨论】〈阴〉(人)Romano,植物学者。此属的学名"Romanoa Trevisan, Saggio Monogr. Alghe Cocc. 99. 1848"是一个替代名称。"Anabaena A. H. L. Jussieu, Euphorb. Tent. 46. t. 15,f.48. 21 Feb 1824"是一个非法名称(Nom. illegit.),因为此前已经有了"Anabaena Bory de St. -Vincent ex Bornet et Flahault,Ann. Sci. Nat. Bot. ser. 7. 7:180,224. 1 Jan 1886 ('1888')(蓝藻)"。故用"Romanoa Trevis. (1848)"替代之。实际上,"Anabaena A. Juss. (1824)"和"Anabaena Bory de St. -Vincent ex Bornet et Flahault(1886)"都已经被法规所废弃。【分布】巴西(东部),玻利维亚。【模式】Romanoa tamnoides (A. H. L. Jussieu) A. Radcliffe-Smith [Anabaena tamnoides A. H. L. Jussieu]。【参考异名】Anabaena A. Juss. (1824) Nom. illegit. (废弃属名); Anabaenella Pax et K. Hoffm. (1919) Nom. illegit. ● ☆

44758　Romanowia Gander ex André (1899) = Ptychosperma Labill. (1809) [棕榈科 Arecaceae(Palmae)]●☆

44759　Romanowia Sander ex André (1899) = Ptychosperma Labill. (1809) [棕榈科 Arecaceae(Palmae)]●☆

44760　Romanowia Sander = Romanowia Sander ex André (1899); ~ = Ptychosperma Labill. (1809) [棕榈科 Arecaceae(Palmae)]●☆

44761　Romanschulzia O. E. Schulz(1924)【汉】罗曼芥属。【隶属】十字花科 Brassicaceae(Cruciferae)。【包含】世界 13-14 种。【学名诠释与讨论】〈阴〉(人)Roman Schulz,1873-1926,德国植物学者,Otto Eugen Schulz(1874-1936)的兄弟。【分布】墨西哥,中美洲。【模式】未指定。【参考异名】Lexarzanthe Diego et Calderón (2004)■☆

44762　Romanzoffia Cham. (1820)【汉】罗氏麻属。【英】Mistmaiden。【隶属】田梗草科(田基麻科,田亚麻科)Hydrophyllaceae。【包含】世界 4 种。【学名诠释与讨论】〈阴〉(人)Empire Count Nikolai Petrovich Romanzoff,1754-1826,俄罗斯大臣。此属的学名,ING、TROPICOS 和 IK 记载是"Romanzoffia Cham. , Horae Phys. Berol. [Nees] 71. t 14 (1820) [1-8 Feb 1820]"。"Romanzovia Spreng. ,Syst. Veg. (ed. 16) [Sprengel] 1:584. 1824 [dated 1825;publ. in late 1824]"和"Romanzowia DC. ,Prodr. [A. P. de Candolle]1:319. 1824 [mid Jan 1824]"都是其变体。【分布】美国,西伯利亚。【模式】Romanzoffia unalaschcensis Chamisso。【参考异名】Romanzovia Spreng. (1824) Nom. illegit. ; Romanzowia DC. (1824) Nom. illegit. ■☆

44763　Romanzovia Spreng. (1824) Nom. illegit. ≡ Romanzoffia Cham. (1820) [田梗草科(田基麻科,田亚麻科)Hydrophyllaceae]■☆

44764　Romanzowia DC. (1824) Nom. illegit. ≡ Romanzoffia Cham. (1820) [田梗草科(田基麻科,田亚麻科)Hydrophyllaceae]■☆

44765　Romboda Post et Kuntze (1903) = Hetaeria Blume (1825) [as 'Etaeria'] (保留属名); ~ = Rhomboda Lindl. (1857) [兰科 Orchidaceae]■☆

44766　Rombolobium Post et Kuntze(1903) = Clitoria L. (1753); ~ = Rhombolobium Rich. ex Kunth (1833) Nom. illegit. ; ~ = Clitoria L. [豆科 Fabaceae(Leguminosae)//蝶形花科 Papilionaceae]●

44767　Rombut Adans. (1763) Nom. illegit. ≡ Cassytha L. (1753) [樟科 Lauraceae//无根藤科 Cassythaceae]■●

44768　Rombut Rumph. ex Adans. (1763) Nom. illegit. = Cassytha L. (1753) [樟科 Lauraceae//无根藤科 Cassythaceae]■●

44769　Romeroa Dugand(1952)【汉】罗梅紫葳属。【隶属】紫葳科 Bignoniaceae。【包含】世界 1 种。【学名诠释与讨论】〈阴〉(人)Romero,植物学者。【分布】哥伦比亚。【模式】Romeroa verticillata Dugand ● ☆

44770　Romnalda P. F. Stevens(1978)【汉】总序点柱花属。【隶属】点柱花科 Lomandraceae。【包含】世界 2 种。【学名诠释与讨论】〈阴〉词源不详。【分布】巴布亚新几内亚(新不列颠岛),澳大利亚,日本,新几内亚岛。【模式】Romnalda papuana (Lauterbach) P. F. Stevens [Lomandra papuana Lauterbach]■☆

44771　Romneya Harv. (1845)【汉】灌木罂粟属(灌状罂粟属,裂叶罂粟属,马梯里亚罂粟属)。【日】ロムネヤ属。【英】Californian Poppy, Matilija Poppy, Matilija-poppy, Tree Poppy, White Bush。【隶属】罂粟科 Papaveraceae。【包含】世界 2 种。【学名诠释与讨论】〈阴〉(人)T. Romney Robinson,1792-1882,爱尔兰牧师,天文学者。【分布】美国(加利福尼亚),墨西哥。【模式】Romneya coulteri Harvey ●■☆

44772　Romovia Müll. Arg. (1866) Nom. illegit. = Omphalea L. (1759) (保留属名); ~ = Ronnowia Buc'hoz (1779) Nom. illegit. ; ~ = Omphalea L. (1759) (保留属名) [大戟科 Euphorbiaceae]■☆

44773　Rompelia Koso-Pol. (1915) = Angelica L. (1753) [伞形花科(伞形科)Apiaceae(Umbelliferae)]■

44774　Romualdea Triana et Planch. (1872) = Cuervea Triana ex Miers (1872) [卫矛科 Celastraceae]●☆

44775　Romulea Maratti(1772)(保留属名)【汉】乐母丽属(若木力属)。【日】ロムレア属。【英】Onion Grass, Romulea, Sand Crocus。【隶属】鸢尾科 Iridaceae。【包含】世界 90-95 种。【学名诠释与讨论】〈阴〉(人)Romulus,神话中的罗马奠基人。模式种在罗马很常见。此属的学名"Romulea Maratti, Pl. Romul. Saturn. :13. 1772"是保留属名。相应的废弃属名是鸢尾科 Iridaceae 的"Ilmu Adans. , Fam. Pl. 2:497,566. Jul-Aug 1763 ≡ Romulea Maratti(1772)(保留属名)"。"Bulbocodium Gronovius, Fl. Orient. 20. Apr-Jun 1755 (non Linnaeus 1753)"也是"Romulea Maratti(1772)(保留属名)"的同模式异名(Homotypic synonym, Nomenclatural synonym)。【分布】地中海地区,非洲南部,欧洲。【模式】Bulbocodium (Linnaeus) Sebastiani et Mauri [Crocus bulbocodium Linnaeus]。【参考异名】Bulbocodium Gronov. (1755) Nom. illegit. ; Ilmu Adans. (1763) (废弃属名); Romulea Maratti(1772)(保留属名)■☆

44776　Ronabea Aubl. (1775) = Psychotria L. (1759) (保留属名) [茜草科 Rubiaceae//九节科 Psychotriaceae]●

44777　Ronabia St. -Lag. (1880) Nom. illegit. = Psychotria L. (1759) (保留属名); ~ = Ronabea Aubl. (1775) [茜草科 Rubiaceae//九节科 Psychotriaceae]●

44778　Ronaldella Luer（2006）【汉】罗纳兰属。【隶属】兰科 Orchidaceae。【包含】世界2种。【学名诠释与讨论】〈阴〉（人）Ronald+-ellus，-ella，-ellum，加在名词词干后面形成指小式的词尾。或加在人名、属名等后面以组成新属的名称。此属的学名是"Ronaldella Luer, Monographs in Systematic Botany from the Missouri Botanical Garden 105：195. 2006.（May 2006）"。亦有文献把其处理为"Pleurothallis R. Br.（1813）"的异名。【分布】秘鲁，苏里南。【模式】Ronaldella determannii（Luer）Luer [Pleurothallis determannii Luer]。【参考异名】Pleurothallis R. Br.（1813）■☆

44779　Roncelia Willk.（1870）= Roucela Dumort.（1822）；~ = Campanula L.（1753）+Wahlenbergia Schrad. ex Roth（1821）（保留属名）[桔梗科 Campanulaceae]■●

44780　Ronconia Raf.（1840）= Ammannia L.（1753）[千屈菜科 Lythraceae//水苋菜科 Ammanniaceae]■

44781　Rondachine Bosc（1816）Nom. illegit. ≡ Hydropeltis Michx.（1803）；~ = Brasenia Schreb.（1789）[睡莲科 Nymphaeaceae//盾叶莲科（莼菜科）Hydropeltidaceae//竹节水松科（莼菜科，莼科）Cabombaceae]■

44782　Rondeletia L.（1753）【汉】郎德木属。【日】ベニマツリ属。【俄】Ронделетия。【英】Rondeletia。【隶属】茜草科 Rubiaceae。【包含】世界120-130种，中国1种。【学名诠释与讨论】〈阴〉（人）William Rondelet，法国著名博物学家。一说纪念 Guillaume Rondelet,1507-1566,法国医生、鱼类学和藻类学专家。【分布】巴基斯坦，巴拿马，秘鲁，玻利维亚，厄瓜多尔，哥伦比亚（安蒂奥基亚），马达加斯加，尼加拉瓜，中国，西印度群岛，中美洲。【后选模式】Rondeletia americana Linnaeus。【参考异名】Arachnimorpha Desv.（1825）Nom. inval.；Arachnothryx Planch.（1849）；Cupi Adans.（1763）Nom. illegit.；Javorkaea Borhidi et Jarai - Koml.（1984）；Lightfootia Schreb.（1789）Nom. illegit.；Peteria Raf.（1820）Nom. inval.；Petesia P. Browne（1756）；Renistipula Borhidi（2004）；Rogiera Planch.（1849）；Stevensia Poit.（1802）；Willdenovia J. F. Gmel.（1791）Nom. illegit.；Willdenowia Steud.（1821）Nom. illegit.；Zalmaria B. D. Jacks.（1820）；Zamaria Raf.（1820）●

44783　Rondonanthus Herzog（1931）【汉】败蕊谷精草属。【隶属】谷精草科 Eriocaulaceae。【包含】世界5种。【学名诠释与讨论】〈阴〉（人）Rondon + anthos，花。此属的学名是"Rondonanthus Herzog, Repert. Spec. Nov. Regni Veg. 29：210. 30 Nov 1931"。亦有文献把其处理为"Paepalanthus Mart.（1834）（保留属名）"的异名。【分布】几内亚，委内瑞拉。【模式】Rondonanthus roraimae（D. Oliver）Herzog [Paepalanthus roraimae D. Oliver]。【参考异名】Paepalanthus Kunth；Wurdackia Moldenke（1957）■☆

44784　Ronnbergia E. Morren et André.（1874）【汉】伦内凤梨属。【隶属】凤梨科 Bromeliaceae。【包含】世界8-12种。【学名诠释与讨论】〈阴〉（人）Ronnberg。【分布】巴拿马，秘鲁，厄瓜多尔，哥伦比亚（安蒂奥基亚），哥斯达黎加，中美洲。【模式】Ronnbergia morreniana Linden et André ■☆

44785　Ronnowia Buc'hoz（1779）Nom. illegit. ≡ Omphalea L.（1759）（保留属名）[大戟科 Euphorbiaceae]■☆

44786　Ronoria Augier = Rinorea Aubl.（1775）（保留属名）[堇菜科 Violaceae]●

44787　Roodebergia B. Nord.（2002）【汉】对叶紫菀属。【隶属】菊科 Asteraceae（Compositae）。【包含】世界1种。【学名诠释与讨论】〈阴〉（人）Roodeberg。【分布】巴拿马，秘鲁，哥伦比亚，哥斯达黎加。【模式】Roodebergia kitamurana B. Nordenstam ■☆

44788　Roodia N. E. Br.（1922）= Argyroderma N. E. Br.（1922）[番杏

44789　Rooksbya（Backeb.）Backeb.（1958）= Neobuxbaumia Backeb.（1938）[仙人掌科 Cactaceae]●☆

44790　Rooksbya Backeb.（1958）Nom. illegit. ≡ Rooksbya（Backeb.）Backeb.（1958）；~ = Neobuxbaumia Backeb.（1938）[仙人掌科 Cactaceae]●☆

44791　Rooseveltia O. F. Cook（1939）= Euterpe Mart.（1823）（保留属名）[棕榈科 Arecaceae（Palmae）]●☆

44792　Ropala J. F. Gmel.（1791）= Roupala Aubl.（1775）[山龙眼科 Proteaceae]●☆

44793　Ropalocarpus Bojer（1837）= Rhopalocarpus Bojer（1846）[球萼树科（刺果树科，球形萼科，圆萼树科）Sphaerosepalaceae//棒果树科（刺果树科）Rhopalocarpaceae]●☆

44794　Ropalon Raf.（1836）= Nuphar Sm.（1809）（保留属名）[睡莲科 Nymphaeaceae//萍蓬草科 Nupharaceae]■

44795　Ropalopetalum Griff.（1854）= Artabotrys R. Br.（1820）[番荔枝科 Annonaceae]●

44796　Ropalophora Post et Kuntze（1903）= Aneilema R. Br.（1810）；~ = Rhopalephora Hassk.（1864）[鸭趾草科 Commelinaceae]■

44797　Rophostemon Endl.（1837）Nom. illegit. = Nervilia Comm. ex Gaudich.（1829）（保留属名）；~ = Roptrostemon Blume（1828）[兰科 Orchidaceae]

44798　Rophostemum Rchb.（1841）= Nervilia Comm. ex Gaudich.（1829）（保留属名）；~ = Rophostemon Endl.（1837）Nom. illegit.；~ = Roptrostemon Blume（1828）[兰科 Orchidaceae]■

44799　Ropourea Aubl.（1775）= Diospyros L.（1753）[柿树科 Ebenaceae]●

44800　Roptrostemon Blume（1828）= Nervilia Comm. ex Gaudich.（1829）（保留属名）[兰科 Orchidaceae]■

44801　Roraimaea Struwe, S. Nilsson et V. A. Albert（2008）【汉】巴西龙胆属。【隶属】龙胆科 Gentianaceae。【包含】世界2种。【学名诠释与讨论】〈阴〉（地）Roraima，罗赖马山，位于南美洲。【分布】巴西。【模式】Roraimaea aurantiaca Struwe, S. Nilsson et V. A. Albert ☆

44802　Roraimanthus Gleason（1933）= Sauvagesia L.（1753）[金莲木科 Ochnaceae//旱金莲木科（辛木科）Sauvagesiaceae]●

44803　Roram Endl.（1836）= Cenchrus L.（1753）；~ = Raram Adans.（1763）Nom. illegit.；~ = Cenchrus L.（1753）[禾本科 Poaceae（Gramineae）]■

44804　Rorella Haller ex All.（1785）Nom. illegit. = Drosera L.（1753）[茅膏菜科 Droseraceae]■

44805　Rorella Hill（1756）Nom. illegit. ≡ Drosera L.（1753）[茅膏菜科 Droseraceae]■

44806　Rorella Raf.（1837）Nom. illegit. ≡ Drosophyllum Link（1805）[茅膏菜科 Droseraceae//露叶苔科 Drosophyllaceae]●☆

44807　Rorida J. F. Gmel.（1791）= Cleome L.（1753）[山柑科（白花菜科，醉蝶花科）Capparaceae//白花菜科（醉蝶花科）Cleomaceae]■●

44808　Roridula Burm. f. ex L.（1764）【汉】捕蝇幌属（捕虫木属）。【日】ロリデュラ属。【隶属】捕蝇幌科 Roridulaceae//茅膏菜科 Droseraceae。【包含】世界2种。【学名诠释与讨论】〈阴〉（拉）ros，所有格 roris，露水。roridus，露湿的。rorulentus，多露的+-ulus，-ula，-ulum，指示小的词尾。【分布】非洲南部。【模式】Roridula dentata Linnaeus。【参考异名】Ireon Burm. f.（1768）；Ireum Steud.（1841）；Iridion Poem. et Schult.（1819）；Irium Steud.（1821）■☆

44809　Roridula Forssk.（1775）Nom. illegit. = Cleome L.（1753）；~ =

Rorida J. F. Gmel.（1791）［山柑科（白花菜科，醉蝶花科）Capparaceae//白花菜科（醉蝶花科）Cleomaceae］■

44810　Roridulaceae Engl. et Gilg ＝Roridulaceae Martinov（保留科名）●☆

44811　Roridulaceae Martinov（1820）（保留科名）［亦见 Cleomaceae 白花菜科（醉蝶花科）］【汉】捕蝇幌科。【包含】世界1属2种。【分布】非洲南部。【科名模式】Roridula Burm. f. ex L.●☆

44812　Roripa Adans.（1763）＝ Rorippa Scop.（1760）［十字花科 Brassicaceae（Cruciferae）］■

44813　Roripella（Maire）Greuter et Burdet（1983）【汉】大西洋蔊菜属（天柱蔊菜属）。【隶属】十字花科 Brassicaceae（Cruciferae）。【包含】世界1种。【学名诠释与讨论】〈阴〉（属）Rorippa 蔊菜属（葶苈属）+-ellus,-ella,-ellum,加在名词词干后面形成指小式的词尾。或加在人名、属名等后面以组成新属的名称。此属的学名是"Roripella（R. Maire）W. Greuter & H. M. Burdet in W. Greuter & T. Raus, Willdenowia 13：94. 23 Jul 1983"，由"Cardamine sect. Roripella R. Maire, Bull. Soc. Hist. Nat. Afrique N. 15：72. 15 Feb 1924"改级而来。【分布】摩洛哥。【模式】Roripella atlantica（J. Ball）W. Greuter et H. M. Burdet［Nasturtium atlanticum J. Ball］。【参考异名】Rorippa Scop.（1760）■☆

44814　Rorippa Scop.（1760）【汉】蔊菜属（葶苈属）。【日】イヌガラシ属，オランダガラシ属。【俄】Жерушник。【英】Marshcress，Water Cress，Water-cress，Yellowcress，Yellow-cress。【隶属】十字花科 Brassicaceae（Cruciferae）。【包含】世界75-91种，中国9种。【学名诠释与讨论】〈阴〉（撒克逊）rorippon,古代撒克逊的一种植物名。此属的学名，ING、TROPICOS、APNI、GCI 和 IK 记载是"Rorippa Scop., Fl. Carniol. 520. 1760［15 Jun-21 Jul 1760］"。这个名称经常误写为"Roripa"。"Radicula Moench, Meth. 262. 4 Mai 1794"和"Sisymbrella Spach, Hist. Nat. Vég. PHAN.（种子）6：422. 10 Mar 1838"是"Rorippa Scop.（1760）"的晚出的同模式异名（Homotypic synonym, Nomenclatural synonym）。【分布】巴基斯坦，巴拿马，秘鲁，玻利维亚，厄瓜多尔，哥伦比亚（安蒂奥基亚），马达加斯加，美国（密苏里），尼加拉瓜，中国，中美洲。【模式】Rorippa sylvestris（Linnaeus）Besser［Sisymbrium sylvestre Linnaeus］。【参考异名】Baeumerta P. Gaertn., B. Mey. et Scherb.（1800）Nom. illegit.；Brachiolobos All.（1785）Nom. illegit.；Brachiolobus Bernh.（1800）Nom. illegit.；Brachylobus Link（1831）；Brachyolobos DC.（1805）；Cardaminum Moench（1794）；Caroli-Gmelina P. Gaertn., B. Mey. et Scherb.（1800）Nom. illegit.；Ceriosperma（O. E. Schulz）Greuter et Burdet（1983）；Clandestinaria（DC.）Spach（1838）；Clandestinaria Spach（1838）Nom. illegit.；Dictyosperma Regel（1882）Nom. illegit.；Kardanoglyphos Schltdl.（1857）；Leiolobium Rchb.（1828）；Nasturtium R. Br.（1812）Nom. illegit.（废弃属名）；Neobeckia Greene（1896）；Pirea T. Durand（1888）；Radicula Dill. ex Moench（1794）Nom. illegit.；Radicula Hill（1756）；Radicula Moench（1794）；Roripa Adans.（1763）；Roripella（Maire）Greuter et Burdet（1983）；Sisymbrella Spach（1838）Nom. illegit.；Sisymbrianthus Chevall.（1836）；Tetracellion Turcz. ex Fisch. et C. A. Mey.（1835）Nom. inval.；Tetrapoma Turcz.（1836）Nom. illegit.；Tetrapoma Turcz. ex Fisch. et C. A. Mey.（1836）；Trochiscus O. E. Schulz（1933）■

44815　Rosa L.（1753）【汉】蔷薇属。【日】イバラ属，バラ属。【俄】Роза，Шиповник。【英】Rose，Rose-bush，Rose-tree，Shrub Rose Ballerina。【隶属】蔷薇科 Rosaceae。【包含】世界100-250种，中国95-105种。【学名诠释与讨论】〈阴〉（拉）rosa,蔷薇花，玫瑰花的古名。来自希腊文 rhodon,蔷薇。源于凯尔特语 rhod,红色。指花的主要颜色为红色。此属的学名"Rosa L., Sp. Pl.：491. 1 Mai 1753"是保留属名。法规未列出相应的废弃属名。【分布】

巴基斯坦，巴拿马，秘鲁，玻利维亚，哥伦比亚（安蒂奥基亚），美国（密苏里），尼加拉瓜，中国，北温带，热带山区，中美洲。【模式】Rosa cinnamomea Linnaeus。【参考异名】Bakera Post et Kuntze（1903）；Bakeria（Gand.）Gand.（1886）Nom. illegit.；Bakeria André（1889）Nom. illegit.；Bakeria Seem.（1864）；Chabertia（Gand.）Gand.（1886）；Chavinia Gand.；Cottetia（Gand.）Gand.（1886）；Cottetia Gand.（1886）Nom. illegit.；Crepinia（Gand.）Gand.（1886）Nom. illegit.；Crepinia Gand.（1886）Nom. illegit.；Ernestella Germ.（1878）；Hesperhodos Cockerell（1913）；Hulthemia Dumort.（1824）；Hulthemosa Juz.（1941）；Juzepczukia Chrshan.（1948）；Laggeria（Gand.）Gand.（1886）；Laggeria Gand.（1886）Nom. illegit.；Lowea Lindl.（1829）；Ozanonia（Gand.）Gand.（1886）；Ozanonia Gand.（1886）Nom. illegit.；Platyrhodon（Decne.）Hurst（1928）；Platyrhodon Hurst（1928）Nom. illegit.；Pugetia（Gand.）Gand.（1886）；Pugetia Gand.（1886）Nom. illegit.；Rhodophora Neck.（1790）Nom. inval.；Rhodopsis（Endl.）Rchb.（1841）；Rhodopsis Rchb.（1841）Nom. illegit.；Ripartia（Gand.）Gand.（1886）；Ripartia Gand.（1886）Nom. illegit.；Saintpierrea Germ.（1878）；Scheutzia（Gand.）Gand.（1886）；Scheutzia Gand.（1886）Nom. illegit.●

44816　Rosaceae Adans. ＝Rosaceae Juss.（1789）（保留科名）●■

44817　Rosaceae Juss.（1789）（保留科名）【汉】蔷薇科。【日】アバラ科，バラ科。【俄】Розанные，Розовые，Розоцветные。【英】Rose Family。【包含】世界85-142属2000-3800种，中国55-57属950-1200种。【分布】广泛分布。【科名模式】Rosa L.（1753）●■

44818　Rosaceae L. ＝Rosaceae Juss.（1789）（保留科名）●■

44819　Rosalesia La Llave（1824）＝ Brickellia Elliott（1823）（保留属名）［菊科 Asteraceae（Compositae）］■●

44820　Rosanovia Benth. et Hook. f.（1876）Nom. illegit. ＝ Rosanowia Regel（1872）；~ ＝Sinningia Nees（1825）［苦苣苔科 Gesneriaceae］●■☆

44821　Rosanowia Regel（1872）＝ Sinningia Nees（1825）［苦苣苔科 Gesneriaceae］●■☆

44822　Rosanthus Small（1910）＝ Gaudichaudia Kunth（1821）［金虎尾科（黄褥花科）Malpighiaceae］●☆

44823　Rosaura Noronha（1790）＝ Ardisia Sw.（1788）（保留属名）［紫金牛科 Myrsinaceae］●■

44824　Roscheria H. Wendl.（1877）Nom. illegit. ≡Roscheria H. Wendl. ex Balf. f.（1877）［棕榈科 Arecaceae（Palmae）］●☆

44825　Roscheria H. Wendl. ex Balf. f.（1877）【汉】黑毛棕属（若瑟尔棕属，塞舌尔双花棕属，双花刺椰属）。【日】ロッシャーヤシ属。【英】Black Bristle Palm。【隶属】棕榈科 Arecaceae（Palmae）。【包含】世界1种。【学名诠释与讨论】〈阴〉（人）Albrecht Roscher,1836-1860,德国旅行家，探险家，植物采集家。此属的学名，ING 和 IK 记载是"Roscheria H. Wendland ex I. B. Balfour in J. G. Baker, Fl. Mauritius 386. 1877"。"Roscheria H. Wendl.（1877）≡ Roscheria H. Wendl. ex Balf. f.（1877）"的命名人引证有误。TROPICOS 表述为"Roscheria H. Wendland ex Balf. f. in Baker"亦不妥。【分布】塞舌尔（塞舌尔群岛）。【模式】Roscheria melanochaetes（H. Wendland）H. Wendland ex I. B. Balfour［Verschaffeltia melanochaetes H. Wendland］。【参考异名】Roscheria H. Wendl.●☆

44826　Roscia D. Dietr.（1839）＝ Boscia Thunb.（1794）（废弃属名）；~ ＝Toddalia Juss.（1789）（保留属名）；~ ＝Vepris Comm. ex A. Juss.（1825）［芸香科 Rutaceae//飞龙掌血科 Toddaliaceae］●☆

44827　Roscoea Roxb.（1814）Nom. illegit. ＝Sphenodesme Jack（1820）［马鞭草科 Verbenaceae//唇形科 Lamiaceae（Labiatae）//六苞藤

科(伞序材科)Symphoremataceae〕●

44828　Roscoea Sm. (1806)【汉】象牙参属。【日】ロスコーエア属。【英】Himalayan Ginger,Roscoea。【隶属】姜科(襄荷科)Zingiberaceae。【包含】世界 17-19 种,中国 13-19 种。【学名诠释与讨论】〈阴〉(人)William Roscoe,1753-1831,英国植物学者。他曾在 1932 年到西藏、云南和四川三省交界地区采集标本。此属的学名,ING 和 IK 记载是"Roscoea J. E. Smith, Exot. Bot. 2；97. 1 Sep 1806"。"Roscoea Roxb.,Hort. Bengal.46(1814)"是晚出的非法名称。【分布】巴基斯坦,中国,喜马拉雅山。【模式】Roscoea purpurea J. E. Smith ■

44829　Roscyna Spach (1836) = Hypericum L. (1753) 〔金丝桃科 Hypericaceae//猪胶树科(克鲁西科,山竹子科,藤黄科)Clusiaceae(Guttiferae)〕■●

44830　Rosea Fabr. (1759) Nom. illegit. ≡ Rhodiola L. (1753)〔景天科 Crassulaceae//红景天科 Rhodiolaceae〕■

44831　Rosea Klotzsch(1853) Nom. illegit. ≡ Neorosea N. Hallé (1970)；~ = Tricalysia A. Rich. ex DC. (1830)〔茜草科 Rubiaceae〕●

44832　Rosea Mart. (1825) Nom. illegit. = Iresine P. Browne(1756)(保留属名)〔苋科 Amaranthaceae〕●■

44833　Roseanthus Cogn. (1896) = Polyclathra Bertol. (1840)〔葫芦科(瓜科,南瓜科)Cucurbitaceae〕■☆

44834　Roseia Frič(1925)【汉】肖菠萝球属(顶花球属)。【隶属】仙人掌科 Cactaceae。【包含】世界 1 种。【学名诠释与讨论】〈阴〉(人)Joseph Nelson Rose,1862-1928,美国植物学者。此属的学名是"Roseia Fric, Zivot v. Prirode 29(1)：15；29(7)：9. 1925"。亦有文献把其处理为"Ancistrocactus Britton et Rose(1923)"或"Coryphantha (Engelm.) Lem. (1868)(保留属名)"的异名。【分布】墨西哥。【模式】Roseia castanedai Frič。【参考异名】Ancistrocactus Britton et Rose (1923)；Coryphantha (Engelm.)Lem. (1868)(保留属名)●☆

44835　Rosenbachia Regel (1886) = Ajuga L. (1753)〔唇形科 Lamiaceae(Labiatae)〕■●

44836　Rosenbergia Oerst. (1856)【汉】洛氏花荵属。【日】ローセンベルギア属。【隶属】花荵科 Polemoniaceae//电灯花科 Cobaeaceae。【包含】世界 11 种。【学名诠释与讨论】〈阴〉(人)Rosenberg,植物学者。此属的学名是"Rosenbergia Oersted, Vidensk. Meddel. Dansk Naturhist. Foren. Kjøbenhavn 1856：30. 1856"。亦有文献把其处理为"Cobaea Cav. (1791)"的异名。【分布】中美洲。【模式】Rosenbergia gracilis Oersted。【参考异名】Cobaea Cav. (1791)●☆

44837　Rosenbergiodendron Fagerl. (1948) = Randia L. (1753)〔茜草科 Rubiaceae//山黄皮科 Randiaceae〕●

44838　Rosenia Thunb. (1800)【汉】二色鼠麴木属。【隶属】菊科 Asteraceae(Compositae)。【包含】世界 4 种。【学名诠释与讨论】〈阴〉(人)Eberhard Rosen (Rosenblad)(1714-1796)和他的兄弟 Nils Rosen (later N. Rosen von Rosenstein)(1706-1773),瑞典植物学者。【分布】非洲南部。【模式】Rosenia glandulosa Thunberg ●☆

44839　Roseocactus A. Berger(1925)【汉】龟甲牡丹属(连山属)。【日】ロセオカクタス属。【隶属】仙人掌科 Cactaceae。【包含】世界 4 种。【学名诠释与讨论】〈阴〉(人)Joseph Nelson Rose,1862-1928,美国植物学者,植物采集家,仙人掌植物专家+cactos,有刺的植物,通常指仙人掌科 Cactaceae 植物。此属的学名是"Roseocactus A. Berger, J. Wash. Acad. Sci. 15：45. 4 Feb 1925"。亦有文献把其处理为"Ariocarpus Scheidw. (1838)"的异名。【分布】参见 Ariocarpus Scheidw. 【模式】Roseocactus fissuratus (Engelmann) A. Berger [Mammillaria fissurata Engelmann]。【参考异名】Ariocarpus Scheidw. (1838)■☆

44840　Roseocereus(Backeb.)Backeb. (1938) = Harrisia Britton (1909)；~ = Trichocereus (A. Berger)Riccob. (1909)〔仙人掌科 Cactaceae〕●

44841　Roseocereus Backeb. (1938) Nom. illegit. ≡ Roseocereus (Backeb.)

Backeb. (1938)；= Harrisia Britton (1909)；~ = Trichocereus (A. Berger)Riccob. (1909)〔仙人掌科 Cactaceae〕●

44842　Roseodendron Miranda(1965) = Tabebuia Gomes ex DC. (1838)〔紫葳科 Bignoniaceae〕●☆

44843　Roshevitzia Tsvelev (1968) = Diandrochloa De Winter (1962)；~ = Eragrostis Wolf(1776)〔禾本科 Poaceae(Gramineae)〕■

44844　Rosifax C. C. Towns. (1991)【汉】耳叶苋属。【隶属】苋科 Amaranthaceae。【包含】世界 1 种。【学名诠释与讨论】〈阴〉(拉)roseus,玫瑰红的,红色的+fax,火把,火炬。【分布】索马里。【模式】Rosifax sabuletorum C. C. Townsend ●☆

44845　Rosilla Less. (1832) = Dyssodia Cav. (1801)〔菊科 Asteraceae(Compositae)〕■☆

44846　Roslinia G. Don (1837) = Chironia L. (1753)；~ = Roeslinia Moench (1802)〔龙胆科 Gentianaceae//圣诞果科 Chironiaceae〕●■☆

44847　Roslinia Neck. (1790) Nom. inval. = Justicia L. (1753)〔爵床科 Acanthaceae//鸭嘴花科(鸭咀花科)Justiciaceae〕●■

44848　Rosmarinus L. (1753)【汉】迷迭香属。【日】マンネンロウ属。【俄】Розмарин。【英】Rosemary。【隶属】唇形科 Lamiaceae(Labiatae)//鼠尾草科 Salviaceae。【包含】世界 1-3 种,中国 1 种。【学名诠释与讨论】〈阳〉(拉)rosmarinus,迷迭香的古名,来自 ros,所有格 roris,露水。roridus,露湿的。rorulentus,多露的+marinus,海生的。指本属植物产地近海。另说(丹麦)rosmar,海象。亦指某些种生于海边。此属的学名,ING、TROPICOS、APNI 和 IK 记载是"Rosmarinus L., Sp. Pl. 1：23. 1753 [1 May 1753]"。它曾被处理为"Salvia subgen. Rosmarinus (L.) J. B. Walker, B. T. Drew & J. G. González,Taxon 66 (1)：141. 2017. (23 Feb 2017)"。亦有文献把"Rosmarinus L. (1753)"处理为"Salvia L. (1753)"的异名。【分布】巴基斯坦,巴拉圭,秘鲁,玻利维亚,地中海地区,厄瓜多尔,哥伦比亚(安第奥基亚),中国。【模式】Rosmarinus officinalis Linnaeus。【参考异名】Salvia L. (1753)；Salvia subgen. Rosmarinus (L.)J. B. Walker,B. T. Drew & J. G. González(2017)■

44849　Rospidios A. DC. (1844) = Diospyros L. (1753)〔柿树科 Ebenaceae〕●

44850　Rossatis Thouars = Habenaria Willd. (1805)；~ = Satyrium Sw. (1800)(保留属名)〔兰科 Orchidaceae〕■

44851　Rosselia Forman(1994)【汉】新几内亚橄榄属。【隶属】橄榄科 Burseraceae。【包含】世界 1 种。【学名诠释与讨论】〈阴〉(地)Rossel,罗塞尔岛。【分布】新几内亚岛。【模式】Rosselia bracteata L. L. Forman ●☆

44852　Rossenia Vell. (1829) = Angostura Roem. et Schult. (1819)〔芸香科 Rutaceae〕●☆

44853　Rossina Steud. (1841) = Swartzia Schreb. (1791)(保留属名)〔豆科 Fabaceae(Leguminosae)//蝶形花科 Papilionaceae〕●☆

44854　Rossioglossum(Schltr.)Garay et G. C. Kenn. (1976)【汉】罗斯兰属。【隶属】兰科 Orchidaceae。【包含】世界 6 种。【学名诠释与讨论】〈阴〉(人)J. Ross,1830-1930 年代曾在墨西哥从事兰花采集+希腊文 glossa,舌头。【分布】巴拿马,哥斯达黎加,墨西哥,危地马拉,中美洲。【模式】Rossioglossum grande (Lindley)Garay et Kennedy [Odontoglossum grande Lindley]■☆

44855　Rossittia Ewart (1917) = Hibbertia Andréws(1800)〔五桠果科(第伦桃科,五丫果科,锡叶藤科)Dilleniaceae//纽扣花科 Hibbertiaceae〕●☆

44856　Rossmaesslera Rchb. (1841) Nom. illegit. ≡ Fenzlia Benth. (1833)；~ = Gilia Ruiz et Pav. (1794)〔花荵科 Polemoniaceae〕■●☆

44857　Rossmannia Klotzsch (1854) = Begonia L. (1753)〔秋海棠科 Begoniaceae〕●■

44858　Rossolis Adans. (1763) Nom. illegit. ≡ Drosera L. (1753)〔茅膏

菜科 Droseraceae]■

44859 Rostellaria C. F. Gaertn.（1807）= Rostellularia Rchb.（1837）［爵床科 Acanthaceae//鸭嘴花科（鸭咀花科）Justiciaceae］■

44860 Rostellaria Nees（1832）Nom. illegit. ≡ Rostellularia Rchb.（1837）；~ = Justicia L.（1753）［爵床科 Acanthaceae//鸭嘴花科（鸭咀花科）Justiciaceae］●■

44861 Rostellularia Rchb.（1837）【汉】爵床属。【英】Rostellularia。【隶属】爵床科 Acanthaceae//鸭嘴花科（鸭咀花科）Justiciaceae。【包含】世界 10-22 种，中国 6 种。【学名诠释与讨论】〈阴〉（拉）rostellum，小喙+-arius，-aria，-arium，指示"属于、相似、具有、联系"的词尾。此属的学名，ING、TROPICOS、APNI 和 IK 记载是"Rostellularia Rchb. , Handb. Nat. Pfl. – Syst. 190. 1837［1-7 Oct 1837］"。"Rostellaria C. G. D. Nees in Wallich, Pl. Asiat. Rar. 3：76, 100. 15 Aug 1832（non C. F. Gaertner 1807）"是"Rostellularia Rchb.（1837）"的同模式异名（Homotypic synonym, Nomenclatural synonym）。"Rostellaria Nees（1832）"是一个晚出的非法名称，因为此前已经有了"Rostellaria C. F. Gaertner, Suppl. Carp. 135. 1807"。亦有文献把"Rostellularia Rchb.（1837）"处理为"Justicia L.（1753）"的异名。【分布】埃塞俄比亚，澳大利亚（昆士兰），巴基斯坦，马达加斯加，中国，热带和亚热带亚洲。【后选模式】Rostellularia procumbens（Linnaeus）C. G. D. Nees［Justicia procumbens Linnaeus］。【参考异名】Justicia L.（1753）；Rostellaria C. F. Gaertn.（1807）；Rostellaria Nees（1832）Nom. illegit. ■

44862 Rostkovia Desv.（1809）【汉】罗斯特草属。【隶属】灯心草科 Juncaceae。【包含】世界 1-2 种。【学名诠释与讨论】〈阴〉（人）Friedrich Wilhelm Gottlieb Theophil Rostkovius，1770–1848，德国植物学者，医生。【分布】澳大利亚（坎贝尔），新西兰。【模式】Rostkovia sphaerocarpa Desvaux, Nom. illegit.［Juncus magellanicus Lamarck；Rostkovia magellanica（Lamarck）J. D. Hooker］■☆

44863 Rostraceae Dulac = Geraniaceae Juss.（保留科名）■●

44864 Rostraria Trin.（1820）【汉】洛氏禾属（一年生沼草属）。【俄】Лофохлоа。【英】Hair-grass, Mediterranean Hair-grass。【隶属】禾本科 Poaceae（Gramineae）。【包含】世界 5 种。【学名诠释与讨论】〈阴〉（拉）rostrum，喙+-arius，-aria，-arium，指示"属于、相似、具有、联系"的词尾。此属的学名是"Rostraria Trinius, Fund. Agrost. 149. Jan 1820"。亦有文献把其处理为"Trisetum Pers.（1805）"的异名。【分布】巴基斯坦，地中海地区，高加索，非洲北部，亚洲西部，中亚，南美洲山地。【模式】未指定。【参考异名】Aegialina Schult.（1824）；Aegialitis Trin.（1820）Nom. illegit. ；Ctenosachna Post et Kuntze（1903）；Ktenosachne Steud.（1854）；Lophochloa Rchb.（1830）；Poarion Rchb.（1828）Nom. illegit. ；Trisetum Pers.（1805）；Wilhelmsia K. Koch（1848）Nom. illegit. ■☆

44865 Rostrinucula Kudô（1929）【汉】钩子木属。【英】Hooktree, Rostrinucula。【隶属】唇形科 Lamiaceae（Labiatae）。【包含】世界 2 种，中国 2 种。【学名诠释与讨论】〈阴〉（拉）rostrum，喙，鸟嘴+ nucula，小坚果。指小坚果具喙。此属的学名是"Rostrinucula Kudo, Mem. Fac. Sci. Taihoku Imp. Univ. 2. 2：304. Dec 1929"。亦有文献把其处理为"Elsholtzia Willd.（1790）"的异名。【分布】中国。【后选模式】Rostrinucula sempervivum（Marschall von Bieberstein）A. Berger［Cotyledon sempervivum Marschall von Bieberstein］。【参考异名】Elsholtzia Willd.（1790）●★

44866 Rosularia（DC.）Stapf（1923）【汉】瓦莲属（叠叶景天属，小长生草属）。【日】ロスラリア属。【俄】Розеточница。【英】Rosularia, Stonecrop。【隶属】景天科 Crassulaceae。【包含】世界 17-36 种，中国 3 种。【学名诠释与讨论】〈阴〉（拉）rosa，指小式 rosula，玫瑰+-arius，-aria，-arium，指示"属于、相似、具有、联系"的词尾。指叶形。此属的学名，ING 和 TROPICOS 记载是

"Rosularia（A. P. de Candolle）Stapf, Bot. Mag. 8985. 26 Nov 1923"，由"Umbilicus sect. Rosularia A. P. de Candolle, Prodr. 3：399. Mar（med.）1828"改级而来；而 IK 则记载为"Rosularia Stapf, Bot. Mag. 149：sub t. 8985. 1923"。三者引用的文献相同。【分布】巴基斯坦，中国，地中海东部至亚洲中部。【后选模式】Rosularia sempervivum（Marschall von Bieberstein）A. Berger［Cotyledon sempervivum Marschall von Bieberstein］。【参考异名】Afrovivella A. Berger（1930）；Monanthella A. Berger（1930）Nom. inval. ；Rosularia Stapf（1923）Nom. illegit. ；Sempervivella Stapf（1923）；Umbilicus sect. Rosularia DC（1828）■

44867 Rosularia Stapf（1923）Nom. illegit. ≡ Rosularia（DC.）Stapf（1923）［景天科 Crassulaceae］■

44868 Rotala L.（1771）【汉】节节菜属（水松药属，水猪母乳属）。【日】キカシグサ属。【俄】Ротала。【英】Rotala。【隶属】千屈菜科 Lythraceae。【包含】世界 46-50 种，中国 10 种。【学名诠释与讨论】〈阴〉（拉）rota，指小式 rotula，轮 = 新拉丁文 rotella。rotalis，有轮的。rotalarius，圆形的。指叶轮生。【分布】巴基斯坦，巴拉圭，巴拿马，秘鲁，玻利维亚，厄瓜多尔，哥斯达黎加，马达加斯加，美国（密苏里），尼加拉瓜，利比里亚（宁巴），中国，热带和亚热带，中美洲。【模式】Rotala verticillaris Linnaeus。【参考异名】Ameletia DC.（1826）；Boykiana Raf.（1825）（废弃属名）；Boykinia Raf.（1825）（废弃属名）；Hoshiarpuria Hajra, P. Daniel et Philcox（1985）；Hydrolythrum Hook. f.（1867）；Micranthus Roth（1821）Nom. illegit.（废弃属名）；Nexilis Raf.（1836）；Quartinia Endl.（1842）；Rhyacophila Hochst.（1841）Nom. illegit. ；Suffrenia Bellardi（1802）■

44869 Rotang Adans.（1763）Nom. illegit. ≡ Calamus L.（1753）；~ = Rotanga Boehm. ex Crantz（1766）Nom. illegit.［棕榈科 Arecaceae（Palmae）］●

44870 Rotanga Boehm.（1760）Nom. inval. ≡ Rotanga Boehm. ex Crantz（1766）Nom. illegit. ≡ Calamus L.（1753）［棕榈科 Arecaceae（Palmae）］●

44871 Rotanga Boehm. ex Crantz（1766）Nom. illegit. ≡ Calamus L.（1753）［棕榈科 Arecaceae（Palmae）］●

44872 Rotantha Baker（1890）= Lawsonia L.（1753）［千屈菜科 Lythraceae］●

44873 Rotantha Small（1933）Nom. illegit. = Campanula L.（1753）［桔梗科 Campanulaceae］■●

44874 Rotbolla Zumagl.（1849）= Rottboellia L. f.（1782）（保留属名）［禾本科 Poaceae（Gramineae）］●

44875 Roterbe Klatt（1871）= Botherbe Steud. ex Klatt（1862）；~ = Calydorea Herb.（1843）［鸢尾科 Iridaceae］■☆

44876 Rotheca Raf.（1838）【汉】肖赪桐属。【隶属】唇形科 Lamiaceae（Labiatae）//马鞭草科 Verbenaceae//牡荆科 Viticaceae。【包含】世界 5-60 种。【学名诠释与讨论】〈阴〉词源不详。此属的学名是"Rotheca Rafinesque, Fl. Tell. 4：69. 1838（med.）（'1836'）"。亦有文献把其处理为"Clerodendrum L.（1753）"的异名。【分布】马达加斯加，热带非洲，亚洲，中美洲。【模式】未指定。【参考异名】Clerodendrum L.（1753）；Cyclonema Hochst.（1842）●☆

44877 Rotheria Meyen（1834）= Cruckshanksia Hook. et Arn.（1833）（保留属名）［茜草科 Rubiaceae］●☆

44878 Rothia Borkh.（1792）Nom. illegit.（废弃属名）= Mibora Adans.（1763）［禾本科 Poaceae（Gramineae）］■☆

44879 Rothia Lam.（1792）Nom. illegit.（废弃属名）= Hymenopappus L'Hér.（1788）［菊科 Asteraceae（Compositae）］■☆

44880 Rothia Pers.（1807）（保留属名）【汉】落地豆属（罗思豆属）。

【隶属】豆科 Fabaceae(Leguminosae)。【包含】世界 2 种,中国 1 种。【学名诠释与讨论】〈阴〉(人)Albrecht Wilhelm Roth,1757–1834,德国植物学者,医生。此属的学名"Rothia Pers., Syn. Pl. 2:638,[659]. Sep 1807"是保留属名。相应的废弃属名是菊科 Asteraceae 的"Rothia Schreb., Gen. Pl.:531. Mai 1791 = Andryala L. (1753)"。禾本科 Poaceae(Gramineae)的"Rothia Borkh., Tent. Disp. Pl. German. 43. 1792 = Mibora Adans.(1763)"和菊科 Asteraceae 的"Rothia Lamarck, J. Hist. Nat. 1:16. Jan 1792 = Hymenopappus L'Hér.(1788)"亦应废弃。"Dillwynia A. W. Roth,Catalecta 3:71. Jan–Jun 1806(non J. E. Smith 1805)"、"Goetzea H. G. L. Reichenbach,Consp. 150. Dec 1828–Mar 1829(废弃属名)"和"Westonia K. P. J. Sprengel,Syst. Veg. 3:152,230. Jan–Mar 1826"都是"Rothia Pers.(1807)(保留属名)"的晚出的同模式异名(Homotypic synonym, Nomenclatural synonym)。【分布】澳大利亚,玻利维亚,中国,热带非洲,亚洲。【模式】Rothia trifoliata(Roth)Persoon[Dillwynia trifoliata Roth]。【参考异名】Dillwynia Roth(1806)Nom. illegit.;Goetzea Rchb.(1828)Nom. illegit.(废弃属名);Harpelema J. Jacq.(1841);Harpolema Post et Kuntze(1903);Westonia Spreng.(1826)Nom. illegit.;Xerocarpus Guill. et Perr.(1832)■

44881 Rothia Schreb.(1791)Nom. inval.(废弃属名)= Andryala L.(1753)[菊科 Asteraceae(Compositae)]■☆

44882 Rothmaleria Font Quer(1940)【汉】毛托苣属。【隶属】菊科 Asteraceae(Compositae)。【包含】世界 1 种。【学名诠释与讨论】〈阴〉(人)Werner Hugo Paul Rothmaler,1908–1962,德国植物学者,教授。此属的学名"Rothmaleria Font Quer in Font Quer et Rothmaler,Brotéria Ci. Nat. 9:151. Nov 1940"是一个替代名称。"Haenselera Boissier ex A. P. de Candolle,Prodr. 7(1):83. Apr(sero)1838"是一个非法名称(Nom. illegit.),因为此前已经有了"Haenselera Lagasca,Gen. Sp. Pl. Nov. 13. Jun–Jul(?)1816 = Physospermum Cusson(1782)[伞形花科(伞形科)Apiaceae(Umbelliferae)]"。故用"Rothmaleria Font Quer(1940)"替代之。"Haenselera Boiss.(1838)≡ Haenselera Boiss. ex DC.(1838)Nom. illegit."的命名人引证有误。【分布】西班牙。【模式】Rothmaleria granatensis(Boissier ex A. P. de Candolle)Font Quer[Haenselera granatensis Boissier ex A. P. de Candolle]。【参考异名】Haenselera Boiss.(1838)Nom. illegit.;Haenselera Boiss. ex DC.(1838)Nom. illegit.■☆

44883 Rothmannia Thunb.(1776)【汉】大黄栀子属(非洲栀属,罗斯曼木属,野栀子属)。【隶属】茜草科 Rubiaceae。【包含】世界 20–40 种,中国 1 种。【学名诠释与讨论】〈阴〉(人)Georg(Goran)Rothman,1739–1778,瑞典植物学者,医生,林奈的学生。此属的学名是"Rothmannia C. P. Thunberg,Kongl. Vetensk. Acad. Handl. 37:65. Jan–Mar 1776"。亦有文献把其处理为"Hyperacanthus E. Mey. ex Bridson(1985)"的异名。【分布】中国,热带和非洲南部。【模式】Rothmannia capensis C. P. Thunberg。【参考异名】Hyperacanthus E. Mey. ex Bridson(1985)●

44884 Rothrockia A. Gray(1885)【汉】罗思罗摩属。【隶属】萝藦科 Asclepiadaceae。【包含】世界 3 种。【学名诠释与讨论】〈阴〉(人)Joseph Trimble Rothrock,1839–1922,美国植物学者,医生,教授,探险家,植物采集家。【分布】美国(西南部)。【模式】Rothrockia cordifolia A. Gray ●☆

44885 Rotmannia Neck.(1790)Nom. inval. = Eperua Aubl.(1775)[豆科 Fabaceae(Leguminosae)]●☆

44886 Rottboelia Dumort.(1829)Nom. illegit.[禾本科 Poaceae(Gramineae)]■☆

44887 Rottboelia Scop.(1777)Nom. illegit.(废弃属名)≡ Heymassoli Aubl.(1775);~ = Ximenia L.(1753)[铁青树科 Olacaceae//海檀木科 Ximeniaceae]●

44888 Rottboella L. f.(1782)Nom. illegit. ≡ Rottboellia L. f.(1782)(保留属名)[禾本科 Poaceae(Gramineae)]■

44889 Rottboella Murr.(1784)Nom. illegit. = Rottboellia L. f.(1782)(保留属名)[禾本科 Poaceae(Gramineae)]■

44890 Rottboellaceae Burmeist.(1837)= Gramineae Juss.(保留科名)//Poaceae Barnhart(保留科名)■●

44891 Rottboellia Host(1801)Nom. illegit. = Parapholis C. E. Hubb.(1946)+Pholiurus Trin.(1820)禾本科 Poaceae(Gramineae)■☆

44892 Rottboellia L. f.(1782)(保留属名)【汉】筒轴茅属(高臭草属,罗氏草属)。【日】アイアシ属,ウシノシッペイ属。【英】Itchgrass,Joint–tail Grass,Joint–tall–grass。【隶属】禾本科 Poaceae(Gramineae)。【包含】世界 5 种,中国 2-4 种。【学名诠释与讨论】〈阴〉(人)Christen Friis Rottboell,1727–1797,丹麦植物学者,医生。此属的学名"Rottboellia L. f.,Suppl. Pl.:13,114. Apr 1782"是保留属名。相应的废弃属名是铁青树科 Olacaceae 的"Rottboelia Scop.,Intr. Hist. Nat.:233. Jan–Apr 1777 ≡ Heymassoli Aubl.(1775)= Ximenia L.(1753)"和禾本科 Poaceae(Gramineae)的"Manisuris L.,Mant. Pl. 2:164,300. Oct 1771 = Rottboellia L. f.(1782)(保留属名)"。禾本科 Poaceae(Gramineae)的"Rottboellia Host, Icon. Descr. Gram. Austriac. 1:19,t. 24. 1801 = Parapholis C. E. Hubb.(1946)+Pholiurus Trin.(1820)"和"Manisuris Sw.,Prodr. [O. P. Swartz]25(1788)"亦应废弃。"Rottbolla Zumagl.,Fl. Pedem. i. 93(1849)= Rottboellia L. f.(1782)(保留属名)"拼写有误。"Rottbolla Lam.,Ill. 1:204. 1792"和"Rottbollia Cav., Icon.[Cavanilles] i. 27(1791)"是"Rottboellia L. f.(1782)(保留属名)"的拼写变体。【分布】巴基斯坦,巴拿马,秘鲁,玻利维亚,厄瓜多尔,哥伦比亚(安蒂奥基亚),哥斯达黎加,马达加斯加,尼加拉瓜,中国,热带和亚热带非洲及亚洲,中美洲。【模式】Rottboellia exaltata Linnaeus f.。【参考异名】Apogonia(Nutt.)E. Fourn.(1886);Apogonia E. Fourn.(1886)Nom. illegit.;Cymbachne Retz.(1791);Haemarthria Munro(1862);Heymassoli Aubl.(1775);Manisuris L.(1771)(废弃属名);Pseudophacelurus A. Camus(1921);Robynsiochloa Jacq.–Fél.(1952);Rotbolla Zumagl.(1849)Nom. illegit.;Rottboella L. f.(1782)Nom. illegit.;Rottboella Murr.(1784)Nom. illegit.;Rottboellia Host(1801)Nom. illegit.;Rottbolla Zumagl.(1849)Nom. illegit.;Rottbolla Lam.(1792)Nom. illegit.;Stegosia Lour.(1790)■

44893 Rottbolla Lam.(1792)Nom. illegit. ≡ Rottboellia L. f.(1782)(保留属名)[禾本科 Poaceae(Gramineae)]■

44894 Rottbolla Zumagl.(1849)Nom. illegit. ≡ Rottboellia L. f.(1782)(保留属名)[禾本科 Poaceae(Gramineae)]■

44895 Rottbollia Cav.(1791)Nom. illegit. ≡ Rottboellia L. f.(1782)(保留属名)[禾本科 Poaceae(Gramineae)]■

44896 Rottlera Roxb.(1797)Nom. illegit. = Mallotus Lour.(1790)[大戟科 Euphorbiaceae]●

44897 Rottlera Vahl(1804)Nom. illegit. = Roettlera Vahl(1804)Nom. illegit.;~ = Henckelia Spreng.(1817)(废弃属名);~ = Didymocarpus Wall.(1819)(保留属名)[苦苣苔科 Gesneriaceae]●■

44898 Rottlera Willd.(1797)Nom. illegit.,Nom. superfl. ≡ Tetragastris Gaertn.(1790);~ = Trewia L.(1753)[大戟科 Euphorbiaceae]●

44899 Rottlera Willd.(1804)Nom. illegit. = Mallotus Lour.(1790)[大戟科 Euphorbiaceae]●■

44900 Rotula Lour.(1790)【汉】轮冠木属。【英】Rotula。【隶属】紫

草科 Boraginaceae//破布木科(破布树科)Cordiaceae。【包含】世界 3 种,中国 1 种。【学名诠释与讨论】〈阴〉(拉)rota,指小式 rotula,轮=新拉丁文 rotella。rotalis,有轮的。Rotalarius,圆形的。指花冠辐射状。【分布】巴西(东部),印度至马来西亚,中国,热带非洲。【模式】Rotula aquatica Loureiro。【参考异名】Rabdia Post et Kuntze(1903);Rhabdia Mart.(1827);Zombiana Baill.(1888)●

44901　Roubieva Moq.(1834)= Chenopodium L.(1753);~ = Dysphania R. Br.(1810)[藜科 Chenopodiaceae//刺藜科(澳藜科)Dysphaniaceae]■

44902　Roucela Dumort.(1822)= Campanula L.(1753);~ = Campanula L.(1753)+Wahlenbergia Schrad. ex Roth(1821)(保留属名)[桔梗科 Campanulaceae]■●

44903　Rouchera Hallier f.(1921)= Roucheria Planch.(1847)[亚麻科 Linaceae]●☆

44904　Roucheria Miq. = Sarcotheca Blume(1851)[酢浆草科 Oxalidaceae]●☆

44905　Roucheria Planch.(1847)【汉】鲁谢麻属。【隶属】亚麻科 Linaceae。【包含】世界 9 种。【学名诠释与讨论】〈阴〉(人)Jean Antoine Roucher,1745-1794,法国诗人。此属的学名,ING 和 IK 记载是"Roucheria Planch., London J. Bot. 6:141, t. 2. 1847"。"Rouchera Hallier f., Beih. Bot. Centralbl., Abt. 2. 39(2):43. 1921"是其拼写变体。"Roucheria Miq"是"Sarcotheca Blume(1851)[酢浆草科 Oxalidaceae]"的异名。【分布】秘鲁,玻利维亚,厄瓜多尔,哥伦比亚(安蒂奥基亚),尼加拉瓜,中美洲。【后选模式】Roucheria calophylla Planchon。【参考异名】Rouchera Hallier f.(1921)●☆

44906　Rouhamon Aubl.(1775)= Strychnos L.(1753)[马钱科(断肠草科,马钱子科)Loganiaceae]●

44907　Roulinia Brongn.(1840)= Nolina Michx.(1803)[百合科 Liliaceae//龙舌兰科 Agavaceae//诺林兰科(玲花蕉科,南青冈科,陷孔木科)Nolinaceae]●☆

44908　Roulinia Decne.(1844)Nom. illegit. ≡ Rouliniella Vail(1902);~ = Cynanchum L.(1753)[萝藦科 Asclepiadaceae]●■

44909　Rouliniella Vail(1902)= Cynanchum L.(1753)[萝藦科 Asclepiadaceae]●■

44910　Roumea DC.(1824)Nom. illegit. ≡ Rumea Poit.(1814);~ = Xylosma G. Forst.(1786)(保留属名)[刺篱木科(大风子科)Flacourtiaceae]●

44911　Roumea Wall. ex Meisn. = Daphne L.(1753)[瑞香科 Thymelaeaceae]●

44912　Roupala Aubl.(1775)【汉】洛佩龙眼属(洛佩拉属)。【英】Roupala。【隶属】山龙眼科 Proteaceae。【包含】世界 33-90 种。【学名诠释与讨论】〈阴〉来自圭亚那植物俗名。此属的学名,ING、TROPICOS、APNI、GCI 和 IK 记载是"Roupala Aubl., Hist. Pl. Guiane 83. 1775[Jun 1875]"。"Leinkeria Scopoli, Introd. 345. Jan-Apr 1777"是"Roupala Aubl.(1775)"的晚出的同模式异名(Homotypic synonym, Nomenclatural synonym)。"Roupalia T. Moore et Ayres, Gard. Mag. Bot. ii.(1850)t. ad p. 33"是"Roupallia Hassk.(1857)[夹竹桃科 Apocynaceae]"的拼写变体,并非本属的异名。【分布】巴拿马,秘鲁,玻利维亚,厄瓜多尔,哥伦比亚(安蒂奥基亚),尼加拉瓜,中美洲。【模式】Roupala montana Aublet。【参考异名】Leinckeria Neck.(1790)Nom. inval.;Leinkeria Scop.(1777)Nom. illegit.;Rhopala Schreb.(1789);Ropala J. F. Gmel.(1791);Rupala Vahl(1794)●☆

44913　Roupalia T. Moores et Ayres(1850)Nom. illegit. ≡ Roupallia Hassk.(1857);~ = Roupellia Wall. et Hook. ex Benth.(1849);~ =

Strophanthus DC.(1802)[夹竹桃科 Apocynaceae]●

44914　Roupallia Hassk.(1857)= Roupellia Wall. et Hook. ex Benth.(1849);~ = Strophanthus DC.(1802)[夹竹桃科 Apocynaceae]●

44915　Roupelina Pichon(1849)Nom. illegit. = Roupellina(Baill.)Pichon(1949)[夹竹桃科 Apocynaceae]●

44916　Roupellia Wall. et Hook.(1849)Nom. illegit. ≡ Roupellia Wall. et Hook. ex Benth.(1849);~ = Strophanthus DC.(1802)[夹竹桃科 Apocynaceae]●

44917　Roupellia Wall. et Hook. ex Benth.(1849)= Strophanthus DC.(1802)[夹竹桃科 Apocynaceae]●

44918　Roupellina(Baill.)Pichon(1949)= Strophanthus DC.(1802)[夹竹桃科 Apocynaceae]●

44919　Rourea Aubl.(1775)(保留属名)【汉】红叶藤属。【日】コウトウマメ属。【英】Rourea。【隶属】牛栓藤科 Connaraceae。【包含】世界 40-100 种,中国 3 种。【学名诠释与讨论】〈阴〉(希)ros,所有格 roris,露水。roridus,露湿的。rorulentus,多露的。另说来自圭亚那植物俗名。此属的学名"Rourea Aubl., Hist. Pl. Guiane:467. Jun-Dec 1775"是保留属名。法规未列出相应的废弃属名。"Robergia Schreber, Gen. 309. Apr 1789"是"Rourea Aubl.(1775)(保留属名)"的晚出的同模式异名(Homotypic synonym, Nomenclatural synonym)。【分布】澳大利亚(热带),巴拿马,秘鲁,玻利维亚,厄瓜多尔,哥伦比亚(安蒂奥基亚),哥斯达黎加,马达加斯加,尼加拉瓜,中国,太平洋地区,非洲,东南亚,热带美洲,中美洲。【模式】Rourea frutescens Aublet。【参考异名】Bernardinia Planch.(1850);Byrsocarpus Schumach.(1827);Byrsocarpus Schumach. et Thonn.(1827)Nom. illegit.;Eichleria Progel(1877);Jaundea Gilg(1894);Kalawael Adans.(1763)(废弃属名);Malbrancia Neck.(1790)Nom. inval.;Omphalocarpum Presl ex Dur.;Paxia Gilg(1891);Robergia Schreb.(1789)Nom. illegit.;Roureopsis Planch.(1850);Rurea Post et Kuntze(1903);Rureopsis Post et Kuntze(1903);Santalodes Kuntze et G. Schellenb.(1938)descr. emend.;Santalodes Kuntze(1891)(废弃属名);Santalodes L. ex Kuntze(废弃属名);Santaloidella G. Schellenb.(1929);Santaloides G. Schellenb.(1910)(保留属名);Santaloides L.;Spiropetalum Gilg(1888);Taeniochlaena Hook. f.(1862);Yaundea G. Schellenb.(1929)Nom. inval.;Yaundea G. Schellenb. ex De Wild.●

44920　Roureopsis Planch.(1850)【汉】牛果藤属。【英】Roureopsis。【隶属】牛栓藤科 Connaraceae。【包含】世界 10 种,中国 1-2 种。【学名诠释与讨论】〈阴〉(属)Rourea 红叶藤属+希腊文 opsis,外观,模样,相似。指其与红叶藤属相近。此属的学名是"Roureopsis Planchon, Linnaea 23:423. Aug 1850"。亦有文献把其处理为"Rourea Aubl.(1775)(保留属名)"的异名。【分布】东南亚西部,热带非洲,中国。【后选模式】Roureopsis pubinervis Planchon。【参考异名】Rourea Aubl.(1775)(保留属名);Rureopsis Post et Kuntze(1903);Taeniochlaena Hook. f.(1862)●

44921　Rouseauvia Bojer = Roussea Sm.(1789)[鲁索木科(卢梭木科,毛岛藤灌科)Rousseaceae//醋栗科(茶藨子科)Grossulariaceae//雨湿木科(流苏边脉科)Brexiaceae]●☆

44922　Roussaea DC.(1839)= Roussea Sm.(1789)[鲁索木科(卢梭木科,毛岛藤灌科)Rousseaceae//醋栗科(茶藨子科)Grossulariaceae//雨湿木科(流苏边脉科)Brexiaceae]●☆

44923　Roussea L. = Russelia Jacq.(1760)[玄参科 Scrophulariaceae]■●

44924　Roussea L. ex B. D. Jacks.(1912)Nom. illegit. = Bistella Adans.(1763)(废弃属名);~ = Russelia L. f.(1782)Nom. illegit.;~ = Vahlia Thunb.(1782)(保留属名)[虎耳草科 Saxifragaceae//二

歧草科 Vahliaceae ∎

44925 Roussea Sm. (1789)【汉】鲁索木属（卢梭木属，毛岛藤灌属）。【隶属】鲁索木科（卢梭木科，毛岛藤灌科）Rousseaceae//醋栗科（茶藨子科）Grossulariaceae//雨湿木科（流苏边脉科）Brexiaceae//南美鼠刺科（吊片果科，鼠刺科，夷鼠刺科）Escalloniaceae//虎耳草科 Saxifragaceae。【包含】世界 1 种。【学名诠释与讨论】〈阴〉(人) Jean Jacques Rousseau, 1712-1778, 瑞士作家，植物采集家。此属的学名, ING、TROPICOS 和 IK 记载是"Roussea J. E. Smith, Pl. Icon. Ined. 1: t. 6. Apr-Mai 1789"。"Roussea L. ex B. D. Jacks., Index. Linn. Herb. 127(1912)"是晚出的非法名称。【分布】毛里求斯。【模式】Roussea simplex J. E. Smith。【参考异名】Rouseauvia Bojer; Roussaea DC. (1839); Roussoa Roem. et Schult. (1818); Rusaea J. F. Gmel.; Russea L. ex B. D. Jacks. (1912) Nom. illegit. ● ☆

44926 Rousseaceae DC. (1839)［亦见 Brexiaceae Lindl. 雨湿木科（流苏边脉科）]【汉】鲁索木科（卢梭木科，毛岛藤灌科）。【包含】世界 1 科 1 种。【分布】毛里求斯。【科名模式】Roussea Sm. ● ☆

44927 Rousseauvia Bojer(1837) Nom. illegit. ［虎耳草科 Saxifragaceae] ☆

44928 Rousseauxia DC. (1828)【汉】卢梭野牡丹属。【隶属】野牡丹科 Melastomataceae。【包含】世界 13 种。【学名诠释与讨论】〈阴〉(属) 由 Roussea 鲁索木属（卢梭木属，毛岛藤灌属）字母改缀而来。【分布】马达加斯加。【后选模式】Rousseauxia chrysophylla (Desrousseaux) A. P. de Candolle［Melastoma chrysophylla Desrousseaux] ● ☆

44929 Rousselia Gaudich. (1830)【汉】耀麻属。【隶属】荨麻科 Urticaceae。【包含】世界 3 种。【学名诠释与讨论】〈阴〉(人) Alexandre Victor Roussel, 1795-1874, 法国植物学者，药剂师+elis 属于。此属的学名, ING、TROPICOS、APNI、GCI 和 IK 记载是"Rousselia Gaudich., Voy. Uranie, Bot. pt. 12: 503. 1830［6 Mar 1830]"。"Lithocnide Rafinesque, Fl. Tell. 3: 48. Nov-Dec 1837('1836')"是"Rousselia Gaudich. (1830)"的晚出的同模式异名 (Homotypic synonym, Nomenclatural synonym)。"Lithocnides Raf., Fl. Tellur. 3: 48. 1837［1836 publ. Nov-Dec 1837]"是"Lithocnide Raf. (1837) Nom. illegit."的拼写变体。【分布】哥伦比亚，尼加拉瓜，西印度群岛，中美洲。【模式】Rousselia lappulacea (Swartz) Gaudichaud-Beaupré。【参考异名】Lithocnide Raf. (1837) Nom. illegit.; Lithocnides Raf. (1837) Nom. illegit.; Pandanus Parkinson ex Du Roi(1773) ∎ ☆

44930 Roussinia Gaudich. (1841) = Pandanus Parkinson(1773)［露兜树科 Pandanaceae] ● ∎

44931 Roussoa Roem. et Schult. (1818) = Roussea Sm. (1789)［鲁索木科（卢梭木科，毛岛藤灌科）Rousseaceae//醋栗科（茶藨子科）Grossulariaceae//雨湿木科（流苏边脉科）Brexiaceae] ● ☆

44932 Rouya Coincy(1901)【汉】洛伊草属。【隶属】伞形花科（伞形科）Apiaceae(Umbelliferae)。【包含】世界 1 种。【学名诠释与讨论】〈阴〉(人) Georges C. Chr. Rouy, 1851-1924, 法国植物学者。【分布】非洲北部，法国（科西嘉岛）。【模式】Rouya polygama (Desfontaines) Coincy［Thapsia polygama Desfontaines] ∎ ☆

44933 Rovaeanthus Borhidi(2004) = Bouvardia Salisb. (1807)［茜草科 Rubiaceae] ● ∎ ☆

44934 Rovillia Bubani(1897) Nom. illegit. ≡ Polycnemum L. (1753)［藜科 Chenopodiaceae] ∎

44935 Roxburghia Banks = Stemona Lour. (1790)［百部科 Stemonaceae] ∎

44936 Roxburghia Koenig ex Roxb. (1820) = Olax L. (1753)［铁青树科 Olacaceae] ●

44937 Roxburghia Roxb. (1795) Nom. illegit. ≡ Roxburghia W. Jones ex

Roxb. (1795); ~ = Stemona Lour. (1790)［百部科 Stemonaceae//钦百部科 Roxburghiaceae] ∎

44938 Roxburghia W. Jones ex Roxb. (1795)【汉】钦百部属。【俄】Роксбургия。【英】Roxburghia, Thew Roxburghia。【隶属】百部科 Stemonaceae//钦百部科 Roxburghiaceae。【包含】世界 14 种。【学名诠释与讨论】〈阴〉(人) William Roxburgh, 1751-1815, 英国植物学者。此属的学名, ING 记载是"Roxburghia W. Jones ex Roxburgh, Pl. Coromandel 1: 29. Nov 1795"; APNI 和 IK 记载为"Roxburghia Roxb., Pl. Coromandel i. 29. t. 32 (1795)"; TROPICOS 则记载为"Roxburghia W. Jones ex Roxburgh, Pl. Coromandel 1: 29. Nov 1795"。四者引用的文献相同。IK 还记载了"Roxburghia J. Koenig ex Roxb., Fl. Ind. ed. Carey i. 168 (1820)"，它是"Olax L. (1753)［铁青树科 Olacaceae]"的异名。亦有文献把"Roxburghia W. Jones ex Roxb. (1795)"处理为"Stemona Lour. (1790)"的异名。【分布】澳大利亚，北美洲，亚洲，中国。【模式】Roxburghia glorisoides Roxburgh。【参考异名】Roxburghia Roxb. (1795) Nom. illegit.; Stemona Lour. (1790) ∎ ☆

44939 Roxburghiaceae Wall. (1832) = Roxburghiaceae Wall. et Lindl.; ~ = Stemonaceae Caruel(保留科名) ∎

44940 Roxburghiaceae Wall. et Lindl. ［亦见 Stemonaceae Caruel(保留科名)百部科]【汉】钦百部科（百部科）。【包含】世界 1 属 14 种。【分布】澳大利亚，北美洲，亚洲，中国。【科名模式】Roxburghia Koeniguer ex Roxb. (1820) ∎

44941 Roycea C. A. Gardner(1948)【汉】短被澳藜属。【隶属】藜科 Chenopodiaceae。【包含】世界 2-3 种。【学名诠释与讨论】〈阴〉(人) Robert Dunlop Royce, 1914-, 植物采集家。【分布】澳大利亚（西部）。【模式】未指定 ● ☆

44942 Roydsia Roxb. (1814) = Stixis Lour. (1790)［山柑科（白花菜科，醉蝶花科）Capparaceae//斑果藤科（六萼藤科，罗志藤科）Stixaceae] ●

44943 Royena L. (1753) = Diospyros L. (1753)［柿树科 Ebenaceae] ●

44944 Roylea Nees ex Steud. (1841) Nom. inval., Nom. nud. = Melanocenchris Nees(1841)［禾本科 Poaceae(Gramineae)] ∎ ☆

44945 Roylea Steud. (1841) Nom. inval., Nom. nud. ≡ Roylea Nees ex Steud. (1841); ~ = Melanocenchris Nees(1841)［禾本科 Poaceae(Gramineae)] ∎ ☆

44946 Roylea Wall. (1830) Nom. illegit. ≡ Roylea Wall. ex Benth. (1829)［唇形科 Lamiaceae(Labiatae)] ● ☆

44947 Roylea Wall. ex Benth. (1829)【汉】罗氏草属。【隶属】唇形科 Lamiaceae(Labiatae)。【包含】世界 1 种。【学名诠释与讨论】〈阴〉(人) John Forbes Royle, 1800-1858, 英国植物学者，医生，植物采集家。此属的学名, ING 和 TROPICOS 记载是"Roylea Wallich ex Bentham, Edwards's Bot. Reg. 15: t. 1289. 1 Dec 1829"。IK 则记载为"Roylea Wall., Pl. Asiat. Rar. (Wallich). 1: 57, t. 74. 1830";这是晚出的非法名称。"Roylea Nees ex Steud., Nomencl. Bot.［Steudel], ed. 2. ii. 475(1841) = Melanocenchris Nees(1841)［禾本科 Poaceae(Gramineae)]"亦是晚出的非法名称。"Roylea Steud. (1841) ≡ Roylea Nees ex Steud. (1841)［禾本科 Poaceae(Gramineae)]"的命名人引证有误。【分布】巴基斯坦，喜马拉雅山。【模式】Roylea elegans Wallich ex Bentham。【参考异名】Roylea Wall. (1830) Nom. illegit. ● ☆

44948 Roystonea O. F. Cook(1900)【汉】王棕属（大王椰属，大王椰子属，王椰属）。【日】ダイオウヤシ属。【俄】Пальма капустная。【英】Palm Hearts, Royal Palm, Royalpalm。【隶属】棕榈科 Arecaceae(Palmae)。【包含】世界 10-17 种，中国 2 种。【学名诠释与讨论】〈阴〉(人) Roy Stone, 1836-1905, 美国工程师。【分布】巴基斯坦，巴拿马，玻利维亚，厄瓜多尔，哥伦比亚（安蒂奥基

亚),美国(佛罗里达),尼加拉瓜,中国,西印度群岛,热带南美洲,中美洲。【模式】Roystonea regia (Kunth) O. F. Cook [Oreodoxa regia Kunth]。【参考异名】Gorgasia O. F. Cook(1939);Oreodoxa Kunth(废弃属名)●

44949 Ruagea H. Karst. (1863)【汉】卢楝属。【隶属】楝科 Meliaceae。【包含】世界5-7种。【学名诠释与讨论】〈阴〉(属)由 Guarea 驼峰楝属字母改缀而来。【分布】巴拿马,秘鲁,玻利维亚,厄瓜多尔,哥伦比亚(安蒂奥基亚),哥斯达黎加,中美洲。【模式】Ruagea pubescens G. K. W. H. Karsten ●☆

44950 Rubacer Rydb. (1903)【汉】肖悬钩子属。【俄】Малиноклен。【隶属】蔷薇科 Rosaceae。【包含】世界5种。【学名诠释与讨论】〈中〉词源不详。此属的学名是"Rubacer Rydberg, Bull. Torrey Bot. Club 30:274. 16 Mai 1903"。亦有文献把其处理为"Rubus L. (1753)"的异名。"Bossekia Necker ex E. L. Greene, Leafl. Bot. Observ. Crit. 1:210. 10 Apr 1906 ≡ Rubacer Rydberg 1903[蔷薇科 Rosaceae]"是晚出的非法名称。【分布】参见 Rubus L. (1753)。【模式】Rubacer odoratum (Linnaeus) Rydberg [Rubus odoratus Linnaeus]。【参考异名】Bossekia Neck. ex Greene(1906) Nom. illegit.;Rubus L. (1753)●■☆

44951 Rubachia O. Berg (1855) = Marlierea Cambess. (1829) Nom. inval.;~ Marlierea Cambess. ex A. St. - Hil. (1833) [桃金娘科 Myrtaceae]●

44952 Rubellia(Luer)Luer(2004)【汉】巴拿马肋枝兰属。【隶属】兰科 Orchidaceae。【包含】世界1种。【学名诠释与讨论】〈阴〉(人)Rubell。此属的学名是"Rubellia (Luer) Luer, Monographs in Systematic Botany from the Missouri Botanical Garden 95:258. 2004. (Feb 2004) (Monogr. Syst. Bot. Missouri Bot. Gard.)",由"Pleurothallis subg. Rubellia Luer, Monographs in Systematic Botany from the Missouri Botanical Garden 20:73. 1986. (Monogr. Syst. Bot. Missouri Bot. Gard.)"改级而来。亦有文献把"Rubellia (Luer) Luer(2004)"处理为"Pleurothallis R. Br. (1813)"的异名。【分布】巴拿马,中美洲。【模式】Rubellia rubella (Luer) Luer。【参考异名】Pleurothallis R. Br. (1813)■☆

44953 Rubentia Bojer ex Steud. (1841) Nom. illegit. = Toddalia Juss. (1789) (保留属名) [芸香科 Rutaceae//飞龙掌血科 Toddaliaceae]●

44954 Rubentia Comm. ex Juss. (1789) = Elaeodendron Jacq. (1782) [卫矛科 Celastraceae]●☆

44955 Rubeola Hill(1756)Nom. illegit. ≡ Sherardia L. (1753) [茜草科 Rubiaceae]■☆

44956 Rubeola Mill. (1754) Nom. illegit. ≡ Crucianella L. (1753) [茜草科 Rubiaceae]●■☆

44957 Rubeola Tourn. ex Adans. (1763) Nom. illegit. [茜草科 Rubiaceae]☆

44958 Rubia L. (1753)【汉】茜草属。【日】アカネ属。【俄】Марена。【英】Madder, Wild Madder。【隶属】茜草科 Rubiaceae。【包含】世界40-70种,中国36-39种。【学名诠释与讨论】〈阴〉(拉)ruber(阴性 rubra,中性 rubrum),红色的。rubeo,变红。现在分词 rubens,所有格 rubentis,变红的。指根干后外表红色。【分布】巴基斯坦,玻利维亚,地中海地区,墨西哥,中国,喜马拉雅山,热带和非洲南部,欧洲中部和西部,温带亚洲。【后选模式】Rubia tinctorum Linnaeus ■

44959 Rubiaceae Juss. (1789) (保留科名)【汉】茜草科。【日】アカネ科。【俄】Мареновые。【英】Bedstraw Family, Madder Family。【包含】世界500-637属6000-11800种,中国86-106属570-811种。【分布】热带,温带,个别种可达极地。【科名模式】Rubia L. ●■

44960 Rubimons B. S. Sun(1997) = Miscanthus Andersson(1855) [禾本科 Poaceae(Gramineae)]■

44961 Rubina Noronha (1790) = Antidesma L. (1753) [大戟科 Euphorbiaceae//五月茶科 Stilaginaceae//叶下珠科(叶萝藦科) Phyllanthaceae]●

44962 Rubioides Sol. ex Gaertn. (1788) = Opercularia Gaertn. (1788) [茜草科 Rubiaceae]■☆

44963 Rubiteucris Kudô(1929)【汉】掌叶石蚕属(野藿香属)。【英】Palmgermander。【隶属】唇形科 Lamiaceae(Labiatae)。【包含】世界1-33种,中国1种。【学名诠释与讨论】〈阴〉(拉)ruber,红色的+(属)Teucrium 石蚕属。指花红色。此属的学名是"Rubiteucris Kudo, Mem. Fac. Sci. Taihoku Imp. Univ. 2. 2:297. Dec 1929"。亦有文献把其处理为"Teucrium L. (1753)"的异名。【分布】不丹,尼泊尔,印度,中国。【模式】Rubiteucris aristata Tirveng. 。【参考异名】Cardioteucris C. Y. Wu(1962);Teucrium L. (1753)■

44964 Rubovietnamia Tirveng. (1998)【汉】越南茜属。【隶属】茜草科 Rubiaceae。【包含】世界2种,中国1种。【学名诠释与讨论】〈阴〉(拉)ruber,红色的+(地)Vietnam,越南。【分布】越南,中国。【模式】Rubovietnamia aristata Tirveng. ●

44965 Rubrivena M. Král(1985) = Persicaria (L.) Mill. (1754) [蓼科 Polygonaceae]■

44966 Rubus L. (1753)【汉】悬钩子属。【日】キイチゴ属。【俄】Ежевика, Костяника, Малина, Морошка, Рубус。【英】Berry, Blackberry, Bramble, Brambles, Dewberry, Hildaberry, Marionberry, Nectarberry, Phenomenal Berry, Raspberry, Silvaberry, Sun Berry, Taybercy, Tummelberry, Veitchberry, Youngberry。【隶属】蔷薇科 Rosaceae。【包含】世界250-700种,中国209-237种。【学名诠释与讨论】〈阳〉(拉)rubus,悬钩子的古名,来自 rubeo 变红,源于凯尔特语 rub 红色。指某些种类的果实成熟时红色。此属的学名"Rubus L. , Sp. Pl. 1:492. 1753 [1 May 1753]"是保留属名。法规未列出相应的废弃属名。【分布】巴拉圭,巴拿马,秘鲁,玻利维亚,厄瓜多尔,哥伦比亚(安蒂奥基亚),马达加斯加,美国(密苏里),尼加拉瓜,中国,广泛分布尤其北温带,中美洲。【模式】Rubus fruticosus Linnaeus。【参考异名】Ametron Raf. (1838);Ampomele Raf. (1838);Arodia Raf. ;Batidaea (Dumort.) Greene;Batidaea Greene (1906);Bossekia Neck. (1790) Nom. inval. ;Bossekia Neck. ex Greene (1906) Nom. illegit. ;Boulaya Gand. ;Calyctenium Greene (1906);Cardiobatus Greene (1906);Chamaemorus Ehrh. (1789) Nom. illegit. ;Chamaemorus Greene (1906) Nom. illegit. ;Chamaemorus Hill. (1756);Comarobatia Greene (1906);Cumbata Raf. (1838);Cylactis Raf. (1819);Cylastis Raf. (1838) Nom. illegit. ;Dalibarda Kalm ex L. (1753);Dalibarda L. (1753);Dictyosperma Post et Kuntze (1903) Nom. illegit. ;Dictysperma Raf. ;Dyctisperma Raf. (1838);Genevieria Gandng. (1886);Manteia Raf. (1838);Melanobatus Greene (1906);Oligacis Raf. ;Oreobatus Rydb. (1903);Parmena Greene (1906);Parniena Greene;Psychrobatia Greene (1906);Rubacer Rydb. (1903);Selnorition Raf. (1838)●■

44967 Ruckeria DC. (1838) = Euryops (Cass.) Cass. (1820) [菊科 Asteraceae(Compositae)]●■☆

44968 Ruckia Regel (1867) = Rhodostachys Phil. (1858) [凤梨科 Bromeliaceae]■☆

44969 Rudbeckia Adans. (1763) Nom. illegit. ≡ Conocarpus L. (1753) [使君子科 Combretaceae]●☆

44970 Rudbeckia L. (1753)【汉】金光菊属。【日】オオハンゴンソウ属,オホハンゴンサウ属,ルドベッキア属。【俄】Рудбекия。

【英】Black-eyed Dais，Black-eyed Susan，Cone Flower，Coneflower，Gloriosa Daisy，Mexican Hat，Rudbeckia。【隶属】菊科 Asteraceae（Compositae）。【包含】世界 15-45 种，中国 6-7 种。【学名诠释与讨论】〈阴〉（人）Olaus Johannes Rudbeck（1630-1702）和 Olaus（Olof）Olai Rudbeck（1660-1740）父子俩，瑞典乌普拉萨大学植物学教授。此属的学名，ING、GCI 和 IK 记载是“Rudbeckia Linnaeus，Sp. Pl. 906. 1 May 1753”。“Rudbeckia Adanson，Fam. 2：80，599［Rudbekia］. Jul-Aug 1763 ≡ Conocarpus L.（1753）”是晚出的非法名称。“Obeliscotheca Adanson，Fam. 2：128. Jul-Aug 1763”的晚出的同模式异名（Homotypic synonym，Nomenclatural synonym）。“Rudbeckia Adanson，Fam. 2：80，599［Rudbekia］. Jul-Aug 1763（non Linnaeus 1753）”是“Conocarpus L.（1753）［使君子科 Combretaceae］”的晚出的同模式异名。“Obeliscotheca Vaill. ex Adans.（1763）≡ Obeliscotheca Adans.（1763）Nom. illegit.”的命名人引证有误。【分布】玻利维亚，美国（密苏里），中国，中美洲。【后选模式】Rudbeckia laciniata Linnaeus。【参考异名】Centrocarpha D. Don（1831）；Dracopis（Cass.）Cass.（1825）Nom. illegit.；Dracopis Cass.（1825）；Obeliscaria Cass.（1825）Nom. illegit.；Obeliscotheca Adans.（1763）Nom. illegit.；Obeliscotheca Vaill. ex Adans.（1763）Nom. illegit.；Perambus Raf.（1820）；Tithonia Raeusch.（1797）Nom. illegit. ■

44971　Rudbekia Scop.（1777）Nom. illegit. ［菊科 Asteraceae（Compositae）］■☆

44972　Ruddia Yakovlev（1971）【汉】薄皮红豆属。【隶属】豆科 Fabaceae（Leguminosae）。【包含】世界 1 种。【学名诠释与讨论】〈阴〉（人）Rudd，Velva Elaine，1910-?，植物学者。此属的学名是“Ruddia Yakovlev，Bot. Zurn.（Moscow & Leningrad）56：654. Mai 1971”。亦有文献把其处理为“Ormosia Jacks.（1811）（保留属名）”的异名。【分布】东南亚，印度。【模式】Ruddia fordiana（D. Oliver）Yakovlev［Ormosia fordiana D. Oliver］。【参考异名】Ormosia Jacks.（1811）（保留属名）●☆

44973　Rudelia B. D. Jacks. = Riedelia Oliv.（1883）（保留属名）［姜科（蘘荷科）Zingiberaceae］■☆

44974　Rudelia Oliv.（1883）Nom. illegit. ≡ Riedelia Oliv.（1883）（保留属名）［姜科（蘘荷科）Zingiberaceae］■☆

44975　Rudella Loes.，Nom. illegit. = Riedelia Oliv.（1883）（保留属名）；~ = Rudelia B. D. Jacks.［姜科（蘘荷科）Zingiberaceae］■☆

44976　Rudgea Salisb.（1807）【汉】鲁奇茜属。【隶属】茜草科 Rubiaceae。【包含】世界 150 种。【学名诠释与讨论】〈阴〉（人）Edward Rudge，1763-1846，英国植物学者。【分布】巴拉圭，巴拿马，秘鲁，玻利维亚，厄瓜多尔，哥伦比亚（安蒂奥基亚），美国，尼加拉瓜，西印度群岛，中美洲。【后选模式】Rudgea lancifolia R. A. Salisbury［as ‘lanceaefolia’］。【参考异名】Ceratites Miers（1878）Nom. illegit.；Ceratites Sol. ex Miers（1878）；Pachyanthus Post et Kuntze（1903）Nom. illegit.；Pachysanthus C. Presl（1845）Nom. illegit. ■☆

44977　Rudicularia Moc. et Sessé ex Ramfrez（1904）= Semeiandra Hook. et Arn.（1838）［柳叶菜科 Onagraceae］■☆

44978　Rudliola Baill. = Brillantaisia P. Beauv.（1818）［爵床科 Acanthaceae］●■☆

44979　Rudolfangraecum Szlach.，Mytnik et Grochocka（2013）【汉】马岛茶兰属。【隶属】兰科 Orchidaceae。【包含】世界 3 种。【学名诠释与讨论】〈中〉（人）Friedrich Richard Rudolf Schlechter，1872-1925，德国植物学家，旅行家，兰花采集家，Engler 的学生+（属）Angraecum 风兰属（安顾兰属，茶兰属，大慧星兰属，武夷兰属）。【分布】马达加斯加。【模式】Rudolfangraecum magdalenae（Schltr. et H. Perrier）Szlach.，Mytnik et Grochocka［Angraecum magdalenae Schltr. et H. Perrier］☆

44980　Rudolfiella Hoehne（1944）【汉】鲁道兰属。【隶属】兰科 Orchidaceae。【包含】世界 7 种。【学名诠释与讨论】〈阴〉（人）Friedrich Richard Rudolf Schlechter，1872-1925，德国植物学者，旅行家，兰花采集家，Engler 的学生+-ellus，-ella，-ellum，加在名词词干后面形成指小式的词尾。或加在人名、属名等后面以组成新属的名称。此属的学名“Rudolfiella Hoehne，Arq. Bot. Estado São Paulo ser. 2. 2：14. Nov 1944”是一个替代名称。“Lindleyella Schlechter，Orchideen 414. 10 Oct 1914”是一个非法名称（Nom. illegit.），因为此前已经有了“Lindleyella Rydberg，N. Amer. Fl. 22：259. 12 Jun 1908 ≡ Lindleya Kunth（1824）（保留属名）= Neolindleyella Fedde（1940）Nom. illegit.［蔷薇科 Rosaceae］”。故用“Rudolfiella Hoehne（1944）”替代之。【分布】巴拿马，秘鲁，厄瓜多尔，哥伦比亚（安蒂奥基亚），玻利维亚，西印度群岛，中美洲。【模式】Rudolfiella aurantiaca（Lindley）Hoehne［Bifrenaria auranthiaca Lindley］。【参考异名】Lindleyella Schlr.（1914）Nom. illegit.；Schlechterella（Schltr.）Hoehne（1944）Nom. illegit.；Schlechterella Hoehne（1944）Nom. illegit. ■☆

44981　Rudolphia Medik.（1787）= Malpighia L.（1753）［金虎尾科（黄褥花科）Malpighiaceae］●

44982　Rudolphia Willd.（1801）Nom. illegit. ≡ Rhodopis Urb.（1900）（保留属名）；~ = Neorudolphia Britton（1924）［豆科 Fabaceae（Leguminosae）//蝶形花科 Papilionaceae］■☆

44983　Rudolpho-Roemeria Steud. ex Hochst.（1844）= Kniphofia Moench（1794）（保留属名）［百合科 Liliaceae//阿福花科 Asphodelaceae］■☆

44984　Rudua F. Maek.（1955）= Phaseolus L.（1753）［豆科 Fabaceae（Leguminosae）//蝶形花科 Papilionaceae］■

44985　Ruehssia H. Karst.（1849）Nom. inval. ≡ Ruehssia H. Karst. ex Schltdl.（1853）；~ = Marsdenia R. Br.（1810）（保留属名）［萝藦科 Asclepiadaceae］●

44986　Ruehssia H. Karst. ex Schltdl.（1853）= Marsdenia R. Br.（1810）（保留属名）［萝藦科 Asclepiadaceae］●

44987　Ruelingia Ehrh.（1784）（废弃属名）≡ Anacampseros L.（1758）（保留属名）［马齿苋科 Portulacaceae//回欢草科 Anacampserotaceae］■☆

44988　Ruelingia F. Muell.（1881）Nom. illegit.（废弃属名）= Rulingia R. Br.（1820）（保留属名）［梧桐科 Sterculiaceae//锦葵科 Malvaceae］●■☆

44989　Ruellia L.（1753）【汉】芦莉草属。【日】リュエリア属，ルイラサウ属，ルイラソウ属，ルエルリア属。【俄】Руеллия，Руэллия。【英】Manyroot，Ruellia，Wild Petunia。【隶属】爵床科 Acanthaceae。【包含】世界 5-150 种，中国 2 种。【学名诠释与讨论】〈阴〉（人）Jean Ruel（Joannes Ruellius，Jean de la Ruelle，du Ruel），1474-1537，法国医生，植物学者。此属的学名，ING、APNI、GCI、TROPICOS 和 IK 记载是“Ruellia Linnaeus，Sp. Pl. 634. 1 May 1753”。“Cryphiacanthus C. G. D. Nees，Delect. Sem. Horto Bot. Vratisl. 1841：[3]. 1841”是“Ruellia L.（1753）”的晚出的同模式异名（Homotypic synonym，Nomenclatural synonym）。“Ruellia Nees”是“Hemigraphis Nees（1847）［爵床科 Acanthaceae］”的异名。【分布】巴基斯坦，巴拉圭，巴拿马，秘鲁，玻利维亚，厄瓜多尔，哥伦比亚（安蒂奥基亚），马达加斯加，美国（密苏里），尼加拉瓜，中国，中美洲。【后选模式】Ruellia tuberosa Linnaeus。【参考异名】Antheilema Raf.（1838）；Aphragmia Nees（1836）；Aporuellia C. B. Clarke（1908）；Arrhostoxylon Mart. ex Nees（1847）Nom. illegit.；Arrhostoxylon Nees；Arrhostoxylum Mart. ex Nees（1847）Nom. illegit.；Arrhostoxylum Nees（1847）Nom.

illegit. ; Aubletia Neck. (1790) Nom. inval. ; Buellia Raf. ; Copioglossa Miers (1863); Cryphiacanthus Nees (1841) Nom. illegit. ; Cyrtacanthus Mart. ex Nees (1847); Dinteracanthus C. B. Clarke ex Schinz (1915); Dipteracanthus Nees (1832); Dizygandra Meisn. (1840); Endosiphon T. Anderson ex Benth. (1876) Nom. illegit. ; Endosiphon T. Anderson ex Benth. et Hook. f. (1876); Enslenia Raf. (1817); Eurychanes Nees (1847); Fabria E. Mey. (1843) Nom. inval. ; Fabria E. Mey. (1847); Gymnacanthus Oerst. (1854); Hemonacanthus Nees (1847); Holtzendorffia Klotzsch et H. Karst. ex Nees (1847); Homotropium Nees (1847); Larysacanthus Oerst. (1854); Micraea Miers (1826); Nelensia Poir. (1823) Nom. illegit. , Nom. superfl. ; Neowedia Schrad. (1821); Nothoruellia Bremek. (1948) Nom. illegit. ; Nothoruellia Bremek. et Narm. -Bremek. (1948); Ophthalmacanthus Nees (1847); Patersonia Poir. (1816) Nom. illegit. (废弃属名); Pattersonia J. F. Gmel. (1792); Salpingacanthus S. Moore (1904); Sclerocalyx Nees (1844) Nom. illegit. ; Scorodoxylum Nees (1846); Siphonacanthus Nees (1847); Solaenacanthus Oerst. (1854); Solenacanthus Müll. Berol. (1859); Stemonacanthus Nees (1847); Stenoschista Bremek. (1943); Stephanophysum Pohl (1831); Ulleria Bremek. (1969)■●

44990 Ruellia Nees =Hemigraphis Nees emend. T. Anders. (1847) ［爵床科 Acanthaceae］■

44991 Ruelliola Baill. (1890) = Brillantaisia P. Beauv. (1818) ［爵床科 Acanthaceae］●■☆

44992 Ruelliopsis C. B. Clarke (1899)【汉】类芦莉草属。【隶属】爵床科 Acanthaceae。【包含】世界 2-3 种。【学名诠释与讨论】〈阴〉(属) Ruellia 芦莉草属+希腊文 opsis, 外观, 模样, 相似。【分布】热带和非洲南部。【模式】Ruelliopsis setosa (C. G. D. Nees) C. B. Clarke ［Calophanes setosus C. G. D. Nees］■☆

44993 Rueppelia A. Rich. (1847) = Aeschynomene L. (1753) ［豆科 Fabaceae(Leguminosae)//蝶形花科 Papilionaceae］●■

44994 Rufacer Small (1933) = Acer L. (1753) ［槭树科 Aceraceae］●

44995 Rufodorsia Wiehler (1975)【汉】红背苣苔属(鲁福苣苔属)。【隶属】苦苣苔科 Gesneriaceae。【包含】世界 4 种。【学名诠释与讨论】〈阴〉(拉) rufus, 指小式 rufulus, 淡红色的+dorsum, 背部, 脊。【分布】巴拿马, 哥斯达黎加, 美国, 尼加拉瓜, 中美洲。【模式】Rufodorsia major H. Wiehler ■●☆

44996 Rugelia Shuttlew. ex Chapm. (1860)【汉】冬泉菊属。【英】Rugel's Ragwort, Winter Well。【隶属】菊科 Asteraceae(Compositae)//千里光科 Senecionidaceae。【包含】世界 1 种。【学名诠释与讨论】〈阴〉(人) Ferdinand Ignatius Xavier Rugel, 1806-1879, 美国植物学者, 医生, 药剂师, 植物采集家, 模式标本的采集者。此属的学名是"Rugelia Shuttleworth ex Chapman, Fl. S. U. S. 246. 14 Aug 1860"。亦有文献把其处理为"Senecio L. (1753)"的异名。【分布】美国(东南部)。【模式】Rugelia nudicaulis Shuttleworth ex Chapman。【参考异名】Senecio L. (1753)■☆

44997 Rugendasia Schiede ex Schltdl. (1841) = Weldenia Schult. f. (1829) ［鸭趾草科 Commelinaceae］■☆

44998 Rugenia Neck. (1790) Nom. inval. =Eugeissona Griff. (1844) ［棕榈科 Arecaceae(Palmae)］●

44999 Rugoloa Zuloaga (2014)【汉】巴西稷属。【隶属】禾本科 Poaceae (Gramineae)。【包含】世界 3 种。【学名诠释与讨论】〈阴〉(人) Rugolo, 植物学者。【分布】巴西, 玻利维亚。【模式】Rugoloa hylaeica (Mez)Zuloaga ［Panicum hylaeicum Mez］☆

45000 Ruhamon Post et Kuntze (1903) = Rouhamon Aubl. (1775); ~ = Strychnos L. (1753) ［马钱科(断肠草科, 马钱子科)Loganiaceae］●

45001 Ruilopezia Cuatrec. (1976) = Espeletia Mutis ex Bonpl. (1808) ［菊

科 Asteraceae(Compositae)］●☆

45002 Ruizia Cav. (1786)【汉】鲁伊斯梧桐属。【英】Ruizia。【隶属】梧桐科 Sterculiaceae//锦葵科 Malvaceae。【包含】世界 1-3 种。【学名诠释与讨论】〈阴〉(人) Hipolito Ruiz Lopez, 1754-1815, 西班牙植物学者, 植物采集家, Casimiro Gomez de Ortega(1740-1818)的学生。此属的学名, ING、GCI、TROPICOS 和 IK 记载是"Ruizia Cav. , Diss. 2, Secunda Diss. Bot. ［App.］: [iv]. 1786 [Jan-Apr 1786]"。"Ruizia Pavón in Ruiz et Pavón, Prodr. 135. Oct (prim.) 1794 ≡ Peumus Molina 1782(nom. cons.)"是晚出的非法名称。"Ruizia Ruiz et Pav. (1794)≡Ruizia Pav. (1794)Nom. illegit. "的命名人引证有误。亦有文献把"Ruizia Cav. (1786)"处理为"Helmiopsiella Arènes(1956)"的异名。【分布】哥伦比亚, 马达加斯加。【模式】未指定。【参考异名】Helmiopsiella Arènes(1956); Koenigia Comm. ex Cav. ; Ruizia Mutis ●☆

45003 Ruizia Mutis =Ruizia Cav. (1786) ［梧桐科 Sterculiaceae//锦葵科 Malvaceae］●☆

45004 Ruizia Pav. (1794) Nom. illegit. ≡Peumus Molina (1782) (保留属名) ［香材树科(杯轴花科, 黑樱木科, 芒籽科, 蒙立米科, 檬立木科, 香材木科, 香树木科) Monimiaceae］●☆

45005 Ruizia Ruiz et Pav. (1794) Nom. illegit. ≡Ruizia Pav. (1794) Nom. illegit. ; ~ ≡Peumus Molina(1782)(保留属名) ［香材树科(杯轴花科, 黑樱木科, 芒籽科, 蒙立米科, 檬立木科, 香材木科, 香树木科) Monimiaceae］●☆

45006 Ruizodendron R. E. Fr. (1936)【汉】鲁伊斯木属(鲁泽木属)。【隶属】番荔枝科 Annonaceae。【包含】世界 1 种。【学名诠释与讨论】〈中〉(人) Hipolito Ruiz Lopez, 1754-1815, 西班牙植物学者, 植物采集家+dendron 或 dendros, 树木, 棍, 丛林。【分布】秘鲁, 玻利维亚。【模式】Ruizodendron ovale (Ruiz et Pavon) R. E. Fries ［Guatteria ovalis Ruiz et Pavon］●☆

45007 Ruizterania Marc. -Berti (1969) = Qualea Aubl. (1775) ［独蕊科(蜡烛树科, 囊萼花科) Vochysiaceae］●☆

45008 Rulac Adans. (1763) Nom. illegit. ≡Negundo Boehm. (1760); ~ = Acer L. (1753) ［槭树科 Aceraceae］●

45009 Rulingia R. Br. (1820) (保留属名)【汉】龙鳞属。【日】リュウリンジュ属。【隶属】梧桐科 Sterculiaceae//锦葵科 Malvaceae。【包含】世界 20-22 种。【学名诠释与讨论】〈阴〉(人) John Phillipp Ruling, 1741-, 德国植物学者, 医生。此属的学名"Rulingia R. Br. in Bot. Mag. ; ad t. 2191. 1820"是保留属名。相应的废弃属名是马齿苋科 Portulacaceae 的"Ruelingia Ehrh. in Neues Mag. Aerzte 6: 297. 12 Mai-7 Sep 1784 ≡ Anacampseros L. (1758)(保留属名)"。梧桐科 Sterculiaceae 的"Ruelingia F. Muell. , Fragm. (Mueller) 11(93): 113, in obs. 1881 ［Aug 1881］=Rulingia R. Br. (1820)(保留属名)"亦应废弃。【分布】澳大利亚, 马达加斯加。【模式】Rulingia pannosa R. Brown。【参考异名】Achilleopsis Turcz. (1849); Anacampseros L. (1758)(保留属名); Ruelingia Ehrh. (1784)(废弃属名); Ruelingia F. Muell. (1881)Nom. illegit. (废弃属名)●☆

45010 Rumania Parl. =Leucojum L. (1753) ［石蒜科 Amaryllidaceae//雪片莲科 Leucojaceae］■●

45011 Rumea Poit. (1814) = Xylosma G. Forst. (1786) (保留属名) ［刺篱木科(大风子科) Flacourtiaceae］●

45012 Rumex L. (1753)【汉】酸模属(羊蹄属)。【日】ギシギシ属。【俄】Трава заячья, Щавель, Шульха。【英】Dock, Doken, Sorrel。【隶属】蓼科 Polygonaceae。【包含】世界 150-200 种, 中国 27-33 种。【学名诠释与讨论】〈阴〉(拉) rumex, 所有格 rumicis, 酸模的古名。原义是一种枪, 指叶形似枪。此属的学名, ING、TROPICOS、APNI、GCI 和 IK 记载是"Rumex L. , Sp. Pl. 1: 333. 1753 [1 May 1753]"。"Lapathum P. Miller, Gard. Dict. Abr. ed. 4. 28 Jan 1754"是"Rumex L. (1753)"的

晚出的同模式异名(Homotypic synonym, Nomenclatural synonym)。【分布】巴基斯坦,巴拉圭,巴勒斯坦,巴拿马,秘鲁,玻利维亚,厄瓜多尔,哥伦比亚(安蒂奥基亚),马达加斯加,美国(密苏里),尼加拉瓜,中国,广泛分布尤其北温带,中美洲。【后选模式】Rumex patientia Linnaeus。【参考异名】Acetosa Mill. (1754); Acetosa Tourn. ex Mill. (1754); Acetosella (Meisn.) Fourr. (1869); Analiton Raf. (1837); Atecosa Raf. (1837); Bucephalophora Pau(1887); Eutralia (Raf.) B. D. Jacks.; Eutralia Raf. (1837); Lapathum Mill. (1754) Nom. illegit.; Menophyla Raf. (1837); Nemolapathum Ehrh. (1789); Oxylapathon St. -Lag. (1881) Nom. illegit.; Patientia Raf. (1837); Pauladolfia Börner(1912) Nom. illegit.; Pauladolphia Börner(1913) Nom. illegit.; Rhodoptera Raf. (1837); Steinmannia Opiz (1852); Tomaris Raf. (1837); Vibones Raf. (1837)●■

45013 Rumfordia DC. (1836)【汉】翼柄菊属。【隶属】菊科 Asteraceae (Compositae)。【包含】世界 8-12 种。【学名诠释与讨论】〈阴〉(人) Rumford。【分布】巴拿马,中美洲。【模式】Rumfordia floribunda A. P. de Candolle ●■☆

45014 Rumia Hoffm. (1816)【汉】鲁米草属。【俄】Румия。【隶属】伞形花科(伞形科)Apiaceae(Umbelliferae)。【包含】世界 1 种。【学名诠释与讨论】〈阴〉(人)Rumi。【分布】克里米亚半岛。【后选模式】Rumia taurica (Willdenow)G. F. Hoffmann [Cachrys taurica Willdenow]■☆

45015 Rumicaceae Durand =Polygonaceae Juss. (保留科名)●■

45016 Rumicaceae Martinov(1820)= Polygonaceae Juss. (保留科名)●■

45017 Rumicastrum Ulbr. (1934)【汉】离柱马齿苋属。【隶属】马齿苋科 Portulacaceae。【包含】世界 1 种。【学名诠释与讨论】〈中〉(希) rumex,所有格 rumicis,酸模+-astrum,指示小的词尾,也有“不完全相似”的含义。【分布】澳大利亚(西南部)。【模式】Rumicastrum chamaecladum (Diels)Ulbrich [Atriplex chamaecladum Diels]■☆

45018 Rumicicarpus Chiov. (1929)= Triumfetta L. (1753)[椴树科(椴科,田麻科)Tiliaceae//锦葵科 Malvaceae]●■

45019 Ruminia Parl. (1858)= Leucojum L. -(1753)[石蒜科 Amaryllidaceae//雪片莲科 Leucojaceae]■●

45020 Rumpfia L. (1754) Nom. illegit. = Rumphia L. (1753)[漆树科 Anacardiaceae]●

45021 Rumphia L. (1753)= Croton L. (1753)[大戟科 Euphorbiaceae//巴豆科 Crotonaceae]●

45022 Rumputris Raf. (1838)= Cassytha L. (1753)[樟科 Lauraceae//无根藤科 Cassythaceae]■●

45023 Runcina Allem. (1770)= Cenchrus L. (1753)[禾本科 Poaceae (Gramineae)]■

45024 Rungia Nees(1832)【汉】孩儿草属(明萼草属)。【日】シロハグロ属。【英】Childgrass,Rungia。【隶属】爵床科 Acanthaceae。【包含】世界 50-52 种,中国 15-17 种。【学名诠释与讨论】〈阴〉(人)F. F. Runge,印度人,Robert Wight 的绘图员。【分布】马达加斯加,印度,印度尼西亚(苏拉威西岛),中国,新几内亚岛,热带非洲,东南亚西部。【模式】未指定■

45025 Runyonia Rose(1922)= Agave L. (1753)[石蒜科 Amaryllidaceae//龙舌兰科 Agavaceae]■

45026 Rupala Vahl(1794)= Roupala Aubl. (1775)[山龙眼科 Proteaceae]●☆

45027 Rupalleya Morière (1864)= Dichelostemma Kunth (1843); ~ = Stropholirion Torr. (1857)[百合科 Liliaceae//葱科 Alliaceae]■☆

45028 Rupertia J. W. Grimes(1990)【汉】北美补骨脂属。【隶属】豆科 Fabaceae(Leguminosae)//蝶形花科 Papilionaceae。【包含】世界 3 种。【学名诠释与讨论】〈阴〉(人)Rupert C. Barneby,1911-2000,出生于英格兰的美国学者,他一生曾经命名 1160 个植物新种。此属的学名是“Rupertia J. W. Grimes,Memoirs of The New York Botanical Garden

61: 52-56,f. 6. 1990”。亦有文献把其处理为“Psoralea L. (1753)”的异名。【分布】北美洲。【模式】Rupertia physodes (Douglas ex Hook.)J. W. Grimes [Psoralea physodes Douglas ex Hook.]。【参考异名】Psoralea L. (1753)●■☆

45029 Rupestrea R. Goldenb. ,Almeda et Michelang. (2015)【汉】岩石野牡丹属。【隶属】野牡丹科 Melastomataceae//米氏野牡丹科 Miconiaceae。【包含】世界 2 种。【学名诠释与讨论】〈阴〉(拉) rupestris,生长在岩石间的。【分布】巴西。【模式】Rupestrea johnwurdackiana (Baumgratz et D’El Rei Souza)Michelang. ,Almeda et R. Goldenb. [Miconia johnwurdackiana Baumgratz et D’El Rei Souza]☆

45030 Rupestrina Prov. (1862)= Trisetum Pers. (1805)[禾本科 Poaceae(Gramineae)]■

45031 Rupicapnos Pomel (1860)【汉】岩堇属。【隶属】罂粟科 Papaveraceae//紫堇科(荷苞牡丹科)Fumariaceae。【包含】世界 7 种。【学名诠释与讨论】〈阴〉(拉)pupes,所有格 pupis,岩石。pupina,岩缝+kapnos,烟,蒸汽,延胡索。【分布】西班牙,非洲北部。【模式】未指定●☆

45032 Rupichloa Salariato et Morrone(2009)【汉】巴西岩禾属。【隶属】禾本科 Poaceae(Gramineae)。【包含】世界 2 种。【学名诠释与讨论】〈阴〉(拉)pupes,所有格 pupis,岩石+chloe,草的幼芽,嫩草,禾草。【分布】巴西。【模式】Rupichloa acuminata (Renvoize) Salariato et Morrone [Streptostachys acuminata Renvoize]■☆

45033 Rupicola Maiden et Betche(1898)【汉】竹柏石南属。【隶属】尖苞木科 Epacridaceae//杜鹃花科(欧石南科)Ericaceae。【包含】世界 4 种。【学名诠释与讨论】〈阴〉(拉)pupes,所有格 pupis,岩石+cola,居住者。此属的学名,ING、TROPICOS 和 IK 记载是“Rupicola Maiden et Betche,Proceedings of the Linnean Society of New South Wales 23(1)1898”。IK 则记载为“Rupicola Maiden,Proc. Linn. Soc. New South Wales xxiii. (1898)774”。四者引用的文献相同。【分布】澳大利亚。【模式】Rupicola sprengelioides Maiden et Betche。【参考异名】Rupicola Maiden(1898)●☆

45034 Rupicola Maiden(1898)Nom. illegit. ≡ Rupicola Maiden et Betche(1899)[尖苞木科 Epacridaceae//杜鹃花科(欧石南科) Ericaceae]●☆

45035 Rupifraga(Stemb.)Raf. (1837)Nom. illegit. ≡ Rupifraga Raf. (1837)Nom. illegit. ;~ ≡ Sekika Medik. (1791);~ = Saxifraga L. (1753)[虎耳草科 Saxifragaceae]■

45036 Rupifraga L. ex Raf. (1837)Nom. illegit. ≡ Rupifraga Raf. (1837)Nom. illegit. ;~ ≡ Sekika Medik. (1791);~ = Saxifraga L. (1753)[虎耳草科 Saxifragaceae]■

45037 Rupifraga Raf. (1837)Nom. illegit. ≡ Sekika Medik. (1791); ~ = Saxifraga L. (1753)[虎耳草科 Saxifragaceae]■

45038 Rupiphila Pimenov et Lavrova(1986)【汉】岩茴香属。【隶属】伞形花科(伞形科)Apiaceae(Umbelliferae)。【包含】世界 1 种,中国 1 种。【学名诠释与讨论】〈阴〉(拉)pupes,所有格 pupis+philos,喜欢的,爱的。此属的学名是“Rupiphila M. G. Pimenov et T. V. Lavrova in M. G. Pimenov,V. N. Tikhomirov et T. V. Lavrova,Bjull. Moskovsk. Obsc. Isp. Prir. ,Otd. Biol. 91(2): 97. 12 Mar-30 Apr 1986”。亦有文献把其处理为“Ligusticum L. (1753)”的异名。【分布】朝鲜,俄罗斯,日本,中国。【模式】Rupiphila tachiroei (A. R. Franchet et P. A. L. Savatier)M. G. Pimenov et T. V. Lavrova [Seseli tachiroei A. R. Franchet et P. A. L. Savatier]。【参考异名】Ligusticum L. (1753)■

45039 Ruppalleya Krause = Dichelostemma Kunth (1843); ~ = Rupalleya Morière(1864);~ =Stropholirion Torr. (1857)[百合科 Liliaceae//葱科 Alliaceae]■☆

45040 Ruppelia Baker (1871) = Aeschynomene L. (1753);~ = Rueppelia A. Rich. (1847) [豆科 Fabaceae(Leguminosae)//蝶形花科 Papilionaceae]●■

45041 Ruppia L. (1753)【汉】川蔓藻属(流苏菜属)。【日】カハツルモ属,カワツルモ属。【俄】Руппия。【英】Ditch-grass,Ruppia,Tasselweed,Widgeon Grass,Widgeonweed。【隶属】眼子菜科 Potamogetonaceae//川蔓藻科(流苏菜科,蔓藻科)Ruppiaceae。【包含】世界3-20种,中国1种。【学名诠释与讨论】〈阴〉(人) Heinrich Bernhard Ruppius,1688-1719,德国植物学者,Flora Jenensis 的作者。此属的学名,ING、TROPICOS、APNI、GCI 和 IK 记载是"Ruppia L. ,Sp. Pl. 1:127. 1753 [1 May 1753]"。"Bucafer Adanson,Fam. 2:469. Jul-Aug 1763"是"Ruppia L. (1753)"的晚出的同模式异名(Homotypic synonym,Nomenclatural synonym)。【分布】巴基斯坦,巴拿马,秘鲁,玻利维亚,厄瓜多尔,哥斯达黎加,马达加斯加,美国(密苏里),尼加拉瓜,中国,温带和亚热带,中美洲。【模式】Ruppia maritima Linnaeus。【参考异名】Bucafer Adans. (1763) Nom. illegit. ;Buccaferrea Petagna (1787);Dzieduszyckia Rehm. (1868)■■

45042 Ruppiaceae Horan. (1834)(保留科名)[亦见 Polygonaceae Juss. (保留科名)蓼科和 Potamogetonaceae Bercht. et J. Presl(保留科名)眼子菜科]【汉】川蔓藻科(流苏菜科,蔓藻科)。【日】カワツルモ科。【俄】Руппиевые。【英】Ditch-grass Family,Widgeonweed Family。【包含】世界1属2-10种,中国1属1种。【分布】温带和亚热带。【科名模式】Ruppia L. (1753)■

45043 Ruppiaceae Horan. ex Hutch. = Ruppiaceae Horan. (保留科名)■

45044 Ruppiaceae Hutch. =Ruppiaceae Horan. (保留科名)■

45045 Ruprechtia C. A. Mey. (1840)【汉】多花蓼树属(鲁氏蓼属)。【英】Viraru。【隶属】蓼科 Polygonaceae。【包含】世界20种。【学名诠释与讨论】〈阴〉(人) Franz Josef (Ivanovich) Ruprecht,1814-1870,澳大利亚植物学者,医生。另说是俄罗斯植物学者。此属的学名,ING、TROPICOS 和 IK 记载是"Ruprechtia C. A. Mey. ,Mém. Acad. Imp. Sci. Saint-Pétersbourg,Sér. 6,Sci. Math. ,Seconde Pt. Sci. Nat. 6(2,Bot.):148(-150;t. 4). 1840 [Nov 1840]"。"Ruprechtia Opiz,Seznam 86(1852) = Thalictrum L. (1753)"是晚出的非法名称。【分布】巴拉圭,巴拿马,秘鲁,玻利维亚,厄瓜多尔,墨西哥至阿根廷和乌拉圭,尼加拉瓜,特立尼达岛,中美洲。【后选模式】Ruprechtia ramiflora (N. J. Jacquin) C. A. Meyer [Triplaris ramiflora N. J. Jacquin]。【参考异名】Magonia Vell. (1829) Nom. illegit. ●☆

45046 Ruprechtia Opiz(1852) Nom. illegit. = Thalictrum L. (1753) [毛茛科 Ranunculaceae]■

45047 Ruprechtia Rchb. =Plinthus Fenzl(1839) [番杏科 Aizoaceae] ●☆

45048 Ruptiliocarpon Hammel et N. Zamora(1993)【汉】无梗鳞球穗属。【隶属】鳞球穗科 Lepidobotryaceae。【包含】世界1种。【学名诠释与讨论】〈中〉(拉) ruptilis,不规则开裂的,龟裂状的+carpon,果实。【分布】巴拿马,哥伦比亚,哥伦比亚(安蒂奥基亚),哥斯达黎加,尼加拉瓜,中美洲。【模式】Ruptiliocarpon caracolito B. E. Hammel et N. Zamora ●☆

45049 Rurea Post et Kuntze(1903) = Rourea Aubl. (1775)(保留属名) [牛栓藤科 Connaraceae]●

45050 Rureopsis Post et Kuntze(1903) = Rourea Aubl. (1775)(保留属名);~ =Roureopsis Planch. (1850) [牛栓藤科 Connaraceae]●

45051 Rusaea J. F. Gmel. =Roussea Sm. (1789) [鲁索木科(卢梭木科,毛岛藤灌木科)Rousseaceae//醋栗科(茶藨子科)Grossulariaceae//雨湿木科(流苏边脉科)Brexiaceae]●☆

45052 Rusbya Britton(1893)【汉】杉叶莓属。【隶属】杜鹃花科(欧石南科)Ericaceae。【包含】世界1种。【学名诠释与讨论】〈阴〉(人) Henry Kurd Rusby,1855-1940,美国植物学者,医生,植物采集家。【分布】玻利维亚。【模式】未指定☆

45053 Rusbyanthus Gilg(1895) = Macrocarpaea (Griseb.) Gilg(1895) [龙胆科 Gentianaceae]●☆

45054 Rusbyella Rolfe ex Rusby(1896)【汉】鲁斯兰属。【隶属】兰科 Orchidaceae。【包含】世界1种。【学名诠释与讨论】〈阴〉(人) Henry Hurd Rusby,1855-1940,美国植物学者,医生,植物采集家+-ellus,-ella,-ellum,加在名词词干后面形成指小式的词尾。或加在人名、属名等后面以组成新属的名称。此属的学名,ING 和 GCI 记载是"Rusbyella Rolfe in H. H. Rusby,Mem. Torrey Bot. Club 6:122. 17 Nov 1896"。IK 和 TROPICOS 则记载为"Rusbyella Rolfe ex Rusby,Mem. Torrey Bot. Club vi. (1896) 122"。四者引用的文献相同。【分布】秘鲁,玻利维亚,厄瓜多尔。【模式】Rusbyella caespitosa Rolfe。【参考异名】Buesiella C. Schweinf. (1952);Rusbyella Rolfe(1896) Nom. illegit. ■☆

45055 Rusbyella Rolfe(1896) Nom. illegit. ≡Rusbyella Rolfe ex Rusby (1896) [兰科 Orchidaceae]■☆

45056 Ruscaceae M. Roem. (1840)(保留科名) [亦见 Asparagaceae Juss. (保留科名)天门冬科和 Rutaceae Juss. (保留科名)芸香科]【汉】假叶树科。【日】ナギイカダ科。【俄】Рускусовые。【英】Butchersbroom Family。【包含】世界3-4属310种,中国1属2种。【分布】欧洲中部和西部,地中海,亚洲西部。【科名模式】Ruscus L. (1753)●

45057 Ruscaceae Spreng. = Asparagaceae Juss. (保留科名);~ = Ruscaceae M. Roem. (保留科名)●■

45058 Ruscaceae Spreng. ex Hutch. = Ruscaceae M. Roem. (保留科名)●

45059 Ruschia Schwantes(1926)【汉】舟叶花属。【日】ルシア属。【英】Purple Dew-plant。【隶属】番杏科 Aizoaceae。【包含】世界350-360种。【学名诠释与讨论】〈阴〉(人) Ernst Julius Rusch,1867-1957,南非植物学者,植物采集家。此属的学名是"Ruschia Schwantes,Z. Sukkulentenk. 2:186. 30 Apr 1926"。亦有文献把其处理为"Mesembryanthemum L. (1753)(保留属名)"的异名。【分布】非洲南部。【模式】Ruschia rupicola (Engler) Schwantes [Mesembryanthemum rupicolum Engler]。【参考异名】Mesembryanthemum L. (1753)(保留属名)●■☆

45060 Ruschianthemum Friedrich(1960)【汉】棒玉树属。【隶属】番杏科 Aizoaceae。【包含】世界2种。【学名诠释与讨论】〈中〉(人) Ernst Julius Rusch,1867-1957,南非植物学者,植物采集家+anthemon,花。【分布】非洲西南部。【模式】Ruschianthemum gigas (K. Dinter) H. C. Friedrich [Mesembryanthemum gigas K. Dinter]●☆

45061 Ruschianthus L. Bolus(1960)【汉】镰刀玉属。【隶属】番杏科 Aizoaceae。【包含】世界1种。【学名诠释与讨论】〈阳〉人) Ernst Julius Rusch,1867-1957,南非植物学者,植物采集家+anthos,花。【分布】非洲西南部。【模式】Ruschianthus falcatus H. M. L. Bolus ■☆

45062 Ruschiella Klak(2005)【汉】小舟叶花属。【隶属】番杏科 Aizoaceae。【包含】世界4种。【学名诠释与讨论】〈阴〉(属) Ruschia 舟叶花属+-ellus,-ella,-ellum,加在名词词干后面形成指小式的词尾。或加在人名、属名等后面以组成新属的名称。【分布】澳大利亚,非洲。【模式】Ruschiella argentea (L. Bolus) Klak [Mesembryanthemum argenteum L. Bolus]●☆

45063 Ruscus L. (1753)【汉】肖假叶树属(假叶树属)。【日】ナギイカダ属。【俄】Иглица。【英】Butcher's Broom,Butcher's-broom,Butchers Broom,Butchersbroom。【隶属】百合科 Liliaceae//假叶树科 Ruscaceae。【包含】世界6-7种,中国2种。【学名诠释与讨论】〈阳〉(拉)ruscus,假叶树的古名。此属的学名,ING、TROPICOS 和 IK 记载是"Ruscus L.,Sp. Pl. 2:1041. 1753〔1 May 1753〕"。"Oxymyrsine Bubani,Fl. Pyrenaea 4:121. 1901 (sero?)"是"Ruscus L.(1753)"的晚出的同模式异名(Homotypic synonym, Nomenclatural synonym)。【分布】巴基斯坦,哥伦比亚(安蒂奥基亚),中国,地中海至伊朗,欧洲中部和西部。【后选模式】Ruscus aculeatus Linnaeus。【参考异名】Hippoglossum Hill (1756); Marlothistella Schwantes (1928); Oxymyrsine Bubani (1901) Nom. illegit.; Platyruscus A. P. Khokhr. et V. N. Tikhom. (1993)●

45064 Ruspolia Lindau(1895)【汉】鲁斯木属。【隶属】爵床科 Acanthaceae。【包含】世界4种。【学名诠释与讨论】〈阴〉(人)Eugenio Ruspoli,1866-1893,意大利植物与动物采集家。【分布】马达加斯加,热带非洲。【模式】Ruspolia pseuderanthemoides Lindau●☆

45065 Russea J. F. Gmel. (1791) Nom. illegit. [虎耳草科 Saxifragaceae]☆

45066 Russea L. ex B. D. Jacks. (1912)Nom. illegit. =Roussea Sm. (1789) [鲁索木科(卢梭木科,毛岛藤灌科)Rousseaceae//醋栗科(茶藨子科) Grossulariaceae//雨湿木科（流苏边脉科）Brexiaceae]●☆

45067 Russeggera Endl. (1839) Nom. illegit. ≡Russeggera Endl. et Fenzl (1839); ~ = Lepidagathis Willd. (1800) [爵床科 Acanthaceae]●■

45068 Russeggera Endl. et Fenzl(1839)=Lepidagathis Willd. (1800) [爵床科 Acanthaceae]●■

45069 Russelia J. König ex Roxb. (1832)Nom. illegit. =Ormocarpum P. Beauv. (1810)(保留属名) [豆科 Fabaceae(Leguminosae)//蝶形花科 Papilionaceae]●

45070 Russelia Jacq. (1760)【汉】炮仗竹属(爆仗竹属)。【日】ハナチャウジ属,ハナチョウジ属。【俄】Русселия。【英】Coralblow,Coral - blow,Firecracker Bamboo。【隶属】玄参科 Scrophulariaceae//车前科(车前草科)Plantaginaceae。【包含】世界40-52种,中国2种。【学名诠释与讨论】〈阴〉(人)Alexander Russel,1715-1768,英国植物学者,博物学者。此属的学名,ING、GCI 和 IK 记载是"Russelia Jacq.,Enum. Syst. Pl. 6,25. 1760 [Aug-Sep 1760]"。"Russelia Linnaeus f.,Suppl. 24. Apr 1782 ≡ Vahlia Dahl (1787) Nom. illegit. (废弃属名) [梧桐科 Sterculiaceae]"是晚出的非法名称。【分布】巴拿马,秘鲁,玻利维亚,厄瓜多尔,哥伦比亚(安蒂奥基亚),马达加斯加,尼加拉瓜,中国,墨西哥至热带南美洲,中美洲。【模式】Russelia sarmentosa N. J. Jacquin。【参考异名】Roussea L. ■●

45071 Russelia L. f. (1782) Nom. illegit. ≡Vahlia Dahl(1787) Nom. illegit. (废弃属名); ~ = Bistorta (L.) Adans. (1763) Nom. illegit.; ~ = Bistorta (L.)Scop. (1754); ~ =Persicaria (L.) Mill. (1754) [虎耳草科 Saxifragaceae]■

45072 Russellodendron Britton et Rose(1930)=Caesalpinia L. (1753) [豆科 Fabaceae(Leguminosae)//云实科(苏木科) Caesalpiniaceae]●

45073 Russeria H. Buek(1858)=Bursera Jacq. ex L. (1762)(保留属名) [橄榄科 Burseraceae]●☆

45074 Russowia C. Winkl. (1996)【汉】纹苞菊属。【俄】Руссовия。【英】Russowia。【隶属】菊科 Asteraceae(Compositae)。【包含】世界1种,中国1种。【学名诠释与讨论】〈阴〉(人)Edmund August Friedrich Russow,1841-1897,爱沙尼亚植物学者,教授。【分布】中国,亚洲中部。【模式】Russowia crupinoides C. Winkler ■

45075 Rustia Klotzsch (1846)【汉】鲁斯特茜属。【隶属】茜草科 Rubiaceae。【包含】世界15种。【学名诠释与讨论】〈阴〉(人)Rust。【分布】巴拿马,秘鲁,玻利维亚,厄瓜多尔,哥伦比亚(安蒂奥基亚),墨西哥,尼加拉瓜,西印度群岛,中美洲。【后选模式】Rustia formosa (Chamisso et Schlechtendal) Klotzsch [Exostema formosum Chamisso et Schlechtendal]。【参考异名】Henlea H. Karst. (1859)●☆

45076 Ruta L. (1753)【汉】芸香属。【日】ヘンルウダ属,ヘンルーダ属。【俄】Рута。【英】Rue。【隶属】芸香科 Rutaceae。【包含】世界7-10种,中国1种。【学名诠释与讨论】〈阴〉(拉)ruta,芸香古名。【分布】巴基斯坦,巴拉圭,秘鲁,玻利维亚,厄瓜多尔,哥伦比亚(安蒂奥基亚),美国(密苏里),尼加拉瓜,中国,西班牙(加那利群岛)至亚洲西南部,中美洲。【后选模式】Ruta graveolens Linnaeus。【参考异名】Desmophyllum Webb et Berthel. (1836); Rutaria Webb ex Benth. et Hook. f. (1862)●■

45077 Rutaceae Juss. (1789)(保留科名)【汉】芸香科。【日】ヘンルウダ科,ミカン科。【俄】Рутовые。【英】Rue Family。【包含】世界156-158属900-1900种,中国29属221种。【分布】澳大利亚,热带,亚热带,温带温暖地区,非洲南部。【科名模式】Ruta L.●■

45078 Rutaea M. Roem. (1846) = Turraea L. (1771) [楝科 Meliaceae]●

45079 Rutaneblina Steyerm. et Luteyn(1984)【汉】委内瑞拉芸香属。【隶属】芸香科 Rutaceae。【包含】世界1种。【学名诠释与讨论】〈阴〉(拉)ruta,芸香古名+(地)Neblina 内布利纳,位于委内瑞拉和巴西。【分布】委内瑞拉。【模式】Rutaneblina pusilla J. A. Steyermark et J. L. Luteyn ●☆

45080 Rutaria Webb ex Benth. et Hook. f. (1862)= Ruta L. (1753) [芸香科 Rutaceae]●■

45081 Rutea M. Roem. =Turraea L. (1771) [楝科 Meliaceae]●

45082 Ruteria Medik. (1787)Nom. illegit. =Psoralea L. (1753) [豆科 Fabaceae(Leguminosae)//蝶形花科 Papilionaceae]●■

45083 Ruthalicia C. Jeffrey (1962)【汉】卢萨瓜属。【隶属】葫芦科(瓜科,南瓜科)Cucurbitaceae。【包含】世界2种。【学名诠释与讨论】〈阴〉词源不详。【分布】热带非洲西部。【模式】Ruthalicia longipes (J. D. Hooker) C. Jeffrey [Physedra longipes J. D. Hooker]■☆

45084 Ruthea Bolle (1862) Nom. illegit. ≡ Rutheopsis A. Hansen et G. Kunkel (1976); ~ = Lichtensteinia Cham. et Schltdl. (1826) (保留属名) [伞形花科(伞形科)Apiaceae(Umbelliferae)]■☆

45085 Rutheopsis A. Hansen et G. Kunkel(1976)【汉】露特草属(拟露特草属)。【隶属】伞形花科(伞形科)Apiaceae(Umbelliferae)。【包含】世界1-4种。【学名诠释与讨论】〈阴〉(属)Ruthea 露特草属+希腊文 opsis,外观,模样,相似。"Ruthea"来自人名,Johannes (Johann)Friedrich Ruthe,1788-1859,德国植物学者,博物学者,昆虫学者。此属的学名"Rutheopsis A. Hansen et G. Kunkel,Cuad. Bot. Canar. 26-27:61. 28 Jul 1976"是一个替代名称。"Ruthea Bolle,Verh. Bot. Vereins Prov. Brandenburg 3-4:174. 20 Dec 1862"是一个非法名称(Nom. illegit.),因为此前已经有了真菌的"Ruthea Opatowski,Arch. Naturgesch. 2(1):3. 1836"。故用"Rutheopsis A. Hansen et G. Kunkel(1976)"替代之。【分布】西班牙(加那利群岛),英国(圣赫勒拿岛),非洲南部。【模式】Rutheopsis herbanica (Bolle)A. Hansen et G. Kunkel [Ruthea herbanica Bolle]。【参考异名】Gliopsis Rauschert(1982) Nom. illegit.; Lichtensteinia Cham. et Schltdl. (1826); Ruthea Bolle(1862) Nom. illegit. ■☆

45086　Ruthiella Steenis(1965)【汉】露特桔梗属。【隶属】桔梗科 Campanulaceae。【包含】世界 4-5 种。【学名诠释与讨论】〈阴〉（人）Johannes（Johann）Friedrich Ruthe, 1788-1859, 德国植物学者, 博物学者, 昆虫学者+-ellus, -ella, -ellum, 加在名词词干后面形成指小式的词尾。或加在人名、属名等后面以组成新属的名称。此属的学名"Ruthiella Steenis, Blumea 13:127. 28 Apr 1965"是一个替代名称。"Phyllocharis Diels, Bot. Jahrb. Syst. 55:122. 27 Nov 1917"是一个非法名称(Nom. illegit.), 因为此前已经有了地衣的"Phyllocharis Fée, Essai Crypt. Écorc. Exot. Off. 1: lix, xciv, xcix. 29 Jan 1825"。故用"Ruthiella Steenis(1965)"替代之。【分布】新几内亚岛。【模式】Ruthiella schlechteri（Diels）Steenis [Phyllocharis schlechteri Diels]。【参考异名】Phyllocharis Diels(1917)Nom. illegit. ■☆

45087　Ruthrum Hill(1763)Nom. illegit. =Echinops L. (1753)[菊科 Asteraceae(Compositae)]■

45088　Rutica Neck. (1790)Nom. inval. =Urtica L. (1753)[荨麻科 Urticaceae]■

45089　Rutidanthera Tiegh. (1904)【汉】皱药金莲木属。【隶属】金莲木科 Ochnaceae。【包含】世界 2 种。【学名诠释与讨论】〈阴〉（希）rhytis, 所有格 rhytidos, 皱纹+anthera, 花药。【分布】南美洲。【模式】不详●☆

45090　Rutidea DC. (1807)【汉】皱茜属。【隶属】茜草科 Rubiaceae。【包含】世界 22 种。【学名诠释与讨论】〈阴〉（希）rhytis, 所有格 rhytidos, 皱纹。【分布】马达加斯加, 热带非洲。【模式】Rutidea parviflora A. P. de Candolle。【参考异名】Rytidea Spreng. (1824)Nom. illegit. ●☆

45091　Rutidochlamys Sond. (1853)=Podolepis Labill. (1806)(保留属名)[菊科 Asteraceae(Compositae)]■☆

45092　Rutidosis DC. (1838)【汉】锥托棕鼠麹属。【隶属】菊科 Asteraceae(Compositae)。【包含】世界 9 种。【学名诠释与讨论】〈阴〉（希）rhytis, 所有格 rhytidos, 皱纹。【分布】澳大利亚。【模式】Rutidosis helychrysoides A. P. de Candolle。【参考异名】Actinopappus Hook. f. ex A. Gray(1852); Pumilo Schltdl. (1848)■☆

45093　Rutosma A. Gray(1849)=Thamnosma Torr. et Frém. (1845)[芸香科 Rutaceae]●☆

45094　Ruttya Harv. (1842)【汉】拉梯爵床属（鲁特亚木属）。【隶属】爵床科 Acanthaceae。【包含】世界 3 种。【学名诠释与讨论】〈阴〉（人）John Rutty, 1697-1775, 英国植物学者, 医生, 博物学者, 昆虫学者, 地衣学者。【分布】马达加斯加, 热带和非洲南部。【模式】Ruttya ovata Harvey。【参考异名】Hablanthera Hochst. (1844); Haplanthera Hochst. (1843)●☆

45095　Ruuellodendron Britton et Rose =Caesalpinia L. (1753)[豆科 Fabaceae(Leguminosae)//云实科（苏木科）Caesalpiniaceae]●

45096　Ruyschia Fabr. (1759)Nom. inval. =Ruyschiana Mill. (1754)Nom. illegit. ; ~ =Dracocephalum L. (1753)(保留属名)[唇形科 Lamiaceae(Labiatae)]■●

45097　Ruyschia Jacq. (1760)【汉】勒伊施藤属。【英】Ruyschia。【隶属】蜜囊花科（附生藤科）Marcgraviaceae。【包含】世界 6-7 种。【学名诠释与讨论】〈阴〉（人）Frederik（Fredrik, Frederic）Ruysch（Ruijsch, Ruisch）（Fridericus Ruischius）, 1638-1731, 荷兰植物学者, 医生。此属的学名, ING、GCI、TROPICOS 和 IK 记载是"Ruyschia N. J. Jacquin, Enum. Pl. Carib. 2, 17. Aug-Sep 1760"。唇形科 Lamiaceae(Labiatae)的"Ruyschia Fabr. , Enum. [Fabr.]. 55. 1759 =Ruyschiana Mill. (1754)Nom. illegit. =Dracocephalum L. (1753)(保留属名)"是晚出的非法名称。【分布】巴拿马, 秘鲁, 玻利维亚, 哥斯达黎加, 热带南美

洲, 中美洲。【模式】Ruyschia clusiaefolia N. J. Jacquin。【参考异名】Surubea J. St. -Hil. (1805)●☆

45098　Ruyschiana Boehr. ex Mill. (1754)Nom. illegit. ≡Ruyschiana Mill. (1754)Nom. illegit. ; ~ ≡Dracocephalum L. (1753)(保留属名)[唇形科 Lamiaceae(Labiatae)]■●

45099　Ruyschiana Mill. (1754)Nom. illegit. ≡Dracocephalum L. (1753)(保留属名)[唇形科 Lamiaceae(Labiatae)]■●

45100　Ryacophila Post et Kuntze(1903)=Dianella Lam. ex Juss. (1789); ~ =Rhuacophila Blume(1827)[百合科 Liliaceae//萱草科 Hemerocallidaceae]■☆

45101　Ryanaea DC. (1824)=Ryania Vahl(1796)(保留属名)[刺篱木科（大风子科）Flacourtiaceae]●☆

45102　Ryania Vahl(1796)(保留属名)【汉】瑞安木属。【隶属】刺篱木科（大风子科）Flacourtiaceae。【包含】世界 8 种。【学名诠释与讨论】〈阴〉（人）J. Ryan, 植物采集家。此属的学名"Ryania Vahl, Eclog. Amer. 1:51. 1797"是保留属名。相应的废弃属名是刺篱木科（大风子科）Flacourtiaceae 的"Patrisa Rich. in Actes Soc. Hist. Nat. Paris 1:110. 1792 =Ryania Vahl(1796)(保留属名)"。其拼写变体"Patrisia Rich. (1792)"亦应废弃。【分布】巴拿马, 秘鲁, 玻利维亚, 厄瓜多尔, 哥伦比亚（安蒂奥基亚）, 哥斯达黎加, 尼加拉瓜, 特立尼达和多巴哥（特立尼达岛）, 中美洲。【模式】Ryania speciosa Vahl。【参考异名】Patrisa Rich. (1792)(废弃属名); Patrisia Rich. (1792)Nom. illegit. (废弃属名); Ryanaea DC. (1824); Tetracocyne Turcz. (1863)●☆

45103　Ryckia Ball f. (1878)=Pandanus Parkinson(1773); ~ =Rykia de Vriese(1854)[露兜树科 Pandanaceae]●■

45104　Rydbergia Greene(1898)=Actinea Juss. (1803); ~ =Actinella Pers. (1807)(废弃属名); ~ =Helenium L. (1753)[菊科 Asteraceae(Compositae)]■

45105　Rydbergiella Fedde et Syd. (1906)=Astragalus L. (1753)[豆科 Fabaceae(Leguminosae)//蝶形花科 Papilionaceae]●■

45106　Rydbergiella Fedde et Syd. ex Rydb. (1906)Nom. illegit. ≡Rydbergiella Fedde et Syd. (1917); ~ =Astragalus L. (1753)[豆科 Fabaceae(Leguminosae)//蝶形花科 Papilionaceae]●■

45107　Rydbergiella Fedde et Syd. ex Rydb. (1917)Nom. illegit. ≡Rydbergiella Fedde et Syd. (1906); ~ =Astragalus L. (1753)[豆科 Fabaceae(Leguminosae)//蝶形花科 Papilionaceae]●■

45108　Rydbergiella Fedde(1906)Nom. illegit. ≡Rydbergiella Fedde et Syd. (1906); ~ =Astragalus L. (1753)[豆科 Fabaceae(Leguminosae)//蝶形花科 Papilionaceae]●■

45109　Rydingia Scheen et V. A. Albert(2007)【汉】吕丁草属。【隶属】唇形科 Lamiaceae(Labiatae)。【包含】世界 4 种。【学名诠释与讨论】〈阴〉（人）Per Olof Ryding, 1951-, 植物学者。【分布】埃塞俄比亚, 亚洲中部。【模式】Rydingia integrifolia（Benth. ）Scheen et V. A. Albert [Otostegia integrifolia Benth.]。■☆

45110　Ryditophyllum Walp. (1843)(废弃属名)=Rhytidophyllum Mart. (1829)[as 'Rytidophyllum'](保留属名)[苦苣苔科 Gesneriaceae]●☆

45111　Ryditostylis Walp. (1843)=Rytidostylis Hook. et Arn. (1840)[葫芦科（瓜科, 南瓜科）Cucurbitaceae]■☆

45112　Rykia de Vriese(1854)=Pandanus Parkinson(1773)[露兜树科 Pandanaceae]●■

45113　Rylstonea R. T. Baker(1898)=Homoranthus A. Cunn. ex Schauer(1836)[桃金娘科 Myrtaceae]●☆

45114　Rymandra Salisb. (1809)(废弃属名)=Knightia R. Br. (1810)(保留属名)[山龙眼科 Proteaceae]●☆

45115　Rymandra Salisb. ex Knight(1809)Nom. illegit. (废弃属名)=

Knightia R. Br. （1810）（保留属名）［山龙眼科 Proteaceae］●☆

45116　Rymia Endl.（1839）= Euclea L.（1774）［柿树科 Ebenaceae］●☆

45117　Rynchanthera Blume（1825）（废弃属名）= Corymborkis Thouars（1809）［兰科 Orchidaceae］■

45118　Ryncholeucaena Britton et Rose（1928）= Leucaena Benth.（1842）（保留属名）［豆科 Fabaceae（Leguminosae）//含羞草科 Mimosaceae］

45119　Rynchosia Macfad.（1837）= Rhynchosia Lour.（1790）（保留属名）［豆科 Fabaceae（Leguminosae）//蝶形花科 Papilionaceae］●■

45120　Rynchospermum Post et Kuntze（1903）= Rhynchodia Benth.（1876）；~ =Rhyncospermum A. DC.（1844）Nom. illegit.［夹竹桃科 Apocynaceae］●■

45121　Rynchospora Vahl（1805）Nom. illegit.（废弃属名）= Rhynchospora Vahl（1805）（as 'Rynchospora'）（保留属名）［莎草科 Cyperaceae］■☆

45122　Rynchostylis Blume（1825）Nom. illegit. = Rhynchostylis Blume（1825）［兰科 Orchidaceae］■

45123　Rynchostylis Post et Kuntze（1903）Nom. illegit. = Cissus L.（1753）；~ =Rinxostylis Raf.（1838）［葡萄科 Vitaceae］●

45124　Ryparia Blume（1828）Nom. inval. = Rhyparia Blume ex Hassk.（1844）Nom. illegit.；~ =Ryparosa Blume（1826）［刺篱木科（大风子科）Flacourtiaceae］●☆

45125　Ryparosa Blume（1826）【汉】污木属（利帕木属）。【隶属】刺篱木科（大风子科）Flacourtiaceae。【包含】世界 18 种。【学名诠释与讨论】〈阴〉（希）rhypaross，肮脏的+-osus，-osa，-osum，表示丰富，充分，或显著发展的词尾。可能是指毛。此属的学名，ING、TROPICOS、APNI 和 IK 记载为"Ryparosa Blume, Bijdr. Fl. Ned. Ind. 12：600. 1826［24 Jan 1826］"。"Rhyparia Blume ex Hasskarl, Cat. Horto. Bogor. 239. Oct 1844"是"Ryparosa Blume（1826）"的晚出的同模式异名（Homotypic synonym, Nomenclatural synonym）。"Rhyparia Hassk.（1844）≡Rhyparia Blume ex Hassk.（1844）Nom. illegit."的命名人引证有误。"Ryparia Blume（1828）≡Rhyparia Blume ex Hassk.（1844）Nom. illegit."是一个未合格发表的名称（Nom. inval.）。【分布】印度（安达曼群岛，尼科巴群岛），马来西亚（西部），新几内亚岛。【模式】Ryparosa caesia Blume。【参考异名】Aspidandra Hassk.（1855）；Bergsmia Blume（1849）；Gertrudia K. Schum.（1900）；Rhyparia Blume ex Hassk.（1844）Nom. illegit.；Rhyparia Hassk.（1844）Nom. illegit.；Ryparia Blume（1828）Nom. inval. ●☆

45126　Rysodium Steven（1832）= Astragalus L.（1753）［豆科 Fabaceae（Leguminosae）//蝶形花科 Papilionaceae］●■

45127　Ryssopteris Hassk. = Ryssopterys Blume ex A. Juss.（1838）（保留属名）［金虎尾科（黄褥花科）Malpighiaceae］●

45128　Ryssopterys Blume ex A. Juss.（1838）（保留属名）【汉】翅实藤属（黎棱翼属，狭翅果属，皱翅果属）。【日】ササキカヅラ属。【英】Ryssopterys。【隶属】金虎尾科（黄褥花科）Malpighiaceae。【包含】世界 8 种，中国 1 种。【学名诠释与讨论】〈阴〉（希）rhyssos，rhysos，起皱的+pteron，指小式 pteridion，翅。pteridios，有羽毛的。指果翅有皱纹。此属的学名"Ryssopterys Blume ex A. Juss. in Delessert, Icon. Sel. Pl. 3：21. Feb 1838"是保留属名。法规未列出相应的废弃属名。【分布】澳大利亚（热带），菲律宾，马来西亚，印度，印度尼西亚，中国，法属新喀里多尼亚，密克罗尼西亚岛。【模式】Ryssopterys timoriensis（A. P. de Candolle）Adr. Jussieu［as 'timorensis'］［Banisteria timoriensis A. P. de Candolle］。【参考异名】Rhysopteris Blume ex A. Juss.（1838）Nom. illegit.；Rhyssopteris（Blume）A. Juss.（1838）；Rhyssopterys

Blume ex A. Juss.（1838）Nom. illegit. ●

45129　Ryssosciadium Kuntze（1903）Nom. illegit., Nom. superfl. = Rhysopterus J. M. Coult. et Rose（1900）［伞形花科（伞形科）Apiaceae（Umbelliferae）］☆

45130　Ryssotoechia Kuntze = Rhysotoechia Radlk.（1879）［无患子科 Sapindaceae］●☆

45131　Rytachne Endl.（1836）= Rhytachne Desv. ex Ham.（1825）［禾本科 Poaceae（Gramineae）］■

45132　Ryticaryum Becc.（1877）= Rhyticaryum Becc.（1877）［棕榈科 Arecaceae（Palmae）］●☆

45133　Rytidea Spreng.（1824）Nom. illegit. = Rutidea DC.（1807）［茜草科 Rubiaceae］●☆

45134　Rytidocarpus Coss.（1889）【汉】皱果芥属。【隶属】十字花科 Brassicaceae（Cruciferae）。【包含】世界 1-2 种。【学名诠释与讨论】〈阳〉（希）rhytis，所有格 rhytidos，皱纹+karpos，果实。【分布】摩洛哥。【模式】Rytidocarpus moricandioides Cosson。【参考异名】Distomocarpus O. E. Schulz（1916）■☆

45135　Rytidochlamys Post et Kuntze（1903）= Podolepis Labill.（1806）（保留属名）；~ =Rutidochlamys Sond.（1853）［菊科 Asteraceae（Compositae）］■☆

45136　Rytidolobus Dulac（1867）= Hyacinthus L.（1753）［百合科 Liliaceae//风信子科 Hyacinthaceae］■☆

45137　Rytidoloma Turcz.（1852）= Dictyanthus Decne.（1844）［萝藦科 Asclepiadaceae］●

45138　Rytidophyllum Mart.（1829）Nom. illegit.（废弃属名）= Rhytidophyllum Mart.（1829）（as 'Rytidophyllum'）（保留属名）［苦苣苔科 Gesneriaceae］●☆

45139　Rytidosperma Steud.（1854）【汉】皱籽草属。【英】Wallaby-grass。【隶属】禾本科 Poaceae（Gramineae）。【包含】世界 80 种。【学名诠释与讨论】〈中〉（希）rhytis，所有格 rhytidos，皱纹+sperma，所有格 spermatos，种子，孢子。此属的学名是"Rytidosperma Steudel, Syn. Pl. Glum. 1：425. 28-29 Nov 1854"。亦有文献把其处理为"Danthonia DC.（1805）（保留属名）"或"Deschampsia P. Beauv.（1812）"或"Notodanthonia Zotov（1963）"的异名。【分布】阿根廷，澳大利亚，马来西亚，新西兰。【模式】Rytidosperma lechleri Steudel。【参考异名】Danthonia DC.（1805）（保留属名）；Deschampsia P. Beauv.（1812）；Erythranthera Zotov（1963）；Karroochloa Conert et Türpe（1969）；Merxmuellera Conert（1970）；Monostachya Merr.（1910）；Notodanthonia Zotov（1963）■☆

45140　Rytidospermum Benth.（1881）Nom. illegit.［禾本科 Poaceae（Gramineae）］☆

45141　Rytidostylis Hook. et Arn.（1840）【汉】纹柱瓜属。【隶属】葫芦科（瓜科，南瓜科）Cucurbitaceae。【包含】世界 5 种。【学名诠释与讨论】〈阴〉（希）rhytis，所有格 rhytidos，皱纹+stylos =拉丁文 style，花柱，中柱，有尖之物，桩，柱，支持物，支柱，石头做的界标。【分布】巴拿马，秘鲁，玻利维亚，厄瓜多尔，哥伦比亚（安蒂奥基亚），哥斯达黎加，尼加拉瓜，西印度群岛，中美洲。【模式】Rytidostylis gracilis W. J. Hooker et Arnott。【参考异名】Elaterium Jacq.（1760）Nom. illegit.（废弃属名）；Rhytidostylis Rchb.（1841）Nom. illegit.；Rigocarpus Neck.（1790）；Ryditostylis Walp.（1843）■☆

45142　Rytidotus Hook. f.（1870）= Bobea Gaudich.（1830）［茜草科 Rubiaceae］●☆

45143　Rytiglossa Steud.（1841）= Dianthera L.（1753）；~ =Rhytiglossa Nees（1836）（废弃属名）；~ =Isoglossa Oerst.（1854）（保留属名）；~ =Justicia L.（1753）［爵床科 Acanthaceae//鸭嘴花科（鸭

咀花科) Justiciaceae】■

45144　Rytigynia Blume（1850）【汉】纹蕊茜属。【隶属】茜草科
Rubiaceae。【包含】世界 60-70 种。【学名诠释与讨论】〈阴〉
（希）rhytis, 所有格 rhytidos, 皱纹+gyne, 所有格 gynaikos, 雌性, 雌
蕊。【分布】马达加斯加, 利比里亚（宁巴）, 热带非洲。【模式】
Rytigynia senegalensis Blume。【参考异名】Hutchinsonia Robyns
（1928）; Robynsia Hutch.（1931）（保留属名）●☆

45145　Rytilix Hitchc.（1920）Nom. illegit. ≡ Hackelochloa Kuntze
（1891）［禾本科 Poaceae（Gramineae）］■

45146　Rytilix Raf.（1830）Nom. illegit. ≡ Hackelochloa Kuntze（1891）
［禾本科 Poaceae（Gramineae）］■

45147　Rytilix Raf. ex Hitchc.（1920）Nom. illegit. ≡ Hackelochloa
Kuntze（1891）［禾本科 Poaceae（Gramineae）］■

45148　Rzedowkia Medrano（1981）Nom. illegit.（废弃属名）≡
Rzedowkia Medrano（1981）Nom. illegit.（废弃属名）［卫矛科
Celastraceae】●☆

45149　Rzedowskia Cham. et Schltdl.（1826）（废弃属名）= Smelowskia
C. A. Mey. ex Ledebour（1830）（保留属名）［十字花科
Brassicaceae（Cruciferae）］■

45150　Rzedowskia Medrano（1981）Nom. illegit.（废弃属名）［卫矛科
Celastraceae】●☆

45151　Saba（Pichon）Pichon（1953）【汉】萨巴木属。【隶属】夹竹桃
科 Apocynaceae。【包含】世界 3 种。【学名诠释与讨论】〈阴〉来
自植物俗名。马里人称 Saba senegalensis 为 saba。此属的学名,
ING 和 IK 记载是"Saba（Pichon）Pichon, Mem. Inst. Franc. Afr.
Noire No. 35（Monogr. Landolph.）302（1953）", 由"Landolphia
sect. Saba Pichon, Mém. Mus. Natl. Hist. Nat. ser. 2. 24; 140.
1948"改级而来。"Saba Pichon（1953）"的命名人引证有误。
【分布】科摩罗, 马达加斯加, 热带非洲。【模式】Saba comorensis
（Bojer ex Alph. de Candolle）Pichon［Vahea comorensis Bojer ex
Alph. de Candolle］。【参考异名】Landolphia sect. Saba Pichon
（1948）; Saba Pichon（1953）Nom. illegit.●☆

45152　Saba Pichon（1953）Nom. illegit. ≡ Saba（Pichon）Pichon
（1953）［夹竹桃科 Apocynaceae］●☆

45153　Sabadilla Brandt et Ratzeb.（1837）= Schoenocaulon A. Gray
（1837）［百合科 Liliaceae//黑药花科（藜芦科）Melanthiaceae］■☆

45154　Sabadilla Raf. = Sabadilla Brandt et Ratzeb.（1837）［百合科
Liliaceae］■☆

45155　Sabal Adans.（1763）Nom. inval. ≡ Sabal Adans. ex Guers.
（1804）［棕榈科 Arecaceae（Palmae）//菜棕科 Sabalaceae］●

45156　Sabal Adans. ex Guers.（1804）【汉】菜棕属（蓝棕属, 南美棕
属, 箸棕属, 萨巴尔棕属, 萨巴尔椰子属, 萨巴棕属, 沙尔棕榈属,
沙巴榈属）。【日】クマデヤシ属, サバル属。【俄】Сабаль。
【英】Palmetto, Vegetablepalm。【隶属】棕榈科 Arecaceae
（Palmae）//菜棕科 Sabalaceae。【包含】世界 14-16 种, 中国 3
种。【学名诠释与讨论】源于南美植物俗名 sabal。此属的学名,
ING, GCI 和 IK 记载是"Sabal Adans. , Fam. Pl.（Adanson）2:
495, 599. 1763［Jul-Aug 1763］";《Chinese Plant Names》和《Flora
of Pakistan》使用此名称。《北美植物志》使用"Sabal Adanson ex
Guersent, Bulletin des Sciences, par la Societe Philomatique. 87:
205-206. 1804"。【分布】巴基斯坦, 巴拿马, 厄瓜多尔, 哥伦比亚
（安蒂奥基亚）, 哥斯达黎加, 马达加斯加, 尼加拉瓜, 中国, 西印
度群岛, 美洲。【后选模式】Sabal adansonii Guersent, Nom. illegit.
［Corypha minor N. J. Jacquin; Sabal minor（N. J. Jacquin）
Persoon］。【参考异名】Inodes O. F. Cook（1901）; Sabal Adans.
（1763）Nom. inval. ●

45157　Sabalaceae Schultz Sch.（1832）［亦见 Arecaceae Bercht. et J.

Presl（保留科名）//Palmae Juss.（保留科名）棕榈科】【汉】菜棕
科。【包含】世界 1 属 14-16 种, 中国 1 属 3 种。【分布】美洲, 西
印度群岛。【科名模式】Sabal Adans. ex Guers. ●

45158　Sabatia Adans.（1763）【汉】萨巴特龙胆属（美苦草属）。【英】
Marsh-pink, Rose-gentian。【隶属】龙胆科 Gentianaceae。【包含】
世界 20 种。【学名诠释与讨论】〈阴〉（人）可能纪念意大利植物
学者 Liberato Sabbati, 1714-。故有文献把学名改为"Sabbatia
Adans. "; 当然这个改动是不合法的。此属的学名, ING、
TROPICOS 和 IK 记载是"Sabatia Adans. , Fam. Pl.（Adanson）2:
503. 1763［Jul-Aug 1763］"。"Pleienta Rafinesque, Fl. Tell. 3:
30. Nov-Dec 1837（'1836'）"是"Sabatia Adans.（1763）"的晚出
的同模式异名（Homotypic synonym, Nomenclatural synonym）。
"Sabbatia Adans. , Fam. Pl.（Adanson）2: 503. 1763"是"Sabatia
Adans.（1763）"的拼写变体。【分布】玻利维亚, 美国, 墨西哥,
西印度群岛。【模式】Sabatia dodecandra（Linnaeus）N. L.
Britton, E. E. Sterns et J. F. Poggenburg［（Chironia dodecandra
Linnaeus）］。【参考异名】Lapithea Griseb.（1845）; Pleienta Raf.
（1837）Nom. illegit. ; Plienta Post et Kuntze（1903）; Sabbatia
Adans.（1763）Nom. illegit. ; Sabbatia Salisb.（1763）■☆

45159　Sabaudia Buscal. et Muschl.（1913）【汉】萨包草属。【隶属】
唇形科 Lamiaceae（Labiatae）。【包含】世界 1-2 种。【学名诠释与
讨论】〈阴〉（人）Sabaud。此属的学名是"Sabaudia Buscalioni et
Muschler, Bot. Jahrb. Syst. 49: 491. 28 Mar 1913"。亦有文献把
其处理为"Lavandula L.（1753）"的异名。【分布】热带非洲。
【模式】Sabaudia helenae Buscalioni et Muschler。【参考异名】
Lavandula L.（1753）■●☆

45160　Sabaudiella Chiov.（1929）【汉】萨包花属。【隶属】旋花科
Convolvulaceae。【包含】世界 1 种。【学名诠释与讨论】〈阴〉
（人）Sabaud+-ellus, -ella, -ellum, 加在名词词干后面形成指小
式的词尾。或加在人名、属名等后面以组成新属的名称。或
Sabaudia 萨包草属+-ella。【分布】热带非洲。【模式】Sabaudiella
aloysii Chiovenda ●☆

45161　Sabazia Cass.（1827）【汉】粉白菊属。【隶属】菊科 Asteraceae
（Compositae）。【包含】世界 17 种。【学名诠释与讨论】〈阴〉词
源不详。此属的学名, ING, TROPICOS 和 IK 记载是"Sabazia
Cass. , Dict. Sci. Nat. , ed. 2.［F. Cuvier］46: 480. 1827［Apr
1827］"。" Baziasa Steudel, Nom. Bot. ed. 2. 1: 192. Aug
（prim. ）1840"是"Sabazia Cass.（1827）"的晚出的同模式异名
（Homotypic synonym, Nomenclatural synonym）。【分布】墨西哥,
中美洲。【模式】Sabazia humilis（Kunth）Cassini［Eclipta humilis
Kunth］。【参考异名】Baziasa Steud.（1840）Nom. illegit. ; Salazia
T. Durand et Jacks. ; Tricarpha Longpre（1970）■●☆

45162　Sabbata Vell.（1829）【汉】萨帕菊属。【隶属】菊科 Asteraceae
（Compositae）。【包含】世界 2 种。【学名诠释与讨论】〈阴〉
（人）Liberato Sabbati, 1714-?, 植物学者。【分布】巴西。【模式】
Sabbata romana Vellozo。【参考异名】Sabbatia Post et Kuntze
（1903）Nom. illegit. ■☆

45163　Sabbatia Adans.（1763）Nom. illegit. ≡Sabatia Adans.（1763）
［龙胆科 Gentianaceae】■☆

45164　Sabbatia Moench（1794）Nom. illegit. ≡ Micromeria Benth.
（1829）（保留属名）［唇形科 Lamiaceae（Labiatae）］■●

45165　Sabbatia Post et Kuntze（1903）Nom. illegit. = Sabbata Vell.
（1829）［菊科 Asteraceae（Compositae）］■☆

45166　Sabbatia Salisb. =Sabatia Adans.（1763）［龙胆科 Gentianaceae］
■☆

45167　Sabdariffa（DC. ）Kostel.（1836）= Hibiscus L.（1753）（保留
属名）［锦葵科 Malvaceae//木槿科 Hibiscaceae］●■

45168　Sabdariffa Kostel.（1836）Nom. illegit. ≡ Sabdariffa（DC.）Kostel.（1836）；~ = Hibiscus L.（1753）（保留属名）［锦葵科 Malvaceae//木槿科 Hibiscaceae］●■

45169　Sabia Colebr.（1819）【汉】清风藤属。【日】アオカズラ属,アワブキ属,アヲカヅラ属。【英】Sabia。【隶属】清风藤科 Sabiaceae。【包含】世界 19-63 种,中国 17-28 种。【学名诠释与讨论】〈阴〉（印地）sabja,清风藤,来自波斯语 sabza,青,碧绿。【分布】巴基斯坦,印度至马来西亚,中国,所罗门群岛,宁巴,亚洲东部和南部。【模式】Sabia lanceolata Colebrooke。【参考异名】Androglossa Benth.（1852）；Androglossum Champ. ex Benth.（1852）；Changiodendron R. H. Miao（1995）；Enantia Faic.（1841）；Eunantia Falc.；Menicosta Blume；Menicosta D. Dietr.（1839）；Meniscosta Blume（1825）●

45170　Sabiaceae Blume（1851）（保留科名）【汉】清风藤科。【日】アオカヅラ科,アワブキ科,アヲカヅラ科。【英】Sabia Family。【包含】世界 1-3 属 55-100 种,中国 2 属 46-59 种。【分布】印度和东亚至所罗门群岛。【科名模式】Sabia Colebr.（1819）●

45171　Sabicea Aubl.（1775）【汉】萨比斯茜属。【隶属】茜草科 Rubiaceae。【包含】世界 120 种。【学名诠释与讨论】〈阴〉（人）Sabic. 此属的学名,ING、TROPICOS、GCI 和 IK 记载是"Sabicea Aubl. ,Hist. Pl. Guiane 1：192（t. 75）. 1775 ［Jun-Dec 1775］"。"Schwenkfelda Schreber, Gen. 123. Apr 1789"是"Sabicea Aubl.（1775）"的晚出的同模式异名（Homotypic synonym, Nomenclatural synonym）。【分布】巴拿马,秘鲁,玻利维亚,厄瓜多尔,非洲,哥伦比亚（安蒂奥基亚）,马达加斯加,尼加拉瓜,热带美洲,中美洲。【后选模式】Sabicea cinerea Aublet。【参考异名】Chwenkfeldia Willd.；Paiva Vell.（1829）；Paivaea Post et Kuntze（1903）Nom. illegit.；Palovea Raf.；Patima Aubl.（1775）；Schwenkfelda Schreb.（1789）Nom. illegit.；Schwenkfeldia Willd.（1798）Nom. illegit.；Stipularia P. Beauv.（1810）●☆

45172　Sabiceaceae Blume（1851）（保留科名）= Rubiaceae Juss.（保留科名）●■

45173　Sabiceaceae Martinov（1820）= Rubiaceae Juss.（保留科名）；~ =Sabiaceae Blume（保留科名）●■

45174　Sabina Mill.（1754）【汉】圆柏属（桧属）。【日】イブキ属。【英】Juniper,Sabina,Savin。【隶属】柏科 Cupressaceae。【包含】世界 50 种,中国 19 种。【学名诠释与讨论】〈阴〉（拉）sabina,圆柏类的古名,来自 Sabine,古意大利河名。指模式种的发现地。此属的学名是"Sabina P. Miller, Gard. Dict. Abr. ed. 4. 3. 28 Jan 1754"。亦有文献把其处理为"Juniperus L.（1753）"的异名。【分布】中国（参见 Juniperus L.）。【模式】Sabina vulgaris（Linnaeus）Antoine ［Juniperus sabina Linnaeus］。【参考异名】Juniperus L.（1753）●

45175　Sabinaria R. Bernal et Galeano（2013）【汉】哥伦比亚棕属。【隶属】棕榈科（槟榔科）Arecaceae（Palmae）。【包含】世界 1 种。【学名诠释与讨论】〈阴〉词源不详。似来自人名。【分布】巴拿马,哥伦比亚。【模式】Sabinaria magnifica Galeano et R. Bernal☆

45176　Sabinea DC.（1825）= Poitea Vent.（1800）［豆科 Fabaceae（Leguminosae）//蝶形花科 Papilionaceae］●☆

45177　Sabinella Nakai（1938）= Juniperus L.（1753）［柏科 Cupressaceae］●

45178　Sabouraea Léandri（1962）= Talinella Baill.（1886）［马齿苋科 Portulacaceae］●☆

45179　Sabsab Adans.（1763）Nom. illegit. ≡ Paspalum L.（1759）［禾本科 Poaceae（Gramineae）］■

45180　Sabularia Small（1933）= Sabulina Rchb.（1832）［石竹科 Caryophyllaceae］

45181　Sabulina Rchb.（1832）= Minuartia L.（1753）［石竹科 Caryophyllaceae］■

45182　Sabulinaceae Döll =Caryophyllaceae Juss.（保留科名）■●

45183　Sacaglottis G. Don（1831）= Sacoglottis Mart.（1827）［核果树科（胡香脂科,树脂核树科,无距花科,香膏科,香膏木科）Humiriaceae］●☆

45184　Saccaceae Dulac =Nymphaeaceae Salisb.（保留科名）■

45185　Saccanthus Herzog（1916）= Basistemon Turcz.（1863）［玄参科 Scrophulariaceae］●☆

45186　Saccardophytum Speg.（1902）= Benthamiella Speg.（1883）［茄科 Solanaceae］■☆

45187　Saccarum Sanguin.（1852）= Saccharum L.（1753）［禾本科 Poaceae（Gramineae）］■

45188　Saccellium Bonpl.（1806）【汉】热美紫草属。【隶属】紫草科 Boraginaceae。【包含】世界 3 种。【学名诠释与讨论】〈中〉（希）sakkos = 拉丁文 saccus,指小式 sacculus,水囊。saccatus,囊形的+-ius,-ia,-ium,在拉丁文和希腊文中,这些词尾表示性质或状态。此属的学名,ING 和 IK 记载是"Saccellium Bonpland in Humboldt et Bonpland, Pl. Aequin. 1：46. 22 Sep 1806"。"Saccellium Humb. et Bonpl.（1806）"的命名人引证有误。【分布】秘鲁,玻利维亚。【模式】Saccellium lanceolatum Bonpland。【参考异名】Saccellium Humb. et Bonpl.（1806）Nom. illegit. ●☆

45189　Saccellium Humb. et Bonpl.（1806）Nom. illegit. ≡Saccellium Bonpl.（1806）［紫草科 Boraginaceae］●☆

45190　Saccharaceae Bercht. et J. Presl = Gramineae Juss.（保留科名）//Poaceae Barnhart（保留科名）■●

45191　Saccharaceae Burnett = Gramineae Juss.（保留科名）//Poaceae Barnhart（保留科名）■●

45192　Saccharaceae Martinov =Gramineae Juss.（保留科名）//Poaceae Barnhart（保留科名）■●

45193　Saccharifera Stokes（1812）Nom. illegit. ≡ Saccharum L.（1753）［禾本科 Poaceae（Gramineae）］■

45194　Saccharodendron（Raf.）Nieuwl.（1914）= Acer L.（1753）［槭树科 Aceraceae］●

45195　Saccharodendron Nieuwl.（1914）Nom. illegit. ≡ Saccharodendron（Raf.）Nieuwl.（1914）；~ = Acer L.（1753）［槭树科 Aceraceae］●

45196　Saccharophorum Neck.（1790）Nom. inval. = Saccharum L.（1753）［禾本科 Poaceae（Gramineae）］■

45197　Saccharum L.（1753）【汉】甘蔗属。【日】サタウキビ属,サトウキビ属。【俄】Калам, Сахарный тростник。【英】Cane,Plume Grass,Sugarcane,Sweet Cane,Sweetcane。【隶属】禾本科 Poaceae（Gramineae）。【包含】世界 8-40 种,中国 6-12 种。【学名诠释与讨论】〈中〉（希）sakchar = sakcharon,糖。指茎秆含糖。此属的学名,ING、TROPICOS、APNI、GCI 和 IK 记载是"Saccharum L. , Sp. Pl. 1：54. 1753 ［1 May 1753］"。"Saccharifera Stokes, Bot. Mater. Med. 1：131. 1812"是"Saccharum L.（1753）"的晚出的同模式异名（Homotypic synonym, Nomenclatural synonym）。【分布】巴基斯坦,巴拿马,秘鲁,玻利维亚,厄瓜多尔,哥伦比亚（安蒂奥基亚）,哥斯达黎加,马达加斯加,尼加拉瓜,中国,中美洲。【后选模式】Saccharum officinarum Linnaeus ［as 'officinaram'］。【参考异名】Erianthus Michx.（1803）；Eriochrysis P. Beauv.（1812）；Lasiorhachis（Hack.）Stapf（1927）；Lasiorhiza Kuntze（1891）；Lasiorhachis（Hack.）Stapf（1927）；Lasiorrhachis Stapf（1927）Nom. illegit.；Narenga Bor（1940）；Narenga Burkill（1923）Nom. nud.；Plazeria Steud.（1841）；Plazerium Kunth（1833）Nom. illegit.；Plazerium Willd. ex Kunth（1833）；Ripidium Trin.（1820）

Nom. illegit. ; Saccarum Sanguin. （1852）; Saccharifera Stokes （1812）Nom. illegit. ;Saccharophorum Neck. （1790）Nom. inval. ; Sacharum Scop. （1777）■

45198　Sacchrosphendamnus Nieuwl. （1914）Nom. inval. = Acer L. （1753）［槭树科 Aceraceae］●

45199　Saccia Naudin（1889）【汉】囊旋花属。【隶属】旋花科 Convolvulaceae。【包含】世界 1 种。【学名诠释与讨论】〈阴〉（希）sakkos = 拉丁文 saccus, 指小式 sacculus, 水囊。saccatus, 囊形的。【分布】玻利维亚。【模式】Saccia elegans Naudin☆

45200　Saccidium Lindl. （1835）（废弃属名）= Holothrix Rich. ex Lindl. （1835）（保留属名）［兰科 Orchidaceae］■☆

45201　Saccifoliaceae Maguire et Pires（1978）［亦见 Gentianaceae Juss. （保留科名）龙胆科］【汉】勺叶木科（袋叶科, 囊叶木科）。【包含】世界 1 属 1 种。【分布】南美洲北部。【科名模式】Saccia Naudin●☆

45202　Saccifolium Maguire et J. M. Pires（1978）【汉】勺叶木属。【隶属】勺叶木科 Saccifoliaceae//龙胆科 Gentianaceae。【包含】世界 1 种。【学名诠释与讨论】〈中〉（希）sakkos = 拉丁文 saccus, 囊+folium 叶。【分布】巴西。【模式】Saccifolium bandeirae B. Maguire et J. M. Pires●☆

45203　Saccilabium Rottb. （1778）= Nepeta L. （1753）［唇形科 Lamiaceae（Labiatae）//荆芥科 Nepetaceae］■●

45204　Sacciolepis Nash（1901）【汉】囊颖草属（滑草属）。【日】ヌメリグサ属。【英】Cupscale。【隶属】禾本科 Poaceae（Gramineae）。【包含】世界 31 种, 中国 3-4 种。【学名诠释与讨论】〈阴〉（希）sakkos = 拉丁文 saccus, 囊+lepis, 所有格 lepidos, 指小式 lepion 或 lepidion, 鳞, 鳞片。lepidotos, 多鳞的。lepos, 鳞, 鳞片。指花的第一颖具囊状。【分布】巴拿马, 秘鲁, 玻利维亚, 厄瓜多尔, 哥斯达黎加, 马达加斯加, 美国（密苏里）, 尼加拉瓜, 中国, 热带和亚热带, 中美洲。【模式】Sacciolepis gibba （S. Elliott）Nash ［Panicum gibbum S. Elliott］。【参考异名】Rampholepis Stapf （1920）; Rhampholepis Stapf（1917）;Saccolepis Nash（1901）■

45205　Saccocalyx Coss. et Durieu（1853）（保留属名）【汉】囊萼属。【隶属】唇形科 Lamiaceae（Labiatae）。【包含】世界 1 种。【学名诠释与讨论】〈阳〉（希）sakkos = 拉丁文 saccus, 囊+kalyx, 所有格 kalykos = 拉丁文 calyx, 花萼, 杯子。此属的学名 "Saccocalyx Coss. et Durieu in Ann. Sci. Nat. , Bot. , ser. 3, 20：80. Aug 1853" 是保留属名。法规未列出相应的废弃属名。但是 "Saccocalyx Steven（1832）= Astragalus L. （1753）［豆科 Fabaceae （Leguminosae）//蝶形花科 Papilionaceae］" 应该废弃。"Faustia Font Quer et Rothmaler, Brotéria Ci. Nat. 9：150. Nov 1940" 是 "Saccocalyx Coss. et Durieu（1853）（保留属名）" 的晚出的同模式异名（Homotypic synonym, Nomenclatural synonym）。【分布】非洲西北部。【模式】Saccocalyx satureioides Cosson et Durieu。【参考异名】Faustia Font Quer et Rothm. （1940）Nom. illegit. ●☆

45206　Saccocalyx Steven（1832）（废弃属名）= Astragalus L. （1753）［豆科 Fabaceae（Leguminosae）//蝶形花科 Papilionaceae］●■

45207　Saccochilus Blume（1828）Nom. illegit. ≡ Saccolabium Blume（1825）（保留属名）; ~ = Thrixspermum Lour. （1790）［兰科 Orchidaceae］■

45208　Saccoglossum Schltr. （1912）【汉】囊舌兰属。【隶属】兰科 Orchidaceae。【包含】世界 2 种。【学名诠释与讨论】〈中〉（希）sakkos = 拉丁文 saccus, 囊+glossa, 舌。【分布】新几内亚岛。【模式】未指定。☆

45209　Saccoglottis Endl. （1840）= Sacoglottis Mart. （1827）［核果树科（胡香脂科, 树脂核科, 无距花科, 香膏科, 香膏木科）Humiriaceae］●☆

45210　Saccoglottis Walp. （1842）Nom. illegit. ≡ Sacoglottis Mart. （1827）［核果树科（胡香脂科, 树脂核科, 无距花科, 香膏科, 香膏木科）Humiriaceae］●☆

45211　Saccolabiopsis J. J. Sm. （1918）【汉】拟囊唇兰属（小囊唇兰属）。【隶属】兰科 Orchidaceae。【包含】世界 15 种, 中国 2 种。【学名诠释与讨论】〈阴〉（属）Saccolabium 囊唇兰属+希腊文 opsis, 外观, 模样, 相似。【分布】印度尼西亚（爪哇岛）, 中国。【模式】Saccolabiopsis bakhuizenii J. J. Smith ■

45212　Saccolabium Blume（1825）（保留属名）【汉】囊唇兰属。【日】カシノキラン属, ガストロキ-ルア属, マツラン属。【英】Dishspurorchis, Gastrochilus, Saccolabium。【隶属】兰科 Orchidaceae。【包含】世界 6 种, 中国 4 种。【学名诠释与讨论】〈中〉（希）sakkos = 拉丁文 saccus, 指小式 sacculus, 水囊。saccatus, 囊形的 + labium, 唇。指唇瓣囊状。此属的学名 "Saccolabium Blume, Bijdr. ;292. 20 Sep-7 Dec 1825" 是保留属名。相应的废弃属名是兰科 Orchidaceae 的 "Gastrochilus D. Don, Prodr. Fl. Nepal. ;32. 26. Jan-1 Feb 1825 = Saccolabium Blume（1825）（保留属名）"。唇形科 Lamiaceae（Labiatae）的 "Saccolabium Post et Kuntze（1903）Nom. illegit. = Nepeta L. （1753）= Saccilabium Rottb. （1778）" 亦应废弃。"Saccochilus Blume, Fl. Javae Praef. viii. 1828" 是 "Saccolabium Blume（1825）（保留属名）" 的晚出的同模式异名（Homotypic synonym, Nomenclatural synonym）。【分布】马达加斯加, 马来西亚, 尼泊尔, 中国。【模式】Saccolabium pusillum Blume。【参考异名】Aeceoclades Duchartre ex B. D. Jacks. , Nom. illegit. ; Deceptor Seidenf. （1992）; Gastrochilus D. Don（1825）（废弃属名）; Luisiopsis C. S. Kumar et P. C. S. Kumar（2005）; Parapteroceras Aver. （1990）;Saccochilus Blume（1828）Nom. illegit. ■

45213　Saccolabium Post et Kuntze（1903）Nom. illegit. （废弃属名）= Nepeta L. （1753）; ~ = Saccilabium Rottb. （1778）［唇形科 Lamiaceae（Labiatae）//荆芥科 Nepetaceae］■

45214　Saccolaria Kuhlmann（1914）= Biovularia Kamienski（1893）; ~ = Utricularia L. （1753）［狸藻科 Lentibulariaceae］■

45215　Saccolena Gleason（1925）= Salpinga Mart. ex DC. （1828）［野牡丹科 Melastomataceae］●☆

45216　Saccolepis Nash （1901）= Sacciolepis Nash（1901）［禾本科 Poaceae（Gramineae）］■

45217　Sacconia Endl. （1838）Nom. illegit. , Nom. superfl. ≡ Chione DC. （1830）［茜草科 Rubiaceae］■☆

45218　Saccopetalum Benn. （1838）Nom. inval. ≡ Saccopetalum Benn. （1844）Nom. illegit. ; ~ = Miliusa Lesch. ex A. DC. （1832）; ~ = Saccopetalum Benn. （1840）［番荔枝科 Annonaceae］●

45219　Saccopetalum Benn. （1840）【汉】囊瓣木属（囊瓣花属）。【英】Bagpetaltree, Bag-petal-tree。【隶属】番荔枝科 Annonaceae。【包含】世界 8 种, 中国 1 种。【学名诠释与讨论】〈中〉（希）sakkos = 拉丁文 saccus, 囊+希腊文 petalos, 扁平的, 铺开的;petalon, 花瓣, 叶, 花叶, 金属叶子;拉丁文的花瓣为 petalum。指花瓣基部具囊状突起。【分布】澳大利亚, 菲律宾, 缅甸, 泰国, 印度, 印度尼西亚（爪哇岛）, 中国, 新几内亚岛。【模式】Saccopetalum horsfieldii J. J. Bennett。【参考异名】Miliusa Lesch. ex A. DC. （1832）●

45220　Saccopetalum Benn. （1844）Nom. illegit. = Miliusa Lesch. ex A. DC. （1832）; ~ = Saccopetalum Benn. （1840）［番荔枝科 Annonaceae］●

45221　Saccoplectus Oerst. （1861）= Alloplectus Mart. （1829）（保留属名）; ~ = Drymonia Mart. （1829）［苦苣苔科 Gesneriaceae］●☆

45222　Saccostoma Wall. ex Voigt（1845）= Coleus Lour. （1790）; ~ = Plectranthus L' Hér. （1788）（保留属名）［唇形科 Lamiaceae

（Labiatae）】●■

45223 Saccularia Kellogg（1863）= Gambelia Nutt.（1848）［玄参科 Scrophulariaceae//婆婆纳科 Veronicaceae］●☆

45224 Sacculina Bosser（1956）= Utricularia L.（1753）［狸藻科 Lentibulariaceae］■

45225 Saccus Kuntze（1891）Nom. illegit. = Saccus Rumph. ex Kuntze（1891）Nom. illegit.；~ ≡ Artocarpus J. R. Forst. et G. Forst.（1775）（保留属名）［桑科 Moraceae//波罗蜜科 Artocarpaceae］●

45226 Saccus Rumph.（1741）Nom. inval. = Saccus Rumph. ex Kuntze（1891）Nom. illegit.；~ = Artocarpus J. R. Forst. et G. Forst.（1775）（保留属名）［桑科 Moraceae//波罗蜜科 Artocarpaceae］●

45227 Saccus Rumph. ex Kuntze（1891）Nom. illegit. = Artocarpus J. R. Forst. et G. Forst.（1775）（保留属名）［桑科 Moraceae//波罗蜜科 Artocarpaceae］●

45228 Sacellium Spreng.（1826）= Saccellium Bonpl.（1806）［紫草科 Boraginaceae］●☆

45229 Sacharum Scop.（1777）= Saccharum L.（1753）［禾本科 Poaceae（Gramineae）］■

45230 Sachokiella Kolak.（1985）【汉】梭根桔梗属。【隶属】桔梗科 Campanulaceae。【包含】世界 1 种。【学名诠释与讨论】〈阴〉（人）Michail Fedorovic Sachokia，1902-？ +-ellus，-ella，-ellum，加在名词词干后面形成指小式的词尾。或加在人名、属名等后面以组成新属的名称。此属的学名是" Sachokiella A. A. Kolakovsky，Soobsc. Akad. Nauk Gruzinsk. SSR 118：595. Jun 1985"。亦有文献把其处理为"Campanula L.（1753）"的异名。【分布】亚美尼亚。【模式】Sachokiella macrochlamys［Boissier et A. Huet du Pavillon］A. A. Kolakovsky［Campanula macrochlamys Boissier et A. Huet du Pavillon］。【参考异名】Campanula L.（1753）■☆

45231 Sachrosphendamnus Nieuwl.（1914）Nom. inval.，Nom. illegit. = Acer L.（1753）［槭树科 Aceraceae］●

45232 Sachsia Griseb.（1866）【汉】银蓬属。【隶属】菊科 Asteraceae（Compositae）。【包含】世界 3-4 种。【学名诠释与讨论】〈阴〉（人）Ferdinand Gustav Julius von Sachs，1832-1897，德国植物生理学者，植物学者。【分布】古巴，美国（佛罗里达），巴哈马群岛。【后选模式】Sachsia polycephala Grisebach。【参考异名】Rhodogeron Griseb.（1866）■☆

45233 Sacleuxia Baill.（1890）【汉】萨克萝藦属。【隶属】萝藦科 Asclepiadaceae。【包含】世界 2 种。【学名诠释与讨论】〈阴〉（人）Charles Sacleux，1856-1943，植物学者。【分布】热带非洲东部。【模式】Sacleuxia salicina Baillon。【参考异名】Gymnolaema Benth.（1876）Nom. illegit. ■☆

45234 Sacodon Raf.（1838）= Cypripedium L.（1753）［兰科 Orchidaceae］■

45235 Sacoglottis Mart.（1827）【汉】盾舌核果树属。【隶属】核果树科（胡香脂科，树脂核科，无距花科，香膏科，香膏木科）Humiriaceae。【包含】世界 8 种。【学名诠释与讨论】〈阴〉（希）sakos，盾 + glottis，所有格 glottidos，气管口，来自 glotta = glossa，舌。指花。此属的学名，ING、TROPICOS 和 IK 记载是" Sacoglottis Mart. ，Nov. Gen. Sp. Pl.（Martius）2（2）：146. 1827［Jan-Jun 1827］"。"Saccoglottis Walp. ，Rep. 1：425. 1842" 是其变体。【分布】巴拿马，秘鲁，玻利维亚，厄瓜多尔，哥斯达黎加，美国，尼加拉瓜，非洲西部，热带南美洲，中美洲。【模式】Sacoglottis amazonica C. F. P. Martius。【参考异名】Aubrya Baill.（1862）；Sacaglottis G. Don（1831）；Saccoglottis Endl.（1840）；Saceoglottis Walp.（1842）Nom. illegit.；Uchi Post et Kuntze（1903）；Uxi Almeida ●☆

45236 Sacoila Raf.（1837）= Spiranthes Rich.（1817）（保留属名）；~ = Stenorrhynchos Rich. ex Spreng.（1826）［兰科 Orchidaceae］■☆

45237 Sacosperma G. Taylor（1944）【汉】盾籽茜属。【隶属】茜草科 Rubiaceae。【包含】世界 2 种。【学名诠释与讨论】〈中〉（希）sakos，盾 + sperma，所有格 spermatos，种子，孢子。此属的学名 "Sacosperma G. Taylor in Exell，Cat. Vasc. Pl. S. Tomé 218. 1 Sep 1944" 是一个替代名称。"Peltospermum Bentham in W. J. Hooker，Niger Fl. 400. Nov-Dec 1849" 是一个非法名称（Nom. illegit. ），因为此前已经有了 "Peltospermum A. P. de Candolle，Biblioth. Universelle Genève ser. 2. 17：133. Sep 1838 = Aspidosperma Mart. et Zucc.（1824）（保留属名）［夹竹桃科 Apocynaceae］"。故用 "Sacosperma G. Taylor（1944）" 替代之。"Peltospermum Post et Kuntze（1903）= Peltispermum Moq.（1840）= Anthochlamys Fenzl ex Endl.（1837）［藜科 Chenopodiaceae］" 也是晚出的非法名称。【分布】利比里亚（宁巴），热带非洲。【模式】Sacosperma paniculatum（Bentham）G. Taylor［Peltospermum paniculatum Bentham］。【参考异名】Peltospermum Benth.（1849）Nom. illegit. ●☆

45238 Sacranthus Endl.（1841）= Nicotiana L.（1753）；~ = Sairanthus G. Don（1838）Nom. illegit. ；~ = Tabacus Moench（1794）［茄科 Solanaceae//烟草科 Nicotianaceae］●■

45239 Sacropteryx Radlk.（1879）Nom. illegit. ≡ Sarcopteryx Radlk.（1879）［无患子科 Sapindaceae］●☆

45240 Sacrosphendamus Willis，Nom. inval. = Acer L.（1753）；~ = Sacchrosphendamnus Nieuwl.（1914）Nom. inval. ［槭树科 Aceraceae］●

45241 Sadiria Mez（1902）【汉】印度紫金牛属。【隶属】紫金牛科 Myrsinaceae。【包含】世界 4-6 种。【学名诠释与讨论】〈阴〉（属）由 Ardisia 紫金牛属字母改缀而来。【分布】印度（阿萨姆），东喜马拉雅山。【模式】未指定●■

45242 Sadokum D. Tiu et Cootes（2007）【汉】爪哇蕙兰属。【隶属】兰科 Orchidaceae。【包含】世界 1 种。【学名诠释与讨论】〈中〉词源不详。此属的学名是 "Australian Orchid Review 72（6）：39. 2007"。亦有文献把其处理为 "Cymbidium Sw.（1799）" 的异名。【分布】印度尼西亚（爪哇岛）。【模式】Sadokum stapeliiflorum（Teijsm. et Binn. ）D. Tiu et Cootes。【参考异名】Cymbidium Sw.（1799）■☆

45243 Sadrum Sol. ex Baill.（1873）= Pyrenacantha Wight（1830）（保留属名）［茶茱萸科 Icacinaceae］●

45244 Sadymia Griseb.（1859）= Samyda Jacq.（1760）（保留属名）［刺篱木科（大风子科）Flacourtiaceae//天料木科 Samydaceae］●☆

45245 Saelanthus Forssk.（1775）Nom. inval. ，Nom. nud. ≡ Saelanthus Forssk. ex Scop.（1777）；~ = Cissus L.（1753）［葡萄科 Vitaceae］●

45246 Saelanthus Forssk. ex Scop.（1777）= Cissus L.（1753）［葡萄科 Vitaceae］●

45247 Saeranthus Post et Kuntze（1903）= Nicotiana L.（1753）；~ = Sairanthus G. Don（1838）Nom. illegit. ；~ = Tabacus Moench（1794）［茄科 Solanaceae//烟草科 Nicotianaceae］●■

45248 Saerocarpus Post et Kuntze（1903）= Antirrhinum L.（1753）；~ = Sairocarpus Nutt. ex A. DC.（1846）Nom. inval. ［玄参科 Scrophulariaceae//金鱼草科 Antirrhinaceae//婆婆纳科 Veronicaceae］●■

45249 Saffordiella Merr.（1914）= Myrtella F. Muell.（1877）［桃金娘科 Myrtaceae］●☆

45250 Safran Medik. (1790) = Crocus L. (1753) [鸢尾科 Iridaceae]■

45251 Sagaceae Schultz Sch. = Arecaceae Bercht. et J. Presl(保留科名)//Palmae Juss. (保留科名)●

45252 Sagapenon Raf. (1840) Nom. illegit. ≡ Danaa All. (1785) Nom. illegit. (废弃属名); ~ = Physospermum Cusson(1782)[伞形花科(伞形科)Apiaceae(Umbelliferae)]■☆

45253 Sageraea Dalzell(1851)【汉】陷药玉盘属。【隶属】番荔枝科 Annonaceae。【包含】世界9种。【学名诠释与讨论】〈阴〉(人) sagare,sajeri,印度埃纳纳德和马拉地语的俗名。【分布】印度和斯里兰卡至马来西亚(西部)。【模式】Sageraea laurina Dalzell。【参考异名】Bocagea Blume;Pagerea Pierre ex Laness.●☆

45254 Sageretia Brongn. (1827)【汉】雀梅藤属(对节刺属)。【日】クロイゲ属。【俄】Сажелеция。【英】Sageretia。【隶属】鼠李科 Rhamnaceae。【包含】世界35-40种,中国19种。【学名诠释与讨论】〈阴〉(人)Augustin Sageret,1763-1851,法国植物学者,农学家。此属的学名,ING、TROPICOS、APNI和IK记载是"Sageretia Brongn. ,Ann. Sci. Nat. (Paris)10:359,t. 18. f. 2. 1827"。"Ampeloplis Rafinesque,Sylva Tell. 33. Oct-Dec 1838"是"Sageretia Brongn. (1827)"的晚出的同模式异名(Homotypic synonym,Nomenclatural synonym)。【分布】巴基斯坦,秘鲁,玻利维亚,哥伦比亚(安蒂奥基亚),美国(南部),尼加拉瓜,索马里,中国,安纳托利亚,中美洲。【后选模式】Sageretia procumbens Linnaeus。【参考异名】Afarca Raf. (1838);Ampeloplis Raf. (1838)Nom. illegit. ;Lamellisepalum Engl. (1897);Segeretia G. Don(1832);Segregatia A. Wood(1861)●

45255 Sagina Druce = Minuartia L. (1753) [石竹科 Caryophyllaceae]■

45256 Sagina L. (1753)【汉】漆姑草属(瓜槌草属)。【日】ツメクサ属。【俄】Мшанка。【英】Pearlweed,Pearlwort。【隶属】石竹科 Caryophyllaceae。【包含】世界20-30种,中国4种。【学名诠释与讨论】〈阴〉(拉)sagina,喂养,肥大,装填。来自sagino,填满。指茎秆可用作饲料,欧洲一直作为马的饲料。此属的学名,ING、TROPICOS、APNI、GCI和IK记载是"Sagina L. ,Sp. Pl. 1:128. 1753 [1 May 1753]"。"Alsinella J. Hill,Brit. Herb. 225. Jun 1756"是"Sagina L. (1753)"的晚出的同模式异名(Homotypic synonym,Nomenclatural synonym)。"Sagina Druce"是"Minuartia L. (1753)[石竹科 Caryophyllaceae]"的异名。【分布】安第斯山,巴基斯坦,巴勒斯坦,秘鲁,玻利维亚,厄瓜多尔,哥伦比亚(安蒂奥基亚),马达加斯加,美国(密苏里),中国,新几内亚岛,南至非洲东部山区,喜马拉雅山,北温带,中美洲。【后选模式】Sagina procumbens Linnaeus。【参考异名】Alsinella Hill(1756)Nom. illegit. ;Arenaria Adans. (1763)Nom. illegit. ;Phaloe Dumort. (1827);Spergella Rchb. (1827)■

45257 Saginaceae Bercht. et J. Presl = Caryophyllaceae Juss. (保留科名)■●

45258 Saginella(Fenzl)Rchb. f. (1841)【汉】小漆姑草属。【隶属】石竹科 Caryophyllaceae。【包含】世界1种。【学名诠释与讨论】〈阴〉(属)Sagina 漆姑草属(瓜槌草属)+-ellus,-ella,-ellum,加在名词词干后面形成指小式的词尾。或加在人名、属名等后面以组成新属的名称。此属的学名,ING记载是"Saginella(Fenzl)H. G. L. Reichenbach, Deutsche Bot. Herbarienbuch (Nom.) 205. Jul 1841",由"Alsine 9. Saginella Fenzl in Endlicher, Gen. 965. 1-14 Feb 1840"改级而来。IK、APNI和GCI均未记载此名称。TROPICOS仅仅记载了属名。【分布】热带。【模式】未指定。【参考异名】Alsine 9. Saginella Fenzl(1840)☆

45259 Sagitta Adans. (1763)Nom. illegit. = Sagitta Guett. (1754) Nom. illegit. ; ~ = Sagittaria L. (1753) [泽泻科 Alismataceae]■

45260 Sagitta Guett. (1754)Nom. illegit. ≡ Sagittaria L. (1753) [泽泻科 Alismataceae]■

45261 Sagittanthera Mart. -Azorín, M. B. Crespo, A. P. Dold et van Jaarsv. (2013)【汉】箭药风信子属。【隶属】风信子科 Hyacinthaceae。【包含】世界2种。【学名诠释与讨论】〈阴〉(拉)sagitta,箭 + anthera,花药。【分布】非洲南部。【模式】Sagittanthera cyanelloides (Baker)Mart. -Azorín, M. B. Crespo, A. P. Dold et van Jaarsv. [Rhadamanthus cyanelloides Baker]☆

45262 Sagittaria L. (1753)【汉】慈姑属(慈菇属)。【日】オモダカ属,クワイ属,クワヰ属。【俄】Стрелолист。【英】Arrow Head, Arrowhead, Arrow-head, Snake's Tongue, Wapato。【隶属】泽泻科 Alismataceae。【包含】世界20-30种,中国7-10种。【学名诠释与讨论】〈阴〉(拉)sagitta,箭+-arius,-aria,-arium,指示"属于、相似、具有、联系"的词尾。指叶箭头形。此属的学名,ING、APNI和GCI记载是"Sagittaria L. ,Sp. Pl. 2:993. 1753 [1 May 1753]"。IK则记载为"Sagittaria Ruppiusex L. ,Sp. Pl. 2:993. 1753 [1 May 1753]"。"Sagittaria Ruppius"是命名起点著作之前的名称,故"Sagittaria L. (1753)"和"Sagittaria Ruppius ex L. (1753)"都是合法名称,可以通用。"Sagitta Guettard, Hist. Acad. Roy. Sci. Mém. Math. Phys. (Paris 4to)1750:358. 1754"是"Sagittaria L. (1753)"的晚出的同模式异名(Homotypic synonym,Nomenclatural synonym)。【分布】巴基斯坦,巴拿马,秘鲁,玻利维亚,厄瓜多尔,哥伦比亚(安蒂奥基亚),哥斯达黎加,马达加斯加,美国(密苏里),尼加拉瓜,中国,中美洲。【后选模式】Sagittaria sagittifolia Linnaeus。【参考异名】Diphorea Raf. (1825);Drepachenia Raf. (1825);Hydrolirion H. Lév. (1912);Lophiocarpus (Kunth) Miq. (1870)Nom. illegit. ;Lophiocarpus (Seub.) Miq. (1870)Nom. illegit. ;Lophiocarpus Miq. (1870)Nom. illegit. ; Lophotocarpus (Kunth) Miq. , Nom. illegit. ; Lophotocarpus T. Durand(1888);Michelia T. Durand(1888)Nom. illegit. ;Sagitta Guett. (1754)Nom. illegit. ;Sagittaria Ruppius ex L. (1753)■

45263 Sagittaria Ruppius ex L. (1753) ≡ Sagittaria L. (1753) [泽泻科 Alismataceae]■

45264 Sagittipetalum Merr. (1908) = Carallia Roxb. (1811) (保留属名) [红树科 Rhizophoraceae]●

45265 Saglorithys Rizzini(1949)【汉】巴西鸭嘴花属。【隶属】爵床科 Acanthaceae//鸭嘴花科(鸭咀花科)Justiciaceae。【包含】世界7种。【学名诠释与讨论】〈阴〉词源不详。此属的学名,ING、TROPICOS和IK记载是"Saglorithys Rizzini, Arch. Jard. Bot. Rio de Janeiro ix. 44,54 (sphalm. Glosarithys)(1949)"。它曾被处理为"Justicia subsect. Saglorithys (Rizzini) V. A. W. Graham,Kew Bulletin 43 (4):600. 1988. (28 Nov 1988)"。亦有文献把"Saglorithys Rizzini(1949)"处理为"Justicia L. (1753)"的异名。【分布】巴西,中国。【后选模式】Saglorithys dasyclados (Martius ex C. G. D. Nees) Rizzini [Rhytiglossa dasyclados Martius ex C. G. D. Nees]。【参考异名】Glosarithys Rizziui (1950) Nom. illegit. ;Justicia L. (1753);Justicia subsect. Saglorithys (Rizzini) V. A. W. Graham(1988)●

45266 Sagmen Hill(1762) = Centaurea L. (1753) (保留属名) [菊科 Asteraceae(Compositae)//矢车菊科 Centaureaceae]●■

45267 Sagoaceae Schultz Sch. = Arecaceae Bercht. et J. Presl(保留科名)//Palmae Juss. (保留科名)●

45268 Sagonea Aubl. (1775) = Hydrolea L. (1762) (保留属名) [田基麻科(叶藏刺科)Hydroleaceae//田梗草科(田基麻科,田亚麻科)Hydrophyllaceae]■

45269 Sagoneaceae Martinov(1820) = Boraginaceae Juss. (保留科名)■●

45270　Sagotanthus Tiegh. (1897) = Chaunochiton Benth. (1867) ［铁青树科 Olacaceae］●☆

45271　Sagotia Baill. (1860)(保留属名)【汉】萨戈大戟属。【隶属】大戟科 Euphorbiaceae。【包含】世界 2 种。【学名诠释与讨论】〈阴〉(人)Paul Antoine Sagot, 1821–1888, 法国植物学者, 医生。此属的学名"Sagotia Baill. in Adansonia 1; 53. 1 Oct 1860"是保留属名。相应的废弃属名是豆科 Fabaceae 的"Sagotia Duchass. et Walp. in Linnaea 23; 737. Jan 1851 = Desmodium Desv. (1813)(保留属名)"。【分布】巴拿马, 巴西, 秘鲁, 玻利维亚, 厄瓜多尔, 哥伦比亚(安蒂奥基亚), 几内亚, 中美洲。【模式】Sagotia racemosa Baillon ●☆

45272　Sagotia Duchass. et Walp. (1851)(废弃属名) = Desmodium Desv. (1813)(保留属名)［豆科 Fabaceae(Leguminosae)//蝶形花科 Papilionaceae］●■

45273　Sagraea DC. (1828) = Clidemia D. Don (1823)［野牡丹科 Melastomataceae］●☆

45274　Saguaster Kuntze (1891) Nom. illegit. ≡ Drymophloeus Zipp. (1829)［棕榈科 Arecaceae(Palmae)］●☆

45275　Saguerus Steck(1757)(废弃属名) = Arenga Labill. (1800)(保留属名)［棕榈科 Arecaceae(Palmae)］●

45276　Sagus Gaertn. (1788) Nom. illegit. (废弃属名) ≡ Sagus Rumph. ex Gaertn. (1788); ~ = Raphia P. Beauv. (1806)［棕榈科 Arecaceae(Palmae)］●

45277　Sagus Rumph. ex Gaertn. (1788) Nom. illegit. (废弃属名) = Raphia P. Beauv. (1806)［棕榈科 Arecaceae(Palmae)］●

45278　Sagus Steck(1757)(废弃属名) = Metroxylon Rottb. (1783)(保留属名)［棕榈科 Arecaceae(Palmae)］●

45279　Sahagunia Liebm. (1851) = Clarisia Ruiz et Pav. (1794)(保留属名)［桑科 Moraceae］●☆

45280　Saharanthus M. B. Crespo et Lledó(2000)【汉】撒哈拉花属。【隶属】白花丹科(矶松科, 蓝雪科)Plumbaginaceae。【包含】世界 1 种。【学名诠释与讨论】〈阳〉(地)Sahara, 撒哈拉 + anthos, 花。此属的学名"Saharanthus M. B. Crespo et M. D. Lledó, Bot. J. Linn. Soc. 132(2); 169(2000)"是一个替代名称。"Lerrouxia A. Caballero, Trab. Mus. Nac. Ci. Nat. , Ser. Bot. 28; 13. 10 Mar 1935"是一个非法名称(Nom. illegit.), 因为此前已经有了"Lerouxia Mérat, Nouvelle Flore des Environs de Paris 77. 1812 = Lysimachia L. (1753)［报春花科 Primulaceae//珍珠菜科 Lysimachiaceae］"。故用"Saharanthus M. B. Crespo et Lledó (2000)"替代之。【分布】撒哈拉沙漠。【模式】Saharanthus ifniensis (Caball.) M. B. Crespo et M. D. Lledó。【参考异名】Lerrouxia Caball. (1935) Nom. illegit. ●☆

45281　Saheria Fenzl ex Durand = Maerua Forssk. (1775)［山柑科(白花菜科, 醉蝶花科)Capparaceae//白花菜科(醉蝶花科)Cleomaceae］●☆

45282　Sahlbergia Neck. (1828) Nom. inval. = Gardenia J. Ellis(1761)(保留属名)［茜草科 Rubiaceae//栀子科 Gardeniaceae］●

45283　Sahlbergia Rchb. (1828) = Gardenia J. Ellis(1761)(保留属名); ~ = Salhbergia Neck. (1828) Nom. inval.［茜草科 Rubiaceae//栀子科 Gardeniaceae］●

45284　Saintlegeria Cordem. (1863) = Chloranthus Sw. (1787)［金粟兰科 Chloranthaceae］■●

45285　Saintmorysia Endl. (1838) Nom. illegit. ≡ Morysia Cass. (1824); ~ = Athanasia L. (1763)［菊科 Asteraceae(Compositae)］●☆

45286　Saintpaulia H. Wendl. (1893)【汉】非洲紫罗兰属(非洲堇属, 非洲紫苣苔属)。【日】アフリカスミレ属, セントポーリア属。

【俄】Сантпория。【英】African Violet, Common African Violet, Saintpaulia。【隶属】苦苣苔科 Gesneriaceae。【包含】世界 12-22 种。【学名诠释与讨论】〈阴〉(人)Walter von Saint-Paul, 1860-1910, 德国男爵, 本属的发现者。【分布】热带非洲东部。【模式】Saintpaulia ionantha Wendland ■☆

45287　Saintpauliopsis Staner(1934)【汉】类非洲紫罗兰属。【隶属】爵床科 Acanthaceae。【包含】世界 1 种。【学名诠释与讨论】〈阴〉(属)Saintpaulia 非洲紫罗兰属 + 希腊文 opsis, 外观, 模样, 相似。此属的学名是"Saintpauliopsis Staner, Bull. Jard. Bot. État 13; 8. Oct 1934"。亦有文献把其处理为"Staurogyne Wall. (1831)"的异名。【分布】布隆迪, 加蓬, 卢旺达, 马达加斯加, 坦桑尼亚, 刚果(金)。【模式】Saintpauliopsis lebrunii Staner。【参考异名】Staurogyne Wall. (1831)■☆

45288　Saintpierrea Germ. (1878) = Rosa L. (1753)［蔷薇科 Rosaceae］●

45289　Saionia Hatus. (1976) Nom. inval. = Oxygyne Schltr. (1906)［水玉簪科 Burmanniaceae］■☆

45290　Saiothra Raf. = Hypericum L. (1753); ~ = Sarothra L. (1753)［金丝桃科 Hypericaceae//猪胶树科(克鲁西科, 山竹子科, 藤黄科)Clusiaceae(Guttiferae)］●■

45291　Saipania Hosok. (1935) = Croton L. (1753)［大戟科 Euphorbiaceae//巴豆科 Crotonaceae］●

45292　Sairanthus G. Don (1838) Nom. illegit. ≡ Tabacus Moench (1794); ~ = Nicotiana L. (1753)［茄科 Solanaceae//烟草科 Nicotianaceae］●■

45293　Sairocarpus D. A. Sutton(1988)【汉】净果婆婆纳属(净果玄参属)。【隶属】玄参科 Scrophulariaceae//婆婆纳科 Veronicaceae。【包含】世界 13 种。【学名诠释与讨论】〈阳〉(希)sairo + karpos, 果实。【分布】北美洲东南部。【模式】Sairocarpus nuttallianus (Bentham ex Alph. de Candolle) D. A. Sutton［Antirrhinum nuttallianum Bentham ex Alph. de Candolle］■☆

45294　Sairocarpus Nutt. ex A. DC. (1846) Nom. inval. = Antirrhinum L. (1753)［玄参科 Scrophulariaceae//金鱼草科 Antirrhinaceae//婆婆纳科 Veronicaceae］●■

45295　Saivala Jones(1799) Nom. inval. = Blyxa Noronha ex Thouars (1806)［水鳖科 Hydrocharitaceae//水筛科 Blyxaceae］■

45296　Sajanella Soják(1980)【汉】西伯利亚萝卜属。【隶属】伞形花科(伞形科)Apiaceae(Umbelliferae)。【包含】世界 1 种。【学名诠释与讨论】〈阴〉(属)Sajania + -ellus, -ella, -ellum, 加在名词词干后面形成指小式的词尾。或加在人名、属名等后面以组成新属的名称。此属的学名"Sajanella J. Soják, Cas. Nár. Mus. , Rada Přír. 148; 209. Oct 1980('1979')"是一个替代名称。"Sajania M. G. Pimenov, Bjull. Moskovsk. Obsc. Isp. Prir. , Otd. Biol. 79(3); 112. 1974"是一个非法名称(Nom. illegit.), 因为此前已经有了化石植物的"Sajania A. G. Vologdin, Drevn. Vodorosli SSSR 482. 20 Nov 1962"(红藻)。故用"Sajanella Soják (1980)"替代之。【分布】蒙古, 西伯利亚。【模式】Sajanella monstrosa (Willdenow ex K. P. J. Sprengel) J. Soják［Athamanta monstrosa Willdenow ex K. P. J. Sprengel］。【参考异名】Sajania Pimenov(1974) Nom. illegit. ■☆

45297　Sajania Pimenov(1974) Nom. illegit. = Sajanella Soják(1980)［伞形花科(伞形科)Apiaceae(Umbelliferae)］■☆

45298　Sajorium Endl. (1843) Nom. illegit. ≡ Pterococcus Hassk. (1842)(保留属名); ~ = Plukenetia L. (1753)［大戟科 Euphorbiaceae］●☆

45299　Sakakia Nakai (1928) Nom. illegit. ≡ Cleyera Thunb. (1783)(保留属名); ~ = Eurya Thunb. (1783)［山茶科(茶科)

Theaceae//厚皮香科 Ternstroemiaceae]●

45300 Sakersia Hook. f. (1867) = Dichaetanthera Endl. (1840) [野牡丹科 Melastomataceae]●☆

45301 Sakoanala R. Vig. (1951)【汉】海滨森林豆属。【隶属】豆科 Fabaceae(Leguminosae)//蝶形花科 Papilionaceae。【包含】世界 2 种。【学名诠释与讨论】〈阴〉词源不详。【分布】马达加斯加。【模式】未指定●☆

45302 Salabertia Neck. (1790) Nom. inval. = Tapiria Juss. (1789); ~ =Tapirira Aubl. (1775) [漆树科 Anacardiaceae]●☆

45303 Salacca Reinw. (1825)【汉】萨拉卡棕属(鳞果椰属,沙拉卡椰子属,蛇皮果属)。【日】ザラッカ属。【英】Salacca,Salak,Salak Palm,Snakefruit。【隶属】棕榈科 Arecaceae(Palmae)。【包含】世界 14-20 种,中国 1 种。【学名诠释与讨论】〈阴〉源于植物俗名。【分布】印度至马来西亚,中国。【模式】Salacca edulis Reinwardt, Nom. illegit. [Calamus zalacca J. Gaertner; Salacca zalacca (J. Gaertner) A. Voss]。【参考异名】Lophospatha Burret (1942); Salakka Reinw. ex Blume (1823); Zalacca Blume (1830) Nom. illegit.; Zalacca Reinw. ex Blume (1830) Nom. illegit.; Zalacca Rumph. (1747) Nom. inval. ●

45304 Salacia L. (1771) (保留属名)【汉】五层龙属(桫椤木属,五层楼属)。【英】Salacia。【隶属】卫矛科 Celastraceae//翅子藤科 Hippocrateaceae//五层龙科 Salaciaceae。【包含】世界 150-200 种,中国 16 种。【学名诠释与讨论】〈阴〉(拉)Salacia,罗马神话中掌管泉水和大海的女神,为海神涅普顿 Neptune 之妻。此属的学名“Salacia L. ,Mant. Pl. :159. Oct 1771”是保留属名。相应的废弃属名是卫矛科 Celastraceae 的“Courondi Adans. ,Fam. Pl. 2:446,545. Jul-Aug 1763 = Salacia L. (1771) (保留属名)”。【分布】巴拉圭,巴拿马,秘鲁,玻利维亚,厄瓜多尔,哥伦比亚(安蒂奥基亚),马达加斯加,尼加拉瓜,中国,中美洲。【模式】Salacia chinensis Linnaeus。【参考异名】Annulodiscus Tardieu (1948); Anthodiscus Endl.; Bellardia Schreb. (1791) Nom. illegit.; Calypso Thouars(1804) (废弃属名); Christmannia Dennst. (1818) Nom. illegit.; Christmannia Dennst. ex Kostel. (1836) Nom. illegit.; Clercia Vell. (1829); Courondi Adans. (1763) (废弃属名); Curondia Raf. (1838); Custinia Neck. (1790) Nom. inval.; Dicarpellum (Loes.) A. C. Sm. (1941); Diplesthes Harv. (1842); Elachyptera A. C. Sm. (1940); Hypsagyne Jack ex Burkill; Johnia Roxb. (1814) Nom. inval.; Johnia Roxb. (1820) Nom. illegit.; Jontanea Raf. (1820); Macahanea Aubl. (1775); Managa Aubl. (1775); Managa Aubl. et Hallier f. (1918) Nom. illegit.; Pyramidostylium Mart. (1878) Nom. illegit.; Pyramidostylium Mart. ex Peyr. (1878); Raddia DC. ex Miers (1872); Raddia Miers (1872) Nom. illegit.; Raddisia Leandro (1821); Salacicratea Loes. (1910); Tampoa Aubl. (1775); Thermophila Miers(1872);Tontelea Aubl. (1775) (废弃属名)●

45305 Salaciaceae Raf. (1838) [亦见 Celastraceae R. Br. (1814) (保留科名)卫矛科]【汉】五层龙科。【包含】世界 1 属 150-200 种,中国 1 属 16 种。【分布】热带。【科名模式】Salacia L. (1771) (保留属名)●

45306 Salacicratea Loes. (1910) = Salacia L. (1771) (保留属名) [卫矛科 Celastraceae//翅子藤科 Hippocrateaceae//五层龙科 Salaciaceae]●

45307 Salacighia Loes. (1922) Nom. inval. ≡Salacighia Loes. (1940) [卫矛科 Celastraceae]●☆

45308 Salacighia Loes. (1940)【汉】萨拉卫矛属。【隶属】卫矛科 Celastraceae。【包含】世界 2 种。【学名诠释与讨论】〈阴〉词源不详。此属的学名,ING、TROPICOS 和 IK 记载是“Salacighia

Loes. ,Repert. Spec. Nov. Regni Veg. 49:228. 1940 [31 Dec 1940]”。“Salacighia Loes. ,Wiss. Ergebn. Zweit. Deut. Zentr. -Afr. Exped. (1910-11), Bot. 2:77. 1922 ≡ Salacighia Loes. (1940)”是一个未合格发表的名称(Nom. inval.)。【分布】西赤道非洲。【模式】Salacighia malpighioides Loesener。【参考异名】Salacighia Loes. (1922)Nom. inval. ●☆

45309 Salaciopsis Baker f. (1921)【汉】拟萨拉卫矛属。【隶属】卫矛科 Celastraceae。【包含】世界 1-6 种。【学名诠释与讨论】〈阴〉(属)Salacia 五层龙属(桫椤木属,五层楼属)+希腊文 opsis,外观,模样。【分布】法属新喀里多尼亚。【模式】Salaciopsis neocaledonica E. G. Baker。【参考异名】Lecardia J. Poiss. ex Guillaumin(1927)●☆

45310 Salacistis Rchb. f. (1857) = Goodyera R. Br. (1813); ~ = Hetaeria Blume (1825) [as ‘Etaeria’] (保留属名) [兰科 Orchidaceae]■

45311 Salakka Reinw. ex Blume (1823) = Salacca Reinw. (1825) [棕榈科 Arecaceae(Palmae)]●

45312 Salaxidaceae J. Agardh(1858) = Ericaceae Juss. (保留科名)●

45313 Salaxis Salisb. (1802)【汉】筛子杜鹃属。【隶属】杜鹃花科(欧石南科)Ericaceae。【包含】世界 8 种。【学名诠释与讨论】〈阴〉(希)salax,所有格 salakos,筛子。此属的学名,ING 和 IK 记载是“Salaxis R. A. Salisbury, Trans. Linn. Soc. London 6:317. 24 Mai-27 May 1802”。“Salaxis Salisb. et E. Phillips, J. S. African Bot. x. 73(1944)”修订了属的描述。【分布】马达加斯加,非洲南部。【后选模式】Salaxis axillaris (Thunberg) G. Don [Erica axillaris Thunberg]。【参考异名】Coelostigma Post et Kuntze (1903); Coilostigma Klotzsch (1838); Erica L. (1753); Salaxis Salisb. et E. Phillips(1944)descr. emend. ●☆

45314 Salaxis Salisb. et E. Phillips (1944) descr. emend. = Salaxis Salisb. (1802); ~ = Erica L. (1753) [杜鹃花科(欧石南科)Ericaceae]●☆

45315 Salazaria Torr. (1859) = Scutellaria L. (1753) [唇形科 Lamiaceae(Labiatae)//黄芩科 Scutellariaceae]●■

45316 Salazariaceae F. A. Barkley(1975) = Labiatae Juss. (保留科名)//Lamiaceae Martinov(保留科名)●■

45317 Salazia T. Durand et Jacks. = Sabazia Cass. (1827) [菊科 Asteraceae(Compositae)]■●☆

45318 Salceda Blanco(1845) = Camellia L. (1753) [山茶科(茶科)Theaceae]●

45319 Salcedoa Jiménez Rodr. et Katinas(2004)【汉】簇花红菊木属。【隶属】菊科 Asteraceae(Compositae)。【包含】世界 1 种。【学名诠释与讨论】〈阴〉(地)Salcedo,萨尔塞多,位于南美洲。【分布】南美洲。【模式】Salcedoa mirabaliarum F. Jiménez R. et L. Katinas●☆

45320 Saldanha Vell. (1829) = Hillia Jacq. (1760) [茜草科 Rubiaceae]●☆

45321 Saldanhaea Bureau (1868) = Cuspidaria DC. (1838) (保留属名) [紫葳科 Bignoniaceae]●☆

45322 Saldanhaea Kuntze(1891)Nom. illegit. =Hillia Jacq. (1760); ~ =Saldanha Vell. (1829) [茜草科 Rubiaceae]●☆

45323 Saldanhaea Post et Kuntze (1903) Nom. illegit. = Hillia Jacq. (1760); ~ =Saldanha Vell. (1829) [茜草科 Rubiaceae]●☆

45324 Saldania Sim(1909) = Ormocarpum P. Beauv. (1810) (保留属名) [豆科 Fabaceae(Leguminosae)//蝶形花科 Papilionaceae]●

45325 Saldinia A. Rich. (1834) Nom. illegit. ≡Saldinia A. Rich. ex DC. (1830) [茜草科 Rubiaceae]■☆

45326 Saldinia A. Rich. ex DC. (1830)【汉】马岛茜草属。【隶属】

茜草科 Rubiaceae。【包含】世界2种。【学名诠释与讨论】〈阴〉词源不详。此属的学名,ING 和 IK 记载是"Saldinia A. Rich. ex DC. ,Prodr. [A. P. de Candolle]4:483. 1830 [late Sep 1830]; A. Rich. in Mem. Fam. Rubiac. (Mem. Soc. Hist. Nat. Paris,5: 206(1834))126 [Dec 1830]"。"Saldinia A. Rich. (1834)≡Saldinia A. Rich. ex DC. (1830)"的命名人引证有误。【分布】马达加斯加,安马托维。【模式】Saldinia pseudomorinda A. Richard ex A. P. de Candolle [as 'pseudo - morinda'], Nom. illegit. [Morinda axillaris Poiret; Saldinia axillaris (Poiret) Bremekamp]。【参考异名】Saldinia A. Rich. (1830)Nom. illegit. ■☆

45327　Salgada Blanco(1845)= Cryptocarya R. Br. (1810)(保留属名)[樟科 Lauraceae]●

45328　Salhbergia Neck. (1790)Nom. inval. = Gardenia J. Ellis(1761)(保留属名)[茜草科 Rubiaceae//栀子科 Gardeniaceae]●

45329　Salica Hill(1768)Nom. illegit. ≡Lythastrum Hill(1767);~ = Lythrum L. (1753)[千屈菜科 Lythraceae]●■

45330　Salicaceae Mirb. (1815) [as 'Salicineae'](保留科名)【汉】杨柳科。【日】ヤナギ科。【俄】Ивовые。【英】Willow Family。【包含】世界2-3属335-620种,中国3属347-379种。【分布】主要北温带。【科名模式】Salix L. (1753)(保留属名)●

45331　Salicaria Adans. (1763)Nom. illegit. = Lythrum L. (1753)[千屈菜科 Lythraceae]●■

45332　Salicaria Mill. (1754)Nom. illegit. ≡Lythrum L. (1753)[千屈菜科 Lythraceae]●■

45333　Salicaria Moench = Nesaea Comm. ex Kunth(1823)(保留属名)[千屈菜科 Lythraceae]●■☆

45334　Salicaria Tourn. ex Mill. (1754)Nom. illegit. ≡Salicaria Mill. (1754) Nom. illegit. ; ~ ≡ Lythrum L. (1753) [千屈菜科 Lythraceae]●■

45335　Salicariaceae Juss. =Lythraceae J. St. -Hil. (保留科名)■●

45336　Salicornia L. (1753)【汉】盐角草属(海蓬子属,盐角属)。【日】アッケシサウ属,アッケシソウ属。【俄】Солерос。【英】Glasswort, Marsh Samphire, Salicornia, Saltwort。【隶属】藜科 Chenopodiaceae//盐角草科 Salicorniaceae。【包含】世界20-30种,中国1种。【学名诠释与讨论】〈阴〉(拉)sal,盐,所有格 salis,盐。salinae,盐场,盐坑+cornu,角。cornutus,长了角的。corneus,角质的。指其生于海岸且具角状分枝。【分布】巴拉圭,巴勒斯坦,秘鲁,玻利维亚,厄瓜多尔,马达加斯加,美国(密苏里),中国,温带和热带。【后选模式】Salicornia europaea Linnaeus。【参考异名】Belotropis Raf. ;Sarcathria Raf. (1837) Nom. illegit. ;Sarcocornia A. J. Scott(1978)■●

45337　Salicorniaceae J. Agardh [亦见 Amaranthaceae Juss. (保留科名)苋科和 Chenopodiaceae Vent. (保留科名)藜科]【汉】盐角草科。【包含】世界1属20-30种,中国1属1种。【分布】温带和热带。【科名模式】Salicornia L. ●■

45338　Salicorniaceae Martinov(1820)= Chenopodiaceae Vent. (保留科名)●■

45339　Salimori Adans. (1763)= Cordia L. (1753)(保留属名)[紫草科 Boraginaceae//破布木科(破布树科)Cordiaceae]●

45340　Salisburia Sm. (1797)Nom. illegit. ≡Ginkgo L. (1771)[银杏科 Ginkgoaceae]●★

45341　Salisburiaceae Link =Ginkgoaceae Engl. (保留科名)●

45342　Salisburiana Wood(1861)Nom. illegit. ≡Ginkgo L. (1771); ~ ≡Salisburia Sm. (1797)Nom. illegit. [银杏科 Ginkgoaceae]●★

45343　Salisburya Hoffmanns. (1824)= Salisburiana Wood(1861)[银杏科 Ginkgoaceae]●

45344　Salisburyaceae Kuntze = Ginkgoaceae Engl. (保留科名); ~ = Salisburiaceae Link ●

45345　Salisburyodendron A. V. Bobrov et Melikyan(2006)【汉】澳大利亚南洋杉属。【隶属】南洋杉科 Araucariaceae。【包含】世界6种。【学名诠释与讨论】〈阴〉(人)Salisbury,植物学者+dendron 或 dendros,树木,棍,丛林。此属的学名是"Salisburyodendron A. V. Bobrov et Melikyan, Komarovia 4: 62. 2006"。亦有文献把其处理为"Agathis Salisb. (1807)(保留属名)"或"Dammara Lam. (1786)Nom. inval. "的异名。【分布】澳大利亚,法属新喀里多尼亚。【模式】Salisburyodendron australe (Lamb.) A. V. Bobrov et Melikyan [Dammara australis D. Don, Agathis australis (D. Don) Lindl.]。【参考异名】Agathis Salisb. (1807)(保留属名); Dammara Lam. (1786)Nom. inval. ●☆

45346　Salisia Brongn. et Gris(1863)Nom. illegit. ≡Salisia Panch. ex Brongn. et Gris(1863)Nom. illegit. ; ~ = Xanthostemon F. Muell. (1857)(保留属名)[桃金娘科 Myrtaceae]●☆

45347　Salisia Lindl. (1839)= Kunzea Rchb. (1829)(保留属名)[桃金娘科 Myrtaceae]●☆

45348　Salisia Panch. ex Brongn. et Gris (1863) Nom. illegit. = = Xanthostemon F. Muell. (1857)(保留属名)[桃金娘科 Myrtaceae]●☆

45349　Salisia Regel(1849)Nom. illegit. ≡Gloxinia L' Hér. (1789)[苦苣苔科 Gesneriaceae]■☆

45350　Saliunca Raf. (1840)= Valerianella Mill. (1754)[缬草科(败酱科)Valerianaceae]■

45351　Salix L. (1753)(保留属名)【汉】柳属。【日】ヤナギ属。【俄】Ива。【英】Osier,Sallow,Willow。【隶属】杨柳科 Salicaceae。【包含】世界400-550种,中国275-293种。【学名诠释与讨论】〈阴〉(拉)salix,所有格 salicis,柳树的古名,来自凯尔特语 sal,近+lis,水。指其喜生于水边湿地。或者来自拉丁文 salio 跳跃,跳动,指植物生长迅速。此属的学名"Salix L. ,Sp. Pl. :1015. 1 Mai 1753"是保留属名。法规未列出相应的废弃属名。【分布】巴基斯坦,巴勒斯坦,巴拿马,秘鲁,玻利维亚,厄瓜多尔,哥伦比亚(安蒂奥基亚),马达加斯加,美国(密苏里),尼加拉瓜,中国,中美洲,主要北温带。【模式】Salix alba Linnaeus。【参考异名】Amerina Raf. (1838)Nom. illegit. ; Amerix Raf. (1817);Argorips Raf. (1838);Biggina Raf. (1838);Capraea Opiz(1852);Chalebus Raf. (1817); Chamitea (Dumort.) A. Kern. (1860) Nom. illegit. Chamitea A. Kern. (1860)Nom. illegit. ; Chosenia Nakai (1920); Diamarips Raf. (1838) Nom. illegit. ; Diplima Raf. (1838);Diplopia Raf. (1817);Diplusion Raf. (1838)(废弃属名);Disynia Raf. (1817);Gruenera Opiz(1852);Helix Dumort. ex Steud. (1840) Nom. illegit. ; Knafia Opiz (1852); Lusekia Opiz (1852);Melanix Raf. (1817);Nectolis Raf. (1838); Nectopix Raf. (1838);Nectusion Raf. (1838);Nestylix Raf. (1838)Nom. illegit. ;Oisodix Raf. (1838);Opodix Raf. (1817);Pleiariana N. Chao et G. T. Gong, Nom. illegit. ; Pleiarina N. Chao et G. T. Gong, Nom. illegit. ;Pleiarina Raf. (1838);Pliarina Post et Kuntze (1903); Psatherips Raf. (1838); Ripselaxis Raf. (1838); Ripsoctis Raf. (1838); Sokolofia Raf. (1838); Telesmia Raf. (1838); Toisusu Kimura (1928); Urnectis Raf. (1838); Usionis Raf. (1838);Vetrix Raf. (1817);Vimen Raf. (1817);Vimen Raf. (1838)Nom. illegit. ●

45352　Salizaria A. Gray (1878) = Salazaria Torr. (1859); ~ = Scutellaria L. (1753) [唇形科 Lamiaceae(Labiatae)//黄芩科 Scutellariaceae]●■

45353　Salkea Steud. (1841)Nom. illegit. = Derris Lour. (1790)(保

留属名）［豆科 Fabaceae（Leguminosae）//蝶形花科 Papilioneae］●

45354　Salken Adans.（1763）（废弃属名）= Derris Lour.（1790）（保留属名）［豆科 Fabaceae（Leguminosae）//蝶形花科 Papilioneae］●

45355　Salloa Walp.（1845）= Cocculus DC.（1817）（保留属名）；~ = Galloa Hassk.（1844）［防己科 Menispermaceae］●

45356　Salmalia Schott et Endl.（1832）Nom. illegit. ≡ Bombax L.（1753）（保留属名）［木棉科 Bombacaceae//锦葵科 Malvaceae］●

45357　Salmasia Bubani（1873）Nom. illegit. ≡ Aira L.（1753）（保留属名）［禾本科 Poaceae（Gramineae）］■

45358　Salmasia Bubani（1901）Nom. illegit. ≡ Aira L.（1753）（保留属名）［禾本科 Poaceae（Gramineae）］■

45359　Salmasia Rchb.（1837）Nom. illegit. = Salmalia Schott et Endl.（1832）Nom. illegit. ；~ = Bombax L.（1753）（保留属名）［木棉科 Bombacaceae］●

45360　Salmasia Schreb.（1789）Nom. illegit. ≡ Tachibota Aubl.（1775）；~ = Hirtella L.（1753）［金壳果科 Chrysobalanaceae］●☆

45361　Salmea DC.（1813）（保留属名）【汉】银钮扣属。【隶属】菊科 Asteraceae（Compositae）。【包含】世界 10 种。【学名诠释与讨论】〈阴〉（人）Joseph Franz Maria Anton Hubert Ignatz Fürst zu Salm-Reifferscheid-Dyck，1773-1861，德国植物学者，园艺学者。此属的学名“Salmea DC.，Cat. Pl. Horti Monsp. ：140. Feb-Mar 1813”是保留属名。相应的废弃属名是血草科（半授花科，给血草科，血皮草科）Haemodoraceae 的“Salmia Cav.，Icon. 3：24. Apr 1795 = Sansevieria Thunb.（1794）（保留属名）”。巴拿马草科 Cyclanthaceae 的 “Salmia Willd.，Mag. Neuesten Entdeck. Gesammten Naturk. Ges. Naturf. Freunde Berlin 5；399. 1811 ≡ Carludovica Ruiz et Pav.（1794）”亦应废弃。“ Fornicaria Rafinesque，Sylva Tell. 116. Oct – Dec 1838”是“ Salmea DC.（1813）（保留属名）”的晚出的同模式异名（Homotypic synonym，Nomenclatural synonym）。【分布】墨西哥，西印度群岛，中美洲。【模式】Salmea scandens（Linnaeus）A. P. de Candolle［Bidens scandens Linnaeus］。【参考异名】Fornicaria Raf.（1838）Nom. illegit. ；Hopkirkia Spreng.（1818）●■☆

45362　Salmeopsis Benth.（1873）【汉】拟银钮扣属。【隶属】菊科 Asteraceae（Compositae）。【包含】世界 1 种。【学名诠释与讨论】〈阴〉（属）Salmea 银钮扣属+希腊文 opsis，外观，模样，相似。【分布】巴拉圭，巴西（南部）。【模式】Salmeopsis claussenii Bentham ■☆

45363　Salmia Cav.（1794）（废弃属名）= Sansevieria Thunb.（1794）（保留属名）［百合科 Liliaceae//龙舌兰科 Agavaceae//龙血树科 Dracaenaceae//石蒜科 Amaryllidaceae//虎尾兰科 Sansevieriaceae］■

45364　Salmia Willd.（1811）Nom. illegit.（废弃属名）≡ Carludovica Ruiz et Pav.（1794）［巴拿马草科（环花科）Cyclanthaceae］●■

45365　Salmiopuntia Frič ex Guiggi（2011）Nom. illegit.，Nom. superfl. = Salmonopuntia P. V. Heath（1999）［仙人掌科 Cactaceae］●☆

45366　Salmiopuntia Frič ex Kreuz.（1935）Nom. inval. = Salmonopuntia P. V. Heath（1999）［仙人掌科 Cactaceae］●☆

45367　Salmiopuntia Frič，Nom. inval. = Opuntia Mill.（1754）；~ = Salmonopuntia P. V. Heath（1999）［仙人掌科 Cactaceae］●☆

45368　Salmonea Vahl（1804）= Salomonia Lour.（1790）（保留属名）［远志科 Polygalaceae］■

45369　Salmonia Scop.（1777）Nom. illegit. ≡ Vochysia Aubl.（1775）（保留属名）［as ‘Vochy’］［囊萼花科（独蕊科，蜡烛树科）Vochysiaceae］●☆

45370　Salmonopuntia P. V. Heath（1999）【汉】萨尔蒙掌属。【隶属】仙人掌科 Cactaceae。【包含】世界 1 种。【学名诠释与讨论】

〈阴〉（人）Salmon 植物学者+（属）Opuntia 仙人掌属。此属的学名是“Salmonopuntia P. V. Heath，Calyx 6（2）：41. 1999”。亦有文献把其处理为“Opuntia Mill.（1754）”的异名。【分布】巴西。【模式】Salmonopuntia salmiana（Pfeiff.）P. V. Heath f. alba P. V. Heath。【参考异名】Opuntia Mill.（1754）●☆

45371　Saloa Stuntz（1914）Nom. illegit. ≡ Blumenbachia Schrad.（1825）（保留属名）［刺莲花科（硬毛草科）Loasaceae］■☆

45372　Salomonia Fabr.（1759）Nom. illegit.（废弃属名）≡ Salomonia Heist. ex Fabr.（1759）（废弃属名）；~ = Polygonatum Mill.（1754）［百合科 Liliaceae//铃兰科 Convallariaceae//黄精科 Polygonataceae］■

45373　Salomonia Heist. ex Fabr.（1759）Nom. illegit.（废弃属名）≡ Polygonatum Mill.（1754）［百合科 Liliaceae//黄精科 Polygonataceae//铃兰科 Convallariaceae］■

45374　Salomonia Lour.（1790）（保留属名）【汉】齿果草属（莎萝莽属）。【日】ヒナノカンザシ属。【英】Salomonia。【隶属】远志科 Polygalaceae。【包含】世界 6-10 种，中国 3 种。【学名诠释与讨论】〈阴〉（人）Salomon，古犹太国王。另说可能来自希腊文 salos，不稳运动+monos，单独的，单个的。此属的学名“Salomonia Lour.，Fl. Cochinch. ：1，14. Sep 1790”是保留属名。相应的废弃属名是“Salomonia Heist. ex Fabr.，Enum. ：20. 1759 ≡ Polygonatum Mill.（1754）［百合科 Liliaceae//黄精科 Polygonataceae//铃兰科 Convallariaceae］”。“ Salomonia Fabr.（1759）≡ Salomonia Heist. ex Fabr.（1759）”的命名人引证有误，亦应废弃。【分布】澳大利亚，印度至马来西亚，中国。【模式】Salomonia cantoniensis Loureiro。【参考异名】Epicryanthes Blume ex Penzig；Epirhizanthes Benth. et Hook. f.（1862）；Epirhizanthes Blume；Epirhizanthus Lindl.（1839）；Epirixanthes Blume（1823）；Epirizanthes Baill. ；Epirrhizanthes Chod. ；Epirrhizanthus Wittst. ；Hyperixanthes Blume ex Penzig；Junghuhnia R. Br. ex de Vriese；Lepiphyllum Korth. ex Penzig；Salmonea Vahl（1804）；Salomonia Heist. ex Fabr.（1759）Nom. illegit.（废弃属名）■

45375　Salpianthus Bonpl.（1807）【汉】沙茉莉属。【隶属】紫茉莉科 Nyctaginaceae。【包含】世界 1-4 种。【学名诠释与讨论】〈阳〉（希）salpinx，所有格 salpingos，号角，喇叭+anthos，花。此属的学名，ING 和 IK 记载是“ Salpianthus Bonpland in Humboldt et Bonpland，Pl. Aequin. 1：154. Nov 1807”。“Salpianthus Humb. et Bonpl.（1807）≡ Salpianthus Bonpl.（1807）”的命名人引证有误。【分布】玻利维亚，哥斯达黎加，墨西哥，尼加拉瓜，中美洲。【模式】Salpianthus arenarius Bonpland。【参考异名】Salpianthus Humb. et Bonpl.（1807）Nom. illegit. ●☆

45376　Salpianthus Humb. et Bonpl.（1807）Nom. illegit. ≡ Salpianthus Bonpl.（1807）［紫茉莉科 Nyctaginaceae］●☆

45377　Salpichroa Miers（1845）【汉】鸡蛋茄属。【日】バコベホオズキ属。【英】Cock’s-eggs。【隶属】茄科 Solanaceae。【包含】世界 15-25 种。【学名诠释与讨论】〈阴〉（希）salpinx，所有格 salpingos，号角，喇叭+chroa 皮肤。指花的形状和组织。【分布】巴拉圭，秘鲁，玻利维亚，厄瓜多尔。【后选模式】Salpichroa glandulosa（W. J. Hooker）Miers［Atropa glandulosa W. J. Hooker］。【参考异名】Busbeckea Mart.（1829）；Perizoma（Miers）Lindl.（1847）；Perizoma Miers ex Lindl.（1847）Nom. illegit. ；Planchonia Dunal（1852）Nom. illegit. ；Salpichroma Miers（1848）●☆

45378　Salpichroma Miers（1848）= Salpichroa Miers（1845）［茄科 Solanaceae］●☆

45379　Salpiglossidaceae（Benth.）Hutch. = Solanaceae Juss.（保留科名）●■

45380　Salpiglossidaceae Hutch.（1969）［亦见 Solanaceae Juss.（保留科名）茄科］【汉】智利喇叭花科（美人襟科）。【包含】世界 1 属 2-18 种。【分布】南美洲。【科名模式】Salpiglossis Ruiz et Pav.（1794）●■☆

45381　Salpiglossis Ruiz et Pav.（1794）【汉】智利喇叭花属（蛾蝶花属，猴面花属，美人襟属）。【日】サルピグロッシス属，サルメンバナ属。【俄】Сальпиглоссис，Трубоязычник，Языкотруб。【英】Salpiglossis，Tube-tongue。【隶属】茄科 Solanaceae//智利喇叭花科（美人襟科）Salpiglossidaceae。【包含】世界 2-18 种。【学名诠释与讨论】〈阴〉（希）salpinx，所有格 salpingos，号角，喇叭+glossa，舌。指花冠喇叭形，花柱舌状。【分布】南美洲。【模式】Salpiglossis sinuata Ruiz et Pavon。【参考异名】Leptoglossis Benth.（1845）；Leucanthea Scheele（1853）；Pteroglossis Miers（1850）；Reyesia Clos；Salpiglottis Hort. ex C. Koch（1853）Nom. illegit.；Salpiglottis Hort. ex K. Koch（1853）；Salpingoglottis C. Koch（1853）Nom. illegit.；Salpingoglottis K. Koch（1853）；Stimomphis Raf.（1837）■☆

45382　Salpiglottis Hort. ex C. Koch（1853）Nom. illegit. ≡Salpiglottis Hort. ex K. Koch（1853）；~ =Salpiglossis Ruiz et Pav.（1794）［茄科 Solanaceae//智利喇叭花科（美人襟科）Salpiglossidaceae］■☆

45383　Salpinctes Woodson（1931）【汉】委内瑞拉夹竹桃属。【隶属】夹竹桃科 Apocynaceae。【包含】世界 2 种。【学名诠释与讨论】〈阳〉（希）salpinx，所有格 salpingos，号角，喇叭，salpinktes 吹号者。【分布】委内瑞拉。【后选模式】Salpinctes kalmiifolius R. E. Woodson［as 'kalmiaefolius'］●☆

45384　Salpinctium T. J. Edwards（1989）= Asystasia Blume（1826）［爵床科 Acanthaceae］●■

45385　Salpinga Mart.（1828）Nom. illegit. ≡Salpinga Mart. ex DC.（1828）［野牡丹科 Melastomataceae］●☆

45386　Salpinga Mart. ex DC.（1828）【汉】号角野牡丹属。【隶属】野牡丹科 Melastomataceae。【包含】世界 8 种。【学名诠释与讨论】〈阴〉（希）salpinx，所有格 salpingos，号角，喇叭。此属的学名，ING 和 IK 记载是"Salpinga Mart. ex DC.，Prodr.［A. P. de Candolle］3：112. 1828［mid-Mar 1828］"。"Salpinga Mart.（1828）≡Salpinga Mart. ex DC.（1828）"的命名人引证有误。【分布】秘鲁，玻利维亚，厄瓜多尔，哥伦比亚（安蒂奥基亚）。【模式】Salpinga secunda Schrank et C. F. P. Martius ex A. P. de Candolle。【参考异名】Saccolena Gleason（1925）；Salpinga Mart.（1828）Nom. illegit. ●☆

45387　Salpingacanthus S. Moore（1904）= Ruellia L.（1753）［爵床科 Acanthaceae］■●

45388　Salpingantha Hort. ex Lem.（1847）= Salpixantha Hook.（1845）［爵床科 Acanthaceae］■☆

45389　Salpingantha Lem.（1847）Nom. illegit. ≡Salpingantha Hort. ex Lem.（1847）Nom. illegit.；~ =Salpixantha Hook.（1845）［爵床科 Acanthaceae］■☆

45390　Salpingia（Torr. et A. Gray）Raim.（1893）Nom. illegit. ≡Galpinsia Britton（1894）；~ = Calylophus Spach（1835）；~ = Oenothera L.（1753）［柳叶菜科 Onagraceae］●■

45391　Salpingia Raim.（1893）Nom. illegit. ≡Salpingia（Torr. et A. Gray）Raim.（1893）Nom. illegit.；~ = Galpinsia Britton（1894）；~ = Calylophus Spach（1835）；~ = Oenothera L.（1753）［柳叶菜科 Onagraceae］●■

45392　Salpingoglottis C. Koch（1853）Nom. illegit. ≡Salpingoglottis K. Koch（1853）；~ = Salpiglossis Ruiz et Pav.（1794）［茄科 Solanaceae//智利喇叭花科（美人襟科）Salpiglossidaceae］■☆

45393　Salpingoglottis K. Koch（1853）= Salpiglossis Ruiz et Pav.（1794）［茄科 Solanaceae//智利喇叭花科（美人襟科）Salpiglossidaceae］■☆

45394　Salpingolobivia Y. Ito（1957）= Echinopsis Zucc.（1837）［仙人掌科 Cactaceae］●

45395　Salpingostylis Small（1931）= Calydorea Herb.（1843）；~ = Ixia L.（1762）（保留属名）［鸢尾科 Iridaceae//鸟娇花科 Ixiaceae］■☆

45396　Salpinxantha Hook.（1845）= Salpingantha Hort. ex Lem.（1847）Nom. illegit.；~ =？Salpixantha Hook.（1845）［爵床科 Acanthaceae］■☆

45397　Salpinxantha Urb.，Nom. illegit. =Salpixantha Hook.（1845）；~ = Salpingantha Hort. ex Lem.（1847）Nom. illegit.；~ =？Salpixantha Hook.（1845）［爵床科 Acanthaceae］■☆

45398　Salpistele Dressier（1979）【汉】鱼柱兰属。【隶属】兰科 Orchidaceae。【包含】世界 6 种。【学名诠释与讨论】〈阴〉（拉）salpa，一种不加盐而风干的鱼+stele，支持物，支柱，石头做的界标，柱，中柱，花柱。或 salpinx，所有格 salpingos，号角，喇叭+stele。【分布】巴拿马，厄瓜多尔，哥斯达黎加，中美洲。【模式】Salpistele brunnea R. L. Dressler。【参考异名】Andinia（Luer）Luer（2000）■☆

45399　Salpixantha Hook.（1845）【汉】黄鱼爵床属。【隶属】爵床科 Acanthaceae。【包含】世界 2 种。【学名诠释与讨论】〈阴〉（希）salpinx，所有格 salpingos，号角，喇叭+xanthos，黄色。或 salpinx，所有格 salpingos+anthos，花。此属的学名是"Salpixantha W. J. Hooker，Bot. Mag. ad t. 4158. 1845"。亦有文献把其处理为"Salpingantha Lem.（1847）Nom. illegit."的异名。【分布】牙买加。【模式】Salpixantha coccinea W. J. Hooker。【参考异名】Salpingantha Hort. ex Lem.（1847）Nom. illegit.；Salpingantha Lem.（1847）Nom. illegit.；Salpinxantha Urb.，Nom. illegit. ■☆

45400　Salpixanthus Lindl. =Salpingantha Lem.（1847）Nom. illegit.；~ =Salpinxantha Hook.（1845）［爵床科 Acanthaceae］■☆

45401　Salsa Feuillee ex Ruiz et Pav.（1802）= Herreria Ruiz et Pav.（1794）［肖薯蓣果科（赫雷草科，异蕗蕠科）Herreriaceae//百合科 Liliaceae］■☆

45402　Salsola L.（1753）【汉】猪毛菜属。【日】オカヒジキ属，ヲカヒジキ属。【俄】Баялыч，Курай，Солянка。【英】Barilla，Glasswort，Russian Thistle，Russianthistle，Russian-thistle，Saltwort，Salt-wort。【隶属】藜科 Chenopodiaceae//猪毛菜科 Salsolaceae。【包含】世界 116-150 种，中国 36-41 种。【学名诠释与讨论】〈阴〉（拉）salsus，含盐的，盐渍的+-olus，-ola，-olum，拉丁文指示小的词尾。指植物有耐盐的特性。此属的学名，ING、TROPICOS、APNI、GCI 和 IK 记载是"Salsola L.，Sp. Pl. 1：222. 1753［1 May 1753］"。"Kali P. Miller，Gard. Dict. Abr. ed. 4. 28 Jan 1754"是"Salsola L.（1753）"的晚出的同模式异名（Homotypic synonym，Nomenclatural synonym）。【分布】巴基斯坦，巴勒斯坦，马达加斯加，美国（密苏里），中国。【后选模式】Salsola kali Linnaeus。【参考异名】Caroxylon Thunb.（1782）；Caspia Galushko（1976）；Climacoptera Botsch.（1956）；Critesia Raf.；Darniella Maire et Weiller（1939）；Diplocea Raf.（1817）Nom. illegit.；Diplococea Rchb.（1828）；Eremochion Gilli（1959）；Halothamnus Jaub. et Spach（1845）；Hypocylix Wol.（1886）；Kali Mill.（1754）Nom. illegit.；Muratina Maire（1938）；Nitrosalsola Tzvelev（1993）；Physandra Botsch.（1956）；Pyankovia Akhani et Roalson（2007）；Sarcomorphis Bojer ex Moq.（1849）；Soda（Dumort.）Fourr.（1869）；Soda Fourr.（1869）Nom. illegit.；Turania Akhani et Roalson（2007）；Xylosalsola Tzvelev ●■

45403　Salsolaceae Moq.［亦见 Amaranthaceae Juss.（保留科名）苋科和 Chenopodiaceae Vent.（保留科名）藜科］【汉】猪毛菜科。【包含】世界 5 属 169-220 种，中国 2 属 37-42 种。【分布】广泛分布。

【科名模式】Salsola L. （1753）●■

45404 Salta Adr. Sanchez（2011）【汉】三花蓼属。【隶属】蓼科 Polygonaceae。【包含】世界 1 种。【学名诠释与讨论】〈阴〉词源不详。似来自拉丁文 saltus，森林地带。【分布】阿根廷，玻利维亚。【模式】Salta triflora（Griseb.）Adr. Sanchez［Ruprechtia triflora Griseb.］☆

45405 Saltera Bullock（1958）【汉】长丝管萼木属。【隶属】管萼木科（管萼科）Penaeaceae。【包含】世界 1 种。【学名诠释与讨论】〈阴〉（人）Terence Macleane Salter，1883-1969，英国植物学者，旅行家，植物采集家。此属的学名"Saltera Bullock，Kew Bull. 1958：109. 20 Mai 1958"是一个替代名称。"Sarcocolla Kunth，Linnaea 5：677. Oct 1830"是一个非法名称（Nom. illegit.），因为此前已经有了"Sarcocolla Boehmer in Ludwig，Def. Gen. ed. Boehmer 11. 1760 ≡ Penaea L.（1753）［管萼木科（管萼科）Penaeaceae］"。故用"Saltera Bullock（1958）"替代之。【分布】非洲南部。【模式】Saltera sarcocolla（Linnaeus）Bullock［Penaea sarcocolla Linnaeus］。【参考异名】Sarcocolla Kunth（1830）Nom. illegit. ●☆

45406 Saltia R. Br.（1814）Nom. inval.，Nom. nud. ＝Cometes L.（1767）［石竹科 Caryophyllaceae//醉人花科（裸果木科）Illecebraceae］■☆

45407 Saltia R. Br.（1829）Nom. inval.，Nom. nud. ≡Saltia R. Br. ex Moq.（1849）［苋科 Amaranthaceae］●☆

45408 Saltia R. Br. ex Moq.（1849）【汉】毛苋木属。【隶属】苋科 Amaranthaceae。【包含】世界 1 种。【学名诠释与讨论】〈阴〉（人）Henry Salt，1780-1827，植物采集家。此属的学名，ING 和 IPNI 记载是"Saltia R. Brown ex Moquin in Alph. de Candolle，Prodr. 13（2）：325. 5 May 1849"。"Saltia R. Br.，Voy. Abyss.［Salt］Append. p. lxiv. 1814［Sep 1814］＝Cometes L.（1767）"和"Saltia R. Br.，Pl. Asiat. Rar.（Wallich）. 1：17. 1829 ≡ Saltia R. Br. ex Moq.（1849）"都是未合格发表的名称（Nom. inval.）。【分布】阿拉伯地区南部。【模式】Saltia papposa（Forsskål）Moquin［Achyranthes papposa Forsskål］。【参考异名】Psilodigera Suess.（1952）；Saltia R. Br.（1829）Nom. inval.，Nom. nud.；Seddera Hochst. et Steud. ex Moq.，Nom. illegit. ●☆

45409 Saltugilia（V. E. Grant）L. A. Johnson（2000）【汉】美澳吉莉花属。【隶属】花荵科 Polemoniaceae。【包含】世界 5 种。【学名诠释与讨论】〈阴〉（拉）saltus 林地+（属）Gilia 吉莉花属（吉莉草属，吉利花属）。此属的学名，IK 和 GCI 记载是"Saltugilia（V. E. Grant）L. A. Johnson，Aliso 19（1）：69. 2000［28 Jul 2000］"，由"Gilia sect. Saltugilia Douglas ex V. E. Grant et A. D. Grant Aliso 3：84. 1954"改级而来。TROPICOS 把基源异名引证为"Gilia sect. Saltugilia V. E. Grant et A. D. Grant"，命名人引证有误。亦有文献把"Saltugilia（V. E. Grant）L. A. Johnson（2000）"处理为"Gilia Ruiz et Pav.（1794）"的异名。【分布】澳大利亚，美洲。【模式】Saltugilia splendens（Douglas ex H. Mason et A. D. Grant）L. A. Johnson［Gilia splendens Douglas ex H. Mason et A. D. Grant］。【参考异名】Gilia Ruiz et Pav.（1794）；Gilia sect. Saltugilia V. E. Grant（1954）■●☆

45410 Saltzwedelia P. Gaertn.，B. Mey. et Scherb.（1800）Nom. illegit. ≡Chamaespartium Adans.（1763）；~ =Genistella Moench（1794）Nom. illegit.；~ =Genistella Ortega（1773）Nom. illegit.；~ =Genista L.（1753）［豆科 Fabaceae（Leguminosae）//蝶形花科 Papilionaceae］●

45411 Salutiaea Colla（1849）＝Achimenes Pers.（1806）（保留属名）［苦苣苔科 Gesneriaceae］■☆

45412 Salutiea Griseb.（1853）Nom. inval. ≡Salutiea Griseb. ex

Pfeiff.；~ =Salutiaea Colla（1849）［苦苣苔科 Gesneriaceae］■☆

45413 Salutiea Griseb. ex Pfeiff. =Salutiaea Colla（1849）［苦苣苔科 Gesneriaceae］■☆

45414 Salvadora Garcin ex L.（1753）≡Salvadora L.（1753）［牙刷树科（刺茉莉科）Salvadoraceae］●

45415 Salvadora L.（1753）【汉】牙刷树属（刺茉莉属，萨瓦杜属）。【俄】Сальвадора。【英】Salvadora。【隶属】牙刷树科（刺茉莉科）Salvadoraceae。【包含】世界 4-5 种。【学名诠释与讨论】〈阴〉（人）Juan Salvador y Bosca，1598-1681，西班牙植物学者，植物采集家，药剂师。或说 salvus，完全的，结实的+dor，一张皮；doros，革制的袋、囊。此属的学名，ING 和 TROPICOS 记载是"Salvadora Linnaeus，Sp. Pl. 122. 1 Mai 1753"。IK 则记载为"Salvadora Garcin ex L.，Sp. Pl. 1：122. 1753［1 May 1753］"。"Salvadora Garcin"是命名起点著作之前的名称，故"Salvadora L.（1753）"和"Salvadora Garcin ex L.（1753）"都是合法名称，可以通用。其异名中，"Plotea J. F. Gmel.，Syst. Nat.，ed. 13［bis］. 2（1）：404. 1791［late Sep - Nov 1791］"和"Plotea Cothen.，Dispositio Vegetabilium Methodica a Staminum Numero Desunta 10. 1790.（Jan-May 1790）"是"Plotia Adans.，Fam. Pl.（Adanson）2：226. 1763"的拼写变体；TROPICOS 把其置于报春花科 Primulaceae，IK 和 ING 放入紫金牛科 Myrsinaceae。"Plotia Neck.，Elem. Bot.（Necker）2：55. 1790，Nom. inval. =Embelia Burm. f.（1768）（保留属名）［紫金牛科 Myrsinaceae//酸藤子科 Embeliaceae］"和"Plotia Schreb. ex Steud.，Nomencl. Bot.［Steudel］，ed. 2. ii. 356（1841）= Glyceria R. Br.（1810）（保留属名）= Poa L.（1753）［禾本科 Poaceae（Gramineae）］"是晚出的非法名称。【分布】巴基斯坦，马达加斯加，中国，热带非洲，亚洲。【模式】Salvadora persica Linnaeus。【参考异名】Plotea Cothen.（1790）Nom. illegit.；Plotea J. F. Gmel.（1791）Nom. illegit.；Plotia Adans.（1763）Nom. illegit.；Salvadora Garcin ex L.（1753）●

45416 Salvadoraceae Lindl.（1836）（保留科名）【汉】牙刷树科（刺茉莉科）。【英】Salvadora Family。【包含】世界 3 属 9-12 种，中国 1 属 1 种。【分布】非洲，马达加斯加，亚洲南部和东南。【科名模式】Salvadora L. ●

45417 Salvadoropsis H. Perrier（1944）【汉】拟牙刷树属。【隶属】卫矛科 Celastraceae。【包含】世界 1 种。【学名诠释与讨论】〈阴〉（属）Salvadora 牙刷树属+希腊文 opsis，外观，模样，相似。【分布】马达加斯加。【模式】Salvadoropsis arenicola Perrier de la Bâthie ●☆

45418 Salvertia A. St. -Hil.（1820）【汉】巴西囊萼花属。【隶属】独蕊科（蜡烛树科，囊萼花科）Vochysiaceae。【包含】世界 1 种。【学名诠释与讨论】〈阴〉（人）Dutour de Salvert，他是 Auguste de Saint-Hilaire 的妹夫（姐夫？）。【分布】巴西（南部）。【模式】Salvertia convallariodora A. F. C. P. Saint - Hilaire［as 'convallariaeodora'］●☆

45419 Salvia L.（1753）【汉】鼠尾草属。【日】アオギリ属，アキギリ属，アキノタムラサウ属，アキノタムラソウ属，サルビア属。【俄】Сальвия，Шалфей。【英】Chia Seeds，Clary，Meadow Sage，Sage，Salvia。【隶属】唇形科 Lamiaceae（Labiatae）//鼠尾草科 Salviaceae。【包含】世界 700-1100 种，中国 84-90 种。【学名诠释与讨论】〈阴〉（拉）salveo，救护，治疗。salvus，完全的，结实的，无恙的。保存得很好的。指植物可供药用。【分布】巴基斯坦，巴拉圭，巴拿马，秘鲁，玻利维亚，厄瓜多尔，哥伦比亚（安蒂奥基亚），哥斯达黎加，马达加斯加，美国（密苏里），尼加拉瓜，中国，中美洲。【后选模式】Salvia officinalis Linnaeus。【参考异名】Aethiopis（Benth.）Fourr.（1869）Nom. illegit.；Aethiopis

（Benth.）Opiz（1852）；Aethiopis Fourr.（1869）Nom. illegit.；Aethiopis Opiz（1852）Nom. illegit.；Aethyopys（Benth.）Opiz（1852）Nom. illegit.；Aetopsis Raf.（1837）；Arischrada Pobed.（1972）（废弃属名）；Aubertiella Briq.（1894）；Audibertia Benth.（1832）Nom. illegit.；Audibertiella Briq.（1894）；Belospis Raf.（1837）；Calosphace（Benth.）Raf.（1837）Nom. illegit.；Calosphace Raf.（1837）Nom. illegit.；Codanthera Raf.（1837）；Covola Medik.（1791）；Crolocos Raf.（1837）Nom. illegit.；Drymosphace（Benth.）Opiz（1852）；Drymosphace Opiz（1852）；Elelis Raf.（1837）；Enipea Raf.（1837）；Epiadena Raf.（1837）；Euriples Raf.（1837）；Fenixanthes Raf.（1840）；Flipania Raf.（1837）；Gallitrichum A. J. Jord. et Fourr.（1870）Nom. illegit.；Gallitrichum Fourr.（1869）Nom. inval.；Glutinaria Fabr.，Glutinaria Raf.（1837）；Haematodes Post et Kuntze（1903）；Hematodes Raf.（1837）；Hemisphace（Benth.）Opiz（1852）；Hemistegia Raf.（1837）Nom. illegit.；Hormiastis Post et Kuntze（1903）；Hormilis Post et Kuntze（1903）；Horminum Mill.（1768）Nom. illegit.（废弃属名）；Horstia Fabr.；Jungia Fabr.（1759）Nom. illegit.（废弃属名）；Jungia Heist. ex Fabr.（1759）（废弃属名）；Kiosmina Raf.（1837）；Larnastyra Raf.（1837）；Lasemia Raf.（1837）；Leonia Cerv.（1825）Nom. illegit.；Leonia Cerv. ex La Llave et Lex.（1825）Nom. illegit.；Leonura Usteri ex Steud.（1840）；Lesemia Raf.（1837）；Megyathus Raf.（1837）；Melinum Medik.（1791）；Melligo Raf.（1837）；Oboskon Raf.（1837）；Ormiastis Raf.（1837）Nom. illegit.；Piaradena Raf.（1837）；Plethiosphace（Benth.）Opiz（1852）；Plethiosphace Opiz（1852）Nom. illegit.；Pleudia Raf.（1837）；Polakia Stapf（1885）；Polakiastrum Nakai（1917）；Polymorpha Fabr.；Pycnocephalum（Benth.）Rydb.（1917）；Pycnosphace Rydb.（1917）Nom. illegit.；Ramona Greene（1892）；Ramonia Post et Kuntze（1903）Nom. illegit.；Rhodochlamys S. Schauer（1847）；Rhodormis Raf.（1837）；Rosmarinus L.（1753）；Salviastrum Scheele（1849）Nom. illegit.；Schraderia Fabr. ex Medik.（1791）Nom. illegit.（废弃属名）；Schraderia Medik.（1791）Nom. illegit.（废弃属名）；Sclarea Mill.（1754）；Sclarea Tourn. ex Mill.（1754）；Sclareastrum Fabr.；Sobiso Raf.（1837）；Sphacopsis Briq.（1891）；Stenarrhena D. Don（1825）；Stiefia Medik.（1791）；Terepis Raf.（1837）；Tjutsjau Rumph.；Zappania Scop.（1786）■

45420　Salviacanthus Lindau（1894）= Justicia L.（1753）［爵床科 Acanthaceae//鸭嘴花科（鸭咀花科）Justiciaceae］●■

45421　Salviaceae Bercht. et J. Presl（1820）= Salviaceae Raf.■

45422　Salviaceae Raf.［亦见 Labiatae Juss.（保留科名）//Lamiaceae Martinov（保留科名）唇形科］【汉】鼠尾草科。【包含】世界3属700-1100种,中国2属85-91种。【分布】热带和温带。【科名模式】Salvia L.（1753）■

45423　Salviastrum Fabr.（1759）Nom. illegit. ≡Salviastrum Heist. ex Fabr.（1759）；~≡Tarchonanthus L.（1753）［菊科 Asteraceae（Compositae）］●☆

45424　Salviastrum Heist. ex Fabr.（1759）Nom. illegit. ≡Tarchonanthus L.（1753）［菊科 Asteraceae（Compositae）］●☆

45425　Salviastrum Scheele（1849）Nom. illegit. = Salvia L.（1753）［唇形科 Lamiaceae（Labiatae）//鼠尾草科 Salviaceae］●■

45426　Salviniaceae Dumort.（1829）Salviniaceae Lindl.（1836）（保留科名）●

45427　Salviniaceae Martinov（1820）= Salviniaceae Lindl.（1836）（保留科名）●

45428　Salviniaceae Rchb.，Nom. inval. = Salviniaceae Lindl.（1836）

（保留科名）●

45429　Salweenia Baker f.（1935）【汉】冬麻豆属。【英】Salweenia。【隶属】豆科 Fabaceae（Leguminosae）//蝶形花科 Papilionaceae。【包含】世界1种,中国1种。【学名诠释与讨论】〈阴〉（人）Salween。【分布】中国。【模式】Salweenia wardii E. G. Baker ●★

45430　Salzmannia DC.（1830）【汉】扎尔茜属。【隶属】茜草科 Rubiaceae。【包含】世界1种。【学名诠释与讨论】〈阴〉（人）Philipp Salzmann,1781-1851,德国植物学者,医生,昆虫学者,植物采集家。【分布】巴西（东部）。【模式】Salzmannia nitida A. P. de Candolle☆

45431　Salzwedelia O. F. Lang（1843）= Genista L.（1753）；~= Saltzwedelia P. Gaertn.，B. Mey. et Scherb.（1800）Nom. illegit. ≡Chamaespartium Adans.（1763）；~= Genistella Moench（1794）Nom. illegit. = Genistella Ortega（1773）Nom. illegit.［豆科 Fabaceae（Leguminosae）//蝶形花科 Papilionaceae］●

45432　Samadera Gaertn.（1791）（保留属名）【汉】黄楝树属（干果楝属,萨曼苦木属）。【隶属】苦木科 Simaroubaceae。【包含】世界16种。【学名诠释与讨论】〈阴〉（人）来自僧伽罗人的植物俗名。此属的学名"Samadera Gaertn.，Fruct. Sem. Pl. 2:352. Apr-Mai 1791"是保留属名。相应的废弃属名是苦木科 Simaroubaceae 的"Locandi Adans.，Fam. Pl. 2:449,571. Jul-Aug 1763 = Samadera Gaertn.（1791）（保留属名）"。苦木科 Simaroubaceae 的"Locardi Steud.，Nomencl. Bot.［Steudel］,ed. 2. ii. 64（1841）= Locandi Adans.（1763）（废弃属名）"亦应废弃。多有文献承认"Samandura";但是此属没有合法名称:"Samandura L. ex Baill.，Hist. Pl.（Baillon）4（5）:491. 1873［Jul – Sep 1873］"是"Samadera Gaertn.（1791）（保留属名）"的替代名称;但是这个替代是多余的;"Samandura Baill.，Traite Bot. Méd. Phan. 2:874. 1884"是"Samadera Gaertn.（1791）（保留属名）"的拼写变体;"Samandura L.（1886）= Samadera Gaertn.（1791）（保留属名）"是晚出的非法名称。"Vitmannia M. Vahl, Symb. Bot. 3:51. 1794"是"Samadera Gaertn.（1791）（保留属名）"的晚出的同模式异名（Homotypic synonym, Nomenclatural synonym）。亦有文献把"Samadera Gaertn.（1791）（保留属名）"处理为"Quassia L.（1762）"的异名。【分布】印度,中南半岛。【模式】Samadera indica J. Gaertner。【参考异名】Locandi Adans.（1763）（废弃属名）；Manduyta Comm. ex Steud.（1841）；Manungala Blanco（1837）；Quassia L.（1762）；Samandura Baill.（1884）；Samandura L. ex Baill.（1873）Nom. illegit.，Nom. superfl.；Vitmannia Vahl（1794）Nom. illegit.●☆

45433　Samaipaticereus Cárdenas（1952）【汉】棍棒花柱属。【日】サマイパティセレウス属。【隶属】仙人掌科 Cactaceae。【包含】世界1-2种。【学名诠释与讨论】〈阳〉（地）Samaipata+（属）Cereus 仙影掌属。【分布】玻利维亚。【模式】Samaipaticereus corroanus H. M. Cárdenas ●☆

45434　Samama Kuntze（1891）Nom. illegit. ≡Samama Rumph. ex Kuntze（1891）Nom. illegit.；~≡Anthocephalus A. Rich.（1834）［茜草科 Rubiaceae］●☆

45435　Samama Rumph.（1734）Nom. inval. ≡Samama Rumph. ex Kuntze（1891）Nom. illegit.；~≡Anthocephalus A. Rich.（1834）［茜草科 Rubiaceae］●☆

45436　Samama Rumph. ex Kuntze（1891）Nom. illegit. ≡Anthocephalus A. Rich.（1834）［茜草科 Rubiaceae］●☆

45437　Samandura Baill.（1884）= Quassia L.（1762）；~= Samadera Gaertn.（1791）（保留属名）［苦木科 Simaroubaceae］●☆

45438　Samandura L.（1886）Nom. illegit.，Nom. superfl. = Samadera Gaertn.（1791）（保留属名）［苦木科 Simaroubaceae］●☆

45439 Samandura L. ex Baill. (1873) Nom. illegit. ,Nom. superfl. ≡ Samadera Gaertn. (1791)(保留属名) [苦木科 Simaroubaceae]●☆

45440 Samanea(Benth.)Merr. (1916)【汉】雨树属。【日】アメリカネム属,サアマネ一ア属。【英】Rain Tree,Raintree,Rain-tree,Saman。【隶属】豆科 Fabaceae(Leguminosae)//含羞草科 Mimosaceae。【包含】世界 3-20 种,中国 1 种。【学名诠释与讨论】〈阴〉(西班牙)zaman,一种植物俗名。此属的学名,ING、TROPICOS 和 GCI 记载是"Samanea (Bentham) Merrill, J. Wash. Acad. Sci. 6:46. 1916",由"Pithecellobium sect. Samanea Bentham,London J. Bot. 3:197,215. 1844"改级而来。而 IK 则记载为"Samanea Merr. , J. Wash. Acad. Sci. 1916, vi. 46";APNI 记载为"Samanea (DC.) Merr. ,J. Wash. Acad. Sci. 6 1916",但是未给基源异名。五者引用的文献相同。亦有文献把"Samanea (Benth.) Merr. (1916)"处理为"Albizia Durazz. (1772)"的异名。【分布】巴拉圭,巴拿马,玻利维亚,厄瓜多尔,哥伦比亚(安蒂奥基亚),哥斯达黎加,马达加斯加,墨西哥至热带南美洲,尼加拉瓜,热带非洲,中国,中美洲。【模式】Samanea saman (N. J. Jacquin) Merrill [Mimosa saman N. J. Jacquin]。【参考异名】Albizia Durazz. (1772);Pithecellobium sect. Samanea Benth. (1844);Samanea (DC.) Merr. (1916) Nom. illegit. ;Samanea Merr. (1916) Nom. illegit. ●

45441 Samanea (DC.) Merr. (1916) Nom. illegit. ≡ Samanea (Benth.)Merr. (1916) [豆科 Fabaceae(Leguminosae)//含羞草科 Mimosaceae]●

45442 Samanea Merr. (1916) Nom. illegit. ≡ Samanea (Benth.) Merr. (1916) [豆科 Fabaceae (Leguminosae)//含羞草科 Mimosaceae]●

45443 Samara L. (1771) = Embelia Burm. f. (1768)(保留属名) [紫金牛科 Myrsinaceae//酸藤子科 Embeliaceae]●■

45444 Samara Sw. (1788) Nom. illegit. = Myrsine L. (1753) [紫金牛科 Myrsinaceae]●

45445 Samaraceae Dulac = Ulmaceae Mirb. (保留科名)●

45446 Samaroceltis J. Poiss. (1887)= Phyllostylon Capan. ex Benth. et Hook. f. (1880) [榆科 Ulmaceae]●☆

45447 Samaropyxis Miq. (1861) = Hymenocardia Wall. ex Lindl. (1836) [大戟科 Euphorbiaceae//酸海棠科 Hymenocardiaceae]●☆

45448 Samarorchis Ormerod(2008)【汉】菲律宾兰属。【隶属】兰科 Orchidaceae。【包含】世界 1 种。【学名诠释与讨论】〈阴〉(地)Samar,萨马,位于菲律宾。【分布】菲律宾。【模式】Samarorchis sulitiana Ormerod ■☆

45449 Samarpsea Raf. (1836)= Fraxinus L. (1753) [木犀榄科(木犀科)Oleaceae//白蜡树科 Fraxinaceae]●

45450 Samba Roberty(1953) Nom. illegit. ≡ Triplochiton K. Schum. (1900)(保留属名) [梧桐科 Sterculiaceae//锦葵科 Malvaceae//非洲梧桐科 Triplochitonaceae]●☆

45451 Sambucaceae Batsch ex Borkh. (1797) [亦见 Caprifoliaceae Juss. (保留科名)忍冬科]【汉】接骨木科。【包含】世界 1 属 12-40 种,中国 1 属 12 种。【分布】广泛分布。【科名模式】Sambucus L. (1753)●■

45452 Sambucaceae Link = Adoxaceae E. Mey. (保留科名);~ = Caprifoliaceae Juss. (保留科名);~ = Sambucaceae Batsch ex Borkh. ;~ =Samolaceae Dumort. ●■

45453 Sambucus L. (1753)【汉】接骨木属(蒴藋属)。【日】ニハトコ属,ニワトコ属。【俄】Бизина,Бузина,Самбук。【英】Elder,Elderberry。【隶属】忍冬科 Caprifoliaceae。【包含】世界 10-40 种,中国 4-12 种。【学名诠释与讨论】〈阳〉(拉)sambucus,接骨木的古名,来自 sambuke 竖琴。猜想古时以接骨木制做弦乐器

的部件,或指林立的茎似竖琴。【日】ニハトコ属,ニワトコ属。【俄】Бизина,Бузина,Самбук。【英】Elder,Elderberry。【分布】巴基斯坦,巴拿马,秘鲁,玻利维亚,厄瓜多尔,哥伦比亚(安蒂奥基亚),美国(密苏里),尼加拉瓜,中国,中美洲。【后选模式】S. nigra Linnaeus。【参考异名】Amerlingia Opiz;Ebulum Garcke (1865);Ebulus Fabr. ;Phyteuma Lour. (1790) Nom. illegit. ;Tripetalum Post et Kuntze (1903) Nom. illegit. ;Tripetelus Lindl. (1839)●■

45454 Sambulus Mohl et Schlecht. (1847) Nom. illegit. [伞形花科(伞形科)Apiaceae(Umbelliferae)]☆

45455 Sameraria Desv. (1815)【汉】翅果菘蓝属。【俄】Самерария。【隶属】十字花科 Brassicaceae(Cruciferae)。【包含】世界 9-11 种。【学名诠释与讨论】〈阴〉(拉)samara = samera,榆树的翅果+-arius,-aria,-arium,指示"属于、相似、具有、联系"的词尾。此属的学名是"Sameraria Desvaux, J. Bot. Agric. 3: 161. 1815 (prim.)('1814')"。亦有文献把其处理为"Isatis L. (1753)"的异名。【分布】巴基斯坦,小亚细亚至亚洲中部和阿富汗。【模式】Sameraria armena (Linnaeus) Desvaux [Isatis armena Linnaeus]。【参考异名】Isatis L. (1753);Tetrapterygium Fisch. et C. A. Mey. (1836)■☆

45456 Samodia Baudo (1843) = Samolus L. (1753) [报春花科 Primulaceae//水茴草科 Samolaceae]■

45457 Samolaceae Dumort. = Primulaceae Batsch ex Borkh. (保留科名);~ =Theophrastaceae D. Don(保留科名)●☆

45458 Samolaceae Raf. (1820) [亦见 Primulaceae Batsch ex Borkh. (保留科名)报春花科]【汉】水茴草科。【包含】世界 1 属 10-15 种,中国 1 属 1 种。【分布】广泛分布,南半球。【科名模式】Samolus L. (1753)■

45459 Samolus Ehth. =Samolus L. (1753) [报春花科 Primulaceae//水茴草科 Samolaceae]■

45460 Samolus L. (1753)【汉】水茴草属(水繁缕属)。【日】ハイハマボッス属,ヒメボッス属。【俄】Самолюс,Северница。【英】Brook Weed, Brookweed, Water Pimpernel。【隶属】报春花科 Primulaceae//水茴草科 Samolaceae。【包含】世界 10-15 种,中国 1 种。【学名诠释与讨论】〈阳〉(拉)samolus,水繁缕。此属的学名,ING、APNI、GCI、TROPICOS 和 IK 记载是"Samolus Linnaeus, Sp. Pl. 171. 1 May 1753"。【分布】巴基斯坦,秘鲁,玻利维亚,厄瓜多尔,马达加斯加,美国(密苏里),中国,中美洲。【模式】Samolus valerandi Linnaeus。【参考异名】Samodia Baudo(1843);Samolus Ehth. ;Scheffieldia Scop. (1777);Sheffieldia J. R. Forst. et G. Forst. (1776);Steirostemon (Griseb.) Phil. (1876);Steirostemon Phil. (1876) Nom. illegit. ;Stirostemon Post et Kuntze (1903)■

45461 Sampaca Raf. = Michelia L. (1753) [木兰科 Magnoliaceae]●

45462 Sampacca Kuntze(1891) Nom. illegit. ≡ Michelia L. (1753); ~ =Sampaca Raf. [木兰科 Magnoliaceae]●

45463 Sampaea Raf. = Champaca Adans. (1763) Nom. illegit. ; ~ = Michelia L. (1753) [木兰科 Magnoliaceae]●

45464 Sampaiella J. C. Gomes(1949)= Arrabidaea DC. (1838) [紫葳科 Bignoniaceae]●☆

45465 Sampantaea Airy Shaw(1972)【汉】东南亚大戟属。【隶属】大戟科 Euphorbiaceae。【包含】世界 1 种。【学名诠释与讨论】〈阴〉词源不详。【分布】亚洲东南部。【模式】Sampantaea amentiflora (Airy Shaw) Airy Shaw [Alchornea amentiflora Airy Shaw]●☆

45466 Sampera V. A. Funk et H. Rob. (2009)【汉】南美黄安菊属。【隶属】菊科 Asteraceae(Compositae)。【包含】世界 8 种。【学名

诠释与讨论】〈阴〉(希)词源不详。【分布】秘鲁,厄瓜多尔,哥伦比亚,南美洲。【模式】Sampera coriacea (Hieron.)V. A. Funk et H. Rob. [Liabum coriaceum Hieron.]☆

45467　Samudra Raf. (1838) = Argyreia Lour. (1790) [旋花科 Convolvulaceae]●

45468　Samuela Trel. (1902)【汉】南美龙舌兰属。【隶属】百合科 Liliaceae//龙舌兰科 Agavaceae//丝兰科 Orchidaceae。【包含】世界 2 种。【学名诠释与讨论】〈阴〉(人)Samuel Farlow Trelease, 1892-1958,美国植物学者,植物生理学者。此属的学名是 "Samuela Trelease, Annual Rep. Missouri Bot. Gard. 13:116. 1902"。亦有文献把其处理为 "Yucca L. (1753)"的异名。【分布】美国(南部)至墨西哥。【模式】未指定。【参考异名】Yucca L. (1753)●☆

45469　Samuelssonia Urb. et Ekman(1929)【汉】萨姆爵床属。【隶属】爵床科 Acanthaceae。【包含】世界 1 种。【学名诠释与讨论】〈阴〉(人)Gunnar Samuelsson, 1885-1944,瑞典植物学者。【分布】西印度群岛。【模式】Samuelssonia verrucosa Urban et Ekman☆

45470　Samyda Jacq. (1760)(保留属名)【汉】美天料木属。【隶属】刺篱木科(大风子科)Flacourtiaceae//天料木科 Samydaceae。【包含】世界 9-16 种。【学名诠释与讨论】〈阴〉(希)samyda,植物俗名。此属的学名 "Samyda Jacq. ,Enum. Syst. Pl. :4,21. Aug-Sep 1760"是保留属名。相应的废弃属名是楝科 Meliaceae 的 "Samyda L. ,Sp. Pl. :443. 1 Mai 1753 = Guarea F. Allam. (1771) [as 'Guara'](保留属名)"。"Samyda P. Br. =Casearia Jacq. (1760) [刺篱木科(大风子科)Flacourtiaceae//天料木科 Samydaceae]"亦应废弃。"Guidonia P. Miller, Gard. Dict. Abr. ed. 4. 28 Jan 1754"是 "Samyda Jacq. (1760)(保留属名)"的晚出的同模式异名(Homotypic synonym, Nomenclatural synonym)。【分布】马达加斯加,墨西哥,西印度群岛。【模式】Samyda dodecandra N. J. Jacquin。【参考异名】Geunzia Neck. (1790) Nom. inval. ;Guayabilla Sessé et Moc. (1910);Guidonia (DC.) Griseb. (1859) Nom. illegit. ; Guidonia Mill. (1754)Nom. illegit. ;Sadymia Griseb. (1859)●☆

45471　Samyda L. (1753)(废弃属名)= Guarea F. Allam. (1771) [as 'Guara'](保留属名) [楝科 Meliaceae]●☆

45472　Samyda P. Br. (废弃属名)= Casearia Jacq. (1760) [刺篱木科(大风子科)Flacourtiaceae//天料木科 Samydaceae]●

45473　Samydaceae Vent. (1808)(保留科名) [亦见 Flacourtiaceae Rich. ex DC. (保留科名)刺篱木科(大风子科) 和 Salicaceae Mirb. (保留科名)杨柳科]【汉】天料木科。【英】Samyda Family。【包含】世界 17-21 属 400-413 种,中国 2 属 25 种。【分布】马达加斯加。【科名模式】Samyda Jacq. ●

45474　Sanamunda Adans. (1763)Nom. illegit. ≡Passerina L. (1753) [瑞香科 Thymelaeaceae]●☆

45475　Sanamunda Neck. (1790)Nom. inval. ,Nom. illegit. =Daphne L. (1753) [瑞香科 Thymelaeaceae]●

45476　Sanango G. S. Bunting et J. A. Duke(1961)【汉】萨那木属。【隶属】岩高兰科 Empetraceae。【包含】世界 1 种。【学名诠释与讨论】〈阴〉来自盖丘亚人的植物俗名。本属的同物异名 "Gomaranthus S. Rauschert,Taxon 31;562. 9 Aug 1982"是一个非法名称;"Gomara Ruiz et Pavon,Prodr. 93. Oct (prim.)1794"是一个非法名称(Nom. illegit.),因为此前已经有了 "Gomara Adanson,Fam. 2:248. Jul - Aug 1763"。故用 "Gomaranthus Rauschert(1982)"替代之。【分布】秘鲁,亚马孙河流域。【模式】Sanango durum Bunting et Duke。【参考异名】Gomara Ruiz et Pav. (1794)Nom. illegit. ;Gomaranthus Rauschert(1982);Gomara Spreng. (1831)Nom. illegit. ●☆

45477　Sanblasia L. Andersson(1984)【汉】小卷苞竹芋属。【隶属】竹芋科(苳叶科,柊叶科)Marantaceae。【包含】世界 1 种。【学名诠释与讨论】〈阴〉词源不详。【分布】巴拿马。【模式】Sanblasia dressleri L. Andersson■☆

45478　Sanchezia Ruiz et Pav. (1794)【汉】黄脉爵床属(金鸡蜡属,金脉木属,金叶木属)。【日】サンケジア属。【俄】Санхезия。【英】Sanchezia。【隶属】爵床科 Acanthaceae。【包含】世界 12-20 种,中国 2 种。【学名诠释与讨论】〈阴〉(人)Josef Sanchez,西班牙植物学教授。【分布】巴拉圭,巴拿马,秘鲁,玻利维亚,厄瓜多尔,哥伦比亚(安蒂奥基亚),尼加拉瓜,中国,中美洲。【后选模式】Sanchezia ovata Ruiz et Pavon。【参考异名】Ancylogyne Nees (1847);Steirosanchezia Lindau(1904)●■

45479　Sanctambrosia Skottsb. (1962)【汉】圣仙木属。【隶属】石竹科 Caryophyllaceae。【包含】世界 1 种。【学名诠释与讨论】〈阴〉(拉)sanctus,神圣的+ambrosia,神的食物。另说来自智利地名 San Ambrosio Isla。此属的学名,ING、GCI 和 IK 记载是 "Sanctambrosia Skottsberg in Kuschel,Ark. Bot. ser. 2. 4:418. 13 Nov 1962"。"Sanctambrosia Skottsb. ex Kuschel (1962) ≡ Sanctambrosia Skottsb. (1962)"的命名人引证有误。【分布】智利。【模式】Sanctambrosia manicata (Skottsberg) Skottsberg [Paronychia manicata Skottsberg]。【参考异名】Sanctambrosia Skottsb. ex Kuschel(1962)Nom. illegit. ●☆

45480　Sanctambrosia Skottsb. ex Kuschel (1962) Nom. illegit. ≡ Sanctambrosia Skottsb. (1962) [石竹科 Caryophyllaceae]●☆

45481　Sandbergia Greene(1911) = Halimolobos Tausch(1836) [十字花科 Brassicaceae(Cruciferae)]■☆

45482　Sandemania Gleason(1939)【汉】桑氏野牡丹属。【隶属】野牡丹科 Melastomataceae。【包含】世界 1 种。【学名诠释与讨论】〈阴〉(人)Christopher Albert Walter Sandeman,1882-1951,英国植物学者,植物采集家。【分布】秘鲁,玻利维亚。【模式】Sandemania lilacina Gleason ●☆

45483　Sandeothallaceae R. M. Schust. (1984) = Sanguisorbaceae Loisel. ■

45484　Sanderella Kuntze (1891)【汉】桑德兰属。【隶属】兰科 Orchidaceae。【包含】世界 2 种。【学名诠释与讨论】〈阴〉(人)Henry Frederick (Heinrich Friedrich) Conrad Sander, 1847-1920,德国出生的英国植物学者,园艺学者+-ellus, -ella, -ellum,加在名词词干后面形成指小式的词尾。或加在人名、属名等后面以组成新属的名称。此属的学名 "Sanderella O. Kuntze,Rev. Gen. 2:649. 5 Nov 1891"是一个替代名称。"Parlatorea Barbosa Rodrigues,Gen. Sp. Orchid. Nov. 1;141. Aug 1877"是一个非法名称(Nom. illegit.),因为此前已经有了 "Parlatoria Boissier, Ann. Sci. Nat. Bot. ser. 2. 17;72. Feb 1842 [十字花科 Brassicaceae(Cruciferae)]"。故用 "Sanderella Kuntze(1891)"替代之。【分布】巴西,玻利维亚。【模式】Parlatorea discolor Barbosa Rodrigues。【参考异名】Parlatorea Barb. Rodr. (1877) Nom. illegit. ■☆

45485　Sandersonia Hook. (1853)【汉】灯笼百合属(圣诞钟属,提灯花属)。【日】サンデルソニア属。【俄】Лилия ландышавая натальская,Сандерсония。【英】Chinese Lantern,Christmas Bells, Sandersonia。【隶属】百合科 Liliaceae//秋水仙科 Colchicaceae。【包含】世界 1 种。【学名诠释与讨论】〈阴〉(人)John Sanderson, 1820/21-1881,英国园艺学者,曾任南非纳塔尔园艺协会的会长。【分布】非洲南部。【模式】Sandersonia aurantiaca W. J. Hooker ■☆

45486　Sandoricum Cav. (1789)【汉】山道楝属。【俄】Сандорик。【英】Sandoricum,Santol。【隶属】楝科 Meliaceae。【包含】世界 5-

10 种。【学名诠释与讨论】〈阴〉来自印度尼西亚(马鲁古群岛)群岛的植物俗名。【分布】毛里求斯,印度至马来西亚。【模式】Sandoricum indicum Cavanilles ●☆

45487　Sandwithia Lanj.(1932)【汉】桑德大戟属。【隶属】大戟科 Euphorbiaceae。【包含】世界 2 种。【学名诠释与讨论】〈阴〉(人)Noel Yvri Sandwith,1901−1965,英国植物学者,他是植物采集家 Cecil Ivry Sandwith(1871−1961)的儿子。【分布】几内亚。【模式】Sandwithia guyanensis Lanjouw ☆

45488　Sandwithiodendron Aubrév. et Pellegr. = Pouteria Aubl.(1775);~ = Sandwithiodoxa Aubrév. et Pellegr.(1962)[山榄科 Sapotaceae]●■

45489　Sandwithiodoxa Aubrév. et Pellegr.(1962) = Pouteria Aubl.(1775)[山榄科 Sapotaceae]●

45490　Sanfordia J. Drumm. ex Harv.(1855) = Geleznovia Turcz.(1849)[芸香科 Rutaceae]●☆

45491　Sanguilluma Plowes(1995)【汉】血红水牛角属。【隶属】萝藦科 Asclepiadaceae。【包含】世界 1 种。【学名诠释与讨论】〈阴〉(拉)sanguis,血+lluma,水牛角属 Caralluma 的后半部分。此属的学名是"Sanguilluma Plowes,Haseltonia 3:65(-66). 1995"。亦有文献把其处理为"Boucerosia Wight et Arn.(1834)"或"Caralluma R. Br.(1810)"的异名。【分布】也门(索科特拉岛)。【模式】Sanguilluma socotrana(Balf. f.)Plowes。【参考异名】Boucerosia Wight et Arn.(1834);Caralluma R. Br.(1810)■☆

45492　Sanguinaria Bubani(1901)Nom. illegit. ≡ Digitaria Haller(1768)(保留属名)[禾本科 Poaceae(Gramineae)]■

45493　Sanguinaria L.(1753)【汉】血根草属(血根属)。【日】サンギナリア属。【俄】Сангвинария,Сангуинария。【英】Bloodroot,Blood−root,Puccoon,Sanguinaria。【隶属】罂粟科 Papaveraceae。【包含】世界 1 种。【学名诠释与讨论】〈阴〉(拉)sanguis,血+-arius,-aria,-arium,指示"属于、相似、具有、联系"的词尾。指植物流出汁液的颜色。此属的学名,ING 和 IK 记载是"Sanguinaria Linnaeus,Sp. Pl. 505. 1 May 1753"。"Sanguinaria Bubani,Fl. Pyrenaea 4:256. 1901 ≡ Digitaria Haller(1768)(保留属名)"是晚出的非法名称。"Belharnosia Adanson,Fam. 2:432. Jul−Aug 1763"是"Sanguinaria L.(1753)"的晚出的同模式异名(Homotypic synonym,Nomenclatural synonym)。【分布】美国,北美洲。【模式】Sanguinaria canadensis Linnaeus。【参考异名】Belharnnala Adans.(1763)Nom. illegit.;Belharnosia Adans.(1763)Nom. illegit. ■☆

45494　Sanguinella Gleichen ex Steud. = Digitaria Haller(1768)(保留属名)[禾本科 Poaceae(Gramineae)]■

45495　Sanguinella Gleichen(1764)Nom. inval. = Digitaria Haller(1768)(保留属名)[禾本科 Poaceae(Gramineae)]■

45496　Sanguinella P. Beauv. = Manisuris L.(1771)(废弃属名);~ = Rottboellia L. f.(1782)(保留属名)[禾本科 Poaceae(Gramineae)]■

45497　Sanguisorba L.(1753)【汉】地榆属。【日】ワレモカウ属,ワレモコウ属。【俄】Кровохлебка,Кровохлёбка,Черноголовник。【英】Burnet。【隶属】蔷薇科 Rosaceae//地榆科 Sanguisorbaceae。【包含】世界 10-30 种,中国 7 种。【学名诠释与讨论】〈阴〉(拉)sanguis,血+sorbeo,吸收。指其有止血效果。此属的学名,ING、APNI 和 GCI 记载是"Sanguisorba L. ,Sp. Pl. 1:116. 1753[1 May 1753]"。IK 则记载为"Sanguisorba Ruppiusex L. ,Sp. Pl. 1:116. 1753[1 May 1753]"。"Sanguisorba Ruppius"是命名起点著作之前的名称,故"Sanguisorba L.(1753)"和"Sanguisorba Ruppius ex L.(1753)"都是合法名称,可以通用。【分布】秘鲁,玻利维亚,中国,北温带。【后选模式】Sanguisorba officinalis Linnaeus。【参考异名】Dendriopoterium Svent.(1948);Poteridium Spach(1846);Poterium L.(1753);Sanguisorba Ruppius ex L.(1753)■

45498　Sanguisorba Ruppius ex L.(1753) ≡ Sanguisorba L.(1753)[蔷薇科 Rosaceae//地榆科 Sanguisorbaceae]■

45499　Sanguisorbaceae Bercht. et J. Presl(1820) = Sanguisorbaceae Loisel. ■

45500　Sanguisorbaceae Loisel.[亦见 Rosaceae Juss.(1789)(保留科名)蔷薇科]【汉】地榆科。【包含】世界 1 属 10-30 种,中国 1 属 7 种。【分布】北温带。【科名模式】Sanguisorba L.(1753)■

45501　Sanguisorbaceae Marquis = Rosaceae Juss.(1789)(保留科名)●■

45502　Sanhilaria Baill.(1888)Nom. illegit. = Pappobolus S. F. Blake(1916)[菊科 Asteraceae(Compositae)]■●☆

45503　Sanhilaria Leandro ex DC.(1838)Nom. illegit. = Stifftia J. C. Mikan(1820)(保留属名)[菊科 Asteraceae(Compositae)]●☆

45504　Sanicula L.(1753)【汉】变豆菜属(山蕲菜属,山芹菜属)。【日】ウマノミツバ属,オニミツバ属。【俄】Лечуха,Подлесник。【英】Black Snakeroot,Sanicle。【隶属】伞形花科(伞形科)Apiaceae(Umbelliferae)//变豆菜科 Saniculaceae。【包含】世界 40 种,中国 17-20 种。【学名诠释与讨论】〈阴〉(拉)sano,医治+-culus,-cula,-culum,加在名词词干后面形成指小式的词尾。指其可以药用。此属的学名,ING、TROPICOS 和 IK 记载是"Sanicula L. ,Sp. Pl. 1:235. 1753[1 May 1753]"。"Diapensia J. Hill,Brit. Herb. 418. Nov 1756(non Linnaeus 1753)"是"Sanicula L.(1753)"的晚出的同模式异名(Homotypic synonym,Nomenclatural synonym)。【分布】巴基斯坦,巴拿马,秘鲁,玻利维亚,厄瓜多尔,哥伦比亚(安蒂奥基亚),马达加斯加,美国(密苏里),尼加拉瓜,中国,中美洲。【后选模式】Sanicula europaea Linnaeus。【参考异名】Aulosolena Koso−Pol.(1915);Diapensia Hill(1756)Nom. illegit.;Hesperogeton Koso−Pol.(1916);Triclinium Raf.(1817)■

45505　Saniculaceae(Drude)A. Löve et D. Löve(1974) = Apiaceae Lindl.(保留科名);~ = Sansevieriaceae Nakai;~ = Umbelliferae Juss.(保留科名)●■

45506　Saniculaceae A. Löve et D. Löve(1974)[亦见 Apiaceae Lindl.(保留科名)//Umbelliferae Juss.(保留科名)伞形花科(伞形科)和 Sansevieriaceae Nakai 虎尾兰科]【汉】变豆菜科。【包含】世界 2 属 41 种,中国 2 属 18-21 种。【分布】广泛分布。【科名模式】Sanicula L.(1753)■

45507　Saniculaceae Bercht. et J. Presl(1820) = Saniculaceae A. Löve et D. Löve ■

45508　Saniculiphyllum C. Y. Wu et T. C. Ku(1992)【汉】变豆菜叶属(变豆叶草属)。【隶属】虎耳草科 Saxifragaceae//变豆菜科 Saniculaceae。【包含】世界 1 种,中国 1 种。【学名诠释与讨论】〈中〉(属)Sanicula 变豆菜属+希腊文 phyllon,叶子。phyllodes,似叶的,多叶的。phylleion,绿色材料,绿草。【分布】中国。【模式】Saniculiphyllum guangxiense C. Y. Wu et T. C. Ku ■★

45509　Sanidophyllum Small(1924) = Hypericum L.(1753)[金丝桃科 Hypericaceae//猪胶树科(克鲁西科,山竹子科,藤黄科)Clusiaceae(Guttiferae)]■●

45510　Saniella Hilliard et B. L. Burtt(1978)【汉】萨尼仙茅属。【隶属】长喙科(仙茅科)Hypoxidaceae。【包含】世界 1-2 种。【学名诠释与讨论】〈阴〉(地)Sani Pass,位于 Drakensberg 德拉肯斯堡山脉+-ellus,-ella,-ellum,加在名词词干后面形成指小式的词尾。或加在人名、属名等后面以组成新属的名称。【分布】非洲。【模式】Saniella verna O. M. Hilliard et B. L. Burtt ■☆

45511　Sanilum Raf.(1838) = Hewittia Wight et Arn.(1837)Nom.

illegit.；~ = Shutereia Choisy（1834）（废弃属名）［旋花科 Convolvulaceae］■

45512　Sankowskya P. I. Forst.（1995）【汉】昆士兰大戟属。【隶属】大戟科 Euphorbiaceae。【包含】世界 1 种。【学名诠释与讨论】〈阴〉（人）G. Sankowsky Sankowsky，植物学者。【分布】澳大利亚（昆士兰）。【模式】Sankowskya stipularis P. I. Forst. ☆

45513　Sanmartina Traub（1951）Nom. illegit. ≡ Castellanoa Traub（1953）［石蒜科 Amaryllidaceae］■☆

45514　Sanmartinia M. Buchinger（1950）= Eriogonum Michx.（1803）［蓼科 Polygonaceae//野荞麦木科 Eriogonaceae］●■☆

45515　Sannantha Peter G. Wilson（2007）【汉】萨恩薄子木属。【隶属】桃金娘科 Myrtaceae//薄子木科 Leptospermaceae。【包含】世界 15 种。【学名诠释与讨论】〈阴〉词源不详。此属的学名是“Sannantha Peter G. Wilson, Australian Systematic Botany 20：313. 2007”。亦有文献把其处理为“Leptospermum J. R. Forst. et G. Forst.（1775）（保留属名）”的异名。【分布】参见 Leptospermum J. R. Forst. et G. Forst.【模式】Sannantha virgata（J. R. Forst. et G. Forst. ）Peter G. Wilson［Leptospermum virgatum J. R. Forst. et G. Forst.］。【参考异名】Leptospermum J. R. Forst. et G. Forst.（1775）（保留属名）●☆

45516　Sanopodium Hort. ex Rchb. = Sarcopodium Lindl. et Paxton（1850）Nom. illegit.；~ = Katherinea A. D. Hawkes（1956）Nom. illegit.；~ ≡ Epigeneium Gagnep.（1932）［兰科 Orchidacea//肉足兰科 Sarcopodaceae］■

45517　Sanrafaelia Verdc.（1996）【汉】坦桑尼亚番荔枝属。【隶属】番荔枝科 Annonaceae。【包含】世界 1 种。【学名诠释与讨论】〈阴〉（地）Sanrafael, 圣拉斐尔。【分布】坦桑尼亚。【模式】Sanrafaelia ruffonammari Verdc. ●☆

45518　Sansevera Stokes（1812）= Sansevieria Thunb.（1794）（保留属名）［百合科 Liliaceae//龙舌兰科 Agavaceae//龙血树科 Dracaenaceae//石蒜科 Amaryllidaceae//虎尾兰科 Sansevieriaceae］■

45519　Sanseveria Raf. = Sansevieria Thunb.（1794）（保留属名）［百合科 Liliaceae//龙舌兰科 Agavaceae//龙血树科 Dracaenaceae//石蒜科 Amaryllidaceae//虎尾兰科 Sansevieriaceae］■

45520　Sanseveria Willd.，Nom. illegit. ≡ Sansevieria Thunb.（1794）（保留属名）［百合科 Liliaceae//龙舌兰科 Agavaceae//龙血树科 Dracaenaceae//石蒜科 Amaryllidaceae//虎尾兰科 Sansevieriaceae］■

45521　Sanseverina Thunb.（1817）= Sansevieria Thunb.（1794）（保留属名）［百合科 Liliaceae//龙舌兰科 Agavaceae//龙血树科 Dracaenaceae//石蒜科 Amaryllidaceae//虎尾兰科 Sansevieriaceae］■

45522　Sanseverinia Petagna（1787）（废弃属名）= Sansevieria Thunb.（1794）（保留属名）［百合科 Liliaceae//龙舌兰科 Agavaceae//龙血树科 Dracaenaceae//石蒜科 Amaryllidaceae//虎尾兰科 Sansevieriaceae］■

45523　Sanseviella Rchb.（1828）= Reineckea H. Karst.（1858）Nom. illegit.（废弃属名）；~ = Synechanthus H. Wendl.（1858）［棕榈科 Arecaceae（Palmae）］●☆

45524　Sanseviera Willd.（1799）= Sansevieria Thunb.（1794）（保留属名）［百合科 Liliaceae//龙舌兰科 Agavaceae//龙血树科 Dracaenaceae//石蒜科 Amaryllidaceae//虎尾兰科 Sansevieriaceae］■

45525　Sansevieria Thunb.（1794）（保留属名）【汉】虎尾兰属。【日】サンセベリア属，チトセラン属。【俄】Санзеверия，Сансевиерия，Сансевьера，Сансевьерия。【英】African Bowstring Hemp, Bowstring Hemp, Bowstringhemp, Bowstring-hemp, Mother-in-law's Tongue, Sansevieria, Tigertaillily。【隶属】百合科 Liliaceae//龙舌兰科 Agavaceae//龙血树科 Dracaenaceae//石蒜科 Amaryllidaceae//虎尾兰科 Sansevieriaceae。【包含】世界 60-100

种，中国 2 种。【学名诠释与讨论】〈阴〉（人）Roimord di Sangro，1710-1771，意大利王子。此属的学名“Sansevieria Thunb.，Prodr. Pl. Cap. 1：［xii］，65. 1794”是保留属名。相应的废弃属名是龙血树科 Dracaenaceae 的“Acyntha Medik.，Theodora：76. 1786 ≡ Sansevieria Thunb.（1794）（保留属名）”和百合科 Liliaceae 的“Sanseverinia Petagna, Inst. Bot. 3：643. 1787 = Sansevieria Thunb.（1794）（保留属名）”。“Sanseviera Willd.，Sp. Pl.，ed. 4［Willdenow］2（1）：159. 1799［Mar 1799］”亦是“Sansevieria Thunb.（1794）（保留属名）”的拼写变体。“Cordyline Adanson, Fam. 2：54,543. Jul-Aug 1763（废弃属名）”是“Sansevieria Thunb.（1794）（保留属名）”的晚出的同模式异名（Homotypic synonym, Nomenclatural synonym）。【分布】阿拉伯地区，巴基斯坦，巴拿马，厄瓜多尔，哥伦比亚（安蒂奥基亚），哥斯达黎加，马达加斯加，尼加拉瓜，中国，热带和非洲南部，中美洲。【模式】Sansevieria thyrsiflora Thunberg, Nom. illegit.［Aloë hyacinthoides Linneaus; Sansevieria hyacinthoides（Linneaus）Druce］。【参考异名】Acyntha Medik.（1786）（废弃属名）；Cordyline Adans.（1763）（废弃属名）；Cordyline Royen ex Adans.（1763）（废弃属名）；Salmia Cav.（1794）（废弃属名）；Sansevera Stokes（1812）；Sanseveria Raf.；Sanseveria Willd.，Nom. illegit.；Sanseverina Thunb.（1817）；Sanseverinia Petagna（1787）（废弃属名）；Sanseviera Willd.（1799）；Sansevieroa Post et Kuntze（1903）■

45526　Sansevieriaceae Nakai（1936）［亦见 Agavaceae Dumort.（保留科名）龙舌兰科、Dracaenaceae Salisb.（保留科名）龙血树科和 Ruscaceae M. Roem.（保留科名）假叶树科］【汉】虎尾兰科。【包含】世界 1 属 60-100 种，中国 1 属 2 种。【分布】热带和非洲南部，马达加斯加，阿拉伯地区。【科名模式】Sansevieria Thunb. ■

45527　Sansevieroa Post et Kuntze（1903）= Sansevieria Thunb.（1794）（保留属名）［百合科 Liliaceae//龙舌兰科 Agavaceae//龙血树科 Dracaenaceae//石蒜科 Amaryllidaceae//虎尾兰科 Sansevieriaceae］■

45528　Sansonia Chiron（2012）【汉】桑松兰属。【隶属】兰科 Orchidaceae。【包含】世界 2 种。【学名诠释与讨论】〈阴〉（人）Sanson，植物学者。【分布】巴西。【模式】Sansonia bradei（Schltr. ）Chiron［Physosiphon bradei Schltr.］☆

45529　Sansovinia Scop.（1777）= Leea D. Royen ex L.（1767）（保留属名）［葡萄科 Vitaceae//火筒树科 Leeaceae］●■

45530　Santalaceae R. Br.（1810）（保留科名）【汉】檀香科。【日】カナビキサウ科，ビャクダン科。【俄】Санталовые。【英】Bastard-toadflax Family, Sandalwood Family。【包含】世界 34-42 属 450-540 种，中国 7-8 属 33-44 种。【分布】热带和温带。【科名模式】Santalum L.（1753）●■

45531　Santalina Baill.（1890）【汉】檀茜草属。【隶属】茜草科 Rubiaceae。【包含】世界 1 种。【学名诠释与讨论】〈阴〉（属）Santalum 檀香属 +-inus,-ina,-inum 拉丁文加在名词词干之后，以形成形容词的词尾，含义为“属于、相似、关于、小的”。此属的学名是“Santalina Baillon, Bull. Mens. Soc. Linn. Paris 2：843. 7 Mai 1890”。亦有文献把其处理为“Enterospermum Hiern（1877）”或“Tarenna Gaertn.（1788）”的异名。【分布】马达加斯加。【模式】Santalina madagascariensis Baillon, Nom. illegit.［Santalum freycinetianum Gaudichaud-Beaupré］。【参考异名】Enterospermum Hiern（1877）；Tarenna Gaertn.（1788）●☆

45532　Santalodes Kuntze et G. Schellenb.（1938）descr. emend.（废弃属名）= Santalodes Kuntze（1891）（废弃属名）；~ = Rourea Aubl.（1775）（保留属名）；~ = Santaloidella G. Schellenb.（1929）；~ = Santaloides G. Schellenb.（1910）（保留属名）［牛栓藤科 Connaraceae］●☆

45533 Santalodes Kuntze(1891)（废弃属名）= Rourea Aubl.（1775）（保留属名）；~ = Santaloidella G. Schellenb.（1929）；~ = Santaloides G. Schellenb.（1910）（保留属名）［牛栓藤科 Connaraceae］●☆

45534 Santalodes L. ex Kuntze（1891）（废弃属名）≡ Santalodes Kuntze(1891)（废弃属名）；~ = Rourea Aubl.（1775）（保留属名）；~ = Santaloidella G. Schellenb.（1929）；~ = Santaloides G. Schellenb.（1910）（保留属名）［牛栓藤科 Connaraceae］●

45535 Santaloidella G. Schellenb.（1929）= Rourea Aubl.（1775）（保留属名）；~ = Santaloides G. Schellenb.（1910）（保留属名）［牛栓藤科 Connaraceae］●☆

45536 Santaloides G. Schellenb.（1910）（保留属名）【汉】肖红叶藤属。【隶属】牛栓藤科 Connaraceae。【包含】世界 2 种。【学名诠释与讨论】〈阴〉（属）Santalum 檀香属+oides，来自 o+eides，像，似；或 o+eidos 形，含义为相像。此属的学名"Santaloides G. Schellenb. ,Beitr. Anat. Syst. Connar. :38. 1910"是保留属名。相应的废弃属名是牛栓藤科 Connaraceae 的"Santalodes Kuntze, Revis. Gen. Pl. 1:155. 5 Nov 1891 =Santaloidella G. Schellenb.（1929）= Santaloides G. Schellenb.（1910）（保留属名）"和"Kalawael Adans. ，Fam. Pl. 2：344，530. Jul – Aug 1763 ≡ Santaloides G. Schellenb.（1910）（保留属名）"。"Santalodes Kuntze et G. Schellenb.（1938）descr. emend. "、"Santalodes L. ex Kuntze(1891)"和"Santaloides L. "都应废弃。亦有文献把"Santaloides G. Schellenb.（1910）（保留属名）"处理为"Rourea Aubl.（1775）（保留属名）"的异名。【分布】安哥拉，澳大利亚，马达加斯加。【模式】Santaloides minus（J. Gaertner）Schellenberg［Aegiceras minus J. Gaertner］。【参考异名】Kalawael Adans.（1763）（废弃属名）；Omphalocarpum Presl ex Dur.；Rourea Aubl.（1775）（保留属名）；Santalodes Kuntze et G. Schellenb.（1938）descr. emend.；Santalodes Kuntze（1891）（废弃属名）；Santalodes L. ex Kuntze（废弃属名）；Santaloidella G. Schellenb.（1929）●☆

45537 Santaloides L.（废弃属名）= Rourea Aubl.（1775）（保留属名）［牛栓藤科 Connaraceae］●

45538 Santalum L.（1753）【汉】檀香属。【日】ビャクダン属。【俄】Дерево сандаловое，Дерево санталовое，Сандал。【英】Sandal，Sandal Tree，Sandal Wood，Sandalwood。【隶属】檀香科 Santalaceae。【包含】世界 20-25 种，中国 2 种。【学名诠释与讨论】〈中〉（波斯）chandal，来自梵文 chandama，檀香树的俗名。【分布】智利（胡安 – 费尔南德斯群岛），马来西亚（东部），中国，澳大利亚至波利尼西亚群岛。【模式】Santalum album Linnaeus。【参考异名】Eucarya T. L. Mitch.（1839）；Eucarya T. L. Mitch. ex Sprague et Summerh.（1927）Nom. illegit.；Fusanus R. Br.（1810）Nom. illegit.；Sirium L.（1771）；Sirium Schreb.；Syrium Steud.（1841）●

45539 Santanderella P. Ortiz(2011)【汉】桑坦德兰属。【隶属】兰科 Orchidaceae。【包含】世界 1 种。【学名诠释与讨论】〈阴〉（地）Santander，桑坦德省，位于哥伦比亚+-ellus，-ella，-ellum，加在名词词干后面形成指小式的词尾。或加在人名、属名等后面以组成新属的名称。【分布】哥伦比亚。【模式】Santanderella amadorinconiana P. Ortiz☆

45540 Santanderia Cespedes ex Triana et Planch.（1862）= Talauma Juss.（1789）［木兰科 Magnoliaceae］●

45541 Santapaua N. P. Balakr. et Subram.（1964）= Hygrophila R. Br.（1810）［爵床科 Acanthaceae］●■

45542 Santia Savi(1798)= Polypogon Desf.（1798）［禾本科 Poaceae（Gramineae）］■

45543 Santia Wight et Arn.（1834）Nom. illegit. = Lasianthus Jack（1823）（保留属名）［茜草科 Rubiaceae］●

45544 Santiera Span.（1841）= Sautiera Decne.（1834）［爵床科 Acanthaceae］☆

45545 Santiria Blume（1850）【汉】山地榄属（滇榄属）。【英】Santiria。【隶属】橄榄科 Burseraceae。【包含】世界 23-24 种，中国 1 种。【学名诠释与讨论】〈阴〉（地）Bapa Santir，位于爪哇。【分布】马来西亚，热带非洲，中国。【模式】未指定。【参考异名】Icicaster Ridl.（1917）；Santiriopsis Engl.（1890）；Trigonochlamys Hook. f.（1860）●

45546 Santiridium Pierre（1896）= Dacryodes Vahl（1810）；~ = Pachylobus G. Don(1832)［橄榄科 Burseraceae］●☆

45547 Santiriopsis Engl.（1890）= Santiria Blume（1850）［橄榄科 Burseraceae］●

45548 Santisukia Brummitt（1992）【汉】桑蒂紫葳属。【隶属】紫葳科 Bignoniaceae。【包含】世界 2 种。【学名诠释与讨论】〈阴〉（人）Thawatchai Santisuk,1944-?,植物学者。此属的学名"Santisukia Brummitt, Kew Bull. 47(3):436. 1992［4 Nov 1992］"是一个替代名称。"Barnettia Santisuk, Kew Bull. 28(2):172. 1973［4 Jul 1973］"是一个非法名称（Nom. illegit. ），因为此前已经有了远志科 Polygalaceae 的"Barnhartia Gleason, Bull. Torrey Bot. Club 53:297. 1926"和真菌的"Barnettia A. C. Batista et J. L. Bezerra in A. C. Batista, E. P. Pezerra et J. L. Bezerra, Broteria 31:94. 1962"。故用"Santisukia Brummitt（1992）"替代之。【分布】泰国。【模式】［Barnettia pagetii（Craib）Santisuk］。【参考异名】Barnettia Santisuk(1973)●☆

45549 Santolina L.（1753）【汉】银香菊属（绵衫菊属，棉衫菊属，神麻菊属，神圣亚麻属，圣麻属）。【日】サントリーナ属。【俄】Глистогон，Сантолина。【英】Cotton Lavender，Holy Flax，Lavender Cotton，Lavender – cotton，Santolina。【隶属】菊科 Asteraceae（Compositae）//银香菊科（神麻菊科，圣麻科）Santolinaceae。【包含】世界 13-18 种。【学名诠释与讨论】〈阴〉（意大利）santolina，神圣的亚麻。来自拉丁文 sanctus，神圣的+linum，亚麻。【分布】秘鲁，厄瓜多尔，哥伦比亚（安蒂奥基亚），地中海西部，中美洲。【后选模式】Santolina chamaecyparissus Linnaeus。【参考异名】Santolina Tourn.（1737）Nom. inval. ●☆

45550 Santolina Tourn.（1737）Nom. inval. = Santolina L.（1753）［菊科 Asteraceae（Compositae）//银香菊科（神麻菊科，圣麻科）Santolinaceae］●☆

45551 Santolinaceae Augier ex Martinov（1820）［亦见 Asteraceae Bercht. et J. Presl（保留科名）//Compositae Giseke（保留科名）菊科］【汉】银香菊科（神麻菊科，圣麻科）。【包含】世界 1 属 13-18 种。【分布】哥伦比亚（安蒂奥基亚），厄瓜多尔，秘鲁，地中海西部，中美洲。【科名模式】Santolina L. ●■

45552 Santolinaceae Martinov（1820）= Asteraceae Bercht. et J. Presl（保留科名）//Compositae Giseke（保留科名）●■

45553 Santomasia N. Robson（1981）【汉】南美藤黄属。【隶属】金丝桃科 Hypericaceae//猪胶树科（克鲁西科，山竹子科，藤黄科）Clusiaceae（Guttiferae）。【包含】世界 1 种。【学名诠释与讨论】〈阴〉（地）San Tomas，圣托马斯。此属的学名是"Santomasia N. K. B. Robson, Bull. Brit. Mus.（Nat. Hist. ），Bot. 8：61. 26 Mar 1981"。亦有文献把其处理为"Hypericum L.（1753）"的异名。【分布】墨西哥，危地马拉，中美洲。【模式】Santomasia steyermarkii（P. C. Standley）N. K. B. Robson［Hypericum steyermarkii P. C. Standley］。【参考异名】Hypericum L.（1753）●☆

45554 Santonica Griff.（1848）【汉】阿富汗菊属。【隶属】菊科 Asteraceae（Compositae）。【包含】世界 1 种。【学名诠释与讨论】

〈阴〉（人）拉丁文 santonicus，Santoni 或 Santones，Santonian，穆斯林圣人。希腊文 santonikon 是指 Artemisia maritima。【分布】阿富汗。【模式】Santonica achillaeoides W. Griffith☆

45555 Santosia R. M. King et H. Rob.（1980）【汉】藤本亮泽兰属。【隶属】菊科 Asteraceae（Compositae）。【包含】世界 1 种。【学名诠释与讨论】〈阴〉（人）Santos，植物学者。【分布】巴西。【模式】Santosia talmonii R. M. King et H. E. Robinson ●☆

45556 Santotomasia Ormerod（2008）【汉】瓦尔德兰属。【隶属】兰科 Orchidaceae。【包含】世界 1 种。【学名诠释与讨论】〈阴〉（地）Santo Tomas，圣托马斯。【分布】菲律宾。【模式】Santotomasia wardiana Ormerod ■☆

45557 Sanvitalia Gualt.（1792）Nom. illegit. ≡ Sanvitalia Lam.（1792）［菊科 Asteraceae（Compositae）］■●

45558 Sanvitalia Gualt. ex Lam.（1792）Nom. illegit. ≡ Sanvitalia Lam.（1792）［菊科 Asteraceae（Compositae）］■●

45559 Sanvitalia Lam.（1792）【汉】蛇目菊属（蛇纹菊属）。【日】ジャノメギク属。【俄】Санвиталия。【英】Creeping Zinnia，Sanvitalia。【隶属】菊科 Asteraceae（Compositae）。【包含】世界 5-7 种，中国 1 种。【学名诠释与讨论】〈阴〉（人）Sanvitali，西班牙植物学者。一说为 Federico Sanvitali，1704-1761，意大利植物学教授，博物学者。另说为 18 世纪意大利贵族家族。此属的学名，ING、GCI 和 IK 记载是"Sanvitalia Lamarck，J. Hist. Nat. 2：176. t. 33. 1 Sep 1792"。"Sanvitalia Gualt.（1792）"和"Sanvitalia Gualt. ex Lam.（1792）"的命名人引证有误。【分布】巴拉圭，玻利维亚，美国（西南部），墨西哥，中国，中美洲。【模式】Sanvitalia procumbens Lamarck。【参考异名】Anaitis DC.（1836）；Laurentia Steud.（1821）Nom. illegit. ；Loranthea Steud.（1841）；Lorentea Ortega（1797）；Sanvitalia Gualt.（1792）Nom. illegit. ；Sanvitalia Gualt. ex Lam.（1792）Nom. illegit. ■●

45560 Sanvitaliopsis Sch. Bip.（1873），Nom. inval.［菊科 Asteraceae（Compositae）］●■

45561 Sanvitaliopsis Sch. Bip.（1887），Nom. inval. ≡ Zinnia L.（1759）（保留属名）［菊科 Asteraceae（Compositae）］●■

45562 Sanvitaliopsis Sch. Bip. ex Benth. et Hook. f.（1873）Nom. inval. = Zinnia L.（1759）（保留属名）［菊科 Asteraceae（Compositae）］●■

45563 Sanvitaliopsis Sch. Bip. ex Greenm.（1905）【汉】类蛇目菊属。【隶属】菊科 Asteraceae（Compositae）。【包含】世界 2 种。【学名诠释与讨论】〈阴〉（属）Sanvitalia 蛇目菊属+希腊文 opsis，外观，模样，相似。此属的学名，ING 和 IK 记载是"Sanvitaliopsis K. H. Schultz ex Greenman，Proc. Amer. Acad. Arts 41：260. 24 Jul 1905"。"Sanvitaliopsis Sch. Bip. ex Benth. et Hook. f.，Gen. Pl.［Bentham et Hooker f.］2（1）：357. 1873［7-9 Apr 1873］，nom. inval. = Zinnia L.（1759）（保留属名）［菊科 Asteraceae（Compositae）］"是作为异名出现的。"Sanvitaliopsis Sch. Bip.（1873）"和"Sanvitaliopsis Sch. Bip.（1887）"亦是作为异名出现的【分布】墨西哥，中美洲。【模式】Sanvitaliopsis liebmannii（Klatt）K. H. Schultz ex Greenman［Zinnia liebmani Klatt］■☆

45564 Saouari Aubl.（1775）= Caryocar F. Allam. ex L.（1771）［多柱树科（油桃木科）Caryocaraceae］●☆

45565 Saphesia N. E. Br.（1932）【汉】白环花属。【日】サフェシア属。【隶属】番杏科 Aizoaceae。【包含】世界 1 种。【学名诠释与讨论】〈阴〉（希）saphes，明显的，不同的。【分布】非洲南部。【模式】Saphesia flaccida（N. J. Jacquin）N. E. Brown［Mesembryanthemum flaccidum N. J. Jacquin］■☆

45566 Sapindaceae Juss.（1789）［as 'Sapindi'］（保留科名）［亦见］【汉】无患子科。【日】ムクロジ科。【俄】Каштановые，

Сапиндовые。【英】Pride-of-India Family，Soapberry Family。【包含】世界 131-150 属 1450-2000 种，中国 21-25 属 52-56 种。【分布】热带和亚热带，少数在温带温暖地区。【科名模式】Sapindus L.（1753）（保留属名）●■

45567 Sapindopsis F. C. How et C. N. Ho（1955）Nom. illegit. ≡ Howethoa Rauschert（1982）；~ = Aphania Blume（1825）；~ = Lepisanthes Blume（1825）［无患子科 Sapindaceae］●

45568 Sapindus L.（1753）（保留属名）【汉】无患子属。【日】ムクロジ属。【俄】Дерево мыльное，Сапиндус。【英】Soap Nut，Soap Nuts，Soapberry，Soaptree。【隶属】无患子科 Sapindaceae。【包含】世界 13 种，中国 4-5 种。【学名诠释与讨论】〈阳〉（拉）sapo，所有格 saponis，肥皂+indicus，印度的。指模式种最初发现于印度且含有皂碱，其肉质果皮在南美洲被作为肥皂使用，称为"印度肥皂"。此属的学名"Sapindus L.，Sp. Pl. ；367. 1 Mai 1753"是保留属名。法规未列出相应的废弃属名。但是"Sapindus Tourn. ex L.（1753）≡ Sapindus L.（1753）（保留属名）"应该废弃。【分布】巴基斯坦，巴拉圭，巴拿马，秘鲁，玻利维亚，厄瓜多尔，哥伦比亚（安蒂奥基亚），美国（密苏里），尼加拉瓜，中国，太平洋地区，热带和亚热带亚洲，中美洲。【模式】Sapindus saponaria Linnaeus。【参考异名】Didymococcus Blume（1849）；Dittelasma Hook. f.（1862）；Electra Noronha（1790）；Meleagrinex Arruda ex H. Kost.（1816）；Sapindus Tourn. ex L.（1753）（废弃属名）●

45569 Sapindus Tourn. ex L.（1753）（废弃属名）≡ Sapindus L.（1753）（保留属名）［无患子科 Sapindaceae］●

45570 Sapiopsis Müll. Arg.（1863）【汉】类乌桕属。【隶属】大戟科 Euphorbiaceae。【包含】世界 1 种。【学名诠释与讨论】〈阴〉（属）Sapium 乌桕属+希腊文 opsis，外观，模样，相似。此属的学名是"Sapiopsis J. Müller Arg. ，Linnaea 32：84. Mar 1863"。亦有文献把其处理为"Sapium Jacq.（1760）（保留属名）"的异名。【分布】热带美洲。【模式】未指定。【参考异名】Sapiopsis Müll. Arg.（1866）Nom. inval. ，Nom. illegit. ；Sapium Jacq.（1760）（保留属名）●☆

45571 Sapiopsis Müll. Arg.（1866）Nom. inval. ，Nom. illegit. = Sapiopsis Müll. Arg.（1863）［大戟科 Euphorbiaceae］●

45572 Sapium Jacq.（1760）（保留属名）【汉】乌桕属（乌臼属）。【日】シラキ属。【俄】Сапиум。【英】Sapium，Tallow Tree，Tallowtree，Tallow-tree。【隶属】大戟科 Euphorbiaceae。【包含】世界 100-125 种，中国 10 种。【学名诠释与讨论】〈中〉（凯尔特）sap，黏质+-ius，-ia，-ium，在拉丁文和希腊文中，这些词尾表示性质或状态。指从受伤植物体内流出黏性的乳状汁液。一说来自拉丁文 sapinus，一种松树或枞。指其树汁与松树脂相似。此属的学名"Sapium Jacq. ，Enum. Syst. Pl. ：9，31. Aug-Sep 1760"是保留属名。相应的废弃属名是大戟科 Euphorbiaceae 的"Sapium P. Browne，Civ. Nat. Hist. Jamaica：338. 10 Mar 1756 = Gymnanthes Sw.（1788）= Sapium Jacq.（1760）（保留属名）"。《中国植物志》中文版、《台湾植物志》、《巴基斯坦植物志》正名使用"Sapium P. Browne（1756）"为正名不妥。"Ateramnus P. Browne，Civ. Nat. Hist. Jamaica 339. 10 Mar 1756"是"Sapium P. Browne（1756）（废弃属名）"的晚出的同模式异名（Homotypic synonym，Nomenclatural synonym）。【分布】巴基斯坦，巴拉圭，巴拿马，秘鲁，玻利维亚，厄瓜多尔，哥伦比亚（安蒂奥基亚），哥斯达黎加，马达加斯加，尼加拉瓜，中国，中美洲。【模式】Sapium aucuparium N. J. Jacquin，Nom. illegit.［Hippomane glandulosa Linnaeus；Sapium glandulosum（Linnaeus）T. Morong］。【参考异名】Ateramnus P. Browne（1756）Nom. illegit. ；Carumbium Kurz（1877）Nom. illegit. ；Conosapium Müll. Arg.（1863）；Excoecaria sensu Muell. Arg. ;Falconera Wight(1852)Nom. illegit. ;Falconera Royle(1839)Nom. illegit. ;Garumbium Blume(1825);Gymnanthes Sw. (1788);Gymnobothrys Wall. ex Baill. (1858);Neoshirakia Esser(1998);Sapiopsis Müll. Arg. (1863);Sapiopsis Müll. Arg. (1863);Sapiopsis Müll. Arg. (1866)Nom. inval. ,Nom. illegit. ; Sapium P. Browne (1756) (废弃属名);Sclerocroton Hochst. (1845);Seborium Raf. (1838);Shirakia Hurus. (1954) Nom. illegit. ;Stillingfleetia Bojer (1837);Taeniosapium Müll. Arg. (1866);Triadica Lour. (1790);Triodica Steud. (1841)●

45573 Sapium P. Browne(1756)(废弃属名)= Gymnanthes Sw. (1788); ~ = Sapium Jacq. (1760) (保留属名) [大戟科 Euphorbiaceae]●

45574 Saponaceae Vent. =Sapindaceae Juss. (保留科名)●■

45575 Saponaria L. (1753)【汉】肥皂草属。【日】サボンサウ属,サボンソウ属,シャボンソウ属。【俄】Мыльница,Мыльнянка,Сапонария,Трава мыльная。【英】Soapwort。【隶属】石竹科 Caryophyllaceae。【包含】世界30-40种,中国1种。【学名诠释与讨论】〈阴〉(拉)sapo,所有格saponis,肥皂+-arius,-aria,-arium,指示"属于、相似、具有、联系"的词尾。指其叶可代替肥皂用。此属的学名,ING、TROPICOS和IK记载是"Saponaria L. ,Sp. Pl. 1:408. 1753 [1 May 1753]"。"Bootia Necker,Delic. 1:193. 1768(non Adanson 1763)"是"Saponaria L. (1753)"的晚出的同模式异名(Homotypic synonym,Nomenclatural synonym)。【分布】巴基斯坦,巴勒斯坦,玻利维亚,美国(密苏里),中国,地中海地区,温带欧亚大陆,中美洲。【后选模式】Saponaria officinalis Linnaeus。【参考异名】Bootia Neck. (1768) Nom. illegit. ; Hagenia Moench (1794);Hohenwarthia Pacher ex A. Braun; Proteinia (Ser.) Rchb. (1841);Proteinia Rchb. (1841) Nom. illegit. ;Smegmathamnium (Endl.) Rchb. (1841); Smegmathamnium Fenzl ex Rchb. (1842 – 1844) Nom. illegit. ; Spanizium Griseb. (1843)■

45576 Saposhnikovia Schischk. (1951)【汉】防风属(北防风属)。【俄】Сапожниковия。【英】Fangfeng,Saposhnikovia。【隶属】伞形花科(伞形科)Apiaceae(Umbelliferae)。【包含】世界1种,中国1种。【学名诠释与讨论】〈阴〉(人)Saposhnikov,俄罗斯植物学者。【分布】中国,亚洲东北部。【模式】Saposhnikovia divaricata (Turczaninow ex Ledebour) B. K. Schischkin [Stenocoelium divaricatum Turczaninow ex Ledebour]■

45577 Sapota Mill. (1754)Nom. illegit. ≡Achras L. (1753)(废弃属名); ~ = Manilkara Adans. (1763) (保留属名) [山榄科 Sapotaceae]●

45578 Sapota Plum. ex Mill. (1754) Nom. illegit. ≡ Sapota Mill. (1754) Nom. illegit. ; ~ ≡ Achras L. (1753)(废弃属名); ~ = Manilkara Adans. (1763)(保留属名) [山榄科 Sapotaceae]●

45579 Sapotaceae Juss. (1789)(保留科名)【汉】山榄科。【日】アカテツ科。【俄】Гуттаперчевые,Рододендрон。【英】Sapdilla Family,Sapodilla Family,Sapote Family。【包含】世界35-75属800-1100种,中国11-13属24-40种。【分布】热带,少数在温带温暖地区。【科名模式】Sapota Mill. [Achras L.。Nom. rej. ,Manilkara Adans.。Nom. cons.]●

45580 Sapphoa Urb. (1922)【汉】硬叶爵床属。【隶属】爵床科 Acanthaceae。【包含】世界2种。【学名诠释与讨论】〈阴〉(希) Sappho,古代 Lesbos 地方的女诗人。【分布】古巴。【模式】 Sapphoa rigidifolia Urban ■☆

45581 Sapranthus Seem. (1866)【汉】腐花木属。【隶属】番荔枝科 Annonaceae。【包含】世界7-10种。【学名诠释与讨论】〈阳〉(希)sapros,腐败的,腐烂的+anthos,花。【分布】墨西哥,中美

洲。【模式】Sapranthus nicaraguensis B. C. Seemann ●☆

45582 Sapria Griff. (1844)【汉】寄生花属(崖藤寄生属)。【英】 Sapria。【隶属】大花草科 Rafflesiaceae。【包含】世界2-3种,中国1种。【学名诠释与讨论】〈阴〉(希)sapros,腐败的,腐烂的。指植物体具腐臭味。【分布】印度(阿萨姆)至中南半岛,中国。 【模式】Sapria himalayana Griffith。【参考异名】Richthofenia Hosseus(1907)■

45583 Saprosma Blume(1827)【汉】染木树属(染料木属,染料树属)。【英】Dyeing Tree,Dyeingtree,Dyeing-tree。【隶属】茜草科 Rubiaceae。【包含】世界25-30种,中国5种。【学名诠释与讨论】〈阴〉(希)sapros,腐败的,腐烂的+osme =odme,香味,臭味,气味。在希腊文组合词中,词头 osm-和词尾-osma 通常指香味。指植物体有臭味。【分布】印度至马来西亚,中国,东南亚。【模式】未指定。【参考异名】Cleisocratera Korth. (1844); Cleissocratera Miq. (1856); Dysodidendron Gardner (1847); Dysosmia (Korth.) Miq. (1856) Nom. illegit. ; Dysosmia Miq. (1856)Nom. illegit. ●

45584 Sapucaya R. Knuth(1935) = Lecythis Loefl. (1758) [玉蕊科 (巴西果科)Lecythidaceae]●☆

45585 Saraca L. (1767)【汉】无忧花属(无忧树属)。【日】アソカノキ属,ムユウジュ属。【俄】Сарака【英】Saraca。【隶属】豆科 Fabaceae(Leguminosae)//云实科(苏木科)Caesalpiniaceae。【包含】世界11-70种,中国2种。【学名诠释与讨论】〈阴〉(印度) sarac,一种植物俗名。【分布】巴基斯坦,中国,热带亚洲。【模式】Saraca indica Linnaeus。【参考异名】Celebnia Noronha(1790); Jonesia Roxb. (1795)●

45586 Saracena Hill(1769)Nom. illegit. [瓶子草科(管叶草科,管子草科)Sarraceniaceae]■☆

45587 Saracena Tourn. ex Mill. ,Nom. illegit. [瓶子草科(管叶草科,管子草科)Sarraceniaceae]■☆

45588 Saracenia Spreng. (1830)Nom. illegit. [瓶子草科(管叶草科,管子草科)Sarraceniaceae]■☆

45589 Saracha Ruiz et Pav. (1794)【汉】萨拉茄属。【隶属】茄科 Solanaceae。【包含】世界3种。【学名诠释与讨论】〈阴〉(人) Isidore Saracha,1733-1803,植物学者,修道士。此属的学名, ING、TROPICOS、GCI 和 IK 记载是"Saracha Ruiz et Pav. ,Fl. Peruv. Prodr. 31,t. 34. 1794 [early Oct 1794]"。"Bellinia J. J. Roemer et J. A. Schultes,Syst. Veg. 4;lvi,687. Mar-Jun 1819"、 "Diskion Rafinesque,Sylva Tell. 55. Oct – Dec 1838" 和 "Poecilochroma Miers in W. J. Hooker,London J. Bot. 7;353. 1848"是"Saracha Ruiz et Pav. (1794)"的晚出的同模式异名 (Homotypic synonym,Nomenclatural synonym)。【分布】秘鲁,玻利维亚,厄瓜多尔,哥伦比亚(安蒂奥基亚),墨西哥。【模式】 Saracha punctata Ruiz et Pavon。【参考异名】Bellinia Roem. et Schult. (1819)Nom. illegit. ;Diskion Raf. (1838)Nom. illegit. ; Jaltomata Schltdl. (1838);Poecilochroma Miers (1848) Nom. illegit. ;Sarracha Rchb. (1827);Schraderanthus Averett(2009)●☆

45590 Saragodra Hort. ex Steud. (1841) = Suregada Roxb. ex Rottler (1803) [大戟科 Euphorbiaceae]●

45591 Sarana Fisch. ex Baker(1874)= Fritillaria L. (1753) [百合科 Liliaceae//贝母科 Fritillariaceae]■

45592 Saranthe (Regel et Körn.) Eichler(1884)【汉】肉花竹芋属。 【隶属】竹芋科(苳叶科,柊叶科)Marantaceae。【包含】世界5-10 种。【学名诠释与讨论】〈阴〉(希)sarx,所有格 sarkos,肉。 sarkodes,多肉的+anthos,花。【分布】巴西,秘鲁,玻利维亚,马达加斯加。【后选模式】Saranthe leptostachya (Regel et Koernicke) Eichler [Maranta leptostachya Regel et Koernicke]。【参考异名】

Ctenophrynium K. Schum.（1902）■☆

45593　Sararanga Hemsl.（1894）【汉】四列叶属。【隶属】露兜树科 Pandanaceae。【包含】世界2种。【学名诠释与讨论】〈阴〉可能来自梵语 sara，彩色，斑点+raga，红色，颜色。【分布】菲律宾，所罗门群岛。【模式】Sararanga sinuosa Hemsley ●☆

45594　Sararenia Spreng.＝Sarracenia L.（1753）［瓶子草科（管叶草科，管子草科）Sarraceniaceae］■☆

45595　Sarawakodendron Ding Hou（1967）【汉】沙捞越卫矛属（婆罗洲卫矛属）。【隶属】卫矛科 Celastraceae。【包含】世界1种。【学名诠释与讨论】〈中〉（地）Sarawak，沙捞越，位于马来西亚+dendron 或 dendros，树木，棍，丛林。【分布】加里曼丹岛。【模式】Sarawakodendron filamentosum Ding Hou ●☆

45596　Sarazina Raf.（1840）＝Sarracenia L.（1753）［瓶子草科（管叶草科，管子草科）Sarraceniaceae］■☆

45597　Sarcandra Gardner（1845）【汉】草珊瑚属（接骨木属）。【俄】Саркандра。【英】Herbcoral，Sarcandra。【隶属】金粟兰科 Chloranthaceae。【包含】世界2-3种，中国1-2种。【学名诠释与讨论】〈阴〉（希）sarx，所有格 sarkos，肉。sarkodes，多肉的+aner，所有格 andros，雄性，雄蕊。指雄蕊肉质。【分布】印度至马来西亚，中国，东亚。【模式】Sarcandra chloranthoides G. Gardner ●

45598　Sarcanthemum Cass.（1818）【汉】黏菀木属。【隶属】菊科 Asteraceae（Compositae）。【包含】世界1种。【学名诠释与讨论】〈中〉（希）sarx，所有格 sarkos，肉+anthemon，花。此属的学名是"Sarcanthemum Cassini，Bull. Sci. Soc. Philom. Paris 1818：74. Mai 1818"。亦有文献把其处理为"Psiadia Jacq.（1803）"的异名。【分布】毛里求斯。【模式】Sarcanthemum coronopus（Lamarck）Cassini［Conyza coronopus Lamarck］。【参考异名】Psiadia Jacq.（1803）●☆

45599　Sarcanthera Raf.（1838）Nom. illegit.＝Cryptophragmium Nees（1832）；~＝Gymnostachyum Nees（1832）［爵床科 Acanthaceae］■

45600　Sarcanthidion Baill.（1874）＝Citronella D. Don（1832）［茶茱萸科 Icacinaceae//铁青树科 Olacaceae］●☆

45601　Sarcanthidium Baill. ex Engl. et Prantl（1893）＝Sarcanthidion Baill.（1874）；~＝Citronella D. Don（1832）［茶茱萸科 Icacinaceae//铁青树科 Olacaceae］●☆

45602　Sarcanthidium Engl. et Prantl（1893）Nom. illegit. ≡Sarcanthidium Baill. ex Engl. et Prantl（1893）；~＝Sarcanthidion Baill.（1874）；~＝Citronella D. Don（1832）［茶茱萸科 Icacinaceae//铁青树科 Olacaceae］●☆

45603　Sarcanthopsis Garay（1972）【汉】肉花兰属。【隶属】兰科 Orchidaceae。【包含】世界7种。【学名诠释与讨论】〈阴〉（属）Sarcanthus Lindl.＝Acampe Lindl.+希腊文 opsis，外观，模样，相似。【分布】新几内亚岛。【模式】Sarcanthopsis nagarensis（H. G. Reichenbach）Garay［Sarcanthus nagarensis H. G. Reichenbach］■☆

45604　Sarcanthus Andersson（1853）Nom. illegit.（废弃属名）＝Heliotropium L.（1753）［紫草科 Boraginaceae//天芥菜科 Heliotropiaceae］●■

45605　Sarcanthus Lindl.（1824）（废弃属名）＝Acampe Lindl.（1853）（保留属名）；~＝Cleisostoma Blume（1825）［兰科 Orchidaceae］■

45606　Sarcathria Raf.（1837）Nom. illegit. ≡Halocnemum M. Bieb.（1819）；~＝Salicornia L.（1753）［藜科 Chenopodiaceae//盐角草科 Salicorniaceae］■●

45607　Sarcaulis B. D. Jacks.＝Sarcaulus Radlk.（1882）［山榄科 Sapotaceae］●☆

45608　Sarcaulis Radlk.（1882）Nom. illegit. ≡Sarcaulus Radlk.（1882）［山榄科 Sapotaceae］●☆

45609　Sarcaulus Radlk.（1882）【汉】肉山榄属。【隶属】山榄科 Sapotaceae。【包含】世界5种。【学名诠释与讨论】〈阳〉（希）sarx，所有格 sarkos，肉。sarkodes，多肉的+kaulon，茎。此属的学名，ING，TROPICOS 和 IK 记载是"Sarcaulus Radlkofer，Sitzungsber. Math.–Phys. Cl. Königl. Bayer. Akad. Wiss. München 12：310. 1882"。"Sarcaulis Radlk.（1882）"是其变体。【分布】巴拿马，巴西（北部），秘鲁，玻利维亚，厄瓜多尔，哥伦比亚（安蒂奥基亚），几内亚，尼加拉瓜，委内瑞拉，中美洲。【模式】Sarcaulus macrophyllus Radlkofer，Nom. illegit.［Chrysophyllum macrophyllum C. F. P. Martius，non Lamarck；Chrysophyllum brasiliense A. de Candolle；Sarcaulus brasiliensis（A. de Candolle）Eyma］。【参考异名】Sarcaulis B. D. Jacks.；Sarcaulis Radlk.（1882）●☆

45610　Sarcauthemum Cass.＝Psiadia Jacq.（1803）［菊科 Asteraceae（Compositae）］●☆

45611　Sarchochilus S. Vidal（1885）＝Sarcochilus R. Br.（1810）［兰科 Orchidaceae］■☆

45612　Sarcinanthus Oerst.（1857）（废弃属名）＝Asplundia Harling（1954）（保留属名）；~＝Carludovica Ruiz et Pav.（1794）［巴拿马草科（环花科）Cyclanthaceae］●■

45613　Sarcinula Luer（2006）【汉】小束兰属。【隶属】兰科 Orchidaceae。【包含】世界26种。【学名诠释与讨论】〈阴〉（拉）sarcina 捆，束+-ulus，-ula，-ulum，指示小的词尾。【分布】巴拿马，厄瓜多尔，哥伦比亚，哥斯达黎加，尼加拉瓜，南美洲。【模式】Sarcinula acicularis（Ames et C. Schweinf.）Luer［Pleurothallis acicularis Ames et C. Schweinf.］☆

45614　Sarcobataceae Behnke（1997）［亦见 Chenopodiaceae Vent.（保留名）藜科］【汉】肉叶刺藜科（夷藜科）。【包含】世界1属2种。【分布】北美洲。【科名模式】Sarcobatus Nees ●☆

45615　Sarcobatus K. Schum.＝Sarcolobus R. Br.（1810）［萝藦科 Asclepiadaceae］●☆

45616　Sarcobatus Nees（1839）【汉】肉叶刺藜属（肉刺藜属，肉叶刺茎藜属，夷藜属）。【英】Greasewood。【隶属】藜科 Chenopodiaceae//肉叶刺藜科（夷藜科）Sarcobataceae。【包含】世界1-2种。【学名诠释与讨论】〈阳〉（希）sarx，所有格 sarkos，肉+batos，荆棘。【分布】北美洲。【模式】Sarcobatus maximiliani C. G. D. Nees。【参考异名】Fremontea Lindl.（1847）；Fremontia Torr.（1843）Nom. illegit. ●☆

45617　Sarcobodium Beer（1854）＝Bulbophyllum Thouars（1822）（保留属名）［兰科 Orchidaceae］■

45618　Sarcobotrya R. Vig.（1952）＝Kotschya Endl.（1839）［豆科 Fabaceae（Leguminosae）//蝶形花科 Papilionaceae］●☆

45619　Sarcoca Raf.（1837）＝Phytolacca L.（1753）［商陆科 Phytolaccaceae］●■

45620　Sarcocaceae Raf.（1837）＝Phytolaccaceae R. Br.（保留科名）●■

45621　Sarcocadetia（Schltr.）M. A. Clem. et D. L. Jones（2002）【汉】萨尔兰属。【隶属】兰科 Orchidaceae。【包含】世界2种。【学名诠释与讨论】〈阴〉（人）Sarco Cadet。此属的学名，IK 记载是"Sarcocadetia（Schltr.）M. A. Clem. et D. L. Jones，Orchadian 13（11）：490（2002）"，由"Cadetia sect. Sarco-cadetia Schltr. Feddes Repert. Spec. Nov. Regni Veg. Beih. 1（6）：425. 1912［1 Jun 1912］"改级而来。亦有文献把"Sarcocadetia（Schltr.）M. A. Clem. et D. L. Jones（2002）"处理为"Cadetia Gaudich.（1829）"的异名。【分布】新几内亚岛。【模式】不详。【参考异名】Cadetia Gaudich.（1829）；Cadetia sect. Sarco-cadetia Schltr.（1912）■☆

45622　Sarcocalyx Walp.（1840）Nom. illegit.＝Aspalathus L.（1753）

［豆科 Fabaceae（Leguminosae）//芳香木科 Aspalathaceae]●☆

45623 Sarcocalyx Zipp.（1829）= Exocarpos Labill.（1800）（保留属名）［檀香科 Santalaceae//外果木科 Exocarpaceae]●☆

45624 Sarcocampsa Miers（1872）= Peritassa Miers（1872）［卫矛科 Celastraceae]●☆

45625 Sarcocapnos DC.（1821）【汉】肉烟堇属（假紫堇属）。【英】Sarcocapnos。【隶属】罂粟科 Papaveraceae//紫堇科（荷苞牡丹科）Fumariaceae。【包含】世界 3-4 种。【学名诠释与讨论】〈阴〉（希）sarx，所有格 sarkos，肉。sarkodes，多肉的+kapnos，烟，蒸汽，延胡索。【分布】地中海西部。【模式】未指定。【参考异名】Aplectrocapnos Boiss. et Reut.（1844）■☆

45626 Sarcocarpon Blume（1825）= Kadsura Kaempf. ex Juss.（1810）［木兰科 Magnoliaceae//五味子科 Schisandraceae]●

45627 Sarcocaulon（DC.）Sweet（1827）【汉】肉茎牻牛儿苗属（龙骨葵属）。【日】サルコカウロン属。【英】Sarcocaulon。【隶属】牻牛儿苗科 Geraniaceae。【包含】世界 12-14 种。【学名诠释与讨论】〈中〉（希）sarx，所有格 sarkos，肉+kaulon，茎。此属的学名，ING 记载是"Sarcocaulon（A. P. de Candolle）Sweet, Hortus Brit. 73. Jan-Mar 1827"；但是未给出基源异名。IK 和 TROPICOS 则记载为"Sarcocaulon Sweet, Hort. Brit.［Sweet］73. 1826"。三者引用的文献相同。【分布】马达加斯加，非洲西南部。【后选模式】Sarcocaulon burmanni（A. P. de Candolle）Sweet, Nom. illegit.［Monsonia burmanni A. P. de Candolle, Nom. illegit. ; Geranium spinosum N. L. Burman；Sarcocaulon spinosum（N. L. Burman）O. Kuntze]。【参考异名】Sarcocaulon Sweet（1827）Nom. illegit. ●■☆

45628 Sarcocaulon Sweet（1827）Nom. illegit. ≡ Sarcocaulon（DC.）Sweet（1827）［牻牛儿苗科 Geraniaceae]●■☆

45629 Sarcoccaceae Dulac = Coriariaceae DC.（保留科名）●

45630 Sarcocephalus Afzel. ex R. Br.（1818）Nom. inval. , Nom. nud. = Nauclea L.（1762）［茜草科 Rubiaceae//乌檀科（水团花科）Naucleaceae]●

45631 Sarcocephalus Afzel. ex Sabine（1824）【汉】肉序茜草属（肉序茜草属，肉序属）。【隶属】茜草科 Rubiaceae。【包含】世界 2 种。【学名诠释与讨论】〈阳〉（希）sarx，所有格 sarkos，肉+kephale，头。此属的学名，ING、TROPICOS、APNI 和 IK 记载是"Sarcocephalus Afzel. ex Sabine, Trans. Hort. Soc. London 5：442, t. 18. 1824"。"Sarcocephalus Afzel. ex R. Br. , Observ. Congo 48. 1818［3 Mar 1818］= Nauclea L.（1762）"是一个未合格发表的名称（Nom. inval.）。【分布】马达加斯加，热带非洲。【模式】Sarcocephalus esculentus Afzelius ex Sabine。【参考异名】Cephalina Thonn.（1827）；Platanocarpum（Endl.）Korth.（1839）；Platanocarpum Korth.（1839）Nom. illegit. ●☆

45632 Sarcochilus R. Br.（1810）【汉】肉唇兰属（狭唇兰属）。【日】カヤラン属，サルコキラス属。【英】Sarcochilus。【隶属】兰科 Orchidaceae。【包含】世界 12-17 种。【学名诠释与讨论】〈阳〉（希）sarx，所有格 sarkos，肉+cheilos，唇。在希腊文组合词中，cheil-，cheilo-，-chilus，-chilia 等均为"唇，边缘"之义。指花的唇瓣肉质。【分布】澳大利亚，所罗门群岛，波利尼西亚群岛，新几内亚岛。【模式】Sarcochilus falcatus R. Brown。【参考异名】Gunnia Lindl.（1834）Nom. illegit. ; Monanthochilus（Schltr.）R. Rice（2004）；Parasarcochilus Dockrill（1967）Nom. illegit. ; Sarchochilus S. Vidal（1885）■☆

45633 Sarcochlaena Spreng.（1825）= Sarcolaena Thouars（1805）［苞杯花科（旋花树科）Sarcolaenaceae]●☆

45634 Sarcochlamys Gaudich.（1844）【汉】肉被麻属（球隔麻属）。【英】Fleshtepal, Sarcochlamys。【隶属】荨麻科 Urticaceae。【包含】世界 1 种，中国 1 种。【学名诠释与讨论】〈阴〉（希）sarx，所

有格 sarkos，肉+chlamys，所有格 chlamydos，斗篷，外衣。指雌花。【分布】印度至马来西亚，中国。【模式】Sarcochlamys pulcherrima Gaudichaud - Beaupré。【参考异名】Sphaerotylos C. J. Chen（1985）●

45635 Sarcoclinium Wight（1852）= Agrostistachys Dalzell（1850）［大戟科 Euphorbiaceae]■☆

45636 Sarcococca Lindl.（1826）【汉】野扇花属（清香桂属）。【日】コッカノキ属，サルココッカ属。【俄】Саркококка。【英】Cristmas Box, Sarcococca, Sweet Box。【隶属】黄杨科 Buxaceae。【包含】世界 11-20 种，中国 10 种。【学名诠释与讨论】〈阴〉（希）sarx，所有格 sarkos，肉+kokkos，变为拉丁文 coccus，仁，谷粒，浆果。指果肉质。【分布】巴基斯坦，斯里兰卡，印度尼西亚（苏门答腊岛，爪哇岛），印度（南部），中国，菲律宾（菲律宾群岛），喜马拉雅山至中南半岛，中美洲。【模式】Sarcococca pruniformis Lindley, Nom. illegit.［Pachysandra coriacea W. J. Hooker; Sarcococca coriacea（W. J. Hooker）R. Sweet]。【参考异名】Lepidopelma Klotzsch（1862）●

45637 Sarcocodon N. E. Br.（1878）= Caralluma R. Br.（1810）［萝藦科 Asclepiadaceae]■

45638 Sarcocolla Boehm.（1760）Nom. illegit. ≡ Penaea L.（1753）［管萼木科（管萼科）Penaeaceae]●☆

45639 Sarcocolla Kunth（1830）Nom. illegit. ≡ Saltera Bullock（1958）［管萼木科（管萼科）Penaeaceae]●☆

45640 Sarcocordylis Wall.（1832）= Balanophora J. R. Forst. et G. Forst.（1776）［蛇菰科（土鸟麴科）Balanophoraceae]■

45641 Sarcocornia A. J. Scott（1978）【汉】肉角藜属（冈羊栖菜属）。【英】Glasswort, Perennial Glasswort, Saltwort, Samphire。【隶属】藜科 Chenopodiaceae//盐角草科 Salicorniaceae。【包含】世界 15 种。【学名诠释与讨论】〈阴〉（希）sarx，所有格 sarkos，肉+cornu，角。cornutus，长了角的。corneus，角质的。此属的学名是"Sarcocornia A. J. Scott, Bot. J. Linn. Soc. 75：366. 24 Apr 1978（'Dec 1977'）"。亦有文献把其处理为"Salicornia L.（1753）"的异名。【分布】澳大利亚，巴勒斯坦，玻利维亚，非洲，欧亚大陆。【模式】Sarcocornia perennis（P. Miller）A. J. Scott［Salicornia perennis P. Miller［as 'perenne']]。【参考异名】Salicornia L.（1753）●☆

45642 Sarcocyphula Harv.（1863）= Cynanchum L.（1753）［萝藦科 Asclepiadaceae]●■

45643 Sarcodactilis C. F. Gaertn.（1805）= Citrus L.（1753）［芸香科 Rutaceae]●

45644 Sarcodactylis Steud.（1841）Nom. illegit.［芸香科 Rutaceae]☆

45645 Sarcodes Torr.（1851）【汉】血晶兰属。【英】Snow Plant。【隶属】杜鹃花科（欧石南科）Ericaceae。【包含】世界 1 种。【学名诠释与讨论】〈阴〉（希）sarx，所有格 sarkos，肉+oides，相像。指花序。【分布】美国（西部）。【模式】Sarcodes sanguinea Torrey。【参考异名】Pterosporopsis Kellogg（1854）●☆

45646 Sarcodiscaceae Dulac = Rutaceae Juss.（保留科名）●■

45647 Sarcodiscus Griff.（1854）= Kibara Endl.（1837）［香材树科（杯轴花科，黑檫木科，芒籽科，蒙立米科，檬立米科，香材木科，香树木科）Monimiaceae]●☆

45648 Sarcodiscus Mart. ex Miq. = Sorocea A. St. -Hil.（1821）［桑科 Moraceae]●☆

45649 Sarcodium Pers.（1807）= Clianthus Sol. ex Lindl.（1835）（保留属名）［豆科 Fabaceae（Leguminosae）//蝶形花科 Papilionaceae]●

45650 Sarcodraba Gilg et Muschl.（1909）【汉】肉葶苈属。【隶属】十字花科 Brassicaceae（Cruciferae）。【包含】世界 4 种。【学名诠释

与讨论】〈阴〉（希）sarx,所有格 sarkos,肉+（属）draba 葶苈属。【分布】玻利维亚,安第斯山。【模式】Sarcodraba karr－aikensis（Spegazzini）Gilg et Muschler ［as 'karraikensis'］［Draba karraikensis Spegazzini]。【参考异名】Ateixa Ravenna（1971）■☆

45651 Sarcodrimys（Baill.）Baum. - Bod.（1989）Nom. inval. = Zygogynum Baill.（1867）［林仙科（冬木科,假八角科,辛辣木科）Winteraceae]●☆

45652 Sarcodum Lour.（1790）（废弃属名）= Clianthus Sol. ex Lindl.（1835）（保留属名）［豆科 Fabaceae（Leguminosae）//蝶形花科 Papilionaceae]●

45653 Sarcoglossum Beer（1854）= Cirrhaea Lindl.（1832）［兰科 Orchidaceae]■☆

45654 Sarcoglottis C. Presl（1827）【汉】肉舌兰属。【日】サルコグロッチス 属。【隶属】兰科 Orchidaceae。【包含】世界 17-40 种。【学名诠释与讨论】〈阴〉（希）sarx,所有格 sarkos,肉+glottis,所有格 glottidos,气管口,来自 glotta =glossa,舌。【分布】巴拉圭,巴拿马,秘鲁,玻利维亚,厄瓜多尔,哥伦比亚（安蒂奥基亚）,哥斯达黎加,墨西哥,尼加拉瓜,西印度群岛,中美洲。【模式】Sarcoglottis speciosa K. B. Presl。【参考异名】Narica Raf.（1837）;Synoplectris Raf.（1837）■☆

45655 Sarcoglyphis Garay（1972）【汉】大喙兰属。【英】Bigbillorchis。【隶属】兰科 Orchidaceae。【包含】世界 11 种,中国 2 种。【学名诠释与讨论】〈阴〉（希）sarx,所有格 sarkos,肉+glyphis,所有格 glyphidos,箭的有齿的一头。【分布】缅甸,印度尼西亚（苏门答腊岛,爪哇岛）,泰国,印度（东北部）,越南,中国,加里曼丹岛,马来半岛。【模式】Sarcoglyphis mirabilis（H. G. Reichenbach）Garay［Sarcanthus mirabilis H. G. Reichenbach]■

45656 Sarcogonum G. Don（1839）= Muehlenbeckia Meisn.（1841）（保留属名）; ~ =Sarcogonum Sweet（1839）［蓼科 Polygonaceae]●☆

45657 Sarcogonum Sweet（1839）= Muehlenbeckia Meisn.（1841）（保留属名）［蓼科 Polygonaceae]●☆

45658 Sarcolaena Thouars（1805）【汉】苞杯花属（旋花树属）。【隶属】苞杯花科（旋花树科）Sarcolaenaceae。【包含】世界 8-10 种。【学名诠释与讨论】〈阴〉（希）sarx,所有格 sarkos,肉+laena,外罩,外衣。【分布】马达加斯加。【后选模式】Sarcolaena multiflora Du Petit－Thouars。【参考异名】Sarcochlaena Spreng.（1825）;Tantalus Noronha ex Thouars（1806）●☆

45659 Sarcolaenaceae Caruel（1881）（保留科名）【汉】苞杯花科（旋花树科）。【包含】世界 8-10 种 35-62 种。【分布】马达加斯加。【科名模式】Sarcolaena Thouars ●☆

45660 Sarcolemma Griseb. ex Lorentz（1878）= Sarcostemma R. Br.（1810）［萝藦科 Asclepiadaceae]■

45661 Sarcolipes Eckl. et Zeyh.（1837）= Crassula L.（1753）［景天科 Crassulaceae]●■☆

45662 Sarcolobus R. Br.（1810）【汉】肉片萝藦属。【隶属】萝藦科 Asclepiadaceae。【包含】世界 6 种。【学名诠释与讨论】〈阳〉（希）sarx,所有格 sarkos,肉+lobos =拉丁文 lobulus,片,裂片,叶,荚,蒴。【分布】东南亚。【模式】Sarcolobus banksii J. A. Schultes。【参考异名】Dorystephania Warb.（1904）;Sarcobatus K. Schum. ●☆

45663 Sarcolophium Troupin（1960）【汉】肉脊藤属。【隶属】防己科 Menispermaceae。【包含】世界 1 种。【学名诠释与讨论】〈中〉（希）sarx,所有格 sarkos,肉+lophos,脊,鸡冠,装饰+－ius,－ia,－ium,在拉丁文和希腊文中,这些词尾表示性质或状态。【分布】热带非洲。【模式】Sarcolophium suberosum（Diels）Troupin［Kolobopetalum suberosum Diels]●☆

45664 Sarcomelicope Engl.（1896）【汉】肉稷芸香属。【隶属】芸香科 Rutaceae。【包含】世界 9 种。【学名诠释与讨论】〈阴〉（希）sarx,所有格 sarkos,肉 + meliga,稷,来自意大利语 melica 或 meliga+ope,穴,隙,口子。【分布】法属新喀里多尼亚。【模式】Sarcomelicope sarcococca（Baillon）Engler［Euodia sarcococca Baillon]●☆

45665 Sarcomeris Naudin（1851）= Pachyanthus A. Rich.（1846）［野牡丹科 Melastomataceae]●☆

45666 Sarcomorphis Bojer ex Moq.（1849）= Salsola L.（1753）［藜科 Chenopodiaceae//猪毛菜科 Salsolaceae]●■

45667 Sarcomphalium Dulac（1867）Nom. illegit. ≡ Brimeura Salisb.（1866）; ~ =Hyacinthus L.（1753）［百合科 Liliaceae//风信子科 Hyacinthaceae]■☆

45668 Sarcomphalodes（DC.）Kuntze（1903）Nom. illegit. ≡ Noltea Rchb.（1828-1829）［鼠李科 Rhamnaceae]●☆

45669 Sarcomphalus Griseb.（1859）Nom. illegit.［鼠李科 Rhamnaceae]●☆

45670 Sarcomphalus P. Browne（1756）= Ziziphus Mill.（1754）［鼠李科 Rhamnaceae//枣科 Ziziphaceae]●

45671 Sarcopera Bedell（1997）【汉】穗状附生藤属。【隶属】蜜囊花科（附生藤科）Marcgraviaceae。【包含】世界 10 种。【学名诠释与讨论】〈阴〉词源不详。此属的学名"Sarcopera Bedell, Bot. Jahrb. Syst. 119（3）:328. 1997［30 Sep 1997]",TROPICOS 和 IK 记载是"Norantea subgen. Pseudostachyum G. G. F. Delpino, Atti Soc. Ital. Sci. Nat. 12:181,204. 186"的替代名称。ING 则记载是作为新属发表的,尽管"Based on Norantea subgen. Pseudostachyum G, G. F. Delpino, Atti Soc. Ital. Sci. Nat. 12:181,204. 1869"。【分布】巴拿马,玻利维亚,厄瓜多尔,哥伦比亚（安蒂奥基亚）,哥斯达黎加,尼加拉瓜,中美洲。【后选模式】Sarcopera anomala（Kunth）H. G. Bedell［Norantea anomala Kunth]。【参考异名】Norantea subgen. Pseudostachyum Delpino（1869）●☆

45672 Sarcoperis Raf.（1837）Nom. illegit. ≡Campelia Rich.（1808）［鸭趾草科 Commelinaceae]■

45673 Sarcopetalum F. Muell.（1862）【汉】肉瓣藤属。【隶属】防己科 Menispermaceae。【包含】世界 1 种。【学名诠释与讨论】〈中〉（希）sarx,所有格 sarkos,肉 + 希腊文 petalos,扁平的,铺开的;petalon,花瓣,叶,花叶,金属叶子;拉丁文的花瓣为 petalum。【分布】澳大利亚（东部）。【模式】Sarcopetalum harveyanum F. v. Mueller ●☆

45674 Sarcophagophilus Dinter（1923）= Quaqua N. E. Br.（1879）［萝藦科 Asclepiadaceae]■☆

45675 Sarcopharyngia（Stapf）Boiteau（1976）= Tabernaemontana L.（1753）［夹竹桃科 Apocynaceae//红月桂科 Tabernaemontanaceae]●

45676 Sarcopharyngia Boiteau（1976）Nom. illegit. ≡ Sarcopharyngia（Stapf）Boiteau（1976）; ~ =Tabernaemontana L.（1753）［夹竹桃科 Apocynaceae//红月桂科 Tabernaemontanaceae]●

45677 Sarcophrynium K. Schum.（1902）【汉】肉柊叶属。【隶属】竹芋科（柊叶科,柊叶科）Marantaceae。【包含】世界 3 种。【学名诠释与讨论】〈中〉（希）sarx,所有格 sarkos,肉+（属）Phrynium 柊叶属（柊叶属）。【分布】热带非洲。【模式】未指定■☆

45678 Sarcophyllum E. Mey.（1835）Nom. illegit. ≡Lebeckia Thunb.（1800）［豆科 Fabaceae（Leguminosae）//蝶形花科 Papilionaceae]■☆

45679 Sarcophyllum Willd.（1802）= Sarcophyllus Thunb.（1799）= Aspalathus L.（1753）［豆科 Fabaceae（Leguminosae）]●☆

45680 Sarcophyllus Thunb.（1799）= Aspalathus L.（1753）［豆科

Fabaceae(Leguminosae)//芳香木科 Aspalathaceae]●☆

45681 Sarcophysa Miers（1849）= Juanulloa Ruiz et Pav.（1794）［茄科 Solanaceae]●☆

45682 Sarcophytaceae（Engl.）Tiegh. = Balanophoraceae Rich.（保留科名）●■

45683 Sarcophytaceae（Engl.）Tiegh. ex Takht.（1987）= Balanophoraceae Rich.（保留科名）●■

45684 Sarcophytaceae A. Kern.（1891）［亦见 Balanophoraceae Rich.（保留科名）蛇菰科（土鸟麴科）]【汉】肉蛇菰科（肉草科）。【包含】世界2属3种。【分布】热带非洲。【科名模式】Sarcophyte Sparrm.■☆

45685 Sarcophytaceae Tiegh. = Balanophoraceae Rich.（保留科名）；~ =Sarcophytaceae Tiegh. ex Takht.■☆

45686 Sarcophytaceae Tiegh. ex Takht. =Balanophoraceae Rich.（保留科名）●■

45687 Sarcophyte Sparrm.（1776）【汉】肉蛇菰属（肉草属，蛇菰属）。【隶属】蛇菰科（土鸟麴科）Balanophoraceae//肉蛇菰科（肉草科）Sarcophytaceae。【包含】世界1种。【学名诠释与讨论】〈阴〉（希）sarx,所有格 sarkos,肉+phyton,植物,树木,枝条。【分布】热带非洲东部。【模式】Sarcophyte sanguinea Sparrman。【参考异名】Ichthyosma Schltdl.（1827）；Ichtyosma Steud.（1840）■☆

45688 Sarcophyton Garay（1972）【汉】肉兰属。【日】サルコフィトン属。【英】Fleshyorchis。【隶属】兰科 Orchidaceae。【包含】世界3种,中国1种。【学名诠释与讨论】〈中〉（希）sarx,所有格 sarkos,肉+phyton,植物,树木,枝条。指植物体肉质。【分布】菲律宾,中国,东南亚。【模式】Sarcophyton crassifolium（Lindley et Paxton）Garay［Cleisostoma crassifolium Lindley et Paxton]■

45689 Sarcopilea Urb.（1912）【汉】绿珠草属。【隶属】荨麻科 Urticaceae。【包含】世界1种,中国1种。【学名诠释与讨论】〈阴〉（希）sarx,所有格 sarkos,肉+pilos,球,子弹。或 sarkos,肉+（属）Pilea 冷水花属（冷水麻属）。【分布】西印度群岛（多明我）。【模式】Sarcopilea domingensis Urban ■☆

45690 Sarcopodaceae Gagnep.［亦见 Santalaceae R. Br.（保留科名）檀香科]【汉】肉足兰科。【包含】世界1属56种。【分布】东南亚,菲律宾。【科名模式】Sarcopodium Lindl. et Paxton ■

45691 Sarcopodium Lindl.（1850）Nom. illegit. ≡Sarcopodium Lindl. et Paxton（1850）Nom. illegit.；~ ≡ Katherinea A. D. Hawkes（1956）Nom. illegit.；~ ≡ Epigeneium Gagnep.（1932）［兰科 Orchidaceae]■

45692 Sarcopodium Lindl. et Paxton（1850）Nom. illegit. ≡Katherinea A. D. Hawkes（1956）Nom. illegit.；~ ≡ Epigeneium Gagnep.（1932）［兰科 Orchidaceae]■

45693 Sarcopoterium Spach（1846）【汉】肉棘蔷薇属（肉棘属）。【隶属】蔷薇科 Rosaceae。【包含】世界1种。【学名诠释与讨论】〈中〉（希）sarx,所有格 sarkos,肉+poterion,杯,也是一种植物俗名+-ius,-ia,-ium,在拉丁文和希腊文中,这些词尾表示性质或状态。或 sarkos,肉+（属）Poterium 肖地榆属。【分布】地中海东部,意大利。【模式】Sarcopoterium spinosum（Linnaeus）Spach［Poterium spinosum Linnaeus]●☆

45694 Sarcopteryx Radlk.（1879）【汉】肉翼无患子属。【隶属】无患子科 Sapindaceae。【包含】世界11种。【学名诠释与讨论】〈阴〉（希）sarx,所有格 sarkos,肉+pteryx,所有格 pterygos,指小式 pterygion,翼,羽毛,鳍。指果实,或指小叶柄。此属的学名,ING、TROPICOS 和 IK 记载是"Sarcopteryx Radlkofer, Actes Congr. Bot. Amsterdam 1877：127. Jan-Feb 1879"。"Sacropteryx Radlk.（1879）Nom. illegit. ≡Sarcopteryx Radlk.（1879）"似为误引。【分布】澳大利亚,马来西亚（东部）。【后选模式】Sarcopteryx

squamosa（Roxburgh）Radlkofer［Sapindus squamosus Roxburgh]。【参考异名】Sacropteryx Radlk.（1879）Nom. illegit. ●☆

45695 Sarcopus Gagnep.（1947）= Exocarpos Labill.（1800）（保留属名）［檀香科 Santalaceae//外果木科 Exocarpaceae]●☆

45696 Sarcopygme Setch. et Christoph.（1935）【汉】矮肉茜属。【隶属】茜草科 Rubiaceae。【包含】世界5种。【学名诠释与讨论】〈阴〉（希）sarx,所有格 sarkos,肉+pygme,矮的。【分布】萨摩亚群岛。【后选模式】Sarcopygme pacifica（F. Reinecke）Setchell et Christophersen［as 'pacificus'］［Sarcocephalus pacificus F. Reinecke]●☆

45697 Sarcopyramis Wall.（1824）【汉】肉穗草属（肉穗野牡丹属）。【日】タカサゴイナモリ属。【英】Fleshspike。【隶属】野牡丹科 Melastomataceae。【包含】世界2-6种,中国2-4种。【学名诠释与讨论】〈阴〉（希）sarx,所有格 sarkos,肉+pyramis,角锥,金字塔。指花序肉质。【分布】中国,喜马拉雅山至马来西亚（西部）。【模式】Sarcopyramis napalensis Wallich ■

45698 Sarcorhachis Trel.（1927）【汉】肉胡椒属。【隶属】胡椒科 Piperaceae。【包含】世界4种。【学名诠释与讨论】〈阴〉（希）sarx,所有格 sarkos,肉+rhachis,针,刺。指叶的中脉。【分布】巴拿马,秘鲁,厄瓜多尔,尼加拉瓜,中美洲。【模式】Sarcorhachis incurva（Sieber ex J. A. Schultes）Trelease［Piper incurvum Sieber ex J. A. Schultes]●☆

45699 Sarcorhyna C. Presl（1845）Nom. illegit. ≡Rostellaria C. F. Gaertn.（1807）；~ =Bumelia Sw.（1788）（保留属名）［山榄科 Sapotaceae//刺李山榄科 Bumeliaceae]●☆

45700 Sarcorhynchus Schltr.（1918）【汉】肉喙兰属。【隶属】兰科 Orchidaceae。【包含】世界3种。【学名诠释与讨论】〈阳〉（希）sarx,所有格 sarkos,肉+rhynchos,喙。此属的学名是"Sarcorhynchus Schlechter, Beih. Bot. Centralbl. 36（2）：104. 30 Apr 1918"。亦有文献把其处理为"Diaphananthe Schltr.（1914）"的异名。【分布】热带非洲。【模式】未指定。【参考异名】Diaphananthe Schltr.（1914）■☆

45701 Sarcorrhiza Bullock（1962）【汉】肉根萝藦属。【隶属】萝藦科 Asclepiadaceae。【包含】世界1种。【学名诠释与讨论】〈阴〉（希）sarx,所有格 sarkos,肉+rhiza,或 rhizoma,根,根茎。【分布】热带非洲。【模式】Sarcorrhiza epiphytica Bullock☆

45702 Sarcoryna Post et Kuntze（1903）= Rostellaria C. F. Gaertn.（1807）；~ = Sarcorhyna C. Presl（1845）Nom. illegit.；~ =? Bumelia Sw.（1788）（保留属名）［山榄科 Sapotaceae//刺李山榄科 Bumeliaceae]●☆

45703 Sarcosiphon Blume（1850）= Thismia Griff.（1845）［水玉簪科 Burmanniaceae//水玉杯科（腐杯草科,肉质腐生草科）Thismiaceae]■

45704 Sarcosiphon Reinw. ex Blume（1850）Nom. illegit. ≡Sarcosiphon Blume（1850）；~ = Thismia Griff.（1845）［水玉簪科 Burmanniaceae//水玉杯科（腐杯草科,肉质腐生草科）Thismiaceae]■

45705 Sarcosperma Hook. f.（1876）【汉】肉实树属（肉实属）。【英】Fleshseed Tree,Flesh-seed Tree,Fleshspike Tree。【隶属】山榄科 Sapotaceae//肉实树科 Sarcospermataceae。【包含】世界8-9种,中国4种。【学名诠释与讨论】〈中〉（希）sarx,所有格 sarkos,肉+sperma,所有格 spermatos,种子,孢子。指果为浆果。【分布】马来西亚（西部）,印度尼西亚（马鲁古群岛）,中国,东喜马拉雅山。【后选模式】Sarcosperma arboreum J. D. Hooker［as 'arborea'］。【参考异名】Apoia Merr.（1921）；Bracea King（1895）；Peronia R. Br.（1832）（废弃属名）；Peronia R. Br. ex Wall.（1832）Nom. inval.（废弃属名）●

45706 Sarcospermaceae H. J. Lam（1925）= Sarcospermataceae H. J. Lam（保留科名）●

45707 Sarcospermataceae H. J. Lam（1925）（保留科名）［亦见Sapotaceae Juss.（保留科名）山榄科］【汉】肉实树科。【包含】世界1属9种，中国1属4种。【分布】东南亚。【科名模式】Sarcosperma Hook. f. ●

45708 Sarcospermum Reinw. ex de Vriese = Gunnera L.（1767）［大叶草科（南洋小二仙科，洋二仙草科）Gunneraceae//小二仙草科Haloragaceae］■☆

45709 Sarcostachys Juss. = Stachytarpheta Vahl（1804）（保留属名）［马鞭草科 Verbenaceae］■●

45710 Sarcostemma R. Br.（1810）【汉】肉珊瑚属（无叶藤属）。【日】サルコステンマ属。【英】Fleshcoral。【隶属】萝藦科 Asclepiadaceae。【包含】世界10-34种，中国1种。【学名诠释与讨论】〈中〉（希）sarx，所有格 sarkos，肉 + stemma，所有格 stemmatos，花冠，花环，王冠。指副花冠肉质。此属的学名是"Sarcostemma R. Brown, Prodr. 463. 27 Mar 1810"。亦有文献把其处理为"Cynanchum L.（1753）"的异名。【分布】巴基斯坦，巴拉圭，巴拿马，秘鲁，玻利维亚，厄瓜多尔，马达加斯加，中国，中美洲。【后选模式】Sarcostemma viminale（Linnaeus）R. Brown［Cynanchum viminalis Linnaeus］。【参考异名】Ceramanthus（Kunze）Malme（1905）Nom. illegit.; Cynanchum L.（1753）; Decanemopsis Costantin et Gallaud（1906）; Funastrum E. Fourn.（1882）; Oxystelma R. Br.（1810）; Philibertella Vail（1897）; Philibertia Kunth（1818）; Sarcolemma Griseb. ex Lorentz（1878）■

45711 Sarcostigma Wight et Arn.（1833）【汉】肉柱铁青树属。【隶属】铁青树科 Olacaceae//肉柱铁青树科 Sarcostigmataceae。【包含】世界2种。【学名诠释与讨论】〈中〉（拉）sarx，所有格 sarkos，肉。sarkodes，多肉的+stigma，所有格 stigmatos，柱头，眼点。【分布】印度至马来西亚（西部），中国。【模式】Sarcostigma kleinii R. Wight et Arnott ●

45712 Sarcostigmataceae Tiegh.（1899）= Icacinaceae Miers（保留科名）; ~ = Sarcostigmataceae Tiegh. ex Bullock ●■

45713 Sarcostigmataceae Tiegh. ex Bullock［亦见 Icacinaceae Miers（保留科名）茶茱萸科］【汉】肉柱铁青树科。【包含】世界1属2种。【分布】印度至马来西亚（西部）。【科名模式】Sarcostigma Wight et Arn. ●

45714 Sarcostoma Blume（1825）【汉】肉口兰属。【隶属】兰科 Orchidaceae。【包含】世界2种。【学名诠释与讨论】〈中〉（希）sarx，所有格 sarkos，肉+stoma，所有格 stomatos，孔口。【分布】印度尼西亚（苏拉威西岛，爪哇岛），马来半岛。【模式】Sarcostoma javanica Blume ■☆

45715 Sarcostyles C. Presl ex DC.（1830）= Hydrangea L.（1753）［虎耳草科 Saxifragaceae//绣球花科（八仙花科，绣球科）Hydrangeaceae］●

45716 Sarcotheca Blume（1851）【汉】肉囊木属（肉囊酢浆草属）。【隶属】酢浆草科 Oxalidaceae。【包含】世界11种。【学名诠释与讨论】〈阴〉（希）sarx，所有格 sarkos，肉+theke = 拉丁文 theca，匣子，箱子，室，药室，囊。指果实。此属的学名，ING 和 IK 记载是"Sarcotheca Blume, Mus. Bot. 1（16）：241. 1851［Jul 1850 publ. early 1851］"。"Sarcotheca Kuntze, Revis. Gen. Pl. 2：979, sphalm. 1891［5 Nov 1891］= Sarotheca Nees（1847）= Justicia L.（1753）［爵床科 Acanthaceae//鸭嘴花科（鸭咀花科）Justiciaceae］"和"Sarcotheca Turczaninow, Bull. Soc. Imp. Naturalistes Moscou 31（1）：474. 1858 = Schinus L.（1753）［漆树科 Anacardiaceae］"是晚出的非法名称。【分布】玻利维亚，马来西亚（西部），印度尼西亚（苏拉威西岛）。【模式】Sarcotheca macrophylla Blume。【参考异名】Connaropsis Planch. ex Hook. f.（1860）; Hebepetalum Benth.（1862）; Roucheria Miq. ●☆

45717 Sarotheca Kuntze（1891）Nom. illegit. = Justicia L.（1753）; ~ = Sarotheca Nees（1847）［爵床科 Acanthaceae//鸭嘴花科（鸭咀花科）Justiciaceae］●■

45718 Sarcotheca Turcz.（1858）Nom. illegit. = Schinus L.（1753）［漆树科 Anacardiaceae］●

45719 Sarcotoechia Radlk.（1879）【汉】肉壁无患子属。【隶属】无患子科 Sapindaceae。【包含】世界11种。【学名诠释与讨论】〈阴〉（希）sarx，所有格 sarkos，肉+toichos，墙。可能指果实。【分布】澳大利亚。【后选模式】Sarcotoechia cuneata Radlkofer ●☆

45720 Sarcotoxicum Cornejo et Iltis（2008）【汉】柳叶山柑属。【隶属】山柑科（白花菜科，醉蝶花科）Capparaceae。【包含】世界1种。【学名诠释与讨论】〈中〉（希）sarx，所有格 sarkos，肉+toxicum，毒。此属的学名是"Sarcotoxicum Cornejo et Iltis, Harvard Papers in Botany 13（1）：104（-107）, f. 1-2. 2008"。亦有文献把其处理为"Capparis L.（1753）"的异名。【分布】阿根廷，玻利维亚。【模式】Sarcotoxicum salicifolium（Griseb.）Cornejo et Iltis。【参考异名】Capparis L.（1753）●☆

45721 Sarcoyucca（Engelm.）Linding.（1933）Nom. illegit. = Yucca L.（1753）［百合科 Liliaceae//龙舌兰科 Agavaceae//丝兰科 Orchidaceae］●■

45722 Sarcoyucca（Trel.）Linding.（1933）= Yucca L.（1753）［百合科 Liliaceae//龙舌兰科 Agavaceae//丝兰科 Orchidaceae］●■

45723 Sarcoyucca Linding.（1933）= Yucca L.（1753）［百合科 Liliaceae//龙舌兰科 Agavaceae//丝兰科 Orchidaceae］●■

45724 Sarcozona J. M. Black（1934）= Carpobrotus N. E. Br.（1925）［番杏科 Aizoaceae］●☆

45725 Sarcozygium Bunge（1843）【汉】霸王属（肉蒺藜属）。【隶属】蒺藜科 Zygophyllaceae。【包含】世界2种，中国2种。【学名诠释与讨论】〈中〉（希）sarx，所有格 sarkos，肉+zygos，成对，连结，轭+-ius，-ia，-ium，在拉丁文和希腊文中，这些词尾表示性质或状态。指果肉质而愈合。此属的学名是"Sarcozygium Bunge, Linnaea 17：7. 26-28 Apr 1843"。亦有文献把其处理为"Zygophyllum L.（1753）"的异名。【分布】蒙古，中国。【模式】Sarcozygium xanthoxylum Bunge。【参考异名】Zygophyllum L.（1753）●

45726 Sardinia Vell.（1829）= Guettarda L.（1753）［茜草科 Rubiaceae//海岸桐科 Guettardaceae］●

45727 Sardonula Raf.（1834）= Ranunculus L.（1753）［毛茛科 Ranunculaceae］■

45728 Sarga Ewart（1911）= Chrysopogon Trin.（1820）（保留属名）; ~ = Sorghum Moench（1794）（保留属名）［禾本科 Poaceae（Gramineae）］■

45729 Sargentia H. Wendl. et Drude ex Salomon（1887）Nom. illegit.（废弃属名）≡ Pseudophoenix H. Wendl. ex Sarg.（1886）; ~ = Sargentia S. Watson（1890）（保留属名）［棕榈科 Arecaceae（Palmae）］●☆

45730 Sargentia S. Watson（1890）（保留属名）【汉】肖刺葵属（葫芦椰子属，假海枣属，樱桃椰属，假刺葵属）。【日】ニセダイオウヤシ属。【英】Cherry Palm。【隶属】棕榈科 Arecaceae（Palmae）。【包含】世界2-4种。【学名诠释与讨论】〈阴〉（人）Charles Sprague Sargent, 1841-1927，美国植物学者，树木学者，植物采集家。此属的学名"Sargentia S. Watson in Proc. Amer. Acad. Arts 25：144. 25 Sep 1890"是保留属名。相应的废弃属名是棕榈科 Arecaceae 的"Sargentia H. Wendl. et Drude ex Salomon, Palmen：160. Sep-Oct 1887 = Sargentia S. Watson（1890）（保留属名）"。

亦有文献把"Sargentia S. Watson（1890）（保留属名）"处理为"Casimiroa La Lave（1825）"的异名。【分布】墨西哥,中美洲。【模式】Sargentia greggii S. Watson。【参考异名】Casimiroa La Lave（1825）; Chamaephoenix Curtiss（1887）Nom. illegit.; Chamaephoenix H. Wendl. ex Curtiss（1887）Nom. illegit.; Cyclospathe O. F. Cook（1902）; Pseudophoenix H. Wendl.（1888）Nom. illegit.（废弃属名）; Pseudophoenix H. Wendl. et Drude ex Drude（1887）Nom. illegit.（废弃属名）; Pseudophoenix H. Wendl. et Drude（1887）Nom. illegit.（废弃属名）; Pseudophoenix H. Wendl. ex Sarg.（1886）（废弃属名）; Sargentia H. Wendl. et Drude ex Salomon（1887）Nom. illegit.（废弃属名）●☆

45731 Sargentodoxa Rehder et E. H. Wilson（1913）【汉】大血藤属。【英】Bloodvine, Sargent's Glory Vine, Sargentglorivine, Sargent-glory-vine。【隶属】木通科 Lardizabalaceae//大血藤科 Sargentodoxaceae。【包含】世界1-2种,中国1种。【学名诠释与讨论】〈阴〉（人）Charles Sprague Sargent, 1841-1927,美国植物学者+doxa,光荣,光彩,华丽,荣誉,有名,显著。他曾任哈佛大学教授、植物系主任、阿诺德树木园园长。【分布】中国。【模式】Sargentodoxa cuneata（D. Oliver）Rehder et Wilson [Holboellia cuneata D. Oliver]●★

45732 Sargentodoxaceae Stapf ex Hutch.（1926）（保留科名）[亦见 Lardizabalaceae R. Br.（保留科名）木通科]【汉】大血藤科。【英】Sargent-glory-vine Family, Sargentodoxa Family。【包含】世界1属2种,中国1属1种。【分布】中国,中南半岛。【科名模式】Sargentodoxa Rehder et E. H. Wilson ●

45733 Sargentodoxaceae Stapf = Lardizabalaceae R. Br.（保留科名）; ~ = Sargentodoxaceae Stapf ex Hutch.（保留科名）●

45734 Sariava Reinw.（1828）= Symplocos Jacq.（1760）[山矾科（灰木科）Symplocaceae] ●

45735 Saribus Blume（1836）= Livistona R. Br.（1810）[棕榈科 Arecaceae（Palmae）] ●

45736 Sarinia O. F. Cook（1942）= Attalea Kunth（1816）[棕榈科 Arecaceae（Palmae）] ●☆

45737 Sarissus Gaertn.（1788）= Hydrophylax L. f.（1782）[茜草科 Rubiaceae] ■☆

45738 Saritaea Dugand（1945）【汉】蒜香藤属。【隶属】紫葳科 Bignoniaceae。【包含】世界1种。【学名诠释与讨论】〈阴〉（人）Sarita,萨里塔,该属作者的妻子。【分布】巴拿马,巴尼翁,厄瓜多尔,哥伦比亚,尼加拉瓜,中美洲。【模式】Saritaea magnifica（W. Bull）Dugand [Bignonia magnifica W. Bull]●☆

45739 Sarlina Guillaumin（1952）【汉】柱果木犀榄属。【隶属】柱果木犀榄科（木犀科）Oleaceae//木犀榄科（木犀科）Oleaceae。【包含】世界1种。【学名诠释与讨论】〈阴〉词源不详。此属的学名是"Sarlina Guillaumin, Bull. Mus. Hist. Nat.（Paris）23: 539. Jan 1952（'1951'）"。亦有文献把其处理为"Linociera Sw. ex Schreb.（1791）（保留属名）"的异名。【分布】新几内亚岛。【模式】Sarlina cylindrocarpa Guillaumin。【参考异名】Linociera Sw. ex Schreb.（1791）（保留属名）●☆

45740 Sarmasikia Bubani（1897）= Cynanchum L.（1753）[萝藦科 Asclepiadaceae] ●■

45741 Sarmentaceae Schultz Sch. = Dioscoreaceae R. Br.（保留科名）+Liliaceae Juss.（保留科名）●■

45742 Sarmentaceae Vent. = Vitaceae Juss.（保留科名）●■

45743 Sarmentaria Naudin（1852）= Adelobotrys DC.（1828）[野牡丹科 Melastomataceae] ●☆

45744 Sarmenticola Senghas et Garay（1996）【汉】秘鲁翅冠兰属。【隶属】兰科 Orchidaceae。【包含】世界1种。【学名诠释与讨论】

〈阴〉（希）sarmos,沙+entos,在内+cola,居住者。【分布】秘鲁。【模式】Sarmenticola calceolaris（Garay）Senghas et Garay ■☆

45745 Sarmienta Ruiz et Pav.（1794）（保留属名）【汉】吊钟苣苔属（萨民托苣苔属）。【英】Sarmienta。【隶属】苦苣苔科 Gesneriaceae。【包含】世界1种。【学名诠释与讨论】〈阴〉（希）sarmos,沙+entos,在内。或西班牙语 sarmiento,枝条,藤本植物。此属的学名"Sarmienta Ruiz et Pav., Fl. Peruv. Prodr.: 4. Oct（prim.）1794"是保留属名。相应的废弃属名是苦苣苔科 Gesneriaceae 的"Urceolaria Molina ex J. D. Brandis in Molina, Naturgesch. Chili: 133. 1786 ≡ Sarmienta Ruiz et Pav.（1794）（保留属名）"。牛栓藤科 Connaraceae 的"Sarmienta Siebold ex Baill. = Cnestis Juss.（1789）"亦应废弃。必须废弃的属名还有:"Urceolaria Herb., App. [Bot. Reg.] 28（1821）≡ Urceolina Rchb.（1829）（保留属名）[石蒜科 Amaryllidaceae]"、"Urceolaria Molina, Sag. Stor. Nat. Chili, ed. 2. 136, 277. 1810 = Sarmienta Ruiz et Pav.（1794）（保留属名）"、"Urceolaria Willd. ex Cothen., Disp. Veg. Meth. 10（1790）≡ Urceolaria Willd.（1790）[茜草科 Rubiaceae]"、"Urceolaria Willdenow in Cothenius, Disp. 10. Jan-Mai 1790 ≡ Urceolaria Willd.（1790）[茜草科 Rubiaceae]"、"Urceolaria F. Dietr. = Utricularia L.（1753）[狸藻科 Lentibulariaceae]"、"Urceolaria Huth = Sarmienta Ruiz et Pav.（1794）（保留属名）"等。地衣的"Urceolaria Acharius, Meth. Lich. 141. Jan-Apr 1803"和真菌的"Urceolaria Bonorden, Handb. Mykol. 203, 311. 1851"也要废弃。"Urceolaria Molina ex J. D. Brandis, Naturgesch. Chili 133. 1786（废弃属名）"是"Sarmienta Ruiz et Pav.（1794）（保留属名）"的晚出的同模式异名（Homotypic synonym, Nomenclatural synonym）。【分布】马达加斯加,智利。【模式】Sarmienta repens Ruiz et Pavón, Nom. illegit. [Urceolaria scandens J. D. Brandis; Sarmienta scandens（J. D. Brandis）Persoon]。【参考异名】Urceolaria Huth（废弃属名）; Urceolaria Molina ex J. D. Brandis（1786）（废弃属名）; Urceolaria Molina（1810）（废弃属名）■●☆

45746 Sarmienta Siebold ex Baill. = Cnestis Juss.（1789）[牛栓藤科 Connaraceae] ●

45747 Sarna H. Karst.（1857）= Pilostyles Guill.（1834）[大花草科 Rafflesiaceae] ■☆

45748 Sarocalamus Stapleton（2004）= Arundinaria Michx.（1803）[禾本科 Poaceae（Gramineae）//青篱竹科 Arundinariaceae] ●

45749 Sarojusticia Bremek.（1962）= Justicia L.（1753）[爵床科 Acanthaceae//鸭嘴花科（鸭咀花科）Justiciaceae] ●■

45750 Saropsis B. G. Briggs et L. A. S. Johnson（1998）【汉】密鞘帚灯草属。【隶属】帚灯草科 Restionaceae。【包含】世界1种。【学名诠释与讨论】〈阴〉（希）saros,扫帚+opsis,外观,模样,相似。【分布】澳大利亚,非洲。【模式】Saropsis fastigiata（R. Brown）B. G. Briggs et L. A. S. Johnson [Restio fastigiatus R. Brown] ■☆

45751 Sarosanthera Korth.（1842）= Adinandra Jack（1822）[山茶科（茶科）Theaceae//厚皮香科 Ternstroemiaceae] ●

45752 Sarotes Lindl.（1839）= Guichenotia J. Gay（1821）[梧桐科 Sterculiaceae//锦葵科 Malvaceae] ●☆

45753 Sarothamnos St.-Lag.（1880）Nom. illegit. [豆科 Fabaceae（Leguminosae）] ☆

45754 Sarothamnus Wimm.（1832）（保留属名）【汉】帚灌豆属。【俄】Жарновец。【隶属】豆科 Fabaceae（Leguminosae）//蝶形花科 Papilionaceae。【包含】世界42种。【学名诠释与讨论】〈阳〉（希）saros+thamnos,指小式 thamnion,灌木,灌丛,树丛,枝。此属的学名"Sarothamnus Wimm., Fl. Schles.: 278. Feb-Jul 1832"是保留属名。相应的废弃属名是豆科 Fabaceae 的"Cytisogenista

Duhamel, Traité Arbr. Arbust. 1:203. 1755 ≡Sarothamnus Wimm. (1832)(保留属名)". "Cytisogenista Ortega(1773) Nom. illegit. (废弃属名)= Sarothamnus Wimm. (1832)(保留属名)[豆科 Fabaceae(Leguminosae)]"亦应废弃。"Sarothamnos St. -Lag., Ann. Soc. Bot. Lyon vii. (1880)134"似为"Sarothamnus Wimm. (1832)(保留属名)"的拼写变体。亦有文献把"Sarothamnus Wimm. (1832)(保留属名)"处理为"Cytisus Desf. (1798)(保留属名)"的异名。【分布】西伯利亚,太平洋岛屿,欧洲。【模式】Sarothamnus vulgaris C. F. H. Wimmer, Nom. illegit. [Spartium scoparium Linnaeus, Sarothamnus scoparius (Linnaeus) W. D. J. Koch]。【参考异名】Corema Bercht. et J. Presl (1830–1835) Nom. illegit., Nom. inval.;Corema J. Presl(1830)Nom. inval.;Cytisogenista Duhamel(1755)Nom. illegit. (废弃属名);Cytiso-Genista Duhamel(1755)Nom. illegit. (废弃属名);Cytisogenista Ortega (1773) Nom. illegit. (废弃属名);Cytisus Desf. (1798)(保留属名)●☆

45755 Sarotheca Nees (1847) = Justicia L. (1753) [爵床科 Acanthaceae//鸭嘴花科(鸭咀花科)Justiciaceae]●■

45756 Sarothra L. (1753) = Hypericum L. (1753) [金丝桃科 Hypericaceae//猪胶树科(克鲁西科,山竹子科,藤黄科) Clusiaceae(Guttiferae)]■●

45757 Sarothrochilus Schltr. (1906) = Staurochilus Ridl. ex Pfitzer (1900);~ =Trichoglottis Blume(1825) [兰科 Orchidaceae]■

45758 Sarothrostachys Klotzsch (1841) = Sebastiania Spreng. (1821) [大戟科 Euphorbiaceae]●

45759 Sarpedonia Raf. = Ranunculus L. (1753) [毛茛科 Ranunculaceae]■

45760 Sarracena L. (1754) = Sarracenia L. (1753) [瓶子草科(管叶草科,管子草科)Sarraceniaceae]■☆

45761 Sarracenella Luer(1981) = Pleurothallis R. Br. (1813) [兰科 Orchidaceae]■☆

45762 Sarracenia L. (1753) 【汉】瓶子草属(管叶草属,管子草属,肖瓶子草属)。【日】サラセニア属,ヘイシソウ属。【俄】Саррацения。【英】Devil's Boot, Indian Cup, North American Pitcherplant, North American Pitcher-plant, Pitcher Plant, Pitcher's Plants, Sarracenia, Side-saddle Flower, Trumpet。【隶属】瓶子草科(管叶草科,管子草科)Sarraceniaceae。【包含】世界 8-10 种。【学名诠释与讨论】〈阴〉(人) Jean Antoine Sarrazin, 1547–1598, 法国医生。另说纪念法国医生 Michel Sarrasin (Sarracenus), 1659–1734, 他曾经在魁北克采集植物标本。【分布】北美洲东部。【模式】Sarracenia purpurea Linnaeus。【参考异名】Sararenia Spreng.;Sarazina Raf. (1840);Sarracena L. (1754);Sarrazinia Hoffmanns. (1824)■☆

45763 Sarraceniaceae Dumort. (1829)(保留科名)【汉】瓶子草科(管叶草科,管子草科)。【日】サラセニア科。【俄】Саррацениевые。【英】American Pitcherplant Family, American Pitcher-plant Family, Pitcherplant Family。【包含】世界 3 属 14-17 种。【分布】美洲。【科名模式】Sarracenia L. (1753)■☆

45764 Sarracha Rchb. (1827) = Saracha Ruiz et Pav. (1794) [茄科 Solanaceae]●☆

45765 Sarratia Moq. (1849) = Amaranthus L. (1753) [苋科 Amaranthaceae]■

45766 Sarrazinia Hoffmanns. (1824) = Sarracenia L. (1753) [瓶子草科(管叶草科,管子草科)Sarraceniaceae]■☆

45767 Sarrizinia Steud. (1841) Nom. illegit. [瓶子草科(管叶草科,管子草科)Sarraceniaceae]■☆

45768 Sarsaparilla Kuntze (1891) = Smilax L. (1753) [百合科 Liliaceae//菝葜科 Smilacaceae]●

45769 Sartidia De Winter(1963)【汉】健三芒草属。【隶属】禾本科 Poaceae(Gramineae)。【包含】世界 4 种。【学名诠释与讨论】〈阴〉词源不详。【分布】马达加斯加,热带和非洲南部。【模式】Sartidia angolensis (C. E. Hubbard)de Winter [Aristida angolensis C. E. Hubbard]■☆

45770 Sartoria Boiss. (1849) Nom. illegit. ≡Sartoria Boiss. et Heldr. (1849) [豆科 Fabaceae(Leguminosae)//蝶形花科 Papilionaceae]■☆

45771 Sartoria Boiss. et Heldr. (1849)【汉】岩黄耆状驴豆属。【隶属】豆科 Fabaceae(Leguminosae)//蝶形花科 Papilionaceae。【包含】世界 1 种。【学名诠释与讨论】〈阴〉(人) Joseph Sartori, 1809–1880, 德国植物学者, 医生。此属的学名, IK 记载是 "Sartoria Boiss., Diagn. Pl. Orient. ser. 1,9:109. 1849 [Jan-Feb 1849]"。ING 和 TROPICOS 则记载为 "Sartoria Boissier et Heldreich in Boissier, Diagn. Pl. Orient. ser. 1. 2(9):109. Jan-Feb 1849"。亦有文献把"Sartoria Boiss. et Heldr. (1849)"处理为"Onobrychis Mill. (1754)"的异名。【分布】安纳托利亚南部。【模式】Sartoria hedysaroides Boissier et Heldreich。【参考异名】Onobrychis Mill. (1754);Sartoria Boiss. (1849)Nom. illegit. ■☆

45772 Sartorina R. M. King et H. Rob. (1974)【汉】毛柱泽兰属。【隶属】菊科 Asteraceae(Compositae)。【包含】世界 1 种。【学名诠释与讨论】〈阴〉(人) Carl (Karl, Carlos) Giristian Wilhelm Sartorius, 1796–1872, 德国植物学者, 植物采集家, Florentin Sartorius 的父亲+-inus,-ina,-inum 拉丁文加在名词词干之后, 以形成形容词的词尾, 含义为"属于、相似、关于、小的"。【分布】墨西哥。【模式】Sartorina schultzii R. M. King et H. E. Robinson ■☆

45773 Sartwellia A. Gray (1852)【汉】黄光菊属。【英】Glowwort。【隶属】菊科 Asteraceae(Compositae)。【包含】世界 4 种。【学名诠释与讨论】〈阴〉(人) Henry Parker Sartwell, 1792–1867, 美国植物学者, 医生。【分布】美国(南部), 墨西哥, 中美洲。【模式】Sartwellia flaveriae A. Gray ■☆

45774 Saruma Oliv. (1889)【汉】马蹄香属。【英】Saruma。【隶属】马兜铃科 Aristolochiaceae//马蹄香科 Sarumaceae。【包含】世界 1 种, 中国 1 种。【学名诠释与讨论】〈阴〉(属)由细辛属 Asarum 改缀而来。【分布】中国。【模式】Saruma henryi D. Oliver ■★

45775 Sarumaceae(O. C. Schmidt)Nakai =Aristolochiaceae Juss. (保留科名)●■

45776 Sarumaceae Nakai [亦见 Aristolochiaceae Juss. (保留科名)马兜铃科]【汉】马蹄香科。【包含】世界 1 属 1 种, 中国 1 属 1 种。【分布】中国西南部。【科名模式】Saruma Oliv. ■

45777 Sarx H. St. John(1978) = Sicyos L. (1753) [葫芦科(瓜科,南瓜科)Cucurbitaceae]■

45778 Sasa Makino et Shibata(1901)【汉】赤竹属(箬竹属)。【日】クマザサ属, ササ属。【俄】Саза, Саса。【英】Bamboo, Sasa。【隶属】禾本科 Poaceae(Gramineae)。【包含】世界 37-70 种, 中国 8-21 种。【学名诠释与讨论】〈阴〉(日本)ささ sasa, 一般小竹之通称。【分布】中国, 东亚。【后选模式】Sasa albomarginata (Miquel) Makino et Shibata [Phyllostachys bambusoides var. albomarginata Miquel]。【参考异名】Neosasamorpha Tatew. (1940);Nipponobambusa Muroi(1940);Pseudosasa Makino(1920) Nom. inval.;Pseudosasa Nakai (1925) Nom. illegit.;Sasaella Makino(1929);Sasamorpha Nakai(1931)●

45779 Sasaella Makino(1929)【汉】小赤竹属(东竹属,小箬竹属)。【日】アズマザサ属。【英】Bamboo, Hairy Bamboo。【隶属】禾本科 Poaceae(Gramineae)。【包含】世界 50 种。【学名诠释与讨

论】〈阴〉（属）Sasa 赤竹属（箬竹属）+-ellus，-ella，-ellum，加在名词词干后面形成指小式的词尾。或加在人名、属名等后面以组成新属的名称。此属的学名是"Sasaella Makino，J. Jap. Bot. 6：15. 15 Jul 1929"。亦有文献把其处理为"Sasa Makino et Shibata（1901）"的异名。【分布】东亚。【后选模式】Sasaella ramosa（Makino）Makino［Arundinaria ramosa Makino］。【参考异名】Sasa Makino et Shibata（1901）●☆

45780 Sasali Adans.（1763）Nom. illegit. ≡Microcos L.（1753）［椴树科（椴科，田麻科）Tiliaceae//锦葵科 Malvaceae］●

45781 Sasamorpha Nakai（1931）【汉】华箬竹属。【日】スズダケ属。【英】Sasamorpha。【隶属】禾本科 Poaceae（Gramineae）。【包含】世界 3 种，中国 3 种。【学名诠释与讨论】〈阴〉（属）Sasa 赤竹属+morphe，形状。指本属竹类具赤竹属形态。此属的学名是"Sasamorpha Nakai in Miyabe et Kudo，J. Fac. Agric. Hokkaido Univ. 26：180. 15 Jul 1931"。亦有文献把其处理为"Sasa Makino et Shibata（1901）"的异名。【分布】中国，东亚。【后选模式】Sasamorpha borealis（Hackel）Nakai［Bambusa borealis Hackel］。【参考异名】Sasa Makino et Shibata（1901）●

45782 Sasanqua Nees ex Esenbeck =Camellia L.（1753）［山茶科（茶科）Theaceae］●

45783 Sasanqua Nees（1834）= Camellia L.（1753）［山茶科（茶科）Theaceae］●

45784 Sassa Bruce ex J. F. Gmel.（1792）= Acacia Mill.（1754）（保留属名）［豆科 Fabaceae（Leguminosae）//含羞草科 Mimosaceae//金合欢科 Acaciaceae］●■

45785 Sassafras Bercht. et J. Presl（1825）Nom. illegit. ≡Sassafras J. Presl（1825）；~ = Lindera Thunb.（1783）（保留属名）［樟科 Lauraceae］●

45786 Sassafras J. Presl（1825）【汉】檫木属（檫树属）。【日】ランダイカウバシ属，ランダイコウバシ属。【俄】Caccaфpac。【英】Sassafras。【隶属】樟科 Lauraceae。【包含】世界 3 种，中国 2 种。【学名诠释与讨论】〈中〉（西班牙）sassafras，为美洲檫的俗名。或者来自美洲的印第安族俗名，由法国殖民者所改写。此属的学名，ING、GCI、TROPICOS 和 IK 记载是"Sassafras J. S. Presl in Berchtold et J. S. Presl，Prirozenosti Rostlin Rostlinár 2：30. 1825"。"Sassafras Bercht. et J. Presl（1825）Nom. illegit. ≡ Sassafras J. Presl（1825）"的命名人引证有误。"Sassafras Nees = Sassafras J. Presl（1825）"是晚出的非法名称。亦有文献曾把"Sassafras J. Presl（1825）"处理为"Lindera Thunb.（1783）（保留属名）"的异名。【分布】美国，中国，北美洲东部。【模式】Sassafras officinarum J. S. Presl［Laurus sassafras Linnaeus］。【参考异名】Euosmus Nutt.（1818）Nom. illegit.；Pseudosassafras Lecomte（1912）；Sassafras Bercht. et J. Presl（1825）Nom. illegit.；Sassafras Nees et Eberm. ，Nom. illegit.；Sassafras Nees，Nom. illegit.；Sassafras Trew，Nom. illegit.；Yushunia Kamik.（1933）●

45787 Sassafras Nees et Eberm. ，Nom. illegit. = Sassafras J. Presl（1825）［樟科 Lauraceae］●

45788 Sassafras Nees，Nom. illegit. =Sassafras J. Presl（1825）［樟科 Lauraceae］●

45789 Sassafras Trew（1757）= Sassafras Nees，Nom. illegit.；~ = Sassafras J. Presl（1825）［樟科 Lauraceae］●

45790 Sassafridium Meisn.（1864）= Cinnamomum Schaeff.（1760）（保留属名）；~ = Ocotea Aubl.（1775）［樟科 Lauraceae］●☆

45791 Sassea Klotzsch（1854）= Begonia L.（1753）［秋海棠科 Begoniaceae］●■

45792 Sassia Molina（1782）= Oxalis L.（1753）［酢浆草科 Oxalidaceae］■●

45793 Satakentia H. E. Moore.（1969）【汉】琉球椰属。【隶属】棕榈科 Arecaceae（Palmae）。【包含】世界 1 种。【学名诠释与讨论】〈阴〉（拉）satus，一种植物名称+（属）Kentia = Howea 豪爵棕属。另说纪念 Toshihiko Satake，日本人，棕榈专家。【分布】中国，琉球群岛。【模式】Satakentia liukiuensis（Hatusima）H. E. Moore［Gulubia liukiuensis Hatusima］●

45794 Satania Noronha（1790）= Flacourtia Comm. ex L' Hér.（1786）［刺篱木科（大风子科）Flacourtiaceae］●

45795 Satanocrater Schweinf.（1868）【汉】魔王杯属。【隶属】爵床科 Acanthaceae。【包含】世界 4 种。【学名诠释与讨论】〈阴〉（希）Satan =Satanas，撒旦，魔王+krater，杯。【分布】热带非洲。【模式】Satanocrater fellatensis Schweinfurth。【参考异名】Haemacanthus S. Moore（1899）；Phillipsia Rolfe ex Baker（1895）Nom. illegit. ；Phillipsia Rolfe（1895）Nom. illegit. ■☆

45796 Sataria Raf.（1836）= Oxypolis Raf.（1825）［伞形花科（伞形科）Apiaceae（Umbelliferae）］■☆

45797 Saterna Noronha =Rauvolfia L.（1753）+Urceola Roxb.（1799）（保留属名）［夹竹桃科 Apocynaceae］●☆

45798 Satirium Neck.（1768）= Satyrium Sw.（1800）（保留属名）［兰科 Orchidaceae］●

45799 Satorchis Thouars（1809）= Satorkis Thouars（1809）Nom. illegit. ；~ = Satyrium L.（1753）（废弃属名）；~ = Coeloglossum Hartm.（1820）（废弃属名）；~ = Habenaria Willd.（1805）+Cynorkis Thouars（1809）+Benthamia A. Rich.（1828）［兰科 Orchidaceae］■

45800 Satorkis Thouars（1809）Nom. illegit. ≡Satyrium L.（1753）（废弃属名）；~ = Coeloglossum Hartm.（1820）（废弃属名）；~ = Habenaria Willd.（1805）+Cynorkis Thouars（1809）+Benthamia A. Rich.（1828）［兰科 Orchidaceae］■

45801 Satranala J. Dransf. et Beentje（1995）【汉】翅果棕属。【隶属】棕榈科 Arecaceae（Palmae）。【包含】世界 1 种。【学名诠释与讨论】〈阴〉词源不详。【分布】马达加斯加。【模式】Satranala decussilvae Beentje et J. Dransf. ●☆

45802 Sattadia E. Fourn.（1885）【汉】肖异冠藤属。【隶属】萝藦科 Asclepiadaceae。【包含】世界 2 种。【学名诠释与讨论】〈阴〉词源不详。此属的学名是"Sattadia Fournier in C. F. P. Martius，Fl. Brasil. 6（4）：231. 1885. T. ：S. burchellii Fournier"。亦有文献把其处理为"Metastelma R. Br.（1810）"的异名。【分布】巴西。【模式】Sattadia burchellii Fournier。【参考异名】Metastelma R. Br.（1810）●☆

45803 Saturegia Leers（1775）= Satureja L.（1753）［唇形科 Lamiaceae（Labiatae）］●■

45804 Satureia Epling（1927）Nom. illegit. ≡Satureja L.（1753）［唇形科 Lamiaceae（Labiatae）］●■

45805 Satureia L.（1753）= Satureja L.（1753）［唇形科 Lamiaceae（Labiatae）］●■

45806 Satureja L.（1753）【汉】香草属（冬薄荷属，塔花属，夏薄荷属）。【日】トウバナ属。【俄】Сатурея，Чабер，Чабёр。【英】Savory，Winter Savory，Yerba Buena。【隶属】唇形科 Lamiaceae（Labiatae）。【包含】世界 30-38 种，中国 2 种。【学名诠释与讨论】〈阴〉（拉）satureia，一种叫做香薄荷的植物。此属的学名，ING、TROPICOS、GCI 和 IK 记载是"Satureja L. ，Sp. Pl. 2：567. 1753［1 May 1753］"。"Satureia Epling，Annals of the Missouri Botanical Garden 14：47. 1927.（Ann. Missouri Bot. Gard.）"是其变体。"Satureia L.（1753）= Satureja L.（1753）"也似变体。【分布】巴基斯坦，秘鲁，玻利维亚，哥伦比亚（安蒂奥基亚），马达加斯加，中国，中美洲。【后选模式】Satureja hortensis

Linnaeus。【参考异名】Argantoniella G. López et R. Morales（2004）；Ceratominthe Briq.（1896）；Euhesperida Brullo et Furnari（1979）；Faucibarba Dulac（1867）；Gardoquia Ruiz et Pav.（1794）；Mappia Heist. ex Adans.（1763）Nom. illegit.（废弃属名）；Mastichina Mill.（1754）；Oreospacus Phil.；Oreosphacus Leyb.（1873）；Oreosphacus Phil.（1873）；Piloblephis Raf.（1838）；Pycnothymus Small（1903）Nom. illegit.；Rizoa Cav.（1801）；Saturegia Leers（1775）；Satureia L.（1753）；Saturiastrum Fourr.（1869）；Thymbra Mill.（1754）Nom. illegit.；Tragoriganum Gronov. ●■

45807 Saturejaceae Döll = Labiatae Juss.（保留科名）//Lamiaceae Martinov（保留科名）●■

45808 Saturiastrum Fourr.（1869）= Satureja L.（1753）［唇形科 Lamiaceae（Labiatae）］●■

45809 Saturna B. D. Jacks. = Saterna Noronha；～ = Rauvolfia L.（1753）+ Urceola Roxb.（1799）（保留属名）［夹竹桃科 Apocynaceae］●

45810 Saturna Noronha（1790）Nom. inval. , Nom. nud.［大戟科 Euphorbiaceae］☆

45811 Saturnia Maratt.（1772）= Allium L.（1753）［百合科 Liliaceae//葱科 Alliaceae］■

45812 Satyria Klotzsch（1851）【汉】合丝莓属。【隶属】杜鹃花科（欧石南科）Ericaceae。【包含】世界 23-25 种。【学名诠释与讨论】〈阴〉（人）Satyros，森林之神，形似人猿，有马尾，足如山羊，尖耳朵，有犄角，圆头鼻，经常与酒神巴考斯鬼混，性好欢娱，耽于酒色。拉丁文 satyriasis，好色的、淫荡的、神经错乱的。【分布】巴拿马，秘鲁，玻利维亚，厄瓜多尔，哥伦比亚（安蒂奥基亚），哥斯达黎加，尼加拉瓜，中美洲。【后选模式】Satyria warszewiczii Klotzsch。【参考异名】Riedelia Meisn.（1863）Nom. illegit.（废弃属名）●☆

45813 Satyridium Lindl.（1838）【汉】醉兰属。【隶属】兰科 Orchidaceae。【包含】世界 1 种。【学名诠释与讨论】〈中〉（希）Satyros，指小型 satyridion，森林之神，形似人猿，有马尾，足如山羊，尖耳朵，有犄角，圆头鼻，经常与酒神巴考斯鬼混，性好欢娱，耽于酒色+-idius，-idia，-idium，指示小的词尾。【分布】非洲南部。【模式】Satyridium rostratum Lindley ■☆

45814 Satyrium L.（1753）（废弃属名）= Coeloglossum Hartm.（1820）（废弃属名）；～ =Dactylorhiza Neck. ex Nevski（1935）（保留属名）［兰科 Orchidaceae］■

45815 Satyrium Sw.（1800）（保留属名）【汉】鸟足兰属。【英】Birdfootorchis，Satyrium。【隶属】兰科 Orchidaceae。【包含】世界 90-100 种，中国 2-3 种。【学名诠释与讨论】〈中〉（希）Satyros，森林之神，形似人猿，有马尾，足如山羊，尖耳朵，有犄角，圆头鼻，经常与酒神巴考斯鬼混，性好欢娱，耽于酒色+-ius，-ia，-ium，在拉丁文和希腊文中，这些词尾表示性质或状态。此属的学名“Satyrium Sw. in Kongl. Vetensk. Acad. Nya Handl. 21：214. Jul-Sep 1800”是保留属名。相应的废弃属名是兰科 Orchidaceae 的“Satyrium L. , Sp. Pl. ：944. 1 Mai 1753 ≡ Coeloglossum Hartm.（1820）= Dactylorhiza Neck. ex Nevski（1935）（保留属名）”。“Satorkis Du Petit-Thouars，Nouv. Bull. Sci. Soc. Philom. Paris 1：316. Apr 1809”和“Streptogyne（H. G. L. Reichenbach）H. G. L. Reichenbach，Deutsche Bot. Herbarienbuch（Nom. ）50. Jul 1841”是“Satyrium L.（1753）（废弃属名）”的晚出的同模式异名（Homotypic synonym，Nomenclatural synonym）。“Diplechtrum Persoon，Syn. Pl. 2：508. Sep 1807”和“Hipporkis Du Petit-Thouars，Nouv. Bull. Sci. Soc. Philom. Paris 1：317. Apr 1809”则是“Satyrium Sw.（1800）（保留属名）”的晚出的同模式异名

（Homotypic synonym，Nomenclatural synonym）。【分布】巴基斯坦，巴拿马，玻利维亚，马达加斯加，印度，中国，马斯克林群岛，热带和非洲南部。【模式】Satyrium bicorne（Linnaeus）Thunberg［Orchis bicornis Linnaeus］。【参考异名】Altisatis Thouars；Amenippis Thouars；Aviceps Lindl.（1838）；Coeloglossum Hartm.（1820）；Diplectrum Pers.（1807）Nom. illegit. ；Diplectrum Pers.（1807）；Diplectrum Thouars；Diplorrhiza Ehrh.（1789）；Epipogium Ehrh.（1789）Nom. inval. ；Flexuosatis Thouars；Graminisatis Thouars；Hipporchis Thouars（1809）Nom. illegit. ；Hipporkis Thouars（1809）Nom. illegit. ；Latosatis Thouars；Rossatis Thouars；Satirium Neck.（1768）；Spirosatis Thouars；Triplorhiza Ehrh.（1789）Nom. inval. ■

45816 Saubinetia J. Rémy（1849）= Verbesina L.（1753）（保留属名）［菊科 Asteraceae（Compositae）］●■☆

45817 Saueria Klotzsch（1854）= Begonia L.（1753）［秋海棠科 Begoniaceae］●■

45818 Saugetia Hitchc. et Chase（1917）= Enteropogon Nees（1836）［禾本科 Poaceae（Gramineae）］■

45819 Saul Roxb. ex Wight et Arn.（1834）= Shorea Roxb. ex C. F. Gaertn.（1805）［龙脑香科 Dipterocarpaceae］●

45820 Saulcya Michon（1854）= Odontospermum Neck. ex Sch. Bip.（1844）Nom. illegit. ；～ = Asteriscus Mill.（1754）；～ ≡ Dontospermum Neck. ex Sch. Bip.（1843）［菊科 Asteraceae（Compositae）］■☆

45821 Saundersia Rchb. f.（1866）【汉】桑德斯兰属。【隶属】兰科 Orchidaceae。【包含】世界 2 种。【学名诠释与讨论】〈阴〉（人）William Wilson Saun-ders，1809-1879，英国植物学者，昆虫学者，植物采集家，园艺学者。【分布】巴西。【模式】Saundersia mirabilis H. G. Reichenbach ☆

45822 Saurauia Willd.（1801）（保留属名）【汉】水东哥属（水冬瓜属）。【日】タカサゴシラタマ属。【英】Saurauia。【隶属】猕猴桃科 Actinidiaceae//水东哥科（伞罗夷科，水冬瓜科）Saurauiaceae。【包含】世界 300 种，中国 13-16 种。【学名诠释与讨论】〈阴〉（人）Fr. Jvon Saurau，1760-1832，意大利植物学者。一说葡萄牙植物学者。另说 J. von Saurau 或 Count Friedrich von Saurau，1760-1832/1840，澳大利亚人，Willdenow 的朋友，艺术与科学的一位赞助人。此属的学名“Saurauia Willd. in Ges. Naturf. Freunde Berlin Neue Schriften 3：407. 1801（post 21 Apr）（‘Saurauja’）（orth. cons. ）”是保留属名。法规未列出相应的废弃属名。“Sauravia Spreng. ，Anleit. ii. II. 818. 1818”是其变体。【分布】巴拿马，秘鲁，玻利维亚，厄瓜多尔，哥伦比亚（安蒂奥基亚），尼加拉瓜，中国，热带亚洲，中美洲。【模式】Saurauia excelsa Willdenow。【参考异名】Apatelia DC.（1822）；Blumea G. Don（1831）Nom. illegit.（废弃属名）；Blumia Spreng.（1826）Nom. illegit.（废弃属名）；Davya Moc. et Sessé ex DC.（1828）Nom. illegit. ，Nom. inval. ；Draytonia A. Gray（1854）；Leucothea Moc. et Sessé ex DC.（1821）；Marumia Reinw.（1825）Nom. illegit. ；Marumia Reinw. ex Blume（1823）Nom. inval. ；Obelanthera Turcz.（1847）；Overstratia Deschamps ex R. Br.（1840）Nom. illegit. ；Palaua Ruiz et Pav.（1794）Nom. illegit. ；Palava Pers.（1806）Nom. illegit. ；Reinwardtia Blume ex Nees（1824）Nom. illegit. ；Sauravia Spreng.（1818）Nom. illegit. ；Scapha Noronha（1790）；Synarrhena F. Muell.（1866）Nom. illegit. ；Tonshia Buch. - Ham. ex D. Don（1825）；Tremanthera Post et Kuntze（1903）；Tremantanthera F. Muell.（1886）；Vanalphimia Lesch. ex DC.（1821）●

45823 Saurauiaceae Griseb.（1854）（保留科名）［亦见 Actinidiaceae

Gilg et Werderm. (保留科名)猕猴桃科]【汉】水东哥科(伞罗夷科,水冬瓜科)。【日】ハンゲシャウ科。【俄】Сауруровые。【英】Saurauia Family。【包含】世界1属300种,中国1属13-16种。【分布】热带亚洲,美洲。【科名模式】Saurauia Willd. ●

45824 Saurauiaceae J. Agardh =Actinidiaceae Gilg et Werderm. (保留科名);~Saurauiaceae Griseb. (保留科名)●

45825 Sauravia Spreng. (1818) Nom. illegit. ≡ Saurauia Willd. (1801)(保留属名)[猕猴桃科 Actinidiaceae//水东哥科(伞罗夷科,水冬瓜科)Saurauiaceae]●

45826 Sauria Bajtenov(1995)【汉】蜥蜴紫草属。【隶属】紫草科 Boraginaceae。【包含】世界1种。【学名诠释与讨论】〈阴〉(希) sauros,蜥蜴。【分布】哈萨克斯坦。【模式】Sauria akkolia Bajtenov☆

45827 Saurobroma Raf. (1838) Nom. illegit. ≡Colletia Scop. (1777)(废弃属名);~ = Celtis L. (1753)[榆科 Ulmaceae//朴树科 Celtidaceae]●

45828 Sauroglossum Lindl. (1833)【汉】蜥蜴兰属。【隶属】兰科 Orchidaceae。【包含】世界9种。【学名诠释与讨论】〈中〉(希) sauros,蜥蜴+glossa,舌。【分布】秘鲁,玻利维亚,厄瓜多尔。【模式】Sauroglossum elatum J. Lindley。【参考异名】Synassa Lindl. (1826)■☆

45829 Saurolluma Plowes(1995)【汉】蜥蜴角属。【隶属】萝藦科 Asclepiadaceae。【包含】世界1种。【学名诠释与讨论】〈阴〉(希) sauros,蜥蜴+lluma,水牛角属 Caralluma 的后半部分。此属的学名是“Saurolluma Plowes, Haseltonia 3: 52-53. 1995”。亦有文献把其处理为“Caralluma R. Br. (1810)”的异名。【分布】索马里。【模式】Saurolluma furta (P. R. O. Bally) Plowes。【参考异名】Caralluma R. Br. (1810)■☆

45830 Saurolophorkis Marg. et Szlach. (2001) = Crepidium Blume (1825)[兰科 Orchidaceae]■

45831 Sauromatum Schott(1832)【汉】斑龙芋属。【日】サウロマーツム属。【俄】Сауроматум。【英】Lizard Arum, Lizardtaro, Sauromatum。【隶属】天南星科 Araceae。【包含】世界2-6种,中国2种。【学名诠释与讨论】〈中〉(希) sauros,蜥蜴+matos 寻求者。指佛焰苞的内面或叶柄具斑点。【分布】巴基斯坦,中国,热带非洲至马来西亚(西部)。【后选模式】Sauromatum guttatum H. W. Schott。【参考异名】Jaimenostia Guinea et Gomez Mor. (1946); Stauromatum Endl. (1841)■

45832 Sauropus Blume(1826)【汉】守宫木属(梭罗巴属,越南菜属)。【英】Geckowood, Sauropus。【隶属】大戟科 Euphorbiaceae。【包含】世界25-53种,中国15种。【学名诠释与讨论】〈阳〉(希) sauros,蜥蜴+pous,所有格 podos,指小式 podion,脚,足,柄,梗。podotes,有脚的。此属的学名,ING、APNI 和 IK 记载是“Sauropus Blume, Bijdr. Fl. Ned. Ind. 12: 595. 1826[24 Jan 1826]”。“Aalius Rumphius ex Kuntze, Rev. Gen. 1: 590. 5 Nov 1891”是“Sauropus Blume (1826)”的晚出的同模式异名(Homotypic synonym, Nomenclatural synonym)。【分布】印度至马来西亚,中国,东南亚,中美洲。【后选模式】Sauropus albicans Blume。【参考异名】Aalium Lam. ex Kuntze (1891) Nom. illegit.; Aalius Kuntze(1891) Nom. illegit.; Aalius Lam. (1783) Nom. inval., Nom. nud.; Aalius Lam. ex Kuntze (1891) Nom. illegit.; Aalius Rumph. (1743) Nom. inval.; Aalius Rumph. ex Kuntze (1891) Nom. illegit.; Aalius Rumph. ex Lam. (1783) Nom. inval., Nom. nud.; Agyneja Vent., Nom. illegit.; Breyniopsis Beille (1925); Ceratogynum Wight (1852); Diplomorpha Griff. (1854) Nom. illegit.; Heterocalymnantha Domin (1927); Ibina Noronha (1790); Synostemon F. Muell. (1858)●■

45833 Saururaceae A. Rich. =Saururaceae Rich. ex T. Lestib. (保留科名)■

45834 Saururaceae E. Mey. =Saururaceae Rich. ex T. Lestib. (保留科名)■

45835 Saururaceae F. Voigt =Saururaceae Rich. ex T. Lestib. (保留科名)■

45836 Saururaceae Rich. ex E. Mey. = Saururaceae Rich. ex T. Lestib. (保留科名)■

45837 Saururaceae Rich. ex T. Lestib. (1826)(保留科名)【汉】三白草科。【日】ドクダミ科,ハンゲシャウ科。【俄】Сауруровые。【英】Lizard's-tail Family, Lizardtail Family。【包含】世界4-5属6-7种,中国3属4种。【分布】亚洲南部、东部和东南,北美洲。【科名模式】Saururus L. (1753)■

45838 Saururopsis Turcz. (1848) = Saururus L. (1753)[三白草科 Saururaceae]■

45839 Saururus L. (1753)【汉】三白草属。【日】ハンゲシャウ属,ハンゲショウ属。【俄】Caypypyc。【英】Lizard's Tail, Lizard's-tail, Lizards Tail, Lizardtail。【隶属】三白草科 Saururaceae。【包含】世界2-3种,中国1种。【学名诠释与讨论】〈阳〉(希) sauros,蜥蜴+-urus,-ura,-uro,用于希腊文组合词,含义为“尾巴”。指花序的外观似蜥蜴尾巴。此属的学名,ING、TROPICOS 和 GCI 记载是“Saururus Linnaeus, Sp. Pl. 341. 1 May 1753”。“Saururus Mill., Gard. Dict. Abr., ed. 4. [unpaged]. 1754[28 Jan 1754]=Piper L. (1753)[胡椒科 Piperaceae]”是晚出的非法名称。【分布】菲律宾(菲律宾群岛),美国(东部),中国,东亚。【模式】Saururus cernuus Linnaeus。【参考异名】Mattuschkia J. F. Gmel. (1791); Neobiondia Pamp. (1910); Saururopsis Turcz. (1848); Spathium Lour. (1790)■

45840 Saururus Mill. (1754) Nom. illegit. = Piper L. (1753)[胡椒科 Piperaceae]●■

45841 Saussurea DC. (1810)(保留属名)【汉】风毛菊属(青木香属,雪莲属)。【日】キツネアザミ属,タウヒレン属,トウヒレン属。【俄】Горькуша, Соссюрея, Сосюрея。【英】Alpine Saw-wort, Saussurea, Saw-wort, Snowlotus, Snowrabbiten, Windhairdaisy。【隶属】菊科 Asteraceae(Compositae)。【包含】世界300-400种,中国264-320种。【学名诠释与讨论】〈阴〉(人) Horace Benedict de Saussue,1740-1799,瑞士植物学者,博物学者。此属的学名“Saussurea DC. in Ann. Mus. Natl. Hist. Nat. 16:156,198. Jul-Dec 1810”是保留属名。相应的废弃属名是唇形科 Lamiaceae (Labiatae)的“Saussuria Moench, Methodus: 388. 4 Mai 1794 = Nepeta L. (1753)=Schizonepeta (Benth.) Briq. (1896)”。百合科 Liliaceae 的“Saussurea Salisb., Trans. Linn. Soc. London 8: 11. 1807 = Hosta Tratt. (1812)(保留属名)”和菊科 Asteraceae 的“Saussuria St. -Lag., Ann. Soc. Bot. Lyon viii. (1881)175 = Saussurea DC. (1810)(保留属名)”亦应废弃。“Bennettia S. F. Gray, Nat. Arr. Brit. Pl. 2:440. 1 Nov 1821”和“Poecilotriche J. Dulac, Fl. Hautes-Pyrénées 528. Jul-Dec 1867”是“Saussurea DC. (1810)(保留属名)”的晚出的同模式异名(Homotypic synonym, Nomenclatural synonym)。“Saussuria St. -Lag., Ann. Soc. Bot. Lyon viii. (1881)175”似为变体。【分布】澳大利亚,中国,欧洲,温带亚洲,北美洲西部,中美洲。【模式】Saussurea alpina (Linnaeus) A. P. de Candolle[Serratula alpina Linnaeus]。【参考异名】Aplotaxis DC. (1833); Aucklandia Falc. (1841); Bennettia DC. (1838) Nom. illegit.; Bennettia Gray (1821) Nom. illegit.; Cyathidium Lindl., Nom. illegit.; Cyathidium Lindl. ex Royle (1835); Eriocoryne Wall. (1831) Nom. inval.; Eriocoryne Wall. ex DC. (1838); Eriostemon Less. (1832) Nom. illegit.; Eristomen

Less.；Frolovia（DC.）Lipsch.（1954）；Frolovia（Ledeb. ex DC.）Lipsch.（1954）Nom. illegit.；Frolovia Ledeb. ex DC.（1838）Nom. illegit.；Frolovia Lipsch.（1954）Nom. illegit.；Haplatalix Lindl.；Haplotaxis Endl.（1838）；Hemistephia Steud.（1840）；Hemistepta Bunge ex Fisch. et C. A. Mey.（1836）；Hemistepta Bunge（1833）Nom. inval. , Nom. nud.；Heterotrichum M. Bieb.（1819）；Lagurostemon Cass.（1828）；Poecilotriche Dulac（1867）Nom. illegit.；Saussuria Moench（1794）（废弃属名）；Saussuria St. -Lag.（1881）Nom. illegit.（废弃属名）；Theodorea（Cass.）Cass.（1827）；Theodorea Cass.（1827）Nom. illegit.●■

45842 Saussurea Salisb.（1807）（废弃属名）= Hosta Tratt.（1812）（保留属名）［百合科 Liliaceae//玉簪科 Hostaceae］■

45843 Saussuria Moench（1794）（废弃属名）= Nepeta L.（1753）；~ = Schizonepeta（Benth.）Briq.（1896）［唇形科 Lamiaceae（Labiatae）//荆芥科 Nepetaceae］■

45844 Saussuria St. -Lag.（1881）Nom. illegit.（废弃属名）= Saussurea DC.（1810）（保留属名）［菊科 Asteraceae（Compositae）］●■

45845 Sautiera Decne.（1834）【汉】帝汶爵床属。【隶属】爵床科 Acanthaceae。【包含】世界1种。【学名诠释与讨论】〈阴〉（人）Sautier。【分布】帝汶岛。【模式】Sautiera tinctorum Decaisne。【参考异名】Santiera Span.（1841）☆

45846 Sauvagea Adans.（1763）Nom. illegit. = Sauvagesia L.（1753）［金莲木科 Ochnaceae//旱金莲木科（辛木科）Sauvagesiaceae］●

45847 Sauvagea L.（1758）= Sauvagesia L.（1753）［金莲木科 Ochnaceae//旱金莲木科（辛木科）Sauvagesiaceae］●

45848 Sauvagesia L.（1753）【汉】旱金莲木属（合柱金莲木属）。【隶属】金莲木科 Ochnaceae//旱金莲木科（辛木科）Sauvagesiaceae。【包含】世界35-39种,中国1种。【学名诠释与讨论】〈阴〉（人）François Boissier de la Croix de Sauvages（Franciscus Sauvagesius, Boissier de Sauvages de la Croix）,1706-1767,法国植物学者。【分布】巴拿马,秘鲁,玻利维亚,厄瓜多尔,哥伦比亚（安蒂奥基亚）,哥斯达黎加,马达加斯加,尼加拉瓜,中国,中美洲。【模式】Sauvagesia erecta Linnaeus。【参考异名】Indovethia Boerl.（1894）；Iron P. Browne（1756）；Lauradia Vand.（1788）；Lavradia Roem.（1796）Nom. illegit.；Lavradia Vell. ex Vand.（1788）；Leitgebia Eichler（1871）；Neckia Korth.（1848）；Pentaspatella Gleason（1931）；Roraimanthus Gleason（1933）；Sauvagea Adans.（1763）Nom. illegit；Sauvagea L.（1758）；Sauvagia St. -Lag.（1881）；Sinia Diels（1930）；Vausagesia Baill.（1890）●

45849 Sauvagesiaceae（DC）Dumort. = Ochnaceae DC.（保留科名）●■

45850 Sauvagesiaceae Dumort.（1829）［亦见 Ochnaceae DC.（保留科名）金莲木科］【汉】旱金莲木科（辛木科）。【包含】世界19-25属120-128种,中国1属1种。【分布】马来西亚,南美洲,热带非洲和热带亚洲。【科名模式】Sauvagesia L.（1753）●■

45851 Sauvagia St. -Lag.（1881）= Sauvagesia L.（1753）［金莲木科 Ochnaceae//旱金莲木科（辛木科）Sauvagesiaceae］●

45852 Sauvallea C. Wright（1871）【汉】独焰草属。【隶属】鸭趾草科 Commelinaceae。【包含】世界1种。【学名诠释与讨论】〈阴〉（人）Francisco（Franciscus）Adolfo Sauvalle,1807-1879,美国植物学者。【分布】古巴。【模式】Sauvallea blainii C. Wright ■☆

45853 Sauvallella Rydb.（1924）【汉】独焰豆属。【隶属】豆科 Fabaceae（Leguminosae）//蝶形花科 Papilionaceae。【包含】世界1种。【学名诠释与讨论】〈阴〉（人）Francisco（Franciscus）Adolfo Sauvalle,1807-1879,美国植物学者+-ellus, -ella, -ellum,加在名词词干后面形成指小式的词尾。或加在人名、属名等后面以组成新属的名称。此属的学名,ING 和 GCI 记载是 "Sauvallella

Rydberg, Amer. J. Bot. 11：480. Jul 1924"。"Cajalbania Urban, Symb. Antill. 9：449. 15 Mar 1928" 是 "Sauvallella Rydb.（1924）" 的晚出的同模式异名（Homotypic synonym, Nomenclatural synonym）。亦有文献把 "Sauvallella Rydb.（1924）" 处理为 "Poitea Vent.（1800）" 的异名。【分布】古巴。【模式】Sauvallella immarginata（Wright et Sauvalle）Rydberg［Corynella immarginata Wright et Sauvalle］。【参考异名】Cajalbania Urb.（1928）Nom. illegit.；Poitea Vent.（1800）；Sauvallella Willis, Nom. inval. ●☆

45854 Sauvallella Willis, Nom. inval. = Sauvallella Rydb.（1924）［豆科 Fabaceae（Leguminosae）//蝶形花科 Papilionaceae］●☆

45855 Sauvallia C. Wright ex Hassk.（1870）【汉】古巴鸭趾草属。【隶属】鸭趾草科 Commelinaceae。【包含】世界1种。【学名诠释与讨论】〈阴〉（人）Francisco（Franciscus）Adolfo Sauvalle, 1807-1879,美国植物学者。【分布】古巴。【模式】Sauvallia blainii C. Wright ex Hassk. ☆

45856 Sauvetrea Szlach.（2006）【汉】美洲鳃兰属。【隶属】兰科 Orchidaceae。【包含】世界17种。【学名诠释与讨论】〈阴〉（人）Sauvetre。此属的学名是 "Sauvetrea Szlach. , Richardiana 7（1）：28-29. 2007［2006］.（28 Dec 2006）"。亦有文献把其处理为 "Maxillaria Ruiz et Pav.（1794）" 的异名。【分布】玻利维亚,美洲。【模式】Sauvetrea alpestris（Lindl.）Szlach.［Maxillaria alpestris Lindl.］。【参考异名】Maxillaria Ruiz et Pav.（1794）■☆

45857 Sava Adans.（1763）Nom. illegit. ≡ Onosma L.（1762）［紫草科 Boraginaceae］■

45858 Savannosiphon Goldblatt et W. Marais（1980）【汉】草原鸢尾属。【隶属】鸢尾科 Iridaceae。【包含】世界1种。【学名诠释与讨论】〈中〉（希）savanna,草地,稀树干草原+siphon,所有格 siphonos,管子。【分布】热带非洲南部。【模式】Savannosiphon euryphyllus（Harms）P. Goldblatt et W. Marais［Lapeirousia euryphylla Harms］■☆

45859 Savastana Raf.（1838）Nom. illegit.（废弃属名）= Savastania Scop.（1777）Nom. illegit.；~ = Tibouchina Aubl.（1775）［野牡丹科 Melastomataceae］●■☆

45860 Savastana Schrank（1789）（废弃属名）= Hierochloe R. Br.（1810）（保留属名）［禾本科 Poaceae（Gramineae）］■

45861 Savastania Scop.（1777）Nom. illegit. ≡ Tibouchina Aubl.（1775）［野牡丹科 Melastomataceae］●■☆

45862 Savastonia Neck. ex Steud.（1841）Nom. illegit. = Savastania Scop.（1777）Nom. illegit.；~ = Tibouchina Aubl.（1775）［兰科 Orchidaceae］●■☆

45863 Savia Raf.（1808）Nom. illegit. = Amphicarpaea Elliott ex Nutt.（1818）［as 'Amphicarpa'］（保留属名）［豆科 Fabaceae（Leguminosae）//蝶形花科 Papilionaceae］■

45864 Savia Willd.（1806）【汉】萨维大戟属。【隶属】大戟科 Euphorbiaceae。【包含】世界25种。【学名诠释与讨论】〈阴〉（人）Gaetano Savi,1769-1844,意大利植物学者,医生,比萨植物园第三任园长。此属的学名,ING、TROPICOS 和 IK 记载是 "Savia Willd. ,Sp. Pl. ,ed. 4［Willdenow]4（2）：771. 1806［Apr 1806］"。"Savia Raf. ,Med. Repos. 5；352. 1808 = Amphicarpaea Elliott ex Nutt.（1818）［as 'Amphicarpa'］（保留属名）［豆科 Fabaceae（Leguminosae）//蝶形花科 Papilionaceae］" 是晚出的非法名称。【分布】巴西（南部）,玻利维亚,马达加斯加,美国（南部）,西印度群岛,非洲南部。【模式】Savia sessiliflora（O. Swartz）Willdenow［Croton sessiliflora O. Swartz］。【参考异名】Charidia Baill.（1858）；Geminaria Raf.（1824）Nom. illegit.；Gonatogyne Klotzsch ex Müll. Arg.（1873）；Gonatogyne Müll. Arg.（1873）Nom. illegit.；Heterosavia（Urb.）Petra Hoffm.（2008）；

Kleinodendron L. B. Sm. et Downs(1964);Maschalanthus Nutt. (1835)Nom. illegit.;Petalodiscus Baill. (1858)●☆

45865 Savignya DC. (1821)【汉】肉叶长柄芥属。【隶属】十字花科 Brassicaceae(Cruciferae)。【包含】世界 1-2 种。【学名诠释与讨论】〈阴〉(人)Marie Jules Cesar Lelorgne de Savigny,1777-1851,法国植物学者,动物学者,昆虫学者。【分布】巴基斯坦,摩洛哥 至阿富汗。【模式】Savignya aegyptiaca A. P. de Candolle,Nom. illegit.〔Lunaria parviflora Delile;Savignya parviflora(Delile)P. B. Webb〕■☆

45866 Saviniona Webb et Berthel.(1836)= Lavatera L.(1753)〔锦葵 科 Malvaceae〕■●

45867 Saviona Pritz.(1855)= Lavatera L.(1753);~ =Saviniona Webb et Berthel.(1836)〔锦葵科 Malvaceae〕■●

45868 Saxegothaea Lindl.(1851)(保留属名)【汉】智利杉属(艾伯特 王子松属,智利紫杉属)。【英】Prince Albert Yew,Prince Albert's Yew。【隶属】罗汉松科 Podocarpaceae。【包含】世界 1 种。【学 名诠释与讨论】〈阴〉(人)Saxe-Gothaea,指 Albert Prinz v. Suchsen-Coburg-Gotha,英国王子。此属的学名"Saxegothaea Lindl.,J. Hort. Soc. London 6:258. 1 Oct 1751('Saxe-Gothaea')(orth. cons.)"是保留属名。法规未列出相应的废弃 属名。但是其变体"Saxe-Gothaea Lindl.(1851)"应该废弃。"Squamataxus J. Nelson('Senilis'),〔松科 Pinaceae〕168. 1866"是"Saxegothaea Lindl.(1851)(保留属名)"的晚出的同模式异 名(Homotypic synonym,Nomenclatural synonym)。【分布】巴塔哥 尼亚。【模式】Saxegothaea conspicua Lindley。【参考异名】Saxe-Gothaea Lindl.(1851);Saxegothea Benth.(1880)Nom. illegit.;Saxegothea Benth. et Hook. f.(1880)Nom. illegit.;Saxe-Gothea Gay;Saxogothaea Dalla Torre et Harms(1900);Squamataxus J. Nelson(1866)Nom. illegit.●☆

45869 Saxe-Gothaea Lindl.(1851)(废弃属名)= Saxegothaea Lindl. (1851)(保留属名)〔罗汉松科 Podocarpaceae〕●☆

45870 Saxegothaeaceae Doweld et Reveal(1999)= Podocarpaceae Endl. (保留科名)●

45871 Saxegothaeaceae Gaussen ex Doweld et Reveal(1999)= Podocarpaceae Endl.(保留科名)●

45872 Saxegothea Benth.(1880)Nom. illegit. ≡Saxegothea Benth. et Hook. f.(1880)Nom. illegit.;~ =Saxegothaea Lindl.(1851)(保 留属名)〔罗汉松科 Podocarpaceae〕●☆

45873 Saxegothea Benth. et Hook. f.(1880)Nom. illegit. = Saxegothaea Lindl.(1851)(保留属名)〔罗汉松科 Podocarpaceae〕●☆

45874 Saxe-Gothea Gay =Saxegothaea Lindl.(1851)(保留属名)〔罗 汉松科 Podocarpaceae〕●☆

45875 Saxegotheaceae Doweld et Reveal(1999)= Podocarpaceae Endl. (保留科名)●

45876 Saxicolella Engl.(1926)【汉】石苔草属。【隶属】髯管花科 Geniostomaceae。【包含】世界 2-5 种。【学名诠释与讨论】〈阴〉(希)saxum,石头,岩石+cola,居住者+-ellus,-ella,-ellum,加在 名词词干后面形成指小式的词尾。或加在人名、属名等后面以 组成新属的名称。【分布】热带非洲西部。【模式】Saxicolella nana Engler。【参考异名】Butumia G. Taylor(1953)■☆

45877 Saxifraga L.(1753)【汉】虎耳草属(疗肺虎耳草属)。【日】サ キシフラガ属,ユキノシタ属。【俄】Камнеломка,Разумовския,Саксифрага。【英】Breadfruit Tree,Breakstone,Rockfoil,Saxifraga,Saxifrage,Strawberry Begonia。【隶属】虎耳草科 Saxifragaceae。【包含】世界 370-450 种,中国 216-250 种。【学名诠释与讨论】〈阴〉(拉)saxum,石头,岩石+frag,是 frango 打破,fragilis 脆的,

fragmentum 一片的词根。指某些种生于岩石上,且使岩破裂。另 说其可能具有溶解尿结石的作用。此属的学名,ING、APNI、IK 和 GCI 记载是"Saxifraga Linnaeus,Sp. Pl. 398. 1 Mai 1753"。也 有文献用为"Saxifraga Tourn. ex L.(1753)"。"Saxifraga Tourn."是命名起点著作之前的名称,故"Saxifraga L.(1753)"和 "Saxifraga Tourn. ex L.(1753)"都是合法名称,可以通用。也有 学者承认"疗肺虎耳草属 Lobaria A. H. Haworth,Saxifrag. Enum. Revis. Pl. Succ. 18. 1821",但是它是晚出的非法名称,因为此 前已经有了地衣的"Lobaria(J. C. D. Schreber)G. F. Hoffmann,Deutschl. Fl. 2:138. Feb-Apr 1796"。【分布】巴基斯 坦,秘鲁,玻利维亚,厄瓜多尔,哥伦比亚(安蒂奥基亚),美国(密 苏里),中国,安第斯山,极地,北温带。【后选模式】Saxifraga granulata Linnaeus。【参考异名】Adenogyna Raf.(1836)Nom. illegit.;Antiphylla Haw.(1821);Aphomonix Raf.(1837);Aulaxis Haw.(1821);Bergenia Moench(1794)(保留属名);Boecherarctica Á. Löve(1984);Cascadia A. M. Johnson(1927);Chondrosea Haw.(1821);Ciliaria Haw.(1821)Nom. illegit.;Cymbalariella Nappi(1903);Dactyloides Nieuwl.(1915)Nom. illegit.;Dermasea Haw.(1821);Diptera Borkh.(1794)Nom. illegit.;Ditriclita Raf.(1836);Evaiezoa Raf.(1837);Geryonia Schrank ex Hoppe(1818);Geum Hill(1756)Nom. illegit.;Geum Mill.(1754)Nom. illegit.;Heterisia Raf.(1837)Nom. inval.;Heterisia Raf. ex Small(1905)Nom. illegit.;Hexaphoma Raf. (1837);Hirculus Haw.(1821);Hydatica Neck.(1790)Nom. inval.;Hydatica Neck. ex Gray(1821);Kingstonia Gray(1821);Leptanthis Haw.;Leptasea Haw.(1821);Ligularia Duval(1809) (废弃属名);Lobaria Haw.(1821)Nom. illegit.;Micranthes Haw. (1812);Mischopetalum Post et Kuntze(1903);Miscopetalum Haw. (1812);Muscaria Haw.(1821);Ocrearia Small(1905);Ponista Raf.(1837);Robertsonia Haw.(1812);Rupifraga(Stemb.)Raf. (1837)Nom. illegit.;Rupifraga L. ex Raf.(1837);Rupifraga Raf. (1837)Nom. illegit.;Saxifraga Tourn. ex L.(1753);Saxifragella Engl.(1891);Sekika Medik.(1791);Spathularia DC.(1830) Nom. illegit.;Spatularia Haw.(1821);Steiranisia Raf.(1837);Stiranisia Post et Kuntze(1903);Tridactylites Haw.(1821);Tristylea Jord. et Fourr.(1869);Tulorima Raf.(1837);Tylorima Post et Kuntze(1903);Zahlbrucknera Rchb.(1832)■

45878 Saxifraga Tourn. ex L.(1753)≡Saxifraga L.(1753)〔虎耳草 科 Saxifragaceae〕■

45879 Saxifragaceae Juss.(1789)〔as 'Saxifragae'〕(保留科名)【汉】 虎耳草科。【日】ユキノシタ科。【俄】Камнеломковые。【英】 Saxifrage Family。【包含】世界 30-80 属 660-1200 种,中国 19-29 属 535-545 种。【分布】主要北温带,少数南温带和热带山区。【科名模式】Saxifraga L.(1753)■●

45880 Saxifragella Engl.(1891)【汉】小虎耳草属。【隶属】虎耳草科 Saxifragaceae。【包含】世界 2 种。【学名诠释与讨论】〈阴〉(属) Saxifraga 虎耳草属+-ellus,-ella,-ellum,加在名词词干后面形成 指小式的词尾。或加在人名、属名等后面以组成新属的名称。此属的学名是"Saxifragella Engler in Engler et Prantl,Nat. Pflanzenfam. 3(2a):61. Jan 1891"。亦有文献把其处理为 "Saxifraga L.(1753)"的异名。【分布】南美洲。【模式】Saxifragella bicuspidata(J. D. Hooker)Engler〔Saxifraga bicuspidata J. D. Hooker〕。【参考异名】Saxifraga L.(1753)■☆

45881 Saxifragites Gagnep.(1950)= Distylium Siebold et Zucc. (1841)〔金缕梅科 Hamamelidaceae〕●

45882 Saxifragodes D. M. Moore(1969)【汉】类虎耳草属。【隶属】 虎耳草科 Saxifragaceae。【包含】世界 1 种。【学名诠释与讨论】

〈阴〉(属)Saxifraga 虎耳草属+希腊文 oides,相像。【分布】火地岛。【模式】Saxifragodes albowiana(F. Kurtz ex Alboff)D. M. Moore［Saxifraga albowiana F. Kurtz ex Alboff］■☆

45883　Saxifragopsis Small(1896)【汉】拟虎耳草属。【隶属】虎耳草科 Saxifragaceae。【包含】世界 1 种。【学名诠释与讨论】〈阴〉(属)Saxifraga 虎耳草属+希腊文 opsis,外观,模样,相似。【分布】美国,太平洋地区。【模式】Saxifragopsis fragarioides(E. L. Greene)Small［Saxifraga fragarioides E. L. Greene］■☆

45884　Saxipoa Soreng,L. J. Gillespie et S. W. L. Jacobs(2009)【汉】岩禾属。【隶属】禾本科 Poaceae(Gramineae)。【包含】世界 1 种。【学名诠释与讨论】〈阴〉(拉)saxum,岩石,石头+poa,禾草。此属的学名是"Saxipoa R. J. Soreng,L. J. Gillespie et S. W. L. Jacobs,Aust. Syst. Bot. 22:406. 21 Dec 2009"。亦有文献把其处理为"Poa L.(1753)"的异名。【分布】澳大利亚(塔斯马尼亚岛)。【模式】Saxipoa saxicola(R. Brown)R. J. Soreng,L. J. Gillespie et S. W. L. Jacobs［Poa saxicola R. Brown］。【参考异名】Poa L.(1753)■☆

45885　Saxofridericia R. H. Schomb.(1845)【汉】弗里石草属。【隶属】偏穗草科(雷巴第科,瑞碑题雅科)Rapateaceae。【包含】世界 9 种。【学名诠释与讨论】〈阴〉(希)saxum+(人)Fridericy。【分布】热带南美洲。【模式】Saxofridericia regalis R. H. Schomburgk。【参考异名】Saxo-fridericia R. H. Schomb.(1845)■☆

45886　Saxo-fridericia R. H. Schomb.(1845)= Saxofridericia R. H. Schomb.(1845)［偏穗草科(雷巴第科,瑞碑题雅科)Rapateaceae］■☆

45887　Saxogothaea Dalla Torre et Harms(1900)= Saxegothaea Lindl.(1851)(保留属名)［罗汉松科 Podocarpaceae］●☆

45888　Sayera Post et Kuntze(1903)= Dendrobium Sw.(1799)(保留属名);~= Sayeria Kraenzl.(1894)［兰科 Orchidaceae］■

45889　Sayeria Kraenzl.(1894)= Dendrobium Sw.(1799)(保留属名)［兰科 Orchidaceae］■

45890　Scabiosa L.(1753)【汉】蓝盆花属(山萝卜属,松虫草属)。【日】マツムシサウ属,マツムシソウ属。【俄】Вдовушка,Вдовушки,Скабиоза,Скабиоса。【英】Bluebasin,Cmpet Pink Pincushion,Mourning Bride,Pincushion,Pincushion Flower,Piscushion-flower,Scabious,Sweet Scabious。【隶属】川续断科(刺参科,蓟叶参科,山萝卜科,续断科)Dipsacaceae//蓝盆花科 Scabiosaceae。【包含】世界 80-100 种,中国 6-10 种。【学名诠释与讨论】〈阴〉(拉)scaber,粗糙的。scabies,癣疥,皮屑,疮痂。scabiosus,粗糙的,多皮屑的。指植物可以治疗皮肤病。此属的学名,ING、APNI 和 IK 记载是"Scabiosa L. ,Sp. Pl. 1:98. 1753[1 May 1753]"。"Asterocephalus Zinn,Cat. Pl. Gott. 381. 20 Apr-21 Mai 1757"是"Scabiosa L.(1753)"的晚出的同模式异名(Homotypic synonym,Nomenclatural synonym)。【分布】巴基斯坦,玻利维亚,厄瓜多尔,中国,地中海山区,非洲东部,非洲南部,温带欧亚大陆。【后选模式】Scabiosa columbaria Linnaeus。【参考异名】Acura Hill(1769);Anisodens Dulac(1867);Asterocephalus Adans.(1763)Nom. illegit.;Asterocephalus Vaill. ex Zinn(1757)Nom. illegit.;Asterocephalus Zinn(1757)Nom. illegit.;Astrocephalus Raf.(1838);Callistemma(Mert. et W. D. J. Koch)Boiss.(1875)Nom. illegit.(废弃属名);Callistemma Boiss.(1875)Nom. illegit.(废弃属名)Chetaria Steud.(1841);Chetastrum Neck.(1790)Nom. inval.;Columbaria J. Presl et C. Presl(1819);Cyrtostemma(Mert. et Koch)Spach(1841);Cyrtostemma Spach(1841)Nom. illegit.;Lomelosia Raf.(1838);Pentena Raf.(1838);Plesiopsora Raf.;Pseudoscabiosa Devesa

(1984);Pteropogon Neck.(1790)Nom. inval.;Pycnocomon Hoffmanns. et Link(1820);Scabiosella Tiegh.(1909);Scabiosiopsis Rech. f.(1989);Sclerostemma Schott ex Roem. et Schult.(1818);Sixalix Raf.(1838);Spongostemma(Rchb.)Rchb.(1826);Spongostemma Rchb.(1826)Nom. illegit.;Spongostemma Tiegh.(1909)Nom. illegit.;Tereiphas Raf.(1838);Thlasidia Raf.(1838);Tremastelma Raf.(1838);Trichopteris Neck.(1790)Nom. inval.;Trochocephalus(Mert. et W. D. J. Koch)Opiz(1893);Trochocephalus Opiz ex Bercht.(1838)Nom. illegit.;Zygostemma Tiegh.(1909)●■

45891　Scabiosaceae Adans. ex Post et Kuntze［亦见 Dipsacaceae Juss.(保留科名)川续断科(刺参科,蓟叶参科,山萝卜科,续断科)］【汉】蓝盆花科。【包含】世界 1 属 80-100 种,中国 1 属 6-10 种。【分布】温带欧亚大陆,地中海山区,非洲东部,非洲南部。【科名模式】Scabiosa L.(1753)■

45892　Scabiosaceae Martinov(1820)= Scabiosaceae Adans. ex Post et Kuntze■

45893　Scabiosella Tiegh.(1909)= Scabiosa L.(1753)［川续断科(刺参科,蓟叶参科,山萝卜科,续断科)Dipsacaceae//蓝盆花科 Scabiosaceae］●■

45894　Scabiosiopsis Rech. f.(1989)【汉】类蓝盆花属。【隶属】川续断科(刺参科,蓟叶参科,山萝卜科,续断科)Dipsacaceae。【包含】世界 1 种。【学名诠释与讨论】〈阴〉(属)Scabiosa 蓝盆花属+希腊文 opsis,外观,模样,相似。此属的学名是"Scabiosiopsis Rech. f. ,Willdenowia 19(1):153. 1989"。亦有文献把其处理为"Scabiosa L.(1753)"的异名。【分布】伊朗(西南部)。【模式】Scabiosiopsis enigmatica Rech. f. 。【参考异名】Scabiosa L.(1753)■☆

45895　Scabrethia W. A. Weber(1999)【汉】糙韦斯菊属。【隶属】菊科 Asteraceae(Compositae)。【包含】世界 1 种。【学名诠释与讨论】〈阴〉(拉)scabra,粗糙的+(属)Wyethia 韦斯菊属。此属的学名是"Scabrethia W. A. Weber,Phytologia 85(1):20-21. 1998[1999]"。亦有文献把其处理为"Wyethia Nutt.(1834)"的异名。【分布】美洲。【模式】Scabrethia multiflorus(T. Martyn)Rafinesque［Haemanthus multiflorus T. Martyn］。【参考异名】Wyethia Nutt.(1834)■☆

45896　Scabrita L.(1767)= Nyctanthes L.(1753)［木犀榄科(木犀科)Oleaceae//夜花科(腋花科)Nyctanthaceae］●

45897　Scadianus Raf.(1833)= Crinum L.(1753)［石蒜科 Amaryllidaceae］■

45898　Scadiasis Raf. = Angelica L.(1753)［伞形花科(伞形科)Apiaceae(Umbelliferae)］■

45899　Scadoxus Raf.(1838)【汉】虎耳兰属(血百合属)。【隶属】石蒜科 Amaryllidaceae//百合科 Liliaceae。【包含】世界 9 种。【学名诠释与讨论】〈阴〉(希)skiadion,伞,伞状花序+doxa,美丽,光荣,荣誉。此属的学名是"Scadoxus Rafinesque,Fl. Tell. 4:19. 1838(med.)('1836')"。亦有文献把其处理为"Haemanthus L.(1753)"的异名。"Nerissa R. A. Salisbury,Gen. Pl. Fragm. 131. Apr-Mai 1866(non Rafinesque 1837)"是"Scadoxus Raf.(1838)"的晚出的同模式异名。【分布】中国,阿拉伯半岛,热带,非洲西南和南部。【模式】Scadoxus multiflorus(T. Martyn)Rafinesque［Haemanthus multiflorus T. Martyn］。【参考异名】Choananthus Rendle(1908);Haemanthus L.(1753);Nerissa Salisb.(1866)Nom. illegit.;Scatoxis Post et Kuntze(1903)■

45900　Scaduakintos Raf.(1838)= Brodiaea Sm.(1810)(保留属名)［百合科 Liliaceae//葱科 Alliaceae］■☆

45901　Scaevola L.(1771)(保留属名)【汉】草海桐属。【日】クサト

ベラ属。【英】Fan Flower, Fanflower, Herb seatung, Scaevola, White Fan Flower。【隶属】草海桐科 Goodeniaceae。【包含】世界 80-140 种,中国 2 种。【学名诠释与讨论】〈阴〉(拉)scaevus,左撇子,左的+-olus,-ola,-olum,拉丁文指示小的词尾。指花冠偏斜,一侧深裂达基部。另说纪念罗马英雄 C. Mucius Scaevola,姓的含义是左撇子,右的。此属的学名"Scaevola L. ,Mant. Pl. ;145. Oct 1771"是保留属名。法规未列出相应的废弃属名。"Lobelia P. Miller, Gard. Dict. Abr. ed. 4. 28 Jan 1754(non Linnaeus 1753)"是"Scaevola L. (1771)(保留属名)"的晚出的同模式异名(Homotypic synonym, Nomenclatural synonym)。【分布】澳大利亚,巴基斯坦,厄瓜多尔,马达加斯加,中国,波利尼西亚群岛,热带和亚热带,中美洲。【模式】Scaevola lobelia Linnaeus, Nom. illegit. [Lobelia plumierii Linnaeus;Scaevola plumierii (Linnaeus) Vahl]。【参考异名】Baudinia Lesch. ex DC. (1839);Camphusia de Vriese(1850);Cerbera Lour. (1790)Nom. illegit.;Crossostoma Spach(1840);Glypha Lour. ex Endl. (1838);Hemicharis Salisb. ex DC. (1839);Lobelia Adans. (1763)Nom. illegit.;Lobelia Mill. (1754)Nom. illegit.;Merkusia de Vriese (1851);Molkenboeria de Vriese (1854);Nigromnia Carolin (1974);Pogonanthera (G. Don)Spach (1838)Nom. illegit.;Pogonanthera Spach(1840)Nom. illegit.;Pogonetes Lindl. (1836);Roemeria Dennst. (1818)Nom. illegit.;Scevola Raf. (1771)Nom. illegit.;Temminckia de Vriese (1850);Xerocarpa Spach (1840)Nom. illegit. (废弃属名)●■

45902　Scaevolaceae Lindl. (1830)= Goodeniaceae R. Br. (保留科名)●■

45903　Scagea McPherson(1986)【汉】卡莱大戟属。【隶属】大戟科 Euphorbiaceae。【包含】世界 2 种。【学名诠释与讨论】〈阴〉词源不详。【分布】法属新喀里多尼亚。【模式】Scagea depauperata (Baillon)G. McPherson [Longetia depauperata Baillon]●☆

45904　Scalesia Arn. (1836)【汉】木雏菊属(歧伞葵属)。【隶属】菊科 Asteraceae(Compositae)。【包含】世界 11-20 种。【学名诠释与讨论】〈阴〉(人)Scales。【分布】厄瓜多尔(科隆群岛)。【模式】Scalesia atractyloides Arnott。【参考异名】Zemisne O. Deg. et Sherff(1935)●☆

45905　Scalia Sieber ex Sims(1806)Nom. illegit. ≡ Scalia Sims(1806)= Podolepis Labill. (1806)(保留属名)[菊科 Asteraceae (Compositae)]■☆

45906　Scalia Sims(1806)= Podolepis Labill. (1806)(保留属名)[菊科 Asteraceae(Compositae)]■☆

45907　Scaligera Adans. (1763)(废弃属名)≡ Aspalathus L. (1753)[豆科 Fabaceae(Leguminosae)//芳香木科 Aspalathaceae]●☆

45908　Scaligeria DC. (1829)(保留属名)【汉】丝叶芹属。【俄】Скалигерия。【英】Scaligeria。【隶属】伞形花科(伞形科)Apiaceae(Umbelliferae)。【包含】世界 3-22 种,中国 1 种。【学名诠释与讨论】〈阴〉(拉)scala,楼梯间+gera,生有。指胚乳腹面具凹陷。此属的学名"Scaligeria DC. ,Coll. Mém. 5;70. 12 Sep 1829"是保留属名。相应的废弃属名是豆科 Fabaceae (Leguminosae)的"Scaligera Adans. ,Fam. Pl. 2;323,601. Jul-Aug 1763 ≡ Aspalathus L. (1753)"。"Scaligeria Adans. (1763)(废弃属名)[伞形科(伞形科)Apiaceae(Umbelliferae)]"似为变体,亦应废弃。【分布】巴基斯坦,中国,地中海东部至亚洲中部。【模式】Scaligeria microcarpa A. P. de Candolle。【参考异名】Aspalathus L. (1753);Gongylotaxis Pimenov et Kljuykov (1996)■

45909　Scaliopsis Walp. (1840)= Podolepis Labill. (1806)(保留属名)[菊科 Asteraceae(Compositae)]■☆

45910　Scambopus O. E. Schulz(1924)【汉】澳大利亚曲足芥属。【隶属】十字花科 Brassicaceae(Cruciferae)。【包含】世界 1 种。【学名诠释与讨论】〈阳〉(希)skambos,弯曲的,弧形的+pous,所有格 podos,指小式 podion,脚,足,柄,梗。podotes,有脚的。【分布】澳大利亚。【后选模式】Scambopus curvipes (F. von Mueller)O. E. Schulz [Erysimum curvipes F. von Mueller]■☆

45911　Scammonea Raf. (1821)= Convolvulus L. (1753)[旋花科 Convolvulaceae]■●

45912　Scandalida Adans. (1763)(废弃属名)≡ Tetragonolobus Scop. (1772)(保留属名)[豆科 Fabaceae(Leguminosae)]■☆

45913　Scandederis Thouars(1822)= Bulbophyllum Thouars(1822)(保留属名);~ = Neottia Guett. (1754)(保留属名)[兰科 Orchidaceae//鸟巢兰科 Neottiaceae]■

45914　Scandentia E. L. Cabral et Bacigalupo(2001)Nom. inval. [茜草科 Rubiaceae]☆

45915　Scandia J. W. Dawson(1967)【汉】攀缘草属。【隶属】伞形花科(伞形科)Apiaceae(Umbelliferae)。【包含】世界 2 种。【学名诠释与讨论】〈阴〉(拉)scando,往上爬,上升,攀缘。【分布】新西兰。【模式】Scandia geniculata (J. G. Forster)J. W. Dawson [Peucedanum geniculatum J. G. Forster]■☆

45916　Scandicaceae Bercht. et J. Presl=Labiatae Juss. (保留科名)// Lamiaceae Martinov(保留科名)●■

45917　Scandicium(K. Koch)Thell. (1919)Nom. illegit. ≡ Birostula Raf. (1840);~ = Scandix L. (1753)[伞形花科(伞形科)Apiaceae(Umbelliferae)]■

45918　Scandicium Thell. (1919)Nom. illegit. ≡ Scandicium (K. Koch)Thell. (1919)Nom. illegit. ;~ ≡ Birostula Raf. (1840);~ = Scandix L. (1753)[伞形花科(伞形科)Apiaceae(Umbelliferae)]■

45919　Scandivepres Loes. (1910)【汉】攀缘卫矛属。【隶属】卫矛科 Celastraceae。【包含】世界 1 种。【学名诠释与讨论】〈阳〉(拉)scando+ vepres,指小式 veprecula,带刺灌木。【分布】墨西哥。【模式】Scandivepres mexicanus Loesener ●☆

45920　Scandix L. (1753)【汉】针果芹属(鸡冠芹属)。【俄】Скандикс。【英】Shepherd's Needle, Shepherd's-needle。【隶属】伞形花科(伞形科)Apiaceae(Umbelliferae)。【包含】世界 15-20 种,中国 1 种。【学名诠释与讨论】〈中〉(希)scaber,粗糙的。scabies,癣疥,皮屑,疮痂。scabiosus,粗糙的,多皮屑的。指植物可以治疗皮肤病。此属的学名,ING 和 IK 记载是"Scandix L. ,Sp. Pl. 1;256. 1753 [1 May 1753]"。"Pectinaria Bernhardi, Syst. Verzeichniss Pflanzen. 1;113,221. 1800(废弃属名)"是"Scandix L. (1753)"的晚出的同模式异名(Homotypic synonym, Nomenclatural synonym)。【分布】巴基斯坦,中国,地中海地区,欧洲。【后选模式】Scandix pecten - veneris Linnaeus。【参考异名】Acularia Raf. (1840)Nom. illegit. ;Birostula Raf. (1840);Cyclotaxis Boiss. (1849);Pecten Lam. (1779);Pectinaria Bernh. (1800)Nom. illegit. (废弃属名);Scandicium (K. Koch)Thell. (1919)Nom. illegit. ;Scandicium Thell. (1919)Nom. illegit. ;Wylia Hoffm. (1814)■

45921　Scandix Molina, Nom. illegit. = Erodium L'Hér. ex Aiton (1789)[牻牛儿苗科 Geraniaceae]■●

45922　Scapha Noronha(1790)= Saurauia Willd. (1801)(保留属名)[猕猴桃科 Actinidiaceae//水东哥科(伞罗夷科,水冬瓜科)Saurauiaceae]●

45923　Scaphespermum Edgew. (1846)= Eriocycla Lindl. (1835);~ = Seseli L. (1753)[伞形花科(伞形科)Apiaceae(Umbelliferae)]■

45924　Scaphiophora Schltr. (1921)【汉】舟梗玉簪属。【隶属】水玉簪

科 Burmanniaceae//水玉杯科（腐杯草科，肉质腐生草科）Thismiaceae。【包含】世界1种。【学名诠释与讨论】〈阴〉（希）skaphe，小船，碗+phoros，具有，梗，负载，发现者。此属的学名是"Scaphiophora Schlechter, Notizbl. Bot. Gart. Berlin-Dahlem 8：39. 1 Sep 1921"。亦有文献把其处理为"Thismia Griff.（1845）"的异名。【分布】菲律宾（菲律宾群岛），新几内亚岛。【模式】Scaphiophora appendiculata（Schlechter）Schlechter［Thismia appendiculata Schlechter］。【参考异名】Thismia Griff.（1845）■☆

45925　Scaphispatha Brongn. ex Schott（1860）〔汉〕舟苞南星属。【隶属】天南星科 Araceae。【包含】世界1种。【学名诠释与讨论】〈阴〉（希）skaphe，小船，碗+spathe＝拉丁文 spatha，佛焰苞，鞘，叶片，匙状苞，窄而平之薄片，竿杖。【分布】玻利维亚。【模式】Scaphispatha gracilis Brongniart ex H. W. Schott。【参考异名】Scaphospatha Post et Kuntze（1903）■☆

45926　Scaphium Endl.（1832）Nom. illegit. ≡ Scaphium Schott et Endl.（1832）［梧桐科 Sterculiaceae//锦葵科 Malvaceae］●☆

45927　Scaphium Post et Kuntze（1903）Nom. illegit. ＝Skaphium Miq.（1861）；～＝Xanthophyllum Roxb.（1820）（保留属名）［远志科 Polygalaceae//黄叶树科 Xanthophyllaceae］●

45928　Scaphium Schott et Endl.（1832）〔汉〕舟梧桐属（胖大海属）。【隶属】梧桐科 Sterculiaceae//锦葵科 Malvaceae。【包含】世界6-10种。【学名诠释与讨论】〈中〉（希）skaphe，小船，碗+-ius，-ia，-ium，在拉丁文和希腊文中，这些词尾表示性质或状态。此属的学名，ING 和 IK 记载是"Scaphium H. W. Schott et Endlicher, Melet. Bot. 33. 1832"。"Scaphium Endl.（1832）"的命名人引证有误。【分布】马来西亚（西部）。【模式】Scaphium wallichii H. W. Schott et Endlicher。【参考异名】Scaphium Endl.（1832）Nom. illegit. ●☆

45929　Scaphocalyx Ridl.（1920）〔汉〕舟萼木属。【隶属】刺篱木科（大风子科）Flacourtiaceae。【包含】世界1种。【学名诠释与讨论】〈阳〉（希）skaphe+kalyx，所有格 kalykos＝拉丁文 calyx，花萼，杯子。【分布】马来半岛。【模式】未指定●☆

45930　Scaphochlamys Baker（1892）〔汉〕舟被姜属。【隶属】姜科（蘘荷科）Zingiberaceae。【包含】世界30种。【学名诠释与讨论】〈阴〉（希）skaphe，小船，碗+chlamys，所有格 chlamydos，斗篷，外衣。【分布】印度至马来西亚。【模式】Scaphochlamys malaceana J. G. Baker。【参考异名】Hitcheniopsis（Baker）Ridl.（1924）Nom. illegit.；Hitcheniopsis Ridl. ex Valeton（1918）■☆

45931　Scaphoglottis T. Durand and Jacks. ＝ Scaphyglottis Poepp. et Endl.（1836）（保留属名）［兰科 Orchidaceae］■☆

45932　Scaphopetalum Mast.（1867）〔汉〕舟瓣梧桐属。【隶属】梧桐科 Sterculiaceae//锦葵科 Malvaceae。【包含】世界15-20种。【学名诠释与讨论】〈中〉（希）skaphe，小船，碗+希腊文 petalos，扁平的，铺开的；petalon，花瓣，叶，花叶，金属叶子；拉丁文的花瓣为 petalum。【分布】热带非洲。【模式】未指定●☆

45933　Scaphosepalum Pfitzer（1888）〔汉〕舟萼兰属（碗萼兰属）。【日】スカフォセパラム属。【隶属】兰科 Orchidaceae。【包含】世界30种。【学名诠释与讨论】〈中〉（希）skaphe，小船，碗+sepalum，花萼。【分布】巴拿马，秘鲁，玻利维亚，厄瓜多尔，哥伦比亚（安蒂奥基亚），哥斯达黎加，尼加拉瓜，中美洲。【后选模式】Scaphosepalum ochthodes（H. G. Reichenbach）Pfitzer［Masdevallia ochthodes H. G. Reichenbach］■☆

45934　Scaphospatha Post et Kuntze（1903）＝ Scaphispatha Brongn. ex Schott（1860）［天南星科 Araceae］■☆

45935　Scaphospermum Korovin ex Schischk.（1951）〔汉〕舟籽芹属。【俄】Скафоспермум。【隶属】伞形花科（伞形科）Apiaceae（Umbelliferae）。【包含】世界1种。【学名诠释与讨论】〈中〉

（希）skaphe，小船，碗+sperma，所有格 spermatos，种子，孢子。此属的学名，ING 记载是"Scaphospermum Korovin ex B. K. Schischkin, Fl. URSS 17：358. 1951（post 2 Jul）"。IK 则记载为"Scaphospermum Korovin, Fl. URSS xvii. 292,358（1951）"。二者引用的文献相同。亦有文献把"Scaphospermum Korovin ex Schischk.（1951）"处理为"Parasilaus Leute（1972）"的异名。【分布】亚洲中部。【模式】Scaphospermum asiaticum Korovin ex B. K. Schischkin。【参考异名】Parasilaus Leute（1972）■☆

45936　Scaphospermum Korovin（1951）Nom. illegit. ≡ Scaphospermum Korovin ex Schischk.（1951）［伞形花科（伞形科）Apiaceae（Umbelliferae）］■

45937　Scaphospermum Post et Kuntze（1903）Nom. illegit. ＝ Eriocycla Lindl.（1835）；～＝Scaphespermum Edgew.（1846）［伞形花科（伞形科）Apiaceae（Umbelliferae）］■

45938　Scaphula R. Parker（1932）〔汉〕缅甸龙脑香属。【隶属】龙脑香科 Dipterocarpaceae。【包含】世界1种。【学名诠释与讨论】〈阴〉（希）skaphe+-ulus，-ula，-ulum，指示小的词尾。此属的学名是"Scaphula Parker, Repert. Spec. Nov. Regni Veg. 30：326. 15 Jul 1932"。亦有文献把其处理为"Anisoptera Korth.（1841）"的异名。【分布】缅甸。【模式】Scaphula glabra（Kurz）Parker［Anisoptera glabra Kurz］。【参考异名】Anisoptera Korth.（1841）；Hopeoides Cretz.（1941）●☆

45939　Scaphyglottis Poepp. et Endl.（1836）（保留属名）〔汉〕碗唇兰属。【日】スカフィグロティス属，ヘクシセア属。【隶属】兰科 Orchidaceae。【包含】世界85种。【学名诠释与讨论】〈阴〉（希）skaphe，小船，碗+glottis，所有格 glottidos，气管口，来自 glotta＝glossa，舌。指花瓣。此属的学名"Scaphyglottis Poepp. et Endl., Nov. Gen. Sp. Pl. 1：58. 22-28 Mai 1836"是保留属名。相应的废弃属名是兰科 Orchidaceae 的"Hexisea Lindl. in J. Bot.（Hooker）1：7. Mar 1834 ＝ Scaphyglottis Poepp. et Endl.（1836）（保留属名）"。【分布】巴拿马，秘鲁，玻利维亚，厄瓜多尔，哥伦比亚（安蒂奥基亚），哥斯达黎加，墨西哥，尼加拉瓜，西印度群岛，中美洲。【模式】Scaphyglottis graminifolia（Ruiz et Pavon）Poeppig et Endlicher［Fernandezia graminifolia Ruiz et Pavon］。【参考异名】Cladobium Lindl.（1836）；Costaricaea Schltr.（1923）；Hexadesmia Brongn.（1842）；Hexisea Lindl.（1834）（废弃属名）；Hexopia Bateman ex Lindl.（1840）；Leaoa Schltr. et Porto（1922）；Pachystele Schltr.（1923）Nom. illegit.；Pachystelis Rauschert（1983）；Pseudohexadesmia Brieger（1976）Nom. inval.；Ramonia Schltr.（1923）；Scaphoglottis T. Durand et Jacks.；Scyphoglottis Pritz.（1855）；Sessilibulbum Brieger（1976）；Tetragamestus Rchb. f.（1854）■☆

45940　Scapiarabis M. Koch, R. Karl, D. A. German et Al-Shehbaz（2012）〔汉〕中亚筷子芥属。【隶属】十字花科 Brassicaceae（Cruciferae）。【包含】世界4种。【学名诠释与讨论】〈阴〉（拉）scapus，茎，箭杆，矛柄，来自希腊文 skapos 竿+（属）Arabis 南芥属（筷子芥）。【分布】阿富汗，天山地区，喜马拉雅地区，中亚地区。【模式】Scapiarabis saxicola（Edgew.）M. Koch, R. Karl, D. A. German et Al-Shehbaz［Arabis saxicola Edgew.］☆

45941　Scapicephalus Ovcz. et Czukav.（1974）〔汉〕箭头草属。【隶属】紫草科 Boraginaceae。【包含】世界1种。【学名诠释与讨论】〈阳〉（拉）scapus，茎，箭杆，矛柄，来自希腊文 skapos 竿+kephale，头。此属的学名是"Scapicephalus P. N. Ovchinnikov et A. P. Chukavina, Dokl. Akad. Nauk Tadzzisk. SSR 17（9）：64. 1974（post 27 Nov）"。亦有文献把其处理为"Pseudomertensia Riedl（1967）"的异名。【分布】亚洲中部。【模式】Scapicephalus rosulatus P. N. Ovchinnikov et A. P. Chukavina。【参考异名】

Pseudomertensia Riedl(1967)■☆

45942　Scaraboides Magee et B. －E. van Wyk(2009)【汉】南非草属。【隶属】伞形花科(伞形科)Apiaceae(Umbelliferae)。【包含】世界1种。【学名诠释与讨论】〈阴〉(希)scarabaeus,甲虫,蜣螂。【分布】南非。【模式】Scaraboides manningii Magee et B. －E. van Wyk☆

45943　Scaredederis Thouars(1822)Nom. illegit. ≡Hederorkis Thouars(1809);~＝Dendrobium Sw. (1799)(保留属名);~＝Scandederis Thouars(1822)[兰科 Orchidaceae]■

45944　Scariola F. W. Schmidt(1795)【汉】雀莴属。【俄】Скариола。【英】Scariola。【隶属】菊科 Asteraceae(Compositae)//莴苣科 Lactucaceae。【包含】世界10种,中国1种。【学名诠释与讨论】〈阴〉(法)scariole,菊苣。此属的学名,ING 和 IK 记载是"Scariola F. W. Schmidt, Samml. Phys. Ökon. Aufsätze 1:270. 1795"。"Phaenixopus Cassini in F. Cuvier, Dict. Sci. Nat. 39:391. Apr 1826"是"Scariola F. W. Schmidt(1795)"的晚出的同模式异名(Homotypic synonym, Nomenclatural synonym)。亦有文献把"Scariola F. W. Schmidt(1795)"处理为"Lactuca L. (1753)"的异名。【分布】中国,地中海地区,亚洲西部和中部,中美洲。【模式】Scariola viminea(Linnaeus)F. W. Schmidt[Prenanthes viminea Linnaeus]。【参考异名】Lactuca L. (1753);Phaeniopsis Cass.;Phaenixopus Cass. (1826)Nom. illegit.;Phaenopus DC. (1838);Phoenixopus Rchb. (1828)Nom. illegit. ■●

45945　Scassellatia Chiov. (1932)＝Lannea A. Rich. (1831)(保留属名)[漆树科 Anacardiaceae]●

45946　Scatohyacinthus Post et Kuntze(1903)＝Brodiaea Sm. (1810)(保留属名);~＝Scaduakintos Raf. (1838)[百合科 Liliaceae//葱科 Alliaceae]■☆

45947　Scatoxis Post et Kuntze(1903)＝Haemanthus L. (1753);~＝Scadoxus Raf. (1838)[石蒜科 Amaryllidaceae//百合科 Liliaceae//网球花科 Haemanthaceae]■

45948　Sceletium N. E. Br. (1925)【汉】肖凤卵草属。【隶属】番杏科 Aizoaceae。【包含】世界24种。【学名诠释与讨论】〈中〉(希)sceletos,干的,干得像木乃伊的+-ius,-ia,-ium,在拉丁文和希腊文中,这些词尾表示性质或状态。拉丁文 sceletus,骷髅。指其叶子有毒。此属的学名是"Sceletium N. E. Brown, Gard. Chron. ser. 3. 78:412. 21 Nov 1925"。亦有文献把其处理为"Phyllobolus N. E. Br. (1925)"的异名。【分布】非洲南部。【模式】Sceletium tortuosum(Linnaeus)N. E. Brown[Mesembryanthemum tortuosum Linnaeus]。【参考异名】Phyllobolus N. E. Br. (1925)●☆

45949　Scelochiloides Dodson et M. W. Chase(1989)【汉】拟肋唇兰属。【隶属】兰科 Orchidaceae。【包含】世界3种。【学名诠释与讨论】〈阴〉(属)Scelochilus 肋唇兰属+oides,来自 o+eides,像,似;或 o+eidos 形,含义为相像。【分布】玻利维亚。【模式】Scelochiloides vasquezii Dodson et M. W. Chase ■☆

45950　Scelochilus Klotzsch(1841)【汉】肋唇兰属。【隶属】兰科 Orchidaceae。【包含】世界35种。【学名诠释与讨论】〈阳〉(希)skelos 腿,skelis,所有格 skelidos 腿,肋骨+cheilos,唇。指唇瓣。【分布】巴拿马,秘鲁,玻利维亚,厄瓜多尔,哥伦比亚(安蒂奥基亚),哥斯达黎加,尼加拉瓜,中美洲。【模式】Scelochilus ottonis Klotzsch ■☆

45951　Scepa Lindl. (1836)＝Aporusa Blume(1828)[大戟科 Euphorbiaceae]●

45952　Scepaceae Lindl. (1836)＝Euphorbiaceae Juss. (保留科名);~＝Phyllanthaceae J. Agardh ●■

45953　Scepanium Ehrh. (1789)＝Pedicularis L. (1753)[玄参科 Scrophulariaceae//马先蒿科 Pedicellariaceae]■

45954　Scepasma Blume(1826)＝Phyllanthus L. (1753)[大戟科 Euphorbiaceae//叶下珠科(叶萝藦科)Phyllanthaceae]●■

45955　Scepinia Neck. (1790)Nom. inval. ≡Scepinia Neck. ex Cass. (1825);~＝Pteronia L. (1763)(保留属名)[菊科 Asteraceae(Compositae)]●☆

45956　Scepinia Neck. ex Cass. (1825)＝Pteronia L. (1763)(保留属名)[菊科 Asteraceae(Compositae)]●☆

45957　Scepocarpus Wedd. (1869)＝Urera Gaudich. (1830)[荨麻科 Urticaceae]●☆

45958　Scepseothamnus Cham. (1834)＝Alibertia A. Rich. ex DC. (1830)[茜草科 Rubiaceae]●☆

45959　Scepsothamnus Steud. (1841)Nom. illegit. ＝Scepseothamnus Cham. (1834)[茜草科 Rubiaceae]●☆

45960　Sceptranthes R. Graham(1836)＝Cooperia Herb. (1836);~＝Zephyranthes Herb. (1821)(保留属名)[石蒜科 Amaryllidaceae//葱莲科 Zephyranthaceae]■

45961　Sceptranthus Benth. et Hook. f. (1883)＝Sceptranthes R. Graham(1836);~＝Cooperia Herb. (1836);~＝Zephyranthes Herb. (1821)(保留属名)[石蒜科 Amaryllidaceae//葱莲科 Zephyranthaceae]■☆

45962　Sceptrocnide Maxim. (1877)【汉】杖麻属。【隶属】荨麻科 Urticaceae。【包含】世界1种。【学名诠释与讨论】〈阴〉(希)skaptron,杖,王节+knide,荨麻。此属的学名是"Sceptrocnide Maximowicz,Bull. Acad. Imp. Sci. Saint-Pétersbourg ser. 3. 22:238. 22 Jan 1877"。亦有文献把其处理为"Laportea Gaudich. (1830)(保留属名)"的异名。【分布】日本,中国。【模式】Sceptrocnide macrostachys Maximowicz。【参考异名】Laportea Gaudich. (1830)(保留属名)●■

45963　Sceura Forssk. (1775)＝Avicennia L. (1753)[马鞭草科 Verbenaceae//海榄雌科 Avicenniaceae]●

45964　Scevola Raf. (1771)Nom. illegit. ＝Scaevola L. (1771)(保留属名)[草海桐科 Goodeniaceae]●■

45965　Schachtia H. Karst. (1859)＝Duroia L. f. (1782)(保留属名)[茜草科 Rubiaceae]●☆

45966　Schaeffera Cothen. (1790)Nom. illegit. ≡Schaefferia Jacq. (1760)[卫矛科 Celastraceae]●☆

45967　Schaeffera Schreb. (1791)Nom. illegit. ≡Schaefferia Jacq. (1760)[卫矛科 Celastraceae]●☆

45968　Schaefferia Jacq. (1760)【汉】沙氏木属。【隶属】卫矛科 Celastraceae。【包含】世界16-23种。【学名诠释与讨论】〈阴〉(人)Jacob Christian (H. von)Schaeffer,1718-1790,德国植物学者。此属的学名,ING、TROPICOS、GCI 和 IK 记载是"Schaefferia Jacq. , Enum. Syst. Pl. 10, 33. 1760[Aug－Sep 1760]"。"Schaeffera Cothen. ,Dispositio Vegetabilium Methodica a Staminum Numero Desunta 8. 1790. (Disp. Veg. Meth.)"和"Schaeffera Schreb. , Gen. Pl. , ed. 8[a]. 2:681, sphalm. 1791[May 1791]"是其变体。【分布】巴拉圭,秘鲁,玻利维亚,美国(南部),西印度群岛,中美洲。【模式】Schaefferia frutescens N. J. Jacquin。【参考异名】Schaeffera Cothen. (1790)Nom. illegit. ;Schaeffera Schreb. (1791)Nom. illegit. ●☆

45969　Schaeffnera Benth. et Hook. f. (1873)＝Dicoma Cass. (1817);~＝Schaffnera Sch. Bip. (1841)[菊科 Asteraceae(Compositae)]●☆

45970　Schaenolaena Lindl. (1847)＝Schoenolaena Bunge(1845);~＝Xanthosia Rudge(1811)[伞形花科(伞形科)Apiaceae

（Umbelliferae）］■☆

45971 Schaenomorphus Thorei ex Gagnep.（1933）= Tropidia Lindl.（1833）［兰科 Orchidaceae］■

45972 Schaenoprasum Franch. et Sav.（1879）= Allium L.（1753）；~ = Schoenoprasum Kunth（1816）［百合科 Liliaceae//葱科 Alliaceae］■

45973 Schaenus Gouan（1765）= Schoenus L.（1753）［莎草科 Cyperaceae］■

45974 Schaetzelia Sch. Bip.（1852）= Schaetzellia Sch. Bip.（1850）Nom. illegit.；~［Macvaughiella R. M. King et H. Rob.（1968）；~ = Hinterhubera Sch. Bip. ex Wedd.（1857）［菊科 Asteraceae（Compositae）］■●☆

45975 Schaetzellia Klotzsch（1849）= Onoseris Willd.（1803）［菊科 Asteraceae（Compositae）］●■☆

45976 Schaetzellia Sch. Bip.（1850）Nom. illegit. ≡ Macvaughiella R. M. King et H. Rob.（1968）；~ = Hinterhubera Sch. Bip. ex Wedd.（1857）［菊科 Asteraceae（Compositae）］●☆

45977 Schaffnera Benth.（1881）Nom. illegit. = Schaffnerella Nash（1912）［禾本科 Poaceae（Gramineae）］■☆

45978 Schaffnera Sch. Bip.（1841）= Dicoma Cass.（1817）［菊科 Asteraceae（Compositae）］●☆

45979 Schaffnerella Nash（1912）【汉】沙夫草属。【隶属】禾本科 Poaceae（Gramineae）。【包含】世界 1 种。【学名诠释与讨论】〈阴〉（人）Johannes Conrad Schaffner,1813-1848,德国植物学者,药剂师+-ellus,-ella,-ellum,加在名词词干后面形成指小式的词尾。或加在人名、属名等后面以组成新属的名称。此属的学名"Schaffnerella Nash, N. Amer. Fl. 17:141. 18 Sep 1912"是一个替代名称。"Schaffnera Bentham, Hooker's Icon. Pl. 14:59. Jun 1882"是一个非法名称（Nom. illegit.），因为此前已经有了"Schaffneria Fée ex T. Moore, Index Filicum LIII. 1857（蕨类）"。故用"Schaffnerella Nash（1912）"替代之。【分布】墨西哥。【模式】Schaffnerella gracilis（Bentham）Nash［Schaffnera gracilis Bentham］。【参考异名】Schaffnera Benth.（1882）Nom. illegit. ■☆

45980 Schanginia C. A. Mey.（1829）= Suaeda Forssk. ex J. F. Gmel.（1776）（保留属名）［藜科 Chenopodiaceae］●■

45981 Schanginia Sievers ex Pall. = Hololachna Ehrenb.（1827）［柽柳科 Tamaricaceae］●

45982 Schaphespermum Edgew.（1845）Nom. illegit. = Eriocycla Lindl.（1835）；~ = Scaphespermum Edgew.（1846）；~ = Seseli L.（1753）［伞形花科（伞形科）Apiaceae（Umbelliferae）］■

45983 Schauera Nees（1836）Nom. illegit.（废弃属名）≡ Endlicheria Nees（1833）（保留属名）［樟科 Lauraceae］●☆

45984 Schaueria Hassk.（1842）Nom. illegit.（废弃属名）= Hyptis Jacq.（1787）（保留属名）［唇形科 Lamiaceae（Labiatae）］●■

45985 Schaueria Meisn.（废弃属名）= Endlicheria Nees（1833）（保留属名）［樟科 Lauraceae］●☆

45986 Schaueria Nees（1838）（保留属名）【汉】绍尔爵床属。【隶属】爵床科 Acanthaceae。【包含】世界 8 种。【学名诠释与讨论】〈阴〉（人）Schauer,植物学者。此属的学名"Schaueria Nees, Del. Sem. Hort. Vratisl. 1838：［3］. 1838"是保留属名。相应的废弃属名是樟科 Lauraceae 的"Schauera Nees in Lindley, Intr. Nat. Syst. Bot. ,ed. 2；202. Jul 1836 ≡ Endlicheria Nees（1833）（保留属名）"。唇形科 Lamiaceae（Labiatae）的"Schaueria Hasskarl, Flora 25（2,Beibl.）：25. 21-28 Jul 1842 = Hyptis Jacq.（1787）（保留属名）"和樟科 Lauraceae 的"Schaueria Meisn. = Endlicheria Nees（1833）（保留属名）"亦应废弃。【分布】玻利维亚,热带美洲,中美洲。【模式】Schaueria calycotricha（Link et Otto）C. G.

D. Nees ［Justicia calycotricha Link et Otto］。【参考异名】Flavicoma Raf.（1838）■☆

45987 Schaueriopsis Champl. et I. Darbysh.（2012）【汉】扎伊尔爵床属。【隶属】爵床科 Acanthaceae。【包含】世界 1 种。【学名诠释与讨论】〈阴〉（属）Schaueria 绍尔爵床属+希腊文 opsis,外观,模样,相似。【分布】刚果（金）。【模式】Schaueriopsis variabilis Champl. et I. Darbysh. ☆

45988 Scheadendron G. Bertol（1850）= Combretum Loefl.（1758）（保留属名）；~ = Sheadendron G. Bertol.（1850）［使君子科 Combretaceae］●

45989 Schedonnardus Steud.（1850）【汉】异留草属。【隶属】禾本科 Poaceae（Gramineae）。【包含】世界 1 种。【学名诠释与讨论】〈阳〉（希）schedon,接近,附近+nardos,甘松。此属的学名,ING、GCI 和 IK 记载是"Schedonnardus Steud. , Syn. Pl. Glumac. 1（2）：146. 1854［1855 publ. 2-3 Mar 1854］"。"Spirochloe Lunell, Amer. Midl. Naturalist 4：220. 20 Sep 1915"是"Schedonnardus Steud.（1850）"的晚出的同模式异名（Homotypic synonym, Nomenclatural synonym）。【分布】美国（南部）。【模式】Schedonnardus texanus Steudel。【参考异名】Schoedonardus Scribn. ; Spirochloe Lunell（1915）Nom. illegit. ; Sporichloe Pilg. , Nom. illegit. ■☆

45990 Schedonorus P. Beauv.（1812）【汉】杂雀麦属。【隶属】禾本科 Poaceae（Gramineae）//羊茅科 Festucaceae。【包含】世界 94 种。【学名诠释与讨论】〈阴〉（希）schedon,接近,附近+oros,所有格 oreos,山。可能指生境。此属的学名,ING、APNI、GCI、TROPICOS 和 IK 记载是"Schedonorus Palisot de Beauvois, Essai Agrost. 99, 162, 177. Dec 1812"。此名称曾先后被处理为"Bromus sect. Schedonorus（P. Beauv.）Fr. ,Summa Vegetabilium Scandinaviae（Fries）1：76. 1945"、"Bromus subgen. Schedonorus（P. Beauv.）Nyman, Sylloge Florae Europaeae 1855"、"Festuca sect. Schedonorus（P. Beauv.）Nees, Florae Africae Australioris Illustrationes Monographicae 1：444. 1841"、"Festuca sect. Schedonorus（P. Beauv.）W. D. J. Koch, Synopsis Florae Germanicae et Helveticae 813. 1837"、"Festuca subgen. Schedonorus（P. Beauv.）Peterm. ,Deutschl. Fl. 643. 1849"和"Lolium subgen. Schedonorus（P. Beauv.）Darbysh. , Novon 3（3）：241. 1993"。亦有文献把"Schedonorus P. Beauv.（1812）"处理为"Bromus L. +Festuca L.（1753）"或"Festuca L.（1753）"的异名。【分布】巴基斯坦。【后选模式】Schedonorus elatior（Linnaeus）Palisot de Beauvois, Nom. rej.［Festuca elatior Linnaeus, Nom. utique rej.］。【参考异名】Bromus sect. Schedonorus（P. Beauv.）Fr.（1945）; Bromus subgen. Schedonorus（P. Beauv.）Nyman（1855）; Festuca L.（1753）; Festuca sect. Schedonorus（P. Beauv.）Nees（1841）Nom. illegit. ; Festuca sect. Schedonorus（P. Beauv.）W. D. J. Koch（1841）Nom. illegit. ; Festuca subgen. Schedonorus（P. Beauv.）Peterm.（1849）; Lolium subgen. Schedonorus（P. Beauv.）Darbysh.（1993）; Schenodorus P. Beauv.（1812）; Schoenodorus Roem. et Schult.（1817）Nom. illegit. ■☆

45991 Scheelea H. Karst.（1857）【汉】希乐棕属（休雷氏椰子属,迤逦椰子属,迤逦棕属）。【日】シェーレア属。【英】Scheelea。【隶属】棕榈科 Arecaceae（Palmae）。【包含】世界 28-40 种。【学名诠释与讨论】〈阴〉（人）George Heinrich Adolf Scheel,1808-1864,德国植物学者。另说纪念 Carl（Karl）Wilhelm Scheele（Carolus Gulielmus Scheelius）,1742-1786,瑞典药剂师。此属的学名是"Scheelea G. K. W. H. Karsten, Linnaea 28：264. Jan 1857（'1856'）"。亦有文献把其处理为"Attalea Kunth（1816）"的异

名。【分布】巴拉圭,巴拿马,秘鲁,玻利维亚,厄瓜多尔,尼加拉瓜,中美洲。【后选模式】Scheelea regia G. K. W. H. Karsten。【参考异名】Attalea Kunth(1816)●☆

45992 Scheeria Seem. (1853) = Achimenes Pers. (1806)(保留属名)[苦苣苔科 Gesneriaceae]■☆

45993 Schefferella Pierre(1890)= Burckella Pierre(1890);~ = Payena A. DC. (1844)[山榄科 Sapotaceae]●☆

45994 Schefferomitra Diels(1912)【汉】赛帽花属。【隶属】番荔枝科 Annonaceae。【包含】世界1种。【学名诠释与讨论】〈阴〉(人)Rudolph Herman Christiaan Carel Scheffer,1844-1880,荷兰植物学者+mitra,指小式 mitrion,僧帽,尖帽,头巾。mitratus,戴头巾或其他帽类之物的。【分布】新几内亚岛。【模式】Schefferomitra subaequalis (Scheffer)Diels [Mitrephora subaequalis Scheffer]●☆

45995 Scheffieldia Scop. (1777) = Samolus L. (1753);~ = Sheffieldia J. R. Forst. et G. Forst. (1776)[报春花科 Primulaceae//水茴草科 Samolaceae]■

45996 Schefflera J. R. Forst. et G. Forst. (1775)(保留属名)【汉】鹅掌柴属(鸭脚木属,鸭母树属)。【日】シェフレーラ属,フカノキ属。【英】Schefflera。【隶属】五加科 Araliaceae。【包含】世界200-1100种,中国35-46种。【学名诠释与讨论】〈阴〉(人)Jakob (Jacob)Christoph Scheffler (Jacobus Christophorus S.),18世纪德国植物学者,医生。此属的学名"Schefflera J. R. Forst. et G. Forst. ,Char. Gen. Pl. ;23. 29 Nov 1775"是保留属名。相应的废弃属名是五加科 Araliaceae 的"Sciodaphyllum P. Browne,Civ. Nat. Hist. Jamaica;190. 10 Mar 1756 = Schefflera J. R. Forst. et G. Forst. (1775)(保留属名)"。【分布】巴基斯坦,巴拉圭,巴拿马,秘鲁,玻利维亚,厄瓜多尔,马达加斯加,尼加拉瓜,中国,中美洲。【模式】Schefflera digitata J. R. Forster et J. G. A. Forster。【参考异名】Actinomorphe (Miq.)Miq. (1856)Nom. illegit. ;Actinomorphe Miq. (1840);Actinophyllum Ruiz et Pav. (1794);Agalma Miq. (1856)Nom. illegit. ;Astropanax Seem. (1865);Bakeria (Gand.)Gand. (1886)Nom. illegit. ;Bakeria André (1889)Nom. illegit. ;Bakeria Seem. (1864);Brassaia Endl. (1839);Cephaloschefflera (Harms) Merr. (1923);Cephaloschefflera Merr. (1923);Crepinella (Marchal)ex Oliver (1887)Nom. illegit. ;Crepinella Marchal(1887);Cussonia Thunb. (1780);Didymopanax Decne. et Planch. (1854);Dizygotheca N. E. Br. (1892);Geopanax Hemsl. (1906);Gopanax Hemsl. ;Gynapteina (Blume)Spach(1839);Gynapteina Spach(1839)Nom. illegit. ;Heptapleurum Gaertn. (1791);Heptoneurum Hassk. (1842)Nom. illegit. ;Mesopanax R. Vig. (1906);Neocussonia (Harms)Hutch. (1967);Neocussonia Hutch. (1967)Nom. illegit. ;Nesopanax Seem. (1864);Octotheca R. Vig. (1906);Parapanax Miq. (1861);Paratropia (Blume)DC. (1830);Paratropia DC. (1830)Nom. illegit. ;Plerandra A. Gray(1854);Scheffleropsis Ridl. (1922);Sciadophyllum Rchb. (1828)Nom. illegit. (废弃属名);Sciodaphyllum P. Browne(1756)(废弃属名);Tupidanthus Hook. f. et Thomson(1856);Unjala Blume(1823)Nom. inval. ;Unjala Reinw. ex Blume(1823)Nom. inval. ●

45997 Schefflerodendron Harms ex Engl. (1901) Nom. illegit. = Schefflerodendron Harms(1901)[豆科 Fabaceae(Leguminosae)//蝶形花科 Papilionaceae]●☆

45998 Schefflerodendron Harms(1901)【汉】舍夫豆属。【隶属】豆科 Fabaceae(Leguminosae)//蝶形花科 Papilionaceae。【包含】世界3-4种。【学名诠释与讨论】〈中〉(人)Jakob (Jacob)Christoph Scheffler (Jacobus Christophorus S.),18世纪德国植物学者,医生+dendron 或 dendros,树木,棍,丛林。此属的学名,ING 和 IK

记载是"Schefflerodendron Harms,Bot. Jahrb. Syst. 30;87. 12 Mar 1901"。IK 还记载了"Schefflerodendron Harms ex Engl. ,Notizbl. Königl. Bot. Gart. Berlin 3;84,nomen. 1900"。【分布】热带非洲。【后选模式】Schefflerodendron usambarense Harms。【参考异名】Schefflerodendron Harms ex Engl. (1901)Nom. illegit. ●☆

45999 Scheffleropsis Ridl. (1922)【汉】类鹅掌柴属。【隶属】五加科 Araliaceae。【包含】世界4种。【学名诠释与讨论】〈阴〉(属)Schefflera 鹅掌柴属(鸭脚木属,鸭母树属)+希腊文 opsis,外观,模样,相似。此属的学名是"Scheffleropsis Ridley, Fl. Malay Penins. 1:888. Jul - Dec 1922"。亦有文献把其处理为"Schefflera J. R. Forst. et G. Forst. (1775)(保留属名)"的异名。【分布】泰国,马来半岛。【模式】Scheffleropsis polyandra (Ridley) Ridley [Schefflera polyandra Ridley]。【参考异名】Schefflera J. R. Forst. et G. Forst. (1775)(保留属名)●☆

46000 Scheidweileria Klotzsch(1854)= Begonia L. (1753)[秋海棠科 Begoniaceae]●■

46001 Schelhameria Fabr. (1759) Nom. illegit. (废弃属名)= Schelhameria Heist. ex Fabr. (1759)Nom. illegit. (废弃属名);~ = Matthiola W. T. Aiton(1812)[as 'Mathiola'](保留属名)[十字花科 Brassicaceae(Cruciferae)]■●

46002 Schelhameria Heisl. (1748) Nom. inval. (废弃属名)= Schelhameria Heist. ex Fabr. (1759)Nom. illegit. (废弃属名);~ = Matthiola W. T. Aiton(1812)[as 'Mathiola'](保留属名)[十字花科 Brassicaceae(Cruciferae)]■●

46003 Schelhameria Heist. ex Fabr. (1759)Nom. illegit. (废弃属名)=Matthiola W. T. Aiton(1812)[as 'Mathiola'](保留属名)[十字花科 Brassicaceae(Cruciferae)]■●

46004 Schelhammera R. Br. (1810)(保留属名)【汉】谢勒水仙属。【隶属】铃兰科 Convallariaceae//秋水仙科 Colchicaceae。【包含】世界2种。【学名诠释与讨论】〈阴〉(人)Günther Christoph Schelhammer (Guntherus Christophorus Schelhamerus or Schelhamerus),1649-1716,德国医生,教授。此属的学名"Schelhammera R. Br. ,Prodr. ;273. 27 Mar 1810"是保留属名。相应的废弃属名是十字花科 Brassicaceae 的"Schelhameria Heist. ex Fabr. ,Enum. : 161. 1759 = Matthiola W. T. Aiton (1812) [as 'Mathiola'](保留属名)"。"Schelhameria Fabr. (1759)≡ Schelhameria Heist. ex Fabr. (1759)Nom. illegit. (废弃属名)"的命名人引证有误,亦应废弃。"Schelhameria Heisl. (1748) Nom. inval. (废弃属名)= Schelhameria Heist. ex Fabr. (1759) Nom. illegit. (废弃属名)"是命名起点著作之前的名称。【分布】澳大利亚(东部)。【模式】Schelhammera undulata R. Brown。【参考异名】Kreysigia Rchb. (1830);Parduyna Salisb. (1866)Nom. illegit. ;Tripladenia D. Don(1839)■☆

46005 Schelhammeria Moench(1802)= Carex L. (1753)[莎草科 Cyperaceae]■

46006 Schellanderia Francisci (1878)= Physoplexis (Endl.) Schur (1853);~ = Synotoma (G. Don)R. Schulz(1904)Nom. illegit. [桔梗科 Campanulaceae]■☆

46007 Schellenbergia C. E. Parkinson (1936)= Vismianthus Mildbr. (1935)[牛栓藤科 Connaraceae]●☆

46008 Schellingia Steud. (1850)= Aegopogon Humb. et Bonpl. ex Willd. (1806);~ =Amphipogon R. Br. (1810)[禾本科 Poaceae (Gramineae)]■☆

46009 Schellolepis J. Sm. (1866)= Goniorrhachis Taub. (1892)[豆科 Fabaceae(Leguminosae)]●☆

46010 Schelveria Nees et Mart. (1821) Nom. illegit. = Angelonia Bonpl. (1812)[玄参科 Scrophulariaceae//婆婆纳科

Veronicaceae] ■●☆

46011 Schelveria Nees（1821）= Angelonia Bonpl.（1812）［玄参科 Scrophulariaceae//婆婆纳科 Veronicaceae］■●☆

46012 Schema Seem. ＝Achimenes Pers.（1806）（保留属名）［苦苣苔科 Gesneriaceae］■☆

46013 Schenckia K. Schum.（1889）= Deppea Cham. et Schltdl.（1830）［茜草科 Rubiaceae］●☆

46014 Schenckochloa J. J. Ortíz（1991）【汉】申克禾属。【隶属】禾本科 Poaceae（Gramineae）。【包含】世界1种。【学名诠释与讨论】〈阴〉（人）Schenck，植物学者＋chloe，草的幼芽，嫩草，禾草。【分布】巴西（东北部）。【模式】Schenckochloa barbata（Hack.）J. J. Ortíz ■☆

46015 Schenkia Griseb.（1853）【汉】申克龙胆属。【隶属】龙胆科 Gentianaceae。【包含】世界5种。【学名诠释与讨论】〈阴〉（人）Schenk，植物学者。此属的学名是"Schenkia Grisebach, Bonplandia 1：226. 1 Nov 1853"。亦有文献把其处理为"Centaurium Hill（1756）"或"Erythraea Borkh.（1796）Nom. illegit."的异名。【分布】澳大利亚，日本。【模式】Schenkia sebaeoides Grisebach。【参考异名】Centaurium Hill（1756）；Erythraea Borkh.（1796）Nom. illegit. ■☆

46016 Schenodorus P. Beauv.（1812）= Festuca L.（1753）；~ = Festuca L.（1753）+ Bromus L.（1753）（保留属名）；~ = Schedonorus P. Beauv.（1812）［禾本科 Poaceae（Gramineae）］■

46017 Scheperia Raf.（1838）= Cadaba Forssk.（1775）；~ = Schepperia Neck.（1793）Nom. inval.；~ = Schepperia Neck. ex DC.（1824）［山柑科（白花菜科，醉蝶花科）Capparaceae//白花菜科（醉蝶花科）Cleomaceae］●☆

46018 Schepperia Neck.（1793）Nom. inval. ≡ Schepperia Neck. ex DC.（1824）；~ = Cadaba Forssk.（1775）［山柑科（白花菜科，醉蝶花科）Capparaceae］●☆

46019 Schepperia Neck. ex DC.（1824）= Cadaba Forssk.（1775）［山柑科（白花菜科，醉蝶花科）Capparaceae//白花菜科（醉蝶花科）Cleomaceae］●☆

46020 Scherardia Neck.（1768）= Sherardia L.（1753）［茜草科 Rubiaceae］■☆

46021 Scherya R. M. King et H. Rob.（1977）【汉】彩片菊属。【隶属】菊科 Asteraceae（Compositae）。【包含】世界1种。【学名诠释与讨论】〈阴〉（人）Robert Walter Schery，1917－1987，美国植物学者。【分布】巴西。【模式】Scherya bahiensis R. M. King et H. Robinson ■☆

46022 Schetti Adans.（1763）Nom. illegit. ≡ Ixora L.（1753）［茜草科 Rubiaceae］●

46023 Scheuchleria Heynh.（1841）Nom. inval.［菊科 Asteraceae（Compositae）］☆

46024 Scheuchzera St. -Lag.（1881）= Scheuchzeria L.（1753）［芝菜科（冰沼草科）Scheuchzeriaceae//水麦冬科 Juncaginaceae］■

46025 Scheuchzeria L.（1753）【汉】芝菜属（冰沼草属）。【日】ホロムイサウ属，ホロムイソウ属。【俄】Шейхцерия。【英】Iceboggrass，Rannoch-rush，Scheuchzeria。【隶属】芝菜科（冰沼草科）Scheuchzeriaceae//水麦冬科 Juncaginaceae。【包含】世界1种，中国1种。【学名诠释与讨论】〈阴〉（人）纪念瑞士植物学教授 Johann Jakob（1672－1733）和 Johann Scheuchzer（1684－1738）兄弟。此属的学名，ING 和 IK 记载是"Scheuchzeria Linnaeus, Sp. Pl. 338. 1 May 1753"。"Scheukzeria Hill, Veg. Syst. xxvi. 13（1774）"是晚出的非法名称。"Papillaria Dulac, Fl. Hautes-Pyrénées 45. 1867［non J. Kickx f. 1835（废弃属名），nec（Müller Hal.）P. G. Lorentz 1864（nom. cons.）］"是"Scheuchzeria L.

（1753）"的晚出的同模式异名（Homotypic synonym，Nomenclatural synonym）。【分布】中国，北温带和极地。【模式】Scheuchzeria palustris Linnaeus。【参考异名】Papillaria Dulac（1867）Nom. illegit.；Scheuchzera St. - Lag.（1881）；Telmatophila Ehrh.（1789）■

46026 Scheuchzeriaceae F. Rudolphi（1830）（保留科名）【汉】芝菜科（冰沼草科）。【日】シバナ科，ホロムイサウ科，ホロムイソウ科。【俄】Шейхцериевые。【英】Iceboggrass Family，Rannoch-rush Family，Scheuchzeria Family。【包含】世界1属1-2种，中国1属1种。【分布】北极和北温带。【科名模式】Scheuchzeria L. ■

46027 Scheuchzeriaceae F. Rudolphi（保留科名）= Juncaginaceae Rich.（保留科名）■

46028 Scheukzeria Hill（1774）Nom. illegit. =? Scheuchzeria L.（1753）［芝菜科 Scheuchzeriaceae］■☆

46029 Scheutzia（Gand.）Gand.（1886）Nom. illegit. = Rosa L.（1753）［蔷薇科 Rosaceae］●

46030 Scheutzia Gand.（1886）Nom. illegit. ≡ Scheutzia（Gand.）Gand.（1886）；~ = Rosa L.（1753）［蔷薇科 Rosaceae］●

46031 Schewykerta S. G. Gmel., Nom. illegit. = Nymphoides Ség.（1754）［龙胆科 Gentianaceae//睡菜科（荇菜科）Menyanthaceae］■

46032 Schickendantzia Pax（1889）【汉】希肯花属。【隶属】六出花科（彩花扭柄科，扭柄叶科）Alstroemeriaceae//百合科 Liliaceae。【包含】世界1种。【学名诠释与讨论】〈阴〉词源不详。此属的学名，ING、GCI 和 IK 记载是"Schickendantzia Pax, Bot. Jahrb. Syst. 11（3）：322，336. 1889［13 Sep 1889］"。"Schickendantzia C. Spegazzini, Revista Fac. Agron. Vet. 2：386. 1896（sero）≡ Schickendantziella Speg.（1903）"是晚出的非法名称。【分布】阿根廷。【模式】Schickendantzia hieronymi Pax ■☆

46033 Schickendantzia Speg.（1897）Nom. illegit. = Schickendantziella Speg.（1903）［百合科 Liliaceae//葱科 Alliaceae］■☆

46034 Schickendantziella（Speg.）Speg.（1903）Nom. illegit. ≡ Schickendantziella Speg.（1903）［百合科 Liliaceae//葱科 Alliaceae］■☆

46035 Schickendantziella Speg.（1903）【汉】希肯葱属。【隶属】百合科 Liliaceae//葱科 Alliaceae。【包含】世界1种。【学名诠释与讨论】〈阴〉（属）Schickendantzia 希肯花属＋-ellus，-ella，-ellum，加在名词词干后面形成指小式的词尾。或加在人名、属名等后面以组成新属的名称。此属的学名"Schickendantziella C. Speggazini, Anales Mus. Nac. Hist. Nat. Buenos Aires ser. 3. 2：8. 3 Mar 1903"是一个替代名称。"Schickendantzia C. Spegazzini, Revista Fac. Agron. Vet. 2：386. 1896"是一个非法名称（Nom. illegit.），因为此前已经有了"Schickendantzia Pax, Bot. Jahrb. Syst. 11：336. 13 Sep 1889（'1890'）［六出花科（彩花扭柄科，扭柄叶科）Alstroemeriaceae//百合科 Liliaceae ］"。故用"Schickendantziella Speg.（1903）"替代之。"Schickendantziella（Speg.）Speg.（1903）≡ Schickendantziella Speg.（1903）"的命名人引证有误。【分布】阿根廷，玻利维亚。【模式】Schickendantziella trichosepala（C. Spegazzini）C. Spegazzini［Schickendantzia tricho-sepala C. Spegazzini］。【参考异名】Schickendantzia Speg.（1897）Nom. illegit.；Schickendantziella（Speg.）Speg.（1903）Nom. illegit. ■☆

46036 Schickia Tischer, Nom. inval. = Mesembryanthemum L.（1753）（保留属名）［番杏科 Aizoaceae//龙须海棠科（日中花科）Mesembryanthemaceae］■●

46037 Schidiomyrtus Schauer（1843）= Baeckea L.（1753）［桃金娘科 Myrtaceae］●

46038 Schidorhynchos Szlach.（1993）【汉】裂喙绶草属。【隶属】兰科

Orchidaceae。【包含】世界 2 种。【学名诠释与讨论】〈中〉（希）schidion，裂下来的东西，破片，木头的裂片+rhynchos，喙，嘴。此属的学名是"Schidorhynchos D. L. Szlachetko, Fragm. Florist. Geobot. 38：469. 21 Dec 1993"。亦有文献把其处理为"Spiranthes Rich.（1817）（保留属名）"的异名。【分布】阿根廷，玻利维亚。【模式】Schidorhynchos andinum（L. L. Hauman）D. L. Szlachetko［Spiranthes nitida var. andina L. L. Hauman]。【参考异名】Spiranthes Rich.（1817）（保留属名）■☆

46039　Schidospermum Griseb.（1857）＝Fosterella L. B. Sm.（1960）［凤梨科 Bromeliaceae]■☆

46040　Schidospermum Griseb. ex Lechl., Nom. illegit. ≡ Schidospermum Griseb.（1857）；~＝Fosterella L. B. Sm.（1960）［凤梨科 Bromeliaceae]■☆

46041　Schieckea H. Karst.（1848）＝Celastrus L.（1753）（保留属名）［卫矛科 Celastraceae]●

46042　Schieckia Benth. et Hook. f.（1883）＝Schiekia Meisn.（1842）［血草科(半授花科,给血草科,血皮草科)Haemodoraceae]■☆

46043　Schieckia H. Karst.（1848）Nom. illegit. ≡ Schieckea H. Karst.（1848）；~＝Celastrus L.（1753）（保留属名）［卫矛科 Celastraceae]●

46044　Schiedea A. Rich.（1830）Nom. illegit. ≡ Tertrea DC.（1830）；~＝Machaonia Bonpl.（1806）［茜草科 Rubiaceae]■☆

46045　Schiedea Bartl.（1830）Nom. illegit. ≡ Richardia L.（1753）；~＝Richardsonia Kunth（1818）Nom. illegit.［茜草科 Rubiaceae]■

46046　Schiedea Cham. et Schltdl.（1826）【汉】合丝繁缕木属。【隶属】石竹科 Caryophyllaceae。【包含】世界 22-23 种。【学名诠释与讨论】〈阴〉（人）Christian Julius Wilhelm Schiede, 1798-1836, 德国植物学者, 医生, 植物采集家。【分布】美国（夏威夷）。【模式】Schiedea ligustrina Chamisso et Schlechtendal。【参考异名】Alsinidendron H. Mann（1866）；Eucladus Nutt. ex Hook.（1844）；Schiedia Willis, Nom. inval.。■●☆

46047　Schiedeella Schltr.（1920）【汉】希德兰属。【隶属】兰科 Orchidaceae。【包含】世界 9-10 种。【学名诠释与讨论】〈阴〉（人）Christian Julius Wilhelm Schiede, 1798-1836, 德国博物学者, 医生。他曾在墨西哥采集标本。【分布】哥斯达黎加, 美国（南部）, 墨西哥, 尼加拉瓜, 中美洲。【后选模式】Schiedeella transversalis（A. Richard et Galeotti）Schlechter［Spiranthes transversalis A. Richard et Galeotti]。【参考异名】Dithyridanthus Garay（1982）；Funkiella Schltr.（1920）；Gularia Garay（1982）；Physogyne Garay（1982）■☆

46048　Schiedeophytum H. Wolff（1911）＝Donnellsmithia J. M. Coult. et Rose（1890）［伞形花科（伞形科）Apiaceae（Umbelliferae）]■☆

46049　Schiedia Bartl.（1830）Nom. illegit.［茜草科 Rubiaceae]●☆

46050　Schiedia Willis, Nom. inval. ＝ Schiedea Cham. et Schltdl.（1826）［石竹科 Caryophyllaceae]■●☆

46051　Schiedrophytum H. Wolff（1911）＝Donnellsmithia J. M. Coult. et Rose（1890）［伞形花科（伞形科）Apiaceae（Umbelliferae）]■☆

46052　Schiekea Walp. ＝ Celastrus L.（1753）（保留属名）；~＝Schieckea H. Karst.（1848）［卫矛科 Celastraceae]●

46053　Schiekia Meisn.（1842）【汉】热美血草属。【隶属】血草科(半授花科,给血草科,血皮草科)Haemodoraceae。【包含】世界 1 种。【学名诠释与讨论】〈阴〉（人）Schiek。此属的学名, ING 和 IK 记载是"Schiekia Meisner, Pl. Vasc. Gen. 1：397；2：300. 17-20 Aug 1842"。【分布】玻利维亚, 热带南美洲。【模式】Schiekia orinocensis（Humboldt, Bonpland et Kunth）Meisner［Wachendorfia orinocensis Humboldt, Bonpland et Kunth]。【参考异名】Schieckia Benth. et Hook. f.（1883）；Troschelia Klotzsch et Schomb.

（1849）■☆

46054　Schievereckia Nyman（1878）＝Schiverekia Andrz. ex DC.（1821）［十字花科 Brassicaceae（Cruciferae）]■☆

46055　Schillera Rchb.（1828）＝Eriolaena DC.（1823）［梧桐科 Sterculiaceae//锦葵科 Malvaceae]●

46056　Schilleria Kunth（1840）Nom. illegit. ≡Oxodium Raf.（1838）；~＝Piper L.（1753）［胡椒科 Piperaceae]●■

46057　Schima Aucl. ex Steud.（1841）Nom. illegit.［禾本科 Poaceae（Gramineae）]☆

46058　Schima Reinw.（1823）Nom. illegit. ≡Schima Reinw. ex Blume（1823）［山茶科(茶科)Theaceae]●

46059　Schima Reinw. ex Blume（1823）【汉】木荷属（桐树属）。【日】ヒマツバキ属,ヒメツバキ属。【俄】Шима。【英】Guger Tree, Gugertree, Guger-tree。【隶属】山茶科(茶科)Theaceae。【包含】世界 1-30 种, 中国 13-21 种。【学名诠释与讨论】〈阴〉（阿拉伯）schima, 一种植物俗名。另说来自希腊文 schizo, 所有格 schizontos, 分开, 裂开。指蒴果成熟时室背开裂。或来自希腊文 skiasma, 阴凉处, 遮蔽。此属的学名, ING 和 IK 记载是"Schima Reinw. ex Blume, Cat. Gew. Buitenzorg (Blume) 80. 1823 [Feb-Sep 1823]"。"Schima Aucl. ex Steud., Nomencl. Bot. [Steudel], ed. 2. ii. 530(1841)［禾本科 Poaceae(Gramineae)]"是晚出的非法名称。"Schima Reinw.（1823）"的命名人引证有误。"Antheeischima P. W. Korthals in Temminck, Verh. Natuurl. Gesch. Ned. Overz. Bezitt., Bot. Kruidk. 137. 17 Feb 1842"是"Schima Reinw. ex Blume（1823）"的晚出的同模式异名（Homotypic synonym, Nomenclatural synonym）。【分布】马来西亚（西部）, 日本（小笠原群岛）, 中国, 东喜马拉雅山, 琉球群岛。【模式】Schima excelsa Blume。【参考异名】Antheeischima Korth.（1840）Nom. illegit. ；Schima Reinw.（1823）Nom. illegit. ●

46060　Schimmelia Holmes（1899）＝Amyris P. Browne（1756）［芸香科 Rutaceae//胶香木科 Amyridaceae]●☆

46061　Schimpera Hochst. et Steud. ex Endl.（1839）Nom. illegit. ≡ Schimpera Steud. et Hochst. ex Endl.（1839）［十字花科 Brassicaceae（Cruciferae）]■☆

46062　Schimpera Hochst. ex Steud.（1839）Nom. illegit. ≡Schimpera Steud. et Hochst. ex Endl.（1839）［十字花科 Brassicaceae（Cruciferae）]■☆

46063　Schimpera Steud. et Hochst. ex Endl.（1839）【汉】厚喙荠属。【隶属】十字花科 Brassicaceae（Cruciferae）。【包含】世界 1 种。【学名诠释与讨论】〈阴〉（人）Georg Heinrich Wilhelm Schimper, 1804-1878, 德国植物学者, 植物采集家。他是植物学者和动物学者 Karl Friedrich Schimper(1803-1867)的兄弟。此属的学名, ING、TROPICOS 和 IK 记载是"Schimpera Steud. et Hochst. ex Endl., Gen. Pl. [Endlicher] 889. 1839 [Nov 1839]"。IK 还记载了"Schimpera Hochst. et Steud., in Endl. Gen. 889(1839)"。四者引用的文献相同。"Schimpera Hochst. et Steud. ex Endl.（1839）"和"Schimpera Hochst. ex Steud.（1839）"的命名人引证有误。【分布】地中海东部至伊朗（南部）。【模式】未指定。【参考异名】Schimpera Hochst. et Steud. ex Endl.（1839）Nom. illegit. ；Schimpera Hochst. ex Steud.（1839）Nom. illegit. ；Traillia Lindl. ex Endl.（1841）■☆

46064　Schimperella H. Wolff（1927）Nom. illegit. ≡Oreoschimperella Rauschert（1982）［伞形花科（伞形科）Apiaceae（Umbelliferae）]■☆

46065　Schimperina Tiegh.（1895）＝Agelanthus Tiegh.（1895）；~＝Tapinanthus（Blume）Rchb.（1841）（保留属名）［桑寄生科 Loranthaceae]●☆

46066　Schinaceae Raf.（1837）＝Anacardiaceae R. Br.（保留科名）●

46067　Schindleria H. Walter（1906）【汉】胞果珊瑚木属（胞果珊瑚属）。【隶属】商陆科 Phytolaccaceae。【包含】世界 2 种。【学名诠释与讨论】〈阴〉（人）Schindler，植物学者。【分布】玻利维亚。【模式】未指定●☆

46068　Schinnongia Schrank（1822）【汉】睫毛鸢尾属。【隶属】鸢尾科 Iridaceae。【包含】世界 1 种。【学名诠释与讨论】〈阴〉词源不详。【分布】南非。【模式】Schinnongia ciliata Schrank ■☆

46069　Schinocarpus K. Schum. ＝Selinocarpus A. Gray（1853）［紫茉莉科 Nyctaginaceae］●☆

46070　Schinopsis Engl.（1876）【汉】拟破斧木属（破斧木属，拟肖乳香属，肖乳香属）。【俄】Дерево квебраховое，Квербрахо，Квербрачо，Кебрачо。【英】Quebracho，Red Quebracho。【隶属】漆树科 Anacardiaceae。【包含】世界 7 种。【学名诠释与讨论】〈阳〉（属）Schinus 肖乳香属＋希腊文 opsis，外观，模样。【分布】巴拉圭，秘鲁，玻利维亚。【模式】未指定。【参考异名】Loxopterygium Hook. f.（1862）；Quebrachia Griseb.（1879）●☆

46071　Schinos St. -Lag.（1880）Nom. illegit. ＝? Schinus L.（1753）［漆树科 Anacardiaceae］●☆

46072　Schinus L.（1753）【汉】肖乳香属（胡椒木属，胡椒树属）。【日】コショウボク属。【俄】Схинус。【英】Brazil Pepper，Pepper Tree，Peppertree，Pepper-tree，Weeping Willow。【隶属】漆树科 Anacardiaceae。【包含】世界 27-30 种，中国 1 种。【学名诠释与讨论】〈阳〉（希）schinos，乳香黄连木 Pistacia lentiscus L. 的古名。指树木中流出的一种汁液类似乳香。此属的学名，ING、APNI、TROPICOS 和 IK 记载是“Schinus L.，Sp. Pl. 1；388. 1753［1 May 1753］”。“Molle P. Miller，Gard. Dict. Abr. ed. 4. 28 Jan 1754”和“Piperodendron Heister ex Fabricius，Enum. 218. 1759”是“Schinus L.（1753）”的晚出的同模式异名（Homotypic synonym，Nomenclatural synonym）。“Schinos St. -Lag.，Ann. Soc. Bot. Lyon vii.（1880）133”是晚出的非法名称；似为“Schinus L.（1753）”的拼写变体。【分布】阿根廷，巴基斯坦，巴拉圭，巴拿马，秘鲁，玻利维亚，厄瓜多尔，哥伦比亚（安蒂奥基亚），墨西哥，尼加拉瓜，中国，中美洲。【后选模式】Schinus molle Linnaeus。【参考异名】Duvaua Kunth（1824）；Duvoa Hook. et Arn.（1832）；Molle Mill.（1754）Nom. illegit.；Piperodendron Fabr.（1759）Nom. illegit.；Piperodendron Heist. ex Fabr.（1759）Nom. illegit.；Sarcotheca Turcz.（1858）Nom. illegit.●

46073　Schinzafra Kuntze（1891）Nom. illegit. ≡Thamnea Sol. ex 安蒂奥基亚，玻利维亚，厄瓜多尔，中美洲，尼加拉瓜，巴基斯坦，巴拿马，巴拉圭，秘鲁 Brongn.（1826）（保留属名）［鳞叶树科（布鲁尼科，小叶树科）Bruniaceae］●☆

46074　Schinzia Dennst.（1818）【汉】欣兹堇属。【隶属】堇菜科 Violaceae。【包含】世界 1 种。【学名诠释与讨论】〈阴〉（人）Schinz，植物学者。【分布】印度。【模式】Schinzia inconspicua Dennst. ■☆

46075　Schinziella Gilg（1895）【汉】欣兹龙胆属。【隶属】龙胆科 Gentianaceae。【包含】世界 2 种。【学名诠释与讨论】〈阴〉（人）Hans Schinz，1858-1941，瑞士植物学者，教授，旅行家，植物采集家+-ellus，-ella，-ellum，加在名词词干后面形成指小式的词尾。或加在人名、属名等后面以组成新属的名称。【分布】热带非洲。【模式】Schinziella tetragona（H. Schinz）E. F. Gilg［Canscora tetragona H. Schinz］■☆

46076　Schinziophyton Hutch. ex Radcl. -Sm.（1990）【汉】欣兹大戟属。【隶属】大戟科 Euphorbiaceae。【包含】世界 1 种。【学名诠释与讨论】〈中〉（人）Hans Schinz，1858-1941，瑞士植物学者，教授，旅行家，植物采集家+phyton，植物，树木，枝条。【分布】安哥拉，博茨瓦纳，津巴布韦，马拉维，莫桑比克，纳米比亚，坦桑尼

亚，赞比亚，刚果（金）。【模式】Schinziophyton rautanenii（H. Schinz）A. Radcliffe-Smith［Ricinodendron rautanenii H. Schinz］●☆

46077　Schippia Burret（1933）【汉】单雌棕属（洪都拉斯棕属，康科罗棕属，撕裂柄棕属）。【隶属】棕榈科 Arecaceae（Palmae）。【包含】世界 1 种。【学名诠释与讨论】〈阴〉（人）William August Schipp，1891-1967，澳大利亚植物学者，植物采集家，Flora of British Honduras 的作者。【分布】中美洲。【模式】Schippia concolor Burret ●☆

46078　Schirostachyum de Vriese（1857）Nom. illegit. ＝Schizostachyum Nees（1829）［禾本科 Poaceae（Gramineae）］●

46079　Schisachyrium Munro（1862）＝Andropogon L.（1753）（保留属名）；~ ＝Schizachyrium Nees（1829）［禾本科 Poaceae（Gramineae）//须芒草科 Andropogonaceae］■

46080　Schisandra Michx.（1803）（保留属名）【汉】五味子属。【日】マツブサ属。【俄】Лимоник，Шизандра。【英】Magnolia Vine，Magnoliavine，Magnolia-vine，Star-vine。【隶属】木兰科 Magnoliaceae//五味子科 Schisandraceae//八角科 Illiciaceae。【包含】世界 22-30 种，中国 19-24 种。【学名诠释与讨论】〈阴〉（希）schizo，所有格 schizontos，分开，裂开+aner，所有格 andros，雄性，雄蕊。指花药开裂。此属的学名“Schisandra Michx.，Fl. Bor. -Amer. 2：218. 19 Mar 1803”是保留属名。相应的废弃属名是木兰科 Magnoliaceae 的“Stellandria Brickell in Med. Repos. 6；327. Feb-Mar 1803 ＝Schisandra Michx.（1803）（保留属名）”。【分布】中国，热带和温带亚洲，北美洲东部。【模式】Schisandra coccinea A. Michaux。【参考异名】Cosbaea Lem.（1855）；Maximovitzia Benth. et Hook. f.（1862）；Maximowiczia Rupr.（1856）；Schizandra DC.，Nom. illegit.；Schizandra Desf.（1821）Nom. illegit.；Schizandra Michx.，Nom. illegit.；Sphaerostema Blume（1825）；Sphaerostemma Rchb.（1828）；Stellandria Brickell（1803）（废弃属名）●

46081　Schisandraceae Blume（1830）（保留科名）［亦见 Illiciaceae A. C. Sm.（保留科名）八角科］【汉】五味子科。【日】マツブサ科。【俄】Лимонниковые，Схизеевые，Схицейные。【英】Schisandra Family，Star-vine Family。【包含】世界 2 属 39-50 种，中国 2 属 27-39 种。【分布】东南亚西部，美国东南部。【科名模式】Schisandra Michx. ●

46082　Schisanthes Haw.（1819）＝Narcissus L.（1753）［石蒜科 Amaryllidaceae//水仙科 Narcissaceae］■

46083　Schischkinia Iljin（1935）【汉】白刺菊属。【俄】Шишкиния。【英】Schischkinia，Whitespinedaisy。【隶属】菊科 Asteraceae（Compositae）。【包含】世界 1 种，中国 1 种。【学名诠释与讨论】〈阴〉（人）Boris Konstantinovich Schischkin（Shishkin），1886-1963，俄罗斯植物学者，教授。【分布】伊朗至巴基斯坦（俾路支），中国。【模式】Schischkinia albispina（Bge）Iljin［Microlonchus minimus Bge］■

46084　Schischkiniella Steenis（1967）＝Silene L.（1753）（保留属名）［石竹科 Caryophyllaceae］■

46085　Schismaceras Post et Kuntze（1903）＝Dendrobium Sw.（1799）（保留属名）；~ ＝Schismoceras C. Presl（1827）［兰科 Orchidaceae］■

46086　Schismatoclada Baker（1883）【汉】裂枝茜属。【隶属】茜草科 Rubiaceae。【包含】世界 20 种。【学名诠释与讨论】〈中〉（希）schisma，所有格 schismastos，裂开。schismos，裂开+klados，枝，芽，指小式 kladion，棍棒。klados 有许多枝子的。此属的学名是“Schismatoclada J. G. Baker，J. Linn. Soc.，Bot. 20：159. 16 Apr 1883”。亦有文献把其处理为“Coursiana Homolle（1942）”的异名。【分布】马达加斯加。【模式】Schismatoclada psychotrioides

J. G. Baker.【参考异名】Coursiana Homolle（1942）；Schismatoclaea Willis, Nom. inval. ■☆

46087 Schismatoclaea Willis, Nom. inval. = Schismatoclada Baker（1883）［茜草科 Rubiaceae］■☆

46088 Schismatoglottis Zoll. et Moritzi（1846）【汉】落檐属（电光芋属，落舌蕉属，裂舌芋属）。【日】シスマトグロッティス属。【英】Dropptogue, Falleneaves, Schismatoglottis.【隶属】天南星科 Araceae。【包含】世界 100-120 种, 中国 4 种。【学名诠释与讨论】〈阴〉（希）schisma, 所有格 schismastos, 裂开。schismos, 裂开+glottos, 舌。指佛焰苞的簷部在基部周裂。【模式】Schismatoglottis calyptrata（Roxburgh）Zollinger et Moritzi［Calla calyptrata Roxburgh］。【参考异名】Apatemone Schott（1858）；Apoballis Sehott（1858）；Colobogynium Schott（1865）；Hestia S. Y. Wong et P. C. Boyce（2010）；Nebrownia Kuntze（1891）Nom. illegit.；Philonotion Schott（1857）；Zantedeschia C. Koch（1854）Nom. illegit.（废弃属名）；Zantedeschia K. Koch（1854）Nom. illegit.（废弃属名）■

46089 Schismatopera Klotzsch（1841）= Pera Mutis（1784）［袋戟科（大袋科）Peraceae//大戟科 Euphorbiaceae］●☆

46090 Schismaxon Steud.（1856）Nom. illegit. =Xyris L.（1753）［黄眼草科（黄谷精科, 芴草科）Xyridaceae］■

46091 Schismocarpus S. F. Blake（1918）【汉】裂果刺莲花属。【隶属】刺莲花科（硬毛草科）Loasaceae。【包含】世界 1 种。【学名诠释与讨论】〈阳〉（希）schisma, 所有格 schismastos, 裂开+karpos, 果实。【分布】墨西哥, 中美洲。【模式】Schismocarpus pachypus S. F. Blake ●☆

46092 Schismoceras C. Presl（1827）= Dendrobium Sw.（1799）（保留属名）［兰科 Orchidaceae］■

46093 Schismus P. Beauv.（1812）【汉】齿稃草属（双齿稃草属）。【俄】Схизмус, Схисмус。【英】Kelch-grass, Schismus。【隶属】禾本科 Poaceae（Gramineae）。【包含】世界 5 种, 中国 2 种。【学名诠释与讨论】〈阳〉（希）schisma, 所有格 schismastos, 裂开。schismos, 裂开。指外稃顶端深二裂。此属的学名, ING、APNI 和 IK 记载是"Schismus Palisot de Beauvois, Essai Agrost. 73. Dec 1812; Expl. Pl. 10. Dec 1812"。"Electra Panzer, Ideen Rev. Gräser 49. 1813; Denkschr. Königl. Akad. Wiss. München 4（3）：299. 1814"是"Schismus P. Beauv.（1812）"的晚出的同模式异名（Homotypic synonym, Nomenclatural synonym）。【分布】巴基斯坦, 中国, 地中海至印度, 非洲。【后选模式】Schismus marginatus Palisot de Beauvois, Nom. illegit.［Festuca calycina Loefling; Schismus calycinus（Loefling）K. H. E. Koch］。【参考异名】Electra Panz.（1813）Nom. illegit.；Hemisacris Steud.（1829）■

46094 Schistachne Fig. et De Not.（1852）= Aristida L.（1753）；~ = Stipagrostis Ness（1832）［禾本科 Poaceae（Gramineae）］■

46095 Schistanthe Kunze（1841）= Alonsoa Ruiz et Pav.（1798）［玄参科 Scrophulariaceae］■☆

46096 Schistocarpaea F. Muell.（1891）【汉】裂果鼠李属。【隶属】鼠李科 Rhamnaceae。【包含】世界 1 种。【学名诠释与讨论】〈阴〉（希）schitos, 分开的, 裂开的+karpos, 果实。【分布】澳大利亚（昆士兰）。【模式】Schistocarpaea johnsoni F. v. Mueller ●☆

46097 Schistocarpha Less.（1831）【汉】裂托菊属。【隶属】菊科 Asteraceae（Compositae）。【包含】世界 10-16 种。【学名诠释与讨论】〈阴〉（希）schitos, 分开的, 裂开的+karphos, 皮壳, 谷壳, 糠秕。【分布】巴拿马, 玻利维亚, 厄瓜多尔, 哥伦比亚（安蒂奥基亚）, 墨西哥至秘鲁, 尼加拉瓜, 中美洲。【模式】Schistocarpha bicolor Lessing。【参考异名】Neilreichia Fenzl（1850）；Schistocarpia Pritz.（1855）；Zycona Kuntze（1891）■●☆

46098 Schistocarpia Pritz.（1855）= Schistocarpha Less.（1831）［菊科 Asteraceae（Compositae）］■●☆

46099 Schistocaryum Franch.（1891）= Microula Benth.（1876）［紫草科 Boraginaceae］■

46100 Schistocodon Schauer（1843）= Toxocarpus Wight et Arn.（1834）［萝藦科 Asclepiadaceae］●

46101 Schistogyne Hook. et Arn.（1834）【汉】裂蕊萝藦属。【隶属】萝藦科 Asclepiadaceae。【包含】世界 12 种。【学名诠释与讨论】〈阴〉（希）schitos, 分开的, 裂开的+gyne, 所有格 gynaikos, 雌性, 雌蕊。【分布】玻利维亚, 南美洲。【模式】Schistogyne sylvestris W. J. Hooker et Arnott ☆

46102 Schistolobos W. T. Wang（1983）= Opithandra B. L. Burtt（1956）［苦苣苔科 Gesneriaceae］■

46103 Schistonema Schltr.（1906）【汉】裂丝萝藦属。【隶属】萝藦科 Asclepiadaceae。【包含】世界 1 种。【学名诠释与讨论】〈中〉（希）schitos, 分开的, 裂开的+nema, 所有格 nematos, 丝, 花丝。【分布】秘鲁。【模式】Schistonema weberbaueri Schlechter ☆

46104 Schistophragma Benth.（1839）【汉】裂隔玄参属。【隶属】玄参科 Scrophulariaceae。【包含】世界 2 种。【学名诠释与讨论】〈中〉（希）schitos, 分开的, 裂开的+phragma, 所有格 phragmatos, 篱笆。phragmos, 篱笆, 障碍物。phragmites, 长在篱笆中的。此属的学名, ING、GCI 和 IK 记载是"Schistophragma Bentham in Endlicher, Gen. 679. Jan 1839"。"Schistophragma Benth. ex Endl.（1839）≡Schistophragma Benth.（1839）"的命名人引证有误。【分布】尼加拉瓜, 中美洲。【模式】Schistophragma mexicana Bentham ex D. Dietrich。【参考异名】Leucospora Nutt.（1834）；Schistophragma Benth. ex Endl.（1839）Nom. illegit. ■☆

46105 Schistophragma Benth. ex Endl.（1839）Nom. illegit. ≡ Schistophragma Benth.（1839）［玄参科 Scrophulariaceae］■☆

46106 Schistophyllidium（Juz. ex Fed.）Ikonn.（1979）= Potentilla L.（1753）［蔷薇科 Rosaceae//委陵菜科 Potentillaceae］■●

46107 Schistostemon（Urb.）Cuatrec.（1961）【汉】裂蕊核果树属。【隶属】核果树科（胡香脂科, 树脂核科, 无距花科, 香膏科, 香膏木科）Humiriaceae。【包含】世界 7 种。【学名诠释与讨论】〈阳〉（希）schitos, 分开的, 裂开的+stemon, 雄蕊。此属的学名, ING、TROPICOS 和 IK 记载是"Schistostemon（Urban）Cuatrecasas, Contr. U. S. Natl. Herb. 35：146. 14 Apr 1961", 由"Sacoglottis subgen. Schistostemon Urb., Flora Brasiliensis 12（2）：443, 445. 1877"改级而来。它还曾被处理为"Sacoglottis sect. Schistostemon（Urb.）Reiche, Die Natürlichen Pflanzenfamilien 3（4）：37, f. 32. 1890"和"Sacoglottis sect. Schistostemon（Urb.）Winkl. in Engl. & Harms, Die Natürlichen Pflanzenfamilien 19a：128, f. 59j. 1931"。【分布】秘鲁, 热带南美洲。【模式】Schistostemon oblongifolius（Bentham）Cuatrecasas［as 'oblongifolium'］［Humirium oblongifolium Bentham］。【参考异名】Sacoglottis sect. Schistostemon（Urb.）Reiche（1890）；Sacoglottis sect. Schistostemon（Urb.）Winkl. in Engl. & Harms（1931）Nom. illegit.；Sacoglottis subgen. Schistostemon Urb.（1877）●☆

46108 Schistostephium Less.（1832）【汉】平菊木属。【隶属】菊科 Asteraceae（Compositae）。【包含】世界 12 种。【学名诠释与讨论】〈中〉（希）schitos, 分开的, 裂开的+stephos, stephanos, 花冠, 王冠+-ius, -ia, -ium, 在拉丁文和希腊文中, 这些词尾表示性质或状态。指舌状花。【分布】热带和非洲南部。【模式】Schistostephium flabelliforme Lessing。【参考异名】Peyrousea DC.（1838）（保留属名）●☆

46109 Schistostigma Lauterb.（1905）Nom. illegit. = Cleistanthus Hook. f. ex Planch.（1848）［大戟科 Euphorbiaceae］●

46110　Schistotylus Dockrill（1967）【汉】裂头兰属。【隶属】兰科 Orchidaceae。【包含】世界1种。【学名诠释与讨论】〈阳〉（希）schitos，分开的，裂开的+tylos，结节，硬瘤，圆头。指唇瓣三裂。【分布】英国（威尔士）。【模式】Schistotylus purpuratus（Rupp）A. W. Dockrill［Cleisostoma purpuratum Rupp］■☆

46111　Schivereckia Andrz. ex DC.（1821）【汉】席氏葶苈属。【俄】Шиверекия。【隶属】十字花科 Brassicaceae（Cruciferae）。【包含】世界2种。【学名诠释与讨论】〈阴〉（人）A. Schiwereck，？–1806。此属的学名，ING、TROPICOS 和 IK 记载是"Schivereckia Andrzeiowski ex A. P. de Candolle，Syst. Nat. 2：300. Mai（sero）1821"。"Schiwereckia Andrz. ex DC.，Ann. Mus. Natl. Hist. Nat. vii.（1821）232"和"Schiweretzkia Rupr.（1869）"是其拼写变体。【分布】俄罗斯北部至巴尔干半岛和小亚细亚。【模式】Schivereckia podolica（Besser）Andrzeiowski ex A. P. de Candolle［Alyssum podolicum Besser］。【参考异名】Schievereckia Nyman（1878）；Schivereckia Rchb.（1821）Nom. illegit.；Schiwerekia Rchb.（1821）Nom. illegit.；Schiwereckia Andrz. ex DC.（1821）Nom. illegit.；Schiweretzkia Rupr.（1869）Nom. illegit. ■☆

46112　Schivereckia Rchb.（1821）Nom. illegit. ＝Schivereckia Andrz. ex DC.（1821）［十字花科 Brassicaceae（Cruciferae）］■☆

46113　Schiwerekia Rchb.（1821）Nom. illegit. ≡Schivereckia Rchb.（1821）Nom. illegit.；~ ＝Schivereckia Andrz. ex DC.（1821）［十字花科 Brassicaceae（Cruciferae）］■☆

46114　Schiwereckia Andrz. ex DC.（1821）Nom. illegit. ≡Schivereckia Andrz. ex DC.（1821）［十字花科 Brassicaceae（Cruciferae）］■☆

46115　Schiweretzkia Rupr.（1869）Nom. illegit. ≡Schivereckia Andrz. ex DC.（1821）［十字花科 Brassicaceae（Cruciferae）］■☆

46116　Schizachne Hack.（1909）【汉】裂稃茅属。【日】フォーリーガヤ属。【俄】Схизахна。【隶属】禾本科 Poaceae（Gramineae）。【包含】世界1-2种，中国1种。【学名诠释与讨论】〈阴〉（希）schizo，所有格 schizontos，分开，裂开+achne，鳞片，泡沫，泡囊，谷壳，稃。指稃的先端分裂。【分布】中国，日本，美国（西南部山区），西伯利亚，极地，欧洲，温带北美洲。【模式】Schizachne fauriei Hackel ■

46117　Schizachyrium Nees（1829）【汉】裂稃草属。【俄】Схизахне。【英】Schizachyrium，Splitlemma。【隶属】禾本科 Poaceae（Gramineae）。【包含】世界50-60种，中国4种。【学名诠释与讨论】〈中〉（希）schizo，所有格 schizontos，分开，裂开+achyron，皮，壳，荚+-ius，-ia，-ium，在拉丁文和希腊文中，这些词尾表示性质或状态。此属的学名，ING、TROPICOS、GCI、APNI 和 IK 记载是"Schizachyrium Nees，Fl. Bras. Enum. Pl. 2（1）：331. 1829［Mar-Jun 1829］；Agrost. Bras. 331. Mar-Jun 1829"。它还曾被处理为"Andropogon sect. Schizachyrium（Nees）Benth.，Flora Australiensis：a description. . . 7：535. 1878.（20-30 Mar 1878）（Fl. Austral.）"和"Andropogon subgen. Schizachyrium（Nees）Hack.，Flora Brasiliensis 2（4）：296. 1883"。【分布】巴基斯坦，巴拿马，秘鲁，玻利维亚，厄瓜多尔，哥伦比亚（安蒂奥基亚），哥斯达黎加，马达加斯加，美国（密苏里），尼加拉瓜，中国，热带，中美洲。【后选模式】Schizachyrium condensatum（Kunth）C. G. D. Nees［Andropogon condensatus Kunth］。【参考异名】Andropogon sect. Schizachyrium（Nees）Benth.（1878）；Andropogon subgen. Schizachyrium（Nees）Hack.（1883）；Pithecurus Kunth（1829）Nom. illegit.；Schisachyrium Munro（1862）；Schizopogon Rchb. ex Spreng.（1830）；Ystia Compare（1963）■

46118　Schizacme Dunlop（1996）【汉】裂缝尖帽草属。【隶属】马钱科（断肠草科，马钱子科）Loganiaceae//驱虫草科（度量草科）Spigeliaceae。【包含】世界2种。【学名诠释与讨论】〈阴〉（希）schizo，所有格 schizontos，分开，裂开+akme，尖端，边缘。此属的学名是"Schizacme Dunlop，Flora of Australia 28：314. 1996"。亦有文献把其处理为"Mitrasacme Labill.（1805）"的异名。【分布】澳大利亚。【模式】不详。【参考异名】Mitrasacme Labill.（1805）■☆

46119　Schizandra DC. ＝Schisandra Michx.（1803）（保留属名）［木兰科 Magnoliaceae//五味子科 Schisandraceae//八角科 Illiciaceae］●

46120　Schizandra Desf.（1821）Nom. illegit. ≡ Schisandra Michx.（1803）（保留属名）［木兰科 Magnoliaceae//五味子科 Schisandraceae//八角科 Illiciaceae］●

46121　Schizandra Michx. ≡Schisandra Michx.（1803）（保留属名）［木兰科 Magnoliaceae//五味子科 Schisandraceae//八角科 Illiciaceae］●

46122　Schizangium Bartl. ex DC.（1830）＝ Mitracarpus Zucc.（1827）［as 'Mitracarpum'］［茜草科 Rubiaceae//繁缕科 Alsinaceae］■

46123　Schizanthera Turcz.（1862）【汉】裂药野牡丹属。【隶属】野牡丹科 Melastomataceae//米氏野牡丹科 Miconiaceae。【包含】世界1种。【学名诠释与讨论】〈阴〉（希）schizo，所有格 schizontos，分开，裂开+anthera，花药。此属的学名是"Schizanthera Turczaninow，Bull. Soc. Imp. Naturalistes Moscou 35（2）：322. 1862"。亦有文献把其处理为"Miconia Ruiz et Pav.（1794）（保留属名）"的异名。【分布】秘鲁。【模式】Schizanthera bullata Turcz. 。【参考异名】Miconia Ruiz et Pav.（1794）（保留属名）●☆

46124　Schizanthes Endl.（1837）＝ Narcissus L.（1753）；~ ＝ Schisanthes Haw.（1819）［石蒜科 Amaryllidaceae//水仙科 Narcissaceae］■

46125　Schizanthes Endl. et Pav.，Nom. illegit. ＝ Schisanthes Haw.（1819）［石蒜科 Amaryllidaceae//水仙科 Narcissaceae］■

46126　Schizanthoseddera（Roberty）Roberty（1964）＝ Seddera Hochst.（1844）［旋花科 Convolvulaceae］●☆

46127　Schizanthus Ruiz et Pav.（1794）【汉】蛾蝶花属。【日】ムレゴチョウ属。【俄】Схизантус，Шизантус。【英】Butterfly Flower，Butterfly-flower，Fringe Flower，Fringe-flower，Poor Man's Orchid，Poorman's Orchid。【隶属】茄科 Solanaceae。【包含】世界12-15种。【学名诠释与讨论】〈阳〉（希）schizo，所有格 schizontos，分开，裂开+anthos，花。指花冠多次分裂。此属的学名，ING 和 IK 记载是"Schizanthus Ruiz et Pavon，Prodr. 6. Oct（prim. ）1794"。【分布】智利。【模式】Schizanthus pinnatus Ruiz et Pavon。【参考异名】Schisanthes Haw.（1819）；Scizanthus Pers.（1806）■☆

46128　Schizeilema（Hook. f.）Domin（1908）【汉】裂壳草属。【隶属】伞形花科（伞形科）Apiaceae（Umbelliferae）。【包含】世界11种。【学名诠释与讨论】〈中〉（希）schizo，所有格 schizontos，分开，裂开+lema，lemma，皮，壳。指花萼具鞘。此属的学名，ING、APN、IK 和 GCI 均记载是"Schizeilema（J. D. Hooker）K. Domin，Bot. Jahrb. Syst. 40：573. 12 Mai 1908"，由"Pozoa subgen. Schizeilema J. D. Hooker，Fl. Antarc. 15. 1 Jun 1844"改级而来。"Schizeilema Domin（1908）"的命名人引证有误。亦有文献把"Schizeilema（Hook. f.）Domin（1908）"处理为"Pozoa Lag.（1816）"的异名。【分布】澳大利亚，新西兰。【模式】Schizeilema reniforme（J. D. Hooker）K. Domin［Pozoa reniformis J. D. Hooker］。【参考异名】Pozoa Hook. f.；Pozoa Lag.（1816）；Pozoa subgen. Schizeilema Hook. f.（1844）；Schizeilema Domin（1908）Nom. illegit. ■☆

46129　Schizeilema Domin（1908）Nom. illegit. ≡Schizeilema（Hook. f.）Domin（1908）［伞形花科（伞形科）Apiaceae（Umbelliferae）］■☆

46130　Schizenterospermum Homolle ex Arènes（1960）【汉】星裂籽属。

【隶属】茜草科 Rubiaceae。【包含】世界 4 种。【学名诠释与讨论】〈中〉（希）schizo，所有格 schizonts，分开，裂开+sperma，所有格 spermatos，种子，孢子。【分布】马达加斯加。【模式】Schizenterospermum rotundifolium Homolle ex Arènes ■☆

46131 Schizmaxon Steud.（1856）Nom. illegit. ≡ Schismaxon Steud.（1856）Nom. illegit. ；~ =Xyris L.（1753）［黄眼草科（黄谷精科，芴草科）Xyridaceae］■

46132 Schizobasis Baker（1873）【汉】基裂风信子属。【隶属】风信子科 Hyacinthaceae。【包含】世界 5-9 种。【学名诠释与讨论】〈阴〉（希）schizo，所有格 schizonts，分开，裂开+basis，基部，底部，基础。【分布】热带和非洲南部。【模式】Schizobasis macowani J. G. Baker。【参考异名】Adenotheca Welw. ex Baker（1878）■☆

46133 Schizobasopsis J. F. Macbr.（1918）Nom. illegit. ≡ Bowiea Harv. ex Hook. f.（1867）（保留属名）［风信子科 Hyacinthaceae//百合科 Liliaceae//芦荟科 Aloaceae］■☆

46134 Schizoboea（Fritsch）B. L. Burtt（1974）【汉】单腺苣苔属。【隶属】苦苣苔科 Gesneriaceae。【包含】世界 1 种。【学名诠释与讨论】〈阴〉（希）schizo，所有格 schizonts，分开，裂开+Boea 旋蒴苣苔属。此属的学名，ING 和 IK 记载是"Schizoboea（K. Fritsch）B. L. Burtt，Notes Roy. Bot. Gard. Edinburgh 33：266. 10 Sep 1974"，由"Roettlera sect. Schizoboea K. Fritsch in Engler et Prantl，Nat. Pflanzenfam. Nachtr. II-IV 1：300. Nov 1897"改级而来。【分布】喀麦隆。【模式】Schizoboea kamerunensis（Engler）B. L. Burtt［Didymocarpus kamerunensis Engler］。【参考异名】Roettlera sect. Schizoboea Fritsch（1897）■☆

46135 Schizocalomyrtus Kausel（1967）= Calycorectes O. Berg（1856）［桃金娘科 Myrtaceae］●☆

46136 Schizocalyx Hochst.（1844）Nom. illegit.（废弃属名）= Dobera Juss.（1789）［牙刷树科（刺茉莉科）Salvadoraceae］●☆

46137 Schizocalyx O. Berg（1856）Nom. illegit.（废弃属名）≡ Schizocalomyrtus Kausel（1967）；~ = Calycorectes O. Berg（1856）［桃金娘科 Myrtaceae］●☆

46138 Schizocalyx Scheele（1843）（废弃属名）= Origanum L.（1753）［唇形科 Lamiaceae（Labiatae）］●■

46139 Schizocalyx Wedd.（1854）（保留属名）【汉】裂萼茜属。【隶属】茜草科 Rubiaceae。【包含】世界 2 种。【学名诠释与讨论】〈阳〉（希）schizo，所有格 schizonts，分开，裂开+kalyx，所有格 kalykos =拉丁文 calyx，花萼，杯子。此属的学名"Schizocalyx Wedd. in Ann. Sci. Nat. ，Bot. ，ser. 4，1：73. Feb 1854"是保留属名。相应的废弃属名是唇形科 Lamiaceae（Labiatae）的"Schizocalyx Scheele in Flora 26：568. 14 Sep 1843 = Origanum L.（1753）"。牙刷树科（刺茉莉科）Salvadoraceae 的"Schizocalyx Hochstetter，Flora 27（1，Bes. Beil. ）：1. Jul-Dec 1844 = Dobera Juss.（1789）= Calycorectes O. Berg（1856）"和桃金娘科 Myrtaceae 的"Schizocalyx O. C. Berg，Linnaea 27：136，319. Jan 1856（'1854'）≡ Schizocalomyrtus Kausel（1967）"亦应废弃。【分布】秘鲁，玻利维亚，哥伦比亚，中美洲。【模式】Schizocalyx bracteosus Weddell ■☆

46140 Schizocapsa Hance（1881）【汉】裂果薯属（水田七属）。【英】Gapfruityam，Schizocapsa。【隶属】蒟蒻薯科（箭根薯科，蛛丝草科）Taccaceae。//薯蓣科 Dioscoreaceae【包含】世界 2 种，中国 2 种。【学名诠释与讨论】〈阴〉（希）schizo，所有格 schizonts，分开，裂开+kapsa，蒴果。指蒴果开裂。此属的学名是"Schizocapsa Hance，J. Bot. 19：292. Oct 1881"。亦有文献把其处理为"Tacca J. R. Forst. et G. Forst.（1775）（保留属名）"的异名。【分布】中国。【模式】Schizocapsa plantaginea Hance。【参考异名】Tacca J. R. Forst. et G. Forst.（1775）（保留属名）■

46141 Schizocardia A. C. Sm. et Standl.（1932）= Purdiaea Planch.（1846）［桤叶树科（山柳科）Clethraceae//翅萼树科（翅萼木科，西里拉科）Cyrillaceae］●☆

46142 Schizocarphus Van der Merwe（1943）【汉】裂果绵枣儿属。【隶属】百合科 Liliaceae//风信子科 Hyacinthaceae//绵枣儿科 Scillaceae。【包含】世界 5 种。【学名诠释与讨论】〈阳〉（希）schizo，所有格 schizonts，分开，裂开+karphos，碎片。此属的学名是"Schizocarphus Merwe，Fl. Pl. South Africa 23：904. Jul 1943"。亦有文献把其处理为"Scilla L.（1753）"的异名。【分布】非洲南部。【模式】Schizocarphus nervosus（Burchell）Merwe［Ornithogalum nervosum Burchell］。【参考异名】Scilla L.（1753）■☆

46143 Schizocarpum Schrad.（1830）【汉】裂果葫芦属。【隶属】葫芦科（瓜科，南瓜科）Cucurbitaceae。【包含】世界 8 种。【学名诠释与讨论】〈中〉（希）schizo，所有格 schizonts，分开，裂开+karpos，果实。【分布】墨西哥，中美洲。【模式】Schizocarpum filiforme H. A. Schrader ■☆

46144 Schizocarya Spach（1835）= Gaura L.（1753）［柳叶菜科 Onagraceae］■

46145 Schizocasia Schott ex Engl.（1880）= Alocasia（Schott）G. Don（1839）（保留属名）；~ = Xenophya Schott（1863）［天南星科 Araceae］■

46146 Schizocasia Schott（1862）Nom. inval. ≡ Schizocasia Schott ex Engl.（1880）；~ = Alocasia（Schott）G. Don（1839）（保留属名）；~ = Xenophya Schott（1863）［天南星科 Araceae］■

46147 Schizocentron Meisn.（1843）【汉】西班牙野牡丹属。【隶属】野牡丹科 Melastomataceae。【包含】世界 1 种。【学名诠释与讨论】〈中〉（希）schizo，所有格 schizonts，分开，裂开+kentron，点，刺，圆心，中央，距。此属的学名"Schizocentron C. F. Meisner，Pl. Vasc. Gen. 2：355. 2-4 Nov 1843"是一个替代名称。"Heeria D. F. L. Schlechtendal，Linnaea 13：432. Oct-Dec 1839"是一个非法名称（Nom. illegit. ），因为此前已经有了"Heeria C. F. Meisner，Pl. Vasc. Gen. 1：75；2：55. 27 Aug-3 Sep 1837［漆树科 Anacardiaceae］"。故用"Schizocentron Meisn.（1843）"替代之。亦有文献把"Schizocentron Meisn.（1843）"处理为"Heterocentron Hook. et Arn.（1838）"的异名。【分布】西班牙，中美洲。【模式】Heeria elegans Schlechtendal。【参考异名】Heeria Schltdl.（1839）Nom. illegit. ；Heterocentron Hook. et Arn.（1838）●☆

46148 Schizochilus Sond.（1846）【汉】裂唇兰属。【隶属】兰科 Orchidaceae。【包含】世界 26 种。【学名诠释与讨论】〈阳〉（希）schizo，所有格 schizonts，分开，裂开+cheilos，唇。在希腊文组合词中，cheil-，cheilo-，-chilus，-chilia 等均为"唇，边缘"之义。【分布】热带和非洲南部。【模式】Schizochilus zeyheri Sonder ■☆

46149 Schizochiton Spreng.（1827）= Chisocheton Blume（1825）［楝科 Meliaceae］●

46150 Schizochlaena Spreng.（1825）= Schizolaena Thouars（1805）［马岛外套花科 Schizolaenaceae//苞杯花科（旋花树科）Sarcolaenaceae］●☆

46151 Schizochlaenaceae Wettst. =Sarcolaenaceae Caruel（保留科名）●☆

46152 Schizococcus Eastw.（1934）= Arctostaphylos Adans.（1763）（保留属名）［杜鹃花科（欧石南科）Ericaceae//熊果科 Arctostaphylaceae］●☆

46153 Schizocodon Siebold et Zucc.（1843）【汉】小裂缘花属（岩镜属）。【日】シゾコドン属。【俄】Рдест фриса，Схизокодон。【英】Fringe Bell，Hinge Bell。【隶属】岩梅科 Diapensiaceae。【包含】世界 2 种。【学名诠释与讨论】〈阳〉（希）schizo，所有格 schizontos，分开，裂开+codon 钟。指花冠钟形，边缘细裂。此属

的学名是"Schizocodon Siebold et Zuccarini, Abh. Math. -Phys. Cl. Könizl. Bayer. Akad. Wiss. 3(3): 723. 1843"。亦有文献把其处理为"Shortia Torr. et A. Gray(1842)(保留属名)"的异名。【分布】日本。【模式】Schizocodon soldanelloides Siebold et Zuccarini。【参考异名】Shortia Torr. et A. Gray(1842)(保留属名)■☆

46154 Schizocolea Bremek.(1950)【汉】裂鞘茜属。【隶属】茜草科 Rubiaceae。【包含】世界 2 种。【学名诠释与讨论】〈阴〉(希) schizo,所有格 schizontos,分开,裂开+koleos,鞘。【分布】热带非洲西部。【模式】Schizocolea linderi (J. Hutchinson et Dalziel) Bremekamp [Urophyllum linderi J. Hutchinson et Dalziel]●☆

46155 Schizocorona F. Muell.(1853)【汉】裂冠鹅绒藤属。【隶属】萝藦科 Asclepiadaceae。【包含】世界 1 种。【学名诠释与讨论】〈阴〉(希)schizo,所有格 schizontos,分开,裂开+coronis,副花冠。亦有文献把"Schizocorona F. Muell.(1853)"处理为"Cynanchum L.(1753)"的异名。【分布】澳大利亚。【模式】Schizocorona floribunda (R. Br.) F. Muell.。【参考异名】Cynanchum L.(1753)●☆

46156 Schizodium Lindl.(1838)【汉】小裂兰属。【隶属】兰科 Orchidaceae。【包含】世界 6 种。【学名诠释与讨论】〈中〉(希)schizo,所有格 schizontos,分开,裂开+-idius,-idia,-idium,指示小的词尾。指花柱或花瓣。【分布】非洲南部。【模式】未指定。【参考异名】Flexuosatis Thouars ■☆

46157 Schizoglossum E. Mey.(1838)【汉】裂舌萝藦属。【隶属】萝藦科 Asclepiadaceae。【包含】世界 14-50 种。【学名诠释与讨论】〈中〉(希)schizo,所有格 schizontos,分开,裂开+glossa,舌。指花冠。【分布】热带非洲南部。【后选模式】Schizoglossum atropurpureum E. H. F. Meyer。【参考异名】Aspidoglossum E. Mey.(1838);Lagarinthus E. Mey.(1837);Mackenia Harv.(1868);Rhinolobium Arn.(1838)■☆

46158 Schizogyna Willis,Nom. inval. =Schizogyne Cass.(1828)[菊科 Asteraceae(Compositae)]●☆

46159 Schizogyne Cass.(1828)【汉】分蕊菊属。【隶属】菊科 Asteraceae(Compositae)。【包含】世界 2 种。【学名诠释与讨论】〈阴〉(希)schizo,所有格 schizontos,分开,裂开+gyne,所有格 gynaikos,雌性,雌蕊。此属的学名,ING 和 IK 记载是"Schizogyne Cassini in F. Cuvier,Dict. Sci. Nat. 56:23. Sep 1828"。IK 记载的"Schizogyne Ehrenb. ex Pax,Pflanzenr. (Engler) Euphorb. -Croton. -Acalyph. 98(1924),in syn."是晚出的非法名称,也是一个未合格发表的名称(Nom. inval.)。亦有文献把"Schizogyne Cass.(1828)"处理为"Inula L.(1753)"的异名。【分布】西班牙(加那利群岛)。【模式】Schizogyne obtusifolia Cassini。【参考异名】Inula L.(1753);Schizogyna Willis,Nom. inval. ●☆

46160 Schizogyne Ehrenb. ex Pax(1924)Nom. inval. ,Nom. illegit. = Acalypha L.(1753)[大戟科 Euphorbiaceae//铁苋菜科 Acalyphaceae]●■

46161 Schizoica Alef.(1862)Nom. illegit. ≡Napaea L.(1753)[锦葵科 Malvaceae]■☆

46162 Schizojacquemontia(Roberty)Roberty(1964)= Jacquemontia Choisy(1834)[旋花科 Convolvulaceae]☆

46163 Schizolaena Thouars(1805)【汉】马岛外套花属。【隶属】马岛外套花科 Schizolaenaceae//苞杯花科(旋花树科)Sarcolaenaceae。【包含】世界 7-12 种。【学名诠释与讨论】〈阴〉(希)schizo,所有格 schizontos,分开,裂开+laina =chlaine =拉丁文 laena,外衣,衣服。【分布】马达加斯加。【后选模式】Schizolaena rosea Du Petit-Thouars。【参考异名】Schizochlaena Spreng.(1825)●☆

46164 Schizolaenaceae Barnhart(1895)[亦见 Sarcolaenaceae Caruel

(保留科名)苞杯花科(旋花树科)]【汉】马岛外套花科。【包含】世界 1 属 7-12 种。【分布】马达加斯加。【科名模式】Schizolaena Thouars ●

46165 Schizolepis Schrad. ex Nees(1842)= Scleria P. J. Bergius(1765)[莎草科 Cyperaceae]■

46166 Schizolobium Vogel(1837)【汉】塔木属(裂瓣苏木属)。【英】Tower Tree。【隶属】豆科 Fabaceae(Leguminosae)。【包含】世界 1-2 种。【学名诠释与讨论】〈中〉(希)schizo,所有格 schizontos,分开,裂开+lobos =拉丁文 lobulus,片,裂片,叶,荚,蒴+-ius,-ia,-ium,在拉丁文和希腊文中,这些词尾表示性质或状态。【分布】巴拉圭,巴拿马,巴西,秘鲁,玻利维亚,厄瓜多尔,哥伦比亚(安蒂奥基亚),哥斯达黎加,尼加拉瓜,中美洲。【模式】Schizolobium excelsum Vogel ●☆

46167 Schizomeria D. Don(1830)【汉】裂苞火把树属。【隶属】火把树科(常绿棱枝树科,角瓣木科,库诺尼科,南蔷薇科,轻木科)Cunoniaceae。【包含】世界 10-18 种。【学名诠释与讨论】〈阴〉(希)schizo,所有格 schizontos,分开,裂开+meros,一部分。拉丁文 merus 含义为纯洁的,真正的。【分布】澳大利亚(昆士兰),印度尼西亚(马鲁古群岛),新几内亚岛。【模式】Schizomeria ovata D. Don。【参考异名】Cremnobates Ridl.(1916)●☆

46168 Schizomeryta R. Vig.(1906)= Meryta J. R. Forst. et G. Forst.(1775)[五加科 Araliaceae]●☆

46169 Schizomussaenda H. L. Li(1943)【汉】裂果金花属。【英】Schizomussaenda。【隶属】茜草科 Rubiaceae。【包含】世界 1 种,中国 1 种。【学名诠释与讨论】〈阴〉(希)schizo,所有格 schizontos,分开,裂开+(属)Mussaenda 玉叶金花属。指蒴果室背开裂。此属的学名是"Schizomussaenda Li,J. Arnold Arbor. 24:99. 15 Jan 1943"。亦有文献把其处理为"Mussaenda L.(1753)"的异名。【分布】中国,东南亚。【模式】Schizomussaenda dehiscens (Craib)Li [Mussaenda dehiscens Craib]。【参考异名】Mussaenda L.(1753)●

46170 Schizonepeta(Benth.)Briq.(1896)【汉】北荆芥属(裂叶荆芥属)。【俄】Схизонепета。【隶属】唇形科 Lamiaceae(Labiatae)。【包含】世界 3 种,中国 3 种。【学名诠释与讨论】〈阴〉(希)schizo,所有格 schizontos,分开,裂开+(属)Nepeta 荆芥属。此属的学名,ING 和 TROPICOS 记载是"Schizonepeta (Bentham) Briquet in Engler et Prantl,Pflanzenfam. 4(3a):235. Apr 1896",由"Nepeta sect. Schizonepeta Bentham, Labiat. Gen. Sp. 465, 468. Jul 1834"改级而来;而 IK 则记载为"Schizonepeta Briq. , Nat. Pflanzenfam. [Engler et Prantl]iv. III A. 235(1896)"。三者引用的文献相同。【分布】巴基斯坦,中国,温带亚洲。【模式】未指定。【参考异名】Nepeta sect. Schizonepeta Benth.(1834);Saussuria Moench(1794)(废弃属名);Schizonepeta Briq.(1896)Nom. illegit. ■

46171 Schizonepeta Briq.(1896)Nom. illegit. ≡Schizonepeta(Benth.)Briq.(1896)[唇形科 Lamiaceae(Labiatae)]■

46172 Schizonephos Griff.(1854)= Piper L.(1753)[胡椒科 Piperaceae]●■

46173 Schizonotus A. Gray(1876)Nom. illegit. (废弃属名)≡Solanoa Greene(1890); ~ = Asclepias L.(1753)[萝藦科 Asclepiadaceae]■

46174 Schizonotus Lindl.(1830)(废弃属名)≡Sorbaria (Ser.) A. Braun(1860)(保留属名)[蔷薇科 Rosaceae]●

46175 Schizonotus Lindl. ex Wall.(1829)Nom. inval. (废弃属名)≡Sorbaria (Ser.)A. Braun(1860)(保留属名)[蔷薇科 Rosaceae]●

46176 Schizonotus Raf.(1838)Nom. illegit. (废弃属名)≡Holodiscus (C. Koch)Maxim.(1879)(保留属名)[蔷薇科 Rosaceae]●☆

46177　Schizopedium Salisb. (1814) = Cypripedium L. (1753) [兰科 Orchidaceae]■

46178　Schizopepon Maxim. (1859)【汉】裂瓜属。【日】ミヤマニガウリ属。【俄】Схизопепон。【英】Splitmelon。【隶属】葫芦科(瓜科,南瓜科)Cucurbitaceae。【包含】世界8种,中国8种。【学名诠释与讨论】〈中〉(希) schizo, 所有格 schizontos, 分开, 裂开+pepo, 一种甜瓜。指果3片裂。【分布】印度(北部),中国。【模式】Schizopepon bryoniaefolius Maximowicz ■

46179　Schizopetaceae A. Juss. = Brassicaceae Burnett(保留科名)//Cruciferae Juss. (保留科名)■●

46180　Schizopetalon Sims(1823)【汉】裂瓣芥属。【隶属】十字花科 Brassicaceae(Cruciferae)。【包含】世界10种。【学名诠释与讨论】〈中〉(希) schizo, 所有格 schizontos, 分开, 裂开+希腊文 petalos, 扁平的, 铺开的;petalon, 花瓣, 叶, 花叶, 金属叶子;拉丁文的花瓣为 petalum。此属的学名,ING、TROPICOS、GCI 和 IK 记载是"Schizopetalon Sims, Bot. Mag. 50: t. 2379. 1823 [1 Feb 1823]"。"Schizopetalum DC., Prodr. [A. P. de Candolle] 1: 236. 1824 [mid Jan 1824]= Schizopetalon Sims(1823)"是晚出的非法名称。【分布】智利。【模式】Schizopetalon walkeri Sims。【参考异名】Perreymondia Barntoud(1845);Schizopetalum DC. (1824)Nom. illegit. ■☆

46181　Schizopetalum DC. (1824)Nom. illegit. = Schizopetalon Sims (1823) [十字花科 Brassicaceae(Cruciferae)]■☆

46182　Schizophragma Siebold et Zucc. (1838)【汉】钻地风属。【日】イハガラミ属,イワガラミ属。【俄】Схизофрагма,Шизофрагма。【英】Hydrangea Vine, Hydrangeavine, Hydrangea-vine。【隶属】虎耳草科 Saxifragaceae//绣球花科(八仙花科,绣球科)Hydrangeaceae。【包含】世界10种,中国9-10种。【学名诠释与讨论】〈中〉(希) schizo, 所有格 schizontos, 分开, 裂开+phragma, 所有格 phragmatos, 篱笆。phragmos。篱笆, 障碍物。phragmites, 长在篱笆中的。指蒴果室背开裂。或指习性。【分布】中国, 喜马拉雅山, 东亚。【模式】Schizophragma hydrangeoides Siebold et Zuccarini。【参考异名】Pileostegia Hook. f. et Thomson(1857)●

46183　Schizophyllum Nutt. (1841)= Aphanopappus Endl. (1842);~ = Lipochaeta DC. (1836) [菊科 Asteraceae(Compositae)]■☆

46184　Schizopleura (Lindl.) Endl. (1840)= Beaufortia R. Br. ex Aiton(1812) [桃金娘科 Myrtaceae]●☆

46185　Schizopleura (Lindl.) Endl. (1876)Nom. illegit. = Beaufortia R. Br. ex Aiton(1812) [桃金娘科 Myrtaceae]●☆

46186　Schizopleura Endl. (1840) Nom. illegit. ≡ Schizopleura (Lindl.) Endl. (1840);~ = Beaufortia R. Br. ex Aiton(1812) [桃金娘科 Myrtaceae]●☆

46187　Schizopogon Rchb. (1828) Nom. inval. ≡ Andropogon L. (1753)(保留属名) [禾本科 Poaceae(Gramineae)//须芒草科 Andropogonaceae]■

46188　Schizopogon Rchb. ex Spreng. (1830)= Schizachyrium Nees (1829) [禾本科 Poaceae(Gramineae)]■

46189　Schizopremna Baill. (1891)= Faradaya F. Muell. (1865) [马鞭草科 Verbenaceae//唇形科 Lamiaceae(Labiatae)]●☆

46190　Schizopsera Turcz. (1851)= Schizoptera Turcz. (1851) [菊科 Asteraceae(Compositae)]■☆

46191　Schizopsis Bureau ex Baill. (1865)= Tynanthus Miers(1863) [紫葳科 Bignoniaceae]●☆

46192　Schizopsis Bureau(1864) Nom. inval. ≡ Schizopsis Bureau ex Baill. (1865);~ = Tynanthus Miers(1863) [紫葳科 Bignoniaceae] ●☆

46193　Schizoptera Turcz. (1851)【汉】裂翅菊属。【隶属】菊科 Asteraceae(Compositae)。【包含】世界1种。【学名诠释与讨论】〈阴〉(希) schizo, 所有格 schizontos, 分开, 裂开+pteron, 指小式 pteridion, 翅。pteridios, 有羽毛的。【分布】厄瓜多尔, 墨西哥。【模式】Schizoptera trichotoma Turcz.。【参考异名】Laciala Kuntze (1903);Schizopsera Turcz. (1851)■☆

46194　Schizorhiza Goldblatt et J. C. Manning(2015)【汉】裂根鸢尾属。【隶属】鸢尾科 Iridaceae。【包含】世界种。【学名诠释与讨论】〈阴〉(希) schizo, 所有格 schizontos, 分开, 裂开+rhiza, 或 rhizoma, 根, 根茎。【分布】南非(开普省)。【模式】Schizorhiza neglecta (Goldblatt) Goldblatt et J. C. Manning [Lapeirousia neglecta Goldblatt]☆

46195　Schizoscyphus K. Schum. ex Taub. (1890)Nom. illegit. ,Nom. superfl. ≡Schizosiphon K. Schum. (1889);~ = Maniltoa Scheff. (1876) [豆科 Fabaceae (Leguminosae)//云实科 (苏木科) Caesalpiniaceae]■☆

46196　Schizoscyphus Taub. (1892) Nom. illegit. ,Nom. superfl. ≡ Schizoscyphus K. Schum. ex Taub. (1890) Nom. illegit. ,Nom. superfl. [豆科 Fabaceae (Leguminosae)//云实科 (苏木科) Caesalpiniaceae]■☆

46197　Schizoseddera Roberty = Seddera Hochst. (1844) [旋花科 Convolvulaceae]●☆

46198　Schizosepala G. M. Barroso(1955)【汉】裂萼玄参属。【隶属】玄参科 Scrophulariaceae//婆婆纳科 Veronicaceae。【包含】世界1种。【学名诠释与讨论】〈阴〉(希) schizo, 所有格 schizontos, 分开, 裂开+sepalum, 花萼。【分布】巴西。【模式】Schizosepala glandulosa G. M. Barroso ■☆

46199　Schizosiphon K. Schum. (1889)= Maniltoa Scheff. (1876) [豆科 Fabaceae(Leguminosae)//云实科(苏木科)Caesalpiniaceae]■☆

46200　Schizospatha Furtado(1955) = Calamus L. (1753) [棕榈科 Arecaceae(Palmae)]●

46201　Schizospermum Boiv. ex Baill. (1879) = Cremaspora Benth. (1849) [茜草科 Rubiaceae]●☆

46202　Schizostachyum Nees(1829)【汉】思劳竹属(裂穗草属, 沙箣竹属, 沙勒竹属, 莎箣竹属, 思箣竹属)。【日】ヒヒランチク属。【英】Schizostachyum, Buluh Sumpit。【隶属】禾本科 Poaceae(Gramineae)。【包含】世界40-60种, 中国9种。【学名诠释与讨论】〈中〉(希) schizo, 所有格 schizontos, 分开, 裂开+stachys, 穗, 谷, 长钉, 穗状花序, 可能指穗轴分枝2-3次, 以形成小型束状物。【分布】马达加斯加, 中国, 东亚。【模式】Schizostachyum blumii C. G. D. Nees。【参考异名】Cephalosiachyum Munro;Cephalostachyum Munro(1868);Davidsea Soderstr. et R. P. Ellis (1988);Dendrochloa C. E. Parkinson (1933);Leptocanna (Rendle) L. C. Chia et H. L. Fung (1981);Neohouzeaua A. Camus(1922);Pseudostachyum Munro(1868);Pseudoxytenanthera Soderstr. et R. P. Ellis(1988);Schirostachyum de Vriese(1857) Nom. illegit. ;Teinostachyum Munro(1868);Tinostachyum Post et Kuntze(1903)●

46203　Schizostemma Decne. (1838)【汉】肖尖瓣花属。【隶属】萝藦科 Asclepiadaceae。【包含】世界5种。【学名诠释与讨论】〈中〉(希) schizo, 所有格 schizontos, 分开, 裂开+stemma, 所有格 stemmatos, 花冠, 花环, 王冠。此属的学名是"Schizostemma Decaisne, Ann. Sci. Nat. Bot. ser. 2. 9: 344. 1838"。亦有文献把其处理为"Oxypetalum R. Br. (1810)(保留属名)"的异名。【分布】阿根廷, 南美洲。【模式】未指定。【参考异名】Oxypetalum R. Br. (1810)(保留属名)●☆

46204　Schizostephanus Hochst. ex Benth. (1876) Nom. illegit. =

Vincetoxicum Wolf(1776)［萝藦科 Asclepiadaceae］●■

46205 Schizostephanus Hochst. ex Benth. et Hook. f.（1876）= Vincetoxicum Wolf（1776）［萝藦科 Asclepiadaceae］●■

46206 Schizostephanus Hochst. ex K. Schum.（1893）Nom. illegit. ≡ Schizostephanus Hochst. ex Benth. et Hook. f.（1876）；~ = Cynanchum L.（1753）［萝藦科 Asclepiadaceae］●■

46207 Schizostigma Arn.（1840）Nom. illegit. ≡ Cucurbitella Walp.（1846）；~ =Schizostigma Arn. ex Meisn.（1838）［葫芦科（瓜科，南瓜科）Cucurbitaceae］■☆

46208 Schizostigma Arn. ex Meisn.（1838）【汉】裂柱葫芦属。【隶属】葫芦科（瓜科，南瓜科）Cucurbitaceae。【包含】世界 1 种。【学名诠释与讨论】〈中〉（希）schizo, 所有格 schizontos, 分开, 裂开+stigma, 所有格 stigmatos, 柱头, 眼点。此属的学名记载混乱。ING 记载了 "Schizostigma Arnott ex Meisner, Pl. Vasc. Gen. 1：164,2：116. 16-22 Sep 1838" 和 "Schizostigma Arnott in R. Wight, Madras J. Lit. Sci. 12：50. Jul 1840"。IK 则记载为 "Schizostigma Arn., Ann. Mag. Nat. Hist. 3（14）：20. 1839［Mar 1839］"、"Schizostigma Arn., Madras J. Lit. Sci. 12：50（1840）" 和 "Schizostigma Arn.,J. Bot.（Hooker）3：275. 1841"。有待查看原始文献。【分布】斯里兰卡。【模式】Schizostigma hirsutum Arnott ex Meisner。【参考异名】Cucurbitella Walp.（1846）；Schizostigma Arn.（1840）Nom. illegit.■☆

46209 Schizostylis Backh. et Harv.（1864）【汉】裂柱莲属（切柱花属）。【日】シゾスティリス属。【俄】Схизостилис。【英】Crimson Flag,Cutstyle Flower,Kaffir Lily,Kaffir-lily。【隶属】鸢尾科 Iridaceae。【包含】世界 1-2 种。【学名诠释与讨论】〈阴〉（希）schizo, 所有格 schizontos, 分开, 裂开+stylos =拉丁文 style, 花柱, 中柱, 有尖之物, 桩, 柱, 支持物, 支柱, 石头做的界标。指花柱三裂。【分布】非洲南部。【模式】Schizostylis coccinea Backhouse et Harvey■☆

46210 Schizotechium（Fenzl）Rchb.（1841）= Stellaria L.（1753）［石竹科 Caryophyllaceae］■

46211 Schizotechium Rchb.（1841）Nom. illegit. ≡ Schizotechium（Fenzl）Rchb.（1841）；~ = Stellaria L.（1753）［石竹科 Caryophyllaceae］■

46212 Schizotheca（C. A. Mey.）Lindl.（1846）= Atriplex L.（1753）（保留属名）［藜科 Chenopodiaceae//滨藜科 Atriplicaceae］●■

46213 Schizotheca Ehrenb.（1832）Nom. inval. ≡ Schizotheca Ehrenb. ex Solms；~ = Thalassia Banks ex K. D. König（1805）［水鳖科 Hydrocharitaceae//海生草科 Thalassiaceae］■

46214 Schizotheca Ehrenb. ex Solms =Thalassia Banks ex K. D. König（1805）［水鳖科 Hydrocharitaceae//海生草科 Thalassiaceae］■

46215 Schizotheca Lindl.（1846）Nom. illegit. ≡ Schizotheca（C. A. Mey.）Lindl.（1846）；~ = Atriplex L.（1753）（保留属名）［藜科 Chenopodiaceae//滨藜科 Atriplicaceae］●■

46216 Schizothrinax H. Wendl. =? Thrinax L. f. ex Sw.（1788）［棕榈科 Arecaceae（Palmae）］●☆

46217 Schizotorenia T. Yamaz.（1978）【汉】肖母草属。【隶属】玄参科 Scrophulariaceae//婆婆纳科 Veronicaceae//母草科 Linderniaceae。【包含】世界 2 种。【学名诠释与讨论】〈阴〉（希）schizo, 所有格 schizontos, 分开, 裂开+（属）Torenia 蝴蝶草属（倒地蜈蚣属, 蓝猪耳属）。此属的学名是 "Schizotorenia T. Yamazaki,J. Jap. Bot. 53：101. Apr 1978"。亦有文献把其处理为 "Lindernia All.（1766）" 的异名。【分布】东南亚西部。【模式】Schizotorenia finetiana（G. Bonati）T. Yamazaki［Torenia finetiana G. Bonati］。【参考异名】Lindernia All.（1766）■☆

46218 Schizotrichia Benth.（1873）【汉】裂毛菊属。【隶属】菊科 Asteraceae（Compositae）。【包含】世界 2-5 种。【学名诠释与讨论】〈阴〉（希）schizo, 所有格 schizontos, 分开, 裂开+thrix, 所有格 trichos, 毛, 毛发。【分布】秘鲁。【模式】Schizotrichia eupatorioides Bentham■☆

46219 Schizozygia Baill.（1888）【汉】裂轭夹竹桃属。【隶属】夹竹桃科 Apocynaceae。【包含】世界 1 种。【学名诠释与讨论】〈阴〉（希）schizo, 所有格 schizontos, 分开, 裂开+zygos, 成对, 连结, 轭。【分布】热带非洲东部。【模式】Schizozygia coffeoides Baillon［as 'coffaeoides'］●☆

46220 Schkuhria Moench（1794）（废弃属名）= Sigesbeckia L.（1753）［菊科 Asteraceae（Compositae）］■

46221 Schkuhria Roth（1797）（保留属名）【汉】假丝叶菊属（史库菊属）。【英】Dwarf Marigold, False Threadleaf。【隶属】菊科 Asteraceae（Compositae）。【包含】世界 6 种。【学名诠释与讨论】〈阴〉（人）Christian Schkuhr,1741-1811,德国植物学者。此属的学名 "Schkuhria Roth,Catal. Bot. 1：116. Jan-Feb 1797" 是保留属名。相应的废弃属名是菊科 Asteraceae 的 "Sckuhria Moench, Methodus：566. 4 Mai 1794 = Sigesbeckia L.（1753）"。"Tetracarpum Moench, Meth. Supp. 240. Jan - Jun 1802" 是 "Schkuhria Roth（1797）（保留属名）" 的晚出的同模式异名（Homotypic synonym, Nomenclatural synonym）。【分布】巴拉圭, 秘鲁, 玻利维亚, 厄瓜多尔, 尼加拉瓜, 中美洲。【模式】Schkuhria abrotanoides A. W. Roth。【参考异名】Cephalobembix Rydb.（1914）；Chamaestephanum Willd.（1807）；Hopkirkia DC.（1836）；Mieria La Llave（1825）；Tetracarpum Moench（1802）Nom. illegit.■☆

46222 Schlagintweitia Griseb.（1853）= Hieracium L.（1753）［菊科 Asteraceae（Compositae）］■

46223 Schlagintweitiella Ulbr.（1929）= Thalictrum L.（1753）［毛茛科 Ranunculaceae］■

46224 Schlechtendahlia Benth. et Hook. f.（1873）= Adenophyllum Pers.（1807）；~ =Schlechtendalia Less.（1830）保留属名）［菊科 Asteraceae（Compositae）］■☆

46225 Schlechtendalia Less.（1830）（保留属名）【汉】长叶钝菊属。【隶属】菊科 Asteraceae（Compositae）。【包含】世界 1 种。【学名诠释与讨论】〈阴〉（人）Diederich Franz Leonhard von Schlechtendal,1794-1866,德国植物学者, 植物采集家。此属的学名 "Schlechtendalia Less. in Linnaea 5：242. Apr 1830" 是保留属名。相应的废弃属名是菊科 Asteraceae 的 "Schlechtendalia Willd., Sp. Pl. 3：1486, 2125. Apr-Dec 1803 = Adenophyllum Pers.（1807）"；它是 "Willdenowa Cav.（1791）Nom. illegit." 的替代名称。"Adenophyllum Persoon, Syn. Pl. 2：458. Sep 1807" 和 "Willdenowa Cavanilles, Icon. 1：61. Dec 1791（non Willdenowia Thunberg 1788）" 是 "Schlechtendalia Willd.（1803）（废弃属名）" 的同模式异名（Homotypic synonym, Nomenclatural synonym）。椴树科（椴科, 田麻科）Tiliaceae 的 "Schlechtendalia Spreng., Syst. Veg.（ed. 16）［Sprengel］4（2,Cur. Post.）：295. 1827［Jan-Jun 1827］≡ Mollia Mart.（1826）（保留属名）" 亦应废弃。"Chamissomneia O. Kuntze, Rev. Gen. 1：326. 5 Nov 1891（废弃属名）" 是 "Schlechtendalia Less.（1830）（保留属名）" 的晚出的同模式异名（Homotypic synonym, Nomenclatural synonym）。【分布】阿根廷, 巴西, 乌拉圭。【模式】Schlechtendalia luzulifolia Lessing［as 'luzulaefolia'］。【参考异名】Chamissomneia Kuntze（1891）Nom. illegit.；Schlechtendahlia Benth. et Hook. f.（1873）■☆

46226 Schlechtendalia Spreng.（1827）Nom. illegit.（废弃属名）≡

Mollia Mart. （1826）（保留属名）［椴树科（椴科，田麻科）Tiliaceae//锦葵科 Malvaceae］●☆

46227　Schlechtendalia Willd. （1803）（废弃属名）= Adenophyllum Pers. （1807）［菊科 Asteraceae（Compositae）］■●☆

46228　Schlechteranthus Schwantes（1929）【汉】合叶玉属。【日】シュレヒテランツス属。【隶属】番杏科 Aizoaceae。【包含】世界 2 种。【学名诠释与讨论】〈阳〉（人）Friedrich Richard Rudolf Schlechter，1872 - 1925，德国植物学者，植物采集家，兰科 Orchidaceae 专家 + anthos，花。【分布】非洲西南部。【模式】Schlechteranthus maximiliani Schwantes ●☆

46229　Schlechterella （Schltr. ） Hoehne （1944）Nom. illegit. ≡ Schlechterella Hoehne（1944）Nom. illegit. ；~ = Lindleyella Schltr. （1914）Nom. illegit. ；~ = Rudolfiella Hoehne （1944）［兰科 Orchidaceae］■☆

46230　Schlechterella Hoehne（1944）Nom. illegit. = Lindleyella Schltr. （1914）Nom. illegit. ；~ = Rudolfiella Hoehne（1944）［兰科 Orchidaceae］■☆

46231　Schlechterella K. Schum. （1899）【汉】施莱杠柳属（施莱萝藦属）。【隶属】萝藦科 Asclepiadaceae//杠柳科 Periplocaceae。【包含】世界 1-8 种。【学名诠释与讨论】〈阴〉（人）Friedrich Richard Rudolf Schlechter，1872-1925，德国植物学者，植物采集家，兰科 Orchidaceae 专家 +-ellus，-ella，-ellum，加在名词词干后面形成指小式的词尾。或加在人名、属名等后面以组成新属的名称。此属的学名，ING、GCI 和 IK 记载是“Schlechterella K. Schumann in Engler et Prantl，Nat. Pflanzenfam. Index 462. Mar 1899；Nachtr. 2：60. Sep 1900”。“Schlechterella Hoehne，Arq. Bot. Estado Sao Paulo n. s. ，form. maior，2：12. in obs. ，13，in clavi （1944）”是晚出的非法名称。“Pleurostelma Schlechter，J. Bot. 33：303. t. 351. Oct 1895（non Baillon 1890）”是“Schlechterella K. Schum. （1899）”的晚出的同模式异名（Homotypic synonym，Nomenclatural synonym）。亦有文献把“Schlechterella K. Schum. （1899）”处理为“Pleurostelma Baill. （1890）”的异名。【分布】非洲东部。【模式】Schlechterella africana （Schlechter）K. Schumann ［Pleurostelma africanum Schlechter］。【参考异名】Pleurostelma Baill. （1890）；Pleurostelma Schltr. （1895）Nom. illegit. ■●☆

46232　Schlechteria Bolus ex Schltr. （1897）Nom. illegit. ≡ Schlechteria Bolus（1897）［十字花科 Brassicaceae（Cruciferae）］■☆

46233　Schlechteria Bolus（1897）【汉】好望角芥属。【隶属】十字花科 Brassicaceae（Cruciferae）。【包含】世界 1 种。【学名诠释与讨论】〈阴〉（人）Friedrich Richard Rudolf Schlechter，1872-1925，德国植物学者，植物采集家，兰科 Orchidaceae 专家。此属的学名，ING 和 IK 记载是“Schlechteria H. Bolus ex Schlechter，Bot. Jahrb. Syst. 24：455. 7 Dec 1897”。TROPICOS 则记载为“Schlechteria Bolus in Schlechter Botanische Jahrbücher für Systematik，Pflanzengeschichte und Pflanzengeographie 24：455. 1897. （Bot. Jahrb. Syst. ）”。三者引用的文献相同。“Schlechteria Mast. ，Nom. illegit. 是“Phyllocomos Mast. （1900）［帚灯草科 Restionaceae］”的异名。【分布】非洲南部。【模式】Schlechteria capensis H. Bolus ex Schlechter。【参考异名】Schlechteria Bolus ex Schltr. （1897）Nom. illegit. ■☆

46234　Schlechteria Mast. ，Nom. illegit. = Phyllocomos Mast. （1900）［帚灯草科 Restionaceae］■☆

46235　Schlechterianthus Quisumb. （1930） Nom. illegit. ≡ Quisumbingia Merr. （1936）［萝藦科 Asclepiadaceae］●☆

46236　Schlechterina Harms（1902）【汉】施莱莲属。【隶属】西番莲科 Passifloraceae。【包含】世界 1 种。【学名诠释与讨论】〈阴〉（人）Friedrich Richard Rudolf Schlechter，1872-1925，德国植物学者，植物采集家，兰科 Orchidaceae 专家+-inus，-ina，-inum 拉丁文加在名词词干之后，以形成形容词的词尾，含义为“属于、相似、关于、小的”。【分布】热带非洲东部。【模式】Schlechterina mitostemmatoides Harms ■☆

46237　Schlechterorchis Szlach. （2003）【汉】施莱兰属。【隶属】兰科 Orchidaceae。【包含】世界 4 种。【学名诠释与讨论】〈阴〉（人）Friedrich Richard Rudolf Schlechter，1872-1925，德国植物学者，植物采集家，兰科 Orchidaceae 专家+orchis，原义是睾丸，后变为植物兰的名称，因为根的形态而得名。变为拉丁文 orchis，所有格 orchidis。亦有文献把“Schlechterorchis Szlach. （2003）”处理为“Amphorchis Thouars（1822）”或“Cynorkis Thouars（1809）”的异名。【分布】参见 Amphorchis Thouars 和 Cynorkis Thouars。【模式】Schlechterorchis occidentalis （Lindley）D. L. Szlachetko ［Amphorchis occidentalis Lindley］。【参考异名】Amphorchis Thouars（1822）；Cynorkis Thouars（1809）■☆

46238　Schlechterosciadium H. Wolff（1921）= Chamarea Eckl. et Zeyh. （1837）［伞形花科（伞形科）Apiaceae（Umbelliferae）］■☆

46239　Schlegelia Miq. （1844）【汉】夷地黄属。【隶属】玄参科 Scrophulariaceae//夷地黄科 Schlegeliaceae。【包含】世界 12-15 种。【学名诠释与讨论】〈阴〉（人）Schlegel。【分布】巴拿马，秘鲁，厄瓜多尔，哥伦比亚（安蒂奥基亚），尼加拉瓜，西印度群岛，热带南美洲，中美洲。【模式】Schlegelia lilacina Miquel。【参考异名】Dermatocalyx Oerst. （1856）●☆

46240　Schlegeliaceae（A. H. Gentry）Reveal （1996） = Schlegeliaceae Reveal（1996）●☆

46241　Schlegeliaceae Reveal（1996）【汉】夷地黄科。【包含】世界 4 属 22-31 种。【分布】热带南美洲，西印度群岛。【科名模式】Schlegelia Miq. ●☆

46242　Schleichera Willd. （1806）（保留属名）【汉】印度无患子属（枕树属）。【隶属】无患子科 Sapindaceae。【包含】世界 1 种。【学名诠释与讨论】〈阴〉（人）Johann Christoph Schleicher，1768 - 1834，瑞士植物学者，真菌学者。另说是德国学者。此属的学名“Schleichera Willd. ，Sp. Pl. 4：892，1096. Apr 1806”是保留属名。相应的废弃属名是无患子科 Sapindaceae 的“Cussambium Lam. ，Encycl. 2：230. 16 Oct 1786 = Schleichera Willd. （1806）（保留属名）”。无患子科 Sapindaceae 的“Cussambium Buch. -Ham. ，Mem. Wern. Soc. v. II. （1826）356 = Schleichera Willd. （1806）（保留属名）”亦应废弃。【分布】印度至马来西亚。【模式】Schleichera trijuga Willdenow。【参考异名】Cassumbium Benth. et Hook. f. （1862）；Conghas Wall. （1847）Nom. inval. ；Conghas Wall. ex Hiern；Cussambium Buch. -Ham. （1826）Nom. illegit. （废弃属名）；Cussambium Lam. （1786）（废弃属名）；Koon Gaert. （1791）；Koon Miers ●☆

46243　Schleidenia Endl. （1839） Nom. illegit. ≡ Preslaea Mart. （1827）Nom. illegit. ；~ = Heliotropium L. （1753）［紫草科 Boraginaceae//天芥菜科 Heliotropiaceae］●■

46244　Schleinitzia Warb. （1891）Nom. inval. ≡ Schleinitzia Warb. ex Nevling et Niezgoda（1978）［豆科 Fabaceae（Leguminosae）//含羞草科 Mimosaceae］■☆

46245　Schleinitzia Warb. ex Nevling et Niezgoda（1978）【汉】异牧豆树属。【隶属】豆科 Fabaceae（Leguminosae）//含羞草科 Mimosaceae。【包含】世界 3-4 种。【学名诠释与讨论】〈阴〉（人）Georg von Schleinitz，德国首任驻新几内亚岛总督。此属的学名，ING 记载是“Schleinitzia Warburg ex L. I. Nevling et C. J. Niezgoda，Adansonia ser. 2. 18：356. 28 Dec 1978”。IK 则记载为“Schleinitzia Warb. ，Bot. Jahrb. Syst. 13（3-4）：336. 1891 ［20 Mar 1891］”。【分布】印度尼西亚（马鲁古群岛）至法属波利尼

西亚(塔希提岛)。【模式】Schleinitzia novoguineensis(Warburg) L. I. Nevling et C. J. Niezgoda[Piptadenia novoguineensis Warburg[as 'novo-guineensis']]。【参考异名】Schleinitzia Warb. (1891)Nom. inval. ■☆

46246 Schleranthus Bertol. (1850)Nom. illegit. [醉人花科(裸果木科)Illecebraceae]☆

46247 Schleranthus L. (1753)Nom. illegit. ≡Scleranthus L. (1753) [醉人花科(裸果木科)Illecebraceae]■☆

46248 Schlerochloa Parl. (1845)=Sclerochloa P. Beauv. (1812)[禾本科 Poaceae(Gramineae)]■

46249 Schleropelta Buckley(1866)=Hilaria Kunth(1816)[禾本科 Poaceae(Gramineae)]☆

46250 Schliebenia Mildbr. (1934)=Isoglossa Oerst. (1854)(保留属名)[爵床科 Acanthaceae]■★

46251 Schlimia Planch. et Linden(1852)Nom. illegit. ≡Schlimmia Planch. et Linden(1852)[兰科 Orchidaceae]■☆

46252 Schlimia Regel(1875)Nom. illegit. =Lisianthius P. Browne (1756)[龙胆科 Gentianaceae]■☆

46253 Schlimmia Planch. et Linden ex Linden(1852)Nom. illegit. ≡ Schlimmia Planch. et Linden(1852)[兰科 Orchidaceae]■☆

46254 Schlimmia Planch. et Linden(1852)【汉】施利兰属。【隶属】兰科 Orchidaceae。【包含】世界 7 种。【学名诠释与讨论】〈阴〉(人)Louis Joseph Schlim,比利时人,植物采集家。此属的学名,ING 记载是"Schlimmia Planchon et Linden in Linden,Prix-Courant 7, 1852"。IK 记载为"Schlimia Planch. et Linden,Établ. Linden, Prix-Courant 7:5. 1852"。TROPICOS 则记载为"Schlimmia Planch. et Linden ex Linden,Prix-Courant 7,1852"。此属名称在发表时拼写为"Schlimmia",是为了纪念"比利时植物学者 Louis Joseph Schlim"。原作者后来发现拼写有误,自己订正为"Schlimia"。但是作为属名,只有《国际植物命名法规》才有权改正。即便是原作者的订正,如果法规未认可,也是无效的。龙胆科 Gentianaceae 的"Schlimia Regel,Trudy Imp. S. -Peterburgsk. Bot. Sada 3(2):285. 1875 =Lisianthius P. Browne(1756)"是晚出的非法名称。【分布】秘鲁,玻利维亚,厄瓜多尔,哥伦比亚,安第斯山。【模式】不详。【参考异名】Schlimia Planch. et Linden (1852)Nom. illegit. ;Schlimmia Planch. et Linden ex Linden (1852)Nom. illegit. ■☆

46255 Schlosseria Ellis(1821)=Styrax L. (1753)[安息香科(齐墩果科,野茉莉科)Styracaceae]●

46256 Schlosseria Garden(1821)Nom. illegit. [棕榈科 Arecaceae (Palmae)]☆

46257 Schlosseria Mill. ex Steud. (1841)Nom. illegit. =Coccoloba P. Browne(1756)[as 'Coccolobis'](保留属名)[蓼科 Polygonaceae]●

46258 Schlosseria Vuk. (1857)Nom. illegit. =Peucedanum L. (1753) [伞形花科(伞形科)Apiaceae(Umbelliferae)]■

46259 Schluckebieria Braem(2004)=Cattleya Lindl. (1821)[兰科 Orchidaceae]■

46260 Schlumbergera E. Morren(1883)Nom. illegit.)= Schlumbergeria E. Morren(1878)Nom. illegit. ;~=Guzmania Ruiz et Pav. (1802[凤梨科 Bromeliaceae]■☆

46261 Schlumbergera Lem. (1858)【汉】仙人指属(蟹爪属,蟹足霸王树属)。【日】シュルンベルゲラ属。【俄】Шлюмбергерия。【英】Christmas Cactus, Crab Cactus。【隶属】仙人掌科 Cactaceae。【包含】世界 2-6 种,中国 2 种。【学名诠释与讨论】〈阴〉(人)Frederic Schlumberger,1823-1893,植物学者,园艺学者。【分布】巴西,玻利维亚,中国,中美洲。【模式】Schlumbergera

epiphylloides Lemaire, Nom. illegit. [Epiphyllum russellianum W. J. Hooker; Schlumbergera russelliana(W. J. Hooker)Britton et Rose]。【参考异名】Epiphyllanthus A. Berger(1905);Epiphyllum Pfeiff. (1837)Nom. illegit. ; Opuntiopsis Knebel; Schlumbergia Lem. (1858); Zygocactus K. Schum. (1890); Zygocereus Frič et Kreuz. (1935)Nom. illegit. ●

46262 Schlumbergeria E. Morren(1878)Nom. illegit. =Guzmania Ruiz et Pav. (1802)[凤梨科 Bromeliaceae]■☆

46263 Schlumbergia Lem. (1858)=Schlumbergera Lem. (1858)[仙人掌科 Cactaceae]●

46264 Schmalhausenia C. Winkl. (1892)【汉】虎头蓟属。【俄】Шмальгаузения。【英】Tigerheadthistle Schmalhausenia。【隶属】菊科 Asteraceae(Compositae)。【包含】世界 1 种,中国 1 种。【学名诠释与讨论】〈阴〉(人)Johannes Theodor Schmalhausen,1849-1894,俄罗斯植物学者。【分布】中国,亚洲中部。【模式】Schmalhausenia eriophora(Regel et Schmalhausen)C. Winkler [Cousinia eriophora Regel et Schmalhausen]。【参考异名】Renardia (Regel et Schmalh.)Kuntze ■★

46265 Schmaltzia Desv. , Nom. illegit. =Rhus L. (1753)[漆树科 Anacardiaceae]●

46266 Schmaltzia Desv. ex Small(1903)Nom. illegit. ≡Lobadium Raf. (1819);~=Rhus L. (1753)[漆树科 Anacardiaceae]●

46267 Schmaltzia Desv. ex Steud. (1841)Nom. inval. =Rhus L. (1753)[漆树科 Anacardiaceae]●

46268 Schmaltzia Steud. (1841)Nom. illegit. =Schmaltzia Desv. ex Small(1903)Nom. illegit. ;~=Schmalzia Desv. ex DC. (1825) Nom. illegit. ;~=Rhus L. (1753)[漆树科 Anacardiaceae]●

46269 Schmalzia Desv. ex DC. (1825)Nom. illegit. =Rhus L. (1753)[漆树科 Anacardiaceae]●

46270 Schmardaea H. Karst. (1861)【汉】施马栋属。【隶属】栋科 Meliaceae。【包含】世界 1 种。【学名诠释与讨论】〈阴〉(人)Ludwig K. Schmarda,植物学者。【分布】秘鲁,厄瓜多尔,哥伦比亚(安蒂奥基亚)。【模式】Schmardaea nobilis G. K. W. H. Karsten。【参考异名】Eleutheria Triana et Planch. ; Elutheria M. Roem. (1846)Nom. illegit. (废弃属名)●☆

46271 Schmidelia Boehm. (1760)Nom. illegit. ≡Calophyllum L. (1753);~=Ehretia P. Browne(1756)[紫草科 Boraginaceae//破布木科(破布树科)Cordiaceae//厚壳树科 Ehretiaceae]●

46272 Schmidelia L. (1767)Nom. illegit. =Allophylus L. (1753)[无患子科 Sapindaceae]●

46273 Schmidia Wight(1852)=Thunbergia Retz. (1780)(保留属名) [爵床科 Acanthaceae//老鸦嘴科(山牵牛科,老鸦咀科) Thunbergiaceae]●■

46274 Schmidtia Moench(1802)(废弃属名)=Tolpis Adans. (1763) [菊科 Asteraceae(Compositae)]●■☆

46275 Schmidtia Sieber(1813)Nom. illeg. (废弃属名)[石竹科 Caryophyllaceae]■☆

46276 Schmidtia Steud. (1852)Nom. illegit. (废弃属名)≡Schmidtia Steud. ex J. A. Schmidt(1852)(保留属名)[禾本科 Poaceae (Gramineae)]■☆

46277 Schmidtia Steud. ex J. A. Schmidt(1852)(保留属名)【汉】丛林草属。【隶属】禾本科 Poaceae(Gramineae)。【包含】世界 2-5 种。【学名诠释与讨论】〈阴〉(人)Johann Anton Schmidt,1823-1905,德国植物学者,教授,植物采集家。此属的学名"Schmidtia Steud. ex J. A. Schmidt,Beitr. Fl. Cap Verd. Ins. ;144. 1 Jan-13 Feb 1852"是保留属名。相应的废弃属名是菊科 Asteraceae 的"Schmidtia Moench, Suppl. Meth. ;217. 2 Mai 1802 = Tolpis

Adans. (1763)"。石竹科 Caryophyllaceae 的"Schmidtia Sieber, Hesperus 1:67. 1813［Feb 1813］",禾本科 Poaceae(Gramineae) 的"Schmidtia Steud. (1852) Nom. illegit.（废弃属名）≡ Schmidtia Steud. ex J. A. Schmidt(1852)（保留属名)"和 "Schmidtia Tratt., Fl. Österr. Kaiserth. 1:12, t. 451. 1816 ≡ Coleanthus Seidl(1817)（保留属名)"亦应废弃。"Antoschmidtia Boissier, Fl. Orient. 5:559. Apr 1884"是"Schmidtia Steud. ex J. A. Schmidt(1852)（保留属名)"的晚出的同模式异名(Homotypic synonym, Nomenclatural synonym)。"Wilibalda Sternberg ex A. W. Roth, Enum. 1(1):92. Oct-Dec 1827"是"Schmidtia Tratt. (1816) Nom. illeg.（废弃属名)"和"Coleanthus W. B. Seidl (1817)"的晚出的同模式异名。【分布】佛得角,热带和非洲南部。【模式】Schmidtia pappophoroides Steudel ex J. A. Schmidt。【参考异名】Antoschmidtia Boiss. (1884) Nom. illegit.; Antoschmidtia Steud. (1854) Nom. illegit.（废弃属名); Schmidtia Steud. (1852) Nom. illegit.（废弃属名)■☆

46278 Schmidtia Tratt. (1816) Nom. illeg.（废弃属名)≡ Coleanthus Seidl(1817)（保留属名)［禾本科 Poaceae(Gramineae)］■

46279 Schmidtottia Urb. (1923)【汉】施米茜属。【隶属】茜草科 Rubiaceae。【包含】世界 15 种。【学名诠释与讨论】〈阴〉（人) Otto Christian Schmidt,1900-1951,德国植物学者,生药学教授。【分布】古巴。【模式】Schmidtottia monantha Urban ●☆

46280 Schmiedelia Murr. (1774) = Schmidelia L. (1767) Nom. illegit.; ~ = Allophylus L. (1753)［无患子科 Sapindaceae］●

46281 Schmiedtia Raf. (1840) Nom. illegit.（废弃属名)= Schmidtia Tratt. (1816)（废弃属名); ~ = Coleanthus Seidl(1817)（保留属名)［禾本科 Poaceae(Gramineae)］■

46282 Schnabelia Hand. -Mazz. (1924)【汉】四棱草属。【英】Schnabelia。【隶属】马鞭草科 Verbenaceae//唇形科 Lamiaceae (Labiatae)。【包含】世界 2 种,中国 2 种。【学名诠释与讨论】〈阴〉（人) Schnabel。【分布】中国。【模式】Schnabelia oligophylla Handel-Mazzetti。【参考异名】Chienodoxa Y. Z. Sun(1951)■●★

46283 Schnarfia Speta(1998)【汉】施纳风信子属。【隶属】风信子科 Hyacinthaceae。【包含】世界 2 种。【学名诠释与讨论】〈阴〉（希) Karl Schnarf, 1879-1947, 植物学者。【分布】阿尔巴尼亚。【模式】不详■☆

46284 Schnella Raddi(1820) = Bauhinia L. (1753)［豆科 Fabaceae (Leguminosae)//云实科（苏木科) Caesalpiniaceae//羊蹄甲科 Bauhiniaceae］●

46285 Schnittspahnia Rchb. (1841) Nom. inval. = Mitrella Miq. (1865); ~ = Polyalthia Blume(1830)［番荔枝科 Annonaceae］●

46286 Schnittspahnia Sch. Bip. (1842) = Landtia Less. (1832)［菊科 Asteraceae(Compositae)］■☆

46287 Schnitzleinia Steud. ex Walp. (1852) Nom. illegit. ≡ Schnitzleinia Walp. (1852); ~ = Schnizleinia Steud. ex Hochst. (1844) Nom. illegit.; ~ = Vellozia Vand. (1788)［石蒜科 Amaryllidaceae//翡若翠科（巴西蒜科,尖叶棱枝草科,尖叶鳞枝科) Velloziaceae］■☆

46288 Schnitzleinia Walp. (1852) = Schnizleinia Steud. ex Hochst. (1844) Nom. illegit.; ~ = Vellozia Vand. (1788)［石蒜科 Amaryllidaceae//翡若翠科（巴西蒜科,尖叶棱枝草科,尖叶鳞枝科) Velloziaceae］■☆

46289 Schnizleinia Mart. ex Engl. (1872) Nom. illegit. = Emmotum Desv. ex Ham. (1825)［茶茱萸科 Icacinaceae］●☆

46290 Schnizleinia Steud. (1840) Nom. inval. = Boissiera Hochst. ex Steud. (1840)［禾本科 Poaceae(Gramineae)］■

46291 Schnizleinia Steud. (1841) = Trochiscanthes W. D. J. Koch (1824)［伞形花科（伞形科) Apiaceae(Umbelliferae)］■☆

46292 Schnizleinia Steud. ex Hochst. (1844) Nom. illegit. = Vellozia Vand. (1788)［石蒜科 Amaryllidaceae//翡若翠科（巴西蒜科,尖叶棱枝草科,尖叶鳞枝科) Velloziaceae］■☆

46293 Schobera Scop. (1777) = Heliotropium L. (1753)［紫草科 Boraginaceae//天芥菜科 Heliotropiaceae］●■

46294 Schoberia C. A. Mey. (1829) = Suaeda Forssk. ex J. F. Gmel. (1776)（保留属名)［藜科 Chenopodiaceae］●■

46295 Schoberia C. A. Mey. ex Ledeb. (1829) Nom. illegit. ≡ Schoberia C. A. Mey. (1829); ~ = Suaeda Forssk. ex J. F. Gmel. (1776)（保留属名)［藜科 Chenopodiaceae］●■

46296 Schoebera Neck. (1790) Nom. inval. = Heliotropium L. (1753); ~ = Schobera Scop. (1777)［紫草科 Boraginaceae//天芥菜科 Heliotropiaceae］●■

46297 Schoedonardus Scribn. = Schedonnardus Steud. (1850)［禾本科 Poaceae(Gramineae)］■☆

46298 Schoenanthus Adans. (1763) Nom. illegit. ≡ Ischaemum L. (1753)［禾本科 Poaceae(Gramineae)］■

46299 Schoenefeldia Kunth(1829)【汉】苇禾属。【隶属】禾本科 Poaceae(Gramineae)。【包含】世界 2 种。【学名诠释与讨论】〈阴〉（人) Wladimir de Schoenefeld(Schoe-nfeld), 1816-1875, 德国植物学者, Adr. de Jussieu 的学生。此属的学名, ING、TROPICOS 和 IK 记载是"Schoenefeldia Kunth, Révis. Gramin. 283. t. 53(1830)"。"Schoenfeldia Edgew., J. Asiat. Soc. Bengal 21(2):183. 1852"是"Schoenefeldia Kunth(1829)"的拼写变体。【分布】巴基斯坦,马达加斯加,热带非洲,亚洲。【模式】Schoenefeldia gracilis Kunth。【参考异名】Schoenfeldia Edgew. (1852) Nom. illegit. ■☆

46300 Schoenfeldia Edgew. (1852) Nom. illegit. ≡ Schoenefeldia Kunth(1829)［禾本科 Poaceae(Gramineae)］■☆

46301 Schoenia Steetz(1845)【汉】粉苞鼠麹草属。【隶属】菊科 Asteraceae(Compositae)。【包含】世界 3-5 种。【学名诠释与讨论】〈阴〉（人) Johann(es) Matthias Albrecht Schoen, 德国医生, 植物插图画家, Joachim Steetz(1804-1862)的朋友。【分布】澳大利亚（温带)。【模式】Schoenia oppositifolia Steetz。【参考异名】Xanthochrysum Turcz. (1851)■☆

46302 Schoenidium Nees(1834) = Ficinia Schrad. (1832)（保留属名)［莎草科 Cyperaceae］■☆

46303 Schoenissa Salisb. (1866) = Allium L. (1753)［百合科 Liliaceae//葱科 Alliaceae］■☆

46304 Schoenlandia Cornu(1896) = Cyanastrum Oliv. (1891)［蓝星科 Cyanastraceae//蒂可花科（百鸢科,基叶草科) Tecophilaeaceae］■☆

46305 Schoenleinia Klotzsch ex Lindl. (1847) Nom. illegit. = Ponthieva R. Br. (1813)［兰科 Orchidaceae］■☆

46306 Schoenleinia Klotzsch(1843) Nom. inval. = Bathysa C. Presl (1845)［茜草科 Rubiaceae］■☆

46307 Schoenobiblos Endl. (1837) Nom. illegit. ≡ Schoenobiblus Mart. (1824)［瑞香科 Thymelaeaceae］●☆

46308 Schoenobiblos Spach (1841) Nom. illegit. ≡ Schoenobiblus Mart. (1824)［瑞香科 Thymelaeaceae］●☆

46309 Schoenobiblus Mart. (1824)【汉】热美瑞香属。【隶属】瑞香科 Thymelaeaceae。【包含】世界 8 种。【学名诠释与讨论】〈阳〉（希) schoinos, 灯心草, 芦苇。schoinis, 所有格 schoinidos, 绳, 索。schoininos, 灯心草做的 + biblos 树皮, 书; biblion, 一张纸, 一卷。此属的学名, ING 和 IK 记载是"Schoenobiblus Mart., Nov. Gen. Sp. Pl. (Martius) 1(3):65. 1824［1 Oct 1824］"。

"Schoenobiblus Mart. et Zucc.（1824）≡ Schoenobiblus Mart.（1824）"的命名人引证有误。"Schoenobiblos Spach , Histoire Naturelle des Végétaux. Phanérogames 10：436. 1841"和"Schoenobiblos Endl. , Gen. Pl.［Endlicher］330. 1837［Dec 1837］"是"Schoenobiblus Mart.（1824"的拼写变体。【分布】巴拿马,秘鲁,玻利维亚,厄瓜多尔,哥伦比亚(安第奥基亚),西印度群岛,热带南美洲,中美洲。【模式】Schoenobiblus daphnoides C. F. P. Martius。【参考异名】Schoenobiblos Endl.（1837）Nom. illegit. ; Schoenobiblos Spach（1841）Nom. illegit. ; Schoenobiblus Mart. et Zucc.（1824）Nom. illegit. ●☆

46310　Schoenobiblus Mart. et Zucc.（1824）Nom. illegit. ≡ Schoenobiblus Mart.（1824）［瑞香科 Thymelaeaceae］●☆

46311　Schoenocaulon A. Gray(1837)【汉】苇茎百合属(沙巴草属)。【俄】Сабалла。【英】Sabadilla。【隶属】百合科 Liliaceae//黑药花科(藜芦科)Melanthiaceae。【包含】世界10种。【学名诠释与讨论】〈阴〉(希)schoinos,灯心草,芦苇+kaulon,茎。此属的学名,ING 和 IK 记载是"Schoenocaulon A. Gray, Ann. Lyceum Nat. Hist. New York 4：127. 1837"。"Skoinolon Rafinesque, Fl. Tell. 4：27. 1838（med.）（'1836'）"是"Schoenocaulon A. Gray（1837）"的晚出的同模式异名(Homotypic synonym, Nomenclatural synonym)。【分布】哥斯达黎加,美国(佛罗里达)至秘鲁,尼加拉瓜,中美洲。【模式】Schoenocaulon gracile A. Gray, Nom. illegit.［Helonias dubia A. Michaux; Schoenocaulon dubium（A. Michaux)Small］。【参考异名】Asagraea Lindl.（1839）; Sabadilla Brandt et Ratzeb.（1837）; Skoinolon Raf.（1838）Nom. illegit. ■☆

46312　Schoenocephalium Seub.（1847）【汉】芦头草属。【隶属】偏穗草科(雷巴第科,瑞碑题雅科)Rapateaceae。【包含】世界5种。【学名诠释与讨论】〈中〉(希)schoinos,灯心草,芦苇+kephale,头+-ius,-ia,-ium,在拉丁文和希腊文中,这些词尾表示性质或状态。【分布】哥伦比亚,委内瑞拉。【后选模式】Schoenocephalium martianum Seubert ■☆

46313　Schoenochlaena Post et Kuntze（1903）= Schoenolaena Bunge（1845）［伞形花科(伞形科)Apiaceae(Umbelliferae)］■☆

46314　Schoenocrambe Greene(1896)【汉】苇节荠属(灯心草两节荠属)。【隶属】十字花科 Brassicaceae(Cruciferae)。【包含】世界4种。【学名诠释与讨论】〈阴〉(希)schoinos,灯心草,芦苇+(属)Crambe 两节荠属。此属的学名是"Schoenocrambe E. L. Greene, Pittonia 3：124. 16 Dec 1896"。亦有文献把其处理为"Sisymbrium L.（1753）"的异名。【分布】墨西哥(北部),北美洲西部。【模式】Schoenocrambe linifolia（Nuttall）E. L. Greene［Nasturtium linifolium Nuttall］。【参考异名】Hesperidanthus（B. L. Rob.）Rydb.（1907）; Hesperidanthus Rydb.（1907）Nom. illegit. ; Sisymbrium L.（1753）■☆

46315　Schoenodendron Engl.（1910）= Microdracoides Hua(1906)［莎草科 Cyperaceae］■☆

46316　Schoenodorus Roem. et Schult.（1817）Nom. illegit. = Festuca L.（1753）; ~ = Schedonorus P. Beauv.（1812）［禾本科 Poaceae(Gramineae)//羊茅科 Festucaceae］■☆

46317　Schoenodum Labill.（1806）(废弃属名)= Leptocarpus R. Br.（1810）(保留属名); ~ = Lyginia R. Br.（1810）(保留属名)+ Leptocarpus R. Br.（1810）(保留属名)［帚灯草科 Restionaceae］■

46318　Schoenoides Seberg（1986）= Oreobolus R. Br.（1810）［莎草科 Cyperaceae］■☆

46319　Schoenolaena Bunge(1845)【汉】苇被草属。【隶属】伞形花科(伞形科)Apiaceae(Umbelliferae)。【包含】世界2种。【学名诠释与讨论】〈阴〉(希)schoinos,灯心草,芦苇+laina = chlaine = 拉丁文 laena,外衣,衣服。指苞片。【分布】澳大利亚(西部)。【后

选模式】Schoenolaena juncea Bunge。【参考异名】Schaenolaena Lindl.（1847）; Schoenochlaena Post et Kuntze(1903)■☆

46320　Schoenolirion Durand（1855）Nom. illegit.（废弃属名）≡ Schoenolirion Torr.（1855）(保留属名)［百合科 Liliaceae//风信子科 Hyacinthaceae］■☆

46321　Schoenolirion Torr.（1855）(保留属名)【汉】舒安莲属(灯心草百合属)。【英】Rush-lily。【隶属】百合科 Liliaceae//风信子科 Hyacinthaceae。【包含】世界3种。【学名诠释与讨论】〈阴〉(希)schoinos,灯心草,芦苇+lirion,白百合。此属的学名"Schoenolirion Torr. in E. M. Durand, Pl. Pratten. Calif. ：103. Aug 1855"是保留属名。相应的废弃属名是"Amblostima Raf. , Fl. Tellur. 2：26. Jan-Mar 1837"。"Schoenolirion Torr. ex Durand（1855）≡ Schoenolirion Torr.（1855）(保留属名)"和"Schoenolirion Durand(1855)≡ Schoenolirion Torr.（1855）(保留属名)"的命名人引证有误,亦应废弃。【分布】美国。【模式】Schoenolirion croceum（Michaux）A. Gray［Phalangium croceum Michaux］。【参考异名】Amblostima Raf.（1837）(废弃属名); Amblystigma Post et Kuntze（1903）Nom. illegit. ; Hastingsia S. Watson（1879）; Oxytria Raf.（1837）(废弃属名); Schoenolirion Durand(1855)Nom. illegit.（废弃属名); Schoenolirion Torr. ex Durand(1855)Nom. illegit.（废弃属名)■☆

46322　Schoenolirion Torr. ex Durand(1855)Nom. illegit.（废弃属名）≡ Schoenolirion Torr.（1855）(保留属名)［百合科 Liliaceae//风信子科 Hyacinthaceae］■☆

46323　Schoenomorphus Thorel ex Gagnep.（1933）= Tropidia Lindl.（1833）［兰科 Orchidaceae］■

46324　Schoenoplectiella Lye（2003）【汉】类莞属。【隶属】莎草科 Cyperaceae。【包含】世界48种。【学名诠释与讨论】〈阴〉(属)Schoenoplectus 拟莞属+-ellus,-ella,-ellum,加在名词词干后面形成指小式的词尾。或加在人名、属名等后面以组成新属的名称。【分布】马达加斯加,非洲。【模式】Schoenoplectiella articulata（Linnaeus）K. A. Lye［Scirpus articulatus Linnaeus］■☆

46325　Schoenoplectus(Rchb.）Palla（1888）(保留属名)【汉】拟莞属(湖边藨草属,水葱属,萤属)。【英】Club-rush, Naked-stemmed Bulrushes, Schoenoplecte, Scirpes。【隶属】莎草科 Cyperaceae。【包含】世界50-130种,中国20种。【学名诠释与讨论】〈阴〉(希)schoinos,灯心草,芦苇。schoinis,所有格 schoinidos,绳,索。schoininos,灯心草做的+plektos,折叠。此属的学名"Schoenoplectus（Rchb.）Palla in Verh. K. K. Zool. - Bot. Ges. Wien 38（Sitzungsber.）：49. 1888"是保留属名,由"Scirpus subgen. Schoenoplectus Rchb. ,Icon. Fl. Germ. Helv. ：8：40. 1846"改级而来。相应的废弃属名是莎草科 Cyperaceae 的"Heleophylax P. Beauv. ex T. Lestib. ,Essai Cypér. ：41. 29 Mar 1819 = Schoenoplectus（Rchb.）Palla（1888）(保留属名)"和"Elytrospermum C. A. Mey. in Mém. Acad. Imp. Sci. St. - Pétersbourg Divers Savans 1：200. Oct 1831 = Schoenoplectus（Rchb.）Palla（1888）(保留属名)"。"Schoenoplectus Palla（1888）≡ Schoenoplectus（Rchb.）Palla（1888）(保留属名)"的命名人引证有误,亦应废弃。"Scirpus subgen. Schoenoplectus Rchb.（1846）"曾被处理为"Scirpus sect. Schoenoplectus（Rchb.）Beetle, American Journal of Botany 30：395. 1943"。亦有文献把"Schoenoplectus（Rchb.）Palla（1888）(保留属名)"处理为"Scirpus L.（1753）(保留属名)"的异名。【分布】巴基斯坦,巴拉圭,玻利维亚,厄瓜多尔,哥斯达黎加,马达加斯加,美国(密苏里),尼加拉瓜,中国,北温带,中美洲。【模式】Schoenoplectus lacustris（Linnaeus）Palla［Scirpus lacustris Linnaeus］。【参考异名】Elytrospermum C. A. Mey.（1830）(废弃属名); Heleophylax

P. Beauv. ex T. Lestib. (1819)(废弃属名);Schoenoplectus Palla (1888)Nom. illegit. (废弃属名);Scirpus L. (1753)(保留属名);Scirpus sect. Schoenoplectus (Rchb.) Beetle (1943);Scirpus subgen. Schoenoplectus Rchb. (1846)■

46326 Schoenoplectus Palla (1888) Nom. illegit. (废弃属名) ≡ Schoenoplectus (Rchb.) Palla (1888)(保留属名)[莎草科 Cyperaceae]■

46327 Schoenoprasum Kunth (1816) = Allium L. (1753)[百合科 Liliaceae//葱科 Alliaceae]■

46328 Schoenopsis P. Beauv. (1819) Nom. illegit. ≡ Schoenopsis P. Beauv. ex Lestib. (1819);~ = Tetraria P. Beauv. (1816)[莎草科 Cyperaceae]■☆

46329 Schoenopsis P. Beauv. ex Lestib. (1819) = Tetraria P. Beauv. (1816)[莎草科 Cyperaceae]■☆

46330 Schoenorchis Blume(1825)【汉】匙唇兰属(莞兰属,芦兰属)。【日】ショエノルキス属。【英】Schoenorchis。【隶属】兰科 Orchidaceae。【包含】世界 24 种,中国 3-4 种。【学名诠释与讨论】〈阴〉(希)schoinos,灯心草,芦苇+orchis,原义是睾丸,后变为植物兰的名称,因为根的形态而得名。变为拉丁文 orchis,所有格 orchidis。此属的学名,ING 和 APNI 记载是"Schoenorchis Blume,Bijdr. 361. 20 Sep~7 Dec 1825"。"Schoenorchis Reinw.,Cat. Gew. Buitenzorg (Blume) 100 (1823),nomen;Blume,Bijdr. 361(1825) ≡ Schoenorchis Blume(1825)"是一个未合格发表的名称(Nom. inval.)。【分布】斐济,印度至马来西亚,中国,所罗门群岛。【后选模式】Schoenorchis juncifolia Blume。【参考异名】Schoenorchis Reinw. (1825)Nom. inval.■

46331 Schoenorchis Reinw. (1825) Nom. inval. ≡ Schoenorchis Blume (1825)[兰科 Orchidaceae]■

46332 Schoenoselinum Jim. Mejías et P. Vargas(2015)【汉】摩洛哥蛇床属。【隶属】伞形花科(伞形科)Apiaceae(Umbelliferae)。【包含】世界 1 种。【学名诠释与讨论】〈阴〉(希)schoinos,灯心草,芦苇+(属)Selinum 亮蛇床属(滇前胡属)。【分布】摩洛哥。【模式】Schoenoselinum foeniculoides (Maire et Wilczek) Jim. Mejías et P. Vargas [Anethum foeniculoides Maire et Wilczek]☆

46333 Schoenoxiphium Nees(1832)【汉】剑苇莎属。【隶属】莎草科 Cyperaceae。【包含】世界 12 种。【学名诠释与讨论】〈中〉(希)schoinos,灯心草,芦苇+xiphos,剑+-ius,-ia,-ium,在拉丁文和希腊文中,这些词尾表示性质或状态。【分布】马达加斯加,印度尼西亚(苏门答腊岛),非洲南部,亚洲中部。【模式】Schoenoxiphium capense C. G. D. Nees,Nom. illegit. [Schoenus lanceus Thunberg]。【参考异名】Archaeocarex Börner(1913)■☆

46334 Schoenus L. (1753)【汉】赤箭莎属(笺草属,舒安属)。【日】ノグサ属。【俄】Очерёт,Схенус。【英】Blackhead Sedge,Bog Rush,Bogrush,Bog-rush。【隶属】莎草科 Cyperaceae。【包含】世界 85-100 种,中国 4 种。【学名诠释与讨论】〈阳〉(希)schoinos,灯心草,芦苇。schoinis,所有格 schoinidos 绳,索。指其形态与灯心草相似。此属的学名,ING、APNI、GCI 和 IK 记载是"Schoenus L.,Sp. Pl. 1:42. 1753 [1 May 1753]"。"Mariscus J. Gaertner,Fruct. 1:11. Dec 1788 [non Scopoli 1754(废弃属名),nec Vahl 1805(nom. cons.)]"和"Melanoschoenos Séguier,Pl. Veron. 3:70. Jul-Dec 1754"是"Schoenus L. (1753)"的晚出的同模式异名(Homotypic synonym,Nomenclatural synonym)。【分布】澳大利亚,巴基斯坦,玻利维亚,马达加斯加,马来西亚,新西兰,中国,非洲南部,欧洲至亚洲中部,中美洲。【后选模式】Schoenus nigricans Linnaeus。【参考异名】Adupla Bosc ex Juss. (1804) Nom. illegit.;Adupla Bosc(1805)Nom. inval.;Chaetospora R. Br. (1810);Choetophora Franch. et Sav. (1879);Cyclocampe Steud.

(1855);Cyclocarpa Miq. (1855)Nom. illegit.;Gymnochaeta Steud. (1855);Gymnochaete Benth. et Hook. f. (1883)Nom. illegit.;Helothrix Nees (1840);Isoschoenus Nees (1840);Leiophyllum Ehrh. (1789)Nom. inval.;Lepidosperma Schrad.;Lepidospora (F. Muell.) F. Muell. (1883);Lepidospora F. Muell. (1875)Nom. illegit.;Lophocarpus Boeck. (1896)Nom. illegit.;Mariscus Ehrh. (废弃属名);Mariscus Gaertn. (1788) Nom. illegit. (废弃属名);Mariscus Scop. (1754)(废弃属名);Melanoschoenos Ség. (1754)Nom. illegit.;Neolophocarpus E. G. Camus (1912);Phaeocephalum Ehrh. (1789) Nom. inval.;Phaeocephalum Ehrh. ex House(1920)Nom. illegit.;Ptilanthelium Steud. (1855);Schaenus Gouan(1765);Streblidia Link(1827)■

46335 Schoepfia Schreb. (1789)【汉】青皮木属(香芙木属)。【日】ボロボロノキ属。【英】Greentwig,Grey Twig,Greytwig,Grey-twig,Schoepfia。【隶属】铁青树科 Olacaceae//青皮木科(香芙木科)Schoepfiaceae//山龙眼科 Proteaceae。【包含】世界 23-40 种,中国 4 种。【学名诠释与讨论】〈阴〉(人)Johann David Schoepf,1752-1800,德国植物学者,医生,博物学者。【分布】巴拿马,秘鲁,玻利维亚,厄瓜多尔,尼加拉瓜,中国,中美洲。【模式】Schoepfia schreberi J. F. Gmelin。【参考异名】Codonium Vahl;Diplocalyx A. Rich. (1850) Nom. illegit.;Diplocalyx A. Rich. (1853);Haenckea Juss. (1821);Haenkea Ruiz et Pav. (1802) Nom. illegit. (废弃属名);Ribeirea Allemão (1864) Nom. illegit.;Schoepfiopsis Miers(1878)●

46336 Schoepfiaceae Blume(1850)[亦见 Olacaceae R. Br. (保留科名)铁青树科]【汉】青皮木科(香芙木科)。【包含】世界 1 属 23-40 种,中国 1 属 4 种。【分布】热带。【科名模式】Schoepfia Schreb. (1789)●

46337 Schoepfianthus Engl. ex De Wild. (1907) = Ongokea Pierre (1897)[铁青树科 Olacaceae]●☆

46338 Schoepfiopsis Miers(1878) = Schoepfia Schreb. (1789)[铁青树科 Olacaceae//青皮木科(香芙木科)Schoepfiaceae//山龙眼科 Proteaceae]●

46339 Scholera Hook. f. (1883)Nom. inval. ,Nom. illegit. =Schollia J. Jacq. (1811)Nom. illegit.;~ =Hoya R. Br. (1810)[萝藦科 Asclepiadaceae]●

46340 Schollera Rohr(1792) Nom. illegit. ≡ Microtea Sw. (1788) [商陆科 Phytolaccaceae//美洲商陆科 Microteaceae]■☆

46341 Schollera Roth (1788) Nom. illegit. ≡ Oxycoccus Hill(1756)[杜鹃花科(欧石南科)Ericaceae//红莓苔子科 Oxycoccaceae//越橘科(乌饭树科)Vacciniaceae]●

46342 Schollera Schreb. (1791) Nom. illegit. = Heteranthera Ruiz et Pav. (1794)(保留属名)[雨久花科 Pontederiaceae//水星草科 Heterantheraceae]■☆

46343 Scholleropsis H. Perrier(1936)【汉】四裂雨久花属。【隶属】雨久花科 Pontederiaceae。【包含】世界 1 种。【学名诠释与讨论】〈阴〉(属)Schollera 斯霍勒花属+希腊文 opsis,外观,模样,相似。【分布】马达加斯加。【模式】Scholleropsis lutea H. Perrier de la Bâthie。【参考异名】Scolleropsis Hutch. ■☆

46344 Schollia J. Jacq. (1811) Nom. illegit. ≡ Hoya R. Br. (1810) [萝藦科 Asclepiadaceae]●

46345 Scholtzia Schauer(1843)【汉】肖尔桃金娘属(澳大利亚桃金娘属)。【隶属】桃金娘科 Myrtaceae。【包含】世界 15 种。【学名诠释与讨论】〈阴〉(人)Johann Eduard Heinrich Scholtz,1812-1859,德国植物学者,动物学者,医生。【分布】澳大利亚。【模式】Scholtzia obovata (A. P. de Candolle) Schauer [Baeckea obovata A. P. de Candolle]。【参考异名】Piptandra Turcz. (1862);

Pritzelia Schauer(1843)Nom. illegit. ●☆

46346 Schomburghia DC.(1838)Nom. illegit. ≡Geissopappus Benth. (1840)［菊科 Asteraceae(Compositae)］●■☆

46347 Schomburgkia Benth. et Hook. f.(1873)Nom. illegit. = Calea L.(1763);~ = Geissopappus Benth.(1840);~ = Schomburghia DC.(1838)Nom. illegit.［菊科 Asteraceae(Compositae)］●■☆

46348 Schomburgkia Lindl.(1838)【汉】熊保兰属。【日】ションバーキア属,ションバーグキア属。【隶属】兰科 Orchidaceae。【包含】世界 22-24 种。【学名诠释与讨论】〈阴〉(人)Robert Hermann Schomburgk,1804-1865,德国植物学者,旅行家。此属的学名,ING、TROPICOS、GCI 和 IK 记载是"Schomburgkia Lindl. , Sert. Orchid. t. 10. 1838［1 Apr 1838］"。"Schomburgkia Benth. et Hook. f. ,Gen. Pl.［Bentham et Hooker f.］2(1):396. 1873［7-9 Apr 1873］= Calea L.(1763)= Geissopappus Benth.(1840)= Schomburghia DC.(1838)Nom. illegit.［菊科 Asteraceae(Compositae)］"和"Schonlandia H. M. L. Bolus,Fl. Pl. South Africa 7:259. Apr 1927 ≡ Corpuscularia Schwantes(1926)［番杏科 Aizoaceae］"是晚出的非法名称。【分布】巴拿马,秘鲁,玻利维亚,厄瓜多尔,哥伦比亚(安蒂奥基亚),哥斯达黎加,墨西哥,尼加拉瓜,西印度群岛,热带南美洲,中美洲。【模式】Schomburgkia crispa Lindley。【参考异名】Laelia Lindl.(1831)(保留属名);Myrmecophila Rolfe(1917);Pseudolaelia Porto et Brade(1935)■☆

46349 Schonlandia L. Bolus(1927)Nom. illegit. ≡ Corpuscularia Schwantes(1926)［番杏科 Aizoaceae］●☆

46350 Schorigeram Adans.(1763)Nom. illegit. ≡ Tragia L.(1753)［大戟科 Euphorbiaceae］●

46351 Schortia E. Vilm.(1863)= Actinolepis DC.(1836)［菊科 Asteraceae(Compositae)］●■☆

46352 Schotia Jacq.(1787)(保留属名)【汉】豆木属。【俄】Шотия。【英】Boer Bean, Boer Beans, Kaffir Bean Tree。【隶属】豆科 Fabaceae(Leguminosae)。【包含】世界 4-5 种。【学名诠释与讨论】〈阴〉(人)Richard van der Schot, c. 1730-1819,荷兰博物学者。此属的学名"Schotia Jacq. in Collect. Bot. Spectantia (Vienna)1:93. Jan-Sep 1787"是保留属名。相应的废弃属名是豆科 Fabaceae 的"Theodora Medik. ,Theodora:16. 1786 ≡Schotia Jacq.(1787)(保留属名)"。此属的学名,ING 和 IK 记载是"Schotia Jacq. , Collectanea［Jacquin］1:93. 1787［Jan-Sep 1787］"。"Guillandinodes O. Kuntze, Rev. Gen. 1:190. 5 Nov 1891"和"Theodora Medikus,Theodora 16. 1786(废弃属名)"是"Schotia Jacq.(1787)(保留属名)"的晚出的同模式异名 (Homotypic synonym, Nomenclatural synonym)。【分布】巴基斯坦,热带和非洲南部。【模式】Schotia speciosa N. J. Jacquin, Nom. illegit.［Guajacum afrum Linnaeus;Schotia afra(Linnaeus)Thunberg］。【参考异名】Guillandinodes Kuntze(1891)Nom. illegit.;Omphalobium Jacq. ex DC. ,Nom. illegit.;Scotia Thtmb.(1798);Scottia Thunb.;Theodora Medik.(1786)(废弃属名)●☆

46353 Schotiaria(DC.)Kuntze = Griffonia Baill.(1865)［豆科 Fabaceae(Leguminosae)//云实科(苏木科)Caesalpiniaceae］■☆

46354 Schottariella P. C. Boyce et S. Y. Wong(2009)【汉】小舍特尔南星属。【隶属】天南星科 Araceae。【包含】世界 1 种。【学名诠释与讨论】〈阴〉(属)Schottarum 舍特尔南星属+-ellus,-ella,-ellum,加在名词词干后面形成指小式的词尾。或加在人名、属名等后面以组成新属的名称。【分布】加里曼丹岛。【模式】Schottariella mirifica P. C. Boyce et S. Y. Wong■☆

46355 Schottarum P. C. Boyce et S. Y. Wong(2008)【汉】舍特尔南星属。【隶属】天南星科 Araceae。【包含】世界 1 种。【学名诠释与讨论】〈中〉词源不详。此属的学名是"Schottarum P. C. Boyce et S. Y. Wong,Botanical Studies(Taipei)49(4):393-395,f. 1A-D,2A-E,. 2008.(Oct 2008)"。亦有文献把其处理为"Hottarum Bogner et Nicolson(1979)"的异名。【分布】加里曼丹岛。【模式】Schottarum sarikeense(Bogner et M. Hotta)P. C. Boyce et S. Y. Wong［Hottarum sarikeense Bogner et M. Hotta］。【参考异名】Hottarum Bogner et Nicolson(1979)■☆

46356 Schousbea Raf.(1814)Nom. inval. =Cacoucia Aubl.(1775);~ =Combretum Loefl.(1758)(保留属名);~ =Schousboea Willd.(1799)Nom. illegit.［使君子科 Combretaceae］●

46357 Schousboea Nicotra = Stipa L.(1753)［禾本科 Poaceae (Gramineae)//针茅科 Stipaceae］■

46358 Schousboea Schumach.(1827)Nom. illegit. = Alchornea Sw.(1788)［大戟科 Euphorbiaceae］●

46359 Schousboea Schumach. et Thonn.(1827)Nom. illegit. ≡ Schousboea Schumach.(1827)Nom. illegit. ;~ = Alchornea Sw.(1788)［大戟科 Euphorbiaceae］●

46360 Schousboea Willd.(1799)Nom. illegit. ≡ Cacoucia Aubl.(1775);~ = Combretum Loefl.(1758)(保留属名)［使君子科 Combretaceae］●

46361 Schoutenia Korth.(1848)【汉】萼椴属。【隶属】椴树科(椴科,田麻科)Tiliaceae。【包含】世界 8-9 种。【学名诠释与讨论】〈阴〉(人)Willem Corneliszoon Schouten,15677-1625,荷兰植物学者。【分布】加里曼丹岛,泰国,印度尼西亚(爪哇岛),小巽他群岛,中南半岛。【模式】Schoutenia ovata Korthals。【参考异名】Actinophora Wall.(1829)Nom. inval. ;Actinophora Wall. ex R. Br.(1852)Nom. illegit. ;Chartacalyx Maingay ex Mast.(1874)●☆

46362 Schoutensia Endl.(1833)= Pittosporum Banks ex Gaertn. (1788)(保留属名)［海桐花科(海桐科)Pittosporaceae］●

46363 Schouwia DC.(1821)(保留属名)【汉】沙蝗芥属。【隶属】十字花科 Brassicaceae(Cruciferae)。【包含】世界 1-2 种。【学名诠释与讨论】〈阴〉(人)Joakim(Joachim)Frederik Schouw,1789-1852,丹麦植物学者,教授,旅行家。此属的学名"Schouwia DC. in Mém. Mus. Hist. Nat. 7:244. 20 Apr 1821"是保留属名。法规未列出相应的废弃属名。但是"Schouwia Schrad. ,Gött. Gel. Anz. 1821(2):717.［5 May 1821］= Goethea Nees(1821)［锦葵科 Malvaceae］"应该废弃。"Cyclopterygium Hochstetter, Flora 31:175. 21 Mar 1848"和"Subularia Forsskål, Fl. Aegypt. - Arab. 117. 1775(non Linnaeus 1753)"是"Schouwia DC.(1821)(保留属名)"的晚出的同模式异名(Homotypic synonym, Nomenclatural synonym)。【分布】撒哈拉沙漠至阿拉伯地区。【模式】Schouwia arabica DC. , nom. illeg.［Subularia purpurea Forssk. ;Schouwia purpurea(Forssk.)Schweinf.］。【参考异名】Cyclopterygium Hochst.(1848)Nom. illegit. ;Subularia Forssk.(1775)Nom. illegit. ■☆

46364 Schouwia Schrad.(1821)(废弃属名)= Goethea Nees(1821) ［锦葵科 Malvaceae］●☆

46365 Schowia Sweet(1839)= Goethea Nees(1821)［锦葵科 Malvaceae］●☆

46366 Schradera Vahl(1796)(保留属名)【汉】施拉茜属。【隶属】茜草科 Rubiaceae。【包含】世界 15-25 种。【学名诠释与讨论】〈阴〉(人)Christian Friedrich Schrader,1740s-1816,植物学者。另说纪念德国植物学者,医生,教授 Heinrich Adolph Schrader,1767-1836。此属的学名"Schradera Vahl, Eclog. Amer. 1:35. 1797"是保留属名。相应的废弃属名是唇形科 Lamiaceae (Labiatae)的"Schraderia Heist. ex Medik. ,Philos. Bot. 2:40. Mai 1791 ≡ Arischrada Pobed.(1972)(废弃属名)"。"Schraderia

Medik. ,Philos. Bot. (Medikus)2:40. 1791"的命名人引证有误，亦应废弃。大戟科 Euphorbiaceae 的"Schradera Willdenow, Gött. J. Naturwiss. 1：2. 1798 = Croton L. （1753）"也要废弃。"Schraderia Fabr. ex Medik. （1791）"似命名人引证有误。【分布】巴拿马,秘鲁,玻利维亚,厄瓜多尔,哥伦比亚(安蒂奥基亚),西印度群岛,热带南美洲,中美洲。【模式】Schradera capitata Vahl, Nom. illegit. ［Fuchsia involucrata Swartz; Schradera involucrata （Swartz）K. Schumann］。【参考异名】Arischrada Pobed. （1972）（废弃属名）;Fuchsia Sw. （1788）Nom. illegit. ; Salvia L. （1753）;Uncariopsis H. Karst. （1861）;Urceolaria Willd. （1790）（废弃属名）;Urceolaria Willd. ex Cothen. （1790）Nom. illegit. （废弃属名）●▪☆

46367 Schradera Willd. （1798）Nom. illegit. （废弃属名）= Croton L. （1753）［大戟科 Euphorbiaceae//巴豆科 Crotonaceae］●

46368 Schraderanthus Averett（2009）【汉】施拉花属。【隶属】茄科 Solanaceae。【包含】世界 1 种。【学名诠释与讨论】〈阴〉（人）Christian Friedrich Schrader, 1740s–1816,植物学者;或德国植物学者,医生,教授 Heinrich Adolph Schrader, 1767–1836+anthos,花。此属的学名是"Schraderanthus Averett, Phytologia 91（1）:54. 2009. （Apr 2009）"。亦有文献把其处理为"Jaltomata Schltdl. （1838）"或"Saracha Ruiz et Pav. （1794）"的异名。【分布】墨西哥。【模式】Schraderanthus viscosus （Schrad. ）Averett. 【参考异名】Jaltomata Schltdl. （1838）; Saracha Ruiz et Pav. （1794）●☆

46369 Schraderia Fabr. ex Medik. （1791）（废弃属名）≡ Arischrada Pobed. （1972）（废弃属名）;~ ≡ Arischrada Pobed. （1972）（废弃属名）;~ = Salvia L. （1753）［唇形科 Lamiaceae（Labiatae）//鼠尾草科 Salviaceae］●▪

46370 Schraderia Medik. （1791）（废弃属名）≡ Schraderia Fabr. ex Medik. （1791）（废弃属名）;~ ≡ Arischrada Pobed. （1972）（废弃属名）;~ = Salvia L. （1753）［唇形科 Lamiaceae（Labiatae）//鼠尾草科 Salviaceae］●▪

46371 Schrameckia Danguy（1922）= Tambourissa Sonn. （1782）［香材树科（杯轴花科,黑檫木科,芒籽科,蒙立米科,檬立木科,香材木科,香树木科）Monimiaceae］●☆

46372 Schrammia Britwn et Rose （1930）= Hoffmannseggia Cav. （1798）［as ' Hoffmanseggia'］（保留属名）［豆科 Fabaceae（Leguminosae）//云实科（苏木科）Caesalpiniaceae］▪☆

46373 Schranckia J. F. Gmel. （1791）（废弃属名）= Goupia Aubl. （1775）［毛药树科 Goupiaceae//卫矛科 Celastraceae］●☆

46374 Schranckia Scop. ex J. F. Gmel. （1791）Nom. illegit. （废弃属名）≡Schranckia J. F. Gmel. （1791）（废弃属名）;~ = Goupia Aubl. （1775）［毛药树科 Goupiaceae//卫矛科 Celastraceae］●☆

46375 Schranckiastrum Hassl. （1919）= Mimosa L. （1753）［豆科 Fabaceae（Leguminosae）//含羞草科 Mimosaceae］●▪

46376 Schrankia Medik. （1792）（废弃属名）= Neslia Desv. （1815）（保留属名）;~ = Rapistrum Haller f. （废弃属名）［十字花科 Brassicaceae（Cruciferae）］▪

46377 Schrankia Willd. （1806）（保留属名）【汉】施兰木属（施兰克亚木属）。【隶属】豆科 Fabaceae （Leguminosae）//含羞草科 Mimosaceae。【包含】世界 47 种。【学名诠释与讨论】〈阴〉（人）Franz von Paula von Schrank, 1747–1835,德国植物学者,昆虫学者,教授。此属的学名"Schrankia Willd. ,Sp. Pl. 4:888,1041. Apr 1806"是保留属名。相应的废弃属名是卫矛科 Celastraceae 的"Schranckia J. F. Gmel. ,Syst. Nat. 2:312,515. Sep （sero）-Nov 1791＝Goupia Aubl. （1775）"。"Schranckia Scop. ex J. F. Gmel. ,Syst. Nat. ,ed. 13 ［bis］. 2（1）:515. 1791 ［late Sep-

Nov 1791］ ≡Schranckia J. F. Gmel. （1791）（废弃属名）［卫矛科 Celastraceae］"的命名人引证有误,亦应废弃。十字花科 Brassicaceae 的"Schrankia Medikus,Pflanzen-Gatt. 42,96. 22 Apr 1792＝Neslia Desv. （1815）（保留属名）= Rapistrum Haller f. （废弃属名）"亦应废弃。"Morongia N. L. Britton, Mem. Torrey Bot. Club 5：191. 29 Mai 1894"是"Schrankia Willd. （1806）（保留属名）"的晚出的同模式异名（Homotypic synonym, Nomenclatural synonym）。【分布】巴拉圭,巴拿马,玻利维亚,中美洲。【模式】Schrankia aculeata Willdenow, Nom. illeg ［Mimosa quadrivalvis Linnaeus;Schrankia quadrivalvis （Linnaeus）Merrill］。【参考异名】Leptoglottis DC. （1825）;Morongia Britton（1894）●☆

46378 Schrankiastrum Willis, Nom. inval. = Mimosa L. （1753）; ~ = Schranckiastrum Hassl. （1919）［豆科 Fabaceae（Leguminosae）//含羞草科 Mimosaceae］●▪

46379 Schrebera L. （1763）（废弃属名）= Cuscuta L. （1753）［旋花科 Convolvulaceae//菟丝子科 Cuscutaceae］▪

46380 Schrebera L. ex Schreb. （1773）Nom. illegit. （废弃属名）≡ Schrebera Schreb. （1773）（废弃属名）= Myrica L. （1753）+ Cuscuta L. （1753）［旋花科 Convolvulaceae//菟丝子科 Cuscutaceae］▪

46381 ［Schrebera Retz. （1791）（废弃属名）≡ Loureira Raeusch. （1797）; ~ =Elaeodendron Jacq. （1782）［卫矛科 Celastraceae］●☆

46382 Schrebera Roxb. （1799）（保留属名）【汉】施莱木犀属。【隶属】木犀榄科（木犀科）Oleaceae。【包含】世界 6-10 种。【学名诠释与讨论】〈阴〉（人）Johann Christian Daniel von Schreber, 1739–1810,德国植物学者,动物学者,林奈的通讯员。此属的学名"Schrebera Roxb. ，Pl. Coromandel 2:1. Mai 1799"是保留属名。相应的废弃属名是旋花科 Convolvulaceae 的"Schrebera L. ，Sp. Pl. ,ed. 2,2:1662. Jul-Aug 1763 = Cuscuta L. （1753）"。"Schrebera L. ex Schreb. （1773）= Myrica L. （1753）+Cuscuta L. （1753）［旋花科 Convolvulaceae//菟丝子科 Cuscutaceae］"亦应废弃。卫矛科 Celastraceae 的"Schrebera Retz. ，Observ. Bot. （Retzius）6：25. 1791 ［Jul-Nov 1791］ ≡ Loureira Raeusch. （1797）≡ Loureira Meisn. （1837）Nom. illegit. = Elaeodendron Jacq. （1782）"、"Schrebera Schreb. ，Nova Acta Regiae Soc. Sci. Upsal. i. （1773）t. 5. f. 1（cf. p. 91）= Myrica L. （1753）+ Cuscuta L. （1753）"和"Schrebera Thunb. ，Prodr. Pl. Cap. ［iii］,28. 1794 ≡Hartogiella Codd（1983）"都应废弃。"Hartogia Thunberg ex Linnaeus f. ,Suppl. 16. Apr 1782（non Linnaeus 1763（废弃属名）, nec Roxburgh 1799）"是"Schrebera Thunb. （1794）Nom. illegit. （废弃属名）"的晚出的同模式异名（Homotypic synonym, Nomenclatural synonym）。【分布】秘鲁,马达加斯加,印度,加里曼丹岛,南美洲,热带非洲,东南亚。【模式】Schrebera swietenioides Roxburgh。【参考异名】Nathusia Hochst. （1841）●☆

46383 Schrebera Schreb. （1773）（废弃属名）= Myrica L. （1753）+ Cuscuta L. （1753）［旋花科 Convolvulaceae//菟丝子科 Cuscutaceae］▪

46384 Schrebera Thunb. （1794）Nom. illegit. （废弃属名）≡ Hartogiella Codd（1983）［卫矛科 Celastraceae］●☆

46385 Schreberaceae （R. Wight）Schnizl. （1857–1870）= Olacaceae R. Br. （保留科名）●

46386 Schreberaceae Schnizl. （1857–1870）= Olacaceae R. Br. （保留科名）●

46387 Schreiberia Steud. （1841）= Augusta Pohl （1828）（保留属名）; ~ = Schreibersia Pohl ex Endl. （1838）Nom. illegit. ［茜草科 Rubiaceae］▪☆

46388 Schreibersia Pohl ex Endl. （1838）Nom. illegit. ≡Augusta Pohl

（1828）（保留属名）［茜草科 Rubiaceae］■☆

46389 Schreibersia Pohl（1825）Nom. inval. ≡ Schreibersia Pohl ex Endl.（1838）Nom. illegit.；~ ≡ Augusta Pohl（1828）（保留属名）［茜草科 Rubiaceae］■☆

46390 Schreiteria Carolin（1985）【汉】长蒴苋属。【隶属】马齿苋科 Portulacaceae。【包含】世界 1 种。【学名诠释与讨论】〈阴〉（人）Schreiter。【分布】阿根廷（北部）。【模式】Schreiteria macrocarpa（Spegazzini）R. Carolin［Calandrinia macrocarpa Spegazzini］■☆

46391 Schrenckia Benth.（1867）Nom. illegit. =Schrenkia Fisch. et C. A. Mey.（1841）［伞形花科（伞形科）Apiaceae（Umbelliferae）］■

46392 Schrenckia Benth. et Hook. f.（1867）Nom. illegit. =Schrenkia Fisch. et C. A. Mey.（1841）［伞形花科（伞形科）Apiaceae（Umbelliferae）］■

46393 Schrenkia Fisch. et C. A. Mey.（1841）【汉】双球芹属。【俄】Шренкия。【英】Sensitivebrier。【隶属】伞形花科（伞形科）Apiaceae（Umbelliferae）。【包含】世界 7-12 种，中国 1 种。【学名诠释与讨论】〈阴〉（人）Alexander Gustav von Schrenk（Schrenck），1816-1876，德国植物学者，旅行家。此属的学名，ING、TROPICOS 和 IK 记载是“Schrenkia Fisch. et C. A. Mey.，in Schrenk，Enum. Pl. Nov. 63（1841）”。“Schrenckia Benth. et Hook. f.，Gen. Pl.［Bentham et Hooker f.］1（3）：883，sphalm. 1867［Sep 1867］≡ Schrenckia Benth.（1867）Nom. illegit.”是其拼写变体。“Schrenkia Regel et Schmalh.，Trudy Imp. S. -Peterburgsk. Bot. Sada v.（1877）606”是晚出的非法名称。【分布】中国，亚洲中部。【模式】Schrenkia vaginata（Ledebour）F. E. L. Fischer et C. A. Meyer［Cachrys vaginata Ledebour］。【参考异名】Lipskya Nevski（1937）；Schrenckia Benth. et. Hook. f.（1867）Nom. illegit.；Schrenkia Regel et Schmalh.（1877）Nom. illegit.■

46394 Schrenkia Regel et Schmalh.（1877）Nom. illegit. =Schrenkia Fisch. et C. A. Mey.（1841）［伞形花科（伞形科）Apiaceae（Umbelliferae）］■

46395 Schrenkiella D. A. German et Al-Shehbaz（2010）【汉】小二行芥属。【隶属】十字花科 Brassicaceae（Cruciferae）。【包含】世界 1 种。【学名诠释与讨论】〈阴〉（人）Alexander Gustav von Schrenk（Schrenck），1816-1876，德国植物学者，旅行家+-ellus，-ella，-ellum，加在名词词干后面形成指小式的词尾。或加在人名、属名等后面以组成新属的名称。【分布】亚洲。【模式】Schrenkiella parvula（Schrenk）D. A. German et Al-Shehbaz［Diplotaxis parvula Schrenk］■☆

46396 Schroeterella Briq.（1925）Nom. illegit. ≡ Neoschroetera Briq.（1926）；~ = Larrea Cav.（1800）（保留属名）［蒺藜科 Zygophyllaceae］●☆

46397 Schrophularia Medik.（1783）= Scrophularia L.（1753）［玄参科 Scrophulariaceae］■●

46398 Schtschurowskia Regel et Schmalh.（1882）【汉】希茨草属。【俄】Щуровския。【隶属】伞形花科（伞形科）Apiaceae（Umbelliferae）。【包含】世界 2 种。【学名诠释与讨论】〈阴〉（人）Schtschurowski。【分布】亚洲中部。【模式】Schtschurowskia meifolia E. Regel et Schmalhausen。【参考异名】Schtschurowskia Willis，Nom. inval. ■☆

46399 Schtschurowskia Willis，Nom. inval. = Schtschurowskia Regel et Schmalh.（1882）［伞形花科（伞形科）Apiaceae（Umbelliferae）］■☆

46400 Schubea Pax（1899）= Cola Schott et Endl.（1832）（保留属名）+Trichoscypha Hook. f.（1862）［梧桐科 Sterculiaceae//锦葵科 Malvaceae］●☆

46401 Schuberta St. -Lag.（1881）= Schubertia Blume ex DC.（1826）Nom. illegit.（废弃属名）；~ = Harmsiopanax Warb.（1897）［五

加科 Araliaceae］●☆

46402 Schubertia Blume ex DC.（1826）Nom. illegit.（废弃属名）≡ Harmsiopanax Warb.（1897）［五加科 Araliaceae］●☆

46403 Schubertia Blume（1826）Nom. illegit.（废弃属名）≡Schubertia Blume ex DC.（1826）Nom. illegit.（废弃属名）；~ ≡ Harmsiopanax Warb.（1897）［五加科 Araliaceae］●☆

46404 Schubertia Mart.（1824）（保留属名）【汉】舒巴特萝藦属。【隶属】萝藦科 Asclepiadaceae。【包含】世界 6 种。【学名诠释与讨论】〈阴〉（人）Gotthilf Heinrich von Schubert，1780-1860，德国学者。此属的学名“Schubertia Mart.，Nov. Gen. Sp. Pl. 1：55. 1 Oct 1824”是保留属名。相应的废弃属名是杉科（落羽杉科）Taxodiaceae 的“Schubertia Mirb. in Nouv. Bull. Sci. Soc. Philom. Paris 3：123. Aug 1812 ≡ Taxodium Rich.（1810）”。五加科 Araliaceae 的“Schubertia Blume，Bijdr. Fl. Ned. Ind. 15：884. 1826［Jul-Dec 1826］≡ Schubertia Blume ex DC.（1826）Nom. illegit.（废弃属名）≡ Harmsiopanax Warb.（1897）”和萝藦科 Asclepiadaceae 的“Schubertia C. F. P. Martius et Zuccarini，Flora 7（1，Beil. ）：134. Mai-Jun 1824 ≡ Schubertia Mart.（1824）（保留属名）”亦应废弃。【分布】巴拉圭，秘鲁，玻利维亚，南美洲。【模式】Schubertia multiflora C. F. P. Martius。【参考异名】Schubertia Mart. et Zucc.（1824）Nom. illegit.（废弃属名）●■☆

46405 Schubertia Mart. et Zucc.（1824）Nom. illegit.（废弃属名）≡ Schubertia Mart.（1824）（保留属名）［萝藦科 Asclepiadaceae］●■☆

46406 Schubertia Mirb.（1812）Nom. illegit.（废弃属名）≡ Taxodium Rich.（1810）［杉科（落羽杉科）Taxodiaceae］●

46407 Schudia Molina ex Gay（1848）= Osmorhiza Raf.（1819）（保留属名）［伞形花科（伞形科）Apiaceae（Umbelliferae）］■

46408 Schuebleria Mart.（1827）Nom. illegit. ≡ Curtia Cham. et Schltdl.（1826）［龙胆科 Gentianaceae］■☆

46409 Schuechia Endl.（1840）= Qualea Aubl.（1775）［独蕊科（蜡烛树科，囊萼花科）Vochysiaceae］●☆

46410 Schuenkia Raf.（1814）= Schwenckia L.（1764）［茄科 Solanaceae］■●☆

46411 Schuermannia F. Muell.（1853）= Darwinia Rudge（1816）［桃金娘科 Myrtaceae］●☆

46412 Schufia Spach（1835）= Fuchsia L.（1753）［柳叶菜科 Onagraceae］●■

46413 Schuitemania Ormerod（2002）【汉】菲律宾爬兰属。【隶属】兰科 Orchidaceae。【包含】世界 1 种。【学名诠释与讨论】〈阴〉（人）A. Schuiteman，植物学者。此属的学名是“Schuitemania P. Ormerod，Lindleyana 17：228. 30 Dec 2002”。亦有文献把其处理为“Herpysma Lindl.（1833）”的异名。【分布】菲律宾。【模式】Schuitemania merrillii（O. Ames）P. Ormerod［Herpysma merrillii O. Ames］。【参考异名】Herpysma Lindl.（1833）■☆

46414 Schultesia Mart.（1827）（保留属名）【汉】舒尔龙胆属。【隶属】龙胆科 Gentianaceae。【包含】世界 20 种。【学名诠释与讨论】〈阴〉（人）Josef August Schultes，1773-1831，奥地利植物学者，博物学者，植物采集家。此属的学名“Schultesia Mart.，Nov. Gen. Sp. Pl. 2：103. Jan-Jul 1827”是保留属名。相应的废弃属名是禾本科的“Schultesia Spreng.，Pl. Min. Cogn. Pug. 2：17. 1815 ≡ Eustachys Desv.（1810）= Chloris Sw.（1788）”。桔梗科 Campanulaceae 的“Schultesia A. W. Roth，Enum. Pl. Phaen. 1：690. Oct-Dec 1827 ≡ Valvinterlobus Dulac（1867）Nom. illegit. = Wahlenbergia Schrad. ex Roth（1821）（保留属名）”和苋科 Amaranthaceae 的“Schultesia Schrad.，Gött. Gel. Anz. 1821（2）：708.［5 May 1821］= Gomphrena L.（1753）”亦应废弃。【分布】巴拿马，玻利维亚，厄瓜多尔，哥斯达黎加，尼加拉瓜，非洲，中美

洲。【模式】Schultesia crenuliflora C. F. P. Martius。【参考异名】Reichertia H. Karst. (1848);Xestaea Griseb. (1849)■☆

46415 Schultesia Roth (1827) Nom. illegit. (废弃属名) ≡ Valvinterlobus Dulac (1867) Nom. illegit.; ~ = Wahlenbergia Schrad. ex Roth(1821)(保留属名) [桔梗科 Campanulaceae]■●

46416 Schultesia Schrad. (1821) Nom. illegit. (废弃属名) = Gomphrena L. (1753) [苋科 Amaranthaceae]●■

46417 Schultesia Spreng. (1815) (废弃属名) ≡ Eustachys Desv. (1810); ~ =Chloris Sw. (1788) [禾本科 Poaceae(Gramineae)]●■

46418 Schultesianthus Hunz. (1977)【汉】舒尔花属。【隶属】茄科 Solanaceae。【包含】世界 5 种。【学名诠释与讨论】〈阳〉(人)Richard Evans Schultes,1915-,美国植物学者,植物采集家,教授+anthos,花。【分布】巴拉圭,巴拿马,秘鲁,厄瓜多尔,哥伦比亚(安蒂奥基亚),墨西哥,尼加拉瓜,委内瑞拉,中美洲。【模式】Schultesianthus leucanthus (J. Donnell Smith) A. T. Hunziker [Markea leucantha J. Donnell Smith]●☆

46419 Schultesiophytum Harling(1958)【汉】舒尔草属。【隶属】巴拿马草科(环花科)Cyclanthaceae。【包含】世界 1 种。【学名诠释与讨论】〈中〉(人)Richard Evans Schultes,1915-,美国植物学者,植物采集家,教授,植物学者+phyton,植物,树木,枝条。【分布】秘鲁,厄瓜多尔。【模式】Schultesiophytum chorianthum Harling ■☆

46420 Schultzia Nees (1823) Nom. illegit. (废弃属名) = Herpetacanthus Moric. (1847); ~ = Herpetacanthus Nees (1846) [爵床科 Acanthaceae]■☆

46421 Schultzia Raf. (1808)Nom. illegit. (废弃属名)≡Schulzia Raf. (1808) (废弃属名); ~ = Obolaria L. (1753) [龙胆科 Gentianaceae]■☆

46422 Schultzia Spreng. (1813) Nom. illegit. (废弃属名)≡Schulzia Spreng. (1813) (保留属名) [伞形花科(伞形科) Apiaceae (Umbelliferae)]■

46423 Schultzia Wall. (1829) Nom. illegit. (废弃属名) = Cortia DC. (1830) [伞形花科(伞形科)Apiaceae(Umbelliferae)]■

46424 Schulzia Raf. (1808)(废弃属名)= Obolaria L. (1753) [龙胆科 Gentianaceae]■☆

46425 Schulzia Spreng. (1813) (保留属名)【汉】裂苞芹属。【俄】Шульция。【英】Schultzia。【隶属】伞形花科(伞形科) Apiaceae (Umbelliferae)。【包含】世界 4 种,中国 4 种。【学名诠释与讨论】〈阴〉(人)Otto Eugen Schulz,1874-1936,德国植物学者。另说纪念德国植物学者 Karl Friedrich Schultz (1765 - 1837) 和 Johann Heinrich Schulze (1687 - 1744)。此属的学名 "Schulzia Spreng. in Neue Schriften Naturf. Ges. Halle 2(1):30. 1813"是保留属名。相应的废弃属名是龙胆科 Gentianaceae 的 "Shultzia Raf. in Med. Repos. ,ser. 2,5:356. Feb-Apr 1808 =Obolaria L. (1753)"。"Schultzia Spreng. ,Neue Schriften Naturf. Ges. Halle 2(1):30. 1813"是"Schulzia Spreng. (1813)(保留属名)"变体,应该废弃。爵床科 Acanthaceae 的 "Schultzia C. G. D. Nees, Nova Acta Phys. -Med. Acad. Caes. Leop. Carol. Nat. Cur. 11: 63. 1823 =Herpetacanthus Nees =Herpetacanthus Moric. (1847)" 和伞形科(伞形科) Apiaceae 的 "Schultzia Wall. ,Numer. List [Wallich] n. 589. 1829,nom. inval. =Cortia DC. (1830)"亦应废弃。【分布】尼泊尔,印度(西北部),中国,西伯利亚南部,中亚。【模式】Schulzia crinita (Pallas) K. P. J. Sprengel [Sison crinitum Pallas]。【参考异名】Schultzia Spreng (1813) Nom. illegit. (废弃属名)■

46426 Schumacheria Spreng. (1830) Nom. illegit. ≡ Tricliceras Thonn. ex DC. (1826); ~ ≡ Wormskioldia Thonn. (1827) Nom. illegit. [时钟花科(穗柱榆科,窝籽科,有叶花科)Turneraceae]■☆

46427 Schumacheria Vahl(1810)【汉】舒马草属。【隶属】五桠果科(第伦桃科,五丫果科,锡叶藤科)Dilleniaceae。【包含】世界 3 种。【学名诠释与讨论】〈阴〉(人)Heinrich Christian Friedrich (Cristen Frederic) Schumacher,1757-1830,丹麦植物学者,教授。此属的学名,ING、TROPICOS 和 IK 记载是 "Schumacheria Vahl, Skr. Naturhist. -Selsk. 6:122. 1810"。"Schumacheria Spreng. , Gen. Pl. ,ed. 9. 1:232. 1830 [Sep 1830] ≡ Tricliceras Thonn. ex DC. (1826) ≡ Wormskioldia Thonn. (1827) Nom. illegit. [时钟花科(穗柱榆科,窝籽科,有叶花科)Turneraceae]"是晚出的非法名称。【分布】斯里兰卡。【模式】Schumacheria castaneifolia Vahl。【参考异名】Pleurodesmia Arn. (1834)■☆

46428 Schumannia Kuntze (1887)【汉】球根阿魏属。【俄】Шуманния。【英】Schumannia。【隶属】伞形花科(伞形科) Apiaceae(Umbelliferae)。【包含】世界 1 种,中国 1 种。【学名诠释与讨论】〈阴〉(人)Karl Morita Schumann,1851-1904,德国植物学者,植物采集家。此属的学名是 "Schumannia O. Kuntze, Trudy Imp. S. -Peterburgsk. Bot. Sada (Acta Horti Petropol.) 10:192. 1887"。亦有文献把其处理为 "Ferula L. (1753)"的异名。【分布】巴基斯坦,伊朗,中国,亚洲中部。【模式】Schumannia turcomanica O. Kuntze。【参考异名】Ferula L. (1753)■

46429 Schumannianthus Gagnep. (1904)【汉】双岐柊叶属。【隶属】竹芋科(苳叶科,柊叶科)Marantaceae。【包含】世界 2 种。【学名诠释与讨论】〈阳〉(人)Karl Morita Schumann,1851-1904,德国植物学者,植物采集家+希腊文 anthos,花。antheros,多花的。antheo,开花。希腊文 anthos 亦有"光明、光辉、优秀"之义。【分布】斯里兰卡,印度至马来西亚。【模式】Schumannianthus dichotomus Gagnepain。【参考异名】Donax K. Schum. ■☆

46430 Schumanniophyton Harms et R. D. Good(1926)descr. emend. =Schumanniophyton Harms(1897) [茜草科 Rubiaceae]●☆

46431 Schumanniophyton Harms(1897)【汉】舒曼木属。【隶属】茜草科 Rubiaceae。【包含】世界 5 种。【学名诠释与讨论】〈阳〉(人)Karl Morita Schumann,1851-1904,德国植物学者,植物采集家+phyton,植物,树木,枝条。此属的学名,ING、TROPICOS 和 IK 记载是 "Schumanniophyton Harms in Engler et Prantl, Nat. Pflanzenfam. Nachtr. 1:313. Oct 1897"。"Schumanniophyton Harms et R. D. Good,J. Bot. 64:170,descr. emend. 1926"修订了属的描述。"Tetrastigma K. Schumann, Bot. Jahrb. Syst. 23: 444. 24 Nov 1896 (non (Miquel) Planchon 1887)"是 "Schumanniophyton Harms (1897)"的同模式异名(Homotypic synonym, Nomenclatural synonym)。亦有文献把 "Schumanniophyton Harms(1897)"处理为 "Tetrastigma (Miq.) Planch. (1887)"的异名。【分布】热带非洲。【模式】Schumanniophyton magnificum (K. Schumann)Harms [Tetrastigma magnificum K. Schumann]。【参考异名】Assidora A. Chev. (1948); Chalazocarpus Hiern (1898); Plastolaena Pierre ex A. Chev. (1917); Schumanniophyton Harms et R. D. Good (1926) descr. emend.; Tetrastigma (Miq.) Planch. (1887); Tetrastigma K. Schum. (1896)Nom. illegit. ●☆

46432 Schumeria Iljin(1960)【汉】舒默菊属。【俄】Шумерия。【隶属】菊科 Asteraceae(Compositae)//麻花头科 Serratulaceae。【包含】世界 1 种。【学名诠释与讨论】〈阴〉(人)Schumer。此属的学名是 "Schumeria Iljin, Bot. Mater. Gerb. Bot. Inst. Komarova Akad. Nauk SSSR 20:363. 1960 (post 22 Apr)"。亦有文献把其处理为 "Serratula L. (1753)"的异名。【分布】地中海东部至亚洲中部。【模式】Schumeria cerinthifolia (J. E. Smith) Iljin [Centaurea cerinthifolia J. E. Smith]。【参考异名】Microlophopsis

Czerep. （1960）；Serratula L. （1753）■☆

46433 Schunda‐Pana Adans. （1763）Nom. illegit. ≡ Caryota L. （1753）［棕榈科 Arecaceae（Palmae）//鱼尾葵科 Caryotaceae］●

46434 Schunkea Senghas （1994）【汉】申克兰属。【隶属】兰科 Orchidaceae。【包含】世界1种。【学名诠释与讨论】〈阴〉（人）Schunke。【分布】秘鲁。【模式】Schunkea vierlingii K. Senghas ■☆

46435 Schuurmansia Blume（1850）【汉】斯胡木属。【隶属】金莲木科 Ochnaceae。【包含】世界3种。【学名诠释与讨论】〈阴〉（人）Jacobus Hermanus（Herman）Schuurmans Stekhoven，1792-1855，丹麦植物学者。【分布】菲律宾至所罗门群岛，加里曼丹岛。【模式】Schuurmansia elegans Blume ●☆

46436 Schuurmansiella Hallier f. （1913）【汉】小斯胡木属。【隶属】金莲木科 Ochnaceae。【包含】世界1种。【学名诠释与讨论】〈阴〉（属）Schuurmansia 斯胡木属+-ellus，-ella，-ellum，加在名词词干后面形成指小式的词尾。或加在人名、属名等后面以组成新属的名称。【分布】加里曼丹岛。【模式】Schuurmansiella angustifolia （J. D. Hooker）H. G. Hallier ［Schuurmansia angustifolia J. D. Hooker］●☆

46437 Schwabea Endl. （1839）= Monechma Hochst. （1841）［爵床科 Acanthaceae］■●☆

46438 Schwackaea Cogn. （1891）【汉】施瓦野牡丹属。【隶属】野牡丹科 Melastomataceae。【包含】世界1种。【学名诠释与讨论】〈阴〉（人）Carl （Karl）August Wilhelm Schwacke，1848-1904，德国植物学者，博物学者，教授。【分布】墨西哥，中美洲。【模式】Schwackaea cupheoides （Bentham）Cogniaux ［Heeria cupheoides Bentham］●☆

46439 Schwaegerichenia Steud. （1821）= Anigozanthos Labill. （1800）［血草科（半授花科，给血草科，血皮草科）Haemodoraceae］■☆

46440 Schwaegrichenia Rchb. （1828）Nom. illegit. ≡ Hedwigia Sw. （1788）；~ =Tetragastris Gaertn. （1790）［橄榄科 Burseraceae］●☆

46441 Schwaegrichenia Spreng. （1815）Nom. illegit. ≡ Anigozanthos Labill. （1800）［血草科（半授花科，给血草科，血皮草科）Haemodoraceae］■☆

46442 Schwalbea L. （1753）【汉】施瓦尔列当属。【隶属】玄参科 Scrophulariaceae//列当科 Orobanchaceae。【包含】世界1种。【学名诠释与讨论】〈阴〉（人）Schwalbe，De China officinarum 的作者。【分布】北美洲东部。【模式】Schwalbea americana Linnaeus ■☆

46443 Schwannia Endl. （1840）= Janusia A. Juss. ex Endl. （1840）［金虎尾科（黄褥花科）Malpighiaceae］●☆

46444 Schwantesia Dinter（1927）【汉】施旺花属。【日】シュワンテシア属。【隶属】番杏科 Aizoaceae。【包含】世界3-5种。【学名诠释与讨论】〈阴〉（人）Martin Heinrich Gustav （Georg）Schwantes，1891-1960，德国植物学者，考古学者，教授。此属的学名，ING 和 IK 记载是“Schwantesia Dinter，Möller's Deutsche Gärtn.-Zeitung 42：234. 1 Jul 1927”。“Schwantesia H. M. L. Bolus，S. African Gard. 18：279. Sep 1928 =Mitrophyllum Schwantes（1926）［番杏科 Aizoaceae］”是晚出的非法名称。【分布】非洲南部。【模式】Schwantesia ruedebuschii Dinter ■☆

46445 Schwantesia L. Bolus （1928）Nom. illegit. = Mitrophyllum Schwantes（1926）；~ = Monilaria Schw. +Conophytum N. E. Br. （1922）［番杏科 Aizoaceae］■☆

46446 Schwartzia Vell. （1829）【汉】施瓦茨藤属。【隶属】蜜囊花科（附生藤科）Marcgraviaceae//囊苞木科 Noranteaceae。【包含】世界14种。【学名诠释与讨论】〈阴〉（人）Schwartz，植物学者。此属的学名是“Schwartzia Vellozo，Fl. Flum. 221. 7 Sep-28 Nov 1829（‘1825’）”。亦有文献把其处理为“Norantea Aubl.

（1775）”的异名。【分布】巴拿马，秘鲁，玻利维亚，厄瓜多尔，哥伦比亚，哥斯达黎加，中美洲。【模式】Schwarzia glabra Vellozo。【参考异名】Norantea Aubl. （1775）；Schwarzia Vell. （1829）●☆

46447 Schwartzkopffia Kraenzl. （1900）【汉】施瓦兰属。【隶属】兰科 Orchidaceae。【包含】世界4种。【学名诠释与讨论】〈阴〉（人）Ernest Schwartzkopff 和 Philip Schwartzkopff 兄弟，他们是德国兰科 Orchidaceae 专家 Friedrich Fritz Wilhelm Ludwig Kraenzlin （Kranzlin）（1847-1934）的朋友。此属的学名是“Schwartzkopffia Kraenzlin，Bot. Jahrb. Syst. 28：177. 9 Mar 1900”。亦有文献把其处理为“Brachycorythis Lindl. （1838）”的异名。【分布】热带非洲。【模式】Schwartzkopffia buettneriana Kraenzlin。【参考异名】Brachycorythis Lindl. （1838）■☆

46448 Schwarzia Vell. = Norantea Aubl. （1775）；~ =Schwartzia Vell. （1829）［蜜囊花科（附生藤科）Marcgraviaceae//囊苞木科 Noranteaceae］●☆

46449 Schweiggera E. Mey. ex Baker（1877）= Gladiolus L. （1753）［鸢尾科 Iridaceae］■

46450 Schweiggera Mart. （1832）Nom. illegit. ≡ Renggeria Meisn. （1837）［猪胶树科（克鲁西科，山竹子科，藤黄科）Clusiaceae（Guttiferae）］●☆

46451 Schweiggeria Spreng. （1820）【汉】异萼堇属。【隶属】堇菜科 Violaceae。【包含】世界2-4种。【学名诠释与讨论】〈阴〉（人）August Friedrich Schweigger，1783-1821，德国植物学者，动物学者，医生，教授，旅行家。此属的学名，ING、TROPICOS 和 IK 记载是“Schweiggeria K. P. J. Sprengel，Neue Entdeck. Pflanzenk. 2：167. 1820（sero）”。【分布】巴西，墨西哥。【模式】Schweiggeria fruticosa K. P. J. Sprengel。【参考异名】Glossarrhen Mart. （1823）；Glossarrhen Mart. ex Ging. （1823）Nom. illegit. ■☆

46452 Schweinfurthafra Kuntze（1891）Nom. illegit. ≡Glyphaea Hook. f. （1848）［椴树科（椴科，田麻科）Tiliaceae］●☆

46453 Schweinfurthia A. Braun（1996）【汉】施氏婆婆纳属（施氏草属）。【隶属】玄参科 Scrophulariaceae//婆婆纳科 Veronicaceae。【包含】世界6种。【学名诠释与讨论】〈阴〉（人）Georg August Schweinfurth，1836-1925，德国植物学者，植物采集家。【分布】非洲东北部至印度。【模式】未指定。【参考异名】Etornotus Raf. （1840）■☆

46454 Schweinitzia Elliott ex Nutt. （1818）Nom. illegit. ≡Monotropsis Schwein. ex Elliott（1817）［杜鹃花科（欧石南科）Ericaceae］●☆

46455 Schwenckea Post et Kuntze（1903）= Schwenckia L. （1764）［茄科 Solanaceae］■●☆

46456 Schwenckia L. （1764）【汉】施文克茄属。【隶属】茄科 Solanaceae。【包含】世界25种。【学名诠释与讨论】〈阴〉（人）Martinus Wilhelmus Schwenk，1707-1785，荷兰植物学者。此属的学名，ING 和 IK 记载是“Schwenckia L.，Gen. Pl.，ed. 6. 577 ［“567”］. 1764 ［Jun 1764］”；TROPICOS 则记载为“Schwenckia Royen ex L.，Genera Plantarum，ed. 6 567 ［577］. 1764”；三者引用的文献相同。“Schwenckia Vahl ［茄科 Solanaceae］”是一个未合格发表的名称（Nom. inval.）。“Schwenckea Post et Kuntze （1903）”似为变体。【分布】巴拉圭，巴拿马，玻利维亚，尼加拉瓜，利比里亚（宁巴），热带非洲西部，热带南美洲，中美洲。【模式】Schwenckia americana Linnaeus。【参考异名】Brachyhelus （Benth. ）Post et Kuntze （1903）；Chaetochilus Vahl （1804）；Mathaea Vell. （1829）；Matthaea Post et Kuntze （1903）Nom. illegit. ；Matthisonia Lindl. （1847）Nom. illegit. ，Nom. inval. ；Matthissonia Raddi （1820）；Schuenkia Raf. （1814）；Schwenckea Post et Kuntze （1903）；Schwenckia Royen ex L. （1764）；Schwenckia Vahl（1804）Nom. inval. ■●☆

46457　Schwenckia Royen ex L. (1764) ≡ Schwenckia L. (1764) ［茄科 Solanaceae］■●☆

46458　Schwenckia Vahl(1804) Nom. inval. = Schwenckia L. (1764) ［茄科 Solanaceae］■●☆

46459　Schwenckiopsis Dammer = Protoschwenkia Soler. (1898) ［茄科 Solanaceae］■☆

46460　Schwendenera K. Schum. (1886)【汉】施文茜属。【隶属】茜草科 Rubiaceae。【包含】世界 1 种。【学名诠释与讨论】〈阴〉（人）Simon Schwendener, 1829–1919, 瑞士植物学者, 真菌学者, 教授。【分布】巴西（东南）。【模式】Schwendenera tetrapyxis K. Schumann☆

46461　Schwenkfelda Schreb. (1789) Nom. illegit. ≡ Sabicea Aubl. (1775) ［茜草科 Rubiaceae］●☆

46462　Schwenkfeldia Willd. (1798) Nom. illegit. = Sabicea Aubl. (1775) ［茜草科 Rubiaceae］●☆

46463　Schwenkia L. (1764) Nom. illegit. = Schwenckia L. (1764) ［茄科 Solanaceae］■●☆

46464　Schwenkiopsis Dammer (1916) Nom. illegit. = Schwenckiopsis Dammer ［茄科 Solanaceae］■☆

46465　Schwerinia H. Karst. (1848) = Meriania Sw. (1797)（保留属名）［野牡丹科 Melastomataceae］●☆

46466　Schweyckerta C. C. Gmel. (1805) Nom. illegit. ≡ Nymphoides Ség. (1754) ［龙胆科 Gentianaceae//睡菜科（荇菜科）Menyanthaceae］■

46467　Schweykerta Griseb. (1845) = Schweyckerta C. C. Gmel. (1805) Nom. illegit. ; ~ = Nymphoides Ség. (1754) ［龙胆科 Gentianaceae//睡菜科（荇菜科）Menyanthaceae］■

46468　Schychowskia Endl. (1836) Nom. illegit. ≡ Schychowskya Endl. (1836) ; ~ = Laportea Gaudich. (1830)（保留属名） ; ~ = Urtica L. (1753) ［荨麻科 Urticaceae］●■

46469　Schychowskia Wedd. (1869) Nom. illegit. = Urtica L. (1753) ［荨麻科 Urticaceae］■

46470　Schychowskya Endl. (1836) = Laportea Gaudich. (1830)（保留属名） ; ~ = Urtica L. (1753) ［荨麻科 Urticaceae］■

46471　Schyzogyne Cass. = Inula L. (1753) ［菊科 Asteraceae (Compositae)//旋覆花科 Inulaceae］●■

46472　Sciacassia Britton(1930) = Cassia L. (1753)（保留属名） ; ~ = Senna Mill. (1754) ［豆科 Fabaceae (Leguminosae)//云实科（苏木科）Caesalpiniaceae］●■

46473　Sciadiara Raf. (1838) = Convolvulus L. (1753) ［旋花科 Convolvulaceae］■●

46474　Sciadicarpus Hassk. (1842) Nom. illegit. ≡ Kibara Endl. (1837) ［香材树科（杯轴花科, 黑檫木科, 芒籽科, 蒙立米科, 檬立木科, 香材木科, 香树木科）Monimiaceae］●☆

46475　Sciadiodaphne Rchb. (1841)（废弃属名）≡ Umbellularia (Nees) Nutt. (1842)（保留属名）［樟科 Lauraceae］●☆

46476　Sciadioseris Kuntze (1851) = Senecio L. (1753) ［菊科 Asteraceae (Compositae)//千里光科 Senecionidaceae］■●

46477　Sciadiphyllum Hassk. (1844) = Sciodaphyllum P. Browne (1756)（废弃属名）; ~ = Schefflera J. R. Forst. et G. Forst. (1775)（保留属名）［五加科 Araliaceae］●■

46478　Sciadocalyx Regel(1853)【汉】伞萼苣苔属。【隶属】苦苣苔科 Gesneriaceae。【包含】世界 3 种。【学名诠释与讨论】〈阳〉（希）skias, 所有格 skiados, 伞 +kalyx, 所有格 kalykos = 拉丁文 calyx, 花萼, 杯子。此属的学名是 "Sciadocalyx Regel, Gartenflora 2 : 257. Nov 1853"。亦有文献把其处理为 "Isoloma Decne. (1848) Nom. illegit."或 "Kohleria Regel (1847)"的异名。【分布】参见

Kohleria Regel (1847)。【模式】Sciadocalyx warszewiczii Regel。【参考异名】Isoloma Decne. (1848) Nom. illegit. ; Kohleria Regel (1847)■☆

46479　Sciadocarpus Pfeiff. (1874) Nom. illegit. =? Kibara Endl. (1837) ［香材树科（杯轴花科, 黑檫木科, 芒籽科, 蒙立米科, 檬立木科, 香材木科, 香树木科）Monimiaceae］●☆

46480　Sciadocarpus Post et Kuntze(1903) Nom. illegit. = Kibara Endl. (1837) ; ~ = Sciadicarpus Hassk. (1842) ［香材树科（杯轴花科, 黑檫木科, 芒籽科, 蒙立米科, 檬立木科, 香材木科, 香树木科）Monimiaceae］●☆

46481　Sciadocephala Mattf. (1938)【汉】伞头菊属。【隶属】菊科 Asteraceae (Compositae)。【包含】世界 5 种。【学名诠释与讨论】〈阴〉（希）skias, 所有格 skiados, 伞 +kephale, 头。【分布】巴拿马, 厄瓜多尔, 中美洲。【模式】Sciadocephala schultze – rhonhofiae Mattfeld ■☆

46482　Sciadodendron Griseb. (1858)【汉】伞状木属（伞木属）。【隶属】五加科 Araliaceae。【包含】世界 1 种。【学名诠释与讨论】〈中〉（希）skias, 所有格 skiados, 伞 +dendron 或 dendros, 树木, 棍, 丛林。【分布】巴拿马, 哥伦比亚, 海地, 尼加拉瓜, 阿拉西科, 中美洲。【模式】Sciadodendron excelsum Grisebach ●☆

46483　Sciadonardus Steud. (1850) Nom. inval. = Gymnopogon P. Beauv. (1812) ［禾本科 Poaceae (Gramineae)］■☆

46484　Sciadopanax Seem. (1865)【汉】伞参属。【隶属】五加科 Araliaceae。【包含】世界 1 种。【学名诠释与讨论】〈阳〉（希）skias, 所有格 skiados, 伞 +（属）Panax 人参属。此属的学名是 "Sciadopanax B. C. Seemann, J. Bot. 3 : 74. 1 Mar 1865"。亦有文献把其处理为 "Polyscias J. R. Forst. et G. Forst. (1776)"的异名。【分布】马达加斯加。【模式】Sciadopanax boivini B. C. Seemann。【参考异名】Polyscias J. R. Forst. et G. Forst. (1776) ●☆

46485　Sciadophila Phil. (1857) = Rhamnus L. (1753) ［鼠李科 Rhamnaceae］●

46486　Sciadophyllum P. Browne(1756) Nom. illegit. （废弃属名）= Schefflera J. R. Forst. et G. Forst. (1775)（保留属名）［五加科 Araliaceae］●■

46487　Sciadophyllum Rchb. (1828) Nom. illegit. （废弃属名）≡ Sciodaphyllum P. Browne(1756)（废弃属名）; ~ = Schefflera J. R. Forst. et G. Forst. (1775)（保留属名）［五加科 Araliaceae］●

46488　Sciadopityaceae(Pilg.) J. Doyle = Taxodiaceae Saporta(保留科名）●

46489　Sciadopityaceae J. Doyle = Taxodiaceae Saporta(保留科名）●

46490　Sciadopityaceae Luerss. (1877) ［亦见 Cupressaceae Gray(保留科名）柏科和 Taxodiaceae Saporta(保留科名）杉科（落羽杉科）］【汉】金松科。【日】コウヤマキ科。【包含】世界 1 属 1 种。【分布】日本。【科名模式】Sciadopitys Siebold et Zucc. ●

46491　Sciadopitys Siebold et Zucc. (1842)【汉】金松属（日本金松属）。【日】カウヤマキ属, コウヤマキ属。【俄】Сциадопитис。【英】Japan Umbrella Pine, Japanese Umbrella Pine, Umbrella Pine。【隶属】杉科（落羽杉科）Taxodiaceae//金松科 Sciadopityaceae。【包含】世界 1 种, 中国 1 种。【学名诠释与讨论】〈阳〉（希）skias, 所有格 skiados, 伞, 乔木, 亭子 +pitys, 所有格 pityos, 松树。指条形叶在退化短枝顶上辐射开展, 呈伞形。【分布】日本, 中国。【模式】Sciadopitys verticillata (Thunberg) Siebold et Zuccarini ［Taxus verticillata Thunberg］●

46492　Sciadoseris Müll. Berol. (1858) = Sciadoseris Kuntze (1851) ; ~ = Senecio L. (1753) ［菊科 Asteraceae (Compositae)//千里光科 Senecionidaceae］■●

46493　Sciadostima Nied. ＝Sonneratia L. f.(1782)(保留属名)［海桑科 Sonneratiaceae//千屈菜科 Lythraceae］●

46494　Sciadotaenia Benth.(1861)＝Sciadotenia Miers(1851)［防己科 Menispermaceae］●☆

46495　Sciadotenia Miers(1851)【汉】阴毒藤属。【隶属】防己科 Menispermaceae。【包含】世界 9-20 种。【学名诠释与讨论】〈阴〉(希)skias,所有格 skiados,伞＋tenon,腱,紧紧伸张的细带。【分布】巴拿马,秘鲁,玻利维亚,厄瓜多尔,哥伦比亚(安蒂奥基亚),中美洲。【模式】Sciadotenia cayennensis Bentham。【参考异名】Detandra Miers(1864);Sciadotaenia Benth.(1861);Sychnosepalum Eichl.(1864);Tylopetalum Barneby et Krukoff(1970)●☆

46496　Sciaphila Blume(1826)【汉】喜荫草属(霉草属,喜阴草属)。【日】ホンガウサウ属,ホンゴウサウ属,ホンゴウソウ属。【英】Sciaphila,Shadegrass。【隶属】霉草科 Triuridaceae。【包含】世界 30-50 种,中国 5 种。【学名诠释与讨论】〈阴〉(希)skias,亭子;skia,阴凉处＋philos,喜欢的,爱的。指本属植物喜生于荫湿处。【分布】巴拿马,秘鲁,厄瓜多尔,哥伦比亚(安蒂奥基亚),哥斯达黎加,尼加拉瓜,中国,热带,中美洲。【模式】Sciaphila tenella Blume。【参考异名】Aphylleia Champ.(1847);Hyalis Champ.;Hyalisma Champ.(1847);Lilicella Rich. ex Baill.(1895);Parexuris Nakai et Maek.(1936)●

46497　Sciaphyllum Bremek.(1940)【汉】亭叶爵床属。【隶属】爵床科 Acanthaceae。【包含】世界 1 种。【学名诠释与讨论】〈中〉(希)skias,亭子;skia,阴凉处＋phyllon,叶子。【分布】印度尼西亚。【模式】Sciaphyllum amoenum Bremekamp☆

46498　Sciaplea Rauschert(1982)＝Dialium L.(1767)［豆科 Fabaceae(Leguminosae)//云实科(苏木科)Caesalpiniaceae］●☆

46499　Scilla L.(1753)【汉】绵枣儿属(绵枣属)。【日】シラ-属,ツルボ属。【俄】Пролеска,Ряст,Сцилла。【英】Bluebell,Scilla,Squill,Star Hyacinth,Wild Hyacinth。【隶属】百合科 Liliaceae//风信子科 Hyacinthaceae//绵枣儿科 Scillaceae。【包含】世界 30-100 种,中国 1 种。【学名诠释与讨论】〈阴〉(拉)scilla,绵枣儿。来于希腊文 skilla。此属的学名,ING、APNI、GCI、TROPICOS 和 IK 记载是"Scilla L.,Sp. Pl. 1:308. 1753［1 May 1753］"。"Adenoscilla Grenier et Godron,Fl. France 3:187. ante Jun 1855"、"Genlisa Rafinesque,Aut. Bot. 57. 1840"、"Rinopodium R. A. Salisbury,Gen. 28. Apr-Mai 1866"、"Stellaris Fabricius,Enum. 13. 1759"和"Stellaris Moench,Meth. 303. 4 Mai 1794(non Fabricius 1759)"是"Scilla L.(1753)"的晚出的同模式异名(Homotypic synonym,Nomenclatural synonym)。【分布】巴基斯坦,秘鲁,玻利维亚,马达加斯加,美国(密苏里),中国,非洲,温带欧亚大陆。【后选模式】Scilla bifolia Linnaeus。【参考异名】Adenoscilla Gren. et Godr.(1855)Nom. illegit.;Apsanthea Jord.(1903);Autonoe(Webb et Berthel.)Speta(1998);Barnardia Lindl.(1826);Basaltogeton Salisb.(1866);Caloscilla Jord. et Fourr.(1869);Charistemma Janka(1886);Chionodoxa Boiss.(1844);Epimenidion Raf.(1837);Eratobotrys Fenzl ex Endl.(1842);Fessia Speta(1998);Genlisa Raf.(1840)Nom. illegit.;Helonias Adans.(1763)Nom. illegit.;Henonix Raf.(1837);Hypoxis Forssk.(1775);Lagocodes Raf.(1837);Ledebouria Roth(1821);Liliohyacinthus Ortega(1773);Lilio - Hyacinthus Ortega(1773);Monocallis Salisb.(1866);Nectaroscilla Parl.(1854);Oncostema Raf.(1837);Othocallis Salisb.(1866);Petranthe Salisb.(1866);Pfosseria Speta(1998);Prospero Salisb.(1866);Rinopodium Salisb.(1866)Nom. illegit.;Schizocarphus Van der Merwe(1943);Scylla Ten.(1839)Nom. illegit.;Simira Raf.

(1838)Nom. illegit.;Skilla Raf.(1837);Somera Salisb.(1866);Stellaris Dill. ex Moench(1794)Nom. illegit.;Stellaris Fabr.(1759)Nom. illegit.;Stellaris Moench(1794)Nom. illegit.;Stellaster Fabr.(1763)Nom. illegit.;Stellaster Heist.(1748)Nom. inval.;Stellaster Heist. ex Fabr.(1763)Nom. illegit.;Sugillaria Salisb.(1866);Xeodolon Salisb.(1866)■

46500　Scillaceae Vest(1818)［亦见 Hyacinthaceae Batsch ex Borkh. 风信子科］【汉】绵枣儿科。【包含】世界 1 属 30-100 种,中国 1 属 1 种。【分布】温带欧亚大陆,非洲南部,少数见于热带非洲。【科名模式】Scilla L.(1753)●■

46501　Scillopsis Lem.(1855)＝Lachenalia J. Jacq.(1784)［百合科 Liliaceae//风信子科 Hyacinthaceae］■☆

46502　Scindapsus Schott(1832)【汉】藤芋属。【日】オウゴンカズラ属,スキンダプスス属。【俄】Сциндапсус。【英】Ivy Arum,Ivyarum,Ivy-arum。【隶属】天南星科 Araceae。【包含】世界 30-40 种,中国 1 种。【学名诠释与讨论】〈阳〉(希)skindapsos,植物古名。【分布】巴基斯坦,玻利维亚,印度至马来西亚,中国,东南亚。【后选模式】Scindapsus officinalis(Roxburgh)H. W. Schott［Pothos officinalis Roxburgh］。【参考异名】Cuscuaria Schott(1857)■

46503　Sciobia Rchb.(1841)＝Procris Comm. ex Juss.(1789);～＝Sciophila Gaudich.(1830)Nom. illegit.;～＝Sciobia Rchb.(1841)［荨麻科 Urticaceae］●

46504　Sciodaphyllum P. Browne(1756)(废弃属名)＝Schefflera J. R. Forst. et G. Forst.(1775)(保留属名)［五加科 Araliaceae］●

46505　Sciophila Gaudich.(1830)Nom. illegit. ≡Sciobia Rchb.(1841);～＝Procris Comm. ex Juss.(1789)［荨麻科 Urticaceae］●

46506　Sciophila Post et Kuntze(1903)Nom. illegit. ＝Columnea L.(1753);～＝Skiophila Hanst.(1854)［苦苣苔科 Gesneriaceae］■☆

46507　Sciophila Wibel(1799)Nom. illegit. ≡Maianthemum F. H. Wigg.(1780)(保留属名)［百合科 Liliaceae//铃兰科 Convallariaceae］■

46508　Sciophylla F. Heller(1810)＝Sciophila Wibel(1799)Nom. illegit.;～＝Maianthemum F. H. Wigg.(1780)(保留属名)［百合科 Liliaceae］■

46509　Sciothamnus Endl.(1839)Nom. illegit. ≡Dregea Eckl. et Zeyh.(1837)(废弃属名);～＝Peucedanum L.(1753)［伞形花科(伞形科)Apiaceae(Umbelliferae)］■

46510　Scirpaceae Batsch ex Borkh.(1797)＝Scirpaceae Burnett ex Borkh.(1797)■

46511　Scirpaceae Burnett ex Borkh.(1797)［亦见 Cyperaceae Juss.(保留科名)莎草科］【汉】藨草科。【包含】世界 7 属 38-221 种,中国 3 属 53 种。【分布】广泛分布。【科名模式】Scirpus L.(1753)(保留属名)■

46512　Scirpaceae Burnett ＝Cyperaceae Juss.(保留科名);～＝Scirpaceae Burnett ex Borkh.■

46513　Scirpidiella Rauschert(1983)【汉】小针蔺属。【英】Floating Club-rush。【隶属】莎草科 Cyperaceae。【包含】世界 6 种。【学名诠释与讨论】〈阴〉(属)Scirpidium ＝Eleocharis 荸荠属(针蔺属)＋-ellus,-ella,-ellum,加在名词词干后面形成指小式的词尾。或加在人名、属名等后面以组成新属的名称。此属的学名"Scirpidiella S. Rauschert,Feddes Repert. 94:299. Mai 1983"是一个替代名称。它替代的是"Eleogiton Link,Hortus Berol. 1:284. Oct-Dec 1827",而非"Heleogiton J. A. Schultes,Mant. 2:2. Jan-Apr 1824 ≡Heleophylax P. Beauv. ex T. Lestib.(1819)(废弃属名)＝Scirpus L.(1753)(保留属名)［莎草科 Cyperaceae］"。亦有文献把"Scirpidiella Rauschert(1983)"处理

为"Isolepis R. Br. (1810)"的异名。【分布】澳大利亚,马来西亚,新西兰,欧洲西部,热带非洲东部。【模式】Eleogiton fluitans (Linnaeus) Link [Scirpus fluitans Linnaeus]。【参考异名】Eleogiton Link(1827)Nom. illegit.;Isolepis R. Br. (1810)■☆

46514 Scirpidium Nees(1834)= Eleocharis R. Br. (1810)[莎草科 Cyperaceae]■

46515 Scirpobambus(A. Rich.) Post et Kuntze(1903)Nom. illegit. ≡Scirpobambus Kuntze(1903)Nom. illegit.;~ =Oxytenanthera Munro(1868)[禾本科 Poaceae(Gramineae)]●☆

46516 Scirpobambus Kuntze(1903)Nom. illegit. =Oxytenanthera Munro(1868)[禾本科 Poaceae(Gramineae)]●☆

46517 Scirpocyperus Friche-Joset et Montandon(1856)Nom. illegit. [莎草科 Cyperaceae//藨草科 Scirpaceae]■☆

46518 Scirpocyperus Ség. (1754)= Scirpus L. (1753)(保留属名)[莎草科 Cyperaceae//藨草科 Scirpaceae]■

46519 Scirpo-cyperus Ség. (1754)= Scirpus L. (1753)(保留属名)[莎草科 Cyperaceae//藨草科 Scirpaceae]■

46520 Scirpodendron Engl. (1910)Nom. illegit. ≡Schoenodendron Engl. (1910);~ = Microdracoides Hua(1906) [莎草科 Cyperaceae]■☆

46521 Scirpodendron Zipp. ex Kurz(1869)【汉】皱果莎草属。【隶属】莎草科 Cyperaceae。【包含】世界 1-2 种。【学名诠释与讨论】〈中〉(希)scirpus,藨草,灯心草+dendron 或 dendros,树木,棍,丛林。或 Scirpus 藨草属(莞草属,莞属)+dendron。此属的学名,ING、TROPICOS 和 IK 记载是"Scirpodendron Zipp. ex Kurz,J. Asiat. Soc. Bengal,Pt. 2,Nat. Hist. 38(2):84. 1869[3 Jun 1869]"。"Scirpodendron A. Engler,Bot. Jahrb. Syst. 44,Beibl. 101:34. 22 Mar 1910 ≡Schoenodendron Engl. (1910)= Microdracoides Hua(1906)[莎草科 Cyperaceae]"是晚出的非法名称。"Scirpodendron Zipp. ex Kurz(1869)"曾被处理为"Ptychocaryum(Zipp. ex Kurz)R. Br. ex Kuntze,Lexicon Generum Phanerogamarum 470. 1903"。【分布】澳大利亚,印度至马来西亚,波利尼西亚群岛。【模式】Scirpodendron costatum Kurz。【参考异名】Ptychocarya R. Br. (1831)Nom. inval. ;Ptychocarya R. Br. ex Wall. ;Ptychocaryum(Zipp. ex Kurz)R. Br. ex Kuntze(1903);Ptychocaryum Kuntze ex H. Pfeiff. (1925)Nom. illegit. ;Ptychocaryum R. Br. corr. Kuntze(1903)■☆

46522 Scirpoides Ség. (1754)【汉】拟藨草属。【俄】Голосхенус。【英】Round-headed Club-rush。【隶属】莎草科 Cyperaceae//藨草科 Scirpaceae。【包含】世界 2-5 种。【学名诠释与讨论】〈阴〉(属)Scirpus 藨草属+oides,来自 o+eides,像,似;或 o+eidos 形,含义为相像。此属的学名是"Scirpoides Séguier,Pl. Veron. 3:73. Jul-Dec 1754"。亦有文献把其处理为"Scirpus L. (1753)(保留属名)"的异名。【分布】巴基斯坦,非洲,温带和亚热带欧亚大陆。【模式】未指定。【参考异名】Holoschoenus Link(1827);Karinia Reznicek et McVaugh(1993);Scirpus L. (1753)(保留属名)■☆

46523 Scirpus L. (1753)(保留属名)【汉】藨草属(莞草属,莞属)。【日】ホタルイ属,ホタルヰ属。【俄】Голосхенус,Дихостилис,Изолепис,Камыш,Кура,Схеноплектус。【英】Bulrush,Club-rush,Floating Club-rush,Scirpus,Wood Club-rush,Wool Grass。【隶属】莎草科 Cyperaceae//藨草科 Scirpaceae。【包含】世界 20-200 种,中国 46 种。【学名诠释与讨论】〈阳〉(拉)scirpus,藨草古名。scirpeus,灯芯草的。此属的学名"Scirpus L. ,Sp. Pl. :47. 1 Mai 1753"是保留属名。法规未列出相应的废弃属名。"Phylloscirpus Döll ex Börner,Bot. -Syst. Not. 260. Apr 1912(non C. B. Clarke 1908)"和"Seidlia Opiz,Naturalientausch 11:

349. 1826"是"Scirpus L. (1753)(保留属名)"的晚出的同模式异名(Homotypic synonym,Nomenclatural synonym)。亦有文献把"Scirpus L. (1753)(保留属名)"处理为"Schoenoplectus (Rchb.)Palla(1888)(保留属名)"的异名。【分布】巴拿马,秘鲁,玻利维亚,厄瓜多尔,马达加斯加,美国(密苏里),尼加拉瓜,中国,中美洲。【模式】Scirpus sylvaticus Linnaeus。【参考异名】Actaeogeton Steud. (1840);Androcoma Nees(1840);Anthophyllum Steud. (1855)Nom. illegit. ;Aplostemon Raf. (1819);Baeothrion Pfeiff. ;Baeothryon A. Dietr. (1833)Nom. illegit. ;Baeothryon Ehrh. ex A. Dietr. (1833)Nom. illegit. ;Baeothryon Ehth. (1789)Nom. inval. ,Nom. nud. ;Blepharolepis Nees ex Lindl. (1836);Blepharolepis Nees(1843)Nom. illegit. ;Blismus Friche-Joset et Montandon(1856)Nom. illegit. ;Chamaeschoenus Ehrh. (1789)Nom. inval. ;Clavula Dumort. (1827);Crepidocarpus Klotzsch ex Bocck. (1870);Cypringlea M. T. Strong(2003);Desmoschoenus Hook. f. (1853);Dichelostylis Endl. (1836);Dichismus Raf. (1819);Dichostylis P. Beauv. (1819)Nom. illegit. ;Dichostylis Rikli(1895)Nom. illegit. ;Dichrostylis Nakai;Diplarinus Raf. (1819);Diplarrhinus Endl. (1836);Distichmus Endl. (1836);Eleogiton Link(1827)Nom. illegit. ;Elythrospermum Steud. (1840);Elytrospermum C. A. Mey. (1830)(废弃属名);Haplostemum Endl. (1836);Heleogenus Post et Kuntze(1903);Heleogiton Schult. (1824)Nom. illegit. ;Heleophylax P. Beauv. ex T. Lestib. (1819)(废弃属名);Heliophylax T. Lestib. ex Steud. (1840);Hellmuthia Steud. (1850);Helmuthia Pax;Holoschoenus Link(1827);Hymenochaeta P. Beauv. (1819)Nom. illegit. ;Hymenochaeta P. Beauv. ex T. Lestib. (1819);Hymnnochaeta P. Beauv. ;Isolepis R. Br. (1810);Juncellus C. B. Clarke(1893)Nom. illegit. ;Kreczetoviczia Tzvelev(1999);Malachochaete Benth. et Hook. (1883)Nom. illegit. ;Malachochaete Nees ex Benth. et Hook. f. (1883);Malachochaete Nees(1834)Nom. illegit. ;Malacochaete Nees(1834)Nom. illegit. ;Maximoviczia A. P. Khokhr. (1985)Nom. illegit. ;Maximovicziella A. P. Khokhr. ;Maximowiczia Khokhr. ;Maximowicziella A. P. Khokhr. (1989);Nemocharis Beurl. (1853);Nemum Desv. (1825);Neoscirpus Y. N. Lee et Y. C. Oh(2006);Oxycaryum Nees(1842);Phylloscirpus Döll ex Börner(1912)Nom. illegit. ;Pseudoschoenus(C. B. Clarke)Oteng-Yeb. (1974);Pterolepis Schrad. (1821)(废弃属名);Pterygolepis Rchb. (1841);Schoenoplectus(Rchb.)Palla(1888)(保留属名);Scirpocyperus Ség. (1754);Scirpo-cyperus Ség. (1754);Scirpoides Ség. (1754);Seidlia Opiz(1826)Nom. illegit. ;Somphocarya Torr. ex Steud. ;Taphrogiton Friche-Joset et Montandon(1856);Taphrogiton Montandon(1868)Nom. illegit. ;Trichophorum Pers. (1805)(保留属名);Trichophyllum Ehrh. (1789)Nom. inval. ;Trichophyllum Ehrh. ex House(1920)Nom. illegit. ;Trichphyllum House(1920)Nom. illegit. ■

46524 Scirrhophorus Turcz. (1851)= Angianthus J. C. Wendl. (1808)(保留属名)[菊科 Asteraceae(Compositae)]■●☆

46525 Scitaminea Wall. (1832)Nom. inval. [姜科(襄荷科)Zingiberaceae]☆

46526 Sciuris Nees et Mart. (1823)Nom. illegit. = Galipea Aubl. (1775)[芸香科 Rutaceae]●☆

46527 Sciuris Schreb. (1789)Nom. illegit. ≡Raputia Aubl. (1775)[芸香科 Rutaceae]●☆

46528 Sciurus D. Dietr. (1839)= Sciuris Schreb. (1789)Nom. illegit. ;~ =Raputia Aubl. (1775)[芸香科 Rutaceae]●☆

46529 Scizanthus Pers. (1806)= Schizanthus Ruiz et Pav. (1794)[茄

科 Solanaceae]■☆

46530 Sckuhria Moench (1794) (废弃属名) = Schkuhria Roth (1797) (保留属名) [菊科 Asteraceae (Compositae)]■☆

46531 Sclaeranthus Thunb. (1794) = Scleranthus L. (1753) [醉人花科 (裸果木科) Illecebraceae]■☆

46532 Sclaraea Steud. (1821) = Sclarea Mill. (1754) [唇形科 Lamiaceae (Labiatae)]●■

46533 Sclarea Mill. (1754) = Salvia L. (1753) [唇形科 Lamiaceae (Labiatae)//鼠尾草科 Salviaceae]●■

46534 Sclarea Tourn. ex Mill. (1754) ≡ Sclarea Mill. (1754); ~ = Salvia L. (1753) [唇形科 Lamiaceae (Labiatae)//鼠尾草科 Salviaceae]●■

46535 Sclareastrum Fabr. = Salvia L. (1753) [唇形科 Lamiaceae (Labiatae)//鼠尾草科 Salviaceae]●■

46536 Sclepsion Raf. ex Wedd. (1857) = Laportea Gaudich. (1830) (保留属名) [荨麻科 Urticaceae]●■

46537 Sclerachne R. Br. (1838) 【汉】斑点葫芦草属 (硬颖草属)。【英】Sclerachne。【隶属】禾本科 Poaceae (Gramineae)。【包含】世界 1 种。【学名诠释与讨论】〈阴〉(希) skleros, 硬的, 干的 + achne, 鳞片, 泡沫, 泡囊, 谷壳, 稃。指第一颖片革质。此属的学名是 "Sclerachne R. Brown in J. J. Bennett et R. Brown, Pl. Jav. Rar. 15. 4-7 Jul 1838"。亦有文献把其处理为 "Chionachne R. Br. (1838)" 的异名。"Sclerachne Torrey ex Trinius, Mém. Acad. Imp. Sci. Saint-Pétersbourg, Sér. 6, Sci. Math., Seconde Pt. Sci. Nat. 6: 273. Jun 1841 ('1845') (non R. Brown 1838) ≡ Limnodea L. H. Dewey 1894 [禾本科 Poaceae (Gramineae)]" 是晚出的非法名称。【分布】印度尼西亚 (爪哇岛), 帝汶岛。【模式】Sclerachne punctata R. Brown。【参考异名】Chionachne R. Br. (1838)■☆

46538 Sclerachne Torr. ex Trin. (1841) Nom. illegit. ≡ Limnodea L. H. Dewey (1894); ~ = Thurberia Benth. (1881) Nom. illegit. [禾本科 Poaceae (Gramineae)]■☆

46539 Sclerachne Trin. (1841) Nom. illegit. ≡ Sclerachne Torr. ex Trin. (1841) Nom. illegit.; ~ = Limnodea L. H. Dewey (1894); ~ = Thurberia Benth. (1881) Nom. illegit. [禾本科 Poaceae (Gramineae)]■☆

46540 Sclerandrium Stapf et C. E. Hubb. (1935) = Germainia Balansa et Poitr. (1873) [禾本科 Poaceae (Gramineae)]■

46541 Scleranthaceae Bartl. = Caryophyllaceae Juss. (保留科名); ~ = Illecebraceae R. Br. (保留科名)●■

46542 Scleranthaceae Bartl. et J. Presl = Caryophyllaceae Juss. (保留科名); ~ = Illecebraceae R. Br. (保留科名)●■

46543 Scleranthaceae J. Presl et C. Presl (1822) = Caryophyllaceae Juss. (保留科名); ~ = Illecebraceae R. Br. (保留科名)●■

46544 Scleranthera Pichon (1951) = Wrightia R. Br. (1810) [夹竹桃科 Apocynaceae]●

46545 Scleranthopsis Rech. f. (1967) 【汉】多刺线球草属。【隶属】石竹科 Caryophyllaceae。【包含】世界 1 种。【学名诠释与讨论】〈阴〉(属) Scleranthus 硬萼花属 (线球草属) + 希腊文 opsis, 外观, 模样, 相似。【分布】阿富汗。【模式】Scleranthopsis aphanantha (K. H. Rechinger fil.) K. H. Rechinger fil. [Acanthophyllum aphananthum K. H. Rechinger fil.]●☆

46546 Scleranthus L. (1753) 【汉】硬萼花属 (线球草属)。【俄】Дивала, Дивало。【英】Knawel。【隶属】醉人花科 (裸果木科) Illecebraceae。【包含】世界 10-15 种。【学名诠释与讨论】〈阳〉(希) skleros, 硬的, 干的 + anthos, 花。指花萼硬。此属的学名, ING、APNI、GCI 和 IK 记载是 "Scleranthus L., Sp. Pl. 1: 406.

1753 [1 May 1753]"。"Knauthia Heister ex Fabricius, Enum. ed. 2. 358. Sep-Dec 1763" 和 "Knavel Séguier, Pl. Veron. 3: 60. Jul-Aug 1754" 是 "Scleranthus L. (1753)" 的晚出的同模式异名 (Homotypic synonym, Nomenclatural synonym)。【分布】澳大利亚, 巴勒斯坦, 秘鲁, 厄瓜多尔, 美国 (密苏里), 非洲, 欧洲, 亚洲, 中美洲。【后选模式】Scleranthus annuus Linnaeus。【参考异名】Ditoca Banks et Sol. ex Gaertn. (1791) Nom. illegit.; Ditoca Banks ex Gaertn. (1791) Nom. illegit.; Knauthia Fabr. (1763) Nom. illegit.; Knauthia Heist. ex Fabr. (1763) Nom. illegit.; Knavel Ség. (1754); Mniarum J. R. Forst. et G. Forst. (1776); Schleranthus L. (1753) Nom. illegit.; Sclaeranthus Thunb. (1794); Seleranthus Hill (1768)■☆

46547 Scleria P. J. Bergius (1765) 【汉】珍珠茅属。【日】シンジュガヤ属, シンショウガ属。【俄】Склерия。【英】Pearlsedge, Razorsedge, Razor-sedge。【隶属】莎草科 Cyperaceae。【包含】世界 200-250 种, 中国 19-24 种。【学名诠释与讨论】〈阴〉(希) skleros, 硬的。skleria, 硬, sklerotes, 硬, 僵硬。指坚果骨质。此属的学名, ING 和 IK 记载是 "Scleria P. J. Bergius, Kongl. Vetensk. Acad. Handl. 26: 142(-144). 1765"。"Omoscleria C. G. D. Nees in C. F. P. Martius, Fl. Brasil. 2(1): 180. 1 Apr 1842" 是 "Scleria P. J. Bergius (1765)" 的晚出的同模式异名 (Homotypic synonym, Nomenclatural synonym)。【分布】巴拿马, 秘鲁, 玻利维亚, 厄瓜多尔, 哥伦比亚 (安蒂奥基亚), 哥斯达黎加, 马达加斯加, 美国 (密苏里), 尼加拉瓜, 中国, 热带和亚热带, 中美洲。【后选模式】Scleria flagellum-nigrorum P. J. Bergius, Nom. illegit. [Scirpus lithospermus Linnaeus; Scleria lithosperma (Linnaeus) O. Swartz]。【参考异名】Acriulus Ridl. (1883); Aeriulus Ridl.; Anerma Schrad. ex Nees (1842); Catagyna Hutch. et Dalzell (1936) Nom. illegit.; Chondrolomia Nees (1842) Nom. illegit.; Cryptopodium Schrad. ex Nees (1842) Nom. illegit.; Cylindropus Nees (1834); Diaphora Lour. (1790); Diaphorea Pers. (1807); Diploscyphus Liebm. (1850); Durandia Boeck. (1896); Homoscleria Post et Kuntze (1903); Hymenolytrum Schrad. (1842) Nom. illegit.; Hymenolytrum Schrad. ex Nees (1842); Hypoporum Nees (1834); Macrolomia Schrad. ex Nees (1842); Mastigoscleria B. D. Jacks.; Mastigoscleria Nees (1842); Omoscleria Nees (1842) Nom. illegit.; Ophrydium Schrad. ex Nees; Ophryoscleria Nees (1842); Osmoscleria Lindl. (1847); Schizolepis Schrad. ex Nees (1842); Seleria Boeck. (1874); Sphaeropus Boeck. (1873); Tonduzia Boeck. ex Tonduz (1895); Trachyloma Pfeiff.; Trachylomia Nees (1842)■

46548 Scleriaceae Bercht. et J. Presl = Cyperaceae Juss. (保留科名)■

46549 Sclerobasis Cass. (1818) = Senecio L. (1753) [菊科 Asteraceae (Compositae)//千里光科 Senecionidaceae]■●

46550 Sclerobassia Ulbr. (1934) = Bassia All. (1766) [藜科 Chenopodiaceae]■●

46551 Scleroblitum Ulbr. (1934) 【汉】莲座藜属。【隶属】藜科 Chenopodiaceae。【包含】世界 1 种。【学名诠释与讨论】〈中〉(希) skleros, 硬的, 干的 + (属) Blitum。此属的学名是 "Scleroblitum Ulbrich in Engler et Prantl, Nat. Pflanzenfam. ed. 2. 16c: 495. Jan-Mar 1934"。亦有文献把其处理为 "Chenopodium L. (1753)" 的异名。【分布】澳大利亚。【模式】Scleroblitum atriplicinum (F. v. Mueller) Ulbrich [Blitum atriplicinum F. v. Mueller]。【参考异名】Chenopodium L. (1753)■☆

46552 Sclerocactus Britton et Rose (1922) 【汉】鲵玉属 (白红山属, 白虹山属, 琥球属)。【日】スクレロカクタス属。【英】Eagle-claw Cactus, Fishhook Cactus。【隶属】仙人掌科 Cactaceae。【包含】世

界 15-20 种。【学名诠释与讨论】〈阳〉(希)skleros,硬的,干的+cactos,有刺的植物,通常指仙人掌科 Cactaceae 植物。此属的学名,ING、TROPICOS 和 IK 记载是"Sclerocactus N. L. Britton et Rose,Cact. 3:212. 12 Oct 1922"。它曾被处理为"Ferocactus sect. Sclerocactus(Britton & Rose)N. P. Taylor, Cactus and Succulent Journal of Great Britain 41(4):90. 1979"和"Pediocactus sect. Sclerocactus(Britton & Rose)Halda"。【分布】美国(西南部)。【模式】Sclerocactus polyancistrus(Engelmann et Bigelow)N. L. Britton et Rose[Echinocactus polyancistrus Engelmann et Bigelow]。【参考异名】Ancistrocactus(K. Schum.)Britton et Rose(1923)Nom. illegit.;Ancistrocactus Britton et Rose(1923);Coloradoa Boissev. et C. Davidson(1940);Echinomastus Britton et Rose(1922);Ferocactus sect. Sclerocactus(Britton & Rose)N. P. Taylor(1979);Glandulicactus Backeb.(1938);Pediocactus sect. Sclerocactus(Britton & Rose)Halda;Toumeya Britton et Rose(1922)Nom. illegit. ●☆

46553 Sclerocalyx Nees(1844)Nom. illegit. ≡ Gymnacanthus Nees(1836);~ =Ruellia L.(1753)[爵床科 Acanthaceae]■●

46554 Sclerocarpa Sond.(1850)= Sclerocarya Hochst.(1844)[漆树科 Anacardiaceae]●☆

46555 Sclerocarpus Jacq.(1781)【汉】硬果菊属(骨苞菊属)。【英】Bone-bract, Mexican Bone-bract。【隶属】菊科 Asteraceae(Compositae)。【包含】世界 8-12 种,中国 1 种。【学名诠释与讨论】〈阳〉(希)skleros,硬的,干的+karpos,果实。【分布】巴拿马,美国(南部)至哥伦比亚,尼加拉瓜,中国,热带非洲,中美洲。【模式】Sclerocarpus africanus N. J. Jacquin。【参考异名】Dichotoma Sch. Bip.(1873)■

46556 Sclerocarya Hochst.(1844)【汉】硬果漆属(玛鲁拉木属)。【隶属】漆树科 Anacardiaceae。【包含】世界 4 种。【学名诠释与讨论】〈阴〉(希)skleros,硬的,干的+karyon,胡桃,硬壳果,核,坚果。【分布】马达加斯加,热带和非洲南部。【模式】Sclerocarya birrea(A. Richard)Hochstetter[Spondias birrea A. Richard]。【参考异名】Sclerocarpa Sond.(1850)●☆

46557 Sclerocaryopsis Brand(1931)= Lappula Moench(1794)[紫草科 Boraginaceae]■

46558 Sclerocephalus Boiss.(1843)【汉】硬头花属。【隶属】石竹科 Caryophyllaceae。【包含】世界 1 种。【学名诠释与讨论】〈阳〉(属)skleros,硬的,干的+kephale,头。【分布】巴勒斯坦,佛得角,西班牙(加那利群岛)至伊朗。【模式】Sclerocephalus arabicus Boissier[Paronychia sclerocephala Decaisne]■☆

46559 Sclerochaetium Nees(1832)= Tetraria P. Beauv.(1816)[莎草科 Cyperaceae]■☆

46560 Sclerochiton Harv.(1842)【汉】硬衣爵床属。【隶属】爵床科 Acanthaceae。【包含】世界 12 种。【学名诠释与讨论】〈中〉(希)skleros,硬的,干的+chiton,衣料,束腰外衣。【分布】热带和非洲南部。【模式】Sclerochiton harveyanus C. G. D. Nees。【参考异名】Butayea De Wild.(1903);Isacanthus Nees(1847);Pseudoblepharis Baill.(1890)Nom. illegit. ●☆

46561 Sclerochlaena Post et Kuntze(1903)= Sclerolaena R. Br.(1810)[藜科 Chenopodiaceae]●☆

46562 Sclerochlamys F. Muell., Trans. et Proc.(1858)Nom. illegit. ≡Sclerochlamys F. Muell.(1858);~ =Sclerolaena R. Br.(1810)[藜科 Chenopodiaceae]●☆

46563 Sclerochlamys Morrone et Zuloaga(2009)Nom. illegit. ≡ Keratochlaena Morrone et Zuloaga(2009);~ =Sclerolaena R. Br.(1810)[藜科 Chenopodiaceae]●☆

46564 Sclerochloa P. Beauv.(1812)【汉】硬草属(粗茅属,硬茅属)。

【俄】Жесткоковолосница, Жесткоколосница。【英】Hard Grass, Hardgrass, Hard-grass, Stiffgrass。【隶属】禾本科 Poaceae(Gramineae)。【包含】世界 2-3 种,中国 1-2 种。【学名诠释与讨论】〈阴〉(希)skleros,硬的,干的+chloe,草的幼芽,嫩草,禾草。指外稃坚硬。此属的学名,ING、TROPICOS、APNI 和 IK 记载是"Sclerochloa P. Beauv., Essai d'une Nouvelle Agrostographiae 1812"。"Sclerochloa Rchb., Ic. Fl. Germ. xi. 23. t. 58(1834)= Festuca L.(1753)[禾本科 Poaceae(Gramineae)//羊茅科 Festucaceae]"是晚出的非法名称。【分布】巴基斯坦,美国,中国,欧洲南部,亚洲西部。【后选模式】Sclerochloa dura(Linnaeus)Palisot de Beauvois[Cynosurus durus Linnaeus]。【参考异名】Amblychloa Link(1844);Crassipes Swallen(1931);Schlerochloa Parl.(1845)■

46565 Sclerochloa Rchb.(1834)Nom. illegit. = Festuca L.(1753)[禾本科 Poaceae(Gramineae)//羊茅科 Festucaceae]■

46566 Sclerochorton Boiss.(1872)【汉】硬芹属。【隶属】伞形花科(伞形科)Apiaceae(Umbelliferae)。【包含】世界 1 种。【学名诠释与讨论】〈中〉(希)skleros,硬的,干的+chortos,植物园,草。【分布】欧洲东南部至伊朗。【后选模式】Sclerochorton haussknechtii Boissier☆

46567 Sclerocladus Raf.(1838)= Bumelia Sw.(1788)(保留属名);~ =Sideroxylon L.(1753)[山榄科 Sapotaceae//刺李山榄科 Bumeliaceae]●☆

46568 Sclerococcus Bartl.(1830)Nom. inval. = Hedyotis L.(1753)(保留属名)[茜草科 Rubiaceae]●■

46569 Sclerocroton Hochst.(1845)【汉】肖乌桕属。【隶属】大戟科 Euphorbiaceae。【包含】世界 8 种。【学名诠释与讨论】〈中〉(希)skleros,硬的,干的+(属)Croton 巴豆属。此属的学名是"Sclerocroton Hochstetter in C. F. F. Krauss,Flora 28:85. 14 Feb 1845"。亦有文献把其处理为"Excoecaria L.(1759)"或"Sapium Jacq.(1760)(保留属名)"的异名。【分布】马达加斯加。【后选模式】Sclerocroton integerrimus Hochstetter。【参考异名】Excoecaria L.(1759);Sapium Jacq.(1760)(保留属名)●☆

46570 Sclerocyathium Prokh.(1933)= Euphorbia L.(1753)[大戟科 Euphorbiaceae]●■

46571 Sclerodactylon Stapf(1911)【汉】假龙爪草属。【隶属】禾本科 Poaceae(Gramineae)。【包含】世界 1 种。【学名诠释与讨论】〈中〉(希)skleros,硬的,干的+daktylos,手指,足趾。daktilotos,有指的,指状的。daktylethra,指套。【分布】马达加斯加。【模式】Sclerodactylon juncifolium Stapf。【参考异名】Arthrochlaena Benth.(1881)Nom. illegit.;Arthrochlaena Boiv. ex Benth.(1881)■☆

46572 Sclerodeyeuxia(Stapf)Pilg.(1947)= Calamagrostis Adans.(1763)[禾本科 Poaceae(Gramineae)]■

46573 Sclerodeyeuxia Pilg.(1947)Nom. illegit. ≡ Sclerodeyeuxia(Stapf)Pilg.(1947);~ =Calamagrostis Adans.(1763)[禾本科 Poaceae(Gramineae)]■

46574 Sclerodictyon Pierre(1898)= Dictyophleba Pierre(1898)[夹竹桃科 Apocynaceae]●☆

46575 Scleroehlamys F. Muell. = Kochia Roth(1801)[藜科 Chenopodiaceae]●■

46576 Sclerolaena A. Camus(1925)Nom. inval., Nom. illegit. ≡ Sclerolaena Boivin ex A. Camus(1925)Nom. inval., Nom. illegit.;~ = Cyphochlaena Hack.(1901)[禾本科 Poaceae(Gramineae)]■☆

46577 Sclerolaena Boivin ex A. Camus(1925)Nom. inval., Nom. illegit. = Cyphochlaena Hack.(1901)[禾 本 科 Poaceae

（Gramineae）］■☆

46578 Sclerolaena R. Br.（1810）【汉】澳藜属。【英】Copper-buff。【隶属】藜科 Chenopodiaceae。【包含】世界 64-80 种。【学名诠释与讨论】〈阴〉（希）skleros，硬的，干的+laina ＝chlaine ＝拉丁文 laena，外衣，衣服。此属的学名，ING、APNI 和 IK 记载是"Sclerolaena R. Br.，Prodr. Fl. Nov. Holland. 410. 1810［27 Mar 1810］"。"Sclerolaena Boivin ex A. Camus，Bull. Soc. Bot. France 72：622，in syn. 1925［禾本科 Poaceae（Gramineae）］"是晚出的非法名称，也是不合格发表的名称；TROPICOS 则记载为"Sclerolaena A. Camus，Bulletin de la Société Botanique de France 72：622. 1925"。【分布】澳大利亚。【后选模式】Sclerolaena uniflora R. Brown。【参考异名】Anisacantha R. Br.（1810）；Austrobassia Ulbr.（1934）；Coilocarpus Domin（1921）；Coilocarpus F. Muell. ex Domin（1921）；Cyrilwhitea Ising（1964）；Kentropsis Moq.（1840）；Keratochlaena Morrone et Zuloaga（2009）；Sclerochlaena Post et Kuntze（1903）；Sclerochlamys F. Muell.（1858）；Sclerochlamys F. Muell.，Trans. et Proc.（1858）Nom. illegit.；Sclerochlamys Morrone et Zuloaga（2009）Nom. illegit.；Stelligera A. J. Scott（1978）●☆

46579 Scleroleima Hook. f.（1846）＝Abrotanella Cass.（1825）［菊科 Asteraceae（Compositae）］■☆

46580 Sclerolepis Cass.（1816）【汉】硬鳞菊属。【英】Bogbutton。【隶属】菊科 Asteraceae（Compositae）。【包含】世界 1 种。【学名诠释与讨论】〈阴〉（希）skleros，硬的，干的+lepis，所有格 lepidos，指小式 lepion 或 lepidion，鳞，鳞片。lepidotos，多鳞的。lepos，鳞，鳞片。此属的学名，ING、TROPICOS 和 IK 记载是"Sclerolepis Cassini，Bull. Sci. Soc. Philom. Paris 1816：198. Dec 1816"。"Sclerolepis Monnier，Ess. Monogr. Hieracium 81（1829）［Oct-Dec 1829］≡Pachylepis Less.（1832）＝Crepis L.（1753）＝Rodigia Spreng.（1820）［菊科 Asteraceae（Compositae）］"是晚出的非法名称。【分布】美国（西部）。【模式】Sclerolepis verticillata（Michaux）Cassini［Sparganophorus verticillatus Michaux］■☆

46581 Sclerolepis Monn.（1829）Nom. illegit. ≡Pachylepis Less.（1832）；~＝Crepis L.（1753）；~＝Rodigia Spreng.（1820）［菊科 Asteraceae（Compositae）］■

46582 Sclerolinon C. M. Rogers（1966）【汉】糙果亚麻属。【隶属】亚麻科 Linaceae。【包含】世界 1 种。【学名诠释与讨论】〈阴〉（希）scleros，硬的+linon 亚麻，麻布。指坚果表面粗糙。【分布】美国（西部）。【模式】Sclerolinon digynum（A. Gray）C. M. Rogers［Linum digynum A. Gray］■☆

46583 Sclerolobium Vogel（1837）【汉】硬瓣苏木属。【隶属】豆科 Fabaceae（Leguminosae）。【包含】世界 5 种。【学名诠释与讨论】〈中〉（希）skleros，硬的，干的+lobos ＝拉丁文 lobulus，片，裂片，叶，荚，荪+-ius，-ia，-ium，在拉丁文和希腊文中，这些词尾表示性质或状态。【分布】巴拉圭，秘鲁，玻利维亚，厄瓜多尔，尼加拉瓜，中美洲。【后选模式】Sclerolobium denudatum Vogel。【参考异名】Amorphocalyx Klotzsch（1848）；Chrysostachys Poepp. ex Baill.■☆

46584 Scleromelum K. Schum. et Lauterb.（1900）＝Scleropyrum Arn.（1838）（保留属名）［檀香科 Santalaceae］●

46585 Scleromitrion（Wight et Arn.）Meisn.（1838）＝Hedyotis L.（1753）（保留属名）［茜草科 Rubiaceae］●■

46586 Scleromitrion Wight et Arn.，Nom. illegit. ＝Hedyotis L.（1753）（保留属名）［茜草科 Rubiaceae］●■

46587 Scleromphalos Griff.（1854）＝Withania Pauquy（1825）（保留属名）［茄科 Solanaceae］●■

46588 Scleronema Benth.（1862）【汉】硬丝木棉属。【隶属】木棉科 Bombacaceae//锦葵科 Malvaceae。【包含】世界 5 种。【学名诠释与讨论】〈中〉（希）skleros，硬的，干的+nema，所有格 nematos，丝，花丝。此属的学名，ING、TROPICOS 和 IK 记载是"Scleronema Benth.，J. Proc. Linn. Soc.，Bot. 6：109. 1862"。"Scleronema A. T. Brongniart et Gris，Ann. Sci. Nat. Bot. ser. 5. 2：166. 1864"是晚出的非法名称；它已经被"Xeronema Brongn. et Gris（1865）［百合科 Liliaceae//龙舌兰科 Agavaceae//惠灵麻科（麻兰科，新西兰麻科）Phormiaceae//萱草科 Hemerocallidaceae//鸢尾麻科（血剑草科）Xeronemataceae］"所替代。【分布】热带南美洲。【模式】Scleronema spruceana Bentham●☆

46589 Scleronema Brongn. et Gris（1864）Nom. illegit. ≡Xeronema Brongn. et Gris（1865）［百合科 Liliaceae//龙舌兰科 Agavaceae//惠灵麻科（麻兰科，新西兰麻科）Phormiaceae//萱草科 Hemerocallidaceae//鸢尾麻科（血剑草科）Xeronemataceae］■☆

46590 Scleroolaena Baill.（1872）Nom. illegit. ≡Xyloolaena Baill.（1886）［苞杯花科（旋花树科）Sarcolaenaceae］●☆

46591 Scleroon Benth.（1843）＝Petitia Jacq.（1760）［马鞭草科 Verbenaceae//唇形科 Lamiaceae（Labiatae）］●☆

46592 Sclerophylacaceae Miers（1848）［亦见 Solanaceae Juss.（保留科名）茄科］【汉】盐生茄科（南美茄科）。【包含】世界 1 属 12 种。【分布】南美洲。【科名模式】Sclerophylax Miers ■☆

46593 Sclerophylax Miers（1848）【汉】盐生茄属。【隶属】茄科 Solanaceae//盐生茄科（南美茄科）Sclerophylacaceae。【包含】世界 12 种。【学名诠释与讨论】〈阴〉（希）skleros，硬的，干的+phylla，复数 phylax，附生植物，监护人。【分布】阿根廷，巴拉圭，乌拉圭。【后选模式】Sclerophylax spinescens Miers。【参考异名】Sterrhymenia Griseb.（1874）■☆

46594 Sclerophyllum Gaudin（1829）Nom. illegit. ≡Phaecasium Cass.（1826）；~＝Crepis L.（1753）［菊科 Asteraceae（Compositae）］■

46595 Sclerophyllum Griff.（1851）Nom. illegit. ＝Oryza L.（1753）；~＝Porteresia Tateoka（1965）［禾本科 Poaceae（Gramineae）//稻科 Oryzaceae］■☆

46596 Sclerophyrum Hieron. ＝Scleropyrum Arn.（1838）（保留属名）［檀香科 Santalaceae］●

46597 Scleropoa Griseb.（1846）【汉】硬蕨禾属。【俄】Жесткомятник。【英】Hard Meadow Grass, Stiff Grass。【隶属】禾本科 Poaceae（Gramineae）//羊茅科 Festucaceae。【包含】世界 20 种。【学名诠释与讨论】〈阴〉（希）skleros，硬的，干的+poa，禾草。此属的学名，ING、APNI 和 IK 记载是"Scleropoa Griseb.，Spic. Fl. Rumel. 2（5/6）：431. 1846［Jan 1846］"。"Synaphe Dulac，Fl. Hautes-Pyrénées 90. 1867"是"Scleropoa Griseb.（1846）"的晚出的同模式异名（Homotypic synonym, Nomenclatural synonym）。它曾被处理为"Festuca sect. Scleropoa（Griseb.）Benth.，Proceedings of the Linnean Society of London 19：128. 1881"和"Sclerochloa subgen. Scleropoa（Griseb.）Nyman，Syll. 423. 1855"。亦有文献把"Scleropoa Griseb.（1846）"处理为"Catapodium Link（1827）［as 'Catopodium'］"或"Festuca L.（1753）"的异名。【分布】巴基斯坦，地中海地区，高加索，亚洲西部。【模式】Scleropoa rigida（Linnaeus）Grisebach［Poa rigida Linnaeus］。【参考异名】Catapodium Link（1827）［as 'Catopodium'］；Festuca L.（1753）；Festuca sect. Scleropoa（Griseb.）Benth.（1881）；Sclerochloa subgen. Scleropoa（Griseb.）Nyman（1855）；Synaphe Dulac（1867）Nom. illegit.■☆

46598 Scleropogon Phil.（1870）【汉】短花硬芒草属。【英】Burrograss。【隶属】禾本科 Poaceae（Gramineae）。【包含】世界 1 种。【学名诠释与讨论】〈阳〉（希）skleros，硬的，干的+pogon，所有格 pogonos，指小式 pogonion，胡须，髯毛，芒。pogonias，有须的。

指芒比较硬。【分布】阿根廷,美国(西南部),墨西哥。【模式】Scleropogon brevifolius Philippi。【参考异名】Lesourdia E. Fourn.(1880)■☆

46599 Scleropteris Scheidw. (1839) = Cirrhaea Lindl. (1832) [兰科 Orchidaceae]■☆

46600 Scleropterys Scheidw. (1839) Nom. illegit. ≡ Scleropteris Scheidw. (1839); ~= Cirrhaea Lindl. (1832) [兰科 Orchidaceae]■☆

46601 Scleropus Schrad. (1835) = Amaranthus L. (1753) [苋科 Amaranthaceae]■

46602 Scleropyron Endl. (1842) = Scleropyrum Arn. (1838)(保留属名) [檀香科 Santalaceae]●

46603 Scleropyrum Arn. (1838)(保留属名)【汉】硬核属。【英】Scleropyrum, Stiffdrupe。【隶属】檀香科 Santalaceae。【包含】世界6种,中国1种。【学名诠释与讨论】〈中〉(希)skleros,硬的,干的+pyren,核。指内果皮坚硬。此属的学名“Scleropyrum Arn. in Mag. Zool. Bot. 2:549. 1838”是保留属名。相应的废弃属名是檀香科 Santalaceae 的“Heydia Dennst. ex Kostel., Allg. Med.-Pharm. Fl. 5:2005. Jan-Sep 1836 = Scleropyrum Arn.(1838)(保留属名)”。“Heydia Dennst.(1818)Nom. inval. ≡ Heydia Dennst. ex Kostel.(2005)(废弃属名)[檀香科 Santalaceae]”是一个未合格发表的名称(Nom. inval.)。【分布】印度至马来西亚,中国。【模式】Scleropyrum wallichianum(Wight et Arnott)Arnott [Sphaerocarya wallichiana Wight et Arnott]。【参考异名】Heydia Dennst.(1818)Nom. inval.(废弃属名);Heydia Dennst. ex Kostel.(2005)(废弃属名);Scleromelum K. Schum. et Lauterb.(1900);Sclerophyrum Hieron.;Scleropyron Endl.(1842)●

46604 Sclerorhachis(Rech. f.)Rech. f.(1969)【汉】宿轴菊属。【隶属】菊科 Asteraceae(Compositae)。【包含】世界4种。【学名诠释与讨论】〈阴〉(希)skleros,硬的,干的+rhachis,针,刺。此属的学名,ING 和 IK 记载是“Sclerorhachis(K. H. Rechinger fil.)K. H. Rechinger fil., Österr. Akad. Wiss., Math. Naturwiss. Kl., Anz. 105:242. 1969”,由“Anthemis sect. Sclerorhachis K. H. Rechinger fil., Ann. Naturhist. Mus. Wien 54(2):4. May 1944”改级而来。【分布】伊朗。【模式】Sclerorhachis caulescens(J. E. T. Aitchison et W. B. Hemsley)K. H. Rechinger fil. [Anthemis caulescens J. E. T. Aitchison et W. B. Hemsley]。【参考异名】Anthemis sect. Sclerorhachis Rech. f.(1944)■☆

46605 Sclerosciadium W. D. J. Koch ex DC.(1829) = Capnophyllum Gaertn.(1790) [伞形花科(伞形科)Apiaceae(Umbelliferae)]■☆

46606 Sclerosciadium W. D. J. Koch, Nom. inval. ≡ Sclerosciadium W. D. J. Koch ex DC.(1829); ~= Capnophyllum Gaertn.(1790) [伞形花科(伞形科)Apiaceae(Umbelliferae)]■☆

46607 Sclerosia Klotzsch(1849)【汉】硬莲木属。【隶属】金莲木科 Ochnaceae。【包含】世界1种。【学名诠释与讨论】〈阴〉(希)skleros,硬的。【分布】几内亚。【模式】Sclerosia apiculata Klotzsch●☆

46608 Sclerosiphon Nevski(1937) = Iris L.(1753) [鸢尾科 Iridaceae]■

46609 Sclerosperma G. Mann et H. Wendl.(1864)【汉】西非椰属(石籽椰属,硬籽椰属)。【隶属】棕榈科 Arecaceae(Palmae)。【包含】世界3种。【学名诠释与讨论】〈中〉(希)skleros,硬的,干的+sperma,所有格 spermatos,种子,孢子。【分布】热带非洲西部。【模式】Sclerosperma mannii H. Wendland●☆

46610 Sclerostachya(Hack.)A. Camus(1922)Nom. illegit. ≡ Sclerostachya(Andersson ex Hack.)A. Camus(1922) [禾本科 Poaceae(Gramineae)]■☆

46611 Sclerostachya(Andersson ex Hack.)A. Camus(1922)【汉】硬穗草属。【隶属】禾本科 Poaceae(Gramineae)。【包含】世界6种。【学名诠释与讨论】〈阴〉(希)skleros,硬的,干的+stachys,穗,谷,长钉。此属的学名,ING、TROPICOS 和 IK 记载是“Sclerostachya(Andersson ex Hackel)A. Camus in Lecomte, Fl. Gén. Indo-Chine 7:243. Mar 1922”,由“Saccharum subgen. Sclerostachya Andersson ex Hackel in Alph. de Candolle et A. C. de Candolle, Monogr. PHAN. 6:121. Apr 1889”改级而来。“Sclerostachya(Hack.)A. Camus(1922)≡ Sclerostachya(Andersson ex Hack.)A. Camus(1922)”和“Sclerostachya A. Camus(1922)≡ Sclerostachya(Andersson ex Hack.)A. Camus(1922)”的命名人引证有误。“Sclerostachyum Stapf ex Ridl., Fl. Malay Penins. v. 194(1925) = Sclerostachya(Andersson ex Hack.)A. Camus(1922)”是晚出的非法名称。“Sclerostachyum Stapf ex Ridley, Fl. Malay Penins. 5:194. 1925”是“Sclerostachya(Andersson ex Hack.)A. Camus(1922)”的拼写变体。亦有文献把“Sclerostachya(Andersson ex Hack.)A. Camus(1922)”处理为“Miscanthus Andersson(1855)”的异名。【分布】巴基斯坦,印度(阿萨姆),马来半岛,中南半岛。【模式】Sclerostachya fusca(Roxburgh)A. Camus [Saccharum fuscum Roxburgh]。【参考异名】Miscanthus Andersson(1855);Saccharum subgen. Sclerostachya Andersson ex Hack.(1889);Sclerostachya(Hack.)A. Camus(1922)Nom. illegit.;Sclerostachya A. Camus(1922)Nom. illegit.;Sclerostachyum Stapf ex Ridl.(1925)Nom. illegit.■☆

46612 Sclerostachya A. Camus(1922)Nom. illegit. ≡ Sclerostachya(Andersson ex Hack.)A. Camus(1922) [禾本科 Poaceae(Gramineae)]■☆

46613 Sclerostachyum Stapf ex Ridl.(1925)Nom. illegit. ≡ Sclerostachya(Andersson ex Hack.)A. Camus(1922) [禾本科 Poaceae(Gramineae)]■☆

46614 Sclerostegia Paul G. Wilson(1980)【汉】小叶盐角木属。【隶属】藜科 Chenopodiaceae。【包含】世界5种。【学名诠释与讨论】〈阴〉(希)skleros,硬的,干的+stegion,屋顶,盖。指果皮。【分布】澳大利亚(塔斯马尼亚岛)。【模式】Sclerostegia tenuis(Bentham)Paul G. Wilson [Salicornia tenuis Bentham]●☆

46615 Sclerostemma Schott ex Roem. et Schult.(1818) = Scabiosa L.(1753) [川续断科(刺参科,蓟叶参科,山萝卜科,续断科)Dipsacaceae//蓝盆花科 Scabiosaceae]●■

46616 Sclerostephane Chiov.(1929)【汉】硬冠菊属。【隶属】菊科 Asteraceae(Compositae)。【包含】世界5种。【学名诠释与讨论】〈阴〉(希)skleros,硬的,干的+stephos,stephanos,花冠,王冠。此属的学名是“Sclerostephane Chiovenda, Fl. Somala 1:200. 1929”。亦有文献把其处理为“Pulicaria Gaertn.(1791)”的异名。【分布】索马里。【后选模式】Sclerostephane discoidea Chiovenda。【参考异名】Pulicaria Gaertn.(1791)■●☆

46617 Sclerostylis Blume(1825) = Atalantia Corrêa(1805)(保留属名) [芸香科 Rutaceae]●

46618 Sclerothamnus Fedde = Hesperothamnus Brandegee(1919); ~= Millettia Wight et Arn.(1834)(保留属名); ~= Sclerothamnus Harms(1921) [as 'Selerothamnus']Nom. illegit. [豆科 Fabaceae(Leguminosae)//蝶形花科 Papilionaceae]●■

46619 Sclerothamnus Harms(1921) [as 'Selerothamnus']Nom. illegit. = Hesperothamnus Brandegee(1919); ~= Millettia Wight et Arn.(1834)(保留属名) [豆科 Fabaceae(Leguminosae)//蝶形花科 Papilionaceae]●■

46620　Sclerothamnus R. Br.（1811）Nom. illegit. ≡Sclerothamnus R. Br. ex W. T. Aiton（1811）；~ = Eutaxia R. Br. ex W. T. Aiton（1811）［豆科 Fabaceae（Leguminosae）］●☆

46621　Sclerothamnus R. Br. ex W. T. Aiton（1811）= Eutaxia R. Br. ex W. T. Aiton（1811）［豆科 Fabaceae（Leguminosae）//蝶形花科 Papilionaceae］●☆

46622　Sclerotheca A. DC.（1839）【汉】硬囊桔梗属。【隶属】桔梗科 Campanulaceae//山梗菜科（半边莲科）Nelumbonaceae。【包含】世界 3-6 种。【学名诠释与讨论】〈阴〉（希）skleros，硬的，干的 + theke = 拉丁文 theca，匣子，箱子，室，药室，囊。此属的学名是“Sclerotheca Bubák et Vleugel, Svensk Bot. Tidskr. 11：314. 23 Feb 1908（non Alph. de Candolle 1839）”。亦有文献把其处理为“Lobelia L.（1753）”的异名。【分布】参见 Lobelia L.（1753）。【模式】Sclerotheca arborea（J. G. A. Forster）Alph. de Candolle［Lobelia arborea J. G. A. Forster］。【参考异名】Lobelia L.（1753）●☆

46623　Sclerothrix C. Presl（1834）【汉】硬毛刺莲花属。【隶属】刺莲花科（硬毛刺莲科）Loasaceae。【包含】世界 1 种。【学名诠释与讨论】〈阴〉（希）skleros，硬的，干的 + thrix，所有格 trichos，毛，毛发。此属的学名是“Sclerothrix K. B. Presl, Symb. Bot. 2：3. Jul 1834”。亦有文献把其处理为“Klaprothia Kunth（1823）”的异名。【分布】巴拿马，玻利维亚，墨西哥至热带南美洲，中美洲。【模式】Sclerothrix fasciculata K. B. Presl。【参考异名】Ancyrostemma Poepp. et Endl.（1845）Nom. illegit.；Klaprothia Kunth（1823）■☆

46624　Sclerotiaria Korovin（1962）【汉】硬巾草属。【隶属】伞形花科（伞形科）Apiaceae（Umbelliferae）。【包含】世界 1 种。【学名诠释与讨论】〈阴〉（希）skleros，硬的，干的 + tiara = tiaras 波斯人遇大典时所戴的头巾。【分布】亚洲中部。【模式】Sclerotiaria pentaceros（E. R. Korovin）E. R. Korovin［Kosopoljanskia pentaceros E. P. Korovin］。【参考异名】Sclerotriaria Czerep. ■☆

46625　Sclerotriaria Czerep. = Sclerotiaria Korovin（1962）［伞形花科（伞形科）Apiaceae（Umbelliferae）］■☆

46626　Scleroxylon Bertol.（1857）Nom. illegit. = Chrysophyllum L.（1753）［山榄科 Sapotaceae］●

46627　Scleroxylon Steud.（1841）= Scleroxylum Willd.（1809）；~ = Myrsine L.（1753）［紫金牛科 Myrsinaceae］●

46628　Scleroxylum Willd.（1809）= Myrsine L.（1753）［紫金牛科 Myrsinaceae］●

46629　Sclerozus Raf.（1840）Nom. illegit. ≡Sclerocladus Raf.（1838）；~ = Bumelia Sw.（1788）（保留属名）；~ = Sideroxylon L.（1753）［山榄科 Sapotaceae//刺李山榄科 Bumeliaceae］●☆

46630　Scobia Noronha（1790）= Lagerstroemia L.（1759）［千屈菜科 Lythraceae//紫薇科 Lagerstroemiaceae］●

46631　Scobinaria Seibert（1940）【汉】锉紫葳属。【隶属】紫葳科 Bignoniaceae。【包含】世界 1 种。【学名诠释与讨论】〈阴〉（拉）scobina，大锉 + -arius，-aria，-arium，指示“属于、相似、具有、联系”的词尾。此属的学名是“Scobinaria Seibert, Publ. Carnegie Inst. Wash. 522：408. Jun 1940”。亦有文献把其处理为“Arrabidaea DC.（1838）”的异名。【分布】玻利维亚，中美洲。【模式】Scobinaria verrucosa（Standley）Seibert［Adenocalymma verrucosum Standley］。【参考异名】Arrabidaea DC.（1838）●☆

46632　Scoliaxon Payson（1924）【汉】曲轴芥属。【隶属】十字花科 Brassicaceae（Cruciferae）。【包含】世界 1 种。【学名诠释与讨论】〈阳〉（希）scolios，弯曲 + axon，轴。【分布】墨西哥。【模式】Scoliaxon mexicanus（S. Watson）Payson［Cochlearia mexicana S. Watson］■☆

46633　Scoliochilus Rchb. f.（1872）= Appendicula Blume（1825）［兰科 Orchidaceae］■

46634　Scoliopaceae Takht.（1995）［亦见 Calochortaceae Dumort. 美莲草科（裂果草科，油点草科）和 Liliaceae Juss.（保留科名）百合科］【汉】紫脉花科（伏地草科）。【包含】世界 1 属 2 种。【分布】北美洲西部。【科名模式】Scoliopus Torr. ■

46635　Scoliopus Torr.（1857）【汉】紫脉花属。【英】Fetid Adder's-tongue，Slink Pod，Slink-lily。【隶属】百合科 Liliaceae//延龄草科（重楼科）Trilliaceae//紫脉花科（伏地草科）Scoliopaceae。【包含】世界 1-2 种。【学名诠释与讨论】〈阳〉（希）scolikos，弯曲的。skoliosis，弯曲 + pous，所有格 podos，指小式 podion，脚，足，柄，梗。podotes，有脚的。指花梗弯曲。【分布】北美洲西部。【模式】Scoliopus bigelovii J. Torrey ■☆

46636　Scoliotheca Baill.（1888）= Monopyle Moritz ex Benth. et Hook. f.（1876）［苦苣苔科 Gesneriaceae］■☆

46637　Scolleropsis Hutch. = Scholleropsis H. Perrier（1936）［雨久花科 Pontederiaceae］■☆

46638　Scolobus Raf.（1819）Nom. illegit. ≡Thermopsis R. Br. ex W. T. Aiton（1811）［豆科 Fabaceae（Leguminosae）//蝶形花科 Papilionaceae］■

46639　Scolochloa Link（1827）（保留属名）【汉】水茅属（河茅属）。【日】ミヅガヤ属。【俄】Подостемон，Тростянка。【英】Hardgrass，River Grass，Scolochloa。【隶属】禾本科 Poaceae（Gramineae）。【包含】世界 1 种，中国 1 种。【学名诠释与讨论】〈阴〉（希）skolos，刺，针 + chloe，草的幼芽，嫩草，禾草。此属的学名“Scolochloa Link, Hort. Berol. 1：136. 1 Oct-27 Nov 1827”是保留属名；相应的废弃属名是禾本科 Poaceae（Gramineae）的“Scolochloa Mert. et W. D. J. Koch, Deutschl. Fl.，ed. 3，1：374，528. Jan-Mai 1823 = Arundo L.（1753）”。“Scolochloa Link（1827）”曾被处理为“Graphephorum sect. Scolochloa（Link）Benth. & Hook. f.，Genera Plantarum 3（2）：1197. 1883.（14 Apr 1883）”。【分布】中国，北温带。【模式】Scolochloa festucacea（Willdenow）Link［Arundo festucacea Willdenow］。【参考异名】Arundo L.（1753）；Fluminea Fr.（1846）Nom. illegit.；Fluminia Fr.（1846）；Graphephorum sect. Scolochloa（Link）Benth. & Hook. f.（1883）■

46640　Scolochloa Mert. et W. D. J. Koch（1823）（废弃属名）= Arundo L.（1753）［禾本科 Poaceae（Gramineae）］■

46641　Scolodia Raf.（1838）= Cassia L.（1753）（保留属名）［豆科 Fabaceae（Leguminosae）//云实科（苏木科）Caesalpiniaceae］●■

46642　Scolodrys Raf.（1838）= Quercus L.（1753）［壳斗科（山毛榉科）Fagaceae］●

46643　Scolopacium Eckl. et Zeyh.（1834）= Erodium L'Hér. ex Aiton（1789）［牻牛儿苗科 Geraniaceae］■●

46644　Scolopendrogyne Szlach. et Mytnik（2009）【汉】苏里南兰属。【隶属】兰科 Orchidaceae。【包含】世界 1 种。【学名诠释与讨论】〈阴〉（希）scolopendra，百足虫 + gyne，所有格 gynaikos，雌性，雌蕊。此属的学名是“Scolopendrogyne Szlach. et Mytnik, Richardiana 9（4）：205-206. 2009.（23 Sep 2009）”。亦有文献把其处理为“Quekettia Lindl.（1839）”的异名。【分布】苏里南。【模式】Scolopendrogyne vermeuleniana（Determann）Szlach. et Mytnik。【参考异名】Quekettia Lindl.（1839）■☆

46645　Scolophyllum T. Yamaz.（1978）【汉】针叶母草属。【隶属】玄参科 Scrophulariaceae//婆婆纳科 Veronicaceae//母草科 Linderniaceae。【包含】世界 2 种。【学名诠释与讨论】〈中〉（希）skolos，刺，针 + 希腊文 phyllon，叶子。phyllodes，似叶的，多叶的。phylleion，绿色材料，绿草。此属的学名是“Scolophyllum T. Yamazaki, J. Jap. Bot. 53：98. Apr 1978”。亦有文献把其处理

为"Lindernia All. (1766)"的异名。【分布】亚洲东南部。【模式】Scolophyllum ilicifolium (G. Bonati) T. Yamazaki [Ilysanthes ilicifolia G. Bonati]。【参考异名】Lindernia All. (1766)■☆

46646 Scolopia Schreb. (1789)(保留属名)【汉】箣柊属(刺柊属,莿冬属,鲁花树属)。【日】トゲイヌツゲ属。【英】Scolopia。【隶属】刺篱木科(大风子科)Flacourtiaceae。【包含】世界 37-40 种,中国 4-6 种。【学名诠释与讨论】〈阴〉(希) skolops,所有格 skolopos,任何尖物。指植物体常具刺。此属的学名"Scolopia Schreb. ,Gen. Pl. :335. Apr 1789"是保留属名。相应的废弃属名是刺篱木科(大风子科)Flacourtiaceae 的"Aembilla Adans. , Fam. Pl. 2:448,513. Jul-Aug 1763 = Scolopia Schreb. (1789)(保留属名)"。"Limonia J. Gaertner, Fruct. 1:278. Dec 1788 (non Linnaeus 1762)"是"Scolopia Schreb. (1789)(保留属名)"的晚出的同模式异名(Homotypic synonym, Nomenclatural synonym)。【分布】澳大利亚,马达加斯加,中国,非洲南部,热带和非洲南部,亚洲。【模式】Scolopia pusilla (J. Gaertner) Willdenow [Limonia pusilla J. Gaertner]。【参考异名】Adenogyrus Klotzsch (1854); Aembilla Adans. (1763) (废弃属名); Dasianthera C. Presl (1831); Dasyanthera Rchb. (1837); Eriodaphus Spach (1838); Eriudaphus Nees (1836); Limonia Gaertn. (1789) Nom. illegit. ; Phoberos Lour. (1790); Rhamnicastrum Kuntze(1891) Nom. illegit. ; Rhamnicastrum L. ex Kuntze(1891) Nom. illegit. ; Rhinanthera Blume(1827); Richeopsis Arènes(1954); Scopolia Lam. (1798)Nom. illegit. (废弃属名)●

46647 Scolopospermum Hemsl. (1881)= Baltimora L. (1771)(保留属名); ~ = Scolospermum Less. (1830) [菊科 Asteraceae (Compositae)]■☆

46648 Scolosanthes Willis, Nom. inval. = Scolosanthus Vahl (1796) [茜草科 Rubiaceae] ☆

46649 Scolosanthus Vahl(1796)【汉】针花茜属。【隶属】茜草科 Rubiaceae。【包含】世界 21 种。【学名诠释与讨论】〈阳〉(希) skolos,刺,针 + anthos,花。【分布】西印度群岛。【模式】Scolosanthus versicolor Vahl [Catesbaea parviflora Lamarck 1792, non Swartz 1788]。【参考异名】Antacanthus A. Rich. ex DC. (1830); Echinodendrum A. Rich. (1855); Scolosanthes Willis, Nom. inval. ☆

46650 Scolosperma Raf. (1838) = Cleome L. (1753) [山柑科(白花菜科, 醉蝶花科) Capparaceae//白花菜科 (醉蝶花科) Cleomaceae] ●■

46651 Scolospermum Less. (1830) = Baltimora L. (1771)(保留属名) [菊科 Asteraceae(Compositae)]■☆

46652 Scolymanthus Willd. ex DC. (1838) = Perezia Lag. (1811) [菊科 Asteraceae(Compositae)]■☆

46653 Scolymocephalus Kuntze (1891) Nom. illegit. ≡ Protea L. (1771)(保留属名) [山龙眼科 Proteaceae]●☆

46654 Scolymus L. (1753)【汉】金黄蓟属(刺苣属)。【日】キバナアザミ属。【俄】Сколимус。【英】Golden Thistle, Goldenthistle, Oyster Plant。【隶属】菊科 Asteraceae(Compositae)。【包含】世界 3 种。【学名诠释与讨论】〈阳〉(希) skolos,刺,针。或 skolymos,洋蓟。此属的学名,ING 和 APNI 记载是"Scolymus Linnaeus,Sp. Pl. 813. 1 Mai 1753"。IK 则记载为"Scolymus Tourn. ex L. ,Sp. Pl. 2:813. 1753 [1 May 1753]"。"Scolymus Tourn. "是命名起点著作之前的名称,故"Scolymus L. (1753)"和"Scolymus Tourn. ex L. (1753)"都是合法名称,可以通用。【分布】地中海地区。【后选模式】Scolymus maculatus Linnaeus。【参考异名】Myscolus (Cass.) Cass. (1818); Myscolus Cass. (1818) Nom. illegit. ;Scolymus Tourn. ex L. (1753)■☆

46655 Scolymus Tourn. ex L. (1753) ≡ Scolymus L. (1753) [菊科 Asteraceae(Compositae)]■☆

46656 Scoparebutia Frič et Kreuz. ,Nom. illegit. = Lobivia Britton et Rose(1922) [仙人掌科 Cactaceae]■

46657 Scoparebutia Frič et Kreuz. ex Buining, Nom. illegit. = Echinopsis Zucc. (1837) [仙人掌科 Cactaceae]●

46658 Scoparebutia Frič(1938)Nom. illegit. ,Nom. nud. [仙人掌科 Cactaceae] ☆

46659 Scoparia L. (1753)【汉】野甘草属。【日】シマカナビキサウ属,シマカナビキソウ属。【英】Broomwort。【隶属】玄参科 Scrophulariaceae//婆婆纳科 Veronicaceae。【包含】世界 20 种,中国 1 种。【学名诠释与讨论】〈阴〉(拉) scopa,指小式 scopula,扫帚,细枝,嫩枝+-arius,-aria,-arium,指示"属于、相似、具有、联系"的词尾。指本属植物多分枝。此属的学名,ING、APNI、GCI 和 IK 记载是"Scoparia L. ,Sp. Pl. 1:116. 1753 [1 May 1753]"。"Kreidek Adanson,Fam. 2:225. Jul-Aug 1763"是"Scoparia L. (1753)"的晚出的同模式异名(Homotypic synonym, Nomenclatural synonym)。【分布】巴拉圭,巴拿马,秘鲁,玻利维亚,厄瓜多尔,哥伦比亚(安蒂奥基亚),马达加斯加,尼加拉瓜,中国,热带美洲,中美洲。【模式】Scoparia dulcis Linnaeus。【参考异名】Kreidek Adans. (1763)Nom. illegit. ■

46660 Scopariaceae Link(1829)= Plantaginaceae Juss. (保留科名)■

46661 Scopella W. J. De Wilde et Duyfjes (2006) Nom. illegit. ≡ Scopellaria W. J. De Wilde et Duyfjes (2006) [葫芦科(瓜科,南瓜科)Cucurbitaceae]■

46662 Scopellaria W. J. De Wilde et Duyfjes (2006)【汉】肖马㽎儿属。【隶属】葫芦科(瓜科,南瓜科)Cucurbitaceae。【包含】世界 2 种,中国 1 种。【学名诠释与讨论】〈阴〉(属)Scopella+-aria 相似,具有。此属的学名"Scopellaria W. J. J. O. de Wilde et B. E. E. Duyfjes,Blumea 51:297. 27 Jul 2006"是一个替代名称。"Scopella W. J. J. O. de Wilde et B. E. E. Duyfjes,Blumea 51: 34. 10 Mai 2006"是一个非法名称(Nom. illegit.),因为此前已经有了锈菌的"Scopella Mains,Ann. Mycol. 37:58. 30 Apr 1939"。故用"Scopellaria W. J. De Wilde et Duyfjes(2006)"替代之。【分布】印度尼西亚(爪哇岛),中国,加里曼丹岛。【模式】Scopellaria marginata (Blume) W. J. J. O. de Wilde et B. E. E. Duyfjes [Bryonia marginata Blume]。【参考异名】Scopella W. J. De Wilde et Duyfjes(2006)Nom. illegit. ■

46663 Scopelogena L. Bolus ex A. G. J. Herre(1971)【汉】群黄玉属。【隶属】番杏科 Aizoaceae。【包含】世界 2 种。【学名诠释与讨论】〈阴〉(希) skopelos,悬崖,山峰+genos,种族;gennao,产生。此属的学名,ING 记载是"Scopelogena H. M. L. Bolus ex H. Herre,Gen. Mesembryanthemaceae 282. 1971"。IK 和 TROPICOS 则记载为"Scopelogena L. Bolus,J. S. African Bot. xxviii. 9 (1962)";它应该是一个未合格发表的名称(Nom. inval.)。【分布】非洲南部。【模式】Scopelogena verruculata (L.) L. Bolus [Mesembryanthemum verruculatum Linnaeus]。【参考异名】Scopelogena L. Bolus(1962)Nom. illegit. ●☆

46664 Scopelogena L. Bolus (1962) Nom. inval. ≡ Scopelogena L. Bolus ex A. G. J. Herre(1971) [番杏科 Aizoaceae]●☆

46665 Scopola Jacq. (1764) Nom. illegit. (废弃属名) ≡ Scopolia Jacq. (1764) [as 'Scopola'](保留属名) [茄科 Solanaceae]■

46666 Scopolia Adans. (1763)Nom. illegit. (废弃属名) ≡ Ricotia L. (1763)(保留属名) [十字花科 Brassicaceae(Cruciferae)]■☆

46667 Scopolia J. R. Forst. et G. Forst. (1775)Nom. illegit. (废弃属名)= Griselinia J. R. Forst. et G. Forst. (1775) [山茱萸科 Cornaceae//夷茱萸科 Griseliniaceae]●☆

46668　Scopolia Jacq.（1764）［as 'Scopola'］（保留属名）【汉】赛莨菪属（东莨菪属,莨菪属,七厘散属,搜山虎属,新莨菪属）。【日】ハシリドコロ属。【俄】Скополия。【英】Scopolia。【隶属】茄科 Solanaceae。【包含】世界 3-5 种,中国 1 种。【学名诠释与讨论】〈阴〉（人）Giovanni Antonio（Joannes Antonius,Johann Anton）Scopoli,1723-1788,出生于意大利的奥地利植物学者,医生,药剂师,教授,植物采集家。此属的学名"Scopolia Jacq.,Observ. Bot. 1:32. 1764（'Scopola'）（orth. cons.）"是保留属名。相应的废弃属名是十字花科 Brassicaceae 的"Scopolia Adans.,Fam. Pl. 2：419,603. Jul–Aug 1763 ≡ Ricotia L.（1763）（保留属名）"。"Scopola Jacq.,Obs. i. 32. t. 20（1764）"是"Scopolia Jacq.（1764）［as 'Scopola'］（保留属名）"变体,应该废弃。夷茱萸科 Griseliniaceae 的"Scopolia J. R. Forster et J. G. A. Forster, Charact. Gen. 70. 29 Nov 1775 = Griselinia J. R. Forst. et G. Forst.（1775）",瑞香科 Thymelaeaceae 的"Scopolia L. f.,Suppl. Pl. 60. 1782［1781 publ. Apr 1782］= Daphne L.（1753）= Eriosolena Blume（1826）",红木科（胭脂树科）Bixaceae 的"Scopolia Lam.,Tabl. Encycl. t. 860（1798）Nom. illegit. = Scolopia Schreb.（1789）（保留属名）"以及芸香科 Rutaceae 的"Scopolia Sm.,Pl. Icon. Ined. 2:t. 34. 1790［1-24 May 1790］≡ Scopolia Sm. ex Willd.（1798）Nom. illegit.（废弃属名）"和"Scopolia Sm. ex Willd.,Sp. Pl., ed. 4［Willdenow]1(2):1115. 1798［Jul 1798］≡ Toddalia Juss.（1789）（保留属名）"都应废弃。【分布】巴基斯坦,中国,欧洲至印度和日本。【模式】Scopolia carniolica N. J. Jacquin。【参考异名】Ricotia L.（1763）（保留属名）；Scopola Jacq.（1764）Nom. illegit.（废弃属名）；Scopolia Adans.（1763）（废弃属名）；Scopolina Schult.（1814）；Whitleya D. Don ex Sweet（1825）；Whitleya D. Don（1825）Nom. inval.；Whitleya Sweet（1825）Nom. illegit. ■

46669　Scopolia L. f.（1782）Nom. illegit.（废弃属名）= Daphne L.（1753）；~ ≡ Eriosolena Blume（1826）［瑞香科 Thymelaeaceae］●

46670　Scopolia Lam.（1798）Nom. illegit.（废弃属名）= Scolopia Schreb.（1789）（保留属名）［刺篱木科（大风子科）Flacourtiaceae］●

46671　Scopolia Sm.（1790）Nom. illegit.（废弃属名）≡ Scopolia Sm. ex Willd.（1798）Nom. illegit.（废弃属名）；~ ≡ Toddalia Juss.（1789）（保留属名）［芸香科 Rutaceae//飞龙掌血科 Toddaliaceae］●

46672　Scopolia Sm. ex Willd.（1798）Nom. illegit.（废弃属名）≡ Toddalia Juss.（1789）（保留属名）［芸香科 Rutaceae//飞龙掌血科 Toddaliaceae］●■

46673　Scopolina Schult.（1814）= Scopolia Jacq.（1764）［as 'Scopola'］（保留属名）［茄科 Solanaceae］■

46674　Scopularia Lindl.（1834）（废弃属名）= Holothrix Rich. ex Lindl.（1835）（保留属名）［兰科 Orchidaceae］■☆

46675　Scopulophila M. E. Jones（1908）【汉】岩生指甲草属。【隶属】石竹科 Caryophyllaceae。【包含】世界 1 种。【学名诠释与讨论】〈阴〉（希）scopulus,岩石,峭壁+philos,喜欢的,爱的。指其生境。【分布】美国（西南部）。【模式】Scopulophila nitrophiloides Jones。【参考异名】Eremolithia Jepson（1915）■☆

46676　Scorbion Raf.（1837）= Scordium Mill.（1754）；~ = Teucrium L.（1753）［唇形科 Lamiaceae（Labiatae）］●■

46677　Scordium Gilib.（1791）Nom. illegit.［唇形科 Lamiaceae（Labiatae）］☆

46678　Scordium Mill.（1754）= Teucrium L.（1753）［唇形科 Lamiaceae（Labiatae）］●■

46679　Scoria Raf.（1808）= Carya Nutt.（1818）（保留属名）；~ = Hicoria Raf.（1838）［胡桃科 Juglandaceae］●

46680　Scorias Raf.（1840）Nom. illegit. ≡ Scorias Raf. ex Endl.（1840）Nom. illegit.；~ = Carya Nutt.（1818）（保留属名）［胡桃科 Juglandaceae］●

46681　Scorias Raf. ex Endl.（1840）Nom. illegit. = Carya Nutt.（1818）（保留属名）；~ = Scoria Raf.（1808）［胡桃科 Juglandaceae］●

46682　Scorodendron Blume（1849）Nom. illegit. ≡ Scorododendron Blume（1849）；~ = Lepisanthes Blume（1825）［无患子科 Sapindaceae］●

46683　Scorodendron Pierre,Nom. illegit. = Lepisanthes Blume（1825）；~ = Scorododendron Blume（1849）［无患子科 Sapindaceae］●

46684　Scorodocarpaceae Tiegh.（1899）= Erythropalaceae Planch. ex Miq.（保留科名）；~ = Olacaceae R. Br.（保留科名）●

46685　Scorodocarpus Becc.（1877）【汉】蒜果木属。【隶属】铁青树科 Olacaceae。【包含】世界 1 种。【学名诠释与讨论】〈阳〉（希）skordon = skorodon,蒜头+karpos,果实。【分布】马来西亚（西部）。【模式】Scorodocarpus borneensis（Baillon）Beccari［Ximenia borneensis Baillon］●☆

46686　Scorododendron Blume（1849）= Lepisanthes Blume（1825）［无患子科 Sapindaceae］●

46687　Scorodon（W. D. J. Koch）Fourr.（1869）= Allium L.（1753）［百合科 Liliaceae//葱科 Alliaceae］■

46688　Scorodon Fourr.（1869）Nom. illegit. ≡ Scorodon（W. D. J. Koch）Fourr.（1869）［百合科 Liliaceae//葱科 Alliaceae］■

46689　Scorodonia Adans.（1763）Nom. illegit.［唇形科 Lamiaceae（Labiatae）］☆

46690　Scorodonia Hill（1756）= Teucrium L.（1753）［唇形科 Lamiaceae（Labiatae）］●■

46691　Scorodophloeus Harms（1901）【汉】蒜皮苏木属。【隶属】豆科 Fabaceae（Leguminosae）。【包含】世界 1-2 种。【学名诠释与讨论】〈阳〉（希）skordon = skorodon,蒜头+phloeus,有皮的；phloios,树皮。【分布】热带非洲。【模式】Scorodophloeus zenkeri Harms●☆

46692　Scorodosma Bunge（1846）= Ferula L.（1753）［伞形花科（伞形科）Apiaceae（Umbelliferae）］●

46693　Scorodoxylum Nees（1846）= Ruellia L.（1753）［爵床科 Acanthaceae］■●

46694　Scorpia Ewart et A. H. K. Petrie（1926）= Corchorus L.（1753）［椴树科（椴科,田麻科）Tiliaceae//锦葵科 Malvaceae］■●

46695　Scorpiaceae Dulac = Boraginaceae Juss.（保留科名）■●

46696　Scorpianthes Raf.（1838）= Heliotropium L.（1753）［紫草科 Boraginaceae//天芥菜科 Heliotropiaceae］■●

46697　Scorpioides Bubani（1899）Nom. illegit.［豆科 Fabaceae（Leguminosae）］☆

46698　Scorpioides Gilib.（1781）Nom. illegit. = Myosotis L.（1753）［紫草科 Boraginaceae］■

46699　Scorpioides Hill（1756）Nom. illegit. ≡ Scorpiurus L.（1753）［豆科 Fabaceae（Leguminosae）］■☆

46700　Scorpioides Tourn. ex Adans.（1763）Nom. illegit.［豆科 Fabaceae（Leguminosae）］☆

46701　Scorpiothyrsus H. L. Li（1944）【汉】卷花丹属。【英】Scorpiothyrsus。【隶属】野牡丹科 Melastomataceae。【包含】世界 3-6 种,中国 3-6 种。【学名诠释与讨论】〈阳〉（希）skorpios,蝎子+thyrsos,茎,杖。thyrsus,聚伞圆锥花序,团。指聚伞花序的分枝拳卷状。【分布】中国,中南半岛。【模式】Scorpiothyrsus xanthostictus（Merrill et Chun）Hui–Lin Li［Phyllagathis xanthostictus Merrill et Chun]●★

46702　Scorpiurus Fabr. ，Nom. illegit. =Heliotropium L.（1753）［紫草科 Boraginaceae//天芥菜科 Heliotropiaceae］●■

46703　Scorpiurus Haller（1768）Nom. illegit. ≡Myosotis L.（1753）［紫草科 Boraginaceae］■

46704　Scorpiurus L.（1753）【汉】蝎尾豆属（蝎荚草属）。【日】シャトリムシマメ。【俄】Личинник，Скорпионница。【英】Caterpilar Plant，Caterpillar-plant，Scorpion's Tai，Scorpion's-tail。【隶属】豆科 Fabaceae（Leguminosae）。【包含】世界 2-4 种。【学名诠释与讨论】〈阳〉（希）scorpios，蝎子+-urus，-ura，-uro，用于希腊文组合词，含义为"尾巴"。此属的学名，ING，TROPICOS 和 APNI 记载是"Scorpiurus L. ，Species Plantarum 2 1753"。"Scorpiurus Haller，Hist. Stirp. Helv. i. 261（1768）≡Myosotis L.（1753）［紫草科 Boraginaceae］"是晚出的非法名称。"Scorpiurus Fabr. ，Nom. illegit. "是"Heliotropium L.（1753）［紫草科 Boraginaceae//天芥菜科 Heliotropiaceae］"的异名。"Scorpius Loisel.（1806）=Scorpiurus L.（1753）［豆科 Fabaceae（Leguminosae）]"、"Scorpius Medikus，Vorles. Churpfälz. Phys. -Öcon. Ges. 2：369. 1787 ≡Coronilla L.（1753）（保留属名）［豆科 Fabaceae（Leguminosae）//蝶形花科 Papilionaceae］"和"Scorpius Moench，Meth. 134. 4 May 1794 ≡Voglera P. Gaertn.，B. Mey. et Scherb.（1800）=Genista L.（1753）［豆科 Fabaceae（Leguminosae）//蝶形花科 Papilionaceae]"等都是晚出的非法名称。"Scorpioides J. Hill，Brit. Herbal 300. 16 Aug 1756"是"Scorpiurus L.（1753）"的晚出的同模式异名（Homotypic synonym，Nomenclatural synonym）。【分布】地中海至高加索。【后选模式】Scorpiurus sulcata Linnaeus。【参考异名】Scorpioides Hill（1756）Nom. illegit. ；Scorpius Loisel.（1806）Nom. illegit. ■☆

46705　Scorpius Loisel.（1806）Nom. illegit. =Scorpiurus L.（1753）［豆科 Fabaceae（Leguminosae）］■☆

46706　Scorpius Medik.（1787）Nom. illegit. ≡Artrolobium Desv.（1813）■☆

46707　Scorpius Moench（1794）Nom. illegit. ≡Voglera P. Gaertn.，B. Mey. et Scherb.（1800）；~=Genista L.（1753）［豆科 Fabaceae（Leguminosae）//蝶形花科 Papilionaceae］●

46708　Scortechinia Hook. f.（1887）Nom. illegit. ≡Neoscortechinia Pax（1897）［大戟科 Euphorbiaceae］☆

46709　Scorzonella Nutt.（1841）=Microseris D. Don（1832）［菊科 Asteraceae（Compositae）］■☆

46710　Scorzonera L.（1753）【汉】鸦葱属（雅葱属）。【日】キバナバラモンジン属，スコルゾネラ属，フタナミサウ属，フタナミソウ属。【俄】Козелец，Скорцонера。【英】Podospermum，Scorzonera，Serpent Root，Serpentroot，Serpent-root，Viper's-grass。【隶属】菊科 Asteraceae（Compositae）。【包含】世界 175-180 种，中国 24-33 种。【学名诠释与讨论】〈阴〉（西）scorzonera，蛇草。指可治疗蛇咬伤。另说来自意大利语 scora 皮肤+nera 黑，指其根皮黑色。或来自意大利语 scorzone，scherzone，scorsone，scurzone，蛇。还说来自法兰西古语 scorzon 黑色。【分布】中国，地中海地区，欧洲中部至亚洲中部，中美洲。【后选模式】Scorzonera humilis Linnaeus。【参考异名】Achyroseris Sch. Bip.（1845）；Avellara Blanca et C. Diaz（1985）；Chromatopogon F. W. Schmidt（1795）；Fleischeria Steud. et Hochst. ex Endl.（1838）；Galasia W. D. J. Koch（1837）；Gelasia Cass.（1818）；Lasiospermum Fisch.（1812）；Lasiospora Cass.（1822）；Podospermum DC.（1805）（保留属名）；Pseudopodospermum（Lipsch. et Krasch. ）A. I. Kuth.（1978）；Takhtajaniantha Nazarova（1990）■

46711　Scorzoneroides Moench（1794）【汉】拟鸦葱属。【隶属】菊科 Asteraceae（Compositae）。【包含】世界 26 种。【学名诠释与讨论】〈阴〉（属）Scorzonera 鸦葱属（雅葱属）+oides，来自 o+eides，像，似；或 o+eidos 形，含义为相像。此属的学名是"Scorzoneroides Moench，Meth. 549. 4 Mai 1794"。亦有文献把其处理为"Leontodon L.（1753）（保留属名）"的异名。"Oporinia D. Don，Edinburgh New Philos. J. 6：309. Jan-Mar 1829 ≡Scorzoneroides Moench 1794［菊科 Asteraceae（Compositae）]"是晚出的非法名称。【分布】欧洲。【模式】Scorzoneroides autumnalis（Linnaeus）Moench［Leontodon autumnale Linnaeus］。【参考异名】Leontodon Adans.（1763）Nom. illegit. （废弃属名）；Leontodon L.（1753）（保留属名）；Oporinea D. Don（1829）Nom. illegit. ；Oporinea W. H. Baxter（1850）Nom. illegit. ；Oporinia D. Don（1829）Nom. illegit. ■☆

46712　Scotanthus Naudin（1862）Nom. illegit. ≡Tripodanthera M. Roem.（1846）；~=Gymnopetalum Arn.（1840）［葫芦科（瓜科，南瓜科）Cucurbitaceae］■

46713　Scotanum Adans.（1763）=Ficaria Guett.（1754）；~=Ranunculus L.（1753）［毛茛科 Ranunculaceae］■

46714　Scotia Thtmb.（1798）=Schotia Jacq.（1787）（保留属名）［豆科 Fabaceae（Leguminosae）］●☆

46715　Scottea DC.（1825）=Bossiaea Vent.（1800）；~=Scottia R. Br. ex Aiton（1812）［豆科 Fabaceae（Leguminosae）］●☆

46716　Scottellia Oliv.（1893）【汉】热非大风子属。【隶属】刺篱木科（大风子科）Flacourtiaceae。【包含】世界 3 种。【学名诠释与讨论】〈阴〉（人）George Francis Scott-Elliot，1862-1934，英国植物学者，植物采集家。【分布】热带非洲。【模式】Scottellia leonensis D. Oliver。【参考异名】Dasypetalum Pierre ex A. Chev.（1917）●☆

46717　Scottia R. Br.（1812）Nom. illegit. ≡Scottia R. Br. ex Aiton（1812）；~=Bossiaea Vent.（1800）［豆科 Fabaceae（Leguminosae）］●☆

46718　Scottia R. Br. ex Aiton（1812）=Bossiaea Vent.（1800）［豆科 Fabaceae（Leguminosae）］●☆

46719　Scottia Thunb. =Schotia Jacq.（1787）（保留属名）［豆科 Fabaceae（Leguminosae）］●☆

46720　Scovitzia Walp.（1843）=Szovitsia Fisch. et C. A. Mey.（1835）［伞形花科（伞形科）Apiaceae（Umbelliferae）］■☆

46721　Scribaea Borkh.（1793）Nom. illegit. ≡Cucubalus L.（1753）［石竹科 Caryophyllaceae］■

46722　Scribneria Hack.（1886）【汉】红泥丝草属。【隶属】禾本科 Poaceae（Gramineae）。【包含】世界 1 种。【学名诠释与讨论】〈阴〉（人）Frank Lamson-Scribner，1851-1938，美国植物学者，禾本科 Poaceae（Gramineae）专家。【分布】美国，太平洋地区。【模式】Scribneria bolanderi（Thurber）Hackel［Lepturus bolanderi Thurber］■☆

46723　Scrithacola Alava（1980）【汉】陡坡草属。【隶属】伞形花科（伞形科）Apiaceae（Umbelliferae）。【包含】世界 1 种。【学名诠释与讨论】〈阴〉（拉）scritha，有小石的陡坡，倒石坡+cola，居住者。【分布】阿富汗，巴基斯坦。【模式】Scrithacola kuramensis（S. Kitamura）R. Alava［as 'kurramensis'］［Pimpinella tripartita J. E. T. Aitchison et W. B. Hemsley 1882，non J. Kaleniczenko 1845，Pimpinella kuramensis S. Kitamura］■☆

46724　Scrobicaria Cass.（1827）【汉】多椰木属。【隶属】菊科 Asteraceae（Compositae）。【包含】世界 2 种。【学名诠释与讨论】〈阴〉（拉）scrobis，壕，沟，scrobiculus 小壕+-arius，-aria，-arium，指示"属于、相似、具有、联系"的词尾。此属的学名是"Scrobicaria Cassini in F. Cuvier，Dict. Sci. Nat. 48：456. Jun

1827"。亦有文献把其处理为"Gynoxys Cass.（1827）"的异名。【分布】哥伦比亚,委内瑞拉,中美洲。【模式】Scrobicaria ilicifolia（Linneaus f.）B. Nordenstam［Staehelina ilicifolia Linneaus f.］。【参考异名】Gynoxys Cass.（1827）●☆

46725 Scrobicularia Mansf.（1925）= Poikilogyne Baker f.（1917）［野牡丹科 Melastomataceae］●☆

46726 Scrofella Maxim.（1888）【汉】细穗玄参属。【英】Scrofella。【隶属】玄参科 Scrophulariaceae//婆婆纳科 Veronicaceae。【包含】世界 1 种,中国 1 种。【学名诠释与讨论】〈阴〉（拉）scrofulae,为母猪 scrofa 的指小式,含义为颈部诸腺的肿大,淋巴结核。指花冠呈偏肿的管状。【分布】中国。【模式】Scrofella chinensis Maximowicz ■★

46727 Scrofularia Spreng.（1806）= Scrophularia L.（1753）［玄参科 Scrophulariaceae］■●

46728 Scrophucephalus A. P. Khokhr.（1993）【汉】胀头玄参属。【隶属】玄参科 Scrophulariaceae。【包含】世界 1 种。【学名诠释与讨论】〈阳〉（拉）scrofulae,为母猪 scrofa 的指小式,含义为颈部诸腺的肿大,淋巴结核 + kephale,头。此属的学名是"Scrophucephalus A. P. Khokhrjakov, Byull. Moskovsk. Obshch. Isp. Prir., Otd. Biol. 97（6）: 97. 1993（post 14 Jan）（'1992'）"。亦有文献把其处理为"Scrophularia L.（1753）"的异名。【分布】高加索。【模式】Scrophucephalus minimus（Marschall von Bieberstein）A. P. Khokhrjakov［Scrophularia minima Marschall von Bieberstein］。【参考异名】Scrophularia L.（1753）■☆

46729 Scrophularia L.（1753）【汉】玄参属。【日】ゴマノハグサ属。【俄】Буквица водяная, Норичник。【英】Figwort, Variegated Figwort。【隶属】玄参科 Scrophulariaceae。【包含】世界 200-210 种,中国 36 种。【学名诠释与讨论】〈阴〉（拉）scrofulae,为母猪 scrofa 的指小式,含义为颈部诸腺的肿大,淋巴结核 + -arius, -aria, -arium,指示"属于、相似、具有、联系"的词尾。指某些种的根肿胀。【分布】玻利维亚,美国,中国,北美洲和热带美洲,温带欧亚大陆。【后选模式】Scrophularia nodosa Linnaeus。【参考异名】Ceramanthe（Rchb.）Dumort.（1834）；Ceramanthe（Rchb. f.）Dumort.（1834）；Ceramanthe Dumort.（1834）；Mosheovia Eig（1938）；Schrophularia Medik.（1783）；Scrofularia Spreng.（1806）；Scrophucephalus A. P. Khokhr.（1993）；Tomiephyllum Fourr.（1869）；Tomiophyllum Fourr.；Tuerckheimocharis Urb.（1912）；Venilia（G. Don）Fourr.（1869）Nom. illegit.；Venilia Fourr.（1869）Nom. illegit. ■●

46730 Scrophulariaceae Juss.（1789）［as 'Scrophulariae'］（保留科名）【汉】玄参科。【日】ゴマノハグサ科。【俄】Норичниковые。【英】Figwort Family。【包含】世界 220-306 属 3000-5850 种,中国 61-64 属 681-760 种。【分布】广泛分布。【科名模式】Scrophularia L.（1753）■■●

46731 Scrophularioides G. Forst.（1786）= Premna L.（1771）（保留属名）［马鞭草科 Verbenaceae//唇形科 Lamiaceae（Labiatae）//牡荆科 Viticaceae］●■

46732 Scrotalaria Scr. ex Pfeiff. = Teucrium L.（1753）［唇形科 Lamiaceae（Labiatae）］●■

46733 Scrotochloa Judz.（1984）= Leptaspis R. Br.（1810）［禾本科 Poaceae（Gramineae）］■

46734 Scubalia Noronha（1790）= Lasianthus Jack（1823）（保留属名）［茜草科 Rubiaceae］●

46735 Scubulon Raf.（1840）= Lycopersicon Mill.（1754）；~ = Solanum L.（1753）；~ = Scubulon Raf.（1840）［茄科 Solanaceae］●■

46736 Sculeria Raf.（1837）Nom. illegit. ≡ Vancouveria C. Moore et

Decne.（1834）［小檗科 Berberidaceae］■☆

46737 Sculertia K. Schum.（1901）Nom. illegit. = Brodiaea Sm.（1810）（保留属名）；~ = Seubertia Kunth（1843）［百合科 Liliaceae//葱科 Alliaceae］■☆

46738 Scuria Raf.（1819）= Carex L.（1753）［莎草科 Cyperaceae］■

46739 Scurrula L.（1753）（废弃属名）【汉】梨果寄生属（大叶枫寄生属,梨果桑寄生属）。【英】Scurrula。【隶属】桑寄生科 Loranthaceae。【包含】世界 20-60 种,中国 10-11 种。【学名诠释与讨论】〈阴〉（希）scurrus,滑稽的, scurrula,逗乐小丑,滑稽的人。"Scurrula L., Sp. Pl.:110. 1 Mai 1753"是一个废弃属名；相应的保留属名是"Loranthus Jacq., Enum. Stirp. Vindob.:55, 230. Mai 1762"。因为《中国植物志》中文版和英文版都把"Scurrula L.（1753）"作为正名使用,故暂放于此。"Loranthus L., Sp. Pl.:331. 1 Mai 1753 ≡ Psittacanthus Mart.（1830）［桑寄生科 Loranthaceae］"也是废弃属名。亦有文献把"Scurrula L.（1753）（废弃属名）"处理为"Loranthus Jacq.（1762）（保留属名）"的异名。【分布】巴基斯坦,中国,东南亚。【模式】Scurrula parasitica Linnaeus。【参考异名】Antriba Raf.（1838）；Cichlanthus（Endl.）Tiegh.（1895）；Cichlanthus Tiegh.（1895）；Loranthus Jacq.（1762）（保留属名）●

46740 Scutachne Hitchc. et Chase（1911）【汉】岩坡草属。【隶属】禾本科 Poaceae（Gramineae）。【包含】世界 2 种。【学名诠释与讨论】〈阴〉（拉）scutum,指小式 scutulum,矩圆的盾。scutatus,有盾的。scuta = scutra,指小式 scutula,平碟。scutella,盘,碟。scutarius,盾的。scutellatus,盖了一些小片的 + achne,鳞片,泡沫,泡囊,谷壳,稃。【分布】古巴。【模式】Scutachne dura（Grisebach）Hitchcock et Chase［Panicum durum Grisebach］■☆

46741 Scutellaria L.（1753）【汉】黄芩属。【日】タシミサウ属,タツナミソウ属。【俄】Шлемник。【英】Helmet Flower, Skull Cap, Skullcap。【隶属】唇形科 Lamiaceae（Labiatae）//黄芩科 Scutellariaceae。【包含】世界 300-450 种,中国 98-109 种。【学名诠释与讨论】〈阴〉（拉）scutum,指小式 scutulum,矩圆的盾 + -arius, -aria, -arium,指示"属于、相似、具有、联系"的词尾。指花萼呈碟状。或说花萼上部有圆形附属物。此属的学名,ING、APNI、GCI、TROPICOS 和 GCI 记载是"Scutellaria L., Sp. Pl. 2:598. 1753［1 May 1753］"。IK 则记录为"Scutellaria Riv. ex L., Sp. Pl. 2:598. 1753［1 May 1753］"。"Scutellaria Riv."是命名起点著作之前的名称,故"Scutellaria L.（1753）"和"Scutellaria Riv. ex L.（1753）"都是合法名称,可以通用。"Anaspis Rechinger, Notizbl. Bot. Gart. Berlin – Dahlem 15:630. 15 Nov 1941"是"Scutellaria L.（1753）"的晚出的同模式异名（Homotypic synonym, Nomenclatural synonym）。地衣的"Scutellaria Baumgarten, Fl. Lips. 583. Oct-Dec 1790"是晚出的非法名称。【分布】巴基斯坦,巴拉圭,巴拿马,秘鲁,玻利维亚,厄瓜多尔,哥伦比亚（安蒂奥基亚）,哥斯达黎加,美国（密苏里）,尼加拉瓜,中国,中美洲。【后选模式】Scutellaria galericulata Linnaeus。【参考异名】Anaspis Rech. f.（1941）Nom. illegit.；Cassida Hill（1756）Nom. illegit.；Cassida Ség.（1754）Nom. illegit.；Cassida Tourn. ex Adans.（1763）Nom. illegit.；Cruzia Phil.（1895）；Harlanlewisia Epling（1955）；Hastifolia Ehrh.（1789）Nom. inval.；Perilomia Kunth（1818）；Salazaria Torr.（1859）；Salizaria A. Gray（1878）；Scutellaria Riv. ex L.（1753）；Theresa Clos（1849）●■

46742 Scutellaria Riv. ex L.（1753）≡ Scutellaria L.（1753）［唇形科 Lamiaceae（Labiatae）//黄芩科 Scutellariaceae］●■

46743 Scutellariaceae Caruel［亦见 Labiatae Juss.（保留科名）//Lamiaceae Martinov（保留科名）唇形科］【汉】黄芩科。【包含】世

界 1 属 300-450 种,中国 1 属 98-109 种。【分布】广泛分布。【科名模式】Scutellaria L.（1753）■

46744 Scutellariaceae Döll（1843）＝ Labiatae Juss.（保留科名）// Lamiaceae Martinov（保留科名）●■

46745 Scutia（Comm. ex DC.）Brongn.（1826）（保留属名）【汉】对刺藤属（双刺藤属）。【英】Scutia。【隶属】鼠李科 Rhamnaceae。【包含】世界 5-9 种,中国 1 种。【学名诠释与讨论】〈阴〉（拉）scutum,指小式 scutulum,矩圆的盾 scutella,盘、碟。指花盘形状。此属的学名"Scutia（Comm. ex DC.）Brongn.,Mém. Fam. Rhamnées:55. Jul 1826"是保留属名,由"Ceanothus sect. Scutia Commerson ex A. P. de Candolle, Prodr. 2:29. Nov（med.）1825"改级而来。相应的废弃属名是鼠李科 Rhamnaceae 的"Adolia Lam., Encycl. 1:44. 2 Dec 1783 ＝ Scutia（Comm. ex DC.）Brongn.（1826）（保留属名）"。"Scutia（DC.）Brongn.（1826）≡ Scutia（Comm. ex DC.）Brongn.（1826）（保留属名）"、"Scutia（DC.）Comm. ex Brongn.（1826）≡ Scutia（Comm. ex DC.）Brongn.（1826）（保留属名）"和"Scutia Comm. ex Brongn.（1826）≡ Scutia（Comm. ex DC.）Brongn.（1826）（保留属名）"的命名人引证错误,亦应废弃。【分布】秘鲁,玻利维亚,厄瓜多尔,马达加斯加,热带和非洲南部,印度,中国,中南半岛。【模式】Scutia indica A. T. Brongniart, Nom. illegit.[Rhamnus circumscissus Linnaeus f.;Scutia circumscissa（Linnaeus f.）W. Theobald]。【参考异名】Adolia Lam.（1783）（废弃属名）;Blepetalon Raf.（1838）Nom. illegit.;Ceanothus sect. Scutia Comm. ex DC.（1825）;Scutia（DC.）Brongn.（1826）Nom. illegit.（废弃属名）;Scutia（DC.）Comm. ex Brongn.（1826）Nom. illegit.（废弃属名）;Scutia Comm. ex Brongn.（1826）Nom. illegit.（废弃属名）;Scutis Endl.;Scypharia Miers（1860）;Sentis Comm. ex Brongn. ●

46746 Scutia（DC.）Brongn.（1826）Nom. illegit.（废弃属名）≡ Scutia（Comm. ex DC.）Brongn.（1826）（保留属名）[鼠李科 Rhamnaceae]●

46747 Scutia（DC.）Comm. ex Brongn.（1826）Nom. illegit.（废弃属名）≡ Scutia（Comm. ex DC.）Brongn.（1826）（保留属名）[鼠李科 Rhamnaceae]●

46748 Scutia Comm. ex Brongn.（1826）Nom. illegit.（废弃属名）≡ Scutia（Comm. ex DC.）Brongn.（1826）（保留属名）[鼠李科 Rhamnaceae]●

46749 Scuticaria Lindl.（1843）【汉】鞭叶兰属。【日】スクティカリア属。【隶属】兰科 Orchidaceae。【包含】世界 5-7 种。【学名诠释与讨论】〈阴〉（希）scutica,鞭子+-arius, -aria, -arium,指示"属于、相似、具有、联系"的词尾。【分布】秘鲁,厄瓜多尔,热带南美洲。【模式】Scuticaria steelii（W. J. Hooker）Lindley[Maxillaria steelii W. J. Hooker]■☆

46750 Scutinanthe Thwaites（1856）【汉】盾萼榄属。【隶属】橄榄科 Burseraceae。【包含】世界 2 种。【学名诠释与讨论】〈阴〉（拉）scutum,指小式 scutulum,矩圆的盾 scutatus,有盾的。scuta＝scutra,指小式 scutula,平碟。Scutella,盘、碟。Scutarius,盾的。Scutellatus,盖了一些小片的+anthos,花。或来自希腊文 skytinos,皮革,皮质+anthos,花。【分布】马来西亚（西部）,缅甸,斯里兰卡,印度尼西亚（苏拉威西岛）。【模式】Scutinanthe brunnea Thwaites ●☆

46751 Scutis Endl. ＝ Scutia（Comm. ex DC.）Brongn.（1826）（保留属名）[鼠李科 Rhamnaceae]●

46752 Scutula Lour.（1790）＝ Memecylon L.（1753）[野牡丹科 Melastomataceae//谷木科 Memecylaceae]●

46753 Scybaliaceae A. Kern.（1891）[亦见 Balanophoraceae Rich.（保留科名）蛇菰科（土鸟鳞科）和 Scyphostegiaceae Hutch.（保留科名）]【汉】膜叶菰科。【包含】世界 1 属 4 种。【分布】热带南美洲,西印度群岛。【科名模式】Scybalium Schott et Endl.■☆

46754 Scybalium Schott et Endl.（1832）【汉】膜叶菰属。【隶属】膜叶菰科 Scybaliaceae//蛇菰科（土鸟鳞科）Balanophoraceae。【包含】世界 4 种。【学名诠释与讨论】〈中〉（希）skybalon,粪便,排泄物,垃圾+-ius, -ia, -ium,在拉丁文和希腊文中,这些词尾表示性质或状态。或 skyphos,杯子+balios,有斑点的,有污点的。此属的学名,ING 和 IK 记载是"Scybalium Schott et Endl., Melet. 3. t. 2（1832）"。"Scybalium Schott（1832）"的命名人引证有误。【分布】秘鲁,厄瓜多尔,哥伦比亚（安蒂奥基亚）,西印度群岛,热带南美洲。【模式】Scybalium fungiforme H. W. Schott et Endlicher。【参考异名】Phyllocoryne Hook. f.（1856）;Scybalium Schott（1832）Nom. illegit.;Sphaerorhizon Hook. f.（1856）■☆

46755 Scybalium Schott（1832）Nom. illegit. ≡ Scybalium Schott et Endl.（1832）[膜叶菰科 Scybaliaceae//蛇菰科（土鸟鳞科）Balanophoraceae]■☆

46756 Scylla Ten.（1839）Nom. illegit. ≡ Scilla L.（1753）[百合科 Liliaceae//风信子科 Hyacinthaceae//绵枣儿科 Scillaceae]■

46757 Scynopsole Rchb.（1837）＝ Balanophora J. R. Forst. et G. Forst.（1776）;~＝ Cynopsole Endl.（1836）[蛇菰科（土鸟鳞科）Balanophoraceae]■

46758 Scyphaea C. Presl（1829）Nom. illegit. ≡ Marila Sw.（1788）[猪胶树科（克鲁西科,山竹子科,藤黄科）Clusiaceae（Guttiferae）]●☆

46759 Scyphanthus D. Don（1828）＝ Scyphanthus Sweet（1828）[刺莲花科（硬毛草科）Loasaceae]■☆

46760 Scyphanthus Sweet（1828）【汉】杯莲花属。【隶属】刺莲花科（硬毛草科）Loasaceae。【包含】世界 1-2 种。【学名诠释与讨论】〈阳〉（希）skyphos,杯子+anthos,花。【分布】智利。【模式】Scyphanthus elegans D. Don。【参考异名】Scyphanthus D. Don（1828）■☆

46761 Scypharia Miers（1860）＝ Scutia（Comm. ex DC.）Brongn.（1826）（保留属名）[鼠李科 Rhamnaceae]●

46762 Scyphellandra Thwaites（1858）【汉】鳞隔堇属（茜菲堇属）。【英】Scyphellandra。【隶属】堇菜科 Violaceae。【包含】世界 4 种,中国 1 种。【学名诠释与讨论】〈阴〉（希）skyphos,杯子+aner,所有格 andros,雄性,雄蕊。此属的学名是"Scyphellandra Thwaites, Enum. Pl. Zeylaniae 21. Nov-Dec 1858（'1864'）"。亦有文献把其处理为"Rinorea Aubl.（1775）（保留属名）"的异名。【分布】斯里兰卡,泰国,中国,中南半岛。【模式】Scyphellandra virgata Thwaites。【参考异名】Rinorea Aubl.（1775）（保留属名）●

46763 Scyphiphora C. F. Gaertn.（1806）【汉】瓶花木属。【日】ミツバヒルギ属。【英】Scyphiphora。【隶属】茜草科 Rubiaceae。【包含】世界 1 种,中国 1 种。【学名诠释与讨论】〈阴〉（希）skyphos,杯子+phoros,具有,梗,负载,发现者。指花冠杯状。【分布】澳大利亚,马达加斯加,印度至马来西亚,中国。【模式】Scyphiphora hydrophylacea C. F. Gaertner。【参考异名】Epithinia Jack（1820）;Scyphophora Post et Kuntze（1903）●

46764 Scyphocephalium Warb.（1897）Nom. illegit. ≡ Ochocoa Pierre（1896）[肉豆蔻科 Myristicaceae]●☆

46765 Scyphochlamys Balf. f.（1879）【汉】杯鞘茜属。【隶属】茜草科 Rubiaceae。【包含】世界 1 种。【学名诠释与讨论】〈阴〉（希）skyphos,杯子+chlamys,所有格 chlamydos,斗篷,外衣。【分布】毛里求斯（罗德里格斯岛）。【模式】Scyphochlamys revoluta I. B. Balfour☆

46766 Scyphocoronis A. Gray(1851)【汉】绿苞鼠麴草属。【隶属】菊科 Asteraceae(Compositae)。【包含】世界 1-2 种。【学名诠释与讨论】〈阴〉(希) skyphos, 杯子+coronis, 副花冠。【分布】澳大利亚(西部)。【模式】Scyphocoronis viscosa A. Gray。【参考异名】Symphocoronis Dur.■☆

46767 Scyphoglottis Pritz. (1855) = Scaphyglottis Poepp. et Endl. (1836)(保留属名)[兰科 Orchidaceae]■☆

46768 Scyphogyne Brongn. (1828) Nom. illegit. ≡Scyphogyne Decne. (1828); ~ =Erica L. (1753)[杜鹃花科(欧石南科)Ericaceae]●☆

46769 Scyphogyne Brongn. et E. Phillips (1944) descr. emend. = Scyphogyne Decne. (1828)[杜鹃花科(欧石南科)Ericaceae]●☆

46770 Scyphogyne Decne. (1828)【汉】杯蕊杜鹃属。【隶属】杜鹃花科(欧石南科)Ericaceae。【包含】世界 12-47 种。【学名诠释与讨论】〈阴〉(希) skyphos, 杯子+gyne, 所有格 gynaikos, 雌性、雌蕊。此属的学名,ING 记载是 "Scyphogyne Decaisne in Brongniart, Voyage Coquille Bot. t. 54. 1829 – 1834 "。IK 则记载为 "Scyphogyne Brongn. , Voy. Coq. Bot. t. 54 (1828?)"。"Scyphogyne Brongn. et E. Phillips, J. S. African Bot. x. 72 (1944), descr. emend. "修订了属的描述。【分布】非洲南部。【模式】Scyphogyne inconspicua Decaisne。【参考异名】Codonostigma Klotzsch ex Benth. (1839); Codonostigma Klotzsch (1839) Nom. inval. ; Lepterica N. E. Br. (1906); Scyphogyne Brongn. (1828) Nom. illegit. ; Scyphogyne Brongn. et E. Phillips (1944) descr. emend. ; Tristemon Klotzsch(1838) Nom. illegit. ●☆

46771 Scyphonychium Radlk. (1879)【汉】杯距无患子属。【隶属】无患子科 Sapindaceae。【包含】世界 1 种。【学名诠释与讨论】〈阴〉(希) skyphos, 杯子+onyx, 所有格 onychos, 指甲、爪+-ius, -ia, -ium, 在拉丁文和希腊文中, 这些词尾表示性质或状态。【分布】巴西(东北部)。【模式】Scyphonychium multiflora (Martius) Radlkofer [Cupania multiflora Martius]●☆

46772 Scyphopappus B. Nord. (1976) = Argyranthemum Webb ex Sch. Bip. (1839) [菊科 Asteraceae(Compositae)]●

46773 Scyphopetalum Hiern(1875) = Paranephelium Miq. (1861) [无患子科 Sapindaceae]●

46774 Scyphophora Post et Kuntze(1903) = Scyphiphora C. F. Gaertn. (1806) [茜草科 Rubiaceae]●

46775 Scyphostachys Thwaites(1859)【汉】杯穗茜属。【隶属】茜草科 Rubiaceae。【包含】世界 2 种。【学名诠释与讨论】〈阴〉(希) skyphos, 杯子+stachys, 穗、谷、长钉。【分布】斯里兰卡。【模式】未指定●☆

46776 Scyphostegia Stapf(1894)【汉】杯盖花属。【隶属】香材树科(杯轴花科, 黑檫木科, 芒籽科, 蒙立米科, 檬立木科, 香材木科, 香树木科)Monimiaceae//杯盖花科 Scyphostegiaceae。【包含】世界 1 种。【学名诠释与讨论】〈阴〉(希) skyphos, 杯子+stegion, 屋顶, 盖。可能指苞片或蜜腺。【分布】加里曼丹岛。【模式】Scyphostegia borneensis Stapf●☆

46777 Scyphostegiaceae Hutch. (1926) (保留科名)【汉】杯盖花科(婆罗州大风子科, 肉盘树科)。【包含】世界 1 属 1 种。【分布】加里曼丹岛。【科名模式】Scyphostegia Stapf●☆

46778 Scyphostelma Baill. (1890)【汉】杯冠萝藦属。【隶属】萝藦科 Asclepiadaceae。【包含】世界 1 种。【学名诠释与讨论】〈中〉(希) skyphos, 杯子+stelma, 王冠, 花冠。【分布】玻利维亚, 哥伦比亚。【模式】Scyphostelma granatensis Baillon☆

46779 Scyphostigma M. Roem. (1846)【汉】杯柱楝属。【隶属】楝科 Meliaceae。【包含】世界 2 种。【学名诠释与讨论】〈中〉(希) skyphos, 杯子+stigma, 所有格 stigmatos, 柱头、眼点。此属的学名是 "Scyphostigma M. J. Roemer, Fam. Nat. Syn. Monogr. 1:80,

94. 14 Sep-15 Oct 1846 "。亦有文献把其处理为 "Turraea L. (1771)"的异名。【分布】菲律宾。【模式】Scyphostigma bennettii M. J. Roemer, Nom. illegit. [Turraea tetramera Bennett]。【参考异名】Turraea L. (1771)●☆

46780 Scyphostrychnos S. Moore(1913) = Strychnos L. (1753) [马钱科(断肠草科, 马钱子科)Loganiaceae]●

46781 Scyphosyce Baill. (1875)【汉】杯桑属。【隶属】桑科 Moraceae。【包含】世界 2-3 种。【学名诠释与讨论】〈阴〉(希) skyphos, 杯子 + sykon, 指小式 sykidion, 无花果。sykinos, 无花果树的。sykites, 像无花果的。【分布】热带非洲。【模式】Scyphosyce manniana Baillon。【参考异名】Cyathanthus Engl. (1897)●☆

46782 Scyrtocarpa Miers (1879) = Scyrtocarpus Miers (1847); ~ = Barberina Vell. (1829); ~ =Symplocos Jacq. (1760) [山矾科(灰木科)Symplocaceae]●

46783 Scyrtocarpus Miers (1847) = Barberina Vell. (1829); ~ = Symplocos Jacq. (1760) [山矾科(灰木科)Symplocaceae]●

46784 Scytala E. Mey. ex DC. (1838) = Oldenburgia Less. (1830) [菊科 Asteraceae(Compositae)]●☆

46785 Scytalanthus Schauer(1843) = Skytanthus Meyen(1834) [夹竹桃科 Apocynaceae]●☆

46786 Scytalia Gaertn. (1788) Nom. illegit. ≡Litchi Sonn. (1782); ~ =Nephelium L. (1767) [无患子科 Sapindaceae]●

46787 Scytalis E. Mey. (1835) = Vigna Savi (1824)(保留属名) [豆科 Fabaceae(Leguminosae)//蝶形花科 Papilionaceae]■

46788 Scytanthus Hook. (1844) Nom. illegit. ≡ Hoodia Sweet ex Decne. (1844) [萝藦科 Asclepiadaceae]■☆

46789 Scytanthus Liebm. (1847) Nom. illegit. =Bdallophytum Eichler (1872) [大花草科 Rafflesiaceae]■☆

46790 Scytanthus Post et Kuntze (1903) Nom. illegit. = Skytanthus Meyen(1834) [夹竹桃科 Apocynaceae]●☆

46791 Scytanthus T. Anderson ex Benth. (1876) Nom. illegit. ≡ Scytanthus T. Anderson ex Benth. et Hook. f. (1876) Nom. illegit. ; ~ ≡Thomandersia Baill. (1891) [爵床科 Acanthaceae// 托曼木科 Thomandersiaceae]●☆

46792 Scytanthus T. Anderson ex Benth. et Hook. f. (1876) Nom. illegit. ≡Thomandersia Baill. (1891) [爵床科 Acanthaceae//托曼木科 Thomandersiaceae]●☆

46793 Scytopetalaceae Engl. (1897)(保留科名)亦见 Lecythidaceae A. Rich. (保留科名)玉蕊科(巴西果科)和 Selaginaceae Choisy (保留科名)穗花科【汉】革瓣花科(木果树科)。【包含】世界 5-6 属 20-21 种。【分布】热带非洲。【科名模式】Scytopetalum Pierre ex Engl. ●☆

46794 Scytopetalum Pierre ex Engl. (1897)【汉】革瓣花属(木果树属)。【隶属】革瓣花科(木果树科)Scytopetalaceae//玉蕊科(巴西果科)Lecythidaceae。【包含】世界 3 种。【学名诠释与讨论】〈中〉(希) scyto, 革质的+希腊文 petalos, 扁平的, 铺开的; petalon, 花瓣, 叶, 花叶, 金属叶子; 拉丁文的花瓣为 petalum。此属的学名, ING 和 IK 记载是 "Scytopetalum Pierre ex Engler in Engler et Prantl, Nat. Pflanzenfam. Nachtr. 1: 244. Oct 1897 "。"Scytopetalum Pierre, Tab. Herb. L. Pierre 1896 [Aug 1896]"是一个未合格发表的名称(Nom. inval.)。【分布】热带非洲西部。【模式】Scytopetalum klaineanum Pierre ex Engler。【参考异名】Scytopetalum Pierre ex Tiegh. , Nom. illegit. ; Scytopetalum Pierre (1896) Nom. inval. ●☆

46795 Scytopetalum Pierre ex Tiegh. , Nom. illegit. = Scytopetalum Pierre ex Engl. (1897) [革瓣花科(木果树科)Scytopetalaceae]●☆

46796 Scytopetalum Pierre (1896) Nom. inval. ≡ Scytopetalum Pierre ex Engl.（1897）［草瓣花科（木果树科）Scytopetalaceae］●☆

46797 Scytophyllum Eckl. et Zeyh.（1834）（废弃属名）= Elaeodendron Jacq.（1782）；~ = Gymnosporia（Wight et Arn.）Benth. et Hook. f.（1862）（保留属名）［卫矛科 Celastraceae］●

46798 Sczegleewia Turcz.（1858）= Pterospermum Schreb.（1791）（保留属名）［梧桐科 Sterculiaceae//锦葵科 Malvaceae］●

46799 Sczegleewia Turcz.（1863）Nom. illegit. = Symphorema Roxb.（1805）［马鞭草科 Verbenaceae//六苞藤科（伞序材科）Symphoremataceae//唇形科 Lamiaceae（Labiatae）］●

46800 Sczukinia Turcz.（1840）= Swertia L.（1753）［龙胆科 Gentianaceae］■

46801 Seaforthia R. Br.（1810）= Ptychosperma Labill.（1809）［棕榈科 Arecaceae（Palmae）］●☆

46802 Seala Adans.（1763）Nom. illegit. ≡ Pectis L.（1759）［菊科 Asteraceae（Compositae）］■☆

46803 Searsia F. A. Barkley（1942）= Terminthia Bernh.（1938）Nom. inval.；~ = Rhus L.（1753）［漆树科 Anacardiaceae］●

46804 Sebaea Sol. ex R. Br.（1810）【汉】小黄管属。【英】Sebaea。【隶属】龙胆科 Gentianaceae。【包含】世界 60-100 种，中国 1 种。【学名诠释与讨论】〈阴〉（人）Albert Seba，1665-1736，荷兰植物学者，药剂师，博物学者。【分布】澳大利亚，马达加斯加，新西兰，印度，中国，热带非洲。【模式】Sebaea ovata（Labillardière）R. Brown［Exacum ovatum Labillardière］。【参考异名】Belmontia E. Mey.（1837）（保留属名）；Exochaenium Griseb.（1845）；Lagenias E. Mey.（1837）；Parasia Raf.（1837）；Parrasia Raf.（1837）（废弃属名）■

46805 Sebastiana Benth. et Hook. f.（1873）Nom. illegit. = Chrysanthellum Rich.（1807）；~ = Sebastiania Bertol.（1822）Nom. illegit.［菊科 Asteraceae（Compositae）］■☆

46806 Sebastiana Spreng.（1826）= Sebastiania Spreng.（1821）［大戟科 Euphorbiaceae］●

46807 Sebastiania Bertol.（1822）Nom. illegit. ≡ Chrysanthellum Rich.（1807）［菊科 Asteraceae（Compositae）］■☆

46808 Sebastiania Spreng.（1821）【汉】地阳桃属（地杨桃属）。【英】Sebastiania。【隶属】大戟科 Euphorbiaceae。【包含】世界 95-100 种，中国 1 种。【学名诠释与讨论】〈阴〉（人）Antonia Sebastiani，18 世纪意大利植物学者，罗马植物志的作者。此属的学名，ING、APNI、GCI、TROPICOS 和 IK 记载是"Sebastiania Spreng.，Neue Entdeck. Pflanzenk. 2：118. 1821［late 1820］"。"Sebastiania Bertol.，Lucubr. Re Herb. 37. 1822 ≡ Chrysanthellum Rich.（1807）"是晚出的非法名称。【分布】巴拉圭，巴拿马，秘鲁，玻利维亚，哥斯达黎加，马来西亚（西部），美国，印度至澳大利亚，中国，热带非洲西部，热带美洲，中美洲。【模式】Sebastiania brasiliensis K. P. J. Sprengel。【参考异名】Adenogyna Post et Kuntze（1903）；Adenogyne Klotzsch（1841）Nom. illegit.；Clonostachys Klotzsch（1841）；Cnemidostachys Mart.（1824）Nom. illegit.；Cnemidostachys Mart. et Zucc.（1824）；Dendrocousinsia Millsp.（1913）；Ditrisynia Raf.（1838）；Ditrysinia Raf.（1825）；Elachocroton F. Muell.（1857）；Gussonia Spreng.；Microstachys A. Juss.（1824）；Pleradenophora Esser（2001）；Sarothrostachys Klotzsch（1841）；Sebastiana Spreng.（1826）；Tragiopsis H. Karst.（1859）●

46809 Sebastiano-schaueria Nees（1847）【汉】塞沙爵床属。【隶属】爵床科 Acanthaceae。【包含】世界 1 种。【学名诠释与讨论】〈阴〉（人）纪念植物学者 Sebastiani 和 Schauer。另说纪念 Sebastian Schauer，fl. 1847。此属的学名，ING、TROPICOS 和 IK 记载是"Sebastiano-schaueria C. G. D. Nees in C. F. P. Martius,

Fl. Brasil. 9：158. 1 Jun 1847"。"Sebschauera O. Kuntze, Rev. Gen. 1：494. 5 Nov 1891"和"Sebastiano-Schaueria Nees, Fl. Bras.（Martius）9：158. 1847［1 Jun 1847］"是"Sebastiano-Schaueria Nees（1847）"的晚出的同模式异名（Homotypic synonym, Nomenclatural synonym）。【分布】巴西。【模式】Sebastiano oblongata C. G. D. Nees。【参考异名】Sebastiano-Schaueria Nees（1847）Nom. illegit.；Sebschauera Kuntze（1891）Nom. illegit. ☆

46810 Sebeekia Stead.（1841）Nom. illegit. = Sebeokia Neck.（1790）Nom. inval.；~ = Gentiana L.（1753）［龙胆科 Gentianaceae］■

46811 Sebeokia Neck.（1790）Nom. inval. = Gentiana L.（1753）［龙胆科 Gentianaceae］■

46812 Sebertia Pierre ex Engl.（1897）= Niemeyera F. Muell.（1870）（保留属名）［山榄科 Sapotaceae］●☆

46813 Sebertia Pierre ex Engl. et Prantl（1897）Nom. illegit. ≡ Sebertia Pierre ex Engl.（1897）；~ = Niemeyera F. Muell.（1870）（保留属名）［山榄科 Sapotaceae］●☆

46814 Sebertia Pierre（1897）Nom. illegit. ≡ Sebertia Pierre ex Engl.（1897）；~ = Niemeyera F. Muell.（1870）（保留属名）［山榄科 Sapotaceae］●☆

46815 Sebesten Adans.（1763）Nom. illegit. = Sebestena Boehm.（1760）Nom. illegit.；~ = Cordia L.（1753）（保留属名）［紫草科 Boraginaceae//破布木科（破布树科）Cordiaceae］●

46816 Sebestena Boehm.（1760）Nom. illegit. ≡ Cordia L.（1753）（保留属名）［紫草科 Boraginaceae//破布木科（破布树科）Cordiaceae］●

46817 Sebestena Gaertn.（1788）Nom. illegit. ≡ Cordia L.（1753）（保留属名）［紫草科 Boraginaceae//破布木科（破布树科）Cordiaceae］●

46818 Sebestenaceae Vent.（1799）= Boraginaceae Juss.（保留科名）；~ = Ehretiaceae Mart.（保留科名）●

46819 Sebicea Pierre ex Diels（1910）= Tiliacora Colebr.（1821）（保留属名）［防己科 Menispermaceae］●☆

46820 Sebifera Lour.（1790）= Litsea Lam.（1792）（保留属名）［樟科 Lauraceae］●

46821 Sebipira Mart.（1828）= Bowdichia Kunth（1824）［豆科 Fabaceae（Leguminosae）］●☆

46822 Sebizia Mart.（1843）Nom. illegit. ≡ Sebizia Mart. ex Meisn.（1843）；~ = Mappia Jacq.（1797）（保留属名）［茶茱萸科 Icacinaceae］●☆

46823 Sebizia Mart. ex Meisn.（1843）= Mappia Jacq.（1797）（保留属名）［茶茱萸科 Icacinaceae］●☆

46824 Sebophora Neck.（1790）Nom. inval. = Myristica Gronov.（1755）（保留属名）［肉豆蔻科 Myristicaceae］●

46825 Seborium Raf.（1838）= Sapium Jacq.（1760）（保留属名）［大戟科 Euphorbiaceae］●☆

46826 Sebschauera Kuntze（1891）Nom. illegit. ≡ Sebastiano-Schaueria Nees（1847）［爵床科 Acanthaceae］☆

46827 Secale L.（1753）【汉】黑麦属。【日】ライムギ属。【俄】Рожь。【英】Rye。【隶属】禾本科 Poaceae（Gramineae）。【包含】世界 5-8 种，中国 3 种。【学名诠释与讨论】〈阴〉（拉）secale，裸麦。此属的学名，ING、TROPICOS、APNI 和 IK 记载是"Secale L.，Sp. Pl. 1：84. 1753［1 May 1753］"。"Gramen Séguier, Pl. Veron. 3：145. Jul-Aug 1754"是"Secale L.（1753）"的晚出的同模式异名（Homotypic synonym, Nomenclatural synonym）。【分布】巴基斯坦，厄瓜多尔，哥斯达黎加，美国（密苏里），中国，地中海地区，非洲南部，欧洲东部至亚洲中部，中美洲。【后选模式】Secale cereale Linnaeus。【参考异名】Frumentum Krause（1898）

Nom. illegit. ; Gramen Ség. （1754）Nom. illegit. ; Grramen Ség. （1754）Nom. illegit. ■

46828　Secalidium Schur（1853）Nom. inval. = Agropyron Gaertn. （1770）; ~ = Dasypyrum（Coss. et Durieu）T. Durand（1888）［禾本科 Poaceae（Gramineae）］■☆

46829　Secamone R. Br.（1810）【汉】鲫鱼藤属（四粉块藤属）。【英】Crucianvine, Secamone。【隶属】萝藦科 Asclepiadaceae。【包含】世界 62-100 种,中国 6 种。【学名诠释与讨论】〈阴〉（阿拉伯）squamouna,植物 Secamone aegyptiaca 的俗名。【分布】马达加斯加,利比里亚（宁巴）,中国,热带。【后选模式】Secamone emetica （Retzius）J. A. Schultes［Periploca emetica Retzius］●■

46830　Secamonopsis Jum.（1908）【汉】类鲫鱼藤属。【隶属】萝藦科 Asclepiadaceae。【包含】世界 1-2 种。【学名诠释与讨论】〈阴〉（属）Secamone 鲫鱼藤属+希腊文 opsis,外观,模样,相似。【分布】马达加斯加。【模式】Secamonopsis madagascariensis Jumelle ●☆

46831　Sechiopsis Naudin（1866）【汉】类佛手瓜属。【隶属】葫芦科（瓜科,南瓜科）Cucurbitaceae。【包含】世界 5 种。【学名诠释与讨论】〈阴〉（属）Sechium 佛手瓜属+希腊文 opsis,外观,模样,相似。【分布】墨西哥,中美洲。【模式】Sechiopsis triquetra（Moçiño et Sessé ex Seringe）Naudin［Sicyos triquetra Moçiño et Sessé ex Seringe］。【参考异名】Pterosicyos Brandegee（1914）■☆

46832　Sechium P. Browne（1756）（保留属名）【汉】佛手瓜属（洋丝瓜属）。【日】ハヤトウリ属。【英】Chayote。【隶属】葫芦科（瓜科,南瓜科）Cucurbitaceae。【包含】世界 5-6 种,中国 1 种。【学名诠释与讨论】〈中〉（法）sechion,或来自希腊文 sikyos,胡瓜。一说来自印第安语 sekiso,养肥。指果在西印度群岛牙买加用作养肥猪。一说来自希腊文 sekos,墙根,畜舍,指果实可以做家畜的饲料。此属的学名"Sechium P. Browne, Civ. Nat. Hist. Jamaica:355. 10 Mar 1756"是保留属名。法规未列出相应的废弃属名。"Chayota N. J. Jacquin, Sel. Stirp. Amer. Hist. ed. pict. 124. t. 245. 1780"和"Chocho Adanson, Fam. 2:500. Jul - Aug 1763"是"Sechium P. Browne（1756）（保留属名）"的晚出的同模式异名（Homotypic synonym, Nomenclatural synonym）。【分布】巴拿马,秘鲁,玻利维亚,厄瓜多尔,哥伦比亚（安蒂奥基亚）,哥斯达黎加,尼加拉瓜,中国,中美洲。【模式】Sechium edule （N. J. Jacquin）O. Swartz［Sicyos edulis N. J. Jacquin］。【参考异名】Ahzolia Standl. et Steyerm.（1944）; Chayota Jacq.（1780）Nom. illegit. ; Chocho Adans.（1763）Nom. illegit. ; Frantzia Pittier （1910）; Polakowskia Pittier（1910）■

46833　Secondatia A. DC.（1844）【汉】塞考木属。【隶属】夹竹桃科 Apocynaceae。【包含】世界 7 种。【学名诠释与讨论】〈阴〉（人）Jean Baptiste de Secondat,1716-1796,法国植物学者。【分布】巴拉圭,秘鲁,玻利维亚,厄瓜多尔,牙买加。【后选模式】Secondatia densiflora Alph. de Candolle。【参考异名】Orthechites Urb.（1909）●☆

46834　Secretania Müll. Arg.（1866）= Minquartia Aubl.（1775）［铁青树科 Olacaceae］●☆

46835　Secula Small（1913）= Aeschynomene L.（1753）［豆科 Fabaceae（Leguminosae）//蝶形花科 Papilionaceae］●■

46836　Securidaca L.（1753）（废弃属名）= Dalbergia L. f.（1782）（保留属名）［豆科 Fabaceae（Leguminosae）//蝶形花科 Papilionaceae］●

46837　Securidaca L.（1759）（保留属名）【汉】蝉翼藤属。【英】Cicadawingvine, Securidaca。【隶属】远志科 Polygalaceae。【包含】世界 80 种,中国 2 种。【学名诠释与讨论】〈阴〉（拉）securis,斧,小斧。另说是拉丁文 seuriclata,一种杂草名之转讹,来自

securiclatus 形如小斧的。指果顶端具斧形翅。此属的学名"Securidaca L. , Syst. Nat. ,ed. 10:1151,1155. 7 Jun 1759"是保留属名。相应的废弃属名是豆科 Fabaceae 的"Securidaca L. , Sp. Pl. :707. 1 Mai 1753"。二者极易混淆。豆科 Fabaceae 的"Securidaca Tourn. ex Mill.（1754）（废弃属名）≡Securidaca P. Miller, Gard. Dict. Abr. ed. 4. 28 Jan 1754 ≡ Securigera DC. （1805）= Coronilla L.（1753）（保留属名）"亦应废弃。"Elsota Adanson, Fam. 2: 358, 553. Jul - Aug 1763"是"Securidaca L.（1759）（保留属名）"的晚出的同模式异名（Homotypic synonym, Nomenclatural synonym）。【分布】巴拉圭,巴拿马,秘鲁,玻利维亚,厄瓜多尔,哥伦比亚（安蒂奥基亚）,美国,尼加拉瓜,利比里亚（宁巴）,中国,热带,中美洲。【模式】Securidaca volubilis Linnaeus 1759（non Linnaeus 1753）［Securidaca diversifolia（L.）Blake; Polygala diversifolia L.］。【参考异名】Corytholobium Benth.（1839）; Corytholobium Mart. ex Benth.（1839）Nom. illegit. ; Elsota Adans.（1763）Nom. illegit. ; Lophostylis Hochst.（1842）; Rodschiedia Miq.（1845）Nom. illegit. ; Securidaca L.（1753）（废弃属名）; Securidaea Turcz. （1863）Nom. illegit. ●

46838　Securidaca Mill.（1754）Nom. illegit.（废弃属名）≡Securigera DC.（1805）（保留属名）; ~ = Coronilla L.（1753）（保留属名）［豆科 Fabaceae（Leguminosae）//蝶形花科 Papilionaceae］●■

46839　Securidaca Tourn. ex Mill.（1754）Nom. illegit.（废弃属名）≡Securidaca Mill.（1754）Nom. illegit.（废弃属名）; ~ ≡Securigera DC.（1805）（保留属名）; ~ = Coronilla L.（1753）（保留属名）［豆科 Fabaceae（Leguminosae）//蝶形花科 Papilionaceae］●■

46840　Securidaea Turcz.（1863）Nom. illegit. = Securidaca Mill. （1754）Nom. illegit.（废弃属名）; ~ =Securigera DC.（1805）（保留属名）; ~ = Coronilla L.（1753）（保留属名）［豆科 Fabaceae （Leguminosae）//蝶形花科 Papilionaceae］●■

46841　Securigera DC.（1805）（保留属名）【汉】斧冠花属。【俄】Меченосница, Секуригера, Тордириум。【英】Crown Vctcb, Hatchet Vetch。【隶属】豆科 Fabaceae（Leguminosae）//蝶形花科 Papilionaceae。【包含】世界 12 种。【学名诠释与讨论】〈阴〉（拉）securiger,具斧的。此属的学名"Securigera DC. in Lamarck et Candolle, Fl. Franç. ,ed. 3,4:609. 17 Sep 1805"是保留属名。相应的废弃属名是豆科 Fabaceae（Leguminosae）的"Bonaveria Scop. , Intr. Hist. Nat. :310. Jan - Apr 1777 ≡ Securigera DC. （1805）（保留属名）"。"Securidaca P. Miller, Gard. Dict. Abr. ed. 4. 28 Jan 1754［non Linnaeus 1753（废弃属名）,nec Linnaeus 1759］"和"Securina Medikus, Vorles. Churpfälz. Phys. - Ökon. Ges. 2:368. 1787"是"Securigera DC.（1805）（保留属名）"的晚出的同模式异名（Homotypic synonym, Nomenclatural synonym）。亦有文献把"Securigera DC.（1805）（保留属名）"处理为"Coronilla L.（1753）（保留属名）"的异名。【分布】阿尔及利亚,巴基斯坦,美国,摩洛哥,索马里,突尼斯,伊拉克,伊朗,中国,地中海北部和东北部。【模式】Securigera coronilla A. P. de Candolle, Nom. illegit.［Coronilla securidaca Linnaeus; Securigera securidaca（Linnaeus）Degen et Dörfler］。【参考异名】Bonaveria Scop.（1777）（废弃属名）; Coronilla L.（1753）（保留属名）; Securidaca Mill.（1754）Nom. illegit.（废弃属名）; Securidaca Tourn. ex Mill.（1754）（废弃属名）; Securilla Gaertn. ex Steud. （1821）; Securina Medik.（1787）Nom. illegit. ●■

46842　Securilla Gaertn. ex Steud.（1821）= Securigera DC.（1805）（保留属名）［豆科 Fabaceae（Leguminosae）//蝶形花科 Papilionaceae］●■

46843　Securina Medik.（1787）Nom. illegit. ≡Securigera DC.（1805）

（保留属名）［豆科 Fabaceae（Leguminosae）//蝶形花科 Papilionaceae］●■

46844 Securinega Comm. ex Juss.（1789）（保留属名）【汉】叶底球属（一叶荻属，白饭树属，叶底珠属）。【日】ヒトツバハギ属。【俄】Секуринега。【英】Securinega。【隶属】大戟科 Euphorbiaceae。【包含】世界 20-25 种。【学名诠释与讨论】〈阴〉（拉）securis，斧，小斧＋nego，抗拒。指木材坚硬。此属的学名"Securinega Comm. ex Juss.，Gen. Pl.；388. 4 Aug 1789"是保留属名。法规未列出相应的废弃属名。【分布】巴基斯坦，马达加斯加，温带和亚热带。【模式】Securinega durissima J. F. Gmelin。【参考异名】Acidoton P. Browne（1756）（废弃属名）；Chaenotheca Urb.（1902）Nom. illegit.；Chascotheca Urb.（1904）Nom. illegit.；Coilmeiroa Endl.（1843）；Colmeiroa Reut.（1843）；Flueggea Willd.（1806）；Villanova Pourr. ex Cutanda（1861）Nom. illegit.（废弃属名）●☆

46845 Sedaceae Barkley ＝Crassulaceae J. St. -Hil.（保留科名）●■

46846 Sedaceae Roussel（1806）＝Crassulaceae J. St. -Hil.（保留科名）●■

46847 Sedaceae Vest ＝Crassulaceae J. St. -Hil.（保留科名）●■

46848 Sedastrum Rose（1905）＝Sedum L.（1753）［景天科 Crassulaceae］●■

46849 Seddera Hochst.（1844）【汉】赛德旋花属。【隶属】旋花科 Convolvulaceae。【包含】世界 15 种。【学名诠释与讨论】〈阴〉词源不详。此属的学名是"Seddera C. F. Hochstetter, Flora 27（1, Bes. Beil.）：7. Jul-Dec，1844"。"Seddera Hochst. et Steud. ex Moq.，Nom. illegit. ＝Saltia R. Br. ex Moq.（1849）［苋科 Amaranthaceae］"似是晚出的非法名称。【分布】阿拉伯地区，巴基斯坦，马达加斯加，热带和非洲南部。【后选模式】Seddera virgata C. F. Hochstetter et Steudel ex C. F. Hochstetter。【参考异名】Schizanthoseddera（Roberty）Roberty（1964）；Schizoseddera Roberty；Sedderopsis Roberty（1952）●☆

46850 Seddera Hochst. et Steud. ex Moq.，Nom. illegit. ＝Saltia R. Br. ex Moq.（1849）［苋科 Amaranthaceae］●☆

46851 Sedderopsis Roberty（1952）＝Seddera Hochst.（1844）［旋花科 Convolvulaceae］●☆

46852 Sedella Britton et Rose（1903）【汉】小景天属。【隶属】景天科 Crassulaceae。【包含】世界 3 种。【学名诠释与讨论】〈阴〉（属）Sedum 景天属＋-ellus，-ella，-ellum，加在名词词干后面形成指小式的词尾。或加在人名、属名等后面以组成新属的名称。此属的学名，ING、TROPICOS 和 IK 记载是"Sedella N. L. Britton et J. N. Rose, Bull. New York Bot. Gard. 3：45. 12 Sep 1903"。"Sedella Fourr.，Ann. Soc. Linn. Lyon sér. 2，16；384. 1868"是一个裸名（Nom. nud.）。"Sedella Britton et Rose（1903）"曾被处理为"Sedum sect. Sedella（Britton et Rose）A. Berger, Die natürlichen Pflanzenfamilien, Zweite Auflage 18a；462. 1930"。亦有文献把"Sedella Britton et Rose（1903）"处理为"Parvisedum R. T. Clausen（1946）Nom. illegit."或"Sedum L.（1753）"的异名。【分布】参见 Sedum L.（1753）。【模式】Sedella pumila（Bentham）N. L. Britton et J. N. Rose［Sedum pumilum Bentham］。【参考异名】Parvisedum R. T. Clausen（1946）Nom. illegit.；Sedum L.（1753）；Sedum sect. Sedella（Britton et Rose）A. Berger（1930）■☆

46853 Sedella Fourr.（1868）Nom. nud. ＝Sedum L.（1753）［景天科 Crassulaceae］●■

46854 Sedgwichia Griff.（1836）＝Altingia Noronha（1790）［金缕梅科 Hamamelidaceae//蕈树科（阿丁枫科）Altingiaceae］●

46855 Sedirea Garay et H. R. Sweet（1974）【汉】萼脊兰属。【日】セ

ディレア属，ナゴラン属。【英】Sedirea。【隶属】兰科 Orchidaceae。【包含】世界 2 种，中国 2 种。【学名诠释与讨论】〈阴〉（属）由 Aerides 指甲兰属字母改缀而来。【分布】中国，亚洲东部。【模式】Sedirea japonica（Linden et H. G. Reichenbach）Garay et Sweet［Aerides japonica Linden et H. G. Reichenbach］■

46856 Sedobassia Freitag et G. Kadereit（2011）。可疑名称［藜科 Chenopodiaceae］☆

46857 Sedopsis（Engl.）Exell et Mendonça（1937）＝Portulaca L.（1753）［马齿苋科 Portulacaceae］■

46858 Sedopsis（Engl. ex Legrand）Exell et Mendonça（1937）Nom. illegit. ≡Sedopsis（Engl.）Exell et Mendonça（1937）；~ ＝Portulaca L.（1753）［马齿苋科 Portulacaceae］■

46859 Sedopsis（Legrand）Exell et Mendonça（1937）Nom. illegit. ≡Sedopsis（Engl.）Exell et Mendonça（1937）；~ ＝Portulaca L.（1753）［马齿苋科 Portulacaceae］■

46860 Sedum Adans.（1763）Nom. illegit. ≡Sempervivum L.（1753）［景天科 Crassulaceae//长生草科 Sempervivaceae］■☆

46861 Sedum L.（1753）【汉】景天属（费菜属）。【日】キリンソウ属，ベンケイサウ属，ベンケイソウ属，マンネングサ属。【俄】Очиток，Родиола，Седум。【英】Buddhainalm，Live Long，Live-forever，Live-for-ever，Orpine，Sedum，Stone Crop，Stonecrop。【隶属】景天科 Crassulaceae。【包含】世界 280-476 种，中国 121-153 种。【学名诠释与讨论】〈中〉（拉）sedeo，座。指某些种生于岩石上。此属的学名，ING、APNI、GCI 和 IK 记载是"Sedum Linnaeus, Sp. Pl. 430. 1 May 1753"。"Sedum Adanson, Fam. 2：248. Jul-Aug 1763 ≡Sempervivum L.（1753）［景天科 Crassulaceae//长生草科 Sempervivaceae］"是晚出的非法名称。【分布】巴基斯坦，秘鲁，玻利维亚，哥伦比亚（安蒂奥基亚），哥斯达黎加，马达加斯加，美国（密苏里），中国，中美洲。【后选模式】Sedum acre Linnaeus。【参考异名】Aectyson Raf.；Aethales Post et Kuntze（1903）；Aithales Webb et Berthel.（1836）；Aizopsis Grulich（1984）；Altamiranoa Rose（1903）Nom. illegit.；Amerosedum Á. Löve et D. Löve（1985）；Anacampseros Mill.（1754）（废弃属名）；Atyson Raf.；Breitungia Á. Löve et D. Löve（1985）；Carynephyllum Rose；Cepaea Caesalp. ex Fourr.（1868）；Cepaea Fabr.（1759）；Chamaerhodiola Nakai（1933）；Chetyson Raf.（1856）；Clausenellia Á. Löve et D. Löve（1985）；Clementsia Rose ex Britton et Rose（1903）；Clementsia Rose（1903）；Cockerellia（R. T. Clausen et Uhl）Á. Löve et D. Löve（1985）；Cockerellia Á. Löve et D. Löve（1985）Nom. illegit.；Congdonia Jeps.（1925）Nom. illegit.；Corynephyllum Rose（1905）；Cremnophila Rose（1905）；Diamorpha Nutt.（1818）（保留属名）；Enchylus Ehrh.；Etiosedum Á. Löve et D. Löve（1985）；Gormania Britton ex Britton et Rose（1903）Nom. illegit.；Gormania Britton（1903）；Helladia M. Král（1987）；Hjaltalinia Á. Löve et D. Löve（1985）；Hylotelephium H. Ohba.（1977）；Jepsonisedum M. Král；Keratolepis Rose ex Fröd.（1936）；Leucosedum Fourr.（1868）；Macrosepalum Regel et Schmalh.（1882）；Monanthella A. Berger（1930）Nom. inval.；Mucizonia（DC.）A. Berger（1930）Nom. illegit.；Ohbaea Byalt et I. V. Sokolova（1999）；Oreosedum Grulich（1984）；Orostachys（DC.）Sweet, Nom. illegit.；Petrosedum Grulich（1984）；Phedimus Raf.（1817）；Procrassula Griseb.（1843）；Rhodiola L.（1753）；Sedastrum Rose（1905）；Sedella Britton et Rose（1903）；Sedella Fourr.（1868）Nom. inval.；Sempervivella Stapf（1923）；Spathulata（Boriss.）Á. Löve et D. Löve（1985）；Telephium Hill（1756）Nom. illegit.；Telmissa Fenzl（1842）；Tetradium Dulac（1867）Nom. illegit.；Tetraphyla Rchb.；Tetrorum Rose（1905）；Triactina Hook.

f. et Thomson（1857）●■　illeg...

46862　Seegeriella Senghas（1997）【汉】西格兰属。【隶属】兰科 Orchidaceae。【包含】世界 2 种。【学名诠释与讨论】〈阴〉（人）Seeger。【分布】玻利维亚，厄瓜多尔。【模式】不详■☆

46863　Seemannantha Alef.（1862）Nom. illegit. ≡ Macronyx Dalzell（1850）；~ = Tephrosia Pers.（1807）（保留属名）［豆科 Fabaceae（Leguminosae）//蝶形花科 Papilionaceae］●■

46864　Seemannaralia R. Vig.（1906）【汉】西曼五加属。【隶属】五加科 Araliaceae。【包含】世界 1 种。【学名诠释与讨论】〈阴〉（人）Berthold Carl Seemann，1825-1871，德国植物学者，博物学者，植物采集家 +（属）Aralia 楤木属（刺楤属，独活属，土当归属）。此属的学名，ING 和 IK 记载是"Seemannaralia R. Viguier,Ann. Sci. Nat. Bot. ser. 9. 4;116,118. 1906"。"Seemannaralia R. Vig. et R. A. Dyer,Bull. Misc. Inform. Kew 1932(9);447,descr. ampl.［28 Nov 1932］"修订了属的描述。【分布】非洲南部。【模式】Cussonia gerrardii B. C. Seemann。【参考异名】Seemannaralia R. Vig. et R. A. Dyer（1932）descr. ampl. ●☆

46865　Seemannaralia R. Vig. et R. A. Dyer（1932）descr. ampl. = Seemannaralia R. Vig.（1906）［五加科 Araliaceae］●☆

46866　Seemannia Hook.（1848）（废弃属名）= Pentagonia Benth.（1845）（保留属名）［茜草科 Rubiaceae］■☆

46867　Seemannia Regel（1855）（保留属名）【汉】秘鲁苣苔属（苦乐花属）。【隶属】苦苣苔科 Gesneriaceae。【包含】世界 10 种。【学名诠释与讨论】〈阴〉（人）Berthold Carl Seemann，1825-1871，德国植物学者，博物学者，植物采集家。此属的学名"Seemannia Regel in Gartenflora 4:183. 1855"是保留属名。法规未列出相应的废弃属名。但是茜草科 Rubiaceae 的"Seemannia Hook.，Lond. Journ. Bot. vii.（1848）567 = Pentagonia Benth.（1845）（保留属名）"应该废弃。"Fritschiantha O. Kuntze,Rev. Gen. 3(2);241. 28 Sep 1898"是"Seemannia Regel（1855）（保留属名）"的多余的替代名称。亦有文献把"Seemannia Regel（1855）（保留属名）"处理为"Gloxinia L' Hér.（1789）"的异名。【分布】秘鲁，玻利维亚。【模式】Seemannia ternifolia Regel。【参考异名】Fritschiantha Kuntze（1898）Nom. illegit. ;Gloxinia L' Hér.（1789）■☆

46868　Seetzenia R. Br.（1826）Nom. inval. ≡ Seetzenia R. Br. ex Decne.（1835）［蒺藜科 Zygophyllaceae］■☆

46869　Seetzenia R. Br. ex Decne.（1835）【汉】西茨蒺藜属。【隶属】蒺藜科 Zygophyllaceae。【包含】世界 1 种。【学名诠释与讨论】〈阴〉（人）Ulrich Jaspar Seetzen，1767-1811，德国植物学者，博物学者，植物采集家。此属的学名，ING 记载是"Seetzenia R. Brown ex Decaisne,Ann. Sci. Nat.，Bot. ser. 2. 3:280. May 1835"。"Seetzenia R. Br.（1826）"是一个未合格发表的名称（Nom. inval.）。"Seezenia Nees, in R. Br. Verm. Bot. Schr. iv. 46（1830）"拼写错误。【分布】阿拉伯地区，巴基斯坦，印度，非洲。【后选模式】Seetzenia orientalis Decaisne。【参考异名】Seetzenia R. Br.（1826）Nom. inval. ;Seezenia Nees（1830）■☆

46870　Seezenia Nees（1830）Nom. illegit. = Seetzenia R. Br. ex Decne.（1835）［蒺藜科 Zygophyllaceae］■☆

46871　Segeretia G. Don（1832）= Sageretia Brongn.（1827）［鼠李科 Rhamnaceae］●

46872　Segetella（Pers.）R. Hedw.（1806）= Alsine Druce, Nom. illegit. ;~ = Spergularia（Pers.）J. Presl et C. Presl（1819）（保留属名）［石竹科 Caryophyllaceae］■

46873　Segetella Desv.（1816）Nom. illegit. ≡ Delia Dumort.（1827）Nom. illegit. ;~ = Spergularia（Pers.）J. Presl et C. Presl（1819）（保留属名）［石竹科 Caryophyllaceae］■

46874　Segregatia A. Wood（1861）= Sageretia Brongn.（1827）［鼠李科 Rhamnaceae］●

46875　Seguiera Adans.（1763）Nom. illegit. ≡ Seguieria Loefl.（1758）［商陆科 Phytolaccaceae］●☆

46876　Seguiera Kuntze（1891）Nom. illegit. ≡ Seguiera Manetti ex Kuntze（1891）Nom. illegit. ;~ ≡ Blackstonia Huds.（1762）［龙胆科 Gentianaceae］■☆

46877　Seguiera Manetti ex Kuntze（1891）Nom. illegit. ≡ Blackstonia Huds.（1762）［龙胆科 Gentianaceae］■☆

46878　Seguiera Manetti（1891）Nom. illegit. ≡ Seguiera Manetti ex Kuntze（1891）Nom. illegit. ;~ ≡ Blackstonia Huds.（1762）［龙胆科 Gentianaceae］■☆

46879　Seguiera Rchb. ex Oliv.（1871）Nom. illegit. = Combretum Loefl.（1758）（保留属名）［使君子科 Combretaceae］●

46880　Seguieria Loefl.（1758）【汉】翅果商陆属（翅果珊瑚属）。【隶属】商陆科 Phytolaccaceae。【包含】世界 6 种。【学名诠释与讨论】〈阴〉（人）Jean François Seguier（Joannes Franciscus Seguierius），1703-1784，法国植物学者，考古学者。此属的学名，ING 和 IK 记载是"Seguieria Loefling, Iter Hispan. 191. Dec 1758"。"Seguiera Adans.（1763）"是其拼写变体。"Albertokuntzea O. Kuntze, Rev. Gen. 2;550. 5 Nov 1891"是"Seguieria Loefl.（1758）"的晚出的同模式异名（Homotypic synonym,Nomenclatural synonym）。【分布】巴拉圭，巴拿马，秘鲁，玻利维亚，厄瓜多尔，中美洲。【模式】Seguieria americana Linnaeus。【参考异名】Albertokuntzea Kuntze（1891）Nom. illegit. ;Seguiera Adans.（1763）Nom. illegit. ●☆

46881　Seguieriaceae Nakai（1942）= Petiveriaceae C. Agardh；~ = Phytolaccaceae R. Br.（保留科名）●■

46882　Seguinum Raf.（1837）Nom. illegit. ≡ Dieffenbachia Schott（1829）［天南星科 Araceae］●■

46883　Segurola Larranaga（1927）= ? Aeschynomene L.（1753）［豆科 Fabaceae（Leguminosae）//蝶形花科 Papilionaceae］●■

46884　Sehima Forssk.（1775）【汉】沟颖草属。【英】Furrowglume, Sehima。【隶属】禾本科 Poaceae（Gramineae）。【包含】世界 5 种，中国 1 种。【学名诠释与讨论】〈阴〉（阿拉伯）来自植物俗名。阿拉伯人称 Sehima ischaemoides Forssk. 为 saehim 或 sehim。【分布】澳大利亚，巴基斯坦，印度，中国，热带非洲，中美洲。【模式】Sehima ischaemiides Forsskål。【参考异名】Hologamium Nees（1835）■

46885　Seidelia Baill.（1858）【汉】赛德尔大戟属。【隶属】大戟科 Euphorbiaceae。【包含】世界 2-3 种。【学名诠释与讨论】〈阴〉（人）Christoph Friedrich Seidel，德国植物学者。【分布】非洲南部。【后选模式】Seidelia mercurialis Baillon, Nom. illegit. ［Mercurialis triandra E. Meyer］■☆

46886　Seidella Benth. et Hook. f.（1880）Nom. illegit. ［大戟科 Euphorbiaceae］☆

46887　Seidenfadenia Garay（1972）【汉】塞氏兰属。【日】セイデンファデニア属。【隶属】兰科 Orchidaceae。【包含】世界 1 种。【学名诠释与讨论】〈阴〉（人）Gunnar Seidenfaden，1908-，丹麦植物学者。【分布】缅甸，泰国。【模式】Seidenfadenia mitrata（H. G. Reichenbach）Garay［Aerides mitrata H. G. Reichenbach］■☆

46888　Seidenfadeniella C. S. Kumar（1994）【汉】小塞氏兰属。【隶属】兰科 Orchidaceae。【包含】世界 3 种。【学名诠释与讨论】〈阴〉（属）Seidenfadenia 塞氏兰属 +-ellus，-ella，-ellum，加在名词词干后面形成指小式的词尾。或加在人名、属名等后面以组成新属的名称。【分布】印度。【模式】不详■☆

46889　Seidenfia Szlach.（1995）= Crepidium Blume（1825）［兰科 Orchidaceae］■

46890　Seidenforchis Marg.（2006）= Crepidium Blume（1825）［兰科 Orchidaceae］■

46891　Seidlia Kostel.（1836）Nom. illegit. = Vatica L.（1771）［龙脑香科 Dipterocarpaceae］●

46892　Seidlia Opiz（1826）Nom. illegit. ≡ Scirpus L.（1753）（保留属名）［莎草科 Cyperaceae//藨草科 Scirpaceae］■

46893　Seidlitzia Bunge ex Boiss.（1879）【汉】裂盘藜属。【俄】Зейдлиция。【隶属】藜科 Chenopodiaceae。【包含】世界 7 种。【学名诠释与讨论】〈阴〉（人）Nikolai Karlovic（Karl Samuel）von Seidlitz,1831-1907,拉脱维亚植物学者。【分布】巴基斯坦,巴勒斯坦,加那利群岛和地中海地区,亚洲中部和伊朗。【后选模式】Seidlitzia florida（Marschall von Bieberstein）Bunge ex Boissier［Anabasis florida Marschall von Bieberstein］■☆

46894　Sekanama Speta（2001）【汉】塞卡风信子属。【隶属】百合科 Liliaceae//风信子科 Hyacinthaceae。【包含】世界 3 种。【学名诠释与讨论】〈阴〉词源不详。此属的学名是“Sekanama Speta, Stapfia 75：168. 2001”。亦有文献把其处理为“Urginea Steinh.（1834）”的异名。【分布】参见“Urginea Steinh.（1834）”。【模式】不详。【参考异名】Urginea Steinh.（1834）■☆

46895　Sekika Medik.（1791）= Saxifraga L.（1753）［虎耳草科 Saxifragaceae］■

46896　Selaginaceae Choisy（1823）（保留科名）［亦见 Scrophulariaceae Juss.（保留科名）玄参科］【汉】穗花科。【包含】世界 10 属 300 种。【分布】玻利维亚。【科名模式】Selago L. ●■

46897　Selaginastrum Schinz et Thell.（1929）= Antherothamnus N. E. Br.（1915）［玄参科 Scrophulariaceae］●☆

46898　Selago Adans.（1763）Nom. illegit. = Camphorosma L.（1753）;~ = Camphorosma L.（1753）+ Polycnemum L.（1753）［藜科 Chenopodiaceae］■

46899　Selago L.（1753）【汉】塞拉玄参属。【隶属】玄参科 Scrophulariaceae。【包含】世界 150-190 种。【学名诠释与讨论】〈阴〉（拉）selaga 是“Lycopodium selago L.”的古名。此属的学名,ING、APNI、TROPICOS 和 IK 记载是“Selago L.,Sp. Pl. 2：629. 1753［1 May 1753］”。“Camphorata Fabricius, Enum. 26. 1759（non Zinn 1757）”、“Manettia Boehmer in C. G. Ludwig,Def. Gen. ed. Boehmer. 99. 1760（废弃属名）”和“Vormia Adanson, Fam. 2：284. Jul-Aug 1763”是“Selago L.（1753）”的晚出的同模式异名（Homotypic synonym, Nomenclatural synonym）。“Selago Adans.,Fam. Pl.（Adanson）2：268. 1763 = Camphorosma L.（1753）［藜科 Chenopodiaceae］”是晚出的非法名称。蕨类的“Selago J. Hill, Brit. Herbal 533. 28 Jan 1757”、“Selago Schur, Enum. Pl. Transsilv. 825. Apr-Jun 1866 ≡ Huperzia Bernhardi 1801”和“Selago P. Browne,Civ. Nat. Hist. Jamaica 82. 10 Mar 1756”都是晚出的非法名称。【分布】马达斯加,热带和非洲南部。【后选模式】Selago corymbosa Linnaeus。【参考异名】Camphorata Fabr.（1759）Nom. illegit. ;Kurites Raf.（1837）;Macria（E. Mey.）Spach（1840）;Macria Spach（1840）Nom. illegit. ;Manettia Boehm.（1760）Nom. illegit.（废弃属名）;Noltia Eckl. ex Steud.（1841）Nom. inval. ;Pechuelia Kuntze（1886）;Pseudoselago Hilliard（1995）;Vormia Adans.（1763）Nom. illegit. ;Walafrida E. Mey.（1837）;Wormia Post et Kuntze（1903）Nom. illegit. ●☆

46900　Selas Spreng.（1825）Nom. illegit. ≡ Gela Lour.（1790）;~ = Acronychia J. R. Forst. et G. Forst.（1775）（保留属名）［芸香科 Rutaceae］●

46901　Selatium D. Don ex G. Don（1837）= Gentianella Moench（1794）（保留属名）［龙胆科 Gentianaceae］■

46902　Selatium G. Don（1837）Nom. illegit. ≡ Selatium D. Don ex G. Don（1837）; ~ =Gentianella Moench（1794）（保留属名）［龙胆科 Gentianaceae］■

46903　Selbya M. Roem.（1846）= Aglaia Lour.（1790）（保留属名）［楝科 Meliaceae］●

46904　Selenia Nutt.（1825）【汉】金月芥属。【隶属】十字花科 Brassicaceae（Cruciferae）。【包含】世界 4 种。【学名诠释与讨论】〈阴〉（希）selene,月亮;selenis,小月亮。指花或种子形状。【分布】美国（南部）,墨西哥。【模式】Selenia aurea Nuttall ■☆

46905　Selenicereus（A. Berger）Britton et Rose（1909）【汉】蛇鞭柱属（大轮柱属,神堂属,天轮柱属,月光掌属,月光柱属）。【日】セレニセレウス属。【英】Moon Cactus, Moon Cereus, Moonlight Cactus, Night-blooming Cereus。【隶属】仙人掌科 Cactaceae。【包含】世界 20-25 种,中国 3 种。【学名诠释与讨论】〈阳〉（希）selene,月亮。selenis,小月亮+（属）Cereus 仙影掌属。指植物夜间开花。此属的学名,ING、TROPICOS 和 GCI 记载是“Selenicereus（A. Berger）N. L. Britton et J. N. Rose,Contr. U. S. Natl. Herb. 12：429. 21 Jul 1909”,由“Cereus subsect. Selenicereus A. Berger,Rep.（Annual）Missouri Bot. Gard. 16：76. 31 Mai 1905”改级而来;而 IK 则记载为“Selenicereus Britton et Rose,Contr. U. S. Natl. Herb. xii. 429（1909）”。四者引用的文献相同。【分布】阿根廷,巴拿马,秘鲁,玻利维亚,厄瓜多尔,哥伦比亚,美国,墨西哥,尼加拉瓜,委内瑞拉,中国,西印度群岛,中美洲。【模式】Selenicereus grandiflorus（Linnaeus）N. L. Britton et J. N. Rose［Cactus grandiflorus Linnaeus］。【参考异名】Cereus subsect. Selenicereus A. Berger（1905）;Cryptocereus Alexander（1950）;Deamia Britton et Rose（1920）;Marniera Backeb.（1950）;Mediocactus Britton et Rose（1920）;Selenicereus Britton et Rose（1909）Nom. illegit. ;Strophocactus Britton et Rose（1913）;Strophocereus Frič et Kreuz.（1935）Nom. illegit. ●

46906　Selenicereus Britton et Rose（1909）Nom. illegit. ≡ Selenicereus（A. Berger）Britton et Rose（1909）［仙人掌科 Cactaceae］●

46907　Selenipedilum Pfitzer（1888）Nom. illegit. = Selenipedium Rchb. f.（1854）［兰科 Orchidaceae］■☆

46908　Selenipedium Rchb. f.（1854）【汉】月兰属。【日】セレニペジューム属。【英】Selenipedium。【隶属】兰科 Orchidaceae。【包含】世界 3-6 种。【学名诠释与讨论】〈中〉（希）selene,月亮+pedion,靴子,拖鞋。指袋状舌瓣的形态。此属的学名,ING、GCI、TROPICOS 和 IK 记载是“Selenipedium Rchb. f.,Xenia Orchid. 1（1）：3. 1854［1 Apr 1854］;Bonplandia 2（9）：116. 1 May 1854”。“Selenipedilum Pfitzer, Nat. Pflanzenfam.［Engler et Prantl］ii. 6（1888）84”是其拼写变体。【分布】巴拿马,秘鲁,玻利维亚,厄瓜多尔,热带南美洲,西印度群岛,中美洲。【后选模式】Selenipedium chica H. G. Reichenbach。【参考异名】Selenipedilum Pfitzer（1888）Nom. illegit. ;Solenipedium Beer（1854）Nom. illegit. ■☆

46909　Selenocarpaea（DC.）Eckl. et Zeyh.（1834）= Heliophila Burm. f. ex L.（1763）［十字花科 Brassicaceae（Cruciferae）］●■☆

46910　Selenocarpaea Eckl. et Zeyh.（1834）Nom. illegit. ≡ Selenocarpaea（DC.）Eckl. et Zeyh.（1834）; ~ = Heliophila Burm. f. ex L.（1763）［十字花科 Brassicaceae（Cruciferae）］●■☆

46911　Selenocera Zipp. ex Span.（1841）= Mitreola L.（1758）［马钱科（断肠草科,马钱子科）Loganiaceae//驱虫草科（度量草科）Spigeliaceae］■

46912　Selenogyne DC.（1838）= Lagenophora Cass.（1816）（保留属名）; ~ = Solenogyne Cass.（1828）［菊科 Asteraceae（Compositae）］■●☆

46913　Selenothamnus Melville(1967)= Lawrencia Hook.（1840）［锦葵科 Malvaceae］●☆

46914　Selepsion Raf.（1837）Nom. illegit. ≡ Urtica L.（1753）［荨麻科 Urticaceae］■

46915　Selera Ulbr.（1913）= Gossypium L.（1753）［锦葵科 Malvaceae］●■

46916　Seleranthus Hill(1768)= Scleranthus L.（1753）［醉人花科(裸果木科)Illecebraceae］■☆

46917　Seleria Boeck.（1874）= Scleria P. J. Bergius(1765)［莎草科 Cyperaceae］■

46918　Selerothamnus Harms（1921）Nom. illegit. ≡ Sclerothamnus Harms（1921）［as 'Selerothamnus']Nom. illegit.; ~ = Hesperothamnus Brandegee（1919）; ~ ≡ Millettia Wight et Arn.（1834）(保留属名)［豆科 Fabaceae(Leguminosae)//蝶形花科 Papilionaceae］●■

46919　Selinaceae Bercht. et J. Presl = Labiatae Juss.（保留科名)//Lamiaceae Martinov(保留科名)●■

46920　Selinocarpus A. Gray(1853)【汉】翅果茉莉属。【隶属】紫茉莉科 Nyctaginaceae。【包含】世界 10 种。【学名诠释与讨论】〈阳〉(属)Selinum 亮蛇床属(滇前胡属)+karpos, 果实。【分布】美国(西南部), 墨西哥。【后选模式】Selinocarpus diffusus A. Gray。【参考异名】Ammocodon Standl.（1916）; Schinocarpus K. Schum. ●☆

46921　Selinon Adans.（1763）Nom. illegit. ≡ Apium L.（1753）［伞形花科(伞形科)Apiaceae(Umbelliferae)］■

46922　Selinon Raf.（1819）= Selinum L.（1762）(保留属名)［伞形花科(伞形科)Apiaceae(Umbelliferae)］■

46923　Selinopsis Coss. et Durieu ex Batt. et Trab.（1905）【汉】拟亮蛇床属。【隶属】伞形花科(伞形科)Apiaceae(Umbelliferae)。【包含】世界 2 种。【学名诠释与讨论】〈阴〉(属)Selinum 亮蛇床属(滇前胡属)+希腊文 opsis, 外观, 模样。此属的学名, ING 记载是"Selinopsis Cosson et Durieu ex J. A. Battandier et L. C. Trabut, Fl. Algérie Tunisie 139, 141. 1905（prim.）（'1904'）"。IK 则记载为"Selinopsis Coss. et Durieu ex Munby, Cat. Pl. Alg. ed. II. 13（1859）, nomen"。亦有文献把"Selinopsis Coss. et Durieu ex Munby(1859)Nom. inval."处理为"Carum L.（1753）"或本属的异名。【分布】阿尔及利亚, 突尼斯, 西班牙。【模式】未指定。【参考异名】Carum L.（1753）; Selinopsis Coss. et Durieu ex Munby(1859)Nom. inval. ■☆

46924　Selinopsis Coss. et Durieu ex Munby（1859）Nom. inval. = Carum L.（1753）; ~ =Selinopsis Coss. et Durieu ex Batt. et Trab.（1905）［伞形科(伞形科)Apiaceae(Umbelliferae)］■☆

46925　Selinum L.（1753）(废弃属名)= Peucedanum L.（1753）［伞形花科(伞形科)Apiaceae(Umbelliferae)］■

46926　Selinum L.（1762）(保留属名)【汉】亮蛇床属(滇前胡属)。【俄】Гирча, Селин。【英】Cambridge Milk-parsley, Caraway, Milk Parsley, Selinum。【隶属】伞形花科(伞形科)Apiaceae(Umbelliferae)。【包含】世界 2-8 种, 中国 3-4 种。【学名诠释与讨论】〈中〉(希)selinon, 芹, 西芹。此属的学名"Selinum L., Sp. Pl., ed. 2:350. Sep 1762"是保留属名。相应的废弃属名是伞形花科(伞形科)Apiaceae 的"Selinum L., Sp. Pl.:244. 1 Mai 1753 = Peucedanum L.（1753）"。二者极易混淆。"Thysselinum Adanson, Fam. 2:100, 615('Thysselinon'). Jul-Aug 1763"是"Selinum L.（1753）(废弃属名)"的晚出的同模式异名(Homotypic synonym, Nomenclatural synonym)。"Carvi Bernhardi, Syst. Verzeichniss Pflanzen Erfurt 114, 169. 1800"、"Carvifolia Villars, Hist. Pl. Dauphiné 1:192, 434. Feb 1786"和"Mylinum

Gaudin, Fl. Helv. 2:344. 1828"则是"Selinum L.（1762）(保留属名)"的晚出的同模式异名(Homotypic synonym, Nomenclatural synonym)。【分布】巴基斯坦, 玻利维亚, 中国, 欧洲中部至亚洲中部。【后选模式】Selinum carvifolia（Linnaeus）Linnaeus［Seseli carvifolia Linnaeus］。【参考异名】Allinum Neck.（1790）Nom. inval.; Anthosciadium Fenzl(1850); Carvi Bernh.（1800）Nom. illegit.; Carvifolia C. Bauh. ex Vill.（1787）Nom. illegit.; Carvifolia Vill.（1787）Nom. illegit.; Cnidium Cusson ex Juss.（1787）Nom. illegit.; Cnidium Cusson（1787）; Cnidium Juss.（1787）Nom. illegit.; Creocome Kunae（1848）; Epikeros Raf.（1840）; Gnidium G. Don(1830); Hyalaena C. Muell.（1858）; Micrangelia Fourr.（1868）; Mylinum Gaudin(1828)Nom. illegit.; Oreocome Edgew.（1845）; Selinon Raf.（1819）; Sphaenolobium Pimenov(1975); Thysselinum Adans.（1763）Nom. illegit. ■

46927　Selkirkia Hemsl.（1884）【汉】塞尔紫草属。【隶属】紫草科 Boraginaceae。【包含】世界 1 种。【学名诠释与讨论】〈阴〉(人)Alexander Selkirk, 1676-1721。【分布】智利(胡安-费尔南德斯群岛)。【模式】Selkirkia berteri（Colla）Hemsley［as 'berteroi'］［Cynoglossum berteri Colla］☆

46928　Selleola Urb.（1930）= Minuartia L.（1753）［石竹科 Caryophyllaceae］■

46929　Selleophytum Urb.（1915）【汉】钩芒菊属。【隶属】菊科 Asteraceae(Compositae)//金鸡菊科 Coreopsidaceae。【包含】世界 1 种。【学名诠释与讨论】〈中〉(人)Selle+phyton, 植物, 树木, 枝条。此属的学名是"Selleophytum Urban, Repert. Spec. Nov. Regni Veg. 13:483. 1 Apr 1915"。亦有文献把其处理为"Coreopsis L.（1753）"的异名。【分布】海地。【模式】Selleophytum buchii Urban。【参考异名】Coreopsis L.（1753）●☆

46930　Selliera Cav.（1799）【汉】塞利草海桐属。【隶属】草海桐科 Goodeniaceae。【包含】世界 1 种。【学名诠释与讨论】〈阴〉(人)Fraçois Noel Sellier, 1737-1800, 法国植物插图画家。他曾为西班牙植物学者 Antonio Jose Cavanilles(1745-1804)和法国植物学者 Rene Louiche Desfontaines(1750-1833)绘过图。【分布】澳大利亚, 新西兰, 温带南美洲。【模式】Selliera radicans Cavanilles ■☆

46931　Sellieria Buchanan（1871）Nom. illegit.［草海桐科 Goodeniaceae］☆

46932　Selloa Kunth（1818）(保留属名)【汉】车前菊属(鞍菊属)。【隶属】菊科 Asteraceae(Compositae)。【包含】世界 1-3 种。【学名诠释与讨论】〈阴〉(人)Hermann Ludwig Sello, 1800-1876, 德国植物学者。另说纪念 Friedrich Sellow（Sello）, 1789-1831, 德国园艺学者, 植物采集家, 博物学者。此属的学名"Selloa Kunth in Humboldt et al., Nov. Gen. Sp. 4, ed. f:208. 26 Oct 1818"是保留属名。相应的废弃属名是菊科 Asteraceae 的"Selloa Spreng., Novi Provent:36. Dec 1818 ≡ Gymnosperma Less.（1832）"。"Feaea K. P. J. Sprengel, Syst. Veg. 3:362, 581. Jan-Mar 1826"和"Feaella S. F. Blake, Contr. U. S. Natl. Herb. 26:231. 10 Mar 1930"是"Selloa Kunth(1818)(保留属名)"的晚出的同模式异名(Homotypic synonym, Nomenclatural synonym)。【分布】墨西哥, 中美洲。【模式】Selloa plantaginea Kunth。【参考异名】Feaea Spreng.（1826）Nom. illegit.; Feaella Blake（1930）Nom. illegit.; Feea Post et Kuntze(1903)■☆

46933　Selloa Spreng.（1818）(废弃属名)≡ Gymnosperma Less.（1832）［菊科 Asteraceae(Compositae)］●☆

46934　Sellocharis Taub.（1889）【汉】鞍豆属。【隶属】豆科 Fabaceae(Leguminosae)。【包含】世界 1 种。【学名诠释与讨论】〈阴〉(拉)sella, 指小式 sellula, 坐位, 鞍子+charis, 喜悦, 雅致, 美丽, 流行。另说纪念 Friedrich Sellow（Sello）, 1789-1831, 德国园艺学

者,植物采集家,博物学者。【分布】巴西东南。【模式】Sellocharis paradoxa Taubert ■☆

46935　Sellowia Roth ex Roem. et Schult. (1819) Nom. illegit. ≡ Sellowia Schult. (1819);~ = Ammannia L. (1753) [千屈菜科 Lythraceae//水苋菜科 Ammanniaceae]■

46936　Sellowia Schult. (1819) = Ammannia L. (1753) [千屈菜科 Lythraceae//水苋菜科 Ammanniaceae]■

46937　Sellulocalamus W. T. Lin(1989)【汉】椅子竹属。【隶属】禾本科 Poaceae(Gramineae)。【包含】世界 2 种,中国 2 种。【学名诠释与讨论】〈阳〉(拉)sella,指小式 sellula+kalamos,芦苇,转义为竹子。此属的学名是“Sellulocalamus W. T. Lin, Journal of South China Agricultural University 10(2): 43. 1989”。亦有文献把其处理为“Dendrocalamus Nees(1835)”的异名。【分布】中国。【模式】不详。【参考异名】Dendrocalamus Nees(1835)●

46938　Sellunia Alef. (1859) = Vicia L. (1753) [豆科 Fabaceae (Leguminosae)//蝶形花科 Papilionaceae//野豌豆科 Viciaceae]■

46939　Selmation T. Durand = Metastelma R. Br. (1810);~ = Stelmation E. Fourn. (1885) [萝藦科 Asclepiadaceae]●☆

46940　Selnorition Raf. (1838) = Rubus L. (1753) [蔷薇科 Rosaceae]●■

46941　Selonia Regel(1868) = Eremurus M. Bieb. (1810) [百合科 Liliaceae//阿福花科 Asphodelaceae//芦荟科 Aloaceae]■

46942　Selwynia F. Muell. (1864) = Cocculus DC. (1817)(保留属名) [防己科 Menispermaceae]●

46943　Selysia Cogn. (1881)【汉】塞利瓜属。【隶属】葫芦科(瓜科,南瓜科)Cucurbitaceae。【包含】世界 4 种。【学名诠释与讨论】〈阴〉(人)Selys,植物学者。【分布】巴拿马,巴西,秘鲁,厄瓜多尔,哥伦比亚(安蒂奥基亚),哥斯达黎加,玻利维亚,尼加拉瓜,中美洲。【后选模式】Selysia prunifera (Poeppig et Endlicher) Cogniaux [Melothria prunifera Poeppig et Endlicher]■☆

46944　Semaphyllanthe L. Andersson(1995)【汉】巴西芸香属。【隶属】芸香科 Rutaceae。【包含】世界 6 种。【学名诠释与讨论】〈阴〉(希)sema,所有格 sematos,标记,记号 + phyllon,叶子 + anthos,花。此属的学名是“Semaphyllanthe L. Andersson, Annals of the Missouri Botanical Garden 82(3): 421(-422). 1995”。亦有文献把其处理为“Warszewiczia Klotzsch(1853) Nom. illegit. ”的异名。【分布】玻利维亚,厄瓜多尔,中美洲。【模式】Semaphyllanthe obovata (Ducke) L. Andersson [Warszewiczia obovata Ducke]。【参考异名】Warszewiczia Klotzsch(1853)●☆

46945　Semaquilegia Post et Kuntze (1903) = Semiaquilegia Makino (1902) [毛茛科 Ranunculaceae]■

46946　Semarilla Raf. (1838) = Gymnosporia (Wight et Arn.) Benth. et Hook. f. (1862)(保留属名) [卫矛科 Celastraceae]●

46947　Semarillaria Ruiz et Pav. (1794) = Paullinia L. (1753) [无患子科 Sapindaceae]●☆

46948　Sematanthera Pierre ex Harms = Efulensia C. H. Wright(1897) [西番莲科 Passifloraceae]■☆

46949　Semecarpos St. -Lag. (1880) Nom. illegit. = Semecarpus L. f. (1782) [漆树科 Anacardiaceae]●

46950　Semecarpus L. f. (1782)【汉】肉托果属(印打果属,大果漆树属,台东漆属)。【日】タイトウウルミ属。【英】Marking Nut, Markingnut, Marking-nut。【隶属】漆树科 Anacardiaceae。【包含】世界 50-60 种,中国 6 种。【学名诠释与讨论】〈阳〉(希)sema,所有格 sematos,标记,记号 + karpos,果实。指果具黑色汁液,被原产地用作为标印棉织品的染料。此属的学名, ING、APNI、TROPICOS 和 IK 记载是“Semecarpus L. f. , Suppl. Pl. 285. 1782 [1781 publ. Apr 1782]”。“Cassuvium O. Kuntze, Rev.

Gen. 1;151. 5 Nov 1891(non Lamarck 1783)”是“Semecarpus L. f. (1782)”的晚出的同模式异名(Homotypic synonym, Nomenclatural synonym)。“Semecarpos St. - Lag. , Ann. Soc. Bot. Lyon vii. (1880)134”似为“Semecarpus L. f. (1782)”的拼写变体。【分布】印度至马来西亚,中国,所罗门群岛。【模式】Semecarpus anacardium Linnaeus f. 。【参考异名】Anacardium L. (1753); Anacardium Lam. (1783) Nom. illegit. ; Cassuvium Kuntze (1891) Nom. illegit. ; Melanocommia Ridl. (1933); Nothopegiopsis Lauterb. (1920); Oncocarpus A. Gray(1853); Semecarpos St. - Lag. (1880) Nom. illegit. ●

46951　Semeiandra Hook. et Arn. (1838)【汉】半雄花属。【英】Semeiandra。【隶属】柳叶菜科 Onagraceae。【包含】世界 1 种。【学名诠释与讨论】〈阴〉(希)semi-,一半 + aner,所有格 andros,雄性,雄蕊。或 semeion,标记,记号 + aner,所有格 andros,雄性,雄蕊。此属的学名是“Semeiandra W. J. Hooker et Arnott, Bot. Beechey's Voyage 291. Dec 1838”。亦有文献把其处理为“Lopezia Cav. (1791)”的异名。【分布】墨西哥。【模式】Semeiandra grandiflora W. J. Hooker et Arnott。【参考异名】Lopezia Cav. (1791); Rudicularia Moc. et Sessé ex Ramfrez(1904)■☆

46952　Semeiocardium Hassk. = Polygala L. (1753) [远志科 Polygalaceae]●■

46953　Semeiocardium Zoll. (1935) = Impatiens L. (1753) [凤仙花科 Balsaminaceae]■

46954　Semeionotis Schott ex Endl. , Nom. illegit. ≡ Semeionotis Schott (1829);~ = Dalbergia L. f. (1782)(保留属名) [豆科 Fabaceae (Leguminosae)//蝶形花科 Papilionaceae]●

46955　Semeionotis Schott(1829) = Dalbergia L. f. (1782)(保留属名) [豆科 Fabaceae(Leguminosae)//蝶形花科 Papilionaceae]●

46956　Semeiostachys Drobow(1941) = Agropyron Gaertn. (1770);~ = Elymus L. (1753) [禾本科 Poaceae(Gramineae)]■

46957　Semele Kunth(1844)【汉】仙蔓属。【日】ツルナギイカダ属。【英】Climbing Butcher's Broom。【隶属】假叶树科 Ruscaceae//百合科 Liliaceae。【包含】世界 1-2 种。【学名诠释与讨论】〈阴〉(人)Semele,希腊神话中的土地女神,Cadmus 和 Hermione 所生之女。此属的学名, ING、TROPICOS 和 IK 记载是“Semele Kunth, Abh. Königl. Akad. Wiss. Berlin 1842: 49. 1844”。“Amphion R. A. Salisbury, Gen. 66. Apr-Mai 1866”是“Semele Kunth(1844)”的晚出的同模式异名(Homotypic synonym, Nomenclatural synonym)。【分布】西班牙(加那利群岛),葡萄牙(马德拉群岛)。【模式】Semele androgyna (Linnaeus) Kunth [Ruscus androgynus Linnaeus]。【参考异名】Amphion Salisb. (1866) Nom. illegit. ●☆

46958　Semenovia Regel et Herder(1866)【汉】大瓣芹属(伊犁独活属)。【俄】Семеновия。【英】Bigpetalcelery。【隶属】伞形花科(伞形科)Apiaceae(Umbelliferae)。【包含】世界 10-20 种,中国 4 种。【学名诠释与讨论】〈阴〉(人)Semenov,俄罗斯植物学者。此属的学名是“Semenovia Regel et Herder, Bull. Soc. Imp. Naturalistes Moscou 39(3): 78. 1866”。亦有文献把其处理为“Heracleum L. (1753)”的异名。【分布】阿富汗,伊朗,中国,中亚。【模式】Semenovia transiliensis Regel et Herder。【参考异名】Heracleum L. (1753); Neoplatytaenia Geld. (1990); Platytaenia Nevski et Vved. (1937) Nom. illegit. ■

46959　Semetor Raf. (1838) = Derris Lour. (1790)(保留属名) [豆科 Fabaceae(Leguminosae)//蝶形花科 Papilionaceae]●

46960　Semetum Raf. (1840) = Lepidium L. (1753) [十字花科 Brassicaceae(Cruciferae)]■

46961　Semialarium N. Hallé(1983)【汉】半腋生卫矛属。【隶属】卫矛科 Celastraceae。【包含】世界 2 种。【学名诠释与讨论】〈中〉(拉)semi-,一半+alaris,腋生的+-ius,-ia,-ium,在拉丁文和希腊文中,这些词尾表示性质或状态。【分布】巴拉圭,巴拿马,巴西,哥伦比亚(安蒂奥基亚),墨西哥,尼加拉瓜,中美洲。【模式】Semialarium paniculatum (C. F. P. Martius ex J. A. Schultes) N. Hallé [Anthodus paniculatus C. F. P. Martius ex J. A. Schultes]。【参考异名】Hemiangium A. C. Sm. (1940)●☆

46962　Semiaquilegia Makino(1902)【汉】天葵属。【日】ヒメウズ属,ヒメウヅ属。【俄】Полуводосбор。【英】Semiaquilegia, Skymallow。【隶属】毛茛科 Ranunculaceae。【包含】世界 1-6 种,中国 1 种。【学名诠释与讨论】〈阴〉(希)semi,一半+(属)Aquilegia 楼斗菜属。【分布】中国,东亚。【模式】Semiaquilegia adoxoides (A. P. de Candolle) Makino [Isopyrum adoxoides A. P. de Candolle]。【参考异名】Semaquilegia Post et Kuntze(1903)■

46963　Semiarundinaria Makino ex Nakai(1925)【汉】业平竹属。【日】ナリヒラダケ属。【俄】Семиарундинария。【英】Bamboo, Semiarundinaria。【隶属】禾本科 Poaceae(Gramineae)。【包含】世界 5-10 种,中国 3 种。【学名诠释与讨论】〈阴〉(拉)semi-,一半+(属)Arundinaria 青篱竹属。指其与青篱竹属相近。此属的学名,ING 和 IK 记载是"Semiarundinaria Makino ex Nakai, J. Arnold Arbor. 6:150. 30 Jul 1925"。"Semiarundinaria Makino, J. Jap. Bot. ii. 7(1918), sine descr."是一个未合格发表的名称(Nom. inval.)。"Semiarundinaria Nakai(1925)"的命名人引证有误。【分布】中国,东亚。【后选模式】Semiarundinaria fastuosa (Mitford) Nakai [Bambusa fastuosa Mitford]。【参考异名】Brachystachyum Keng(1940);Hibanobambusa I. Maruyama et H. Okamura(1971);Semiarundinaria Makino(1918)Nom. inval.;Semiarundinaria Nakai(1925)Nom. illegit.●

46964　Semiarundinaria Makino(1918)Nom. inval. ≡ Semiarundinaria Makino ex Nakai(1925)[禾本科 Poaceae(Gramineae)]●

46965　Semiarundinaria Nakai(1925)Nom. illegit. ≡ Semiarundinaria Makino ex Nakai(1925)[禾本科 Poaceae(Gramineae)]●

46966　Semibegoniella C. DC.(1908)【汉】类小秋海棠属(塞米秋海棠)。【隶属】秋海棠科 Begoniaceae。【包含】世界 2 种。【学名诠释与讨论】〈阴〉(拉)semi-,一半+(属)Begoniella 小秋海棠属。此属的学名,ING,GCI 和 IK 记载是"Semibegoniella A. C. de Candolle, Bull. Herb. Boissier ser. 2. 8:327. 30 Apr 1908"。它曾被处理为"Begonia sect. Semibegoniella (C. DC.) F. A. Barkley & A. I. Baranov, Buxtonian 1(Suppl. 1):7. 1972"。"Semibegoniella C. E. C. Fisch.(1908)= Begonia L.(1753)[秋海棠科 Begoniaceae]"似是晚出的非法名称。【分布】厄瓜多尔。【模式】未指定。【参考异名】Begonia sect. Semibegoniella (C. DC.) F. A. Barkley & A. I. Baranov ■☆

46967　Semibegoniella C. E. C. Fisch.(1908)= Begonia L.(1753)[秋海棠科 Begoniaceae]●■

46968　Semicipium Pierre(1890)= Mimusops L.(1753)[山榄科 Sapotaceae]●☆

46969　Semicireulaceae Dulac = Monotropaceae Nutt.(保留科名)■

46970　Semidopsis Zumagl.(1849)Nom. illegit. ≡ Alnaster Spach(1841);~= Duschekia Opiz(1839)[桦木科 Betulaceae]●

46971　Semiliquidambar Hung T. Chang(1962)【汉】半枫荷属。【英】Banfenghe, Semiliquidambar。【隶属】金缕梅科 Hamamelidaceae//枫香树科(枫香科)Liquidambaraceae。【包含】世界 5 种,中国 5 种。【学名诠释与讨论】〈阴〉(拉)semi-,一半+(属)Liquidambar 枫香树属(枫香属)。指本属兼具枫香属和蕈树属的特征。此属的学名是"Semiliquidambar Hung T. Chang, Acta Scientiarum

Naturalium Universitatis Sunyatseni 1962(1):35. 1962"。亦有文献把其处理为"Liquidambar L.(1753)"的异名。【分布】中国。【模式】不详。【参考异名】Liquidambar L.(1753)●★

46972　Semilta Raf.(1838)= Croton L.(1753)[大戟科 Euphorbiaceae//巴豆科 Crotonaceae]●

46973　Semiphaius Gagnep.(1932)= Eulophia R. Br.(1821)[as 'Eulophus'](保留属名)[兰科 Orchidaceae]■

46974　Semiramisia Klotzsch(1851)【汉】礼裙莓属(安第斯杜鹃属)。【隶属】杜鹃花科(欧石南科)Ericaceae。【包含】世界 4 种。【学名诠释与讨论】〈阴〉(拉)semi-,一半+ramus,树枝。【分布】秘鲁,厄瓜多尔,安第斯山。【后选模式】Semiramisia speciosa (Bentham) Klotzsch [Thibaudia speciosa Bentham]●☆

46975　Semiria D. J. N. Hind(1999)【汉】翼果柄泽兰属。【隶属】菊科 Asteraceae(Compositae)。【包含】世界 1 种。【学名诠释与讨论】〈阴〉(人)Joao Semir,1937-?,植物学者。【分布】巴西。【模式】Semiria viscosa D. J. N. Hind ●☆

46976　Semnanthe N. E. Br.(1927)= Erepsia N. E. Br.(1925)[番杏科 Aizoaceae]●☆

46977　Semnos Raf.(1838)= Chilianthus Burch.(1822)[醉鱼草科 Buddlejaceae]●☆

46978　Semnostachya Bremek.(1944)【汉】长穗马蓝属(糯米香属)。【英】Semnostachya。【隶属】爵床科 Acanthaceae。【包含】世界 10 种,中国 2 种。【学名诠释与讨论】〈阴〉(希)semnos,神圣的,雄伟的,高贵的+stachys,穗,谷,长钉。指花序甚长。此属的学名是"Semnostachya Bremekamp, Verh. Kon. Ned. Akad. Wetensch., Afd. Natuurk., Tweede Sect. 41(1):201. 11 Mai 1944"。亦有文献把其处理为"Strobilanthes Blume(1826)"的异名。【分布】马来西亚(西部),中国。【模式】Semnostachya nigrescens Bremekamp。【参考异名】Strobilanthes Blume(1826)●■

46979　Semnothyrsus Bremek.(1944)= Strobilanthes Blume(1826)[爵床科 Acanthaceae]●■

46980　Semonvillea J. Gay(1829)= Limeum L.(1759)[粟米草科 Molluginaceae//粟麦草科 Limeaceae]■●☆

46981　Sempervivaceae Juss.(1789)[as 'Sempervivae'][亦见 Asteraceae Bercht. et J. Presl(保留科名)菊科和 Crassulaceae J. St. -Hil.(保留科名)景天科]【汉】长生草科。【包含】世界 2 属 31-63 种。【分布】欧洲南部至高加索。【科名模式】Sempervivum L.(1753)■

46982　Sempervivella Stapf(1923)【汉】藏瓦莲属(小长生草属)。【隶属】景天科 Crassulaceae。【包含】世界 4 种。【学名诠释与讨论】〈阴〉(属)Sempervivum 长生草属+ellus 小的。此属的学名是"Sempervivella Stapf, Bot. Mag. ad t. 8985. 26 Nov 1923"。亦有文献把其处理为"Rosularia(DC.)Stapf(1923)"或"Sedum L.(1753)"的异名。【分布】巴基斯坦,中国,喜马拉雅山西部。【模式】Sempervivella alba (Edgeworth) Stapf [Sempervivum album Edgeworth]。【参考异名】Rosularia(DC.)Stapf(1923);Sedum L.(1753)■

46983　Sempervivum L.(1753)【汉】长生草属(卷绢属,蜘蛛巢万代草属,长春花属)。【日】クモノスバンダイソウ属,センペルビブム属,トキワソウ属,バンダイソウ属。【俄】Живучка, Молодило, Сомпервивум。【英】House Leek, Houseleek, Liveforver, Sempervivum。【隶属】景天科 Crassulaceae//长生草科 Sempervivaceae。【包含】世界 25-63 种。【学名诠释与讨论】〈中〉(拉)semper,永久+vivum,生活。指肉质的茎叶抗性强。此属的学名,ING,TROPICOS 和 IK 记载是"Sempervivum L., Sp. Pl. 1:464. 1753[1 May 1753]"。"Sedum Adanson, Fam. 2:248. Jul-Aug 1763(non Linnaeus 1753)"是"Sempervivum L.(1753)"

的晚出的同模式异名（Homotypic synonym, Nomenclatural synonym）。【分布】巴基斯坦，山区欧洲南部至高加索。【后选模式】Sempervivum tectorum Linnaeus。【参考异名】Aizoon Hill（1756）Nom. illegit.；Diopogon Jord. et Fourr.（1868）Nom. illegit.；Dipogon Durand；Jovibarba（DC.）Opiz（1852）；Jovibarba Opiz（1852）Nom. illegit.；Sedum Adans.（1763）Nom. illegit. ■☆

46984　Senacia Comm. ex DC.（1824）Nom. illegit. ＝Pittosporum Banks ex Gaertn.（1788）（保留属名）＋Maytenus Molina（1782）＋Celastrus L.（1753）（保留属名）［卫矛科 Celastraceae］●

46985　Senacia Comm. ex Lam.（1793）＝Pittosporum Banks ex Gaertn.（1788）（保留属名）＋Maytenus Molina（1782）＋Celastrus L.（1753）（保留属名）［卫矛科 Celastraceae］●

46986　Senacia Comm. ex Lam., emend. Thouars ＝Pittosporum Banks ex Sol.（1788）（废弃属名）；~ ＝Pittosporum Banks ex Gaertn.（1788）（保留属名）［海桐花科（海桐科）Pittosporaceae］●

46987　Senacia Lam.（1793）Nom. illegit. ≡Senacia Comm. ex Lam.（1793）［海桐花科（海桐科）Pittosporaceae］●

46988　Senaea Taub.（1893）【汉】塞纳龙胆属。【隶属】龙胆科 Gentianaceae。【包含】世界 2 种。【学名诠释与讨论】〈阴〉（人）Sena。【分布】巴西。【模式】Senaea coerulea Taubert ■☆

46989　Senckenbergia P. Gaertn., B. Mey. et Scherb.（1800）＝Lepidium L.（1753）［十字花科 Brassicaceae（Cruciferae）］■

46990　Senckenbergia Post et Kuntze（1）Nom. illegit. ＝Senkebergia Neck.（1790）；~ ＝Mendoncia Vell. ex Vand.（1788）［对叶藤科 Mendonciaceae//爵床科 Acanthaceae］●☆

46991　Senckenbergia Post et Kuntze（2）Nom. illegit. ＝Senkenbergia S. Schauer（1847）；~ ＝Cyphomeris Standl.（1911）［紫茉莉科 Nyctaginaceae］■☆

46992　Senebiera DC.（1799）Nom. illegit. ≡Nasturtiolum Medik.（1792）；~ ＝Coronopus Zinn（1757）（保留属名）；~ ＝Lepidium L.（1753）［十字花科 Brassicaceae（Cruciferae）］■

46993　Senebiera Post et Kuntze（1903）Nom. illegit. ＝Ocotea Aubl.（1775）；~ ＝Senneberia Neck.（1790）Nom. inval.［樟科 Lauraceae］●☆

46994　Senecillis Gaertn.（1791）（废弃属名）＝Ligularia Cass.（1816）（保留属名）；~ ＝Senecio L.（1753）［菊科 Asteraceae（Compositae）//千里光科 Senecionidaceae］■●

46995　Senecio L.（1753）【汉】千里光属（黄菀属）。【日】キオン属，サハギク属，サハヲグルマ属，サワギク属，セネキオ属，セネシオ属。【俄】Крестовник，Сенецио。【英】Butterweed, Dusty Mill., Groundsel, Ragwort, Senecio, Squaw-weed。【隶属】菊科 Asteraceae（Compositae）//千里光科 Senecionidaceae。【包含】世界 1000-1250 种，中国 63-86 种。【学名诠释与讨论】〈阳〉（拉）senex，指小式 seniculus，老人，白发翁，来自 senesco，变老。senilis，属于老人的，老人的。指植物常被白毛，或指冠毛白色。此属的学名，ING、TROPICOS、APNI、GCI 和 IK 记载是"Senecio Linnaeus, Sp. Pl. 866. 1 Mai 1753"。"Calcalia Krocker, Fl. Siles. 2（2）；381. Apr（？）1790"是"Cacalia L.（1753）"的晚出的同模式异名（Homotypic synonym, Nomenclatural synonym）。【分布】巴基斯坦，巴拉圭，巴拿马，秘鲁，玻利维亚，厄瓜多尔，哥伦比亚（安蒂奥基亚），马达加斯加，美国（密苏里），中国，中美洲。【后选模式】Senecio vulgaris Linnaeus。【参考异名】Acleia DC.（1838）；Acleja Post et Kuntze（1903）；Adenotrichia Lindl.（1828）；Adonigeron Fourr.（1868）；Aetheolaena Cass.（1827）；Anecio Neck.（1790）Nom. inval.；Aspelina Cass.（1826）；Atheolaena Rchb.（1828）；Bethencourtia Choisy（1825）；Brachypappus Sch. Bip.（1855）；Brachyrhynchos Less.（1832）；

Branicia Andrz.；Branicia Andrz. ex Trautv.（1883）；Brasea Voss；Cacalia L.（1753）；Calcalia Krock.（1790）；Carderina（Cass.）Cass.（1825）；Carderina Cass.（1825）Nom. illegit.；Centropappus Hook. f.（1847）；Cissampelopsis（DC.）Miq.（1856）；Cissampelopsis Miq.（1856）Nom. illegit.；Cladopogon Sch. Bip.（1852）Nom. inval.；Cladopogon Sch. Bip. ex Lehm. et E. Otto（1853）；Crociseris（Rchb.）Fourr.（1868）；Crociseris Fourr.（1868）Nom. illegit.；Culcitium Bonpl.（1808）；Curio P. V. Heath（1997）；Danaa Colla（1835）Nom. illegit.（废弃属名）；Delairea Lem.（1844）；Delairia Lem.（1844）Nom. illegit.；Doria Thunb.（1800）Nom. illegit.；Dorobaea Cass.（1827）；Erythrochaete Siebold et Zucc.（1846）；Eudorus Cass.（1818）；Farobaea Schrank ex Colla（1828）；Haplosticha Phil.（1859）；Haplostichia Phil.（1859-1861）；Heloseris Rchb. ex Steud.（1840）；Herbichia Zawadski（1832）；Heterolepis Bertero ex Endl.；Hubertia Bory（1804）；Jacmaia B. Nord.（1978）；Jacobaea Mill.（1754）；Jacobanthus Fourr.（1868）；Jacobea Thunb.（1801）；Lachanodes DC.（1833）；Leucoseris Fourr.（1868）Nom. illegit.；Lomanthus B. Nord. et Pelser（2009）；Madacarpus Wight（1846）；Madaractis DC.（1838）；Madocarpus Post et Kuntze（1903）；Melalema Hook. f.（1846）；Mesadenia Raf.（1832）Nom. illegit.；Mesadenia Raf.（1838）Nom. illegit.；Mesogramma DC.（1838）；Mesoneuris A. Gray（1873）；Metaxanthus Walp.（1843）Nom. illegit.；Metazanthus Meyen（1834）；Microchaete Benth.（1845）Nom. illegit.；Moerkensteinia Opiz（1852）；Obaejaca Cass.（1825）；Oboejaca Steud.（1841）；Pentacalia Cass.（1827）；Pericallis Webb et Berthel.（1836-1850）；Pithosillum Cass.（1826）；Pladaroxylon Hook. f.（1870）Nom. illegit.；Pseudojacobaea（Hook. f.）R. Mathur（2013）；Pterosenecio Sch. Bip. ex Baker（1884）；Roldana La Llave（1825）；Rugelia Shuttlew. ex Chapm.（1860）；Sciadioseris Kuntze（1851）；Sciadoseris Müll. Berol.（1858）；Sclerobasis Cass.（1818）；Senecillis Gaertn.（1791）（废弃属名）；Seneciunculus Opiz（1852）；Seneico Hill（1768）；Solanecio（Sch. Bip.）Walp.（1846）；Solidago Mill.（1754）Nom. illegit.；Synarthron Benth. et Hook. f.（1873）；Synarthrum Cass.（1827）；Tephroseris（Rchb.）Rchb.（1841）；Tephroseris Rchb.（1841）Nom. illegit.；Theophroseris Andrae（1855）；Traversia Hook. f.（1864）；Willkommia Sch. Bip. ex Nyman（1879）■●

46996　Seneciodes L. ex Post et Kuntze（1903）Nom. illegit. ＝Vernonia Schreb.（1791）（保留属名）［菊科 Asteraceae（Compositae）//斑鸠菊科（绿菊科）Vernoniaceae］●■

46997　Senecioides Post et Kuntze（1903）Nom. illegit. ≡Seneciodes L. ex Post et Kuntze（1903）Nom. illegit.；~ ＝Vernonia Schreb.（1791）（保留属名）［菊科 Asteraceae（Compositae）//斑鸠菊科（绿菊科）Vernoniaceae］●■

46998　Senecionaceae Bercht. et J. Presl（1820）＝Asteraceae Bercht. et J. Presl（保留科名）//Compositae Giseke（保留科名）●■

46999　Senecionaceae Bessey ＝Asteraceae Bercht. et J. Presl（保留科名）//Compositae Giseke（保留科名）；~ ＝Senecionidaceae Bessey ●■

47000　Senecionaceae Spenn. ＝Asteraceae Bercht. et J. Presl（保留科名）//Compositae Giseke（保留科名）●■

47001　Senecionidaceae Bessey［亦见 Asteraceae Bercht. et J. Presl（保留科名）//Compositae Giseke（保留科名）菊科］【汉】千里光科。【包含】世界 1 属 1000-1250 种，中国 1 属 86 种。【分布】广泛分布。【科名模式】Senecio L.（1753）●■

47002　Seneciunculus Opiz（1852）＝Senecio L.（1753）［菊科 Asteraceae（Compositae）//千里光科 Senecionidaceae］■●

47003 Senefeldera Mart. (1841)【汉】塞内大戟属。【隶属】大戟科 Euphorbiaceae。【包含】世界 9-10 种。【学名诠释与讨论】〈阴〉(人)Senefelder。【分布】巴拿马, 秘鲁, 玻利维亚, 厄瓜多尔, 哥伦比亚(安蒂奥基亚)。【模式】Senefeldera multiflora C. F. P. Martius。【参考异名】Sennefeldera Endl. (1842)Nom. illegit. ■☆

47004 Senefelderopsis Steyerm. (1951)【汉】拟塞内大戟属。【隶属】大戟科 Euphorbiaceae。【包含】世界 2 种。【学名诠释与讨论】〈阴〉(属)Senefeldera 塞内大戟属+希腊文 opsis, 外观, 模样, 相似。【分布】热带南美洲西北部。【模式】Senefelderopsis croizatii Steyermark ■☆

47005 Senega (DC.) Spach (1838) Nom. illegit. ≡ Senegaria Raf. (1834); ~ = Polygala L. (1753) [远志科 Polygalaceae] ●■

47006 Senega Spach (1838) Nom. illegit. ≡ Senega (DC.) Spach (1838) Nom. illegit.; ~ = Polygala L. (1753) [远志科 Polygalaceae] ●■

47007 Senegalia Raf. (1838) = Acacia Mill. (1754)(保留属名) [豆科 Fabaceae (Leguminosae)//含羞草科 Mimosaceae//金合欢科 Acaciaceae] ●■

47008 Senegaria Raf. (1834) = Polygala L. (1753) [远志科 Polygalaceae] ●■

47009 Seneico Hill (1768) = Senecio L. (1753) [菊科 Asteraceae (Compositae)//千里光科 Senecionidaceae] ■●

47010 Senftenbergia Klotzsch et H. Karst. ex Klotzsch (1847) = Langsdorffia Mart. (1818) [蛇菰科(土鸟虆科)Balanophoraceae//管花菰科 Langsdorffiaceae] ■☆

47011 Senghasia Szlach. (2003)【汉】森哈斯兰属。【隶属】兰科 Orchidaceae。【包含】世界 16 种。【学名诠释与讨论】〈阴〉(人)Karlheinz Senghas, 1928-, 植物学者。【分布】巴拿马, 秘鲁, 厄瓜多尔, 哥伦比亚, 哥斯达黎加。【模式】Senghasia wercklei (Schltr.) Szlach. ■☆

47012 Senghasiella Szlach. (2001) = Habenaria Willd. (1805) [兰科 Orchidaceae] ■

47013 Senisetum Honda (1932) = Agrostis L. (1753)(保留属名) [禾本科 Poaceae(Gramineae)//剪股颖科 Agrostidaceae] ■

47014 Senites Adans. (1763) Nom. illegit. ≡ Zeugites P. Browne (1756)(保留属名) [禾本科 Poaceae(Gramineae)] ■☆

47015 Senkebergia Neck. (1790) Nom. inval. = Mendoncia Vell. ex Vand. (1788) [对叶藤科 Mendonciaceae] ●☆

47016 Senkenbergia Rchb. = Lepidium L. (1753); ~ = Senckenbergia P. Gaertn., B. Mey. et Scherb. (1800) [十字花科 Brassicaceae(Cruciferae)] ■

47017 Senkenbergia S. Schauer (1847) = Cyphomeris Standl. (1911) [紫茉莉科 Nyctaginaceae] ■☆

47018 Senna Mill. (1754)【汉】番泻决明属(番泻属, 决明属, 山扁豆属, 异决明属)。【英】Weedy。【隶属】豆科 Fabaceae (Leguminosae)//云实科(苏木科)Caesalpiniaceae。【包含】世界 260-350 种, 中国 15 种。【学名诠释与讨论】〈阴〉(阿) sana, sanna, 植物俗名。此属的学名, ING、APNI 和 GCI 记载是"Senna Mill., Gard. Dict. Abr., ed. 4. [1280]. 1754 [28 Jan 1754]"。"Senna (Cav.) H. S. Irwin et Barneby, Memoirs of the New York Botanical Garden 35 1982"是晚出的非法名称。亦有文献把"Senna Mill. (1754)"处理为"Cassia L. (1753)(保留属名)"的异名。【分布】巴基斯坦, 巴拉圭, 巴拿马, 秘鲁, 玻利维亚, 厄瓜多尔, 哥伦比亚(安蒂奥基亚), 哥斯达黎加, 马达加斯加, 美国(密苏里), 尼加拉瓜, 中国, 中美洲。【模式】Senna alexandrina P. Miller [Cassia senna Linnaeus]。【参考异名】Cassia L. (1753)(保留属名); Chamaesenna (DC.) Raf. ex Pittier(1928)

Nom. illegit.; Chamaesenna Raf. ex Pittier (1928); Desmodiocassia Britton et Rose (1930); Earleocassia Britton (1930); Echinocassia Britton et Rose (1930); Gaumerocassia Britton (1930); Herpetica (DC.) Raf. (1838); Herpetica Raf. (1838) Nom. illegit.; Leonocassia Britton (1930); Palmerocassia Britton (1930); Phragmocassia Britton et Rose(1930); Pseudocassia Britton et Rose (1930); Pterocassia Britton et Rose (1930); Sciacassia Britton (1930); Senna Tourn. ex Mill. (1768); Sericeocassia Britton (1930); Tharpia Britton et Rose (1930); Vogelocassia Britton (1930); Xerocassia Britton et Rose (1930) ●■

47019 Senna Tourn. ex Mill. (1768) = Senna Mill. (1754); ~ = Cassia L. (1753)(保留属名) [豆科 Fabaceae(Leguminosae)//云实科(苏木科)Caesalpiniaceae] ●■

47020 Senneberia Neck. (1790) Nom. inval. = Ocotea Aubl. (1775) [樟科 Lauraceae] ●☆

47021 Sennebiera Willd. (1809) Nom. illegit. ≡ Nasturtiolum Medik. (1792); ~ = Coronopus Zinn(1757)(保留属名); ~ = Lepidium L. (1753); ~ = Senebiera DC. (1799) Nom. illegit. [十字花科 Brassicaceae(Cruciferae)] ■

47022 Sennefeldera Endl. (1842) Nom. illegit. = Senefeldera Mart. (1841) [大戟科 Euphorbiaceae] ■☆

47023 Sennenia Pau ex Sennen (1908) Nom. inval., Nom. nud. = Trisetum Pers. (1805); ~ = Trisetaria Forssk. (1775) [禾本科 Poaceae(Gramineae)] ■

47024 Sennenia Sennen (1908) Nom. inval., Nom. nud. = Sennenia Pau ex Sennen (1908) Nom. inval., Nom. nud.; ~ = Trisetaria Forssk. (1775); ~ = Trisetum Pers. (1805) [禾本科 Poaceae (Gramineae)] ■☆

47025 Sennia Chiov. (1932) Nom. illegit. ≡ Sciaplea Rauschert (1982); ~ = Dialium L. (1767) [豆科 Fabaceae(Leguminosae)//云实科(苏木科)Caesalpiniaceae] ●■

47026 Senniella Aellen (1938)【汉】决明藜属。【隶属】藜科 Chenopodiaceae//滨藜科 Atriplicaceae。【包含】世界 1 种。【学名诠释与讨论】〈阴〉(属)Senna 异决明属(番泻属, 决明属, 山扁豆属), 或 Sennia+-ellus, -ella, -ellum, 加在名词词干后面形成指小式的词尾。或加在人名、属名等后面以组成新属的名称。此属的学名是"Senniella P. Aellen, Bot. Jahrb. Syst. 68: 416. 31 Mai 1938"。亦有文献把其处理为"Atriplex L. (1753)(保留属名)"的异名。【分布】澳大利亚。【模式】Senniella spongiosa (F. v. Mueller) P. Aellen [Atriplex spongiosum F. v. Mueller]。【参考异名】Atriplex L. (1753)(保留属名) ■●☆

47027 Senra Cav. (1786)【汉】线托叶锦葵属。【隶属】锦葵科 Malvaceae。【包含】世界 1-3 种。【学名诠释与讨论】〈阴〉词源不详。【分布】阿拉伯地区, 非洲东部。【模式】Senra incana Cavanilles。【参考异名】Dumreichera Hochst. et Steud. (1838); Senraea Willd. (1800); Serra Cav. (1786) Nom. illegit.; Serraea Spreng. (1826) ●☆

47028 Senraea Willd. (1800) = Senra Cav. (1786) [锦葵科 Malvaceae] ●☆

47029 Sensitiva Raf. (1838) Nom. illegit. ≡ Mimosa L. (1753) [豆科 Fabaceae(Leguminosae)//含羞草科 Mimosaceae] ●■

47030 Sentis Comm. ex Brongn. = Scutia (Comm. ex DC.) Brongn. (1826)(保留属名) [鼠李科 Rhamnaceae] ●

47031 Sentis F. Muell. (1863) = Pholidia R. Br. (1810) [苦槛蓝科 Myoporaceae] ●☆

47032 Senyumia Kiew, A. Weber et B. L. Burtt(1998)【汉】塞尼苣苔属。【隶属】苦苣苔科 Gesneriaceae。【包含】世界 1 种。【学名诠

释与讨论】〈阴〉词源不详。【分布】马来半岛。【模式】Senyumia minutiflora（Ridl.）Kiew，A. Weber et B. L. Burtt ■☆

47033　Seorsus Rye et Trudgen（2008）【汉】离生桃金娘属。【隶属】桃金娘科 Myrtaceae。【包含】世界 4 种。【学名诠释与讨论】〈阳〉（拉）seorsus，分开的。此属的学名是"Seorsus Rye et Trudgen，Nuytsia 18：248. 2008"。亦有文献把其处理为"Astartea DC.（1828）"的异名。【分布】澳大利亚。【模式】Seorsus clavifolius（C. A. Gardner）Rye et Trudgen［Astartea clavifolia C. A. Gardner］。【参考异名】Astartea DC.（1828）●☆

47034　Sepalosaccus Schltr.（1923）【汉】囊萼兰属。【隶属】兰科 Orchidaceae。【包含】世界 3 种。【学名诠释与讨论】〈阳〉（拉）sepala，萼+saccus，指小式 sacculus，水囊。saccatus，囊形的。指花萼。此属的学名是"Sepalosaccus Schlechter，Repert. Spec. Nov. Regni Veg. Beih. 19：245. 25 Nov 1923"。亦有文献把其处理为"Maxillaria Ruiz et Pav.（1794）"的异名。【分布】巴拿马，中美洲。【模式】Sepalosaccus humilis Schlechter。【参考异名】Maxillaria Ruiz et Pav.（1794）■☆

47035　Separotheca Waterf.（1959）= Tradescantia L.（1753）［鸭趾草科 Commelinaceae］■

47036　Sepikea Schltr.（1923）【汉】新几内亚苣苔属。【隶属】苦苣苔科 Gesneriaceae。【包含】世界 1 种。【学名诠释与讨论】〈阴〉（地）Sepik River，塞皮克河，位于新几内亚岛。【分布】新几内亚岛。【模式】Sepikea cylindrocarpa Schlechter ■☆

47037　Seplimia P. V. Heath = Crassula L.（1753）［景天科 Crassulaceae］●■☆

47038　Septacanthus Wight（1850）= Leptacanthus Nees（1832）；~ = Strobilanthes Blume（1826）［爵床科 Acanthaceae］●■

47039　Septas L.（1760）= Crassula L.（1753）［景天科 Crassulaceae］●■☆

47040　Septas Lour.（1790）Nom. illegit. ≡ Heptas Meisn.（1840）；~ = Bacopa Aubl.（1775）（保留属名）；~ = Brami Adans.（1763）（废弃属名）［玄参科 Scrophulariaceae//婆婆纳科 Veronicaceae］■

47041　Septilia Raf.（1838）= Bacopa Aubl.（1775）（保留属名）；~ = Brami Adans.（1763）（废弃属名）；~ = Septas Lour.（1790）Nom. illegit.；~ = Heptas Meisn.（1840）［玄参科 Scrophulariaceae//婆婆纳科 Veronicaceae］■

47042　Septimetula Tiegh.（1895）= Phragmanthera Tiegh.（1895）；~ = Tapinanthus（Blume）Rchb.（1841）（保留属名）［桑寄生科 Loranthaceae］●☆

47043　Septimia P. V. Heath（1993）【汉】塞普景天属。【隶属】景天科 Crassulaceae。【包含】世界 8 种。【学名诠释与讨论】〈阴〉词源不详。此属的学名是"Septimia P. V. Heath，Calyx 3（3）：104（1993）"是"Crassula group Spatulatae"的替代名称。亦有文献把"Septimia P. V. Heath（1993）"处理为"Crassula L.（1753）"的异名。【分布】参见 Crassula L.。【模式】不详。【参考异名】Crassula L.（1753）；Crassula group Spatulatae；Taxillus Tiegh.（1895）■●☆

47044　Septina Nor.（1790）= ? Litsea Lam.（1792）（保留属名）［樟科 Lauraceae］●

47045　Septis Hook. f.（1884）Nom. illegit.［玄参科 Scrophulariaceae］☆

47046　Septogarcinia Kosterm.（1962）= Garcinia L.（1753）［猪胶树科（克鲁西科，山竹子科，藤黄科）Clusiaceae（Guttiferae）//金丝桃科 Hypericaceae］●

47047　Septotheca Ulbr.（1924）【汉】秘鲁木棉属。【隶属】木棉科 Bombacaceae//锦葵科 Malvaceae。【包含】世界 1-9 种。【学名诠释与讨论】〈阴〉（拉）septum，隔，栅栏+theca，匣子，箱子，室，药室，囊。【分布】秘鲁。【模式】Septotheca tessmannii Ulbrich ●☆

47048　Septulina Tiegh.（1895）【汉】南非桑寄生属。【隶属】桑寄生科 Loranthaceae。【包含】世界 2 种。【学名诠释与讨论】〈阴〉（拉）septum，隔，栅栏+linea，linum，线，绳，亚麻，希腊文 linon，网，也是亚麻古名。此属的学名是"Septulina Van Tieghem，Bull. Soc. Bot. France 42：263. 1895"。亦有文献把其处理为"Taxillus Tiegh.（1895）"的异名。【分布】非洲西南和南部。【模式】未指定。【参考异名】Taxillus Tiegh.（1895）●☆

47049　Sequencia Givnish（2007）【汉】哥伦比亚凤梨属。【隶属】凤梨科 Bromeliaceae。【包含】世界 1 种。【学名诠释与讨论】〈阴〉词源不详。此属的学名是"Sequencia Givnish，Aliso 23：18. 2007"。亦有文献把其处理为"Brocchinia Schult. f.（1830）"的异名。【分布】哥伦比亚。【模式】Sequencia serrata（L. B. Sm.）Givnish。【参考异名】Brocchinia Schult. f.（1830）■☆

47050　Sequoia Endl.（1847）（保留属名）【汉】北美红杉属（红杉属，长叶世界爷属）。【日】イチイモドキ属，イチヰモドキ属，セコイア属，センペルセコイア属。【俄】Секвойя。【英】Big Tree of California，Big - tree，Mammoth Tree，Redwood，Sequoia，Sierra Redwood，Washingtonia，Wellingtonia。【隶属】杉科（落羽杉科）Taxodiaceae//北美红杉科 Sequoiaceae。【包含】世界 1 种，中国 1 种。【学名诠释与讨论】〈阴〉（人）Sequoyah（Soquoiah，Sequoiar，Sequoiah，Sequoia，Sequoya，Se - Quo - Yah，George Gist，George Guess or Gess），1760/1770-1843，美洲印第安切洛克族 Cherokee 的首领和文字创造者，是英国商人与切洛克印第安女人的儿子。此属的学名"Sequoia Endl.，Syn. Conif. :197. Mai-Jun 1847"是保留属名。法规未列出相应的废弃属名。【分布】玻利维亚，厄瓜多尔，哥伦比亚（安蒂奥基亚），中国。【模式】Sequoia sempervirens（D. Don）Endlicher［Taxodium sempervirens D. Don］。【参考异名】Condylocarpus Salisb. ex Lamb.（1832）Nom. illegit. ●

47051　Sequoiaceae Arnoldi = Cupressaceae Gray（保留科名）；~ = Taxodiaceae Saporta（保留科名）●

47052　Sequoiaceae Luerss.（1877）［亦见 Taxodiaceae Saporta（保留科名）杉科（落羽杉科）］【汉】北美红杉科。【包含】世界 1 属 1 种，中国 1 属 1 种。【分布】北美洲。【科名模式】Sequoia Endl. ●

47053　Sequoiadendron J. Buchholz（1939）【汉】巨杉属（世界爷属，世界爷树属）。【日】ギガントセコイア属，セコイアデンドロン属。【俄】Секвойядендрон。【英】Big Tree，Giant Sequoia，Giant Tree，Wellingtonia。【隶属】杉科（落羽杉科）Taxodiaceae。【包含】世界 1 种，中国 1 种。【学名诠释与讨论】〈中〉（属）Sequoia 北美红杉属+希腊文 dendron 或 dendros，树木，棍，丛林。指本属与北美红杉近似。此属的学名"Sequoiadendron Buchholz，Amer. J. Bot. 26：536. Jul 1939"是一个替代名称。"Wellingtonia Lindley，Gard. Chron.（1853）:823. Dec 1853"是一个非法名称（Nom. illegit.），因为此前已经有了"Wellingtonia C. F. Meisner，Pl. Vasc. Gen. 2：207. 25-31 Oct 1840 = Meliosma Blume（1823）［清风藤科 Sabiaceae//泡花树科 Meliosmaceae］"。故用"Sequoiadendron J. Buchholz（1939）"替代之。【分布】美国（加利福尼亚），中国。【模式】Sequoiadendron giganteum（Lindley）Buchholz［Wellingtonia gigantea Lindley］。【参考异名】Washingtonia Winsl.（1854）（废弃属名）；Wellingtonia Lindl.（1853）Nom. illegit. ●

47054　Serangium Wood ex Salisb.（1866）Nom. illegit. ≡ Monstera Adans.（1763）（保留属名）［天南星科 Araceae］●■

47055　Seraphyta Fisch. et C. A. Mey.（1840）= Epidendrum L.（1763）（保留属名）［兰科 Orchidaceae］■☆

47056　Serapias L.（1753）（保留属名）【汉】长药兰属（牛舌兰属）。【日】セラプアズ属，リングア属。【俄】Серапиас。【英】

Serapias,Tongue Orchid, Tongue – flowered Orchid。【隶属】兰科 Orchidaceae。【包含】世界 10-13 种。【学名诠释与讨论】〈阴〉（希）serapis,指 Apis,古埃及最有名的圣牛。指本属的舌瓣常似牛舌。另说 serapias,所有格 serapiados,一种兰科 Orchidaceae 植物。此属的学名"Serapias L. ,Sp. Pl. :949. 1 Mai 1753"是保留属名。法规未列出相应的废弃属名。但是兰科 Orchidaceae 的"Serapias Persoon, Syn. Pl. 2：512. Sep 1807 ≡ Epipactis Zinn (1757)（保留属名）"应该废弃。"Helleborine Moench, Meth. 715. 4 Mai 1794（non P. Miller 1754（废弃属名）"、"Lonchitis Bubani,Fl. Pyrenaea 4：50. 1901(sero?)（non Linnaeus 1753)"和"Serapiastrum O. Kuntze, Rev. Gen. 3(2. 1)：141. 28 Sep 1898"是"Serapias L. （1753）（保留属名）"的晚出的同模式异名（Homotypic synonym, Nomenclatural synonym）。【分布】巴基斯坦,玻利维亚,马达加斯加,葡萄牙（亚述尔群岛）,地中海地区。【模式】Serapias lingua Linnaeus。【参考异名】Anisosorus Trevis.；Callithronum Ehrh. （1789）Nom. inval.；Helleborine Ehrh. （废弃属名）；Helleborine Moench(1794)Nom. illegit.；Helleborine Pers. （1807）Nom. illegit. （废弃属名）；Helleborine Tourn. ex Haller （1742）Nom. inval.；Limonias Ehrh. （1789）Nom. inval.；Lonchitis Bubani（1902）Nom. illegit.；Lonchophyllum Ehrh. （1789）Nom. inval.；Serapiastrum Kuntze （1898）Nom. illegit.；Xiphophyllum Ehrh. （1789）Nom. inval. ■☆

47057 Serapias Pers. （1807）Nom. illegit. （废弃属名）≡ Epipactis Zinn(1757)（保留属名）［兰科 Orchidaceae］■

47058 Serapiastrum Kuntze(1898)Nom. illegit. ≡Serapias L. （1753）（保留属名）［兰科 Orchidaceae］■☆

47059 Serena Raf. （1838）= Haemanthus L. （1753）［石蒜科 Amaryllidaceae//网球花科 Haemanthaceae］■

47060 Serenaea Hook. f. （1883）Nom. illegit. ≡ Serenoa Hook. f. （1883）［棕榈科 Arecaceae(Palmae)］●☆

47061 Serenoa Hook. f. （1883）【汉】锯齿棕属（锯柄榈属,锯箬棕属,锯叶棕属,锯棕属,蓝棕属,塞伦诺棕属,塞润榈属）。【日】ノコギリパルメット属。【英】Saw Palm,Saw Palmetto。【隶属】棕榈科 Arecaceae(Palmae)。【包含】世界 1 种。【学名诠释与讨论】〈阴〉（人）Sereno Watson,1826-1892,美国植物学者,植物采集家。此属的学名,ING 和 IK 记载是"Serenoa Hook. f. in Bentham et Hook. f. ,Gen. 3:879,926,（'Serenaea'）1228. 14 Apr 1883"。"Serenaea Hook. f. （1883）"是其拼写变体。"Diglossophyllum H. Wendland ex C. Salomon, Palmen 155. 1887"是"Serenoa Hook. f. （1883）"的晚出的同模式异名（Homotypic synonym, Nomenclatural synonym）。【分布】巴拿马,美国（东南部）。【模式】Serenoa serrulata （Michaux） G. Nicholson ［Chamaerops serrulata Michaux］。【参考异名】Diglossophyllum H. Wendl. ex Drude；Diglossophyllum H. Wendl. ex Salomon （1887）Nom. illegit.；Serenaea Hook. f. （1883）Nom. illegit. ●☆

47062 Sererea Raf. （1838）（废弃属名）= Distictis Mart. ex Meisn. （1840）；~ = Phaedranthus Miers （1863）（保留属名）［紫葳科 Bignoniaceae］●☆

47063 Seretoberlinia P. A. Duvign. （1950）= Julbernardia Pellegr. （1943）［豆科 Fabaceae(Leguminosae)］●☆

47064 Sergia Fed. （1957）【汉】赛氏桔梗属。【俄】Сергия。【隶属】桔梗科 Campanulaceae。【包含】世界 2 种。【学名诠释与讨论】〈阴〉（人）Serg。【分布】亚洲中部。【模式】Sergia sewerzowii （E. Regel） An. A. Federov ［Campanula sewerzowii E. Regel ［as 'sewerzowi'］■☆

47065 Sergilus Gaertn. （1791）= Baccharis L. （1753）（保留属名）［菊科 Asteraceae(Compositae)］●■☆

47066 Serialbizzia Kosterm. （1954）【汉】丝合欢属。【隶属】豆科 Fabaceae(Leguminosae)//含羞草科 Mimosaceae。【包含】世界 2 种。【学名诠释与讨论】〈阴〉（拉）ser,所有格 seris,丝+（属）Albizia 合欢属。此属的学名是"Serialbizzia Kostermans, Bull. Organ. Natuurw. Onderz. Indonesië 20：15. Dec 1954"。亦有文献把其处理为"Albizia Durazz. （1772）"的异名。【分布】印度尼西亚（苏门答腊岛）,所罗门群岛。【模式】Serialbizzia acle （Blanco）Kostermans ［Mimosa acle Blanco］。【参考异名】Albizia Durazz. （1772）●☆

47067 Seriana Willd. （1799）Nom. illegit. ≡ Serjania Mill. （1754）［无患子科 Sapindaceae］●☆

47068 Seriania Plum. ex Schum. （1794）Nom. illegit. ≡Serjania Mill. （1754）［无患子科 Sapindaceae］●☆

47069 Seriania Schum. （1794）Nom. illegit. ≡ Seriania Plum. ex Schum. （1794）Nom. illegit. ；~ ≡Serjania Mill. （1754）［无患子科 Sapindaceae］●☆

47070 Serianthes Benth. （1844）【汉】丝花树属。【隶属】豆科 Fabaceae(Leguminosae)//含羞草科 Mimosaceae。【包含】世界 17 种。【学名诠释与讨论】〈阴〉（拉）ser,所有格 seris,丝+anthos,花。【分布】马来西亚,波利尼西亚群岛。【模式】Serianthes grandiflora Bentham, Nom. illegit. ［Acacia myriadena Bertero ex Guillemin］●☆

47071 Sericandra Raf. （1838）= Albizia Durazz. （1772）［豆科 Fabaceae(Leguminosae)//含羞草科 Mimosaceae］●

47072 Sericanthe Robbr. （1978）【汉】丝花茜属。【隶属】茜草科 Rubiaceae。【包含】世界 15 种。【学名诠释与讨论】〈阴〉（希）serikos,如丝的+anthos,花。【分布】热带非洲和南非。【模式】Sericanthe odoratissima （K. M. Schumann） E. Robbrecht ［Tricalysia odoratissima K. M. Schumann］●☆

47073 Sericeocassia Britton(1930)= Cassia L. （1753）（保留属名）；~ =Senna Mill. （1754）［豆科 Fabaceae(Leguminosae)//云实科（苏木科）Caesalpiniaceae］●■

47074 Serichonus K. R. Thiele(2007)【汉】澳洲狭花木属。【隶属】鼠李科 Rhamnaceae。【包含】世界 1 种。【学名诠释与讨论】〈阳〉（拉）ser,所有格 seris,丝+chone =choane 漏斗,管子。亦有文献把"Serichonus K. R. Thiele(2007)"处理为"Stenanthemum Reissek(1858)"的异名。【分布】澳大利亚。【模式】Serichonus gracilipes （Diels）K. R. Thiele。【参考异名】Stenanthemum Reissek(1858)●☆

47075 Sericocactus Y. Ito(1957)= Notocactus （K. Schum.）A. Berger et Backeb. （1938）Nom. illegit. ；~ =Parodia Speg. （1923）（保留属名）［仙人掌科 Cactaceae］■

47076 Sericocalyx Bremek. （1944）【汉】黄球花属（丝萼爵床属）。【英】Sericocalyx。【隶属】爵床科 Acanthaceae。【包含】世界 16 种,中国 2 种。【学名诠释与讨论】〈阴〉（希）serikos,如丝的+kalyx,所有格 kalykos =拉丁文 calyx,花萼,杯子。此属的学名是"Sericocalyx Bremekamp, Verh. Kon. Ned. Akad. Wetensch. , Afd. Natuurk. ,Tweede Sect. 41(1)：157. 11 Mai 1944"。亦有文献把其处理为"Strobilanthes Blume(1826)"的异名。【分布】印度至马来西亚,中国,东南亚。【模式】Sericocalyx crispus （Linnaeus）Bremekamp ［Ruellia crispa Linnaeus］。【参考异名】Strobilanthes Blume(1826)●■

47077 Sericocarpus Nees(1832)【汉】丝果菊属（白顶菊属）。【英】White–topped Aster。【隶属】菊科 Asteraceae(Compositae)。【包含】世界 5-16 种。【学名诠释与讨论】〈阳〉（希）serikos,如丝的+karpos,果实。此属的学名,ING、TROPICOS、GCI 和 IK 记载是"Sericocarpus Nees, Gen. Sp. Aster. 148. 1832 ［Jul – Dec

1832]"。它曾被处理为"Aster sect. Sericocarpus (Nees) Semple, Phytologia 58:429. 1985"和"Aster subgen. Sericocarpus (Nees) A. G. Jones, Brittonia 32(2):238. 1980"。【分布】美国。【后选模式】Sericocarpus solidagineus (A. Michaux) C. G. D. Nees [Aster solidagineus A. Michaux]。【参考异名】Aster sect. Sericocarpus (Nees) Semple (1985); Aster subgen. Sericocarpus (Nees) A. G. Jones (1980); Oligactis Raf. (1837) Nom. illegit. ■☆

47078 Sericocoma Fenzl ex Endl. (1842) Nom. illegit. = Sericocoma Fenzl (1842) [苋科 Amaranthaceae] ■●☆

47079 Sericocoma Fenzl (1842)【汉】绢毛苋属。【隶属】苋科 Amaranthaceae。【包含】世界 2 种。【学名诠释与讨论】〈中〉(希) serikos,如丝的+kome,毛发,束毛,冠毛,来自拉丁文 coma。此属的学名,ING 记载是"Sericocoma Fenzl ex Endlicher, Gen. Suppl. 2: 33. Mar - Jun 1842"。IK 和 TROPICOS 则记载为"Sericocoma Fenzl, in Endl. Gen. Suppl. iii. 33(1842)"。三者引用的文献相同。【分布】热带和非洲南部。【模式】Sericocoma trichilioides Fenzl。【参考异名】Sericocoma Fenzl ex Endl. (1842) Nom. illegit.; Sericoma Hochst. (1845) ■●☆

47080 Sericocomopsis Schinz (1895)【汉】类绢毛苋属。【隶属】苋科 Amaranthaceae。【包含】世界 2 种。【学名诠释与讨论】〈阴〉(属) Sericocoma 绢毛苋属+希腊文 opsis,外观,模样,相似。【分布】热带非洲。【模式】未指定●☆

47081 Sericodes A. Gray (1852)【汉】绢毛蒺藜属。【隶属】蒺藜科 Zygophyllaceae。【包含】世界 1 种。【学名诠释与讨论】〈阴〉(希) serikos,如丝的+oides,相像。【分布】墨西哥(北部)。【模式】Sericodes greggii A. Gray ●☆

47082 Sericographis Nees (1847) = Justicia L. (1753) [爵床科 Acanthaceae//鸭嘴花科(鸭咀花科) Justiciaceae] ●■

47083 Sericola Raf. (1838) = Miconia Ruiz et Pav. (1794) (保留属名) [野牡丹科 Melastomataceae//米氏野牡丹科 Miconiaceae] ●☆

47084 Sericolea Schltr. (1916)【汉】丝鞘杜英属。【隶属】杜英科 Elaeocarpaceae。【包含】世界 16 种。【学名诠释与讨论】〈阴〉(希) serikos,如丝的+koleos,鞘。或 serikos,如丝的+elaia,橄榄。【分布】新几内亚岛,亚洲。【模式】未指定。【参考异名】Hormopetalum Lauterb. (1918); Mischopleura Wernham ex Ridl. (1916); Pyrsonota Ridl. (1916) ●☆

47085 Sericoma Hochst. (1845) = Sericocoma Fenzl ex Endl. (1842) [苋科 Amaranthaceae] ■●☆

47086 Sericorema (Hook. f.) Lopr. (1899)【汉】绢柱苋属。【隶属】苋科 Amaranthaceae。【包含】世界 2 种。【学名诠释与讨论】〈阴〉(希) serikos,如丝的+rhemos,桨。此属的学名,ING 和 TROPICOS 记载是"Sericorema (J. D. Hooker) Lopriore, Bot. Jahrb. Syst. 27:39. 7 Apr 1899";ING 未给出基源异名;TROPICOS 给出的基源异名是"Sericocoma sect. Sericorema Hook. f., Genera Plantarum 3: 30. 1880"。IK 则记载为"Sericorema Lopr., Bot. Jahrb. Syst. 27(1-2):39. 1899 [7 Apr 1899]"。三者引用的文献相同。【分布】马达加斯加,热带非洲。【后选模式】Sericorema remotiflora (W. J. Hooker) Lopriore [Trichinium remotiflorum W. J. Hooker]。【参考异名】Sericocoma sect. Sericorema Hook. f. (1880); Sericorema Lopr. (1899) Nom. illegit. ■☆

47087 Sericorema Lopr. (1899) Nom. illegit. ≡ Sericorema (Hook. f.) Lopr. (1899) [苋科 Amaranthaceae] ■☆

47088 Sericospora Nees (1847)【汉】丝籽爵床属。【隶属】爵床科 Acanthaceae。【包含】世界 1 种。【学名诠释与讨论】〈阴〉(希) serikos,如丝的+spora,孢子,种子。【分布】安的列斯群岛。【模式】Sericospora crinita C. G. D. Nees ☆

47089 Sericostachys Gilg et Lopr. (1899)【汉】绢穗苋属。【隶属】苋科 Amaranthaceae。【包含】世界 1 种。【学名诠释与讨论】〈阴〉(希) serikos,如丝的+stachys,穗,谷,长钉。此属的学名,ING 和 TROPICOS 记载是"Sericostachys Gilg et Lopriore, Bot. Jahrb. Syst. 27: 50. 7 Apr 1899";IK 则记载为"Sericostachys Gilg et Lopr. ex Lopr., Bot. Jahrb. Syst. 27(1-2): 50. 1899 [7 Apr 1899]";三者引用的文献相同。IK 还记载了"Sericostachys Gilg et Lopr., Malpighia xiv. (1901) 448.";这是晚出的非法名称。【分布】热带非洲。【模式】未指定。【参考异名】Sericostachys Gilg et Lopr. ex Lopr. (1901) Nom. illegit. ■☆

47090 Sericostachys Gilg et Lopr. ex Lopr. (1899) Nom. illegit. = Sericostachys Gilg et Lopr. ex Lopr. (1899) [苋科 Amaranthaceae] ■☆

47091 Sericostoma Stocks. (1848)【汉】丝口五加属。【隶属】五加科 Araliaceae。【包含】世界 1 种。【学名诠释与讨论】〈中〉(希) serikos,如丝的+stoma,所有格 stomatos,孔口。【分布】巴基斯坦,热带非洲至印度。【模式】Sericostoma pauciflorum Stocks ●☆

47092 Sericotheca Raf. (1838) (废弃属名) = Holodiscus (C. Koch) Maxim. (1879) (保留属名) [蔷薇科 Rosaceae] ●☆

47093 Sericrostis Raf. (1825) = Muhlenbergia Schreb. (1789) [禾本科 Poaceae (Gramineae)] ■

47094 Sericura Hassk. (1842) = Pennisetum Rich. (1805) [禾本科 Poaceae (Gramineae)] ■

47095 Seridia Juss. (1789) = Centaurea L. (1753) (保留属名) [菊科 Asteraceae (Compositae)//矢车菊科 Centaureaceae] ●■

47096 Serigrostis Steud. (1841) Nom. illegit. = Muhlenbergia Schreb. (1789); ~ = Sericrostis Raf. (1825) [禾本科 Poaceae (Gramineae)] ■

47097 Seringea F. Muell. (1877) Nom. illegit. ≡ Seringia J. Gay (1821) (保留属名) [梧桐科 Sterculiaceae//锦葵科 Malvaceae] ●☆

47098 Seringia J. Gay (1821) (保留属名)【汉】塞林梧桐属。【隶属】梧桐科 Sterculiaceae//锦葵科 Malvaceae。【包含】世界 1 种。【学名诠释与讨论】〈阴〉(人) Nicolas Charles Seringe, 1776-1858,法国植物学者,植物采集家。此属的学名"Seringia J. Gay in Mém. Mus. Hist. Nat. 7:442. 1821"是保留属名。相应的废弃属名是卫矛科 Celastraceae 的"Seringia Spreng., Anleit. Kenntn. Gew., ed. 2, 2:694. 31 Mar 1818 ≡ Ptelidium Thouars (1804)"。K. P. J. Sprengel (1824) 曾用"Gaya K. P. J. Sprengel, Syst. Veg. 1: 535, 971. 1824 (sero) ('1825') (non Kunth 1822)"替代"Seringia J. Gay (1821) (保留属名)";这是多余的。"Seringea F. Muell., Fragm. (Mueller) 10(86):96. 1877 [Feb 1877]"是"Seringia J. Gay (1821)"的拼写变体。【分布】澳大利亚(东部),马达加斯加,新几内亚岛。【模式】Seringia platyphylla J. Gay, Nom. illegit. [Lasiopetalum arborescens W. Aiton; Seringia arborescens (W. Aiton) Druce]。【参考异名】Actinostigma Turcz. (1859); Gaya Spreng. (1824) Nom. illegit., Nom. superfl.; Ptelidium Thouars (1804); Seringea F. Muell. (1877) Nom. illegit. ●☆

47099 Seringia Spreng. (1818) Nom. illegit. (废弃属名) ≡ Ptelidium Thouars (1804) [卫矛科 Celastraceae] ●☆

47100 Serinia Raf. (1817) = Krigia Schreb. (1791) (保留属名) [菊科 Asteraceae (Compositae)] ■☆

47101 Seriola L. (1763) = Hypochaeris L. (1753) [菊科 Asteraceae (Compositae)] ■

47102 Seriphidium (Besser ex Less.) Fourr. (1869)【汉】绢蒿属(蛔蒿属,绢菊属,异蒿属)。【英】Spunsilksage。【隶属】菊科 Asteraceae (Compositae)//蒿科 Artemisiaceae。【包含】世界 60-

130 种,中国 32 种。【学名诠释与讨论】〈中〉(希) seriphos,一种苦艾,蝗虫,蚊,蝴+-idius,-idia,-idium,指示小的词尾。此属的学名,ING、TROPICOS 和 GCI 记载是"Seriphidium (Besser ex Lessing) J. -P. Fourreau,Ann. Soc. Linn. Lyon ser. 2. 17:89. 28 Dec 1869",由"Artemisia subgen. Seriphidium('Scriphida') Besser ex Lessing,Syn. Gen. Comp. 264. Jul-Aug 1832('Scriphida')"改级而来。IK 则记载为"Seriphidium (Besser) Poljakov, Trudy Inst. Bot. Akad. Nauk Kazakhsk. S. S. R. 11:171. 1961";由"Artemisia sect. Seriphidium Besser ex W. Hook. ,Bulletin de la Société Impériale des Naturalistes de Moscou 1:222. 1828"改级而来,这是晚出的非法名称。"Seriphidium (Hook.) Fourr. (1869) ≡ Seriphidium (Besser ex Less.) Fourr. (1869)"和"Seriphidium Fourr. (1869) ≡ Seriphidium (Besser ex Less.) Fourr. (1869)"的命名人引证有误。《中国植物志》英文版使用"Seriphidium (Besser ex Lessing) Fourreau,Ann. Soc. Linn. Lyon,sér. 2. 17:89. 1869"为正名。亦有文献把"Seriphidium (Besser ex Less.) Fourr. (1869)"处理为"Artemisia L. (1753)"的异名。【分布】阿富汗,巴基斯坦,俄罗斯的欧洲部分和西伯利亚西部,伊朗至蒙古,印度,中国,地中海地区,欧洲,西亚和中亚,北美洲。【后选模式】Seriphidium maritima (Linnaeus) P. P. Poljakov [Artemisia maritima Linnaeus]。【参考异名】Artemisia L. (1753);Artemisia sect. Seriphidium Besser ex W. Hook. (1828);Artemisia subgen. Seriphidium Besser ex Less. 1832 [as 'Scriphida'];Seriphidium (Besser) Poljakov (1961) Nom. illegit. ;Seriphidium (Hook.) Fourr. (1869) Nom. illegit. ;Seriphidium Fourr. (1869) Nom. illegit. ●■

47103　Seriphidium (Besser) Poljakov (1961) Nom. illegit. = Seriphidium (Besser ex Less.) Fourr. (1869) [菊科 Asteraceae (Compositae)//蒿科 Artemisiaceae] ●■

47104　Seriphidium (Hook.) Fourr. (1869) Nom. illegit. ≡ Seriphidium (Besser ex Less.) Fourr. (1869) [菊科 Asteraceae (Compositae)//蒿科 Artemisiaceae] ●■

47105　Seriphidium Fourr. (1869) Nom. illegit. ≡ Seriphidium (Besser ex Less.) Fourr. (1869) ≡ Seriphidium (Besser ex Less.) Fourr. (1869) [菊科 Asteraceae (Compositae)//蒿科 Artemisiaceae] ●■

47106　Seriphium L. (1753)【汉】塞里菊属。【隶属】菊科 Asteraceae (Compositae)。【包含】世界 40 种。【学名诠释与讨论】〈中〉(希) seriphos,一种苦艾的俗名+-ius,-ia,-ium,在拉丁文和希腊文中,这些词尾表示性质或状态。此属的学名是"Seriphium Linnaeus,Sp. Pl. 928. 1 Mai 1753"。亦有文献把其处理为"Stoebe L. (1753)"的异名。【分布】马达加斯加,非洲。【后选模式】Seriphium cinereum Linnaeus。【参考异名】Stoebe L. (1753) ●☆

47107　Seris Less. (1830) Nom. illegit. ≡ Richterago Kuntze (1891);~ = Gochnatia Kunth (1818) [菊科 Asteraceae (Compositae)] ●

47108　Seris Willd. (1807) = Onoseris Willd. (1803) [菊科 Asteraceae (Compositae)] ●■☆

47109　Serissa Comm. (1789) Nom. illegit. ≡ Serissa Comm. ex Juss. (1789) [茜草科 Rubiaceae] ●

47110　Serissa Comm. ex Juss. (1789)【汉】六月雪属(白马骨属,满天星属)。【日】ハクチョウゲ属,ハクテウゲ属。【俄】Серисса。【英】Junesnow, Serisse, Snow Rose。【隶属】茜草科 Rubiaceae。【包含】世界 1-3 种,中国 2 种。【学名诠释与讨论】〈阴〉东印度植物 Serissa foetida (L. f.) Lam. 的俗名。一说来自 Serissa,18 世纪西班牙植物学者。此属的学名,ING、TROPICOS 和 IK 记载是"Serissa Commerson ex A. L. Jussieu,Gen. 209. 4 Aug 1789"。"Serissa Comm. (1789) ≡ Serissa Comm. ex Juss. (1789)"的命

名人引证有误。【分布】巴基斯坦,马达加斯加,中国,东亚,中美洲。【模式】Serissa foetida (Linnaeus) Poiret [as 'fetida'] [Lycium foetidum Linnaeus]。【参考异名】Buchozia L'Hér. ex Juss. (1806);Democritea DC. (1830);Dysoda Lour. (1790);Serissa Comm. (1789) Nom. illegit. ●

47111　Serjania Mill. (1754)【汉】塞战藤属。【俄】Серьяния。【英】Supplejack。【隶属】无患子科 Sapindaceae。【包含】世界 215 种。【学名诠释与讨论】〈阴〉(人) Paul Serjan,法国植物学者,传教士。此属的学名,ING、APNI、TROPICOS 和 IK 记载是"Serjania P. Miller, Gard. Dict. Abr. ed. 4. 28 Jan 1754"。GCI 则记载为"Serjania Plum. ex Mill. ,Gard. Dict. Abr. ,ed. 4. [unpaged]. 1754 [28 Jan 1754]"。"Serjania Plum. "是命名起点著作之前的名称,故"Serjania Mill. (1754)"和"Serjania Plum. ex Mill. (1754)"都是合法名称,可以通用。"Serjania Plum. ex Schumach. ,in Skrivt. Naturh. Selsk. Kjoeb. 3(2):125. 1794 ≡ Serjania Schum. (1794) = Serjania Mill. (1754)"是晚出的非法名称。Seriania C. F. Schumacher, Skr. Naturhist. -Selsk. 3(2):125. 1794"、"Seriania Plum. ex Schumach. , in Skrivt. Naturh. Selsk. Kjoeb. 3(2):125. 1794"和"Seriana Willd. ,Sp. Pl. ,ed. 4 [Willdenow] 2:464. 1799"都是其拼写变体。"Serjania Schum. (1794) ≡ Serjania Plum. ex Schum. (1794) Nom. illegit. "的命名人引证有误。"Serjania Vellozo, Fl. Flum. 23. 7 Sep-28 Nov 1829('1825')"是"Serjania Mill. (1754)"的晚出的同模式异名 (Homotypic synonym, Nomenclatural synonym)。【分布】巴拉圭,巴拿马,秘鲁,玻利维亚,厄瓜多尔,哥伦比亚(安蒂奥基亚),尼加拉瓜,美国(南部)至热带南美洲,中美洲。【后选模式】Serjania sinuata C. F. Schumacher,Nom. illegit. [Paullinia seriana Linnaeus]。【参考异名】Seriana Willd. (1799) Nom. illegit. ;Seriania Plum. ex Schum. (1794) Nom. illegit. ;Seriania Schum. (1794) Nom. illegit. ;Serjania Plum. ex Mill. (1754);Serjania Plum. ex Schum. (1794) Nom. illegit. ;Serjania Schum. (1794) Nom. illegit. ;Serjania Vell. (1829) Nom. illegit. ●☆

47112　Serjania Plum. ex Mill. (1754) Nom. illegit. ≡ Serjania Mill. (1754) [无患子科 Sapindaceae] ●☆

47113　Serjania Plum. ex Schum. (1794) Nom. illegit. = Serjania Mill. (1754) [无患子科 Sapindaceae] ●☆

47114　Serjania Schum. (1794) Nom. illegit. ≡ Serjania Plum. ex Schum. (1794) Nom. illegit. ;~ = Serjania Mill. (1754) [无患子科 Sapindaceae] ●☆

47115　Serjania Vell. (1829) Nom. illegit. ≡ Serjania Mill. (1754) [无患子科 Sapindaceae] ●☆

47116　Serniphajus Gagnep. = Eulophia R. Br. (1821) [as 'Eulophus'] (保留属名) [兰科 Orchidaceae] ■

47117　Serophyton Benth. (1844) = Argythamnia P. Browne (1756) [大戟科 Euphorbiaceae] ●☆

47118　Serpaea Gardner (1848) = Dimerostemma Cass. (1817) + Oyedaea DC. (1836) [菊科 Asteraceae (Compositae)] ■☆

47119　Serpenticaulis M. A. Clem. et D. L. Jones (2002)【汉】蛇茎兰属。【隶属】兰科 Orchidaceae。【包含】世界 4 种。【学名诠释与讨论】〈阴〉(拉) serpens,所有格 serpentis,蛇。serpentinus,蛇状的+caulon 茎。此属的学名是"Serpenticaulis M. A. Clem. et D. L. Jones, Orchadian [Australasian native orchid society] 13:500. 2002"。亦有文献把其处理为"Bulbophyllum Thouars (1822) (保留属名)"的异名。【分布】澳大利亚。【模式】不详。【参考异名】Bulbophyllum Thouars (1822) (保留属名) ■☆

47120　Serpicula L. (1767) = Laurembergia P. J. Bergius (1767) [小二仙草科 Haloragaceae] ■☆

47121 Serpicula L. f. (1782) Nom. illegit. = Hydrilla Rich. (1814) [水鳖科 Hydrocharitaceae]■

47122 Serpicula Pursh (1813) Nom. illegit. = Elodea Michx. (1803) [水鳖科 Hydrocharitaceae]■☆

47123 Serpillaria Fabr. (1763) Nom. illegit. ≡ Serpillaria Heist. ex Fabr. (1763) ≡ Illecebrum L. (1753) [石竹科 Caryophyllaceae// 醉人花科(裸果木科) Illecebraceae]■☆

47124 Serpillaria Heist. ex Fabr. (1763) Nom. illegit. ≡ Illecebrum L. (1753) [石竹科 Caryophyllaceae//醉人花科(裸果木科) Illecebraceae]■☆

47125 Serpyllum Mill. (1754) = Thymus L. (1753) [唇形科 Lamiaceae(Labiatae)]●

47126 Serra Cav. (1786) Nom. illegit. = Senra Cav. (1786) [锦葵科 Malvaceae]●☆

47127 Serraea Spreng. (1826) = Senra Cav. (1786) [锦葵科 Malvaceae]●☆

47128 Serrafalcus Parl. (1840)【汉】假雀麦属。【隶属】禾本科 Poaceae(Gramineae)。【包含】世界 44 种。【学名诠释与讨论】〈阳〉(拉)serra,指小式 serulla,锯。seratus,锯形的,似锯齿的+falx,所有格 falcis,镰刀。Falcatus,镰形的。指芒。此属的学名是"Serrafalcus Parlatore,Rar. Pl. Sicilia 2: 14. 1840"。亦有文献把其处理为"Bromus L. (1753)(保留属名)"的异名。【分布】巴基斯坦。【后选模式】Serrafalcus racemosus (Linnaeus) Parlatore [Bromus racemosus Linnaeus]。【参考异名】Bromus L. (1753)(保留属名)■☆

47129 Serraria Adans. (1763) Nom. illegit. ≡ Leucadendron L. (1753)(废弃属名);~ = Serruria Burm. ex Salisb. (1807) [山龙眼科 Proteaceae]●☆

47130 Serraria Burm. (1739) Nom. inval. ≡ Serruria Burm. ex Salisb. (1807) [山龙眼科 Proteaceae]●☆

47131 Serrastylis Rolfe (1894) = Macradenia R. Br. (1822) [兰科 Orchidaceae]■☆

47132 Serratula L. (1753)【汉】麻花头属(升麻属)。【日】タムラサウ属,タムラソウ属。【俄】Серпуха,Шумерия。【英】Sawwort, Saw-wort。【隶属】菊科 Asteraceae(Compositae)//麻花头科 Serratulaceae。【包含】世界 2-70 种,中国 17 种。【学名诠释与讨论】〈阴〉(拉)serratus,锯形的+-ulus,-ula,-ulum,指示小的词尾。指叶缘有锯齿。【分布】巴拉圭,玻利维亚,中国,欧洲至日本。【后选模式】Serratula tinctoria Linnaeus。【参考异名】Archiserratula L. Martins (2006); Crupinastrum Schur (1853); Heterocoma DC. (1810); Heterocoma DC. et Toledo (1941) Nom. illegit.; Klasea Cass. (1825); Klausea Endl. (1838); Mastrucium Cass. (1825); Mastrutium Endl. (1841); Masturcium Kitag. (1947); Pereuphora Hoffmanns. (1826); Schumeria Iljin (1960); Serrulata DC. (1836)■

47133 Serratulaceae Martinov (1820) [亦见 Asteraceae Bercht. et J. Presl(保留科名)//Compositae Giseke(保留科名)菊科]【汉】麻花头科。【包含】世界 3 属 4-72 种,中国 2 属 18 种。【分布】欧洲至日本。【科名模式】Serratula L. (1753)■

47134 Serronia Gaudich. (1837) = Piper L. (1753) [胡椒科 Piperaceae]●■

47135 Serrulata DC. (1836) = Serratula L. (1753) [菊科 Asteraceae(Compositae)//麻花头科 Serratulaceae]■

47136 Serrulataceae Martinov (1820) = Asteraceae Bercht. et J. Presl(保留科名)●■

47137 Serruria Burm. ex Salisb. (1807)【汉】色罗山龙眼属(色罗里阿属)。【英】Serruria。【隶属】山龙眼科 Proteaceae。【包含】世

界 51-65 种。【学名诠释与讨论】〈阴〉(希)serra,指小式 serrula,锯+-arius,-aria,-arium,指示"属于、相似、具有、联系"的词尾。另说纪念 Joseph (Josephus) Serrurier,1668-1742,荷兰教授。此属的学名,ING 和 TROPICOS 记载是"Serruria J. Burman ex R. A. Salisbury,Parad. Lond. ad t. 67. 1 Apr 1807"。IK 则记载为"Serruria Salisb. ,Parad. Lond. sub t. 67(1807)"。三者引用的文献相同。"Serraria Burm. ,Rar. Afric. Pl. 10: 264, t. 99. 1739: pre-Linnaean = Serruria Burm. ex Salisb. (1807)"是未合格发表的名称。【分布】非洲南部。【模式】未指定。【参考异名】Holderlinia Neck. (1790) Nom. inval.; Serraria Burm. (1739) Nom. inval.; Serraria Adans. (1763) Nom. illegit.; Serruria Salisb. (1807) Nom. illegit. ●☆

47138 Serruria Salisb. (1807) Nom. illegit. ≡ Serruria Burm. ex Salisb. (1807) [山龙眼科 Proteaceae]●☆

47139 Sersalisia R. Br. (1810) = Pouteria Aubl. (1775); ~ = Lucuma Molina(1782)+Planchonella Pierre (1890)(保留属名) [山榄科 Sapotaceae]●

47140 Sertifera Lindl. (1876) Nom. illegit. ≡ Sertifera Lindl. et Rchb. f. (1876) [兰科 Orchidaceae]■☆

47141 Sertifera Lindl. et Rchb. f. (1876)【汉】环花兰属。【隶属】兰科 Orchidaceae。【包含】世界 6 种。【学名诠释与讨论】〈阴〉(拉)serta,指小式 sertula,花环+fera 生有。此属的学名,ING 和 TROPICOS 记载是"Sertifera Lindley et Rchb. f. in Rchb. f. , Linnaea 41: 63. Dec 1876('1877')";IK 则记载为"Sertifera Lindl. ex Rchb. f. ,Linnaea 41: 63. 1876"。三者引用的文献相同。"Sertifera Lindl. (1876) ≡ Sertifera Lindl. et Rchb. f. (1876)"的命名人引证有误。【分布】厄瓜多尔,哥伦比亚(安蒂奥基亚),热带南美洲。【模式】未指定。【参考异名】Sertifera Lindl. (1876) Nom. illegit.; Sertifera Lindl. ex Rchb. f. (1876)■☆

47142 Sertifera Lindl. ex Rchb. f. (1876) Nom. illegit. ≡ Sertifera Lindl. et Rchb. f. (1876) [兰科 Orchidaceae]■☆

47143 Sertuernera Mart. (1826) = Pfaffia Mart. (1825); ~ = Serturnera Mart. (1825) [苋科 Amaranthaceae]■☆

47144 Sertula Kuntze (1891) = Trifolium L. (1753) [豆科 Fabaceae (Leguminosae)//蝶形花科 Papilionaceae]■

47145 Sertula L. = Melilotus (L.) Mill. (1754) [豆科 Fabaceae (Leguminosae)//蝶形花科 Papilionaceae]■

47146 Serturnera Mart. =Pfaffia Mart. (1825) [苋科 Amaranthaceae]■☆

47147 Seruneum Kuntze (1891) Nom. illegit. ≡ Seruneum Rumph. ex Kuntze(1891) Nom. illegit.; ~ ≡ Wedelia Jacq. (1760)(保留属名) [菊科 Asteraceae(Compositae)]■●

47148 Seruneum Rumph. (1747) Nom. inval. ≡ Seruneum Rumph. ex Kuntze(1891) Nom. illegit.; ~ ≡ Wedelia Jacq. (1760)(保留属名) [菊科 Asteraceae(Compositae)]■●

47149 Seruneum Rumph. ex Kuntze(1891) Nom. illegit. ≡ Wedelia Jacq. (1760)(保留属名) [菊科 Asteraceae(Compositae)]■●

47150 Serveria Neck. (1790) Nom. inval. = Doliocarpus Rol. (1756) [五桠果科(第伦桃科,五丫果科,锡叶藤科) Dilleniaceae]●☆

47151 Sesamaceae Horan. (1834) = Pedaliaceae R. Br. (保留科名); ~ = Sesuviaceae Horan. ■

47152 Sesamaceae R. Br. ex Bercht. = Pedaliaceae R. Br. (保留科名)●■

47153 Sesamella Rchb. (1829) = Sesamoides Ortega(1773) [木犀草科 Resedaceae]■☆

47154 Sesamodes Kuntze(1891) Nom. illegit. ≡ Astrocarpa Neck. ex Dumort. (1822); ~ = Sesamoides Ortega (1773) [木犀草科

Resedaceae]■☆

47155　Sesamoides All. = Sesamoides Ortega（1773）［木犀草科
Resedaceae］■☆

47156　Sesamoides Ortega（1773）【汉】拟胡麻属。【俄】Астрокарпус。
【英】Astrocarpus。【隶属】木犀草科 Resedaceae。【包含】世界 4
种。【学名诠释与讨论】〈阴〉（属）Sesamum 胡麻属（脂麻属,芝
麻属）+ 希腊文 oides,相像。此属的学名,ING 和 IK 记载是
"Sesamoides Ortega, Tabulae Bot. 24. 1773"。"Sesamodes O.
Kuntze, Rev. Gen. 1：39. 5 Nov 1891 ≡ Astrocarpa Neck. ex
Dumort.（1822）= Sesamoides Ortega（1773）"和"Sesamoides
Tourn. ex Rchb., Consp. Regn. Veg. ［H. G. L. Reichenbach］
186. 1828［木犀草科 Resedaceae]"是晚出的非法名称。【分布】
地中海西部。【模式】未指定。【参考异名】Asterocarpus Rchb.
（1837）；Astrocarpa Dumort.（1822）Nom. illegit.；Astrocarpa
Neck. ex Dumort.（1822）；Astrocarpus Duby（1828）Nom. illegit.；
Sesamella Rchb.（1829）Nom. illegit.；Sesamodes Kuntze（1891）
Nom. illegit.；Sesamoides All., Nom. illegit. ■☆

47157　Sesamoides Tourn. ex Rchb.（1828）Nom. illegit. ［木犀草科
Resedaceae］■☆

47158　Sesamopteris（Endl.）Meisn.（1840）= Sesamum L.（1753）
［胡麻科 Pedaliaceae］■●

47159　Sesamopteris DC. ex Meisn.（1840）Nom. illegit. ≡
Sesamopteris（Endl.）Meisn.（1840）；~ = Sesamum L.（1753）
［胡麻科 Pedaliaceae］■●

47160　Sesamothamnus Welw.（1869）【汉】壶茎麻属。【日】セサモタ
ムヌス属。【隶属】胡麻科 Pedaliaceae。【包含】世界 5-6 种。
【学名诠释与讨论】〈阳〉（希）sesame,胡麻。sesamon,芝麻的种
子或果实 + thamnus,枝。【分布】热带非洲。【模式】
Sesamothamnus benguellensis Welwitsch。【参考异名】
Sigmatosiphon Engl.（1894）●☆

47161　Sesamum Adans.（1763）Nom. illegit. = Martynia L.（1753）
［角胡麻科 Martyniaceae//胡麻科 Pedaliaceae］■

47162　Sesamum L.（1753）【汉】胡麻属（芝麻属,脂麻属）。【日】ゴ
マ属。【俄】Кунжут, Сезам。【英】Sesame。【隶属】胡麻科
Pedaliaceae。【包含】世界 15-30 种,中国 1 种。【学名诠释与讨
论】〈中〉（希）sesame,胡麻。sesamon,芝麻的种子或果实。另说
sesamon,胡麻的希腊古名,或阿拉伯的 sessem。此属的学名,
ING、APNI、GCI、TROPICOS 和 IK 记载是"Sesamum Linnaeus, Sp.
Pl. 634. 1 May 1753"。"Sesamum Adans., Fam. Pl.（Adanson）
2：213. 1763 = Martynia L.（1753）"是晚出的非法名称。其异名
"Sesamopteris（Endl.）Meisn.（1840）"是由"Sesamum sect.
Sesamopteris Endl., Genera Plantarum（Endlicher）709. 1839"改
级而来；IK 误记为"Sesamopteris DC. ex Meisn., Pl. Vasc. Gen.
［Meisner］298"。【分布】巴基斯坦,巴拿马,秘鲁,玻利维亚,厄
瓜多尔,哥伦比亚（安蒂奥基亚）,哥斯达黎加,马达加斯加,美国
（密苏里）,尼加拉瓜,中国,热带和非洲南部,亚洲,中美洲。【后
选模式】Sesamum indicum Linnaeus。【参考异名】Anthadenia
Lem.（1845）；Dysosmon Raf.（1817）；Gangila Bernh.（1842）；
Sesamopteris（Endl.）Meisn.（1840）；Sesamopteris DC. ex Meisn.
（1840）Nom. illegit.；Sesamum sect. Sesamopteris Endl.（1839）；
Simsimum Bernh.（1842）■●

47163　Sesban Adans.（1763）Nom. illegit.（废弃属名）≡ Sesbania
Scop.（1777）（保留属名）［豆科 Fabaceae（Leguminosae）//蝶形
花科 Papilionaceae］●■

47164　Sesbana R. Br.（1812）Nom. illegit. ≡ Sesbania Scop.（1777）
（保留属名）［豆科 Fabaceae（Leguminosae）//蝶形花科
Papilionaceae］●■

47165　Sesbania Adans.（1763）（废弃属名）≡ Sesban Adans.（1763）
Nom. illegit.（废弃属名）；~ = Sesbania Scop.（1777）（保留属
名）［豆科 Fabaceae（Leguminosae）//蝶形花科 Papilionaceae］●■

47166　Sesbania Scop.（1777）（保留属名）【汉】田菁属（木田菁属,田
青属）。【日】ツノクサネム属。【俄】Сесбания。【英】Pea-tree,
Sesbania, Sesbanie。【隶属】豆科 Fabaceae（Leguminosae）//蝶形
花科 Papilionaceae。【包含】世界 50 种,中国 4-6 种。【学名诠释
与讨论】〈阴〉（阿拉伯）sesban, sisaban, seshban, saisaban, sesaban,
一种埃及田菁的俗名。此属的学名"Sesbania Scop., Intr. Hist.
Nat. ;308. Jan-Apr 1777"是保留属名。相应的废弃属名是豆科
Fabaceae 的"Sesban Adans., Fam. Pl. 2：327,604. Jul-Aug 1763
≡ Sesbania Scop.（1777）（保留属名）"和"Agati Adans., Fam.
Pl. 2：326,513. Jul-Aug 1763 = Sesbania Scop.（1777）（保留属
名）"。"Sesbania Adans., Fam. Pl.（Adanson）2：327,604. 1763
［Jul-Aug 1763］"是"Sesban Adans.（1763）Nom. illegit.（废弃
属名）"的拼写变体,亦应废弃。"Sesbana R. Br., Hortus
Kewensis; or, a Catalogue of the Plants Cultivated in the Royal
Botanic Garden at Kew. London（2nd ed.）4：330. 1812"是
"Sesbania Scop.（1777）（保留属名）"的拼写变体,也应废弃。
"Emerus O. Kuntze, Rev. Gen. 1：180. 5 Nov 1891"是"Sesbania
Scop.（1777）（保留属名）"的晚出的同模式异名（Homotypic
synonym, Nomenclatural synonym）。【分布】巴基斯坦,巴拉圭,巴
拿马,秘鲁,玻利维亚,厄瓜多尔,哥伦比亚（安蒂奥基亚）,哥斯
达黎加,马达加斯加,美国（密苏里）,尼加拉瓜,中国,中美洲。
【模式】Sesbania sesban（Linnaeus）Merrill ［Aeschynomene sesban
Linnaeus］。【参考异名】Agati Adans.（1763）（废弃属名）；Agatia
Reichb.；Darwinia Raf.（1817）Nom. illegit.；Daubeninniopsis
Rydb.；Daubentonia DC.（1826）；Daubentoniopsis Rydb.（1923）；
Emerus Kuntze（1891）Nom. illegit.；Glottidium Desv.（1813）；
Monoplectra Raf.（1817）；Resupinaria Raf.（1838）Nom. illegit.；
Sesban Adans.（1763）（废弃属名）；Sesbana R. Br.（1812）Nom.
illegit. ●■

47167　Seseli L.（1753）【汉】西风芹属（邪蒿属）。【日】イブキバウ
フウ属。【俄】Жабрица。【英】Meadow Saxifrage, Moon-carrot,
Seseli。【隶属】伞形花科（伞形科）Apiaceae（Umbelliferae）。【包
含】世界 80-120 种,中国 19 种。【学名诠释与讨论】〈阴〉（希）
seselis,草地虎耳草古名。【分布】巴基斯坦,玻利维亚,中国,欧
洲至亚洲中部。【后选模式】Seseli tortuosum Linnaeus。【参考异
名】Aegokeras Raf.（1840）；B. Mey. et Scherb.；B. Mey. et
Scherb.（1799）Nom. illegit.；Bakeros Raf.（1840）；Dasyloma DC.
（1830）；Dela Adans.（1763）Nom. illegit.；Elaeopleurum Korovin
（1962）；Galbanophora Neck.（1790）Nom. inval.；Hippaton Raf.
（1840）Nom. illegit.；Hippomarathrum G. Gaertn., B. Mey. et
Scherb.（1799）Nom. illegit.；Hippomarathrum Haller（1745）Nom.
inval.；Hippomarathrum P. Gaertn.；Hyppomarathrum Raf.；Leiotelis
Raf.（1840）；Libanotis Haller ex Zinn（1757）（保留属名）；
Lomatopodium Fisch. et C. A. Mey.（1845）；Marathroideum
Gand.；Marathrum Link（1829）Nom. illegit.；Mediasia Pimenov
（1974）；Nymania Gand.；Oreotelia Raf.（1840）；Pseudammi H.
Wolff（1921）；Scaphespermum Edgew.（1846）；Schaphespermum
Edgew.（1845）Nom. illegit.；Seselinia G. Beck（1891）；
Sphenocarpus Korovin（1947）；Telelophus Dulac（1867）Nom.
illegit., Nom. superfl.；Tribula Hill（1764）；Tropentis Raf.
（1840）；Wallrothia Spreng.（1815）■

47168　Seselinia G. Beck（1891）= Seseli L.（1753）［伞形花科（伞形
科）Apiaceae（Umbelliferae）］■

47169　Seselopsis Schischk.（1950）【汉】西归芹属（假邪蒿属,天山邪

蒿属）。【俄】Жабрицевидка。【英】Seselopsis。【隶属】伞形花科（伞形科）Apiaceae（Umbelliferae）。【包含】世界 2 种，中国 1 种。【学名诠释与讨论】〈阴〉（属）Seseli 邪蒿属+希腊文 opsis，外观，模样，相似。【分布】中国，亚洲中部。【模式】Seselopsis tianschanicum Schischkin ■

47170　Seshagiria Ansari et Hemadri（1971）【汉】塞沙萝摩属。【隶属】萝藦科 Asclepiadaceae。【包含】世界 1 种。【学名诠释与讨论】〈阴〉（人）Rolla Seshagiri Rao, 1921-，意大利植物学者。【分布】印度。【模式】Seshagiria sahyadrica M. Y. Ansari et K. Hemadri ☆

47171　Seslera St. -Lag.（1881）Nom. illegit. = Sesleria Scop.（1760）［禾本科 Poaceae（Gramineae）］■☆

47172　Sesleria Nutt.（1818）Nom. illegit. = Buchloë Engelm.（1859）（保留属名）［禾本科 Poaceae（Gramineae）］■

47173　Sesleria Scop.（1760）【汉】天蓝草属（蓝禾属）。【俄】Сеслерия。【英】Blue Moor Grass, Blue Moor-grass, Moor Grass, Moorgrass, Moor-grass, Sesleria。【隶属】禾本科 Poaceae（Gramineae）。【包含】世界 27-33 种。【学名诠释与讨论】〈阴〉（人）Leonard Sesler,？-1785，意大利博物学者，医生。此属的学名，ING、APNI、TROPICOS 和 IK 记载是 "Sesleria Scopoli, Fl. Carn. 189. 15 Jun - 21 Jul 1760"。"Sesleria Nutt., Gen. N. Amer. Pl.［Nuttall］. 1：64. 1818［14 Jul 1818］= Buchloë Engelm.（1859）（保留属名）" 是晚出的非法名称。"Seslera St. -Lag., Ann. Soc. Bot. Lyon viii.（1881）171" 仅有属名，似为 "Sesleria Scop.（1760）" 的拼写变体。【分布】欧洲，亚洲西部。【模式】Sesleria caerulea（Linnaeus）Scopoli［as 'coerulea'］［Cynosurus caerulea Linnaeus］。【参考异名】Diptychum Dulac（1867）Nom. illegit.；Psilathera Link（1827）；Seslera St. -Lag.（1881）Nom. illegit.；Sesleriella Deyl（1946）；Sessleria Spreng.（1815）■☆

47174　Sesleriaceae Döll = Gramineae Juss.（保留科名）//Poaceae Barnhart（保留科名）■●

47175　Sesleriella Deyl（1946）= Sesleria Scop.（1760）［禾本科 Poaceae（Gramineae）］■☆

47176　Sesquicella Alef.（1862）Nom. illegit. ≡ Callirhoe Nutt.（1821）［锦葵科 Malvaceae］■●☆

47177　Sessea Ruiz et Pav.（1794）【汉】塞斯茄属。【隶属】茄科 Solanaceae。【包含】世界 7 种。【学名诠释与讨论】〈阴〉（人）Martin Sesse y Lacasta, 1751-1808，西班牙植物学者，医生，植物采集家。【分布】秘鲁，玻利维亚，厄瓜多尔，安第斯山。【后选模式】Sessea stipulata Ruiz et Pavon。【参考异名】Sesseopsis Hassl.（1917）●☆

47178　Sesseopsis Hassl.（1917）= Sessea Ruiz et Pav.（1794）［茄科 Solanaceae］●☆

47179　Sessilanthera Molseed et Cruden（1969）【汉】矮药鸢尾属（中美鸢尾属）。【隶属】鸢尾科 Iridaceae。【包含】世界 3 种。【学名诠释与讨论】〈阴〉（希）sessilis，低，矮+anthera，花药。【分布】墨西哥，危地马拉，中美洲。【模式】Sessilanthera latifolia（Weatherby）Molseed et Cruden［Nemastylis latifolia Weatherby］■☆

47180　Sessilibulbum Brieger（1976）= Scaphyglottis Poepp. et Endl.（1836）（保留属名）［兰科 Orchidaceae］■☆

47181　Sessilistigma Goldblatt（1984）= Homeria Vent.（1808）；~ = Moraea Mill.（1758）［as 'Morea'］（保留属名）［鸢尾科 Iridaceae］■

47182　Sessleria Spreng.（1815）= Sesleria Scop.（1760）［禾本科 Poaceae（Gramineae）］■☆

47183　Sestinia Boiss.（1844）= Hymenocrater Fisch. et C. A. Mey.（1836）［唇形科 Lamiaceae（Labiatae）］●■☆

47184　Sestinia Boiss. et Hohen.（1844）Nom. inval.，Nom. nud. = Wendlandia Bartl. ex DC.（1830）（保留属名）［茜草科 Rubiaceae］●

47185　Sestinia Raf.，Nom. illegit. ≡ Agrimonia L.（1753）［蔷薇科 Rosaceae//龙牙草科 Agrimoniaceae］■

47186　Sestochilos Breda（1827）= Bulbophyllum Thouars（1822）（保留属名）［兰科 Orchidaceae］■

47187　Sestochilus Post et Kuntze（1903）= Bulbophyllum Thouars（1822）（保留属名）；~ = Sestochilos Breda（1827）［兰科 Orchidaceae］■

47188　Sesuveriaceae Horan.（1834）［亦见 Aizoaceae Martinov（保留科名）番杏科］【汉】海马齿科。【包含】世界 1 属 12 种，中国 1 属 1 种。【分布】热带和亚热带。【科名模式】Sesuvium L.（1759）■

47189　Sesuviaceae Horan.（1834）= Aizoaceae Martinov（保留科名）●■

47190　Sesuvium L.（1759）【汉】海马齿属（滨苋属）。【日】ハマミヅナ属。【英】Seapurslane, Sea-purslane。【隶属】番杏科 Aizoaceae//海马齿科 Sesuveriaceae。【包含】世界 12-17 种，中国 1 种。【学名诠释与讨论】〈中〉（拉）sesuvium，高卢部族 Sesuvii 的土地。此属的学名，ING、APNI、GCI、TROPICOS 和 IK 记载是 "Sesuvium Linnaeus, Syst. Nat. ed. 10. 1052, 1058, 1371. 7 Jun 1759"。"Halimum Loefling ex Hiern, Cat. African Pl. Welwitsch 1：411. Mar 1898" 和 "Halimus O. Kuntze, Rev. Gen. 1：263. 5 Nov 1891（non P. Browne 1756）" 是 "Sesuvium L.（1759）" 的晚出的同模式异名（Homotypic synonym, Nomenclatural synonym）。【分布】巴基斯坦，巴拿马，秘鲁，玻利维亚，厄瓜多尔，哥伦比亚（安蒂奥基亚），马达加斯加，尼加拉瓜，中国，中美洲。【模式】Sesuvium portulacastrum（Linnaeus）Linnaeus［Portulaca portulacastrum Linnaeus］。【参考异名】Aizoon Andrews；Halimum Loefl.（1898）Nom. illegit.；Halimum Loefl. ex Hiern（1898）Nom. illegit.；Halimus Kuntze（1891）Nom. illegit.；Halimus Rumph.（1748-1750）Nom. inval.；Halimus Rumph. ex Kuntze（1891）Nom. illegit.；Psammanthe Hance（1852）Nom. illegit.；Pyxipoma Fenzl（1839）；Squibbia Raf. ■

47191　Setachna Dulac（1867）= Centaurea L.（1753）（保留属名）［菊科 Asteraceae（Compositae）//矢车菊科 Centaureaceae］●■

47192　Setaria P. Beauv.（1812）（保留属名）【汉】狗尾草属（粟属）。【日】エノコログサ属。【俄】Мышей, Трехщетинник, Щетинник。【英】Bristle Grass, Bristlegrass, Bristle-grass, Foxtailgrass, Millet, Palmgrass, Pigeon Grass, Pigeon-grass。【隶属】禾本科 Poaceae（Gramineae）。【包含】世界 130-150 种，中国 14-18 种。【学名诠释与讨论】〈阴〉（拉）seta = saeta，刚毛，刺毛+-arius, -aria, -arium，指示 "属于，相似，具有，联系" 的词尾。指小穗基部有刚毛。此属的学名 "Setaria P. Beauv.，Ess. Agrostogr.：51, 178. Dec 1812" 是保留属名。相应的废弃属名是地衣的 "Setaria Ach. ex Michx.，Fl. Bor. -Amer. 2：331. 19 Mar 1803 ≡ Bryoria I. M. Brodo et D. L. Hawksworth 1977"。"Chaetochloa Scribner, U. S. D. A. Div. Agrostol. Bull. 4：38. 1897" 是 "Setaria P. Beauv.（1812）（保留属名）" 的晚出的同模式异名（Homotypic synonym, Nomenclatural synonym）。"Setaria P. Beauv.（1812）（保留属名）" 曾先后被处理为 "Panicum sect. Setaria（P. Beauv.）Döll, Flora Brasiliensis 2（2）：156. 1877"、"Panicum sect. Setaria（P. Beauv.）Nees, Flora Brasiliensis seu Enumeratio Plantarum 2（1）：237. 1829.（Mar - Jun 1829）（Fl. Bras. Enum. Pl.）"、"Panicum sect. Setaria（P. Beauv.）Steud.，Synopsis Plantarum Glumacearum 1：49. 1855［1853］.（10-12 Dec 1853）（Syn. Pl. Glumac.）" 和 "Panicum sect. Setaria（P. Beauv.）Trin.，Mémoires de l'Académie Impériale des

Sciences de Saint – Pétersbourg. Sixième Série. Sciences Mathématiques,Physiques et Naturelles. Seconde Partie：Sciences Naturelles 3,1(2-3)：194,217. 1834.(Mém. Acad. Imp. Sci. Saint-Pétersbourg,Sér. 6,Sci. Math. ,Seconde Pt. Sci. Nat.)"。【分布】巴基斯坦,巴拿马,秘鲁,玻利维亚,厄瓜多尔,哥伦比亚(安蒂奥基亚),哥斯达黎加,马达加斯加,美国(密苏里),尼加拉瓜,中国,中美洲。【模式】Setaria viridis(Linnaeus)Palisot de Beauvois[Panicum viride Linnaeus]。【参考异名】Acrochaete Peter(1930)Nom. illegit. ;Camusiella Bosser(1966);Chaetochloa Scribn. (1897)Nom. illegit. ;Chamaeraphis Kuntze;Cymbosetaria Schweick. (1936);Dissochondrus Kuntze(1891)Nom. illegit. ;Miliastrum Fabr. (1759)Nom. inval. ;Panicum sect. Setaria(P. Beauv.)Döll(1877);Panicum sect. Setaria(P. Beauv.)Nees(1829);Panicum sect. Setaria(P. Beauv.)Steud. (1855);Panicum sect. Setaria(P. Beauv.)Trin. (1834);Paspalidium Stapf(1920);Tansaniochloa Rauschert(1982);Tema Adans. (1763)(废弃属名)■

47193　Setariopsis Scribn. ex Millsp. (1896)【汉】拟狗尾草属。【隶属】禾本科 Poaceae(Gramineae)。【包含】世界 2 种。【学名诠释与讨论】〈阴〉(属)Setaria 狗尾草属+希腊文 opsis,外观,模样,相似。【分布】墨西哥,尼加拉瓜,中美洲。【后选模式】Setariopsis latiglumis(Vasey)Scribner ex Millspaugh[Setaria latiglumis Vasey]■☆

47194　Setchellanthaceae Iltis(1999)【汉】夷白花菜科。【包含】世界 1 属 1 种。【分布】墨西哥。【科名模式】Setchellanthus Brandegee ●☆

47195　Setchellanthus Brandegee(1909)【汉】夷白花菜属。【隶属】夷白花菜科 Setchellanthaceae//白花菜科(醉蝶花科)Cleomaceae。【包含】世界 1 种。【学名诠释与讨论】〈阳〉(人)William Albert Setchell,1864-1943,美国植物学者,藻类学者,教授,植物采集家+anthos,花。【分布】墨西哥。【模式】Setchellanthus caeruleus T. S. Brandegee ●☆

47196　Setcreasea K. Schum. (1901)Nom. illegit. ≡ Setcreasea K. Schum. et Syd. (1901)[鸭跖草科 Commelinaceae]■☆

47197　Setcreasea K. Schum. et Syd. (1901)【汉】紫竹梅属(紫露草属)。【日】セトクレアセア 属。【隶属】鸭跖草科 Commelinaceae。【包含】世界 9 种。【学名诠释与讨论】〈阴〉词源不详。此属的学名"Setcreasea K. Schumann et Sydow in K. Schumann,Just's Bot. Jahresber. 27(1):452. 1901"是一个替代名称。"Treleasea J. N. Rose,Contr. U. S. Natl. Herb. 5:207. 31 Oct 1899"是一个非法名称(Nom. illegit.),因为此前已经有了真菌的"Treleasia Spegazzini,Revista Fac. Agron. Univ. Nac. La Plata 2:235. 1896"。故用"Setcreasea K. Schum. et Syd. (1901)"替代之。GCI 记载为"Setcreasea K. Schum. ,Just's Bot. Jahresber. 27, pt. 1:452. 1901"。"Neotreleasea J. N. Rose,Contr. U. S. Natl. Herb. 8:5. 16 Jun 1903"也是"Setcreasea K. Schum. et Syd. (1901)"的替代名称,但是晚出了 2 年。亦有学者把"Setcreasea K. Schum. et Syd. (1901)"处理为"Tradescantia L. (1753)[鸭跖草科 Commelinaceae]"的异名。亦有文献把其处理为"Tradescantia L. (1753)"的异名。【分布】巴基斯坦,玻利维亚,美国南部,墨西哥,中国,中美洲。【模式】Treleasea brevifolia(Torr.)Rose。【参考异名】Neotreleasea Rose(1903)Nom. illegit. ;Setcreasea K. Schum. (1901)Nom. illegit. ;Tradescantia L. (1753);Treleasea Rose(1899)Nom. illegit. ■

47198　Sethia Kunth(1822)= Erythroxylum P. Browne(1756)[古柯科 Erythroxylaceae]●

47199　Setiacis S. L. Chen et Y. X. Jin(1988)【汉】刺毛头黍属(刺毛黍属)。【英】Setigrass。【隶属】禾本科 Poaceae(Gramineae)。

【包含】世界 1 种,中国 1 种。【学名诠释与讨论】〈阴〉(拉)seta =saeta,刚毛,刺毛+akis,尖,刺。此属的学名是"Setiacis S. L. Chen et Y. X. Jin,Acta Phytotax. Sin. 26:217. Jun 1988"。亦有文献把其处理为"Panicum L. (1753)"的异名。【分布】中国。【模式】Setiacis diffusa(L. C. Chia)S. L. Chen et Y. X. Jin [Acroceras diffusum L. C. Chia]。【参考异名】Panicum L. (1753)■★

47200　Seticereus Backeb. (1937)= Borzicactus Riccob. (1909);~ = Cleistocactus Lem. (1861)[仙人掌科 Cactaceae]●☆

47201　Seticleistocactus Backeb. (1963)= Cleistocactus Lem. (1861)[仙人掌科 Cactaceae]●☆

47202　Setiechinopsis(Backeb.)de Haas(1940)【汉】奇想球属(刚毛刺仙人柱属,奇想丸属,刺瓣掌属)。【日】セティエキノプシス 属。【隶属】仙人掌科 Cactaceae。【包含】世界 1 种。【学名诠释与讨论】〈阴〉(拉)seta =saeta,刚毛,刺毛+(属)Echinopsis 仙人球属。此属的学名,ING 和 TROPICOS 记载是"Setiechinopsis (Backeberg)T. de Haas, Succulenta(Leeuwarden)22:9. Jan 1940",由"Echinopsis subgen. Setiechinopsis Backeberg, Blätt. Kakteenf. 1938(6):[21]. 1938"改级而来。IK 则误记为 "Setiechinopsis Backeb. ex de Haas,Succulenta(Netherlands)22: 9;Backeb. in Cact. et Succ. Journ. Amer. xxii. 153(1950)"。三者引用的文献相同。GCI 记载的"Setiechinopsis Backeb. ,Cact. Succ. J. (Los Angeles)22:153. 1950"是一个晚出的非法名称;从 IK 的文献引证看,GCI 是错误引用。"刺瓣掌属 Acanthopetalus Y. Ito,Explor. Diagr. Austro – echinocact. 292. 1957"是"Setiechinopsis(Backeb.)de Haas(1940)"的晚出的同模式异名(Homotypic synonym, Nomenclatural synonym),必须废弃。亦有文献把"Setiechinopsis(Backeb.)de Haas(1940)"处理为"Arthrocereus A. Berger(1929)(保留属名)"或"Echinopsis Zucc. (1837)"的异名。【分布】阿根廷。【模式】Setiechinopsis mirabilis(Spegazzini)T. de Haas[Echinopsis mirabilis Spegazzini]。【参考异名】Arthrocereus(A. Berger)A. Berger (1929)(废弃属名);Arthrocereus A. Berger et F. M. Knuth(废弃属名);Arthrocereus A. Berger(1929)(保留属名);Echinopsis Zucc. (1837);Echinopsis subgen. Setiechinopsis Backeb. (1938);Setiechinopsis Backeb. (1950)Nom. illegit. ; Setiechinopsis Backeb. ex de Haas(1940)Nom. illegit. ■☆

47203　Setiechinopsis Backeb. (1950)Nom. illegit. ≡ Setiechinopsis (Backeb.)de Haas(1940)[仙人掌科 Cactaceae]■☆

47204　Setiechinopsis Backeb. ex de Haas(1940)Nom. illegit. ≡ Setiechinopsis(Backeb.)de Haas(1940)[仙人掌科 Cactaceae]■☆

47205　Setilobus Baill. (1888)【汉】刚毛紫葳属。【隶属】紫葳科 Bignoniaceae。【包含】世界 3 种。【学名诠释与讨论】〈阳〉(拉)seta =saeta,刚毛,刺毛+lobus =拉丁文 lobulus,片,裂片,叶,荚,蒴。【分布】巴西,玻利维亚,利比里亚(宁巴)。【模式】Setilobus bracteatus Bureau ex K. Schumann ●☆

47206　Setirebutia Frič et Kreuz. (1938)= Rebutia K. Schum. (1895) [仙人掌科 Cactaceae]●

47207　Setiscapella Barnhart(1913)= Utricularia L. (1753)[狸藻科 Lentibulariaceae]■

47208　Setosa Ewart(1917)= Chamaeraphis R. Br. (1810)[禾本科 Poaceae(Gramineae)]■☆

47209　Setouratea Tiegh. (1902)= Ouratea Aubl. (1775)(保留属名) [金莲木科 Ochnaceae]●

47210　Setulocarya R. R. Mill et D. G. Long(1996)【汉】刺毛微果草属。【隶属】紫草科 Boraginaceae。【包含】世界 1 种。【学名诠释与讨论】〈阴〉(拉)saetula,小刺毛+希腊文 karyon,胡桃,硬壳果,

坚果。此属的学名是"Setulocarya R. R. Mill et D. G. Long, Edinburgh Journal of Botany 53(1): 113. 1996"。亦有文献把其处理为"Microcaryum I. M. Johnst. (1924)"的异名。【分布】中国,喜马拉雅山。【模式】Setulocarya diffusa(Brand)R. R. Mill et D. G. Long。【参考异名】Microcaryum I. M. Johnst. (1924)■

47211　Seubertia H. C. Watson (1844) Nom. illegit. = Bellis L. (1753)［菊科 Asteraceae(Compositae)］■

47212　Seubertia Kunth(1843)= Brodiaea Sm. (1810)(保留属名); ~ =Triteleia Douglas ex Lindl. (1830)［百合科 Liliaceae//葱科 Alliaceae］■☆

47213　Seutera Rchb. (1829)Nom. illegit. ≡Macbridea Raf. (1818); ~ =Cynanchum L. (1753); ~ =Lyonia Elliott(1817)Nom. illegit. (废弃属名); ~ = Vincetoxicum Wolf (1776)［萝藦科 Asclepiadaceae］■

47214　Sevada Moq. (1849)【汉】坛花蓬属。【隶属】藜科 Chenopodiaceae。【包含】世界1种。【学名诠释与讨论】〈阴〉来自阿拉伯植物俗名 Suiwed mullah, suivada, suwayd, suweid, suwect,suda,sauda,sawad。【分布】埃塞俄比亚,索马里,阿拉伯地区。【模式】Sevada schimperii Moquin-Tandon●☆

47215　Severinia Ten. (1840)Nom. inval. ≡Severinia Ten. ex Endl. (1842); ~ = Atalantia Corrêa (1805)(保留属名)［芸香科 Rutaceae］●

47216　Severinia Ten. ex Endl. (1842)【汉】乌柑属(蚝壳刺属)。【日】セベリニア属。【英】Box-orange, Severinias。【隶属】芸香科 Rutaceae。【包含】世界7种,中国1种。【学名诠释与讨论】〈阴〉(人)Giuseppe Severini, 1878-1918,植物学者。此属的学名,ING 和 IK 记载是"Severinia Ten., Index Seminum [Naples (Neapolitano)] 9. 1840 [20 Nov 1840]";这是一个未合格发表的名称(Nom. inval.)。TROPICOS 则记载为"Severinia Ten. ex Endl., Genera Plantarum (Endlicher) Suppl. 2:83. 1842. (Mar-Jun 1842)"。亦有文献把"Severinia Ten. ex Endl. (1842)"处理为"Atalantia Corrêa(1805)(保留属名)"的异名。【分布】印度至马来西亚,中国,东亚。【模式】Severinia buxifolia Tenore。【参考异名】Atalantia Corrêa(1805)(保留属名);Dumula Lour. ex Gomes(1868);Severinia Ten. (1840)Nom. inval. ●

47217　Sewerzowia Regel et Schmalh. (1877)= Astragalus L. (1753)［豆科 Fabaceae(Leguminosae)//蝶形花科 Papilionaceae］●■

47218　Sexglumaceae Dulac =Juncaceae Juss. (保留科名)●■

47219　Sexilia Raf. (1836)= Polygala L. (1753)［远志科 Polygalaceae］■

47220　Sextonia van der Werff(1998)【汉】南美绿心樟属。【隶属】樟科 Lauraceae。【包含】世界2种。【学名诠释与讨论】〈阴〉(人)Sexton。此属的学名是"Sextonia H. van der Werff, Novon 7: 436. 15 Jan 1998 ('1997')"。亦有文献把其处理为"Ocotea Aubl. (1775)"的异名。【分布】秘鲁,圭亚那。【模式】Sextonia rubra (C. Mez)H. van der Werff [Ocotea rubra C. Mez]。【参考异名】Ocotea Aubl. (1775)●☆

47221　Seychellaria Hemsl. (1907)【汉】败蕊霉草属。【隶属】霉草科 Triuridaceae。【包含】世界1-3种。【学名诠释与讨论】〈阴〉(地)Seychelles,塞舌尔群岛+-arius,-aria,-arium,指示"属于、相似、具有、联系"的词尾。【分布】马达加斯加,塞舌尔(塞舌尔群岛)。【模式】Seychellaria thomassetii Hemsley ●☆

47222　Seymeria Pursh(1814)(保留属名)【汉】西摩尔列当属。【隶属】玄参科 Scrophulariaceae//列当科 Orobanchaceae。【包含】世界25种。【学名诠释与讨论】〈阴〉(人)Henry Seymer, 1745-1800,英国植物学者。此属的学名"Seymeria Pursh, Fl. Amer. Sept. 2:736. Dec (sero)1813-Jan 1814"是保留属名。法规未列

出相应的废弃属名。"Afzelia J. F. Gmelin, Syst. Nat. 2:927. Apr (sero)-Oct 1792('1791')(废弃属名)"是"Seymeria Pursh (1814)(保留属名)"的晚出的同模式异名(Homotypic synonym, Nomenclatural synonym)。【分布】美国(南部),墨西哥。【模式】Seymeria tenuifolia Pursh, Nom. illegit. [Afzelia cassioides J. F. Gmelin 1791;Seymeria cassioides (J. F. Gmelin)Blake]。【参考异名】Afzelia J. F. Gmel. (1792)(废弃属名);Brachygyne Small (1903)Nom. illegit. ;Seymeriopsis Tzvelev(1987)■☆

47223　Seymeriopsis Tzvelev(1987)【汉】拟西摩列当属。【隶属】玄参科 Scrophulariaceae//列当科 Orobanchaceae。【包含】世界1种。【学名诠释与讨论】〈阴〉(属)Seymeria 西摩尔列当属+希腊文 opsis,外观,模样,相似。此属的学名是"Seymeriopsis N. N. Tzvelev, Bot. Zhurn. (Moscow & Leningrad) 72: 1662. Dec 1987"。亦有文献把其处理为"Seymeria Pursh(1814)(保留属名)"的异名。【分布】古巴。【模式】Seymeriopsis bissei N. N. Tzvelev。【参考异名】Seymeria Pursh(1814)(保留属名)■☆

47224　Seymouria Sweet(1824)= Pelargonium L'Hér. ex Aiton (1789)［牻牛儿苗科 Geraniaceae］●■

47225　Seyrigia Keraudren(1961)【汉】塞里瓜属。【隶属】葫芦科(瓜科,南瓜科)Cucurbitaceae。【包含】世界4-5种。【学名诠释与讨论】〈阴〉词源不详。此属的学名,ING、TROPICOS 和 IK 记载是"Seyrigia Keraudren, Bull. Soc. Bot. France 107:299. Feb 1961"。"Seyrigia Rabenant. (1961)"是其异名。【分布】马达加斯加。【模式】Seyrigia gracilis Keraudren。【参考异名】Seyrigia Rabenant. (1961)Nom. illegit. ■☆

47226　Seyrigia Rabenant. (1961)Nom. illegit. = Seyrigia Keraudren (1961)［葫芦科(瓜科,南瓜科)Cucurbitaceae］■☆

47227　Sgngonium Schott(1858)Nom. illegit. ［天南星科 Araceae］☆

47228　Shaeaceae Bertol. f. =Combretaceae R. Br. (保留科名)●

47229　Shafera Greenm. (1912)【汉】层绒菊属。【隶属】菊科 Asteraceae(Compositae)。【包含】世界1种。【学名诠释与讨论】〈阴〉(人)John Adolph (Adolf)Shafer, 1863-1918,美国植物学者,植物采集家,药剂师。【分布】古巴。【模式】Shafera platyphylla Greenman ●☆

47230　Shaferocharis Urb. (1912)【汉】谢弗茜属。【隶属】茜草科 Rubiaceae。【包含】世界3种。【学名诠释与讨论】〈阴〉(人)John Adolph Shafer, 1863-1918,植物学者+charis,喜悦,雅致,美丽,流行。【分布】古巴。【模式】Shaferocharis cubensis Urban ☆

47231　Shaferodendron Gilly(1942)= Manilkara Adans. (1763)(保留属名)［山榄科 Sapotaceae］●

47232　Shakua Bojer (1837) = Spondias L. (1753)［漆树科 Anacardiaceae］●

47233　Shallonium Raf. (1818)= Gaultheria L. (1753)［杜鹃花科(欧石南科)Ericaceae］●

47234　Shangrilaia Al-Shehbaz, J. P. Yue et H. Sun(2004)【汉】拉萨荠属。【隶属】十字花科 Brassicaceae(Cruciferae)。【包含】世界1种。【学名诠释与讨论】〈阴〉词源不详。【分布】中国。【模式】Shangrilaia nana Al-Shehbaz, J. P. Yue et H. Sun ■★

47235　Shangwua Yu J. Wang, Raab-Straube, Susanna et J. Quan Liu (2013)【汉】尚武菊属。【隶属】菊科 Asteraceae (Compositae)。【包含】世界3种1变种。【学名诠释与讨论】〈阴〉(人)Liu, Shang Wu(1934-),中国植物学者。【分布】中亚地区。【模式】Shangwua jacea (Klotzsch)Yu J. Wang et Raab-Straube [Aplotaxis jacea Klotzsch] ☆

47236　Shaniodendron M. B. Deng, H. T. Wei et X. K. Wang(1992) =Parrotia C. A. Mey. (1831)［金缕梅科 Hamamelidaceae］●

47237　Shantzia Lewton (1928) = Azanza Alef. (1861)Nom. illegit. ;

~ =Thespesia Sol. ex Corrêa（1807）（保留属名）［锦葵科 Malvaceae］●

47238 Shawia J. R. Forst. et G. Forst.（1776）（废弃属名）= Olearia Moench（1802）（保留属名）［菊科 Asteraceae（Compositae）］●☆

47239 Sheadendraceae Bertol.（1850）= Combretaceae R. Br.（保留科名）●

47240 Sheadendron G. Bertol（1850）= Combretum Loefl.（1758）（保留属名）［使君子科 Combretaceae］●

47241 Sheareria S. Moore（1875）【汉】虾须草属。【俄】Шерардия。【英】Sheareria, Shrimpfeelergrass。【隶属】菊科 Asteraceae（Compositae）。【包含】世界 1 种, 中国 1 种。【学名诠释与讨论】〈阴〉（人）George Shearer, 医生, 植物采集家。【分布】中国。【模式】Sheareria nana S. Moore ■★

47242 Sheffieldia J. R. Forst. et G. Forst.（1776）= Samolus L.（1753）［报春花科 Primulaceae//水茴草科 Samolaceae］■

47243 Sheilanthera I. Williams（1981）【汉】希拉芸香属。【隶属】芸香科 Rutaceae。【包含】世界 1 种。【学名诠释与讨论】〈阴〉（人）Sheila + anthera, 花药。【分布】非洲南部。【模式】Sheilanthera pubens I. Williams ●☆

47244 Sheperdia Raf. =Shepherdia Nutt.（1818）（保留属名）［胡颓子科 Elaeagnaceae］●☆

47245 Shepherdia Nutt.（1818）（保留属名）【汉】水牛果属。【俄】Шефердия。【英】Buffalo Berry, Buffaloberry。【隶属】胡颓子科 Elaeagnaceae。【包含】世界 3 种。【学名诠释与讨论】〈阴〉（人）John Shepherd, 1764-1836, 英国植物学者, 曾担任过利物浦植物园的负责人, Thomas Nuttall 的朋友,《利物浦植物园植物名录》的作者。此属的学名"Shepherdia Nutt. , Gen. N. Amer. Pl. 2：240. 14 Jul 1818"是保留属名。法规未列出相应的废弃属名。"Lepargyrea Rafinesque, Amer. Monthly Mag. et Crit. Rev. 4：195. Jan 1819"是"Shepherdia Nutt.（1818）（保留属名）"的晚出的同模式异名（Homotypic synonym, Nomenclatural synonym）。【分布】北美洲。【模式】Shepherdia canadensis（Linnaeus）Nuttall［Hippophaë canadensis Linnaeus］。【参考异名】Lepargyrea Raf.（1818）Nom. illegit. ;Leptargyreia Schltdl.（1857）;Sheperdia Raf. ●☆

47246 Sherarda Cothen.（1790）= ? Sherardia L.（1753）［茜草科 Rubiaceae］■☆

47247 Sherarda St. -Lag.（1881）Nom. illegit. =Sherardia L.（1753）［茜草科 Rubiaceae］■☆

47248 Sherardia Adans.（1763）Nom. illegit. = ? Stachytarpheta Vahl（1804）（保留属名）［马鞭草科 Verbenaceae］■●

47249 Sherardia Boehm.（1760）Nom. illegit. =Glinus L.（1753）［番杏科 Aizoaceae//粟米草科 Molluginaceae//星粟草科 Glinaceae］■

47250 Sherardia L.（1753）【汉】野茜属（雪兰地属）。【俄】Жерардия, Шерардия。【英】Field Madder, Madder。【隶属】茜草科 Rubiaceae。【包含】世界 1 种。【学名诠释与讨论】〈阴〉（人）William Sherard, 1659-1728, 英国植物学者, 植物采集家。此属的学名, ING、APNI 和 IK 记载是"Sherardia Linnaeus, Sp. Pl. 102. 1 May 1753"。"Sherardia Adans. , Fam. Pl.（Adanson）2：198. 1763"、"Sherardia Boehm. , Def. Gen. Pl. , ed. 3. 408;vide Dandy, Ind. Gen. Vasc. Pl. 1753-74（Regn. Veg. 51）81（1967）"和"Sherardia P. Miller, Gard. Dict. Abr. ed. 4. 28 Jan 1754"都是晚出的非法名称。"Dillenia Heister ex Fabricius, Enum. ed. 2. 57. Sep-Dec 1763（non Linnaeus 1753）"、"Hexodontocarpus Dulac, Fl. Hautes-Pyrénées 467. 1867"和"Rubeola J. Hill, Brit. Herbal 396. Oct 1756（non P. Miller 1754）"是"Sherardia L.（1753）"的晚出的同模式异名（Homotypic synonym, Nomenclatural synonym）。【分布】秘鲁, 玻利维亚, 厄瓜多尔, 哥伦比亚（安蒂奥基亚）, 美国（密苏里）, 非洲北部, 欧洲, 亚洲西部, 中美洲。【后选模式】Sherardia arvensis L.。【参考异名】Asterophyllum Schimp. et Spenn.（1829）;Capellia Blume（1825）;Dillenia Fabr.（1763）Nom. illegit. ;Dillenia Heist. ex Fabr.（1763）Nom. illegit. ;Hexodontocarpus Dulac（1867）Nom. illegit. ;Rubeola Hill（1756）Nom. illegit. ;Scherardia Neck.（1768）;Sherarda St. -Lag.（1881）Nom. illegit. ■☆

47251 Sherardia Mill.（1754）Nom. illegit. = Stachytarpheta Vahl（1804）（保留属名）［马鞭草科 Verbenaceae］■●

47252 Sherbournia G. Don（1855）【汉】谢尔茜属。【隶属】茜草科 Rubiaceae。【包含】世界 10 种。【学名诠释与讨论】〈阴〉词源不详。【分布】热带非洲。【模式】Sherbournia foliosa G. Don［Gardenia sherbourniae W. J. Hooker］。【参考异名】Amaralia Welw. ex Benth. et Hook. f.（1873）;Amaralia Welw. ex Hook. f.（1873）Nom. illegit. ●☆

47253 Sherwoodia House（1908）Nom. illegit. ≡ Shortia Torr. et A. Gray（1842）（保留属名）［岩梅科 Diapensiaceae］■

47254 Shibataea Makino ex Nakai（1933）【汉】鹅毛竹属（岗姬竹属, 倭竹属）。【日】オカメザザ属。【俄】Сибатеа。【英】Bamboo, Shibata Bamboo, Shibataea, Wobamboo。【隶属】禾本科 Poaceae（Gramineae）。【包含】世界 7-8 种, 中国 7-8 种。【学名诠释与讨论】〈阴〉（人）Keita Shibata, 柴田桂太, 1877-1949, 日本植物生理化学的奠基人。他曾与日本植物学者牧野富太郎一起研究过竹子的解剖学。此属的学名, ING 和 IK 记载是"Shibataea Makino ex Nakai, J. Jap. Bot. 9：83. Jun 1933"。"Shibataea Makino, Bot. Mag.（Tokyo）1912, xxvi. p.（236）≡ Shibataea Makino ex Nakai（1933）"是一个未合格发表的名称（Nom. inval.）。【分布】日本, 中国, 东亚。【后选模式】Shibataea kumasasa（Zollinger ex Steudel）Nakai［as 'kumasaca'］［Bambusa kumasasa Zollinger ex Steudel］［as 'kumasaca'］。【参考异名】Shibataea Makino（1912）Nom. inval. ●

47255 Shibataea Makino（1912）Nom. inval. ≡ Shibataea Makino ex Nakai（1933）［禾本科 Poaceae（Gramineae）］●

47256 Shibateranthis Nakai（1937）= Eranthis Salisb.（1807）（保留属名）［毛茛科 Ranunculaceae］■

47257 Shicola M. Roem. = Eriobotrya Lindl.（1821）［蔷薇科 Rosaceae］●

47258 Shiia Makino（1928）= Castanopsis（D. Don）Spach（1841）（保留属名）［壳斗科（山毛榉科）Fagaceae］●

47259 Shinnersia R. M. King et H. Rob.（1970）【汉】溪泽兰属。【隶属】菊科 Asteraceae（Compositae）。【包含】世界 1 种。【学名诠释与讨论】〈阴〉（人）Lloyd Herbert Shinners, 1918-1971, 美国植物学者, New varietal names for New World Ludwigia（Onagraceae）的作者。【分布】美国（南部, 得克萨斯）, 墨西哥。【模式】Shinnersia rivularis（A. Gray）R. M. King et H. E. Robinson［Trichocoronis rivularis A. Gray］■☆

47260 Shinnersoseris Tomb（1974）【汉】喙骨苣属。【英】Beaked Skeleton-weed。【隶属】菊科 Asteraceae（Compositae）。【包含】世界 1 种。【学名诠释与讨论】〈阴〉（人）Lloyd H. Shinners, 1918-1971, 美国植物学者。【分布】北美洲。【模式】Shinnersoseris rostrata（A. Gray）A. S. Tomb［Lygodesmia rostrata A. Gray］■☆

47261 Shirakia Hurus.（1954）Nom. illegit. ≡ Neoshirakia Esser（1998）; ~ = Sapium Jacq.（1760）（保留属名）［大戟科 Euphorbiaceae］●

47262 Shirakiopsis Esser（1999）【汉】齿叶乌桕属。【隶属】大戟科

Euphorbiaceae。【包含】世界 6 种,中国 1 种。【学名诠释与讨论】〈阴〉(属)Shirakia =Sapium 乌桕属(乌臼属)+希腊文 opsis,外观,模样,相似。【分布】利比里亚(宁巴),中国,热带非洲和热带亚洲。【模式】Shirakiopsis indica (Willdenow) H. -J. Esser [Sapium indicum Willdenow]●

47263 Shirleyopanax Domin(1928)= Kissodendron Seem.(1865) [五加科 Araliaceae]●

47264 Shishindenia Makino ex Koidz.(1940)= Chamaecyparis Spach (1841); ~ = Retinispora Siebold et Zucc.(1844) [柏科 Cupressaceae]●

47265 Shishindenia Makino(1938)Nom. inval. ≡Shishindenia Makino ex Koidz.(1940); ~ = Chamaecyparis Spach(1841); ~ = Retinispora Siebold et Zucc.(1844) [松科 Pinaceae]●

47266 Shiuyinghua Paclt(1962)【汉】秀英花属。【隶属】玄参科 Scrophulariaceae//泡桐科 Paulowniaceae。【包含】世界 1 种,中国 1 种。【学名诠释与讨论】〈阴〉(汉)Shiuyinghua,秀英花。另说源于植物"紫宸殿"的日本园艺名。【分布】中国。【模式】Shiuyinghua silvestrii (Pampanini et Bonati) Paclt [Paulownia silvestrii Pampanini et Bonati]●

47267 Shivparvatia Pusalkar et D. K. Singh(2015)【汉】喜马石竹属。【隶属】石竹科 Caryophyllaceae。【包含】世界 3 种 1 变种。【学名诠释与讨论】〈阴〉词源不详。【分布】喜马拉雅地区。【模式】Shivparvatia glanduligera (Edgew.) Pusalkar et D. K. Singh [Arenaria glanduligera Edgew.] ☆

47268 Shonia R. J. F. Hend. et Halford(2005)【汉】肖恩大戟属。【隶属】大戟科 Euphorbiaceae。【包含】世界 4 种【学名诠释与讨论】〈阴〉(人)Shon。【分布】澳大利亚。【模式】Shonia tristigma (F. Muell.)Halford et R. J. F. Hend. [Beyeria tristigma F. Muell.] ☆

47269 Shorea Roxb.(1805)Nom. illegit. ≡Shorea Roxb. ex C. F. Gaertn.(1805) [龙脑香科 Dipterocarpaceae]●

47270 Shorea Roxb. ex C. F. Gaertn.(1805)【汉】娑罗双属(龙脑香属,娑罗双树属)。【日】サラノキ属。【俄】Дерево даммаровое,Сореа,Сорея,Шорея。【英】Balau,Black Ponfianak,Chan,Doon,Illipe,Illipe Butter,Illipe Nut,Lauan,Mangasinoro,Meranti,Red Lauan,Selangan,Shorea,Yellow Seraya。【隶属】龙脑香科 Dipterocarpaceae。【包含】世界 213-357 种,中国 2 种。【学名诠释与讨论】〈阴〉(拉)shorea,一种植物名。另说纪念 John Shore Teignmouth,1751-1834。此属的学名,ING、GCI、TROPICOS 和 IK 记载是"Shorea Roxb. ex C. F. Gaertn. ,Suppl. Carp. 47. 1805 [24-26 Jun 1805]"。"Shorea Roxb.(1805)≡Shorea Roxb. ex C. F. Gaertn.(1805)"的命名人引证有误。【分布】马来西亚(西部),印度尼西亚(马鲁古群岛),斯里兰卡,中国。【模式】Shorea robusta C. F. Gaertner。【参考异名】Anthoshorea Pierre(1891);Caryolobis Gaertn.(1788)(废弃属名);Doona Thwaites(1851)(保留属名);Hopea Roxb.(1811);Isoptera Scheff. ex Burck (1886);Neohopea G. H. S. Wood ex Ashton;Pachychlamys Dyer ex Ridl.(1922);Parahopea Heim(1892);Pentacme A. DC.(1868);Saul Roxb. ex Wight et Arn.(1834);Shorea Roxb.;Sohrea Steud.(1821)●

47271 Shoreaceae Bardley =Dipterocarpaceae Blume(保留科名)●

47272 Shortia Raf.(1840)(废弃属名)= Arabis L.(1753) [十字花科 Brassicaceae(Cruciferae)]●■

47273 Shortia Torr. et A. Gray(1842)(保留属名)【汉】岩扇属(裂缘花属)。【日】イハカガミ属,イワウチソウ属,イワウチワ属。【俄】Шортия。【英】Shortia。【隶属】岩梅科 Diapensiaceae。【包含】世界 1-9 种,中国 3 种。【学名诠释与讨论】〈阴〉(人)Charles Wilkins Short,1794-1868,美国植物学者。另说为英国植物学者。此属的学名"Shortia Torr. et A. Gray in Amer. J. Sci. Arts 42:48. 1842"是保留属名。相应的废弃属名是十字花科 Brassicaceae 的"Shortia Raf. ,Autik. Bot. :16. 1840 = Arabis L.(1753)"。"Sherwoodia House,Torreya 7:234. 1908"是"Shortia Torr. et A. Gray(1842)(保留属名)"的晚出的同模式异名 (Homotypic synonym,Nomenclatural synonym)。【分布】美国(东南部),日本,中国。【模式】Shortia galacifolia Torrey et A. Gray。【参考异名】Schizocodon Siebold et Zucc.(1843);Sherwoodia House(1908)Nom. illegit. ;Shortiopsis Hayata(1913)■■

47274 Shortiopsis Hayata(1913)= Shortia Torr. et A. Gray(1842)(保留属名) [岩梅科 Diapensiaceae]■

47275 Shoshonea Evert et Constance(1982)【汉】怀俄明草属。【隶属】伞形科(伞形科)Apiaceae(Umbelliferae)。【包含】世界 1 种。【学名诠释与讨论】〈阴〉(地)Shoshone,肖肖尼河或肖肖尼峰,位于美国。【分布】美国。【模式】Shoshonea pulvinata E. F. Evert et L. Constance ■☆

47276 Shultzia Raf.(1808)(废弃属名)= Obolaria L.(1753) [龙胆科 Gentianaceae]■☆

47277 Shuria Herincq(1861)= Achimenes Pers.(1806)(保留属名) [苦苣苔科 Gesneriaceae]■☆

47278 Shuria Hort. ex Herincq(1861)= Achimenes P. Browne(1756)(废弃属名); ~ =Columnea L.(1753) [苦苣苔科 Gesneriaceae]■☆

47279 Shutereia Choisy(1834)(废弃属名)vs. Shuteria Wight et Arnott 1834(nom. cons.) [旋花科 Convolvulaceae]■

47280 Shutereia Choisy(1834)Nom. illegit.(废弃属名)≡Shutereia Choisy(1834)(废弃属名) [旋花科 Convolvulaceae]■

47281 Shuteria Wight et Arn.(1834)(保留属名)【汉】宿苞豆属。【日】ツリガネヒルガオ属。【英】Bractbean,Shuteria,Hewittia。【隶属】豆科 Fabaceae(Leguminosae)//蝶形花科 Papilionaceae。【包含】世界 6 种,中国 3 种。【学名诠释与讨论】〈阴〉(人)James Shuter,? -1827(1834?),英国植物学者,医生,博物学者,植物采集家,Robert Wight(1796-1872)的朋友。此属的学名"Shuteria Wight et Arn. ,Prodr. Fl. Ind. Orient. :207. Oct(prim.)1834"是保留属名。相应的废弃属名是旋花科 Convolvulaceae 的"Shutereia Choisy,Convolv. Orient. :103. Aug 1834"。"Shuteria Choisy(1834)≡Shutereia Choisy(1833)(废弃属名)"亦应废弃。也有学者承认"猪菜藤属(吊钟藤属)Hewittia R. Wight et Arnott,Madras J. Lit. Sci. 5:17,22. 1837",《中国植物志》英文版和《台湾植物志》等文献承认此属;但是它是废弃属名"Shutereia Choisy,Mém. Soc. Phys. Genève vi. (1833)486(Conv. Or. 103)"的晚出的同模式异名。【分布】巴基斯坦,马达加斯加,印度至马来西亚,中国,热带非洲至东亚和印度尼西亚(爪哇岛)。【模式】Shuteria vestita R. Wight et Arnott。【参考异名】Eremosperma Chiov.(1936);Kethosia Raf.(1838);Palmia Endl.(1839)Nom. illegit. ;Sanilum Raf.(1838)■

47282 Shuttelworthia Steud.(1841)= Shuttleworthia Meisn.(1846)Nom. illegit. ; ~ = Uwarowia Bunge(1840); ~ = Verbena L.(1753) [马鞭草科 Verbenaceae]■●

47283 Shuttleworthia Meisn.(1846)Nom. illegit. = Uwarowia Bunge(1840); ~ =Verbena L.(1753) [马鞭草科 Verbenaceae]■●

47284 Siagonanthus Poepp. et Endl.(1836)= Maxillaria Ruiz et Pav.(1794); ~ = Ornithidium Salisb. ex R. Br.(1813) [兰科 Orchidaceae]■☆

47285 Siagonanthus Pohl ex Engler =Emmotum Desv. ex Ham.(1825) [茶茱萸科 Icacinaceae]●☆

47286 Siagonarrhen Mart. ex J. A. Schmidt(1858)= Hyptis Jacq.

（1787）（保留属名）[唇形科 Lamiaceae(Labiatae)]●■

47287　Sialita Raf.（1815）Nom. illegit. = Dillenia L.（1753）; ~ = Syalita Adans.（1763）Nom. illegit. [五桠果科(第伦桃科,五丫果科,锡叶藤科)Dilleniaceae]●

47288　Sialodes Eckl. et Zeyh.（1837）= Galenia L.（1753）[番杏科 Aizoaceae]●☆

47289　Siamanthus K. Larsen et Mood(1998)【汉】泰花属。【隶属】姜科(蘘荷科)Zingiberaceae。【包含】世界1种。【学名诠释与讨论】〈阳〉(地)Siam,泰国+anthos,花。【分布】泰国。【模式】Siamanthus siliquosus K. Larsen et Mood ■☆

47290　Siamosia K. Larsen et Pedersen（1987）【汉】棱苞聚花苋属。【隶属】苋科 Amaranthaceae。【包含】世界1种。【学名诠释与讨论】〈阴〉(地)Siam,泰国的前称。【分布】泰国。【模式】Siamosia thailandica K. Larsen et T. Myndel Pedersen ■☆

47291　Siapaea Pruski（1996）【汉】葡匐尖泽兰属。【隶属】菊科 Asteraceae(Compositae)。【包含】世界1种。【学名诠释与讨论】〈阴〉(地)Siapa,锡亚帕帕河,位于委内瑞拉。【分布】委内瑞拉。【模式】Siapaea liesneri Pruski ■●☆

47292　Sibaldia L.（1754）Nom. illegit. = Potentilla L.（1753）; ~ = Sibbaldia L.（1753）[蔷薇科 Rosaceae//委陵菜科 Potentillaceae]■●

47293　Sibangea Oliv.（1883）【汉】西邦大戟属。【隶属】大戟科 Euphorbiaceae。【包含】世界3种。【学名诠释与讨论】〈阴〉词源不详。此属的学名是"Sibangea D. Oliver, Hooker's Icon. Pl. 15: 9. Mar 1883"。亦有文献把其处理为"Drypetes Vahl(1807)"的异名。【分布】热带非洲。【模式】Sibangea arborescens D. Oliver。【参考异名】Drypetes Vahl(1807)●☆

47294　Sibara Greene（1896）【汉】假南芥属。【隶属】十字花科 Brassicaceae(Cruciferae)。【包含】世界6-10种。【学名诠释与讨论】〈阴〉(属)由 Arabis 南芥属(筷子芥属)字母改缀而来。此属的学名是"Sibara E. L. Greene, Pittonia 3: 10. 1 Mai 1896"。亦有文献把其处理为"Cardamine L.（1753）"的异名。【分布】墨西哥(北部)和美国(加利福尼亚,东部)。【后选模式】Sibara angelorum (S. Watson) E. L. Greene [Cardamine angelorum S. Watson]。【参考异名】Cardamine L.（1753）; Planodes Greene（1912）■☆

47295　Sibaropsis S. Boyd et T. S. Ross(1997)【汉】异南芥属。【隶属】十字花科 Brassicaceae(Cruciferae)。【包含】世界1种。【学名诠释与讨论】〈阴〉(属)Sibara 假南芥属+希腊文 opsis,外观,模样,相似。【分布】北美洲。【模式】Sibaropsis hammittii S. Boyd et T. S. Ross ■☆

47296　Sibbalda Cothen.（1790）Nom. illegit. =? Sibbaldia L.（1753）[蔷薇科 Rosaceae//委陵菜科 Potentillaceae]■

47297　Sibbalda St. -Lag.（1881）= Sibbaldia L.（1753）[蔷薇科 Rosaceae//委陵菜科 Potentillaceae]■

47298　Sibbaldia L.（1753）【汉】山莓草属(山金梅属,五蕊梅属,西巴德属)。【日】タテヤマキンバイ属。【俄】Сиббальдиевцвет, Сиббальдия。【英】Sibbaldia, Wildberry。【隶属】蔷薇科 Rosaceae//委陵菜科 Potentillaceae。【包含】世界8-22种,中国13-15种。【学名诠释与讨论】〈阴〉(人)Robert Sibbald, 1643-1720,英国药学教授,植物学者,博物学者。此属的学名,ING、GCI、TROPICOS 和 IK 记载是"Sibbaldia L., Sp. Pl. 1: 284. 1753 [1 May 1753]"。"Sibaldia L., Genera Plantarum, ed. 5 137. 1754"似为其变体。"Sibbalda St. -Lag., Ann. Soc. Bot. Lyon viii.（1881）177"和"Sibbalda Cothen., Disp. 12. 1790"亦似是其变体。"Coelas Dulac, Fl. Hautes - Pyrénées 303. 1867"是"Sibbaldia L.（1753）"的晚出的同模式异名(Homotypic

synonym, Nomenclatural synonym)。"Sibbaldia L.（1753）"曾先后被处理为"Potentilla subgen. Sibbaldia (L.) Syme, English Botany, Third Edition 3: 142. 1864"和"Potentilla sect. Sibbaldia (L.) Hook. f., The Flora of British India 2(5): 345. 1878"。亦有文献把"Sibbaldia L.（1753）"处理为"Potentilla L.（1753）"的异名。【分布】巴基斯坦,中国,温带欧亚大陆至喜马拉雅山。【后选模式】Sibbaldia procumbens Linnaeus。【参考异名】Coelas Dulac(1867)Nom. illegit.; Dryadanthe Endl.（1840）; Potentilla L.（1753）; Potentilla sect. Sibbaldia (L.) Hook. f.（1864）; Potentilla subgen. Sibbaldia (L.) Syme（1864）; Sibaldia L.（1754）Nom. illegit.; Sibbalda Cothen.（1790）Nom. illegit.; Sibbalda St. -Lag.（1881）Nom. illegit.; Sibbaldianthe Juz.（1941）■

47299　Sibbaldianthe Juz.（1941）= Sibbaldia L.（1753）[蔷薇科 Rosaceae//委陵菜科 Potentillaceae]■

47300　Sibbaldiopsis Rydb.（1898）【汉】拟山莓草属。【隶属】蔷薇科 Rosaceae//委陵菜科 Potentillaceae。【包含】世界2种。【学名诠释与讨论】〈阴〉(属)Sibbaldia 山莓草属(山金梅属,五蕊梅属,西巴德属)+希腊文 opsis,外观,模样。此属的学名,ING、TROPICOS、GCI 和 IK 记载是"Sibbaldiopsis Rydb., Mem. Dept. Bot. Columbia Coll. 2: 187. 1898 [25 Nov 1898]"。"Sibbaldiopsis Rydberg in N. L. Britton, Manual 499. 1901"是"Sibbaldiopsis Rydb.（1898）"晚出的非法的同模式异名(Homotypic synonym, Nomenclatural synonym)。亦有文献把"Sibbaldiopsis Rydb.（1898）"处理为"Potentilla L.（1753）"的异名。【分布】巴基斯坦,加拿大,日本。【模式】Sibbaldiopsis tridentata (Solander) Rydberg [Potentilla tridentata Solander]。【参考异名】Potentilla L.（1753）; Sibbaldiopsis Rydb.（1901）Nom. illegit. ■☆

47301　Sibbaldiopsis Rydb.（1901）Nom. illegit. = Sibbaldiopsis Rydb.（1898）[蔷薇科 Rosaceae//委陵菜科 Potentillaceae]■☆

47302　Sibertia Steud.（1855）Nom. illegit. = Bromus L.（1753）(保留属名); ~ = Libertia Lej.（1825）Nom. illegit.(废弃属名)[禾本科 Poaceae(Gramineae)]■

47303　Sibiraea Maxim.（1879）【汉】鲜卑花属。【俄】Сибирка。【英】Sibiraea, Sibirea, Xianbeiflower。【隶属】蔷薇科 Rosaceae。【包含】世界4-9种,中国3-7种。【学名诠释与讨论】〈阴〉(地)Sibiria,西伯利亚。指模式种之产地。【分布】中国,巴尔干半岛,亚洲中部。【模式】Sibiraea laevigata (Linnaeus) Maximowicz [Spiraea laevigata Linnaeus]●

47304　Sibthorpia L.（1753）【汉】鸡玄参属。【英】Cornish Moneywort。【隶属】玄参科 Scrophulariaceae//鸡玄参科 Scrophulariaceae//婆婆纳科 Veronicaceae。【包含】世界5种。【学名诠释与讨论】〈阴〉(人)Humphrey Waldo Sibthorp, 1713-1797,英国植物学者,医生,教授。他是植物学者 John Sibthorp 的父亲。此属的学名,ING、TROPICOS 和 IK 记载是"Sibthorpia L., Sp. Pl. 2: 631. 1753 [1 May 1753]"。IK 记载玄参科 Scrophulariaceae 的"Sibtorpia Scop., Introd. 178(1777), err. typ";TROPICOS 则把"Sibthorpia L.（1753）"置于"车前科 Plantaginaceae"。【分布】巴拿马,秘鲁,玻利维亚,厄瓜多尔,哥伦比亚(安蒂奥基亚),葡萄牙(马德拉群岛,亚述尔群岛),欧亚大陆西部和南部,热带非洲山区,南美洲,中美洲。【后选模式】Sibthorpia europaea Linnaeus。【参考异名】Allopleia Raf.（1830）; Disandra L.（1774）; Distandra Link(1821); Sibtorpia Scop.（1777）Nom. illegit.; Willichia Mutis ex L.（1771）■☆

47305　Sibthorpiaceae D. Don（1835）= Plantaginaceae Juss.（保留科名）; ~ = Scrophulariaceae Juss.（保留科名）●■

47306　Sibtorpia Scop.（1777）Nom. illegit. = Sibthorpia L.（1753）［玄参科 Scrophulariaceae］■☆

47307　Siburatia Thouars（1806）Nom. illegit. = Maesa Forssk.（1775）［紫金牛科 Myrsinaceae//杜茎山科 Maesaceae］●

47308　Sicana Naudin（1862）【汉】香蕉瓜属。【隶属】葫芦科（瓜科，南瓜科）Cucurbitaceae。【包含】世界 1 种。【学名诠释与讨论】〈阴〉（秘鲁）sicana，植物俗名。或拉丁文 Sicanus，西西里岛人。【分布】巴拿马，秘鲁，玻利维亚，哥伦比亚（安蒂奥基亚），哥斯达黎加，尼加拉瓜，中国，西印度群岛，热带美洲，中美洲。【模式】Sicana odorifera（Vellozo）Naudin［Cucurbita odorifera Vellozo］■

47309　Siccobaccatus P. J. Braun et Esteves（1990）= Micranthocereus Backeb.（1938）［仙人掌科 Cactaceae］●☆

47310　Sicelium P. Browne et Boehm.（1760）Nom. illegit.（废弃属名）= Coccocypselum P. Browne（1756）（保留属名）［茜草科 Rubiaceae］●☆

47311　Sicelium P. Browne（1756）（废弃属名）= Coccocypselum P. Browne（1756）（保留属名）［茜草科 Rubiaceae］●☆

47312　Sichuania M. G. Gilbert et P. T. Li（1995）【汉】四川藤属。【英】Sichuania。【隶属】萝藦科 Asclepiadaceae。【包含】世界 1 种，中国 1 种。【学名诠释与讨论】〈阴〉（地）Sichuan，中国四川。【分布】中国。【模式】Sichuania alterniloba M. G. Gilbert et P. T. Li ■★

47313　Sickingia Willd.（1801）【汉】西金茜属（斯康吉亚属）。【隶属】茜草科 Rubiaceae。【包含】世界 50 种。【学名诠释与讨论】〈阴〉（人）Sicking。此属的学名是"Sickingia Willdenow, Ges. Naturf. Freunde Berlin Neue Schriften 3：445. post 21 Apr 1801"。亦有文献把其处理为"Simira Aubl.（1775）"的异名。【分布】玻利维亚，中美洲。【模式】未指定。【参考异名】Arariba Mart.（1860）；Simira Aubl.（1775）■☆

47314　Sicklera M. Roem.（1846）= Murraya J. König ex L.（1771）［as 'Murraea'］（保留属名）［芸香科 Rutaceae］●

47315　Sicklera Sendtn.（1846）Nom. illegit. = Brachistus Miers（1849）［茄科 Solanaceae］●☆

47316　Sickleria Bronner（1857）Nom. illegit. ［葡萄科 Vitaceae］●☆

47317　Sickmannia Nees（1834）= Ficinia Schrad.（1832）（保留属名）［莎草科 Cyperaceae］■☆

47318　Sicrea（Baill.）Hallier f.（1921）Nom. illegit. = Sicrea（Pierre）Hallier f.（1921）［椴树科（椴科，田麻科）Tiliaceae//锦葵科 Malvaceae］●☆

47319　Sicrea（Pierre）Hallier f.（1921）【汉】落萼椴属。【隶属】椴树科（椴科，田麻科）Tiliaceae//锦葵科 Malvaceae。【包含】世界 1 种。【学名诠释与讨论】〈阴〉（人）Sicre。此属的学名，ING 和 TROPICOS 记载是"Sicrea（Pierre）H. G. Hallier, Beih. Bot. Centralbl. 39（2）：162. 15 Dec 1921"，由"Schoutenia sect. Sicrea Pierre, Fl. Forest. Cochinchine ad t. 135. 1 Jan 1888"改级而来；而 IK 则记载为"Sicrea Hallier f. , Beih. Bot. Centralbl. , Abt. 2. 39（2）：162, in obs. 1921"。三者引用的文献相同。也有学者采用"Sicrea（Baill.）Hallier f.（1921）"。【分布】中南半岛。【模式】Sicrea godefroyana（Baillon）H. G. Hallier［Schoutenia godefroyana Baillon］。【参考异名】Schoutenia sect. Sicrea Pierre（1888）；Sicrea（Baill.）Hallier f.（1921）Nom. illegit. ；Sicrea Hallier f.（1921）Nom. illegit. ●☆

47320　Sicrea Hallier f.（1921）Nom. illegit. ≡ Sicrea（Pierre）Hallier f.（1921）［椴树科（椴科，田麻科）Tiliaceae//锦葵科 Malvaceae］●☆

47321　Siculosciadium C. Brullo, Brullo, S. R. Downie et Giusso（2013）【汉】剑伞芹属。【隶属】伞形花科（伞形科）Apiaceae

（Umbelliferae）。【包含】世界 1 种。【学名诠释与讨论】〈阴〉（拉）sica，指小式 sicula，短剑+（属）Sciadium 伞芹属。【分布】欧洲。【模式】Siculosciadium nebrodense（Guss.）C. Brullo, Brullo, S. R. Downie et Giusso［Pteroselinum nebrodense Guss. ］☆

47322　Sicydium A. Gray（1850）Nom. inval. , Nom. illegit. = Ibervillea Greene（1895）；~ = Maximowiczia Cogn.（1881）Nom. illegit. ［葫芦科（瓜科，南瓜科）Cucurbitaceae］■☆

47323　Sicydium Schltdl.（1832）【汉】野胡瓜属。【隶属】葫芦科（瓜科，南瓜科）Cucurbitaceae。【包含】世界 6 种。【学名诠释与讨论】〈中〉（希）sikyos，指小式 sikydion，野胡瓜或葫芦+-ius, -ia, -ium，在拉丁文和希腊文中，这些词尾表示性质或状态。【分布】热带美洲。【模式】Sicydium schiedeanum Schlechtendal。【参考异名】Triceratia A. Rich.（1845）■☆

47324　Sicyocarpus Bojer（1837）= Dregea E. Mey.（1838）（保留属名）［萝藦科 Asclepiadaceae］●

47325　Sicyocarya（A. Gray）H. St. John（1978）= Sicyos L.（1753）［葫芦科（瓜科，南瓜科）Cucurbitaceae］■

47326　Sicyocaulis Wiggins（1970）= Sicyos L.（1753）［葫芦科（瓜科，南瓜科）Cucurbitaceae］■

47327　Sicyocodon Feer（1890）= Campanula L.（1753）［桔梗科 Campanulaceae］■●

47328　Sicyodea Ludw. = Sicyoides Mill.（1754）Nom. illegit. ；~ = Sicyos L.（1753）［葫芦科（瓜科，南瓜科）Cucurbitaceae］■

47329　Sicyoides Mill.（1754）Nom. illegit. ≡ Sicyos L.（1753）［葫芦科（瓜科，南瓜科）Cucurbitaceae］■

47330　Sicyoides Tourn. ex Medik.（1789）Nom. illegit. ［葫芦科（瓜科，南瓜科）Cucurbitaceae］☆

47331　Sicyomorpha Miers（1872）= Peritassa Miers（1872）［卫矛科 Celastraceae］●☆

47332　Sicyos L.（1753）【汉】刺瓜藤属（西克斯属，小扁瓜属）。【日】シキオス属。【俄】Огурец волосистый, Сициос。【英】Bur Cucumber。【隶属】葫芦科（瓜科，南瓜科）Cucurbitaceae。【包含】世界 50 种，中国 1 种。【学名诠释与讨论】〈阳〉（希）sikyos，指小式 sikydion，野胡瓜或葫芦。此属的学名，ING、APNI、GCI 和 IK 记载是"Sicyos L. , Sp. Pl. 2：1013. 1753［1 May 1753］"。"Bryoniastrum Heister ex Fabricius, Enum. 195. 1759"和"Sicyoides P. Miller, Gard. Dict. Abr. ed. 4. 28 Jan 1754"是"Sicyos L.（1753）"的晚出的同模式异名（Homotypic synonym, Nomenclatural synonym）。【分布】澳大利亚，巴拿马，秘鲁，玻利维亚，厄瓜多尔，哥斯达黎加，美国，尼加拉瓜，中国，波利尼西亚群岛，中美洲。【后选模式】Sicyos angulata Linnaeus。【参考异名】Anomalosicyos Gentry（1946）；Badaroa Bert. ex Steud.（1840）；Baderoa Bert. ex Hook.（1833）；Bryoniastrum Fabr.（1759）Nom. illegit. ；Bryoniastrum Heist. ex Fabr.（1759）Nom. illegit. ；Cladocarpa（St. John）St. John（1978）；Costarica L. D. Gómez（1983）；Sarx H. St. John（1978）；Sicyocarya（A. Gray）H. St. John（1978）；Sicyocaulis Wiggins（1970）；Sicyodea Ludw. ；Sicyoides Mill.（1754）Nom. illegit. ；Sicyus Clem. , Nom. illegit. ；Skottsbergiliana H. St. John（1975）；Sycios Medik.（1789）Nom. illegit. ■

47333　Sicyosperma A. Gray（1853）【汉】葫芦籽属。【隶属】葫芦科（瓜科，南瓜科）Cucurbitaceae。【包含】世界 1 种。【学名诠释与讨论】〈中〉（希）sikyos，指小式 sikydion，野胡瓜或葫芦+sperma，所有格 spermatos，种子，孢子。【分布】美国（南部）。【模式】Sicyosperma gracile A. Gray ■☆

47334　Sicyus Clem. , Nom. illegit. = Sicyos L.（1753）［葫芦科（瓜科，南瓜科）Cucurbitaceae］■

47335　Sida L.（1753）【汉】黄花稔属（金午时花属）。【日】キンゴジカ属，キンゴジクワ属。【俄】Грудника，Просвирнячок，Сида。【英】Queensland Hemp，Sida。【隶属】锦葵科 Malvaceae。【包含】世界 100-200 种，中国 14-17 种。【学名诠释与讨论】〈阴〉（希）side，石榴树的古名，或 Nymphaea alba L. 的古名。此属的学名，ING、APNI、GCI 和 IK 记载是"Sida L.，Sp. Pl. 2：683. 1753［1 May 1753］"。"Malvinda Boehmer in Ludwig，Def. Gen. ed. 3. 74. 1760"是"Sida L.（1753）"的晚出的同模式异名（Homotypic synonym，Nomenclatural synonym）。【分布】巴基斯坦，巴拉圭，玻利维亚，巴拿马，秘鲁，达加斯加，厄瓜多尔，哥斯达黎加，美国（密苏里），尼加拉瓜，中国，温暖地区，中美洲。【模式】Sida rhombifolia Linnaeus。【参考异名】Diadesma Raf.（1836）Nom. illegit.；Dictyocarpus Wight（1837）；Disella Greene（1906）；Fleischeria Steud.（1845）Nom. illegit.；Lamarkia Medik.（1789）（废弃属名）；Malvania Fabr.；Malvinda Boehm.（1760）Nom. illegit.；Physaliastrum Monteiro（1969）Nom. illegit.；Physalastrum DC.（1969）Nom. illegit.；Physalastrum Monteiro（1969）Nom. illegit.；Pseudomalachra（K. Schum.）H. Monteiro（1974）；Pseudomalachra H. Monteiro（1974）Nom. illegit.；Sidalcea A. Gray ex Benth.（1849）Nom. inval.，Nom. nud.；Sidalcea A. Gray（1849）Nom. inval.，Nom. nud.；Sidastrum Baker f.（1892）；Side St.-Lag.（1880）；Sidopsis Rydb.（1932）■●

47336　Sidaceae Bercht. et Presl = Malvaceae Juss.（保留科名）●■

47337　Sidalcea A. Gray ex Benth.（1849）Nom. inval.，Nom. nud.【汉】双葵属（稔葵属）。【日】キンゴジカモドキ属。【俄】Сидальцея。【英】Checker Mallow，Checker-mallow，False Mallow，Greek Mallow，Prairie Mallow，Prairiemallow。【隶属】锦葵科 Malvaceae。【包含】世界 20-25 种。【学名诠释与讨论】〈阴〉（属）由 2 个属名 Sida 黄花稔属+Alcea 蜀葵属组合而成。此属的学名，ING、TROPICOS 和 GCI 记载是"Sidalcea A. Gray，Mem. Amer. Acad. Arts ser. 2. 4：18. 10 Feb 1849"；GCI 说明是"Nom. inval.，Nom. nud."。IK 则记载为"Sidalcea A. Gray ex Benth.，Pl. Hartw.［Bentham］300. 1849［undated prob. early Jan 1849］"；亦标注为"Nom. inval.，Nom. nud."。故此属尚无合法的学名可用。《显花植物与蕨类植物词典》则把"Sidalcea A. Gray（1849）"用为正名。亦有文献把"Sidalcea A. Gray ex Benth.（1849）Nom. inval.，Nom. nud."处理为"Sida L.（1753）"的异名。【分布】北美洲西部。【模式】Sidalcea jamesonii（Baker f.）Fryxell et Fuertes［Sida jamesonii E. G. Baker］●☆。【参考异名】Hesperalcea Greene（1892）；Sidalcea A. Gray（1849）Nom. inval.，Nom. nud.。【参考异名】Hesperalcea Greene（1892）；Sida L.（1753）；Sidalcea A. Gray（1849）Nom. inval.，Nom. nud. ■☆

47338　Sidalcea A. Gray（1849）Nom. inval.，Nom. nud. = Sida L.（1753）；~ = Sidalcea A. Gray ex Benth.（1849）Nom. inval.，Nom. nud.［锦葵科 Malvaceae］■☆

47339　Sidanoda（A. Gray）Wooton et Standl.（1915）= Anoda Cav.（1785）［锦葵科 Malvaceae］■●☆

47340　Sidanoda Wooton et Standl.（1915）Nom. illegit. ≡ Sidanoda（A. Gray）Wooton et Standl.（1915）；~ = Anoda Cav.（1785）［锦葵科 Malvaceae］■●☆

47341　Sidasodes Fryxell et Fuertes（1992）【汉】肖锦葵属。【隶属】锦葵科 Malvaceae。【包含】世界 2 种。【学名诠释与讨论】〈阴〉（属）Sida 黄花稔属+odes，相似，类似。【分布】秘鲁，厄瓜多尔，哥伦比亚。【模式】Sidasodes jamesonii（Baker f.）Fryxell et Fuertes［Sida jamesonii E. G. Baker］●☆

47342　Sidastrum Baker f.（1892）【汉】小黄花稔属。【隶属】锦葵科 Malvaceae。【包含】世界 8 种。【学名诠释与讨论】〈阴〉（属）

Sida 黄花稔属（金午时花属）+-astrum，指示小的词尾，也有"不完全相似"的含义。此属的学名是"Sidastrum E. G. Baker，J. Bot. 30：137. 1892"。亦有文献把其处理为"Sida L.（1753）"的异名。【分布】阿根廷，巴拉圭，巴哈马（巴哈马群岛），巴拿马，巴西，秘鲁，玻利维亚，厄瓜多尔，哥伦比亚，哥斯达黎加，哥斯黎加，古巴，洪都拉斯，美国，墨西哥，危地马拉，委内瑞拉，西印度群岛，非洲，中美洲。【模式】Sidastrum quinquenervium（Duchassaing ex Triana et Planchon）E. G. Baker［Sida quinquenervia Duchassaing ex Triana et Planchon］。【参考异名】Sida L.（1753）●☆

47343　Side St.-Lag.（1880）= Sida L.（1753）［锦葵科 Malvaceae］●■

47344　Sideranthus Nees（1840）Nom. illegit. ≡ Sideranthus Nutt. ex Nees（1840）Nom. illegit. ≡ Haplopappus Cass.（1828）［as 'Aplopappus'］（保留属名）［菊科 Asteraceae（Compositae）］■●☆

47345　Sideranthus Nutt. ex Nees（1840）Nom. illegit. ≡ Haplopappus Cass.（1828）［as 'Aplopappus'］（保留属名）［菊科 Asteraceae（Compositae）］■●☆

47346　Siderasis Raf.（1837）【汉】锈毛草属。【隶属】鸭跖草科 Commelinaceae。【包含】世界 2-3 种。【学名诠释与讨论】〈阴〉词源不详。此属的学名，ING 和 IK 记载是"Siderasis Raf.，Fl. Tellur. 3：67. 1837［1836 publ. Nov-Dec 1837］"。"Pyrrheima Hasskarl，Flora 52：366. 10 Aug 1869"是"Siderasis Raf.（1837）"的晚出的同模式异名（Homotypic synonym，Nomenclatural synonym）。【分布】热带南美洲。【模式】Siderasis acaulis Rafinesque［as 'acaules'］，Nom. illegit.［Tradescantia fuscata Loddiges；Siderasis fuscata（Loddiges）H. E. Moore］。【参考异名】Phyrrheima Hassk.（1871）；Pyrrheima Hassk.（1869）Nom. illegit. ■☆

47347　Sideria Ewart et A. H. K. Petrie（1926）= Melhania Forssk.（1775）［梧桐科 Sterculiaceae//锦葵科 Malvaceae］●■

47348　Sideritis L.（1753）【汉】毒马草属（铁尖草属）。【俄】Железница，Сидеритис。【英】Iron Woundwort，Ironwort，Iron-wort，Sideritis。【隶属】唇形科 Lamiaceae（Labiatae）。【包含】世界 100-150 种，中国 2 种。【学名诠释与讨论】〈阴〉（希）siderites，包括薄荷、马鞭草在内的多种植物的名称。【分布】巴基斯坦，中国，北温带欧亚大陆。【后选模式】Sideritis hyssopifolia Linnaeus。【参考异名】Burgsdorfia Moench（1794）Nom. illegit.；Cunila Mill.（1754）（废弃属名）；Demosthenia Raf.（1810）Nom. illegit.；Empedoclia Raf.（1810）；Hesiodia Moench（1794）；Leria Adans.（1763）；Leucophae Webb et Berthel.（1836-1850）；Mappia Fabr.（1759）（废弃属名）；Mappia Heist. ex Fabr.（1759）Nom. illegit.（废弃属名）；Marrubiastrum Moench（1794）Nom. illegit.；Marrubiastrum Tourn. ex Moench（1794）；Navicularia Fabr.（1759）Nom. illegit.；Navicularia Heist. ex Adans.（1763）Nom. illegit.；Navicularia Heist. ex Fabr.（1759）；Syderitis All.（1773）；Tetrahit Adans.（1763）Nom. illegit. ■●

47349　Siderobombyx Bremek.（1947）【汉】铁蚕茜属。【隶属】茜草科 Rubiaceae。【包含】世界 1 种。【学名诠释与讨论】〈阳〉（希）sideros，铁，铁制的+bombyx，所有格 bombycis，蚕；bombyx，丝，绸。【分布】加里曼丹岛。【模式】Siderobombyx kinabaluensis Bremekamp☆

47350　Siderocarpos Small（1901）Nom. illegit. ≡ Ebenopsis Britton et Rose（1928）；~ = Acacia Mill.（1754）（保留属名）［豆科 Fabaceae（Leguminosae）//含羞草科 Mimosaceae//金合欢科 Acaciaceae］●■

47351　Siderocarpus Pierre ex L. Planch.（1888）= Planchonella Pierre（1890）（保留属名）［山榄科 Sapotaceae］●

47352 Siderocarpus Pierre(1890)Nom. illegit. ≡Siderocarpus Pierre ex L. Planch.(1888);~=Planchonella Pierre(1890)(保留属名)[山榄科 Sapotaceae]●

47353 Siderocarpus Willis, Nom. inval. =Acacia Mill.(1754)(保留属名);~=Siderocarpos Small(1901)Nom. illegit.;~=Ebenopsis Britton et Rose(1928);~=Acacia Mill.(1754)(保留属名)[豆科 Fabaceae(Leguminosae)//含羞草科 Mimosaceae]●■

47354 Siderodendron Cothen.(1790)Nom. inval. =Siderodendrum Schreb.(1789);~=Sideroxyloides Jacq.(1763)Nom. inval.;~=Ixora L.(1753)[茜草科 Rubiaceae]●

47355 Siderodendron Roem. et Schult.(1818)Nom. illegit. =Siderodendrum Schreb.(1789);~=Sideroxyloides Jacq.(1763)Nom. inval.;~=Ixora L.(1753)[茜草科 Rubiaceae]●

47356 Siderodendrum Schreb.(1789)=Ixora L.(1753);~=Sideroxyloides Jacq.(1763)Nom. inval.[茜草科 Rubiaceae]●

47357 Sideropogon Pichon(1945)=Arrabidaea DC.(1838)[紫葳科 Bignoniaceae]●☆

47358 Sideroxyloides Jacq.(1763)Nom. inval. =Ixora L.(1753)[茜草科 Rubiaceae]●●

47359 Sideroxylon L.(1753)【汉】铁榄属(山榄属)。【俄】Дерево железное,Сидероксирон。【英】Jungle Plum。【隶属】山榄科 Sapotaceae。【包含】世界75种。【学名诠释与讨论】〈中〉(希)sideros,铁,铁制的+xylon,木材。指木材坚硬。此属的学名,ING、TROPICOS、APNI、GCI 和 IK 记载是"Sideroxylon L. , Sp. Pl. 1:192. 1753 [1 May 1753]"。"Sideroxylum Salisb. , Prodr. Stirp. Chap. Allerton 138(1796)[Nov-Dec 1796]"是其变体。"J. C. Willis. A Dictionary of the Flowering Plants and Ferns(Student Edition). 1985. Cambridge. Cambridge University Press. 1-1245"把"Tatina Rafinesque, Aut. Bot. 75. 1840"处理为"Ilex L.(1753)"的异名;另有学者则处理为"Sideroxylon L.(1753)[山榄科 Sapotaceae]"的异名;ING、TROPICOS 和 IK 亦把"Tatina Raf.(1840)"置于山榄科 Sapotaceae。【分布】巴基斯坦,巴拉圭,巴拿马,秘鲁,玻利维亚,厄瓜多尔,马达加斯加,美国(密苏里),尼加拉瓜,中美洲。【后选模式】Sideroxylon inerme Linnaeus。【参考异名】Apterygia Baehni(1964);Auzuba Juss. ;Boerlagella Pierre ex Boerl. , Nom. illegit. ;Bumelia Sw.(1788)(保留属名);Calvaria C. F. Gaertn.(1806)Nom. illegit.;Calvaria Comm. ex C. F. Gaertn.(1806);Cryptogyne Hook. f.(1876)(保留属名);Decateles Raf.(1838);Dipholis A. DC.(1844)(保留属名);Edgeworthia Falc.(1842)Nom. illegit.;Fontbrunea Pierre(1890);Handeliodendron Rehder(1935);Lyciodes Kuntze(1891)Nom. illegit.;Mastichodendron(Engl.)H. J. Lam(1939)Nom. illegit.;Mastichodendron Jacq. ex R. Hedw.(1806)Nom. illegit.;Mastichodendron R. Hedw.(1806);Monotheca A. DC.(1844);Reptonia A. DC.(1844);Robertia Scop.(1777)(废弃属名);Robertsia Endl.(1839);Sclerocladus Raf.(1838);Sclerozus Raf.(1840)Nom. illegit.;Sideroxylum Salisb.(1796)Nom. illegit.;Sinosideroxylon(Engl.)Aubrév.(1963);Spiniluma(Baill.)Aubrév.(1963);Spiniluma Baill.(1891)Nom. inval.;Spiniluma Baill. ex Aubrév.(1963);Spondogona Raf.(1838)(废弃属名);Stephanoluma Baill.(1891);Tatina Raf.(1840)●☆

47360 Sideroxylum Salisb.(1796)Nom. illegit. ≡Sideroxylon L.(1753)[山榄科 Sapotaceae]●☆

47361 Sidneya E. E. Schill. et Panero(2011)【汉】西德尼菊属。【隶属】菊科 Asteraceae(Compositae)。【包含】世界2种2变种。【学名诠释与讨论】〈阴〉(人)Sidney,植物学者。"Sidneya E. E. Schill. et Panero(2011)"是"Viguiera ser. Pinnatilobatae S. F. Blake(1918)"的替代名称。【分布】墨西哥,中美洲。【模式】Sidneya pinnatilobata(Sch. Bip.)E. E. Schill. et Panero [Zaluzania pinnatilobata Sch. Bip.]。【参考异名】Viguiera ser. Pinnatilobatae S. F. Blake(1918)☆

47362 Sidopsis Rydb.(1932)=Malvastrum A. Gray(1849)(保留属名);~=Sida L.(1753)[锦葵科 Malvaceae]●■

47363 Sidotheca Reveal(2004)【汉】星苞蓼属。【英】Starry Puncturebract。【隶属】蓼科 Polygonaceae。【包含】世界3种。【学名诠释与讨论】〈阴〉(希)sidus,星形+theke =拉丁文 theca,匣子,箱子,室,药室,囊。指苞片星形。此属的学名"Sidotheca Reveal, Harvard Pap. Bot. 9(1):211. 2004 [Sep 2004]"是"Oxytheca sect. Neoxytheca Ertter, Brittonia 32(1):92. 1980"的替代名称。【分布】美国,北美洲。【模式】不详。【参考异名】Oxytheca sect. Neoxytheca Ertter(1980)■☆

47364 Siebera C. Presl(1828)Nom. illegit.(废弃属名)=Anredera Juss.(1789)[落葵科 Basellaceae//落葵薯科 Anrederaceae]●■

47365 Siebera Hoppe(1819)(废弃属名)=Minuartia L.(1753)[石竹科 Caryophyllaceae]■

47366 Siebera J. Gay(1827)(保留属名)【汉】微刺菊属。【俄】Зибера。【隶属】菊科 Asteraceae(Compositae)。【包含】世界2种。【学名诠释与讨论】〈阴〉(人)Franz(e)Wilhelm Sieber,1789-1844,捷克(波希米亚)植物学者。此属的学名"Siebera J. Gay in Mém. Soc. Hist. Nat. Paris 3:344. 1827"是保留属名。相应的废弃属名是兰科 Orchidaceae 的"Sieberia Spreng. , Anleit. Kenntn. Gew. ,ed. 2,2:282. 20 Apr 1817 =Coeloglossum Hartm.(1820)(废弃属名)=Leucorchis E. Mey.(1839)=Nigritella Rich.(1817)=Platanthera Rich.(1817)(保留属名)"。藜科 Chenopodiaceae 的"Siebera C. Presl,Oken,Isis xxi.(1828)275 =Anredera Juss.(1789)",石竹科 Caryophyllaceae 的"Siebera Hoppe,Flora 2:24. 14 Jan 1819 =Minuartia L.(1753)",伞形花科 Apiaceae 的"Siebera Rchb. , Consp. Regn. Veg. [H. G. L. Reichenbach]145. 1828 ≡Fischera Spreng.(1813)=Platysace Bunge(1845)"和兰科 Orchidaceae 的"Siebera Post et Kuntze(1903)Nom. illegit. =Sieberia Spreng.(1817)(废弃属名)"都应废弃。"Fleurotia H. G. L. Reichenbach, Deutsche Bot. Herbarienbuch(Nom.)90. Jul 1841"是"Siebera J. Gay(1827)(保留属名)"的晚出的同模式异名(Homotypic synonym, Nomenclatural synonym)。【分布】亚洲西部。【模式】Siebera pungens(Lam.)DC. [Xeranthemum pungens Lam.]。【参考异名】Beriesa Steud.(1840);Fleurotia Rchb.(1841)Nom. illegit. ■☆

47367 Siebera Post et Kuntze(1903)Nom. illegit.(废弃属名)=Sieberia Spreng.(1817)(废弃属名);~=Coeloglossum Hartm.(1820)(废弃属名);~=Leucorchis E. Mey.(1839);~=Nigritella Rich.(1817);~=Platanthera Rich.(1817)(保留属名)[兰科 Orchidaceae]■

47368 Siebera Rchb.(1828)Nom. illegit.(废弃属名)≡Fischera Spreng.(1813);~=Platysace Bunge(1845)[伞形花科(伞形科)Apiaceae(Umbelliferae)]■☆

47369 Sieberia Spreng.(1817)(废弃属名)=Coeloglossum Hartm.(1820)(废弃属名);~=Leucorchis E. Mey.(1839);~=Nigritella Rich.(1817);~=Platanthera Rich.(1817)(保留属名)[兰科 Orchidaceae]■

47370 Sieboldia Heynh.(1847)Nom. illegit. =Simethis Kunth(1843)(保留属名)[阿福花科 Asphodelaceae//萱草科 Hemerocallidaceae]■☆

47371 Sieboldia Hoffmanns.(1842)=Clematis L.(1753)[毛茛科

Ranunculaceae〕●■

47372　Siederella Szlach.，Mytnik，Górniak et Romowicz（2006）【汉】墨西哥瘤瓣兰属。【隶属】兰科 Orchidaceae。【包含】世界 1 种。【学名诠释与讨论】〈阴〉（人）Sieder+-ellus，-ella，-ellum，加在名词词干后面形成指小式的词尾。或加在人名、属名等后面以组成新属的名称。此属的学名是"Siederella Szlach.，Mytnik，Górniak et Romowicz，Biodiversity：Research and Conservation 1-2：4-5. 2006"。亦有文献把其处理为"Oncidium Sw.（1800）（保留属名）"的异名。【分布】墨西哥。【模式】Siederella aurea（Lindl.）Szlach.，Mytnik，Górniak et Romowicz。【参考异名】Oncidium Sw.（1800）（保留属名）●☆

47373　Siegesbeckia L.（1753）Nom. illegit. ≡Sigesbeckia L.（1753）〔菊科 Asteraceae（Compositae）〕■

47374　Siegesbeckia Steud.（1841）Nom. illegit. ≡Sigesbeckia L.（1753）〔菊科 Asteraceae（Compositae）〕■

47375　Siegfriedia C. A. Gardner（1931）【汉】西澳鼠李属。【隶属】鼠李科 Rhamnaceae。【包含】世界 1 种。【学名诠释与讨论】〈阴〉（人）Siegfried，植物学者。或来自德国神话中的英雄 Siegfried，指隐藏的花。【分布】澳大利亚（西部）。【模式】Siegfriedia darwinioides C. A. Gardner ●☆

47376　Sieglingia Bernh.（1800）（废弃属名）＝ Danthonia DC.（1805）（保留属名）〔禾本科 Poaceae（Gramineae）〕■

47377　Siella Pimenov（1746）Nom. inval.，Nom. illegit.，Nom. superfl.＝Berula W. D. J. Koch（1826）〔伞形花科（伞形科）Apiaceae（Umbelliferae）〕■

47378　Siemensia Urb.（1923）【汉】古巴茜草属。【隶属】茜草科 Rubiaceae。【包含】世界 1 种。【学名诠释与讨论】〈阴〉（人）Siemens。【分布】古巴。【模式】Siemensia pendula（Wright ex Grisebach）Urban〔Portlandia pendula Wright ex Grisebach〕●☆

47379　Siemssenia Steetz（1845）＝ Podolepis Labill.（1806）（保留属名）〔菊科 Asteraceae（Compositae）〕■☆

47380　Sieruela Raf.（1838）＝ Cleome L.（1753）〔山柑科（白花菜科，醉蝶花科）Capparaceae//白花菜科（醉蝶花科）Cleomaceae〕●■

47381　Sievekingia Rchb. f.（1871）【汉】垂序兰属。【日】シーベキンギア属。【隶属】兰科 Orchidaceae。【包含】世界 15 种。【学名诠释与讨论】〈阴〉（人）C. Sieveking，曾任德国汉堡市长。【分布】热带美洲。【模式】Sievekingia suavis H. G. Reichenbach。【参考异名】Gorgoglosum F. Lehm. ■☆

47382　Sieveniia Willd. ＝Geum L.（1753）〔蔷薇科 Rosaceae〕■

47383　Sieversandreas Eb. Fisch.（1996）【汉】随氏寄生属。【隶属】玄参科 Scrophulariaceae//列当科 Orobanchaceae。【包含】世界 1 种。【学名诠释与讨论】〈阴〉（人）J. Sievers，18 世纪德国旅行家、植物学者+aner，所有格 andros，雄性，雄蕊。【分布】马达加斯加。【模式】Sieversandreas madagascarianus E. Fischer ●☆

47384　Sieversia Willd.（1811）【汉】随氏路边青属（五瓣莲属）。【日】チングルマ属。【俄】Сиверсия。【英】Sieversia。【隶属】蔷薇科 Rosaceae。【包含】世界 1-15 种。【学名诠释与讨论】〈阴〉（人）Johann August Carl Sievers，1762-1795，德国旅行学者、药剂师。【分布】美国（阿留申群岛）、亚洲东北部。【模式】Sieversia anemonoides Willdenow，Nom. illegit.〔Dryas anemonoides Pallas，Nom. illegit.，Dryas pentapetala Linnaeus；Sieversia pentapetala（Linnaeus）E. L. Greene〕●☆

47385　Siflora Raf.（1830）Nom. inval. ＝Sison L.（1753）〔伞形花科（伞形科）Apiaceae（Umbelliferae）〕■☆

47386　Sigesbeckia L.（1753）【汉】豨莶属（西热菊属）。【日】メナモミ属。【俄】Зигесбекия，Сигезбекия。【英】St. Paul's-wort，St. Paulswort。【隶属】菊科 Asteraceae（Compositae）。【包含】世界 3-

8 种，中国 3 种。【学名诠释与讨论】〈阴〉（人）John George Siegesbeck，1686-1755，德国医生，植物学者。另说为俄罗斯植物学者。【分布】巴拿马，玻利维亚，厄瓜多尔，哥伦比亚（安蒂奥基亚），马达加斯加，尼加拉瓜，中国，热带和温带，中美洲。【后选模式】Sigesbeckia orientalis Linnaeus。【参考异名】Limnogenneton Sch. Bip.（1846）Nom. illegit.；Limnogenneton Sch. Bip. ex Walp.（1846）；Micractis DC.（1836）；Minyranthes Turcz.（1851）；Schkuhria Moench（1794）；Siegesbeckia L.（1753）Nom. illegit.；Siegesbeckia Steud.（1841）Nom. illegit.；Trimeranthes（Cass.）Cass.（1829）Nom. illegit.；Trimeranthes Cass.（1827）Nom. illegit. ■

47387　Sigillabenis Thouars ＝ Habenaria Willd.（1805）〔兰科 Orchidaceae〕■

47388　Sigillaria Raf.（1819）Nom. illegit. ≡Smilacina Desf.（1807）（保留属名）；~＝Maianthemum F. H. Wigg.（1780）（保留属名）〔百合科 Liliaceae//铃兰科 Convallariaceae〕■

47389　Sigillum Friche-Joset et Montandon（1856）＝ Polygonatum Mill.（1754）〔百合科 Liliaceae//黄精科 Polygonataceae//铃兰科 Convallariaceae〕■

47390　Sigillum Montandon（1868）Nom. illegit. ≡Sigillum Tragus ex Montandon（1868）；~ = Polygonatum Mill.（1754）〔百合科 Liliaceae//黄精科 Polygonataceae//铃兰科 Convallariaceae〕■

47391　Sigillum Tragus ex Montandon（1868）＝ Polygonatum Mill.（1754）〔百合科 Liliaceae//黄精科 Polygonataceae//铃兰科 Convallariaceae〕■

47392　Sigmatanthus Huber ex Ducke（1922）＝ Raputia Aubl.（1775）〔芸香科 Rutaceae〕●☆

47393　Sigmatanthus Huber ex Emmerich（1978）Nom. illegit. ＝Raputia Aubl.（1775）〔芸香科 Rutaceae〕●☆

47394　Sigmatochilus Rolfe（1914）＝ Chelonistele Pfitzer（1907）；~ = Panisea（Lindl.）Lindl.（1854）（保留属名）〔兰科 Orchidaceae〕■

47395　Sigmatogyne Pfitzer（1907）＝ Panisea（Lindl.）Lindl.（1854）（保留属名）〔兰科 Orchidaceae〕■

47396　Sigmatophyllum D. Dietr.（1840）＝ Stigmaphyllon A. Juss.（1833）〔金虎尾科（黄褥花科）Malpighiaceae〕●☆

47397　Sigmatosiphon Engl.（1894）＝ Sesamothamnus Welw.（1869）〔胡麻科 Pedaliaceae〕●☆

47398　Sigmatostalix Rchb. f.（1852）【汉】弓柱兰属。【日】シグマトスタリックス属。【隶属】兰科 Orchidaceae。【包含】世界 35 种。【学名诠释与讨论】〈阴〉（希）sigma，所有格 sigmatos，希腊字母 Σ+stalix 棒。可能指花柱的形态。【分布】巴拉圭，巴拿马，秘鲁，玻利维亚，厄瓜多尔，哥伦比亚（安蒂奥基亚），哥斯达黎加，尼加拉瓜，中美洲。【模式】Sigmatostalix graminea（Pöppig et Endlicher）H. G. Reichenbach〔Specklinia graminea Pöppig et Endlicher〕。【参考异名】Ornithophora Barb. Rodr.（1882）；Petalocentrum Schltr.（1918）；Roezliella Schltr.（1918）■☆

47399　Sigmodostyles Meisn.（1843）＝ Rhynchosia Lour.（1790）（保留属名）〔豆科 Fabaceae（Leguminosae）//蝶形花科 Papilionaceae〕●■

47400　Sigmoidotropis（Piper）A. Delgado（2011）【汉】弓柱豆属。【隶属】豆科 Fabaceae（Leguminosae）。【包含】世界 9 种。【学名诠释与讨论】〈阴〉（希）sigma，所有格 sigmatos，希腊字母 Σ+oides，来自 o+eides，像，似；或 o+eidos 形，含义为相像+stylos ＝拉丁文 style，花柱，中柱，有尖之物，桩，柱，支持物，支柱，石头做的界标。此属的学名"Sigmoidotropis（Piper）A. Delgado，Amer. J. Bot. 98（10）：1710（-1711）. 2011〔1 Oct 2011〕"是由"Phaseolus sect. Sigmoidotropis Piper Contr. U. S. Natl. Herb. 22：674. 1926"改级而来。【分布】巴西，秘鲁，古巴，海地，委内瑞拉，牙买加，西印度

群岛，南美洲。【模式】Sigmoidotropis speciosa（Kunth）A. Delgado〔Phaseolus speciosus Kunth〕。【参考异名】Phaseolus sect. Sigmoidotropis Piper（1926）☆

47401　Sigrnatogyne Pfitzer＝Panisea（Lindl.）Lindl.（1854）（保留属名）〔兰科 Orchidaceae〕■

47402　Sikira Raf.（1840）＝Chaerophyllum L.（1753）〔伞形花科（伞形科）Apiaceae（Umbelliferae）〕■

47403　Silamnus Raf.（1838）＝Cephalanthus L.（1753）〔茜草科 Rubiaceae〕●

47404　Silaum Mill.（1754）【汉】亮叶芹属。【俄】Морковник。【英】Meadow Saxifrage, Pepper Saxifrage, Pepper－saxifrage, Pepperwort, Silaum, Silaus, Sulphurwort。【隶属】伞形花科（伞形科）Apiaceae（Umbelliferae）。【包含】世界 1-5 种，中国 1 种。【学名诠释与讨论】〈中〉（拉）silaus，一种芹的古名。此属的学名，ING 和 IK 记载是"Silaum P. Miller, Gard. Dict. Abr. ed. 4. 28 Jan 1754"。"Silaus Bernhardi, Syst. Verzeichniss Pflanzen Erfurt 116, 174. 1800"是"Silaum Mill.（1754）"的晚出的同模式异名（Homotypic synonym, Nomenclatural synonym）。【分布】中国，温带欧亚大陆。【模式】Silaum silaus（Linnaeus）H. Schinz et A. Thellung〔Peucedanum silaus Linnaeus〕。【参考异名】Gasparinia Bertol.（1839）；Gasparrinia Bertol.（1839）；Silaus Bernh.（1800）Nom. illegit.■

47405　Silaus Bernh.（1800）Nom. illegit.≡Silaum Mill.（1754）〔伞形花科（伞形科）Apiaceae（Umbelliferae）〕■

47406　Silenaceae（DC.）Bartl.＝Caryophyllaceae Juss.（保留科名）■●

47407　Silenaceae Bartl.（1825）＝Caryophyllaceae Juss.（保留科名）■●

47408　Silenanthe（Fenzl）Griseb. et Schenk（1852）＝Silene L.（1753）（保留属名）〔石竹科 Caryophyllaceae〕■

47409　Silenanthe Griseb. et Schenk（1852）Nom. illegit.≡Silenanthe（Fenzl）Griseb. et Schenk（1852）；～＝Silene L.（1753）（保留属名）〔石竹科 Caryophyllaceae〕■

47410　Silene L.（1753）（保留属名）【汉】蝇子草属（麦瓶草属，雪轮属）。【日】シレネ属，センノウ属，ビランジ属，ビランヂ属，マンテマ属。【俄】Горицвет, Куколица, Лихнис, Силена, Силене, Смолевка, Смолёвка, Хлопушка。【英】Campion, Catchfly, Lamp－flower, Lychnis, Rose Campion, Silene。【隶属】石竹科 Caryophyllaceae。【包含】世界 500-700 种，中国 110-138 种。【学名诠释与讨论】〈阴〉（希）sialon，唾沫。另说源于希腊神话中的 Silenes，他是希腊酒神 Bacchus 的养父，含义指本属植物分泌黏性物。此属的学名"Silene L., Sp. Pl.：416. 1 Mai 1753"是保留属名。相应的废弃属名是石竹科 Caryophyllaceae 的"Lychnis L., Sp. Pl.：436. 1 Mai 1753＝Silene L.（1753）（保留属名）"。"Kaleria Adanson, Fam. 2：506. Jul－Aug 1763"、"Oncerum Dulac, Fl. Hautes－Pyrénées 255. 1867"和"Viscago Zinn, Cat. 188. 20 Apr－21 Mai 1757"是"Silene L.（1753）（保留属名）"的晚出的同模式异名（Homotypic synonym, Nomenclatural synonym）。【分布】巴基斯坦，秘鲁，玻利维亚，厄瓜多尔，哥伦比亚（安蒂奥基亚），美国（密苏里），中国，地中海地区，北温带，中美洲。【模式】Silene anglica Linnaeus。【参考异名】Alifiola Raf.（1840）；Anotites Greene（1905）；Atocion Adans.（1763）；Behen Moench（1794）Nom. illegit.；Carpophora Klotzsch（1862）；Charesia E. A. Busch（1926）；Cheiropetalum E. Fries ex Schltdl.（1859）；Cheiropetalum E. Fries（1857）Nom. inval.；Conosilene（Rohrb.）Fourr.（1868）Nom. illegit.；Conosilene Fourr.（1868）Nom. illegit.；Coronaria Guett.（1754）；Corone（Hoffmanns. ex Rchb. f.）Fourr.（1868）Nom. illegit.；Corone Hoffmanns. ex Steud.（1840）Nom. illegit.；Cucubalus L.（1753）；Diplogama Opiz（1852）；Ebraxis Raf.（1840）；Eedianthe（Rchb.）Rchb.；Elisanthe（Endl.）Rchb.（1841）Nom. illegit.；Elisanthe（Fenzl ex Endl.）Rchb.（1841）；Elisanthe（Fenzl）Rchb.（1841）Nom. illegit.；Elisanthe Rchb.（1841）Nom. illegit.；Evactoma Raf.（1840）；Flox Adans.（1763）Nom. illegit.；Gastrocalyx Schischk.（1919）Nom. illegit.；Gastrolychnis（Fenzl）Rchb.（1841）；Gastrolychnis Fenzl ex Rchb.（1841）Nom. illegit.；Githago Adans.（1763）Nom. illegit.；Heliosperma（Rchb.）Rchb.（1841）；Heliosperma Rchb.（1841）Nom. illegit.；Hetiosperma（Rchb.）Rchb.；Ixoca Raf.（1840）；Ixocaulon Raf.（1834）；Kaleria Adans.（1763）Nom. illegit.；Leptosilene Fourr.（1868）；Lychnis L.（1753）（废弃属名）；Lychnoides Fabr.；Melandrium Röhl.（1812）；Melandryum Rchb.（1837）Nom. illegit.；Minjaevia Tzvelev（2001）；Muscipula Fourr.（1868）Nom. inval., Nom. nud.；Muscipula Ruppius（1745）Nom. inval.；Nanosilene（Otth ex Ser.）Rchb. f.（1841）；Neoussuria Tzvelev（2002）；Nyman et Kotschy（1854）；Oberna Adans.（1763）；Oncerum Dulac（1867）Nom. illegit.；Otites Adans.（1763）；Peschkovia（Tzvelev）Tzvelev（2006）；Petrocoma Rupr.（1869）；Petrosilene Fourr.（1868）；Physolychnis（Benth.）Rupr.（1869）Nom. illegit.；Physolychnis Rupr.（1869）Nom. illegit.；Pleconax Adans.；Pleconax Raf.（1840）Nom. illegit.；Polyschemone Schott, Nyman et Kotschy（1854）；Pontinia Fries（1843）Nom. illegit.；Schischkiniella Steenis（1967）；Silenanthe（Fenzl）Griseb. et Schenk（1852）；Silenanthe Griseb. et Schenk（1852）Nom. illegit.；Sofianthe Tzvelev（2001）；Steris Adans.（1763）（废弃属名）；Viscago Zinn（1757）Nom. illegit.；Viscaria Bernh.（1800）（保留属名）；Wahlbergella Fries（1843）Nom. illegit.；Xamilenis Raf.（1840）■

47411　Silenopsis Willk.（1847）【汉】类蝇子草属。【隶属】石竹科 Caryophyllaceae。【包含】世界 1 种。【学名诠释与讨论】〈阴〉（属）Silene 蝇子草属＋希腊文 opsis，外观，模样，相似。此属的学名是"Silenopsis Willkomm, Bot. Zeitung 5：237. 2 Apr 1847"。亦有文献把其处理为"Petrocoptis A. Braun ex Endl.（1842）"的异名。【分布】欧洲。【模式】Silenopsis lagascae Willkomm。【参考异名】Petrocoptis A. Braun ex Endl.（1842）■☆

47412　Silentvalleya V. J. Nair, Sreek., Vajr. et Bhargavan（1983）【汉】静谷草属。【隶属】禾本科 Poaceae（Gramineae）。【包含】世界 1 种。【学名诠释与讨论】〈阴〉（人）Silent Valley。【分布】印度（南部）。【模式】Silentvalleya nairii V. J. Nair et al.■☆

47413　Siler Crantz（1767）Nom. illegit.＝Agasyllis Spreng.（1813）〔伞形花科（伞形科）Apiaceae（Umbelliferae）〕■☆

47414　Siler Mill.（1754）＝Laserpitium L.（1753）〔伞形花科（伞形科）Apiaceae（Umbelliferae）〕●☆

47415　Sileraceae Bercht. et J. Presl＝Apiaceae Lindl.（保留科名）//Umbelliferae Juss.（保留科名）■●

47416　Sileriana Urb. et Loes.（1913）＝Jacquinia L.（1759）〔as 'Jaquinia'〕（保留属名）〔假轮叶科（狄氏木科，拟棕科）Theophrastaceae〕●☆

47417　Silerium Raf.（1840）Nom. illegit.≡Trochiscanthes W. D. J. Koch（1824）〔伞形花科（伞形科）Apiaceae（Umbelliferae）〕■☆

47418　Silicularia Compton（1953）【汉】南非角果芥属。【隶属】十字花科 Brassicaceae（Cruciferae）。【包含】世界 1 种。【学名诠释与讨论】〈阴〉（拉）siliqua，指小式 silicula，荚，壳，外皮，短角果＋－arius，－aria，－arium，指示"属于、相似、具有、联系"的词尾。指果实。此属的学名是"Silicularia R. H. Compton, J. S. African Bot. 19：147. Oct 1953"。亦有文献把其处理为"Heliophila Burm. f. ex L.（1763）"的异名。【分布】非洲南部。【模式】Silicularia sigillata R. H. Compton。【参考异名】Heliophila Burm. f. ex L. (1763)■☆

47419 Siliqua Duhamel(1755)Nom. illegit.≡Ceratonia L.(1753) [豆科 Fabaceae（Leguminosae）//云实科（苏木科）Caesalpiniaceae]●

47420 Siliquamomum Baill.（1895）【汉】长果姜属。【英】Siliquamomum, Siliquamon。【隶属】姜科（蘘荷科）Zingiberaceae。【包含】世界2-3种,中国1种。【学名诠释与讨论】〈中〉（拉）siliqua,指小式 silicula,荚,壳,外皮,短角果+（属）Amomum 豆蔻属。指蒴果缢缩呈链荚状。【分布】中国,中南半岛。【模式】Siliquamomum tonkinense Baillon■

47421 Siliquaria Forssk.（1775）= Cleome L.（1753）[山柑科（白花菜科,醉蝶花科）Capparaceae//白花菜科（醉蝶花科）Cleomaceae]●■

47422 Siliquastrum All.（1757）Nom. illegit.[豆科 Fabaceae（Leguminosae）]☆

47423 Siliquastrum Duhamel(1755)Nom. illegit.≡Cercis L.（1753）[豆科 Fabaceae（Leguminosae）//云实科（苏木科）Caesalpiniaceae]●

47424 Siliquastrum Tourn. ex Adans.（1763）Nom. illegit.[豆科 Fabaceae(Leguminosae)]☆

47425 Siliybum Hassk.（1844）= Silybum Vaill.（1754）（保留属名）[菊科 Asteraceae（Compositae）//苦香木科（水飞蓟科）Simabaceae]■

47426 Siloxerus Labill.（1806）（废弃属名）= Angianthus J. C. Wendl.（1808）（保留属名）[菊科 Asteraceae(Compositae)]■●☆

47427 Silphion St. -Lag.（1880）= Silphium L.（1753）[菊科 Asteraceae(Compositae)]■

47428 Silphiosperma Steetz(1845)= Brachyscome Cass.（1816）[菊科 Asteraceae(Compositae)]●■☆

47429 Silphium L.（1753）【汉】松香草属。【日】ツキヌキオグルマ属。【俄】Силифиум, Силифия。【英】Compass Plant, Rosin Plant, Rosinweed。【隶属】菊科 Asteraceae(Compositae)。【包含】世界12-23种,中国1种。【学名诠释与讨论】〈中〉（希）silphion,一种分泌树胶的植物+-ius, -ia, -ium,在拉丁文和希腊文中,这些词尾表示性质或状态。【分布】玻利维亚,美国,中国。【后选模式】Silphium asteriscus Linnaeus。【参考异名】Resinocaulon Lunell(1917);Silphion St. -Lag.（1880）■

47430 Silvaea Hook. et Arn.（1837）Nom. illegit.= Trigonostemon Blume（1826）[as 'Trigostemon'] （保留属名）[大戟科 Euphorbiaceae]●

47431 Silvaea Meisn.（1864）Nom. illegit.= Mezilaurus Kuntze ex Taub.（1892）;~=Silvia Allemão（1848）Nom. illegit.;~=Mezia Kuntze(1891)Nom. illegit.;~=Neosilvia Pax(1897)Nom. illegit. [樟科 Lauraceae]●☆

47432 Silvaea Phil.（1860）Nom. illegit.=Philippiamra Kuntze(1891) Nom. illegit. , Nom. superfl.;~=Silvaea Phil.（1860）[马齿苋科 Portulacaceae]●☆

47433 Silvalismis Thouars, Nom. illegit.=Calanthe R. Br.（1821）（保留属名）[兰科 Orchidaceae]■

47434 Silvia Allemão（1848）Nom. illegit.≡Mezilaurus Kuntze ex Taub.（1892）;~=Mezia Kuntze(1891)Nom. illegit.;~=Neosilvia Pax(1897)Nom. illegit.[樟科 Lauraceae]●☆

47435 Silvia Benth.（1846）Nom. illegit.≡Silviella Pennell（1928）[玄参科 Scrophulariaceae//列当科 Orobanchaceae]■☆

47436 Silvia Vell.（1829）= Escobedia Ruiz et Pav.（1794）[玄参科 Scrophulariaceae//列当科 Orobanchaceae]■☆

47437 Silvianthus Hook. f.（1868）【汉】蜘蛛花属（西威花属）。【英】Silvianthus。【隶属】茜草科 Rubiaceae//香茜科 Carlemanniaceae。【包含】世界2种,中国2种。【学名诠释与讨论】〈阳〉（拉）sylva,森林,林地,树木志,树。silva 通常见于经典拉丁文,含义同前。sylvarius,林学家,森林管理员。sylvaticus, silvaticus, sylvestris, silvestris 等,属于森林的,野生的。sylvicola,生于森林中的,森林中的居住者。Sylvanus,森林之神+希腊文 anthos,花。指本属植物生于林中。【分布】印度（阿萨姆）,中国,中南半岛。【模式】Silvianthus bracteatus J. D. Hooker。【参考异名】Quiducia Gagnep.（1948）●

47438 Silviella Pennell(1928)【汉】林列当属（林玄参属）。【隶属】玄参科 Scrophulariaceae//列当科 Orobanchaceae//婆婆纳科 Veronicaceae。【包含】世界2种。【学名诠释与讨论】〈阴〉（属）Silvia+-ellus, -ella, -ellum,加在名词词干后面形成指小式的词尾。或加在人名,属名等后面以组成新属的名称。此属的学名"Silviella Pennell, Proc. Acad. Nat. Sci. Philadelphia 80:434. 1 Nov 1928"是一个替代名称。"Silvia Bentham in Alph. de Candolle, Prodr. 10:513. 8 Apr 1846"是一个非法名称（Nom. illegit.）,因为此前已经有了"Silvia Vellozo, Fl. Flum. 55. 7 Sep-28 Nov 1829('1825')= Escobedia Ruiz et Pav.（1794）[玄参科 Scrophulariaceae//列当科 Orobanchaceae]"。故用"Silviella Pennell(1928)"替代之。同理,"Silvia F. Allemão, Pl. Novas Brasil[19]. 1848≡Mezilaurus Kuntze ex Taub.（1892）= Neosilvia Pax（1897）= Mezia Kuntze（1891）Nom. illegit.[樟科 Lauraceae]"亦是非法名称。亦有文献把"Silvinula Pennell（1920）"处理为"Bacopa Aubl.（1775）（保留属名）"的异名。【分布】墨西哥。【模式】Silviella serpyllifolia（Kunth）Pennell [Gerardia serpyllifolia Kunth]。【参考异名】Bacopa Aubl.（1775）（保留属名）;Silvia Benth.（1846）Nom. illegit.;Sylvia Lindl.（1847）Nom. illegit.■☆

47439 Silvorchis J. J. Sm.（1907）【汉】森林兰属。【隶属】兰科 Orchidaceae。【包含】世界2种。【学名诠释与讨论】〈阴〉（拉）sylva,森林,林地,树木志,树+orchis,原义是睾丸,后变为植物兰的名称,因为根的形态而得名。变为拉丁文 orchis,所有格 orchidis。【分布】印度尼西亚（爪哇岛）。【模式】Silvorchis colorata J. J. Smith。【参考异名】Sylvorchis Schltr.;Vietorchis Aver. et Averyanova(2003)■☆

47440 Silybon St. -Lag.（1880）= Silybum Vaill.（1754）（保留属名）[菊科 Asteraceae（Compositae）//苦香木科（水飞蓟科）Simabaceae]■

47441 Silybum Adans.（1763）Nom. illegit.（废弃属名）≡Silybum Vaill. ex Adans.（1763）Nom. illegit.（废弃属名）;~=Silybum Vaill.（1754）（保留属名）[菊科 Asteraceae（Compositae）]■

47442 Silybum Vaill.（1754）（保留属名）【汉】水飞蓟（水飞雉属）。【日】オオアザミ属,オホアザミ属。【俄】Остро-пестро, Расторопша。【英】Milk Thistle。【隶属】菊科 Asteraceae（Compositae）//苦香木科（水飞蓟科）Simabaceae。【包含】世界2-3种,中国2种。【学名诠释与讨论】〈中〉（希）silybon, silybos,一种蓟。此属的学名"Silybum Vaill. , Königl. Akad. Wiss. Paris Phys. Abh. 5:173,605. 1754"是保留属名。法规未列出相应的废弃属名。但是菊科 Asteraceae 的晚出的"Silybum Adans. , Fam. Pl.（Adanson）2:116,605. 1763[Jul-Aug 1763]=Silybum Vaill.（1754）（保留属名）"和"Silybum Vaill. ex Adans. , Fam. Pl.（Adanson）2:116（1763）≡Silybum Adans.（1763）"应该废弃。"Mariacantha Bubani, Fl. Pyrenaea 2:149. 1899（sero?）（'1900'）"和"Mariana J. Hill, Veg. Syst. 4:19. 1762（废弃属名）"是"Silybum Vaill.（1754）（保留属名）"的晚出的同模式异

名(Homotypic synonym,Nomenclatural synonym)。【分布】玻利维亚,中国,地中海地区,中美洲。【模式】Silybum marianum（L.）Gaertn.［Carduus marianus L.］。【参考异名】Cynaropsis Kuntze（1903）;Mariacantha Bubani（1899）Nom. illegit.；Mariana Hill（1762）Nom. illegit.（废弃属名）;Pternix Raf.（1817）Nom. illegit.；Siliybum Hassk.（1844）;Silybon St. - Lag.（1880）;Silybum Adans.（1763）Nom. illegit.（废弃属名）;Silybum Vaill. ex Adans.（1763）Nom. illegit.（废弃属名）■

47443 Silybum Vaill. ex Adans.（1763）Nom. illegit.（废弃属名）≡ Silybum Vaill.（1754）（保留属名）［菊科 Asteraceae（Compositae）//苦香木科（水飞蓟科）Simabaceae］■

47444 Silymbrium Neck.（1770）Nom. illegit. = Sisymbrium L.（1753）［十字花科 Brassicaceae（Cruciferae）］■

47445 Simaba Aubl.（1775）【汉】苦香木属（希麻巴属,希马巴属）。【隶属】苦木科 Simaroubaceae。【包含】世界 51 种。【学名诠释与讨论】〈阴〉（圭亚那）simaba,植物俗名。此属的学名,ING 和 IK 记载是"Simaba Aubl. , Hist. Pl. Guiane 1:409, t. 153. 1775"。"Zwingera Schreber, Gen. 802. Mai 1791（non Hofer 1762）"是"Simaba Aubl.（1775）"的晚出的同模式异名（Homotypic synonym, Nomenclatural synonym）。亦有文献把"Simaba Aubl.（1775）"处理为"Quassia L.（1762）"的异名。【分布】巴基斯坦,巴拿马,秘鲁,玻利维亚,厄瓜多尔,哥伦比亚,中美洲。【模式】Simaba guianensis Aublet。【参考异名】Phyllostema Neck.（1790）Nom. inval.；Quassia L.（1762）;Zwingera Schreb.（1791）Nom. illegit.●☆

47446 Simabaceae Horan.（1847）［亦见 Simaroubaceae DC.（保留科名）苦香木科（樗树科）］【汉】苦香木科（水飞蓟科）。【包含】世界 1 属 2-3 种,中国 1 属 2 种。【分布】玻利维亚,中美洲,地中海地区。【科名模式】Simaba Aubl.●■

47447 Simarouba Aubl.（1775）（保留属名）【汉】苦樗属（苦木属）。【英】Simarouba, Simaruba。【隶属】苦木科 Simaroubaceae。【包含】世界 15 种。【学名诠释与讨论】〈阴〉（拉）simaruba,苦木的新拉丁名,来自圭亚那地区称呼 Simamuba amara Aublet 或 Quassia amara L. 的俗名。此属的学名"Simarouba Aubl. ,Hist. Pl. Guiane:859. Jun-Dec 1775"是保留属名。相应的废弃属名是橄榄科 Burseraceae 的"Simaruba Boehm. in Ludwig, Def. Gen. Pl. ,ed. 3:513. 1760 ≡ Bursera Jacq. ex L.（1762）（保留属名）"。拼写变体"Simaruba Aubl.（1775）"亦应废弃。亦有文献把"Simarouba Aubl.（1775）（保留属名）"处理为"Quassia L.（1762）"的异名。【分布】巴拿马,秘鲁,玻利维亚,厄瓜多尔,哥伦比亚,尼加拉瓜,中美洲。【模式】Simarouba amara Aublet。【参考异名】Bursera Jacq. ex L.（1762）（保留属名）;Quassia L.（1762）;Simaruba Aubl.（1775）Nom. illegit.（废弃属名）;Simaruba Boehm.（1760）（废弃属名）●☆

47448 Simaroubaceae DC.（1811）［as 'Simarubeae'］（保留科名）【汉】苦木科（樗树科）。【日】ニガキ科。【俄】Симарубовые。【英】Ailanthus Family, Quassia Family, Simaruba Family, Tree-of-heaven Family。【包含】世界 13-28 属 110-150 种,中国 5 属 13 种。【分布】热带和亚热带,少数在温带温暖地区。【科名模式】Simarouba Aubl.●

47449 Simaruba Aubl.（1775）Nom. illegit.（废弃属名）≡ Simarouba Aubl.（1775）（保留属名）［苦木科 Simaroubaceae］●☆

47450 Simaruba Boehm.（1760）（废弃属名）≡ Bursera Jacq. ex L.（1762）（保留属名）［橄榄科 Burseraceae］●☆

47451 Simarubaceae DC.（1811）［as 'Simarubeae'］（保留科名）= Simaroubaceae DC.（保留科名）●

47452 Simarubopsis Engl.（1911）= Pierreodendron Engl.（1907）;~ = Quassia L.（1762）［苦木科 Simaroubaceae］●☆

47453 Simblocline DC.（1836）= Diplostephium Kunth（1818）［菊科 Asteraceae（Compositae）］●☆

47454 Simbuleta Forssk.（1775）（废弃属名）= Anarrhinum Desf.（1798）（保留属名）［玄参科 Scrophulariaceae//婆婆纳科 Veronicaceae］■●☆

47455 Simenia Szabo（1940）= Dipsacus L.（1753）［川续断科（刺参科,蓟叶参科,山萝卜科,续断科）Dipsacaceae］■

47456 Simethidaceae Juss. = Simmondsiaceae Tiegh.●☆

47457 Simethis Kunth（1843）（保留属名）【汉】西米兹花属（西米兹属）。【英】Kerry Lily。【隶属】阿福花科 Asphodelaceae//萱草科 Hemerocallidaceae。【包含】世界 1 种。【学名诠释与讨论】〈阴〉（人）Symaethis,西西里岛的女神。此属的学名"Simethis Kunth, Enum. Pl. 4:618. 17-19 Jul 1843"是保留属名。法规未列出相应的废弃属名。"Pogonella R. A. Salisbury, Gen. 70. Apr-Mai 1866"是"Simethis Kunth（1843）（保留属名）"的晚出的同模式异名（Homotypic synonym, Nomenclatural synonym）。【分布】非洲北部,欧洲西南部。【模式】Simethis bicolor Kunth, Nom. illegit.［Anthericum planifolium Vandelli ex Linnaeus;Simethis planifolia（Vandelli ex Linnaeus）Grenier et Godron］。【参考异名】Morgagnia Bubani（1843）;Pogonella Salisb.（1866）Nom. illegit.；Pubilaria Raf.（1837）;Sieboldia Heynh.（1847）Nom. illegit. ■☆

47458 Simicratea N. Hallé（1983）【汉】凹脉卫矛属。【隶属】卫矛科 Celastraceae。【包含】世界 1 种。【学名诠释与讨论】〈阴〉（希）simos,扁鼻的,仰鼻的,凹的+cratis 柳条编织物,关节,肋。【分布】热带非洲西部。【模式】Simicratea Simicratea welwitschii（D. Oliver）N. Hallé［Hippocratea welwitschii D. Oliver］●☆

47459 Similisinocarum Cauwet et Farille（1984）= Pimpinella L.（1753）［伞形花科（伞形科）Apiaceae（Umbelliferae）］■

47460 Simira Aubl.（1775）【汉】西米尔茜属。【隶属】茜草科 Rubiaceae。【包含】世界 35 种。【学名诠释与讨论】〈阴〉来自法属圭亚那地区植物俗名,他们称呼 Simira tinctoria Aublet 为 simira。【分布】巴拉圭,巴拿马,秘鲁,玻利维亚,厄瓜多尔,哥伦比亚(安蒂奥基亚),墨西哥,尼加拉瓜,中美洲。【模式】Simira tinctoria Aublet。【参考异名】Arariba Mart.（1860）;Calderonia Standl.（1923）;Exandra Standl.（1923）;Holtonia Standl.（1932）;Sickingia Willd.（1801）;Sprucea Benth.（1853）■☆

47461 Simira Raf.（1838）Nom. illegit. = Scilla L.（1753）［百合科 Liliaceae//风信子科 Hyacinthaceae//绵枣儿科 Scillaceae］■

47462 Simirestis N. Hallé（1958）【汉】扁丝卫矛属。【隶属】卫矛科 Celastraceae//翅子藤科（希藤科）Hippocrateaceae。【包含】世界 8 种。【学名诠释与讨论】〈阴〉（希）simos,扁鼻的,仰鼻的,凹的+restis 绳。此属的学名是"Simirestis N. Hallé, Bull. Mus. Hist. Nat.（Paris）sér. 2. 30:464. Oct 1958"。亦有文献把其处理为"Hippocratea L.（1753）"的异名。【分布】热带非洲。【模式】Simirestis dewildemanniana N. Hallé［Hippocratea affinis DeWildeman 1923, non Cambessedes 1833］。【参考异名】Hippocratea L.（1753）●☆

47463 Simlera Bubani（1899）Nom. illegit. ≡ Leontopodium（Pers.）R. Br. ex Cass.（1819）［菊科 Asteraceae（Compositae）］●■

47464 Simmondsia Nutt.（1844）【汉】旱黄杨属（荷荷巴属,西蒙德木属,希蒙德木属,希蒙木属,油蜡树属）。【英】Jojoba。【隶属】黄杨科 Buxaceae//大戟科 Euphorbiaceae//旱黄杨科（荷荷巴科,西蒙德木科,希蒙德木科,希蒙木科,油蜡树科）Simmondsiaceae。【包含】世界 1 种。【学名诠释与讨论】〈阴〉（人）Thomas William Simmonds,1767-1804,英国植物学者,医生,博物学者。【分布】美国(加利福尼亚)。【模式】Simmondsia californica Nuttall。【参考异名】Brocchia Mauri ex Ten.（1845）Nom. illegit.；Brocchia Ten.（1845）Nom. illegit.●☆

47465　Simmondsiaceae（Müll. Arg.）Tiegh. ex Reveal et Hoogland（1990）［亦见 Buxaceae Dumort.（保留科名）黄杨科］【汉】旱黄杨科（荷荷巴科，西蒙德木科，希蒙德木科，希蒙木科，油蜡树科）。【日】シモンドシア科，ホホバ科。【英】Jojoba Family。【包含】世界1属1种。【分布】北美洲东南部。【科名模式】Simmondsia Nutt.（1844）●☆

47466　Simmondsiaceae（Pax）Tiegh.＝Simmondsiaceae（Müll. Arg.）Tiegh. ex Reveal et Hoogland（1990）●☆

47467　Simmondsiaceae Reveal et Hoogland（1990）＝Buxaceae Dumort.（保留科名）；～＝Simmondsiaceae Tiegh. ex Reveal et Hoogland（1990）；～＝Simmondsiaceae（Müll. Arg.）Tiegh. ex Reveal et Hoogland（1990）●☆

47468　Simmondsiaceae Tiegh.（1899）＝Simmondsiaceae Tiegh. ex Reveal et Hoogland（1990）；～＝Simmondsiaceae（Müll. Arg.）Tiegh. ex Reveal et Hoogland（1990）●☆

47469　Simmondsiaceae Tiegh. ex Reveal et Hoogland（1990）＝Buxaceae Dumort.（保留科名）；～＝Simmondsiaceae（Müll. Arg.）Tiegh. ex Reveal et Hoogland（1990）●☆

47470　Simmondslaceae（Muell. Arg.）Reveal et Hoogland（1990）＝Simmondsiaceae（Müll. Arg.）Tiegh. ex Reveal et Hoogland（1990）●☆

47471　Simocheilus Klotzsch（1838）【汉】厚萼杜鹃属。【隶属】杜鹃花科（欧石南科）Ericaceae。【包含】世界20种。【学名诠释与讨论】〈阳〉（希）simos，平凸弹头，向上弯曲+cheilos，唇。在希腊文组合词中，cheil-，cheilo-，-chilus，-chilia 等均为"唇，边缘"之义。此属的学名是"Simocheilus Klotzsch, Linnaea 12：236. Mar-Jul 1838"。亦有文献把其处理为"Erica L.（1753）"的异名。【分布】非洲南部。【模式】未指定。【参考异名】Erica L.（1753）；Macrolinum Klotzsch（1838）Nom. illegit.；Octogonia Klotzsch（1838）；Pachycalyx Klotzsch（1838）；Plagiostemon Klotzsch（1838）●☆

47472　Simonenium Willis, Nom. inval.＝Sinomenium Diels（1910）［as 'Sinomenia'］●

47473　Simonisia Nees（1847）＝Beloperone Nees（1832）；～＝Justicia L.（1753）［爵床科 Acanthaceae//鸭嘴花科（鸭咀花科）Justiciaceae］●■

47474　Simonsia Kuntze（1891）＝Simonisia Nees（1847）；～＝Beloperone Nees（1832）；～＝Justicia L.（1753）［爵床科 Acanthaceae//鸭嘴花科（鸭咀花科）Justiciaceae］■☆

47475　Simphitum Neck.（1768）＝Symphytum L.（1753）［紫草科 Boraginaceae］■

47476　Simplicia Kirk（1897）【汉】简禾属。【隶属】禾本科 Poaceae（Gramineae）。【包含】世界2种。【学名诠释与讨论】〈阴〉（拉）simplex，所有格 simplicis，简单的。【分布】新西兰。【模式】Simplicia laxa Kirk ■☆

47477　Simplocarpus F. Schmidt（1868）＝Symplocarpus Salisb. ex W. P. C. Barton（1817）（保留属名）［天南星科 Araceae］■

47478　Simplocos Lex.（1824）＝Symplocos Jacq.（1760）［山矾科（灰木科）Symplocaceae］●

47479　Simpsonia O. F. Cook（1937）＝Thrinax L. f. ex Sw.（1788）［棕榈科 Arecaceae（Palmae）］●☆

47480　Simsia Pers.（1807）【汉】木向日葵属（西氏菊属）。【英】Bush Sunflower，Bushsunflower。【隶属】菊科 Asteraceae（Compositae）。【包含】世界18-22种。【学名诠释与讨论】〈阴〉（人）John Sims，1749-1831，英国医生，植物学者。此属的学名，ING 和 IK 记载

是"Simsia Pers.，Syn. Pl.［Persoon］2（2）：478. 1807［Sept 1807］"。"Simsia R. Brown，Trans. Linn. Soc. London 10：152. 8 Mar 1810"是晚出的非法名称。【分布】巴拉圭，巴拿马，秘鲁，玻利维亚，厄瓜多尔，哥伦比亚（安蒂奥基亚），尼加拉瓜，牙买加，中美洲。【模式】未指定●■☆

47481　Simsia R. Br.（1810）Nom. illegit.≡Stirlingia Endl.（1837）［山龙眼科 Proteaceae］●☆

47482　Simsimum Bernh.（1842）＝Sesamum L.（1753）［胡麻科 Pedaliaceae］■●

47483　Sinabraca G. H. Loos（2004）＝Sinapis L.（1753）［十字花科 Brassicaceae（Cruciferae）］■

47484　Sinacalia H. Rob. et Brettell（1973）【汉】华蟹甲属（华蟹甲草属，中国千里光属）。【英】Chinese Rag'wort，Sinacalia。【隶属】菊科 Asteraceae（Compositae）。【包含】世界4种，中国4种。【学名诠释与讨论】〈阴〉（希）Sina，中国+（属）Cacalia＝Parasenecio 蟹甲草属的缩写。【分布】中国。【模式】Sinacalia henryi（Hemsley）H. E. Robinson et R. D. Brettell［Senecio henryi Hemsley］■★

47485　Sinadoxa C. Y. Wu，Z. L. Wu et R. F. Huang（1981）【汉】华福花属。【英】Chinese Muskroot，Sinadoxa。【隶属】五福花科 Adoxaceae。【包含】世界1种，中国1种。【学名诠释与讨论】〈阴〉（希）Sina，中国+doxa，光荣，光彩，华丽，荣誉，有名，显著。【分布】中国。【模式】Sinadoxa corydalifolia C. Y. Wu，Z. L. Wu et R. F. Huang ■★

47486　Sinalliaria X. F. Jin，Y. Y. Zhou et H. W. Zhang（2014）【汉】华芥属。【隶属】十字花科 Brassicaceae（Cruciferae）。【包含】世界1种1变种。【学名诠释与讨论】〈阴〉（地）Sina，中国+（属）Alliaria 葱芥属（葱臭芥属）。【分布】中国。【模式】Sinalliaria limprichtiana（Pax）X. F. Jin，Y. Y. Zhou et H. W. Zhang［Cardamine limprichtiana Pax］☆

47487　Sinapi Dulac（1867）Nom. illegit.＝Rhynchosinapis Hayek（1911）［十字花科 Brassicaceae（Cruciferae）］■☆

47488　Sinapi Mill.（1754）Nom. illegit.≡Sinapis L.（1753）［十字花科 Brassicaceae（Cruciferae）］■

47489　Sinapidendron Lowe（1831）【汉】芥树属。【隶属】十字花科 Brassicaceae（Cruciferae）。【包含】世界5-6种。【学名诠释与讨论】〈中〉（拉）sinapis，芥子。另说希腊文 sinos 损害+dendron 或 dendros，树木，棍，丛林。或（属）Sinapis+dendron。【分布】西班牙（加那利群岛），葡萄牙（马德拉群岛）。【模式】未指定。【参考异名】Sinapodendron Ball（1877）Nom. illegit.■●☆

47490　Sinapis L.（1753）【汉】白芥属（芥属，欧白芥属，欧芥属）。【日】シロガラシ属。【俄】Горчица。【英】Mustard。【隶属】十字花科 Brassicaceae（Cruciferae）。【包含】世界7-10种，中国2种。【学名诠释与讨论】〈阴〉（拉）sinapis，芥子。此属的学名，ING、APNI 和 IK 记载是"Sinapis L.，Sp. Pl. 2：668. 1753［1 May 1753］"。"Sinapi P. Miller，Gard. Dict. Abr. ed. 4. 28 Jan 1754"和"Sinapistrum F. F. Chevallier，Fl. Paris ed. 2. 2：869. 2 Apr 1836（non P. Miller 1754）"是"Sinapis L.（1753）"的晚出的同模式异名（Homotypic synonym，Nomenclatural synonym）。【分布】巴基斯坦，玻利维亚，哥伦比亚（安蒂奥基亚），马达加斯加，美国（密苏里），中国，地中海地区，欧洲，中美洲。【后选模式】Sinapis alba Linnaeus。【参考异名】Euzomum Spach（1838）；Heterocrambe Coss. et Durieu（1867）；Leucosinapis（DC.）Spach（1838）；Leucosinapis Spach（1838）Nom. illegit.；Ramphospermum Andrz. ex Rchb.（1827）；Rapistrum Mill.（废弃属名）；Rhamphospermum Andrz. ex Besser（1822）；Rhamphospermum Rchb.（1827）Nom. illegit.；Sinabraca G. H. Loos（2004）；Sinapi

Mill.（1754）Nom. illegit.；Sinapistrum Chevall.（1836）Nom. illegit.■

47491 Sinapistrum Chevall.（1836）Nom. illegit. ≡Sinapis L.（1753）［十字花科 Brassicaceae(Cruciferae)］■

47492 Sinapistrum Medik.（1789）Nom. illegit. ＝Gynandropsis DC.（1824）（保留属名）［白花菜科(醉蝶花科)Cleomaceae］■

47493 Sinapistrum Mill.（1754）Nom. illegit. ≡Cleome L.（1753）［山柑科(白花菜科,醉蝶花科)Capparaceae//白花菜科(醉蝶花科)Cleomaceae］●■

47494 Sinapistrum Spach（1838）Nom. illegit. ≡Agrosinapis Fourr.；~＝Brassica L.（1753）［十字花科 Brassicaceae(Cruciferae)］■●

47495 Sinapodendron Ball（1877）Nom. illegit. ＝Sinapidendron Lowe（1831）［十字花科 Brassicaceae(Cruciferae)］■●☆

47496 Sinarundinaria Nakai(1935)【汉】华桔竹属(箭竹属,四时竹属,玉山竹属)。【俄】Синарундинария。【英】Bamboo, China Cane, Chinacane, Fountain Bamboo。【隶属】禾本科 Poaceae(Gramineae)。【包含】世界 21-50 种,中国 21 种。【学名诠释与讨论】〈阴〉(地)Sina,中国+(属)Arundinaria 青篱竹属。指模式来自中国。此属的学名是"Sinarundinaria Nakai, J. Jap. Bot. 11：1. Jan 1935"。亦有文献把其处理为"Fargesia Franch.（1893）"、"Fargesia Franch. emend. T. P. Yi"或"Sinoarundinaria Ohwi（1931）Nom. illegit."的异名。【分布】埃塞俄比亚,喀麦隆,肯尼亚,马达加斯加,缅甸,墨西哥,斯里兰卡,苏丹,坦桑尼亚,乌干达,刚果(金),中国,印度(南部),日本,从巴基斯坦至喜马拉雅山,中南半岛。【模式】Sinarundinaria nitida Nakai, Nom. illegit.［Arundinaria nitida Mitford, Nom. illegit.；Arundinaria khasiana Munro］。【参考异名】Ampelocalamus S. L. Chen, T. H. Wen et G. Y. Sheng（1981）；Burmabambus P. C. Keng（1982）；Butania P. C. Keng（1982）；Chimonocalamus J. R. Xue et T. P. Yi（1979）；Drepanostachyum P. C. Keng（1983）；Fargesia Franch.（1893）；Fargesia Franch. emend. T. P. Yi；Otatea（McClure et E. W. Sm.）C. E. Calderón et Soderstr.（1980）；Sinoarundinaria Ohwi(1931)Nom. illegit.；Yushania P. C. Keng(1957)●

47497 Sincarpia Ten.（1841）＝Syncarpia Ten.（1839）［桃金娘科 Myrtaceae］●☆

47498 Sinclairea Sch. Bip.（1853）＝Sinclairia Hook. et Arn.（1841）［菊科 Asteraceae(Compositae)］●☆

47499 Sinclairia Hook. et Arn.（1841）【汉】落叶黄安菊属。【隶属】菊科 Asteraceae(Compositae)。【包含】世界 23-30 种。【学名诠释与讨论】〈阴〉(人)Andrew Sinclair,1796-1861,植物学者。此属的学名是"Sinclairia W. J. Hooker et Arnott, Bot. Beechey's Voyage 433. Jan－Jun 1841"。亦有文献把其处理为"Liabum Adans.（1763）Nom. illegit. ≡Amellus L.（1759）（保留属名）"的异名。【分布】巴拿马,哥伦比亚,墨西哥,尼加拉瓜,中美洲。【模式】Sinclairia discolor W. J. Hooker et Arnott。【参考异名】Amellus L.（1759）（保留属名）；Liabellum Rydb.（1927）；Liabum Adans.（1763）Nom. illegit.；Sinclairea Sch. Bip.（1853）；Sinclairiopsis Rydb.（1927）●☆

47500 Sinclairiopsis Rydb.（1927）＝Sinclairia Hook. et Arn.（1841）［菊科 Asteraceae(Compositae)］●☆

47501 Sincoraea Ule（1908）＝Orthophytum Beer（1854）［凤梨科 Bromeliaceae］■☆

47502 Sindechites Oliv.（1888）【汉】毛药藤属。【英】Sindechites。【隶属】夹竹桃科 Apocynaceae。【包含】世界 2 种,中国 2 种。【学名诠释与讨论】〈阳〉(地)Sina,中国+(属)Echites 蛇木属。指模式种发现于中国。【分布】泰国,中国。【模式】Sindechites henryi D. Oliver。【参考异名】Syndechites T. Durand et Jacks.

（1888）●

47503 Sindora Miq.（1861）【汉】油楠属(蚌壳树属)。【英】Sindora。【隶属】豆科 Fabaceae（Leguminosae）//云实科（苏木科）Caesalpiniaceae。【包含】世界 18-20 种,中国 2-3 种。【学名诠释与讨论】〈阴〉(希)sindron,恶作剧。指荚果表面常有短刺。另说来自马来语植物俗名。【分布】马来西亚(西部),印度尼西亚(苏拉威西岛,马鲁古群岛),中国,东南亚,热带非洲。【模式】Sindora sumatrana Miquel。【参考异名】Echinocalyx Benth.（1865）；Galedupa Prain；Grandiera Lefeb. ex Baill.（1872）●

47504 Sindoropsis J. Léonard（1957）【汉】类油楠属(赛油楠属)。【隶属】豆科 Fabaceae(Leguminosae)。【包含】世界 1 种。【学名诠释与讨论】〈阴〉(属)Sindora 油楠属+希腊文 opsis,外观,模样,相似。【分布】热带非洲。【模式】Sindoropsis letestui（Pellegrin）J. Léonard［Detarium letestui Pellegrin］●☆

47505 Sindroa Jum.（1933）＝Orania Zipp.（1829）［棕榈科 Arecaceae（Palmae）］●☆

47506 Sineoperculum Van Jaarsv.（1982）＝Dorotheanthus Schwantes（1927）［番杏科 Aizoaceae］■☆

47507 Singana Aubl.（1775）【汉】辛甘豆属。【隶属】豆科 Fabaceae（Leguminosae）。【包含】世界 1 种。【学名诠释与讨论】〈阴〉词源不详。此属的学名,ING、TROPICOS 和 IK 记载是"Singana Aublet, Hist. Pl. Guiane 574. Jun－Dec 1775"。"Sterbeckia Schreber, Gen. 360. Apr 1789"是"Singana Aubl.（1775）"的晚出的同模式异名（Homotypic synonym, Nomenclatural synonym）。【分布】圭亚那。【模式】Singana guianensis Aublet。【参考异名】Steerbeckia J. F. Gmel.（1791）；Sterbeckia Schreb.（1789）Nom. illegit.；Sternbeckia Pers.（1806）；Stingana B. D. Jacks. ☆

47508 Singchia Z. J. Liu et L. J. Chen（2009）【汉】麻栗坡兰属。【隶属】兰科 Orchidaceae。【包含】世界 1 种,中国 1 种。【学名诠释与讨论】〈阴〉词源不详。【分布】中国。【模式】Singchia malipoensis Z. J. Liu et L. J. Chen ■★

47509 Singlingia Benth.（1881）＝Danthonia DC.（1805）（保留属名）［禾本科 Poaceae(Gramineae)］■

47510 Singularybas Molloy, D. L. Jones et M. A. Clem.（2002）【汉】新西兰铠兰属。【隶属】兰科 Orchidaceae。【包含】世界 1 种。【学名诠释与讨论】〈阳〉(拉)singularis,单个的,孤独的+(属)Corybas 铠兰属(盔兰属)的后半部分。此属的学名是"Singularybas Molloy, D. L. Jones et M. A. Clem., Orchadian［Australasian native orchid society］13：449. 2002"。亦有文献把其处理为"Corybas Salisb.（1807）"或"Nematoceras Hook. f.（1853）"的异名。【分布】新西兰。【模式】Singularybas oblongus（Hook. f.）Molloy, D. L. Jones et M. A. Clem.。【参考异名】Corybas Salisb.（1807）；Nematoceras Hook. f.（1853）■☆

47511 Sinia Diels（1930）【汉】辛木属(合柱金莲木属)。【英】Sinia。【隶属】金莲木科 Ochnaceae//旱金莲木科(辛木科)Sauvagesiaceae。【包含】世界 1 种,中国 1 种。【学名诠释与讨论】〈阴〉(人)S. S. Sin,辛树帜,1894-1977,中国农业史学家、生物学家。1894 年 8 月 8 日生于湖南省临澧县,1977 年 10 月 24 日卒于陕西省西安市。1919 年毕业于武昌高等师范生物系,1924 年赴英国伦敦大学和德国柏林大学专攻植物分类学。1927 年回国后,历任中山大学生物系教授和系主任、国立编译馆馆长、西北农林专科学校校长、中央大学教授兼主任导师,兰州大学校长等职。1949 年后任西北农学院院长、中国动物学会副理事长。30 年代主要从事生物学研究,曾组织生物采集队首次在广东北江瑶山、广西大瑶山等地采集了 3 万号植物标本以及上万号鸟类、兽类和爬虫类、两栖类标本。建立了中山大学动物、植物标本室。标本中以辛氏命名的生物新种有 20 多种。50 年代起主要致力于中国古代农业科学遗产的整理研究,曾系统地提出整理古农书的建议,倡导建立了西北农学院的古农史研究室。著有《中国果树历史的研究》(1962)、《易传分析》(1958)、《禹贡新解》(1964)、《中国水土保持历史的研究》(1964)等。并主编有《中国水土保持概论》(1982)。亦有文献把"Sinia Diels(1930)"处理为"Sauvagesia L.(1753)"的异名。【分布】中国。【模式】Sinia rhodoleuca Diels。【参考异名】Sauvagesia L.(1753)●★

47512 Sinistrophorum Schrank ex Endl.(1839)= Camelina Crantz(1762)[十字花科 Brassicaceae(Cruciferae)]■

47513 Sinningia Nees(1825)【汉】大岩桐属(块茎苣苔属)。【日】オオイワギリソウ属,シンニンギア属。【俄】Глоксиния。【英】Gloxinia,Sinningia。【隶属】苦苣苔科 Gesneriaceae。【包含】世界 20-60 种。【学名诠释与讨论】〈阴〉(人)Wilhelm Sining,1794-1874,英国园艺学者,德国波恩大学植物园负责人。此属的学名是"Sinningia C. G. D. Nees,Ann. Sci. Nat.(Paris)6:297. Nov 1825"。亦有文献把其处理为"Rechsteineria Regel(1848)(保留属名)"的异名。【分布】巴拿马,巴西,秘鲁,玻利维亚,厄瓜多尔,哥斯达黎加,尼加拉瓜,中美洲。【模式】Sinningia helleri C. G. D. Nees。【参考异名】Alagophyla Raf.(1837)(废弃属名);Almana Raf.(1838);Biglandularia Seem.(1868)Nom. illegit.;Corytholoma(Benth.)Decne.(1848);Dircaea Decne.(1848)Nom. illegit.;Fimbrolina Raf.(1838);Gesnera Mart.(1829)Nom. illegit.;Gloxinia Regel(1851)Nom. illegit.;Ligeria Decne.(1848);Megapleilis Raf.(1837)(废弃属名);Orthanthe Lem.(1856);Rechsteineria Regel(1848)(保留属名)Rosanovia Benth. et Hook. f.(1876);Rosanowia Regel(1872);Stenogastra Hanst.(1854);Styrosinia Raf.(1837)(废弃属名);Tapeinotes DC.(1839)Nom. illegit. ,Nom. superfl.;Tapina Mart.(1829);Tulisma Raf.(1837)(废弃属名);Wildungenia Weuder.(1831)■●☆

47514 Sinoadina Ridsdale(1979)【汉】鸡仔木属(水冬瓜属)。【英】Chickenwood,Sinoadina。【隶属】茜草科 Rubiaceae。【包含】世界 1 种,中国 1 种。【学名诠释与讨论】〈阴〉(地)Sina,中国+(属)Adina 水团花属(水冬瓜属)。【分布】缅甸,日本,泰国,中国。【模式】Sinoadina racemosa(P. F. von Siebold et J. G. Zuccarini)C. E. Ridsdale[Nauclea racemosa P. F. von Siebold et J. G. Zuccarini]●

47515 Sinoarabis R. Karl,D. A. German,M. Koch et Al-Shehbaz(2012)【汉】藏南芥属。【隶属】十字花科 Brassicaceae(Cruciferae)。【包含】世界 1 种。【学名诠释与讨论】〈阴〉(地)Sina,中国+(属)Arabis 南芥属(筷子芥属)。【分布】不详。【模式】Sinoarabis setosifolia(Al-Shehbaz)R. Karl,D. A. German,M. Koch et Al-Shehbaz[Arabis setosifolia Al-Shehbaz]☆

47516 Sinoarundinaria Ohwi(1931)Nom. illegit. ≡ Phyllostachys Siebold et Zucc.(1843)(保留属名)[禾本科 Poaceae(Gramineae)]●

47517 Sinobacopa D. Y. Hong(1987)【汉】田玄参属。【隶属】玄参科 Scrophulariaceae//婆婆纳科 Veronicaceae。【包含】世界 1 种,中国 1 种。【学名诠释与讨论】〈阴〉(地)Sina,中国+(属)Bacopa 假马齿苋属(过长沙属)。此属的学名是"Sinobacopa D. Y. Hong,Acta Phytotax. Sin. 25:393. 1987(sero)"。亦有文献把其处理为"Bacopa Aubl.(1775)(保留属名)"的异名。【分布】中国。【模式】Sinobacopa aquatica D. Y. Hong。【参考异名】Bacopa Aubl.(1775)(保留属名)■

47518 Sinobaijiania C. Jeffrey et W. J. de Wilde(2006)【汉】中国白兼果属。【隶属】葫芦科(瓜科,南瓜科)Cucurbitaceae。【包含】

世界 4 种,中国 3 种。【学名诠释与讨论】〈阴〉(地)Sina,中国+(属)Baijiania 白兼果属。【分布】泰国,中国。【模式】Sinobaijiania yunnanensis(A. M. Lu et Zhi Y. Zhang)C. Jeffrey et W. J. de Wilde[Siraitia borneensis(Merr.)C. Jeffrey ex A. M. Lu et Zhi Y. Zhang var. yunnanensis A. M. Lu et Zhi Y. Zhang]■

47519 Sinobambusa Makino ex Nakai(1925)【汉】唐竹属。【日】タウチク属,トウチク属,ビゼンナリヒラ属。【英】Sinobambusa,Tangbamboo。【隶属】禾本科 Poaceae(Gramineae)。【包含】世界 10-21 种,中国 10-21 种。【学名诠释与讨论】〈阴〉(地)Sina,中国+(属)Bambusa 簕竹属。指本属模式种原产中国,隋唐时引入日本,称之为唐竹。此属的学名,ING 和 IK 记载是"Sinobambusa Makino ex Nakai, J. Arnold Arbor. 6:152. 30 Jul 1925"。"Sinobambusa Makino, J. Jap. Bot. ii. 8(1918)≡ Sinobambusa Makino ex Nakai(1925)"是一个未合格发表的名称(Nom. nud.)。【分布】中国,东亚。【后选模式】Sinobambusa tootsik(Makino)Makino ex Nakai[Arundinaria tootsik Makino]。【参考异名】Neobambos Keng ex P. C. Keng(1948)Nom. inval. ,Nom. nud.;Neobambus P. C. Keng(1948);Sinobambusa Makino(1918)Nom. inval. ,Nom. nud. ●

47520 Sinobambusa Makino(1918)Nom. inval. ,Nom. nud. ≡ Sinobambusa Makino ex Nakai(1925)[禾本科 Poaceae(Gramineae)]●

47521 Sinoboea Chun(1946)= Ornithoboea Parish ex C. B. Clarke(1883)[苦苣苔科 Gesneriaceae]■

47522 Sinocalamus McClure(1940)= Dendrocalamus Nees(1835);~ = Neosinocalamus P. C. Keng(1983)[禾本科 Poaceae(Gramineae)]●★

47523 Sinocalycanthus(W. C. Cheng et S. Y. Chang)W. C. Cheng et S. Y. Chang(1964)= Calycanthus L.(1759)(保留属名)[蜡梅科 Calycanthaceae]●

47524 Sinocarum H. Wolff ex R. H. Shan et F. T. Pu(1980)(保留属名)【汉】小芹属(裂瓣芹属)。【英】Sinocarum。【隶属】伞形花科(伞形科)Apiaceae(Umbelliferae)。【包含】世界 10-20 种,中国 8-10 种。【学名诠释与讨论】〈中〉(地)Sina,中国+(属)Carum 葛缕子属。此属的学名"Sinocarum H. Wolff ex R. H. Shan et F. T. Pu in Acta Phytotax. Sin. 18:374. 1980"是保留名。相应的废弃属名是伞形花科(伞形科)Apiaceae(Umbelliferae)的"Dactylaea H. Wolff in Repert. Spec. Nov. Regni Veg. 27:304. 20 Feb 1930"。"Dactylaea(A. R. Franchet)M. A. Farille in M. A. Farille,A. -M. Cauwet-Marc et S. B. Malla,Candollea 40:561. 13 Dec 1985 = Sinocarum H. Wolff ex R. H. Shan et F. T. Pu(1980)(保留属名)[伞形花科(伞形科)Apiaceae(Umbelliferae)]"和"Dactylaea Fedde ex H. Wolff,Repert. Spec. Nov. Regni Veg. 27:304,descr. gen. -spec. 1930 ≡ Dactylaea H. Wolff(1930)Nom. illegit. = Sinocarum H. Wolff ex R. H. Shan et F. T. Pu(1980)(保留属名)[伞形花科(伞形科)Apiaceae(Umbelliferae)]"均应废弃。"Sinocarum H. Wolff,Pflanzenr.(Engler)Umbellif. -Apioid. -Ammin. 164(1927)= Sinocarum H. Wolff ex R. H. Shan et F. T. Pu(1980)= Sinocarum H. Wolff ex R. H. Shan et F. T. Pu(1980)(保留属名)[伞形花科(伞形科)Apiaceae(Umbelliferae)"是一个未合格发表的名称(Nom. inval.),亦应废弃。不少文献误用"裂瓣芹属 Dactylaea Fedde ex H. Wolff(1930)Nom. illegit.(废弃属名)"为正名。【分布】中国。【模式】Sinocarum coloratum(Diels)F. T. Pu[Carum coloratum Diels]。【参考异名】Carum sect. Dactylaea Franch.(1894);Dactylaea(Franch.)Farille(1985)Nom. illegit.(废弃属名);Dactylaea H. Wolff(1930)Nom. illegit.(废弃属

名）;Sinocarum H. Wolff（1927）Nom. inval.（废弃属名）■★

47525　Sinocarum H. Wolff（1927）Nom. inval.（废弃属名）＝Sinocarum H. Wolff ex R. H. Shan et F. T. Pu（1980）（保留属名）[伞形花科（伞形科）Apiaceae（Umbelliferae）]■★

47526　Sinochasea Keng（1958）【汉】三蕊草属（青海草属）。【英】Sinochasea。【隶属】禾本科 Poaceae（Gramineae）。【包含】世界 1 种,中国 1 种。【学名诠释与讨论】〈阴〉（地）Sina,中国＋（属）Chasea ＝Panicum 黍属。此属的学名是"Sinochasea Y. L. Keng, J. Wash. Acad. Sci. 48: 115. 22 Mai 1958"。亦有文献把其处理为"Pseudodanthonia Bor et C. E. Hubb.（1958）"的异名。【分布】中国。【模式】Sinochasea trigyna Y. L. Keng。【参考异名】Pseudodanthonia Bor et C. E. Hubb.（1958）■★

47527　Sinocrassula A. Berger（1930）【汉】石莲属（华景天属,石莲花属）。【日】シノクラッスラ属。【英】Sinocrassula, Stonelotus。【隶属】景天科 Crassulaceae。【包含】世界 7-8 种,中国 7-8 种。【学名诠释与讨论】〈阴〉（地）Sina,中国＋（属）Crassula 青锁龙属。【分布】中国,喜马拉雅山。【后选模式】Sinocrassula indica（Decaisne）A. Berger [Crassula indica Decaisne]■

47528　Sinocurculigo Z. J. Liu,L. J. Chen et K. Wei Liu（2012）【汉】华仙茅属。【隶属】石蒜科 Amaryllidaceae//长喙科（仙茅科）Hypoxidaceae。【包含】世界 1 种。【学名诠释与讨论】〈阴〉（地）Sina,中国＋（属）Curculigo 仙茅属。【分布】中国。【模式】Sinocurculigo taishanica Z. J. Liu,L. J. Chen et K. Wei Liu☆

47529　Sinodielsia H. Wolff（1925）＝Meeboldia H. Wolff（1924）[伞形花科（伞形科）Apiaceae（Umbelliferae）]■

47530　Sinodolichos Verdc.（1970）【汉】华扁豆属。【英】Sinohaircot。【隶属】豆科 Fabaceae（Leguminosae）//蝶形花科 Papilionaceae。【包含】世界 2 种,中国 1 种。【学名诠释与讨论】〈阳〉（地）Sina,中国＋（属）Dolichos 镰扁豆属。【分布】缅甸,中国。【模式】Sinodolichos lagopus（Dunn）Verdcourt [Dolichos lagopus Dunn]■

47531　Sinofranchetia（Diels）Hemsl.（1907）【汉】串果藤属。【英】Sinofranchetia。【隶属】木通科 Lardizabalaceae。【包含】世界 1 种,中国 1 种。【学名诠释与讨论】〈阴〉（地）Sina,中国＋Adion RenéFranchet,1834-1900,法国植物学者,曾在中国采集植物标本。此属的学名,ING 和 TROPICOS 记载是"Sinofranchetia（Diels）Hemsley, Hooker's Icon. Pl. 29:ad t. 2842. Dec 1907",由"Holboellia subgen. Sinofranchetia Diels, Bot. Jahrb. Syst. 29: 343. 4 Dec 1900"改级而来。IK 则记载为"Sinofranchetia Hemsl., Hooker's Icon. Pl. 29:t. 2842. 1907 [1909 publ. Dec 1907]"。三者引用的文献相同。【分布】中国。【模式】Sinofranchetia chinensis（Franchet）Hemsley [Parvatia chinensis Franchet]。【参考异名】Holboellia subgen. Sinofranchetia Diels（1900）;Sinofranchetia Hemsl.（1907）Nom. illegit. ●★

47532　Sinofranchetia Hemsl.（1907）Nom. illegit. ≡ Sinofranchetia（Diels）Hemsl.（1907）[木通科 Lardizabalaceae]●★

47533　Sinofranchetiaceae Doweld（2000）＝Lardizabalaceae R. Br.（保留科名）●

47534　Sinoga S. T. Blake（1958）＝Asteromyrtus Schauer（1843）[桃金娘科 Myrtaceae]●☆

47535　Sinogentiana Adr. Favre et Y. M. Yuan（2014）【汉】华龙胆属。【隶属】龙胆科 Gentianaceae。【包含】世界 2 种。【学名诠释与讨论】〈阴〉（地）Sina,中国＋（属）Gentiana 龙胆属。【分布】中国。【模式】Sinogentiana souliei（Franch.）Adr. Favre et Y. M. Yuan [Gentiana souliei Franch.]■

47536　Sinojackia Hu（1928）【汉】秤锤树属。【俄】Синоджекия。【英】Jacktree, Sinojackia, Weigttree。【隶属】安息香科（齐墩果

科,野茉莉科）Styraceae。【包含】世界 5 种,中国 5 种。【学名诠释与讨论】〈阴〉（地）Sina,中国＋（人）John George Jack,1861-1949,美国植物学者,树木学者,教授。【分布】中国。【模式】Sinojackia xylocarpa H. H. Hu。【参考异名】Changiostyrax Tao Chen（1995）●★

47537　Sinojohnstonia Hu（1936）【汉】车前紫草属（琼丝东草属）。【英】Sinojohnstonia。【隶属】紫草科 Boraginaceae。【包含】世界 3 种,中国 3 种。【学名诠释与讨论】〈阴〉（地）Sina,中国＋（人）Ivan Murray Johnston,1898-1960,美国植物学者,哈佛大学教授,紫草科 Boraginaceae 专家。【分布】中国。【模式】Sinojohnstonia plantaginea H. H. Hu ■★

47538　Sinoleontopodium Y. L. Chen（1985）【汉】君范菊属。【英】Junfandaisy。【隶属】菊科 Asteraceae（Compositae）。【包含】世界 1 种,中国 1 种。【学名诠释与讨论】〈中〉（地）Sina,中国＋（属）Leontopodium 火绒草属。【分布】中国。【模式】Sinoleontopodium lingianum Y. L. Chen ■★

47539　Sinolimprichtia H. Wolff（1922）【汉】舟瓣芹属（华林芹属）。【英】Sinolimptichtia。【隶属】伞形花科（伞形科）Apiaceae（Umbelliferae）。【包含】世界 1 种,中国 1 种。【学名诠释与讨论】〈阴〉（地）Sina,中国＋（人）Hans Wolfgang Limpricht,1877-,德国植物学者,曾来中国采集标本。【分布】中国。【模式】Sinolimprichtia alpina H. Wolff ■★

47540　Sinomalus Kdidz.（1932）＝Malus Mill.（1754）[蔷薇科 Rosaceae//苹果科 Malaceae]●

47541　Sinomanglietia Z. X. Yu et Q. Y. Zheng（1994）【汉】落叶木莲属。【隶属】木兰科 Magnoliaceae。【包含】世界 1 种,中国 1 种。【学名诠释与讨论】〈阴〉（地）Sina,中国＋（属）Manglietia 木莲属。此属的学名是"Sinomanglietia Z. X. Yu et Q. Y. Zheng, Acta Agric. Univ. Jiangxi 16: 202. 1994"。亦有文献把其处理为"Manglietia Blume（1823）"的异名。【分布】中国。【模式】Sinomanglietia glauca Z. X. Yu et Q. Y. Zheng。【参考异名】Manglietia Blume（1823）;Sinomanglietia Z. X. Yu ●★

47542　Sinomanglietia Z. X. Yu ＝Sinomanglietia Z. X. Yu et Q. Y. Zheng（1994）[木兰科 Magnoliaceae]●★

47543　Sinomarsdenia P. T. Li et J. J. Chen（1997）【汉】裂冠藤属。【英】Sinomarsdenia。【隶属】萝藦科 Asclepiadaceae。【包含】世界 1 种,中国 1 种。【学名诠释与讨论】〈阴〉（地）Sina,中国＋（属）Marsdenia 牛奶菜属。【分布】中国。【模式】Sinomarsdenia incisa（P. T. Li et Y. H. Li）P. T. Li et J. J. Chen ●

47544　Sinomenia Diels（1910）Nom. illegit. ≡ Sinomenium Diels（1910）[as 'Sinomenia']●

47545　Sinomenium Diels（1910）[as 'Sinomenia']【汉】防己属（风龙属,汉防己属,青藤属）。【日】オホツヅラフヂ属,ツヅラフジ属,ツヅラフヂ属。【英】Orientvine。【隶属】防己科 Menispermaceae。【包含】世界 1 种,中国 1 种。【学名诠释与讨论】〈中〉（地）Sina,中国＋希腊文 mene, menos 月亮＋-ius, -ia, -ium,在拉丁文和希腊文中,这些词尾表示性质或状态。指种子半月形。此属的学名,ING 和 IK 记载是"Sinomenium Diels in Engler, Pflanzenr. IV. 94（Heft 46）: 254, 204（'Sinomenia'）. 6 Dec 1910"。"Sinomenia Diels（1910）"是其拼写变体。【分布】中国, 东亚。【模式】Sinomenium diversifolium Diels [Cocculus diversifolius Miquel 1867, non A. P. de Candolle 1817]。【参考异名】Simonenium Willis, Nom. inval.;Sinomenia Diels（1910）Nom. illegit. ●

47546　Sinomerrillia Hu（1937）＝Neuropeltis Wall.（1824）[旋花科 Convolvulaceae]●■

47547　Sinopanax H. L. Li（1949）【汉】华参属（里白八角金盘属）。

【英】Sinopanax。【隶属】五加科 Araliaceae。【包含】世界1种,中国1种。【学名诠释与讨论】〈阳〉(地)Sina,中国+(属)Panax 人参属。指本属植物特产于中国,与人参属相近。【分布】中国。【模式】Sinopanax formosanus (Hayata) Hui - Lin Li [as 'formosana'] [Oreopanax formosanus Hayata as 'formosana']●★

47548　Sinopimelodendron Tsiang (1973) = Cleidiocarpon Airy Shaw (1965) [大戟科 Euphorbiaceae]●

47549　Sinoplagiospermum Rauschert(1982)【汉】蒌核属。【隶属】蔷薇科 Rosaceae。【包含】世界2种,中国2种。【学名诠释与讨论】〈中〉(地)Sina,中国+(属)Plagiospermum。此属的学名"Sinoplagiospermum S. Rauschert, Taxon 31:561. 9 Aug 1982"是一个替代名称。"Plagiospermum D. Oliver, Hooker's Icon. Pl. 16:ad t. 1526. Nov 1886"是一个非法名称(Nom. illegit.),因为此前已经有了绿藻的"Plagiospermum Cleve, Nova Acta Regiae Soc. Sci. Upsal. ser. 3. 6 (11):12, 35. 1868"。故用"Sinoplagiospermum Rauschert (1982)"替代之。同理,"Plagiospermum Pierre, Fl. Forest. Cochinchine ad t. 260. 1 Jun 1892, Nom. illegit. ≡Benzoin Hayne(1829)Nom. illegit. (废弃属名) = Styrax L. (1753) [安息香科(齐墩果科,野茉莉科)Styracaceae]"亦是非法名称。"Plagiospermum D. Oliver, Hooker's Icon. Pl. 16:ad t. 1526. Nov 1886 (non Cleve 1868)"是"Sinoplagiospermum Rauschert (1982)"的晚出的同模式异名(Homotypic synonym, Nomenclatural synonym)。亦有文献把"Sinoplagiospermum Rauschert (1982)"处理为"Prinsepia Royle (1835)"的异名。【分布】蒙古,中国。【模式】Sinoplagiospermum sinense (D. Oliver) S. Rauschert [Plagiospermum sinense D. Oliver]。【参考异名】Plagiospermum Oliv. (1886) Nom. illegit.; Prinsepia Royle(1835)●

47550　Sinopodophyllum T. S. Ying (1979)【汉】桃儿七属。【英】Chinese May-apple, Peach-seven。【隶属】小檗科 Berberidaceae//鬼臼科(桃儿七科)Podophyllaceae。【包含】世界1种,中国1种。【学名诠释与讨论】〈中〉(地)Sina,中国+(属)Podophyllum 足叶草属。此属的学名是"Sinopodophyllum T. S. Ying, Acta Phytotax. Sin. 17(1):15. Feb 1979"。亦有文献把其处理为"Podophyllum L. (1753)"的异名。【分布】中国。【模式】Podophyllum hexandrum J. F. Royle。【参考异名】Podophyllum L. (1753)■

47551　Sinopogonanthera H. W. Li(1993)【汉】犀药草属。【隶属】唇形科 Lamiaceae(Labiatae)。【包含】世界2种,中国2种。【学名诠释与讨论】〈阴〉(地)Sina,中国+(属)Pogonanthera。此属的学名"Sinopogonanthera H. W. Li, Acta Bot. Yunnan. 15:346. Nov 1993"是一个替代名称。"Pogonanthera H. W. Li et X. H. Guo, Acta Phytotax. Sin. 31:266. Jun 1993"是一个非法名称(Nom. illegit.),因为此前已经有了"Pogonanthera Blume, Flora 14:520. Jul - Sep 1831 [野牡丹科 Melastomataceae]"。故用"Sinopogonanthera H. W. Li (1993)"替代之。同理,"Pogonanthera (G. Don) Spach, Hist. Nat. Vég. PHAN. 9:583. 15 Aug 1840 = Pogonanthera Blume (1831) [野牡丹科 Melastomataceae] =Scaevola L. (1771)(保留属名) [草海桐科 Goodeniaceae]"亦是非法名称。"Pogonanthera Spach (1840) Nom. illegit. ≡Pogonanthera (G. Don) Spach(1838) Nom. illegit."的命名人引证有误。亦有文献把"Sinopogonanthera H. W. Li (1993)"处理为"Paraphlomis (Prain) Prain(1908)"的异名。【分布】中国。【模式】Sinopogonanthera caulopteris (H. W. Li et X. H. Guo) H. W. Li [Pogonanthera caulopteris H. W. Li et X. H. Guo]。【参考异名】Paraphlomis (Prain) Prain (1908); Pogonanthera H. W. Li et X. H. Guo(1993) Nom. illegit.■

47552　Sinopora J. Li, N. H. Xia et H. W. Li ex J. Li, N. H. Xia et H. W. Li(2008)【汉】孔药楠属。【隶属】樟科 Lauraceae。【包含】世界1种,中国1种。【学名诠释与讨论】〈阴〉(地)Sina,中国+pora,孔口。此属的学名首次发表于1956年;因为未指定模式而为未合格发表。原作者于2008补充了模式,使学名合格化。但是,命名人引证为"J. Li, N. H. Xia et H. W. Li"有误,应该是"Sinopora J. Li, N. H. Xia et H. W. Li ex J. Li, N. H. Xia et H. W. Li (2008)"。【分布】中国。【模式】Sinopora hongkongensis (N. H. Xia, Y. F. Deng et K. L. Yip)J. Li, N. H. Xia et H. W. Li [Syndiclis hongkongensis N. H. Xia, Y. F. Deng et K. L. Yip]。【参考异名】Sinopora J. Li, N. H. Xia et H. W. Li(1956) Nom. inval. ●

47553　Sinopora J. Li, N. H. Xia et H. W. Li(1956) Nom. inval. ≡Sinopora J. Li, N. H. Xia et H. W. Li ex J. Li, N. H. Xia et H. W. Li(2008) [樟科 Lauraceae]●

47554　Sinopyrenaria Hu(1956) = Pyrenaria Blume(1827) [山茶科(茶科)Theaceae]●

47555　Sinoradlkofera F. G. Mey. (1977) = Boniodendron Gagnep. (1946) [无患子科 Sapindaceae]●

47556　Sinorchis S. C. Chen(1978)【汉】梅兰属。【英】Sinorchis。【隶属】兰科 Orchidaceae。【包含】世界1种,中国1种。【学名诠释与讨论】〈阴〉(地)Sina,中国+orchis,原义是睾丸,后变为植物兰的名称,因为根的形态而得名。变为拉丁文 orchis,所有格 orchidis。此属的学名是"Sinorchis S. C. Chen, Acta Phytotax. Sin. 16(4):82. Nov 1978"。亦有文献把其处理为"Aphyllorchis Blume(1825)"或"Cephalanthera Rich. (1817)"的异名。【分布】中国。【模式】Sinorchis simplex (T. Tang et F. T. Wang) S. C. Chen [Aphyllorchis simplex T. Tang et F. T. Wang]。【参考异名】Aphyllorchis Blume; Cephalanthera Rich. (1817)■★

47557　Sinorundinaria Ohwi(1931) ≡Phyllostachys Siebold et Zucc. (1843)(保留属名) [禾本科 Poaceae(Gramineae)]●

47558　Sinosassafras (Allen) H. W. Li(1985) Nom. illegit. ≡Sinosassafras H. W. Li(1985) [樟科 Lauraceae]●★

47559　Sinosassafras H. W. Li(1985)【汉】华檫木属(黄脉檫木属)。【英】Sinosassafras。【隶属】樟科 Lauraceae。【包含】世界1种,中国1种。【学名诠释与讨论】〈阴〉(地)Sina,中国+(属)Sassafras 檫木属。此属的学名,ING、TROPICOS 和 IK 记载是"Sinosassafras H. W. Li, Acta Bot. Yunnanica 7:134. Mai 1985"。"Sinosassafras (Allen) H. W. Li (1985) Nom. illegit. ≡Sinosassafras H. W. Li(1985)"的命名人引证有误。亦有文献把"Sinosassafras H. W. Li(1985)"处理为"Parasassafras D. G. Long(1984)"的异名。【分布】中国。【模式】Sinosassafras flavinervium (C. K. Allen)H. W. Li [as 'flavinervia'] [Lindera flavinervia C. K. Allen]。【参考异名】Parasassafras D. G. Long(1984) Nom. inval.; Sinosassafras (Allen)H. W. Li(1985) Nom. illegit. ●★

47560　Sinosenecio B. Nord. (1978)【汉】蒲儿根属(华千里光属,武夷千里光属)。【英】Chinese Groundsel, Sinosenecio。【隶属】菊科 Asteraceae(Compositae)。【包含】世界36-40种,中国36种。【学名诠释与讨论】〈阴〉(地)Sina,中国+(属)Senecio 千里光属。【分布】中国,亚洲东部和南部。【模式】Sinosenecio homogyniphyllus (H. A. Cummins) B. Nordenstam [Senecio homogyniphyllus H. A. Cummins]■

47561　Sinosideroxylon(Engl.) Aubrév. (1963)【汉】中国铁榄属(铁榄属)。【英】Ironolive, Sinosideroxylon。【隶属】山榄科 Sapotaceae。【包含】世界4种,中国3种。【学名诠释与讨论】〈中〉(地)Sina,中国+(属)Sideroxylon。此属的学名,ING 和 IK

记载是"Sinosideroxylon（Engler）Aubréville, Adansonia ser. 2. 3：32. 22 Apr 1963"，由"Sideroxylon sect. Sinosideroxylon Engler, Bot. Jahrb. Syst. 12：518. 1890"改级而来。亦有文献把"Sinosideroxylon（Engl.）Aubrév.（1963）"处理为"Sideroxylon L.（1753）"的异名。【分布】中国，中南半岛。【模式】Sinosideroxylon wightianum（W. J. Hooker et Arnott）Aubréville ［Sideroxylon wightianum W. J. Hooker et Arnott］。【参考异名】Sideroxylon L.（1753）；Sideroxylon sect. Sinosideroxylon Engl.（1890）●

47562 Sinosophiopsis Al-Shehbaz(2000)【汉】华羽芥属。【隶属】十字花科 Brassicaceae(Cruciferae)。【包含】世界 2 种，中国 2 种。【学名诠释与讨论】〈阳〉（地）Sina, 中国+（属）Sophiopsis 羽裂叶荠属。【分布】中国。【模式】Sinosophiopsis bartholomewii I. A. Al-Shehbaz ■

47563 Sinoswertia T. N. Ho, S. W. Liu et J. Q. Liu(2013)【汉】华当药属。【隶属】龙胆科 Gentianaceae。【包含】世界 1 种。【学名诠释与讨论】〈阴〉（地）Sina, 中国+（属）Swertia 獐牙菜属（当药属）。【分布】中国。【模式】Sinoswertia tetraptera（Maxim.）T. N. Ho, S. W. Liu et J. Q. Liu ［Swertia tetraptera Maxim.］☆

47564 Sinowilsonia Hemsl.（1906）【汉】山白树属。【英】Wilsontree, Wilson-tree。【隶属】金缕梅科 Hamamelidaceae。【包含】世界 1 种，中国 1 种。【学名诠释与讨论】〈阴〉（地）Sina, 中国+Ernest Henry Wilson, 1876-1930, 生于英国的美国植物学者，园艺学者，植物采集家。1900-1918年间，他曾经 5 次来中国采集植物标本计 50000 多号，包括 2716 种和 640 个变种与变型。其中新属 6 个，新种 671 个，新变种与新变型 424 个。他的采集以活植物著称。采集的标本主要存放在阿诺德树木园标本馆。【分布】中国。【模式】Sinowilsonia henryi Hemsley ●★

47565 Sinthroblastes Bremek.（1957）= Strobilanthes Blume（1826）［爵床科 Acanthaceae］■

47566 Sioja Buch.‐Ham. ex Lindl.（1836）= Peripterygium Hassk.（1843）［心翼果科 Cardiopteridaceae］●■

47567 Siolmatra Baill.（1885）【汉】巴西瓜属。【隶属】葫芦科（瓜科，南瓜科）Cucurbitaceae。【包含】世界 3 种。【学名诠释与讨论】〈阴〉词源不详。【分布】巴拉圭，秘鲁，玻利维亚，厄瓜多尔。【模式】Siolmatra brasiliensis（Cogniaux）Baillon ［Alsomitra brasiliensis Cogniaux］■☆

47568 Sion Adans.（1763）Nom. illegit. ≡ Sium L.（1753）［伞形花科（伞形科）Apiaceae（Umbelliferae）］■

47569 Siona Salisb.（1866）= Dichopogon Kunth(1843)［吊兰科（猴面包科，猴面包树科）Anthericaceae］■☆

47570 Sipanea Aubl.（1775）【汉】锡潘茜属。【隶属】茜草科 Rubiaceae。【包含】世界 17 种。【学名诠释与讨论】〈阴〉（地）Sipan, 锡潘。【分布】巴拉圭，巴拿马，秘鲁，玻利维亚，尼加拉瓜，中美洲。【模式】Sipanea pratensis Aublet。【参考异名】Ptychodea Willd. ex Cham.（1829）Nom. illegit.；Ptychodea Willd. ex Cham. et Schltdl.（1829）；Sipania Seem.（1854）；Virecta L. f.（1782）●■☆

47571 Sipaneopsis Steyerm.（1967）【汉】拟西巴茜属。【隶属】茜草科 Rubiaceae。【包含】世界 6 种。【学名诠释与讨论】〈阴〉（属）Sipanea 西帕茜属+希腊文 opsis, 外观，模样，相似。【分布】热带南美洲西北部。【模式】Sipaneopsis rupicola（Spruce ex Schumann）Steyermark ［Rondeletia rupicola Spruce ex Schumann］●☆

47572 Sipania Seem.（1854）= Limnosipanea Hook. f.（1868）；~ = Sipanea Aubl.（1775）［茜草科 Rubiaceae］●■☆

47573 Sipapoa Maguire(1953)= Diacidia Griseb.（1858）［金虎尾科（黄褥花科）Malpighiaceae］●☆

47574 Sipapoantha Maguire et B. M. Boom(1989)【汉】西巴龙胆属。【隶属】龙胆科 Gentianaceae。【包含】世界 1 种。【学名诠释与讨论】〈阴〉（地）Sipapo, 锡帕波, 位于委内瑞拉。【分布】委内瑞拉。【模式】Sipapoantha ostrina Maguire et B. M. Boom ■☆

47575 Siparuna Aubl.（1775）【汉】坛罐花属（西帕木属）。【隶属】香材树科（杯轴花科，黑檫木科，芒籽科，蒙立米科，檬立木科，香材木科，香树木科）Monimiaceae//坛罐花科（西帕木科）Siparunaceae。【包含】世界 150 种。【学名诠释与讨论】〈阴〉来自 Perebea chimicua J. F. Macbride = Perebea xanthochyma Karsten 的俗名。【分布】巴拿马，秘鲁，玻利维亚，厄瓜多尔，哥伦比亚（安蒂奥基亚），美国，墨西哥，尼加拉瓜，西印度群岛，中美洲。【模式】Siparuna guianensis Aublet。【参考异名】Angelina Pohl ex Tul.（1885）；Bracteanthus Ducke(1930)；Citriosma Tul.（1855）；Citrosma Ruiz et Pav.（1794）；Conuleum A. Rich.（1823）；Leonia Mutis ex Kunth ●☆

47576 Siparunaceae（A. DC.）Schodde（1970）= Monimiaceae Juss.（保留科名）●■☆

47577 Siparunaceae Schodde(1970)［亦见 Monimiaceae Juss.（保留科名）香材树科(杯轴花科，黑檫木科，芒籽科，蒙立米科，香材木科，香树木科)］【汉】坛罐花科（西帕木科）。【包含】世界 3 属 160 种。【分布】热带美洲，西印度群岛，非洲西部。【科名模式】Siparuna Aubl.（1775）●☆

47578 Siphanthemum Tiegh.（1895）= Psittacanthus Mart.（1830）［桑寄生科 Loranthaceae］●

47579 Siphanthera Pohl ex DC.（1828）【汉】管药野牡丹属。【隶属】野牡丹科 Melastomataceae。【包含】世界 16 种。【学名诠释与讨论】〈阴〉（希）siphon, 所有格 siphonos, 管子+anthera, 花药。此属的学名，ING、TROPICOS 和 GCI 记载是"Siphanthera Pohl ex DC., Prodr. [A. P. de Candolle] 3：121. 1828 [mid–Mar 1828]"。IK 则记载为"Siphanthera Pohl, Pl. Bras. Icon. Descr. 1 (4)：102. t. 84, 85. 1828 [May-Dec 1828]"。【分布】巴西，玻利维亚，几内亚。【模式】未指定。【参考异名】Farringtonia Gleason（1952）；Meisneria DC.（1828）；Siphanthera Pohl（1828）Nom. illegit.；Tulasnea Naudin(1844)■☆

47580 Siphanthera Pohl（1828）Nom. illegit. ≡ Siphanthera Pohl ex DC.（1828）［野牡丹科 Melastomataceae］■☆

47581 Siphantheropsis Brade(1958)= Macairea DC.（1828）［野牡丹科 Melastomataceae］●☆

47582 Sipharissa Post et Kuntze（1903）= Sypharissa Salisb.（1866）；~ = Tenicroa Raf.（1837）；~ = Urginea Steinh.（1834）［风信子科 Hyacinthaceae//百合科 Liliaceae］■☆

47583 Siphaulax Raf.（1837）= Nicotiana L.（1753）［茄科 Solanaceae//烟草科 Nicotianaceae］●■

47584 Siphidia Raf.（1832）Nom. inval. = Siphisia Raf.（1828）Nom. illegit.；~ = Isotrema Raf.（1819）；~ = Aristolochia L.（1753）［马兜铃科 Aristolochiaceae］●■

47585 Siphidia Rchb.（1837）Nom. illegit. ［马兜铃科 Aristolochiaceae］☆

47586 Siphisia Raf.（1828）Nom. illegit. ≡ Isotrema Raf.（1819）；~ = Aristolochia L.（1753）［马兜铃科 Aristolochiaceae］■●

47587 Siphoboea Baill.（1888）= Clerodendrum L.（1753）［马鞭草科 Verbenaceae//牡荆科 Viticaceae］●■

47588 Siphocampylus Pohl(1831)【汉】曲管桔梗属。【隶属】桔梗科 Campanulaceae。【包含】世界 215-230 种。【学名诠释与讨论】〈阳〉（希）siphon, 所有格 siphonos, 管子+kampylos, 弯曲的。指花冠。【分布】巴拿马，秘鲁，玻利维亚，厄瓜多尔，哥伦比亚（安蒂奥基亚），西印度群岛，中美洲。【后选模式】Siphocampylus westinianus（Thunberg）Pohl［Lobelia westiniana Thunberg］。【参考异名】Byrsanthes C. Presl（1836）（废弃属名）；Campylosiphon St. - Lag.（1880）；Canonanthus G. Don（1834）；Cremochilus Turcz.（1852）；Syphocampylos Hort. Belg. ex Hook.（1850）■●☆

47589　Siphocodon Turcz.（1852）【汉】管花桔梗属。【隶属】桔梗科 Campanulaceae。【包含】世界 2 种。【学名诠释与讨论】〈阳〉（希）siphon，所有格 siphonos，管子 + kodon，指小式 kodonion，钟，铃。指花冠筒。【分布】非洲南部。【模式】Siphocodon spartioides Turczaninow ●☆

47590　Siphocolea Baill.（1887）= Stereospermum Cham.（1833）［紫葳科 Bignoniaceae］●

47591　Siphocranion Kudô（1929）Nom. illegit. = Hancea Hemsl.（1890）Nom. illegit.；~ = Hanceola Kudô（1929）［唇形科 Lamiaceae（Labiatae）］■★

47592　Siphokentia Burret（1927）【汉】摩鹿加椰属（管鞘椰子属，马鲁古椰属，吸管堪蒂椰属）。【隶属】棕榈科 Arecaceae（Palmae）。【包含】世界 1-2 种。【学名诠释与讨论】〈阴〉（希）siphon，所有格 siphonos，管子 +（属）Kentia = Howea 豪爵棕属。指雌花的萼片和花瓣。【分布】印度尼西亚（马鲁古群岛）。【模式】Siphokentia beguinii Burret ●☆

47593　Siphomeris Bojer ex Hook.（1833）= Lecontea A. Rich.（1830）；~ = Paederia L.（1767）（保留属名）［茜草科 Rubiaceae］●■

47594　Siphomeris Bojer（1837）Nom. illegit. ≡ Siphomeris Bojer ex Hook.（1833）；~ = Lecontea A. Rich.（1830）；~ = Paederia L.（1767）（保留属名）［茜草科 Rubiaceae］●■

47595　Siphonacanthus Nees（1847）= Ruellia L.（1753）［爵床科 Acanthaceae］■●

47596　Siphonandra Klotzsch（1851）Nom. illegit. = Thibaudia Ruiz et Pav. ex J. St. -Hil.（1805）［杜鹃花科（欧石南科）Ericaceae］●☆

47597　Siphonandra Turcz.（1848）Nom. illegit. = Chiococca P. Browne ex L.（1759）［茜草科 Rubiaceae］●☆

47598　Siphonandraceae Klotzsch = Ericaceae Juss.（保留科名）●

47599　Siphonandrium K. Schum（1905）【汉】管蕊茜属。【隶属】茜草科 Rubiaceae。【包含】世界 1 种。【学名诠释与讨论】〈中〉（希）siphon，所有格 siphonos，管子 + aner，所有格 andros，雄性，雄蕊 + -ius，-ia，-ium，在拉丁文和希腊文中，这些词尾表示性质或状态。在来源于人名的植物属名中，它们常常出现。在医学中，则用它们来作疾病或病状的名称。【分布】新几内亚岛。【模式】Siphonandrium intricatum K. Schumann ■☆

47600　Siphonanthaceae Raf.（1838）= Labiatae Juss.（保留科名）// Lamiaceae Martinov（保留科名）●■

47601　Siphonanthus L.（1753）【汉】管花赪桐属。【俄】Сифонантус。【英】Tuber Flower，Tuberflower。【隶属】马鞭草科 Verbenaceae // 牡荆科 Viticaceae。【包含】世界 26 种。【学名诠释与讨论】〈阴〉（希）siphon，所有格 siphonos，管子 + anyhos，花。此属的学名，ING、APNI 和 IK 记载是"Siphonanthus L.，Sp. Pl. 1：109. 1753［1 May 1753］"。"Siphonanthus Schreb. ex Baill.，Étude Euphorb. 324. 1858"是晚出的非法名称。亦有文献把"Siphonanthus L.（1753）"处理为"Clerodendrum L.（1753）"的异名。【分布】巴基斯坦，马达加斯加，中国。【模式】Siphonanthus indicus Linnaeus［as 'indica'］。【参考异名】Clerodendrum L.（1753）●

47602　Siphonanthus Schreb. ex Baill.（1858）Nom. illegit. = Hevea Aubl.（1775）［大戟科 Euphorbiaceae］●■

47603　Siphonella（A. Gray）A. Heller（1912）Nom. illegit. ≡ Linanthastrum Ewan（1942）；~ = Leptodactylon Hook. et Arn.（1839）；~ = Linanthus Benth.（1833）［花荵科 Polemoniaceae］■☆

47604　Siphonella（Torr. et A. Gray）Small（1903）Nom. illegit. = Fedia Gaertn.（1790）（保留属名）［缬草科（败酱科）Valerianaceae］■

47605　Siphonella A. Heller（1912）Nom. illegit. ≡ Siphonella（A. Gray）A. Heller（1912）Nom. illegit.；~ ≡ Linanthastrum Ewan（1942）；~ = Leptodactylon Hook. et Arn.（1839）；~ = Linanthus Benth.（1833）［花荵科 Polemoniaceae］■☆

47606　Siphonella Small（1903）Nom. illegit. ≡ Siphonella（Torr. et A. Gray）Small（1903）Nom. illegit.；~ = Fedia Gaertn.（1790）（保留属名）［缬草科（败酱科）Valerianaceae］■

47607　Siphonema Raf.（1837）= Nierembergia Ruiz et Pav.（1794）［茄科 Solanaceae］■☆

47608　Siphoneranthemum（Oerst.）Kuntze（1891）Nom. illegit. ≡ Pseuderanthemum Radlk. ex Lindau（1895）［爵床科 Acanthaceae］●■

47609　Siphoneranthemum Kuntze（1891）Nom. illegit. ≡ Siphoneranthemum（Oerst.）Kuntze（1891）Nom. illegit.；~ ≡ Pseuderanthemum Radlk. ex Lindau（1895）［爵床科 Acanthaceae］●■

47610　Siphoneugena O. Berg（1856）【汉】管蒲桃属。【隶属】桃金娘科 Myrtaceae。【包含】世界 8 种。【学名诠释与讨论】〈阴〉（希）siphon，所有格 siphonos，管子 +（属）Eugenia 番樱桃属（巴西蒲桃属）。【分布】巴拿马，秘鲁，玻利维亚，厄瓜多尔，哥斯达黎加，中美洲。【后选模式】Siphoneugena widgreniana O. C. Berg。【参考异名】Paramitranthes Burret（1941）●☆

47611　Siphonia Benth.（1841）Nom. illegit. = Lindenia Benth.（1842）［茜草科 Rubiaceae］■☆

47612　Siphonia Rich.（1791）Nom. illegit. = Hevea Aubl.（1775）［大戟科 Euphorbiaceae］●

47613　Siphonia Rich. ex Schreb.（1791）≡ Hevea Aubl.（1775）［大戟科 Euphorbiaceae］●

47614　Siphonidium J. B. Armstr.（1881）= Euphrasia L.（1753）［玄参科 Scrophulariaceae // 列当科 Orobanchaceae］■

47615　Siphoniopsis H. Karst.（1860）= Cola Schott et Endl.（1832）（保留属名）［梧桐科 Sterculiaceae // 锦葵科 Malvaceae］●☆

47616　Siphonochilus J. M. Wood et Franks（1911）【汉】管唇姜属。【隶属】姜科（蘘荷科）Zingiberaceae。【包含】世界 15 种。【学名诠释与讨论】〈阳〉（希）siphon，所有格 siphonos，管子 + cheilos，唇。在希腊文组合词中，cheil-，cheilo-，-chilus，-chilia 等均为"唇，边缘"之义。【分布】纳塔尔。【模式】Siphonochilus natalensis J. M. Wood et M. Franks。【参考异名】Cienkowskia Schweinf.（1867）Nom. illegit.；Cienkowskiella Y. K. Kam（1980）Nom. illegit.；Cienkowskya Schweinf. ■☆

47617　Siphonodiscus F. Muell.（1875）= Dysoxylum Blume（1825）［楝科 Meliaceae］●

47618　Siphonodon Griff.（1843）【汉】异卫矛属。【俄】Сифонодон，Фителефас。【英】Ivorywood。【隶属】异卫矛科 Siphonodontaceae。【包含】世界 5-7 种。【学名诠释与讨论】〈阳〉（希）siphon，所有格 siphonos，管子 + odous，所有格 odonts，齿。指花。【分布】澳大利亚，东南亚。【模式】Siphonodon celastrineus Griffith。【参考异名】Astrogyne Wall. ex M. A. Lawson（1839）；Capusia Lecomte（1926）；Sophonodon Miq.（1859）●☆

47619　Siphonodontaceae（Croizat）Gagnepain et Tardieu = Siphonodontaceae Gagnep. et Tardieu（1951）（保留科名）；~ = Celastraceae R. Br.（1814）（保留科名）；~ = Siphonodontaceae Gagnep. et Tardieu（保留科名）●

47620　Siphonodontaceae Gagnep. et Tardieu ex Tardieu = Celastraceae R. Br.（1814）（保留科名）；~ = Siphonodontaceae Gagnep. et

Tardieu(1951)（保留科名）●

47621　Siphonodontaceae Gagnep. et Tardieu(1951)（保留科名）［亦见 Celastraceae R. Br. (1814)（保留科名）卫矛科和 Sladeniaceae Airy Shaw(1965)肋果茶科（毒药树科，独药树科）］【汉】异卫矛科。【包含】世界 1 属 5 种。【分布】东南亚至澳大利亚。【科名模式】Siphonodon Griff. ●

47622　Siphonoglossa Oerst.(1854)【汉】管舌爵床属。【隶属】爵床科 Acanthaceae。【包含】世界 7 种。【学名诠释与讨论】〈阴〉（希）siphon，所有格 siphonos，管子+glossa，舌。指花冠二唇。【分布】巴拉圭，墨西哥，热带和非洲南部，中美洲。【模式】Siphonoglossa ramosa Oersted。【参考异名】Liphonoglossa Torr.(1859)●☆

47623　Siphonogyne Cass.(1827)= Eriocephalus L.(1753)［菊科 Asteraceae(Compositae)］●☆

47624　Siphonosmanthus Stapf(1929)= Osmanthus Lour.(1790)［木犀榄科（木犀科）Oleaceae］●

47625　Siphonostegia Benth.(1835)【汉】阴行草属。【日】オオヒキヨモギ属，オホヒキヨモギ属，ヒキヨモギ属。【俄】Сифоностегия。【英】Siphonostegia。【隶属】玄参科 Scrophulariaceae。【包含】世界 1-4 种，中国 2 种。【学名诠释与讨论】〈阴〉（希）siphon，所有格 siphonos，管子+stege，盖子。指花萼管形。【分布】中国，安纳托利亚，北亚。【模式】Siphonostegia chinensis Bentham。【参考异名】Lesquereuxia Boiss. et Reut.(1853)；Prismatanthus Hook. et Arn.(1837)■

47626　Siphonostelma Schltr.(1913)= Brachystelma R. Br.(1822)（保留属名）［萝藦科 Asclepiadaceae］■

47627　Siphonostema Griseb.(1857)Nom. inval. = Ceratostema Juss.(1789)［杜鹃花科（欧石南科）Ericaceae］●☆

47628　Siphonostema Griseb. ex Lechl.(1857)Nom. inval. = Ceratostema Juss.(1789)［杜鹃花科（欧石南科）Ericaceae］●☆

47629　Siphonostoma Benth. et Hook. f.(1876)Nom. illegit. = Siphonostema Griseb.(1857)Nom. inval.；~ = Ceratostema Juss.(1789)［杜鹃花科（欧石南科）Ericaceae］●☆

47630　Siphonostylis Wern. Schulze(1965)= Iris L.(1753)［鸢尾科 Iridaceae］■

47631　Siphonychia Torr. et A. Gray(1838)（保留属名）【汉】管甲草属。【隶属】石竹科 Caryophyllaceae//醉人花科（裸果木科）Illecebraceae//指甲草科 Paronichiaceae。【包含】世界 6 种。【学名诠释与讨论】〈阴〉（希）siphon，所有格 siphonos，管子+onyx，所有格 onychos，指甲，爪。此属的学名"Siphonychia Torr. et A. Gray,Fl. N. Amer. 1：173. Jul 1838"是保留属名。法规未列出相应的废弃属名。"Siphonychia Torr. et A. Gray(1838)（保留属名）"曾先后被处理为"Paronychia subgen. Siphonychia（Torr. et A. Gray）Rchb. , Der Deutsche Botaniker Herbarienbuch 162. 1841"和"Paronychia subgen. Siphonychia（Torr. et A. Gray）Chaudhri, Mededeelingen van het Botanisch Museum en Herbarium van de Rijks Universiteit te Utrecht 285：82. 1968"。亦有文献把"Siphonychia Torr. et A. Gray(1838)（保留属名）"处理为"Paronychia Mill.(1754)"的异名。【分布】北美洲。【模式】Siphonychia americana（Nuttall）Torrey et A. Gray［Herniaria americana Nuttall］。【参考异名】Buinalis Raf.(1838)；Odontonychia Small(1903)；Paronychia Mill.(1754)；Paronychia subgen. Siphonychia（Torr. et A. Gray）Chaudhri(1968)；Paronychia subgen. Siphonychia（Torr. et A. Gray）Rchb.(1841)■☆

47632　Siphostigma B. D. Jacks. =Siphostima Raf.(1837)［鸭趾草科 Commelinaceae］■☆

47633　Siphostigma Raf.(1837)Nom. illegit. = Siphostima Raf.(1837)［鸭趾草科 Commelinaceae］■☆

47634　Siphostima Raf.(1837)【汉】管柱鸭趾草属。【隶属】鸭趾草科 Commelinaceae。【包含】世界 1 种。【学名诠释与讨论】〈中〉（希）siphon，所有格 siphonos，管子+stigma，所有格 stigmatos，柱头，眼点。此属的学名,ING、TROPICOS 和 IK 记载是"Siphostima Raf. ,Fl. Tellur. 2：16. 1837［1836 publ. Jan-Mar 1837］"。亦有文献把"Siphostima Raf.(1837)"处理为"Cyanotis D. Don(1825)（保留属名）"或"Tradescantia L.(1753)"的异名。【分布】美国。【模式】Siphostigma cristata（Linnaeus）Rafinesque［Tradescantia cristata Linnaeus］。【参考异名】Cyanotis D. Don(1825)（保留属名）；Siphostigma B. D. Jacks.；Siphostigma Raf.(1837)Nom. illegit.；Tradescantia L.(1753)■☆

47635　Siphotoma Raf.(1838)= Hymenocallis Salisb.(1812)［石蒜科 Amaryllidaceae］■

47636　Siphotoxis Bojer ex Benth.(1848)= Achyrospermum Blume(1826)［唇形科 Lamiaceae(Labiatae)］■●

47637　Siphyalis Raf.(1838)= Polygonatum Mill.(1754)［百合科 Liliaceae//黄精科 Polygonataceae//铃兰科 Convallariaceae］■

47638　Sipolisia Glaz.(1894)Nom. illegit. ≡ Sipolisia Glaz. ex Oliv.(1894)；~ ≡ Proteopsis Mart. et Zucc. ex DC.(1863)Nom. inval. ≡ Proteopsis Mart. et Zucc. ex Sch. Bip.(1863)［菊科 Asteraceae(Compositae)］■☆

47639　Sipolisia Glaz. ex Oliv.(1894)【汉】叉毛菊属。【隶属】菊科 Asteraceae(Compositae)。【包含】世界 1 种。【学名诠释与讨论】〈阴〉词源不详。此属的学名,ING 和 IK 记载是"Sipolisia Glaziou ex D. Oliver, Hooker's Icon. Pl. 23：ad t. 2281. Jan 1894"。"Sipolisia Glaz.(1894)"的命名人引证有误。【分布】巴西。【模式】Sipolisia lanuginosa Glaziou ex D. Oliver。【参考异名】Sipolisia Glaz.(1894)Nom. illegit.；Proteopsis Mart. et Zucc. ex DC.(1863)Nom. illegit. ●■☆

47640　Siponima A. DC.(1844)= Ciponima Aubl.(1775)；~ = Symplocos Jacq.(1760)［山矾科（灰木科）Symplocaceae］●

47641　Siraitia Merr.(1934)【汉】罗汉果属。【英】Luohanfruit, Siraitia。【隶属】葫芦科（瓜科，南瓜科）Cucurbitaceae。【包含】世界 4-7 种，中国 3-5 种。【学名诠释与讨论】〈阴〉（人）Sirait。【分布】苏门答腊岛，中国。【模式】Siraitia silomaradjae Merrill。【参考异名】Baijiania A. M. Lu et J. Q. Li(1993)■

47642　Siraitos Raf.(1838)（废弃属名）= Chionographis Maxim.(1867)（保留属名）［百合科 Liliaceae//白丝草科 Chionographidaceae//黑药花科（藜芦科）Melanthiaceae］■

47643　Sirdavidia Couvreur et Sauquet(2015)【汉】加蓬番荔枝属。【隶属】番荔枝科 Annonaceae。【包含】世界 1 种。【学名诠释与讨论】〈阴〉词源不详。似来自人名。【分布】加蓬。【模式】Sirdavidia solannona Couvreur et Sauquet☆

47644　Sirhookera Kuntze(1891)【汉】西卢兰属。【隶属】兰科 Orchidaceae。【包含】世界 2 种。【学名诠释与讨论】〈阴〉（人）Joseph Dalton Hooker,1817-1911,英国植物学者，旅行家。此属的学名"Sirhookera O. Kuntze,Rev. Gen. 2：681. 5 Nov 1891"是一个替代名称。"Josephia R. Wight,Icon. 5(1)：19. Mai 1851"是一个非法名称（Nom. illegit.),因为此前已经有了"Josephia R. Brown ex J. Knight,On Cultivation Proteeae 110. Dec 1809（废弃属名）= Dryandra R. Br.(1810)（保留属名）［山龙眼科 Proteaceae］"。故用"Sirhookera Kuntze(1891)"替代之。"Josephia Steud.(1840)Nom. illegit.（废弃属名）= Josepha Vell.(1829)= Bougainvillea Comm. ex Juss.(1789)［as 'Buginvillaea'］（保留属名）［紫茉莉科 Nyctaginaceae//叶子花科 Bougainvilleaceae］"也是晚出的非法名称。【分布】斯里兰卡，

印度(南部)。【模式】Sirhookera lanceolata (R. Wight) O. Kuntze [Josephia lanceolata R. Wight]。【参考异名】Josepha Benth. et Hook. f. (1883); Josephia Wight (1851) Nom. illegit. (废弃属名)■☆

47645　Sirindhornia H. A. Pedersen et Suksathan (2003)【汉】缅菲兰属(缅菲玉凤花属)。【隶属】兰科 Orchidaceae。【包含】世界 3 种。【学名诠释与讨论】〈阴〉(人) Sirindhorn. 此属的学名是 "Sirindhornia H. A. Pedersen et P. Suksathan, Nord. J. Bot. 22: 393. 2003 ('2002')"。亦有文献把其处理为"Habenaria Willd. (1805)"的异名。【分布】缅甸, 泰国。【模式】Sirindhornia monophylla (H. Collett et W. B. Hemsley) H. A. Pedersen et P. Suksathan [Habenaria monophylla H. Collett et W. B. Hemsley]。【参考异名】Habenaria Willd. (1805)■☆

47646　Sirium L. (1771) = Santalum L. (1753) [檀香科 Santalaceae]●

47647　Sirium Schreb. = Santalum L. (1753) [檀香科 Santalaceae]●

47648　Sirmuellera Kuntze (1891) Nom. illegit. ≡ Banksia L. f. (1782) (保留属名) [山龙眼科 Proteaceae]●☆

47649　Sirochloa S. Dransf. (2002)【汉】壕草属。【隶属】禾本科 Poaceae (Gramineae)。【包含】世界 1 种。【学名诠释与讨论】〈阴〉(希) siros, 谷存物的坑, 陷阱, 壕堑 + chloe, 草的幼芽, 嫩草, 禾草。【分布】马达加斯加。【模式】Sirochloa parviflora (Munro) S. Dransfield [Schizostachyum parviflorum Monro]■☆

47650　Siryrinchium Raf. (1836) = Sisyrinchium L. (1753) [鸢尾科 Iridaceae]■

47651　Sisarum Adans. (1763) Nom. illegit. =? Sium L. (1753) [伞形花科 (伞形科) Apiaceae (Umbelliferae)]■

47652　Sisarum Bubani (1899) Nom. illegit. ≡ Sium L. (1753) [伞形花科 (伞形科) Apiaceae (Umbelliferae)]■

47653　Sisarum Mill. (1754) = Sium L. (1753) [伞形花科 (伞形科) Apiaceae (Umbelliferae)]■

47654　Sisimbryum Clairv. (1811) = Sisymbrium L. (1753) [十字花科 Brassicaceae (Cruciferae)]■

47655　Sismondaea Delponte (1854) = Dioscorea L. (1753) (保留属名) [薯蓣科 Dioscoreaceae]■

47656　Sison L. (1753)【汉】水柴胡属。【俄】Петрушечник, Сизон。【英】Honewort, Sison, Stone Parsley。【隶属】伞形花科 (伞形科) Apiaceae (Umbelliferae)。【包含】世界 2 种。【学名诠释与讨论】〈中〉(希) sison, 一种治颊肿的植物。另说来自凯尔特语 sisun, 含义为流水, 因为从前此属所含的植物中, 有些是在流水中生长的。此属的学名, ING、TROPICOS、GCI 和 IK 记载是"Sison L., Sp. Pl. 1: 252. 1753 [1 May 1753]"。"Sison Wahlenb, Nom. illegit = Apium L. (1753)"是晚出的非法名称。【分布】巴基斯坦, 中国, 地中海地区, 欧洲, 中美洲。【后选模式】Sison amomum Linnaeus。【参考异名】Deeringia Kuntze (1891) Nom. illegit.; Siflora Raf. (1830) Nom. inval.■

47657　Sison Wahlenb., Nom. illegit. = Apium L. (1753) [伞形花科 (伞形科) Apiaceae (Umbelliferae)]■

47658　Sisymbrella Spach (1838) Nom. illegit. ≡ Rorippa Scop. (1760); ~ = Sisymbrium L. (1753) [十字花科 Brassicaceae (Cruciferae)]■

47659　Sisymbriaceae Martinov (1820) = Brassicaceae Burnett (保留科名) // Cruciferae Juss. (保留科名)●●

47660　Sisymbrianthus Chevall. (1836) = Rorippa Scop. (1760) [十字花科 Brassicaceae (Cruciferae)]■

47661　Sisymbrion St. -Lag. (1880) = Sisymbrium L. (1753) [十字花科 Brassicaceae (Cruciferae)]■

47662　Sisymbriopsis Botsch. et Tzvelev (1961)【汉】假蒜芥属。【隶属】十字花科 Brassicaceae (Cruciferae)。【包含】世界 1-5 种, 中国 4 种。【学名诠释与讨论】〈阴〉(属) Sisymbrium 大蒜芥属 + 希腊文 opsis, 外观, 模样。【分布】中国, 亚洲中部。【模式】Sisymbriopsis schugnana V. P. Botschantzev et N. N. Tzvelev■

47663　Sisymbrium L. (1753)【汉】大蒜芥属 (播娘蒿属)。【日】カキネガラシ属, クジラグサ属, ハナナヅナ属。【俄】Гулявник。【英】Garliccress, Rocket, Sisymbrium, Watercress。【隶属】十字花科 Brassicaceae (Cruciferae)。【包含】世界 40-90 种, 中国 10 种。【学名诠释与讨论】〈中〉(希) sisymbron = sisymbrion, 一种植物名, 芳香的水草, 林奈转用为本属名。此属的学名, ING、TROPICOS、APNI、GCI 和 IK 记载是"Sisymbrium L., Sp. Pl. 2: 657. 1753 [1 May 1753]"。"Tonguea Endl., Gen. Pl. [Endlicher] 1419. 1841 [Feb - Mar]"是"Pachypodium P. B. Webb et S. Berthelot, Hist. Nat. Iles Canaries 3 (2. 1): 74. Nov 1836 (non Lindley 1830)"的替代名称; 二者皆为本属的异名。【分布】巴基斯坦, 秘鲁, 玻利维亚, 厄瓜多尔, 法国, 美国 (密苏里), 中国, 安第斯山, 地中海地区, 非洲南部, 温带欧亚大陆, 北美洲, 中美洲。【后选模式】Sisymbrium altissimum Linnaeus。【参考异名】Arabidopsis Schur (1866) Nom. illegit. (废弃属名); Chamaeplium Wallr. (1822) Nom. illegit.; Chilocardamum O. E. Schulz (1924); Dimitria Ravenna (1972); Dimorphostemon Kitag. (1939); Exhalimolobos Al-Shehbaz et C. D. Bailey (2007); Irio (DC.) Fourr. (1868); Irio Fourr. (1868) Nom. illegit.; Irio L. (1753) Nom. illegit.; Kibera Adans. (1763); Kilbera Fourr. (1868); Leptobasis Dulac (1867) Nom. illegit.; Leptocarpaea DC. (1821); Mostacillastrum O. E. Schulz (1924); Norta Adans. (1763); Pachypodium Webb et Berthel. (1836) Nom. illegit.; Phryne Bubani (1901); Schoenocrambe Greene (1896); Silymbrium Neck. (1770); Sisimbryum Clairv. (1811); Sisymbrella Spach (1838) Nom. illegit.; Sisymbrion St. -Lag. (1880); Sysimbrium Pall. (1774); Tonguea Endl. (1841); Tricholobos Turcz. (1854); Valarum Schur (1866) Nom. illegit.; Vandalea (Fourr.) Fourr. (1868); Vandalea Fourr. (1868) Nom. illegit.; Velarum (DC.) Rchb. (1828); Velarum Rchb. (1828) Nom. illegit.■

47664　Sisyndite E. Mey. (1860) Nom. illegit. ≡ Sisyndite E. Mey. ex Sond. (1860) [蒺藜科 Zygophyllaceae]●☆

47665　Sisyndite E. Mey. ex Sond. (1860)【汉】南非蒺藜属。【隶属】蒺藜科 Zygophyllaceae。【包含】世界 1 种。【学名诠释与讨论】〈阴〉词源不详。此属的学名, ING 和 IK 记载是"Sisyndite E. H. F. Meyer ex Sonder in W. H. Harvey et Sonder, Fl. Cap. 1: 354. post 10 May 1860"。"Sisyndite E. Mey. (1860) ≡ Sisyndite E. Mey. ex Sond. (1860)"的命名人引证有误。【分布】非洲南部。【模式】Sisyndite spartea E. H. F. Meyer ex Sonder。【参考异名】Sisyndite E. Mey. (1860) Nom. illegit.●☆

47666　Sisyranthus E. Mey. (1838)【汉】革花萝藦属。【隶属】萝藦科 Asclepiadaceae。【包含】世界 12 种。【学名诠释与讨论】〈阳〉(希) sisyra = sisyrna, 皮制的衣服, 长满粗毛的山羊皮 + anthos, 花。【分布】热带和非洲南部。【模式】Sisyranthus virgatus E. H. F. Meyer■☆

47667　Sisyrinchium Eckl. (1827) Nom. illegit. = Aristea Aiton (1789) [鸢尾科 Iridaceae]■☆

47668　Sisyrinchium L. (1753)【汉】庭菖蒲属 (豚鼻花属)。【日】ニハゼキシャウ属, ニワゼキショウ属。【俄】Сизюринхий, Сисюринхий。【英】Blue-eyed Grass, Blue-eyed-grass, Pig Root, Rush Lily, Satin Flower, Satinflower, Sisyrinchium。【隶属】鸢尾科 Iridaceae。【包含】世界 60-100 种, 中国 4 种。【学名诠释与讨论】〈中〉(希) sisyrinchion, 一种球根鸢尾 + -ius, -ia, -ium, 在拉

丁文和希腊文中，这些词尾表示性质或状态。指根。此属的学名，ING、APNI、GCI、TROPICOS 和 IK 记载是"Sisyrinchium L.，Species Plantarum 2 1753"。"Sisyrinchium Eckl.，Topogr. Verz. Pflanzensamml. Ecklon 16(1827) = Aristea Aiton(1789)［鸢尾科 Iridaceae］"和"Sisyrinchium P. Miller，Gard. Dict. Abr. ed. 4. 28 Jan 1754"是晚出的非法名称。"Sisyrinchium Mill.（1754）Nom. illegit."已经被"Gynandriris Parl.（1854）［鸢尾科 Iridaceae］"所替代。"Bermudiana P. Miller，Gard. Dict. Abr. ed. 4. 28 Jan 1754"是"Sisyrinchium L.（1753）"的晚出的同模式异名（Homotypic synonym，Nomenclatural synonym）。【分布】巴拿马，秘鲁，玻利维亚，厄瓜多尔，哥伦比亚（安蒂奥基亚），哥斯达黎加，马达加斯加，美国(密苏里)，尼加拉瓜，中国，西印度群岛，中美洲。【模式】Sisyrinchium bermudiana Linnaeus。【参考异名】Bermudiana Mill.（1754）Nom. illegit.；Echthronema Herb.（1843）；Eriphilema Herb.（1843）Nom. illegit.；Glumosia Herb.（1843）；Hydastylis Steud.（1840）；Hydastylus Bicknell（1900）Nom. illegit.；Hydastylus Dryand. ex Salisb.（1812）；Hydastylus Salisb. ex E. P. Bicknell（1900）Nom. illegit.；Hydrastylis Steud.（1840）；Olsynium Raf.（1836）；Oreolirion E. P. Bicknell（1901）；Paneguia Raf.（1838）；Pogadelpha Raf.（1838）；Siryrinchium Raf.（1836）；Souza Vell.（1829）；Spathirachis Klotzsch ex Klatt；Spathorachis Post et Kuntze（1903）；Syorhynchium Hoffmanns.（1824）；Sysirinchium Raf. ■

47669　Sisyrinchium Mill.（1754）Nom. illegit. ≡ Gynandriris Parl.（1854）［鸢尾科 Iridaceae］■☆

47670　Sisyrocarpum Klotzsch = Sisyrocarpus Klotzsch；~ = Capanea Decne. ex Planch.（1849）［苦苣苔科 Gesneriaceae］●■☆

47671　Sisyrocarpus Klotzsch = Capanea Decne. ex Planch.（1849）［苦苣苔科 Gesneriaceae］●■☆

47672　Sisyrocarpus Post et Kuntze（1903）Nom. illegit. ≡ Capanea Decne. ex Planch.（1849）［苦苣苔科 Gesneriaceae］●■☆

47673　Sisyrolepis Radlk.（1905）【汉】革鳞无患子属。【隶属】无患子科 Sapindaceae。【包含】世界 1 种。【学名诠释与讨论】〈阴〉(希) sisyra = sisyrna，皮制的衣服，长满粗毛的山羊皮+lepis，所有格 lepidos，指小式 lepion 或 lepidion，鳞，鳞片。lepidotos，多鳞的。lepos，鳞，鳞片。此属的学名是"Sisyrolepis Radlkofer，Bull. Herb. Boissier ser. 2. 5：222. 1905"。亦有文献把其处理为"Delpya Pierre（1895）"的异名。【分布】泰国。【模式】Sisyrolepis siamensis Radlkofer。【参考异名】Delpya Pierre ex Radlk.（1910）Nom. illegit.；Delpya Pierre（1895）●☆

47674　Sisyrrinchium Hook. et Arn.（1830）Nom. illegit.［鸢尾科 Iridaceae］■☆

47675　Sitanion Raf.（1819）【汉】细坦麦属(单花草属)。【隶属】禾本科 Poaceae(Gramineae)。【包含】世界 4 种。【学名诠释与讨论】〈中〉(希) sitanius，setaneios，setanios，satanios，当年的；sitos，谷物，谷粒。此属的学名，ING、TROPICOS、GCI 和 IK 记载是"Sitanion Raf.，J. Phys. Chim. Hist. Nat. Arts 89：103. 1819［Aug 1819］"。它曾先后被处理为"Elymus sect. Sitanion (Raf.) Á. Löve，Feddes Repertorium 95(7-8)：465. 1984"和"Elymus sect. Sitanion (Raf.) Benth. & Hook. f.，Genera Plantarum 3 (2)：1207. 1883. (14 Apr 1883)"。【分布】北美洲西部。【模式】Sitanion elymoides Rafinesque。【参考异名】Chretomeris Nutt. ex J. G. Sm.（1899）；Elymus L.（1753）；Elymus sect. Sitanion (Raf.) Á. Löve（1984）；Elymus sect. Sitanion (Raf.) Benth. & Hook. f.（1883）；Polyantherix Nees（1838）■☆

47676　Sitella L. H. Bailey（1940）= Waltheria L.（1753）［梧桐科 Sterculiaceae//锦葵科 Malvaceae］●■

47677　Sitilias Raf.（1838）Nom. illegit. ≡ Pyrrhopappus DC.（1838）(保留属名)［菊科 Asteraceae(Compositae)］■☆

47678　Sitocodium Salisb.（1866）= Camassia Lindl.（1832）(保留属名)［百合科 Liliaceae//风信子科 Hyacinthaceae］■☆

47679　Sitodium Banks ex Gaertn.（1788）Nom. illegit. (废弃属名) = Radermachia Thunb.（1776）［桑科 Moraceae］●

47680　Sitodium Parkinson（1773）(废弃属名) = Artocarpus J. R. Forst. et G. Forst.（1775）(保留属名)［桑科 Moraceae//波罗蜜科 Artocarpaceae］●

47681　Sitopsis(Jaub. et Spach) Á. Löve（1982）= Aegilops L.（1753）(保留属名)［禾本科 Poaceae(Gramineae)］■

47682　Sitospelos Adans.（1763）Nom. illegit. ≡ Elymus L.（1753）［禾本科 Poaceae(Gramineae)］■

47683　Sium L.（1753）【汉】泽芹属(毒人参属，零余子属)。【日】ムカゴニンジン属。【俄】Поручейник，Почейник。【英】Greater Water - parsnip，Skirret，Water Parsnip，Waterparsnip，Water - parsnip。【隶属】伞形花科(伞形科) Apiaceae(Umbelliferae)。【包含】世界 10-16 种，中国 5 种。【学名诠释与讨论】〈中〉(希) sion，一种沼泽植物古名+-ius，-ia，-ium，在拉丁文和希腊文中，这些词尾表示性质或状态。此属的学名，ING、TROPICOS 和 IK 记载是"Sium L.（1753）"。"Berla Bubani，Fl. Pyrenaea 2：356. 1900"、"Sion Adanson，Fam. 2：498. Jul-Aug 1763"和"Sisarum Bubani，Fl. Pyrenaea 2：357. 1900 (ante 27 Aug) (non P. Miller 1754)"是"Sium L.（1753）"的晚出的同模式异名(Homotypic synonym，Nomenclatural synonym)。【分布】巴基斯坦，玻利维亚，美国，中国。【后选模式】Sium latifolium Linnaeus。【参考异名】Beria Bubani；Berla Bubani（1899）Nom. illegit.；Berula Hoffm.（1822）Nom. inval.；Berula Hoffm. ex Besser（1822）Nom. inval.；Sion Adans.（1763）Nom. illegit.；Sisarum Bubani（1899）Nom. illegit.；Sisarum Mill.（1754）；Siumis Raf.（1836）■

47684　Siumis Raf.（1836）= Sium L.（1753）［伞形花科(伞形科) Apiaceae(Umbelliferae)］■

47685　Sivadasania N. Mohanan et Pimenov（2007）【汉】印度前胡属(石防风属)。【隶属】伞形花科(伞形科) Apiaceae(Umbelliferae)。【包含】世界 1 种。【学名诠释与讨论】〈阴〉(人) M. Sivadasan，1948-，植物学者。此属的学名是"Sivadasania N. Mohanan et Pimenov，92(6)：901. 2007. (25 Jun 2007)"。亦有文献把其处理为"Peucedanum L.（1753）"的异名。【分布】印度。【模式】Sivadasania josephiana (Wadhwa et H. J. Chowdhery) N. Mohanan et Pimenov。【参考异名】Peucedanum L.（1753）■☆

47686　Sixalix Raf.（1838）【汉】肖蓝盆花属。【隶属】川续断科(刺参科，蓟叶参科，山萝卜科，续断科) Dipsacaceae//蓝盆花科 Scabiosaceae。【包含】世界 11 种。【学名诠释与讨论】〈阴〉词源不详。此属的学名是"Sixalix Rafinesque，Fl. Tell. 4：95. 1838 (med.)"。亦有文献把其处理为"Scabiosa L.（1753）"的异名。【分布】地中海地区。【模式】Sixalix daucoides (Desfontaines) Rafinesque［Scabiosa daucoides Desfontaines］。【参考异名】Scabiosa L.（1753）■☆

47687　Sizygium Duch.（1849）= Syzygium P. Browne ex Gaertn.（1788）(保留属名)［桃金娘科 Myrtaceae］●

47688　Skapanthus C. Y. Wu et H. W. Li（1975）【汉】子宫草属(龙老根属，葶花草属)。【英】Skapanthus，Wombgrass。【隶属】唇形科 Lamiaceae(Labiatae)。【包含】世界 1 种，中国 1 种。【学名诠释与讨论】〈阳〉(希) skapos，竿，茎，箭杆，矛柄+anthos，花。此属的学名"Skapanthus C. Y. Wu et H. W. Li in H. W. Li，Acta Phytotax. Sin. 13：77. 197"是一个替代名称。"Dielsia Kudô，

Mem. Fac. Sc. et Agric. Taihoku Imp. Univ. ii. 143(1929)"是一个非法名称(Nom. illegit.),因为此前已经有了帚灯草科Restionaceae的"Dielsia Gilg ex Diels et E. Pritz. ,Bot. Jahrb. Syst. 35(1):88. 1904[15 Apr 1904]"。故用"Skapanthus C. Y. Wu et H. W. Li(1975)"替代之。亦有文献把"Skapanthus C. Y. Wu et H. W. Li(1975)"处理为"Isodon(Schrad. ex Benth.)Spach(1840)"或"Plectranthus L'Hér. (1788)(保留属名)"的异名。【分布】中国。【模式】Skapanthus oreophilus(Diels)C. Y. Wu et H. W. Li[Plectranthus oreophilus Diels]。【参考异名】Dielsia Kudô(1929)Nom. illegit. ;Isodon(Schrad. ex Benth.)Spach(1840);Plectranthus L'Hér. (1788)(保留属名)■★

47689　Skapanthus C. Y. Wu = Plectranthus L'Hér. (1788)(保留属名)[唇形科 Lamiaceae(Labiatae)]●■

47690　Skaphium Miq. (1861)= Xanthophyllum Roxb. (1820)(保留属名)[远志科 Polygalaceae//黄叶树科 Xanthophyllaceae]●

47691　Skeptrostachys Garay(1982)= Stenorrhynchos Rich. ex Spreng. (1826)[兰科 Orchidaceae]■☆

47692　Skiatophytum L. Bolus ex L. Bolus(1928)【汉】亭花属。【日】スキアトフィツム属。【隶属】番杏科 Aizoaceae。【包含】世界1种。【学名诠释与讨论】〈中〉(希)skia,影子,鬼,阴影+phyton,植物,树木,枝条。可能是指其生于阴湿的环境。此属的学名,ING 和 TROPICOSIK 记载是"Skiatophytum H. M. L. Bolus,S. African Gard. 17:435. Dec 1927"。IK 记载"Skiatophytum L. Bolus(1927)"是一个未合格发表的名称(Nom. inval. ,Nom. nud.);Skiatophytum L. Bolus et L. Bolus,Notes Mesembryanthemum[H. M. L. Bolus]1:126,descr. in clavi. 1928[1 July 1928]给出了描述;但是,这个名称的命名人记载有问题,似是"L. Bolus ex L. Bolus(1928)"的误写。"Gymnopoma N. E. Brown,Gard. Chron. ser. 3. 83:194. 17 Mar 1928"是"Skiatophytum L. Bolus(1927)"的晚出的同模式异名(Homotypic synonym,Nomenclatural synonym)。【分布】非洲南部。【模式】Skiatophytum tripolium(Linnaeus)H. M. L. Bolus[Mesembryanthemum tripolium Linnaeus]。【参考异名】Gymnopoma N. E. Br. (1928)Nom. illegit. ;Skiatophytum L. Bolus(1927)Nom. inval. ,Nom. nud. ■☆

47693　Skiatophytum L. Bolus(1927)Nom. inval. ,Nom. nud. ≡ Skiatophytum L. Bolus et L. Bolus(1928)[番杏科 Aizoaceae]■☆

47694　Skidanthera Raf. (1838)Nom. illegit. ≡ Dicera J. R. Forst. et G. Forst. (1776);~ = Elaeocarpus L. (1753)[椴树科(椴科,田麻科)Tiliaceae//杜英科 Elaeocarpaceae]●

47695　Skilla Raf. (1837)= Scilla L. (1753)[百合科 Liliaceae//风信子科 Hyacinthaceae//绵枣儿科 Scillaceae]●

47696　Skimmi Adans. (1763)Nom. illegit. ≡ Illicium L. (1759)[木兰科 Magnoliaceae//八角科 Illiciaceae]●

47697　Skimmia Thunb. (1783)(保留属名)【汉】茵芋属。【日】ミヤマシキミ属。【俄】Скимия。【英】Skimmia。【隶属】芸香科 Rutaceae。【包含】世界4-14种,中国7种。【学名诠释与讨论】〈阴〉(日本)sikimi,模式种的日文俗名シキミ,含义为"深山里的茴香"。指果有毒。此属的学名"Skimmia Thunb. ,Nov. Gen. Pl. :57. 18 Jun 1783"是保留属名。法规未列出相应的废弃属名。【分布】巴基斯坦,菲律宾(菲律宾群岛),中国,喜马拉雅山,东亚,中美洲。【模式】Skimmia japonica Thunberg。【参考异名】Anquetilia Decne. (1835);Laureola M. Roem. (1846)Nom. illegit. ●

47698　Skinnera Forssk. (1776)Nom. illegit. ≡ Skinnera J. R. Forst. et G. Forst. (1776)[柳叶菜科 Onagraceae]●■

47699　Skinnera J. R. Forst. et G. Forst. (1776)= Fuchsia L. (1753)[柳叶菜科 Onagraceae]●■

47700　Skinneria Choisy(1834)Nom. illegit. = Merremia Dennst. ex Endl. (1841)(保留属名)[旋花科 Convolvulaceae]●■

47701　Skiophila Hanst. (1854)= Episcia Mart. (1829);~ = Nautilocalyx Linden ex Hanst. (1854)(保留属名)[苦苣苔科 Gesneriaceae]■☆

47702　Skirhophorus DC. ex Lindl. (1836)Nom. illegit. ≡ Skirrhophorus DC. ex Lindl. (1836)[菊科 Asteraceae(Compositae)]■●☆

47703　Skirrhophorus DC. (1838)Nom. illegit. = Angianthus J. C. Wendl. (1808)(保留属名)[菊科 Asteraceae(Compositae)]■●☆

47704　Skirrhophorus DC. ex Lindl. (1836)= Angianthus J. C. Wendl. (1808)(保留属名)[菊科 Asteraceae(Compositae)]■●☆

47705　Skirrophorus Müll. Berol. (1859)= Angianthus J. C. Wendl. (1808)(保留属名);~ = Skirhophorus DC. ex Lindl. (1836)[菊科 Asteraceae(Compositae)]■●☆

47706　Skizima Raf. (1837)Nom. illegit. ≡ Funckia Willd. (1808)(废弃属名);~ = Astelia Banks et Sol. ex R. Br. (1810)(保留属名)[百合科 Liliaceae//聚星草科(芳香草科,无柱花科)Asteliaceae]■☆

47707　Skofitzia Hassk. et Kanitz(1872)= Tradescantia L. (1753)[鸭跖草科 Commelinaceae]■

47708　Skoinolon Raf. (1838)Nom. illegit. ≡ Schoenocaulon A. Gray(1837)[百合科 Liliaceae//黑药花科(藜芦科)Melanthiaceae]■☆

47709　Skolemora Arruda(1816)= Andira Lam. (1783)(保留属名)[豆科 Fabaceae(Leguminosae)]●☆

47710　Skoliopteris Cuatrec. (1958)= Clonodia Griseb. (1858)[金虎尾科(黄褥花科)Malpighiaceae]●☆

47711　Skoliostigma Lauterb. (1920)= Spondias L. (1753)[漆树科 Anacardiaceae]●

47712　Skottsbergianthus Boelcke(1984)【汉】探险芥属。【隶属】十字花科 Brassicaceae(Cruciferae)。【包含】世界2种。【学名诠释与讨论】〈阳〉(人)Carl Johan Fredrik Skottsberg,1880-1963,瑞典植物学者,教授,仙人掌采集家+anthos,花。此属的学名"Skottsbergianthus O. Boelcke in M. N. Correa,Fl. Patagonica 4a:526. 1984"是一个替代名称。"Skottsbergiella O. Boelcke,Hickenia 1:306. Jul 1982"是一个非法名称(Nom. illegit.),因为此前已经有了真菌的"Skottsbergiella Petrak in Skottsberg,Nat. Hist. Juan Fernandez Easter Island 2:481. 16 Jun 1927"。故用"Skottsbergianthus Boelcke(1984)"替代之。同理,"Skottsbergiella Epling,Repert. Spec. Nov. Regni Veg. Beih. 85:1. 10 Aug 1935. ≡ Cuminia Colla(1835)[唇形科 Lamiaceae(Labiatae)]"亦是非法名称。亦有文献把"Skottsbergianthus Boelcke(1984)"处理为"Xerodraba Skottsb. (1916)"的异名。【分布】阿根廷,巴拉圭。【模式】Skottsbergianthus colobanthoides(C. J. F. Skottsberg)O. Boelcke[Xerodraba colobanthoides C. J. F. Skottsberg]。【参考异名】Skottsbergiella Boelcke(1982)Nom. illegit. ;Xerodraba Skottsb. (1916)■☆

47713　Skottsbergiella Boelcke(1982)Nom. illegit. ≡ Skottsbergianthus Boelcke(1984);~ = Xerodraba Skottsb. (1916)[十字花科 Brassicaceae(Cruciferae)]■●☆

47714　Skottsbergiella Epling(1935)Nom. illegit. ≡ Cuminia Colla(1835)[唇形科 Lamiaceae(Labiatae)]●☆

47715　Skottsbergiliana H. St. John(1975)= Sicyos L. (1753)[葫芦科(瓜科,南瓜科)Cucurbitaceae]■

47716　Skutchia Pax et K. Hoffm. (1937)Nom. illegit. ≡ Skutchia Pax et K. Hoffm. ex C. V. Morton(1937);~ = Trophis P. Browne

（1756）（保留属名）[桑科 Moraceae]●☆

47717 Skutchia Pax et K. Hoffm. ex C. V. Morton（1937）= Trophis P. Browne（1756）（保留属名）[桑科 Moraceae]●☆

47718 Skytalanthus Endl.（1843）Nom. illegit. [夹竹桃科 Apocynaceae]☆

47719 Skytanthus Meyen（1834）【汉】智利夹竹桃属。【隶属】夹竹桃科 Apocynaceae。【包含】世界 3 种。【学名诠释与讨论】〈阳〉（希）skytos，皮革，毛皮+anthos，花。【分布】巴西，智利。【模式】Skytanthus acutus Meyen。【参考异名】Habsburgia Mart.（1843）；Neriandra A. DC.（1844）；Scytalanthus Schauer（1843）；Scytanthus Post et Kuntze（1903）；Skytatalanthus Endl.●☆

47720 Skytatalanthus Endl. = Skytanthus Meyen（1834）[夹竹桃科 Apocynaceae]●☆

47721 Slackia Griff.（1845）【汉】斯棕属。【隶属】棕榈科 Arecaceae。【包含】世界 1 种。【学名诠释与讨论】〈阴〉词源不详。此属的学名，ING、TROPICOS 和 IK 记载是"Slackia Griff.，Calcutta J. Nat. Hist. 5；468（-469）. 1845 [Jan 1845]"。"Slackia Griff.，Itin. Pl. Khasyah Mts. 187. 1848 ≡ Decaisnea Hook. f. et Thomson（1855）（保留属名）[木通科 Lardizabalaceae//猫儿子科 Decaisneaceae]"和"Slackia W. Griffith, Notul. Pl. Asiat.（Posthum. Pap.）4；158. 1854 ≡ Beccarinda Kuntze（1891）[苦苣苔科 Gesneriaceae]"是晚出的非法名称。【分布】马来西亚。【模式】Slackia geonomiformis Griff.（as 'geonomaeformis'）[Iguanura geonomiformis Mart.]●☆

47722 Slackia Griff.（1848）Nom. illegit. ≡ Decaisnea Hook. f. et Thomson（1855）（保留属名）[木通科 Lardizabalaceae//猫儿子科 Decaisneaceae]●

47723 Slackia Griff.（1854）Nom. illegit. ≡ Beccarinda Kuntze（1891）[苦苣苔科 Gesneriaceae]■

47724 Sladenia Kurz（1873）【汉】肋果茶属（毒药树属）。【英】Poisontree, Sladenia。【隶属】肋果茶科（毒药树科，独药树科）Sladeniaceae//山茶科（茶科）Theaceae。【包含】世界 2 种，中国 2 种。【学名诠释与讨论】〈阴〉（人）Sladen。【分布】缅甸，泰国，中国。【模式】Sladenia celastrifolia Kurz●

47725 Sladeniaceae（Gilg et Werderm.）Airy Shaw（1964）[亦见 Theaceae Mirb.（1816）（保留科名）山茶科（茶科）]【汉】肋果茶科（毒药树科，独药树科）。【英】Sladenia Family。【包含】世界 2 属 2 种，中国 1 属 2 种。【分布】东南亚。【科名模式】Sladenia Kurz●

47726 Sladeniaceae Airy Shaw（1965）= Sladeniaceae（Gilg et Werderm.）Airy Shaw（1965）；~ = Theaceae Mirb.（1816）（保留科名）●

47727 Slateria Desv.（1809）Nom. illegit. ≡ Ophiopogon Ker Gawl.（1807）（保留属名）[百合科 Liliaceae//铃兰科 Convallariaceae//沿阶草科 Ophiopogonaceae]■

47728 Sleumeria Utteridge, Nagam. et Teo（2005）【汉】马来西亚茶茱萸属。【隶属】茶茱萸科 Icacinaceae。【包含】世界 1 种。【学名诠释与讨论】〈阴〉（人）Hermann Otto Sleumer, 1906-1993，德国出生的荷兰植物学者，药剂师，植物采集家。【分布】马来西亚。【模式】Sleumeria auriculata Utteridge, Nagam. et Teo●☆

47729 Sleumerodendron Virot.（1868）【汉】卡利登山龙眼属。【隶属】山龙眼科 Proteaceae。【包含】世界 1 种。【学名诠释与讨论】〈中〉（人）Hermann Otto Sleumer, 1906-1993，德国出生的荷兰植物学者，药剂师，植物采集家+dendron 或 dendros，树木，棍，丛林。【分布】法属新喀里多尼亚。【模式】Sleumerodendron austro-caledonicum（A. T. Brongniart et A. Gris）R. Virot [Adenostephanus austro-caledonicus A. T. Brongniart et A. Gris]●

☆

47730 Slevogtia Rchb.（1828）【汉】斯莱草属（斯来草属）。【隶属】龙胆科 Gentianaceae。【包含】世界 3 种。【学名诠释与讨论】〈阴〉（人）Slevogt。此属的学名"Slevogtia H. G. L. Reichenbach, Consp. 133. Dec 1828-Mar 1829"是一个替代名称。"Hippion Spreng.，Syst. Veg.（ed. 16）[Sprengel]1；505,589. 1824 [dt. 1825；issued late 1824]"是一个非法名称（Nom. illegit.），因为此前已经有了"Hippion F. W. Schmidt, Fl. Boëm. 2；18. Apr-Mai 1794（'1793'）≡ Tretorhiza Adanson 1763 [龙胆科 Gentianaceae]"。故用"Slevogtia Rchb.（1828）"替代之。Reichenbach 没有提到任何物种。Pfeiffer 指定了 Hippion Sprengel 的模式：Hippion hyssopifolium（Willdenow）Sprengel。对于这个名字，Slevogtia 没有出版合法的组合，只有两个非法组合：Slevogtia verticillata G. Don 1837（基于 Gentiana verticillata sensu Linnaues f. 1782, non Linnaeus 1759）和 Slevogtia orientalis Grisebach 1845。亦有文献把"Slevogtia Rchb.（1828）"处理为"Enicostema Blume.（1826）（保留属名）"的异名。【分布】参见 Enicostema Blume.【后选模式】Hippion hyssopifolium（Willdenow）Sprengel。【参考异名】Enicostema Blume.（1826）（保留属名；Hippion Spreng.（1824）Nom. illegit. ■☆

47731 Sloanea Adans.（1763）Nom. illegit. = Sloanea L.（1753）[杜英科 Elaeocarpaceae]●

47732 Sloanea L.（1753）【汉】猴欢喜属。【日】ハリミコバンモチ属。【俄】Слонея。【英】Sloanea。【隶属】杜英科 Elaeocarpaceae。【包含】世界 100-120 种，中国 14-15 种。【学名诠释与讨论】〈阴〉（人）Hans Sloana, 1660-1753，英国植物学者，医生，博物学者，植物采集家，不列颠博物馆创始人。此属的学名，ING、APNI、GCI、TROPICOS 和 IK 记载是"Sloanea L.，Species Plantarum 2 1753"。"Sloanea Adans.（1763）= Sloanea L.（1753）[杜英科 Elaeocarpaceae]"是晚出的非法名称。亦有学者承认"Apeiba Aublet, Hist. Pl. Guiane 537. Jun-Dec 1775"；但是"Apeiba Aubl.（1775）"是"Sloanea L.（1753）"的晚出的同模式异名（Homotypic synonym, Nomenclatural synonym），必须废弃。"Aubletia Schreber, Gen. 353. Apr 1789（non J. Gaertner 1788）"则是"Apeiba Aubl.（1775）"的晚出的同模式异名。【分布】巴拿马，秘鲁，玻利维亚，厄瓜多尔，哥斯达黎加，马达加斯加，尼加拉瓜，中国，中美洲。【后选模式】Sloanea dentata Linnaeus。【参考异名】Ablania Aubl.（1775）；Adenobasium C. Presl（1830）；Anoniodes Schltr.（1916）；Antholoma Labill.（1800）；Apeiba Aubl.（1775）Nom. illegit.；Biondea Usteri（1794）；Blondea Rich.（1792）；Courimari Aubl.（1775）；Courimari Aubl.（1918）Nom. illegit.；Curimari Post et Kuntze（1903）；Dasycarpus Oerst.（1856）；Dasynema Schott（1827）；Echinocarpus Blume（1825）；Forgetina Boquill. ex Baill.（1866）；Foveolaria（DC.）Meisn.（1836）Nom. illegit.；Foveolaria Meisn.（1836）Nom. illegit.；Lecostemon Endl.（1840）Nom. illegit.；Lecostemon Moc. et Sessé ex DC.（1825）Nom. illegit.；Lecostomon DC.（1825）；Lecostomum Steud.（1841）Nom. illegit.；Leucostomon G. Don（1832）；Oxyandra（DC.）Rchb.（1837）；Oxyandra Rchb.（1837）Nom. illegit.；Sloanea Adans.（1763）Nom. illegit.；Sloania St.-Lag.（1881）；Trichocarpus Schreb.（1789）Nom. illegit.●

47733 Sloanea Loefl. = Apeiba Aubl.（1775）Nom. illegit.；~ = ≡ Sloanea L.（1753）[椴树科（椴科，田麻科）Tiliaceae//杜英科 Elaeocarpaceae]●☆

47734 Sloania St.-Lag.（1881）= Sloanea L.（1753）[杜英科 Elaeocarpaceae]●

47735 Sloetia Teijsm. et Binn.（1863）Nom. inval. ≡ Sloetia Teijsm. et

Binn. ex Kurz(1865);~=Streblus Lour.(1790)［桑科 Moraceae]●

47736 Sloetia Teijsm. et Binn. ex Kurz(1865)=Streblus Lour.(1790)［桑科 Moraceae]●

47737 Sloetiopsis Engl.(1907)【汉】肖鹊肾树属(假鹊肾树属)。【隶属】桑科 Moraceae。【包含】世界 1 种。【学名诠释与讨论】〈阴〉(属)Sloetia =Streblus 鹊肾树属+希腊文 opsis,外观,模样,相似。此属的学名是"Sloetiopsis Engler, Bot. Jahrb. Syst. 39: 573. 15 Jan 1907"。亦有文献把其处理为"Streblus Lour.(1790)"的异名。【分布】热带非洲东部。【模式】Sloetiopsis usamabarensis Engler。【参考异名】Streblus Lour.(1790)●☆

47738 Smallanthus Mack.(1933)【汉】包果菊属(离苞果属,天山雪莲属,小花菊属)。【隶属】菊科 Asteraceae(Compositae)。【包含】世界 1-23 种,中国 2 种。【学名诠释与讨论】〈阳〉(人)John Kunkel Small, 1869-1938,美国植物学者。此属的学名,ING、GCI、TROPICOS 和 IK 记载为"Smallanthus Mackenzie in J. K. Small, Manual Southeast Fl. 1406. 1933"。《中国植物志》英文版亦使用此名称。《北美植物志》则用"Smallanthus Mackenzie ex Small, Man. S. E. Fl. 1406, 1509. 1933"。TROPICOS 标注" Smallanthus Mack.(1933)"是"Polymniastrum Small, Fl. Lancaster Co. 302, 319. 1913, non Lamarck, 1823"的替代名称。【分布】巴拉圭,巴拿马,秘鲁,玻利维亚,厄瓜多尔,哥伦比亚(安蒂奥基亚),美国,中国,中美洲。【模式】Smallanthus uvedalia (Linnaeus) Mackenzie［Osteospermum uvedalia Linnaeus]。【参考异名】Polymniastrum Small(1913) Nom. illegit.; Smallanthus Mack. ex Small(1933) Nom. illegit.■●

47739 Smallanthus Mack. ex Small(1933) Nom. illegit. ≡Smallanthus Mack.(1933)［菊科 Asteraceae(Compositae)]■●

47740 Smallia Nieuwl.(1913) Nom. illegit., Nom. superfl. ≡Triorchos Small et Nash ex Small(1903);~=Pteroglossaspis Rchb. f.(1878)［兰科 Orchidaceae]■☆

47741 Smeathmannia Sol. ex R. Br.(1821)【汉】繁柱西番莲属。【隶属】西番莲科 Passifloraceae。【包含】世界 2 种。【学名诠释与讨论】〈阴〉(人)Henry Smeathman,?-1786,英国植物学者,博物学者,植物采集家。【分布】热带非洲西部。【后选模式】Smeathmannia pubescens Solander ex R. Brown。【参考异名】Buelowia Schumach.(1827); Buelowia Schumach. et Thonn.(1827) Nom. illegit.; Bulowia Hook.(1848); Smeathmannia Sol. ex R. Br.(1821)●☆

47742 Smeathmanniaceae Mart. ex Perleb(1838)=Passifloraceae Juss. ex Roussel(保留科名)●■

47743 Smegmadermos Ruiz et Pav.(1794) Nom. illegit. ≡ Quillaja Molina(1782)［蔷薇科 Rosaceae//皂树科 Quillajaceae]●☆

47744 Smegmaria Willd.(1806)= Quillaja Molina(1782);~= Smegmadermos Ruiz et Pav.(1794) Nom. illegit.［蔷薇科 Rosaceae//皂树科 Quillajaceae]●☆

47745 Smegmathamnium (Endl.) Rchb.(1841)= Saponaria L.(1753)［石竹科 Caryophyllaceae]■

47746 Smegmathamnium Fenzl ex Rchb.(1842-1844) Nom. illegit. = Saponaria L.(1753)［石竹科 Caryophyllaceae]■

47747 Smelophyllum Radlk.(1878)【汉】南非木属。【隶属】无患子科 Sapindaceae。【包含】世界 1 种。【学名诠释与讨论】〈阴〉(属)Smelowskia 芹叶荠属+phyllon,叶子。或希腊文 smegma, smema, smama, smele,肥皂,软膏,油膏+phyllon,叶子。此属的学名是" Smelophyllum Radlkofer, Sitzungsber. Math.- Phys. Cl. Königl. Bayer. Akad. Wiss. München 8: 330. Jul-Dec 1878"。亦有文献把其处理为"Stadmannia Lam.(1794)"的异名。【分布】非洲南部。【模式】Smelophyllum capense (Sonder) Radlkofer

［Sapindus capensis Sonder]。【参考异名】Stadmannia Lam.(1794)●☆

47748 Smelowskia C. A. Mey.(1831) Nom. illegit.(废弃属名)≡ Smelowskia C. A. Mey. ex Ledebour(1830)(保留属名)［十字花科 Brassicaceae(Cruciferae)]■

47749 Smelowskia C. A. Mey. ex Ledebour(1830)(保留属名)【汉】芹叶荠属(芥叶荠属,裂叶芥属,裂叶荠属)。【俄】Смеловския。【英】Celerycress, Smelowskia。【隶属】十字花科 Brassicaceae (Cruciferae)。【包含】世界 7 种,中国 2-4 种。【学名诠释与讨论】〈阴〉(人)Timofei Andreevich Smielowski (Smelowsky), 1769-1815,俄罗斯植物学者,药剂师。此属的学名"Smelowskia C. A. Mey. ex Ledebour, Icon. Pl. 2: 17. 1830"是保留属名。相应的废弃属名是十字花科 Brassicaceae 的"Rzedowskia Cham. et Schltdl. in Linnaea 1: 32. 1826 = Smelowskia C. A. Mey. ex Ledebour(1830)(保留属名)"。十字花科 Brassicaceae 的"Smelowskia C. A. Mey., in Ledeb. Fl. Alt. iii. 165(1831)≡Smelowskia C. A. Mey. ex Ledebour(1830)(保留属名)"亦应废弃。卫矛科 Celastraceae 的"Rzedowskia F. Gonzalez-Medrano, Bol. Soc. Bot. Mexico 41: 41('Rzedowkia'). Nov 1981"亦应废弃。【分布】阿富汗,巴基斯坦,中国,太平洋地区,温带亚洲,北美洲。【模式】Smelowskia cinerea Ledebour, Nom. illegit. ［Sisymbrium album Pallas; Smelowskia alba (Pallas) B. A. Fedtschenko]。【参考异名】Acroschizocarpus Gombocz(1940); Chrysanthemopsis Rech. f.(1951); Melanidion Greene(1912); Nevada N. H. Holmgren (2004); Rzedowskia Cham. et Schltdl.(废弃属名); Smelowskia C. A. Mey.(1831)(废弃属名)■

47750 Smicrostigma N. E. Br.(1930)【汉】樱龙属。【日】スミクロスティグマ属。【隶属】番杏科 Aizoaceae。【包含】世界 1 种。【学名诠释与讨论】〈中〉(希)smikros,小的+stigma,所有格 stigmatos,柱头,眼点。【分布】非洲南部。【模式】Smicrostigma viridis (Haworth) N. E. Brown ［Mesembryanthemum viride Haworth]●☆

47751 Smidetia Raf.(1840) Nom. illegit. = Coleanthus Seidl(1817)(保留属名);~= Schmidtia Tratt.(1816)(废弃属名)［禾本科 Poaceae(Gramineae)]■

47752 Smilacaceae Vent.(1799)(保留科名)【汉】菝葜科。【日】サルトリイバラ科。【俄】Сассапариллевые, Смилаксовые。【英】Catbrier Family, Greenbrier Family, Smilax Family。【包含】世界 2-4 属 313-375 种,中国 3 属 91 种。【分布】热带和亚热带,少数在温带温暖地区。【科名模式】Smilax L.(1753)●■

47753 Smilacina Desf.(1807)(保留属名)【汉】鹿药属。【日】ユキザサ属。【俄】Смилацина。【英】Deerdrug, False Solomon's Seal, False Solomon's-seal, Solomon's-plume, Solomonplume, Solomonseal, Starflower。【隶属】百合科 Liliaceae//铃兰科 Convallariaceae。【包含】世界 31 种,中国 18 种。【学名诠释与讨论】〈阴〉(属)Smilax 菝葜属+-inus, -ina, -inum 拉丁文加在名词词干之后,以形成形容词的词尾,含义为"属于、相似、关于、小的"。此属的学名"Smilacina Desf. in Ann. Mus. Natl. Hist. Nat. 9: 51. 1807"是保留属名。相应的废弃属名是百合科 Liliaceae//铃兰科 Convallariaceae) 的"Vagnera Adans., Fam. Pl. 2: 496, 617. Jul-Aug 1763 = Smilacina Desf.(1807)(保留属名)= Maianthemum F. H. Wigg.(1780)(保留属名)"和"Polygonastrum Moench, Methodus: 637. 4 Mai 1794 = Smilacina Desf.(1807)(保留属名)= Maianthemum F. H. Wigg.(1780)(保留属名)"。"Sigillaria Rafinesque, Amer. Monthly Mag. et Crit. Rev. 4: 192. Jan 1819(废弃属名)"是"Smilacina Desf.(1807)(保留属名)"的晚出的同模式异名(Homotypic synonym,

Nomenclatural synonym）。亦有文献把"Smilacina Desf.（1807）（保留属名）"处理为"Maianthemum F. H. Wigg.（1780）（保留属名）"的异名。【分布】巴拿马，中国，喜马拉雅山，东亚至北美洲和中美洲。【模式】Smilacina stellata（Linnaeus）Desfontaines [Convallaria stellata Linnaeus]。【参考异名】Asteranthemum Kunth（1850）；Brachypetalum Nutt. ex Lindl.；Iocaste Post et Kuntze（1903）Nom. illegit.；Jocaste Kunth（1850）Nom. illegit.；Maianthemum F. H. Wigg.（1780）（保留属名）；Mayanthus Raf.；Medora Kunth（1850）；Polygonastrum Moench（1794）（废弃属名）；Neolexis Salisb.（1866）Nom. illegit.；Racemaria Raf.（1832）；Sigillaria Raf.（1819）Nom. illegit.；Smilacina Desf.（1807）（保留属名）；Tovaria Baker（1875）Nom. illegit.（废弃属名）；Tovaria Neck.，Nom. illegit.（废弃属名）；Tovaria Neck. ex Baker（1875）Nom. illegit.（废弃属名）；Vagnera Adans.（1763）（废弃属名）；Wagnera Post et Kuntze（1903）■

47754 Smilax L.（1753）【汉】菝葜属。【日】シオデ属，シホデ属。【俄】Павой，Сарсапарель，Сассапариль，Смилакс。【英】American Bindweed，Catbrier，Green Brier，Greenbrier，Sarsaparilla，Smilax。【隶属】百合科 Liliaceae//菝葜科 Smilacaceae。【包含】世界 300-306 种，中国 79-82 种。【学名诠释与讨论】〈阴〉（希）smilax，所有格 smilakos，菝葜的古名，来自希腊文 smile，刮刀，凿子。指茎具刺。此属的学名，ING、TROPICOS、APNI、GCI 和 IK 记载是"Smilax L.，Sp. Pl. 2：1028. 1753 [1 May 1753]"。【分布】巴基斯坦，巴拿马，秘鲁，玻利维亚，厄瓜多尔，哥伦比亚（安蒂奥基亚），哥斯达黎加，马达加斯加，美国（密苏里），尼泊尔，尼加拉瓜，中国，中美洲。【后选模式】Smilax aspera Linnaeus。【参考异名】Aniketon Raf.（1840）；Coprosmanthus（Torr.）Kunth（1850）；Coprosmanthus Kunth（1848）Nom. illegit.；Dilax Raf.（1840）；Nemexia Raf.（1825）；Orbinda Noronha（1790）；Parilax Raf.；Parillax Raf.（1825）；Pleiosmilax Seem.（1868）；Sarsaparilla Kuntze（1891）●

47755 Smirnovia Bunge（1876）【汉】没药豆属。【隶属】豆科 Fabaceae（Leguminosae）。【包含】世界 1 种。【学名诠释与讨论】〈阴〉（人）Michael Nikolajewitsch Smirnov（Smirnow，Smirnoff），1849-1889，俄罗斯植物学者。亦有文献把"Smirnovia Bunge（1876）"处理为"Smirnovia Bunge（1876）"的异名。【分布】亚洲中部。【模式】Smirnovia turkestana Bunge。【参考异名】Smirnowia Bunge（1876）●☆

47756 Smithanthe Szlach. et Marg.（2004）= Habenaria Willd.（1805）[兰科 Orchidaceae]■

47757 Smithatris W. J. Kress et K. Larsen（2001）【汉】泰国姜属。【隶属】姜科（蘘荷科）Zingiberaceae。【包含】世界 2 种。【学名诠释与讨论】〈阴〉词源不详。【分布】泰国。【模式】Smithatris supraneanae W. J. Kress et K. Larsen ■☆

47758 Smithia Aiton（1789）（保留属名）【汉】坡油甘属（合叶豆属，施密草属，施氏豆属，史密豆属）。【日】シバクサネム属，シバネム属。【英】Smithia。【隶属】豆科 Fabaceae（Leguminosae）//蝶形花科 Papilionaceae。【包含】世界 20-35 种，中国 5 种。【学名诠释与讨论】〈阴〉（人）James Edward Smith，1759-1826，英国植物学者，医生。此属的学名"Smithia Aiton，Hort. Kew. 3：496. 7 Aug-1 Oct 1789"是保留属名。相应的废弃属名是猪胶树科 Clusiaceae 的"Smithia Scop.，Intr. Hist. Nat.：322. Jan-Apr 1777 ≡ Quapoya Aubl.（1775）= Clusia L.（1753）"和豆科 Fabaceae 的"Damapana Adans.，Fam. Pl. 2：323,548. Jul-Aug 1763 ≡ Smithia Aiton（1789）（保留属名）"。旋花科 Convolvulaceae 的"Smithia J. F. Gmelin，Syst. Nat. 2：295,388. Sep（sero）-Nov 1791 ≡ Humbertia Comm. ex Lam.（1786）"亦应

废弃。"Petagnana J. F. Gmelin，Syst. Nat. 2：1078，1119. Apr（sero）-Oct 1792（'1791'）"是"Smithia Aiton（1789）（保留属名）"的晚出的同模式异名（Homotypic synonym，Nomenclatural synonym）。【分布】巴基斯坦，马达加斯加，中国，热带非洲，亚洲。【模式】Smithia sensitiva Aiton。【参考异名】Damapana Adans.（1763）（废弃属名）；Mantodda Adans.（1763）；Patagnana Steud.（1841）；Petagnana J. F. Gmel.（1792）Nom. illegit.（废弃属名）；Petagniana Raf.。●■

47759 Smithia J. F. Gmel.（1791）Nom. illegit.（废弃属名）≡ Humbertia Comm. ex Lam.（1786）[旋花科 Convolvulaceae//马岛旋花科 Humbertiaceae]●☆

47760 Smithia Scop.（1777）Nom. illegit.（废弃属名）≡ Quapoya Aubl.（1775）；~ = Clusia L.（1753）[猪胶树科（克鲁西科，山竹子科，藤黄科）Clusiaceae（Guttiferae）]●☆

47761 Smithiantha Kuntze（1891）【汉】庙铃苣苔属（绒桐草属）。【日】ビロードギリ属。【英】Temple Bells，Temple-bells。【隶属】苦苣苔科 Gesneriaceae。【包含】世界 4-8 种。【学名诠释与讨论】〈阴〉（人）Matilda Smith，1854-1926，英国植物画家+anthos，花。此属的学名"Smithiantha O. Kuntze，Rev. Gen. Pl. 2：977. 1891"是一个替代名称。"Naegelia Regel，Index Sem. Turic.[4]. 1847"是一个非法名称（Nom. illegit.），因为此前已经有了真菌的"Naegelia L. Rabenhorst，Deutschl. Kryptogamenfl. 1：85. 1844"。故用"Smithiantha Kuntze（1891）"替代之。同理，"Naegelia Zollinger et Moritzi in Moritzi，Syst. Verzeichniss Zollinger 20. 1846 = Gouania Jacq.（1763）[鼠李科 Rhamnaceae//咀签科 Gouaniaceae]"亦是非法名称。真菌的"Naegelia P. F. Reinsch，Jahrb. Wiss. Bot. 11：298. 1878"也是非法名称。【分布】墨西哥，中美洲。【模式】Smithiantha zebrina（Paxton）O. Kuntze [Gesneria zebrina Paxton]。【参考异名】Naegelia Regel（1848）Nom. illegit. ■☆

47762 Smithiella Dunn（1920）Nom. illegit. ≡ Aboriella Bennet（1981）[荨麻科 Urticaceae]■

47763 Smithiodendron Hu（1936）= Broussonetia L' Hér. ex Vent.（1799）（保留属名）[桑科 Moraceae]●

47764 Smithorchis Ts. Tang et F. T. Wang（1936）【汉】反唇兰属。【英】Smithorchis。【隶属】兰科 Orchidaceae。【包含】世界 1 种，中国 1 种。【学名诠释与讨论】〈阴〉（人）William Wright Smith，1875-1956，英国植物学者，植物采集家+orchis，兰。【分布】中国。【模式】Smithorchis calceoliformis（W. W. Smith）Tang et Wang [Herminium calceoliforme W. W. Smith]■★

47765 Smithsonia C. J. Saldanha（1974）【汉】史密森兰属。【隶属】兰科 Orchidaceae。【包含】世界 3 种。【学名诠释与讨论】〈阴〉（人），美国植物学者。【分布】西印度群岛。【模式】Smithsonia straminea C. J. Saldanha。【参考异名】Loxoma Garay（1972）Nom. illegit.；Loxomorchis Rauschert（1982）Nom. illegit. ■☆

47766 Smitinandia Holttum（1969）【汉】盖喉兰属。【日】スミティナンディア属。【英】Smitinandia。【隶属】兰科 Orchidaceae。【包含】世界 3 种，中国 1 种。【学名诠释与讨论】〈阴〉（人）Tem Smitinand，1920-1995，植物学者，兰科 Orchidaceae 专家，植物采集家。【分布】泰国，中国，中南半岛。【模式】Smitinandia micrantha（Lindley）Holttum [Saccolabium micranthum Lindley]■

47767 Smodingium E. Mey.（1843）Nom. inval. ≡ Smodingium E. Mey. ex Sond.（1860）[漆树科 Anacardiaceae]●☆

47768 Smodingium E. Mey. ex Harv. et Sond.（1860）Nom. illegit. ≡ Smodingium E. Mey. ex Sond.（1860）[漆树科 Anacardiaceae]●☆

47769 Smodingium E. Mey. ex Sond.（1860）【汉】肿漆属。【隶属】漆树科 Anacardiaceae。【包含】世界 2 种。【学名诠释与讨论】

〈中〉（希）smodix，所有格 smodingos，肿大的瘀伤＋-ius，-ia，-ium，在拉丁文和希腊文中，这些词尾表示性质或状态。此属的学名，ING 和 TROPICOS 记载是"Smodingium E. H. F. Meyer ex Sonder in W. H. Harvey et Sonder, Fl. Cap. 1：523. 11-31 May 1860"。IK 则记载为"Smodingium E. Mey. , Zwei Pflanzengeogr. Docum. （Drège）222, nomen. 1843; et ex Harv. et Sond. Fl. Cap. i. 523（1859-60）"。【分布】非洲南部。【模式】Smodingium argutum E. H. F. Meyer ex Sonder。【参考异名】Smodingium E. Mey. （1843）Nom. inval. ; Smodingium E. Mey. ex Harv. et Sond. （1859-1860）Nom. illegit. ●☆

47770 Smyrniaceae Burnett（1835）＝ Apiaceae Lindl. （保留科名）// Umbelliferae Juss. （保留科名）■●

47771 Smyrniopsis Boiss. （1844）【汉】肖没药属。【俄】Смирниовитка。【隶属】伞形花科（伞形科）Apiaceae（Umbelliferae）。【包含】世界 1 种。【学名诠释与讨论】〈阴〉（属）Smyrnium 类没药属（马芹属，美味芹属，亚历山大草属，异叶芹属）＋希腊文 opsis，外观，模样。【分布】地中海东部至伊朗。【模式】Smyrniopsis aucheri Boissier ■☆

47772 Smyrnium L. （1753）【汉】类没药属（马芹属，美味芹属，亚历山大草属，异叶芹属）。【俄】Смирния。【英】Alexanders。【隶属】伞形花科（伞形科）Apiaceae（Umbelliferae）。【包含】世界 7 种。【学名诠释与讨论】〈中〉（希）smirnion，植物俗名，来自没药 smyrna。此属的学名，ING 和 IK 记载是"Smyrnium L. , Sp. Pl. 1：262. 1753［1 May 1753］"。"Olusatrum Wolf, Gen. Pl. 30. 1776"是"Smyrnium L. （1753）"的晚出的同模式异名（Homotypic synonym, Nomenclatural synonym）。【分布】地中海地区，欧洲，中美洲。【后选模式】Smyrnium olusatrum Linnaeus。【参考异名】Anosmia Bernh. （1832）; Olusatrum Wolf（1776）Nom. illegit. ; Olus-atrum Wolf（1776）Nom. illegit. ■☆

47773 Smythea Seem. （1862）【汉】扁果藤属。【英】Smythea。【隶属】鼠李科 Rhamnaceae。【包含】世界 7-10 种。【学名诠释与讨论】〈阴〉（人）Bernard Bryan Smyth, 1843-1913, 植物学者。此属的学名，ING 和 IK 记载是"Smythea Seem. , Bonplandia 10（5）：69, t. 9. 1862［15 Mar 1862］"。TROPICOS 则记载为"Smythea Seem. ex A. Gray, Bonplandia 10（5）：69t. 9. 1862"。三者引用的文献相同。【分布】波利尼西亚群岛，马来西亚，缅甸。【模式】Smythea pacifica B. C. Seemann。【参考异名】Smythea Seem. ex A. Gray（1862）Nom. illegit. ●☆

47774 Smythea Seem. ex A. Gray（1862）Nom. illegit. ≡ Smythea Seem. （1862）［鼠李科 Rhamnaceae］●☆

47775 Snowdenia C. E. Hubb. （1929）【汉】斯诺登草属。【隶属】禾本科 Poaceae（Gramineae）。【包含】世界 4 种。【学名诠释与讨论】〈阴〉（人）Joseph Davenport Snowden, 1886-1973, 英国植物学者，植物采集家。【分布】热带非洲东部。【模式】Snowdenia microcarpha Hubbard。【参考异名】Beckera Fresen（1837）Nom. illegit. ; Beckeria Heynh. （1846）Nom. illegit. ■☆

47776 Soala Blanco（1837）＝ Cyathocalyx Champ. ex Hook. f. et Thomson（1855）［番荔枝科 Annonaceae］●

47777 Soaresia Allemão（1857）（废弃属名）＝ Clarisia Ruiz et Pav. （1794）（保留属名）［桑科 Moraceae］●☆

47778 Soaresia Sch. Bip. （1863）（保留属名）【汉】纵脉菊属（银叶菊属）。【隶属】菊科 Asteraceae（Compositae）。【包含】世界 2 种。【学名诠释与讨论】〈阴〉（人）Soares, 植物学者。此属的学名"Soaresia Sch. Bip. in Jahresber. Pollichia 20-21：376. Jul-Dec 1863"是保留属名。相应的废弃属名是桑科 Moraceae 的"Soaresia Allemão in Trab. Soc. Vellosiana Rio de Janeiro 1851：72. 1851 ＝ Clarisia Ruiz et Pav. （1794）（保留属名）［桑

Moraceae］"。"Bipontia S. F. Blake, J. Wash. Acad. Sci. 27：374. 15 Sep 1937（废弃属名）"是"Soaresia Sch. Bip. （1863）（保留属名）"的多余的替代名称。【分布】巴西（南部）。【模式】Soaresia velutina C. H. Schultz-Bip. 。【参考异名】Argyrophyllum Pohl ex Baker（1873）, Nom. inval. ; Argyrophyllum Pohl（1873）; Bipontia S. F. Blake（1937）Nom. illegit. ●☆

47779 Sobennikoffia Schltr. （1925）【汉】苏本兰属。【隶属】兰科 Orchidaceae。【包含】世界 4 种。【学名诠释与讨论】〈阴〉（人）Rudolf Schlechter, 其婚前姓 Sobennikoff。【分布】马达加斯加，马斯克林群岛。【后选模式】Sobennikoffia robusta（Schlechter）Schlechter［Oeonia robusta Schlechter］■☆

47780 Soberbaea D. Dietr. （1840）＝ Sowerbaea Sm. （1798）［吊兰科（猴面包科，猴面包树科）Anthericaceae// 点柱花科 Lomandraceae］■☆

47781 Sobisco Merr. ＝ Sobiso Raf. （1837）［唇形科 Lamiaceae（Labiatae）］●■

47782 Sobiso Raf. （1837）＝ Salvia L. （1753）［唇形科 Lamiaceae（Labiatae）// 鼠尾草科 Salviaceae］●■

47783 Sobolewskia M. Bieb. （1832）【汉】索包草属。【隶属】十字花科 Brassicaceae（Cruciferae）。【包含】世界 4 种。【学名诠释与讨论】〈阴〉（人）Gregor Fedorovitch（Grigoriy Fedorowich）Sobolewsky, 1741-1807, 俄罗斯植物学者，医生，教授。【分布】高加索，克里米亚半岛，安纳托利亚。【模式】Sobolewskia lithophila Marschall von Bieberstein, Nom. illegit. ［Cochlearia sibirica Willdenow］。【参考异名】Macrospermum Steud. （1841）Nom. illegit. ; Macrosporum DC. （1821）Nom. illegit. ; Myagropsis Hotr. ex O. E. Schulz（1924）; Myagropsis O. E. Schulz（1924）■☆

47784 Sobralia Ruiz et Pav. （1794）【汉】折叶兰属。【日】ソブラリア属。【英】Sobralia。【隶属】兰科 Orchidaceae。【包含】世界 90-95 种。【学名诠释与讨论】〈阴〉（人）Don Francisco Martinez Sobral, ? -1799, 马德里植物园负责人，西班牙植物学赞助人。此属的学名是"Sobralia Ruiz et Pavon, Prodr. 120. Oct（prim. ）1794"。亦有文献把其处理为"Enydra Lour. （1790）"的异名。【分布】巴拿马，秘鲁，玻利维亚，厄瓜多尔，哥伦比亚（安蒂奥基亚），哥斯达黎加，墨西哥，尼加拉瓜，中美洲。【后选模式】Sobralia dichotoma Ruiz et Pavon。【参考异名】Cyathoglottis Poepp. et Endl. （1835）; Fregea Rchb. f. （1852）■☆

47785 Sobrya Pers. （1807）＝ Sobreyra Ruiz et Pav. （1794）［菊科 Asteraceae（Compositae）］■

47786 Socotora Balf. f. （1884）＝ Periploca L. （1753）［萝藦科 Asclepiadaceae// 杠柳科 Periplocaceae］●

47787 Socotranthus Kuntze（1903）【汉】螺花藤属。【隶属】萝藦科 Asclepiadaceae。【包含】世界 1 种。【学名诠释与讨论】〈阳〉（地）Socotra Island, 索科特拉岛，位于印度洋＋anthos, 花。antheros, 多花的。antheo, 开花。希腊文 anthos 亦有"光明、光辉、优秀"之义。"Socotranthus Kuntze（1903）"似为"Cochlanthus Balf. f. （1884）"的替代名称；因为后者与"匙花兰属（壳花兰属）Cochleanthes Raf. , Fl. Tellur. 4；45. 1838［1836 publ. mid-1838］［兰科 Orchidaceae］"太容易混淆了。【分布】也门（索科特拉岛）。【模式】Socotranthus socotranus（Balf. f. ）Bullock。【参考异名】Cochlanthus Balf. f. （1883）●☆

47788 Socotrella Bruyns et A. G. Mill. （2002）【汉】索科特拉萝藦属。【隶属】萝藦科 Asclepiadaceae。【包含】世界 1 种。【学名诠释与讨论】〈阴〉（地）Socotra, 索科特拉岛＋-ellus, -ella, -ellum, 加在名词词干后面形成指小式的词尾。或加在人名、属名等后面以组成新属的名称。【分布】也门（索科特拉岛）。【模式】Socotrella dolichocnema P. V. Bruyns et A. G. Miller ■☆

47789 Socotria G. M. Levin(1980)= Punica L. (1753)［石榴科(安石榴科)Punicaceae//千屈菜科 Lythraceae］●

47790 Socratea H. Karst. (1857)【汉】高跷椰属(高根柱椰属,高跷桐属,苏格拉底棕属,苏格椰子属,苏快特桐属)。【日】ニセタケゥマヤシ属。【隶属】棕榈科 Arecaceae(Palmae)。【包含】世界4-5种。【学名诠释与讨论】〈阴〉(人)Socrates(Sokrates),希腊哲学家。【分布】巴拿马,北温带,秘鲁,玻利维亚,厄瓜多尔,哥伦比亚(安蒂奥基亚),哥斯达黎加,尼加拉瓜,中美洲。【后选模式】Socratea orbigniana (Martius) G. K. W. H. Karsten［as 'orbignyana'］［Iriartea orbigniana Martius］。【参考异名】Metasocratea Dugand(1951)●☆

47791 Socratesia Klotzsch(1851)= Cavendishia Lindl. (1835)(保留属名)［杜鹃花科(欧石南科)Ericaceae］●☆

47792 Socratina Balle(1964)【汉】索克寄生属。【隶属】桑寄生科 Loranthaceae。【包含】世界2种。【学名诠释与讨论】〈阴〉(人)Socrat+-inus,-ina,-inum 拉丁文加在名词词干之后,以形成形容词的词尾,含义为"属于、相似、关于、小的"。【分布】马达加斯加。【模式】keraudreniana Balle ●☆

47793 Soda(Dumort.) Fourr. (1869)= Salsola L. (1753)［藜科 Chenopodiaceae//猪毛菜科 Salsolaceae］●■

47794 Soda Fourr. (1869) Nom. illegit. ≡ Soda (Dumort.) Fourr. (1869); ~ =Salsola L. (1753)［藜科 Chenopodiaceae//猪毛菜科 Salsolaceae］●■

47795 Sodada Forssk. (1775)= Capparis L. (1753)［山柑科(白花菜科,醉蝶花科)Capparaceae］●

47796 Soderstromia C. V. Morton(1966)【汉】矮草原花属。【隶属】禾本科 Poaceae(Gramineae)。【包含】世界1种。【学名诠释与讨论】〈阴〉(人)Soderstrom。此属的学名"Soderstromia C. V. Morton,Leafl. W. Bot. 10:327. Nov 1966"是一个替代名称。"Fourniera F. Lamson-Scribner,Bull. Div. Agrostol. U. S. D. A. 4:7. 6 Feb 1897"是一个非法名称(Nom. illegit.),因为此前已经有了蕨类的"Fourniera Bommer ex Fournier, Ann. Sci. Nat. Bot. ser. 5. 18:347. 1873"。故用"Soderstromia C. V. Morton(1966)"替代之。【分布】墨西哥,中美洲。【模式】Soderstromia mexicana (Scribner) C. V. Morton［Fourniera mexicana Scribner］。【参考异名】Fourniera Scribn. (1897)Nom. illegit. ■☆

47797 Sodiroa André(1878)= Guzmania Ruiz et Pav. (1802)［凤梨科 Bromeliaceae］■☆

47798 Sodiroella Schltr. (1921)= Stellilabium Schltr. (1914)［兰科 Orchidaceae］■☆

47799 Soehrensia (Backeb.) Backeb. (1938) Nom. illegit. ≡ Soehrensia Backeb. (1938)［仙人掌科 Cactaceae］■☆

47800 Soehrensia Backeb. (1938)【汉】炮弹仙人球属。【日】ソエレンシス属。【隶属】仙人掌科 Cactaceae。【包含】世界7种。【学名诠释与讨论】〈阴〉(人)Johannes Söhrens,? -1934,智利植物学者,仙人掌专家,曾任智利圣地亚哥植物园园长。此属的学名,ING,GCI 和 IK 记载是"Soehrensia Backeb. ,Blätt. Kakteenf. 1938(6):［17;7, 11, 23］"。"Soehrensia (Backeb.) Backeb. (1938)≡Soehrensia Backeb. (1938)"的命名人引证有误。亦有文献把"Soehrensia Backeb. (1938)"处理为"Echinopsis Zucc. (1837)"的异名。【分布】阿根廷。【模式】Soehrensia bruchii (Britton et Rose)Backeberg［Lobivia bruchii Britton et Rose］。【参考异名】Echinopsis Zucc. (1837); Megalobivia Y. Ito; Megalolobivia Y. Ito; Soehrensia (Backeb.) Backeb(1938)Nom. illegit. ■☆

47801 Soejatmia K. M. Wong(1993)【汉】苏亚竹属。【隶属】禾本科 Poaceae(Gramineae)。【包含】世界1种。【学名诠释与讨论】〈阴〉词源不详。【分布】印度。【模式】Soejatmia ridleyi (Gamble)K. M. Wong［Bambusa ridleyi Gamble］■☆

47802 Soelanthus Raf. (1838) Nom. inval. = Cissus L. (1753); ~ = Saelanthus Forssk. ex Scop. (1777)［葡萄科 Vitaceae］●

47803 Soemmeringia Mart. (1828)【汉】永花豆属(常花豆属)。【隶属】豆科 Fabaceae(Leguminosae)//蝶形花科 Papilionaceae。【包含】世界1种。【学名诠释与讨论】〈阴〉(人)Soemmering。【分布】巴西,玻利维亚。【模式】Soemmeringia semperfloreus C. F. P. Martius。【参考异名】Sommeringia Lindl. (1847)●☆

47804 Sofianthe Tzvelev(2001)【汉】索菲石竹属。【隶属】石竹科 Caryophyllaceae。【包含】世界5种。【学名诠释与讨论】〈阴〉词源不详。此属的学名是"Sofianthe N. N. Tzvelev, Novosti Sist. Vyssh. Rast. 33:97. 30 Mar 2001"。亦有文献把其处理为"Lychnis L. (1753)(废弃属名)"或"Silene L. (1753)(保留属名)"的异名。【分布】参见 Silene L. 。【模式】Sofianthe sibirica (Linnaeus)N. N. Tzvelev［Lychnis sibirica Linnaeus］。【参考异名】Lychnis L. (1753)(废弃属名);Silene L. (1753)(保留属名)■☆

47805 Sogalgina Cass. (1818)= Tridax L. (1753)［菊科 Asteraceae (Compositae)］■●

47806 Sogaligna Steud. (1821) Nom. illegit. = Sogalgina Cass. (1818); ~ =Tridax L. (1753)［菊科 Asteraceae(Compositae)］■●

47807 Sogerianthe Danser(1933)【汉】索花属。【隶属】桑寄生科 Loranthaceae。【包含】世界4种。【学名诠释与讨论】〈阴〉(地)Sogeri,索盖里。【分布】所罗门群岛,新几内亚岛。【模式】Sogerianthe sogerensis (S. Moore) Danser［Elytranthe sogerensis S. Moore］●☆

47808 Sohnreyia K. Krause(1914)= Spathelia L. (1762)(保留属名)［芸香科 Rutaceae］●☆

47809 Sohnsia Airy Shaw (1965)【汉】白霜叶属。【隶属】禾本科 Poaceae(Gramineae)。【包含】世界1种。【学名诠释与讨论】〈阴〉(人)Ernest Reeves Sohns,1917-?,植物学者。此属的学名"Sohnsia Airy Shaw,Kew Bull. 18:272. 8 Dec 1965"是一个替代名称。它替代的是"Calamochloa E. P. N. Fournier, Bull. Soc. Bot. France 24:178. 1877",而非"Calamochloe H. G. L. Reichenbach,Consp. 52. Dec 1828-Mar 1829 ≡Goldbachia Trin. (1821)(废弃属名)= Arundinella Raddi (1823)［禾本科 Poaceae (Gramineae)//野古草科 Arundinellaceae］"。"Eufournia J. R. Reeder, Brittonia 19:244. Jul-Sep 1967"是"Sohnsia Airy Shaw (1965)"的晚出的同模式异名(Homotypic synonym, Nomenclatural synonym)。【分布】墨西哥。【模式】Sohnsia filifolia (Fournier) Airy Shaw［Calamochloa filifolia Fournier］。【参考异名】Calamochloa E. Fourn. (1877)Nom. illegit. ; Eufournia Reeder (1967)Nom. illegit. ■☆

47810 Sohrea Steud. (1821)= Shorea Roxb. ex C. F. Gaertn. (1805)［龙脑香科 Dipterocarpaceae］●

47811 Soia Moench(1794)Nom. illegit. (废弃属名)≡ Soja Moench (1794)Nom. illegit. (废弃属名); ~ =Glycine Willd. (1802)(保留属名)［豆科 Fabaceae (Leguminosae)//蝶形花科 Papilionaceae］■

47812 Sokolofia Raf. (1838)= Salix L. (1753)(保留属名)［杨柳科 Salicaceae］●

47813 Solaenacanthus Oerst. (1854)= Ruellia L. (1753)［爵床科 Acanthaceae］■●

47814 Solanaceae Adans. (1763)= Solanaceae Juss. (保留科名)●■

47815 Solanaceae Juss. (1789)［as 'Solaneae'］(保留科名)【汉】茄科。【日】ナス科。【俄】Пасленовые, Паслёновые。【英】

Nightshade Family, Potato Family。【包含】世界 94-100 属 2300-2950 种,中国 16-26 属 95-143 种。【分布】热带和温带,主要中心在中美洲和南美洲。【科名模式】Solanum L. (1753)●■

47816　Solanandra Pers. (1806)= Galax Sims(1804)(保留属名);～= Solenandria P. Beauv. ex Vent. (1803)[岩梅科 Diapensiaceae]■☆

47817　Solanastrum Fabr. (1759) Nom. illegit. ≡Solanastrum Heist. ex Fabr. (1759);～=Solanum L. (1753)[茄科 Solanaceae]●■

47818　Solanastrum Heist. ex Fabr. (1759)= Solanum L. (1753)[茄科 Solanaceae]●■

47819　Solandera Cothen. (1790) Nom. illegit. (废弃属名)≡Solandra Murray(1785)Nom. illegit. (废弃属名);～= Hibiscus L. (1753)(保留属名)[锦葵科 Malvaceae//木槿科 Hibiscaceae]●■

47820　Solandra Kuntze(1891)Nom. inval. = Solandra Sw. (1787)(保留属名)[茄科 Solanaceae]●☆

47821　Solandra L. (1759)(废弃属名)= Centella L. (1763)[伞形花科(伞形科)Apiaceae(Umbelliferae)]■

47822　Solandra Murray(1785)Nom. illegit. (废弃属名)= Hibiscus L. (1753)(保留属名)[锦葵科 Malvaceae//木槿科 Hibiscaceae]●■

47823　Solandra Sw. (1787)(保留属名)【汉】金盏藤属(苏兰茄属,苏南花属)。【日】ラッパバナ属。【英】Chalice Vine, Chalice-vine, Trumpet Flower。【隶属】茄科 Solanaceae。【包含】世界 10 种。【学名诠释与讨论】〈阴〉(人)Daniel Carl (sson) Solander,1733-1782,瑞典植物学者,博物学者,植物采集家,林奈的学生。此属的学名"Solandra Sw. in Kongl. Vetensk. Acad. Nya Handl. 8:300. 1787"是保留属名。相应的废弃属名是伞形花科 Apiaceae 的"Solandra L. ,Syst. Nat. Ed. 10,2:1269. 7 Jun 1759 =Centella L. (1763)"。木棉科 Bombacaceae//锦葵科 Malvaceae]的"Solandra J. A. Murray,Commentat. Soc. Regiae Sci. Gott. 6:20. 1785 = Hibiscus L. (1753)(保留属名)"及其变体"Solandera Cothen. ,Dispositio Vegetabilium Methodica 26. 1790"亦应废弃。"Swartsia J. F. Gmelin,Syst. Nat. 2:296,360. Sep (sero)-Nov 1791 [non Swartzia Schreber Mai 1791 (nom. cons.)]"是"Solandra Sw. (1787)(保留属名)"的晚出的同模式异名(Homotypic synonym, Nomenclatural synonym)。【分布】巴拿马,秘鲁,玻利维亚,厄瓜多尔,墨西哥,尼加拉瓜,中美洲。【模式】Solandra grandiflora O. Swartz。【参考异名】Solandera Kuntze (1891);Solandra L. (1759)(废弃属名);Swartsia J. F. Gmel. (1791)Nom. illegit. ●☆

47824　Solanecio(Sch. Bip.) Walp. (1846)【汉】盘花千里光属。【隶属】菊科 Asteraceae(Compositae)//千里光科 Senecionidaceae。【包含】世界 16 种。【学名诠释与讨论】〈阴〉(属)Solanum 茄属+Senecio 千里光属。此属的学名,ING 和 IK 记载是"Solanecio (C. H. Schultz-Bip.) W. G. Walpers,Repert. Bot. Syst. 6:273. 2-3 Nov 1846",由" Senecio subgen. Solanecio C. H. Schultz-Bip. , Flora 25:441. 28 Jul 1842"改级而来。亦有文献把"Solanecio (Sch. Bip.) Walp. (1846)"处理为"Senecio L. (1753)"的异名。【分布】马达加斯加,利比里亚(宁巴),阿拉伯半岛南部,热带非洲。【模式】未指定。【参考异名】Senecio L. (1753);Senecio subgen. Solanecio Sch. Bip. (1842)■●☆

47825　Solanoa Greene (1890) = Asclepias L. (1753)[萝藦科 Asclepiadaceae]■

47826　Solanoa Kuntze(1891)Nom. illegit. =Asclepias L. (1753)[萝藦科 Asclepiadaceae]■

47827　Solanoana Kuntze (1891) = Solanoa Greene (1890)[萝藦科 Asclepiadaceae]■

47828　Solanocharis Bitter (1918) = Solanum L. (1753)[茄科 Solanaceae]●■

47829　Solanoides Mill. (1754)【汉】茄商陆属。【隶属】商陆科 Phytolaccaceae。【包含】世界 3 种。【学名诠释与讨论】〈阴〉(属)Solanum 茄属+oides,来自 o+eides,像,似;或 o+eidos 形,含义为相像。此属的学名,ING 和 TROPICOS 记载是"Solanoides P. Miller,Gard. Dict. Abr. ed. 4. 28 Jan 1754";IK 则记载为"Solanoides Tourn. ex Moench,Methodus (Moench)307(1794) [4 May 1794]"。也有文献记载发表时间为"1754"。【分布】热带。【模式】未指定。【参考异名】Rivina L. (1753)●☆

47830　Solanoides Tourn. ex Moench(1794)Nom. illegit. = Rivina L. (1753)[商陆科 Phytolaccaceae//毛头独子科(蒜臭母鸡草科)Petiveriaceae//数珠珊瑚科 Rivinaceae]●

47831　Solanopsis Börner (1912) Nom. illegit. ≡ Battata Hill (1765);～=Solanum L. (1753);～= Solanum L. (1753)+ Lycopersicon Mill. (1754)[茄科 Solanaceae]■

47832　Solanum L. (1753)【汉】茄属。【日】ナス属。【俄】Паслен,Паслён,Солянум。【英】Dragon Mallow, Eggplant, Egg-plant, Nightshade, Solanum。【隶属】茄科 Solanaceae。【包含】世界 1200-1700 种,中国 41-55 种。【学名诠释与讨论】〈中〉(拉)solanum,茄子或一种植物的古名。此词一说源出(拉)sol 阳光,意指喜光。一说自来 solor 镇静,认为茄子有镇静、麻醉的作用。【分布】巴基斯坦,巴拉圭,巴拿马,秘鲁,玻利维亚,厄瓜多尔,哥伦比亚(安蒂奥基亚),马达加斯加,美国(密苏里),尼加拉瓜,中国,热带,温带,中美洲。【后选模式】Solanum nigrum Linnaeus。【参考异名】Acquartia Endl. ;Androcera Nutt. (1818);Aquartia Jacq. (1760);Artorhiza Raf. (1840) Nom. illegit. ;Aureliana Sendtn. (1846) Nom. illegit. ;Bassovia Aubl. (1775);Battata Hill (1765);Bosleria A. Nelson(1905);Ceranthera Raf. (1819) Nom. illegit. ;Cliocarpus Miers (1849);Codylis Raf. (1819);Cryptocarpum (Dunal) Wijk et al. (1959);Diamonon Raf. (1837);Dulcamara Hill. (1756);Dulcamara Moench(1794)Nom. illegit. ;Lycopersicon Mill. (1754);Melongena Mill. (1754);Melongena Tourn. ex Mill. (1754);Normania Lowe (1868);Nycterium Vent. (1803);Otilix Raf. (1830)(废弃属名);Ovaria Fabr. ;Papas Opiz(1843);Parmentiera Raf. (1840)Nom. illegit. ;Petagna Endl. ;Petagnia Raf. (1814);Pheliandra Werderm. (1940);Pseudocapsicum Medik. (1789);Psolanum Neck. (1790) Nom. inval. ;Scubulon Raf. (1840);Scubulus Raf. (1840)Nom. illegit. ;Solanastrum Fabr. (1759)Nom. illegit. ;Solanastrum Heist. ex Fabr. (1759);Solanocharis Bitter(1918);Witheringia L' Hér. (1789)●■

47833　Solaria Phil. (1858)【汉】喜阳葱属。【隶属】葱科 Alliaceae。【包含】世界 2-5 种。【学名诠释与讨论】〈阴〉(希)solaris,属于太阳的。拉丁文 solans,太阳的。【分布】智利。【模式】Solaria miersioides R. A. Philippi。【参考异名】Symea Baker(1871)■☆

47834　Soldanella L. (1753)【汉】圆币草属(高山钟花属,雪铃花属)。【日】ソルダネラ属。【俄】Сольданелла, Сольданеллия。【英】Alpenclock, Blue Moonwort, Gravel Bind, Gravel-bind, Moon-wort, Snowbell, Soldanella。【隶属】报春花科 Primulaceae。【包含】世界 10-11 种。【学名诠释与讨论】〈阴〉(意大利)soldo,货币。拉丁语 solidus,货币名。指叶形似货币。此属的学名,ING 和 IK 记载是" Soldanella L. , Sp. Pl. 1:144. 1753 [1 May 1753]"。"Golia Adanson, Fam. 2:231. Jul-Aug 1763"是"Soldanella L. (1753)"的晚出的同模式异名(Homotypic synonym, Nomenclatural synonym)。【分布】欧洲中部和南部。【模式】Soldanella alpina Linnaeus。【参考异名】Godia Steud. (1841);Golia Adans. (1763)Nom. illegit. ■☆

47835　Soldevilla Lag. (1805)= Hispidella Barnadez ex Lam. (1789)

［菊科 Asteraceae(Compositae)］■☆

47836　Solea Spreng.（1800）＝Hybanthus Jacq.（1760）（保留属名）［堇菜科 Violaceae］●■

47837　Soleirolia Gaudich.（1830）【汉】金钱麻属。【俄】Хельсиния。【英】Baby's Tears, Baby's-tears, Helxine, Mind-your-own-business, Mother of Thousands。【隶属】荨麻科 Urticaceae。【包含】世界 1 种。【学名诠释与讨论】〈阴〉（人）Joseph Francois Soleirol, 1781-1863, 法国科西嘉标本采集员。此属的学名"Soleirolia Gaudichaud-Beaupré in Freycinet, Voyage Monde Bot. 504. Mar 1830('1826')"是一个替代名称。"Helxine Requien, Ann. Sci. Nat.（Paris）5:384. Aug 1825"是一个非法名称（Nom. illegit.），因为此前已经有了"Helxine Linnaeus, Opera Varia 223. 1758 ≡ Helxine（L.）Raf.（1837）Nom. illegit.［蓼科 Polygonaceae］"。故用"Soleirolia Gaudich.（1830）"替代之。同理，"Helxine Bubani, Fl. Pyrenaea 1:76. 1897 ≡ Parietaria L.（1753）＝Soleirolia Gaudich.（1830）［荨麻科 Urticaceae］"和"Helxine Rafinesque, Fl. Tell. 3:10. Nov-Dec 1837('1836') ≡ Helxine（L.）Raf.（1837）Nom. illegit.［蓼科 Polygonaceae］"亦是非法名称。【分布】秘鲁, 法国（科西嘉岛）, 意大利（撒丁岛）。【模式】Soleirolia repens O. Kuntze［Helxine soleirolii Requien］。【参考异名】Helxine Bubani（1897）Nom. illegit.; Helxine Req.（1825）Nom. illegit. ■☆

47838　Solena Lour.（1790）【汉】茅瓜属。【英】Solena。【隶属】葫芦科（瓜科, 南瓜科）Cucurbitaceae。【包含】世界 3 种, 中国 1 种。【学名诠释与讨论】〈阴〉（希）solen, 所有格 solenos, 管子, 沟, 阴茎。指瓶状的花萼宿存。【分布】巴基斯坦, 玻利维亚, 马达加斯加, 马来西亚, 中国, 热带亚洲。【模式】Solena heterophylla Loureiro。【参考异名】Hariandia Hance（1852）; Juchia M. Roem.（1846）; Karivia Arn.（1841）■

47839　Solena Willd.（1798）Nom. illegit. ≡Posoqueria Aubl.（1775）［茜草科 Rubiaceae］●☆

47840　Solenacanthus Müll. Berol.（1859）＝Ruellia L.（1753）; ~ ＝Solaenacanthus Oerst.（1854）［爵床科 Acanthaceae］●

47841　Solenachne Steud.（1853）＝Spartina Schreb. ex J. F. Gmel.（1789）［禾本科 Poaceae(Gramineae)//米草科 Spartinaceae］■

47842　Solenandra（Reissek）Kuntze（1891）Nom. illegit. ＝Stenanthemum Reissek（1858）［鼠李科 Rhamnaceae］●☆

47843　Solenandra Benth. et Hook. f.（1873）Nom. illegit. ＝Galax Sims（1804）（保留属名）; ~ ＝Solenandria P. Beauv. ex Vent.（1803）［岩梅科 Diapensiaceae］■☆

47844　Solenandra Hook. f.（1873）＝Exostema（Pers.）Bonpl.（1807）; ~ ＝Exostema（Pers.）Rich.［茜草科 Rubiaceae］●☆

47845　Solenandra Kuntze（1891）Nom. illegit. ≡Solenandra（Reissek）Kuntze（1891）Nom. illegit.; ~ ≡Stenanthemum Reissek（1858）［鼠李科 Rhamnaceae］●☆

47846　Solenandria P. Beauv. ex Vent.（1803）＝Galax Sims（1804）（保留属名）; ~ ≡Solenandria P. Beauv. ex Vent.（1803）［岩梅科 Diapensiaceae］■☆

47847　Solenangis Schltr.（1918）【汉】沟管兰属。【隶属】兰科 Orchidaceae。【包含】世界 5 种。【学名诠释与讨论】〈阴〉（希）solen, 所有格 solenos, 管子, 沟, 阴茎+angos, 瓮, 管子, 指小式 angeion, 容器, 花托。可能指距。【分布】马达加斯加, 热带非洲。【模式】未指定。【参考异名】Aerobion Kaempfer ex Spreng.（1826）Nom. illegit.; Aerobion Spreng.（1826）; Aphyllangis Thouars; Gussonea A. Rich.（1828）; Gussonia Spreng.（1831）Nom. illegit. ■☆

47848　Solenantha G. Don（1832）＝Hymenanthera R. Br.（1818）; ~ ＝

Melicytus J. R. Forst. et G. Forst.（1776）［堇菜科 Violaceae］●☆

47849　Solenanthus Klatt ex Baker（1877）Nom. illegit. ＝Acidanthera Hochst.（1844）; ~ ＝Gladiolus L.（1753）［鸢尾科 Iridaceae］■

47850　Solenanthus Ledeb.（1829）【汉】长蕊琉璃草属（管花属, 长筒琉璃草属）。【俄】Трубкоцвет, Трубкоцветник。【英】Glazegrass, Hound's-tongue, Solenanthus。【隶属】紫草科 Boraginaceae。【包含】世界 11-17 种, 中国 2-3 种。【学名诠释与讨论】〈阳〉（希）solen, 所有格 solenos, 管子, 沟, 阴茎+anthos, 花。指冠筒细长。此属的学名, ING 和 IK 记载是"Solenanthus Ledeb., Icon. Pl.［Ledebour］1:t. 26. 1829［May-Dec 1829］"。IK 记载的"Solenanthus Steud. teste Klatt ex Baker, J. Linn. Soc., Bot. 16:159. 1877［1878 publ. 1877］"是晚出的非法名称。【分布】巴基斯坦, 阿富汗, 中国, 地中海至亚洲中部。【模式】Solenanthus circinnatus Ledebour［as 'circinatus'］。【参考异名】Cerinthopsis Kotschy ex Benth. et Hook. f.（1876）; Kuschakewiczia Regel et Smirn.（1877）; Pardoglossum Barbier et Mathez（1973）■

47851　Solenarium Dulac（1867）Nom. illegit. ＝Gagea Salisb.（1806）［百合科 Liliaceae］■

47852　Solenidiopsis Senghas（1986）【汉】拟小管兰属。【隶属】兰科 Orchidaceae。【包含】世界 2 种。【学名诠释与讨论】〈阴〉（属）Solenidium 小管兰属+希腊文 opsis, 外观, 模样, 相似。【分布】秘鲁, 安第斯山区。【模式】Solenidiopsis tigroides（C. Schweinfurth）K. Senghas［Odontoglossum tigroides C. Schweinfurth］■☆

47853　Solenidium Lindl.（1846）【汉】小管兰属。【隶属】兰科 Orchidaceae。【包含】世界 3 种。【学名诠释与讨论】〈中〉（希）solen, 所有格 solenos, 管子, 沟, 阴茎+-idius, -idia, -idium, 指示小的词尾。【分布】秘鲁, 玻利维亚, 厄瓜多尔。【模式】Solenidium racemosum Lindley ■☆

47854　Solenipedium Beer（1854）Nom. illegit. ＝Selenipedium Rchb. f.（1854）［兰科 Orchidaceae］■☆

47855　Soleniscia DC.（1839）＝Styphelia（Sol. ex G. Forst.）Sm.（1795）Nom. illegit.; ~ ＝Styphelia Sm.（1795）［杜鹃花科（欧石南科）Ericaceae//尖苞木科 Epacridaceae］●☆

47856　Solenisia Steud.（1841）＝Soleniscia DC.（1839）［尖苞木科 Epacridaceae］●☆

47857　Solenixora Baill.（1880）＝Coffea L.（1753）［茜草科 Rubiaceae//咖啡科 Coffeaceae］●

47858　Solenocalyx Tiegh.（1895）＝Psittacanthus Mart.（1830）［桑寄生科 Loranthaceae］●

47859　Solenocarpus Wight et Arn.（1834）＝Spondias L.（1753）［漆树科 Anacardiaceae］●

47860　Solenocentrum Schltr.（1911）【汉】管距兰属。【隶属】兰科 Orchidaceae。【包含】世界 3 种。【学名诠释与讨论】〈中〉（希）solen, 所有格 solenos, 管子, 沟, 阴茎+kentron, 点, 刺, 圆心, 中央, 距。【分布】巴拿马, 玻利维亚, 厄瓜多尔, 哥斯达黎加, 中美洲。【模式】Solenocentrum costaricense Schlechter ■☆

47861　Solenochasma Fenzl（1844）＝Dicliptera Juss.（1807）（保留属名）; ~ ＝Justicia L.（1753）［爵床科 Acanthaceae//鸭嘴花科（鸭咀花科）Justiciaceae］●■

47862　Solenogyne Cass.（1828）【汉】短喙菊属。【隶属】菊科 Asteraceae(Compositae)。【包含】世界 3 种。【学名诠释与讨论】〈阴〉（希）solen, 所有格 solenos, 管子, 沟, 阴茎+gyne, 所有格 gynaikos, 雌性, 雌蕊。此属的学名是"Solenogyne Cassini in F. Cuvier, Dict. Sci. Nat. 56:174. Sep 1828"。亦有文献把其处理为"Lagenifera Cass.（1816）Nom. illegit.（废弃属名）"的异名。【分布】澳大利亚。【模式】Solenogyne bellioides Cassini。【参考异名】Eriocephalus L.（1753）; Lagenifera Cass.（1816）Nom.

illegit.（废弃属名）;Selenogyne DC.（1838）■●☆

47863　Solenogyne Cass.（1897）Nom. illegit. = Eriocephalus L.（1753）［菊科 Asteraceae（Compositae）］●☆

47864　Solenolantana（Nakai）Nakai（1949）= Viburnum L.（1753）［忍冬科 Caprifoliaceae//荚蒾科 Viburnaceae］●

47865　Solenomeles T. Durand et Jacks. = Solenomelus Miers（1841）［鸢尾科 Iridaceae］■☆

47866　Solenomelus Miers（1841）（汉）管鸢尾属。【隶属】鸢尾科 Iridaceae。【包含】世界 2 种。【学名诠释与讨论】〈阳〉（希）solen,所有格 solenos,管子,沟,阴茎+meles,容器。ING 记载,此属的学名"Solenomelus Miers, Proc. Linn. Soc. London 1:122. 5 Apr 1842"是一个替代名称;它替代的是"Cruckshanksia Miers, Travels in Chile, ii. p. 529",但是 TROPICOS 和 IK 记载后者是一个未合格发表（Nom. inval., Nom. nud.）;那么,它就无需替代了,作为新属发表就是了。"Cruckshanksia Hook. et Arn.（1833）"是保留属名;"Cruckshanksia Hook.（1831）（废弃属名）= Balbisia Cav.（1804）（保留属名）［牻牛儿苗科 Geraniaceae］"则是废弃属名。【分布】玻利维亚,智利。【模式】未指定。【参考异名】Cruckshanksia Miers（1826）Nom. inval.（废弃属名）;Cruikshanksia Rchb.（1828）Nom. illegit.;Lechlera Griseb.（1857）Nom. illegit.;Solenomeles T. Durand et Jacks.■☆

47867　Solenophora Benth.（1840）（汉）管梗苣苔属。【隶属】苦苣苔科 Gesneriaceae。【包含】世界 16 种。【学名诠释与讨论】〈阴〉（希）solen,所有格 solenos,管子,沟,阴茎+phoros,具有,梗,负载,发现者。【分布】墨西哥,中美洲。【模式】Solenophora coccinea Bentham。【参考异名】Arctocalyx Fenzl（1848）;Hippodamia Decne.（1848）Nom. illegit.●☆

47868　Solenophyllum Baill.（1893）Nom. illegit. ≡ Solenophyllum Nutt. ex Baill.（1893）Nom. inval.; ~ = Monanthochloe Engelm.（1859）［禾本科 Poaceae（Gramineae）］■☆

47869　Solenophyllum Nutt. ex Baill.（1893）Nom. inval. = Monanthochloe Engelm.（1859）［禾本科 Poaceae（Gramineae）］■☆

47870　Solenopsis C. Presl（1836）（汉）茅瓜桔梗属。【英】Shrub-harebell。【隶属】桔梗科 Campanulaceae。【包含】世界 6-25 种。【学名诠释与讨论】〈阴〉（属）Solena 茅瓜属+希腊文 opsis,外观,模样,相似。亦有文献把"Solenopsis C. Presl（1836）"处理为"Laurentia Neck."的异名。【分布】澳大利亚,新西兰,法属波利尼西亚（社会群岛）,西印度群岛,地中海地区,非洲南部,热带美洲西部。【模式】未指定。【参考异名】Isotoma（R. Br.）Lindl.（1826）;Laurentia Neck.■☆

47871　Solenoruellia Baill.（1891）= Tetramerium Nees（1846）（保留属名）［爵床科 Acanthaceae］●☆

47872　Solenospermum Zoll.（1857）= Lophopetalum Wight ex Arn.（1839）［卫矛科 Celastraceae］●☆

47873　Solenostemma Hayne（1825）（汉）筒冠萝藦属（狭冠花属）。【隶属】萝藦科 Asclepiadaceae。【包含】世界 1 种。【学名诠释与讨论】〈中〉（希）solen,所有格 solenos,管子,沟,阴茎+stemma,所有格 stemmatos,花冠,花环,王冠。此属的学名,ING 和 IK 记载是"Solenostemma Hayne, Getr. Darstellung Arzneyk. Gewächse 9. t. 38. 1825"。"Argelia Decaisne, Ann. Sci. Nat. Bot. ser. 2. 9: 331. Jun 1838"是"Solenostemma Hayne（1825）"的晚出的同模式异名（Homotypic synonym, Nomenclatural synonym）。【分布】埃及,中国,阿拉伯地区。【模式】Solenostemma argel（Delile）Hayne［Cynanchum argel Delile］。【参考异名】Argelia Decne.（1838）Nom. illegit.●

47874　Solenostemon Thonn.（1827）（汉）鞘蕊属（管蕊花属,五彩苏属）。【英】Coleus, Flame Nettle。【隶属】唇形科 Lamiaceae

（Labiatae）。【包含】世界 50-100 种,中国 7 种。【学名诠释与讨论】〈阳〉（希）solen,所有格 solenos,管子,沟,阴茎+stemon,雄蕊。此属的学名是"Solenostemon Thonning in Schumacher, Beskr. Guin. Pl. 271. 1827"。亦有文献把其处理为"Plectranthus L'Hér.（1788）（保留属名）"的异名。【分布】巴拿马,厄瓜多尔,马达加斯加,玻利维亚,中国,热带非洲,中美洲。【模式】Solenostemon ocymoides Schumacher。【参考异名】Coleus Lour.（1790）;Plectranthus L'Hér.（1788）（保留属名）■

47875　Solenosterigma Klotasch ex K. Krause = Philodendron Schott（1829）［as 'Philodendrum'］（保留属名）［天南星科 Araceae］■●

47876　Solenostigma Endl.（1833）= Celtis L.（1753）［榆科 Ulmaceae//朴树科 Celtidaceae］●

47877　Solenostigma Klotzsch ex Walp.（1844-1845）= Retzia Thunb.（1776）［异轮叶科（轮叶科,轮叶木科）Retziaceae//密穗草科 Stilbaceae］●☆

47878　Solenostyles Hort. ex Pasq.（1867）（汉）鞘柱爵床属。【隶属】爵床科 Acanthaceae。【包含】世界 1 种。【学名诠释与讨论】〈阳〉（希）solen,所有格 solenos,管子,沟,阴茎+stylos＝拉丁文 style,花柱,中柱,有尖之物,桩,柱,支持物,支柱,石头做的界标。【分布】热带。【模式】Solenostyles aurantiaca hort. ex Pasq.。【参考异名】Solenostyles Pasq.（1867）■☆

47879　Solenostyles Pasq.（1867）= Solenostyles Hort. ex Pasq.（1867）［爵床科 Acanthaceae］■☆

47880　Solenotheca Nutt.（1841）= Tagetes L.（1753）［菊科 Asteraceae（Compositae）］■●

47881　Solenotinus（DC.）Spach（1838）= Viburnum L.（1753）［忍冬科 Caprifoliaceae//荚蒾科 Viburnaceae］●

47882　Solenotinus Oerst. = Viburnum L.（1753）［忍冬科 Caprifoliaceae//荚蒾科 Viburnaceae］●

47883　Solenotinus Spach（1838）Nom. illegit. ≡ Solenotinus（DC.）Spach（1838）; ~ =Viburnum L.（1753）［忍冬科 Caprifoliaceae//荚蒾科 Viburnaceae］●

47884　Solenotus（Steven）Steven（1832）= Astragalus L.（1753）［豆科 Fabaceae（Leguminosae）//蝶形花科 Papilionaceae］●■

47885　Solenotus Steven（1832）Nom. illegit. ≡ Solenotus（Steven）Steven（1832）; ~ = Astragalus L.（1753）［豆科 Fabaceae（Leguminosae）//蝶形花科 Papilionaceae］●■

47886　Solfia Rech.（1907）= Drymophloeus Zipp.（1829）［棕榈科 Arecaceae（Palmae）］●☆

47887　Solia Noronha（1790）= Premna L.（1771）（保留属名）［马鞭草科 Verbenaceae//唇形科 Lamiaceae（Labiatae）//牡荆科 Viticaceae］●■

47888　Solidago L.（1753）（汉）一枝黄花属。【日】アキノキリンサウ属,アキノキリンソウ属,ソリダーゴ属。【俄】Золотарник, Золотая розга, Солидаго, Солотьнь。【英】Golden Rod, Goldenrod, Golden-rod, Solidago。【隶属】菊科 Asteraceae（Compositae）。【包含】世界 80-150 种,中国 4 种。【学名诠释与讨论】〈阴〉（拉）solido,使坚固;solidus,完整的,坚固的+-ago,新拉丁文词尾,表示关系密切,相似,追随,携带,诱导。指植物具有愈伤作用。此属的学名,ING、APNI、TROPICOS 和 IK 记载是"Solidago Linnaeus, Sp. Pl. 878. 1 May 1753"。"Solidago P. Miller, Gard. Dict. Abr. ed. 4. 28 Jan 1754 =Senecio L.（1753）"是晚出的非法名称。【分布】巴拉圭,玻利维亚,哥伦比亚（安蒂奥基亚）,美国（密苏里）,尼加拉瓜,中国,亚洲,中美洲。【后选模式】Solidago virgaurea Linnaeus。【参考异名】Actipsis Raf.（1837）;Amphirhapis DC.（1836）;Anactis Raf.（1837）Nom. illegit.;Aplactia Raf.（1837）;Brachychaeta Torr. et A. Gray

（1842）；Brintonia Greene（1895）；Chrysoma Nutt.（1834）；Dasiorima Raf.（1837）；Euthamia Elliott（1823）Nom. inval.；Leioligo（Raf.）Raf.（1837）；Leioligo Raf.（1837）；Lepactis Post et Kuntze（1903）；Lepiactis Raf.（1837）；Oligoneuron Small（1903）■

47889 Solidago Mill.（1754）Nom. illegit. = Senecio L.（1753）［菊科 Asteraceae（Compositae）//千里光科 Senecionidaceae］●

47890 Soliera Clos（1849）= Kurzamra Kuntze（1891）［唇形科 Lamiaceae（Labiatae）］■☆

47891 Soliera Gay（1849）Nom. illegit. ≡Kurzamra Kuntze（1891）［唇形科 Lamiaceae（Labiatae）］■☆

47892 Solisia Britton et Rose（1923）【汉】白斜子属。【日】ソリシア属。【英】Solisia。【隶属】仙人掌科 Cactaceae。【包含】世界8种。【学名诠释与讨论】〈阴〉（人）Octavio Solis，墨西哥植物学者。此属的学名是"Solisia N. L. Britton et Rose, Cact. 4：64. 9 Oct 1923"。亦有文献把其处理为"Mammillaria Haw.（1812）（保留属名）"的异名。【分布】参见 Mammillaria Haw。【模式】Solisia pectinata（B. Stein）N. L. Britton et Rose［Pelecyphora pectinata B. Stein］。【参考异名】Lactomamillara Frič（1924）；Lactomamillaria Frič（1924）；Mammillaria Haw.（1812）（保留属名）■☆

47893 Solitaria（McNeill）Sadeghian et Zarre（2015）【汉】单生蚤缀属。【隶属】石竹科 Caryophyllaceae。【包含】世界3种。【学名诠释与讨论】〈阴〉（拉）solitarius，单生的，单独的，孤立的。此属的学名"Solitaria（McNeill）Sadeghian et Zarre, Bot. J. Linn. Soc. 178（4）：667. 2015［14 Jul 2015］"是由"Arenaria subgen. Solitaria McNeill Notes Roy. Bot. Gard. Edinburgh 24：128. 1962"改级而来。【分布】中国（西藏），喜马拉雅地区。【模式】不详。【参考异名】Arenaria subgen. Solitaria McNeill（1962）☆

47894 Soliva Ruiz et Pav.（1794）【汉】裸柱菊属（根头菊属，假吐金菊属，梭氏菊属）。【日】シマトキンサウ属，シマトキンソウ属。【英】Burrweed, Soliva。【隶属】菊科 Asteraceae（Compositae）。【包含】世界8-9种，中国1-2种。【学名诠释与讨论】〈阴〉（人）Salvador Soliva，18世纪西班牙宫廷御医。此属的学名，ING 和 IK 记载是"Soliva Ruiz et Pav., Fl. Peruv. Prodr. 113, t. 24. 1794［early Oct 1794］"。"Solivaea Cassini in F. Cuvier, Dict. Sci. Nat. 29：177. Dec 1823"是"Soliva Ruiz et Pav.（1794）"的晚出的同模式异名（Homotypic synonym, Nomenclatural synonym）。【分布】巴拉圭，秘鲁，玻利维亚，厄瓜多尔，马达加斯加，中国，中美洲。【后选模式】Soliva sessilis Ruiz et Pavon。【参考异名】Gymnostyles Juss.（1804）；Gymostyles Willd.（1807）；Solivaea Cass.（1823）Nom. illegit. ■

47895 Solivaea Cass.（1823）Nom. illegit. ≡Soliva Ruiz et Pav.（1794）［菊科 Asteraceae（Compositae）］■

47896 Sollya Lindl.（1832）【汉】蓝钟藤属（梭利藤属，索里亚属）。【日】ソリア属。【英】Blue-bell, Bluebell Creeper。【隶属】海桐花科（海桐科）Pittosporaceae。【包含】世界2种。【学名诠释与讨论】〈阴〉（人）Richard Hosman Solly，1778-1858，英国植物生理和植物解剖学者，John Lindley 的朋友。【分布】澳大利亚（西部）。【模式】Sollya heterophylla Lindley。【参考异名】Xerosollya Turcz.（1854）●☆

47897 Solmsia Baill.（1871）【汉】佐尔木属。【隶属】瑞香科 Thymelaeaceae//椴树科（椴科，田麻科）Tiliaceae。【包含】世界2种。【学名诠释与讨论】〈阴〉（人）Hermann Maximilian Carl Ludwig Friedrich zu Solms-Laubaclu，1842-1915，德国植物学者。此属的学名，ING 和 IK 记载是"Solmsia Baillon, Adansonia 10：37. Mar 1871"。苔藓的"Solmsia Hampe, Nuovo Giorn. Bot. Ital. 4：273, 281. 1872"是晚出的非法名称。【分布】法属新喀里多尼

亚。【后选模式】Solmsia calophylla Baillon ●☆

47898 Solmsiella Borbas = Capsella Medik.（1792）（保留属名）［十字花科 Brassicaceae（Cruciferae）］■

47899 Solms-Laubachia Muschl.（1912）【汉】丛菔属。【英】Shrubcress, Solms-laubachia。【隶属】十字花科 Brassicaceae（Cruciferae）。【包含】世界9-15种，中国9-15种。【学名诠释与讨论】〈阴〉（人）Hermann Maximilian Garl Ludwig Friedrich zu Solms-Laubach，1842-1915，德国植物学者，苔藓学者，教授，植物采集家。【分布】中国，喜马拉雅山。【模式】Solms-Laubachia pulcherrima Muschler ■★

47900 Solonia Urb.（1922）【汉】索伦紫金牛属。【隶属】紫金牛科 Myrsinaceae。【包含】世界1种。【学名诠释与讨论】〈阴〉（人）Solon。【分布】古巴。【模式】Solonia reflexa Urban。【参考异名】Walleniella P. Wilson（1922）●☆

47901 Solori Adans.（1763）（废弃属名）= Derris Lour.（1790）（保留属名）［豆科 Fabaceae（Leguminosae）//蝶形花科 Papilionaceae］●

47902 Solstitiaria Hill（1762）= Centaurea L.（1753）（保留属名）［菊科 Asteraceae（Compositae）//矢车菊科 Centaureaceae］●■

47903 Soltmannia Klotzsch ex Naudin（1851）= Miconia Ruiz et Pav.（1794）（保留属名）［野牡丹科 Melastomataceae//米氏野牡丹科 Miconiaceae］●☆

47904 Solulus Kuntze（1891）Nom. illegit. ≡Diphaca Lour.（1790）（废弃属名）；~ = Ormocarpum P. Beauv.（1810）（保留属名）［豆科 Fabaceae（Leguminosae）//蝶形花科 Papilionaceae］●

47905 Somalia Oliv.（1886）【汉】索马里玄参属。【隶属】玄参科 Scrophulariaceae。【包含】世界1种。【学名诠释与讨论】〈阴〉（地）Somali，索马里。【分布】索马里。【模式】Somalia diffusa D. Oliver ■☆

47906 Somalluma Plowes（1995）【汉】索马里水牛角属。【隶属】萝藦科 Asclepiadaceae。【包含】世界1种。【学名诠释与讨论】〈阴〉（地）Somali，索马里+lluma，水牛角属 Caralluma 的后半部分。此属的学名是"Somalluma Plowes, Haseltonia 3：56-57. 1995"。亦有文献把其处理为"Caralluma R. Br.（1810）"的异名。【分布】索马里。【模式】Somalluma baradii（Lavranos）Plowes。【参考异名】Caralluma R. Br.（1810）■☆

47907 Somera Salisb.（1866）= Hyacinthoides Medik.（1791）Nom. illegit.；~ = Scilla L.（1753）［百合科 Liliaceae//风信子科 Hyacinthaceae//绵枣儿科 Scillaceae］■

47908 Somerauera Hoppe（1819）= Minuartia L.（1753）［石竹科 Caryophyllaceae］■

47909 Sommea Bory（1820）= Acicarpha Juss.（1803）［萼角花科（萼角科，头花草科）Calyceraceae］■☆

47910 Sommera Schltdl.（1835）【汉】萨默茜属。【隶属】茜草科 Rubiaceae。【包含】世界12种。【学名诠释与讨论】〈阴〉（人）C. N. Sommer，昆虫学者。【分布】巴拿马，秘鲁，哥伦比亚（安蒂奥基亚），玻利维亚，墨西哥，尼加拉瓜，中美洲。【模式】Sommera arborescens Schlechtendal ●☆

47911 Sommerauera Endl.（1841）Nom. illegit. = Minuartia L.（1753）；~ = Somerauera Hoppe（1819）［石竹科 Caryophyllaceae］■

47912 Sommerfeldtia Schumach.（1827）Nom. illegit. ≡Drepanocarpus G. Mey.（1818）［豆科 Fabaceae（Leguminosae）］●☆

47913 Sommerfeltia Less.（1832）（保留属名）【汉】柄腺层菀属。【隶属】菊科 Asteraceae（Compositae）。【包含】世界2种。【学名诠释与讨论】〈阴〉（人）Soren Christian（Severinus Christianus）Sommerfelt，1794-1838，挪威植物学者，牧师。此属的学名"Sommerfeltia Less., Syn. Gen. Compos.：189. Jul-Aug 1832"是保留属名。相应的废弃属名是地衣的"Sommerfeltia Flörke ex

Sommerf. in Kongel. Norske Videnskabersselsk. Skr. 19de Aarhundr. 2(2):60. 1827"。【分布】阿根廷,巴西,乌拉圭。【模式】Sommerfeltia spinulosa (K. P. J. Sprengel) Lessing [Conyza spinulosa K. P. J. Sprengel]●■☆

47914　Sommeringia Lindl. (1847) = Soemmeringia Mart. (1828) [豆科 Fabaceae(Leguminosae)//蝶形花科 Papilionaceae]●☆

47915　Sommiera Benth. et Hook. f. (1883) Nom. illegit. = Sommieria Becc. (1877) [棕榈科 Arecaceae(Palmae)]●☆

47916　Sommieria Becc. (1877)【汉】瘤果椰属(白叶椰属,苏米阿椰属)。【隶属】棕榈科 Arecaceae(Palmae)。【包含】世界 2-3 种。【学名诠释与讨论】〈阴〉(人) Carlo Pietro Stefano (Stephen) Sommier,1848-1922,意大利植物学者,植物采集家。【分布】新几内亚岛。【后选模式】Sommieria leucophylla Beccari。【参考异名】Sommiera Benth. et Hook. f. (1883) Nom. illegit. ●☆

47917　Somphocarya Torr. ex Steud. = Scirpus L. (1753)(保留属名) [莎草科 Cyperaceae//藨草科 Scirpaceae]■

47918　Somphoxylon Eichler(1864) = Odontocarya Miers(1851) [防己科 Menispermaceae]●☆

47919　Somrania D. J. Middleton(2012)【汉】索姆苣苔属。【隶属】苦苣苔科 Gesneriaceae。【包含】世界 3 种。【学名诠释与讨论】〈阴〉词源不详。似来自人名。【分布】泰国。【模式】Somrania albiflora D. J. Middleton☆

47920　Sonchella Sennikov(2008)【汉】小苦苣菜属。【隶属】菊科 Asteraceae(Compositae)。【包含】世界 4 种。【学名诠释与讨论】〈阴〉(属)Sonchus 苦苣菜属+-ellus,-ella,-ellum,加在名词词干后面形成指小式的词尾。或加在人名、属名等后面以组成新属的名称。此属的学名是"Sonchella Sennikov,Botanicheskii Zhurnal (Moscow & Leningrad) 92:1753. 2007. (26 Nov. 2007)"。亦有文献把其处理为"Crepis L. (1753)"的异名。【分布】中国(参见 Crepis L.)。【模式】Sonchella stenoma (Turcz. ex DC.) Sennikov [Crepis stenoma Turcz. ex DC.]。【参考异名】Crepis L. (1753)■

47921　Sonchidium Pomel (1874) = Sonchoseris Fourr. (1869);~ = Sonchus L. (1753) [菊科 Asteraceae(Compositae)]■

47922　Sonchos St. - Lag. (1881) = Sonchus L. (1753) [菊科 Asteraceae(Compositae)]■

47923　Sonchoseris Fourr. (1869) = Sonchus L. (1753) [菊科 Asteraceae(Compositae)]■

47924　Sonchus L. (1753)【汉】苦苣菜属(苦苣属)。【日】ノゲシ属,ハチジョウナ属,ハチヂャウナ属。【俄】Осот。【英】Gutweed, Milk Thistle,Sow Thistle,Sowthistle,Sow-thistle,Swine-grass。【隶属】菊科 Asteraceae(Compositae)。【包含】世界 50-80 种,中国 8 种。【学名诠释与讨论】〈阳〉(希) sonchos,苦菜。【分布】巴拉圭,巴拿马,秘鲁,玻利维亚,厄瓜多尔,哥伦比亚(安蒂奥基亚),马达加斯加,美国(密苏里),尼加拉瓜,中国,地中海地区,热带非洲,欧亚大陆,中美洲。【后选模式】Sonchus oleraceus Linnaeus。【参考异名】Acanthosonchus Don ex Hoffm. (1893); Actites Lander(1975);Agalma Steud. (1840);Atalanthus D. Don (1829);Babcockia Boulos (1965);Embergeria Boulos (1965); Kirkianella Allan (1961);Lactucosonchus (Sch. Bip.) Svent. (1968);Sonchidium Pomel (1874);Sonchos St. -Lag. (1881); Sonchoseris Fourr. (1869); Sventenia Font Quer (1949); Taeckholmia Boulos (1967) Nom. illegit. ; Trachodes D. Don (1830);Wildpretia U. Reifenb. et A. Reifenb. (1997)■

47925　Sondaria Dennst. (1818)【汉】印度鼠李属。【隶属】鼠李科 Rhamnaceae。【包含】世界 1 种。【学名诠释与讨论】〈阴〉词源不详。【分布】印度。【模式】Sondaria cranganoorensis Dennst. ☆

47926　Sondera Lehm. (1844) = Drosera L. (1753) [茅膏菜科

Droseraceae]■

47927　Sonderina H. Wolff(1927)【汉】桑德尔草属。【隶属】伞形花科(伞形科)Apiaceae(Umbelliferae)。【包含】世界 5 种。【学名诠释与讨论】〈阴〉(人) Otto Wilhelm Sonder, 1812-1881,德国植物学者+-inus,-ina,-inum 拉丁文加在名词词干之后,以形成形容词的词尾,含义为"属于、相似、关于、小的"。【分布】非洲南部。【后选模式】Sonderina hispida (Thunberg) H. Wolff [Sium hispidum Thunberg]■☆

47928　Sonderothamnus R. Dahlgren (1968)【汉】桑德尔木属。【隶属】管萼木科(管萼科)Penaeaceae。【包含】世界 2 种。【学名诠释与讨论】〈阴〉(人) Otto Wilhelm Sonder,1812-1881,德国植物学者+thamnos,指小式 thamnion,灌木,灌丛,树丛,枝。【分布】非洲南部。【模式】Sonderothamnus speciosus (W. Sonder) R. Dahlgren [Brachysiphon speciosus W. Sonder]●☆

47929　Sondottia P. S. Short (1989)【汉】光鼠麴菊属。【隶属】菊科 Asteraceae(Compositae)。【包含】世界 2 种。【学名诠释与讨论】〈阴〉(人) Otto Wilhelm Sonder,1812-1881,德国植物学者。【分布】澳大利亚(西部)。【模式】Sondottia connata (W. Fitzg.) P. Short [Angianthus connatus Fitzger.]■☆

47930　Soneratiaceae Engl. et Gilg =Sonneratiaceae Engl. (保留科名)●

47931　Sonerila Roxb. (1820)(保留属名)【汉】蜂斗草属(地胆属)。【英】Sonerila。【隶属】野牡丹科 Melastomataceae。【包含】世界 150-175 种,中国 6-13 种。【学名诠释与讨论】〈阴〉(印尼) sonerila,一种植物俗名。另说来自印度德拉威人的植物俗名。此属的学名"Sonerila Roxb. ,Fl. Ind. 1:180. Jan-Jun 1820"是保留属名。法规未列出相应的废弃属名。"Cassebeeria Dennstedt ex O. Kuntze, Rev. Gen. 1:245. 5 Nov 1891 (non Cassebeera Kaulfuss 1824,nec Cassebeeria Sprengel 1827)"是"Sonerila Roxb. (1820)(保留属名)"的晚出的同模式异名(Homotypic synonym, Nomenclatural synonym)。【分布】中国,热带亚洲。【模式】Sonerila maculata Roxburgh。【参考异名】Cassebeeria Dennst. (1818) Nom. illegit. ;Codigi Augier ●■

47932　Soninnia Kostel. (1834) = Diplolepis R. Br. (1810);~ = Sonninia Rchb. (1828)Nom. illegit. [萝藦科 Asclepiadaceae]●

47933　Sonnea Greene (1887) = Plagiobothrys Fisch. et C. A. Mey. (1836) [紫草科 Boraginaceae]■☆

47934　Sonneratia Comm. ex Endl. (废弃属名)= Celastrus L. (1753) (保留属名) [卫矛科 Celastraceae]●

47935　Sonneratia L. f. (1782)(保留属名)【汉】海桑属。【日】マヤブシキ属。【英】Seamulberry, Sonneratia。【隶属】海桑科 Sonneratiaceae//千屈菜科 Lythraceae。【包含】世界 9 种,中国 6 种。【学名诠释与讨论】〈阴〉(人) Pierre Sonnerat,1749-1814,法国植物学者,探险家,博物学者。此属的学名"Sonneratia L. f. , Suppl. Pl. :38,252. Apr 1782"是保留属名。相应的废弃属名是海桑科 Sonneratiaceae//千屈菜科 Lythraceae]的" Blatti Adans. , Fam. Pl. 2:88,526. Jul-Aug 1763 =Sonneratia L. f. (1782)(保留属名)"。卫矛科 Celastraceae 的"Sonneratia Comm. ex Endl. = Celastrus L. (1753)(保留属名)"亦应废弃。【分布】澳大利亚(北部),巴基斯坦,马达加斯加,中国,法属新喀里多尼亚,热带非洲东部至琉球群岛。【模式】Sonneratia acida Linnaeus f.。【参考异名】Aubletia Gaertn. (1788) Nom. illegit. ; Blatti Adans. (1763)(废弃属名);Blatti Rheede ex Adans. (1763)(废弃属名);Bletti Steud. (1840);Caseola Noronha (1790);Chiratia Montrouz. (1860);Eublatii Nied. ;Kambala Raf. (1838); Mycostylis Raf. (1838) Nom. illegit. ;Pagapate Sonn. (1776); Sciadostima Nied. ;Tombea Brongn. et Gris ●

47936　Sonneratiaceae Engl. (1897)(保留科名) [亦见 Lythraceae J.

St. -Hil. (保留科名)千屈菜科]【汉】海桑科。【日】ハマザクロ科,マヤプシキ科。【英】Seamulberry Family, Soneratia Family。【包含】世界1-2属8-10种,中国2属6种。【分布】热带非洲东部和亚洲至澳大利亚和太平洋地区西部。【科名模式】Sonneratia L. f.●

47937 Sonneratiaceae Engl. et Gilg =Sonneratiaceae Engl. (保留科名)●

47938 Sonninia Rchb. (1828) Nom. illegit. ≡ Diplolepis R. Br. (1810) [萝藦科 Asclepiadaceae]●

47939 Sonraya Engl. = Sonzaya Marchand (1867); ~ = Canarium L. (1759) [橄榄科 Burseraceae]●

47940 Sonzaya Marchand (1867) = Canarium L. (1759) [橄榄科 Burseraceae]●

47941 Sonzeya Engl. = Sonzaya Marchand (1867); ~ = Canarium L. (1759) [橄榄科 Burseraceae]●

47942 Sooia Pócs(1973) Nom. illegit. =Epiclastopelma Lindau(1895) [爵床科 Acanthaceae]■☆

47943 Sooja Siebold (1830) Nom. inval. =Cassia L. (1753) (保留属名); ~ = Chamaecrista Moench (1794) Nom. illegit.; ~ = Chamaecrista (L.) Moench (1794) [豆科 Fabaceae(Leguminosae)//云实科(苏木科)Caesalpiniaceae]■●

47944 Sophandra Meisn. (1839) = Erica L. (1753); ~ =Lophandra D. Don(1834) [杜鹃花科(欧石南科)Ericaceae]●☆

47945 Sophia Adans. (1763) Nom. illegit. (废弃属名) ≡ Descurainia Webb et Berthel. (1836) (保留属名) [十字花科 Brassicaceae(Cruciferae)]■

47946 Sophia L. (1775) Nom. illegit. (废弃属名) = Pachira Aubl. (1775) [木棉科 Bombacaceae//锦葵科 Malvaceae]●

47947 Sophiopsis O. E. Schulz(1924)【汉】羽裂荠属(假播娘蒿属,羽裂芥属,羽裂叶荠属)。【俄】Софийка。【英】Sophiopsis。【隶属】十字花科 Brassicaceae(Cruciferae)。【包含】世界4-5种,中国2种。【学名诠释与讨论】〈阴〉(属)Sophia =Descurainia 播娘蒿属+希腊文 opsis,外观,模样,相似。【分布】巴基斯坦,中国,亚洲中部山区。【模式】未指定■

47948 Sophisteques Comm. ex Endl. = Ochna L. (1753) [金莲木科 Ochnaceae]●

47949 Sophoclesia Klotzsch(1851) = Sphyrospermum Poepp. et Endl. (1835) [杜鹃花科(欧石南科)Ericaceae]●☆

47950 Sophonodon Miq. (1859) = Siphonodon Griff. (1843) [异卫矛科 Siphonodontaceae]●☆

47951 Sophora L. (1753)【汉】槐属(苦参属)。【日】クララ属。【俄】Гевелия, Софора。【英】Pagoda Tree, Pagodatree, Sophora。【隶属】豆科 Fabaceae(Leguminosae)//蝶形花科 Papilionaceae。【包含】世界45-70种,中国21-26种。【学名诠释与讨论】〈阴〉(阿拉伯)sophera,一种蝶形花植物的俗名,林奈转用于此。【分布】巴基斯坦,巴拿马,秘鲁,玻利维亚,哥斯达黎加,马达加斯加,尼加拉瓜,中国,热带和温带,中美洲。【模式】Sophora tomentosa Linnaeus。【参考异名】Agastianis Raf. (1838) Nom. illegit.; Ammothamnus Bunge(1847); Anagyris Lour.; Broussonetia Ortega(1798)(废弃属名); Calia Berland. (1832); Calia Terán et Berland. (1832) Nom. illegit.; Cephalostigmaton (Yakovlev) Yakovlev (1967); Cephalostigmaton Yakovlev (1967); Dermatophyllum Scheele (1848); Echinosophora Nakai (1923); Edwardsia Salisb. (1808); Goebelia Bunge ex Boiss. (1872) Nom. illegit.; Gonondra Raf.; Keyserlingia Bunge ex Boiss. (1872); Patrinia Raf. (1819) Nom. illegit. (废弃属名); Pseudosophora (DC.) Sweet (1830) Nom. illegit.; Pseudosophora Sweet (1830) Nom. illegit.; Radiusia Rchb. (1828); Styphnolobium (Schott) P.

C. Tsoong; Styphnolobium Schott ex Endl. (1831); Styphnolobium Schott (1830) Nom. inval.; Vexibia Raf. (1825); Vibexia Raf. (1832); Zanthyrsis Raf. (1836)●■

47952 Sophoraceae Bercht. et J. Presl = Fabaceae Lindl. (保留科名)//Leguminosae Juss. (1789)(保留科名)●■

47953 Sophorocapnos Turcz. (1848) = Corydalis DC. (1805)(保留属名) [罂粟科 Papaveraceae//紫堇科(荷苞牡丹科)Fumariaceae]■

47954 Sophronanthe Benth. (1836) = Gratiola L. (1753) [玄参科 Scrophulariaceae//婆婆纳科 Veronicaceae]■

47955 Sophronia Licht. ex Roem. et Schult. (1817) = Lapeirousia Pourr. (1788) 鸢尾科 Iridaceae]■☆

47956 Sophronia Lindl. (1828) Nom. illegit. ≡ Sophronitis Lindl. (1828) [兰科 Orchidaceae]■☆

47957 Sophronia Roem. et Schult. (1817) = Lapeirousia Pourr. (1788) [鸢尾科 Iridaceae]■☆

47958 Sophronitella Schltr. (1925)【汉】小丑角兰属。【日】ゾフロニテラ属。【隶属】兰科 Orchidaceae。【包含】世界1种。【学名诠释与讨论】〈阴〉(属) Sophronitis 丑角兰属(贞兰属)+-ellus,-ella,-ellum,加在名词词干后面形成指小式的词尾。或加在人名、属名等后面以组成新属的名称。此属的学名是"Sophronitella R. Schlechter, Repert. Spec. Nov. Regni Veg. Beih. 35: 76. 20 Mar 1925"。亦有文献把其处理为"Isabelia Barb. Rodr. (1877)"的异名。【分布】巴西。【模式】Sophronitella violacea (Lindley) R. Schlechter [Sophronitis violacea Lindley]。【参考异名】Isabelia Barb. Rodr. (1877)■☆

47959 Sophronitis Lindl. (1828)【汉】丑角兰属(贞兰属)。【日】ソフロニチス属, ソフロニティス属。【英】Sophronitis。【隶属】兰科 Orchidaceae。【包含】世界6-9种。【学名诠释与讨论】〈阴〉(希)sophron,适度的+-itis,表示关系密切的词尾,像,具有。植物体小但是花大。另说是(属)Sophronia 的指小型。此属的学名 "Sophronitis J. Lindley, Bot. Reg. 14: ad t. 1147. 1 Mai 1828"是一个替代名称。"Sophronia Lindley, Edwards's Bot. Reg. 13:. t. 1129. Jan-Feb 1828"是一个非法名称(Nom. illegit.),因为此前已经有了"Sophronia J. J. Roemer et J. A. Schultes, Syst. Veg. 1: 343,482. Jan-Jun 1817 = Lapeirousia Pourr. (1788) [鸢尾科 Iridaceae]"。故用"Sophronitis Lindl. (1828)"替代之。"Lophoglotis Rafinesque, Fl. Tell. 4: 49. 1838 (med.) ('1836')"是"Sophronitis Lindl. (1828)"的晚出的同模式异名(Homotypic synonym, Nomenclatural synonym)。【分布】巴拉圭,巴西。【模式】Sophronitis cernua (J. Lindley) J. Lindley [Sophronia cernua Lindley]。【参考异名】Lophoglotis Raf. (1838) Nom. illegit.; Lophoglottis Raf. (1838); Sophronia Lindl. (1828) Nom. illegit. ■☆

47960 Sopropis Britton et Rose (1928) = Prosopis L. (1767) [豆科 Fabaceae(Leguminosae)//含羞草科 Mimosaceae]●

47961 Sopubia Buch. -Ham. (1825) Nom. illegit. ≡Sopubia Buch. -Ham. ex D. Don(1825) [玄参科 Scrophulariaceae]■

47962 Sopubia Buch. -Ham. ex D. Don(1825)【汉】短冠草属(短冠花属)。【英】Sopubia。【隶属】玄参科 Scrophulariaceae。【包含】世界20-60种,中国2-3种。【学名诠释与讨论】〈阴〉来自印度或尼泊尔的植物俗名。或由(属)Bopusia 字母改缀而来。此属的学名,ING、APNI 和 IK 记载是"Sopubia F. Hamilton ex D. Don, Prodr. Fl. Nepal. 88. 1 Feb 1825"。"Sopubia Buch. -Ham. (1825)"的命名人引证有误。"Mappia Schreber, Gen. 806. Mai 1791 [non Heister ex Fabricius 1759(废弃属名), nec N. J. Jacquin 1797(nom. cons.)]"是"Sopubia Buch. -Ham. ex D. Don(1825)"的晚出的同模式异名(Homotypic synonym,

Nomenclatural synonym)。【分布】澳大利亚(昆士兰),马达加斯加,中国,喜马拉雅山至中南半岛,热带和非洲南部。【模式】Sopubia trifida F. Hamilton ex D. Don。【参考异名】Gerdaria C. Presl(1845)Nom. illegit.;Lophanthera Raf. (1836)(废弃属名);Raphidophyllum Hochst. (1841);Rhaphidophyllum Benth. (1846);Sopubia Buch. -Ham. (1825)Nom. illegit. ■

47963　Soramia Aubl. (1775)= Doliocarpus Rol. (1756)[五桠果科(第伦桃科,五丫果科,锡叶藤科)Dilleniaceae]●☆

47964　Soramiaceae Martinov(1820)= Dilleniaceae Salisb. (保留科名)●■

47965　Soranthe Salisb. (1809)(废弃属名)= Sorocephalus R. Br. (1810)(保留属名)[山龙眼科 Proteaceae]●☆

47966　Soranthe Salisb. ex Knight(1809)(废弃属名)= Sorocephalus R. Br. (1810)(保留属名)[山龙眼科 Proteaceae]●☆

47967　Soranthus Ledeb. (1829)【汉】簇花芹属(束花属)。【俄】Кучкоцветник。【英】Soranthus。【隶属】伞形花科(伞形科)Apiaceae(Umbelliferae)。【包含】世界 1 种,中国 1 种。【学名诠释与讨论】〈阳〉(希)soros,堆+anthos,花。指花簇生。此属的学名是"Soranthus Ledebour,Icon. Pl. Nov. 1;20. Mai–Dec 1829"。亦有文献把其处理为"Ferula L. (1753)"的异名。【分布】中国,亚洲中部。【模式】Soranthus meyeri Ledebour。【参考异名】Ferula L. (1753)■

47968　Sorbaceae Brenner(1886)= Rosaceae Juss. (1789)(保留科名)●■

47969　Sorbaria(Ser.)A. Braun ex Asch. (1860)Nom. illegit. (废弃属名)≡Sorbaria(Ser.)A. Braun(1860)(保留属名)[蔷薇科 Rosaceae]●

47970　Sorbaria(Ser.)A. Braun(1860)(保留属名)【汉】珍珠梅属(珍珠花属)。【日】ホザキナナカマド 属。【俄】Рябинник,Рябинолистник,Сорбария。【英】False Spiraea,Falsespiraea,False-spiraea。【隶属】蔷薇科 Rosaceae。【包含】世界 4-9 种,中国 3-4 种。【学名诠释与讨论】〈阴〉(属)Sorbus 花楸属+-arius,-aria,-arium,指示"属于、相似、具有、联系"的词尾。指叶形与花楸属相近。此属的学名"Sorbaria (Ser.)A. Braun in Ascherson,Fl. Brandenburg 1;177. Jan 1860"是保留属名,由"Spiraea sect. Sorbaria Ser. in Candolle,Prodr. 2;545. Nov (med.)1825"改级而来。相应的废弃属名是蔷薇科 Rosaceae 的"Schizonotus Lindl. , Intr. Nat. Syst. , Bot. ;81. Sep 1830 ≡ Sorbaria (Ser.) A. Braun (1860)(保留属名)"。" Sorbaria (Seringe ex A. P. de Candolle)A. Braun in Ascherson,Fl. Prov. Brandenburg 1;177. Jan 1860 ≡Sorbaria(Ser.)A. Braun(1860)(保留属名)"、"Sorbaria (Ser.)A. Braun ex Asch. ≡Sorbaria (Ser.)A. Braun(1860)(保留属名)"和"Sorbaria A. Braun,in Aschers. Fl. Brandenb. 177(1864)≡Sorbaria (Ser.)A. Braun (1860)(保留属名)"命名人引证有误,亦应废弃。"Basilima Rafinesque,New Fl. 3;75. Jan - Mar 1838 (' 1836 ')"和"Schizonotus Lindley,Introd. Nat. Syst. 81. Sep 1830(废弃属名)"是"Sorbaria (Ser.)A. Braun(1860)(保留属名)"的晚出的同模式异名(Homotypic synonym,Nomenclatural synonym)。【分布】中国,中亚和东亚,北美洲。【模式】Sorbaria sorbifolia (Linnaeus)A. Braun [Spiraea sorbifolia Linnaeus]。【参考异名】Basilima Raf. (1838)Nom. illegit.;Schizonotus Lindl. (1830)(废弃属名);Schizonotus Lindl. ex Wall. (1829)Nom. inval. (废弃属名);Sorbaria (Ser.)A. Braun ex Asch. (1860)Nom. illegit. (废弃属名);Sorbaria (Ser.)A. Braun(1860)Nom. illegit. (废弃属名);Sorbaria (Ser. ex DC.)A. Braun(1860)Nom. illegit. (废弃属名);Sorbaria A. Braun(1860)Nom. illegit. (废弃属名);Spiraea sect. Sorbaria Ser. (1825)●

47971　Sorbaria(Ser. ex DC.)A. Braun(1860)Nom. illegit. (废弃属名)≡Sorbaria (Ser.)A. Braun(1860)(保留属名)[蔷薇科 Rosaceae]●

47972　Sorbaria A. Braun(1860)Nom. illegit. (废弃属名)≡Sorbaria (Ser.)A. Braun(1860)(保留属名)[蔷薇科 Rosaceae]●

47973　Sorbus L. (1753)【汉】花楸属(花楸树属)。【日】ナナカマド属。【俄】Мелкоплодник,Рябина。【英】Dogberry,Mountain Ash,Mountainash,Mountain-ash,Rowan,Rowan Tree,Scorb,Whitebeam。【隶属】蔷薇科 Rosaceae。【包含】世界 150-500 种,中国 67-76 种。【学名诠释与讨论】〈阳〉(拉)sorbus,一种花楸的古名,来自凯尔特语 sorb 涩,指果有涩味。此属的学名,ING、APNI、GCI、TROPICOS 和 IK 记载是"Sorbus L. ,Sp. Pl. 1:477. 1753 [1 May 1753]"。有些文献承认"捕鸟蔷薇属 Aucuparia Medikus,Philos. Bot. 1:138. Apr 1789",但它是"Sorbus L. (1753)"的晚出的同模式异名(Homotypic synonym,Nomenclatural synonym),应予废弃。【分布】中国,北温带,美洲。【后选模式】Sorbus aucuparia Linnaeus。【参考异名】Aria (Pers.) Host (1831);Aria Host (1831);Aria J. Jacq. ;Ariosorbus Koidz. (1934);Aucuparia Medik. (1789) Nom. illegit. ;Azarolus Borkh. (1803);Chamaemespilus Medik. (1789);Chamaespilus Fourr. (1868);Cormus Spach (1834);Cornus Spach;Crataegosorbus Makino (1929);Hahnia Medik. (1793) Nom. illegit. ;Mespilus sect. Sorbus (L.) Scop. (1772);Micromeles Decne. (1874);Pleiosorbus L. H. Zhou et C. Y. Wu(2000);Torminalis Medik. (1789);Torminaria (DC.) M. Roem. (1847)Nom. illegit. ;Torminaria M. Roem. (1847)Nom. illegit. ;Torminaria Opiz (1839)Nom. illegit. ●

47974　Soredium Miers ex Henfr. (1850)Nom. illegit. ≡Peltophyllum Gardner(1843)[霉草科 Triuridaceae]■☆

47975　Sorema Lindl. (1844)Nom. illegit. ≡Periloba Raf. (1838);~= Nolana L. ex L. f. (1762)[茄科 Solanaceae//铃花科 Nolanaceae]■☆

47976　Sorengia Zuloaga et Morrone(2010)【汉】索氏黍属。【隶属】禾本科 Poaceae(Gramineae)。【包含】世界 7 种。【学名诠释与讨论】〈阴〉(人)Soreng,Robert J. (fl. 1991),植物学者。【分布】巴西。【模式】Sorengia prionitis (Nees)Zuloaga et Morrone [Panicum prionitis Nees]☆

47977　Sorghastrum Nash(1901)【汉】假高粱属。【英】Indian Grass,Indiangrass。【隶属】禾本科 Poaceae(Gramineae)。【包含】世界 12 种。【学名诠释与讨论】〈中〉(属)Sorghum 高粱属+-astrum,指示小的词尾,也有"不完全相似"的含义。此属的学名,ING、APNI、GCI、TROPICOS 和 IK 记载是"Sorghastrum Nash,Man. Fl. N. States [Britton] 71. 1901 [Oct 1901]"。"Chalcoelytrum Lunell,Amer. Midl. Naturalist 4;212. 20 Sep 1915"是"Sorghastrum Nash(1901)"的晚出的同模式异名(Homotypic synonym,Nomenclatural synonym)。【分布】巴拿马,秘鲁,玻利维亚,厄瓜多尔,哥伦比亚(安蒂奥基亚),哥斯达黎加,马达加斯加,美国(密苏里),尼加拉瓜,热带非洲,热带和温带美洲,中美洲。【模式】Sorghastrum avenaceum (Bentham)Nash [Chrysopogon avenaceus Bentham]。【参考异名】Chalcoelytrum Lunell (1915)Nom. illegit. ;Dipogon Steud. (1840)Nom. illegit. ;Dipogon Willd. ex Steud. (1840)Nom. inval. ;Poranthera Raf. (1830)Nom. illegit. ■☆

47978　Sorghum Moench(1794)(保留属名)【汉】高粱属(蜀黍属)。【日】モロコシ属。【俄】Copro。【英】Gaoliang,Guinea Corn,Indian Millet,Millet,Sorghum。【隶属】禾本科 Poaceae(Gramineae)。【包含】世界 24-60 种,中国 5-13 种。【学名诠释

与讨论】〈中〉（拉）sorgum，大黄米。此属的学名"Sorghum Moench，Methodus：207. 4 Mai 1794"是保留属名。相应的废弃属名是"Sorgum Adans. ，Fam. Pl. 2：38，606. Jul－Aug 1763 ≡ Holcus L. (1753)（保留属名）"。"Sorghum Kuntze(1891) Nom. illegit. ＝Andropogon L. (1753)（保留属名）"亦应废弃。它曾先后被处理为"Andropogon subgen. Sorghum (Moench) Hack. ，Die Natürlichen Pflanzenfamilien 2（2）：28. 1887"和"Andropogon subgen. Sorghum (Moench) Rchb. ，Der Deutsche Botaniker Herbarienbuch 2：38. 1841"。【分布】巴基斯坦，巴拿马，秘鲁，玻利维亚，厄瓜多尔，哥伦比亚(安蒂奥基亚)，哥斯达黎加，马达加斯加，美国(密苏里)，尼加拉瓜，中国，热带和亚热带，中美洲。【模式】Sorghum bicolor (Linnaeus) Moench [Holcus bicolor Linnaeus]。【参考异名】Andropogon L. (1753)；Andropogon subgen. Sorghum (Moench) Hack. (1887)；Andropogon subgen. Sorghum (Moench) Rchb. (1841)；Blumenbachia Koeler (1802)（废弃属名）；Holcus Nash（废弃属名）；Sarga Ewart (1911)；Vacoparis Spangler (2003) ■

47979 Sorgum Adans. (1763) Nom. illegit.（废弃属名）≡Holcus L. (1753)（保留属名）[禾本科 Poaceae(Gramineae)] ■

47980 Sorgum Kuntze(1891) Nom. illegit.（废弃属名）＝Andropogon L. (1753)（保留属名）[禾本科 Poaceae(Gramineae)//须芒草科 Andropogonaceae] ■

47981 Soria Adans. (1763)（废弃属名）＝Euclidium W. T. Aiton (1812)（保留属名）[十字花科 Brassicaceae(Cruciferae)] ■

47982 Soridium Miers ex Henfrey(1850) Nom. illegit. ＝Peltophyllum Gardner(1843) [霉草科 Triuridaceae] ■☆

47983 Sorindeia Thouars (1806)【汉】索林漆属。【隶属】漆树科 Anacardiaceae。【包含】世界 50 种。【学名诠释与讨论】〈阴〉（拉）sorindeia，植物名称。另说来自马达加斯加植物俗名。【分布】马达加斯加，热带非洲，中美洲。【模式】Sorindeia madagascariensis A. P. de Candolle。【参考异名】Dupuisia A. Rich. (1832)；Sorindeiopsis Engl. (1905) Nom. inval. ●☆

47984 Sorindeiopsis Engl. (1905) Nom. inval. ＝Sorindeia Thouars (1806) [漆树科 Anacardiaceae] ●☆

47985 Sorocea A. St. －Hil. (1821)【汉】堆桑属。【隶属】桑科 Moraceae。【包含】世界 16-20 种。【学名诠释与讨论】〈阴〉来自 Sorocea bonplandii (Bail-Ion) Burger, Lanj. et Boer. 的俗名。【分布】阿根廷，巴拉圭，巴拿马，秘鲁，玻利维亚，厄瓜多尔，哥伦比亚(安蒂奥基亚)，哥斯达黎加，美国，尼加拉瓜，中美洲。【模式】Sorocea bonplandii (Baillon) W. C. Burger, J. Lanjouw et J. G. Wessels Boer [Pseudosorocea bonplandii Baillon [as 'bonplandi']。【参考异名】Balanostreblus Kurz (1874)；Paraclarisia Ducke(1939)；Paradarisia Ducke；Pseudosorocea Baill. (1875)；Sarcodiscus Mart. ex Miq. ；Trophisomia Rojas Acosta (1914) ●☆

47986 Sorocephalus R. Br.(1810)（保留属名）【汉】丘头山龙眼属。【隶属】山龙眼科 Proteaceae。【包含】世界 11 种。【学名诠释与讨论】〈阳〉（希）soros，指小式 soridium，堆，小丘+kephale，头。指簇生的花。此属的学名"Sorocephalus R. Br. in Trans. Linn. Soc. London 10：139. Feb 1810"是保留属名。相应的废弃属名是山龙眼科 Proteaceae 的"Soranthe Salisb. ex Knight, Cult. Prot. ：71. Dec 1809 ＝Sorocephalus R. Br. (1810)（保留属名）"。"Soranthe Salisb. ，in Knight, Prot. 71(1809)"亦应废弃。【分布】非洲南部。【模式】Sorocephalus imbricatus (Thunberg) R. Brown [Protea imbricata Thunberg]。【参考异名】Soranthe Salisb. (1809)（废弃属名）；Soranthe Salisb. ex Knight(1809)（废弃属名）●☆

47987 Soroseris Stebbins(1940)【汉】绢毛苣属(绢毛菊属，兔苣属)。【英】Soroseris。【隶属】菊科 Asteraceae(Compositae)。【包含】世界 8-9 种，中国 8 种。【学名诠释与讨论】〈阴〉（希）soros，指小式 soridium，堆，小丘+seris，菊苣。【分布】中国，喜马拉雅山。【模式】Soroseris glomerata (Decaisne) Stebbins [Prenanthes glomerata Decaisne]。【参考异名】Stebbinsia Lipsch. (1956) ■

47988 Sorostachys Steud. (1850) ＝Cyperus L. (1753) [莎草科 Cyperaceae] ■

47989 Soroveta H. P. Linder et C. R. Hardy(2010)【汉】南非绳草属。【隶属】帚灯草科 Restionaceae。【包含】世界 1 种。【学名诠释与讨论】〈阴〉（希）词源不详。【分布】非洲南部。【模式】Soroveta ambigua H. P. Linder et C. R. Hardy [Restio ambiguus Mast.] ☆

47990 Sosnovskya Takht. (1936) ＝Centaurea L. (1753)（保留属名）[菊科 Asteraceae(Compositae)] ●■

47991 Soterosanthus Lehm. ex Jenny(1986)【汉】丘花兰属。【日】ソテロサンツス属。【隶属】兰科 Orchidaceae。【包含】世界 1 种。【学名诠释与讨论】〈阳〉（希）soros，指小式 soridium，堆，小丘+anthos，花。【分布】中美洲。【模式】Soterosanthus shepheardii (R. A. Rolfe) R. Jenny [Sievekingia shepheardii R. A. Rolfe] ■☆

47992 Sotoa Salazar(2010)【汉】索兰属。【隶属】兰科 Orchidaceae。【包含】世界 1 种。【学名诠释与讨论】〈阴〉（人）Soto，植物学者。【分布】美国，墨西哥。【模式】Sotoa confusa (Garay) Salazar [Deiregyne confusa Garay] ☆

47993 Sotor Fenzl (1843) ＝Kigelia DC. (1838) [紫葳科 Bignoniaceae] ●

47994 Sotrophola Buch. －Ham. ＝Chukrasia A. Juss. (1830) [楝科 Meliaceae] ●

47995 Sotularia Raf. (1838) Nom. illegit. ≡Catu－Adamboe Adans. (1763) ；～＝Lagerstroemia L. (1759) [千屈菜科 Lythraceae//紫薇科 Lagerstroemiaceae] ●

47996 Souari Endl. (1840) ＝Caryocar F. Allam. ex L. (1771) ；～＝Saouari Aubl. (1775) [多柱树科(油桃木科)Caryocaraceae] ●☆

47997 Soubeyrania Neck. (1790) Nom. inval. ＝Barleria L. (1753) [爵床科 Acanthaceae] ●■

47998 Soulamea Lam. (1785)【汉】苏苦木属。【隶属】苦木科 Simaroubaceae。【包含】世界 14 种。【学名诠释与讨论】〈阴〉词源不详。此属的学名，ING、TROPICOS 和 IK 记载是"Soulamea Lam. ，Encycl. [J. Lamarck et al.]1（2）：449. 1785 [1 Aug 1785]"。"Raxamaris Rafinesque, Fl. Tell. 3：54. Nov－Dec 1837 ('1836')"是"Soulamea Lam. (1785)"的晚出的同模式异名(Homotypic synonym, Nomenclatural synonym)。【分布】印度尼西亚(马鲁古群岛)，新几内亚岛至斐济，加里曼丹岛。【模式】Soulamea amara Lamarck。【参考异名】Amaroria A. Gray(1854)；Cardiocarpus Reinw. (1828)；Cardiophora Benth. (1843)；Cardlocarpus Reinw. ；Picrocardia Radlk. (1890)；Raxamaris Raf. (1837) Nom. illegit. ；Sulamea K. Schum. et Lauterb. ●☆

47999 Soulameaceae Endl. (1874) ＝Simaroubaceae DC. (保留科名) ●

48000 Soulangia Brongn. (1827) ＝Phylica L. (1753) [as 'Philyca'] [鼠李科 Rhamnaceae//菲利木科 Phylicaceae] ●☆

48001 Souleyetia Gaudich. (1841) ＝Pandanus Parkinson(1773) [露兜树科 Pandanaceae] ●■

48002 Souliea Franch. (1898)【汉】黄三七属。【英】Souliea。【隶属】毛茛科 Ranunculaceae。【包含】世界 1 种，中国 1 种。【学名诠释与讨论】〈阴〉（人）F. A. A. Soulie, 1858-1905, 法国传教士，博物学者，曾在西藏采集植物标本。此属的学名，ING、TROPICOS、GCI 和 IK 记载是"Souliea Franch. ，J. Bot. (Morot) 12：68.

1898"。它曾被处理为"Actaea sect. Souliea（Franch.）J. Compton, Taxon 47（3）：613. 1998"。【分布】中国。【模式】Souliea vaginata Franchet。【参考异名】Actaea sect. Souliea（Franch.）J. Compton（1998）■

48003　Souroubea Aubl.（1775）【汉】距苞藤属。【隶属】蜜囊藤科（附生藤科）Marcgraviaceae。【包含】世界19-20种。【学名诠释与讨论】〈阴〉词源不详。此属的学名，ING、TROPICOS和IK记载是"Souroubea Aublet, Hist. Pl. Guiane 1：244. Jun-Dec 1775"。"Loghania Scopoli, Introd. 236. Jan-Apr 1777（废弃属名）"是"Souroubea Aubl.（1775）"的晚出的同模式异名（Homotypic synonym, Nomenclatural synonym）。【分布】巴拿马，秘鲁，玻利维亚，厄瓜多尔，哥伦比亚（安蒂奥基亚），哥斯达黎加，尼加拉瓜，西印度群岛，中美洲。【模式】Souroubea guianensis Aublet。【参考异名】Logania J. F. Gmel.（1791）；Loghania Scop.（1777）Nom. illegit.（废弃属名）；Surubea J. St. - Hil.（1805）；Touroubea Steud.（1841）●☆

48004　Southwellia Salisb.（1807）= Sterculia L.（1753）［梧桐科 Sterculiaceae//锦葵科 Malvaceae］●

48005　Souza Vell.（1829）= Sisyrinchium L.（1753）［鸢尾科 Iridaceae］■

48006　Sovara Raf. = Polygonum L.（1753）（保留属名）［蓼科 Polygonaceae］■●

48007　Sowerbaea Sm.（1798）【汉】三雄兰属。【隶属】吊兰科（猴面包科，猴面包树科）Anthericaceae//点柱花科 Lomandraceae。【包含】世界5种。【学名诠释与讨论】〈阴〉（人）James Sowerby, 1757-1822, 英国植物学画家。此属的学名，ING、TROPICOS、APNI和IK记载是"Sowerbaea J. E. Smith, Trans. Linn. Soc. London 4：218. post 6 Feb 1798"。"Sowerbea Dum. Cours., Le Botaniste Cultivateur 7 1814"是其变体。【分布】澳大利亚。【模式】Sowerbaea juncea J. E. Smith。【参考异名】Soberbaea D. Dietr.（1840）；Sowerbea Dum. Cours.（1814）；Sowerbia Andrews（1820）■☆

48008　Sowerbea Dum. Cours.（1814）Nom. illegit. ≡ Sowerbaea Sm.（1798）［吊兰科（猴面包科，猴面包树科）Anthericaceae//点柱花科 Lomandraceae］■☆

48009　Sowerbia Andrews（1820）= Sowerbaea Sm.（1798）［吊兰科（猴面包科，猴面包树科）Anthericaceae//点柱花科 Lomandraceae］■☆

48010　Soya Benth.（1838）= Glycine Willd.（1802）（保留属名）［豆科 Fabaceae（Leguminosae）//蝶形花科 Papilionaceae］■

48011　Soyauxia Oliv.（1882）【汉】索亚花属。【隶属】毛丝花科 Medusandraceae。【包含】世界7-9种。【学名诠释与讨论】〈阴〉（人）Hermann Soyaux, 1852-?, 德国植物学者，植物采集家，园艺学者。【分布】利比里亚（宁巴），热带非洲西部。【模式】Soyauxia gabonensis D. Oliver●☆

48012　Soyauxiaceae Barkley = Flacourtiaceae Rich. ex DC.（保留科名）●

48013　Soyera St. - Lag.（1881）= Soyeria Monnier（1829）［菊科 Asteraceae（Compositae）］■

48014　Soyeria Monnier（1829）= Crepis L.（1753）［菊科 Asteraceae（Compositae）］■

48015　Soymida A. Juss.（1830）【汉】印度红木属。【隶属】楝科 Meliaceae。【包含】世界1种。【学名诠释与讨论】〈阴〉泰卢固语称 Soymida febrifuga A. Juss. 为 somida。【分布】印度至马来西亚。【模式】Soymida febrifuga（Roxburgh）A. H. L. Jussieu［Swietenia soymida A. Duncan 1794, Swietenia febrifuga Roxburgh 1795］●☆

48016　Spachea A. Juss.（1838）【汉】斯帕木属。【隶属】金虎尾科（黄褥花科）Malpighiaceae。【包含】世界6种。【学名诠释与讨论】〈阴〉（人）Édouard Spach, 1801-1879, 法国植物学者，博物学者。【分布】巴拿马，秘鲁，厄瓜多尔，哥伦比亚（安蒂奥基亚），哥斯达黎加，尼加拉瓜，西印度群岛，中美洲。【模式】Spachea elegans（G. F. W. Meyer）A. H. L. Jussieu［Malpighia elegans G. F. W. Meyer］。【参考异名】Meckelia（A. Juss.）Griseb.（1858）Nom. illegit.；Meckelia（Mart. ex A. Juss.）Griseb.（1858）；Meckelia Mart. ex A. Juss.（1840）Nom. illegit.●☆

48017　Spachelodes Y. Kimura（1935）= Hypericum L.（1753）［金丝桃科 Hypericaceae//猪胶树科（克鲁西科，山竹子科，藤黄科）Clusiaceae（Guttiferae）］■●

48018　Spachia Lilja（1840）= Fuchsia L.（1753）［柳叶菜科 Onagraceae］●■

48019　Spadactis Cass.（1827）= Atractylis L.（1753）［菊科 Asteraceae（Compositae）］■●

48020　Spadicaceae Dulac = Araceae Juss.（保留科名）■●

48021　Spadonia Less.（1832）Nom. illegit. ≡ Moquinia DC.（1838）（保留属名）［菊科 Asteraceae（Compositae）］●■☆

48022　Spadostyles Benth.（1837）= Pultenaea Sm.（1794）［豆科 Fabaceae（Leguminosae）］●☆

48023　Spaendoncea Desf.（1796）= Cadia Forssk.（1775）［豆科 Fabaceae（Leguminosae）］●■☆

48024　Spaendoncea Desf. ex Usteri（1796）Nom. illegit. ≡ Spaendoncea Desf.（1796）；~ = Cadia Forssk.（1775）［豆科 Fabaceae（Leguminosae）］●■☆

48025　Spalanthus Walp.（1843）= Quisqualis L.（1762）；~ = Sphalanthus Jack（1822）［使君子科 Combretaceae］●

48026　Spallanzania DC.（1830）Nom. illegit. = Mussaenda L.（1753）［茜草科 Rubiaceae］●■

48027　Spallanzania Neck.（1790）Nom. inval. = Gustavia L.（1775）（保留属名）［玉蕊科（巴西果科）Lecythidaceae//烈臭玉蕊科 Gustaviaceae］●☆

48028　Spallanzania Pollini（1816）Nom. illegit. ≡ Aremonia Neck. ex Nestl.（1816）（保留属名）［蔷薇科 Rosaceae］■☆

48029　Spananthe Jacq.（1791）【汉】寡花草属。【隶属】伞形花科（伞形科）Apiaceae（Umbelliferae）。【包含】世界1种。【学名诠释与讨论】〈阴〉（希）spanios, 稀的, 少的+anthos, 花。【分布】巴拿马，秘鲁，玻利维亚，厄瓜多尔，哥伦比亚（安蒂奥基亚），尼加拉瓜，西印度群岛，中美洲。【模式】Spananthe paniculata N. J. Jacquin ■☆

48030　Spaniopappus B. L. Rob.（1926）【汉】疏毛泽兰属（疏泽兰属）。【隶属】菊科 Asteraceae（Compositae）。【包含】世界5种。【学名诠释与讨论】〈阳〉（希）spanios, 稀的, 少的+希腊文 pappos 指柔毛, 软毛。pappus 则与拉丁文同义, 指冠毛。【分布】古巴。【模式】Spaniopappus ekmanii B. L. Robinson ■☆

48031　Spanioptilon Less.（1832）= Cirsium Mill.（1754）［菊科 Asteraceae（Compositae）］■

48032　Spanizium Griseb.（1843）= Saponaria L.（1753）［石竹科 Caryophyllaceae］■

48033　Spanoghea Blume（1847）= Alectryon Gaertn.（1788）［无患子科 Sapindaceae］●☆

48034　Spanotrichum E. Mey. ex DC.（1838）= Osmites L.（1764）（废弃属名）；~ = Relhania L' Hér.（1789）（保留属名）［菊科 Asteraceae（Compositae）］●☆

48035　Sparattanthelium Mart.（1841）【汉】疏花桐属。【隶属】莲叶桐科 Hernandiaceae。【包含】世界13种。【学名诠释与讨论】〈中〉

（希）sparasso = sparatto，撕裂，分裂的+anthela，长侧枝聚伞花序，苇鹰的羽毛+-ius，-ia，-ium，在拉丁文和希腊文中，这些词尾表示性质或状态。【分布】巴拿马，秘鲁，玻利维亚，厄瓜多尔，哥伦比亚（安蒂奥基亚），哥斯达黎加，尼加拉瓜，中美洲。【后选模式】Sparattanthelium tupiniquinorum C. F. P. Martius ●☆

48036 Sparattosperma Mart. ex DC. (1840) Nom. illegit. = Bignonia L. (1753)（保留属名）；~ = Sparattosperma Mart. ex Meisn. (1840)［紫葳科 Bignoniaceae］●☆

48037 Sparattosperma Mart. ex Meisn. (1840)【汉】裂紫葳属。【隶属】紫葳科 Bignoniaceae。【包含】世界2种。【学名诠释与讨论】〈中〉（希）sparasso = 阿提加语 sparatto，撕裂，分裂的，裂成片片+sperma，所有格 spermatos，种子，孢子。此属的学名，ING、GCI、TROPICOS 和 IK 记载是"Sparattosperma Mart. ex Meisn.，Pl. Vasc. Gen.［Meisner］1：300，2：208. 1840［25-31 Oct 1840］"。IK 还记载了"Sparattosperma Mart. ex DC.，in Meissn. Gen. 300；Comm. 208(1840)"。五者引用的文献相同。后者似为误引。亦有文献把"Sparattosperma Mart. ex Meisn. (1840)"处理为"Bignonia L. (1753)（保留属名）"的异名。【分布】巴拉圭，秘鲁，玻利维亚。【模式】Sparattosperma lithontripticum C. F. P. Martius ex A. P. de Candolle，Nom. illegit.［Bignonia leucantha Vellozo；Sparattosperma leucanthum (Vellozo) K. Schumann］。【参考异名】Bignonia L. (1753)（保留属名）；Sparattosperma Mart. ex DC. (1840) Nom. illegit. ●☆

48038 Sparattosyce Bureau (1869)【汉】假榕属。【隶属】桑科 Moraceae。【包含】世界1种。【学名诠释与讨论】〈阴〉（希）sparasso = sparatto，撕裂，分裂的+sykon，指小式 sykidion，无花果。sykinos，无花果树的。sykites，像无花果的。【分布】法属新喀里多尼亚。【模式】Sparattosyce dioica Bureau ●☆

48039 Sparattothamnella Steenis，Nom. illegit. = Spartothamnella Briq. (1895)［马鞭草科 Verbenaceae］●☆

48040 Sparaxis Ker Gawl. (1802)【汉】魔杖花属(裂缘莲属，芒苞莒属)。【日】スイセンアヤメ属，スパラックシス属。【俄】Спараксис。【英】Harlequin Flower，Wand Flower，Wandflower，Wand-flower。【隶属】鸢尾科 Iridaceae。【包含】世界5-14种。【学名诠释与讨论】〈阴〉（希）sparasso = 阿提加语 sparatto，撕裂，分裂的。指佛焰苞芒状分裂。【分布】非洲南部。【模式】未指定。【参考异名】Streptanthera Sweet (1827)；Synnotia Sweet (1826) ■☆

48041 Sparganiaceae F. Rudolphi = Sparganiaceae Hanin(保留科名)■

48042 Sparganiaceae Hanin (1811)［as 'Spargania'］(保留科名)【汉】黑三棱科。【日】ミクリ科。【俄】Ежевиковые，Ежеголовковые，Ежеголовниковые。【英】Burreed Family，Bur-reed Family。【包含】世界1属14-25种，中国1属11-21种。【分布】澳大利亚，新西兰，北温带。【科名模式】Sparganium L. ■

48043 Sparganiaceae Schultz-Sch. = Sparganiaceae Hanin(保留科名)■

48044 Sparganion Adans. (1763) Nom. illegit. ≡ Sparganium L. (1753)［黑三棱科 Sparganiaceae//菖蒲科 Acoraceae//香蒲科 Typhaceae］■

48045 Sparganium L. (1753)【汉】黑三棱属。【日】ミクリ属。【俄】Ежеголовка，Ежеголовник。【英】Bur Reed，Bur Weed，Burreed，Bur-reed，Burr-reed。【隶属】黑三棱科 Sparganiaceae//菖蒲科 Acoraceae//香蒲科 Typhaceae。【包含】世界4-25种，中国11-21种。【学名诠释与讨论】〈中〉（希）sparganon，绷带，带子+-ius，-ia，-ium，在拉丁文和希腊文中，这些词尾表示性质或状态。指叶带形。此属的学名，ING、TROPICOS、APNI 和 IK 记载是"Sparganium L.，Sp. Pl. 2：971. 1753［1 May 1753］"。"Sparganion Adanson，Fam. 2：471. Jul-Aug 1763"是"Sparganium

L. (1753)"的晚出的同模式异名（Homotypic synonym，Nomenclatural synonym）。【分布】澳大利亚，巴基斯坦，哥伦比亚（安蒂奥基亚），美国，新西兰，中国，北温带。【后选模式】Sparganium erectum Linnaeus。【参考异名】Platanaria Gray (1821)；Sparganion Adans. (1763) Nom. illegit. ■

48046 Sparganophoros Adans. (1763) Nom. illegit. = Sparganophorus Boehm. (1760)［as 'Spharganophorus'］［菊科 Asteraceae (Compositae)］■☆

48047 Sparganophorus Vaill. (1766) Nom. illegit. ≡ Sparganophorus Vaill. ex Crantz (1766) Nom. illegit.；~ = Struchium P. Browne (1756)［菊科 Asteraceae (Compositae)］■☆

48048 Sparganophorus Boehm. (1760)［as 'Spharganophorus'］【汉】骨冠斑鸠菊属(带菊属)。【隶属】菊科 Asteraceae (Compositae)。【包含】世界1种。【学名诠释与讨论】〈阳〉（希）sparganon，绷带，带子+phoros，具有，梗，负载，发现者。此属的学名，ING、TROPICOS 和 IK 记载是"Sparganophorus Boehmer in Ludwig，Def. Gen. ed. Boehmer 154（'Spharganophorus'），560. 1760"。"Sparganophorus Vaill. ex Boehm. (1760)" ≡ Sparganophorus Boehm. (1760)"的命名人引证有误。"Sparganophorus Vaill. ex Crantz，Inst. Rei Herb. 1：261 (1766) = Struchium P. Browne (1756)［菊科 Asteraceae (Compositae)］"是晚出的非法名称。亦有文献把"Sparganophorus Boehm. (1760)［as 'Spharganophorus'］"处理为"Struchium P. Browne(1756)"的异名。【分布】玻利维亚，马达加斯加，中美洲。【模式】未指定。【参考异名】Sparganophoros Adans. (1763)；Spharganophorus Boehm. (1760) Nom. illegit.；Struchium P. Browne(1756) ■☆

48049 Sparganophorus Vaill. ex Boehm. (1760) Nom. illegit. ≡ Sparganophorus Boehm. (1760)［as 'Spharganophorus'］［菊科 Asteraceae (Compositae)］■☆

48050 Sparganophorus Vaill. ex Crantz (1766) Nom. illegit. = Struchium P. Browne(1756)［菊科 Asteraceae (Compositae)］■☆

48051 Sparmannia Buc'hoz(1779)（废弃属名）= Rehmannia Libosch. ex Fisch. et C. A. Mey. (1835)（保留属名）［玄参科 Scrophulariaceae//地黄科 Rehmanniaceae］■★

48052 Sparmannia L. f. (1782) Nom. illegit. (废弃属名) ≡ Sparrmannia L. f. (1782)［as 'Sparmannia'］(保留属名)［椴树科(椴科，田麻科) Tiliaceae］●☆

48053 Sparmanniaceae J. Agardh (1858) Nom. inval. = Malvaceae Juss. (保留科名)；~ = Tiliaceae Juss. (1789)（保留科名）●■

48054 Sparrea Hunz. et Dottori (1978) = Celtis L. (1753)［榆科 Ulmaceae//朴树科 Celtidaceae］●

48055 Sparrmania L. ex B. D. Jacks. = Melanthium L. (1753)［黑药花科(藜芦科) Melanthiaceae］■☆

48056 Sparrmannia L. f. (1782)［as 'Sparmannia'］(保留属名)【汉】庭院椴属(垂蕾树属，斯珀曼木属)。【日】スパルマンニア属。【俄】Спармания。【英】African Hemp，House Lime，Sparmannia。【隶属】椴树科(椴科，田麻科) Tiliaceae。【包含】世界3-7种。【学名诠释与讨论】〈阴〉（人）Andréas Sparrmann，1747-1820，瑞典植物学者，博物学者，林奈的学生，医生，植物采集家。此属的学名"Sparrmannia L. f.，Suppl. Pl. ：41 ('Sparmannia')，265，［468］. Apr 1782 (orth. cons.)"是保留属名。相应的废弃属名是"Sparmannia Buc'hoz，Pl. Nouv. Découv. ：3. 1779 ≡ Rehmannia Libosch. ex Fisch. et C. A. Mey. (1835)（保留属名）［玄参科 Scrophulariaceae//地黄科 Rehmanniaceae］"。"Sparmannia L. f. (1782)"是"Sparrmannia L. f. (1782)（保留属名）"的拼写变体，应予废弃。"Sparrmania L. ex B. D. Jacks. = Melanthium L. (1753)［黑药花科(藜芦

科）Melanthiaceae]"亦应废弃。"Vossianthus O. Kuntze, Gaertnerisches Zentral‐Blatt (Berlin) 1：653. 1900 ('1899')"是"Sparrmannia L. f. (1782) [as 'Sparmannia'] (保留属名)"的晚出的同模式异名(Homotypic synonym, Nomenclatural synonym)。【分布】玻利维亚,马达加斯加,热带非洲和非洲南部。【模式】Sparrmannia africana Linnaeus f.。【参考异名】Sparmannia L. f. (1782) Nom. illegit. (废弃属名);Vossianthus Kuntze (1900) Nom. illegit. ●☆

48057　Sparrmanniaceae J. Agardh(1858)Nom. inval. ＝Tiliaceae Juss. (1789) (保留科名)●■

48058　Sparteum P. Beauv., Nom. inval. ＝Stipa L. (1753) [禾本科 Poaceae(Gramineae)//针茅科 Stipaceae]■

48059　Sparthothamnus H. Buek (1859) Nom. illegit. [唇形科 Lamiaceae(Labiatae)]☆

48060　Spartianthus Link(1822) Nom. illegit. ≡Spartium L. (1753) [豆科 Fabaceae(Leguminosae)//蝶形花科 Papilionaceae]●

48061　Spartidium Pomel(1874)【汉】撒哈拉染料木属。【隶属】豆科 Fabaceae(Leguminosae)//蝶形花科 Papilionaceae。【包含】世界1种。【学名诠释与讨论】〈中〉(属)Spartium 鹰爪豆属(无叶豆属)+‐idius,‐idia,‐idium,指示小的词尾。此属的学名是"Spartidium Pomel, Nouv. Matér. Fl. Atl. 173. 1874"。亦有文献把其处理为"Genista L. (1753)"的异名。【分布】阿尔及利亚,利比亚,摩洛哥,突尼斯。【模式】Spartidium saharae (Cosson et Durieu de Maisonneuve) Pomel [Genista saharae Cosson et Durieu de Maisonneuve]。【参考异名】Genista L. (1753)●☆

48062　Spartina Schreb. (1789)【汉】米草属(大米草属,绳草属,网茅属)。【英】Cord Grass, Cordgrass, Cord‐grass, Marsh Grass, Marsh‐grass, Rice Grass, Spartina。【隶属】禾本科 Poaceae(Gramineae)//米草科 Spartinaceae//鼠尾粟科 Sporobolaceae。【包含】世界17-20种,中国2种。【学名诠释与讨论】〈阴〉(希)spartine,绳缆。指付细长。此属的学名,ING、APNI、GCI 和 IK 记载是"Spartina Schreb., Gen. Pl., ed. 8 [a]. 43. 1789 [Apr 1789]"。"Spartina Schreb. ex J. F. Gmel. (1789)"的命名人引证有误。"Spartina Schreb. (1789)"曾被处理为"Sporobolus sect. Spartina (Schreb.)P. M. Peterson & Saarela, Taxon 63(6):1235. 2014"和"Sporobolus subsect. Spartina (Schreb.)P. M. Peterson & Saarela, Taxon 63(6):1236. 2014"。亦有文献把"Spartina Schreb. (1789)"处理为"Sporobolus R. Br. (1810)"的异名。【分布】巴拿马,哥斯达黎加,美国(密苏里),中国,非洲,欧洲,中美洲。【模式】Spartina schreberi J. F. Gmelin。【参考异名】Chauvinia Steud. (1854) Nom. illegit.;Limnetis Rich. (1805) Nom. illegit.;Ponceletia Thouars(1811)Nom. illegit.;Psammophila Schult. (1822) Nom. illegit.;Solenachne Steud. (1853);Spartina Schreb. ex J. F. Gmel. (1789);Sporobolus R. Br. (1810);Sporobolus sect. Spartina (Schreb.)P. M. Peterson & Saarela (2014);Sporobolus subsect. Spartina (Schreb.)P. M. Peterson & Saarela(2014);Trachynotia Michx. (1803) Nom. illegit.;Tristania Poir. (1816) Nom. inval. ■

48063　Spartina Schreb. ex J. F. Gmel. (1789) Nom. illegit. ≡Spartina Schreb. (1789) [禾本科 Poaceae(Gramineae)//米草科 Spartinaceae]■

48064　Spartinaceae Burnett [亦见 Gramineae Juss. (保留科名)//Poaceae Barnhart(保留科名)禾本科]【汉】米草科。【包含】世界1属17-20种,中国1属2种。【分布】温带美洲,少数欧洲和非洲。【科名模式】Spartina Schreb. ex J. F. Gmel. (1789)■

48065　Spartinaceae Link (1827) ＝Gramineae Juss. (保留科名)//Poaceae Barnhart(保留科名)■●

48066　Spartium Duhamel(1755)Nom. illegit. ≡Genista L. (1753) [豆科 Fabaceae(Leguminosae)//蝶形花科 Papilionaceae]●

48067　Spartium L. (1753)【汉】鹰爪豆属(无叶豆属)。【日】レダマ属。【俄】Дрок испанский, Метельник。【英】Broom, Eagleclawbean, Spanish Broom, Spartium, Weaver's Broom, Weaver's‐broom, Weaversbroom。【隶属】豆科 Fabaceae(Leguminosae)//蝶形花科 Papilionaceae。【包含】世界1种,中国1种。【学名诠释与讨论】〈中〉(希)sparton,指小式 spartion,一种用金雀儿或茅草做的绳索+‐ius,‐ia,‐ium,在拉丁文和希腊文中,这些词尾表示性质或状态。指早期在原产地,鹰爪豆可制绳索。此属的学名,ING、TROPICOS 和 APNI 记载是"Spartium Linnaeus, Sp. Pl. 708. 1 May 1753"。"Spartium Duhamel du Monceau, Traité Arbres Arbust. 2：275. 1755 ≡ Genista L. (1753) [豆科 Fabaceae(Leguminosae)//蝶形花科 Papilionaceae]"是晚出的非法名称。"Spartianthus Link, Enum. Horti Berol. 2：223. Jan‐Jun 1822"和"Genista Duhamel du Monceau, Traité Arbres Arbust. 1：257. 1755"是"Spartium L. (1753)"的晚出的同模式异名(Homotypic synonym, Nomenclatural synonym)。【分布】巴基斯坦,秘鲁,玻利维亚,厄瓜多尔,马达加斯加,中国,地中海地区,中美洲。【后选模式】Spartium junceum Linnaeus。【参考异名】Genista Duhamel (1755) Nom. illegit.;Spartianthus Link (1822) Nom. illegit.;Spartium Duhamel(1755)Nom. illegit. ●

48068　Spartochloa C. E. Hubb. (1952)【汉】金雀枝草属。【隶属】禾本科 Poaceae(Gramineae)。【包含】世界1种。【学名诠释与讨论】〈阴〉(希)sparton,指小式 spartion,一种用金雀儿或茅草做的绳索+chloe,草的幼芽,嫩草,禾草。【分布】澳大利亚(西部)。【模式】Spartochloa scirpoidea (Steudel) C. E. Hubbard [Brizopyrum scirpoideum Steudel]■☆

48069　Spartocysus Willk. et Lange (1877) ＝Spartocytisus Webb et Berthel. (1840) [豆科 Fabaceae(Leguminosae)]●

48070　Spartocytisus Webb et Berthel. (1840) ＝Cytisus Desf. (1798) (保留属名) [豆科 Fabaceae (Leguminosae)//蝶形花科 Papilionaceae]●

48071　Spartocytisus Webb et Berthel. ex Presl(1840) Nom. illegit. ≡Spartocytisus Webb et Berthel. (1840); ~ ＝Cytisus Desf. (1798) (保留属名) [豆科 Fabaceae (Leguminosae)//蝶形花科 Papilionaceae]●

48072　Spartothamnella Briq. (1895)【汉】小索灌属。【隶属】马鞭草科 Verbenaceae//唇形科 Lamiaceae(Labiatae)。【包含】世界3种。【学名诠释与讨论】〈阴〉(希)sparton,指小式 spartion,一种用金雀儿或茅草做的绳索+thamnos,指小式 thamnion,灌木,灌丛,树丛,枝+‐ellus,‐ella,‐ellum,加在名词词干后面形成指小式的词尾。或加在人名,属名等后面以组成新属的名称。或(属)Spartothamnus+ella。此属的学名"Spartothamnella Briquet in Engler et Prantl, Nat. Pflanzenfam. 4(3a):161. 26 Feb 1895"是一个替代名称:"Spartothamnus Cunningham ex Walpers, Repert 6：694. 25 Mai 1847"是一个非法名称(Nom. illegit.),因为此前已经有了"Spartothamnus P. B. Webb et Berthelot ex K. B. Presl, Abh. Königl. Böhm. Ges. Wiss. ser. 5. 3：567, 568. Jul‐Dec 1845 ＝Cytisus Desf. (1798) (保留属名) [豆科 Fabaceae (Leguminosae)//蝶形花科 Papilionaceae]",故用"Spartothamnella Briq. (1895)"替代之。"Spartothamnus A. Cunn."的命名人引证有误。【分布】澳大利亚。【模式】Spartothamnella juncea (A. Cunningham ex Walpers) Briquet [Spartothamnus juncea A. Cunningham ex Walpers]。【参考异名】Sparattothamnella Steenis, Nom. illegit.;Spartothamnus A. Cunn., Nom. illegit.;Spartothamnus A. Cunn. ex Walp. (1847)Nom. illegit. ●☆

48073 Spartothamnus A. Cunn. (1847) Nom. illegit. ≡ Spartothamnus A. Cunn. ex Walp. (1847) Nom. illegit. ; ~ ≡ Spartothamnella Briq. (1895) ［马鞭草科 Verbenaceae//唇形科 Lamiaceae (Labiatae)］●☆

48074 Spartothamnus A. Cunn. ex Walp. (1847) Nom. illegit. ; ~ ≡ Spartothamnella Briq. (1895) ［马鞭草科 Verbenaceae//唇形科 Lamiaceae(Labiatae)］●☆

48075 Spartothamnus Walp. (1847) Nom. illegit. ≡ Spartothamnus A. Cunn. ex Walp. (1847) Nom. illegit. ; ~ ≡ Spartothamnella Briq. (1895) ［马鞭草科 Verbenaceae//唇形科 Lamiaceae(Labiatae)］●☆

48076 Spartothamnus Webb et Berthel. (1846) Nom. illegit. ≡ Spartothamnus Webb et Berthel. ex C. Presl(1845) ; ~ = Cytisus Desf. (1798)(保留属名) ［豆科 Fabaceae(Leguminosae)//蝶形花科 Papilionaceae］●

48077 Spartothamnus Webb et Berthel. ex C. Presl(1845) = Cytisus Desf. (1798)(保留属名) ［豆科 Fabaceae(Leguminosae)//蝶形花科 Papilionaceae］●

48078 Spartum P. Beauv., Nom. inval. = Lygeum L. (1754)［卫矛科 Celastraceae］■☆

48079 Spatalanthus Sweet(1829) = Romulea Maratti(1772)(保留属名)［鸢尾科 Iridaceae］■☆

48080 Spatalla Salisb. (1807)【汉】南非少花山龙眼属。【隶属】山龙眼科 Proteaceae。【包含】世界 20 种。【学名诠释与讨论】〈阴〉(希)spatalos，纤细的，脆弱的，精致的。指花。【分布】非洲南部。【后选模式】Spatalla racemosa (Linnaeus) Druce ［Leucadendron racemosum Linnaeus］。【参考异名】Spatallopsis E. Phillips(1910)●☆

48081 Spatallopsis E. Phillips(1910) = Spatalla Salisb. (1807)［山龙眼科 Proteaceae］●☆

48082 Spatanthus Juss. (1822) = Spathanthus Desv. (1828)［偏穗草科(雷巴第科，瑞碑题雅科)Rapateaceae］■☆

48083 Spatela Adans. (1763) = Spathelia L. (1762)(保留属名)［芸香科 Rutaceae］●☆

48084 Spatellaria Rchb. (1828) Nom. illegit. ≡ Amphirrhox Spreng. (1827)(保留属名) ; ~ = Spathularia A. St. –Hil. (1824) Nom. illegit. ［堇菜科 Violaceae］■☆

48085 Spatha Post et Kuntze(1903) = Spathe P. Browne(1756) ; ~ = Spathelia L. (1762)(保留属名)［芸香科 Rutaceae］●☆

48086 Spathacanthus Baill. (1891)【汉】扁刺爵床属。【隶属】爵床科 Acanthaceae。【包含】世界 5 种。【学名诠释与讨论】〈阳〉(希)spathe =拉丁文 spatha，佛焰苞，鞘，叶片，匙状苞，窄而平之薄片，竿杖+akantha，荆棘。akanthikos，荆棘的。akanthion，蓟的一种，豪猪，刺猬。akanthinos，多刺的，用荆棘做成的。在植物学中，acantha 通常指刺。【分布】墨西哥，中美洲。【模式】Spathacanthus hahnianus H. Baillon ●☆

48087 Spathaceae Dulac = Iridaceae Juss. (保留科名)■●

48088 Spathalea L. (1760) Nom. illegit. ≡ Spathe P. Browne(1756) ; ~ ≡ Spathelia L. (1762)(保留属名)［芸香科 Rutaceae］●☆

48089 Spathandra Guill. et Perr. (1833)【汉】鞘蕊野牡丹属。【隶属】野牡丹科 Melastomataceae//谷木科 Memecylaceae。【包含】世界 6 种。【学名诠释与讨论】〈阴〉(希)spathe =拉丁文 spatha，佛焰苞，鞘，叶片，匙状苞，窄而平之薄片，竿杖+aner，所有格 andros，雄性，雄蕊。此属的学名是 " Guillemin et Perrottet in Guillemin, Perrottet et A. Richard, Fl. Seneg. Tent. 313. 15 Apr 1833"。亦有文献把其处理为 " Memecylon L. (1753)" 的异名。【分布】马达加斯加，热带非洲。【模式】Spathandra caerulea Guillemin et Perrottet。【参考异名】Memecylon L. (1753)●☆

48090 Spathandus Steud. (1841) = Spathanthus Desv. (1828)［偏穗草科(雷巴第科，瑞碑题雅科)Rapateaceae］■☆

48091 Spathantheum Schott(1859)【汉】鞘花南星属。【隶属】天南星科 Araceae。【包含】世界 2 种。【学名诠释与讨论】〈阴〉(希)spathe =拉丁文 spatha，佛焰苞，鞘，叶片，匙状苞，窄而平之薄片，竿杖+anthos，花。【分布】秘鲁，玻利维亚。【模式】Spathantheum orbignyanum Schott。【参考异名】Gamochlamys Baker(1876)■☆

48092 Spathanthus Desv. (1828)【汉】长穗草属。【隶属】偏穗草科(雷巴第科，瑞碑题雅科)Rapateaceae。【包含】世界 2 种。【学名诠释与讨论】〈阳〉(希)spathe =拉丁文 spatha，佛焰苞，鞘，叶片，匙状苞，窄而平之薄片，竿杖+anthos，花。【分布】热带南美洲北部。【模式】Spathanthus unilateralis (Rudge) Desvaux ［as ' unilaterale '］ ［Mnasium unilaterale Rudge］。【参考异名】Spatanthus Juss. (1822) ; Spathandus Steud. (1841)■☆

48093 Spathe P. Browne et Boehm. (1760) Nom. illegit. = Spathelia L. (1762)(保留属名)［芸香科 Rutaceae］●☆

48094 Spathe P. Browne(1756) Nom. illegit. ≡ Spathelia L. (1762)(保留属名)［芸香科 Rutaceae］●☆

48095 Spathelia L. (1762)(保留属名)【汉】苞芸香属。【隶属】芸香科 Rutaceae。【包含】世界 15 种。【学名诠释与讨论】〈阴〉(希)spathe =拉丁文 spatha，佛焰苞，鞘，叶片，匙状苞，窄而平之薄片，竿杖+elis 属于。此属的学名 "Spathelia L. , Sp. Pl. , ed. 2:386. Sep 1762" 是保留属名。法规未列出相应的废弃属名。"Spathe P. Browne, Civ. Nat. Hist. Jamaica 187. 10 Mar 1756(废弃属名)" 是 "Spathelia L. (1762)(保留属名)" 的晚出的同模式异名(Homotypic synonym, Nomenclatural synonym)。【分布】秘鲁，西印度群岛，南美洲。【模式】Spathelia simplex Linnaeus。【参考异名】Diomma Engl. ex Harms(1931) ; Sohnreyia K. Krause(1914) ; Spatela Adans. ; Spatha Post et Kuntze(1903) ; Spathalea L. (1760) Nom. illegit. ; Spathe P. Browne et Boehm. (1760) Nom. illegit. ; Spathe P. Browne(1756) Nom. illegit. ●☆

48096 Spatheliaceae J. Agardh(1858) = Rutaceae Juss. (保留科名)●■

48097 Spathestigma Hook. et Arn. (1837) = Adenosma R. Br. (1810)［玄参科 Scrophulariaceae］■

48098 Spathia Ewart (1917)【汉】佛焰苞草属。【隶属】禾本科 Poaceae(Gramineae)。【包含】世界 1 种。【学名诠释与讨论】〈阴〉(希)spathe =拉丁文 spatha，佛焰苞，鞘，叶片，匙状苞，窄而平之薄片，竿杖。【分布】澳大利亚(北部)。【模式】Spathia neurosa Ewart et Archer ■☆

48099 Spathicalyx J. C. Gomes(1956)【汉】匙萼紫葳属。【隶属】紫葳科 Bignoniaceae。【包含】世界 2 种。【学名诠释与讨论】〈阳〉(希)spathe =拉丁文 spatha，佛焰苞，鞘，叶片，匙状苞，窄而平之薄片，竿杖+kalyx，所有格 kalykos =拉丁文 calyx，花萼，杯子。【分布】巴西(东部)，秘鲁，玻利维亚，厄瓜多尔。【模式】Spathicalyx kuhlmannii J. C. Gomes f. ●☆

48100 Spathicarpa Hook. (1831)【汉】匙萼南星属。【日】スパティカルパ属。【隶属】天南星科 Araceae。【包含】世界 5-6 种。【学名诠释与讨论】〈阴〉(希)spathe =拉丁文 spatha，佛焰苞，鞘，叶片，匙状苞，窄而平之薄片，竿杖+karpos，果实。【分布】玻利维亚，热带南美洲。【模式】Spathicarpa hastifolia W. J. Hooker。【参考异名】Aropsis Rojas (1918) ; Arupsis Rojas ; Spathocarpus Post et Kuntze(1903)■☆

48101 Spathichlamys R. Parker(1931)【汉】缅甸茜属。【隶属】茜草科 Rubiaceae。【包含】世界 1 种。【学名诠释与讨论】〈阴〉(希)spathe =拉丁文 spatha，佛焰苞，鞘，叶片，匙状苞，窄而平之薄片，竿杖+chlamys，所有格 chlamydos，斗篷，外衣。【分布】缅甸。【模

式】Spathichlamys oblonga R. N. Parker ■☆

48102 Spathidolepis Schltr. (1905)【汉】薄鳞萝藦属。【隶属】萝藦科 Asclepiadaceae。【包含】世界 1 种。【学名诠释与讨论】〈阴〉(希)spathe =拉丁文 spatha,佛焰苞,鞘,叶片,匙状苞,窄而平之薄片,竿杖+lepis,所有格 lepidos,指小式 lepion 或 lepidion,鳞,鳞片。lepidotos,多鳞的。lepos,鳞,鳞片。【分布】新几内亚岛。【模式】Spathidolepis torricellensis Schlechter ■☆

48103 Spathiger Small (1913) = Epidendrum L. (1763)(保留属名)[兰科 Orchidaceae]■☆

48104 Spathionema Taub. (1895)【汉】匙蕊豆属(窄线豆属)。【隶属】豆科 Fabaceae(Leguminosae)//蝶形花科 Papilionaceae。【包含】世界 1 种。【学名诠释与讨论】〈阴〉(希)spathe = 拉丁文 spatha,佛焰苞,鞘,叶片,匙状苞,窄而平之薄片,竿杖+nema,所有格 nematos,丝,花丝。【分布】热带非洲。【模式】Spathionema kilimandscharicum Taubert ■☆

48105 Spathiostemon Blume(1826)【汉】匙蕊大戟属。【隶属】大戟科 Euphorbiaceae。【包含】世界 3 种。【学名诠释与讨论】〈阳〉(希)spathe =拉丁文 spatha,佛焰苞,鞘,叶片,匙状苞,窄而平之薄片,竿杖+stemon,雄蕊。【分布】马来西亚(西部),泰国,新几内亚岛。【模式】Spathiostemon javensis Blume [as ‘javense’]。【参考异名】Clonostylis S. Moore (1925);Polydragma Hook. f. (1887)●☆

48106 Spathipappus Tzvelev (1961) = Tanacetum L. (1753)[菊科 Asteraceae(Compositae)//菊蒿科 Tanacetaceae]■●

48107 Spathiphyllopsis Teijsm. et Binn. (1863)【汉】类苞叶芋属。【隶属】天南星科 Araceae。【包含】世界 1 种。【学名诠释与讨论】〈阴〉(属)Spathiphyllum 苞叶芋属+希腊文 opsis,外观,模样,相似。此属的学名,ING 和 IK 记载是 “Spathiphyllopsis J. E. Teysmann et S. Binnendijk, Natuurk. Tijdschr. Ned. –Indië 25: 400. Feb – Dec 1863”。亦有学者不承认此属,把其归入 “Spathiphyllum Schott(1832)苞叶芋属(白鹤芋属,匙芋叶属)”。亦有文献把 “Spathiphyllopsis Teijsm. et Binn. (1863)” 处理为 “Spathiphyllum Schott(1832)” 的异名。【分布】菲律宾。【模式】Spathiphyllopsis minahassae J. E. Teysmann et S. Binnendijk。【参考异名】Spathiphyllum Schott (1832);Spathophyllopsis Post et Kuntze(1903)■☆

48108 Spathiphyllum Schott(1832)【汉】苞叶芋属(白鹤芋属,匙芋叶属)。【日】スパシフィルム属。【英】Madonna Lily,Peace Lily,Peace–lily,Spathe Flower,Spathiphyllum。【隶属】天南星科 Araceae。【包含】世界 36-41 种。【学名诠释与讨论】〈中〉(希)spathe =拉丁文 spatha,佛焰苞,鞘,叶片,匙状苞,窄而平之薄片,竿杖+phyllon,叶子。指佛焰包叶状。此属的学名,ING、GCI 和 IK 记载是 “Spathiphyllum H. W. Schott in H. W. Schott et Endlicher,Melet. Bot. 22. 1832”。【分布】安哥拉,巴拿马,秘鲁,厄瓜多尔,菲律宾,哥斯达黎加,印度尼西亚(马鲁古群岛),尼加拉瓜,帕劳,所罗门群岛,新几内亚岛,中美洲。【模式】Spathiphyllum lanceifolium (N. J. Jacquin) Schott [as ‘lanceaefolium’] [Dracontium lanceaefolium N. J. Jacquin]。【参考异名】Amomophyllum Engl. (1877);Hydnostachyon Liebm. (1849);Leucochlamys Poepp. ex Engl. (1879);Massovia Benth. et Hook. f. (1883);Massowia C. Koch (1852) Nom. illegit.;Massowia K. Koch (1852);Spathiphyllopsis Teijsm. et Binn. (1863);Spathophyllopsis Post et Kuntze (1903);Spathophyllum Post et Kuntze(1903)■☆

48109 Spathirachis Klotzsch ex Klatt = Sisyrinchium L. (1753)[鸢尾科 Iridaceae]■

48110 Spathium Edgew. (1842) Nom. illegit. = Aponogeton L. f.

(1782)(保留属名)[水雍科 Aponogetonaceae]■

48111 Spathium Lour. (1790) = Saururus L. (1753)[三白草科 Saururaceae]■

48112 Spathocarpus Post et Kuntze(1903)= Spathicarpa Hook. (1831) [天南星科 Araceae]■☆

48113 Spathodea P. Beauv. (1805)【汉】火焰树属(苞萼木属,火焰木属)。【日】カエンボク属,クワエンボク属。【英】African Tulip Tree,Flambeau Tree,Flambeautree,Flambeau–tree,Flamtree,Spathodea。【隶属】紫葳科 Bignoniaceae。【包含】世界 1-20 种,中国 2 种。【学名诠释与讨论】〈阴〉(希)spathe =拉丁文 spatha,佛焰苞,鞘,叶片,匙状苞,窄而平之薄片,竿杖+oides,相像。指花萼一侧开裂呈佛焰苞状。【分布】巴基斯坦,巴拉圭,巴拿马,秘鲁,玻利维亚,厄瓜多尔,哥伦比亚(安蒂奥基亚),尼加拉瓜,中国,热带非洲,中美洲。【后选模式】Spathodea campanulata Palisot de Beauvois ●

48114 Spathodeopsis Dop(1930)【汉】拟火焰树属。【隶属】紫葳科 Bignoniaceae。【包含】世界 2 种。【学名诠释与讨论】〈阴〉(属)Spathodea 火焰树属+希腊文 opsis,外观,模样,相似。此属的学名是 “Spathodeopsis Dop,Compt. Rend. Hebd. Séances Acad. Sci. 189:1096”。亦有文献把其处理为 “Fernandoa Welw. ex Seem. (1865)” 的异名。【分布】中南半岛。【模式】Spathodeopsis rossignolii Dop。【参考异名】Fernandoa Welw. ex Seem. (1865)●☆

48115 Spathodithyros Hassk. (1866)= Commelina L. (1753)[鸭跖草科 Commelinaceae]■

48116 Spathoglottis Blume(1825)【汉】苞舌兰属(黄花独蒜属,药兰属,紫兰属)。【日】コウトウシラン属,スパソグロッチス属,スパトグロティス属。【英】Spathoglottis。【隶属】兰科 Orchidaceae。【包含】世界 30-46 种,中国 3 种。【学名诠释与讨论】〈阴〉(希)spathe =拉丁文 spatha,佛焰苞,鞘,叶片,匙状苞,窄而平之薄片,竿杖+glottos,舌。指唇瓣中裂片舌形。【分布】澳大利亚,巴拿马,斐济,印度至马来西亚,中国,所罗门群岛,中美洲。【模式】Spathoglottis plicata Blume。【参考异名】Paxtonia Lindl. (1838)■

48117 Spatholirion Ridl. (1896)【汉】竹叶吉祥草属。【英】Luckyweed。【隶属】鸭跖草科 Commelinaceae。【包含】世界 3 种,中国 2 种。【学名诠释与讨论】〈阴〉(希)spathe =拉丁文 spatha,佛焰苞,鞘,叶片,匙状苞,窄而平之薄片,竿杖+lirion,百合。指花包藏于鞘状叶腋内。【分布】泰国,中国,中南半岛。【模式】Spatholirion ornatum Ridley ■

48118 Spatholobus Hassk. (1842)【汉】密花豆属(翅豆藤属)。【英】Spatholobus。【隶属】豆科 Fabaceae (Leguminosae)//蝶形花科 Papilionaceae。【包含】世界 28-40 种,中国 11 种。【学名诠释与讨论】〈阳〉(希)spathe = 拉丁文 spatha,佛焰苞,鞘,叶片,匙状苞,窄而平之薄片,竿杖+lobos =拉丁文 lobulus,片,裂片,叶,荚,蒴。指荚果舌状扁平。【分布】马来西亚(西部),中国,喜马拉雅山。【模式】Spatholobus littoralis Hasskarl。【参考异名】Drebbelia Zoll. et Moritzi(1846)Nom. illegit. ●

48119 Spathophyllopsis Post et Kuntze (1903) = Spathiphyllopsis Teijsm. et Binn. (1863);~ =Spathiphyllum Schott(1832)[天南星科 Araceae]■☆

48120 Spathophyllum Post et Kuntze (1903) = Spathiphyllum Schott (1832)[天南星科 Araceae]■☆

48121 Spathorachis Post et Kuntze(1903)= Sisyrinchium L. (1753); ~ =Spathirachis Klotzsch ex Klatt [鸢尾科 Iridaceae]■

48122 Spathoscaphe Oerst. (1858) = Chamaedorea Willd. (1806)(保留属名)[棕榈科 Arecaceae(Palmae)]●☆

48123 Spathostigma Post et Kuntze (1903) = Adenosma R. Br.

（1810）；～＝Spathestigma Hook. et Arn.（1837）［玄参科 Scrophulariaceae］■

48124　Spathotecoma Bureau（1864）Nom. illegit. ≡Newbouldia Seem. ex Bureau（1864）［紫葳科 Bignoniaceae］●☆

48125　Spathula（Tausch）Fourr.（1869）＝Iris L.（1753）［鸢尾科 Iridaceae］■

48126　Spathula Fourr.（1869）Nom. illegit. ≡Spathula（Tausch）Fourr.（1869）［鸢尾科 Iridaceae］■

48127　Spathularia A. St. -Hil.（1824）Nom. illegit. ≡Amphirrhox Spreng.（1827）（保留属名）［堇菜科 Violaceae］■☆

48128　Spathularia DC.（1830）Nom. illegit. ＝Saxifraga L.（1753）；～＝Spatularia Haw.（1821）Nom. illegit.；～＝Hydatica Neck. ex Gray（1821）；～＝Saxifraga L.（1753）［虎耳草科 Saxifragaceae］■

48129　Spathulata（Boriss. ）Á. Löve et D. Löve（1985）＝Sedum L.（1753）［景天科 Crassulaceae］●■

48130　Spathulopetalum Chiov.（1912）＝Caralluma R. Br.（1810）［萝藦科 Asclepiadaceae］■

48131　Spathyema Raf.（1838）Nom. illegit. ≡Symplocarpus Salisb. ex W. P. C. Barton（1817）（保留属名）［天南星科 Araceae］■

48132　Spatularia Haw.（1821）Nom. illegit. ＝Hydatica Neck. ex Gray（1821）；～＝Saxifraga L.（1753）［虎耳草科 Saxifragaceae］■

48133　Spatulima Raf.（1837）＝Lathyrus L.（1753）［豆科 Fabaceae（Leguminosae）//蝶形花科 Papilionaceae］■

48134　Specklinia Lindl.（1830）＝Pleurothallis R. Br.（1813）［兰科 Orchidaceae］■☆

48135　Spectaculum Luer（2006）＝Masdevallia Ruiz et Pav.（1794）［兰科 Orchidaceae］■☆

48136　Speculantha D. L. Jones et M. A. Clem.（2002）【汉】镜花兰属。【隶属】兰科 Orchidaceae。【包含】世界10种。【学名诠释与讨论】〈阴〉（拉）speculum，镜子＋anthos，花。此属的学名是"Speculantha D. L. Jones et M. A. Clem. , Australian Orchid Research 4：82. 2002"。亦有文献把其处理为"Pterostylis R. Br.（1810）（保留属名）"的异名。【分布】澳大利亚。【模式】不详。【参考异名】Pterostylis R. Br.（1810）（保留属名）■☆

48137　Specularia A. DC.（1830）Nom. illegit. ≡Specularia Heist. ex A. DC.（1830）；～≡Legousia Durand（1782）［桔梗科 Campanulaceae］●■☆

48138　Specularia Heist.（1748）Nom. inval. ≡Specularia Heist. ex A. DC.（1830）；～≡Legousia Durand（1782）［桔梗科 Campanulaceae］●■☆

48139　Specularia Heist. ex A. DC.（1830）Nom. illegit. ≡Legousia Durand（1782）［桔梗科 Campanulaceae］●■☆

48140　Specularia Heist. ex Fabr.（1763）Nom. illegit. ＝Legousia Durand（1782）［桔梗科 Campanulaceae］●■☆

48141　Speculum Hall.（1745）Nom. inval. ［桔梗科 Campanulaceae］☆

48142　Speculum-veneris Gerard. ex Meisn.（1843）Nom. illegit. ［桔梗科 Campanulaceae］☆

48143　Speea Loes.（1927）【汉】斯皮葱属。【隶属】百合科 Liliaceae//葱科 Alliaceae。【包含】世界1-2种。【学名诠释与讨论】〈阴〉词源不详。此属的学名"Speea Loesener, Notizbl. Bot. Gart. Berlin-Dahlem 10：63. 10 Jul 1927"是一个替代名称。"Geanthus R. A. Philippi, Anales Univ. Chile 65：301. Aug 1884"是一个非法名称（Nom. illegit. ），因为此前已经有了"Geanthus Rafinesque, Specchio 1：116. 1 Apr 1814＝Crocus L.（1753）［鸢尾科 Iridaceae］"和"Geanthus Reinw. ,Syll. Pl. Nov. 2：5. 1825＝Etlingera Roxb.（1792）［姜科（蘘荷科）Zingiberaceae］"。故用"Speea Loes.（1927）"替代之。同理，"Geanthus Reinwardt, Syll.

Pl. Nov. 2：5. 1825（'1828'）＝Etlingera Roxb.（1792）［姜科（蘘荷科）Zingiberaceae］"和"Geanthus Valeton, Bot. Jahrb. Syst. 52(1-2)：43. 1914 [24 Nov 1914] ＝Amomum Roxb.（1820）（保留属名）［姜科（蘘荷科）Zingiberaceae］"亦是非法名称。"Geanthus Reinw. , Cat. Gew. Buitenzorg（Blume）29. 1823 ＝Hornstedtia Retz.（1791）＝Etlingera Roxb.（1792）［姜科（蘘荷科）Zingiberaceae］"是一个未合格发表的名称（Nom. inval. ）。【分布】智利。【模式】未指定。【参考异名】Geanthus Phil.（1884）Nom. illegit. ■☆

48144　Spegazzinia Backeb.（1933）Nom. illegit. ≡Weingartia Werderm.（1937）；～＝Rebutia K. Schum.（1895）［仙人掌科 Cactaceae］●

48145　Spegazziniophytum Esser（2001）【汉】巴塔哥尼亚大戟属。【隶属】大戟科 Euphorbiaceae。【包含】世界1种。【学名诠释与讨论】〈阴〉（人）Carlo Luigi（Carlos Luis）Spegazzini，1858-1926，阿根廷植物学者＋phyton，植物，树木，枝条。此属的学名是"Spegazziniophytum Esser, Genera Euphorbiacearum 371-372. 2001"。亦有文献把其处理为"Colliguaja Molina（1782）"的异名。【分布】巴塔哥尼亚。【模式】Spegazziniophytum patagonicum（Speg. ）Esser。【参考异名】Colliguaja Molina（1782）●☆

48146　Speirantha Baker（1875）【汉】白穗花属。【英】Speirantha, Whitespike。【隶属】百合科 Liliaceae//铃兰科 Convallariaceae。【包含】世界1种，中国1种。【学名诠释与讨论】〈阴〉（希）speira，花环，螺旋＋anthos，花。指花序。【分布】中国。【模式】Speirantha convallarioides J. G. Baker。【参考异名】Spirantha Post et Kuntze（1903）■★

48147　Speiranthes Hassk.（1844）＝Spiranthes Rich.（1817）（保留属名）［兰科 Orchidaceae］■

48148　Speirema Hook. f. et Thomson（1857）＝Pratia Gaudich.（1825）［桔梗科 Campanulaceae］■

48149　Speirodela S. Watson（1880）＝Spirodela Schleid.（1839）［浮萍科 Lemnaceae］■

48150　Speirostyla Baker（1889）＝Christiana DC.（1824）［椴树科（椴科，田麻科）Tiliaceae//锦葵科 Malvaceae］●☆

48151　Spelaeanthus Kiew, A. Weber et B. L. Burtt（1998）【汉】小岩苣苔属。【隶属】苦苣苔科 Gesneriaceae。【包含】世界1种。【学名诠释与讨论】〈阴〉（希）spelaion＝拉丁文 spelaeum，山洞＋anthos，花。【分布】马来半岛。【模式】Spelaeanthus chinii Kiew, A. Weber et B. L. Burtt ■☆

48152　Spelta Wolf（1776）＝Triticum L.（1753）［禾本科 Poaceae（Gramineae）］■

48153　Spencera Stapf（1924）＝Spenceria Trimen（1879）［蔷薇科 Rosaceae］■★

48154　Spenceria Trimen（1879）【汉】马蹄黄属。【英】Spenceria。【隶属】蔷薇科 Rosaceae。【包含】世界1种，中国1种。【学名诠释与讨论】〈阴〉（人）Spencer Le Marchant Moore，1850-1931，英国植物学者，植物采集家。【分布】中国。【模式】Spenceria ramalana Trimen。【参考异名】Spencera Stapf（1924）■★

48155　Spennera Mart. ex DC.（1828）＝Aciotis D. Don（1823）［野牡丹科 Melastomataceae］☆

48156　Spenocarpus B. D. Jacks. ,Nom. illegit. ＝Magnolia L.（1753）［木兰科 Magnoliaceae］●

48157　Spenocarpus Wall.（1829）Nom. illegit. ＝Magnolia L.（1753）［木兰科 Magnoliaceae］●

48158　Spenotoma G. Don（1834）＝Dracophyllum Labill.（1800）；～＝Sphenotoma（R. Br. ）Sweet（1828）［尖苞木科 Epacridaceae//杜鹃花科（欧石南科）Ericaceae］●☆

48159　Speranskia Baill.（1858）【汉】地构叶属。【英】Speranskia。【隶属】大戟科 Euphorbiaceae。【包含】世界 3 种,中国 3 种。【学名诠释与讨论】〈阴〉（人）Speranski, 俄罗斯植物学者。【分布】中国。【模式】Speranskia tuberculata（Bunge）Baillon［Croton tuberculatum Bunge］■★

48160　Spergella Rchb.（1827）= Sagina L.（1753）［石竹科 Caryophyllaceae］■

48161　Spergula L.（1753）【汉】大爪草属。【日】オオツメクサ属,オホツメクサ属。【俄】Торица, Шперель。【英】Spurrey, Spurry。【隶属】石竹科 Caryophyllaceae。【包含】世界 5-6 种,中国 1 种。【学名诠释与讨论】〈阴〉（拉）spergo, 散布+-ulus, -ula, -ulum, 指示小的词尾。指扁的种子具翅。【分布】巴基斯坦,巴勒斯坦,巴拿马,秘鲁,玻利维亚,厄瓜多尔,哥伦比亚(安蒂奥基亚),美国(密苏里),中国,温带,中美洲。【后选模式】Spergula arvensis Linnaeus ■

48162　Spergulaceae（Dumort.）Tzvelev（2000）= Caryophyllaceae Juss.（保留科名）■●

48163　Spergulaceae Bartl.（1825）= Caryophyllaceae Juss.（保留科名）■●

48164　Spergulaceae Tzvelev（2000）= Caryophyllaceae Juss.（保留科名）■●

48165　Spergularia（Pers.）J. Presl et C. Presl（1819）(保留属名)【汉】拟漆姑草属(假漆姑属,拟漆姑草属,牛漆姑草属)。【日】ウシオツメクサ属,シオツメクサ属。【俄】Торичник。【英】Sand Spurrey, Sand Spurry, Sandspurry, Sand-spurry, Sea Spurrey, Sea-spurrey, Spergularia, Spurrey。【隶属】石竹科 Caryophyllaceae。【包含】世界 25 种,中国 4 种。【学名诠释与讨论】〈阴〉（属）Spergula 大爪草属+-arius, -aria, -arium, 指示"属于、相似、具有、联系"的词尾。此属的学名"Spergularia（Pers.）J. Presl et C. Presl, Fl. Cech. :94. 1819"是保留属名,由"Arenaria subgen. Spergularia Persoon, Syn. Pl. 1:504. 1 Apr–15 Jun 1805"改级而来。相应的废弃属名是石竹科 Caryophyllaceae 的"Tissa Adans., Fam. Pl. 2:507,611. Jul–Aug 1763 = Spergularia（Pers.）J. Presl et C. Presl（1819）(保留属名)"和"Buda Adans., Fam. Pl. 2:507,528. Jul–Aug 1763 = Spergularia（Pers.）J. Presl et C. Presl（1819）(保留属名)"。IK 记载的"Spergularia J. Presl et C. Presl, Fl. Cech. 94（1819）"命名人引证有误,亦应废弃。"Fasciculus Dulac, Fl. Hautes-Pyrénées 245. 1867"、"Lepigonum（E. M. Fries）Wahlberg, Fl. Gothob. 45. 1820"、"Melargyra Rafinesque, Fl. Tell. 3:81. Nov–Dec 1837（'1836'）"和"Tissa Adanson, Fam. 2:507, 611. Jul–Aug 1763（废弃属名）"是"Spergularia（Pers.）J. Presl et C. Presl（1819）(保留属名)"的晚出的同模式异名(Homotypic synonym, Nomenclatural synonym)。【分布】巴基斯坦,巴勒斯坦,秘鲁,玻利维亚,厄瓜多尔,美国(密苏里),中国。【模式】Spergularia rubra（Linnaeus）J. S. et K. B. Presl［Arenaria rubra Linnaeus］。【参考异名】Alsine Druce, Nom. illegit.; Alsine L.（1753）; Alsineae DC.（1815）Nom. illegit.; Alsineae Lam. et DC.（1806）Nom. illegit.; Arenaria subgen. Spergularia Pers.（1805）; Balardia Cambess.（1829）; Buda Adans.（1763）(废弃属名); Corion Mitch.（1748）Nom. inval.; Corium Post et Kuntze（1903）; Delia Dumort.（1827）Nom. illegit.; Fasciculus Dulac（1867）Nom. illegit.; Hymenogonium Rich. ex Lebel（1869）; Lepigonum（Fr.）Wahlbe.（1820）Nom. illegit.; Lepigonum Wahlenb.（1820）Nom. illegit.; Melargyra Raf.（1837）Nom. illegit.; Segetella Desv.（1816）Nom. illegit.; Spergularia J. Presl et C. Presl（1819）Nom. illegit.（废弃属名）; Stipularia Haw.（1812）Nom. illegit.; Tissa

Adans.（1763）Nom. illegit.（废弃属名）■

48166　Spergularia J. Presl et C. Presl（1819）Nom. illegit.（废弃属名）≡ Spergularia（Pers.）J. Presl et C. Presl（1819）(保留属名)［石竹科 Caryophyllaceae］■

48167　Spergulastrum Michx.（1803）Nom. illegit. ≡ Spergulastrum Rich.（1803）; ~ = Stellaria L.（1753）; ~ = Arenaria L.（1753）［石竹科 Caryophyllaceae］■

48168　Spergulastrum Rich.（1803）= Stellaria L.（1753）; ~ = Arenaria L.（1753）［石竹科 Caryophyllaceae］■

48169　Spergulus Brot. ex Steud.（1841）= Drosophyllum Link（1805）［茅膏菜科 Droseraceae//露叶苔科 Drosophyllaceae］●☆

48170　Speriheium V. I. Dorof.（2012）Nom. illegit., Nom. superfl.［十字花科 Brassicaceae(Cruciferae)］☆

48171　Sperlingia Vahl（1810）= Hoya R. Br.（1810）［萝藦科 Asclepiadaceae］●

48172　Spermabolus Teijsm. et Binn.（1866）= Anaxagorea A. St.-Hil.（1825）［番荔枝科 Annonaceae］●

48173　Spermachiton Llanos（1851）= Sporobolus R. Br.（1810）［禾本科 Poaceae(Gramineae)//鼠尾粟科 Sporobolaceae］■

48174　Spermacocaceae Bercht. et J. Presl = Rubiaceae Juss.（保留科名）●■

48175　Spermacoce Dill. ex L.（1753）≡ Spermacoce L.（1753）［茜草科 Rubiaceae//繁缕科 Alsinaceae］●■

48176　Spermacoce Gaertn.（1788）Nom. illegit. = Spermacoce L.（1753）［茜草科 Rubiaceae//繁缕科 Alsinaceae］●■

48177　Spermacoce L.（1753）【汉】拟鸭舌癀舅属(丰花草属,仔熟茜属)。【日】ハリフタバ属。【英】Button Weed。【隶属】茜草科 Rubiaceae//繁缕科 Alsinaceae。【包含】世界 100-250 种,中国 5 种。【学名诠释与讨论】〈中〉（希）sperma, 种子+akoke, 尖端,边缘。指果实。此属的学名,ING、APNI 和 GCI 记载是"Spermacoce L., Sp. Pl. 1:102. 1753［1 May 1753］"。IK 则记载为"Spermacoce Dill. ex L., Sp. Pl. 1:102. 1753［1 May 1753］"。"Spermacoce Dill."是命名起点著作之前的名称,故"Spermacoce L.（1753）"和"Spermacoce Dill. ex L.（1753）"都是合法名称,可以通用。"Spermacoce Gaertn., Fruct. Sem. Pl. i. 122（1788）= Spermacoce L.（1753）"是晚出的非法名称。【分布】巴基斯坦,巴拉圭,巴拿马,秘鲁,玻利维亚,厄瓜多尔,马达加斯加,美国(密苏里),尼加拉瓜,中国,中美洲。【后选模式】Spermacoce tenuior Linnaeus。【参考异名】Arbulocarpus Tennant（1958）; Bigelovia Spreng.（1824）Nom. illegit.; Borrera Spreng.（1830）(废弃属名); Borreria G. Mey.（1818）(保留属名); Chaenocarpus Juss.（1817）; Chaenocarpus Neck. ex Juss.（1817）; Chenocarpus Neck.（1790）Nom. inval.; Chlorophytum Pohl ex DC.; Covalia Rchb.（1828）; Covolia Neck. ex Raf.（1790）Nom. inval.; Dichrospermum Bremek.（1952）; Diodioides Loefl.（1758）; Diphragmus C. Presl（1845）; Galianthe Griseb.（1879）; Galianthe Griseb. ex Loreatz, Nom. illegit.; Gruhlmania Neck.（1790）Nom. inval.; Gruhlmania Neck. ex Raf.（1820）; Hypodematium A. Rich.（1848）Nom. illegit.; Jurgensia Raf.（1838）; Octodon Thonn.（1827）; Paragophyton K. Schum.（1897）; Spermacoce Dill. ex L.（1753）; Spermacoce Gaertn.（1788）Nom. illegit.; Spermacoceodes Kuntze（1898）; Spermacon Raf.（1834）; Spermatococe Clem.; Tardavel Adans.（1763）(废弃属名); Tessiera DC.（1830）●■

48178　Spermacoceaceae Bercht. et J. Presl = Rubiaceae Juss.（保留科名）●■

48179　Spermacoceodes Kuntze（1898）= Spermacoce L.（1753）［茜草

科 Rubiaceae//繁缕科 Alsinaceae]●■

48180 Spermacon Raf.（1834）= Spermacoce L.（1753）[茜草科 Rubiaceae//繁缕科 Alsinaceae]●■

48181 Spermadictyon Roxb.（1815）【汉】网纹茜属(香茜草属,香叶木属)。【英】Hamiltonia。【隶属】茜草科 Rubiaceae。【包含】世界 1-6 种,中国 1 种。【学名诠释与讨论】〈中〉(希)Sperma,种子+diktyon,指小式 diktydion,网。此属的学名,ING 记载是"Spermadictyon Roxburgh, Pl. Coromandel 3:32. May 1815";《中国植物志》英文版亦如此记载。IK 则记载为"Spermadictyon Roxb. ,Pl. Coromandel iii. 32. t. 236(1819)";《巴基斯坦植物志》也这样使用。四者引用的文献相同。"Hamiltonia Roxburgh, Fl. Indica 2:223. Mar-Jun（?）1824(non Mühlenberg ex Willdenow 1806)"是"Spermadictyon Roxb.（1815）"的晚出的同模式异名(Homotypic synonym, Nomenclatural synonym)。【分布】巴基斯坦,印度,中国,喜马拉雅山。【模式】Spermadictyon suaveolens Roxburgh。【参考异名】Hamiltonia Roxb.（1814）Nom. inval. , Nom. illegit. ;Hamiltonia Roxb.（1824）Nom. illegit. ●

48182 Spermadictyon Roxb.（1819）Nom. illegit. ≡ Hamiltonia Roxb.（1824）Nom. inval. , Nom. illegit. ; ～= Spermadictyon Roxb.（1815）[茜草科 Rubiaceae]●

48183 Spermadon Post et Kuntze（1903）= Rhynchospora Vahl（1805）[as 'Rynchospora'](保留属名); ～= Spermodon P. Beauv. ex T. Lestib.（1819）[莎草科 Cyperaceae]■

48184 Spermaphyllum Post et Kuntze（1903）= Spermophylla Neck.（1790）Nom. inval. ; ～= Ursinia Gaertn.（1791）(保留属名)[菊科 Asteraceae(Compositae)]●■☆

48185 Spermatochiton Pilg. , Nom. illegit. = Spermachiton Llanos（1851）; ～= Sporobolus R. Br.（1810）[禾本科 Poaceae(Gramineae)//鼠尾粟草科 Sporobolaceae]■

48186 Spermatolepis Clem. = Arillastrum Pancher ex Baill.（1877）; ～= Myrtomera B. C. Stone（1962）Nom. illegit. , Nom. superfl. ; ～= Spermolepis Brongn. et Gris（1864）Nom. illegit. ; ～= Stereocaryum Burret（1941）[桃金娘科 Myrtaceae]●☆

48187 Spermatura Rchb.（1828）Nom. illegit. ≡ Uraspermum Nutt.（1818）(废弃属名); ～= Osmorhiza Raf.（1819）(保留属名)[伞形花科(伞形科)Apiaceae(Umbelliferae)]■

48188 Spermaulaxen Raf.（1837）= Polygonum L.（1753）(保留属名)[蓼科 Polygonaceae]■●

48189 Spermaxyron Steud.（1841）= Olax L.（1753）; ～= Spermaxyrum Labill.（1806）[铁青树科 Olacaceae]●

48190 Spermaxyrum Labill.（1806）= Olax L.（1753）[铁青树科 Olacaceae]●

48191 Spermodon P. Beauv. ex T. Lestib.（1819）= Rhynchospora Vahl（1805）[as 'Rynchospora'](保留属名)[莎草科 Cyperaceae]■☆

48192 Spermolepis Brongn. et Gris（1864）Nom. illegit. ≡ Arillastrum Pancher ex Baill.（1877）; ～= Stereocaryum Burret（1941）[桃金娘科 Myrtaceae]●☆

48193 Spermolepis Raf.（1825）【汉】鳞籽草属。【隶属】伞形花科(伞形科)Apiaceae(Umbelliferae)。【包含】世界 5 种。【学名诠释与讨论】〈阴〉(希)Sperma,种子+lepis,所有格 lepidos,指小式 lepion 或 lepidion,鳞,鳞片,lepidotos,多鳞的。lepos,鳞片。指果实具毛或小瘤。【分布】阿根廷,美国(夏威夷),北美洲。【模式】Spermolepis divaricata（ T. Walter）Rafinesque ex E. D. Merrill [Daucus divaricatus T. Walter]。【参考异名】Babiron Raf.（1836）;Lepisperma Raf. ;Leptocaulis Nutt. ex DC.（1829）■☆

48194 Spermophylla Neck.（1790）Nom. inval. = Ursinia Gaertn.（1791）(保留属名)[菊科 Asteraceae(Compositae)]●■☆

48195 Spetaea Wetschnig et Pfosser（2003）【汉】斯氏风信子属。【隶属】风信子科 Hyacinthaceae。【包含】世界 1 种。【学名诠释与讨论】〈阴〉(人)Franz Speta,1941-,植物学者。【分布】南非。【模式】Spetaea lachenalliflora W. Wetschnig et M. Pfosser☆

48196 Sphacanthus Benoist（1939）【汉】楔刺爵床属。【隶属】爵床科 Acanthaceae。【包含】世界 2 种。【学名诠释与讨论】〈阳〉(希)sphen,所有格 sphenos,指小式 sphenarion,楔形物+akantha,荆棘。akanthikos,荆棘的。akanthion,蓟的一种,豪猪,刺猬。akanthinos,多刺的,用荆棘做成的。在植物学中,acantha 通常指刺。【分布】马达加斯加。【模式】Sphacanthus brillantaisia Benoist。【参考异名】Alguelaguen Adans. ;Alguelaguen Feuill. ex Adans. ;Phytoxis Molina☆

48197 Sphacele Benth.（1829）(保留属名)【汉】热美鳞翅草属。【隶属】唇形科 Lamiaceae(Labiatae)。【包含】世界 25 种。【学名诠释与讨论】〈阴〉(希)sphakos,一种鼠尾草属植物名称。此属的学名"Sphacele Benth. in Edwards's Bot. Reg. :ad t. 1289. 1 Dec 1829"是保留属名。相应的废弃属名是唇形科 Lamiaceae(Labiatae)的"Alguelaguen Adans. , Fam. Pl. 2:505,515. Jul-Aug 1763 = Sphacele Benth.（1829）(保留属名)= Lepechinia Willd.（1804）"和"Phytoxis Molina,Sag. Stor. Nat. Chili,ed. 2:145. 1810 = Sphacele Benth.（1829）(保留属名)"。"Alguelaguen Feuill. ex Adans. , Fam. Pl.（Adanson）2:505. 1763"的命名人引证有误,亦应废弃。亦有文献把"Sphacele Benth.（1829）(保留属名)"处理为"Lepechinia Willd.（1804）"的异名。【分布】玻利维亚,中美洲。【模式】Sphacele lindleyi Bentham, Nom. illegit. [as 'lindlei'] [Stachys salviae Lindley;Sphacele salviae（ Lindley）Briquet]。【参考异名】Alguelaguen Adans.（1763）(废弃属名);Alguelaguen Feuill. ex Adans.（1763）Nom. illegit. (废弃属名);Alguelagum Kuntze（1891）;Lepechinia Willd.（1804）;Phytoxis Molina（1810）(废弃属名);Phytoxys Spreng.（1825）●■☆

48198 Sphacophyllum Benth.（1873）= Anisopappus Hook. et Arn.（1837）; ～= Epallage DC.（1838）[菊科 Asteraceae(Compositae)]■

48199 Sphacopsis Briq.（1891）= Salvia L.（1753）[唇形科 Lamiaceae(Labiatae)//鼠尾草科 Salviaceae]●■

48200 Sphaenodesma Schauer（1847）= Sphenodesme Jack（1820）[马鞭草科 Verbenaceae//唇形科 Lamiaceae(Labiatae)//六苞藤科(序材科)Symphoremataceae]●

48201 Sphaenolobium Pimenov（1975）【汉】楔片草属。【隶属】伞形花科(伞形科)Apiaceae(Umbelliferae)。【包含】世界 3 种。【学名诠释与讨论】〈中〉(希)sphen,所有格 sphenos,指小式 sphenarion,楔形物+lobos =拉丁文 lobulus,片,裂片,叶,荚,蒴+-ius,-ia,-ium,在拉丁文和希腊文中,这些词尾表示性质或状态。此属的学名是"Sphaenolobium M. G. Pimenov, Novosti Sist. Vyssh. Rast. 12:243. 1975(post 17 Apr)"。亦有文献把其处理为"Selinum L.（1762）(保留属名)"的异名。【分布】土耳其。【模式】Sphaenolobium thianschanicum（ E. P. Korovin）M. G. Pimenov [as 'tianschanicum'] [Selinum thianschanicum E. P. Korovin]。【参考异名】Selinum L.（1762）(保留属名)■☆

48202 Sphaeradenia Harling（1954）【汉】球腺草属。【隶属】巴拿马草科(环花科)Cyclanthaceae。【包含】世界 40-50 种。【学名诠释与讨论】〈阴〉(希)sphaira,指小式 sphairion,球;sphairikos,球形的;sphairotos,圆的+aden,所有格 adenos,腺体。【分布】巴拿马,秘鲁,玻利维亚,厄瓜多尔,哥伦比亚(安蒂奥基亚),哥斯达黎加,尼加拉瓜,中美洲。【模式】Sphaeradenia angustifolia（ Ruiz et Pavon）Harling [Carludovica angustifolia Ruiz et Pavon]。【参考异

名】Pseudoludovia Harling(1958)■☆

48203 Sphaeralcea A. St. -Hil.(1827)【汉】球葵属。【英】Globe Mallow,Globemallow,Globe - mallow,Negrita。【隶属】锦葵科 Malvaceae。【包含】世界 40-60 种。【学名诠释与讨论】〈阴〉(希)sphaira,指小式 sphairion,球;sphairikos,球形的;sphairotos,圆的+(属)Alcea 蜀葵属。指果实球形。【分布】巴拉圭,玻利维亚,喜马拉雅山,非洲南部。【模式】Sphaeralcea cisplatina A. F. C. P. Saint-Hilaire ■●☆

48204 Sphaeranthoides A. Cunn. ex DC.(1836)= Pterocaulon Elliott (1823)[菊科 Asteraceae(Compositae)]■

48205 Sphaeranthus L.(1753)【汉】戴星草属。【日】タマバナサウ属,タマバナソウ属。【英】Sphaeranthus。【隶属】菊科 Asteraceae(Compositae)。【包含】世界 38-40 种,中国 3 种。【学名诠释与讨论】〈阳〉(希)sphaira,指小式 sphairion,球;sphairikos,球形的;sphairotos,圆的+anthos,花。指球形的头状花序。【分布】澳大利亚(东北部),马达加斯加,印度尼西亚(苏拉威西岛),伊拉克至伊朗,印度,中国,东南亚西部,非洲。【模式】Sphaeranthus indicus Linnaeus。【参考异名】Oligolepis Cass. ex DC.(1836)Nom. inval.;Oligolepis Wight(1846);Polycephalos Forssk.(1775);Spheranthus Hill(1761);Sprunera Sch. Bip. ex Hochst.(1841);Tisserantia Humbert(1927)■

48206 Sphaerantia Peter G. Wilson et B. Hyland(1988)【汉】澳大利亚球金娘属。【隶属】桃金娘科 Myrtaceae。【包含】世界 2 种。【学名诠释与讨论】〈阴〉(希)sphaira,指小式 sphairion,球+anthos,花。【分布】澳大利亚。【模式】Sphaerantia discolor Peter G. Wilson et B. P. M. Hyland ●☆

48207 Sphaerella Bubani(1901)Nom. illegit. ≡ Airopsis Desv. (1809)[禾本科 Poaceae(Gramineae)]■☆

48208 Sphaereupatorium(O. Hoffm.)B. L. Rob.(1920)descr. ampl. ≡Sphaereupatorium(O. Hoffm.)Kuntze ex B. L. Rob. (1920);~ = Sphaereupatorium Kuntze(1898)[菊科 Asteraceae (Compositae)]■☆

48209 Sphaereupatorium Kuntze(1898)【汉】球泽兰属。【隶属】菊科 Asteraceae(Compositae)。【包含】世界 1 种。【学名诠释与讨论】〈中〉(希)sphaira,指小式 sphairion,球;sphairikos,球形的;sphairotos,圆的+(属)Eupatorium 泽兰属(佩兰属,山兰属)。此属的学名,ING 和 TROPICOS 记载是"Sphaereupatorium(O. Hoffmann)O. Kuntze ex B. L. Robinson,Contr. Gray Herb. ser. 2. 61:24. 30 Dec 1920",由"Eupatorium sect. Sphaereupatorium O. Hoffmann in Engler et Prantl,Nat. Pflanzenfam. Nachtr. 1:322. Oct. 1897"改级而来。"Sphaereupatorium Kuntze,Revis. Gen. Pl. 3[3]:147,in obs. 1898[28 Sep 1898];B. L. Robinson in Contrib. Gray Herb. n. s. lxi. 24(1920),descr. ampl."改变了属的描述。【分布】玻利维亚。【模式】Sphaereupatorium hoffmannii(O. Kuntze)O. Kuntze ex B. L. Robinson[Eupatorium hoffmannii O. Kuntze]。【参考异名】Eupatorium sect. Sphaereupatorium O. Hoffm.(1897);Sphaereupatorium(O. Hoffm.)B. L. Rob.(1920)descr. ampl.;Sphaereupatorium(O. Hoffm.)Kuntze ex B. L. Rob.(1920)descr. ampl. ■☆

48210 Sphaeridiophora Benth. et Hook. f.(1865)Nom. illegit. = Indigofera L.(1753);~ = Sphaeridtophorum Desv.(1813)[豆科 Fabaceae(Leguminosae)//蝶形花科 Papilionaceae]●■

48211 Sphaeridiophorum Desv.(1813)= Indigofera L.(1753)[豆科 Fabaceae(Leguminosae)//蝶形花科 Papilionaceae]●■

48212 Sphaerine Herb.(1837)= Bomarea Mirb.(1804)[百合科 Liliaceae//六出花科(彩花扭柄科,扭柄叶科)Alstroemeriaceae]■☆

48213 Sphaeritis Eckl. et Zeyh.(1837)= Crassula L.(1753)[景天科 Crassulaceae]●■☆

48214 Sphaerium Kuntze(1891)Nom. illegit. ≡ Coix L.(1753)[禾本科 Poaceae(Gramineae)]●■

48215 Sphaerobambos S. Dransf.(1989)【汉】球籽竹属(球子竹属)。【隶属】禾本科 Poaceae(Gramineae)。【包含】世界 3 种。【学名诠释与讨论】〈阴〉(希)sphaira,指小式 sphairion,球;sphairikos,球形的;sphairotos,圆的+bambos 竹子。【分布】菲律宾,印度尼西亚(苏拉威西岛),加里曼丹岛。【模式】Sphaerobambos hirsuta S. Dransfield ●☆

48216 Sphaerocardamum Nees et Schauer(1847)Nom. illegit. ≡ Sphaerocardamum Schauer(1847)[十字花科 Brassicaceae (Cruciferae)]■☆

48217 Sphaerocardamum Schauer(1847)【汉】球形碎米荠属。【隶属】十字花科 Brassicaceae(Cruciferae)。【包含】世界 4-8 种。【学名诠释与讨论】〈中〉(希)sphaira,指小式 sphairion,球;sphairikos,球形的;sphairotos,圆的+(属)Cardamine 碎米荠属。此属的学名,ING、TROPICOS 和 IK 记载是"Sphaerocardamum Schauer in C. G. D. Nees et Schauer,Linnaea 20:720. Dec 1847"。"Sphaerocardamum Nees et Schauer(1847)≡ Sphaerocardamum Schauer(1847)"的命名人引证有误。【分布】墨西哥。【模式】Sphaerocardamum nesliaeforme Schauer。【参考异名】Cibotarium O. E. Schulz(1933);Sphaerocardamum Nees et Schauer(1847)Nom. illegit. ■☆

48218 Sphaerocarpos J. F. Gmel.(1791)Nom. illegit. ≡ Manitia Giseke(1792);~ = Globba L.(1771)[姜科(襄荷科)Zingiberaceae]■

48219 Sphaerocarpum Nees ex Steud.(1841)Nom. illegit. = Sphaerocaryum Nees ex Hook. f.(1896)[禾本科 Poaceae (Gramineae)]■

48220 Sphaerocarpum Steud.(1841)Nom. illegit. ≡ Sphaerocarpum Nees ex Steud.(1841)Nom. illegit.;~ = Sphaerocaryum Nees ex Hook. f.(1896)[禾本科 Poaceae(Gramineae)]■

48221 Sphaerocarpus Fabr. = Neslia Desv.(1815)(保留属名)[十字花科 Brassicaceae(Cruciferae)]■

48222 Sphaerocarpus Rich. = Laguncularia C. F. Gaertn.(1791)[使君子科 Combretaceae]●☆

48223 Sphaerocarpus Steud.(1841)Nom. illegit. = Laguncularia C. F. Gaertn.(1791)[使君子科 Combretaceae]●☆

48224 Sphaerocarya Dalzell ex A. DC.(1857)Nom. illegit. = Strombosia Blume(1827)[铁青树科 Olacaceae]●☆

48225 Sphaerocarya Wall.(1824)= Pyrularia Michx.(1803)[檀香科 Santalaceae]●

48226 Sphaerocaryum Nees ex Hook. f.(1896)【汉】稗荩属(稗荩属,圆柱草属)。【日】オホウシクサ属。【英】Sphaerocaryum。【隶属】禾本科 Poaceae(Gramineae)。【包含】世界 1 种,中国 1 种。【学名诠释与讨论】〈中〉(希)sphaira,指小式 sphairion,球;sphairikos,球形的;sphairotos,圆的+karyon,胡桃,硬壳果,核,坚果。指颖果球形。此属的学名,ING 和 IK 记载是"Sphaerocaryum Nees ex Hook. f.,Fl. Brit. India[J. D. Hooker]7(22):246. 1896[early Dec 1896]"。"Sphaerocaryum Nees ex Steud. ,Nomencl. Bot. [Steudel],ed. 2. 2:620. 1841"是一个未合格发表的名称(Nom. inval.)。"Graya Arnott ex Steudel,Syn. Pl. Glum. 1:119. 2-3 Mar 1854('1855')(non Grayia W. J. Hooker et Arnott 1840,nec Graya Endlicher 1841)"和"Steudelella Honda,J. Fac. Sci. Univ. Tokyo,Sect. 3,Bot. 3:258. 4 Dec 1930"是"Sphaerocaryum Nees ex Hook. f.(1896)"的晚出的同模式异名(Homotypic synonym,Nomenclatural synonym)。【分布】印度,中

国，马来半岛。【模式】Sphaerocaryum elegans（Arnott ex Steudel）C. G. D. Nees ex J. D. Hooker，Nom. illegit.［Graya elegans Arnott ex Steudel，Nom. illegit.，Isachne pulchella Roth；Sphaerocaryum pulchellum（Roth）Merrill］。【参考异名】Graya Arn. ex Steud.（1854）Nom. illegit.；Graya Steud.（1854）Nom. illegit.；Sphaerocarpum Nees ex Steud.（1841）Nom. illegit.；Sphaerocarpum Steud.（1841）Nom. illegit.；Sphaerocaryum Nees ex Steud.（1841）Nom. inval.；Steudelella Honda（1930）Nom. illegit. ■

48227 Sphaerocaryum Nees ex Steud.（1841）Nom. inval. = Sphaerocaryum Nees ex Hook. f.（1896）［禾本科 Poaceae（Gramineae）］■

48228 Sphaerocephala Hill（1762）= Centaurea L.（1753）（保留属名）［菊科 Asteraceae（Compositae）//矢车菊科 Centaureaceae］●■

48229 Sphaerocephalus Kuntze（1891）Nom. illegit. ≡ Echinops L.（1753）［菊科 Asteraceae（Compositae）］■

48230 Sphaerocephalus Lag. ex DC.（1812）= Nassauvia Comm. ex Juss.（1789）［菊科 Asteraceae（Compositae）］●☆

48231 Sphaerochloa P. Beauv. ex Desv.（1828）= Eriocaulon L.（1753）［谷精草科 Eriocaulaceae］■

48232 Sphaeroclinium（DC.）Sch. Bip.（1844）= Cotula L.（1753）；~ = Matricaria L.（1753）（保留属名）［菊科 Asteraceae（Compositae）］■

48233 Sphaeroclinium Sch. Bip.（1844）Nom. illegit. ≡ Sphaeroclinium（DC.）Sch. Bip.（1844）；~ = Cotula L.（1753）；~ = Matricaria L.（1753）（保留属名）［菊科 Asteraceae（Compositae）］■

48234 Sphaerocodon Benth.（1876）【汉】球冠萝藦属。【隶属】萝藦科 Asclepiadaceae。【包含】世界 2 种。【学名诠释与讨论】〈阳〉（希）sphaira，指小式 sphairion，球；sphairikos，球形的；sphairotos，圆的+kodon，指小式 kodonion，钟，铃。指花冠。【分布】非洲。【后选模式】Sphaerocodon obtusifolius Bentham ●☆

48235 Sphaerocoma T. Anderson（1861）【汉】聚果指甲木属。【隶属】石竹科 Caryophyllaceae。【包含】世界 2 种。【学名诠释与讨论】〈中〉（希）sphaira，指小式 sphairion，球；sphairikos，球形的；sphairotos，圆的+kome，毛发，束毛，冠毛，来自拉丁文 coma。【分布】巴基斯坦，苏丹，伊朗，阿拉伯地区南部。【模式】Sphaerocoma hookerii T. Anderson。【参考异名】Hafunia Chiov.（1929）；Psyllothamnus Oliv.（1885）●☆

48236 Sphaerocoryne（Boerl.）Ridl.（1917）Nom. illegit. ≡ Sphaerocoryne（Boerl.）Scheff. ex Ridl.（1917）；~ = Melodorum Lour.（1790）［番荔枝科 Annonaceae］●☆

48237 Sphaerocoryne（Boerl.）Scheff. ex Ridl.（1917）= Melodorum Lour.（1790）［番荔枝科 Annonaceae］●☆

48238 Sphaerocoryne Scheff.（1917）Nom. illegit. ≡ Sphaerocoryne（Boerl.）Scheff. ex Ridl.（1917）；~ = Melodorum Lour.（1790）［番荔枝科 Annonaceae］●☆

48239 Sphaerocoryne Scheff. ex Ridl.（1917）Nom. illegit. ≡ Sphaerocoryne（Boerl.）Scheff. ex Ridl.（1917）；~ = Melodorum Lour.（1790）［番荔枝科 Annonaceae］●☆

48240 Sphaerocyperus Lye（1972）【汉】球莎草属。【隶属】莎草科 Cyperaceae。【包含】世界 1 种。【学名诠释与讨论】〈阳〉（希）sphaira，指小式 sphairion，球；sphairikos，球形的；sphairotos，圆的+（属）Cyperus 莎草属。【分布】热带非洲。【模式】Sphaerocyperus erinaceus（Ridley）K. Lye［Schoenus erinaceus Ridley］■☆

48241 Sphaerodendron Seem.（1865）= Cussonia Thunb.（1780）［五加科 Araliaceae］●☆

48242 Sphaerodiscus Nakai（1941）= Euonymus L.（1753）［as 'Evonymus'］（保留属名）［卫矛科 Celastraceae］●

48243 Sphaerogyne Naudin（1851）= Tococa Aubl.（1775）［野牡丹科 Melastomataceae］●☆

48244 Sphaerolobium Sm.（1805）【汉】澳洲球豆属。【隶属】豆科 Fabaceae（Leguminosae）//蝶形花科 Papilionaceae。【包含】世界 12 种。【学名诠释与讨论】〈中〉（希）sphaira，指小式 sphairion，球；sphairikos，球形的；sphairotos，圆的+lobos = 拉丁文 lobulus，片，裂片，叶，荚，蒴+-ius，-ia，-ium，在拉丁文和希腊文中，这些词尾表示性质或状态。【分布】澳大利亚。【模式】Sphaerolobium vimineum J. E. Smith。【参考异名】Huegelroea Post et Kuntze（1903）；Hugelroea Steud.（1840）Nom. illegit.；Roea Hügel ex Benth.（1837）■☆

48245 Sphaeroma（DC.）Schltdl.（1837）= Phymosia Desv. ex Ham.（1825）［锦葵科 Malvaceae］●☆

48246 Sphaeroma Schltdl.（1837）Nom. illegit. ≡ Sphaeroma（DC.）Schltdl.（1837）；~ = Phymosia Desv. ex Ham.（1825）［锦葵科 Malvaceae］●☆

48247 Sphaeromariscus E. G. Camus（1910）= Cyperus L.（1753）［莎草科 Cyperaceae］■

48248 Sphaeromeria Nutt.（1841）【汉】球序蒿属。【英】Chickensage，False Sagebrush。【隶属】菊科 Asteraceae（Compositae）//菊蒿科 Tanacetaceae。【包含】世界 9 种。【学名诠释与讨论】〈阴〉（希）sphaira，指小式 sphairion，球；sphairikos，球形的；sphairotos，圆的+meros，部分。指模式种 Sphaeromeria capitata 的头状花序。此属的学名是"Sphaeromeria Nuttall，Trans. Amer. Philos. Soc. ser. 2. 7：401. 2 Apr 1841"。亦有文献把其处理为"Tanacetum L.（1753）"的异名。【分布】美国，墨西哥。【后选模式】Sphaeromeria capitata Nuttall。【参考异名】Chamartemisia Rydb.（1916）；Tanacetum L.（1753）；Vesicarpa Rydb.（1916）■☆

48249 Sphaeromorphaea DC.（1838）= Epaltes Cass.（1818）［菊科 Asteraceae（Compositae）］■

48250 Sphaerophora Blume（1850）Nom. illegit. ≡ Morinda L.（1753）［茜草科 Rubiaceae］●■

48251 Sphaerophora Sch. Bip.（1863）Nom. illegit. ≡ Paralychnophora MacLeish（1984）；~ = Eremanthus Less.（1829）［菊科 Asteraceae（Compositae）］●☆

48252 Sphaerophysa DC.（1825）【汉】苦马豆属。【俄】Свайнсония，Сферофиза。【英】Bitterhorsebean，Globepea，Sphaerophysa，Swainsona。【隶属】豆科 Fabaceae（Leguminosae）//蝶形花科 Papilionaceae。【包含】世界 2 种，中国 1 种。【学名诠释与讨论】〈阴〉（希）sphaira，指小式 sphairion，球；sphairikos，球形的；sphairotos，圆的+physa，风箱，气泡。指荚果肿胀。【分布】中国，高加索。【后选模式】Sphaerophysa salsula（Pallas）A. P. de Candolle［Phaca salsula Pallas］●■

48253 Sphaeropuntia Guiggi（2012）【汉】南美球属。【隶属】仙人掌科 Cactaceae。【包含】世界 2 种 3 变种。【学名诠释与讨论】〈阴〉（希）sphaira，指小式 sphairion，球；sphairikos，球形的；sphairotos，圆的+（属）Opuntia 仙人掌属。【分布】秘鲁，智利，南美洲。【模式】Sphaeropuntia sphaerica（C. F. Förster）Guiggi［Opuntia sphaerica C. F. Förster］☆

48254 Sphaeropus Boeck.（1873）= Scleria P. J. Bergius（1765）［莎草科 Cyperaceae］■

48255 Sphaerorhizon Hook. f.（1856）= Scybalium Schott et Endl.（1832）［膜叶菰科 Scybaliaceae//蛇菰科（土鸟繺科）Balanophoraceae］■☆

48256 Sphaerorrhiza Roalson et Boggan（2005）【汉】球根苣苔属。【隶

属】苦苣苔科 Gesneriaceae。【包含】世界 2 种。【学名诠释与讨论】〈阴〉（希）sphaira，指小式 sphairion，球；sphairikos，球形的；sphairotos，圆的+rhiza，或 rhizoma，根，根茎。【分布】巴西。【模式】Sphaerorrhiza sarmentiana（Gardner ex Hooker）Roalson et Boggan［Gloxinia sarmentiana Gardner ex Hooker］●☆

48257 Sphaerosacme Wall.（1824）Nom. inval. , Nom. provis. ≡ Sphaerosacme Wall. ex Roem.（1846）Nom. inval. ，Nom. provis. ； ~ =Lansium Jack（1823）Nom. illegit.；~ =Amoora Roxb.（1820）［楝科 Meliaceae］●☆

48258 Sphaerosacme Wall. ex Roem.（1846）Nom. inval. ，Nom. provis. ；~ =Lansium Jack（1823）Nom. illegit.；~ =Lansium Corrêa（1807）［楝科 Meliaceae］●

48259 Sphaerosacme Wall. ex Roxb.（1824）Nom. provis. ≡ Sphaerosacme Wall.（1824）Nom. inval. ，Nom. provis.；~ =Sphaerosacme Wall. ex Roem.（1846）Nom. inval. ，Nom. provis.；~ =Lansium Jack（1823）Nom. illegit.；~ =Amoora Roxb.（1820）［楝科 Meliaceae］●☆

48260 Sphaerosacme Wall. ex Royle（1835）Nom. inval. ，Nom. illegit. = Sphaerosacme Wall. ex Roem.（1846）Nom. inval. ，Nom. provis.；~ =Lansium Jack（1823）Nom. illegit.；~ =Lansium Corrêa（1807）［楝科 Meliaceae］●

48261 Sphaeroschoenus Arn.（1837）Nom. illegit. ，Nom. superfl. ≡ Haplostylis Nees（1834）；~ = Rhynchospora Vahl（1805）［as 'Rynchospora'］（保留属名）［莎草科 Cyperaceae］■☆

48262 Sphaeroschoenus Nees（1843）= Rhynchospora Vahl（1805）［as 'Rynchospora'］（保留属名）［莎草科 Cyperaceae］■☆

48263 Sphaerosciadium Pimenov et Kljuykov（1981）【汉】球伞芹属。【隶属】伞形花科（伞形科）Apiaceae（Umbelliferae）。【包含】世界 1 种。【学名诠释与讨论】〈阴〉（希）sphaira，指小式 sphairion，球；sphairikos，球形的；sphairotos，圆的 +（属）Sciadium 伞芹属。【分布】亚洲中部。【模式】Sphaerosciadium denaense（B. K. Schischkin）M. G. Pimenov et E. V. Kljuykov［Danaa denaensis B. K. Schischkin］☆

48264 Sphaerosepalaceae（Warb.）Tiegh. ex Bullock.（1959）［亦见 Ochnaceae DC.（保留科名金莲木科）］【汉】球萼树科（刺果树科，球形萼科，圆萼树科）。【包含】世界 2-3 属 14-17 种。【分布】马达加斯加。【科名模式】Sphaerosepalum Baker ●☆

48265 Sphaerosepalaceae Tiegh.（1900）［as 'Sphérosépalacées'］= Ochnaceae DC.（保留科名）；~ = Sphaerosepalaceae Tiegh. ex Bullock. ●☆

48266 Sphaerosepalaceae Tiegh. ex Bullock. = Ochnaceae DC.（保留科名）；~ =Sphaerosepalaceae（Warb.）Tiegh. ex Bullock. ●☆

48267 Sphaerosepalum Baker（1884）【汉】球萼树属（球形萼属）。【隶属】球萼树科（刺果树科，球形萼科，圆萼树科）Sphaerosepalaceae//金莲木科 Ochnaceae//棒果树科（刺果树科）Rhopalocarpaceae。【包含】世界 14 种。【学名诠释与讨论】〈中〉（希）sphaira，指小式 sphairion，球；sphairikos，球形的；sphairotos，圆的 + sepalum，花萼。此属的学名是"Sphaerosepalum J. G. Baker, J. Linn. Soc. , Bot. 21：321. 12 Dec 1884"。亦有文献把其处理为"Rhopalocarpus Bojer（1846）"的异名。【分布】马达加斯加。【模式】Sphaerosepalum alternifolium J. G. Baker。【参考异名】Rhopalocarpus Bojer（1846）●☆

48268 Sphaerosicyos Hook. f.（1867）= Lagenaria Ser.（1825）［葫芦科（瓜科，南瓜科）Cucurbitaceae］■

48269 Sphaerosicyus Post et Kuntze（1903）= Lagenaria Ser.（1825）［葫芦科（瓜科，南瓜科）Cucurbitaceae］■

48270 Sphaerospora Klatt（1864）= Acidanthera Hochst.（1844）；~ =

Gladiolus L.（1753）［鸢尾科 Iridaceae］■

48271 Sphaerospora Sweet ex J. W. Loudon（1826）Nom. inval. = Gladiolus L.（1753）［鸢尾科 Iridaceae］■

48272 Sphaerospora Sweet（1826）Nom. inval. =Gladiolus L.（1753）［鸢尾科 Iridaceae］■

48273 Sphaerostachys Miq.（1843）= Piper L.（1753）［胡椒科 Piperaceae］●■

48274 Sphaerostema Blume（1825）= Schisandra Michx.（1803）（保留属名）［木兰科 Magnoliaceae//五味子科 Schisandraceae//八角科 Illiciaceae］●

48275 Sphaerostemma Rchb.（1828）= Schisandra Michx.（1803）（保留属名）［木兰科 Magnoliaceae//五味子科 Schisandraceae//八角科 Illiciaceae］●

48276 Sphaerostigma（Ser.）Fisch. et C. A. Mey.（1835）= Camissonia Link（1818）［柳叶菜科 Onagraceae］■☆

48277 Sphaerostigma Fisch. et C. A. Mey.（1835）Nom. illegit. ≡ Sphaerostigma（Ser.）Fisch. et C. A. Mey.（1835）；~ = Camissonia Link（1818）［柳叶菜科 Onagraceae］■☆

48278 Sphaerostylis Baill.（1858）【汉】球柱大戟属。【隶属】大戟科 Euphorbiaceae。【包含】世界 5-8 种。【学名诠释与讨论】〈阴〉（希）sphaira，指小式 sphairion，球；sphairikos，球形的；sphairotos，圆的+stylos=拉丁文 style，花柱，中柱，有尖之物，桩，柱，支持物，支柱，石头做的界标。【分布】马达加斯加，马来西亚（西部），热带非洲东部。【模式】Sphaerostylis tulasneana Baillon。【参考异名】Tragiella Pax et K. Hoffm.（1919）●☆

48279 Sphaerotele C. Presl（1827）Nom. illegit. ≡ Phycella Lindl.（1825）；~ =Stenomesson Herb.（1821）［石蒜科 Amaryllidaceae］■☆

48280 Sphaerotele Klotzsch（1844）Nom. illegit. = Urceolina Rchb.（1829）（保留属名）［石蒜科 Amaryllidaceae］■☆

48281 Sphaerotele Link（1844）Nom. illegit. ≡ Sphaerotele Klotzsch（1844）Nom. illegit. =Urceolina Rchb.（1829）（保留属名）［石蒜科 Amaryllidaceae］■☆

48282 Sphaerothalamus Hook. f.（1860）= Polyalthia Blume（1830）［番荔枝科 Annonaceae］●

48283 Sphaerotheca Cham. et Schltdl.（1827）= Conobea Aubl.（1775）［玄参科 Scrophulariaceae//婆婆纳科 Veronicaceae］■☆

48284 Sphaerothele Benth. et Hook. f.（1883）= Sphaerotele C. Presl（1827）Nom. illegit. ；~ = Stenomesson Herb.（1821）［石蒜科 Amaryllidaceae］■☆

48285 Sphaerothylax Bisch.（1844）Nom. illegit. ≡ Sphaerothylax Bisch. ex Krauss（1844）［髯管花科 Geniostomaceae］■☆

48286 Sphaerothylax Bisch. ex Krauss（1844）【汉】球囊苔草属。【隶属】髯管花科 Geniostomaceae。【包含】世界 2-10 种。【学名诠释与讨论】〈阴〉（希）sphaira，指小式 sphairion，球；sphairikos，球形的；sphairotos，圆的+thylax，所有格 thylakos，袋，囊。此属的学名，ING、TROPICOS 和 IK 记载是"Sphaerothylax Bischoff ex C. F. F. Krauss, Flora 27：426. 7 Jul 1844"。"Sphaerothylax Bisch.（1844）≡Sphaerothylax Bisch. ex Krauss（1844）"的命名人引证有误。【分布】马达加斯加，热带非洲南部。【模式】Sphaerothylax algiformis Bischoff ex C. F. F. Krauss。【参考异名】Anastrophea Wedd.（1873）Nom. illegit. ；Isothylax Baill.（1890）；Sphaerothylax Bisch.（1844）Nom. illegit. ■☆

48287 Sphaerotorrhiza（O. E. Schulz）Khokhr.（1985）= Cardamine L.（1753）［十字花科 Brassicaceae（Cruciferae）］●■

48288 Sphaerotylos C. J. Chen（1985）= Sarcochlamys Gaudich.（1844）［荨麻科 Urticaceae］●

48289 Sphaerula W. Anderson ex Hook. f. (1846) = Acaena L. (1771) [蔷薇科 Rosaceae] ■●☆

48290 Sphagneticola O. Hoffm. (1900)【汉】藓菊属。【隶属】菊科 Asteraceae(Compositae)。【包含】世界 1-4 种。【学名诠释与讨论】〈阴〉(拉) sphagnum,苔藓+cola,居住者。指其生境。【分布】巴拉圭,巴拿马,巴西(东南部),玻利维亚,厄瓜多尔,哥伦比亚(安蒂奥基亚),尼加拉瓜,中美洲。【模式】Sphagneticola ulei O. Hoffmann。【参考异名】Complaya Strother(1991) ■☆

48291 Sphalanthus Jack (1822) = Quisqualis L. (1762) [使君子科 Combretaceae] ●

48292 Sphallerocarpus Besser ex DC. (1829)【汉】迷果芹属。【俄】Обманчивоплодник, Сфаллерокарпус。【英】Losefruit, Sphallerocarpus。【隶属】伞形花科(伞形科) Apiaceae (Umbelliferae)。【包含】世界 1 种,中国 1 种。【学名诠释与讨论】〈阳〉(希) sphallos,多变的+karpos,果实。指果实包藏于萼筒内。此属的学名,ING 和 IK 记载是"Sphallerocarpus Besser ex A. P. de Candolle, Collect. Mém. Ombellif. 60. 12 Sep 1829"。"Sphallerocarpus Besser(1829)"的命名人引证有误。【分布】中国,温带亚洲南部。【模式】Sphallerocarpus cyminum Besser ex A. P. de Candolle。【参考异名】Sphallerocarpus Besser(1829) Nom. illegit. ■

48293 Sphallerocarpus Besser (1829) Nom. illegit. ≡ Sphallerocarpus Besser ex DC. (1830) [伞形花科(伞形科) Apiaceae (Umbelliferae)] ■

48294 Sphalmanthus N. E. Br. (1925) = Phyllobolus N. E. Br. (1925) [番杏科 Aizoaceae] ●☆

48295 Sphalmium B. G. Briggs, B. Hyland et L. A. S. Johnson (1975)【汉】澳龙眼属。【隶属】山龙眼科 Proteaceae。【包含】世界 1 种。【学名诠释与讨论】〈中〉(希) sphalma,所有格 sphalmatos,失足,过失,错误+-ius,-ia,-ium,在拉丁文和希腊文中,这些词尾表示性质或状态。可能指模式种最初的分类位置错误。【分布】澳大利亚。【模式】Sphalmium racemosum (C. T. White) B. G. Briggs, B. P. M. Hyland et L. A. S. Johnson [Orites racemosa C. T. White] ●☆

48296 Sphanellolepis Cogn. = Sphanellopsis Steud. ex Naudin (1852) [野牡丹科 Melastomataceae] ●☆

48297 Sphanellopsis Steud. ex Naudin (1852) = Adelobotrys DC. (1828) [野牡丹科 Melastomataceae] ●☆

48298 Spharganophorus Boehm. (1760) Nom. illegit. ≡ Sparganophorus Boehm. (1760) [as 'Spharganophorus'] [菊科 Asteraceae (Compositae)] ■☆

48299 Sphedamnocarpus Planch. ex Benth. (1862) Nom. illegit. ≡ Sphedamnocarpus Planch. ex Benth. et Hook. f. (1862) [金虎尾科(黄褥花科) Malpighiaceae] ●☆

48300 Sphedamnocarpus Planch. ex Benth. et Hook. f. (1862)【汉】楔果金虎尾属。【隶属】金虎尾科(黄褥花科) Malpighiaceae。【包含】世界 18 种。【学名诠释与讨论】〈阳〉(希) sphen,所有格 sphenos,指小式 sphenarion,楔形物。spheniskos,小楔+damnao,征服之 + karpos,果实。此属的学名,ING 和 IK 记载是"Sphedamnocarpus Planch. ex Benth. et Hook. f., Gen. Pl. [Bentham et Hooker f.] 1(1):256. 1862 [7 Aug 1862]"。"Sphedamnocarpus Planch. ex Benth. (1862) ≡ Sphedamnocarpus Planch. ex Benth. et Hook. f. (1862)"的命名人引证有误。【分布】马达加斯加,热带和非洲南部。【后选模式】Sphedamnocarpus angolensis Planchon ex D. Oliver。【参考异名】Banisterioides Dubard et Dop (1908); Sphedamnocarpus Planch. ex Benth. (1862) Nom. illegit.; Sphendamnocarpus Baker (1883) Nom. illegit.; Tricomariopsis Dubard (1907) ●☆

48301 Sphenandra Benth. (1836) = Sutera Roth (1807) [玄参科 Scrophulariaceae] ■●☆

48302 Sphenantha Schrad. (1838) = Cucurbita L. (1753) [葫芦科(瓜科,南瓜科) Cucurbitaceae] ■

48303 Sphenanthera Hassk. (1856)【汉】楔药秋海棠属。【隶属】秋海棠科 Begoniaceae。【包含】世界 3 种。【学名诠释与讨论】〈阴〉(希) sphen,所有格 sphenos,指小式 sphenarion,楔形物。spheniskos,小楔+anthera,花药。此属的学名,ING、TROPICOS 和 IK 记载是"Sphenanthera Hasskarl, Verslagen Meded. Afd. Natuurk. Kon. Akad. Wetensch. 4:139. 1856"。它曾被处理为"Casparya sect. Sphenanthera (Hassk.) A. DC., Annales des Sciences Naturelles; Botanique, série 4 11:118. 1859"和"Begonia sect. Sphenanthera (Hassk.) Warb., Die Natürlichen Pflanzenfamilien 3(6A):141. 1894"。亦有文献把"Sphenanthera Hassk. (1856)"处理为"Begonia L. (1753)"的异名。【分布】印度尼西亚(爪哇岛)。【模式】Sphenanthera robusta (Blume) Hasskarl ex Klotzsch [Begonia robusta Blume]。【参考异名】Begonia L. (1753); Begonia sect. Sphenanthera (Hassk.) Warb. (1894); Casparya Klotzsch (1854); Casparya sect. Sphenanthera (Hassk.) A. DC. (1859) ■☆

48304 Sphendamnocarpus Baker (1883) Nom. illegit. = Sphedamnocarpus Planch. ex Benth. et Hook. f. (1862) [金虎尾科(黄褥花科) Malpighiaceae] ●☆

48305 Spheneria Kuhlm. (1922)【汉】假颖草属。【隶属】禾本科 Poaceae(Gramineae)。【包含】世界 1 种。【学名诠释与讨论】〈阴〉词源不详。【分布】热带南美洲。【模式】Spheneria setifolia (Doell) Kuhlmann [Paspalum setifolium Doell] ■☆

48306 Sphenista Raf. (1838) Nom. illegit. ≡ Cosmibuena Ruiz et Pav. (1794) (废弃属名); ~ = Hirtella L. (1753) [金壳果科 Chrysobalanaceae] ●☆

48307 Sphenocarpus Korovin (1947)【汉】楔果芹属。【俄】Смирния Сфенокарпус。【隶属】伞形花科(伞形科) Apiaceae (Umbelliferae)。【包含】世界 1 种。【学名诠释与讨论】〈阳〉(希) sphen,所有格 sphenos,指小式 sphenarion,楔形物。spheniskos,小楔+karpos,果实。此属的学名,ING、TROPICOS 和 IK 记载是"Sphenocarpus E. P. Korovin, Bot. Mater. Gerb. Inst. Bot. Zool. Akad. Nauk Uzbeksk. S. S. R. 8:22. 11 Mar 1947 ('1946')"。"Sphenocarpus L. C. Richard, Démonstr. Bot. Analyse Fruit 92. Mai 1808 = Laguncularia C. F. Gaertn. (1791) [使君子科 Combretaceae]"和"Sphenocarpus Wall., Numer. List [Wallich] p. 236, sub n. 975. 1829 = Magnolia L. (1753) [木兰科 Magnoliaceae]"是 2 个未合格发表的名称(Nom. inval.)。亦有文献把"Sphenocarpus Korovin (1947)"处理为"Seseli L. (1753)"的异名。【分布】亚洲中部。【模式】Sphenocarpus eryngioides E. P. Korovin。【参考异名】Seseli L. (1753); Spenocarpus B. D. Jacks. ■☆

48308 Sphenocarpus Rich. (1808) Nom. inval. = Laguncularia C. F. Gaertn. (1791) [使君子科 Combretaceae] ●☆

48309 Sphenocarpus Wall. (1829) Nom. illegit. = Magnolia L. (1753) [木兰科 Magnoliaceae] ●

48310 Sphenocentrum Pierre (1898)【汉】楔心藤属。【隶属】防己科 Menispermaceae。【包含】世界 1 种。【学名诠释与讨论】〈中〉(希) sphen,所有格 sphenos,指小式 sphenarion,楔形物。spheniskos,小楔+kentron,点,刺,圆心,中央,距。【分布】热带非洲西部。【模式】Sphenocentrum jollyanum Pierre ●☆

48311 Sphenoclea Gaertn. (1788)(保留属名)【汉】楔瓣花属(尖瓣花

属,密穗桔梗属)。【日】ナガバノウルシ属。【英】Sphenoclea。【隶属】桔梗科 Campanulaceae//密穗桔梗科 Campanulaceae//楔瓣花科(尖瓣花科,蜜穗桔梗科)Sphenocleaceae。【包含】世界1-2种,中国1种。【学名诠释与讨论】〈阴〉(希)sphen,所有格 sphenos,指小式 sphenarion,楔形物。spheniskos,小楔+kleio,关闭,封闭,封套。指果实。此属的学名"Sphenoclea Gaertn. , Fruct. Sem. Pl. 1;113. Dec 1788"是保留属名。法规未列出相应的废弃属名。"Pongatium A. L. Jussieu,Gen. 423,453. 4 Aug 1789"是"Sphenoclea Gaertn. (1788)(保留属名)"的晚出的同模式异名(Homotypic synonym,Nomenclatural synonym)。【分布】巴基斯坦,巴拿马,秘鲁,玻利维亚,厄瓜多尔,哥伦比亚(安蒂奥基亚),马达加斯加,美国(密苏里),尼加拉瓜,中国,热带中美洲。【模式】Sphenoclea zeylanica J. Gaertner。【参考异名】Gaertnera Retz. (1791)Nom. illegit. (废弃属名);Pongati Adans. (1756);Pongatium Adans. ;Pongatium Juss. (1789)Nom. illegit. ;Rapinia Lour. (1790)Nom. inval. ■

48312 Sphenocleaceae(Lindl.)Mart. ex DC. = Sphenocleaceae T. Baskerv. (保留科名)■

48313 Sphenocleaceae Lindl = Sphenocleaceae T. Baskerv. (保留科名)■

48314 Sphenocleaceae Mart. ex DC. =Sphenocleaceae T. Baskerv. (保留科名)■

48315 Sphenocleaceae T. Baskerv. (1839)(保留科名)[亦见 Campanulaceae Juss. (1789)(保留科名)桔梗科]【汉】楔瓣花科(尖瓣花科,蜜穗桔梗科)。【日】ナガボノウルシ科。【包含】世界1属2种,中国1属1种。【分布】热带旧世界。【科名模式】Sphenoclea Gaertn. ■

48316 Sphenodesma Griff. (1854)= Sphenodesme Jack(1820)[马鞭草科 Verbenaceae//唇形科 Lamiaceae(Labiatae)//六苞藤科(伞序材科)Symphoremataceae]●

48317 Sphenodesme Jack(1820)【汉】楔翅藤属。【英】Sphenodesma。【隶属】马鞭草科 Verbenaceae//唇形科 Lamiaceae(Labiatae)//六苞藤科(伞序材科)Symphoremataceae。【包含】世界14-16种,中国4种。【学名诠释与讨论】〈阴〉(希)sphen,所有格 sphenos,指小式 sphenarion,楔形物。spheniskos,小楔+desmos,链,束,结,带,纽带。desma,所有格 desmatos,含义与desmos 相似。指花簇生。【分布】中国,东南亚西部。【模式】Sphenodesme pentandra(Roxburgh)W. Jack[Roscoea pentandra Roxburgh]。【参考异名】Brachynema Griff. (1854)(废弃属名);Decadontia Griff. (1854);Roscoea Roxb. (1814)Nom. illegit. ;Sphaenodesma Schauer(1847);Sphenodesma Griff. (1854);Viticastrum C. Presl(1845)●

48318 Sphenogyne R. Br. (1813)= Ursinia Gaertn. (1791)(保留属名)[菊科 Asteraceae(Compositae)]●■☆

48319 Sphenopholis Scribn. (1906)【汉】革颖草属(楔鳞茅属)。【英】Wedge Grass。【隶属】禾本科 Poaceae(Gramineae)。【包含】世界5种。【学名诠释与讨论】〈阴〉(希)sphen,所有格 sphenos,指小式 sphenarion,楔形物。spheniskos,小楔+pholis 鳞甲。指上颖片形状。此属的学名"Sphenopholis Lamson - Scribner,Rhodora 8;142. Aug 1906"是一个替代名称。"Reboulea Kunth,Rév. Gram. 2;[341]. Nov 1830"是一个非法名称(Nom. illegit.),因为此前已经有了"Reboulia Raddi,Opusc. Sci. 2;357. 1818('Rebouillia')(苔藓)"。故用"Sphenopholis Scribn. (1906)"替代之。【分布】美国,墨西哥,西印度群岛。【模式】Sphenopholis obtusata (A. Michaux) Lamson - Scribner[Aira obtusata A. Michaux]。【参考异名】Colobanthium(Rchb.) G. Taylor(1966)Nom. illegit. ;Colobanthus(Trin.)Spach(1846)Nom. illegit. ;Reboulea Kunth(1830)Nom. illegit. ■☆

48320 Sphenopus Trin. (1820)【汉】楔梗禾属。【俄】Булавоножка。【隶属】禾本科 Poaceae(Gramineae)。【包含】世界2种。【学名诠释与讨论】〈阳〉(希)sphen,所有格 sphenos,指小式 sphenarion,楔形物。spheniskos,小楔+pous,所有格 podos,指小式 podion,脚,足,柄,梗。podotes,有脚的。指花梗。【分布】地中海地区,高加索,亚洲西部和中部。【模式】Sphenopus gouani Trinius,Nom. illegit. [Poa divaricata Gouan;Sphenopus divaricatus(Gouan)H. G. L. Reichenbach]■☆

48321 Sphenosciadium A. Gray(1865)【汉】楔伞芹属。【隶属】伞形花科(伞形科)Apiaceae(Umbelliferae)。【包含】世界1-2种。【学名诠释与讨论】〈阴〉(希)sphen,所有格 sphenos,指小式 sphenarion,楔形物。spheniskos,小楔+(属)Sciadium 伞芹属。【分布】美国(西部)。【模式】Sphenosciadium capitellatum A. Gray■☆

48322 Sphenostemon Baill. (1875)【汉】楔药花属。【隶属】楔药花科 Sphenostemonaceae//美冬青科 Aquifoliaceae//盔瓣花科 Paracryphiaceae。【包含】世界7种。【学名诠释与讨论】〈阳〉(希)sphen,所有格 sphenos,指小式 sphenarion,楔形物。spheniskos,小楔+stemon,雄蕊。【分布】澳大利亚(昆士兰),印度尼西亚(苏拉威西岛,马鲁古群岛),法属新喀里多尼亚,新几内亚岛。【后选模式】Sphenostemon balansae Baillon。【参考异名】Idenburgia Gibbs (1917);Nouhuysia Lauteth. (1912);Phlebocalymna Griff. ex Miers ●☆

48323 Sphenostemonaceae P. Royen et Airy Shaw (1972)[亦见 Aquifoliaceae Bercht. et J. Presl(1825)(保留科名)冬青科]【汉】楔药花科。【包含】世界1属7种。【分布】马来西亚东部,澳大利亚,法属新喀里多尼亚。【科名模式】Sphenostemon Baill. ●☆

48324 Sphenostigma Baker(1877)【汉】楔点鸢尾属。【隶属】鸢尾科 Iridaceae。【包含】世界17种。【学名诠释与讨论】〈中〉(希)sphen,所有格 sphenos,指小式 sphenarion,楔形物。spheniskos,小楔+ stigma,所有格 stigmatos,柱头,眼点。此属的学名是"Sphenostigma J. G. Baker,J. Linn. Soc. ,Bot. 16;76,124. 14 Jul 1877"。亦有文献把其处理为"Gelasine Herb. (1840)"的异名。【分布】玻利维亚,墨西哥至热带南美洲。【模式】Sphenostigma sellowianum(Klatt)J. G. Baker[Alophia sellowiana Klatt]。【参考异名】Ainea Ravenna(1979);Cardiostigma Baker(1877);Gelasine Herb. (1840)■☆

48325 Sphenostylis E. Mey. (1836)【汉】楔柱豆属。【隶属】豆科 Fabaceae(Leguminosae)。【包含】世界7种。【学名诠释与讨论】〈阴〉(希)sphen,所有格 sphenos,指小式 sphenarion,楔形物。spheniskos,小楔+stylos =拉丁文 style,花柱,中柱,有尖之物,桩,柱,支持物,支柱,石头做的界标。【分布】非洲。【模式】Sphenostylis marginata E. H. F. Meyer■☆

48326 Sphenotoma(R. Br.)Sweet(1828)【汉】报春石南属。【隶属】尖苞木科 Epacridaceae//杜鹃花科(欧石南科)Ericaceae。【包含】世界6种。【学名诠释与讨论】〈中〉(希)sphen,所有格 sphenos,指小式 sphenarion,楔形物。spheniskos,小楔+tomos,一片,锐利的,切割的。tome,断片,残株。此属的学名,ING 记载是"Sphenotoma(R. Brown)R. Sweet,Fl. Australas. t. 44. 1 Apr 1828",但是未给出基源异名。IK 和 TROPICOS 则记载为"Sphenotoma(R. Br.)Sweet,Fl. Australas. (Sweet)t. 44. 1828[1 Apr 1828]",由"Dracophyllum sect. Sphenotoma R. Br. Prodr. Fl. Nov. Holland. 556. 1810[27 Mar 1810]"改级而来。APNI 则记载为"Sphenotoma R. Br. ex Sweet,Flora Australasica 1827"。四者引用的文献相同。"Sphenotoma Sweet(1828)≡Sphenotoma (R. Br.)Sweet(1828)"的命名人引证有误。"Sphenotoma (R. Br.) Sweet (1828)"曾经被处理为"Dracophyllum sect.

Sphenotoma（R. Br.）Benth. et Hook. f.，Genera Plantarum 2（2）:618. 1876"。亦有文献把"Sphenotoma（R. Br.）Sweet（1828）"处理为"Dracophyllum Labill.（1800）"的异名。【分布】澳大利亚（西部）。【模式】未指定。【参考异名】Dracophyllum Labill.（1800）;Dracophyllum sect. Sphenotoma（R. Br.）Benth. et Hook. f.（1876）;Dracophyllum sect. Sphenotoma R. Br.（1810）;Spenotoma G. Don（1834）;Sphenotoma R. Br.，Nom. illegit.;Sphenotoma R. Br. ex Sweet（1828）Nom. illegit.;Sphenotoma Sweet（1828）Nom. illegit.●☆

48327　Sphenotoma R. Br.，Nom. illegit. ≡Sphenotoma（R. Br.）Sweet（1828）［尖苞木科 Epacridaceae//杜鹃花科（欧石南科）Ericaceae］●☆

48328　Sphenotoma R. Br. ex Sweet（1828）Nom. illegit. ≡Sphenotoma（R. Br.）Sweet（1828）［尖苞木科 Epacridaceae//杜鹃花科（欧石南科）Ericaceae］●☆

48329　Sphenotoma Sweet（1828）Nom. illegit. ≡Sphenotoma（R. Br.）Sweet（1828）［尖苞木科 Epacridaceae//杜鹃花科（欧石南科）Ericaceae］●☆

48330　Spheranthus Hill（1761）= Sphaeranthus L.（1753）［菊科 Asteraceae（Compositae）］■

48331　Sphinctacanthus Benth.（1876）【汉】韧喉花属（断穗爵床属，小苞爵床属）。【英】Sphinctacanthus。【隶属】爵床科 Acanthaceae。【包含】世界1-6种。【学名诠释与讨论】〈阳〉（希）sphinktos，缚紧了的+（属）Acanthes 老鼠簕属。【分布】东喜马拉雅山至苏门答腊岛。【模式】Sphinctacanthus griffithii Bentham■☆

48332　Sphinctanthus Benth.（1841）【汉】束花茜属。【隶属】茜草科 Rubiaceae。【包含】世界3种。【学名诠释与讨论】〈阳〉（希）sphinktos，缚紧了的+anthos，花。【分布】巴拉圭，秘鲁，玻利维亚。【模式】Sphinctanthus rupestris Bentham。【参考异名】Conosiphon Poepp.（1841）;Conosiphon Poepp. et Endl.（1841）Nom. illegit.●☆

48333　Sphincterostigma Schott ex B. D. Jacks.（1895）= Philodendron Schott（1829）［as 'Philodendrum'］（保留属名）［天南星科 Araceae］■●

48334　Sphincterostigma Schott（1832）Nom. inval. ≡Sphincterostigma Schott ex B. D. Jacks.（1895）;~ = Philodendron Schott（1829）［as 'Philodendrum'］（保留属名）［天南星科 Araceae］■●

48335　Sphincterostoma Stschegl.（1859）= Andersonia Buch. –Ham. ex Wall.（1810）［使君子科 Combretaceae］●☆

48336　Sphinctolobium Vogel（1837）= Lonchocarpus Kunth（1824）（保留属名）［豆科 Fabaceae（Leguminosae）］●■☆

48337　Sphinctospermum Rose（1906）【汉】沙漏灰毛豆属。【隶属】豆科 Fabaceae（Leguminosae）//蝶形花科 Papilionaceae。【包含】世界1种。【学名诠释与讨论】〈中〉（希）sphinktos，缚紧了的+sperma，所有格 spermatos，种子，孢子。此属的学名是"Sphinctospermum J. N. Rose,Contr. U. S. Natl. Herb. 10: 107. 5 Dec 1906"。亦有文献把其处理为"Tephrosia Pers.（1807）（保留属名）"的异名。【分布】美国,墨西哥。【模式】Sphinctospermum constrictum（S. Watson）J. N. Rose［Tephrosia constricta S. Watson］。【参考异名】Tephrosia Pers.（1807）（保留属名）●■☆

48338　Sphinctostoma Benth. ex Benth. et Hook. f.（1876）Nom. illegit.［萝藦科 Asclepiadaceae］☆

48339　Sphinga Barneby et J. W. Grimes（1996）【汉】束豆属。【隶属】豆科 Fabaceae（Leguminosae）//含羞草科 Mimosaceae//金合欢科 Acaciaceae。【包含】世界6种。【学名诠释与讨论】〈阴〉（希）sphingo，缚紧。此属的学名是"Sphinga R. C. Barneby et J. W.

Grimes,Mem. New York Bot. Gard. 74（1）: 160. 25 Mar 1996"。亦有文献把其处理为"Acacia Mill.（1754）（保留属名）"的异名。【分布】美洲。【模式】Sphinga platyloba（Bertero ex A. P. de Candolle）R. C. Barneby et J. W. Grimes［Acacia platyloba Bertero ex A. P. de Candolle］。【参考异名】Acacia Mill.（1754）（保留属名）●☆

48340　Sphingiphila A. H. Gentry（1990）【汉】束紫葳属。【隶属】紫葳科 Bignoniaceae。【包含】世界1种。【学名诠释与讨论】〈阴〉（拉）sphinx，所有格 sphingis，狮身女首有翼之怪物，来自希腊文 sphingo 缚紧+philos，喜欢的，爱的。【分布】巴拉圭。【模式】Sphingiphila tetramera A. H. Gentry●☆

48341　Sphingium E. Mey.（1835）= Melolobium Eckl. et Zeyh.（1836）［豆科 Fabaceae（Leguminosae）］■☆

48342　Sphondylantha Endl.（1840）= Spondylantha C. Presl（1831）;~ = Vitis L.（1753）［葡萄科 Vitaceae］●

48343　Sphondylastrum Rchb.（1841）= Myriophyllum L.（1753）［小二仙草科 Haloragaceae//狐尾藻科 Myriophyllaceae］■

48344　Sphondylium Adans.（1763）Nom. illegit. = Sphondylium Mill.（1754）Nom. illegit.;~ = Heracleum L.（1753）［伞形花科（伞形科）Apiaceae（Umbelliferae）］■

48345　Sphondylium Mill.（1754）Nom. illegit. ≡ Heracleum L.（1753）［伞形花科（伞形科）Apiaceae（Umbelliferae）］■

48346　Sphondylococca Schult.（1820）= Bergia L.（1771）［沟繁缕科 Elatinaceae］●■

48347　Sphondylococca Willd.，Nom. illegit. ≡Sphondylococca Willd. ex Schult.（1820）Nom. illegit.;~ = Bergia L.（1771）［沟繁缕科 Elatinaceae］●■

48348　Sphondylococca Willd. ex Schult.（1820）= Bergia L.（1771）［沟繁缕科 Elatinaceae］●■

48349　Sphondylococcum Schauer（1847）= Callicarpa L.（1753）［马鞭草科 Verbenaceae//牡荆科 Viticaceae］●

48350　Sphragidia Thwaites（1855）= Drypetes Vahl（1807）［大戟科 Euphorbiaceae］●

48351　Sphyranthera Hook. f.（1887）【汉】槌药大戟属。【隶属】大戟科 Euphorbiaceae。【包含】世界1种。【学名诠释与讨论】〈阴〉（希）sphyra，铁锤，木槌+anthera，花药。【分布】印度（安达曼群岛）。【模式】Sphyranthera capitellata J. D. Hooker，Nom. illegit.［Codiaeum lutescens Kurz;Sphyranthera lutescens（Kurz）Pax et K. Hoffmann］●☆

48352　Sphyrarhynchus Mansf.（1935）【汉】锤喙兰属。【隶属】兰科 Orchidaceae。【包含】世界1种。【学名诠释与讨论】〈阳〉（希）sphyra，铁锤，木槌+rhynchos，喙，嘴。【分布】非洲东部。【模式】Sphyrarhynchus schliebenii Mansfeld■☆

48353　Sphyrastylis Schltr.（1920）【汉】槌柱兰属。【隶属】兰科 Orchidaceae。【包含】世界1种。【学名诠释与讨论】〈阴〉（希）sphyra，铁锤，木槌+stylos = 拉丁文 style，花柱，中柱，有尖之物，桩，柱，支持物，支柱，石头做的界标。指花柱。【分布】巴拿马，厄瓜多尔，哥伦比亚。【模式】Sphyrastylis oberonioides Schlechter。【参考异名】Oakes–Amesia C. Schweinf. et P. H. Allen（1948）■☆

48354　Sphyrospermum Poepp. et Endl.（1835）【汉】槌籽莓属（提灯莓属）。【隶属】杜鹃花科（欧石南科）Ericaceae。【包含】世界18-22种。【学名诠释与讨论】〈中〉（希）sphyra，铁锤，木槌+sperma，所有格 spermatos，种子，孢子。【分布】巴拿马，秘鲁，玻利维亚，厄瓜多尔，哥伦比亚（安蒂奥基亚），哥斯达黎加，墨西哥，尼加拉瓜，西印度群岛，中美洲。【后选模式】Sphyrospermum buxifolium Poeppig et Endlicher。【参考异名】Sophoclesia Klotzsch（1851）●☆

48355　Spicillaria A. Rich.（1830）= Hypobathrum Blume（1827）;~ =

Petunga DC. (1830) ［茜草科 Rubiaceae］●☆

48356　Spiciviscum Engelm. (1849) = Phoradendron Nutt. (1848) ［桑寄生科 Loranthaceae//美洲桑寄生科 Phoradendraceae］●☆

48357　Spiciviscum Engelm. ex A. Gray (1849) Nom. illegit. = Phoradendron Nutt. (1848) ［桑寄生科 Loranthaceae//美洲桑寄生科 Phoradendraceae］●☆

48358　Spiciviscum H. Karst. (1860) Nom. illegit. =? Phoradendron Nutt. (1848) ［桑寄生科 Loranthaceae//美洲桑寄生科 Phoradendraceae］●☆

48359　Spiculaea Lindl. (1839)【汉】矛兰属。【隶属】兰科 Orchidaceae。【包含】世界 1 种。【学名诠释与讨论】〈阴〉(拉) spica, 指小式 spiculum, 尖, 矛, 钉, 梢, 丛。指花萼和花瓣。【分布】澳大利亚。【模式】Spiculaea ciliata Lindley。【参考异名】Arthrochilus F. Muell. (1858)■☆

48360　Spielmannia Cuss. ex Juss. (1828) Nom. illegit. = Trinia Hoffm. (1814)(保留属名)［伞形花科（伞形科）Apiaceae (Umbelliferae)］■☆

48361　Spielmannia Medik. (1775) Nom. illegit. ≡ Oftia Adans. (1763)［硬核木科（硬粒木科）Oftiaceae//苦槛蓝科 Myoporaceae//玄参科 Scrophulariaceae］●■☆

48362　Spielmanniaceae J. Agardh［亦见 Myoporaceae R. Br. (保留科名) 苦槛蓝科（苦槛盘科）和 Oftiaceae Takht. et Reveal］【汉】异玄参科。【包含】世界 1 属 5 种。【分布】澳大利亚, 非洲。【科名模式】Spielmannia Medik. ●☆

48363　Spiesia Neck. (1790) Nom. inval. ≡ Spiesia Necker ex Kuntze (1891) Nom. illegit.；～= Oxytropis DC. (1802)(保留属名)［豆科 Fabaceae (Leguminosae)//蝶形花科 Papilionaceae］●■

48364　Spiesia Neck. ex Kuntze (1891) Nom. illegit. ≡ Oxytropis DC. (1802)(保留属名)［豆科 Fabaceae (Leguminosae)//蝶形花科 Papilionaceae］●■

48365　Spigelia L. (1753)【汉】驱虫草属（翅子草属）。【俄】Спигелия。【英】Pink-root, Spigelia。【隶属】马钱科（断肠草科, 马钱子科）Loganiaceae//驱虫草科（度量草科）Spigeliaceae。【包含】世界 50 种。【学名诠释与讨论】〈阴〉(人) Adriaan (Adrian, Adrianus, Adriano) van der Spiegel (Spiegelius, Spigelius, Spieghel, Spigeli, Spigel), 1578-1625, 荷兰植物学者, 医生, 教授。此属的学名, ING、TROPICOS 和 IK 记载是"Spigelia Linnaeus, Sp. Pl. 149. 1 May 1753"。"Spigelia P. Browne, Hist. Jamaica 367. 10 Mar 1756 = Andira Lam. (1783)(保留属名)［豆科 Fabaceae (Leguminosae)］"是晚出的非法名称。"Anthelmenthia P. Browne, Civ. Nat. Hist. Jamaica 156. 10 Mar 1756"和"Arapabaca Adanson, Fam. 2：225, 519. Jul - Aug 1763"是"Spigelia L. (1753)"的晚出的同模式异名(Homotypic synonym, Nomenclatural synonym)。【分布】巴拉圭, 巴拿马, 秘鲁, 玻利维亚, 厄瓜多尔, 哥伦比亚（安蒂奥基亚）, 哥斯达黎加, 美国, 尼加拉瓜, 利比里亚（宁巴）, 中美洲。【模式】Spigelia anthelmia Linnaeus。【参考异名】Anthelmenthia P. Browne (1756) Nom. illegit.；Anthelminthica P. Browne (1756)；Arapabaca Adans. (1763) Nom. illegit.；Canala Pohl (1831)；Coelostylis Torr. et A. Gray ex Endl. (1839) Nom. illegit.；Coelostylis Torr. et A. Gray ex Endl. et Fenzl (1839)；Coelostylis Torr. et A. Gray (1839)；Heinzelmannia Neck. (1790) Nom. inval.；Liesneria Fern. Casas (2008)；Montira Aubl. (1775)；Pseudospigelia W. Klett (1923)■☆

48366　Spigelia P. Browne (1756) Nom. illegit. = Andira Lam. (1783)(保留属名)［豆科 Fabaceae (Leguminosae)］●☆

48367　Spigeliaceae Bercht. et J. Presl (1823) = Loganiaceae R. Br. ex Mart. (保留科名)；～= Spigeliaceae C. Mart. ■●

48368　Spigeliaceae Mart. (1827)［亦见 Loganiaceae R. Br. ex Mart. (保留科名)马钱科（断肠草科, 马钱子科）和 Strychnaceae Link］【汉】驱虫草科（度量草科）。【包含】世界 3-4 属 90-100 种, 中国 2 属 11 种。【分布】马达加斯加, 热带亚洲至澳大利亚（北部）, 美洲。【科名模式】Spigelia L. (1753)■●

48369　Spilacron Cass. (1827) = Centaurea L. (1753)(保留属名)［菊科 Asteraceae (Compositae)//矢车菊科 Centaureaceae］●■

48370　Spiladocorys Ridl. (1893) = Pentasachme Wall. ex Wight et Arn. (1834)［萝藦科 Asclepiadaceae］■

48371　Spilanthes Jacq. (1760)【汉】金钮扣属（千日菊属, 小铜钟属）。【日】オランダセンニチ属。【俄】Спирантес, Шпилат。【英】Goldenbutton, Spot Flower, Spotflower。【隶属】菊科 Asteraceae (Compositae)。【包含】世界 6-60 种, 中国 3 种。【学名诠释与讨论】〈阴〉(希) spilos, 所有格 spilados, 斑点, 污点。spilotos, 被污染的 + anthos, 花。指花具斑点。此属的学名是"Spilanthes N. J. Jacquin, Enum. Pl. Carib. 8, 28. Aug - Sep 1760"。亦有文献把其处理为"Acmella Rich. ex Pers. (1807)"的异名。【分布】澳大利亚（北部）, 巴拉圭, 巴拿马, 秘鲁, 玻利维亚, 厄瓜多尔, 哥伦比亚（安蒂奥基亚）, 马达加斯加, 中国, 加里曼丹岛, 马来半岛, 非洲, 中美洲。【后选模式】Spilanthes urens N. J. Jacquin。【参考异名】Acmella Pers. (1807)；Acmella Rich. ex Pers. (1807)；Athronia Neck. (1790) Nom. inval.；Ceratocephalus Burm. ex Kuntze (1891) Nom. illegit., Nom. superfl.；Ceratocephalus Kuntze (1891) Nom. illegit., Nom. superfl.；Ceruchis Gaertn. ex Schreb. (1791)；Mendezia DC. (1836)；Pyrethrum Medik. (1775) Nom. illegit.；Spilanthus L. (1771)■

48372　Spilanthus L. (1771) = Spilanthes Jacq. (1760)［菊科 Asteraceae (Compositae)］■

48373　Spilocarpus Lem. (1854) = Tournefortia L. (1753)［紫草科 Boraginaceae］●■

48374　Spilorchis D. L. Jones et M. A. Clem. (2005)【汉】斑兰属。【隶属】兰科 Orchidaceae。【包含】世界 1 种。【学名诠释与讨论】〈阴〉(希) spilos, 所有格 spilados, 斑点, 污点。spilotos, 被污染的 +orchis, 原义是睾丸, 后变为植物兰的名称, 因为根的形态而得名。变为拉丁文 orchis, 所有格 orchidis。【分布】澳大利亚。【模式】Spilorchis weinthalii (R. S. Rogers) D. L. Jones et M. A. Clem. ■☆

48375　Spilotantha Luer (2006)【汉】斑花细瓣兰属。【隶属】兰科 Orchidaceae。【包含】世界 38 种。【学名诠释与讨论】〈阴〉(希) spilos, 所有格 spilados, 斑点, 污点。spilotos, 被污染的 + anthos, 花。此属的学名是"Spilotantha Luer, Monographs in Systematic Botany from the Missouri Botanical Garden 105：15. 2006. (May 2006)"。亦有文献把其处理为"Masdevallia Ruiz et Pav. (1794)"的异名。【分布】中美洲。【模式】Spilotantha amanda (Rchb. f. et Warsz.) Luer［Masdevallia amanda Rchb. f. et Warsz.］。【参考异名】Masdevallia Ruiz et Pav. (1794)■☆

48376　Spiloxene Salisb. (1866)【汉】南非仙茅属。【隶属】长喙科（仙茅科）Hypoxidaceae。【包含】世界 30 种。【学名诠释与讨论】〈阴〉(希) spilos, 所有格 spilados, 斑点, 污点+xenos, 外乡人, 外国人；xenikos, 外乡人的, 外国的, 异乡的, 外来的。或 spilos+ oxys, 尖锐的。指球根被粗鳞。【分布】非洲南部。【后选模式】Spiloxene stellata (Linnaeus f.) Fourcade［Hypoxis stellata Linnaeus f.]。【参考异名】Ianthe Salisb. (1866)■☆

48377　Spinacea Schur (1866) = Spinacia L. (1753)［藜科 Chenopodiaceae］■

48378　Spinachia Hill (1768) = Spinacia L. (1753)［藜科

Chenopodiaceae]■

48379　Spinacia L. (1753)【汉】菠菜属(菠薐菜属,菠菠属)。【日】ハウレンサウ属,ハウレンソウ属,ホウレンソウ属。【俄】Шпинат。【英】Spinach, Spinage。【隶属】藜科 Chenopodiaceae。【包含】世界 3-4 种,中国 1 种。【学名诠释与讨论】〈阴〉(拉) spina,指小式 spinula,棘,刺;spinatus,有针的。指果实苞片具 2 个硬刺。【分布】巴基斯坦,阿富汗,厄瓜多尔,哥伦比亚(安蒂奥基亚),中国,地中海东部至亚洲中部。【模式】Spinacia oleracea Linnaeus。【参考异名】Spinacea Schur (1866);Spinachia Hill (1768)■

48380　Spinaciaceae Menge(1839) = Amaranthaceae Juss. (保留科名);~ = Chenopodiaceae Vent. (保留科名)●■

48381　Spingula Noronha(1790) = Hygrophila R. Br. (1810)[爵床科 Acanthaceae]●■

48382　Spinicalycium Frič(1931) Nom. inval. = Acanthocalycium Backeb. (1936)[仙人掌科 Cactaceae]●■☆

48383　Spinifex L. (1771)【汉】鼠芳草属(滨刺草属,鬣刺属)。【日】ツキイゲ属。【英】Spinifex。【隶属】禾本科 Poaceae(Gramineae)。【包含】世界 5 种,中国 1 种。【学名诠释与讨论】〈阴〉(拉) spina,指小式 spinula,棘,刺;spinatus,有针的+facio,产生。指穗状花序所组成的伞形花序为刺状的苞片所围绕,或指叶子。【分布】澳大利亚,印度至马来西亚,中国,太平洋地区,东亚。【模式】Spinifex squarrosus Linnaeus。【参考异名】Ixalum G. Forst. (1786)■

48384　Spiniluma(Baill.) Aubrév. (1963) = Sideroxylon L. (1753)[山榄科 Sapotaceae]●☆

48385　Spiniluma Baill. (1891) Nom. inval. = Sideroxylon L. (1753)[山榄科 Sapotaceae]●☆

48386　Spiniluma Baill. ex Aubrév. (1963) = Sideroxylon L. (1753)[山榄科 Sapotaceae]●☆

48387　Spinovitis Rom. Caill. (1881) = Vitis L. (1753)[葡萄科 Vitaceae]●

48388　Spirabutilon Krapov. (2009)【汉】螺苘麻属。【隶属】锦葵科 Malvaceae。【包含】世界 1 种。【学名诠释与讨论】〈中〉(希) speira,被缠绕物,螺旋+(属)Abutilon 苘麻属(风铃花属)。【分布】巴西。【模式】Spirabutilon citrinum Krapov.■☆

48389　Spiracantha Kunth(1818)【汉】螺刺菊属(旋花菊属)。【隶属】菊科 Asteraceae(Compositae)。【包含】世界 1 种。【学名诠释与讨论】〈阴〉(希) speira,被缠绕物,螺旋+akantha,荆棘。akanthikos,荆棘的。akanthion,蓟的一种,豪猪,刺猬。akanthinos,多刺的,用荆棘做成的。在植物学中,acantha 通常指刺。【分布】巴拿马,哥伦比亚,尼加拉瓜,中美洲。【模式】Spiracantha cornifolia Kunth。【参考异名】Acosta DC. (1836) Nom. illegit.■☆

48390　Spiradiclis Blume(1827)【汉】螺序草属。【英】Spiradiclis。【隶属】茜草科 Rubiaceae。【包含】世界 36 种,中国 33 种。【学名诠释与讨论】〈阴〉(希) speira,被缠绕物,螺旋+diklis,一种双重的或可折叠的门,有二活门的。指花偏生在花序的一侧。【分布】印度,中国,东南亚至印度尼西亚(爪哇岛)。【模式】Spiradiclis caespitosa Blume。【参考异名】Notodontia Pierre ex Pit. (1922);Pleotheca Wall. (1830) Nom. inval.;Spirodiclis Post et Kuntze (1903)■●

48391　Spiraea L. (1753)【汉】绣线菊属(珍珠梅属)。【日】シモツケ属。【俄】Спирея, Тавола。【英】Bridal Wreath, Bridalwreath, Bridal - wreath, Bridewort, Meadow Sweet, Meadowsweet, Spiraea, Spirea。【隶属】蔷薇科 Rosaceae//绣线菊科 Spiraeaceae。【包含】世界 80-100 种,中国 70-75 种。【学名诠释与讨论】〈阴〉(希) speiraia,绣线菊名。来自 speira,螺旋,缠绕,绳索,轮。起初用于 Ligustrum vulgare,后来林奈转用于此属。指枝条柔韧,古代用

制花环。【分布】玻利维亚,哥伦比亚(安蒂奥基亚),美国(密苏里),墨西哥,尼加拉瓜,中国,喜马拉雅山,北温带,中美洲。【后选模式】Spiraea salicifolia Linnaeus。【参考异名】Awayus Raf. (1838);Chamedrys Raf. (1836);Drimopogon Raf. (1838);Drymopogon Raf.;Eleiosina Raf. (1838);Eriogynia Hook. (1832);Rhodalix Raf.;Spiraia Raf.;Spirea Pall. (1777) Nom. illegit.;Spirenia Raf.;Ulmaria (Tourn.) Hill. (1768) Nom. illegit.;Ulmaria Hill. (1768) Nom. illegit. ●

48392　Spiraeaceae Bartl. [亦见 Rosaceae Juss. (1789) (保留科名)蔷薇科]【汉】绣线菊科。【包含】世界 1 属 80-100 种,中国 1 属 70-75 种。【分布】北温带,喜马拉雅山,北美洲。【科名模式】Spiraea L. (1753)●

48393　Spiraeaceae Bertuch(1801) = Spiraeaceae Bartl. ●

48394　Spiraeanthemaceae Doweld(2001) = Cunoniaceae R. Br. (保留科名)●☆

48395　Spiraeanthemum A. Gray(1854)【汉】螺花树属。【隶属】火把树科(常绿棱枝树科,角瓣木科,库诺尼科,南蔷薇科,轻木科) Cunoniaceae。【包含】世界 6-20 种。【学名诠释与讨论】〈中〉(希) speira,螺旋,缠绕,绳索,轮+anthemon,花。【分布】波利尼西亚群岛,新几内亚岛。【后选模式】Spiraeanthemum samoense A. Gray。【参考异名】Acsmithia Hoogland ex Hoogland (1979);Acsmithia Hoogland(1979) Nom. illegit. ●☆

48396　Spiraeanthus(Fisch. et C. A. Mey.) Maxim. (1879)【汉】螺花蔷薇属(绣线花属)。【俄】Таволгоцвет。【隶属】蔷薇科 Rosaceae。【包含】世界 1 种,中国 1 种。【学名诠释与讨论】〈阳〉(属) speira,螺旋,缠绕,绳索,轮+anthos,花。另说 Spiraea 绣线菊属(珍珠梅属)+anthos,花。此属的学名,ING、TROPICOS 和 IK 记载是"Spiraeanthus (F. E. L. Fischer et C. A. Meyer) Maximowicz, Trudy Imp. S. - Peterburgsk. Bot. Sada 6：266. 1879",ING 未给出基源异名;TROPICOS 和 IK 给出的基源异名是"Spiraea subgen. Spiraeanthus Fisch. et C. A. Mey. , Index Seminum [St. Petersburg] 9：96. 1843"。"Spiraeanthus Maxim. (1879) ≡ Spiraeanthus (Fisch. et C. A. Mey.) Maxim. (1879)"的命名人引证有误。【分布】中国,亚洲中部。【模式】Spiraeanthus schrenckianus (F. E. L. Fischer et C. A. Meyer) Maximowicz [Spiraea schrenckianus F. E. L. Fischer et C. A. Meyer]。【参考异名】Spiraea subgen. Spiraeanthus Fisch. et C. A. Mey. (1843);Spiraeanthus Maxim. (1879) Nom. illegit. ■

48397　Spiraeanthus Maxim. (1879) Nom. illegit. ≡ Spiraeanthus (Fisch. et C. A. Mey.) Maxim. (1879)[蔷薇科 Rosaceae]■

48398　Spiraeopsis Miq. (1856) Nom. inval. ≡ Dirhynchosia Blume (1855);~ = Caldcluvia D. Don(1830)[火把树科(常绿棱枝树科,角瓣木科,库诺尼科,南蔷薇科,轻木科) Cunoniaceae]●☆

48399　Spiragyne Neck. (1790) Nom. inval. = Gentiana L. (1753)[龙胆科 Gentianaceae]■

48400　Spiraia Raf. = Spiraea L. (1753)[蔷薇科 Rosaceae//绣线菊科 Spiraeaceae]●

48401　Spiralepis D. Don (1826) = Helichrysum Mill. (1754) [as 'Elichrysum'] (保留属名);~ = Leontonyx Cass. (1822)[菊科 Asteraceae(Compositae)//蜡菊科 Helichrysaceae]●■

48402　Spiralluma Plowes (1995)【汉】螺牛角属。【隶属】萝藦科 Asclepiadaceae。【包含】世界 2 种。【学名诠释与讨论】〈阴〉(希) speira,螺旋,缠绕,绳索,轮+lluma,水牛角属 Caralluma 的后半部分。【分布】努比亚地区。【模式】不详●☆

48403　Spirantha Post et Kuntze(1903) = Speirantha Baker(1875)[百合科 Liliaceae//铃兰科 Convallariaceae]■★

48404　Spiranthera A. St. -Hil. (1823)【汉】螺药芸香属。【隶属】芸

香科 Rutaceae。【包含】世界4种。【学名诠释与讨论】〈阴〉（希）speira，螺旋，缠绕，绳索，轮+anthera，花药。【分布】热带南美洲北部。【模式】Spiranthera odoratissima A. F. C. P. Saint-Hilaire。【参考异名】Terpnanthus Nees et Mart. (1823); Trepnanthus Steud. (1841)■☆

48405 Spiranthera Bojer (1837) Nom. illegit. = Merremia Dennst. ex Endl. (1841)（保留属名）[旋花科 Convolvulaceae]●■

48406 Spiranthera Hook. (1836) = Pronaya Hügel ex Endl. (1837) [海桐花科 Pittosporaceae]●☆

48407 Spiranthera Raf. (1838) Nom. illegit. ≡ Eustrephus R. Br. (1809) [菝葜科 Smilacaceae//点柱花科 Lomandraceae//智利花科（垂花科，金钟木科，喜爱花科）Philesiaceae]●☆

48408 Spiranthes Rich. (1817)（保留属名）【汉】绶草属（盘龙参属）。【日】スピランテス属，ネジバナ属，ネヂバナ属。【俄】Скрученник, Спирантес。【英】Ladies'-tresses, Lady's Tresses, Lady's Tresses Orchid, Lady's-tresses, Ladytress, Spiranthes。【隶属】兰科 Orchidaceae。【包含】世界30-50种，中国1-3种。【学名诠释与讨论】〈阴〉（希）speira，螺旋，缠绕，绳索，轮+anthos，花。指花序螺旋状扭旋。此属的学名"Spiranthes Rich. , De Orchid. Eur. :20,28,36. Aug-Sep 1817"是保留属名。相应的废弃属名是兰科 Orchidaceae 的"Orchiastrum Ség. , Pl. Veron. 3:252. Jul-Dec 1754 ≡Spiranthes Rich. (1817)（保留属名）"。兰科 Orchidaceae 的"Orchiastrum Greene, Man. Bot. San Francisco 305. 1894 [2 Feb 1894] =Spiranthes Rich. (1817)（保留属名）"和百合科 Liliaceae 的"Orchiastrum Lemaire, Ill. Hort. 2:Misc. 96,98,100. Dec 1855 =Lachenalia J. Jacq. (1784)"亦应废弃。"Ibidium R. A. Salisbury ex J. K. Small, Fl. Southeast U. S. ed. 2:318. 23 Apr 1913"也是"Spiranthes Rich. (1817)（保留属名）"的晚出的同模式异名（Homotypic synonym, Nomenclatural synonym）。"Spiranthos St. -Lag. , Ann. Soc. Bot. Lyon vii. (1880)56"仅有属名；似为"Spiranthes Rich. (1817)（保留属名）"的拼写变体。【分布】巴基斯坦，巴拉圭，巴拿马，玻利维亚，哥斯达黎加，马达加斯加，美国（密苏里），尼加拉瓜，中国，中美洲。【模式】Spiranthes autumnalis L. C. Richard, Nom. illegit. [Ophrys spiralis Linnaeus; Spiranthes spiralis (Linnaeus) F. F. Chevallier]。【参考异名】Aristotelea Lour. (1790); Beloglottis Schltr. (1920); Dothilis Raf. (1837) Nom. illegit.; Girostachys Raf.; Gyrostachis Blume (1859); Gyrostachis Pers. (1807) Nom. inval.; Gyrostachys Blume (1859) Nom. illegit.; Gyrostachys Pers. (1858) Nom. inval.; Gyrostachys Pers. ex Blume (1859) Nom. illegit.; Helictonia Ehrh. (1789) Nom. inval.; Ibidium Salisb. (1812) Nom. inval.; Ibidium Salisb. ex House (1905) Nom. illegit.; Ibidium Salisb. ex Small (1913) Nom. illegit.; Monustes Raf. (1837); Orchiastrum Greene(1894) Nom. illegit.; Orchiastrum Ség. (1754)（废弃属名）; Sacoila Raf. (1837); Schidorhynchos Szlach. (1993); Speiranthes Hassk. (1844); Triorchis Agosti; Triorchis Nieuwl. (1913) Nom. illegit.; Tussacia Desv. (1818) Nom. illegit.; Tussacia Raf. ex Desv. (1818) Nom. illegit.; Veyretia Szlach. (1995); Warscaea Szlach. (1994); Zhukowskia Szlach. , R. González et Rutk. (2000)■

48409 Spiranthos St. -Lag. (1880) Nom. illegit. =? Spiranthes Rich. (1817)（保留属名）[兰科 Orchidaceae]■

48410 Spirastigma L'Hér. ex Schult. f. (1830) = Pitcairnia L'Hér. (1789)（保留属名）[凤梨科 Bromeliaceae]■☆

48411 Spirea Pall. (1777) Nom. illegit. =Spiraea L. (1753) [蔷薇科 Rosaceae//绣线菊科 Spiraeaceae]●

48412 Spirea Piarre (1898) Nom. illegit. = Aspilia Thouars (1806) [菊科 Asteraceae(Compositae)]■☆

48413 Spirella Costantin (1912)【汉】小螺旋萝藦属。【隶属】萝藦科 Asclepiadaceae。【包含】世界2种。【学名诠释与讨论】〈阴〉（希）speira，螺旋，缠绕，绳索，轮+-ellus, -ella, -ellum，加在名词词干后面形成指小式的词尾。或加在人名、属名等后面以组成新属的名称。另说纪念 Camille Joseph Spire，法国植物学者，医生，植物采集家。【分布】中南半岛。【模式】未指定☆

48414 Spirema Benth. (1875) = Pratia Gaudich. (1825); ~ =Speirema Hook. f. et Thomson(1857) [桔梗科 Campanulaceae]■

48415 Spirenia Raf. =Spiraea L. (1753) [蔷薇科 Rosaceae//绣线菊科 Spiraeaceae]●

48416 Spiridanthus Fenzl ex Endl. (1842) Nom. illegit. ≡Spiridanthus Fenzl (1842); ~ = Monolopia DC. (1838) [菊科 Asteraceae(Compositae)]■☆

48417 Spiridanthus Fenzl (1842) = Monolopia DC. (1838) [菊科 Asteraceae(Compositae)]■☆

48418 Spirillus J. Gay (1854) = Potamogeton L. (1753) [眼子菜科 Potamogetonaceae]■

48419 Spirobassia Freitag et G. Kadereit (2011)【汉】旋雾冰藜属。【隶属】藜科 Chenopodiaceae。【包含】世界1种。【学名诠释与讨论】〈阴〉（希）speira，螺旋，缠绕，绳索，轮+（属）Bassia 雾冰藜属。【分布】不详。【模式】Spirobassia hirsuta (L.) Freitag et G. Kadereit [Chenopodium hirsutum L.]☆

48420 Spirocarpus (Ser.) Opiz (1852) = Medicago L. (1753)（保留属名）[豆科 Fabaceae(Leguminosae)//蝶形花科 Papilionaceae]●■

48421 Spirocarpus Opiz (1852) Nom. illegit. ≡ Spirocarpus (Ser.) Opiz (1852); ~ = Medicago L. (1753)（保留属名）[豆科 Fabaceae(Leguminosae)]●■

48422 Spiroceratium H. Wolff (1921) = Pimpinella L. (1753) [伞形花科（伞形科）Apiaceae(Umbelliferae)]■

48423 Spirochaeta Turcz. (1851) = Elephantopus L. (1753) [菊科 Asteraceae(Compositae)]■

48424 Spirochloe Lunell (1915) Nom. illegit. ≡Schedonnardus Steud. (1850) [禾本科 Poaceae(Gramineae)]■☆

48425 Spiroconus Steven (1851) = Trichodesma R. Br. (1810)（保留属名）[紫草科 Boraginaceae]●■

48426 Spirodela Schleid. (1839)【汉】紫萍属（浮萍属）。【日】ウキクサ属。【俄】Многокоренник, Спиродела。【英】Duck's-meat, Ducksmet, Duckweed, Greater Duckweed。【隶属】浮萍科 Lemnaceae。【包含】世界2-7种，中国1-2种。【学名诠释与讨论】〈阴〉（希）speira，螺旋，缠绕，绳索，轮+delos，明显的，独特的。指根。【分布】巴基斯坦，巴拿马，秘鲁，玻利维亚，厄瓜多尔，哥斯达黎加，马达加斯加，美国（密苏里），尼加拉瓜，中国，中美洲。【模式】Spirodela polyrrhiza (Linnaeus) Schleiden [Lemna polyrhiza Linnaeus]。【参考异名】Lenticularia Ség. (1754) Nom. illegit.; Speirodela S. Watson(1880)■

48427 Spirodiclis Post et Kuntze(1903) = Spiradiclis Blume(1827) [茜草科 Rubiaceae]■●

48428 Spirogardnera Stauffer(1968)【汉】螺檀香属。【隶属】檀香科 Santalaceae。【包含】世界1种。【学名诠释与讨论】〈阴〉（希）speira，螺旋，缠绕，绳索，轮+（人）Charles Austin Gardner, 1896-1970，澳大利亚植物学者，植物采集家，Wildflowers of Western Australia 的作者。【分布】澳大利亚（西南部）。【模式】Spirogardnera rubescens H. U. Stauffer☆

48429 Spirogyna Post et Kuntze(1903) = Gentiana L. (1753); ~ = Spiragyne Neck. (1790) Nom. inval.; ~ = Leontonyx Cass. (1822); ~ = Spiralepis D. Don (1826) [菊科 Asteraceae

(Compositae)〕●■

48430 Spiroloba Raf.（1838）= Pithecellobium Mart.（1837）〔as 'Pithecollobium'〕（保留属名）〔豆科 Fabaceae（Leguminosae）// 含羞草科 Mimosaceae〕●

48431 Spirolobae Link =Sapindaceae Juss.（保留科名）●■

48432 Spirolobium Baill.（1889）（保留属名）【汉】旋片木属。【隶属】夹竹桃科 Apocynaceae。【包含】世界 1 种。【学名诠释与讨论】〈中〉（希）speira，螺旋，缠绕，绳索，轮 + lobos = 拉丁文 lobulus，片，裂片，叶，荚，蒴 +-ius，-ia，-ium，在拉丁文和希腊文中，这些词尾表示性质或状态。此属的学名"Spirolobium Baill. in Bull. Mens. Soc. Linn. Paris：773. 1889"是保留属名。法规未列出相应的废弃属名。但是"Spirolobium Orb.，Voyage dans l' Amérique Méridionale 8（Atlas）Bot.（1）. 1839 = Prosopis L.（1767）〔豆科 Fabaceae（Leguminosae）// 含羞草科 Mimosaceae〕"应该废弃。【分布】中南半岛。【模式】Spirolobium cambodianum Baillon ●☆

48433 Spirolobium Orb.（1839）（废弃属名）= Prosopis L.（1767）〔豆科 Fabaceae（Leguminosae）// 含羞草科 Mimosaceae〕●

48434 Spironema Hochst.（1842）Nom. illegit. = Clerodendrum L.（1753）〔马鞭草科 Verbenaceae // 牡荆科 Viticaceae〕●■

48435 Spironema Lindl.（1840）Nom. illegit. ≡ Rectanthera O. Deg.（1932）；~ =Callisia Loefl.（1758）鸭跖草科 Commelinaceae〕■ ☆

48436 Spironema Raf.（1838）Nom. illegit. ≡ Volutella Forssk.（1775）；~ = Cassytha L.（1753）〔樟科 Lauraceae // 无根藤科 Cassythaceae〕■●

48437 Spiropetalum Gilg（1888）= Rourea Aubl.（1775）（保留属名）〔牛栓藤科 Connaraceae〕●

48438 Spiropodium F. Muell.（1858）= Pluchea Cass.（1817）〔菊科 Asteraceae（Compositae）〕●■

48439 Spirorhynchus Kar. et Kir.（1842）【汉】螺果荠属（螺喙芥属，螺喙荠属）。【俄】Серпоносик。【英】Spirorrhynchus。【隶属】十字花科 Brassicaceae（Cruciferae）。【包含】世界 1 种，中国 1 种。【学名诠释与讨论】〈阳〉（希）speira，缠绕，绳索，螺旋 +rhynchos，喙。指短角果喙状扭旋。【分布】巴基斯坦（俾路支），中国，秘鲁，亚洲中部。【模式】Spirorhynchus sabulosus Karelin et Kirilow.【参考异名】Anguillicarpus Burkill（1907）■☆

48440 Spirosatis Thouars =Habenaria Willd.（1805）；~ =Satyrium Sw.（1800）（保留属名）〔兰科 Orchidaceae〕■

48441 Spiroseris Rech. f.（1977）【汉】叶苞苣属。【隶属】菊科 Asteraceae（Compositae）。【包含】世界 1 种。【学名诠释与讨论】〈阴〉（希）speira，缠绕，绳索，螺旋 +seris，菊苣。【分布】巴基斯坦。【模式】Spiroseris phyllocephala K. H. Rechinger ■☆

48442 Spirospatha Raf.（1838）= Homalomena Schott（1832）〔天南星科 Araceae〕■

48443 Spirospermum Thouars（1806）【汉】旋子藤属。【隶属】防己科 Menispermaceae。【包含】世界 1 种。【学名诠释与讨论】〈中〉（希）speira，缠绕，绳索，螺旋 +sperma，所有格 spermatos，种子，孢子。【分布】马达加斯加。【模式】Spirospermum penduliflorum A. P. de Candolle ●☆

48444 Spirostachys S. Watson（1874）Nom. illegit. ≡ Spirostachys Ung. - Sternb. ex S. Watson（1874）Nom. illegit.；~ ≡ Heterostachys Ung. -Sternb.（1874）；~ ≡ Heterostachys Ung. - Sternb.（1874）；~ = Allenrolfea Kuntze（1891）〔藜科 Chenopodiaceae〕●☆

48445 Spirostachys Sond.（1850）【汉】螺穗戟属。【隶属】大戟科 Euphorbiaceae。【包含】世界 2 种。【学名诠释与讨论】〈阴〉

（希）speira，缠绕，绳索，螺旋 +stachys，穗，谷，长钉。此属的学名，ING、GCI、TROPICOS 和 IK 记载是"Spirostachys Sond.，Linnaea 23：106. 1850〔Feb 1850〕"。"Spirostachys Ung. -Sternb.，Vers. Syst. Salicorn. 100. 1866〔post 13 May 1866〕≡ Heterostachys Ung. -Sternb.（1874）= Allenrolfea Kuntze（1891）〔藜科 Chenopodiaceae〕"是晚出的非法名称。"Spirostachys S. Watson，Proc. Amer. Acad. Arts ix.（1874）125 ≡ Heterostachys Ung. - Sternb.（1874）= Allenrolfea Kuntze（1891）〔藜科 Chenopodiaceae〕"亦是晚出的非法名称（ING 记载为"Spirostachys Sternberg ex S. Watson 1874"）。【分布】马达加斯加，热带和非洲南部。【模式】Spirostachys africanus Sonder。【参考异名】Excoecariopsis Pax（1910）■☆

48446 Spirostachys Ung. - Sternb.（1866）Nom. illegit. ≡ Heterostachys Ung. - Sternb.（1874）；~ = Allenrolfea Kuntze（1891）〔藜科 Chenopodiaceae〕●☆

48447 Spirostachys Ung. -Sternb. ex S. Watson（1874）Nom. illegit. ≡Heterostachys Ung. -Sternb.（1874）；~ ≡ Heterostachys Ung. - Sternb.（1874）；~ = Allenrolfea Kuntze（1891）〔藜科 Chenopodiaceae〕●☆☆

48448 Spirostegia Ivanina（1955）【汉】螺盖参属。【俄】Спиростегия。【隶属】玄参科 Scrophulariaceae。【包含】世界 1 种。【学名诠释与讨论】〈阴〉（希）speira，缠绕，绳索，螺旋 +stegion，屋顶，盖。【分布】亚洲中部。【模式】Spirostegia bucharica（B. A. Fedtschenko）L. I. Ivanina〔Triaenophora bucharica B. A. Fedtschenko〕■☆

48449 Spirostemon Griff.（1854）〔as 'Spirastemon'〕【汉】螺蕊夹竹桃属。【隶属】夹竹桃科 Apocynaceae。【包含】世界 1 种。【学名诠释与讨论】〈阳〉（希）speira，缠绕，绳索，螺旋 +stemon，雄蕊。此属的学名是"Spirostemon W. Griffith, Notul. Pl. Asiat. 4：80；Icon. t. 411（'Spirastemon'）. 1854"。亦有文献把其处理为"Parsonsia R. Br.（1810）（保留属名）"的异名。【分布】热带亚洲。【模式】Spirostemon spiralis W. Griffith.【参考异名】Parsonsia R. Br.（1810）（保留属名）●☆

48450 Spirostigma Nees（1847）【汉】螺柱头爵床属。【隶属】爵床科 Acanthaceae。【包含】世界 1 种。【学名诠释与讨论】〈中〉（拉）speira，缠绕，绳索，螺旋 +stigma，所有格 stigmatos，柱头，眼点。【分布】巴西。【模式】Spirostigma hirsutissimum C. G. D. Nees ■☆

48451 Spirostigma Post et Kuntze（1903）Nom. illegit. = Pitcairnia L' Hér.（1789）（保留属名）；~ = Spirastigma L' Hér. ex Schult. f.（1830）〔凤梨科 Bromeliaceae〕●■

48452 Spirostylis C. Presl ex Schult. et Schult. f.（1829）Nom. illegit.（废弃属名）≡ Spirostylis C. Presl（1829）（废弃属名）；~ = Loranthus Jacq.（1762）（保留属名）；~ = Struthanthus Mart.（1830）（保留属名）〔桑寄生科 Loranthaceae〕●☆

48453 Spirostylis C. Presl（1829）（废弃属名）= Loranthus Jacq.（1762）（保留属名）；~ = Struthanthus Mart.（1830）（保留属名）〔桑寄生科 Loranthaceae〕●☆

48454 Spirostylis Nees ex Mart.（1868）Nom. illegit.（废弃属名）= Willdenowia Thunb.（1788）〔as 'Wildenowia'〕〔帚灯草科 Restionaceae〕■☆

48455 Spirostylis Post et Kuntze（1903）Nom. illegit.（废弃属名）= Christiana DC.（1824）；~ =Speirostyla Baker（1889）〔椴树科（椴科，田麻科）Tiliaceae // 锦葵科 Malvaceae〕●☆

48456 Spirostylis Raf.（1838）Nom. illegit.（废弃属名）= Thalia L.（1753）〔竹芋科（苳叶科，柊叶科）Marantaceae〕■☆

48457 Spirotecoma（Baill.）Dalla Torre et Harms（1904）【汉】螺凌霄

属。【隶属】紫葳科 Bignoniaceae。【包含】世界5种。【学名诠释
与讨论】〈中〉（希）speira，螺旋，缠绕，绳索，轮+（属）Tecoma 黄钟
花属（硬骨凌霄属）。此属的学名，ING 和 TROPICOS 记载是
"Spirotecoma Baillon ex Dalla Torre et Harms，Gen. Siphon. 467.
Jun 1904"。IK 记载为"Spirotecoma（Baill.）Dalla Torre et
Harms，Gen. Siphon. 467. 1904"，由"Tecoma sect. Spirotecoma
Baill."改级而来。"Cotema N. L. Britton et P. Wilson，Mem.
Torrey Bot. Club 16：107. 10 Sep 1920"是"Spirotecoma（Baill.）
Dalla Torre et Harms（1904）"的晚出的同模式异名（Homotypic
synonym，Nomenclatural synonym）。"Spirotecoma Baill.，Hist. Pl.
（Baillon）10：49, in adnot.，pro gen. nov. vel sect. nov. 1888
［Nov-Dec 1888］≡Spirotecoma（Baill.）Dalla Torre et Harms
（1904）"是一个未合格发表的名称（Nom. inval.）。【分布】西
印度群岛。【模式】Spirotecoma spiralis（C. Wright ex Grisebach）
M. Pichon［Tecoma spiralis C. Wright ex Grisebach］。【参考异
名】Cotema Britton et P. Wilson（1920）Nom. illegit. ；Neurotecoma
K. Schum.（1894）；Spirotecoma Baill.（1888）Nom. inval.，Nom.
nud. ；Spirotecoma Baill. ex Dalla Torre et Harms（1904）Nom.
illegit. ；Tecoma sect. Spirotecoma Baill.（1888）●☆

48458　Spirotecoma Baill.（1888）Nom. inval.，Nom. nud. ≡
　　　　Spirotecoma（Baill.）Dalla Torre et Harms（1904）［紫葳科
　　　　Bignoniaceae］●☆

48459　Spirotecoma Baill. ex Dalla Torre et Harms（1904）Nom. illegit.
　　　　≡Spirotecoma（Baill.）Dalla Torre et Harms（1904）［紫葳科
　　　　Bignoniaceae］●☆

48460　Spirotheca Ulbr.（1914）= Ceiba Mill.（1754）［木棉科
　　　　Bombacaceae//锦葵科 Malvaceae］●

48461　Spirotheros Raf.（1830）= Heteropogon Pers.（1807）［禾本科
　　　　Poaceae（Gramineae）］■

48462　Spirotropis Tul.（1844）【汉】螺骨豆属（圭亚那豆属）。【隶
　　　　属】豆科 Fabaceae（Leguminosae）//蝶形花科 Papilionaceae。【包
　　　　含】世界1种。【学名诠释与讨论】〈阴〉（希）speira，螺旋，缠绕，
　　　　绳索，轮+tropos，转弯，方式上的改变，trope，转弯的行为。tropo，
　　　　转。tropis，所有格 tropeos，后来的。tropis，所有格 tropidos，龙骨
　　　　的。【分布】几内亚。【模式】Spirotropis candollei Tulasne，Nom.
　　　　illegit. ［Swartzia longifolia A. P. de Candolle，Spirotropis longifolia
　　　　（A. P. de Candolle）Baillon］■☆

48463　Spitgelia Sch. Bip.（1833）= Picris L.（1753）［菊科 Asteraceae
　　　　（Compositae）］■

48464　Spixia Leandro（1821）Nom. illegit. = Pera Mutis（1784）［袋戟
　　　　科（大袋科）Peraceae//大戟科 Euphorbiaceae］●☆

48465　Spixia Schrank（1819）= Centratherum Cass.（1817）［菊科
　　　　Asteraceae（Compositae）］■☆

48466　Splitgerbera Miq.（1840）= Boehmeria Jacq.（1760）［荨麻科
　　　　Urticaceae］●

48467　Spodiadaceae Hassk. = Anacardiaceae R. Br.（保留科名）；~ =
　　　　Spondiadaceae Kunth ●

48468　Spodias Hassk.（1844）= Spondias L.（1753）［漆树科
　　　　Anacardiaceae］●

48469　Spodiopogon Fourn. = Erianthus Michx.（1803）［禾本科
　　　　Poaceae（Gramineae）］■

48470　Spodiopogon Trin.（1820）【汉】大油芒属（大荻属，油芒属）。
　　　　【日】オオアブラススキ属，ミヤマアブラススキ属。【俄】
　　　　Серобородник，Сподиопогон。【英】Greyawngrass，Spodiopogon。
　　　　【隶属】禾本科 Poaceae（Gramineae）。【包含】世界9-20种，中国
　　　　9-14种。【学名诠释与讨论】〈阳〉（希）spodios，灰色的；spodos，
　　　　灰+pogon，所有格 pogonos，指小式 pogonion，胡须，髯毛，芒。

pogonias，有须的。指芒灰色。此属的学名，ING、TROPICOS、
APNI 和 IK 记载是"Spodiopogon Trin.，Fund. Agrost.（Trinius）
192，t. 17. 1820"。"Spodiopogon Fourn."是"Erianthus Michx.
（1803）［禾本科 Poaceae（Gramineae）］"的异名。【分布】巴基斯
坦，中国，亚洲。【模式】Spodiopogon sibiricus Trinius。【参考异
名】Eccoilopus Steud.（1854）■

48471　Spogopsis Raf. = Gilia Ruiz et Pav.（1794）；~ = Ipomopsis
　　　　Michx.（1803）［花荵科 Polemoniaceae］■●☆

48472　Sponcopsis Raf. = Spogopsis Raf.［花荵科 Polemoniaceae］■●☆

48473　Spondiaceae Martinov = Anacardiaceae R. Br.（保留科名）●

48474　Spondiadaceae Kunth = Anacardiaceae R. Br.（保留科名）●

48475　Spondiadaceae Martinov（1820）= Anacardiaceae R. Br.（保留
　　　　科名）●

48476　Spondianthus Engl.（1905）【汉】梅花大戟属。【隶属】大戟科
　　　　Euphorbiaceae。【包含】世界1种。【学名诠释与讨论】〈阳〉
　　　　（属）Spondias 槟榔青属+anthos，花。【分布】热带非洲。【模式】
　　　　未指定。【参考异名】Megabaria Pierre ex De Wild.（1908）Nom.
　　　　inval.，Nom. nud. ；Megabaria Pierre ex Hutch.（1910）●☆

48477　Spondias L.（1753）【汉】槟榔青属。【日】スポンディアス属。
　　　　【俄】Спондиас。【英】Hog Plum，Imbu，Mombin，Otaheite Apple。
　　　　【隶属】漆树科 Anacardiaceae。【包含】世界10-12种，中国4种。
　　　　【学名诠释与讨论】〈阴〉（希）spondias 或 spodias，一种梅或李树
　　　　的古名。指果与梅、李类似。此属的学名，ING、TROPICOS、
　　　　APNI 和 IK 记载是"Spondias L.，Sp. Pl. 1：371. 1753［1 May
　　　　1753］"。"Monbin P. Miller，Gard. Dict. Abr. ed. 4. 28 Jan
　　　　1754"是"Spondias L.（1753）"的晚出的同模式异名（Homotypic
　　　　synonym，Nomenclatural synonym）。【分布】巴基斯坦，巴拉圭，巴
　　　　拿马，秘鲁，玻利维亚，厄瓜多尔，哥伦比亚（安蒂奥基亚），马达
　　　　加斯加，尼加拉瓜，印度至马来西亚，中国，东南亚，中美洲。【模
　　　　式】Spondias mombin Linnaeus。【参考异名】Allospondias（Pierre）
　　　　Stapf（1900）；Allospondias Stapf（1900）Nom. illegit. ；Chrysomelon
　　　　J. R. Forst. et G. Forst. ex A. Gray（1854）；Cytheraea（DC.）
　　　　Wight et Arn.（1834）Nom. illegit. ；Cytheraea Wight et Arn.
　　　　（1834）；Evia Comm. ex Blume（1850）Nom. illegit. ；Evia Comm.
　　　　ex Juss.（1789）；Monbin Mill.（1754）Nom. illegit. ；Pteronema
　　　　Pierre（1897）；Shakua Bojer（1837）；Skoliostigma Lauterb.
　　　　（1920）；Solenocarpus Wight et Arn.（1834）；Spodias Hassk.
　　　　（1844）；Tetramixis Gagnep. ；Tetramyxis Gagnep.（1944）；
　　　　Warmingia Engl.（1874）（废弃属名）●

48478　Spondiodes Kuntze = Cnestis Juss.（1789）；~ = Spondioides
　　　　Smeathman ex Lam.（1789）［牛栓藤科 Connaraceae］●☆

48479　Spondioides Smeathman ex Lam.（1789）【汉】拟槟榔青属。【隶
　　　　属】牛栓藤科 Connaraceae。【包含】世界3种。【学名诠释与讨
　　　　论】〈阴〉（属）Spondias 槟榔青属+oides，来自 o+eides，像，似；或
　　　　o+eidos 形，含义为相像。亦有文献把"Spondioides Smeathman ex
　　　　Lam.（1789）"处理为"Cnestis Juss.（1789）"的异名。【分布】参
　　　　见 Cnestis Juss。【模式】Spondioides pruriens Smeathman ex Lam.。
　　　　【参考异名】Cnestis Juss.（1789）；Spondiodes Kuntze ●☆

48480　Spondiopsis Engl.（1895）【汉】类槟榔青属。【隶属】漆树科
　　　　Anacardiaceae。【包含】世界1种。【学名诠释与讨论】〈阴〉
　　　　（属）Spondias 槟榔青属+希腊文 opsis，外观，模样，相似。此属的
　　　　学名是"Spondiopsis Engler，Pflanzenwelt Ost-Afrikas C：243.
　　　　1895"。亦有文献把其处理为"Commiphora Jacq.（1797）（保留
　　　　属名）"的异名。【分布】热带非洲。【模式】Spondiopsis
　　　　trifoliolata Engler。【参考异名】Commiphora Jacq.（1797）（保留
　　　　属名）●☆

48481　Spondogona Raf.（1838）（废弃属名）= Dipholis A. DC.

（1844）（保留属名）；~ = Sideroxylon L. （1753）［山榄科 Sapotaceae］●☆

48482　Spondylantha C. Presl（1831）= Vitis L. （1753）［葡萄科 Vitaceae］●

48483　Spondylococcos Mitch. （1748）Nom. inval. = Callicarpa L. （1753）［马鞭草科 Verbenaceae//牡荆科 Viticaceae］●

48484　Spondylococcus Rchb. （1828）= Bergia L. （1771）；~ = Sphondylococca Willd. ex Schult. （1820）Nom. illegit. ［沟繁缕科 Elatinaceae］●■

48485　Spongiocarpella Yakovlev et N. Ulziykh. （1987）【汉】海绵豆属。【隶属】豆科 Fabaceae（Leguminosae）//蝶形花科 Papilionaceae。【包含】世界8种。【学名诠释与讨论】〈阴〉（拉）spongia，指小式 spongiola，海绵 + carpus 果实 + - ellus，- ella，- ellum，加在名词词干后面形成指小式的词尾。或加在人名、属名等后面以组成新属的名称。此属的学名，ING 记载是 "Spongiocarpella G. P. Yakovlev et N. Ulzijchutag in G. P. Yakovlev et O. A. Sviazeva, Bot. Zurn. （Moscow et Leningrad）72：250. Feb 1987"。"Spongiocarpella Yakovlev et N. Ulziykh. ex Yakovlev et Sviaz. （1987）≡ Spongiocarpella Yakovlev et N. Ulziykh. （1987）"的命名人引证有误。亦有文献把 "Spongiocarpella Yakovlev et N. Ulziykh. （1987）"处理为 "Chesneya Lindl. ex Endl. （1840）"的异名。【分布】蒙古，中国，喜马拉雅山。【模式】Spongiocarpella nubigena （D. Don）G. P. Yakovlev ［Astragalus nubigenus D. Don］。【参考异名】Chesneya Lindl. ex Endl. （1840）；Spongiocarpella Yakovlev et N. Ulziykh. ex Yakovlev et Sviaz. （1987）Nom. illegit. ●

48486　Spongiocarpella Yakovlev et N. Ulziykh. ex Yakovlev et Sviaz. （1987）Nom. illegit. ≡ Spongiocarpella Yakovlev et N. Ulziykh. （1987）［豆科 Fabaceae（Leguminosae）//蝶形花科 Papilionaceae］●

48487　Spongiola J. J. Wood et A. L. Lamb（2009）【汉】海绵兰属。【隶属】兰科 Orchidaceae。【包含】世界1种。【学名诠释与讨论】〈阴〉（拉）spongia，指小式 spongiola，海绵。【分布】加里曼丹岛。【模式】Spongiola vermeuleniana （Determann）Szlach. et Mytnik ☆

48488　Spongiosperma Zamcch（1988）【汉】绵籽夹竹桃属。【隶属】夹竹桃科 Apocynaceae。【包含】世界6种。【学名诠释与讨论】〈中〉（拉）spongia，指小式 spongiola，海绵 + sperma，所有格 spermatos，种子，孢子。此属的学名，ING 和 IK 记载是 "Spongiosperma J. L. Zarucchi, Agric. Univ. Wageningen Pap. 87（1）：48. 16 Feb 1988（'1987'）"。ING 记载它是作为新属发表的；IK 则标注为是 "Molongum sect. Trichosiphon Pichon"的替代名称。【分布】热带南美洲。【模式】Spongiosperma macrophyllum （J. Müller - Arg.）J. L. Zarucchi ［Ambelania macrophylla J. Müller-Arg. ［as ' macroyhylla'］。【参考异名】Molongum sect. Trichosiphon Pichon（1948）●☆

48489　Spongiosyndesmus Gilli（1959）= Ladyginia Lipsky（1904）［伞形花科（伞形科）Apiaceae（Umbelliferae）]■☆

48490　Spongopyrena Tiegh. （1902）= Ouratea Aubl. （1775）（保留属名）［金莲木科 Ochnaceae］●

48491　Spongostemma（Rchb.）Rchb. （1826）= Scabiosa L. （1753）［川续断科（刺参科，蓟叶参科，山萝卜科，续断科）Dipsacaceae//蓝盆花科 Scabiosaceae］●■

48492　Spongostemma Rchb. （1826）Nom. illegit. ≡ Spongostemma （Rchb.）Rchb. （1826）；~ = Scabiosa L. （1753）［川续断科（刺参科，蓟叶参科，山萝卜科，续断科）Dipsacaceae//蓝盆花科 Scabiosaceae］●■

48493　Spongostemma Tiegh. （1909）Nom. illegit. = Scabiosa L. （1753）［川续断科（刺参科，蓟叶参科，山萝卜科，续断科）Dipsacaceae//蓝盆花科 Scabiosaceae］●■

48494　Spongotrichum Nees（1832）= Olearia Moench（1802）（保留属名）［菊科 Asteraceae（Compositae）］●☆

48495　Sponia Comm. ex Decne. （1834）= Trema Lour. （1790）［榆科 Ulmaceae］●

48496　Sponia Comm. ex Lam. = Trema Lour. （1790）［榆科 Ulmaceae］●

48497　Sporabolus Hassk. （1844）= Sporobolus R. Br. （1810）［禾本科 Poaceae（Gramineae）//鼠尾粟科 Sporobolaceae］■

48498　Sporadanthus F. Muell. （1874）【汉】散花帚灯草属。【隶属】帚灯草科 Restionaceae。【包含】世界6-7种。【学名诠释与讨论】〈阳〉（希）sporas，所有格 sporados，散布开的；sporaden，分散的，稀稀拉拉的 + anthos，花。此属的学名，ING 和 IK 记载是 "Sporadanthus F. v. Mueller, Trans. et Proc. New Zealand Inst. 6：389. 1874"。"Sporadanthus F. Muell. ex J. Buch. （1874）≡ Sporadanthus F. Muell. （1874）"的命名人引证有误。【分布】新西兰（包括查塔姆群岛）。【模式】Sporadanthus traversii （F. v. Mueller）F. v. Mueller ex T. Kirk ［Lepyrodia traversii F. v. Mueller］。【参考异名】Sporadanthus F. Muell. ex J. Buch. （1874）Nom. illegit. ■☆

48499　Sporadanthus F. Muell. ex J. Buch. （1874）Nom. illegit. ≡ Sporadanthus F. Muell. （1874）［帚灯草科 Restionaceae］■☆

48500　Sporichloe Pilg. , Nom. illegit. = Schedonnardus Steud. （1850）；~ = Spirochloe Lunell（1915）Nom. illegit. ［禾本科 Poaceae （Gramineae）］■☆

48501　Sporledera Bernh. （1842）= Ceratotheca Endl. （1832）［胡麻科 Pedaliaceae］●☆

48502　Sporobolaceae（Stapf）Herter = Sporobolaceae Herter ■

48503　Sporobolaceae Herter（1941）［亦见 Gramineae Juss. （保留科名）//Poaceae Barnhart（保留科名）禾本科］【汉】鼠尾粟科。【包含】世界1属150-160种，中国1属8种。【分布】热带，温带。【科名模式】Sporobolus R. Br. （1810）■

48504　Sporobolus R. Br. （1810）【汉】鼠尾粟属。【日】ネズミノオ属，ネズミノヲ属。【俄】Споробოлус, Спороболюс。【英】Dropseed, Dropseedgrass, Rush Grass, Sporobolus。【隶属】禾本科 Poaceae（Gramineae）//鼠尾粟科 Sporobolaceae。【包含】世界 150-160种，中国8种。【学名诠释与讨论】〈阳〉（希）spora，孢子，种子 + bolos，投掷，捕捉，大药丸。果实成熟后自小穗上弹落。【分布】巴基斯坦，巴拿马，秘鲁，玻利维亚，厄瓜多尔，哥伦比亚（安蒂奥基亚），哥斯达黎加，马达加斯加，美国（密苏里），尼加拉瓜，中国，热带，温带，中美洲。【后选模式】Sporobolus indicus （Linnaeus）R. Brown ［Agrostis indica Linnaeus］。【参考异名】Agrosticula Raddi（1823）；Bauchea E. Fourn. （1886）Nom. illegit. ；Bauchea E. Fourn. ex Benth. （1881）；Bennetia Raf. （1830）Nom. illegit. ；Cryptostachys Steud. （1850）；Diachyrium Griseb. （1874）；Spermachiton Llanos（1851）；Spermatochiton Pilg. , Nom. illegit. ；Sporabolus Hassk. （1844）；Triachyrium Benth. （1881）；Triachyrum Hochst. （1841）Nom. inval. ；Triachyrum Hochst. ex A. Braun （1841）；Triachyrum Hochst. ex Steud. （1855）Nom. illegit. ；Vilfa P. Beauv. （1812）Nom. illegit. ■

48505　Sporoxeia W. W. Sm. （1917）【汉】八蕊花属。【英】Sporoxeia。【隶属】野牡丹科 Melastomataceae。【包含】世界7种，中国2-4种。【学名诠释与讨论】〈阴〉（希）spora，孢子，种子 + oxys，锐尖，敏锐，迅速，或酸的；oxytenes，锐利的，有尖的；oxyntos，使锐利的，

使发酸的。指种子楔形。【分布】缅甸,中国。【模式】Sporoxeia sciadophila W. W. Smith ●★

48506　Sportella Hance(1877)= Pyracantha M. Roem.(1847)[蔷薇科 Rosaceae]●

48507　Spraguea Torr.(1851)【汉】斯普马齿苋属。【隶属】马齿苋科 Portulacaceae。【包含】世界 10 种。【学名诠释与讨论】〈阴〉(人)Isaac Sprague,1811–1895,美国植物与动物绘图员。另说纪念 Thomas Archibald Sprague,1877–1958,英国植物学者,植物采集家。此属的学名是“Spraguea Torrey, Proc. Amer. Assoc. Advancem. Sci. 4: 190. 1851”。亦有文献把其处理为“Cistanthe Spach(1836)”的异名。【分布】北美洲西部。【模式】Spraguea umbellata Torrey。【参考异名】Cistanthe Spach(1836)■☆

48508　Spragueanella Balle(1954)【汉】斯普寄生属。【隶属】桑寄生科 Loranthaceae。【包含】世界 2 种。【学名诠释与讨论】〈阴〉(人)Thomas Archibald Sprague,1877–1958,英国植物学者,植物采集家。【分布】热带非洲东部。【模式】Spragueanella rhamnifolia(Engler)Balle[Loranthus rhamnifolius Engler]●☆

48509　Sprekelia Heist.(1748)Nom. inval. =Sprekelia Heist.(1755)[石蒜科 Amaryllidaceae]■

48510　Sprekelia Heist.(1755)【汉】龙头花属(燕水仙属)。【日】ツバメズイセン属。【俄】Спрекелия。【英】Aztec Lily, Azteclily, Dragonheadflower, Jacobean Lily, Jacobeanlily, St. James Lily。【隶属】石蒜科 Amaryllidaceae。【包含】世界 1 种,中国 1 种。【学名诠释与讨论】〈阴〉(人)Johann Heinrich von Sprekelsen(or Sprekel),1691 – 1764,植物学者。此属的学名,ING、GCI、TROPICOS 和 IK 记载是“Sprekelia Heist., Beschr. Neu. Geschl. 15, 19. 1755”。IK 记载的“Sprekelia Heist., Syst. 5(1748); Desc. Brunsvig. 19(1753)”似是一个未合格发表的名称(Nom. inval.)。“Sprekelia Herb.(1755)Nom. illegit. = Sprekelia Heist.(1755)”是晚出的非法名称。【分布】玻利维亚,墨西哥,中国。【模式】Sprekelia formosissima(Linnaeus)Herbert[Amaryllis formosissima Linnaeus]。【参考异名】Sprekelia Heist.(1748)Nom. inval.;Sprekelia Herb.(1755)Nom. illegit. ■

48511　Sprekelia Herb.(1755)Nom. illegit. =Sprekelia Heist.(1755)[石蒜科 Amaryllidaceae]■

48512　Sprengalia Andr. ex Steud.(1841)Nom. illegit. ≡Sprengalia Steud.(1841)Nom. illegit.;~=Sprengelia Sm.(1794)[尖苞木科 Epacridaceae]●☆

48513　Sprengalia Steud.(1841)Nom. illegit. = Sprengelia Sm.(1794)[尖苞木科 Epacridaceae]●☆

48514　Sprengelia Schult.(1809)Nom. illegit. = Melhania Forssk.(1775)[梧桐科 Sterculiaceae//锦葵科 Malvaceae]●■

48515　Sprengelia Sm.(1794)【汉】昙石南属(湿生石南属)。【隶属】尖苞木科 Epacridaceae。【包含】世界 1-4 种。【学名诠释与讨论】〈阴〉(人)Christian Konrad Sprengel,1730–1816,德国植物学者。此属的学名,ING、APNI、TROPICOS 和 IK 记载是“Sprengelia Sm., Kongl. Vetensk. Acad. Nya Handl.(1794)260”。“Sprengalia ‘Andr.’ ex Steud., Nomencl. Bot.[Steudel],ed. 2. 2;626,sphalm. 1841 ≡Sprengalia Steud.(1841)Nom. illegit. = Sprengelia Sm.(1794)”、“Sprengalia J. A. Schultes,Observ. Bot. 134. 1809”=Melhania Forssk.(1775)[梧桐科 Sterculiaceae//锦葵科 Malvaceae]和“Sprengeria E. L. Greene,Leafl. Bot. Observ. 1;198. 24 Feb 1906(‘1905’)= Lepidium L.(1753)[十字花科 Brassicaceae(Cruciferae)]”是晚出的非法名称。“Botanist's Repository,for new, and rare plants 1;2. 1797”是“Sprengelia Sm.(1794)”的拼写变体。“Springalia DC., Prodr.[A. P. de Candolle]7(2):768, err. typ. 1839[late Dec 1839]”也似是

“Sprengelia Sm.(1794)”的拼写变体。【分布】澳大利亚(东南部和塔斯马尼亚岛)。【模式】Sprengelia incarnata J. E. Smith。【参考异名】Poiretia Cav.(1797)(废弃属名);Ponceletia R. Br.(1810);Sprengalia Andr. ex Steud.(1841)Nom. illegit.;Sprengalia Steud.(1841)Nom. illegit.;Springalia Andrews(1798)Nom. illegit.;Springalia DC.(1839)Nom. illegit. ●☆

48516　Sprengeria Greene(1906)= Lepidium L.(1753)[十字花科 Brassicaceae(Cruciferae)]■

48517　Springalia Andrews(1798)Nom. illegit. ≡ Sprengelia Sm.(1794)[尖苞木科 Epacridaceae]●☆

48518　Springalia DC.(1839)Nom. illegit. = Sprengelia Sm.(1794)[尖苞木科 Epacridaceae]●☆

48519　Springia Van Heurck et Müll. Arg.(1871)= Ichnocarpus R. Br.(1810)(保留属名)[夹竹桃科 Apocynaceae]●■

48520　Springula Noronha = Hygrophila R. Br.(1810)[爵床科 Acanthaceae]●■

48521　Sprucea Benth.(1853)= Simira Aubl.(1775)[茜草科 Rubiaceae]■☆

48522　Spruceanthus Sleumer(1936)Nom. illegit. ≡ Neosprucea Sleumer(1938);~=Hasseltia Kunth(1825)[椴树科(椴科,田麻科)Tiliaceae]●☆

48523　Sprucella Pierre(1890)= Micropholis(Griseb.)Pierre(1891)[山榄科 Sapotaceae]●☆

48524　Sprucina Nied.(1908)= Diplopterys A. Juss.(1838);~=Jubelina A. Juss.(1838)[金虎尾科(黄褥花科)Malpighiaceae]●☆

48525　Sprunera Sch. Bip. ex Hochst.(1841)= Sphaeranthus L.(1753)[菊科 Asteraceae(Compositae)]■

48526　Sprunnera Sch. Bip.(1843)Nom. illegit. ≡ Codonocephalum Fenzl(1843);~=Inula L.(1753)[菊科 Asteraceae(Compositae)//旋覆花科 Inulaceae]●■

48527　Spryginia Popov(1923)【汉】斯皮里芥属。【隶属】十字花科 Brassicaceae(Cruciferae)。【包含】世界 7 种。【学名诠释与讨论】〈阴〉(人)Ivan Ivanovic Sprygin,1873–1942,植物学者。此属的学名是“Spryginia Popov, Trudy Turkestansk. Naucn. Obsc. 1: 35. 1923”。亦有文献把其处理为“Orychophragmus Bunge(1835)”的异名。【分布】阿富汗,土库曼斯坦,乌兹别克斯坦。【模式】Spryginia winkleri(Regel)Popov[Moricandia winkleri Regel]。【参考异名】Orychophragmus Bunge(1835)■☆

48528　Spuricianthus Szlach. et Marg.(2001)【汉】假钻花兰属。【隶属】兰科 Orchidaceae。【包含】世界 1 种。【学名诠释与讨论】〈阳〉(希)spurius,异常的,假的+(属)Acianthus 钻花兰属。此属的学名是“Spuricianthus Szlach. et Marg.,Polish Botanical Journal 46: 29. 2001”。亦有文献把其处理为“Acianthus R. Br.(1810)”的异名。【分布】法属新喀里多尼亚。【模式】Spuricianthus atepalus(Rchb. f.)Szlach. et Marg.。【参考异名】Acianthus R. Br.(1810)■☆

48529　Spuriodaucus C. Norman(1930)【汉】异萝卜属。【隶属】伞形花科(伞形科)Apiaceae(Umbelliferae)。【包含】世界 3 种。【学名诠释与讨论】〈阳〉(希)spurius,异常的,假的+(属)Daucus 胡萝卜属。【分布】热带非洲。【模式】Spuriodaucus quarrei Norman ■☆

48530　Spurionucaceae Dulac =Ambrosiaceae Martinov ●■

48531　Spuriopimpinella(H. Boissieu)Kitag.(1941)【汉】大叶芹属。【隶属】伞形花科(伞形科)Apiaceae(Umbelliferae)。【包含】世界 6 种,中国 5 种。【学名诠释与讨论】〈阴〉(拉)spurius,异常的+(属)Pimpinella 茴芹属。此属的学名,ING 和 IK 记载是

"Spuriopimpinella（H. Boissieu）Kitagawa, J. Jap. Bot. 17：558. 1941"cum descr. lat.，由"Pimpinella［sect.］Spuriopimpinella H. Boissieu, Bull. Soc. Bot. France 53：428. 1906"改级而来。"Spuriopimpinella Kitag.（1941）≡Spuriopimpinella（H. Boissieu）Kitag.（1941）"的命名人引证有误。亦有文献把"Spuriopimpinella（H. Boissieu）Kitag.（1941）"处理为"Pimpinella L.（1753）"的异名。【分布】中国，亚洲东部。【模式】Spuriopimpinella calycina（Maximowicz）Kitagawa［Pimpinella calycina Maximowicz］。【参考异名】Pimpinella L.（1753）；Pimpinella［sect.］Spuriopimpinella H. Boissieu（1906）；Spuriopimpinella Kitag. ■

48532 Spuriopimpinella Kitag.（1941）Nom. illegit. ≡Spuriopimpinella（H. Boissieu）Kitag.（1941）［伞形花科（伞形科）Apiaceae（Umbelliferae）］■

48533 Spyridanthus Wirtst. = Monolopia DC.（1838）；~ = Spiridanthus Fenzl ex Endl.（1842）Nom. illegit.；~ = Spiridanthus Fenzl（1842）［菊科 Asteraceae（Compositae）］■☆

48534 Spyridium Fenzl（1837）【汉】篮鼠李属。【隶属】鼠李科 Rhamnaceae。【包含】世界30种。【学名诠释与讨论】〈中〉（希）spyris，所有格 spyridos，篮子 +- idius，- idia，- idium，指示小的词尾。指花冠。【分布】澳大利亚（温带）。【模式】Spyridium eriocephalum Fenzl。【参考异名】Stenodiscus Reissek（1858）●☆

48535 Squamaria Ludw.（1757）Nom. illegit. ≡Anblatum Hill（1756）Nom. illegit.；~ ≡Lathraea L.（1753）［列当科 Orobanchaceae//玄参科 Scrophulariaceae］■

48536 Squamataxus J. Nelson（1866）Nom. illegit. ≡Saxegothaea Lindl.（1851）（保留属名）［罗汉松科 Podocarpaceae］●☆

48537 Squamellaria Becc.（1886）【汉】小鳞茜属。【隶属】茜草科 Rubiaceae。【包含】世界3种。【学名诠释与讨论】〈阴〉（拉）squama，所有格 squamula，鳞甲 +- arius，- aria，- arium，指示"属于、相似、具有、联系"的词尾。【分布】斐济。【后选模式】Squamellaria imberbis（A. Gray）Beccari［Myrmecodia imberbis A. Gray］☆

48538 Squamopappus R. K. Jansen, N. A. Harriman et Urbatsch（1982）【汉】冠鳞菊属。【隶属】菊科 Asteraceae（Compositae）。【包含】世界1种。【学名诠释与讨论】〈阳〉（希）squama，所有格 squamula，鳞甲 +希腊文 pappos 指柔毛，软毛。pappus 则与拉丁文同义，指冠毛。【分布】哥斯达黎加，洪都拉斯，墨西哥，尼加拉瓜，危地马拉，中美洲。【模式】Squamopappus skutchii（S. F. Blake）R. K. Jansen, N. A. Harriman et L. E. Urbatsch［Calea skutchii S. F. Blake］●☆

48539 Squibbia Raf. = Sesuvium L.（1759）［番杏科 Aizoaceae//海马齿科 Sesuveriaceae］■

48540 Squilla Steinh.（1836）Nom. illegit. = Charybdis Speta（1998）；~ = Urginea Steinh.（1834）［百合科 Liliaceae//风信子科 Hyacinthaceae］■☆

48541 Sredinskya（Stein ex Kusn.）Fed.（1950）【汉】大报春属。【俄】Срединския。【隶属】报春花科 Primulaceae。【包含】世界1种。【学名诠释与讨论】〈阴〉（人）Nicolia K.（C.）Sredinsky, 1843-1908，植物学者。此属的学名，ING 记载是"Sredinskya（B. Stein ex N. Kusnezow）An. A. Fedorov, Bot. Mater. Gerb. Bot. Inst. Komarova Akad. Nauk SSSR 13：201. 1950（post 12 Dec）"，由"Primula sect. Sredinskya B. Stein ex N. Kusnezow in N. Kusnezow et al.，Fl. Caucas. Crit. 4（1）：116. 1901"改级而来。IK 和 TROPICOS 则记载为"Sredinskya（Stein）Fed.，Bot. Mater. Gerb. Bot. Inst. Komarova Akad. Nauk S. S. S. R. 13：201. 1950"。三者引用的文献相同。亦有文献把"Sredinskya（Stein

ex Kusn.）Fed.（1950）"处理为"Primula L.（1753）"的异名。【分布】高加索。【模式】Sredinskya grandis（Trautvetter）An. A. Fedorov［Primula grandis Trautvetter］。【参考异名】Primula sect. Sredinskya Stein ex Kusn.（1901）；Primula sect. Sredinskya Stein（1901）Primula L.（1753）；Sredinskya（Stein）Fed.（1950）Nom. illegit. ■☆

48542 Sredinskya（Stein）Fed.（1950）Nom. illegit. ≡Sredinskya（Stein ex Kusn.）Fed.（1950）［报春花科 Primulaceae］■☆

48543 Sreemadhavana Rauschert（1982）= Aphelandra R. Br.（1810）［爵床科 Acanthaceae］●■☆

48544 Srutanthus Pritz.（1855）= Sruthanthus DC.（1830）Nom. illegit.；~ = Struthanthus Mart.（1830）（保留属名）［桑寄生科 Loranthaceae］●☆

48545 Sruthanthus DC.（1830）= Struthanthus Mart.（1830）（保留属名）［桑寄生科 Loranthaceae］●☆

48546 Staavia Dahl（1787）【汉】斯塔树属。【隶属】鳞叶树科（布鲁尼科，小叶树科）Bruniaceae。【包含】世界8种。【学名诠释与讨论】〈阴〉（人）Staav, 林奈的一为通讯员。【分布】非洲南部。【后选模式】Staavia radiata（Linnaeus）Dahl［Phylica radiata Linnaeus］。【参考异名】Astrocoma Neck.（1790）Nom. inval.；Levisanus Schreb.（1789）；Stavia Thunb.（1792）●☆

48547 Staberoha Kunth（1841）【汉】纸苞帚灯草属。【隶属】帚灯草科 Restionaceae。【包含】世界9种。【学名诠释与讨论】〈阴〉词源不详。【分布】非洲南部。【后选模式】Staberoha distachya（Rottböll）Kunth［Restio distachyos Rottböll］■☆

48548 Stachiopsis Ikonn. - Gal.（1927）= Stachyopsis Popov et Vved.（1923）［唇形科 Lamiaceae（Labiatae）］■

48549 Stachiopsis Popow et Vved. ex Ikonn. - Gal.（1927）= Stachyopsis Popov et Vved.（1923）［唇形科 Lamiaceae（Labiatae）］■

48550 Stachis Neck.（1768）= Stachys L.（1753）［唇形科 Lamiaceae（Labiatae）］●■

48551 Stachyacanthus Nees（1847）【汉】刺穗爵床属。【隶属】爵床科 Acanthaceae。【包含】世界1种。【学名诠释与讨论】〈阳〉（希）stachys, 穗，谷，长钉 + akantha, 荆棘。akanthikos, 荆棘的。akanthion, 蓟的一种，豪猪，刺猬。akanthinos, 多刺的，用荆棘做成的。在植物学中，acantha 通常指刺。【分布】巴西。【模式】Stachyacanthus riedelianus C. G. D. Nees☆

48552 Stachyandra Leroy ex Radcl. - Sm.（1990）【汉】穗蕊大戟属。【隶属】大戟科 Euphorbiaceae。【包含】世界4种。【学名诠释与讨论】〈阴〉（希）stachys, 穗，谷，长钉 + aner, 所有格 andros, 雄性，雄蕊。【分布】马达加斯加。【模式】Stachyandra merana（Airy Shaw）A. Radcliffe - Smith［Androstachys merana Airy Shaw］●☆

48553 Stachyanthemum Klotzsch（1848）= Cyrilla Garden ex L.（1767）［翅萼树科（翅萼木科，西里拉科）Cyrillaceae］●☆

48554 Stachyanthus Blume（废弃属名）= Bulbophyllum Thouars（1822）（保留属名）；~ = Phyllorkis Thouars（1809）（废弃属名）［兰科 Orchidaceae］■

48555 Stachyanthus DC.（1836）（废弃属名）≡Argyrovernonia MacLeish（1984）；~ = Eremanthus Less.（1829）［菊科 Asteraceae（Compositae）］●☆

48556 Stachyanthus Engl.（1897）（保留属名）【汉】穗花茱萸属。【隶属】茶茱萸科 Icacinaceae。【包含】世界6种。【学名诠释与讨论】〈阳〉（希）stachys, 穗，谷，长钉 + anthos, 花。此属的学名"Stachyanthus Engl. in Engler et Prantl, Nat. Pflanzenfam.，Nachtr. 2-4,1：227. Oct 1897 = Bulbophyllum Thouars（1822）（保留属名）"是保留属名。相应的废弃属名是菊科 Asteraceae 的

"Stachyanthus DC. ,Prodr. 5:84. 1-10 Oct 1836 ≡ Argyrovernonia MacLeish（1984）= Eremanthus Less. （1829）"；"Argyrovernonia MacLeish"是其替代名称。"Stachyanthus Blume = Bulbophyllum Thouars（1822）（保留属名）= Phyllorkis Thouars（1809）（废弃属名）"亦应废弃。"Neostachyanthus Exell et Mendonça, Bol. Soc. Brot. 25:111. 10 Mar 1951"是"Stachyanthus Engl. （1897）（保留属名）"的晚出的同模式异名（Homotypic synonym, Nomenclatural synonym）。【分布】热带非洲。【模式】Stachyanthus zenkeri Engler。【参考异名】Argyrovernonia MacLeish （1984）；Bulbophyllum Thouars（1822）（保留属名）；Neostachyanthus Exell et Mendonça（1951）Nom. illegit. ●☆

48557　Stachyarpagophora M. Gómez（1896）Nom. illegit. ≡ Stachyarpagophora Vaill. ex M. Gómez（1896）Nom. illegit. ；~ ≡ Achyranthes L. （1753）（保留属名）［苋科 Amaranthaceae］■

48558　Stachyarpagophora Vaill. ex M. Gómez（1896）Nom. illegit. = Achyranthes L. （1753）（保留属名）［苋科 Amaranthaceae］■

48559　Stachyarrhena Hook. f.（1870）【汉】雄穗茜属。【隶属】茜草科 Rubiaceae。【包含】世界10种。【学名诠释与讨论】〈阴〉（希）stachys, 穗, 谷, 长钉+arrhena, 所有格 ayrhenos, 雄的。【分布】巴拿马, 秘鲁, 玻利维亚, 厄瓜多尔, 中美洲。【模式】Stachyarrhena spicata J. D. Hooker☆

48560　Stachycarpus（Endl.）Tiegh. （1891）= Podocarpus Pers. （1807）（保留属名）［罗汉松科 Podocarpaceae］●

48561　Stachycarpus Ticgh. （1891）Nom. illegit. ≡ Stachycarpus （Endl.）Tiegh. （1891）；~ = Podocarpus Pers. （1807）（保留属名）［罗汉松科 Podocarpaceae］●

48562　Stachycephalum Sch. Bip. ex Benth. （1872）【汉】穗头菊属。【隶属】菊科 Asteraceae（Compositae）。【包含】世界2-3种。【学名诠释与讨论】〈阴〉（希）stachys, 穗, 谷, 长钉+kephale, 头。【分布】阿根廷, 玻利维亚, 厄瓜多尔, 墨西哥。【模式】Stachycephalum mexicanum Sch. Bip. ex Benth. ■●☆

48563　Stachychrysum Bojer（1837）= Piptadenia Benth. （1840）［豆科 Fabaceae（Leguminosae）］●☆

48564　Stachycnida Post et Kuntze（1903）= Pouzolzia Gaudich. （1830）；~ =Stachyocnide Blume（1857）［荨麻科 Urticaceae］●■

48565　Stachycrater Turcz. （1858）= Osmelia Thwaites（1858）［刺篱木科（大风子科）Flacourtiaceae］●☆

48566　Stachydaceae Döll = Labiatae Juss. （保留科名）//Lamiaceae Martinov（保留科名）●■

48567　Stachydaceae Salisb. = Labiatae Juss. （保留科名）//Lamiaceae Martinov（保留科名）●■

48568　Stachydeoma Small（1903）【汉】北美穗灌属。【隶属】唇形科 Lamiaceae（Labiatae）。【包含】世界1-4种。【学名诠释与讨论】〈阴〉（希）stachys, 穗, 谷, 长钉+desmos, 链, 束, 结, 带, 纽带。desma, 所有格 desmatos, 含义与 desmos 相似。【分布】美国（南部）。【后选模式】Stachydeoma graveolens（Chapman ex A. Gray）［Hedeoma graveolens Chapman ex A. Gray］。【参考异名】Stachydesma Willis, Nom. inval. ●☆

48569　Stachydesma Willis, Nom. inval. = Stachydeoma Small（1903）［唇形科 Lamiaceae（Labiatae）］●☆

48570　Stachyobium Rchb. f. （1869）= Dendrobium Sw. （1799）（保留属名）［兰科 Orchidaceae］■

48571　Stachyocnide Blume（1857）= Pouzolzia Gaudich. （1830）［荨麻科 Urticaceae］●■

48572　Stachyococcus Standl. （1936）【汉】穗果茜属。【隶属】茜草科 Rubiaceae。【包含】世界1种。【学名诠释与讨论】〈阳〉（希）stachys, 穗, 谷, 长钉+kokkos, 变为拉丁文 coccus, 仁, 谷粒, 浆果。

【分布】秘鲁。【模式】Stachyococcus adinanthus （Standley） Standley［Retiniphyllum adinanthum Standley］●☆

48573　Stachyophorbe（Liebm. ex Mart. ）Liebm. ex Klotzsch（1852）= Chamaedorea Willd. （1806）（保留属名）［棕榈科 Arecaceae （Palmae）］●☆

48574　Stachyophorbe（Liebm. ex Mart. ）Liebm. （1846）Nom. inval. ≡ Stachyophorbe（Liebm. ex Mart. ）Liebm. ex Klotzsch（1852）；~ =Chamaedorea Willd. （1806）（保留属名）［棕榈科 Arecaceae （Palmae）］●☆

48575　Stachyophorbe Liebm. （1846）Nom. illegit. ≡ Stachyophorbe （Liebm. ex Mart. ）Liebm. ex Klotzsch（1852）；~ =Chamaedorea Willd. （1806）（保留属名）［棕榈科 Arecaceae（Palmae）］●☆

48576　Stachyopogon Klotzsch（1862）= Aletris L. （1753）［百合科 Liliaceae//纳茜菜科（肺筋草科）Nartheciaceae//血草科（半授花科, 给血草科, 血皮草科）Haemodoraceae］■

48577　Stachyopsis Popov et Vved. （1923）【汉】假水苏属。【俄】Стахиопсис。【英】Falsebetony。【隶属】唇形科 Lamiaceae （Labiatae）。【包含】世界3-4种, 中国3种。【学名诠释与讨论】〈阴〉（属）Stachys 水苏属+希腊文 opsis, 外观, 模样, 相似。【分布】中国, 亚洲中部。【模式】未指定。【参考异名】Stachiopsis Ikonn. -Gal. （1927）；Stachiopsis Popow et Vved. ex Ikonn. -Gal. （1927）■

48578　Stachyothyrsus Harms（1897）【汉】大穗苏木属。【隶属】豆科 Fabaceae（Leguminosae）。【包含】世界1种。【学名诠释与讨论】〈阴〉（希）stachys, 穗, 谷, 长钉+thyrsos, 茎, 杖；thyrsus, 聚伞圆锥花序, 团。【分布】热带非洲。【模式】Stachyothyrsus staudtii Harms。【参考异名】Kaoue Pellegr. （1933）；Stachythyrsus Post et Kuntze（1903）■☆

48579　Stachyphrynium K. Schum. （1902）【汉】竹花柊叶属（穗花柊叶属）。【隶属】竹芋科（苳叶科, 柊叶科）Marantaceae。【包含】世界12-16种, 中国1种。【学名诠释与讨论】〈阴〉（希）stachys, 穗, 谷, 长钉+（属）Phrynium 柊叶属（苳叶属）。【分布】印度, 中国, 东南亚西部。【模式】未指定■

48580　Stachyphyllum Tiegh. （1896）= Antidaphne Poepp. et Endl. （1838）［绿乳科（菜蓂寄生科, 房底珠科）Eremolepidaceae］●☆

48581　Stachypitys A. V. Bobrov et Melikyan（2000）Nom. illegit. = Podocarpus Pers. （1807）（保留属名）［罗汉松科 Podocarpaceae］●

48582　Stachypogon Post et Kuntze（1903）= Aletris L. （1753）；~ = Stachyopogon Klotzsch（1862）［百合科 Liliaceae//纳茜菜科（肺筋草科）Nartheciaceae//血草科（半授花科, 给血草科, 血皮草科）Haemodoraceae］■

48583　Stachys L. （1753）【汉】水苏属。【日】イヌゴマ属, スタキス属。【俄】Буквица, Буковица, Медвежья лапа, Стахис, Чистец。【英】Betony, Hedge Nettle, Hedgenettle, Stachys, Woundwort。【隶属】唇形科 Lamiaceae（Labiatae）。【包含】世界300-450种, 中国19种。【学名诠释与讨论】〈阴〉（希）stachys, 穗, 谷, 长钉。指花序穗状。此属的学名, ING、TROPICOS、APNI、GCI 和 IK 记载是"Stachys L. ,Sp. Pl. 2:580. 1753［1 May 1753］"。"Galeopsis J. Hill, Brit. Herb. 359. 30 Sep 1756（non Linnaeus 1753）"是"Stachys L. （1753）"的晚出的同模式异名（Homotypic synonym, Nomenclatural synonym）。【分布】巴基斯坦, 巴拉圭, 巴拿马, 秘鲁, 玻利维亚, 厄瓜多尔, 哥伦比亚（安蒂奥基亚）, 哥斯达黎加, 马达加斯加, 美国（密苏里）, 尼加拉瓜, 中国, 中美洲。【后选模式】Stachys sylvatica Linnaeus。【参考异名】Ambleia（Bentham）Spach（1840）；Ambleia Spach（1840）Nom. illegit. ；Aspasia E. Mey. ；Aspasia E. Mey. ex Pfeiff. （1873）；Betonica L. （1753）；Bonamya Neck. （1790）Nom. inval. ；Eriostemon Sweet（1826）

Nom. illegit. ; Eriostemum Steud. (1840) Nom. illegit. ; Eriostomum Hoffmanns. et Link (1809) ; Galeopsis Hill (1756) Nom. illegit. ; Galeopsis Moench (1794) Nom. illegit. ; Lamiostachys Krestovsk. (2006) ; Menitskia (Krestovsk.) Krestovsk. (2006) ; Olisia (Dumort.) Spach (1840) ; Olisia Spach (1840) Nom. illegit. ; Orthostachys Fourr. (1869) Nom. illegit. ; Orthostachys Post et Kuntze (1903) Nom. illegit. ; Ortostachys Fourr. (1869) Nom. illegit. ; Philomidoschema Vved. ; Phlomidoschema (Benth.) Vved. (1941) ; Stachis Neck. (1768) ; Stachyus St. - Lag. (1880) ; Stechys Boiss. (1879) ; Tetrahit Gérard (1761) ; Trixago Haller (1768) ; Trixella Fourr. (1869) Nom. illegit. ; Zietenia Gled. (1764) ●■

48584　Stachystemon Planch. (1845)【汉】穗雄大戟属。【隶属】大戟科 Euphorbiaceae。【包含】世界 4 种。【学名诠释与讨论】〈阳〉（希）stachys, 穗, 谷, 长钉 + stemon, 雄蕊。【分布】澳大利亚（西部）。【模式】Stachystemon vermicularis Planchon [as ‘vermiculare’]■☆

48585　Stachytarpha Link (1821) = Stachytarpheta Vahl (1804)（保留属名）[马鞭草科 Verbenaceae]■●

48586　Stachytarpheta Vahl (1804)（保留属名）【汉】假马鞭属（假败酱属, 假马鞭草属, 木马鞭属, 玉龙鞭属）。【日】ナガボソウ属, ホナガサウ属, ホナガソウ属。【英】Falsevalerian。【隶属】马鞭草科 Verbenaceae。【包含】世界 65-100 种, 中国 1 种。【学名诠释与讨论】〈阴〉（希）stachys, 穗, 谷, 长钉 + tarphys, 严密的。tarphos, 丛林。指某些种的花密集。此属的学名 “Stachytarpheta Vahl, Enum. Pl. 1 : 205. Jul - Dec 1804” 是保留属名。相应的废弃属名是马鞭草科 Verbenaceae 的 “Valerianoides Medik. , Philos. Bot. 1 : 177. Apr 1789 ≡ Stachytarpheta Vahl (1804)（保留属名）” 和 “Vermicularia Moench, Suppl. Meth. : 150. 2 Mai 1802 = Stachytarpheta Vahl (1804)（保留属名）”。真菌的 “Vermicularia E. M. Fries, Syst. Orbis. Veg. 111. 1825” 亦应废弃。“Abena (Schauer) Hitchcock, Annual Rep. Missouri Bot. Gard. 4 : 117. 1893”、“Tarpheta Rafinesque, Fl. Tell. 2 : 103. Jan - Mar 1837 (‘1836’)” 和 “Valerianoides Medikus, Philos. Bot. 1 : 177. Apr 1789 (废弃属名)” 是 “Stachytarpheta Vahl (1804)（保留属名）” 的晚出的同模式异名（Homotypic synonym, Nomenclatural synonym）。【分布】巴基斯坦, 巴拉圭, 巴拿马, 秘鲁, 玻利维亚, 厄瓜多尔, 哥伦比亚（安蒂奥基亚）, 马达加斯加, 尼加拉瓜, 宁巴, 中国, 中美洲。【模式】Stachytarpheta jamaicensis (Linnaeus) Vahl [Verbena jamaicensis Linnaeus]。【参考异名】Abena (Schauer) Hitchc. (1893) Nom. illegit. ; Abena Neck. (1790) Nom. inval. ; Abena Neck. ex Hitchc. (1893) Nom. illegit. ; Cymburus Salisb. (1806) ; Lomake Raf. (1840) ; Melasanthus Pohl (1827) ; Sarcostachys Juss. ; Sherardia Mill. (1754) Nom. illegit. ; Stachytarpha Link (1821) ; Tarpheta Raf. (1837) Nom. illegit. ; Ubochea Baill. (1891) ; Valerianodes Kuntze (1891) Nom. illegit. ; Valerianodes T. Durand et Jacks. ; Valerianoides Medik. (1789)（废弃属名）; Vermicularia Moench (1802)■●

48587　Stachythyrsus Post et Kuntze (1903) = Stachyothyrsus Harms (1897) [豆科 Fabaceae (Leguminosae)]■☆

48588　Stachyuraceae J. Agardh (1858)（保留科名）【汉】旌节花科。【日】キブシ科。【英】Stachyurus Family。【包含】世界 1 属 8-17 种, 中国 1 属 7-12 种。【分布】热带亚洲, 从东喜马拉雅山至日本。【科名模式】Stachyurus Siebold et Zucc. ●

48589　Stachyurus Siebold et Zucc. (1836)【汉】旌节花属。【日】キブシ属。【俄】Стахиурус。【英】Stachyurus。【隶属】旌节花科 Stachyuraceae。【包含】世界 8-17 种, 中国 7-12 种。【学名诠释与

讨论】〈阳〉（希）stachys, 穗, 谷, 长钉 +-urus, -ura, -uro, 用于希腊文组合词, 含义为 “尾巴”。指花序尾状。【分布】中国, 喜马拉雅山至日本。【模式】Stachyurus praecox Siebold et Zuccarini ●

48590　Stachyus St. - Lag. (1880) = Stachys L. (1753) [唇形科 Lamiaceae (Labiatae)]●■

48591　Stackhousia Sm. (1798)【汉】异雄蕊属（木根草属）。【隶属】异雄蕊科（木根草科）Stackhousiaceae// 卫矛科 Celastraceae。【包含】世界 14-25 种。【学名诠释与讨论】〈阴〉（人）John Stackhous, 1742-1819, 英国植物学者, 藻类学者, 植物画家。【分布】澳大利亚, 菲律宾, 印度尼西亚（苏门答腊岛）, 新西兰。【模式】Stackhousia monogyna Labillardière。【参考异名】Plocostigma Post et Kuntze (1903) Nom. illegit. ; Plokiostigma Schuch. (1854)■☆

48592　Stackhousiaceae R. Br. (1814)（保留科名）[亦见 Celastraceae R. Br. (1814)（保留科名）卫矛科]【汉】异雄蕊科（木根草科）。【包含】世界 3 属 17-27 种。【分布】马来西亚, 澳大利亚, 新西兰。【科名模式】Stackhousia Sm. ■☆

48593　Stacyella Szlach. (2006) Nom. inval. = Oncidium Sw. (1800)（保留属名）[兰科 Orchidaceae]■☆

48594　Stadiochilus R. M. Sm. (1980)【汉】缅甸姜属。【隶属】姜科（蘘荷科）Zingiberaceae。【包含】世界 1 种。【学名诠释与讨论】〈阳〉（希）stadios, 结实的, 坚硬的, 牢固的 + cheilos, 唇。在希腊文组合词中, cheil-, cheilo-, -chilus, -chilia 等均为 “唇, 边缘” 之义。【分布】澳大利亚, 马来西亚, 新西兰。【模式】Stadiochilus burmanicus R. M. Smith ■☆

48595　Stadmania Lam. (1794) Nom. illegit. ≡ Stadmannia Lam. (1794) ; ~ ≡ Stadmania Lam. ex Poir. (1806) [无患子科 Sapindaceae]●☆

48596　Stadmania Lam. ex Poir. (1806)【汉】斯达无患子属。【隶属】无患子科 Sapindaceae。【包含】世界 2 种。【学名诠释与讨论】〈阴〉（人）Jean Frederic Stadtmann, 1762-1807, 植物学者。此属的学名, ING 记载是 “Stadmania Lamarck, Tabl. Encycl. (‘Ill. Gen. ’) 1 : t. 312. 11 Feb 1793”, 后来订正为 “Stadmania Poiret in Lamarck, Encycl. 7 : 376. 6 Jul 1806”。IK 则记载为 “Stadmannia Lam. , Tabl. Encycl. ii. 443 (1793)”。APNI 记载为 “Stadmannia Lam. , Tableau Encyclopédique et Méthodique 2, 1794 ”。TROPICOS 记载是 “Stadmania Lam. ex Poir. , Encycl. Meth. Bot. 7 : 376, 1806”。“Stadtmannia Walp. (1852)” 和 “Stadmannia Walp. (1852)” 是晚出的非法名称, 而且未合格发表。“Stadmania Lam. (1794)” 是 “Stadmannia Lam. (1794) Nom. inval. ” 的拼写变体。【分布】马达加斯加, 马斯克林群岛, 热带非洲东部。【模式】Stadmannia oppositifolia Lam. 。【参考异名】Pseudolitchi Danguy et Choux (1926) ; Smelophyllum Radlk. (1878) ; Stadmania Lam. (1794) Nom. illegit. ; Stadmannia Walp. (1852) Nom. illegit. ●☆

48597　Stadmannia Lam. (1794) Nom. inval. ≡ Stadmania Lam. ex Poir. (1806) [无患子科 Sapindaceae]●☆

48598　Stadmannia Lam. ex Poir. (1819) Nom. inval. = Stadmannia Lam. (1794) ; ~ ≡ Stadmania Lam. ex Poir. (1806) [无患子科 Sapindaceae]●☆

48599　Stadmannia Poir. (1806) Nom. illegit. ≡ Stadmania Lam. ex Poir. (1806) [无患子科 Sapindaceae]●☆

48600　Stadmannia Walp. (1852) Nom. illegit. = Stadmannia Lam. (1794) ; ~ ≡ Stadmania Lam. ex Poir. (1806) [无患子科 Sapindaceae]●☆

48601　Staebe Hill (1762)【汉】马岛矢车菊属。【隶属】菊科 Asteraceae (Compositae) // 矢车菊科 Centaureaceae。【包含】世界

4 种。【学名诠释与讨论】〈阴〉词源不详。此属的学名，ING、TROPICOS 和 IK 记载是"Staebe J. Hill, Veg. Syst. 4：33. 1762（non Stoebe Linnaeus 1753, nec Staebe J. Hill 1761）"。"Staebe Hill, Veg. Syst. iii. 145（1761）"是一个未合格发表的名称（Nom. inval. ）。"Staebe Juss. "是"Stoebe L.（1753）［菊科 Asteraceae(Compositae)］"的异名。亦有文献把"Staebe Hill（1762）"处理为"Centaurea L.（1753）（保留属名）"的异名。【分布】非洲，马达加斯加。【模式】未指定。【参考异名】Centaurea L.（1753）（保留属名）；Staebe Hill(1761) Nom. inval. ■☆

48602 Staebe Juss. =Stoebe L.（1753）［菊科 Asteraceae(Compositae)］●■☆

48603 Staeblorhiza Dur. =Streblorrhiza Endl.（1833）［豆科 Fabaceae（Leguminosae)//蝶形花科 Papilionaceae］■☆

48604 Staehelina L.（1753）【汉】卷翅菊属(斯泰赫菊属,长冠菊属)。【隶属】菊科 Asteraceae(Compositae)。【包含】世界 8 种。【学名诠释与讨论】〈阴〉词源不详。此属的学名，ING、TROPICOS、GCI 和 IK 记载是"Staehelina L. , Sp. Pl. 2：840. 1753［1 May 1753］"。"Roccardia Necker ex Rafinesque, Fl. Tell. 4：119. 1838（med. ）（'1836'）"是"Staehelina L.（1753）"的晚出的同模式异名(Homotypic synonym, Nomenclatural synonym)。"Staehelina Raf. "是"Helipterum DC. ex Lindl.（1836）Nom. confus.［菊科 Asteraceae(Compositae)］"的异名。【分布】地中海地区。【后选模式】Staehelina dubia Linnaeus。【参考异名】Aplina Raf.（1838）；Barbellina Cass.（1827）；Hirtellina（Cass. ）Cass.（1827）；Hirtellina Cass.（1827）Nom. illegit.；Roccardia Neck. ex Raf.（1838）Nom. illegit. ；Roccardia Raf.（1838）Nom. illegit. ；Sthaelina Lag.（1816）；Stoehelina Benth.（1846）Nom. illegit. ；Stoehelina Haller ex Benth.（1846）Nom. illegit. ●☆

48605 Staehelina Raf. = Helipterum DC. ex Lindl.（1836）Nom. confus. ［菊科 Asteraceae(Compositae)］■☆

48606 Staehelinia Crantz(1769) = Bartsia L.（1753）（保留属名）［玄参科 Scrophulariaceae//列当科 Orobanchaceae］■●☆☆

48607 Staehelinia Haller(1742) Nom. inval. ≡Bartsia L.（1753）（保留属名）［玄参科 Scrophulariaceae//列当科 Orobanchaceae］■●☆

48608 Staehelinoides Loefl. = Ludwigia L.（1753）［柳叶菜科 Onagraceae］●■

48609 Staelia Cham. et Schltdl.（1828）【汉】施泰茜属。【隶属】茜草科 Rubiaceae。【包含】世界 12 种。【学名诠释与讨论】〈阴〉（人）Stael。【分布】巴拉圭,玻利维亚。【模式】Staelia thymoides Chamisso et Schlechtendal ☆

48610 Staflinus Raf.（1836）= Daucus L.（1753）［伞形花科（伞形科）Apiaceae(Umbelliferae)］■

48611 Stagmaria Jack（1823）【汉】肖胶漆树属。【隶属】漆树科 Anacardiaceae。【包含】世界 1-2 种。【学名诠释与讨论】〈阴〉（希）stagma, 所有格 stagmatos, 一滴, 滴下物 +-arius, -aria, -arium, 指示"属于、相似、具有、联系"的词尾。此属的学名是"Stagmaria W. Jack, Malayan Misc. 3：12. 1823"。亦有文献把其处理为"Gluta L.（1771）"的异名。【分布】印度尼西亚（爪哇岛）。【模式】Stagmaria verniciflua W. Jack。【参考异名】Gluta L.（1771）●☆

48612 Stahelia Jonker（1937）= Tapeinostemon Benth.（1854）［龙胆科 Gentianaceae］■☆

48613 Stahlia Bello(1881)【汉】单籽苏木属。【隶属】豆科 Fabaceae（Leguminosae)。【包含】世界 1 种。【学名诠释与讨论】〈阴〉（人）Augustin Stahl, 1842-1917, 波多黎各植物学者, 医生。【分布】西印度群岛。【模式】Stahlia maritima Bello ●☆

48614 Stahlianthus Kuntze(1891)【汉】土田七属(姜三七属)。【英】Local Tianqi, Stahlianthus。【隶属】姜科（蘘荷科）Zingiberaceae。【包含】世界 6 种,中国 1-2 种。【学名诠释与讨论】〈阳〉（人）纪念 Helene Kuntze（nee von Stahl），她是德国植物学者 Otto Kuntze（1843-1907）的妻子。【分布】中国, 东喜马拉雅山, 东南亚。【模式】Stahlianthus campanulatus O. Kuntze ■

48615 Stahycarpus(Endl.)Tiegh. = Prumnopitys Phil.（1861）［罗汉松科 Podocarpaceae］●☆

48616 Staintoniella H. Hara（1974）【汉】无隔荠属（无隔芥属）。【英】Nowallcress, Staintoniella。【隶属】十字花科 Brassicaceae（Cruciferae)。【包含】世界 2 种,中国 1 种。【学名诠释与讨论】〈阴〉（人）Adam Stainton, 他是 Forests of Nepal 的作者 +-ellus, -ella, -ellum, 加在名词词干后面形成指小式的词尾。或加在人名、属名等后面以组成新属的名称。此属的学名是"Staintoniella H. Hara, J. Jap. Bot. 49：196. Jul 1974"。亦有文献把其处理为"Aphragmus Andrz. ex DC.（1824）"或"Taphrospermum C. A. Mey.（1831）"的异名。【分布】尼泊尔, 中国。【模式】Staintoniella nepalensis H. Hara。【参考异名】Aphragmus Andrz. ex DC.（1824）；Taphrospermum C. A. Mey.（1831）■

48617 Stalagmites Miq. = Cratoxylum Blume(1823)［猪胶树科（克鲁西科, 山竹子科, 藤黄科）Clusiaceae(Guttiferae)］●

48618 Stalagmites Murray（1789）Nom. illegit. ≡ Stalagmitis Murray（1789）；~ =Garcinia L.（1753）［猪胶树科（克鲁西科, 山竹子科, 藤黄科）Clusiaceae(Guttiferae)//金丝桃科 Hypericaceae］●

48619 Stalagmites Spreng.（1818）Nom. illegit. ≡ Stalagmites Murray（1789）；~ ≡ Stalagmitis Murray(1789)；~ =Garcinia L.（1753）［猪胶树科（克鲁西科, 山竹子科, 藤黄科）Clusiaceae(Guttiferae)］●

48620 Stalagmitis Murray（1789）Nom. illegit. ≡ Stalagmites Murray（1789）Nom. illegit. ；~ =Garcinia L.（1753）［猪胶树科（克鲁西科, 山竹子科, 藤黄科）Clusiaceae（Guttiferae)//金丝桃科 Hypericaceae］●

48621 Stalkya Garay（1982）【汉】委内瑞拉兰属。【隶属】兰科 Orchidaceae。【包含】世界 1 种。【学名诠释与讨论】〈阴〉（人）Galfrid Clement Keyworth Dunsterville, 1905-1988, 英国植物学者, 兰科 Orchidaceae 植物专家、采集家, Venezuelan Orchids 的作者。【分布】委内瑞拉。【模式】Stalkya muscicola（L. A. Garay et G. C. K. Dunsterville）L. A. Garay［Spiranthes muscicola L. A. Garay et G. C. K. Dunsterville］■☆

48622 Staminodianthus D. B. O. S. Cardoso, H. C. Lima et L. P. Queiroz（2013）【汉】线双花豆属。【隶属】豆科 Fabaceae（Leguminosae)。【包含】世界 3 种。【学名诠释与讨论】〈阴〉（拉）stamen, 所有格 staminis, 线, 纤维+(希)di 来自 dis, 词头, 义为二, 双+anthos, 花。"Staminodianthus D. B. O. S. Cardoso, H. C. Lima et L. P. Queiroz（2013）"是"Leguminosae Diplotropis sect. Racemosae H. C. Lima(1986)"的替代名称。【分布】巴西。【模式】Staminodianthus（Hoehne）D. B. O. S. Cardoso et H. C. Lima［Diplotropis racemosa（Hoehne）Amsh. ］。【参考异名】Leguminosae Diplotropis sect. Racemosae H. C. Lima(1986) ☆

48623 Stammarium Willd. ex DC.（1836）= Pectis L.（1759）［菊科 Asteraceae(Compositae)］■☆

48624 Stamnorchis D. L. Jones et M. A. Clem.（2002）【汉】瓶兰属。【隶属】兰科 Orchidaceae。【包含】世界 1 种。【学名诠释与讨论】〈阴〉（希）stamnos, 指小式 stamnarion, 瓶, 瓮+orchis, 原义是睾丸, 后变为植物兰的名称, 因为根的形态而得名。变为拉丁文 orchis, 所有格 orchidis。此属的学名是"Stamnorchis D. L. Jones et M. A. Clem. , Australian Orchid Research 4：83. 2002"。亦有文献把其处理为"Pterostylis R. Br.（1810）（保留属名）"的异

名。【分布】澳大利亚。【模式】Stamnorchis recurva（Benth.）D. L. Jones et M. A. Clem.。【参考异名】Pterostylis R. Br.（1810）（保留属名）■☆

48625 Standleya Brade(1932)【汉】斯坦茜属(巴西茜草属)。【隶属】茜草科 Rubiaceae。【包含】世界4种。【学名诠释与讨论】〈阴〉（人）Paul Carpenter Standley，1884-1963，美国植物学者，植物采集家，地衣学者。【分布】巴西。【模式】Standleya prostrata（Schumacher）Brade［Lipostoma prostratum Schumacher］■☆

48626 Standleyacanthus Léonard(1952)【汉】斯坦爵床属。【隶属】爵床科 Acanthaceae。【包含】世界1种。【学名诠释与讨论】〈阳〉（人）Paul Carpenter Standley，1884-1963，美国植物学者，植物采集家，地衣学者+akantha，荆棘。akanthikos，荆棘的。akanthion，蓟的一种，豪猪，刺猬。akanthinos，多刺的，用荆棘做成的。在植物学中，acantha 通常指刺。【分布】哥斯达黎加，中美洲。【模式】Standleyacanthus costaricanus E. C. Leonard☆

48627 Standleyanthus R. M. King et H. Rob.(1971)【汉】三叶泽兰属。【隶属】菊科 Asteraceae(Compositae)。【包含】世界1种。【学名诠释与讨论】〈阴〉（人）Paul Carpenter Standley，1884-1963，美国植物学者，植物采集家，地衣学者+anthos，花。【分布】哥斯达黎加，中美洲。【模式】Standleyanthus triptychus（B. L. Robinson）R. M. King et H. E. Robinson［Eupatorium triptychum B. L. Robinson］●☆

48628 Stanfieldia Small（1903）= Haplopappus Cass.（1828）［as 'Aplopappus'］（保留属名）［菊科 Asteraceae(Compositae)］■●☆

48629 Stanfieldiella Brenan(1960)【汉】光花草属。【隶属】鸭趾草科 Commelinaceae。【包含】世界4种。【学名诠释与讨论】〈阴〉（人）Dennis Percival Stanfield，1903-1971，英国植物学者，分类学者+-ellus，-ella，-ellum，加在名词词干后面形成指小式的词尾。或加在人名、属名等后面以组成新属的名称。【分布】热带非洲。【模式】Stanfieldiella imperforata（C. B. Clarke）Brenan［Buforrestia imperforata C. B. Clarke］■☆

48630 Stanfordia S. Watson(1880)= Caulanthus S. Watson(1871)［十字花科 Brassicaceae(Cruciferae)］■☆

48631 Stangea Graebn.(1906)【汉】施坦格草属。【隶属】缬草科(败酱科)Valerianaceae。【包含】世界7种。【学名诠释与讨论】〈阴〉（人）Johann Carl（Karl）Thomas Stange，1792-1854，植物学者。此属的学名是"Stangea Graebner, Bot. Jahrb. Syst. 37：448. 24 Apr 1906"。亦有文献把其处理为"Valeriana L.（1753）"的异名。【分布】阿根廷，秘鲁，玻利维亚。【模式】未指定。【参考异名】Valeriana L.（1753）■☆

48632 Stangeria T. Moore(1853)【汉】托叶苏铁属(蕨苏铁属，托叶铁属)。【日】シダソテツ属。【俄】Стангерия。【英】Fern Cycad。【隶属】苏铁科 Cycadaceae//托叶苏铁科(托叶铁科)Stangeriaceae。【包含】世界1种。【学名诠释与讨论】〈阴〉（人）William Stanger，1811-1854，英国医生，地质学者。此属的学名，ING、TROPICOS 和 IK 记载是"Stangeria T. Moore, Hooker's J. Bot. Kew Gard. Misc. 5：228. 1853"。"Stanggeria Stevens, Proc. Linn. Soc. London 2：340, sphalm. 1854 = Stangeria T. Moore(1853)"是晚出的非法名称。【分布】非洲东南部。【模式】Stangeria paradoxa T. Moore。【参考异名】Stanggeria Stevens(1854)Nom. illegit. ●☆

48633 Stangeriaceae(Pilg.)L. A. S. Johnson = Zamiaceae Rchb. ●☆

48634 Stangeriaceae L. A. S. Johnson(1959)［亦见 Zamiaceae Rchb. 泽米苏铁科(泽米科)］【汉】托叶苏铁科(托叶铁科)。【包含】世界1属1种。【分布】非洲。【科名模式】Stangeria T. Moore ●☆

48635 Stangeriaceae Schimp. et Schenk(1880)= Stangeriaceae L. A. S. Johnson ●☆

48636 Stanggeria Stevens(1854)Nom. illegit. = Stangeria T. Moore

（1853）［苏铁科 Cycadaceae//托叶苏铁科(托叶铁科)Stangeriaceae］●☆

48637 Stanhopea J. Frost ex Hook.(1829)【汉】老虎兰属(奇唇兰属)。【日】スタンホペア属，スタンホーペア属。【英】Stanhopea。【隶属】兰科 Orchidaceae。【包含】世界45-55种。【学名诠释与讨论】〈阴〉（人）Philip Henry Stanhope，1781-1855，英国 Stanhope 第四任伯爵，曾担任伦敦药用植物学会会长。此属的学名，ING、GCI 和 IK 记载是"Stanhopea J. Frost ex Hook., Bot. Mag. 56：tt. 2948, 2949. 1829［1 Nov 1829］"。"Stanhopea J. Frost.（1829）≡Stanhopea J. Frost ex Hook.（1829）"的命名人引证有误。【分布】巴拿马，秘鲁，玻利维亚，厄瓜多尔，哥伦比亚(安蒂奥基亚)，哥斯达黎加，尼加拉瓜，西印度群岛，热带南美洲，中美洲。【模式】Stanhopea insignis Frost ex W. J. Hooker。【参考异名】Ceratochilus Lindl.（1828）Nom. illegit.；Gerlachia Szlach.（2007）；Stanhopea J. Frost.（1829）Nom. illegit.；Stanhopeastrum Rchb. f.（1852）；Tadeastrum Szlach.（2007）■☆

48638 Stanhopea J. Frost.(1829)Nom. illegit. ≡Stanhopea J. Frost ex Hook.（1829）［兰科 Orchidaceae］■☆

48639 Stanhopeastrum Rchb. f.(1852)= Stanhopea J. Frost ex Hook.（1829）［兰科 Orchidaceae］■☆

48640 Stanley L. Welsh = Atriplex L.（1753）（保留属名）［藜科 Chenopodiaceae//滨藜科 Atriplicaceae］■●

48641 Stanleya Nutt.(1818)【汉】长药芥属。【隶属】十字花科 Brassicaceae(Cruciferae)。【包含】世界6种。【学名诠释与讨论】〈阴〉（人）Lord Edward Smith Stanley，1775-1851，英国鸟类学者，Derby 13世伯爵。此属的学名，ING、TROPICOS、GCI 和 IK 记载是"Stanleya Nutt., Gen. N. Amer. Pl.［Nuttall］. 2：71, adnot. 1818［14 Jul 1818］"。"Podolobus Rafinesque, Sylva Tell. 113. Oct-Dec 1838"是"Stanleya Nutt.（1818）"的晚出的同模式异名（Homotypic synonym, Nomenclatural synonym）。【分布】美国(西部)。【模式】Stanleya pinnatifida Nuttall, Nom. illegit.［Cleome pinnata Pursh；Stanleya pinnata（Pursh）Britton］。【参考异名】Podolobus Raf.（1819）Nom. illegit. ■☆

48642 Stanleyaceae Nutt.(1834)= Brassicaceae Burnett(保留科名)//Cruciferae Juss.(保留科名)■●

48643 Stanleyella Rydb.(1907)= Thelypodium Endl.（1839）［十字花科 Brassicaceae(Cruciferae)］■☆

48644 Stanmarkia Almeda(1993)【汉】斯坦野牡丹属。【隶属】野牡丹科 Melastomataceae。【包含】世界2种。【学名诠释与讨论】〈阴〉词源不详。【分布】危地马拉，中美洲。【模式】Stanmarkia medialis（Standl. et Steyerm.）Almeda ●☆

48645 Stannia H. Karst.(1848)= Posoqueria Aubl.（1775）［茜草科 Rubiaceae］●☆

48646 Stapelia L.(1753)（保留属名）【汉】豹皮花属(狗皮花属，国章属，魔星花属，五星国徽属，犀角属)。【日】スタペリア属。【俄】Кактус ластовневый，Стапелия。【英】Carrion Flower，Carrionflower，Leopardflower，Stapelia。【隶属】萝藦科 Asclepiadaceae//豹皮花科 Stapeliaceae。【包含】世界44-75种，中国3种。【学名诠释与讨论】〈阴〉（人）Jan Bode van Stapel(Johannes Bodaeus Stapelius)，? -1636，荷兰医生，植物学者。此属的学名"Stapelia L.，Sp. Pl.：217,580. 1 Mai 1753"是保留属名。法规未列出相应的废弃属名。"Stisseria Heister ex Fabricius, Enum. 137. 1759"是"Stapelia L.（1753）（保留属名）"的晚出的同模式异名（Homotypic synonym, Nomenclatural synonym）。【分布】哥伦比亚，马达加斯加，中国，热带和非洲南部，中美洲。【模式】Stapelia hirsuta Linnaeus。【参考异名】Ballyanthus Bruyns（2000）；Caruncularia Haw.（1812）；

Gerostemum Steud.（1840）；Gonostemma Spreng.（1830）Nom. illegit.；Gonostemon Haw.（1812）Nom. illegit.；Gorostemum Steud.（1840）；Luckhoffia A. C. White et B. Sloane（1935）；Obesia Haw.（1812）；Orbea Haw.（1812）；Stissera Heist. ex Fabr.（1759）Nom. illegit.；Stissera Kuntze；Stisseria Fabr.（1759）Nom. illegit.；Stisseria Heist. ex Fabr.（1759）Nom. illegit.；Tridentea Haw.（1812）；Tromotriche Haw.（1812）■

48647　Stapeliaceae Horan.（1834）［亦见 Apocynaceae Juss.（保留科名）夹竹桃科和 Asclepiadaceae Borkh.（保留科名）萝藦科（萝摩科）］【汉】豹皮花科。【包含】世界 1 属 44-75 种，中国 1 属 3 种。【分布】热带和非洲南部。【科名模式】Stapelia L. ■

48648　Stapelianthus Choux ex A. C. White et B. Sloane（1933）【汉】海葵萝藦属。【日】スタペリアンサス属。【隶属】萝藦科 Asclepiadaceae。【包含】世界 2-8 种。【学名诠释与讨论】〈阳〉（属）Stapelia 豹皮花属+anthos，花。此属的学名“Stapelianthus Choux ex A. C. White et B. Sloane（1933）”，ING 记载是一个替代名称。“Stapeliopsis Choux，Compt. Rend. Hebd. Séances Acad. Sci. 193：1444. 1931”是一个非法名称（Nom. illegit.），因为此前已经有了“Stapeliopsis Pillans, S. African Gard. 18：32. 1928［萝藦科 Asclepiadaceae］”。故用“Stapelianthus Choux ex A. C. White et B. Sloane（1933）”替代之。“Stapelianthus Choux, Ann. Mus. Colon. Marseille sér. 5，2（3）：6，in obs.，et in adnot. 1934”是一个未合格发表的名称（Nom. inval.）。【分布】马达加斯加。【模式】Stapelianthus madagascariensis（Choux）Choux ex White et Sloane［Stapeliopsis madagascariensis Choux］。【参考异名】Stapelianthus Choux（1934）Nom. inval.；Stapeliopsis Choux（1931）Nom. illegit. ■☆

48649　Stapelianthus Choux（1934）Nom. inval. ≡ Stapelianthus Choux ex A. C. White et B. Sloane（1933）［萝藦科 Asclepiadaceae］■☆

48650　Stapeliopsis Choux（1931）Nom. illegit. ≡ Stapelianthus Choux ex A. C. White et B. Sloane（1933）［萝藦科 Asclepiadaceae］■☆

48651　Stapeliopsis E. Phillips（1932）Nom. illegit. ≡ Stultitia E. Phillips（1933）［仙人掌科 Cactaceae］■☆

48652　Stapeliopsis E. Pillans（1928）【汉】拟豹皮花属。【日】スタペリオプシス属。【隶属】萝藦科 Asclepiadaceae。【包含】世界 1-6 种。【学名诠释与讨论】〈阴〉（属）Stapelia 豹皮花属+希腊文 opsis，外观，模样，相似。此属的学名，ING、TROPICOS 和 IK 记载是“Stapeliopsis Pillans, S. African Gard. 18：32. 1928”。“Stapeliopsis Choux, Compt. Rend. Hebd. Séances Acad. Sci. 193：1444. 1931 ≡ Stapelianthus Choux ex A. C. White et B. Sloane（1933）［萝藦科 Asclepiadaceae］”是晚出的非法名称，它已经被“Stapelianthus Choux ex A. C. White et B. Sloane（1933）”所替代。“Stapeliopsis Phillips, Fl. Pl. South Africa 12. t. 445. 1932Stultitia E. Phillips（1933）≡ Stultitia E. Phillips（1933）［仙人掌科 Cactaceae］”亦是晚出的非法名称。【分布】非洲南部。【模式】Stapeliopsis neronis Pillans ■☆

48653　Stapfia Burtt Davy（1898）Nom. illegit. = Davyella Hack.（1899）Nom. illegit.；~ = Neostapfia Burtt Davy（1899）［禾本科 Poaceae（Gramineae）］■☆

48654　Stapfiella Gilg（1913）【汉】热非时钟花属。【隶属】时钟花科（穗柱榆科，窝籽科，有叶花科）Turneraceae。【包含】世界 5-6 种。【学名诠释与讨论】〈中〉（人）Otto Stapf，1857-1933，奥地利植物学家+-ellus，-ella，-ellum，加在名词词干后面形成指小式的词尾。或加在人名、属名等后面以组成新属的名称。【分布】非洲。【模式】Stapfiella claoxyloides Gilg ●☆

48655　Stapfiola Kuntze（1903）Nom. illegit. ≡ Desmostachya（Stapf）Stapf（1900）［禾本科 Poaceae（Gramineae）］■

48656　Stapfiophyton H. L. Li（1944）【汉】无距花属（熊掌草属，异药花属）。【英】Nospurflower, Stapfiophyton。【隶属】野牡丹科 Melastomataceae。【包含】世界 3 种，中国 3 种。【学名诠释与讨论】〈中〉（人）Otto Stapf，1857-1933，奥地利植物学者+phyton，植物，树木，枝条。此属的学名“Stapfiophyton Hui-Lin Li，J. Arnold Arbor. 25：28. 15 Jan 1944”是一个替代名称。“Gymnagathis Stapf, Ann. Bot.（Oxford）6：315. Oct 1892”是一个非法名称（Nom. illegit.），因为此前已经有了“Gymnagathis J. C. Schauer, Linnaea 17：243. post Mai 1843 = Melaleuca L.（1767）（保留属名）［桃金娘科 Myrtaceae//白千层科 Melaleucaceae］”。故用“Stapfiophyton H. L. Li（1944）”替代之。亦有文献把“Stapfiophyton H. L. Li（1944）”处理为“Fordiophyton Stapf（1892）”的异名。【分布】印度，中国。【模式】Stapfiophyton peperomiifolium（Oliver）Hui-Lin Li［as ‘peperomiaefolium’］［Sonerila peperomiifolia Oliver［as ‘peperomiaefolia’］。【参考异名】Fordiophyton Stapf（1892）；Gymnagathis Stapf（1892）Nom. illegit. ■★

48657　Stapfochloa H. Scholz（2004）【汉】苏丹草属。【隶属】禾本科 Poaceae（Gramineae）。【包含】世界 1 种。【学名诠释与讨论】〈中〉（人）Otto Stapf，1857-1933，奥地利植物学者+chloe，草的幼芽，嫩草，禾草。此属的学名是“Stapfochloa H. Scholz, Willdenowia 34（1）：131. 2004.（25 Jun 2015）”。亦有文献把其处理为“Chloris Sw.（1788）”的异名。【分布】苏丹。【模式】Stapfochloa lamproparia（Stapf）H. Scholz。【参考异名】Chloris Sw.（1788）■☆

48658　Staphidiastrum Naudin（1852）= Clidemia D. Don（1823）；~ = Sagraea DC.（1828）［野牡丹科 Melastomataceae］●☆

48659　Staphidium Naudin（1852）= Clidemia D. Don（1823）［野牡丹科 Melastomataceae］●☆

48660　Staphilea Medik.（1801）= Staphylea L.（1753）［省沽油科 Staphyleaceae］●

48661　Staphisagria Hill（1756）= Delphinium L.（1753）；~ = Staphisagria Hill.（1756）；~ = Staphysagria（DC.）Spach（1839）Nom. illegit.［毛茛科 Ranunculaceae//翠雀花科 Delphiniaceae］■

48662　Staphisagria Spach（1838）Nom. illegit. = Delphinium L.（1753）［毛茛科 Ranunculaceae//翠雀花科 Delphiniaceae］■

48663　Staphylea L.（1753）【汉】省沽油属。【日】ミツバウツギ属。【俄】Клекачка，Клокичка。【英】Bladder Nut, Bladdernut, Bladder-nut。【隶属】省沽油科 Staphyleaceae。【包含】世界 11-23 种，中国 5 种。【学名诠释与讨论】〈阴〉（希）staphyle，一串，一串葡萄。指花排成圆锥花序。此属的学名，ING、TROPICOS 和 IK 记载是“Staphylea L., Sp. Pl. 1：270. 1753［1 May 1753］”。“Staphylodendron P. Miller, Gard. Dict. Abr. ed. 4. 28 Jan 1754”、“Staphyllodendron Scopoli, Fl. Carn. ed. 2. 1：233. 1771（‘1772’）”和“Staphylodendrum Moench, Meth. 64. 4 Mai 1794”是“Staphylea L.（1753）”的晚出的同模式异名（Homotypic synonym, Nomenclatural synonym）。【分布】巴基斯坦，玻利维亚，美国（密苏里），尼加拉瓜，中国，中美洲。【后选模式】Staphylea pinnata Linnaeus。【参考异名】Bumalda Thunb.（1783）；Euscaphis Siebold et Zucc.（1840）（保留属名）；Hooibrenckia Hort.；Staphilea Medik.（1801）；Staphyllodendron Scop.（1772）Nom. illegit.；Staphylodendron Mill.（1754）Nom. illegit.；Triceras Wittst.；Triceros Lour.（1790）（废弃属名）；Turpinia Vent.（1807）（保留属名）●

48664　Staphyleaceae（DC.）Lindl. = Staphyleaceae Martinov（保留科名）●

48665　Staphyleaceae Lindl. = Staphyleaceae Martinov（保留科名）●

48666　Staphyleaceae Martinov (1820)(保留科名)【汉】省沽油科。【日】ミツバウツギ科。【俄】Клекачковые,Клокичковые。【英】Bladdernut Family,Bladder-nut Family。【包含】世界3-5属22-60种,中国4属24种。【分布】热带亚洲和美洲,北温带。【科名模式】Staphylea L.。●

48667　Staphylis St.－Lag.(1881) Nom. illegit.[无患子科 Sapindaceae]●☆

48668　Staphyllaea Scop.(1797) Nom. illegit. ＝Staphylea L.(1753)[无患子科 Sapindaceae]●☆

48669　Staphyllodendron Scop.(1772) Nom. illegit. ≡Staphylea L.(1753);~=Staphylodendron Mill.(1754) Nom. illegit.[省沽油科 Staphyleaceae]●

48670　Staphyllum Dumort. =? Daucus L.(1753)[伞形花科(伞形科)Apiaceae(Umbelliferae)]■

48671　Staphylodendron Mill.(1754) Nom. illegit. ≡Staphylea L.(1753)[省沽油科 Staphyleaceae]●

48672　Staphylodendrum Moench(1794) Nom. illegit. ≡Staphylodendron Mill.(1754) Nom. illegit.;~≡Staphylea L.(1753)[省沽油科 Staphyleaceae]●

48673　Staphylorhodos Turcz.(1862)=Azara Ruiz et Pav.(1794)[刺篱木科(大风子科)Flacourtiaceae]●☆

48674　Staphylosyce Hook. f.(1867)=Coccinia Wight et Arn.(1834)[葫芦科(瓜科,南瓜科)Cucurbitaceae]■

48675　Staphysagria(DC.)Spach(1839) Nom. illegit. ≡Staphisagria Hill.(1756);~=Delphinium L.(1753)[毛茛科 Ranunculaceae//翠雀花科 Delphiniaceae]■

48676　Staphysagria Spach(1839) Nom. illegit. ≡Staphysagria(DC.)Spach(1839) Nom. illegit.;~≡Staphisagria Hill.(1756);~=Delphinium L.(1753)[毛茛科 Ranunculaceae//翠雀花科 Delphiniaceae]■

48677　Staphysora Pierre ex Pax(1897)=Maesobotrya Benth.(1879)[大戟科 Euphorbiaceae]●☆

48678　Staphysora Pierre(1896) Nom. inval. ≡Staphysora Pierre ex Pax(1897);~=Maesobotrya Benth.(1879)[大戟科 Euphorbiaceae]●☆

48679　Stapletonia P. Singh,S. S. Dash et P. Kumari(2009)【汉】印度竹属。【隶属】禾本科 Poaceae(Gramineae)。【包含】世界2种。【学名诠释与讨论】〈阴〉(人)Christopher Mark Adrian Stapleton,1957－,植物学者。【分布】印度。【模式】[Schizostachyum arunachalense H. B. Naithani]☆

48680　Starbia Thouars(1806)=Alectra Thunb.(1784)[玄参科 Scrophulariaceae//列当科 Orobanchaceae]■

48681　Starkea Willd.(1803)=Liabum Adans.(1763) Nom. illegit.;~=Amellus L.(1759)(保留属名)[菊科 Asteraceae(Compositae)]■●☆

48682　Starkia Juss. ex Steud.(1841)=Liabum Adans.(1763) Nom. illegit.;~=Starkea Willd.(1803);~=Amellus L.(1759)(保留属名)[菊科 Asteraceae(Compositae)]■●☆

48683　Starkia Steud.(1841) Nom. illegit. ≡Starkia Juss. ex Steud.(1841);~=Starkea Willd.(1803);~=Liabum Adans.(1763) Nom. illegit.;~=Amellus L.(1759)(保留属名)[菊科 Asteraceae(Compositae)]■●☆

48684　Stathmostelma K. Schum.(1893)【汉】尺冠萝藦属。【隶属】萝藦科 Asclepiadaceae。【包含】世界12种。【学名诠释与讨论】〈中〉(希)stathme,木匠的尺+stelma,王冠,花冠。【分布】热带非洲。【后选模式】Stathmostelma gigantiflorum K. M. Schumann■●☆

48685　Staticaceae Cassel(1817)=Plumbaginaceae Juss.(保留科名)●■

48686　Staticaceae Hoffmanns. et Link ex Gray ＝Plumbaginaceae Juss.(保留科名)●■

48687　Statice L.(1753)(废弃属名)≡Armeria Willd.(1809)(保留属名);~＝Armeria Willd.(1809)(保留属名)+Limonium Mill.(1754)(保留属名)[白花丹科(矶松科,蓝雪科)Plumbaginaceae//海石竹科 Armeriaceae]■☆

48688　Staudtia Warb.(1897)【汉】非洲蔻木属(斯托木属)。【隶属】肉豆蔻科 Myristicaceae。【包含】世界2种。【学名诠释与讨论】〈阴〉(人)Alois Staudt,?－1897,德国植物学者,植物采集家。【分布】非洲西部。【模式】Staudtia kamerunensis Warburg●☆

48689　Staufferia Z. S. Rogers,Nickrent et Malécot(2008)【汉】斯氏檀香属。【隶属】檀香科 Santalaceae。【包含】世界1种。【学名诠释与讨论】〈阴〉(人)Hans Ulrich Stauffer,1929-1965,植物学者。【分布】马达加斯加。【模式】Staufferia capuronii Z. S. Rogers,Nickrent et Malécot●☆

48690　Stauntonia DC.(1817)【汉】野木瓜属。【日】ムベ属。【俄】Стаунтония,Стонтония。【英】Sausage Vine,Stauntonvine,Staunton-vine,Wild Quince。【隶属】木通科 Lardizabalaceae。【包含】世界24-25种,中国20种。【学名诠释与讨论】〈阴〉(人)George Leonard Staunton,1737-1801,英国医生,植物学者,博物学者,后任驻华大使。1792年来华,1794年回国时从中国引种了许多植物。【分布】缅甸至日本,中国。【模式】Stauntonia chinensis A. P. de Candolle。【参考异名】Parvatia Decne.(1837)●

48691　Stauracanthus Link(1807)【汉】十字豆属(十字角荆豆属)。【隶属】豆科 Fabaceae(Leguminosae)//蝶形花科 Papilionaceae。【包含】世界2种。【学名诠释与讨论】〈阴〉(希)stauros,十字形的+akantha,荆棘。akanthikos,荆棘的。akanthion,蓟的一种,豪猪,刺猬。akanthinos,多刺的,用荆棘做成的。在植物学中,acantha 通常指刺。【分布】利比里亚。【模式】Stauracanthus aphyllus Link。【参考异名】Nepa Webb(1852)●☆

48692　Stauranthera Benth.(1835)【汉】十字苣苔属。【英】Stauranthera。【隶属】苦苣苔科 Gesneriaceae。【包含】世界5-50种,中国1-2种。【学名诠释与讨论】〈阴〉(希)stauros,十字形的+anthera,花药。指花药十字交叉黏结成一圆锥体。【分布】中国,东南亚西部。【模式】Stauranthera grandifolia Bentham。【参考异名】Anomorhegmia Meisn.(1840) Nom. illegit.;Cyananthus Griff.(1854) Nom. illegit.(废弃属名);Miquelia Blume(1838)(废弃属名);Quintilia Endl.(1841) Nom. illegit.,Nom. superfl.■

48693　Stauranthus Liebm.(1854)【汉】十字花芸香属。【隶属】芸香科 Rutaceae。【包含】世界1种。【学名诠释与讨论】〈阳〉(希)stauros,十字形的+anthos,花。【分布】巴拿马,墨西哥南部,尼加拉瓜,中美洲。【模式】Stauranthus perforatus Liebmann●☆

48694　Stauregton Fourr.(1869)=Lemna L.(1753);~=Staurogeton Rchb.(1841)[浮萍科 Lemnaceae]■

48695　Stauritis Rchb. f.(1862) Nom. illegit. =Phalaenopsis Blume(1825)[兰科 Orchidaceae]■

48696　Staurochilus Ridl.(1896) Nom. inval. ≡Staurochilus Ridl. ex Pfitzer(1900)[兰科 Orchidaceae]■

48697　Staurochilus Ridl. ex Pfitzer(1900)【汉】掌唇兰属(豹纹兰属,十字唇兰属,十字兰属)。【日】タイワンニウメンラン属。【英】Staurochilus。【隶属】兰科 Orchidaceae。【包含】世界7-14种,中国3种。【学名诠释与讨论】〈阳〉(希)stauros,十字形的+cheilos,唇。在希腊文组合词中,cheil-,cheilo-,-chilus,-chilia 等均为"唇,边缘"之义。指唇瓣十字形排列。此属的学名,ING、TROPICOS 和 IPNI 记载是"Staurochilus Ridley ex Pfitzer in Engler et Prantl, Nat. Pflanzenfam. Nachtr. II－IV 2:16 8 Oct

1900”。“Staurochilus Ridl.”,J. Linn. Soc.,Bot. 32：351. 1896
≡Staurochilus Ridl. ex Pfitzer(1900)”是一个未合格发表的名称
(Nom. inval.)。【分布】马来西亚(西部),泰国,中国。【模式】
Staurochilus fasciatus (H. G. Reichenbach) Ridley ex Pfitzer
[Trichoglottis fasciata H. G. Reichenbach]。【参考异名】
Sarothrochilus Schltr. (1906);Staurochilus Ridl. (1896) Nom.
inval. ■

48698 Staurochlamys Baker(1889)【汉】裂舌菊属。【隶属】菊科
Asteraceae(Compositae)。【包含】世界1种。【学名诠释与讨论】
〈阴〉(希)stauros,十字形的+chlamys,所有格 chlamydos,斗篷,外
衣。【分布】巴西,中美洲。【模式】Staurochlamys burchellii J. G.
Baker ■☆

48699 Staurogeton Rchb. (1841) = Lemna L. (1753) [浮萍科
Lemnaceae]■

48700 Stauroglottis Schauer(1843)= Phalaenopsis Blume(1825) [兰科
Orchidaceae]■

48701 Staurogyne Wall. (1831)【汉】叉柱花属(哈哼花属)。【英】
Forkstyleflower。【隶属】爵床科 Acanthaceae。【包含】世界80-140
种,中国14种。【学名诠释与讨论】〈阴〉(希)stauros,十字形的+
gyne,所有格 gynaikos,雌性,雌蕊。指花柱十字交叉状。【分布】
巴拿马,玻利维亚,马达加斯加,利比里亚(宁巴),中国,热带,中
美洲。【后选模式】Staurogyne argentea Wallich。【参考异名】
Ebermaiera Nees(1832);Erythracanthus Nees(1832);Neozenkerina
Mildbr. (1921);Saintpauliopsis Starter (1934);Staurogynopsis
Mangenot et Aké Assi(1959);Zenkerina Engl. (1897)■

48702 Staurogynopsis Mangenot et Aké Assi(1959)【汉】类叉柱花属。
【隶属】爵床科 Acanthaceae。【包含】世界3种。【学名诠释与讨
论】〈阴〉(属)Staurogyne 叉柱花属+希腊文 opsis,外观,模样,相
似。此属的学名是“Staurogynopsis Mangenot et Aké Assi,Bull.
Jard. Bot. État 29：27. 31 Mar 1959”。亦有文献把其处理为
“Staurogyne Wall. (1831)”的异名。【分布】热带非洲。【模式】
Staurogynopsis paludosa Mangenot et Aké Assi。【参考异名】
Staurogyne Wall. (1831)■☆

48703 Stauromatum Endl. (1841) = Sauromatum Schott(1832) [天南
星科 Araceae]■

48704 Staurophragma Fisch. et C. A. Mey. (1843) = Veratrum L.
(1753) [百合科 Liliaceae//黑药花科(藜芦科)Melanthiaceae]■●

48705 Stauropsis Rchb. f. (1860)【汉】船唇兰属。【隶属】兰科
Orchidaceae。【包含】世界1种,中国1种。【学名诠释与讨论】
〈阴〉(希)stauros,十字形的+opsis,外观,模样,相似。指唇瓣十
字形。此属的学名是“Stauropsis H. G. Reichenbach,Hamburger
Garten-Blumenzeitung 16：117. Mar 1860”。亦有文献把其处理
为“Trichoglottis Blume(1825)”的异名。硅藻 Bacillariophyta 的
“Stauropsis Meunier,Duc d'Orléans Camp. Arct. 1907,Bot.
Microplankton 318. 1910 ≡ Meuniera P. C. Silva 1996”是晚出的
非法名称。【分布】中国。【后选模式】Stauropsis philippinensis
H. G. Reichenbach。【参考异名】Trichoglottis Blume(1825)■

48706 Staurospermum Thonn. (1827) = Mitracarpus Zucc. (1827) [as
‘Mitracarpum’] [茜草科 Rubiaceae//繁缕科 Alsinaceae]■

48707 Staurostigma Scheidw. (1848) = Asterostigma Fisch. et C. A.
Mey. (1845) [天南星科 Araceae]■☆

48708 Staurothyrax Griff. (1854) = Cieca Adans. (1763);~ =
Phyllanthus L. (1753) [大戟科 Euphorbiaceae//叶下珠科(叶萝
藦科)Phyllanthaceae]●■

48709 Stavia Thunb. (1792) = Staavia Dahl(1787) [鳞叶树科(布鲁
尼科,小叶树科)Bruniaceae]●☆

48710 Stawellia F. Muell. (1870)【汉】凸花草属。【隶属】吊兰科

(猴面包科,猴面包树科)Anthericaceae//苞花草科(红箭花科)
Johnsoniaceae。【包含】世界2种。【学名诠释与讨论】〈阴〉(地)
Stawell,斯托尔,位于澳大利亚。另说纪念 William Foster Stawell,
1815-1889,爱尔兰法学家。【分布】澳大利亚(西南部)。【模
式】Stawellia dimophantha F. v. Mueller,Nom. illegit. [Johnsonia
stawelli F. v. Mueller]■☆

48711 Stayneria L. Bolus(1960)【汉】镰玉树属。【隶属】番杏科
Aizoaceae。【包含】世界1种。【学名诠释与讨论】〈阴〉(人)
Frank J. Stayner,1907-1981,南非园艺学者,肉质植物专家。【分
布】非洲南部。【模式】Stayneria littlewoodii H. M. L. Bolus ●☆

48712 Stearodendron Engl. (1895) = Allanblackia Oliv. ex Benth. et
Kook. f. (1867) [猪胶树科(克鲁西科,山竹子科,藤黄科)
Clusiaceae(Guttiferae)]●☆

48713 Stebbinsia Lipsch. (1956)【汉】肉菊属。【英】Stebbinsia。【隶
属】菊科 Asteraceae(Compositae)。【包含】世界1种,中国1种。
【学名诠释与讨论】〈阴〉(人)George Ledyard Stebbins,1906-
2000,美国植物学者,遗传学者,教授。此属的学名是“Stebbinsia
Lipschitz,Anniv. Vol. Sukat. 361. 1956”。亦有文献把其处理为
“Soroseris Stebbins(1940)”的异名。【分布】中国,亚洲中部。
【模式】Stebbinsia umbrella (Franch.) Lipsch.。【参考异名】
Soroseris Stebbins(1940)■★

48714 Stebbinsoseris K. L. Chambers(1991)【汉】斯特宾斯菊属。
【隶属】菊科 Asteraceae(Compositae)。【包含】世界2种。【学名
诠释与讨论】〈阴〉(人)George Ledyard Stebbins,1906-2000,美国
植物学者,遗传学者,教授+seris,菊苣。此属的学名是
“Stebbinsoseris K. L. Chambers,American Journal of Botany 78
(8)：1024-1025. 1991”。亦有文献把其处理为“Microseris D.
Don(1832)”的异名。【分布】美国(加利福尼亚,亚利桑那)。
【模式】不详。【参考异名】Microseris D. Don(1832)■☆

48715 Stechmannia DC. (1838) = Jurinea Cass. (1821) [菊科
Asteraceae(Compositae)]●■

48716 Stechys Boiss. (1879)= Stachys L. (1753) [唇形科 Lamiaceae
(Labiatae)]●■

48717 Steegia Steud. (1841) = Stegia DC. (1805) Nom. illegit. ;~ =
Lavatera L. (1753) [锦葵科 Malvaceae]■●

48718 Steenhamera Kostel. (1834) Nom. illegit. , Nom. inval. ≡
Steenhammera Rchb. (1831);~ = Mertensia Roth(1797)(保留属
名) [紫草科 Boraginaceae]■

48719 Steenhammera Rchb. (1831) = Mertensia Roth(1797)(保留属
名) [紫草科 Boraginaceae]■

48720 Steenisia Bakh. f. (1952)【汉】斯地茜属。【隶属】茜草科
Rubiaceae。【包含】世界5种。【学名诠释与讨论】〈阴〉(人)
Cornelis Gijsbert Gerrit Jan van Steenis,1901-1986,荷兰植物学
者,植物采集家,教授。【分布】加里曼丹岛。【模式】Steenisia
borneensis (T. Valeton) R. C. Bakhuizen van den Brink fil.
[Neurocalyx borneensis T. Valeton]■☆

48721 Steentsia Kuprian. =Nothofagus Blume(1851)(保留属名) [壳
斗科(山毛榉科)Fagaceae//假山毛榉科(南青冈科,南山毛榉
科,拟山毛榉科)Nothofagaceae]●☆

48722 Steerbeckia J. F. Gmel. (1791) = Singana Aubl. (1775);~ =
Sterbeckia Schreb. (1789) Nom. illegit. [豆科 Fabaceae
(Leguminosae)]☆

48723 Steetzia Sond. (1853) = Olearia Moench(1802)(保留属名) [菊
科 Asteraceae(Compositae)]●☆

48724 Stefaninia Chiov. (1929) = Reseda L. (1753) [木犀草科
Resedaceae]■

48725 Stefanoffia H. Wolff(1925)【汉】斯特草属。【隶属】伞形花科

（伞形科）Apiaceae（Umbelliferae）。【包含】世界 2 种。【学名诠释与讨论】〈阴〉（人）Boris Stefanoff，1894-1979，保加利亚植物学者，教授。【分布】地中海地区。【模式】Stefanoffia daucoides（Boissier）H. Wolff［Carum daucoides Boissier］■☆

48726　Steffensia Kunth（1840）Nom. illegit. = Piper L.（1753）［胡椒科 Piperaceae］●■

48727　Steganotaenia Hochst.（1844）【汉】五加前胡属。【隶属】伞形花科（伞形科）Apiaceae（Umbelliferae）。【包含】世界 2-3 种。【学名诠释与讨论】〈阴〉（希）steganos，不透水的，严密的，盖住的 + tainia，变为拉丁文 taenia，带。taeniatus，有条纹的。taenidium，螺旋丝。【分布】热带非洲。【模式】Steganotaenia araliacea Hochstetter ■☆

48728　Steganotropis Lehm.（1826）（废弃属名）= Centrosema（DC.）Benth.（1837）（保留属名）［豆科 Fabaceae（Leguminosae）//蝶形花科 Papilionaceae］●■☆

48729　Steganthera Perkins（1898）【汉】闭药桂属。【隶属】香材树科（杯轴花科，黑檫木科，芒籽科，蒙立米科，檬立木科，香材树科，香树木科）Monimiaceae。【包含】世界 17-28 种。【学名诠释与讨论】〈阴〉（希）steganos，不透水的，严密的，盖住的+stege，盖子，覆盖物+anthera，花药。【分布】马来西亚（东部）。【后选模式】Steganthera warburgii Perkins。【参考异名】Anthobembix Perkins（1898）●☆

48730　Steganthus Knobl.（1934）= Olea L.（1753）［木犀榄科（木犀科）Oleaceae］●

48731　Stegastrum Tiegh.（1895）Nom. illegit. = Lepeostegeres Blume（1731）［桑寄生科 Loranthaceae］●☆

48732　Stegia DC.（1805）Nom. illegit. ≡ Lavatera L.（1753）［锦葵科 Malvaceae］■●

48733　Stegitrio Post et Kuntze（1903）= Halimium（Dunal）Spach（1836）；~ = Stegitris Raf.（1838）［半日花科（岩蔷薇科）Cistaceae］●☆

48734　Stegitris Raf.（1838）= Halimium（Dunal）Spach（1836）［半日花科（岩蔷薇科）Cistaceae］●☆

48735　Stegnocarpus（DC.）Torr.（1855）= Coldenia L.（1753）［紫草科 Boraginaceae］■

48736　Stegnocarpus Torr.（1855）Nom. illegit. ≡ Stegnocarpus（DC.）Torr.（1855）；~ = Coldenia L.（1753）［紫草科 Boraginaceae］■

48737　Stegnocarpus Torr. et A. Gray，Nom. illegit. = Tiquilia Pers.（1805）［紫草科 Boraginaceae］■☆

48738　Stegnosperma Benth.（1844）【汉】白籽树属（白子树属，闭籽花属）。【隶属】白籽树科（闭籽花科）Stegnospermataceae。【包含】世界 3-4 种。【学名诠释与讨论】〈中〉（希）steganos，不透水的，严密的，盖住的+sperma，所有格 spermatos，种子，孢子。可能指种子具假种皮。【分布】哥斯达黎加，美国，尼加拉瓜，西印度群岛，中美洲。【模式】Stegnosperma halimifolium Bentham［as 'halimifolia'］。【参考异名】Chlamydosperma A. Rich.（1845）●☆

48739　Stegnospermataceae（A. Rich.）Nakai（1942）［亦见 Stegnospermataceae（A. Rich.）Nakai 白籽树科（闭籽花科）］【汉】白籽树科（闭籽花科）。【包含】世界 1 属 3-4 种。【分布】墨西哥至尼加拉瓜，中美洲，西印度群岛。【科名模式】Stegnosperma Benth. ●☆

48740　Stegnospermataceae Nakai（1942）= Stegnospermataceae（A. Rich.）Nakai ●☆

48741　Stegocedrus Doweld（2001）【汉】盖柏属。【隶属】柏科 Cupressaceae//甜柏科 Libocedraceae。【包含】世界 3 种。【学名诠释与讨论】〈阴〉（希）stege，stegos，盖子，屋顶+（属）Cedrus 雪松属。此属的学名是"Stegocedrus A. B. Doweld，Novosti Sist.

Vyssh. Rast. 33：42. 30 Mar 2001"。亦有文献把其处理为"Libocedrus Endl.（1847）"的异名。【分布】新西兰，法属新喀里多尼亚。【模式】Stegocedrus austrocaledonica（A. T. Brongniart et A. Gris）A. B. Doweld［Libocedrus austrocaledonica A. T. Brongniart et A. Gris］。【参考异名】Libocedrus Endl.（1847）●☆

48742　Stegolepis Klotzsch ex Körn.（1872）【汉】鳞盖草属。【隶属】偏穗草科（雷巴第科，瑞碑题雅科）Rapateaceae。【包含】世界 23-30 种。【学名诠释与讨论】〈阴〉（希）stege，stegos，盖子，覆盖物 + lepis，所有格 lepidos，指小式 lepion 或 lepidion，鳞，鳞片。lepidotos，多鳞的。lepos，鳞，鳞片。【分布】巴拿马，热带南美洲北部。【模式】Stegolepis guianensis Klotzsch ex Körnicke ■☆

48743　Stegonotus Cass.（1825）= Arctotis L.（1753）［菊科 Asteraceae（Compositae）//灰毛菊科 Arctotidaceae］●■☆

48744　Stegonotus Post et Kuntze（1903）Nom. illegit. = Arctotis L.（1753）［菊科 Asteraceae（Compositae）//灰毛菊科 Arctotidaceae］●■☆

48745　Stegosia Lour.（1790）= Rottboellia L. f.（1782）（保留属名）［禾本科 Poaceae（Gramineae）］■

48746　Stegostyla D. L. Jones et M. A. Clem.（2001）【汉】盖柱兰属。【隶属】兰科 Orchidaceae。【包含】世界 18 种。【学名诠释与讨论】〈阴〉（希）stege，stegos，盖子，屋顶+stylos = 拉丁文 style，花柱，中柱，有尖之物，桩，柱，支持物，支柱，石头做的界标。此属的学名是"Stegostyla D. L. Jones et M. A. Clem.，Orchadian［Australasian native orchid society］13：411. 2001"。亦有文献把其处理为"Caladenia R. Br.（1810）"的异名。【分布】参见 Caladenia R. Br.（1810）。【模式】不详。【参考异名】Caladenia R. Br.（1810）■☆

48747　Steigeria Müll. Arg.（1865）= Baloghia Endl.（1833）［大戟科 Euphorbiaceae］●■☆

48748　Steinbachiella Harms（1928）= Diphysa Jacq.（1760）［豆科 Fabaceae（Leguminosae）］■☆

48749　Steinchisma Raf.（1830）【汉】无柄黍属。【隶属】禾本科 Poaceae（Gramineae）。【包含】世界 4 种。【学名诠释与讨论】〈中〉词源不详。此属的学名是"Steinchisma Rafinesque，Bull. Bot.，Geneva 1：220. Aug 1830"。亦有文献把其处理为"Panicum L.（1753）"的异名。【分布】阿根廷，玻利维亚，哥伦比亚（安蒂奥基亚），美国（南部），尼加拉瓜，中美洲。【后选模式】Steinchisma hians（Elliott）Nash［Panicum hians Elliott］。【参考异名】Panicum L.（1753）；Steinschisma Steud.（1841）■☆

48750　Steineria Klotzsch（1854）= Begonia L.（1753）［秋海棠科 Begoniaceae］●■

48751　Steinhauera Post et Kuntze（1903）= Sequoia Endl.（1847）（保留属名）+Sequoiadendron J. Buchholz（1939）［杉科（落羽杉科）Taxodiaceae//水杉科 Metasequoiaceae］●

48752　Steinheilia Decne.（1838）= Odontanthera Wight ex Lindl.（1838）Nom. illegit. ；~ = Odontanthera Wight（1838）［萝藦科 Asclepiadaceae］■☆

48753　Steinitzia Gand. = Anthemis L.（1753）［菊科 Asteraceae（Compositae）//春黄菊科 Anthemidaceae］■

48754　Steinmannia F. Phil.（1884）Nom. illegit. ≡ Garaventia Looser（1941）；~ = Tristagma Poepp.（1833）［百合科 Liliaceae//葱科 Alliaceae］■☆

48755　Steinmannia Opiz（1852）= Rumex L.（1753）［蓼科 Polygonaceae］■●

48756　Steinreitera Opiz（1852）= Thesium L.（1753）［檀香科 Santalaceae］■

48757　Steinschisma Steud.（1841）= Panicum L.（1753）；~ =

Steinchisma Raf. （1830）［禾本科 Poaceae（Gramineae）］■☆

48758　Steirachne Ekman（1911）【汉】南美毛枝草属。【隶属】禾本科 Poaceae（Gramineae）。【包含】世界 1 种。【学名诠释与讨论】〈阴〉（希）steiros，不毛的，不育的，贫瘠的＋achne，鳞片，泡沫，泡囊，谷壳，稃。【分布】巴西。【模式】Steirachne diandra Ekman，Nom. illegit.［Festuca procera Kunth］☆

48759　Steiractinia S. F. Blake（1915）【汉】斑实菊属。【隶属】菊科 Asteraceae（Compositae）。【包含】世界 12 种。【学名诠释与讨论】〈阴〉（希）steiros，不毛的，不育的，贫瘠的＋aktis，所有格 aktinos，光线，光束，射线。【分布】厄瓜多尔，哥伦比亚，哥伦比亚（安蒂奥基亚），中美洲。【模式】Steiractinia mollis S. F. Blake ●☆

48760　Steiractis DC. （1836）＝Olearia Moench（1802）（保留属名）［菊科 Asteraceae（Compositae）］●☆

48761　Steiractis Raf. （1837）Nom. illegit. ，Nom. superfl. ≡Oxyura DC. （1836）；～＝Layia Hook. et Arn. ex DC. （1838）（保留属名）［菊科 Asteraceae（Compositae）］■☆

48762　Steiranisia Raf. （1837）＝Saxifraga L. （1753）［虎耳草科 Saxifragaceae］■

48763　Steirema Benth. et Hook. f. （1880）＝Steiremis Raf. （1837）［苋科 Amaranthaceae］■

48764　Steiremis Raf. （1837）＝Alternanthera Forssk. （1775）；～＝Telanthera R. Br. （1818）［苋科 Amaranthaceae］■

48765　Steirexa Raf. （1838）Nom. illegit. ≡Trichopus Gaertn. （1788）［薯蓣科 Dioscoreaceae//毛柄花科（发柄花科，毛柄科，毛脚科，毛脚薯科）Trichopodaceae］■☆

48766　Steireya B. D. Jacks. ，Nom. illegit. ＝Steirexa Raf. （1838）Nom. illegit. ；～＝Trichopus Gaertn. （1788）［薯蓣科 Dioscoreaceae］■☆

48767　Steireya Raf. （1838）【汉】施泰薯蓣属。【隶属】薯蓣科 Dioscoreaceae//毛柄花科（发柄花科，毛柄科，毛脚科，毛脚薯科）Trichopodaceae。【包含】世界 3 种。【学名诠释与讨论】〈阳〉（人）Steirey。此属的学名，TROPICOS 和 IK 记载是 “Steireya Raf. ，Fl. Tellur. 4：100. 1838［1836 publ. mid－1838］”。“Steireya B. D. Jacks. ＝Steirexa Raf. （1838）Nom. illegit.［薯蓣科 Dioscoreaceae］”似为晚出的非法名称。亦有文献把“Steireya Raf. （1838）”处理为“Trichopus Gaertn. （1788）”的异名。【分布】参见“Trichopus Gaertn. （1788）”。【模式】Trichopus zeylanicus Gaertn. 。【参考异名】Stireja Post et Kuntze（1903）；Trichopus Gaertn. （1788）■☆

48768　Steirocoma（DC. ）Rchb. （1841）＝Dicoma Cass. （1817）［菊科 Asteraceae（Compositae）］●☆

48769　Steirocoma Rchb. （1841）Nom. illegit. ≡Steirocoma（DC. ）Rchb. （1841）；～＝Dicoma Cass. （1817）［菊科 Asteraceae（Compositae）］●☆

48770　Steiroctis Raf. （1838）＝Lachnaea L. （1753）＋Cryptadenia Meisn. （1841）［瑞香科 Thymelaeaceae］●☆

48771　Steirodiscus Less. （1832）【汉】黄窄叶菊属。【隶属】菊科 Asteraceae（Compositae）。【包含】世界 5 种。【学名诠释与讨论】〈阳〉（希）steiros，不毛的，不育的，贫瘠的＋diskos，圆盘。指花盘。此属的学名是“Steirodiscus Lessing，Syn. Comp. 251. Jul－Aug 1832”。亦有文献把其处理为“Psilothonna E. Mey. ex DC. （1838）Nom. illegit. ”的异名。【分布】非洲南部。【模式】Steirodiscus capillaceus（Linnaeus f. ）Lessing［Cineraria capillacea Linnaeus f. ］。【参考异名】Gamolepis Less. （1832）；Psilothamnus DC. （1838）；Psilothonna（E. Mey. ex DC. ）E. Phillips（1950）Nom. illegit. ；Psilothonna E. Mey. ex DC. （1838）Nom. illegit. ；

Stirodiscus Post et Kuntze（1903）■☆

48772　Steiroglossa DC. （1838）＝Brachyscome Cass. （1816）［菊科 Asteraceae（Compositae）］●■☆

48773　Steironema Raf. （1821）【汉】肖珍珠菜属。【隶属】报春花科 Primulaceae//珍珠菜科 Lysimachiaceae。【包含】世界 19 种。【学名诠释与讨论】〈中〉（希）steiros，不毛的，不育的，贫瘠的＋nema，所有格 nematos，丝，花丝。此属的学名，ING、TROPICOS、APNI 和 IK 记载是“Steironema Raf. ，Ann. Gen. Sci. Phys. vii. 193. 1821［dt. 1820；issued Feb 1821］”。“Lysimandra（Endlicher）H. G. L. Reichenbach，Deutsche Bot. Herbarienbuch（Nom. ）124. Jul 1841”是“Steironema Raf. （1821）”的晚出的同模式异名（Homotypic synonym，Nomenclatural synonym）。“Steironema Raf. （1821）”曾被处理为“Lysimachia subsect. Steironema（Raf. ）Hand. －Mazz. ，Notes from the Royal Botanic Garden，Edinburgh 16（77）：80. 1928”。亦有文献把“Steironema Raf. （1821）”处理为“Lysimachia L. （1753）”的异名。【分布】巴基斯坦。【后选模式】Steironema ciliata（Linnaeus）A. Gray［Lysimachia ciliata Linnaeus］。【参考异名】Lysimachia L. （1753）；Lysimachia subsect. Steironema（Raf. ）Hand. －Mazz. （1928）；Lysimandra（Endl. ）Rchb. （1841）Nom. illegit. ；Stironema Post et Kuntze（1903）■☆

48774　Steirosanchezia Lindau（1904）＝Sanchezia Ruiz et Pav. （1794）［爵床科 Acanthaceae］●■

48775　Steirostemon（Griseb. ）Phil. （1876）＝Samolus L. （1753）［报春花科 Primulaceae//水茴草科 Samolaceae］■

48776　Steirostemon Phil. （1876）Nom. illegit. ≡Steirostemon（Griseb. ）Phil. （1876）；～＝Samolus L. （1753）［报春花科 Primulaceae//水茴草科 Samolaceae］■

48777　Steirotis Raf. （1820）＝Struthanthus Mart. （1830）（保留属名）［桑寄生科 Loranthaceae］●☆

48778　Stekhovia de Vriese（1854）＝Goodenia Sm. （1794）［草海桐科 Goodeniaceae］●■☆

48779　Stelanthes Stokes（1814）Nom. illegit. ≡Stylidium Lour. （1790）（废弃属名）＝Alangium Lam. （1783）（保留属名）；～＝Pautsauvia Juss. （1817）Nom. illegit. ；～＝Marlea Roxb. （1820）［八角枫科 Alangiaceae］●

48780　Stelanthes Stokes（1820）Nom. illegit. ＝Alangium Lam. （1783）（保留属名）；～＝Marlea Roxb. （1820）［八角枫科 Alangiaceae］●

48781　Stelbophyllum D. L. Jones et M. A. Clem. （2002）＝Stilbophyllum D. L. Jones et M. A. Clem. （2002）［兰科 Orchidaceae］■☆

48782　Stelechanteria Thouars ex Baill. （1864）＝Drypetes Vahl（1807）［大戟科 Euphorbiaceae］●

48783　Stelechantha Bremek. （1940）【汉】根茎花茜属。【隶属】茜草科 Rubiaceae。【包含】世界 1 种。【学名诠释与讨论】〈阴〉（希）stelechos，根茎处＋anthos，花。【分布】安哥拉，利比亚（宁巴）。【模式】Stelechantha cauliflora（Good）Bremekamp［Urophyllum cauliflorum Good］■☆

48784　Stelechocarpus（Blume）Hook. f. et Thomson（1855）Nom. illegit. ≡Stelechocarpus Hook. f. et Thomson（1855）［番荔枝科 Annonaceae］●☆

48785　Stelechocarpus Hook. f. et Thomson（1855）【汉】茎花玉盘属。【隶属】番荔枝科 Annonaceae。【包含】世界 5 种。【学名诠释与讨论】〈阳〉（希）stelechos，根茎处＋karpos，果实。此属的学名，ING 和 IK 记载是“Stelechocarpus Hook. f. et Thomson，Fl. Ind.［Hooker f. et Thomson］i. 94（1855）”，并标注是基于“Uvaria sect. Stelechocarpae Blume，Fl. Javae 21-22：13. 25 Jan 1830”。

TROPICOS 则记载为"Stelechocarpus（Blume）Hook. f. et Thomson, Flora Indica；being a systematic account of the plants. . 1：94. 1855"，由"Uvaria sect. Stelechocarpae Blume, Fl. Javae 21-22：13. 25 Jan 1830"改级而来。【分布】巴拿马，马来西亚，泰国。【模式】Stelechocarpus burahol（Blume）J. D. Hooker et T. Thomson［Uvaria burahol Blume］。【参考异名】Pyragma Noronha（1790）；Stelechocarpus（Blume）Hook. f. et Thomson（1855）Nom. illegit.；Uvaria sect. Stelechocarpae Blume（1830）●☆

48786　Stelechospermum Blume（1829）= Mischocarpus Blume（1825）（保留属名）［无患子科 Sapindaceae］●

48787　Steleocodon Gilli（1983）= Phalacraea DC.（1836）［菊科 Asteraceae（Compositae）］■☆

48788　Steleostemma Schltr.（1906）【汉】把子花属。【隶属】萝藦科 Asclepiadaceae。【包含】世界 1 种。【学名诠释与讨论】〈中〉（希）steleon，手把子，刀柄，剑柄，箭杆，矛柄+stemma，所有格 stemmatos，花冠，花环，王冠。【分布】玻利维亚。【模式】Steleostemma pulchellum Schlechter ■☆

48789　Stelephuros Adans.（1763）Nom. illegit. ≡Phleum L.（1753）［禾本科 Poaceae（Gramineae）］■

48790　Stelestylis Drude（1881）【汉】把柱草属。【隶属】巴拿马草科（环花科）Cyclanthaceae。【包含】世界4种。【学名诠释与讨论】〈阴〉（希）steleon，手把子+stylos＝拉丁文 style，花柱，中柱，有尖之物，桩，柱，支持物，支柱，石头做的界标。【分布】巴西，热带南美洲北部。【模式】Stelestylis coriacea Drude。【参考异名】Stelostylis Post et Kuntze（1903）■☆

48791　Stelin Bubani（1897）Nom. illegit. ≡Viscum L.（1753）［桑寄生科 Loranthaceae//槲寄生科 Viscaceae］●

48792　Steliopsis Brieger（1976）= Stelis Sw.（1800）（保留属名）［兰科 Orchidaceae］■☆

48793　Stelis Loefl.（废弃属名）= Oryctanthus（Griseb.）Eichler（1868）+Struthanthus Mart.（1830）（保留属名）［桑寄生科 Loranthaceae］●☆

48794　Stelis Sw.（1800）（保留属名）【汉】微花兰属。【日】ステリス属。【英】Stelis。【隶属】兰科 Orchidaceae。【包含】世界 160-370 种。【学名诠释与讨论】〈阴〉（希）stelis，小柱，槲寄生。指其附生于树上。此属的学名"Stelis Sw. in J. Bot.（Schrader）1799（2）：239. Apr 1800"是保留属名。法规未列出相应的废弃属名。但是"Stelis Loefl. = Oryctanthus（Griseb.）Eichler（1868）+Struthanthus Mart.（1830）（保留属名）"应该废弃。【分布】巴拉圭，巴拿马，秘鲁，玻利维亚，厄瓜多尔，哥伦比亚（安蒂奥基亚），哥斯达黎加，尼加拉瓜，西印度群岛，中美洲。【模式】Stelis ophioglossoides（N. J. Jacquin）Swartz［Epidendrum ophioglossoides N. J. Jacquin］。【参考异名】Apatostelis Garay（1979）Nom. illegit.；Dialissa Lindl.（1845）；Steliopsis Brieger（1976）■☆

48795　Stelitaceae Dulac =Primulaceae Batsch ex Borkh.（保留科名）●■

48796　Stella Medik.（1787）= Astragalus L.（1753）［豆科 Fabaceae（Leguminosae）//蝶形花科 Papilionaceae］●■

48797　Stellandria Brickell（1803）（废弃属名）= Schisandra Michx.（1803）（保留属名）［木兰科 Magnoliaceae//五味子科 Schisandraceae//八角科 Illiciaceae］●

48798　Stellara Fisch. ex Reut.（1847）= Boschniakia C. A. Mey. ex Bong.（1832）［列当科 Orobanchaceae//玄参科 Scrophulariaceae］■

48799　Stellaria Haller（1742）Nom. inval. = Corispermum L.（1753）［藜科 Chenopodiaceae］■

48800　Stellaria L.（1753）【汉】繁缕属。【日】ハコベ属。【俄】Альзина, Алэина, Звездочка, Звездчатка, Мокрица алзина, Мокричник, Стеллария。【英】Chickweed, Starwort, Stitch Grass, Stitchwort。【隶属】石竹科 Caryophyllaceae。【包含】世界 150-200 种，中国 64-79 种。【学名诠释与讨论】〈阴〉（拉）stella，星；stellaris，星样的，星星点点的+-arius，-aria，-arium，指示"属于、相似、具有、联系"的词尾。指花冠放射状。此属的学名，ING、APNI、GCI、TROPICOS 和 IK 记载是"Stellaria Linnaeus, Sp. Pl. 421. 1 Mai 1753"。"Stellaria Ség., Pl. Veron. 3：144. 1754［Jul－Dec 1754］≡ Callitriche L.（1753）［水马齿科 Callitrichaceae］"和"Stellaria Zinn, Cat. Pl. Gott. 55（1757）= Callitriche L.（1753）［水马齿科 Callitrichaceae］"是晚出的非法名称。"Stellularia Hill, Hist. Pl. 436（1773）"是其拼写变体。"Stellaria Haller, Enum. Stirp. Helv. i. 198（1742）= Corispermum L.（1753）［藜科 Chenopodiaceae］"是命名起点著作之前的名称。毛滴虫的"Stellaria Grassé et A. C. Hollande, Ann. Sci. Nat. Zool. ser. 11. 12：40. Jul 1950 ≡Astronympha Grassé 1952"亦是晚出的非法名称。【分布】巴基斯坦，巴勒斯坦，巴拿马，秘鲁，玻利维亚，厄瓜多尔，哥伦比亚（安蒂奥基亚），马达加斯加，美国（密苏里），尼加拉瓜，中国，中美洲。【后选模式】Stellaria holostea Linnaeus。【参考异名】Adenonema Bunge（1836）；Alsine L.（1753）；Alsineae DC.（1815）Nom. illegit.；Alsineae Lam. et DC.（1806）；Alsinula Dostal（1984）Nom. illegit.；Ballarion Raf.（1818）；Bigelonia Raf.（1819）；Bigelowia Raf.（1817）（废弃属名）；Fimbripetalum（Turcz.）Ikonn.（1977）Nom. illegit.；Hylebia（W. D. J. Koch）Fours.（1868）Nom. illegit.；Hylebia Fours.（1868）Nom. illegit.；Larbrea A. St. -Hil.（1815）；Leucostemma Benth.（1831）Nom. illegit.；Leucostemma Bentham ex G. Don（1831）Nom. illegit.；Mesostemma Vved.（1941）；Micropetalon Pers.（1805）Nom. illegit.；Micropetalum Spreng.（1817）；Myosanthus Fourr.（1868）Nom. illegit.；Schizotechium（Fenzl）Rchb.（1841）；Schizotechium Rchb.（1841）Nom. illegit.；Spergulastrum Rich.；Spergulastrum Michx.（1803）Nom. illegit.；Stellularia Hill（1773）Nom. illegit.；Tytthostemma Nevski（1937）■

48801　Stellaria Ség.（1754）Nom. illegit. ≡Callitriche L.（1753）［水马齿科 Callitrichaceae］■

48802　Stellaria Zinn（1757）Nom. illegit. =Callitriche L.（1753）［水马齿科 Callitrichaceae］■

48803　Stellariaceae Bercht. et J. Presl（1820）= Caryophyllaceae Juss.（保留科名）■●

48804　Stellariaceae Dumort. =Caryophyllaceae Juss.（保留科名）■●

48805　Stellariaceae MacMill. = Callitrichaceae Link（保留科名）；~ = Caryophyllaceae Juss.（保留科名）■●

48806　Stellarioides Medik.（1790）【汉】类繁缕属。【隶属】风信子科 Hyacinthaceae//百合科 Liliaceae。【包含】世界10种。【学名诠释与讨论】〈阴〉（属）Stellaria 繁缕属+oides，来自 o+eides，像，似；或 o+eidos 形，含义为相像。此属的学名是"Stellarioides Medikus, Hist. & Commentat. Acad. Elect. Sci. Theod. -Palat. 6：369. 1790"。亦有文献把其处理为"Anthericum L.（1753）"的异名。【分布】参见 Anthericum L.（1753）。【模式】Stellarioides canaliculata Medikus。【参考异名】Anthericum L.（1753）■☆

48807　Stellariopsis（Baill.）Rydb.（1898）【汉】拟繁缕属。【隶属】蔷薇科 Rosaceae//委陵菜科 Potentillaceae。【包含】世界 1 种。【学名诠释与讨论】〈阴〉（属）Stellaria 繁缕属+希腊文 opsis，外观，模样，相似。此属的学名，ING，TROPICOS 和 GCI 记载是"Stellariopsis（Baill.）Rydb., Mem. Dept. Bot. Columbia Coll. 2：155. 1898［25 Nov 1898］"，由"Potentilla sect. Stellariopsis Baill., Histoire des Plantes 1（6）：370-372. 1869"改级而来。IK

则记载为"Stellariopsis Rydb.，Mem. Columb. Univ. ii.（1898）155"。它曾被处理为"Ivesia sect. Stellariopsis（Baill.）Ertter et Reveal，Novon 17（3）：317.2007"。亦有文献把"Stellariopsis（Baill.）Rydb.（1898）"处理为"Ivesia Torr. et A. Gray（1858）"或"Potentilla L.（1753）"的异名。【分布】北美洲。【模式】Stellariopsis santolinoides（A. Gray）Rydberg［Ivesia santolinoides A. Gray］。【参考异名】Ivesia Torr. et A. Gray（1858）；Ivesia sect. Stellariopsis（Baill.）Ertter et Reveal（2007）；Potentilla L.（1753）；Potentilla sect. Stellariopsis Baill.（1869）；Stellariopsis Rydb.（1898）Nom. illegit.■☆

48808　Stellariopsis Rydb.（1898）Nom. illegit. ≡Stellariopsis（Baill.）Rydb.（1898）［蔷薇科 Rosaceae］●

48809　Stellaris Dill. ex Moench（1794）Nom. illegit. ≡Scilla L.（1753）［百合科 Liliaceae//风信子科 Hyacinthaceae//绵枣儿科 Scillaceae］■

48810　Stellaris Fabr.（1759）Nom. illegit. ≡Scilla L.（1753）［百合科 Liliaceae//风信子科 Hyacinthaceae//绵枣儿科 Scillaceae］■

48811　Stellaris Moench（1794）Nom. illegit. ≡Scilla L.（1753）；~ = Scilla L.（1753）+Ornithogalum L.（1753）+Gagea Salisb.（1806）［百合科 Liliaceae］■

48812　Stellaster Fabr.（1763）Nom. illegit. ≡Stellaster Heist. ex Fabr.（1763）Nom. illegit.；~ ≡ Scilla L.（1753）；~ ≡ Stellaris Fabr.（1759）Nom. illegit.［百合科 Liliaceae//风信子科 Hyacinthaceae//绵枣儿科 Scillaceae］■

48813　Stellaster Heist.（1748）Nom. inval. ≡Stellaster Heist. ex Fabr.（1763）Nom. illegit.；~ ≡ Scilla L.（1753）；~ ≡ Stellaris Fabr.（1759）Nom. illegit.［百合科 Liliaceae//风信子科 Hyacinthaceae//绵枣儿科 Scillaceae］■

48814　Stellaster Heist. ex Fabr.（1763）Nom. illegit. ≡ Scilla L.（1753）；~ ≡ Stellaris Fabr.（1759）Nom. illegit.［百合科 Liliaceae//风信子科 Hyacinthaceae//绵枣儿科 Scillaceae］■

48815　Stellatae Batsch = Rubiaceae Juss.（保留科名）●■

48816　Stellera L.（1753）【汉】似狼毒属。【俄】Стеллера。【英】Stellera。【隶属】瑞香科 Thymelaeaceae。【包含】世界 1-11 种，中国 1-2 种。【学名诠释与讨论】〈阴〉（人）George Wilhelm Steller，1709-1746，德国植物学者，医生，博物学者，植物采集家，地理学者。此属的学名，ING、TROPICOS 和 IK 记载是"Stellera Linnaeus，Sp. Pl. 559. 1 May 1753"。"Stellera N. S. Turczaninow，Bull. Soc. Imp. Naturalistes Moscou 1840（2）：167. 1840 ≡Rellesta Turcz.（1849）= Swertia L.（1753）"是晚出的非法名称。"Chamaejasme O. Kuntze，Rev. Gen. 2：584. 5 Nov 1891"。《显花植物与蕨类植物词典》记载："Stellera L.（1753）= Wikstroemia Endl. + Dendrostellera（C. A. Mey.）Tiegh.（1893）"。【分布】巴基斯坦，不丹，俄罗斯，蒙古，印度（西北），中国。【后选模式】Stellera chamaejasme Linnaeus。【参考异名】Chamaejasme Amm.（1739）Nom. inval.；Chamaejasme Amm. ex Kuntze（1891）Nom. illegit.；Chamaejasme Kuntze（1891）Nom. illegit.；Xaiasme Raf.（1838）■●

48817　Stellera Turcz.（1840）Nom. illegit. ≡Rellesta Turcz.（1849）；~ = Swertia L.（1753）［龙胆科 Gentianaceae］■

48818　Stelleropsis Pobed.（1950）【汉】假狼毒属。【俄】Стеллеропсис。【英】Fakestellera。【隶属】瑞香科 Thymelaeaceae。【包含】世界 10 种，中国 2 种。【学名诠释与讨论】〈阴〉（属）Stellera 狼毒属+希腊文 opsis，外观，模样，相似。此属的学名，ING、TROPICOS 和 IK 记载是"Stelleropsis E. G. Pobedimova，Bot. Mater. Gerb. Bot. Inst. Komarova Akad. Nauk SSSR 12：148. 1950（post 25 Feb）"。它曾被处理为"Diarthron

subgen. Stelleropsis（Pobed.）Kit Tan，Notes from the Royal Botanic Garden，Edinburgh 40（1）：219. 1982.（23 Mar 1982）"。亦有文献把"Stelleropsis Pobed.（1950）"处理为"Diarthron Turcz.（1832）"的异名。【分布】中国，亚洲中部和西部。【模式】Stelleropsis altaica（Persoon）E. G. Pobedimova［Stellera altaica Persoon］。【参考异名】Diarthron Turcz.（1832）；Diarthron subgen. Stelleropsis（Pobed.）Kit Tan（1982）■

48819　Stelligera A. J. Scott（1978）= Sclerolaena R. Br.（1810）［藜科 Chenopodiaceae］●☆

48820　Stellilabium Schltr.（1914）【汉】星唇兰属。【隶属】兰科 Orchidaceae。【包含】世界 20 种。【学名诠释与讨论】〈中〉（拉）stella，星+labium，唇。【分布】巴拿马，秘鲁，玻利维亚，厄瓜多尔，哥伦比亚，哥斯达黎加，尼加拉瓜，中美洲。【模式】Stellilabium astroglossum（H. G. Reichenbach）Schlechter［Telipogon astroglossus H. G. Reichenbach］。【参考异名】Astroglossus Rchb. f. ex Benth.（1883）Nom. illegit.；Astroglossus Rchb. f. ex Benth. et Hook. f.（1883）Nom. illegit.；Darwiniella Braas et Lückel（1982）Nom. illegit.；Darwiniera Braas et Lückel（1982）；Dipterostele Schltr.（1921）；Sodiroella Schltr.（1921）■☆

48821　Stellimia Raf. = Pectis L.（1759）［菊科 Asteraceae（Compositae）］■☆

48822　Stellina Bubani（1897）Nom. illegit.，Nom. superfl. ≡ Callitriche L.（1753）［水马齿科 Callitrichaceae］■

48823　Stellix Noronha（1790）Nom. inval.，Nom. nud. = Psychotria L.（1759）（保留属名）；~ = Tarenna Gaertn.（1788）［茜草科 Rubiaceae//九节科 Psychotriaceae］●

48824　Stellorchis Thouars（1809）Nom. illegit. ≡ Stellorkis Thouars（1809）（废弃属名）；~ = Nervilia Comm. ex Gaudich.（1829）（保留属名）［兰科 Orchidaceae］■

48825　Stellorkis Thouars（1809）（废弃属名）= Nervilia Comm. ex Gaudich.（1829）（保留属名）［兰科 Orchidaceae］■

48826　Stellularia Benth.（1880）Nom. illegit. = Buchnera L.（1753）［玄参科 Scrophulariaceae//列当科 Orobanchaceae］■

48827　Stellularia Hill（1773）Nom. illegit. = Stellaria L.（1753）［石竹科 Caryophyllaceae］■

48828　Stelmacrypton Baill.（1889）【汉】须药藤属（生藤属，须叶藤属，隐冠萝藦属）。【英】Stelmatocrypton。【隶属】萝藦科 Asclepiadaceae//杠柳科 Periplocaceae。【包含】世界 1-2 种，中国 1 种。【学名诠释与讨论】〈中〉（希）stelma，所有格 stelmatos，花冠，环形物，腰带+kryptos，隐藏的。此属的学名，ING 和 IK 记载是"Stelmacrypton Baillon，Bull. Mens. Soc. Linn. Paris 2：812. 3 Dec 1889"。"Stelmatocrypton Baill.（1889）"是其拼写变体。亦有文献把"Stelmacrypton Baill.（1889）"处理为"Pentanura Blume（1850）"的异名。【分布】印度（东北部），中国。【模式】Stelmacrypton khasianum（Kurz）Baillon［Pentanura khasiana Kurz］。【参考异名】Pentanura Blume（1850）；Stelmatocrypton Baill.（1889）Nom. illegit. ●

48829　Stelmagonum Baill.（1890）【汉】膝冠萝藦属。【隶属】萝藦科 Asclepiadaceae。【包含】世界 2 种。【学名诠释与讨论】〈中〉（希）stelma，所有格 stelmatos，花冠，环形物，腰带+gony，所有格 gonatos，关节，膝。【分布】热带美洲。【模式】Stelmagonum hahnianum Baillon。【参考异名】Stelmatogonum K. Schum☆

48830　Stelmanis Raf.（1837）Nom. illegit. ≡ Heterotheca Cass.（1817）［菊科 Asteraceae（Compositae）］■☆

48831　Stelmanis Raf.（1840）Nom. inval. ≡ Hedyotis L.（1753）（保留属名）；~ = Anistelma Raf.（1840）；~ = Oldenlandia L.（1753）［茜草科 Rubiaceae］●■

48832　Stelmation E. Fourn. (1885) = Metastelma R. Br. (1810)［萝藦科 Asclepiadaceae］●☆

48833　Stelmatocodon Schltr. (1906)【汉】钟冠萝藦属。【隶属】萝藦科 Asclepiadaceae。【包含】世界 1 种。【学名诠释与讨论】〈阳〉(希) stelma, 所有格 stelmatos, 花冠, 环形物, 腰带+kodon, 指小式 kodonion, 钟, 铃。【分布】玻利维亚。【模式】Stelmatocodon fiebrigii Schlechter ■☆

48834　Stelmatocrypton Baill. (1889) Nom. illegit. = Pentanura Blume (1850)；~ = Stelmacrypton Baill. (1889)［萝藦科 Asclepiadaceae//杠柳科 Periplocaceae］●

48835　Stelmatogonum K. Schum. = Stelmagonum Baill. (1890)［萝藦科 Asclepiadaceae］☆

48836　Stelmesus Raf. (1837) = Allium L. (1753)［百合科 Liliaceae//葱科 Alliaceae］■

48837　Stelmotis Raf. (1836) = Anistelma Raf. (1840)；~ = Hedyotis L. (1753)(保留属名)；~ = Oldenlandia L. (1753)；~ = Stelmanis Raf. (1840) Nom. illegit.［茜草科 Rubiaceae］●■

48838　Stelophurus Post et Kuntze (1903) = Phleum L. (1753)；~ = Stelephuros Adans. (1763) Nom. illegit.［禾本科 Poaceae (Gramineae)］■

48839　Stelostylis Post et Kuntze(1903) = Stelestylis Drude(1881)［巴拿马草科(环花科) Cyclanthaceae］■☆

48840　Stemeiena Raf. (1832) = Krameria L. ex Loefl. (1758)［刺球果科(刚毛果科, 克雷木科, 拉坦尼科) Krameriaceae］●■☆

48841　Stemmacantha Cass. (1817)【汉】祁州漏芦属(刺冠菊属, 漏芦属)。【英】Swiss Centaury, Swisscentaury。【隶属】菊科 Asteraceae (Compositae)。【包含】世界 20-24 种, 中国 2 种。【学名诠释与讨论】〈阴〉(希) stemma, 所有格 stemmatos, 花冠, 王冠+akantha, 荆棘, akanthikos, 荆棘的。akanthion, 蓟的一种, 豪猪, 刺猬, akanthinos, 多刺的, 用荆棘做成的。在植物学中, acantha 通常指刺。此属的学名是"Stellarioides Medikus, Hist. & Commentat. Acad. Elect. Sci. Theod. –Palat. 6；369. 1790"。亦有文献把其处理为"Cirsium Mill. (1754)"、"Leuzea DC. (1805)"或"Rhaponticum Adans. (1763) Nom. illegit."的异名。【分布】中国, 欧洲山区, 亚洲。【模式】Stemmacantha centauroides (Linnaeus) M. Dittrich［Cnicus centauroides Linnaeus］。【参考异名】Cirsium Mill. (1754)；Leuzea DC. (1805)■

48842　Stemmadenia Benth. (1845)【汉】腺冠夹竹桃属。【隶属】夹竹桃科 Apocynaceae。【包含】世界 10 种。【学名诠释与讨论】〈阴〉(希) stemma, 所有格 stemmatos, 花冠, 王冠+aden, 所有格 adenos, 腺体。【分布】巴拿马, 秘鲁, 玻利维亚, 厄瓜多尔, 哥伦比亚(安蒂奥基亚), 墨西哥, 尼加拉瓜, 中美洲。【模式】Stemmadenia glabra Bentham。【参考异名】Odontostigma A. Rich. (1853) Nom. illegit. ●☆

48843　Stemmatella Wedd. ex Benth. (1873) Nom. illegit. ≡ Stemmatella Wedd. ex Benth. et Hook. f. (1873) Nom. illegit.；~ = Galinsoga Ruiz et Pav. (1794)［菊科 Asteraceae (Compositae)］■●

48844　Stemmatella Wedd. ex Benth. et Hook. f. (1873) Nom. illegit. = Galinsoga Ruiz et Pav. (1794)［菊科 Asteraceae (Compositae)］■●

48845　Stemmatella Wedd. ex Sch. Bip. (1865) = Galinsoga Ruiz et Pav. (1794)［菊科 Asteraceae (Compositae)］■●

48846　Stemmatium Phil. (1873) = Leucocoryne Lindl. (1830)；~ = Tristagma Poepp. (1833)［百合科 Liliaceae//葱科 Alliaceae］■☆

48847　Stemmatodaphne Gamble(1910) = Alseodaphne Nees(1831)［樟科 Lauraceae］●

48848　Stemmatophyllum Tiegh. (1894) = Amyema Tiegh. (1894)［桑寄生科 Loranthaceae］●☆

48849　Stemmatophysum Steud. (1841) = Stemmatosiphum Pohl(1831)［安息香科 Styracaceae//山矾科 Symplocaceae］●

48850　Stemmatosiphon Meisn. (1837) = Stemmatosiphum Pohl (1831)［安息香科 Styracaceae//山矾科 Symplocaceae］●

48851　Stemmatosiphum Pohl(1831) = Symplocos Jacq. (1760)［山矾科(灰木科) Symplocaceae］●

48852　Stemmatospermum P. Beauv. (1812) = Nastus Juss. (1789)［禾本科 Poaceae(Gramineae)］●☆

48853　Stemmodontia Cass. (1817) = Wedelia Jacq. (1760)(保留属名)［菊科 Asteraceae (Compositae)］■●

48854　Stemodia L. (1759)(保留属名)【汉】离药草属。【隶属】玄参科 Scrophulariaceae//婆婆纳科 Veronicaceae。【包含】世界 37-56 种。【学名诠释与讨论】〈阴〉(属) Stemodiacra 的缩写。或 stemon, 雄蕊+dis, 2 个。词义为雄蕊具有两个尖。此属的学名"Stemodia L. , Syst. Nat. , ed. 10；1091, 1118, 1374. 7 Jun 1759"是保留属名。相应的废弃属名是"Stemodiacra P. Browne, Civ. Nat. Hist. Jamaica；261. 10 Mar 1756 ≡ Stemodia L. (1759)(保留属名)"。"Stemodiacra P. Browne, Civ. Nat. Hist. Jamaica 261. 10 Mar 1756(废弃属名)"是"Stemodia L. (1759)(保留属名)"的晚出的同模式异名(Homotypic synonym, Nomenclatural synonym)。亦有文献把"Stemodia L. (1759)(保留属名)"处理为"Unanuea Ruiz et Pav. ex Pennell(1920) Nom. illegit. "的异名。【分布】巴拉圭, 巴拿马, 秘鲁, 玻利维亚, 厄瓜多尔, 哥伦比亚(安蒂奥基亚), 马达加斯加, 尼加拉瓜, 中美洲。【模式】Stemodia maritima Linnaeus。【参考异名】Anamaria V. C. Souza (2001)；Angervilla Neck. (1790) Nom. inval. ；Chodaphyton Minod (1918)；Dickia Scop. (1777) Nom. illegit. ；Lendneria Minod (1918)；Matourea Aubl. (1775)；Maturea Post et Kuntze (1903)；Morgania R. Br. (1810)；Pav. et Pennell (1920) Nom. illegit. ；Phaelypaea P. Browne (1756)；Phelipaea Post et Kuntze, Nom. illegit. (1903) Nom. illegit. ；Poarium Desv. ；Poarium Desv. ex Ham. (1825)；Poarium Ham. (1825) Nom. illegit. ；Stemodiacra P. Browne(1756)(废弃属名)；Unannea Steud. (1841)；Unanuea Ruiz；Unanuea Ruiz et Pav. (1920) Nom. inval. ；Unanuea Ruiz et Pav. ex Benth. (1846) Nom. illegit. ；Unanuea Ruiz et Pav. ex Pennell(1920) Nom. illegit. ；Unanuea Ruiz, Pav. et Pennell(1920) Nom. illegit. ；Valeria Minod(1918)；Verena Minod(1918)■☆

48855　Stemodiacra Kuntze(1903) Nom. illegit. = Limnophila R. Br. (1810)(保留属名)［玄参科 Scrophulariaceae//婆婆纳科 Veronicaceae］■

48856　Stemodiacra P. Browne(1756)(废弃属名) ≡ Stemodia L. (1759)(保留属名)［玄参科 Scrophulariaceae//婆婆纳科 Veronicaceae］■☆

48857　Stemodiopsis Engl. (1898)【汉】拟离药草属。【隶属】玄参科 Scrophulariaceae。【包含】世界 3 种。【学名诠释与讨论】〈阴〉(属) Stemodia 离药草属+希腊文 opsis, 外观, 模样, 相似。【分布】马达加斯加, 热带非洲。【模式】Stemodiopsis rivae Engler ■☆

48858　Stemodoxis Raf. (1837) = Allium L. (1753)［百合科 Liliaceae//葱科 Alliaceae］■

48859　Stemona Lour. (1790)【汉】百部属。【日】ビャクブ属。【英】Roxburghia, Stemona。【隶属】百部科 Stemonaceae。【包含】世界 25-27 种, 中国 7 种。【学名诠释与讨论】〈阴〉(希) stemon, 线, 雄蕊。指雄蕊花瓣状, 或指药隔延伸成一细长的附属体。【分布】澳大利亚(北部), 印度至马来西亚, 中国, 东亚。【模式】Stemona tuberosa Loureiro。【参考异名】Roxburghia Banks；Roxburghia Roxb. (1795)；Roxburghia W. Jones ex Roxb. (1795)；Stemone

Franch. et Sav. (1876)■

48860 Stemonacanthus Nees (1847) = Ruellia L. (1753) [爵床科 Acanthaceae]■●

48861 Stemonaceae Caruel (1878) (保留科名) [亦见 Croomiaceae Nakai 黄精叶钩吻科 (金刚大科)]【汉】百部科。【日】ビャクブ科。【英】Stemona Family。【包含】世界 3-4 属 30-35 种，中国 2 属 8 种。【分布】印度-马来西亚，澳大利亚(北部)。【科名模式】Stemona Lour. (1790)■

48862 Stemonaceae Engl. = Stemonaceae Caruel (保留科名)■

48863 Stemone Franch. et Sav. (1876) = Stemona Lour. (1790) [百部科 Stemonaceae]■

48864 Stemonix Raf. (1833) = Eurycles Salisb. (1830) Nom. illegit.; ~ = Eurycles Salisb. ex Lindl. (1829) Nom. illegit.; ~ = Eurycles Salisb. ex Schult. et Schult. f. (1830) [石蒜科 Amaryllidaceae]■☆

48865 Stemonocoleus Harms (1905)【汉】鞘蕊苏木属(小花苏木属)。【隶属】豆科 Fabaceae (Leguminosae)。【包含】世界 1 种。【学名诠释与讨论】〈阳〉(希) stemon，雄蕊+koleos，鞘。【分布】西赤道非洲。【模式】Stemonocoleus micranthus Harms ●☆

48866 Stemonoporus Thwaites (1854)【汉】孔雄蕊香属。【隶属】龙脑香科 Dipterocarpaceae。【包含】世界 15-20 种。【学名诠释与讨论】〈阳〉(希) stemon，雄蕊+porus，孔。【分布】斯里兰卡。【模式】未指定。【参考异名】Monoporandra Thwaites (1854); Sunapteopsis Heim (1892); Synapteopsis Post et Kuntze (1903); Vesquella Heim (1892)●☆

48867 Stemonuraceae Kårehed (2001)【汉】尾药木科(金檀木科)。【包含】世界 1 属 12 种，中国 1 属 1 种。【分布】印度-马来西亚。【科名模式】Stemonurus Blume ●

48868 Stemonurus Blume (1826)【汉】尾药木属(粗丝木属，毛蕊木属)。【英】Stemonurus【隶属】茶茱萸科 Icacinaceae//尾药木科(金檀木科) Stemonuraceae。【包含】世界 12-30 种，中国 1 种。【学名诠释与讨论】〈阳〉(希) stemon，雄蕊+-urus，-ura，-uro，用于希腊文组合词，含义为"尾巴"。指花丝尾状。【分布】印度至马来西亚，中国。【后选模式】Stemonurus secundiflorus Blume。【参考异名】Urandra Thwaites (1855)●

48869 Stemoptera Miers (1840) = Apteria Nutt. (1834) [水玉簪科 Burmanniaceae]■☆

48870 Stemotis Raf. (1838) = Rhododendron L. (1753) [杜鹃花科(欧石南科) Ericaceae]●☆

48871 Stemotria Wettst. et Harms ex Engl. (1899) Nom. illegit. ≡ Stemotria Wettst. et Harms (1899) [玄参科 Scrophulariaceae//荷包花科，蒲包花科) Calceolariaceae]●☆

48872 Stemotria Wettst. et Harms (1899)【汉】秘鲁玄参属。【隶属】玄参科 Scrophulariaceae//荷包花科，蒲包花科) Calceolariaceae。【包含】世界 1 种。【学名诠释与讨论】〈阴〉(希) stemon，雄蕊+trias，第三号，三个合成的一组。此属的学名，ING 记载是"Stemotria R. Wettstein et Harms ex Engler in Engler et Prantl, Nat. Pflanzenfam. (Register zu Teil II-IV): 462 Mar 1899"。TROPICOS 和 IK 则记载为"Stemotria Wettst. et Harms, Nat. Pflanzenfam. [Engler et Prantl] Register, 462 (1899)"。三者引用的文献相同。它是一个替代名称。"Trianthera R. Wettstein in Engler et Prantl, Nat. Pflanzenfam. IV(3b); 55. Nov 1891"是一个非法名称(Nom. illegit.)，因为此前已经有了化石植物的"Trianthera Conwentz, Fl. Bernsteins 2: 49. t. 5, f. 1-5. 1886"。故用"Stemotria Wettst. et Harms (1899)"替代之。"Porodittia G. Don(1838) Nom. inval. ≡ Porodittia G. Don ex Kränzlin in Engler, Pflanzenr. IV 257C (Heft 28): 16. 5 Apr 1907"是"Trianthera

Wettstein 1891, non Conwentz 1886"和"Stemotria Wettstein et Harms 1898"的晚出的同模式异名(Homotypic synonym, Nomenclatural synonym)。【分布】秘鲁，中美洲。【模式】Stemotria triandra (Cav.) Govaerts [Jovellana triandra Cavanilles]。【参考异名】Porodittia G. Don (1838) Nom. inval.; Porodittia G. Don ex Kränzl. (1907); Stemotria Wettst. et Harms ex Engl. (1899) Nom. illegit.; Trianthera Wettst. (1891) Nom. illegit. ■☆

48873 Stenachaenium Benth. (1873)【汉】长尾菊属。【隶属】菊科 Asteraceae (Compositae)。【包含】世界 5 种。【学名诠释与讨论】〈中〉(希) stenos，狭窄的，薄的，细的，直的。stenotes，狭小，狭窄。stenodes，稍窄的。stenistos，是 stenos 的最高级，最窄的。stenosis，变窄。steno- = 拉丁文 angusti-，狭窄的，薄的，细的+achaenium，瘦果。【分布】阿富汗，巴拉圭，巴西(南部)。【模式】Stenachaenium megapotamicum (K. P. J. Sprengel) J. G. Baker [Conyza megapotamica K. P. J. Sprengel]。【参考异名】Dichropappus Sch. Bip. ex Krasehen. (1923); Lonchanthera Less. ex Baker (1882)■☆

48874 Stenactis Cass. (1825) = Erigeron L. (1753) [菊科 Asteraceae (Compositae)]■●

48875 Stenadenium Pax (1901) = Monadenium Pax (1894) [大戟科 Euphorbiaceae]■☆

48876 Stenandriopsis S. Moore (1906)【汉】类狭蕊爵床属。【隶属】爵床科 Acanthaceae。【包含】世界 10 种。【学名诠释与讨论】〈阴〉(属) Stenandrium 狭蕊爵床属+希腊文 opsis，外观，模样，相似。此属的学名是"Stenandriopsis S. Moore, J. Bot. 44: 153. t. 478 B. 1906"。亦有文献把其处理为"Crossandra Salisb. (1805)"或"Stenandrium Nees (1836) (保留属名)"的异名。【分布】马达加斯加。【模式】Stenandriopsis thompsoni S. Moore。【参考异名】Crossandra Salisb. (1805); Stenandrium Nees (1836) (保留属名)■☆

48877 Stenandrium Nees (1836) (保留属名)【汉】狭蕊爵床属。【日】ステナンドリウム属。【英】False Foxglove。【隶属】爵床科 Acanthaceae。【包含】世界 1-25 种。【学名诠释与讨论】〈中〉(希) stenos，狭窄的，薄的，细的，直的。stenotes，狭小，狭窄。stenodes，稍窄的。stenistos，是 stenos 的最高级，最窄的。stenosis，变窄。steno- = 拉丁文 angusti-，狭窄的，薄的，细的+aner，所有格 andros，雄性，雄蕊+-ius，-ia，-ium，在拉丁文和希腊文中，这些词尾表示性质或状态。此属的学名"Stenandrium Nees in Lindley, Intr. Nat. Syst. Bot., ed. 2: 444. Jul 1836"是保留属名。相应的废弃属名是爵床科 Acanthaceae 的"Gerardia L., Sp. Pl.: 610. 1 Mai 1753 = Stenandrium Nees (1836) (保留属名)"。"Gerardia Benth., Prodr. [A. P. de Candolle] 10: 514. 1846 [8 Apr 1846] = Stenandrium Nees (1836) (保留属名) = Agalinis Raf. (1837) (保留属名)"是晚出的非法名称，亦应废弃。【分布】巴拉圭，秘鲁，玻利维亚，厄瓜多尔，马达加斯加，尼泊尔，尼加拉瓜，中美洲。【模式】Stenandrium mandioccanum C. G. D. Nees。【参考异名】Caldenbachia Pohl ex Nees (1847); Gerardia L. (1753) (废弃属名); Hemitome Nees (1847); Stenandriopsis S. Moore (1906); Synandra Schrad. (1821) Nom. illegit. ■☆

48878 Stenanona Standl. (1929)【汉】狭瓣花属。【隶属】番荔枝科 Annonaceae。【包含】世界 2-10 种。【学名诠释与讨论】〈阴〉(希) stenos，狭窄的，薄的，细的，直的+(属) Anona = Annona 番荔枝属。【分布】巴拿马，尼加拉瓜，中美洲。【模式】Stenanona panamensis Standley。【参考异名】Reedrollinsia J. W. Walker (1971)●☆

48879 Stenanthella Rydb. (1900)【汉】小狭被莲属。【隶属】百合科 Liliaceae//黑药花科(藜芦科) Melanthiaceae。【包含】世界 2 种。

【学名诠释与讨论】〈阴〉(属)Stenanthium 狭被莲属+-ellus,-ella,-ellum,加在名词词干后面形成指小式的词尾。或加在人名、属名等后面以组成新属的名称。此属的学名是"Stenanthella Rydberg,Bull. Torrey Bot. Club 27：530. Oct 1900"。亦有文献把其处理为"Stenanthium(A. Gray)Kunth(1843)(保留属名)"的异名。【分布】俄罗斯(库页岛),北美洲的太平洋沿岸。【后选模式】Stenanthella occidentalis(A. Gray)Rydberg[Stenanthium occidentale A. Gray]。【参考异名】Stenanthium(A. Gray)Kunth(1843)(保留属名)■☆

48880　Stenanthemum Reissek(1858)【汉】狭花木属。【隶属】鼠李科Rhamnaceae。【包含】世界 28 种。【学名诠释与讨论】〈中〉(希)stenos,狭窄的、薄的、细的、直的+-anthemis,花。此属的学名,ING、TROPICOS 和 IK 记载是"Stenanthemum Reissek,Linnaea 29：295. 1858"。"Solenandra(Reissek)O. Kuntze,Rev. Gen. 120. 5 Nov 1891(non Hook. f. 1873)"是"Stenanthemum Reissek(1858)"的晚出的同模式异名(Homotypic synonym,Nomenclatural synonym)。亦有文献把"Stenanthemum Reissek(1858)"处理为"Cryptandra Sm. (1798)"的异名。【分布】澳大利亚。【模式】未指定。【参考异名】Cryptandra Sm. (1798);Serichonus K. R. Thiele(2007);Solenandra(Reissek)Kuntze(1891)Nom. illegit. ;Solenandra Kuntze(1891)Nom. illegit. ●☆

48881　Stenanthera(Oliv.)Engl. et Diels(1901)Nom. illegit. ≡ Neostenanthera Exell(1935)[番荔枝科 Annonaceae]●☆

48882　Stenanthera Engl. et Diels(1901)Nom. illegit. ≡ Stenanthera(Oliv.)Engl. et Diels(1900)Nom. illegit. ;~ ≡ Neostenanthera Exell(1935)[番荔枝科 Annonaceae]●☆

48883　Stenanthera R. Br. (1810)= Astroloma R. Br. (1810)[尖苞木科 Epacridaceae//杜鹃花科(欧石南科)Ericaceae]●☆

48884　Stenanthium(A. Gray)Kunth(1843)(保留属名)【汉】狭被莲属(瘦花属)。【俄】Стенанциум。【英】Stenanthium。【隶属】百合科 Liliaceae//黑药花科(藜芦科)Melanthiaceae。【包含】世界 4-5 种。【学名诠释与讨论】〈阴〉(希)stenos,狭窄的、薄的、细的、直的+anthos,花+-ius,-ia,-ium,在拉丁文和希腊文中,这些词尾表示性质或状态。此属的学名"Stenanthium(A. Gray)Kunth,Enum. Pl. 4：189. 17-19 Jul 1843"是保留属名,由"Veratrum subgen. Stenanthium A. Gray,Ann. Lyceum Nat. Hist. New York,4：119. Nov 1837"改级而来。相应的废弃属名是"Anepsa Raf. ,Fl. Tellur. 2：31. Jan-Mar 1837 ≡ Stenanthium(A. Gray)Kunth(1843)(保留属名)"。"Stenanthium Kunth(1843)≡ Stenanthium(A. Gray)Kunth(1843)(保留属名)"的命名人引证有误,亦应废弃。【分布】美国(东部)。【模式】Stenanthium angustifolium(Pursh)Kunth[Veratrum angustifolium Pursh]。【参考异名】Anepsa Raf. (1837)(废弃属名);Stenanthella Rydb. (1900);Stenanthium Kunth(1843)Nom. illegit. (废弃属名);Veratrum subgen. Stenanthium A. Gray(1837)■☆

48885　Stenanthium Kunth(1843)Nom. illegit. (废弃属名)≡ Stenanthium(A. Gray)Kunth(1843)(保留属名)[百合科 Liliaceae//黑药花科(藜芦科)Melanthiaceae]■☆

48886　Stenanthus Lönnr. (1882)Nom. illegit. [兰科 Orchidaceae]■☆

48887　Stenanthus Oerst. ex Hanst. (1854)【汉】狭花苣苔属。【隶属】苦苣苔科 Gesneriaceae。【包含】世界 4 种。【学名诠释与讨论】〈阴〉(希)stenos,狭窄的、薄的、细的、直的。stenotes,狭小、狭窄。stenodes,稍窄的。stenistos,是 stenos 的最高级,最窄的。stenosis,变窄。steno- =拉丁文 angusti-,狭窄的、薄的、细的+anthos,花。此属的学名,ING、TROPICOS 和 IK 记载是"Stenanthus Oersted ex Hanstein,Linnaea 26：209. Apr 1854

('1853')"。它曾先后被处理为"Columnea subgen. Stenanthus(Oerst. ex Hanst.)Hanst. (1865)"和"Columnea sect. Stenanthus(Oerst. ex Hanst.)Fritsch(1893)"。兰科 Orchidaceae 的"Stenanthus K. J. Lönnroth,Öfvers. Förh. Kongl. Svenska Vetensk. -Akad. 39(4)：85. 1882(post 12 Apr)"是晚出的非法名称。亦有文献把"Stenanthus Oerst. ex Hanst. (1854)"处理为"Columnea L. (1753)"的异名。【分布】中美洲。【模式】Stenanthus heterophyllus Oersted ex Hanstein。【参考异名】Columnea L. (1753);Columnea sect. Stenanthus(Oerst. ex Hanst.)Fritsch(1893);Columnea subgen. Stenanthus(Oerst. ex Hanst.)Hanst. (1865)■☆

48888　Stenaphia A. Rich. (1847)= Stephania Lour. (1790)[防己科 Menispermaceae]●■

48889　Stenaria(Raf.)Terrell(2001)【汉】窄茜属。【隶属】茜草科 Rubiaceae//休氏茜草科 Houstoniaceae。【包含】世界 150-200 种。【学名诠释与讨论】〈阴〉(希)stenos,狭窄的、薄的、细的、直的+-arius,-aria,-arium,指示"属于、相似、具有、联系"的词尾。此属的学名,ING、GCI、TROPICOS 和 IK 记载是"Stenaria(Raf.)Terrell,Sida 19(3)：592. 2001[23 Aug 2001]",由"Houstonia subgen. Stenaria Rafinesque,Ann. Gén. Sci. Phys. 5：226. 1820"改级而来。亦有文献把"Stenaria(Raf.)Terrell(2001)"处理为"Houstonia L. (1753)"的异名。【分布】广泛分布。【模式】Houstonia rupestris Rafinesque(vide E. E. Terrell,l. c. 592)[Houstonia subg. Stenaria Rafinesque,Ann. Gén. Sci. Phys. 5：226. 1820]。【参考异名】Houstonia L. (1753);Houstonia subgen. Stenaria Raf. (1820);Stenaria Raf. ,Nom. illegit. ;Stenaria Raf. ex Steud. (1840)Nom. inval. ■☆

48890　Stenaria Raf. ,Nom. illegit. = Houstonia L. (1753)[茜草科 Rubiaceae//休氏茜草科 Houstoniaceae]■☆

48891　Stenaria Raf. ex Steud. (1840)Nom. inval. = Houstonia L. (1753)[茜草科 Rubiaceae//休氏茜草科 Houstoniaceae]■☆

48892　Stenarrhena D. Don(1825)= Salvia L. (1753)[唇形科 Lamiaceae(Labiatae)//鼠尾草科 Salviaceae]●■

48893　Stengelia(Sch. Bip. ex Walp.)Steetz(1864)Nom. illegit. = Stengelia Sch. Bip. (1841)[菊科 Asteraceae(Compositae)//斑鸠菊科(绿菊科)Vernoniaceae]■☆

48894　Stengelia Neck. (1790)Nom. inval. = Mourera Aubl. (1775)[髯管花科 Geniostomaceae]■☆

48895　Stengelia Sch. Bip. (1841)【汉】斯滕菊属。【隶属】菊科 Asteraceae(Compositae)//斑鸠菊科(绿菊科)Vernoniaceae。【包含】世界 6-25 种。【学名诠释与讨论】〈阴〉(人)Stengel。此属的学名,IK 记载是"Stengelia Sch. Bip. ,Flora 24(1,Intelligenzbl.)：26. 1841"。TROPICOS 则记载为"Stengelia(Sch. Bip. ex Walp.)Steetz,Naturwissenschaftliche Reise nach Mossambique. . . 6(Bot. 2)：360,319. 1864",由"Vernonia subsect. Stengelia Sch. Bip. ex Walp. ,Repertorium Botanices Systematicae. 2：946. 1843"改级而来;其模式是"Vernonia schimperi DC. ,Prodromus Systematis Naturalis Regni Vegetabilis 7(1)：264. 1838. (Apr 1838)";它曾被处理为"Vernonia sect. Stengelia(Sch. Bip. ex Walp.)Benth. et Hook. f. ,Genera Plantarum 2：228. 1873. (7-9 Apr 1873)"。"Stengelia(Sch. Bip. ex Walp.)Steetz(1864)"是晚出的非法名称。"Stengelia Neck. ,Elem. Bot. (Necker)2：258. 1790 = Mourera Aubl. (1775)[髯管花科 Geniostomaceae]]"是一个未合格发表的名称(Nom. inval.)。"Stengelia Sch. Bip. ex Steetz(1841)≡ Stengelia Sch. Bip. (1841)= Baccharoides Moench(1794)"的命名人引证有误。亦有文献把"Stengelia Sch. Bip. (1841)"处理为"Vernonia Schreb.

（1791）（保留属名）"或"Baccharoides Moench（1794）"的异名。【分布】热带非洲，亚洲南部。【模式】Stengelia adoensis Sch. Bip. 。【参考异名】Baccharoides Moench（1794）；Stengelia（Sch. Bip. ex Walp.）Steetz（1864）Nom. illegit. ；Stengelia Sch. Bip. ex Steetz（1841）Nom. illegit. ；Vernonia Schreb. （1791）（保留属名）■☆

48896　Stengelia Sch. Bip. ex Steetz（1841）Nom. illegit. ≡Stengelia Sch. Bip. （1841）；~ = Baccharoides Moench（1794）［菊科 Asteraceae（Compositae）//斑鸠菊科（绿菊科）Vernoniaceae］●■

48897　Stenhammaria Nyman（1881）= Mertensia Roth（1797）（保留属名）；~ =Steenhammera Rchb. （1831）［紫草科 Boraginaceae］■

48898　Stenia Lindl. （1837）【汉】狭团兰属。【隶属】兰科 Orchidaceae。【包含】世界8种。【学名诠释与讨论】〈阴〉（希）stenos，狭窄的，薄的，细的，直的。stenotes，狭小，狭窄。stenodes，稍窄的。stenistos，是 stenos 的最高级，最窄的。stenosis，变窄。steno- = 拉丁文 angusti-，狭窄的，薄的，细的。此属的学名，ING、TROPICOS 和 IK 记载是"Stenia Lindl. ，Edwards's Bot. Reg. 23：ad t. 1991. 1837［1 Sep 1837］"。"Stenopolen Rafinesque，Fl. Tell. 4：49. 1838（med.）（'1836'）"是"Stenia Lindl. （1837）"的晚出的同模式异名（Homotypic synonym，Nomenclatural synonym）。【分布】秘鲁，玻利维亚，厄瓜多尔，特立尼达和多巴哥（特立尼达岛），热带南美洲北部。【模式】Stenia pallida J. Lindley。【参考异名】Aetheorhyncha Dressler（2005）；Chondrorhyncha（Rchb. f. ）Garay；Stenopolen Raf. （1838）Nom. illegit. ■☆

48899　Stenocactus（K. Schum.）A. Berger ex A. W. Hill（1933）Nom. illegit. ≡Stenocactus（K. Schum.）A. Berger（1929）［仙人掌科 Cactaceae］●☆

48900　Stenocactus（K. Schum. ）A. Berger（1929）【汉】薄棱玉属（多棱球属）。【隶属】仙人掌科 Cactaceae。【包含】世界10种。【学名诠释与讨论】〈阳〉（希）stenos，狭窄的，薄的，细的，直的 + cactos，有刺的植物，通常指仙人掌科 Cactaceae 植物。此属的学名，ING 和 GCI 记载是"Stenocactus（K. M. Schumann）A. Berger，Kakteen 346. Jul – Aug 1929"，由"Echinocactus subgen. Stenocactus K. M. Schumann，Gesamtbeschr. Kakteen 292. 1 Jan 1898"改级而来；而 IK 记载为"Stenocactus A. Berger，Kakteen 244（1929）"。TROPICOS 则记载为"Stenocactus（K. Schum. ）A. Berger ex A. W. Hill，Index Kewensis 8：228. 1933"。亦有文献把"Stenocactus（K. Schum. ）A. Berger（1929）"处理为"Echinofossulocactus Lawr. （1841）"的异名。【分布】墨西哥。【后选模式】Stenocactus coptonogonus（Lemaire）A. Berger［Echinocactus coptonogonus Lemaire］。【参考异名】Echinocactus subgen. Stenocactus K. M. Schumann（1898）；Echinofossulocactus Britton et Rose，Nom. illegit. ；Efossus Orcutt（1926）Nom. illegit. ；Stenocactus（K. Schum. ）A. Berger ex A. W. Hill（1933）Nom. illegit. ；Stenocactus（K. Schum. ）A. W. Hill（1933）Nom. illegit. ；Stenocactus A. Berger（1929）Nom. illegit. ●☆

48901　Stenocactus A. Berger（1929）Nom. illegit. ≡Stenocactus（K. Schum. ）A. Berger（1929）［仙人掌科 Cactaceae］●☆

48902　Stenocaelium Benth. et Hook. f. （1867）Nom. illegit. ≡Stenocoelium Ledeb. （1829）［伞形花科（伞形科）Apiaceae（Umbelliferae）］■

48903　Stenocaelium Ledeb. et Hook. f. （1867）Nom. illegit. ≡Stenocoelium Ledeb. （1829）［伞形花科（伞形科）Apiaceae（Umbelliferae）］■

48904　Stenocalyx O. Berg（1856）Nom. illegit. ≡Eugeissona Griff. （1844）［棕榈科 Arecaceae（Palmae）］●

48905　Stenocalyx Turcz. （1858）Nom. illegit. = Diplopterys A. Juss. （1838）；~ =Mezia Schwacke ex Nied. （1890）［金虎尾科（黄褥花科）Malpighiaceae］●☆

48906　Stenocarpha S. F. Blake（1915）【汉】狭苞菊属。【隶属】菊科 Asteraceae（Compositae）。【包含】世界2种。【学名诠释与讨论】〈阴〉（希）stenos，狭窄的，薄的，细的，直的。stenotes，狭小，狭窄。stenodes，稍窄的。stenistos，是 stenos 的最高级，最窄的。stenosis，变窄。steno- = 拉丁文 angusti-，狭窄的，薄的，细的 + karphos，皮壳，谷壳，糠秕。【分布】墨西哥，中美洲。【模式】Stenocarpha filiformis（Hemsley）S. F. Blake［as ' filipes'］［Galinsoga filiformis Hemsley］■☆

48907　Stenocarpus R. Br. （1810）（保留属名）【汉】火轮树属（狭果树属）。【日】ステノカルプス属。【俄】Стенокарпус。【英】Fircwhcel Tree，Fire－wheel Tree。【隶属】山龙眼科 Proteaceae。【包含】世界21-25种。【学名诠释与讨论】〈阳〉（希）stenos，狭窄的，薄的，细的，直的。stenotes，狭小，狭窄。stenodes，稍窄的。stenistos，是 stenos 的最高级，最窄的。stenosis，变窄。steno- = 拉丁文 angusti-，狭窄的，薄的，细的 + karpos，果实。此属的学名"Stenocarpus R. Br. in Trans. Linn. Soc. London 10：201. Feb 1810"是保留属名。相应的废弃属名是山龙眼科 Proteaceae 的"Cybele Salisb. ex Knight，Cult. Prot. ：123. Dec 1809 ≡ Stenocarpus R. Br. （1810）（保留属名）"。IK 记载的"Cybele Salisb. ，in Knight，Prot. 123（1809）≡ Cybele Salisb. ex Knight（1809）（废弃属名）≡Stenocarpus R. Br. （1810）（保留属名）"的命名人引证有误，亦应废弃。兰科的"Cybele Falc. ，in Lindl. Veg. Kingd. 183 C（1847）= Herminium L. （1758）"亦应废弃。"Cybele Falc. ex Lindl. （1847）≡ Cybele Falc. （1847）Nom. illegit. （废弃属名）"的命名人引证有误；也须废弃。【分布】澳大利亚（东部），法属新喀里多尼亚。【模式】Stenocarpus forsteri R. Brown，Nom. illegit. ［Embothrium umbelliferum J. R. et J. G. A. Forster；Stenocarpus umbelliferus（J. R. et J. G. A. Forster）Druce］。【参考异名】Agnostus A. Cunn. （1832）；Agnostus G. Don ex Loudon（1832）Nom. illegit. ；Cybele Salisb. （1809）Nom. illegit. （废弃属名）；Cybele Salisb. ex Knight（1809）（废弃属名）●☆

48908　Stenocephalum Sch. Bip. （1863）【汉】窄头斑鸠菊属。【隶属】菊科 Asteraceae（Compositae）//斑鸠菊科（绿菊科）Vernoniaceae。【包含】世界5种。【学名诠释与讨论】〈中〉（希）stenos，狭窄的，薄的，细的，直的。stenotes，狭小，狭窄。stenodes，稍窄的。stenistos，是 stenos 的最高级，最窄的。stenosis，变窄。steno- = 拉丁文 angusti-，狭窄的，薄的，细的 + kephale，头。此属的学名是"Stenocephalum C. H. Schultz-Bip. ，Jahresber. Pollichia 20-21：385. 30 Mar 1864（'1863'）"。亦有文献将其处理为"Vernonia Schreb. （1791）（保留属名）"的异名。真菌的"Stenocephalum G. P. Chamuris et C. J. K. Wang，Mycologia 82：530. 27 Sep 1990 ≡ Stenocephalopsis G. P. Chamuris et C. J. K. Wang（1998）"是晚出的非法名称。【分布】巴拉圭，玻利维亚，中美洲。【后选模式】Stenocephalum apiculatum（C. F. P. Martius ex A. P. de Candolle）C. H. Schultz – Bip. ［Vernonia apiculata C. F. P. Martius ex A. P. de Candolle］。【参考异名】Vernonia Schreb. （1791）（保留属名）■☆

48909　Stenocereus（A. Berger）Riccob. （1909）（保留属名）【汉】狭花柱属（新绿柱属）。【日】ステノセレウス属，ラスブニア属。【英】Pitaya。【隶属】仙人掌科 Cactaceae。【包含】世界25种。【学名诠释与讨论】〈阳〉（希）stenos，狭窄的，薄的，细的，直的 + （属）Cereus 仙影掌属。此属的学名"Stenocereus（A. Berger）Riccobono，Boll. Reale Orto Bot. Giardino Colon. Palermo 8：253.

Oct-Dec 1909"是保留属名,由"Cereus subgen. Stenocereus A. Berger, Rep.（Annual）Missouri Bot. Gard. 16:66. 31 Mai 1905"改级而来。相应的废弃属名是仙人掌科 Cactaceae 的"Rathbunia Britton et Rose in Contr. U. S. Natl. Herb. 12:414. 21 Jul 1909 = Stenocereus（A. Berger）Riccob.（1909）（保留属名）"。"Stenocereus Riccob.（1909）≡ Stenocereus（A. Berger）Riccob.（1909）（保留属名）"的命名人引证有误,亦应废弃。亦有文献把"Stenocereus（A. Berger）Riccob.（1909）（保留属名）"处理为"Lemaireocereus Britton et Rose（1909）"的异名。【分布】哥伦比亚,哥斯达黎加,洪都拉斯,墨西哥,尼加拉瓜,危地马拉,委内瑞拉,西印度群岛,中美洲。【模式】Stenocereus stellatus（L. K. G. Pfeiffer）Riccobono［Cereus stellatus L. K. G. Pfeiffer］。【参考异名】Cereus subgen. Stenocereus A. Berger（1905）; Hertrichocereus Backeb.（1950）; Isolatocereus（Backeb.）Backeb.（1941）; Lemaireocereus Britton et Rose（1909）; Machaerocereus Britton et Rose（1920）; Marshallocereus Backeb.（1950）; Neolemaireocereus Backeb.（1942）Nom. illegit.; Nigellicereus（P. V. Heath）P. V. Heath（1998）; Rathbunia Britton et Rose（1909）（废弃属名）; Ritterocereus Backeb.（1941）; Stenocereus Riccob.（1909）Nom. illegit.（废弃属名）●☆

48910 Stenocereus Riccob.（1909）Nom. illegit.（废弃属名）≡ Stenocereus（A. Berger）Riccob.（1909）（保留属名）; ~ = Lemaireocereus Britton et Rose（1909）［仙人掌科 Cactaceae］●☆

48911 Stenochasma Griff.（1851）= Hornstedtia Retz.（1791）［姜科（襄荷科）Zingiberaceae］■

48912 Stenochasma Miq.（1851）= Broussonetia L' Hér. ex Vent.（1799）（保留属名）［桑科 Moraceae］●

48913 Stenochilum Willd. ex Cham. et Schltdl. = Lamourouxia Kunth（1818）［玄参科 Scrophulariaceae］■☆

48914 Stenochilus Post et Kuntze（1903）Nom. illegit. = Lamourouxia Kunth（1818）; ~ = Stenochilum Willd. ex Chum. et Schltdl.［玄参科 Scrophulariaceae］■☆

48915 Stenochilus R. Br.（1810）= Eremophila R. Br.（1810）［苦槛蓝科（苦槛盘科）Myoporaceae］●☆

48916 Stenochloa Nutt.（1847）= Dissanthelium Trin.（1836）［禾本科 Poaceae（Gramineae）］■☆

48917 Stenocline DC.（1838）【汉】多头鼠麴木属。【隶属】菊科 Asteraceae（Compositae）。【包含】世界3种。【学名诠释与讨论】〈阴〉（希）stenos,狭窄的,薄的,细的,直的。stenotes,狭小,狭窄。stenodes,稍窄的。stenistos,是 stenos 的最高级,最窄的。stenosis,变窄。steno- = 拉丁文 angusti-,狭窄的,薄的,细的+kline,床,来自 klino,倾斜,斜倚。【分布】巴西,马达加斯加,非洲南部。【模式】未指定●☆

48918 Stenocoelium Ledeb.（1829）【汉】狭腔芹属（细腔属）。【俄】Стеноцелиум, Узколожбиник。【英】Stenocoelium。【隶属】伞形花科（伞形科）Apiaceae（Umbelliferae）。【包含】世界3种,中国2种。【学名诠释与讨论】〈中〉（希）stenos,狭窄的,薄的,细的,直的+koilos,空穴。koilia,腹+-ius,-ia,-ium,在拉丁文和希腊文中,这些词尾表示性质或状态。此属的学名是"Stenocoelium Ledebour, Fl. Altaica 1:297. Nov-Dec 1829"; "Stenocaelium Benth. et Hook. f.（1867）"和"Stenocaelium Ledeb. et Hook. f.（1867）"引证有误。【分布】中国,亚洲中部。【模式】Stenocoelium athamantoides（Marschall von Bieberstein）Ledebour［Cachrys athamantoides Marschall von Bieberstein］。【参考异名】Stenocaelium Benth. et Hook. f.（1867）Nom. illegit.; Stenocaelium Ledeb. et Hook. f.（1867）Nom. illegit. ■

48919 Stenocoryne Lindl.（1843）【汉】狭棒兰属。【日】ステノコリ

ネ属。【隶属】兰科 Orchidaceae。【包含】世界12种。【学名诠释与讨论】〈阴〉（希）stenos,狭窄的,薄的,细的,直的+coryne,棍棒。此属的学名是"Stenocoryne Lindley, Edwards's Bot. Reg. 29 misc. 53. 1 Jul 1843"。亦有文献把其处理为"Bifrenaria Lindl.（1832）"的异名。【分布】巴西,秘鲁,玻利维亚,几内亚。【模式】Stenocoryne longicornis（Lindley）Lindley［Bifrenaria longicornis Lindley］。【参考异名】Bifrenaria Lindl.（1832）■☆

48920 Stenodiptera Koso-Pol.（1914）= Caropodium Stapf et Wettst.（1886）［伞形花科（伞形科）Apiaceae（Umbelliferae）］■☆

48921 Stenodiscus Reissek（1858）= Spyridium Fenzl（1837）［鼠李科 Rhamnaceae］●☆

48922 Stenodon Naudin（1844）【汉】细齿野牡丹属。【隶属】野牡丹科 Melastomataceae。【包含】世界1种。【学名诠释与讨论】〈阳〉（希）stenos,狭窄的,薄的,细的,直的+odon 齿。【分布】巴西（南部）。【模式】Stenodon suberosus Naudin☆

48923 Stenodraba O. E. Schulz（1924）= Weberbauera Gilg et Muschl.（1909）［十字花科 Brassicaceae（Cruciferae）］■☆

48924 Stenodrepanum Harms（1921）【汉】窄镰苏木属（阿根廷苏木属）。【隶属】豆科 Fabaceae（Leguminosae）。【包含】世界1种。【学名诠释与讨论】〈中〉（希）stenos,狭窄的,薄的,细的,直的+drepane,镰刀状。【分布】阿根廷。【模式】Stenodrepanum bergii Harms ■☆

48925 Stenofestuca（Honda）Nakai（1950）= Bromus L.（1753）（保留属名）［禾本科 Poaceae（Gramineae）］■

48926 Stenogastra Hanst.（1854）= Almana Raf.（1838）; ~ = Sinningia Nees（1825）［苦苣苔科 Gesneriaceae］●■☆

48927 Stenoglossum Kunth（1816）= Epidendrum L.（1763）（保留属名）［兰科 Orchidaceae］■☆

48928 Stenoglottis Lindl.（1837）【汉】狭舌兰属。【日】ステノグロッチス属,ステノグロッティス属。【隶属】兰科 Orchidaceae。【包含】世界4-12种。【学名诠释与讨论】〈阴〉（希）stenos,狭窄的,薄的,细的,直的+glottis,所有格 glottidos,气管口,来自 glotta = glossa,舌。【分布】热带和非洲南部。【模式】Stenoglottis fimbriata Lindley ■☆

48929 Stenogonum Nutt.（1848）【汉】双轮蓼属。【英】Two-whorl Buckwheat。【隶属】蓼科 Polygonaceae//野荞麦木科 Eriogonaceae。【包含】世界2种。【学名诠释与讨论】〈阴〉（希）stenos,狭窄的,薄的,细的,直的+gone,所有格 gonos = gone,后代,子孙,籽粒,生殖器官。Goneus,父亲。gonimos,能生育的,有生育力的。新拉丁文 gonas,所有格 gonatis,胚腺,生殖腺,生殖器官。此属的学名,ING、TROPICOS 和 IK 记载是"Stenogonum Nuttall, Proc. Acad. Nat. Sci. Philadelphia 4:19. 21 Mar-4 Apr 1848"。它曾被处理为"Eriogonum sect. Stenogonum（Nutt.）Kuntze"和"Eriogonum sect. Stenogonum（Nutt.）Roberty & Vautier, Boissiera 10:92. 1964"。亦有文献把"Stenogonum Nutt.（1848）"处理为"Eriogonum Michx.（1803）"的异名。【分布】美国,北美洲。【模式】Stenogonum salsuginosum Nuttall。【参考异名】Eriogonum Michx.（1803）; Eriogonum sect. Stenogonum（Nutt.）Kuntze; Eriogonum sect. Stenogonum（Nutt.）Roberty & Vautier（1964）Nom. inval. ■☆

48930 Stenogtossum Kunth = Epidendrum L.（1763）（保留属名）［兰科 Orchidaceae］■☆

48931 Stenogyne Benth.（1830）（保留属名）【汉】狭蕊藤属。【隶属】唇形科 Lamiaceae（Labiatae）。【包含】世界20-21种。【学名诠释与讨论】〈阴〉（希）stenos,狭窄的,薄的,细的,直的+gyne,所有格 gynaikos,雌性,雌蕊。此属的学名"Stenogyne Benth. in Edwards's Bot. Reg. ; ad t. 1292. 1 Jan 1830"是保留属名。法规未列出相

应的废弃属名。但是菊科 Asteraceae 的"Stenogyne Cass. ，Dict. Sci. Nat. ，ed. 2.［F. Cuvier］50：493. 1827［Nov 1827］= Eriocephalus L.（1753）"应该废弃。【分布】美国（夏威夷）。【模式】Stenogyne rugosa Bentham。【参考异名】Phaeopsis Nutt. ex Benth.（1848）■☆

48932 **Stenogyne Cass.**（1827）Nom. inval.（废弃属名）= Eriocephalus L.（1753）［菊科 Asteraceae（Compositae）］●☆

48933 **Stenolirion Baker**（1896）= Ammocharis Herb.（1821）［石蒜科 Amaryllidaceae］■☆

48934 **Stenolobium Benth.**（1837）Nom. illegit. = Calopogonium Desv.（1826）［豆科 Fabaceae（Leguminosae）//蝶形花科 Papilionaceae］●

48935 **Stenolobium D. Don**（1823）= Cybistax Mart. ex Meisn.（1840）；~ = Tecoma Juss.（1789）［紫葳科 Bignoniaceae］●

48936 **Stenoloma Cass.**（1826）= Centaurea L.（1753）（保留属名）［菊科 Asteraceae（Compositae）//矢车菊科 Centaureaceae］●■

48937 **Stenomeria Turcz.**（1852）【汉】块茎藤属。【隶属】萝藦科 Asclepiadaceae//块茎藤科（丝瓣藤科）Stenomeridaceae。【包含】世界 3 种。【学名诠释与讨论】〈阴〉（希）stenos，狭窄的，薄的，细的，直的+meros，一部分。拉丁文 merus 含义为纯洁的，真正的。【分布】秘鲁，玻利维亚，厄瓜多尔，哥伦比亚（安蒂奥基亚）。【模式】Stenomeria decalepis Turczaninow ■☆

48938 **Stenomeridaceae J. Agardh**（1858）（保留科名）［亦见 Dioscoreaceae R. Br.（保留科名）薯蓣科和 Sterculiaceae Vent.（保留科名）梧桐科］【汉】块茎藤科（丝瓣藤科）。【包含】世界 2 属 6 种。【分布】马达加斯加，马来西亚。【科名模式】Stenomeris Planch. ■☆

48939 **Stenomeris Planch.**（1852）【汉】多子薯蓣属。【隶属】薯蓣科 Dioscoreaceae。【包含】世界 2 种。【学名诠释与讨论】〈阴〉（希）stenos，狭窄的，薄的，细的，直的+meros，一部分。此属的学名，ING、TROPICOS 和 IK 记载是"Stenomeris J. E. Planchon，Ann. Sci. Nat. Bot. ser. 3. 18：319. 1852（'1853'）"。"Halloschulzia O. Kuntze，Rev. Gen. 2：705. 5 Nov 1891"是"Stenomeris Planch.（1852）"的晚出的同模式异名（Homotypic synonym，Nomenclatural synonym）。【分布】马来西亚（西部）。【模式】Stenomeris dioscoreifolia J. E. Planchon［as 'dioscoreaefolia'］。【参考异名】Halloschulzia Kuntze（1891）Nom. illegit. ■☆

48940 **Stenomesson Herb.**（1821）【汉】狭管石蒜属（狭管蒜属）。【日】ステノメッソン属。【隶属】石蒜科 Amaryllidaceae。【包含】世界 35-40 种。【学名诠释与讨论】〈中〉（希）stenos，狭窄的，薄的，细的，直的+messon 中央。指花形。【分布】玻利维亚，厄瓜多尔。【模式】未指定。【参考异名】Anax Ravenna（1988）；Callithamna Herb. ；Calothauma Post et Kuntze（1903）；Carpodetes Herb.（1821）；Chrysiphiala Ker Gawl.（1824）；Chrysophiala Post et Kuntze（1903）；Clinanthus Herb.（1821）；Clitanthes Herb.（1839）Nom. illegit. ；Coburgia Sweet（1829）Nom. illegit. ；Corpodetes Rchb.（1828）；Crocopsis Pax（1889）；Neaera Salisb.（1866）；Sphaerotele C. Presl（1827）Nom. illegit. ；Sphaerothele Benth. et Hook. f.（1883）■☆

48941 **Stenonema Hook.**（1862）= Dolichostylis Turcz.（1854）Nom. illegit. ；~ = Draba L.（1753）［十字花科 Brassicaceae（Cruciferae）//葶苈科 Drabaceae］■

48942 **Stenonema Hook. ex Benth. et Hook. f.**（1862）Nom. illegit. ≡ Stenonema Hook.（1862）；~ = Dolichostylis Turcz.（1854）Nom. illegit. ；~ = Draba L.（1753）［十字花科 Brassicaceae（Cruciferae）//葶苈科 Drabaceae］■

48943 **Stenonia Baill.**（1858）Nom. illegit. ≡ Stenoniella Kuntze（1903）；~ = Cleistanthus Hook. f. ex Planch.（1848）［大戟科 Euphorbiaceae］●

48944 **Stenonia Didr.**（1857）Nom. illegit. = Argythamnia P. Browne（1756）；~ = Ditaxis Vahl ex A. Juss.（1824）［大戟科 Euphorbiaceae］●☆

48945 **Stenoniella Kuntze**（1903）= Cleistanthus Hook. f. ex Planch.（1848）［大戟科 Euphorbiaceae］●

48946 **Stenoniella Post et Kuntze**（1903）Nom. illegit. ≡ Stenoniella Kuntze（1903）［大戟科 Euphorbiaceae］●

48947 **Stenopadus S. F. Blake**（1931）【汉】绛菊木属。【隶属】菊科 Asteraceae（Compositae）。【包含】世界 14 种。【学名诠释与讨论】〈阳〉（希）stenos，狭窄的，薄的，细的，直的+pados，稠李俗名。【分布】厄瓜多尔，热带南美洲西北部。【模式】未指定●☆

48948 **Stenopetalum R. Br. ex DC.**（1821）【汉】狭瓣芥属。【隶属】十字花科 Brassicaceae（Cruciferae）。【包含】世界 9 种。【学名诠释与讨论】〈中〉（希）stenos，狭窄的，薄的，细的，直的+petalos，扁平的，铺开的。petalon，花瓣，叶，花叶，金属叶子。拉丁文的花瓣为 petalum。【分布】澳大利亚。【模式】Stenopetalum lineare R. Brown ex A. P. de Candolle ■☆

48949 **Stenophalium Anderb.**（1991）【汉】光果彩鼠麴属。【隶属】菊科 Asteraceae（Compositae）。【包含】世界 3-4 种。【学名诠释与讨论】〈中〉（希）stenos，狭窄的，薄的，细的，直的+phalos，黑暗+ -ius，-ia，-ium，在拉丁文和希腊文中，这些词尾表示性质或状态。【分布】巴西，玻利维亚。【模式】Stenophalium chionaea（A. P. de Candolle）A. A. Anderberg［Stenocline chionaea A. P. de Candolle］■☆

48950 **Stenophragma Celak.**（1875）= Arabidopsis Heynh.（1842）（保留属名）；~ = Arabis L.（1753）［十字花科 Brassicaceae（Cruciferae）］●■

48951 **Stenophyllum Sch. Bip. ex Benth. et Hook. f.**（1873）= Calea L.（1763）［菊科 Asteraceae（Compositae）］●■☆

48952 **Stenophyllus Raf.**（1825）（废弃属名）= Scirpus L.（1753）（保留属名）［莎草科 Cyperaceae//藨草科 Scirpaceae］■

48953 **Stenopolen Raf.**（1838）Nom. illegit. ≡ Stenia Lindl.（1837）［兰科 Orchidaceae］■☆

48954 **Stenops B. Nord.**（1978）【汉】窄叶菊属。【隶属】菊科 Asteraceae（Compositae）。【包含】世界 2 种。【学名诠释与讨论】〈阳〉（希）stenos，狭窄的，薄的，细的，直的+ops 外观。【分布】坦桑尼亚。【模式】Stenops helodes B. Nordenstam。【参考异名】Pseudocadiscus Lisowski（1987）■☆

48955 **Stenoptera C. Presl**（1827）【汉】狭翅兰属。【隶属】兰科 Orchidaceae。【包含】世界 10 种。【学名诠释与讨论】〈阴〉（希）stenos，狭窄的，薄的，细的，直的+pteron，指小式 pteridion，翅。pteridios，有羽毛的。指花瓣。【分布】巴拿马，秘鲁，玻利维亚，厄瓜多尔，哥伦比亚（安蒂奥基亚），中美洲。【模式】Stenoptera peruviana K. B. Presl ■☆

48956 **Stenorhynchus Lindl.**（1845）Nom. illegit. ≡ Stenorrhynchos Rich. ex Spreng.（1826）［兰科 Orchidaceae］■☆

48957 **Stenorrhynchium Rchb.**（1817）Nom. illegit. ，Nom. nud. = Stenorrhynchos Rchb.（1817）Nom. illegit. ，Nom. nud. ；~ ≡ Stenorrhynchos Rich. ex Spreng.（1826）［兰科 Orchidaceae］■☆

48958 **Stenorrhynchos Rchb.**（1817）Nom. illegit. ，Nom. nud. ≡ Stenorrhynchos Rich. ex Spreng.（1826）［兰科 Orchidaceae］■☆

48959 **Stenorrhynchos Rich. ex Spreng.**（1826）【汉】狭喙兰属。【隶属】兰科 Orchidaceae。【包含】世界 13 种。【学名诠释与讨论】〈阳〉（希）stenos，狭窄的，薄的，细的，直的+rhynchos，喙。此属的学名，ING 和 IPNI、TROPICOS 记载是"Stenorrhynchos Rich. ex Spreng. ，Syst. Veg.（ed. 16）［Sprengel］3：677,709. 1826［Jan-

Mar 1826]"。IK 则记载为"Stenorrhynchos Spreng.，Syst. Veg.（ed. 16）[Sprengel]3：677. 1826 [Jan–Mar 1826]"。三者引用的文献相同。"Stenorrhynchos Rchb.（1826）"的命名人引证有误。"Stenorhynchus Lindl.，Annals and Magazine of Natural History 15：386. 1845"是"Stenorrhynchos Rich. ex Spreng.（1826）"是其变体。"Stenorrhynchos Rchb.，De Orchideis Europaeis Annotationes 37. 1817 ≡ Stenorrhynchos Rich. ex Spreng.（1826）"是一个未合格发表的名称（Nom. inval.，Nom. nud.）。"Stenorrhynchium Rchb."是"Stenorrhynchos Rchb.（1817）Nom. illegit.，Nom. nud."的拼写变体。【分布】巴拉圭，巴拿马，玻利维亚，厄瓜多尔，哥伦比亚（安蒂奥基亚），哥斯达黎加，尼加拉瓜，美国（东南部）至温带南美洲，中美洲。【后选模式】Stenorrhynchos speciosum（N. J. Jacquin）K. P. J. Sprengel [Neottia speciosa N. J. Jacquin]。【参考异名】Aetheria Blume ex Endl.（1837）Nom. illegit.；Aetheria Endl.（1837）；Centrogenium Schltr.（1919）Nom. illegit.；Cladobium Schltr.（1920）Nom. illegit.；Coccineorchis Schltr.（1920）；Cogniauxiocharis（Schltr.）Hoehne（1944）；Cotylolabium Garay（1982）；Eltroplectris Raf.（1837）；Greenwoodia Burns–Bal.（1986）；Kionophyton Garay（1982）；Lankesterella Ames（1923）；Lyrochilus Szlach.（2008）；Lyroglossa Schltr.（1920）；Mesadenella Pabst et Garay（1953）；Pteroglossa Schltr.（1920）；Sacoila Raf.（1837）；Skeptrostachys Garay（1982）；Stenorhynchus Lindl.（1845）Nom. illegit.；Stenorrhynchium Rchb.（1817）Nom. illegit.，Nom. nud.；Stenorrhynchos Rchb.（1826）Nom. illegit.，Nom. nud.；Stenorrhynchos Spreng.（1826）Nom. illegit.；Svenkoeltzia Burns–Bal.（1989）■☆

48960　Stenorrhynchos Spreng.（1826）Nom. illegit. ≡ Stenorrhynchos Rich. ex Spreng.（1826）[兰科 Orchidaceae]■☆

48961　Stenoschista Bremek.（1943）= Ruellia L.（1753）[爵床科 Acanthaceae]■●

48962　Stenoselenium Popov, Nom. illegit. = Stenosolenium Turcz.（1840）[紫草科 Boraginaceae]■

48963　Stenosemis E. Mey. ex Harv. et Sond.（1862）Nom. illegit. ≡ Stenosemis E. Mey. ex Sond.（1862）[伞形花科（伞形科）Apiaceae（Umbelliferae）]■☆

48964　Stenosemis E. Mey. ex Sond.（1862）= Annesorhiza Cham. et Schltdl.（1826）[伞形花科（伞形科）Apiaceae（Umbelliferae）]■☆

48965　Stenosepala C. Perss.（2000）【汉】狭萼茜属。【隶属】茜草科 Rubiaceae。【包含】世界1种。【学名诠释与讨论】〈阴〉（希）stenos，狭窄的，薄的，细的，直的+sepalum，花萼。【分布】巴拿马，哥伦比亚（安蒂奥基亚），中美洲。【后选模式】Stenosepala hirsuta C. Persson☆

48966　Stenoseris C. Shih（1991）【汉】细莴苣属。【英】Stenoseris。【隶属】菊科 Asteraceae（Compositae）。【包含】世界6种，中国6种。【学名诠释与讨论】〈阴〉（希）stenos，狭窄的，薄的，细的，直的+seris，莴苣。【分布】中国■

48967　Stenosiphanthus A. Samp.（1936）= Arrabidaea DC.（1838）[紫葳科 Bignoniaceae]●☆

48968　Stenosiphon Spach（1835）【汉】窄管柳叶菜属。【隶属】柳叶菜科 Onagraceae。【包含】世界1种。【学名诠释与讨论】〈中〉（希）stenos，狭窄的，薄的，细的，直的+siphon，管子。此属的学名，ING、TROPICOS 和 IK 记载是"Stenosiphon Spach, Ann. Sci. Nat.，Bot. sér. 2, 4：170. 1835 [Sep 1835]"。O. Kuntze（1891）用"Antogoeringia O. Kuntze, Rev. Gen. 1：250. 5 Nov 1891"替代"Stenosiphon Spach, Ann. Sci. Nat. Bot. ser. 2. 4：170. Sep

1835"；这是多余的。"Stenoseris C. Shih（1991）"曾被处理为"Oenothera subsect. Stenosiphon（Spach）W. L. Wagner & Hoch, Systematic Botany Monographs 83：167. 2007"。【分布】美国（西南部）。【模式】Stenosiphon virgatus Spach, Nom. illegit. [Gaura linifolia Nuttall ex F. James [as 'linifoila']；Stenosiphon linifolius（Nuttall ex F. James）Heynhold]。【参考异名】Antogoeringia Kuntze（1891）Nom. illegit.；Oenothera subsect. Stenosiphon（Spach）W. L. Wagner & Hoch（2007）■☆

48969　Stenosiphonium Nees（1832）【汉】窄管爵床属。【隶属】爵床科 Acanthaceae。【包含】世界3种。【学名诠释与讨论】〈中〉（希）stenos，狭窄的，薄的，细的，直的+siphon，所有格 siphonos，管子+–ius，–ia，–ium，在拉丁文和希腊文中，这些词尾表示性质或状态。【分布】斯里兰卡，印度半岛。【模式】Stenosiphonium russellianum C. G. D. Nees ■☆

48970　Stenosolen（Müll. Arg.）Markgr.（1938）= Tabernaemontana L.（1753）[夹竹桃科 Apocynaceae//红月桂科 Tabernaemontanaceae]●

48971　Stenosolenium Turcz.（1840）【汉】紫筒草属（狭管紫草属）。【俄】Тонкотрубочник。【英】Stenosolenium。【隶属】紫草科 Boraginaceae。【包含】世界2种，中国1种。【学名诠释与讨论】〈中〉（希）stenos，狭窄的，薄的，细的，直的+solen，所有格 solenos，管子，沟，阴茎+–ius，–ia，–ium，在拉丁文和希腊文中，这些词尾表示性质或状态。指花冠筒细长。【分布】中国，亚洲中部。【模式】Stenosolenium saxatile（Pallas）Turczaninow [Anchusa saxatilis Pallas]。【参考异名】Stenoselenium Popov, Nom. illegit. ■

48972　Stenospermation Schott（1858）【汉】窄籽南星属。【隶属】天南星科 Araceae。【包含】世界30-36种。【学名诠释与讨论】〈中〉（希）stenos，狭窄的，薄的，细的，直的+sperma，所有格 spermatos，种子，孢子+–ion，表示出现。此属的学名，ING、GCI 和 IK 记载是"Stenospermation Schott, Gen. Aroid. 70. 1858"。"Stenospermatium Schott, Oesterr. Bot. Z. 9：39. 1859"是其拼写变体。【分布】巴拿马，秘鲁，玻利维亚，厄瓜多尔，哥伦比亚（安蒂奥基亚），哥斯达黎加，尼加拉瓜，中美洲。【后选模式】Stenospermation mathewsii H. W. Schott。【参考异名】Stenospermatium Schott（1859）■☆

48973　Stenospermatium Schott（1859）Nom. illegit. ≡ Stenospermation Schott（1858）[天南星科 Araceae]■☆

48974　Stenospermum Sweet ex Heynh.（1830）Nom. inval. ≡ Kunzea Rchb.（1829）（保留属名）；~ Metrosideros Banks ex Gaertn.（1788）（保留属名）；~ Stenospermum Sweet ex Heynh.（1841）[桃金娘科 Myrtaceae]●☆

48975　Stenospermum Sweet ex Heynh.（1841）≡ Kunzea Rchb.（1829）（保留属名）；~ Metrosideros Banks ex Gaertn.（1788）（保留属名）[桃金娘科 Myrtaceae]●☆

48976　Stenospermum Sweet（1830）Nom. inval. ≡ Kunzea Rchb.（1829）（保留属名）；~ ≡ Metrosideros Banks ex Gaertn.（1788）（保留属名）；~ ≡ Stenospermum Sweet ex Heynh.（1830）Nom. inval.；~ = Stenospermum Sweet ex Heynh.（1841）[桃金娘科 Myrtaceae]●☆

48977　Stenostachys Turcz.（1862）【汉】狭穗草属。【隶属】禾本科 Poaceae（Gramineae）。【包含】世界4种。【学名诠释与讨论】〈阴〉（希）stenos，狭窄的，薄的，细的，直的+stachys，穗，谷，长钉。此属的学名是"Stenostachys Turczaninow, Bull. Soc. Imp. Naturalistes Moscou 35（2）：330. 1862"。亦有文献把其处理为"Hystrix Moench（1794）"的异名。【分布】新西兰。【模式】Stenostachys narduroides Turczaninow。【参考异名】Cockaynea Zntov（1943）；Hystrix Moench（1794）■☆

48978 Stenostegia A. R. Bean(1998)【汉】狭盖桃金娘属。【隶属】桃金娘科 Myrtaceae。【包含】世界 1 种。【学名诠释与讨论】〈阴〉（希）stenos, 狭窄的, 薄的, 细的, 直的+stegion, 屋顶, 盖。【分布】维多利亚。【模式】Stenostegia congesta A. R. Bean ●☆

48979 Stenostelma Schltr. (1894)【汉】细冠萝藦属。【隶属】萝藦科 Asclepiadaceae。【包含】世界 4-5 种。【学名诠释与讨论】〈中〉（希）stenos, 狭窄的, 薄的, 细的, 直的+stelma, 王冠, 花冠。【分布】热带和非洲南部。【模式】Stenostelma capense Schlechter。【参考异名】Krebsia Harv. (1868) Nom. illegit. ■☆

48980 Stenostephanus Nees(1847)【汉】窄冠爵床属。【隶属】爵床科 Acanthaceae。【包含】世界 6 种。【学名诠释与讨论】〈阳〉（希）stenos, 狭窄的, 薄的, 细的, 直的+stephos, stephanos, 花冠, 王冠。【分布】巴拿马, 秘鲁, 玻利维亚, 厄瓜多尔, 中美洲。【模式】Stenostephanus lobeliiformis C. G. D. Nees。【参考异名】Gastranthus Moritz ex Benth. et Hook. f. (1876) Nom. illegit. ■☆

48981 Stenostomum C. F. Gaertn. (1806) = Antirhea Comm. ex Juss. (1789) [茜草科 Rubiaceae] ●

48982 Stenotaenia Boiss. (1844)【汉】窄带芹属。【俄】Стенотения。【隶属】伞形花科（伞形科）Apiaceae(Umbelliferae)。【包含】世界 5-6 种。【学名诠释与讨论】〈阴〉（希）stenos, 狭窄的, 薄的, 细的, 直的 + tainia, 变为拉丁文 taenia, 带。taeniatus, 有条纹的。taenidium, 螺旋丝。【分布】小亚细亚, 伊朗。【后选模式】Stenotaenia tordylioides Boissier。【参考异名】Pentataenium Tamamsch. ■☆

48983 Stenotalis B. G. Briggs et L. A. S. Johnson(1998)【汉】窄花帚灯草属（寡小花帚灯草属）。【隶属】帚灯草科 Restionaceae。【包含】世界 1 种。【学名诠释与讨论】〈阴〉（希）stenos, 狭窄的, 薄的, 细的, 直的+thaleia, 多花的, 富丽的。【分布】澳大利亚。【模式】Stenotalis ramosissima (E. Gilg) B. G. Briggs et L. A. S. Johnson [Hypolaena ramosissima E. Gilg] ■☆

48984 Stenotaphrum Trin. (1820)【汉】钝叶草属（窄沟草属）。【日】イヌシバ属。【俄】Стеноафрум。【英】Bluntleaf Grass, Stenotaphrum。【隶属】禾本科 Poaceae(Gramineae)。【包含】世界 7 种, 中国 3 种。【学名诠释与讨论】〈中〉（希）stenos, 狭窄的, 薄的, 细的, 直的+taphros, 壕, 沟。指小穗的第一不育花藏于肥厚的总轴中。【分布】巴拿马, 秘鲁, 玻利维亚, 厄瓜多尔, 哥伦比亚(安蒂奥基亚), 哥斯达黎加, 马达加斯加, 美国(密苏里), 尼加拉瓜, 中国, 热带和亚热带, 中美洲。【模式】Stenotaphrum glabrum Trinius, Nom. illegit. [Panicum dimidiatum Linnaeus; Stenotaphrum dimidiatum (Linnaeus) A. Brongniart]。【参考异名】Diastemanthe Desv. (1854); Diastemanthe Steud. (1854); Diastemananthe Desv.; Diastemenanthe Steud.; Ophiurinella Desv. (1831) ■

48985 Stenotheca Monn. (1829) = Hieracium L. (1753) [菊科 Asteraceae(Compositae)] ■

48986 Stenothyrsus C. B. Clarke(1908)【汉】细茎爵床属。【隶属】爵床科 Acanthaceae。【包含】世界 1 种。【学名诠释与讨论】〈阳〉（希）stenos, 狭窄的, 薄的, 细的, 直的 + thyrsos, 茎, 杖。thyrsus, 聚伞圆锥花序, 团。【分布】马来半岛。【模式】Stenothyrsus ridleyi C. B. Clarke ■☆

48987 Stenotis Terrell(2001) = Hedyotis L. (1753) (保留属名) [茜草科 Rubiaceae] ●■

48988 Stenotium Presl ex Steud. (1841) = Lobelia L. (1753) [桔梗科 Campanulaceae//山梗菜科(半边莲科) Nelumbonaceae] ●■

48989 Stenotopsis Rydb. (1900) Nom. illegit. = Ericameria Nutt. (1840); ~ = Haplopappus Cass. (1828) [as 'Aplopappus'] (保留属名) [菊科 Asteraceae(Compositae)] ■●☆

48990 Stenotropis Hassk. (1855) Nom. illegit. = Erythrina L. (1753) [豆科 Fabaceae(Leguminosae)//蝶形花科 Papilionaceae] ●■

48991 Stenotus Nutt. (1840)【汉】窄黄花属。【英】Goldenweed Goldenweed, Mock Goldenweed。【隶属】菊科 Asteraceae(Compositae)。【包含】世界 6-7 种。【学名诠释与讨论】〈阴〉（希）stenos, 狭窄的, 薄的, 细的, 直的。stenotes, 窄狭。指叶子窄。此属的学名, ING、TROPICOS、GCI 和 IK 记载是“Stenotus Nutt. ,Trans. Amer. Philos. Soc. ser. 2,7:334. 1840 [Oct-Dec 1840]”。它曾被处理为“Haplopappus sect. Stenotus (Nutt.) A. Gray”。亦有文献把“Stenotus Nutt. (1840)”处理为“Haplopappus Cass. (1828) [as 'Aplopappus'] (保留属名)”的异名。【分布】北美洲。【后选模式】Stenotus acaulis (Nuttall) Nuttall [Chrysopsis acaulis Nuttall]。【参考异名】Haplopappus Cass. (1828) [as 'Aplopappus'] (保留属名); Haplopappus sect. Stenotus (Nutt.) A. Gray ■☆

48992 Stenotyla Dressler (2005)【汉】狭节兰属。【隶属】兰科 Orchidaceae。【包含】世界 6 种。【学名诠释与讨论】〈阴〉（希）stenos, 狭窄的, 薄的, 细的, 直的+tylos, 结节, 硬瘤。此属的学名是“Stenotyla Dressler, Lankesteriana 5(2): 96, 2005”。亦有文献把其处理为“Chondrorhyncha Lindl. (1846)”的异名。【分布】北美洲, 中美洲。【模式】Stenotyla lendyana (Rchb. f.) Dressler [Chondrorhyncha lendyana Rchb. f.]。【参考异名】Chondrorhyncha Lindl. (1846) ●■☆

48993 Stenouratea Tiegh. (1902) = Ouratea Aubl. (1775) (保留属名) [金莲木科 Ochnaceae] ●

48994 Stenurus Salisb. (1866) Nom. illegit. ≡ Biarum Schott (1832) (保留属名) [天南星科 Araceae] ☆

48995 Stephalea Raf. = Campanula L. (1753) [桔梗科 Campanulaceae] ■●

48996 Stephanachne Keng(1934)【汉】冠毛草属。【日】コゴメウツギ属。【俄】Пухополевица。【英】Papposedge, Stephanachne。【隶属】禾本科 Poaceae(Gramineae)。【包含】世界 3 种, 中国 3 种。【学名诠释与讨论】〈阴〉（希）stephanos, 王冠, 花冠+achne, 鳞片, 泡沫, 泡囊, 谷壳, 稃。指颖果具冠毛。【分布】中国。【模式】Stephanachne nigrescens Y. L. Keng。【参考异名】Pappagrostis Roshev. (1934) ■

48997 Stephanandra Siebold et Zucc. (1843)【汉】小米空木属（冠蕊木属, 野珠兰属）。【日】コゴメウツギ属。【俄】Стефанандра。【英】Lace Shrub, Stephanandra。【隶属】蔷薇科 Rosaceae。【包含】世界 3-5 种, 中国 2 种。【学名诠释与讨论】〈阴〉（希）stephanos, 环绕着的东西, 王冠, 花冠+aner, 所有格 andros, 雄性, 雄蕊。指雄蕊冠状宿存, 在蒴果四周形成一环状。另说希腊文 stephanos 花冠 + andron 雄蕊。【分布】中国, 东亚。【模式】Stephanandra flexuosa Siebold et Zuccarini [Stephanandra incisa (Thunberg) Siebold et Zuccarini ex Zabel [Spiraea incisa Thunberg] ●

48998 Stephanangaceae Dulac = Valerianaceae Batsch(保留科名) ●■

48999 Stephananthus Lehm. (1827) = Baccharis L. (1753) (保留属名) [菊科 Asteraceae(Compositae)] ●■☆

49000 Stephanbeckia H. Rob. et V. A. Funk(2011)【汉】玻菊属。【隶属】菊科 Asteraceae(Compositae)。【包含】世界 1 种。【学名诠释与讨论】〈阴〉（希）词源不详。【分布】玻利维亚。【模式】Stephanbeckia plumosa H. Rob. et V. A. Funk ☆

49001 Stephanella (Engl.) Tiegh. (1903) = Dichapetalum Thouars (1806) [毒鼠子科 Dichapetalaceae] ●

49002 Stephanella Tiegh. (1903) Nom. illegit. ≡ Stephanella (Engl.) Tiegh. (1903); ~ = Dichapetalum Thouars (1806) [毒鼠子科

Dichapetalaceae]●

49003　Stephania Kuntze（1891）Nom. illegit. = Astephania Oliv. （1886）［菊科 Asteraceae（Compositae）]■☆

49004　Stephania Lour.（1790）【汉】千金藤属。【日】ハスノハカズラ属，ハスノハカヅラ属。【俄】Стефания。【英】Stephania。【隶属】防己科 Menispermaceae。【包含】世界 30-60 种，中国 37-41 种。【学名诠释与讨论】〈阴〉（人）Christian Friedrich Stephan, 1757-1814，俄罗斯植物学者。另说来自希腊文 stephanos，环绕着的东西，冠，指雄蕊愈合成盾状冠。此属的学名，ING、TROPICOS、APNI 和 IK 记载是"Stephania Lour. ,Fl. Cochinch. 2:608. 1790［Sep 1790］"。"Stephania Kuntze，Revis. Gen. Pl. 1:353,in obs. 1891［5 Nov 1891］= Astephania Oliv.（1886）［菊科 Asteraceae（Compositae）]"和"Stephania Willd. ,Sp. Pl. ,ed. 4［Willdenow]2（1）:239. 1799［Mar 1799］≡Steriphoma Spreng. （1827）（保留属名）［山柑科（白花菜科，醉蝶花科）Capparaceae]"是晚出的非法名称。【分布】澳大利亚,中国,热带非洲,亚洲。【后选模式】Stephania rotunda Loureiro。【参考异名】Byrsa Noronha（1790）; Clypea Blume（1825）; Homocnemia Miers（1851）; Ileocarpus Miers（1851）; Perichasma Miers（1866）; Stenaphia A. Rich.（1847）; Styphania Müll. Berol.（1868）●■

49005　Stephania Willd.（1799）Nom. illegit. ≡Steriphoma Spreng. （1827）（保留属名）［山柑科（白花菜科，醉蝶花科）Capparaceae]●☆

49006　Stephaniscus Tiegh.（1895）= Englerina Tiegh.（1895）;~ = Tapinanthus（Blume）Rchb.（1841）（保留属名）［桑寄生科 Loranthaceae]●☆

49007　Stephanium Schreb.（1789）Nom. illegit. ≡Palicourea Aubl. （1775）［茜草科 Rubiaceae]●☆

49008　Stephanocarpus Spach（1836）= Cistus L.（1753）［半日花科（岩蔷薇科）Cistaceae]●

49009　Stephanocaryum Popov（1951）【汉】冠果紫草属。【俄】Венцовник。【隶属】紫草科 Boraginaceae。【包含】世界 2 种。【学名诠释与讨论】〈中〉（希）stephanos，王冠，花冠+karyon，胡桃,硬壳果,核,坚果。【分布】亚洲中部。【模式】Stephanocaryum olgae（B. A. Fedtschenko）Popov［Trigonotis olgae B. A. Fedtschenko]■☆

49010　Stephanocereus A. Berger（1926）【汉】毛环柱属（毛环翁属，毛环翁柱属）。【日】ステファノセレウセ属。【隶属】仙人掌科 Cactaceae。【包含】世界 1-2 种。【学名诠释与讨论】〈阳〉（希）stephanos，王冠，花冠+（属）Cereus 仙影掌属。【分布】巴西。【模式】Stephanocereus leucostele（Gürke）A. Berger［Cereus leucostele Gürke]●☆

49011　Stephanochilus Coss. et Durieu ex Benth.（1873）Nom. illegit. ≡Stephanochilus Coss. et Durieu ex Benth. et Hook. f.（1873）［菊科 Asteraceae（Compositae）]■☆

49012　Stephanochilus Coss. et Durieu ex Benth. et Hook. f.（1873）【汉】冠唇属。【隶属】菊科 Asteraceae（Compositae）//矢车菊科 Centaureaceae。【包含】世界 1 种。【学名诠释与讨论】〈阳〉（希）stephanos，王冠，花冠+cheilos，唇。在希腊文组合词中，cheil-,cheilo-,-chilus,-chilia 等均为"唇,边缘"之义。此属的学名，IK 和 TROPICOS 记载为"Stephanochilus Coss. et Durieu ex Benth. et Hook. f. ,Gen. Pl.［Bentham et Hooker f.]2（1）:477. 1873［7-9 Apr 1873］"。ING 则记载为"Stephanochilus Cosson ex R. Maire,Bull. Soc. Hist. Nat. Afrique N. 26:24. 1935（post 30 Mar）（'Feb'）";这是晚出的非法名称。"Stephanochilus Coss. et Durieu ex Benth.（1873）≡Stephanochilus Coss. et Durieu ex Benth. et Hook. f.（1873）"和"Stephanochilus Coss. ex Maire

（1935）≡ Stephanochilus Coss. et Durieu ex Benth. et Hook. f. （1873）"的命名人引证有误。亦有文献把"Stephanochilus Coss. et Durieu ex Benth. et Hook. f.（1873）"处理为"Centaurea L. （1753）（保留属名）"或"Volutarella Cass.（1826）Nom. illegit. " 的异名。【分布】非洲北部。【模式】Stephanochilus omphalodes （Bentham et J. D. Hooker）R. Maire［Volutarella omphalodes Bentham et J. D. Hooker]。【参考异名】Centaurea L.（1753）（保留属名）; Stephanochilus Coss. et Durieu ex Benth.（1873）Nom. illegit. ; Stephanochilus Coss. et Durieu ex Maire（1935）Nom. illegit. ; Stephanochilus Cosson ex Maire（1935）Nom. illegit. ; Volutarella Cass.（1826）Nom. illegit. ■☆

49013　Stephanochilus Coss. et Durieu ex Maire（1935）Nom. illegit. ≡ Stephanochilus Coss. ex Maire（1935）Nom. illegit. ;~≡ Stephanochilus Coss. et Durieu ex Benth. et Hook. f.（1873）［菊科 Asteraceae（Compositae）]■☆

49014　Stephanochilus Coss. ex Maire（1935）Nom. illegit. ≡ Stephanochilus Coss. et Durieu ex Benth. et Hook. f.（1873）［菊科 Asteraceae（Compositae）]■☆

49015　Stephanococcus Bremek.（1952）【汉】冠果茜属。【隶属】茜草科 Rubiaceae。【包含】世界 1 种。【学名诠释与讨论】〈阳〉（希）stephanos，王冠，花冠+kokkos，变为拉丁文 coccus，仁，谷粒，浆果。【分布】热带非洲。【模式】Stephanococcus crepinianus（K. M. Schumann）Bremekamp［Oldenlandia crepiniana K. M. Schumann]■☆

49016　Stephanocoma Less.（1832）= Berkheya Ehrh.（1784）（保留属名）［菊科 Asteraceae（Compositae）]●■☆

49017　Stephanodaphne Baill.（1875）【汉】冠瑞香属。【隶属】瑞香科 Thymelaeaceae。【包含】世界 8-9 种。【学名诠释与讨论】〈阴〉（希）stephanos，王冠，花冠+（属）Daphne 瑞香属。【分布】科摩罗,马达加斯加。【模式】Stephanodaphne boivini Baillon●☆

49018　Stephanodoria Greene（1895）【汉】短舌黄头菊属。【隶属】菊科 Asteraceae（Compositae）。【包含】世界 1 种。【学名诠释与讨论】〈阴〉（希）stephanos，王冠，花冠+doria，秋麒麟草 goldenrods 的早期名称。【分布】墨西哥。【模式】Stephanodoria tomentella （B. L. Robinson）E. L. Greene［Xanthocephalum tomentellum B. L. Robinson]■☆

49019　Stephanogastra H. Karat. et Triana（1855）= Centronia D. Don （1823）［野牡丹科 Melastomataceae]●☆

49020　Stephanogastra Triana（1855）Nom. illegit. ≡Stephanogastra H. Karat. et Triana（1855）;~ = Centronia D. Don（1823）［野牡丹科 Melastomataceae]●☆

49021　Stephanogyna Post et Kuntze（1903）= Mitragyna Korth.（1839）（保留属名）;~ = Stephegyne Korth.（1842）Nom. illegit.［茜草科 Rubiaceae]●

49022　Stephanolepis S. Moore（1900）= Erlangea Sch. Bip.（1853）［菊科 Asteraceae（Compositae）]■☆

49023　Stephanolirion Baker（1875）= Tristagma Poepp.（1833）［百合科 Liliaceae//葱科 Alliaceae]■☆

49024　Stephanoluma Baill.（1891）= Sideroxylon L.（1753）;~ = Micropholis（Griseb. ）Pierre（1891）［山榄科 Sapotaceae]●☆

49025　Stephanomeria Nutt.（1841）（保留属名）【汉】线莴苣属。【英】Skeletonweed, Stickweed, Wirelettuce。【隶属】菊科 Asteraceae （Compositae）。【包含】世界 17-22 种。【学名诠释与讨论】〈阴〉（希）stephanos，王冠，花冠+meros，一部分。拉丁文 merus 含义为纯洁的，真正的。此属的学名"Stephanomeria Nutt. in Trans. Amer. Philos. Soc. ,ser. 2,7:427. 2 Apr 1841"是保留属名。相应的废弃属名是菊科 Asteraceae 的"Ptiloria Raf. in Atlantic J. 1:

145. 1832（sero）＝Ptiloria Raf.（1832）（废弃属名）"。【分布】北美洲西部。【模式】Stephanomeria minor（W. J. Hooker）Nuttall［Lygodesmia minor W. J. Hooker］。【参考异名】Hemiptilium A. Gray（1858）；Jamesia Nees（1840）Nom. illegit.（废弃属名）；Ptiloria Raf.（1832）（废弃属名）●■☆

49026 Stephanopappus Less.（1831）＝Nestlera Spreng.（1818）［菊科 Asteraceae（Compositae）］■☆

49027 Stephanopholis S. F. Blake（1913）＝Chromolepis Benth.（1840）［菊科 Asteraceae（Compositae）］■☆

49028 Stephanophorum Dulac（1867）＝Narcissus L.（1753）［石蒜科 Amaryllidaceae//水仙科 Narcissaceae］■

49029 Stephanophyllum Guill.（1837）＝Paepalanthus Mart.（1834）（保留属名）［谷精草科 Eriocaulaceae］■☆

49030 Stephanophysum Pohl（1831）＝Ruellia L.（1753）［爵床科 Acanthaceae］■●

49031 Stephanopodium Poepp.（1843）【汉】冠足毒鼠子属。【隶属】毒鼠子科 Dichapetalaceae。【包含】世界 9 种。【学名诠释与讨论】〈中〉（希）stephanos，王冠，花冠＋pous，所有格 podos，指小式 podion，脚，足，柄，梗。podotes，有脚的＋-ius，-ia，-ium，在拉丁文和希腊文中，这些词尾表示性质或状态。此属的学名，IK 记载为"Stephanopodium Poepp. et Endl.，Nov. Gen. Sp. Pl.（Poeppig et Endlicher）iii. 40. t. 246（1842）"。ING 和 TROPICOS 则记载是"Stephanopodium Poeppig in Poeppig et Endlicher，Nova Gen. Sp. 3：40. 8-11 Mar 1843（'1845'）"；三者引用的文献相同。【分布】巴拿马，秘鲁，厄瓜多尔，哥伦比亚（安蒂奥基亚），哥斯达黎加，尼加拉瓜，中美洲。【模式】Stephanopodium peruvianum Poepp et Endlicher。【参考异名】Stephanopodium Poepp. et Endl.（1843）Nom. illegit.●☆

49032 Stephanopodium Poepp. et Endl.（1843）Nom. illegit. ≡ Stephanopodium Poepp.（1843）［毒鼠子科 Dichapetalaceae］●☆

49033 Stephanorossia Chiov.（1911）＝Oenanthe L.（1753）［伞形花科（伞形科）Apiaceae（Umbelliferae）］■

49034 Stephanosiphon Boiv. ex C. DC.（1878）＝Turraea L.（1771）［楝科 Meliaceae］●

49035 Stephanostachys（Klotzsch）Klotzsch ex O. E. Schulz（1858）＝Chamaedorea Willd.（1806）（保留属名）［棕榈科 Arecaceae（Palmae）］●☆

49036 Stephanostachys Klotzsch ex Oerst.（1858）Nom. illegit. ≡ Stephanostachys（Klotzsch）Klotzsch ex O. E. Schulz（1858）；～＝Chamaedorea Willd.（1806）（保留属名）［棕榈科 Arecaceae（Palmae）］●☆

49037 Stephanostegia Baill.（1888）【汉】顶钱夹竹桃属。【隶属】夹竹桃科 Apocynaceae。【包含】世界 5 种。【学名诠释与讨论】〈阴〉（希）stephanos，王冠，花冠＋stegion，屋顶，盖。【分布】马达加斯加，中国。【模式】Stephanostegia hildebrandtii Baillon ●

49038 Stephanostema K. Schum.（1904）【汉】冠蕊夹竹桃属。【隶属】夹竹桃科 Apocynaceae。【包含】世界 1 种。【学名诠释与讨论】〈中〉（希）stephanos，王冠，花冠＋stema，所有格 stematos，雄蕊。【分布】坦桑尼亚（桑给巴尔）。【模式】Stephanostema stenocarpum K. Schumann ●☆

49039 Stephanotella E. Fourn.（1885）【汉】小黑鳗藤属。【隶属】萝藦科 Asclepiadaceae。【包含】世界 2 种。【学名诠释与讨论】〈阴〉（属）Stephanotis 黑鳗藤属＋-ellus，-ella，-ellum，加在名词词干后面形成指小式的词尾。或加在人名、属名等后面以组成新属的名称。此属的学名是"Stephanotella Fournier in C. F. P. Martius，Fl. Brasil. 6（4）：326. t. 96. 1885"。亦有文献把其处理为"Marsdenia R. Br.（1810）（保留属名）"的异名。【分布】马

达加斯加，热带南美洲。【模式】Stephanotella glaziovii Fournier。【参考异名】Marsdenia R. Br.（1810）（保留属名）●☆

49040 Stephanothelys Garay（1977）【汉】女人兰属。【隶属】兰科 Orchidaceae。【包含】世界 4 种。【学名诠释与讨论】〈阴〉（希）stephanos，王冠，花冠＋thely（s）女人。【分布】玻利维亚，安第斯山。【模式】Stephanothelys xystophylloides（L. A. Garay）L. A. Garay［Erythrodes xystophylloides L. A. Garay］■☆

49041 Stephanotis Thouars（1806）（废弃属名）【汉】黑鳗藤属（冠豆藤属，千金子藤属，舌瓣花属）。【日】シタキサウ属，シタキソウ属，ステファノーティス属。【俄】Стефанотис。【英】Madagascar Jasmine，Stephanotis。【隶属】萝藦科 Asclepiadaceae。【包含】世界 16 种，中国 5 种。【学名诠释与讨论】〈阴〉（希）stephanos，王冠，花冠＋ous，所有格 otos，指小式 otion，耳。otikos，耳的。指花药顶端具直的或弯的膜片，或指花冠具 5 个副冠。此属的学名"Stephanotis Thouars，Genera Nova Madagascariensia 11. 1806.（Gen. Nov. Madagasc.）"已经被《国际植物命名法规》废弃。由于《中国植物志》和国内外一些书刊还在把它用作正名，故放于此。合法名称见"Jasminanthes Blume（1850）"或"Marsdenia R. Br.（1810）（保留属名）"。"Isaura Commerson ex Poiret in Lamarck，Encycl. Suppl. 3：185. 24 Sep 1813"是"Stephanotis Thouars（1806）（废弃属名）"的晚出的同模式异名（Homotypic synonym，Nomenclatural synonym）。【分布】巴拿马，马达加斯加，中国，中美洲。【后选模式】Stephanotis thouarsii Brongniart。【参考异名】Huthamnus Tsiang（1939）；Isaura Comm. ex Poir.（1813）Nom. illegit.；Jasminanthes Blume（1850）；Marsdenia R. Br.（1850）；Marsdenia R. Br.（1810）（保留属名）●

49042 Stephanotrichum Naudin（1845）＝Clidemia D. Don（1823）［野牡丹科 Melastomataceae］●☆

49043 Stephegyne Korth.（1842）Nom. illegit. ≡ Mitragyna Korth.（1839）（保留属名）［茜草科 Rubiaceae］●

49044 Stephostachys Zuloaga et Morrone（2010）【汉】冠穗黍属。【隶属】禾本科 Poaceae（Gramineae）。【包含】世界 1 种。【学名诠释与讨论】〈阴〉（希）stephos，王冠，来自 stepho 加冕＋stachys，穗，谷，长钉。【分布】玻利维亚，圭亚那。【模式】Stephostachys mertensii（Roth）Zuloaga et Morrone［Panicum mertensii Roth］☆

49045 Steptium Boiss.（1879）＝Priva Adans.（1763）；～＝Streptium Roxb.（1800）［马鞭草科 Verbenaceae］■☆

49046 Steptorhamphus Bunge（1852）【汉】线嘴苣属（线咀菊属）。【俄】Стептopaмфус。【隶属】菊科 Asteraceae（Compositae）。【包含】世界 7-8 种，中国 1 种。【学名诠释与讨论】〈阳〉（希）stephanos，王冠，花冠＋rhamphis，所有格 rhamphidos，钩。【分布】亚洲中部和西南。【模式】Steptorhamphus crambifolius Bunge。【参考异名】Streptorhamphus Regel（1867）●☆

49047 Stera Ewart（1912）＝Cratystylis S. Moore（1905）［菊科 Asteraceae（Compositae）］■☆

49048 Sterbeckia Schreb.（1789）Nom. illegit. ≡ Singana Aubl.（1775）［豆科 Fabaceae（Leguminosae）］☆

49049 Sterculia L.（1753）【汉】苹婆属。【日】ゴウショウアオギリ属，ステルクリア属，ピンポン属。【俄】Стеркулия。【英】Bottle Tree，Bottle-tree，Sterculia。【隶属】梧桐科 Sterculiaceae//锦葵科 Malvaceae。【包含】世界 100-300 种，中国 29 种。【学名诠释与讨论】〈阴〉（拉）sterculius，罗马神话中掌管施肥之神，来自 stercus，所有格 stercoris，粪。指一些种类的花和叶有恶臭，供作肥料。此属的学名，ING、TROPICOS、APNI、GCI 和 IK 记载是"Sterculia L.，Sp. Pl. 2：1007. 1753［1 May 1753］"。"Cavalam Adanson，Fam. 2：357. Jul-Aug 1763"是"Sterculia L.（1753）"的晚出的同模式异名（Homotypic synonym，Nomenclatural synonym）。

【分布】巴基斯坦,巴拉圭,巴拿马,秘鲁,玻利维亚,厄瓜多尔,哥伦比亚(安蒂奥基亚),马达加斯加,尼加拉瓜,中国,中美洲。【后选模式】Sterculia foetida Linnaeus。【参考异名】Astrodendrum Dennst. (1818); Balanghas Raf. (1838) Nom. illegit.; Carpophyllum Miq. (1861) Nom. illegit.; Caucanthus Raf.; Cavalam Adans. (1763) Nom. illegit., Nom. superfl.; Cavallium Schott et Endl. (1832); Cavallium Schott (1832) Nom. illegit.; Clompanus Raf. (1838) Nom. illegit.; Culhamia Forssk. (1775); Delabechea Lindl. (1848); Eribroma Pierre (1897); Icosinia Raf. (1838); Ivira Aubl. (1775); Joira Steud. (1841); Karaka Raf. (1838) Nom. illegit.; Kavalama Raf. (1838); Mateatia Vell. (1831); Oleobachia Hort. ex Mast. (1880); Opsopea Neck. ex Raf. (1838); Opsopea Raf. (1838) Nom. illegit.; Orsopea Raf. (1838); Poecilodermis Schott et Endl. (1832); Poecilodermis Schott (1832) Nom. illegit.; Pompila Noronha (1790); Southwellia Salisb. (1807); Theodoria Neck. (1790) Nom. inval.; Trichosiphon Schott et Endl. (1832); Triphaca Lour. (1790); Triplobus Raf. (1838) Nom. illegit.; Xylosterculia Kosterm. (1973) ●

49050　Sterculiaceae (DC.) Bartl. = Sterculiaceae Vent. (保留科名) ●■

49051　Sterculiaceae Bartl. = Sterculiaceae Vent. (保留科名) ●■

49052　Sterculiaceae DC. = Sterculiaceae Vent. (保留科名) ●■

49053　Sterculiaceae Vent. (1807) (保留科名) [亦见 Malvaceae Juss. (保留科名) 锦葵科和 Stilaginaceae C. Agardh 五月茶科] 【汉】梧桐科。【日】アオギリ科, アヲギリ科。【俄】Стеркулиевые。【英】Chocolate Family, Sterculia Family。【包含】世界 63-69 属 1100-1755 种, 中国 19 属 90-96 种。【分布】主要热带。【科名模式】Sterculia L. (1753) ●■

49054　Stereocarpus (Pierre) Hallier f. (1921) = Camellia L. (1753) [山茶科(茶科) Theaceae] ●

49055　Stereocarpus Hallier f. (1921) Nom. illegit. ≡ Stereocarpus (Pierre) Hallier f. (1921); ~ = Camellia L. (1753) [山茶科(茶科) Theaceae] ●

49056　Stereocaryum Burret (1941) 【汉】坚果桃金娘属。【隶属】桃金娘科 Myrtaceae。【包含】世界 2-3 种。【学名诠释与讨论】〈中〉(希) stereos, 坚硬的, 坚固, 硬, 结实的+karyon, 胡桃, 硬壳果, 核, 坚果。【分布】法属新喀里多尼亚。【模式】Stereocaryum rubiginosum (Brongniart et Gris) Burret [Spermolepis rubiginosa Brongniart et Gris]。【参考异名】Arillastrum Pancher ex Baill.; Spermatolepis Clem.; Spermolepis Brongn. et Gris (1864) Nom. illegit. ●☆

49057　Stereochilus Lindl. (1858) 【汉】坚唇兰属。【日】ステレオキラス属。【隶属】兰科 Orchidaceae。【包含】世界 6 种, 中国 2 种。【学名诠释与讨论】〈阳〉(希) stereos, 坚硬的, 坚固, 硬, 结实的+cheilos, 唇。在希腊文组合词中, cheil-, cheilo-, -chilus, -chilia 等均为 “唇, 边缘” 之义。此属的学名是 “Stereochilus Lindley, J. Proc. Linn. Soc., Bot. 3: 38. 20 Aug 1858”。亦有文献把其处理为 “Sarcanthus Lindl. (1824) (废弃属名)” 的异名。【分布】菲律宾, 泰国, 越南, 中国, 热带亚洲从印度至缅甸。【模式】Stereochilus hirtus Lindley。【参考异名】Sarcanthus Lindl. (1824) (废弃属名) ■

49058　Stereochlaena Hack. (1908) 【汉】小翼轴草属。【隶属】禾本科 Poaceae (Gramineae)。【包含】世界 5 种。【学名诠释与讨论】〈阴〉(希) stereos, 坚硬的, 坚固, 硬, 结实的+laina = chlaine = 拉丁文 laena, 外衣, 衣服。【分布】热带非洲东部。【模式】Stereochlaena jeffreyssii Hackel。【参考异名】Chloridion Stapf (1900) Nom. illegit. ■☆

49059　Stereoderma Blume ex Endl. (1838) Nom. illegit. ≡ Pachyderma Blume (1825-1826); ~ = Olea L. (1753) [木犀榄科(木犀科) Oleaceae] ●

49060　Stereoderma Blume (1828) Nom. inval. ≡ Stereoderma Blume ex Endl. (1838) Nom. illegit.; ~ ≡ Pachyderma Blume (1825-1826); ~ = Olea L. (1753) [木犀榄科(木犀科) Oleaceae] ●

49061　Stereosandra Blume (1856) 【汉】肉药兰属。【英】Stereosandra。【隶属】兰科 Orchidaceae。【包含】世界 1 种, 中国 1 种。【学名诠释与讨论】〈阴〉(希) stereos, 坚硬的, 坚固, 硬, 结实的+aner, 所有格 andros, 雄性, 雄蕊。指药坚硬。【分布】马来西亚西部, 中国, 中南半岛。【模式】Stereosandra javanica Blume ■

49062　Stereosanthus Franch. (1896) = Nannoglottis Maxim. (1881) [菊科 Asteraceae (Compositae)] ■●★

49063　Stereospermum Cham. (1833) 【汉】羽叶楸属。【日】センダンキササゲ属。【英】Padri Tree, Padritree。【隶属】紫葳科 Bignoniaceae。【包含】世界 15-24 种, 中国 6 种。【学名诠释与讨论】〈中〉(希) stereos, 坚硬的, 坚固, 硬, 结实的+sperma, 所有格 spermatos, 种子, 孢子。指种子坚硬。【分布】巴基斯坦, 马达加斯加, 中国, 热带非洲, 亚洲。【模式】Stereospermum kunthianum Chamisso。【参考异名】Dipterosperma Hassk. (1842); Hieranthes Raf. (1838); Siphocolea Baill. (1887) ●

49064　Stereoxylon Ruiz et Pav. (1794) = Escallonia Mutis ex L. f. (1782) [虎耳草科 Saxifragaceae//醋栗科(茶藨子科) Grossulariaceae//鼠刺科 Iteaceae] ●☆

49065　Sterigma DC. (1821) Nom. illegit. ≡ Sterigmostemum M. Bieb. (1819) [十字花科 Brassicaceae (Cruciferae)] ■

49066　Sterigmanthe Klotzsch et Garcke (1859) Nom. illegit. ≡ Lacanthis Raf. (1837); ~ = Euphorbia L. (1753) [大戟科 Euphorbiaceae] ●■

49067　Sterigmapetalum Kuhlm. (1925) 【汉】南美红树属。【隶属】红树科 Rhizophoraceae。【包含】世界 7 种。【学名诠释与讨论】〈中〉(希) sterigma, 所有格 sterigmatos, 支持物+希腊文 petalos, 扁平的, 铺开的; petalon, 花瓣, 叶, 花叶, 金属叶子; 拉丁文的花瓣为 petalum。【分布】秘鲁, 玻利维亚, 哥伦比亚(安蒂奥基亚)。【模式】Sterigmapetalum obovatum J. G. Kuhlmann ●☆

49068　Sterigmostemon Juss. (1827) = ? Sterigmostemum M. Bieb. (1819) [十字花科 Brassicaceae (Cruciferae)] ■

49069　Sterigmostemon Kuntze (1891) Nom. illegit. ≡ Sterigmostemum M. Bieb. (1819) [十字花科 Brassicaceae (Cruciferae)] ■

49070　Sterigmostemon Poir. (1827) = Sterigmostemum M. Bieb. (1819) [十字花科 Brassicaceae (Cruciferae)] ■

49071　Sterigmostemum M. Bieb. (1819) 【汉】棒果芥属(棒果荠属, 小梗属)。【俄】Стелигма, Стелигмостемум。【英】Clubfruitcress, Sterigmostemum。【隶属】十字花科 Brassicaceae (Cruciferae)。【包含】世界 7 种, 中国 1-4 种。【学名诠释与讨论】〈中〉(希) sterigma, 支持物+stemon, 雄蕊。指长雄蕊每 2 个合生。此属的学名, ING、TROPICOS 和 IK 记载是 “Sterigmostemum Marschall von Bieberstein, Fl. Taur. -Caucas. 3: 444. 1819 (sero) -1820”。 “Sterigma A. P. de Candolle, Mém. Mus. Hist. Nat. 7: 242. 20 Apr 1821” 是 “Sterigmostemum M. Bieb. (1819)” 的晚出的同模式异名 (Homotypic synonym, Nomenclatural synonym)。 “Sterigmostemon Kuntze, Revis. Gen. Pl. 1: 36. 1891 [5 Nov 1891]” 是 “Sterigmostemum M. Bieb. (1819)” 的拼写变体。【分布】巴基斯坦, 中国, 亚洲中部、西南部。【后选模式】Sterigmostemum incanum Marschall von Bieberstein [Cheiranthus torulosus Marschall von Bieberstein 1808, non Thunberg 1800]。【参考异名】Arthrolobus Steven ex DC. (1821); Petiniotia J. Léonard (1980); Sterigma DC. (1821) Nom. illegit.; Sterigmostemon Kuntze

（1891）Nom. illegit. ；Sterigmostemon Poir. （1827）■

49072　Sterigrnanthe Klotzsch et Garcke ＝Euphorbia L. （1753）［大戟科 Euphorbiaceae］●■

49073　Steripha Banks ex Gaertn. （1791）Nom. illegit. ≡Dichondra J. R. Forst. et G. Forst. （1775）［旋花科 Convolvulaceae//马蹄金科 Dichondraceae］■

49074　Steriphe Phil. （1863）＝Haplopappus Cass. （1828）［as 'Aplopappus'］（保留属名）［菊科 Asteraceae（Compositae）］■●☆

49075　Steriphoma Spreng. （1827）（保留属名）【汉】硬点山柑属。【隶属】山柑科（白花菜科，醉蝶花科）Capparaceae。【包含】世界 8 种。【学名诠释与讨论】〈阴〉（希）steriphos，坚硬的、坚固、硬，结实的；steriphoma，所有格 steriphomatos，稳固的基础。此属的学名"Steriphoma Spreng. ，Syst. Veg. 4（2）：130,139. Jan-Jun 1827"是一个替代名称，也是保留属名。"Stephania Willdenow, Sp. Pl. 2：1,239. Mar 1799"是一个非法名称（Nom. illegit. ），因为此前已经有了"Stephania Loureiro, Fl. Cochinch. 598,608. Sep 1790［防己科 Menispermaceae］"。故用"Steriphoma Spreng. （1827）"替代之。相应的废弃属名是山柑科 Capparaceae 的"Hermupoa Loefl. ，Iter Hispan. :307. Dec 1758 ＝Steriphoma Spreng. （1827）（保留属名）"。"Roemera Trattinick, Gen. 88. Apr-Oct 1802（non Roemeria Medikus 1792）"是"Steriphoma Spreng. （1827）（保留属名）"的晚出的同模式异名（Homotypic synonym, Nomenclatural synonym）。【分布】巴拿马,秘鲁,厄瓜多尔,哥伦比亚（安蒂奥基亚）,特立尼达和多巴哥（特立尼达岛）,中美洲。【模式】Steriphoma cleomoides K. P. J. Sprengel, Nom. illegit. ［Capparis paradoxa N. J. Jacquin；Steriphoma paradoxum （N. J. Jacquin）Endlicher］。【参考异名】Hermupoa Loefl. （1758）（废弃属名）；Roemera Tratt. （1802）Nom. illegit. ；Roemeria Tratt. ex DC. （1821）Nom. illegit. ；Stephania Willd. （1799）Nom. illegit. ●☆

49076　Steris Adans. （1763）（废弃属名）≡Viscaria Bernh. （1800）（保留属名）；~ ＝Silene L. （1753）（保留属名）［石竹科 Caryophyllaceae］■

49077　Steris L. （1767）Nom. illegit. （废弃属名）＝Hydrolea L. （1762）（保留属名）［田基麻科（叶藏刺科）Hydroleaceae//田梗草科（田基麻科,田亚麻科）Hydrophyllaceae］■

49078　Sterisia Raf. ＝Steris L. （1767）（废弃属名）；~ ＝Hydrolea L. （1762）（保留属名）［田基麻科（叶藏刺科）Hydroleaceae//田梗草科（田基麻科,田亚麻科）Hydrophyllaceae］■☆

49079　Sternbeckia Pers. （1806）＝Singana Aubl. （1775）；~ ＝Sterbeckia Schreb. （1789）Nom. illegit. ［豆科 Fabaceae（Leguminosae）］☆

49080　Sternbergia Waldst. et Kit. （1804）【汉】黄韭兰属（黄花石蒜属,斯坦堡属,斯坦恩伯格属）。【日】キバナタマスダレ属,ステルンベルギア属。【俄】Штернбергия。【英】Fall Daffodil, Sternbergia, Winter Daffodil。【隶属】石蒜科 Amaryllidaceae。【包含】世界 7-8 种。【学名诠释与讨论】〈阴〉（人）Caspar （Kaspar）Maria Reichsgraf von Sternberg, 1761-1838,奥地利植物学者,牧师。【分布】地中海东部至高加索。【模式】Sternbergia colchiciflora Waldstein et Kitaibel。【参考异名】Oporanthus Herb. （1821）■☆

49081　Sterrhymenia Griseb. （1874）＝Sclerophylax Miers （1848）［茄科 Solanaceae//盐生茄科（南美茄科）Sclerophylacaceae］■☆

49082　Sterropetalum N. E. Br. （1928）＝Nelia Schwantes （1928）［番杏科 Aizoaceae］●■☆

49083　Stethoma Raf. （1838）＝Justicia L. （1753）［爵床科 Acanthaceae//鸭嘴花科（鸭咀花科）Justiciaceae］●■

49084　Stetsonia Britton et Rose （1920）【汉】近卫柱属（仙影掌属）。【日】ステトソニア属。【隶属】仙人掌科 Cactaceae。【包含】世界 1 种。【学名诠释与讨论】〈阴〉（人）Francis Lynde Stetson,美国植

物学者,仙人掌科 Cactaceae 专家。【分布】阿根廷,巴拉圭,玻利维亚。【模式】Stetsonia coryne （Salm-Dyck）N. L. Britton et Rose ［Cereus coryne Salm-Dyck］●☆

49085　Steuarta Catesb. ex Mill. （1753）Nom. illegit. ＝Stewartia L. （1753）［山茶科（茶科）Theaceae］●

49086　Steuartia Catesb. ex Mill. （1753）Nom. illegit. ＝Stewartia L. （1753）［山茶科（茶科）Theaceae］●

49087　Steudelago Kuntze（1891）Nom. illegit. ≡Solenandra Hook. f. （1873）；~ ＝Exostema （Pers. ）Bonpl. （1807）［茜草科 Rubiaceae］●☆

49088　Steudelella Honda（1930）Nom. illegit. ≡Sphaerocaryum Nees ex Hook. f. （1896）［禾本科 Poaceae（Gramineae）］■

49089　Steudelia C. Presl （1829）Nom. illegit. ＝Adenogramma Rchb. （1828）［粟米草科 Molluginaceae］■☆

49090　Steudelia Mart. （1827）Nom. inval. ＝Leonia Ruiz et Pav. （1799）［堇菜科 Violaceae//来昂堇菜木科 Leoniaceae］●☆

49091　Steudelia Spreng. （1822）＝Erythroxylum P. Browne（1756）［古柯科 Erythroxylaceae］●

49092　Steudnera C. Koch （1862）Nom. illegit. ≡Steudnera K. Koch （1862）［天南星科 Araceae］■

49093　Steudnera K. Koch （1862）【汉】泉七属（香芋属）。【俄】Стеуднера。【英】Steudnera。【隶属】天南星科 Araceae。【包含】世界 8 种,中国 3 种。【学名诠释与讨论】〈阴〉（人）G. Steudner, 1822-1863,德国植物学者,植物采集家。此属的学名, ING、TROPICOS 和 IK 记载是"Steudnera K. H. E. Koch, Wochenschr. Vereines Beförd. Gartenbaues Königl. Preuss. Staaten 5：114. 12 Apr 1862"。"Steudnera C. Koch （1862）Nom. illegit. ≡Steudnera K. Koch（1862）［天南星科 Araceae］"的命名人引证有误。【分布】中国,马来半岛,喜马拉雅山,东南亚。【模式】Steudnera colocasiifolia K. H. E. Koch ［as 'colocasiaefolia'］。【参考异名】Steudnera C. Koch ■

49094　Stevena Andrz. ex DC. （1821）＝Alyssum L. （1753）［十字花科 Brassicaceae（Cruciferae）］■●

49095　Stevenia Adams et Fisch. （1817）【汉】曙南芥属（念珠南芥属）。【俄】Стевения。【英】Stevenia。【隶属】十字花科 Brassicaceae （Cruciferae）。【包含】世界 4 种,中国 1 种。【学名诠释与讨论】〈阴〉（人）Christian von Steven, 1781-1863,芬兰植物学者,植物采集家,医生。【分布】朝鲜,蒙古,中国,西伯利亚。【模式】Stevenia alyssoides Adams ex F. Fischer ■

49096　Steveniella Schltr. （1918）【汉】史蒂文兰属。【俄】Стевениелла。【隶属】兰科 Orchidaceae。【包含】世界 1 种。【学名诠释与讨论】〈阴〉（人）Christian von Steven, 1781-1863,俄罗斯植物学者。另说为芬兰植物学者+-ellus, -ella, -ellum,加在名词词干后面形成指小式的词尾。或加在人名、属名等后面以组成新属的名称。此属的学名, ING、TROPICOS 和 IK 记载是"Steveniella Schlechter, Repert. Spec. Nov. Regni Veg. 15：295. 31 Oct 1918"。"Stevenorchis Wankow et Kränzlin, Repert. Spec. Nov. Regni Veg. Beih. 65:45. 15 Nov 1931"是"Steveniella Schltr. （1918）"的晚出的同模式异名（Homotypic synonym, Nomenclatural synonym）。【分布】俄罗斯南部（克里米亚半岛）,亚洲西部。【模式】Steveniella satyrioides （Sprengel）Schlechter ［Himantoglossum satyrioides Sprengel, Orchis satyrioides Steven 1809, non Linnaeus 1789, nec Satyrium cornutum Printz 1760］。【参考异名】Stevenorchis Wankow et Kraenzl. （1931）Nom. illegit. ■☆

49097　Stevenorchis Wankow et Kraenzl. （1931）Nom. illegit. ≡Steveniella Schltr. （1918）［兰科 Orchidaceae］■☆

49098　Stevensia Poit. （1802）【汉】史蒂茜属。【隶属】茜草科

Rubiaceae。【包含】世界 8 种。【学名诠释与讨论】〈阴〉（人）Edward Stevens，美国作家。此属的学名，ING、GCI 和 IK 记载是“Stevensia Poiteau in A. P. de Candolle，Bull. Sci. Soc. Philom. Paris 3：137. 19 Aug – 20 Sep 1802”。TROPICOS 则记载为“Stevensia Poit. ex DC.，Bulletin des Sciences，par la Societe Philomatique 3；137. 1802.（Aug–Sept 1802）”。四者引用的文献相同。“Stevensia Poit.，Annales du Muséum National d’Histoire Naturelle 4：235. 1804 ＝Stevensia Poit.（1802）”是晚出的非法名称。亦有文献把“Stevensia Poit.（1802）”处理为“Rondeletia L.（1753）”的异名。【分布】西印度群岛。【模式】Stevensia buxifolia Poiteau。【参考异名】Rondeletia L.（1753）；Stevensia Poit.（1804）Nom. illegit.；Stevensia Poit. ex DC.（1802）Nom. illegit. ●☆

49099　Stevensia Poit. ex DC.（1802）Nom. illegit. ≡ Stevensia Poit.（1802）［茜草科 Rubiaceae］●☆

49100　Stevensonia Duncan ex Balf. f.（1877）Nom. illegit. ≡ Phoenicophorium H. Wendl.（1865）［棕榈科 Arecaceae（Palmae）］●☆

49101　Stevensonia Duncan（1863）Nom. inval. ≡ Stevensonia Duncan ex Balf. f.（1877）；～＝ Phoenicophorium H. Wendl.（1865）［棕榈科 Arecaceae（Palmae）］●☆

49102　Stevia Cav.（1797）【汉】甜叶菊属（甜菊属）。【日】ステ-ウィア属，ステビア属。【俄】Стевия。【英】Candyleaf, Stevia。【隶属】菊科 Asteraceae（Compositae）。【包含】世界 175-235 种。【学名诠释与讨论】〈阴〉（人）Pedro（Petrus）Jaime（Jago, Jacobus）Esteve（Stevius），？ -1556，西班牙植物学者，教授，医生。此属的学名，ING、TROPICOS 和 IK 记载是“Stevia Cav.，Icon.［Cavanilles］4：32. 1797［Sep – Dec 1797］”。“Xetoligus Rafinesque, New Fl. Amer. 4：74. 1838（sero）（‘1836’）”是“Stevia Cav.（1797）”的晚出的同模式异名（Homotypic synonym, Nomenclatural synonym）。【分布】巴拉圭，巴拿马，秘鲁，玻利维亚，厄瓜多尔，哥伦比亚（安蒂奥基亚），尼加拉瓜，中美洲。【后选模式】Stevia salicifolia Cavanilles。【参考异名】Mustelia Spreng.（1801）；Nothites Cass.（1825）；Xetoligus Raf.（1836）Nom. illegit. ■●☆

49103　Steviopsis R. M. King et H. Rob.（1971）【汉】轮叶修泽兰属。【隶属】菊科 Asteraceae（Compositae）。【包含】世界 4-8 种。【学名诠释与讨论】〈阴〉（属）Stevia 甜叶菊属＋希腊文 opsis，外观，模样，相似。【分布】墨西哥。【模式】Steviopsis rapunculoides（A. P. de Candolle）R. M. King et H. E. Robinson［Stevia rapunculoides A. P. de Candolle］。【参考异名】Asanthus R. M. King et H. Rob.；Dyscritogyne R. M. King et H. Rob.（1971）■☆

49104　Stevogtia Neck.（1790）Nom. inval. ≡ Stevogtia Neck. ex Raf.（1838）；～＝ Convolvulus L.（1753）；～＝ Phacelia Juss.（1789）［旋花科 Convolvulaceae］■●

49105　Stevogtia Neck. ex Raf.（1838）＝ Convolvulus L.（1753）；～＝ Phacelia Juss.（1789）［旋花科 Convolvulaceae］■●

49106　Stevogtia Raf.（1838）Nom. illegit. ＝ Phacelia Juss.（1789）；～＝ Convolvulus L.（1753）［田梗草科（田基麻科，田亚麻科）Hydrophyllaceae］■☆

49107　Stewartia I. Lawson ex L.（1753）≡ Stewartia L.（1753）［山茶科（茶科）Theaceae］●

49108　Stewartia I. Lawson（1753）Nom. illegit. ≡ Stewartia I. Lawson ex L.（1753）；～≡ Stewartia L.（1753）［山茶科（茶科）Theaceae］●

49109　Stewartia L.（1753）【汉】紫茎属（游檀属）。【日】ナツツバキ属。【俄】Стюартия。【英】Earl of Bute, Mountain Camellia Purplestem, Stewarta, Stewartia。【隶属】山茶科（茶科）Theaceae。

【包含】世界 9-20 种，中国 15 种。【学名诠释与讨论】〈阴〉（人）John Stewart，1713 - 1792，英国植物学者。有时亦被写成 John Stuart。此属的学名，ING 和 IK 记载是“Stewartia Linnaeus, Sp. Pl. 698. 1 May 1753”。也有文献用为“Stewartia I. Lawson ex L.（1753）”。“Stewartia I. Lawson”是命名起点著作之前的名称，故“Stewartia L.（1753）”和“Stewartia I. Lawson ex L.（1753）”都是合法名称，可以通用。“Stevogtia Necker ex Rafinesque, Fl. Tell. 4：70. 1838（med.）（‘1836’）［旋花科 Convolvulaceae］”是晚出的非法名称。“Stevogtia Neck.，Elem. Bot.（Necker）2：23. 1790 ≡ Stevogtia Neck. ex Raf.（1838）”是一个未合格发表的名称（Nom. inval.）。“J. C. Willis. A Dictionary of the Flowering Plants and Ferns（Student Edition）. 1985. Cambridge. Cambridge University Press. 1-1245”记载“Stevogtia Raf.（1838）＝ Phacelia Juss.（1789）［田梗草科（田基麻科，田亚麻科）Hydrophyllaceae]”GCI 和 IK 记载的“Stewartia I. Lawson, Sp. Pl. 2：698. 1753［1 May 1753］≡ Stewartia I. Lawson ex L.（1753）”命名人引证有误。“Malachodendron J. Mitchell, Diss. Brev. Bot. Zool. 38. 1769”是“Stewartia L.（1753）”的晚出的同模式异名（Homotypic synonym, Nomenclatural synonym）。“Cavanilla R. A. Salisbury, Prodr. Stirp. 385. Nov – Dec 1796（non J. F. Gmelin 1792）”则是“Malachodendron J. Mitchell 1769”和“Stewartia I. Lawson ex L.（1753）”的晚出的同模式异名。【分布】美国（东部），中国，东亚。【模式】Stewartia malacodendron Linnaeus。【参考异名】Cavanilla Salisb.（1796）Nom. illegit.；Hartia Dunn（1902）；Malachodendron Mitch.（1769）Nom. illegit.；Steuarta Catesb. ex Mill.（1753）Nom. illegit.；Steuartia Catesb. ex Mill.（1753）Nom. illegit.；Stewartia I. Lawson ex L.（1753）；Stewartia I. Lawson（1753）Nom. illegit.；Stewartia I. Lawson, Nom. inval.；Stuartia L’Hér.（1789）Nom. illegit. ●

49110　Stewartiella Nasir（1972）【汉】斯图阿魏属。【隶属】伞形花科（伞形科）Apiaceae（Umbelliferae）。【包含】世界 2 种。【学名诠释与讨论】〈阴〉（人）Ralph Randies Stewart，1890 - ，美国植物学者，植物采集家。【分布】巴基斯坦（西部）。【模式】Stewartiella baluchistanica E. Nasir ■☆

49111　Steyerbromelia L. B. Sm.（1987）【汉】施泰凤梨属。【隶属】凤梨科 Bromeliaceae。【包含】世界 3 种。【学名诠释与讨论】〈阴〉（人）Steyer Bromel。【分布】委内瑞拉。【模式】Steyerbromelia discolor L. B. Smith et H. E. Robinson ■☆

49112　Steyermarkia Standl.（1940）【汉】斯泰茜属。【隶属】茜草科 Rubiaceae。【包含】世界 1 种。【学名诠释与讨论】〈阴〉（人）Julian Alfred Steyermark，1909 - 1988，美国植物学者，探险家，茜草科 Rubiaceae 专家。【分布】中美洲。【模式】Steyermarkia guatemalensis Standley ☆

49113　Steyermarkina R. M. King et H. Rob.（1971）【汉】长瓣亮泽兰属。【隶属】菊科 Asteraceae（Compositae）。【包含】世界 4 种。【学名诠释与讨论】〈阴〉（人）Julian Alfred Steyermark，1909 - 1988，美国植物学者，探险家，茜草科 Rubiaceae 专家＋-inus，-ina，-inum 拉丁文加在名词词干之后，以形成形容词的词尾，含义为“属于，相似，关于，小的”。【分布】巴西，委内瑞拉。【模式】Steyermarkina pyrifolia（A. P. de Candolle）R. M. King et H. E. Robinson［Eupatorium pyrifolium A. P. de Candolle］●☆

49114　Steyermarkochloa Davidse et R. P. Ellis（1985）【汉】单叶草属。【隶属】禾本科 Poaceae（Gramineae）。【包含】世界 2 种。【学名诠释与讨论】〈阴〉（人）Julian Alfred Steyermark，1909-1988，美国植物学者，探险家，茜草科 Rubiaceae 专家＋chloe，草的幼芽，嫩草，禾草。【分布】哥伦比亚，委内瑞拉。【模式】Steyermarkochloa unifolia G. Davidse et R. P. Ellis ■☆

49115　Sthaelina Lag.（1816）= Staehelina L.（1753）［菊科 Asteraceae（Compositae）］●☆

49116　Stibadotheca Klotzsch（1854）= Begonia L.（1753）［秋海棠科 Begoniaceae］●■

49117　Stibas Comm. ex DC.（1839）= Levenhookia R. Br.（1810）［花柱草科（丝滴草科）Stylidiaceae］■☆

49118　Stiburus Stapf（1900）【汉】肖画眉草属。【隶属】禾本科 Poaceae（Gramineae）。【包含】世界 2 种。【学名诠释与讨论】〈阳〉词源不详。此属的学名“Stiburus Stapf in Thiselton-Dyer, Fl. Cap. 7:696. Mai 1900”是一个替代名称。“Triphlebia Stapf in Thiselton-Dyer, Fl. Cap. 7:318. Jul 1898”是一个非法名称（Nom. illegit.），因为此前已经有了“Triphlebia J. G. Baker in Beccari, Malesia 3:41. 1886（蕨类）”。故用“Stiburus Stapf（1900）”替代之。亦有文献把“Stiburus Stapf（1900）”处理为“Eragrostis Wolf（1776）”的异名。【分布】非洲南部。【模式】Stiburus alopecuroides（Hackel）Stapf［Lasiochloa alopecuroides Hackel］。【参考异名】Eragrostis Wolf（1776）；Triphlebia Stapf（1898）Nom. illegit. ■☆

49119　Stichianthus Valeton et Bremek.（1940）descr. emend. = Stichianthus Valeton（1920）［茜草科 Rubiaceae］☆

49120　Stichianthus Valeton（1920）【汉】单列花属。【隶属】茜草科 Rubiaceae。【包含】世界 2 种。【学名诠释与讨论】〈阳〉（希）stichos,指小式 stichidion,一列,一行+anthos,花。此属的学名,ING、TROPICOS 和 IK 记载是“Stichianthus Valeton, Bull. Jard. Bot. Buitenzorg ser. 3. 2:349. Sep 1920”。“Stichianthus Valeton et Bremek. , Recueil Trav. Bot. Néerl. 37:193. 1940, descr. emend. ;et in Meded. Bot. Mus. Herb. Rijks Univ. Utrecht, No. 76,193（1940）,descr. emend. ”修订了属的描述。【分布】加里曼丹岛。【模式】Stichianthus minutiflorus Valeton。【参考异名】Stichianthus Valeton et Bremek.（1940）descr. emend. ☆

49121　Stichoneuron Hook. f.（1883）【汉】单列脉属。【隶属】百部科 Stemonaceae。【包含】世界 2 种。【学名诠释与讨论】〈阴〉（希）stichos,指小式 stichidion,一列,一行+neuron =拉丁文 nervus,脉,筋,腱,神经。【分布】泰国,印度（阿萨姆邦）,马来半岛。【模式】未指定■☆

49122　Stichophyllum Phil.（1860）= Pycnophyllum J. Rémy（1846）［石竹科 Caryophyllaceae］■☆

49123　Stichorchis Thouars（1822）Nom. illegit. ≡ Stichorkis Thouars（1809）；~ = Liparis Rich.（1817）（保留属名）［兰科 Orchidaceae］■

49124　Stichorkis Thouars（1809）= Liparis Rich.（1817）（保留属名）［兰科 Orchidaceae］■

49125　Stickmannia Neck.（1790）Nom. inval. ≡ Stickmannia Neck. ex A. Juss.（1827）；~ = Dichorisandra J. C. Mikan（1820）（保留属名）［鸭跖草科 Commelinaceae］■☆

49126　Stickmannia Neck. ex A. Juss.（1827）= Dichorisandra J. C. Mikan（1820）（保留属名）［鸭跖草科 Commelinaceae］■☆

49127　Stictocardia Hallier f.（1893）【汉】腺叶藤属（大萼旋花属）。【日】オオバハマアサガオ属。【英】Stictocardia。【隶属】旋花科 Convolvulaceae。【包含】世界 9-12 种,中国 1 种。【学名诠释与讨论】〈阴〉（希）stiktos,斑驳的+kardia,心脏。指心形的叶具斑点。【分布】巴拿马,厄瓜多尔,哥斯达黎加,马达加斯加,马来西亚,尼加拉瓜,中国,热带,中美洲。【后选模式】Stictocardia tiliifolia（Desrousseaux）H. G. Hallier［as ‘tiliaefolia’］［Convolvulus tiliifolia Desrousseaux［as ‘tiliaefolia’］。【参考异名】Adamboe Raf.（1838）Nom. illegit. ●■

49128　Stictophyllorchis Carnevali et Dodson（1993）Nom. illegit. ≡ Stictophyllorchis Dodson et Carnevali（1993）［兰科 Orchidaceae］■☆

49129　Stictophyllorchis Dodson et Carnevali（1993）【汉】类斑叶兰属。【隶属】兰科 Orchidaceae。【包含】世界 2 种。【学名诠释与讨论】〈阴〉（希）stiktos,斑驳的+phyllon,叶子+orchis,兰。此属的学名,GCI 和 IK 记载是“Stictophyllorchis Dodson et Carnevali, Lindleyana 8（2）:101（1993）”。它是一个替代名称。“Stictophyllum Dodson et M. W. Chase see Edgew. in Proc. Linn. Soc. 1;253（1845）. 1989”是一个非法名称（Nom. illegit. ）,因为此前已经有了“Stictophyllum Edgew. , Proc. Linn. Soc. London 1（26）;253;et in Trans. Linn. Soc. xx.（1846）78. 1845［May 1845］= Tricholepis DC.（1833）［菊科 Asteraceae（Compositae）］”；故用“Stictophyllorchis Dodson et Carnevali（1993）”替代之。“Stictophyllorchis Carnevali et Dodson（1993）≡ Stictophyllorchis Dodson et Carnevali（1993）”的命名人引证有误。【分布】玻利维亚,厄瓜多尔,南美洲。【模式】Stictophyllorchis pygmaea（Cogn. ）Dodson et Carnevali。【参考异名】Stictophyllorchis Carnevali et Dodson（1993）；Stictophyllum Dodson et M. W. Chase（1989）Nom. illegit. ■☆

49130　Stictophyllum Dodson et M. W. Chase（1989）Nom. illegit. = Stictophyllorchis Dodson et Carnevali（1993）［兰科 Orchidaceae］■☆

49131　Stictophyllum Edgew.（1845）= Tricholepis DC.（1833）［菊科 Asteraceae（Compositae）］■

49132　Stiefia Medik.（1791）= Salvia L.（1753）［唇形科 Lamiaceae（Labiatae）//鼠尾草科 Salviaceae］●■

49133　Stifftia J. C. Mikan（1820）（保留属名）【汉】斯迪菊属（亮毛菊属）。【隶属】菊科 Asteraceae（Compositae）。【包含】世界 6-8 种。【学名诠释与讨论】〈阴〉（人）Stifft。此属的学名“Stifftia J. C. Mikan,Del. Fl. Faun. Bras. :ad t. 1. 1820（sero）”是保留属名。法规未列出相应的废弃属名。“Stiftia Cass. , Dict. Sci. Nat. , ed. 2. ［F. Cuvier］47:499, 511, sphalm. 1827［May 1827］”是其变体。“Stiftia Pohl ex Nees, Prodr. ［A. P. de Candolle］11:70. 1847［25 Nov 1847］”则是“Ebermaiera Nees（1832）［爵床科 Acanthaceae］”的异名。【分布】热带南美洲北部。【模式】Stifftia chrysantha J. C. Mikan。【参考异名】Aristomenia Vell.（1829）；Augusta Leandro（1821）（废弃属名）；Mocinia DC.（1838）；Sanhilaria Leandro ex DC.（1838）Nom. illegit. ；Stiftia Cass.（1827）Nom. illegit. ●☆

49134　Stiftia Cass.（1827）Nom. illegit. = Stifftia J. C. Mikan（1820）（保留属名）［菊科 Asteraceae（Compositae）］●☆

49135　Stiftia Pohl ex Nees（1847）= Ebermaiera Nees（1832）［爵床科 Acanthaceae］■

49136　Stigmamblys Kuntze（1903）Nom. illegit. ≡ Amblystigma Benth.（1876）［萝藦科 Asclepiadaceae］■☆

49137　Stigmanthus Lour.（1790）= Morinda L.（1753）［茜草科 Rubiaceae］●■

49138　Stigmaphyllon A. Juss.（1833）【汉】蕊叶藤属（刺叶藤属）。【日】ツルキントラノオ属。【英】Amazonvine, Brazilian Golden Vine, Orchid Vine。【隶属】金虎尾科（黄褥花科）Malpighiaceae。【包含】世界 80-100 种。【学名诠释与讨论】〈中〉（希）stigma, 所有格 stigmatos, 柱头, 眼点+phyllon, 叶子。指柱头具叶状附属物。此属的学名,ING、GCI 和 IK 记载是“Stigmaphyllon A. H. L. Jussieu in A. F. C. P. Saint-Hilaire, Fl. Brasil. Mer. 3:48. 4 May 1833”。“Stigmaphyllon Spach, Hist. Veg. Phan. iii. 153（1834）= Stigmaphyllon A. Juss.（1833）”和“Stigmaphyllon Meisn. ,Pl. Vasc. Gen.［Meisner］55（1837）= Stigmaphyllon A. Juss.（1833）”是晚出的非法名称。“Stigmatophyllon Meisn. ”和

"Stigmatophyllum Spach"是其拼写变体。【分布】巴拉圭,巴拿马,秘鲁,玻利维亚,厄瓜多尔,哥伦比亚(安蒂奥基亚),哥斯达黎加,尼加拉瓜,西印度群岛,热带美洲,中美洲。【后选模式】Stigmaphyllon auriculatum (Cavanilles) A. H. L. Jussieu [Banisteria auriculata Cavanilles]。【参考异名】Sigmatophyllum D. Dietr. (1840) Nom. illegit.; Stigmaphyllon Meisn. (1837) Nom. illegit.; Stigmaphyllon Spach (1834) Nom. illegit.; Stigmatophyllon Meisn. (1837) Nom. illegit. ●☆

49139　Stigmaphyllon Meisn. (1837) Nom. illegit. = Stigmaphyllon A. Juss. (1833) [金虎尾科(黄褥花科)Malpighiaceae] ●☆

49140　Stigmaphyllon Spach (1834) Nom. illegit. = Stigmaphyllon A. Juss. (1833) [金虎尾科(黄褥花科)Malpighiaceae] ●☆

49141　Stigmarosa Hook. f. et Thomson (1872) = Stigmarota Lour. (1790) = Flacourtia Comm. ex L'Hér. (1786) [红木科(胭脂树科)Bixaceae//刺篱木科(大风子科)Flacourtiaceae] ●

49142　Stigmarota Lour. (1790) = Flacourtia Comm. ex L'Hér. (1786) [红木科(胭脂树科)Bixaceae//刺篱木科(大风子科)Flacourtiaceae] ●

49143　Stigmatanthus Roem. et Schult. (1819) Nom. illegit. = Morinda L. (1753); ~ = Stigmanthus Lour. (1790) [茜草科 Rubiaceae] ●■

49144　Stigmatella Eig (1938) Nom. illegit. ≡ Eigia Soják (1980) [十字花科 Brassicaceae(Cruciferae)] ■☆

49145　Stigmatocarpum L. Bolus (1927) = Dorotheanthus Schwantes (1927) [番杏科 Aizoaceae] ■☆

49146　Stigmatococca Willd. (1827) = Ardisia Sw. (1788)(保留属名) [紫金牛科 Myrsinaceae] ●■

49147　Stigmatococca Willd. ex Schult. (1827) Nom. illegit. ≡ Stigmatococca Willd. (1827); ~ = Ardisia Sw. (1788)(保留属名) [紫金牛科 Myrsinaceae] ●■

49148　Stigmatodactylus Maxim. ex Makino(1891)【汉】指柱兰属(腐指柱兰属)。【日】コオロギラン属,コホロギラン属,スチグマトダクチラス属。【英】Digitstyleorchis。【隶属】兰科 Orchidaceae。【包含】世界 10 种,中国 1 种。【学名诠释与讨论】〈阳〉(希)stigma,所有格 stigmatos,柱头,眼点+daktylos,手指,足趾。daktilotos. 有指的,指状的。daktylethra,指套。指花丝的中央腹面呈指状。此属的学名是"Stigmatodactylus C. J. Maximowicz ex T. Makino,Ill. Fl. Japan 1(7):81. t. 43. 6 Apr 1891"。亦有文献把其处理为"Pantlingia Prain(1896)"的异名。【分布】日本,印度尼西亚(苏拉威西岛,爪哇岛),印度,中国。【模式】Stigmatodactylus sikokianus C. J. Maximowicz ex T. Makino。【参考异名】Pantlingia Prain(1896) ■

49149　Stigmatophyllon Meisn. (1837) Nom. illegit. = Stigmaphyllon A. Juss. (1833) [金虎尾科(黄褥花科)Malpighiaceae] ●☆

49150　Stigmatophyllum Spach (1834) Nom. illegit. = Stigmaphyllon A. Juss. (1833) [金虎尾科(黄褥花科)Malpighiaceae] ●☆

49151　Stigmatorhynchus Schltr. (1913)【汉】喙柱萝藦属。【隶属】萝藦科 Asclepiadaceae。【包含】世界 3 种。【学名诠释与讨论】〈阳〉(希)stigma,所有格 stigmatos,柱头,眼点+rhynchos,喙,嘴。【分布】非洲西南部,热带。【后选模式】Stigmatorhynchus herercensis Schlechter ●☆

49152　Stigmatorthos M. W. Chase et D. E. Benn. (1993)【汉】直柱兰属。【隶属】兰科 Orchidaceae。【包含】世界 1 种。【学名诠释与讨论】〈阴〉(希)stigma,所有格 stigmatos,柱头,眼点+orthos,直的。【分布】秘鲁,玻利维亚。【模式】Stigmatorthos peruviana M. W. Chase et D. E. Benn. ■☆

49153　Stigmatosema Garay (1982)【汉】显柱兰属。【隶属】兰科 Orchidaceae。【包含】世界 2 种。【学名诠释与讨论】〈中〉(希)stigma,所有格 stigmatos,柱头,眼点+sema,所有格 semato,旗帜,

标记。【分布】玻利维亚,热带南美洲,中美洲。【模式】Stigmatosema hatschbachii (G. F. J. Pabst) L. A. Garay [Brachystele hatschbachii G. F. J. Pabst] ■☆

49154　Stigmatotheca Sch. Bip. (1844) = Argyranthemum Webb ex Sch. Bip. (1839); ~ = Leucopoa Griseb. (1852) [禾本科 Poaceae (Gramineae)] ■

49155　Stigraatocarpum L. Bolus = Dorotheanthus Schwantes(1927) [番杏科 Aizoaceae] ■☆

49156　Stilaginaceae C. Agardh (1824) [亦见 Euphorbiaceae Juss. (保留科名)大戟科和 Phyllanthaceae J. Agardh 叶下珠科(叶萝藦科)]【汉】五月茶科。【包含】世界 1 属 170 种,中国 1 属 20 种。【分布】热带和亚热带非洲和亚洲。【科名模式】Stilago L. [Antidesma L.] ●

49157　Stilaginella Tul. (1851) = Hieronima Allemão (1848) [大戟科 Euphorbiaceae] ●☆

49158　Stilago L. (1767) Nom. illegit. = Antidesma L. (1753) [大戟科 Euphorbiaceae//五月茶科 Stilaginaceae//叶下珠科(叶萝藦科)Phyllanthaceae] ●

49159　Stilbaceae Kunth(1831)(保留科名)【汉】密穗草科。【包含】世界 5-7 属 13-28 种。【分布】非洲南部。【科名模式】Stilbe P. J. Bergius(1767) ●☆

49160　Stilbanthus Hook. f. (1879)【汉】巨苋藤属(巨藤苋属,巨苋属)。【英】Stilbanthus。【隶属】苋科 Amaranthaceae。【包含】世界 1 种,中国 1 种。【学名诠释与讨论】〈阳〉(希)stilbe,灯,槌状的. stilbon,闪闪放光的东西,水星. stilboma,所有格 stilbomatos,放光的饰品. stilbotes,磨光者。拉丁文 stilbius,放光的+anthos,花。【分布】中国,喜马拉雅山。【模式】Stilbanthus scandens J. D. Hooker ●

49161　Stilbe P. J. Bergius(1767)【汉】密穗草属。【隶属】密穗木科(密穗草科)Stilbaceae。【包含】世界 6-8 种。【学名诠释与讨论】〈阴〉(希)stilbe,灯,槌状的。【分布】非洲南部。【模式】Stilbe vestita P. J. Bergius。【参考异名】Luehea F. W. Schmidt(1793)(废弃属名); Luhea DC. (1824)Nom. illegit. ●☆

49162　Stilbeaceae Bullock = Stilbaceae Kunth(保留科名) ●☆

49163　Stilbocarpa (Hook. f.) A. Gray (1854) Nom. illegit. ≡ Stilbocarpa (Hook. f.) Decne. et Planch. (1854) [as 'Stylbocarpa'] [五加科 Araliaceae] ●☆

49164　Stilbocarpa (Hook. f.) Decne. et Planch. (1854) [as 'Stylbocarpa']【汉】槌果五加属。【隶属】五加科 Araliaceae。【包含】世界 1 种。【学名诠释与讨论】〈阴〉(希)stilbe,灯,槌状的+karpos,果实。此属的学名,ING、TROPICOS 和 IK 记载是"Stilbocarpa (Hook. f.) Decaisne et Planchon,Rev. Hort. ser. 4. 3:105. 16 Mar 1854('Stylbocarpa')";它于 1854 年 3 月面世;而"Stilbocarpa (Hook. f.) A. Gray,U. S. Expl. Exped. ,Phan. 15:714. 1854 [Jun 1854]"则见于 6 月。故前者为合法名称。"Stilbocarpa A. Gray(1854) ≡ Stilbocarpa (Hook. f.) Decne. et Planch. (1854) [as 'Stylbocarpa']"的命名人引证有误。"Stylbocarpa Decne. et Planch. (1854) ≡ Stilbocarpa (Hook. f.) Decne. et Planch. (1854) [as 'Stylbocarpa']"是"Stilbocarpa (Hook. f.) Decne. et Planch. (1854)"拼写变体。"Stilbocarpa (Hook. f.) Decne. et Planch. (1854)"的基源异名是"Aralia subgen. Stilbocarpa Hook. f. ,Fl. Novae-Zelandiae 1:95. 6 Sep. 1852"。【分布】新西兰。【模式】Stilbocarpa polaris (Hombron et Jacquinot) A. Gray [Aralia polaris Hombron et Jacquinot]。【参考异名】Aralia subgen. Stilbocarpa Hook. f. (1852); Kirkophytum (Harms) Allan (1961); Stilbocarpa (Hook. f.) A. Gray (1854) Nom. illegit.; Stilbocarpa A. Gray(1854) Nom. illegit.; Stylbocarpa Decne. et Planch. (1854) Nom. illegit. ●☆

49165 Stilbocarpa A. Gray（1854）Nom. illegit. ≡Stilbocarpa（Hook.
f.）Decne. et Planch. （1854）［as 'Stylbocarpa'］［五加科
Araliaceae］●☆49166 Stilbophyllum D. L. Jones et M. A. Clem.
（2002）【汉】槽叶兰属。【隶属】兰科 Orchidaceae。【包含】世界
1 种。【学名诠释与讨论】〈中〉（希）stilbe，灯，槽状的+希腊文
phyllon，叶子。phyllodes，似叶的，多叶的，phylleion，绿色材料，
绿草。【分布】澳大利亚。【模式】Stilbophyllum toressae（F. M.
Bailey）D. L. Jones et M. A. Clem.。【参考异名】Stelbophyllum
D. L. Jones et M. A. Clem. （2002）■☆

49167 Stilifolium Königer et D. Pongratz（1997）【汉】柱叶兰属。【隶
属】兰科 Orchidaceae。【包含】世界 12 种。【学名诠释与讨论】
〈中〉（拉）stilus，桩子。来自希腊文 stylis，柱子，竿子+folium，叶
子。【分布】巴拉圭，玻利维亚，美洲。【模式】Stilifolium cebolleta
（Jacq.）Königer et Pongratz ■☆

49168 Stilingia Raf. （1832）＝Stillingia Garden ex L. （1767）［大戟科
Euphorbiaceae］●■☆

49169 Stillengia Torr. （1848）＝Stillingia Garden ex L. （1767）［大戟
科 Euphorbiaceae］●■☆

49170 Stillingfleetia Bojer（1837）＝Sapium Jacq. （1760）（保留属名）
［大戟科 Euphorbiaceae］●

49171 Stillingia Garden ex L. （1767）【汉】假乌桕属（皇后根属，柿苓
属）。【隶属】大戟科 Euphorbiaceae。【包含】世界 30 种。【学名
诠释与讨论】〈阴〉（人）Benjamin Stillingfleet，1702−1771，英国植
物学者。他是首次用英文介绍林奈法则的作者。此属的学名，
ING 曾记载是"Stillingia Garden ex Linnaeus，Syst. Nat. ed. 12.
2：637. 15-31 Oct 1767；Mant. 19，126. 15-31 Oct 1767"。APNI、
GCI、TROPICOS 和 IK 则记载为"Stillingia Garden，Mant. Pl. 19，
126. 1767［15-31 Oct 1767］"。【分布】巴拉圭，巴拿马，秘鲁，玻
利维亚，斐济，马达加斯加，马来西亚（东部），尼加拉瓜，马斯克
林群岛，中美洲。【模式】Stillingia sylvatica Linnaeus。【参考异
名】Gymnostillingia Müll. Arg. （1863）；Stilingia Raf. （1832）；
Stillengia Torr. （1848）；Stillingia Garden（1767）Nom. illegit.；
Stillingia L. （1767）Nom. illegit. ●■☆

49172 Stillingia Garden（1767）Nom. illegit. ≡Stillingia Garden ex L.
（1767）［大戟科 Euphorbiaceae］●■☆

49173 Stillingia L. （1767）Nom. illegit. ≡Stillingia Garden ex L.
（1767）［大戟科 Euphorbiaceae］●■☆

49174 Stilopus Hook. ＝Geum L. （1753）；~ ＝Stylypus Raf. （1825）
［蔷薇科 Rosaceae］■

49175 Stilpnogyne DC. （1838）【汉】耳雏菊属。【隶属】菊科
Asteraceae（Compositae）。【包含】世界 1 种。【学名诠释与讨论】
〈阴〉（希）stilpnos，放光的+gyne，所有格 gynaikos，雌性，雌蕊。
【分布】非洲南部。【模式】Stilpnogyne bellioides A. P. de
Candolle ■☆

49176 Stilpnolepis Krasch. （1946）【汉】百花蒿属。【英】Stilpnolepis。
【隶属】菊科 Asteraceae（Compositae）。【包含】世界 2 种，中国 2
种。【学名诠释与讨论】〈阴〉（希）stilpnos，放光的+lepis，所有格
lepidos，指小式 lepion 或 lepidion，鳞，鳞片。lepidotos，多鳞的，
lepos，鳞，鳞片。【分布】蒙古，中国。【模式】Stilpnolepis
centiflora （Maximowicz）I. M. Krascheninnikov ［Artemisia
centiflora Maximowicz］。【参考异名】Elachanthemum Y. Ling et
Y. R. Ling（1978）■

49177 Stilpnopappus Mart. （1836）Nom. illegit. ≡Stilpnopappus Mart.
ex DC. （1836）［菊科 Asteraceae（Compositae）］●■☆

49178 Stilpnopappus Mart. ex DC. （1836）【汉】芒冠斑鸠菊属。【隶
属】菊科 Asteraceae（Compositae）。【包含】世界 20-24 种。【学

诠释与讨论】〈阳〉（希）stilpnos，放光的+pappos 指柔毛，软毛。
pappus 则与拉丁文同义，指冠毛。此属的学名，ING 和 IK 记载
是"Stilpnopappus Mart. ex DC.，Prodr. ［A. P. de Candolle］5：
75. 1836［1-10 Oct 1836］"。"Stilpnopappus Mart. （1836）≡
Stilpnopappus Mart. ex DC. （1836）"的命名人引证有误。【分
布】秘鲁，玻利维亚，热带南美洲。【模式】未指定。【参考异名】
Lasiocarphus Pohl ex Baker（1873）；Stilpnopappus Mart. （1836）
Nom. illegit.；Strophopappus DC. （1836）；Xiphochaeta Poepp. et
Endl. （1842）Nom. illegit. ●■☆

49179 Stilpnophleum Nevski （1937）【汉】亮梯牧草属。【俄】
Блестящеколосник。【隶属】禾本科 Poaceae（Gramineae）。【包
含】世界 2 种。【学名诠释与讨论】〈中〉（希）stilpnos，放光的+
（属）Phleum 梯牧草属。此属的学名是"Stilpnophleum Nevski，
Trudy Bot. Inst. Akad. Nauk SSSR，Ser. 1，Fl. Sist. Vyssh. Rast.
3：143. 1937（post 5 Feb）（'1936'）"。亦有文献把其处理为
"Calamagrostis Adans. （1763）"或"Deyeuxia Clarion ex P. Beauv.
（1812）"的异名。【分布】突厥斯坦（土耳其斯坦）。【模式】未
指定。【参考异名】Calamagrostis Adans. （1763）；Deyeuxia Clarion
ex P. Beauv. （1812）；Deyeuxia Clarion（1812）■☆

49180 Stilpnophyllum（Endl.）Drury（1869）Nom. inval.，Nom. illegit.
＝Ficus L. （1753）［桑科 Moraceae］●

49181 Stilpnophyllum Hook. f. （1873）【汉】亮叶茜属。【隶属】茜草
科 Rubiaceae。【包含】世界 2 种。【学名诠释与讨论】〈中〉（希）
stilpnos，放光的 + phyllon，叶子。此属的学名，ING、GCI、
TROPICOS 和 IK 记载是"Stilpnophyllum Hook. f.，Hooker's Icon.
Pl. 12：42. Apr 1873；Hook. f. in Bentham et Hook. f.，Gen. Pl.
2：33. 7-9 Apr 1873"。"Stilpnophyllum （Endl.）Drury，Handb.
Ind. Fl. 3：225. 1869［Mar−Jun 1869］"，由"Ficus ［infragen.
unranked］Stilpnophyllum Endl. Gen. Pl. ［Endlicher］Suppl. 4
（2）：35. 1848"改级而来；但这是一个未合格发表的名称（Nom.
inval.），也是非法名称（参见 TROPICOS）。【分布】秘鲁，厄瓜多
尔，哥伦比亚。【模式】Stilpnophyllum lineatum（Spruce）J. D.
Hooker ［Elaeagia lineata Spruce］●☆

49182 Stilpnophyton Less. （1832）Nom. illegit. ≡Stilpnophytum Less.
（1832）Nom. illegit.；~ ＝Athanasia L. （1763）［菊科 Asteraceae
（Compositae）］●☆

49183 Stilpnophytum Less. （1832）Nom. illegit. ＝Athanasia L.
（1763）［菊科 Asteraceae（Compositae）］●☆

49184 Stimegas Raf. （1838）Nom. illegit. （废弃属名）＝Cypripedium
L. （1753）；~ ＝Paphiopedilum Pfitzer（1886）（保留属名）［兰科
Orchidaceae］■

49185 Stimenes Raf. （1837）（废弃属名）＝Nierembergia Ruiz et Pav.
（1794）［茄科 Solanaceae］■☆

49186 Stimomphis Raf. （1837）＝Calibrachoa Cerv. （1825）Nom.
illegit.；~ ＝Salpiglossis Ruiz et Pav. （1794）［茄科 Solanaceae//智
利喇叭花科（美人襟科）Salpiglossidaceae］■☆

49187 Stimoryne Raf. （1837）＝Petunia Juss. （1803）（保留属名）［茄
科 Solanaceae］■

49188 Stimpsonia Wright ex A. Gray（1858）【汉】假婆婆纳属（施丁草
属）。【日】ホザキザクラ属。【英】Stimpsonia。【隶属】报春花
科 Primulaceae//紫金牛科 Myrsinaceae。【包含】世界 1 种，中国 1
种。【学名诠释与讨论】〈阴〉（人）William Stimpson，1832−1872，
美国贝壳学者。【分布】中国，东亚。【模式】Stimpsonia
chamaedrioides C. Wright ex A. Gray ■

49189 Stingana B. D. Jacks. ＝Singana Aubl. （1775）［豆科 Fabaceae
（Leguminosae）］☆

49190　Stipa L.（1753）【汉】针茅属（羽茅属）。【日】スティパ属，ハ
ネガヤ属。【俄】Ковыль，Чий перистый。【英】Corkscrew Grass，
Feather Grass，Feathergrass，Feather‑grass，Grass，Needle Grass，
Needlegrass，Needle‑grass，Spear Grass。【隶属】禾本科 Poaceae
（Gramineae）//针茅科 Stipaceae。【包含】世界 100‑300 种，中国
23‑34 种。【学名诠释与讨论】〈阴〉（拉）stipa，麻屑，即亚麻的粗
的部分。指模式种的芒羽毛状，颜色各异。此属的学名，ING 和
IK 记载是"Stipa L.，Sp. Pl. 1：78. 1753［1 May 1753］"。"Stipa
L.（1753）"的异名"Stipella（Tzvelev）Röser et Hamasha，Pl. Syst.
Evol. 298（2）：365. 2012［Feb 2012］"和"Stipella（Tzvelev）
Tzvelev，Novosti Sist. Vyssh. Rast. 43：22. 2012［30 Aug 2012］"
都是由"Stipa subgen. Stipella（Tzvelev）Tzvelev Bot. Zhurn.
（Moscow et Leningrad）78（10）：94. 1993"改级而来，但都是晚出
的非法名称；因为此前已经有了真菌的"Stipella Léger et
Gauthier，Compt. Rend. Hebd. Séances Acad. Sci. 194：2263. post
27 Jun 1932"；Röser et Hamasha（2012）又用"Stipellula Röser et
Hamasha，Schlechtendalia 24：91. 2012［15 Mar 2012］"替代了
"Stipa sect. Stipella Tzvelev Novosti Sist. Vyssh. Rast. 11：15.
1974 ≡ Stipa subgen. Stipella（Tzvelev）Tzvelev Bot. Zhurn.
（Moscow et Leningrad）78（10）：94. 1993"。【分布】巴基斯坦，秘
鲁，玻利维亚，厄瓜多尔，哥斯达黎加，马达加斯加，美国（密苏
里），中国，热带和温带，中美洲。【后选模式】Stipa pennata
Linnaeus。【参考异名】Achnatherum P. Beauv.（1812）；
Amelichloa Arriaga et Barkworth（2006）；Anatherostipa（Hack. ex
Kuntze）P. Peñailillo（1996）；Anemanthele Veldkamp（1985）；
Aristella Bertol.（1833）；Celtica F. M. Vázquez et Barkworth
（2004）；Hesperostipa（M. K. Elias）Barkworth（1993）；Jarapha
Steud.（1840）；Jarava Ruiz et Pav.（1794）；Lasiagrostis Link
（1827）Nom. illegit.；Macrochloa Kunth（1829）；Orthoraphium Nees
（1841）；Pappostipa（Speg.）Romasch.，P. M. Peterson et Soreng
（2008）；Patis Ohwi（1942）；Podopogon Raf.（1825）（废弃属名）；
Ptilagrostis Griseb.（1852）；Schousboea Nicotra；Sparteum P.
Beauv.，Nom. inval.；Stipa sect. Stipella Tzvelev Novosti（1974）；
Stipa subgen. Stipella（Tzvelev）Tzvelev（1993）；Stipella（Tzvelev）
Röser et Hamasha（2012）Nom. illegit.；Stipella（Tzvelev）Tzvelev
（2012）Nom. illegit.；Stipellula Röser et Hamasha（2012）；Stupa
Asch.（1864）Nom. illegit.；Stypa Garcke（1851）；Timouria
Roshev.（1916）；Trichosantha Steud.（1841）Nom. inval.；
Trichosathera Ehrh.（1789）■

49191　Stipaceae Bercht. et J. Presl（1820）Nom. inval. = Gramineae
Juss.（保留科名）//Poaceae Barnhart（保留科名）■●

49192　Stipaceae Burmeist.（1837）= Gramineae Juss.（保留科名）//
Poaceae Barnhart（保留科名）■●

49193　Stipaceae Burnett（1835）［亦见 Gramineae Juss.（保留科
名）//Poaceae Barnhart（保留科名）禾本科］【汉】针茅科。【包
含】世界 5 属 146‑346 种，中国 2 属 30‑41 种。【分布】热带和温
带。【科名模式】Stipa L.（1753）■

49194　Stipaceae Martinov（1820）Nom. inval. = Gramineae Juss.（保留
科名）//Poaceae Barnhart（保留科名）■●

49195　Stipagrostis Ness（1832）【汉】针蓉草属（针禾属）。【隶属】禾
本科 Poaceae（Gramineae）。【包含】世界 50 种，中国 2 种。【学
名诠释与讨论】〈阴〉（拉）Stipa 针茅属（羽茅属）+Agrostis 剪股
颖属（小糠草属）。此属的学名是"Stipagrostis C. G. D. Nees，
Linnaea 7：290. 1832"。亦有文献把其处理为"Aristida L.
（1753）"的异名。【分布】巴基斯坦，中国，非洲亚洲，欧洲。【模
式】Stipagrostis capensis C. G. D. Nees。【参考异名】Aristida L.
（1753）；Schistachne Fig. et De Not.（1852）■

49196　Stipavena Vierh.（1906）Nom. illegit. = Helictotrichon Besser
（1827）［禾本科 Poaceae（Gramineae）］■

49197　Stipecoma Müll. Arg.（1860）【汉】毛梗夹竹桃属。【隶属】夹
竹桃科 Apocynaceae。【包含】世界 1 种。【学名诠释与讨论】
〈中〉（拉）stipes，所有格 stipitis，树段，树干，树枝。指小式
stiipula，柄，梗，叶片，托叶+coma 毛发，束毛，冠毛。"Stipella
（Tzvelev）Röser et Hamasha（2012）"和"Stipella（Tzvelev）Tzvelev
（2012）"均为非法名称（Nom. illegit.），因为此前已经有了
"Stipecoma Müll. Arg.（1860）"。【分布】巴西，玻利维亚。【模
式】Stipecoma peltigera（Standelmeyer）J. Müller Arg.［Echites
peltigera Standelmeyer］。【参考异名】Stipocoma Post et Kuntze
（1903）●☆

49198　Stipella（Tzvelev）Röser et Hamasha（2012）Nom. illegit. ≡
Stipellula Röser et Hamasha（2012）；~ = Stipa L.（1753）［禾本科
Poaceae（Gramineae）］//针茅科 Stipaceae］■

49199　Stipella（Tzvelev）Tzvelev（2012）Nom. illegit. ≡ Stipellula Röser
et Hamasha（2012）；~ = Stipa L.（1753）［禾本科 Poaceae
（Gramineae）//针茅科 Stipaceae］■

49200　Stipellaria Benth.（1854）Nom. illegit. = Alchornea Sw.（1788）
［大戟科 Euphorbiaceae］●

49201　Stipellaria Klotzsch（1849）Nom. illegit.［豆科 Fabaceae
（Leguminosae）］☆

49202　Stipellula Röser et Hamasha（2012）【汉】小针茅属。【隶属】禾
本科 Poaceae（Gramineae）。【包含】世界 6 种。【学名诠释与讨
论】〈阴〉（属）Stipella+‑ulus，‑ula，‑ulum，指示小的词尾。此属
的学名"Stipellula Röser et Hamasha，Schlechtendalia 24：91. 2012
［15 Mar 2012］"是"Stipa sect. Stipella Tzvelev Novosti Sist.
Vyssh. Rast. 11：15. 1974"的替代名称。"Stipella（Tzvelev）
Röser et Hamasha，Pl. Syst. Evol. 298（2）：365. 2012［Feb
2012］"和"Stipella（Tzvelev）Tzvelev，Novosti Sist. Vyssh. Rast.
43：22. 2012［30 Aug 2012］"都是由"Stipa subgen. Stipella
（Tzvelev）Tzvelev Bot. Zhurn.（Moscow et Leningrad）78（10）：94.
1993"改级而来，但都是晚出的非法名称；因为此前已经有了真
菌的"Stipella Léger et Gauthier，Compt. Rend. Hebd. Séances
Acad. Sci. 194：2263. post 27 Jun 1932"；Röser et Hamasha
（2012）又用"Stipellula Röser et Hamasha，Schlechtendalia 24：91.
2012［15 Mar 2012］"替代了"Stipa sect. Stipella Tzvelev Novosti
Sist. Vyssh. Rast. 11：15. 1974 ≡ Stipa subgen. Stipella（Tzvelev）
Tzvelev Bot. Zhurn.（Moscow et Leningrad）78（10）：94. 1993"。
亦有文献把"Stipellula Röser et Hamasha（2012）"处理为"Stipa L.
（1753）"的异名。【分布】中国。【模式】Stipellula capensis
（Thunb.）Röser et Hamasha［Stipa capensis Thunb.］。【参考异
名】Stipa sect. Stipella Tzvelev Novosti（1974）；Stipa subgen.
Stipella（Tzvelev）Tzvelev（1993）；Stipella（Tzvelev）Röser et
Hamasha（2012）Nom. illegit.；Stipella（Tzvelev）Tzvelev（2012）
Nom. illegit.■

49203　Stiphonia Hemsl.（1880）= Rhus L.（1753）；~ = Styphonia Nutt.
（1838）Nom. illegit.［漆树科 Anacardiaceae］●

49204　Stipocoma Post et Kuntze（1903）= Stipecoma Müll. Arg.（1860）
［夹竹桃科 Apocynaceae］●☆

49205　Stiptanthus（Benth.）Briq.（1897）Nom. illegit. ≡ Stiptanthus
Briq.（1897）［唇形科 Lamiaceae（Labiatae）］■

49206　Stiptanthus Briq.（1897）【汉】多穗香属。【隶属】唇形科
Lamiaceae（Labiatae）。【包含】世界 1 种。【学名诠释与讨论】
〈阳〉（希）stiptos，被践踏的，结实的，坚硬的+anthos，花。此属的
学名，ING 记载是"Stiptanthus（Bentham）Briquet in Engler et

Prantl，Nat. Pflanzenfam. 4(3a)：352. Feb 1897"，但是未给基源异名。TROPICOS 和 IK 则记载为"Stiptanthus Briq. ，Nat. Pflanzenfam.［Engler et Prantl］iv. III A. 352(1897)"。亦有文献把"Stiptanthus Briq.（1897）"处理为"Anisochilus Wall. ex Benth.（1830）"的异名。【分布】印度（阿萨姆），东喜马拉雅山。【模式】Stiptanthus polystachyus（Bentham）Briquet［Anisochilus polystachyus Bentham］。【参考异名】Anisochilus Wall. ex Benth.（1830）；Stiptanthus Briq.（Benth.）(1897)Nom. illegit. ■☆

49207 Stipularia Delpino(1899)Nom. illegit. ≡Piuttia Mattei(1906)；~ =Thalictrum L.（1753）［毛茛科 Ranunculaceae］■

49208 Stipularia Haw.（1812）Nom. illegit. = Spergularia（Pers.）J. Presl et C. Presl(1819)(保留属名)［石竹科 Caryophyllaceae］■

49209 Stipularia P. Beauv.（1810）【汉】托叶茜属。【隶属】茜草科 Rubiaceae。【包含】世界 15 种。【学名诠释与讨论】〈阴〉（拉）stipularis，有托叶的，关于托叶的。此属的学名，ING、TROPICOS 和 IK 记载是"Stipularia Palisot de Beauvois,Fl. Oware 2：26. 1810（'1807'）"。它曾被处理为"Sabicea subgen. Stipularia（P. Beauv.）Zemagho,Sonké,Dessein et Liede,Botanical Journal of the Linnean Society 182：571. 1963"。石竹科 Caryophyllaceae 的"Stipularia A. H. Haworth, Syn. Pl. Succ. 103. 1812 = Spergularia（Pers.）J. Presl et C. Presl（1819）"和毛茛科 Ranunculaceae 的"Stipularia Delpino,Mem. Reale Accad. Sci. Ist. Bologna ser. 5. 8：29. 1899≡Piuttia Mattei(1906)=Thalictrum L.（1753）"都是晚出的非法名称。亦有文献把"Stipularia P. Beauv.（1810）"处理为"Sabicea Aubl.（1775）"的异名。【分布】参见 Sabicea Aubl.（1775）。【模式】Stipularia africana Palisot de Beauvois。【参考异名】Sabicea Aubl.（1775）；Sabicea subgen. Stipularia（P. Beauv.）Zemagho,Sonké,Dessein et Liede(1963)■☆

49210 Stipulicida Michx.（1803）【汉】齿托草属。【隶属】石竹科 Caryophyllaceae。【包含】世界 1 种。【学名诠释与讨论】〈阴〉（拉）stipes，所有格 stipitis，复数 stipes，树段，树干，树枝。指小式 stipula，柄，叶片，托叶 + cid，caedo 割，杀的词根。指托叶具齿。此属的学名，ING 和 IK 记载是"Stipulicida Michx. ，Fl. Bor. - Amer.（Michaux）1：26,t. 6. 1803［19 Mar 1803］"。"Stipulicida Rich. ，=Stipulicida Michx.（1803）"应该是晚出的非法名称。【分布】美国（东南部）。【模式】Stipulicida setacea A. Michaux。【参考异名】Stipulicida Rich. ，Nom. illegit. ■☆

49211 Stipulicida Rich. ，Nom. illegit. = Stipulicida Michx.（1803）［石竹科 Caryophyllaceae］■☆

49212 Stiractis Post et Kuntze(1903)= Layia Hook. et Arn. ex DC.（1838）(保留属名)；~ = Steiractis Raf.（1837）Nom. illegit. ，Nom. superfl.［菊科 Asteraceae(Compositae)］■☆

49213 Stiradotheca Klotzsch（1854）Nom. illegit. ≡ Stibadotheca Klotzsch(1854)；~ =Begonia L.（1753）［秋海棠科 Begoniaceae］●■

49214 Stiranisia Post et Kuntze（1903）= Saxifraga L.（1753）；~ = Steiranisia Raf.（1837）［虎耳草科 Saxifragaceae］■☆

49215 Stireja Post et Kuntze（1903）= Steirexa Raf.（1838）Nom. illegit. ；~ =Trichopus Gaertn.（1788）［薯蓣科 Dioscoreaceae//毛柄花科(发柄花科,毛柄科,毛脚科,毛脚薯科)Trichopodaceae］■☆

49216 Stiremis Post et Kuntze（1903）= Steiremis Raf.（1837）；~ = Telanthera R. Br.（1818）［苋科 Amaranthaceae］■

49217 Stirlingia Endl.（1837）【汉】斯迪林木属。【隶属】山龙眼科 Proteaceae。【包含】世界 4-7 种。【学名诠释与讨论】〈阴〉（人）James Stirling,1791 - 1865,西澳大利亚的长官。此属的学名"Stirlingia Endlicher, Gen. 339. Dec 1837"是一个替代名称。"Simsia R. Brown,Trans. Linn. Soc. London 10：152. 8 Mar

1810"是一个非法名称（Nom. illegit.），因为此前已经有了"Simsia Persoon, Syn. Pl. 2：478. Sep 1807［菊科 Asteraceae(Compositae)］"。故用"Stirlingia Endl.（1837）"替代之。【分布】澳大利亚。【后选模式】Stirlingia tenuifolia（R. Brown）Steudel［Simsia tenuifolia R. Brown］。【参考异名】Simsia R. Br.（1810）Nom. illegit. ●☆

49218 Stiroctis Post et Kuntze（1903）= Steiroctis Raf.（1838）；~ = Lachnaea L.（1753）+ Cryptadenia Meisn.（1841）［瑞香科 Thymelaeaceae］●☆

49219 Stirodiscus Post et Kuntze（1903）= Psilothonna E. Mey. ex DC.（1838）Nom. illegit. ；~ = Steirodiscus Less.（1832）［菊科 Asteraceae(Compositae)］■☆

49220 Stiroglossa Post et Kuntze（1903）= Brachyscome Cass.（1816）；~ =Steiroglossa DC.（1838）［菊科 Asteraceae(Compositae)］■☆

49221 Stironema Post et Kuntze（1903）= Lysimachia L.（1753）；~ = Steironema Raf.（1821）［报春花科 Primulaceae//珍珠菜科 Lysimachiaceae］■☆

49222 Stironeuron Radlk. =Synsepalum（A. DC.）Daniell(1852)［山榄科 Sapotaceae］●☆

49223 Stironeurum Radlk.（1899）Nom. illegit. ≡Stironeurum Radlk. ex De Wild. et T. Durand（1899）；~ = Synsepalum（A. DC.）Daniell(1852)［山榄科 Sapotaceae］●☆

49224 Stironeurum Radlk. ex De Wild. et T. Durand（1899）= Synsepalum（A. DC.）Daniell(1852)［山榄科 Sapotaceae］●☆

49225 Stirostemon Post et Kuntze（1903）= Samolus L.（1753）；~ = Steirostemon Phil.（1876）Nom. illegit. ；~ = Steirostemon（Griseb.）Phil.（1876）［报春花科 Primulaceae//水茴草科 Samolaceae］■

49226 Stirotis Post et Kuntze(1903)= Steirotis Raf.（1820）［桑寄生科 Loranthaceae］●☆

49227 Stirtonanthus B. -E. van Wyk et A. L. Schutte(1995)【汉】肖香豆木属。【隶属】豆科 Fabaceae（Leguminosae）//蝶形花科 Papilionaceae。【包含】世界 3 种。【学名诠释与讨论】〈阴〉（人）Stirton + anthos，花。此属的学名"Stirtonanthus B. -E. van Wyk et A. L. Schutte,Nordic Journal of Botany 15（1）：67. 1995"是一个替代名称。"Stirtonia B. -E. van Wyk et A. L. Schutte,Nordic J. Bot. 14(3)：320,1994"是一个非法名称（Nom. illegit.），因为此前已经有了苔藓的"Stirtonia R. Brown, Trans. et Proc. New Zealand Inst. 32：149. Jun 1900"和地衣的"Stirtonia A. L. Smith, Trans. Brit. Mycol. Soc. 11：195. 1926"，故用"Stirtonanthus B. -E. van Wyk et A. L. Schutte(1995)"替代之。【分布】澳大利亚,非洲。【模式】不详。【参考异名】Stirtonia B. -E. van Wyk et A. L. Schutte(1994)Nom. illegit. ●☆

49228 Stirtonia B. -E. van Wyk et A. L. Schutte(1994)Nom. illegit. =Stirtonanthus B. -E. van Wyk et A. L. Schutte（1995）［豆科 Fabaceae（Leguminosae）//蝶形花科 Papilionaceae］●☆

49229 Stissera Giseke(1792)Nom. illegit. ≡Curcuma L.（1753）(保留属名)［姜科（蘘荷科）Zingiberaceae］■

49230 Stisseria Heist. ex Fabr.（1759）Nom. illegit. ≡ Stapelia L.（1753）(保留属名)；~ ≡ Stisseria Heist. ex Fabr.（1759）Nom. illegit.［萝藦科 Asclepiadaceae//豹皮花科 Stapeliaceae］■

49231 Stisseria Kuntze = Stapelia L.（1753）(保留属名)［萝藦科 Asclepiadaceae//豹皮花科 Stapeliaceae］■

49232 Stisseria Fabr.（1759）Nom. illegit. ≡Stisseria Heist. ex Fabr.（1759）Nom. illegit. ；~ ≡Stapelia L.（1753）(保留属名)［萝藦科 Asclepiadaceae//豹皮花科 Stapeliaceae］■

49233 Stisseria Heist. ex Fabr.（1759）Nom. illegit. ≡ Stapelia L.（1753）(保留属名)［萝藦科 Asclepiadaceae//豹皮花科

Stapeliaceae]■

49234 Stisseria Scop. (1777) Nom. illegit. = Manilkara Adans. (1763) (保留属名); ~ = Mimusops L. (1753) [山榄科 Sapotaceae]●☆

49235 Stixaceae Doweld(2008)【汉】斑果藤科(六萼藤科, 罗志藤科)。【包含】世界1属15种, 中国1属3种。【分布】中国(海南岛), 马来西亚(西部), 小巽他群岛, 东喜马拉雅山至中南半岛。【科名模式】Stixis Lour. (1790)●

49236 Stixidaceae Doweld(2008) = Stixaceae Doweld(2008)●

49237 Stixis Lour. (1790)【汉】斑果藤属(班果藤属, 六萼藤属, 罗志藤属)。【英】Stixis。【隶属】山柑科(白花菜科, 醉蝶花科)Capparaceae//斑果藤科(六萼藤科, 罗志藤科)Stixaceae。【包含】世界7-15种, 中国3种。【学名诠释与讨论】〈阴〉(希)stixis, 刺孔。【分布】中国, 马来西亚(西部), 东喜马拉雅山至中南半岛, 小巽他群岛。【模式】Stixis scandens Loureiro。【参考异名】Covilhamia Korth. (1848); Roydsia Roxb. (1814)●

49238 Stiza E. Mey. (1836) = Lebeckia Thunb. (1800) [豆科 Fabaceae(Leguminosae)//蝶形花科 Papilionaceae]●☆

49239 Stizolobium P. Browne(1756)(废弃属名) = Mucuna Adans. (1763)(保留属名) [豆科 Fabaceae(Leguminosae)//蝶形花科 Papilionaceae]●■

49240 Stizolobium Pers. (1807) Nom. illegit. (废弃属名) = ? Mucuna Adans. (1763)(保留属名) [豆科 Fabaceae(Leguminosae)]●■

49241 Stizolophus Cass. (1826)【汉】纤刺菊属。【俄】Стизолофус。【隶属】菊科 Asteraceae(Compositae)//矢车菊科 Centaureaceae。【包含】世界2-4种。【学名诠释与讨论】〈阳〉(希)stizo, 刺, 戳+lophos, 脊, 鸡冠, 装饰。此属的学名是"Stizolophus Cassini in F. Cuvier, Dict. Sci. Nat. 44: 35. Dec 1826"。亦有文献把其处理为"Centaurea L. (1753)(保留属名)"的异名。【分布】亚洲中部和西南。【模式】Stizolophus balsamitaefolius Cassini, Nom. illegit. [Centaurea balsamita Lamarck; Stizolophus balsamita (Lamarck) A. L. Takhtajan]。【参考异名】Centaurea L. (1753)(保留属名)■☆

49242 Stizophyllum Miers(1863)【汉】刺叶紫葳属。【隶属】紫葳科 Bignoniaceae。【包含】世界3种。【学名诠释与讨论】〈中〉(希)stizo, 刺, 戳+希腊文 phyllon, 叶子。phyllodes, 似叶的, 多叶的。phylleion, 绿色材料, 绿草。【分布】巴拿马, 秘鲁, 比尼翁, 玻利维亚, 厄瓜多尔, 哥伦比亚(安蒂奥基亚), 尼加拉瓜, 中美洲。【后选模式】Stizophyllum perforatum (Chamisso) Miers [Bignonia perforata Chamisso]●☆

49243 Stobaea Thunb. (1800) = Berkheya Ehrh. (1784)(保留属名) [菊科 Asteraceae(Compositae)]●■☆

49244 Stocksia Benth. (1853)【汉】斯托无患子属。【隶属】无患子科 Sapindaceae。【包含】世界1种。【学名诠释与讨论】〈阴〉(人)John Ellerton Stocks, 1822-1854, 植物学者。【分布】阿富汗, 巴基斯坦(俾路支), 伊朗(东部)。【模式】Stocksia brahuica Bentham●☆

49245 Stockwellia D. J. Carr, S. G. M. Carr et B. Hyland(2002)【汉】斯托克木属。【隶属】桃金娘科 Myrtaceae。【包含】世界1种。【学名诠释与讨论】〈阴〉(人)Stockwell。【分布】澳大利亚(昆士兰)。【模式】Stockwellia quadrifida D. J. Carr, S. G. M. Carr et B. Hyland ●☆

49246 Stoebe L. (1753)【汉】帚鼠麹属。【隶属】菊科 Asteraceae(Compositae)。【包含】世界34种。【学名诠释与讨论】〈阴〉(希)stoebe, 填塞, 堆积。【分布】马达加斯加, 马斯克林群岛, 热带和非洲东部。【模式】Stoebe aethiopica Linnaeus。【参考异名】Perotriche Cass. (1818); Seriphium L. (1753); Staebe Juss.●■☆

49247 Stoeberia Dinter et Schwantes(1927)【汉】松菊树属。【日】ステベリア属。【隶属】番杏科 Aizoaceae。【包含】世界3种。【学名诠释与讨论】〈阴〉(人)Stoeberi。【分布】非洲西南部。【模式】Stoeberia beetzii (Dinter) Dinter et Schwantes [Mesembryanthemum beetzii Dinter]●☆

49248 Stoechadomentha Kumze(1891) Nom. illegit. ≡ Adenosma R. Br. (1810) [玄参科 Scrophulariaceae]■

49249 Stoechas Gueldenst. (1787) Nom. inval. , Nom. illegit. ≡ Stoechas Gueldenst. ex Ledeb. (1846) Nom. illegit. ; ~ = Helichrysum Mill. (1754) [as 'Elichrysum'](保留属名) [菊科 Asteraceae(Compositae)]●■

49250 Stoechas Gueldenst. ex Ledeb. (1846) Nom. illegit. = Helichrysum Mill. (1754) [as 'Elichrysum'](保留属名) [菊科 Asteraceae(Compositae)//蜡菊科 Helichrysaceae]●■

49251 Stoechas Mill. (1754) = Lavandula L. (1753) [唇形科 Lamiaceae(Labiatae)]●■

49252 Stoechas Rumph. = Adenosma R. Br. (1810) [玄参科 Scrophulariaceae]■

49253 Stoechas Tourn. ex L. = Lavandula L. (1753) [唇形科 Lamiaceae(Labiatae)]●■

49254 Stoehelina Benth. (1846) Nom. illegit. ≡ Stoehelina Haller ex Benth. (1846) Nom. illegit. ; ~ = Staehelina Grantz; ~ = Bartsia L. [玄参科 Scrophulariaceae//列当科 Orobanchaceae]●☆

49255 Stoehelina Haller ex Benth. (1846) Nom. illegit. = Bartsia L. (1753)(保留属名); ~ = Staehelina L. (1753) = Staehelina Grantz [玄参科 Scrophulariaceae//列当科 Orobanchaceae]●☆

49256 Stoerkea Baker(1875) = Stoerkia Crantz(1768) Nom. illegit. ; ~ = Dracaena Vand. (1767) [百合科 Liliaceae//龙舌兰科 Agavaceae//石蒜科 Amaryllidaceae]●■

49257 Stoerkia Crantz(1768) Nom. illegit. ≡ Dracaena Vand. (1767) [百合科 Liliaceae//龙舌兰科 Agavaceae//龙血树科 Dracaenaceae]●■

49258 Stoibrax Raf. (1840)【汉】斯托布属。【隶属】伞形花科(伞形科)Apiaceae(Umbelliferae)。【包含】世界4种。【学名诠释与讨论】〈中〉词源不详。此属的学名, ING、TROPICOS和IK记载是"Stoibrax Raf. , Good Book 52. 1840 [Jan 1840]"。"Brachyapium (H. E. Baillon) R. Maire, Bull. Soc. Hist. Nat. Afrique N. 23: 186. 15 Jul 1932"和"Tragiopsis Pomel, Nouv. Mater. Fl. Atl. 139. 1874(non H. Karsten 1859)"是"Stoibrax Raf. (1840)"的晚出的同模式异名(Homotypic synonym, Nomenclatural synonym)。亦有文献把"Stoibrax Raf. (1840)"处理为"Carum L. (1753)"的异名。【分布】非洲北部和南非, 欧洲西南部。【模式】Stoibrax dichotomum (Linnaeus) Rafinesque [Pimpinella dichotoma Linnaeus]。【参考异名】Brachyapium (Baill.) Maire (1932); Carum L. (1753); Tragiopsis Pomel(1874) Nom. illegit. ■☆

49259 Stokesia L'Hér. (1789)【汉】琉璃菊属。【日】ストケシア属, ルリギク属。【俄】Стоксия。【英】Stokes Aster, Stokes's Aster, Stokesia。【隶属】菊科 Asteraceae(Compositae)。【包含】世界1-2种。【学名诠释与讨论】〈阴〉(人)Jonathan Stokes, 1755-1831, 英国植物学者, 医生。【分布】美国(东南部)。【模式】Stokesia cyanea L'Héritier de Brutelle, Nom. illegit. [Carthamus laevis J. Hill; Stokesia laevis (J. Hill) E. L. Greene]。【参考异名】Cartesia Cass. (1816)■☆

49260 Stokoeanthus E. G. H. Oliv. (1976)【汉】斯托花属。【隶属】杜鹃花科(欧石南科)Ericaceae。【包含】世界1种。【学名诠释与讨论】〈阳〉(人)Jonathan Stokes, 1755-1831, 英国植物学者, 医生+anthos, 花。此属的学名是"Stokoeanthus E. G. H. Oliver, Bothalia 12: 49. Apr 1976"。亦有文献把其处理为"Erica L. (1753)"的异名。【分布】非洲南部。【模式】Stokoeanthus chionophilus E. G. H. Oliver。【参考异名】Erica L. (1753)●☆

49261 Stolidia Baill.（1862）＝ Badula Juss.（1789）［紫金牛科 Myrsinaceae］●☆

49262 Stollaea Schltr.（1914）＝ Caldcluvia D. Don（1830）［火把树科 （常绿棱枝树科，角瓣木科，库诺尼科，南蔷薇科，轻木科） Cunoniaceae］●☆

49263 Stolzia Schltr.（1915）【汉】司徒兰属。【隶属】兰科 Orchidaceae。【包含】世界 4 种。【学名诠释与讨论】〈阴〉（人） Adolf Ferdinand Stolz，德国传教士，植物采集家，尤其是兰花。 【分布】热带非洲。【模式】Stolzia nyassana Schlechter ■☆

49264 Stomadena Raf.（1837）＝ Ipomoea L.（1753）（保留属名）［旋 花科 Convolvulaceae］●■

49265 Stomandra Standl.（1947）【汉】口蕊茜属。【隶属】茜草科 Rubiaceae。【包含】世界 1 种。【学名诠释与讨论】〈中〉（希） stoma，所有格 stomatos，口，孔＋aner，所有格 andros，雄性，雄蕊。 【分布】中美洲。【模式】Stomandra costaricensis Standley ■☆

49266 Stomarrhena DC.（1839）＝ Astroloma R. Br.（1810）［尖苞木 科 Epacridaceae//杜鹃花科（欧石南科）Ericaceae］●☆

49267 Stomatanthes R. M. King et H. Rob.（1970）【汉】口泽兰属。 【隶属】菊科 Asteraceae（Compositae）。【包含】世界 12-16 种。 【学名诠释与讨论】〈阴〉（希）stoma，所有格 stomatos，口，孔＋ anthos，花。【分布】巴拉圭，玻利维亚，热带非洲。【模式】 Stomatanthes africanus（D. Oliver et Hieronymus）R. M. King et H. E. Robinson［Eupatorium africanum D. Oliver et Hieronymus］ ●☆

49268 Stomatechium B. D. Jacks.（1840）＝ Anchusa L.（1753）；~ ＝ Stomotechium Lehm.（1817）［紫草科 Boraginaceae］■

49269 Stomatium Schwantes（1926）【汉】齿舌叶属（史舟草属）。 【日】ストマティウム属。【隶属】番杏科 Aizoaceae。【包含】世 界 40-44 种。【学名诠释与讨论】〈阴〉（希）stoma，所有格 stomatos，口，孔＋-ius，-ia，-ium，在拉丁文和希腊文中，这些词尾 表示性质或状态。【分布】非洲南部。【后选模式】Stomatium suaveolens Schwantes。【参考异名】Agnirictus Schwantes（1930）■☆

49270 Stomatocalyx Müll. Arg.（1866）＝ Pimelodendron Hassk. （1856）［大戟科 Euphorbiaceae］●

49271 Stomatochaeta（S. F. Blake）Maguire et Wurdack（1957）【汉】毛 菊木属。【隶属】菊科 Asteraceae（Compositae）。【包含】世界 6 种。【学名诠释与讨论】〈中〉（希）stoma，所有格 stomatos，口， 孔＋chaite＝拉丁文 chaeta，刚毛。此属的学名，ING 和 IK 记载是 "Stomatochaeta（S. F. Blake）Maguire et Wurdack, Mem. New York Bot. Gard. 9：388. 23 Mai 1957"，由 "Stenopadus subgen. Stomatochaeta S. F. Blake, Bull. Torrey Bot. Club 58：49. Nov. 1931" 改级而来。TROPICOS 则记载为 "Stomatochaeta Maguire et Wurdack, Memoirs of The New York Botanical Garden 9：388. 1957"。三者引用的文献相同。【分布】几内亚，委内瑞拉。【模 式】Stomatochaeta crassifolia（S. F. Blake）Maguire et Wurdack ［Stenopadus crassifolius S. F. Blake］。【参考异名】Stenopadus subgen. Stomatochaeta S. F. Blake（1931）●☆

49272 Stomatostemma N. E. Br.（1902）【汉】口蕊萝藦属。【隶属】 萝藦科 Asclepiadaceae。【包含】世界 2 种。【学名诠释与讨论】 〈中〉（希）stoma，所有格 stomatos，口，孔＋stemma，所有格 stemmatos，花冠，花环，王冠。【分布】非洲南部，热带非洲。【模 式】Stomatostemma monteiroae（Oliver）N. E. Brown［Cryptolepis monteiroae Oliver］■☆

49273 Stomatotechium Spach（1840）Nom. illegit. ≡ Stomotechium Lehm.（1817）；~ ＝ Anchusa L.（1753）［紫草科 Boraginaceae］■

49274 Stomoisia Raf.（1838）＝ Utricularia L.（1753）［狸藻科 Lentibulariaceae］■

49275 Stomotechium Lehm.（1817）＝ Anchusa L.（1753）［紫草科 Boraginaceae］■

49276 Stonckenya Raf.（1819）＝ Honkenya Ehrh.（1788）Nom. illegit. ；~ ＝ Honckenya Ehrh.（1783）［石竹科 Caryophyllaceae］■☆

49277 Stonesia G. Taylor（1953）【汉】斯通草属。【隶属】髯管花科 Geniostomaceae。【包含】世界 4 种。【学名诠释与讨论】〈阴〉 （人）Stones。【分布】热带非洲西部。【模式】Stonesia heterospathella G. Taylor ■☆

49278 Stonesiella Crisp et P. H. Weston（1999）【汉】澳大利亚灌木豆 属。【隶属】豆科 Fabaceae（Leguminosae）。【包含】世界 1 种。 【学名诠释与讨论】〈阴〉（人）Stones＋-ellus，-ella，-ellum，加在 名词词干后面形成指小式的词尾。或加在人名、属名等后面以 组成新属的名称。亦有文献把（Stoneisella Crisp et P. H. Weston （1999））处理为 "Pultenaea Sm.（1794）" 的异名。【分布】澳大 利亚（塔斯马尼亚岛）。【模式】Stoneisella selaginoides（Hook. f.） Crisp et P. H. Weston。【参考异名】Pultenaea Sm.（1794）●☆

49279 Stongylocaryum Burret, Nom. illegit. ＝ Strongylocaryum Burret （1936）［棕榈科 Arecaceae（Palmae）］●☆

49280 Stooria Neck.（1790）Nom. inval. ≡ Stooria Neck. ex Post et Kuntze（1903）Nom. illegit. , Nom. superfl. ；~ ＝ Lobelia L. （1753）［桔梗科 Campanulaceae//山梗菜科（半边莲科） Nelumbonaceae］●■

49281 Stooria Neck. ex Post et Kuntze（1903）Nom. illegit. , Nom. superfl. ＝Lobelia L.（1753）［桔梗科 Campanulaceae//山梗菜科 （半边莲科）Nelumbonaceae］●■

49282 Stopinaca Raf.（1837）Nom. illegit. ≡ Polygonella Michx. （1803）［蓼科 Polygonaceae］■☆

49283 Storckiella Seem.（1861）【汉】名材豆属。【隶属】豆科 Fabaceae（Leguminosae）。【包含】世界 5 种。【学名诠释与讨论】 〈阴〉（人）Anton von Storck，1731-1803，植物学者＋-ellus，-ella，- ellum，加在名词词干后面形成指小式的词尾。或加在人名、属名 等后面以组成新属的名称。【分布】斐济，法属新喀里多尼亚。 【模式】Storckiella vitiensis B. C. Seemann。【参考异名】Doga （Baill.）Baill. ex Nakai（1869）Nom. illegit. ；Doga（Baill.）Nakai （1943）；Doga Baill.（1869）Nom. illegit. ●☆

49284 Stormia S. Moore（1895）＝ Cardiopetalum Schltdl.（1834）［番 荔枝科 Annonaceae］●☆

49285 Storthocalyx Radlk.（1879）【汉】尖萼无患子属。【隶属】无患 子科 Sapindaceae。【包含】世界 4 种。【学名诠释与讨论】〈阳〉 （希）storthe，尖端，长钉＋kalyx，所有格 kalykos＝拉丁文 calyx，花 萼，杯子。【分布】法属新喀里多尼亚。【模式】未指定●☆

49286 Strabonia DC.（1836）＝ Pulicaria Gaertn.（1791）［菊科 Asteraceae（Compositae）］■●

49287 Stracheya Benth.（1853）【汉】藏豆属。【英】Stracheya, Zangbean。【隶属】豆科 Fabaceae（Leguminosae）//蝶形花科 Papilionaceae。【包含】世界 1 种，中国 1 种。【学名诠释与讨论】 〈阴〉（人）Richard Strachey，1817-1908，英国植物学者，植物采集 家，博物学者。此属的学名是 "Stracheya Bentham, Hooker's J. Bot. Kew Gard. Misc. 5：306. Oct 1853"。亦有文献把其处理为 "Hedysarum L.（1753）（保留属名）" 的异名。【分布】巴基斯坦， 中国。【模式】Stracheya tibetica Bentham。【参考异名】Hedysarum L.（1753）（保留属名）●■

49288 Strailia T. Durand（1888）＝ Lecythis Loefl.（1758）［玉蕊科 （巴西果科）Lecythidaceae］●☆

49289 Strakaea C. Presl（1851）＝ Apama Lam.（1783）；~ ＝ Thottea Rottb.（1783）［马兜铃科 Aristolochiaceae//阿柏麻科 Apamaceae］●■

49290 Stramentopappus H. Rob. et V. A. Funk(1987)【汉】黄冠单毛菊属。【隶属】菊科 Asteraceae(Compositae)。【包含】世界 1 种。【学名诠释与讨论】〈阳〉(希)stramen,蒿秆,麦秆,稻草+pappos 指柔毛,软毛。pappus 则与拉丁文同义,指冠毛。【分布】墨西哥。【模式】Stramentopappus pooleae (B. L. Turner) H. E. Robinson et V. A. Funk [Vernonia pooleae B. L. Turner]●☆

49291 Stramonium Mill. (1754)Nom. illegit. ,Nom. superfl. ≡Datura L. (1753) [茄科 Solanaceae//曼陀罗科 Daturaceae]●■

49292 Stramonium Tourn. ex Haller(1742)Nom. inval. ＝Stramonium Mill. (1754)Nom. illegit. ,Nom. superfl. ;~＝Datura L. (1753) [茄科 Solanaceae//曼陀罗科 Daturaceae]●■

49293 Strangalis Dulac (1867) Nom. illegit. ≡ Hirschfeldia Moench (1794) [十字花科 Brassicaceae(Cruciferae)]■☆

49294 Strangea Meisn.(1855)【汉】斯特山龙眼属。【隶属】山龙眼科 Proteaceae。【包含】世界 3 种。【学名诠释与讨论】〈阴〉(人)Frederick Strange,? -1854,英国博物学者。【分布】澳大利亚(东部)。【模式】Strangea linearis Meisner。【参考异名】Diploptera C. A. Gardner(1932)●☆

49295 Strangeveia Baker (1870) ＝ Hyacinthus L. (1753) ;~＝Strangweja Bertol. (1835) [风信子科 Hyacinthaceae//百合科 Liliaceae]■☆

49296 Strangula Noronha(1790)＝Ardisia Sw. (1788)(保留属名) [紫金牛科 Myrsinaceae]●■

49297 Strangwaysia Post et Kuntze (1903)＝Hyacinthus L. (1753);~＝Strangweja Bertol. (1835);~＝Stranvaesia Lindl. (1837) [蔷薇科 Rosaceae]●

49298 Strangweja Bertol. (1835)＝Bellevalia Lapeyr. (1808)(保留属名);~＝Hyacinthus L. (1753) [百合科 Liliaceae//风信子科 Hyacinthaceae]■☆

49299 Strangweya Benth. et Hook. f. (1883) Nom. illegit. ≡ Strangweja Bertol. (1835);~＝Bellevalia Lapeyr. (1808)(保留属名);~＝Hyacinthus L. (1753) [风信子科 Hyacinthaceae//百合科 Liliaceae]■☆

49300 Strania Noronha (1790) ＝ Canarium L. (1759) [橄榄科 Burseraceae]●

49301 Stranvaesia Lindl. (1837)【汉】红果树属(假花楸属,斯脱兰木属,斯脱木属,夏皮楠属)。【日】ストランベーシャ属。【俄】Странвезия。【英】Stranvaesia。【隶属】蔷薇科 Rosaceae。【包含】世界 6-7 种,中国 5-7 种。【学名诠释与讨论】〈阴〉(人)William Fox-Strangways,1795-1865,英国植物学者。此属的学名是"Stranvaesia Lindley,Edwards's Bot. Reg. 1956. 1 Mai 1837"。亦有文献把其处理为"Aronia Medik. (1789)(保留属名)"或"Photinia Lindl. (1820)"的异名。【分布】菲律宾(菲律宾群岛),中国,喜马拉雅山。【模式】Stranvaesia glaucescens Lindley。【参考异名】Aronia Medik. (1789)(保留属名);Photinia Lindl. (1820);Strangwaysia Post et Kuntze(1903)●

49302 Strasburgeria Baill. (1876)【汉】栓皮果属。【隶属】栓皮果科 Strasburgeriaceae。【包含】世界 1 种 1 变种。【学名诠释与讨论】〈阴〉(人)Eduard (Edward) Adolf Strasburger,1844-1912,德国植物学者,教授。【分布】法属新喀里多尼亚。【模式】Strasburgeria calliantha Baillon ●☆

49303 Strasburgeriaceae Engl. et Gilg ＝Strasburgeriaceae Tiegh. (保留科名)●☆■

49304 Strasburgeriaceae Tiegh. (1908)(保留科名)【汉】栓皮果科。【包含】世界 1 属 1 种。【分布】法属新喀里多尼亚。【科名模式】Strasburgeria Baill. ●☆

49305 Strateuma Raf. (1837) Nom. illegit. ＝Zeuxine Lindl. (1826)

[as ' Zeuxina'](保留属名)[兰科 Orchidaceae]■

49306 Strateuma Salisb. (1812) ＝ Orchis L. (1753) [兰科 Orchidaceae]■

49307 Stratioites Gilib. (1791) ＝ Stratiotes L. (1753) [兰科 Orchidaceae//水鳖科 Hydrocharitaceae]■☆

49308 Stratiotaceae Link [亦见 Hydrocharitaceae Juss. (保留科名)]【汉】水剑叶科。【包含】世界 1 属 1 种,中国 1 属 1 种。【分布】欧洲。【科名模式】Stratiotes L.

49309 Stratiotaceae Schultz Sch. (1832)＝Stratiotaceae Link ■

49310 Stratiotes L. (1753)【汉】水剑叶属(斯特藻属)。【俄】Телорез。【英】Water Soldier。【隶属】水鳖科 Hydrocharitaceae//水剑叶科 Stratiotaceae。【包含】世界 1 种。【学名诠释与讨论】〈阳〉(拉)stratiotes,一种水生植物。此属的学名,ING、TROPICOS 和 IK 记载是"Stratiotes L. ,Sp. Pl. 1:535. 1753 [1 May 1753]"。"Aloides Fabricius,Enum. 12. 1759"和"Ottelia R. A. Hedwig, Gen. Pl. 255. Jul 1806 (non Persoon 1805)"是"Stratiotes L. (1753)"的晚出的同模式异名(Homotypic synonym,Nomenclatural synonym)。【分布】玻利维亚,中国,欧洲。【模式】Stratiotes aloides Linnaeus。【参考异名】Aloides Fabr. (1759) Nom. illegit. ;Ottelia R. Hedw. (1806) Nom. illegit. ;Stratioites Gilib. (1791) ■

49311 Straussia(DC.) A. Gray(1860)＝Psychotria L. (1759)(保留属名) [茜草科 Rubiaceae//九节科 Psychotriaceae]●

49312 Straussia A. Gray(1860) Nom. illegit. ≡ Straussia (DC.) A. Gray(1860);~＝Psychotria L. (1759)(保留属名) [茜草科 Rubiaceae//九节科 Psychotriaceae]●

49313 Straussiella Hausskn. (1897)【汉】伊朗芥属。【隶属】十字花科 Brassicaceae(Cruciferae)。【包含】世界 1 种。【学名诠释与讨论】〈阴〉(人)Lorenz (Laurentius) Strauss,1633-1687,德国医生,植物学者+-ellus,-ella,-ellum,加在名词词干后面形成指小式的词尾。或加在人名、属名等后面以组成新属的名称。或(属)Straussia+-ella。【分布】伊朗。【模式】Straussiella iranica Hausskrecht ■☆

49314 Stravadia Pers. (1806)＝Stravadium A. Juss. (1789) [玉蕊科(巴西果科)Lecythidaceae//翅玉蕊科 Barringtoniacea]●

49315 Stravadium A. Juss. (1789)＝Barringtonia J. R. Forst. et G. Forst. (1775)(保留属名) [玉蕊科(巴西果科)Lecythidaceae//翅玉蕊科(金刀木科)Barringtoniaceae]●

49316 Stravadium A. Juss. (1838)Nom. illegit. [玉蕊科(巴西果科)Lecythidaceae]●☆

49317 Strebanthus Raf. (1830) ＝ Eryngium L. (1753) ;~＝Streblanthus Raf. (1832) [伞形花科(伞形科)Apiaceae(Umbelliferae)]■

49318 Streblacanthus Kuntze(1891)【汉】大刺爵床属。【隶属】爵床科 Acanthaceae。【包含】世界 6 种。【学名诠释与讨论】〈阳〉(希)strablos,搓成的、畸形的、反常的+akantha,荆棘,刺。或 strablos+(属)Acanthus 老鼠簕属(老鸦企属,叶蓟属)。【分布】玻利维亚,中美洲。【模式】Streblacanthus monospermus O. Kuntze ●☆

49319 Streblanthera Steud. (1844)Nom. inval. ≡Streblanthera Steud. ex A. Rich. (1850);~＝Trichodesma R. Br. (1810)(保留属名) [紫草科 Boraginaceae]●■

49320 Streblanthera Steud. ex A. Rich. (1850)＝Trichodesma R. Br. (1810)(保留属名) [紫草科 Boraginaceae]●■

49321 Streblanthus Raf. (1832)＝Eryngium L. (1753) [伞形花科(伞形科)Apiaceae(Umbelliferae)]■

49322 Streblidia Link (1827)＝Schoenus L. (1753) [莎草科

Cyperaceae］■

49323　Streblina Raf.（1840）= Nyssa L.（1753）［蓝果树科（珙桐科，紫树科）Nyssaceae//山茱萸科 Cornaceae］●

49324　Streblocarpus Arn.（1834）= Maerua Forssk.（1775）［山柑科（白花菜科，醉蝶花科）Capparaceae//白花菜科（醉蝶花科）Cleomaceae］●☆

49325　Streblochaeta Benth. et Hook. f.（1883）Nom. illegit. = Streblochaete Hochst. ex A. Rich.（1906）［禾本科 Poaceae（Gramineae）］■☆

49326　Streblochaete Hochst. ex A. Rich.（1850）Nom. inval. ≡ Streblochaete Hochst. ex A. Rich.（1906）［禾本科 Poaceae（Gramineae）］■☆

49327　Streblochaete Hochst. ex A. Rich.（1906）【汉】长芒草属。【隶属】禾本科 Poaceae（Gramineae）。【包含】世界 1 种。【学名诠释与讨论】〈阴〉（希）strablos，搓成的，畸形的，反常的+chaite = 拉丁文 chaeta，刚毛。此属的学名，ING 和 IK 记载是"Streblochaete Hochst. ex A. Rich.，Pilger in Engl. Jahrb. xxxvii. Beibl. 85,61（1906），in obs. ，descr."。"Streblochaete Hochst. ex A. Rich.，Tent. Fl. Abyss. 2：421. 1850 ≡ Streblochaete Hochst. ex A. Rich.（1906）"是一个未合格发表的名称（Nom. inval.）。TROPICOS 则把"Streblochaete Hochstetter ex Pilger, Bot. Jahrb. Syst. 37：（Beibl. 85）61. 24 Apr 1906"记载为合法名称。"Streblochaeta Benth. et Hook. f.（1883）"拼写错误，或是替代名称。"Streblochaete Pilg.（1906）= Streblochaete Hochst. ex Pilg.（1906）"的命名人引证有误。【分布】亚洲。【模式】Streblochaete nutans Hochstetter ex Pilger。【参考异名】Koordersiochloa Merr.（1917）；Pseudostreptogyne A. Camus（1930）；Streblochaeta Benth. et Hook. f.（1883）Nom. illegit. ；Streblochaete Hochst. ex A. Rich.（1850）Nom. inval. ；Streblochaete Hochst. ex Pilg.（1906）Nom. illegit. ；Streblochaete Pilg.（1906）Nom. illegit. ■☆

49328　Streblochaete Hochst. ex Pilg.（1906）Nom. illegit. = Streblochaete Hochst. ex A. Rich.（1806）［禾本科 Poaceae（Gramineae）］■☆

49329　Streblochaete Pilg.（1906）Nom. illegit. ≡ Streblochaete Hochst. ex Pilg.（1906）Nom. illegit. ；~ = Streblochaete Hochst. ex A. Rich.（1806）［禾本科 Poaceae（Gramineae）］■☆

49330　Streblorhiza Benth. et Hook. f.（1865）Nom. illegit. ［豆科 Fabaceae（Leguminosae）］■☆

49331　Streblorrhiza Endl.（1833）【汉】绞根耀花豆属。【隶属】豆科 Fabaceae（Leguminosae）//蝶形花科 Papilionaceae。【包含】世界 1 种。【学名诠释与讨论】〈阴〉（希）strablos，搓成的，畸形的，反常的+rhiza，或 rhizoma，根，根茎。此属的学名，ING、TROPICOS、APNI 和 IK 记载是"Streblorrhiza Endlicher, Prodr. Fl. Norfolk 92. post 12 Mai 1833"。【分布】澳大利亚（诺福克岛）。【模式】Streblorrhiza speciosa Endlicher。【参考异名】Staeblorhiza Dur. ■☆

49332　Streblosa Korth.（1851）【汉】马来茜属。【隶属】茜草科 Rubiaceae。【包含】世界 25 种。【学名诠释与讨论】〈阴〉（希）strablos，搓成的，畸形的，反常的+-osus，-osa，-osum，表示丰富，充分，或显著发展的词尾。【分布】马来西亚（西部）。【后选模式】Streblosa tortilis（Blume）Korthals［Psychotria tortilis Blume］●☆

49333　Streblosiopsis Valeton（1910）【汉】假马来茜属。【隶属】茜草科 Rubiaceae。【包含】世界 2 种。【学名诠释与讨论】〈阴〉（属）Streblus 鹊肾树属+希腊文 opsis，外观，模样，相似。【分布】加里曼丹岛。【模式】Streblosiopsis cupulata Valeton ●☆

49334　Streblus Lour.（1790）【汉】鹊肾树属。【英】Streblus。【隶属】桑科 Moraceae。【包含】世界 22-25 种，中国 7 种。【学名诠释与讨论】〈阳〉（希）streblos，搓成的，畸形的，反常的。指肉质果为

花后增长的萼片所包。【分布】马达加斯加，印度至马来西亚，中国，东南亚。【后选模式】Streblus asper Loureiro。【参考异名】Achimus Poir.（1827）；Achymus Vahl ex Juss.（1816）；Albrandia Gaudich.（1830）；Ampalis Bojer ex Bureau（1873）；Ampalis Bojer（1837）Nom. inval. ；Bleekrodea Blume（1856）；Calaunia Grudz.（1964）；Calius Blanco（1837）；Chevalierodendron J. － F. Leroy（1948）；Dimerocarpus Gagnep.（1921）；Diplocos Bureau（1873）；Diplothorax Gagnep.（1928）；Epicarpurus Blume（1825）；Neosloetiopsis Engl.（1914）；Pachytrophe Bureau（1873）；Paratrophis Blume（1856）；Phyllochlamys Bureau《1873》；Pseudomorus Bureau（1869）；Pseudostreblus Bureau（1873）；Pseudostrophis T. Durand et B. D. Jacks. ；Pseudotrophis Warb.（1891）；Sloetia Teijsm. et Binn.（1863）Nom. inval. ；Sloetia Teijsm. et Binn. ex Kurz（1865）；Sloetiopsis Engl.（1907）；Taxotrophis Blume（1856）；Teonongia Stapf（1911）；Tinda Rchb. ；Uromorus Bureau（1873）●

49335　Streckera Sch. Bip.（1834）= Leontodon L.（1753）（保留属名）［菊科 Asteraceae（Compositae）］■☆

49336　Streleskia Hook. f.（1847）= Wahlenbergia Schrad. ex Roth（1821）（保留属名）［桔梗科 Campanulaceae］■●

49337　Strelitsia Thunb.（1818）Nom. illegit. = Strelitzia Banks（1788）［芭蕉科 Musaceae//鹤望兰科（旅人蕉科）Strelitziaceae］●

49338　Strelitzia Aiton（1789）【汉】鸟蕉属（鹤望兰属，扇芭蕉属）。【日】ゴクラクチョウカ属。【俄】Стрелиция。【英】Bird of Paradise Flower, Bird's Tongue Flower, Bird-of-paradise, Bird-of-paradise Flower, Strelitzia。【隶属】芭蕉科 Musaceae//鹤望兰科（旅人蕉科）Strelitziaceae。【包含】世界 4-5 种，中国 3 种。【学名诠释与讨论】〈阴〉（人）Charlotte Sophia von Mecklenburg Strelitz，1744-1818，英国女皇。此属的学名，ING、TROPICOS 和 IK 记载是"Strelitzia W. Aiton, Hort. Kew. 1：285. 7 Aug-1 Oct 1789"。IK 记载的"Strelitzia Banks, Strelitzia reginae［plate］s. n. 1788［Jun？1788］"似为未合格发表的名称（Nom. inval.）。《中国植物志》用"Strelitzia Banks（1788）"为正名；《台湾植物志》则用为"Strelitzia Aiton（1789）"。"Strelitzia Banks ex Dryand. "应该是晚出的非法名称；"Strelitzia Dryand"似命名人引证有误。此属的学名有待进一步考证。【分布】秘鲁，玻利维亚，尼加拉瓜，中国，非洲南部，中美洲。【模式】Strelitzia reginae W. Aiton［Heliconia bihai J. F. Miller 1776, non Linnaeus 1771］。【参考异名】Strelitsia Thunb（1818）Nom. illegit. ；Strelitzia Aiton（1789）Nom. illegit. ；Strelitzia Banks ex Dryand. ，Nom. illegit. ；Strelitzia Dryand, Nom. illegit. ●

49339　Strelitzia Banks ex Dryand. ，Nom. illegit. = Strelitzia Aiton（1789）［芭蕉科 Musaceae//鹤望兰科（旅人蕉科）Strelitziaceae］●

49340　Strelitzia Banks（1788）Nom. inval. = Strelitzia Aiton（1789）［芭蕉科 Musaceae//鹤望兰科（旅人蕉科）Strelitziaceae］●

49341　Strelitzia Dryand, Nom. illegit. ≡ Strelitzia Banks ex Dryand. ，Nom. illegit. ；~ = Strelitzia Aiton（1789）［鹤望兰科 Strelitziaceae］●

49342　Strelitziaceae（K. Schum.）Hutch.（1934）= Musaceae Juss.（保留科名）；~ = Strelitziaceae Hutch. ●■

49343　Strelitziaceae Hutch.（1934）（保留科名）［亦见 Musaceae Juss.（保留科名）芭蕉科］【汉】鹤望兰科（旅人蕉科）。【日】ゴクラクチョウカ科，ストレリチア科。【英】Strelitzia Family。【包含】世界 3-4 属 6-7 种，中国 3 属 5 种。【分布】热带南美洲，非洲南部，马达加斯加。【科名模式】Strelitzia Aiton ●■

49344　Strempelia A. Rich.（1834）Nom. illegit. = Psychotria L.（1759）（保留属名）；~ = Strempelia A. Rich. ex DC.（1830）［茜草科 Rubiaceae//九节科 Psychotriaceae］●☆

49345 Strempelia A. Rich. ex DC. (1830)【汉】施特茜属。【隶属】茜草 Rubiaceae//九节科 Psychotriaceae。【包含】世界5种。【学名诠释与讨论】〈阴〉（人）Johannes Karl（Carl）Friedrich Strempel, 1800-1872，德国植物学者，医生。此属的学名，ING 和 IK 记载是"Strempelia A. Richard ex A. P. de Candolle, Prodr. 4：498. Sep（sero）1830"。TROPICOS 则记载为"Strempelia A. Rich., Prodromus Systematis Naturalis Regni Vegetabilis 4：498. 1830"。三者引用的文献相同。IK 记载的"Strempelia A. Rich., Mém. Soc. Hist. Nat. Paris v.（1834）180. t. 18. f. 2 =Strempelia A. Rich. ex DC.（1830）= Psychotria L.（1759）（保留属名）［茜草科 Rubiaceae//九节科 Psychotriaceae]"是晚出的非法名称。"Strempelia A. Rich.（1830）"曾被处理为"Psychotria sect. Strempelia（A. Rich.）Benth., Videnskabelige Meddelelser fra Dansk Naturhistorisk Forening i Kjøbenhavn 1852（2-4）：31. 1853［1852]"。亦有文献把"Strempelia A. Rich. ex DC.（1830）"处理为"Psychotria L.（1759）（保留属名）"的异名。【分布】热带南美洲。【模式】Strempelia guianensis A. Richard ex A. P. de Candolle。【参考异名】Psychotria L.（1759）（保留属名）；Psychotria sect. Strempelia（A. Rich.）Benth.（1853）；Strempelia A. Rich.（1830）Nom. illegit.；Strempelia A. Rich.（1834）Nom. illegit.●☆

49346 Strempeliopsis Benth.（1876）【汉】施特夹竹桃属。【隶属】夹竹桃科 Apocynaceae。【包含】世界2种。【学名诠释与讨论】〈阴〉（属）Strempelia 施特茜属+希腊文 opsis，外观，模样，相似。【分布】古巴，牙买加。【模式】Strempeliopsis strempelioides（Grisebach）B. D. Jackson［Rauwolfia strempelioides Grisebach]●☆

49347 Strepalon Raf. = Hypericum L.（1753）；~ = Streptalon Raf.（1837）［金丝桃科 Hypericaceae//猪胶树科（克鲁西科，山竹子科，藤黄科）Clusiaceae（Guttiferae）]●

49348 Strephium Nees（1829）Nom. illegit. ≡ Strephium Schrad. ex Nees（1829）；~ =Olyra L.（1759）；~ =Raddia Bertol.（1819）［禾本科 Poaceae（Gramineae）]■☆

49349 Strephium Schrad. ex Nees（1829）= Olyra L.（1759）；~ = Raddia Bertol.（1819）［禾本科 Poaceae（Gramineae）]■☆

49350 Strephonema Hook. f.（1867）【汉】扭丝使君子属。【隶属】使君子科 Combretaceae。【包含】世界6种。【学名诠释与讨论】〈中〉（希）strepho，strephein，绞，转+nema，所有格 nematos，丝，花丝。【分布】非洲西部。【后选模式】Strephonema mannii J. D. Hooker ●☆

49351 Strephonemataceae Venkat. et Prak. Rao（1971）= Combretaceae R. Br.（保留科名）●

49352 Strepsanthera Raf.（1838）= Anthurium Schott（1829）［天南星科 Araceae]■

49353 Strepsia Steud.（1841）= Tillandsia L.（1753）［凤梨科 Bromeliaceae//花凤梨科 Tillandsiaceae]■☆

49354 Strepsiloba Raf. = Strepsilobus Raf.（1838）［豆科 Fabaceae（Leguminosae）//含羞草科 Mimosaceae]●

49355 Strepsilobus Raf.（1838）= Entada Adans.（1763）（保留属名）［豆科 Fabaceae（Leguminosae）//含羞草科 Mimosaceae]●

49356 Strepsimela Raf.（1838）= Helixanthera Lour.（1790）［桑寄生科 Loranthaceae]●

49357 Strepsiphigla Krause = Drimia Jacq. ex Willd.（1799）；~ = Strepsiphyla Raf.（1837）［百合科 Liliaceae//风信子科 Hyacinthaceae]■☆

49358 Strepsiphus Raf.（1837）= Peristrophe Nees（1832）［爵床科 Acanthaceae]■

49359 Strepsiphyla Raf.（1837）= Drimia Jacq. ex Willd.（1799）［百合科 Liliaceae//风信子科 Hyacinthaceae]■☆

49360 Streptachne Kunth（1816）Nom. illegit. = Aristida L.（1753）［禾本科 Poaceae（Gramineae）]■

49361 Streptachne R. Br.（1810）= Aristida L.（1753）［禾本科 Poaceae（Gramineae）]■

49362 Streptalon Raf.（1837）= Hypericum L.（1753）［金丝桃科 Hypericaceae//猪胶树科（克鲁西科，山竹子科，藤黄科）Clusiaceae（Guttiferae）]●

49363 Streptanthella Rydb.（1917）【汉】长喙提琴芥属。【隶属】十字花科 Brassicaceae（Cruciferae）。【包含】世界1种。【学名诠释与讨论】〈阴〉（属）Streptanthus 扭花芥属+-ellus，-ella，-ellum，加在名词词干后面形成指小式的词尾。或加在人名、属名等后面以组成新属的名称。【分布】美国（西部）。【模式】Streptanthella longirostris（S. Watson）Rydberg［Arabis longirostris S. Watson]■☆

49364 Streptanthera Sweet（1827）【汉】扭药花属。【日】ストレプタンセラ属。【英】Streptanthera，Twisted Anther Flower。【隶属】鸢尾科 Iridaceae。【包含】世界2种。【学名诠释与讨论】〈阴〉（希）streptos，扭曲的，绞成的，弯曲的+anther 花药。此属的学名是"Streptanthera Sweet，Brit. Fl. Gard. 3：ad t. 209. Jul 1827"。亦有文献将其处理为"Sparaxis Ker Gawl.（1802）"的异名。【分布】非洲南部。【模式】Streptanthera elegans Sweet。【参考异名】Sparaxis Ker Gawl.（1802）■☆

49365 Streptanthus Nutt.（1825）【汉】扭花芥属。【隶属】十字花科 Brassicaceae（Cruciferae）。【包含】世界30-35种。【学名诠释与讨论】〈阳〉（希）streptos，扭曲的，绞成的，弯曲的+anthos，花。指花瓣。【分布】玻利维亚，美国，墨西哥。【模式】Streptanthus maculatus Nuttall。【参考异名】Agianthus Greene（1906）；Cartiera Greene（1906）；Disaccanthus Greene（1906）；Euklisia（Nutt. ex Torr. et A. Gray）Rydb.（1903）；Icianthus Greene（1906）Nom. illegit.；Mesoreanthus Greene（1904）；Microsemia Greene（1904）；Mitophyllum O. E. Schulz（1933）Nom. illegit.；Pleiocardia Greene（1904）■☆

49366 Streptia Döll（1880）Nom. inval. = Streptogyna P. Beauv.（1812）［禾本科 Poaceae（Gramineae）]■☆

49367 Streptia Rich. ex Hook. f.（1896）= Streptogyna P. Beauv.（1812）［禾本科 Poaceae（Gramineae）]■☆

49368 Streptilon Raf.（1840）= Geum L.（1753）；~ = Frankenia L.（1753）［瓣鳞花科 Frankeniaceae]●■

49369 Streptima Raf.（1837）= Frankenia L.（1753）［瓣鳞花科 Frankeniaceae]●■

49370 Streptium Roxb.（1798）= Priva Adans.（1763）［马鞭草科 Verbenaceae]■☆

49371 Streptocalyx Beer（1854）【汉】扭萼凤梨属（塔花凤梨属，塔花属，旋萼花属）。【日】ストレプトカリックス属。【英】Streptocalyx。【隶属】凤梨科 Bromeliaceae。【包含】世界12-20种。【学名诠释与讨论】〈阳〉（希）streptos，扭曲的，绞成的，弯曲的+kalyx，所有格 kalykos =拉丁文 calyx，花萼，杯子。此属的学名是"Streptocalyx Beer，Flora 37：348. 14 Jun 1854"。亦有文献把其处理为"Aechmea Ruiz et Pav.（1794）（保留属名）"的异名。【分布】秘鲁，玻利维亚，哥伦比亚（安蒂奥基亚）。【模式】Streptocalyx poeppigii Beer。【参考异名】Aechmea Ruiz et Pav.（1794）（保留属名）■☆

49372 Streptocarpus Lindl.（1828）【汉】扭果花属（好望角苣苔属，旋果花属）。【日】ストレプトカルプス属。【俄】Стрептокарпус。【英】Cape Primrose。【隶属】苦苣苔科 Gesneriaceae。【包含】世界121-140种。【学名诠释与讨论】〈阳〉（希）streptos，扭曲的，绞

成的,弯曲的+karpos,果实。【分布】马达加斯加,热带和非洲南部。【模式】Streptocarpus rexii(Bowie ex W. J. Hooker)Lindley〔Didymocarpus rexii Bowie ex W. J. Hooker〕■☆

49373　Streptocaulon Wight et Arn. (1834)【汉】马莲鞍属(古羊藤属)。【英】Streptocaulon。【隶属】萝藦科 Asclepiadaceae//杠柳科 Periplocaceae。【包含】世界5-15种,中国1-2种。【学名诠释与讨论】〈中〉(希)streptos,扭曲的,绞成的,弯曲的+kaulon,茎。指有些种类为藤本植物,茎扭旋。【分布】巴基斯坦,印度至马来西亚,中国。【模式】未指定。【参考异名】Triplolepis Turcz. (1848)■

49374　Streptochaeta Schrad. (1829) Nom. illegit. ≡ Streptochaeta Schrad. ex Nees(1829)〔禾本科 Poaceae(Gramineae)//楔芒禾科 Streptochaetaceae〕☆

49375　Streptochaeta Schrad. ex Nees(1829)【汉】楔芒禾属。【隶属】禾本科 Poaceae(Gramineae)//楔芒禾科 Streptochaetaceae。【包含】世界3种。【学名诠释与讨论】〈阴〉(希)streptos,扭曲的,绞成的,弯曲的+chaite = 拉丁文 chaeta,刚毛。此属的学名,ING、TROPICOS 和 IK 记载是"Streptochaeta Schrad. ex Nees,Fl. Bras. Enum. Pl. 2(1):536. 1829〔Mar-Jun 1829〕"。"Streptochaeta Schrad. (1829)≡Streptochaeta Schrad. ex Nees(1829)"的命名人引证有误。【分布】巴拿马,巴西,秘鲁,玻利维亚,厄瓜多尔,哥伦比亚(安蒂奥基亚),哥斯达黎加,尼加拉瓜,中美洲。【模式】Streptochaeta spicata Schrader ex C. G. D. Nees。【参考异名】Lepideilema Trin. (1831);Lepidilema Post et Kuntze(1903);Streptochaeta Schrad. (1829)Nom. illegit. ■☆

49376　Streptochaetaceae Nakai(1943)〔亦见 Gramineae Juss. (保留科名)//Poaceae Barnhart(保留科名)禾本科〕【汉】楔芒禾科。【包含】世界1属3种。【分布】热带南美洲。【科名模式】Streptochaeta Schrad. ex Nees(1829)■

49377　Streptodesma A. Gray(1854)Nom. illegit. ≡Streptodesmia A. Gray(1854);~ = Adesmia DC. (1825)(保留属名)〔豆科 Fabaceae(Leguminosae)〕■☆

49378　Streptoechites D. J. Middleton et Livsh. (2012)【汉】曲木属。【隶属】夹竹桃科 Apocynaceae。【包含】世界1种,中国1种。【学名诠释与讨论】〈阴〉(希)streptos,扭曲的,绞成的,弯曲的+(属)Echites 蛇木属。【分布】中国。【模式】Streptoechites chinensis(Merr.)D. J. Middleton et Livsh. 〔Epigynum chinense Merr. 〕●

49379　Streptoglossa Steetz ex F. Muell. (1863)【汉】紫蓬菊属。【隶属】菊科 Asteraceae(Compositae)。【包含】世界8种。【学名诠释与讨论】〈阴〉(希)streptos,扭曲的,绞成的,弯曲的+glossa,舌。此属的学名,ING、APNI 和 IK 记载是"Streptoglossa Steetz ex F. v. Mueller,Edinburgh New Philos. J. ser. 2. 17:228. Apr 1863"。"Streptoglossa Steetz(1863)≡ Streptoglossa Steetz ex F. Muell. (1863)"的命名人引证有误。亦有文献把"Streptoglossa Steetz ex F. Muell. (1863)"处理为"Allopterigeron Dunlop(1981)"或"Oliganthemum F. Muell. (1859)"的异名。【分布】澳大利亚。【模式】Streptoglossa steetzii F. v. Mueller。【参考异名】Allopterigeron Dunlop(1981);Oliganthemum F. Muell. (1859);Pterigeron(DC.)Benth. (1867)Nom. illegit. ;Pterigeron A. Gray(1852)Nom. inval. ;Streptoglossa Steetz(1863)Nom. illegit. ■●☆

49380　Streptoglossa Steetz(1863)Nom. illegit. ≡Streptoglossa Steetz ex F. Muell. (1863)〔菊科 Asteraceae(Compositae)〕■●☆

49381　Streptogyna P. Beauv. (1812)【汉】楔蕊禾属。【隶属】禾本科 Poaceae(Gramineae)。【包含】世界2种。【学名诠释与讨论】〈阴〉(希)streptos,扭曲的,绞成的,弯曲的 + gyne,所有格 gynaikos,雌性,雌蕊。此属的学名,ING、TROPICOS、GCI 和 IK 记

载是"Streptogyna P. Beauv. ,Ess. Agrostogr. 80,179. 1812〔Dec 1812〕"。"Streptogyne Poir. ,Dict. Sci. Nat. ,ed. 2. 〔F. Cuvier〕51:96. 1827〔Dec 1827〕"是"Streptogyna P. Beauv. (1812)"的拼写变体。"Streptogyne(H. G. L. Reichenbach)H. G. L. Reichenbach,Deutsche Bot. Herbarienbuch(Nom.)50. Jul 1841 ≡Satyrium L. (1753)(废弃属名)〔兰科 Orchidaceae〕"则是晚出的非法名称。【分布】巴拿马,秘鲁,玻利维亚,哥斯达黎加,尼加拉瓜,斯里兰卡,印度(南部),墨西哥至热带南美洲,中美洲,热带非洲。【模式】Streptogyna crinita Palisot de Beauvois。【参考异名】Streptia Döll(1880)Nom. inval. ;Streptia Rich. ex Hook. f. (1896);Streptogyne Poir. (1827)Nom. illegit. ■☆

49382　Streptogyne(Rchb.)Rchb. (1841)Nom. illegit. ≡Satyrium L. (1753)(废弃属名);~ = Coeloglossum Hartm. (1820)(废弃属名);~ = Dactylorhiza Neck. ex Nevski(1935)(保留属名)〔兰科 Orchidaceae〕■

49383　Streptogyne Poir. (1827)Nom. illegit. =Streptogyna P. Beauv. (1812)〔禾本科 Poaceae(Gramineae)〕■☆

49384　Streptolirion Edgew. (1845)【汉】竹叶子属。【日】アオイカズラ属,アフヒカヅラ属。【英】Streptolirion。【隶属】鸭趾草科 Commelinaceae。【包含】世界1-2种,中国1种。【学名诠释与讨论】〈中〉(希)streptos,扭曲的,绞成的,弯曲的+lirion,百合。指具缠绕茎。【分布】朝鲜,中国,东喜马拉雅山,中南半岛。【模式】Streptolirion volubile Edgeworth ■

49385　Streptoloma Bunge(1847)【汉】曲缘芥属(拧缘芥属)。【俄】Завиток。【隶属】十字花科 Brassicaceae(Cruciferae)。【包含】世界1-2种。【学名诠释与讨论】〈中〉(希)streptos,扭曲的,绞成的,弯曲的+loma,所有格 lomatos,袍的边缘。【分布】亚洲中部至阿富汗。【模式】desertorum Bunge ■☆

49386　Streptolophus Hughes(1923)【汉】攀缘箭叶草属。【隶属】禾本科 Poaceae(Gramineae)。【包含】世界1种。【学名诠释与讨论】〈阳〉(希)streptos+lophos,脊,鸡冠,装饰。【分布】安哥拉。【模式】Streptolophus sagittifolius Hughes ■☆

49387　Streptomanes K. Schum. (1905)Nom. illegit. ≡Streptomanes K. Schum. ex Schltr. (1905)〔萝藦科 Asclepiadaceae〕■☆

49388　Streptomanes K. Schum. ex Schltr. (1905)【汉】扭杯萝藦属(新几内亚萝藦属)。【隶属】萝藦科 Asclepiadaceae。【包含】世界1种。【学名诠释与讨论】〈中〉(希)streptos,扭曲的,绞成的,弯曲的 + manes,杯。此属的学名,ING 和 TROPICOS 记载是"Streptomanes K. M. Schumann ex Schlechter in K. M. Schumann et Lauterbach,Nachtr. Fl. Deutsch. Schutzgeb. Südsee 352. Nov(prim.)1905"。IK 则记载为"Streptomanes K. Schum. ,Nachtr. Fl. Schutzgeb. Südsee〔Schumann et Lauterbach〕352. 1905"。三者引用的文献相同。【分布】新几内亚岛。【模式】Streptomanes nymanii K. M. Schumann ex Schlechter。【参考异名】Streptomanes K. Schum. (1905)Nom. illegit. ■☆

49389　Streptopetalum Hochst. (1841)【汉】扭瓣时钟花属。【隶属】时钟花科(穗柱榆科,窝籽科,有叶花科)Turneraceae。【包含】世界6种。【学名诠释与讨论】〈中〉(希)streptos,扭曲的,绞成的,弯曲的+petalos,扁平的,铺开的。petalon,花瓣,叶,花叶,金属叶子。拉丁文的花瓣为 petalum。【分布】热带和非洲南部。【模式】Streptopetalum serratum Hochstetter ■☆

49390　Streptopus Michx. (1803)【汉】扭柄花属(算盘七属)。【日】タケシマラン属。【俄】Стрептопус。【英】Mandarin,Scootberry,Streptopus,Twistedstalk,Twisted-stalk。【隶属】百合科 Liliaceae//裂果草科(油点草科)Tricyrtidaceae。【包含】世界7-10种,中国5种。【学名诠释与讨论】〈阳〉(希)streptos,扭曲的,绞成的,弯曲的+pous,所有格 podos,指小式 podion,脚,足,柄,梗。podotes,有

脚的。指花柄弯曲。此属的学名，ING、TROPICOS、GCI 和 IK 记载是"Streptopus Michx. , Fl. Bor. - Amer. (Michaux) 1；200, t. 18. 1803 [19 Mar 1803]"；《中国植物志》英文版和《北美植物志》亦使用此名称。"J. C. Willis. A Dictionary of the Flowering Plants and Ferns (Student Edition). 1985. Cambridge. Cambridge University Press. 1-1245"则记载为"Streptopus Rich. In Michx. "。"Tortipes J. K. Small, Manual Southeast Fl. 298. 1933"是"Streptopus Michx. (1803)"的晚出的同模式异名(Homotypic synonym, Nomenclatural synonym)。【分布】中国，美国(南部)，南至喜马拉雅山，北温带欧亚大陆，美洲。【后选模式】Streptopus distortus A. Michaux, Nom. illegit. [Uvularia amplexifolia Linnaeus；Streptopus amplexifolius (Linnaeus) A. P. de Candolle]。【参考异名】Hekorima Kunth (1843)；Hexorima Raf. (1808)；Kruhsea Regel (1859)；Streptopus Rich. ；Tortipes Small (1933) Nom. illegit. ■

49391 Streptopus Rich. (1803)≡Streptopus Michx. (1803) [百合科 Liliaceae//裂果草科(油点草科)Tricyrtidaceae]■

49392 Streptorhamphus Regel (1867) = Steptorhamphus Bunge (1852) [菊科 Asteraceae(Compositae)]■☆

49393 Streptosema C. Presl (1845) = Aspalathus L. (1753) [豆科 Fabaceae(Leguminosae)//芳香木科 Aspalathaceae]●☆

49394 Streptosiphon Mildbr. (1935)【汉】扭管爵床属。【隶属】爵床科 Acanthaceae。【包含】世界 1 种。【学名诠释与讨论】〈阳〉(希)streptos，扭曲的，绞成的，弯曲的+siphon，所有格 siphonos，管子。【分布】热带非洲东部。【模式】Streptosiphon hirsutus Mildbraed☆

49395 Streptosolen Miers(1850)【汉】橙茄属(扭管花属)。【隶属】茄科 Solanaceae。【包含】世界 1 种。【学名诠释与讨论】〈阳〉(希)streptos，扭曲的，绞成的，弯曲的+solen，所有格 solenos，管子，沟，阴茎。【分布】热带南美洲。【模式】Streptosolen jamesonii (Bentham) Miers [as ' jamesoni '] [Browallia jamesonii Bentham [as ' jamesoni ']●☆

49396 Streptostachis Desv. (1810)Nom. illegit. ≡Streptostachys Desv. (1810) [禾本科 Poaceae(Gramineae)]■☆

49397 Streptostachys Desv. (1810)【汉】弯穗黍属。【隶属】禾本科 Poaceae(Gramineae)。【包含】世界 4 种。【学名诠释与讨论】〈阴〉(希)streptos，扭曲的，绞成的，弯曲的+stachys，穗，谷，长钉。此属的学名，ING、TROPICOS 和 IK 记载是" Streptostachis Desvaux, Nouv. Bull. Sci. Soc. Philom. Paris 2；190. Dec 1810"。"Streptostachis Desvaux, Nouv. Bull. Sci. Soc. Philom. Paris 2：190. Dec 1810"是"Streptostachys Desv. (1810)"的拼写变体。"Streptostachys Palisot de Beauvois, Essai Agrost. 49. Dec 1812"则是"Streptostachys Desv. (1810)Nom. illegit. "的拼写变体。【分布】秘鲁，玻利维亚，厄瓜多尔，哥伦比亚(安蒂奥基亚)，特立尼达和多巴哥(特立尼达岛)，中美洲。【模式】Streptostachys asperifolia Desv. 。【参考异名】Streptostachis Desv. (1810) Nom. illegit. ；Streptostachys P. Beauv. (1812)Nom. illegit. ■☆

49398 Streptostachys P. Beauv. (1812)Nom. illegit. ≡Streptostachys Desv. (1810) [禾本科 Poaceae(Gramineae)]■☆

49399 Streptostigma Regel (1853) = Cacabus Bernh. (1839) Nom. illegit. ；~ =Exodeconus Raf. (1838) [茄科 Solanaceae]■☆

49400 Streptostigma Thwaites (1854) Nom. illegit. = Harpullia Roxb. (1824) [无患子科 Sapindaceae]●

49401 Streptothamnus F. Muell. (1862)【汉】扭风灌属。【隶属】刺篱木科(大风子科)Flacourtiaceae。【包含】世界 1 种。【学名诠释与讨论】〈阴〉(希)streptos，扭曲的，绞成的，弯曲的+thamnos，指小式 thamnion，灌木，灌丛，树丛，枝。【分布】澳大利亚(新南威尔士)。【模式】Streptothamnus moorii F. v. Mueller ●☆

49402 Streptotrachelus Greenm. (1897) = Laubertia A. DC. (1844) [夹竹桃科 Apocynaceae]●☆

49403 Streptoura Luer (2006)【汉】扭尾细瓣兰属。【隶属】兰科 Orchidaceae。【包含】世界 1 种。【学名诠释与讨论】〈阴〉(希)streptos，扭曲的，绞成的，弯曲的+-urus，-ura，-uro，用于希腊文组合词，含义为"尾巴"。此属的学名是" Streptoura Luer, Monographs in Systematic Botany from the Missouri Botanical Garden 105：16. 2006. (May 2006)"。亦有文献把其处理为"Masdevallia Ruiz et Pav. (1794)"的异名。【分布】哥伦比亚。【模式】Streptoura caudivolvula (Kraenzl.) Luer。【参考异名】Masdevallia Ruiz et Pav. (1794)■☆

49404 Streptylis Raf. (1838) (废弃属名) = Murdannia Royle (1840) (保留属名) [鸭趾草科 Commelinaceae]■

49405 Striangis Thouars =Angraecum Bory(1804) [兰科 Orchidaceae]■

49406 Stricklandia Baker (1888) Nom. illegit. ≡ Neostricklandia Rauschert (1982)；~ = Phaedranassa Herb. (1845) [石蒜科 Amaryllidaceae]■☆

49407 Striga Lour. (1790)【汉】独脚金属。【日】マスリマヘガミ属。【俄】Стрига。【英】Striga。【隶属】玄参科 Scrophulariaceae//列当科 Orobanchaceae。【包含】世界 20-44 种，中国 4 种。【学名诠释与讨论】〈阴〉(拉)striga，条纹，沟。指种子具网纹。【分布】澳大利亚，马达加斯加，中国，非洲南部，亚洲。【模式】Striga lutea Loureiro。【参考异名】Camphyleia Spreng. (1831)；Campuleia Thouars (1806)；Campyleia Spreng. (1827)；Psammostachys C. Presl (1845)■

49408 Strigilia Cav. (1789) = Styrax L. (1753) [安息香科 (齐墩果科，野茉莉科)Styracaceae]●

49409 Strigina Engl. (1897) = Lindernia All. (1766) [玄参科 Scrophulariaceae//母草科 Linderniaceae//婆婆纳科 Veronicaceae]■

49410 Strigosella Boiss. (1854) = Malcolmia W. T. Aiton (1812) [as ' Malcomia '] (保留属名) [十字花科 Brassicaceae(Cruciferae)]■

49411 Striolaria Ducke(1945)【汉】条纹茜属(亚马孙茜草属)。【隶属】茜草科 Rubiaceae。【包含】世界 1 种。【学名诠释与讨论】〈阴〉(希)stria，指小式 striola，畦；striatus，有条纹的；striolatus，有细沟的+-arius，-aria，-arium，指示"属于、相似、具有、联系"的词尾。【分布】巴西，亚马孙河流域。【模式】Striolaria amazonica Ducke ■☆

49412 Strobidia Miq. (1861) = Alpinia Roxb. (1810) (保留属名) [姜科(襄荷科)Zingiberaceae//山姜科 Alpiniaceae]■

49413 Strobila G. Don(1837)Nom. illegit. = Arnebia Forssk. (1775) [紫草科 Boraginaceae]●■

49414 Strobila Noronha(1790)= Nicolaia Horan. (1862) (保留属名) [姜科(襄荷科)Zingiberaceae]■☆

49415 Strobilacanthus Griseb. (1858)【汉】球刺爵床属。【隶属】爵床科 Acanthaceae。【包含】世界 1 种。【学名诠释与讨论】〈阳〉(希)strobilos，松树球果，搓成之物+akantha，荆棘。akanthikos，荆棘的。akanthion，蓟的一种，豪猪，刺猬。akanthinos，多刺的，用荆棘做成的。在植物学中，acantha 通常指刺。【分布】巴拿马。【模式】Strobilacanthus lepidospermus Grisebach☆

49416 Strobilaceae Dulac =Cannabaceae Martinov(保留科名)■

49417 Strobilanthes Blume et Bremek. , Nom. illegit. = Strobilanthes Blume(1826) [爵床科 Acanthaceae]●■

49418 Strobilanthes Blume(1826)【汉】马蓝属(紫云菜属,紫云英属)。【日】イセハナビ属，ストロビランテス属。【俄】Стробилантес。【英】Conehead。【隶属】爵床科 Acanthaceae。【包含】世界 250 种，中国 30-48 种。【学名诠释与讨论】〈阴〉

（希）strobilos，松树球果，搓成之物+anthos，花。指花序幼态球状。此属的学名，ING、APNI、GCI、TROPICOS 和 IK 记载是"Strobilanthes Blume, Bijdr. Fl. Ned. Ind. 14：781，796. 1826 ［Jul－Dec 1826］"。"Strobilanthes Blume et Bremek. = Strobilanthes Blume（1826）"的命名人引证有误。【分布】巴基斯坦，秘鲁，马达加斯加，中国，热带亚洲。【后选模式】Strobilanthes cernua Blume。【参考异名】Adenacanthus Nees（1832）；Adenostachya Bremek.（1944）；Baphicacanthus Bremek.（1944）；Buteraea Nees（1832）；Carvia Bremek.（1944）；Championella Bremek.（1944）；Ctenopaepale Bremek.（1944）；Didyplosandra Bremek.（1944）Nom. illegit.；Didyplosandra Wight ex Bremek.（1944）；Didydplosandra Wight（1850）Nom. inval.；Diflugossa Bremek.（1944）；Ditrichospermum Bremek.（1944）；Dossifluga Bremek.（1944）；Echinopaepale Bremek.（1944）；Endopogon Nees（1832）Nom. illegit.；Eriostrobilus Bremek.（1961）；Goldfussia Nees（1832）；Guetzlaffia Walp.（1852）；Gutzlaffia Hance（1849）；Gymapsis Bremek.（1957）；Hymenochlaena Bremek（1944）；Kanjarum Ramam.（1973）；Kjellbergia Bremek.（1948）；Lamiacanthus Kuntze（1891）；Larsenia Bremek.（1965）；Leptacanthus Nees（1832）；Lissospermum Bremek.（1944）；Listrobanthes Bremek.（1944）；Mackenziea Nees et Bremek.（1944）descr. emend.；Mackenziea Nees（1847）；Martynia Moon；Microstrobilus Bremek.（1944）；Nilgirianthus Bremek.（1944）；Pachystrobilus Bremek.（1944）；Parachampionella Bremek.（1944）；Paragoldfussia Bremek.（1944）；Paragutzlaffia H. P. Tsui（1990）；Parasirobilanthes Bremek.；Parastrobilanthes Bremek.（1944）；Parasympagis Bremek.（1944）；Perilepta Bremek.（1944）；Phlebophyllum Nees（1832）；Pleocaulus Bremek.（1944）；Psacadopaepale Bremek.（1944）；Pseudaechmanthera Bremek.（1944）；Pseudostenosiphonium Lindau（1893）；Pseudostonium Kuntze（1903）Nom. illegit.；Pteracanthus（Nees）Bremek.（1944）；Pteroptychia Bremek.（1944）；Pyrrothrix Bremek.（1944）；Semnostachya Bremek.（1944）；Semnothyrsus Bremek.（1944）；Septacanthus Wight（1850）；Sericocalyx Bremek.（1944）；Sinthroblastes Bremek.（1957）；Strobilanthes Blume et Bremek.，Nom. illegit.；Strobilanthopsis H. Lév.（1913）；Strobilanthus Rchb.（1837）；Sympagis（Nees）Bremek.（1944）；Taeniandra Bremek.（1944）；Tarphochlamys Bremek.（1944）；Tetraglochidium Bremek.（1944）；Tetragoga Bremek.（1944）；Tetragompha Bremek.（1944）；Thelepaepale Bremek.（1944）；Triaenacanthus Nees（1944）；Triaenanthus Nees（1847）；Xanthostachya Bremek.（1944）；Xenacanthus Bremek.（1944）●■

49419 Strobilanthopsis H. Lév.（1913）Nom. illegit. = Strobilanthes Blume（1826）［爵床科 Acanthaceae］●■

49420 Strobilanthopsis S. Moore（1900）【汉】类马蓝属。【隶属】爵床科 Acanthaceae。【包含】世界 5 种。【学名诠释与讨论】〈阴〉（属）Strobilanthes 马蓝属+希腊文 opsis，外观，模样，相似。此属的学名，ING、TROPICOS 和 IK 记载是"Strobilanthopsis S. Moore, J. Bot. 38：202. t. 410. Jun 1900"。"Strobilanthopsis H. Lév., Repert. Spec. Nov. Regni Veg. 12：20, sphalm. 1913 = Strobilanthes Blume（1826）"是晚出的非法名称。【分布】热带非洲。【模式】Strobilanthopsis hircina S. Moore。【参考异名】Pseudacanthopale Benoist（1950）；Strobilanthopsis H. Lév.（1913）Nom. illegit. ●☆

49421 Strobilanthos St. -Lag.（1880）= Strobilanthus Rchb.（1837）；~ =Strobilanthes Blume（1826）［爵床科 Acanthaceae］●■

49422 Strobilanthus Rchb.（1837）= Strobilanthes Blume（1826）［爵床

科 Acanthaceae］●■

49423 Strobilocarpos Benth. et Hook. f.（1880）= Strobilocarpus Klotzsch（1839）= Grubbia P. J. Bergius（1767）［毛盘花科（假石南科）Grubbiaceae］●☆

49424 Strobilocarpus Klotzsch（1839）= Grubbia P. J. Bergius（1767）［毛盘花科（假石南科）Grubbiaceae］●☆

49425 Strobilopanax R. Vig.（1906）= Meryta J. R. Forst. et G. Forst.（1775）［五加科 Araliaceae］●☆

49426 Strobilopsis Hilliard et B. L. Burtt（1977）【汉】球果玄参属。【隶属】玄参科 Scrophulariaceae。【包含】世界 1 种。【学名诠释与讨论】〈阴〉（希）strobilos，松树球果，搓成之物+希腊文 opsis，外观，模样，相似。【分布】非洲南部。【模式】Strobilopsis wrightii O. M. Hilliard et B. L. Burtt ■☆

49427 Strobilorhachis Klotzsch（1839）= Aphelandra R. Br.（1810）［爵床科 Acanthaceae］●■☆

49428 Strobocalyx（Blume ex DC.）Sch. Bip.（1861）Nom. illegit. = Vernonia Schreb.（1791）（保留属名）［菊科 Asteraceae（Compositae）//斑鸠菊科（绿菊科）Vernoniaceae］●■

49429 Strobocalyx（Blume ex DC.）Spach（1841）= Vernonia Schreb.（1791）（保留属名）［菊科 Asteraceae（Compositae）//斑鸠菊科（绿菊科）Vernoniaceae］●■

49430 Strobocalyx Sch. Bip.（1861）Nom. illegit. ≡ Strobocalyx（Blume ex DC.）Sch. Bip.（1861）Nom. illegit.；~ = Vernonia Schreb.（1791）（保留属名）［菊科 Asteraceae（Compositae）//斑鸠菊科（绿菊科）Vernoniaceae］●■

49431 Strobon Raf.（1838）= Cistus L.（1753）+Halimium（Dunal）Spach（1836）［半日花科（岩蔷薇科）Cistaceae］●

49432 Strobopetalum N. E. Br.（1894）【汉】扭瓣萝藦属。【隶属】萝藦科 Asclepiadaceae。【包含】世界 1 种。【学名诠释与讨论】〈中〉（希）strobos，旋转+希腊文 petalos，扁平的，铺开的；petalon，花瓣，叶，花叶，金属叶子；拉丁文的花瓣为 petalum。【分布】阿拉伯地区，热带非洲。【模式】Strobopetalum bentii N. E. Brown ■☆

49433 Strobus（Endl.）Opiz（1854）Nom. illegit. ≡ Strobus（Sweet ex Spach）Opiz（1854）；~ =Pinus L.（1753）［松科 Pinaceae］●

49434 Strobus（Spach）Opiz（1854）Nom. illegit. ≡ Strobus（Sweet ex Spach）Opiz（1854）；~ =Pinus L.（1753）［松科 Pinaceae］●

49435 Strobus（Sweet）Opiz（1854）Nom. illegit. ≡ Strobus（Sweet ex Spach）Opiz（1854）；~ =Pinus L.（1753）［松科 Pinaceae］●

49436 Strobus Opiz（1854）Nom. illegit. ≡ Strobus（Sweet ex Spach）Opiz（1854）；~ =Pinus L.（1753）［松科 Pinaceae］●

49437 Stroemeria Roxb.（1832）= Stroemia Vahl（1790）Nom. illegit.；~ = Cadaba Forssk.（1775）［山柑科（白花菜科，醉蝶花科）Capparaceae］●☆

49438 Stroemia Vahl（1790）Nom. illegit. ≡ Cadaba Forssk.（1775）［山柑科（白花菜科，醉蝶花科）Capparaceae//白花菜科（醉蝶花科）Cleomaceae］●☆

49439 Stroganovia Kar. et Kir.（1841）Nom. illegit. ≡ Stroganowia Kar. et Kir.（1841）［十字花科 Brassicaceae（Cruciferae）］■

49440 Stroganovia Lindl.（1847）Nom. illegit. =？ Stroganowia Kar. et Kir.（1841）［十字花科 Brassicaceae（Cruciferae）］■

49441 Stroganowia Kar. et Kir.（1841）【汉】革叶荠属（革叶芥属）。【俄】Строгановия。【英】Leathercress, Stroganowia。【隶属】十字花科 Brassicaceae（Cruciferae）。【包含】世界 16-20 种，中国 1 种。【学名诠释与讨论】〈阴〉（人）Strognow，俄罗斯植物学者。此属的学名，ING 和 IK 记载是"Stroganowia Karelin et Kirilow, Bull. Soc. Imp. Naturalistes Moscou 1841：386. 1841（post 2 Jul）"。"Stroganovia Kar. et Kir.（1841）"是其拼写变体。亦有文献把

"Stroganowia Kar. et Kir.（1841）"处理为"Lepidium L.（1753）"的异名。【分布】中国,亚洲中部。【后选模式】Stroganowia sagittata Karelin et Kirilov。【参考异名】Lepidium L.（1753）; Stroganovia Kar. et Kir.（1841）Nom. illegit. ■

49442　Strogylodon T. Durand et Jacks. = Strongylodon Vogel（1836）［豆科 Fabaceae（Leguminosae）//蝶形花科 Papilionaceae］●☆

49443　Stromadendrum Pav. ex Bur. = Broussonetia L'Hér. ex Vent.（1799）（保留属名）［桑科 Moraceae］●

49444　Stromanthe Sond.（1849）【汉】紫背竹芋属。【日】ウラベニショウ属,ストロマンテ属。【隶属】竹芋科（苳叶科,柊叶科）Marantaceae。【包含】世界 13-15 种。【学名诠释与讨论】〈阳〉（希）stroma,所有格 stromatos,褥垫,床+anthe 花。指花序。【分布】巴拿马,秘鲁,玻利维亚,厄瓜多尔,哥伦比亚（安蒂奥基亚）,哥斯达黎加,尼加拉瓜,中美洲。【模式】Stromanthe sanguinea Sonder。【参考异名】Kerchovea Joriss.（1882）;Marantopsis Körn.（1862）■

49445　Stromatocactus Karw. ex Foerst.（1885）= Ariocarpus Scheidw.（1838）［仙人掌科 Cactaceae］●

49446　Stromatocactus Karw. ex Lem.（1869）Nom. inval. = Stromatocactus Karw. ex Rümpler, Nom. inval.; ~ = Ariocarpus Scheidw.（1838）［仙人掌科 Cactaceae］●

49447　Stromatocactus Karw. ex Rümpler, Nom. inval. = Ariocarpus Scheidw.（1838）［仙人掌科 Cactaceae］●

49448　Stromatocarpus Rümpler, Nom. inval. = Stromatocactus Karw. ex Rümpler, Nom. inval.; ~ = Ariocarpus Scheidw.（1838）［仙人掌科 Cactaceae］●

49449　Strombocactus Britton et Rose（1922）【汉】鳞茎玉属（独乐球属,菊水属）。【日】ストロンボカクタス属。【隶属】仙人掌科 Cactaceae。【包含】世界 1 种。【学名诠释与讨论】〈阳〉（希）strombos = 拉丁文 strombus,陀螺,头巾,螺旋,也是一种螺丝形的蜗牛+cactos,有刺的植物,通常指仙人掌科植物。【分布】墨西哥。【模式】Strombocactus disciformis（A. P. de Candolle）N. L. Britton et Rose［Mammillaria disciformis A. P. de Candolle］●☆

49450　Strombocarpa（Benth.）A. Gray（1845）= Prosopis L.（1767）［豆科 Fabaceae（Leguminosae）//含羞草科 Mimosaceae］●

49451　Strombocarpa A. Gray（1845）Nom. illegit. ≡ Strombocarpa（Benth.）A. Gray（1845）; ~ = Prosopis L.（1767）［豆科 Fabaceae（Leguminosae）//含羞草科 Mimosaceae］●

49452　Strombocarpus Benth. et Hook. f.（1865）Nom. illegit. = Strombocarpa（Benth.）A. Gray（1845）［豆科 Fabaceae（Leguminosae）//含羞草科 Mimosaceae］●

49453　Strombodurus Steud.（1841）Nom. inval. = Pentarrhaphis Kunth（1816）［禾本科 Poaceae（Gramineae）］■☆

49454　Strombodurus Willd. ex Steud.（1841）Nom. inval. = Pentarrhaphis Kunth（1816）［禾本科 Poaceae（Gramineae）］■☆

49455　Strombosia Blume（1827）【汉】陀螺树属。【俄】Стромбозия。【英】Strombosia。【隶属】铁青树科 Olacaceae。【包含】世界 12 种。【学名诠释与讨论】〈阴〉（希）strombos = 拉丁文 strombus,陀螺,头巾,螺旋。【分布】马来西亚（西部）,缅甸,斯里兰卡,印度,热带非洲。【模式】Strombosia javanica Blume。【参考异名】Comoneura Pierre ex Engl.; Comoneura Pierre（1897）; Conioneura Pierre ex Engl.（1897）; Cosmoneuron Pierre（1897）; Lavallea Baill.（1862）; Lavalleopsis Tiegh.（1896）; Lavalleopsis Tiegh. ex Engl.（1897）; Sphaerocarya Dalzell ex A. DC.（1857）Nom. illegit. ●☆

49456　Strombosiaceae Tiegh.（1899）= Erythropalaceae Planch. ex Miq.（保留科名）; ~ = Olacaceae R. Br.（保留科名）●

49457　Strombosiopsis Engl.（1897）【汉】拟陀螺树属。【隶属】铁青树科 Olacaceae。【包含】世界 1 种。【学名诠释与讨论】〈阴〉（属）Strombosia 陀螺树属+希腊文 opsis,外观,模样,相似。【分布】热带非洲。【模式】Strombosiopsis tetrandra Engler ●☆

49458　Strongylocalyx Blume（1850）= Syzygium P. Browne ex Gaertn.（1788）（保留属名）［桃金娘科 Myrtaceae］●

49459　Strongylocaryum Burret（1936）= Ptychosperma Labill.（1809）［棕榈科 Arecaceae（Palmae）］●☆

49460　Strongylodon Vogel（1836）【汉】圆萼藤属（玉花豆属）。【日】ストロンギロドン属。【隶属】豆科 Fabaceae（Leguminosae）//蝶形花科 Papilionaceae。【包含】世界 12-20 种。【学名诠释与讨论】〈阳〉（希）strongylos,圆的+odous,所有格 odontos,齿。指萼片球形。【分布】菲律宾群岛,马达加斯加,马斯卡林群岛,太平洋地区,新几内亚岛,中美洲。【模式】Strongylodon ruber Vogel。【参考异名】Strogylodon T. Durand et Jacks. ●☆

49461　Strongyloma DC.（1838）= Nassauvia Comm. ex Juss.（1789）［菊科 Asteraceae（Compositae）］●☆

49462　Strongylomopsis Speg.（1899）= Nassauvia Comm. ex Juss.（1789）; ~ = Strongyloma DC.（1838）［菊科 Asteraceae（Compositae）］●☆

49463　Strongylosperma Less.（1832）= Cotula L.（1753）［菊科 Asteraceae（Compositae）］■

49464　Stropha Noronha（1790）= Chloranthus Sw.（1787）［金粟兰科 Chloranthaceae］■●

49465　Strophacanthus Lindau（1895）= Isoglossa Oerst.（1854）（保留属名）［爵床科 Acanthaceae］■★

49466　Strophades Boiss.（1842）= Erysimum L.（1753）［十字花科 Brassicaceae（Cruciferae）］■●

49467　Strophanthus DC.（1802）【汉】羊角拗属（毒毛旋花属,旋花羊角拗属）。【日】キンリュウカ属。【俄】Строфант。【英】Strophanthus。【隶属】夹竹桃科 Apocynaceae。【包含】世界 40-60 种,中国 7 种。【学名诠释与讨论】〈阳〉（希）strophos,绞成的,扭转的。strophe,转弯+anthos,花。指花冠裂片狭长而扭曲。【分布】马达加斯加,利比里亚（宁巴）,印度至马来西亚,中国,热带非洲。【后选模式】Strophanthus sarmentosus A. P. de Candolle。【参考异名】Cercocoma Wall.（1829）; Cercocoma Wall. ex G. Don（1838）; Christya Ward et Harv.（1841）; Faskia Lour. ex Gomes（1868）; Roupallia Hassk.（1857）; Roupelina Pichon（1849）Nom. illegit.; Roupellia Wall. et Hook.（1849）Nom. illegit.; Roupellia Wall. et Hook. ex Benth.（1849）; Roupellina（Baill.）Pichon（1949）; Zygonerion Baill.（1888）●

49468　Strophioblachia Boerl.（1900）【汉】宿萼木属（腺萼木属）。【英】Strophioblachia。【隶属】大戟科 Euphorbiaceae。【包含】世界 3 种,中国 3 种。【学名诠释与讨论】〈阴〉（拉）strophiolum,种阜+（属）Blachia 留萼木属。指种子有种阜,与留萼木属相近。【分布】菲律宾（菲律宾群岛）,印度尼西亚（苏拉威西岛）,中国,中南半岛。【模式】Strophioblachia fimbricalyx J. G. Boerlage ●

49469　Strophiodiscus Choux（1926）= Plagioscyphus Radlk.（1878）［无患子科 Sapindaceae］●☆

49470　Strophiostoma Turcz.（1840）= Myosotis L.（1753）［紫草科 Boraginaceae］■

49471　Strophis Salisb.（1866）= Dioscorea L.（1753）（保留属名）［薯蓣科 Dioscoreaceae］■

49472　Strophium Dulac（1867）Nom. illegit. ≡ Moehringia L.（1753）［石竹科 Caryophyllaceae］■

49473　Strophocactus Britton et Rose（1913）【汉】百足柱属。【日】ストロフォカクタス属。【隶属】仙人掌科 Cactaceae。【包含】世

界1种。【学名诠释与讨论】〈阳〉(希)strophos,绞成的,扭转的。strophe,转弯+cactos,有刺的植物,通常指仙人掌科 Cactaceae 植物。此属的学名,ING、TROPICOS、GCI 和 IK 记载是 "Strophocactus Britton et Rose,Contr. U. S. Natl. Herb. 16:262. 1913"。"Strophocereus A. V. Frič et K. Kreuzinger in K. Kreuzinger,Verzeichnis Amer. Sukk. Revision Syst. Kakteen 21. 30 Apr 1935"是"Strophocactus Britton et Rose(1913)"的晚出的同模式异名(Homotypic synonym,Nomenclatural synonym)。亦有文献把"Strophocactus Britton et Rose(1913)"处理为"Selenicereus (A. Berger) Britton et Rose (1909)"的异名。亦有文献把 "Strophocactus Britton et Rose(1913)"处理为"Selenicereus (A. Berger)Britton et Rose(1909)"的异名。【分布】巴西,秘鲁,厄瓜多尔,哥伦比亚,委内瑞拉。【模式】Strophocactus wittii (K. M. Schumann) N. L. Britton et Rose ［Cereus wittii K. M. Schumann］。【参考异名】Selenicereus (A. Berger) Britton et Rose (1909);Strophocereus Frič et Kreuz. (1935)Nom. illegit. ●☆

49474　Strophocaulos (G. Don) Small (1933) = Convolvulus L. (1753) ［旋花科 Convolvulaceae］■●

49475　Strophocaulos Small (1933) Nom. illegit. ≡ Strophocaulos (G. Don) Small (1933);~ = Convolvulus L. (1753) ［旋花科 Convolvulaceae］■●

49476　Strophocereus Frič et Kreuz. (1935) Nom. illegit. ≡ Strophocactus Britton et Rose(1913);~ = Selenicereus (A. Berger) Britton et Rose(1909)［仙人掌科 Cactaceae］●

49477　Stropholirion Torr. (1857) = Dichelostemma Kunth(1843)［百合科 Liliaceae//葱科 Alliaceae］■☆

49478　Strophopappus DC. (1836) = Stilpnopappus Mart. ex DC. (1836)［菊科 Asteraceae(Compositae)］●■☆

49479　Strophostyles E. Mey. (1835) (废弃属名) = Vigna Savi(1824) (保留属名) ［豆科 Fabaceae (Leguminosae)//蝶形花科 Papilionaceae］■

49480　Strophostyles Elliott(1823)(保留属名)【汉】扭柱豆属(曲瓣菜豆属)。【俄】Строфостилес。【英】Wild Bean。【隶属】豆科 Fabaceae(Leguminosae)//蝶形花科 Papilionaceae。【包含】世界3种。【学名诠释与讨论】〈阳〉(希)strophos,绞成的,扭转的。strophe,转弯+stylos =拉丁文 style,花柱,中柱,有尖之物,桩,柱,支持物,支柱,石头做的界标。此属的学名"Strophostyles Elliott, Sketch Bot. S. -Carolina 2:229. 1823"是保留属名。相应的废弃属名是豆科 Fabaceae 的"Phasellus Medik. in Vorles. Churpfälz. Phys. -Öcon. Ges. 2:352. 1787 =Strophostyles Elliott(1823)(保留属名)= Phaseolus L. (1753)"。豆科 Fabaceae 的"Strophostyles E. Mey. (1835) = Vigna Savi(1824) (保留属名)"亦应废弃。"Strophostyles Elliott (1823) (保留属名)"曾被先后处理为"Phaseolus sect. Strophostyles (Elliott) DC. ,Prodromus Systematis Naturalis Regni Vegetabilis 2:394. 1825"和"Phaseolus subgen. Strophostyles (Elliott)Eaton et Wright,North American Botany 353. 1840"。亦有文献把"Strophostyles Elliott(1823)(保留属名)"处理为"Glycine Willd. (1802)(保留属名)"或"Phaseolus L. (1753)"的异名。【分布】美国。【模式】Strophostyles angulosa (Willdenow) S. Elliott ［Glycine angulosa Willdenow］。【参考异名】Glycine Willd. (1802)(保留属名);Phasellus Medik. (1787) (废弃属名);Phaseolus L. (1753);Phaseolus sect. Strophostyles (Elliott) DC. (1825);Phaseolus subgen. Strophostyles (Elliott) Eaton et Wright(1840)■☆

49481　Strotheria B. L. Turner(1972)【汉】岩丘菊属。【隶属】菊科 Asteraceae(Compositae)。【包含】世界1种。【学名诠释与讨论】〈阴〉(人)John Lance Strother,1941-?,植物学者。【分布】墨西

哥。【模式】Strotheria gypsophila B. L. Turner。【参考异名】Graciela Rzed. (1975)●☆

49482　Struchium P. Browne(1756)(废弃属名)≡ Athenaea Adans. (1763);~ = Sparganophoros Vaill. (1766) Nom. illegit. ;~ = Sparganophorus Vaill. ex Crantz (1766) Nom. illegit. ［菊科 Asteraceae(Compositae)］■☆

49483　Struckeria Steud. (1841)Nom. illegit. =Strukeria Vell. (1829) ［独蕊科 Vochysiaceae］●☆

49484　Strukeria Vell. (1829) = Vochysia Aubl. (1775) (保留属名) ［as 'Vochy'］［囊萼花科(独蕊科,蜡烛树科)Vochysiaceae］●☆

49485　Strumaria Jacq. (1790)【汉】疣石蒜属(杰马石蒜属)。【隶属】石蒜科 Amaryllidaceae。【包含】世界9-23 种。【学名诠释与讨论】〈阴〉(希)struma,瘤子。strumosus,肿大的+-arius,-aria,-arium,指示"属于、相似、具有、联系"的词尾。此属的学名,IK 记载是"Strumaria Jacq. ,Icon. Pl. Rar. ［Jacquin］2:13. tt. 356-360. 1790 ［1786 - 1793］"。ING 记载的 "Strumaria N. J. Jacquin,Collectanea 5:49. 1797('1796')"是晚出的非法名称。【分布】非洲南部。【后选模式】Strumaria truncata N. J. Jacquin。【参考异名】Choeradodia Herb. (1837);Eudolon Salisb. (1866); Gemmaria Salisb. (1866) Nom. illegit. ; Hymenetron Salisb. (1866); Nesynstylis Raf. (1838); Pugionella Salisb. (1866); Strumaria Jacq. (1797) Nom. illegit. ;Strumaria Jacq. ex Willd. (1799) Nom. illegit. ;Stylago Salisb. (1866);Tedingea D. Müll. -Doblies et U. Müll. -Doblies(1985)■☆

49486　Strumaria Jacq. (1797)Nom. illegit. = Strumaria Jacq. (1790) ［石蒜科 Amaryllidaceae］■☆

49487　Strumaria Jacq. ex Willd. (1799) Nom. illegit. = Strumaria Jacq. (1790) ［石蒜科 Amaryllidaceae］■☆

49488　Strumariaceae Salisb. (1866)=Amaryllidaceae J. St. -Hil. (保留科名);~ =Poaceae Barnhart(保留科名)■●

49489　Strumarium Raf. (1820) = Xanthium L. (1753) ［菊科 Asteraceae(Compositae)］■

49490　Strumpfia Jacq. (1760)【汉】斯特茜属。【隶属】茜草科 Rubiaceae。【包含】世界1种。【学名诠释与讨论】〈阴〉(人)Strumpf。此属的学名,ING、TROPICOS 和 IK 记载是"Strumpfia N. J. Jacquin,Enum. Pl. Carib. 8,28. Aug - Sep 1760"。"Patsjotti Adanson,Fam. 2:84,588. Jul-Aug 1763"是"Strumpfia Jacq. (1760)"的晚出的同模式异名(Homotypic synonym, Nomenclatural synonym)。【分布】西印度群岛,中美洲。【模式】Strumpfia maritima N. J. Jacquin。【参考异名】Patsjotti Adans. (1763)Nom. illegit. ☆

49491　Strusiola Raf. (1840)Nom. illegit. ≡ Struthiola L. (1767)(保留属名)［瑞香科 Thymelaeaceae］●☆

49492　Struthanthus Mart. (1830)(保留属名)【汉】鸵鸟花属(驼花属)。【隶属】桑寄生科 Loranthaceae。【包含】世界50-75 种。【学名诠释与讨论】〈阳〉(拉)struthio,所有格 struthionis,鸵鸟。strouthos,小鸟+anthos,花。此属的学名"Struthanthus Mart. in Flora 13:102. 21 Feb 1830"是保留属名。相应的废弃属名是桑寄生科 Loranthaceae 的"Spirostylis C. Presl in Schult. et Schult. f. ,Syst. Veg. 7:xvii. 1829 =Struthanthus Mart. (1830)(保留属名) = Loranthus Jacq. (1762)(保留属名)"。ING 记载的 "Spirostylis K. B. Presl ex J. A. Schultes et J. H. Schultes,Syst. Veg. 7:xvii,163. 1829 ≡Spirostylis C. Presl(1829)"的命名人引证有误,亦应废弃。竹芋科(苳叶科,柊叶科)Marantaceae 的 "Spirostylis Raf. ,Fl. Tellur. 4:51. 1838 ［1836 publ. mid-1838］ =Thalia L. (1753)",帚灯草科 Restionaceae 的"Spirostylis Nees ex Mast. ,J. Linn. Soc. ,Bot. 10:271. 1868 ［1869 publ. 1868］

=Willldenowia Thunb.（1788）［as 'Wildenowia'］"，锦葵科 Malvaceae 的"Spirostylis Post et Kuntze（1903）Nom. illegit. ≡ Spirostylis Baker ex Post et Kuntze, Lex. Gen. Phan. 528, 1903 = Speirostyla Baker（1889）"也要废弃。"Strusiola Raf.，Autikon Botanikon 147. 1840"是"Struthanthus Mart.（1830）（保留属名）"的拼写变体，亦应废弃。【分布】巴拿马，秘鲁，玻利维亚，厄瓜多尔，哥伦比亚（安蒂奥基亚），哥斯达黎加，尼加拉瓜，中美洲。【模式】Struthanthus syringifolius（C. F. P. Martius）C. F. P. Martius［as 'syringaefolius'］［Loranthus syringifolius C. F. P. Martius［as 'syringaefolius'］。【参考异名】Eichlerina Tiegh.（1895）；Peltomesa Raf.（1838）；Peristethium Tiegh.（1895）；Ptychostylus Tiegh.（1895）；Spirostylis C. Presl ex Schult. et Schult. f.（1829）Nom. illegit.（废弃属名）；Spirostylis C. Presl（1829）（废弃属名）；Sruthanthus Pritz.（1855）；Sruthanthus DC.（1830）；Steirotis Raf.（1820）●☆

49493 Struthia Boehm. = Gnidia L.（1753）［瑞香科 Thymelaeaceae］●☆

49494 Struthia L.（1758）Nom. illegit. ≡ Gnidia L.（1753）［瑞香科 Thymelaeaceae］●☆

49495 Struthia Royen ex L.（1758）Nom. illegit. ≡ Struthia L.（1758）Nom. illegit.；~ ≡ Gnidia L.（1753）［瑞香科 Thymelaeaceae］●☆

49496 Struthiola L.（1767）（保留属名）【汉】鸵鸟木属。【隶属】瑞香科 Thymelaeaceae。【包含】世界 30-35 种。【学名诠释与讨论】〈阴〉（拉）struthio, 所有格 struthionis, 鸵鸟；strouthos, 小鸟 + -olus, -ola, -olum, 拉丁文指示小的词尾。此属的学名"Struthiola L.，Syst. Nat.，ed. 12, 2:108, 127; Mant. Pl.:4, 41. 15-31 Oct 1767"是保留属名。相应的废弃属名是瑞香科 Thymelaeaceae 的"Belvala Adans.，Fam. Pl. 2:285, 525. Jul-Aug 1763 = Struthiola L.（1767）（保留属名）"。【分布】热带和非洲南部。【模式】Struthiola virgata Linnaeus。【参考异名】Belvala Adans.（1763）（废弃属名）；Dessenia Raf.（1840）Nom. illegit.；Strusiola Raf. ●☆

49497 Struthiolopsis E. Phillips（1944）= Gnidia L.（1753）［瑞香科 Thymelaeaceae］●☆

49498 Strutiola Burm. f.（1768）Nom. illegit.［瑞香科 Thymelaeaceae］☆

49499 Struvea Rchb.（1841）Nom. illegit. ≡ Torreya Arn.（1838）（保留属名）［红豆杉科（紫杉科）Taxaceae//榧树科 Torreyaceae］●

49500 Strychnaceae DC. ex Perleb（1818）= Loganiaceae R. Br. ex Mart.（1827）●

49501 Strychnaceae Link = Loganiaceae R. Br. ex Mart.（保留科名）●■

49502 Strychnaceae Perleb = Strychnaceae DC ex Perleb ●

49503 Strychnodaphne Nees et Mart.（1833）Nom. illegit. ≡ Strychnodaphne Nees et Mart. ex Nees（1833）；~ = Ocotea Aubl.（1775）［樟科 Lauraceae］●☆

49504 Strychnodaphne Nees et Mart. ex Nees（1833）= Ocotea Aubl.（1775）［樟科 Lauraceae］●☆

49505 Strychnodaphne Nees（1833）Nom. illegit. ≡ Strychnodaphne Nees et Mart. ex Nees（1833）；~ = Ocotea Aubl.（1775）［樟科 Lauraceae］●☆

49506 Strychnopsis Baill.（1885）【汉】马钱藤属。【隶属】防己科 Menispermaceae。【包含】世界 1 种。【学名诠释与讨论】〈阴〉（属）Strychnos 马钱属 + 希腊文 opsis, 外观，模样，相似。【分布】马达加斯加。【模式】Strychnopsis thouarsii Baillon ●☆

49507 Strychnos L.（1753）【汉】马钱属（马钱子属）。【日】ストリキニーネノキ属, ストリクノス属。【俄】Орех рвотный, Чилибуха。【英】Monkey Apple, Poison Nut, Poisonnut, Poison-nut, Strychnos。【隶属】马钱科（断肠草科，马钱子科）

Loganiaceae。【包含】世界 150-190 种，中国 11-14 种。【学名诠释与讨论】〈阴〉（希）strychnos, 一种茄属植物的古名。此属的学名, ING、TROPICOS、APNI、GCI 和 IK 记载是"Strychnos L.，Sp. Pl. 1:189. 1753［1 May 1753］"。"Strychnos L.（1754）Nom. illegit."是其变体。"Strychnus Post et Kuntze（1903）Nom. illegit."亦似其变体。【分布】巴拉圭，巴拿马，秘鲁，玻利维亚，厄瓜多尔，哥伦比亚，哥斯达黎加，马达加斯加，尼加拉瓜，中国，热带，中美洲。【后选模式】Strychnos nux-vomica Linnaeus。【参考异名】Atherstonea Pappe（1862）；Brehmia Harv.（1842）Nom. illegit.；Caniram Thouars ex Steud.（1840）；Chemnicia Scop.（1777）Nom. illegit.；Chemnizia Steud.（1840）Nom. illegit.；Curare Kunth ex Humb.（1817）；Ignatia L. f.（1782）；Ignatiana Lour.（1790）；Lasiostoma Schreb.（1789）Nom. illegit.；Lasiostoma Spreng.（1824）Nom. illegit.；Narda Vell.（1829）；Rhouancou Augier；Rouhamon Aubl.（1775）；Ruhamon Post et Kuntze（1903）；Scyphostrychnos S. Moore（1913）；Strychnos L.（1754）Nom. illegit.；Strychnus Post et Kuntze（1903）Nom. illegit.；Toxicaria Schreb.（1783）Nom. illegit.；Unguacha Hochst.（1844）●

49508 Strychnos L.（1754）Nom. illegit. ≡ Strychnos L.（1753）［马钱科（断肠草科，马钱子科）Loganiaceae］●

49509 Strychnus Post et Kuntze（1903）Nom. illegit. = Strychnos L.（1753）［马钱科（断肠草科，马钱子科）Loganiaceae］●

49510 Stryphnodendron Mart.（1837）【汉】涩树属。【俄】Стрифнодендрон。【英】Alum Bark Tree, Alum-bark Tree。【隶属】豆科 Fabaceae（Leguminosae）。【包含】世界 25 种。【学名诠释与讨论】〈中〉（希）stryphnos, 收敛性的，止血的，辛辣的 + dendron 或 dendros, 树木，棍，丛林。【分布】巴拉圭，秘鲁，玻利维亚，厄瓜多尔，哥伦比亚（安蒂奥基亚），哥斯达黎加，尼加拉瓜，中美洲。【后选模式】Stryphnodendron barbatimam C. F. P. Martius。【参考异名】Folianthera Raf.（1838）●☆

49511 Strzeleckya F. Muell.（1857）= Flindersia R. Br.（1814）［芸香科 Rutaceae//巨盘木科 Flindersiaceae］●

49512 Stuartia L' Hér.（1789）Nom. illegit. = Stewartia L.（1753）［山茶科（茶科）Theaceae］●

49513 Stuartina Sond.（1853）【汉】无冠紫绒草属。【隶属】菊科 Asteraceae（Compositae）。【包含】世界 2 种。【学名诠释与讨论】〈阴〉（人）Charles Stuart, 1802-1877, 植物学者, 植物采集家 + -inus, -ina, -inum 拉丁文加在名词词干之后，以形成形容词的词尾，含义为"属于、相似、关于、小的"。【分布】澳大利亚（东部和南部）。【模式】Stuartina muelleri Sonder ■☆

49514 Stubendorffia Schrenk ex Fisch.，C. A. Mey. et Avé-Lall.（1844）【汉】施图芥属（斯图芥属）。【俄】Штубендорфия。【隶属】十字花科 Brassicaceae（Cruciferae）。【包含】世界 5-8 种。【学名诠释与讨论】〈阴〉（人）Stubendorff. 此属的学名, ING、TROPICOS 和 IK 记载是"Stubendorffia Schrenk ex F. E. L. Fischer, C. A. Meyer et Avé-Lallemant, Index Seminum Hortus Bot. Petrop. 9 Suppl.：20. 25 Jan 1844"。"Stubendorfia Walp.，Repert. Bot. Syst.（Walpers）v. 50（1846）"是"Stubendorffia Schrenk ex Fisch.，C. A. Mey. et Avé-Lall.（1844）"的拼写变体。【分布】阿富汗，亚洲中部。【模式】Stubendorffia orientalis Schrenk ex F. E. L. Fischer, C. A. Meyer et Avé-Lallemant ■☆

49515 Stubendorfia Walp.（1846）Nom. illegit. ≡ Stubendorffia Schrenk ex Fisch.，C. A. Mey. et Avé-Lall.（1844）［十字花科 Brassicaceae（Cruciferae）］■☆

49516 Stuckenia Börner（1912）【汉】施图肯草属。【英】Potamot。【隶属】眼子菜科 Potamogetonaceae。【包含】世界 7 种，中国 4 种。【学名诠释与讨论】〈阴〉（人）Wilhelm Adolf Stucken, 1860-1901,

德国植物学者。此属的学名，ING、TROPICOS 和 IK 记载是 "Stuckenia Börner, Abh. Naturwiss. Vereins Bremen 21：258. 1912 [Apr 1912]"。"Coleogeton (H. G. L. Reichenbach) D. H. Les et R. R. Haynes, Novon 6：389. 27 Dec 1996" 是 "Stuckenia Börner (1912)" 的晚出的同模式异名(Homotypic synonym, Nomenclatural synonym)。亦有文献把 "Stuckenia Börner (1912)" 处理为 "Potamogeton L. (1753)" 的异名。【分布】玻利维亚，马达加斯加，中国。【模式】Stuckenia pectinata (Linnaeus) Börner [Potamogeton pectinatus Linnaeus]。【参考异名】Coleogeton (Rchb.) Les et R. R. Haynes(1996) Nom. illegit. ；Potamogeton L. (1753)■

49517 Stuckertia Kuntze (1903)【汉】施图萝藦属。【隶属】萝藦科 Asclepiadaceae。【包含】世界 1 种。【学名诠释与讨论】〈阴〉(人) Teodoro (Theodor) Juan Vicente Stuckert, 1852-1932, 瑞士植物学者，药剂师。此属的学名 "Stuckertia O. Kuntze in Post et O. Kuntze, Lex. 541. Dec 1903 (' 1904 ')" 是一个替代名称。"Choristigma F. Kurtz ex H. Heger, Pharm. Post 30：443. 12 Sep 1897" 是一个非法名称(Nom. illegit.)，因为此前已经有了 "Choristigma (Baillon) Baillon, Hist. Pl. 11：454. Jul 1892 = Tetrastylidium Engl. (1872) [铁青树科 Olacaceae]"。故用 "Stuckertia Kuntze(1903)" 替代之。"Choristigma Kurtz (1897)≡Choristigma Kurtz ex Heger(1897) Nom. illegit. ≡Stuckertia Kuntze (1903) [萝藦科 Asclepiadaceae]" 也是一个不合法的名称。【分布】南美洲。【模式】Choristigma stuckertianum Kurtz。【参考异名】Choristigma Kurtz ex Heger (1897) Nom. illegit. ；Choristigma Kurtz (1897) Nom. illegit. ●☆

49518 Stuckertiella Beauverd(1913)【汉】联冠紫绒草属。【隶属】菊科 Asteraceae(Compositae)。【包含】世界 2 种。【学名诠释与讨论】〈阴〉(人) Teodoro (Theodor) Juan Vicente Stuckert, 1852-1932, 瑞士植物学者，药剂师+-ellus, -ella, -ellum, 加在名词词干后面形成指小式的词尾。或加在人名、属名等后面以组成新属的名称。【分布】阿根廷，秘鲁，玻利维亚，厄瓜多尔。【模式】未指定■☆

49519 Stuebelia Pax (1887) = Belencita H. Karst. (1857) [山柑科 Capparaceae//白花菜科 Cleomaceae]●☆

49520 Stuessya B. L. Turner et F. G. Davies(1980)【汉】芒苞菊属。【隶属】菊科 Asteraceae(Compositae)。【包含】世界 3 种。【学名诠释与讨论】〈阴〉(人) Stuessy, Tod Falor Stuessy, 1943-?, 植物学者。此属的学名，ING、GCI 和 IK 记载是 "Stuessya B. L. Turner et F. Davies, Brittonia 32：209. 23 Jun 1980"。"Stuessya B. L. Turner (1980)" 的命名人引证有误。【分布】墨西哥。【模式】Stuessya perennans B. L. Turner et F. Davies。【参考异名】Stuessya B. L. Turner(1980) Nom. illegit. ■●☆

49521 Stuessya B. L. Turner (1980) Nom. illegit. ≡Stuessya B. L. Turner et F. G. Davies(1980) [菊科 Asteraceae(Compositae)]■●☆

49522 Stuhlmannia Taub. (1895)【汉】斯图云实属(东非云实属)。【隶属】豆科 Fabaceae(Leguminosae)。【包含】世界 1 种。【学名诠释与讨论】〈阴〉(人) Franz Ludwig Stuhlmann, 1863-1928, 德国植物学者，博物学者，植物采集家。【分布】热带非洲东部。【模式】Stuhlmannia moavi Taubert ●☆

49523 Stultitia E. Phillips(1933)【汉】神鹿殿属。【隶属】仙人掌科 Cactaceae。【包含】世界 2 种。【学名诠释与讨论】〈阴〉(拉) stultitia, stultus, 愚蠢的, 简单的。此属的学名 "Stultitia Phillips, Fl. Pl. South Africa 13：sub t. 520. 1933" 是一个替代名称。"Stapeliopsis Phillips, Fl. Pl. South Africa 12. t. 445. 1932" 是一个非法名称(Nom. illegit.)，因为此前已经有了 "Stapeliopsis Pillans, S. African Gard. 18：32. 1928 [萝藦科 Asclepiadaceae]" 和 "Stapeliopsis Choux, Compt. Rend. Hebd. Séances Acad. Sci. 193：1444. 1931, Nom. illegit. ≡Stapelianthus Choux ex A. C. White et

B. Sloane (1933) [萝藦科 Asclepiadaceae]"。故用 "Stultitia E. Phillips(1933)" 替代之。亦有文献把 "Stultitia E. Phillips(1933)" 处理为 "Orbea Haw. (1812)" 的异名。【分布】非洲南部。【模式】Stultitia cooperi (N. E. Brown) Phillips [Stapelia cooperi N. E. Brown]。【参考异名】Orbea Haw. (1812)；Stapeliopsis E. Phillips (1933) Nom. illegit. ■☆

49524 Stupa Asch. (1864) Nom. illegit. = Stipa L. (1753) [禾本科 Poaceae(Gramineae)//针茅科 Stipaceae]■

49525 Sturmia C. F. Gaertn. (1806) Nom. illegit. =Antirhea Comm. ex Juss. (1789) [茜草科 Rubiaceae]●

49526 Sturmia Hoppe(1799) Nom. illegit. ≡Mibora Adans. (1763) [禾本科 Poaceae(Gramineae)]■☆

49527 Sturmia Rchb. (1826) Nom. illegit. ≡Liparis Rich. (1817) (保留属名) [兰科 Orchidaceae]■

49528 Sturtia R. Br. (1848) = Gossypium L. (1753) [锦葵科 Malvaceae]●■

49529 Stussenia C. Hansen(1985)【汉】南亚野牡丹属。【隶属】野牡丹科 Melastomataceae。【包含】世界 1 种，中国 1 种。【学名诠释与讨论】〈阴〉词源不详。似来自人名。【分布】中国，亚洲东南部。【模式】Stussenia membranifolia (H. L. Li) C. Hansen [Blastus membranifolius H. L. Li]●■

49530 Stutzeria F. Muell. (1865) Nom. inval. =Pullea Schltr. (1914) [火把树科(常绿棱枝树科，角瓣木科，库诺尼科，南蔷薇科，轻木科) Cunoniaceae]●☆

49531 Stutzia E. H. Zacharias(2010)【汉】肉滨藜属。【隶属】藜科 Chenopodiaceae//苋科 Amaranthaceae。【包含】世界 3 种。【学名诠释与讨论】〈阴〉(希) endo- =拉丁文 intro-, intra-, 在内, 在里面, 向内+lepis, 所有格 lepidos, 指小式 lepion 或 lepidion, 鳞, 鳞片。lepidotos, 多鳞的。lepos, 鳞, 鳞片。此属的学名, ING、GCI 和 IK 记载是 "Endolepis J. Torrey in A. Gray, Rep. Explor. Railroad Pacific Ocean 12(2, Bot.)：47. 1860 (sero) -Jan 1861"。但是这是一个非法名称(Nom. illegit.)，因为此前已经有了了化石植物的 "Endolepis M. J. Schleiden in E. E. F. W. Schmid et M. J. Schleiden, Geognos. Verhältnisse Saalthales Jena 72. 1846"。"Endolepis Torr. ex A. Gray (1860)" 的命名人引证有误。"Endolepis Torr. (1860) Nom. illegit. " 已经被 "Stutzia E. H. Zacharias, Syst. Bot. 35(4)：851. 2010 [6 Dec 2010]" 所替代。TROPICOS 将 "Stutzia E. H. Zacharias (2010)" 置于苋科 Amaranthaceae。【分布】美国，墨西哥。【模式】Endolepis suckleyi J. Torrey。【参考异名】Atriplex L. (1753) (保留属名)；Endolepis Torr. (1860) Nom. illegit. ■☆

49532 Styasasia S. Moore(1905) = Asystasia Blume(1826) [爵床科 Acanthaceae]●■

49533 Stychophyllum Phil. =Pycnophyllum J. Rémy(1846) [石竹科 Caryophyllaceae]■☆

49534 Stygiaria Ehrh. (1789) Nom. inval. =Juncus L. (1753) [灯心草科 Juncaceae]■

49535 Stygiopsis Gand. =Juncus L. (1753) [灯心草科 Juncaceae]■

49536 Stygnanthe Hanst. (1854) = Columnea L. (1753)；~ = Pentadenia (Planch.) Hanst. (1854) [苦苣苔科 Gesneriaceae]●☆

49537 Stylago Salisb. (1866) = Strumaria Jacq. (1790) [石蒜科 Amaryllidaceae]■☆

49538 Stylagrostis Mez(1922) = Calamagrostis Adans. (1763)；~ = Deyeuxia Clarion ex P. Beauv. (1812) [禾本科 Poaceae(Gramineae)]■

49539 Stylandra Nutt. (1818) Nom. illegit. ≡Podostigma Elliott (1817) [萝藦科 Asclepiadaceae]■

49540 Stylanthus Rchb. et Zoll. (1857) = Mallotus Lour. (1790) ［大戟科 Euphorbiaceae］●

49541 Stylaptera Benth. et Hook. f. (1880) = Stylapterus A. Juss. (1846) ［管萼木科(管萼科)Penaeaceae］●☆

49542 Stylapterus A. Juss. (1846)【汉】翼柱管萼木属。【隶属】管萼木科(管萼科)Penaeaceae。【包含】世界 8 种。【学名诠释与讨论】〈阳〉(希)stylos =拉丁文 style,花柱,中柱,有尖之物,桩,柱,支持物,支柱,石头做的界标+pteron,指小式 pteridion,翅。pteridios,有羽毛的。此属的学名是“Stylapterus A. H. L. Jussieu,Ann. Sci. Nat. Bot. ser. 3. 6:23. Jul 1846”。亦有文献把其处理为“Penaea L. (1753)”的异名。【分布】参见 Penaea L. (1753)。【模式】未指定。【参考异名】Penaea L. (1753);Stylaptera Benth. et Hook. f. (1880)●☆

49543 Stylarthropus Baill. (1890) = Whitfieldia Hook. (1845) ［爵床科 Acanthaceae］●☆

49544 Stylbocarpa(Hook. f.)Decne. et Planch. (1854)Nom. illegit. ≡ Stilbocarpa (Hook. f.) Decne. et Planch. (1854) ［as ‘Stylbocarpa’] ［五加科 Araliaceae］●☆

49545 Stylbocarpa Decne. et Planch. (1854) Nom. illegit. ≡ Stilbocarpa (Hook. f.) Decne. et Planch. (1854) ［as ‘Stylbocarpa’] ［五加科 Araliaceae］●☆

49546 Styledium Andrews (1811) Nom. illegit. = Stylidium Sw. ex Willd. (1805)(保留属名) ［花柱草科(丝滴草科)Stylidiaceae］■

49547 Stylesia Nutt. (1841)Nom. illegit. ≡Bahia Lag. (1816) ［菊科 Asteraceae(Compositae)]■☆

49548 Styleurodon Raf. (1837) = Stylodon Raf. (1825) ［马鞭草科 Verbenaceae］■☆

49549 Stylexia Raf. (1838) = Caylusea A. St. -Hil. (1837)(保留属名) ［木犀草科 Resedaceae］■☆

49550 Stylidiaceae R. Br. (1810)(保留科名)【汉】花柱草科(丝滴草科)。【日】スティリディウム科。【英】Stylegrass Family,Stylidium Family。【包含】世界 4-5 属 154-320 种,中国 1 属 2 种。【分布】澳大利亚,新西兰,热带亚洲,温带南美洲。【科名模式】Stylidium Sw. ex Willd. ●■

49551 Stylidium Lour. (1790)(废弃属名) = Alangium Lam. (1783)(保留属名);~ = Pautsauvia Juss. (1817)Nom. illegit. ［八角枫科 Alangiaceae］●

49552 Stylidium Sw. (1807)Nom. illegit. (废弃属名) = Stylidium Sw. ex Willd. (1805)(保留属名) ［花柱草科(丝滴草科)Stylidiaceae］■

49553 Stylidium Sw. ex Willd. (1805)(保留属名)【汉】花柱草科(丝滴草属)。【日】スティリディウム属。【俄】Стилидиум。【英】Stylegrass,Stylewort,Stylidium,Trigger Plant,Triggerplant。【隶属】花柱草科(丝滴草科)Stylidiaceae。【包含】世界 136-300 种,中国 2 种。【学名诠释与讨论】〈中〉(希)stylos =拉丁文 style,花柱,中柱,支柱+-idius,-idia,-idium,指示小的词尾。指柱丝合生围绕花柱。此属的学名“Stylidium Sw. ex Willd. ,Sp. Pl. 4:7,146. 1805”是保留属名。相应的废弃属名是八角枫科 Alangiaceae 的“Stylidium Lour. ,Fl. Cochinch. :219,220. Sep 1790 = Alangium Lam. (1783)(保留属名) = Pautsauvia Juss. (1817)”。“Stylidium Sw. ,Mag. Neuesten Entdeck. Gesammten Naturk. Ges. Naturf. Freunde Berlin 1:48, tt. 1,2. 1807 = Stylidium Sw. ex Willd. (1805)(保留属名)”亦应废弃。“Pautsauvia A. L. Jussieu,Mém. Mus. Hist. Nat. 3:443. 1817”、“Stelanthes Stokes, Bot. Mater. Med. 2:339. 1812”和“Stylis Poiret in Lamarck, Encycl. Suppl. 5:260. 1 Nov 1817”是“Stylidium Lour. (1790)(废弃属名)”的晚出的同模式异名

(Homotypic synonym, Nomenclatural synonym)。【分布】澳大利亚,新西兰,中国,东南亚。【模式】Stylidium chinense Loureiro。【参考异名】Andersonia J. König ex R. Br. (1810) Nom. illegit. ;Andersonia J. König (1810) Nom. illegit. ; Candollea Labill. (1805) Nom. illegit. ; Forsteropsis Sond. (1845) ; Styledium Andrews(1811);Stylidium Sw. (1805)(废弃属名);Ventenatia Sm. (1806)Nom. illegit. (废弃属名)●

49554 Stylimnus Raf. (1819) Nom. illegit. ≡ Pluchea Cass. (1817) ［菊科 Asteraceae(Compositae)］●■

49555 Stylipus Raf. (1833) Nom. illegit. = Geum L. (1753) ; ~ = Stylypus Raf. (1825) ［蔷薇科 Rosaceae］■

49556 Stylis Poir. (1817) Nom. illegit. ≡Stylidium Lour. (1790)(废弃属名);~ = Alangium Lam. (1783)(保留属名) ［八角枫科 Alangiaceae］●

49557 Stylisma Raf. (1818)【汉】尖柱旋花属。【英】Stylisma。【隶属】旋花科 Convolvulaceae。【包含】世界 6 种。【学名诠释与讨论】〈阴〉(希)stylos =拉丁文 style,花柱,中柱,支柱+isma 状态。此属的学名,ING、TROPICOS 和 IK 记载是“Stylisma Rafinesque,Amer. Monthly Mag. et Crit. Rev. 3:101. Jun 1818”。“Stylismus Spach,Hist. Nat. Vég. (Spach)9:94. 1840 [15 Aug 1840]”仅有属名,似为“Stylisma Raf. (1818)”的拼写变体。【分布】美国东部和南部。【模式】Stylisma tenella (Desrousseaux) Rafinesque ［Convolvulus tenellus Desrousseaux]。【参考异名】Plesilia Raf. (1836);Podostima Raf. ;Stylismus Spach(1840)Nom. illegit. ■☆

49558 Stylismus Spach(1840) Nom. illegit. = Stylisma Raf. (1818) ［旋花科 Convolvulaceae］■☆

49559 Stylista Raf. (1838) = Cleome L. (1753) ［山柑科(白花菜科,醉蝶花科)Capparaceae//白花菜科(醉蝶花科)Cleomaceae］●■

49560 Stylobasiaceae J. Agardh(1858) ［亦见 Surianaceae Arn. (保留科名)海人树科]【汉】过柱花科。【包含】世界 1 属 2 种。【分布】澳大利亚(西南部)。【科名模式】Stylobasium Desf. ●☆

49561 Stylobasium Desf. (1819)【汉】过柱花属。【隶属】过柱花科 Stylobasiaceae//海人树科 Surianaceae。【包含】世界 2 种。【学名诠释与讨论】〈中〉(希)stylos = 拉丁文 style,花柱,中柱,支柱+basis,基部,底部,基础+-ius,-ia,-ium,在拉丁文和希腊文中,这些词尾表示性质或状态。指雌蕊从球形基部长出。【分布】澳大利亚(西南部)。【模式】Stylobasium spathulatum Desfontaines。【参考异名】Macrostigma Hook. (1841)●☆

49562 Stylocarpum Noulet (1837) Nom. illegit. ≡ Rapistrum Crantz (1769)(保留属名) ［十字花科 Brassicaceae(Cruciferae)］■☆

49563 Styloceras A. Juss. (1824) Nom. illegit. ≡Styloceras Kunth ex A. Juss. (1824) ［尖角黄杨科 Stylocerataceae//黄杨科 Buxaceae］●☆

49564 Styloceras Kunth ex A. Juss. (1824)【汉】尖角黄杨属(柱角木属)。【隶属】尖角黄杨科 Stylocerataceae//黄杨科 Buxaceae。【包含】世界 5 种。【学名诠释与讨论】〈中〉(希)stylos,花柱,中柱,支柱+keras,所有格 keratos,角,距,弓。此属的学名,ING、TROPICOS、GCI 和 IK 记载是“Styloceras Kunth ex A. Juss. ,Euphorb. Gen. 53(t. 17). 1824 [21 Feb 1824]”。“Styloceras A. Juss. (1824)≡Styloceras Kunth ex A. Juss. (1824)”的命名人引证有误。金藻的“Styloceras Reverdin, Arch. Sci. Phys. Nat. ser. 5. 1:411,412. Sep-Oct 1919”是晚出的非法名称。【分布】秘鲁,玻利维亚,厄瓜多尔,哥伦比亚。【模式】Styloceras kunthianum A. H. L. Jussieu。【参考异名】Styloceras A. Juss. (1824)Nom. illegit. ●☆

49565 Stylocerataceae (Pax) Baill. ex Reveal et Hoogland (1990) = Stylocerataceae Baill. ex Reveal et Hoogland ●☆

49566　Stylocerataceae（Pax）Reveal et Hoogland（1990）= Buxaceae Dumort.（保留科名）●■

49567　Stylocerataceae Baill. = Buxaceae Dumort.（保留科名）；~ = Euphorbiaceae Juss.（保留科名）；~ = Stylocerataceae Baill. ex Reveal et Hoogland；~ = Styracaceae DC. et Spreng.（保留科名）●

49568　Stylocerataceae Baill. ex Reveal et Hoogland（1990）［亦见 Buxaceae Dumort.（保留科名）黄杨科和 Euphorbiaceae Juss.（保留科名）大戟科］【汉】尖角黄杨科。【包含】世界1属5种。【分布】热带南美洲西部。【科名模式】Styloceras Kunth ex A. Juss.（1824）●☆

49569　Stylocerataceae Takht. ex Reveal et Hoogland（1990）= Stylocerataceae Baill. ex Reveal et Hoogland（1990）●☆

49570　Stylochaeton Lepr.（1834）【汉】毛柱南星属。【隶属】天南星科 Araceae。【包含】世界15-17种。【学名诠释与讨论】〈阴〉（希）stylos = 拉丁文 style，花柱，中柱，有尖之物，桩，柱，支持物，支柱，石头做的界标+chaite = 拉丁文 chaeta，刚毛。或 stylos+chiton，外罩，铠甲。此属的学名，ING、TROPICOS 和 IK 记载是"Stylochaeton Leprieur, Ann. Sci. Nat. Bot. ser. 2. 2：184. 1834"。"Stylochiton Lepr.（1834）"是其拼写变体。"Stylochiton Schott, Nom. illegit."也似变体。【分布】热带非洲。【模式】Stylochaeton hypogeum Leprieur.【参考异名】Gueinzia Sond. , Nom. inval. ；Gueinzia Sond. ex Schott（1853）Nom. inval. ；Guienzia Benth. et Hook. f.（1883）；Guienzia Sond. ex Benth. et Hook. f.（1883）；Stylochiton Lepr.（1834）Nom. illegit. ；Stylochiton Schott, Nom. illegit. ■☆

49571　Stylochiton Lepr.（1834）Nom. illegit. = Stylochaeton Lepr.（1834）［天南星科 Araceae］■☆

49572　Stylochiton Schott, Nom. illegit. = Stylochaeton Lepr.（1834）［天南星科 Araceae］■☆

49573　Stylocline Nutt.（1840）【汉】筑巢草属。【英】Nest Straw, Neststraw。【隶属】菊科 Asteraceae（Compositae）。【包含】世界7种。【学名诠释与讨论】〈阴〉（希）stylos = 拉丁文 style，花柱，中柱，支柱+kline，床，来自 klino，倾斜，斜倚。指花托细柱状。此属的学名是"Stylocline Nuttall, Trans. Amer. Philos. Soc. ser. 2. 7：338. Oct – Dec 1840"。亦有文献把其处理为"Cymbolaena Smoljan.（1955）"的异名。【分布】阿富汗，巴基斯坦，美国西南部，墨西哥北部。【模式】Stylocline gnaphaloides Nuttall。【参考异名】Ancistrocarphus A. Gray（1868）；Cymbolaena Smoljan.（1955）■☆

49574　Styloconus Baill.（1894）Nom. illegit. = Blancoa Lindl.（1840）［血草科（半授花科，给血草科，血皮草科）Haemodoraceae］■☆

49575　Stylocoryna Cav.（1797）Nom. illegit. = Aidia Lour.（1790）；~ = Tarenna Gaertn.（1788）［茜草科 Rubiaceae］●

49576　Stylocoryne Wight et Arn.（1834）Nom. illegit. = Aidia Lour.（1790）［茜草科 Rubiaceae］●

49577　Stylodiscus Benn.（1838）= Bischofia Blume（1827）［大戟科 Euphorbiaceae//重阳木科 Bischofiaceae］●●

49578　Stylodon Raf.（1825）【汉】柱齿马鞭草属。【隶属】马鞭草科 Verbenaceae。【包含】世界1种。【学名诠释与讨论】〈阳〉（希）stylos = 拉丁文 style，花柱，中柱，支柱+odous，所有格 odontos，齿。此属的学名是"Stylodon Rafinesque, Neogenyton 2. 1825"。亦有文献把其处理为"Verbena L.（1753）"的异名。【分布】美国（东南部）。【模式】Stylodon scabrus Rafinesque, Nom. illegit.［as 'scabrum'］［Verbena carolina Linnaeus］。【参考异名】Styleurodon Raf.（1837）；Verbena L.（1753）■☆

49579　Stylodossum Breda（1827）= Calanthe R. Br.（1821）（保留属名）［兰科 Orchidaceae］■

49580　Stylogyne A. DC.（1841）【汉】柱蕊紫金牛属。【隶属】紫金牛科 Myrsinaceae。【包含】世界60种。【学名诠释与讨论】〈阴〉（希）stylos = 拉丁文 style，花柱，中柱，支柱+gyne，所有格 gynaikos，雌性，雌蕊。【分布】巴拿马，秘鲁，玻利维亚，厄瓜多尔，哥伦比亚（安蒂奥基亚），哥斯达黎加，尼加拉瓜，西印度群岛，中美洲。【模式】Stylogyne martiana Alph. de Candolle, Nom. illegit.［Ardisia latipes Martius］●☆

49581　Stylolepis Lehm.（1828）= Podolepis Labill.（1806）（保留属名）［菊科 Asteraceae（Compositae）］■☆

49582　Styloma O. F. Cook（1915）Nom. illegit. = Pritchardia Seem. et H. Wendl.（1862）（保留属名）；~ = Eupritchardia Kuntze（1898）Nom. illegit.［棕榈科 Arecaceae（Palmae）］●☆

49583　Stylomecon Benth.（1860）= Hylomecon Maxim.（1859）；~ = Stylophorum Nutt.（1818）［罂粟科 Papaveraceae］■

49584　Stylomecon G. Taylor（1930）【汉】火焰罂粟属（细柱罂粟属）。【英】Wind-poppy。【隶属】罂粟科 Papaveraceae。【包含】世界1种。【学名诠释与讨论】〈阴〉（希）stylos = 拉丁文 style，花柱，中柱，支柱+mekon，罂粟。此属的学名，ING、GCI、TROPICOS 和 IK 记载是"Stylomecon G. Taylor, J. Bot. 68：140. 1930"；《北美植物志》亦如此使用。"Stylomecon Benth. , J. Proc. Linn. Soc. , Bot. 5：74, lapsu. 1860［1861 publ. 1860］= Hylomecon Maxim.（1859）= Stylophorum Nutt.（1818）［罂粟科 Papaveraceae］"应该是一个无效名称（Nom. inval.）。【分布】美国（加利福尼亚）。【模式】Stylomecon heterophylla（Bentham）Taylor［Meconopsis heterophylla Bentham］■☆

49585　Styloncerus Labill. = Angianthus J. C. Wendl.（1808）（保留属名）［菊科 Asteraceae（Compositae）］■●☆

49586　Stylonceras Spreng.（1818）Nom. illegit. , Nom. superfl. = Siloxerus Labill.（1806）（废弃属名）；~ = Angianthus J. C. Wendl.（1808）（保留属名）［菊科 Asteraceae（Compositae）］■●☆

49587　Stylonema（DC.）Kuntze（1891）= Syrenia Andrz. ex DC.（1821）Nom. inval. ；~ = Syrenia Andrz. ex Besser（1822）［十字花科 Brassicaceae（Cruciferae）］■

49588　Stylonema Kuntze（1891）Nom. illegit. = Stylonema（DC.）Kuntze（1891）；~ = Syrenia Andrz. ex DC.（1821）Nom. inval. ；~ = Syrenia Andrz. ex Besser（1822）［十字花科 Brassicaceae（Cruciferae）］■

49589　Stylopappus Nutt.（1841）= Troximon Gaertn.（1791）Nom. illegit. ；~ = Krigia Schreb.（1791）（保留属名）；~ = Krigia Schreb. +Scorzonera L.（1753）［菊科 Asteraceae（Compositae）］■

49590　Stylophorum Nutt.（1818）【汉】金罂粟属（刺罂粟属，人血草属）。【英】Celandine Poppy, Goldenpoppy, Stylophorum。【隶属】罂粟科 Papaveraceae。【包含】世界3-5种，中国2种。【学名诠释与讨论】〈中〉（希）stylos = 拉丁文 style，花柱，中柱，支柱+phoros，具有，梗，负载，发现者。指花柱柱状。【分布】美国，中国，东亚，北美洲。【后选模式】Stylophorum diphyllum（Michaux）Nuttall［Chelidonium diphyllum Michaux］。【参考异名】Stylomecon Benth.（1860）■

49591　Stylophyllum Britton et Rose（1903）= Dudleya Britton et Rose（1903）［景天科 Crassulaceae］■☆

49592　Stylopus Hook.（1840）= Geum L.（1753）；~ = Stylypus Raf.（1825）［蔷薇科 Rosaceae］■

49593　Stylosanthes Sw.（1788）【汉】笔花豆属（笔豆属）。【英】Penflower, Stylo, Stylosanthes。【隶属】豆科 Fabaceae（Leguminosae）//蝶形花科 Papilionaceae。【包含】世界25种，中国2种。【学名诠释与讨论】〈阴〉（希）stylos = 拉丁文 style，花柱，中柱，支柱+anthos，花。指花具长花柱。【分布】巴拉圭，巴拿

马,秘鲁,玻利维亚,厄瓜多尔,哥伦比亚(安蒂奥基亚),哥斯达黎加,马达加斯加,美国(密苏里),尼加拉瓜,利比里亚(宁巴),中国,非洲,热带亚洲,中美洲。【后选模式】Stylosanthes procumbens O. Swartz, Nom. illegit. [Hedysarum hamatum Linnaeus;Stylosanthes hamata (Linnaeus) Taubert]。【参考异名】Astyposanthea Herter(1943);Stylvianthes Raf.●■

49594 Stylosiphonia Brandegee(1914)【汉】管柱茜属。【隶属】茜草科 Rubiaceae。【包含】世界2种。【学名诠释与讨论】〈阴〉(希) stylos =拉丁文 style,花柱,中柱,支柱+siphon,所有格 siphonos,管子。【分布】墨西哥,中美洲。【模式】Stylosiphonia glabra Brandegee☆

49595 Stylotrichium Mattf. (1923)【汉】毛柱柄泽兰属。【隶属】菊科 Asteraceae(Compositae)。【包含】世界4种。【学名诠释与讨论】〈中〉(希) stylos =拉丁文 style,花柱,中柱,支柱+thrix,所有格 trichos,毛,毛发+-ius,-ia,-ium,在拉丁文和希腊文中,这些词尾表示性质或状态。在来源于人名的植物属名中,它们常常出现。在医学中,则用它们来作疾病或病状的名称。【分布】巴西(东北部)。【后选模式】Stylotrichium corymbosum (A. P. de Candolle) Mattfeld [Agrianthus corymbosus A. P. de Candolle]●☆

49596 Stylurus Raf. (1817) (废弃属名)= Ranunculus L. (1753) [毛茛科 Ranunculaceae]■

49597 Stylurus Salisb. (1809) Nom. illegit. (废弃属名)≡ Stylurus Salisb. ex Knight (1809) (废弃属名);~ = Grevillea R. Br. ex Knight (1809) [as 'Grevillia'] (保留属名) [山龙眼科 Proteaceae]●

49598 Stylurus Salisb. ex Knight(1809)(废弃属名)= Grevillea R. Br. ex Knight(1809) [as 'Grevillia'] (保留属名) [山龙眼科 Proteaceae]●

49599 Stylvianthes Raf. = Stylosanthes Sw. (1788) [豆科 Fabaceae (Leguminosae)//蝶形花科 Papilionaceae]●■

49600 Stylypus Raf. (1825)= Geum L. (1753) [蔷薇科 Rosaceae]■

49601 Stypa Döll (1843) = Stipa L. (1753) [禾本科 Poaceae (Gramineae)//针茅科 Stipaceae]■

49602 Stypa Garcke (1851) = Stipa L. (1753) [禾本科 Poaceae (Gramineae)//针茅科 Stipaceae]■

49603 Stypa L. ex St Lager(1889) Nom. illegit. =? Stipa L. (1753) [禾本科 Poaceae(Gramineae)]■

49604 Stypandra R. Br. (1810)【汉】粗雄花属(干花属)。【隶属】百合科 Liliaceae//萱草科 Hemerocallidaceae。【包含】世界1种。【学名诠释与讨论】〈阴〉(希) stypos,残株,树干;stype,styppe,麻或亚麻的粗纤维+aner,所有格 andros,雄性,雄蕊。指雄蕊具毛。此属的学名,ING、TROPICOS、APNI 和 IK 记载是"Stypandra R. Br., Prodr. Fl. Nov. Holland. 278. 1810 [27 Mar 1810]"。"Styponema R. A. Salisbury, Gen. 67. 1866"是"Stypandra R. Br. (1810)"的晚出的同模式异名(Homotypic synonym, Nomenclatural synonym)。【分布】澳大利亚(温带,塔斯曼半岛)。【后选模式】Stypandra glauca R. Brown。【参考异名】Styponema Salisb. (1866) Nom. illegit. ■☆

49605 Styphania Müll. Berol. (1868)= Stephania Lour. (1790) [防己科 Menispermaceae]●■

49606 Styphelia (Sol. ex G. Forst.) Sm. (1795) Nom. illegit. ≡ Styphelia Sm. (1795) [杜鹃花科(欧石南科) Ericaceae//尖苞木科 Epacridaceae]●☆

49607 Styphelia Sm. (1795)【汉】垂钉石南属(斯迪菲木属)。【英】Five-corners。【隶属】杜鹃花科(欧石南科) Ericaceae//尖苞木科 Epacridaceae。【包含】世界14-15种。【学名诠释与讨论】〈阴〉(希) styphelos,坚固,硬,粗糙的,酸的,辛辣的。此属的学名,

ING、IK 和 APNI 都记载是"Styphelia J. E. Smith, Spec. Bot. New Holland 45. 6 Jan 1795"。"Styphelia (Sol. ex G. Forst.) Sm. (1795)"的命名人引证有误。【分布】澳大利亚(包括塔斯曼半岛)。【模式】未指定。【参考异名】Cyathodes Labill. (1805); Soleniscia DC. (1839);Styphelia (Sol. ex G. Forst.) Sm. (1795) ●☆

49608 Stypheliaceae Horan. (1834) = Epacridaceae R. Br. (保留科名);~ = Ericaceae Juss. (保留科名)●

49609 Styphnolobium(Schott) P. C. Tsoong, Nom. illegit. = Sophora L. (1753) [豆科 Fabaceae (Leguminosae)//蝶形花科 Papilionaceae]●■

49610 Styphnolobium Schott ex Endl. (1831) = Sophora L. (1753) [豆科 Fabaceae(Leguminosae)//蝶形花科 Papilionaceae]●■

49611 Styphnolobium Schott (1830) Nom. inval. ≡ Styphnolobium Schott ex Endl. (1831); ~ = Sophora L. (1753) [豆科 Fabaceae (Leguminosae)//蝶形花科 Papilionaceae]●■

49612 Styphonia Medik. (1791) = Lavandula L. (1753) [唇形科 Lamiaceae(Labiatae)]●■

49613 Styphonia Nutt. (1838) Nom. illegit. = Rhus L. (1753) [漆树科 Anacardiaceae]●

49614 Styphonia Nutt. ex Torr. et A. Gray (1838) Nom. illegit. ≡ Styphonia Nutt. (1838) Nom. illegit. ; ~ = Rhus L. (1753) [漆树科 Anacardiaceae]●

49615 Styphorrhiza Ehrh. (1789)= Polygonum L. (1753) (保留属名) [蓼科 Polygonaceae]■●

49616 Styponema Salisb. (1866) Nom. illegit. ≡ Stypandra R. Br. (1810) [百合科 Liliaceae//萱草科 Hemerocallidaceae]■☆

49617 Stypostylis Raf. =Geum L. (1753) [蔷薇科 Rosaceae]■

49618 Styppeiochloa De Winter(1966)【汉】纤维鞘草属。【隶属】禾本科 Poaceae(Gramineae)。【包含】世界2种。【学名诠释与讨论】〈阴〉(希) styppeion,大麻+chloe,chloa,草。【分布】非洲西南部。【模式】Styppeiochloa gynoglossa (A. P. Goossens) B. de Winter [Crinipes gynoglossa A. P. Goossens]■☆

49619 Styracaceae DC. et Spreng. (1821) (保留科名)【汉】安息香科(齐墩果科,野茉莉科)。【日】エゴノキ科。【俄】Стираксовые。【英】Storax Family。【包含】世界11-12属160-180种,中国10属54种。【分布】三个分布中心为东亚至马来西亚西部,美国(东南部)和墨西哥至热带南美洲。【科名模式】Styrax L. (1753)●

49620 Styracaceae Dumort. =Styracaceae DC. et Spreng. (保留科名)●

49621 Styracaceae Spreng. = Styracaceae L. C. Rich. + Ebenaceae Gürke(保留科名)●

49622 Styrandra Raf. (1818)= Maianthemum F. H. Wigg. (1780) (保留属名) [百合科 Liliaceae//铃兰科 Convallariaceae]■

49623 Styrax L. (1753)【汉】安息香属(野茉莉属)。【日】エゴノキ属。【俄】Дерево стираксовое, Стиракс。【英】Friar's Balsam, Snowbell, Snowdrop Bush, Storax, Styrax。【隶属】安息香科(齐墩果科,野茉莉科) Styracaceae。【包含】世界100-130种,中国31-38种。【学名诠释与讨论】〈阳〉(希) styrax,所有格 styrakos,一种地中海野茉莉的古称,其原义为"树胶"。指此树能产芳香树脂。一说来自阿拉伯语 Assthirak,即此树之俗名。【分布】巴拿马,秘鲁,玻利维亚,厄瓜多尔,哥伦比亚(安蒂奥基亚),马来西亚,美国(密苏里),尼加拉瓜,中国,欧亚大陆,中美洲。【模式】Styrax officinalis Linnaeus [as 'officinale']。【参考异名】Adnaria Raf. (1817); Anthostyrax Pierre (1892); Benzoin Hayne (1829) Nom. illegit. (废弃属名);Cyna Lour.; Cypellium Desv. (1825) Nom. illegit. ; Cypellium Desv. ex Ham. (1825); Cyrta Lour. (1790); Darllngtonia Torr. (1851) (废弃属名); Epigenia Vell.

（1829）；Foveolaria Ruiz et Pav.（1794）；Lithocarpus Blume ex Pfeiff. ，Nom. illegit. ；Plagiospermum Pierre（1892）Nom. illegit. ；Schlosseria Ellis（1821）；Strigilia Cav.（1789）；Tremanthus Pers.（1805）Nom. illegit. ；Trichogamila P. Browne（1756）●

49624　Styrophyton S. Y. Hu（1952）【汉】长穗花属（长尾花属）。【英】Styrophyton。【隶属】野牡丹科 Melastomataceae。【包含】世界 1 种，中国 1 种。【学名诠释与讨论】〈中〉（希）styrax，矛杆下端的长钉+phyton，植物，树木，枝条。指顶生穗状花序。一说前一构词成分是（希）stauros 十字架。指花冠呈十字形。此属的学名是"Styrophyton Shiu-Ying Hu, J. Arnold Arbor. 33：174. 15 Apr 1952"。亦有文献把其处理为"Allomorphia Blume（1831）"的异名。【分布】中国。【模式】Styrophyton caudatum（Diels）Shiu-Ying Hu［Anerincleistus caudatus Diels］。【参考异名】Allomorphia Blume（1831）●★

49625　Styrosinia Raf.（1837）（废弃属名）= Rechsteineria Regel（1848）（保留属名）；~ = Sinningia Nees（1825）；~ = Hyssopus L.（1753）［唇形科 Lamiaceae（Labiatae）］●■

49626　Suaeda Forssk.（1775）Nom. inval.（废弃属名）≡ Suaeda Forssk. ex J. F. Gmel.（1776）（保留属名）［藜科 Chenopodiaceae］●■

49627　Suaeda Forssk. ex J. F. Gmel.（1776）（保留属名）【汉】碱蓬属（翼花蓬属）。【日】マツナ属。【俄】Свада，Сведа，Содник，Соранг，Суеда，Чорак，Шведка。【英】Barilla，Seablite，Sea-blite，Seepweed。【隶属】藜科 Chenopodiaceae。【包含】世界 100 种，中国 20-23 种。【学名诠释与讨论】〈阴〉（阿拉伯）suada，一种植物俗名，原义为"苏打"。指植物体内含碱。另说 suaed，黑色，Suaeda vera 的阿拉伯俗名。此属的学名"Suaeda Forssk. ex J. F. Gmel. ，Onomat. Bot. Compl. 8：797. 1776"是保留属名。法规未列出相应的废弃属名。但是"Suaeda Forssk. ，Fl. Aegypt. - Arab. 69. 1775［1 Oct 1775］≡ Suaeda Forssk. ex J. F. Gmel.（1776）（保留属名）［藜科 Chenopodiaceae］"、"Suaeda Forssk. ex Scop. ，Introd. Hist. Nat. 333（1777）= Suaeda Forssk. ex J. F. Gmel.（1776）（保留属名）［藜科 Chenopodiaceae］"，和"Suarda Nocca ex Steud. ，Nomencl. Bot.［Steudel］，ed. 2. 2：651. 1841 = Eugeissona Griff.（1844）［棕榈科 Arecaceae（Palmae）］"应该废弃。"Suaeda Scop.（1777）≡ Suaeda Forssk. ex Scop.（1777）Nom. illegit.（废弃属名）"的命名人引证有误；也须废弃。"Chenopodina（Moquin-Tandon）Moquin-Tandon in Alph. de Candolle，Prodr. 13（2）：47,159. 5 Mai 1849"是"Suaeda Forssk. ex J. F. Gmel.（1776）（保留属名）"的晚出的同模式异名（Homotypic synonym, Nomenclatural synonym）。【分布】巴基斯坦，巴勒斯坦，秘鲁，玻利维亚，马达加斯加，美国（密苏里），中国。【模式】Suaeda vera Forsskål ex J. F. Gmelin。【参考异名】Belovia Bunge（1852）Nom. illegit. ；Belovia Moq.（1849）Nom. illegit. ；Belowia Moq.（1849）；Brezia Moq.（1849）；Calvelia Moq.（1849）；Chenopodina（Moq.）Moq.（1849）Nom. illegit. ；Chenopodina Moq.（1849）Nom. illegit. ；Cochliospermum Lag.（1817）；Cochlospermum Post et Kuntze（1903）Nom. illegit.（废弃属名）；Dondia Adans.（1763）Nom. illegit. ；Helicilla Moq.（1849）；Lerchea Haller ex Ruling（1774）（废弃属名）；Lerchia Zinn（1757）（废弃属名）；Schanginia C. A. Mey.（1829）；Schoberia C. A. Mey.（1829）；Schoberia C. A. Mey. ex Ledeb.（1829）Nom. illegit. ；Suaeda Forssk.（1775）（废弃属名）；Suaeda Forssk. ex Scop.（1777）Nom. illegit.（废弃属名）；Suaeda Scop.（1777）Nom. illegit.（废弃属名）；Sueda Edgew.（1862）；Trikalis Raf.（1837）●■

49628　Suaeda Forssk. ex Scop.（1777）Nom. illegit.（废弃属名）=

Suaeda Forssk. ex J. F. Gmel.（1776）（保留属名）［藜科 Chenopodiaceae］●■

49629　Suaeda Scop.（1777）Nom. illegit.（废弃属名）≡ Suaeda Forssk. ex Scop.（1777）Nom. illegit.（废弃属名）；~ = Suaeda Forssk. ex J. F. Gmel.（1776）（保留属名）［藜科 Chenopodiaceae］●■

49630　Suarda Nocca ex Steud.（1841）Nom. illegit.（废弃属名）= Eugeissona Griff.（1844）［棕榈科 Arecaceae（Palmae）］●

49631　Suardia Schrank（1819）= Melinis P. Beauv.（1812）［禾本科 Poaceae（Gramineae）］■

49632　Suarezia Dodson（1989）【汉】苏阿兰属。【隶属】兰科 Orchidaceae。【包含】世界 1 种。【学名诠释与讨论】〈阴〉（人）Carola Lindberg de Suarez，厄瓜多尔画家，兰花采集家。【分布】厄瓜多尔。【模式】Suarezia ecuadorana Dodson ■☆

49633　Suber Mill.（1754）= Quercus L.（1753）［壳斗科（山毛榉科）Fagaceae］●

49634　Suberanthus Borhidi et M. Fernandez（1982）【汉】栓花茜属。【隶属】茜草科 Rubiaceae。【包含】世界 7 种。【学名诠释与讨论】〈阳〉（希）suber，软木，木栓+anthos，花。【分布】古巴，海地。【模式】Suberanthus neriifolius（A. Richard）A. Borhidi et M. Z. Fernandez［Exostema neriifolium A. Richard］●☆

49635　Subertia A. Wood（1868）Nom. illegit. = Brodiaea Sm.（1810）（保留属名）；~ = Seubertia Kunth（1843）［百合科 Liliaceae//葱科 Alliaceae］■☆

49636　Sublimia Comm. ex Mart.（1836）= Hyophorbe Gaertn.（1791）［棕榈科 Arecaceae（Palmae）］●

49637　Submatucana Backeb.（1959）【汉】黄仙玉属。【日】スブマツカナ属。【隶属】仙人掌科 Cactaceae。【包含】世界 10 种。【学名诠释与讨论】〈阴〉（希）sub 亚+（属）Matucana 白仙玉属。此属的学名，ING、TROPICOS 和 IK 记载是"Submatucana Backeberg，Cact. Handb. Kakteenk. 2：1059. 1959"。不同学者曾把其归入其他不同的属，如"Borzicactus Riccob.（1909）"、"Matucana Britton et Rose（1922）"、"Cephalocereus Pfeiff.（1838）"、"Oreocereus（A. Berger）Riccob.（1909）"或"Cereus Mill.（1754）"等。【分布】参见 Borzicactus Riccob.（1909）。【模式】Submatucana aurantiaca（Vaupel）Backeberg［Echinocactus aurantiacus Vaupel］。【参考异名】Borzicactus Riccob.（1909）；Matucana Britton et Rose（1922）；Oreocereus（A. Berger）Riccob.（1909）■☆

49638　Subpilocereus Backeb.（1938）= Cephalocereus Pfeiff.（1838）；~ = Cereus Mill.（1754）［仙人掌科 Cactaceae］●

49639　Subrisia Raf.（1838）= Ehretia P. Browne（1756）［紫草科 Boraginaceae//破布木科（破布树科）Cordiaceae//厚壳树科 Ehretiaceae］●

49640　Subscariosaceae Dulac = Amaranthaceae Juss.（保留科名）●■

49641　Subularia Boehm.（1760）Nom. illegit. = Littorella P. J. Bergius（1768）［车前科（车前草科）Plantaginaceae］■☆

49642　Subularia Forssk.（1775）Nom. illegit. ≡ Schouwia DC.（1821）（保留属名）［十字花科 Brassicaceae（Cruciferae）］■☆

49643　Subularia L.（1753）【汉】锥叶芥属（钻果荠属）。【俄】Шильник。【英】Awlwort。【隶属】十字花科 Brassicaceae（Cruciferae）。【包含】世界 1-2 种。【学名诠释与讨论】〈阴〉（拉）subula，锥子；subulate，钻形+-arius，-aria，-arium，指示"属于、相似、具有、联系"的词尾。指某些种的叶子似锥子。此属的学名，IK 记载是"Subularia Ray ex L. ，Sp. Pl. 2：642. 1753［1 May 1753］"。ING 和 TROPICOS 用为"Subularia L.（1753）"。"Subularia Ray"是命名起点著作之前的名称，故"Subularia L.

（1753）"和"Subularia Ray ex L.（1753）"都是合法名称,可以通用。"Subularia Boehmer in C. G. Ludwig, Def. Gen. ed. Boehmer 500. 1760 = Littorella P. J. Bergius（1768）［车前科（车前草科）Plantaginaceae］"和"Subularia Forsskål, Fl. Aegypt. -Arab. 117. 1775 ≡ Schouwia DC.（1821）（保留属名）［十字花科 Brassicaceae（Cruciferae）］"是晚出的非法名称。"Consana Adanson, Fam. 2: 420, 542（'Konsana'）. Jul - Aug 1763"是"Subularia L.（1753）"的晚出的同模式异名（Homotypic synonym, Nomenclatural synonym）。【分布】埃塞俄比亚,温带欧亚大陆,北美洲。【模式】Subularia aquatica Linnaeus。【参考异名】Consana Adans.（1763）Nom. illegit.;Konsana Adans.（1763）Nom. illegit.;Subularia Ray ex L.（1753）■☆

49644 Subularia Ray ex L.（1753）≡Subularia L.（1753）［十字花科 Brassicaceae（Cruciferae）］■☆

49645 Subulatopuntia Frič et Schelle ex Kreuz.（1935）= Opuntia Mill.（1754）［仙人掌科 Cactaceae］●

49646 Subulatopuntia Frič et Schelle（1935）Nom. illegit. ≡ Subulatopuntia Frič et Schelle ex Kreuz.（1935）Nom. inval.;~ = Opuntia Mill.（1754）［仙人掌科 Cactaceae］●

49647 Succisa Haller（1768）【汉】断草属。【俄】Сивец。【英】Devil's-bit Scabious。【隶属】川续断科（刺参科,蓟叶参科,山萝卜科,续断科）Dipsacaceae。【包含】世界 1 种。【学名诠释与讨论】〈阴〉（拉）succido,割下。successus,割下来的,从下面修掉的。指根茎。此属的学名,ING 和 IK 记载是"Succisa Haller, Hist. Stirp. Helv. i. 87（1768）;vide Dandy, Ind. Gen. Vasc. Pl. 1753-74（Regn. Veg. li.）84（1967）"。"Succisa Neck., Elem. Bot.（Necker）1: 109. 1790"是一个未合格发表的名称（Nom. inval.）,也是晚出的非法名称。【分布】西班牙,西伯利亚,西赤道非洲,非洲西北部,欧洲。【后选模式】Succisa pratensis Moench［Scabiosa succisa Linnaeus］■☆

49648 Succisa Neck.（1790）Nom. inval. =? Succisa Haller（1768）［川续断科（刺参科,蓟叶参科,山萝卜科,续断科）Dipsacaceae］☆

49649 Succisella Beck（1893）【汉】小断草属。【俄】Сукцизелла。【俄】Сукцизелла。【英】Succisella。【英】Succisella。【隶属】川续断科（刺参科,蓟叶参科,山萝卜科,续断科）Dipsacaceae。【包含】世界 4 种。【学名诠释与讨论】〈阴〉（属）Succisa 断草属+-ellus,-ella,-ellum,加在名词词干后面形成指小式的词尾。或加在人名、属名等后面以组成新属的名称。【分布】欧洲中南部至高加索。【模式】Succisella inflexa（Kluk）G. Beck von Mannagetta［Scabiosa inflexa Kluk］■☆

49650 Succisocrepis Fourr.（1869）Nom. illegit., Nom. superfl. ≡ Wibelia P. Gaertn., B. Mey. et Scherb.（1801）;~ = Crepis L.（1753）［菊科 Asteraceae（Compositae）］■

49651 Succosaria Raf. = Aloe L.（1753）［百合科 Liliaceae//阿福花科 Asphodelaceae//芦荟科 Aloaceae］●■

49652 Succovia Desv.（1814）= Succowia Medik.（1792）［十字花科 Brassicaceae（Cruciferae）］■☆

49653 Succovia Spreng.（1818）Nom. illegit.［十字花科 Brassicaceae（Cruciferae）］■☆

49654 Succowia Dennst.（1818）Nom. illegit. = Hiptage Gaertn.（1790）（保留属名）［金虎尾科（黄褥花科）Malpighiaceae//防己科 Menispermaceae］●

49655 Succowia Medik.（1792）【汉】苏氏芥属。【隶属】十字花科 Brassicaceae（Cruciferae）。【包含】世界 1 种。【学名诠释与讨论】〈阴〉（人）Georg Adolph Suckow,1751-1813,德国植物学者,医生,博物学者,教授。另说纪念植物学者 Friedrich Wilhelm Ludwig Succow,1770-1838。此属的学名,ING 和 IK 记载是

"Succowia Medikus, Pflanzen-Gatt. 64. 22 Apr 1792"。"Succowia Dennst., Schlüssel Hortus Malab. 32（1818）［20 Oct 1818］"是晚出的非法名称。"Succovia"是其拼写变体。【分布】地中海西部,西班牙（加那利群岛）。【模式】Succowia balearica（Linnaeus）Medikus［Bunias balearica Linnaeus］。【参考异名】Succovia Desv.（1814）■☆

49656 Succuta Des Moul.（1853）= Cuscuta L.（1753）［旋花科 Convolvulaceae//菟丝子科 Cuscutaceae］■

49657 Suchtelenia Kar.（1840）Nom. illegit. ≡ Suchtelenia Kar. ex Meisn.（1840）［紫草科 Boraginaceae］■☆

49658 Suchtelenia Kar. ex Meisn.（1840）【汉】苏合草属。【俄】Сухтеления。【隶属】紫草科 Boraginaceae。【包含】世界 1-3 种。【学名诠释与讨论】〈阴〉词源不详。此属的学名,ING 和 IK 记载是"Suchtelenia Karelin ex C. F. Meisner, Pl. Vasc. Gen. 1: 279; 2: 188. 5-11 Apr 1840"。"Suchtelenia Kar.（1840）≡Suchtelenia Kar. ex Meisn.（1840）"的命名人引证有误。【分布】高加索至亚洲中部。【模式】Suchtelenia cerinthifolia Karelin ex C. F. Meisner, Nom. illegit.［Cynoglossum calycinum C. A. Meyer］。【参考异名】Suchtelenia Kar.（1840）Nom. illegit. ■☆

49659 Suckleya A. Gray（1876）【汉】异被滨藜属。【隶属】藜科 Chenopodiaceae。【包含】世界 1 种。【学名诠释与讨论】〈阴〉（人）George Suckley,1830-1869,医生,博物学者,探险家。【分布】美国（西南部）。【模式】Suckleya petiolaris A. Gray, Nom. illegit.［Obione suckleyana Torrey et A. Gray;Suckleya suckleyana（Torrey et A. Gray）Rydberg］■☆

49660 Sucrea Soderstr.（1981）【汉】糖禾属（苏克蕾禾属）。【隶属】禾本科 Poaceae（Gramineae）。【包含】世界 3 种。【学名诠释与讨论】〈阴〉（法）sucre,糖。【分布】巴西。【模式】Sucrea monophylla T. R. Soderstrom ■☆

49661 Sudamerlycaste Archila（2002）= Lycaste Lindl.（1843）［兰科 Orchidaceae］■☆

49662 Suddia Renvoize（1984）【汉】苏德禾属（箭叶苏丹草属,苏丹禾属）。【隶属】禾本科 Poaceae（Gramineae）。【包含】世界 1 种。【学名诠释与讨论】〈阴〉（地）Sudd,苏德沼泽,位于苏丹。【分布】苏丹。【模式】Suddia sagittifolia S. A. Renvoize ■☆

49663 Sueda Edgew.（1862）= Suaeda Forssk. ex J. F. Gmel.（1776）（保留属名）［藜科 Chenopodiaceae］●■

49664 Suensonia Gaudich.（1843）Nom. inval. ≡ Suensonia Gaudich. ex Miq.（1843）;~ = Piper L.（1753）［胡椒科 Piperaceae］●■

49665 Suensonia Gaudich. ex Miq.（1843）= Piper L.（1753）［胡椒科 Piperaceae］●■

49666 Suessenguthia Merxm.（1953）【汉】苏氏爵床属。【隶属】爵床科 Acanthaceae。【包含】世界 9 种。【学名诠释与讨论】〈阴〉（人）Karl Suessenguth,1893-1955,德国植物学者,教授,Karl Immanuel E. Goebel（1855-1932）的学生。【分布】玻利维亚。【模式】Suessenguthia trochilophila Merxmüller ■☆

49667 Suessenguthiella Friedrich（1955）【汉】针叶粟草属。【隶属】粟米草科 Molluginaceae。【包含】世界 2 种。【学名诠释与讨论】〈阴〉（人）Karl Suessenguth,1893-1955,德国植物学者,教授+-ellus,-ella,-ellum,加在名词词干后面形成指小式的词尾。或加在人名、属名等后面以组成新属的名称。【分布】非洲南部。【模式】Suessenguthiella scleranthoides（Sonder）Friedrich［Pharnaceum scleranthoides Sonder］■☆

49668 Suffrenia Bellardi（1802）= Rotala L.（1771）［千屈菜科 Lythraceae］■

49669 Sugerokia Miq.（1867）= Heloniopsis A. Gray（1858）（保留属名）［百合科 Liliaceae//黑药花科（藜芦科）Melanthiaceae//蓝药

花科(胡麻花科)Heloniadaceae]■

49670 Sugillaria Salisb. (1866) = Scilla L. (1753) [百合科 Liliaceae//风信子科 Hyacinthaceae//绵枣儿科 Scillaceae]■

49671 Suida Opiz = Swida Opiz(1838) [山茱萸科 Cornaceae]●

49672 Suitenia Stokes(1812) Nom. illegit. = Swietenia Jacq. (1760) [楝科 Meliaceae]●

49673 Suitramia Rchb. (1841) Nom. illegit. = Svitramia Cham. (1835) [野牡丹科 Melastomataceae]●☆

49674 Sukaminea Raf. (1836) Nom. illegit. ≡ Chlorophora Gaudich. (1830) [桑科 Moraceae]●☆

49675 Sukana Adans. (1763) = Celosia L. (1753) [苋科 Amaranthaceae]■

49676 Suksdorfia A. Gray(1880)(保留属名)【汉】苏克草属。【隶属】虎耳草科 Saxifragaceae。【包含】世界 2-3 种。【学名诠释与讨论】〈阴〉(人) Wilhelm Nikolaus Suksdorf,1850-1932,美国植物学者,植物采集家。此属的学名"Suksdorfia A. Gray in Proc. Amer. Acad. Arts 15:41. 1 Oct 1879"是保留属名。相应的废弃属名是虎耳草科 Saxifragaceae 的"Hemieva Raf. ,Fl. Tellur. 2:70. Jan-Mar 1837 = Suksdorfia A. Gray(1880)(保留属名)"。【分布】玻利维亚,太平洋地区北美洲。【模式】Suksdorfia violacea A. Gray。【参考异名】Hemieva Raf. (1837)(废弃属名);Hieronymusia Engl. (1918)■☆

49677 Sukunia A. C. Sm. (1936)【汉】苏昆茜属。【隶属】茜草科 Rubiaceae。【包含】世界 2 种。【学名诠释与讨论】〈阴〉(人) Sukun。【分布】斐济。【模式】Sukunia pentagonioides (Seemann) A. C. Smith [Gardenia pentagonioides Seemann]●☆

49678 Sulaimania Hedge et Rech. f. (1982)【汉】苏赖曼草属。【隶属】唇形科 Lamiaceae(Labiatae)。【包含】世界 1 种。【学名诠释与讨论】〈阴〉(人) Sulaiman。【分布】巴基斯坦。【模式】Sulaimania otostegioides (D. Prain) I. C. Hedge et K. H. Rechinger [Molucella otostegioides D. Prain]●☆

49679 Sulamea J. St. -Hil. (1805)=? Soulamea Lam. (1785) [苦木科 Simaroubaceae]●☆

49680 Sulamea K. Schum. et Lauterb. = Soulamea Lam. (1785) [苦木科 Simaroubaceae]●☆

49681 Sulcanux Raf. (1838) = Geophila D. Don(1825)(保留属名) [茜草科 Rubiaceae]■

49682 Sulcolluma Plowes(1995)【汉】沟龙角属。【隶属】鸭趾草科 Commelinaceae。【包含】世界 6 种 2 变种。【学名诠释与讨论】〈阴〉(希) sulcus,沟,槽+lluma,水牛角属(龙角属,水牛掌属) Caralluma 的后半部分。【分布】阿拉伯半岛,热带亚洲。【模式】不详☆

49683 Sulcorebutia Backeb. (1951)【汉】沟宝山属(有沟宝山属)。【日】スルコレブティア属。【隶属】仙人掌科 Cactaceae。【包含】世界 1-40 种。【学名诠释与讨论】〈阴〉(希) sulcus,沟,槽+(属) Rebutia 子孙球属(宝山属,翁宝属)。此属的学名是"Sulcorebutia Backeberg, Cact. Succ. J. Gr. Brit. 13:96. Oct 1951"。亦有文献把其处理为"Rebutia K. Schum. (1895)"的异名。【分布】玻利维亚。【模式】Sulcorebutia steinbachii (Werdermann) Backeberg [Rebutia steinbachii Werdermann]。【参考异名】Rebutia K. Schum. (1895)●☆

49684 Sulipa Blanco(1837) = Gardenia J. Ellis(1761)(保留属名) [茜草科 Rubiaceae//栀子科 Gardeniaceae]●

49685 Sulitia Merr. (1926)【汉】苏利特茜属。【隶属】茜草科 Rubiaceae。【包含】世界 1 种。【学名诠释与讨论】〈阴〉(人) Sulit。【分布】菲律宾(菲律宾群岛)。【模式】Sulitia longiflora Merrill ●☆

49686 Sulitra Medik. (1787)(废弃属名)≡ Lessertia DC. (1802)(保留属名) [豆科 Fabaceae (Leguminosae)//蝶形花科 Papilionaceae]●■☆

49687 Sulla Medik. (1787) = Hedysarum L. (1753)(保留属名) [豆科 Fabaceae(Leguminosae)//蝶形花科 Papilionaceae]●■

49688 Sullivania F. Muell. (1882)【汉】沙氏兰属。【隶属】兰科 Orchidaceae。【包含】世界 3 种。【学名诠释与讨论】〈阴〉(人) David Sullivan,1836-1895,植物学者。【分布】澳洲。【模式】未指定☆

49689 Sullivantia Torr. et A. Gray(1842)【汉】沙氏虎耳草属。【隶属】虎耳草科 Saxifragaceae。【包含】世界 4 种。【学名诠释与讨论】〈阴〉(人) William Starling Sullivant,1803-1873,美国植物学者,苔藓学者。【分布】美国。【模式】Sullivantia ohionis Torrey et A. Gray,Nom. illegit. [Saxifraga sullivantii Torrey et A. Gray]■☆

49690 Sulpitia Raf. (1838) Nom. illegit. = Encyclia Hook. (1828); ~ =Exophya Raf. (1837) [兰科 Orchidaceae]■☆

49691 Sulzeria Roem. et Schult. (1819) Nom. inval. = Faramea Aubl. (1775) [茜草科 Rubiaceae]●☆

49692 Sumachiaceae DC. ex Perleb = Anacardiaceae R. Br. (保留科名)●

49693 Sumachium Raf. (1818) Nom. illegit. ≡ Rhus L. (1753) [漆树科 Anacardiaceae]●

49694 Sumacrus R. Hedw. = Sumachium Raf. (1818) Nom. illegit. ; ~ =Rhus L. (1753) [漆树科 Anacardiaceae]●

49695 Sumacus Raf. (1840) Nom. illegit. ≡ Rhus L. (1753); ~ = Sumachium Raf. (1818) Nom. illegit. [漆树科 Anacardiaceae]●

49696 Sumatroscirpus Oteng-Yeb. (1974)【汉】苏门答腊莎草属。【隶属】莎草科 Cyperaceae。【包含】世界 1 种。【学名诠释与讨论】〈阴〉(地) Sumatra,苏门答腊,位于印度尼西亚+(属) Scirpus 藨草属。【分布】印度尼西亚(苏门答腊岛)。【模式】Sumatroscirpus junghuhnii (Miquel) Oteng-Yeboah [Scirpus junghuhnii Miquel]■☆

49697 Sumbavia Baill. (1858) = Doryxylon Zoll. (1857) [大戟科 Euphorbiaceae]●☆

49698 Sumbaviopsis J. J. Sm. (1910)【汉】狭瓣木属(缅桐属)。【英】Sumbaviopsis。【隶属】大戟科 Euphorbiaceae。【包含】世界 2 种,中国 1 种。【学名诠释与讨论】〈阴〉(属) Sumbavia = Doryxylon 矛材木属+希腊文 opsis,外观,模样,相似。【分布】印度(阿萨姆),中国,东南亚西部。【模式】Sumbaviopsis albicans (Blume) J. J. Smith [Adisca albicans Blume]。【参考异名】Adisa Steud. (1840);Adisca Blume(1826)●

49699 Sumbulus H. Reinsch(1846) = Ferula L. (1753) [伞形花科(伞形科) Apiaceae(Umbelliferae)]■

49700 Summerhayesia P. J. Cribb(1977)【汉】萨默兰属(赛姆兰属)。【隶属】兰科 Orchidaceae。【包含】世界 2 种。【学名诠释与讨论】〈阴〉(人) Victor Samuel Summerhayes,1897-1974,英国植物学者,兰科 Orchidaceae 专家。【分布】加纳,津巴布韦,科特迪瓦,利比里亚,赞比亚,刚果(金)。【模式】Summerhayesia laurentii (E. De Wildeman) P. J. Cribb [Angraecum laurentii E. De Wildeman]■☆

49701 Sumnera Nieuwl. (1914) Nom. illegit. ≡ Physocarpum Bercht. et J. Presl(1823) Nom. illegit. ; ~ =Thalictrum L. (1753) [毛茛科 Ranunculaceae]■

49702 Sunania Raf. (1837) = Antenoron Raf. (1817) [蓼科 Polygonaceae]■

49703 Sunaptea Griff. (1854) = Vatica L. (1771) [龙脑香科 Dipterocarpaceae]●

49704 Sunapteopsis Heim（1892）= Stemonoporus Thwaites（1854）；~ = Vateria L. （1753）［龙脑香科 Dipterocarpaceae］●☆

49705 Sundacarpus（J. Buchholz et N. E. Gray）C. N. Page（1989）【汉】苦味罗汉松属。【隶属】罗汉松科 Podocarpaceae。【包含】世界 1 种。【学名诠释与讨论】〈阴〉（地）Sunda Islands，巽他群岛+karpos 果实。此属的学名，ING 和 IK 记载是"Sundacarpus（J. T. Buchholz et N. E. Gray）C. N. Page, Notes Roy. Bot. Gard. Edinburgh 45：378. 22 Feb 1989（'1988'）"，由"Podocarpus sect. Sundacarpus J. T. Buchholz et N. E. Gray, J. Arnold Arbor. 29：57. 15 Jan 1948"改级而来。"Sundacarpus C. N. Page（1989）"的命名人引证有误。【分布】澳大利亚，马来西亚。【模式】Sundacarpus amarus（Blume）C. N. Page［as 'amara'］［Podocarpus amarus Blume［as 'amara'］。【参考异名】Podocarpus sect. Sundacarpus J. Buchholz et N. E. Gray（1948）；Sundacarpus C. N. Page（1989）Nom. illegit. ●☆

49706 Sundacarpus C. N. Page（1989）Nom. illegit. ≡ Sundacarpus（J. Buchholz et N. E. Gray）C. N. Page（1989）［罗汉松科 Podocarpaceae］●☆

49707 Sunipia Buch. -Ham. ex Lindl. （1826）Nom. illegit. ≡ Sunipia Buch. -Ham. ex Sm. （1816）［兰科 Orchidaceae］■

49708 Sunipia Buch. -Ham. ex Sm. （1816）【汉】大苞兰属（宝石兰属）。【英】Sunipia。【隶属】兰科 Orchidaceae。【包含】世界 20 种，中国 11 种。【学名诠释与讨论】〈阴〉来自喜马拉雅地区（尼泊尔或印度）植物俗名 sunipiang。此属的学名，ING 和 TROPICOS 记载是"Sunipia J. Lindley, Orchid. Scel. 14, 21, 25. 1826"；《中国植物志》英文版、《台湾植物志》亦使用此名称。IK 则记载为"Sunipia Buch. -Ham. ex Sm. , in Rees, Cycl. xxxiv. Art. Stelis, nn. 11, 13［1816］；Lindl. Orch. Scel. 14（1826）"。《中国兰花》用"Sunipia Buch. -Ham. ex Lindl. （1816）"为正名。【分布】东南亚，印度，中国。【模式】未指定。【参考异名】Ione Lindl. （1853）；Sunipia Buch. -Ham. ex Lindl. （1826）Nom. illegit. ；Sunipia Lindl. （1826）Nom. illegit. ■

49709 Sunipia Lindl. （1826）Nom. illegit. ≡Sunipia Buch. -Ham. ex Sm. （1816）［兰科 Orchidaceae］■

49710 Superbangis Thouars = Angraecum Bory（1804）［兰科 Orchidaceae］■●

49711 Suprago Gaertn. （1791）= Vemonia Edgew. （1847）Nom. inval. ；~ =Vernonia Schreb. （1791）（保留属名）［菊科 Asteraceae（Compositae）//斑鸠菊科（绿菊科）Vernoniaceae］●■

49712 Supushpa Suryan. （1970）【汉】西印度爵床属。【隶属】爵床科 Acanthaceae。【包含】世界 1 种。【学名诠释与讨论】〈阴〉词源不详。【分布】印度。【模式】Supushpa scrobiculata（Dalzell ex C. B. Clarke）M. C. Suryanarayana［Strobilanthes scrobiculata Dalzell ex C. B. Clarke］■☆

49713 Suregada Roxb. ex Rottler（1803）【汉】白树属（饼树属，白树仔属）。【日】オホバツゲ属。【英】Suregada, Whitetree。【隶属】大戟科 Euphorbiaceae。【包含】世界 40 种，中国 2 种。【学名诠释与讨论】〈阴〉（马来）suregada，一种植物俗名。此属的学名，ING、APNI、TROPICOS 和 IK 记载是"Suregada Roxburgh ex Rottler, Ges. Naturf. Freunde Berlin Neue Schriften 4：206. post 3 Mai 1803"。"Suregada Willd. , Neue Schriften Ges. Naturf. Freunde Berlin iv. （1803）206 =Suregada Roxb. ex Rottler（1803）［大戟科 Euphorbiaceae］"是晚出的非法名称。台湾文献承认白树仔属（白树属），正名使用"Gelonium Roxb. ex Willd. , Sp. Pl. , ed. 4［Willdenow］4（2）：831. 1806［Apr 1806］"，并记载有"Gelonium aequoreum Hance"。但是，"Gelonium Roxb. ex Willd. （1806）"是一个非法名称（Nom. illegit. ），因为此前已经有了"Gelonium Gaertn. , Fruct. Sem. Pl. ii. 271. t. 139（1791）=Ratonia DC. （1824）［无患子科 Sapindaceae］"。【分布】马达加斯加，印度至马来西亚，中国，热带和非洲南部，东南亚。【模式】未指定。【参考异名】Ceratophorus Sond. （1850）；Erythrocarpus Blume（1826）；Gelonium Roxb. ex Willd. （1806）Nom. illegit. ；Owataria Matsum. （1900）；Saragodra Hort. ex Steud. （1841）；Suregada Willd. （1803）Nom. illegit. ●

49714 Suregada Willd. （1803）Nom. illegit. = Suregada Roxb. ex Rottler（1803）［大戟科 Euphorbiaceae］●

49715 Surenus Kuntze（1891）Nom. illegit. ≡ Toona（Endl. ）M. Roem. （1846）；~ =Cedrela P. Browne（1756）［楝科 Meliaceae］●

49716 Surfacea Moldenke（1980）= Premna L. （1771）（保留属名）［马鞭草科 Verbenaceae//唇形科 Lamiaceae（Labiatae）//牡荆科 Viticaceae］●■

49717 Suriana Domb. et Cav. ex D. Don（1832）Nom. illegit. =Ercilla A. Juss. （1832）［商陆科 Phytolaccaceae］●☆

49718 Suriana L. （1753）【汉】海人树属。【英】Seamantree, Suriana。【隶属】苦木科 Simaroubaceae//海人树科 Surianaceae。【包含】世界 1 种，中国 1 种。【学名诠释与讨论】〈阴〉（人）Joseph Donat Surian，? -1691，法国医生，药剂师，植物采集家。他是法国植物学者 Charles Plumier（1646-1704）的合作伙伴。此属的学名，ING、TROPICOS、APNI 和 IK 记载是"Suriana L. , Sp. Pl. 1：284. 1753［1 May 1753］"。"Suriana Domb. et Cav. ex D. Don, in Edinb. N. Phil. Journ. xiii. （Apr. -Oct. 1832）238 =Ercilla A. Juss. （1832）［商陆科 Phytolaccaceae］"是晚出的非法名称。【分布】澳大利亚，巴基斯坦，巴拿马，菲律宾，马达加斯加，马来西亚（东部），尼加拉瓜，印度，中国，斯里兰卡至马来群岛，马斯克林群岛，热带非洲东部，热带美洲，中美洲。【模式】Suriana maritima Linnaeus ●

49719 Surianaceae Arn. （1834）（保留科名）【汉】海人树科。【包含】世界 4-6 属 5-7 种，中国 1 属 1 种。【分布】热带。【科名模式】Suriana L. ●

49720 Suringaria Pierre（1886）= Symplocos Jacq. （1760）［山矾科（灰木科）Symplocaceae］●

49721 Surreya R. Masson et G. Kadereit（2013）【汉】澳大利亚苋属。【隶属】苋科 Amaranthaceae。【包含】世界 2 种。【学名诠释与讨论】〈阴〉（人）Surrey。【分布】澳大利亚。【模式】Surreya diandra（R. Br. ）R. Masson et G. Kadereit［Hemichroa diandra R. Br. ］☆

49722 Surubea J. St. -Hil. （1805）= Ruyschia Jacq. （1760）；~ =Souroubea Aubl. （1775）［蜜囊花科（附生藤科）Marcgraviaceae］●☆

49723 Surwala M. Roem. （1846）= Walsura Roxb. （1832）［楝科 Meliaceae］●

49724 Susanna E. Phillips（1950）= Amellus L. （1759）（保留属名）［菊科 Asteraceae（Compositae）］■●☆

49725 Susarium Phil. （1863）= Symphyostemon Miers ex Klatt（1861）Nom. illegit. ；~ = Phaiophleps Raf. （1838）；~ = Olsynium Raf. （1836）［鸢尾科 Iridaceae］■☆

49726 Susilkumara Bennet（1981）Nom. illegit. ≡ Alajja Ikonn. （1971）；~ ≡ Erianthera Benth. （1833）Nom. illegit. ［唇形科 Lamiaceae（Labiatae）］■

49727 Sussea Gaudich. （1841）= Pandanus Parkinson（1773）［露兜树科 Pandanaceae］●■

49728 Sussodia Buch. -Ham. ex D. Don（1825）= Colebrookia Donn ex T. Lestib. （1841）Nom. illegit. ；~ =Globba L. （1771）［姜科（蘘荷科）Zingiberaceae］■

49729 Susum Blume ex Schult. et Schult. f. （1830）= Hanguana Blume（1827）［须叶藤科（鞭藤科）Flagellariaceae//钵子草科

Hanguanaceae]■☆

49730 Susum Blume(1830)Nom. illegit. ≡Susum Blume ex Schult. et Schult. f. (1830);~ =Hanguana Blume(1827)［须叶藤科（鞭藤科）Flagellariaceae//钵子草科 Hanguanaceae]■☆

49731 Sutera Hort. ex Steud. (1821)= Lessertia DC. (1802)（保留属名）［豆科 Fabaceae(Leguminosae)//蝶形花科 Papilionaceae]■●☆

49732 Sutera Roth (1807)【汉】裂口花属。【隶属】玄参科 Scrophulariaceae。【包含】世界 49-130 种。【学名诠释与讨论】〈阴〉（人）Johann Rudolf Suter,1766-1827,瑞士植物学者,教授。此属的学名,ING、APNI 和 IK 记载是"Sutera Roth, Botanische Bemerk. Bericht. 172(1807)"。"Sutera Roth, Nov. Pl. Sp. 291. 1821［Apr 1821］= Jamesbrittenia Kuntze（1891）［玄参科 Scrophulariaceae]"是晚出的非法名称。"Palmstruckia Retzius, Observ. Bot. Pugill. 15. 14 Nov 1810"是"Sutera Roth(1807)"的晚出的同模式异名(Homotypic synonym, Nomenclatural synonym)。【分布】西班牙(加那利群岛),热带和非洲南部。【后选模式】Sutera foetida (H. C. Andrews)A. W. Roth［Buchnera foetida H. C. Andrews]。【参考异名】Chaenostoma Benth. (1836)（保留属名）; Jamesbrittenia Kuntze（1891); Lyperia Benth. (1836); Palmstruckia Retz. (1810)Nom. illegit. （废弃属名）;Phaenostoma Steud. (1840)Nom. illegit. ;Sphenandra Benth. (1836)■●☆

49733 Sutera Roth (1821)Nom. illegit. =Jamesbrittenia Kuntze(1891)［玄参科 Scrophulariaceae]■●☆

49734 Suteria DC. (1830)= Psychotria L. (1759)（保留属名）［茜草科 Rubiaceae//九节科 Psychotriaceae]●

49735 Sutherlandia J. F. Gmel. (1792)（废弃属名）≡Heritiera Aiton (1789)［梧桐科 Sterculiaceae//锦葵科 Malvaceae]●

49736 Sutherlandia R. Br. (1812)（保留属名）【汉】气球豆属（纸荚豆属）。【隶属】豆科 Fabaceae (Leguminosae)//蝶形花科 Papilionaceae。【包含】世界 3-5 种。【学名诠释与讨论】〈阴〉（人）James Sutherland, circa 1639-1719,英国植物学者。此属的学名"Sutherlandia R. Br. in Aiton, Hort. Kew. , ed. 2,4:327. Dec 1812"是保留属名。相应的废弃属名是"Sutherlandia J. F. Gmel. ,Syst. Nat. 2;998,1027. Apr (sero)-Oct 1792 ≡Heritiera Aiton(1789)［梧桐科 Sterculiaceae//锦葵科 Malvaceae]"。ING 记载的"Sutherlandia R. Brown ex W. T. Aiton, Hortus Kew. ed. 2. 4;327. Dec 1812 ≡Sutherlandia R. Br. (1812)（保留属名）"的命名人引证有误,亦应废弃。【分布】玻利维亚,非洲南部。【模式】Sutherlandia frutescens (Linnaeus) W. T. Aiton［Colutea frutescens Linnaeus]。【参考异名】Colutia Medik (1787) Nom. illegit. ; Heritiera Aiton (1789); Sutheriandia R. Br. ex Aiton; Sutherlandia J. F. Gmel. (1792)（废弃属名）;Sutherlandia R. Br. ex W. T. Aiton(1812)Nom. illegit. （废弃属名）●☆

49737 Sutherlandia R. Br. ex W. T. Aiton(1812)Nom. illegit. （废弃属名）≡Sutherlandia R. Br. (1812)（保留属名）［豆科 Fabaceae (Leguminosae)//蝶形花科 Papilionaceae]●☆

49738 Sutrina Lindl. (1842)【汉】苏特兰属。【隶属】兰科 Orchidaceae。【包含】世界 1 种。【学名诠释与讨论】〈阴〉（拉）sutrinus,属于修鞋匠的;sutrina,鞋匠铺。指腺体。【分布】秘鲁。【模式】Sutrina bicolor J. Lindley ■☆

49739 Suttonia A. Rich. (1832)= Myrsine L. (1753);~ = Rapanea Aubl. (1775)［紫金牛科 Myrsinaceae]●

49740 Suttonia Mez(1902)= Suttonia A. Rich. (1832)［紫金牛科 Myrsinaceae]●

49741 Suzukia Kudô(1930)【汉】台钱草属（铃木草属,台连钱属）。【英】Suzukia。【隶属】唇形科 Lamiaceae(Labiatae)。【包含】世界 2 种,中国 2 种。【学名诠释与讨论】〈阴〉（人）Shigeyoshi

(Sigeyosi)Suzuki,1894-1937,日本植物学者,植物采集家铃木重良。【分布】中国,琉球群岛。【模式】Suzukia bupleuroides Font Quer ●

49742 Suzygium P. Browne ex Adans. (1763)（废弃属名）= Calyptranthes Sw. (1788)（保留属名）［桃金娘科 Myrtaceae]●☆

49743 Suzygium P. Browne(1756)（废弃属名）≡Suzygium P. Browne ex Adans. (1763)（废弃属名）;~ =Calyptranthes Sw. (1788)（保留属名）［桃金娘科 Myrtaceae]●☆

49744 Svenhedinia Urb. (1927)= Talauma Juss. (1789)［木兰科 Magnoliaceae]●

49745 Svenkoeltzia Burns-Bal. (1989)= Funkiella Schltr. (1920);~ = Stenorrhynchos Rich. ex Spreng. (1826)［兰科 Orchidaceae]■☆

49746 Svensonia Moldenke(1936)= Chascanum E. Mey. (1838)（保留属名）［马鞭草科 Verbenaceae]●☆

49747 Sventenia Font Quer (1949)【汉】斯文菊属。【隶属】菊科 Asteraceae(Compositae)。【包含】世界 1 种。【学名诠释与讨论】〈阴〉（人）Eric R. Svensson Sventenius,1910-1973,植物学者。此属的学名是"Sventenia Font Quer, Collect. Bot. (Barcelona) 2:201. 1949"。亦有文献把其处理为"Sonchus L. (1753)"的异名。【分布】西班牙(加那利群岛),中美洲。【模式】Sventenia bupleuroides Font Quer。【参考异名】Sonchus L. (1753)■☆

49748 Svida Opiz (1852) Nom. illegit. ≡ Swida Opiz (1838);~ = Cornus L. (1753)［山茱萸科 Cornaceae//四照花科 Cornaceae]●

49749 Svida Small, Nom. illegit. =Cornus L. (1753);~ =Swida Opiz (1838)［山茱萸科 Cornaceae//四照花科 Cornaceae]●

49750 Svitramia Cham. (1835)【汉】斯维野牡丹属。【隶属】野牡丹科 Melastomataceae。【包含】世界 1 种。【学名诠释与讨论】〈阴〉词源不详。【分布】巴西(南部)。【模式】Svitramia pulchra Chamisso。【参考异名】Suitramia Rchb. (1841)Nom. illegit. ●☆

49751 Svjda Opiz(1852)Nom. illegit. ≡Swida Opiz(1838)［山茱萸科 Cornaceae]●

49752 Swainsona Salisb. (1806)【汉】澳大利亚苦马豆属(苦马豆属,年豆属,斯氏豆属,斯万森木属,枝弯豆属)。【俄】Свайнсона。【英】Glory Pea, Swainson Pea, Swainson - pea。【隶属】豆科 Fabaceae(Leguminosae)。【包含】世界 50-60 种。【学名诠释与讨论】〈阴〉（人）Isaac Swainson,1746-1812,英国植物学者,栽培学家。此属的学名是"Swainsona R. A. Salisbury, Parad. Lond. ad t. 28. 1 Mar, 1806"。"Swainsonia Salisb. (1806)"是其拼写变体。"Swainsonia Spreng. , Anleitung zur Kenntniss der Gewächse, ed. 2 2(2):754. 1818. (Anleit. Kenntn. Gew. (ed. 2))"是晚出的非法名称。【分布】澳大利亚,新西兰。【模式】Swainsona coronillaefolia R. A. Salisbury。【参考异名】Cyclogyne Benth. (1889) Cyclogyne Benth. (1889); Cyclogyne Benth. ex Lindl. (1839); Diplolobium F. Muell. (1863) Nom. illegit. ; Loxidium Vent. (1808); Montigena Heenan (1998); Swainsonia Salisb. (1806) Nom. illegit. ; Swainsonia Spreng. (1818) Nom. illegit. ■●☆

49753 Swainsonia Spreng. (1818) Nom. illegit. = Swainsona Salisb. (1806)［豆科 Fabaceae(Leguminosae)]●■☆

49754 Swallenia Soderstr. et H. F. Decker(1963)【汉】斯沃伦草属(斯窝伦草属)。【隶属】禾本科 Poaceae(Gramineae)。【包含】世界 1 种。【学名诠释与讨论】〈阴〉（人）Jason Richard Swallen,1903-1991,美国植物学者,禾本科 Poaceae(Gramineae)专家。此属的学名"Swallenia Soderstrom et H. F. Decker, Madroño 17:88. Jul 1963"是一个替代名称。"Ectosperma Swallen, J. Wash. Acad. Sci. 40:19. 15 Jan 1950"是一个非法名称(Nom. illegit.),因为此前已经有了黄藻的"Ectosperma Vaucher, Hist.

Conferves 3,9. Mar 1803"。故用 "Swallenia Soderstr. et H. F. Decker(1963)"替代之。【分布】美国(加利福尼亚)。【模式】Swallenia alexandrae (Swallen) Soderstrom et H. F. Decker [Ectosperma alexandrae Swallen]。【参考异名】Ectosperma Swallen (1950) Nom. illegit. ■☆

49755 Swallenochloa McClure(1973)= Chusquea Kunth(1822) [禾本科 Poaceae(Gramineae)]●☆

49756 Swammerdamia DC. (1838)= Helichrysum Mill. (1754) [as 'Elichrysum'] (保留属名) [菊科 Asteraceae(Compositae)//蜡菊科 Helichrysaceae]●■

49757 Swanalloia Horq ex Walp. (1844-1845)= Juanulloa Ruiz et Pav. (1794) [茄科 Solanaceae]●☆

49758 Swantia Alef. (1859)= Vicia L. (1753) [豆科 Fabaceae (Leguminosae)//蝶形花科 Papilionaceae//豌豆科 Viciaceae]■

49759 Swartsia J. F. Gmel. (1791) Nom. illegit. ≡ Swartzia J. F. Gmel. (1791) Nom. illegit. ; ~ ≡ Solandra Sw. (1787) (保留属名) [茄科 Solanaceae]●☆

49760 Swartzia Schreb. (1791) (保留属名)【汉】铁木豆属。【隶属】豆科 Fabaceae(Leguminosae)//蝶形花科 Papilionaceae。【包含】世界 140 种。【学名诠释与讨论】〈阴〉(人) Olof (Peter) Swartz (Svarts, Svartz, Swarts, Swarz), 1760-1818, 瑞典植物学者, 医生, 旅行家。此属的学名 " Swartzia Schreb. , Gen. Pl. : 518. Mai 1791" 是保留属名。相应的废弃属名是豆科 Fabaceae 的 "Tounatea Aubl. , Hist. Pl. Guiane:549. Jun-Dec 1775 = Swartzia Schreb. (1791) (保留属名)"。豆科 Fabaceae 的 "Swartzia J. F. Gmel. , Syst. Nat. , ed. 13 [bis]. 2(1):360. 1791 [late Sep-Nov 1791]" 和其拼写变体 "Swartsia J. F. Gmelin, Syst. Nat. 2: 296,360. Sep (sero)-Nov 1791" 都应废弃。苔藓的 "Swartzia S. E. Bridel, J. Bot. (Schrader)1800(1(2):289. Apr 1801" 也应废弃。【分布】巴拿马, 秘鲁, 玻利维亚, 厄瓜多尔, 哥伦比亚(安蒂奥基亚), 哥斯达黎加, 尼加拉瓜, 非洲, 中美洲。【模式】Swartzia alata Willdenow。【参考异名】Bobgunnia J. H. Kirkbr. et Wiersema(1997); Bocco Steud. (1821); Bocoa Aubl. (1775); Dithyria Benth. (1840); Fairchildia Britton et Rose (1930); Gynanthistrophe Poit. ex DC. (1825); Hoelzelia Neck. (1790) Nom. inval. ; Huertaea Mutis (1958) Nom. illegit. ; Huertia Mutis (1957) Nom. illegit. ; Possira Aubl. (1775) (废弃属名); Rittera Schreb. (1789) Nom. illegit. ; Riveria Kunth (1825); Rossina Steud. (1841); Tounatea Aubl. (1775) (废弃属名); Trischidium Tul. (1843); Tunatea Kuntze(1891)●☆

49761 Swartziaceae (DC.) Bartl. = Fabaceae Lindl. (保留科名)// Leguminosae Juss. (1789) (保留科名)●■

49762 Swartziaceae Bani. (1846)= Fabaceae Lindl. (保留科名)// Leguminosae Juss. (1789) (保留科名)●■

49763 Swartziaceae Bartl. = Fabaceae Lindl. (保留科名)// Leguminosae Juss. (1789) (保留科名)●■

49764 Swarzia Retz. = Costus L. (1753); ~ = Hellenia Retz. (1791) [姜科(蘘荷科)Zingiberaceae//闭鞘姜科 Costaceae]■

49765 Sweertia Post et Kuntze (1903) Nom. illegit. = Swertia Boehm. (1760) Nom. illegit. ; ~ = Tolpis Adans. (1763) [菊科 Asteraceae (Compositae)]●■☆

49766 Sweertia St. -Lag. (1889) Nom. illegit. [龙胆科 Gentianaceae] ■☆

49767 Sweertia W. D. J. Koch(1844)= Swertia L. (1753) [龙胆科 Gentianaceae]■

49768 Sweetia DC. (1825) Nom. illegit. (废弃属名)= Galactia P. Browne (1756) [豆科 Fabaceae (Leguminosae)//蝶形花科 Papilionaceae]■

49769 Sweetia Spreng. (1825) (保留属名)【汉】斯威特豆属(斯威豆属)。【英】Sucupira。【隶属】豆科 Fabaceae(Leguminosae)。【包含】世界 1 种。【学名诠释与讨论】〈阴〉(人) Robert Sweet, 1783-1835, 英国植物学者, 园艺学者, 博物学者。此属的学名 "Sweetia Spreng. , Syst. Veg. 2:171,213. Jan-Mai 1825" 是保留属名。法规未列出相应的废弃名。但是 "Sweetia A. P. de Candolle, Prodr. 2:381. Nov (med.) 1825 = Galactia P. Browne(1756) [豆科 Fabaceae(Leguminosae)//蝶形花科 Papilionaceae]" 应该废弃。【分布】巴拉圭, 玻利维亚。【模式】Sweetia fruticosa K. P. J. Sprengel。【参考异名】Acosmium Schott (1827); Ferreirea F. Allam. (1851); Leptolobium Vogel (1837); Thalesia Mart. ex Pfeiff. ●☆

49770 Sweetiopsis Chodat et Hassk. (1904)= Riedeliella Harms(1903) [豆科 Fabaceae(Leguminosae)]■☆

49771 Swertia All. (1785) Nom. illegit. [菊 科 Asteraceae (Compositae)]■☆

49772 Swertia Boehm. (1760) Nom. illegit. ≡ Tolpis Adans. (1763) [菊科 Asteraceae(Compositae)]●■☆

49773 Swertia L. (1753)【汉】獐牙菜属(当药属)。【日】センブリ属。【 俄 】 Офелия, Свертия, Сверция, Трипутник。【 英 】 Ferwort, Swertia。【隶属】龙胆科 Gentianaceae。【包含】世界 50-185 种, 中国 75-82 种。【学名诠释与讨论】〈阴〉(人) Emanuel (Emmanuel) Swert (Sweerts, Sweert), 1552-1612, 荷兰鳞茎植物栽培家。此属的学名, ING、APNI、GCI 和 IK 记载是 "Swertia L. , Species Plantarum 2 1753"。"Swertia All. , Fl. Pedem. i. 208 (1785)" 和 "Swertia Boehmer in Ludwig, Def. Gen. ed. Boehmer 171. 1760 = Tolpis Adans. (1763)" 是晚出的非法名称。"Blepharaden Dulac, Fl. Hautes-Pyrénées 449. 1867" 是 "Swertia L. (1753)" 的晚出的同模式异名(Homotypic synonym, Nomenclatural synonym)。"Swertia Boehmer in Ludwig, Def. Gen. ed. Boehmer 171. 1760 (non Linnaeus 1753). " 则是 "Tolpis Adans. (1763) [菊科 Asteraceae(Compositae)]" 的同模式异名。"Swertia All. , Fl. Pedem. i. 208(1785)" 亦是晚出的非法名称。【分布】巴基斯坦, 玻利维亚, 马达加斯加, 美国, 中国, 非洲, 欧亚大陆, 北美洲。【后选模式】Swertia perennis Linnaeus。【参考异名】Adenopogon Welw. (1862); Agathodes Rchb. ; Agathotes D. Don ex G. Don (1837); Agathotes D. Don (1836) Nom. inval. ; Anagallidium Griseb. (1838); Blepharaden Dulac (1867) Nom. illegit. ; Henricea Lem. – Lis. (1824); Kingdon – wardia C. Marquand(1929); Monobothrium Hochst. (1844); Ophelia D. Don ex G. Don(1837); Ophelia D. Don(1837); Pleurogyne Eschsch. ex Griseb. (1838) Nom. illegit. ; Pleurogynella Ikonn. (1970); Rellesta Turcz. (1849); Sczukinia Turcz. (1840); Stellera Turcz. (1840) Nom. illegit. ; Sweertia W. D. J. Koch (1844); Swertopsis Makino(1891); Synallodia Raf. (1836)■

49774 Swertopsis Makino (1891)= Swertia L. (1753) [龙胆科 Gentianaceae]■

49775 Swertya Steud. (1841)= Swertia Boehm. (1760) Nom. illegit. ; ~ =Tolpis Adans. (1763) [菊科 Asteraceae(Compositae)]●■☆

49776 Swida Opiz(1838)【汉】梾木属。【俄】Свида。【英】Cornel, Dogwood。【隶属】山茱萸科 Cornaceae//四照花科 Cornaceae。【包含】世界 42-45 种, 中国 25 种。【学名诠释与讨论】〈阴〉词源不详。此属的学名, ING、TROPICOS、GCI 和 IK 记载是 "Swida Opiz, Oekon. -Techn. Fl. Böhm. [Berchtold et al.]2(1):3,174. 1838 [Aug-1838]"。"Ossea J. A. Nieuwland et J. Lunell, Amer. Midl. Naturalist 4:487. 3 Oct 1916" 是 "Swida Opiz(1838)" 的晚

出的同模式异名(Homotypic synonym, Nomenclatural synonym)。多有文献承认"肖楝木属 Thelycrania(Dumortier) Fourreau, Ann. Soc. Linn. Lyon ser. 2. 16:394. 28 Dec 1868";但是它是"Swida Opiz(1838)"的晚出的同模式异名,必须废弃。亦有文献把"Swida Opiz(1838)"处理为"Cornus L.(1753)"的异名。【分布】巴基斯坦,墨西哥,中国,安第斯山,北温带,中美洲。【后选模式】Swida sanguinea(Linnaeus)Opiz[Cornus sanguinea Linnaeus]。【参考异名】Cornulus Fabr.;Cornus L.(1753);Cornus sect. Thelycrania Dumort.(1827);Ossea Lonic. ex Nieuwl. et Lunell(1916)Nom. illegit.;Ossea Nieuwl. et Lunell(1916)Nom. illegit.;SSvida Opiz(1852)Nom. illegit.;Suida Opiz(1852)Nom. illegit.;Svida Small;Swjda Opiz(1838)Nom. illegit.;Telukrama Raf.(1838);Thelycrania(Dumort.)Fourr.(1868)Nom. illegit.;Thelycrania Fourr.(1868)Nom. illegit.;vjda Opiz(1852)Nom. illegit. ●

49777 Swietenia Jacq.(1760)【汉】桃花心木属。【日】マホガニ-属。【俄】Акажу, Дерево красное, Свиетения, Свиетения махагона。【英】Mahogany。【隶属】楝科 Meliaceae。【包含】世界 8 种,中国 2 种。【学名诠释与讨论】〈阴〉(人)Gerard van Swieten,1700-1772,荷兰植物学者,医生。此属的学名,ING、TROPICOS 和 IK 记载为"Swietenia N. J. Jacquin, Enum. Pl. Carib. 4,20. Aug-Sep 1760"。"Mahagoni Adanson, Fam. 2:343,573. Jul-Aug 1763"和"Roia Scopoli, Introd. 226. Jan-Apr 1777"是"Swietenia Jacq.(1760)"的晚出的同模式异名(Homotypic synonym, Nomenclatural synonym)。【分布】巴基斯坦,巴拿马,秘鲁,玻利维亚,厄瓜多尔,哥伦比亚(安蒂奥基亚),哥斯达黎加,尼加拉瓜,中国,西印度群岛,中美洲。【模式】Swietenia mahagoni(Linnaeus)N. J. Jacquin[Cedrela mahagoni Linnaeus]。【参考异名】Elutheria M. Roem.(1846)Nom. illegit.(废弃属名);Mahagoni Adans.(1763)Nom. illegit.;Roia Scop.(1777)Nom. illegit.;Suitenia Stokes(1812)Nom. illegit. ●

49778 Swieteniaceae Bercht. et J. Presl =Meliaceae Juss.(保留科名)●

49779 Swieteniaceae Kirchn. =Meliaceae Juss.(保留科名)●

49780 Swinburnia Ewart(1907)Nom. illegit. ≡ Neotysonia Dalla Torre et Harms(1905)[菊科 Asteraceae(Compositae)]■☆

49781 Swingera Dunal =Nolana L. ex L. f.(1762);~ =Zwingera Hofer(1762)Nom. illegit.;~ =Atropa L.(1753)[茄科 Solanaceae//颠茄科 Atropaceae//铃花科 Nolanaceae]■

49782 Swinglea Merr.(1927)【汉】菲律宾木橘属(菲律宾木桔)。【英】Swinglea。【隶属】芸香科 Rutaceae。【包含】世界 1 种。【学名诠释与讨论】〈阳〉(人)Walter Tennyson,Swingle,1871-1952,美国植物学者,芸香科专家。此属的学名,ING、TROPICOS 和 IK 记载为"Swinglea Merrill,J. Arnold Arbor. 8:131. 1927"。它是一个替代名称;"Chaetospermum Swingle,J. Wash. Acad. Sci. 3:101. 1913"是一个非法名称(Nom. illegit.),因为此前已经有了真菌的"Chaetospermum P. A. Saccardo, Syll. Fungorum 10:706. 30 Jun 1892";故用"Swinglea Merr.(1927)"替代之。【分布】菲律宾(菲律宾群岛),哥伦比亚,中美洲。【属名模式】Swinglea glutinosa(Blanco)Merrill[Limonia glutinosa Blanco, Chaetospermum glutinosa(Blanco)Swingle]。【参考异名】Chaetospermum Swingle(1913)Nom. illegit. ●☆

49783 Swintonia Griff.(1846)【汉】斯温顿漆属。【隶属】漆树科 Anacardiaceae。【包含】世界 12 种。【学名诠释与讨论】〈阴〉(人)George Swinton,1780-1854,英国作家,旅行家。【分布】东南亚西部。【模式】Swintonia floribunda Griffith。【参考异名】Anauxanopetalum Teijsm. et Binn.(1861);Astropetalum Griff.(1854)●☆

49784 Swjda Opiz(1838)=Swida Opiz(1838)[山茱萸科 Cornaceae]●

49785 Swynnertonia S. Moore(1908)【汉】斯温萝藦属。【隶属】萝藦科 Asclepiadaceae。【包含】世界 1 种。【学名诠释与讨论】〈阴〉(人)Charles Francis Massey Swynnerton,1877-1938,植物学者,植物采集家,生于印度,死于坦桑尼亚。【分布】津巴布韦。【模式】Swynnertonia cardinea S. Moore ●☆

49786 Syagrus Mart.(1824)【汉】金山葵(凤尾棕属,皇后葵属,皇后椰子属,女王椰子属,射古椰子属,西雅椰子属,下个棕属)。【日】スジミココヤシ属。【英】Jinshanpalm, Queen Palm, Syagrus。【隶属】棕榈科 Arecaceae(Palmae)。【包含】世界 30-32 种,中国 1 种。【学名诠释与讨论】〈阴〉一种棕榈的南美土名,野猪之义。【分布】巴拉圭,秘鲁,玻利维亚,厄瓜多尔,哥伦比亚(安蒂奥基亚),中国。【模式】Syagrus cocoides C. F. P. Martius。【参考异名】Arecastrum(Drude)Becc.(1916);Arikury Becc.(1916)Nom. illegit.;Arikuryroba Barb. Rodr.(1891);Barbosa Becc.(1887);Chrysallidosperma H. E. Moore(1963);Langsdorffia Raddi(1820)Nom. illegit.;Platenia H. Karst.(1856);Rhyticocos Becc.(1887)●

49787 Syalita Adans.(1763)Nom. illegit. ≡Dillenia L.(1753)[五桠果科(第伦桃科,五丫果科,锡叶藤科)Dilleniaceae]●

49788 Syama Jones(1795)Nom. inval. =Pupalia Juss.(1803)(保留属名)[苋科 Amaranthaceae]■☆

49789 Sycamorus Oliv.(1875)=Ficus L.(1753);~ =Sycomorus Gasp.(1845[桑科 Moraceae]●

49790 Sychinium Desv.(1826)=Dorstenia L.(1753)[桑科 Moraceae]■●☆

49791 Sychnosepalum Eichl.(1864)=Sciadotaenia Benth.(1861);~ =Sciadotenia Miers(1851)[防己科 Menispermaceae]●☆

49792 Sycios Medik.(1789)Nom. illegit. =Sicyos L.(1753)[葫芦科(瓜科,南瓜科)Cucurbitaceae]■

49793 Sycocarpus Britton(1887)=Guarea F. Allam.(1771)[as 'Guara'](保留属名)[楝科 Meliaceae]●☆

49794 Sycodendron Rojas Acosta(1918)=Ficus L.(1753)[桑科 Moraceae]●

49795 Sycodium Pomel(1874)=Anvillea DC.(1836)[菊科 Asteraceae(Compositae)]●☆

49796 Sycomorphe Miq.(1844)=Ficus L.(1753)[桑科 Moraceae]●

49797 Sycomorus Gasp.(1845)=Ficus L.(1753)[桑科 Moraceae]●

49798 Sycophila Welw. ex Tiegh.(1894)=Helixanthera Lour.(1790)[桑寄生科 Loranthaceae]●

49799 Sycopsis Oliv.(1860)【汉】水丝梨属。【俄】Сикопсис。【英】Fighazel。【隶属】金缕梅科 Hamamelidaceae。【包含】世界 2-3 种,中国 2 种。【学名诠释与讨论】〈阴〉(希)sykon,指小式 sykidion,无花果。sykinos,无花果树的。sykites,像无花果的+希腊文 opsis,外观,模样,相似。指某些灌木与无花果树相似。【分布】菲律宾,印度尼西亚(苏拉威西岛),印度(阿萨姆),中国,新几内亚岛。【模式】Sycopsis griffithiana D. Oliver。【参考异名】Distyliopsis P. K. Endress(1970)●

49800 Syderitis All.(1773)=Sideritis L.(1753)[唇形科 Lamiaceae(Labiatae)]■●

49801 Syena Schreb.(1789)Nom. illegit. ≡Mayaca Aubl.(1775)[三蕊细叶草科(花水藓科)Mayacaceae]■☆

49802 Sykesia Arn.(1836)=Gaertnera Lam.(1792)(保留属名)[茜草科 Rubiaceae]●

49803 Sykoraea Opiz(1852)=Campanula L.(1753)[桔梗科 Campanulaceae]■●

49804 Sylitra E. Mey.(1835)Nom. illegit. =Ptycholobium Harms

（1915）［豆科 Fabaceae（Leguminosae）］■☆

49805　Syllepis E. Fourn.（1886）Nom. illegit. ≡Syllepis E. Fourn. ex Benth. et Hook. f.（1883）；～＝Imperata Cyrillo（1792）［禾本科 Poaceae（Gramineae）］■

49806　Syllepis E. Fourn. ex Benth. et Hook. f.（1883）＝Imperata Cyrillo（1792）［禾本科 Poaceae（Gramineae）］■

49807　Syllisium Endl.（1843）Nom. illegit. ＝Syzygium P. Browne ex Gaertn.（1788）（保留属名）［桃金娘科 Myrtaceae］●

49808　Syllysium Meyen et Schauer（1843）＝Syzygium P. Browne ex Gaertn.（1788）（保留属名）［桃金娘科 Myrtaceae］●

49809　Sylphia Luer（2006）【汉】美洲腋花兰属。【隶属】兰科 Orchidaceae。【包含】世界 4 种。【学名诠释与讨论】〈阴〉词源不详。此属的学名，TROPICOS 和 IPNI 记载是"Sylphia Luer, Monogr. Syst. Bot. Missouri Bot. Gard. 105：227. 2006［May 2006］"。它曾被处理为"Specklinia subgen. Sylphia（Luer）Karremans, Phytotaxa 272（1）：26. 2016.（26 Aug 2016）"。亦有文献把"Sylphia Luer（2006）"处理为"Specklinia Lindl.（1830）"的异名。【分布】巴拿马，哥斯达黎加，墨西哥，南美洲，中美洲。【模式】Sylphia turrialbae（Luer）Luer［Pleurothallis turrialbae Luer］。【参考异名】Specklinia subgen. Sylphia（Luer）Karremans（2016）■☆

49810　Sylvalismis Dalla Torre et Harms ＝Calanthe R. Br.（1821）（保留属名）；～＝Sylvalismis Thouars；～＝Sylvalismus Post et Kuntze（1903）［兰科 Orchidaceae］■

49811　Sylvalismis Thouars ＝Calanthe R. Br.（1821）（保留属名）［兰科 Orchidaceae］■

49812　Sylvalismus Post et Kuntze（1903）＝Calanthe R. Br.（1821）（保留属名）；～＝Sylvalismis Thouars［兰科 Orchidaceae］■

49813　Sylvia Lindl.（1847）＝Silvia Benth.（1846）Nom. illegit.；～＝Silviella Pennell（1928）［玄参科 Scrophulariaceae//列当科 Orobanchaceae］■☆

49814　Sylvichadsia Du Puy et Labat（1998）【汉】林灌豆属。【隶属】豆科 Fabaceae（Leguminosae）。【包含】世界 4 种。【学名诠释与讨论】〈阴〉（拉）sylva，林子，森林，林地，树木志，树。silva 通常见于经典拉丁文，含义同前。sylvarius，林学家，森林管理员。sylvaticus, silvaticus, sylvestris, silvestris 等，属于森林的，野生的。sylvicola，生于森林中的，森林中的居住者。Sylvanus，森林之神＋（属）Chadsia 灌木查豆属。【分布】马达加斯加。【模式】Sylvichadsia grandifolia（R. Viguier）D. J. Du Puy et J. -N. Labat［Chadsia grandifolia R. Viguier］●☆

49815　Sylvipoa Soreng, L. J. Gillespie et S. W. L. Jacobs（2009）【汉】昆士兰禾属。【隶属】禾本科 Poaceae（Gramineae）。【包含】世界 1 种。【学名诠释与讨论】〈阴〉（拉）sylva，林子，森林，林地，树木志，树。silva 通常见于经典拉丁文，含义同前。sylvarius，林学家，森林管理员。sylvaticus, silvaticus, sylvestris, silvestris 等，属于森林的，野生的。sylvicola，生于森林中的，森林中的居住者。Sylvanus，森林之神＋（属）Poa 早熟禾属。【分布】澳大利亚（昆士兰）。【模式】Sylvipoa queenslandica（C. E. Hubbard）R. J. Soreng, L. J. Gillespie et S. W. L. Jacobs［Poa queenslandica C. E. Hubbard］☆

49816　Sylvorchis Schltr. ＝Silvorchis J. J. Sm.（1907）［兰科 Orchidaceae］■☆

49817　Symbasiandra Steud.（1840）Nom. inval. ≡Symbasiandra Willd. ex Steud.（1840）Nom. inval.；～＝Hilaria Kunth（1816）［禾本科 Poaceae（Gramineae）］■☆

49818　Symbasiandra Willd. ex Steud.（1840）Nom. inval. ＝Hilaria Kunth（1816）［禾本科 Poaceae（Gramineae）］■☆

49819　Symbegonia Warb.（1894）【汉】类秋海棠属。【日】シンベゴニア属。【隶属】秋海棠科 Begoniaceae。【包含】世界 14 种。【学名诠释与讨论】〈阴〉（希）sym-（在字母 b 和 p 前面），syn-、syr-（在字母 r 前面），sy-（在字母 s 前面），syl-（在字母 l 前面），sys-（在字母 s 前面），一起，联合，结合+（属）Begonia 秋海棠属。指与 Begonia 秋海棠属相似，具有合瓣花。【分布】新几内亚岛。【模式】Symbegonia fulvo-villosa Warburg ■☆

49820　Symblomeria Nutt.（1840）＝Albertinia Spreng.（1820）［菊科 Asteraceae（Compositae）］●☆

49821　Symbolanthus G. Don（1837）【汉】热美龙胆属。【隶属】龙胆科 Gentianaceae。【包含】世界 15 种。【学名诠释与讨论】〈阳〉（希）sym-，一起，联合，结合，和+（属）Bolanthus 爪翅花属。此属的学名，ING、TROPICOS 和 IK 记载是"Symbolanthus G. Don, Gen. Hist. 4：210. 1837"。"Leiothamnus Grisebach, Gen. Sp. Gentian. 205. Oct（prim.）1838（'1839'）"是"Symbolanthus G. Don（1837）"的晚出的同模式异名（Homotypic synonym, Nomenclatural synonym）。【分布】巴拿马，秘鲁，玻利维亚，厄瓜多尔，哥伦比亚（安蒂奥基亚），哥斯达黎加，中美洲。【后选模式】Symbolanthus kunthii G. Don, Nom. illegit.［Lisianthius anomalus Kunth；Symbolanthus anomalus（Kunth）E. F. Gilg］。【参考异名】Leiothamnus Griseb.（1838）Nom. illegit. ●☆

49822　Symbryon Griseb.（1866）＝Lunania Hook.（1844）（保留属名）［刺篱木科（大风子科）Flacourtiaceae］●☆

49823　Symea Baker（1871）＝Solaria Phil.（1858）［葱科 Alliaceae//百合科 Liliaceae］■☆

49824　Symethus Raf.（1838）＝Convolvulus L.（1753）［旋花科 Convolvulaceae］■●

49825　Symingtonia Steenis（1952）Nom. illegit. ≡Exbucklandia R. W. Br.（1946）［金缕梅科 Hamamelidaceae］●

49826　Symmeria Benth.（1845）【汉】多蕊蓼树属。【隶属】蓼科 Polygonaceae。【包含】世界 1 种。【学名诠释与讨论】〈阴〉（希）sym-（在字母 b 和 p 前面），syn-、syr-（在字母 r 前面），sy-（在字母 s 前面），syl-（在字母 l 前面），sys-（在字母 s 前面），一起，联合，结合，和+meros，一部分。拉丁文 merus 含义为纯洁的，真正的。"Symmeria Hook. f."是"Habenaria Willd.（1805）［兰科 Orchidaceae］"和"Synmeria Nimmo（1839）［兰科 Orchidaceae］"的异名。"Symmeria Benth.（1845）"曾被处理为"Lisianthius sect. Symbolanthus（G. Don）Benth.", Genera Plantarum 2：814. 1876"。【分布】秘鲁，玻利维亚，厄瓜多尔，热带非洲西部，热带南美洲北部。【模式】Symmeria paniculata Bentham。【参考异名】Amalobatrya Kunth ex Meissa.（1856）；Lisianthius sect. Symbolanthus（G. Don）Benth.（1876）；Thurnheyssera Mart. ex Meisn.（1856）●☆

49827　Symmeria Hook. f. ＝Habenaria Willd.（1805）；～＝Synmeria Nimmo（1839）［兰科 Orchidaceae］■

49828　Symmetria Blume（1826）＝Carallia Roxb.（1811）（保留属名）［红树科 Rhizophoraceae］●

49829　Symonanthus Haegi（1981）【汉】西蒙茄属。【隶属】茄科 Solanaceae。【包含】世界 2 种。【学名诠释与讨论】〈阴〉（人）David Eric Symon, 1920-?，植物学者+anthos，花。此属的学名"Symonanthus L. Haegi, Telopea 2：175. 21 Aug 1981"是一个替代名称。"Isandra F. v. Mueller, S. Sci. Rec. 3：2. Jan 1883"是一个非法名称（Nom. illegit.），因为此前已经有了"Isandra R. A. Salisbury, Gen. 67. Apr-Mai 1866 ＝Thysanotus R. Br.（1810）（保留属名）［百合科 Liliaceae//点柱花科（朱蕉科）Lomandraceae//吊兰科（猴面包科，猴面包树科）Anthericaceae//天门冬科 Asparagaceae］"。故用"Symonanthus Haegi（1981）"替

代之。亦有文献把"Symonanthus Haegi(1981)"处理为"Isandra F. Muell.(1883)Nom. illegit."的异名。【分布】澳大利亚(西南部)。【模式】Symonanthus bancroftii(F. von Mueller)L. Haegi [Isandra bancroftii F. von Mueller]。【参考异名】Isandra F. Muell.(1883)Nom. illegit.；Isandraea Rauschert(1982)Nom. illegit.，Nom. superfl.■☆

49830　Sympa Ravenna(1981)【汉】巴西鸢尾属。【隶属】鸢尾科 Iridaceae。【包含】世界1种。【学名诠释与讨论】〈阴〉词源不详。【分布】巴西。【模式】Sympa riograndensis P. Ravenna■☆

49831　Sympachne Steud.(1841)= Eriocaulon L.(1753)；~ = Symphachne P. Beauv. ex Desv.(1828)[谷精草科 Eriocaulaceae]■

49832　Sympagis(Nees)Bremek.(1944)【汉】合页草属。【隶属】爵床科 Acanthaceae。【包含】世界5种,中国2种。【学名诠释与讨论】〈阴〉(希)sym-(在字母b和p前面),syn-、syr-(在字母r前面),sys-(在字母s前面),sy-(在字母s前面),syl-(在字母l前面),一起,联合,结合,和+pagina,一页,一叶。指雄蕊基部联合。此属的学名,ING和IK记载为"Sympagis(C. G. D. Nees)Bremekamp,Verh. Kon. Ned. Akad. Wetensch.，Afd. Natuurk.，Tweede Sect. 41(1):254. 11 May 1944",由"Strobilanthes subgen. Sympagis C. G. D. Nees in Wallich,Pl. Asiat. Rar. 3:87. 15 Aug 1832"改级而来。"Sympagis Bremek.(1944)"的命名人引证有误。亦有文献把"Sympagis(Nees)Bremek.(1944)"处理为"Strobilanthes Blume(1826)"的异名。【分布】印度(阿萨姆),中国,东喜马拉雅山。【后选模式】Sympagis brunoniana(C. G. D. Nees)Bremekamp[Strobilanthes brunoniana C. G. D. Nees]。【参考异名】Strobilanthes Blume(1826)；Strobilanthes subgen. Sympagis Nees(1832)；Sympagis Bremek.(1944)Nom. illegit. ●■

49833　Sympagis Bremek.(1944)Nom. illegit. ≡ Sympagis(Nees)Bremek.(1944)[爵床科 Acanthaceae]●■

49834　Sympegma Bunge(1879)【汉】合头草属。【俄】Симпегма。【英】Sympegma。【隶属】藜科 Chenopodiaceae。【包含】世界1种,中国1种。【学名诠释与讨论】〈中〉(希)sym-,一起,联合,结合,和+pegma 连接物。【分布】中国,亚洲中部。【模式】Sympegma regelii Bunge ●■

49835　Sympetalandra Stapf(1891)【汉】东南亚苏木属。【隶属】豆科 Fabaceae(Leguminosae)。【包含】世界5种。【学名诠释与讨论】〈中〉(希)sym-,一起,联合,结合,和+希腊文 petalos,扁平的,铺开的。petalon,花瓣,叶,花叶,金属叶子。拉丁文的花瓣为 petalum+aner,所有格 andros,雄性,雄蕊。【分布】加里曼丹岛。【模式】Sympetalandra borneensis Stapf ●☆

49836　Sympetaleia A. Gray(1877)= Eucnide Zucc.(1844)(保留属名)[刺莲花科(硬毛草科)Loasaceae]■☆

49837　Symphachne P. Beauv.(1828)Nom. illegit. ≡ Symphachne P. Beauv. ex Desv.(1828)；~ = Eriocaulon L.(1753)[谷精草科 Eriocaulaceae]■

49838　Symphachne P. Beauv. ex Desv.(1828)= Eriocaulon L.(1753)[谷精草科 Eriocaulaceae]■

49839　Symphiandra Steud.(1841)= Symphyandra A. DC.(1830)[桔梗科 Campanulaceae]■☆

49840　Symphionema R. Br.(1810)【汉】合丝山龙眼属。【隶属】山龙眼科 Proteaceae。【包含】世界2种。【学名诠释与讨论】〈中〉(希)symphyo,胶在一起+nema,所有格 nematos,丝,花丝。【分布】澳大利亚。【后选模式】Symphionema paludosum R. Brown。【参考异名】Symphyonema R. Br.(1810)；Symphyonema Spreng.(1817)Nom. illegit. ●☆

49841　Symphipappus Klatt(1896)= Cadiscus E. Mey. ex DC.(1838)

[菊科 Asteraceae(Compositae)]■☆

49842　Symphitum Neck.(1770)= Symphytum L.(1753)[紫草科 Boraginaceae]■

49843　Symphocoronis Dur. = Scyphocoronis A. Gray(1851)[菊科 Asteraceae(Compositae)]■☆

49844　Symphonia L. f.(1782)【汉】合声木属。【俄】Симфония。【英】Symphonia。【隶属】猪胶树科(克鲁西科,山竹子科,藤黄科)Clusiaceae(Guttiferae)。【包含】世界17-23种。【学名诠释与讨论】〈阴〉(希)sy-(在字母s前面),syl-(在字母l前面),sym-(在字母b和p前面),syn-、syr-(在字母r前面),sys-(在字母s前面),一起,联合,结合,和+phone,声音。指雄蕊。【分布】巴拿马,秘鲁,玻利维亚,厄瓜多尔,哥伦比亚,哥斯达黎加,马达加斯加,尼加拉瓜,热带非洲,中美洲。【模式】Symphonia globulifera Linnaeus f.。【参考异名】Actinostigma Welw.(1859)；Aneuriscus C. Presl(1832)Nom. illegit.；Chrysopia Noronha ex Thouars(1806)；Chrysopia Thouars(1806)Nom. illegit.；Dactylanthera Welw.(1859)●☆

49845　Symphoniaceae(C. Presl)Barnhart = Clusiaceae Lindl.(保留科名)//Guttiferae Juss.(保留科名)●■

49846　Symphoniaceae Barnhart = Clusiaceae Lindl.(保留科名)//Guttiferae Juss.(保留科名)●■

49847　Symphoniaceae C. Presl = Clusiaceae Lindl.(保留科名)//Guttiferae Juss.(保留科名)●■

49848　Symphoranthera T. Durand et Jacks. = Dialypetalum Benth.(1873)；~ = Synphoranthera Bojer ex A. Zahlbr.(1891)[桔梗科 Campanulaceae]●■☆

49849　Symphoranthus Mitch.(1748)= Polypremum L.(1763)[四粉草科 Tetrachondraceae//岩高兰科 Empetraceae//醉鱼草科 Buddlejaceae//马钱科 Loganiaceae]■☆

49850　Symphorema Roxb.(1805)【汉】六苞藤属。【英】Symphorema。【隶属】马鞭草科 Verbenaceae//六苞藤科(伞序材科)Symphoremataceae//唇形科 Lamiaceae(Labiatae)。【包含】世界3-4种,中国1种。【学名诠释与讨论】〈中〉(希)symphoreo,聚合在一起,胶在一起+rhemos,桨。指头状聚伞花序,托以6枚苞片。【分布】印度至马来西亚,中国。【模式】Symphorema involucratum Roxburgh。【参考异名】Analectis Juss.(1805)；Analectis Juss. ex J. St. -Hil.(1805)；Sczegleewia Turcz.(1863)Nom. illegit.；Szeglewia Müll. Berol.(1869)Nom. illegit. ●

49851　Symphoremataceae(Meisn.)Moldenke ex Reveal et Hoogland(1991)= Symphoremataceae Moldenke ex Reveal et Hoogland；~ = Verbenaceae J. St. -Hil.(保留科名)●■

49852　Symphoremataceae(Meisn.)Reveal et Hoogland(1991)= Symphoremataceae Moldenke ex Reveal et Hoogland；~ = Verbenaceae J. St. -Hil.(保留科名)●■

49853　Symphoremataceae Moldenke ex Reveal et Hoogland(1991)[亦见 Symphoremataceae Reveal et Hoogland 六苞藤科(伞序材科)和 Verbenaceae J. St. -Hil.(保留科名)马鞭草科]【汉】六苞藤科(伞序材科)。【包含】世界3属35种,中国3属7种。【分布】热带美洲,非洲,亚洲。【科名模式】Symphorema Roxb.(1805)●

49854　Symphoremataceae Reveal et Hoogland = Symphoremataceae Moldenke ex Reveal et Hoogland；~ = Verbenaceae J. St. -Hil.(保留科名)●■

49855　Symphoremataceae Tiegh. = Labiatae Juss.(保留科名)//Lamiaceae Martinov(保留科名)；~ = Symphoremataceae Reveal et Hoogland；~ = Symplocaceae Desf.(保留科名)；~ = Verbenaceae J. St. -Hil.(保留科名)●■

49856　Symphoremataceae Wight(1849)= Labiatae Juss.(保留科

名)//Lamiaceae Martinov(保留科名)●■

49857　Symphoria Pers.（1805）＝ Symphoricarpos Duhamel（1755）［忍冬科 Caprifoliaceae］●

49858　Symphoricarpa Neck.（1790）Nom. inval. ＝ Symphoricarpos Duhamel（1755）［忍冬科 Caprifoliaceae］●

49859　Symphoricarpos Boehm.（1760）Nom. illegit.［忍冬科 Caprifoliaceae］☆

49860　Symphoricarpos Dill. ex Juss.（1789）Nom. illegit. ＝ Symphoricarpos Duhamel（1755）［忍冬科 Caprifoliaceae］●

49861　Symphoricarpos Duhamel（1755）【汉】毛核木属（雪果属，雪莓属）。【日】シンフォリカルポス属。【俄】Снежник，Снежноягодник，Ягода снежная。【英】Coralberry，Snowberry，St. Peter's Wort。【隶属】忍冬科 Caprifoliaceae。【包含】世界 16-18 种,中国 1 种。【学名诠释与讨论】〈阳〉（希）sy-（在字母 s 前面）,syl-（在字母 l 前面）,sym-（在字母 b 和 p 前面）,syn-、syr-（在字母 r 前面）,sys-（在字母 s 前面）,一起,联合,结合,和+phoros,具有,梗,负载,发现者+karpos,果实。指果成串或成簇。此属的学名,ING、TROPICOS 和 IK 记载是"Symphoricarpos Duhamel, Traité Arbr. Arbust.（Duhamel）2：295. 1755"。"Symphoricarpos Boehm., in Ludwig, Def. Gen. Pl., ed. 3. 35. 1760［忍冬科 Caprifoliaceae］"、"Symphoricarpos Dill. ex Juss., Gen. Pl.［Jussieu］211. 1789［4 Aug 1789］＝ Symphoricarpos Duhamel（1755）"是晚出的非法名称。"Symphoricarpos Juss.（1789）≡ Symphoricarpos Dill. ex Juss.（1789）Nom. illegit."的命名人引证有误。"Symphoricarpus Kunth, Nov. Gen. Sp.［H. B. K.］iii. 424（1818）"是"Symphoricarpos Duhamel（1755）"的拼写变体;"Symphoricarpus Humb.，Bonpl. et Kunth（1820）Nom. illegit. ≡ Symphoricarpus Kunth（1818）Nom. illegit."的命名人引证有误。【分布】美国,墨西哥,中国,中美洲。【模式】Symphoricarpos orbiculata Moench［Lonicera symphoricarpos Linnaeus］。【参考异名】Anisanthes Willd.（1819）Nom. illegit.；Anisanthes Willd. ex Roem. et Schult.（1819）Nom. illegit.；Anisanthus Schult.（1819）Nom. illegit.；Anisanthus Willd.（1819）Nom. illegit.；Anisanthus Willd. ex Roem. et Schult.（1819）Nom. illegit.；Anisanthus Willd. ex Schult.（1819）；Bonpland et Kunth（1820）；Margaris DC.（1830）；Symphoria Pers.（1805）；Symphoricarpa Neck.（1790）Nom. inval.；Symphoricarpos Dill. ex Juss.（1789）Nom. illegit.；Symphoricarpos Juss.（1789）Nom. illegit.；Symphoricarpus Humboldt，Bonpland et Kunth（1820）Nom. illegit.；Symphoricarpus Kunth（1818）Nom. illegit. ●

49862　Symphoricarpos Juss.（1789）Nom. illegit. ≡ Symphoricarpos Dill. ex Juss.（1789）Nom. illegit.；~ ＝ Symphoricarpos Duhamel（1755）［忍冬科 Caprifoliaceae］●

49863　Symphoricarpus Humb.，Bonpl. et Kunth（1820）Nom. illegit. ≡ Symphoricarpus Kunth（1818）Nom. illegit.；~ ≡ Symphoricarpos Duhamel（1755）［忍冬科 Caprifoliaceae］●

49864　Symphoricarpus Kunth（1818）Nom. illegit. ≡ Symphoricarpos Duhamel（1755）［忍冬科 Caprifoliaceae］●

49865　Symphostemon Hiern（1900）【汉】合蕊草属。【隶属】唇形科 Lamiaceae（Labiatae）。【包含】世界 2 种。【学名诠释与讨论】〈阳〉（希）symphyo,胶在一起+stemon,雄蕊。此属的学名是"Symphostemon Hiern，Cat. African Pl. 1；867. Aug 1900"。亦有文献把其处理为"Plectranthus L'Hér.（1788）（保留属名）"的异名。【分布】安哥拉。【模式】Symphostemon insolitus（C. H. Wright）Hiern［Plectranthus insolitus C. H. Wright］。【参考异名】Plectranthus L'Hér.（1788）（保留属名）■☆

49866　Symphyachna Post et Kuntze（1903）＝ Eriocaulon L.（1753）；

~ ＝ Symphachne P. Beauv. ex Desv.（1828）［谷精草科 Eriocaulaceae］■

49867　Symphyandra A. DC.（1830）【汉】联药花属（共药花属）。【日】シンフィアンドラ属。【俄】Симфиандра。【隶属】桔梗科 Campanulaceae。【包含】世界 12 种。【学名诠释与讨论】〈阴〉（希）symphyein，symphyes，合生的+aner，所有格 andros，雄性，雄蕊。此属的学名是"Symphyandra Alph. de Candolle，Monogr. Campan. 365. 5-6 Mai 1830"。亦有文献把其处理为"Campanula L.（1753）"的异名。【分布】巴基斯坦，地中海东部至高加索和亚洲中部。【模式】未指定。【参考异名】Campanula L.（1753）；Symphiandra Steud.（1841）■☆

49868　Symphydolon Salisb.（1866）＝ Gladiolus L.（1753）［鸢尾科 Iridaceae］■

49869　Symphyglossum Schltr.（1919）（保留属名）【汉】密舌兰属。【日】シンフィグロッサム属。【隶属】兰科 Orchidaceae。【包含】世界 5 种。【学名诠释与讨论】〈中〉（希）symphyein，symphyes，合生的 + glossa，舌。此属的学名"Symphyglossum Schltr. in Orchis 13：8. 15 Feb 1919"是保留属名。相应的废弃属名是萝藦科 Asclepiadaceae 的"Symphyoglossum Turcz. in Bull. Soc. Imp. Naturalistes Moscou 21：255. 1848"。【分布】秘鲁,厄瓜多尔,热带南美洲。【模式】Symphyglossum sanguineum（H. G. Reichenbach）Schlechter［Mesospinidium sanguineum H. G. Reichenbach］■☆

49870　Symphyllanthus Vahl（1810）＝ Dichapetalum Thouars（1806）［毒鼠子科 Dichapetalaceae］●

49871　Symphyllarion Gagnep.（1948）＝ Hedyotis L.（1753）（保留属名）［茜草科 Rubiaceae］●■

49872　Symphyllia Baill.（1858）＝ Epiprinus Griff.（1854）［大戟科 Euphorbiaceae］●

49873　Symphyllium Benth.（1878）Nom. illegit. ＝? Epiprinus Griff.（1854）［大戟科 Euphorbiaceae］☆

49874　Symphyllium Post et Kuntze（1903）Nom. illegit. ＝ Curanga Juss.（1807）；~ ＝ Synphyllium Griff.（1836）［玄参科 Scrophulariaceae］■☆

49875　Symphyllocarpus Maxim.（1859）【汉】合苞菊属（含苞草属）。【日】イヌトキンソウ属。【俄】Симфилокарпус。【英】Symphyllocarpus。【隶属】菊科 Asteraceae（Compositae）。【包含】世界 1 种,中国 1 种。【学名诠释与讨论】〈阳〉（希）sy-（在字母 s 前面）,syl-（在字母 l 前面）,sym-（在字母 b 和 p 前面）,syn-、syr-（在字母 r 前面）,sys-（在字母 s 前面）,一起,联合,结合,和+phyllon,叶子+karpos,果实。【分布】中国,东西伯利亚。【模式】Symphyllocarpus exilis Maximowicz ■

49876　Symphyllochlamys Willis，Nom. inval. ＝ Symphyochlamys Gürke（1903）［锦葵科 Malvaceae］●☆

49877　Symphyllophyton Gilg（1897）【汉】合叶龙胆属。【隶属】龙胆科 Gentianaceae。【包含】世界 2 种。【学名诠释与讨论】〈中〉（希）sym-,一起,联合,结合,和+phyllon,叶子+phyton,植物,树木,枝条。【分布】巴西。【模式】Symphyllophyton caprifolioides Gilg ■☆

49878　Symphyloma Steud.（1841）＝ Symphyoloma C. A. Mey.（1831）［伞形花科（伞形科）Apiaceae（Umbelliferae）］☆

49879　Symphyobasis K. Krause（1912）＝ Goodenia Sm.（1794）［草海桐科 Goodeniaceae］●■☆

49880　Symphyochaeta（DC.）Skottsb.（1953）＝ Robinsonia DC.（1833）（保留属名）［菊科 Asteraceae（Compositae）］●☆

49881　Symphyochlamys Gürke（1903）【汉】合被锦葵属。【隶属】锦葵科 Malvaceae。【包含】世界 1 种。【学名诠释与讨论】〈阴〉（希）

symphyo,胶在一起+chlamys,所有格 chlamydos,斗篷,外衣。【分布】热带非洲东北部。【模式】Symphyochlamys erlangeri Guerke。【参考异名】Symphyllochlamys Willis,Nom. inval.●☆

49882　Symphyodolon Baker（1877）= Gladiolus L.（1753）；～= Symphydolon Salisb.（1866）［鸢尾科 Iridaceae］■

49883　Symphyoglossum Turcz.（1848）（废弃属名）［萝藦科 Asclepiadaceae］■☆

49884　Symphyogyne Burret（1941）Nom. illegit. ≡Liberbaileya Furtado（1941）；～= Maxburretia Furtado（1941）［棕榈科 Arecaceae（Palmae）]●☆

49885　Symphyoloma C. A. Mey.（1831）【汉】合缘芹属。【俄】Сростноплодник。【隶属】伞形花科（伞形科）Apiaceae（Umbelliferae）。【包含】世界 1 种。【学名诠释与讨论】〈中〉（希）symphyo,胶在一起+loma,所有格 lomatos,袍的边缘。【分布】高加索。【模式】Symphyoloma graveolens C. A. Meyer。【参考异名】Symphyloma Steud.（1841）☆

49886　Symphyomera Hook. f.（1847）= Cotula L.（1753）［菊科 Asteraceae（Compositae）]■

49887　Symphyomyrtus Schauer（1844）= Eucalyptus L' Hér.（1789）［桃金娘科 Myrtaceae］●

49888　Symphyonema R. Br.（1810）= Symphionema R. Br.（1810）［山龙眼科 Proteaceae］●☆

49889　Symphyonema Spreng.（1817）Nom. illegit. = Symphionema R. Br.（1810）［山龙眼科 Proteaceae］●☆

49890　Symphyopappus Post et Kuntze（1903）Nom. illegit. = Cadiscus E. Mey. ex DC.（1838）；～= Symphipappus Klatt（1896）［菊科 Asteraceae（Compositae）]■☆

49891　Symphyopappus Turcz.（1848）【汉】合冠菊属。【隶属】菊科 Asteraceae（Compositae）。【包含】世界 11-12 种。【学名诠释与讨论】〈阳〉（希）symphyo, 胶在一起 + pappos 指柔毛, 软毛。pappus 则与拉丁文同义,指冠毛。此属的学名,ING、TROPICOS、GCI 和 IK 记载为" Symphyopappus Turcz. , Byull. Moskovsk. Obshch. Isp. Prir. ,Otd. Biol. 21:583. 1848"。" Symphyopappus Post et Kuntze（1903）Nom. illegit. = Cadiscus E. Mey. ex DC.（1838）= Symphipappus Klatt（1896）［菊科 Asteraceae（Compositae）]"是晚出的非法名称。【分布】巴拉圭,巴西（南部）。【模式】Symphyopappus decussatus Turczaninow。【参考异名】Calophyllum Post et Kuntze（1903）Nom. illegit. ; Kallophyllon Pohl ex Baker（1876）; Kallophyllon Pohl（1876）Nom. illegit. ●☆

49892　Symphyopetaion J. Drumm. ex Harv.（1855）= Nematolepis Turcz.（1852）［芸香科 Rutaceae］●☆

49893　Symphyosepalum Hand. -Mazz.（1936）= Neottianthe（Rchb.）Schltr.（1919）［兰科 Orchidaceae］

49894　Symphyostemon Klotzsch（1861）Nom. illegit. = Cleome L.（1753）［山柑科（白花菜科,醉蝶花科）Capparaceae//白花菜科（醉蝶花科）Cleomaceae］●■

49895　Symphyostemon Miers ex Klatt（1861）Nom. illegit. ≡ Phaiophleps Raf.（1838）；～= Olsynium Raf.（1836）［鸢尾科 Iridaceae］■☆

49896　Symphyostemon Miers（1841）Nom. inval. ≡ Symphyostemon Miers ex Klatt（1861）Nom. illegit. ;～≡Phaiophleps Raf.（1838）; ～=Olsynium Raf.（1836）［鸢尾科 Iridaceae］■☆

49897　Symphyotrichum Nees（1832）【汉】卷舌菊属。【英】Aster。【隶属】菊科 Asteraceae（Compositae）。【包含】世界 92 种。【学名诠释与讨论】〈阴〉（希）symphysis,连接,接合+thrix,所有格 trichos,毛,毛发。此属的学名是" Symphyotrichum C. G. D. Nees, Gen. Sp. Aster. 135. Jul-Dec 1832"。亦有文献把其处理为" Aster L.

（1753）"的异名。【分布】巴拉圭,玻利维亚,厄瓜多尔,哥伦比亚（安蒂奥基亚）,美国（密苏里）,中美洲。【模式】Symphyotrichum unctuosum C. G. D. Nees。【参考异名】Aster L.（1753）■☆

49898　Symphysia C. Presl（1827）【汉】合囊莓属（西印度杜鹃花属）。【隶属】杜鹃花科（欧石南科）Ericaceae。【包含】世界 1-2 种。【学名诠释与讨论】〈阴〉（希）sy-（在字母 s 前面）,syl-（在字母 l 前面）,sym-（在字母 b 和 p 前面）,syn-、syr-（在字母 r 前面）,sys-（在字母 s 前面）,一起,联合,结合,和+phsis,生长。【分布】西印度群岛。【模式】Symphysia martinicensis K. B. Presl。【参考异名】Andreusia Dunal ex Meisn.（1839）Nom. illegit. ; Andreusia Dunal（1839）Nom. illegit. ; Hornemannia Vahl（1810）Nom. illegit. ; Peyrusa Rich. ex Dunal（1839）; Tauschia Preissler（1828）（废弃属名）●☆

49899　Symphysicarpus Hassk.（1857）= Heterostemma Wight et Arn.（1834）［萝藦科 Asclepiadaceae］●

49900　Symphysodaphne A. Rich.（1853）= Licaria Aubl.（1775）［樟科 Lauraceae］●☆

49901　Symphytonema Schltr.（1895）= Camptocarpus Decne.（1844）（保留属名）；～= Tanulepis Balf. f.（1877）［萝藦科 Asclepiadaceae］●☆

49902　Symphytosiphon Harms（1896）= Trichilia P. Browne（1756）（保留属名）［楝科 Meliaceae］●

49903　Symphytum L.（1753）【汉】聚合草属（合生草属,合生草属,聚生草属,块根紫芹属,西门肺草属）。【日】ヒレハリサウ属,ヒレハリソウ属。【俄】Окопник。【英】Blackwort, Boneset, Collectivegrass, Comfrey。【隶属】紫草科 Boraginaceae。【包含】世界 20-35 种,中国 1 种。【学名诠释与讨论】〈中〉（希）symphyton,植物古名,原义是愈合。指植物具有疗伤作用。【分布】玻利维亚,美国,中国,地中海至高加索,欧洲。【后选模式】Symphytum officinale Linnaeus。【参考异名】Consolida Gilib. ; Consolida Riv. ex Ruppius（1745）Nom. inval. ; Precopiania Gusul. ; Procopiana Gusul. , Nom. illegit. ; Procopiania Gusul.（1928）Nom. illegit. ; Simphitum Neck.（1768）; Symphitum Neck.（1770）■

49904　Sympieza Licht. ex Roem. et Schult.（1818）【汉】好望角杜鹃花属。【隶属】杜鹃花科（欧石南科）Ericaceae。【包含】世界 8 种。【学名诠释与讨论】〈阴〉（希）sympiezo,压在一起。sympiknos,压在一起的。指花,或指雄蕊贴附在花冠筒上。此属的学名,IK 和 TROPICOS 记载是" Sympieza Licht. ex Roem. et Schult. , Syst. Veg. , ed. 15 bis ［Roemer et Schultes］3：8, 171. 1818［Apr-Jul 1818］"。ING 则记载为" Sympieza J. J. Roemer et J. A. Schultes,Syst. Veg. 3：8. Apr-Jul 1818"。三者引用的文献相同。亦有文献把" Sympieza Licht. ex Roem. et Schult.（1818）"处理为" Erica L.（1753）"的异名。【分布】非洲南部。【模式】Sympieza capitellata Lichtenstein ex J. J. Roemer et J. A. Schultes,Nom. illegit. ［Blaeria bracteata Wendland］。【参考异名】Erica L.（1753）; Sympieza Roem. et Schult.（1818）Nom. illegit. ●☆

49905　Sympieza Roem. et Schult.（1818）Nom. illegit. ≡ Sympieza Licht. ex Roem. et Schult.（1818）［杜鹃花科（欧石南科）Ericaceae］●☆

49906　Symplectochilus Lindau（1894）= Anisotes Nees（1847）（保留属名）［爵床科 Acanthaceae］●☆

49907　Symplectrodia Lazarides（1985）【汉】根茎三齿稃属。【隶属】禾本科 Poaceae（Gramineae）。【包含】世界 2 种。【学名诠释与讨论】〈阴〉（希）sym-,一起,联合,结合,和+plektron,距+odous,所

有格 odontos,齿。【分布】澳大利亚。【模式】Symplectrodia lanosa M. Lazarides ■☆

49908 Sympleura Miers（1847）= Barberina Vell.（1829）；~ = Symplocos Jacq.（1760）［山矾科（灰木科）Symplocaceae］●

49909 Symplocaceae Desf.（1820）［as 'Symploceae'］（保留科名）【汉】山矾科（灰木科）。【日】ハイノキ科,ハヒノキ科。【俄】Симплоковые。【英】Sweetleaf Family,Symplocos Family。【包含】世界 1-2 属 200-3200 种,中国 1 属 24-102 种。【分布】热带和亚热带,少数扩展到温带亚洲和北美洲。【科名模式】Symplocos Jacq.（1760）●

49910 Symplocarpus Salisb.（1812）Nom. inval.（废弃属名）≡ Symplocarpus Salisb. ex Nutt.（1818）Nom. illegit.（废弃属名）；~ ≡ Symplocarpus Salisb. ex W. P. C. Barton（1817）（保留属名）［天南星科 Araceae］■

49911 Symplocarpus Salisb. ex Nutt.（1818）Nom. illegit.（废弃属名）≡ Symplocarpus Salisb. ex W. P. C. Barton（1817）（保留属名）［天南星科 Araceae］■

49912 Symplocarpus Salisb. ex W. P. C. Barton（1817）（保留属名）【汉】臭菘属。【日】ザゼンサウ属,ザゼンソウ属。【俄】Симплокарпус。【英】Chou Puant,Skunk Cabbage,Skunkcabbage,Skunk-cabbage,Symplocarpus,Tabac-du-diable。【隶属】天南星科 Araceae。【包含】世界 1-3 种,中国 1 种。【学名诠释与讨论】〈阳〉（希）symploke,扭在一起的,绞在一起的,结合+karpos,果实。指果为聚合果。此属的学名"Symplocarpus Salisb. ex W. P. C. Barton,Veg. Mater. Med. U. S. 1:124. 1817"是保留属名。法规未列出相应的废弃属名。但是"Symplocarpus Salisb. ex Nutt.,Gen. N. Amer. Pl.［Nuttall］. 1:105. 1818［14 Jul 1818］≡Symplocarpus Salisb. ex W. P. C. Barton（1817）（保留属名）"应该废弃;"Symplocarpus Salisb.,Trans. Hort. Soc. London i. 267（1812）≡Symplocarpus Salisb. ex W. P. C. Barton（1817）（保留属名）"是一个未合格发表的名称（Nom. inval.）。《北美植物志》使用的是废弃属名"Symplocarpus Salisb. ex Nutt.（1818）"。《台湾植物志》和《中国植物志》中文版使用无效名称"Symplocarpus Salisb.（1812）"为正名。"Ictodes Bigelow,Amer. Med. Bot. 2:41. 1818"和"Spathyema Rafinesque,Fl. Tell. 4:13. 1838（med.）（'1836'）"是"Symplocarpus Salisb. ex W. P. C. Barton（1817）（保留属名）"的晚出的同模式异名（Homotypic synonym,Nomenclatural synonym）。【分布】日本,中国,亚洲东北部,北美洲太平洋沿岸。【模式】Symplocarpus foetidus（Linnaeus）W. P. C. Barton［as 'foetida'］［Dracontium foetidum Linnaeus］。【参考异名】Ictodes Bigelow（1818）Nom. illegit.；Simplocarpus F. Schmidt（1868）；Spathyema Raf.（1838）Nom. illegit.；Symplocarpus Salisb.（1812）Nom. inval.（废弃属名）；Symplocarpus Salisb. ex Nutt.（1818）Nom. illegit.（废弃属名）■

49913 Symplococarpon Airy Shaw（1937）【汉】合果山茶属。【隶属】山茶科（茶科）Theaceae//厚皮香科 Ternstroemiaceae。【包含】世界 9 种。【学名诠释与讨论】〈中〉（希）symploke,扭在一起的,绞在一起的,结合+karpos,果实。【分布】巴拿马,哥伦比亚,哥伦比亚（安蒂奥基亚）,墨西哥,尼加拉瓜,中美洲。【模式】Symplococarpon hintoni（Bullock）Airy Shaw［Eurya hintoni Bullock］●☆

49914 Symplocos Jacq.（1760）【汉】山矾属（灰木属）。【日】ハイノキ属,ハヒノキ属。【俄】Симплокос。【英】Sweetleaf,Symplocos。【隶属】山矾科（灰木科）Symplocaceae。【包含】世界 200-500 种,中国 24-102 种。【学名诠释与讨论】〈阴〉（希）sym-,一起,联合,结合,和+ploke 绞织物。symploke,扭在一起的,绞在一起的,结合。plokos,一绺毛,卷发,花环。plokion,项圈或项链。ploke

纠纷,纽绞在一起。plokios,纽绞的。指雄蕊基部合生成束。此属的学名,ING、TROPICOS、APNI、GCI 和 IK 记载是"Symplocos Jacq.，Enum. Syst. Pl. 5, 24. 1760［Jun – Dec 1760］"。"Eugeniodes Kuntze,Rev. Gen. 2:409. 5 Nov 1891"是"Symplocos Jacq.（1760）"的晚出的同模式异名（Homotypic synonym,Nomenclatural synonym）。【分布】澳大利亚,巴基斯坦,巴拉圭,巴拿马,秘鲁,玻利维亚,厄瓜多尔,哥伦比亚（安蒂奥基亚）,尼加拉瓜,中国,波利尼西亚群岛,热带和亚热带亚洲,中美洲。【模式】Symplocos martinicensis N. J. Jacquin。【参考异名】Alstonia Mutis ex L. f.（1782）（废弃属名）；Alstonia Mutis（1782）Nom. illegit.（废弃属名）；Barberina Vell.（1829）；Bobu Adans.（1763）；Bobua Adans.（1763）；Bobua DC.（1828）Nom. illegit.；Carlea C. Presl（1851）；Catonia Vell.（1829）Nom. illegit.；Chasseloupia Vieill.（1866）；Ciponima Aubl.（1775）；Cofer Loefl.（1758）；Cordyloblaste Hensch. ex Moritzi（1848）；Cordyloblaste Moritzi（1848）；Decadia Lour.（1790）；Dicalix Lour.（1790）；Dicalyx Poir.（1819）；Drupatris Lour.（1790）；Eugeniodes Kuntze（1891）Nom. illegit.；Hopea Garden ex L.（1767）（废弃属名）；Hoppea Endl.（1839）Nom. illegit.；Hosea Dennst.（1818）Nom. illegit.，Nom. nud.；Hypopogon Turcz.（1858）；Lhodra Endl.（1842）；Lodhra（G. Don）Guill.（1841）；Lodhra Guill.（1841）Nom. illegit.；Mongezia Vell.（1829）；Palura（G. Don）Buch. -Ham. ex Miers（1879）Nom. illegit.；Palura（G. Don）Miers（1879）；Palura Buch. -Ham. ex D. Don（1825）Nom. illegit.；Palura Buch. – Ham. ex Miers（1879）Nom. illegit.；Praealstonia Miers（1879）；Protohopea Miers（1879）Nom. illegit.；Sariava Reinw.（1828）；Scyrtocarpus Miers（1847）；Simplocos Lex.（1824）；Siponima A. DC.（1844）；Stemmatosiphum Pohl（1831）；Suringaria Pierre（1886）；Sympleura Miers（1847）●

49915 Sympodium C. Kooh（1842）Nom. illegit. ≡ Sympodium K. Koch（1842）；~ = Carum L.（1753）［伞形花科（伞形科）Apiaceae（Umbelliferae）］■

49916 Sympodium K. Koch（1842）= Carum L.（1753）［伞形花科（伞形科）Apiaceae（Umbelliferae）］■

49917 Symptera Post et Kuntze（1903）= Synptera Llanos（1851）；~ = Trichoglottis Blume（1825）［兰科 Orchidaceae］■

49918 Synactila Raf.（1838）（废弃属名）≡ Psilanthus（DC.）M. Roem.（1846）（废弃属名）；~ = Passiflora L.（1753）（保留属名）［西番莲科 Passifloraceae］●■

49919 Synactinia Rchb.（1837）= Erica L.（1753）［杜鹃花科（欧石南科）Ericaceae］●☆

49920 Synadena Raf.（1838）Nom. illegit. ≡ Phalaenopsis Blume（1825）［兰科 Orchidaceae］■

49921 Synadenium Boiss.（1862）【汉】彩云木属（希纳德木属）。【俄】Синадениум。【英】Milkbush。【隶属】大戟科 Euphorbiaceae。【包含】世界 13-20 种。【学名诠释与讨论】〈中〉（希）syn-,一起,联合,结合,和+aden,所有格 adenos,腺体+-ius,-ia,-ium,在拉丁文和希腊文中,这些词尾表示性质或状态。【分布】马达加斯加,马斯克林群岛,热带非洲。【后选模式】Synadenium arborescens（Boissier）Nom. illegit.［Euphorbia cupularis Boissier；Synadenium cupulare（Boissier）L. C. Wheeler］●☆

49922 Synaecia Pritz.（1855）= Ficus L.（1753）；~ = Synoecia Miq.（1848）［桑科 Moraceae］●

49923 Synaedris Steud.（1841）Nom. illegit. ≡ Synaedrys Lindl.（1836）［壳斗科（山毛榉科）Fagaceae］●■

49924 Synaedrys Lindl.（1836）= Lithocarpus Blume（1826）［壳斗科

（山毛榉科）Fagaceae]●

49925　Synallodia Raf.（1836）= Swertia L.（1753）[龙胆科 Gentianaceae]■

49926　Synandra Nutt.（1818）【汉】聚雄草属。【隶属】唇形科 Lamiaceae（Labiatae）。【包含】世界 1 种。【学名诠释与讨论】〈阴〉（希）syn-，一起，联合，结合，和+aner，所有格 andros，雄性，雄蕊。此属的学名，ING、TROPICOS、GCI 和 IK 记载是"Synandra Nutt.，Gen. N. Amer. Pl.［Nuttall］. 2：29. 1818［14 Jul 1818］"。"Synandra Schrader, Gött. Gel. Anz. 1：715. 1821 = Aphelandra R. Br.（1810）= Stenandrium Nees（1836）（保留属名）［爵床科 Acanthaceae]"是晚出的非法名称。【分布】美国（东部）。【模式】Synandra grandiflora Nuttall。【参考异名】Torreya Raf.（1818）（废弃属名）■☆

49927　Synandra Schrad.（1821）Nom. illegit. = Aphelandra R. Br.（1810）; ~ = Stenandrium Nees（1836）（保留属名）［爵床科 Acanthaceae]☆

49928　Synandrina Standl. et L. O. Williams（1952）= Casearia Jacq.（1760）［刺篱木科（大风子科）Flacourtiaceae//天料木科 Samydaceae]●

49929　Synandrodaphne Gilg（1915）（保留属名）【汉】联蕊木属。【隶属】瑞香科 Thymelaeaceae。【包含】世界 1 种。【学名诠释与讨论】〈阴〉（希）syn-，一起，联合，结合，和+aner，所有格 andros，雄性，雄蕊+（属）Daphne 瑞香属。此属的学名"Synandrodaphne Gilg in Bot. Jahrb. Syst. 53：362. 19 Oct 1915"是保留属名。相应的废弃属名是"Synandrodaphne Meisner in Alph. de Candolle, Prodr. 15（1）：176. Mai（prim.）1864 ≡ Rhodostemonodaphne Rohwer et Kubitzki（1985）= Ocotea Aubl.（1775）［樟科 Lauraceae]"。"Rhodostemonodaphne Rohwer et Kubitzki（1985）"是"Synandrodaphne Meisn.（1864）（废弃属名）"的替代名称。"Gilgiodaphne Domke, Biblioth. Bot. 111：119. 1934"是"Synandrodaphne Gilg（1915）（保留属名）"多余的替代名称。【分布】西赤道非洲。【模式】Synandrodaphne paradoxa Gilg。【参考异名】Gilgiodaphne Domke（1934）Nom. illegit. ●☆

49930　Synandrodaphne Meisn.（1864）（废弃属名）≡ Rhodostemonodaphne Rohwer et Kubitzki（1985）; ~ = Ocotea Aubl.（1775）［樟科 Lauraceae]●☆

49931　Synandrogyne Buchet（1939）= Arophyton Jum.（1928）［天南星科 Araceae]■☆

49932　Synandropus A. C. Sm.（1931）【汉】聚药藤属。【隶属】防己科 Menispermaceae。【包含】世界 1 种。【学名诠释与讨论】〈阴〉（希）syn-，一起，联合，结合，和+aner，所有格 andros，雄性，雄蕊+pous，所有格 podos，指小式 podion，脚，足，柄，梗。podotes，有脚的。【分布】巴西，玻利维亚。【模式】Synandropus membranaceus A. C. Smith ●☆

49933　Synandrospadix Engl.（1883）【汉】合蕊南星属。【隶属】天南星科 Araceae。【包含】世界 1 种。【学名诠释与讨论】〈阴〉（希）syn-，一起，联合，结合，和+aner，所有格 andros，雄性，雄蕊+aner，所有格 andros，雄性，雄蕊+spadix，所有格 spadikos = 拉丁文 spadix，所有格 spadicis，棕榈之枝或复叶。新拉丁文 spadiceus，枣红色，胡桃褐色。拉丁文中 spadix 亦为佛焰花序或肉穗花序。【分布】阿根廷（北部），秘鲁，玻利维亚。【模式】Synandrospadix vermitoxicus（Grisebach）Engler［Asterostigma vermitoxicum Grisebach]。【参考异名】Lilloa Speg.（1897）■☆

49934　Synantheraceae Cass. = Asteraceae Bercht. et J. Presl（保留科名）; ~ = Compositae Giseke（保留科名）●■

49935　Synantherias Schott（1858）= Amorphophallus Blume ex Decne.（1834）（保留属名）［天南星科 Araceae]■●

49936　Synanthes Burns-Bal., H. Rob. et M. S. Foster（1985）【汉】合花兰属。【隶属】兰科 Orchidaceae。【包含】世界 1 种。【学名诠释与讨论】〈阴〉（希）syn-，一起，联合，结合，和+anthos，花。【分布】巴拉圭。【模式】Synanthes bertonii P. Burns-Balogh, H. E. Robinson et M. S. Foster ■☆

49937　Synaphe Dulac（1867）Nom. illegit. = Scleropoa Griseb.（1846）; ~ = Catapodium Link（1827）[as 'Catopodium']［禾本科 Poaceae（Gramineae）]■☆

49938　Synaphea R. Br.（1810）【汉】合龙眼属。【隶属】山龙眼科 Proteaceae。【包含】世界 10-50 种。【学名诠释与讨论】〈阴〉（希）synaphe，连接，团结。【分布】澳大利亚（西部）。【后选模式】Synaphea petiolaris R. Brown ●☆

49939　Synapisma Steud.（1841）= Codiaeum A. Juss.（1824）（保留属名）; ~ = Synaspisma Endl.（1840）［大戟科 Euphorbiaceae]●

49940　Synapsis Griseb.（1866）【汉】古巴参木属。【隶属】玄参科 Scrophulariaceae//夷地黄科 Schlegeliaceae//紫葳科 Bignoniaceae。【包含】世界 1 种。【学名诠释与讨论】〈阴〉（希）synapsis，结合，连在一起。【分布】古巴。【模式】Synapsis ilicifolia Grisebach ●☆

49941　Synaptantha Hook. f.（1873）【汉】合花茜属。【隶属】茜草科 Rubiaceae。【包含】世界 1 种。【学名诠释与讨论】〈阴〉（希）synapto，结合+anthos，花。此属的学名，ING、TROPICOS、APNI 和 IK 记载是"Synaptantha Hook. f.，Hooker's Icon. Pl. 12：t. 1146. 1873［Apr 1873］"。"Synaptantha K. Schum.，Nat. Pflanzenfam.［Engler et Prantl]iv. 4（1891）24［茜草科 Rubiaceae]"是晚出的非法名称。【分布】澳大利亚（亚热带）。【模式】Synaptantha tillaeacea（F. von Mueller）J. D. Hooker［Hedyotis tillaeacea F. von Mueller]。【参考异名】Synaptanthe Willis, Nom. inval.; Synaptanthera K. Schum. ■☆

49942　Synaptantha K. Schum.（1891）Nom. illegit.［茜草科 Rubiaceae]☆

49943　Synaptanthe Willis, Nom. inval. = Synaptantha Hook. f.（1873）［茜草科 Rubiaceae]■☆

49944　Synaptanthera K. Schum. = Synaptantha Hook. f.（1873）［茜草科 Rubiaceae]■☆

49945　Synaptea Griff., Nom. illegit. = Sunaptea Griff.（1854）［龙脑香科 Dipterocarpaceae]●

49946　Synaptea Kurz（1870）Nom. illegit. = Vatica L.（1771）［龙脑香科 Dipterocarpaceae]●

49947　Synapteopsis Post et Kuntze（1903）= Stemonoporus Thwaites（1854）; ~ = Sunapteopsis Heim（1892）; ~ = Vateria L.（1753）［龙脑香科 Dipterocarpaceae]●☆

49948　Synaptera Willis, Nom. inval. = Synaptea Griff.; ~ = Vatica L.（1771）［龙脑香科 Dipterocarpaceae]●

49949　Synaptolepis Oliv.（1870）【汉】合鳞瑞香属。【隶属】瑞香科 Thymelaeaceae。【包含】世界 4-5 种。【学名诠释与讨论】〈阴〉（希）synapto，结合+lepis，所有格 lepidos，指小式 lepion 或 lepidion，鳞，鳞片。lepidotos，多鳞的。lepos，鳞，鳞片。【分布】马达加斯加，热带非洲。【模式】Synaptolepis kirkii D. Oliver ●☆

49950　Synaptophyllum N. E. Br.（1925）【汉】合叶日中花属。【日】シナプトフィルム属。【隶属】番杏科 Aizoaceae。【包含】世界 1 种。【学名诠释与讨论】〈中〉（希）synapto，结合+希腊文 phyllon，叶子。phyllodes，似叶的，多叶的。phylleion，绿色材料，绿草。【分布】非洲西南部。【后选模式】Synaptophyllum juttae（Dinter et A. Berger）N. E. Brown［Mesembryanthemum juttae Dinter et A. Berger]■☆

49951　Synardisia（Mez）Lundell（1963）【汉】合金牛属。【隶属】紫金牛科 Myrsinaceae。【包含】世界 1 种。【学名诠释与讨论】〈阴〉

（希）syn-（在字母 s 前面用 sy-，在字母 l 前面用 syl-，在字母 b，m 和 p 前面用 sym-，在字母 r 前面用 syn-、syr-，在元音字母前用 syn-，在字母 s 前面用 sys-），一起，联合，结合，和+（属）Ardisia 紫金牛属。此属的学名，ING 和 IK 记载是"Synardisia（Mez）C. L. Lundell, Wrightia 3：88，90. 31 Dec 1963"，由"Ardisia subgen. Synardisia Mez in Engler, Pflanzenr. IV. 236（Heft 9）：77. 6 Mai. 1902"改编而来。亦有文献把"Synardisia（Mez）Lundell（1963）"处理为"Ardisia Sw.（1788）（保留属名）"的异名。【分布】尼加拉瓜，中美洲。【模式】Synardisia venosa（M. T. Masters）C. L. Lundell［Ardisia venosa M. T. Masters］。【参考异名】Ardisia Sw.（1788）（保留属名）；Ardisia subgen. Synardisia Mez（1902）●☆

49952 Synarmosepalum Garay, Hamer et Siegerist（1994）【汉】聚萼兰属。【隶属】兰科 Orchidaceae。【包含】世界 2 种。【学名诠释与讨论】〈阴〉（希）snarmoge，组合+sepalum，花萼。此属的学名是"Synarmosepalum Garay, Hamer et Siegerist, Nordic Journal of Botany 14：639. 1994"。亦有文献把其处理为"Bulbophyllum Thouars（1822）（保留属名）"的异名。【分布】菲律宾，加里曼丹岛。【模式】不详。【参考异名】Bulbophyllum Thouars（1822）（保留属名）■☆

49953 Synarrhena F. Muell.（1866）Nom. illegit. = Saurauia Willd.（1801）（保留属名）［猕猴桃科 Actinidiaceae//水东哥科（伞罗夷科，水冬瓜科）Saurauiaceae］●

49954 Synarrhena Fisch. et C. A. Mey.（1841）= Manilkara Adans.（1763）（保留属名）［山榄科 Sapotaceae］●

49955 Synarthron Benth. et Hook. f.（1873）= Senecio L.（1753）；~ = Synarthrum Cass.（1827）［菊科 Asteraceae（Compositae）//千里光科 Senecionidaceae］●■

49956 Synarthrum Cass.（1827）= Senecio L.（1753）［菊科 Asteraceae（Compositae）//千里光科 Senecionidaceae］■●

49957 Synaspisma Endl.（1840）= Codiaeum A. Juss.（1824）（保留属名）［大戟科 Euphorbiaceae］●

49958 Synassa Lindl.（1826）= Sauroglossum Lindl.（1833）［兰科 Orchidaceae］■☆

49959 Synastemon F. Muell. = Sauropus Blume（1826）［大戟科 Euphorbiaceae］●■

49960 Syncalathium Lipsch.（1956）【汉】合头菊属。【英】Syncalathium。【隶属】菊科 Asteraceae（Compositae）。【包含】世界 9 种，中国 9 种。【学名诠释与讨论】〈中〉（希）syn-（在字母 s 前面用 sy-，在字母 l 前面用 syl-，在字母 b，m 和 p 前面用 sym-，在字母 r 前面用 syn-、syr-，在元音字母前用 syn-，在字母 s 前面用 sys-），一起，联合，结合，和+kalathos，篮子+-ius，-ia，-ium，在拉丁文和希腊文中，这些词尾表示性质或状态。指头状花序密集成篮状。【分布】中国。【模式】Syncalathium sukaczevii Lipsch. ■★

49961 Syncarpha DC.（1810）【汉】小麦杆菊属。【隶属】菊科 Asteraceae（Compositae）。【包含】世界 25 种。【学名诠释与讨论】〈阴〉（希）syn-，一起，联合，结合，和+karphos，皮壳，谷壳，糠秕。此属的学名是"Syncarpha A. P. de Candolle, Ann. Mus. Natl. Hist. Nat. 16：205. 1810"。亦有文献把其处理为"Helipterum DC. ex Lindl.（1836）Nom. confus."的异名。【分布】非洲南部。【模式】Syncarpha gnaphaloides（Linnaeus）A. P. de Candolle［Staehelina gnaphaloides Linnaeus］。【参考异名】Anaxeton Schrank（1824）Nom. illegit.；Helipterum DC.（1838）Nom. illegit.；Helipterum DC. ex Lindl.（1836）Nom. confus.；Roccardia Neck. ex Voss（1896）Nom. illegit.，Nom. inval. ■☆

49962 Syncarpia Ten.（1839）【汉】合生果树属。【隶属】桃金娘科 Myrtaceae。【包含】世界 5 种。【学名诠释与讨论】〈中〉（希）syn-，一起，联合，结合，和+karpos，果实。【分布】澳大利亚（昆士兰）。【模式】Syncarpia laurifolia Tenore。【参考异名】Kamptzia Nees（1840）；Sincarpia Ten.（1841）●☆

49963 Syncephalantha Bartl.（1836）= Dyssodia Cav.（1801）［菊科 Asteraceae（Compositae）］■☆

49964 Syncephalanthus Benth. et Hook. f.（1873）= Dyssodia Cav.（1801）；~ = Syncephalantha Bartl.（1836）［菊科 Asteraceae（Compositae）］■☆

49965 Syncephalum DC.（1838）【汉】合头鼠麹木属。【隶属】菊科 Asteraceae（Compositae）。【包含】世界 5 种。【学名诠释与讨论】〈中〉（希）syn-，一起，联合，结合，和+kephale，头。【分布】马达加斯加。【模式】Syncephalum bojeri A. P. de Candolle。【参考异名】Astephanocarpa Baker（1887）●☆

49966 Synchaeta Kirp.（1950）= Gnaphalium L.（1753）［菊科 Asteraceae（Compositae）］■

49967 Synchodendron Bojer ex DC.（1836）= Brachylaena R. Br.（1817）［菊科 Asteraceae（Compositae）］●☆

49968 Synchoriste Baill.（1891）= Lasiocladus Bojer ex Nees（1847）［爵床科 Acanthaceae］●☆

49969 Synclinostyles Farille et Lachard（2002）【汉】合柱草属。【隶属】伞形花科（伞形科）Apiaceae（Umbelliferae）。【包含】世界 2 种。【学名诠释与讨论】〈中〉（希）syn-，一起，联合，结合，和+kline，床+stylos＝拉丁文 style，花柱，中柱，有尖之物，桩，柱，支持物，支柱，石头做的界标。【分布】尼泊尔。【模式】不详■☆

49970 Synclisia Benth.（1862）【汉】合被藤属。【隶属】防己科 Menispermaceae。【包含】世界 1 种。【学名诠释与讨论】〈阴〉（希）syn-，一起，联合，结合，和+klisia，茅屋。【分布】热带非洲。【模式】Synclisia scabrida Miers ●☆

49971 Syncodium Raf.（1837）Nom. illegit. ≡ Honorius Gray（1821）；~ = Myogalum Link（1829）Nom. illegit.；~ = Ornithogalum L.（1753）［百合科 Liliaceae//风信子科 Hyacinthaceae］■

49972 Syncodon Fourr.（1869）= Campanula L.（1753）［桔梗科 Campanulaceae］■●

49973 Syncolostemon E. Mey.（1838）Nom. illegit. ≡ Syncolostemon E. Mey. ex Benth.（1838）［唇形科 Lamiaceae（Labiatae）］●■☆

49974 Syncolostemon E. Mey. ex Benth.（1838）【汉】杂蕊草属。【隶属】唇形科 Lamiaceae（Labiatae）。【包含】世界 10 种。【学名诠释与讨论】〈阳〉（希）syn-，一起，联合，结合，和+color，颜色+stemon，雄蕊。此属的学名，ING、TROPICOS 和 IK 记载是"Syncolostemon E. H. F. Meyer ex Bentham in E. H. F. Meyer, Comment. Pl. Africae Austr. 230. 14-20 Jan 1838（'1837'）"。"Syncolostemon E. Mey.（1838）≡ Syncolostemon E. Mey. ex Benth.（1838）"的命名人引证有误。【分布】马达加斯加，非洲南部。【后选模式】Syncolostemon densiflorus Bentham。【参考异名】Hemizygia Briq.（1897）Nom. illegit.；Syncolostemon E. Mey.（1838）Nom. illegit. ●■☆

49975 Syncretocarpus S. F. Blake（1916）【汉】油果菊属。【隶属】菊科 Asteraceae（Compositae）。【包含】世界 2-3 种。【学名诠释与讨论】〈阳〉（希）syn-，一起，联合，结合，和+creta，白垩+karpos，果实。【分布】秘鲁。【模式】Syncretocarpus weberbaueri S. F. Blake ■●☆

49976 Syndechites T. Durand et Jacks.（1888）= Sindechites Oliv.（1888）［夹竹桃科 Apocynaceae］●

49977 Syndesmanthus Klotzsch（1838）【汉】集带花属。【隶属】杜鹃花科（欧石南科）Ericaceae。【包含】世界 18 种。【学名诠释与讨论】〈阳〉（希）syn-，一起，联合，结合，和+desmos，链，束，结，带，纽带。desma，所有格 desmatos，含义与 desmos 相似+anthos，花，

此属的学名是"Syndesmanthus Klotzsch, Linnaea 12：240. Mar-Jul 1838"。亦有文献把其处理为"Erica L.（1753）"或"Scyphogyne Brongn.（1828）Nom. illegit."的异名。【分布】非洲南部。【模式】未指定。【参考异名】Erica L.（1753）；Scyphogyne Brongn.（1828）Nom. illegit. ●☆

49978 Syndesmis Wall.（1824）= Gluta L.（1771）［漆树科 Anacardiaceae］●

49979 Syndesmon（Hoffmanns. ex Endl.）Britton（1891）Nom. illegit. ≡Anemonella Spach（1839）［毛茛科 Ranunculaceae］■☆

49980 Syndesmon Hoffmanns.（1832）Nom. inval.，Nom. nud. = Anemonella Spach（1839）［毛茛科 Ranunculaceae］■☆

49981 Syndiaspermaceae Dulac =Orobanchaceae Vent.（保留科名）●■

49982 Syndiclis Hook. f.（1886）【汉】油果樟属（油果楠属）。【英】Oilfruitcamphor, Syndiclis。【隶属】樟科 Lauraceae。【包含】世界10种,中国9种。【学名诠释与讨论】〈阴〉（希）syn-,一起,联合,结合,和+diklis,一种双重的或可折叠的门,有二活门的。指花药两药片合生,且内向张开。此属的学名是"Syndiclis J. D. Hooker, Hooker's Icon. Pl. 16：ad t. 1515. Apr 1886"。亦有文献把其处理为"Potameia Thouars（1806）"的异名。【分布】从不丹至印度（阿萨姆）,缅甸,中国,东喜马拉雅山。【模式】Syndiclis paradoxa J. D. Hooker。【参考异名】Potameia Thouars（1806）●

49983 Syndyophyllum K. Schum. et Lauterb.（1900）Nom. illegit. ≡Syndyophyllum Lauterb. et K. Schum.（1900）［大戟科 Euphorbiaceae］☆

49984 Syndyophyllum Lauterb. et K. Schum.（1900）【汉】双叶大戟属。【隶属】大戟科 Euphorbiaceae。【包含】世界1种。【学名诠释与讨论】〈中〉（希）syndyo,双,两个在一起+phyllon,叶子。phyllodes,似叶的,多叶的。phylleion,绿色材料,绿草。此属的学名,ING 记载是"Syndyophyllum Lauterbach et K. Schumann in K. Schumann et Lauterbach, Fl. Deutsch. Schutzgeb. Südsee 403. Nov 1900（'1901'）"。IK 则记载为"Syndyophyllum K. Schum. et Lauterb.，Fl. Schutzgeb. Südsee［Schumann et Lauterbach］403（1900）［1901 publ. Nov 1900］"。二者引用的文献相同。【分布】印度尼西亚（苏门答腊岛）,加里曼丹岛,新几内亚岛。【后选模式】Syndyophyllum excelsum Lauterbach et K. Schumann。【参考异名】Syndyophyllum K. Schum. et Lauterb.（1900）Nom. illegit. ☆

49985 Synechanthaceae O. F. Cook（1913）= Arecaceae Bercht. et J. Presl（保留科名）//Palmae Juss.（保留科名）●

49986 Synechanthus H. Wendl.（1858）【汉】聚花椰属（簇羽棕属,簇棕属,合生花棕属,巧椰属）。【日】ボラヤシ属。【英】Synechanthus。【隶属】棕榈科 Arecaceae（Palmae）。【包含】世界2-6种。【学名诠释与讨论】〈阳〉（希）syneches,联合起来+anthos,花。指花序。此属的学名,ING、TROPICOS 和 IK 记载是"Synechanthus H. Wendland, Bot. Zeitung（Berlin）16：145. 21 Mai 1858"。"Rathea G. K. W. H. Karsten, Wochenschr. Gärtnerei Pflanzenk. 1；377. 2 Dec 1858"是"Synechanthus H. Wendl.（1858）"的晚出的同模式异名（Homotypic synonym, Nomenclatural synonym）。【分布】巴拿马,厄瓜多尔,哥伦比亚（安蒂奥基亚）,哥斯达黎加,美国,尼加拉瓜,墨西哥至热带南美洲,中美洲。【后选模式】Synechanthus fibrosus（H. Wendland）H. Wendland［Chamaedorea fibrosa H. Wendland］。【参考异名】Rathea H. Karst.（1858）Nom. illegit.；Reineckea H. Karst.（1858）Nom. illegit.（废弃属名）；Reineckia H. Karst.（1858）Nom. illegit.；Sanseviella Rchb.（1828）●☆

49987 Synedrella Gaertn.（1791）（保留属名）【汉】金腰箭属（破伞菊属）。【日】フシザキサウ属,フシザキソウ属。【英】Synedrella。

【隶属】菊科 Asteraceae（Compositae）。【包含】世界2种,中国1种。【学名诠释与讨论】〈阴〉（希）syn-,一起,联合,结合,和+hedra,坐位+-ellus,-ella,-ellum,加在名词词干后面形成指小式的词尾。或加在人名、属名等后面以组成新属的名称。指群集的花。此属的学名"Synedrella Gaertn.，Fruct. Sem. Pl. 2：456. Sep-Dec 1791"是保留属名。相应的废弃属名是菊科 Asteraceae 的"Ucacou Adans.，Fam. Pl. 2：131,615. Jul－Aug 1763 ≡ Synedrella Gaertn.（1791）（保留属名）"。【分布】巴拉圭,巴拿马,秘鲁,玻利维亚,厄瓜多尔,哥伦比亚（安蒂奥基亚）,马达加斯加,尼加拉瓜,印度,中国,热带非洲,中美洲。【模式】Synedrella nodiflora（Linnaeus）J. Gaertner［Verbesina nodiflora Linnaeus］。【参考异名】Ucacea Cass.（1823）Nom. illegit.；Ucacou Adans.（1763）（废弃属名）■

49989 Syneilesis Maxim.（1859）【汉】兔儿伞属。【日】ヤブレガサ属。【俄】Синейлезис。【英】Syneilesis。【隶属】菊科 Asteraceae（Compositae）。【包含】世界5-7种,中国4种。【学名诠释与讨论】〈阴〉（希）syn-,一起,联合,结合,和+eilo,盘绕；syneilesis,卷起。指合生卷曲的子叶。【分布】中国,东亚。【模式】Syneilesis aconitifolia（Bunge）Maximowicz［Cacalia aconitifolia Bunge］■

49990 Synekosciadium Boiss.（1844）= Tordylium L.（1753）［伞形花科（伞形科）Apiaceae（Umbelliferae）］■☆

49991 Synema Dulac（1867）Nom. illegit. ≡ Mercurialis L.（1753）［大戟科 Euphorbiaceae//山靛科 Mercurialaceae］☆

49992 Synepilaena Baill.（1888）= Kohleria Regel（1847）［苦苣苔科 Gesneriaceae］●■☆

49993 Synexemia Raf.（1825）= Andrachne L.（1753）；~ =Phyllanthus L.（1753）［大戟科 Euphorbiaceae//叶下珠科（叶萝藦科）Phyllanthaceae］●■

49994 Syngonanthus Ruhland（1900）【汉】合瓣花属。【英】Shoe-buttons。【隶属】谷精草科 Eriocaulaceae。【包含】世界80-250种。【学名诠释与讨论】〈阴〉（希）syngonos,联合,天然的,本土的+anthos,花。【分布】巴拿马,秘鲁,玻利维亚,厄瓜多尔,哥斯达黎加,马达加斯加,热带非洲,西印度群岛,中美洲。【后选模式】Syngonanthus umbellatus（Lamarck）Ruhland［as 'umbellatum'］［Eriocaulon umbellatum Lamarck］。【参考异名】Carptotepala Moldenke（1951）；Comanthera L. B. Sm.（1937）■☆

49995 Syngonium Schott ex Endl.（1831）Nom. illegit. ≡ Syngonium Schott（1829）［天南星科 Araceae］■☆

49996 Syngonium Schott（1829）【汉】合果芋属（箭头藤属）。【日】シンゴニューム属。【英】Arrowhead, Fivefingers, Syngonium。【隶属】天南星科 Araceae。【包含】世界20-35种。【学名诠释与讨论】〈中〉（希）syn-,联合,天然的,本土的+gone,子房,子宫,后代,子粒。指子房合生。此属的学名,IK 记载是"Syngonium Schott, Wiener Z. Kunst 1829（3）：780.［6 Aug 1829］；ex Endl. in Linnaea 6（Lit.）：53. 1831"。ING 和 TROPICOS 则记载为"Syngonium Schott, Wiener Z. Kunst 1829（3）：780. 6 Aug 1829"；这是一个未合格发表的名称（Nom. inval.）。【分布】巴拿马,秘鲁,玻利维亚,厄瓜多尔,哥伦比亚（安蒂奥基亚）,哥斯达黎加,尼加拉瓜,西印度群岛,中美洲。【模式】Syngonium cordieri（F. v. Mueller）Radlkofer［Cupania cordieri F. v. Mueller［as 'cordierii'］。【参考异名】Syngonium Schott ex Endl.（1831）Nom. illegit. ●☆

49997 Synima Radlk.（1879）【汉】合生无患子属。【隶属】无患子科 Sapindaceae。【包含】世界1种。【学名诠释与讨论】〈阴〉（拉）syn-,一起,联合,结合,和+heima,斗篷,披风,衣服；syneimi,连接起来,聚集,组合。可能指种子具覆盖物。【分布】澳大利亚。【模式】Synima cordieri（F. v. Mueller）Radlkofer［Cupania cordieri F. v. Mueller［as 'cordierii'］●☆

49998　Synisoon Baill.（1879）＝ Retiniphyllum Bonpl.（1806）［茜草科 Rubiaceae］●☆

49999　Synmeria Nimmo（1839）＝ Habenaria Willd.（1805）［兰科 Orchidaceae］■

50000　Synnema Benth.（1846）＝ Hygrophila R. Br.（1810）［爵床科 Acanthaceae］●■

50001　Synnetia Synnotia Sweet（1826）Nom. illegit. ≡ Synnotia Sweet（1826）［鸢尾科 Iridaceae］■☆

50002　Synnotia Sweet（1826）【汉】漏斗莲属。【隶属】鸢尾科 Iridaceae。【包含】世界5种。【学名诠释与讨论】〈阴〉（希）syn-，一起,联合,结合,和+notos,背部。另说纪念 Captain Walter Synnot,1773-1851,英国植物采集家。此属的学名,ING、TROPICOS、APNI 和 IK 记载是"Synnotia Sweet,Brit. Flow. Gard. 2:150（'Synnetia'）. Apr 1826"。"Synnetia Sweet（1826）≡ Synnotia Sweet（1826）"是其错误拼写。"Synnottia Baker,J. Linn. Soc.,Bot. 16:169,sphalm. 1877［1878 publ. 1877］＝ Synnotia Sweet（1826）"是晚出的非法名称。亦有文献把"Synnotia Sweet（1826）"处理为"Sparaxis Ker Gawl.（1802）"的异名。【分布】非洲南部。【模式】Synnotia variegata Sweet。【参考异名】Anactorion Raf.（1838）;Sparaxis Ker Gawl.（1802）;Synnetia Sweet（1826）Nom. illegit.;Synnottia Baker（1877）Nom. illegit.■☆

50003　Synnottia Baker（1877）Nom. illegit. ＝ Synnotia Sweet（1826）［鸢尾科 Iridaceae］■☆

50004　Synodon Raf.（1838）＝ Conostegia D. Don（1823）［野牡丹科 Melastomataceae］■☆

50005　Synoecia Miq.（1848）＝ Ficus L.（1753）［桑科 Moraceae］●

50006　Synoliga Raf.（1837）＝ Xyris L.（1753）［黄眼草科（黄谷精科,芴草科）Xyridaceae］■

50007　Synoplectris Raf.（1837）＝ Sarcoglottis C. Presl（1827）［兰科 Orchidaceae］■☆

50008　Synoptera Raf.（1838）＝ Miconia Ruiz et Pav.（1794）（保留属名）［野牡丹科 Melastomataceae//米氏野牡丹科 Miconiaceae］●☆

50009　Synosma Raf.（1832）Nom. inval. ≡ Synosma Raf. ex Britton et A. Br.（1898）Nom. illegit.;~＝ Hasteola Raf.（1838）［菊科 Asteraceae（Compositae）］●■

50010　Synosma Raf. ex Britton et A. Br.（1898）Nom. illegit. ≡ Hasteola Raf.（1838）［菊科 Asteraceae（Compositae）］■☆

50011　Synosma Raf. ex Britton（1898）Nom. illegit. ≡ Synosma Raf. ex Britton et A. Br.（1898）Nom. illegit.;~≡ Hasteola Raf.（1838）［菊科 Asteraceae（Compositae）］■☆

50012　Synostemon F. Muell.（1858）【汉】假叶下珠属（艾堇属,合蕊木属）。【隶属】大戟科 Euphorbiaceae。【包含】世界10-13种,中国1种。【学名诠释与讨论】〈阳〉（希）syn-,一起,联合,结合,和+stemon,雄蕊。指花丝合生。此属的学名是"Synostemon F. v. Mueller,Fragm. 1:32. Jun 1858"。亦有文献把其处理为"Sauropus Blume（1826）"的异名。【分布】澳大利亚,马达加斯加,印度至马来西亚,中国,东南亚。【后选模式】Synostemon ramosissimus F. von Mueller。【参考异名】Agyneja Vent.,Nom. illegit.;Diplomorpha Griff.（1854）Nom. illegit.;Heterocalymnantha Domin（1927）;Sauropus Blume（1826）;Synstemon Taub.;Systemon Post et Kuntze（1903）Nom. illegit. ●■

50013　Synotis（C. B. Clarke）C. Jeffrey et Y. L. Chen（1984）【汉】合耳菊属（尾药菊属,尾药千里光属）。【英】Synotis,Tailanther。【隶属】菊科 Asteraceae（Compositae）。【包含】世界50-55种,中国43种。【学名诠释与讨论】〈阴〉（希）syn-,一起,联合,结合,和+ous,所有格 otos,指小式 otion,耳。otikos,耳的。此属的学名,ING、TROPICOS 和 IK 记载是"Synotis（C. B. Clarke）C. Jeffrey et Y. L. Chen,Kew Bull. 39（2）:285. 1984［13 Jul 1984］",由"Senecio subgen. Synotis C. B. Clarke,Compositae Indicae 177. Sep 1876"改级而来。【分布】巴基斯坦,缅甸,中国,喜马拉雅山。【模式】Synotis wallichii（A. P. de Candolle）C. Jeffrey et Y. L. Chen［Senecio wallichii A. P. de Candolle］。【参考异名】Senecio subgen. Synotis C. B. Clarke（1876）■●

50014　Synotoma（G. Don）R. Schulz（1904）Nom. illegit. ≡ Physoplexis（Endl.）Schur（1853）［桔梗科 Campanulaceae］■☆

50015　Synotoma R. Schulz（1904）Nom. illegit. ≡ Synotoma（G. Don）R. Schulz（1904）Nom. illegit.;~＝ Physoplexis（Endl.）Schur（1853）［桔梗科 Campanulaceae］■☆

50016　Synoum A. Juss.（1830）【汉】东澳楝属。【隶属】楝科 Meliaceae。【包含】世界1种。【学名诠释与讨论】〈中〉（希）syn-,一起,联合,结合,和+oon,卵。指假种皮连接种子。【分布】澳大利亚。【模式】Synoum glandulosum（J. E. Smith）A. H. L. Jussieu［Trichilia glandulosa J. E. Smith］●☆

50017　Synphoranthera Bojer（1891）Nom. illegit. ≡ Synphoranthera Bojer ex A. Zahlbr.（1891）;~＝ Dialypetalum Benth.（1873）［桔梗科 Campanulaceae］●■☆

50018　Synphyllium Griff.（1836）＝ Curanga Juss.（1807）［玄参科 Scrophulariaceae］■☆

50019　Synptera Llanos（1851）＝ Trichoglottis Blume（1825）［兰科 Orchidaceae］■

50020　Synsepalum（A. DC.）Baill.（1891）Nom. illegit. ≡ Synsepalum（A. DC.）Daniell（1852）［山榄科 Sapotaceae］●☆

50021　Synsepalum（A. DC.）Daniell（1852）【汉】神秘果属。【隶属】山榄科 Sapotaceae。【包含】世界10-20种。【学名诠释与讨论】〈中〉（希）syn-,一起,联合,结合,和+sepalum,花萼。此属的学名,ING、TROPICOS 和 IK 记载是"Synsepalum（Alph. de Candolle）W. F. Daniell,Pharm. J. Trans. 11:446. 1 Apr 1852",由"Sideroxylon sect. Synsepalum Alph. de Candolle,Prodr. 8:183. Mar（med.）1844"改级而来。"Synsepalum（A. DC.）Baill.,Hist. Pl.（Baillon）11:286. 1891［Sep-Oct 1891］≡ Synsepalum（A. DC.）Daniell（1852）"是晚出的非法名称。"Synsepalum Baill.,Histoire des Plantes 11:286. 1891 ≡ Synsepalum（A. DC.）Baill.（1891）Nom. illegit."的命名人引证有误。"Bakeriella Pierre ex Dubard,Notul. Syst.（Paris）2:89. 7 Aug 1911"是"Synsepalum（A. DC.）Daniell（1852）"的晚出的同模式异名（Homotypic synonym,Nomenclatural synonym）。【分布】巴拿马,热带非洲。【模式】Synsepalum dulcificum（Schumacher et Thonning）W. F. Daniell［Bumelia dulcifica Schumacher et Thonning］。【参考异名】Afrosersalisia A. Chev.（1943）;Bakeriella Pierre ex Dubard（1911）Nom. illegit.;Bakerisideroxylon（Engl.）Engl.（1904）Nom. illegit.;Bakerisideroxylon Engl.（1904）Nom. illegit.;Lasersisia Liben（1991）;Pachystela Pierre ex Baill.;Pachystela Pierre ex Radlk.（1899）;Pseudopachystela Aubrév. et Pellegr.（1961）;Rogeonella A. Chev.（1943）;Sideroxylon sect. Synsepalum A. DC.（1844）;Stironeuron Radlk.;Stironeurum Radlk.（1899）;Stironeurum Radlk. ex De Wild. et T. Durand（1899）;Synsepalum（A. DC.）Baill.（1891）Nom. illegit.;Synsepalum Baill.（1891）Nom. illegit.;Sysepalum Post et Kuntze（1903）;Tulestea Aubrév. et Pellegr.（1961）;Vincentella Pierre（1891）●☆

50022　Synsepalum Baill.（1891）Nom. illegit. ≡ Synsepalum（A. DC.）Baill.（1891）Nom. illegit.;~≡ Synsepalum（A. DC.）Daniell（1852）［山榄科 Sapotaceae］●☆

50023　Synsiphon Regel（1879）＝ Colchicum L.（1753）［百合科 Liliaceae//秋水仙科 Colchicaceae］■

50024　Synstemon Botsch.(1959)【汉】连蕊芥属(合蕊草属)。【英】Synstemon。【隶属】十字花科 Brassicaceae(Cruciferae)。【包含】世界2种,中国2种。【学名诠释与讨论】〈阳〉(希)syn-,一起,联合,结合,和+stemon,雄蕊。指花丝合生。此属的学名,ING、TROPICOS 和 IK 记载是"Synstemon V. P. Botschantzev, Bot. Zhurn.(Moscow et Leningrad)44:1487. 1959"。"Systemonanthus V. P. Botschantzev, Novosti Sist. Vyssh. Rast. 17:142. 1980(post 22 Mai)"是"Synstemon Botsch.(1959)"的晚出的同模式异名(Homotypic synonym, Nomenclatural synonym)。"Synstemon Taub."是"Synostemon F. Muell.(1858)[大戟科 Euphorbiaceae]"的异名。【分布】中国。【模式】Synstemon petrovii V. P. Botschantzev。【参考异名】Systemonanthus Botsch.(1980)Nom. illegit.■★

50025　Synstemon Taub. = Synostemon F. Muell.(1858)[大戟科 Euphorbiaceae]●■

50026　Systemonanthus Botsch.(1980)Nom. illegit.≡Synstemon Botsch.(1959)[十字花科 Brassicaceae(Cruciferae)]■★

50027　Synstima Raf.(1838)= Ilex L.(1753)[冬青科 Aquifoliaceae]●

50028　Synstylis C. Cusset(1992)= Hydrobryum Endl.(1841)[髯管花科 Geniostomaceae]■

50029　Syntherisma Walter(1788)= Digitaria Haller(1768)(保留属名)[禾本科 Poaceae(Gramineae)]■

50030　Synthlipsis A. Gray(1849)【汉】合集芥属。【隶属】十字花科 Brassicaceae(Cruciferae)。【包含】世界3种。【学名诠释与讨论】〈阴〉(希)syn-,一起,联合,结合,和+thlibo,压,挤,变为 thlipsis,压力。【分布】美国(南部),墨西哥。【模式】Synthlipsis greggii A. Gray■☆

50031　Synthyris Benth.(1846)【汉】美洲玄参属(猫尾草属)。【隶属】玄参科 Scrophulariaceae//婆婆纳科 Veronicaceae。【包含】世界9-15种。【学名诠释与讨论】〈阴〉(希)syn-,一起,联合,结合,和+thyra,门;thyris,所有格 thyridos,窗;thyreos,门限石,形状如门的长方形石盾。指果的裂片。此属的学名,ING、TROPICOS、GCI 和 IK 记载是"Synthyris Benth., Prodr.[A. P. de Candolle]10:454. 1846[8 Apr 1846]"。它曾被处理为"Veronica subgen. Synthyris(Benth.)M. M. Mart. Ort., Albach & M. A. Fisch.,Taxon 53(2):440. 2004"。亦有文献把"Synthyris Benth.(1846)"处理为"Veronica L.(1753)"的异名。【分布】北美洲西部山区,中美洲。【后选模式】Synthyris reniformis(Douglas ex Bentham)Bentham[Wulfenia reniformis Douglas ex Bentham]。【参考异名】Atelianthus Nutt. ex Benth.(1846);Veronica L.(1753);Veronica subgen. Synthyris(Benth.)M. M. Mart. Ort., Albach & M. A. Fisch.(2004)■☆

50032　Syntriandrium Engl.(1899)【汉】三蕊藤属(三叶藤属)。【隶属】防己科 Menispermaceae。【包含】世界1种。【学名诠释与讨论】〈阴〉(希)syn-,一起,联合,结合,和+treis=拉丁文 tri,三+aner,所有格 andros,雄性,雄蕊+-ius,-ia,-ium,在拉丁文和希腊文中,这些词尾表示性质或状态。【分布】热带非洲西部。【后选模式】Syntriandrium preussii Engler●☆

50033　Syntrichopappus A. Gray(1856)【汉】集毛菊属。【英】Fremont's-gold。【隶属】菊科 Asteraceae(Compositae)。【包含】世界2种。【学名诠释与讨论】〈阴〉(希)syn-,一起,联合,结合,和+thrix,所有格 trichos,毛,毛发+希腊文 pappos 指柔毛,软毛。pappus 则与拉丁文同义,指冠毛。【分布】美国(西南部)。【模式】Syntrichopappus fremontii A. Gray。【参考异名】Microbahia Cockerell(1907)■☆

50034　Syntrinema H. Pfeiff.(1925)= Rhynchospora Vahl(1805)[as 'Rynchospora'](保留属名)[莎草科 Cyperaceae]■☆

50035　Syntrinema Radlk.(1925)Nom. illegit.≡Syntrinema H. Pfeiff.(1925);~=Rhynchospora Vahl(1805)[as 'Rynchospora'](保留属名)[莎草科 Cyperaceae]■

50036　Syntrophe Ehrenb.(1857)Nom. inval.= Syntrophe Ehrenb. ex Müll. Arg.;~=Caylusea A. St.-Hil.(1837)(保留属名)[木犀草科 Resedaceae]■☆

50037　Syntrophe Ehrenb. ex Müll. Arg.= Caylusea A. St.-Hil.(1837)(保留属名)[木犀草科 Resedaceae]■☆

50038　Synurus Iljin(1926)【汉】山牛蒡属。【日】ヤマボクチゾク属,ヤマボクチ属。【俄】Синурус, Сростнохвостник。【英】Synurus。【隶属】菊科 Asteraceae(Compositae)。【包含】世界1-4种,中国1种。【学名诠释与讨论】〈阳〉(希)syn-,一起,联合,结合,和+-urus,-ura,-uro,用于希腊文组合词,含义为"尾巴"。指花药基部连合呈尾状。【分布】中国,温带东亚。【模式】Synurus atriplicifolius(Treviranus)Iljin[Carduus atriplicifolius Treviranus]■

50039　Synzistachium Raf.(1838)= Heliotropium L.(1753)[紫草科 Boraginaceae//天芥菜科 Heliotropiaceae]●■

50040　Synzyganthera Ruiz et Pav.(1794)= Lacistema Sw.(1788)[裂蕊树科(裂药花科)Lacistemataceae]●☆

50041　Syoctonum Bernh.(1847)= Chenopodium L.(1753)[藜科 Chenopodiaceae]■●

50042　Syorhynchium Hoffmanns.(1824)= Sisyrinchium L.(1753)[鸢尾科 Iridaceae]■

50043　Sypharissa Salisb.(1866)= Tenicroa Raf.(1837);~=Urginea Steinh.(1834)[百合科 Liliaceae//风信子科 Hyacinthaceae]■☆

50044　Syphocampylos Hort. Belg. ex Hook.(1850)= Siphocampylus Pohl(1831)[桔梗科 Campanulaceae]■●☆

50045　Syphomeris Steud.(1841)Nom. illegit.≡Siphomeris Bojer ex Hook.(1833);~=Grewia L.(1753)[椴树科(椴科,田麻科)Tiliaceae//锦葵科 Malvaceae//扁担杆科 Grewiaceae]●

50046　Syreitschikovia Pavlov(1933)【汉】疆菊属。【俄】Сырейщиковия。【英】Syreitschikovia, Xinjiangdaisy。【隶属】菊科 Asteraceae(Compositae)。【包含】世界2种,中国1种。【学名诠释与讨论】〈阴〉(人)Syreitschikov,俄罗斯植物学者。【分布】中国,中亚。【模式】未指定■●

50047　Syrenia Andrz. ex Besser(1822)【汉】棱果芥属(茜兰芥属,赛糖芥属)。【俄】Сирения。【英】Syrenia。【隶属】十字花科 Brassicaceae(Cruciferae)。【包含】世界10种,中国2种。【学名诠释与讨论】〈阴〉(地)Syren,叙伦,位于欧洲。另说拉丁文 Siren 和希腊文 Seiren,希腊美女神,美人鱼。此属的学名,IK 记载是"Syrenia Andrz. ex DC., Syst. Nat.[Candolle]2:491. 1821[late May 1821], pro syn."；但这是一个未合格发表的名称(Nom. inval.)。"Syrenia Andrz. ex Besser, Enum. Pl.[Besser]27, 104. 1822[post 25 May 1822]"虽然晚出,但却是一个合法名称。亦有文献把"Syrenia Andrz. ex Besser(1822)"处理为"Erysimum L.(1753)"的异名。【分布】中国,欧洲东部至西伯利亚西部。【模式】未指定。【参考异名】Erysimum L.(1753);Stylonema(DC.)Kuntze(1891);Stylonema Kuntze(1891)Nom. illegit.;Syrenia Andrz. ex DC.(1821)Nom. inval.■

50048　Syrenia Andrz. ex DC.(1821)Nom. inval.≡Syrenia Andrz. ex Besser(1822)[十字花科 Brassicaceae(Cruciferae)]■

50049　Syreniopsis H. P. Fuchs(1959)【汉】拟棱果芥属。【隶属】十字花科 Brassicaceae(Cruciferae)。【包含】世界2种。【学名诠释与讨论】〈阴〉(属)Syrenia 棱果芥属+希腊文 opsis,外观,模样,相似。此属的学名"Syreniopsis H. P. Fuchs, Acta Bot. Acad. Sci. Hung. 5(1-2):52. post 16 Sep 1959"是一个替代名称。它替代的是废弃属名"Cuspidaria(A. P. de Candolle)Besser, Enum. Pl. 2:

104. 1822, non A. P. de Candolle 1838（nom. cons.）"。苔藓的
"Cuspidaria Müller Hal., Flora 82：474. 28 Oct 1896"和蕨类的
"Cuspidaria Fée，Mém. Soc. Mus. Hist. Nat. Strasbourg 4：201. 1850"
都是晚出的非法名称。亦有文献把"Syreniopsis H. P. Fuchs
（1959）"处理为"Acachmena H. P. Fuchs（1960）（废弃属名）"或
"Erysimum L.（1753）"的异名。【分布】乌克兰。【模式】不详。
【参考异名】Acachmena H. P. Fuchs（1960）（废弃属名）；
Cuspidaria（DC.）Besser（1822）（废弃属名）；Erysimum L.（1753）
■☆

50050　Syrenopsis Jaub. et Spach（1842）= Thlaspi L.（1753）［十字花
科 Brassicaceae（Cruciferae）//菥蓂科 Thlaspiaceae］■

50051　Syrianthus M. B. Crespo, Mart. -Azorín et Mavrodiev（2015）【汉】
叙利亚花属。【隶属】鸢尾科 Iridaceae。【包含】世界 5 种。【学
名诠释与讨论】〈阴〉（地）Syria，叙利亚 + 希腊文 anthos，花。
antheros，多花的。antheo，开花。【分布】波兰，土耳其，叙利亚。
【模式】Syrianthus grant-duffii（Baker）M. B. Crespo, Mart. -Azorín
et Mavrodiev ［Iris grant-duffii Baker］☆

50052　Syringa L.（1753）【汉】丁香属（丁香花属）。【日】ハシドイ
属。【俄】Куст сиреневый，Сирень，Трескун。【英】Lilac,
Syringa。【隶属】木犀榄科（木犀科）Oleaceae//丁香科
Syringaceae。【包含】世界 20-30 种，中国 16-24 种。【学名诠释与
讨论】〈阴〉（希）syrinx，所有格 syringos，管子，笛子。指丁香枝中
空，或指雄蕊连合成管形。syrinx 原指用 syringos 山梅花小枝做
成的笛子，最初也是山梅花的名字，后来被林奈转用于此属。此
属的学名，ING、TROPICOS 和 IK 记载是"Syringa Linnaeus, Sp.
Pl. 9. 1 May 1753"。"Syringa Mill.，Gard. Dict. Abr.，ed. 4.
［unpaged］. 1754［28 Jan 1754］≡ Philadelphus L.（1753）［虎耳
草科 Saxifragaceae//山梅花科 Philadelphaceae//绣球花科（八仙
花科，绣球科）Hydrangeaceae］"和"Syringa Tourn. ex Adans.,
Fam. Pl.（Adanson）2：244. 1763 ［虎耳草科 Saxifragaceae//绣球花
科（八仙花科，绣球科）Hydrangeaceae］"是晚出的非法名称。
"Lilac P. Miller, Gard. Dict. Abr. ed. 4. 28 Jan 1754"是"Syringa L.
（1753）"的晚出的同模式异名（Homotypic synonym, Nomenclatural
synonym）。【分布】巴基斯坦，玻利维亚，美国，中国，欧洲东南部
至东亚。【后选模式】Syringa vulgaris Linnaeus。【参考异名】
Busbeckia Hecart；Ligustridium Spach（1839）；Ligustrina Rupr.
（1859）；Lilac Mill.（1754）Nom. illegit.；Lilaca Raf.（1830）Nom.
illegit.；Liliacum Renault（1804）●

50053　Syringa Mill.（1754）Nom. illegit. ≡ Philadelphus L.（1753）［虎
耳草科 Saxifragaceae//山梅花科 Philadelphaceae//绣球花科（八
仙花科，绣球科）Hydrangeaceae］●

50054　Syringa Tourn. ex Adans.（1763）Nom. illegit. ［虎耳草科
Saxifragaceae//绣球花科（八仙花科，绣球科）Hydrangeaceae］●☆

50055　Syringaceae Horan.（1847）［亦见 Oleaceae Hoffmanns. et Link
（保留科名）木犀榄科（木犀科）］【汉】丁香科。【包含】世界 1
属 20-30 种，中国 1 属 16-24 种。【分布】欧洲东南部至东亚。
【科名模式】Syringa L.（1753）●

50056　Syringantha Standl.（1930）【汉】管花茜属。【隶属】茜草科
Rubiaceae。【包含】世界 1 种。【学名诠释与讨论】〈阴〉（希）
syrinx，所有格 syringos，管子，笛子 + anthos，花。指花。【分布】墨
西哥。【模式】Syringantha loranthoides Standley ●☆

50057　Syringidium Lindau（1922）Nom. illegit. ≡ Kalbreyeracanthus
Wassh.（1981）；~ = Habracanthus Nees（1847）［爵床科
Acanthaceae］●☆

50058　Syringodea D. Don（1834）（废弃属名）= Erica L.（1753）［杜鹃
花科（欧石南科）Ericaceae］●☆

50059　Syringodea Hook. f.（1873）（保留属名）【汉】管花鸢尾属。

【隶属】鸢尾科 Iridaceae。【包含】世界 7-8 种。【学名诠释与讨
论】〈阴〉（希）syrinx，所有格 syringos，管子，笛子 + oides，相像。指
花。此属的学名"Syringodea Hook. f. in Bot. Mag.；ad t. 6072. 1
Dec 1873"是保留属名。相应的废弃属名是杜鹃花科（欧石南科）
Ericaceae 的"Syringodea D. Don in Edinburgh New Philos. J. 17：155.
Jul 1834 = Erica L.（1753）"。【分布】非洲南部。【模式】
Syringodea pulchella J. D. Hooker ■☆

50060　Syringodium Kuntze（1860）【汉】针叶藻属。【英】Manatee-
grass, Needlealga。【隶属】眼子菜科 Potamogetonaceae//丝粉藻科
Cymodoceaceae。【包含】世界 2 种，中国 1 种。【学名诠释与讨
论】〈中〉（希）syrinx，所有格 syringos，管子，笛子 +-idius，-idia，-
idium，指示小的词尾。指叶子。【分布】巴拿马，哥斯达黎加，马
达加斯加，尼加拉瓜，印度，中国，中美洲。【模式】Syringodium
filiforme Kuetzing ■

50061　Syringosma Mart. ex Lindl.（1847）Nom. illegit. = Forsteronia G.
Mey.（1818）［夹竹桃科 Apocynaceae］●☆

50062　Syringosma Mart. ex Rchb.（1828）= Forsteronia G. Mey.（1818）
［夹竹桃科 Apocynaceae］●☆

50063　Syrium Steud.（1841）= Santalum L.（1753）；~ = Sirium Schreb.
［檀香科 Santalaceae］●

50064　Syrmatium Vogel（1836）= Hosackia Douglas ex Benth.（1829）
［豆科 Fabaceae（Leguminosae）//蝶形花科 Papilionaceae］■☆

50065　Syrrheonema Miers（1864）［as 'Syrrhonema'］【汉】西非丝藤
属。【隶属】防己科 Menispermaceae。【包含】世界 3 种。【学名
诠释与讨论】〈阴〉（希）syr-（在字母 s 前面用 sy-，在字母 l 前面
用 syl-，在字母 b、m 和 p 前面用 sym-，在字母 r 前面用 syn-、
syr-，在元音字母前用 syn-，在字母 s 前面用 sys-），一起，联合，
结合，和+rheo，下垂，飘拂+nema，所有格 nematos，丝，花丝。此属
的学名，ING、TROPICOS 和 IK 记载是"Syrrheonema Miers, Ann.
Mag. Nat. Hist. ser. 3. 13：124. Feb 1864（'Syrrhonema'）；corr.
Miers, Ann. Mag. Nat. Hist. ser. 3. 20：19. Jul 1867"。"Syrrhonema
Miers, Ann. Mag. Nat. Hist. ser. 3. 13：124. Feb 1864"是
"Syrrheonema Miers（1864）"的拼写变体。亦有文献把
"Syrrhonema Miers（1864）"处理为"Syrrheonema Miers（1864）［as
'Syrrhonema'］"的异名。【分布】热带非洲西部。【模式】
Syrrheonema fasciculatum Miers。【参考异名】Syrrhonema Miers
（1864）Nom. illegit.；Zenkerophytum Engl. ex Diels（1910）●☆

50066　Sysepalum Post et Kuntze（1903）= Synsepalum（A. DC.）Daniell
（1852）［山榄科 Sapotaceae］●☆

50067　Sysimbrium Pall.（1774）= Sisymbrium L.（1753）［十字花科
Brassicaceae（Cruciferae）］■

50068　Sysiphon Post et Kuntze（1903）= Colchicum L.（1753）；~ =
Synsiphon Regel（1879）［百合科 Liliaceae//秋水仙科
Colchicaceae］■

50069　Sysirinchium Engelm. et A. Gray（1845）Nom. illegit. ［鸢尾科
Iridaceae］■☆

50070　Sysirinchium Raf. = Sisyrinchium L.（1753）［鸢尾科 Iridaceae］■

50071　Syspone Griseb.（1843）Nom. illegit. ≡ Chamaespartium Adans.
（1763）；~ = Genistella Moench（1794）Nom. illegit.；~ = Genistella
Ortega（1773）Nom. illegit.；~ = Genista L.（1753）［豆科 Fabaceae
（Leguminosae）//蝶形花科 Papilionaceae］●

50072　Systellantha B. C. Stone（1992）【汉】聚四花属。【隶属】紫金牛
科 Myrsinaceae。【包含】世界 2 种。【学名诠释与讨论】〈阴〉
（希）syn-（在字母 l 前面用 syl-，在字母 b、m 和 p 前面用 sym-，
在字母 r 前面用 syn-、syr-，在元音字母前用 syn-，在字母 s 前面
用 sys-），一起，联合，结合，和+stella，小星+anthos，花。【分布】
加里曼丹岛。【模式】不详●☆

50073　Systeloglossum Schltr.（1923）【汉】合舌兰属。【隶属】兰科 Orchidaceae。【包含】世界5种。【学名诠释与讨论】〈中〉（希）syn-，一起，联合，结合，和+stele，支持物，支柱，石头做的界标，柱，中柱，花柱+glossa，舌。指唇瓣边缘。【分布】巴拿马，秘鲁，厄瓜多尔，哥斯达黎加，中美洲。【模式】Systeloglossum costaricense Schlechter ■☆

50074　Systemon Post et Kuntze（1903）Nom. illegit. = Synostemon F. Muell.（1858）［大戟科 Euphorbiaceae］●■

50075　Systemon Regel（1856）= Galipea Aubl.（1775）［芸香科 Rutaceae］●☆

50076　Systemonodaphne Mez（1889）Nom. illegit. ≡ Kubitzkia van der Werff（1986）［樟科 Lauraceae］●☆

50077　Systenotheca Reveal et Hardham（1989）【汉】齿苞蓼属。【英】Vortriede's Spinyherb。【隶属】蓼科 Polygonaceae。【包含】世界1种。【学名诠释与讨论】〈阴〉（希）systenos，窄的+theke = 拉丁文 theca，匣子，箱子，室，药室，囊。指总苞具细齿。此属的学名是"Systenotheca J. L. Reveal et C. B. Hardham, Phytologia 66：85. 25 Mai 1989"。亦有文献把其处理为"Chorizanthe R. Br. ex Benth.（1836）"的异名。【分布】美国（加利福尼亚）。【模式】Systenotheca vortriedei（T. S. Brandegee）J. L. Reveal et C. B. Hardham［Chorizanthe vortriedei T. S. Brandegee］。【参考异名】Chorizanthe R. Br. ex Benth.（1836）■☆

50078　Systigma Post et Kuntze（1903）= Ilex L.（1753）；~ = Synstima Raf.（1838）［冬青科 Aquifoliaceae］●

50079　Systrepha Burch.（1822）= Ceropegia L.（1753）［萝藦科 Asclepiadaceae］■

50080　Systrephia Benth. et Hook. f.（1876）Nom. illegit. ≡ Systrepha Burch.（1822）［萝藦科 Asclepiadaceae］■

50081　Syziganthus Steud.（1855）= Gahnia J. R. Forst. et G. Forst.（1775）［莎草科 Cyperaceae］■

50082　Syzigium Steud.（1841）Nom. illegit.［桃金娘科 Myrtaceae］●☆

50083　Syzistachyum Post et Kuntze（1）= Synzistachium Raf.（1838）；~ = Heliotropium L.（1753）［紫草科 Boraginaceae//天芥菜科 Heliotropiaceae］●■

50084　Syzyganthera Post et Kuntze（2）= Synzyganthera Ruiz et Pav.（1794）；~ = Lacistema Sw.（1788）［裂蕊树科（裂药花科）Lacistemataceae//刺篱木科（大风子科）Flacourtiaceae］●☆

50085　Syzygeum Wight（1838）Nom. illegit.［桃金娘科 Myrtaceae］●☆

50086　Syzygiopsis Ducke（1925）= Pouteria Aubl.（1775）［山榄科 Sapotaceae］●

50087　Syzygium Gaertn.（1788）Nom. illegit.（废弃属名）≡ Syzygium P. Browne ex Gaertn.（1788）（保留属名）［桃金娘科 Myrtaceae］●

50088　Syzygium P. Browne ex Gaertn.（1788）（保留属名）【汉】蒲桃属（赤楠属）。【日】アデク属。【俄】Евгения。【英】Clove Tree, Eugenia, Jambu, Syzygium。【隶属】桃金娘科 Myrtaceae。【包含】世界500-1200种，中国80-84种。【学名诠释与讨论】〈中〉（希）syzygos，联合在一起或共驾一轭，来自 syn 联合，一起（有时用 syr 或 sys）+zygon，轭，成对，结合+-ius，-ia，-ium，在拉丁文和希腊文中，这些词尾表示性质或状态。指叶和枝着生方式正对生。一说是指种皮与果皮的内壁黏合。一说是指帽状的花瓣合生。此属的学名"Syzygium P. Browne ex Gaertn., Fruct. Sem. Pl. 1：166. Dec 1788"是保留属名。相应的废弃属名是桃金娘科 Myrtaceae 的"Syzygium P. Browne, Civ. Nat. Hist. Jamaica；240. 10 Mar 1756 ≡ Syzygium P. Browne ex Adans., Fam. Pl. 2：244, 1763 = Calyptranthes Sw.（1788）（保留属名）"和"Caryophyllus L., Sp. Pl.；515. 1 Mai 1753 = Syzygium P. Browne ex Gaertn.（1788）（保留属名）"。"Syzygium Gaertn., Fruct. Sem. Pl. i. 166. t. 33（1788）

≡ Syzygium P. Browne ex Gaertn.（1788）（保留属名）"的命名人引证有误，亦应废弃。石竹科 Caryophyllaceae 的"Caryophyllus Mill., Gard. Dict. Abr., ed. 4. [textus s. n.]. 1754 [28 Jan 1754] ≡ Dianthus L.（1753）"和"Caryophyllus Tourn. ex Moench, Methodus（Moench）58（1794）[4 May 1794] = Dianthus L.（1753）"也须废弃。【分布】巴基斯坦，巴拿马，秘鲁，玻利维亚，厄瓜多尔，哥斯达黎加，马达加斯加，尼加拉瓜，中国，中美洲。【模式】Syzygium caryophyllaeum J. Gaertner。【参考异名】Acicalyptus A. Gray（1854）；Acmena DC.（1828）；Acmenosperma Kausel（1957）；Anetholea Peter G. Wilson（2000）；Aphanomyrtus Miq.（1855）；Bostrychode Miq. ex O. Berg（1859）Nom. illegit.；Calyptranthus Blume（1827）；Caryophyllus L.（1753）（废弃属名）；Cerocarpus Colebr. ex Hassk.（1842）Nom. illegit.；Cerocarpus Hassk.（1842）Nom. illegit.；Cetra Noronha（1790）；Clavimyrtus Blume（1850）；Cleistocalyx Blume（1850）；Gelpkea Blume（1850）；Jambolifera Houtt.（1774）；Jambos Adans.（1763）Nom. illegit.（废弃属名）；Jambosa Adans.（1763）[as 'Jambos']（保留属名）；Jambosa DC.（1828）Nom. illegit.（废弃属名）；Jambus Noronha（1790）；Leptomyrtus Miq. ex O. Berg（1859）Nom. illegit.；Lomastelma Raf.（1838）；Macromyrtus Miq.（1855）；Malidra Raf.（1838）；Microjambosa Blume（1850）；Myrthoides Wolf（1776）；Opa Lour.（1790）（废弃属名）；Pareugenia Turrill（1915）；Pseudeugenia Post et Kuntze（1903）；Pseudoeugenia Scort.（1885）；Sizygium Duch.（1849）；Strongylocalyx Blume（1850）；Suzygium P. Browne（1756）（废弃属名）；Syllisium Endl.（1843）Nom. illegit.；Syllysium Meyen et Schauer（1843）；Syzygium Gaertn.（1788）Nom. illegit.（废弃属名）；Tetraeugenia Merr.（1917）；Xenodendron K. Schum. et Lauterb.（1900）；Zygygium Brongn.（1843）●

50089　Szechenyia Kanitz（1891）= Gagea Salisb.（1806）［百合科 Liliaceae］■

50090　Szeglewia Müll. Berol.（1869）Nom. illegit. = Sczegleewia Turcz.（1858）；~ = Symphorema Roxb.（1805）［马鞭草科 Verbenaceae//六苞藤科（伞序材科）Symphoremataceae//唇形科 Lamiaceae（Labiatae）］●

50091　Szlachetkoella Mytnik（2007）【汉】什兰属（热非多穗兰属）。【隶属】兰科 Orchidaceae。【包含】世界1种。【学名诠释与讨论】〈阴〉（人）Dariusz L. Szlachetko, 1961-，植物学者+-ellus，-ella，-ellum，加在名词词干后面形成指小式的词尾。或加在人名、属名等后面以组成新属的名称。此属的学名是"Szlachetkoella Mytnik, The name data was provided by WCSP, World Checklist of Selected Plant Families, facilitated by the Royal Botanic Gardens, Kew"。亦有文献把其处理为"Polystachya Hook.（1824）（保留属名）"的异名。【分布】热带非洲。【模式】Szlachetkoella mystacioides（De Wild.）Mytnik。【参考异名】Aphanopleura Boiss.（1873）；Polystachya Hook.（1824）（保留属名）■☆

50092　Szovitsia（Fisch. et C. A. Mey.）Drude, Nom. illegit. = Aphanopleura Boiss.（1873）［伞形花科（伞形科）Apiaceae（Umbelliferae）］■

50093　Szovitsia Fisch. et C. A. Mey.（1835）【汉】绍维草属。【隶属】伞形花科（伞形科）Apiaceae（Umbelliferae）。【包含】世界1种。【学名诠释与讨论】〈阴〉（人）A. J. Szovits, ? -1830，植物学者。此属的学名，ING、TROPICOS 和 IK 记载是"Szovitsia F. E. L. Fischer et C. A. Meyer, Index Sem. Hortus Bot. Petrop. 1：39. Jan 1835"。"Szovitsia（Fisch. et C. A. Mey.）Drude = Aphanopleura Boiss.（1873）［伞形花科（伞形科）Apiaceae（Umbelliferae）］"的命名人引证有误。"Szowitsia Steud., Nomencl. Bot. [Steudel], ed.

2.2：658.1841"是"Szovitsia Fisch. et C. A. Mey.（1835）"的拼写
变体。"Szowitsia Fisch. et C. A. Mey.（1835）≡Szovitsia Fisch. et
C. A. Mey.（1835）"似引用有误。亦有文献把"Szovitsia Fisch. et
C. A. Mey.（1835）"处理为"Aphanopleura Boiss.（1873）"的异名。
【分布】亚美尼亚，伊朗，外高加索。【模式】Szovitsia callicarpa F.
E. L. Fischer et C. A. Meyer。【参考异名】Aphanopleura Boiss.
（1873）；Scovitzia Walp.（1843）；Szowitsia Fisch. et C. A. Mey.
（1835）Nom. illegit.；Szovitsia Steud.（1841）Nom. illegit.■☆

50094 Szowitsia Fisch. et C. A. Mey.（1835）Nom. illegit. ≡ Szovitsia
Fisch. et C. A. Mey.（1835）［伞形花科（伞形科）Apiaceae
（Umbelliferae）］■☆

50095 Szovitsia Steud.（1841）Nom. illegit. ≡ Szovitsia Fisch. et C. A.
Mey.（1835）［伞形花科（伞形科）Apiaceae（Umbelliferae）］■☆

50096 Tabacina Rchb.（1837）= Tabacum Gilib.（1782）［茄科
Solanaceae//烟草科 Nicotianaceae］●■

50097 Tabacum（Gilib.）Opiz（1841）Nom. illegit. ≡ Tabacum Opiz
（1841）Nom. illegit.；~ = Nicotiana L.（1753）［茄科 Solanaceae//
烟草科 Nicotianaceae］●■

50098 Tabacum Gilib.（1782）= Nicotiana L.（1753）［茄科
Solanaceae//烟草科 Nicotianaceae］●■

50099 Tabacum Opiz（1841）Nom. illegit. = Nicotiana L.（1753）［茄科
Solanaceae//烟草科 Nicotianaceae］●■

50100 Tabacus Moench（1794）= Nicotiana L.（1753）；~ = Tabacum
Gilib.（1782）［茄科 Solanaceae//烟草科 Nicotianaceae］●■

50101 Tabaroa L. P. Queiroz, G. P. Lewis et M. F. Wojc.（2010）【汉】塔
豆属。【隶属】豆科 Fabaceae（Leguminosae）。【包含】世界 1 种。
【学名诠释与讨论】〈阴〉词源不详。似来自人名。【分布】巴西。
【模式】Tabaroa caatingicola L. P. Queiroz, G. P. Lewis et M. F.
Wojc. ☆

50102 Tabascina Baill.（1891）= Justicia L.（1753）［爵床科
Acanthaceae//鸭嘴花科（鸭咀花科）Justiciaceae］●■

50103 Tabebuia Gomes ex DC.（1838）【汉】黄钟木属（风铃木属，喇
叭木属，皮炮木属，蚁木属，钟花树属）。【日】タベブ-イア属。
【俄】Табебуйя。【英】Lapacho, Lapachol, Trumpet Tree。【隶属】
紫葳科 Bignoniaceae。【包含】世界 100 种。【学名诠释与讨论】
〈阴〉源于巴西植物俗名 tabebuia 或 tabebuya。此属的学名，
ING、GCI 和 IK 记载是"Tabebuia Gomes ex DC., Biblioth.
Universelle Genève ser. 2, 17：130. 1838［Sep 1838］"。"Tabebuia
Gomez, Obs. ii. 7. t. 2（1803）. Bl."是一个未合格发表的名称
（Nom. inval.）。【分布】巴拉圭，巴拿马，秘鲁，玻利维亚，厄瓜多
尔，哥伦比亚（安蒂奥基亚），马达加斯加，墨西哥至阿根廷（北
部），尼加拉瓜，中国，西印度群岛，中美洲。【后选模式】1838。
【参考异名】Couralia Splitg.（1842）Nom. illegit.；Handroanthus
Mattos（1970）；Leucoxylon Raf.（1838）Nom. illegit.；Odontotecoma
Bureau et K. Schum.（1897）；Potamoxylon Raf.（1838）；Proterpia
Raf.（1838）；Roseodendron Miranda（1965）；Tabebuia Gomez
（1803）Nom. inval. ●

50104 Tabebuia Gomez（1803）Nom. inval. ≡ Tabebuia Gomes ex DC.
（1838）［紫葳科 Bignoniaceae］●☆

50105 Taberna（DC.）Miers（1878）= Tabernaemontana L.（1753）［夹
竹桃科 Apocynaceae//红月桂科 Tabernaemontanaceae］●

50106 Taberna Miers（1878）Nom. illegit. ≡ Taberna（DC.）Miers
（1878）；~ = Tabernaemontana L.（1753）［夹竹桃科
Apocynaceae//红月桂科 Tabernaemontanaceae］●

50107 Tabernaemontana L.（1753）【汉】红月桂属（狗牙花属，假金橘
属，马蹄花属，山辣椒属，山马茶属）。【日】サンイウクワ属，サ
ンユウカ属。【英】Ervatamia, Rejoua, Tabernaemontana。【隶属】

夹竹桃科 Apocynaceae//红月桂科 Tabernaemontanaceae。【包含】
世界 100-150 种，中国 5-21 种。【学名诠释与讨论】〈阴〉（人）
Jakob Theodor（Jacobus Theodorus）von Bergzaben, 1520-1590，德
国医生，植物学者+-anus, -ana, -anum，加在名词词干后面使形
成形容词的词尾，含义为"属于"。此属的学名，ING、GCI、
TROPICOS 和 APNI 记载是"Tabernaemontana Linnaeus, Sp. Pl.
210. 1 May 1753"。IK 则记载为"Tabernaemontana Plum. ex L.,
Sp. Pl. 1；210. 1753［1 May 1753］"。"Tabernaemontana Plum."是
命名起点著作之前的名称，故"Tabernaemontana L.（1753）"和
"Tabernaemontana Plum. ex L.（1753）"都是合法名称，可以通用。
"Anartia Miers, Apocyn. South Amer. 79. 1878"是"Tabernaemontana
L.（1753）"的晚出的同模式异名（Homotypic synonym,
Nomenclatural synonym）。【分布】巴基斯坦，巴拉圭，巴拿马，秘
鲁，玻利维亚，厄瓜多尔，哥伦比亚（安蒂奥基亚），马达加斯加，
尼加拉瓜，中国，中美洲。【后选模式】Tabernaemontana citrifolia
Linnaeus。【参考异名】Anacampta Miers（1878）；Anartia Miers
（1878）Nom. illegit.；Bonafousia A. DC.（1844）；Camerunia
（Pichon）Boiteau（1976）；Capuronetta Markgr.（1972）；Clerkia
Neck.（1790）Nom. inval.；Codonemma Miers（1878）；
Conopharyngia G. Don（1837）Nom. illegit.；Domkeocarpa Markgr.
（1941）；Ervatamia（A. DC.）Stapf（1902）；Ervatamia Stapf（1902）
Nom. illegit.；Gabunia K. Schum. ex Stapf（1902）；Gabunia Pierre ex
Stapf（1902）；Hazunta Pichon（1948）；Leptopharyngia（Stapf）
Boiteau（1976）；Merizadenia Miers（1878）；Muntafara Pichon
（1948）；Ochronerium Baill.（1889）；Oistanthera Markgr.（1935）；
Pagiantha Markgr.（1935）；Pandaca Noronha ex Thouars（1806）；
Pandaca Thouars（1806）；Pandacastrum Pichon（1948）；Peschiera
A. DC.（1844）；Phrissocarpus Miers（1878）；Protogabunia Boiteau
（1976）；Pterotaberna Stapf（1902）；Quadricasaea Woodson（1941）；
Reichardia Dennst.（1818）Nom. illegit.；Rejoua Gaudich.（1829）；
Rhigospira Miers（1878）；Rigospira Post et Kuntze（1903）；
Sarcopharyngia（Stapf）Boiteau（1976）；Sarcopharyngia Boiteau
（1976）Nom. illegit.；Stenosolen（Müll. Arg.）Markgr.（1938）；
Taberna（DC.）Miers（1878）；Taberna Miers（1878）Nom. illegit.；
Tabernaemontana Plum. ex L.（1753）；Tabernaria Raf.；Testudipes
Markgr.（1935）●

50108 Tabernaemontana Plum. ex L.（1753）≡ Tabernaemontana L.
（1753）［夹竹桃科 Apocynaceae//红月桂科
Tabernaemontanaceae］●

50109 Tabernaemontanaceae Baum. – Bod.［亦见 Apocynaceae Juss.
（保留科名）夹竹桃科］【汉】红月桂科。【包含】世界 1 属 100-
150 种，中国 1 属 5-21 种。【分布】热带。【科名模式】
Tabernaemontana L.（1753）●

50110 Tabernanthe Baill.（1889）【汉】马山茶属（塔拜尔木属）。【隶
属】爵床科 Acanthaceae。【包含】世界 2-7 种。【学名诠释与讨
论】〈阴〉〈拉〉taberna，小屋，棚屋+（属）Tabernaemontana 红月桂
属（狗牙花属，假金橘属，马蹄花属，山辣椒属，山马茶属）。【分
布】热带非洲。【模式】Tabernanthe iboga Baillon。【参考异名】
Daturicasoa Stapf（1921）；Iboga J. Braun et K. Schum.（1889）●☆

50111 Tabernaria Raf. = Tabernaemontana L.（1753）［夹竹桃科
Apocynaceae//红月桂科 Tabernaemontanaceae］●

50112 Tabraca Noronha（1790）Nom. inval.［番荔枝科 Annonaceae］☆

50113 Tacamahaca Mill.（1758）= Populus L.（1753）［杨柳科
Salicaceae］●

50114 Tacarcuna Huft（1989）【汉】塔卡大戟属。【隶属】大戟科
Euphorbiaceae。【包含】世界 3 种。【学名诠释与讨论】〈阴〉词源
不详。【分布】巴拿马，秘鲁，哥伦比亚，委内瑞拉。【模式】

Tacarcuna gentryi Huft☆

50115　Tacazzea Decne. (1844)【汉】塔卡萝藦属。【隶属】萝藦科 Asclepiadaceae。【包含】世界4种。【学名诠释与讨论】〈阴〉（地）Takazze，特克泽河，位于埃塞俄比亚。【分布】热带和非洲南部。【模式】Tacazzea venosa Decaisne。【参考异名】Aechmolepis Decne. (1844)；Leptopaetia Harv. (1868)；Petopentia Bullock(1954)●☆

50116　Tacca J. R. Forst. et G. Forst. (1775)（保留属名）【汉】蒟蒻薯属（箭根薯属）。【日】タシロイモ属。【俄】Такка。【英】Tacca。【隶属】蒟蒻薯科（箭根薯科，蛛丝草科）Taccaceae//薯蓣科 Dioscoreaceae。【包含】世界10-30种，中国4种。【学名诠释与讨论】〈阴〉来自植物俗名，马来语tacca，印度尼西亚语称Tacca leontopetaloides为taka laoet。此属的学名"Tacca J. R. Forst. et G. Forst. ，Char. Gen. Pl. : 35. 29 Nov 1775"是保留属名。相应的废弃属名是蒟蒻薯科（箭根薯科，蛛丝草科）Taccaceae的"Leontopetaloides Boehm. in Ludwig, Def. Gen. Pl. , ed. 3；512. 1760 = Tacca J. R. Forst. et G. Forst. (1775)（保留属名）"。【分布】马达加斯加，中国，热带旧世界东部。【模式】Tacca pinnatifida J. R. et J. G. A. Forster。【参考异名】Ataccia J. Presl(1828)；Chaetaea Post et Kuntze(1903)Nom. illegit. ；Chaitaea Sol. ex Seem. (1865)；Chataea Sol. (1865)Nom. illegit. ；Chataea Sol. ex Seem. (1865)；Leontopetaloides Boehm. (1760)（废弃属名）；Schizocapsa Hance (1881)■

50117　Taccaceae Bercht. et J. Presl =Taccaceae Dumort. (保留科名)■

50118　Taccaceae Dumort. (1829)（保留科名）[亦见 Dioscoreaceae R. Br. (保留科名)薯蓣科]【汉】蒟蒻薯科（箭根薯科，蛛丝草科）。【日】タシロイモ科。【俄】Такковые。【英】Pia Family, Tacca Family。【包含】世界2属10-13种，中国2属6种。【分布】热带旧世界。【科名模式】Tacca J. R. Forst. et G. Forst. (1775)（保留属名)■

50119　Taccarum Brongn. (1857)【汉】箭根南星属。【隶属】天南星科 Araceae。【包含】世界5种。【学名诠释与讨论】〈中〉（属）Tacca 蒟蒻薯属（箭根薯）+（属）Arum 疆南星属。此属的学名，ING 和 GCI 记载是"Taccarum Brongniart in Schott, Oesterr. Bot. Wochenbl. 7：221. 9 Jul 1857"。IK 和 TROPICOS 则记载为"Taccarum Brongn. ex Schott, Gen. Aroid. t. 65. 1858"。【分布】秘鲁，玻利维亚，热带南美洲。【模式】Taccarum weddellianum Brongniart。【参考异名】Endera Regel (1872)；Lysistigma Schott (1862)；Taccarum Brongn. ex Schott(1858)Nom. illegit. ■☆

50120　Taccarum Brongn. ex Schott (1858) Nom. illegit. ≡Taccarum Brongn. (1857)[天南星科 Araceae]■☆

50121　Tachia Aubl. (1775)【汉】圭亚那龙胆属（大吉阿属）。【隶属】龙胆科 Gentianaceae。【包含】世界2-9种。【学名诠释与讨论】〈阴〉（希）tachys，迅速的。指其生长快。此属的学名，ING、TROPICOS 和 IK 记载是"Tachia Aublet, Hist. Pl. Guiane 1：75. Jun-Dec 1775"。"Myrmecia Schreber, Gen. 74. Apr 1789"是"Tachia Aubl. (1775)"的晚出的同模式异名（Homotypic synonym, Nomenclatural synonym)。"Tachia Persoon, Syn. Pl. 1：459. 1 Apr-15 Jun 1805(non Aublet 1775)≡Tachigali Aubl. (1775)[豆科 Fabaceae (Leguminosae)//云实科（苏木科）Caesalpiniaceae]"是晚出的非法名称。【分布】巴西，秘鲁，玻利维亚，哥伦比亚（安蒂奥基亚)，哥斯达黎加，几内亚，中美洲。【模式】Tachia guianensis Aublet。【参考异名】Myrmecia Schreb. (1789)Nom. illegit. ；Tachia Pers. (1805)Nom. illegit. ●☆

50122　Tachia Pers. (1805)Nom. illegit. ≡Tachigali Aubl. (1775)[豆科 Fabaceae(Leguminosae)]●☆

50123　Tachiadenus Grieseb. (1838)【汉】腺龙胆属。【隶属】龙胆科 Gentianaceae。【包含】世界11种。【学名诠释与讨论】〈阳〉（属)Tachia 圭亚那龙胆属（大吉阿属）+aden，所有格 adenos，腺体。【分布】马达加斯加。【后选模式】Tachiadenus carinatus (Desrousseaux) Grisebach [Lisianthius carinatus Desrousseaux]。【参考异名】Carissophyllum Pichon(1949)●■☆

50124　Tachibota Aubl. (1775) = Hirtella L. (1753) [金壳果科 Chrysobalanaceae]●☆

50125　Tachigalea Griseb. (1862)Nom. illegit. =Amasonia L. f. (1782)（保留属名）[马鞭草科 Verbenaceae//唇形科 Lamiaceae (Labiatae)]●■☆

50126　Tachigali Aubl. (1775)【汉】塔奇苏木属。【隶属】豆科 Fabaceae(Leguminosae)。【包含】世界24种。【学名诠释与讨论】〈阴〉来自植物俗名。此属的学名，ING，TROPICOS 和 IK 记载是"Tachigali Aubl. , Hist. Pl. Guiane 372. 1775 [Jun-Dec 1775]"。"Cuba Scopoli, Introd. 300. Jan-Apr 1777"和"Tachia Persoon, Syn. Pl. 1；459. 1 Apr-15 Jun 1805(non Aublet 1775)"是"Tachigali Aubl. (1775)"的晚出的同模式异名（Homotypic synonym, Nomenclatural synonym)。【分布】巴拿马，秘鲁，玻利维亚，厄瓜多尔，哥斯达黎加，热带南美洲，中美洲。【后选模式】Tachigali paniculata Aublet。【参考异名】Cuba Scop. (1777)Nom. illegit. ；Tachia Pers. (1805)Nom. illegit. ；Tachigali Juss. ；Tassia Rich. (1825)Nom. illegit. ；Tassia Rich. ex DC. (1825)●☆

50127　Tachigali Juss. = Tachigali Aubl. (1775) [豆科 Fabaceae (Leguminosae)]●☆

50128　Tachites Sol. ex Gaertn. (1788) = Melicytus J. R. Forst. et G. Forst. (1776) [堇菜科 Violaceae]●☆

50129　Tachytes Steud. (1841) = Tachites Sol. ex Gaertn. (1788)；~ = Melicytus J. R. Forst. et G. Forst. (1776) [堇菜科 Violaceae]●☆

50130　Tacinga Britton et Rose(1919)【汉】长蕊掌属（白林属）。【日】タキンガ属。【隶属】仙人掌科 Cactaceae。【包含】世界2种。【学名诠释与讨论】〈阴〉（属）由 Catinga 属字母改缀而来。【分布】巴西。【模式】Tacinga funalis N. L. Britton et Rose●☆

50131　Tacitus Moran(1974)【汉】齐花山景天属。【隶属】景天科 Crassulaceae。【包含】世界1种。【学名诠释与讨论】〈阳〉词源不详。此属的学名是"Tacitus R. Moran in R. Moran et J. Meyrán, Cact. Suc. Mex. 19：76. Oct-Dec 1974"。亦有文献把其处理为"Graptopetalum Rose(1911)"的异名。【分布】墨西哥。【模式】Tacitus bellus R. Moran et J. Meyrán。【参考异名】Graptopetalum Rose(1911)●☆

50132　Tacoanthus Baill. (1890)【汉】玻利维亚爵床属。【隶属】爵床科 Acanthaceae。【包含】世界1种。【学名诠释与讨论】〈阴〉（希）tachos，速度，快速；或西班牙语 taco，塞子+anthos，花。【分布】玻利维亚。【模式】Tacoanthus pearcei Baillon■☆

50133　Tacsonia Juss. (1789) = Passiflora L. (1753)（保留属名）[西番莲科 Passifloraceae]●■

50134　Tadeastrum Szlach. (2007)【汉】巴西老虎兰属。【隶属】兰科 Orchidaceae。【包含】世界3种。【学名诠释与讨论】〈中〉词源不详。此属的学名是"Tadeastrum Szlach. , Richardiana 7(2)：47 (-48). 2007"。亦有文献把其处理为"Stanhopea J. Frost ex Hook. (1829)"的异名。【分布】巴西。【模式】Tadeastrum candidum (Barb. Rodr.)Szlach. [Stanhopea candida Barb. Rodr.]。【参考异名】Stanhopea J. Frost ex Hook. (1829)■☆

50135　Tadehagi (Schindl.) H. Ohashi (1973) Nom. illegit. = Tadehagi H. Ohashi (1973) [豆科 Fabaceae (Leguminosae)//蝶形花科 Papilionaceae]●

50136　Tadehagi H. Ohashi(1973)【汉】葫芦茶属。【英】Calabash, Tadehagi。【隶属】豆科 Fabaceae(Leguminosae)//蝶形花科

Papilionaceae。【包含】世界3-6种,中国2种。【学名诠释与讨论】〈阴〉(人)Tadehagi,日本植物学者。此属的学名"Tadehagi H. Ohashi,Ginkgoana 1:280. 1973 [15 Feb 1973]"是一个替代名称。"Pteroloma Desv. ex Benth. , Pl. Jungh. [Miquel]2:219. 1852 [Aug 1852]"是一个非法名称(Nom. illegit.),因为此前已经有了"Pteroloma Hochst. et Steud. , Unio Itin. Arab. Exsiccate no. 851. 1837 [山柑科(白花菜科,醉蝶花科)Capparaceae]"。故用"Tadehagi H. Ohashi(1973)"替代之。GCI记载此属的学名是"Tadehagi (Schindl.) H. Ohashi,Ginkgoana 1:284. 1973 [15 Feb 1973]",由"Droogmansia subgen. Godefroya Schindl. Repert. Spec. Nov. Regni Veg. 20:274. 1924"改级而来。【分布】澳大利亚,中国,大洋洲,热带亚洲。【模式】Tadehagi triquetrum (Linnaeus) H. Ohashi [Hedysarum triquetrum Linnaeus]。【参考异名】Droogmansia subgen. Godefroya Schindl. (1924);Pteroloma Desv. ex Benth. (1852) Nom. illegit. ;Tadehagi (Schindl.) H. Ohashi(1973) Nom. illegit. ●

50137 Taeckholmia Boulos (1967) Nom. illegit. ≡ Atalanthus D. Don (1829);~ =Sonchus L. (1753) [菊科 Asteraceae(Compositae)]■

50138 Taenais Salisb. (1866) = Crinum L. (1753) [石蒜科 Amaryllidaceae]■

50139 Taenia Post et Kuntze (1903) = Tainia Blume (1825) [兰科 Orchidaceae]■

50140 Taeniandra Bremek. (1944) = Strobilanthes Blume(1826) [爵床科 Acanthaceae]●■

50141 Taenianthera Burret(1930)【汉】带药椰属。【日】オビバナヤシ属。【隶属】棕榈科 Arecaceae(Palmae)。【包含】世界10种。【学名诠释与讨论】〈阴〉(希) tainia,变为拉丁文 taenia,带;taeniatus,有条纹的;taenidium,螺旋丝+anthera,花药。此属的学名是"Taenianthera Burret, Bot. Jahrb. Syst. 63:267. 1 Jul 1930"。亦有文献把其处理为"Geonoma Willd. (1805)"的异名。【分布】玻利维亚,热带南美洲。【后选模式】Taenianthera macrostachys (Martius) Burret [Geonoma macrostachys Martius]。【参考异名】Geonoma Willd. (1805)●☆

50142 Taeniatherum Nevski (1934) 【汉】带药禾属。【俄】Лентоостник。【英】Medusahead。【隶属】禾本科 Poaceae (Gramineae)。【包含】世界1-2种。【学名诠释与讨论】〈中〉(希) tainia,变为拉丁文 taenia,带+athera 花药。【分布】巴基斯坦,地中海至印度(西北)。【模式】未指定☆

50143 Taenidia(Torr. et A. Gray) Drude (1898)【汉】太尼草属。【隶属】伞形花科(伞形科) Apiaceae(Umbelliferae)。【包含】世界2种。【学名诠释与讨论】〈阴〉(希) tainidion,小带子。此属的学名,ING、TROPICOS 和 GCI 记载是"Taenidia (J. Torrey et A. Gray) Drude in Engler et Prantl, Nat. Pflanzenfam. 3(8):195. Jul 1898",由"Zisia sect. Taenidia J. Torrey et A. Gray, Fl. North Amer. 1:614. 1838-1840"改级而来;而 IK 则记载为"Taenidia Drude, Nat. Pflanzenfam. [Engler et Prantl]iii. VIII. 195(1898)"。三者引用的文献相同。【分布】美国(东部)。【模式】Taenidia integerrima (Linnaeus) Drude [Taeniatherum integerrima (Linnaeus) Drude; Smyrnium integerrimum Linnaeus]。【参考异名】Pseudotaenidia Mack. (1903);Taenidia Drude (1898) Nom. illegit. ;Zisia sect. Taenidia Torr. et A. Gray(1840)☆

50144 Taenidia Drude (1898) Nom. illegit. ≡ Taenidia (Torr. et A. Gray) Drude (1898) [伞形花科(伞形科) Apiaceae (Umbelliferae)]☆

50145 Taenidium Targ. Tozz. (1826) = Posidonia K. D. König (1805) (保留属名) [眼子菜科 Potamogetonaceae//波喜荡科(波喜荡科,海草科,海神草科) Posidoniaceae]■

50146 Taeniocarpum Desv. (1826) = Pachyrhizus Rich. ex DC. (1825) (保留属名) [豆科 Fabaceae (Leguminosae)//蝶形花科 Papilionaceae]■

50147 Taeniochlaena Hook. f. (1862) = Rourea Aubl. (1775) (保留属名);~ =Roureopsis Planch. (1850) [牛栓藤科 Connaraceae]●

50148 Taeniola Salisb. (1866) = Ornithogalum L. (1753) [百合科 Liliaceae//风信子科 Hyacinthaceae]■

50149 Taenionema Post et Kuntze (1903) = Tainionema Schltr. (1899) [萝藦科 Asclepiadaceae]●☆

50150 Taeniopetalum Vis. (1850)【汉】纹瓣花属。【隶属】伞形花科(伞形科) Apiaceae(Umbelliferae)。【包含】世界2种。【学名诠释与讨论】〈中〉(希) tainia,变为拉丁文 taenia,带子+希腊文 petalos,扁平的,铺开的;petalon,花瓣,叶,花叶,金属叶子;拉丁文的花瓣为 petalum。此属的学名是"Taeniopetalum Visiani, Fl. Dalmatica 3:49. 1850"。亦有文献把其处理为"Peucedanum L. (1753)"的异名。【分布】欧洲。【模式】Taeniopetalum neumayeri Visiani。【参考异名】Peucedanum L. (1753)■☆

50151 Taeniophyllum Blume (1825)【汉】带叶兰属(蜘蛛兰属)。【日】クモラン属,タエニオフィラム属。【英】Taeniophyllum。【隶属】兰科 Orchidaceae。【包含】世界120-180种,中国4种。【学名诠释与讨论】〈中〉(希) tainia,变为拉丁文 taenia,带子+phyllon,叶子。指扁带状的气根乍看似叶片。【分布】澳大利亚,中国,热带非洲至日本,法属波利尼西亚(塔希提岛)。【后选模式】Taeniophyllum obtusum Blume。【参考异名】Alwisia Thwaites ex Lindl. (1858);Ankylocheilos Summerh. (1943)■

50152 Taeniopleurum J. M. Coult. et Rose(1889) = Perideridia Rchb. (1837) [伞形花科(伞形科) Apiaceae(Umbelliferae)]■☆

50153 Taeniopleurum T. Durand et Jacks. = Taeniopleurum J. M. Coult. et Rose(1889);~ =Perideridia Rchb. (1837) [伞形花科(伞形科) Apiaceae(Umbelliferae)]■☆

50154 Taeniorhachis Cope (1993)【汉】带刺禾属。【隶属】禾本科 Poaceae(Gramineae)。【包含】世界1种。【学名诠释与讨论】〈阴〉(希) tainia,变为拉丁文 taenia,带子+rhachis,针,刺。【分布】索马里。【模式】Taeniorhachis repens Cope ■☆

50155 Taeniorrhiza Summerh. (1943)【汉】带根兰属。【隶属】兰科 Orchidaceae。【包含】世界1种。【学名诠释与讨论】〈阴〉(希) tainia,变为拉丁文 taenia,带子+rhiza,或 rhizoma,根,根茎。【分布】西赤道非洲。【模式】Taeniorrhiza gabonensis Summerhayes ■☆

50156 Taeniosapium Müll. Arg. (1866) = Excoecaria L. (1759);~ =Sapium Jacq. (1760) (保留属名) [大戟科 Euphorbiaceae]●

50157 Taeniostema Spach(1837) = Crocanthemum Spach(1836) [半日花科(岩蔷薇科) Cistaceae]●☆

50158 Taenosapium Benth. et Hock. f. (1880) = Excoecaria L. (1759);~ =Taeniosapium Müll. Arg. (1866) [大戟科 Euphorbiaceae]●

50159 Taetsia Medik. (1786) (废弃属名) = Cordyline Comm. ex R. Br. (1810) (保留属名) [百合科 Liliaceae//点柱花科(朱蕉科) Lomandraceae//龙舌兰科 Agavaceae]●

50160 Tafalla D. Don (1831) Nom. illegit. = Loricaria Wedd. (1856) [菊科 Asteraceae(Compositae)]●☆

50161 Tafalla Ruiz et Pav. (1794) = Hedyosmum Sw. (1788) [金粟兰科 Chloranthaceae]●■

50162 Tafallaea Kuntze(1891) = Tafalla Ruiz et Pav. (1794) [金粟兰科 Chloranthaceae]●■

50163 Tagera Raf. (1838) = Cassia L. (1753) (保留属名);~ =Chamaecrista Moench (1794) Nom. illegit. ; ~ = Chamaecrista (L.) Moench(1794) [豆科 Fabaceae(Leguminosae)//云实科(苏木科)

Caesalpiniaceae]■●

50164 Tagetes L. (1753)【汉】万寿菊属。【日】センジュギク属，マンジュギク属。【俄】Бархатцы，Тагетес。【英】Marigold，Tagetes。【隶属】菊科 Asteraceae(Compositae)。【包含】世界 30-50 种，中国 2 种。【学名诠释与讨论】〈阴〉(拉)Tages，意大利古国伊特露利亚的神，他是主神朱皮特之子，这个从土里跳出来的小孩，曾教伊特露利亚人如何耕种。【分布】巴拉圭，巴拿马，秘鲁，玻利维亚，厄瓜多尔，哥伦比亚(安蒂奥基亚)，马达加斯加，美国(密苏里)，尼加拉瓜，中国，中美洲。【后选模式】Tagetes erecta Linnaeus。【参考异名】Adenopappus Benth. (1840)；Diglossus Cass. (1817)；Enalcida Cass. (1819)；Eualcida Hemsl. (1881)；Solenotheca Nutt. (1841)；Vilobia Strother(1968)■●

50165 Taguaria Raf. (1838) = Gaiadendron G. Don(1834)［桑寄生科 Loranthaceae]●☆

50166 Tahina J. Dransf. et Rakotoarin. (2008)【汉】马岛棕属。【隶属】棕榈科 Arecaceae(Palmae)。【包含】世界 1 种。【学名诠释与讨论】〈阴〉词源不详。【分布】马达加斯加。【模式】Tahina spectabilis J. Dransf. et Rakotoarin.●☆

50167 Tahitia Burret(1926) = Berrya Roxb. (1820)(保留属名)；~ = Christiana DC. (1824)［椴树科(椴科，田麻科)Tiliaceae//锦葵科 Malvaceae]●☆

50168 Taihangia Te T. Yu et C. L. Li(1980)【汉】太行花属。【英】Taihang Flower，Taihangia。【隶属】蔷薇科 Rosaceae。【包含】世界 1 种，中国 1 种。【学名诠释与讨论】〈阴〉(地)Taihang，太行山，位于中国。此属的学名是"Taihangia T. T. Yü et C. L. Li，Acta Phytotax. Sin. 18：471. Nov 1980"。亦有文献把其处理为"Geum L. (1753)"的异名。【分布】中国。【模式】Taihangia rupestris T. T. Yü et C. L. Li。【参考异名】Geum L. (1753)■★

50169 Tainia Blume(1825)【汉】带唇兰属(杜鹃兰属)。【日】ヒメトケンラン属。【英】Tainia。【隶属】兰科 Orchidaceae。【包含】世界 15-32 种，中国 12-13 种。【学名诠释与讨论】〈阴〉(希)tainia，变为拉丁文 taenia，带子。指花的唇瓣带形，或指叶形。此属的学名，ING、TROPICOS 和 IK 记载是"Tainia Blume，Bijdr. Fl. Ned. Ind. 7：354. 1825［20 Sep–7 Dec 1825]"。"Mitopetalum Blume，Fl. Javae（Praef.）viii. 5 Aug 1828"是"Tainia Blume(1825)"的晚出的同模式异名(Homotypic synonym，Nomenclatural synonym)。【分布】印度至马来西亚，中国。【模式】Tainia speciosa Blume。【参考异名】Ania Lindl. (1831)；Ascotainia Ridl. (1907)；Mischobulbum Schltr. (1911)；Mitopetalum Blume(1828) Nom. illegit. ；Taenia Post et Kuntze (1903)；Tainiopsis Hayata (1914)■

50170 Tainionema Schltr. (1899)【汉】带蕊萝藦属。【隶属】萝藦科 Asclepiadaceae。【包含】世界 1 种。【学名诠释与讨论】〈中〉(希)tainia，变为拉丁文 taenia，带子+nema，所有格 nematos，丝，花丝。【分布】西印度群岛。【模式】Tainionema occidentale (K. P. J. Sprengel) Schlechter［Secamone occidentalis K. P. J. Sprengel]。【参考异名】Taenionema Post et Kuntze(1903)●☆

50171 Tainiopsis Hayata (1914) = Tainia Blume (1825)［兰科 Orchidaceae]■

50172 Tainiopsis Schltr. (1915) Nom. illegit. ≡ Eriodes Rolfe (1915)［兰科 Orchidaceae]■

50173 Taitonia Yamam. (1938) = Gomphostemma Wall. ex Benth. (1831)［唇形科 Lamiaceae(Labiatae)]●■

50174 Taiwania Hayata(1906)【汉】台湾杉属(秃杉属)。【日】タイワンスギ属。【俄】Тайвания。【英】Taiwania。【隶属】杉科(落羽杉科)Taxodiaceae//台湾杉科 Taiwaniaceae。【包含】世界 2-3 种，中国 2 种。【学名诠释与讨论】〈阴〉(地)Taiwan，中国(台

湾)。指模式种产地。【分布】中国。【模式】Taiwania cryptomerioides Hayata。【参考异名】Eotaiwania Yendo(1942)；Taiwanites Hayata(1906)●★

50175 Taiwaniaceae Hayata(1932)［亦见 Cupressaceae Gray(保留科名)柏科和 Taxodiaceae Saporta(保留科名)杉科(落羽杉科)]【汉】台湾杉科。【包含】世界 1 属 2-3 种，中国 1 属 2 种。【分布】中国(西南部，台湾)。【科名模式】Taiwania Hayata(1906)●

50176 Taiwanites Hayata(1906) = Taiwania Hayata(1906)［杉科(落羽杉科)Taxodiaceae//台湾杉科 Taiwaniaceae]●★

50177 Takaikazuchia Kitag. , Nom. illegit. = Olgaea Iljin(1922)［菊科 Asteraceae(Compositae)]■

50178 Takaikazuchia Kitag. et Kitam. , Nom. illegit. = Olgaea Iljin(1922)［菊科 Asteraceae(Compositae)]■

50179 Takasagoya Y. Kimura(1936) = Hypericum L. (1753)［金丝桃科 Hypericaceae//猪胶树科(克鲁西科，山竹子科，藤黄科)Clusiaceae(Guttiferae)]■●

50180 Takeikadzuchia Kitag. et Kitam. (1934)【汉】鳍蓟属(猬菊属)。【日】オニヤマボクチ属。【隶属】菊科 Asteraceae(Compositae)。【包含】世界 1 种。【学名诠释与讨论】〈阴〉词源不详。此属的学名是"Takeikadzuchia Kitagawa et Kitamura，Acta Phytotax. Geobot. 3：102. 30 Jun 1934"。亦有文献把其处理为"Olgaea Iljin (1922)"的异名。【分布】蒙古，中国。【模式】Takeikadzuchia lomonossowii (Trautvetter) Kitagawa et Kitamura ［Carduus lomonossowii Trautvetter]。【参考异名】Olgaea Iljin(1922)■

50181 Takeikatzukia Kitag. et Kitam. (1934) Nom. illegit. ≡ Takeikadzuchia Kitag. et Kitam. (1934)［菊科 Asteraceae (Compositae)]■

50182 Takhtajania Baranova et J. -F. Leroy(1978)【汉】塔氏林仙属。【隶属】林仙科(冬木科，假八角科，辛辣木科)Winteraceae。【包含】世界 1 种。【学名诠释与讨论】〈阴〉(人)Armen Leonovich Takhtajan，1910-?，美国植物学者。【分布】马达加斯加。【模式】Takhtajania perrieri (R. Capuron) M. Baranova et J. - F. Leroy ［Bubbia perrieri R. Capuron]。【参考异名】Bubbia Tiegh. (1900)●☆

50183 Takhtajaniaceae(J. -F. Leroy) J. -F. Leroy(1980) = Winteraceae R. Br. ex Lindl. (保留科名)●

50184 Takhtajaniaceae Baranova et J. -F. Leroy(1980) = Winteraceae R. Br. ex Lindl. (保留科名)●

50185 Takhtajaniaceae J. - F. Leroy(1980) = Winteraceae R. Br. ex Lindl. (保留科名)●

50186 Takhtajaniantha Nazarova(1990) = Scorzonera L. (1753)［菊科 Asteraceae(Compositae)]■

50187 Takhtajanianthus A. B. De(1988) Nom. illegit. ≡ Rhanteriopsis Rauschert(1982)［菊科 Asteraceae(Compositae)]●☆

50188 Takhtajaniella V. E. Avet. (1980) = Alyssoides Mill. (1754)；~ = Alyssum L. (1753)［十字花科 Brassicaceae(Cruciferae)]■●

50189 Takulumena Szlach. (2006)【汉】厄瓜多尔柱瓣兰属。【隶属】兰科 Orchidaceae。【包含】世界 2 种。【学名诠释与讨论】〈阴〉词源不详。此属的学名是"Takulumena Szlach. ，Die Orchidee 57 (3)：326. 2006"。亦有文献把其处理为"Epidendrum L. (1763) (保留属名)"的异名。【分布】厄瓜多尔。【模式】Takulumena sophronitoides (F. Lehm. et Kraenzl.) Szlach. 。【参考异名】Epidendrum L. (1763)(保留属名)■☆

50190 Tala Blanco (1837) = Limnophila R. Br. (1810)(保留属名)［玄参科 Scrophulariaceae//婆婆纳科 Veronicaceae]■

50191 Talamancalia H. Rob. et Cuatrec. (1994)【汉】翅柄千里光属。【隶属】菊科 Asteraceae(Compositae)。【包含】世界 3-4 种。【学

名诠释与讨论】〈阴〉词源不详。【分布】巴拿马。【模式】Talamancalia westonii H. Robinson et J. Cuatrecasas ■●☆

50192　Talanelis Raf.（1838）= Campanula L.（1753）［桔梗科 Campanulaceae］■●

50193　Talangninia Chapel. ex DC.（1830）Nom. inval. = Randia L.（1753）［茜草科 Rubiaceae//山黄皮科 Randiaceae］●

50194　Talasium Spreng.（1827）= Panicum L.（1753）；~ = Thalasium Spreng.（1827）［禾本科 Poaceae(Gramineae)］■

50195　Talassia Korovin（1962）【汉】伊犁芹属。【俄】Талассия。【英】Yilicelery。【隶属】伞形花科（伞形科）Apiaceae（Umbelliferae）。【包含】世界 2 种，中国 1 种。【学名诠释与讨论】〈阴〉（希）talassia，纺羊毛。此属的学名是"Talassia Korovin, Trudy Instituta Botaniki, Akademiya Nauk Kazakhskoi S S R. Alma-Ata 13：257. 1962"。亦有文献把其处理为"Ferula L.（1753）"的异名。【分布】中国，亚洲中部。【模式】不详。【参考异名】Ferula L.（1753）■

50196　Talauma Juss.（1789）【汉】盖裂木属（盖裂木兰属，脱轴木属）。【日】ネッタイモクレン属。【俄】Талаума。【英】Talauma。【隶属】木兰科 Magnoliaceae。【包含】世界 60 种，中国 1-2 种。【学名诠释与讨论】〈阴〉talauma，美国土语，一种树的名称。此属的学名是"Talauma A. L. Jussieu, Gen. 281. 4 Aug 1789"。亦有文献把其处理为"Magnolia L.（1753）"的异名。【分布】巴拿马，玻利维亚，厄瓜多尔，哥斯达黎加，尼加拉瓜，中国，东喜马拉雅山，西印度群岛，东南亚，墨西哥至热带南美洲，中美洲。【模式】Talauma plumierii（Swartz）A. P. de Candolle［Magnolia plumierii Swartz］。【参考异名】Blumia Nees（1825）（废弃属名）；Magnolia L.（1753）；Santanderia Cespedes ex Triana et Planch.（1862）；Svenhedinia Urb.（1927）；Violaria Post et Kuntze（1903）●

50197　Talbotia Balf.（1868）= Vellozia Vand.（1788）；~ = Xerophyta Juss.（1789）［翡若翠科（巴西蒜科，尖叶棱枝草科，尖叶鳞枝科）Velloziaceae］●■☆

50198　Talbotia S. Moore（1913）Nom. illegit. = Afrofittonia Lindau（1913）［爵床科 Acanthaceae］■☆

50199　Talbotiella Baker f.（1914）【汉】塔氏豆属。【隶属】豆科 Fabaceae（Leguminosae）。【包含】世界 3 种。【学名诠释与讨论】〈阴〉（人）植物学者 Percy Amaury Talbot（1877-1945）和他的妻子 Dorothy Amaury Talbot（1871-1916，Nigeria），他们曾一起采集标本+-ellus，-ella，-ellum，加在名词词干后面形成指小式的词尾。或加在人名、属名等后面以组成新属的名称。【分布】热带非洲西部。【模式】Talbotiella eketensis E. G. Baker ■☆

50200　Talbotiopsis L. B. Sm.（1985）Nom. illegit. = Talbotia Balf.（1868）［翡若翠科（巴西蒜科，尖叶棱枝草科，尖叶鳞枝科）Velloziaceae］■☆

50201　Talechium Hill（1756）Nom. illegit. ≡ Trachelium Hill（1756）；~ = Campanula L.（1753）［桔梗科 Campanulaceae］■●

50202　Talguenea Miers ex Endl.（1840）【汉】智利鼠李属。【隶属】鼠李科 Rhamnaceae。【包含】世界 1 种。【学名诠释与讨论】〈阴〉词源不详。此属的学名，ING 和 TROPICOS 记载是"Talguenea Miers ex Endlicher, Gen. 1100. Apr 1840"。IK 记载的"Talguenea Miers, Trav. Chili. ii. 529（1826）"是一个未合格发表的名称（Nom. inval.）。【分布】智利。【模式】Talguenea quinquenervia（Gillies ex W. J. Hooker）I. M. Johnson［Trevoa quinquenervia Gillies ex W. J. Hooker］。【参考异名】Talguenea Miers（1826）Nom. inval. ●☆

50203　Talguenea Miers（1826）Nom. inval. ≡ Talguenea Miers ex Endl.（1840）［鼠李科 Rhamnaceae］●☆

50204　Tali Adans.（1763）= Connarus L.（1753）［牛栓藤科 Connaraceae］●

50205　Taliera Mart.（1824）= Corypha L.（1753）［棕榈科 Arecaceae（Palmae）］●

50206　Taligalea Aubl.（1775）（废弃属名）= Amasonia L. f.（1782）（保留属名）［马鞭草科 Verbenaceae//唇形科 Lamiaceae（Labiatae）］●■☆

50207　Talinaceae（Fenzl）Doweld（2001）= Talinaceae Doweld（2001）；~ = Portulacaceae Juss.（保留科名）■●

50208　Talinaceae Doweld（2001）［亦见 Portulacaceae Juss.（保留科名）马齿苋科］【汉】土人参科。【包含】世界 2 属 53 种，中国 1 属 1 种。【分布】热带美洲，非洲，亚洲。【科名模式】Talinum Adans. ■●

50209　Talinaria Brandegee（1908）【汉】肖土人参属。【隶属】马齿苋科 Portulacaceae//土人参科 Talinaceae。【包含】世界 3 种。【学名诠释与讨论】〈阴〉（属）Talinum 土人参属+-arius，-aria，-arium，指示"属于、相似、具有、联系"的词尾。此属的学名是"Talinaria T. S. Brandegee, Zoe 5：231. Apr 1908"。亦有文献把其处理为"Talinum Adans.（1763）（保留属名）"的异名。【分布】阿根廷，墨西哥。【模式】Talinaria palmeri T. S. Brandegee。【参考异名】Talinum Adans.（1763）（保留属名）■☆

50210　Talinella Baill.（1886）【汉】小土人参属。【隶属】马齿苋科 Portulacaceae。【包含】世界 2 种。【学名诠释与讨论】〈阴〉（属）Talinum 土人参属+-ellus，-ella，-ellum，加在名词词干后面形成指小式的词尾。或加在人名、属名等后面以组成新属的名称。【分布】马达加斯加。【模式】Talinella boiviniana Baillon。【参考异名】Sabouraea Léandri（1962）；Talmella Dur.（1887）●☆

50211　Talinium Raf.（1818）Nom. illegit.（废弃属名）≡ Talinum Adans.（1763）（保留属名）［马齿苋科 Portulacaceae//土人参科 Talinaceae］■●

50212　Talinopsis A. Gray（1852）【汉】树土人参属。【隶属】马齿苋科 Portulacaceae。【包含】世界 1 种。【学名诠释与讨论】〈阴〉（属）Talinum 土人参属+希腊文 opsis，外观，模样，相似。【分布】美国（南部），墨西哥。【模式】Talinopsis frutescens A. Gray ●☆

50213　Talinum Adans.（1763）（保留属名）【汉】土人参属。【日】ハゼラン属。【英】Fame Flower, Fameflower, Localginseng, Talinum。【隶属】马齿苋科 Portulacaceae//土人参科 Talinaceae。【包含】世界 50 种，中国 1 种。【学名诠释与讨论】〈中〉（拉 talinum，来自一种植物的非洲俗名，或希腊文 thaleia 多花的，富丽的。此属的学名"Talinum Adans. ,Fam. Pl. 2：245,609. Jul-Aug 1763"是保留属名。法规未列出相应的废弃属名。但是"Talinum Juss., Genera Plantarum 312. 1789, Nom. illegit.［马齿苋科 Portulacaceae//土人参科 Talinaceae］"应予废弃。"Talinium Raf., Amer. Monthly Mag. et Crit. Rev. 2（3）：175. 1818［Jan 1818］"是"Talinopsis A. Gray（1852）"的拼写变体，亦应废弃。【分布】巴拉圭，巴拿马，秘鲁，玻利维亚，厄瓜多尔，哥伦比亚（安蒂奥基亚），美国（密苏里），尼加拉瓜，中国，非洲，亚洲，热带美洲，中美洲。【模式】Talinum triangulare（N. J. Jacquin）Willdenow［Portulaca triangularis N. J. Jacquin］。【参考异名】Anacampseros P. Browne（1756）（废弃属名）；Chromanthus Phil.（1871）；Eutmon Raf.（1833）；Helianthemoides Medik.（1789）；Ketumbulia Ehrenb. ex Poelln.（1933）；Litanum Nieuwl.（1915）；Phemeranthus Raf.（1814）；Talinaria Brandegee（1908）；Talinium Raf.（1818）（废弃属名）■●

50214　Talinum Juss.（1789）Nom. illegit.（废弃属名）［马齿苋科 Portulacaceae//土人参科 Talinaceae］☆

50215　Talipariti Fryxell（2001）【汉】五片果木槿属。【隶属】锦葵科 Malvaceae//木槿科 Hibiscaceae。【包含】世界 22 种。【学名诠释

与讨论】〈中〉词源不详。此属的学名，GCI 和 IK 记载是
"Talipariti Fryxell, Contr. Univ. Michigan Herb. 23:231. 2001［2 Jul
2001］"。其异名中，"Paritium A. Juss.（1825）"和"Paritium A.
St. -Hil.（1828）"都是"Pariti Adans.（1763）"的拼写变体。亦有
文献把"Talipariti Fryxell（2001）"处理为"Hibiscus L.（1753）（保
留属名）"的异名。【分布】巴拿马，玻利维亚，哥伦比亚，哥斯达
黎加，马达加斯加，中美洲。【模式】Talipariti tiliaceum（L.）
Fryxell［Hibiscus tiliaceus L.］。【参考异名】Hibiscus L.（1753）
（保留属名）；Pariti Adans.（1763）Nom. illegit.；Paritium A. Juss.
（1825）Nom. illegit.；Paritium A. St. -Hil.（1828）Nom. illegit. ●☆

50216　Talipulia Raf.（1837）= Aneilema R. Br.（1810）［鸭跖草科
Commelinaceae］■☆

50217　Talisia Aubl.（1775）【汉】塔利木属（塔利西属）。【隶属】无
患子科 Sapindaceae。【包含】世界 40 种。【学名诠释与讨论】
〈阴〉来自圭亚那植物俗名。【分布】巴拉圭，巴拿马，秘鲁，玻利
维亚，厄瓜多尔，哥伦比亚（安蒂奥基亚），尼加拉瓜，中美洲。
【模式】Talisia guianensis Aublet。【参考异名】Acladodea Ruiz et
Pav.（1794）；Comatoglossum H. Karst. et Triana（1855）Nom.
illegit.；Comatoglossum Triana（1855）；Comatoglosum H. Karst. et
Triana（1855）Nom. illegit.；Comatoglosum Triana（1855）Nom.
illegit.；Lasianthemum Klotzsch（1849）；Racaria Aubl.（1775）●☆

50218　Talisiopsis Radlk.（1907）= Zanha Hiern（1896）［无患子科
Sapindaceae］●☆

50219　Talmella Dur.（1887）= Talinella Baill.（1886）［马齿苋科
Portulacaceae］●☆

50220　Talpa Raf. = Catalpa Scop.（1777）［紫葳科 Bignoniaceae］●

50221　Talpinaria H. Karst.（1859）= Pleurothallis R. Br.（1813）［兰科
Orchidaceae］■☆

50222　Taltalia Ehr. Bayer（1998）【汉】智利六出花属。【隶属】石蒜科
Amaryllidaceae//百合科 Liliaceae//六出花科（彩花扭柄科，扭柄
叶科）Alstroemeriaceae。【包含】世界 1 种。【学名诠释与讨论】
〈阴〉（地）Taltal，塔尔塔尔，位于智利。此属的学名是"Taltalia
E. Bayer, Sendtnera 5：7. 30 Jun 1998"。亦有文献把其处理为
"Alstroemeria L.（1762）"的异名。【分布】智利。【模式】Taltalia
graminea（R. A. Philippi）E. Bayer［Alstroemeria graminea R. A.
Philippi］。【参考异名】Alstroemeria L.（1762）■☆

50223　Tamaceae Bercht. et J. Presl（1820）= Dioscoreaceae R. Br.（保留
科名）●■

50224　Tamaceae Gray = Dioscoreaceae R. Br.（保留科名）●■

50225　Tamaceae Martinov = Dioscoreaceae R. Br.（保留科名）●■

50226　Tamala Raf.（1838）= Persea Mill.（1754）（保留属名）［樟科
Lauraceae］●

50227　Tamamschjanella Pimenov et Kljuykov（1996）【汉】小塔马草属。
【隶属】伞形花科（伞形科）Apiaceae（Umbelliferae）。【包含】世界
2 种。【学名诠释与讨论】〈阴〉（属）Tamamschjania 塔马草属+-
ellus，-ella，-ellum，加在名词词干后面形成指小式的词尾。或加
在人名、属名等后面以组成新属的名称。【分布】希腊。【模式】
Tamamschjanella rubella（E. A. Busch）M. G. Pimenov et E. V.
Kljuykov［Eleutherospermum rubellum E. A. Busch］■☆

50228　Tamamschjania Pimenov et Kljuykov（1981）【汉】塔马草属。
【隶属】伞形花科（伞形科）Apiaceae（Umbelliferae）。【包含】世界
2 种。【学名诠释与讨论】〈阴〉（人）Sophia G. Tamamschjan，
1900-1981，植物学者。【分布】高加索，安纳托利亚，欧洲南部。
【模式】Tamamschjania lazica（Boissier et B. Balansa）M. G.
Pimenov et E. V. Kjuykov［Eleutherospermum lazicum Boissier et B.
Balansa］■☆

50229　Tamananthus V. M. Badillo（1985）【汉】肿叶菊属。【隶属】菊

科 Asteraceae（Compositae）。【包含】世界 1 种。【学名诠释与讨
论】〈阴〉（地）Tamana，塔马纳+anthos，花。【分布】委内瑞拉。
【模式】Tamananthus crinitus V. M. Badillo ●■☆

50230　Tamania Cuatrec.（1976）= Espeletia Mutis ex Bonpl.（1808）
［菊科 Asteraceae（Compositae）］●☆

50231　Tamara Roxb. ex Steud.（1841）= Nelumbo Adans.（1763）［莲
科 Nelumbonaceae］■

50232　Tamaricaceae Bercht. et J. Presl = Tamaricaceae Link（保留科
名）●■

50233　Tamaricaceae Gray = Tamaricaceae Link（保留科名）●■

50234　Tamaricaceae Link（1821）（保留科名）【汉】柽柳科。【日】ギ
ョ リ ュ ウ 科。【俄】Бисерниковые，Гребенщиковые，
Тамарксовые。【英】Tamarisk Family, Tamarix Family。【包含】世
界 3-5 属 75-120 种，中国 3-4 属 32-78 种。【分布】温带和亚热
带。【科名模式】Tamarix L.（1753）●

50235　Tamaricaria Qaiser et Ali.（1978）Nom. illegit. ≡ Myrtama Ovcz.
et Kinzik.（1977）；~ = Myricaria Desv.（1825）［柽柳科
Tamaricaceae］●

50236　Tamarindaceae Bercht. et J. Presl［亦见 Fabaceae Lindl.（保留
科名）//Leguminosae Juss.（1789）（保留科名）豆科］【汉】酸豆
科。【包含】世界 1 属 1 种，中国 1 属 1 种。【分布】热带非洲。
【科名模式】Tamarindus L. ●

50237　Tamarindus L.（1753）【汉】酸豆属（罗晃子属，罗望子属）。
【日】タマリンヅス属，チョウセンモダマ属，テウセンモダマ
属。【俄】Тамаринд，Финик индейский。【英】Sour Bean,
Sourbean, Tamarind。【隶属】豆科 Fabaceae（Leguminosae）//云实
科（苏木科）Caesalpiniaceae//酸豆科 Tamarindaceae。【包含】世
界 1 种，中国 1 种。【学名诠释与讨论】〈阴〉（阿拉伯）tamar，海
枣+拉丁文 indus 印度的。指海枣。原产热带非洲，后传入
印度栽培。此属的学名，ING、TROPICOS 和 APNI 记载是
"Tamarindus Linnaeus, Sp. Pl. 34. 1 May 1753"。IK 则记载为
"Tamarindus Tourn. ex L.（1753）"。"Tamarindus Tourn."是命名
起点著作之前的名称，故"Tamarindus L.（1753）"和"Tamarindus
Tourn. ex L.（1753）"都是合法名称，可以通用。【分布】巴基斯
坦，巴拉圭，巴拿马，秘鲁，玻利维亚，厄瓜多尔，哥伦比亚（安蒂
奥基亚），哥斯达黎加，马达加斯加，尼加拉瓜，中国，热带非洲，
中美洲。【模式】Tamarindus indica Linnaeus。【参考异名】
Cavaraea Speg.（1916）；Tamarindus Tourn. ex L.（1753）●

50238　Tamarindus Tourn. ex L.（1753）≡ Tamarindus L.（1753）［豆科
Fabaceae（Leguminosae）//云实科（苏木科）Caesalpiniaceae//酸豆
科 Tamarindaceae］●

50239　Tamariscaceae A. St. -Hil. = Tamaricaceae Link（保留科名）●■

50240　Tamariscus Mill.（1754）Nom. illegit. ≡ Tamarix L.（1753）［柽
柳科 Tamaricaceae］●

50241　Tamarix L.（1753）【汉】柽柳属（红柳属）。【日】ギョリウ属，
ギョリュウ属。【俄】Бисерник，Гребенчук，Гребенщик，Дерево
бисерное，Жидовник，Тамарикс。【英】Salt Cedar, Saltcedar,
Tamarisk, Tamarisk Salt Cedar, Tamarix。【隶属】柽柳科
Tamaricaceae。【包含】世界 50-90 种，中国 18-23 种。【学名诠释
与讨论】〈阴〉（地）tamarix，柽柳的古名，来自 Tamaris 今名
Tambro，位于比利牛斯山边的一条河名。指本植物生长在此河
畔，为最初发现地。此属的学名，ING、TROPICOS、APNI、GCI 和
IK 记载是"Tamarix L., Sp. Pl. 1：270. 1753［1 May 1753］"。
"Tamariscus P. Miller, Gard. Dict. Abr. ed. 4. 28 Jan 1754"是
"Tamarix L.（1753）"的晚出的同模式异名（Homotypic synonym,
Nomenclatural synonym）。【分布】巴基斯坦，美国，蒙古，西伯利
亚，印度，中国，地中海地区，欧洲西部。【后选模式】Tamarix

gallica Linnaeus。【参考异名】Eudiplex Raf.（1837）；Tamariscus Mill.（1754）Nom. illegit.；Trichaurus Arn.（1834）●

50242 Tamatavia Hook. f.（1873）= Chapelieria A. Rich. ex DC.（1830）［茜草科 Rubiaceae］●☆

50243 Tamaulipa R. M. King et H. Rob.（1971）【汉】天泽兰属。【隶属】菊科 Asteraceae（Compositae）。【包含】世界 1 种。【学名诠释与讨论】〈阴〉（地）Tamaulipas，位于墨西哥。【分布】美国，墨西哥。【模式】Tamaulipa azurea（A. P. de Candolle）R. M. King et H. E. Robinson［Eupatorium azureum A. P. de Candolle］●☆

50244 Tamayoa V. M. Badillo（1944）= Lepidesmia Klatt（1896）［菊科 Asteraceae（Compositae）］■☆

50245 Tamayorkis Szlach.（1995）【汉】墨西哥小柱兰属。【隶属】兰科 Orchidaceae。【包含】世界 5 种。【学名诠释与讨论】〈阴〉（地）Tamayo，塔马约+orchis，原义是睾丸，后变为植物兰的名称，因为根的形态而得名。变为拉丁文 orchis，所有格 orchidis。此属的学名是“Tamayorkis D. L. Szlachetko, Fragm. Florist. Geobot. Suppl. 3：121. 11 Dec 1995”。亦有文献把其处理为“Microstylis（Nutt.）Eaton（1822）（保留属名）”的异名。【分布】美洲。【模式】Tamayorkis platyglossa（B. L. Robinson et J. M. Greenman）D. L. Szlachetko［Microstylis platyglossa B. L. Robinson et J. M. Greenman］。【参考异名】Microstylis（Nutt.）Eaton（1822）（保留属名）■☆

50246 Tambourissa Sonn.（1782）【汉】马岛甜桂属。【隶属】香材树科（杯轴花科，黑檫木科，芒籽科，蒙立米科，檬立木科，香材木科，香树木科）Monimiaceae。【包含】世界 43-44 种。【学名诠释与讨论】〈阴〉词源不详。此属的学名，ING、TROPICOS 和 IK 记载是“Tambourissa Sonn., Voy. Indes Orient.（Sonnerat）iii. 267. t. 134（1782）”。“Ambora A. L. Jussieu, Gen. 401. 4 Aug 1789”和“Mithridatea Commerson ex Schreber, Gen. 783. Mai 1791”是“Tambourissa Sonn.（1782）”的晚出的同模式异名（Homotypic synonym, Nomenclatural synonym）。【分布】马达加斯加，马斯克林群岛。【模式】Tambourissa quadrifida Sonnerat。【参考异名】Ambora Juss.（1789）Nom. illegit.；Mithridatea Comm. ex Schreb.（1791）Nom. illegit.；Phanerogonocarpus Cavaco（1958）；Schrameckia Danguy（1922）●☆

50247 Tamia Ravenna（2001）【汉】南美矛鞘鸢尾属。【隶属】鸢尾科 Iridaceae。【包含】世界 1 种。【学名诠释与讨论】〈阴〉（希）tamia，贮藏者。此属的学名是“Tamia Ravenna, Onira 6：16. 2001”。亦有文献把其处理为“Calydorea Herb.（1843）”的异名。【分布】南美洲。【模式】Tamia pallens（Griseb.）Ravenna。【参考异名】Calydorea Herb.（1843）■☆

50248 Tamijia S. Sakai et Nagam.（2000）【汉】加岛姜属。【隶属】姜科（蘘荷科）Zingiberaceae。【包含】世界 1 种。【学名诠释与讨论】〈阴〉词源不详。【分布】加里曼丹岛。【模式】Tamijia flagellaris S. Sakai et Nagam.■☆

50249 Tamilnadia Tirveng. et Sastre（1979）【汉】塔米茜属。【隶属】茜草科 Rubiaceae。【包含】世界 1 种。【学名诠释与讨论】〈阴〉（地）Tamil Nadu，塔米尔纳德，印度的一个邦。【分布】印度。【模式】Tamilnadia uliginosa（A. J. Retzius）D. D. Tirvengadum et C. Sastre［Gardenia uliginosa A. J. Retzius］●☆

50250 Tammsia H. Karst.（1861）（保留属名）【汉】塔姆斯茜属。【隶属】茜草科 Rubiaceae。【包含】世界 1 种。【学名诠释与讨论】〈阴〉（人）Tamms。此属的学名“Tammsia H. Karst., Fl. Columb. 1：179. 29 Nov 1861”是保留属名。相应的废弃属名是茜草科 Rubiaceae 的“Wiasemskya Klotzsch in Bot. Zeitung（Berlin）5：594. 20 Aug 1847 ≡ Tammsia H. Karst.（1861）（保留属名）”。【分布】哥伦比亚。【模式】Tammsia anomala H. Karsten。【参考异名】Wiasemskya Klotzsch（1847）（废弃属名）☆

50251 Tamnaceae J. Kickx f.（1826）= Dioscoreaceae R. Br.（保留科名）●■

50252 Tamnus Mill.（1754）Nom. illegit. ≡ Tamus L.（1753）［薯蓣科 Dioscoreaceae］■☆

50253 Tamonea Aubl.（1775）【汉】塔蒙草属。【隶属】马鞭草科 Verbenaceae。【包含】世界 4-7 种。【学名诠释与讨论】〈阴〉（人）Tamone。此属的学名，TROPICOS、ING、IK 和 GCI 记载是“Tamonea Aubl., Hist. Pl. Guiane 2：659. 1775［Jun 1775］”。IK 还记载了野牡丹科 Melastomataceae 的“Tamonea Aubl., Hist. Pl. Guiane 1：441, t. 175. 1775”；这是一个未合格发表的名称（Nom. inval.）；合格发表的名称是“Tamonea Aubl. ex Krasser, Nat. Pflanzenfam.［Engler et Prantl］3（7）：182（187）. 1893［24 Oct 1893］”；但它是一个晚出的非法名称；Tamonea Aubl. ex Krasser（1893）≡ Miconia Ruiz et Pav.（1794）（保留属名）。“Tamonea Krassn., Nat. Pflanzenfam.［Engler et Prantl］iii. 7（1893）142 ≡ Tamonea Aubl. ex Krasser（1893）”也是一个晚出的非法名称。“Ghinia Schreber, Gen. 19. Apr 1789”是“Tamonea Aubl.（1775）”的晚出的同模式异名（Homotypic synonym, Nomenclatural synonym）。【分布】巴拉圭，巴拿马，玻利维亚，尼加拉瓜，西印度群岛，中美洲。【模式】Tamonea spicata Aublet。【参考异名】Ghinia Schreb.（1789）；Ischina Walp.（1847）；Kaempfera Houst.（1781）Nom. illegit.；Kempfera Adans.（1763）；Leptocarpus Willd. ex Link（1820）Nom. illegit.（废弃属名）；Miconia Ruiz et Pav.（1794）（保留属名）■●☆

50254 Tamonea Aubl.（1775）Nom. inval. ≡ Tamonea Aubl. ex Krasser（1893）Nom. illegit.；~ ≡ Miconia Ruiz et Pav.（1794）（保留属名）［野牡丹科 Melastomataceae］■●☆

50255 Tamonea Aubl. ex Krasser（1893）Nom. illegit. ≡ Miconia Ruiz et Pav.（1794）（保留属名）［野牡丹科 Melastomataceae//米氏野牡丹科 Miconiaceae］●☆

50256 Tamonea Krassn.（1893）Nom. illegit. ≡ Tamonea Aubl. ex Krasser（1893）Nom. illegit.；~ ≡ Miconia Ruiz et Pav.（1794）（保留属名）［野牡丹科 Melastomataceae］■●☆

50257 Tamonopsis Griseb.（1874）= Lantana L.（1753）（保留属名）［马鞭草科 Verbenaceae//马缨丹科 Lantanaceae］●

50258 Tampoa Aubl.（1775）= Salacia L.（1771）（保留属名）［卫矛科 Celastraceae//翅子藤科 Hippocrateaceae//五层龙科 Salaciaceae］●

50259 Tamridaea Thulin et B. Bremer（1998）【汉】索岛盘银花属。【隶属】茜草科 Rubiaceae。【包含】世界 1 种。【学名诠释与讨论】〈阴〉词源不详。【分布】也门（索科特拉岛）。【模式】Tamridaea capsulifera（Balf. f.）Thulin et B. Bremer［Mussaenda capsulifera Balf. f.］☆

50260 Tamuria Starod.（1991）【汉】日本银莲花属。【隶属】毛茛科 Ranunculaceae//银莲花科（罂粟莲花科）Anemonaceae。【包含】世界 2 种。【学名诠释与讨论】〈阴〉（人）似纪念日本真菌学者、植物学者 Tamura（田村道夫）。此属的学名“Tamuria Starod., Vetrenitsy：sist. evol. 122（1991）”是“Anemone sect. Keiskea”的替代名称。【分布】日本，北美洲。【模式】不详。【参考异名】Anemone sect. Keiskea☆

50261 Tamus L.（1753）【汉】浆果薯蓣属（达马薯蓣属）。【俄】Тамус。【英】Black Bryony, Bryony。【隶属】薯蓣科 Dioscoreaceae。【包含】世界 2-5 种。【学名诠释与讨论】〈阴〉（拉）tamnus，一种野生的攀缘植物。此属的学名，ING、TROPICOS 和 IK 记载是“Tamus L., Sp. Pl. 2：1028. 1753［1 May 1753］”。“Tamnus P. Miller, Gard. Dict. Abr. ed. 4. 28 Jan 1754”是

"Tamus L.（1753）"的晚出的同模式异名（Homotypic synonym, Nomenclatural synonym）。【分布】西班牙（加那利群岛），葡萄牙（马德拉群岛），地中海地区，欧洲。【后选模式】Tamus communis Linnaeus。【参考异名】Tamnus Mill.（1754）Nom. illegit.；Thamnus L.（1753）Nom. illegit.■☆

50262 Tana B.-E. van Wyk（1999）= Peucedanum L.（1753）［伞形花科（伞形科）Apiaceae（Umbelliferae）］■

50263 Tanacetaceae Vest（1818）［亦见 Asteraceae Bercht. et J. Presl（保留科名）//Compositae Giseke（保留科名）菊科］【汉】菊蒿科。【包含】世界5属155-265种，中国3属22-29种。【分布】北温带。【科名模式】Tanacetum L.（1753）●■

50264 Tanacetopsis（Tzvelev）Kovalevsk.（1962）【汉】类菊蒿属。【隶属】菊科 Asteraceae（Compositae）。【包含】世界21-23种。【学名诠释与讨论】〈阴〉（属）Tanacetum 菊蒿属＋希腊文 opsis，外观，模样，相似。此属的学名，ING 和 IK 记载是"Tanacetopsis（Tzvelev）Kovalevsk., Fl. Uzbekist. vi. 138, in adnot. 1962"，由"Cancrinia sect. Tanacetopsis Tzvelev."改级而来。【分布】巴基斯坦，亚洲中部。【模式】不详。【参考异名】Cancrinia sect. Tanacetopsis Tzvelev.■●☆

50265 Tanacetum L.（1753）【汉】菊蒿属（艾菊属）。【日】ヨモギギク属。【俄】Пижма。【英】Tansy。【隶属】菊科 Asteraceae（Compositae）//菊蒿科 Tanacetaceae。【包含】世界50-160种，中国7-8种。【学名诠释与讨论】〈中〉（拉）tanacetum，一种菊蒿的古名，源于 tanazita 生活，生长。另说为希腊文 a 不，非＋thanatos，死。此属的学名，ING、TROPICOS、APNI、GCI 和 IK 记载是"Tanacetum L., Sp. Pl. 2：843. 1753［1 May 1753］"。"Balsamita P. Miller, Gard. Dict. Abr. ed. 4. 28 Jan 1754"和"Hemipappus K. H. E. Koch, Linnaea 24：340. Sep 1851"是"Tanacetum L.（1753）"的晚出的同模式异名（Homotypic synonym, Nomenclatural synonym）。"Hemipappus C. Koch（1851）≡ Hemipappus K. Koch（1851）Nom. illegit. ≡Tanacetum L.（1753）"的命名人引证有误。【分布】巴基斯坦，巴拿马，秘鲁，玻利维亚，厄瓜多尔，哥伦比亚（安蒂奥基亚），马达加斯加，美国（密苏里），中国，中美洲。【后选模式】Tanacetum vulgare Linnaeus。【参考异名】Balsamita Mill.（1754）Nom. illegit.；Chamartemisia Rydb.（1916）；Cryanthemum Kamelin（1993）；Gymnocline Cass.（1816）；Hemipappus C. Koch（1851）；Hemipappus K. Koch（1851）Nom. illegit.；Homalanthus Less.（1832）Nom. illegit.（废弃属名）；Homalanthus Wittst.（1852）Nom. illegit.（废弃属名）；Homalotes Endl.（1838）；Leucanthemella Tzvelev（1961）；Matricarioides（Less.）Spach（1841）；Matricarioides Spach（1841）Nom. illegit.；Omalanthus Less.（1832）Nom. illegit.（废弃属名）；Omalotes DC.（1838）；Poljakanthema Kamelin（1993）；Poljakovia Grubov et Filatova（2001）；Psanacetum（Neck. ex DC.）Spach（1841）Nom. illegit.；Psanacetum（Neck. ex Less.）Spach（1841）Nom. illegit.；Psanacetum Neck.（1790）Nom. inval.；Pyrethrum Zinn（1757）；Spathipappus Tzvelev（1961）；Sphaeromeria Nutt.（1841）●■

50266 Tanaecium Sw.（1788）【汉】塔纳葳属。【隶属】紫葳科 Bignoniaceae。【包含】世界6-7种。【学名诠释与讨论】〈阴〉（希）tanaekes，具长尖的，高的。【分布】巴拉圭，巴拿马，秘鲁，比尼翁，玻利维亚，厄瓜多尔，哥伦比亚（安蒂奥基亚），西印度群岛，中美洲。【模式】Tanaecium jaroba O. Swartz。【参考异名】Osmhydrophora Barb. Rodr.（1888）；Osmohydrophora Barb. Rodr.（1891）；Tanaesium Raf.■☆

50267 Tanaesium Raf. = Tanaecium Sw.（1788）［紫葳科 Bignoniaceae］■☆

50268 Tanakaea Franch. et Sav.（1878）【汉】峨屏草属（岩雪下属）。【日】イハユキノシタ属，イワユキノシタ属。【英】Tanakaea。【隶属】虎耳草科 Saxifragaceae。【包含】世界1-2种，中国1种。【学名诠释与讨论】〈阴〉（人）Yoshio Tanaka, 1838-1915，田中芳男，日本植物学者，昆虫学者。此属的学名，ING 和 IK 记载是"Tanakaea Franchet et Savatier, Enum. Pl. Jap. 2：352. Apr 1878"。"Tanakea Franch. et Sav.（1875）Nom. illegit. ≡Tanakaea Franch. et Sav.（1878）［虎耳草科 Saxifragaceae］"是其拼写变体或错误引用。【分布】日本，中国。【模式】Tanakaea radicans Franchet et Savatier。【参考异名】Tanakea Franch. et Sav.（1875）Nom. illegit.■

50269 Tanakea Franch. et Sav.（1875）Nom. illegit. ≡Tanakaea Franch. et Sav.（1878）［虎耳草科 Saxifragaceae］■

50270 Tanaosolen N. E. Br.（1932）= Tritoniopsis L. Bolus（1929）［鸢尾科 Iridaceae］■☆

50271 Tanarius Kuntze（1891）Nom. illegit. ≡ Tanarius Rumph. ex Kuntze（1891）Nom. illegit.；～= Macaranga Thouars（1806）［大戟科 Euphorbiaceae］●

50272 Tanarius Rumph.（1743）Nom. inval. ≡ Tanarius Rumph. ex Kuntze（1891）Nom. illegit.；～= Macaranga Thouars（1806）［大戟科 Euphorbiaceae］●

50273 Tanarius Rumph. ex Kuntze（1891）Nom. illegit. = Macaranga Thouars（1806）［大戟科 Euphorbiaceae］●

50274 Tanaxion Raf.（1837）= Pluchea Cass.（1817）［菊科 Asteraceae（Compositae）］■●

50275 Tandonia Baill.（1861）Nom. illegit. ≡ Tannodia Baill.（1861）［大戟科 Euphorbiaceae］■☆

50276 Tandonia Moq.（1849）= Anredera Juss.（1789）［落葵科 Basellaceae//落葵薯科 Anrederaceae］●■

50277 Tangaraca Adans.（1763）Nom. illegit. ≡ Hamelia Jacq.（1760）［茜草科 Rubiaceae］●

50278 Tanghekolli Adans.（1763）Nom. illegit. ≡ Crinum L.（1753）［石蒜科 Amaryllidaceae］■

50279 Tanghinia Thouars（1806）【汉】坦杠果属。【隶属】夹竹桃科 Apocynaceae。【包含】世界1种。【学名诠释与讨论】〈阴〉词源不详。此属的学名是"Tanghinia Du Petit-Thouars, Gen. Nova Madag. 10. 17 Nov 1806"。亦有文献把其处理为"Cerbera L.（1753）"的异名。【分布】马达加斯加。【模式】Tanghinia venenifera Poiret。【参考异名】Cerbera L.（1753）●☆

50280 Tangtsinia S. C. Chen（1965）【汉】金佛山兰属（金佛兰属，金兰属）。【英】Tangtsinia。【隶属】兰科 Orchidaceae。【包含】世界1种，中国1种。【学名诠释与讨论】〈阴〉（人）Tang-Tsin，唐进，1897-1984，中国植物分类学家。吴江人。1926年毕业于北京农业大学农艺系。1935年至1938年任英国皇家植物园访问研究员。新中国建国后，任中国科学院植物分类研究所、植物研究所研究员。长期从事植物分类研究。是中国单子叶植物，特别是兰科 Orchidaceae、百合科 Liliaceae、莎草科 Cyperaceae 等研究的创始人之一。与汪发缵合作，发表三个新属和大量新种、新记录，并编写兰科、百合科资料，为编写中国植物志兰科和百合科奠定了基础。此属的学名是"Tangtsinia S. C. Chen, Acta Phytotax. Sin. 10：194. Jul 1965"。亦有文献把其处理为"Cephalanthera Rich.（1817）"的异名。【分布】中国。【模式】Tangtsinia nanchuanica S. C. Chen。【参考异名】Cephalanthera Rich.（1817）■★

50281 Tanibouca Aubl.（1775）= Terminalia L.（1767）（保留属名）［使君子科 Combretaceae//榄仁树科 Terminaliaceae］●

50282 Tankervillia Link（1829）= Phaius Lour.（1790）［兰科 Orchidaceae］■

50283 Tannodia Baill.（1861）【汉】塔诺大戟属。【隶属】大戟科

Euphorbiaceae。【包含】世界 3 种。【学名诠释与讨论】〈阴〉（属）由 Tandonia 字母改缀而来。此属的学名"Tannodia Baillon, Adansonia 1；251. Apr 1861"是一个替代名称。"Tandonia Baillon, Adansonia 1；184. Feb 1861"是一个非法名称（Nom. illegit.），因为此前已经有了"Tandonia Moquin-Tandon in Alph. de Candolle, Prodr. 13（2）：222，226. 5 Mai 1849 = Anredera Juss.（1789）［落葵科 Basellaceae//落葵薯科 Anrederaceae］"。故用"Tannodia Baill.（1861）"替代之。同理，真菌的"Tandonia M. D. Mehrotra，Mycol. Res. 95：1074. Sep 1991（'Tandonea'）"亦是非法名称。【分布】马达加斯加，热带非洲。【模式】Tannodia cardifolia Baillon。【参考异名】Neoholstia Rauschert（1982）；Tandonia Baill.（1861）Nom. illegit.●☆

50284 Tanquana H. E. K. Hartm. et Liede（1986）【汉】黄指玉属。【日】タンクゥナ属。【隶属】番杏科 Aizoaceae。【包含】世界 3 种。【学名诠释与讨论】〈阴〉（地）Tanqua Karoo。【分布】非洲南部。【模式】Tanquana archeri（H. M. L. Bolus）H. Hartmann et S. Liede［Pleiospilos archeri H. M. L. Bolus［as 'archerii'］■☆

50285 Tanroujou Juss.（1789）= Hymenaea L.（1753）［豆科 Fabaceae（Leguminosae）//云实科（苏木科）Caesalpiniaceae］●

50286 Tansaniochloa Rauschert（1982）= Setaria P. Beauv.（1812）（保留属名）［禾本科 Poaceae（Gramineae）］■

50287 Tantalus Noronha ex Thouars（1806）= Sarcolaena Thouars（1805）［苞杯花科（旋花树科）Sarcolaenaceae］●☆

50288 Tanulepis Balf. f.（1877）【汉】大鳞萝藦属。【隶属】萝藦科 Asclepiadaceae。【包含】世界 5 种。【学名诠释与讨论】〈阴〉（希）tanaos，伸长的，高的+lepis，所有格 lepidos，指小式 lepion 或 lepidion，鳞，鳞片。lepidotos，多鳞的。lepos，鳞，鳞片。此属的学名，ING 和 IK 记载是"Tanulepis Balf. f.，J. Linn. Soc.，Bot. 16：17. 1877［1878 publ. 1877］；et in Baker，Fl. Maurit. 225（1877）"。TROPICOS 则记载为"Tanulepis Balf. f. ex Baker，Flora of Mauritius and the Seychelles；a description of the flowering plants and ferns of those islands. 225. 1877"。亦有文献把"Tanulepis Balf. f.（1877）"处理为"Camptocarpus Decne.（1844）（保留属名）"的异名。【分布】毛里求斯（罗德里格斯岛），马达加斯加。【模式】Tanulepis sphenophylla I. B. Balfour。【参考异名】Camptocarpus Decne.（1844）（保留属名）；Symphytonema Schltr.（1895）；Tanulepis Balf. f. ex Baker（1877）Nom. illegit.●☆

50289 Tanulepis Balf. f. ex Baker（1877）Nom. illegit. ≡ Tanulepis Balf. f.（1877）［萝藦科 Asclepiadaceae］●☆

50290 Taonabo Aubl.（1775）（废弃属名）= Ternstroemia Mutis ex L. f.（1782）（保留属名）［山茶科（茶科）Theaceae//厚皮香科 Ternstroemiaceae］●

50291 Tapagomea Kuntze（1891）= Cephaëlis Sw.（1788）（保留属名）；~ = Tapogomea Aubl.（1775）（废弃属名）［茜草科 Rubiaceae］●

50292 Tapanava Adans.（1763）Nom. illegit. ≡ Pothos L.（1753）［天南星科 Araceae］●■

50293 Tapanawa Hassk.（1842）Nom. illegit. ≡ Tapanava Adans.（1763）Nom. illegit.；~ ≡ Pothos L.（1753）［天南星科 Araceae］●■

50294 Tapanhuacanga Vand.（1788）Nom. illegit. ≡ Tapanhuacanga Vell. ex Vand.（1788）Nom. illegit. ［茜草科 Rubiaceae//? 瑞香科 Thymelaeaceae］☆

50295 Tapanhuacanga Vell. ex Vand.（1788）Nom. illegit. ［茜草科 Rubiaceae//? 瑞香科 Thymelaeaceae］☆

50296 Tapeinaegle Herb.（1847）Nom. illegit. ≡ Braxireon Raf.（1838）Nom. illegit.；~ ≡ Tapeinanthus Herb.（1837）（废弃属名）；~ = Narcissus L.（1753）［石蒜科 Amaryllidaceae//水仙科 Narcissaceae］●■☆

50297 Tapeinanthus Boiss. ex Benth.（1848）Nom. illegit.（废弃属名）≡ Thuspeinanta T. Durand（1888）［唇形科 Lamiaceae（Labiatae）］■☆

50298 Tapeinanthus Herb.（1837）（废弃属名）= Braxireon Raf.（1838）Nom. illegit.；~ = Narcissus L.（1753）［石蒜科 Amaryllidaceae//水仙科 Narcissaceae］■

50299 Tapeinia Comm. ex Juss.（1789）【汉】低鸢尾属。【隶属】鸢尾科 Iridaceae。【包含】世界 1 种。【学名诠释与讨论】〈阴〉（希）tapeinos，下贱，卑微，低下。【分布】巴塔哥尼亚，智利（南部）。【模式】Tapeinia magellanica（Lamarck）J. F. Gmelin［Ixia magellanica Lamarck］。【参考异名】Tapeinia Juss.（1789）Nom. illegit.；Tapinia Post et Kuntze（1903）■☆

50300 Tapeinia F. Dietrich（1823）Nom. illegit. ≡ Tritonia Ker Gawl.（1802）［鸢尾科 Iridaceae］■

50301 Tapeinia Juss.（1789）Nom. illegit. = Tapeinia Comm. ex Juss.（1789）［鸢尾科 Iridaceae］■☆

50302 Tapeinocheilos Miq.（1869）Nom. illegit.（废弃属名）≡ Tapeinochilos Miq.（1869）（保留属名）［as 'Tapeinocheilos'］［姜科（蘘荷科）Zingiberaceae//闭鞘姜科 Costaceae］■☆

50303 Tapeinochilos Miq.（1869）（保留属名）［as 'Tapeinocheilos'］【汉】小唇姜属。【隶属】姜科（蘘荷科）Zingiberaceae//闭鞘姜科 Costaceae。【包含】世界 12-20 种。【学名诠释与讨论】〈阳〉（希）tapeinos，下贱，卑微，低下+cheilos，唇。指short瓣痕。此属的学名"Tapeinochilos Miq. in Ann. Mus. Lugduno-Batavum 4；101. 21 Feb 1869（'Tapeinocheilos'）（orth. cons.）"是保留属名。法规未列出相应的废弃属名。但是其拼写变体"Tapeinocheilos Miq.（1869）"应该废弃。"Tapeinochilus Benth. et Hook. f.，Gen. Pl. ［Bentham et Hooker f.］3（2）：644，sphalm. 1883［14 Apr 1883］"也是"拼写变体"的拼写变体，亦应废弃。【分布】澳大利亚（昆士兰），印度尼西亚（马鲁古群岛），新几内亚岛。【模式】Tapeinochilos pungens（Teysman et Binnendijk）Miquel［Costus pungens Teysman et Binnendijk］。【参考异名】Tapeinocheilos Miq.（1869）Nom. illegit.（废弃属名）；Tapeinochilus Benth. et Hook. f.（1883）Nom. illegit.（废弃属名）；Tapinochilus Post et Kuntze（1903）；Tubutubu Rumph.（1755）■☆

50304 Tapeinochilus Benth. et Hook. f.（1883）Nom. illegit. = Tapeinochilos Miq.（1869）（保留属名）［as 'Tapeinocheilos'］［姜科（蘘荷科）Zingiberaceae//闭鞘姜科 Costaceae］■☆

50305 Tapeinoglossum Schltr.（1913）= Bulbophyllum Thouars（1822）（保留属名）［兰科 Orchidaceae］■

50306 Tapeinophallus Baill.（1877）= Amorphophallus Blume ex Decne.（1834）（保留属名）［天南星科 Araceae］●■

50307 Tapeinosperma Hook. f.（1876）【汉】小籽金牛属。【隶属】紫金牛科 Myrsinaceae。【包含】世界 4-50 种。【学名诠释与讨论】〈中〉（希）tapeinos，下贱，卑微，低下+sperma，所有格 spermatos，种子，孢子。指种子小。【分布】澳大利亚（昆士兰），斐济，瓦努阿图，法属新喀里多尼亚，新几内亚岛。【模式】未指定。【参考异名】Tapinosperma Post et Kuntze（1903）●☆

50308 Tapeinostelma Schltr.（1893）= Brachystelma R. Br.（1822）（保留属名）［萝藦科 Asclepiadaceae］■

50309 Tapeinostemon Benth.（1854）【汉】小雄蕊龙胆属。【隶属】龙胆科 Gentianaceae。【包含】世界 7 种。【学名诠释与讨论】〈阳〉（希）tapeinos，下贱，卑微，低下+stemon，雄蕊。【分布】巴西（北部），秘鲁，玻利维亚，厄瓜多尔，几内亚。【后选模式】Tapeinostemon capitatum Bentham。【参考异名】Stahelia Jonker（1937）；Topeinostemon C. Muell.（1859）■☆

50310 Tapeinotes DC.（1839）Nom. illegit.，Nom. superfl. ≡ Tapina Mart.（1829）；~ = Sinningia Nees（1825）［苦苣苔科 Gesneriaceae］

●■☆

50311　Tapesia C. F. Gaertn. = Hamelia Jacq. (1760)［茜草科 Rubiaceae］●

50312　Tapheocarpa Conran(1994)【汉】隐果草属。【隶属】鸭趾草科 Commelinaceae。【包含】世界1种。【学名诠释与讨论】〈阴〉(希) taphos, 墓 + karpos, 果实。【分布】澳大利亚。【模式】Tapheocarpa calandrinioides (F. von Mueller) J. G. Conran ［Aneilema calandrinioides F. von Mueller (as ' calandrinoides')］■☆

50313　Taphrogiton Friche－Joset et Montandon (1856) = Scirpus L. (1753)(保留属名)［莎草科 Cyperaceae//藨草科 Scirpaceae］■

50314　Taphrogiton Montandon(1868)Nom. illegit. = Scirpus L. (1753)(保留属名)［莎草科 Cyperaceae//藨草科 Scirpaceae］■

50315　Taphrospermum C. A. Mey. (1831)【汉】沟子荠属。【俄】Ямкосимяник。【英】Furrowcress, Taphropermum。【隶属】十字花科 Brassicaceae(Cruciferae)。【包含】世界2-7种,中国6种。【学名诠释与讨论】〈中〉(希) taphros, 濠沟 + sperma, 所有格 spermatos, 种子, 孢子。指种子具沟槽。【分布】中国,亚洲中部。【模式】Taphrospermum altaicum C. A. Meyer。【参考异名】Glaribraya H. Hara (1978); Staintoniella H. Hara (1974); Trophospermum Walp. (1842)■

50316　Tapia Adans. (1763) Nom. illegit. = Tapia Mill. (1754) Nom. illegit. ; ~ =Crateva L. (1753)［山柑科(白花菜科, 醉蝶花科)Capparaceae］●☆

50317　Tapia Mill. (1754) Nom. illegit. ≡ Crateva L. (1753)［山柑科(白花菜科, 醉蝶花科)Capparaceae］●

50318　Tapina Mart. (1829) = Sinningia Nees (1825)［苦苣苔科 Gesneriaceae］●■☆

50319　Tapinaegle Post et Kuntze(1903) = Tapeinaegle Herb. (1847) Nom. illegit. ; ~ = Tapeinanthus Herb. (1837)(废弃属名); ~ = Braxireon Raf. (1838)Nom. illegit. ; ~ = Narcissus L. (1753)［石蒜科 Amaryllidaceae//水仙科 Narcissaceae］■

50320　Tapinanthus(Blume)Blume(废弃属名) = Tapinanthus (Blume)Rchb. (1841)(保留属名)［桑寄生科 Loranthaceae］●☆

50321　Tapinanthus(Blume)Rchb. (1841)(保留属名)【汉】大岩桐寄生属。【隶属】桑寄生科 Loranthaceae。【包含】世界250种。【学名诠释与讨论】〈阳〉(属)Tapina =Sinningia 大岩桐属(块茎苣苔属)+anthos, 花。或 tapeinos, 下贱, 卑微, 低下+anthos, 花。此属的学名"Tapinanthus(Blume)Rchb. , Deut. Bot. Herb. –Buch［1］: 73. Jul 1841"是保留属名, 由"Loranthus sect. Tapinanthus Blume, Fl. Javae (Loranth.) :15. 16 Aug 1830"改级而来。相应的废弃属名是石蒜科 Amaryllidaceae 的" Tapeinanthus Herb. , Amaryllidaceae;59,73,190,414. Apr (sero) 1837 = Braxireon Raf. (1838) Nom. illegit. = Narcissus L. (1753)"。唇形科 Lamiaceae (Labiatae) 的"Tapeinanthus Boiss. ex Benth. , Prodr.［A. P. de Candolle］12:436. 1848 ≡ Thuspeinanta T. Durand(1888)"亦应废弃。"Tapinanthus Blume (1830) Tapinanthus Blume, Syst. Veg. , ed. 15 bis［Roemer et Schultes］7(2) :1730. 1830［Oct–Dec 1830］=Tapinanthus(Blume)Rchb. (1841)(保留属名)"、"Tapinanthus (Blume) Blume = Tapinanthus (Blume) Rchb. (1841)(保留属名)" 和 " Tapinanthus Post et Kuntze, Lexicon Generum Phanerogamarum 550. 1903 = Tapinanthus (Blume) Rchb. (1841)(保留属名)"也须废弃。【分布】马达加斯加,热带非洲。【模式】Tapinanthus sessilifolius (Palisot de Beauvois) Van Tieghem ［Loranthus sessilifolius Palisot de Beauvois］。【参考异名】Acranthemum Tiegh. (1895); Acrostephanus Tiegh. (1895); Agelanthus Tiegh. (1895); Dentimetula Tiegh. (1895); Englerina Tiegh. (1895); Ischnanthus (Engl.) Tiegh. (1895) Nom. illegit. ; Ischnanthus Tiegh. (1895)Nom. illegit. ;Lichtensteinia J. C. Wendl. (1808)(废弃属名);Loranthus sect. Tapinanthus Blume(1830); Metula Tiegh. (1895); Odontella Tiegh. (1895) Nom. illegit. ; Oliverella Tiegh. (1895); Oncocalyx Tiegh. (1895); Phragmanthera Tiegh. (1895); Schimperina Tiegh. (1895); Septimetula Tiegh. (1895);Stephaniscus Tiegh. (1895); Tapinanthus (Blume) Blume (废弃属名);Tapinanthus Blume(1830)(废弃属名); Tapinanthus Post et Kuntze (1903)(废弃属名); Thelecarpus Tiegh. (1895); Thelocarpus Post et Kuntze(1903)●☆

50322　Tapinanthus Blume (1830) Nom. illegit. (废弃属名) = Tapinanthus (Blume) Rchb. (1841)(保留属名)［桑寄生科 Loranthaceae］●☆

50323　Tapinanthus Post et Kuntze (1903)(废弃属名) = Tapinanthus (Blume)Rchb. (1841)(保留属名)［桑寄生科 Loranthaceae］●☆

50324　Tapinia Post et Kuntze (1903) Nom. illegit. = Tapeinia Comm. ex Juss. (1789)［鸢尾科 Iridaceae］■☆

50325　Tapinia Steud. (1841) = Tapirira Aubl. (1775)［漆树科 Anacardiaceae］●☆

50326　Tapinocarpus Dalzell(1851) = Theriophonum Blume(1837)［天南星科 Araceae］■☆

50327　Tapinochilus Post et Kuntze(1903) = Tapeinochilos Miq. (1869)(保留属名)［as 'Tapeinocheilos'］［姜科 (襄荷科) Zingiberaceae//闭鞘姜科 Costaceae］■☆

50328　Tapinopentas Bremek. (1952) = Otomeria Benth. (1849)［茜草科 Rubiaceae］■☆

50329　Tapinophallus Post et Kuntze (1903)(1) = Amorphophallus Blume ex Decne. (1834)(保留属名); ~ = Tapeinophallus Baill. (1877)［天南星科 Araceae］■●

50330　Tapinosperma Post et Kuntze(1903)(2) = Tapeinosperma Hook. f. (1876)［紫金牛科 Myrsinaceae］●☆

50331　Tapinostemma (Benth.) Tiegh. (1895) Nom. illegit. ≡ Tapinostemma (Benth. et Hook. f.)Tiegh. (1895); ~ = Plicosepalus Tiegh. (1894)［桑寄生科 Loranthaceae］●☆

50332　Tapinostemma(Benth. et Hook. f.)Tiegh. (1895) = Plicosepalus Tiegh. (1894)［桑寄生科 Loranthaceae］●☆

50333　Tapinostemma Tiegh. (1895) Nom. illegit. ≡ Tapinostemma (Benth. et Hook. f.)Tiegh, (1895); ~ = Plicosepalus Tiegh. (1894)［桑寄生科 Loranthaceae］●☆

50334　Tapiphyllum Robyns (1928)【汉】热非茜属。【隶属】茜草科 Rubiaceae。【包含】世界20种。【学名诠释与讨论】〈阴〉(希) tapes, tapetos, tapete, 地毯+phyllon, 叶子。指叶片被绒毛。【分布】热带非洲。【后选模式】Tapiphyllum parviflorum (W. Sonder) W. Robijns［Vangueria parviflora W. Sonder］■☆

50335　Tapiria Hook. f. = Pegia Colebr. (1827)［漆树科 Anacardiaceae］●

50336　Tapiria Juss. (1789) Nom. illegit. ≡ Tapirira Aubl. (1775)［漆树科 Anacardiaceae］●☆

50337　Tapirira Aubl. (1775)【汉】塔皮木属。【隶属】漆树科 Anacardiaceae。【包含】世界16种。【学名诠释与讨论】〈阴〉来自植物俗名。此属的学名, ING、TROPICOS 和 IK 记载是" Tapirira Aublet, Hist. Pl. Guiane 470. Jun – Dec 1775"。"Joncquetia Schreber, Gen. 308. Apr 1789"和"Tapiria Juss. , Gen. Pl. ［Jussieu］372, sphalm. 1789［4 Aug 1789］"是"Tapirira Aubl. (1775)"的晚出的同模式异名(Homotypic synonym, Nomenclatural synonym)。【分布】巴拉圭,巴拿马,秘鲁,玻利维亚,厄瓜多尔,哥伦比亚(安蒂奥基亚),美国,墨西哥,尼加拉瓜,中美洲。【模

式】Tapirira guianensis Aublet。【参考异名】Joncquetia Schreb. (1789) Nom. illegit. ; Salabertia Neck. (1790) Nom. inval. ; Tapinia Steud. (1841) ; Tapiria Juss. (1789) Nom. illegit. ; Tetraracus Klotzsch ex Engl. ●☆

50338 Tapirocarpus Sagot(1882)【汉】厚果橄榄属。【隶属】橄榄科 Burseraceae。【包含】世界 1 种。【学名诠释与讨论】〈阳〉(巴西)tapir,厚+karpos,果实。【分布】几内亚。【模式】Tapirocarpus talisia Sagot ●☆

50339 Tapiscia Oliv.(1890)【汉】瘿椒树属(银雀树属,银鹊树属)。【英】False Pistache, Falsepistache, False-pistache。【隶属】省沽油科 Staphyleaceae//瘿椒树科 Tapisciaceae。【包含】世界 3 种,中国 3 种。【学名诠释与讨论】〈阴〉(属)由黄连木属 Pistacia 字母改缀而来。【分布】中国。【模式】Tapiscia sinensis D. Oliver ●★

50340 Tapisciaceae(Pax)Takht.(1987)[亦见 Staphyleaceae Martinov(保留科名)省沽油科]【汉】瘿椒树科。【包含】世界 2 属 7 种,中国 1 属 3 种。【分布】中国,西印度群岛,南美洲。【科名模式】Tapiscia Oliv. ●

50341 Tapisciaceae Takht.(1987)= Staphyleaceae Martinov(保留科名);~=Tapisciaceae(Pax)Takht. ●

50342 Taplinia Lander(1989)【汉】岩鼠麴属。【隶属】菊科 Asteraceae(Compositae)。【包含】世界 1 种。【学名诠释与讨论】〈阴〉(人)Theodore Ernest Holmes Taplin,植物学者,模式种的采集者。【分布】澳大利亚(西部)。【模式】Taplinia saxatilis Lander ■☆

50343 Tapogamea Raf. = Tapogomea Aubl.(1775)(废弃属名);~=Cephaëlis Sw.(1788)(保留属名);~=Psychotria L.(1759)(保留属名)[茜草科 Rubiaceae//九节科 Psychotriaceae]●

50344 Tapogomea Aubl.(1775)(废弃属名)= Cephaëlis Sw.(1788)(保留属名);~=Psychotria L.(1759)(保留属名)[茜草科 Rubiaceae//九节科 Psychotriaceae]●

50345 Tapoides Airy Shaw(1960)【汉】加岛大戟属。【隶属】大戟科 Euphorbiaceae。【包含】世界 1 种。【学名诠释与讨论】〈阴〉词源不详。【分布】加里曼丹岛。【模式】Tapoides villamilii (E. D. Merrill) Airy Shaw [Ostodes villamilii E. D. Merrill]●☆

50346 Tapomana Adans.(1763)Nom. illegit. ≡ Connarus L.(1753)[牛栓藤科 Connaraceae]●

50347 Taprobanea Christenson(1992)【汉】匙树兰属(小匙兰属)。【隶属】兰科 Orchidaceae。【包含】世界 1 种。【学名诠释与讨论】〈阴〉词源不详。【分布】印度。【模式】Taprobanea spathulata (L.)Christenson ■☆

50348 Tapura Aubl.(1775)【汉】塔普木属。【隶属】毒鼠子科 Dichapetalaceae。【包含】世界 28 种。【学名诠释与讨论】〈阴〉(希)tapes,地毯,挂毡,垂帷+-urus,-ura,-uro,用于希腊文组合词,含义为"尾巴"。或来自植物俗名。此属的学名,ING、TROPICOS 和 IK 记载是"Tapura Aubl. ,Hist. Pl. Guiane 1:126,t. 48. 1775"。"Rohria Schreber,Gen. 30. Apr 1789"是"Tapura Aubl.(1775)"的晚出的同模式异名(Homotypic synonym,Nomenclatural synonym)。【分布】巴拿马,秘鲁,玻利维亚,厄瓜多尔,哥伦比亚(安蒂奥基亚),哥斯达黎加,尼加拉瓜,西印度群岛,热带非洲,热带南美洲,中美洲。【模式】Tapura guianensis Aublet。【参考异名】Dischizolaena (Baill.) Tiegh. (1903) ; Gonypetalum Ule (1907) ; Rohria Schreb. (1789) Nom. illegit. ●☆

50349 Tara Molina(1810)= Caesalpinia L.(1753)[豆科 Fabaceae (Leguminosae)//云实科(苏木科)Caesalpiniaceae]●

50350 Taraktogenos Hassk.(1855)= Hydnocarpus Gaertn.(1788)[刺篱木科(大风子科)Flacourtiaceae]●

50351 Taralea Aubl.(1775)(废弃属名)= Dipteryx Schreb.(1791) (保留属名)[豆科 Fabaceae(Leguminosae)]●☆

50352 Taramea Raf. , Nom. illegit. = Faramea Aubl.(1775)[茜草科 Rubiaceae]●☆

50353 Tarasa Phil.(1891)【汉】星毛卷萼锦属。【隶属】锦葵科 Malvaceae。【包含】世界 25-30 种。【学名诠释与讨论】〈阴〉词源不详。【分布】秘鲁,玻利维亚,安第斯山。【模式】Tarasa rahmeri Philippi ■■●☆

50354 Taravalia Greene(1906)= Ptelea L.(1753)[芸香科 Rutaceae//榆橘科 Pteleaceae]●

50355 Taraxaconastrum Guett. = Hyoseris L.(1753)[菊科 Asteraceae (Compositae)]■☆

50356 Taraxaconoides Guett. = Leontodon L.(1753)(保留属名)[菊科 Asteraceae(Compositae)]■☆

50357 Taraxacum F. H. Wigg.(1780)(保留属名)【汉】蒲公英属。【日】タンポポ属。【俄】Одуванчик。【英】Dandelion, Gowan。【隶属】菊科 Asteraceae(Compositae)。【包含】世界 60-2000 种,中国 67-88 种。【学名诠释与讨论】〈中〉(波斯)tarashqua,蒲公英俗名。另说希腊文 taraxis,不安+akeomai,治疗。治疗腹痛之义。此属的学名"Taraxacum F. H. Wigg. ,Prim. Fl. Holsat. :56. 29 Mar 1780"是保留属名。相应的废弃属名是菊科 Asteraceae 的"Taraxacum Zinn,Cat. Pl. Hort. Gott. :425. 20 Apr-21 Mai 1757 ≡ Leontodon L.(1753)(保留属名)"。"Taraxacum Weber ex F. H. Wigg.(1780)≡ Taraxacum F. H. Wigg.(1780)(保留属名)"和"Taraxacum Weber.(1780)≡ Taraxacum F. H. Wigg.(1780)(保留属名)"的命名人引证有误,亦应废弃。异名"Eriopus D. Don (1837)"是"Lasiopus D. Don(1836)"的替代名称,但是一个晚出的非法名称。"Hedypnois Scopoli,Fl. Carn. ed. 2. 2 ; 99. Jan-Aug 1772(non P. Miller 1754)"是"Taraxacum Weber.(1780)Nom. illegit.(废弃属名)"的同模式异名(Homotypic synonym, Nomenclatural synonym)。【分布】巴拉圭,巴拿马,秘鲁,玻利维亚,厄瓜多尔,哥伦比亚(安蒂奥基亚),马达加斯加,美国(密苏里),中国,北温带,温带南美洲,中美洲。【模式】Taraxacum officinale F. H. Wiggers [Leontodon taraxacum Linnaeus]。【参考异名】Caramanica Tineo(1846) ; Dens Fabr. ; Eriopus D. Don(1837) Nom. illegit. ; Hedypnois Schreb.(1791) Nom. illegit. ; Hedypnois Scop.(1772) Nom. illegit. ; Lasiopus D. Don(1836) Nom. illegit. ; Leontodon Adans.(1763)(废弃属名) ; Leontodon L.(1753)(保留属名) ; Taraxacum Weber ex F. H. Wigg.(1780) Nom. illegit.(废弃属名) ; Taraxacum Weber.(1780) Nom. illegit.(废弃属名) ; Wendelboa Soest(1966)■

50358 Taraxacum Weber ex F. H. Wigg.(1780)Nom. illegit.(废弃属名)≡ Taraxacum F. H. Wigg.(1780)(保留属名)[菊科 Asteraceae(Compositae)]■

50359 Taraxacum Weber.(1780)Nom. illegit.(废弃属名)≡ Taraxacum F. H. Wigg.(1780)(保留属名)[菊科 Asteraceae (Compositae)]■

50360 Taraxacum Zinn(1757)Nom. illegit.(废弃属名)≡ Leontodon L.(1753)(保留属名)[菊科 Asteraceae(Compositae)]■☆

50361 Taraxia(Nutt.)Raim.(1893)Nom. illegit. ≡ Taraxia (Nutt. ex Torr. et A. Gray)Raim.(1893)Nom. illegit. ; ~ = Camissonia Link (1818)[柳叶菜科 Onagraceae]■☆

50362 Taraxia(Nutt. ex Torr. et A. Gray)Raim.(1893)Nom. illegit. = Camissonia Link(1818)[柳叶菜科 Onagraceae]■☆

50363 Taraxia(Torr. et A. Gray)Nutt. ex Raim.(1893)Nom. illegit. = Taraxia (Nutt. ex Torr. et A. Gray)Raim.(1893)Nom. illegit. ; ~ = Camissonia Link(1818)[柳叶菜科 Onagraceae]■☆

50364 Taraxia Nutt. ex Torr. et A. Gray(1840)Nom. inval. ≡ Taraxia

（Nutt. ex Torr. et A. Gray）Raim.（1893）Nom. illegit.；~ = Camissonia Link（1818）［柳叶菜科 Onagraceae］■☆

50365 Taraxis B. G. Briggs et L. A. S. Johnson（1998）【汉】多枝帚灯草属。【隶属】帚灯草科 Restionaceae。【包含】世界 1 种。【学名诠释与讨论】〈阴〉（希）taraxis，无秩序，混乱。【分布】澳大利亚（西部）。【模式】Taraxis grossa B. G. Briggs et L. A. S. Johnson ■☆

50366 Tarchonanthus L.（1753）【汉】平柱菊属。【隶属】菊科 Asteraceae（Compositae）。【包含】世界 2 种。【学名诠释与讨论】〈阴〉（阿拉伯）tarchon, tarkon，是 Artemisia dracunculus 的俗名 + anthos，花。此属的学名，ING、TROPICOS 和 IK 记载是 "Tarchonanthus L.，Sp. Pl. 2：842. 1753［1 May 1753］"。" Salviastrum Heister ex Fabricius, Enum. 231. 1759 " 是 "Tarchonanthus L.（1753）" 的晚出的同模式异名（Homotypic synonym, Nomenclatural synonym）。"Salviastrum Fabr.（1759）≡ Salviastrum Heist. ex Fabr.（1759）" 的命名人引证有误。" Salviastrum Scheele, Linnaea 22：584. 1849 = Salvia L.（1753）［唇形科 Lamiaceae（Labiatae）//鼠尾草科 Salviaceae］" 是晚出的非法名称。【分布】墨西哥，非洲南部。【模式】Tarchonanthus camphoratus Linnaeus。【参考异名】Salviastrum Fabr.（1759）Nom. illegit.；Salviastrum Heist. ex Fabr.（1759）Nom. illegit. ●☆

50367 Tardavel Adans.（1763）（废弃属名）= Borreria G. Mey.（1818）（保留属名）；~ = Spermacoce L.（1753）［茜草科 Rubiaceae//繁缕科 Alsinaceae］●■

50368 Tardiella Gagnep.（1955）= Casearia Jacq.（1760）［刺篱木科（大风子科）Flacourtiaceae//天料木科 Samydaceae］●

50369 Tarenaya Raf.（1838）【汉】醉蝶花属。【隶属】山柑科（白花菜科，醉蝶花科）Capparaceae//白花菜科（醉蝶花科）Cleomaceae。【包含】世界 33 种，中国 1 种。【学名诠释与讨论】〈阴〉词源不详。此属的学名，ING、TROPICOS、GCI 和 IK 记载是 "Tarenaya Raf.，Sylva Tellur. 111. 1838［Oct - Dec 1838］"。" Neocleome J. K. Small, Manual Southeast. Fl. 577. 1933 " 是 "Tarenaya Raf.（1838）" 的晚出的同模式异名（Homotypic synonym, Nomenclatural synonym）。亦有文献把 "Tarenaya Raf.（1838）" 处理为 "Cleome L.（1753）" 的异名。【分布】玻利维亚，中国，热带非洲西部，南美洲，北美洲，中美洲。【模式】Tarenaya spinosa（N. J. Jacquin）Rafinesque［Cleome spinosa N. J. Jacquin］。【参考异名】Cleome L.（1753）；Neocleome Small（1933）Nom. illegit. ■

50370 Tarenna Gaertn.（1788）【汉】乌口树属（玉心花属）。【日】ギョクシンカ属，ギョクシンクワ属。【英】Tarenna。【隶属】茜草科 Rubiaceae。【包含】世界 180-370 种，中国 19 种。【学名诠释与讨论】〈阴〉来自僧伽罗语植物俗名 tarana。模式种采自斯里兰卡。【分布】澳大利亚，马达加斯加，塞舌尔（塞舌尔群岛），中国，热带非洲，热带亚洲。【模式】Tarenna zeylanica J. Gaertner。【参考异名】Bonatia Schltr. et Krause（1908）Nom. illegit.；Camptophytum Pierre ex A. Chev.（1917）；Canthiopsis Seem.（1866）；Ceriscus Nees（1825）Nom. inval.；Chomelia L.（1758）（废弃属名）；Coptosperma Hook. f.（1873）；Cupi Adans.（1763）Nom. illegit.；Enterospermum Hiern（1877）；Flemingia Hunter ex Ridl., Nom. illegit.（废弃属名）；Santalina Baill.（1890）；Stellix Noronha（1790）Nom. inval., Nom. nud.；Stylocoryna Cav.（1797）Nom. illegit.；Wahlenbergia Blume（1823）Nom. illegit.（废弃属名）；Webera Schreb.（1791）Nom. illegit.；Zygoon Hiern（1877）●

50371 Tarennoidea Tirveng. et Sastre（1979）【汉】岭罗麦属。【英】Tarennoidea。【隶属】茜草科 Rubiaceae。【包含】世界 2 种，中国 1 种。【学名诠释与讨论】〈阴〉（属）Tarenna 乌口树属 + oideos =（拉）oideus，形容词词尾，义为……的形状或型。【分布】缅甸，喜马拉雅山，印度，中国。【模式】Tarennoidea wallichii（J. D. Hooker）D. D. Tirvengadum et C. Sastre［Randia wallichii J. D. Hooker］●

50372 Tarigidia Stent（1932）【汉】等颖草属。【隶属】禾本科 Poaceae（Gramineae）。【包含】世界 1 种。【学名诠释与讨论】〈阴〉词源不详。【分布】非洲南部。【模式】Tarigidia aequiglumis（Goossens）Stent［Anthephora aequiglumis Goossens］■☆

50373 Tariri Aubl.（1775）（废弃属名）= Picramnia Sw.（1788）（保留属名）［美洲苦木科（夷苦木科）Picramniaceae//苦木科 Simaroubaceae］●☆

50374 Tarlmounia H. Rob., S. C. Keeley, Skvarla et R. Chan（2008）【汉】椭圆斑鸠菊属。【隶属】菊科 Asteraceae（Compositae）。【包含】世界 1 种。【学名诠释与讨论】〈阴〉词源不详。此属的学名是 "Tarlmounia H. Rob., S. C. Keeley, Skvarla et R. Chan, Proceedings of the Biological Society of Washington 121（1）：31-32. 2008"。亦有文献把其处理为 "Vernonia Schreb.（1791）（保留属名）" 的异名。【分布】参见 "Vernonia Schreb.（1791）"。【模式】Tarlmounia elliptica（DC.）H. Rob., S. C. Keeley, Skvarla et R. Chan。【参考异名】Vernonia Schreb.（1791）（保留属名）■☆

50375 Tarpheta Raf.（1837）Nom. illegit. ≡ Stachytarpheta Vahl（1804）（保留属名）［马鞭草科 Verbenaceae］■●

50376 Tarphochlamys Bremek.（1944）【汉】肖笼鸡属（顶头马兰属，顶头马蓝属）。【英】Tarphochlamys。【隶属】爵床科 Acanthaceae。【包含】世界 2 种，中国 2 种。【学名诠释与讨论】〈阴〉（希）tarphos，丛林，灌木丛 + chlamys，所有格 chlamydos，斗篷，外衣。此属的学名是 "Tarphochlamys Bremekamp, Verh. Kon. Ned. Akad. Wetensch., Afd. Natuurk., Tweede Sect.41（1）：156. 11 Mai 1944"。亦有文献把其处理为 "Strobilanthes Blume（1826）" 的异名。【分布】印度（阿萨姆），中国。【模式】Tarphochlamys affinis（Griffith）Bremekamp［Adenosma affinis Griffith］。【参考异名】Strobilanthes Blume（1826）■●

50377 Tarrietia Blume（1825）= Heritiera Aiton（1789）；~ = Hildegardia Schott et Endl.（1832）［梧桐科 Sterculiaceae//锦葵科 Malvaceae］●

50378 Tarsina Noronha（1790）= Lepeostegeres Blume（1731）［桑寄生科 Loranthaceae］●☆

50379 Tartagalia（A. Robyns）T. Mey.（1968）Nom. illegit. = Eriotheca Schott et Endl.（1832）［木棉科（锦葵科 Malvaceae］●☆

50380 Tartagalia Capurro（1961）Nom. inval. = Eriotheca Schott et Endl.（1832）［木棉科（锦葵科 Malvaceae］●☆

50381 Tartonia Raf.（1840）= Thymelaea Mill.（1754）（保留属名）［瑞香科 Thymelaeaceae］●■

50382 Tashiroa Willis, Nom. inval. = Tashiroea Matsum.（1899）［野牡丹科 Melastomataceae］●■

50383 Tashiroea Matsum.（1899）= Bredia Blume（1849）［野牡丹科 Melastomataceae］●■

50384 Tashiroea Matsum. ex T. Itô et Matsum.（1899）Nom. illegit. ≡ Tashiroea Matsum.（1899）；~ = Bredia Blume（1849）［野牡丹科 Melastomataceae］●■

50385 Tasmannia DC.（1817）Nom. illegit. ≡ Tasmannia R. Br. ex DC.（1817）［八角科 Illiciaceae//林仙科（冬木科，假八角科，辛辣木科）Winteraceae］●☆

50386 Tasmannia R. Br.（1817）Nom. illegit. ≡ Tasmannia R. Br. ex DC.（1817）［八角科 Illiciaceae//林仙科（冬木科，假八角科，辛辣木科）Winteraceae］●☆

50387 Tasmannia R. Br. ex DC.（1817）【汉】澳大利亚林仙属（塔司马尼木属）。【隶属】八角科 Illiciaceae//林仙科（冬木科，假八角科，辛辣木科）Winteraceae。【包含】世界 50 种。【学名诠释与讨论】〈阴〉（地）Tasmannia，塔斯马尼亚岛，位于澳大利亚。另说纪念荷兰探险家 Abel Janszoon Tasman, 1603-?。此属的学名, ING 记载是"Tasmannia R. Brown ex A. P. de Candolle, Syst. Nat. 1: 440,445. 1-15 Nov 1817('1818')"; 而 IK 则记载为"Tasmannia R. Br. (1817)"。APNI 记载的是"Tasmannia DC., Regni Vegetabilis Systema Naturale 1 1817"。三者引用的文献相同。亦有文献把"Tasmannia R. Br. ex DC. (1817)"处理为"Drimys J. R. Forst. et G. Forst. (1775)(保留属名)"的异名。【分布】澳大利亚,菲律宾,印度尼西亚(苏拉威西岛),所罗门群岛,加里曼丹岛,新几内亚岛。【模式】未指定。【参考异名】Drimys J. R. Forst. et G. Forst. (1775)(保留属名); Tasmannia DC. (1817) Nom. illegit. ; Tasmannia R. Br. (1817) Nom. illegit. ●☆

50388 Tasoba Raf. (1837) = Polygonum L. (1753)(保留属名)[蓼科 Polygonaceae]■●

50389 Tassadia Decne. (1844)【汉】热美萝藦属。【隶属】萝藦科 Asclepiadaceae。【包含】世界 17 种。【学名诠释与讨论】〈阴〉词源不详。【分布】巴拉圭,巴拿马,秘鲁,玻利维亚,厄瓜多尔,哥伦比亚(安蒂奥基亚),尼加拉瓜,中美洲。【模式】未指定。【参考异名】Glaziostelma E. Fourn. (1885); Madarosperma Benth. (1876)●☆

50390 Tassia Rich. (1825) Nom. illegit. ≡Tassia Rich. ex DC. (1825); ~ =Tachigali Aubl. (1775)[豆科 Fabaceae(Leguminosae)]●☆

50391 Tassia Rich. ex DC. (1825) = Tachigali Aubl. (1775)[豆科 Fabaceae(Leguminosae)]●☆

50392 Tassilicyparis A. V. Bobrov et Melikyan (2006)【汉】撒哈拉柏属。【隶属】柏科 Cupressaceae。【包含】世界 1 种。【学名诠释与讨论】〈阴〉(柏柏尔)tassili,高原+希腊文 kyparissos,柏木。【分布】撒哈拉沙漠。【模式】Tassilicyparis dupreziana (A. Camus) A. V. Bobrov et Melikyan ●☆

50393 Tatea F. Muell. (1883) Nom. illegit. = Premna L. (1771)(保留属名); ~ = Pygmaeopremna Merr. (1910)[马鞭草科 Verbenaceae//唇形科 Lamiaceae(Labiatae)//牡荆科 Viticaceae]●

50394 Tatea Seem. (1866) Nom. illegit. = Bikkia Reinw. (1825)(保留属名)[茜草科 Rubiaceae]●☆

50395 Tateanthus Gleason(1931)【汉】威尼斯野牡丹属。【隶属】野牡丹科 Melastomataceae。【包含】世界 1 种。【学名诠释与讨论】〈阴〉(人)George Henry Hamilton Tate, 1894-1953,美国博物学者,动物学者,植物采集家+anthos,花。【分布】委内瑞拉。【模式】Tateanthus duidae Gleason☆

50396 Tatianyx Zuloaga et Soderstr. (1985)【汉】稠毛草属。【隶属】禾本科 Poaceae(Gramineae)。【包含】世界 1 种。【学名诠释与讨论】〈中〉词源不详。【分布】巴西。【模式】Tatianyx arnacites (Trinius) F. O. Zuloaga et T. R. Soderstrom [Panicum arnacites Trinius]■☆

50397 Tatina Raf. (1840) = Ilex L. (1753); ~ =Sideroxylon L. (1753)[山榄科 Sapotaceae]●☆

50398 Tattia Scop. (1777) Nom. illegit. ≡Napimoga Aubl. (1775); ~ = Homalium Jacq. (1760)[刺篱木科(大风子科)Flacourtiaceae//天料木科 Samydaceae]●

50399 Taubertia K. Schum. (1893) = Disciphania Eichler(1864)[防己科 Menispermaceae]●☆

50400 Taubertia K. Schum. ex Taub. (1893) Nom. illegit. ≡Taubertia K. Schum. (1893); ~ = Disciphania Eichler (1864)[防己科 Menispermaceae]●☆

50401 Taumastos Raf. (1838) = Libertia Spreng. (1824)(保留属名)[鸢尾科 Iridaceae]■☆

50402 Tauroceras Britton et Rose (1928) = Acacia Mill. (1754)(保留属名)[豆科 Fabaceae(Leguminosae)//含羞草科 Mimosaceae//

50403 Taurophthalmum Duchass. ex Griseb. = Dioclea Kunth (1824)[豆科 Fabaceae(Leguminosae)]■☆

50404 Taurostalix Rchb. f. (1852) = Bulbophyllum Thouars (1822)(保留属名)[兰科 Orchidaceae]■

50405 Taurrettia Raeusch. (1797) = Tourrettia Foug. (1787)(保留属名)[紫葳科 Bignoniaceae]■☆

50406 Tauscheria Fisch. (1812) Nom. inval. = Tauscheria Fisch. ex DC. (1821)[十字花科 Brassicaceae(Cruciferae)]■

50407 Tauscheria Fisch. ex DC. (1821)【汉】舟果荠属。【俄】Таущерия。【英】Boatcress, Tauscheria。【隶属】十字花科 Brassicaceae(Cruciferae)。【包含】世界 1 种,中国 1 种。【学名诠释与讨论】〈阴〉(人)Gyula Tauscher, 1823-1882,匈牙利植物学者。另说纪念捷克人 I. F. Tauscher。或纪念 M. Tauscher,他曾在俄罗斯西部采集标本。【分布】巴基斯坦,中国,亚洲中部。【模式】未指定。【参考异名】Tauscheria Fisch. (1812) Nom. inval. ■

50408 Tauschia Preissler (1828)(废弃属名) = Symphysia C. Presl (1827)[杜鹃花科(欧石南科)Ericaceae]●☆

50409 Tauschia Schltdl. (1835)(保留属名)【汉】陶施草属。【隶属】伞形花科(伞形科)Apiaceae(Umbelliferae)。【包含】世界 31 种。【学名诠释与讨论】〈阴〉(人)Ignaz Friedrich Tausch, 1793-1848,捷克植物学者,博物学者,植物采集家。此属的学名"Tauschia Schltdl. in Linnaea 9:607. 1835(post Feb)"是保留属名。相应的废弃属名是杜鹃花科(欧石南科)Ericaceae 的"Tauschia Preissler in Flora 11:44. 21 Jan 1828 = Symphysia C. Presl (1827)"。【分布】玻利维亚,厄瓜多尔,美国(西部),中美洲。【模式】Tauschia nudicaulis Schlechtendal。【参考异名】Deveya Rchb. ; Deweya Torr. et A. Gray (1840) Nom. illegit. ; Drudeophytum J. M. Coult. et Rose(1900); Hesperogenia J. M. Coult. et Rose(1899); Museniopsis (A. Gray) J. M. Coult. et Rose(1888); Museniopsis J. M. Coult. et Rose(1888) Nom. illegit. ; Pycnothryx M. E. Jones (1912); Velaea DC. (1829) Nom. illegit. ; Vellea D. Dietr. ex Steud. (1841)■☆

50410 Tavalla Pars. (1807) = Hedyosmum Sw. (1788); ~ =Tafalla Ruiz et Pav. (1794)[金粟兰科 Chloranthaceae]●■

50411 Tavaresia Welw. (1854) Nom. illegit. ≡Tavaresia Welw. ex N. E. Br. (1854)[萝藦科 Asclepiadaceae]●■☆

50412 Tavaresia Welw. ex N. E. Br. (1854)【汉】丽钟角属。【日】タバレーシア属。【英】Tavaresia。【隶属】萝藦科 Asclepiadaceae。【包含】世界 2 种。【学名诠释与讨论】〈阴〉(人)Joaquim (Joachim) da Silva Tavares, 1866-1931,葡萄牙博物学者,牧师,昆虫学者,旅行家。另说纪念植物学者 Jose Tavares de Macedo。此属的学名, ING 记载是"Tavaresia Welwitsch, Ann. Cons. Ultramar. (Portugal), Parte Não Off. Ser. 1. 79. Aug 1854"。IK 则记载为"Tavaresia Welw., Bol. Ann. Cons. Ultramar. Lisb. no. 7(Aug. 1854) 79"。二者引用的文献相同。亦有文献把"Tavaresia Welw. ex N. E. Br. (1854)"处理为"Decabelone Decne. (1871)"的异名。【分布】热带非洲和非洲南部。【模式】Tavaresia angolensis Welwitsch。【参考异名】Decabelone Decne. (1871); Tavaresia Welw. (1854) Nom. illegit. ●■☆

50413 Tavernaria Rchb. (1828) = Taverniera DC. (1825)[豆科 Fabaceae(Leguminosae)]■☆

50414 Taverniera DC. (1825)【汉】塔韦豆属。【隶属】豆科 Fabaceae (Leguminosae)。【包含】世界 15 种。【学名诠释与讨论】〈阴〉(人)Tavernier。【分布】非洲东北部至印度(西北部)。【模式】Taverniera nummularia A. P. de Candolle [Hedysarum nummulariifolium A. P. de Candolle [as 'nummularifolium']。【参考异名】Tavernaria Rchb. (1828)■☆

50415　Taveunia Burret（1935）= Cyphosperma H. Wendl. ex Benth. et Hook. f.（1883）［棕榈科 Arecaceae（Palmae）］●☆

50416　Tavomyta Vitman（1792）= Tovomita Aubl.（1775）［猪胶树科（克鲁西科，山竹子科，藤黄科）Clusiaceae（Guttiferae）］●☆

50417　Taxaceae Gray（1822）（保留科名）【汉】红豆杉科（紫杉科）。【日】アチイ科，イチイ科，イチヰ科。【俄】Тисовые，Тиссовые。【英】Taxus Family, Yew Family。【包含】世界 4-5 属 21-23 种，中国 4-5 属 11-15 种。【分布】北半球，南至印度尼西亚（苏拉威西岛）和墨西哥，法属新喀里多尼亚。【科名模式】Taxus L.●

50418　Taxandria（Benth.）J. R. Wheeler et N. G. Marchant（2007）【汉】齐蕊木属。【隶属】桃金娘科 Myrtaceae。【包含】世界 11 种。【学名诠释与讨论】〈阴〉（希）taxo = tasso，整理，安排+andron 雄蕊。此属的学名，IPNI 记载是"Taxandria（Benth.）J. R. Wheeler et N. G. Marchant, Nuytsia 16（2）:406. 2007［23 Nov 2007］"，由"Agonis sect. Taxandria Benth. Flora Australiensis 3 1867"改级而来。亦有文献把"Taxandria（Benth.）J. R. Wheeler et N. G. Marchant（2007）"处理为"Agonis（DC.）Sweet（1830）（保留属名）"的异名。【分布】参见 Agonis（DC.）Sweet。【模式】未指定。【参考异名】Agonis（DC.）Sweet（1830）（保留属名）；Agonis sect. Taxandria Benth.（1867）●☆

50419　Taxanthema Neck.（1790）Nom. inval. ≡ Taxanthema Neck. ex R. Br.（1810）；~ = Armeria Willd.（1809）（保留属名）；~ = Statice L.（1753）（废弃属名）［白花丹科（矶松科，蓝雪科）Plumbaginaceae//海石竹科 Armeriaceae］■☆

50420　Taxanthema Neck. ex R. Br.（1810）= Armeria Willd.（1809）（保留属名）；~ = Statice L.（1753）（废弃属名）［白花丹科（矶松科，蓝雪科）Plumbaginaceae//海石竹科 Armeriaceae］■☆

50421　Taxanthema R. Br.（1810）Nom. illegit. ≡ Taxanthema Neck. ex R. Br.（1810）；~ = Armeria Willd.（1809）（保留属名）；~ = Statice L.（1753）（废弃属名）［白花丹科（矶松科，蓝雪科）Plumbaginaceae//海石竹科 Armeriaceae］■☆

50422　Taxillus Tiegh.（1895）【汉】钝果寄生属（钝果桑寄生属，杨寄生属）。【日】マツグミ属。【英】Taxillus。【隶属】桑寄生科 Loranthaceae。【包含】世界 25 种，中国 18 种。【学名诠释与讨论】〈阳〉（拉）taxillus，被子。指浆果具颗粒状体或小瘤体。一说来自希腊文 taxis，排列。另说为 Taxus 紫杉属+ellus 小的。【分布】巴基斯坦，马达加斯加，马来西亚（西部），中国，马斯克林群岛，中南半岛，非洲南部。【模式】未指定。【参考异名】Locella Tiegh.（1895）；Phyllodesmis Tiegh.（1895）；Septulina Tiegh.（1895）；Verataxus J. Nelson（1866）●

50423　Taxodiaceae Saporta（1865）（保留科名）［亦见 Cupressaceae Gray（保留科名）柏科］【汉】杉科（落羽杉科）。【日】スギ科。【俄】Таксодиевые，Тиссовые。【英】Bald Cypress Family, Baldcypress Family, Redwood Family, Swamp Cypress Family, Taxodium Family。【包含】世界 9-10 属 12-19 种，中国 8-9 属 9-15 种。【分布】澳大利亚（塔斯曼半岛），东亚，北美洲。【科名模式】Taxodium Rich.（1810）●

50424　Taxodiaceae Warm. = Taxodiaceae Saporta（保留科名）●

50425　Taxodium Rich.（1810）【汉】落羽杉属（落羽松属）。【日】スイショウ属，スギショウ属，ヌマスギ属，ラクウショウ属。【俄】Болотный кипарис, Волотный кипалис, Таксодий。【英】Bald Cypress, Baldcypress, Bald-cypress, Cypress, Deciduous Swamp Cypress, Deciduous-swamp-cypress, Deciduous-yew-cypress, Pond Baldcypress, Swamp Cypress, Swamp-cypress。【隶属】杉科（落羽杉科）Taxodiaceae。【包含】世界 2-3 种，中国 2-3 种。【学名诠释与讨论】〈中〉（属）Taxus 红豆杉属+希腊文 eidos 相似。指叶形近似红豆杉属。此属的学名，ING、TROPICOS、GCI 和 IK 记载是

"Taxodium Rich., Ann. Mus. Natl. Hist. Nat. 16: 298. 1810"。"Cuprespinnata J. Nelson（'Senilis'），Pinaceae 61. 1866"和"Schubertia Mirbel, Nouv. Bull. Sci. Soc. Philom. Paris 3: 123. Aug 1812（废弃属名）"是"Taxodium Rich.（1810）"的晚出的同模式异名（Homotypic synonym, Nomenclatural synonym）。【分布】巴基斯坦，玻利维亚，美国（东南部），墨西哥，中国，中美洲。【模式】Taxodium distichum（Linnaeus）L. C. Richard［Cupressus disticha Linnaeus］。【参考异名】Cuprespinnata J. Nelson（1866）Nom. illegit.；Schubertia Mirb.（1812）Nom. illegit.（废弃属名）●

50426　Taxotrophis Blume（1856）【汉】刺桑属。【隶属】桑科 Moraceae。【包含】世界 17 种。【学名诠释与讨论】〈阴〉（希）taxo = tasso 整理，安排+trophe 喂食者；trophis，大的；喂得好的；trophon，食物。此属的学名是"Taxotrophis Blume, Mus. Bot. 2: 77. Feb 1856"。亦有文献把其处理为"Streblus Lour.（1790）"的异名。【分布】中国（参见 Streblus Lour.）。【后选模式】Taxotrophis javanica Blume, Nom. illegit.［Urtica spinosa Blume；Taxotrophis spinosa（Blume）C. A. Backer］。【参考异名】Streblus Lour.（1790）；Toxotrophis Planch.（1873）●

50427　Taxus L.（1753）【汉】红豆杉属（紫杉属）。【日】イチイ属，イチヰ属。【俄】Дерево тиковое, Негной-дерево, Таксус, Тис, Тисс。【英】Taxol, Yew。【隶属】红豆杉科（紫杉科）Taxaceae。【包含】世界 9-11 种，中国 3-5 种。【学名诠释与讨论】〈阴〉（拉）taxus，红豆杉的古名，来自希腊文 taxon 弓。指木材韧性强，古代用以制弓。或说来自希腊文 taxis，排列，指叶在枝上排列像梳齿。【分布】巴基斯坦，玻利维亚，菲律宾，墨西哥，印度尼西亚（苏拉威西岛），中国，喜马拉雅山，北温带，中美洲。【后选模式】Taxus baccata Linneaus●

50428　Tayloriophyton Nayar（1968）【汉】塔氏木属。【隶属】野牡丹科 Melastomataceae。【包含】世界 2 种。【学名诠释与讨论】〈中〉（人）George Taylor, 1904-，英国植物学者，植物采集家，1956-1971 年任邱园园长+phyton，植物，树木，枝条。【分布】加里曼丹岛，马来半岛。【模式】Tayloriophyton glabrum Nayar●☆

50429　Tayotum Blanco（1845）= Geniostoma J. R. Forst. et G. Forst.（1776）［马钱科（断肠草科，马钱子科）Loganiaceae//髯管花科 Geniostomaceae］●

50430　Tchihatchewia Boiss.（1860）Nom. illegit. ≡ Neotchihatchewia Rauschert（1982）［十字花科 Brassicaceae（Cruciferae）］■☆

50431　Teagueia（Luer）Luer（1991）【汉】蒂格兰属。【隶属】兰科 Orchidaceae。【包含】世界 6 种。【学名诠释与讨论】〈阴〉（地）Teague，蒂格，位于北美洲。此属的学名，IK 和 TROPICOS 记载是"Teagueia（Luer）Luer, Monogr. Syst. Bot. Missouri Bot. Gard. 39: 140. 1991"，由"Platystele subgen. Teagueia Luer"改级而来。【分布】厄瓜多尔，哥伦比亚。【模式】Teagueia teaguei（Luer）Luer［Platystele teaguei Luer］。【参考异名】Platystele subgen. Teagueia Luer■☆

50432　Teclea Delile（1843）（保留属名）【汉】柚木芸香属。【隶属】芸香科 Rutaceae。【包含】世界 30 种。【学名诠释与讨论】〈阴〉（人）St. Takla Hemanout，传奇人物。此属的学名"Teclea Delile in Ann. Sci. Nat., Bot., ser. 2, 20: 90. Aug 1843"是保留属名。相应的废弃属名是芸香科 Rutaceae 的"Aspidostigma Hochst in Schimper, Iter Abyss., Sect. 2: No. 1293. 1842-1843 = Teclea Delile（1843）（保留属名）"。亦有文献把"Teclea Delile（1843）（保留属名）"处理为"Vepris Comm. ex A. Juss.（1825）"的异名。【分布】科摩罗，马达加斯加，热带非洲。【模式】Teclea nobilis Delile。【参考异名】Aspidostigma Hochst.（1842-1843）（废弃属名）；Comoroa Oliv.（1895）；Vepris Comm. ex A. Juss.（1825）●☆

50433　Tecleopsis Hoyle et Leakey（1932）= Vepris Comm. ex A. Juss.

（1825）［芸香科 Rutaceae］●☆

50434　Tecmarsis DC. (1836) = Vernonia Schreb. (1791)（保留属名）［菊科 Asteraceae(Compositae)//斑鸠菊科（绿菊科）Vernoniaceae］●☆

50435　Tecoma Juss. (1789)【汉】黄钟花属（硬骨凌霄属）。【日】テコマ属。【俄】Текома。【英】Tecoma, Trumpet Flower, Trumpetbush, Trumpetcreeper, Yellowtrumpet。【隶属】紫葳科 Bignoniaceae。【包含】世界 3-13 种，中国 1 种。【学名诠释与讨论】〈阴〉印第安族阿兹蒂克语 Tecomaxochiti，黄钟花俗名的缩写。【分布】阿根廷，巴基斯坦，巴拉圭，巴拿马，秘鲁，玻利维亚，厄瓜多尔，哥伦比亚（安蒂奥基亚），美国（佛罗里达），墨西哥，尼加拉瓜，中国，西印度群岛，中美洲。【后选模式】Tecoma stans (Linnaeus) Kunth［Bignonia stans Linnaeus］。【参考异名】Campsis Lour.; Gelseminum Weinm.; Kokoschkinia Turcz. (1849); Stenolobium D. Don (1823); Tabebuia Gomes ex DC. (1838); Tecomaria (Endl.) Spach (1840); Tecomaria Spach (1840) Nom. illegit. ●

50436　Tecomanthe Baill. (1888)【汉】南洋凌霄属。【隶属】紫葳科 Bignoniaceae。【包含】世界 5 种。【学名诠释与讨论】〈阴〉（属）Tecoma 黄钟花属（硬骨凌霄属）+anthos，花。【分布】印度尼西亚（马鲁古群岛）至澳大利亚（昆士兰）和新西兰。【模式】Tecomanthe bureavii Baillon。【参考异名】Campana Post et Kuntze (1903); Dendrophila Zipp. ex Blume (1849) ■☆

50437　Tecomaria(Endl.)Spach(1840)【汉】硬骨凌霄属。【日】テコマリア属，ヒメノウゼンカズラ属。【俄】Текомария。【英】Cape Honeysuckle, Honeysuckle, Tecomaria, Yellowbells。【隶属】紫葳科 Bignoniaceae。【包含】世界 2 种，中国 1 种。【学名诠释与讨论】〈阴〉（属）Tecoma 黄钟花属（硬骨凌霄属）+-aria 相似。指其与黄钟花属相近。此属的学名，ING 和 APNI 记载是"Tecomaria (Endlicher) Spach, Hist. Nat. Vég. PHAN. 9: 137. 15 Aug 1840"，由"Tecoma c. Tecomaria Endlicher, Gen. Suppl. 711. Jan 1839"改级而来；而 IK 和 TROPICOS 则记载为"Tecomaria Spach, Hist. Nat. Vég. (Spach) 9: 137. 1840［15 Aug 1840］"。四者引用的文献相同。"Ducoudraea Bureau, Monogr. Bignon. 49. 1864"是"Tecomaria (Endl.) Spach (1840)"的晚出的同模式异名（Homotypic synonym, Nomenclatural synonym）。亦有文献把"Tecomaria (Endl.) Spach (1840)"处理为"Tecoma Juss. (1789)"的异名。【分布】巴基斯坦，巴拉圭，巴拿马，玻利维亚，厄瓜多尔，尼加拉瓜，中国，热带非洲南部和东部，中美洲。【模式】Tecomaria capensis (Thunberg) Spach［Bignonia capensis Thunberg］。【参考异名】Ducoudraea Bureau (1864) Nom. illegit.; Tecoma Juss. (1789); Tecoma c. Tecomaria Endl (1839); Tecomaria Spach (1840) Nom. illegit. ●

50438　Tecomaria Spach (1840) Nom. illegit. ≡Tecomaria (Endl.) Spach (1840)［紫葳科 Bignoniaceae］●

50439　Tecomella Seem. (1863)【汉】小黄钟花属。【隶属】紫葳科 Bignoniaceae。【包含】世界 1 种。【学名诠释与讨论】〈阴〉（属）Tecoma 黄钟花属（硬骨凌霄属）+-ellus, -ella, -ellum，加在名词词干后面形成指小式的词尾。或加在人名、属名等后面以组成新属的名称。【分布】巴基斯坦，阿拉伯地区，亚洲西南部。【模式】Tecomella undulata (G. Don) B. C. Seemann［Tecoma undulata G. Don］●☆

50440　Tecophilaea Bertero ex Colla (1836)【汉】蒂可花属。【日】テコフィレーア属。【英】Blue Crocus, Chilean Blue Crocus, Chilean Crocus。【隶属】百合科 Liliaceae//蒂可花科（百鸢科，基叶草科）Tecophilaeaceae。【包含】世界 2 种。【学名诠释与讨论】〈阴〉（人）Tecofila (Tecophila) Billotti-Colla，意大利插图画家，她是意

大利植物学者 Luigi A. Colla 教授的女儿。【分布】智利。【模式】Tecophilaea violiflora Bertero ex Colla［as 'violaeflora'］。【参考异名】Distrepta Miers (1826); Phryganthus Baker (1879); Phyganthus Poepp. et Endl. (1838); Poeppigia Kuntze ex Rchb. (1828) Nom. illegit.; Tecophilea Herb. (1837) ■☆

50441　Tecophilaeaceae Leyb. (1862)（保留科名）【汉】蒂可花科（百鸢科，基叶草科）。【包含】世界 6-7 属 24-25 种。【分布】美洲太平洋地区，非洲南部和中部。【科名模式】Tecophilaea Bertero ex Colla (1836) ■☆

50442　Tecophilea Herb. (1837) = Tecophilaea Bertero ex Colla (1836)［百合科 Liliaceae//蒂可花科（百鸢科，基叶草科）Tecophilaeaceae］■☆

50443　Tecticornia Hook. f. (1880)【汉】肉被盐角草属。【隶属】藜科 Chenopodiaceae。【包含】世界 3 种。【学名诠释与讨论】〈阴〉（拉）tectum，指小式 tectulum，屋顶，盖子，遮盖的+cornu，角；cornutus，长了角的；corneus，角质的。【分布】澳大利亚（西北部至昆士兰），新几内亚岛。【模式】Tecticornia cinerea (F. v. Mueller) Baillon［Halocnemum cinereum F. v. Mueller］■☆

50444　Tectiphiala H. E. Moore. (1978)【汉】碟苞椰属（拔针叶刺椰属）。【隶属】棕榈科 Arecaceae (Palmae)。【包含】世界 1 种。【学名诠释与讨论】〈阴〉（拉）tectum，屋顶，盖子，遮盖的+phiale，碟子，碗，小瓶。【分布】毛里求斯。【模式】Tectiphiala ferox H. E. Moore ●☆

50445　Tectiris M. B. Crespo, Mart. –Azorín et Mavrodiev (2015)【汉】盖鸢尾属。【隶属】鸢尾科 Iridaceae。【包含】世界 2 种。【学名诠释与讨论】〈阴〉（拉）tectum，屋顶，盖子，遮盖的+（属）Iris 鸢尾属。【分布】日本，喜马拉雅地区。【模式】Tectiris tectorum (Maxim.) M. B. Crespo, Mart. –Azorín et Mavrodiev［Iris tectorum Maxim.］■☆

50446　Tectona L. f. (1782)（保留属名）【汉】柚木属。【日】チークノキ属，チーク属，ナナバケンシダ属。【俄】Дерево тиковое, Тектона, Тик。【英】Teak, Teak – tree。【隶属】马鞭草科 Verbenaceae//牡荆科 Viticaceae。【包含】世界 3-4 种，中国 1 种。【学名诠释与讨论】〈阴〉（马来）tekku，柚木俗名。另说来自印度马拉巴尔地区的俗名 tekka，或泰米尔语 teka, teku, thekku，柚木。此属的学名"Tectona L. f., Suppl. Pl. : 20, 151. Apr 1782"是保留属名。相应的废弃属名是马鞭草科 Verbenaceae 的"Theka Adans. , Fam. Pl. 2: 445, 610. Jul–Aug 1763 ≡Tectona L. f. (1782)（保留属名）"。"Tectonia Spreng. , Anleit. ii. II. 893. 1818"是"Tectona L. f. (1782)（保留属名）"的拼写变体，亦应废弃。【分布】巴基斯坦，巴拿马，秘鲁，厄瓜多尔，哥伦比亚（安蒂奥基亚），马达加斯加，尼加拉瓜，印度至马来西亚，中国，中美洲。【模式】Tectona grandis Linnaeus f. 。【参考异名】Jatus Kuntze (1891) Nom. illegit.; Nautea Noronha (1790); Tectonia Spreng. (1818) Nom. illegit. (废弃属名); Tektona L. f. (1782); Theca Juss. (1789); Theka Adans. (1763)（废弃属名）●

50447　Tectonia Spreng. (1818) Nom. illegit. (废弃属名) ≡Tectona L. f. (1782)（保留属名）［马鞭草科 Verbenaceae//牡荆科 Viticaceae］●

50448　Tecunumania Standl. et Steyerm. (1944)【汉】特库瓜属。【隶属】葫芦科（瓜科，南瓜科）Cucurbitaceae。【包含】世界 1 种。【学名诠释与讨论】〈阴〉（人）Tecunuman。【分布】哥斯达黎加，中美洲。【模式】Tecunumania quetzalteca Standley et Steyermark ■☆

50449　Tedingea D. Müll. –Doblies et U. Müll. –Doblies (1985)【汉】特丁石蒜属。【隶属】石蒜科 Amaryllidaceae。【包含】世界 1 种。【学名诠释与讨论】〈阴〉（人）Teding。此属的学名是"Tedingea

D. Müller-Doblies et U. Müller-Doblies, Bot. Jahrb. Syst. 107：45. 24 Sep 1985”。亦有文献把其处理为“Strumaria Jacq.(1790)”的异名。【分布】非洲南部。【模式】Tedingea tenella(Linnaeus f.)D. Müller-Doblies et U. Müller-Doblies〔Crinum tenellum Linnaeus f.〕。【参考异名】Strumaria Jacq.(1790)■☆

50450　Teedea Post et Kuntze(1903)= Teedia Rudolphi(1800)〔玄参科 Scrophulariaceae〕■●☆

50451　Teedia Rudolphi(1800)【汉】梯玄参属。【隶属】玄参科 Scrophulariaceae。【包含】世界2-4种。【学名诠释与讨论】〈阴〉词源不详。【分布】非洲南部。【模式】Teedia lucida(Solander)Rudolphi〔Capraria lucida Solander〕。【参考异名】Borckhausenia Roth(1800);Teedea Post et Kuntze(1903)■●☆

50452　Teesdalea Asch.(1864)= Teesdalia R. Br.(1812)〔十字花科 Brassicaceae(Cruciferae)〕■☆

50453　Teesdalia R. Br.(1812)【汉】野屈曲花属。【俄】Тисдайлия。【英】Shepherd's Cress。【隶属】十字花科 Brassicaceae(Cruciferae)。【包含】世界2种。【学名诠释与讨论】〈阴〉(人)Robert Teesdal, c. 1740-1804,英国植物学者,园艺家。【分布】地中海地区,欧洲。【模式】Teesdalia nudicaulis(Linnaeus)W. T. Aiton〔Iberis nudicaulis Linnaeus〕。【参考异名】Folis Dulac(1867)Nom. illegit.;Guepinia Bastard(1812);Teesdalea Asch.(1864);Teesdalia W. T. Aiton(1812)Nom. illegit.■☆

50454　Teesdalia W. T. Aiton(1812)Nom. illegit. ≡ Guepinia Bastard(1812);~ = Teesdalia R. Br.(1812)〔十字花科 Brassicaceae(Cruciferae)〕■☆

50455　Teesdaliopsis(Willk.)Rothm.(1940)【汉】密生屈曲花属。【隶属】十字花科 Brassicaceae(Cruciferae)。【包含】世界1种。【学名诠释与讨论】〈阴〉(属)Teesdalia 野屈曲花属+希腊文 opsis,外观,模样。此属的学名,ING 和 IK 记载是“Teesdaliopsis(Willkomm)Rothmaler, Repert. Spec. Nov. Regni Veg. 49:178. 1940”,由“Iberis sect. Teesdaliopsis Willkomm in Willkomm et J. M. C. Lange, Prodr. Fl. Hispan. 3:773. Apr-Mai 1880”改级而来。【分布】西班牙。【模式】Teesdaliopsis conferta(Lagasca)Rothmaler〔Iberis conferta Lagasca〕。【参考异名】Iberis sect. Teesdaliopsis Willko.(1880)■☆

50456　Teganium Schmidel(1747)Nom. inval. = Nolana L. ex L. f.(1762)〔茄科 Solanaceae//铃花科 Nolanaceae〕■☆

50457　Teganocharis Hochst.(1841)= Tenagocharis Hochst.(1841)〔黄花蔺科 Limnocharitaceae〕■☆

50458　Tegicornia Paul G. Wilson(1980)【汉】异株盐角草属。【隶属】藜科 Chenopodiaceae。【包含】世界1种。【学名诠释与讨论】〈阴〉(希)tegos,屋顶+cornu,角。cornutus,长了角的。corneus,角质的。【分布】澳大利亚(西部)。【模式】Tegicornia uniflora Paul G. Wilson■☆

50459　Tegneria Lilja(1839)= Calandrinia Kunth(1823)(保留属名)〔马齿苋科 Portulacaceae〕■☆

50460　Tehuana Panero et Villasenor(1997)【汉】长托菊属。【隶属】菊科 Asteraceae(Compositae)。【包含】世界1种。【学名诠释与讨论】〈阴〉词源不详。【分布】墨西哥,中美洲。【模式】Tehuana calzadae Panero et Villaseñor■☆

50461　Teichmeyeria Scop.(1777)Nom. illegit. ≡ Japarandiba Adans.(1763)(废弃属名);~ = Gustavia L.(1775)(保留属名)〔玉蕊科(巴西果科)Lecythidaceae//烈臭玉蕊科 Gustaviaceae〕●☆

50462　Teichostema R. Br.(1814)= Vernonia Schreb.(1791)(保留属名)〔菊科 Asteraceae(Compositae)//斑鸠菊科(绿菊科)Vernoniaceae〕●■

50463　Teijsmannia Post et Kuntze(1903)= Pottsia Hook. et Arn.(1837);~ = Teysmannia Miq.(1857)Nom. illegit. 夹竹桃科 Apocynaceae〕●

50464　Teijsmanniodendron Koord.(1904)【汉】泰树属。【隶属】唇形科 Lamiaceae(Labiatae)。【包含】世界14种。【学名诠释与讨论】〈中〉(人)Johannes Elias Teijsmann(Teysmann),1809-1882,荷兰植物学者,植物采集家+dendron 或 dendros,树木,棍,丛林。此属的学名,ING 和 IK 记载是“Teijsmanniodendron Koorders, Ann. Jard. Bot. Buitenzorg 19:19. 1904”。“Teysmanniodendron Koord.(1904)Nom. illegit.”是其拼写变体。【分布】马来西亚。【模式】Teijsmanniodendron bogoriense Koorders。【参考异名】Teysmanniodendron Koord.(1904);Xerocarpa H. J. Lam.(1919)(保留属名)●☆

50465　Teinosolen Hook. f.(1873)= Heterophyllaea Hook. f.(1873)〔茜草科 Rubiaceae〕●☆

50466　Teinostachyum Munro(1868)【汉】长穗竹属(疏穗竹属)。【隶属】禾本科 Poaceae(Gramineae)。【包含】世界6种。【学名诠释与讨论】〈中〉(希)teino,伸张,伸长+stachys,穗。指小穗细长,或指穗状花序极长。此属的学名是“Teinostachyum Munro, Trans. Linn. Soc. London 26:142. 5 Mar-11 Apr 1868”。亦有文献把其处理为“Schizostachyum Nees(1829)”的异名。【分布】缅甸,斯里兰卡,印度。【后选模式】Teinostachyum griffithii Munro。【参考异名】Schizostachyum Nees(1829);Tinostachyum Post et Kuntze(1903)●☆

50467　Teixeiranthus R. M. King et H. Rob.(1980)【汉】点腺菊属。【隶属】菊科 Asteraceae(Compositae)。【包含】世界2种。【学名诠释与讨论】〈阴〉(人)Teixeira+anthos,花。【分布】巴西。【模式】Teixeiranthus foliosus(G. Gardner)R. M. King et H. E. Robinson〔Isocarpha foliosa G. Gardner〕■☆

50468　Tekel Adans.(1763)(废弃属名)= Libertia Spreng.(1824)(保留属名)〔鸢尾科 Iridaceae〕■☆

50469　Tekelia Adans. ex Kuntze(1891)Nom. illegit. = Tekel Adans.(1763)(废弃属名);~ = Libertia Spreng.(1824)(保留属名)〔鸢尾科 Iridaceae〕■☆

50470　Tekelia Kuntze(1891)Nom. illegit. ≡ Tekelia Adans. ex Kuntze(1891);~ = Tekel Adans.(1763)(废弃属名);~ = Libertia Spreng.(1824)(保留属名)〔鸢尾科 Iridaceae〕■☆

50471　Tekelia Scop.(1777)= Argania Roem. et Schult.(1819)(保留属名)〔山榄科 Sapotaceae〕●☆

50472　Tektona L. f.(1782)= Tectona L. f.(1782)(保留属名)〔马鞭草科 Verbenaceae//牡荆科 Viticaceae〕●

50473　Telanthera R. Br.(1818)【汉】织锦苋属。【隶属】苋科 Amaranthaceae。【包含】世界90种。【学名诠释与讨论】〈阴〉(希)teleios,完全的,无缺点的+anthera,花药。此属的学名是“Telanthera R. Brown in Tuckey, Narr. Exped. Zaire 477. Mar 1818”。亦有文献把其处理为“Alternanthera Forssk.(1775)”的异名。【分布】巴基斯坦,玻利维亚,中国。【模式】Telanthera manillensis Walpers。【参考异名】Alternanthera Forssk.(1775);Amarantesia Hort. ex Regel(1869);Brandesia Mart.(1826);Jeilium Hort. ex Regel(1869);Steiremis Raf.(1837);Stiremis Post et Kuntze(1903);Teleianthera Endl.(1837)■

50474　Telanthophora H. Rob. et Brettell(1974)【汉】顶叶千里光属。【隶属】菊科 Asteraceae(Compositae)。【包含】世界14种。【学名诠释与讨论】〈阴〉(希)tele,远的+anthos,花+phoros,具有,梗,负载,发现者。【分布】墨西哥,中美洲。【模式】Telanthophora arborescens(Steetz)H. E. Robinson et R. D. Brettell〔Senecio arborescens Steetz〕●☆

50475　Telectadium Baill.(1889)【汉】东南亚杠柳属。【隶属】萝藦科 Asclepiadaceae//杠柳科 Periplocaceae。【包含】世界3种。【学名诠释与讨论】〈阴〉(希)tele,远的+(属)Ectadium 凸萝藦属。【分布】中南半岛。【模式】Telectadium edule Baillon●☆

50476　Teleiandra Nees et Mart. ex Nees（1833）Nom. illegit. ≡Teleiandra Nees et Mart.（1833）；~ =Ocotea Aubl.（1775）［樟科 Lauraceae］●☆

50477　Teleianthera Endl.（1837）= Alternanthera Forssk.（1775）；~ = Telanthera R. Br.（1818）［苋科 Amaranthaceae］■

50478　Telekia Baumg.（1816）【汉】泰氏菊属（蒂立菊属，特勒菊属）。【俄】Телекия。【英】Oxeye，Yellow Oxeye。【隶属】菊科 Asteraceae（Compositae）。【包含】世界 1-2 种。【学名诠释与讨论】〈阴〉（人）Telek。【分布】欧洲中部至高加索。【模式】Telekia speciosa（Schreber）Baumgarten［Buphthalmum speciosum Schreber］■☆

50479　Telelophus Dulac（1867）Nom. illegit.，Nom. superfl. ≡Dethawia Endl.（1839）Nom. illegit.；~ ≡Wallrothia Spreng.（1815）；~ = Seseli L.（1753）［伞形花科（伞形科）Apiaceae（Umbelliferae）］■

50480　Telemachia Urb.（1916）= Elaeodendron Jacq.（1782）［卫矛科 Celastraceae］●☆

50481　Telephiaceae Link = Aizoaceae Martinov（保留科名）；~ = Caryophyllaceae Juss.（保留科名）■●

50482　Telephiaceae Martinov（1820）= Caryophyllaceae Juss.（保留科名）■●

50483　Telephiastrum Fabr.（1759）Nom. illegit. ≡Anacampseros L.（1758）（保留属名）［马齿苋科 Portulacaceae//回欢草科 Anacampserotaceae］■☆

50484　Telephiastrum Medik.（1789）Nom. illegit.［马齿苋科 Portulacaceae］☆

50485　Telephioides Ortega（1773）Nom. illegit. ≡Andrachne L.（1753）［大戟科 Euphorbiaceae］●☆

50486　Telephioides Tourn. ex Moench（1802）Nom. illegit.［大戟科 Euphorbiaceae］☆

50487　Telephium Hill（1756）Nom. illegit. = Hylotelephium H. Ohba（1977）；~ =Sedum L.（1753）［景天科 Crassulaceae］●■

50488　Telephium L.（1753）【汉】耳托指甲草属。【俄】Телефиум，Хлябник。【英】Orpine，Telephium。【隶属】石竹科 Caryophyllaceae。【包含】世界 5 种。【学名诠释与讨论】〈阴〉（人）Telephus，赫克勒斯的儿子，每西亚王+-ius，-ia，-ium，在拉丁文和希腊文中，这些词尾表示性质或状态。另说希腊文 telephion 是 Andrachne sp. 的古名。此属的学名，ING、TROPICOS 和 IK 记载是“Telephium Linnaeus，Sp. Pl. 271. 1 May 1753”。“Telephium J. Hill，Brit. Herbal 36. 14 Feb 1756 = Hylotelephium H. Ohba（1977）= Sedum L.（1753）［景天科 Crassulaceae］”是晚出的非法名称。“Merophragma Dulac，Fl. Hautes-Pyrénées 365. 1867”和“Raynaudetia Bubani，Fl. Pyrenaea 3：17. 1901（ante 27 Aug）”是“Telephium L.（1753）”的晚出的同模式异名（Homotypic synonym，Nomenclatural synonym）。【分布】巴基斯坦，巴勒斯坦，马达加斯加，地中海地区。【模式】Telephium imperati Linnaeus。【参考异名】Merophragma Dulac（1867）Nom. illegit.；Raynaudetia Bubani（1901）Nom. illegit.■☆

50489　Telesia Raf.（1837）= Zexmenia La Llave（1824）［菊科 Asteraceae（Compositae）］●■☆

50490　Telesilla Klotzsch（1849）【汉】特莱斯萝藦属。【隶属】萝藦科 Asclepiadaceae。【包含】世界 1-2 种。【学名诠释与讨论】〈阴〉（希）teleios，teleos，完全的，没有缺点的+-illus，-illa，-illum，指示小的词尾。【分布】几内亚。【模式】Telesilla cynanchioides Klotzsch■☆

50491　Telesmia Raf.（1838）= Salix L.（1753）（保留属名）［杨柳科 Salicaceae］●

50492　Telesonix Raf.（1837）= Boykinia Nutt.（1834）（保留属名）［虎耳草科 Saxifragaceae］●■☆

50493　Telestria Raf.（1838）= Bauhinia L.（1753）［豆科 Fabaceae（Leguminosae）//云实科（苏木科）Caesalpiniaceae//羊蹄甲科 Bauhiniaceae］●

50494　Telfairia Hook.（1827）【汉】特非瓜属（太肥瓜属，特费瓜属）。【俄】Тельфайрия。【英】Oil Vine，Oil-vine。【隶属】葫芦科（瓜科，南瓜科）Cucurbitaceae。【包含】世界 3 种。【学名诠释与讨论】〈阴〉（人）Charles Telfair，1778-1833，植物学者。此属的学名，ING、TROPICOS 和 IK 记载是“Telfairia W. J. Hooker，Bot. Mag. 2751 - 52. 1 Jul 1827”。“Telfairia Newm. ex Hook.，Bot. Misc. 1：291. 1830［Apr-Jul 1830］”是一个未合格发表的名称（Nom. inval.，Nom. nud.）。【分布】热带非洲。【模式】Telfairia pedata（J. E. Smith）W. J. Hooker［Fevillea pedata J. E. Smith］。【参考异名】Joliffia Bojer ex Delile（1827）■☆

50495　Telfairia Newman ex Hook.（1830）Nom. inval.，Nom. nud. = Byttneria Loefl.（1758）（保留属名）［梧桐科 Sterculiaceae//刺果藤科（利末花科）Byttneriaceae］●

50496　Telina Dttr. et Jacks. = Chamaespartium Adans.（1763）；~ = Teline Medik.（1787）［豆科 Fabaceae（Leguminosae）//蝶形花科 Papilionaceae］●☆

50497　Telina E. Mey.（1836）= Lotononis（DC.）Eckl. et Zeyh.（1836）（保留属名）［豆科 Fabaceae（Leguminosae）//蝶形花科 Papilionaceae］■

50498　Telinaria C. Presl（1845）Nom. illegit. ≡Teline Medik.（1787）［豆科 Fabaceae（Leguminosae）］●☆

50499　Teline Medik.（1787）【汉】同金雀花属。【俄】ложнодрок。【英】Teline。【隶属】豆科 Fabaceae（Leguminosae）//蝶形花科 Papilionaceae。【包含】世界 29 种。【学名诠释与讨论】〈阴〉（希）teline = kytisos，一种豆科灌木名称。此属的学名，ING、TROPICOS 和 APNI 记载是“Teline Medikus，Vorles. Churpfälz. Phys. -Ökon. Ges. 2：342. 17 May 1786”。“Telinaria K. B. Presl，Abh. Königl. Böhm. Ges. Wiss. ser. 5. 3：479. Jul-Dec 1845；Bot. Bemerk. 49. 1846（‘1844’）”是 Teline Medik.（1787）“Teline Medik.（1787）”的晚出的同模式异名（Homotypic synonym，Nomenclatural synonym）。亦有文献把“Teline Medik.（1787）”处理为“Chamaespartium Adans.（1763）”或“Cytisus Desf.（1798）（保留属名）”或“Cytisus L.（1753）（废弃属名）”或“Genista L.（1753）”的异名。【分布】玻利维亚。【模式】Teline medicagioides Medikus，Nom. illegit.［Cytisus monspessulanus Linnaeus；Teline monspessulana（Linnaeus）K. H. E. Koch］。【参考异名】Chamaespartium Adans.（1763）；Cytisus Desf.（1798）（保留属名）；Cytisus L.（1753）（废弃属名）；Genista L.（1753）；Telina Dttr. et Jacks.；Telinaria C. Presl（1845）Nom. illegit. ●☆

50500　Teline Webb = Genista L.（1753）［豆科 Fabaceae（Leguminosae）//蝶形花科 Papilionaceae］●

50501　Teliosma Alef.（1866）Nom. illegit.［豆科 Fabaceae（Leguminosae）］☆

50502　Teliostachya Nees（1847）【汉】冬穗爵床属。【隶属】爵床科 Acanthaceae。【包含】世界 10 种。【学名诠释与讨论】〈阴〉（希）telos，teleos =拉丁文 telium，终点，完成；telium 在真菌中称为冬孢子堆+stachys，穗，谷，长钉。【分布】巴拿马，秘鲁，玻利维亚，厄瓜多尔，中美洲。【后选模式】Teliostachya cataractae C. G. D. Nees■☆

50503　Telipodus Raf.（1837）Nom. illegit. ≡Philodendron Schott（1829）［as ‘Philodendrum’］（保留属名）［天南星科 Araceae］■●

50504　Telipogon Kunth（1816）【汉】毛顶兰属。【隶属】兰科 Orchidaceae。【包含】世界 100 种。【学名诠释与讨论】〈阳〉

（希）telos, teleos ＝拉丁文 telium，终点，完成；thelys 雌性的＋pogon 须，芒。此属的学名，ING、GCI 和 IK 记载是"Telipogon Kunth in Humboldt, Bonpland et Kunth, Nova Gen. Sp. 1：ed. fol. 269. Aug（sero）1816"。"Telipogon Mutis ex Kunth（1816）"的命名人引证有误。【分布】巴拿马，秘鲁，玻利维亚，厄瓜多尔，哥伦比亚（安蒂奥基亚），哥斯达黎加，尼加拉瓜，热带南美洲西部，中美洲。【模式】未指定。【参考异名】Telipogon Mutis ex Kunth（1816）Nom. illegit.；Telipogon Mutis ex Spreng.（1817）；Thelypogon Mutis ex Spreng. ■☆

50505　Telipogon Mutis ex Kunth（1816）Nom. illegit. ≡Telipogon Kunth（1816）［兰科 Orchidaceae］■☆

50506　Telis Kuntze（1891）Nom. illegit. ≡Trigonella L.（1753）［豆科 Fabaceae（Leguminosae）//蝶形花科 Papilionaceae］■

50507　Telitoxicum Moldenke（1938）【汉】矛毒藤属。【隶属】防己科 Menispermaceae。【包含】世界 6 种。【学名诠释与讨论】〈阳〉（希）telos, teleos ＝拉丁文 telium，终点，完成＋toxicum，毒。【分布】秘鲁，厄瓜多尔，热带南美洲。【模式】Telitoxicum minutiflorum（Diels）Moldenke［Anomospermum minutiflorum Diels］●☆

50508　Tellima R. Br.（1823）【汉】穗杯花属（饰缘花属，特罗马属，新唢呐草属）。【英】Fringe Cups, Fringecups。【隶属】虎耳草科 Saxifragaceae。【包含】世界 1 种。【学名诠释与讨论】〈阴〉（属）由唢呐草属 Mitella 字母改缀而形成。【分布】美国（阿拉斯加至加利福尼亚）。【模式】Tellima grandiflora（Pursh）Douglas ex Lindley［Mitella grandiflora Pursh］■☆

50509　Telmatophace Schleid.（1839）＝Lemna L.（1753）［浮萍科 Lemnaceae］■

50510　Telmatophila Ehrh.（1789）Nom. nud. ＝Scheuchzeria L.（1753）［芝菜科（冰沼草科）Scheuchzeriaceae//水麦冬科 Juncaginaceae］■

50511　Telmatophila Mart. ex Baker（1873）【汉】少花瘦片菊属。【隶属】菊科 Asteraceae（Compositae）。【包含】世界 1 种。【学名诠释与讨论】〈阴〉（希）telma，所有格 telmatos，沼泽，池塘＋phila，喜爱。此属的学名，ING、和 IK 记载是"Telmatophila C. F. P. Martius ex J. G. Baker in C. F. P. Martius, Fl. Brasil. 6（2）：170. 1873"。芝菜科（冰沼草科）Scheuchzeriaceae 的"Telmatophila Ehrh., Beitr. Naturk.［Ehrhart］iv. 147（1789）"是一个裸名（Nom. nud.）。【分布】巴西。【模式】Telmatophila scolymastrum C. F. P. Martius ex J. G. Baker ■☆

50512　Telmatosphace Ball（1878）＝Lemna L.（1753）；~ ＝Telmatophace Schleid.（1839）［浮萍科 Lemnaceae］■

50513　Telminostelma E. Fourn.（1885）【汉】鹅绒藤萝藦属。【隶属】萝藦科 Asclepiadaceae。【包含】世界 1 种。【学名诠释与讨论】〈阴〉词源不详。此属的学名，ING、TROPICOS、GCIIK 记载是"Telminostelma E. Fourn., Fl. Bras.（Martius）6（4）：218. 1885［1 Jun 1885］"。它曾被处理为"Cynanchum sect. Telminostelma（E. Fourn.）Liede, Novon 7（2）：177. 1997"。【分布】巴西，玻利维亚。【模式】Telminostelma roulinioides Fournier。【参考异名】Cynanchum sect. Telminostelma（E. Fourn.）Liede（1997）■☆

50514　Telmissa Fenzl（1842）＝Sedum L.（1753）［景天科 Crassulaceae］■●

50515　Telogyne Baill.（1858）＝Trigonostemon Blume（1826）［as 'Trigostemon'］（保留属名）［大戟科 Euphorbiaceae］●

50516　Telopaea Parkinson ＝Aleurites J. R. Forst. et G. Forst.（1775）［大戟科 Euphorbiaceae］●

50517　Telopaea Sol. ex Parkinson ＝Aleurites J. R. Forst. et G. Forst.（1775）［大戟科 Euphorbiaceae］●

50518　Telopea R. Br.（1810）（保留属名）【汉】蒂罗花属（泰洛帕

属）。【日】テロペア属。【英】Waratah。【隶属】山龙眼科 Proteaceae。【包含】世界 5 种。【学名诠释与讨论】〈阴〉（希）telopos，远望。指花明显，从远处即可识别。此属的学名"Telopea R. Br. in Trans. Linn. Soc. London 10：197. Feb 1810"是保留属名。相应的废弃属名是山龙眼科 Proteaceae 的"Hylogyne Salisb. ex Knight, Cult. Prot.：126. Dec 1809 ≡Telopea R. Br.（1810）（保留属名）"。大戟科的"Telopea Sol. ex Baill., Étude Euphorb. 345. 1858 ＝Aleurites J. R. Forst. et G. Forst.（1775）"亦应废弃。【分布】澳大利亚（东部及塔斯马尼亚岛）。【模式】Telopea speciosissima（J. E. Smith）R. Brown［Embothrium speciosissimum J. E. Smith］。【参考异名】Hylogyne Knight（1809）Nom. illegit.（废弃属名）；Hylogyne Salisb.（1809）Nom. illegit.（废弃属名）；Hylogyne Salisb. ex Knight.（1809）（废弃属名）●☆

50519　Telopea Sol. ex Baill.（1858）Nom. illegit.（废弃属名）＝Aleurites J. R. Forst. et G. Forst.（1775）［大戟科 Euphorbiaceae］●

50520　Telophyllum Tiegh.（1897）＝Myzodendron Sol. ex DC.［羽毛果科 Misodendraceae］●☆

50521　Telopogon Mutis ex Spreng.（1817）＝Telipogon Mutis ex Kunth（1816）［兰科 Orchidaceae］■☆

50522　Telosiphonia（Woodson）Henrickson（1996）【汉】远管木属。【隶属】夹竹桃科 Apocynaceae。【包含】世界 6 种。【学名诠释与讨论】〈阴〉（希）tele，远＋siphon，所有格 siphonos，管子。此属的学名，GCI 和 IK 记载是"Telosiphonia（Woodson）Henrickson, Aliso 14（3）：184. 1996［1995 publ. 1996］"，由"Macrosiphonia subgen. Telosiphonia Woodson Ann. Missouri Bot. Gard. 20（4）：778（-779）. 1933［Nov 1933］"改级而来。亦有文献把"Telosiphonia（Woodson）Henrickson（1996）"处理为"Echites P. Browne（1756）"的异名。【分布】美洲。【模式】Telosiphonia hypoleuca（Benth.）Henrickson［Macrosiphonia hypoleuca（Benth.）Henrickson, Echites hypoleuca Benth.］。【参考异名】Echites P. Browne（1756）；Macrosiphonia subgen. Telosiphonia Woodson（1933）●☆

50523　Telosma Coville（1905）【汉】夜来香属（夜香花属）。【英】Telosma。【隶属】萝藦科 Asclepiadaceae。【包含】世界 10-12 种，中国 3-4 种。【学名诠释与讨论】〈阴〉（希）tele，远的＋osme，香味。指花极香，味飘远处。此属的学名，ING、TROPICOS 和 IK 记载是"Telosma Coville, Contr. U. S. Natl. Herb. ix.（1905）384.［8 Apr 1905］"。"Prageluria N. E. Brown, Bull. Misc. Inform. 1907：325. 1907；N. E. Brown in Thiselton-Dyer, Fl. Cap. 4（1）：523. 1907"是"Telosma Coville（1905）"的晚出的同模式异名（Homotypic synonym, Nomenclatural synonym）。【分布】巴基斯坦，马达加斯加，中国。【模式】Telosma odoratissima（Loureiro）Coville［Cynanchum odoratissimum Loureiro］。【参考异名】Prageluria N. E. Br.（1907）Nom. illegit. ●

50524　Telotia Pierre（1888）＝Pycnarrhena Miers ex Hook. f. et Thomson（1855）［防己科 Menispermaceae］●

50525　Teloxis Rchb.（1837）＝Teloxys Moq.（1834）［藜科 Chenopodiaceae］■

50526　Teloxys Moq.（1834）【汉】针藜属（针尖藜属）。【隶属】藜科 Chenopodiaceae//刺藜科（澳藜科）Dysphaniaceae。【包含】世界 1 种，中国 1 种。【学名诠释与讨论】〈阴〉（希）telos，末尾＋oxys，锐尖，敏锐，迅速，或酸的。指小枝末端变为刺。此属的学名，ING、GCI 和 IK 记载是"Teloxys Moquin-Tandon, Ann. Sci. Nat. Bot. ser. 2. 1：289. May 1834"。它曾被处理为"Dysphania subsect. Teloxys（Moq.）Mosyakin & Clemants, Ukrayins' kyi Botanichnyi Zhurnal, n. s. 59（4）：383. 2002"。亦有文献把"Teloxys Moq.（1834）"处理为"Chenopodium L.（1753）"或"Dysphania R. Br.（1810）"的异

名。【分布】玻利维亚,中国,亚洲中部。【模式】Teloxys aristata (Linnaeus) Moquin – Tandon [Chenopodium aristatum Linnaeus]。【参考异名】Chenopodium L. (1753); Dysphania R. Br. (1810); Dysphania subsect. Teloxys (Moq.) Mosyakin & Clemants (2002); Teloxis Rchb. (1837)■

50527 Telukrama Raf. (1838) = Swida Opiz (1838); ~ = Thelycrania (Dumort.) Fourr. (1868) [山茱萸科 Cornaceae] ●☆

50528 Tema Adans. (1763)(废弃属名) ≡ Echinochloa P. Beauv. (1812)(保留属名); ~ = Setaria P. Beauv. (1812)(保留属名) [禾本科 Poaceae(Gramineae)]■

50529 Temburongia S. Dransf. et K. M. Wong (1996)【汉】加岛禾属。【隶属】禾本科 Poaceae(Gramineae)。【包含】世界1种。【学名诠释与讨论】〈阴〉(地)Temburong,淡布伦区,位于文莱。【分布】加里曼丹岛。【模式】Temburongia simplex S. Dransf. et K. M. Wong ■☆

50530 Temenia O. F. Cook (1939) Nom. illegit. ≡ Maximiliana Mart. (1824)(保留属名) [棕榈科 Arecaceae(Palmae)] ●

50531 Temminckia de Vriese (1850) = Scaevola L. (1771)(保留属名) [草海桐科 Goodeniaceae]●■

50532 Temmodaphne Kosterm. (1973)【汉】泰樟属。【隶属】樟科 Lauraceae。【包含】世界1种。【学名诠释与讨论】〈阴〉(希)temno,分开,切割+(属)Daphne 瑞香属(芫花属)。此属的学名是"Temmodaphne Kostermans, Bot. Tidsskr. 67: 319. post 9 Aug 1973"。亦有文献把其处理为"Cinnamomum Schaeff. (1760)(保留属名)"的异名。【分布】泰国。【模式】Temmodaphne thailandica Kostermans。【参考异名】Cinnamomum Schaeff. (1760)(保留属名)●☆

50533 Temnadenia Miers et Woodson (1936) descr. emend. = Temnadenia Miers(1878) [夹竹桃科 Apocynaceae]●☆

50534 Temnadenia Miers(1878)【汉】割腺夹竹桃属。【隶属】夹竹桃科 Apocynaceae。【包含】世界3种。【学名诠释与讨论】〈阴〉(希)temno = 多里克语 tamno,分开,切割+aden,所有格 adenos,腺体。此属的学名,ING、GCI 和 IK 记载是"Temnadenia Miers, Apocyn. S. Amer. 207(1878) [May – June 1878]"。"Temnadenia Miers et Woodson, Ann. Missouri Bot. Gard. 1936, xxiii. 253, descr. emend."修订了属的描述。【分布】玻利维亚,热带南美洲。【后选模式】Temnadenia violacea (Vellozo) Miers [Echites violacea Vellozo]。【参考异名】Temnadenia Miers et Woodson(1936)descr. emend. ●☆

50535 Temnemis Raf. (1840) = Carex L. (1753) [莎草科 Cyperaceae]■

50536 Temnocalyx Robyns ex Ridl. (1925) Nom. inval. ≡ Temnocalyx Robyns(1928) [茜草科 Rubiaceae] ☆

50537 Temnocalyx Robyns(1928)【汉】坦桑尼亚茜草属。【隶属】茜草科 Rubiaceae。【包含】世界1种。【学名诠释与讨论】〈阳〉(希)temno = 多里克语 tamno,分开,切割+kalyx,所有格 kalykos = 拉丁文 calyx,花萼,杯子。此属的学名,ING 和 TROPICOS 记载是"Temnocalyx W. Robyns, Bull. Jard. Bot. État 11: 317. f. 31-32. Aug 1928"。IK 则记载为"Temnocalyx Robyns ex Ridl., Fl. Malay Penins. v. 316(1925), nomen, in obs."和"Temnocalyx Robyns et Robyns, Bull. Jard. Bot. État Bruxelles 11: 317, descr. 1928"。【分布】热带非洲东部。【后选模式】Temnocalyx nodulosus W. Robyns。【参考异名】Temnocalyx Robyns ex Ridl. (1925) Nom. inval. ☆

50538 Temnocydia Mart. ex DC. (1845) = Bignonia L. (1753)(保留属名) [紫葳科 Bignoniaceae]●

50539 Temnolepis Baker (1887)【汉】割鳞菊属。【隶属】菊科 Asteraceae(Compositae)。【包含】世界1种。【学名诠释与讨论】〈阴〉(希)temno = 多里克语 tamno,分开,切割+lepis,所有格 lepidos,指小式 lepion 或 lepidion,鳞,鳞片。lepidotos,多鳞的。lepos,鳞,鳞片。此属的学名是"Temnolepis J. G. Baker, J. Linn. Soc., Bot. 22: 495. 30 Jun 1887"。亦有文献把其处理为"Epallage DC. (1838)"的异名。【分布】马达加斯加。【模式】Temnolepis scrophulariaefolia J. G. Baker。【参考异名】Epallage DC. (1838)■☆

50540 Temnopteryx Hook. f. (1873)【汉】割翅茜属。【隶属】茜草科 Rubiaceae。【包含】世界1种。【学名诠释与讨论】〈阴〉(希)temno = 多里克语 tamno,分开,切割+pteryx,所有格 pterygos,指小式 pterygion,翼,羽毛,鳍。【分布】热带非洲西部。【模式】Temnopteryx sericea J. D. Hooker☆

50541 Temochloa S. Dransf. (2000)【汉】泰草属。【隶属】禾本科 Poaceae(Gramineae)。【包含】世界1种。【学名诠释与讨论】〈阴〉词源不详。【分布】泰国。【模式】Temochloa liliana S. Dransf.■☆

50542 Templetonia R. Br. (1812) Nom. illegit. ≡ Templetonia R. Br. ex W. T. Aiton (1812) [豆科 Fabaceae (Leguminosae)//蝶形花科 Papilionaceae]●☆

50543 Templetonia R. Br. ex W. T. Aiton(1812)【汉】傲慢木属(珊瑚豆属)。【隶属】豆科 Fabaceae (Leguminosae)//蝶形花科 Papilionaceae。【包含】世界11种。【学名诠释与讨论】〈阴〉(人)John Templeton, 1766 – 1825,英国植物学者,博物学者。此属的学名,ING 记载是"Templetonia R. Brown ex W. T. Aiton, Hortus Kew. ed. 2. 4: 269. Dec 1812"。APNI 则记载为"Templetonia R. Br., Hortus Kewensis 4 1812"。二者引用的文献相同。【分布】澳大利亚。【模式】Templetonia retusa (Ventenat) R. Brown ex W. T. Aiton [Rafnia retusa Ventenat]。【参考异名】Nematophyllum F. Muell. (1857); Templetonia R. Br. (1812) Nom. illegit.; Thinicola J. H. Ross(2001)●☆

50544 Temu O. Berg (1861) = Blepharocalyx O. Berg(1856) [桃金娘科 Myrtaceae]●☆

50545 Temus Molina (1782)【汉】泰木属。【隶属】桃金娘科 Myrtaceae。【包含】世界1种。【学名诠释与讨论】〈阴〉(西)西班牙语称 Temus moschata(一种灌木)为 temo。【分布】智利。【模式】Temus moscata Molina ●☆

50546 Tenacistachya L. Liou (1847) Nom. inval. [禾本科 Poaceae (Gramineae)]■

50547 Tenageia(Rchb.) Rchb. (1847) Nom. illegit. = Juncus L. (1753) [灯心草科 Juncaceae]■

50548 Tenageia Ehrh. (1789) Nom. inval. ,Nom. nud. ≡ Tenageia Ehrh. ex Rchb. (1847); ~ = Juncus L. (1753) [灯心草科 Juncaceae]■

50549 Tenageia Ehrh. ex Rchb. (1847) = Juncus L. (1753) [灯心草科 Juncaceae]■

50550 Tenagocharis Hochst. (1841) = Butomopsis Kunth(1841) [花蔺科 Butomaceae//黄花蔺科(沼鳖科)Limnocharitaceae]■☆

50551 Tenaris E. Mey. (1838)【汉】泰纳萝摩属。【隶属】萝藦科 Asclepiadaceae。【包含】世界7种。【学名诠释与讨论】〈阴〉词源不详。【分布】热带和非洲南部。【模式】Tenaris rubella E. H. F. Meyer。【参考异名】Kinepetalum Schltr. (1913)■☆

50552 Tenaxia N. P. Barker et H. P. Linder(2010)【汉】韧草属。【隶属】禾本科 Poaceae(Gramineae)。【包含】世界8种。【学名诠释与讨论】〈阴〉(拉)tenax,坚韧的。【分布】埃塞俄比亚,印度,非洲南部。【模式】Tenaxia stricta (Schrad.) N. P. Barker et H. P. Linder [Danthonia stricta Schrad.] ☆

50553 Tendana Rchb. f. (1857) Nom. illegit. ≡ Piperella (C. Presl ex Rchb.) Spach(1838); ~ = Micromeria Benth. (1829)(保留属名) [唇形科 Lamiaceae(Labiatae)]■●

50554 Tengia Chun（1946）【汉】世纬苣苔属（黔苣苔属）。【英】Tengia。【隶属】苦苣苔科 Gesneriaceae。【包含】世界 1 种，中国 1 种。【学名诠释与讨论】〈阴〉（人）S. W. Tong，邓世纬，模式种采集者。【分布】中国。【模式】Tengia scopulorum W. -Y. Chun ■★

50555 Tenicroa Raf.（1837）【汉】泰尼风信子属。【隶属】风信子科 Hyacinthaceae//百合科 Liliaceae。【包含】世界 5 种。【学名诠释与讨论】〈阴〉词源不详。此属的学名是"Tenicroa Rafinesque，Fl. Tell. 3：52. Nov-Dec 1837（'1836'）"。亦有文献把其处理为"Drimia Jacq. ex Willd.（1799）"或"Urginea Steinh.（1834）"的异名。【分布】非洲南部。【模式】Tenicroa fragrans（N. J. Jacquin）Rafinesque［Anthericum fragrans N. J. Jacquin］。【参考异名】Drimia Jacq. ex Willd.（1799）；Sipharissa Post et Kuntze（1903）；Sypharissa Salisb.（1866）；Urginea Steinh.（1834）■✣☆

50556 Tennantia Verdc.（1981）【汉】特南茜属。【隶属】茜草科 Rubiaceae。【包含】世界 1 种。【学名诠释与讨论】〈阴〉（人）James Robert Tennant，1928-?，植物学者。【分布】肯尼亚，索马里。【模式】Tennantia sennii（Chiovenda）B. Verdcourt et D. M. Bridson［Tricalysia sennii Chiovenda］●☆

50557 Tenorea C. Koch, Nom. illegit. ≡ Tenorea K. Koch（1869）Nom. illegit. ；＝ Bupleurum L.（1753）；～＝ Tenoria Spreng.（1813）［伞形花科（伞形科）Apiaceae（Umbelliferae）］●■

50558 Tenorea Colla（1824）Nom. illegit. ≡ Trixis P. Browne（1756）［菊科 Asteraceae（Compositae）］■●☆

50559 Tenorea Gasp.（1844）Nom. illegit. ＝ Ficus L.（1753）［桑科 Moraceae］●

50560 Tenorea K. Koch（1869）＝ Bupleurum L.（1753）；～＝ Tenoria Spreng.（1813）［伞形花科（伞形科）Apiaceae（Umbelliferae）］●■

50561 Tenorea Raf.（1814）Nom. illegit. ＝ Zanthoxylum L.（1753）［芸香科 Rutaceae//花椒科 Zanthoxylaceae］●

50562 Tenoria Dehnh. et Giord.（1832）Nom. illegit. ≡ Tenoria Dehnh. et Giord. ex Dehnh.（1832）Nom. illegit. ；～＝ Hygrophila R. Br.（1810）［爵床科 Acanthaceae］●■

50563 Tenoria Dehnh. et Giord. ex Dehnh.（1832）Nom. illegit. ＝ Hygrophila R. Br.（1810）［爵床科 Acanthaceae］●■

50564 Tenoria Spreng.（1813）＝ Bupleurum L.（1753）［伞形花科（伞形科）Apiaceae（Umbelliferae）］●■

50565 Tenrhynea Hilliard et B. L. Burtt（1981）【汉】密头紫绒草属。【隶属】菊科 Asteraceae（Compositae）。【包含】世界 1 种。【学名诠释与讨论】〈阴〉词源不详。此属的学名"Tenrhynea O. M. Hilliard et B. L. Burtt, Bot. J. Linn. Soc. 82：232. 30 Jul 1981"是一个替代名称。"Rhynea A. P. de Candolle, Prodr. 6：154. Jan（prim.）1838"是一个非法名称（Nom. illegit.），因为此前已经有了"Rhynea Scopoli, Introd. 262. Jan-Apr 1777 ≡ Nagassari Adans.（1763）＝ Mesua L.（1753）［猪胶树科（克鲁西科，山竹子科，藤黄科）Clusiaceae（Guttiferae）］"。故用"Tenrhynea Hilliard et B. L. Burtt（1981）"替代之。【分布】非洲南部。【模式】Tenrhynea phylicifolia（DC.）Hilliard et B. L. Burtt。【参考异名】Rhynea DC.（1838）Nom. illegit. ■☆

50566 Teonongia Stapf（1911）＝ Streblus Lour.（1790）［桑科 Moraceae］●

50567 Tepesia C. F. Gaertn.（1806）＝ Hamelia Jacq.（1760）［茜草科 Rubiaceae］●■

50568 Tephea Delile（1846）＝ Olinia Thunb.（1800）（保留属名）［方枝树科（阿林尼亚科）Oliniaceae//管萼木科（管萼科）Penaeaceae］●☆

50569 Tephis Adans.（1763）＝ Polygonum L.（1753）（保留属名）［蓼科 Polygonaceae］■●

50570 Tephis Raf.（1837）Nom. illegit. ≡ Atraphaxis L.（1753）［蓼科 Polygonaceae］●

50571 Tephranthus Neck.（1790）Nom. inval. ＝ Phyllanthus L.（1753）［大戟科 Euphorbiaceae//叶下珠科（叶萝藦科）Phyllanthaceae］●■

50572 Tephras E. Mey. ex Harv. et Sond.（1862）Nom. inval. ＝ Galenia L.（1753）［番杏科 Aizoaceae］●☆

50573 Tephrocactus Lem.（1868）【汉】灰球掌属（球形节仙人掌属）。【日】テプロカクタス属。【隶属】仙人掌科 Cactaceae。【包含】世界 290 种。【学名诠释与讨论】〈阴〉（希）tephros，灰白的，苍白的＋ cactos，有刺的植物，通常指仙人掌。此属的学名是"Tephrocactus Lemaire, Les Cactées 88. 1868"。亦有文献把其处理为"Opuntia Mill.（1754）"的异名。【分布】秘鲁，玻利维亚。【后选模式】Tephrocactus diademata（Lemaire）Lemaire［Opuntia diademata Lemaire］。【参考异名】Opuntia Mill.（1754）■☆

50574 Tephroseris（Rchb.）Rchb.（1841）【汉】狗舌草属。【英】Dogtongueweed, Fleawort, Tephroseris。【隶属】菊科 Asteraceae（Compositae）//千里光科 Senecionidaceae。【包含】世界 50 种，中国 14 种。【学名诠释与讨论】〈阴〉（希）tephros，灰色的，苍白的＋seris，菊苣。此属的学名，ING、GCI 和 IK 记载是"Tephroseris（H. G. L. Reichenbach）H. G. L. Reichenbach, Deutsche Bot. Herbarienbuch（Nom.）87. Jul 1841"，由"Cineraria d. Tephroseris H. G. L. Reichenbach in J. C. Mössler, Handb. Gewächsk. ed. 2. 2：1498. Mar-Jul 1829 改级而来。"Tephroseris Rchb.（1841）"的命名人引证有误。亦有文献把"Tephroseris（Rchb.）Rchb.（1841）"处理为"Senecio L.（1753）"的异名。【分布】中国，北半球寒冷与温暖地区。【模式】未指定。【参考异名】Cineraria sect. Tephroseris Rchb.（1829）；Senecio L.（1753）；Tephroseris Rchb.（1841）Nom. illegit. ；Theophroseris Andrae（1855）■

50575 Tephroseris Rchb.（1841）Nom. illegit. ≡ Tephroseris（Rchb.）Rchb.（1841）［菊科 Asteraceae（Compositae）//千里光科 Senecionidaceae］■

50576 Tephrosia Pers.（1807）（保留属名）【汉】灰毛豆属（灰叶豆属，灰叶属）。【日】ナンバンクサフジ属，ナンバンクサフヂ属。【俄】Тефрозия。【英】Hoary Pea, Hoarypea, Tephrosia。【隶属】豆科 Fabaceae（Leguminosae）//蝶形花科 Papilionaceae。【包含】世界 400 种，中国 11 种。【学名诠释与讨论】〈阴〉（希）tephros，灰色的，苍白的。指某些种的叶被灰色绒毛。此属的学名"Tephrosia Pers. , Syn. Pl.［Persoon］2：328. 1807［Sep 1807］"是保留属名。相应的废弃属名是豆科 Fabaceae 的"Erebinthus Mitch. , Diss. Princ. Bot. ：32. 1769 ＝ Tephrosia Pers.（1807）（保留属名）"、"Needhamia Scop. , Intr. Hist. Nat. ：310. Jan-Apr 1777 ＝ Tephrosia Pers.（1807）（保留属名）"和"Reineria Moench, Suppl. Meth. ：44. 2 Mai 1802 ＝ Tephrosia Pers.（1807）（保留属名）"。菊科的"Needhamia Cassini in F. Cuvier, Dict. Sci. Nat. 34：335. Apr 1825 ≡ Narvalina Cass.（1825）"和尖苞木科 Epacridaceae 的"Needhamia R. Br. , Prodr. Fl. Nov. Holland. 549. 1810［27 Mar 1810］≡ Needhamiella L. Watson（1965）"亦应废弃。"Brissonia Necker ex Desvaux, J. Bot. Agric. 3：78. Feb 1814"、"Colinil Adanson, Fam. 2：327. Jul-Aug 1763"和"Cracca Linnaeus, Sp. Pl. 752. 1 Mai 1753（废弃属名）"是"Tephrosia Pers.（1807）（保留属名）"的同模式异名（Homotypic synonym, Nomenclatural synonym）。【分布】巴基斯坦，巴拿马，秘鲁，玻利维亚，厄瓜多尔，哥伦比亚（安蒂奥基亚），哥斯达黎加，马达加斯加，美国（密苏里），尼加拉瓜，中国，中美洲。【模式】Tephrosia villosa（Linnaeus）Persoon［Cracca villosa Linnaeus］。【参考异名】Acryphyllum Lindl.（1836）；Apodynomene E. Mey.（1836）；Balboa

Liebm. (1853)（废弃属名）；Brissonia Neck. ex Desv. (1814) Nom. illegit.；Catacline Edgew. (1847)；Caulocarpus Baker f. (1926)；Colinil Adans. (1763) Nom. illegit.；Cracca L. (1753)（废弃属名）；Crafordia Raf. (1814)；Erebinthus Mitch. (1748) Nom. inval. (废弃属名)；Kiesera Reinw. (1825)；Kiesera Reinw. ex Blume (1823)；Kieseria Spreng.（废弃属名）；Lupinophyllum Gillett ex Hutch. (1967) Nom. illegit.；Lupinophyllum Hutch. (1967) Nom. illegit.；Macronyx Dalzell (1850)；Needhamia Scop. (1777)（废弃属名）；Paratephrosia Domin (1912)；Pogonostigma Boiss. (1843)；Reineria Moench (1802)（废弃属名）；Requienia DC. (1825)；Seemannantha Alef. (1862) Nom. illegit.；Sphinctospermum Rose (1906)；Xiphocarpus C. Presl (1830) ●■

50577 Tephrothamnus Sch. Bip. (1863) Nom. illegit. ＝Critoniopsis Sch. Bip. (1863)；~ ＝Vernonia Schreb. (1791)（保留属名）［菊科 Asteraceae(Compositae)//斑鸠菊科(绿菊科) Vernoniaceae］●■

50578 Tephrothamnus Sweet (1830) = Argyrolobium Eckl. et Zeyh. (1836)（保留属名）［豆科 Fabaceae(Leguminosae)］●☆

50579 Tepion Adans. (1763) Nom. illegit. ≡Verbesina L. (1753)（保留属名）［菊科 Asteraceae(Compositae)］●■☆

50580 Tepso Raf. (1840) Nom. illegit. ＝Agostana Bute ex Gray (1821)；~ ＝Bupleurum L. (1753)［伞形花科(伞形科) Apiaceae (Umbelliferae)］●■

50581 Tepualia Griseb. (1854)【汉】塔普桃金娘属。【隶属】桃金娘科 Myrtaceae。【包含】世界1种。【学名诠释与讨论】〈阴〉词源不详。【分布】智利。【后选模式】Tepualia stipularis (J. D. Hooker) Grisebach［Metrosideros stipularis J. D. Hooker］●☆

50582 Tepuia Camp (1939)【汉】腺白珠属。【隶属】杜鹃花科(欧石南科) Ericaceae。【包含】世界8种。【学名诠释与讨论】〈阴〉词源不详。【分布】委内瑞拉。【模式】Tepuia tatei Camp ●☆

50583 Tepuianthaceae Maguire et Steyerm. (1981)［亦见 Thymelaea Mill. (1754)（保留属名）欧瑞香属］【汉】苦皮树科(绢毛果科)。【包含】世界1属6-7种。【分布】北美洲北部。【科名模式】Tepuianthus Maguire et Steyerm. ●☆

50584 Tepuianthus Maguire et Steyerm. (1981)【汉】苦皮树属。【隶属】苦皮树科(绢毛果科) Tepuianthaceae。【包含】世界6-7种。【学名诠释与讨论】〈阴〉（属）Tepuia 腺白珠属+anthos, 花。【分布】巴西, 哥伦比亚, 委内瑞拉。【模式】Tepuianthus auyantepuiensis B. Maguire et J. A. Steyermark。【参考异名】Tupeianthus Takht.，Nom. illegit. ●☆

50585 Teramnus P. Browne (1756)【汉】软荚豆属(钩豆属, 毛豆属, 野黄豆属)。【英】Softbean, Teramnus。【隶属】豆科 Fabaceae (Leguminosae)//蝶形花科 Papilionaceae。【包含】世界8-15种, 中国1种。【学名诠释与讨论】〈阳〉（希）teramnos, 软的。【分布】巴基斯坦, 巴拿马, 秘鲁, 玻利维亚, 达加斯加, 厄瓜多尔, 哥伦比亚(安蒂奥基亚), 哥斯达黎加, 尼加拉瓜, 中国, 中美洲。【后选模式】Teramnus volubilis O. Swartz。【参考异名】Herpyza C. Wright (1869)；Herpyza Sauvalle (1869) Nom. inval. ●

50586 Terana La Llave (1884)【汉】太拉纳属。【隶属】菊科 Asteraceae(Compositae)。【包含】世界1种。【学名诠释与讨论】〈阴〉（人）Manuel de Mier y Teran,? -1852, 植物学者。【分布】墨西哥。【模式】Terana lanceolata La Llave ☆

50587 Terania Beriand. (1832) = Leucophyllum Bonpl. (1812)［玄参科 Scrophulariaceae］●☆

50588 Terauchia Nakai (1913)【汉】朝鲜百合属。【隶属】百合科 Liliaceae。【包含】世界1种。【学名诠释与讨论】〈阴〉词源不详。【分布】朝鲜。【模式】Terauchia anemarrhenaefolia T. Nakai ■☆

50589 Terebintaceae Juss. =Anacardiaceae R. Br. (保留科名)●

50590 Terebinthaceae Juss. = Anacardiaceae R. Br. (保留科名) + Pistaciaceae+Connaraceae R. Br. (保留科名)+Burserae+Rutaceae Juss. (保留科名)●■

50591 Terebinthina Kuntze (1891) Nom. illegit. ≡ Ambuli Adans. (1763)（废弃属名）；~ = Limnophila R. Br. (1810)（保留属名）［玄参科 Scrophulariaceae//婆婆纳科 Veronicaceae］■

50592 Terebinthina Rumph. (1750) Nom. inval. ≡Terebinthina Rumph. ex Kuntze (1891) Nom. illegit.；~ ＝Ambuli Adans. (1763)（废弃属名）；~ = Limnophila R. Br. (1810)（保留属名）［玄参科 Scrophulariaceae//婆婆纳科 Veronicaceae］■●

50593 Terebinthina Rumph. ex Kuntze (1891) Nom. illegit. ≡ Ambuli Adans. (1763)（废弃属名）；~ = Limnophila R. Br. (1810)（保留属名）［玄参科 Scrophulariaceae//婆婆纳科 Veronicaceae］■

50594 Terebinthus Mill. (1754) Nom. illegit. ≡ Pistacia L. (1753) + Bursera Jacq. ex L. (1762)（保留属名）［橄榄科 Burseraceae］●☆

50595 Terebinthus P. Browne (1756) Nom. illegit. ≡Bursera Jacq. ex L. (1762)（保留属名）［橄榄科 Burseraceae］●☆

50596 Terebraria Kuntze (1903) Nom. illegit. ≡ Terebraria Sessé ex Kunth (1903) Nom. illegit.；~ = Neolaugeria Nicolson (1979)［茜草科 Rubiaceae］●☆

50597 Terebraria Sessé ex DC. (1830) = Neolaugeria Nicolson (1979)［茜草科 Rubiaceae］●☆

50598 Terebraria Sessé ex Kunth (1903) Nom. illegit. ≡ Neolaugeria Nicolson (1979)［茜草科 Rubiaceae］●☆

50599 Tereianthes Raf. (1837) = Reseda L. (1753)［木犀草科 Resedaceae］■

50600 Tereianthus Fourr. (1868) Nom. illegit. = Tereianthes Raf. (1837)；~ ＝Reseda L. (1753)［木犀草科 Resedaceae］■

50601 Tereietra Raf. (1838) = Calonyction Choisy (1834)；~ = Ipomoea L. (1753)（保留属名）［旋花科 Convolvulaceae］●■

50602 Tereiphas Raf. (1838) = Scabiosa L. (1753)［川续断科(刺参科, 蓟叶参科, 山萝卜科, 续断科) Dipsacaceae//蓝盆花科 Scabiosaceae］●■

50603 Teremis Raf. (1838) = Lycium L. (1753)［茄科 Solanaceae］●

50604 Terepis Raf. (1837) = Salvia L. (1753)［唇形科 Lamiaceae (Labiatae)//鼠尾草科 Salviaceae］●■

50605 Terera Dombey ex Naudin (1851) = Miconia Ruiz et Pav. (1794)（保留属名）［野牡丹科 Melastomataceae//米氏野牡丹科 Miconiaceae］●☆

50606 Terminalia L. (1767)（保留属名）【汉】榄仁树属(诃子属, 榄仁属)。【日】コバテイシ属, モモタマナ属。【俄】Терминалия。【英】Ashanti Gum, Myrobalan, Myrobalans, Subakh, Terminalia。【隶属】使君子科 Combretaceae//榄仁树科 Terminaliaceae。【包含】世界150-200种, 中国6-11种。【学名诠释与讨论】〈阴〉（拉）terminus, 顶端, 或 terminalis, 顶生的。指叶常聚生枝顶。此属的学名"Terminalia L.，Syst. Nat.，ed. 12, 2：665, 674 ('638')；Mant. Pl.；21, 128. 15-31 Oct 1767"是保留属名。相应的废弃属名是使君子科 Combretaceae 的"Adamaram Adans., Fam. Pl. 2：(23), 445, 513. Jul-Aug 1763 ≡ Terminalia L. (1767)（保留属名）"和"Bucida L.，Syst. Nat., ed. 10：1025. Mai-Jun 1759 = Terminalia L. (1767)（保留属名）"。"J. C. Willis. A Dictionary of the Flowering Plants and Ferns (Student Edition). 1985. Cambridge. Cambridge University Press. 1-1245 把"Panel Adans. (1763)（废弃属名）"处理为"Terminalia L. (1767)（保留属名）［使君子科 Combretaceae//榄仁树科 Terminaliaceae］"的异名；但是法规则把"Panel Adans. (1763)（废弃属名）"处理为"Glycosmis Corrêa in Ann. Mus. Natl. Hist. Nat. 6；384. 1805（保留属名）［芸香科

Rutaceae]"的异名。"Adamaram Adans."是"Terminalia L. (1767)(保留属名)"的同模式异名（Homotypic synonym, Nomenclatural synonym）。【分布】巴基斯坦，巴拿马，秘鲁，玻利维亚，厄瓜多尔，哥斯达黎加，马达加斯加，尼加拉瓜，中国，中美洲。【模式】Terminalia catappa Linnaeus。【参考异名】Adamaram Adans.(1763)(废弃属名);Aristotelia Comm. ex Lam.(1785)(废弃属名);Badamia Gaertn.(1791);Buceras P. Browne(1756)(废弃属名);Bucida L.(1759)(保留属名);Catappa Gaertn.(1791);Chicharronia A. Rich.(1845);Chincharronia A. Rich.(1853);Chuncoa Pav. ex Juss.(1789);Fatraea Juss.(1804)Nom. inval.;Fatraea Juss. ex Thouars(1811);Fatraea Thouars ex Juss.(1820)Nom. illegit.;Fatraea Thouars(1811)Nom. illegit.;Fatraea Thouars(1820)Nom. illegit.;Gimbernatea Ruiz et Pav.(1794);Hudsonia A. Rob. ex Lunan(1814)Nom. illegit.;Kniphofia Scop.(1777)(废弃属名);Mirobalanus Steud.;Myria Noronha ex Tul.(1856);Myrobalanifera Houtt.(1774);Myrobalanus Gaertn.(1791);Pamea Aubl.(1775)(废弃属名);Panel Adans.(1763)(废弃属名);Pentaptera Roxb.(1814)Nom. inval.;Pentaptera Roxb. ex DC.(1828);Ramatuela Kunth(1825);Ramatuella Poir.(1826);Resinaria Comm. ex Lam.(1785);Tanibouca Aubl.(1775);Vicentia Allemão(1844)●

50607 Terminaliaceae J. St. -Hil.(1805)[亦见 Combretaceae R. Br.(保留科名)使君子科]【汉】榄仁树科。【俄】Комбретовые。【英】Myrobalan Family。【包含】世界 1 属 150-200 种，中国 1 属 6-11 种。【分布】印度至马来西亚，巴基斯坦，中美洲。【科名模式】Terminalia L.●

50608 Terminaliopsis Danguy(1923)【汉】类榄仁树属。【隶属】使君子科 Combretaceae。【包含】世界 2 种。【学名诠释与讨论】〈阴〉（属）Terminalia 榄仁树属+希腊文 opsis,外观,模样,相似。【分布】马达加斯加。【模式】Terminaliopsis tetrandrus Danguy●☆

50609 Terminalis Kuntze(1891)Nom. illegit. ≡ Terminalis Rumph. ex Kuntze(1891)Nom. illegit.;~ = Cordyline Comm. ex R. Br.(1810)(保留属名)[百合科 Liliaceae//龙舌兰科 Agavaceae//点柱花科（朱蕉科）Lomandraceae]●

50610 Terminalis Medik.(1786)= Dracaena Vand. ex L.(1767)Nom. illegit;~ ≡ Dracaena Vand.(1767)[百合科 Liliaceae//龙舌兰科 Agavaceae//龙血树科 Dracaenaceae]●■

50611 Terminalis Rumph.(1744)Nom. inval. ≡ Terminalis Rumph. ex Kuntze(1891)Nom. illegit.;~ = Cordyline Comm. ex R. Br.(1810)(保留属名)[百合科 Liliaceae//点柱花科（朱蕉科）Lomandraceae//龙舌兰科 Agavaceae]●

50612 Terminalis Rumph. ex Kuntze(1891)Nom. illegit. = Cordyline Comm. ex R. Br.(1810)(保留属名)[百合科 Liliaceae//点柱花科(朱蕉科)Lomandraceae//龙舌兰科 Agavaceae]●

50613 Terminthia Bernh.(1838)Nom. inval. = Rhus L.(1753)[漆树科 Anacardiaceae]●

50614 Terminthodia Ridl.(1915)= Tetractomia Hook. f.(1875)[芸香科 Rutaceae]●☆

50615 Terminthos St. - Lag.(1881)= Pistacia L.(1753)[漆树科 Anacardiaceae//黄连木科 Pistaciaceae]●

50616 Termontis Raf.(1815)= Linaria Mill.(1754)[玄参科 Scrophulariaceae//柳穿鱼科 Linariaceae//婆婆纳科 Veronicaceae]■

50617 Termontis Raf.(1840)Nom. illegit. ≡ Antirrhinum L.(1753)[玄参科 Scrophulariaceae//金鱼草科 Antirrhinaceae//婆婆纳科 Veronicaceae]●■

50618 Ternatea Mill.(1754)Nom. illegit. ≡ Clitoria L.(1753)[豆科 Fabaceae(Leguminosae)//蝶形花科 Papilionaceae]●

50619 Terniola Tul.(1852)Nom. illegit. ≡ Dalzellia Wight(1852);~ = Lawia Griff. ex Tul.(1849)Nom. illegit.;~ = Dalzellia Wight(1852);~ ≡ Mnianthus Walp.(1852)Nom. illegit.[髯管花科 Geniostomaceae]■

50620 Terniopsis H. C. Chao(1980)= Dalzellia Wight(1852)[髯管花科 Geniostomaceae]■

50621 Ternstroemia L. f.(1782)(废弃属名)≡ Ternstroemia Mutis ex L. f.(1782)(保留属名)[山茶科(茶科)Theaceae//厚皮香科 Ternstroemiaceae]●

50622 Ternstroemia Mutis ex L. f.(1782)(保留属名)【汉】厚皮香属。【日】モクコク属,モッコク属。【俄】Тернстремия。【英】Hoferia,Ternstroemia。【隶属】山茶科(茶科)Theaceae//厚皮香科 Ternstroemiaceae。【包含】世界 90-100 种,中国 13-18 种。【学名诠释与讨论】〈阴〉(人)Christopher Ternstroem, 1703-1745,瑞典牧师,植物学者,旅行家。林奈的学生,曾到中国和东南亚旅行。此属的学名"Ternstroemia Mutis ex L. f. , Suppl. Pl. :39,264. Apr 1782"是保留属名。相应的废弃属名是"Mokof Adans. ,Fam. Pl. 2 :501,578. Jul-Aug 1763 = Ternstroemia Mutis ex L. f.(1782)(保留属名)"和"Taonabo Aubl. ,Hist. Pl. Guiane:569. Jun-Dec 1775 = Ternstroemia Mutis ex L. f.(1782)(保留属名)"。山茶科(茶科)Theaceae 的"Ternstroemia L. f. , Supplementum Plantarum 1782 ≡ Ternstroemia Mutis ex L. f.(1782)(保留属名)"亦应废弃。【分布】巴拿马,秘鲁,玻利维亚,厄瓜多尔,哥伦比亚(安蒂奥基亚),尼加拉瓜,中国,中美洲。【模式】Ternstroemia meridionalis Mutis ex Linnaeus f. 。【参考异名】Adinandrella Exell(1927);Amphania Banks ex DC.(1821);Cleyera Thunb.(1783)(保留属名);Cyclandra Lauterb.(1922);Dupinia Scop.(1777)Nom. illegit. Erythrochiton Griff.(1846)Nom. illegit. ;Erytrochiton Schltdl.(1846);Hoferia Scop.(1777)Nom. illegit. ;Llanosia Blanco(1845);Michauxia Post et Kuntze(1903)Nom. illegit. (废弃属名);Michoxia Vell.(1829);Mokof Adans.(1763)(废弃属名);Mokofua Kuntze(1891)Nom. illegit. ;Reinwardtia Korth.(1842)Nom. illegit. ;Taonabo Aubl.(1775)(废弃属名);Ternstroemia L. f.(1782)(废弃属名);Terustroemia Jack(1820);Toanabo DC.(1824);Tonabea Juss.(1789);Voelckeria Klotzsch et H. Karst.(1850);Voelckeria Klotzsch et H. Karst. ex Endl.(1850)Nom. illegit. ●

50623 Ternstroemiaceae Mirb. = Pentaphylacaceae Engl.(保留科名);~ = Ternstroemiaceae Mirb. ex DC. ;~ = Theaceae Mirb.(1816)(保留科名)●

50624 Ternstroemiaceae Mirb. ex DC.(1816)[亦见 Theaceae Mirb.(1816)(保留科名)山茶科(茶科)和 Pentaphylacaceae Engl.(保留科名)]【汉】厚皮香科。【包含】世界 1-12 属 94-350 种,中国 1 属 18 种。【分布】热带和亚热带,多数在亚洲,少数在非洲。【科名模式】Ternstroemia Mutis ex L. f. ●

50625 Ternstroemiacearum Seem.(1861)Nom. inval.[橡子木科 Balanopaceae]●☆

50626 Ternstroemiopsis Urb.(1896)= Eurya Thunb.(1783)[山茶科(茶科)Theaceae//厚皮香科 Ternstroemiaceae]●

50627 Terobera Steud.(1850)= Cladium P. Browne(1756)[莎草科 Cyperaceae]■

50628 Terogia Raf.(1837)= Ortegia L.(1753)[石竹科 Caryophyllaceae]■☆

50629 Terpnanthus Nees et Mart.(1823)= Spiranthera A. St. - Hil.(1823)[芸香科 Rutaceae]■☆

50630 Terpnophyllum Thwaites(1854)= Garcinia L.(1753)[猪胶树科(克鲁西科,山竹子科,藤黄科)Clusiaceae(Guttiferae)//金丝

桃科 Hypericaceae]●

50631 Terranea Colla (1835) = Erigeron L. (1753) [菊科 Asteraceae (Compositae)]■●

50632 Terrella Nevski (1931) = Elymus L. (1753); ~ = Terrellia Lunell (1915) Nom. illegit. [禾本科 Poaceae (Gramineae)]■

50633 Terrellia Lunell (1915) Nom. illegit. ≡ Elymus L. (1753) [禾本科 Poaceae (Gramineae)]■

50634 Terrellianthus Borhidi (2012)【汉】墨西哥耳草属。【隶属】茜草科 Rubiaceae。【包含】世界 1 种。【学名诠释与讨论】〈阴〉(人) Edward E. Terrell, 1923-?, 植物学者。【分布】墨西哥。【模式】Terrellianthus serpyllaceus (Schltdl.) Borhidi [Hedyotis serpyllacea Schltdl.]☆

50635 Terrentia Vell. (1831) Nom. illegit. ≡ Torrentia Vell. (1831); ~ = Ichthyothere Mart. (1830) [菊科 Asteraceae (Compositae)]■●☆

50636 Tersonia Moq. (1849)【汉】泰尔森环蕊木属。【隶属】环蕊木科 (环蕊科) Gyrostemonaceae。【包含】世界 2 种。【学名诠释与讨论】〈阴〉(人) Terson。另说来自拉丁文 tersus, 干净的, 整洁的。指茎上无叶。【分布】澳大利亚 (西部)。【模式】Tersonia brevipes Moquin-Tandon。【参考异名】Gyrandra Moq. (1845)■☆

50637 Tertrea DC. (1830) = Machaonia Bonpl. (1806) [茜草科 Rubiaceae]■☆

50638 Tertria Schrank (1816) Nom. illegit. ≡ Polygaloides Haller (1768); ~ = Polygala L. (1753) [远志科 Polygalaceae]●■

50639 Terua Standl. et F. J. Herm. (1949) = Lonchocarpus Kunth (1824) (保留属名) [豆科 Fabaceae (Leguminosae)]●■☆

50640 Teruncius Lunell (1916) Nom. illegit. ≡ Thlaspi L. (1753) [十字花科 Brassicaceae (Cruciferae)//菥蓂科 Thlaspiaceae]■

50641 Terustroemia Jack (1820) = Ternstroemia Mutis ex L. f. (1782) (保留属名) [山茶科 (茶科) Theaceae//厚皮香科 Ternstroemiaceae]●

50642 Tesmannia Willis, Nom. inval. = Tessmannia Harms (1910) [豆科 Fabaceae (Leguminosae)]●☆

50643 Tesota Müll. Berol. (1857) = Olneya A. Gray (1854) [豆科 Fabaceae (Leguminosae)]●☆

50644 Tessarandra Miers (1851) = Linociera Sw. ex Schreb. (1791) (保留属名) [木犀榄科 (木犀科) Oleaceae]●

50645 Tessaranthium Kellogg (1862) = Frasera Walter (1788) [龙胆科 Gentianaceae]■☆

50646 Tessaria Ruiz et Pav. (1794)【汉】单树菊属 (特萨菊属)。【英】Arrow-weed。【隶属】菊科 Asteraceae (Compositae)。【包含】世界 1 种。【学名诠释与讨论】〈阴〉(人) Ludovico Tessari。【分布】阿根廷, 巴拉圭, 巴拿马, 秘鲁, 玻利维亚, 厄瓜多尔, 哥伦比亚 (安蒂奥基亚), 美国 (西南部), 中美洲。【模式】未指定。【参考异名】Gyneteria Spreng. (1818); Gynheteria Willd. (1807); Monophalacrus Cass. (1828); Phalacromesus Cass. (1828); Pluchea Cass. (1817); Polypappus Nutt. (1848) Nom. illegit. ●☆

50647 Tessenia Bubani (1873) Nom. illegit., Nom. superfl. ≡ Erigeron L. (1753) [菊科 Asteraceae (Compositae)]■●

50648 Tesserantherum Curran (1885) = Frasera Walter (1788); ~ = Tessaranthium Kellogg (1862); ~ = Tesseranthium Pritz. (1865) Nom. illegit. [龙胆科 Gentianaceae]■☆

50649 Tesseranthium Kellogg (1862) = Frasera Walter (1788) [龙胆科 Gentianaceae]■☆

50650 Tesseranthium Pritz. (1865) Nom. illegit. = Frasera Walter (1788); ~ = Tessaranthium Kellogg (1862) [龙胆科 Gentianaceae]■☆

50651 Tessiera DC. (1830) = Spermacoce L. (1753) [茜草科 Rubiaceae//繁缕科 Alsinaceae]●■

50652 Tessmannia Harms (1910)【汉】特斯曼苏木属。【隶属】豆科

Fabaceae (Leguminosae)。【包含】世界 11 种。【学名诠释与讨论】〈阴〉(人) Günther (Guenther) Tessmann, 德国植物学者, 植物采集家, 曾在非洲和秘鲁采集标本。【分布】热带非洲西部。【模式】Tessmannia africana Harms。【参考异名】Tesmannia Willis, Nom. inval. ●☆

50653 Tessmanniacanthus Mildbr. (1926)【汉】特斯曼爵床属。【隶属】爵床科 Acanthaceae。【包含】世界 1 种。【学名诠释与讨论】〈阳〉(人) Günther (Guenther) Tessmann, 德国植物学者, 植物采集家 + akantha, 荆棘。akanthikos, 荆棘的。akanthion, 蓟的一种, 豪猪, 刺猬。akanthinos, 多刺的, 用荆棘做成的。在植物学中, acantha 通常指刺。【分布】秘鲁。【模式】Tessmanniacanthus chlamydocardioides Mildbraed☆

50654 Tessmannianthus Markgr. (1927)【汉】特斯曼野牡丹属。【隶属】野牡丹科 Melastomataceae。【包含】世界 7 种。【学名诠释与讨论】〈阳〉(人) Günther (Guenther) Tessmann, 德国植物学者, 植物采集家 + anthos, 花。【分布】秘鲁。【模式】Tessmannianthus heterostemon Markgraf ●☆

50655 Tessmanniodoxa Burret (1941) = Chelyocarpus Dammer (1920) [棕榈科 Arecaceae (Palmae)]●☆

50656 Tessmanniophoenix Burret (1928) = Chelyocarpus Dammer (1920) [棕榈科 Arecaceae (Palmae)]●☆

50657 Testudinaria Salisb. (1824)【汉】肖薯蓣属。【隶属】薯蓣科 Dioscoreaceae。【包含】世界 3-6 种。【学名诠释与讨论】〈阴〉(拉) testudo, 所有格 testudinis, 龟 + -arius, -aria, -arium, 指示 "属于、相似、具有、联系" 的词尾。此属的学名, ING、TROPICOS 和 IK 记载是 "Testudinaria R. A. Salisbury in Burchell, Travels S. Africa 2: 147. 1824"。"Rhizemys Rafinesque, Fl. Tell. 4: 26. 1838 (med.) ('1836')" 是 "Testudinaria Salisb. (1824)" 的晚出的同模式异名 (Homotypic synonym, Nomenclatural synonym)。亦有文献把 "Testudinaria Salisb. (1824)" 处理为 "Dioscorea L. (1753) (保留属名)" 的异名。【分布】参见 Dioscorea L.。【后选模式】Testudinaria elephantipes (L'Héritier de Brutelle) A. Dickson [Tamus elephantipes L'Héritier de Brutelle]。【参考异名】Dioscorea L. (1753) (保留属名); Rhizemys Raf. (1838) Nom. illegit. ■☆

50658 Testudipes Markgr. (1935) = Tabernaemontana L. (1753) [夹竹桃科 Apocynaceae//红月桂科 Tabernaemontanaceae]●

50659 Testulea Pellegr. (1924)【汉】泰斯木属。【隶属】金莲木科 Ochnaceae。【包含】世界 1 种。【学名诠释与讨论】〈阳〉(人) Georges Marie Patrice Charles Le Testu, 1877-1967, 法国植物采集家。【分布】热带非洲。【模式】Testulea gabonensis Pellegrin ●☆

50660 Teta Roxb. (1814) = Peliosanthes Andréws (1808) [百合科 Liliaceae//铃兰科 Convallariaceae//球子草科 Peliosanthaceae]■

50661 Tetanosia Rich. ex M. Roem. (1846) = Opilia Roxb. (1802) [山柚子科 (山柑科, 山柚仔科) Opiliaceae]●

50662 Tetaris Chesney (1868) = Arnebia Forssk. (1775); ~ = Tetaris Lindl. (1868) Nom. illegit. [紫草科 Boraginaceae]●■

50663 Tetaris Lindl. (1868) Nom. illegit. = Arnebia Forssk. (1775) [紫草科 Boraginaceae]●■

50664 Tetilla DC. (1830)【汉】智利虎耳草属。【隶属】虎耳草科 Saxifragaceae//花茎草科 Francoaceae。【包含】世界 1 种。【学名诠释与讨论】〈阴〉西班牙语 tetilla, teta, 乳头的指小式。【分布】智利。【模式】Tetilla hydrocotylaefolia A. P. de Candolle。【参考异名】Anarmosa Miers ex Hook. (1833); Dimorphopetalum Bertero (1829); Tetraplasium Kuntze (1831)■☆

50665 Tetraberlinia (Harms) Hauman (1952)【汉】四鞋木属。【隶属】豆科 Fabaceae (Leguminosae)。【包含】世界 4 种。【学名诠释与

讨论】〈阴〉（希）tetra =拉丁文 quadri-，四+（属）Berlinia 鞋木属。此属的学名，ING 和 IK 记载是"Tetraberlinia（Harms）Hauman，Bull. Inst. Col. Belge 23：477. 1952"，由"Berlinia sect. Tetraberlinia Harms"改级而来。【分布】西赤道非洲。【模式】Tetraberlinia bifoliolata（Harms）Hauman［Berlinia bifoliolata Harms］。【参考异名】Berlinia sect. Tetraberlinia Harms；Michelsonia Hauman（1952）●☆

50666　Tetracanthus A. Rich.（1850）= Pectis L.（1759）［菊科 Asteraceae（Compositae）］■☆

50667　Tetracanthus C. Wright ex Griseb.（1866）Nom. illegit. = Pinillosia Ossa（1836）［菊科 Asteraceae（Compositae）］■☆

50668　Tetracarpaea Benth.（1858）Nom. illegit. = Anisophyllea R. Br. ex Sabine（1824）；~ = Tetracrypta Gardner et Champ.（1849）［异叶木科（四柱木科，异形叶科，异叶红树科）Anisophylleaceae//红树科 Rhizophoraceae］●☆

50669　Tetracarpaea Hook.（1840）【汉】四果木属。【隶属】四果木科 Tetracarpaeaceae//南美鼠刺科（吊片果科，鼠刺科，夷鼠刺科）Escalloniaceae。【包含】世界 1 种。【学名诠释与讨论】〈阴〉（希）tetra =拉丁文 quadri-，四+karpos，果实。此属的学名，ING 和 APNI 记载是"Tetracarpaea Hook.，Hooker's Icones Plantarum 3 1840"。IK 则记载为"Tetracarpaea Hook. f.，Icon. Pl. 3；t. 264. 1840［6 Jan - 6 Feb 1840］"。二者引用的文献相同。"Tetracarpaea Benth.，J. Proc. Linn. Soc.，Bot. 3；72, sphalm. 1858［1859 publ. 1858］"是晚出的非法名称。【分布】澳大利亚（塔斯曼半岛）。【模式】Tetracarpaea tasmannica W. J. Hooker。【参考异名】Tetracarpaea Hook. f.（1840）Nom. illegit.；Tetracarpus Post et Kuntze（1903）Nom. illegit. ●☆

50670　Tetracarpaea Hook. f.（1840）Nom. illegit. ≡ Tetracarpaea Hook.（1840）［四果木科 Tetracarpaeaceae//南美鼠刺科（吊片果科，鼠刺科，夷鼠刺科）Escalloniaceae］●☆

50671　Tetracarpaeaceae Nakai（1943）［亦见 Escalloniaceae R. Br. ex Dumort.（保留科名）南美鼠刺科（吊片果科，鼠刺科，夷鼠刺科）和 Grossulariaceae DC.（保留科名）醋栗科（茶藨子科）]【汉】四果木科。【包含】世界 1 属 1 种。【分布】澳大利亚（塔斯曼半岛）。【科名模式】Tetracarpaea Hook. ●☆

50672　Tetracarpidium Pax（1899）【汉】四锥木属。【隶属】大戟科 Euphorbiaceae。【包含】世界 1-2 种。【学名诠释与讨论】〈中〉（希）tetra，四+karpos，果实+-idius，-idia，-idium，指示小的词尾。【分布】西赤道非洲。【模式】Tetracarpidium staudtii Pax。【参考异名】Angostylidium（Müll. Arg.）Pax et K. Hoffm.（1919）；Angostylidium Pax et K. Hoffm.（1919）●☆

50673　Tetracarpum Moench（1802）Nom. illegit. ≡ Schkuhria Roth（1797）（保留属名）［菊科 Asteraceae（Compositae）］■☆

50674　Tetracarpus Post et Kuntze（1903）Nom. illegit. = Tetracarpaea Hook.（1840）［四果木科 Tetracarpaeaceae//南美鼠刺科（吊片果科，鼠刺科，夷鼠刺科）Escalloniaceae］●☆

50675　Tetracarya Dur. = Microula Benth.（1876）；~ = Tretocarya Maxim.（1881）［紫草科 Boraginaceae］■

50676　Tetracellion Turcz. ex Fisch. et C. A. Mey.（1835）Nom. inval. = Rorippa Scop.（1760）；~ = Tetrapoma Turcz. ex Fisch. et C. A. Mey.（1836）［十字花科 Brassicaceae（Cruciferae）］■

50677　Tetracentraceae A. C. Sm.（1945）（保留科名）［亦见 Trochodendraceae Eichler（保留科名）昆栏树科]【汉】水青树科。【日】スイセイジュ科。【英】Tetracentron Family。【包含】世界 1 属 1 种，中国 1 属 1 种。【分布】缅甸，中国（中部和西南），东喜马拉雅山。【科名模式】Tetracentron Oliv. ●

50678　Tetracentraceae Tiegh. = Tetracentraceae A. C. Sm.（保留科名）●

50679　Tetracentron Oliv.（1889）【汉】水青树属。【英】Tetracentron.

【隶属】木兰科 Magnoliaceae//水青树科 Tetracentraceae//昆栏树科 Trochodendraceae。【包含】世界 1 种，中国 1 种。【学名诠释与讨论】〈中〉（希）tetra，四+kentron，距。指果具 4 个距状附属物，蒴果基部有 4 个宿存花柱。一说指花序为 4 数。【分布】缅甸，尼泊尔，印度，中国。【模式】Tetracentron sinense D. Oliver ●

50680　Tetracera L.（1753）【汉】锡叶藤属（第伦桃属，涩叶藤属）。【俄】Терацера。【英】Tetracera。【隶属】锡叶藤科 Tetraceraceae//五桠果科（第伦桃科，五丫果科，锡叶藤科）Dilleniaceae。【包含】世界 40-50 种，中国 2 种。【学名诠释与讨论】〈阴〉（希）tetra =拉丁文 quadri-，四+keras，角。指蒴果 4 个果片反折，状如 4 个角。此属的学名，ING、APNI、TROPICOS 和 IK 记载是"Tetracera L.，Sp. Pl. 1；533. 1753［1 May 1753］"。"Tetraceras Post et Kuntze（1903）"似为其变体。"Gynetera Rafinesque, Sylva Tell. 165. Oct - Dec 1838"是"Tetracera L.（1753）"的晚出的同模式异名（Homotypic synonym, Nomenclatural synonym）。【分布】巴拿马，秘鲁，玻利维亚，厄瓜多尔，哥伦比亚（安蒂奥基亚），哥斯达黎加，马达加斯加，尼加拉瓜，中国，中美洲。【模式】Tetracera volubilis Linnaeus。【参考异名】Aasa Houtt.（1776）；Actaea Lour.（1790）Nom. illegit.；Assa Houtt.（1776）；Calligonum Lour.（1790）Nom. illegit.；Calogonum Post et Kuntze（1903）；Delima L.（1754）；Diploter Raf.（1838）；Eleiastis Raf.（1838）；Eliastis Post et Kuntze（1903）；Empedoclea A. St. - Hil.（1825）；Euryandra J. R. Forst. et G. Forst.（1776）；Gemmaria Noronha（1790）；Gynetera Raf.（1838）Nom. illegit.；Gynetra B. D. Jacks.（1838）；Korosvel Adans.（1763）Nom. illegit.；Leontoglossum Hance（1851）；Rhinium Schreb.（1791）Nom. illegit.；Roehlingia Dennst.（1818）；Tetraceras Post et Kuntze（1903）Nom. illegit.；Trachystella Steud.（1841）；Trachytella DC.（1817）；Traxilisa Raf.（1838）；Valbomia Raf.；Wahlbomia Thunb.（1790）●

50681　Tetraceraceae Baum. - Bod.［亦见 Dilleniaceae Salisb.（保留科名）五桠果科（第伦桃科，五丫果科，锡叶藤科）]【汉】锡叶藤科。【包含】世界 1 属 40-50 种，中国 1 属 2 种。【分布】热带。【科名模式】Tetracera L.（1753）●

50682　Tetraceras Post et Kuntze（1903）Nom. illegit. = Tetracera L.（1753）［锡叶藤科 Tetraceraceae//五桠果科（第伦桃科，五丫果科，锡叶藤科）Dilleniaceae］●

50683　Tetraceras Webb = Tetraceratium（DC.）Kuntze（1891）［十字花科 Brassicaceae（Cruciferae）］■

50684　Tetraceratium（DC.）Kuntze（1891）= Tetracme Bunge（1838）［十字花科 Brassicaceae（Cruciferae）］■

50685　Tetraceratium Kuntze（1891）Nom. illegit. ≡ Tetraceratium（DC.）Kuntze（1891）［十字花科 Brassicaceae（Cruciferae）］■

50686　Tetrachaete Chiov.（1903）【汉】胶鳞禾草属。【隶属】禾本科 Poaceae（Gramineae）。【包含】世界 1 种。【学名诠释与讨论】〈阴〉（希）tetra =拉丁文 quadri-，四+chaeta，刚毛。【分布】厄立特里亚，阿拉伯地区。【模式】Tetrachaete elionuroides Chiovenda ■☆

50687　Tetracheilos Lehm.（1848）= Acacia Mill.（1754）（保留属名）［豆科 Fabaceae（Leguminosae）//含羞草科 Mimosaceae//金合欢科 Acaciaceae］●■

50688　Tetrachne Nees（1841）【汉】四稃禾属（高原牧场草属）。【隶属】禾本科 Poaceae（Gramineae）。【包含】世界 1 种。【学名诠释与讨论】〈阴〉（希）tetra =拉丁文 quadri-，四+achne，鳞片，泡沫，泡囊，谷壳，稃。【分布】巴基斯坦，非洲南部。【模式】Tetrachne dregei C. G. D. Nees［Poa glomerata Thunberg 1794, non Walter 1788］■☆

50689　Tetrachondra Petrie ex Oliv.（1892）【汉】四粉草属（四核草属）。【隶属】四粉草科 Tetrachondraceae//紫草科 Boraginaceae。

【包含】世界2种。【学名诠释与讨论】〈阴〉(希)tetra = 拉丁文 quadri-,四+chondros,指小式 chondrion,谷粒,粒状物,砂,也指脆骨,软骨。此属的学名,ING、TROPICOS、TROPICOS 和 IK 记载是"Tetrachondra Petrie ex D. Oliver, Hooker's Icon. Pl. 23:ad t. 2250. Sep 1892"。GCI 则记载为"Tetrachondra Petrie, Hooker's Icon. Pl. 23(ser. 4,3):2250. 1892"。【分布】新西兰,巴塔哥尼亚。【模式】Tetrachondra hamiltonii(Kirk ex Hamilton)Petrie ex D. Oliver[Tillaea hamiltonii Kirk ex Hamilton]。【参考异名】Tetrachondra Petrie(1892)■☆

50690 Tetrachondra Petrie(1892)= Tetrachondra Petrie ex Oliv.(1892)[四粉草科 Tetrachondraceae//紫草科 Boraginaceae]■☆

50691 Tetrachondraceae Skottsb. = Labiatae Juss.(保留科名)//Lamiaceae Martinov(保留科名);~ = Tetrachondraceae Skottsb. ex R. W. Sanders et P. D. Cantino ●■

50692 Tetrachondraceae Skottsb. ex R. W. Sanders et P. D. Cantino(1984)[亦见 Labiatae Juss.(保留科名)//Lamiaceae Martinov(保留科名)唇形科]【汉】四粉草科。【包含】世界2属3种。【分布】新西兰,巴塔哥尼亚,温带南美洲。【科名模式】Tetrachondra Petrie ex Oliv. ■☆

50693 Tetrachondraceae Skottsb. ex Wettst.(1924)= Labiatae Juss.(保留科名)//Lamiaceae Martinov(保留科名)●■

50694 Tetrachondraceae Wettst.(1924)= Labiatae Juss.(保留科名)//Lamiaceae Martinov(保留科名)●■

50695 Tetrachyron Schltdl.(1847)【汉】四芒菊属。【隶属】菊科 Asteraceae(Compositae)。【包含】世界7种。【学名诠释与讨论】〈阴〉(希)tetra = 拉丁文 quadri-,四+achyron,壳,外皮,荚。此属的学名,ING、TROPICOS、GCI 和 IK 记载是"Tetrachyron Schltdl.,Linnaea 19(6):744. 1847[Apr 1847]。它曾被处理为"Calea sect. Tetrachyron(Schltdl.)Benth. & Hook. f.,Genera Plantarum 2(1):391. 1873.(7-9 April 1873)"和"Calea subgen. Tetrachyron(Schltdl.)B. L. Rob. & Greenm., Proceedings of the American Academy of Arts and Sciences 32(1):29. 1897[1896].(Nov 1896)"。亦有文献把"Tetrachyron Schltdl.(1847)"处理为"Calea L.(1763)"的异名。【分布】墨西哥,危地马拉,中美洲。【模式】Tetrachyron manicatum Schlechtendal。【参考异名】Calea L.(1763);Calea sect. Tetrachyron(Schltdl.)Benth. & Hook. f.(1873);Calea subgen. Tetrachyron(Schltdl.)B. L. Rob. & Greenm.(1897)■☆

50696 Tetraclea A. Gray(1853)【汉】四封草属。【隶属】唇形科 Lamiaceae(Labiatae)。【包含】世界2种。【学名诠释与讨论】〈阴〉(希)tetra = 拉丁文 quadri-,四+kleis,锁,封锁。【分布】美国(南部),墨西哥。【模式】Tetraclea coulteri A. Gray ●☆

50697 Tetraclinaceae Hayata(1932)[亦见 Cupressaceae Gray(保留科名)柏科]【汉】山达木科。【包含】世界1属1种。【分布】西班牙至突尼斯,马耳他(马尔他岛)。【科名模式】Tetraclinis Mast. ●

50698 Tetraclinidaceae Hayata = Cupressaceae Gray(保留科名)●

50699 Tetraclinis Mast.(1892)【汉】山达木属(方楔柏属,香漆柏属)。【隶属】柏科 Cupressaceae//山达木科 Tetraclinaceae。【包含】世界1种。【学名诠释与讨论】〈阴〉(希)tetra = 拉丁文 quadri-,四+kline,床,来自 klino,倾斜,斜倚。指鳞叶4枚一轮。【分布】巴勒斯坦,马耳他(马耳他岛),西班牙至突尼斯。【模式】Tetraclinis articulata(Vahl)Masters[Thuja articulata Vahl]●☆

50700 Tetraclis Hiern(1873)= Diospyros L.(1753)[柿树科 Ebenaceae]●

50701 Tetracma Post et Kuntze(1903)= Tetracme Bunge(1838)[十字花科 Brassicaceae(Cruciferae)]■

50702 Tetracme Bunge(1838)【汉】四齿芥属(四齿茅属)。【俄】Четверозубец,Четырехзубчик。【英】Tetracme。【隶属】十字花科 Brassicaceae(Cruciferae)。【包含】世界8种,中国2-3种。【学名诠释与讨论】〈阴〉(希)tetra = 拉丁文 quadri-,四+akme,尖端,边缘。指长果具4个突出的角状物。此属的学名,ING、TROPICOS 和 IK 记载是"Tetracme Bunge, Delect. Semina Horti Dorpat. 7. 1836;Linnaea 12(Litt.):70. 1838"。"Tetracma Post et Kuntze(1903)= Tetracme Bunge(1838)"似为其变体。【分布】巴基斯坦(俾路支),中国,地中海东部至亚洲中部。【模式】Tetracme quadricornis(Willdenow)Bunge[Erysimum quadricorne Willdenow]。【参考异名】Tetraceratium(DC.)Kuntze(1891);Tetraceratium Kuntze(1891)Nom. illegit.;Tetracma Post et Kuntze(1903);Tetracmidion Korsh.(1898)■

50703 Tetracmidion Korsh.(1898)= Tetracme Bunge(1838)[十字花科 Brassicaceae(Cruciferae)]■

50704 Tetracoccus Engelm. ex Parry(1885)【汉】四仁大戟属。【隶属】大戟科 Euphorbiaceae。【包含】世界5种。【学名诠释与讨论】〈阳〉(希)tetra = 拉丁文 quadri-,四+kokkos,变为拉丁文 coccus,仁,谷粒,浆果。【分布】美国(加利福尼亚,亚利桑那)。【模式】Tetracoccus dioicus C. Parry。【参考异名】Halliophytum I. M. Johnst.(1923)●☆

50705 Tetracocyne Turcz.(1863)= Patrisa Rich.(1792)(废弃属名);~ = Ryania Vahl(1796)(保留属名)[刺篱木科(大风子科)Flacourtiaceae]●☆

50706 Tetracoilanthus Rappa et Camarrone(1954)Nom. illegit. ≡ Aptenia N. E. Br.(1925)[番杏科 Aizoaceae]●☆

50707 Tetracronia Pierre(1893)= Glycosmis Corrêa(1805)(保留属名)[芸香科 Rutaceae]●

50708 Tetracrypta Gardner et Champ.(1849)= Anisophyllea R. Br. ex Sabine(1824)[异叶木科(四柱木科,异形叶科,异叶红树科)Anisophylleaceae//红树科 Rhizophoraceae]●☆

50709 Tetracrypta Gardner(1849)Nom. illegit. ≡ Tetracrypta Gardner et Champ.(1849);~ = Anisophyllea R. Br. ex Sabine(1824)[异叶木科(四柱木科,异形叶科,异叶红树科)Anisophylleaceae//红树科 Rhizophoraceae]●☆

50710 Tetractinostigma Hassk.(1857)= Aporusa Blume(1828)[大戟科 Euphorbiaceae]●

50711 Tetractomia Hook. f.(1875)【汉】四片芸香属。【隶属】芸香科 Rutaceae。【包含】世界6-15种。【学名诠释与讨论】〈阳〉(希)tetra = 拉丁文 quadri-,四+tomos,一片,锐利的,切割的。tome,断片,残株。【分布】马来西亚。【后选模式】Tetractomia majus J. D. Hooker。【参考异名】Terminthodia Ridl.(1915)●☆

50712 Tetracustelma Baill.(1890)= Matelea Aubl.(1775)[萝藦科 Asclepiadaceae]●☆

50713 Tetradapa Osbeck(1757)= Erythrina L.(1753)[豆科 Fabaceae(Leguminosae)//蝶形花科 Papilionaceae]●■

50714 Tetradema Schltr.(1920)= Agalmyla Blume(1826)[苦苣苔科 Gesneriaceae]●☆

50715 Tetradenia Benth.(1830)【汉】四腺木姜子属(南非木姜子属)。【日】フブキバナ属。【隶属】樟科 Lauraceae。【包含】世界5-20种。【学名诠释与讨论】〈阳〉(希)tetra = 拉丁文 quadri-,四+aden,所有格 adenos,腺体。【分布】巴基斯坦,马达加斯加。【模式】Tetradenia fruticosa Bentham。【参考异名】Iboza N. E. Br.(1910)●☆

50716 Tetradenia Nees(1831)Nom. illegit. ≡ Neolitsea(Benth. et Hook. f.)Merr.(1906)(保留属名)[樟科 Lauraceae]●

50717 Tetradia R. Br.(1844)= Pterygota Schott et Endl.(1832)[梧桐科 Sterculiaceae//锦葵科 Malvaceae]●

50718　Tetradia Thouars ex Tul. (1856) Nom. illegit. ≡Tetrataxis Hook. f. (1867) [千屈菜科 Lythraceae]●☆

50719　Tetradiclidaceae Takht. (1986) [亦见 Nitrariaceae Bercht et J. Presl 白刺科、Tetragoniaceae Lindl. (保留科名) 坚果番杏科和 Zygophyllaceae R. Br. (保留科名) 蒺藜科]【汉】旱霸王科。【包含】世界1属1种。【分布】欧洲东部,地中海东部,亚洲西部。【科名模式】Tetradiclis Steven ex M. Bieb. ●☆

50720　Tetradiclidaeeae(Engl.) Takht. (1986) = Tetradiclidaceae Takht. ●■

50721　Tetradiclis Steven ex M. Bieb. (1819)【汉】旱霸王属。【俄】Тетрадиклис。【隶属】旱霸王科 Tetradiclidaceae//蒺藜科 Zygophyllaceae。【包含】世界1种。【学名诠释与讨论】〈阴〉(希) tetra = 拉丁文 quadri-,四+diklis,一种双重的或可折叠的门,有二活门的。此属的学名,ING 和 IK 记载是"Tetradiclis Steven ex Marschall von Bieberstein, Fl. Taur-Caucas. 3:277,648. 1819 (sero)-1820"。"Tetradiclis Steven (1819)"的命名人引证有误。【分布】巴基斯坦,俄罗斯西南部、地中海东部至亚洲中部和伊朗。【模式】Tetradiclis salsa C. A. Meyer。【参考异名】Anatropa Ehrenb. (1829);Tetradiclis Steven (1819) Nom. illegit. ■☆

50722　Tetradium Dulac (1867) Nom. illegit. = Rhodiola L. (1753); ~ = Sedum L. (1753) [景天科 Crassulaceae//红景天科 Rhodiolaceae] ●■

50723　Tetradium Lour. (1790) = Evodia J. R. Forst. et G. Forst. (1776) [芸香科 Rutaceae]●

50724　Tetradoa Pichon (1947) = Hunteria Roxb. (1832) [夹竹桃科 Apocynaceae]●

50725　Tetradoxa C. Y. Wu (1981)【汉】四福花属。【英】Four Muskroot,Tetradoxa。【隶属】五福花科 Adoxaceae。【包含】世界1种,中国1种。【学名诠释与讨论】〈阴〉(希) tetra = 拉丁文 quadri-,四+doxa,光荣,光彩,华丽,荣誉,有名,显著。此属的学名是"Tetradoxa C. Y. Wu, Acta Bot. Yunnanica 3:384. Nov 1981"。亦有文献把其处理为"Adoxa L. (1753)"的异名。【分布】中国,新几内亚岛。【模式】Tetradoxa omeiensis (H. Hara) C. Y. Wu [Adoxa omeiensis H. Hara]。【参考异名】Adoxa L. (1753) ■★

50726　Tetradyas Danser (1931) = Cyne Danser (1929) [桑寄生科 Loranthaceae]●☆

50727　Tetradymia DC. (1838)【汉】四蟹甲属。【英】Horse Brush。【隶属】菊科 Asteraceae (Compositae)。【包含】世界10种。【学名诠释与讨论】〈阴〉(希) tetra = 拉丁文 quadri-,四+dymos,在一起。指最初知道的种由4花组成头状。【分布】北美洲西部。【模式】Tetradymia canescens A. P. de Candolle。【参考异名】Lagothamnus Nutt. (1841) ●☆

50728　Tetradynsae Rchb. =Brassicaceae Burnett(保留科名)■●

50729　Tetraedrocarpus O. Schwarz (1939) = Echiochilon Desf. (1798) [紫草科 Boraginaceae]■☆

50730　Tetraena Maxim. (1889)【汉】四合木属(油柴属)。【英】Tetraena。【隶属】蒺藜科 Zygophyllaceae。【包含】世界1-? 种,中国1种。【学名诠释与讨论】〈阴〉(希) tetra = 拉丁文 quadri-,四。指心皮4个。此属的学名"Tetraena Maxim., Enum. Pl. Mongolia 1:129. 1889"是保留属名。相应的废弃名是蒺藜科 Zygophyllaceae 的"Petrusia Baill. in Bull. Mens. Soc. Linn. Paris 35:274. 1881 = Tetraena Maxim. (1889) = Zygophyllum L. (1753)"。【分布】马达加斯加,中国。【模式】Tetraena mongolica Maximowicz。【参考异名】Petrusia Baill. (1881) (废弃属名)●★

50731　Tetraeugenia Merr. (1917) = Syzygium P. Browne ex Gaertn. (1788) (保留属名) [桃金娘科 Myrtaceae]●

50732　Tetragamestus Rchb. f. (1854)【汉】肖碗唇兰属。【隶属】兰科 Orchidaceae。【包含】世界3种。【学名诠释与讨论】〈阳〉(希) tetra = 拉丁文 quadri-,四+gamos,婚姻,柱头。指柱头正方形。此属的学名是"Tetragamestus H. G. Reichenbach, Bonplandia 2:21. 15 Jan 1854"。亦有文献把其处理为"Scaphyglottis Poepp. et Endl. (1836) (保留属名)"的异名。【分布】玻利维亚,中美洲和热带南美洲。【模式】未指定。【参考异名】Scaphyglottis Poepp. et Endl. (1836) (保留属名)■☆

50733　Tetragastris Gaertn. (1790)【汉】四囊榄属。【英】Catuaba Herbal。【隶属】橄榄科 Burseraceae。【包含】世界8-9种。【学名诠释与讨论】〈阳〉(希) tetra = 拉丁文 quadri-,四+gaster,所有格 gasteros,简写 gastros,腹,胃。指果实。此属的学名,ING、TROPICOS 和 IK 记载是"Tetragastris J. Gaertner, Fruct. 2:130. Sep (sero)-Nov 1790"。"Rottlera Willdenow, Gött. J. Naturwiss. 1(1):7. 1797"是"Tetragastris Gaertn. (1790)"的晚出的同模式异名(Homotypic synonym, Nomenclatural synonym)。【分布】巴拿马,秘鲁,玻利维亚,厄瓜多尔,哥伦比亚(安蒂奥基亚),几内亚,尼加拉瓜,西印度群岛,中美洲。【模式】Tetragastris ossea J. Gaertner。【参考异名】Caproxylon Tussac (1827);Hedwigia Sw. (1788);Knorrea DC. (1825);Knorrea Moc. et Sessé ex DC. (1825) Nom. illegit.;Rottlera Willd. (1797) Nom. illegit.;Schwaegrichenia Rchb. (1828) Nom. illegit. ●☆

50734　Tetraglochidion K. Schum. (1905) = Glochidion J. R. Forst. et G. Forst. (1776) (保留属名) [大戟科 Euphorbiaceae]●

50735　Tetraglochidium Bremek. (1944)【汉】长苞蓝属(四锚属)。【隶属】爵床科 Acanthaceae。【包含】世界8种,中国2种。【学名诠释与讨论】〈中〉(希) tetra,四+glochin,所有格 glochinos,突出点,锐尖+-idius,-idia,-idium,指示小的词尾。此属的学名是"Tetraglochidium Bremekamp, Verh. Kon. Ned. Akad. Wetensch., Afd. Natuurk., Tweede Sect. 41(1):214. 11 Mai 1944"。亦有文献把其处理为"Strobilanthes Blume (1826)"的异名。【分布】马来西亚(西部),中国。【模式】Tetraglochidium thunbergiiflorum (S. Moore) Bremekamp [Strobilanthes thunbergiiflora S. Moore]。【参考异名】Strobilanthes Blume (1826) ●■

50736　Tetraglochin Kuntze ex Poepp. (1833) Nom. illegit. ≡ Tetraglochin Poepp. (1833) [蔷薇科 Rosaceae]●☆

50737　Tetraglochin Kuntze, Nom. inval. ≡Tetraglochin Poepp. (1833) [蔷薇科 Rosaceae]●☆

50738　Tetraglochin Poepp. (1833)【汉】四尖蔷薇属。【隶属】蔷薇科 Rosaceae。【包含】世界8种。【学名诠释与讨论】〈阴〉(希) tetra = 拉丁文 quadri-,四+glochin,所有格 glochinos,突出点,锐尖。此属的学名,ING、GCI、TROPICOS 和 IK 记载是"Tetraglochin Poepp., Fragm. Syn. Pl. 26. 1833 [18 Oct 1833]"。"Tetraglochin Kuntze, Nom. inval. ≡Tetraglochin Poepp. (1833)"和"Tetraglochin Kuntze ex Poepp. (1833) Nom. illegit. ≡ Tetraglochin Poepp. (1833)"的命名人引证有误。亦有文献把"Tetraglochin Poepp. (1833)"处理为"Margyricarpus Ruiz et Pav. (1794)"的异名。【分布】秘鲁,玻利维亚,安第斯山区,温带南美洲。【模式】Tetraglochin stricta Poeppig [as 'strictum']。【参考异名】Margyricarpus Ruiz et Pav. (1794);Tetraglochin Kuntze ex Poepp. (1833) Nom. illegit.;Tetraglochin Kuntze, Nom. inval. ●☆

50739　Tetraglossa Bedd. (1861) = Cleidion Blume (1826) [大戟科 Euphorbiaceae]●

50740　Tetragocyanis Thouars = Epidendrum L. (1763) (保留属名);~ =Phaius Lour. (1790) [兰科 Orchidaceae]■

50741　Tetragoga Bremek. (1944)【汉】四苞蓝(四苞爵床属)。【英】Tetragoga。【隶属】爵床科 Acanthaceae。【包含】世界2种,中国2种。【学名诠释与讨论】〈阴〉(希) tetra = 拉丁文 quadri-,四+agogos,领导的。指总状花序具总苞片4片。此属的学名是

"Tetragoga Bremekamp, Verh. Kon. Ned. Akad. Wetensch. , Afd. Natuurk. ,Tweede Sect. 41(1）：299. 11 Mai 1944". 亦有文献把其处理为"Strobilanthes Blume(1826)"的异名。【分布】印度尼西亚(苏门答腊岛),印度(阿萨姆),中国。【模式】Tetragoga nagaënsis Bremekamp。【参考异名】Strobilanthes Blume(1826)■

50742　Tetragompha Bremek. (1944) = Strobilanthes Blume(1826) [爵床科 Acanthaceae]●■

50743　Tetragonanthus S. G. Gmel. (1769) Nom. inval. ≡ Tetragonanthus S. G. Gmel. ex Kuntze (1891) Nom. illegit. ; ~ ≡ Halenia Borkh. (1796)(保留属名) [龙胆科 Gentianaceae]■

50744　Tetragonanthus S. G. Gmel. ex Kuntze (1891) Nom. illegit. ≡ Halenia Borkh. (1796)(保留属名) [龙胆科 Gentianaceae]■

50745　Tetragonella Miq. (1845) = Tetragonia L. (1753) [坚果番杏科 Tetragoniaceae//番杏科 Aizoaceae]●■

50746　Tetragonia L. (1753) 【汉】坚果番杏属(番杏属)。【日】ツルナ属。【英】New Zealand Spinach, Tetragonia。【隶属】坚果番杏科 Tetragoniaceae//番杏科 Aizoaceae。【包含】世界 50-85 种。中国 1 种。【学名诠释与讨论】〈阴〉(希)tetra = 拉丁文 quadri-,四+gonia,角,角隅,关节,膝,来自拉丁文 giniatus,成角度的。指果具 4 棱。此属的学名,ING、TROPICOS、APNI、GCI 和 IK 记载是 " Tetragonia L. , Sp. Pl. 1：480. 1753 [1 May 1753]"。"Tetragonocarpos P. Miller, Gard. Dict. Abr. ed. 4. 28 Jan 1754"是"Tetragonia L. (1753) [坚果番杏科 Tetragoniaceae//番杏科 Aizoaceae]"的晚出的同模式异名(Homotypic synonym, Nomenclatural synonym)。【分布】澳大利亚,巴勒斯坦,秘鲁,玻利维亚,厄瓜多尔,马达加斯加,尼加拉瓜,新西兰,中国,非洲,东亚,中美洲。【后选模式】Tetragonia fruticosa Linnaeus。【参考异名】Anisostigma Schinz(1897);Demidovia Pall. (1781);Ludolfia Adans. (1763) Nom. illegit. ; Tetragonella Miq. (1845); Tetragonocarpos Mill. (1754)Nom. illegit. ●■

50747　Tetragoniaceae Lindl. (1836)(保留科名) [亦见 Aizoaceae Martinov(保留科名)番杏科和 Tetragoniaceae Lindl. (保留科名)] 坚果番杏科【汉】坚果番杏科。【包含】世界 2 属 60-85 种。【分布】绝大多数分布在南半球。【科名模式】Tetragonia L. (1753) ●■☆

50748　Tetragoniaceae Nakai = Aizoaceae Martinov(保留科名);~ = Tetragoniaceae Lindl. (保留科名)●■☆

50749　Tetragonobolus Scop. (1772)(废弃属名) ≡ Tetragonolobus Scop. (1772)(保留属名);~ = Lotus L. (1753) [豆科 Fabaceae (Leguminosae)//蝶形花科 Papilionaceae]■

50750　Tetragonocalamus Nakai(1933) = Bambusa Schreb. (1789)(保留属名) [禾本科 Poaceae(Gramineae)//簕竹科 Bambusaceae]●

50751　Tetragonocarpos Mill. (1754) Nom. illegit. ≡ Tetragonia L. (1753) [坚果番杏科 Tetragoniaceae//番杏科 Aizoaceae]●■

50752　Tetragonocarpus Hassk. (1857) Nom. illegit. = Marsdenia R. Br. (1810)(保留属名) [萝藦科 Asclepiadaceae]●

50753　Tetragonolobus Scop. (1772)(保留属名)【汉】翅荚豌豆属。【俄】Тетрагонолобус。【英】Bird's - foot Trefoil, Deervetch, Dragon's Teeth, Wing Pod Pea。【隶属】豆科 Fabaceae (Leguminosae)//蝶形花科 Papilionaceae。【包含】世界 7 种。【学名诠释与讨论】〈阳〉(希)tetra = 拉丁文 quadri-,四+gonia,角,角隅,关节,膝,来自拉丁文 giniatus,成角度的+lobos = 拉丁文 lobulus,片,裂片,叶,荚,荫。指果实。此属的学名"Tetragonolobus Scop. ,Fl. Carn. ,ed. 2,2：87,507. Jan-Aug 1772"是保留属名。相应的废弃属名是豆科 Fabaceae 的"Scandalida Adans. ,Fam. Pl. 2：326,602. Jul-Aug 1763 ≡ Tetragonolobus Scop. (1772)(保留属名)"。"Scandalida Adanson, Fam. 2：326,602.

Jul-Aug 1763(废弃属名)"是"Tetragonolobus Scop. (1772)(保留属名)"的晚出的同模式异名(Homotypic synonym, Nomenclatural synonym)。亦有文献把"Tetragonolobus Scop. (1772)(保留属名)"处理为"Lotus L. (1753)"的异名。【分布】参见 Lotus L. (1753)。【模式】Tetragonolobus scandalida Scopoli, Nom. illegit. [Lotus siliquosus Linnaeus; Tetragonolobus siliquosus (Linnaeus) Roth]。【参考异名】Lotus L. (1753); Scandalida Adans. (1763) (废弃属名); Tetragonobolus Scop. (1772)(废弃属名)■☆

50754　Tetragonosperma Scheele(1849) = Tetragonotheca L. (1753) [菊科 Asteraceae(Compositae)]■☆

50755　Tetragonotheca Dill. ex L. (1753) ≡ Tetragonotheca L. (1753) [菊科 Asteraceae(Compositae)]■☆

50756　Tetragonotheca L. (1753)【汉】四角菊属。【隶属】菊科 Asteraceae(Compositae)。【包含】世界 4 种。【学名诠释与讨论】〈阴〉(希)tetra =拉丁文 quadri-,四+gonia,角,角隅,关节,膝,来自拉丁文 giniatus,成角度的+theke = 拉丁文 theca,匣子,箱子,室,药室,囊。指总苞。此属的学名,ING 和 GCI 记载是 "Tetragonotheca Linnaeus,Sp. Pl. 903. 1 May 1753"。IK 则记载为 "Tetragonotheca Dill. ex L. , Sp. Pl. 2：903. 1753 [1 May 1753]"。"Tetragonotheca Dill. "是命名起点著作之前的名称,故 "Tetragonotheca L. (1753)"和"Tetragonotheca Dill. ex L. (1753)"都是合法名称,可以通用。"Bikera Adanson,Fam. 2：130. Jul-Aug 1763"和"Gonotheca Rafinesque, Amer. Monthly Mag. et Crit. Rev. 2：268. Feb 1818"是"Tetragonotheca L. (1753)"的晚出的同模式异名(Homotypic synonym, Nomenclatural synonym)。【分布】美国 (南部),墨西哥。【模式】Tetragonotheca helianthoides Linnaeus。【参考异名】Bikera Adans. (1763) Nom. illegit. ; Gonotheca Raf. (1808) Nom. illegit. ; Halea Torr. et A. Gray (1842) Nom. illegit. ; Tetragonosperma Scheele(1849); Tetragonotheca Dill. ex L. (1753) ■☆

50757　Tetragyne Miq. (1861) = Microdesmis Hook. f. (1848) [大戟科 Euphorbiaceae//攀打科(小盘木科)Pandaceae]●

50758　Tetrahit Adans. (1763) Nom. illegit. = Sideritis L. (1753) [唇形科 Lamiaceae(Labiatae)]■●

50759　Tetrahit Gérard (1761) = Stachys L. (1753) [唇形科 Lamiaceae (Labiatae)]●■

50760　Tetrahit Moench(1794) Nom. illegit. ≡ Galeopsis L. (1753) [唇形科 Lamiaceae(Labiatae)]■

50761　Tetrahitum Hoffmanns. et Link (1809) = Tetrahit Gérard (1761) [唇形科 Lamiaceae(Labiatae)]●■

50762　Tetraith Bubani (1897) Nom. illegit. ≡ Galeopsis L. (1753); ~ = Tetrahit Gérard(1761) [唇形科 Lamiaceae(Labiatae)]●■

50763　Tetralepis Steud. (1855) = Cyathochaeta Nees (1846) [莎草科 Cyperaceae]■☆

50764　Tetralix Griseb. (1866)(保留属名)【汉】四蕊椴属。【隶属】椴树科(椴科,田麻科)Tiliaceae//锦葵科 Malvaceae。【包含】世界 2 种。【学名诠释与讨论】〈阳〉(希)tetraelix,是一种蓟。拉丁文 tetralix,则指另外一种植物。此属的学名"Tetralix Griseb. , Cat. Pl. Cub. :8. Mai-Aug 1866"是保留属名。相应的废弃属名是杜鹃花科(欧石南科)Ericaceae 的"Tetralix Zinn, Cat. Pl. Hort. Gott. :202. 20 Apr - 21 Mai 1757 = Erica L. (1753)"。菊科 Asteraceae 的"Tetralix J. Hill, Veg. Syst. 4:18. 1762 =Cirsium Mill. (1754) =Cnicus L. (1753)(保留属名)"亦应废弃。【分布】古巴。【模式】Tetralix brachypetalus Grisebach ●☆

50765　Tetralix Hill (1762) Nom. illegit. (废弃属名) = Cirsium Mill. (1754); ~ = Cnicus L. (1753)(保留属名) [菊科 Asteraceae (Compositae)]■●

50766 Tetralix Zinn(1757)(废弃属名)= Erica L.(1753)［杜鹃花科（欧石南科）Ericaceae］●☆

50767 Tetralobus A. DC.(1844)= Polypompholyx Lehm.(1844)(保留属名);~ = Utricularia L.(1753)［狸藻科 Lentibulariaceae］■

50768 Tetralocularia O'Donell(1960)【汉】四室旋花属。【隶属】旋花科 Convolvulaceae。【包含】世界1种。【学名诠释与讨论】〈阴〉(希)tetra = 拉丁文 quadri-，四+locus，指小式 locula，地方，室+-arius，-aria，-arium，指示"属于、相似、具有、联系"的词尾。【分布】玻利维亚，哥伦比亚。【模式】Tetralocularia pennellii O'Donell ■☆

50769 Tetralopha Hook. f.(1870)= Gynochthodes Blume(1827)［茜草科 Rubiaceae］●☆

50770 Tetralyx Hill(1768)= Cirsium Mill.(1754);~ = Tetralix Hill(1762)Nom. illegit.(废弃属名);~ = Cnicus L.(1753)(保留属名)［菊科 Asteraceae(Compositae)］■

50771 Tetramelaceae(Warb.)Airy Shaw(1965)= Tetramelaceae Airy Shaw(1965);~ = Datiscaceae Dumort.(保留科名)■●

50772 Tetramelaceae Airy Shaw(1965)［亦见 Datiscaceae Dumort.(保留科名)疣柱花科（达麻科，短序花科，四数木科，四蕊木科，野麻科）］【汉】四数木科。【包含】世界2属2种，中国1属1种。【分布】热带亚洲。【科名模式】Tetrameles R. Br. ●

50773 Tetrameles R. Br.(1826)【汉】四数木属。【英】Tetrameles。【隶属】疣柱花科（达麻科，短序花科，四数木科，四蕊木科，野麻科）Datiscaceae//四数木科 Tetramelaceae。【包含】世界1种，中国1种。【学名诠释与讨论】〈阴〉(希)tetra = 拉丁文 quadri-，四+melos，肢，树枝，部分，成员。指花萼裂片。【分布】印度至马来西亚，中国，中南半岛。【模式】Tetrameles nudiflora R. Brown。【参考异名】Anictoclea Nimmo(1839)●

50774 Tetrameranthus R. E. Fr.(1939)【汉】四数花属。【隶属】番荔枝科 Annonaceae//四籽树科 Tetrameristaceae。【包含】世界2-6种。【学名诠释与讨论】〈阳〉(希)tetra = 拉丁文 quadri-，四+meros，一部分。拉丁文 merus 含义为纯洁的，真正的+anthos，花。【分布】秘鲁，厄瓜多尔，热带南美洲。【模式】Tetrameranthus duckei R. E. Fries ●☆

50775 Tetrameris Naudin(1850)= Comolia DC.(1828)［野牡丹科 Melastomataceae］●☆

50776 Tetramerista Miq.(1861)【汉】四籽树属。【隶属】四籽树科 Tetrameristaceae。【包含】世界2-3种。【学名诠释与讨论】〈阴〉(希)tetra = 拉丁文 quadri-，四+meristos，可分的，分开的。【分布】印度尼西亚（苏门答腊岛），加里曼丹岛，马来半岛。【模式】Tetramerista glabra Miquel ●☆

50777 Tetrameristaceae Hutch.(1959)【汉】四籽树科。【包含】世界2属2-4种。【分布】一属分布于南美洲北部，一属分布于马来西亚（西部）。【科名模式】Tetramerista Miq. ●☆

50778 Tetramerium C. F. Gaertn.(1806)(废弃属名)= Faramea Aubl.(1775)［茜草科 Rubiaceae］●☆

50779 Tetramerium Nees(1846)(保留属名)【汉】四分爵床属。【隶属】爵床科 Acanthaceae。【包含】世界28种。【学名诠释与讨论】〈中〉(希)tetra，四+meros，一部分+-ius，-ia，-ium，在拉丁文和希腊文中，这些词尾表示性质或状态。拉丁文 merus 含义为纯洁的，真正的。此属的学名"Tetramerium Nees in Bentham, Bot. Voy. Sulphur:147. 8 Mai 1846"是保留属名。相应的废弃属名是茜草科 Rubiaceae 的"Tetramerium C. F. Gaertn., Suppl. Carp.:90. Mai 1806 = Faramea Aubl.(1775)"和爵床科 Acanthaceae 的"Henrya Nees in Bentham, Bot. Voy. Sulphur:t. 49. 14 Apr 1845 = Tetramerium Nees(1846)(保留属名)"。萝藦科 Asclepiadaceae 的"Henrya W. B. Hemsley, J. Linn. Soc., Bot. 26:111. 30 Apr 1889

≡ Neohenrya Hemsl.(1892)= Tylophora R. Br.(1810)"亦应废弃。"Henrya Nees ex Benth.(1845)≡ Henrya Nees(1845)(废弃属名)"的命名人引证有误。【分布】墨西哥，中美洲。【模式】Tetramerium polystachyum C. G. D. Nees。【参考异名】Averis Léonard;Henrya Nees ex Benth.(1845)Nom. illegit.(废弃属名);Henrya Nees(1845)(废弃属名);Solenoruellia Baill.(1891)●☆

50780 Tetramicra Lindl.(1831)【汉】四粉兰属（四隔兰属）。【日】テトラミクラ属。【隶属】兰科 Orchidaceae。【包含】世界11种。【学名诠释与讨论】〈阴〉(希)tetra = 拉丁文 quadri-，四+mikros，小东西。指具有四个小花粉块。【分布】西印度群岛。【模式】Tetramicra rigida(Willdenow)J. Lindley［Cymbidium rigidum Willdenow］■☆

50781 Tetramixis Gagnep. = Spondias L.(1753)［漆树科 Anacardiaceae］●

50782 Tetramolopium Nees(1832)【汉】层菀木属。【隶属】菊科 Asteraceae(Compositae)。【包含】世界37-38种。【学名诠释与讨论】〈中〉(希)tetra，四+molops，所有格 molopos，伤痕+-ius，-ia，-ium，在拉丁文和希腊文中，这些词尾表示性质或状态。【分布】美国（夏威夷），新几内亚岛。【后选模式】Tetramolopium tenrrimum(Lessing)C. G. D. Nees［Aster tenerrimus Lessing］。【参考异名】Luteidiscus H. St. John(1974)●☆

50783 Tetramorphaea DC.(1833)= Centaurea L.(1753)(保留属名)［菊科 Asteraceae(Compositae)//矢车菊科 Centaureaceae］●■

50784 Tetramorphandra Baill. = Hibbertia Andréws(1800)［五桠果科（第伦桃科，五丫果科，锡叶藤科）Dilleniaceae//纽扣花科 Hibbertiaceae］●☆

50785 Tetramyxis Gagnep.(1944)= Spondias L.(1753)［漆树科 Anacardiaceae］●

50786 Tetrandra(DC.)Miq.(1859)= Tournefortia L.(1753)［紫草科 Boraginaceae］●■

50787 Tetrandra Miq.(1859)Nom. illegit. ≡ Tetrandra(DC.)Miq.(1859);~ = Tournefortia L.(1753)［紫草科 Boraginaceae］●■

50788 Tetranema Benth.(1843)(保留属名)【汉】四蕊花属。【日】テトラネマ属，メキシコジギタリス属。【隶属】玄参科 Scrophulariaceae//婆婆纳科 Veronicaceae。【包含】世界3-8种。【学名诠释与讨论】〈中〉(希)tetra，四+nema，所有格 nematos，丝，花丝。指雄蕊4个。此属的学名"Tetranema Benth. in Edwards's Bot. Reg. 29:ad t. 52. 1 Oct 1843"是保留属名。法规未列出相应的废弃属名。但是"Tetranema Sweet(1830)"应该废弃。绿藻的"Tetranema J. E. Areschoug, Nova Acta Regiae Soc. Sci. Upsal. ser. 2. 14:418. 1850"亦应废弃。【分布】巴拿马，墨西哥，中美洲。【模式】Tetranema mexicanum Bentham。【参考异名】Allophyton Brandegee(1914)■☆

50789 Tetranema Sweet(1830)(废弃属名)= Desmodium Desv.(1813)(保留属名)［豆科 Fabaceae(Leguminosae)//蝶形花科 Papilionaceae］●■

50790 Tetraneuris Greene(1898)【汉】四脉菊属。【英】Bitterweed。【隶属】菊科 Asteraceae(Compositae)。【包含】世界9种。【学名诠释与讨论】〈阴〉(希)tetra = 拉丁文 quadri-，四+neuron = 拉丁文 nervus，脉，筋，腱，神经。指花冠上的射线。此属的学名是"Tetraneuris E. L. Greene, Pittonia 3：265. 25 Feb 1898"。亦有文献把其处理为"Hymenoxys Cass.(1828)"的异名。【分布】美国，墨西哥。【后选模式】Tetraneuris acaulis(Pursh)E. L. Greene［Gaillardia acaulis Pursh］。【参考异名】Hymenoxys Cass.(1828)■☆

50791 Tetrantha Poit.(1836)Nom. illegit. ≡ Tetrantha Poit. ex DC.(1836)= Riencourtia Cass.(1818)［as 'Riencurtia'］［菊科

Asteraceae(Compositae)]■☆

50792　Tetrantha Poit. ex DC. (1836) = Riencourtia Cass. (1818) [as 'Riencurtia'] [菊科 Asteraceae(Compositae)]■☆

50793　Tetranthera Jacq. (1797)【汉】四药樟属。【隶属】樟科 Lauraceae。【包含】世界 253 种。【学名诠释与讨论】〈阴〉(希) tetra = 拉丁文 quadri -，四 + anthera，花药。此属的学名是 "Tetranthera N. J. Jacquin, Pl. Rar. Horti Schoenbr. 1：59. 1797"。亦有文献把其处理为"Litsea Lam. (1792)(保留属名)"的异名。【分布】巴基斯坦，玻利维亚，中国。【模式】Tetranthera laurifolia N. J. Jacquin。【参考异名】Litsea Lam. (1792)(保留属名)；Omphalodaphne(Blume)Nakai(1938)●

50794　Tetranthus Sw. (1788)【汉】四花菊属。【隶属】菊科 Asteraceae(Compositae)。【包含】世界 4 种。【学名诠释与讨论】〈阳〉(希)tetra = 拉丁文 quadri -，四+anthos，花。【分布】西印度群岛。【模式】Tetranthus littoralis O. Swartz■☆

50795　Tetraotis Reinw. (1826) = Enydra Lour. (1790) [菊科 Asteraceae(Compositae)]■

50796　Tetrapanax(K. Koch)K. Koch(1859)【汉】通脱木属。【日】カミヤツデ属，ツウダッボク属，テトラパナックス属。【俄】Тетрапапакс。【英】Rice - paper Plant，Ricepaperplant，Ricepaper - plant。【隶属】五加科 Araliaceae。【包含】世界 1-2 种，中国 1-2 种。【学名诠释与讨论】〈阳〉(希)tetra = 拉丁文 quadri -，四+(属)Panax 人参属。指花部 4 出数，且与人参属相近。此属的学名，ING、TROPICOS 和 APNI 记载是"Tetrapanax (K. H. E. Koch) K. H. E. Koch, Wochenschr. Gärtnerei Pflanzenk. 2：371. 24 Nov 1859"，由"Didymopanax subgen. Tetrapanax K. H. E. Koch, Wochenschr. Gärtnerei Pflanzenk. 2：70. 3 Mar. 1859"改级而来。IK 则记载为"Tetrapanax K. Koch, C. Koch et Fint. Wochenschr. ii. (1859) 371"。三者引用的文献相同。"Tetrapanax Harms"是"Hoplopanax Post et Kuntze(1903) [五加科 Araliaceae]"和"Oplopanax (Torr. et A. Gray) Miq. (1863) [五加科 Araliaceae]"的异名。【分布】中国，中美洲。【模式】未指定。【参考异名】Didymopanax subgen. Tetrapanax K. Koch(1859)；Tetrapanax K. Koch(1859)Nom. illegit. ●

50797　Tetrapanax Harms = Hoplopanax Post et Kuntze(1903)；~ = Oplopanax (Torr. et A. Gray) Miq. (1863) [五加科 Araliaceae]●

50798　Tetrapanax K. Koch(1859)Nom. illegit. ≡Tetrapanax (K. Koch) K. Koch(1859) [五加科 Araliaceae]●★

50799　Tetrapasma G. Don (1832) = Discaria Hook. (1829) [鼠李科 Rhamnaceae]●☆

50800　Tetrapathaea(DC.)Rchb. (1828) = Passiflora L. (1753)(保留属名) [西番莲科 Passifloraceae]●■

50801　Tetrapathaea Rchb. (1828) Nom. illegit. ≡Tetrapathaea (DC.) Rchb. (1828)；~ =Passiflora L. (1753)(保留属名) [西番莲科 Passifloraceae]●■

50802　Tetrapeltis Lindl. (1833) Nom. illegit. ≡Tetrapeltis Wall. ex Lindl. (1833)；~ =Otochilus Lindl. (1830) [兰科 Orchidaceae]■

50803　Tetrapeltis Wall. ex Lindl. (1833) = Otochilus Lindl. (1830) [兰科 Orchidaceae]■

50804　Tetraperone Urb. (1901)【汉】四带菊属。【隶属】菊科 Asteraceae(Compositae)。【包含】世界 1 种。【学名诠释与讨论】〈阴〉(希)tetra = 拉丁文 quadri -，四+perone，带，铆钉，扣环。【分布】古巴。【模式】Tetraperone bellioides (Grisebach) Urban [Pinillosia bellioides Grisebach]■☆

50805　Tetrapetalum Miq. (1865)【汉】四瓣花属。【隶属】番荔枝科 Annonaceae。【包含】世界 2 种。【学名诠释与讨论】〈中〉(希)tetra，四+希腊文 petalos，扁平的，铺开的；petalon，花瓣，叶，花叶，

金属叶子；拉丁文的花瓣为 petalum。【分布】加里曼丹岛。【模式】Tetrapetalum volubile Miquel ●☆

50806　Tetraphyla Rchb. = Sedum L. (1753)；~ = Tetraphyle Eckl. et Zeyh. (1837) [景天科 Crassulaceae]●■☆

50807　Tetraphylax(G. Don) de Vriese(1854) = Goodenia Sm. (1794) [草海桐科 Goodeniaceae]●■☆

50808　Tetraphylax de Vriese(1854) Nom. illegit. ≡Tetraphylax (G. Don) de Vriese (1854)；~ = Goodenia Sm. (1794) [草海桐科 Goodeniaceae]●■☆

50809　Tetraphyle Eckl. et Zeyh. (1837) = Crassula L. (1753) [景天科 Crassulaceae]●■☆

50810　Tetraphyllaster Gilg(1897)【汉】四叶星属。【隶属】野牡丹科 Melastomataceae。【包含】世界 1 种。【学名诠释与讨论】〈阳〉(希)tetra = 拉丁文 quadri -，四+phyllon，叶子+希腊文 aster，所有格 asteros，星，紫菀属。拉丁文词尾-aster，-astra，-astrum 加在名词词干之后形成指小式名词。【分布】热带非洲西部。【模式】Tetraphyllaster rosaceum Gilg ●☆

50811　Tetraphyllum C. B. Clarke (1883) Nom. illegit. = Tetraphyllum Griff. ex C. B. Clarke(1883) [苦苣苔科 Gesneriaceae]■☆

50812　Tetraphyllum Griff. (1854) Nom. inval. ≡Tetraphyllum Griff. ex C. B. Clarke(1883) [苦苣苔科 Gesneriaceae]■☆

50813　Tetraphyllum Griff. ex C. B. Clarke(1883)【汉】四叶苣苔属。【隶属】苦苣苔科 Gesneriaceae。【包含】世界 2-6 种。【学名诠释与讨论】〈中〉(希)tetra，四+phyllon，叶子。此属的学名，ING、TROPICOS 和 IK 记载是"Tetraphyllum W. Griffith ex C. B. Clarke in Alph. de Candolle et A. C. de Candolle, Monogr. PHAN. 5：136. Jul 1883"。"Tetraphyllum Griff. , Not. Pl. Asiat. 4：148. 1854 ≡ Tetraphyllum Griff. ex C. B. Clarke(1883)"是一个未合格发表的名称(Nom. inval.)。【分布】泰国，印度。【模式】Tetraphyllum bengalense C. B. Clarke。【参考异名】Cyrtandropsis C. B. Clarke ex DC. (1883)；Tetraphyllum C. B. Clarke (1883) Nom. illegit. ；Tetraphyllum Griff. (1854) Nom. inval. ■☆

50814　Tetraphysa Schltr. (1906)【汉】四室萝藦属。【隶属】萝藦科 Asclepiadaceae。【包含】世界 1 种。【学名诠释与讨论】〈阴〉(希)tetra = 拉丁文 quadri -，四+physa，风箱，气泡。【分布】厄瓜多尔，哥伦比亚。【模式】Tetraphysa lehmannii Schlechter ■☆

50815　Tetrapilus Lour. (1790) = Olea L. (1753) [木犀榄科(木犀科) Oleaceae]●

50816　Tetraplacus Radlk. (1885) = Otacanthus Lindl. (1862) [玄参科 Scrophulariaceae]■●☆

50817　Tetraplandra Baill. (1858)【汉】四雄大戟属。【隶属】大戟科 Euphorbiaceae。【包含】世界 5 种。【学名诠释与讨论】〈阴〉(希)tetra = 拉丁文 quadri -，四+aner，所有格 andros，雄性，雄蕊。此属的学名，ING、TROPICOS 和 IK 记载是"Tetraplandra Baillon, Ann. Sci. Nat. Bot. ser. 4. 9：200. Apr 1858"。它曾被处理为"Algernonia subgen. Tetraplandra (Baill.) G. L. Webster, Contributions from the University of Michigan Herbarium 25：238. 2007. (13 Aug 2007)"。【分布】巴西。【模式】Tetraplandra leandri Baillon。【参考异名】Algernonia Baill. (1858)；Algernonia subgen. Tetraplandra (Baill.)G. L. Webster(2007) ☆

50818　Tetraplasandra A. Gray(1854)【汉】四雄五加属。【隶属】五加科 Araliaceae。【包含】世界 6 种。【学名诠释与讨论】〈阴〉(希)tetraplasios，四倍的，四重的+aner，所有格 andros，雄性，雄蕊。此属的学名，ING、TROPICOS 和 IK 记载是"Tetraplasandra A. Gray, Proc. Amer. Acad. Arts 3：129. Mai 1854"。它曾被处理为"Polyscias subgen. Tetraplasandra (A. Gray) Lowry & G. M. Plunkett, Plant Diversity and Evolution 128：71. 2010"。【分布】菲

律宾,美国(夏威夷),印度尼西亚(苏拉威西岛),所罗门群岛,新几内亚岛。【模式】Tetraplasandra hawaiensis A. Gray。【参考异名】Dipanax Seem.(1868);Polyscias J. R. Forst. et G. Forst.(1776);Polyscias subgen. Tetraplasandra (A. Gray) Lowry & G. M. Plunkett(2010);Pterotropia Hillebr.(1888)Nom. illegit.;Triplasandra Seem.(1868)●☆

50819 Tetraplasia Rehder(1920)【汉】岛虎刺属(台虎刺属)。【英】Tetraplasia。【隶属】茜草科 Rubiaceae。【包含】世界4种,中国2种。【学名诠释与讨论】〈阴〉(希)tetraplasios,四倍的,四重的。指花通常4数。此属的学名是"Tetraplasia Rehder, J. Arnold Arbor. 1: 190. Jan 1920"。亦有文献把其处理为"Damnacanthus C. F. Gaertn.(1805)"的异名。【分布】中国,琉球群岛。【模式】Tetraplasia biflora Rehder。【参考异名】Damnacanthus C. F. Gaertn.(1805)●

50820 Tetraplasium Kuntze(1831)= Tetilla DC.(1830)[虎耳草科 Saxifragaceae//花茎草科 Francoaceae]■☆

50821 Tetrapleura Benth.(1841)【汉】四肋豆属(四肋草属)。【隶属】豆科 Fabaceae(Leguminosae)。【包含】世界2种。【学名诠释与讨论】〈阴〉(希)tetra = 拉丁文 quadri-,四+pleura = pleuron,肋骨,脉,棱,侧生。此属的学名,ING 记载是"Tetrapleura Bentham, J. Bot.(Hooker)4: 345. Dec 1841"。ING 记载的"Tetrapleura Parlatore in Webb in W. J. Hooker, Niger Fl. 131. Nov-Dec 1849"是晚出的非法名称;IK 则记载为"Tetrapleura Parl. ex Webb, Niger Fl.[W. J. Hooker]. 131(1849)[Nov-Dec 1849]"。【分布】热带非洲。【模式】Tetrapleura thonningii Bentham, Nom. illegit.[T. tetraptera(Schumacher)Taubey, Adenanthera tetraptera Schumacher]■☆

50822 Tetrapleura Parl.(1849)Nom. illegit. ≡ Tornabenea Parl.(1850);~ ≡ Tornabenea Parl.(1850)[伞形花科(伞形科)Apiaceae(Umbelliferae)]■☆

50823 Tetrapleura Parl. ex Webb(1849)Nom. illegit. ≡ Tetrapleura Parl.(1849)Nom. illegit.;~ ≡ Tornabenea Parl.(1850)[伞形花科(伞形科)Apiaceae(Umbelliferae)]■☆

50824 Tetrapodenia Gleason(1926)= Burdachia Mart. ex A. Juss.(1840)Nom. illegit.;~ = Burdachia Mart. ex Endl.(1840)[金虎尾科(黄褥花科)Malpighiaceae]●☆

50825 Tetrapogon Desf.(1799)【汉】四须草属。【隶属】禾本科 Poaceae(Gramineae)。【包含】世界5种。【学名诠释与讨论】〈阳〉(希)tetra = 拉丁文 quadri-,四+pogon,所有格 pogonos,指小式 pogonion,胡须,髯毛,芒。pogonias,有须的。【分布】巴基斯坦,地中海至印度,热带和非洲南部。【模式】Tetrapogon villosus Desfontaines[as 'villosum']。【参考异名】Codonachne Steud.(1840)Nom. illegit.;Codonachne Wight et Arn. ex Steud.(1840);Cryptochloris Benth.(1882);Lepidopironia A. Rich.(1850);Lepidopyronia Benth.(1881)■☆

50826 Tetrapollinia Maguire et B. M. Boom(1835)【汉】四数龙胆属。【隶属】龙胆科 Gentianaceae。【包含】世界1种。【学名诠释与讨论】〈阴〉(希)tetra = 拉丁文 quadri-,四+(人)Ciro(Cyrus)Pollini,1782-1833,植物学者。【分布】巴西,玻利维亚,圭亚那,苏里南,委内瑞拉。【模式】Tetrapollinia barbareaefolium(A. P. de Candolle)Turczaninow ex F. E. L. Fischer et C. A. Meyer[Camelina barbareaefolia A. P. de Candolle]■☆

50827 Tetrapoma Turcz.(1836)Nom. illegit. ≡ Tetrapoma Turcz. ex Fisch. et C. A. Mey.(1836);~ = Rorippa Scop.(1760)[十字花科 Brassicaceae(Cruciferae)]■

50828 Tetrapoma Turcz. ex Fisch. et C. A. Mey.(1836)= Rorippa Scop.(1760)[十字花科 Brassicaceae(Cruciferae)]■

50829 Tetrapora Schauer(1843)= Baeckea L.(1753)[桃金娘科 Myrtaceae]●

50830 Tetraptera Miers ex Lindl.(1847)Nom. illegit. ≡ Tetraptera Miers(1847);~ = Burmannia L.(1753)[水玉簪科 Burmanniaceae]■

50831 Tetraptera Miers(1847)= Burmannia L.(1753)[水玉簪科 Burmanniaceae]■

50832 Tetraptera Phil.(1870)Nom. illegit. = Gaya Kunth(1822)[锦葵科 Malvaceae]■●☆

50833 Tetrapteris Cav.(1790)Nom. illegit.(废弃属名)= Tetrapterys Cav.(1790)[as 'Tetrapteris'](保留属名)[金虎尾科(黄褥花科)Malpighiaceae]●☆

50834 Tetrapteris Garden(1821)Nom. illegit.(废弃属名)= Halesia J. Ellis ex L.(1759)(保留属名)[安息香科(齐墩果科,野茉莉科)Styracaceae//银钟花科 Halesiaceae]●

50835 Tetrapterocarpon Humbert(1939)【汉】四翅苏木属。【隶属】豆科 Fabaceae(Leguminosae)。【包含】世界1种。【学名诠释与讨论】〈中〉(希)tetra,四+pteron,指小式 pteridion,翅+karpos,果实。指果实。【分布】马达加斯加。【模式】Tetrapterocarpon geayi Humbert ●☆

50836 Tetrapteron(Munz)W. L. Wagner et Hoch(2007)【汉】北美月见草属。【隶属】柳叶菜科 Onagraceae。【包含】世界2种。【学名诠释与讨论】〈中〉(希)tetra,四+pteron,指小式 pteridion,翅。此属的学名,ING 和 IK 记载是"Tetrapteron(Munz)W. L. Wagner et Hoch, Syst. Bot. Monogr. 83: 129. 2007[17 Sep 2007]",由"Oenothera sect. Tetrapteron Munz Amer. J. Bot. 16(4): 247. 1929[Apr 1929]"改级而来。它曾被处理为"Camissonia sect. Tetrapteron(Munz)P. H. Raven, Brittonia 16(3): 283. 1964"。亦有文献把"Tetrapteron(Munz)W. L. Wagner et Hoch(2007)"处理为"Oenothera L.(1753)"的异名。【分布】北美洲。【后选模式】Tetrapteron graciliflora(Hook. et Arn.)W. L. Wagner et Hoch[Oenothera graciliflora Hook. et Arn.]。【参考异名】Camissonia Link(1818);Camissonia sect. Tetrapteron(Munz)P. H. Raven(1964);Oenothera L.(1753);Oenothera sect. Tetrapteron Munz(1929)■☆

50837 Tetrapterygium Fisch. et C. A. Mey.(1836)= Sameraria Desv.(1815)[十字花科 Brassicaceae(Cruciferae)]■☆

50838 Tetrapterys A. Juss.(1840)Nom. illegit.(废弃属名)= Tetrapterys Cav.(1790)[as 'Tetrapteris'](保留属名)[金虎尾科(黄褥花科)Malpighiaceae]●☆

50839 Tetrapterys Cav.(1790)[as 'Tetrapteris'](保留属名)【汉】四翼木属(四翅金虎尾属)。【隶属】金虎尾科(黄褥花科)Malpighiaceae。【包含】世界90种。【学名诠释与讨论】〈阴〉(希)tetra = 拉丁文 quadri-,四+pteron,指小式 pteridion,翅。pteridios,有羽毛的。指果实。此属的学名"Tetrapterys Cav., Diss. 9: 433. Jan-Feb 1790('Tetrapteris')(orth. cons.)"是保留属名。法规未列出相应的废弃属名。但是"Tetrapterys A. Juss., Ann. Sci. Nat., Bot. sér. 2, 13: 261. 1840[Apr 1840]= Tetrapterys Cav.(1790)[as 'Tetrapteris'](保留属名)"、"Tetrapteryx Dalla Torre et Harms = Tetrapterys Cav.(1790)[as 'Tetrapteris'](保留属名)"和"Tetrapteris Garden(1821)[安息香科(齐墩果科,野茉莉科)Styracaceae//银钟花科 Halesiaceae]"应该废弃。"Tetrapterys Cav.(1790)(保留属名)"的拼写变体"Tetrapteris Cav.(1790)"亦应废弃。【分布】巴拉圭,巴拿马,秘鲁,玻利维亚,厄瓜多尔,哥伦比亚(安蒂奥基亚),哥斯达黎加,尼加拉瓜,墨西哥至热带南美洲,西印度群岛,中美洲。【模式】Tetrapterys inaequalis Cavanilles。【参考异名】Adenoporces Small(1910);Tetrapteris Cav.(1790)Nom. illegit.(废弃属名);Tetrapterys A.

Juss.（1840）Nom. illegit.（废弃属名）；Tetrapteryx Dalla Torre et Harms（废弃属名）●☆

50840　Tetrapteryx Dalla Torre et Harms（废弃属名）= Tetrapterys Cav.（1790）［as 'Tetrapteris'］（保留属名）［金虎尾科（黄褥花科）Malpighiaceae］●☆

50841　Tetraracus Klotzsch ex Engl. = Tapirira Aubl.（1775）［漆树科 Anacardiaceae］●☆

50842　Tetrardisia Mez（1902）【汉】四数紫金牛属。【隶属】紫金牛科 Myrsinaceae。【包含】世界 4-5 种。【学名诠释与讨论】〈阴〉（希）tetra = 拉丁文 quadri-，四+（属）Ardisia 紫金牛属。【分布】澳大利亚（昆士兰），印度尼西亚（爪哇岛）。【模式】Tetrardisia denticulata（Blume）Mez［Ardisia denticulata Blume］●☆

50843　Tetrarhaphis Miers（1853）= Oxytheca Nutt.（1848）［蓼科 Polygonaceae］■☆

50844　Tetraria P. Beauv.（1816）【汉】四数莎草属。【隶属】莎草科 Cyperaceae。【包含】世界 35-50 种。【学名诠释与讨论】〈阴〉（希）tetra = 拉丁文 quadri-，四+-arius，-aria，-arium，指示"属于、相似、具有、联系"的词尾。指花柱 4 分枝，或指雄蕊四数。【分布】澳大利亚，加里曼丹岛，热带非洲东部。【模式】Tetraria thuarii Palisot de Beauvois。【参考异名】Aulacorhynchus Nees（1834）；Boeckeleria T. Durand（1888）；Cyathocoma Nees（1834）；Decalepis Boeck.（1884）Nom. illegit.；Elynanthus Nees（1832）Nom. illegit.；Elynanthus P. Beauv. ex T. Lestib.（1819）；Ideleria Kunth（1837）；Lepisia C. Presl（1829）；Macrochaetium Steud.（1855）；Schoenopsis P. Beauv.（1819）Nom. illegit.；Schoenopsis P. Beauv. ex Lestib.（1819）；Sclerochaetium Nees（1832）；Tetrariopsis C. B. Clarke（1904）；Trichoballia C. Presl（1830）■☆

50845　Tetrariopsis C. B. Clarke（1904）= Tetraria P. Beauv.（1816）［莎草科 Cyperaceae］■☆

50846　Tetrarnorphaea DC. = Centaurea L.（1753）（保留属名）［菊科 Asteraceae（Compositae）//矢车菊科 Centaureaceae］●■

50847　Tetrarrhena R. Br.（1810）【汉】四雄禾属。【隶属】禾本科 Poaceae（Gramineae）。【包含】世界 6 种。【学名诠释与讨论】〈阴〉（希）tetra = 拉丁文 quadri-，四+arrhen，所有格 arrhenos，雄性的。此属的学名是"Tetrarrhena R. Brown, Prodr. 209. 27 Mar 1810"。亦有文献把其处理为"Ehrharta Thunb.（1779）（保留属名）"的异名。【分布】澳大利亚。【模式】未指定。【参考异名】Ehrharta Thunb.（1779）（保留属名）■☆

50848　Tetraselago Junell（1961）【汉】四数玄参属。【隶属】玄参科 Scrophulariaceae。【包含】世界 4 种。【学名诠释与讨论】〈阴〉（希）tetra = 拉丁文 quadri-，四+（属）Selago 塞拉玄参属。【分布】非洲南部。【模式】Tetraselago natalensis（Rolfe）Junell［Selago natalensis Rolfe］■☆

50849　Tetrasida Ulbr.（1916）【汉】四稔属。【隶属】锦葵科 Malvaceae。【包含】世界 2 种。【学名诠释与讨论】〈阴〉（希）tetra = 拉丁文 quadri-，四+（属）Sida 黄花稔属（金午时花属）。【分布】秘鲁，玻利维亚。【模式】Tetrasida polyantha Ulbrich ●☆

50850　Tetrasiphon Urb.（1904）【汉】四管卫矛属。【隶属】卫矛科 Celastraceae。【包含】世界 1 种。【学名诠释与讨论】〈中〉（希）tetra，四+siphon，所有格 siphonos，管子。【分布】牙买加。【模式】Tetrasiphon jamaicensis Urban ●☆

50851　Tetrasperma Steud.（1841）= Discaria Hook.（1829）；~ = Tetrapasma G. Don（1832）［鼠李科 Rhamnaceae］●☆

50852　Tetraspidium Baker（1884）【汉】四被列当属（四被玄参属）。【隶属】玄参科 Scrophulariaceae//列当科 Orobanchaceae。【包含】世界 1 种。【学名诠释与讨论】〈中〉（希）tetra，四+aspis，所有格 aspidos，指小式 aspidion，盾+-ius，-ia，-ium，在拉丁文和希腊文

中，这些词尾表示性质或状态。【分布】马达加斯加。【模式】Tetraspidium laxiflorum J. G. Baker ■☆

50853　Tetraspis Chiov.（1912）= Kirkia Oliv.（1868）［苦木科 Simaroubaceae//番苦木科 SimaroubaceaeKirkiaceae］●☆

50854　Tetraspora Miq.（1856）= Baeckea L.（1753）［桃金娘科 Myrtaceae］●

50855　Tetrastemma Diels ex H. Winkl., Nom. illegit. ≡ Tetrastemma Diels（1906）；~ = Uvariopsis Engl. ex Engl. et Diels（1899）［番荔枝科 Annonaceae］●☆

50856　Tetrastemma Diels（1906）= Uvariopsis Engl. ex Engl. et Diels（1899）［番荔枝科 Annonaceae］●☆

50857　Tetrastemma H. Winkl., Nom. illegit. ≡ Tetrastemma Diels ex H. Winkl., Nom. illegit.；~ ≡ Tetrastemma Diels（1906）；~ = Uvariopsis Engl. ex Engl. et Diels（1899）［番荔枝科 Annonaceae］●☆

50858　Tetrastemon Hook. et Arn.（1833）【汉】四冠木属。【隶属】桃金娘科 Myrtaceae。【包含】世界 1 种。【学名诠释与讨论】〈阳〉（希）tetra = 拉丁文 quadri-，四+stemon，雄蕊。此属的学名是"Tetrastemon W. J. Hooker et Arnott, Bot. Misc. 3：317. 1 Aug 1833"。亦有文献把其处理为"Myrrhinium Schott（1827）"的异名。【分布】巴西。【模式】Tetrastemon loranthoides W. J. Hooker et Arnott。【参考异名】Myrrhinium Schott（1827）●☆

50859　Tetrastichella Pichon（1946）= Arrabidaea DC.（1838）［紫葳科 Bignoniaceae］●☆

50860　Tetrastigma（Miq.）Planch.（1887）【汉】崖爬藤属（扁担藤属，崖藤属，岩藤属）。【日】ミツバカシラ属。【英】Javan Grape，Rockvine。【隶属】葡萄科 Vitaceae。【包含】世界 90-100 种，中国 44-55 种。【学名诠释与讨论】〈中〉（希）tetra，四+stigma，所有格 stigmatos，柱头，眼点。指柱头四裂。此属的学名，ING 和 APNI 记载是"Tetrastigma（Miquel）Planchon in Alph. de Candolle et A. C. de Candolle, Monogr. PHAN. 5：320, 423. Oct 1887"，由"Vitis sect. Tetrastigma Miquel, Ann. Mus. Bot. Lugduno-Batavi 1：72. 24 Sep 1863"改级而来。IK 则记载为"Tetrastigma Planch., Monogr. Phan.［A. DC. et C. DC.］5（2）：423. 1887［Oct 1887］"。三者引用的文献相同。"Tetrastigma K. Schum., Bot. Jahrb. Syst. 23（3）：444. 1896［24 Nov 1896］"是晚出的非法名称。【分布】澳大利亚，印度至马来西亚，中国，东南亚。【后选模式】Tetrastigma lanceolarium（Roxburgh）Planchon［Cissus lanceolaria Roxburgh］。【参考异名】Schumanniophyton Harms（1897）；Tetrastigma Planch.（1887）Nom. illegit. Vitis sect. Tetrastigma Miq.（1863）●■

50861　Tetrastigma K. Schum.（1896）Nom. illegit. ≡ Schumanniophyton Harms（1897）［茜草科 Rubiaceae］●☆

50862　Tetrastigma Planch.（1887）Nom. illegit. ≡ Tetrastigma（Miq.）Planch.（1887）［葡萄科 Vitaceae］●■

50863　Tetrastylidiaceae Calest. = Oleaceae Hoffmanns. et Link（保留科名）●

50864　Tetrastylidiaceae Tiegh.（1899）= Erythropalaceae Planch. ex Miq.（保留科名）；~ = Oleaceae Hoffmanns. et Link（保留科名）●

50865　Tetrastylidium Engl.（1872）【汉】四柱木属。【隶属】铁青树科 Olacaceae。【包含】世界 3 种。【学名诠释与讨论】〈中〉（希）tetra，四+stylos = 拉丁文 style，花柱，中柱，有尖之物，桩，柱，支持物，支柱，石头做的界标+-idius，-idia，-idium，指示小的词尾。【分布】巴西（南部），秘鲁。【模式】Tetrastylidium brasiliense Engler。【参考异名】Choristigma（Baill.）Baill.（1892）；Choristigma Baill.（1892）Nom. illegit. ●☆

50866　Tetrastylis Barb. Rodr.（1882）= Passiflora L.（1753）（保留属名）［西番莲科 Passifloraceae］●■

50867　Tetrasynandra Perkins（1898）【汉】聚药桂属。【隶属】香材树

科(杯轴花科,黑檫木科,芒籽科,蒙立米科,檬立木科,香材木科,香树木科)Monimiaceae。【包含】世界3种。【学名诠释与讨论】〈阴〉(希)tetra＝拉丁文 quadri-,四+aner,所有格 andros,雄性,雄蕊。指四个雄蕊紧密聚集在一起。【分布】澳大利亚。【后选模式】Tetrasynandra laxiflora(Bentham)Perkins[Kibara laxiflora Bentham]●☆

50868　Tetrataenium(DC.)Manden.(1959)【汉】四带芹属。【英】Fourtapeparsley。【隶属】伞形花科(伞形科)Apiaceae(Umbelliferae)。【包含】世界7-8种,中国2种。【学名诠释与讨论】〈中〉(希)tetra,四+tainia,变为拉丁文 taenia,带;taeniatus,有条纹的;taenidium,螺旋丝。此属的学名,ING 和 IK 记载是"Tetrataenium(A. P. de Candolle)I. P. Mandenova, Trudy Tbilissk. Bot. Inst. 20:16. 1959(post 25 Dec)",由"Heracleum sect. Tetrataenium A. P. de Candolle, Prodr. 4:191. Sep(sero)1830"改级而来。亦有文献把"Tetrataenium(DC.)Manden.(1959)"处理为"Heracleum L.(1753)"的异名。【分布】亚洲中部至斯里兰卡,中国。【模式】Tetrataenium rigens(Wallich ex A. P. de Candolle)I. P. Mandenova[Heracleum rigens Wallich ex A. P. de Candolle]。【参考异名】Heracleum L.(1753);Heracleum sect. Tetrataenium DC.(1830)■

50869　Tetrataxis Hook. f.(1867)【汉】毛里求斯千屈菜属。【隶属】千屈菜科 Lythraceae。【包含】世界1种。【学名诠释与讨论】〈阴〉(希)tetra＝拉丁文 quadri-,四+taxis,排列。此属的学名"Tetrataxis Hook. f. in Bentham et Hook. f., Gen. 1:775,783. Sep 1867"是一个替代名称。"Tetradia Du Petit-Thouars ex Tulasne, Ann. Sci. Nat. Bot. ser. 4. 6:137. Sep 1856"是一个非法名称(Nom. illegit.),因为此前已经有了"Tetradia R. Brown, Pterocymbium 233. 4 Jun 1844＝Pterygota Schott et Endl.(1832)[梧桐科 Sterculiaceae//锦葵科 Malvaceae]"。故用"Tetrataxis Hook. f.(1867)"替代之。同理,真菌的"Tetradia T. Johnson, Sci. Proc. Roy. Dublin Soc. ser. 2. 10:157. 1904"亦是非法名称。【分布】毛里求斯。【模式】Tetrataxis salicifolia(Du Petit - Thouars ex Tulasne)J. G. Baker[Tetradia salicifolia Du Petit - Thouars ex Tulasne]。【参考异名】Tetradia Thouars ex Tul.(1856)Nom. illegit.●☆

50870　Tetrateleia Arw.＝Tetratelia Sond.(1860)[山柑科(白花菜科,醉蝶花科)Capparaceae]●■

50871　Tetrateleia Sond.(1860)Nom. illegit.＝Tetratelia Sond.(1860)[山柑科(白花菜科,醉蝶花科)Capparaceae]●■

50872　Tetratelia Sond.(1860)＝Cleome L.(1753)[山柑科(白花菜科,醉蝶花科)Capparaceae//白花菜科(醉蝶花科)Cleomaceae]●■

50873　Tetrathalamus Lauterb.(1905)【汉】四室林仙属。【隶属】林仙科(冬木科,假八角科,辛辣木科)Winteraceae。【包含】世界1种。【学名诠释与讨论】〈阳〉(希)tetra＝拉丁文 quadri-,四+thalamus,花托,内室。此属的学名"Tetrathalamus Lauterbach in K. M. Schumann et Lauterbach, Nachtr. Fl. Deutsch. Südsee 319. Nov(prim.)1905"。亦有文献把其处理为"Zygogynum Baill.(1867)"的异名。【分布】新几内亚岛。【模式】Tetrathalamus montanus Lauterbach。【参考异名】Zygogynum Baill.(1867)●☆

50874　Tetratheca Sm.(1793)【汉】四室木属(泰特雷瑟属)。【英】Pink-eye。【隶属】孔药木科(独勃门多拉科,假石南科,孔药科)Tremandraceae。【包含】世界40种。【学名诠释与讨论】〈阴〉(希)tetra＝拉丁文 quadri-,四+theke＝拉丁文 theca,匣子,箱子,室,药室,囊。指花药常常四裂或四室。【分布】热带澳大利亚。【模式】Tetratheca juncea J. E. Smith。【参考异名】Petrotheca Steud.(1841)●☆

50875　Tetrathecaceae R. Br.(1814)＝Elaeocarpaceae Juss.(保留科

名);~＝Tremandraceae R. Br. ex DC.(保留科名)●☆

50876　Tetrathylacium Poepp.(1841)【汉】四囊木属。【隶属】刺篱木科(大风子科)Flacourtiaceae。【包含】世界6种。【学名诠释与讨论】〈中〉(希)tetra,四+thylax,所有格 thylakos,袋,囊+-ius,-ia,-ium,在拉丁文和希腊文中,这些词尾表示性质或状态。此属的学名,ING 和 TROPICOS 记载是"Tetrathylacium Poeppig in Poeppig et Endlicher, Nova Gen. Sp. 3:34. 8-11 Mar 1843;t. 240. 15-21 Aug 1841"。IK 则记载为"Tetrathylacium Poepp. et Endl., Nov. Gen. Sp. Pl.(Poeppig et Endlicher)iii. 34. t. 240(1842)"。三者引用的文献相同。【分布】巴拿马,秘鲁,玻利维亚,厄瓜多尔,哥伦比亚(安蒂奥基亚),哥斯达黎加,热带南美洲西部,中美洲。【模式】Tetrathylacium macrophyllum Poeppig et Endlicher。【参考异名】Edmonstonia Seem.(1853);Tetrathylacium Poepp. et Endl.(1842)Nom. illegit.●☆

50877　Tetrathylacium Poepp. et Endl.(1842)Nom. illegit.≡Tetrathylacium Poepp.(1841)[刺篱木科(大风子科)Flacourtiaceae]●☆

50878　Tetrathyrium Benth.(1861)【汉】四药门花属。【英】Tetrathyrium。【隶属】金缕梅科 Hamamelidaceae。【包含】世界2种,中国2种。【学名诠释与讨论】〈中〉(希)tetra,四+thyra,门。thyris,所有格 thyridos,窗。thyreos,门石,形状如门的长方形石盾+-ius,-ia,-ium,在拉丁文和希腊文中,这些词尾表示性质或状态。指花药4室,瓣裂。此属的学名是"Tetrathyrium Bentham, Fl. Hongk. 132. Feb 1861"。亦有文献把其处理为"Loropetalum R. Br.(1828)"的异名。【分布】中国。【模式】Tetrathyrium subcordatum Bentham。【参考异名】Loropetalum R. Br.(1828)●★

50879　Tetratome Poepp. et Endl.(1838)＝Mollinedia Ruiz et Pav.(1794)[香材树科(杯轴花科,黑檫木科,芒籽科,蒙立米科,檬立木科,香材木科,香树木科)Monimiaceae]●☆

50880　Tetraulacium Turcz.(1843)【汉】四沟玄参属。【隶属】玄参科 Scrophulariaceae。【包含】世界1种。【学名诠释与讨论】〈中〉(希)tetra,四+aulax,所有格 aulakos＝alox,所有格 alokos,犁沟,记号,伤痕,腔穴,子宫+-ius,-ia,-ium,在拉丁文和希腊文中,这些词尾表示性质或状态。【分布】巴西。【模式】Tetraulacium veroniciforme Turczaninow[as 'veronicaeforme']■☆

50881　Tetrazygia Rich.(1828)Nom. illegit.≡Tetrazygia Rich. ex DC.(1828)[野牡丹科 Melastomataceae]●☆

50882　Tetrazygia Rich. ex DC.(1828)【汉】四轭野牡丹属。【隶属】野牡丹科 Melastomataceae。【包含】世界25-30种。【学名诠释与讨论】〈阴〉(希)tetra＝拉丁文 quadri-,四+zygos,成对,连结,轭。此属的学名,ING、GCI、TROPICOS 和 IK 记载是"Tetrazygia Rich. ex DC., Prodr.[A. P. de Candolle]3:172. 1828[mid - Mar 1828]"。"Tetrazygia Rich.(1828)≡Tetrazygia Rich. ex DC.(1828)"的命名人引证有误。【分布】西印度群岛。【后选模式】Tetrazygia discolor(Linnaeus)A. P. de Candolle[Melastoma discolor Linnaeus]。【参考异名】Harrera Macfad.(1837);Lomanthera Raf.(1838);Menendezia Britton(1925);Miconiastrum Naudin(1851);Naudinia A. Rich.(1845)(废弃属名);Tetrazygia Rich.(1828)Nom. illegit.;Tetrazygiopsis Borhidi(1977)●☆

50883　Tetrazygiopsis Borhidi(1977)＝Tetrazygia Rich. ex DC.(1828)[野牡丹科 Melastomataceae]●☆

50884　Tetrazygos Rich. ex DC.(1828)＝Charianthus D. Don(1823)[野牡丹科 Melastomataceae]●☆

50885　Tetrazygus Triana(1872)Nom. illegit.[野牡丹科 Melastomataceae]☆

50886　Tetreilema Turcz.(1863)＝Frankenia L.(1753)[瓣鳞花科 Frankeniaceae]●■

50887　Tetrixus Tiegh. ex Lecomte(1927)= Viscum L. (1753)［桑寄生科 Loranthaceae//槲寄生科 Viscaceae］●

50888　Tetrodea Raf. (1836) Nom. illegit. ≡ Amphicarpaea Elliott ex Nutt. (1818)［as ' Amphicarpa'］(保留属名)［豆科 Fabaceae (Leguminosae)//蝶形花科 Papilionaceae］■

50889　Tetrodon(Kraenzl.) M. A. Clem. et D. L. Jones(1998)【汉】四齿兰属。【隶属】兰科 Orchidaceae。【包含】世界 2 种。【学名诠释与讨论】〈阳〉(希) tetra = 拉丁文 quadri-,四+odous,所有格 odontos,齿。此属的学名,IK 记载为"Tetrodon (Kraenzl.) M. A. Clem. et D. L. Jones, Orchadian 12(7):310(1998)",由"Eria sect. Tetrodon Kraenzl."改级而来。亦有文献把"Tetrodon (Kraenzl.) M. A. Clem. et D. L. Jones(1998)"处理为"Eria Lindl. (1825)(保留属名)"的异名。【分布】法属新喀里多尼亚。【模式】不详。【参考异名】Eria Lindl. (1825)(保留属名);Eria sect. Tetrodon Kraenzl.■☆

50890　Tetrodus (Cass.) Cass. (1828) Nom. inval. = Helenium L. (1753);~ = Mesodetra Raf. (1817)［菊科 Asteraceae (Compositae)//堆心菊科 Heleniaceae］■

50891　Tetrodus (Cass.) Less. (1832) Nom. illegit. ≡ Mesodetra Raf. (1817)［菊科 Asteraceae(Compositae)//堆心菊科 Heleniaceae］■

50892　Tetrodus Cass. (1828) Nom. inval. =Helenium L. (1753)［菊科 Asteraceae(Compositae)//堆心菊科 Heleniaceae］■

50893　Tetroncium Willd. (1808)【汉】四疣麦冬属。【隶属】水麦冬科 Juncaginaceae。【包含】世界 1 种。【学名诠释与讨论】〈中〉(希) tetra,四+onkos,瘤,突出物+-ius,-ia,-ium,在拉丁文和希腊文中,这些词尾表示性质或状态。【分布】温带南美洲。【模式】Tetroncium magellanicum Willdenow。【参考异名】Cathanthes Rich. (1815)■☆

50894　Tetrorchidiopsis Rauschert (1982) = Tetrorchidium Poepp. (1841)［大戟科 Euphorbiaceae］●☆

50895　Tetrorchidium Poepp. (1841)【汉】四丸大戟属。【隶属】大戟科 Euphorbiaceae。【包含】世界 20 种。【学名诠释与讨论】〈阴〉(希) tetra =拉丁文 quadri-,四+orchis,原义是睾丸,后变为植物兰的名称,因为根的形态而得名。变为拉丁文 orchis,所有格 orchidis,睾丸+-idius,-idia,-idium,指示小的词尾。此属的学名,ING、TROPICOS 和 GCI 记载是"Tetrorchidium Poeppig in Poeppig et Endlicher, Nova. Gen. Sp. 3;23. 15-21 Aug 1841"。IK 则记载为"Tetrorchidium Poepp. et Endl., Nov. Gen. Sp. Pl. (Poeppig et Endlicher)iii. 23. t. 227(1842)"。四者引用的文献相同。【分布】巴拉圭,巴拿马,秘鲁,玻利维亚,厄瓜多尔,哥伦比亚(安蒂奥基亚),哥斯达黎加,尼加拉瓜,西印度群岛,热带非洲西部,中美洲。【模式】Tetrorchidium rubrivenium Poeppig。【参考异名】Hasskarlia Baill. (1860) Nom. illegit. ; Tetrorchidiopsis Rauschert (1982);Tetrorchidium Poepp. et Endl. (1841) Nom. illegit.●☆

50896　Tetrorchidium Poepp. et Endl. (1841) Nom. illegit. ≡ Tetrorchidium Poepp. (1841)［大戟科 Euphorbiaceae］●☆

50897　Tetrorhiza Raf. (1837) = Gentiana L. (1753);~ = Tretorhiza Adans. (1763)［龙胆科 Gentianaceae］■

50898　Tetrorhiza Raf. ex Jacks. , Nom. illegit. =Tetrorhiza Raf. (1837);~ =Gentiana L. (1753);~ = Tretorhiza Adans. (1763)［龙胆科 Gentianaceae］■

50899　Tetrorrhiza Steud. (1841) Nom. illegit. ［龙胆科 Gentianaceae］☆

50900　Tetrorum Rose (1905) = Sedum L. (1753)［景天科 Crassulaceae］●■

50901　Tetrouratea Tiegh. (1902)= Ouratea Aubl. (1775)(保留属名)［金莲木科 Ochnaceae］●

50902　Teucridium Hook. f. (1853)【汉】小石蚕属。【隶属】马鞭草科 Verbenaceae//唇形科 Lamiaceae(Labiatae)。【包含】世界 1 种。【学名诠释与讨论】〈中〉(属) Teucrium 香科科属(石蚕属,香科属)+-idius,-idia,-idium,指示小的词尾。【分布】新西兰。【模式】Teucridium parvifolium J. D. Hooker ●☆

50903　Teucrion St. -Lag. (1880) = Teucrium L. (1753)［唇形科 Lamiaceae(Labiatae)］●■

50904　Teucrium L. (1753)【汉】香科科属(石蚕属,香科属)。【日】ニガクサ属。【俄】Дубравник, Дубровник, Паклун。【英】Germander, Wood Sage。【隶属】唇形科 Lamiaceae (Labiatae)。【包含】世界 100-260 种,中国 18-20 种。【学名诠释与讨论】〈中〉(希) teukrion,香科科古名。来自 Teucer (Teukros),古代特洛伊的国王。另说 Teucer 是塞浦路斯岛上制作意大利香肠的镇的创始人。此属的学名,ING、TROPICOS、APNI、GCI 和 IK 记载是"Teucrium L., Sp. Pl. 2: 562. 1753 ［1 May 1753］"。"Monochilon Dulac, Fl. Hautes-Pyrénées 405. 1867"是"Teucrium L. (1753)"的晚出的同模式异名(Homotypic synonym, Nomenclatural synonym)。【分布】巴基斯坦,巴拉圭,巴拿马,秘鲁,玻利维亚,厄瓜多尔,哥斯达黎加,美国(密苏里),尼加拉瓜,中国,地中海地区,中美洲。【后选模式】Teucrium fruticans Linnaeus。【参考异名】Botrys Fourr. (1869);Chamaedrys Mill. (1754);Chamaedrys Moench(1794) Nom. illegit. ; Chamedrys Raf. (1837);Fracastora Adans. (1763);Francastora Steud. (1841);Iva Fabr. (1759) Nom. illegit. ; Kinostemon Kudô (1929);Melosmon Raf. (1837);Monipsis Raf. (1837);Monochilon Dulac(1867) Nom. illegit. ;Poliodendron Webb et Berthel. (1836-1850);Polium Mill. (1754);Rubiteucris Kudô(1929);Scorbion Raf. (1837);Scordium Mill. (1754);Scorodonia Hill (1756);Scrotalaria Scr. ex Pfeiff. ; Teucrion St. -Lag. (1880);Teurium Meerb. (1780) Nom. illegit. ; Trixago Raf. (1837) Nom. illegit.●■

50905　Teurium Meerb. (1780) Nom. illegit. =Teucrium L. (1753)［唇形科 Lamiaceae(Labiatae)］●■

50906　Teuscheria Garay(1958)【汉】托氏兰属(杜氏兰属)。【隶属】兰科 Orchidaceae。【包含】世界 6 种。【学名诠释与讨论】〈阴〉(人) Heinrich (Henry) Teuscher, 1891-1984,德国植物学者,树木学者,兰科 Orchidaceae 专家。【分布】巴拿马,厄瓜多尔,哥伦比亚(安蒂奥基亚),哥斯达黎加,尼加拉瓜,中美洲。【模式】Teuscheria cornucopia Garay ■☆

50907　Teutliopsis(Dumort.) čelak. (1872)= Atriplex L. (1753)(保留属名)［藜科 Chenopodiaceae//滨藜科 Atriplicaceae］■●

50908　Texiera Jaub. et Spach (1842) Nom. illegit. ≡ Glastaria Boiss. (1841)［十字花科 Brassicaceae(Cruciferae)］■☆

50909　Textoria Miq. (1863)= Dendropanax Decne. et Planch. (1854)［五加科 Araliaceae］●

50910　Teyleria Backer(1939)【汉】琼豆属。【英】Jadebean, Tcyleria。【隶属】豆科 Fabaceae(Leguminosae)//蝶形花科 Papilionaceae。【包含】世界 1-3 种,中国 1 种。【学名诠释与讨论】〈阴〉(人) Teyler。此属的学名,ING 和 IK 记载是"Teyleria Backer, Bull. Jard. Bot. Buitenzorg ser. 3. 16;107. Apr 1939"。【分布】印度尼西亚(爪哇岛),中国。【模式】Teyleria koordersii (Backer) Backer ［Glycine koordersii Backer］■

50911　Teysmannia Miq. (1857)= Pottsia Hook. et Arn. (1837)［夹竹桃科 Apocynaceae］●

50912　Teysmannia Miq. (1859) Nom. illegit. = Teyssmannia Rchb. f. et Zoll. (1858) Nom. illegit. ; ~ = Johannesteijsmannia H. E. Moore (1961)［棕榈科 Arecaceae(Palmae)］●

50913　Teysmannia Rchb. f. et Zoll. (1858) Nom. illegit. ≡

Johannesteijsmannia H. E. Moore（1961）［棕榈科 Arecaceae（Palmae）］●☆

50914　Teysmanniodendron Koord.（1904）Nom. illegit. ≡ Teijsmanniodendron Koord.（1904）［唇形科 Lamiaceae（Labiatae）］●☆

50915　Teyssmania Rchb. f. et Zoll.（1858）Nom. illegit. ≡ Johannesteijsmannia H. E. Moore（1961）［棕榈科 Arecaceae（Palmae）］●☆

50916　Teyssmania Rchb. f. et Zoll.（1858）Nom. illegit. ≡ Teyssmannia Rchb. f. et Zoll.（1858）Nom. illegit. ;~≡Johannesteijsmannia H. E. Moore（1961）［棕榈科 Arecaceae（Palmae）］●☆

50917　Thacla Spach（1838）= Caltha L.（1753）［毛茛科 Ranunculaceae］■

50918　Thacombauia Seem.（1871）= Flacourtia Comm. ex L'Hér.（1786）［刺篱木科（大风子科）Flacourtiaceae］●

50919　Thaia Seidenf.（1975）【汉】泰国兰属。【隶属】兰科 Orchidaceae。【包含】世界 1 种。【学名诠释与讨论】〈阴〉（地）泰国 Thailand 的缩写。【分布】泰国。【模式】Thaia saprophytica G. Seidenfaden ■☆

50920　Thailentadopsis Kosterm.（1977）= Havardia Small（1901）［豆科 Fabaceae（Leguminosae）//含羞草科 Mimosaceae］●☆

50921　Thalamia Spreng.（1817）Nom. illegit. = Podocarpus Labill.（1806）（废弃属名）;~≡Podocarpus Pers.（1807）（保留属名）;~=Phyllocladus Rich. ex Mirb.（1825）（保留属名）［叶枝杉科（伪叶竹柏科）Phyllocladaceae//罗汉松科 Podocarpaceae］●☆

50922　Thalasium Spreng.（1827）= Panicum L.（1753）［禾本科 Poaceae（Gramineae）］■

50923　Thalassia Banks et K. D. König（1805）Nom. illegit. ≡ Thalassia Banks ex K. D. König（1805）［水鳖科 Hydrocharitaceae//海生草科 Thalassiaceae］■

50924　Thalassia Banks et Sol. ex K. D. König（1805）Nom. illegit. ≡ Thalassia Banks ex K. D. König（1805）［水鳖科 Hydrocharitaceae//海生草科 Thalassiaceae］■

50925　Thalassia Banks ex K. D. König（1805）【汉】海生草属（泰来藻属，长喙藻属）。【日】リュウキュウスガモ属。【俄】Талассия。【英】Thalassia, Turtle Grass, Turtle - grass。【隶属】水鳖科 Hydrocharitaceae//海生草科 Thalassiaceae。【包含】世界 2 种，中国 1 种。【学名诠释与讨论】〈阴〉（希）thalassa,海。指本属植物生于海水中。此属的学名，ING、TROPICOS 和 IK 记载是"Thalassia Banks ex K. D. Koenig, Ann. Bot.［König et Sims］. 2（1）:96. 1805［1 Jun（?）1805］"。"Thalassia Banks et K. D. König（1805）≡ Thalassia Banks ex K. D. König（1805）"、"Thalassia Banks et Sol. ex K. D. König（1805）≡ Thalassia Banks ex K. D. König（1805）"、"Thalassia Banks（1805）≡ Thalassia Banks ex K. D. König（1805）"和"Thalassia Sol. ex K. D. König（1805）≡ Thalassia Banks ex K. D. König（1805）"的命名人引证有误。【分布】巴拿马，哥斯达黎加，马达加斯加，尼加拉瓜，中国，印度洋和大西洋岛屿，中美洲。【后选模式】Thalassia testudinum König。【参考异名】Schizotheca Ehrenb.（1832）Nom. inval. ; Schizotheca Ehrenb. ex Solms; Thalassia Banks et K. D. König（1805）Nom. illegit. ;Thalassia Banks et Sol. ex K. D. König（1805）Nom. illegit. ; Thalassia Banks（1805）Nom. illegit. ; Thalassia Sol. ex K. D. König（1805）Nom. illegit. ;Thalassiophila Denizot ■

50926　Thalassia Banks（1805）Nom. illegit. ≡ Thalassia Banks ex K. D. König（1805）［水鳖科 Hydrocharitaceae//海生草科 Thalassiaceae］■

50927　Thalassia Sol. ex K. D. König（1805）Nom. illegit. ≡ Thalassia Banks ex K. D. König（1805）［水鳖科 Hydrocharitaceae//海生草科 Thalassiaceae］■

50928　Thalassiaceae Nakai（1943）［亦见 Hydrocharitaceae Juss.（保留科名）水鳖科］【汉】海生草科。【包含】世界 1 属 2 种，中国 1 属 1 种。【分布】印度太平洋沿岸岛屿。【科名模式】Thalassia Banks ex K. D. König（1805）■

50929　Thalassiophila Denizot = Thalassia Banks ex K. D. König（1805）［水鳖科 Hydrocharitaceae//海生草科 Thalassiaceae］■

50930　Thalassodendron Hartog（1970）【汉】海丛藻属。【隶属】丝粉藻科 Cymodoceaceae。【包含】世界 1-2 种。【学名诠释与讨论】〈中〉（希）thalassa,海+dendron 或 dendros,树木,棍,丛林。【分布】马达加斯加,马来西亚（东部）,澳大利亚（热带,西部,昆士兰）,红海沿岸,西印度群岛。【模式】Thalassodendron ciliatum（P. Forsskål）C. den Hartog［Zostera ciliata P. Forsskål］■☆

50931　Thaleropia Peter G. Wilson（1993）【汉】茂灌金娘属。【隶属】桃金娘科 Myrtaceae。【包含】世界 3 种。【学名诠释与讨论】〈阴〉（希）thaleia,茂盛的+rops 灌木。【分布】澳大利亚,新几内亚岛。【模式】Thaleropia queenslandica（L. S. Smith）Peter G. Wilson ●☆

50932　Thalesia Bronner（1857）Nom. illegit.［葡萄科 Vitaceae］☆

50933　Thalesia Mart. ex Pfeiff. = Sweetia Spreng.（1825）（保留属名）［豆科 Fabaceae（Leguminosae）］●☆

50934　Thalesia Raf.（1818）Nom. inval. ≡ Thalesia Raf. ex Britton（1894）Nom. illegit. ;~≡Aphyllon Mitch.（1769）;~=Orobanche L.（1753）［列当科 Orobanchaceae//玄参科 Scrophulariaceae］■

50935　Thalesia Raf.（1825）Nom. illegit. ≡ Thalesia Raf. ex Britton（1894）Nom. illegit. ;~≡Aphyllon Mitch.（1769）;~=Orobanche L.（1753）［列当科 Orobanchaceae//玄参科 Scrophulariaceae］■

50936　Thalesia Raf. ex Britton（1894）Nom. illegit. ≡ Aphyllon Mitch.（1769）;~=Orobanche L.（1753）［列当科 Orobanchaceae//玄参科 Scrophulariaceae］■

50937　Thalestris Rizzini（1952）= Justicia L.（1753）［爵床科 Acanthaceae//鸭嘴花科（鸭咀花科）Justiciaceae］●■

50938　Thalia L.（1753）【汉】水竹芋属（塔里亚属，再力花属）。【日】ターリア属，ミズカンナ属。【英】Thalia。【隶属】竹芋科（苳叶科,柊叶科）Marantaceae。【包含】世界 7 种。【学名诠释与讨论】〈阴〉（人）Johannes Thai（Thalius）,1542/1543-1583,德国植物学者,医生。【分布】巴拿马,玻利维亚,厄瓜多尔,哥伦比亚（安蒂奥基亚）,哥斯达黎加,美国（密苏里）,尼加拉瓜,利比里亚（宁巴）,非洲,中美洲。【模式】Thalia geniculata Linnaeus。【参考异名】Malacarya Raf.（1819）;Peronia Delar.（废弃属名）;Peronia Delar. ex DC.（废弃属名）;Spirostylis Raf.（1838）Nom. illegit.（废弃属名）■☆

50939　Thalianthus Klotzsch ex Körn.（1862）= Myrosma L. f.（1882）［竹芋科（苳叶科,柊叶科）Marantaceae］■☆

50940　Thalianthus Klotzsch（1846）Nom. inval. ≡ Thalianthus Klotzsch ex Körn.（1862）;~=Myrosma L. f.（1882）［竹芋科（苳叶科,柊叶科）Marantaceae］■☆

50941　Thalictraceae（Gregory）Á. Löve et D. Löve（1974）= Ranunculaceae Juss.（保留科名）●■

50942　Thalictraceae Á. Löve et D. Löve（1974）= Thalictraceae（Gregory）Á. Löve et D. Löve（1974）;~= Ranunculaceae Juss.（保留科名）●■

50943　Thalictraceae Raf.（1815）= Ranunculaceae Juss.（保留科名）●■

50944　Thalictrella A. Rich.（1825）= Isopyrum L.（1753）（保留属名）［毛茛科 Ranunculaceae］■

50945　Thalictrodes Kuntze（1891）Nom. illegit. ≡ Cimicifuga Wernisch.（1763）［毛茛科 Ranunculaceae］●■

50946 Thalictrum L. (1753)【汉】唐松草属(白莲草属,白蓬草属)。【日】カラマツサウ属,カラマツソウ属。【俄】Василисник,Василистник。【英】Meadow Rue, Meadowrue, Meadow-rue, Muskrat Wort。【隶属】毛茛科 Ranunculaceae。【包含】世界120-330种,中国76-82种。【学名诠释与讨论】〈中〉(希)thaliktron,唐松草,由1-2世纪时的希腊植物学者 Dioscorides 所采用,源于 thaliktron,繁茂。此属的学名"Thalictrum L., Sp. Pl.:545. 1 Mai 1753"是保留属名。法规未列出相应的废弃属名。但是"Thalictrum Tourn. ex L. (1753) ≡ Thalictrum L. (1753)"应该废弃。【分布】巴基斯坦,巴拿马,秘鲁,玻利维亚,厄瓜多尔,哥伦比亚(安蒂奥基亚),美国(密苏里),尼加拉瓜,中国,北温带,热带非洲和非洲南部,热带南美洲,中美洲。【模式】Thalictrum foetidum Linnaeus。【参考异名】Anemonella Spach (1838); Leucocoma (Greene) Nieuwl. (1911); Leucocoma Nieuwl. (1911) Nom. illegit.; Physocarpum (DC.) Bercht. et J. Presl (1823); Physocarpum Bercht. et J. Presl (1823) Nom. illegit.; Piuttia Mattei (1906); Praticola Ehrh. (1789); Ruprechtia Opiz (1852) Nom. illegit.; Schlagintweitiella Ulbr. (1929); Stipularia Delpino (1899) Nom. illegit.; Sumnera Nieuwl. (1914) Nom. illegit.; Thalictrum Tourn. ex L. (1753) (废弃属名); Tripterium (DC.) Bercht. et J. Presl (1823); Tripterium Bercht. et J. Presl (1823) Nom. illegit. ■

50947 Thalictrum Tourn. ex L. (1753) (废弃属名) ≡ Thalictrum L. (1753) [毛茛科 Ranunculaceae]■

50948 Thalliana Steud. (1841) = Colubrina Rich. ex Brongn. (1826) (保留属名); ~ = Tralliana Lour. (1790) [鼠李科 Rhamnaceae//卫矛科 Celastraceae]●

50949 Thalysia Kuntze(1891)Nom. illegit. ≡ Zea L. (1753) [禾本科 Poaceae(Gramineae)//玉蜀黍科 Zeaceae]■

50950 Thaminophyllum Harv. (1865)【汉】帚粉菊属。【隶属】菊科 Asteraceae(Compositae)。【包含】世界3种。【学名诠释与讨论】〈阴〉(希)thaminos,密集的,紧密的+phyllon,叶子。【分布】非洲南部。【后选模式】Thaminophyllum mundtii W. H. Harvey ■☆

50951 Thamnea Sol. ex Brongn. (1826) (保留属名)【汉】鳞叶灌属。【隶属】鳞叶树科(布鲁尼科,小叶树科)Bruniaceae。【包含】世界7种。【学名诠释与讨论】〈阴〉(希)thamnos,指小式thamnion,灌木,灌丛,树丛,枝。此属的学名"Thamnea Sol. ex Brongn. in Ann. Sci. Nat. (Paris) 8:386. Aug 1826 = Thamnea Sol. ex Brongn. (1826) (保留属名)"是保留属名。相应的废弃属名是红木科(胭脂树科)Bixaceae//刺篱木科(大风子科)Flacourtiaceae 的"Thamnia P. Browne, Civ. Nat. Hist. Jamaica:245. 10 Mar 1756 = Laetia Loefl. ex L. (1759) (保留属名)"。"Schinzafra O. Kuntze, Rev. Gen. 1:234. 5 Nov 1891"是"Thamnea Sol. ex Brongn. (1826) (保留属名)"的晚出的同模式异名(Homotypic synonym, Nomenclatural synonym)。亦有文献把"Thamnea Sol. ex Brongn. (1826) (保留属名)"处理为"Thamnea Sol. ex Brongn. (1826) (保留属名)"的异名。【分布】非洲南部。【模式】Thamnea uniflora Solander ex A. T. Brongniart。【参考异名】Schinzafra Kuntze(1891)Nom. illegit. ●☆

50952 Thamnia P. Browne (1756) (废弃属名) = Laetia Loefl. ex L. (1759) (保留属名) [刺篱木科(大风子科)Flacourtiaceae]●☆

50953 Thamnium Klotzsch (1838) = Scyphogyne Brongn. (1828) Nom. illegit.; ~ = Scyphogyne Decne. (1828); ~ = Erica L. (1753) [杜鹃花科(欧石南科)Ericaceae]●☆

50954 Thamnocalamus Munro(1868)【汉】筱竹属(法氏竹属,华橘竹属)。【英】Shrubbamboo, Umbrella Bamboo, Umbrella-bamboo。【隶属】禾本科 Poaceae(Gramineae)。【包含】世界2-6种,中国1种。【学名诠释与讨论】〈阳〉(希)thamnos,灌木,灌丛,树丛,枝+kalamos,芦苇。指本属竹类为灌木状。此属的学名,ING、TROPICOS 和 IK 记载是"Thamnocalamus Munro, Trans. Linn. Soc. London 26(1):33,157. 1868 [5 Mar-11 Apr 1868]"。它曾被处理为"Arundinaria sect. Thamnocalamus (Munro) Hack., Die natürlichen Pflanzenfamilien, Zweite Auflage 2:93. 1887"。亦有文献把"Thamnocalamus Munro (1868)"处理为"Fargesia Franch. (1893)"的异名。【分布】中国,东亚。【后选模式】Thamnocalamus spathiflorus (Trinius) Munro [Arundinaria spathiflora Trinius]。【参考异名】Arundinaria sect. Thamnocalamus (Munro) Hack. (1887); Fargesia Franch. (1893); Himalayacalamus P. C. Keng (1983)●

50955 Thamnocharis W. T. Wang(1981)【汉】辐花苣苔属(幅花苣苔属)。【英】Thamnocharis。【隶属】苦苣苔科 Gesneriaceae。【包含】世界1种,中国1种。【学名诠释与讨论】〈阴〉(希)thamnos,灌木,灌丛,树丛,枝+charis,喜悦,雅致,美丽,流行。【分布】中国。【模式】Thamnocharis esquirolii (A. A. H. Léveillé) W. T. Wang [Oreocharis esquirolii A. A. H. Léveillé]■★

50956 Thamnochordus Kuntze (1898) = Thamnochortus P. J. Bergius (1767) [帚灯草科 Restionaceae]■☆

50957 Thamnochortus P. J. Bergius(1767)【汉】灌木帚灯草属。【隶属】帚灯草科 Restionaceae。【包含】世界33-34种。【学名诠释与讨论】〈阳〉(希)thamnos,灌木,灌丛,树丛,枝+chortos,植物园,草。【分布】非洲南部。【模式】Thamnochortus fruticosus P. J. Bergius。【参考异名】Restio L. (1767) (废弃属名); Thamnochordus Kuntze(1898)■☆

50958 Thamnojusticia Mildbr. (1933)【汉】灌木爵床属。【隶属】爵床科 Acanthaceae//鸭嘴花科(鸭咀花科)Justiciaceae。【包含】世界2种。【学名诠释与讨论】〈阴〉(希)thamnos,灌木,灌丛,树丛,枝+(属)Justicia 鸭嘴花属。此属的学名是"Thamnojusticia Mildbraed, Notizbl. Bot. Gart. Berlin-Dahlem 11:825. 31 Mar 1933"。亦有文献把其处理为"Justicia L. (1753)"的异名。【分布】中国,热带非洲东部。【模式】Thamnojusticia amabilis Mildbraed。【参考异名】Justicia L. (1753)●■

50959 Thamnoldenlandia Groeninckx(2010)【汉】马岛茜属。【隶属】茜草科 Rubiaceae。【包含】世界1种。【学名诠释与讨论】〈阴〉词源不详。【分布】马达加斯加。【模式】Thamnoldenlandia ambovombensis Groeninckx☆

50960 Thamnosciadium Hartvig (1985)【汉】灌伞芹属。【隶属】伞形花科(伞形科)Apiaceae(Umbelliferae)。【包含】世界1种。【学名诠释与讨论】〈中〉(希)thamnos,灌木,灌丛,树丛,枝+(属)Sciadium 伞芹属。【分布】希腊。【模式】Thamnosciadium junceum (J. E. Smith) P. Hartvig [Seseli junceum J. E. Smith]●☆

50961 Thamnoseris F. Phil. (1875)【汉】肉苣木属。【隶属】菊科 Asteraceae(Compositae)。【包含】世界1种。【学名诠释与讨论】〈阴〉(希)thamnos,灌木,灌丛,树丛,枝+seris,菊苣。【分布】智利。【模式】Thamnoseris lacerata (R. A. Philippi) F. Philippi [Rea lacerata R. A. Philippi]●☆

50962 Thamnosma Torr. et Frém. (1845)【汉】香芸灌属。【隶属】芸香科 Rutaceae。【包含】世界6种。【学名诠释与讨论】〈阴〉(希)thamnos,灌木,灌丛,树丛,枝+osme = odme,香味,臭味,气味。在希腊文组合词中,词头 osm- 和词尾-osma 通常指香味。【分布】美国(南部),也门(索科特拉岛),阿拉伯地区,非洲西南部。【模式】Thamnosma montana Torrey et Frémont。【参考异名】Rutosma A. Gray (1849)●☆

50963 Thamnus Klotzsch(1838)【汉】灌木杜鹃属。【隶属】杜鹃花科(欧石南科)Ericaceae。【包含】世界1种。【学名诠释与讨论】〈阳〉(希)thamnos,灌木,灌丛,树丛,枝。此属的学名,ING、

TROPICOS 和 IK 记载是"Thamnus Klotzsch，Linnaea 12：235. Mar-Jul 1838"。"Thamnus Link，Enumeratio Plantarum Horti Regii Berolinensis Altera 2：426. 1822［薯蓣科 Dioscoreaceae］"是一个仅有属名的无效名称（Nom. inval.）。此属的学名是"Thamnus Klotzsch，Linnaea 12：235. Mar-Jul 1838（non Link 1822）"。亦有文献把其处理为"Blaeria L.（1753）"或"Erica L.（1753）"的异名。"Thamnus L.（1753）"似为误引。【分布】非洲南部。【模式】Thamnus multiflorus Klotzsch。【参考异名】Blaeria L.（1753）；Erica L.（1753）●☆

50964 Thamnus L.（1753）Nom. illegit. = Tamus L.（1753）［薯蓣科 Dioscoreaceae］■☆

50965 Thamnus Link（1822）Nom. inval.［薯蓣科 Dioscoreaceae］☆

50966 Thanatophorus Walp.（1852）= Danatophorus Blume（1849）；~ = Harpullia Roxb.（1824）［无患子科 Sapindaceae］●

50967 Thapsandra Griseb.（1844）= Celsia L.（1753）［玄参科 Scrophulariaceae//毛蕊花科 Verbascaceae］■☆

50968 Thapsia L.（1753）【汉】毒胡萝卜属（它普属）。【俄】Тапсия，Трава злая。【英】Deadly Carrot，Thapsia。【隶属】伞形花科（伞形科）Apiaceae（Umbelliferae）。【包含】世界 7-22 种。【学名诠释与讨论】〈阴〉（拉）Tapsus 岛，位于北非洲。岛上产的一种巨毒萝卜 thapsia，可以毒死人。【分布】地中海地区。【后选模式】Thapsia villosa Linnaeus。【参考异名】Cicutastrum Fabr.；Kenopleurum P. Candargy（1897）；Melanaton Raf.（1840）Nom. illegit.；Melanoselinum Hoffm.（1814）；Monizia Lowe（1856）■☆

50969 Thapsium Walp.（1843）= Thaspium Nutt.（1818）［伞形花科（伞形科）Apiaceae（Umbelliferae）］■☆

50970 Thapsus Raf.（1838）= Veratrum L.（1753）［百合科 Liliaceae//黑药花科（藜芦科）Melanthiaceae］■●

50971 Tharpia Britton et Rose（1930）= Cassia L.（1753）（保留属名）；~ = Senna Mill.（1754）［豆科 Fabaceae（Leguminosae）//云实科（苏木科）Caesalpiniaceae］●■

50972 Thaspium Nutt.（1818）【汉】草地防风属（萨斯珀属）。【隶属】伞形花科（伞形科）Apiaceae（Umbelliferae）。【包含】世界 3 种。【学名诠释与讨论】〈中〉（属）由毒胡萝卜属 Thapsia 字母改缀而来。此属的学名是"Thaspium Nuttall，Gen. 1：196. 14 Jul 1818"。亦有文献把其处理为"Zizia W. D. J. Koch（1824）"的异名。【分布】美国，北美洲。【后选模式】Thaspium atropurpureum（Lamarck）Nuttall［Smyrnium atropurpureum Lamarck［as 'atropurpureum'］。【参考异名】Thapsium Walp.（1843）；Upopion Raf.（1836）；Zizia W. D. J. Koch（1824）■☆

50973 Thaumasianthes Danser（1933）【汉】奇寄生属。【隶属】桑寄生科 Loranthaceae。【包含】世界 2 种。【学名诠释与讨论】〈阴〉（希）thauma，所有格 taumatos，奇事；thaumasmos，异事；thaumasteos，被羡慕；thaumastos，奇异的，非常的；thaumaleos = thumasios，可疑的，希奇的+anthos，花。【分布】菲律宾（菲律宾群岛）。【模式】Thaumasianthes amplifolia（Merrill）Danser［Loranthus amplifolius Merrill］●☆

50974 Thaumastochloa C. E. Hubb.（1936）【汉】澳奇禾属（澳从草属，假淡竹叶属，假蛇尾草属）。【英】Thaumastochloa。【隶属】禾本科 Poaceae（Gramineae）。【包含】世界 7 种。【学名诠释与讨论】〈阴〉（希）thauma，所有格 taumatos，奇事+chloe，草的幼芽，嫩草，禾草。【分布】澳大利亚北部和昆士兰，东南亚至台湾，菲律宾，加罗林群岛，摩鹿加群岛，印度东北。【模式】Thaumastochloa pubescens（Bentham）Hubbard［Ophiuros corymbosus var. pubescens Bentham］■☆

50975 Thaumatocaryon Baill.（1890）【汉】奇果紫草属。【隶属】紫草科 Boraginaceae。【包含】世界 4 种。【学名诠释与讨论】〈中〉（希）thauma，所有格 taumatos，奇事+karyon，胡桃，硬壳果，核，坚果。此属的学名，ING、GCI、TROPICOS 和 GCI 记载是"Thaumatocaryon Baillon，Bull. Mens. Soc. Linn. Paris 2：839. 2 Apr 1890"。"Thaumatocaryum Baill.，Bull. Mens. Soc. Linn. Paris ii.（1890）839"是其拼写变体。【分布】巴拉圭，巴西。【模式】Thaumatocaryon hilarii Baillon。【参考异名】Thaumatocaryum Baill.（1890）Nom. illegit.■☆

50976 Thaumatocaryum Baill.（1890）Nom. illegit. ≡ Thaumatocaryon Baill.（1890）［紫草科 Boraginaceae］■☆

50977 Thaumatococcus Benth.（1883）【汉】奇果竹芋属（奇果属）。【隶属】竹芋科（冬叶科，柊叶科）Marantaceae。【包含】世界 1 种。【学名诠释与讨论】〈阳〉（希）thauma，所有格 taumatos，奇事+kokkos，变为拉丁文 coccus，仁，谷粒，浆果。【分布】热带非洲西部。【模式】Thaumatococcus daniellii（Bennett）B. D. Jackson［as 'danielli'］［Phrynium daniellii Bennett］■☆

50978 Thaumatophyllum Schott（1859）= Philodendron Schott（1829）［as 'Philodendrum'］（保留属名）［天南星科 Araceae］■●

50979 Thaumaza Salisb.（1866）= Eriospermum Jacq. ex Willd.（1799）［毛子科（洋莎草科）Eriospermaceae］■☆☆

50980 Thaumuria Gaudich.（1830）= Parietaria L.（1753）［荨麻科 Urticaceae］■

50981 Thawatchaia M. Kato, Koi et Y. Kita（1753）【汉】三裂川苔草属。【隶属】髯管花科 Geniostomaceae。【包含】世界 1 种。【学名诠释与讨论】〈阴〉词源不详。【分布】泰国。【模式】Thawatchaia sinensis Linnaeus ■☆

50982 Thea L.（1753）= Camellia L.（1753）［山茶科（茶科）Theaceae］●

50983 Theaceae D. Don = Theaceae Mirb.（1816）（保留科名）●

50984 Theaceae Eurotium T. Durand et B. D. Jacks.（1902）Nom. illegit. = Eroteum Sw.（1788）（废弃属名）；~ = Freziera Willd.（1799）（保留属名）［山茶科（茶科）Theaceae//厚皮香科 Ternstroemiaceae］●☆

50985 Theaceae Mirb.（1816）（保留科名）［亦见 Asteropeiaceae Takht. 翼萼茶科］【汉】山茶科（茶科）。【日】ツバキ科。【俄】Чайные。【英】Tea Family。【包含】世界 19-30 属 500-610 种，中国 12-15 属 274-524 种。【分布】热带和亚热带，少数温带。【科名模式】Thea L.［Camellia L.（1753）］●

50986 Theaceae Mirb. ex Ker Gaw.（1816）= Theaceae Mirb.（1816）（保留科名）●

50987 Theana Aver.（2012）【汉】越南泰兰属（泰兰属）。【隶属】兰科 Orchidaceae。【包含】世界 1 种。【学名诠释与讨论】〈阴〉（希）词源不详。【分布】越南。【模式】Theana vietnamica Aver. ☆

50988 Theaphyla Raf.（1838）Nom. illegit. ≡ Theaphylla Raf.（1830）Nom. illegit.；~ ≡ Thea L.（1753）；~ = Camellia L.（1753）［山茶科（茶科）Theaceae］●

50989 Theaphylla Raf.（1830）Nom. illegit. ≡ Thea L.（1753）；~ = Camellia L.（1753）［山茶科（茶科）Theaceae］●

50990 Theaphyllum Nutt. ex Turcz.（1863）【汉】茶叶卫矛属。【隶属】卫矛科 Celastraceae。【包含】世界 1 种。【学名诠释与讨论】〈中〉（希）thea，茶+希腊文 phyllon，叶子。phyllodes，似叶的，多叶的。phylleion，绿色材料，绿草。此属的学名是"Theaphyllum Nuttall ex Turczaninow，Bull. Soc. Imp. Naturalistes Moscou 36（1）：605. 1863"。亦有文献把其处理为"Perrottetia Kunth（1824）"的异名。【分布】欧洲。【模式】Theaphyllum celastrinum Nuttall ex Turczaninow。【参考异名】Perrottetia Kunth（1824）●☆

50991 Thebesia Neck.（1790）Nom. inval. = Knowltonia Salisb.（1796）［毛茛科 Ranunculaceae］■☆

50992 Theca Juss.（1789）= Tectona L. f.（1782）（保留属名）；~ = Theka Adans.（1763）（废弃属名）［唇形科 Lamiaceae（Labiatae）//马鞭草科 Verbenaceae//牡荆科 Viticaceae］●

50993 Thecacoris A. Juss.（1824）【汉】囊大戟属。【隶属】大戟科 Euphorbiaceae。【包含】世界 20 种。【学名诠释与讨论】〈阴〉（希）theke，匣子，箱子，室，药室，套子+koris，臭虫。【分布】马达加斯加，热带非洲。【模式】Thecacoris madagascariensis A. H. L. Jussieu。【参考异名】Baccaureopsis Pax（1909）；Cyathogyne Müll. Arg.（1864）；Henribaillonia Kuntze（1891）Nom. illegit.，Nom. superfl.；Trecacoris Pritz.（1855）●☆

50994 Thecagonum Babu（1971）= Oldenlandia L.（1753）［茜草科 Rubiaceae］●■

50995 Thecanisia Raf.（1834）= Filipendula Mill.（1754）［蔷薇科 Rosaceae］■

50996 Thecanthes Wikstr.（1818）【汉】囊花瑞香属。【隶属】瑞香科 Thymelaeaceae。【包含】世界 5 种。【学名诠释与讨论】〈阴〉（希）theke，匣子，箱子，室，药室，套子+anthos，花。此属的学名是“Thecanthes Wikstroem, Kongl. Vetensk. Acad. Handl. 1818：271. 1818”。亦有文献把其处理为“Pimelea Banks ex Gaertn.（1788）（保留属名）”的异名。【分布】澳大利亚，马来西亚。【模式】未指定。【参考异名】Pimelea Banks ex Gaertn.（1788）（保留属名）●☆

50997 Thecocarpus Boiss.（1844）【汉】套果草属。【隶属】伞形花科（伞形科）Apiaceae（Umbelliferae）。【包含】世界 2 种。【学名诠释与讨论】〈阳〉（希）theke，匣子，箱子，室，药室，套子+karpos，果实。【分布】伊朗。【模式】Thecocarpus meifolius Boissier ■☆

50998 Thecophyllum André（1889）= Guzmania Ruiz et Pav.（1802）［凤梨科 Bromeliaceae］■☆

50999 Thecopus Seidenf.（1984）【汉】盒足兰属。【隶属】兰科 Orchidaceae。【包含】世界 2 种。【学名诠释与讨论】〈阳〉（希）theke，匣子，箱子，室，药室，套子+pous，所有格 podos，指小式 podion，脚，足，柄，梗。podotes，有脚的。指花柱基部。【分布】加里曼丹岛，东南亚。【模式】Thecopus maingayi（J. D. Hooker）G. Seidenfaden［Thecostele maingayi J. D. Hooker］■☆

51000 Thecorchus Bremek.（1952）【汉】箱果茜属。【隶属】茜草科 Rubiaceae。【包含】世界 1 种。【学名诠释与讨论】〈阳〉（希）theke，匣子，箱子，室，药室，套子+orchis，原义是睾丸，后变为植物兰的名称，因为根的形态而得名。变为拉丁文 orchis，所有格 orchidis，睾丸。此属的学名是“Thecorchus Bremekamp, Verh. Kon. Ned. Akad. Wetensch.，Afd. Natuurk.，Tweede Sect. 48（2）：54. 28 Mai 1952”。亦有文献把其处理为“Oldenlandia L.（1753）”的异名。【分布】热带非洲。【模式】Thecorchus wauensis（Schweinfurth ex Hiern）Bremekamp［Oldenlandia wauensis Schweinfurth ex Hiern］。【参考异名】Oldenlandia L.（1753）●■☆

51001 Thecostele Rchb. f.（1857）【汉】盒柱兰属。【日】テコステレ属。【隶属】兰科 Orchidaceae。【包含】世界 2 种。【学名诠释与讨论】〈阴〉（希）theke，匣子，箱子，室，药室，套子+stele，支持物，支柱，石头做的界标，柱，中柱，花柱。指花柱。【分布】缅甸至马来西亚西部。【模式】Thecostele zollingeri H. G. Reichenbach ■☆

51002 Thedachloa S. W. L. Jacobs（2004）【汉】西澳禾属。【隶属】禾本科 Poaceae（Gramineae）。【包含】世界 1 种。【学名诠释与讨论】〈阴〉词源不详。【分布】澳大利亚（西部）。【模式】Thedachloa annua S. W. L. Jacobs ■☆

51003 Theileamea Baill.（1890）= Chlamydacanthus Lindau（1893）［爵床科 Acanthaceae］■☆

51004 Theileamia Willis, Nom. inval.＝Theileamea Baill.（1890）［爵床科 Acanthaceae］■☆

51005 Theilera E. Phillips（1926）【汉】柱冠桔梗属。【隶属】桔梗科 Campanulaceae。【包含】世界 1-2 种。【学名诠释与讨论】〈阴〉（人）Arnold Theiler，1867-1936，植物学者，兽医。【分布】非洲南部。【模式】Theilera guthriei（L. Bolus）E. P. Phillips［Wahlenbergia guthriei L. Bolus］●☆

51006 Theis Salisb. ex DC.（1839）= Rhododendron L.（1753）［杜鹃花科（欧石南科）Ericaceae］●

51007 Theka Adans.（1763）（废弃属名）≡Tectona L. f.（1782）（保留属名）［马鞭草科 Verbenaceae//牡荆科 Viticaceae］●

51008 Thela Lour.（1790）= Plumbago L.（1753）［白花丹科（矾松科，蓝雪科）Plumbaginaceae］●■

51009 Thelaia Alef.（1856）Nom. illegit. ≡Pyrola L.（1753）［鹿蹄草科 Pyrolaceae//杜鹃花科（欧石南科）Ericaceae］●■

51010 Thelasis Blume（1825）【汉】矮柱兰属（八粉兰属）。【日】セラシス属。【英】Thelasis。【隶属】兰科 Orchidaceae。【包含】世界 20 种，中国 2 种。【学名诠释与讨论】〈阴〉（希）thele，乳头+asis=iasis，希腊文词尾，表示病名，或行为的过程、病状。指小喙。【分布】印度至马来西亚，中国，所罗门群岛。【模式】未指定。【参考异名】Euphroboscis Wight（1852）；Euproboscis Griff.（1845）；Oxyanthera Brongn.（1834）■

51011 Thelecarpus Tiegh.（1895）= Phragmanthera Tiegh.（1895）；~ = Tapinanthus（Blume）Rchb.（1841）（保留属名）［桑寄生科 Loranthaceae］●☆

51012 Thelechitonia Cuatrec.（1954）【汉】乳甲菊属。【隶属】菊科 Asteraceae（Compositae）。【包含】世界 4 种。【学名诠释与讨论】〈阴〉（希）thele，乳头+chiton=拉丁文 chitin，罩衣，覆盖物，铠甲。此属的学名是“Thelechitonia Cuatrecasas, Bull. Soc. Bot. France 101：242. 25 Jun 1954”。亦有文献把其处理为“Wedelia Jacq.（1760）（保留属名）”的异名。【分布】哥伦比亚，中美洲。【模式】Thelechitonia muricata Cuatrecasas。【参考异名】Wedelia Jacq.（1760）（保留属名）■☆

51013 Theleophyton（Hook. f.）Moq.（1849）【汉】乳头藜属。【隶属】藜科 Chenopodiaceae。【包含】世界 1 种。【学名诠释与讨论】〈中〉（希）thele，乳头+phyton，植物，树木，枝条。此属的学名，ING 和 IK 记载是“Theleophyton Moquin-Tandon in Alph. de Candolle, Prodr. 13（2）：44, 115. 5 May 1849”。APNI 则记载为“Theleophyton（Hook. f.）Moq., Prodromus 13（2）1849”，由“Theleophyton billardierei（Moq.）Moq.”改级而来。三者引用的文献相同。【分布】澳大利亚（东南部，塔斯曼半岛），新西兰。【模式】Theleophyton billardierei（Moquin-Tandon）Moquin-Tandon［Obione billardieri Moquin-Tandon］。【参考异名】Theleophyton Moq.（1849）Nom. illegit.；Thelophytum Post et Kuntze（1903）●☆

51014 Theleophyton Moq.（1849）Nom. illegit. ≡ Theleophyton（Hook. f.）Moq.（1849）［藜科 Chenopodiaceae］●☆

51015 Thelepaepale Bremek.（1944）= Strobilanthes Blume（1826）［爵床科 Acanthaceae］●■

51016 Thelepodium A. Nelson（1899）= Thelypodium Endl.（1839）［十字花科 Brassicaceae（Cruciferae）］■☆

51017 Thelepogon Roth ex Roem. et Schult.（1817）【汉】乳须草属。【隶属】禾本科 Poaceae（Gramineae）。【包含】世界 1 种。【学名诠释与讨论】〈阳〉（希）thele，乳头+pogon，所有格 pogonos，指小式 pogonion，胡须，髯毛，芒。pogonias，有须的。可能指雄蕊。此属的学名，ING 和 IK 记载是“Thelepogon Roth ex Roem. et Schult.，Syst. Veg.，ed. 15 bis［Roemer et Schultes］2：46, 788. 1817［Nov 1817］；Roth, Nov. Pl. Sp. 62（1821）”。TROPICOS 则记载为“Thelepogon Roth, Systema Vegetabilium 2：46, 788. 1817”。“Thelepogon Roth, Nov. Pl. Sp. 62（1821）”是误引。【分布】埃塞

俄比亚至印度,巴基斯坦。【模式】Thelepogon elegans Roth ex J. J. Roemer et J. A. Schultes。【参考异名】Jandinea Steud.（1850）; Rhiniachne Hochst. ex Steud.（1854）Nom. illegit.; Rhiniachne Steud.（1854）Nom. inval.; Thelepogon Roth（1817）Nom. illegit.; Thelepogon Roth（1821）Nom. illegit.; Thelopogon Post et Kuntze（1903）■☆

51018　Thelepogon Roth（1817）Nom. illegit. ≡ Thelepogon Roth ex Roem. et Schult.（1817）［禾本科 Poaceae（Gramineae）］■☆

51019　Thelepogon Roth（1821）Nom. illegit. ≡ Thelepogon Roth ex Roem. et Schult.（1817）［禾本科 Poaceae（Gramineae）］■☆

51020　Thelesperma Less.（1831）【汉】乳籽菊属（绿线菊属）。【俄】Телесперма。【英】Green Thread。【隶属】菊科 Asteraceae（Compositae）。【包含】世界 15 种。【学名诠释与讨论】〈中〉（希）thele,乳头+sperma,所有格 spermatos,种子,孢子。指果实凸凹不平。【分布】美国,美洲。【模式】Thelesperma scabiosoides Lessing。【参考异名】Cosmidium Nutt.（1841）;Thelosperma Post et Kuntze（1903）■●☆

51021　Thelethylax C. Cusset（1973）【汉】瘤囊苔草属。【隶属】髯管花科 Geniostomaceae。【包含】世界 2 种。【学名诠释与讨论】〈阴〉（希）thele,乳头+thylax,所有格 thylakos,袋,囊。【分布】马达加斯加。【模式】Thelethylax minutiflora（L. R. Tulasne）C. Cusset ［Dicraeia minutiflora L. R. Tulasne］■☆

51022　Theligonaceae Dumort.（1829）（保留科名）［亦见 Rubiaceae Juss.（保留科名）茜草科］【汉】假繁缕科（假牛繁缕科,牛繁缕科,纤花草科）。【日】ヤマトグサ科。【俄】Телигоновые, Цинокрамбовые。【英】Cynocramba Family, Theligon Family, Theligona Family。【包含】世界 1 属 4 种,中国 1 属 3 种。【分布】西班牙（加那利群岛）,中国（西部）,日本,地中海。【科名模式】Theligonum L.■

51023　Theligonum L.（1753）【汉】假繁缕属（假牛繁缕属,纤花草属）。【日】ヤマトグサ属。【俄】Капуста собачья, Телигонум。【英】Theligon, Theligonum, Thelygonum。【隶属】假繁缕科（假牛繁缕科,牛繁缕科,纤花草科）Theligonaceae//茜草科 Rubiaceae。【包含】世界 4 种,中国 3 种。【学名诠释与讨论】〈中〉（希）thelys,柔嫩的,雌性+gonas,后代,或 gonia,角,角隅,关节,膝,棱角。另说为 thele,乳头+gonia。此属的学名,ING、TROPICOS 和 IK 记载是"Theligonum L., Sp. Pl. 2:993. 1753 ［1 May 1753］"。"Cynocrambe Gagnebin, Acta Helv. Phys. -Math. 2:59. Feb 1755"是"Theligonum L.（1753）"的晚出的同模式异名（Homotypic synonym, Nomenclatural synonym）。【分布】西班牙（加那利群岛）,日本,中国,地中海地区。【模式】Theligonum cynocrambe Linnaeus。【参考异名】Cynocrambe Gagnep.（1755）Nom. illegit.; Thelygonum Schreb.■

51024　Thelionema R. J. F. Hend.（1985）【汉】丝灵麻属。【隶属】惠灵麻科（麻兰科,新西兰麻科）Phormiaceae//萱草科 Hemerocallidaceae。【包含】世界 3 种。【学名诠释与讨论】〈中〉（希）thele,乳头+nema,所有格 nematos,丝,花丝。【分布】澳大利亚。【模式】Thelionema caespitosum（R. Brown）R. J. F. Henderson ［Stypandra caespitosa R. Brown］■☆

51025　Thelira Thouars（1806）= Parinari Aubl.（1775）［蔷薇科 Rosaceae//金壳果科 Chrysobalanaceae］●☆

51026　Thellungia Probst（1932）Nom. illegit. ≡ Thellungia Stapf ex Probst（1932）; ~ = Eragrostis Wolf（1776）［禾本科 Poaceae（Gramineae）］■

51027　Thellungia Stapf ex Probst（1932）= Eragrostis Wolf（1776）［禾本科 Poaceae（Gramineae）］■

51028　Thellungia Stapf（1920）Nom. inval., Nom. nud. ≡ Thellungia

Stapf ex Probst（1932）; ~ = Eragrostis Wolf（1776）［禾本科 Poaceae（Gramineae）］■

51029　Thellungiella O. E. Schulz（1924）【汉】盐芥属。【俄】Теллунгиэлла。【英】Saltcress, Thellungiella。【隶属】十字花科 Brassicaceae（Cruciferae）。【包含】世界 3 种,中国 3 种。【学名诠释与讨论】〈阴〉（人）Albert Thellung, 1881-1928,瑞士植物学者+拉丁文 ella 小的。此属的学名是"Thellungiella O. E. Schulz in Engler, Pflanzenr. IV. 105（Heft 86）: 251. 22 Jul 1924"。亦有文献把其处理为"Arabidopsis Heynh.（1842）（保留属名）"的异名。【分布】中国,亚洲中部和东北部,北美洲西部。【模式】未指定。【参考异名】Arabidopsis Heynh.（1842）（保留属名）■

51030　Thelluntophace Godr.（1861）= Lemna L.（1753）; ~ = Telmatophace Schleid.（1839）［浮萍科 Lemnaceae］■

51031　Thelocactus（K. Schum.）Britton et Rose（1922）【汉】瘤玉属（瘤球属）。【日】テロカクタス属。【英】Thelocactus。【隶属】仙人掌科 Cactaceae。【包含】世界 11-17 种,中国 3 种。【学名诠释与讨论】〈阴〉（希）thele,乳头,乳突+cactos,有刺的植物,通常指仙人掌科 Cactaceae 植物。此属的学名,ING 记载是"Thelocactus（K. M. Schumann）N. L. Britton et Rose, Bull. Torrey Bot. Club 49: 251. 31 Aug 1922",由"Echinocactus subgen. Thelocactus K. M. Schumann, Gesamtbeschr. Kakt. 292. 1 Jan 1898"改级而来;而 IK 和 GCI 则记载为"Thelocactus Britton et Rose, Bull. Torrey Bot. Club 49:251. 1922"。三者引用的文献相同。"Thelomastus A. V. Frič et K. Kreuzinger in K. Kreuzinger, Verzeichnis Amer. Sukk. Revision Syst. Kakteen 10. 30 Apr 1935"是"Thelocactus（K. Schum.）Britton et Rose（1922）"的晚出的同模式异名（Homotypic synonym, Nomenclatural synonym）。【分布】美国（南部）,墨西哥,中国。【模式】Thelocactus hexaedrophorus（Lemaire）N. L. Britton et Rose ［Echinocactus hexaedrophorus Lemaire］。【参考异名】Echinocactus subgen. Thelocactus K. Schum.（1898）; Ferocactus Britton et Rose（1922）; Hamatocactus Britton et Rose（1922）; Napina Frič（1928）; Thelocactus Britton et Rose（1922）Nom. illegit.; Thelomastus Frič et Kreuz.（1935）Nom. inval.●

51032　Thelocactus Britton et Rose（1922）Nom. illegit. ≡ Thelocactus（K. Schum.）Britton et Rose（1922）［仙人掌科 Cactaceae］●

51033　Thelocarpus Post et Kuntze（1903）= Tapinanthus（Blume）Rchb.（1841）（保留属名）; ~ = Thelecarpus Tiegh.（1895）［桑寄生科 Loranthaceae］●☆

51034　Thelocephala Y. Ito（1957）= Neoporteria Britton et Rose（1922）; ~ = Pyrrhocactus（A. Berger）Backeb. et F. M. Knuth（1935）Nom. illegit.; ~ = Pyrrhocactus Backeb.（1936）Nom. illegit.; ~ = Neoporteria Britton et Rose（1922）［仙人掌科 Cactaceae］●■

51035　Thelomastus Frič et Kreuz.（1935）Nom. inval. ≡ Thelocactus（K. Schum.）Britton et Rose（1922）; ~ = Thelocactus（K. Schum.）Britton et Rose（1922）+Echinomastus Britton et Rose（1922）［仙人掌科 Cactaceae］■●

51036　Thelophytum Post et Kuntze（1903）= Theleophyton（Hook. f.）Moq.（1849）［藜科 Chenopodiaceae］●☆

51037　Thelopogon Post et Kuntze（1903）= Thelepogon Roth ex Roem. et Schult.（1817）［禾本科 Poaceae（Gramineae）］■☆

51038　Thelosperma Post et Kuntze（1903）= Thelesperma Less.（1831）［菊科 Asteraceae（Compositae）］■●☆

51039　Thelychiton Endl.（1833）= Dendrobium Sw.（1799）（保留属名）［兰科 Orchidaceae］■

51040　Thelycrania（Dumort.）Fourr.（1868）Nom. illegit. ≡ Swida Opiz（1838）; ~ = Cornus L.（1753）［山茱萸科 Cornaceae//四照花科 Cornaceae］●

51041 Thelycrania Fourr. (1868) Nom. illegit. ≡ Thelycrania (Dumort.) Fourr. (1868); ~ ≡ Swida Opiz(1838); ~ ≡ Cornus L. (1753) [山茱萸科 Cornaceae//四照花科 Cornaceae]●☆

51042 Thelygonaceae Dumort. = Theligonaceae Dumort. (保留科名)■

51043 Thelygonum Schreb. = Theligonum L. (1753) [假繁缕科(假牛繁缕科,牛繁缕科,纤花草科)Theligonaceae//茜草科 Rubiaceae]■

51044 Thelymitra J. R. Forst. et G. Forst. (1776)【汉】柱帽兰属。【日】テリミートラ属。【俄】Телимитра。【英】Thelymitra。【隶属】兰科 Orchidaceae。【包含】世界 46 种。【学名诠释与讨论】〈阴〉(希)thelys,女性,雌性+mitra,指小式 mitrion,僧帽,尖帽,头巾。mitratus,戴头巾或其他帽类之物的。【分布】澳大利亚,马来西亚,新西兰。【模式】Thelymitra longifolia J. R. et J. G. A. Forster。【参考异名】Macdonaldia Gunn. ex Lindl. (1839);Macdonaldia Lindl. (1839);Waireia D. L. Jones, Molloy et M. A. Clem. (1997)■☆

51045 Thelypodiopsis Rydb. (1907)【汉】类雌足芥属。【隶属】十字花科 Brassicaceae(Cruciferae)。【包含】世界 17 种。【学名诠释与讨论】〈阴〉(属)Thelypodium 女足芥属+希腊文 opsis,外观,模样,相似。【分布】美国(西部),中美洲。【模式】Thelypodiopsis elegans (M. E. Jones) Rydberg [Thelypodium elegans M. E. Jones]■☆

51046 Thelypodium Endl. (1839)【汉】雌足芥属(女足芥属)。【隶属】十字花科 Brassicaceae(Cruciferae)。【包含】世界 3-18 种。【学名诠释与讨论】〈中〉(希)thelys,女性,雌性+pous,所有格 podos,指小式 podion,脚,足,柄,梗。podotes,有脚的+-ius,-ia,-ium,在拉丁文和希腊文中,这些词尾表示性质或状态。此属的学名“Thelypodium Endlicher, Gen. 876. Jun 1839”是一个替代名称。“Pachypodium Nuttall in Torrey et A. Gray, Fl. N. Amer. 1:96. Jul 1838”是一个非法名称(Nom. illegit.),因为此前已经有了“Pachypodium Lindley, Edwards's Bot. Reg. 16:1321. 1 Mai 1830 [夹竹桃科 Apocynaceae]”。故用“Thelypodium Endl. (1839)”替代之。“Pachypodium Nutt. ex Torr. et A. Gray(1838) Nom. illegit. ≡Pachypodium Nutt. (1838) Nom. illegit. [十字花科 Brassicaceae (Cruciferae)]”的命名人引证有误。同理,“Pachypodium P. B. Webb et S. Berthelot, Hist. Nat. Iles Canaries 3(2.1):74. Nov 1836 ≡Tonguea Endl. (1841) = Sisymbrium L. (1753) [十字花科 Brassicaceae(Cruciferae)]”亦是非法名称。【分布】玻利维亚,美国(西部),墨西哥。【后选模式】Thelypodium laciniatum (W. J. Hooker) Endlicher ex Walpers [Macropodium laciniatum W. J. Hooker]。【参考异名】Pachypodium Nutt. (1838) Nom. illegit.;Pachypodium Nutt. ex Torr. et A. Gray (1838) Nom. illegit.;Stanleyella Rydb. (1907);Thelepodium A. Nelson(1899)■☆

51047 Thelypogon Mutis ex Spreng. (1826) = Telipogon Mutis ex Kunth (1816) [兰科 Orchidaceae]■☆

51048 Thelypogon Spreng. (1826) Nom. illegit. ≡ Thelypogon Mutis ex Spreng. (1826); ~ = Telipogon Mutis ex Kunth (1816) [兰科 Orchidaceae]■☆

51049 Thelypotzium Gagnep. = Andrachne L. (1753) [大戟科 Euphorbiaceae]●☆

51050 Thelyra DC. (1825) = Hirtella L. (1753) [金壳果科 Chrysobalanaceae]●☆

51051 Thelyra Thouars = Hirtella L. (1753) [金壳果科 Chrysobalanaceae]●☆

51052 Thelyschista Garay (1982)【汉】分柱兰属。【隶属】兰科 Orchidaceae。【包含】世界 1 种。【学名诠释与讨论】〈阴〉(希)thelys,女性,雌性+schistos,分开的,裂开的。【分布】巴西。【模式】Thelyschista ghillanyi (G. F. J. Pabst) L. A. Garay [Odontorrhynchus ghillanyi G. F. J. Pabst]■☆

51053 Thelysia Salisb. (1812) Nom. inval. ≡ Thelysia Salisb. ex Parl. (1856); ~ = Iris L. (1753) [鸢尾科 Iridaceae]■

51054 Thelysia Salisb. ex Parl. (1856) = Iris L. (1753) [鸢尾科 Iridaceae]■

51055 Thelythamnos A. Spreng. (1828) = Ursinia Gaertn. (1791) (保留属名) [菊科 Asteraceae(Compositae)]●■☆

51056 Themeda Forssk. (1775)【汉】菅属(菅草属)。【日】メガルカヤ属。【俄】Темеда。【英】Kangaroo Grass, Kangaroo-grass, Themeda。【隶属】禾本科 Poaceae(Gramineae)//菅科(菅草科,紫灯花科)Themidaceae。【包含】世界 18-30 种,中国 13-14 种。【学名诠释与讨论】〈阴〉(阿拉伯)Thaemed,一种植物俗名。【分布】巴基斯坦,马达加斯加,中国,热带非洲,亚洲。【模式】Themeda triandra Forsskål。【参考异名】Androscepia Brongn. (1831) Nom. illegit.;Anthesteria Spreng. (1817);Anthistiria L. f. (1779);Aristaria Jungh. (1840);Heterelytron Jungh. (1840);Perobachne C. Presl(1830) Nom. illegit.;Perobachne J. Presl(1830)■

51057 Themidaceae Salisb. (1866) [亦见 Alliaceae Borkh. (保留科名)葱科]【汉】菅科(菅草科,紫灯花科)。【包含】世界 1 属 30 种,中国 1 属 14 种。【分布】热带非洲,亚洲。【科名模式】Themeda Forssk. (1775)■

51058 Themis Salisb. (1866)【汉】无味葱属。【隶属】百合科 Liliaceae//葱科 Alliaceae。【包含】世界 1 种。【学名诠释与讨论】〈阴〉(人)Themis,正义之女神,也被认为是预言之女神。此属的学名是“Themis R. A. Salisbury, Gen. 85. Apr-Mai 1866”。亦有文献把其处理为“Brodiaea Sm. (1810) (保留属名)”或“Triteleia Douglas ex Lindl. (1830)”的异名。【分布】安第斯山北麓。【模式】Ornithogalum ixioides Schultz。【参考异名】Brodiaea Sm. (1810) (保留属名);Triteleia Douglas ex Lindl. (1830)■☆

51059 Themistoclesia Klotzsch(1851)【汉】南杞莓属。【隶属】杜鹃花科(欧石南科)Ericaceae。【包含】世界 25 种。【学名诠释与讨论】〈阴〉(希)themistos,合法的+klesis,关闭,封闭。【分布】巴拿马,秘鲁,玻利维亚,厄瓜多尔,哥伦比亚(安蒂奥基亚),哥斯达黎加,安第斯山,中美洲。【后选模式】Themistoclesia pendula Klotzsch。【参考异名】Episcopia Moritz ex Klotzsch(1851)●☆

51060 Then L. = Camellia L. (1753) [山茶科(茶科)Theaceae]●

51061 Thenardia Kunth (1819)【汉】掌花夹竹桃属(特纳花属)。【英】Thenardia。【隶属】夹竹桃科 Apocynaceae。【包含】世界 1-4 种。【学名诠释与讨论】〈阴〉(希)thenar,所有格 thenaros,手掌。此属的学名,ING、TROPICOS 和 IK 记载是“Thenardia Kunth in Humboldt, Bonpland et Kunth, Nova Gen. Sp. 3: t. 240. 8 Feb 1819”。“Thenardia Moç. et Sessé ex DC., Prodr. [A. P. de Candolle] 3: 108. 1828 [mid Mar 1828] = Rhynchanthera DC. (1828) (保留属名) [野牡丹科 Melastomataceae]”是晚出的非法名称。化石植物(藻类)“Theobaldia O. Heer, Fl. Foss. Helv. 114. 1877”也是晚出的非法名称。【分布】墨西哥,中美洲。【模式】Thenardia floribunda Kunth ■☆

51062 Thenardia Moç. et Sessé ex DC. (1828) Nom. illegit. = Rhynchanthera DC. (1828) (保留属名) [野牡丹科 Melastomataceae]●☆

51063 Theobroma L. (1753)【汉】可可属(可可树属)。【日】カカオノキ属,カカオ属。【俄】Дерево какаовое,Дерево шоколадное,Какао,Теоброма。【英】Cacao, Cacaotree, Chocolate Tree, Chocolatetree,Chocolate-tree。【隶属】梧桐科 Sterculiaceae//锦葵科 Malvaceae//可可科 Theobromaceae。【包含】世界 20-30 种,中国 1 种。【学名诠释与讨论】〈中〉(希)theos,神,上帝+broma,所有格 bromatos,食物。指种子供做饮料,为神圣的食物。此属的

学名,ING、TROPICOS、GCI 和 IK 记载是"Theobroma L.,Sp. Pl. 2:782. 1753〔1 May 1753〕"。"Cacao P. Miller, Gard. Dict. Abr. ed. 4. 28 Jan 1754"是"Theobroma L.(1753)≡Cacao Tourn. ex Mill.(1754)"的晚出的同模式异名(Homotypic synonym, Nomenclatural synonym)。【分布】巴基斯坦,巴拿马,秘鲁,玻利维亚,厄瓜多尔,哥伦比亚(安蒂奥基亚),尼加拉瓜,中国,中美洲。【后选模式】Theobroma cacao Linnaeus。【参考异名】Abroma Mart.; Cacao Mill.(1754)Nom. illegit.; Cacao Tourn. ex Mill.(1754)Nom. illegit.; Deltonea Peckolt(1883); Theobromodes Kuntze;Tribroma O. F. Cook(1915)●

51064　Theobromaceae J. Agardh〔亦见 Sterculiaceae Vent.(保留科名)梧桐科和 Malvaceae Juss.(保留科名)锦葵科〕【汉】可可科。【包含】世界 1 属 20-30 种,中国 1 属 1 种。【分布】热带美洲。【科名模式】Theobroma L.(1753)●

51065　Theobromataceae J. Agardh(1858)= Malvaceae Juss.(保留科名);~ = Sterculiaceae Vent.(保留科名)●■

51066　Theobromodes Kuntze = Theobroma L.(1753)〔梧桐科 Sterculiaceae//锦葵科 Malvaceae//可可科 Theobromaceae〕●

51067　Theodora Medik.(1786)(废弃属名)≡ Schotia Jacq.(1787)(保留属名)〔豆科 Fabaceae(Leguminosae)〕●☆

51068　Theodorea(Cass.)Cass.(1827)= Saussurea DC.(1810)(保留属名)〔菊科 Asteraceae(Compositae)〕●■

51069　Theodorea Barb. Rodr.(1877)Nom. illegit. ≡ Rodrigueziella Kuntze(1891)〔兰科 Orchidaceae〕■☆

51070　Theodorea Cass.(1827)Nom. illegit. ≡Theodorea(Cass.)Cass.(1827);~ = Saussurea DC.(1810)(保留属名)〔菊科 Asteraceae(Compositae)〕●■

51071　Theodoria Neck.(1790)Nom. inval. = Sterculia L.(1753)〔梧桐科 Sterculiaceae//锦葵科 Malvaceae〕●

51072　Theodorovia Kolak.(1991)【汉】特奥桔梗属。【隶属】桔梗科 Campanulaceae。【包含】世界 1 种。【学名诠释与讨论】〈阴〉(人)Theodorov。此属的学名"Theodorovia"是一个替代名称。ING 记载是"Theodorovia A. A. Kolakovsky, Kolokol. Kavkaza 50. 1991(prim.)";IK 则记载为"Theodorovia Kolak. ex Ogan., Fl. Rast. Rast. Res. Armenii(Sborn. Nauch. Trud. 13)38(1991)"。"Fedorovia A. A. Kolakovsky, Soobsc. Akad. Nauk Gruzinsk. SSR 97:687. Mar 1980"是一个非法名称(Nom. illegit.),因为此前已经有了"Fedorovia Yakovlev, Bot. Zurn.(Moscow et Leningrad)56:656. Mai 1971 = Ormosia Jacks.(1811)(保留属名)〔豆科 Fabaceae(Leguminosae)//蝶形花科 Papilionaceae〕"。故用"Theodorovia Kolak.(1991)"替代之。Victorov(2002)把"Fedorovia A. A. Kolakovsky, Soobsc. Akad. Nauk Gruzinsk. SSR 97:687. Mar 1980"处理为"Campanula sect. Theodorovia(Kolak.)Victorov Novosti Sist. Vyssh. Rast. 34:227(20 June 2002)"。【分布】外高加索。【模式】Theodorovia karakuschenssis(A. A. Grossheim)A. A. Kolakovsky〔Campanula karakuschensis A. A. Grossheim〕。【参考异名】Campanula L.(1753);Campanula sect. Theodorovia(Kolak.)Victorov(2002);Fedorovia Kolak.(1980)Nom. illegit.;Theodorovia Kolak. ex Ogan.(1991)Nom. illegit.■☆

51073　Theodorovia Kolak. ex Ogan.(1991)Nom. illegit. ≡ Theodorovia Kolak.(1991)〔桔梗科 Campanulaceae〕■☆

51074　Theophrasta L.(1753)【汉】假轮叶属。【隶属】紫金牛科 Myrsinaceae//假轮叶科(狄氏木科,拟棕科)Theophrastaceae。【包含】世界 2 种。【学名诠释与讨论】〈阴〉(人)Theophrastus,希腊哲学家。【分布】玻利维亚,西印度群岛,中美洲。【模式】Theophrasta americana Linnaeus ●☆

51075　Theophrastaceae D. Don(1835)(保留科名)【汉】假轮叶科(狄氏木科,拟棕科)。【包含】世界 4-6 属 90-110 种。【分布】热带美洲,西印度群岛。【科名模式】Theophrasta L. ●☆

51076　Theophrastaceae Link =Theophrastaceae D. Don(保留科名)●☆

51077　Theophroseris Andrae(1855)= Senecio L.(1753);~ = Tephroseris(Rchb.)Rchb.(1841)〔菊科 Asteraceae(Compositae)//千里光科 Senecionidaceae〕■

51078　Theopis(Cohen-Stuart)Nakai(1940)= Camellia L.(1753)〔山茶科(茶科)Theaceae〕●

51079　Theopsis Nakai(1940)Nom. illegit. ≡Theopsis(Cohen-Stuart)Nakai(1940);~ = Camellia L.(1753)〔山茶科(茶科)Theaceae〕●

51080　Theopyxis Griseb.(1856)= Lysimachia L.(1753)〔报春花科 Primulaceae//珍珠菜科 Lysimachiaceae〕●■

51081　Thepparatia Phuph.(2006)【汉】泰国锦葵属。【隶属】锦葵科 Malvaceae。【包含】世界 1 种。【学名诠释与讨论】〈阴〉词源不详。【分布】泰国。【模式】Thepparatia thailandica Phuph. ☆

51082　Therebina Noronha(1790)= Pilea Lindl.(1821)(保留属名)〔荨麻科 Urticaceae〕■

51083　Therefon Raf.(1840)Nom. illegit. ≡Boykinia Nutt.(1834)(保留属名);~ = Therofon Raf.(1838)Nom. illegit.〔虎耳草科 Saxifragaceae〕●■☆

51084　Thereianthus G. J. Lewis(1941)【汉】兽花鸢尾属。【隶属】鸢尾科 Iridaceae。【包含】世界 7 种。【学名诠释与讨论】〈阳〉(希)thereios,野兽的,夏天+anthos,花。【分布】非洲南部。【模式】未指定■☆

51085　Theresa Clos(1849)= Perilomia Kunth(1818);~ = Scutellaria L.(1753)〔唇形科 Lamiaceae(Labiatae)//黄芩科 Scutellariaceae〕●■

51086　Theresia C. Koch(1849)Nom. illegit. ≡ Theresia K. Koch(1849);~ = Fritillaria L.(1753)〔百合科 Liliaceae//贝母科 Fritillariaceae〕●

51087　Theresia K. Koch(1849)= Fritillaria L.(1753)〔百合科 Liliaceae//贝母科 Fritillariaceae〕■

51088　Theriophonum Blume(1837)【汉】兽南星属。【隶属】天南星科 Araceae。【包含】世界 5 种。【学名诠释与讨论】〈中〉(希)therion,野兽+phonos =phoinos,血红的,谋杀,残害。【分布】斯里兰卡,印度。【模式】Theriophonum crenatum(R. Wight)Blume〔Arum crenatum R. Wight〕。【参考异名】Calyptrocoryne Schott(1857);Pauella Ramam. et Sebastine(1967);Tapinocarpus Dalzell(1851)■☆

51089　Thermia Nutt.(1818)Nom. illegit. ≡Thermopsis R. Br. ex W. T. Aiton(1811)〔豆科 Fabaceae(Leguminosae)//蝶形花科 Papilionaceae〕■

51090　Therminthos St.-Lag.(1880)= Pistacia L.(1753)〔漆树科 Anacardiaceae//黄连木科 Pistaciaceae〕●

51091　Thermophila Miers(1872)= Salacia L.(1771)(保留属名)〔卫矛科 Celastraceae//翅子藤科 Hippocrateaceae//五层龙科 Salaciaceae〕●

51092　Thermopsis R. Br.(1811)Nom. illegit. ≡Thermopsis R. Br. ex W. T. Aiton(1811)〔豆科 Fabaceae(Leguminosae)//蝶形花科 Papilionaceae〕■

51093　Thermopsis R. Br. ex W. T. Aiton(1811)【汉】野决明属(黄华属,霍州油菜属)。【日】センダイハギ属。【俄】Мышатник, Термопсис。【英】Bush Pea, False Lupin, False Lupine, Thermopsis, Wildsenna。【隶属】豆科 Fabaceae(Leguminosae)//蝶形花科 Papilionaceae。【包含】世界 13-25 种,中国 12-15 种。【学名诠释与讨论】〈阴〉(希)thermos,羽扁豆+希腊文 opsis,外观,模样,相似。指花和叶片与羽扁豆相似。此属的学名,ING 记载是

"Thermopsis R. Brown ex W. T. Aiton, Hortus Kew. ed. 2. 3:3. Oct 1811". GCI、TROPICOS 和 IK 则记载为"Thermopsis R. Br., Hort. Kew., ed. 2［W. T. Aiton］3:3. 1811［Oct 1811］"。三者引用的文献相同。"Thermia Nuttall, Gen. 1:282. 14 Jul 1818"是"Thermopsis R. Br. (1811)"的多余的替代名称。【分布】巴基斯坦,中国,喜马拉雅山至美国(东部),亚洲中部。【模式】Thermopsis lanceolata W. T. Aiton, Nom. illegit.［Sophora lupinoides Linnaeus;Thermopsis lupinoides (Linnaeus) Link］。【参考异名】Drepilia Raf. (1836) Nom. illegit.;Scolobus Raf. (1819);Thermia Nutt. (1818) Nom. illegit.;Thermopsis R. Br. (1811) Nom. illegit.;Verzinum Raf. (1838)■

51094 Therocistus Holub (1986) Nom. illegit. ≡ Tuberaria (Dunal) Spach (1836)(保留属名)［半日花科(岩蔷薇科) Cistaceae］■☆

51095 Therofon Raf. (1838) Nom. illegit. ≡ Boykinia Nutt. (1834)(保留属名)［虎耳草科 Saxifragaceae］●■☆

51096 Therogeron DC. (1836) = Minuria DC. (1836)［菊科 Asteraceae (Compositae)］■●☆

51097 Therolepta Raf. (1825) = Marshallia Schreb. (1791)(保留属名)［菊科 Asteraceae(Compositae)］■☆

51098 Therophon Rydb. (1905) Nom. illegit. ≡ Boykinia Nutt. (1834)(保留属名);~ ≡ Therofon Raf. (1838) Nom. illegit.［虎耳草科 Saxifragaceae］●■☆

51099 Therophonum Post et Kuntze(1903) = Therophon Rydb. (1905) Nom. illegit.;~ = Boykinia Nutt. (1834)(保留属名);~ ≡ Therofon Raf. (1838) Nom. illegit.［虎耳草科 Saxifragaceae］●■☆

51100 Theropogon Maxim. (1871)【汉】夏须草属。【英】Theropogon。【隶属】百合科 Liliaceae//铃兰科 Convallariaceae。【包含】世界 1 种,中国 1 种。【学名诠释与讨论】〈阳〉(希)theros,夏天+pogon,所有格 pogonos,指小式 pogonion,胡须,髯毛,芒。pogonias,有须的。指其簇生习性及夏季开花。【分布】中国,喜马拉雅山。【模式】Theropogon pallidus (Kunth) Maximowicz［Ophiopogon pallidus Kunth］■

51101 Therorhodion(Maxim.) Small(1914)【汉】云间杜鹃属(弯柱杜鹃属)。【日】エゾツツジ属。【英】Therorhodion。【隶属】杜鹃花科(欧石南科) Ericaceae。【包含】世界 3 种,中国 1-2 种。【学名诠释与讨论】〈中〉(希)theros,夏天+rhodon,红色,玫瑰。指花淡红色于夏开放。此属的学名"Therorhodion (Maximowicz) J. K. Small, N. Amer. Fl. 29:45. 31 Aug 1914", ING 记载是一个替代名称:"Rhodothamnus Lindley et Paxton, Paxton's Fl. Gard. 1:113. t. 22. 1850-1851"是一个非法名称(Nom. illegit.),因为此前已经有了"Rhodothamnus H. G. L. Reichenbach in J. C. Mössler, Handb. Gewächsk. ed. 2. 1;667,688. Dec 1827［杜鹃花科(欧石南科) Ericaceae］";故用"Therorhodion (Maxim.) Small(1914)"替代之。《北美植物志》记载,"Therorhodion (Maxim.) Small (1914)"由"Rhododendron sect. Therorhodion Maximowicz, Mém. Acad. Imp. Sci. Saint Pétersbourg, Sér. 7. 16(9):47. Dec 1870"改级而来。从 ING 引证的命名人看,应该是改级。IK 引用为"Therorhodion Small, N. Amer. Fl. 29(1):45. 1914［31 Aug 1914］";《中国植物名称》使用此名称。GCI 引用为"Therorhodion (Maxim.) Small, N. Amer. Fl. 29(1):45. 1914［31 Aug 1914］"。亦有文献把"Therorhodion (Maxim.) Small(1914)"处理为"Rhododendron L. (1753)"的异名。【分布】中国,美洲西北部,亚洲东北部。【模式】Therorhodion camtschaticum (Pallas) J. K. Small［Rhododendron camtschaticum Pallas］。【参考异名】Rhododendron L. (1753);Rhododendron Linnaeus sect. Therorhodion Maxim. (1870);Rhododendron subgen. Therorhodion (Maxim.) Drude (1889);Rhodothamnus Lindl. et Paxton(1851) Nom. illegit. (废弃属名);

Therorhodion Small(1914) Nom. illegit. ●

51102 Therorhodion Small (1914) Nom. illegit. ≡ Therorhodion (Maxim.) Small(1914)［杜鹃花科(欧石南科) Ericaceae］●

51103 therospermataceae R. Br. (1814)［亦见 Monimiaceae Juss. (保留科名)香材树科(杯轴花科,黑檫木科,芒籽科,蒙立米科,檬立木科,香材木科,香树木科)］(汉)黑檫木科(芒籽科,芒籽科,芒籽香科,香皮茶科,异籽木科)。【包含】世界 5-7 属 12-16 种。【分布】智利,澳大利亚,法属新喀里多尼亚,新西兰,新几内亚岛。【科名模式】Atherosperma Labill.●☆

51104 Thesiaceae Vest(1818) = Santalaceae R. Br. (保留科名)●■

51105 Thesidium Sond. (1857)【汉】小百蕊草属。【隶属】檀香科 Santalaceae。【包含】世界 8 种。【学名诠释与讨论】〈中〉(属) Thesium 百蕊草属+-idius,-idia,-idium,指示小的词尾。此属的学名, ING、TROPICOS 和 IK 记载是"Thesidium Sonder, Flora 40:364. 21 Jun 1857"。"Hagnothesium (Alph. de Candolle) O. Kuntze in Post et O. Kuntze, Lex. 263. Dec 1903('1904')"是"Thesidium Sond. (1857)"的晚出的同模式异名(Homotypic synonym, Nomenclatural synonym)。【分布】非洲南部。【后选模式】Thesidium thunbergii Sonder。【参考异名】Hagnothesium (A. DC.) Kuntze(1903) Nom. illegit. ■☆

51106 Thesion St. – Lag. (1880) = Thesium L. (1753)［檀香科 Santalaceae］■

51107 Thesiosyris(Rchb. f.) Spach(1841) = Thesium L. (1753)［檀香科 Santalaceae］■

51108 Thesium L. (1753)【汉】百蕊草属。【日】カナビキサウ属,カナビキソウ属。【俄】Ленец, Ленолистник。【英】Bastard Toadflax, Bastardtoadflax, Hundredstamen。【隶属】檀香科 Santalaceae。【包含】世界 245-325 种,中国 16-21 种。【学名诠释与讨论】〈中〉(希)thesion,一种植物古名,希腊英雄 Theseus 用来为王女 Ariadne 加冕+-ius,-ia,-ium,在拉丁文和希腊文中,这些词尾表示性质或状态。此属的学名, ING、TROPICOS、APNI 和 IK 记载是"Thesium L., Sp. Pl. 1:207. 1753［1 May 1753］"。"Linophyllum Séguier, Pl. Veron. 3:90. Jul – Aug 1754"和"Xerolophus Dulac, Fl. Hautes-Pyrénées 160. 1867"是"Thesium L. (1753)"的晚出的同模式异名(Homotypic synonym, Nomenclatural synonym)。【分布】澳大利亚,巴基斯坦,巴勒斯坦,马达加斯加,尼泊尔,中国,非洲,欧洲,亚洲。【后选模式】Thesium alpinum Linnaeus。【参考异名】Austroamericium Hendrych (1963);Chrysothesium (Jaub. et Spach) Hendrych (1994);Frisca Spach (1841);Linophyllum Ség. (1754) Nom. illegit.;Linosyris Ludw. (1757);Rhinostegia Turcz. (1843);Steinreitera Opiz (1852);Thesion St. –Lag. (1880);Thesiosyris (Rchb. f.) Spach (1841);Xerololophus Dulac(1867);Xerolophus Dulac(1867) Nom. illegit. ■

51109 Thesmophora Rourke(1993)【汉】好望角密穗木属。【隶属】密穗木科(密穗草科)Stilbaceae。【包含】世界 1 种。【学名诠释与讨论】〈阴〉(希)thesmos,法律,一成不变的东西+phoros,具有,梗,负载,发现者。【分布】非洲南部。【模式】Thesmophora scopulosa Rourke ●☆

51110 Thespesia Sol. ex Corrêa(1807)(保留属名)【汉】桐棉属(大萼葵属,截萼黄槿属,伞杨属,肖槿属)。【日】タウユウナ属,トウユウナ属。【英】Portia Tree, Portiatree。【隶属】锦葵科 Malvaceae。【包含】世界 17 种,中国 2-4 种。【学名诠释与讨论】〈阴〉(希)thespesios,神的,神圣的,奇异的。因肖槿在原产地常栽植在教堂周围。此属的学名"Thespesia Sol. ex Corrêa in Ann. Mus. Natl. Hist. Nat. 9:290. 1807"是保留属名。相应的废弃属名是锦葵科 Malvaceae 的"Bupariti Duhamel, Semis Plantat. Arbr., Add.;5. 1760 ≡ Thespesia Sol. ex Corrêa(1807)(保留属名)"。其

异名中,"Paritium A. Juss.(1825)"和"Paritium A. St. – Hil.(1828)"都是"Pariti Adans.(1763)"的拼写变体。"Parita Scopoli, Introd. 282. Jan – Apr 1777"是"Thespesia Sol. ex Corrêa(1807)(保留属名)"的同模式异名(Homotypic synonym, Nomenclatural synonym)。【分布】巴基斯坦,巴拿马,玻利维亚,哥伦比亚(安蒂奥基亚),哥斯达黎加,马达加斯加,尼加拉瓜,中国,中美洲。【模式】Thespesia populnea(Linnaeus)Solander ex Correa [Hibiscus populneus Linnaeus]。【参考异名】Armourea Lewton(1933);Atkinsia R. A. Howard(1949);Azanza Alef.(1861);Bupariti Duhamel(1760)(废弃属名);Cephalohibiscus Ulbr.(1935);Parita Scop.(1777)Nom. illegit.;Pariti Adans.(1763)Nom. illegit.;Paritium A. Juss.(1825)Nom. illegit.;Paritium A. St. –Hil.(1828)Nom. illegit.;Shantzia Lewton(1928);Thespesiopsis Exell et Hillc.(1954);Ulbrichia Urb.(1924)●

51111 Thespesiopsis Exell et Hillc.(1954)= Thespesia Sol. ex Corrêa(1807)(保留属名)[锦葵科 Malvaceae]●

51112 Thespesocarpus Pierre(1896)= Diospyros L.(1753)[柿树科 Ebenaceae]●

51113 Thespidium F. Muell.(1862)Nom. inval. ≡ Thespidium F. Muell. ex Benth.(1862)[菊科 Asteraceae(Compositae)]■☆

51114 Thespidium F. Muell. ex Benth.(1862)【汉】腋基菊属。【隶属】菊科 Asteraceae(Compositae)。【包含】世界1种。【学名诠释与讨论】〈中〉(属)Thespis 歧伞菊属(鳞冠菊属)+-idius,-idia,-idium,指示小的词尾。此属的学名,ING 和 APNI 记载是"Thespidium F. v. Mueller ex Bentham, Fl. Austral. 3:534. 5 Jan 1867"。ING 记载"Thespidium F. von Mueller in W. Landsborough, Exped., App. 9. 1862"是一个未合格发表的名称(Nom. inval.)。【分布】澳大利亚。【模式】Thespidium basiflorum(F. von Mueller)Bentham [Pluchea basiflora F. von Mueller]。【参考异名】Thespidium F. Muell.(1862)Nom. inval. ■☆

51115 Thespis DC.(1833)【汉】歧伞菊属(鳞冠菊属)。【英】Thespis。【隶属】菊科 Asteraceae(Compositae)。【包含】世界1-3种,中国1种。【学名诠释与讨论】〈阴〉(希)thes,安排+拉丁文 pisos 湿草地。指本属植物生长于湿草地。或 thespesios,神圣的,奇异的。【分布】尼泊尔至缅甸,中国,中南半岛。【后选模式】Thespis divaricata A. P. de Candolle ■

51116 Thevenotia DC.(1833)【汉】毛叶刺苞菊属。【隶属】菊科 Asteraceae(Compositae)。【包含】世界2种。【学名诠释与讨论】〈阴〉(人)Thevenot。【分布】亚洲西南部。【模式】Thevenotia persica A. P. de Candolle ■☆

51117 Thevetia(L.)Juss. ex Endl., Nom. illegit.(废弃属名)= Thevetia L.(1758)(保留属名)[夹竹桃科 Apocynaceae]●

51118 Thevetia Adans.(1763)Nom. illegit.(废弃属名)= Cerbera L.(1753)[夹竹桃科 Apocynaceae]●

51119 Thevetia L.(1758)(保留属名)【汉】黄花夹竹桃属(黄夹竹桃属)。【日】キバナキョウチクトウ属,キバナケフチクタウ属。【俄】Теведия【英】Lucky Bean, Thevetia。【隶属】夹竹桃科 Apocynaceae。【包含】世界8-15种,中国2种。【学名诠释与讨论】〈阴〉(人)F. André Thevet, 1502-1592,法国僧侣,植物采集家。此属的学名"Thevetia L., Opera Var.:212. 1758"是保留属名。相应的废弃属名是夹竹桃科 Apocynaceae 的"Ahouai Mill., Gard. Dict. Abr., ed. 4:[42]. 28 Jan 1754 ≡ Thevetia L.(1758)(保留属名)"。夹竹桃科 Apocynaceae 的"Ahouai Tourn. ex Adans., Fam. Pl.(Adanson)2:171. 1763 = Thevetia L.(1758)(保留属名)"和"Ahovai Boehmer in Ludwig, Def. Gen. Pl. 36. 1760 = Ahouai Mill.(1754)(废弃属名)≡ Thevetia L.(1758)(保留属名)"亦应废弃。"Thevetia(L.)Juss. ex Endl. = Thevetia L.

(1758)(保留属名)"的命名人引证有误;亦须废弃。"Plumeriopsis Rusby et Woodson, Ann. Missouri Bot. Gard. 24:11. 20 Mar 1937"是"Thevetia L.(1758)(保留属名)"的晚出的同模式异名(Homotypic synonym, Nomenclatural synonym)。芸香科 Rutaceae 的"Thevetia Vell., Fl. Flumin. 57. 1829 [1825 publ. 7 Sep-28 Nov 1829]"是晚出的非法名称;它已经被"Thevetiana Kuntze, Lex. Gen. Phan. [Post et Kuntze]558. 1903"所替代。但是在"Thevetiana Kuntze(1903)"名下并未记载任何种。夹竹桃科 Apocynaceae 的"Thevetia Adanson, Fam. 2:171,611. Jul-Aug 1763(non Linnaeus 1758 = Cerbera L.(1753)"也要废弃。【分布】巴基斯坦,巴拉圭,巴拿马,秘鲁,玻利维亚,厄瓜多尔,哥伦比亚(安蒂奥基亚),尼加拉瓜,中国,西印度群岛,热带美洲,中美洲。【模式】Thevetia ahouai(Linnaeus)Alph. de Candolle [Cerbera ahouai Linnaeus]。【参考异名】Ahouai Mill.(1754)(废弃属名);Ahouai Tourn. ex Adans.(1763)(废弃属名);Ahovai Boehm.;Ahovai Boehm.(1760)Nom. illegit.(废弃属名);Cascabela Raf.(1838);Plumeriopsis Rusby et Woodson(1937)Nom. illegit.;Thevetia(L.)Juss. ex Endl.(废弃属名);Thevetiana Kuntze(1903)●

51120 Thevetia Vell.(1829)Nom. illegit.(废弃属名)= Thevetiana Kuntze(1903)Nom. illegit.[芸香科 Rutaceae]●

51121 Thevetiana Kuntze(1903)Nom. illegit.[芸香科 Rutaceae]●

51122 Theyga Molina(1810)= Laurelia Juss.(1809)(保留属名);~ = Thiga Molina(1810)Nom. illegit.[香材树科(杯轴花科,黑檫木科,芒籽科,蒙立米科,檬立木科,香材木科,香树木科)Monimiaceae]●☆

51123 Theyodis A. Rich.(1848)= Oldenlandia L.(1753)[茜草科 Rubiaceae]■■

51124 Thezera(DC.)Raf.(1840)= Rhus L.(1753)[漆树科 Anacardiaceae]●

51125 Thezera Raf.(1840)Nom. inval., Nom. nud. ≡ Thezera(DC.)Raf.(1840);~ = Rhus L.(1753)[漆树科 Anacardiaceae]●

51126 Thibaudia Ruiz et Pav.(1830)Nom. inval., Nom. illegit. = Thibaudia Ruiz et Pav. ex J. St. -Hil.(1805)[杜鹃花科(欧石南科)Ericaceae]●☆

51127 Thibaudia Ruiz et Pav. ex J. St. -Hil.(1805)【汉】赤宝花属。【隶属】杜鹃花科(欧石南科)Ericaceae。【包含】世界60种。【学名诠释与讨论】〈阴〉(人)Thibaud de Chauvalon 或 Jean Baptiste Thibault de Chanvalon, 1725-1788,法国植物学者。此属的学名,ING、TROPICOS 和 GCI 记载是"Thibaudia Ruiz et Pavon ex Jaume Saint – Hilaire, Expos. Fam. 1:362. Feb – Apr 1805"。"Thibaudia Ruiz et Pav., Fl. Peruv. [Ruiz et Pavon]4:tt. 384-388. 1830 [ca. 1830]"是晚出的非法名称,也未合格发表(Nom. inval.)。IK 记载的"Thibaudia Ruiz, Pav., Ruiz et Pav. apud Lopez, Anales Inst. Bot. Cavanilles 14:760, descr. 1956 [杜鹃花科(欧石南科)Ericaceae]"是晚出的非法名称,也未合格发表(Nom. inval.),命名人引证亦有错误。【分布】巴拿马,秘鲁,玻利维亚,厄瓜多尔,哥伦比亚(安蒂奥基亚),哥斯达黎加,热带美洲,中美洲。【后选模式】Thibaudia mellifera Ruiz et Pavon ex Jaume Saint-Hilaire。【参考异名】Calopteryx A. C. Sm.(1946);Eurygania Klotzsch(1851);Siphonandra Klotzsch(1851)Nom. illegit.;Thibaudia Ruiz et Pav.(1830)Nom. inval., Nom. illegit.;Thibaudia Ruiz, Pav., Ruiz et Pav.(1956)Nom. inval., Nom. illegit.●☆

51128 Thicuania Raf.(1838)= Dendrobium Sw.(1799)(保留属名)[兰科 Orchidaceae]■

51129 Thiebautia Colla(1825)= Bletia Ruiz et Pav.(1794)[兰科

Orchidaceae]■☆

51130　Thieleodoxa Cham. (1834) = Alibertia A. Rich. ex DC. (1830)[茜草科 Rubiaceae]●☆

51131　Thiersia Baill. (1879) = Faramea Aubl. (1775)[茜草科 Rubiaceae]●☆

51132　Thiga Molina(1810)Nom. illegit. ≡ Laurelia Juss. (1809)(保留属名)[香材树科(杯轴花科,黑檫木科,芒籽科,蒙立米科,檬立木科,香材木科,香树木科)Monimiaceae]●☆

51133　Thilachium Lour. (1790)【汉】合萼山柑属。【隶属】山柑科(白花菜科,醉蝶花科)Capparaceae。【包含】世界10-13种。【学名诠释与讨论】〈中〉(希)thylakos,包,袋。指花萼。此属的学名是"Thilachium Loureiro, Fl. Cochinch. 328, 342. Sep 1790"。亦有文献把其处理为"Thilachium Lour. (1790)"的异名。【分布】马达加斯加,马斯克林群岛,热带非洲东部。【模式】Thilachium africanum Loureiro。【参考异名】Beautia Comm. ex Poir. (1808);Thilakium Lour. (1790);Thylachium DC. (1824);Thylacium Lour. ex Spreng. (1818);Thylacium Spreng. (1818)Nom. illegit. ;Tylachium Grig(1895);Tylachium Lour(1895)●☆

51134　Thilcum Molina(1810)= Fuchsia L. (1753);~ =Tilco Adans. (1763)[柳叶菜科 Onagraceae]●■

51135　Thillaea Sang. (1852)= Crassula L. (1753);~ = Tillaea L. (1753)[景天科 Crassulaceae]■

51136　Thiloa Eichler(1866)【汉】肖风车子属。【隶属】使君子科 Combretaceae。【包含】世界3种。【学名诠释与讨论】〈阴〉(人)Johann Friedrich Thilo Irmisch,1816-1879,德国植物学者,教师。此属的学名,ING、TROPICOS和IK记载是"Thiloa Eichler, Flora 49:149. 10 Apr 186"。它曾被处理为"Combretum sect. Thiloa (Eichler) Stace, Flora of Ecuador 81:13. 2007"。亦有文献把"Thiloa Eichler(1866)"处理为"Combretum Loefl. (1758)(保留属名)"的异名。【分布】秘鲁,玻利维亚,厄瓜多尔,哥伦比亚(安蒂奥基亚)。【后选模式】Thiloa glaucocarpa (Martius)Eichler[Combretum glaucocarpum Martius]。【参考异名】Combretum Loefl. (1758)(保留属名);Combretum sect. Thiloa (Eichler)Stace (2007)●☆

51137　Thimus Neck. (1768)= Thymus L. (1753)[唇形科 Lamiaceae (Labiatae)]●

51138　Thinicola J. H. Ross(2001)【汉】滨海傲慢木属。【隶属】豆科 Fabaceae(Leguminosae)//蝶形花科 Papilionaceae。【包含】世界1种。【学名诠释与讨论】〈阴〉(希)this,所有格thinos,海滨,岸,砂堆+cola,居住者。亦有文献把"Thinicola J. H. Ross(2001)"处理为"Templetonia R. Br. ex W. T. Aiton(1812)"的异名。【分布】澳大利亚。【模式】Thinicola incana (J. H. Ross)J. H. Ross。【参考异名】Templetonia R. Br. ex W. T. Aiton(1812)●☆

51139　Thinobia Phil. (1894)= Nardophyllum (Hook. et Arn.)Hook. et Arn. (1836)[菊科 Asteraceae(Compositae)]●☆

51140　Thinogeton Benth. (1845)= Cacabus Bernh. (1839)Nom. illegit. ;~ =Exodeconus Raf. (1838)[茄科 Solanaceae]■☆

51141　Thinopyrum Á. Löve(1980)【汉】岸边披碱草属。【隶属】禾本科 Poaceae(Gramineae)。【包含】世界20种。【学名诠释与讨论】〈中〉(希)this,所有格thinos,海滨,岸,砂堆+pyren,核,颗粒。此属的学名,ING、GCI、TROPICOS和IK记载是"Thinopyrum Á. Löve,Taxon 29:351. 1980[12 May 1980]"。TROPICOS记载是"Agropyrum sect. Juncea H. Prat, Ann. Sci. Nat. Bot. ser. 10. 14:234. 1932"的替代名称。亦有文献把"Thinopyrum Á. Löve (1980)"处理为"Elymus L. (1753)"或"Elytrigia Desv. (1810)"的异名。【分布】参见 Elymus L. (1753)和 Elytrigia Desv. (1810)。【模式】Thinopyrum junceum (Linnaeus)Á. Löve[Triticum junceum Linnaeus]。【参考异名】Agropyrum sect. Juncea H. Prat(1932);Elymus L. (1753);Elytrigia Desv. (1810);Elytrigia sect. Holopyron ser. Juncea S. A. Nevski(1936)■☆

51142　Thinouia Triana et Planch. (1862)【汉】温美无患子属。【隶属】无患子科 Sapindaceae。【包含】世界12种。【学名诠释与讨论】〈阴〉词源不详。【分布】巴拉圭,巴拿马,秘鲁,玻利维亚,厄瓜多尔,哥伦比亚(安蒂奥基亚),中美洲。【模式】Thinouia myriantha Triana et Planchon●☆

51143　Thiodia Benn. (1838)Nom. illegit. ≡ Lightfootia Sw. (1788)Nom. illegit. ;~ =Laetia Loefl. ex L. (1759)(保留属名)[刺篱木科(大风子科)Flacourtiaceae]●☆

51144　Thiodia Griseb. =Zuelania A. Rich. (1841)[刺篱木科(大风子科)Flacourtiaceae]●☆

51145　Thiollierea Montrouz. (1860)= Bikkia Reinw. (1825)(保留属名);~ = Randia L. (1753)[茜草科 Rubiaceae//山黄皮科 Randiaceae]●

51146　Thisantha Eckl. et Zeyh. (1837)= Crassula L. (1753);~ = Tillaea L. (1753)[景天科 Crassulaceae]■

51147　Thisbe Falc. (1847)= Herminium L. (1758)[兰科 Orchidaceae]■

51148　Thiseltonia Hemsl. (1905)【汉】柔鼠麹属。【隶属】菊科 Asteraceae(Compositae)。【包含】世界1-2种。【学名诠释与讨论】〈阴〉(人)G. H. Thiselton-Dyer,植物学者,植物采集家,曾在澳大利亚西部采集标本。【分布】澳大利亚(西部)。【模式】Thiseltonia dyeri Hemsley■☆

51149　Thismia Griff. (1845)【汉】水玉杯属(腐杯草属,肉质腐生草属)。【隶属】水玉簪科 Burmanniaceae//水玉杯科(腐杯草科,肉质腐生草科)Thismiaceae。【包含】世界29-43种,中国2种。【学名诠释与讨论】〈阴〉(人)由 Thomas Smith 改缀而来。【分布】巴拿马,秘鲁,玻利维亚,厄瓜多尔,哥斯达黎加,中国,中美洲。【模式】Thismia brunonis W. Griffith。【参考异名】Bagnisia Becc. (1877);Geomitra Becc. (1878);Glaziocharis Taub. (1894)Nom. inval. ;Glaziocharis Taub. ex Warm. (1901);Mamorea de la Sota(1960);Myostoma Miers (1866);Ophiomeris Miers (1847);Rodwaya F. Muell. (1890);Sarcosiphon Blume(1850);Sarcosiphon Reinw. ex Blume (1850);Scaphiophora Schltr. (1921);Tribrachys Champ. ex Thw. (1864);Triscyphus Taub. (1895)Nom. inval. ;Triscyphus Taub. ex Warm. (1901);Triurocodon Schltr. (1921)■

51150　Thismiaceae J. Agardh (1858)(保留科名)[亦见 Burmanniaceae Blume(保留科名)水玉簪科]【汉】水玉杯科(腐杯草科,肉质腐生草科)。【包含】世界1属29-43种,中国1属2种。【分布】热带。【科名模式】Thismia Griff. (1845)■

51151　Thium Steud. (1821)= Astragalus L. (1753);~ = Tium Medik. (1787)[豆科 Fabaceae(Leguminosae)//蝶形花科 Papilionaceae]●■

51152　Thladiantha Bunge(1833)【汉】赤瓟属(赤雹属,赤瓟儿属,青牛胆属)。【日】オホスズメウリ属。【俄】Тладианта。【英】Tuber Gourd, Tubergourd, Tuber-gourd。【隶属】葫芦科(瓜科,南瓜科)Cucurbitaceae。【包含】世界24种,中国24种。【学名诠释与讨论】〈阴〉(希)thladias,阉割,去势者+anthos,花。指模式种的雄蕊拥挤,状似被阉除。【分布】中国,东亚至马来西亚。【模式】Thladiantha dubia Bunge。【参考异名】Microlagenaria (C. Jeffrey)A. M. Lu et J. Q. Li (1993);Thladianthopsis Cogn. ;Thladianthopsis Cogn. ex Oliv. (1892)■

51153　Thladianthopsis Cogn. (1892)Nom. illegit. ≡ Thladianthopsis Cogn. ex Oliv. (1892)[葫芦科(瓜科,南瓜科)Cucurbitaceae]■

51154　Thladianthopsis Cogn. ex Oliv. (1892)【汉】类赤瓟属。【隶属】

葫芦科(瓜科,南瓜科)Cucurbitaceae。【包含】世界1种,中国1种。【学名诠释与讨论】〈阴〉(属)Thladiantha 赤瓟属+希腊文 opsis,外观,模样,相似。此属的学名,IK 记载是"Thladianthopsis Cogn. ex Oliv., Hooker's Icon. Pl. 23:t. 2223. 1892 [1894 publ. Apr 1892]"。"Thladianthopsis Cogn. (1892) ≡ Thladianthopsis Cogn. ex Oliv. (1892)"的命名人引证有误。亦有文献把"Thladianthopsis Cogn. ex Oliv. (1892)"处理为"Thladiantha Bunge (1833)"的异名。【分布】参见"Thladiantha Bunge (1833)"。【模式】Thladianthopsis montana Cogn. ex Gagnep.。【参考异名】Thladiantha Bunge (1833);Thladianthopsis Cogn. (1892)Nom. illegit.■☆

51155 Thlasidia Raf. (1838) = Scabiosa L. (1753) [川续断科(刺参科,蓟叶参科,山萝卜科,续断科)Dipsacaceae//蓝盆花科 Scabiosaceae]●■

51156 Thlaspeocarpa C. A. Sm. (1931)【汉】南非遏蓝菜属。【隶属】十字花科 Brassicaceae(Cruciferae)。【包含】世界2种。【学名诠释与讨论】〈阴〉(希)thlaspi,一种水田芥的俗名+karpos,果实。此属的学名"Thlaspeocarpa C. A. Smith, Bull. Misc. Inform. 1931:155. 24 Mar 1931"是一个替代名称。"Palmstruckia Sonder in W. H. Harvey et Sonder, Fl. Cap. 1:35. 10-31 Mai 1860"是一个非法名称(Nom. illegit.),因为此前已经有了"Palmstruckia Retzius, Observ. Bot. Pugill. 15. 14 Nov 1810 ≡ Sutera Roth (1807) = Chaenostoma Benth. (1836) (保留属名) [玄参科 Scrophulariaceae]"。故用"Thlaspeocarpa C. A. Sm. (1931)"替代之。亦有文献把"Thlaspeocarpa C. A. Sm. (1931)"处理为"Heliophila Burm. f. ex L. (1763)"的异名。【分布】非洲南部。【模式】Thlaspeocarpa capensis (Linnaeus f.) C. A. Smith [Peltaria capensis Linnaeus f.]。【参考异名】Heliophila Burm. f. ex L. (1763);Palmstruckia Sond. (1860)Nom. illegit. (废弃属名)■☆

51157 Thlaspi L. (1753)【汉】菥蓂属(遏蓝菜属)。【日】グンバイナズナ属,グンバイナヅナ属。【俄】Рогоплодник, Ярутка。【英】Bastard Cress, Besomweed, Besomweed Pennycress, Pennycress, Penny - cress, Pennyeress。【隶属】十字花科 Brassicaceae(Cruciferae)//菥蓂科 Thlaspiaceae。【包含】世界60-75种,中国6种。【学名诠释与讨论】〈中〉(希)thlaspi,一种水田芥的俗名;thlaein,压碎。指扁平的角果。此属的学名,ING、TROPICOS、APNI 和 IK 记载是"Thlaspi L., Sp. Pl. 2:645. 1753 [1 May 1753]"。"Teruncius E. J. Lunell, Amer. Midl. Naturalist 4:364. 13 Mar 1916"和"Thlaspidium Bubani, Fl. Pyrenaea 3:213. ante 27 Aug 1901(non P. Miller 1754)"是"Thlaspi L. (1753)"的晚出的同模式异名(Homotypic synonym, Nomenclatural synonym)。有些文献承认"Syrenopsis Jaub. et Spach(1842)";也有些文献把其处理为"Thlaspi L. (1753)"的异名。【分布】巴基斯坦,玻利维亚,美国,中国,北温带欧亚大陆,南美洲,中美洲。【后选模式】Thlaspi arvense Linnaeus。【参考异名】Apterigia (Ledeb.) Galushko(1970);Apterigia Galushko (1970);Atropatenia F. K. Mey. (1973);Callothlaspi F. K. Mey. (1973);Carpoceras (DC.) Link (1831);Carpoceras Boiss.;Carpoceras Link (1831);Cruciundula Raf. (1837);Hutchinsia R. Br., Nom. illegit.;Kotschyella F. K. Mey. (1973);Masmenia F. K. Mey. (1973);Metathlaspi E. H. L. Krause(1927);Microthlaspi F. K. Mey. (1973)Nom. illegit.;Nasturtium Zinn (1757) Nom. illegit. (废弃属名);Neurotropis (DC.) F. K. Mey. (1973);Noccaea Moench (1802);Noccidium F. K. Mey. (1973);Pachyphragma (DC.) N. Busch;Pachyphragma (DC.) Rchb. (1841) Nom. illegit.;Pachyphragma Rchb. (1841);Pterotropis (DC.) Fourr. (1868);Pterotropis Fourr. (1868)Nom. illegit.;Raparia F. K. Mey. (1973);Syrenopsis Jaub.

et Spach(1842);Teruncius Lunell (1916) Nom. illegit.;Thlaspiceras F. K. Mey. (1973);Thlaspidea Opiz (1852);Thlaspidium Bubani (1901) Nom. illegit.;Thlaspius St. -Lag. (1880);Vania F. K. Mey. (1973)■

51158 Thlaspiaceae Martinov(1820) [亦见 Brassicaceae Burnett(保留科名)//Cruciferae Juss. (保留科名)十字花科]【汉】菥蓂科。【包含】世界5属78-93种,中国1属6种。【分布】北温带欧亚大陆,少数南美洲。【科名模式】Thlaspi L. (1753)■

51159 Thlaspiceras F. K. Mey. (1973) = Thlaspi L. (1753) [十字花科 Brassicaceae(Cruciferae)//菥蓂科 Thlaspiaceae]■

51160 Thlaspidea Opiz (1852) = Thlaspi L. (1753) [十字花科 Brassicaceae(Cruciferae)//菥蓂科 Thlaspiaceae]■

51161 Thlaspidium Bubani(1901) Nom. illegit. ≡ Thlaspi L. (1753) [十字花科 Brassicaceae(Cruciferae)//菥蓂科 Thlaspiaceae]■

51162 Thlaspidium Mill. (1754) Nom. illegit. ≡ Biscutella L. (1753) (保留属名) [十字花科 Brassicaceae(Cruciferae)]■☆

51163 Thlaspidium Rassulova, Nom. illegit. [豆科 Fabaceae (Leguminosae)]☆

51164 Thlaspidium Spach (1838) Nom. illegit. = Lepidium L. (1753) [十字花科 Brassicaceae(Cruciferae)]■

51165 Thlaspidium Tourn. ex Adans. (1763) Nom. illegit. [十字花科 Brassicaceae(Cruciferae)]☆

51166 Thlaspius St. -Lag. (1880) = Thlaspi L. (1753) [十字花科 Brassicaceae(Cruciferae)//菥蓂科 Thlaspiaceae]■

51167 Thlipsocarpus Kuntze (1846) = Hyoseris L. (1753) [菊科 Asteraceae(Compositae)]■☆

51168 Thlocephala Y. Ito =Neoporteria Britton et Rose(1922) [仙人掌科 Cactaceae]●■

51169 Thoa Aubl. (1775) = Gnetum L. (1767) [买麻藤科(倪藤科)Gnetaceae]●

51170 Thoaceae Agardh =Gnetaceae Blume(保留科名)●

51171 Thoaceae Kuntze(1903) = Gnetaceae Blume(保留科名)●

51172 Thodaya Compton(1931) = Euryops (Cass.) Cass. (1820) [菊科 Asteraceae(Compositae)]●■☆

51173 Thogsennia Aiello (1979)【汉】陶格茜属。【隶属】茜草科 Rubiaceae。【包含】世界1种。【学名诠释与讨论】〈阴〉词源不详。【分布】古巴。【模式】Thogsennia lindeniana (A. Richard) A. Aiello [Gonianthes lindeniana A. Richard]●☆

51174 Thollonia Baill. (1886) = Icacina A. Juss. (1823) [茶茱萸科 Icacinaceae]●☆

51175 Thomandersia Baill. (1891)【汉】托曼木属。【隶属】爵床科 Acanthaceae//托曼木科 Thomandersiaceae。【包含】世界6种。【学名诠释与讨论】〈阴〉(人)Thom Anders。此属的学名"Thomandersia Baillon, Hist. Pl. 10:456. Jan-Feb 1891"是一个替代名称。"Scytanthus T. Anderson ex Bentham et J. D. Hooker, Gen. 2:1093. Mai 1876"是一个非法名称(Nom. illegit.),因为此前已经有了"Scytanthus W. J. Hooker, Icon. Pl. ad t. 605-606. Jan 1844 ≡ Hoodia Sweet ex Decne. (1844) [萝藦科 Asclepiadaceae]"和"Scytanthus Liebm., Förh. Skand. Naturf. Möte 1844:183. 1847 = Bdallophytum Eichler (1872) [大花草科 Rafflesiaceae]"。故用"Thomandersia Baill. (1891)"替代之。"Scytanthus T. Anderson ex Benth. (1876) ≡ Scytanthus T. Anderson ex Benth. et Hook. f. (1876)Nom. illegit. [爵床科 Acanthaceae]"的命名人引证有误。同理,"Scytanthus Post et Kuntze(1903) Nom. illegit. = Skytanthus Meyen(1834) [夹竹桃科 Apocynaceae]"亦是非法名称。【分布】热带非洲。【模式】Thomandersia laurifolia (T. Anderson ex Bentham et J. D. Hooker)Baillon [Scytanthus laurifolius T. Anderson ex Bentham et J. D. Hooker]。【参考异名】Scytanthus T. Anderson ex Benth.(1876)Nom. illegit.；Scytanthus T. Anderson ex Benth. et Hook. f.(1876)Nom. illegit.●☆

51176 Thomandersiaceae Sreemadh.(1977)[亦见 Acanthaceae Juss.(保留科名)爵床科]【汉】托曼木科。【包含】世界 1 属 6 种。【分布】热带非洲。【科名模式】Thomandersia Baill.●

51177 Thomasia J. Gay(1821)【汉】中脉梧桐属(托玛斯木属)。【隶属】梧桐科 Sterculiaceae//锦葵科 Malvaceae。【包含】世界 30-32 种。【学名诠释与讨论】〈阴〉(人)Thomases 是瑞士植物学家和植物采集者的世家。Pierre(Peter)Thomas 和他的兄弟 Abram(Abraham)Thomas(1740-1822)及后代 Philippe Thomas(-1831)，Louis Thomas(1784-1823)，(Abraham Louis)Emmanuel(Emanuel)Thomas(1788-1859)。Emmanuel Thomas 是 Catalogue des plantes de Sardaigne, qui se vendent chez Emmanuel Thomas a Bex. 1841 的作者。另说纪念 David Thomas, 1776-1859, 美国植物学者。【分布】澳大利亚。【模式】未指定。【参考异名】Asterochiton Turcz.(1852)；Leucothamnus Lindl.(1839)；Rhynchostemon Steetz(1848)●☆

51178 Thomassetia Hemsl.(1902)= Brexia Noronha ex Thouars(1806)(保留属名)[醋栗科(茶藨子科)Grossulariaceae//雨湿木科(流苏边脉科)Brexiaceae]●☆

51179 Thommasinia Steud.(1841)= Peucedanum L.(1753)；~ = Tommasinia Bertol.(1838)[伞形花科(伞形科)Apiaceae(Umbelliferae)]☆

51180 Thompsonella Britton et Rose(1909)【汉】汤普森景天属。【日】トンプソネラ属。【隶属】景天科 Crassulaceae。【包含】世界 3-6 种。【学名诠释与讨论】〈阴〉(人)Charles Henry Thompson, 1870-1931, 美国植物学者，密苏里植物园栽培此属植物的工作人员+-ellus, -ella, -ellum, 加在名词词干后面形成指小式的词尾。或加在人名、属名等后面以组成新属的名称。【分布】墨西哥。【模式】Thompsonella minutiflora(J. N. Rose)N. L. Britton et J. N. Rose[Echeveria minutiflora J. N. Rose]■☆

51181 Thompsonia R. Br.(1821)= Deidamia E. A. Noronha ex Thouars(1805)[西番莲科 Passifloraceae]■☆

51182 Thompsonia Steud.(1841)Nom. illegit.[天南星科 Araceae]☆

51183 Thomsonia Wall.(1830)(废弃属名)= Amorphophallus Blume ex Decne.(1834)(保留属名)[天南星科 Araceae]■●

51184 Thonandia H. P. Linder(1996)Nom. illegit. = Danthonia DC.(1805)(保留属名)[禾本科 Poaceae(Gramineae)]■

51185 Thonnera De Wild.(1909)= Uvariopsis Engl. ex Engl. et Diels(1899)[番荔枝科 Annonaceae]●☆

51186 Thonningia Vahl(1810)【汉】非洲蛇菰属(特宁草属)。【隶属】蛇菰科(土鸟黐科)Balanophoraceae。【包含】世界 1 种。【学名诠释与讨论】〈阴〉(人)Peter Thonning, 1775-1848, 丹麦植物学者，植物采集家。【分布】热带非洲从塞内加尔(东部)到埃塞俄比亚(南部)，南到赞比亚。【模式】Thonningia sanguinea Vahl。【参考异名】Cephalophyton Hook. f. ex Baker(1883)；Conophyta Schum. ex Hook. f.(1856)；Haematostrobus Endl.(1836)■☆

51187 Thora Fourr.(1868)Nom. illegit. = Ranunculus L.(1753)[毛茛科 Ranunculaceae]■

51188 Thora Hill(1756)= Ranunculus L.(1753)[毛茛科 Ranunculaceae]■

51189 Thoracocarpus Harling(1958)【汉】甲果巴拿马草属。【隶属】巴拿马草科(环花科)Cyclanthaceae。【包含】世界 1 种。【学名诠释与讨论】〈阳〉(希)thorax, 所有格 thorakos, 胸甲, 胸部+karpos, 果实。【分布】巴拿马，秘鲁，玻利维亚，厄瓜多尔，哥伦比亚(安蒂奥基亚)，哥斯达黎加，中美洲。【模式】Thoracocarpus

bissectus(Vellozo)Harling[Dracontium bissectum Vellozo]■☆

51190 Thoracosperma Klotzsch(1834)【汉】甲籽杜鹃属。【隶属】杜鹃花科(欧石南科)Ericaceae。【包含】世界 10 种。【学名诠释与讨论】〈中〉(希)thorax, 所有格 thorakos, 胸甲, 胸部+sperma, 所有格 spermatos, 种子, 孢子。此属的学名是"Thoracosperma Klotzsch, Linnaea 9：350. 1834"。亦有文献把其处理为"Eremia D. Don(1834)"或"Erica L.(1753)"的异名。【分布】非洲南部。【模式】Thoracosperma paniculatum(Thunberg)Klotzsch[Erica paniculata Thunberg, non Linnaeus]。【参考异名】Eremia D. Don(1834)；Erica L.(1753)●☆

51191 Thoracostachys Kurz(1864)= Thoracostachyum Kurz(1869)[莎草科 Cyperaceae]■

51192 Thoracostachyum Kurz(1869)【汉】野长蒲属。【英】Thoracostachyum。【隶属】莎草科 Cyperaceae。【包含】世界 7 种，中国 1 种。【学名诠释与讨论】〈中〉(希)thorax, 所有格 thorakos, 胸甲, 胸部+stachys, 穗, 谷, 长钉。指由穗状花序排成的圆锥花序具叶状苞片。此属的学名，ING、APNI、TROPICOS 和 IK 记载是"Thoracostachyum Kurz, J. Asiat. Soc. Bengal, Pt. 2, Nat. Hist. 38：75. 3 Jun 1869"。早出的"Thoracostachys Kurz, in Tijdschr. Nederl. Ind. xxvii.(1864)224"应该是一个不合格发表的名称(Nom. inval.)。"Thoracostachyum Kurz(1869)"曾被处理为"Mapania sect. Thoracostachyum(Kurz)T. Koyama, Memoirs of The New York Botanical Garden 17(1)：50. 1967"。亦有文献把"Thoracostachyum Kurz(1869)"处理为"Mapania Aubl.(1775)"的异名。【分布】塞舌尔(塞舌尔群岛)，中国，马来西亚至波利尼西亚群岛。【后选模式】Thoracostachyum bancanum(Miquel)Kurz[Lepironia bancana Miquel]。【参考异名】Mapania Aubl.(1775)；Mapania sect. Thoracostachyum(Kurz)T. Koyama(1967)；Thoracostachys Kurz(1864)■

51193 Thoraea Gand. = Pimpinella L.(1753)[伞形花科(伞形科)Apiaceae(Umbelliferae)]■

51194 Thorea Briq.(1902)Nom. illegit. ≡ Caropsis(Rouy et Camus)Rauschert(1982)；~ = Thorella Briq.(1914)Nom. illegit.[伞形花科(伞形科)Apiaceae(Umbelliferae)]■☆

51195 Thorea Rouy(1913)Nom. illegit. ≡ Pseudarrhenatherum Rouy(1922)；~ = Arrhenatherum P. Beauv.(1812)[禾本科 Poaceae(Gramineae)]■

51196 Thoreauea J. K. Williams(2002)【汉】墨西哥夹竹桃属。【隶属】夹竹桃科 Apocynaceae。【包含】世界 3 种。【学名诠释与讨论】〈阴〉词源不详。【分布】墨西哥。【模式】Thoreauea paneroi J. K. Williams ●☆

51197 Thoreldora Pierre(1895)= Glycosmis Corrêa(1805)(保留属名)[芸香科 Rutaceae]●

51198 Thorelia Gagnep.(1920)(保留属名)【汉】托雷尔菊属。【隶属】菊科 Asteraceae(Compositae)。【包含】世界 1 种。【学名诠释与讨论】〈阴〉(人)Clovis Thorel, 1833-1911, 法国植物学者，医生，植物采集家。此属的学名"Thorelia Gagnep. in Notul. Syst.(Paris)4：18. 28 Nov 1920"是保留属名。相应的废弃属名是千屈菜科 Lythraceae 的"Thorelia Hance in J. Bot. 15：268. Sep 1877 = Tristania R. Br.(1812)"。"Thoreliella Wu, Acta Phytotax. Sin. 6：297. Aug 1957"是"Thorelia Gagnep.(1920)(保留属名)"的晚出的同模式异名(Homotypic synonym, Nomenclatural synonym)。亦有文献把"Thorelia Gagnep.(1920)(保留属名)"处理为"Camchaya Gagnep.(1920)"的异名。【分布】老挝。【模式】Thorelia montana Gagnepain。【参考异名】Camchaya Gagnep.(1920)；Thoreliella C. Y. Wu(1957)Nom. illegit. ■☆

51199 Thorelia Hance(1877)(废弃属名)= Tristania R. Br.(1812)

[桃金娘科 Myrtaceae]●

51200　Thoreliella C. Y. Wu（1957）Nom. illegit. ≡Thorelia Gagnep.（1920）（保留属名）；～＝Camchaya Gagnep.（1920）［菊科 Asteraceae（Compositae）]■

51201　Thorella Briq.（1914）Nom. illegit. ≡Caropsis（Rouy et Camus）Rauschert（1982）［伞形花科（伞形科）Apiaceae（Umbelliferae）]■☆

51202　Thoreochloa Holub（1962）Nom. illegit. ≡Pseudarrhenatherum Rouy（1922）；～＝Arrhenatherum P. Beauv.（1812）［禾本科 Poaceae（Gramineae）]■

51203　Thornbera Rydb.（1919）＝Dalea L.（1758）（保留属名）［豆科 Fabaceae（Leguminosae）//蝶形花科 Papilionaceae]●■☆

51204　Thorncroftia N. E. Br.（1912）【汉】托恩草属。【隶属】唇形科 Lamiaceae（Labiatae）。【包含】世界 3-4 种。【学名诠释与讨论】〈阴〉（人）George Thorncroft，1857-1934，英国植物学者，植物采集家，商人。【分布】非洲南部。【模式】Thorncroftia longiflora N. E. Brown ■☆

51205　Thornea Breedlove et E. M. McClint.（1976）【汉】托纳藤属。【隶属】猪胶树科（克鲁西科，山竹子科，藤黄科）Clusiaceae（Guttiferae）。【包含】世界 2 种。【学名诠释与讨论】〈阴〉（人）Thorne，植物学者。【分布】非洲南部。【模式】Thornea matudae（C. L. Lundell）D. E. Breedlove et E. McClintock［Hypericum matudae C. L. Lundell［as 'matudai']●☆

51206　Thorntonia Rchb.（1828）（废弃属名）＝Kosteletzkya C. Presl（1835）（保留属名）；～＝Pavonia Cav.（1786）（保留属名）［锦葵科 Malvaceae]●■☆

51207　Thorvaldsenia Liebm.（1844）＝Chysis Lindl.（1837）［兰科 Orchidaceae]■☆

51208　Thorwaldsenia Bot.（1846）Nom. illegit. ＝? Chysis Lindl.（1837［兰科 Orchidaceae]■☆

51209　Thottea Rottb.（1783）【汉】线果兜铃属。【英】Alpam Root，Thottea。【隶属】马兜铃科 Aristolochiaceae。【包含】世界 25 种，中国 1 种。【学名诠释与讨论】〈阴〉词源不详。【分布】马来西亚（西部），中国。【模式】Thottea grandiflora Rottboell。【参考异名】Apama Lam.（1783）；Asiphonia Griff.（1844）；Bragantia Lour.（1790）Nom. illegit.；Ceramium Blume（1826）Nom. illegit.；Cyclodiscus Klotzsch（1859）Nom. illegit.；Lobbia Planch.（1847）；Munnickia Rchb.（1828）；Strakaea C. Presl（1851）；Trimeriza Lindl.（1832）●

51210　Thouarea Kunth（1833）＝Thuarea Pers.（1805）［禾本科 Poaceae（Gramineae）]■

51211　Thouarsea F. Muell.（1882）Nom. illegit.［禾本科 Poaceae（Gramineae）]☆

51212　Thouarsia Kuntze（1903）Nom. illegit. ＝Thuarea Pers.（1805）［禾本科 Poaceae（Gramineae）]■

51213　Thouarsia Post et Kuntze（1903）Nom. illegit.；≡Thouarsia Kuntze（1903）Nom. illegit.；～＝Thuarea Pers.（1805）［禾本科 Poaceae（Gramineae）]■

51214　Thouarsia Vent. ex DC.（1836）＝Psiadia Jacq.（1803）［菊科 Asteraceae（Compositae）]●☆

51215　Thouarsiora Homolle ex Arènes（1960）＝Ixora L.（1753）［茜草科 Rubiaceae]●

51216　Thouina Cothen.（1790）Nom. illegit. ≡Thouinia Sm.（1789）Nom. illegit.（废弃属名）；～＝Humbertia Comm. ex Lam.（1786）［旋花科 Convolvulaceae//马岛旋花科 Humbertiaceae]●☆

51217　Thouinia Comm. ex Planch.（废弃属名）＝Vitis L.（1753）［葡萄科 Vitaceae]●

51218　Thouinia Dombey ex DC.（废弃属名）＝Lardizabala Ruiz et Pav.（1794）［木通科 Lardizabalaceae]●☆

51219　Thouinia L. f.（1782）（废弃属名）≡Thouinia Thunb. ex L. f.（1782）（废弃属名）；～≡Thouinia Poit.（1804）（保留属名）［无患子科 Sapindaceae]●

51220　Thouinia Poit.（1804）（保留属名）【汉】索英木属。【俄】Туиния。【英】Thouinia。【隶属】无患子科 Sapindaceae。【包含】世界 28 种。【学名诠释与讨论】〈阴〉（人）André Thouin，1747-1824，法国植物学者，园艺学者，植物采集家，Bernard de Jussieu 和 Buffon 的学生，Chretien - Guillaume de Lamoignon de Malesherbes（1721-1794）和 Rousseau 的朋友，A. P. de Candolle 和 Des-fontaines（1750-1833）的合作伙伴，Monographic des greffes 的作者。此属的学名"Thouinia Poit. in Ann. Mus. Natl. Hist. Nat. 3:70. 1804"是保留属名。相应的废弃属名是木犀榄科（木犀科）Oleaceae 的"Thouinia Thunb. ex L. f.，Suppl. Pl.：9，89. Apr 1782 ≡Thouinia L. f.（1782）"。旋花科 Convolvulaceae 的"Thouinia Sm.，Pl. Icon. Ined. 1：t. 7. 1789［Apr-May 1789］＝Humbertia Comm. ex Lam.（1786）"亦应废弃。须要废弃的属名还有：葡萄科 Vitaceae 的"Thouinia Comm. ex Planch. ＝Vitis L.（1753）"和木通科 Lardizabalaceae 的"Thouinia Dombey ex DC. ＝Lardizabala Ruiz et Pav.（1794）"。"Thyana W. Hamilton, Prodr. Pl. Indiae Occid. 36. 1825"是"Thouinia Poit.（1804）（保留属名）"的晚出的同模式异名（Homotypic synonym，Nomenclatural synonym）。【分布】秘鲁，玻利维亚，墨西哥，尼加拉瓜，西印度群岛，中美洲。【模式】Thouinia simplicifolia Poiteau。【参考异名】Carpidopterix H. Karst.（1862）；Leonardia Urb.（1922）；Thuinia Raf.，Nom. illegit.；Thyana Ham.（1825）Nom. illegit.；Vargasia Bert. ex Spreng.（1825）●☆

51221　Thouinia Sm.（1789）Nom. illegit.（废弃属名）＝Humbertia Comm. ex Lam.（1786）［旋花科 Convolvulaceae//马岛旋花科 Humbertiaceae]●☆

51222　Thouinia Thunb. ex L. f.（1782）（废弃属名）≡Thouinia Poit.（1804）（保留属名）［无患子科 Sapindaceae]●☆

51223　Thouinidium Radlk.（1878）【汉】索英无患子属。【隶属】无患子科 Sapindaceae。【包含】世界 7 种。【学名诠释与讨论】〈中〉（人）André Thouin，1747-1824，法国植物学者，园艺学者，植物采集家+-idius，-idia，-idium，指示小的词尾。【分布】墨西哥，尼加拉瓜，西印度群岛，中美洲。【模式】未指定●☆

51224　Thouvenotia Danguy（1920）＝Beilschmiedia Nees（1831）［樟科 Lauraceae]●

51225　Thozetia F. Muell. ex Benth.（1868）【汉】托兹萝藦属。【隶属】萝藦科 Asclepiadaceae。【包含】世界 1 种。【学名诠释与讨论】〈阴〉（人）Anthelme Thozet，c. 1826-1878，澳大利亚植物学者，植物采集家，农场主。【分布】澳大利亚。【模式】Thozetia racemosa F. v. Mueller ex Bentham☆

51226　Thrasia Kunth（1822）Nom. illegit. ≡Thrasya Kunth（1816）［禾本科 Poaceae（Gramineae）]■☆

51227　Thrasya Kunth（1816）【汉】勇夫草属。【隶属】禾本科 Poaceae（Gramineae）。【包含】世界 19 种。【学名诠释与讨论】〈阴〉（希）thrasy，勇敢的，无畏的。此属的学名，ING、TROPICOS 和 IK 记载是"Thrasya Kunth in Humboldt，Bonpland et Kunth，Nova Gen. Sp. 1；ed. qu. 120；ed. fol. 98. 29 Jan 1816"。它曾被处理为"Panicum sect. Thrasya（Kunth）Benth.，Journal of the Linnean Society，Botany 18：42. 1881"和"Panicum sect. Thrasya（Kunth）Benth. & Hook. f.，Genera Plantarum 3（2）：1101. 1883.（14 Apr 1883）"。【分布】巴拿马，秘鲁，玻利维亚，哥伦比亚（安蒂奥基亚），哥斯达黎加，尼加拉瓜，特立尼达和多巴哥（特立尼达岛），中美洲。【模式】Thrasya paspaloides Kunth。【参考异名】Panicum sect. Thrasya（Kunth）Benth. & Hook. f.（1883）；Panicum sect. Thrasya（Kunth）Benth.（1881）；Thrasia Kunth（1822）Nom. illegit.；Tylothrasya Döll（1877）■☆

51228　Thrasyopsis Parodi（1946）【汉】拟勇夫草属。【隶属】禾本科 Poaceae（Gramineae）。【包含】世界 2 种。【学名诠释与讨论】〈阴〉（属）Thrasya 勇夫草属＋希腊文 opsis，外观，模样，相似。【分布】巴西。【模式】Thrasyopsis rawitscheri Parodi ■☆

51229　Thraulococcus Radlk.（1878）= Lepisanthes Blume（1825）［无患子科 Sapindaceae］●

51230　Threlkeldia R. Br.（1810）【汉】肉被澳藜属。【隶属】藜科 Chenopodiaceae。【包含】世界 2-5 种。【学名诠释与讨论】〈阴〉（人）Caleb Threlkeld，1676-1728，英国植物学者，传教士，医生，Synopsis stirpium hibernicarum. Dublin 1726 的作者。【分布】澳大利亚。【模式】Threlkeldia diffusa R. Brown。【参考异名】Babbagia F. Muell.（1858）；Osteocarpum F. Muell.（1858）●☆

51231　Thrica Gray（1821）= Leontodon L.（1753）（保留属名）；~ = Thrincia Roth（1796）［菊科 Asteraceae（Compositae）］■☆

51232　Thrinax L. f.，Nom. inval. = Thrinax L. f. ex Sw.（1788）［棕榈科 Arecaceae（Palmae）］●☆

51233　Thrinax L. f. ex Sw.（1788）【汉】白果棕属（白桐属，白棕榈属，豆棕属，扇葵属，屋顶棕属，细叶风竹属）。【日】ホソエクマデヤシ属。【英】Thatch Palm。【隶属】棕榈科 Arecaceae（Palmae）。【包含】世界 7-15 种。【学名诠释与讨论】〈阴〉（希）thrinax，所有格 thrinakos，三尖的叉，叉形物。可能指叶形。此属的学名，ING、TROPICOS 和 GCI 记载是“Thrinax Sw.，Prodr.［O. P. Swartz］4，57. 1788［20 Jun-29 Jul 1788］”。IK 则记载为“Thrinax L. f. ex Sw.，Prodr.［O. P. Swartz］57（1788）［20 Jun - 29 Jul 1788］”。四者引用的文献相同。“Thrinax L. f.”是一个未合格发表的名称（Nom. inval.）。【分布】玻利维亚，哥伦比亚（安蒂奥基亚），尼加拉瓜，西印度群岛，中美洲。【模式】Thrinax parviflora O. Swartz。【参考异名】Hemithrinax Hook. f.（1883）；Leucothrinax C. Lewis et Zona（2008）；Porothrinax H. Wendl. ex Griseb.（1866）；Schizothrinax H. Wendl.；Simpsonia O. F. Cook（1937）；Thrinax L. f.，Nom. inval.；Thrinax Sw.（1788）Nom. illegit.；Trinax D. Dietr.（1840）●☆

51234　Thrinax Sw.（1788）Nom. illegit. ≡ Thrinax L. f. ex Sw.（1788）［棕榈科 Arecaceae（Palmae）］●☆

51235　Thrincia Roth（1796）= Leontodon L.（1753）（保留属名）［菊科 Asteraceae（Compositae）］■☆

51236　Thrincoma O. F. Cook（1901）= Coccothrinax Sarg.（1899）［棕榈科 Arecaceae（Palmae）］●☆

51237　Thringis O. F. Cook（1901）= Coccothrinax Sarg.（1899）［棕榈科 Arecaceae（Palmae）］●☆

51238　Thrixa Dulac（1867）Nom. illegit. ≡ Thrincia Roth（1796）［菊科 Asteraceae（Compositae）］■☆

51239　Thrixanthocereus Backeb.（1937）【汉】银衣柱属。【日】トリクサントセレウス属。【隶属】仙人掌科 Cactaceae。【包含】世界 4 种。【学名诠释与讨论】〈阳〉（希）thrix，所有格 trichos，毛，毛发＋anthos，花 + （属）Cereus 仙影掌属。此属的学名是“Thrixanthocereus Backeberg，Blätt. Kakteenf. 8 Nachtr. 15：［2］. 1937”。亦有文献把其处理为“Espostoa Britton et Rose（1920）”的异名。【分布】秘鲁。【模式】Thrixanthocereus blossfeldiorum（Werdeman）Backeberg［Cephalocereus blossfeldiorum Werdeman］。【参考异名】Espostoa Britton et Rose（1920）●☆

51240　Thrixgyne Keng（1941）= Duthiea Hack.（1895）Nom. inval.；~ = Duthiea Hack. ex Procop. - Procop.（1895）［禾本科 Poaceae（Gramineae）］■

51241　Thrixia Dulac（1867）= Leontodon L.（1753）（保留属名）［菊科 Asteraceae（Compositae）］■☆

51242　Thrixspermum Lour.（1790）【汉】白点兰属（风兰属）。【日】カヤラン属，トリクススペルムム属，トリックススパーマム属。【英】Thrixsperm，Thrixspermum。【隶属】兰科 Orchidaceae。【包含】世界 100-140 种，中国 14 种。【学名诠释与讨论】〈中〉（希）thrix，所有格 trichos，毛，毛发＋sperma，所有格 spermatos，种子，孢子。指种子细长，毛状。【分布】澳大利亚，印度至马来西亚，中国，波利尼西亚群岛，东南亚。【模式】Thrixspermum centipeda Loureiro。【参考异名】Cylindrochilus Thwaites（1861）；Orsidice Rchb. f.（1854）；Ridleya（Hook. f.）Pfitzer（1900）；Saccochilus Blume（1828）Nom. illegit.；Thylacis Gagnep.（1932）；Thylcis Gagnep.■

51243　Thryallis L.（1762）（废弃属名）= Galphimia Cav.（1799）［金虎尾科（黄褥花科）Malpighiaceae］●

51244　Thryallis Mart.（1829）（保留属名）【汉】金英属。【日】キントラノオ属。【英】Thryallis。【隶属】金虎尾科（黄褥花科）Malpighiaceae。【包含】世界 3-12 种，中国 1 种。【学名诠释与讨论】〈阴〉（希）thryallis，毛蕊花属 Verbascum 植物的古名，源出希腊文 thrauo，打破，破裂。因花黄色与之相似，故被用为本属名。另说 thryon 芦苇＋allos 不同的。此属的学名“Thryallis Mart.，Nov. Gen. Sp. Pl. 3：77. Jan-Jun 1829”是保留属名。相应的废弃属名是金虎尾科（黄褥花科）Malpighiaceae 的“Thryallis L.，Sp. Pl.，ed. 2，1：554. Sep 1762 = Galphimia Cav.（1799）”。“Hemsleyna O. Kuntze，Rev. Gen. 1：88. 5 Nov 1891”和“Vorstia Adanson，Fam. 2：（23）. Jul-Aug 1763”是“Thryallis Mart.（1829）（保留属名）”的晚出的同模式异名（Homotypic synonym，Nomenclatural synonym）。【分布】巴拉圭，玻利维亚，中国，南美洲。【模式】Thryallis longifolia C. F. P. Martius。【参考异名】Galphimia Cav.（1799）；Galphinia Poir.（1821）；Hemsleiana Kuntze；Hemsleyna Kuntze（1891）Nom. illegit.；Henlea Griseb.（1860）Nom. illegit.；Tryallis Müll. Berol.（1869）；Vorstia Adans.（1763）Nom. illegit.●

51245　Thrycocephalum Steud.（1841）Nom. illegit. = Thryocephalon J. R. Forst. et G. Forst.（1776）Nom. illegit.；~ = Kyllinga Rottb.（1773）（保留属名）［莎草科 Cyperaceae］■

51246　Thryocephalon J. R. Forst. et G. Forst.（1776）Nom. illegit. ≡ Kyllinga Rottb.（1773）（保留属名）［莎草科 Cyperaceae］■

51247　Thryothamnus Phil.（1895）（废弃属名）= Junellia Moldenke（1940）（保留属名）；~ = Verbena L.（1753）［马鞭草科 Verbenaceae］■●

51248　Thryptomene Endl.（1839）（保留属名）【汉】异岗松属。【日】トリプトメネ属。【英】Thryptomene。【隶属】桃金娘科 Myrtaceae。【包含】世界 32-40 种。【学名诠释与讨论】〈阴〉（希）thrypto，打破，使变衰弱＋mene = menos，所有格 menados 月亮。指模式种被发现时长势极差。此属的学名“Thryptomene Endl. in Ann. Wiener Mus. Naturgesch. 2：192. 1839”是保留属名。相应的废弃属名是桃金娘科 Myrtaceae 的“Gomphotis Raf.，Sylva Tellur.：103. Oct-Dec 1838 = Thryptomene Endl.（1839）（保留属名）= Zygadenus Michx.（1803）”。【分布】澳大利亚。【模式】Thryptomene australis Endlicher。【参考异名】Astraea Schauer（1843）Nom. illegit.；Buchena Heynh.；Bucheria Heynh.（1846）Nom. illegit.；Eremopyxis Baill.（1862）Nom. illegit.；Gomphotis Raf.（1838）（废弃属名）；Paryphantha Schauer（1843）；Tryptomene F. Muell.（1858）Nom. illegit.；Tryptomene Walp.（1843）●☆

51249　Thuarea Pers.（1805）【汉】蒭雷草属（刍雷草属，卷轴草属，沙丘草属，砂滨草属）。【日】クロイハザサ属。【英】Kuroiwa

Grass, Thuarea。【隶属】禾本科 Poaceae(Gramineae)。【包含】世界 2 种,中国 1 种。【学名诠释与讨论】〈阴〉(人)Louis-Marie Aubert du Petit-Thouars,1758-1831,法国植物学者,植物采集家。此属的学名,ING、TROPICOS、APNI 和 IK 记载为"Thuarea Pers., Syn. Pl.[Persoon]1:110. 1805[1 Apr-15 Jun 1805]"。"Microthuareia Du Petit-Thouars, Gen. Nova Madag. 3. 17 Nov 1806"是"Thuarea Pers.(1805)"的晚出的同模式异名(Homotypic synonym, Nomenclatural synonym)。【分布】马达加斯加,印度至马来西亚,中国。【模式】Thuarea sarmentosa Persoon。【参考异名】Microthuareia Thouars(1806)Nom. illegit.;Ornithocephalochloa Kurz(1875);Thouarea Kunth(1833);Thouarsia Kuntze(1903)Nom. illegit.;Thouarsia Post et Kuntze(1903)Nom. illegit.;Thyarea Benth.(1878)■

51250 Thuessinkia Korth. ex Miq.(1855)= Caryota L.(1753)[棕榈科 Arecaceae(Palmae)//鱼尾葵科 Caryotaceae]●

51251 Thuia Scop.(1777)= Thuja L.(1753)[柏科 Cupressaceae//崖柏科 Thujaceae]●

51252 Thuiacarpus Benth. et Hook. f.(1880)Nom. illegit. ≡ Thuiaecarpus Trautv.(1844)[柏科 Cupressaceae]●

51253 Thuiaecarpus Trautv.(1844)= Juniperus L.(1753)[柏科 Cupressaceae]●

51254 Thuinia Raf., Nom. illegit.(1)= Chionanthus L.(1753);~ = Linociera Sw.;~;~ = Linociera Sw. ex Schreb.(1791)(保留属名);~ = Thouinia L. f.;~ = Thouinia Thunb. ex L. f.[木犀榄科(木犀科)Oleaceae]●

51255 Thuinia Raf., Nom. illegit.(2)= Thouinia Poit.(1804)(保留属名)[无患子科 Sapindaceae]●☆

51256 Thuiopsis Endl.(1847)Nom. illegit.(废弃属名)= Thuja L.(1753);~ = Thujopsis Siebold et Zucc. ex Endl.(1842)(保留属名)[柏科 Cupressaceae//崖柏科 Thujaceae]●

51257 Thuiopsis Siebold et Zucc.(1842)Nom. illegit.(废弃属名)≡ Thujopsis Siebold et Zucc.(1844)Nom. illegit.(废弃属名);~ = Thujopsis Siebold et Zucc. ex Endl.(1842)(保留属名)[柏科 Cupressaceae]●

51258 Thuja L.(1753)【汉】崖柏属(侧柏属,金钟柏属)。【日】クロベ属,コノテガシハ属,ヒボ属。【俄】Биота, Дерево жизненное, Дерево жизни, Негниючка, Туя。【英】Arborvitae, Arbor-vitae, Cedars, Red Cedar, Red-cedar, Thuja, Thuya, White Cedar。【隶属】柏科 Cupressaceae//崖柏科 Thujaceae。【包含】世界 5-6 种,中国 5-6 种。【学名诠释与讨论】〈阴〉(希)thya = thyia,或 thuia,原指非洲一种具香气的树木的古名,含义为熏香,线香。指木材有香气。一说来自希腊文 thon 献祭品,意即指古代献条时,常用东方柏类的树脂制品代替烧香。此属的学名,ING、TROPICOS、GCI 和 IK 记载是"Thuja L., Sp. Pl. 2:1002. 1753[1 May 1753]"。"Thya Adanson, Fam. 2:480. Jul-Aug 1763"是"Thuja L.(1753)"的晚出的同模式异名(Homotypic synonym, Nomenclatural synonym)。"Thuya L., Genera Plantarum, ed. 5 435. 1754"、"Thuya Thourn. ex L.(1754)"、"Thyia Asch., Fl. Brandenburg i. 886(1864)"和"Thuya Adans.(1763)"都是"Thuja L.(1753)"的拼写变体。【分布】巴基斯坦,玻利维亚,哥伦比亚(安蒂奥基亚),日本,中国,北美洲。【后选模式】Thuja occidentalis Linnaeus。【参考异名】Biota(D. Don)Endl.(1847)Nom. illegit.;Biota D. Don ex Endl.(1847)Nom. illegit.;Platycladus Spach(1841);Thuia Scop.(1777);Thuiopsis Endl.(1847);Thuya Adans.(1763)Nom. illegit.;Thuya Thourn. ex L.(1754)Nom. illegit.;Thuya L.(1754)Nom. illegit.;Thuya Thourn. ex L.(1754)Nom. illegit.;Thya Adans.(1763)Nom. illegit.;Thyia Asch.(1864)Nom. illegit. ●

51259 Thujaceae Burnett(1935)[亦见 Cupressaceae Gray(保留科名)柏科]【汉】崖柏科。【包含】世界 1 属 5-6 种,中国 1 属 5-6 种。【分布】中国,日本,北美洲。【科名模式】Thuja L.(1753)●

51260 Thujaecarpus Trautv.(1844)= Juniperus L.(1753);~ = Thuiaecarpus Trautv.(1844)[柏科 Cupressaceae]●

51261 Thujocarpus Post et Kuntze(1903)= Juniperus L.(1753);~ = Thujaecarpus Trautv.(1844)[柏科 Cupressaceae]●

51262 Thujopsidaceae Bessey(1907)= Cupressaceae Gray(保留科名)●

51263 Thujopsis Post et Kuntze(1903)(废弃属名)= Tafalla D. Don(1831)[菊科 Asteraceae(Compositae)]●☆

51264 Thujopsis Siebold et Zucc.(1844)Nom. illegit.(废弃属名)= Thujopsis Siebold et Zucc. ex Endl.(1842)(保留属名)[柏科 Cupressaceae]●

51265 Thujopsis Siebold et Zucc. ex Endl.(1842)(保留属名)【汉】罗汉柏属。【日】アスナロ属。【俄】Туевик。【英】Broadleaf Arborvitae, Broad-leaved Arbor-vitae, False Arborvitae, False Arbor-vitae, Hiba Arbor-vitae, Thujopsis。【隶属】柏科 Cupressaceae。【包含】世界 1 种,中国 1 种。【学名诠释与讨论】〈阴〉(属)Thuja 崖柏属+希腊文 opsis,外观,模样,相似。指其与崖柏属相近。此属的学名"Thujopsis Siebold et Zucc. ex Endl., Gen. Pl., Suppl. 2:24. Mar Jun 1842"是保留属名。相应的废弃属名是柏科 Cupressaceae 的"Dolophyllum Salisb. in J. Sci. Arts(London)2:313. 1817 ≡ Thujopsis Siebold et Zucc. ex Endl.(1842)(保留属名)"。"Thujopsis Siebold et Zucc., Fl. Jap.(Siebold)2:32, tt. 119, 120. 1844 = Thujopsis Siebold et Zucc. ex Endl.(1842)(保留属名)"是晚出的非法名称;"Thuiopsis Siebold et Zucc.(1842)Nom. illegit. ≡ Thujopsis Siebold et Zucc.(1844)Nom. illegit.(废弃属名)"是其变体,都亦应废弃。"Thuiopsis Endl., Syn. Conif. 53. 1847[May-Jun 1847]= Thujopsis Siebold et Zucc. ex Endl.(1842)(保留属名)[柏科 Cupressaceae]"和"Thujopsis Post et Kuntze(1903)= Tafalla D. Don(1831)[菊科 Asteraceae(Compositae)]是晚出的非法名称,也须废弃。"Thuyopsis Parl., Prodr.[A. P. de Candolle]16(2. 2):460. 1868[mid Jul 1868]"是"Thujopsis Siebold et Zucc. ex Endl.(1842)"的拼写变体,亦须废弃。"Dolophyllum R. A. Salisbury, J. Sci. Arts(London)2:313. 1817(废弃属名)"是"Thujopsis Siebold et Zucc. ex Endl.(1842)(保留属名)"的晚出的同模式异名(Homotypic synonym, Nomenclatural synonym)。【分布】日本,中国。【模式】Thujopsis dolabrata(Linnaeus f.)Siebold et Zuccarini。【参考异名】Dolophyllum Salisb.(1817)(废弃属名);Thuiopsis Endl.(1847)Nom. illegit.(废弃属名);Thuiopsis Siebold et Zucc.(1844)Nom. illegit.(废弃属名);Thujopsis Siebold et Zucc.(1844)Nom. illegit.(废弃属名);Thuyopsis Parl.(1868)Nom. illegit.(废弃属名)●

51266 Thulinia P. J. Cribb(1985)【汉】图林兰属。【隶属】兰科 Orchidaceae。【包含】世界 1 种。【学名诠释与讨论】〈阴〉(人)Mats Thulin, 1948-?,植物学者。【分布】坦桑尼亚。【模式】Thulinia albolutea P. J. Cribb[as 'albo-lutea']■☆

51267 Thumung J. König(1783)= Zingiber Mill.(1754)[as 'Zinziber'](保留属名)[姜科(蘘荷科)Zingiberaceae]■

51268 Thunbergia Montin(1773)(废弃属名)≡ Piringa Juss.(1820);~ ≡ Pleimeris Raf.(1838)Nom. illegit.;~ = Gardenia J. Ellis(1761)(保留属名)[茜草科 Rubiaceae//栀子科 Gardeniaceae]●

51269 Thunbergia Poit.(1845-1846)Nom. illegit.(废弃属名)= Thunbergia Retz.(1780)(保留属名)[爵床科 Acanthaceae//老鸦嘴科(山牵牛科,老鸦咀科)Thunbergiaceae]●■

51270 Thunbergia Retz.(1780)(保留属名)【汉】老鸦嘴属(邓伯花

属,老鸦咀属,山牵牛属,月桂藤属)。【日】ツンベルギア属,ヤバズカズラ属,ヤバズカツラ属,ヤバネカズラ属。【俄】Тунбергия。【英】Black-eyed Susan Vine, Clock Vine, Clockvine, Clock-vine, Dock Vine。【隶属】爵床科 Acanthaceae//老鸦嘴科(山牵牛科,老鸦咀科)Thunbergiaceae。【包含】世界 90-200 种,中国 6-13 种。【学名诠释与讨论】〈阴〉(人)Karl(Carl)Peter Thunberg,1743-1822,瑞典植物学家,医生,林奈的学生,植物采集家,教授,《日本植物志》(1784)的作者。此属的学名"Thunbergia Retz. in Physiogr. Sälsk. Handl. 1(3):163. 1780"是保留属名。相应的废弃属名是茜草科 Rubiaceae//栀子科 Gardeniaceae 的 "Thunbergia Montin in Kongl. Vetensk. Acad. Handl. 34: 288. 1773 ≡ Piringa Juss.(1820)= Gardenia J. Ellis(1761)(保留属名)"。"Thunbergia Poit.(1845-1846)= Thunbergia Retz.(1780)(保留属名)[爵床科 Acanthaceae//老鸦嘴科(山牵牛科,老鸦咀科)Thunbergiaceae]亦应废弃。亦有文献把忍冬科 Caprifoliaceae 的 "Valentiana Raf.(1814)"处理为 "Thunbergia Retz.(1780)(保留属名)"的异名,似误。【分布】巴基斯坦,巴拉圭,巴拿马,秘鲁,玻利维亚,厄瓜多尔,哥伦比亚(安蒂奥基亚),马达加斯加,尼加拉瓜,利比里亚(宁巴),中国,中美洲。【模式】Thunbergia florida Montin ex Retzius[Thunbergia capensis Montin ex Linnaeus f. 1782, non Retzius 1780]。【参考异名】Diplocalymma Spreng.(1822);Endomelas Raf.(1838);Flemingia Roxb. ex Rottler(1803)(废弃属名);Hexacentris Nees(1832);Ibina Noronha(1790);Meyenia Nees(1832);Pleimeris Raf.(1838)Nom. illegit.;Pleuremidis Raf.(1838);Schmidia Wight(1852);Thumbergia Poit.(1845-1846)Nom. illegit.(废弃属名);Thunbergia Poit.(1845-1846)Nom. illegit.(废弃属名)●■

51271 Thunbergiaceae Bremek. = Acanthaceae Juss.(保留科名)●■

51272 Thunbergiaceae Lilja(1870)= Acanthaceae Juss.(保留科名)●■

51273 Thunbergiaceae Tiegh.[亦见 Acanthaceae Juss.(保留科名)爵床科]【汉】老鸦嘴科(山牵牛科,老鸦咀科)。【包含】世界 4 属 205 种。【分布】热带。【科名模式】Thunbergia Retz.■●

51274 Thunbergianthus Engl.(1897)【汉】通氏列当属(桑氏花属)。【隶属】玄参科 Scrophulariaceae//列当科 Orobanchaceae。【包含】世界 1-2 种。【学名诠释与讨论】〈阳〉(人)Karl(Carl)Peter Thunberg,1743-1822,瑞典植物学家,医生,林奈的学生,植物采集家,教授 + anthos,花。【分布】热带非洲东部。【模式】Thunbergianthus quintasii Engler。【参考异名】Thunbergiopsis Engl.(1897)●☆

51275 Thunbergiella H. Wolff(1922)【汉】小老鸦嘴属(小山牵牛属)。【隶属】伞形花科(伞形科)Apiaceae(Umbelliferae)。【包含】世界 1 种。【学名诠释与讨论】〈阴〉(属)Thunbergia 老鸦咀属 +-ellus,-ella,-ellum,加在名词词干后面形成指小式的词尾。或加在人名、属名等后面以组成新属的名称。或 Karl(Carl)Peter Thunberg,1743-1822,瑞典植物学家,医生,林奈的学生,植物采集家,教授+-ella。此属的学名是"Thunbergiella H. Wolff, Repert. Spec. Nov. Regni Veg. 18: 112. 1922"。亦有文献把其处理为"Itasina Raf.(1840)"的异名。【分布】非洲南部。【模式】Thunbergiella filiformis(Lamarck)H. Wolff[Oenanthe filiformis Lamarck]。【参考异名】Itasina Raf.(1840)●☆

51276 Thunbergiopsis Engl.(1897)= Thunbergianthus Engl.(1897)[玄参科 Scrophulariaceae//列当科 Orobanchaceae]●☆

51277 Thunia Rchb. f.(1852)【汉】筍兰属(岩筍属,岩竹属)。【日】ツニア属,ツーニア属。【俄】Туния。【英】Thunia。【隶属】兰科 Orchidaceae。【包含】世界 4-6 种,中国 1 种。【学名诠释与讨论】〈阴〉(人)Franz Graf van Thun und Hohestein,1786-1873,瑞典兰类植物收集者。【分布】印度,中国,东南亚。【模式】Thunia

alba(J. Lindley)H. G. Reichenbach[Phaius albus J. Lindley]■

51278 Thuniopsis L. Li, D. P. Ye et Shi J. Li(2015)【汉】拟筍兰属。【隶属】兰科 Orchidaceae。【包含】世界 1 种,中国 1 种。【学名诠释与讨论】〈阴〉(属)Thunia 筍兰属(岩筍属,岩竹属)+ 希腊文 opsis,外观,模样,相似。【分布】不详。【模式】Thuniopsis cleistogama L. Li, D. P. Ye et Shi J. Li☆

51279 Thuranthos C. H. Wright(1916)【汉】门花风信子属。【隶属】风信子科 Hyacinthaceae。【包含】世界 3-10 种。【学名诠释与讨论】〈阳〉(希)thyra = thura,指小式 thyrion,门。thyris 窗 + anthos,花。或拉丁文 thus,所有格 turis,香料,乳香 + anthos。【分布】非洲南部。【模式】Thuranthos macranthus(J. G. Baker)C. H. Wright[as 'macranthum'][Ornithogalum macranthum J. G. Baker]■☆

51280 Thuraria Anonymous(1813)Nom. inval.[菊科 Asteraceae(Compositae)]☆

51281 Thuraria Nutt.(1813)Nom. illegit. = Grindelia Willd.(1807)[菊科 Asteraceae(Compositae)]●■☆

51282 Thurberia A. Gray(1854)= Gossypium L.(1753)[锦葵科 Malvaceae]●■

51283 Thurberia Benth.(1881)Nom. illegit. ≡ Limnodea L. H. Dewey(1894)[禾本科 Poaceae(Gramineae)]■☆

51284 Thurnhausera Pohl ex G. Don(1837)= Curtia Cham. et Schltdl.(1826)[龙胆科 Gentianaceae]■☆

51285 Thurnheyssera Mart. ex Meisn.(1856)= Symmeria Benth.(1845)[蓼科 Polygonaceae]●☆

51286 Thurnia Hook. f.(1883)【汉】圭亚那草属。【隶属】圭亚那草科(梭子草科)Thurniaceae。【包含】世界 2-3 种。【学名诠释与讨论】〈阴〉(人)Everard Ferdinand Im Thurn, c. 1852-1932,英国植物学者,植物采集家。【分布】几内亚,委内瑞拉。【后选模式】Thurnia jenmanii J. D. Hooker[as 'jenmani']■☆

51287 Thurniaceae Engl.(1907)(保留科名)【汉】圭亚那草科(梭子草科)。【包含】世界 1 属 2-3 种。【分布】热带南美洲。【科名模式】Thurnia Hook. f.(1883)■☆

51288 Thurovia Rose(1895)【汉】三花蛇黄花属。【隶属】菊科 Asteraceae(Compositae)。【包含】世界 1 种。【学名诠释与讨论】〈阴〉(人)Frederick William Thurow,1852-1952,植物采集员,德国生人,后移居美国得克萨斯州。此属的学名是"Thurovia J. N. Rose, Contr. U. S. Natl. Herb. 3: 321. 14 Dec 1895"。亦有文献把其处理为"Gutierrezia Lag.(1816)"的异名。【分布】美国(南部)。【模式】Thurovia triflora J. N. Rose。【参考异名】Gutierrezia Lag.(1816)■☆

51289 Thurya Boiss. et Balansa(1856)【汉】刺缀属。【隶属】石竹科 Caryophyllaceae。【包含】世界 1 种。【学名诠释与讨论】〈阴〉(人)(Jean)Marc(Antoine)Thury,1822-1905,瑞士植物学者,教师,博物学者。【分布】安纳托利亚。【模式】Thurya capitata Boissier et Balansa ■☆

51290 Thuspeinanta T. Durand(1888)【汉】总序旱草属。【俄】Туспейнанта。【隶属】唇形科 Lamiaceae(Labiatae)。【包含】世界 2 种。【学名诠释与讨论】〈阴〉(人)由 Tapeinanthus 字母改缀而来。此属的学名"Thuspeinanta T. Durand, Index Gen. Phan. 703. 1888"是一个替代名称。"Tapeinanthus Boissier ex Bentham in Alph. de Candolle, Prodr. 12: 436. 5 Nov 1848"是一个非法名称(Nom. illegit.),也是废弃属名,因为此前已经有了"Tapeinanthus Herbert, Amaryll. 59, 73, 190, 414. Apr(sero)1837(废弃属名)= Braxireon Raf.(1838)Nom. illegit. = Narcissus L.(1753)[石蒜科 Amaryllidaceae//水仙科 Narcissaceae]";其相应的保留属名是桑寄生科 Loranthaceae 的"Tapinanthus(Blume)Rchb.(1841)"。故用"Thuspeinanta T. Durand(1888)"替代之。【分布】阿富汗,巴

基斯坦,伊朗,亚洲中部。【模式】Thuspeinanta persica (Boissier) Briquet [Tapeinanthus persicus Boissier]。【参考异名】Tapeinanthus Boiss. ex Benth. (1848) Nom. illegit. (废弃属名)■☆

51291 Thuya Adans. (1763) Nom. illegit. ≡ Thuja L. (1753) [柏科 Cupressaceae//崖柏科 Thujaceae]●

51292 Thuya L. (1754) Nom. illegit. ≡ Thuja L. (1753) [柏科 Cupressaceae//崖柏科 Thujaceae]●

51293 Thuya Thourn. ex L. (1754) Nom. illegit. ≡ Thuja L. (1753) [柏科 Cupressaceae//崖柏科 Thujaceae]●

51294 Thuyopsis Parl. (1868) Nom. illegit. (废弃属名) = Thujopsis Siebold et Zucc. ex Endl. (1842) (保留属名) [柏科 Cupressaceae]●

51295 Thya Adans. (1763) Nom. illegit. ≡ Thuja L. (1753) [柏科 Cupressaceae//崖柏科 Thujaceae]●

51296 Thyana Ham. (1825) Nom. illegit. ≡ Thouinia Poit. (1804) (保留属名) [无患子科 Sapindaceae]●☆

51297 Thyarea Benth. (1878) = Thuarea Pers. (1805) [禾本科 Poaceae(Gramineae)]■

51298 Thyella Raf. (1838) = Jacquinia L. (1759) [as 'Jaquinia'] (保留属名) [假轮叶科(狄氏木科,拟棕科) Theophrastaceae]●☆

51299 Thyia Asch. (1864) = Thuja L. (1753) [柏科 Cupressaceae//崖柏科 Thujaceae]●

51300 Thylacantha Nees et Mart. (1823) = Angelonia Bonpl. (1812) [玄参科 Scrophulariaceae//婆婆纳科 Veronicaceae]■●☆

51301 Thylacanthus Tul. (1844)【汉】囊花豆属。【隶属】豆科 Fabaceae(Leguminosae)。【包含】世界1种。【学名诠释与讨论】〈阳〉(希) thylax, 所有格 thylakos, 袋, 囊 + anthos, 花。【分布】巴西,亚马孙河流域。【模式】Thylacanthus ferrugineus Tulasne■☆

51302 Thylachium DC. (1824) = Thilachium Lour. (1790) [山柑科(白花菜科,醉蝶花科) Capparaceae]●☆

51303 Thylacis Gagnep. (1932) = Thrixspermum Lour. (1790) [兰科 Orchidaceae]■

51304 Thylacitis Adans. (1763) Nom. illegit. ≡ Thylacitis Reneaulme ex Adans. (1763) Nom. illegit. ; ~ = Centaurium Hill (1756) [龙胆科 Gentianaceae]■

51305 Thylacitis Raf. (1837) Nom. illegit. = Gentiana L. (1753) [龙胆科 Gentianaceae]■

51306 Thylacitis Reneaulme ex Adans. (1763) Nom. illegit. = Centaurium Hill(1756) [龙胆科 Gentianaceae]■

51307 Thylacitis Reneaulme (1837) Nom. illegit. , Nom. inval. ≡ Thylacitis Reneaulme ex Adans. (1763) Nom. illegit. ; ~ = Centaurium Hill(1756) [龙胆科 Gentianaceae]■

51308 Thylacium Lour. ex Spreng. (1818) = Thilachium Lour. (1790) [山柑科(白花菜科,醉蝶花科) Capparaceae]●☆

51309 Thylacium Spreng. (1818) Nom. illegit. ≡ Thylacium Lour. ex Spreng. (1818) ; ~ = Thilachium Lour. (1790) [山柑科(白花菜科,醉蝶花科) Capparaceae]●☆

51310 Thylacodraba(Nábelek) O. E. Schulz (1933) = Draba L. (1753) [十字花科 Brassicaceae(Cruciferae)//葶苈科 Drabaceae]■

51311 Thylacophora Ridl. (1916) = Riedelia Oliv. (1883) (保留属名) [姜科(蘘荷科) Zingiberaceae]■☆

51312 Thylacospermum Fenzl(1840)【汉】囊种草属(柔子草属,柔籽草属)。【俄】Тилакоспермум。【英】Sacseed。【隶属】石竹科 Caryophyllaceae。【包含】世界1种,中国1种。【学名诠释与讨论】〈中〉(希) thylax, 所有格 thylakos, 袋, 囊 + sperma, 所有格 spermatos, 种子, 孢子。指种子包藏于海绵质的种皮内。此属的学名 "Thylacospermum Fenzl in Endlicher, Gen. 967. 1-14 Feb 1840" 是一个替代名称。"Periandra Cambessèdes in Jacquemont,

Voyage Inde 4, Bot. :27. 1837 (med.)-Jan 1840('1844')"是一个非法名称(Nom. illegit.),因为此前已经有了"Periandra Martius ex Bentham, Commentat. Legum. Gener. 56. Jun 1837 豆科 Fabaceae (Leguminosae)"。故用"Thylacospermum Fenzl(1840)"替代之。同理,"Periandra Benth. (1837) = Periandra Mart. ex Benth. (1837) [豆科 Fabaceae(Leguminosae)]"和"Periandra Cambess. (1837) ≡ Thylacospermum Fenzl(1840) [石竹科 Caryophyllaceae]"也是晚出的非法名称。【分布】巴基斯坦,中国,喜马拉雅山,亚洲中部。【模式】Thylacospermum caespitosum (Cambessèdes) B. O. Schischkin [Periandra caespitosa Cambessèdes]。【参考异名】Bryomorpha Kar. et Kir. (1842); Flourensia Cambess. (1835 - 1836); Periandra Cambess. (1837) Nom. illegit. ■

51313 Thylactitis Steud. (1840) = Gentiana L. (1753); ~ = Thylacitis Adans. (1763) Nom. illegit. ; ~ = Thylacitis Reneaulme ex Adans. (1763) Nom. illegit. ; ~ = Centaurium Hill (1756) [龙胆科 Gentianaceae]■

51314 Thylax Raf. (1830) = Zanthoxylum L. (1753) [芸香科 Rutaceae//花椒科 Zanthoxylaceae]●

51315 Thylaxus Raf. = Thylax Raf(1830) [芸香科 Rutaceae]●

51316 Thylcis Gagnep. = Thrixspermum Lour. (1790) [兰科 Orchidaceae]■

51317 Thyloceras Steud. (1841) = Styloceras A. Juss. (1824) Nom. illegit. ; ~ = Styloceras Kunth ex A. Juss. (1824) [尖角黄杨科 Stylocerataceae//黄杨科 Buxaceae]●☆

51318 Thylocodraba O. E. Schulz(1933) = Draba L. (1753) [十字花科 Brassicaceae(Cruciferae)//葶苈科 Drabaceae]■

51319 Thyloglossa Nees(1847) = Tyloglossa Hochst. (1842) [爵床科 Acanthaceae]●■

51320 Thylostemon Kunkel = Beilschmiedia Nees (1831); ~ = Tylostemon Engl. (1899) [樟科 Lauraceae]●☆

51321 Thymalis Post et Kuntze (1903) = Euphorbia L. (1753); ~ = Tumalis Raf. (1838) [大戟科 Euphorbiaceae]●■

51322 Thymbra L. (1753)【汉】香薄荷属。【隶属】唇形科 Lamiaceae (Labiatae)。【包含】世界4种。【学名诠释与讨论】〈阴〉拉丁文和希腊文的 thymbra, 是 Dioscorides 和 Theophrastus 采用的一个名称,用于 Satureia sp.。后被林奈转用于本属。此属的学名,ING,GCI,TROPICOS 和 IK 记载是"Thymbra L., Sp. Pl. 2:569. 1753 [1 May 1753]"。"Thymbra P. Miller, Gard. Dict. Abr. ed. 4. 28 Jan 1754 = Satureja L. (1753) [唇形科 Lamiaceae(Labiatae)]"是晚出的非法名称。Elliott (1818) 曾用"Thymbra caroliniana Walter"为模式建立"Macbridea Elliott, Gen. N. Amer. Pl. [Nuttall]. 2:36. 1818",但是因为之前已经有了"Macbridea Raf., Amer. Monthly Mag. et Crit. Rev. 3:99. 1818 [Jun 1818]"而非法。"Abulfali Adanson, Fam. 2:190. Jul-Aug 1763"是"Thymbra L. (1753)"的晚出的同模式异名(Homotypic synonym, Nomenclatural synonym)。【分布】欧洲东南部,亚洲西南部。【后选模式】Thymbra spicata Linnaeus。【参考异名】Abulfali Adans. (1763) Nom. illegit. ; Coridothymus Rchb. f. (1857); Macbridea Elliott ex Nutt. (1818) Nom. illegit. ; Macbridea Elliott(1818) Nom. illegit. ●☆

51323 Thymbra Mill. (1754) Nom. illegit. = Satureja L. (1753) [唇形科 Lamiaceae(Labiatae)]●■

51324 Thymelaea Adans. (1763) Nom. illegit. (废弃属名) ≡ Thymelaea Tourn. ex Adans. (1763) Nom. illegit. (废弃属名); ~ ≡ Daphne L. (1753); ~ = Thymelaea Mill. (1754) (保留属名) [瑞香科 Thymelaeaceae]●■

51325 Thymelaea All. (1757) Nom. illegit. (废弃属名) = Thymelaea Mill. (1754) (保留属名) [瑞香科 Thymelaeaceae]●■

51326　Thymelaea Mill.（1754）（保留属名）【汉】欧瑞香属。【俄】Тимелея，Тимелия。【英】Sparrowwort，Thymelea。【隶属】瑞香科 Thymelaeaceae。【包含】世界 30 种，中国 1 种。【学名诠释与讨论】〈阴〉（希）thymele，祭祀的地方。此属的学名 "Thymelaea Mill.，Gard. Dict. Abr.，ed. 4：[1381]. 28 Jan 1754" 是保留属名。法规未列出相应的废弃属名。但是 "Thymelaea Adanson，Fam. 2：285. Jul－Aug 1763 ≡ Thymelaea Tourn. ex Adans.（1763）Nom. illegit.（废弃属名）[瑞香科 Thymelaeaceae]"、"Thymelaea All.，Stirp. Nic. 25（1757）= Thymelaea Mill.（1754）（保留属名）"、"Thymelaea Tourn. ex Adans.，Fam. Pl.（Adanson）2：285. 1763 = Thymelaea Mill.（1754）（保留属名）≡ Daphne L.（1753）" 和 "Thymelaea Tourn. ex Scop.，Fl. Carniol.，ed. 2. 2：275，partim；Endl. Gen. Suppl. iv. II. 65（1847）. 1772 = Thymelaea Mill.（1754）（保留属名）" 都应该废弃。亦有文献把 "Thymelaea Mill.（1754）（保留属名）" 处理为 "Daphne L.（1753）" 的异名。【分布】巴基斯坦，中国，地中海地区，温带亚洲。【模式】Thymelaea sanamunda Allioni［Daphne thymelaea Linnaeus］。【参考异名】Chlamydanthus C. A. Mey.（1843）Nom. illegit.；Clamydanthus Fourr.（1869）；Daphne L.（1753）；Gastrilia Raf.（1838）；Giardia C. Gerber（1899）Nom. illegit.；Ligia Fasano ex Pritz.（1855）；Ligia Fasano（1788）Nom. inval.；Lygia Fasano（1787）Nom. inval.；Pausia Raf.（1836）Nom. illegit.；Piptochlamys C. A. Mey.（1843）；Tartonia Raf.（1840）；Thymelaea All.（1757）Nom. illegit.（废弃属名）；Thymelaea Tourn. ex Adans.（1763）Nom. illegit.（废弃属名）；Thymelaea Tourn. ex Scop.（1772）Nom. illegit.（废弃属名）；Tumelaia Raf.（1838）●■

51327　Thymelaea Tourn. ex Adans.（1763）Nom. illegit.（废弃属名）≡ Daphne L.（1753）；~ = Thymelaea Mill.（1754）（保留属名）[瑞香科 Thymelaeaceae]●■

51328　Thymelaea Tourn. ex Scop.（1772）Nom. illegit.（废弃属名）= Thymelaea Mill.（1754）（保留属名）[瑞香科 Thymelaeaceae]●■

51329　Thymelaeaceae Adans. = Thymelaea Mill.（1754）（保留属名）●■

51330　Thymelaeaceae Juss.（1789）（保留科名）【汉】瑞香科。【日】ジンチョウゲ科，ヂンチャウゲ科。【俄】Волчниковые，Тимелеевые，Ягодковые。【英】Mezereon Family，Mezereum Family。【包含】世界 45-58 属 500-800 种，中国 9-11 属 115-119 种。【分布】温带和热带。【科名模式】Thymelaea Mill.●■

51331　Thymelina Hoffmanns.（1824）= Gnidia L.（1753）[瑞香科 Thymelaeaceae]●☆

51332　Thymium Post et Kuntze（1903）= Tumion Raf. ex Greene（1891）Nom. illegit.；~ = Torreya Arn.（1838）（保留属名）[红豆杉科（紫杉科）Taxaceae//榧树科 Torreyaceae]●

51333　Thymocarpus Nicolson，Steyerm. et Sivad.（1981）= Calathea G. Mey.（1818）[竹芋科（苳科，柊叶科）Marantaceae]■

51334　Thymophylla Lag.（1816）【汉】丝叶菊属。【隶属】菊科 Asteraceae（Compositae）。【包含】世界 17-18 种。【学名诠释与讨论】〈阴〉（希）thymos = thymon，百里香 + 希腊文 phyllon，叶子。phyllodes，似叶的，多叶的。phylleion，绿色材料，绿草。此属的学名，ING、TROPICOS、GCI 和 IK 记载是 "Thymophylla Lag.，Gen. Sp. Pl.［Lagasca］25. 1816［Jun－Dec 1816]"。它曾被处理为 "Dyssodia sect. Thymophylla（Lag.）O. Hoffm.，Die Natürlichen Pflanzenfamilien 5：266. 1894"。【分布】美国（南部），墨西哥，中美洲。【模式】Thymophylla setifolia Lagasca。【参考异名】Dyssodia Cav.（1801）；Dyssodia sect. Thymophylla（Lag.）O. Hoffm.（1894）●；Hymenatherum Cass.（1817）；Lowellia A. Gray（1849）；Thymophyllum Benth. et Hook. f.（1873）■☆

51335　Thymophyllum Benth. et Hook. f.（1873）= Thymophylla Lag.

（1816）[菊科 Asteraceae（Compositae）]●■☆

51336　Thymopsis Benth.（1873）（保留属名）【汉】百香菊属（拟百里香属）。【隶属】菊科 Asteraceae（Compositae）。【包含】世界 2 种。【学名诠释与讨论】〈阴〉（属）Thymus 百里香属 + 希腊文 opsis，外观，模样，相似。此属的学名 "Thymopsis Benth. in Bentham et Hooker，Gen. Pl. 2：201，407. 7-9 Apr 1873" 是保留属名。相应的废弃属名是 "Thymopsis Jaub. et Spach，Ill. Pl. Orient. 1：72. Oct 1842 = Hypericum L.（1753）[金丝桃科 Hypericaceae//猪胶树科（克鲁西科，山竹子科，藤黄科）Clusiaceae（Guttiferae）]"。"Neothymopsis N. L. Britton et Millspaugh，Bahama Fl. 455. 26 Jun 1920" 是 "Thymopsis Benth.（1873）（保留属名）" 的晚出的同模式异名（Homotypic synonym，Nomenclatural synonym）；它似乎是 "Thymopsis Benth.（1873）（保留属名）" 的多余的替代名称。【分布】西印度群岛，中美洲。【模式】Thymopsis wrightii Bentham，Nom. illegit.［Tetranthus thymoides Grisebach；Thymopsis thymoides（Grisebach）Urban］。【参考异名】Neothymopsis Britton et Millsp.（1920）Nom. illegit.■☆

51337　Thymopsis Jaub. et Spach（1842）（废弃属名）= Hypericum L.（1753）[金丝桃科 Hypericaceae//猪胶树科（克鲁西科，山竹子科，藤黄科）Clusiaceae（Guttiferae）]■●

51338　Thymos St.－Lag.（1880）= Thymus L.（1753）[唇形科 Lamiaceae（Labiatae）]●

51339　Thymus L.（1753）【汉】百里香属（地椒属）。【日】イブキジャカウサウ属，イブキジャカウソウ属，イブキジャコウソウ属。【俄】Тимиан，Тимиян，Тимьян，Травга богородичная，Чабрец，Чебрец。【英】Thyme。【隶属】唇形科 Lamiaceae（Labiatae）。【包含】世界 220-350 种，中国 16 种。【学名诠释与讨论】〈阳〉（希）thymos = thymon，百里香的古名，来自 thyo，烧香，供奉。指植物有香气，古代供祭坛上焚烧。拉丁文 thymum 是指 Thymus vulgaris L. 和 Satureia capitata L.。【分布】巴基斯坦，玻利维亚，厄瓜多尔，哥伦比亚（安蒂奥基亚），中国，热带欧亚大陆。【后选模式】Thymus vulgaris Linnaeus。【参考异名】Cephalotos Adans.（1763）（废弃属名）；Debeauxia Gand.；Mastichina Mill.（1754）；Micronema Schott（1857）Nom. illegit.；Piperella（C. Presl ex Rchb.）Spach（1838）；Serpyllum Mill.（1754）；Thimus Neck.（1768）；Thymos St.－Lag.（1880）●

51340　Thynninorchis D. L. Jones et M. A. Clem.（2002）【汉】[鱼+有]兰属。【隶属】兰科 Orchidaceae。【包含】世界 2 种。【学名诠释与讨论】〈阴〉（希）thynnos，[鱼+有] + orchis 兰。【分布】澳大利亚。【模式】不详■☆

51341　Thypha Costa（1864）= Typha L.（1753）[香蒲科 Typhaceae]■

51342　Thyrasperma N. E. Br.（1925）= Apatesia N. E. Br.（1927）；~ = Hymenogyne Haw.（1821）[番杏科 Aizoaceae]■☆

51343　Thyridachne C. E. Hubb.（1949）【汉】盾草属。【隶属】禾本科 Poaceae（Gramineae）。【包含】世界 1 种。【学名诠释与讨论】〈阴〉（希）thyra，门；thyris，所有格 thyridos，窗；thyreos，门限石，形状如门的长方形石盾 + achne，鳞片，泡沫，泡囊，谷壳，稃。此属的学名，ING、TROPICOS 和 IK 记载是 "Thyridachne C. E. Hubb.，Kew Bull. 4（3）：363. 1949［16 Nov 1949]"。"Tisserantiella Mimeur，Rev. Int. Bot. Appl. Agric. Trop. 29：593. Nov－Dec 1949（non Potier de la Varde 1941）" 是 "Thyridachne C. E. Hubb.（1949）" 的晚出的同模式异名（Homotypic synonym，Nomenclatural synonym）。【分布】热带非洲。【模式】Thyridachne tisserantii Hubbard。【参考异名】Tisserantiella Mimeur（1949）Nom. illegit.■☆

51344　Thyridia W. R. Barker et Beardsley（2012）【汉】澳洲窗兰属。【隶属】鸭跖草科 Commelinaceae。【包含】世界 1 种。【学名诠释与讨论】〈阴〉（希）thyra，门；thyris，所有格 thyridos，窗；thyreos，门

限石,形状如门的长方形石盾。【分布】澳大利亚,新西兰。【模式】Thyridia repens (R. Br.) W. R. Barker et Beardsley [Mimulus repens R. Br.]☆

51345 Thyridiaceae Dulac =Orchidaceae Juss.(保留科名)■

51346 Thyridocalyx Bremek.(1956)【汉】盾萼茜属。【隶属】茜草科 Rubiaceae。【包含】世界 1 种。【学名诠释与讨论】〈阳〉(希) thyra,门;thyris,所有格 thyridos,窗;thyreos,门限石,形状如门的长方形石盾+kalyx,所有格 kalykos =拉丁文 calyx,花萼,杯子。【分布】马达加斯加。【模式】Thyridocalyx ampandrandavae Bremekamp ■☆

51347 Thyridolepis S. T. Blake(1972)【汉】窗草属。【隶属】禾本科 Poaceae(Gramineae)。【包含】世界 3 种。【学名诠释与讨论】〈阴〉(希)thyra,门;thyris,所有格 thyridos,窗;thyreos,门限石,形状如门的长方形石盾+lepis,所有格 lepidos,指小式 lepion 或 lepidion,鳞,鳞片。lepidotos,多鳞的。lepos,鳞,鳞片。【分布】澳大利亚。【模式】Thyridolepis mitchelliana (C. G. D. Nees) S. T. Blake [Neurachne mitchelliana C. G. D. Nees]■☆

51348 Thyridostachyum Nees(1836)Nom. illegit. = Mnesithea Kunth(1829)[禾本科 Poaceae(Gramineae)]■

51349 Thyrocarpos Hance(1862)Nom. illegit. ≡ Thyrocarpus Hance(1862)[紫草科 Boraginaceae]■★

51350 Thyrocarpus Hance(1862)【汉】盾果草属。【英】Shieldfruit,Thyrocarpos。【隶属】紫草科 Boraginaceae。【包含】世界 2 种,中国 2 种。【学名诠释与讨论】〈阳〉(希) thyra,门;thyris,所有格 thyridos,窗;thyreos,门限石,形状如门的长方形石盾+karpos,果实。指小坚果背面有二层碗状突起。此属的学名是“Thyrocarpus Hance,Ann. Sci. Nat. Bot. ser. 4. 18:225. Oct 1862”;“Thyrocarpos Hance(1862)”是其拼写变体。【分布】中国。【模式】Thyrocarpus sampsoni Hance。【参考异名】Thyrocarpos Hance(1862)Nom. illegit. ■★

51351 Thyrophora Neck.(1790)Nom. inval. =Gentiana L.(1753)[龙胆科 Gentianaceae]■

51352 Thyrsacanthus Moric.(1847)【汉】盾叶蓟属。【隶属】爵床科 Acanthaceae。【包含】世界 35 种。【学名诠释与讨论】〈阳〉(希) thyra,门;thyris,所有格 thyridos,窗;thyreos,门限石,形状如门的长方形石盾+(属)Acanthus 老鼠簕属(老鸦企属,叶蓟属)。此属的学名,TROPICOS、GCI 和 IK 记载是“Thyrsacanthus Moric.,Pl. Nouv. Amer. 9:165 (-166;fig. 96). 1847 [Jan-Jun 1847]”。“Thyrsacanthus Nees,Fl. Bras. (Martius)9:97. 1847 [1 Jun 1847]≡Odontonema Nees(1842)(保留属名)[爵床科 Acanthaceae]”是晚出的非法名称;它是后者的多余的替代名称。【分布】玻利维亚,中国。【模式】Thyrsacanthus ramosissimus Moric. ■

51353 Thyrsacanthus Nees(1847)Nom. illegit. ≡ Odontonema Nees(1842)(保留属名)[爵床科 Acanthaceae]●■☆

51354 Thyrsanthella(Baill.)Pichon(1948)【汉】小杖花属。【隶属】夹竹桃科 Apocynaceae。【包含】世界 1 种。【学名诠释与讨论】〈阴〉(希)thyrsos,茎,杖;thyrsus,聚伞圆锥花序,团+anthos,花+-ellus,-ella,-ellum,加在名词词干后面形成指小式的词尾。或加在人名、属名等后面以组成新属的名称。此属的学名,ING 记载是“Thyrsanthella Pichon,Bull. Mus. Hist. Nat. (Paris) Sér. 2. 20:192. Jan 1948”。而 IK 和 TROPICOS 则记载为“Thyrsanthella (Baill.) Pichon,Bull. Mus. Natl. Hist. Nat. sér. 2,20:192. 1948”,由“Forsteronia sect. Thyrsanthella Baill.”改变而来。三者引用的文献相同。【分布】玻利维亚,美国(东南部)。【模式】Thyrsanthella difformis (T. Walter) Pichon [Echites difformis T. Walter]。【参考异名】Forsteronia sect. Thyrsanthella Baill.;Thyrsanthella Pichon(1948)Nom. illegit. ●☆

51355 Thyrsanthella Pichon (1948) Nom. illegit. ≡ Thyrsanthella (Baill.) Pichon(1948)[夹竹桃科 Apocynaceae]●☆

51356 Thyrsanthema Neck.(1790)Nom. inval. ≡ Thyrsanthema Neck. ex Kuntze(1891)Nom. illegit. ; ~ ≡ Chaptalia Vent.(1802)(保留属名)[菊科 Asteraceae(Compositae)]■☆

51357 Thyrsanthema Neck. ex Kuntze(1891)Nom. illegit. ≡ Chaptalia Vent.(1802)(保留属名)[菊科 Asteraceae(Compositae)]■☆

51358 Thyrsanthemum Pichon(1946)【汉】锥花草属。【隶属】鸭趾草科 Commelinaceae。【包含】世界 3 种。【学名诠释与讨论】〈中〉(希)thyrsos,茎,杖;thyrsus,聚伞圆锥花序,团+anthemon,花。【分布】墨西哥。【模式】Thyrsanthemum floribundum (Martens et Galeotti) Pichon [Tradescantia floribunda Martens et Galeotti]■☆

51359 Thyrsanthera Pierre ex Gagnep.(1925)【汉】锥花大戟属。【隶属】大戟科 Euphorbiaceae。【包含】世界 1 种。【学名诠释与讨论】〈阴〉(希)thyrsos,茎,杖;thyrsus,聚伞圆锥花序,团+anthera,花药。【分布】中南半岛。【模式】Thyrsanthera suborbicularis Gagnepain☆

51360 Thyrsanthus Benth.(1841)Nom. illegit. = Forsteronia G. Mey.(1818)[夹竹桃科 Apocynaceae]●☆

51361 Thyrsanthus Elliott(1818)Nom. illegit. ≡ Wisteria Nutt.(1818)(保留属名)[豆科 Fabaceae (Leguminosae)//蝶形花科 Papilionaceae]●

51362 Thyrsanthus Schrank(1813)Nom. illegit. ≡ Naumburgia Moench(1802); ~ =Lysimachia L.(1753)[报春花科 Primulaceae//珍珠菜科 Lysimachiaceae]●■

51363 Thyrsia Stapf(1917)【汉】锥茅属。【英】Awlquitch,Thyrsia。【隶属】禾本科 Poaceae(Gramineae)。【包含】世界 4 种,中国 1 种。【学名诠释与讨论】〈阴〉(希)thyrsos,茎,杖;thyrsus,聚伞圆锥花序,团。此属的学名是“Thyrsia Stapf in Prain,Fl. Trop. Africa 9:48. 1 Jul 1917”。亦有文献把其处理为“Phacelurus Griseb.(1846)”的异名。【分布】巴基斯坦,印度,中国,热带非洲,东南亚。【模式】未指定。【参考异名】Phacelurus Griseb.(1846)■

51364 Thyrsine Gled.(1764)= Cytinus L.(1764)(保留属名)[大花草科 Rafflesiaceae]■☆

51365 Thyrsodium Salzm. ex Benth.(1852)【汉】杖漆属。【隶属】漆树科 Anacardiaceae。【包含】世界 6 种。【学名诠释与讨论】〈阳〉(希)thyrsos,茎,杖;thyrsus,聚伞圆锥花序,团+-dium,小的。【分布】秘鲁,玻利维亚,非洲,热带南美洲。【模式】未指定。【参考异名】Pseudocione Mart. ex Engl. ●☆

51366 Thyrsosalacia Loes.(1940)【汉】杖卫矛属。【隶属】卫矛科 Celastraceae。【包含】世界 1-4 种。【学名诠释与讨论】〈阳〉(希)thyrsos,茎,杖;thyrsus,聚伞圆锥花序,团+(属)Salacia 五层龙属。【分布】西赤道非洲。【模式】Thyrsosalacia nematobrachion Loesener ●☆

51367 Thyrsosma Raf.(1838)= Viburnum L.(1753)[忍冬科 Caprifoliaceae//荚蒾科 Viburnaceae]●

51368 Thyrsostachys Gamble(1896)【汉】泰竹属(复穗竹属,廉序竹属,条竹属)。【英】Taibamboo,Thyrsostachys,Umbrella Bamboo。【隶属】禾本科 Poaceae(Gramineae)。【包含】世界 2 种,中国 2 种。【学名诠释与讨论】〈阴〉(希)thyrsos,茎,杖;thyrsus,聚伞圆锥花序,团+stachys,穗,谷,长钉。指小穗组成聚伞状圆锥花序。【分布】缅甸,泰国,印度(阿萨姆),中国。【模式】Thyrsostachys oliverii Gamble [as ‘oliveri’]●

51369 Thysamus Rchb.(1828)= Cnestis Juss.(1789); ~ = Thysanus Lour.(1790)[牛栓藤科 Connaraceae]●

51370 Thysanachne C. Presl(1829)= Arundinella Raddi(1823 [禾本科 Poaceae(Gramineae)//野古草科 Arundinellaceae]■

51371 Thysanella A. Gray ex Engelm. et A. Gray（1845）= Polygonella Michx.（1803）［蓼科 Polygonaceae］■☆

51372 Thysanella A. Gray（1845）Nom. illegit. ≡ Thysanella A. Gray ex Engelm. et A. Gray（1845）；~ = Polygonella Michx.（1803）［蓼科 Polygonaceae］■☆

51373 Thysanella Salisb.（1866）Nom. illegit. = Thysanotus R. Br.（1810）（保留属名）［百合科 Liliaceae//点柱花科（朱蕉科）Lomandraceae//吊兰科（猴面包科，猴面包树科）Anthericaceae//天门冬科 Asparagaceae］■

51374 Thysanocarex Börner（1913）= Carex L.（1753）［莎草科 Cyperaceae］■

51375 Thysanocarpus Hook.（1830）【汉】缨果荠属（流苏果属）。【隶属】十字花科 Brassicaceae（Cruciferae）。【包含】世界 4-5 种。【学名诠释与讨论】〈阳〉（希）thysanos，流苏，缨，缨络，刘海+karpos，果实。【分布】美国（西部）。【模式】Thysanocarpus curvipes W. J. Hooker ■☆

51376 Thysanochilus Falc.（1839）= Eulophia R. Br.（1821）［as ‘Eulophus’］（保留属名）［兰科 Orchidaceae］■

51377 Thysanoglossa Porto et Brade（1940）【汉】缨舌兰属。【隶属】兰科 Orchidaceae。【包含】世界 2 种。【学名诠释与讨论】〈阴〉（希）thysanos，流苏，缨，缨络，刘海+glossa，舌。此属的学名，ING、TROPICOS、GCI 和 IK 记载是"Thysanoglossa Porto et Brade, Anais Reunião Sul-Amer. Bot. 3：42. 1940（'12-19 Oct 1938'）"。"Thysanoglossa Porto（1940）Nom. illegit. = Thysanoglossa Porto et Brade（1940）"的命名人引证有误。【分布】巴西。【模式】Thysanoglossa jordanensis Porto et Brade。【参考异名】Thysanoglossa Porto（1940）Nom. illegit. ■☆

51378 Thysanoglossa Porto（1940）Nom. illegit. = Thysanoglossa Porto et Brade（1940）［兰科 Orchidaceae］■☆

51379 Thysanolaena Nees（1835）【汉】棕叶芦属（粽叶芦属）。【日】ヤダケガヤ属。【俄】Тизанолена。【英】Tiger Grass, Tigergrass, Tiger-grass。【隶属】禾本科 Poaceae（Gramineae）。【包含】世界 1 种，中国 1 种。【学名诠释与讨论】〈阴〉（希）thysanos，流苏，缨，缨络，刘海+chlaina，外表。指内稃的裂片 3 裂。【分布】巴基斯坦，中国，热带亚洲。【模式】Thysanolaena agrostis C. G. D. Nees, Nom. illegit. ［Agrostis maxima Roxburgh；Thysanolaena maxima（Roxburgh）O. Kuntze］。【参考异名】Myriachaeta Moritzi（1845-1846）Nom. illegit.；Myriachaeta Zoll. et Moritzi（1845-1846）；Myriochaeta Post et Kuntze（1903）■

51380 Thysanospermum Champ. ex Benth.（1852）= Coptosapelta Korth.（1851）［茜草科 Rubiaceae］●

51381 Thysanostemon Maguire（1964）【汉】缨蕊藤黄属。【隶属】猪胶树科（克鲁西科，山竹子科，藤黄科）Clusiaceae（Guttiferae）。【包含】世界 2 种。【学名诠释与讨论】〈阳〉（希）thysanos，流苏，缨，缨络，刘海 + stemon，雄蕊。【分布】几内亚。【模式】Thysanostemon pakaraimae Maguire ●☆

51382 Thysanostigma Imlay（1939）【汉】缨柱爵床属。【隶属】爵床科 Acanthaceae。【包含】世界 2 种。【学名诠释与讨论】〈中〉（拉）thysanos，流苏，缨，缨络，刘海+stigma，所有格 stigmatos，柱头，眼点。【分布】泰国。【模式】Thysanostigma siamense Imlay ■☆

51383 Thysanothus Poir.（1829）Nom. illegit. ［百合科 Liliaceae］■☆

51384 Thysanotus R. Br.（1810）（保留属名）【汉】异蕊草属。【英】Fringed Lily, Fringed-lily, Fringelily。【隶属】百合科 Liliaceae//点柱花科（朱蕉科）Lomandraceae//吊兰科（猴面包科，猴面包树科）Anthericaceae//天门冬科 Asparagaceae。【包含】世界 50 种，中国 1 种。【学名诠释与讨论】〈阴〉（希）thysanos，流苏，缨，缨络，刘海+notos，背部。thysanotos，有缨络的。指内轮 3 个花被片

的边缘细裂如流苏状。此属的学名"Thysanotus R. Br., Prodr.：282. 27 Mar 1810"是保留属名。相应的废弃属名是"Chlamysporum Salisb., Parad. Lond.：ad t. 103. 1 Apr 1808 ≡ Thysanotus R. Br.（1810）（保留属名）"。【分布】澳大利亚，澳大利亚（昆士兰），菲律宾，泰国，中国，新几内亚岛，中南半岛。【模式】Thysanotus junceus R. Brown, Nom. illegit. ［Chlamysporum juncifolium R. A. Salisbury；Thysanotus juncifolius（R. A. Salisbury）J. H. Willis et A. B. Court］。【参考异名】Chalmysporum Salisb.（1808）（废弃属名）；Chlamyspermum F. Muell.（1882）；Chlamysporum Salisb.（1808）（废弃属名）；Halongia Jeanpl.（1971）；Isandra Salisb.（1866）；Thysanella Salisb.（1866）Nom. illegit. ■

51385 Thysantha Hook.（1843）= Crassula L.（1753）；~ = Thisantha Eckl. et Zeyh.（1837）；~ = Tillaea L.（1753）［景天科 Crassulaceae］■

51386 Thysanurus O. Hoffm.（1889）= Geigeria Griess.（1830）［菊科 Asteraceae（Compositae）］■●☆

51387 Thysanus Lour.（1790）= Cnestis Juss.（1789）［牛栓藤科 Connaraceae］●

51388 Thyselium Raf.（1840）【汉】北亚草属。【隶属】伞形花科（伞形科）Apiaceae（Umbelliferae）。【包含】世界 1 种。【学名诠释与讨论】〈中〉词源不详。此属的学名，ING、TROPICOS 和 IK 记载是"Thyselium Raf., Good Book 52. 1840［Jan 1840］"。"Calestania Koso-Poliansky, Bull. Soc. Imp. Naturalistes Moscou ser. 2. 29：174. 1916"是"Thyselium Raf.（1840）"的晚出的同模式异名（Homotypic synonym, Nomenclatural synonym）。亦有文献把"Thyselium Raf.（1840）"处理为"Peucedanum L.（1753）"或"Thysselinum Hoffm."的异名。【分布】欧洲，亚洲北部。【模式】Thyselium palustre（Linnaeus）Rafinesque［Selinum palustre Linnaeus］。【参考异名】Calestania Koso-Pol.（1915）Nom. illegit.；Peucedanum L.（1753）；Thysselinum Hoffm. ■☆

51389 Thysselinum Adans.（1763）Nom. illegit. ≡ Selinum L.（1762）（保留属名）［伞形花科（伞形科）Apiaceae（Umbelliferae）］■

51390 Thysselinum Hoffm. = Peucedanum L.（1753）［伞形花科（伞形科）Apiaceae（Umbelliferae）］■

51391 Thysselinum Moench = Pleurospermum Hoffm.（1814）［伞形花科（伞形科）Apiaceae（Umbelliferae）］■

51392 Tianschaniella B. Fedtsch.（1951）Nom. illegit. ≡ Tianschaniella B. Fedtsch. ex Popov（1951）［紫草科 Boraginaceae］■☆

51393 Tianschaniella B. Fedtsch. ex Popov（1951）【汉】中亚紫草属。【俄】Тяньшаночйа。【隶属】紫草科 Boraginaceae。【包含】世界 1 种。【学名诠释与讨论】〈阴〉（地）Tianschan，天山+-ellus，-ella，-ellum，加在名词词干后面形成指小式的词尾。或加在人名、属名等后面以组成新属的名称。此属的学名，ING、TROPICOS 和 IK 记载是"Tianschaniella B. A. Fedtschenko ex Popov, Bot. Mater. Gerb. Bot. Inst. Komarova Akad. Nauk SSSR 14：337. 1951（post 13 Dec）"。IK 曾经记载的"Tianschaniella B. Fedtsch. apud Popov, Bot. Mater. Gerb. Bot. Inst. Komarova Akad. Nauk S. S. S. R. 14：337. 1951"命名人引证有误。【分布】亚洲中部。【模式】Tianschaniella umbellulifera B. A. Fedtschenko ex Popov。【参考异名】Tianschaniella B. Fedtsch.（1951）Nom. illegit. ■☆

51394 Tiaranthus Herb.（1837）= Pancratium L.（1753）［石蒜科 Amaryllidaceae//百合科 Liliaceae//全能花科 Pancratiaceae］■

51395 Tiarella L.（1753）【汉】黄水枝属。【日】ズダヤクシュ属，ツダヤクシュ属。【俄】Тиарелла。【英】False Mitrewort, Foam Flower, Foamflower。【隶属】虎耳草科 Saxifragaceae。【包含】世

界3-7种,中国1种。【学名诠释与讨论】〈阴〉(希)tiara =tiaras,波斯人遇大典时所戴的头巾+-ellus,-ella,-ellum,加在名词词干后面形成指小式的词尾。或加在人名、属名等后面以组成新属的名称。指蒴果状如头巾。【分布】中国,喜马拉雅山和东亚,北美洲。【后选模式】Tiarella cordifolia Linnaeus。【参考异名】Blondia Neck.（1790）Nom. inval.；Blondia Neck.（1837）；Petalosteira Raf.（1837）■

51396　Tiaridium Lehm.（1818）= Heliotropium L.（1753）［紫草科 Boraginaceae//天芥菜科 Heliotropiaceae］●■

51397　Tiarocarpus Rech. f.（1972）【汉】巾果菊属。【隶属】菊科 Asteraceae(Compositae)。【包含】世界3种。【学名诠释与讨论】〈阳〉(希)tiara =tiaras,波斯人遇大典市所戴的头巾+karpos,果实。此属的学名是"Tiarocarpus K. H. Rechinger f., Österr. Akad. Wiss., Math.-Naturwiss. Kl., Anz. 108: 5. 1972"。亦有文献把其处理为"Cousinia Cass.（1827）"的异名。【分布】阿富汗。【模式】Tiarocarpus neubaueri（K. H. Rechinger f.）K. H. Rechinger f.［Cousinia neubaueri K. H. Rechinger f.］。【参考异名】Cousinia Cass.（1827）■☆

51398　Tiarrhena（Maxim.）Nakai（1950）Nom. illegit. ≡ Triarrhena（Maxim.）Nakai(1950)；~ = Miscanthus Andersson（1855）［禾本科 Poaceae(Gramineae)］■

51399　Tibestina Maire(1932)= Dicoma Cass.（1817）［菊科 Asteraceae(Compositae)］●☆

51400　Tibetia(Ali)H. P. Tsui（1979）【汉】高山豆属。【英】Alpbean, Tibetia。【隶属】豆科 Fabaceae（Leguminosae)//蝶形花科 Papilionaceae。【包含】世界5种,中国5种。【学名诠释与讨论】〈阴〉(地)Tibet,西藏。指模式种采自西藏。此属的学名,ING 和 IK 记载是"Tibetia（S. I. Ali）H. P. Tsui, Bull. Bot. Lab. N. E. Forest. Inst., Harbin 5:48. Dec 1979",由"Gueldenstaedtia subgen. Tibetia S. I. Ali, Condollea 18:140. Dec 1962"改级而来。亦有文献把"Tibetia（Ali）H. P. Tsui（1979）"处理为"Gueldenstaedtia Fisch.（1823）"的异名。【分布】中国,喜马拉雅山。【模式】Tibetia himalaica（J. G. Baker）H. P. Tsui［Gueldenstaedtia himalaica J. G. Baker］。【参考异名】Gueldenstaedtia Fisch.（1823）；Gueldenstaedtia subgen. Tibetia S. I. Ali(1962)■

51401　Tibetoseris Sennikov（2007）【汉】藏菊属。【隶属】菊科 Asteraceae(Compositae)。【包含】世界11种,中国10种。【学名诠释与讨论】〈阴〉(地)Tibet,西藏+seris,菊苣。【分布】印度(包括锡金)。【模式】Tibetoseris depressa（Hook. f. et Thomson）Sennikov［Crepis depressa Hook. f. et Thomson］■☆

51402　Tibouchina Aubl.（1775）【汉】荣耀木属(蒂牡丹属,丽蓝木属)。【日】チボウキナ属。【英】Glory Bush, Lasiandra。【隶属】野牡丹科 Melastomataceae。【包含】世界243-350种。【学名诠释与讨论】〈阴〉(圭亚那)tibouchina,植物俗名。此属的学名,ING、TROPICOS 和 IK 记载是"Tibouchina Aubl., Hist. Pl. Guiane 1: 445, t. 177. 1775"。"Tibouchina J. St.-Hil., Exposition des Familles Naturelles 2: 173. 1805"是其变体。"Savastania Scopoli, Introd. 213. Jan-Apr 1777"是"Tibouchina Aubl.（1775）"的晚出的同模式异名(Homotypic synonym, Nomenclatural synonym)。"Tibuchina Raf."似也是"Tibouchina Aubl.（1775）"的拼写变体。【分布】巴拉圭,巴拿马,秘鲁,玻利维亚,厄瓜多尔,哥伦比亚(安蒂奥基亚),哥斯达黎加,尼加拉瓜,中美洲。【模式】Tibouchina aspera Aublet。【参考异名】Antheryta Raf.（1838）；Bractearia DC.（1840）Nom. illegit.；Bractearia DC. ex Steud.（1840）；Chaetagastra Crueg.（1847）；Chaetogastra DC.（1828）；Diplostegium D. Don（1823）；Gynomphis Raf.（1838）；Hephestionia Naudin（1850）；Itatiaia Ule（1908）；Lasiandra DC.（1828）；Lasiandros St.-Lag.

（1880）；Lasiandrus St.-Lag.（1880）；Micranthella Naudin(1850)；Oreocosmus Naudin（1850）；Pleroma D. Don（1823）；Purpurella Naudin(1850)；Savastana Raf.（1838）Nom. illegit.（废弃属名）；Savastania Scop.（1777）Nom. illegit.；Savastonia Neck. ex Steud.（1841）Nom. illegit.；Tibuchina J. St.-Hil.（1805）Nom. illegit.；Tibuchina Raf. ●■☆

51403　Tibouchinopsis Markgr.（1927）【汉】类荣耀木属。【隶属】野牡丹科 Melastomataceae。【包含】世界2种。【学名诠释与讨论】〈阴〉(属)Tibouchina 荣耀木属+希腊文 opsis,外观,模样,相似。【分布】巴西(东北部)。【模式】Tibouchinopsis glutinosa Markgraf ●☆

51404　Tibuchina J. St.-Hil.（1805）Nom. illegit. ≡Tibouchina Aubl.（1775）［野牡丹科 Melastomataceae］●■☆

51405　Tibuchina Raf. = Tibouchina Aubl.（1775）［野牡丹科 Melastomataceae］●■☆

51406　Ticanto Adans.（1763）= Caesalpinia L.（1753）［豆科 Fabaceae（Leguminosae)//云实科(苏木科)Caesalpiniaceae］●

51407　Ticodendraceae Gómez-Laur. et L. D. Gómez(1991)【汉】太果木科(核果桦科)。【包含】世界1属1种。【分布】中美洲。【科名模式】Ticodendron Gómez-Laur. et L. D. Gómez ●☆

51408　Ticodendron Gómez-Laur. et L. D. Gómez(1989)【汉】太果木属(核果桦属)。【隶属】太果木科 Ticodendraceae。【包含】世界1种。【学名诠释与讨论】〈阴〉可能来自希腊文 teichos, tichos,墙+dendron 或 dendros,树木,棍,丛林。【分布】巴拿马,哥斯达黎加,墨西哥,尼加拉瓜,危地马拉,中美洲。【模式】Ticodendron incognitum Gómez-Laur. et L. D. Gómez ●☆

51409　Ticoglossum Lucas Rodr. ex Halb.（1983）【汉】第果兰属。【隶属】兰科 Orchidaceae。【包含】世界2种。【学名诠释与讨论】〈阴〉中美洲西班牙语 tico 指 Costa Ricans 哥斯达黎加+glossa,舌。【分布】热带美洲。【模式】Ticoglossum oerstedii（H. G. Reichenbach）F. Halbinger［Odontoglossum oerstedii H. G. Reichenbach］■☆

51410　Ticorea A. St.-Hil.（1823）Nom. illegit. =Galipea Aubl.（1775）［芸香科 Rutaceae］●☆

51411　Ticorea Aubl.（1775）【汉】蒂克芸香属。【隶属】芸香科 Rutaceae。【包含】世界6种。【学名诠释与讨论】〈阴〉来自圭亚那植物俗名。此属的学名,ING、TROPICOS 和 IK 记载是"Ticorea Aubl., Hist. Pl. Guiane 2: 689, t. 277. 1775"。"Ticorea A. St.-Hil., Bull. Soc. Philom.（1823）132 =Galipea Aubl.（1775）［芸香科 Rutaceae］"是晚出的非法名称。"Ozophyllum Schreber, Gen. 2:452. Mai 1791"是"Ticorea Aubl.（1775）"的晚出的同模式异名（Homotypic synonym, Nomenclatural synonym）。"Ticorea A. St.-Hil., Bull. Soc. Philom.（1823）132 =Galipea Aubl.（1775）［芸香科 Rutaceae］"是晚出的非法名称。【分布】巴拿马,巴西,秘鲁,玻利维亚,几内亚,中美洲。【模式】Ticorea foetida Aublet。【参考异名】Ozophyllum Schreb.（1791）Nom. illegit. ●☆

51412　Tidestromia Standl.（1916）【汉】星毛苋属。【隶属】苋科 Amaranthaceae。【包含】世界3-6种。【学名诠释与讨论】〈阴〉(人)Ivar（Frederick）Tidestrom（Tidestrøm）,1864-1956,瑞典出生的美国植物学者,1880年移居美国,Edward Lee Greene（1843-1915）的助手,Flora of Utah and Nevada 和 Flora of Arizona and New Mexico 的作者。此属的学名"Tidestromia Standley, J. Wash. Acad. Sci. 6:70. 4 Feb 1916"是一个替代名称。"Cladothrix（T. Nuttall ex Moquin-Tandon）Bentham et J. D. Hooker, Gen. 3:37. 7 Feb 1880"是一个非法名称（Nom. illegit.）,因为此前已经有了"Cladothrix F. Cohn, Beitr. Biol. Pflanzen 1(3):185, 204. 1875［豆科 Fabaceae(Leguminosae)]"。故用"Tidestromia Standl.（1916）"

替代之。【分布】美国（西南部），墨西哥。【模式】Tidestromia lanuginosa（T. Nuttall）Standley［Achyranthes lanuginosa T. Nuttall]。【参考异名】Cladothrix（Moq.）Hook. f.（1880）Nom. illegit.；Cladothrix（Moq.）Nutt. ex Benth. et Hook. f.（1880）Nom. illegit.；Cladothrix（Nutt. ex Moq.）Benth.（1880）Nom. illegit.；Cladothrix（Nutt. ex Moq.）Nutt. ex Benth. et Hook. f.（1880）Nom. illegit.；Cladothrix Nutt. ex Hook. f.（1880）Nom. illegit.；Cladothrix Nutt. ex Moq.（1849）Nom. illegit.；Cladothrix Nutt. ex S. Watson, Nom. illegit. ■●☆

51413　Tiedemannia DC.（1829）= Oxypolis Raf.（1825）［伞形花科（伞形科）Apiaceae（Umbelliferae）］■☆

51414　Tiedmannia Torr. et A. Gray（1840）Nom. illegit. ≡ Tiedemannia DC.（1829）［伞形花科（伞形科）Apiaceae（Umbelliferae）］■☆

51415　Tieghemella Pierre（1890）【汉】蒂氏山榄属。【隶属】山榄科 Sapotaceae。【包含】世界 2 种。【学名诠释与讨论】〈阴〉（人）Phillippe Edouard Leon van Tieghem, 1839-1914, 法国植物学和真菌学者, 教授, Recherches sur la structure des Aroidees 的作者 +-ellus, -ella, -ellum, 加在名词词干后面形成指小式的词尾。或加在人名、属名等后面以组成新属的名称。【分布】热带非洲西部。【模式】Tieghemella africana Pierre。【参考异名】Dumoria A. Chev.（1907）●☆

51416　Tieghemia Balle（1956）= Oncocalyx Tiegh.（1895）［桑寄生科 Loranthaceae］●☆

51417　Tieghemopanax R. Vig.（1905）= Polyscias J. R. Forst. et G. Forst.（1776）［五加科 Araliaceae］●

51418　Tienmuia Hu（1939）= Phacellanthus Siebold et Zucc.（1846）［列当科 Orobanchaceae//玄参科 Scrophulariaceae］■

51419　Tietkensia P. S. Short（1990）【汉】长序金绒草属。【隶属】菊科 Asteraceae（Compositae）。【包含】世界 1 种。【学名诠释与讨论】〈阴〉词源不详。【分布】澳大利亚（西部和中部）。【模式】Tietkensia corrickiae P. S. Short ■☆

51420　Tigarea Aubl.（1775）= Doliocarpus Rol.（1756）+Tetracera L.（1753）［锡叶藤科 Tetraceraceae//五桠果科（第伦桃科, 五丫果科, 锡叶藤科）Dilleniaceae］●☆

51421　Tigarea Pursh（1813）Nom. illegit. = Purshia DC. ex Poir.（1816）［蔷薇科 Rosaceae］●☆

51422　Tigivesta Luer（2007）【汉】哥伦比亚肋枝兰属。【隶属】兰科 Orchidaceae。【包含】世界 1 种。【学名诠释与讨论】〈阴〉（希）tige, 指小式 tigelle, 梗, 茎 + vestis, 衣服, 罩物。此属的学名是"Tigivesta Luer, Monographs in Systematic Botany from the Missouri Botanical Garden 112：121. 2007.（Aug 2007）"。亦有文献把其处理为"Pleurothallis R. Br.（1813）"的异名。【分布】哥伦比亚。【模式】Tigivesta abortiva（Luer）Luer。【参考异名】Pleurothallis R. Br.（1813）■☆

51423　Tiglium Klotzsch（1843）Nom. illegit. ≡ Croton L.（1753）［大戟科 Euphorbiaceae//巴豆科 Crotonaceae］●

51424　Tigridia Juss.（1789）【汉】虎皮花属（虎菖蒲属, 老虎花属, 老虎莲属, 虎斑花属）。【日】チグリジャ属, トウリ属, トラフユリ属。【俄】Тигридия。【英】Mexican Shell Flowers, Tiger Flower, Tigerflower, Tiger-flower, Tiger-iris。【隶属】鸢尾科 Iridaceae。【包含】世界 12-35 种, 中国 1 种。【学名诠释与讨论】〈阴〉（拉）tigris, 老虎。tigrinus, 似虎的, 身有条纹似虎的 +-idius, -idia, -idium, 指示小的词尾。指花冠具斑点。【分布】秘鲁, 玻利维亚, 厄瓜多尔, 哥伦比亚（安蒂奥基亚）, 墨西哥, 智利, 中国, 中美洲。【模式】Tigridia pavonia（Linnaeus f.）Ker-Gawler［Ferraria pavonia Linnaeus f.]。【参考异名】Beatonia Herb.（1840）；Hydrotaenia Lindl.（1838）；Rigidella Lindl.（1840）■

51425　Tigridiopalma C. Chen（1979）【汉】虎颜花属。【英】Airplant, Tigridiopalma。【隶属】野牡丹科 Melastomataceae。【包含】世界 1 种, 中国 1 种。【学名诠释与讨论】〈阴〉（拉）tigris, 老虎 +oides, 来自 o+eides, 像, 似；或 o+eidos 形, 含义为相像。指花虎皮色。【分布】中国。【模式】Tigridiopalma magnifica C. Chen ■★

51426　Tikalia Lundell（1961）【汉】危地马拉无患子属。【隶属】无患子科 Sapindaceae。【包含】世界 1 种。【学名诠释与讨论】〈阴〉（地）Tikal, 蒂卡尔, 位于危地马拉。此属的学名是"Tikalia Lundell, Wrightia 2：119. 1 Mai 1961"。亦有文献把其处理为"Blomia Miranda（1953）"的异名。【分布】危地马拉。【模式】Tikalia prisca（Standley）Lundell［Cupania prisca Standley]。【参考异名】Blomia Miranda（1953）●☆

51427　Tikusta Raf. = Tupistra Ker Gawl.（1814）［百合科 Liliaceae//铃兰科 Convallariaceae］■

51428　Tilco Adans.（1763）= Fuchsia L.（1753）［柳叶菜科 Onagraceae］●■

51429　Tilcusta Raf.（1838）= Campylandra Baker（1875）［百合科 Liliaceae//铃兰科 Convallariaceae］■

51430　Tildenia Miq.（1842）= Peperomia Ruiz et Pav.（1794）［胡椒科 Piperaceae//草胡椒科（三瓣绿科）Peperomiaceae］■

51431　Tilecarpus K. Schum.（1900）Nom. illegit. ≡ Tilecarpus K. Schum. et Lauterb.（1900）Nom. illegit.；~ ≡ Tylecarpus Engl.（1893）；~ = Medusanthera Seem.（1864）［茶茱萸科 Icacinaceae］●☆

51432　Tilecarpus K. Schum. et Lauterb.（1900）Nom. illegit. ≡ Tylecarpus Engl.（1893）；~ = Medusanthera Seem.（1864）［茶茱萸科 Icacinaceae］●☆

51433　Tilesia G. Mey.（1818）【汉】菱果菊属。【隶属】菊科 Asteraceae（Compositae）。【包含】世界 3 种。【学名诠释与讨论】〈阴〉（人）Tiles。此属的学名, ING、GCI 和 IK 记载是"Tilesia G. F. W. Meyer, Prim. Fl. Esseq. 251. Nov 1818"。"Tilesia Thunb. ex Steud., Nomencl. Bot.［Steudel], ed. 2. 2；686, nomen. 1841"是晚出的非法名称。亦有文献把"Tilesia G. Mey.（1818）"处理为"Wulffia Neck. ex Cass.（1825）"的异名。【分布】巴拉圭, 巴拿马, 玻利维亚, 厄瓜多尔, 哥伦比亚（安蒂奥基亚）, 美洲山区, 中美洲。【模式】Tilesia capitata G. F. W. Meyer。【参考异名】Wulffia Neck. ex Cass.（1825）■☆

51434　Tilesia Thunb. ex Steud.（1841）Nom. illegit. = Gladiolus L.（1753）［鸢尾科 Iridaceae］■

51435　Tilia L.（1753）【汉】椴树属（椴属）。【日】シナノキ属。【俄】Дерево липоное, Липа。【英】Basswood, Lime, Lime Tree, Linden, Whitewood。【隶属】椴树科（椴科, 田麻科）Tiliaceae//锦葵科 Malvaceae。【包含】世界 23-80 种, 中国 39 种。【学名诠释与讨论】〈阴〉（拉）tilia, 为欧洲阔叶椴的古名, 来自希腊文 tilos 纤维, 毛团。指有些种类树皮富含纤维。【分布】巴基斯坦, 玻利维亚, 美国, 中国, 南至中南半岛和墨西哥, 北温带。【后选模式】Tilia europaea Linnaeus。【参考异名】Lindnera Fuss（1866）Nom. illegit.；Lindnera Rchb.（1837）Nom. inval.；Tilioides Medik.（1791）●

51436　Tiliaceae Adans. = Malvaceae Juss.（保留科名）；~ = Tiliaceae Juss.（1789）（保留科名）●■

51437　Tiliaceae Juss.（1789）（保留科名）［亦见 Malvaceae Juss.（保留科名）锦葵科］【汉】椴树科（椴科, 田麻科）。【日】シナノキ科。【俄】Липоные。【英】Lime Family, Linden Family。【包含】世界 46-53 属 450-720 种, 中国 11-12 属 70-95 种。【分布】热带和温带, 主要东南亚和巴西。【科名模式】Tilia L.（1753）●■

51438　Tiliacora Colebr.（1821）（保留属名）【汉】香料藤属（铁立藤

属）。【隶属】防己科 Menispermaceae。【包含】世界 19-22 种。【学名诠释与讨论】〈阴〉孟加拉称呼 Tiliacora racemosa Colebr. 的俗名。此属的学名"Tiliacora Colebr. in Trans. Linn. Soc. London 13：53，67. 23 Mai-21 Jun 1821"是保留属名。相应的废弃属名是防己科 Menispermaceae 的"Braunea Willd.，Sp. Pl. 4：638，797. Apr 1806 =Tiliacora Colebr.（1821）（保留属名）"。【分布】印度至马来西亚，热带非洲。【模式】Tiliacora racemosa Colebrooke。【参考异名】Aristega Miers（1867）；Bagalatta Roxb. ex Rchb.（1828）；Braunea Willd.（1806）（废弃属名）；Glossopholis Pierre（1898）；Sebicea Pierre ex Diels（1910）●☆

51439　Tilingia Regel et Tiling（1859）Nom. illegit. ≡ Tilingia Regel（1859）［伞形花科（伞形科）Apiaceae（Umbelliferae）］■

51440　Tilingia Regel（1859）【汉】第岭芹属（第苓芹属，岩茴香属）。【俄】Тиллея。【隶属】伞形花科（伞形科）Apiaceae（Umbelliferae）。【包含】世界 3 种，中国 1 种。【学名诠释与讨论】〈阴〉（人）Heinrich Sylvester Theodor Tiling（Tilling），1818-1871，俄罗斯植物学者，医生，植物采集家。此属的学名，ING 记载为"Tilingia E. Regel in E. Regel et H. Tiling, Nouv. Mém. Soc. Imp. Naturalistes Moscou 11：97. 1859"。IK 和 TROPICOS 则记载为"Tilingia Regel et Tiling, Nouv. Mém. Soc. Imp. Naturalistes Moscou 11：97. 1859"。亦有文献把"Tilingia Regel（1859）"处理为"Ligusticum L.（1753）"的异名。【分布】东亚，中国。【模式】Tilingia ajanensis E. Regel。【参考异名】Ligusticum L.（1753）；Tilingia Regel et Tiling（1859）Nom. illegit. ■

51441　Tilioides Medik.（1791）= Tilia L.（1753）［椴树科（椴科，田麻科）Tiliaceae//锦葵科 Malvaceae］●

51442　Tillaea L.（1753）【汉】东爪草属。【日】アズマツメクサ属，アヅマツメクサ属。【俄】Тиллея。【英】Pygmyweed，Tillaea。【隶属】景天科 Crassulaceae。【包含】世界 16-60 种，中国 5 种。【学名诠释与讨论】〈阴〉（人）Michelangelo Tilli（Michael Angelus Tillius），1655-1740，意大利植物学者，教授。此属的学名，ING、TROPICOS 和 IK 记载是"Tillaea L.，Sp. Pl. 1：128. 1753［1 May 1753］"。"Mesanchum Dulac, Fl. Hautes-Pyrénées 320. 1867"是"Tillaea L.（1753）"的晚出的同模式异名（Homotypic synonym，Nomenclatural synonym）。"Tillea L.（1852）"和"Tillea Sanguin.，in Atti Acad. Pont. Lincei Ser. I, v.（1852）506"是"Tillaea L.（1753）"的拼写变体。亦有文献把"Tillaea L.（1753）"处理为"Crassula L.（1753）"的异名。【分布】巴基斯坦，玻利维亚，马达加斯加，中国，中美洲。【后选模式】Tillaea muscosa Linnaeus。【参考异名】Bulliarda DC.（1801）Nom. illegit.；Crassula L.（1753）；Helophytum Eckl. et Zeyh.（1836）；Hydrophila Ehrh.（1920）Nom. illegit.；Hydrophila Ehrh. ex House（1920）Nom. illegit.；Hydrophila House（1920）Nom. illegit.；Mesanchum Dulac（1867）Nom. illegit.；Thillaea Sang.（1852）；Thisantha Eckl. et Zeyh.（1837）；Thysantha Hook.（1843）；Tillaeastrum Britton（1903）Nom. illegit.；Tillea L.（1852）Nom. illegit. ■

51443　Tillaeaceae Martinov（1820）= Crassulaceae J. St.-Hil.（保留科名）●■

51444　Tillaeastrum Britton（1903）Nom. illegit. ≡ Bulliarda DC.（1801）Nom. illegit.；~ =Crassula L.（1753）；~ =Tillaea L.（1753）［景天科 Crassulaceae］■

51445　Tillandsia L.（1753）【汉】花凤梨属（第伦丝属，第伦斯属，空气凤梨属，木柄凤梨属，悌兰德细亚属，铁兰属，紫凤梨属，紫花凤梨属）。【日】ティランジア属。【俄】Тилландсия。【英】Air Plant，Tillandsia。【隶属】凤梨科 Bromeliaceae//花凤梨科 Tillandsiaceae。【包含】世界 380-540 种。【学名诠释与讨论】〈阴〉（人）Elias Erici Tillands（Tillander，Tillandz，Til-Landz，Til-

Lands），1640-1693，瑞典植物学者，教授。此属的学名，ING、TROPICOS、APNI、GCI 和 IK 记载为"Tillandsia L.，Sp. Pl. 1：286. 1753［1 May 1753］"。"Caraguata Adanson, Fam. 2：67，532. Jul-Aug 1763"是"Tillandsia L.（1753）"的晚出的同模式异名（Homotypic synonym，Nomenclatural synonym）。"Platystachys K. H. E. Koch, Ind. Sem. Hort. Bot. Berol. 1854, App.：11. 1855"是"Tillandsia L.（1753）"和"Allardtia A. Dietr.（1852）"的晚出的同模式异名。【分布】巴拉圭，巴拿马，秘鲁，玻利维亚，厄瓜多尔，哥伦比亚（安蒂奥基亚），哥斯达黎加，尼加拉瓜，非洲西部，中美洲。【后选模式】Tillandsia utriculata Linnaeus。【参考异名】Acanthospora Spreng.（1817）Nom. illegit.；Allardtia A. Dietr.（1852）Nom. illegit.；Amalia Endl.（1837）Nom. inval.；Amalia Hort. Hisp.（1837）Nom. inval.，Nom. illegit.；Amalia Hort. Hisp. ex Endl.（1837）Nom. inval.；Anoplophytum Beer（1854）；Bonapa Larranaga（1927）；Bonapartea Ruiz et Pav.（1802）；Buonapartea G. Don（1839）；Caraguata Adans.（1763）Nom. illegit.；Dendropogon Raf.（1825）；Diaphoranthema Beer（1854）；Karaguata Raf.；Misandra F. Dietr.（1819）Nom. illegit.；Phytarrhiza Vis.（1855）；Pityrophyllum Beer（1856）；Platystachys C. Koch（1854）Nom. illegit.；Platystachys K. Koch（1854）Nom. illegit.；Renealmia L.（1753）（废弃属名）；Strepsia Steud.（1841）；Tilliandsia Michx.；Viridantha Espejo（2002）；Wallisia（Regel）E. Morren（1870）；Wallisia E. Morren（1870）Nom. illegit. ■☆

51446　Tillandsiaceae A. Juss.［亦见 Bromeliaceae Juss.（保留科名）凤梨科（菠萝科）］【汉】花凤梨科。【包含】世界 2 属 386-546 种。【分布】美洲，非洲。【科名模式】Tillandsia L.（1753）■

51447　Tillandsiaceae Wilbr.（1834）= Bromeliaceae Juss.（保留科名）■

51448　Tillea L.（1852）Nom. illegit. ≡ Tillaea L.（1753）；~ = Crassula L.（1753）［景天科 Crassulaceae］●■☆

51449　Tillea Sanguin.（1852）Nom. illegit. ≡ Tillaea L.（1753）［景天科 Crassulaceae］■

51450　Tillia St.-Lag.（1881）= Tillea L.（1852）Nom. illegit.；~ =Tillaea L.（1753）；~ =Crassula L.（1753）［景天科 Crassulaceae］■

51451　Tilliandsia Michx. = Tillandsia L.（1753）［凤梨科 Bromeliaceae//花凤梨科 Tillandsiaceae］■☆

51452　Tillospermum Griff.（1814）Nom. illegit.（废弃属名）≡ Tillospermum Salisb.（1814）（废弃属名）；~ = Kunzea Rchb.（1829）（保留属名）［桃金娘科 Myrtaceae］●☆

51453　Tillospermum Salisb.（1814）（废弃属名）= Kunzea Rchb.（1829）（保留属名）［桃金娘科 Myrtaceae］●☆

51454　Tilmia O. F. Cook（1901）= Aiphanes Willd.（1807）［棕榈科 Arecaceae（Palmae）］●☆

51455　Tilocarpus Engl.（1895）= Lasianthera P. Beauv.（1807）［茶茱萸科 Icacinaceae］●☆

51456　Timaeosia Klotzsch（1862）= Gypsophila L.（1753）［石竹科 Caryophyllaceae］■●

51457　Timandra Klotzsch（1841）= Croton L.（1753）［大戟科 Euphorbiaceae//巴豆科 Crotonaceae］●

51458　Timanthea Salisb.（1796）Nom. illegit. ≡ Baltimora L.（1771）（保留属名）［菊科 Asteraceae（Compositae）］■☆

51459　Timbalia Clos（1872）= Pyracantha M. Roem.（1847）［蔷薇科 Rosaceae］●

51460　Timbuleta Steud.（1841）= Anarrhinum Desf.（1798）（保留属名）；~ = Simbuleta Forssk.（1775）（废弃属名）［玄参科 Scrophulariaceae//婆婆纳科 Veronicaceae］■●☆

51461　Timeroya Benth.（1880）Nom. illegit. ≡ Timeroya Benth. et Hook. f.（1880）Nom. illegit.；~ = Calpidia Thouars（1805）；~ =

Pisonia L. (1753); ~ = Timeroyea Montrouz. (1860) [紫茉莉科 Nyctaginaceae//腺果藤科(避霜花科)Pisoniaceae]●

51462 Timeroya Benth. et Hook. f. (1880) Nom. illegit. = Calpidia Thouars(1805); ~ = Pisonia L. (1753); ~ = Timeroyea Montrouz. (1860) [紫茉莉科 Nyctaginaceae//腺果藤科(避霜花科)Pisoniaceae]●

51463 Timeroyea Montrouz. (1860) = Calpidia Thouars (1805); ~ = Pisonia L. (1753) [紫茉莉科 Nyctaginaceae//腺果藤科(避霜花科)Pisoniaceae]●

51464 Timmia J. F. Gmel. (1791) = Cyrtanthus Aiton(1789)(保留属名)[石蒜科 Amaryllidaceae]■☆

51465 Timonius DC. (1830)(保留属名)【汉】海茜树属(贝木属,海满树属,梯木属)。【英】Timonius。【隶属】茜草科 Rubiaceae。【包含】世界 150-180 种,中国 1 种。【学名诠释与讨论】〈阳〉(马来)timon,一种植物俗名 +-ius,-ia,-ium,具有……特性的。此属的学名"Timonius DC., Prodr. 4:461. Sep (sero)1830"是保留属名。相应的废弃属名是茜草科 Rubiaceae 的"Porocarpus Gaertn., Fruct. Sem. Pl. 2:473. Sep–Dec 1791 = Timonius DC.(1830)(保留属名)"、"Polyphragmon Desf. in Mém. Mus. Hist. Nat. 6:5. 1820 = Timonius DC. (1830)(保留属名)"、"Helospora Jack in Trans. Linn. Soc. London 14:127. 28 Mai–12 Jun 1823 = Timonius DC. (1830)(保留属名)"和"Burneya Cham. et Schltdl. in Linnaea 4:188. Apr 1829 =Timonius DC. (1830)(保留属名)"。"Timonius Rumph. (1743)"是命名起点著作之前的名称。【分布】印度(安达曼群岛),澳大利亚,马来西亚,毛里求斯,塞舌尔(塞舌尔群岛),斯里兰卡,中国。【模式】Timonius rumphii A. P. de Candolle, Nom. illegit. [Erithalis timon K. P. J. Sprengel; Timonius timon (K. P. J. Sprengel) Merrill]。【参考异名】Abbottia F. Muell. (1875);Burneya Cham. et Schltdl. (1829)(废弃属名); Erithalis G. Forst. (1786) Nom. illegit.; Eupyrena Wight et Arn. (1834);Heliospora Hook. f. (1880) Nom. illegit.; Helospora Jack (1823)(废弃属名); Nelitris Gaertn. (1788) Nom. illegit.; Polyphragmon Desf. (1820)(废弃属名);Porocarpus Gaertn. (1791)(废弃属名);Pyrostria Roxb. (1814)Nom. illegit.;Timonius Rumph. (1743)Nom. inval. ●

51466 Timonius Rumph. (1743) Nom. inval. = Timonius DC. (1830)(保留属名)[茜草科 Rubiaceae]●

51467 Timoron Raf. (1840)Nom. illegit. ≡ Ulospermum Link(1821); ~ =Capnophyllum Gaertn. (1790) [伞形花科(伞形科)Apiaceae (Umbelliferae)]■☆

51468 Timotocia Moldenke(1936)Nom. illegit. ≡Casselia Nees et Mart. (1823)(保留属名) [马鞭草科 Verbenaceae]■●☆

51469 Timouria Roshev. (1916)【汉】钝基草属(沙丘草属,帖木儿草属)。【俄】Тимурия。【英】Dunegrass。【隶属】禾本科 Poaceae (Gramineae)。【包含】世界 1 种,中国 1 种。【学名诠释与讨论】〈阴〉(地)帝汶岛的摩尔岛,位于印度尼西亚。模式种的产地。此属的学名是"Timouria R. Yu. Roshevitz in B. A. Fedtschenko, Fl. Asiat. Ross. 2(12): 173. t. 12. 1916"。亦有文献把其处理为"Stipa L. (1753)"的异名。【分布】中国,亚洲中部。【模式】Timouria saposhnikowii R. Yu. Roshevitz。【参考异名】Stipa L. (1753)■

51470 Tina Blume(1825)Nom. illegit. (废弃属名)= Harpullia Roxb. (1824)[无患子科 Sapindaceae]●

51471 Tina Roem. et Schult. (1819) Nom. illegit. (废弃属名)≡ Tina Schult. (1819)(保留属名) [无患子科 Sapindaceae]●☆

51472 Tina Schult. (1819)(保留属名)【汉】马岛无患子属。【隶属】无患子科 Sapindaceae。【包含】世界 16 种。【学名诠释与讨论】

〈阴〉可能来自 tina,拉丁文和希腊文的含义都是装葡萄酒的容器。此属的学名"Tina Schult. in Roem. et Schult.,5:XXXII,414. Dec 1819"是保留属名。法规未列出相应的废弃属名。"Tina Roem. et Schult. (1819) Nom. illegit. (废弃属名) ≡ Tina Schult. (1819)"的命名人引证有误,亦应废弃。"Tina Blume(1825) Nom. illegit. (废弃属名)= Harpullia Roxb. (1824) [无患子科 Sapindaceae]"是晚出的非法名称,也须废弃。"Gelonium Roxb. ex Willd. (1806) Nom. illegit."是"Tina Schult. (1819)(保留属名)"的同模式异名。【分布】马达加斯加。【模式】Tina gelonium J. A. Schultes, Nom. illegit. [Gelonium cupanioides Gaertner]。【参考异名】Gelonium Roxb. ex Willd. (1806) Nom. illegit.; Tina Roem. et Schult. (1819)Nom. illegit. (废弃属名)●☆

51473 Tinaceae Martinov(1820)= Adoxaceae E. Mey. (保留科名)●■

51474 Tinadendron Achille(2006)【汉】新海岸桐属。【隶属】茜草科 Rubiaceae//海岸桐科 Guettardaceae。【包含】世界 2 种。【学名诠释与讨论】〈中〉词源不详。此属的学名是"Tinadendron Achille, Adansonia, série 3,28(1): 169-171. 2006"。亦有文献把其处理为"Guettarda L. (1753)"的异名。【分布】瓦努阿图,法属新喀里多尼亚。【模式】Tinadendron noumeanum (Baill.) Achille。【参考异名】Guettarda L. (1753)●☆

51475 Tinaea Boiss. (1882) Nom. illegit. = Tinea Biv. (1833) Nom. illegit.; ~ = Neotinea Rchb. f. (1852) [兰科 Orchidaceae]■☆

51476 Tinaea Garzia ex Parl. (1845) Nom. illegit. = Lamarckia Moench (1794) [as 'Lamarkia'](保留属名) [禾本科 Poaceae (Gramineae)]■☆

51477 Tinaea Garzia(1845) Nom. illegit. ≡ Lamarckia Moench(1794) [as 'Lamarkia'](保留属名) [禾本科 Poaceae(Gramineae)]■☆

51478 Tinantia Dumort. (1829)(废弃属名)= Cypella Herb. (1826) [鸢尾科 Iridaceae]■☆

51479 Tinantia M. Martens et Galeotti(1844)Nom. illegit. (废弃属名) ≡Cyphomeris Standl. (1911) [紫茉莉科 Nyctaginaceae]■☆

51480 Tinantia Scheidw. (1839)(保留属名)【汉】嬬泪花属(蒂南草属)。【隶属】[鸭趾草科 Commelinaceae]。【包含】世界 13-14 种。【学名诠释与讨论】〈阴〉(人)François Auguste Tinant,1803–1853,植物学者,"Flore luxembourgeoise. Luxembourg 1836"的作者。此属的学名"Tinantia Scheidw. in Allg. Gartenzeitung 7:365. 16 Nov 1839"是保留属名。相应的废弃属名是鸢尾科 Iridaceae 的"Tinantia Dumort., Anal. Fam. Pl.:58. 1829 = Cypella Herb. (1826)"和"Pogomesia Raf., Fl. Tellur. 3:67. Nov–Dec 1837 = Tinantia Scheidw. (1839)(保留属名)鸭趾草科 Commelinaceae"。紫茉莉科 Nyctaginaceae 的"Tinantia M. Martens et Galeotti,Bull. Acad. Roy. Sci. Bruxelles 11(1):240. 1844 ≡Cyphomeris Standl. (1911)"亦应废弃。【分布】巴拿马,秘鲁,玻利维亚,厄瓜多尔,哥伦比亚(安蒂奥基亚),哥斯达黎加,墨西哥,尼加拉瓜,西印度群岛,中美洲。【模式】Tinantia fugax Scheidweiler。【参考异名】Commelinantia Tharp(1922);Pogomesia Raf. (1837)(废弃属名)■☆

51481 Tinda Rchb. = Streblus Lour. (1790) [桑科 Moraceae]●

51482 Tinea Biv. (1833)Nom. illegit. ≡Neotinea Rchb. f. (1852) [兰科 Orchidaceae]■☆

51483 Tinea Spreng. (1821) = Prockia P. Browne(1759) [椴树科(椴科,田麻科)Tiliaceae//刺篱木科 Flacourtiaceae]●☆

51484 Tineoa Post et Kuntze(1)= Neotinea Rchb. f. (1852); ~ =Tinea Biv. (1833)Nom. illegit. [兰科 Orchidaceae]■☆

51485 Tineoa Post et Kuntze(2)= Lamarckia Moench (1794) [as 'Lamarkia'](保留属名); ~ = Tinaea Garzia(1845) Nom. illegit. [禾本科 Poaceae(Gramineae)]■☆

51486　Tineoa Post et Kuntze(3) = Prockia P. Browne(1759)；~ = Tinea Spreng.(1821)［椴树科(椴科, 田麻科)Tiliaceae］■☆

51487　Tinguarra Parl.(1843)【汉】加那利草属。【隶属】伞形花科(伞形科)Apiaceae(Umbelliferae)。【包含】世界 2 种。【学名诠释与讨论】〈阴〉词源不详。【分布】西班牙(加那利群岛)。【模式】Tinguarra cerviariaefolia(A. P. de Candolle)Parlatore［Seseli cerviariaefolium A. P. de Candolle］■☆

51488　Tingulonga Kuntze(1891)Nom. illegit. ≡ Tingulonga Rumph. ex Kuntze(1891)Nom. illegit.；~ = Protium Burm. f.(1768)(保留属名)［橄榄科 Burseraceae］●

51489　Tingulonga Rumph.(1755)Nom. inval. ≡ Tingulonga Rumph. ex Kuntze(1891)Nom. illegit.；~ = Protium Burm. f.(1768)(保留属名)［橄榄科 Burseraceae］●

51490　Tingulonga Rumph. ex Kuntze(1891)Nom. illegit. = Protium Burm. f.(1768)(保留属名)［橄榄科 Burseraceae］●

51491　Tiniaria(Meisn.)Rchb.(1837) = Fallopia Adans.(1763)［蓼科 Polygonaceae］●■

51492　Tiniaria(Meisn.)Rchb., Webb et Moq.(1846)Nom. illegit. = Fallopia Adans.(1763)［蓼科 Polygonaceae］●■

51493　Tiniaria Rchb.(1837)Nom. illegit. ≡ Tiniaria(Meisn.)Rchb.(1837)；~ = Fallopia Adans.(1763)［蓼科 Polygonaceae］●■

51494　Tinnea Kotschy et Peyr.(1867)Nom. illegit. = Tinnea Kotschy ex Hook. f.(1867)［唇形科 Lamiaceae(Labiatae)］●■☆

51495　Tinnea Kotschy ex Hook. f.(1867)【汉】毒鱼草属。【隶属】唇形科 Lamiaceae(Labiatae)。【包含】世界 19-30 种。【学名诠释与讨论】〈阴〉〈人〉Tinne。此属的学名, ING 记载是"Tinnea Kotschy ex Hook. f., Bot. Mag. ad t. 5637. 1 Apr 1867"。"Tinnea Kotschy et Peyr.(1867)"是晚出的非法名称。【分布】热带非洲。【模式】Tinnea aethiopica Kotschy ex J. D. Hooker。【参考异名】Tinnea Kotschy et Peyr.(1867)●■☆

51496　Tinnea Vatke(1882)Nom. illegit. = Cyclocheilon Oliv.(1895)［盘果木科(圆唇花科)Cyclocheilaceae//马鞭草科 Verbenaceae］●☆

51497　Tinnethamnus Pritz.(1865)Nom. illegit.［唇形科 Lamiaceae(Labiatae)］☆

51498　Tinnia Noronha(1790)Nom. inval. = Leea D. Royen ex L.(1767)(保留属名)［葡萄科 Vitaceae//火筒树科 Leeaceae］●■

51499　Tinomiscium Miers ex Hook. f. et Thomson(1855)【汉】大叶藤属。【英】Bigleafvine, Tinomiscium。【隶属】防己科 Menispermaceae。【包含】世界 7 种, 中国 1-2 种。【学名诠释与讨论】〈中〉〈希〉teino, 伸长 + mischos, 小花梗。指花具细长花梗。此属的学名, ING 记载是"Tinomiscium Miers ex Hook. f. et T. Thomson, Fl. Ind. 1: 205. 1855"。IK 则记载为"Tinomiscium Miers, Ann. Mag. Nat. Hist. ser. 2, 7(37): 44. 1851［Jan 1851］"；这是一个未合格发表的名称(Nom. inval.)。【分布】菲律宾, 缅甸, 印度尼西亚(苏门答腊岛, 爪哇岛), 泰国, 印度(东北部), 越南, 中国, 加里曼丹岛, 马来半岛, 新几内亚岛。【模式】Tinomiscium petiolare Miers ex J. D. Hooker et T. Thomson。【参考异名】Tinomiscium Miers(1851)Nom. inval.●

51500　Tinomiscium Miers(1851)Nom. inval. ≡ Tinomiscium Miers ex Hook. f. et Thomson(1855)［防己科 Menispermaceae］●

51501　Tinopsis Radlk.(1887)【汉】拟马岛无患子属。【隶属】无患子科 Sapindaceae。【包含】世界 12 种。【学名诠释与讨论】〈阴〉(属)Tina 马岛无患子属 + 希腊文 opsis, 外观, 模样, 相似。此属的学名是"Tinopsis Radlkofer in T. Durand, Index Gen. Phan. 78. 1887('1888')"。亦有文献把其处理为"Tina Schult.(1819)(保留属名)"的异名。【分布】马达加斯加。【模式】Tinopsis apiculata Radlkofer。【参考异名】Bemarivea Choux(1925)；Tina

Schult.(1819)(保留属名)●☆

51502　Tinosolen Post et Kuntze(1903) = Heterophyllaea Hook. f.(1873)；~ = Teinosolen Hook. f.(1873)［茜草科 Rubiaceae］●☆

51503　Tinospora Miers(1851)(保留属名)【汉】青牛胆属。【英】Tinospora, Tinospore。【隶属】防己科 Menispermaceae。【包含】世界 32 种, 中国 6-9 种。【学名诠释与讨论】〈阴〉(希)〈阴〉(希)teino = 拉丁文 tinus, 伸长, 也是绵毛荚蒾 laurustinus 的名称 + spora, 孢子, 种子。指种子细长。此属的学名"Tinospora Miers in Ann. Mag. Nat. Hist., ser. 2, 7: 35, 38. Jan 1851"是保留属名。相应的废弃属名是防己科 Menispermaceae 的"Campylus Lour., Fl. Cochinch.: 94, 113. Sep 1790 = Tinospora Miers(1851)(保留属名)"。本属的同物异名"Hyalosepalum Troupin, Bull. Jard. Bot. État 19: 430. Dec 1949"是一个替代名称；"Desmonema Miers, Ann. Mag. Nat. Hist. ser. 3. 20: 261. Oct 1867"是一个非法名称(Nom. illegit.), 因为此前已经有了"Desmonema Rafinesque, Atlantic J. 1(6): 177. summer 1833 = Euphorbia L.(1753)［大戟科 Euphorbiaceae］";故用"Hyalosepalum Troupin(1949)"替代之。【分布】澳大利亚, 巴基斯坦, 东南亚, 马达加斯加, 印度至马来西亚, 中国, 热带非洲。【模式】Tinospora cordifolia(Willdenow)J. D. Hooker et T. Thomson。【参考异名】Campylus Lour.(1790)(废弃属名)；Chasmanthera Hochst.(1844)；Desmonema Miers(1867)Nom. illegit.；Fawcettia F. Muell.(1877)；Hyalosepalum Troupin(1949)；Hypsipodes Miq.(1868-1869)●■

51504　Tinostachyum Post et Kuntze(1903) = Schizostachyum Nees(1829)；~ = Teinostachyum Munro(1868)［禾本科 Poaceae(Gramineae)］●

51505　Tintinabulum Rydb.(1917) = Gilia Ruiz et Pav.(1794)［花荵科 Polemoniaceae］■●☆

51506　Tintinnabularia Woodson(1936)【汉】铃竹桃属。【隶属】夹竹桃科 Apocynaceae。【包含】世界 1 种。【学名诠释与讨论】〈阴〉(拉)tintinnabulum, 铃 + -arius, -aria, -arium, 指示"属于, 相似, 具有, 联系"的词尾。【分布】巴基斯坦, 中美洲。【模式】Tintinnabularia mortonii Woodson ●☆

51507　Tinus Burm. = Ardisia Sw.(1788)(保留属名)［紫金牛科 Myrsinaceae］●■

51508　Tinus Kuntze(1891)Nom. illegit. = Ardisia Sw.(1788)(保留属名)［紫金牛科 Myrsinaceae］●■

51509　Tinus L.(1754)Nom. illegit. = Premna L.(1771)(保留属名)［马鞭草科 Verbenaceae//唇形科 Lamiaceae(Labiatae)//牡荆科 Viticaceae］●■

51510　Tinus L.(1759)Nom. illegit. ≡ Volkameria P. Browne(1756)Nom. illegit.；~ = Clethra Gronov. ex L.(1753)；~ = Gillena Adanson 1763［桤叶树科(山柳科)Clethraceae//杜鹃花科(欧石南科)Ericaceae］●

51511　Tinus Mill.(1754) = Viburnum L.(1753)［忍冬科 Caprifoliaceae//荚蒾科 Viburnaceae］●

51512　Tipalia Dennst.(1818)Nom. inval. = Zanthoxylum L.(1753)［芸香科 Rutaceae//花椒科 Zanthoxylaceae］●

51513　Tipha Neck.(1768) = Typha L.(1753)［香蒲科 Typhaceae］■

51514　Tiphogeton Ehrh.(1789)Nom. inval. = Isnardia L.(1753)；~ = Ludwigia L.(1753)［柳叶菜科 Onagraceae］●■

51515　Tipuana(Benth.)Benth.(1860)【汉】迪普木属(梯普木属)。【英】Pride of Bolivia, Tipu Tree。【隶属】豆科 Fabaceae(Leguminosae)//蝶形花科 Papilionaceae。【包含】世界 1 种。【学名诠释与讨论】〈阴〉来自南美洲植物俗名。此属的学名, ING 和 TROPICOS 记载是"Tipuana(Bentham)Bentham, J. Proc. Linn. Soc., Bot. 4 Suppl.: 72. 7 Mar 1860", 由"Machaerium sect.

Tipuana Bentham, Hooker's J. Bot. Kew Gard. Misc. 5：267. 1853"改级而来；而 IK 则记载为"Tipuana Benth.，J. Proc. Linn. Soc.，Bot. 4(Suppl.)：72. 1860"。三者引用的文献相同。【分布】巴拉圭，玻利维亚，热带南美洲，中美洲。【后选模式】Tipuana speciosa Bentham, Nom. illegit.［Machaerium tipu Bentham；Tipuana tipu (Bentham) O. Kuntze］。【参考异名】Machaerium sect. Tipuana Benth. (1853)；Tipuana Benth. (1860) Nom. illegit. ●☆

51516　Tipuana Benth. (1860) Nom. illegit. ≡Tipuana (Benth.) Benth. (1860)［豆科 Fabaceae(Leguminosae)//蝶形花科 Papilionaceae］●☆

51517　Tipularia Nutt. (1818)【汉】筒距兰属(蝇兰属)。【日】ティプラリア属,ヒトツボクロ属。【英】Crane-fly Orchis, Tipularia。【隶属】兰科 Orchidaceae。【包含】世界 5-7 种,中国 4 种。【学名诠释与讨论】〈阴〉(拉) tipula, tippula, 水蜘蛛+-arius,-aria,-arium,指示"属于、相似、具有、联系"的词尾。指花的形状似水蜘蛛。此属的学名,ING、TROPICOS、GCI 和 IK 记载是"Tipularia Nutt.，Gen. N. Amer. Pl.［Nuttall］.2：195. 1818［14 Jul 1818］"。"Anthericlis Rafinesque, Amer. Monthly Mag. et Crit. Rev. 4：195. Jan 1819 和"Plectrurus Rafinesque, Neogenyton 4. 1825"是"Tipularia Nutt. (1818)"的晚出的同模式异名(Homotypic synonym, Nomenclatural synonym)。黏菌的"Tipularia F. F. Chevallier, J. Phys. Chim. Hist. Nat. Arts 92：58. 1822 ≡ Halterophora Endlicher 1836"是晚出的非法名称。【分布】美国(东部),中国,喜马拉雅山至日本。【模式】Tipularia discolor (Pursh) Nuttall［Orchis discolor Pursh］。【参考异名】Anthericlis Raf. (1819) Nom. illegit.；Didiciea King et Prain(1896)；Plectrurus Raf. (1825) Nom. illegit. ■

51518　Tiputinia P. E. Berry et C. L. Woodw. (2007)【汉】南美水玉簪属。【隶属】水玉簪科 Burmanniaceae。【包含】世界 1 种。【学名诠释与讨论】〈阴〉(地) Tiputini, 蒂普蒂尼, 位于厄瓜多尔。【分布】厄瓜多尔。【模式】Tiputinia foetida P. E. Berry et C. L. Woodw. ■☆

51519　Tiquilia Pers. (1805)【汉】蒂基花属。【隶属】紫草科 Boraginaceae。【包含】世界 27 种。【学名诠释与讨论】〈阴〉tiquilia,南美洲称呼此属植物花的名称。此属的学名是"Tiquilia Persoon, Syn. Pl. 1：157. 1 Apr-15 Jun 1805"。亦有文献把其处理为"Coldenia L. (1753)"的异名。【分布】秘鲁,玻利维亚,厄瓜多尔,美国(密苏里)。【模式】Tiquilia dichotoma (Ruiz et Pavon) Persoon［Lithospermum dichotomum Ruiz et Pavon］。【参考异名】Coldenia L. (1753)；Eddya Torr. et A. Gray (1855)；Galapagoa Hook. f. (1846)；Monomesia Raf. (1838) Nom. illegit.；Stegnocarpus Torr. et A. Gray, Nom. illegit.；Tiquiliopsis (A. Gray) A. Heller (1906)；Tiquiliopsis A. Heller(1906) Nom. illegit. ■☆

51520　Tiquiliopsis(A. Gray) A. Heller (1906) = Tiquilia Pers. (1805)［紫草科 Boraginaceae］■☆

51521　Tiquiliopsis A. Heller (1906) Nom. illegit. ≡Tiquiliopsis (A. Gray) A. Heller (1906)；~ = Tiquilia Pers. (1805)［紫草科 Boraginaceae］■☆

51522　Tirania Pierre(1887)【汉】六瓣山柑属。【隶属】山柑科(白花菜科,醉蝶花科) Capparaceae。【包含】世界 1 种。【学名诠释与讨论】〈阴〉词源不详。【分布】中南半岛。【模式】Tirania purpurea Pierre ●☆

51523　Tirasekia G. Don(1839) = Anagallis L. (1753)；~ = Jirasekia F. W. Schmidt(1793)［报春花科 Primulaceae］■

51524　Tiricta Raf. (1838) = Daucus L. (1753)［伞形花科(伞形科) Apiaceae(Umbelliferae)］■

51525　Tirpitzia Haller f. (1921)【汉】青篱柴属。【英】Hedgebavin, Tirpitzia。【隶属】亚麻科 Linaceae。【包含】世界 2 种,中国 2 种。【学名诠释与讨论】〈阴〉(人) Tirpitz, 可能指 Alfred Peter Friedrich von Tirpitz, 1849-1930, 德国水师提督。1896 年任德国亚细亚巡洋舰队司令。【分布】中国,中南半岛。【模式】Tirpitzia sinensis (Hemsley) H. G. Hallier［Reinwardtia sinensis Hemsley］●

51526　Tirtalia Raf. (1838) = Ipomoea L. (1753) (保留属名)［旋花科 Convolvulaceae］●■

51527　Tirucalia Raf. (1838) Nom. illegit. = Euphorbia L. (1753)［大戟科 Euphorbiaceae］●■

51528　Tischleria Schwantes(1951)【汉】银桥属。【日】ティシュレリア属。【隶属】番杏科 Aizoaceae。【包含】世界 1 种。【学名诠释与讨论】〈阴〉(人) Georg Friedrich Leopold Tischler, 1878-1955, 德国植物学者, 植物采集家, 教授。此属的学名是"Tischleria Schwantes, Sukkulentenkunde 4：78. Dec 1951"。亦有文献把其处理为"Carruanthus (Schwantes) Schwantes(1927)"的异名。【分布】非洲南部。【模式】Tischleria peersii Schwantes。【参考异名】Carruanthus (Schwantes) Schwantes (1927)●☆

51529　Tisonia Baill. (1886)【汉】蒂松木属。【隶属】刺篱木科(大风子科) Flacourtiaceae。【包含】世界 14 种。【学名诠释与讨论】〈阴〉(人) Eugene Edouard Augustin Tison, 1842-, 法国植物学者。【分布】马达加斯加。【模式】Tisonia ficulnea Baillon ●☆

51530　Tissa Adans. (1763) Nom. illegit. (废弃属名) ≡ Spergularia (Pers.) J. Presl et C. Presl (1819) (保留属名)［石竹科 Caryophyllaceae］■

51531　Tisserantia Humbert (1927) = Sphaeranthus L. (1753)［菊科 Asteraceae(Compositae)］■

51532　Tisserantiella Mimeur (1949) Nom. illegit. ≡ Thyridachne C. E. Hubb. (1949)［禾本科 Poaceae(Gramineae)］■☆

51533　Tisserantiodoxa Aubrév. et Pellegr. (1957) = Englerophytum K. Krause(1914)［山榄科 Sapotaceae］●☆

51534　Tisserantodendron Sillans (1952) = Fernandoa Welw. ex Seem. (1865)［紫葳科 Bignoniaceae］●

51535　Tita Scop. (1777) Nom. illegit. ≡Cassipourea Aubl. (1775)［红树科 Rhizophoraceae］●☆

51536　Titania Endl. (1833) = Oberonia Lindl. (1830) (保留属名)［兰科 Orchidaceae］■

51537　Titanodendron A. V. Bobrov et Melikyan(2006)【汉】新几内亚杉属。【隶属】南洋杉科 Araucariaceae。【包含】世界 3 种。【学名诠释与讨论】〈阴〉(希) Titan, 泰坦族, 巨人+dendron 或 dendros, 树木, 棍, 丛林。此属的学名是"Titanodendron A. V. Bobrov et Melikyan, Komarovia 4：60. 2006"。亦有文献把其处理为"Araucaria Juss. (1789)"的异名。【分布】新几内亚岛。【模式】Titanodendron hunsteinii (K. Schum.) A. V. Bobrov et Melikyan。【参考异名】Araucaria Juss. (1789)●☆

51538　Titanopsis Schwantes(1926)【汉】宝玉草属(天女属)。【日】チタノプシス属。【隶属】番杏科 Aizoaceae。【包含】世界 6-10 种。【学名诠释与讨论】〈阴〉(希) titan, 太阳, 太阳神+opsis, 外观, 模样, 相似。指花。【分布】非洲南部。【后选模式】Titanopsis calcarea (Marloth) Schwantes［Mesembryanthemum calcareum Marloth］。【参考异名】Verrucifera N. E. Br. (1930)■☆

51539　Titanotrichum Soler. (1909)【汉】台闽苣苔属(俄氏草属,台地黄)。【日】マツムラサウ属,マツムラソウ属。【英】Titanotrichum。【隶属】苦苣苔科 Gesneriaceae。【包含】世界 1 种,中国 1 种。【学名诠释与讨论】〈中〉(希) titano, 石灰, 酸橙+thrix, 所有格 trichos, 毛, 毛发。指植物体被白毛。此属的学名, ING、TROPICOS 和 IK 记载是"Titanotrichum Solereder, Ber. Deutsch. Bot. Ges. 27：400. 27 Sep 1909"。"Matsumuria Hemsley,

Bull. Misc. Inform. 1909 : 360. Oct – Nov 1909" 是 " Titanotrichum Soler. (1909)" 的晚出的同模式异名（Homotypic synonym, Nomenclatural synonym）。【分布】中国。【模式】Titanotrichum oldhamii (Hemsley) Solereder ［Rehmannia oldhamii Hemsley ］。【参考异名】Matsumuria Hemsl. (1909) Nom. illegit. ■

51540　Titelbachia Klotzsch (1854) Nom. illegit. = Begonia L. (1753) ；~ = Tittelbachia Klotzsch (1854) ［秋海棠科 Begoniaceae ］●■

51541　Tithonia Desf. (1802) Nom. illegit. = Tithonia Desf. ex Juss. (1789) ［菊科 Asteraceae (Compositae) ］●■

51542　Tithonia Desf. ex Juss. (1789)【汉】肿柄菊属。【日】チトニア属，ニトベギク属。【英】Mexican Sunflower, Sunflowerweed, Tithonia。【隶属】菊科 Asteraceae (Compositae)。【包含】世界 11 种，中国 1 种。【学名诠释与讨论】〈阴〉(希) Tithonos, 神话中司晓之神，Aurora 的丈夫，特洛伊城的建造者，后被他的妻子变成蚱蜢。此属的学名，ING、APNI、GCI、TROPICOS 和 IK 记载是 " Tithonia Desfontaines ex A. L. Jussieu, Gen. 189. 4 Aug 1789"。" Tithonia Kuntze, Revis. Gen. Pl. 2 : 552. 1891 ［5 Nov 1891 ］ ≡ Rivina L. (1753) ［商陆科 Phytolaccaceae // 毛头独子科（蒜臭母鸡草科）Petiveriaceae // 数珠珊瑚科 Rivinaceae ］、" Tithonia Raeusch. , Nomencl. Bot. ［Raeusch. ］ed. 3, 251. 1797 = Rudbeckia L. (1753) ［菊科 Asteraceae (Compositae) ］" 和 " Tithonia Desf. (1802) Nom. illegit. = Tithonia Desf. ex Juss. (1789) ［菊科 Asteraceae (Compositae) ］" 是晚出的非法名称。" Urbanisol O. Kuntze, Rev. Gen. 1 : 370. 5 Nov 1891" 是 " Tithonia Desf. ex Juss. (1789)" 的晚出的同模式异名（Homotypic synonym, Nomenclatural synonym）。【分布】巴拿马，玻利维亚，哥伦比亚（安蒂奥基亚），墨西哥，尼加拉瓜，中国，西印度群岛，中美洲。【模式】Tithonia uniflora Gmelin。【参考异名】Mirasolia (Sch. Bip.) Benth. et Hook. f. (1873) ；Mirasolia Sch. Bip. ex Benth. et Hook. f. (1873) ；Tithonia Desf. (1802) Nom. illegit. ；Urbanisol Kuntze (1891) Nom. illegit. ●■

51543　Tithonia Kuntze (1891) Nom. illegit. ≡ Rivina L. (1753) ［商陆科 Phytolaccaceae // 毛头独子科（蒜臭母鸡草科）Petiveriaceae // 数珠珊瑚科 Rivinaceae ］

51544　Tithonia Raeusch. (1797) Nom. illegit. = Rudbeckia L. (1753) ［菊科 Asteraceae (Compositae) ］■

51545　Tithymalaceae Vent. (1799) = Euphorbiaceae Juss. (保留科名) ●■

51546　Tithymalis Raf. = Euphorbia L. (1753) ；~ = Tithymalus Gaertn. (1790) (保留属名) ；~ = Tithymalus Ség. (1754) (废弃属名) ；~ = Euphorbia L. (1753) ［大戟科 Euphorbiaceae ］●

51547　Tithymalodes Kuntze (1891) Nom. illegit. ≡ Tithymalodes Ludw. ex Kuntze (1891) Nom. illegit. ；~ = Tithymaloides Ortega (1773) (废弃属名) ；~ = Pedilanthus Neck. ex Poit. (1812) (保留属名) ［大戟科 Euphorbiaceae ］●

51548　Tithymalodes Ludw. ex Kuntze (1891) Nom. illegit. = Tithymaloides Ortega (1773) (废弃属名) ；~ = Pedilanthus Neck. ex Poit. (1812) (保留属名) ［大戟科 Euphorbiaceae ］●

51549　Tithymaloides Ortega (1773) (废弃属名) ≡ Pedilanthus Neck. ex Poit. (1812) (保留属名) ［大戟科 Euphorbiaceae ］●

51550　Tithymalopsis Klotzsch et Garcke (1859) Nom. illegit. ≡ Agaloma Raf. (1838) ；~ = Euphorbia L. (1753) ［大戟科 Euphorbiaceae ］●■

51551　Tithymalus Gaertn. (1790) (保留属名)【汉】原大戟属。【隶属】大戟科 Euphorbiaceae。【包含】世界 200-690 种。【学名诠释与讨论】〈阳〉(希) tithymalos, 大戟的俗名。此属的学名 " Tithymalus Gaertn. , Fruct. Sem. Pl. 2 : 115. Sep (sero) – Nov 1790" 是保留属名。相应的废弃属名是大戟科 Euphorbiaceae 的

" Tithymalus Mill. , Gard. Dict. Abr. , ed. 4 : ［1391 ］. 28 Jan 1754 ≡ Pedilanthus Neck. ex Poit. (1812) (保留属名) = Euphorbia L. (1753)"。大戟科 Euphorbiaceae 的 " Tithymalus Ség. , Pl. Veron. 3 : 91. 1754 ［Jul – Dec 1754 ］ = Euphorbia L. (1753)"、" Tithymalus Scop. = Euphorbia L. (1753)" 和 " Tithymalus Hill = Euphorbia L. (1753)" 亦应废弃。" Tithymalus Tourn. ex Haller, Enum. Stirp. Helv. i. 189 (1742)" 是命名起点著作之前的名称。" Crepidaria A. H. Haworth, Syn. Pl. Succ. 136. 1812" 是 " Tithymalus Mill. (1754) (废弃属名)" 和 " Pedilanthus Neck. ex Poit. (1812) (保留属名) ［大戟科 Euphorbiaceae ］" 的晚出的同模式异名（Homotypic synonym, Nomenclatural synonym）。亦有文献把 " Tithymalus Gaertn. (1790) (保留属名)" 处理为 " Pedilanthus Neck. ex Poit. (1812) (保留属名)" 的异名。【分布】巴基斯坦，玻利维亚，安第斯山，北温带。【模式】Tithymalus peplus (Linnaeus) J. Gaertner ［Euphorbia peplus Linnaeus ］。【参考异名】Pedilanthus Neck. ex Poit. (1812) (废弃属名) ；Pedilanthus Poit. (1812) (保留属名) ；Tithymalis Raf. ●☆

51552　Tithymalus Hill (废弃属名) = Euphorbia L. (1753) ［大戟科 Euphorbiaceae ］●■

51553　Tithymalus Mill. (1754) (废弃属名) ≡ Pedilanthus Neck. ex Poit. (1812) (保留属名) ［大戟科 Euphorbiaceae ］●

51554　Tithymalus Scop. (废弃属名) = Euphorbia L. (1753) ［大戟科 Euphorbiaceae ］●■

51555　Tithymalus Ség. (1754) (废弃属名) = Euphorbia L. (1753) ［大戟科 Euphorbiaceae ］●■

51556　Tithymalus Tourn. ex Haller (1742) Nom. inval. ［大戟科 Euphorbiaceae ］☆

51557　Titragyne Salisb. (1866) Nom. illegit. ≡ Rohdea Roth (1821) ［百合科 Liliaceae // 铃兰科 Convallariaceae ］■

51558　Tittelbachia Klotzsch (1854) = Begonia L. (1753) ［秋海棠科 Begoniaceae ］●■

51559　Tittmannia Brongn. (1826) (保留属名)【汉】蒂特曼木属。【隶属】鳞叶树科（布鲁尼科，小叶树科）Bruniaceae。【包含】世界 3-4 种。【学名诠释与讨论】〈阴〉(人) Johann August Tittmann, 1774 – 1840, 德国植物学者，医生，农学家。此属的学名 " Tittmannia Brongn. in Ann. Sci. Nat. (Paris) 8 : 385. Aug 1826" 是保留属名。相应的废弃属名是 " Tittmannia Rchb. , Iconogr. Bot. Exot. 1 : 26. Jan – Jun 1824 = Lindernia All. (1766) ［玄参科 Scrophulariaceae // 母草科 Linderniaceae // 婆婆纳科 Veronicaceae ］"。【分布】非洲南部。【模式】Tittmannia lateriflora A. T. Brongniart。【参考异名】Moesslera Rchb. (1827) Nom. illegit. ●☆

51560　Tittmannia Rchb. (1824) (废弃属名) = Lindernia All. (1766) ［玄参科 Scrophulariaceae // 母草科 Linderniaceae // 婆婆纳科 Veronicaceae ］■

51561　Tityrus Salisb. (1866) = Narcissus L. (1753) ［石蒜科 Amaryllidaceae // 水仙科 Narcissaceae ］■

51562　Tium Medik. (1787) = Astragalus L. (1753) ［豆科 Fabaceae (Leguminosae) // 蝶形花科 Papilionaceae ］●■

51563　Tjongina Adans. (1763) Nom. illegit. ≡ Baeckea L. (1753) ［桃金娘科 Myrtaceae ］●

51564　Tjutsjau Rumph. = Salvia L. (1753) ［唇形科 Lamiaceae (Labiatae) // 鼠尾草科 Salviaceae ］●■

51565　Toanabo DC. (1824) = Taonabo Aubl. (1775) (废弃属名) ；~ = Ternstroemia L. f. (1782) (废弃属名) ；~ = Ternstroemia Mutis ex L. f. (1782) (保留属名) ［山茶科（茶科）Theaceae // 厚皮香科 Ternstroemiaceae ］●

51566　Tobagoa Urb.（1916）【汉】托巴茜属。【隶属】茜草科 Rubiaceae。【包含】世界1种。【学名诠释与讨论】〈阴〉（地）Tobago,多巴哥岛。【分布】巴拿马,西印度群岛,中美洲。【模式】Tobagoa maleolens Urban☆

51567　Tobaphes Phil.＝Jobaphes Phil.（1860）;~＝Plazia Ruiz et Pav.（1794）［菊科 Asteraceae（Compositae）］●☆

51568　Tobinia Desv.（1825）Nom. illegit.≡Tobinia Desv. ex Ham.（1825）;~＝Fagara L.（1759）（保留属名）［芸香科 Rutaceae］●

51569　Tobinia Desv. ex Ham.（1825）＝Fagara L.（1759）（保留属名）［芸香科 Rutaceae］●

51570　Tobinia Ham.（1825）Nom. illegit.≡Tobinia Desv. ex Ham.（1825）;~＝Fagara L.（1759）（保留属名）［芸香科 Rutaceae］●

51571　Tobion Raf.（1840）＝Pimpinella L.（1753）［伞形花科（伞形科）Apiaceae（Umbelliferae）］■

51572　Tobira Adans.（1763）（废弃属名）＝Pittosporum Banks ex Gaertn.（1788）（保留属名）［海桐花科（海桐科）Pittosporaceae］●

51573　Tobium Raf.＝Poterium L.（1753）［蔷薇科 Rosaceae］■☆

51574　Tocantinia Ravenna（2000）【汉】巴西石蒜属。【隶属】石蒜科 Amaryllidaceae。【包含】世界1种。【学名诠释与讨论】〈阴〉（地）Tocantinia,托坎蒂尼亚,位于巴西。【分布】巴西。【模式】Tocantinia mira Ravenna■☆

51575　Tococa Aubl.（1775）【汉】托考野牡丹属。【隶属】野牡丹科 Melastomataceae。【包含】世界54种。【学名诠释与讨论】〈阴〉来自法属圭亚那植物俗名。加勒比人称呼 Tococa guianensis Aubl. 为 tococo。【分布】巴拿马,秘鲁,玻利维亚,厄瓜多尔,哥伦比亚（安蒂奥基亚）,哥斯达黎加,尼加拉瓜,中美洲。【模式】Tococa guianensis Aublet。【参考异名】Happia Neck.（1790）Nom. inval.;Happia Neck. ex DC.;Microphysa Naudin（1851）Nom. illegit.;Microphysca Naudin（1852）;Sphaerogyne Naudin（1851）●☆

51576　Tocoyena Aubl.（1775）【汉】托克茜属。【隶属】茜草科 Rubiaceae。【包含】世界20种。【学名诠释与讨论】〈阴〉来自植物俗名。此属的学名,ING、TROPICOS 和 IK 记载是"Tocoyena Aublet, Hist. Pl. Guiane 1: 131. Jun – Dec 1775"。"Ucriana Willdenow, Sp. Pl. 1;961. Jul 1798"是"Tocoyena Aubl.（1775）"的晚出的同模式异名（Homotypic synonym, Nomenclatural synonym）。【分布】巴拉圭,巴拿马,秘鲁,玻利维亚,哥伦比亚（安蒂奥基亚）,墨西哥,西印度群岛,热带南美洲,中美洲。【模式】Tocoyena longiflora Aublet。【参考异名】Jocayena Raf.（1820）Nom. illegit.;Tokoyena S. Rich. ex Steud.（1841）;Ucriana Willd.（1798）Nom. illegit.●☆

51577　Todaroa A. Rich. et Galeotti（1845）Nom. illegit.≡Campylocentrum Benth.（1881）［兰科 Orchidaceae］■☆

51578　Todaroa Parl.（1843）【汉】托达罗草属。【隶属】伞形花科（伞形科）Apiaceae（Umbelliferae）。【包含】世界1种。【学名诠释与讨论】〈阴〉（人）Agostino Todaro,1818-1892,意大利植物学者,曾任巴勒莫莫植物园园长。此属的学名,ING、TROPICOS 和 IK 记载是"Todaroa Parlatore in P. B. Webb et S. Berthelot, Hist. Nat. Iles Canaries 3（2.2）: 155. Jan 1843"。"Todaroa A. Richard et Galeotti, Ann. Sci. Nat. Bot. ser. 3. 3: 28. Jan 1845≡Campylocentrum Benth.（1881）［兰科 Orchidaceae］"是晚出的非法名称。【分布】西班牙（加那利群岛）。【模式】Todaroa aurea（Solander）Parlatore［Peucedanum aureum Solander］■☆

51579　Toddalia Juss.（1789）（保留属名）【汉】飞龙掌血属（黄肉树属）。【日】サルカケミカン属。【俄】Тоддалия。【英】Toddalia。【隶属】芸香科 Rutaceae//飞龙掌血科 Toddaliaceae。【包含】世界1种,中国1种。【学名诠释与讨论】〈阴〉（马拉巴尔）Kaha-Toddali,koka-toddali,一种植物的俗名。此属的学名"Toddalia

Juss., Gen. Pl.: 371. 4 Aug 1789"是保留属名。法规未列出相应的废弃属名。"Scopolia J. E. Smith, Pl. Icon. Ined. 2: 34. Mai 1790［non Adanson 1763（废弃属名）, nec N. J. Jacquin 1764（nom. et orth. cons.）］"是"Toddalia Juss.（1789）（保留属名）"的晚出的同模式异名（Homotypic synonym, Nomenclatural synonym）。【分布】马达加斯加,中国,热带非洲,热带亚洲。【模式】Toddalia asiatica（Linnaeus）Lamarck［Paullinia asiatica Linnaeus］。【参考异名】Asaphes DC.（1825）;Crantzia DC., Nom. illegit.（废弃属名）;Cranzia Schreb.（1789）;Dipetalum Dalzell（1850）;Duncania Rchb.（1828）Nom. illegit.;Roscia D. Dietr.（1839）;Rubentia Bojer ex Steud.（1841）Nom. illegit.;Scopolia Sm.（1790）Nom. illegit.（废弃属名）;Scopolia Sm. ex Willd.（1798）Nom. illegit.（废弃属名）●

51580　Toddaliaceae Baum. -Bod.［亦见 Rutaceae Juss.（保留科名）芸香科］【汉】飞龙掌血科。【包含】世界1属1种,中国1属1种。【分布】热带非洲。【科名模式】Toddalia Juss.●

51581　Toddaliopsis Engl.（1895）【汉】拟飞龙掌血属。【隶属】芸香科 Rutaceae。【包含】世界2-4种。【学名诠释与讨论】〈阴〉（属）Toddalia 飞龙掌血属+希腊文 opsis,外观,模样,相似。【分布】热带非洲。【模式】Toddaliopsis sansibarensis（Engler）Engler［Toddalia sansibarensis Engler］●☆

51582　Todda-pana Adans.（1763）Nom. illegit.≡Cycas L.（1753）［苏铁科 Cycadaceae］●

51583　Toddavaddia Kuntze（1891）Nom. illegit.≡Biophytum DC.（1824）［酢浆草科 Oxalidaceae］■●

51584　Toechima Radlk.（1879）【汉】特喜无患子属。【隶属】无患子科 Sapindaceae。【包含】世界8种。【学名诠释与讨论】〈中〉（希）toichos,墙+ima,最低的,最底下的。或 toichos,墙+heima,衣服。可能指果实。【分布】澳大利亚,新几内亚岛屿。【后选模式】Toechima erythrocarpum（F. von Mueller）Radlkofer［Cupania erythrocarpa F. von Mueller］●☆

51585　Toelkenia P. V. Heath（1993）＝Crassula L.（1753）［景天科 Crassulaceae］●■☆

51586　Toffieldia Schrank（1814）Nom. illegit.＝Tofieldia Huds.（1778）［百合科 Liliaceae//纳茜菜科（肺筋草科）Nartheciaceae//无叶莲科（樱井草科）Petrosaviaceae//岩菖蒲科 Tofieldiaceae］■

51587　Tofielda Pers.（1805）＝Tofieldia Huds.（1778）［百合科 Liliaceae//纳茜菜科（肺筋草科）Nartheciaceae//无叶莲科（樱井草科）Petrosaviaceae//岩菖蒲科 Tofieldiaceae］■

51588　Tofieldia Huds.（1778）【汉】岩菖蒲属。【日】チシマゼキショウ属,チャボゼキシャウ属,チャボゼキショウ属。【俄】Тофилдия,Тофильдия。【英】False Asphodel, Scottish Asphodel, Tofieldia。【隶属】百合科 Liliaceae//纳茜菜科（肺筋草科）Nartheciaceae//无叶莲科（樱井草科）Petrosaviaceae//岩菖蒲科 Tofieldiaceae。【包含】世界17-20种,中国3种。【学名诠释与讨论】〈阴〉（人）Thomas Tofield,1730-1779,英国植物学者,W. Hudson 的通讯员。此属的学名"Tofieldia Hudson, Fl. Anglica ed. 2. 157（'175'）. 1778"是一个替代名称。"Narthecium L. Gérard, Fl. Gallo – Prov. 142. Feb – Mar 1761"是一个非法名称（Nom. illegit.）亦是一个废弃属名;其相应的保留属名是"Narthecium Hudson, Fl. Anglica 127. 1762"。故用"Tofieldia Huds.（1778）"替代之。"Asphodeliris O. Kuntze, Rev. Gen. 2: 706. 5 Nov 1891"和"Cymba Dulac, Fl. Hautes-Pyrénées 117. 1867≡Cymba（C. Presl）Dulac（1867）Nom. illegit."是"Tofieldia Huds.（1778）"的晚出的同模式异名（Homotypic synonym, Nomenclatural synonym）。【分布】秘鲁,厄瓜多尔,哥伦比亚,圭亚那,几内亚,委内瑞拉,中国,安第斯山,北温带。【模式】Tofieldia palustris Hudson, Nom.

illegit. [Anthericum calyculatum Linnaeus; Tofieldia calyculata (Linnaeus) Wahlenberg]。【参考异名】Asphodeliris Kuntze (1891) Nom. illegit.; Conradia Raf. (1825); Cymba (C. Presl) Dulac (1867) Nom. illegit.; Cymba Dulac (1867) Nom. illegit.; Hebelia C. C. Gmel. (1806) Nom. illegit.; Heriteria Schrank (1789) Nom. illegit.; Iridrogalvia Pers. (1805); Isidrogalvia Ruiz et Pav. (1802) Nom. illegit.; Japonolirion Nakai (1930); Leptilix Raf. (1825); Narthecium Ehrh. (废弃属名); Narthecium Gerard (1761) (废弃属名); Ophioglossum sect. Cheiroglossum (C. Presl) T. Moore (1857); Ophioglossum subgen. Cheiroglossa (C. Presl) R. T. Clausen (1938); Toffieldia Schrank (1814) Nom. illegit.; Toffieldoa Schrank (1814) Nom. illegit.; Tofielda Pers. (1805); Triantha (Nutt.) Baker (1879); Triantha Baker (1879); Trianthella House (1921) Nom. illegit., Nom. superfl.■

51589 Tofieldiaceae (Kunth) Takht. (1995) = Tofieldiaceae Takht. (1995); ~ = Liliaceae Juss. (保留科名)■●

51590 Tofieldiaceae Takht. (1995) [亦见 Liliaceae Juss. (保留科名) 百合科]【汉】岩菖蒲科。【包含】世界1属17-20种,中国1属3种。【分布】委内瑞拉,几内亚,安第斯山,北温带。【科名模式】Tofieldia Huds. (1778)■

51591 Toisusu Kimura (1928) = Salix L. (1753) (保留属名) [杨柳科 Salicaceae]●

51592 Toiyabea R. P. Roberts, Urbatsch et Neubig (2005)【汉】山蛇菊属。【英】Alpine Serpentweed。【隶属】菊科 Asteraceae (Compositae)。【包含】世界1种。【学名诠释与讨论】〈阴〉(地) Toiyabe Mountain Range,位于美国内华达州。【分布】美国。【模式】Toiyabea alpina (L. C. Anderson et Goodrich) R. P. Roberts, Urbatsch et Neubig ☆

51593 Tokoyena S. Rich. ex Steud. (1841) = Tocoyena Aubl. (1775) [茜草科 Rubiaceae]●☆

51594 Tola Wedd. ex Benth. et Hook. f. (1873) = Lepidophyllum Cass. (1816) [菊科 Asteraceae (Compositae)]●☆

51595 Tolbonia Kuntze (1891)【汉】陶尔菊属。【隶属】菊科 Asteraceae (Compositae)。【包含】世界1种。【学名诠释与讨论】〈阴〉词源不详。此属的学名是"Tolbonia O. Kuntze, Rev. Gen. 1:369. 5 Nov 1891"。亦有文献把其处理为"Calotis R. Br. (1820)"的异名。【分布】东南亚。【模式】Tolbonia anamitica O. Kuntze。【参考异名】Calotis R. Br. (1820)■☆

51596 Toliara Judz. (2009)【汉】托里禾属。【隶属】禾本科 Poaceae (Gramineae)。【包含】世界1种。【学名诠释与讨论】〈阴〉(地) Toliara,图里亚拉,位于马达加斯加。【分布】马达加斯加。【模式】Toliara arenacea Judz.■☆

51597 Tollatia Endl. (1838) Nom. illegit. ≡ Oxyura DC. (1836); ~ = Layia Hook. et Arn. ex DC. (1838) (保留属名) [菊科 Asteraceae (Compositae)]■☆

51598 Tolmachevia Á. Löve et D. Löve (1976) = Rhodiola L. (1753) [景天科 Crassulaceae//红景天科 Rhodiolaceae]■■

51599 Tolmiaea H. Buck (1858) = Tolmiea Hook. (1834) (废弃属名); ~ = Cladothamnus Bong. (1832); ~ = Elliottia Muhl. ex Elliott (1817) [杜鹃花科(欧石南科)Ericaceae]●☆

51600 Tolmiea Hook. (1834) (废弃属名) = Cladothamnus Bong. (1832); ~ = Elliottia Muhl. ex Elliott (1817) [杜鹃花科(欧石南科)Ericaceae]●☆

51601 Tolmiea Torr. et A. Gray (1840) (保留属名)【汉】千母草属(负儿草属)。【英】Pig-a-back Plant, Piggyback Plant, Tolmiea。【隶属】虎耳草科 Saxifragaceae。【包含】世界1-2种。【学名诠释与讨论】〈阴〉(人) William Fraser Tolmie, 1812-1886, 英国医生,植物学者,植物采集家 W. J. Hooker 的学生。此属的学名"Tolmiea Torr. et A. Gray, Fl. N. Amer. 1:582. Jun 1840"是保留属名。相应的废弃属名是杜鹃花科(欧石南科) Ericaceae 的"Tolmiea Hook., Fl. Bor. -Amer. 2:44. 1834 (sero) = Elliottia Muhl. ex Elliott (1817) = Cladothamnus Bong. (1832)"。"Leptaxis Rafinesque, Fl. Tell. 2:75. Jan-Mar 1837('1836')(废弃属名)"是"Tolmiea Torr. et A. Gray (1840) (保留属名)"的晚出的同模式异名(Homotypic synonym, Nomenclatural synonym)。TROPICOS 记载"Tolmiea Hook., Fl. Bor. -Amer. (Hooker) 2(7):44. 1834 [late 1834] = Tolmiea Torr. et A. Gray (1840) (保留属名)"似有不妥;二者分属于2个科。【分布】太平洋地区,北美洲。【模式】Tolmiea menziesii (Pursh) Torrey et A. Gray [Tiarella menziesii Pursh]。【参考异名】Leptaxis Raf. (1837) (废弃属名)■☆

51602 Tolpis Adans. (1763)【汉】糙缨苣属。【英】Tolpis。【隶属】菊科 Asteraceae (Compositae)。【包含】世界15-25种。【学名诠释与讨论】〈阴〉(希) tolype,羊毛球,肿块。指头状花序。或说来自 Crepis。此属的学名,ING、TROPICOS、APNI 和 IK 记载是"Tolpis Adans., Fam. Pl. (Adanson) 2:112. 1763"。"Drepania A. L. Jussieu, Gen. 169. 4 Aug 1789"和"Swertia Boehmer in Ludwig, Def. Gen. ed. Boehmer 171. 1760 (non Linnaeus 1753)"是"Tolpis Adans. (1763)"的晚出的同模式异名(Homotypic synonym, Nomenclatural synonym)。【分布】西班牙(加那利群岛),葡萄牙(亚述尔群岛),马达加斯加,南至埃塞俄比亚和索马里,地中海地区。【模式】Tolpis barbata (Linnaeus) J. Gaertner [Crepis barbata Linnaeus]。【参考异名】Aethonia D. Don (1829); Calodonta Nutt. (1841); Chatelania Neck. (1790) Nom. inval.; Drepania Juss. (1789) Nom. illegit.; Erythroseris N. Kilian et Gemeinholzer (2007); Hieracium L. (1753); Polychaetia Less. (1832) Nom. inval.; Polychaetia Tausch ex Less. (1832) Nom. illegit.; Schmidtia Moench (1802) (废弃属名); Sweertia Post et Kuntze (1903) Nom. illegit.; Swertia Boehm. (1760) Nom. illegit.; Swertya Steud. (1841)●■☆

51603 Toludendron Ehrh. (1788) Nom. illegit. ≡ Toluifera L. (1753) (废弃属名); ~ = Myroxylon L. f. (1782) (保留属名) [豆科 Fabaceae (Leguminosae)]●

51604 Toluifera L. (1753) (废弃属名) = Myroxylon L. f. (1782) (保留属名) [豆科 Fabaceae (Leguminosae)]●

51605 Toluifera Lour. (1790) (废弃属名) = Glycosmis Corrêa (1805) (保留属名); ~ = Loureira Meisn. (1837) Nom. illegit. [芸香科 Rutaceae]●

51606 Tolumnia Raf. (1837)【汉】托卢兰属。【隶属】兰科 Orchidaceae。【包含】世界35种。【学名诠释与讨论】〈阴〉词源不详。此属的学名,ING、TROPICOS、GCI 和 IK 记载是"Tolumnia Raf., Fl. Tellur. 2:101. 1837 [1836 publ. Jan-Mar 1837]"。它曾被处理为"Oncidium sect. Tolumnia (Raf.) Kuntze, Flora Telluriana 2:101. 1836 [1837]. (Jan-Mar 1837)"。亦有文献把"Tolumnia Raf. (1837)"处理为"Oncidium Sw. (1800) (保留属名)"的异名。【分布】玻利维亚,美洲。【模式】Tolumnia pulchella (W. J. Hooker) Rafinesque [Oncidium pulchellum W. J. Hooker]。【参考异名】Oncidium Sw. (1800) (保留属名); Oncidium sect. Tolumnia (Raf.) Kuntze (1836); Xaritonia Raf. (1838)■☆

51607 Tolypanthus (Blume) Blume (1830)【汉】大苞寄生属。【英】Tolypanthus。【隶属】桑寄生科 Loranthaceae。【包含】世界5种,中国2种。【学名诠释与讨论】〈阳〉(希) tolype,一团羊毛 + anthos,花。指头状花序。此属的学名,TROPICOS 记载是"Tolypanthus (Blume) Blume, Systema Vegetabilium 7(2):1731. 1830. (Oct-Dec 1830)",由"Loranthus sect. Tolypanthus Blume,

Flora Javae 18. 1830. (16 Aug 1830)"改级而来。ING 和 IK 记载为"Tolypanthus（Blume）H. G. L. Reichenbach, Deutsche Bot. Herbarienbuch（Nom.）73. Jul 1841"；这是晚出的非法名称。IK 还记载了"Tolypanthus Blume, Syst. Veg., ed. 15 bis［Roemer et Schultes］7（2）:1731. 1830［Oct–Dec 1830］"；它与 TROPICOS 记载的"Tolypanthus（Blume）Blume, Systema Vegetabilium 7（2）: 1731. 1830.（Oct. – Dec. 1830）"应该是同物。"Tolypanthus（Blume）Tiegh.（1830）"亦是晚出名称。【分布】斯里兰卡, 印度, 中国。【模式】未指定。【参考异名】Loranthus Jacquin sect. Tolypanthus Blume（1830）; Tolypanthus（Blume）Rchb.（1841）Nom. illegit.; Tolypanthus Blume（1830）Nom. illegit.; Tolypanthus（Blume）Tiegh.（1830）Nom. illegit.●

51608　Tolypanthus（Blume）Rchb.（1841）Nom. illegit. = Tolypanthus（Blume）Blume（1830）［桑寄生科 Loranthaceae］●

51609　Tolypanthus（Blume）Tiegh.（1830）Nom. illegit. = Tolypanthus（Blume）Blume（1830）［桑寄生科 Loranthaceae］●

51610　Tolypanthus Blume（1830）Nom. illegit. ≡ Tolypanthus（Blume）Blume（1830）［桑寄生科 Loranthaceae］●

51611　Tolypeuma E. Mey.（1843）= Nesaea Comm. ex Kunth（1823）（保留属名）［千屈菜科 Lythraceae］■●☆

51612　Tomantea Steud.（1841）= Tomanthea DC.（1838）［菊科 Asteraceae（Compositae）］■☆

51613　Tomanthea DC.（1838）【汉】汤姆菊属。【俄】Томантеа。【隶属】菊科 Asteraceae（Compositae）//矢车菊科 Centaureaceae。【包含】世界 21 种。【学名诠释与讨论】〈阴〉（希）tom, 一片+anthos, 花。此属的学名是"Tomanthea A. P. de Candolle, Prodr. 6: 564. Jan（prim.）1838"。亦有文献把其处理为"Centaurea L.（1753）（保留属名）"的异名。【分布】小亚细亚至亚洲中部。【模式】Tomanthea aucheri A. P. de Candolle。【参考异名】Centaurea L.（1753）（保留属名）; Tomantea Steud.（1841）■☆

51614　Tomanthera Raf.（1836）（废弃属名）= Agalinis Raf.（1837）（保留名）［玄参科 Scrophulariaceae//列当科 Orobanchaceae］■☆

51615　Tomaris Raf.（1837）= Rumex L.（1753）［蓼科 Polygonaceae］■●

51616　Tombea Brongn. et Gris = Chiratia Montrouz.（1860）; ~ = Sonneratia L. f.（1782）（保留属名）［海桑科 Sonneratiaceae//千屈菜科 Lythraceae］●

51617　Tomentaurum G. L. Nesom（1991）【汉】银毛菀属。【隶属】菊科 Asteraceae（Compositae）。【包含】世界 1-2 种。【学名诠释与讨论】〈中〉（拉）tomentum, 绒毛, 枕头, 床褥, 坐垫, 沙发家具的装填物+ aurum 金, 金色。【分布】墨西哥。【模式】Tomentaurum vandevenderorum（B. L. Turner）G. L. Nesom［Heterotheca vandevenderorum B. Turner］■☆

51618　Tomex Forssk.（1775）Nom. illegit. = Dobera Juss.（1789）［牙刷树科（刺茉莉科）Salvadoraceae］●☆

51619　Tomex L.（1753）= Callicarpa L.（1753）［马鞭草科 Verbenaceae//牡荆科 Viticaceae］●

51620　Tomex Thunb.（1783）Nom. illegit. = Litsea Lam.（1792）（保留属名）［樟科 Lauraceae］●

51621　Tomiephyllum Fourr.（1869）= Scrophularia L.（1753）［玄参科 Scrophulariaceae］■●

51622　Tomilix Raf.（1836）= Macranthera Nutt. ex Benth.（1835）［玄参科 Scrophulariaceae//列当科 Orobanchaceae］■☆

51623　Tomiophyllum Fourr. = Scrophularia L.（1753）［玄参科 Scrophulariaceae］■●

51624　Tomista Raf. = Florestina Cass.（1817）［菊科 Asteraceae（Compositae）］■☆

51625　Tommasinia Bertol.（1838）【汉】托氏草属。【隶属】伞形花科（伞形科）Apiaceae（Umbelliferae）。【包含】世界 1 种。【学名诠释与讨论】〈阴〉（人）Muzio Giuseppe Spirito de Tommasini（Mutius Joseph Spiritus, Ritter von）, 1794–1879, 植物学者。此属的学名, ING、TROPICOS 和 IK 记载是"Tommasinia A. Bertoloni, Fl. Ital. 3: 414. Nov 1838（'1837'）"。"Angelium Opiz in Berchtold et Opiz, Oekon. – Techn. Fl. Böhmens 2（2）: 26. 1839"是"Tommasinia Bertol.（1838）"的晚出的同模式异名（Homotypic synonym, Nomenclatural synonym）。"Angelium（Rchb.）Opiz（1839）≡ Angelium Opiz（1839）Nom. illegit."的命名人引证有误。【分布】阿尔卑斯山至巴尔干半岛。【模式】Tommasinia verticillaris（Linnaeus）A. Bertoloni［Angelina verticillaris Linnaeus］。【参考异名】Angelium（Rchb.）Opiz（1839）Nom. illegit.; Angelium Opiz（1839）Nom. illegit.; Thommasinia Steud.（1841）■☆

51626　Tomodon Raf.（1838）= Hymenocallis Salisb.（1812）［石蒜科 Amaryllidaceae］■

51627　Tomostima Raf.（1825）= Draba L.（1753）［十字花科 Brassicaceae（Cruciferae）//葶苈科 Drabaceae］■

51628　Tomostina Willis, Nom. inval. = Draba L.（1753）; ~ = Tomostima Raf.（1825）［十字花科 Brassicaceae（Cruciferae）//葶苈科 Drabaceae］■

51629　Tomostoma Merr. = Draba L.（1753）; ~ = Tomostima Raf.（1825）［十字花科 Brassicaceae（Cruciferae）//葶苈科 Drabaceae］■

51630　Tomostylis Montrouz.（1860）= Crossostyles Benth. et Hook. f.; ~ = Crossostylis J. R. Forst. et G. Forst.（1775）［红树科 Rhizophoraceae］●☆

51631　Tomotris Raf.（1837）= Corymborkis Thouars（1809）［兰科 Orchidaceae］■

51632　Tomoxis Raf.（1837）= Ornithogalum L.（1753）［百合科 Liliaceae//风信子科 Hyacinthaceae］■

51633　Tomzanonia Nir（1997）= Dilomilis Raf.（1838）［兰科 Orchidaceae］■☆

51634　Tonabea Juss.（1789）= Taonabo Aubl.（1775）（废弃属名）; ~ = Ternstroemia Mutis ex L. f.（1782）（保留属名）［山茶科（茶科）Theaceae//厚皮香科 Ternstroemiaceae］●

51635　Tonalanthus Brandegee（1914）= Calea L.（1763）［菊科 Asteraceae（Compositae）］●■☆

51636　Tonca Rich. = Bertholletia Bonpl.（1807）［玉蕊科（巴西果科）Lecythidaceae//翅玉蕊科（金刀木科）Barringtoniaceae］●☆

51637　Tondin Vitman（1789）= Paullinia L.（1753）［无患子科 Sapindaceae］●☆

51638　Tonduzia Boeck. ex Tonduz（1895）= Durandia Boeck.（1896）; ~ = Scleria P. J. Bergius（1765）［莎草科 Cyperaceae］■

51639　Tonduzia Pittier（1908）【汉】通杜木属。【隶属】夹竹桃科 Apocynaceae。【包含】世界 9 种。【学名诠释与讨论】〈阴〉（人）Adolphe Tonduz, 1862–1921, 瑞士植物学者, 植物采集家。此属的学名是"Tonduzia Pittier, Contr. U. S. Natl. Herb. 12: 103. 20 Mai 1908"。亦有文献把其处理为"Alstonia R. Br.（1810）（保留属名）"的异名。真菌的"Tonduzia F. L. Stevens, Illinois Biol. Monogr. 11（2）: 16. Dec 1927（non Pittier 1908）≡ Ticomyces Toro 1952"是晚出的非法名称。【分布】巴拿马, 巴西, 尼加拉瓜, 中美洲。【模式】Tonduzia parvifolia Pittier。【参考异名】Alstonia R. Br.（1810）（保留属名）●☆

51640　Tonella Nutt. ex A. Gray（1868）【汉】托尼婆婆纳属。【隶属】玄参科 Scrophulariaceae//婆婆纳科 Veronicaceae。【包含】世界 2 种。【学名诠释与讨论】〈阴〉词源不详。【分布】美国（西部）。【模式】Tonella collinsioides Nuttall ex A. Gray, Nom. illegit.［Collinsia tenella Bentham ex Alph. de Candolle; Tonella tenella

（Bentham ex Alph. de Candolle）A. A. Heller］●☆

51641　Tonestus A. Nelson（1904）【汉】蛇菊属。【英】Serpentweed。【隶属】菊科 Asteraceae（Compositae）。【包含】世界4-8 种。【学名诠释与讨论】〈阳〉由窄黄花属 Stenotus 字母改缀而来。此属的学名,ING、TROPICOS 和 IK 记载是“Tonestus A. Nelson, Bot. Gaz. 37：262. 1904［Apr 1904］”。它曾被处理为“Haplopappus sect. Tonestus（A. Nelson）H. M. Hall”。亦有文献把“Tonestus A. Nelson（1904）”处理为“Haplopappus Cass.（1828）［as ‘Aplopappus’］（保留属名）”的异名。【分布】北美洲。【后选模式】Tonestus lyallii（A. Gray）A. Nelson［Haplopappus lyallii A. Gray［as ‘lyalli’］。【参考异名】Haplopappus Cass.（1828）［as ‘Aplopappus’］（保留属名）;Haplopappus sect. Tonestus（A. Nelson）H. M. Hall■☆

51642　Tongoloa H. Wolff（1925）【汉】东俄芹属（东谷芹属）。【英】Tongoloa。【隶属】伞形花科（伞形科）Apiaceae（Umbelliferae）。【包含】世界8-15 种,中国15 种。【学名诠释与讨论】〈阴〉(地）Tongol,东俄,四川西部地方。指模式标本的采集地。【分布】中国,西喜马拉雅山。【模式】Tongoloa gracilis H. Wolff ■★

51643　Tonguea Endl.（1841）= Sisymbrium L.（1753）［十字花科 Brassicaceae（Cruciferae）］■

51644　Tonina Aubl.（1775）【汉】托尼谷精草属。【隶属】谷精草科 Eriocaulaceae。【包含】世界1 种。【学名诠释与讨论】〈阴〉来自法属圭亚那植物俗名。此属的学名,ING、TROPICOS 和 IK 记载是“Tonina Aubl., Hist. Pl. Guiane 2：856, t. 330. 1775”。“Hyphydra Schreber, Gen. 666. Mai 1791”和“Giliberta Cothenius, Disp. 16. Jan-Mai 1790”是“Tonina Aubl.（1775）”的晚出的同模式异名（Homotypic synonym, Nomenclatural synonym）。【分布】巴拿马,秘鲁,玻利维亚,厄瓜多尔,哥伦比亚（安蒂奥基亚），哥斯达黎加,尼加拉瓜,西印度群岛,中美洲。【模式】Tonina fluviatilis Aublet。【参考异名】Giliberta Cothen.（1790）Nom. illegit.；Hyphydra Schreb.（1791）Nom. illegit. ■☆

51645　Tonningia Juss.（1829）Nom. illegit. ≡ Tonningia Neck. ex A. Juss.（1829）Nom. illegit.；~ = Cyanotis D. Don（1825）（保留属名）［鸭跖草科 Commelinaceae］■

51646　Tonningia Neck.（1790）Nom. inval. ≡ Tonningia Neck. ex A. Juss.（1829）Nom. illegit.；~ = Cyanotis D. Don（1825）（保留属名）［鸭跖草科 Commelinaceae］■

51647　Tonningia Neck. ex A. Juss.（1829）Nom. illegit. = Cyanotis D. Don（1825）（保留属名）［鸭跖草科 Commelinaceae］■

51648　Tonsella Schreb.（1789）Nom. illegit. = Tontelea Miers（1872）（保留属名）［as ‘Tontelia’］［翅子藤科 Hippocrateaceae//卫矛科 Celastraceae］●

51649　Tonshia Buch. – Ham. ex D. Don（1825）= Saurauia Willd.（1801）（保留属名）［猕猴桃科 Actinidiaceae//水东哥科（伞罗夷科,水冬瓜科）Saurauiaceae］●

51650　Tontalea Aubl.（1775）（废弃属名）≡ Tontelea Aubl.（1775）（废弃属名）；~ = Elachyptera A. C. Sm.（1940）；~ = Salacia L.（1771）（保留属名）［卫矛科 Celastraceae//翅子藤科 Hippocrateaceae//五层龙科 Salaciaceae］●

51651　Tontalea Scop.（1777）Nom. illegit.（废弃属名）≡ Tontelea Miers（1872）（保留属名）［as ‘Tontelia’］［卫矛科 Celastraceae//翅子藤科 Hippocrateaceae］●

51652　Tontelea Aubl.（1775）（废弃属名）= Elachyptera A. C. Sm.（1940）；~ = Salacia L.（1771）（保留属名）［卫矛科 Celastraceae//翅子藤科 Hippocrateaceae//五层龙科 Salaciaceae］●

51653　Tontelea Miers（1872）（保留属名）［as ‘Tontelia’］【汉】通特卫矛属。【隶属】翅子藤科 Hippocrateaceae//卫矛科 Celastraceae。【包含】世界30-31 种。【学名诠释与讨论】〈阴〉词源不详。此属的学名“Tontelea Miers in Trans. Linn. Soc. London 28：331（‘Tontelia’）,382. 17 May-8 Jun 1872”是保留属名。相应的废弃属名是“Tontelea Aubl., Hist. Pl. Guiane 1：31. Jun-Dec 1775 = Elachyptera A. C. Sm.（1940）= Salacia L.（1771）（保留属名）［卫矛科 Celastraceae//翅子藤科 Hippocrateaceae//五层龙科 Salaciaceae］”。“Tontelia Miers（1872）”和“Tontalea Scop., Intr. 325. 1777”是“Tontelea Miers（1872）（保留属名）”的拼写变体,也须废弃。“Tontalea Aubl.（1775）（废弃属名）”则是“Tontelea Aubl.（1775）（废弃属名）［卫矛科 Celastraceae//翅子藤科 Hippocrateaceae//五层龙科 Salaciaceae］”的拼写变体。“Tonsella Schreber, Gen. 34. Apr 1789”是“Tontelea Aubl.（1775）（废弃属名）”的晚出的同模式异名（Homotypic synonym, Nomenclatural synonym）。【分布】巴拉圭,巴拿马,秘鲁,玻利维亚,哥伦比亚（安蒂奥基亚），尼加拉瓜,中美洲。【模式】Tontelea attenuata Miers。【参考异名】Amphizoma Miers（1872）；Bellardia Schreb.（1791）Nom. illegit.；Daphnicon Pohl（1825）；Jontanea Raf.（1820）；Tontalea Scop.（1777）Nom. illegit.（废弃属名）；Tontelia Miers（1872）（废弃属名）●☆

51654　Tontelia Miers（1872）（废弃属名）≡ Tontelea Miers（1872）（保留属名）［as ‘Tontelia’］［翅子藤科 Hippocrateaceae//卫矛科 Celastraceae］●

51655　Toona（Endl.）M. Roem.（1846）【汉】香椿属（椿属）。【日】チャンチン属。【英】Chinese Toon, Toona。【隶属】楝科 Meliaceae。【包含】世界4-15 种,中国7 种。【学名诠释与讨论】〈阴〉toon 或 tunna,是 Toona ciliata M. Roemer 的梵语俗名。tun,是印地语俗名。此属的学名,ING、IK、TROPICOS 和 APNI 都记载是“Toona（Endlicher）M. J. Roemer, Fam. Nat. Syn. Monogr. 1：131, 139. 14 Sep-15 Oct 1846”,由“Cedrela sect. Toona Endlicher, Gen. 1055. Apr 1840”改级而来。“Toona M. Roem.（1846）≡ Toona（Endl.）M. Roem.（1846）”的命名人引证有误。“Surenus O. Kuntze, Rev. Gen. 1：110. 5 Nov 1891”是“Toona（Endl.）M. Roem.（1846）”的晚出的同模式异名（Homotypic synonym, Nomenclatural synonym）。亦有文献把“Toona（Endl.）M. Roem.（1846）”处理为“Cedrela P. Browne（1756）”的异名。【分布】澳大利亚,巴基斯坦,秘鲁,中国,热带亚洲,中美洲。【后选模式】Toona ciliata M. J. Roemer［Cedrela toona Roxburgh］。【参考异名】Cedrela P. Browne（1756）；Cedrela sect. Toona Endl.（1840）；Fabrenia Noronha（1790）Nom. inval.；Surenus Kuntze（1891）Nom. illegit.；Toona M. Roem.（1846）Nom. illegit. ●

51656　Toona M. Roem.（1846）Nom. illegit. = Toona（Endl.）M. Roem.（1846）［楝科 Meliaceae］●

51657　Topeinostemon C. Muell.（1859）= Tapeinostemon Benth.（1854）［龙胆科 Gentianaceae］■☆

51658　Topiaris Raf.（1838）Nom. illegit. ≡ Cordiopsis Desv. ex Ham.（1825）；~ = Cordia L.（1753）（保留属名）［紫草科 Boraginaceae//破布木科（破布树科）Cordiaceae］●

51659　Topobea Aubl.（1775）【汉】托波野牡丹属。【隶属】野牡丹科 Melastomataceae。【包含】世界62 种。【学名诠释与讨论】〈阴〉词源不详。【分布】美洲温暖地带。【模式】Topobea parasitica Aublet。【参考异名】Drepanandrum Neck.（1790）Nom. inval. ■☆

51660　Toquera Raf.（1838）= Cordia L.（1753）（保留属名）［紫草科 Boraginaceae//破布木科（破布树科）Cordiaceae］●

51661　Torcula Noronha（1790）Nom. inval., Nom. nud. = Pithecellobium Mart.（1837）［as ‘Pithecollobium’］（保留属名）［豆科 Fabaceae（Leguminosae）//含羞草科 Mimosaceae］●

51662　Tordylioides Wall. ex DC.（1830）= Heracleum L.（1753）［伞形

花科(伞形科)Apiaceae(Umbelliferae)]■

51663 Tordyliopsis DC.(1830)【汉】阔翅芹属。【隶属】伞形花科(伞形科)Apiaceae(Umbelliferae)。【包含】世界1种。【学名诠释与讨论】〈阴〉(属)Tordylium 环翅芹属+希腊文 opsis,外观,模样,相似。此属的学名,ING、TROPICOS 和 IK 记载是"Tordyliopsis DC.,Prodr.[A. P. de Candolle]4:199. 1830[late Sep 1830]"。"Paxiactes Rafinesque, Good Book 60. Jan 1840"是"Tordyliopsis DC.(1830)"的晚出的同模式异名(Homotypic synonym, Nomenclatural synonym)。亦有文献把"Tordyliopsis DC.(1830)"处理为"Tordylioides Wall. ex DC.(1830)"的异名。【分布】中国,喜马拉雅山。【模式】Tordyliopsis brunonis A. P. de Candolle。【参考异名】Paxiactes Raf.(1840)Nom. illegit.;Tordylioides Wall. ex DC.(1830)■

51664 Tordylium L.(1753)【汉】环翅芹属(阔翅芹属)。【俄】Тордириум。【英】Hartwort,Heartwort。【隶属】伞形花科(伞形科)Apiaceae(Umbelliferae)。【包含】世界18种。【学名诠释与讨论】〈中〉(希)tordylon,tordylion,一种伞形科植物的名称(来自 tornos,车床+illo 转)+-ius,-ia,-ium,在拉丁文和希腊文中,这些词尾表示性质或状态。此属的学名,ING 记载是"Tordylium Linnaeus, Sp. Pl. 239. 1 May 1753"。IK 则记载为"Tordylium Tourn. ex L., Sp. Pl. 1:239. 1753[1 May 1753]"。"Tordylium Tourn."是命名起点著作之前的名称,故"Tordylium L.(1753)"和"Tordylium Tourn. ex L.(1753)"都是合法名称,可以通用。亦有文献把"Tordylium L.(1753)"处理为"Torilis Adans.(1763)"的异名,不妥。【分布】巴基斯坦,玻利维亚,非洲北部,欧洲,亚洲西南部。【后选模式】Tordylium maximum Linnaeus。【参考异名】Condylicarpus Steud.(1841);Condylocarpus Hoffm.(1816);Hasselquistia L.(1755);Synekosciadium Boiss.(1844);Tordylium Tourn. ex L.(1753);Torilis Adans.(1763)■☆

51665 Tordylium Tourn. ex L.(1753)≡Tordylium L.(1753)[伞形花科(伞形科)Apiaceae(Umbelliferae)]■☆

51666 Toreala B. D. Jacks. = Pithecellobium Mart.(1837)[as 'Pithecollobium'](保留属名);~ = Torcula Noronha[豆科 Fabaceae(Leguminosae)//含羞草科 Mimosaceae。]●

51667 Torenia L.(1753)【汉】蝴蝶草属(倒地蜈蚣属,蓝猪耳属)。【日】ウリクサ属,ツルウリクサ属,トレニア属。【俄】Торения。【英】Butterflygrass, Torenia。【隶属】玄参科 Scrophulariaceae//婆婆纳科 Veronicaceae。【包含】世界40-50种,中国10-12种。【学名诠释与讨论】〈阴〉(人)Olaf Toren,1718-1753,瑞典植物学者,牧师,植物采集家。1750-1752年来中国旅行,发现 Torenia asiatica 光叶蝴蝶草。此属的学名,ING、TROPICOS、APNI 和 IK 记载是"Torenia L., Sp. Pl. 2:619. 1753[1 May 1753]"。"Caela Adanson, Fam. 2:209, 529('Keala'). Jul-Aug 1763"是"Torenia L.(1753)"的晚出的同模式异名(Homotypic synonym, Nomenclatural synonym)。【分布】巴拿马,秘鲁,玻利维亚,厄瓜多尔,哥伦比亚(安蒂奥基亚),马达加斯加,尼加拉瓜,中国,中美洲。【模式】Torenia asiatica Linnaeus。【参考异名】Caela Adans.(1763)Nom. illegit.;Caeta Steud.(1840);Crepidorhopalon Eb. Fisch.(1989);Dunalia R. Br.(1814)Nom. nud.(废弃属名);Legazpia Blanco(1845);Nortenia Thouars(1806);Pentsteria Griff.(1854);Peristeira Hook. f.(1884);Pseudolobelia A. Chev.(1920)■

51668 Toresia Pers.(1807)= Hierochloe R. Br.(1810)(保留属名);~ = Torresia Ruiz et Pav.(1794)(废弃属名)[禾本科 Poaceae(Gramineae)]■

51669 Torfasadis Raf.(1838)= Euphorbia L.(1753)[大戟科 Euphorbiaceae]●■

51670 Torfosidis B. D. Jacks. = Torfasadis Raf.(1838)[大戟科 Euphorbiaceae]●■

51671 Torgesia Bornm.(1913)= Crypsis Aiton(1789)(保留属名)[禾本科 Poaceae(Gramineae)]■

51672 Toricellia DC.(1830)【汉】鞘柄木属(叨里木属,烂泥树属)。【英】Torricellia。【隶属】山茱萸科 Cornaceae//鞘柄木科(烂泥树科)Torricelliaceae。【包含】世界2-3种,中国2种。【学名诠释与讨论】〈阴〉(拉)torris,火把,着火之木棍+cella,贮存室,寝室。指叶柄基部扩大以包被枝条。此属的学名,ING、TROPICOS 和 GCI 记载是"Toricellia DC., Prodr.[A. P. de Candolle]4:257. 1830[late Sep 1830]"。《中国植物志》英文版亦使用此名称。"Torricellia DC., Prodr.[A. P. de Candolle]4:257. 1830[late Sep 1830]"是其拼写变体。【分布】不丹,缅甸,尼泊尔,中国。【模式】Toricellia tiliifolia DC.[Toricellia tiliaefolia DC.;Torricellia tiliaefolia DC.]。【参考异名】Torricellia DC.(1830)Nom. illegit.;Torricellia Harms ex Diels●

51673 Toricelliaceae Hu(1934)[as 'Torricelliaceae']= Cornaceae Bercht. et J. Presl(保留科名);~ = Torricelliaceae Hu●

51674 Torilis Adans.(1763)【汉】窃衣属。【日】ヤブジラミ属。【俄】Купырник, Торилис, Чермеш。【英】Hedge Parsley, Hedgeparsley, Hedge-parsley。【隶属】伞形花科(伞形科)Apiaceae(Umbelliferae)。【包含】世界15-20种,中国2种。【学名诠释与讨论】〈阴〉(拉)一说此名是 Adanson 胡乱起的,毫无含义。或来自 torus,肿大,布团。指果实具突起的棱。或 toreuo,钻穿。指果实引起刺痛。此属的学名,ING、TROPICOS、APNI 和 IK 记载是"Torilis Adanson, Fam. 2:99, 612. Jul-Aug 1763"。"Anthriscus Bernhardi, Syst. Verzeichniss Pflanzen 113. 1800(废弃属名)"是"Torilis Adans.(1763)"的晚出的同模式异名(Homotypic synonym, Nomenclatural synonym)。【分布】巴基斯坦,秘鲁,玻利维亚,西班牙(加那利群岛),美国(密苏里),中国,地中海至东亚。【后选模式】Torilis anthriscus (Linnaeus) C. C. Gmelin[Tordylium anthriscus Linnaeus]。【参考异名】Anthriscus Bernh.(1800)Nom. illegit.(废弃属名);Ozotrix Raf.(1840);Paua Gand.;Tordylium L.(1753)■

51675 Tormentilla L.(1753)= Potentilla L.(1753)[蔷薇科 Rosaceae//委陵菜科 Potentillaceae]■●

51676 Tormentillaceae Martinov =Rosaceae Juss.(1789)(保留科名)●■

51677 Torminalis Medik.(1789)= Sorbus L.(1753)[蔷薇科 Rosaceae]●

51678 Torminaria(DC.)M. Roem.(1847)Nom. illegit. ≡ Torminalis Medik.(1789);~ =Sorbus L.(1753)[蔷薇科 Rosaceae]●

51679 Torminaria M. Roem.(1847)Nom. illegit. ≡ Torminaria(DC.)M. Roem.(1847)Nom. illegit.;~ ≡ Torminalis Medik.(1789);~ = Sorbus L.(1753)[蔷薇科 Rosaceae]●

51680 Torminaria Opiz(1839)Nom. illegit. ≡ Torminalis Medik.(1789);~ =Sorbus L.(1753)[蔷薇科 Rosaceae]●

51681 Tornabenea Parl.(1850)【汉】托尔纳草属。【隶属】伞形花科(伞形科)Apiaceae(Umbelliferae)。【包含】世界3种。【学名诠释与讨论】〈阴〉(人)Francesco Tornabene,1813-1897,意大利植物学者,修道士,1850年后在卡塔尼亚大学任教授、卡塔尼亚植物园园长。此属的学名,ING、TROPICOS 和 IK 记载是"Tornabenea Parlatore in Webb, Hooker's J. Bot. Kew Gard. Misc. 2:370. 1850";它是一个替代名称。"Tetrapleura Parlatore in Webb in Hook., Niger Fl. 131. Nov-Dec 1849"是一个非法名称(Nom. illegit.),因为此前已经有了"Tetrapleura Bentham, J. Bot. (Hooker)4:345. Dec 1841[豆科 Fabaceae(Leguminosae)]"。故用"Tornabenea Parl.(1850)"替代"Tornabenea Parl.(1850)"。

IK 记载的"Tornabenea Parl. ex Webb, Hooker's J. Bot. Kew Gard. Misc. 2：370. 1850"似为误引。【分布】佛得角，南非（好望角）。【模式】Tornabenea insularis（Parlatore）Parlatore［Tetrapleura insularis Parlatore］。【参考异名】Tetrapleura Parl.（1849）Nom. illegit.；Tetrapleura Parl. ex Webb（1849）Nom. illegit.；Tornabenea Parl. ex Webb（1850）Nom. illegit.；Tornabenia Benth. et Hook. f.（1867）Nom. illegit. ■☆

51682　Tornabenea Parl. ex Webb（1850）Nom. illegit. ≡ Tornabenea Parl.（1850）［伞形花科（伞形科）Apiaceae（Umbelliferae）］■☆

51683　Tornabenia Benth. et Hook. f.（1867）Nom. illegit. ≡ Tornabenea Parl.（1850）［伞形花科（伞形科）Apiaceae（Umbelliferae）］■☆

51684　Tornelia Gutierrez ex Schltdl.（1854）= Monstera Adans.（1763）（保留属名）［天南星科 Araceae］●■

51685　Toronia L. Johnson et B. G. Briggs（1975）【汉】新西兰龙眼属。【隶属】山龙眼科 Proteaceae。【包含】世界1种。【学名诠释与讨论】〈阴〉（人）Toron。【分布】新西兰。【模式】Toronia toru（A. Cunningham）L. A. S. Johnson et B. G. Briggs［Persoonia toru A. Cunningham］●☆

51686　Torpesia（Endl.）M. Roem.（1846）= Trichilia P. Browne（1756）（保留属名）［楝科 Meliaceae］●

51687　Torpesia M. Roem.（1846）Nom. illegit. ≡ Torpesia（Endl.）M. Roem.（1846）；~ = Trichilia P. Browne（1756）（保留属名）［楝科 Meliaceae］●

51688　Torralbasia Krug et Urb.（1900）【汉】托拉尔卫矛属。【隶属】卫矛科 Celastraceae。【包含】世界1-2种。【学名诠释与讨论】〈阴〉（人）José Ildefonso Torralbas，1842-1903，古巴植物学者，农学家，哈瓦那植物博物馆馆长。【分布】西印度群岛。【模式】Torralbasia cuneifolia（C. Wright ex A. Gray）Krug et Urb.［Euonymus cuneifolius C. Wright ex A. Gray］●☆

51689　Torrentia Vell.（1831）= Ichthyothere Mart.（1830）［菊科 Asteraceae（Compositae）］■●☆

51690　Torrenticola Domin ex Steenis（1947）【汉】急流苔草属。【隶属】髯管花科 Geniostomaceae//川苔草科 Podostemaceae。【包含】世界1种。【学名诠释与讨论】〈阴〉（希）torrens，所有格 torrentis，急流+cola，居住者。指生境。此属的学名，ING、APNI 和 IK 记载是"Torrenticola Domin, Biblioth. Bot. 22（Heft 89）：t. 35. 1928［Sep 1928］"。TROPICOS 则记载为"Torrenticola Domin ex Steenis, Journal of the Arnold Arboretum 28：241. 1947"。亦有文献把"Torrenticola Domin ex Steenis（1947）"处理为"Cladopus H. Möller（1899）"的异名。【分布】澳大利亚（昆士兰），新几内亚岛。【模式】Torrenticola queenslandica（Domin）Domin［Podostemon queenslandicus Domin］。【参考异名】Torrenticola Domin（1928）Nom. inval. ■☆

51691　Torrenticola Domin（1928）Nom. inval. ≡ Torrenticola Domin ex Steenis（1947）；~ = Cladopus H. Möller（1899）［髯管花科 Geniostomaceae//川苔草科 Podostemaceae］■

51692　Torresea Allemão（1862）【汉】伪香豆属。【隶属】豆科 Fabaceae（Leguminosae）//云实科（苏木科）Caesalpiniaceae。【包含】世界2种。【学名诠释与讨论】〈阴〉（人）Torrese，植物学者。此属的学名，ING 和 GCI 记载是"Torresea Allemão, Trab. Comm. Sci. Expl. Bot.［F. F. Allemão et M. Allemão］2：17. 1862"。GCI 标注此名称是非法名称（Nom. illegit.），因为此前已经有了"Torresia Ruiz et Pav., Fl. Peruv. Prodr. 125. 1794［early Oct 1794］"。亦有文献把"Torresea Allemão（1862）"处理为"Amburana Schwacke et Taub.（1894）"的异名。【分布】巴西，玻利维亚。【模式】Torresea taxifolia Arnott。【参考异名】Amburana Schwacke et Taub.（1894）；Torresia Willis, Nom. inval.（废弃属名）●☆

51693　Torresia Ruiz et Pav.（1794）（废弃属名）= Hierochloe R. Br.（1810）（保留属名）［禾本科 Poaceae（Gramineae）］■

51694　Torresia Willis, Nom. inval.（废弃属名）= Torresea Allemão（1862）Nom. illegit.［豆科 Fabaceae（Leguminosae）//云实科（苏木科）Caesalpiniaceae］●☆

51695　Torreya Arn.（1838）（保留属名）【汉】榧树属（榧）。【日】カヤ属。【俄】Торрейя, Торрея。【英】California Nutmeg, Foetid Yew, Nutmeg Tree, Nutmeg‐tree, Stiking Yew, Stinking‐cedar, Torreya。【隶属】红豆杉科（紫杉科）Taxaceae//榧树科 Torreyaceae。【包含】世界6-7种，中国4-5种。【学名诠释与讨论】〈阴〉（人）John Torrey，1796-1873，美国植物学者，医生，教授，曾任纽约植物园主任，著有《美国植物志》。此属的学名"Torreya Arn. in Ann. Nat. Hist. 1：130. Apr 1838"是保留属名。相应的废弃属名是唇形科 Lamiaceae（Labiatae）的"Torreya Raf. in Amer. Monthly Mag. et Crit. Rev. 3：356. Sep 1818 = Pycreus P. Beauv.（1816）= Synandra Nutt.（1818）"。"Foetataxus J. Nelson（'Senilis'），Pinaceae 167. 1866"、"Struvea H. G. L. Reichenbach, Deutsche Bot. Herbarienbuch（Syn. Red.）222, 236. Jul 1841（废弃属名）"和"Tumion Rafinesque, Good Book 63. Jan 1840"都是"Torreya Arn.（1838）（保留属名）"的晚出的同模式异名（Homotypic synonym, Nomenclatural synonym）。"Caryotaxus Zuccarini ex Henkel et Hochstetter, Syn. Nadelhölzer 365. 1865"是"Torreya Arn.（1838）（保留属名）"和"Tumion Raf. ex Greene（1891）Nom. illegit."的同模式异名。"Tumion Rafinesque, Good Book 63. Jan 1840 ≡ Tumion Raf. ex Greene（1891）Nom. illegit."是一个未合格发表的名称（Nom. inval.）。莎草科 Cyperaceae 的"Torreya Rafinesque, J. Phys. Chim. Hist. Nat. Arts 89：105. Aug 1819 = Cyperus L.（1753）= Pycreus P. Beauv.（1816）"亦应废弃。百部科 Stemonaceae//黄精叶钩吻科（金刚大科）Croomiaceae］的"Torreya Croom ex Meisn., Pl. Vasc. Gen.［Meisner］2：340. 1843 = Croomia Torr.（1840）"，刺莲花科（硬毛草科）Loasaceae 的"Torreya Eaton, Man. Bot.（A. Eaton），ed. 5. 420. 1829［Sep 1829］≡ Nuttallia Raf.（1818）= Mentzelia L.（1753）"和马鞭草科 Verbenaceae//牡荆科 Viticaceae）的"Torreya Spreng., Neue Entdeck. Pflanzenk. 2：121. 1821 ≡ Patulix Raf.（1840）= Clerodendrum L.（1753）"都应废弃。【分布】美国（加利福尼亚，佛罗里达），中国，东亚。【模式】Torreya taxifolia Arnott。【参考异名】Caryotaxus Zucc. ex Endl.（1847）Nom. illegit.；Caryotaxus Zucc. ex Henk. et Hochst.（1865）；Foetataxus J. Nelson（1866）Nom. illegit.；Struvea Rchb.（1841）Nom. illegit.；Thymium Post et Kuntze（1903）；Tumion Raf.（1840）Nom. inval.；Tumion Raf. ex Greene（1891）Nom. illegit. ●

51696　Torreya Croom ex Meisn.（1843）Nom. inval.（废弃属名）= Croomia Torr.（1840）［百部科 Stemonaceae//黄精叶钩吻科（金刚大科）Croomiaceae］■

51697　Torreya Eaton（1829）Nom. illegit.（废弃属名）≡ Nuttallia Raf.（1818）；~ = Mentzelia L.（1753）［刺莲花科（硬毛草科）Loasaceae］■☆

51698　Torreya Raf.（1818）（废弃属名）= Synandra Nutt.（1818）［唇形科 Lamiaceae（Labiatae）］■☆

51699　Torreya Raf.（1819）（废弃属名）= Cyperus L.（1753）；~ = Pycreus P. Beauv.（1816）［莎草科 Cyperaceae］■

51700　Torreya Spreng.（1820）Nom. illegit.（废弃属名）≡ Patulix Raf.（1840）；~ = Clerodendrum L.（1753）［马鞭草科 Verbenaceae//牡荆科 Viticaceae］●■

51701　Torreyaceae Nakai（1938）［亦见 Taxaceae Gray（保留科名）红

豆杉科(紫杉科)]【汉】榧树科。【包含】世界 1 属 1 种,中国 1 属 1 种。【分布】东亚,美洲。【科名模式】Torreya Arn. ●

51702 Torreycactus Doweld(1998)【汉】托里球属。【隶属】仙人掌科 Cactaceae。【包含】世界 1 种。【学名诠释与讨论】〈阴〉(人)John Torrey,1796-1873,美国植物学者,曾任纽约植物园主任,著有《美国植物志》+cactos,有刺的植物,通常指仙人掌。此属的学名是"Torreycactus A. B. Doweld,Sukkulenty 1998(1):19. 20 Jun 1998"。亦有文献把其处理为"Echinocactus Link et Otto(1827)"的异名。【分布】墨西哥。【模式】Torreycactus conothele (E. Regel et E. Klein)A. B. Doweld [Echinocactus conothele E. Regel et E. Klein]。【参考异名】Echinocactus Link et Otto(1827)●☆

51703 Torreyochloa G. L. Church(1949)【汉】托里硷茅属。【隶属】禾本科 Poaceae(Gramineae)。【包含】世界 4 种。【学名诠释与讨论】〈阴〉(人)John Torrey,1796-1873,美国植物学者,曾任纽约植物园主任,著有《美国植物志》+chloe,草的幼芽,嫩草,禾草。此属的学名是"Torreyochloa Church,Amer. J. Bot. 36:163. Feb 1949"。亦有文献把其处理为"Glyceria R. Br. (1810)(保留属名)"的异名。【分布】俄罗斯,美国,亚洲东部,北美洲。【模式】Torreyochloa pauciflora (K. B. Presl)Church [Glyceria pauciflora K. B. Presl]。【参考异名】Glyceria R. Br. (1810)(保留属名)■☆

51704 Torricellia DC. (1830)Nom. illegit. =Toricellia DC. (1830) [山茱萸科 Cornaceae//鞘柄木科(烂泥树科)Torricelliaceae]●

51705 Torricellia Harms ex Diels =Torricellia DC. (1830) [山茱萸科 Cornaceae//鞘柄木科(烂泥树科)Torricelliaceae]●

51706 Torricelliaceae(Wangerin)Hu =Torricelliaceae Hu(1934);~ =Cornaceae Bercht. et J. Presl(保留科名)●■

51707 Torricelliaceae Hu(1934) [亦见 Cornaceae Bercht. et J. Presl(保留科名)山茱萸科(四照花科)]【汉】鞘柄木科(烂泥树科)。【英】Torricellia Family。【包含】世界 1 属 2-3 种,中国 1 属 2 种。【分布】中国,尼泊尔,不丹,缅甸。【科名模式】Torricellia DC. ●

51708 Torrubia Vell. (1829)= Guapira Aubl. (1775);~ = Pisonia L. (1753) [紫茉莉科 Nyctaginaceae//腺果藤科(避霜花科)Pisoniaceae]●

51709 Torrulia Steud. (1841)Nom. illegit. [紫茉莉科 Nyctaginaceae]☆

51710 Tortipes Small(1933)Nom. illegit. ≡Streptopus Michx. (1803);~ = Uvularia L. (1753) [百合科 Liliaceae//铃兰科 Convallariaceae//秋水仙科 Colchicaceae//细钟花科(悬阶草科)Uvulariaceae]■☆

51711 Tortuella Urb. (1927)【汉】托尔图茜属。【隶属】茜草科 Rubiaceae。【包含】世界 1 种。【学名诠释与讨论】〈阴〉(地)Tortue,托尔蒂,位于海地。【分布】西印度群岛(多明我)。【模式】Tortuella abietifolia Urban et Ekman☆

51712 Tortula Roxb. ex Willd. (1800)= Priva Adans. (1763) [马鞭草科 Verbenaceae]■☆

51713 Torularia(Coss.)O. E. Schulz(1924)Nom. illegit. ≡Neotorularia Hedge et J. Léonard(1986) [十字花科 Brassicaceae(Cruciferae)]■

51714 Torularia O. E. Schulz(1924)Nom. illegit. ≡Torularia (Coss.)O. E. Schulz (1924)Nom. illegit.;~ ≡ Neotorularia Hedge et J. Léonard(1986) [十字花科 Brassicaceae(Cruciferae)]■

51715 Torulinium Desv. (1825)Nom. illegit. ≡ Torulinium Desv. ex Ham. (1825) [莎草科 Cyperaceae]■

51716 Torulinium Desv. ex Ham. (1825)【汉】断节莎属。【日】ヒネリガヤツリ属。【俄】Членистник。【英】Torulinium。【隶属】莎草科 Cyperaceae。【包含】世界 7-10 种,中国 1-2 种。【学名诠释与讨论】〈阴〉(拉)torus,垫子,torulus,一簇毛。此属的学名,ING、GCI、TROPICOS 和 APNI 记载是"Torulinium Desvaux ex W. Hamilton,Prodr. Pl. Indiae Occid. xiv, 15. 1825"。IK 则记载为

"Torulinium Ham. ,Prodr. Pl. Ind. Occid. [Hamilton]15(1825)"。五者引用的文献相同。"Torulinium Desv. (1825)≡Torulinium Desv. ex Ham. (1825)"的命名人引证有误。"Diclidium Schrader ex C. G. D. Nees in C. F. P. Martius,Fl. Brasil. 2(1):51. 1 Apr 1842"是"Torulinium Desv. ex Ham. (1825)"的晚出的同模式异名(Homotypic synonym,Nomenclatural synonym)。亦有文献把"Torulinium Desv. ex Ham. (1825)"处理为"Cyperus L. (1753)"的异名。【分布】巴拿马,秘鲁,玻利维亚,中国,高加索,中美洲。【后选模式】Torulinium ferax (L. C. Richard)W. Hamilton [as 'ferox'] [Cyperus ferax L. C. Richard]。【参考异名】Cyperus L. (1753);Diclidium Schrad. ex Nees (1842)Nom. illegit. ;Epiphystis Trin. (1820);Torulinium Desv. ;Torulinium Desv. (1825)Nom. illegit. ;Torulinium Ham. (1825)Nom. illegit. ■

51717 Torulinium Ham. (1825)Nom. illegit. ≡ Torulinium Desv. ex Ham. (1825) [莎草科 Cyperaceae]■

51718 Torymenes Salisb. (1812)= Amomum Roxb. (1820)(保留属名) [姜科(蘘荷科)Zingiberaceae]■

51719 Tosagris P. Beauv. (1812)Nom. inval. = Muhlenbergia Schreb. (1789) [禾本科 Poaceae(Gramineae)]■

51720 Tostimontia S. Díaz(2001)【汉】哥伦比亚山菊属。【隶属】菊科 Asteraceae(Compositae)。【包含】世界 1 种。【学名诠释与讨论】〈阴〉词源不详。【分布】哥伦比亚,中美洲。【模式】Tostimontia gunnerifolia S. Díaz☆

51721 Toubaouate Airy Shaw, Nom. illegit. = Didelotia Baill. (1865) [豆科 Fabaceae (Leguminosae)//云实科(苏木科)Caesalpiniaceae]●☆

51722 Toubaouate Aubrév. et Pellegr. (1958)= Didelotia Baill. (1865) [豆科 Fabaceae (Leguminosae)//云实科(苏木科)Caesalpiniaceae]●☆

51723 Toubaouate Kunkel =Toubaouate Aubrév. et Pellegr. (1958) [豆科 Fabaceae(Leguminosae)//云实科(苏木科)Caesalpiniaceae]●☆

51724 Touchardia Gaudich. (1847-1848)【汉】鱼线麻属。【隶属】荨麻科 Urticaceae。【包含】世界 1-2 种。【学名诠释与讨论】〈阴〉(人)Touchard。【分布】美国(夏威夷)。【模式】Touchardia latifolia Gaudichaud-Beaupré ●☆

51725 Touchiroa Aubl. (1775)(废弃属名)= Crudia Schreb. (1789)(保留属名) [豆科 Fabaceae(Leguminosae)//云实科(苏木科)Caesalpiniaceae]●☆

51726 Toulichiba Adans. (1763)(废弃属名)= Ormosia Jacks. (1811)(保留属名) [豆科 Fabaceae (Leguminosae)//蝶形花科 Papilionaceae]●

51727 Toulicia Aubl. (1775)【汉】图里无患子属。【隶属】无患子科 Sapindaceae。【包含】世界 14 种。【学名诠释与讨论】〈阴〉词源不详。此属的学名,ING、TROPICOS 和 IK 记载是"Toulicia Aubl. ,Hist. Pl. Guiane 1:359, t. 140. 1775"。"Ponaea Schreber,Gen. 266. Apr 1789"是"Toulicia Aubl. (1775)"的晚出的同模式异名(Homotypic synonym,Nomenclatural synonym)。【分布】巴拉圭,秘鲁,玻利维亚,厄瓜多尔。【模式】Toulicia guianensis Aublet。【参考异名】Dicranopetalum C. Presl (1845);Ponaea Schreb. (1789)Nom. illegit. ;Tulicia Post et Kuntze(1903)●☆

51728 Touloucouna M. Roem. (1846)= Carapa Aubl. (1775) [楝科 Meliaceae]●☆

51729 Toumboa Naudin(1862)= Tumboa Welw. (1861)(废弃属名);~ =Welwitschia Hook. f. (1862)(保留属名) [百岁兰科 Welwitschiaceae//花荵科 Polemoniaceae]■☆

51730 Toumeya(Britton et Rose)L. D. Benson(1962)Nom. illegit. ≡ Toumeya Britton et Rose(1922)Nom. illegit. [仙人掌科 Cactaceae]

■☆

51731　Toumeya Britton et Rose（1922）Nom. illegit.【汉】月童子属（月之童子属）。【日】トウメア属。【隶属】仙人掌科 Cactaceae。【包含】世界 1-11 种。【学名诠释与讨论】〈阴〉（人）James William Tourney，1865-1932，美国植物学者。此属的学名，ING 和 IK 记载是"Toumeya N. L. Britton et Rose，Cact. 3：91. 12 Oct 1922"；TROPICOS 和 GCI 标注此名称是 Nom. illegit.，原因是之前已经有了红藻的"Tuomeya W. H. Harvey，Smithsonian Contr. Knowl. 10（2）：64. 1858"。TROPICOS 用"Toumeya（Britton et Rose）L. D. Benson，Cact. Succ. J.（Los Angeles）34（1）：61，1962"为正名，此名称的基源异名是"Toumeya Britton et Rose（1922）Nom. illegit."；其错误有三：1. 这是晚出的非法名称；2. 这种处理有违法规；3. 与他们自己对"Toumeya Britton et Rose（1922）Nom. illegit."的标注相矛盾。"Toumeya Britton et Rose（1922）Nom. illegit."先后被处理为"Pediocactus sect. Toumeya（Britton et Rose）L. D. Benson，Cactus and Succulent Journal 34：61. 1962"、"Toumeya（Britton et Rose）L. D. Benson，Cactus and Succulent Journal 34（1）：61. 1962；Nom. illegit."和"Pediocactus subgen. Toumeya（Britton et Rose）Halda Acta Mus. Richnov.，Sect. Nat. 5（1）：17（1998）"。亦有文献把"Toumeya Britton et Rose（1922）Nom. illegit."处理为"Sclerocactus Britton et Rose（1922）"或"Pediocactus Britton et Rose（1913）"的异名。【分布】参见 Sclerocactus Britton et Rose（1922）。【模式】Toumeya papyracantha（Engelmann）N. L. Britton et Rose［Mammillaria papyracantha Engelmann］。【参考异名】Pediocactus Britton et Rose（1913）；Pediocactus sect. Toumeya（Britton et Rose）L. D. Benson（1962）；Pediocactus subgen. Toumeya（Britton et Rose）Halda（1998）；Sclerocactus Britton et Rose（1922）；Toumeya（Britton et Rose）L. D. Benson（1962）■☆

51732　Tounatea Aubl.（1775）（废弃属名）= Swartzia Schreb.（1791）（保留属名）［豆科 Fabaceae（Leguminosae）//蝶形花科 Papilionaceae］●☆

51733　Tournaya A. Schmitz（1973）= Bauhinia L.（1753）［豆科 Fabaceae（Leguminosae）//云实科（苏木科）Caesalpiniaceae//羊蹄甲科 Bauhiniaceae］●

51734　Tournefortia L.（1753）（保留属名）【汉】紫丹属（清饭藤属，砂引草属，白水草属）。【日】ハマムラサキ属，スナビキサウ属，スナビキソウ属。【俄】Турнефорция。【英】Basket With，Tournefortia，Waftwort，Messerschmidia。【隶属】紫草科 Boraginaceae。【包含】世界 100-150 种，中国 4 种。【学名诠释与讨论】〈阴〉（人）Joseph Pitton de Tournefort，1656-1708，法国植物学者，医生，博物学者，教授。他是 Charles Plumier（1646-1704）和 Pierre Joseph Garidel（1658-1737）的朋友。此属的学名"Tournefortia L.，Sp. Pl.：140. 1 Mai 1753"是保留属名。法规未列出相应的废弃属名。多有文献包括《中国植物志》中文版和《台湾植物志》承认"砂引草属（白水草属）Messerschmidia L.，Syst. Veg.，ed. 13. 161. 1774 ≡ Messerschmidia L. ex Hebenstr.（1763）"；ING 记载它是"Argusia Boehm.，Def. Gen. Pl.，ed. 3. 507. 1760"的同模式异名；那么，"Messerschmidia L. ex Hebenstr.（1763）"就是晚出的非法名称了，必须废弃。"Pittonia P. Miller，Gard. Dict. Abr. ed. 4. 28 Jan 1754"是"Tournefortia L.（1753）"的晚出的同模式异名（Homotypic synonym，Nomenclatural synonym）。【分布】巴基斯坦，巴拉圭，巴拿马，秘鲁，玻利维亚，厄瓜多尔，哥伦比亚（安蒂奥基亚），马达加斯加，美国（东南部），尼加拉瓜，印度，中国，西印度群岛，温带欧亚大陆，中美洲，中美洲。【模式】Tournefortia hirsutissima Linnaeus。【参考异名】Argusia Boehm.（1760）；Argusia Boehm. ex Ludw.（1760）Nom. illegit.；

Arguzia Amm. ex Steud.（1821）Nom. illegit.；Arguzia Raf.（1838）Nom. illegit.；Ceballosia G. Kunkel ex Förther（1980）；Ceballosia G. Kunkel（1980）Nom. nud.；Mallota（A. DC.）Willis；Messerschmidia Hebenstr.（1763）Nom. illegit.；Messerschmidia L. ex Hebenstr.（1763）Nom. illegit.；Messerschmidia Roem. et Schult.（1819）Nom. illegit.；Messersmidia L.（1767）Nom. illegit.；Myriopus Small（1933）；Oskampia Raf.（1838）Nom. illegit.；Pittonia Mill.（1754）Nom. illegit.；Spilocarpus Lem.（1854）；Tetrandra（DC.）Miq.（1859）；Tetrandra Miq.（1859）Nom. illegit.；Verrucaria Medik.（1787）●■

51735　Tournefortiopsis Rusby（1907）【汉】拟紫丹属。【隶属】茜草科 Rubiaceae。【包含】世界 3 种。【学名诠释与讨论】〈阴〉（属）Tournefortia 紫丹属+希腊文 opsis，外观，模样，相似。此属的学名是"Tournefortiopsis Rusby，Bull. New York Bot. Gard. 4：369. Dec 1907"。亦有文献把其处理为"Guettarda L.（1753）"的异名。【分布】玻利维亚，安第斯山，中美洲。【模式】Tournefortiopsis reticulata Rusby。【参考异名】Guettarda L.（1753）●■☆

51736　Tournesol Adans.（1763）（废弃属名）≡ Chrozophora A. Juss.（1824）［as 'Crozophora'］（保留属名）［大戟科 Euphorbiaceae］●

51737　Tournesolia Nissol. ex Scop.（1777）= Chrozophora A. Juss.（1824）［as 'Crozophora'］（保留属名）；~ = Tournesol Adans.（1763）（废弃属名）［大戟科 Euphorbiaceae］●

51738　Tournesolia Scop.（1777）Nom. illegit. ≡ Tournesolia Nissol. ex Scop.（1777）［大戟科 Euphorbiaceae］●

51739　Tourneuxia Coss.（1859）【汉】双翅苣属。【隶属】菊科 Asteraceae（Compositae）。【包含】世界 1 种。【学名诠释与讨论】〈阴〉（人）Tourneux。【分布】阿尔及利亚。【模式】Tourneuxia variifolia E. Cosson ■☆

51740　Tournonia Moq.（1849）【汉】柄落葵属。【隶属】落葵科 Basellaceae。【包含】世界 1 种。【学名诠释与讨论】〈阴〉（人）Dominique Jérôme Tournon，1758-1827，植物学者。另说纪念 Aristide-Horace Letourneux，1820-1890，法国植物学者。【分布】厄瓜多尔，哥伦比亚。【模式】Tournonia hookeriana Moquin-Tandon ■☆

51741　Tourolia Stokes（1812）= Touroulia Aubl.（1775）［绒子树科（羽叶树科）Quiinaceae］●☆

51742　Touroubea Steud.（1841）= Souroubea Aubl.（1775）［蜜囊花科（附生藤科）Marcgraviaceae］●☆

51743　Touroulia Aubl.（1775）【汉】南美绒子树属。【隶属】绒子树科（羽叶树科）Quiinaceae。【包含】世界 4 种。【学名诠释与讨论】〈阴〉词源不详。【分布】玻利维亚，热带南美洲。【模式】Touroulia guianensis Aublet。【参考异名】Robinsonia Scop.（1777）（废弃属名）；Tourolia Stokes（1812）；Turulia Post et Kuntze（1903）●☆

51744　Tourretia Foug.（1787）Nom. illegit.（废弃属名）≡ Tourrettia Foug.（1787）（保留属名）［紫葳科 Bignoniaceae］■☆

51745　Tourretia Foug.（1845）Nom. illegit.（废弃属名）≡ Tourrettia Foug.（1787）（保留属名）［紫葳科 Bignoniaceae］■☆

51746　Tourretia Juss.（废弃属名）= Tourrettia Foug.（1787）（保留属名）［紫葳科 Bignoniaceae］■☆

51747　Tourrettia DC.（1845）Nom. illegit.（废弃属名）≡ Tourrettia Foug.（1787）（保留属名）［紫葳科 Bignoniaceae］■☆

51748　Tourrettia Foug.（1787）（保留属名）【汉】图紫葳属。【隶属】紫葳科 Bignoniaceae。【包含】世界 1 种。【学名诠释与讨论】〈阴〉（人）Marc Antoine Louis Claret de Latourrette（Tourrette，de la Tourrette）（Fleurieu de），1729-1793，法国植物学者，博物学者，Voyage au Mont-Pilat dans la province du Lyonnois 的作者。此属

的学名"Tourrettia Foug. in Mém. Acad. Sci.（Paris）1784:205. 1787（'Tourretia'）（orth. cons.）"是保留属名。法规未列出相应的废弃属名。但是其拼写变体"Tourretia Foug.（1787）"、"Tourretia Foug.（1845）"和"Tourrettia DC.，Prodr.［A. P. de Candolle］9:236,sphalm. 1845［1 Jan 1845］"以及"Tourretia Juss."都应该废弃。"Dombeya L'Héritier de Brutelle，Stirp. Novae 33. Dec（sero）1785-Jan 1786（废弃属名）"和"Medica Cothenius，Disp. 7. Jan-Mai 1790（non P. Miller 1754）≡Dombeya L'Hér.（1786）（废弃属名）"是"Tourrettia Foug.（1787）（保留属名）"的同模式异名（Homotypic synonym, Nomenclatural synonym）。【分布】巴拿马，秘鲁，玻利维亚，厄瓜多尔，哥伦比亚（安蒂奥基亚），尼加拉瓜，中美洲。【模式】Tourrettia lappacea（L'Héritier）Willdenow。【参考异名】Dombeya L'Hér.（1786）（废弃属名）；Medica Cothen.（1790）Nom. illegit.；Taurrettia Raeusch.（1797）；Tourretia Foug.（1787）Nom. illegit.（废弃属名）；Tourretia Foug.（1845）Nom. illegit.（废弃属名）；Tourretia Juss.（废弃属名）；Tourrettia DC.（1845）Nom. illegit.（废弃属名）；Turrettia Poir.（1806）■☆

51749 Toussaintia Boutique（1951）【汉】图森木属（陶萨木属）。【隶属】番荔枝科 Annonaceae。【包含】世界 3 种。【学名诠释与讨论】〈阴〉（人）Toussaint Bastard，1784-1846，植物学者。另说纪念 L. Toussaint。【分布】热带非洲。【模式】Toussaintia congolensis Boutique ●☆

51750 Touterea Eaton et Wright（1840）= Mentzelia L.（1753）［刺莲花科（硬毛草科）Loasaceae］●■☆

51751 Touteria Willis，Nom. inval. = Touterea Eaton et Wright（1840）［刺莲花科（硬毛草科）Loasaceae］●■☆

51752 Tovara Adans.（1763）（废弃属名）= Antenoron Raf.（1817）；~=Persicaria（L.）Mill.（1754）［蓼科 Polygonaceae］■

51753 Tovaria Baker（1875）Nom. illegit.（废弃属名）= Maianthemum F. H. Wigg.（1780）（保留属名）；~=Smilacina Desf.（1807）（保留属名）［百合科 Liliaceae//铃兰科 Convallariaceae］■

51754 Tovaria Neck.，Nom. illegit.（废弃属名）≡Tovaria Baker（1875）Nom. illegit.（废弃属名）；~=Maianthemum F. H. Wigg.（1780）（保留属名）；~=Smilacina Desf.（1807）（保留属名）［百合科 Liliaceae//铃兰科 Convallariaceae］■

51755 Tovaria Neck. ex Baker（1875）Nom. illegit.（废弃属名）≡Tovaria Baker（1875）Nom. illegit.（废弃属名）；~=Maianthemum F. H. Wigg.（1780）（保留属名）；~=Smilacina Desf.（1807）（保留属名）［百合科 Liliaceae//铃兰科 Convallariaceae］■

51756 Tovaria Ruiz et Pav.（1794）（保留属名）【汉】烈味三叶草属（鹿药属）。【隶属】烈味三叶草科（多籽果科，鲜芹味科）Tovariaceae//铃兰科 Convallariaceae。【包含】世界 1-2 种。【学名诠释与讨论】〈阴〉（人）Simon de Tovar，西班牙医生，植物学者，De compositorum medicamentorum examine 的作者。此属的学名"Tovaria Ruiz et Pav.，Fl. Peruv. Prodr. :49. Oct（prim.）1794"是保留属名。相应的废弃属名是蓼科 Polygonaceae 的"Tovara Adans.，Fam. Pl. 2:276, 612. Jul-Aug 1763 = Antenoron Raf.（1817）= Persicaria（L.）Mill.（1754）"。铃兰科 Convallariaceae//百合科 Liliaceae 的"Tovaria Baker，J. Linn. Soc.，Bot. 14:564. 1875"亦应废弃。"Tovaria Neck."和"Tovaria Neck. ex Baker（1875）"的命名人引证有误；都应废弃。【分布】巴拿马，秘鲁，玻利维亚，厄瓜多尔，哥伦比亚（安蒂奥基亚），墨西哥，尼加拉瓜，牙买加，中国，中美洲。【模式】Tovaria pendula Ruiz et Pavon。【参考异名】Bancroftia Macfad.（1837）；Cavaria Steud.（1821）●■

51757 Tovariaceae Pax（1891）（保留科名）【汉】烈味三叶草科（多籽果科，鲜芹味科）。【包含】世界 1 属 1-2 种。【分布】美洲，西印

度群岛。【科名模式】Tovaria Ruiz et Pav.●■☆

51758 Tovarochloa T. D. Macfarl. et But（1982）【汉】秘鲁托瓦草属。【隶属】禾本科 Poaceae（Gramineae）。【包含】世界 1 种。【学名诠释与讨论】〈阴〉（人）Tovar+chloe，草的幼芽，嫩草，禾草。【分布】秘鲁。【模式】Tovarochloa peruviana T. D. Macfarlane et P. P. -H. But■☆

51759 Tovomia Pers.（1806）= Tovomita Aubl.（1775）［猪胶树科（克鲁西科，山竹子科，藤黄科）Clusiaceae（Guttiferae）］●☆

51760 Tovomita Aubl.（1775）【汉】托福木属。【隶属】猪胶树科（克鲁西科，山竹子科，藤黄科）Clusiaceae（Guttiferae）。【包含】世界 12-25 种。【学名诠释与讨论】〈阴〉词源不详。【分布】巴拿马，秘鲁，玻利维亚，厄瓜多尔，哥伦比亚（安蒂奥基亚），哥斯达黎加，尼加拉瓜，中美洲。【模式】Tovomita guianensis Aublet。【参考异名】Beauharnoisia Ruiz et Pav.（1808）；Euthales F. Dietr.（1817）Nom. illegit.；Marialva Vand.（1788）；Micranthera Choisy（1823）；Tavomyta Vitman（1792）；Tovomia Pers.（1806）●☆

51761 Tovomitidium Ducke（1935）【汉】小托福木属。【隶属】猪胶树科（克鲁西科，山竹子科，藤黄科）Clusiaceae（Guttiferae）。【包含】世界 2 种。【学名诠释与讨论】〈中〉（属）Tovomita 托福木属+-idius, -idia, -idium, 指示小的词尾。【分布】巴西。【模式】未指定●☆

51762 Tovomitopsis Planch. et Triana（1860）【汉】拟托福木属。【隶属】猪胶树科（克鲁西科，山竹子科，藤黄科）Clusiaceae（Guttiferae）。【包含】世界 3-50 种。【学名诠释与讨论】〈阴〉（属）Tovomita 托福木属+希腊文 opsis, 外观, 模样, 相似。此属的学名"Tovomitopsis Planchon et Triana, Ann. Sci. Nat. Bot. ser. 4. 14:261. Jul-Dec 1860"是一个替代名称。它替代的是废弃属名"Bertolonia K. P. J. Sprengel, Neue Entdeck. Pflanzenk. 2:110. 1820（sero）（'1821'）"。其相应的保留属名是"Bertolonia Raddi, Mem. Mat. Fis. Soc. Ital. Sci. Modena, Pt. Mem. Fis. 18:384. t. 5, f. 3. 1820（sero）（nom. cons.）［野牡丹科 Melastomataceae］"。【分布】巴拿马，秘鲁，厄瓜多尔，玻利维亚，中美洲。【模式】Tovomitopsis paniculata（K. P. J. Sprengel）Planchon et Triana［Bertolonia paniculata K. P. J. Sprengel］。【参考异名】Bertolonia Spreng.（1821）Nom. illegit.；Chrysochlamys Poepp.（1840）；Chrysochlamys Poepp. et Endl.（1840）Nom. illegit.●☆

51763 Townsendia Hook.（1834）【汉】孤菀属。【日】ヂギク属。【隶属】菊科 Asteraceae（Compositae）。【包含】世界 25-26 种。【学名诠释与讨论】〈阴〉（人）David Townsend, 1787-1858, 美国业余植物爱好者。【分布】墨西哥，北美洲西部。【模式】Townsendia sericea W. J. Hooker, Nom. illegit. ［Aster excapus J. Richardson］■☆

51764 Townsonia Cheeseman（1906）【汉】汤森兰属。【隶属】兰科 Orchidaceae。【包含】世界 2-3 种。【学名诠释与讨论】〈阴〉（人）William Townson, 1850-1926, 新西兰植物学者, 药剂师, 植物采集家。【分布】澳大利亚（塔斯马尼亚岛），新西兰。【模式】Townsonia deflexa Cheeseman ■☆

51765 Toxanthera Endl. ex Grüning（1913）Nom. illegit. = Monotaxis Brongn.（1834）［大戟科 Euphorbiaceae］■☆

51766 Toxanthera Hook. f.（1883）= Kedrostis Medik.（1791）［葫芦科（瓜科，南瓜科）Cucurbitaceae］■☆

51767 Toxanthes Turcz.（1851）【汉】弓花鼠麹草属（腺叶鼠麹草属）。【隶属】菊科 Asteraceae（Compositae）。【包含】世界 3 种。【学名诠释与讨论】〈阴〉（希）toxon, 指小式 toxarion, 弓, 鞠躬+anthos, 花。指花冠筒。此属的学名是"Toxanthes Turczaninow, Bull. Soc. Imp. Naturalistes Moscou 24（1）:176. 1851"。亦有文献把其处理为"Millotia Cass.（1829）"的异名。【分布】澳大利亚（南部和西部）。【模式】Toxanthes perpusilla Turczaninow。【参考异名】

Anthocerastes A. Gray (1852); Millotia Cass. (1829); Toxanthus Benth. (1867)■☆

51768 Toxanthus Benth. (1867) Nom. illegit. ≡ Toxanthes Turcz. (1851) [菊科 Asteraceae(Compositae)]■☆

51769 Toxeumia L. Nutt. ex Scribn. et Merr. (1901) = Calamagrostis Adans. (1763) [禾本科 Poaceae(Gramineae)]■

51770 Toxicaria Aepnel ex Steud. (1821) Nom. inval., Nom. illegit. = Antiaris Lesch. (1810)(保留属名) [桑科 Moraceae]●

51771 Toxicaria Schreb. (1783) Nom. illegit. ≡ Rouhamon Aubl. (1775); ~ = Strychnos L. (1753) [马钱科(断肠草科,马钱子科) Loganiaceae]●

51772 Toxicodendron Mill. (1754)【汉】漆树属(毒漆属,漆属,野葛属)。【俄】Токсикодендрон。【英】Lacquer Tree, Lacquertree, Lacquer-tree。【隶属】漆树科 Anacardiaceae。【包含】世界 6-21 种,中国 16 种。【学名诠释与讨论】〈中〉(希)toxikos,箭毒+dendron 或 dendros,树木,棍,丛林。指植物体内乳液有毒。此属的学名是"Toxicodendron P. Miller, Gard. Dict. Abr. ed. 4. 28 Jan 1754"。亦有文献把其处理为"Rhus L. (1753)"的异名。【分布】巴基斯坦,巴拿马,秘鲁,玻利维亚,厄瓜多尔,哥伦比亚(安蒂奥基亚),美国(密苏里),尼加拉瓜,中国,东亚,中美洲。【后选模式】Toxicodendron pubescens P. Miller [Rhus toxicodendron Linnaeus]。【参考异名】Picrodendron Planch. (1846)(废弃属名); Rhus L. (1753); Vernix Adans. (1763)●

51773 Toxicodendrum Gaertn. (1788) = Allophylus L. (1753) [无患子科 Sapindaceae]●

51774 Toxicodendrum Thunb. (1796) Nom. illegit. = Hyaenanche Lamb. (1797) [大戟科 Euphorbiaceae]●☆

51775 Toxicophlaea Harv. (1842) = Acokanthera G. Don(1837) [夹竹桃科 Apocynaceae]●☆

51776 Toxicophloea Lindl. = Toxicophlaea Harv. (1842) [夹竹桃科 Apocynaceae]●☆

51777 Toxicopueraria A. N. Egan et B. Pan(2015)【汉】苦葛属。【隶属】豆科 Fabaceae(Leguminosae)。【包含】世界 2 种。【学名诠释与讨论】〈阴〉(希)toxikos,箭毒+Pueraria 葛属(葛藤属)。【分布】缅甸,尼泊尔,印度(包含锡金),中国,克什米尔地区。【模式】[Toxicopueraria peduncularis (Benth.) A. N. Egan et B. Pan]●

51778 Toxicoscordion Rydb. (1903) = Zigadenus Michx. (1803) [百合科 Liliaceae//黑药花科(藜芦科) Melanthiaceae]■

51779 Toxina Noronha (1790) = Allophylus L. (1753) [无患子科 Sapindaceae]●

51780 Toxocarpus Wight et Arn. (1834)【汉】弓果藤属。【英】Bowfruitvine, Toxocarpus。【隶属】萝藦科 Asclepiadaceae。【包含】世界 40-70 种,中国 11 种。【学名诠释与讨论】〈阳〉(希)toxon,指小式 toxarion,弓,鞠躬+karpos,果实。指膂葖果弯弓状。【分布】东南亚,马达加斯加,马斯卡林群岛,热带非洲,印度至马来西亚,中国。【后选模式】Toxocarpus kleinii R. Wight et Arnott。【参考异名】Goniostemma Wight(1834); Joxocarpus Pritz. (1855); Menabea Baill. (1890); Peroillaea Decne.; Pervillaea Decne. (1844); Rhynchostigma Benth. (1876); Schistocodon Schauer (1843); Traunia K. Schum. (1895)●

51781 Toxophoenix Schott(1822) = Astrocaryum G. Mey. (1818)(保留属名) [棕榈科 Arecaceae(Palmae)]●☆

51782 Toxopus Raf. (1836) = Macranthera Nutt. ex Benth. (1835) [玄参科 Scrophulariaceae//列当科 Orobanchaceae]■☆

51783 Toxosiphon Baill. (1872)【汉】弓管芸香属。【隶属】芸香科 Rutaceae。【包含】世界 4 种。【学名诠释与讨论】〈中〉(希)toxon,指小式 toxarion,弓,鞠躬+siphon,所有格 siphonos,管子。

此属的学名是"Toxosiphon Baillon, Adansonia 10: 311. 12 Dec 1872"。亦有文献把其处理为"Erythrochiton Nees et Mart. (1823)"的异名。【分布】巴西,秘鲁,厄瓜多尔。【模式】Toxosiphon lindenii Baillon [as 'lindeni']。【参考异名】Erythrochiton Nees et Mart. (1823)●☆

51784 Toxostigma A. Rich. (1851)【汉】弓柱紫草属。【隶属】紫草科 Boraginaceae。【包含】世界 2 种。【学名诠释与讨论】〈中〉(拉)toxon,指小式 toxarion,弓,鞠躬+stigma,所有格 stigmatos,柱头,眼点。此属的学名是"Toxostigma A. Richard, Tent. Fl. Abyss. 2: 86. 1851"。亦有文献把其处理为"Arnebia Forssk. (1775)"的异名。【分布】埃塞俄比亚。【模式】未指定。【参考异名】Arnebia Forssk. (1775)■☆

51785 Toxotrophis Planch. (1873) = Taxotrophis Blume(1856) [桑科 Moraceae]●☆

51786 Toxotropis Turcz. (1846) = Corynella DC. (1825) [豆科 Fabaceae(Leguminosae)//蝶形花科 Papilionaceae]■☆

51787 Toxylon Raf. (1819) = Maclura Nutt. (1818)(保留属名) [桑科 Moraceae]●

51788 Toxylus Raf. = Toxylon Raf. (1819) [桑科 Moraceae]●

51789 Tozzettia Parl. (1854) Nom. illegit. ≡ Theresia K. Koch (1849); ~ = Fritillaria L. (1753) [百合科 Liliaceae//贝母科 Fritillariaceae]■

51790 Tozzettia Savi(1799) = Alopecurus L. (1753) [禾本科 Poaceae(Gramineae)]■

51791 Tozzia L. (1753)【汉】托列列当属(阿尔卑斯玄参属)。【俄】тоция。【英】Tozzia。【隶属】玄参科 Scrophulariaceae//列当科 Orobanchaceae。【包含】世界 1-2 种。【学名诠释与讨论】〈阴〉(人)Luca Tozzi, 1633-1717,意大利植物学者,医生,Virtu del Caffe 的作者。另说纪念植物学者 Bruno Tozzi, 1656-1743。此属的学名,ING、TROPICOS 和 IK 记载是"Tozzia L., Sp. Pl. 2:607. 1753 [1 May 1753]"。"Ferecuppa Dulac, Fl. Hautes-Pyrénées 373. 1867"是"Tozzia L. (1753)"的晚出的同模式异名(Homotypic synonym, Nomenclatural synonym)。【分布】阿尔卑斯山。【模式】Tozzia alpina Linnaeus。【参考异名】Ferecuppa Dulac (1867) Nom. illegit. ; Kernera Schrank(1786)(废弃属名)■☆

51792 Tracanthelium Kit. ex Schur(1853) = Phyteuma L. (1753) [桔梗科 Campanulaceae]■☆

51793 Tracaulon Raf. (1837) = Polygonum L. (1753)(保留属名) [蓼科 Polygonaceae]■●

51794 Trachanthelium Schur(1866) Nom. illegit. ≡ Asyneuma Griseb. et Schenk(1852) [桔梗科 Campanulaceae]■

51795 Trachelanthus Klotzsch (1855) Nom. illegit. ≡ Trachelocarpus Müll. Berol. (1858); ~ = Begonia L. (1753) [秋海棠科 Begoniaceae]●■

51796 Trachelanthus Kunze (1850)【汉】喉花紫草属。【俄】Трахелянт。【隶属】紫草科 Boraginaceae。【包含】世界 3 种。【学名诠释与讨论】〈阳〉(希)trschelos,喉,茎+anthos,花。此属的学名,ING、TROPICOS 和 IK 记载是"Trachelanthus G. Kunze, Bot. Zeitung 8:665. 13 Sep 1850"。"Trachelanthus Klotzsch, Abh. Königl. Akad. Wiss. Berlin 1854:134, 202. 1855 (non G. Kunze 1850) ≡ Trachelocarpus Müller Berol. 1858 = Begonia L. (1753) [秋海棠科 Begoniaceae]"是晚出的非法名称。【分布】伊朗至亚洲中部。【模式】Trachelanthus cerinthoides (Boissier) G. Kunze [Solenanthus cerinthoides Boissier]☆

51797 Trachelioides Opiz (1839) = Campanula L. (1753) [桔梗科 Campanulaceae]■●

51798 Tracheliopsis Buser(1894) Nom. illegit. = Campanula L. (1753)

[桔梗科 Campanulaceae]■●

51799　Tracheliopsis Opiz（1852）= Campanula L.（1753）［桔梗科 Campanulaceae］■●

51800　Trachelium Hill（1756）Nom. illegit. = Campanula L.（1753）［桔梗科 Campanulaceae］■●

51801　Trachelium L.（1753）【汉】疗喉草属（喉草属）。【日】ユウキリソウ属。【俄】Трахелиум。【英】Throatwort。【隶属】桔梗科 Campanulaceae。【包含】世界 1-7 种。【学名诠释与讨论】〈中〉（希）trachelos，颈，咽喉+-ius，-ia，-ium，在拉丁文和希腊文中，这些词尾表示性质或状态。指植物具有治疗咽喉病之效。此属的学名，ING 和 TROPICOS 记载是"Trachelium Linnaeus, Sp. Pl. 171. 1 May 1753"。IK 则记载为"Trachelium Tourn. ex L., Sp. Pl. 1：171. 1753［1 May 1753］"。"Trachelium Tourn."是命名起点著作之前的名称，故"Trachelium L.（1753）"和"Trachelium Tourn. ex L.（1753）"都是合法名称，可以通用。"Trachelium J. Hill, Brit. Herb. 74. Mar 1756 = Campanula L.（1753）［桔梗科 Campanulaceae]"是晚出的非法名称；"Talechium Hill（1756）"是其错误拼写。【分布】地中海地区。【模式】Trachelium caeruleum Linnaeus。【参考异名】Trachelium Tourn. ex L.（1753）■☆

51802　Trachelium Tourn. ex L.（1753）≡Trachelium L.（1753）［桔梗科 Campanulaceae］■☆

51803　Trachelocarpus Müll. Berol.（1858）= Begonia L.（1753）［秋海棠科 Begoniaceae］●■

51804　Trachelosiphon Schltr.（1920）= Eurystyles Wawra（1863）［兰科 Orchidaceae］■☆

51805　Trachelospermum Lem.（1851）【汉】络石属。【日】テイカカヅラ属，テイカカヅラ属。【俄】Трахелоспермум。【英】Chinese Ivy，Chinese Jasmine，Star Jasmine，Starjasmine，Star-jasmine。【隶属】夹竹桃科 Apocynaceae。【包含】世界 15-30 种，中国 6-17 种。【学名诠释与讨论】〈中〉（希）trachelos，颈，咽喉+sperma，所有格 spermatos，种子，孢子。指种子线形。此属的学名"Trachelospermum Lem. in Jard. Fleur. 1：ad t. 61. 1851"是保留属名。法规未列出相应的废弃属名。【分布】巴基斯坦，美国（东南部），印度至日本，中国。【模式】Trachelospermum jasminoides（Lindley）Lemaire［Rhyncospermum jasminoides Lindley］。【参考异名】Microchonea Pierre（1898）；Parechites Miq.（1857）；Triadenia Miq.（1856）Nom. illegit. ●

51806　Trachinema Raf.（1837）= Anthericum L.（1753）［百合科 Liliaceae//吊兰科（猴面包科，猴面包树科）Anthericaceae］■☆

51807　Trachodes D. Don（1830）= Sonchus L.（1753）［菊科 Asteraceae（Compositae）］■

51808　Trachoma Garay（1972）= Tuberolabium Yamam.（1924）［兰科 Orchidaceae］■

51809　Trachomitum Woodson（1930）【汉】茶叶花属。【俄】кентырь。【隶属】夹竹桃科 Apocynaceae。【包含】世界 6 种。【学名诠释与讨论】〈中〉（希）trachys，粗糙的，不平的，凹凸的+mata，锥形柱子。此属的学名是"Trachomitum Woodson, Ann. Missouri Bot. Gard. 17：157. Feb-Apr 1930"。亦有文献把其处理为"Apocynum L.（1753）"的异名。【分布】巴基斯坦，俄罗斯南部。【模式】Trachomitum venetum（Linnaeus）Woodson［Apocynum venetum Linnaeus］。【参考异名】Apocynum L.（1753）●☆

51810　Trachopyron J. Gerard ex Raf.（1837）= Fagopyrum Mill.（1754）（保留属名）［蓼科 Polygonaceae］●■

51811　Trachopyron Raf.（1837）Nom. illegit. ≡Trachopyron J. Gerard ex Raf.（1837）；~ = Fagopyrum Mill.（1754）（保留属名）［蓼科 Polygonaceae］●■

51812　Trachyandra Kunth（1843）（保留属名）【汉】糙蕊阿福花属。

【隶属】阿福花科 Asphodelaceae//百合科 Liliaceae//吊兰科（猴面包科，猴面包树科）Anthericaceae。【包含】世界 50-65 种。【学名诠释与讨论】〈阴〉（希）trachys，粗糙的，不平的，凹凸的+aner，所有格 andros，雄性，雄蕊。此属的学名"Trachyandra Kunth, Enum. Pl. 4：573. 17-19 Jul 1843"是保留属名。相应的废弃属名是阿福花科 Asphodelaceae//百合科 Liliaceae] 的"Lepicaulon Raf., Fl. Tellur. 2：27. Jan-Mar 1837 = Trachyandra Kunth（1843）（保留属名）"和"Obsitila Raf., Fl. Tellur. 2：27. Jan-Mar 1837 ≡ Trachyandra Kunth（1843）（保留属名）"。亦有文献把"Trachyandra Kunth（1843）（保留属名）"处理为"Anthericum L.（1753）"的异名。【分布】马达加斯加，热带非洲和非洲南部。【模式】Trachyandra hispida（Linnaeus）Kunth［Anthericum hispidum Linnaeus］。【参考异名】Anthericum L.（1753）；Lepicaulon Raf.（1837）（废弃属名）；Liriothamnus Schltr.（1924）；Obsitila Raf.（1837）（废弃属名）■☆

51813　Trachycalymma（K. Schum.）Bullock（1953）【汉】糙被萝藦属。【隶属】萝藦科 Asclepiadaceae。【包含】世界 4 种。【学名诠释与讨论】〈阴〉（希）trachys，粗糙的，不平的，凹凸的+calymma，覆盖，面纱。此属的学名，ING 记载是"Trachycalymma（K. M. Schumann）Bullock, Kew. Bull. 1953：348. 1953"，由"Gomphocarpus subsect. Trachycalymma K. M. Schumann in Engler et Prantl, Nat. Pflanzenfam. 4（2）：236. Oct 1895"改级而来；而 IK 和 TROPICOS 则记载为"Trachycalymma Bullock, Kew Bull. 8（3）：348. 1953［10 Oct 1953］"。三者引用的文献相同。【分布】热带非洲。【模式】Trachycalymma cristatum（Decaisne）Bullock［Gomphocarpus cristatus Decaisne］。【参考异名】Gomphocarpus subsect. Trachycalymma K. Schum.（1895）；Trachycalymma Bullock（1953）Nom. illegit. ■☆

51814　Trachycalymma Bullock（1953）Nom. illegit. ≡ Trachycalymma（K. Schum.）Bullock（1953）［萝藦科 Asclepiadaceae］■☆

51815　Trachycarpus H. Wendl.（1863）【汉】棕榈属。【日】シュロ属。【俄】Пальма пеньковая，Трахикарпус。【英】Chusan Palm，Fan Palm，Hemp Palm，Palm，Windmill Palm，Windmillpalm，Windmill-palm。【隶属】棕榈科 Arecaceae（Palmae）。【包含】世界 6-8 种，中国 3-5 种。【学名诠释与讨论】〈阳〉（希）trachys，粗糙的，不平的，凹凸的+karpos，果实。指种子表面粗糙。【分布】巴基斯坦，玻利维亚，东亚，厄瓜多尔，哥伦比亚（安蒂奥基亚），中国，喜马拉雅山。【后选模式】Trachycarpus fortunei（W. J. Hooker）H. Wendland［Chamaerops fortunei W. J. Hooker］●

51816　Trachycaryon Klotzsch（1845）= Adriana Gaudich.（1825）［大戟科 Euphorbiaceae］●☆

51817　Trachydium Lindl.（1835）【汉】瘤果芹属（粗子芹属）。【俄】Бородавчатник，Трахидиум。【英】Trachydium。【隶属】伞形花科（伞形科）Apiaceae（Umbelliferae）。【包含】世界 1-16 种，中国 16 种。【学名诠释与讨论】〈阴〉（希）trachys，粗糙的，不平的，凹凸的+-idius，-idia，-idium，指示小的词尾。指果的外面具瘤突。【分布】巴基斯坦，中国，亚洲中部和伊朗。【模式】Trachydium roylei Lindley。【参考异名】Eremocarpus Lindl.（1847）Nom. illegit.；Indoschulzia Pimenov et Kljuykov（1995）■

51818　Trachylobium Hayne（1827）【汉】粗裂豆属。【俄】Трахилобий。【英】Rasp Pod，Rasp-pod。【隶属】豆科 Fabaceae（Leguminosae）//云实科（苏木科）Caesalpiniaceae。【包含】世界 1 种。【学名诠释与讨论】〈中〉（希）trachys，粗糙的，不平的，凹凸的+lobos = 拉丁文 lobulus，片，裂片，叶，荚，蒴+-ius，-ia，-ium，在拉丁文和希腊文中，这些词尾表示性质或状态。此属的学名是"Trachylobium Hayne, Flora 10：743. 21 Dec 1827"。亦有文献把其处理为"Hymenaea L.（1753）"的异名。【分布】马达加

斯加,毛里求斯,热带非洲东部。【后选模式】Trachylobium hornemannianum Hayne。【参考异名】Hymenaea L. (1753)■☆

51819 Trachyloma Pfeiff. = Scleria P. J. Bergius (1765); ~ = Trachylomia Nees(1842)［莎草科 Cyperaceae］■

51820 Trachylomia Nees(1842)= Scleria P. J. Bergius(1765)［莎草科 Cyperaceae］■

51821 Trachymarathrum Tausch(1834)= Hippomarathrum Link(1821) Nom. illegit.; ~ =Cachrys L. (1753)［伞形花科(伞形科)Apiaceae (Umbelliferae)］■☆

51822 Trachymene DC. (1830)= Platysace Bunge(1845)［伞形花科 (伞形科)Apiaceae(Umbelliferae)］■☆

51823 Trachymene Rudge (1811)【汉】翠珠花属(蓝饰带花属)。【日】トラキメーネ属。【俄】Дидискус。【隶属】伞形花科(伞形科)Apiaceae(Umbelliferae)//天胡荽科 Hydrocotylaceae。【包含】世界 45 种。【学名诠释与讨论】〈阴〉(希)trachys,粗糙的,不平的,凹凸的+hymen,膜。指果实表面粗糙。【分布】澳大利亚,菲律宾,斐济,马来西亚,法属新喀里多尼亚,加里曼丹岛。【模式】Trachymene incisa Rudge。【参考异名】Cesatia Endl. (1838); Didiscus DC. (1828); Didiscus DC. ex Hook. (1828); Dimetopia DC. (1830); Dimitopia D. Dietr. (1840); Fischera Spreng. (1813); Hemicarpus F. Muell. (1857); Huegelia Rchb. (1829)Nom. illegit.; Hugelia DC. (1830); Lampra Lindl. ex DC. (1830); Pritzelia Walp. (1843)■☆

51824 Trachynia Link(1827)【汉】特拉禾属。【俄】Трахиния。【隶属】禾本科 Poaceae(Gramineae)。【包含】世界 5 种。【学名诠释与讨论】〈阴〉(希)trachys,粗糙的,不平的,凹凸的。此属的学名,ING、TROPICOS、APNI 和 IK 记载是"Trachynia Link, Hortus Regius Botanicus Berolinensis 1 1827"。它曾被处理为"Brachypodium unranked Trachynia (Link) Nymann, Conspectus florae europaeae : seu Enumeratio methodica plantarum phanerogamarum Europae indigenarum, indicatio distributionis geographicae singularum etc. 843. 1882"、"Brachypodium sect. Trachynia (Link) Nyman ex St. -Yves, Candollea 5:473. 1934"和"Brachypodium subgen. Trachynia (Link) Rouy, Flore de France 14: 294. 1913"。亦有文献把"Trachynia Link (1827)"处理为"Brachypodium P. Beauv. (1812)"的异名。【分布】地中海至巴基斯坦西部。【后选模式】Trachynia distachya (Linnaeus) Link [Bromus distachyos Linnaeus]。【参考异名】Brachypodium P. Beauv. (1812); Brachypodium sect. Trachynia (Link) Nyman ex St. -Yves (1934); Brachypodium subgen. Trachynia (Link) Rouy (1913); Brachypodium unranked Trachynia (Link) Nymann(1882) Nom. illegit.■☆

51825 Trachynotia Michx. (1803)Nom. illegit. =Spartina Schreb. ex J. F. Gmel. (1789)［禾本科 Poaceae (Gramineae)//米草科 Spartinaceae］■

51826 Trachyozus Rchb. (1828)Nom. illegit. ≡Trachys Pers. (1805)［禾本科 Poaceae(Gramineae)］■☆

51827 Trachypetalum Szlach. et Sawicka(2003)【汉】糙瓣兰属。【隶属】兰科 Orchidaceae。【包含】世界 5 种。【学名诠释与讨论】〈中〉(希)trachys,粗糙的,不平的,凹凸的+希腊文 petalos,扁平的,铺开的;petalon,花瓣,叶,花叶,金属叶子;拉丁文的花瓣为 petalum。此属的学名是"Trachypetalum Szlach. et Sawicka, Die Orchidee 54: 88. 2003"。亦有文献把其处理为"Habenaria Willd. (1805)"的异名。【分布】非洲。【模式】不详。【参考异名】Habenaria Willd. (1805)■☆

51828 Trachyphrynium Benth. (1883)【汉】糙柊叶属。【隶属】竹芋科(蒡叶科,柊叶科)Marantaceae。【包含】世界 1 种。【学名诠释与

讨论】〈中〉(希)trachys,粗糙的,不平的,凹凸的+(属)Phrynium 柊叶属(蒡叶属)。此属的学名,ING、TROPICOS 和 IK 记载是"Trachyphrynium Bentham in Bentham et Hook. f., Gen. 3:651. 14 Apr 1883"。"Trachyphrynium K. Schum., Nom. illegit."是"Hypselodelphys (K. Schum.) Milne-Redh. (1950)[竹芋科(蒡叶科,柊叶科)Marantaceae]"的异名。【分布】热带非洲。【模式】未指定。【参考异名】Bamburanta L. Linden (1900); Hybophrynium K. Schum. (1892)Nom. illegit.■☆

51829 Trachyphrynium K. Schum., Nom. illegit. = Hypselodelphys (K. Schum.) Milne-Redh. (1950)[竹芋科(蒡叶科,柊叶科) Marantaceae]■☆

51830 Trachyphytum Nutt. (1840)Nom. illegit. ≡Trachyphytum Nutt. ex Torr. et A. Gray(1840); ~ =Mentzelia L. (1753)［刺莲花科(硬毛草科)Loasaceae］●■☆

51831 Trachyphytum Nutt. ex Torr. et A. Gray(1840)= Mentzelia L. (1753)［刺莲花科(硬毛草科)Loasaceae］●■☆

51832 Trachypleurum Rchb. (1828)= Bupleurum L. (1753)［伞形花科(伞形科)Apiaceae(Umbelliferae)］●■

51833 Trachypoa Bubani(1901)Nom. illegit. ≡Dactylis L. (1753)［禾本科 Poaceae(Gramineae)］■

51834 Trachypogon Nees (1829)【汉】糙须禾属。【隶属】禾本科 Poaceae(Gramineae)。【包含】世界 3 种。【学名诠释与讨论】〈阳〉(希)trachys,粗糙的,不平的,凹凸的 + pogon,所有格 pogonos,指小式 pogonion,胡须,髯毛,芒。pogonias,有须的。【分布】巴拿马,秘鲁,玻利维亚,厄瓜多尔,哥伦比亚(安蒂奥基亚),哥斯达黎加,马达加斯加,尼加拉瓜,中国,热带和非洲南部,中美洲。【后选模式】Trachypogon montufari (Kunth) C. G. D. Nees [Andropogon montufari Kunth]。【参考异名】Homopogon Stapf (1908)■

51835 Trachypyrum Post et Kuntze (1903) = Fagopyrum Mill. (1754) (保留属名); ~ = Trachopyron J. Gerard ex Raf. (1837) ［蓼科 Polygonaceae］●■

51836 Trachyrhachis(Schltr.) Szlach. (2007)【汉】糙丝兰属。【隶属】兰科 Orchidaceae。【包含】世界 12 种。【学名诠释与讨论】〈阴〉(希)trachys,粗糙的,不平的,凹凸的+rhachis,针,刺。此属的学名是"Trachyrhizum (Schlechter) F. G. Brieger in F. G. Brieger et al., Schlechter Orchideen 1 (11-12): 687. Jul 1981",由"Bulbophyllum sect. Trachyrhachis Schltr. Repert. Spec. Nov. Regni Veg. Beih. 1: 704, 877. 1913"改级而来。TROPICOS 则记载为"Trachyrhachis Szlach., Richardiana 7:85. 2007";未给出模式。【分布】美国,新几内亚。【模式】不详。【参考异名】Bulbophyllum sect. Trachyrhachis Schltr. (1913); Trachyrhachis Szlach. (2007)Nom. illegit.■☆

51837 Trachyrhachis Szlach. (2007) Nom. illegit. ≡ Trachyrhachis (Schltr.) Szlach. (2007)［兰科 Orchidaceae］■☆

51838 Trachyrhizum(Schltr.) Brieger(1981)= Dendrobium Sw. (1799) (保留属名)［兰科 Orchidaceae］■

51839 Trachyrhynchium Nees(1843)= Cladium P. Browne(1756)［莎草科 Cyperaceae］■

51840 Trachyrhyngium Kunth (1837) Nom. illegit. ≡ Trachyrhynchium Neesex Kunth (1837); ~ = Cladium P. Browne (1756) ［莎草科 Cyperaceae］■

51841 Trachyrhyngium Nees ex Kunth (1837) = Cladium P. Browne (1756)［莎草科 Cyperaceae］■

51842 Trachys Pers. (1805)【汉】单翼草属。【隶属】禾本科 Poaceae (Gramineae)。【包含】世界 1 种。【学名诠释与讨论】〈阳〉(希) trachys,粗糙的,不平的,凹凸的。此属的学名,ING、TROPICOS

和 IK 记载是"Trachys Pers. , Syn. Pl.［Persoon］1：85. 1805［1 Apr-15 Jun 1805］"。"Trachyozus H. G. L. Reichenbach, Consp. 48. Dec 1828-Mar 1829"和"Trachystachys A. Dietrich, Sp. Pl. 2：16（'Trachrstachys'），743. 1833"是"Trachys Pers.（1805）"的晚出的同模式异名（Homotypic synonym, Nomenclatural synonym）。【分布】印度（南部），缅甸。【模式】Trachys mucronata Persoon, Nom. illegit.［Cenchrus muricatus Linnaeus；Trachys muricata（Linnaeus）Trinius］。【参考异名】Trachyozus Rchb.（1828）Nom. illegit. ；Trachystachys A. Dietr.（1833）Nom. illegit. ■☆

51843 Trachysciadium（DC.）Eckl. et Zeyh.（1837）= Chamarea Eckl. et Zeyh.（1837）；~ = Pimpinella L.（1753）［伞形花科（伞形科）Apiaceae（Umbelliferae）］■

51844 Trachysciadium Eckl. et Zeyh.（1837）Nom. illegit. ≡ Trachysciadium（DC.）Eckl. et Zeyh.（1837）；~ = Chamarea Eckl. et Zeyh.（1837）；~ = Pimpinella L.（1753）［伞形花科（伞形科）Apiaceae（Umbelliferae）］■☆

51845 Trachysperma Raf.（1808）= Limnanthemum S. G. Gmel.（1770）；~ = Nymphoides Ség.（1754）［龙胆科 Gentianaceae//睡菜科（莕菜科）Menyanthaceae］■

51846 Trachyspermum Link（1821）（保留属名）【汉】糙果芹属（粗果芹属，蔓芹属）。【俄】Айован。【英】Ajowan, Roughfruitparsley。【隶属】伞形花科（伞形科）Apiaceae（Umbelliferae）。【包含】世界 12-15 种，中国 4 种。【学名诠释与讨论】〈中〉（希）trachys, 粗糙的, 不平的, 凹凸的+sperma, 所有格 spermatos, 种子, 孢子。指果外面粗糙。此属的学名"Trachyspermum Link, Enum. Hort. Berol. Alt. 1：267. Mar-Jun 1821"是保留属名。相应的废弃属名是伞形花科（伞形科）Apiaceae 的"Ammios Moench, Methodus：99. 4 Mai 1794 ≡ Trachyspermum Link（1821）（保留属名）"。【分布】巴基斯坦, 印度, 中国, 热带和非洲东北部至亚洲中部。【模式】Trachyspermum copticum（Linnaeus）Link［Ammi copticum Linnaeus］。【参考异名】Ammios Moench（1794）（废弃属名）■

51847 Trachystachys A. Dietr.（1833）Nom. illegit. ≡ Trachys Pers.（1805）［禾本科 Poaceae（Gramineae）］■☆

51848 Trachystella Steud.（1841）= Tetracera L.（1753）；~ = Trachytella DC.（1817）［锡叶藤科 Tetraceraceae//五桠果科（第伦桃科, 五丫果科, 锡叶藤科）Dilleniaceae］●

51849 Trachystemma Meisn.（1840）= Trachystemon D. Don（1832）［紫草科 Boraginaceae］●☆

51850 Trachystemon D. Don（1832）【汉】糙蕊紫草属。【俄】Трахистемон。【英】Abraham-isaac-jacob。【隶属】紫草科 Boraginaceae。【包含】世界 2 种。【学名诠释与讨论】〈阳〉（希）trachys, 粗糙的, 不平的, 凹凸的+stemon, 雄蕊。此属的学名, ING, TROPICOS 和 IK 记载是"Trachystemon D. Don, Edinburgh New Philos. J. 13：239. Oct 1832"。"Nordmannia Ledebour ex Nordmann, Bull. Sci. Acad. Imp. Sci. Saint-Pétersbourg 2：312. Jul 1837"和"Psilostemon A. P. de Candolle et Alph. de Candolle, Prodr. 10：35. 8 Apr 1846"是"Trachystemon D. Don（1832）"的晚出的同模式异名（Homotypic synonym, Nomenclatural synonym）。IK 记载的"Psilostemon DC. , Prodr.［A. P. de Candolle］10：35. 1846［8 Apr 1846］"似命名人引证有误。【分布】地中海地区。【模式】Trachystemon orientalis（Linnaeus）G. Don［Borago orientalis Linnaeus］。【参考异名】Nordmannia Ledeb. ex Nordm.（1837）Nom. illegit. ；Psilostemon DC.（1846）Nom. illegit. ；Psilostemon DC. et A. DC.（1846）Nom. illegit. ；Trachystemma Meisn.（1840）●☆

51851 Trachystigma C. B. Clarke（1883）【汉】糙柱苣苔属。【隶属】苦苣苔科 Gesneriaceae。【包含】世界 1 种。【学名诠释与讨论】〈中〉（希）trachys+stigma, 所有格 stigmatos, 柱头, 眼点。【分布】热带非洲。【模式】Trachystigma mannii C. B. Clarke ■☆

51852 Trachystoma O. E. Schulz（1916）【汉】糙嘴芥属。【隶属】十字花科 Brassicaceae（Cruciferae）。【包含】世界 3 种。【学名诠释与讨论】〈中〉（希）trachys, 粗糙的, 不平的, 凹凸的+stoma, 所有格 stomatos, 口。【分布】摩洛哥。【模式】Trachystoma ballii O. E. Schulz。【参考异名】Pantorrhynchus Murb.（1922）■☆

51853 Trachystylis S. T. Blake（1937）【汉】糙柱莎属。【隶属】莎草科 Cyperaceae。【包含】世界 2 种。【学名诠释与讨论】〈阴〉（希）trachys, 粗糙的, 不平的, 凹凸的+stylos = 拉丁文 style, 花柱, 中柱, 有尖之物, 桩, 柱, 支持物, 支柱, 石头做的界标。【分布】澳大利亚（昆士兰）。【模式】Trachystylis foliosa S. T. Blake ■☆

51854 Trachytella DC.（1817）= Tetracera L.（1753）［锡叶藤科 Tetraceraceae//五桠果科（第伦桃科, 五丫果科, 锡叶藤科）Dilleniaceae］●

51855 Trachytheca Nutt. ex Benth.（1856）= Eriogonum Michx.（1803）［蓼科 Polygonaceae//野荞麦木科 Eriogonaceae］●■☆

51856 Trachythece Pierre【汉】赤道山榄属。【隶属】山榄科 Sapotaceae。【包含】世界 1 种。【学名诠释与讨论】〈阴〉（希）trachys, 粗糙的, 不平的, 凹凸的+theca, 匣子, 箱子, 室, 药室, 囊。此属的学名还要再考证。【分布】西赤道非洲。【模式】不详●☆

51857 Tractema Raf.（1837）【汉】欧非风信子属。【隶属】风信子科 Hyacinthaceae//百合科 Liliaceae。【包含】世界 6 种。【学名诠释与讨论】〈阴〉词源不详。【分布】非洲, 欧洲。【模式】Tractema pumila（Brotero）Rafinesque［Scilla pumila Brotero］■☆

51858 Tractocopevodia Raizada et K. Naray.（1946）【汉】缅甸芸香属。【隶属】芸香科 Rutaceae。【包含】世界 1 种。【学名诠释与讨论】〈阴〉（拉）tracho, 拉。过去分词 tractus, 拉的+odous, 所有格 odontos, 齿。【分布】缅甸。【模式】Tractocopevodia burmahica Raizada et Narayanaswami ●☆

51859 Tracyanthus Small（1903）= Zigadenus Michx.（1803）［百合科 Liliaceae//黑药花科（藜芦科）Melanthiaceae］■☆

51860 Tracyina S. F. Blake（1937）【汉】喙实菀属。【隶属】菊科 Asteraceae（Compositae）。【包含】世界 1 种。【学名诠释与讨论】〈阴〉（人）Joseph Prince Tracy, 1879-1953, 美国植物学者+-inus, -ina, -inum, 拉丁文加在名词词干之后, 以形成形容词的词尾, 含义为"属于、相似、关于、小的"。【分布】美国（加利福尼亚）。【模式】Tracyina rostrata S. F. Blake ■☆

51861 Tradescantella Small（1903）= Callisia Loefl.（1758）；~ = Phyodina Raf.（1837）［鸭跖草科 Commelinaceae］■☆

51862 Tradescantia L.（1753）【汉】水竹草属（吊竹兰属, 吊竹梅属, 重扇属, 紫背万年青属, 紫露草属, 紫万年青属, 紫竹梅属）。【日】シマフムラサキツユクサ属, シマムラサキツユクサ属, ゼブリーナ属, ムラサキツュクサ属。【俄】Зебрина, Традесканция。【英】Spider-lily, Spiderwort, Tradescantia, Virginia Spiderwort, Wandering Jew, Wanderingjew, Wandering-jew, Zebrina。【隶属】［鸭跖草科 Commelinaceae］。【包含】世界 60-70 种, 中国 2 种。【学名诠释与讨论】〈阴〉（人）John Tradescant, 1608-1662, 英国博物学者, 园艺家, Charls 一世的园丁, 植物采集家。此属的学名, ING, APNI, TROPICOS 和 IK 记载是"Tradescantia Linnaeus, Sp. Pl. 288. 1 May 1753"。IK 则记载为"Tradescantia Ruppiusex L. , Sp. Pl. 1：288. 1753［1 May 1753］"。"Tradescantia Ruppius"是命名起点著作之前的名称, 故"Tradescantia L.（1753）"和"Tradescantia Ruppius ex L.（1753）"都是合法名称, 可以通用。"Ephemerum P. Miller, Gard. Dict. Abr. ed. 4（'Ephemeron'）. 28 Jan 1754（废弃属名）"是"Tradescantia L.（1753）"的晚出的同模式异名（Homotypic synonym, Nomenclatural synonym）；"Ephemeron Mill.（1754）"是"Ephemerum Mill.（1754）Nom. illegit.（废弃属

名)" 的拼写变体。" Ephemerum H. G. L. Reichenbach, Fl. German. Excurs. 409. Jul – Dec 1831 ≡ Lerouxia Merat (1812) = Lysimachia L. (1753) [报春花科 Primulaceae//珍珠菜科 Lysimachiaceae]" 和 " Ephemerum Tourn. ex Moench, Methodus (Moench) 237(1794) [4 May 1794] =Tradescantia L. (1753) [鸭趾草科 Commelinaceae]" 是晚出的非法名称。苔藓的 "Ephemerum Hampe, Flora 20: 285. 14 Mai 1837" 也是晚出的名称,但是一个保留属名。【分布】巴基斯坦,巴拿马,秘鲁,玻利维亚,厄瓜多尔,哥伦比亚(安蒂奥基亚),哥斯达黎加,马达加斯加,美国(密苏里),尼加拉瓜,中国,中美洲。【模式】Tradescantia virginiana Linnaeus。【参考异名】Campelia Rich. (1808); Cymbispatha Pichon (1946); Eothinanthes Raf.; Ephemeron Mill. (1754) Nom. illegit. (废弃属名); Ephemerum Mill. (1754) Nom. illegit. (废弃属名); Ephemerum Tourn. ex Moench (1794) Nom. illegit. (废弃属名); Etheosanthes Raf. (1825); Gibasis Raf. (1837); Haploleja Post et Kuntze (1903); Heterachthia Kuntze (1850); Knowlesia Hassk. (1866); Leiandra Raf. (1837); Mandonia Hassk. (1871) Nom. illegit.; Neomandonia Hutch. (1934) Nom. illegit.; Neotreleasea Rose (1903) Nom. illegit.; Rhaeo C. B. Clarke (1881); Rheo Hance; Rhoeo Hance (1852); Separotheca Waterf. (1959); Setcreasea K. Schum. (1901) Nom. illegit.; Setcreasea K. Schum. et Syd. (1901); Siphostima Raf. (1837); Skofitzia Hassk. et Kanitz (1872); Tradescantia Ruppius ex L. (1753); Treleasea Rose (1899) Nom. illegit.; Tropitia Pichon; Tropitria Raf. (1837); Zebrina Schnizl. (1849)●■

51863 Tradescantia Ruppius ex L. (1753) ≡ Tradescantia L. (1753) [鸭趾草科 Commelinaceae]■

51864 Tradescantiaceae Salisb. (1834) = Commelinaceae Mirb. (保留科名)●■

51865 Traevia Neck. (1790) Nom. inval. = Trewia L. (1753) [大戟科 Euphorbiaceae]●

51866 Tragacantha Mill. (1754) = Astragalus L. (1753) [豆科 Fabaceae(Leguminosae)//蝶形花科 Papilionaceae]●■

51867 Traganopsis Maire et Wilczek (1936) 【汉】簇花蓬属。【隶属】藜科 Chenopodiaceae。【包含】世界 1 种。【学名诠释与讨论】〈阴〉(属) Traganum 单花蓬属+希腊文 opsis,外观,模样,相似。【分布】摩洛哥。【模式】Traganopsis glomerata Maire et Wilczek ●☆

51868 Tragantha Endl. (1837) Nom. illegit. ≡Tragantha Wallr. ex Endl. (1837); ~ = Eupatorium L. (1753); ~ =Traganthes Walk. (1822) Nom. inval. [菊科 Asteraceae(Compositae)//泽兰科 Eupatoriaceae]■●

51869 Tragantha Wallr. ex Endl. (1837) = Eupatorium L. (1753) [菊科 Asteraceae(Compositae)//泽兰科 Eupatoriaceae]■●

51870 Traganthes Wallr. (1822) Nom. inval. = Eupatorium L. (1753) [菊科 Asteraceae(Compositae)//泽兰科 Eupatoriaceae]■●

51871 Traganthus Klotzsch (1841) = Adelia L. (1759) (保留属名); ~ =Bernardia Mill. (1754) (废弃属名) [大戟科 Euphorbiaceae]●☆

51872 Traganum Delile (1813) 【汉】单花蓬属。【隶属】藜科 Chenopodiaceae。【包含】世界 2 种。【学名诠释与讨论】〈阴〉(人)德国草药医生 Hieronymus Bock(1498-1554)的拉丁名。另说来自希腊文 tragos,山羊。指山羊喜欢的植物。【分布】巴勒斯坦,西班牙(加那利群岛),摩洛哥,撒哈拉沙漠至阿拉伯地区。【模式】Traganum nudatum Delile ●☆

51873 Tragia L. (1753) 【汉】刺痒藤属。【英】Noseburn。【隶属】大戟科 Euphorbiaceae。【包含】世界 100 种。【学名诠释与讨论】〈阴〉(人)Hieronymus (Jerome) Bock (latine Tragus), 1498-1554,

德国植物学者,医生。New Kreiitter Buck. Strassburg 1539 的作者。此属的学名,ING、APNI 和 GCI 记载为"Tragia L., Sp. Pl. 2: 980. 1753 [1 May 1753]"。IK 则记载为"Tragia Plum. ex L., Sp. Pl. 2: 980. 1753 [1 May 1753]"。"Tragia Plum."是命名起点著作之前的名称,故"Tragia L. (1753)"和"Tragia Plum. ex L. (1753)"都是合法名称,可以通用。"Schorigeram Adanson, Fam. 2: 355. Jul-Aug 1763"是"Tragia L. (1753)"的晚出的同模式异名 (Homotypic synonym, Nomenclatural synonym)。【分布】巴拉圭,巴拿马,秘鲁,玻利维亚,厄瓜多尔,哥伦比亚,马达加斯加,美国(密苏里),尼加拉瓜,中国,中美洲。【后选模式】Tragia volubilis Linnaeus。【参考异名】Agirta Baill. (1858); Allosandra Raf. (1840); Bia Klotzsch(1841); Lassia Baill. (1858); Leptobotrys Baill. (1858); Leptorachis Baill. (1858); Leptorhachis Klotzsch (1841); Leptorhachys Meisn. (1843); Leucandra Klotzsch (1841); Schorigeram Adans. (1763) Nom. illegit.; Tragia Plum. ex L. (1753); Zuchertia Baill. (1858)●

51874 Tragia Plum. ex L. (1753) ≡ Tragia L. (1753) [大戟科 Euphorbiaceae]●

51875 Tragiaceae Raf. (1838) = Euphorbiaceae Juss. (保留科名)●■

51876 Tragiella Pax et K. Hoffm. (1919) 【汉】特拉大戟属。【隶属】大戟科 Euphorbiaceae。【包含】世界 5 种。【学名诠释与讨论】〈阴〉(人) Hieronymus (Jerome) Bock (latine Tragus), 1498-1554, 德国植物学者,医生+-ellus, -ella, -ellum,加在名词词干后面形成指小式的词尾。或加在人名、属名等后面以组成新属的名称。或 Tragia 刺痒藤属+-ella。此属的学名是"Tragiella Pax et K. Hoffmann in Engler, Pflanzenr. IV. 147 IX (Heft 68): 104. 6 Jun 1919"。亦有文献把其处理为"Sphaerostylis Baill. (1858)"的异名。【分布】热带非洲和非洲南部。【模式】未指定。【参考异名】Sphaerostylis Baill. (1858)●☆

51877 Tragiola Small et Pennell(1933) = Gratiola L. (1753) [玄参科 Scrophulariaceae//婆婆纳科 Veronicaceae]■

51878 Tragiopsis H. Karst. (1859) = Sebastiania Spreng. (1821) [大戟科 Euphorbiaceae]●

51879 Tragiopsis Pomel (1874) Nom. illegit. ≡ Stoibrax Raf. (1840) [伞形花科(伞形科) Apiaceae(Umbelliferae)]■☆

51880 Tragium Spreng. (1813) = Pimpinella L. (1753) [伞形花科(伞形科) Apiaceae(Umbelliferae)]■

51881 Tragoceras Spreng. (1826) Nom. illegit. ≡ Tragoceros Kunth (1818) [菊科 Asteraceae(Compositae)]●■

51882 Tragoceros Kunth(1818) = Zinnia L. (1759) (保留属名) [菊科 Asteraceae(Compositae)]●■

51883 Tragolium Raf. (1840) = Pimpinella L. (1753) [伞形花科(伞形科) Apiaceae(Umbelliferae)]■

51884 Tragopogon L. (1753) 【汉】婆罗门参属。【日】バラモンジン属。【俄】Козлобородник。【英】Goat's Beard, Goat's-beard, Goatsbeard, Salsify。【隶属】菊科 Asteraceae(Compositae)。【包含】世界 110-150 种,中国 14-18 种。【学名诠释与讨论】〈阳〉(希) tragos,指小式 tragultis,公山羊,来自 trago 轻咬+pogon,所有格 pogonos,指小式 pogonion,胡须,髯毛,芒。pogonias,有须的。指冠毛山羊须状。【分布】美国,中国,温带欧亚大陆,非洲南部,中美洲。【后选模式】Tragopogon porrifolius Linnaeus [as 'porrifolium']。【参考异名】Geropogon L. (1763)■

51885 Tragopogonodes Kuntze(1891) Nom. illegit. ≡Urospermum Scop. (1777) [菊科 Asteraceae(Compositae)]■☆

51886 Tragopogum St. - Lag. (1880) Nom. illegit. [菊科 Asteraceae (Compositae)]☆

51887 Tragopyrum M. Bieb. (1819) = Atraphaxis L. (1753) [蓼科

Polygonaceae]●

51888　Tragoriganum Gronov. = Satureja L. (1753)［唇形科 Lamiaceae (Labiatae)］●■

51889　Tragoselinum Haller(1742) Nom. inval. ≡ Tragoselinum Tourn. ex Haller(1742) Nom. inval.；~ = Pimpinella L. (1753)［伞形花科 (伞形科) Apiaceae(Umbelliferae)］■

51890　Tragoselinum Mill. (1754) Nom. illegit. ≡ Pimpinella L. (1753)［伞形花科(伞形科) Apiaceae(Umbelliferae)］■

51891　Tragoselinum Tourn. ex Haller(1742) Nom. inval. = Pimpinella L. (1753)［伞形花科(伞形科) Apiaceae(Umbelliferae)］■

51892　Tragosma C. A. Mey. ex Ledeb. (1844) = Cymbocarpum DC. ex C. A. Mey. (1831)［伞形花科(伞形科) Apiaceae(Umbelliferae)］■☆

51893　Tragularia Koch. ex Roxb. (1832) = Pisonia L. (1753)［紫茉莉科 Nyctaginaceae//腺果藤科(避霜花科) Pisoniaceae］●

51894　Tragus Haller(1768)(保留属名)【汉】锋芒草属(虱子草属)。【俄】Козелец, Козлец, Трагус。【英】Bur Grass, Burgrass, Bur-grass, Cocklebur Grass。【隶属】禾本科 Poaceae(Gramineae)。【包含】世界 7-8 种, 中国 2-3 种。【学名诠释与讨论】〈阳〉(人) Hieronymus Bock (Tragus), 1498-1554, 德国植物学者, 医生, 教师。此属的学名"Tragus Haller, Hist. Stirp. Helv. 2：203. 25 Mar 1768"是保留属名。相应的废弃属名是禾本科 Poaceae (Gramineae)的"Nazia Adans., Fam. Pl. 2：31, 581. Jul-Aug 1763 ≡ Tragus Haller (1768)(保留属名)"。禾本科 Poaceae (Gramineae)的"Tragus Panz., Denkschr. Akad. Muench. 1813 (1814) 296 = Brachypodium P. Beauv. (1812) = Festuca L. (1753)"亦应废弃。"Lappago Schreber, Gen. 55. Apr 1789"和"Nazia Adanson, Fam. 2：31, 581. Jul-Aug 1763(废弃属名)"是"Tragus Haller (1768)(保留属名)"的晚出的同模式异名(Homotypic synonym, Nomenclatural synonym)。【分布】巴基斯坦, 秘鲁, 玻利维亚, 厄瓜多尔, 马达加斯加, 中国, 中美洲。【模式】Tragus racemosus (Linnaeus) Allioni［Cenchrus racemosus Linnaeus］。【参考异名】Echinanthus Cerv. (1870)；Echinanthus Cerv. et Cord. ?；Echisachys Neck. (1790) Nom. inval.；Lappago Schreb. (1789) Nom. illegit.；Nazia Adans. (1763)(废弃属名)■

51895　Tragus Panz. (1813) Nom. illegit. (废弃属名) = Brachypodium P. Beauv. (1812)；~ = Festuca L. (1753)［禾本科 Poaceae (Gramineae)//羊茅科 Festucaceae］■

51896　Traillia Lindl. ex Endl. (1841) = Schimpera Steud. et Hochst. ex Endl. (1839)［十字花科 Brassicaceae(Cruciferae)］■☆

51897　Trailliaedoxa W. W. Sm. et Forrest(1917)【汉】丁茜属。【英】Trailliaedoxa。【隶属】茜草科 Rubiaceae。【包含】世界 1 种, 中国 1 种。【学名诠释与讨论】〈阴〉(人) Jamemes William Helenus Trail, 1801-1919, 英国植物学者 + doxa, 光荣, 光彩, 华丽, 荣誉, 有名, 显著。另说纪念英国植物学者 George William Traill(1836-1897)的女儿和妻子。【分布】中国。【模式】Trailliaedoxa gracilis W. W. Smith et Forrest●★

51898　Trallesia Zumagl. (1849) = Matricaria L. (1753)(保留属名)；~ = Tripleurospermum Sch. Bip. (1844)［菊科 Asteraceae (Compositae)］■

51899　Tralliana Lour. (1790) = Colubrina Rich. ex Brongn. (1826)(保留属名)［鼠李科 Rhamnaceae］●

51900　Trambis Raf. (1837) Nom. illegit. ≡ Phlomoides Moench (1794)；~ = Phlomis L. (1753)［唇形科 Lamiaceae(Labiatae)］●■

51901　Tramoia Schwacke et Taub. ex Glaz. (1913)【汉】巴西乳莘麻属。【隶属】莘麻科 Urticaceae。【包含】世界 1 种。【学名诠释与讨论】〈阴〉词源不详。【分布】巴西(东部)。【模式】Tramoia lactifera Schwacke et Taub. ex Glaz. ☆

51902　Trankenia Thunb. (1818) = Frankenia L. (1753)［瓣鳞花科 Frankeniaceae］●■

51903　Transberingia Al-Shehbaz et O'Kane(2003)【汉】白令芥属(新白令芥属)。【隶属】十字花科 Brassicaceae(Cruciferae)。【包含】世界 1 种。【学名诠释与讨论】〈阴〉(拉) trans-, 横过, 穿过, 以外 + (属) Beringia 白令芥属。此属的学名"Transberingia Al-Shehbaz et O'Kane, Novon 13(4)：396. 2003 [5 Dec 2003]"是一个替代名称。"Beringia R. A. Price, Al-Shehbaz et O'Kane, Novon 11：333. 2001 [21 Sep 2001]"是一个非法名称(Nom. illegit.), 因为此前已经有了藻类的"Beringia L. P. Perestenko, Bot. Zurn. (Moscow et Leningrad) 60：1683. 6 Nov 1975"。【分布】俄罗斯, 北美洲。【模式】Transberingia bursifolia (DC.) Al-Shehbaz et O'Kane［Beringia bursifolia (A. P. de Candolle) R. A. Price, I. A. Al-Shehbaz et S. L. O'Kane；Nasturtium bursifolium A. P. de Candolle］。【参考异名】Beringia R. A. Price, Al-Shehbaz et O'Kane(2001) Nom. illegit. ■☆

51904　Transcaucasia M. Hiroe(1979) = Astrantia L. (1753)［伞形花科 (伞形科) Apiaceae(Umbelliferae)］■☆

51905　Trapa L. (1753)【汉】菱属。【日】ヒシ属。【俄】Водяной opex, Рогульник。【英】Water Chestnut, Waterchestnut。【隶属】菱科 Trapaceae//柳叶菜科 Onagraceae。【包含】世界 2-40 种, 中国 2-15 种。【学名诠释与讨论】〈阴〉(拉) calcitrapa, 古代的四刺武器, 状似铁蒺藜。指果具 4 角。此属的学名, ING、TROPICOS 和 IK 记载是"Trapa L., Sp. Pl. 1：120. 1753 [1 May 1753]"。"Tribuloides Séguier, Pl. Veron. 3：192. Jul-Dec 1754"是"Trapa L. (1753)"的晚出的同模式异名(Homotypic synonym, Nomenclatural synonym)。【分布】巴基斯坦, 中国, 旧世界的热带、亚热带和温带地区。【模式】Trapa natans Linnaeus。【参考异名】Tribuloides Ség. (1754) Nom. illegit. ■

51906　Trapaceae Dumort. (1829)(保留科名)［亦见 Lythraceae J. St.-Hil. (保留科名)千屈菜科和 Trapellaceae Honda et Sakis. 茶菱科］【汉】菱科。【日】ヒシ科。【俄】Рогульниковые。【英】Water Chestnut Family, Waterchestnut Family。【包含】世界 1 属 2-40 种, 中国 1 属 2-15 种。【分布】欧洲中部和东南部, 温带和热带亚洲和非洲。【科名模式】Trapa L. ■

51907　Trapaulos Rchb. (1828) = Hydrangea L. (1753)；~ = Traupalos Raf. (1820)［虎耳草科 Saxifragaceae//绣球花科(八仙花科, 绣球科) Hydrangeaceae］●

51908　Trapella Oliv. (1887)【汉】茶菱属(茶菱角属, 铁菱角属)。【日】ヒシモドキ属。【俄】Трапелла。【英】Trapella。【隶属】胡麻科 Pedaliaceae//茶菱科 Trapellaceae。【包含】世界 1-2 种, 中国 1 种。【学名诠释与讨论】〈阴〉(属) Trapa 菱属 + 拉丁文 -ellus 小的。指果具刺状附属物。【分布】中国, 东亚。【模式】Trapella sinensis D. Oliver ■

51909　Trapellaceae Honda et Sakis. (1930)［亦见 Pedaliaceae R. Br. (保留科名)、Plantaginaceae Juss. (保留科名)车前科(车前草科)和 Tremandraceae R. Br. ex DC. (保留科名)］【汉】茶菱科。【包含】世界 1 属 2 种, 中国 1 属 1 种。【分布】东亚。【科名模式】Trapella Oliv. ■

51910　Trasera Raf. = Frasera Walter(1788)［龙胆科 Gentianaceae］■☆

51911　Trasi Lestib. (1819) Nom. illegit. ≡ Trasi P. Beauv. ex Lestib. (1819)［莎草科 Cyperaceae］■

51912　Trasi P. Beauv. ex Lestib. (1819) = Trasis P. Beauv. ex Lestib. (1819)［莎草科 Cyperaceae］■

51913　Trasis P. Beanv. (1819) Nom. illegit. ≡ Trasis P. Beauv. ex Lestib. (1819)；~ = Cladium P. Browne (1756)［莎草科

Cyperaceae］■

51914 Trasis P. Beauv. ex Lestib.（1819）= Cladium P. Browne（1756）［莎草科 Cyperaceae］■

51915 Trasus S. F. Gray（1821）= Carex L.（1753）［莎草科 Cyperaceae］■

51916 Trattenikia Pers.（1807）Nom. illegit. ≡ Marshallia Schreb.（1791）（保留属名）［菊科 Asteraceae（Compositae）］■☆

51917 Trattinnickia Willd.（1806）Nom. illegit. ≡ Trattinnickia Willd.（1806）［橄榄科 Burseraceae］●☆

51918 Trattinickya A. Juss. = Trattinnickia Willd.（1806）［橄榄科 Burseraceae］●☆

51919 Trattnnickia Willd.（1806）【汉】特拉橄榄属。【隶属】橄榄科 Burseraceae。【包含】世界 11 种。【学名诠释与讨论】〈阴〉（人）Leopold von Trattinnick（Trattinick, Trattinnik），1764-1849,奥地利植物学者,博物学者,真菌学者。此属的学名,ING 和 GCI 记载是"Trattinnickia Willdenow, Sp. Pl. 4 : 975. 1806"。IK 则记载为"Trattinnickia Willd., Sp. Pl., ed. 4 ［Willldenow］4（2）: 975（Trattinnickia）. 1806［Apr 1806］"。三者引用的文献相同。【分布】巴拿马,秘鲁,玻利维亚,厄瓜多尔,哥伦比亚（安蒂奥基亚）,尼加拉瓜,中美洲。【模式】Trattinnickia rhoifolia Willdenow。【参考异名】Trattinickia Willd.（1806）Nom. illegit. ; Trattinickya A. Juss. ●☆

51920 Traubia Moldenke（1963）【汉】智利特石蒜属。【隶属】石蒜科 Amaryllidaceae。【包含】世界 1 种。【学名诠释与讨论】〈阴〉（人）Hamilton Paul Traub,1890-1983,植物学者。【分布】智利。【模式】Traubia chilensis（F. Philippi）H. N. Moldenke［Lapiedra chilensis F. Philippi］■☆

51921 Traunia K. Schum.（1895）= Toxocarpus Wight et Arn.（1834）［萝藦科 Asclepiadaceae］●

51922 Traunsteinera Rchb.（1842）【汉】特劳兰属（吐氏兰属）。【俄】Траунштейнера。【英】Globe Orchid。【隶属】兰科 Orchidaceae。【包含】世界 1 种。【学名诠释与讨论】〈阴〉（人）Joseph（Josef）Traunsteiner,1798-1850,奥地利植物学者,药剂师,Monographic der Weiden von Tirol und Vorarlberg. Innsbruck 1842 的作者。【分布】地中海地区,欧洲。【模式】Traunsteinera globosa（Linnaeus）H. G. L. Reichenbach［Orchis globosa Linnaeus］。【参考异名】Orchites Schur（1866）■☆

51923 Traupalos Raf.（1820）= Hydrangea L.（1753）［虎耳草科 Saxifragaceae//绣球花科（八仙花科,绣球科）Hydrangeaceae］●

51924 Trautvetteria Fisch. et C. A. Mey.（1835）【汉】无瓣毛茛属（槭叶升麻属）。【日】モミジカラマツ属。【俄】Траутфеттерия。【英】False Bugbane, Tassel-rue。【隶属】毛茛科 Ranunculaceae。【包含】世界 1-2 种。【学名诠释与讨论】〈阴〉（人）Ernst Rudolph von Trautvetter,1804-1889,俄罗斯植物学者,教授,圣彼得堡植物园园长。【分布】美国,墨西哥,东亚,北美洲。【模式】Trautvetteria palmata（Michaux）F. E. L. Fischer et C. A. Meyer［Cimicifuga palmata Michaux］■☆

51925 Traversia Hook. f.（1864）【汉】黏菊木属。【隶属】菊科 Asteraceae（Compositae）。【包含】世界 1 种。【学名诠释与讨论】〈阴〉（人）William Thomas Locke Travers,1819-1903,英国植物学者,法官。此属的学名是"Traversia J. D. Hooker, Handb. New Zealand Fl. 163. 1864"。亦有文献把其处理为"Senecio L.（1753）"的异名。【分布】新西兰。【模式】Traversia baccharoides J. D. Hooker。【参考异名】Senecio L.（1753）●☆

51926 Traxara Raf.（1838）= Lobostemon Lehm.（1830）［紫草科 Boraginaceae］■☆

51927 Traxilisa Raf.（1838）= Tetracera L.（1753）［锡叶藤科 Tetraceraceae//五桠果科（第伦桃科,五丫果科,锡叶藤科）Dilleniaceae］●

51928 Traxilum Raf.（1838）= Ehretia P. Browne（1756）［紫草科 Boraginaceae//破布木科（破布树科）Cordiaceae//厚壳树科 Ehretiaceae］●

51929 Trecacoris Pritz.（1855）= Thecacoris A. Juss.（1824）［大戟科 Euphorbiaceae］●☆

51930 Trechonaetes Miers（1845）= Jaborosa Juss.（1789）［茄科 Solanaceae］●☆

51931 Trecula Decne.（1847）Nom. illegit. ≡ Treculia Decne. ex Trécul（1847）［桑科 Moraceae］●☆

51932 Treculia Decne. ex Trécul（1847）【汉】非洲面包桑属（特里桑属,特丘桑属）。【俄】Трекулия。【英】Treculia。【隶属】桑科 Moraceae。【包含】世界 3 种。【学名诠释与讨论】〈阴〉（人）Auguste（Adolphe Lucien）Trecul,1818-1896,法国植物学者。此属的学名,ING 和 IK 记载是"Treculia Decaisne ex Trécul, Ann. Sci. Nat. Bot. ser. 3. 8 : 108. Jul - Dec 1847"。"Treculia Decne.（1847）≡ Treculia Decne. ex Trécul（1847）"的命名人引证有误。【分布】马达加斯加,利比里亚（宁巴）,热带非洲。【模式】Treculia africana Decaisne ex Trécul。【参考异名】Acanthotreculia Engl.（1908）; Myriopeltis Welw. ex Hook. f. ; Pseudotreculia（Baill.）B. D. Jacks., Nom. illegit. ; Pseudotreculia Baill.（1875）Nom. inval. ; Treculia Decne.（1847）Nom. illegit. ●☆

51933 Treichelia Vatke（1874）【汉】特雷桔梗属。【隶属】桔梗科 Campanulaceae。【包含】世界 1 种。【学名诠释与讨论】〈阴〉（人）Alexander（Johann August）Treichel,1837-1901,德国植物学者。此属的学名"Treichelia Vatke, Linnaea 38 : 700. Dec 1874"是一个替代名称。"Leptocodon Sonder in W. H. Harvey et Sonder, Fl. Cap. 3 : 584. 24 Feb - Jul 1865"是一个非法名称（Nom. illegit.）,因为此前已经有了"Leptocodon（J. D. Hooker）Lemaire, Ill. Hort. 3. Misc. 49. Jun 1856［桔梗科 Campanulaceae］"。故用"Treichelia Vatke（1874）"替代之。【分布】非洲南部。【模式】Treichelia longebracteata（Buek）Vatke［Microcodon longebracteatum Buek］。【参考异名】Leptocodon Sond.（1865）Nom. illegit. ■☆

51934 Treisia Haw.（1812）= Euphorbia L.（1753）［大戟科 Euphorbiaceae］●■

51935 Treisteria Griff.（1854）= Curanga Juss.（1807）［玄参科 Scrophulariaceae］■☆

51936 Treleasea Rose（1899）Nom. illegit. ≡ Setcreasea K. Schum. et Syd.（1901）; ~ = Tradescantia L.（1753）［鸭跖草科 Commelinaceae］■

51937 Trema Lour.（1790）【汉】山黄麻属（山麻黄属）。【日】ウラジロエノキ属。【英】Nettletree, Trema, Wildjute。【隶属】榆科 Ulmaceae。【包含】世界 10-55 种,中国 6-9 种。【学名诠释与讨论】〈阴〉（希）trema,所有格 trematos,穴,孔,洞。指果核具凹陷。【分布】巴基斯坦,玻利维亚,中国,热带和亚热带,中美洲。【模式】Trema cannabina Loureiro。【参考异名】Sponia Comm. ex Decne.（1834）; Sponia Comm. ex Lam. ●

51938 Tremacanthus S. Moore（1904）【汉】穴刺爵床属。【隶属】爵床科 Acanthaceae。【包含】世界 1 种。【学名诠释与讨论】〈阳〉（希）trema, 所有格 trematos, 穴、孔、洞 + akantha, 荆棘。akanthikos, 荆棘的。akanthion, 蓟的一种,豪猪,刺猬。akanthinos,多刺的,用荆棘做成的。在植物学中,acantha 通常指刺。【分布】巴西,中美洲。【模式】Tremacanthus robertii S. Moore［as 'roberti'］■☆

51939 Tremacron Craib（1918）【汉】短檐苣苔属（斜管苣苔属）。

【英】Tremacron。【隶属】苦苣苔科 Gesneriaceae。【包含】世界 7 种,中国 7 种。【学名诠释与讨论】〈中〉(希)trema,所有格 trematos,穴,孔,洞+akron,顶点,最高点。指花药顶孔开裂。【分布】中国。【后选模式】Tremacron forrestii Craib ■★

51940 Tremandra R. Br. (1814) Nom. inval. ≡ Tremandra R. Br. ex DC. (1824)[孔药木科(独勃门多拉科,假石南科,孔药花科)Tremandraceae//杜英科 Elaeocarpaceae]●☆

51941 Tremandra R. Br. ex DC. (1824)【汉】孔药木属(孔药花属)。【隶属】孔药木科(独勃门多拉科,假石南科,孔药花科)Tremandraceae//杜英科 Elaeocarpaceae。【包含】世界 2 种。【学名诠释与讨论】〈阴〉(希)trema,所有格 trematos,洞,孔,穴。又阴性生殖器。trematodes,钻了孔的+aner,所有格 andros,雄性,雄蕊。指花药顶部具孔或裂口。此属的学名,ING、APNI、TROPICOS 和 IK 记载是"Tremandra R. Brown ex A. P. de Candolle,Prodr. 1:344. Jan 1824"。"Tremandra R. Br.,in Flind. Voy. App. ii. 544(1814)≡Tremandra R. Br. ex DC. (1824)"是一个未合格发表的名称(Nom. inval.)。【分布】澳大利亚(西部)。【后选模式】Tremandra stelligera R. Brown ex A. P. de Candolle。【参考异名】Tremandra R. Br. (1814)Nom. inval. ●☆

51942 Tremandraceae DC. = Elaeocarpaceae Juss. (保留科名);~ = Tremandraceae R. Br. ex DC. (保留科名)●☆

51943 Tremandraceae R. Br. ex DC. (1824)(保留科名)[亦见 Elaeocarpaceae Juss. (保留科名)杜英科]【汉】孔药木科(独勃门多拉科,假石南科,孔药花科)。【包含】世界 2-3 属 25-43 种。【分布】澳大利亚。【科名模式】Tremandra R. Br. ex DC. ●☆

51944 Tremanthera Post et Kuntze(1903) = Saurauia Willd. (1801)(保留属名);~ = Trematanthera F. Muell. (1886)[猕猴桃科 Actinidiaceae//水东哥科(伞罗夷科,水冬瓜科)Saurauiaceae]●

51945 Tremanthus Pers. (1805)Nom. illegit. ≡ Strigilia Cav. (1789);~ = Styrax L. (1753)[安息香科(齐墩果科,野茉莉科)Styracaceae]●

51946 Tremasperma Raf. (1838) = Calonyction Choisy(1834)[旋花科 Convolvulaceae]■

51947 Tremastelma Raf. (1838) = Lomelosia Raf. (1838);~ = Scabiosa L. (1753)[川续断科(刺参科,蓟叶参科,山萝卜科,续断科)Dipsacaceae//蓝盆花科 Scabiosaceae]●■

51948 Trematanthera F. Muell. (1886) = Saurauia Willd. (1801)(保留属名)[猕猴桃科 Actinidiaceae//水东哥科(伞罗夷科,水冬瓜科)Saurauiaceae]●

51949 Trematocarpus Zahlbr. ex Rock (1891)Nom. illegit. ≡ Trematolobelia Zahlbr. (1913)[桔梗科 Campanulaceae]●☆

51950 Trematolobelia Zahlbr. (1913)【汉】凹半边莲属。【隶属】桔梗科 Campanulaceae。【包含】世界 4 种。【学名诠释与讨论】〈阴〉(希)trema,穴,孔,洞+(属)Lobelia 半边莲属(山梗菜属)。指蒴果。此属的学名是一个替代名称。ING 和 IK 记载是"Trematolobelia A. Zahlbruckner ex J. F. Rock,Coll. Hawaii Publ. Bull. 2:45. 16 Oct 1913"。TROPICOS 则记载为"Trematolobelia Zahlbr. ,College of Hawaii Publications:Bulletin 2:45. 1913"。"Trematocarpus A. Zahlbruckner,Ann. K. K. Naturhist. Hofmus. 6:430. 1891"是一个非法名称(Nom. illegit.),因为此前已经有了红藻的"Trematocarpus Kuetzing,Phycol. Gen. 410. 14-16 Sep 1843"。故用"Trematolobelia Zahlbr. (1913)"替代之。【分布】美国(夏威夷)。【模式】Trematolobelia macrostachys (W. J. Hooker et Arnott)A. Zahlbruckner ex J. F. Rock[Lobelia macrostachys W. J. Hooker et Arnott]。【参考异名】Trematocarpus Zahlbr. ex Rock(1891)Nom. illegit. ●☆

51951 Trematosperma Urb. (1883) = Pyrenacantha Wight(1830)(保留属名)[茶茱萸科 Icacinaceae]●

51952 Trembleya DC. (1828)【汉】特伦野牡丹属。【隶属】野牡丹科 Melastomataceae。【包含】世界 11 种。【学名诠释与讨论】〈阴〉(人)Abraham Trembley,1710-1784,瑞士植物学者,动物学者,博物学者。【分布】巴西(南部)。【模式】未指定。【参考异名】Hemiandra Rich. ex Triana,Nom. illegit. ●☆

51953 Tremolsia Gand. = Atractylis L. (1753)[菊科 Asteraceae(Compositae)]■☆

51954 Tremotis Raf. (1838) = Ficus L. (1753)[桑科 Moraceae]●

51955 Tremula Dumort. (1826) = Populus L. (1753)[杨柳科 Salicaceae]●

51956 Tremularia Fabr. (1759)Nom. illegit. ≡ Tremularia Heist. ex Fabr. (1759)Nom. illegit. ;~ ≡ Briza L. (1753)[禾本科 Poaceae(Gramineae)]■

51957 Tremularia Heist. (1748)Nom. inval. ≡ Tremularia Heist. ex Fabr. (1759)Nom. illegit. ;~ ≡ Briza L. (1753)[禾本科 Poaceae(Gramineae)]■

51958 Tremularia Heist. ex Fabr. (1759)Nom. illegit. ≡ Briza L. (1753)[禾本科 Poaceae(Gramineae)]■

51959 Tremulina B. G. Briggs et L. A. S. Johnson(1998)【汉】二室帚灯草属。【隶属】帚灯草科 Restionaceae。【包含】世界 2 种。【学名诠释与讨论】〈阴〉(希)trema,穴,孔,洞+mulinus,关于骡子的。【分布】澳大利亚。【模式】Tremulina tremula (R. Brown)B. G. Briggs et L. A. S. Johnson[Restio tremulus R. Brown]■☆

51960 Trendelenburgia Klotzsch(1854) = Begonia L. (1753)[秋海棠科 Begoniaceae]●■

51961 Trentepohlia Boeck. (1858)Nom. illegit. (废弃属名) = Cyperus L. (1753)[莎草科 Cyperaceae]■

51962 Trentepohlia Roth(1800)(废弃属名) = Heliophila Burm. f. ex L. (1763)[十字花科 Brassicaceae(Cruciferae)]●■☆

51963 Trepadonia H. Rob. (1994)【汉】藤状斑鸠菊属。【隶属】菊科 Asteraceae(Compositae)。【包含】世界 2 种。【学名诠释与讨论】〈阴〉(希)trepo,转+(人)Adonis,阿东尼斯,Venus 的爱人。他被一只野猪所杀,死后变成了一朵花。【分布】秘鲁。【模式】Trepadonia mexiae (H. E. Robinson)H. E. Robinson[Vernonia mexiae H. E. Robinson]■☆

51964 Trepnanthus Steud. (1841) = Spiranthera A. St. –Hil. (1823);~ = Terpnanthus Nees et Mart. (1823)[芸香科 Rutaceae]■☆

51965 Trepocarpus Nutt. (1829)Nom. illegit. ≡ Trepocarpus Nutt. ex DC. (1829)[伞形花科(伞形科)Apiaceae(Umbelliferae)]■☆

51966 Trepocarpus Nutt. ex DC. (1829)【汉】转果属。【隶属】伞形花科(伞形科)Apiaceae(Umbelliferae)。【包含】世界 1 种。【学名诠释与讨论】〈阳〉(希)trepo,转+karpos,果实。此属的学名,ING 和 IK 记载是"Trepocarpus Nuttall ex A. P. de Candolle,Collect. Mém. Ombellif. 56. 12 Sep 1829"。"Trepocarpus Nutt. (1829)≡Trepocarpus Nutt. ex DC. (1829)"的命名人引证有误。【分布】美国(南部)。【后选模式】Trepocarpus aethusae Nuttall ex A. P. de Candolle。【参考异名】Entasicum Post et Kuntze(1903);Entasikom Raf. ;Entasikon Raf. (1838);Trepocarpus Nutt. (1829)Nom. illegit. ■☆

51967 Trepodandra Durand, Nom. illegit. ≡ Tripodandra Baill. (1870)[防己科 Menispermaceae]●☆

51968 Tresanthera H. Karst. (1859)【汉】钻药茜属。【隶属】茜草科 Rubiaceae。【包含】世界 2 种。【学名诠释与讨论】〈阴〉(希)tresis,钻孔+anthera,花药。【分布】委内瑞拉,西印度群岛。【模式】Tresanthera condamineoides G. K. W. H. Karsten ●☆

51969 Tresteira Hook. f. (1884) = Curanga Juss. (1807);~ = Treisteria

Griff. (1854) [玄参科 Scrophulariaceae]■☆

51970 Tretocarya Maxim. (1881) = Microula Benth. (1876) [紫草科 Boraginaceae]■

51971 Tretorhiza Adans. (1763) = Gentiana L. (1753) [龙胆科 Gentianaceae]■

51972 Tretorrhiza Renealm. ex Delarbre (1800) = Gentiana L. (1753) [龙胆科 Gentianaceae]■

51973 Treubania Tiegh. (1897) = Amylotheca Tiegh. (1894); ~ = Decaisnina Tiegh. (1895) [桑寄生科 Loranthaceae]●☆

51974 Treubaniaceae Tiegh. = Loranthaceae Juss. (保留科名)●

51975 Treubella Pierre (1890) = Palaquium Blanco (1837) [山榄科 Sapotaceae]●

51976 Treubella Tiegh. (1894) Nom. illegit. ≡ Treubania Tiegh. (1897); ~ = Amylotheca Tiegh. (1894); ~ = Decaisnina Tiegh. (1895) [桑寄生科 Loranthaceae]●☆

51977 Treubellaceae Tiegh. = Treubaniaceae Tiegh. ●

51978 Treubia Pierre ex Boerl. (1890) Nom. inval. = Lophopyxis Hook. f. (1887) [五翼果科(冠状果科) Lophopyxidaceae//卫矛科 Celastraceae//爵床科 Acanthaceae//茶茱萸科 Icacinaceae(保留科名)【汉】●☆

51979 Treubia Pierre (1890) Nom. inval. [虎耳草科 Saxifragaceae]●☆

51980 Treuia Stokes (1812) Nom. illegit. = Trewia L. (1753) Nom. illegit.; ~ = Trevia L. (1753) [大戟科 Euphorbiaceae//滑桃树科 Trewiaceae]●

51981 Treutlera Hook. f. (1883)【汉】东喜马萝藦属。【隶属】萝藦科 Asclepiadaceae。【包含】世界 1 种。【学名诠释与讨论】〈阴〉(人) William John Treutler,1841-1915,出生于印度的英国医生,植物采集家。【分布】东喜马拉雅山。【模式】Treutlera insignis J. D. Hooker☆

51982 Trevauxia Steud. (1841) Nom. illegit. = Luffa Mill. (1754); ~ = Trevouxia Scop. (1777) Nom. illegit.; ~ = Turia Forssk. ex J. F. Gmel. (1791) [葫芦科(瓜科,南瓜科)Cucurbitaceae]■

51983 Trevesia Vis. (1842)【汉】刺通草属(广叶参属,桄树属)。【英】Trevesia。【隶属】五加科 Araliaceae。【包含】世界 10-13 种,中国 1 种。【学名诠释与讨论】〈阴〉(人) Treves de Bonfigli,意大利一家族,植物学研究资助人。【分布】印度至马来西亚,中国,太平洋地区。【模式】Trevesia palmata (Roxburgh ex Lindley) Visiani [Gastonia palmata Roxburgh ex Lindley]。【参考异名】Parapanax Miq. (1861);Plerandropsis R. Vig. (1906)●

51984 Trevia L. (1753)【汉】滑桃树属。【英】Trewia。【隶属】大戟科 Euphorbiaceae//滑桃树科 Trewiaceae。【包含】世界 2 种,中国 1 种。【学名诠释与讨论】〈阴〉(人) Christoph Jacob Trew,1695-1769,德国植物学者,医生。此属的学名,ING 和 IK 记载是 "Trevia L., Sp. Pl. 2:1193. 1753 [1 May 1753]"。"Trewia L., Sp. Pl. 2:1193. 1753 [1 May 1753]"是其拼写变体。"Canschi Adanson,Fam. 2:443. Jul-Aug 1763"是 "Trewia L. (1753) Nom. illegit."的晚出的同模式异名(Homotypic synonym, Nomenclatural synonym)。【分布】巴基斯坦,东南亚,马来西亚西部,斯里兰卡,西喜马拉雅山,中国。【模式】Trevia nudiflora Linnaeus [Trewia nudiflora Linnaeus]。【参考异名】Canschi Adans. (1763) Nom. illegit.;Roettlera Post et Kuntze (1903) Nom. illegit.;Rottlera Willd. (1797) Nom. illegit.;Traevia Neck. (1790) Nom. inval.;Treuia Stokes (1812) Nom. illegit.;Trewia L. (1753) Nom. illegit. ●

51985 Treviaceae Bullock = Trewiaceae Lindl. ●

51986 Treviaceae Lindl. = Euphorbiaceae Juss. (保留科名); ~ = Trewiaceae Lindl. ●

51987 Trevirana Willd. (1809) Nom. illegit. ≡ Achimenes Pers. (1806)

(保留属名) [苦苣苔科 Gesneriaceae]■☆

51988 Trevirania Heynh. (1847) Nom. illegit. = Psychotria L. (1759) (保留属名) [茜草科 Rubiaceae//九节科 Psychotriaceae]●

51989 Trevirania Roth (1810) = Lindernia All. (1766) [玄参科 Scrophulariaceae//母草科 Linderniaceae//婆婆纳科 Veronicaceae]■

51990 Trevirania Spreng. (1817) Nom. illegit. = Achimenes Pers. (1806)(保留属名); ~ = Trevirana Willd. (1809) Nom. illegit. [苦苣苔科 Gesneriaceae]■☆

51991 Trevoa Miers ex Hook. (1829)【汉】四室鼠李属。【隶属】鼠李科 Rhamnaceae。【包含】世界 1-6 种。【学名诠释与讨论】〈阴〉词源不详。此属的学名,ING 记载是 "Trevoa Miers ex W. J. Hooker,Bot. Misc. 1:158. Sep 1829"。IK 则记载为 "Trevoa Miers, Bot. Misc. 1:158,descr. 1829"。二者引用的文献相同。"Trevoa Miers,Trav. Chil. ii. 529(1826)"是一个未合格发表的名称(Nom. inval.)。【分布】玻利维亚,安第斯山。【后选模式】Trevoa trinervia Gillies et W. J. Hooker。【参考异名】Trevoa Miers (1826) Nom. inval.●☆

51992 Trevoa Miers (1826) Nom. inval. ≡ Trevoa Miers ex Hook. (1829) [鼠李科 Rhamnaceae]●☆

51993 Trevoria F. Lehm. (1897)【汉】特雷兰属(特丽兰属)。【隶属】兰科 Orchidaceae。【包含】世界 6 种。【学名诠释与讨论】〈阴〉(人) James John Trevor Lawrence,1831-1913,曾任英国皇家园艺学会会长。【分布】巴拿马,玻利维亚,厄瓜多尔,哥伦比亚,哥斯达黎加,尼加拉瓜,中美洲。【模式】Trevoria chloris F. C. Lehmann。【参考异名】Endresiella Schltr. (1921)■☆

51994 Trevouxia Scop. (1777) Nom. illegit. ≡ Turia Forssk. ex J. F. Gmel. (1791); ~ = Luffa Mill. (1754) [葫芦科(瓜科,南瓜科)Cucurbitaceae]■

51995 Trewia L. (1753) Nom. illegit. ≡ Trevia L. (1753) [大戟科 Euphorbiaceae//滑桃树科 Trewiaceae]●

51996 Trewia Willd. = Mallotus Lour. (1790) [大戟科 Euphorbiaceae]●

51997 Trewiaceae Lindl. (1836) [亦见 Euphorbiaceae Juss. (保留科名)大戟科]【汉】滑桃树科。【包含】世界 1 属 2 种,中国 1 属 1 种。【分布】斯里兰卡至东南亚,中国(海南岛),马来西亚(西部),西喜马拉雅山。【科名模式】Trewia L. ●

51998 Triachne Cass. (1818) = Nassauvia Comm. ex Juss. (1789) [菊科 Asteraceae(Compositae)]●☆

51999 Triachyrium Benth. (1881) = Sporobolus R. Br. (1810); ~ = Triachyrum Hochst. (1841) [禾本科 Poaceae(Gramineae)//鼠尾粟科 Sporobolaceae]■

52000 Triachyrum Hochst. (1841) Nom. inval. ≡ Triachyrum Hochst. ex A. Braun (1841) = Sporobolus R. Br. (1810) [禾本科 Poaceae(Gramineae)//鼠尾粟科 Sporobolaceae]■

52001 Triachyrum Hochst. ex A. Braun (1841) = Sporobolus R. Br. (1810) [禾本科 Poaceae(Gramineae)//鼠尾粟科 Sporobolaceae]■

52002 Triachyrum Hochst. ex Steud. (1855) Nom. illegit. = Sporobolus R. Br. (1810) [禾本科 Poaceae(Gramineae)//鼠尾粟科 Sporobolaceae]■

52003 Triacis Griseb. (1860) = Turnera L. (1753) [时钟花科(穗柱榆科,窝籽科,有叶花科)Turneraceae]●■☆

52004 Triacma Van Hass. ex Miq. (1857) = Hoya R. Br. (1810) [萝藦科 Asclepiadaceae]●

52005 Triactina Hook. f. et Thomson (1857) = Sedum L. (1753) [景天科 Crassulaceae]●■

52006 Triadenia Miq. (1856) Nom. illegit. = Trachelospermum Lem. (1851) [夹竹桃科 Apocynaceae]●

52007 Triadenia Spach (1836) Nom. illegit. ≡ Elodes Adans. (1763)

Nom. illegit. ; ~ = Hypericum L. (1753) [金丝桃科 Hypericaceae// 猪胶树科（克鲁西科，山竹子科，藤黄科）Clusiaceae（Guttiferae）] ■●

52008　Triadenum Raf. (1808) Nom. inval. , Nom. nud. ≡ Triadenum Raf. (1837) [金丝桃科 Hypericaceae// 猪胶树科（克鲁西科，山竹子科，藤黄科）Clusiaceae（Guttiferae）] ●

52009　Triadenum Raf. (1837)【汉】红花金丝桃属（三腺金丝桃属）。【日】ミズオトギリ属，ミツオトギリ属。【俄】Триаденум，Трижелезник。【英】Triadenum。【隶属】金丝桃科 Hypericaceae// 猪胶树科（克鲁西科，山竹子科，藤黄科）Clusiaceae（Guttiferae）。【包含】世界 6-10 种，中国 2 种。【学名诠释与讨论】〈中〉（希）treis = 拉丁文 tri，三；triens，所有格 trientis，第三个；trias，所有格 triados，第三个，三个合成的一组；triploos = 拉丁文 triplus，三重的；triplex，三倍的，三重的；triphasios，triplasios = 拉丁文 triplasis，三重的 + aden，所有格 adenos，腺体。指雄蕊基部具三腺体。【分布】美国，印度（阿萨姆），中国，温带东亚。【模式】Triadenum virginicum (Linnaeus) Rafinesque [Hypericum virginicum Linnaeus]。【参考异名】Elodea Juss. , Nom. illegit. ; Gardenia Colden ex Garden (1756)（废弃属名）；Gardenia Colden (1756)（废弃属名）；Triddenum Raf. , Nom. illegit. ●

52010　Triadica Lour. (1790) = Sapium Jacq. (1760)（保留属名）[大戟科 Euphorbiaceae] ●

52011　Triadodaphne Kosterm. (1974)【汉】异被土楠属。【隶属】樟科 Lauraceae。【包含】世界 3 种。【学名诠释与讨论】〈阴〉（希）treis = 拉丁文 tri，三 +（属）Daphne 瑞香属。此属的学名是"Triadodaphne A. J. G. H. Kostermans, Reinwardtia 9：119. 31 Dec 1974"。亦有文献把其处理为"Endiandra R. Br. (1810)"的异名。【分布】所罗门群岛，加里曼丹岛，新几内亚岛。【模式】Triadodaphne myristicoides A. J. G. H. Kostermans。【参考异名】Endiandra R. Br. (1810) ●☆

52012　Triaena Kunth (1816) = Bouteloua Lag. (1805) [as ' Botelua']（保留属名）[禾本科 Poaceae（Gramineae）] ■

52013　Triaenacanthus Nees (1944) = Strobilanthes Blume (1826) [爵床科 Acanthaceae] ●■

52014　Triaenanthus Nees (1847) = Strobilanthes Blume (1826) ; ~ = Triaenacanthus Nees (1944) [爵床科 Acanthaceae] ●■

52015　Triaenodendron Endl. (1842) Nom. inval. [豆科 Fabaceae（Leguminosae）// 云实科（苏木科）Caesalpiniaceae] ☆

52016　Triaenophora (Hook. f.) Soler. (1909)【汉】崖白菜属（呆白菜属，岩白菜属）。【英】Rockycabbage，Tridenwort。【隶属】玄参科 Scrophulariaceae。【包含】世界 3 种，中国 3 种。【学名诠释与讨论】〈阴〉（希）triaina，三尖叉 +phoros，具有，梗，负载，发现者。指萼齿三裂成三尖叉形。此属的学名，ING 记载是"Triaenophora (J. D. Hooker) Solereder, Ber. Deutsch. Bot. Ges. 27：393, 399. 1909"，由"Rehmannia sect. Trianophora J. D. Hooker, Bot. Mag. 7191. 1 Aug. 1891"改级而来；而 IK 则记载为"Triaenophora Soler. , Ber. Deutsch. Bot. Ges. xxvii. 393 (1909)"。二者引用的文献相同。【分布】中国。【模式】Triaenophora rupestris Soler.。【参考异名】Rehmannia sect. Trianophora Hook. f. (1891)；Triaenophora Soler. (1909) Nom. illegit. ■★

52017　Triaenophora Soler. (1909) Nom. illegit. ≡ Triaenophora (Hook. f.) Soler. (1909) [玄参科 Scrophulariaceae] ■★

52018　Triaina Kunth (1816) = Bouteloua Lag. (1805) [as ' Botelua']（保留属名）; ~ = Triaena Kunth (1816) [禾本科 Poaceae（Gramineae）] ■

52019　Triainolepis Hook. f. (1873)【汉】三尖鳞茜草属。【隶属】茜草

科 Rubiaceae。【包含】世界 2 种。【学名诠释与讨论】〈阴〉（希）triaina，三尖叉 +lepis，所有格 lepidos，指小式 lepion 或 lepidion，鳞，鳞片。lepidotos，多鳞的。lepos，鳞，鳞片。【分布】马达加斯加，热带非洲东部。【模式】Triainolepis africana J. D. Hooker。【参考异名】Princea Dubard et Dop (1925) ■☆

52020　Triallosia Raf. (1837) = Lachenalia J. Jacq. (1784) [百合科 Liliaceae// 风信子科 Hyacinthaceae] ☆

52021　Trianaea Planch. et Linden (1853)【汉】三尖茄属。【隶属】茄科 Solanaceae。【包含】世界 4 种。【学名诠释与讨论】〈阴〉（希）triaina，三尖叉。【分布】安第斯山。【模式】Trianaea nobilis Planch. et Linden。【参考异名】Poortmannia Drake (1892) ●☆

52022　Trianaeopiper Trel. (1928)【汉】矮胡椒属。【隶属】胡椒科 Piperaceae。【包含】世界 18 种。【学名诠释与讨论】〈中〉（希）triaina，三尖叉 +（属）Piper 胡椒属。【分布】秘鲁，厄瓜多尔，安第斯山。【模式】Trianaeopiper pedunculatum (A. C. de Candolle) Trelease [Piper pedunculatum A. C. de Candolle] ●☆

52023　Triandrophora O. Schwarz (1927) = Cleome L. (1753) [山柑科（白花菜科，醉蝶花科）Capparaceae// 白花菜科（醉蝶花科）Cleomaceae] ●■

52024　Trianea Karst. (1857) = Limnobium Rich. (1814) [水鳖科 Hydrocharitaceae] ■☆

52025　Triangia Thouars = Angraecum Bory (1804) [兰科 Orchidaceae] ■

52026　Trianoptiles Fenzl (1836)【汉】三尖莎属。【隶属】莎草科 Cyperaceae。【包含】世界 3 种。【学名诠释与讨论】〈阴〉（希）triaina，三尖叉 +ptilon，羽毛，翼，柔毛。此属的学名是一个替代名称。ING 记载是"Trianoptiles Fenzl ex Endlicher, Gen. 113. Dec 1836"。IK 则记载为"Trianoptiles Fenzl, in Endl. Gen. 113 (1836)"。"Ecklonea Steudel, Flora 12：138. 7 Mar 1829"是一个非法名称（Nom. illegit. ），因为此前已经有了褐藻的"Ecklonia J. W. Hornemann, Kongel. Danske Vidensk. Selsk. Naturvidensk. Math. Afh. 3：388. 1828"。故用"Trianoptiles Fenzl (1836)"替代"Ecklonea Steudel"。"Trianoptiles Fenzl (1836)"与"Trianoptiles Fenzl ex Endl. (1836)"是同模式异名。【分布】非洲南部。【模式】Trianoptiles capensis (Steudel) W. H. Harvey [Ecklonea capensis Steudel]。【参考异名】Ecklonea Steud. (1829) Nom. illegit. ; Trianoptiles Fenzl ex Endl. (1836) Nom. illegit. ■☆

52027　Trianosperma (Torr. et A. Gray) Mart. (1843) = Cayaponia Silva Manso (1836)（保留属名）[葫芦科（瓜科，南瓜科）Cucurbitaceae] ■☆

52028　Trianosperma Mart. (1843) Nom. illegit. ≡ Trianosperma (Torr. et A. Gray) Mart. (1843) ; ~ = Cayaponia Silva Manso (1836)（保留属名）[葫芦科（瓜科，南瓜科）Cucurbitaceae] ■☆

52029　Triantha (Nutt.) Baker (1879)【汉】三花岩菖蒲属。【隶属】百合科 Liliaceae// 纳茜菜科（肺筋草科）Nartheciaceae// 无叶莲科（樱井草科）Petrosaviaceae// 岩菖蒲科 Tofieldiaceae。【包含】世界 2-4 种。【学名诠释与讨论】〈阴〉（拉）tri- = 希腊文 treis，三；triens，所有格 trientis，第三个；trias，所有格 triados，第三个，三个合成的一组；triploos = 拉丁文 triplus，三重的；triplex，三倍的，三重的；triphasios，triplasios = 拉丁文 triplasis，三重的。此属的学名，ING 和 TROPICOS 记载是"Triantha (T. Nuttall) J. G. Baker, J. Linn. Soc. , Bot. 17：490. 1 Oct 1879"，由"Tofieldia sect. Triantha T. Nuttall, Gen. 1：235. 14 Jul 1818"改级而来；而 IK 则记载为"Triantha Baker, J. Linn. Soc. , Bot. 17：490. 1879 [1880 publ. 1879]"。三者引用的文献相同。"Trianthella H. D. House, Amer. Midl. Naturalist 7：127. Jul-Sep 1921"是"Triantha (Nutt.) Baker (1879)"的晚出的同模式异名（Homotypic synonym，Nomenclatural synonym）；它是"Triantha Nutt. , The Genera of North American

Plants 1：235-236. 1818.（14 Jul 1818）"的多余的替代名称。亦有文献把"Triantha（Nutt.）Baker（1879）"处理为"Tofieldia Huds.（1778）"的异名。【分布】北美洲。【后选模式】Triantha glutinosa（A. Michaux）J. G. Baker ［Narthecium glutinosum A. Michaux］。【参考异名】Tofieldia Huds.（1778）；Tofieldia sect. Triantha Nutt.（1818）；Triantha Baker（1879）Nom. illegit.；Trianthella House（1921）Nom. illegit., Nom. superfl.■☆

52030　Triantha Baker（1879）Nom. illegit. ≡ Triantha（Nutt.）Baker（1879）［百合科 Liliaceae］■

52031　Trianthaea（DC.）Spach（1841）= Vernonia Schreb.（1791）（保留属名）［菊科 Asteraceae（Compositae）//斑鸠菊科（绿菊科）Vernoniaceae］●■

52032　Trianthaea Spach（1841）Nom. illegit. ≡ Trianthaea（DC.）Spach（1841）；~ = Vernonia Schreb.（1791）（保留属名）［菊科 Asteraceae（Compositae）//斑鸠菊科（绿菊科）Vernoniaceae］●■

52033　Trianthella House（1921）Nom. illegit., Nom. superfl. ≡ Triantha（Nutt.）Baker（1879）；~ = Tofieldia Huds.（1778）［百合科 Liliaceae//纳茜菜科（肺筋草科）Nartheciaceae//无叶莲科（樱井草科）Petrosaviaceae//岩菖蒲科 Tofieldiaceae］■

52034　Trianthema L.（1753）【汉】假海马齿属（假海齿属，三花草属，肖海齿属）。【英】Falseseapurslane，Horse-purslane。【隶属】番杏科 Aizoaceae。【包含】世界 17-28 种，中国 1 种。【学名诠释与讨论】〈中〉（拉）tri，三 + anthemus 有花的。此属的学名，ING、TROPICOS、APNI、GCI 和 IK 记载是"Trianthema L.，Sp. Pl. 1：223. 1753 ［1 May 1753］"。"Portulacastrum A. L. Jussieu ex Medikus，Philos. Bot. 1：99. Apr 1789"是"Trianthema L.（1753）"的晚出的同模式异名（Homotypic synonym，Nomenclatural synonym）。【分布】澳大利亚，巴基斯坦，巴勒斯坦，巴拿马，秘鲁，玻利维亚，厄瓜多尔，哥伦比亚（安蒂奥基亚），马达加斯加，美国（密苏里），尼加拉瓜，中国，热带和亚热带非洲，亚洲，中美洲。【模式】Trianthema portulacastra Linnaeus ［as 'portulacastrum'］。【参考异名】Ancistrostigma Fenzl（1839）；Diplochonium Fenzl（1839）；Papularia Forssk.（1775）；Pomatotheca F. Muell.（1876）；Portulacastrum Juss. ex Medik.（1789）Nom. illegit.；Potamotheca Post et Kuntze（1903）；Racoma Willd. ex Steud.（1841）Nom. illegit.；Reme Adans.（1763）Nom. illegit.；Rocama Forssk.（1775）；Zallia Roxb.（1832）■

52035　Trianthema Spreng. ex Turcz.，Nom. illegit. = Adenocline Turcz.（1843）［大戟科 Euphorbiaceae］■☆

52036　Trianthera Wettst.（1891）Nom. illegit. ≡ Stemotria Wettst. et Harms ex Engl.（1899）［玄参科 Scrophulariaceae//荷包花科，蒲包花科 Calceolariaceae］●☆

52037　Trianthium Desv.（1831）Nom. inval. = Chrysopogon Trin.（1820）（保留属名）［禾本科 Poaceae（Gramineae）］■

52038　Trianthus Hook. f.（1846）= Nassauvia Comm. ex Juss.（1789）［菊科 Asteraceae（Compositae）］●☆

52039　Triaristella（Rchb. f.）Brieger（1975）Nom. inval., Nom. illegit. ≡ Triaristella（Rchb. f.）Brieger ex Luer（1978）≡ Trisetella Luer（1980）≡ Trisetella Luer（1980）［兰科 Orchidaceae］■☆

52040　Triaristella Brieger（1975）Nom. illegit. ≡ Triaristella（Rchb. f.）Brieger ex Luer（1978）；~ ≡ Trisetella Luer（1980）［兰科 Orchidaceae］■☆

52041　Triaristella Luer（1978）Nom. illegit. ≡ Trisetella Luer（1980）［兰科 Orchidaceae］■☆

52042　Triaristellina Rauschert（1983）Nom. illegit. ≡ Triaristella（Rchb. f.）Brieger ex Luer（1978）；~ ≡ Trisetella Luer（1980）［兰科 Orchidaceae］■☆

52043　Triarrhena（Maxim.）Nakai（1950）【汉】荻属。【英】Silverreed。【隶属】禾本科 Poaceae（Gramineae）。【包含】世界 3 种，中国 2 种。【学名诠释与讨论】〈阴〉（拉）tri，三 + arrhena，所有格 ayrhenos，雄的。此属的学名，ING 和 IK 记载是"Triarrhena（Maximowicz）Nakai，J. Jap. Bot. 25：7. Jan – Feb 1950（'Tiarrhena'）"，由"Imperata subgen. Triarrhena Maximowicz，Prim. Fl. Amur. 331. 1859"改级而来。"Imperata subgen. Tiarrhena Maxim.（1859）"曾先后被处理为"Miscanthus sect. Triarrhena（Maxim.）Honda，Journal of the Faculty of Science：University of Tokyo，Section 3，Botany 3（1）：391. 1930.（4 Dec 1930）"和"Tiarrhena（Maxim.）Nakai，Journal of Japanese Botany 25：7. 1950"。亦有文献把"Triarrhena（Maxim.）Nakai（1950）"处理为"Miscanthus Andersson（1855）"的异名。【分布】朝鲜，中国。【模式】Triarrhena sacchariflora（Maximowicz）Nakai ［Imperata sacchariflora Maximowicz］。【参考异名】Imperata subgen. Triarrhena Maxim.（1859）；Imperata subgen. Tiarrhena Maxim.（1859）；Miscanthus Andersson（1855）；Miscanthus sect. Triarrhena（Maxim.）Honda（1930）；Tiarrhena（Maxim.）Nakai（1950）Nom. illegit.■

52044　Triarthron Baill.（1892）= Phthirusa Mart.（1830）［桑寄生科 Loranthaceae］●☆

52045　Trias Lindl.（1830）【汉】三兰属。【日】トリアス属。【隶属】兰科 Orchidaceae。【包含】世界 10 种。【学名诠释与讨论】〈阴〉（希）treis = 拉丁文 tri，三；triens，所有格 trientis，第三个；trias，所有格 triados，第三个，三个合成的一组；triploos = 拉丁文 triplus，三重的；triplex，三倍的，三重的；triphasios，triplasios = 拉丁文 triplasis，三重的。【分布】东南亚。【模式】未指定■☆

52046　Triascidium Benth. et Hook. f.（1867）= Huanaca Cav.（1800）；~ = Trisciadium Phil.（1861）［伞形花科（伞形科）Apiaceae（Umbelliferae）］■☆

52047　Triasekia G. Don（1839）= Anagallis L.（1753）；~ = Jirasekia F. W. Schmidt（1793）［报春花科 Primulaceae］■

52048　Triaspis Burch.（1824）【汉】三盾草属。【隶属】金虎尾科（黄褥花科）Malpighiaceae。【包含】世界 18 种。【学名诠释与讨论】〈阴〉（希）treis = 拉丁文 tri，三 + aspis，盾。【分布】马达加斯加，热带和非洲南部。【模式】Triaspis hypericoides Burchell。【参考异名】Diaspis Nied.（1891）；Umbellulanthus S. Moore（1920）●☆

52049　Triathera Desv.（1810）= Bouteloua Lag.（1805）［as 'Botelua'］（保留属名）［禾本科 Poaceae（Gramineae）］■

52050　Triathera Roth ex Roem. et Schult. = Tripogon Roem. et Schult.（1817）［禾本科 Poaceae（Gramineae）］■

52051　Triatherus Raf.（1818）Nom. illegit. ≡ Ctenium Panz.（1813）（保留属名）；~ ≡ Monocera Elliott（1816）Nom. illegit.；~ ≡ Ctenium Panz.（1813）（保留属名）［禾本科 Poaceae（Gramineae）］■☆

52052　Triavenopsis P. Candargy（1901）= Duthiea Hack.（1895）Nom. inval.；~ = Duthiea Hack. ex Procop. – Procop.（1895）［禾本科 Poaceae（Gramineae）］■

52053　Tribelaceae（Engl.）Airy Shaw = Tribelaceae Airy Shaw（1965）；~ = Escalloniaceae R. Br. ex Dumort.（保留科名）；~ = Grossulariaceae DC.（保留科名）●

52054　Tribelaceae Airy Shaw（1965）［亦见 Escalloniaceae R. Br. ex Dumort.（保留科名）南美鼠刺科（吊片果科，鼠刺科，夷鼠刺科）和 Grossulariaceae DC.（保留科名）醋栗科（茶藨子科）【汉】三齿叶科（三刺木科，智利木科）。【包含】世界 1 属 1 种。【分布】温带南美洲。【科名模式】Tribeles Phil. ●☆

52055　Tribeles Phil.（1863）【汉】三齿叶属（三刺木属，智利木属）。【隶属】醋栗科（茶藨子科）Grossulariaceae//三齿叶科（三刺木科,智利木科）Tribelaceae。【包含】世界 1 种。【学名诠释与讨论】〈阴〉（希）tribeles,三尖的。【分布】温带南美洲。【模式】Tribeles australis R. A. Philippi。【参考异名】Chalepoa Hook. f. （1871）●☆

52056　Triblemma R. Br. ex DC. ＝Bertolonia Raddi（1820）（保留属名）[野牡丹科 Melastomataceae]■☆

52057　Triblemma R. Br. ex Spreng.（1830）Nom. illegit. ≡Bertolonia Raddi（1820）（保留属名）[野牡丹科 Melastomataceae]■☆

52058　Tribolacis Griseb.（1860）＝Turnera L.（1753）[时钟花科（穗柱榆科,窝籽科,有叶花科）Turneraceae]●■☆

52059　Tribolium Desv.（1831）【汉】三尖草属。【隶属】禾本科 Poaceae（Gramineae）。【包含】世界 11 种。【学名诠释与讨论】〈中〉（希）tribolos,三尖的+-ius,-ia,-ium,在拉丁文和希腊文中,这些词尾表示性质或状态。【分布】非洲南部。【模式】Tribolium hispidum（Thunberg）Desvaux[Dactylis hispida Thunberg]。【参考异名】Allagostachyum Nees ex Steud.（1840）Nom. inval.,Nom. nud.;Allagostachyum Nees（1840）Nom. inval.,Nom. nud.;Allagostachyum Steud.（1840）Nom. inval.,Nom. nud.;Brizopyrum Stapf（1898）Nom. illegit.;Hystringium Steud.（1841）Nom. inval.;Hystringium Trin. ex Steud.（1841）Nom. inval.;Lasiochloa Kunth（1830）;Plagiochloa Adamson et Sprague（1941）;Urochlaena Nees（1841）●■☆

52060　Tribonanthes Endl.（1839）【汉】斗篷花属。【隶属】血草科（半授花科,给血草科,血草科）Haemodoraceae。【包含】世界 4-5 种。【学名诠释与讨论】〈阴〉（希）trinon,旧斗篷+anthos,花。指花具毛状外被。【分布】澳大利亚。【模式】Tribonanthes australis Endlicher ■☆

52061　Tribounia D. J. Middleton（2012）【汉】泰国长蒴苣苔属。【隶属】苦苣苔科 Gesneriaceae。【包含】世界 2 种。【学名诠释与讨论】〈阴〉（希）词源不详。【分布】泰国。【模式】Tribounia venosa（Barnett）D. J. Middleton[Didymocarpus venosus Barnett]☆

52062　Tribrachia Lindl.（1824）＝Bulbophyllum Thouars（1822）（保留属名）[兰科 Orchidaceae]■

52063　Tribrachium Benth. et Hook. f.（1883）＝Bulbophyllum Thouars（1822）（保留属名）;~ ＝Tribrachia Lindl.（1824）[兰科 Orchidaceae]●■

52064　Tribrachya Korth.（1851）＝Rennellia Korth.（1851）[茜草科 Rubiaceae]●☆

52065　Tribrachys Champ. ex Thw.（1864）＝Thismia Griff.（1845）[水玉簪科 Burmanniaceae//水玉杯科（腐杯草科,肉质腐生草科）Thismiaceae]

52066　Tribroma O. F. Cook（1915）＝Theobroma L.（1753）[梧桐科 Sterculiaceae//锦葵科 Malvaceae//可可科 Theobromaceae]●

52067　Tribula Hill（1764）＝Seseli L.（1753）[伞形花科（伞形科）Apiaceae（Umbelliferae）]■

52068　Tribulaceae（Engl.）Hadidi（1977）＝Zygophyllaceae R. Br.（保留科名）●■

52069　Tribulaceae Hadidi（1977）＝Zygophyllaceae R. Br.（保留科名）●■

52070　Tribulaceae Trautv.（1853）＝Zygophyllaceae R. Br.（保留科名）●■

52071　Tribulago Luer（2004）【汉】三尖兰属。【隶属】兰科 Orchidaceae。【包含】世界 2 种。【学名诠释与讨论】〈阴〉（拉）tribulus,来自希腊文 tribolos,三尖的,铁蒺藜+-ago,新拉丁文词尾,表示关系密切,相似,追随,携带,诱导。此属的学名是"Tribulago Luer, Monographs in Systematic Botany from the Missouri Botanical Garden 95：265. 2004"。亦有文献把其处理为"Epidendrum L.（1763）（保留属名）"的异名。【分布】中美洲。

【模式】Tribulago tribuloides（Sw.）Luer。【参考异名】Epidendrum L.（1763）（保留属名）■☆

52072　Tribulastrum B. Juss. ex Pfeiff. ＝Neurada L.（1753）[两极孔草科（脉叶莓科,脉叶苏科）Neuradaceae]■☆

52073　Tribulocarpus S. Moore（1921）【汉】刺果番杏属。【隶属】番杏科 Aizoaceae。【包含】世界 1 种。【学名诠释与讨论】〈阳〉（拉）tribulus,三尖的,铁蒺藜,来自希腊文 tribolos+karpos,果实。【分布】非洲西南部。【模式】Tribulocarpus dimorphantha（Pax）S. Moore[Tetragonia dimorphantha Pax]●☆

52074　Tribuloides Ség.（1754）Nom. illegit. ≡Trapa L.（1753）[菱科 Trapaceae//柳叶菜科 Onagraceae]■

52075　Tribulopis R. Br.（1849）【汉】拟蒺藜属。【隶属】蒺藜科 Zygophyllaceae。【包含】世界 5-10 种。【学名诠释与讨论】〈阴〉（属）Tribulus 蒺藜属+opiso,向后的。此属的学名是"Tribulopis R. Brown, Bot. App. Sturt Exp. 7. 1849"。亦有文献把其处理为"Tribulus L.（1753）"的异名。【分布】澳大利亚（热带）。【模式】未指定。【参考异名】Tribulopsis F. Muell.（1858）;Tribulus L.（1753）■☆

52076　Tribulopsis F. Muell.（1858）Nom. illegit. ≡Tribulopis R. Br.（1849）[蒺藜科 Zygophyllaceae]■☆

52077　Tribulus L.（1753）【汉】蒺藜属。【日】ハマビシ属。【俄】Якорцы。【英】Bur Nut, Caltrap, Caltrop。【隶属】蒺藜科 Zygophyllaceae。【包含】世界 20-25 种,中国 3 种。【学名诠释与讨论】〈阳〉（拉）tribulus,来自希腊文 tribolos,三尖的,铁蒺藜。指果具利刺。此属的学名,ING、TROPICOS、APNI 和 IK 记载是"Tribulus L., Sp. Pl. 1：386. 1753[1 May 1753]"。其异名中,"Tribulopsis F. Muell., Fragm.（Mueller）1（3）：47. 1858[Jul 1858]"是"Tribulopis R. Br., Bot. Sturt's Exped. Australia 7. 1848[late 1848]"的拼写变体。【分布】巴基斯坦,巴拿马,秘鲁,玻利维亚,厄瓜多尔,马达加斯加,美国（密苏里）,中国,中美洲。【后选模式】Tribulus terrestris Linnaeus。【参考异名】Kallstroemia Scop.（1777）;Tribulopis R. Br.（1849）;Tribulopsis F. Muell.（1858）Nom. illegit.■

52078　Tricalista Ridl.（1909）【汉】隐柱铃兰属。【隶属】铃兰科 Convallariaceae。【包含】世界 1 种。【学名诠释与讨论】〈阴〉（拉）tri- ＝希腊文 treis,三。triens,所有格 trientis,第三个。trias,所有格 triados,第三个,三个合成的一组。triploos ＝拉丁文 triplus,三重的。triplex,三倍的,三重的。triphasios,triplasios ＝拉丁文 triplasis,三重的+kalia 住处,鸟巢+stria 沟。【分布】马来半岛。【模式】Tricalista ochracea Ridley ■☆

52079　Tricalysia A. Rich.（1830）Nom. illegit. ≡Tricalysia A. Rich. ex DC.（1830）[茜草科 Rubiaceae]●

52080　Tricalysia A. Rich. ex DC.（1830）【汉】三萼木属（狗骨柴属,三萼草属,原狗骨柴属）。【日】シロミミズ属。【英】Dogbonbavin, Tricalysia。【隶属】茜草科 Rubiaceae。【包含】世界 20-95 种,中国 1 种。【学名诠释与讨论】〈阴〉（希）希腊文 treis ＝拉丁文 tri,三。triens,所有格 trientis,第三个。trias,所有格 triados,第三个,三个合成的一组。triploos ＝拉丁文 triplus,三重的。triplex,三倍的,三重的。triphasios,triplasios ＝拉丁文 triplasis,三重的+kalyx ＝拉丁文 calyx,萼。指某些种具三齿萼。此属的学名,ING、GCI、TROPICOS 和 IK 记载是"Tricalysia A. Rich. ex DC., Prodr.[A. P. de Candolle]4:445. 1830[late Sep 1830]"。"Tricalysia A. Rich.（1830）≡Tricalysia A. Rich. ex DC.（1830）"的命名人引证有误。亦有文献把"Tricalysia A. Rich. ex DC.（1830）"处理为"Diplospora DC.（1830）"的异名。【分布】马达加斯加,印度至马来亚,中国,热带非洲。【模式】Tricalysia angolensis A. Richard ex A. P. de Candolle。【参考异名】Bunburya Meisn. ex Hochst.

（1844）Nom. illegit.；Carpothalis E. Mey.（1843）；Diplocrater Hook. f.（1873）Nom. illegit.；Diplospora DC.（1830）；Discocoffea A. Chev.（1931）；Empogona Hook. f.（1871）；Eriostoma Boivin ex Baill.（1878）；Lepipogon G. Bertol.（1853）；Natalanthe Sond.（1850）；Neorosea N. Hallé（1970）；Probletostemon K. Schum.（1897）；Rosea Klotzsch（1853）Nom. illegit.；Tricalysia A. Rich.（1830）Nom. illegit.●

52081　Tricardia Torr.（1871）【汉】三心田基麻属。【隶属】田梗草科（田基麻科，田亚麻科）Hydrophyllaceae。【包含】世界 1 种。【学名诠释与讨论】〈阴〉（希）treis ＝拉丁文 tri，三＋kardia，心脏。此属的学名，ING 和 IK 记载是"Tricardia Torrey in S. Watson, U. S. Geol. Explor. 40th Parallel, Bot. 258. Sep－Dec 1871"。TROPICOS 记载的"Tricardia Torr. ex S. Watson, United States Geological Exploration［sic］of the Fortieth Parallel. Vol. 5, Botany 258, pl. 24. 1871"的命名人引证有误。【分布】美国（西南部）。【模式】Tricardia watsonii Torrey［as 'watsoni'］。【参考异名】Tricardia Torr. ex S. Watson（1871）Nom. illegit.☆

52082　Tricardia Torr. ex S. Watson（1871）Nom. illegit. ≡Tricardia Torr.（1871）［田梗草科（田基麻科，田亚麻科）Hydrophyllaceae］☆

52083　Tricarium Lour.（1790）＝Phyllanthus L.（1753）［大戟科 Euphorbiaceae//叶下珠科（叶萝藦科）Phyllanthaceae］●■

52084　Tricarpelema J. K. Morton（1966）【汉】三瓣果属。【英】Tricarpelema, Tricarpweed。【隶属】鸭趾草科 Commelinaceae。【包含】世界 7-8 种，中国 2 种。【学名诠释与讨论】〈中〉（希）treis ＝拉丁文 tri，三＋karpos，果实＋lema 皮，壳。指果具三裂片。【分布】中国，东喜马拉雅山。【模式】Tricarpelema giganteum（Hasskarl）H. Hara［Dichoespermum giganteum Hasskarl］■

52085　Tricarpha Longpre（1970）＝Sabazia Cass.（1827）［菊科 Asteraceae（Compositae）］●■☆

52086　Tricaryum Spreng.（1826）＝Phyllanthus L.（1753）；~ ＝Tricarium Lour.（1790）［大戟科 Euphorbiaceae//叶下珠科（叶萝藦科）Phyllanthaceae］●■

52087　Tricatus Pritz.（1866）＝Abronia Juss.（1789）；~ ＝Tricratus L' Hér. ex Willd.（1798）［紫茉莉科 Nyctaginaceae］■☆

52088　Tricentrum DC.（1828）＝Comolia DC.（1828）［野牡丹科 Melastomataceae］●☆

52089　Tricera Schreb.（1791）＝Buxus L.（1753）［黄杨科 Buxaceae］●

52090　Triceraia Roem. et Schult.（1819）Nom. illegit. ≡Triceraia Willd. ex Roem. et Schult.（1819）；~ ＝Turpinia Vent.（1807）（保留属名）［省沽油科 Staphyleaceae］●

52091　Triceraia Willd. ex Roem. et Schult.（1819）＝Turpinia Vent.（1807）（保留属名）［省沽油科 Staphyleaceae］●

52092　Triceras Andrz.（1828）Nom. illegit. ≡Triceras Andrz. ex Rchb.（1828）；~ ＝Matthiola W. T. Aiton（1812）［as 'Mathiola'］（保留属名）［十字花科 Brassicaceae（Cruciferae）］■●

52093　Triceras Andrz. ex Rchb.（1828）＝Matthiola W. T. Aiton（1812）［as 'Mathiola'］（保留属名）［十字花科 Brassicaceae（Cruciferae）］■●

52094　Triceras Post et Kuntze（1903）Nom. illegit. ＝Gomphogyne Griff.（1845）；~ ＝Triceros Griff.（1854）［葫芦科（瓜科，南瓜科）Cucurbitaceae］●

52095　Triceras Wittst. ＝Staphylea L.（1753）；~ ＝Triceros Lour.（1790）（废弃属名）；~ ＝Turpinia Vent.（1807）（保留属名）［省沽油科 Staphyleaceae］●

52096　Tricerastes C. Presl（1836）＝Datisca L.（1753）［疣柱花科（达麻科，短序花科，四数木科，四薮木科，野麻科）Datiscaceae］●■☆☆

52097　Triceratella Brenan（1961）【汉】黄剑茅属。【隶属】鸭趾草

Commelinaceae。【包含】世界 1 种。【学名诠释与讨论】〈阴〉（希）treis ＝拉丁文 tri，三＋keras，所有格 keratos，角，弓。【分布】热带非洲南部。【模式】Triceratella drummondii J. P. M. Brenan ■☆

52098　Triceratia A. Rich.（1845）＝Sicydium Schltdl.（1832）［葫芦科（瓜科，南瓜科）Cucurbitaceae］■☆

52099　Triceratorhynchus Summerh.（1951）【汉】三角喙兰属。【隶属】兰科 Orchidaceae。【包含】世界 1 种。【学名诠释与讨论】〈阳〉（希）treis ＝拉丁文 tri，三＋keras，所有格 keratos，指小式 keration，角，弓。keraos, kerastes, keratophyes, 有角的＋rhynchos, 喙, 鸟嘴。【分布】热带非洲东部。【模式】Triceratorhynchus viridiflorus Summerhayes ■☆

52100　Triceratostris（Szlach.）Szlach. et R. González（1996）【汉】墨西哥颈柱兰属。【隶属】兰科 Orchidaceae。【包含】世界 2 种。【学名诠释与讨论】〈阴〉（希）treis ＝拉丁文 tri，三＋keras，所有格 keratos，指小式 keration，角，弓。keraos, kerastes, keratophyes, 有角的＋stria 沟。此属的学名，ING 和 IK 记载是"Triceratostris（D. L. Szlachetko）D. L. Szlachetko et R. G. Tamayo, Fragm. Florist. Geobot. 41：1021. 6 Dec 1996"，由"Oestlundorchis subgen. Triceratostris D. L. Szlachetko, Fragm. Florist. Geobot. 39：428. 15 Dec 1994"改级而来。亦有文献把"Triceratostris（Szlach.）Szlach. et R. González（1996）"处理为"Deiregyne Schltr.（1920）"的异名。【分布】墨西哥。【模式】Triceratostris rhombilabia（L. A. Garay）D. L. Szlachetko et R. G. Tamayo［Deiregyne rhombilabia L. A. Garay］。【参考异名】Deiregyne Schltr.（1920）；Oestlundorchis subgen. Triceratostris（Szlach.）1994 ■☆

52101　Tricercandra A. Gray（1857）＝Chloranthus Sw.（1787）［金粟兰科 Chloranthaceae］●

52102　Tricerma Liebm.（1853）＝Maytenus Molina（1782）［卫矛科 Celastraceae］●

52103　Triceros Griff.（1854）Nom. illegit.（废弃属名）＝Gomphogyne Griff.（1845）［葫芦科（瓜科，南瓜科）Cucurbitaceae］■

52104　Triceros Lour.（1790）（废弃属名）＝Staphylea L.（1753）；~ ＝Turpinia Vent.（1807）（保留属名）［省沽油科 Staphyleaceae］●

52105　Trichacanthus Zoll. et Moritzi（1845）＝Blepharis Juss.（1789）［爵床科 Acanthaceae］●■

52106　Trichachne Nees（1829）【汉】酸草属。【隶属】禾本科 Poaceae（Gramineae）。【包含】世界 20 种。【学名诠释与讨论】〈阴〉（希）thrix, 所有格 trichos, 毛, 毛发＋achne, 鳞片, 泡沫, 泡囊, 谷壳, 稃。此属的学名"Trichachne C. G. D. Nees, Agrost. Brasil. 85. Mar－Jun 1829"是一个替代名称。它替代的是"Acicarpa Raddi, Agrost. Brasil. 31. 1823［禾本科 Poaceae（Gramineae）］"，而非"Acicarpha A. L. Jussieu, Ann. Mus. Natl. Hist. Nat. 2：347. 1803［萼角花科（萼角科，头花草科）Calyceraceae］"。它曾先后被处理为"Digitaria sect. Trichachne（Nees）Henrard, Monograph of the Genus ~ Digitaria~ 573, 851, 866. 1950.（15 Jan 1950）"、"Digitaria sect. Trichachne（Nees）Stapf, Flora Capensis 7：373. 1898.（Jul 1898）"、"Panicum sect. Trichachne（Nees）Steud., Synopsis Plantarum Glumacearum 1：38. 1855［1853］.（10-12 Dec 1853）"和"Panicum ser. Trichachne（Nees）Benth., Flora Australiensis: a description...7：464. 1878.（20-30 Mar 1878）（Fl. Austral.）"。亦有文献把"Trichachne Nees（1829）"处理为"Digitaria Haller（1768）（保留属名）"或"Panicum L.（1753）"的异名。【分布】澳大利亚，巴基斯坦，玻利维亚，中美洲。【模式】Trichachne sacchariflora（Raddi）C. G. D. Nees［Acicarpa sacchariflora Raddi］。【参考异名】Acicarpa Raddi（1823）Nom. illegit.；Digitaria Haller（1768）（保留属名）；Digitaria sect. Trichachne（Nees）Henrard

（1950）；Digitaria sect. Trichachne（Nees）Stapf（1898）；Panicum L.（1753）；Panicum sect. Trichachne（Nees）Steud.（1855）；Panicum ser. Trichachne（Nees）Benth.（1878）；Vallota Steud.（1841）Nom. illegit.（废弃属名）；Valota Adans.（1763）（废弃属名）■☆

52107 Trichadenia Thwaites（1855）【汉】毛腺木属。【隶属】刺篱木科（大风子科）Flacourtiaceae。【包含】世界2种。【学名诠释与讨论】〈阴〉（希）thrix，所有格 trichos，毛，毛发 + aden，所有格 adenos，腺体。【分布】菲律宾（菲律宾群岛），斯里兰卡，新几内亚岛。【模式】Trichadenia zeylanica Thwaites。【参考异名】Leucocorema Ridl.（1916）●☆

52108 Trichaeta P. Beauv.（1812）= Trisetaria Forssk.（1775）［禾本科 Poaceae（Gramineae）］■☆

52109 Trichaetolepis Rydb.（1915）= Adenophyllum Pers.（1807）［菊科 Asteraceae（Compositae）］■●☆

52110 Trichandrum Neck.（1790）Nom. inval. = Helichrysum Mill.（1754）［as 'Elichrysum'］（保留属名）［菊科 Asteraceae（Compositae）//蜡菊科 Helichrysaceae］●■

52111 Trichantha H. Karst. et Triana（1854）Nom. illegit. ≡ Trichantha H. Karst. et Triana（1857）Nom. illegit.；~ = Bonamia Thouars（1804）（保留属名）；~ = Breweria R. Br.（1810）［旋花科 Convolvulaceae］●☆

52112 Trichantha H. Karst. et Triana（1857）Nom. illegit. = Bonamia Thouars（1804）（保留属名）；~ = Breweria R. Br.（1810）［旋花科 Convolvulaceae］●☆

52113 Trichantha Hook.（1844）【汉】毛花苣苔属。【英】Trichantha。【隶属】苦苣苔科 Gesneriaceae。【包含】世界2-70种。【学名诠释与讨论】〈阴〉（希）thrix，所有格 trichos，毛，毛发 + anthos，花。此属的学名，ING、TROPICOS 和 IK 记载是"Trichantha Hook.，Icon. Pl. 7：tt. 666，667. 1844［Jul 1844］"。"Trichantha H. Karst. et Triana，Nuev. Jen. Esp. 14（1854）≡ Trichantha H. Karst. et Triana（1857）Nom. illegit.［旋花科 Convolvulaceae］"、"Trichantha H. Karst. et Triana，Linnaea 28：437. 1857 = Breweria R. Br.（1810）= Bonamia Thouars（1804）（保留属名）［旋花科 Convolvulaceae］"和"Trichantha Triana，Nuev. Jen. Esp. Fl. Neogranad. 14. 1855（'1854'）≡ Trichantha H. Karst. et Triana（1854）Nom. illegit.［旋花科 Convolvulaceae］"是晚出的非法名称。亦有文献把"Trichantha Hook.（1844）"处理为"Columnea L.（1753）"的异名。【分布】秘鲁，玻利维亚，厄瓜多尔，哥伦比亚，中美洲。【模式】Trichantha minor W. J. Hooker。【参考异名】Columnea L.（1753）；Ortholoma（Benth.）Hanst.（1854）；Ortholoma Hanst.（1854）Nom. illegit. ●☆

52114 Trichantha Triana（1855）Nom. illegit. ≡ Trichantha H. Karst. et Triana（1854）Nom. illegit.；~ ≡ Trichantha H. Karst. et Triana（1857）Nom. illegit.；~ = Bonamia Thouars（1804）（保留属名）；~ = Breweria R. Br.（1810）［旋花科 Convolvulaceae］●☆

52115 Trichanthecium Zuloaga et Morrone（2011）【汉】毛花黍属。【隶属】禾本科 Poaceae（Gramineae）。【包含】世界38种。【学名诠释与讨论】〈阴〉（希）thrix，所有格 trichos，毛，毛发 +（拉）anthes；又 anthus，a，um，有花的，来自（希）anthos 花 + -ius，-ia，-ium，在拉丁文和希腊文中，这些词尾表示性质或状态。【分布】马达加斯加，玻利维亚，中美洲。【模式】Trichanthecium parvifolium（Lam.）Zuloaga et Morrone［Panicum parvifolium Lam.］☆

52116 Trichanthemis Regel et Schmalh.（1877）【汉】毛春黄菊属。【隶属】菊科 Asteraceae（Compositae）。【包含】世界9种。【学名诠释与讨论】〈阴〉（希）thrix，所有格 trichos，毛，毛发 + anthemon，花。【分布】亚洲中部。【模式】Trichanthemis karataviensis Regel et Schmalhausen。【参考异名】Glossanthis P. P. Poljakov（1959）；

Pseudoglossanthis P. P. Poljakov（1967）■●☆

52117 Trichanthera Ehrenb.（1829）Nom. illegit. ≡ Eurynema Endl.（1842）Nom. illegit.；~ = Hermannia L.（1753）［梧桐科 Sterculiaceae//锦葵科 Malvaceae//密钟木科 Hermanniaceae］●☆

52118 Trichanthera Kunth（1818）【汉】毛药爵床属。【隶属】爵床科 Acanthaceae。【包含】世界2种。【学名诠释与讨论】〈阴〉（希）thrix，所有格 trichos，毛，毛发 + anthera，花药。此属的学名，ING 和 IK 记载是"Trichanthera Kunth in Humboldt，Bonpland et Kunth，Nova Gen. Sp. 2：ed. fol. 197；ed. qu. 243. Feb 1818"。"Trichanthera Ehrenberg，Linnaea 4：401. Jul 1829 = Hermannia L.（1753）［梧桐科 Sterculiaceae//锦葵科 Malvaceae//密钟木科 Hermanniaceae］"是晚出的非法名称。"Trixanthera Rafinesque，Sylva Tell. 146. Oct–Dec 1838"是"Trichanthera Kunth（1818）"的晚出的同模式异名（Homotypic synonym，Nomenclatural synonym）。"Trichanthera Ehrenberg，Linnaea 4：401. Jul 1829 ≡ Eurynema Endl.（1842）Nom. illegit."= Hermannia L.（1753）［梧桐科 Sterculiaceae//锦葵科 Malvaceae//密钟木科 Hermanniaceae］是晚出的非法名称。【分布】巴拿马，秘鲁，厄瓜多尔，哥伦比亚（安蒂奥基亚），热带南美洲西北部，中美洲。【模式】Trichanthera gigantea（Bonpland）C. G. D. Nees［Ruellia gigantea Bonpland］。【参考异名】Trixanthera Raf.（1838）Nom. illegit. ■☆

52119 Trichanthodium Sond. et F. Muell.（1853）【汉】骨苞鼠麴草属。【隶属】菊科 Asteraceae（Compositae）。【包含】世界4种。【学名诠释与讨论】〈中〉（希）thrix，所有格 trichos，毛，毛发 + anthos，花 + - idius，- idia，- idium，指示小的词尾。此属的学名是"Trichanthodium Sonder et F. v. Mueller，Linnaea 25：489. Apr 1853（'1852'）"。亦有文献把它处理为"Gnephosis Cass.（1820）"的异名。【分布】澳大利亚。【模式】Trichanthodium skirrophorum Sonder et F. v. Mueller。【参考异名】Gnephosis Cass.（1820）■☆

52120 Trichanthus Phil. = Jaborosa Juss.（1789）［茄科 Solanaceae］●☆

52121 Trichapium Gilli（1983）= Clibadium F. Allam. ex L.（1771）［菊科 Asteraceae（Compositae）］●■☆

52122 Tricharis Salisb.（1866）= Dipcadi Medik.（1790）［百合科 Liliaceae//风信子科 Hyacinthaceae］■☆

52123 Trichasma Walp.（1840）= Argyrolobium Eckl. et Zeyh.（1836）（保留属名）［豆科 Fabaceae（Leguminosae）］●☆

52124 Trichasterophyllum Willd. ex Link（1820）= Crocanthemum Spach（1836）［半日花科（岩蔷薇科）Cistaceae］●☆

52125 Trichaulax Vollesen（1992）【汉】中非爵床属。【隶属】爵床科 Acanthaceae。【包含】世界1种。【学名诠释与讨论】〈阳〉（希）thrix，所有格 trichos，毛，毛发 + aulax，所有格 aulakos = alox，所有格 alokos，犁沟，记号，伤痕，腔穴，子宫。【分布】肯尼亚，坦桑尼亚。【模式】Trichaulax mwasumbii Vollesen☆

52126 Trichaurus Arn.（1834）= Tamarix L.（1753）［柽柳科 Tamaricaceae］●

52127 Trichelostylis P. Beauv. ex T. Lestib.（1819）Nom. illegit. ≡ Trichelostylis T. Lestib.（1819）［莎草科 Cyperaceae］■

52128 Trichelostylis T. Lestib.（1819）= Fimbristylis Vahl（1805）（保留属名）［莎草科 Cyperaceae］■

52129 Trichera Schrad.（1814）Nom. inval. = Knautia L.（1753）［川续断科（刺参科，蓟叶参科，山萝卜科，续断科）Dipsacaceae］■☆

52130 Tricherostigma Boiss.（1862）= Euphorbia L.（1753）；~ = Trichosterigma Klotzsch et Garcke（1859）［大戟科 Euphorbiaceae］●■

52131 Trichilia L.（1759）Nom. illegit.［楝科 Meliaceae］●☆

52132 Trichilia P. Browne（1756）（保留属名）【汉】鹪鹩花属（老虎楝属，三唇属）。【俄】Трихилия。【英】Bitterwood，Hittefwood，

Partridgeflower,Trichilia。【隶属】楝科 Meliaceae。【包含】世界 86 种,中国 2 种。【学名诠释与讨论】〈阴〉(拉)tri,三+cheilos,唇。指子房和果实。另说来自希腊文 tricha 三数的+ilia 具有,持有。指某些种类的柱头三浅裂,果 3 室 3 瓣裂。此属的学名"Trichilia P. Browne,Civ. Nat. Hist. Jamaica:278. 10 Mar 1756"是保留属名。法规未列出相应的废弃属名,但是"Trichilia L.,Systema Naturae,Editio Decima 2:1020. 1759"是晚出的非法名称,应予废弃。"Trichilia P. Browne(1756)(保留属名)"曾被处理为"Knautia arvensis subsp. rupicola (P. Browne) O. Bolòs,Vigo,Masalles et Ninot,Flora Manual del Països Catalans 1213. 1990"。【分布】巴拉圭,巴拿马,秘鲁,玻利维亚,厄瓜多尔,哥伦比亚(安蒂奥基亚),哥斯达黎加,马达加斯加,尼加拉瓜,中国,西印度群岛,热带非洲,墨西哥至热带南美洲,中美洲。【模式】Trichilia hirta Linnaeus。【参考异名】Acanthotrichilia (Urb.) O. F. Cook et G. N. Collins (1903);Acrilia Griseb. (1859);Ailantopsis Gagnep. (1944);Barbilus P. Browne(1756);Barbylus Juss. (1789);Barola Adans. (1763) Nom. illegit.;Elcaja Forssk. (1775);Elkaja M. Poem. (1846);Geniostephanus Fenzl(1844);Halesia Loefl. (废弃属名);Heynea Roxb. (1815);Heynea Roxb. ex Sims,Nom. illegit.;Heynichia Kunth (1844);Knautia arvensis subsp. rupicola (P. Browne) O. Bolòs,Vigo,Masalles et Ninot(1990);Mafureira Bertol. (1850);Moschoxylum A. Juss. (1830);Odontandra Schultes (1819);Odontandra Willd. ex Roem. et Schult. (1819) Nom. illegit.;Odontosiphon M. Roem. (1846);Pholacilia Griseb. (1859);Picroderma Thorel ex Gagnep. (1944);Portesia Cav. (1789);Rochetia Delile (1846);Symphytosiphon Harms (1896);Torpesia (Endl.) M. Roem. (1846);Torpesia M. Roem. (1846) Nom. illegit. ●

52133　Trichinium R. Br. (1810) = Ptilotus R. Br. (1810) [苋科 Amaranthaceae]■●☆

52134　Trichlis Hall. (1743) Nom. inval. [石竹科 Caryophyllaceae]☆

52135　Trichlisperma Raf. (1814) = Polygala L. (1753) [远志科 Polygalaceae]●■

52136　Trichlora Baker(1877)【汉】秘鲁葱属。【隶属】葱科 Alliaceae。【包含】世界 1-2 种。【学名诠释与讨论】〈阴〉(拉)tri,三+chloe,草的幼芽,嫩草,禾草。【分布】秘鲁。【模式】Trichlora peruviana J. G. Baker ■☆

52137　Trichloris E. Fourn. (1881) Nom. illegit. ≡Trichloris E. Fourn. ex Benth. (1881) [禾本科 Poaceae(Gramineae)]■☆

52138　Trichloris E. Fourn. ex Benth. (1881)【汉】三花禾属(三花草属)。【隶属】禾本科 Poaceae(Gramineae)。【包含】世界 2 种。【学名诠释与讨论】〈阴〉(拉)tri,三+chloe,草的幼芽,嫩草,禾草。此属的学名,ING 和 IK 记载是"Trichloris E. Fourn. ier ex Bentham,J. Linn. Soc.,Bot. 19:102. 24 Dec 1881"。"Trichloris E. Fourn. ≡ Trichloris E. Fourn. ex Benth. (1881)"的命名人引证有误。绿枝藻的"Trichloris Scherffel et Pascher in Pascher,Süssw. -Fl. 4:88,103. 1927 ≡Trichloridella P. Silva 1970"是晚出的非法名称。"Chloropsis Hackel ex O. Kuntze,Rev. Gen. 2:771. 5 Nov 1891"是"Trichloris E. Fourn. ex Benth. (1881)"的晚出的同模式异名(Homotypic synonym,Nomenclatural synonym)。Ik 记载的"Trichloris E. Fourn. et E. Fourn.,Mexic. Pl. 142. 1886"是晚出的非法名称,而且命名人引用有误。亦有文献把"Trichloris E. Fourn. ex Benth. (1881)"处理为"Chloris Sw. (1788)"的异名。【分布】澳大利亚,秘鲁,玻利维亚,厄瓜多尔,美洲。【后选模式】Trichloris pluriflora E. Fourn. ier。【参考异名】Chloridiopsis J. Gay ex Scribn.;Chloridopsis Hack. (1887);Chloridopsis Hort. ex Hack. (1887);Chloropsis Hack. ex Kuntze (1891) Nom. illegit.;Chloropsis Kuntze(1891) Nom. illegit.;Leptochloris Kuntze (1891)

Nom. illegit.;Trichloris E. Fourn. (1881) Nom. illegit. ■☆

52139　Trichoa Pars. (1807) = Abuta Aubl. (1775) [防己科 Menispermaceae]●☆

52140　Trichoballia C. Presl(1830) = Tetraria P. Beauv. (1816) [莎草科 Cyperaceae]■☆

52141　Trichobasis Turcz. (1852) = Conothamnus Lindl. (1839) [桃金娘科 Myrtaceae]●☆

52142　Trichocalyx Balf. f. (1884)(保留属名)【汉】毛萼爵床属。【隶属】爵床科 Acanthaceae。【包含】世界 2 种。【学名诠释与讨论】〈阳〉(希)thrix,所有格 trichos,毛,毛发+kalyx,所有格 kalykos = 拉丁文 calyx,花萼,杯子。此属的学名"Trichocalyx Balf. f. in Proc. Roy. Soc. Edinburgh 12:87. 1883"是保留属名。法规未列出相应的废弃属名。但是桃金娘科 Myrtaceae 的"Trichocalyx Schauer(1843) ≡Calytrix Labill. (1806)"应该废弃。【分布】索科塔。【模式】Trichocalyx obovatus I. B. Balfour☆

52143　Trichocalyx Schauer(1843) Nom. illegit. (废弃属名) ≡Calytrix Labill. (1806) [桃金娘科 Myrtaceae]●☆

52144　Trichocarpus Neck. (1790) Nom. inval. = Persica Mill. (1754) [蔷薇科 Rosaceae]●

52145　Trichocarpus Schreb. (1789) Nom. illegit. ≡ Ablania Aubl. (1775); ~ =Sloanea L. (1753) [杜英科 Elaeocarpaceae//椴树科(椴科,田麻科)Tiliaceae]●

52146　Trichocarya Miq. (1856) = Licania Aubl. (1775); ~ = Angelesia Korth. (1855) + Diemenia Korth. (1855) [金壳果科 Chrysobalanaceae//金棒科(金橡实科,可可李科)Prunaceae]●☆

52147　Trichocaulon N. E. Br. (1878)【汉】亚罗汉属。【日】トリコカウロン属。【隶属】萝藦科 Asclepiadaceae。【包含】世界 15-25 种。【学名诠释与讨论】〈中〉(希)thrix,所有格 trichos,毛,毛发+kaulon,茎。【分布】非洲,马达加斯加。【后选模式】Trichocaulon piliferum (Linnaeus f.) N. E. Brown [Stapelia pilifera Linnaeus f.]。【参考异名】Leachia Plowes(1992) Nom. illegit.;Leachiella Plowes (1992) Nom. illegit.;Richtersveldia Meve et Liede(2002)■☆

52148　Trichocentrum Poepp. et Endl. (1836)【汉】毛距兰属(骡耳兰属)。【日】トリコケントルム属,トリコセントラム属。【英】Mule-ear Oncidium。【隶属】兰科 Orchidaceae。【包含】世界 30-54 种。【学名诠释与讨论】〈阴〉(希)thrix,所有格 trichos,毛,毛发+kentron,点,刺,圆心,中央,距。指唇瓣上的距。【分布】巴拿马,秘鲁,玻利维亚,厄瓜多尔,哥伦比亚(安蒂奥基亚),哥斯达黎加,中美洲。【模式】Trichocentrum pulchrum Poeppig et Endlicher。【参考异名】Acoidium Lindl. (1837)■☆

52149　Trichocephalum Schur(1866) = Virga Hill(1763) [川续断科(刺参科,蓟叶参科,山萝卜科,续断科)Dipsacaceae]■

52150　Trichocephalus Brongn. (1826)【汉】头毛鼠李属。【隶属】鼠李科 Rhamnaceae//菲利木科 Phylicaceae。【包含】世界 1 种。【学名诠释与讨论】〈阳〉(希)thrix,所有格 trichos,毛,毛发+kephale,头。此属的学名,ING、TROPICOS 和 IK 记载是"Trichocephalus A. T. Brongniart,Mém. Fam. Rhamnées 67. Jul 1826"。"Walpersia Reissek ex Endlicher,Gen. 1100. Apr 1840(废弃属名)"是"Trichocephalus Brongn. (1826)"的晚出的同模式异名(Homotypic synonym,Nomenclatural synonym)。亦有文献把"Trichocephalus Brongn. (1826)"处理为"Phylica L. (1753) [as 'Philyca']"的异名。【分布】澳大利亚,非洲。【后选模式】Trichocephalus stipularis (Linnaeus) A. T. Brongniart [Phylica stipularis Linnaeus]。【参考异名】Phylica L. (1753);Walpersia Reissek ex Endl. (1840) Nom. illegit. (废弃属名)●☆

52151　Trichoceras Spreng. (1817) = Trichoceros Kunth(1816) [兰科 Orchidaceae]■☆

52152　Trichocereus(A. Berger) Riccob.（1909）【汉】毛花柱属（大棱柱属）。【日】トリコセレウス属。【英】Trichocereus, Yellow Cactus。【隶属】仙人掌科 Cactaceae。【包含】世界 40-50 种，中国 3 种。【学名诠释与讨论】〈阳〉（希）thrix，所有格 trichos，毛，毛发+（属）Cereus 仙影掌属。此属的学名，ING、GCI 和 IK 记载是 "Trichocereus（A. Berger）Riccobono, Boll. Reale Orto Bot. Giardino Colon. Palermo 8：236. 1909"；由 "Cereus subgen. Trichocereus A. Berger, Rep.（Annual）Missouri Bot. Gard. 16：73. 31 Mai 1905" 改级而来。"Trichocereus Riccob.（1909）≡ Trichocereus（A. Berger）Riccob.（1909）" 的命名人引证有误。"Trichocereus Britton et Rose" 是 "Trichocereus（A. Berger）Riccob.（1909）" 的异名。亦有文献把 "Trichocereus（A. Berger）Riccob.（1909）" 处理为 "Echinopsis Zucc.（1837）" 的异名。【分布】阿根廷，秘鲁，玻利维亚，厄瓜多尔，中国。【后选模式】Trichocereus macrogonus（Salm-Dyck）Riccobono［Cereus macrogonus Salm-Dyck］。【参考异名】Cereus subgen. Trichocereus A. Berger（1905）；Echinopsis Zucc.（1837）；Helianthocereus Backeb.（1949）；Leucostele Backeb.（1953）；Roseocereus（Backeb.）Backeb.（1938）；Roseocereus Backeb.（1938）Nom. illegit.；Trichocereus Britton et Rose（1909）Nom. illegit. ●

52153　Trichocereus Britton et Rose ＝ Trichocereus（A. Berger）Riccob.（1909）［仙人掌科 Cactaceae］●

52154　Trichocereus Riccob.（1909）Nom. illegit. ≡ Trichocereus（A. Berger）Riccob.（1909）［仙人掌科 Cactaceae］●

52155　Trichoceros Kunth(1816)【汉】毛角兰属。【日】トゥリコケーロス属。【隶属】兰科 Orchidaceae。【包含】世界 5 种。【学名诠释与讨论】〈阳〉（希）thrix，所有格 trichos，毛，毛发+keras，角。指花柱。【分布】秘鲁，玻利维亚，厄瓜多尔【模式】未指定。【参考异名】Astroglossus Rchb. f.（1883）Nom. illegit.；Astroglossus Rchb. f. ex Benth. et Hook. f.（1883）Nom. illegit.；Darwiniella Braas et Lückel(1982) Nom. illegit.；Trichoceras Spreng.（1817）■☆

52156　Trichochaeta Steud.（1855）＝ Rhynchospora Vahl（1805）［as 'Rynchospora'］（保留属名）［莎草科 Cyperaceae］■☆

52157　Trichochilus Ames（1932）＝ Dipodium R. Br.（1810）［兰科 Orchidaceae］■☆

52158　Trichochiton Kom.（1896）【汉】肖隐籽芥属。【隶属】十字花科 Brassicaceae(Cruciferae)。【包含】世界 3 种。【学名诠释与讨论】〈中〉（希）thrix，所有格 trichos，毛，毛发+chiton ＝拉丁文 chitin，罩衣，覆盖物，铠甲。此属的学名是 "Trichochiton Komarov, Trudy Imp. S. –Peterburgsk. Obsc. Estestvoisp., Vyp. 3, Otd. Bot. 26：113. 1896"。亦有文献把其处理为 "Cryptospora Kar. et Kir.（1842）" 的异名。【分布】亚洲中部。【模式】Trichochiton inconspicuus Komarov［as 'inconspicuum'］。【参考异名】Cryptospora Kar. et Kir.（1842）■☆

52159　Trichochlaena Kuntze(1903) Nom. illegit. ＝ Tricholaena Schrad.（1824）［禾本科 Poaceae(Gramineae)］■☆

52160　Trichochlaena Post et Kuntze（1903）Nom. illegit. ≡ Trichochlaena Kuntze（1903）Nom. illegit.；~ ＝ Tricholaena Schrad.（1824）［禾本科 Poaceae(Gramineae)］■☆

52161　Trichochloa DC.（1813）Nom. illegit. ＝ Muhlenbergia Schreb.（1789）［禾本科 Poaceae(Gramineae)］■

52162　Trichochloa P. Beauv.（1812）＝ Muhlenbergia Schreb.（1789）［禾本科 Poaceae(Gramineae)］■

52163　Trichocladus Pers.（1807）【汉】毛枝梅属。【隶属】金缕梅科 Hamamelidaceae。【包含】世界 4 种。【学名诠释与讨论】〈中〉（希）thrix，所有格 trichos，毛，毛发＋klados，枝，芽，指小式 kladion，棍棒；klalodes，有许多枝子的。此属的学名

"Trichocladus Persoon, Syn. Pl. 2：597. Sep 1807" 是一个替代名称。"Dahlia Thunberg, Skr. Naturhist. –Selsk. 2（1）：133. 1792" 是一个非法名称（Nom. illegit.），因为此前已经有了 "Dahlia Cavanilles, Icon. 1：56. t. 80. Dec 1791［菊科 Asteraceae(Compositae)］"。故用 "Trichocladus Pers.（1807）" 替代之。【分布】热带和非洲南部。【模式】Trichocladus crinitus（Thunberg）Persoon［Dahlia crinita Thunberg］。【参考异名】Dahlia Thunb.（1792）Nom. illegit.；Triclocladus Hutch.，Nom. illegit. ●☆

52164　Trichocline Cass.（1817）【汉】毛床菊属（毛丁草属）。【隶属】菊科 Asteraceae(Compositae)。【包含】世界 21-22 种。【学名诠释与讨论】〈阴〉（希）thrix，所有格 trichos，毛，毛发+kline，床，来自 klino，倾斜，斜倚。【分布】巴拉圭，秘鲁，玻利维亚，厄瓜多尔，中美洲。【模式】Trichocline incana（Lamarck）Cassini［Doronicum incanum Lamarck］。【参考异名】Amblysperma Benth.（1837）；Bichenia D. Don（1830）；Eriopus Sch. Bip. ex Baker（1884）Nom. illegit.；Ingenhouzia Vell.（1831）Nom. illegit.；Ingenhusia Vell.（1829）■☆

52165　Trichocoronis A. Gray（1849）【汉】虫泽兰属（下田菊属）。【英】Bugheal。【隶属】菊科 Asteraceae(Compositae)。【包含】世界 2-3 种。【学名诠释与讨论】〈阴〉（希）thrix，所有格 trichos，毛，毛发+koronos，花冠。指冠毛。【分布】美国（西南部），墨西哥。后选模式】Trichocoronis wrightii（J. Torrey 和 A. Gray ex A. Gray）A. Gray［Ageratum wrightii J. Torrey et A. Gray ex A. Gray］。【参考异名】Biolettia Greene（1891）；Margacola Buckley（1861）■☆

52166　Trichocoryne S. F. Blake（1924）【汉】毛盔菊属。【隶属】菊科 Asteraceae(Compositae)。【包含】世界 1 种。【学名诠释与讨论】〈阴〉（希）thrix，所有格 trichos，毛，毛发+coryne，棍棒。【分布】墨西哥。【模式】Trichocoryne connata S. F. Blake ■☆

52167　Trichocrepis Vis.（1826）＝ Crepis L.（1753）［菊科 Asteraceae(Compositae)］■

52168　Trichocyamos Yakovlev（1972）【汉】南红豆属。【隶属】豆科 Fabaceae(Leguminosae)//蝶形花科 Papilionaceae。【包含】世界 4 种。【学名诠释与讨论】〈阳〉（希）thrix，所有格 trichos，毛，毛发+kyamos，豆。此属的学名是 "Trichocyamos G. P. Yakovlev, Novosti Sist. Vyssh. Rast. 9：200. 1972（post 12 Apr）"。亦有文献把其处理为 "Ormosia Jacks.（1811）（保留属名）" 的异名。【分布】中国。【模式】Trichocyamos pachycarpum（J. G. Champion ex Bentham）G. P. Yakovlev［Ormosia pachycarpa J. G. Champion ex Bentham］。【参考异名】Ormosia Jacks.（1811）（保留属名）■

52169　Trichocyclus N. E. Br.（1923）Nom. illegit. ≡ Brownanthus Schwantes（1927）［番杏科 Aizoaceae］●☆

52170　Trichodesma R. Br.（1810）（保留属名）【汉】毛束草属（碧果草属）。【日】ルリホホヅキ属。【俄】Триходесма。【英】Trichodesma。【隶属】紫草科 Boraginaceae。【包含】世界 40-45 种，中国 1-2 种。【学名诠释与讨论】〈中〉（希）thrix，所有格 trichos，毛，毛发+desmos，链，束，结，带，纽带。desma，所有格 desmatos，含义与 desmos 相似。指花药具束毛。此属的学名 "Trichodesma R. Br., Prodr.：496. 27 Mar 1810" 是保留属名。相应的废弃属名是紫草科 Boraginaceae 的 "Borraginoides Boehm. in Ludwig, Def. Gen. Pl., ed. 3：18. 1760 ＝ Trichodesma R. Br.（1810）（保留属名）"。【分布】澳大利亚，巴基斯坦，马达加斯加，中国，热带和亚热带非洲，亚洲。【模式】Trichodesma zeylanicum（N. L. Burman）R. Brown［as 'zeylanica'］［Borago zeylanica N. L. Burman］。【参考异名】Boraginella Kuntze（1891）Nom. illegit.；Boraginella Siegesb.（1736）Nom. inval.；Boraginella Siegesb. ex Kuntze（1891）Nom. illegit.；Boraginodes Post et Kuntze（1903）；Borraginoides Moench；Borraginoides Boehm.（1760）（废弃属名）；

Borraginoides Moench (1794) Nom. illegit. (废弃属名);
Friederichsthalia A. DC. (1846); Friedrichsthalia Fenzl (1839);
Lacaitaea Brand (1914); Leiocarya Hochst. (1844); Octosomatium
Gagnep. (1950); Pollichia Medik. (1784) (废弃属名); Spiroconus
Steven (1851); Streblanthera Steud. (1844) Nom. inval.;
Streblanthera Steud. ex A. Rich. (1850) ●■

52171 Trichodia Griff. (1854) = Paropsia Noronha ex Thouars (1805)
[西番莲科 Passifloraceae] ●☆

52172 Trichodiadema Schwantes (1926)【汉】仙花属(仙宝属)。【日】
トリコディアデア属。【隶属】番杏科 Aizoaceae。【包含】世界
30-35 种。【学名诠释与讨论】〈阴〉(希) thrix, 所有格 trichos, 毛,
毛发+di-, dis, 二, 双+desmos, 链, 束, 结, 带, 纽带。desma, 所有
格 desmatos, 含义与 desmos 相似。可能指花冠。【分布】非洲南
部。【后选模式】Trichodiadema stelligerum (Haworth) Schwantes
[Mesembryanthemum stelligerum Haworth] ●☆

52173 Trichodiclida Cerv. (1870)【汉】重毛禾属。【隶属】禾本科
Poaceae (Gramineae)。【包含】世界 2 种。【学名诠释与讨论】
〈阴〉(希) thrix, 所有格 trichos, 毛, 毛发+diklis, 所有格 diklidos,
一种双重的或可折叠的门。此属的学名是"Trichodiclida
Cervantes, Naturaleza (Mexico City) 1:346. 1870"。亦有文献把其
处理为"Blepharidachne Hack. (1888)"的异名。【分布】墨西哥。
【模式】未指定。【参考异名】Blepharidachne Hack. (1888) ■☆

52174 Trichodium Michx. (1803) = Agrostis L. (1753) (保留属名)
[禾本科 Poaceae (Gramineae) // 剪股颖科 Agrostidaceae] ■

52175 Trichodon Benth. (1881) Nom. illegit. = Phragmites Adans.
(1763); ~ =Trichoon Roth (1798) [禾本科 Poaceae (Gramineae)] ■

52176 Trichodoum P. Beauv. ex Taub. = Dioclea Kunth (1824) [豆科
Fabaceae (Leguminosae)] ■☆

52177 Trichodrymonia Oerst. (1858)【汉】毛林苣苔属(毛锥莫尼亚
属)。【隶属】苦苣苔科 Gesneriaceae。【包含】世界 1 种。【学名
诠释与讨论】〈阴〉(希) thrix, 所有格 trichos, 毛, 毛发+(属)
Drymonia 林苣苔属(锥莫尼亚属)。【分布】墨西哥, 中美洲。
【模式】Trichodrymonia congesta Oersted。【参考异名】Episcia
Mart. (1829); Paradrymonia Hanst. (1854) ■☆

52178 Trichodrymonia Oerst. (1861) Nom. illegit. = Episcia Mart.
(1829); ~ = Paradrymonia Hanst. (1854) [苦苣苔科
Gesneriaceae] ■●☆

52179 Trichodypsis Baill. (1894) = Dypsis Noronha ex Mart. (1837)
[棕榈科 Arecaceae (Palmae)] ●☆

52180 Trichogalium (DC.) Fourr. (1868) = Galium L. (1753) [茜草科
Rubiaceae] ■●

52181 Trichogalium Fourr. (1868) Nom. illegit. ≡ Trichogalium (DC.)
Fourr. (1868); ~ =Galium L. (1753) [茜草科 Rubiaceae] ■●

52182 Trichogamia Boehm. =Trichogamila P. Browne (1756) [安息香
科(齐墩果科,野茉莉科) Styracaceae] ●

52183 Trichogamila P. Browne (1756) = Styrax L. (1753) [安息香科
(齐墩果科,野茉莉科) Styracaceae] ●

52184 Trichoglottis Blume (1825)【汉】毛舌兰属。【日】クラルクレ
ソラン属,トリコグロッチス属,トリコグロッティス属。【英】
Hairliporchis。【隶属】兰科 Orchidaceae。【包含】世界 55-60 种,
中国 2 种。【学名诠释与讨论】〈阴〉(希) thrix, 所有格 trichos,
毛, 毛发+glossa, 舌。指花的唇瓣被毛。【分布】印度至马来西
亚, 中国, 波利尼西亚群岛。【后选模式】Trichoglottis retusa
Blume。【参考异名】Sarothrochilus Schltr. (1906); Stauropsis
Rchb. f. (1860); Symptera Post et Kuntze (1903); Synptera Llanos
(1851) ■

52185 Trichogonia (DC.) Gardner (1846)【汉】毛瓣柄泽兰属。【日】

トリコゴニア属。【隶属】菊科 Asteraceae (Compositae)。【包
含】世界 30 种。【学名诠释与讨论】〈阴〉(希) thrix, 所有格
trichos, 毛, 毛发+gonia, 角, 角隅, 关节, 膝, 来自拉丁文 giniatus,
成角度的。此属的学名, ING 和 GCI 记载是"Trichogonia (A. P.
de Candolle) G. Gardner, London J. Bot. 5:459. 1846"; ING 未给出
基源异名。GCI 记载基源异名是"Kuhnia sect. Trichogonia DC.
Prodr. [A. P. de Candolle] 5:126. 1836 [early Oct 1836]"。IK 则
记载为"Trichogonia Gardner, London J. Bot. 5:459. 1846"。【分
布】巴拉圭, 玻利维亚, 哥伦比亚(安蒂奥基亚)。【模式】未指
定。【参考异名】Kuhnia sect. Trichogonia DC. (1836); Trichogonia
Gardner (1846) Nom. illegit. ■●☆

52186 Trichogonia Gardner (1846) Nom. illegit. ≡ Trichogonia (DC.)
Gardner (1846) [菊科 Asteraceae (Compositae)] ■●☆

52187 Trichogoniopsis R. M. King et H. Rob. (1972)【汉】腺瓣柄泽兰
属。【日】トリコゴニオプシス属。【隶属】菊科 Asteraceae
(Compositae)。【包含】世界 2-4 种。【学名诠释与讨论】〈阴〉
(属) Trichogonia 毛瓣柄泽兰属+希腊文 opsis, 外观, 模样, 相似。
【分布】巴西。【模式】Trichogoniopsis adenantha (A. P. de
Candolle) R. M. King et H. E. Robinson [Eupatorium adenanthum
A. P. de Candolle] ■●☆

52188 Trichogyne Less. (1831)【汉】毛柱帚鼠麹属。【日】トリコジ
ネ属。【隶属】菊科 Asteraceae (Compositae)。【包含】世界 8 种。
【学名诠释与讨论】〈阴〉(希) thrix, 所有格 trichos, 毛, 毛发+
gyne, 所有格 gynaikos, 雌性, 雌蕊。此属的学名是"Trichogyne
Lessing, Linnaea 6:231. Jul-Dec 1831"。亦有文献把其处理为
"Ifloga Cass. (1819)"的异名。【分布】巴基斯坦, 非洲南部。
【后选模式】Trichogyne laricifolia (Lamarck) Lessing [Seriphium
laricifolium Lamarck]。【参考异名】Ifloga Cass. (1819) ■☆

52189 Tricholaena Schrad. (1824)【汉】线衣草属。【日】ドリコレー
ナ属。【隶属】禾本科 Poaceae (Gramineae)。【包含】世界 4 种。
【学名诠释与讨论】〈阴〉(希) thrix, 所有格 trichos, 毛, 毛发+laina
=chlaine = 拉丁文 laena, 外衣, 衣服。此属的学名, ING、
TROPICOS 和 IK 记载是"Tricholaena Schrader in J. A. Schultes,
Mant. 2:8, 163. Jan-Apr 1824"; 国内外文献多用其为正名。
APNI 则记载为"Tricholaena Schult. et Schult. f., Mantissa
Plantarum 1771"。《巴基斯坦植物志》的记载是"Tricholaena
Schrad. in Roem. et Schult., Syst. Veg. 2. Mant.:163. 1824"。
"Tricholaena Schrad. ex Schult. et Schult. f. (1824)"则是命名人引
证错误。APNI 的记载可能是裸名, 还须查证。【分布】巴基斯
坦, 玻利维亚, 地中海地区, 非洲, 加那利群岛, 马达加斯加, 中美
洲。【后选模式】Tricholaena micrantha Schrader。【参考异名】
Eremochlamys A. Peter (1930); Rhynchelythrum Nees (1836);
Rhynchelytrum Nees (1836) Nom. illegit.; Trichochlaena Kuntze,
Nom. illegit.; Trichochlaena Post et Kuntze (1903) Nom. illegit.;
Tricholaena Schrad. ex Schult. et Schult. f. (1824) Nom. illegit.;
Tricholaena Schult. et Schult. f. (1771) Nom. illegit.; Xyochlaena
Stapf (1917) ■☆

52190 Tricholaena Schrad. ex Schult. et Schult. f. (1824) Nom. illegit.
≡ Tricholaena Schrad. (1824) [禾本科 Poaceae (Gramineae)] ■☆

52191 Tricholaena Schult. et Schult. f. (1771) Nom. illegit. ≡
Tricholaena Schrad. (1824) [禾本科 Poaceae (Gramineae)] ■☆

52192 Tricholaser Gilli (1959)【汉】毛石草属。【隶属】伞形花科(伞
形科) Apiaceae (Umbelliferae)。【包含】世界 2 种。【学名诠释与
讨论】〈阳〉(希) thrix, 所有格 trichos, 毛, 毛发+拉丁文 laser, 树
脂。此属的学名是"Tricholaser Gilli, Feddes Repert. Spec. Nov.
Regni Veg. 61:205. 15 Apr 1959"。亦有文献把其处理为
"Ducrosia Boiss. (1844)"的异名。【分布】阿富汗, 巴基斯坦。

【模式】Tricholaser afghanicum Gilli。【参考异名】Ducrosia Boiss.（1844）■☆

52193 Tricholemma（Röser）Röser（2009）【汉】毛壳燕麦属。【隶属】禾本科 Poaceae（Gramineae）//燕麦科 Avenaceae。【包含】世界 2 种。【学名诠释与讨论】〈阴〉（希）thrix，所有格 trichos，毛，毛发+lemma，所有格 lemmatos，皮，壳，树皮。此属的学名，IPNI 和 TROPICOS 记载是"Tricholemma（Röser）Röser, Schlechtendalia 19：34. 2009［Jun 2009］"，由"Helictotrichon subgen. Tricholemma Röser, Karyol. , Syst. u. Chorol. Untersuch. Gatt. Helictotrichon W. Mittelmeer.（Diss. Bot. 145）46. 1989"改级而来。亦有文献把"Tricholemma（Röser）Röser（2009）"处理为"Avena L.（1753）"的异名。【分布】热带非洲。【模式】不详。【参考异名】Avena L.（1753）；Helictotrichon subgen. Tricholemma Röser（1989）■☆

52194 Tricholepis DC.（1833）【汉】针苞菊属。【俄】Власочешуйник。【英】Needlebractdaisy, Tricholepis。【隶属】菊科 Asteraceae（Compositae）。【包含】世界 15-20 种，中国 2 种。【学名诠释与讨论】〈阴〉（希）thrix，所有格 trichos，毛，毛发+lepis，所有格 lepidos，指小式 lepion 或 lepidion，鳞，鳞片。lepidotos，多鳞的。lepos，鳞，鳞片。指总苞的鳞片具毛。【分布】缅甸，中国，喜马拉雅山，亚洲中部。【模式】未指定。【参考异名】Achyropappus M. Bieb. ex Fisch.（1838）Nom. illegit. ; Stictophyllum Edgew.（1845）■

52195 Tricholeptus Gand. = Daucus L.（1753）［伞形花科（伞形科）Apiaceae（Umbelliferae）］■

52196 Tricholobos Turcz.（1854）= Sisymbrium L.（1753）［十字花科 Brassicaceae（Cruciferae）］■

52197 Tricholobus Blume（1850）= Connarus L.（1753）［牛栓藤科 Connaraceae］●

52198 Tricholoma Benth.（1846）= Glossostigma Wight et Arn.（1836）（保留属名）［玄参科 Scrophulariaceae］■☆

52199 Tricholophus Spach（1839）= Polygala L.（1753）［远志科 Polygalaceae］●■

52200 Trichomaria Hook. et Arn. ex Steud.（1841）Nom. illegit. = Tricomaria Gillies ex Hook. et Arn.（1833）［金虎尾科（黄褥花科）Malpighiaceae］●☆

52201 Trichomaria Steud.（1841）Nom. illegit. = Tricomaria Gillies ex Hook. et Arn.（1833）［金虎尾科（黄褥花科）Malpighiaceae］●☆

52202 Trichomema Gray（1821）= Romulea Maratti（1772）（保留属名）；~ = Trichonema Ker Gawl.（1867）Nom. illegit.［鸢尾科 Iridaceae］■☆

52203 Trichonema Ker Gawl.（1802）Nom. illegit. = Romulea Maratti（1772）（保留属名）［鸢尾科 Iridaceae］■☆

52204 Trichonema Ker Gawl.（1867）Nom. illegit. = Romulea Maratti（1772）（保留属名）［鸢尾科 Iridaceae］■☆

52205 Trichoneura Andersson（1855）【汉】毛肋茅属。【隶属】禾本科 Poaceae（Gramineae）。【包含】世界 7 种。【学名诠释与讨论】〈阴〉（希）thrix，所有格 trichos，毛，毛发+neuron，叶脉，肋。【分布】秘鲁，厄瓜多尔（科隆群岛），美国（南部），热带非洲。【模式】Trichoneura hookeri N. J. Andersson, Nom. illegit.［Calamagrostis pumila J. D. Hooker］。【参考异名】Crossotoma（G. Don）Spach（1840）；Crossotropis Stapf（1898）Nom. illegit. ■☆

52206 Trichoon Roth（1798）= Phragmites Adans.（1763）［禾本科 Poaceae（Gramineae）］■

52207 Trichopetalon Raf. = Trichopetalum Lindl.（1832）［吊兰科（猴面包科，猴面包树科）Anthericaceae//点柱花科 Lomandraceae］■☆

52208 Trichopetalum Lindl.（1832）【汉】毛瓣兰属。【隶属】吊兰科（猴面包科，猴面包树科）Anthericaceae//点柱花科 Lomandraceae。【包含】世界 1 种。【学名诠释与讨论】〈中〉（希）

thrix，所有格 trichos，毛，毛发+希腊文 petalos，扁平的，铺开的；petalon，花瓣，叶，花叶，金属叶子；拉丁文的花瓣为 petalum。此属的学名是"Trichopetalum J. Lindley, Edwards's Bot. Reg. t. 1535. 1 Oct 1832"。亦有文献把其处理为"Bottionea Colla（1834）"的异名。【分布】智利。【模式】Trichopetalum gracile J. Lindley。【参考异名】Bottionea Colla（1834）；Trichopetalon Raf. ■☆

52209 Trichophila Pritz.（1855）Nom. illegit.［兰科 Orchidaceae］■☆

52210 Trichophorum Pers.（1805）（保留属名）【汉】毛莎草属（刚毛蘸草属，芒莎草属，针蔺属）。【俄】Пухонос。【英】Club-rush, Cotton-grass, Deer-grass, Trichophore。【隶属】莎草科 Cyperaceae//蘸草科 Scirpaceae。【包含】世界 10 种，中国 6 种。【学名诠释与讨论】〈中〉（希）thrix，所有格 trichos，毛，毛发+phoros，具有，梗，负载，发现者。指花下位毛状体。此属的学名"Trichophorum Pers. , Syn. Pl. 1：69. 1 Apr-15 Jun 1805"是保留属名。法规未列出相应的废弃属名。J. Holub（1984）曾用"Eriophorella J. Holub, Folia Geobot. Phytotax. 19：97. 24 Feb 1984"替代"Trichophorum Persoon, Syn. Pl. 1：69. 1 Apr-15 Jun 1805"；多余了。"Trichophorum Pers.（1805）（保留属名）"曾先后被处理为"Scirpus sect. Trichophorum（Pers.）Darl. , Florul. Cestr. ed. 3 40. 1853"和"Eriophorum sect. Trichophorum（Pers.）C. B. Clarke, Bulletin of Miscellaneous Information：Additional Series 8：115. 1908"。亦有文献把"Trichophorum Pers.（1805）（保留属名）"处理为"Scirpus L.（1753）（保留属名）"的异名。【分布】巴基斯坦，玻利维亚，美国，中国，热带亚洲山地，美洲。【模式】Trichophorum alpinum（Linnaeus）Persoon［Eriophorum alpinum Linnaeus］。【参考异名】Eriophorella Holub（1984）Nom. illegit. ; Eriophorum sect. Trichophorum（Pers.）C. B. Clarke（1908）；Leucocoma Ehrh.（1789）Nom. inval. ; Leucocoma Ehrh. ex Rydb.（1917）Nom. illegit. ; Leucocoma Rydb.（1917）Nom. illegit. ; Leucoma B. D. Jacks. ; Scirpus L.（1753）（保留属名）；Scirpus sect. Trichophorum（Pers.）Darl.（1853）■

52211 Trichophyllum Ehrh.（1789）Nom. inval. ≡Trichophyllum Ehrh. ex House（1920）Nom. illegit. ; ~ = Eleocharis R. Br.（1810）；~ = Scirpus L.（1753）（保留属名）［莎草科 Cyperaceae//蘸草科 Scirpaceae］■

52212 Trichophyllum Ehrh. ex House（1920）Nom. illegit. ≡Eleocharis R. Br.（1810）；~ = Scirpus L.（1753）（保留属名）［莎草科 Cyperaceae//蘸草科 Scirpaceae］■

52213 Trichophyllum House（1920）Nom. illegit. ≡Trichophyllum Ehrh. ex House（1920）Nom. illegit. ; ~ = Eleocharis R. Br.（1810）；~ = Scirpus L.（1753）（保留属名）［莎草科 Cyperaceae//蘸草科 Scirpaceae］■

52214 Trichophyllum Nutt.（1818）= Bahia Lag.（1816）［菊科 Asteraceae（Compositae）］■☆

52215 Trichopilia Lindl.（1836）【汉】毛足兰属。【隶属】兰科 Orchidaceae。【包含】世界 30 种。【学名诠释与讨论】〈阴〉（希）thrix，所有格 trichos，毛，毛发+pilos，毡帽，帽子。指花粉囊边缘。【分布】巴拿马，巴西，秘鲁，玻利维亚，厄瓜多尔，哥伦比亚（安蒂奥基亚），哥斯达黎加，墨西哥（南部），尼加拉瓜，西印度群岛，热带美洲，中美洲。【模式】Trichopilia tortilis Lindley。【参考异名】Pilumna Lindl.（1844）■☆

52216 Trichopodaceae Hutch.（1934）（保留科名）［亦见 Dioscoreaceae R. Br.（保留科名）薯蓣科］【汉】毛柄花科（发柄花科，毛柄科，毛脚科，毛脚薯科）。【包含】世界 1 属 1 种。【分布】印度（南部），斯里兰卡，马来半岛。【科名模式】Trichopus Gaertn.（1788）■☆

52217 Trichopodium C. Presl（1844）Nom. illegit. = Dalea L.（1758）

（保留属名）［豆科 Fabaceae（Leguminosae）//蝶形花科 Papilionaceae］●■☆

52218　Trichopodium Lindl.（1832）Nom. illegit. ≡ Trichopus Gaertn.（1788）［薯蓣科 Dioscoreaceae//毛柄花科（发柄花科，毛柄科，毛脚科，毛脚薯科）Trichopodaceae］■☆

52219　Trichopteria Lindl.（1836）Nom. inval. = Trichopteryx Nees（1841）；~ = Trichopteryx Nees（1841）［禾本科 Poaceae（Gramineae）］■☆

52220　Trichopteria Nees（1836）Nom. illegit. ≡ Trichopterya Nees（1836）Nom. illegit.；~ = Trichopteryx Nees（1841）［禾本科 Poaceae（Gramineae）］■☆

52221　Trichopteris Neck.（1790）Nom. inval. =Scabiosa L.（1753）［川续断科（刺参科，蓟叶参科，山萝卜科，续断科）Dipsacaceae//蓝盆花科 Scabiosaceae］●■

52222　Trichopterix Chiov.（1897）Nom. illegit.［禾本科 Poaceae（Gramineae）］☆

52223　Trichopterya Lindl. =Trichopteryx Nees（1841）［禾本科 Poaceae（Gramineae）］■☆

52224　Trichopterya Nees（1836）Nom. illegit. = Trichopteryx Nees（1841）［禾本科 Poaceae（Gramineae）］■☆

52225　Trichopteryx Nees（1841）【汉】翼毛草属。【隶属】禾本科 Poaceae（Gramineae）。【包含】世界 5 种。【学名诠释与讨论】〈阴〉（希）thrix，所有格 trichos，毛，毛发+pteryx，所有格 pterygos，指小式 pterygion，翼，羽毛，鳍。指果实。【分布】玻利维亚，马达加斯加，热带和非洲南部。【模式】Trichopteryx dregeana Nees。【参考异名】Trichopteria Lindl.（1836）Nom. inval.；Trichopteria Nees（1836）Nom. illegit.；Trichopterya Lindl.（1836）Nom. inval.；Trichopterya Nees（1836）Nom. illegit. ■☆

52226　Trichoptilium A. Gray（1859）【汉】毛翼菊属（毛羽菊属）。【英】Yellowhead。【隶属】菊科 Asteraceae（Compositae）。【包含】世界 1 种。【学名诠释与讨论】〈阴〉（希）thrix，所有格 trichos，毛，毛发+ptilon，羽毛，翼，柔毛+-ius，-ia，-ium，在拉丁文和希腊文中，这些词尾表示性质或状态。指冠毛。【分布】美国（西南部）。【模式】Trichoptilium incisum（A. Gray）A. Gray［Psathyrotes incisa A. Gray］■☆

52227　Trichopuntia Guiggi（2011）【汉】毛掌属。【隶属】仙人掌科 Cactaceae。【包含】世界 2 种 1 亚种。【学名诠释与讨论】〈阴〉（希）thrix，所有格 trichos，毛，毛发+（属）Opuntia 仙人掌属。【分布】阿根廷，秘鲁，玻利维亚。【模式】［Opuntia vestita Salm-Dyck］☆

52228　Trichopus Gaertn.（1788）【汉】毛柄花属（发柄花属，毛柄属）。【隶属】薯蓣科 Dioscoreaceae//毛柄花科（发柄花科，毛柄科，毛脚科，毛脚薯科）Trichopodaceae。【包含】世界 1-2 种。【学名诠释与讨论】〈阳〉（希）thrix，所有格 trichos，毛，毛发+pous，所有格 podos，柄，足。此属的学名，ING、TROPICOS 和 IK 记载是 "Trichopus Gaertn.，Fruct. Sem. Pl. i. 44. t. 14（1788）"。"Steirexa Rafinesque, Fl. Tell. 4: 100. 1838（med.）（' 1836 '）" 和 "Trichopodium Lindley, Edwards's Bot. Reg. ad t. 1543. 1 Dec 1832" 是 "Trichopus Gaertn.（1788）" 的晚出的同模式异名（Homotypic synonym, Nomenclatural synonym）。【分布】马达加斯加，斯里兰卡，印度（南部），马来半岛。【模式】Trichopus zeylanicus J. Gaertner。【参考异名】Avetra H. Perrier（1924）；Podianthus Schnital.（1843）；Steirexa Raf.（1838）Nom. illegit.；Steireya Raf.（1838）；Stireja Post et Kuntze（1903）；Trichopodium Lindl.（1832）Nom. illegit. ■☆

52229　Trichopyrum Á. Löve（1986）= Elymus L.（1753）［禾本科 Poaceae（Gramineae）］■

52230　Trichorhiza Lindl. ex Steud.（1841）= Luisia Gaudich.（1829）［兰科 Orchidaceae］■

52231　Trichoryne F. Muell.（1882）= Tricoryne R. Br.（1810）［吊兰科（猴面包科，猴面包树科）Anthericaceae//苞花草科（红箭草科）Johnsoniaceae］■☆

52232　Trichosacme Zucc.（1846）【汉】毛尖萝藦属。【隶属】萝藦科 Asclepiadaceae。【包含】世界 1 种。【学名诠释与讨论】〈阴〉（希）thrix，所有格 trichos，毛，毛发+akme，尖端，边缘。指次生茎。【分布】墨西哥。【模式】Trichosacme lanata Zuccarini ●☆

52233　Trichosalpinx Luer（1983）【汉】号角毛兰属。【隶属】兰科 Orchidaceae。【包含】世界 90 种。【学名诠释与讨论】〈阴〉（希）thrix，所有格 trichos，毛，毛发+salpinx，所有格 salpingos，号角，喇叭。【分布】巴拿马，秘鲁，玻利维亚，厄瓜多尔，哥伦比亚（安蒂奥基亚），哥斯达黎加，尼加拉瓜，中美洲。【模式】Trichosalpinx ciliaris（Lindley）C. A. Luer［Specklinia ciliaris Lindley］。【参考异名】Pseudolepanthes（Luer）Archila（2000）●☆

52234　Trichosanchezia Mildbr.（1926）【汉】金毛爵床属。【隶属】爵床科 Acanthaceae。【包含】世界 1 种。【学名诠释与讨论】〈阴〉（希）thrix，所有格 trichos，毛，毛发+（属）Sanchezia 黄脉爵床属（金鸡蜡属，金脉木属，金叶木属）。【分布】秘鲁东部。【模式】Trichosanchezia chrysothrix Mildbraed☆

52235　Trichosandra Decne.（1844）【汉】毛蕊萝藦属。【隶属】萝藦科 Asclepiadaceae。【包含】世界 1 种。【学名诠释与讨论】〈阴〉（希）thrix，所有格 trichos，毛，毛发+aner，所有格 andros，雄性，雄蕊。【分布】毛里求斯。【模式】Trichosandra borbonica Decaisne ■☆

52236　Trichosantha Steud.（1841）Nom. inval. =Stipa L.（1753）［禾本科 Poaceae（Gramineae）//针茅科 Stipaceae］■

52237　Trichosanthes L.（1753）【汉】栝楼属。【日】カラスウリ属。【俄】Трихозант，Трихозантес，Трихозантус。【英】Serpentagourd，Snake Gourd，Snakegourd。【隶属】葫芦科（瓜科，南瓜科）Cucurbitaceae。【包含】世界 15-100 种，中国 33-60 种。【学名诠释与讨论】〈阴〉（希）thrix，所有格 trichos，毛，毛发+anthos，花。指花的边缘丝状开裂。此属的学名，ING、TROPICOS、APNI、GCI 和 IK 记载是 "Trichosanthes L.，Sp. Pl. 2: 1008. 1753［1 May 1753］"。" Anguina P. Miller, Fig. Pl. 21. 28 Aug 1755" 是 "Trichosanthes L.（1753）" 的晚出的同模式异名（Homotypic synonym, Nomenclatural synonym）。【分布】澳大利亚，巴基斯坦，玻利维亚，马达加斯加，印度至马来西亚，中国，中美洲。【后选模式】Trichosanthes anguina Linnaeus。【参考异名】Anguina Mill.（1755）Nom. illegit.；Anguina P. Micheli ex Mill.（1775）Nom. illegit.；Cucumeroides Gaertn.（1791）；Eopepon Naudin（1866）；Involucraria Ser.（1825）；Linnaeosicyos H. Schaef. et Kocyan（2008）；Platygonia Naudin（1866）■●

52238　Trichosanthos St. -Lag.（1880）Nom. illegit.［葫芦科（瓜科，南瓜科）Cucurbitaceae］☆

52239　Trichosathera Ehrh.（1789）= Stipa L.（1753）［禾本科 Poaceae（Gramineae）//针茅科 Stipaceae］■

52240　Trichoschoenus J. Raynal（1968）【汉】毛赤箭莎属。【隶属】莎草科 Cyperaceae。【包含】世界 1 种。【学名诠释与讨论】〈阳〉（希）thrix，所有格 trichos，毛，毛发+（属）Schoenus 小赤箭莎属。【分布】马达加斯加。【模式】Trichoschoenus bosseri J. Raynal ■☆

52241　Trichoscypha Hook. f.（1862）【汉】毛杯漆属。【隶属】漆树科 Anacardiaceae。【包含】世界 50 种。【学名诠释与讨论】〈阴〉（希）thrix，所有格 trichos，毛，毛发+skyphos = skythos，杯。此属的学名，ING、TROPICOS 和 IK 记载是 "Trichoscypha Hook. f.，Gen. Pl.［Bentham et Hooker f.］1（1）:423. 1862［7 Aug 1862］"。"Emiliomarcelia T. Durand et H. Durand, Syll. Fl. Cong. 115. 1909"

是"Trichoscypha Hook. f.（1862）"的晚出的同模式异名
（Homotypic synonym, Nomenclatural synonym）。真菌的
"Trichoscypha（M. C. Cooke）P. A. Saccardo, Syll. Fungorum 8：160.
20 Dec 1889"和"Trichoscypha Boudier, Bull. Soc. Mycol. France 1：
117. Mai 1885 ≡ Trichoscyphella Nannfeldt 1932"都是晚出的非法
名称。"Tricoscypha Engl., Monogr. Phan.［A. DC. et C. DC.］4：
303, sphalm. 1883［Mar 1883］= Trichoscypha Hook. f.（1862）"拼
写错误。【分布】热带非洲。【模式】Trichoscypha mannii J. D.
Hooker。【参考异名】Emiliomarcelia T. Durand et H. Durand
（1909）Nom. illegit.；Tricoscypha Engl.（1883）Nom. illegit. ●☆

52242 Trichoseris Poepp. et Endl.（1845）Nom. illegit. = Macrorhynchus
Less.（1832）；~ = Trochoseris Poepp. et Endl. ex Endl.（1838）
Nom. illegit.；~ = Troximon Gaertn.（1791）Nom. illegit.；~ = Krigia
Schreb.（1791）（保留属名）；~ = Krigia Schreb. + Scorzonera L.
（1753）［菊科 Asteraceae（Compositae）］■

52243 Trichoseris Sch. Bip.（1839）= ? Trochoseris Poepp. et Endl. ex
Endl.（1838）Nom. illegit.［菊科 Asteraceae（Compositae）］■☆

52244 Trichoseris Vis. = Crepis L.（1753）；~ = Pterotheca Cass.
（1816）［菊科 Asteraceae（Compositae）］■

52245 Trichosia Blume（1825）= Eria Lindl.（1825）（保留属名）［兰
科 Orchidaceae］■

52246 Trichosiphon Schott et Endl.（1832）= Sterculia L.（1753）［梧
桐科 Sterculiaceae//锦葵科 Malvaceae］●

52247 Trichosma Lindl.（1842）= Eria Lindl.（1825）（保留属名）［兰
科 Orchidaceae］■

52248 Trichospermum Blume（1825）【汉】毛籽椴属。【隶属】椴树科
（椴科，田麻科）Tiliaceae//锦葵科 Malvaceae。【包含】世界36
种。【学名诠释与讨论】〈中〉（希）thrix, 所有格 trichos, 毛, 毛发+
sperma, 所有格 spermatos, 种子, 孢子。此属的学名, ING,
TROPICOS 和 IK 记载是"Trichospermum Blume, Bijdr. Fl. Ned.
Ind. 2：56. 1825［12 Jun – 2 Jul 1825］"。"Trichospermum P.
Beauv. ex Cass."是"Parthenium L.（1753）［菊科 Asteraceae
（Compositae）]"的异名。【分布】巴拿马, 秘鲁, 厄瓜多尔, 哥伦
比亚（安蒂奥基亚）, 马来西亚, 美国, 尼加拉瓜, 印度（尼科巴群
岛）, 太平洋地区, 中美洲。【模式】Trichospermum javanicum
Blume。【参考异名】Althoffia K. Schum.（1887）；Belotia A. Rich.
（1845）；Bixagrewia Kurz（1875）；Diclidocarpus A. Gray（1854）；
Eroteum Blanco（1837）Nom. illegit.（废弃属名）；Erotium Blanco；
Graeffea Seem.（1865）；Halconia Merr.（1907）●☆

52249 Trichospermum P. Beauv. ex Cass. = Parthenium L.（1753）［菊
科 Asteraceae（Compositae）］■●

52250 Trichospira Kunth（1818）【汉】鬼角草属。【隶属】菊科
Asteraceae（Compositae）。【包含】世界1种。【学名诠释与讨论】
〈阴〉（希）thrix, 所有格 trichos, 毛, 毛发+spira, 绣线菊, 线圈, 螺
旋。【分布】巴拿马, 秘鲁, 玻利维亚, 尼加拉瓜, 中美洲。【模
式】Trichospira menthoides Kunth ■☆

52251 Trichosporum D. Don（1822）（废弃属名）= Aeschynanthus Jack
（1823）（保留属名）［苦苣苔科 Gesneriaceae］●■

52252 Trichostachys Hook. f.（1873）（保留属名）【汉】毛穗茜属。
【隶属】茜草科 Rubiaceae。【包含】世界10种。【学名诠释与讨
论】〈阴〉（希）thrix, 所有格 trichos, 毛, 毛发+stachys, 穗, 谷, 长
钉。此属的学名"Trichostachys Hook. f. in Bentham et Hooker,
Gen. Pl. 2：24, 128. 7-9 Apr 1873"是保留属名。相应的废弃属名
是山龙眼科 Proteaceae 的"Trichostachys Welw., Syn. Madeir.
Drog. Med.：19. 1862 = Faurea Harv.（1847）"。【分布】热带非洲。
【模式】Trichostachys longifolia Hiern ●☆

52253 Trichostachys Welw.（1862）（废弃属名）= Faurea Harv.（1847）

［山龙眼科 Proteaceae］●☆

52254 Trichostegia Turcz.（1851）= Athrixia Ker Gawl.（1823）［菊科
Asteraceae（Compositae）］●■☆

52255 Trichostelma Baill.（1890）【汉】毛冠萝藦属。【隶属】萝藦科
Asclepiadaceae。【包含】世界3种。【学名诠释与讨论】〈中〉
（希）thrix, 所有格 trichos, 毛, 毛发+stelma, 所有格 stelmatos, 王
冠, 花冠。【分布】墨西哥, 危地马拉, 中美洲。【模式】
Trichostelma ciliatum Baillon ●☆

52256 Trichostema Gronov.（1753）Nom. illegit. ≡ Trichostema L.
（1753）［唇形科 Lamiaceae（Labiatae）］●■☆

52257 Trichostema Gronov. ex L.（1753）≡ Trichostema L.（1753）［唇
形科 Lamiaceae（Labiatae）］●■☆

52258 Trichostema L.（1753）【汉】蓝卷木属（丝蕊属）。【英】Blue
Curls。【隶属】唇形科 Lamiaceae（Labiatae）。【包含】世界16-17
种。【学名诠释与讨论】〈中〉（希）thrix, 所有格 trichos, 毛, 毛发+
stema, 所有格 stematos, 雄蕊。stemon, 线, 雄蕊。指雄蕊似毛。
此属的学名, ING 记载是"Trichostema Gronovius in Linnaeus, Sp.
Pl. 598. 1 Mai 1753"。GCI 和 IK 记载为"Trichostema Gronov.,
Sp. Pl. 2：598. 1753［1 May 1753］；Gen. Pl. ed. 5. 260. 1754"。
TROPICOS 则记载为"Trichostema L., Species Plantarum 2：598.
1753.（1 May 1753）"。"Trichostema Gronov."是命名起点著作之
前的名称, 故"Trichostema Gronov. ex L.（1753）"和"Trichostema
L.（1753）"都是合法名称, 可以通用。但是"Trichostema Gronov.
（1753）"的命名人则是错误表述。"Trichostema Linnaeus, Sp. Pl.
598. 1 Mai 1753"是"Trichostema L.（1753）"的拼写变体。
"Trichostemma Cassini in F. Cuvier, Dict. Sci. Nat. 46：409. Apr
1827 ≡ Trichostephium Cass.（1828）= Wedelia Jacq.（1760）（保留
属名）［菊科 Asteraceae（Compositae）］"是晚出的非法名称；它已
经被"Trichostephium Cass.（1828）［菊科 Asteraceae
（Compositae）]"所替代。"Trichostemma R. Br."是"Vernonia
Schreb.（1791）（保留属名）［菊科 Asteraceae（Compositae）//斑
鸠菊科（绿菊科）Vernoniaceae]"的异名。"Trichostemum Raf."
则是"Trichostemma L.（1753）Nom. illegit.［唇形科 Lamiaceae
（Labiatae）]"的异名。【分布】美国, 北美洲。【后选模式】
Trichostema dichotomum Linnaeus。【参考异名】Eplingia L. O.
Williams（1973）；Isanthus Michx.（1803）；Trichostema Gronov. ex
L.（1753）；Trichostemma L.（1753）Nom. illegit.；Trichostemma
Trichostema Gronov.（1753）（1753）Nom. illegit. ■☆

52259 Trichostemma Cass.（1827）Nom. illegit. ≡ Trichostephium Cass.
（1828）；~ = Wedelia Jacq.（1760）（保留属名）［菊科 Asteraceae
（Compositae）］■●

52260 Trichostemma L.（1753）Nom. illegit. ≡ Trichostema L.（1753）
［唇形科 Lamiaceae（Labiatae）］●■☆

52261 Trichostemma R. Br. = Vernonia Schreb.（1791）（保留属名）
［菊科 Asteraceae（Compositae）//斑鸠菊科（绿菊科）
Vernoniaceae］●■

52262 Trichostemum Raf. = Trichostemma L.（1753）Nom. illegit.；~ =
Trichostema L.（1753）［唇形科 Lamiaceae（Labiatae）］●■☆

52263 Trichostephania Tardieu（1949）= Ellipanthus Hook. f.（1862）
［牛栓藤科 Connaraceae］●

52264 Trichostephanus Gilg（1908）【汉】毛冠木属。【隶属】刺篱木科
（大风子科）Flacourtiaceae。【包含】世界2种。【学名诠释与讨
论】〈阴〉（希）thrix, 所有格 trichos, 毛, 毛发+stephos, stephanos, 花
冠, 王冠。【分布】西赤道非洲。【模式】Trichostephanus
acuminatus Gilg ●☆

52265 Trichostephium Cass.（1828）= Trichostephus Cass.（1830）；~ =
Wedelia Jacq.（1760）（保留属名）［菊科 Asteraceae

（Compositae）］■●

52266　Trichostephus Cass.（1830）＝Wedelia Jacq.（1760）（保留属名）〔菊科 Asteraceae（Compositae）］■●

52267　Trichosterigma Klotzsch et Garcke（1859）＝Euphorbia L.（1753）〔大戟科 Euphorbiaceae］●■

52268　Trichostigma A. Rich.（1845）【汉】毛柱属（毛柱珊瑚属）。【英】Haired Stygma。【隶属】商陆科 Phytolaccaceae。【包含】世界 3-4 种。【学名诠释与讨论】〈中〉（希）thrix，所有格 trichos，毛，毛发＋stigma，所有格 stigmatos，柱头，眼点。此属的学名，ING、TROPICOS、GCI 和 IK 记载是"Trichostigma A. Richard in Sagra, Hist. Fis. Pol. Nat. Cuba, Pt. 2, Hist. Nat. 10：306. 1845"。"Villamilla（Moquin－Tandon）Bentham et Hook. f., Gen. 3：81. 7 Feb 1880"是"Trichostigma A. Rich.（1845）"的晚出的同模式异名（Homotypic synonym, Nomenclatural synonym）。【分布】巴拉圭，巴拿马，秘鲁，玻利维亚，厄瓜多尔，哥伦比亚（安蒂奥基亚），哥斯达黎加，尼加拉瓜，中美洲。【模式】Trichostigma rivinoides A. Richard, Nom. illegit.［Rivina octandra Linnaeus；Trichostigma octandrum（Linnaeus）H. Walter］。【参考异名】Rivinia Mill.（1754）；Villamilla（Moq.）Benth. et Hook. f.（1880）Nom. illegit.；Villamilla（Moq.）Hook. f.（1880）Nom. illegit.；Villamilla Ruiz et Pav.（1957）Nom. illegit.；Villamilla Ruiz et Pav. ex Moq., Nom. illegit.；Villamillia Ruiz et Pav.（1957）Nom. illegit.●☆

52269　Trichostomanthemum Domin（1928）＝Melodinus J. R. Forst. et G. Forst.（1775）；～＝Wrightia R. Br.（1810）〔夹竹桃科 Apocynaceae］●

52270　Trichostosia Griff.（1851）Nom. illegit.〔兰科 Orchidaceae］■☆

52271　Trichotaenia T. Yamaz.（1953）＝Lindernia All.（1766）〔玄参科 Scrophulariaceae//母草科 Linderniaceae//婆婆纳科 Veronicaceae］■

52272　Trichothalamus Spreng.（1818）＝Potentilla L.（1753）〔蔷薇科 Rosaceae//委陵菜科 Potentillaceae］■●

52273　Trichotheca（Nied.）Willis ＝Byrsonima Rich. ex Juss.（1822）〔金虎尾科（黄褥花科）Malpighiaceae］●☆

52274　Trichotolinum O. E. Schulz（1933）【汉】巴塔哥尼亚芥属。【隶属】十字花科 Brassicaceae（Cruciferae）。【包含】世界 1 种。【学名诠释与讨论】〈中〉（希）thrix，所有格 trichos，毛，毛发＋linea，linum，线，绳，亚麻。linon 网，也是亚麻古名。【分布】巴塔哥尼亚。【模式】Trichotolinum deserticola（Spegazzini）O. E. Schulz［Sisymbrium deserticola Spegazzini］■☆

52275　Trichotosia Blume（1825）【汉】多毛兰属。【日】トリコトシア属。【隶属】兰科 Orchidaceae。【包含】世界 45-50 种，中国 4 种。【学名诠释与讨论】〈阴〉（希）thrix，所有格 trichos，毛，毛发＋tosos，多；toxon，鞠躬，低头。指多毛的萼片，或指植物体多毛。【分布】东南亚，所罗门群岛，印度，中国。【模式】未指定■

52276　Trichouratea Tiegli.（1902）＝Ouratea Aubl.（1775）（保留属名）〔金莲木科 Ochnaceae］●

52277　Trichovaselia Tiegh.（1902）＝Elvasia DC.（1811）〔金莲木科 Ochnaceae］●☆

52278　Trichroa Raf. ＝Rhamnus L.（1753）〔鼠李科 Rhamnaceae］●

52279　Trichrysus Raf. ＝Helleborus L.（1753）〔毛茛科 Ranunculaceae//铁筷子科 Helleboraceae］■

52280　Trichuriella Bennet（1985）【汉】小针叶苋属。【隶属】苋科 Amaranthaceae。【包含】世界 1 种，中国 1 种。【学名诠释与讨论】〈阴〉（属）Trichurus 针叶苋属＋-ellus，-ella，-ellum，加在名词词干后面形成指小式的词尾。或加在人名、属名等后面以组成新属的名称。此属的学名"Trichuriella S. S. R. Bennet, Indian J. Forest. 8：86. 30 Jun 1985"是一个替代名称。"Trichurus C. C. Townsend, Kew Bull. 29：466. 3 Dec 1974"是一个非法名称（Nom.

illegit.），因为此前已经有了真菌的"Trichurus F. E. Clements, Bot. Surv. Nebraska 4：7. 1896"。故用"Trichuriella Bennet（1985）"替代之。【分布】柬埔寨，缅甸，斯里兰卡，泰国，印度，越南，中国。【模式】Trichuriella monsoniae（Linnaeus f.）S. S. R. Bennet［Illecebrum monsoniae Linnaeus f.］。【参考异名】Trichurus C. C. Towns.（1974）Nom. illegit.■

52281　Trichurus C. C. Towns.（1974）Nom. illegit. ≡Trichuriella Bennet（1985）〔苋科 Amaranthaceae］■

52282　Trichurus Clem.（1896）【汉】针叶苋属。【英】Trichurus。【隶属】苋科 Amaranthaceae。【包含】世界 1 种。【学名诠释与讨论】〈阳〉（希）thrix，所有格 trichos，毛，毛发＋-urus，-ura，-uro，用于希腊文组合词，含义为"尾巴"。【分布】亚洲南部和西南。【模式】Trichurus cylindricus F. E. Clements et Shear ■☆

52283　Trichymenia Rydb.（1914）＝Hymenothrix A. Gray（1849）〔菊科 Asteraceae（Compositae）］■☆

52284　Triclanthera Raf.（1838）＝Crateva L.（1753）〔山柑科（白花菜科，醉蝶花科）Capparaceae］●

52285　Tricliceras Thonn. ex DC.（1826）【汉】三距时钟花属。【隶属】时钟花科（穗柱榆科，窝籽科，有叶花科）Turneraceae。【包含】世界 12-16 种。【学名诠释与讨论】〈中〉（希）treis ＝拉丁文 tri，三＋klisis，茅屋＋keras，所有格 keratos，角，距，弓。此属的学名，ING、TROPICOS 和 IK 记载是"Tricliceras Thonning ex A. P. de Candolle, Pl. Rar. Jard. Genève 56. Sep 1826"。"Schumacheria K. P. J. Sprengel, Gen. 1：232. Jan－Sep 1830（non Vahl 1810）"和"Wormskioldia Thonning in H. C. F. Schumacher, Beskr. Guin. Pl. 165. 1827（non K. P. J. Sprengel 1827）"是"Tricliceras Thonn. ex DC.（1826）"的晚出的同模式异名（Homotypic synonym, Nomenclatural synonym）。亦有文献把"Triclicerus Thonn. ex DC.（1826）"处理为"Tricliceras Thonn. ex DC.（1826）"的异名。【分布】参见 Tricliceras Thonn. ex DC. 和 Wormskioldia Thonn.。【模式】Tricliceras raphanoides（A. P. de Candolle）A. P. de Candolle, Nom. illegit.［Cleome raphanoides A. P. de Candolle 1824, Raphanus pilosus Willdenow 1800］。【参考异名】Schumacheria Spreng.（1830）Nom. illegit.；Triclicerus Thonn. ex DC.（1826）；Wormskioldia Schumach. et Thonn.（1827）Nom. illegit.；Wormskioldia Thonn.（1827）Nom. illegit.■☆

52286　Triclinium Raf.（1817）＝Sanicula L.（1753）〔伞形花科（伞形科）Apiaceae（Umbelliferae）//变豆菜科 Saniculaceae］●

52287　Triclis Haller ＝Mollugo L.（1753）〔粟米草科 Molluginaceae//番杏科 Aizoaceae］■

52288　Triclisia Benth.（1862）【汉】三被藤属。【隶属】防己科 Menispermaceae。【包含】世界 10 种。【学名诠释与讨论】〈阴〉（希）treis ＝拉丁文 tri，三＋klisis，茅屋。【分布】马达加斯加，热带非洲。【模式】未指定。【参考异名】Pycnostylis Pierre（1898）；Rameya Baill.（1870）；Welwitschiella Engl.（1899）Nom. illegit.；Welwitschiina Engl.（1899）Nom. illegit.●☆

52289　Triclisperma Raf.（1814）＝Polygala L.（1753）〔远志科 Polygalaceae］●■

52290　Triclissa Salisb.（1866）Nom. illegit. ≡Tritoma Ker Gawl.（1804）；～＝Kniphofia Moench（1794）（保留属名）〔百合科 Liliaceae//阿福花科 Asphodelaceae］■☆

52291　Triclocladus Hutch., Nom. illegit. ＝Trichocladus Pers.（1807）〔金缕梅科 Hamamelidaceae］●☆

52292　Tricoceae Batsch ＝Euphorbiaceae Juss.（保留科名）●■

52293　Tricochilus Ames ＝Dipodium R. Br.（1810）〔兰科 Orchidaceae］■☆

52294　Tricoilendus Raf.（1837）Nom. illegit. ≡Oustropis G. Don

（1832）；~ = Indigofera L. （1753）［豆 科 Fabaceae（Leguminosae）//蝶形花科 Papilionaceae］●■

52295 Tricomaria Gillies ex Hook.（1833）Nom. illegit. ≡ Tricomaria Gillies ex Hook. et Arn.（1833）［金虎尾科（黄褥花科）Malpighiaceae］●☆

52296 Tricomaria Gillies ex Hook. et Arn.（1833）【汉】三毛金虎尾属。【隶属】金虎尾科（黄褥花科）Malpighiaceae。【包含】世界 1 种。【学名诠释与讨论】〈阴〉（希）treis＝拉丁文 tri，三＋koma，毛发，束毛，冠毛+-arius，-aria，-arium，指示"属于、相似、具有、联系"的词尾。此属的学名，ING 记载是"Tricomaria Gillies ex W. J. Hooker et G. A. W. Arnott，Bot. Misc. 3：157. 1 Mar 1833"。IK 记载为"Tricomaria Gillies ex Hook.，Bot. Misc. 3：157，t. 101. 1833［1 Mar 1833］"和"Tricomaria Gillies，Bot. Misc. 3：157. 1833"。TROPICOS 则记载为"Tricomaria Hook. et Arn.，Botanical Miscellany 3：157. 1833"。四者引用的文献相同。【分布】阿根廷。【模式】Tricomaria usillo W. J. Hooker et G. A. W. Arnott。【参考异名】Trichomaria Hook. et Arn. ex Steud.（1841）Nom. illegit.；Trichomaria Steud.（1841）Nom. illegit.；Tricomaria Gillies ex Hook.（1833）Nom. illegit.；Tricomaria Gillies（1833）Nom. illegit.；Tricomaria Hook. et Arn.（1833）Nom. illegit. ●☆

52297 Tricomaria Gillies（1833）Nom. illegit. ≡ Tricomaria Gillies ex Hook. et Arn.（1833）［金虎尾科（黄褥花科）Malpighiaceae］●☆

52298 Tricomaria Hook. et Arn.（1833）Nom. illegit. ≡ Tricomaria Gillies ex Hook. et Arn.（1833）［金虎尾科（黄褥花科）Malpighiaceae］●☆

52299 Tricomariopsis Dubard（1907）= Sphedamnocarpus Planch. ex Benth. et Hook. f.（1862）［金虎尾科（黄褥花科）Malpighiaceae］●☆

52300 Tricondylus Knight（1809）Nom. illegit.（废弃属名）≡ Tricondylus Salisb. ex Knight.（1809）（废弃属名）；~ = Lomatia R. Br.（1810）（保留属名）［山龙眼科 Proteaceae］●☆

52301 Tricondylus Salisb.（1809）Nom. illegit.（废弃属名）≡ Tricondylus Salisb. ex Knight.（1809）（废弃属名）；~ = Lomatia R. Br.（1810）（保留属名）［山龙眼科 Proteaceae］●☆

52302 Tricondylus Salisb. ex Knight.（1809）（废弃属名）= Lomatia R. Br.（1810）（保留属名）［山龙眼科 Proteaceae］●☆

52303 Tricoryne R. Br.（1810）【汉】三棒吊兰属。【隶属】吊兰科（猴面包科，猴面包树科）Anthericaceae//苞花草科（红箭花科）Johnsoniaceae。【包含】世界 7 种。【学名诠释与讨论】〈阴〉（拉）tri，三＋coryne，棍棒。指果实棍棒状，成熟时分成三部分。【分布】澳大利亚。【模式】未指定。【参考异名】Trichoryne F. Muell.（1882）■☆

52304 Tricoscypha Engl.（1883）Nom. illegit. = Trichoscypha Hook. f.（1862）［漆树科 Anacardiaceae］●☆

52305 Tricostularia Nees ex Lehm.（1844）【汉】三肋席莎属（三肋莎属）。【隶属】莎草科 Cyperaceae。【包含】世界 5-6 种，中国 1 种。【学名诠释与讨论】〈阴〉（拉）tri，三＋costus，肋 +-arius，-aria，-arium，指示"属于、相似、具有、联系"的词尾。指果实具棱。此属的学名，ING、TROPICOS 和 APNI 记载学名是"Tricostularia C. G. D. Nees ex Lehmann，Nov. Stirp. Pugill. 8：50. Apr–Mai（prim.）1844"；而 IK 则记载为"Tricostularia Nees，Nov. Stirp. Pug.［Lehmann］8：50. 1844；et in Lehm. Pl. Preiss. 2：83（1846）"。【分布】澳大利亚，马来西亚，斯里兰卡，泰国，中国。【模式】Tricostularia compressa C. G. D. Nees ex Lehmann。【参考异名】Discopodium Steud.（1855）Nom. illegit.；Tricostularia Nees（1846）Nom. illegit. ■

52306 Tricostularia Nees（1846）Nom. illegit. ≡ Tricostularia Nees ex Lehm.（1844）［莎草科 Cyperaceae］■

52307 Tricratus L'Hér.（1798）Nom. illegit. ≡ Tricratus L'Hér. ex Willd.（1798）；~ = Abronia Juss.（1789）［紫茉莉科 Nyctaginaceae］■☆

52308 Tricratus L'Hér. ex Willd.（1798）= Abronia Juss.（1789）［紫茉莉科 Nyctaginaceae］■☆

52309 Tricuspidaria Ruiz et Pav.（1794）= Crinodendron Molina（1782）［杜英科 Elaeocarpaceae//椴树科（椴科，田麻科）Tiliaceae Juss.（1789）（保留科名）］●☆

52310 Tricuspis P. Beauv.（1812）Nom. illegit. = Tridens Roem. et Schult.（1817）［禾本科 Poaceae（Gramineae）］■☆

52311 Tricuspis Pers.（1806）= Crinodendron Molina（1782）；~ = Tricuspidaria Ruiz et Pav.（1794）［杜英科 Elaeocarpaceae//椴树科（椴科，田麻科）Tiliaceae Juss.（1789）（保留科名）］●☆

52312 Tricycla Cav.（1801）= Bougainvillea Comm. ex Juss.（1789）［as 'Buginvillaea'］（保留属名）［紫茉莉科 Nyctaginaceae//叶子花科 Bougainvilleaceae］●

52313 Tricyclandra Keraudren（1966）【汉】三圆蕊属。【隶属】葫芦科（瓜科，南瓜科）Cucurbitaceae。【包含】世界 1 种。【学名诠释与讨论】〈阴〉（希）treis＝拉丁文 tri，三＋希腊文 kyklos，圆圈；kyklas，所有格 kyklados，圆形的；kyklotos，圆的，关住，围住+aner，所有格 andros，雄性，雄蕊。【分布】马达加斯加。【模式】Tricyclandra leandrii M. Keraudren ●☆

52314 Tricyrtidaceae Takht.（1997）（保留科名）［亦见 Calochortaceae Dumort. 和 Liliaceae Juss.（保留科名）百合科］【汉】油点草科。【包含】世界 1 属 20 种，中国 1 属 9 种。【分布】喜马拉雅山，东亚。【科名模式】Tricyrtis Wall. ■

52315 Tricyrtis Wall.（1826）（保留属名）【汉】油点草属。【日】ホトトギス属。【俄】Трициртис。【英】Toad Lily，Toad-lilies，Toadlily，Toad-lily。【隶属】百合科 Liliaceae//铃兰科 Convallariaceae//油点草科 Tricyrtidaceae。【包含】世界 18-20 种，中国 9 种。【学名诠释与讨论】〈阴〉（希）treis＝拉丁文 tri，三＋kyrtos，弯曲的，结节，弓状的。指外轮花被基部囊状。此属的学名"Tricyrtis Wall.，Tent. Fl. Napal.：61. Sep–Dec 1826"是保留属名。相应的废弃属名是百合科 Liliaceae//铃兰科 Convallariaceae 的"Compsoa D. Don，Prodr. Fl. Nepal.：50. 26 Jan–1 Feb 1825 = Tricyrtis Wall.（1826）（保留属名）"。【分布】中国，喜马拉雅山，东亚。【模式】Tricyrtis pilosa Wallich。【参考异名】Brachycyrtis Koidz.（1924）；Campsanthus Steud.（1840）；Compsanthus Spreng.（1827）Nom. illegit.；Compsoa D. Don（1825）（废弃属名）●■

52316 Tridachne Liebm. ex Lindl. et Paxton（1852）= Notylia Lindl.（1825）［兰科 Orchidaceae］■☆

52317 Tridactyle Schltr.（1914）【汉】三指兰属。【隶属】兰科 Orchidaceae。【包含】世界 38 种。【学名诠释与讨论】〈阴〉（希）treis＝拉丁文 tri，三＋daktylos，手指，足趾。daktilotos，有指的，指状的。daktylethra，指套。指唇瓣或多或少三裂。【分布】热带和非洲南部。【后选模式】Tridactyle bicaudata（Lindley）Schlechter［Angraecum bicaudatum Lindley］。【参考异名】Rhaphidorhynchus Finet（1907）■☆

52318 Tridactylina（DC.）Sch. Bip.（1844）【汉】三指菊属。【隶属】菊科 Asteraceae（Compositae）。【包含】世界 1 种。【学名诠释与讨论】〈阴〉（希）treis＝拉丁文 tri，三＋daktylos，手指，足趾。daktilotos，有指的，指状的。daktylethra，指套+-inus，-ina，-inum 拉丁文加在名词词干之后，以形成形容词的词尾，含义为"属于、相似、关于、小的"。此属的学名，ING 记载是"Tridactylina（A. P. de Candolle）Schultz-Bip. in P. B. Webb et Berthelot，Hist. Nat. Îles Canaries 3（2. 2）：245. Jul 1844"，由"Pyrethrum subgen.

Tridactylina A. P. de Candolle，Prodr. 6：61. Jan（prim.）1838"改级而来；而 IK 记载为"Tridactylina Sch. Bip.，Tanaceteen 48. 1844 [4 Jul 1844]"。TROPICOS 则记载为"Tridactylina Schultz-Bip. in P. B. Webb et Berthelot"。TROPICOS 的引证有违法规。【分布】蒙古，东西伯利亚。【模式】Tridactylina kirilowii（Turczaninow ex A. P. de Candolle）Schultz-Bip. [Pyrethrum kirilowii Turczaninow ex A. P. de Candolle]。【参考异名】Pyrethrum subgen. Tridactylina DC.（1838）；Tridactylina Sch. Bip.（1844）Nom. illegit.●☆

52319　Tridactylina Sch. Bip.（1844）Nom. illegit. ≡Tridactylina（DC.）Sch. Bip.（1844）[菊科 Asteraceae（Compositae）]■☆

52320　Tridactylites Haw.（1821）= Saxifraga L.（1753）[虎耳草科 Saxifragaceae]■

52321　Tridalia Noronha（1790）= Abroma Jacq.（1776）[梧桐科 Sterculiaceae//锦葵科 Malvaceae]●

52322　Tridaps Comm. ex Endl. = Artocarpus J. R. Forst. et G. Forst.（1775）（保留属名）[桑科 Moraceae//波罗蜜科 Artocarpaceae]●

52323　Tridax L.（1753）【汉】羽芒菊属（顶天草属，长柄菊属）。【英】Tridax。【隶属】菊科 Asteraceae（Compositae）。【包含】世界 26-30 种，中国 1-2 种。【学名诠释与讨论】〈阴〉（希）treis =拉丁文 tri，三+edax，大口吞食的。含义是三口吃完了。此属的学名，ING、TROPICOS、APNI 和 IK 记载是"Tridax L.，Sp. Pl. 2：900. 1753 [1 May 1753]"。"Bartolina Adanson，Fam. 2：124. Jul-Aug 1763"是"Tridax L.（1753）"的晚出的同模式异名（Homotypic synonym，Nomenclatural synonym）。【分布】巴拉圭，巴拿马，秘鲁，玻利维亚，厄瓜多尔，哥伦比亚（安蒂奥基亚），马达加斯加，墨西哥，尼加拉瓜，中国，中美洲。【模式】Tridax procumbens Linnaeus。【参考异名】Amellus Ortega ex Willd.（1803）Nom. inval.（废弃属名）；Balbisia Willd.（1803）（废弃属名）；Bartolina Adans.（1763）Nom. illegit.；Carphostephium Cass.；Cymophora B. L. Rob.（1907）；Mandonia Wedd.（1864）；Ptilostephium Kunth（1818）；Sogalgina Cass.（1818）；Sogaligna Steud.（1821）Nom. illegit.■●

52324　Triddenum Raf.，Nom. illegit. = Triadenum Raf.（1837）[金丝桃科 Hypericaceae//猪胶树科（克鲁西科，山竹子科，藤黄科）Clusiaceae（Guttiferae）]●

52325　Tridelta Luer（2006）【汉】三角窗兰属。【隶属】兰科 Orchidaceae。【包含】世界 1 种。【学名诠释与讨论】〈阴〉（希）treis =拉丁文 tri，三+delta，希腊文的第四个字母 Δ，指三角形的东西。此属的学名是"Tridelta Luer，Monographs in Systematic Botany from the Missouri Botanical Garden 105：232. 2006.（May 2006）"。亦有文献把其处理为"Cryptophoranthus Barb. Rodr.（1881）"的异名。【分布】南美洲。【模式】Tridelta aurantiaca（Dod）Luer。【参考异名】Cryptophoranthus Barb. Rodr.（1881）■☆

52326　Tridens Roem. et Schult.（1817）【汉】短种脐草属。【隶属】禾本科 Poaceae（Gramineae）。【包含】世界 18 种。【学名诠释与讨论】〈阴〉（拉）tri，三+dens，所有格 dentis，齿。此属的学名"Tridens J. J. Roemer et J. A. Schultes，Syst. Veg. 2：34. Nov 1817"是一个替代名称。"Triplasis Palisot de Beauvois，Essai Agrost. 77. t. 15. f. 10（1812）"是一个非法名称（Nom. illegit.），因为此前已经有了"Tricuspis Pers.，Syn. Pl. [Persoon] 2（1）：9. 1806 [Nov 1806] = Crinodendron Molina（1782）= Tricuspidaria Ruiz et Pav.（1794）[杜英科 Elaeocarpaceae]"。故用"Tridens Roem. et Schult.（1817）"替代之。【分布】美国，北美洲，中美洲。【模式】Tridens flavus（L.）Hitchc. [Tricuspis caroliniana Palisot de Beauvois]。【参考异名】Antonella Caro（1981）；Erioneuron Nash；Gossweilerochloa Renvoize（1979）；Tricuspis P. Beauv.（1812）Nom. illegit.；Windsoria Nutt.（1818）■☆

52327　Tridentea Haw.（1812）【汉】三齿萝藦属。【隶属】萝藦科 Asclepiadaceae。【包含】世界 17 种。【学名诠释与讨论】〈阴〉（拉）tri，三+dens，所有格 dentis，齿。此属的学名，ING、TROPICOS 和 IK 记载是"Tridentea A. H. Haworth，Syn. Pl. Succ. 34. 1812"。它曾被处理为"Stapelia sect. Tridentea（Haw.）Haw.，Syn. Pl. Succ. 34，1812.（Syn. Pl. Succ.）"。【分布】非洲南部。【后选模式】Tridentea gemmiflora（Masson）A. H. Haworth [Stapelia gemmiflora Masson]。【参考异名】Stapelia L.（1753）（保留属名）；Stapelia sect. Tridentea（Haw.）Haw.（1812）■☆

52328　Tridermia Raf.（1838）= Grewia L.（1753）[椴树科（椴科，田麻科）Tiliaceae//锦葵科 Malvaceae//扁担杆科 Grewiaceae]●

52329　Tridesmis Lour.（1790）= Croton L.（1753）[大戟科 Euphorbiaceae//巴豆科 Crotonaceae]●●

52330　Tridesmis Spach（1836）Nom. illegit. = Cratoxylum Blume（1823）[猪胶树科（克鲁西科，山竹子科，藤黄科）Clusiaceae（Guttiferae）]●

52331　Tridesmostemon Engl.（1905）【汉】三链蕊属。【隶属】山榄科 Sapotaceae。【包含】世界 2-3 种。【学名诠释与讨论】〈阳〉（拉）tri，三+desmos，链，束，结，带，纽带。desma，所有格 desmatos，含义与 desmos 相似+stemon，雄蕊。此属的学名，ING、TROPICOS 和 IK 记载是"Tridesmostemon Engl.，Bot. Jahrb. Syst. 38（1）：99. 1905 [1907 publ. 3 Oct 1905]"。"Tridesmostemon Engl. et Pellegr.，Bull. Soc. Bot. France 85：181，descr. ampl. 1938"修订了属的描述。【分布】西赤道非洲。【模式】Tridesmostemon omphalocarpoides Engler。【参考异名】Nzidora A. Chev.（1951）；Tridesmostemon Engl. et Pellegr.（1938）descr. ampl.●☆

52332　Tridesmostemon Engl. et Pellegr.（1938）descr. ampl. = Tridesmostemon Engl.（1905）[山榄科 Sapotaceae]●☆

52333　Tridesmus Steud.（1840）= Croton L.（1753）；~ = Tridesmis Lour.（1790）[大戟科 Euphorbiaceae//巴豆科 Crotonaceae]●

52334　Tridia Korth.（1836）= Hypericum L.（1753）[金丝桃科 Hypericaceae//猪胶树科（克鲁西科，山竹子科，藤黄科）Clusiaceae（Guttiferae）]■●

52335　Tridianisia Baill.（1879）= Cassinopsis Sond.（1860）[茶茱萸科 Icacinaceae]●☆

52336　Tridimeris Baill.（1869）【汉】三双木属。【隶属】番荔枝科 Annonaceae。【包含】世界 1-3 种。【学名诠释与讨论】〈阴〉（希）treis =拉丁文 tri，三+dimeres，二部分。【分布】墨西哥。【模式】Tridimeris hahniana Baillon●☆

52337　Tridophyllum Neck.（1790）Nom. inval. ≡Tridophyllum Neck. ex Greene（1906）；~ = Potentilla L.（1753）[蔷薇科 Rosaceae//委陵菜科 Potentillaceae]■●

52338　Tridophyllum Neck. ex Greene（1906）= Potentilla L.（1753）[蔷薇科 Rosaceae//委陵菜科 Potentillaceae]■●

52339　Tridynamia Gagnep.（1950）【汉】三翅藤属。【隶属】旋花科 Convolvulaceae//翼萼藤科 Poranaceae。【包含】世界 4 种，中国 2-3 种。【学名诠释与讨论】〈阴〉（希）treis =拉丁文 tri，三+dynamis，力量，权力。此属的学名是"Tridynamia Gagnepain，Notul. Syst.（Paris）14：26. Feb 1950"。亦有文献把其处理为"Porana Burm. f.（1768）"的异名。【分布】老挝，马来西亚，缅甸，泰国，印度，越南，中国。【模式】Tridynamia eberhardtii Gagnepain。【参考异名】Porana Burm. f.（1768）●

52340　Tridynia Raf.（1821）Nom. inval. ≡Tridynia Raf. ex Steud.（1841）；~ = Lysimachia L.（1753）[报春花科 Primulaceae//珍珠菜科 Lysimachiaceae]●■

52341　Tridynia Raf. ex Steud.（1841）= Lysimachia L.（1753）[报春花科 Primulaceae//珍珠菜科 Lysimachiaceae]●■

52342 Tridyra Steud. (1841) = Tridynia Raf. (1821) Nom. inval. ; ~ = Tridynia Raf. ex Steud. (1841) ; ~ = Lysimachia L. (1753) [报春花科 Primulaceae//珍珠菜科 Lysimachiaceae//紫金牛科 Myrsinaceae] ●■

52343 Trieenea Hilliard(1989)【汉】波籽玄参属。【隶属】玄参科 Scrophulariaceae。【包含】世界9种。【学名诠释与讨论】〈阴〉(人)Elsie Elizabeth Esterhuysen, 1912-, 植物学者, 植物采集家。【分布】非洲南部。【模式】Trieenea schlechteri (W. P. Hiern) O. M. Hilliard [Phyllopodium schlechteri W. P. Hiern]■●☆

52344 Triendilix Raf. (1836) Nom. illegit. ≡ Glycine Willd. (1802)(保留属名) [豆科 Fabaceae (Leguminosae)//蝶形花科 Papilionaceae]■

52345 Trientalis L. (1753)【汉】七瓣莲属(七叶莲属)。【日】ツマトリサウ属, ツマトリソウ属。【俄】Седмичник, Троечница。【英】Chickweed Wintergreen, Chickweed-wintergreen, Star Flower, Starflower, Star-flower。【隶属】报春花科 Primulaceae//紫金牛科 Myrsinaceae。【包含】世界2-4种, 中国1种。【学名诠释与讨论】〈阴〉(希)"希"treis = "拉"tri, 三。triens, 所有格 trientis, 第三份。trientalis, 包含着一尺的第三部分的。"希"tris, 三次。指植株高三分之一英尺。此属的学名, ING、TROPICOS 和 GCI 记载是"Trientalis L., Sp. Pl. 1:344. 1753 [1 May 1753]"。IK 则记载为"Trientalis Ruppiusex L., Sp. Pl. 1:344. 1753 [1 May 1753]"。"Trientalis Ruppius"是命名起点著作之前的名称, 故"Trientalis L. (1753)"和"Trientalis Ruppius ex L. (1753)"都是合法名称, 可以通用。"Alsinanthemum Fabricius, Enum. 98. 1759"是"Trientalis L. (1753)"的晚出的同模式异名(Homotypic synonym, Nomenclatural synonym)。【分布】中国, 温带北半球。【后选模式】Trientalis europaea Linnaeus。【参考异名】Alsinanthemos J. G. Gmel. (1769) Nom. illegit. ; Alsinanthemum Fabr. (1759) Nom. illegit. ; Alsinanthemum Thalius ex Greene (1894) Nom. illegit. ; Trientalis Ruppius ex L. (1753)■

52346 Trientalis Ruppius ex L. (1753) ≡ Trientalis L. (1753) [报春花科 Primulaceae//紫金牛科 Myrsinaceae]■

52347 Triexastima Raf. (1838) = Heteranthera Ruiz et Pav. (1794)(保留属名) [雨久花科 Pontederiaceae//水星草科 Heterantheraceae]■☆

52348 Trifax Noronha(1790) = Reissantia N. Hallé (1958) [卫矛科 Celastraceae]●

52349 Trifidacanthus Merr. (1917)【汉】三叉刺属。【英】Threefork。【隶属】豆科 Fabaceae(Leguminosae)//蝶形花科 Papilionaceae。【包含】世界1-2种, 中国1种。【学名诠释与讨论】〈阳〉(拉)trifidus, 三裂的 + 希腊文 akantha, 荆棘。akanthikos, 荆棘的。akanthion, 蓟的一种, 豪猪, 刺猬。akanthinos, 多刺的, 用荆棘做成的。在植物描述中 acantha 通常指刺。指植物体具三叉状枝刺。【分布】菲律宾群岛, 中国。【模式】Trifidacanthus unifoliolatus E. D. Merrill ●

52350 Trifillium Medik. (1787) = Medicago L. (1753)(保留属名) ; ~ = Triphyllum Medik. (1789) [豆科 Fabaceae(Leguminosae)//蝶形花科 Papilionaceae]●■

52351 Triflorensia S. T. Reynolds(2005)【汉】澳狗骨柴属。【隶属】茜草科 Rubiaceae。【包含】世界3种。【学名诠释与讨论】〈阴〉(拉)tri- = 希腊文 treis, 三 + flora, 花 + ensis, 刀剑。此属的学名是"Triflorensia S. T. Reynolds, Austrobaileya 7(1): 43(-44). 2005"。亦有文献把其处理为"Diplospora DC. (1830)"的异名。【分布】澳大利亚。【模式】Triflorensia australis (Benth.) S. T. Reynolds。【参考异名】Diplospora DC. (1830)●☆

52352 Trifoliaceae Bercht. et J. Presl = Fabaceae Lindl. (保留科名)//

Leguminosae Juss. (1789)(保留科名)●■

52353 Trifoliada Rojas(1897) = Acosta Adans. (1763) ; ~ = Centaurea L. (1753)(保留属名) [菊科 Asteraceae(Compositae)//矢车菊科 Centaureaceae]●■

52354 Trifoliastrum Moench (1794) = Trigonella L. (1753) [豆科 Fabaceae(Leguminosae)//蝶形花科 Papilionaceae]■

52355 Trifolium (Celak.) Gibelli et Belli (1891) Nom. illegit. = Micrantheum C. Presl(1831) [豆科 Fabaceae (Leguminosae)//蝶形花科 Papilionaceae]●

52356 Trifolium L. (1753)【汉】车轴草属(三叶草属, 三叶豆属, 菽草属)。【日】シャジクソウ属, シャヂクサウ属。【俄】Клевер, Трилистник, Хмелёк。【英】Clover, Clover Trefoil, Hop-clover, Rabbit Foot, Trefoil, Trifolium, Yellow Clover。【隶属】豆科 Fabaceae(Leguminosae)//蝶形花科 Papilionaceae。【包含】世界238-250种, 中国13种。【学名诠释与讨论】〈中〉(拉)tri, 三 + folium, 叶。指叶具三小叶。此属的学名, ING、TROPICOS、APNI、GCI 和 IK 记载是"Trifolium L., Sp. Pl. 2:764. 1753 [1 May 1753]"。"Trifolium (čelak.) Gibelli et Belli, Mem. Reale Accad. Sci. Torino ser. 2,41:197. 189"是晚出的非法名称。【分布】安提瓜和巴布达, 巴基斯坦, 巴拉圭, 巴拿马, 秘鲁, 玻利维亚, 厄瓜多尔, 哥斯达黎加, 马达加斯加, 美国(密苏里), 尼加拉瓜, 中国, 中美洲。【后选模式】Trifolium pratense Linnaeus。【参考异名】Amarenus C. Presl (1830) ; Amooria Walp. (1842) Nom. illegit. ; Amoria C. Presl (1830) ; Bobrovia A. P. Khokhr. (1998) Nom. illegit. ; Bubroma Ehrh. ; Calycomorphum C. Presl(1830) ; Chrysapsis Pascher ; Chrysaspis Desv. (1827) ; Dactiphyllum Raf. (1819) ; Dactyphyllum Endl. (1840) Nom. illegit. ; Galearia C. Presl (1831) (废弃属名) ; Lagopus Hill(1756) ; Lojaconoa Bobrov (1967) Nom. illegit. ; Loxospermum Hochst. (1846) ; Lupinaster Adans., Nom. illegit. ; Lupinaster Buxb. ex Heist. (1748) Nom. inval. ; Lupinaster Fabr. (1759) ; Micranthemum Endl. (废弃属名) ; Micrantheum C. Presl (1831) ; Microphyton Fourr. (1868) ; Mistyllus C. Presl (1830) ; Ochreata (Lojac.) Bobrov (1967) ; Paramesus C. Presl (1830) ; Pentaphyllon Pers. (1807) Nom. illegit. ; Sertula Kuntze (1891) ; Triphylloides Moench (1794) ; Triphylloides Ponted. ex Moench(1794) ; Ursia Vassilcz. (1979) ; Ursifolium Doweld (2003) ; Xerosphaera Soják(1986) Nom. illegit. ■

52357 Trifurcaria Endl. (1840) = Trifurcia Herb. (1840) [鸢尾科 Iridaceae]■☆

52358 Trifurcia Herb. (1840) = Herbertia Sweet (1827) [鸢尾科 Iridaceae]■☆

52359 Trigastrotheca F. Muell. (1857) = Mollugo L. (1753) [粟米草科 Molluginaceae//番杏科 Aizoaceae]■

52360 Trigella Salisb. (1866) = Cyanella L. (1754) [蒂可花科(百鸢科, 基叶草科)Tecophilaeaceae]■☆

52361 Triglochin L. (1753)【汉】水麦冬属。【日】シバナ属。【俄】Триостренник。【英】Arrowgrass, Arrow-grass, Pod Grass, Podgrass, Pod-grass, Podograss, Squaw-root。【隶属】眼子菜科 Potamogetonaceae//水麦冬科 Juncaginaceae。【包含】世界12-17种, 中国2种。【学名诠释与讨论】〈阴〉(希)treis = 拉丁文 tri, 三 + glochin, 所有格 glochinos = glochis, 突出点, 锐尖。指果具三个纵棱。此属的学名, ING、TROPICOS、APNI、GCI 和 IK 记载是"Triglochin L., Sp. Pl. 1:338. 1753 [1 May 1753]"。"Juncago Séguier, Pl. Veron. 3:90. Jul-Aug 1754"是"Triglochin L. (1753)"的晚出的同模式异名(Homotypic synonym, Nomenclatural synonym)。【分布】巴基斯坦, 秘鲁, 玻利维亚, 厄瓜多尔, 马达加斯加, 中国。【后选模式】Triglochin palustris Linnaeus [as 'palustre'〕。【参考异名】Abbotia Raf.（1836）；Cycnogeton Endl.（1838）；Cynogeton Kunth（1841）；Hexaglochin（Dumort.）Nieuwl.（1913）；Hexaglochin Nieuwl.（1913）；Iuncago Fabr.，Nom. illegit.；Juncago Ség.（1754）Nom. illegit.；Juncago Tourn. ex Moench；Tristemon Raf.（1819）■

52362　Triglochinaceae Bercht. et J. Presl（1823）＝Juncaginaceae Rich.（保留科名）■

52363　Triglochinaceae Dumort.＝Juncaginaceae Rich.（保留科名）■

52364　Triglossum Fisch.（1812）＝Arundinaria Michx.（1803）［禾本科 Poaceae（Gramineae）//青篱竹科 Arundinariaceae］●

52365　Triglossum Roem. et Schult.＝Arundinaria Michx.（1803）［禾本科 Poaceae（Gramineae）//青篱竹科 Arundinariaceae］●

52366　Trigonachras Radlk.（1879）【汉】三籽果属。【隶属】无患子科 Sapindaceae。【包含】世界 8 种。【学名诠释与讨论】〈阴〉（拉）tri，三＋gonia，后代，种子＋achras，所有格 achrados，一种野梨。另说 trigonos，三角形的，三棱形的＋achras。【分布】菲律宾。【模式】未指定●☆

52367　Trigonanthe（Schltr.）Brieger（1975）Nom. inval.＝Dryadella Luer（1978）［兰科 Orchidaceae］■☆

52368　Trigonanthera André（1870）【汉】三角胡椒属。【隶属】胡椒科 Piperaceae//草胡椒科（三瓣绿科）Peperomiaceae。【包含】世界 1 种。【学名诠释与讨论】〈阴〉（希）trigonos，三角形的，三棱形的＋anthera，花药。此属的学名是"Trigonanthera André, Ill. Hort. 17：137. 1870"。亦有文献把其处理为"Peperomia Ruiz et Pav.（1794）"的异名。【分布】南美洲。【模式】Trigonanthera resedaeflora（Linden et André）André［Peperomia resedaeflora Linden et André］。【参考异名】Peperomia Ruiz et Pav.（1794）■☆

52369　Trigonanthus Korth. ex Hook. f.＝Ceratostylis Blume（1825）［兰科 Orchidaceae］■

52370　Trigonea Parl.（1839）＝Allium L.（1753）；～＝Nectaroscordum Lindl.（1836）［百合科 Liliaceae//葱科 Alliaceae］■☆

52371　Trigonella L.（1753）【汉】胡卢巴属。【日】レイリョウカウ属，レイリョウコウ属。【俄】Пажитник，Пажитник греческий，Сено греческое，Тригонелла。【英】Fenugreek，Trigonella。【隶属】豆科 Fabaceae（Leguminosae）//蝶形花科 Papilionaceae。【包含】世界 50-70 种，中国 9-10 种。【学名诠释与讨论】〈阴〉（希）trigonos，三角形的，三棱形的＋-ellus，-ella，-ellum，加在名词词干后面形成指小式的词尾。或加在人名、属名等后面以组成新属的名称。指花的外观似三角形。此属的学名，ING、TROPICOS、APNI、GCI 和 IK 记载是"Trigonella L.，Sp. Pl. 2：776. 1753［1 May 1753］"。"Buceras Haller, Hist. Stirp. Helv. 1：164. 7 Mar – 8 Aug 1768（non P. Browne 1756（废弃属名）"、"Fenugraecum Adanson, Fam. 2：322, 613. Jul – Aug 1763"、"Foenugraecum Ludwig, Inst. ed. 2. 127. 1 Mar–5 Mai 1757、"Telis O. Kuntze, Rev. Gen. 1：209. 5 Nov 1891"和"Xiphostylis G. Gasparrini, Rendiconto Reale Accad. Sci.，Sez. Soc. Real. Borbon. ser. 2. 1：183. 1853（'1852'）"都是"Trigonella L.（1753）"的晚出的同模式异名（Homotypic synonym，Nomenclatural synonym）。【分布】澳大利亚，巴基斯坦，中国，地中海地区，非洲南部，欧洲，亚洲。【后选模式】Trigonella foenum-graecum Linnaeus。【参考异名】Aporanthus Bromf.（1856）Nom. illegit.；Botrylotus Post et Kuntze（1903）；Botryolotus Jaub. et Spach（1843）；Buceras Haller ex All.（1785）Nom. illegit.（废弃属名）；Buceras Haller（1768）Nom. illegit. Nom. inval.（废弃属名）；Falcatula Brot.（1801）；Fenugraecum Adans.（1763）Nom. illegit.；Foenugraecum Ludw.（1757）Nom. illegit.；Foenum Fabr.；Foenum-graecum Hill（1756）Nom. illegit.；Foenum – graecum Ség.（1754）Nom. illegit.；

Folliculigera Pasq.（1867）；Grammocarpus（Ser.）Gasp.（1853）；Grammocarpus Schur（1853）；Kentia Adans.（1763）；Melilotoides Fabr.（1763）Nom. illegit.；Melilotoides Heist. ex Fabr.（1763）；Melisitus Medik.（1787）Nom. illegit.；Melissitus Medik.（1789）；Nephromedia Kostel.（1844）；Pocockia Ser.（1825）Nom. illegit.；Pocockia Ser. ex DC.（1825）；Telis Kuntze（1891）Nom. illegit.；Trifoliastrum Moench（1794）；Xiphostylis Gasp.（1853）Nom. illegit.■

52372　Trigonia Aubl.（1775）【汉】三角果属（三棱果属，三数木属）。【隶属】三角果科（三棱果科，三数木科）Trigoniaceae。【包含】世界 24-30 种。【学名诠释与讨论】〈阴〉（希）trigonos，三角形的，三棱形的。【分布】巴拿马，秘鲁，玻利维亚，厄瓜多尔，哥伦比亚（安蒂奥基亚），尼加拉瓜，中美洲。【后选模式】Trigonia villosa Aublet。【参考异名】Hoeffnagelia Nack.（1790）Nom. inval.；Mainea Vell.（1829）；Nuttallia Spreng.（1821）Nom. illegit.●☆

52373　Trigoniaceae A. Juss.（1849）（保留科名）【汉】三角果科（三棱果科，三数木科）。【包含】世界 3-4 属 26-35 种。【分布】马达加斯加，马来西亚（西部），热带美洲。【科名模式】Trigonia Aubl.（1775）●☆

52374　Trigoniaceae Endl.＝Trigoniaceae A. Juss.（保留科名）●☆

52375　Trigoniastrum Miq.（1861）（保留属名）【汉】小三角果属。【隶属】三角果科（三棱果科，三数木科）Trigoniaceae。【包含】世界 1 种。【学名诠释与讨论】〈中〉（属）Trigonia 三角果属＋-astrum，指示小的词尾，也有"不完全相似"的含义。此属的学名"Trigoniastrum Miq.，Fl. Ned. Ind.，Eerste Bijv.：394. Dec 1861"是保留属名。法规未列出相应的废弃属名。【分布】马来西亚（西部）。【模式】Trigoniastrum hypoleucum Miquel。【参考异名】Isopteris Wall.（1832）●☆

52376　Trigonidium Lindl.（1837）【汉】美洲三角兰属。【日】トゥリゴニディウム属，トリゴニジューム属。【隶属】兰科 Orchidaceae。【包含】世界 14 种。【学名诠释与讨论】〈中〉（希）trigonos，三角形的，三棱形的＋-idius，-idia，-idium，指示小的词尾。【分布】巴拿马，秘鲁，玻利维亚，厄瓜多尔，哥伦比亚（安蒂奥基亚），哥斯达黎加，尼加拉瓜，中美洲。【模式】Trigonidium obtusum J. Lindley ■☆

52377　Trigoniodendron E. F. Guim. et Miguel（1987）【汉】三角木属。【隶属】三角果科（三棱果科，三数木科）Trigoniaceae。【包含】世界 1 种。【学名诠释与讨论】〈中〉（希）trigonos，三角形的，三棱形的＋dendron 或 dendros，树木，棍，丛林。【分布】巴西。【模式】Trigoniodendron spiritusanctense E. F. Guimarães et J. R. Miguel ●☆

52378　Trigonis Jacq.（1760）＝Cupania L.（1753）［无患子科 Sapindaceae//叠珠树科 Akaniaceae］●☆

52379　Trigonobalanus Forman（1962）【汉】三角栎属（三棱栎属）。【隶属】壳斗科（山毛榉科）Fagaceae。【包含】世界 2-3 种。【学名诠释与讨论】〈阳〉（希）trigonos，三角形的，三棱形的＋balanos，橡实。指坚果具三棱。此属的学名是"Trigonobalanus Forman, Taxon 11：140. Mai 1962"。亦有文献把其处理为"Formanodendron Nixon et Crepet（1989）"的异名。【分布】泰国，中国，加里曼丹岛，马来半岛。【模式】Trigonobalanus verticillata Forman。【参考异名】Colombobalanus Nixon et Crepet（1989）；Formanodendron Nixon et Crepet（1989）●

52380　Trigonocapnos Schltr.（1899）【汉】三棱烟堇属。【隶属】罂粟科 Papaveraceae。【包含】世界 1 种。【学名诠释与讨论】〈阳〉（希）trigonos，三角形的，三棱形的＋kapnos，烟，蒸汽，延胡索。【分布】非洲南部。【模式】Trigonocapnos curvipes Schlechter ■☆

52381　Trigonocarpaea Steud.（1841）＝Kokoona Thwaites（1853）；～＝Trigonocarpus Wall.（1832）Nom. illegit.［卫矛科 Celastraceae］●☆

52382　Trigonocarpus Bert. ex Steud.（1841）Nom. illegit.＝Chorizanthe

R. Br. ex Benth. (1836) [蓼科 Polygonaceae] ■●☆

52383　Trigonocarpus Vell. (1829) = Cupania L. (1753) [无患子科 Sapindaceae//叠珠树科 Akaniaceae] ●☆

52384　Trigonocarpus Wall. (1832) Nom. illegit. = Kokoona Thwaites (1853) [卫矛科 Celastraceae] ●☆

52385　Trigonocaryum Trautv. (1875)【汉】角果五加属。【俄】Трехгранноплодник。【隶属】五加科 Araliaceae。【包含】世界 1 种。【学名诠释与讨论】〈中〉(希) trigonos, 三角形的, 三棱形的+karyon, 胡桃, 硬壳果, 核, 坚果。【分布】高加索。【模式】Trigonocaryum prostratum Trautvetter ●☆

52386　Trigonochilum Königer et Schildh. (1994)【汉】三棱兰属。【隶属】兰科 Orchidaceae。【包含】世界 76 种。【学名诠释与讨论】〈中〉(希) trigonos, 三角形的, 三棱形的+cheilos, 唇。在希腊文组合词中, cheil-, cheilo-, -chilus, -chilia 等均为“唇, 边缘”之义。此属的学名是“Trigonochilum W. Königer et H. Schildhauer, Arcula 1: 13. 14 Sep 1994”。亦有文献把其处理为“Cyrtochilum Kunth (1816)”或“Oncidium Sw. (1800) (保留属名)”的异名。【分布】玻利维亚, 厄瓜多尔。【模式】Trigonochilum flexuosum (Kunth) W. Königer et H. Schildhauer [Cyrtochilum flexuosum Kunth]。【参考异名】Cyrtochilum Kunth(1816); Oncidium Sw. (1800) (保留属名) ■☆

52387　Trigonochlamys Hook. f. (1860) = Santiria Blume(1850) [橄榄科 Burseraceae] ●

52388　Trigonochloa P. M. Peterson et N. Snow(2012)【汉】非洲三棱草属。【隶属】禾本科 Poaceae(Gramineae)。【包含】世界 2 种。【学名诠释与讨论】〈阴〉(希) trigonos, 三角形的, 三棱形的+chloe, 草的幼芽, 嫩草, 禾草。【分布】埃塞俄比亚, 索马里。【模式】Trigonochloa uniflora (Hochst. ex A. Rich.) P. M. Peterson et N. Snow [Leptochloa uniflora Hochst. ex A. Rich.] ☆

52389　Trigonopleura Hook. f. (1887)【汉】棱脉大戟属。【隶属】大戟科 Euphorbiaceae。【包含】世界 1 种。【学名诠释与讨论】〈阴〉(希) trigonos, 三角形的, 三棱形的+pleura =pleuron, 肋骨, 脉, 棱, 侧生。【分布】马来西亚(西部)。【模式】Trigonopleura malayana J. D. Hooker。【参考异名】Peniculifera Ridl. (1920) ●☆

52390　Trigonopterum Steetz ex Andersson(1853)【汉】角翅菊属。【隶属】菊科 Asteraceae(Compositae)。【包含】世界 2 种。【学名诠释与讨论】〈中〉(希) trigonos + pteron, 指小式 pteridion, 翅。pteridios, 有羽毛的。此属的学名是“Trigonopterum Steetz in N. J. Andersson, Kongl. Vetensk. Acad. Handl. 1853: 183. Nov-Dec 1854 ('1855')”。亦有文献把其处理为“Lipochaeta DC. (1836)”的异名。【分布】厄瓜多尔。【模式】Trigonopterum ponteni N. J. Andersson。【参考异名】Lipochaeta DC. (1836); Peperomia Ruiz et Pav. (1794) ●☆

52391　Trigonopyren Bremek. (1963) = Psychotria L. (1759) (保留属名) [茜草科 Rubiaceae//九节科 Psychotriaceae] ●

52392　Trigonosciadium Boiss. (1844)【汉】三角伞芹属。【隶属】伞形花科(伞形科) Apiaceae(Umbelliferae)。【包含】世界 4 种。【学名诠释与讨论】〈阴〉(希) trigonos, 三角形的, 三棱形的+(属) Sciadium 伞芹属。【分布】土耳其, 伊拉克, 伊朗。【模式】Trigonosciadium tuberosum Boissier ■☆

52393　Trigonospermum Less. (1832)【汉】三棱子菊属(角子菊属)。【隶属】菊科 Asteraceae(Compositae)。【包含】世界 4-5 种。【学名诠释与讨论】〈中〉(希) trigonos, 三角形的, 三棱形的+sperma, 所有格 spermatos, 种子, 孢子。【分布】墨西哥(南部), 尼加拉瓜, 中美洲。【模式】Trigonospermum adenostemmoides Lessing ■☆

52394　Trigonostemon Blume(1826) [as 'Trigostemon'] (保留属名)【汉】三宝木属。【英】Trigonostemon, Triratna Tree。【隶属】大戟科 Euphorbiaceae。【包含】世界 45-50 种, 中国 11 种。【学名诠释与讨论】〈阳〉(希) trigonos, 三角形的, 三棱形的+stemon, 雄蕊。指 3 雄蕊合生成 3 棱柱状。此属的学名“Trigonostemon Blume, Bijdr. :600. 24 Jan 1826('Trigostemon') (orth. cons.)”是保留属名。相应的废弃属名是大戟科 Euphorbiaceae 的“Enchidium Jack in Malayan Misc. 2(7) :89. 1822 =Trigonostemon Blume(1826) (保留属名)”。其变体“Trigostemon Blume(1826)”亦应废弃。【分布】斐济, 斯里兰卡, 中国, 东喜马拉雅山, 东南亚西部。【模式】Trigonostemon serratus Blume [as 'serratum']。【参考异名】Actephilopsis Ridl. (1923); Athroisma Griff. (1854) Nom. illegit. ; Enchidion Müll. Arg. (1866); Enchidium Jack(1822) (废弃属名); Euchidium Endl. (1850); Kurziodendron N. P. Balakr. (1966); Neotrigonostemon Pax et K. Hoffm. (1928); Nepenthandra S. Moore (1905); Prosartema Gagnep. (1925); Silvaea Hook. et Arn. (1837) Nom. illegit. ; Telogyne Baill. (1858); Trigostemon Blume (1826) Nom. illegit. ; Tritaxis Baill. (1858); Tylosepalum Kurz ex Teijsm. et Binn. (1864) ●

52395　Trigonotheca Hochst. (1841) = Catha Forssk. (1775) Nom. inval. (废弃属名); ~ = Catha Forssk. ex Schreb. (1777) (废弃属名); ~ ≡ Catha Forssk. ex Scop. (1777) (废弃属名); ~ = Gymnosporia (Wight et Arn.) Benth. et Hook. f. (1862) (保留属名); ~ = Maytenus Molina(1782) [卫矛科 Celastraceae] ●

52396　Trigonotheca Sch. Bip. (1844) Nom. illegit. = Melanthera Rohr (1792) [菊科 Asteraceae(Compositae)] ■●☆

52397　Trigonotis Steven(1851)【汉】附地菜属(附地草属)。【日】タビラコ属, ミズタビラコ属。【俄】Тригонотис。【英】Trigonotis。【隶属】紫草科 Boraginaceae。【包含】世界 58 种, 中国 39-44 种。【学名诠释与讨论】〈阴〉(希) trigonos, 三角形的, 三棱形的+ous, 所有格 otos, 指小式 otion, 耳。otikos, 耳的。指果实。此属的学名, ING、TROPICOS 和 IK 记载是“Trigonotis Steven, Bull. Soc. Imp. Naturalistes Moscou xxiv. (18511 I. 603”; 国内外多有文献包括《中国植物志》都使用它为正名。但是, ING 记载“Trigonotis Steven(1851)”是“Endogonia (Turczaninow) Lindley, Veg. Kingd. 656. Jan-Mai 1846”的晚出的同模式异名; 应予废弃; 但是又认为“Trigonotis Steven(1851)”是正确名称。【分布】中国, 新几内亚岛, 喜马拉雅山至日本, 亚洲中部。【模式】Trigonotis peduncularis (Trevir.) Benth. ex Baker et S. Moore。【参考异名】Endogonia (Turcz.) Lindl. (1847); Endogonia Lindl. (1847) Nom. illegit. ; Endogonia Turcz. , Nom. illegit. ; Havilandia Stapf (1894); Omphalotrigonotis W. T. Wang(1984); Pedinogyne Brand(1925); Zoelleria Warb. (1892) ■

52398　Trigostemon Blume (1826) Nom. illegit. (废弃属名) = Trigonostemon Blume(1826) [as 'Trigostemon'] (保留属名) [大戟科 Euphorbiaceae] ●

52399　Triguera Cav. (1785) (废弃属名) = Hibiscus L. (1753) (保留属名) [锦葵科 Malvaceae//木槿科 Hibiscaceae] ●■

52400　Triguera Cav. (1786) (保留属名)【汉】西班牙茄属。【隶属】茄科 Solanaceae。【包含】世界 1 种。【学名诠释与讨论】〈阴〉词源不详。此属的学名“Triguera Cav. , Diss. 2, App. : [1]. Jan-Apr 1786”是保留属名。相应的废弃属名是锦葵科 Malvaceae//木棉科 Bombacaceae//木槿科 Hibiscaceae 的“Triguera Cav. , Diss. 1: 41. 15 Apr 1785 =Hibiscus L. (1753) (保留属名)”。二者极易混淆。“Fontqueriella Rothmaler in Font Quer et Rothmaler, Brotéria Ci. Nat. 9 :150. Nov 1940”是“Triguera Cav. (1786) (保留属名)”的晚出的同模式异名 (Homotypic synonym, Nomenclatural synonym)。【分布】阿尔及利亚, 西班牙。【模式】Triguera acerifolia Cavanilles。【参考异名】Fontqueriella Rothm. (1940)

Nom. illegit.；Triguera Cav.（1785）（废弃属名）■☆

52401 Trigula Noronha（1790）= Clematis L.（1753）［毛茛科 Ranunculaceae］●■

52402 Trigynaea Schltdl.（1834）【汉】三丽花属。【隶属】番荔枝科 Annonaceae。【包含】世界5种。【学名诠释与讨论】〈阴〉（希）treis =拉丁文 tri，三+gyne，女人，雌性。指雌蕊。【分布】秘鲁，玻利维亚，厄瓜多尔。【模式】Trigynaea oblongifolia Schlechtendal。【参考异名】Trigyneia Rchb.（1837）Nom. illegit.●☆

52403 Trigyneia Rchb.（1837）Nom. illegit. = Trigynaea Schltdl.（1834）［番荔枝科 Annonaceae］●☆

52404 Trigynia Jacq.-Fél.（1936）= Leandra Raddi（1820）［野牡丹科 Melastomataceae］●■☆

52405 Trihaloragis M. L. Moody et Les（2007）【汉】澳大利亚黄花小二仙草属。【隶属】小二仙草科 Haloragaceae。【包含】世界1种。【学名诠释与讨论】〈阴〉（拉）tri，三+（属）Haloragis 黄花小二仙草属（小二仙草属）。此属的学名是"Trihaloragis M. L. Moody et Les，American Journal of Botany 94（12）：2021. 2007"。亦有文献把其处理为"Haloragis J. R. Forst. et G. Forst.（1776）"的异名。【分布】澳大利亚。【模式】Trihaloragis hexandra（F. Muell.）M. L. Moody et Les。【参考异名】Haloragis J. R. Forst. et G. Forst.（1776）■☆

52406 Trihesperus Herb.（1844）= Anthericum L.（1753）；~ = Echeandia Ortega（1800）［百合科 Liliaceae//吊兰科（猴面包科，猴面包树科）Anthericaceae］■☆

52407 Trihexastigma Post et Kuntze（1903）= Heteranthera Ruiz et Pav.（1794）（保留属名）；~ = Triexastima Raf.（1838）［雨久花科 Pontederiaceae//水星草科 Heterantheraceae］■☆

52408 Trikalis Raf.（1837）【汉】三花藜属。【隶属】藜科 Chenopodiaceae。【包含】世界2种。【学名诠释与讨论】〈阴〉（希）treis =拉丁文 tri，三+kalia，指小式 kalidion，仓，茅舍，鸟巢。此属的学名是"Trikalis Rafinesque，Fl. Tell. 3：47. Nov-Dec 1837（'1836'）"。亦有文献把其处理为"Suaeda Forssk. ex J. F. Gmel.（1776）（保留属名）"的异名。【分布】热带。【模式】Trikalis triflora Rafinesque，Nom. illegit. ［Salsola trigyna Willdenow］。【参考异名】Suaeda Forssk. ex J. F. Gmel.（1776）（保留属名）■☆

52409 Trikeraia Bor（1955）【汉】三角草属（三角草花属，三角颖属）。【英】Trianglegrass，Trikeraia。【隶属】禾本科 Poaceae（Gramineae）。【包含】世界4种，中国3种。【学名诠释与讨论】〈阴〉（希）treis =拉丁文 tri，三+keras 角，弓。指小穗。【分布】巴基斯坦，中国，西喜马拉雅山。【模式】Trikeraia hookeri（Stapf）Bor ［Stipa hookeri Stapf］■

52410 Trilepidea Tiegh.（1895）【汉】三鳞寄生属。【隶属】桑寄生科 Loranthaceae。【包含】世界1种。【学名诠释与讨论】〈阴〉（希）treis =拉丁文 tri，三+lepis，所有格 lepidos，指小式 lepion 或 lepidion，鳞，鳞片。lepidotos，多鳞的。lepos，鳞，鳞片。【分布】新西兰。【后选模式】Trilepidea adamsii（T. F. Cheeseman）Van Tieghem ［Loranthus adamsii T. F. Cheeseman］●☆

52411 Trilepis Nees（1834）【汉】三鳞莎草属。【隶属】莎草科 Cyperaceae。【包含】世界3-5种。【学名诠释与讨论】〈阴〉（希）treis =拉丁文 tri，三+lepis，所有格 lepidos，指小式 lepion 或 lepidion，鳞，鳞片。lepidotos，多鳞的。lepos，鳞，鳞片。【分布】巴西，几内亚。【后选模式】Trilepis lhotzkiana C. G. D. Nees。【参考异名】Fintelmannia Kunth（1837）■☆

52412 Trilepisium Thouars（1806）【汉】三鳞桑属（鳞桑属）。【隶属】桑科 Moraceae。【包含】世界1种。【学名诠释与讨论】〈阴〉（希）treis =拉丁文 tri，三+lepis，所有格 lepidos，指小式 lepion 或 lepidion，鳞，鳞片。lepidotos，多鳞的。lepos，鳞，鳞片+-ius，-

ia，-ium，在拉丁文和希腊文中，这些词尾表示性质或状态。【分布】马达加斯加。【模式】Trilepisium madagascariense A. P. de Candolle。【参考异名】Bosquiea Thouars ex Baill.（1863）；Pontya A. Chev.（1909）●☆

52413 Triliena Raf.（1838）= Acnistus Schott ex Endl.（1831）［茄科 Solanaceae］●☆

52414 Trilisa（Cass.）Cass.（1820）【汉】毛鞭菊属（鹿舌菊属，拟蛇鞭菊属）。【隶属】菊科 Asteraceae（Compositae）。【包含】世界2种。【学名诠释与讨论】〈阴〉（属）由蛇鞭菊属 Liatris 字母改缀而来。此属的学名，ING 和 IK 记载是"Trilisa（Cassini）Cassini in F. Cuvier，Dict. Sci. Nat. 16：10. 8 Apr 1820"，由"Liatris subgen. Trilisa Cassini，Bull. Sci. Soc. Philom. Paris 1818：140. Sep 1818"改级而来。"Trilisa Cass.（1820）"的命名人引证有误。亦有文献把"Trilisa（Cass.）Cass.（1820）"处理为"Carphephorus Cass.（1816）"的异名。【分布】美国。【模式】Trilisa odoratissima（Willdenow）Cassini ［Liatris odoratissima Willdenow］。【参考异名】Carphephorus Cass.（1816）；Liatris subgen. Trilisa Cass.（1818）；Trilisa Cass.（1820）Nom. illegit.■☆

52415 Trilisa Cass.（1820）Nom. illegit. ≡ Trilisa（Cass.）Cass.（1820）［菊科 Asteraceae（Compositae）］■☆

52416 Trilix L.（1771）= Prockia P. Browne（1759）［椴树科（椴科，田麻科）Tiliaceae//刺篱木科 Flacourtiaceae］●☆

52417 Trillesanthus Pierre ex A. Chev.（1917）= Marquesia Gilg（1908）［龙脑香科 Dipterocarpaceae］●☆

52418 Trillesanthus Pierre（1904）Nom. inval. ≡ Trillesanthus Pierre ex A. Chev.（1917）；~ = Marquesia Gilg（1908）［龙脑香科 Dipterocarpaceae］●☆

52419 Trilliaceae Chevall.（1827）（保留科名）［亦见 Melanthiaceae Batsch ex Borkh.（保留科名）黑药花科（藜芦科）和 Trimeniaceae Gibbs（保留科名）早落瓣科（腺齿木科）］【汉】延龄草科（重楼科）。【日】エンレイサウ科，エンレイソウ科。【俄】Триллиевые。【英】Trillium Family。【包含】世界3-5属60-96种，中国2属88种。【分布】温带欧亚大陆，北美洲。【科名模式】Trillium L.（1753）■

52420 Trilliaceae Lindl. = Trilliaceae Chevall.（保留科名）■

52421 Trillidium Kunth（1850）= Trillium L.（1753）［百合科 Liliaceae//延龄草科（重楼科）Trilliaceae］■

52422 Trillium L.（1753）【汉】延龄草属（头顶一颗珠属）。【日】エンレイサウ属，エンレイソウ属。【俄】Триллиум。【英】American Wood-lily，Birthroot，Ground Lily，Trillium，Trinity Flower，Wake Robin，Wakerobin，Wake-robin，White Wood Lily，Wood Lily。【隶属】百合科 Liliaceae//延龄草科（重楼科）Trilliaceae。【包含】世界43-50种，中国4-5种。【学名诠释与讨论】〈中〉（拉）tripium 三重的。指叶及花的各部皆为三出数。此属的学名，ING、TROPICOS 和 IK 记载是"Trillium L.，Sp. Pl. 1：339. 1753 ［1 May 1753］"。"Phyllantherum（Schult. et Schult. f.）Nieuwl.（1913）"是"Esdra Salisb.（1866）"的多余的替代名称。【分布】巴基斯坦，美国，中国，西喜马拉雅山至日本，北美洲。【后选模式】Trillium cernuum Linnaeus。【参考异名】Delostylis Raf.（1819）；Esdra Salisb.（1866）；Huxhamia Garden ex Sm.，Nom. illegit.；Irillium Raf.（1820）；Jrillium Raf.（1820）；Phyllantherum（Schult. et Schult. f.）Nieuwl.（1913）Nom. illegit.，Nom. superfl.；Phyllantherum Raf.（1820）；Pseudotrillium S. B. Farmer（2002）；Trillidium Kunth（1850）■

52423 Trilobachne Schenck ex Henrard（1931）【汉】三裂果属。【隶属】禾本科 Poaceae（Gramineae）。【包含】世界1种。【学名诠释与讨论】〈阴〉（希）treis =拉丁文 tri，三+lobos =拉丁文 lobulus，

片,裂片,叶,荚,蒴+achne,鳞片,泡沫,泡囊,谷壳,稃。【分布】
印度。【模式】Trilobachne cookei（Stapf）Schenck ex Henrard
［Polytoca cookei Stapf］■☆

52424　Trilobulina Raf.（1838）= Utricularia L.（1753）［狸藻科
Lentibulariaceae］■

52425　Trilocularia Schltr.（1906）= Balanops Baill.（1871）［橡子木科
（假槲树科）Balanopaceae］●☆

52426　Trilomisa Raf.（1837）= Begonia L.（1753）［秋海棠科
Begoniaceae］●■

52427　Trilophus Fisch.（1812）= Menispermum L.（1753）［防己科
Menispermaceae］●■

52428　Trilophus Lestib. = Kaempferia L.（1753）［姜科（蘘荷科）
Zingiberaceae］■

52429　Trilopus Adans.（1763）Nom. illegit. ≡ Hamamelis L.（1753）
［金缕梅科 Hamamelidaceae］●

52430　Trilopus Mitch.（1769）Nom. illegit. = Hamamelis L.（1753）［金
缕梅科 Hamamelidaceae］●

52431　Trima Noronha（1790）= Mycetia Reinw.（1825）［茜草科
Rubiaceae］●

52432　Trimeiandra Raf.（1838）Nom. illegit. ≡ Lonchostoma Wikstr.
（1818）（保留属名）［鳞叶树科（布鲁尼科，小叶树科）
Bruniaceae］●☆

52433　Trimelopter Raf.（1837）= Ornithogalum L.（1753）［百合科
Liliaceae//风信子科 Hyacinthaceae］■

52434　Trimenia Seem.（1873）（保留属名）【汉】早落瓣属（腺齿木
属）。【隶属】早落瓣科（腺齿木科）Trimeniaceae。【包含】世界
3-5 种。【学名诠释与讨论】〈阴〉（人）Henry Trimen, 1843–1896,
英国植物学者。此属的学名"Trimenia Seem., Fl. Vit.：425. Feb
1873"是保留属名。相应的废弃属名是早落瓣科（腺齿木科）
Trimeniaceae 的"Piptocalyx Oliv. ex Benth., Fl. Austral. 5：292.
Aug– Oct 1870 = Trimenia Seem.（1873）（保留属名）"。
"Piptocalyx Benth., Flora Australiensis 5 1870 ≡Piptocalyx Oliv. ex
Benth."（1870）的命名人引证有误，亦应废弃。紫草科
Boraginaceae 的"Piptocalyx Torr., U. S. Expl. Exped., Phan. Pacific
N. Amer. 17（2）：413, t. 12. 1874（IK）≡Greeneocharis Gürke et
Harms（1899）"、"Piptocalyx Torr. ex S. Watson, Botany［Fortieth
Parallel］240, adnot. 1871［Sep–Dec 1871］（GCI）≡Greeneocharis
Gürke et Harms（1899）"和"Piptocalyx Torrey in S. Watson, U. S.
Geol. Explor. 40th Parallel, Bot. 240. Sep–Dec（1871）（ING）≡
Greeneocharis Gürke et Harms（1899）"也应废弃。【分布】斐济,
印度尼西亚（苏拉威西岛,马鲁古群岛）,法属波利尼西亚（马克
萨斯群岛）,法属新喀里多尼亚,新几内亚岛。【模式】Trimenia
weinmanniifolia B. C. Seemann［as 'weinmanniaefolia'］。【参考异
名】Muellerothamnus Engl.（1897）Nom. illegit.；Piptocalyx Benth.
（1870）（废弃属名）；Piptocalyx Oliv. ex Benth.（1870）（废弃属
名）●☆

52435　Trimeniaceae（Perkins et Gilg）Gibbs =Trimeniaceae Gibbs（保留
科名）●☆

52436　Trimeniaceae Gibbs（1917）（保留科名）【汉】早落瓣科（腺齿木
科）。【包含】世界 1-2 属 3-5 种。【分布】马来西亚（东部）,澳大
利亚,太平洋地区。【科名模式】Trimenia Seem. ●☆

52437　Trimeniaceae Perk. et Gilg =Trimeniaceae Gibbs（保留科名）●☆

52438　Trimeranthes（Cass.）Cass.（1829）Nom. illegit. ≡ Sckuhria
Moench（1794）（废弃属名）；~ = Sigesbeckia L.（1753）［菊科
Asteraceae（Compositae）］■

52439　Trimeranthes Cass.（1827）Nom. illegit. ≡Trimeranthes（Cass.）
Cass.（1829）Nom. illegit.；~ ≡ Sckuhria Moench（1794）（废弃属

名）；~ =Sigesbeckia L.（1753）［菊科 Asteraceae（Compositae）］■

52440　Trimeranthus H. Karst.（1859）= Chaetolepis（DC.）Miq.
（1840）［野牡丹科 Melastomataceae］●☆

52441　Trimeria Harv.（1838）【汉】三数木属。【隶属】刺篱木科（大
风子科）Flacourtiaceae。【包含】世界 2 种。【学名诠释与讨论】
〈阴〉（希）treis =拉丁文 tri,三+meros,一部分。拉丁文 merus 含
义为纯洁的,真正的。指花。【分布】热带和非洲南部。【模式】
Trimeria trinervis W. H. Harvey。【参考异名】Monospora Hochst.
（1841）;Renardia Turcz.（1858）●☆

52442　Trimeris C. Presl（1836）【汉】赫勒纳桔梗属。【隶属】桔梗科
Campanulaceae//山梗菜科（半边莲科）Nelumbonaceae。【包含】
世界 1 种。【学名诠释与讨论】〈阴〉（希）treis =拉丁文 tri,三+
meros,一部分。拉丁文 merus 含义为纯洁的,真正的。此属的学
名是"Trimeris K. B. Presl, Prodr. Monogr. Lobel. 46. Jul – Aug
1836"。亦有文献把其处理为"Lobelia L.（1753）"的异名。【分
布】美国（赫勒纳）。【模式】Trimeris oblongifolia K. B. Presl。【参
考异名】Lobelia L.（1753）■☆

52443　Trimerisma C. Presl（1845）Nom. illegit. ≡ Platylophus D. Don
（1830）（保留属名）［火把树科（常绿棱枝树科,角瓣木科,库诺
尼科,南蔷薇科,轻木科）Cunoniaceae］●☆

52444　Trimeriza Lindl.（1832）= Apama Lam.（1783）；~ = Thottea
Rottb.（1783）［马兜铃科 Aristolochiaceae//阿柏麻科
Apamaceae］●

52445　Trimerocalyx（Murb.）Murb.（1940）= Linaria Mill.（1754）［玄
参科 Scrophulariaceae//柳穿鱼科 Linariaceae//婆婆纳科
Veronicaceae］■

52446　Trimetra Moc. ex DC.（1838）= Borrichia Adans.（1763）［菊科
Asteraceae（Compositae）］●■☆

52447　Trimeza Salisb.（1812）Nom. inval. ≡ Trimezia Salisb. ex Herb.
（1844）［鸢尾科 Iridaceae］■☆

52448　Trimezia Salisb. ex Herb.（1844）【汉】枝端花属。【隶属】鸢尾
科 Iridaceae。【包含】世界 20 种。【学名诠释与讨论】〈阴〉（希）
treis =拉丁文 tri,三+meizon,更强,更大,是 megas 大,伟大的比
较级。指外花被大于内花被。此属的学名,ING、TROPICOS 和
IK 记载是"Trimezia Salisb. ex Herb., Edwards's Bot. Reg. 30
（Misc.）:88. 1844［Dec 1844］"。"Trimeza Salisb., Trans. Hort.
Soc. London i.（1812）308 ≡Trimezia Salisb. ex Herb.（1844）"是
一个未合格发表的名称（Nom. inval.）。【分布】巴拿马,玻利维
亚,尼加拉瓜,墨西哥至热带南美洲,西印度群岛,中美洲。【模
式】Trimezia meridensis Herbert。【参考异名】Anomalostylus R. C.
Foster（1947）；Lansbergia de Vriese（1846）；Poarchon Allemão
（1849）；Trimeza Salisb.（1812）Nom. inval. ■☆

52449　Trimista Raf.（1840）= Mirabilis L.（1753）［紫茉莉科
Nyctaginaceae］■

52450　Trimorpha Cass.（1817）【汉】三形菊属。【隶属】菊科
Asteraceae（Compositae）。【包含】世界 45 种。【学名诠释与讨
论】〈阴〉（拉）tri,三+ morphe,形状。指花。此属的学名是
"Trimorpha Cassini, Bull. Sci. Soc. Philom. Paris 1817：137. Sep
1817"。亦有文献把其处理为"Erigeron L.（1753）"的异名。【分
布】中美洲。【模式】Trimorpha vulgaris Cassini, Nom. illegit.
［Erigeron acre Linnaeus；Trimorpha acre（Linnaeus）S. F. Gray］。
【参考异名】Erigeron L.（1753）；Trimorphaea Cass.（1825）■☆

52451　Trimorphaea Cass.（1825）= Trimorpha Cass.（1817）［菊科
Asteraceae（Compositae）］■☆

52452　Trimorphandra Brongn. et Gris（1864）= Hibbertia Andréws
（1800）［五桠果科（第伦桃科,五丫果科,锡叶藤科）
Dilleniaceae//纽扣花科 Hibbertiaceae］●☆

52453 Trimorphoea Benth. et Hook. f. (1873) = Erigeron L. (1753); ~ = Trimorphaea Cass. (1825) [菊科 Asteraceae(Compositae)]■☆

52454 Trimorphopetalum Baker(1887) = Impatiens L. (1753) [凤仙花科 Balsaminaceae]■

52455 Trinacte Gaertn. (1791) Nom. illegit. ≡ Jungia L. f. (1782) [as 'Iungia'](保留属名) [菊科 Asteraceae(Compositae)]●●☆

52456 Trinax D. Dietr. (1840) = Thrinax L. f. ex Sw. (1788) [棕榈科 Arecaceae(Palmae)]●☆

52457 Trinchinettia Endl. (1841) Nom. illegit. ≡ Geissopappus Benth. (1840) [菊科 Asteraceae(Compositae)]●●■☆

52458 Trinciatella Adans. (1763) Nom. illegit. ≡ Hyoseris L. (1753) [菊科 Asteraceae(Compositae)]■☆

52459 Trineuria C. Presl (1845) = Aspalathus L. (1753) [豆科 Fabaceae(Leguminosae)//芳香木科 Aspalathaceae]●☆

52460 Trineuron Hook. f. (1844) = Abrotanella Cass. (1825) [菊科 Asteraceae(Compositae)]■☆

52461 Tringa Roxb. (1814) = Hypolytrum Pers. (1805); ~ = Tunga Roxb. (1820) [莎草科 Cyperaceae]■

52462 Trinia Hoffm. (1814)(保留属名)【汉】特林芹属。【俄】Триния。【英】Honewort, Trinia。【隶属】伞形花科(伞形科) Apiaceae(Umbelliferae)。【包含】世界 10 种。【学名诠释与讨论】〈阴〉(人) Carl (Karl) Bernhard von Trinius, 1778-1844, 德国植物学者, 医生, Fundamenta Agrostographiae 的作者。此属的学名 "Trinia Hoffm. , Gen. Pl. Umbell. : xxix, 92. 1814" 是保留属名。法规未列出相应的废弃属名。"Apinella Necker ex Rafinesque, Good Book 52. Jan 1840" 和 "Lacis Dulac, Fl. Hautes-Pyrénées 347. post 29 Jun 1867(non Schreber 1789)" 是 "Trinia Hoffm. (1814)(保留属名)" 的晚出的同模式异名(Homotypic synonym, Nomenclatural synonym)。【分布】地中海至亚洲中部, 欧洲。【模式】Trinia glaberrima G. F. Hoffmann, Nom. illegit. [Seseli pumilum Linnaeus; Trinia pumila (Linnaeus) H. G. L. Reichenbach]。【参考异名】Apinella Kuntze; Apinella Neck. (1790) Nom. inval. ; Apinella Neck. ex Raf. (1840) Nom. illegit. ; Grammopetalum C. A. May. ex Meinsn. (1859 - 1861); Lacis Dulac (1867) Nom. illegit. ; Spielmannia Cuss. ex Juss. (1828) Nom. illegit. ; Triniella Calest. (1905)■☆

52463 Triniella Calest. (1905) = Trinia Hoffm. (1814)(保留属名) [伞形花科(伞形科) Apiaceae(Umbelliferae)]■☆

52464 Triniochloa Hitchc. (1913)【汉】三重草属。【隶属】禾本科 Poaceae(Gramineae)。【包含】世界 5 种。【学名诠释与讨论】〈阴〉(人) Carl (Karl) Bernhard von Trinius, 1778-1844, 德国植物学者, 医生+chloe, 草的幼芽, 嫩草, 禾草。【分布】秘鲁, 玻利维亚, 厄瓜多尔, 哥伦比亚(安蒂奥基亚), 哥斯达黎加, 墨西哥, 中美洲。【模式】Triniochloa stipoides (Kunth) Hitchcock [Podosaemum stipoides Kunth]■☆

52465 Triniteurybia Brouillet, Urbatsch et R. P. Roberts(2004)【汉】三叉湖绿顶菊属。【隶属】菊科 Asteraceae(Compositae)。【包含】世界 1 种。【学名诠释与讨论】〈阴〉(拉) tri- = 希腊文 treis, 三。triens, 所有格 trientis, 第三个。trias, 所有格 triados, 第三个, 三个合成的一组。triploos = 拉丁文 triplus, 三重的。triplex, 三倍的, 三重的。triphasios, triplasios = 拉丁文 triplasis, 三重的。指 Trinity Lake 三叉湖(模式种的产地)+(属) Eurybia 绿顶菊属。【分布】美国(爱达荷), 北美洲。【模式】Triniteurybia aberrans (A. Nelson) Brouillet, Urbatsch et R. P. Roberts■☆

52466 Triniusa Steud. (1854) = Bromus L. (1753)(保留属名) [禾本科 Poaceae(Gramineae)]■

52467 Trinogeton Walp. (1847) = Cacabus Bernh. (1839) Nom. illegit. ; ~ = Thinogeton Benth. (1845) [茄科 Solanaceae]■☆

52468 Triocles Salisb. (1814) = Kniphofia Moench(1794)(保留属名) [百合科 Liliaceae//阿福花科 Asphodelaceae]■☆

52469 Triodallus A. DC. (1839) Nom. illegit. [桔梗科 Campanulaceae]☆

52470 Triodanis Raf. (1838)【汉】异檐花属。【隶属】桔梗科 Campanulaceae。【包含】世界 6-7 种, 中国 2 种。【学名诠释与讨论】〈阴〉(希) treis = 拉丁文 tri, 三+odous, 所有格 odontos, 齿。指花萼。【分布】秘鲁, 玻利维亚, 厄瓜多尔, 美国, 中国, 地中海地区, 北美洲, 中美洲。【后选模式】Triodanis rupestris Rafinesque。【参考异名】Campylocera Nutt. (1842); Dysmicodon (Endl.) Nutt. (1842); Dysmicodon Endl. , Nom. illegit. ■

52471 Triodia R. Br. (1810)【汉】三齿稃草属(三齿稃属)。【俄】Трёхзубка, Триодия。【英】Spinifex, Triodia。【隶属】禾本科 Poaceae(Gramineae)。【包含】世界 35-45 种。【学名诠释与讨论】〈阴〉(希) treis = 拉丁文 tri, 三+odous, 所有格 odontos, 齿。指外稃的顶端具三齿裂。【分布】澳大利亚, 玻利维亚, 中美洲。【后选模式】Triodia pungens R. Brown。【参考异名】Triodon Baumg. (1817) Nom. illegit. ■☆

52472 Triodica Steud. (1841) = Sapium Jacq. (1760)(保留属名); ~ = Triadica Lour. (1790) [大戟科 Euphorbiaceae]●

52473 Triodoglossum Bullock(1962)【汉】三齿舌萝藦属。【隶属】萝藦科 Asclepiadaceae。【包含】世界 1 种。【学名诠释与讨论】〈中〉(希) treis = 拉丁文 tri, 三+odous, 所有格 odontos, 齿+glossa, 舌。【分布】热带非洲。【模式】Triodoglossum abyssinicum (Chiovenda) Bullock [Raphionacme abyssinica Chiovenda]■☆

52474 Triodon Baumg. (1817) Nom. illegit. ≡ Sieglingia Bernh. (1800)(废弃属名); ~ = Danthonia DC. (1805)(保留属名); ~ = Triodia R. Br. (1810) [禾本科 Poaceae(Gramineae)]■☆

52475 Triodon DC. (1830) Nom. illegit. ≡ Ebelia Rchb. (1841); ~ = Diodia L. (1753) [茜草科 Rubiaceae]■

52476 Triodon Rich. (1805) Nom. inval. = Rhynchospora Vahl(1805) [as 'Rynchospora'](保留属名) [莎草科 Cyperaceae]■☆

52477 Triodris Thouars = Disperis Sw. (1800); ~ = Dryopeia Thouars (1822) [兰科 Orchidaceae]■

52478 Triodus Raf. (1819) = Carex L. (1753) [莎草科 Cyperaceae]■

52479 Triolaena T. Durand et Jacks. = Triolena Naudin(1851) [野牡丹科 Melastomataceae]☆

52480 Triolena Naudin(1851)【汉】三瓣野牡丹属。【隶属】野牡丹科 Melastomataceae。【包含】世界 22 种。【学名诠释与讨论】〈阴〉(拉) tri, 三+olene, 臂。此属的学名, ING、TROPICOS 和 IK 记载是 "Triolena Naudin, Ann. Sci. Nat. , Bot. sér. 3, 15: 328. 1851"。"Triolaena T. Durand et Jacks. = Triolena Naudin(1851)" 似为变体。【分布】安哥拉, 巴拿马, 秘鲁, 厄瓜多尔, 哥斯达黎加, 尼加拉瓜, 墨西哥至西热带美洲, 中美洲。【模式】Triolena scorpioides Naudin。【参考异名】Diolena Naudin(1851); Triolaena T. Durand et Jacks. ☆

52481 Triomma Hook. f. (1860)【汉】三孔橄榄属。【隶属】橄榄科 Burseraceae。【包含】世界 1 种。【学名诠释与讨论】〈中〉(希) treis = 拉丁文 tri, 三+omma, 所有格 ommatos, 眼, 外表, 模样。【分布】马来西亚(西部)。【模式】Triomma malaccensis J. D. Hooker ●☆

52482 Trionaea Medik. (1787) = Hibiscus L. (1753)(保留属名) [锦葵科 Malvaceae//木槿科 Hibiscaceae]●■

52483 Trioncinia (F. Muell.) Veldkamp(1991)【汉】折芒菊属。【隶属】菊科 Asteraceae(Compositae)。【包含】世界 2 种。【学名诠释与讨论】〈阴〉(希) treis = 拉丁文 tri, 三+onkios, 钩, 钩状的; onkos, 瘤, 突出物, 结节, 块茎。【分布】澳大利亚。【模式】Trioncinia retroflexa (F. Muell.) Veldkamp ■☆

52484　Trionfettaria Post et Kuntze (1903) = Triumfetta L. (1753) ; ~ = Triumfettaria Rchb. [椴树科 (椴科，田麻科) Tiliaceae//锦葵科 Malvaceae] ●■

52485　Trionfettia Post et Kuntze (1903) = Triumfetta L. (1753) [椴树科 (椴科，田麻科) Tiliaceae//锦葵科 Malvaceae] ●■

52486　Trionum L. (1758) = Hibiscus L. (1753) (保留属名) [锦葵科 Malvaceae//木槿科 Hibiscaceae] ●■

52487　Trionum L. ex Schaeff. (1760) Nom. illegit. ≡ Trionum Schaeff. (1760) Nom. illegit. ; ~ = Hibiscus L. (1753) (保留属名) [锦葵科 Malvaceae] ●■

52488　Trionum Schaeff. (1760) Nom. illegit. = Hibiscus L. (1753) (保留属名) [锦葵科 Malvaceae//木槿科 Hibiscaceae] ●■

52489　Triopteris L. (1753) Nom. illegit. (废弃属名) ≡ Triopterys L. (1753) [as 'Triopteris'] (保留属名) [金虎尾科 (黄褥花科) Malpighiaceae] ●☆

52490　Triopterys A. Juss. (1840) Nom. illegit. (废弃属名) = Triopterys L. (1753) [as 'Triopteris'] (保留属名) [金虎尾科 (黄褥花科) Malpighiaceae] ●☆

52491　Triopterys L. (1753) [as 'Triopteris'] (保留属名)【汉】三翅金虎尾属 (三翅藤属)。【隶属】金虎尾科 (黄褥花科) Malpighiaceae。【包含】世界 3 种。【学名诠释与讨论】〈阳〉(希) treis = 拉丁文 tri, 三+pteron, 指小式 pteridion, 翅。pteridios, 有羽毛的。此属的学名 "Triopterys L. , Sp. Pl. : 428. 1 Mai 1753 ('Triopteris') (orth. cons.)" 是保留属名。法规未列出相应的废弃属名。但是其拼写变体 "Triopteris L. (1753)" 应该废弃。金虎尾科 Malpighiaceae 的 "Triopterys A. Juss. , Ann. Sci. Nat. , Bot. sér. 2, 13: 265. 1840 [Apr 1840] =Triopterys L. (1753) [as 'Triopteris'] (保留属名)" 亦应废弃。【分布】玻利维亚，西印度群岛，热带美洲。【模式】Triopterys jamaicensis Linnaeus。【参考异名】Adelphia W. R. Anderson (2006); Triopteris L. Nom. illegit. (废弃属名); Triopterys A. Juss. (1840) Nom. illegit. (废弃属名); Triopteryx Dalla Torre et Harms; Tripteris Thunb. (1817) ●☆

52492　Triopteryx Dalla Torre et Harms = Triopterys L. (1753) [as 'Triopteris'] (保留属名) [金虎尾科 (黄褥花科) Malpighiaceae] ●☆

52493　Trioptolemea Benth. (1838) Nom. illegit. ≡ Trioptolemea Mart. ex Benth. (1838) [豆科 Fabaceae (Leguminosae)//蝶形花科 Papilionaceae] ●

52494　Trioptolemea Mart. (1838) Nom. illegit. ≡ Trioptolemea Mart. ex Benth. (1838); ~ = Dalbergia L. f. (1782) (保留属名) [豆科 Fabaceae (Leguminosae)//蝶形花科 Papilionaceae] ●

52495　Trioptolemea Mart. ex Benth. (1838) = Dalbergia L. f. (1782) (保留属名) [豆科 Fabaceae (Leguminosae)//蝶形花科 Papilionaceae] ●

52496　Triorchis Agosti = Spiranthes Rich. (1817) (保留属名) [兰科 Orchidaceae] ■

52497　Triorchis Millan (1765) Nom. illegit. [兰科 Orchidaceae] ■☆

52498　Triorchis Nieuwl. (1913) Nom. illegit. = Spiranthes Rich. (1817) (保留属名) [兰科 Orchidaceae] ■

52499　Triorchos Small et Nash ex Small (1903) = Pteroglossaspis Rchb. f. (1878) [兰科 Orchidaceae] ■☆

52500　Triorchos Small et Nash (1903) Nom. illegit. ≡ Triorchos Small et Nash ex Small (1903); ~ = Pteroglossaspis Rchb. f. (1878) [兰科 Orchidaceae] ■☆

52501　Triostemon Benth. et Hook. f. = Triosteum L. (1753) (保留属名) [忍冬科 Caprifoliaceae] ■

52502　Triosteon Adans. (1763) Nom. illegit. ≡ Triosteon Dill. ex Adans.

(1763) [忍冬科 Caprifoliaceae] ■

52503　Triosteon Dill. ex Adans. (1763) = Triosteum L. (1753) (保留属名) [忍冬科 Caprifoliaceae] ■

52504　Triosteospermum Mill. (1754) Nom. illegit. ≡ Triosteum L. (1753) (保留属名) [忍冬科 Caprifoliaceae] ■

52505　Triosteum L. (1753)【汉】莛子藨属。【日】キキヌキサウ属，キキヌキソウ属，ツキヌキソウ属。【俄】Трехкосточник，Трёхкосточник，Триостеум。【英】Feverwort, Horse Gentian, Horsegentian, Horse-gentian。【隶属】忍冬科 Caprifoliaceae。【包含】世界 6-7 种，中国 3 种。【学名诠释与讨论】〈中〉(希) treis = 拉丁文 tri, 三+osteon, 骨，核。指具三骨质小坚果。此属的学名，ING, TROPICOS 和 IK 记载是 "Triosteum L. , Sp. Pl. 1: 176. 1753 [1 May 1753]"。"Triosteospermum P. Miller, Gard. Dict. Abr. ed. 4. 28 Jan 1754" 是 "Triosteum L. (1753)" 的晚出的同模式异名 (Homotypic synonym, Nomenclatural synonym)。【分布】马达加斯加，美国，中国，喜马拉雅山，东亚，北美洲。【后选模式】Triosteum perfoliatum Linnaeus。【参考异名】Karpaton Raf. (1817); Triostemon Benth. et Hook. f. ; Triosteon Adans. (1763) Nom. illegit. ; Triosteon Dill. ex Adans. (1763); Triosteospermum Mill. (1754) Nom. illegit. ■

52506　Triotosiphon Luer (2006) Nom. illegit. ≡ Triotosiphon Schltr. ex Luer (2006) [兰科 Orchidaceae] ■☆

52507　Triotosiphon Schltr. (1922) Nom. nud. ≡ Triotosiphon Schltr. ex Luer (2006) [兰科 Orchidaceae] ■☆

52508　Triotosiphon Schltr. ex Luer (2006)【汉】三数细瓣兰属。【隶属】兰科 Orchidaceae。【包含】世界 6 种。【学名诠释与讨论】〈阴〉(希) treis = 拉丁文 tri, 三+ous, 所有格 otos, 指小式 otion 耳+siphon, 所有格 siphonos, 管子。此属的学名，IPNI 记载是 "Triotosiphon Schltr. ex Luer, Monogr. Syst. Bot. Missouri Bot. Gard. 105: 16. 2006 [May 2006] [Icones Pleurothallidinarum XXVIII]"。TROPICOS 则记载为 "Triotosiphon Luer, Monogr. Syst. Bot. Missouri Bot. Gard. 105: 16, 2006"。二者引用的文献相同。"Triotosiphon Schltr. , Repert. Spec. Nov. Regni Veg. Beih. 10: 42, 1922 ≡ Triotosiphon Schltr. ex Luer (2006)" 是一个裸名 (Nom. nud.)。亦有文献把 "Triotosiphon Schltr. ex Luer (2006)" 处理为 "Masdevallia Ruiz et Pav. (1794)" 的异名。【分布】参见 "Masdevallia Ruiz et Pav. (1794)"。【模式】Triotosiphon bangii (Schltr.) Luer [Masdevallia bangii Schltr.]。【参考异名】Masdevallia Ruiz et Pav. (1794); Triotosiphon Luer (2006) Nom. illegit. ; Triotosiphon Schltr. (1922) Nom. nud. ☆

52509　Tripagandra Raf. (1837) = Tripogandra Raf. (1837) [鸭趾草科 Commelinaceae] ■☆

52510　Tripentas Casp. (1857) Nom. illegit. ≡ Elodes Adans. (1763) Nom. illegit. ; ~ = Hypericum L. (1753) [金丝桃科 Hypericaceae//猪胶树科 (克鲁西科，山竹子科，藤黄科) Clusiaceae (Guttiferae)] ■●

52511　Tripetalanthus A. Chev. (1946) = Plagiosiphon Harms (1897) [豆科 Fabaceae (Leguminosae)//云实科 (苏木科) Caesalpiniaceae] ■☆

52512　Tripetaleia Siebold et Zucc. (1843)【汉】三瓣木属 (和鹃花属，切帕泰勒属)。【日】ホツツジ属。【隶属】杜鹃花科 (欧石南科) Ericaceae。【包含】世界 2 种。【学名诠释与讨论】〈阴〉(希) treis =拉丁文 tri, 三+petalos, 扁平的，铺开的。petalon, 花瓣，叶，花叶，金属叶子。拉丁文的花瓣为 petalum, 指花冠三深裂。此属的学名是 "Tripetaleia Siebold et Zuccarini, Abh. Math. - Phys. Cl. Königl. Bayer. Akad. Wiss. 3 (3): 731. 1843"。亦有文献把其处理为 "Elliottia Muhl. ex Elliott (1817)" 的异名。【分布】日本。【模

式】Tripetaleia paniculata Siebold et Zuccarini。【参考异名】Elliottia Muhl. ex Elliott(1817)●☆

52513　Tripetalum K. Schum. (1889) = Garcinia L. (1753) [猪胶树科(克鲁西科,山竹子科,藤黄科)Clusiaceae(Guttiferae)//金丝桃科 Hypericaceae]●

52514　Tripetalum Post et Kuntze(1903) Nom. illegit. = Sambucus L. (1753); ~ = Tripetelus Lindl. (1839) [忍冬科 Caprifoliaceae]●■

52515　Tripetelus Lindl. (1839) = Sambucus L. (1753) [忍冬科 Caprifoliaceae]●■

52516　Tripha Noronha(1790) = Mischocarpus Blume(1825) (保留属名) [无患子科 Sapindaceae]●

52517　Triphaca Lour. (1790) = Sterculia L. (1753) [梧桐科 Sterculiaceae//锦葵科 Malvaceae]●

52518　Triphalia Banks et Sol. ex Hook. f. (1902) = Aristotelia L' Hér. (1786) (保留属名) [杜英科 Elaeocarpaceae//酒果科 Aristoteliaceae]●☆

52519　Triphasia Lour. (1790)【汉】酸橙果属(臭橘属,三囊属)。【英】Myrtle Lime,Three-birds Orchid。【隶属】芸香科 Rutaceae。【包含】世界3种。【学名诠释与讨论】〈阴〉(希)triphasios 三重的。指花的各部均为三出数。【分布】巴拿马,秘鲁,菲律宾(菲律宾群岛),尼加拉瓜,热带亚洲,中美洲。【模式】Triphasia aurantiola Loureiro。【参考异名】Echinocitrus Tanaka(1928)●☆

52520　Triphelia R. Br. ex Endl. (1837) Nom. illegit. ≡ Actinodium Schauer(1836) [桃金娘科 Myrtaceae]●☆

52521　Triphlebia Stapf(1898) Nom. illegit. ≡ Stiburus Stapf(1900); ~ ≡ Eragrostis Wolf(1776) [禾本科 Poaceae(Gramineae)]■

52522　Triphora Nutt. (1818)【汉】三褶兰属。【英】Three Birds,Three-birds Orchid。【隶属】兰科 Orchidaceae。【包含】世界19-25种。【学名诠释与讨论】〈阴〉(希)treis = 拉丁文 tri,三 + phoros,具有,梗,负载,发现者。此属的学名,ING、TROPICOS、GCI 和 IK 记载是"Triphora Nutt. ,Gen. N. Amer. Pl. [Nuttall]. 2: 192. 1818 [14 Jul 1818]"。它曾被处理为"Pogonia subgen. Triphora (Nutt.) L. O. Williams, Fieldiana, Botany 32 (12):202. 1970"。【分布】巴拉圭,巴拿马,玻利维亚,厄瓜多尔,哥斯达黎加,美国(密苏里),尼加拉瓜,西印度群岛,中美洲。【后选模式】Triphora pendula Nuttall, Nom. illegit. [Arethusa pendula Willdenow, Nom. illegit. , Arethusa trianthophoros Swartz; Triphora trianthophora (Swartz) P. A. Rydberg]。【参考异名】Pogonia subgen. Triphora (Nutt.) L. O. Williams(1970)■☆

52523　Triphylleion Suess. (1942) = Niphogeton Schltdl. (1857) [伞形花科(伞形科)Apiaceae(Umbelliferae)]■☆

52524　Triphyllocynis Thouars = Cynorkis Thouars(1809) [兰科 Orchidaceae]■☆

52525　Triphylloides Moench (1794) Nom. illegit. ≡ Triphylloides Ponted. ex Moench(1794) [豆科 Fabaceae(Leguminosae)//蝶形花科 Papilionaceae]■

52526　Triphylloides Ponted. ex Moench(1794) = Trifolium L. (1753) [豆科 Fabaceae(Leguminosae)//蝶形花科 Papilionaceae]■

52527　Triphyllum Medik. (1789) = Medicago L. (1753) (保留属名) [豆科 Fabaceae(Leguminosae)//蝶形花科 Papilionaceae]●■

52528　Triphyophyllaceae Emberger = Dioncophyllaceae Airy Shaw(保留科名)●☆

52529　Triphyophyllum Airy Shaw(1952)【汉】三叶木属(穗叶藤属)。【隶属】双钩叶科(二瘤叶科,双钩叶木科)Dioncophyllaceae。【包含】世界1种。【学名诠释与讨论】〈中〉(希)triphyes,三倍的 + 希腊文 phyllon,叶子。phyllodes,似叶的,多叶的。phylleion,绿色材料,绿草。【分布】热带非洲。【模式】Triphyophyllum peltatum (Hutchinson et Dalziel) Airy Shaw [Dioncophyllum peltatum Hutchinson et Dalziel]●☆

52530　Triphysaria Fisch. et C. A. Mey. (1836)【汉】直果草属(三叶参属)。【隶属】玄参科 Scrophulariaceae//列当科 Orobanchaceae。【包含】世界5-6种,中国1种。【学名诠释与讨论】〈阴〉(希)treis = 拉丁文 tri,三 + physa,风箱,气泡 + -arius,-aria,-arium,指示"属于、相似、具有、联系"的词尾。此属的学名,ING、TROPICOS、GCI 和 IK 记载是"Triphysaria Fisch. & C. A. Mey. , Index Seminum [St. Petersburg (Petropolitanus)]2:52. 1836 [dt. 25 Dec 1835; issued in Jan 1836]"。它曾被处理为"Orthocarpus sect. Triphysaria (Fisch. & C. A. Mey.) Benth. , Prodromus Systematis Naturalis Regni Vegetabilis 10:535. 1846"和"Orthocarpus subgen. Triphysaria (Fisch. & C. A. Mey.) D. D. Keck, Proceedings of the California Academy of Sciences, Series 4,16 (17):520. 1927"。亦有文献把"Triphysaria Fisch. et C. A. Mey. (1836)"处理为"Orthocarpus Nutt. (1818)"的异名。【分布】美国(加利福尼亚),中国,北美洲西部。【模式】Triphysaria versicolor F. E. L. Fischer et C. A. Meyer。【参考异名】Orthocarpus Nutt. (1818); Orthocarpus sect. Triphysaria (Fisch. & C. A. Mey.) Benth. (1846); Orthocarpus subgen. Triphysaria (Fisch. & C. A. Mey.) D. D. Keck(1927)■

52531　Tripidium H. Scholz (2006) = Ripidium Trin. (1820) Nom. illegit. ; ~ = Erianthus Michx. (1803); ~ = Saccharum L. (1753) [禾本科 Poaceae(Gramineae)]■

52532　Tripinna Lour. (1790) = Vitex L. (1753) [马鞭草科 Verbenaceae//唇形科 Lamiaceae(Labiatae)//牡荆科 Viticaceae]●

52533　Tripinnaria Pers. (1806) Nom. illegit. = Vitex L. (1753) [马鞭草科 Verbenaceae//唇形科 Lamiaceae (Labiatae)//牡荆科 Viticaceae]●

52534　Triplachne Link(1833)【汉】光亮三芒草属。【隶属】禾本科 Poaceae(Gramineae)。【包含】世界1种。【学名诠释与讨论】〈阴〉(拉)tri,三 + achne,鳞片,泡沫,泡囊,谷壳,秤。【分布】意大利(西西里岛)。【模式】Triplachne nitens (Gussone) Link [Agrostis nitens Gussone]■☆

52535　Tripladenia D. Don(1839)【汉】三腺兰属。【隶属】铃兰科 Convallariaceae//秋水仙科 Colchicaceae//铃兰科 Convallariaceae。【包含】世界1种。【学名诠释与讨论】〈阴〉(希)treis = 拉丁文 tri,三 + aden,所有格 adenos,腺体。此属的学名是"Tripladenia D. Don, Proc. Linn. Soc. London 1:46. 17 Dec 1839"。亦有文献把其处理为"Kreysigia Rchb. (1830)"或"Schelhammera R. Br. (1810) (保留属名)"的异名。【分布】澳大利亚。【模式】Tripladenia cunninghamii D. Don。【参考异名】Kreysigia Rchb. (1830); Schelhammera R. Br. (1810) (保留属名)■☆

52536　Triplandra Raf. (1838) = Croton L. (1753) [大戟科 Euphorbiaceae//巴豆科 Crotonaceae]●

52537　Triplandron Benth. (1844) = Clusia L. (1753) [猪胶树科(克鲁西科,山竹子科,藤黄科)Clusiaceae(Guttiferae)]●☆

52538　Triplarina Raf. (1838) = Baeckea L. (1753) [桃金娘科 Myrtaceae]●

52539　Triplaris Loefl. (1758)【汉】蓼树属。【英】Hormigo,Knotweedtree,Knotweed-tree,Long Jack,Volador。【隶属】蓼科 Polygonaceae。【包含】世界18-25种,中国1种。【学名诠释与讨论】〈阴〉(拉)triplaris,三倍的。指花被片6,雄蕊9,花柱3等,均为3的倍数。此属的学名,ING、GCI、TROPICOS 和 IK 记载是"Triplaris Loefl. ,Iter Hispan. 256. 1758 [Dec 1758]"。IK 还记载了"Triplaris Loefl. ex L. , Syst. Nat. , ed. 10. 2: 881, 1360; vide Dandy, Ind. Gen. Vasc. Pl. 1753 - 74 (Regn. Veg. li.) 87 (1967).

1759 [7 Jun 1759]"。【分布】巴拉圭,巴拿马,秘鲁,玻利维亚,厄瓜多尔,哥伦比亚(安蒂奥基亚),尼加拉瓜,中国,中美洲。【模式】Triplaris americana Linnaeus。【参考异名】Blochmannia Rchb. (1828); Triplaris Loefl. ex L. (1758) Nom. illegit.; Velasquezia Pritz. (1855);Vellasquezia Bertol. (1840)●

52540 Triplaris Loefl. ex L. (1758) Nom. illegit. = Triplaris Loefl. (1758) [蓼科 Polygonaceae]●

52541 Triplasandra Seem. (1868)= Tetraplasandra A. Gray(1854) [五加科 Araliaceae]●☆

52542 Triplasis P. Beauv. (1812)【汉】三重茅属。【隶属】禾本科 Poaceae(Gramineae)。【包含】世界3种。【学名诠释与讨论】〈阴〉(希)triplasios = triplex = triploos = triphasios,三重的。拉丁文 triplus =triplasis,含义同前。此属的学名,ING、TROPICOS 和 IK 记载是"Triplasis Palisot de Beauvois, Essai Agrost. 81. Dec 1812"。它曾被处理为"Tricuspis subgen. Triplasis (P. Beauv.) A. Gray, A Manual of the Botany of the Northern United States 589. 1848"和"Triodia sect. Triplasis (P. Beauv.) Hack., Die Natürlichen Pflanzenfamilien 2(2):68. 1887"。【分布】哥斯达黎加,美国(东南部,密苏里),尼加拉瓜,中美洲。【模式】Triplasis americana Palisot de Beauvois。【参考异名】Diplocea Raf. (1818) Nom. illegit.; Diplococea Rchb. (1828); Merisachne Steud. (1850); Tricuspis subgen. Triplasis (P. Beauv.) A. Gray (1848) Nom. illegit.; Triodia sect. Triplasis (P. Beauv.) Hack. (1887); Uralepis Nutt. (1818)Nom. illegit.; Uralepis Raf. ■☆

52543 Triplateia Bartl. (1830) = Hymenella Moc. et Sessé ex DC. (1824); ~ = Minuartia L. (1753) [石竹科 Caryophyllaceae]■

52544 Triplathera (Endl.) Lindl. (1836) Nom. illegit. ≡ Triplathera Endl. (1836); ~ = Bouteloua Lag. (1805) [as 'Botelua'](保留属名) [禾本科 Poaceae(Gramineae)]■

52545 Triplathera Endl. (1836) = Bouteloua Lag. (1805) [as 'Botelua'](保留属名) [禾本科 Poaceae(Gramineae)]■

52546 Triplectrum D. Don ex Wight et Arn. (1834) = Medinilla Gaudich. ex DC. (1828) [野牡丹科 Melastomataceae]●

52547 Triplectrum Wight et Arn. (1834) Nom. illegit. ≡Triplectrum D. Don ex Wight et Arn. (1834); ~ = Medinilla Gaudich. ex DC. (1828) [野牡丹科 Melastomataceae]●

52548 Tripleura Lindl. (1832) = Zeuxine Lindl. (1826) [as 'Zeuxina'](保留属名) [兰科 Orchidaceae]■

52549 Tripleurospermum Sch. Bip. (1844)【汉】三肋果属。【俄】Трехребериик, Триплевроспермум。【英】Mayweed, Threebibachene, Threeribfruit。【隶属】菊科 Asteraceae (Compositae)。【包含】世界30-40种,中国5种。【学名诠释与讨论】〈中〉(希)treis =拉丁文 tri,三+pleura =pleuron,肋骨,脉,棱,侧生+sperma,所有格 spermatos,种子,孢子。指瘦果具三肋。此属的学名,ING、TROPICOS 和 IK 记载是"Tripleurospermum C. H. Schultz-Bip., Ueber Tanacet. 31. 4 Jul 1844"。"Chamaemelum Visiani, Giorn. Bot. Ital. 2(1):33. 1845(non P. Miller 1754)"和"Rhytidospermum C. H. Schultz Bip. in P. B. Webb et S. Berthelot, Hist. Nat. Iles Canaries 3 (2.2): 277. Sep 1844"是"Tripleurospermum Sch. Bip. (1844)"的晚出的同模式异名(Homotypic synonym, Nomenclatural synonym)。【分布】巴基斯坦,玻利维亚,美国(密苏里),中国,中美洲。【后选模式】Tripleurospermum inodorum C. H. Schultz - Bip., Nom. illegit. [Chrysanthemum inodorum Linnaeus, Nom. illegit.; Matricaria inodora Linnaeus, Nom. illegit.; Matricaria chamomilla Linnaeus]。【参考异名】Chamaemelum Vis. (1845) Nom. illegit.; Gastrosulum Sch. Bip. (1844); Rhytidospermum Sch. Bip. (1844) Nom. illegit.;

Trallesia Zumagl. (1849)■

52550 Triplima Raf. (1819) = Carex L. (1753) [莎草科 Cyperaceae]■

52551 Triplisomeris (Baill.) Aubrév. et Pellegr. (1958)【汉】肖仿花苏木属。【隶属】豆科 Fabaceae(Leguminosae)//云实科(苏木科) Caesalpiniaceae。【包含】世界4种。【学名诠释与讨论】〈阴〉(拉)triplus,三重的+meris,部分。此属的学名是"Triplisomeris (Baillon) Aubréville et Pellegrin, Bull. Soc. Bot. France 104:497. Jan 1958",由"Vouapa sect. Triplisomeris Baillon, Adansonia 6:181. 7 Oct 1865"改级而来。亦有文献把"Triplisomeris (Baill.) Aubrév. et Pellegr. (1958)"处理为"Anthonotha P. Beauv. (1806)"的异名。【分布】热带非洲。【模式】Triplisomeris explicans (Baillon) Aubréville et Pellegrin [Vouapa explicans Baillon]。【参考异名】Anthonotha P. Beauv. (1806)●☆

52552 Triplisomeris Aubrév. et Pellegrin (1958) Nom. illegit. ≡ Triplisomeris (Baill.) Aubrév. et Pellegr. (1958) [豆科 Fabaceae (Leguminosae)//云实科(苏木科)Caesalpiniaceae]●☆

52553 Triplobaceae Raf. (1838) = Malvaceae Juss. ●■

52554 Triplobus Raf. (1838) Nom. illegit. ≡ Triphaca Lour. (1790); ~ = Sterculia L. (1753) [梧桐科 Sterculiaceae//锦葵科 Malvaceae]●

52555 Triplocentron Cass. (1826) = Centaurea L. (1753) (保留属名) [菊科 Asteraceae(Compositae)//矢车菊科 Centaureaceae]●■

52556 Triplocephalum O. Hoffm. (1894)【汉】三头菊属。【隶属】菊科 Asteraceae(Compositae)。【包含】世界1种。【学名诠释与讨论】〈中〉(希)triploos,三重的+kephale,头。【分布】热带非洲东部。【模式】Triplocephalum holstii O. Hoffmann ●☆

52557 Triplochiton Alef. (1863) (废弃属名) [锦葵科 Malvaceae]●☆

52558 Triplochiton K. Schum. (1900)(保留属名)【汉】非洲梧桐属(切普劳奇属)。【隶属】梧桐科 Sterculiaceae//锦葵科 Malvaceae//非洲梧桐科 Triplochitonaceae。【包含】世界2-3种。【学名诠释与讨论】〈中〉(希)triploos,三重的+chiton =拉丁文 chitin,罩衣,覆盖物,铠甲。指花。此属的学名"Triplochiton K. Schum. in Bot. Jahrb. Syst. 28:330. 22 Mai 1900"是保留属名。相应的废弃属名是锦葵科 Malvaceae 的"Triplochiton Alef. in Oesterr. Bot. Z. 13: 13. Jan 1863"。"Samba Roberty, Bull. Inst. Franç. Afrique Noire 15:1402. Oct 1953"是"Triplochiton K. Schum. (1900)(保留属名)"的晚出的同模式异名(Homotypic synonym, Nomenclatural synonym)。【分布】热带非洲。【模式】Triplochiton scleroxylon K. Schumann。【参考异名】Samba Roberty(1953) Nom. illegit. ●☆

52559 Triplochitonaceae K. Schum. (1900)= Malvaceae Juss. (保留科名); ~ = Sterculiaceae Vent. (保留科名)●■

52560 Triplochlamys Ulbr. (1915)【汉】三罩锦葵属。【隶属】锦葵科 Malvaceae。【包含】世界5种。【学名诠释与讨论】〈阴〉(希)triploos,三重的+chlamys,所有格 chlamydos,斗篷,外衣。【分布】热带南美洲。【模式】未指定●☆

52561 Triplolepis Turcz. (1848) = Streptocaulon Wight et Arn. (1834) [萝藦科 Asclepiadaceae//杠柳科 Periplocaceae]■

52562 Triplomeia Raf. (1838) = Licaria Aubl. (1775) [樟科 Lauraceae]●☆

52563 Triplopetalum Nyár. (1925) = Alyssum L. (1753) [十字花科 Brassicaceae(Cruciferae)]■●

52564 Triplopogon Bor (1954)【汉】三须颖草属。【隶属】禾本科 Poaceae(Gramineae)。【包含】世界1种。【学名诠释与讨论】〈阳〉(希)triploos,三重的+pogon,所有格 pogonos,指小式 pogonion,胡须,髯毛,芒。pogonias,有须的。【分布】印度。【模式】Triplopogon spathiflorus (J. D. Hooker) Bor [Ischaemum spathiflorum J. D. Hooker］■☆

52565　Triplorhiza Ehrh.（1789）Nom. inval. = Leucorchis E. Mey.
（1839）；~ = Pseudorchis Ség.（1754）；~ = Satyrium Sw.（1800）
（保留属名）［兰科 Orchidaceae］■

52566　Triplosperma G. Don（1837）= Ceropegia L.（1753）［萝藦科
Asclepiadaceae］■

52567　Triplostegia Wall. ex DC.（1830）【汉】双参属（囊苞花属，小缬
草属）。【日】ヒメカノコサウ属,ヒメカノコソウ属。【英】
Triplostegia,Twinginseng。【隶属】川续断科（刺参科，蓟叶参科,
山萝卜科，续断科）Dipsacaceae//缬草科（败酱科）
Valerianaceae//双参科 Triplostegiaceae。【包含】世界 2 种，中国 2
种。【学名诠释与讨论】〈阴〉（希）triploos，三重的+stege,盖子。
【分布】印度尼西亚（苏拉威西岛），中国，东喜马拉雅山，新几内
亚岛。【模式】Triplostegia glandulifera Wallich ex A. P. de
Candolle。【参考异名】Hoeckia Engl. et Graebn.（1901）；Hoeckia
Engl. et Graebn. ex Diels（1901）■

52568　Triplostegiaceae（Höck）A. E. Bobrov ex Airy Shaw（1965）【汉】
双参科。【包含】世界 1 属 2 种，中国 1 属 2 种。【分布】东南亚
东部。【科名模式】Triplostegia Wall. ex DC. ■

52569　Triplostegiaceae A. E. Bobrov ex Airy Shaw（1965）= Dipsacaceae
Juss.（保留科名）；~ = Triplostegiaceae（Höck）A. E. Bobrov ex Airy
Shaw；~ = Valerianaceae Batsch（保留科名）●■

52570　Triplostegiaeeae（Höck）Airy Shaw = Triplostegiaceae（Höck）A.
E. Bobrov ex Airy Shaw；~ = Valerianaceae Batsch（保留科名）●■

52571　Triplotaxis Hutch.（1914）= Vernonia Schreb.（1791）（保留属
名）［菊科 Asteraceae（Compositae）//斑鸠菊科（绿菊科）
Vernoniaceae］●■

52572　Tripodandra Baill.（1886）= Rhaptonema Miers（1867）［防己科
Menispermaceae］●☆

52573　Tripodanthera M. Roem.（1846）= Gymnopetalum Arn.（1840）
［葫芦科（瓜科，南瓜科）Cucurbitaceae］■

52574　Tripodanthus（Eichler）Tiegh.（1895）【汉】三足花属。【隶属】
桑寄生科 Loranthaceae。【包含】世界 6 种。【学名诠释与讨论】
〈阳〉（希）treis = 拉丁文 tri，三+pous，所有格 podos，指小式
podion，脚，足，柄，梗。podotes，有脚的+anthos，花。此属的学名,
ING 和 TROPICOS 记载是"Tripodanthus（Eichler）Van Tieghem,
Bull. Soc. Bot. France 42：178. 1895"，由"Phrygilanthus subgen.
Tripodanthus Eichler in C. F. P. Martius, Fl. Brasil. 5（2）：48. 15 Jul
1868"改级而来。GCI 和 IK 则记载为"Tripodanthus Tiegh. ,Bull.
Soc. Bot. France 42：178. 1895"。四者引用的文献相同。亦有文
献把"Tripodanthus（Eichler）Tiegh.（1895）"处理为"Loranthus
Jacq.（1762）（保留属名）"的异名。【分布】阿根廷，巴西，秘鲁，
玻利维亚，厄瓜多尔，哥伦比亚，委内瑞拉，乌拉圭。【后选模式】
Tripodanthus acutifolius（Ruiz et Pavon）Van Tieghem［Loranthus
acutifolius Ruiz et Pavon］。【参考异名】Loranthus Jacq.（1762）
（保留属名）；Phrygilanthus subgen. Tripodanthus Eichler（1868）；
Tripodanthus Tiegh.（1895）Nom. illegit. ●☆

52575　Tripodanthus Tiegh.（1895）Nom. illegit. ≡ Tripodanthus
（Eichler）Tiegh.（1895）［桑寄生科 Loranthaceae］●☆

52576　Tripodion Medik.（1787）【汉】三足豆属。【隶属】豆科
Fabaceae（Leguminosae）//蝶形花科 Papilionaceae。【包含】世界 4
种。【学名诠释与讨论】〈中〉（拉）tri，三+pous，所有格 podos，指
小式 podion，脚，足，柄，梗。podotes，有脚的。此属的学名，ING
和 IK 记载是"Tripodion Medikus, Vorles. Churpfälz. Phys. –Ökon.
Ges. 2：348. 1787"。"Tripodium Medik.（1787）"是其拼写变体。
"Physanthyllis Boissier, Voyage Bot. 2：162. 20 Mar 1840"是
"Tripodion Medik.（1787）"的晚出的同模式异名（Homotypic

synonym，Nomenclatural synonym）。亦有文献把"Tripodion Medik.
（1787）"处理为"Anthyllis L.（1753）"的异名。【分布】阿尔及利
亚，埃及，利比亚，摩洛哥，突尼斯。【模式】Tripodion lotoides
Medikus, Nom. illegit. ［Anthyllis tetraphylla Linnaeus；Tripodion
tetraphyllum（Linnaeus）Fourreau］。【参考异名】Anthyllis L.
（1753）；Physanthillis Boiss.（1840）Nom. illegit. ；Physanthyllis Boiss.
（1840）Nom. illegit. ；Tripodium Medik.（1787）Nom. illegit. ■☆

52577　Tripodium Medik.（1787）Nom. illegit. ≡ Tripodion Medik.
（1787）［豆科 Fabaceae（Leguminosae）//蝶形花科 Papilionaceae］
■☆

52578　Tripogandra Raf.（1837）【汉】三芒蕊属。【隶属】鸭趾草科
Commelinaceae。【包含】世界 22 种。【学名诠释与讨论】〈阴〉
（希）treis = 拉丁文 tri，三+pogon，髯毛，芒，须+aner，所有格
andros，雄性，雄蕊。指三枚比较长的雄蕊。【分布】巴拿马，秘
鲁，玻利维亚，厄瓜多尔，哥伦比亚（安蒂奥基亚），哥斯达黎加,
尼加拉瓜，中美洲。【模式】Tripogandra multiflora Rafinesque
［Tradescantia multiflora N. J. Jacquin 1790, non O. Swartz 1788］。
【参考异名】Descantaria Schltdl.（1854）Nom. illegit. ；Disgrega
Hassk.（1866）；Donnellia C. B. Clarke ex Donn. Sm.（1902）Nom.
illegit. ；Donnellia C. B. Clarke（1902）Nom. illegit. ；Heminema Raf.
（1837）；Leptorhoeo C. B. Clarke（1880）Nom. illegit. , Nom.
superfl. ；Neodonnellia Rose（1906）；Tripagandra Raf.（1837）■☆

52579　Tripogon Bor（1825）Nom. illegit. = Tripogon Roem. et Schult.
（1817）［禾本科 Poaceae（Gramineae）］■

52580　Tripogon Roem. et Schult.（1817）【汉】草沙蚕属。【日】トリコ
グサ属。【俄】Трехбородник。【英】Herbclamworm, Tripogon。
【隶属】禾本科 Poaceae（Gramineae）。【包含】世界 20-31 种，中
国 11 种。【学名诠释与讨论】〈阳〉（希）treis = 拉丁文 tri，三+
pogon，髯毛，芒，须。指外释的顶端 2 裂，中脉延长成一短芒。此
属的学名，ING、GCI、TROPICOS 和 IK 记载是"Tripogon Roem. et
Schult. ,Syst. Veg. , ed. 15 bis ［Roemer et Schultes］2：34. 1817
［Nov 1817］"。"Tripogon Bor, Systema Vegetabilium 2 1825 =
Tripogon Roem. et Schult.（1817）"和"Tripogon Roth, Nov. Pl. Sp.
79. 1821 ［Apr 1821］= Tripogon Roem. et Schult.（1817）"是晚出
的非法名称。【分布】巴基斯坦，秘鲁，玻利维亚，厄瓜多尔，马达
加斯加，尼加拉瓜，中国，热带非洲，中美洲。【模式】Tripogon
bromoides J. J. Roemer et J. A. Schultes。【参考异名】Arcangelina
Kuntze（1891）Nom. illegit. ；Kralikia Coss. et Durieu（1868）；
Kralikiella Bart. et Trab.（1895）Nom. illegit. ；Plagielytrum Post et
Kuntze（1903）；Plagiolytrum Nees（1841）；Triathera Roth ex Roem.
et Schult. ；Tripogon Bor（1825）Nom. illegit. ；Tripogon Roth（1821）
Nom. illegit. ■

52581　Tripogon Roth（1821）Nom. illegit. = Tripogon Roem. et Schult.
（1817）［禾本科 Poaceae（Gramineae）］■

52582　Tripolion Raf.（1837）Nom. illegit. ≡ Tripolium Nees（1832）［菊
科 Asteraceae（Compositae）］■

52583　Tripolium Nees（1832）【汉】碱菀属（碱紫菀属）。【俄】Астра
солончаковая, Триполиум。【英】Seastarwort。【隶属】菊科
Asteraceae（Compositae）。【包含】世界 1 种，中国 1 种。【学名诠
释与讨论】〈中〉（地）Tripoli，位于非洲。模式种的产地。此属的
学名，ING、GCI、TROPICOS 和 IK 记载是"Tripolium C. G. D.
Nees, Gen. Sp. Aster. 10, 152. Jul – Dec 1832"。"Tripolion
Rafinesque, Fl. Tell. 2：46. Jan – Mar 1837"是"Tripolium Nees
（1832）"的晚出的同模式异名（Homotypic synonym，Nomenclatural
synonym）。亦有文献把"Tripolium Nees（1832）"处理为"Aster L.
（1753）"的异名。【分布】玻利维亚，亚大，非洲北部，温带欧亚
大陆，北美洲。【模式】Tripolium vulgare Besler ex C. G. D. Nees

[Aster tripolium Linnaeus]。【参考异名】Aster L.（1753）；Tripolion Raf.（1837）Nom. illegit.■

52584 Tripora P. D. Cantino（1999）【汉】三孔草属。【隶属】唇形科 Lamiaceae（Labiatae）。【包含】世界1种。【学名诠释与讨论】〈阴〉（拉）tri-＝希腊文 treis，三。triens，所有格 trientis，第三个。trias，所有格 triados，第三个，三个合成的一组。triploos＝拉丁文 triplus，三重的。triplex，三倍的，三重的。triphasios，triplasios＝拉丁文 triplasis，三重的+pora 孔。【分布】日本。【模式】Tripora divaricata（Maxim.）P. D. Cantino ■☆

52585 Tripsaceae C. E. Hubb. ex Nakai（1943）＝Gramineae Juss.（保留科名）//Poaceae Barnhart（保留科名）■●

52586 Tripsacum L.（1759）【汉】磨擦禾属（磨擦草属）。【俄】Трипсакум。【英】Gama Grass，Gamagrass，Gama-grass，Rubgrass。【隶属】禾本科 Poaceae（Gramineae）。【包含】世界5-13种，中国1种。【学名诠释与讨论】〈中〉（希）tripsis，磨擦。此属的学名，ING、TROPICOS 和 IK 记载是"Tripsacum L.，Syst. Nat.，ed. 10. 2：1261. 1759 [7 Jun 1759]"。"Dactylodes O. Kuntze, Rev. Gen. 2：772. 5 Nov 1891"是"Tripsacum L.（1759）"的晚出的同模式异名（Homotypic synonym，Nomenclatural synonym）。【分布】巴拿马，秘鲁，玻利维亚，厄瓜多尔，哥伦比亚（安蒂奥基亚），哥斯达黎加，马达加斯加，美国（密苏里），尼加拉瓜，中国，中美洲。【后选模式】Tripsacum dactyloides（Linnaeus）Linnaeus [Coix dactyloides Linnaeus]。【参考异名】Dactylodes Kuntze（1891）Nom. illegit.；Dactylodes Zanoni-Monti ex Kuntze（1891）Nom. illegit.；Dactylodes Zanoni-Monti（1743）Nom. inval.；Digitaria Adans.（1763）Nom. illegit.（废弃属名）■

52587 Tripsilina Raf.（1838）＝Passiflora L.（1753）（保留属名）[西番莲科 Passifloraceae]●■

52588 Tripterachaenium Kuntze（1898）Nom. illegit. ≡Tripteris Less.（1831）（保留属名）[菊科 Asteraceae（Compositae）]■●☆

52589 Tripteranthus Wall. ex Miers（1847）＝Tripterella Michx.（1803）Nom. illegit.；～＝Vogelia J. F. Gmel.（1791）；～＝Burmannia L.（1753）[水玉簪科 Burmanniaceae]■

52590 Tripterella Michx.（1803）Nom. illegit. ≡Vogelia J. F. Gmel.（1791）；～＝Burmannia L.（1753）[水玉簪科 Burmanniaceae]■

52591 Tripterellaceae Dumort.＝Burmanniaceae Blume（保留科名）；～＝Celastraceae R. Br.（1814）（保留科名）●■

52592 Tripteris Less.（1831）（保留属名）【汉】三翅菊属。【隶属】菊科 Asteraceae（Compositae）。【包含】世界20种。【学名诠释与讨论】〈阴〉（希）treis＝拉丁文 tri，三+pteron，指小式 pteridion，翅。pteridios，有羽毛的。此属的学名"Tripteris Less. in Linnaea 6；95. 1831（post Mar）"是保留属名。法规未列出相应的废弃属名。但是"Tripteris Thunb.，Pl. Bras. Dec. i. 14（1817）＝Triopterys L.（1753）[as 'Triopteris']（保留属名）[金虎尾科（黄褥花科）Malpighiaceae]"应该废弃。"Tripterachaenium O. Kuntze, Rev. Gen. 3（2. 2）：182. 28 Sep 1898"是"Tripteris Less.（1831）（保留属名）"的晚出的同模式异名（Homotypic synonym，Nomenclatural synonym）。亦有文献把"Tripteris Less.（1831）（保留属名）"处理为"Osteospermum L.（1753）"的异名。【分布】非洲南部至阿拉伯地区。【模式】Tripteris arborescens（N. J. Jacquin）Lessing [Calendula arborescens N. J. Jacquin]。【参考异名】Osteospermum L.（1753）；Tripterachaenium Kuntze（1898）Nom. illegit.■●☆

52593 Tripteris Thunb.（1817）（废弃属名）＝Triopterys L.（1753）[as 'Triopteris']（保留属名）[金虎尾科（黄褥花科）Malpighiaceae]●☆

52594 Tripterium（DC.）Bercht. et J. Presl（1823）＝Thalictrum L.（1753）[毛茛科 Ranunculaceae]■

52595 Tripterium Bercht. et J. Presl（1823）Nom. illegit. ≡Tripterium（DC.）Bercht. et J. Presl（1823）；～＝Thalictrum L.（1753）[毛茛科 Ranunculaceae]■

52596 Tripterocalyx（Torr.）Hook.（1853）【汉】沙烟花属（三翅萼属）。【英】Sand-puffs。【隶属】紫茉莉科 Nyctaginaceae。【包含】世界7种。【学名诠释与讨论】〈阳〉（希）treis＝拉丁文 tri，三+pteron，指小式 pteridion，翅+kalyx，所有格 kalykos＝拉丁文 calyx，花萼，杯子。此属的学名，ING、TROPICOS 和 GCI 记载是"Tripterocalyx（Torrey）W. J. Hooker, Hooker's J. Bot. Kew Gard. Misc. 5：261. 1853"，由"Abronia [sect.]Tripterocalyx Torrey in J. C. Frémont, Rep. Explor. Exped. Rocky Mountains 96. Mar 1843"改级而来；而 IK 则记载为"Tripterocalyx Hook.，Hooker's J. Bot. Kew Gard. Misc. 5：261. 1853"。四者引用的文献相同。"Tripterocalyx Hook. ex Standl.＝Abronia Juss.（1789）[紫茉莉科 Nyctaginaceae]"和"Tripterocalyx Torr.（1853）≡Tripterocalyx（Torr.）Hook.（1853）"的命名人引证有误。亦有文献把"Tripterocalyx（Torr.）Hook.（1853）"处理为"Abronia Juss.（1789）"的异名。【分布】参见 Abronia Juss.（1789）。【模式】Tripterocalyx micranthus（Torrey）W. J. Hooker [as 'macrantha'] [Abronia micrantha Torrey [as 'micranthum']。【参考异名】Abronia Juss.（1789）；Abronia [sect.]Tripterocalyx Torr.（1843）；Tripterocalyx Hook.（1853）Nom. illegit.；Tripterocalyx Hook. ex Standl.，Nom. illegit.；Tripterocalyx Torr.（1853）Nom. illegit.■☆

52597 Tripterocalyx Hook.（1853）Nom. illegit. ≡Tripterocalyx（Torr.）Hook.（1853）[紫茉莉科 Nyctaginaceae]■☆

52598 Tripterocalyx Hook. ex Standl.，Nom. illegit.＝Abronia Juss.（1789）[紫茉莉科 Nyctaginaceae]■☆

52599 Tripterocalyx Torr.（1853）Nom. illegit. ≡Tripterocalyx（Torr.）Hook.（1853）[紫茉莉科 Nyctaginaceae]■☆

52600 Tripterocarpus Meisn.（1837）Nom. illegit. ≡Bridgesia Bertero ex Cambess.（1834）（保留属名）[无患子科 Sapindaceae]●☆

52601 Tripterococcus Endl.（1837）【汉】三翅异雄蕊属。【隶属】异雄蕊科（木根草科）Stackhousiaceae//卫矛科 Celastraceae。【包含】世界2种。【学名诠释与讨论】〈阳〉（希）treis＝拉丁文 tri，三+pteron，指小式 pteridion，翅+kokkos，变为拉丁文 coccus，仁，谷粒，浆果。【分布】澳大利亚（西北部）。【模式】Tripterococcus brunonis Endlicher ■☆

52602 Tripterodendron Radlk.（1890）【汉】三翅木属。【隶属】无患子科 Sapindaceae。【包含】世界1种。【学名诠释与讨论】〈中〉（希）treis＝拉丁文 tri，三+pteros，翅+dendron 或 dendros，树木，棍，丛林。【分布】巴西。【模式】Tripterodendron filicifolium Radlkofer ●☆

52603 Tripterospermum Blume（1826）【汉】双蝴蝶属（肺形草属）。【日】ツルリンドウ属。【英】Dualbutterfly，Tripterospermum。【隶属】龙胆科 Gentianaceae。【包含】世界20-25种，中国19种。【学名诠释与讨论】〈中〉（希）treis＝拉丁文 tri，三+pteron，指小式 pteridion，翅+sperma，所有格 spermatos，种子，孢子。指种子具三翅。此属的学名，ING、TROPICOS 和 IK 记载是"Tripterospermum Blume, Bijdr. Fl. Ned. Ind. 14；849. 1826 [Jul-Dec 1826]"。它曾被处理为"Gentiana sect. Tripterospermum（Blume）C. Marquand, Bulletin of Miscellaneous Information, Royal Gardens, Kew 1931（2）：70. 1931"。化石植物的"Tripterospermum A. T. Brongniart, Ann. Sci. Nat. Bot. ser. 5. 20：252. 1874"是晚出的非法名称。亦有文献把"Tripterospermum Blume（1826）"处理为"Crawfurdia Wall.（1826）"或"Gentiana L.（1753）"的异名。【分布】朝鲜，菲律宾，俄罗斯（库页岛），缅甸，日本，泰国，中国，马来半岛，喜马拉雅山。【模式】Tripterospermum trinerve Blume。【参

考异名】Crawfurdia Wall.（1826）；Gentiana L.（1753）；Gentiana sect. Tripterospermum（Blume）C. Marquand（1931）■

52604　Tripterygiaceae Huber ＝Celastraceae R. Br.（1814）（保留科名）●

52605　Tripterygium Hook. f.（1862）【汉】雷公藤属。【日】クロヅル属。【英】Three－winged Nut，Threewingnut，Thundergodvine，Tripterygium。【隶属】卫矛科 Celastraceae。【包含】世界 4 种，中国 4 种。【学名诠释与讨论】〈中〉（希）treis ＝拉丁文 tri，三+pteryx，所有格 pterygos，指小式 pterygion，翼，羽毛，鳍+-ius，-ia，-ium，在拉丁文和希腊文中，这些词尾表示性质或状态。指果具三翅。【分布】中国，东亚。【模式】Tripterygium wilfordii J. D. Hooker ●

52606　Triptilion Ruiz et Pav.（1794）【汉】白蓝钝柱菊属。【隶属】菊科 Asteraceae（Compositae）。【包含】世界 12 种。【学名诠释与讨论】〈中〉（希）treis ＝拉丁文 tri，三+ptilon，羽毛，翼，柔毛+-ion，表示出现。指冠毛。【分布】玻利维亚，智利，中美洲。【模式】Triptilion spinosum Ruiz et Pavon。【参考异名】Triptilium DC.（1812）■●☆

52607　Triptilium DC.（1812）＝Triptilion Ruiz et Pav.（1794）［菊科 Asteraceae（Compositae）］■●☆

52608　Triptilodiscus Turcz.（1851）【汉】锥托金绒草属。【隶属】菊科 Asteraceae（Compositae）。【包含】世界 1 种。【学名诠释与讨论】〈阳〉（希）treis ＝拉丁文 tri，三+ptilon，羽毛，翼，柔毛+diskos，圆盘。此属的学名是"Triptilodiscus Turczaninow, Bull. Soc. Imp. Naturalistes Moscou 24（3）：66. 1851"。亦有文献把其处理为"Helipterum DC. ex Lindl.（1836）Nom. confus."的异名。【分布】澳大利亚。【模式】Triptilodiscus pygmaeus Turczaninow。【参考异名】Dimorpholepis A. Gray（1851）；Helipterum DC. ex Lindl.（1836）Nom. confus. ■☆

52609　Triptolemaea Walp.（1842）Nom. illegit. ≡Triptolemea Mart.（1837）［豆科 Fabaceae（Leguminosae）//蝶形花科 Papilionaceae］●

52610　Triptolemea Mart.（1837）＝Dalbergia L. f.（1782）（保留属名）［豆科 Fabaceae（Leguminosae）//蝶形花科 Papilionaceae］●

52611　Triptorella Ritgen（1831）＝Burmannia L.（1753）；～＝Tripterella Michx.（1803）Nom. illegit.；～＝Vogelia J. F. Gmel.（1791）；～＝Burmannia L.（1753）［水玉簪科 Burmanniaceae］■

52612　Tripudianthes（Seidenf.）Szlach. et Kras（2007）【汉】三鹿花属。【隶属】兰科 Orchidaceae。【包含】世界 11 种。【学名诠释与讨论】〈阴〉（希）treis ＝拉丁文 tri，三+pudu，南美印地安语中的小鹿+anthes 花。此属的学名是"Tripudianthes（Seidenf.）Szlach. et Kras, Richardiana 7（2）：94. 2007 [29 Mar 2007]"，由"Bulbophyllum sect. Tripudianthes Seidenf. Dansk Bot. Ark. 33（3）：188. 1979"改级而来。【分布】南美洲。【模式】不详。【参考异名】Bulbophyllum sect. Tripudianthes Seidenf.（1979）■☆

52613　Triquetra Medik.（1787）＝Astragalus L.（1753）［豆科 Fabaceae（Leguminosae）//蝶形花科 Papilionaceae］●■

52614　Triquiliopsis A. Heller ex Rydb.（1917）＝Coldenia L.（1753）；～＝Tiquiliopsis A. Heller（1906）Nom. illegit.；～＝Tiquiliopsis（A. Gray）A. Heller（1906）；～＝Tiquilia Pers.（1805）［紫草科 Boraginaceae］■☆

52615　Triquillopsis Rydb.（1917）Nom. illegit. ≡Triquiliopsis A. Heller ex Rydb.（1917）［紫草科 Boraginaceae］■☆

52616　Triraphis Nees（1841）Nom. illegit. ＝Pentaschistis（Nees）Spach（1841）［禾本科 Poaceae（Gramineae）］■☆

52617　Triraphis R. Br.（1810）【汉】三针草属（三芒针草属）。【隶属】禾本科 Poaceae（Gramineae）。【包含】世界 7 种。【学名诠释与讨论】〈阴〉（希）treis ＝拉丁文 tri，三+raphis，针，芒。此属的学名，ING、APNI 和 IK 记载是"Triraphis R. Br.，Prodr. Fl. Nov.

Holland. 185. 1810 [27 Mar 1810]"。"Triraphis Nees, Fl. Afr. Austral. Ill. 270（1841）＝Pentaschistis（Nees）Spach（1841）"和"Trirhaphis Spreng.（1882）＝Triraphis R. Br.（1810）"是晚出的非法名称。【分布】澳大利亚，玻利维亚，热带和非洲南部。【后选模式】Triraphis pungens R. Brown。【参考异名】Trirhaphis Spreng.（1882）■☆

52618　Trirhaphis Spreng.（1882）＝Triraphis R. Br.（1810）［禾本科 Poaceae（Gramineae）］■☆

52619　Trirostellum Z. P. Wang et Q. Z. Xie（1981）＝Gynostemma Blume（1825）［葫芦科（瓜科，南瓜科）Cucurbitaceae］■

52620　Trisacarpis Raf.（1838）＝Hippeastrum Herb.（1821）（保留属名）［石蒜科 Amaryllidaceae］■

52621　Trisanthus Lour.（1790）＝Centella L.（1763）［伞形花科（伞形科）Apiaceae（Umbelliferae）］■

52622　Triscaphis Gagnep.（1948）＝Picrasma Blume（1825）［苦木科 Simaroubaceae］●

52623　Triscenia Griseb.（1862）【汉】古巴禾属（古巴黍属）。【隶属】禾本科 Poaceae（Gramineae）。【包含】世界 1 种。【学名诠释与讨论】〈阴〉（拉）tri，三+scene，帐篷，场所。希腊文 triskenes，三条腿的，三脚的。【分布】古巴。【模式】Triscenia ovina Grisebach ■☆

52624　Trischidium Tul.（1843）＝Swartzia Schreb.（1791）（保留属名）［豆科 Fabaceae（Leguminosae）//蝶形花科 Papilionaceae］●☆

52625　Trisciadia Hook. f.（1873）＝Coelospermum Blume（1827）［茜草科 Rubiaceae］●

52626　Trisciadium Phil.（1861）＝Huanaca Cav.（1800）［伞形花科（伞形科）Apiaceae（Umbelliferae）］■☆

52627　Triscyphus Taub.（1895）Nom. inval. ≡Triscyphus Taub. ex Warm.（1901）；～＝Thismia Griff.（1845）［水玉簪科 Burmanniaceae//水玉杯科（腐杯草科，肉质腐生草科）Thismiaceae］■☆

52628　Triscyphus Taub. ex Warm.（1901）＝Thismia Griff.（1845）［水玉簪科 Burmanniaceae//水玉杯科（腐杯草科，肉质腐生草科）Thismiaceae］■

52629　Trisema Hook. f.（1857）＝Hibbertia Andréws（1800）［五桠果科（第伦桃科，五丫果科，锡叶藤科）Dilleniaceae//纽扣花科 Hibbertiaceae］●☆

52630　Trisemma Pancher et Sebert（1874）Nom. illegit.［五桠果科（第伦桃科，五丫果科，锡叶藤科）Dilleniaceae］☆

52631　Trisepalum C. B. Clarke（1883）【汉】唇萼苣苔属（斯里兰卡苣苔属）。【英】Trisepalum。【隶属】苦苣苔科 Gesneriaceae。【包含】世界 13-14 种，中国 1 种。【学名诠释与讨论】〈中〉（希）treis ＝拉丁文 tri，三+sepalum，花萼。【分布】缅甸，中国。【后选模式】Trisepalum obtusum C. B. Clarke。【参考异名】Dichiloboea Stapf（1913）■

52632　Trisetaria Forssk.（1775）【汉】三毛燕麦属。【英】Yellow oat。【隶属】禾本科 Poaceae（Gramineae）。【包含】世界 15 种。【学名诠释与讨论】〈阴〉（拉）tri，三+seta ＝saeta，刚毛，刺毛+-arius，-aria，-arium，指示"属于、相似、具有、联系"的词尾。或 tri，三+Setaria 狗尾草属（粟属）。此属的学名，ING、TROPICOS 和 IK 记载是"Trisetaria Forssk.，Fl. Aegypt.－Arab. 27（1775）[1 Oct 1775]"。它曾被处理为"Trisetum sect. Trisetaria（Forssk.）Hack.，Verhandlungen der Kaiserlich－Königlichen Zoologisch－Botanischen Gesellschaft in Wien 48：646. 1898, Nom. illegit."。【分布】巴基斯坦，地中海东部。【模式】Trisetaria linearis Forsskål。【参考异名】Trisetum sect. Trisetaria（Forssk.）Hack.（1898）Nom. illegit.；Anomalotis Steud.（1854）；Avellinia Parl.（1842）；Parvotrisetum Chrtek（1965）；Sennenia Sennen（1908）

Nom. inval.；Trichaeta P. Beauv.（1812）■☆

52633　Trisetarium Poir.（1817）Nom. illegit. ≡ Trisetum Pers.（1805）［禾本科 Poaceae（Gramineae）］■

52634　Trisetella Luer（1980）【汉】三尾兰属。【隶属】兰科 Orchidaceae。【包含】世界 11 种。【学名诠释与讨论】〈阴〉（属）Trisetum 三毛草属（蟹钓草属）+-ellus，-ella，-ellum，加在名词词干后面形成指小式的词尾。或加在人名、属名等后面以组成新属的名称。或 tri，三+seta = saeta，刚毛，刺毛+-ella。指萼片尾部。此属的学名"Trisetella C. A. Luer，Phytologia 47：57. 29 Nov（'Dec'）1980"是一个替代名称。"Triaristella C. A. Luer，Selbyana 2：205. 30 Sep 1978"是一个非法名称（Nom. illegit.），因为此前已经有了化石植物的"Triaristella V. S. Maljavkina，Trudy Vsesojuzn. Neftian Naucno-Issl. Geol. Razvedochn. Inst. ser. 2. 33：32. 1949"。故用"Trisetella Luer（1980）"替代之。同理，"Triaristella F. G. Brieger in F. G. Brieger et al.，Schlechter Orchideen［1］（7）：448. 1975"亦是非法名称。【分布】巴拿马，秘鲁，玻利维亚，厄瓜多尔，哥伦比亚（安蒂奥基亚），哥斯达黎加，智利，中美洲。【模式】Trisetella triaristella（H. G. Reichenbach）C. A. Luer ［Masdevallia triaristella H. G. Reichenbach］。【参考异名】Triaristella（Rchb. f.）Brieger ex Luer（1978）Nom. illegit.；Triaristella（Rchb. f.）Brieger（1975）Nom. inval.，Nom. illegit.；Triaristella Brieger（1975）Nom. illegit.；Triaristella Luer（1978）Nom. illegit.；Triaristellina Rauschert（1983）Nom. illegit. ■☆

52635　Trisetobromus Nevski（1934）= Bromus L.（1753）（保留属名）［禾本科 Poaceae（Gramineae）］■

52636　Trisetopsis Röser et A. Wölk（2013）【汉】拟三毛草属。【隶属】禾本科 Poaceae（Gramineae）。【包含】世界 25 种。【学名诠释与讨论】〈阴〉（属）Trisetum 三毛草属（蟹钓草属）+希腊文 opsis，外观，模样，相似。【分布】埃塞俄比亚，非洲。【模式】Trisetopsis elongata（Hochst. ex A. Rich.）Röser et A. Wölk ［Danthonia elongata Hochst. ex A. Rich.］☆

52637　Trisetum Pers.（1805）【汉】三毛草属（蟹钓草属）。【日】カニツリグサ属。【俄】Трищетинник。【英】False Oat，Falseoat，Hair Grass，Trisetum，Yellow Oat，Yellow Oat - grass。【隶属】禾本科 Poaceae（Gramineae）。【包含】世界 70 种，中国 12 种。【学名诠释与讨论】〈中〉（拉）tri- = 希腊文 treis，三+seta = saeta，刚毛，刺毛。指外果颖具三芒。此属的学名，ING、TROPICOS、APNI、GCI 和 IK 记载是"Trisetum Pers.，Syn. Pl.［Persoon］1：97. 1805［1 Apr-15 Jun 1805］"。"Trisetarium Poiret in Lamarck et Poiret，Encycl. Suppl. 5：365. 1 Nov 1817"是"Trisetum Pers.（1805）"的晚出的同模式异名（Homotypic synonym，Nomenclatural synonym）。【分布】巴基斯坦，巴拿马，秘鲁，玻利维亚，厄瓜多尔，哥斯达黎加，美国（密苏里），尼加拉瓜，中国，中美洲。【后选模式】Trisetum striatum（Lamarck）Persoon ［Avena striata Lamarck］。【参考异名】Acrospelion Spach（1846）；Acrospelion Besser；Acrospelion Besser ex Roem. et Schult.（1827）Nom. illegit.；Acrospelion Besser ex Trin.（1831）Nom. illegit.；Acrospelion Besser（1827）Nom. inval.；Acrospelion Steud.，Nom. illegit.；Graphephorum Desv.（1810）；Graphophorum Post et Kuntze（1903）；Peyritschia E. Fourn.（1886）Nom. illegit.；Rebentischia Opiz（1854）Nom. inval.，Nom. illegit.；Rostraria Trin.（1820）；Rupestrina Prov.（1862）；Sennenia Pau ex Sennen（1908）；Trisetarium Poir.（1817）Nom. illegit. ■

52638　Trisiola Raf.（1817）Nom. illegit. ≡ Distichlis Raf.（1819）；~ = Uniola L.（1753）［禾本科 Poaceae（Gramineae）］■☆

52639　Tristachya Nees（1829）【汉】三联穗草属。【隶属】禾本科 Poaceae（Gramineae）。【包含】世界 22 种。【学名诠释与讨论】〈阴〉（希）treis = 拉丁文 tri，三+stachys，穗，谷，长钉。此属的学

名，ING、TROPICOS 和 IK 记载是"Tristachya Nees，Fl. Bras. Enum. Pl. 2（1）：458. 1829［Mar-Jun 1829］；alt. title：Agrost. Brasil. 458. Mar-Jun 1829"。"Loudetia Hochstetter ex A. Braun，Flora 24：713. 7 Dec 1841（废弃属名）"是"Tristachya Nees（1829）"的晚出的同模式异名（Homotypic synonym，Nomenclatural synonym）。【分布】巴基斯坦，玻利维亚，马达加斯加，尼加拉瓜，非洲，中美洲。【后选模式】Tristachya leiostachya C. G. D. Nees。【参考异名】Apochaete（C. E. Hubb.）J. B. Phipps（1964）；Dolichochaete（C. E. Hubb.）J. B. Phipps（1964）；Isalus J. B. Phipps（1966）；Loudetia A. Braun（1841）Nom. illegit.（废弃属名）；Loudetia Hochst. ex A. Braun（1841）Nom. illegit.（废弃属名）；Monopogon C. Presl（1830）Nom. illegit.；Monopogon J. Presl（1830）；Muantijamvella J. B. Phipps（1964）；Veseyochloa J. B. Phipps（1964）■☆

52640　Tristagma Poepp.（1833）【汉】三柱莲属（三滴葱属）。【英】Starflower。【隶属】百合科 Liliaceae//葱科 Alliaceae。【包含】世界 14-20 种。【学名诠释与讨论】〈中〉（希）treis = 拉丁文 tri，三+stagma，所有格 stagmatos，一滴，滴下物。指子房和分泌孔。【分布】巴塔哥尼亚，智利。【模式】Tristagma nivale Poeppig。【参考异名】Garaventia Looser（1941）Nom. illegit.；Ipheion Raf.（1837）；Steinmannia F. Phil.（1884）Nom. illegit.；Stemmatium Phil.（1873）；Stephanolirion Baker（1875）■☆

52641　Tristania Poir.（1816）Nom. inval.，Nom. illegit. =Spartina Schreb. ex J. F. Gmel.（1789）［禾本科 Poaceae（Gramineae）//米草科 Spartinaceae］■

52642　Tristania R. Br.（1812）【汉】红胶木属（三胶木属）。【日】トベラモドキ属。【俄】Тристания。【英】Brush Box，Brushbox，Tristania。【隶属】桃金娘科 Myrtaceae。【包含】世界 1-22 种，中国 1 种。【学名诠释与讨论】〈阴〉（人）Jules Marie Claude Comte de Tristan，1776-1861，法国植物学者，博物学者。此属的学名，ING 记载学名是"Tristania R. Brown ex W. T. Aiton，Hortus Kew. ed. 2. 4：417. Dec 1812"；而 APNI、TROPICOS 和 IK 则记载为"Tristania R. Br.，Hort. Kew.，ed. 2［W. T. Aiton］4：417. 1812"。四者引用的文献相同。"Tristania Poir.，Encyc.［J. Lamarck et al.］Suppl. 4. 526，in obs. 1816［14 Dec 1816］=Spartina Schreb. ex J. F. Gmel.（1789）［禾本科 Poaceae（Gramineae）//米草科 Spartinaceae］"是晚出的非法名称；也未合格发表。【分布】澳大利亚（昆士兰），斐济，马来西亚，中国，法属新喀里多尼亚。【后选模式】Tristania neriifolia（Sims）W. T. Aiton ［as 'nereifolia'］ ［Melaleuca neriifolia Sims］。【参考异名】Callobuxus Panch. ex Brongn. et Gris（1863）；Calobuxus Post et Kuntze（1903）；Homaliopsis S. Moore（1920）；Lophostemon Schott ex Endl.（1831）；Lophostemon Schott（1830）Nom. inval.；Thorelia Hance（1877）（废弃属名）；Tristania R. Br. ex Aiton（1812）Nom. illegit.；Tristaniopsis Brongn. et Gris（1863）●

52643　Tristania R. Br. ex Aiton（1812）Nom. illegit. ≡ Tristania R. Br.（1812）［桃金娘科 Myrtaceae］●

52644　Tristaniopsis Brongn. et Gris（1863）【汉】异红胶木属。【隶属】桃金娘科 Myrtaceae。【包含】世界 40 种。【学名诠释与讨论】〈阴〉（属）Tristania 红胶木属+希腊文 opsis，外观，模样，相似。此属的学名是"Tristaniopsis Brongniart et Gris，Bull. Soc. Bot. France 10：371. 1863"。亦有文献把其处理为"Tristania R. Br.（1812）"的异名。【分布】澳大利亚，马来西亚，缅甸，法属新喀里多尼亚，中南半岛。【后选模式】Tristaniopsis calobuxus A. T. Brongniart et Gris ［as 'callobuxus'］。【参考异名】Tristania R. Br.（1812）；Tristania R. Br. ex Aiton（1812）Nom. illegit. ●☆

52645　Tristeginaceae Link = Gramineae Juss.（保留科名）//Poaceae Barnhart（保留科名）■●

52646　Tristegis Nees（1820）Nom. inval. =Melinis P. Beauv.（1812）；~ =

Suardia Schrank(1819) [禾本科 Poaceae(Gramineae)] ■

52647 Tristellaria Rchb. (1828) Nom. illegit. [金虎尾科(黄褥花科) Malpighiaceae] ☆

52648 Tristellateia Thouars(1806)【汉】三星果属(三星果藤属,星果藤属)。【日】コウシュンカズラ属,ビヨウカヅラ属。【英】Threestarfruit, Tristellateia。【隶属】金虎尾科(黄褥花科) Malpighiaceae。【包含】世界20-22种,中国1种。【学名诠释与讨论】〈阴〉(拉)tri- =希腊文 treis,三。triens,所有格 trientis,第三个。trias,所有格 triados 第三个,三个合成的一组。triploos =拉丁文 triplus,三重的。triplex,三倍的,三重的。triphasios,triplasios =拉丁文 triplasis,三重的+stellatus,星形的。指果的3个心皮各具三翅,呈星芒状。此属的学名,ING、TROPICOS、APNI 和 IK 记载是"Tristellateia Thouars, Gen. Nov. Madagasc. 47. 1806 [17 Nov 1806]"。"Zymum Du Petit-Thouars, Hist. Vég. Isles Austr. Afrique 69. t. 23. Jan 1808"是"Tristellateia Thouars(1806)"的晚出的同模式异名(Homotypic synonym, Nomenclatural synonym)。【分布】澳大利亚(昆士兰),马达加斯加,马来西亚,中国,法属新喀里多尼亚,热带非洲东部,东南亚。【模式】Tristellateia madagascariensis Poiret。【参考异名】Agoneissos Zoll. ex Nied.; Platynema Wight et Arn. (1833); Zymum Noronha ex Thouars (1806) Nom. illegit.; Zymum Thouars(1806) Nom. illegit.●

52649 Tristemma Juss. (1789)【汉】三冠野牡丹属。【隶属】野牡丹科 Melastomataceae。【包含】世界15-20种。【学名诠释与讨论】〈中〉(希)treis =拉丁文 tri,三+stemma,所有格 stemmatos,花冠,花环,王冠。指隐头花序。【分布】马达加斯加,利比里亚(宁巴),马斯克林群岛,热带非洲。【模式】Tristemma mauritianum J. F. Gmelin。【参考异名】Tristemma Juss. (1838) Nom. illegit.●☆

52650 Tristemma Juss. (1838) Nom. illegit. = Tristemma Juss. (1789) [野牡丹科 Melastomataceae]●☆

52651 Tristemon Klotzsch (1838) Nom. illegit. = Scyphogyne Brongn. (1828) Nom. illegit.; ~ = Scyphogyne Decne. (1828) [杜鹃花科(欧石南科)Ericaceae]●☆

52652 Tristemon Raf. (1819) = Triglochin L. (1753) [眼子菜科 Potamogetonaceae//水麦冬科 Juncaginaceae]■

52653 Tristemon Raf. (1838) Nom. illegit. = Juncus L. (1753) [灯心草科 Juncaceae]■

52654 Tristemon Scheele(1848) Nom. illegit. = Cucurbita L. (1753) [葫芦科(瓜科,南瓜科)Cucurbitaceae]■

52655 Tristemonanthus Loes. (1940)【汉】三冠卫矛属。【隶属】卫矛科 Celastraceae。【包含】世界2种。【学名诠释与讨论】〈阳〉(希)treis =拉丁文 tri,三+stemma,所有格 stemmatos,花冠,花环,王冠+anthos,花。antheros,多花的。antheo,开花。希腊文 anthos 亦有"光明、光辉、优秀"之义。【分布】热带非洲西部。【模式】Tristemonanthus mildbraedianus Loesener ●☆

52656 Tristeria Hook. f. (1884) = Curanga Juss. (1807); ~ = Treisteria Griff. (1854) [玄参科 Scrophulariaceae]■☆

52657 Tristerix Mart. (1830) = Macrosolen (Blume) Rchb. (1841) [桑寄生科 Loranthaceae]●

52658 Tristicha Thouars(1806)【汉】三列苔草属。【隶属】髯管花科 Geniostomaceae//三列苔草科 Tristichaceae。【包含】世界1-2种。【学名诠释与讨论】〈阴〉(拉)tri,三+stichos,指小式 stichidion,一列士兵,一行东西。指叶的排列方式。【分布】巴拿马,玻利维亚,非洲,马达加斯加,尼加拉瓜,斯里兰卡,印度,马斯克林群岛,中美洲。【后选模式】Tristicha alternifolia K. P. J. Sprengel。【参考异名】Cryptocarpa Tayl. ex Tul.; Cryptocarpus Post et Kuntze (1903) Nom. illegit.; Dufourea Bory ex Willd. (1810) Nom. illegit. (废弃属名); Dufourea Bory, Nom. illegit. (废弃属名); Heterotristicha Tobler

(1953); Indotristicha P. Royen (1959); Malaccotristicha C. Cusset et G. Cusset (1988); Philocrena Bong. (1834); Potamobryon Liebm. (1847); Potamobryum Liebm., Nom. illegit.; Tristichopsis A. Chev. (1938)■☆

52659 Tristichaceae Willis(1915) [亦见 Podostemaceae Rich. ex Kunth(保留科名)川苔草科]【汉】三列苔草科。【包含】世界1属1-2种。【分布】马达加斯加,印度,斯里兰卡,热带美洲,非洲,马斯克林群岛。【科名模式】Tristicha Thouars(1806)■☆

52660 Tristichocalyx F. Muell. (1863) = Legnephora Miers (1867); ~ = Pachygone Miers ex Hook. f. et Thomson (1855) [防己科 Menispermaceae]●

52661 Tristichopsis A. Chev. (1938) = Tristicha Thouars(1806) [髯管花科 Geniostomaceae//三列苔草科 Tristichaceae]■☆

52662 Tristira Radlk. (1879)【汉】菲律宾无患子属。【隶属】无患子科 Sapindaceae。【包含】世界4种。【学名诠释与讨论】〈阴〉(拉)tri,三+steiros,不毛的。【分布】菲律宾,印度尼西亚(苏拉威西岛,马鲁古群岛)。【模式】未指定●☆

52663 Tristiropsis Radlk. (1887)【汉】拟菲律宾无患子属。【隶属】无患子科 Sapindaceae。【包含】世界2种。【学名诠释与讨论】〈阴〉(属)Tristira 菲律宾无患子属+希腊文 opsis,外观,模样,相似。【分布】菲律宾,加里曼丹岛,所罗门群岛,新几内亚岛。【后选模式】Tristiropsis acutangula Radlkofer。【参考异名】Palaoea Kaneh. (1935); Tristylopsis Kaneh. et Hatus. (1943)●☆

52664 Tristylea Jord. et Fourr. (1869) = Saxifraga L. (1753) [虎耳草科 Saxifragaceae]■

52665 Tristylium Turcz. (1858) = Cleyera Thunb. (1783) (保留属名) [山茶科(茶科)Theaceae//厚皮香科 Ternstroemiaceae]●

52666 Tristylopsis Kaneh. et Hatus. (1943) = Tristiropsis Radlk. (1887) [无患子科 Sapindaceae]●☆

52667 Trisynsyne Baill. = Nothofagus Blume(1851) (保留属名) [壳斗科(山毛榉科)Fagaceae//假山毛榉科(南青冈科,南山毛榉科,拟山毛榉科)Nothofagaceae]●☆

52668 Tritaenicum Turcz. (1847) = Asteriscium Cham. et Schltdl. (1826) [伞形花科(伞形科)Apiaceae(Umbelliferae)]■☆

52669 Tritaxis Baill. (1858) = Trigonostemon Blume (1826) [as 'Trigostemon'] (保留属名) [大戟科 Euphorbiaceae]●

52670 Tritelandra Raf. (1837) = Epidendrum L. (1763) (保留属名) [兰科 Orchidaceae]■☆

52671 Triteleia Douglas ex Lindl. (1830)【汉】美韭属。【日】トリテレイア属。【英】Pretty Face, Starflower, Triplet-lily, Triteleia, Wild Hyacinth。【隶属】百合科 Liliaceae//葱科 Alliaceae。【包含】世界16-18种。【学名诠释与讨论】〈阴〉(希)treis =拉丁文 tri,三+teleios,teleos,完美的。指花的各部均为3数。【分布】美洲。【后选模式】Triteleia grandiflora J. Lindley。【参考异名】Calliprora Lindl. (1833); Hesperoscordum Lindl. (1830); Seubertia Kunth (1843); Themis Salisb. (1866); Triteleya Phil. (1873); Tulophos Raf. (1837); Tylophus Post et Kuntze (1903); Veatchia Kellogg (1863) Nom. illegit. ■☆

52672 Triteleiopsis Hoover(1941)【汉】类美韭属。【英】Baja-lily。【隶属】百合科 Liliaceae//葱科 Alliaceae。【包含】世界1种。【学名诠释与讨论】〈阴〉(属)Triteleia 美韭属+希腊文 opsis,外观,模样,相似。【分布】美国(西部)。【模式】Triteleiopsis palmeri (S. Watson) Hoover [Brodiaea palmeri S. Watson]■☆

52673 Triteleya Phil. (1873) = Triteleia Douglas ex Lindl. (1830) [百合科 Liliaceae//葱科 Alliaceae]■☆

52674 Tritheca(Wight et Arn.) Miq. (1855) = Ammannia L. (1753) [千屈菜科 Lythraceae//水苋菜科 Ammanniaceae]■

52675 Tritheca Miq. (1855) Nom. illegit. ≡ Tritheca (Wight et Arn.) Miq. (1855); ~ = Ammannia L. (1753) [千屈菜科 Lythraceae//水苋菜科 Ammanniaceae]■

52676 Trithecanthera Tiegh. (1894)【汉】三室寄生属。【隶属】桑寄生科 Loranthaceae。【包含】世界 5 种。【学名诠释与讨论】〈阴〉(希) treis =拉丁文 tri,三+theke =拉丁文 theca,匣子,箱子,室,药室,囊+anthera,花药。此属的学名,ING、TROPICOS 和 IK 记载是"Trithecanthera Tiegh., Bull. Soc. Bot. France 41:597. 1895 [1894 publ. 1895]"。"Beccarina Van Tieghem, Bull. Soc. Bot. France 42:249. post 22 Mar 1895"是"Trithecanthera Tiegh. (1894)"的晚出的同模式异名(Homotypic synonym,Nomenclatural synonym)。【分布】加里曼丹岛,马来半岛。【模式】Trithecanthera xiphostachya Van Tieghem。【参考异名】Beccarina Tiegh. (1895) Nom. illegit.; Kingella Tiegh. (1895)●☆

52677 Trithrinax Mart. (1837)【汉】三扇棕属(刺鞘棕属,南美扇桐属,网刺桐属,长刺棕属)。【日】ブラジルクマデヤシ属。【俄】Тритринакс。【英】Trithrinax Palm。【隶属】棕榈科 Arecaceae (Palmae)。【包含】世界 4-5 种。【学名诠释与讨论】〈阴〉(希) treis =拉丁文 tri,三+thrinax,扇。指叶子。【分布】巴拉圭,玻利维亚,南美洲。【模式】Trithrinax brasiliensis C. F. P. Martius。【参考异名】Chamaethrinax H. Wcndl. ex R. Pfister(1892);Diodosperma H. Wendl. (1878)●☆

52678 Trithuria Hook. f. (1858)【汉】三孔独蕊草属(三孔草属)。【隶属】刺鳞草科 Centrolepidaceae//独蕊草科(排水草科) Hydatellaceae。【包含】世界 3-5 种。【学名诠释与讨论】〈阴〉(希) treis =拉丁文 tri,三+thyra =thura,指小式 thyrion 门,thyris 窗。指果实。此属的学名,ING、TROPICOS、APNI 和 IK 记载是"Trithuria Hook. f. ,Fl. Tasman. ii. 78. t. 138(1860)"。"Juncella F. v. Mueller ex Hieronymus in Engler et Prantl, Nat. Pflanzenfam. 2(4):15. Oct 1887"是"Trithuria Hook. f. (1858)"的晚出的同模式异名(Homotypic synonym,Nomenclatural synonym)。【分布】澳大利亚(西部及塔斯曼半岛),新西兰。【模式】Trithuria submersa J. D. Hooker。【参考异名】Juncella F. Muell., Nom. illegit.; Juncella F. Muell. ex Hieron. (1877)■☆

52679 Trithyrocarpus Hassk. (1866)= Commelina L. (1753) [鸭趾草科 Commelinaceae]■

52680 Triticaceae Link(1827)= Gramineae Juss. (保留科名)//Poaceae Barnhart(保留科名)■●

52681 Triticum L. (1753)【汉】小麦属。【日】コムギ属。【俄】Гандум,Пушеница,Пушиница,Пшеница。【英】Triticin,Triticum, Wheat。【隶属】禾本科 Poaceae(Gramineae)。【包含】世界 20-25 种,中国 4-11 种。【学名诠释与讨论】〈中〉(拉) triticum,小麦的古名。【分布】巴基斯坦,秘鲁,玻利维亚,厄瓜多尔,哥伦比亚(安蒂奥基亚),哥斯达黎加,美国(密苏里),中国,地中海地区,欧洲,亚洲西部,中美洲。【后选模式】Triticum aestivum Linnaeus。【参考异名】Bromus Scop. (1777)(废弃属名);Crithodium Link(1834); Cryptopyrum Heynh. (1846); Deina Alef. (1866); Elytrigia Desv. (1810); Frumentum Krause(1898) Nom. illegit.; Gigachilon Seidl (1836);Nivieria Ser. (1842);Spelta Wolf(1776);Zea Lunell;Zeia Lunell(1915) Nom. illegit. ■

52682 Tritillaria Raf. (1819)= Fritillaria L. (1753) [百合科 Liliaceae//贝母科 Fritillariaceae]■

52683 Tritillaria Sang. (1862) Nom. illegit. [百合科 Liliaceae]■☆

52684 Tritoma Ker Gawl. (1804)= Kniphofia Moench(1794)(保留属名) [百合科 Liliaceae//阿福花科 Asphodelaceae]■☆

52685 Tritomanthe Link(1821) Nom. illegit., Nom. superfl. ≡ Tritoma Ker Gawl. (1804) [百合科 Liliaceae]■☆

52686 Tritomium Link(1829)= Kniphofia Moench(1794)(保留属名) [百合科 Liliaceae//阿福花科 Asphodelaceae]■☆

52687 Tritomodon Turcz. (1848)【汉】肖吊钟花属。【隶属】杜鹃花科(欧石南科) Ericaceae。【包含】世界 10 种。【学名诠释与讨论】〈中〉(拉)希腊文 treis =拉丁文 tri,三。triens,所有格 trientis,第三个。trias,所有格 triados,第三个,三个合成的一组。triploos =拉丁文 triplus,三重的。triplex,三倍的,三重的。triphasios,triplasios =拉丁文 triplasis,三重的+(属) Tomodon =Hymenocallis 水鬼蕉属(蜘蛛兰属)。此属的学名是"Tritomodon Turczaninow, Bull. Soc. Imp. Naturalistes Moscou 21(1):584. 1848"。亦有文献把其处理为"Enkianthus Lour. (1790)"的异名。【分布】参见 Enkianthus Lour. (1790)。【模式】Tritomodon japonicus Turczaninow。【参考异名】Enkianthus Lour. (1790)●☆

52688 Tritomopterys(A. Juss. ex Endl.) Nied. (1912)= Gaudichaudia Kunth(1821) [金虎尾科(黄褥花科) Malpighiaceae]●☆

52689 Tritomopterys Nied. (1912) Nom. illegit. ≡ Tritomopterys(A. Juss. ex Endl.) Nied. (1912); ~ = Gaudichaudia Kunth(1821) [金虎尾科(黄褥花科) Malpighiaceae]●☆

52690 Tritonia Ker Gawl. (1802)【汉】观音兰属(火焰兰属,鸢尾兰属)。【日】トリト-ニア属,ヒメタウシャウブ属,ヒメトウショウブ属。【俄】Монтбреция,Тритония。【英】Montbretia,Tritonia。【隶属】鸢尾科 Iridaceae。【包含】世界 28-55 种,中国 1 种。【学名诠释与讨论】〈阴〉(希) Triton,希腊神话中海的女神,下半身像鱼。指不同种间的雄蕊多变。此属的学名,ING、TROPICOS、APNI 和 IK 记载是"Tritonia Ker Gawl., Curtis's Botanical Magazine 16: t. 581. 1802"。"Belendenia Rafinesque, Gard. Mag. (Loudon) 8:245. Apr 1832"、"Tapeinia F. G. Dietrich, Vollst. Lex. Gärtnerei Nachtr. 9:14. 1823(non Commerson ex A. L. Jussieu 1789)"、"Tritonixia Klatt, Abh. Naturf. Ges. Halle 15:355. 1882"和"Waitzia G. L. Reichenbach, Consp. 60. Dec 1828 - Mar 1829(non J. C. Wendland 1808)"都是"Tritonia Ker Gawl. (1802)"的晚出的同模式异名(Homotypic synonym,Nomenclatural synonym)。【分布】中国,热带和非洲南部,中美洲。【后选模式】Tritonia squalida Ker - Gawler, Nom. illegit. [Ixia lancea Thunberg;Tritonia lancea(Thunberg) N. E. Brown]。【参考异名】Agretta Eckl. (1827);Belendenia Raf. (1832) Nom. illegit.; Bellendenia Raf. (1832) Nom. illegit.; Bellendenia Raf. ex Endl. (1837); Dichone Lawson ex Salisb. (1812); Dichone Salisb. (1812) Nom. illegit.; Freesea Exklon(1827) Nom. illegit.; Montbretia DC. (1803); Montbretiopsis L. Bolus(1929); Tapeinia F. Dietrich (1823) Nom. illegit.; Tritonixia Klatt(1882) Nom. illegit.; Waitzia Rchb. (1828) Nom. illegit. ■

52691 Tritoniopsis L. Bolus(1929)【汉】肖观音兰属。【隶属】鸢尾科 Iridaceae。【包含】世界 22 种。【学名诠释与讨论】〈阴〉(属) Tritonia 观音兰属+希腊文 opsis,外观,模样,相似。【分布】非洲南部。【模式】Tritoniopsis lesliei H. M. L. Bolus。【参考异名】Anapalina N. E. Br. (1932);Exohebea R. C. Foster(1939);Hebea L. Bolus, Nom. illegit.; Tanaosolen N. E. Br. (1932)■☆

52692 Tritonixia Klatt(1882) Nom. illegit. ≡ Tritonia Ker Gawl. (1802) [鸢尾科 Iridaceae]■

52693 Tritophus T. Lestib. (1841)= Kaempferia L. (1753); ~ =Trilophus Lestib. [姜科(蘘荷科) Zingiberaceae]■

52694 Tritriela Raf. (1837) = Ornithogalum L. (1753) [百合科 Liliaceae//风信子科 Hyacinthaceae]■

52695 Triumfetta L. (1753)【汉】刺蒴麻属(垂桉草属)。【日】ラセンサウ属,ラセンソウ属,ラセントウ属。【英】Triumfetta。【隶属】椴树科(椴科,田麻科) Tiliaceae//锦葵科 Malvaceae。【包含】世界 70-160 种,中国 7 种。【学名诠释与讨论】〈阴〉(人) Giovanni

Battista Trionfetti,1658-1708,意大利植物学者。此属的学名,ING、APNI 和 GCI 记载是"Triumfetta L., Sp. Pl. 1:444. 1753［1 May 1753］"。IK 则记载为"Triumfetta Plum. ex L., Sp. Pl. 1:444. 1753［1 May 1753］"。"Triumfetta Plum."是命名起点著作之前的名称,故"Triumfetta L.(1753)"和"Triumfetta Plum. ex L.(1753)"都是合法名称,可以通用。【分布】巴基斯坦,巴拿马,秘鲁,玻利维亚,厄瓜多尔,哥伦比亚(安蒂奥基亚),马达加斯加,尼加拉瓜,中国,中美洲。【模式】Triumfetta lappula Linnaeus。【参考异名】Bartramia L.(1753);Ceratosepalum Oliv.(1894)Nom. illegit.;Mopex Lour. ex Gomes(1868);Porpa Blume(1825);Rumicicarpus Chiov.(1929);Trionfettia Post et Kuntze(1903);Trionfettia Post et Kuntze(1903);Triumfetta Plum. ex L.(1753);Triumfettaria Rchb.;Triumfettoides Rauschert(1982)●■

52696　Triumfetta Plum. ex L.(1753)≡Triumfetta L.(1753)［椴树科(椴科,田麻科)Tiliaceae//锦葵科 Malvaceae］●■

52697　Triumfettaria Rchb. =Triumfetta L.(1753)［椴树科(椴科,田麻科)Tiliaceae//锦葵科 Malvaceae］●■

52698　Triumfettoides Rauschert(1982)= Triumfetta L.(1753)［椴树科(椴科,田麻科)Tiliaceae//锦葵科 Malvaceae］●■

52699　Triumphetta Griff.(1854)Nom. illegit.［椴树科(椴科,田麻科)Tiliaceae］●☆

52700　Triunia L. A. S. Johnson et B. G. Briggs(1975)【汉】厚被山龙眼属。【隶属】山龙眼科 Proteaceae。【包含】世界 4 种。【学名诠释与讨论】〈阴〉(拉)tri- =希腊文 treis,三+unus,一个。指花被。此属的学名,ING、APNI、TROPICOS 和 IK 记载是"Triunia L. A. S. Johnson et B. G. Briggs,Bot. J. Linn. Soc. 70:175. 3 Sep 1975"。ING 认为它是作为新属发表的,尽管它"Based on Helicia sect. Macadamiopsis H. Sleumer,Blumea 8:8. 31 Dec 1955"。IK 则标注"Triunia L. A. S. Johnson et B. G. Briggs(1975)"是"Helicia sect. Macadamiopsis Sleumer"的替代名称。【分布】非洲。【模式】Triunia youngiana(C. Moore et F. von Mueller)L. A. S. Johnson et B. G. Briggs［Helicia youngiana C. Moore et F. von Mueller］。【参考异名】Helicia sect. Macadamiopsis ●☆

52701　Triunila Raf.(1825)Nom. inval. = Uniola L.(1753)［禾本科 Poaceae(Gramineae)］■☆

52702　Triuranthera Backer(1920)= Driessenia Korth.(1844)［野牡丹科 Melastomataceae］●■☆

52703　Triuridaceae Gardner(1843)(保留科名)【汉】霉草科。【日】ホンガウサウ科,ホンガウソウ科,ホンゴウソウ科。【英】Triuris Family。【包含】世界 5-11 属 40-80 种,中国 1 属 5 种。【分布】热带美洲,非洲,亚洲。【科名模式】Triuris Miers ■

52704　Triuridopsis H. Maas et Maas(1994)【汉】秘鲁霉草属。【隶属】霉草科 Triuridaceae。【包含】世界 2 种。【学名诠释与讨论】〈阴〉(属)Triuris 霉草属+希腊文 opsis,外观,模样,相似。【分布】秘鲁,玻利维亚。【模式】Triuridopsis peruviana H. Maas et Maas ■☆

52705　Triuris L. =Triuris Miers(1841)［霉草科 Triuridaceae］■☆

52706　Triuris Miers(1841)【汉】霉草属。【英】Threefold。【隶属】霉草科 Triuridaceae。【包含】世界 3 种。【学名诠释与讨论】〈阴〉(拉)tri- =希腊文 treis,三。triens,所有格 trientis,第三个。trias,所有格 triados,第三个,三个合成的一组。triploos =拉丁文 triplus,三重的。triplex,三倍的,三重的。triphasios,triplasios = 拉丁文 triplasis,三重的+-urus,-ura,-uro,用于希腊文组合词,含义为"尾巴"。【分布】巴西,玻利维亚,厄瓜多尔,哥斯达黎加,危地马拉,中美洲。【模式】Triuris hyalina Miers。【参考异名】Lacandonia E. Martinez et Ramos(1989);Peltophyllum Gardner(1843);Triuris L. ■☆

52707　Triurocodon Schltr.(1921)= Thismia Griff.(1845)［水玉簪科

Burmanniaceae//水玉杯科(腐杯草科,肉质腐生草科)Thismiaceae］■

52708　Trivalvaria(Miq.)Miq.(1865)【汉】短梗玉盘属。【隶属】番荔枝科 Annonaceae。【包含】世界 5 种。【学名诠释与讨论】〈阴〉(拉)tri,三+valva,一扇能折叠的门+-arius,-aria,-arium,指示"属于、相似、具有、联系"的词尾。指花瓣。此属的学名,ING 记载是"Trivalvaria(Miquel)Miquel,Ann. Mus. Bot. Lugduno-Batavi 2:19. 1865",由"Guatteria［sect.］Trivalvaria Miquel,Fl. Ind. Bat. Suppl. 381. Dec 1861"改级而来;而 IK 则记载为"Trivalvaria Miq.,Ann. Mus. Bot. Lugduno-Batavi ii. 19(1865)"。三者引用的文献相同。【分布】马来西亚(西部),缅甸,泰国,印度(阿萨姆)。【模式】Guatteria brevipetala Miquel。【参考异名】Guatteria［sect.］Trivalvaria Miq.(1861);Trivalvaria Miq.(1865)Nom. illegit.●☆

52709　Trivalvaria Miq.(1865)Nom. illegit. = Trivalvaria(Miq.)Miq.(1865)［番荔枝科 Annonaceae］●☆

52710　Trivolvulus Moc. et Sessé ex Choisy(1845)= Ipomoea L.(1753)(保留属名)［旋花科 Convolvulaceae］●■

52711　Trixago Haller(1768)= Stachys L.(1753)［唇形科 Lamiaceae(Labiatae)］●■

52712　Trixago Raf.(1837)Nom. illegit. = Teucrium L.(1753)［唇形科 Lamiaceae(Labiatae)］●■

52713　Trixago Steven(1823)Nom. illegit. = Bellardia All.(1785)［玄参科 Scrophulariaceae］■☆

52714　Trixanthera Raf.(1838)Nom. illegit. ≡ Trichanthera Kunth(1818)［爵床科 Acanthaceae］■☆

52715　Trixapias Raf.(1838)= Utricularia L.(1753)［狸藻科 Lentibulariaceae］■

52716　Trixella Fourr.(1869)Nom. illegit. ≡Trixago Haller(1768);~ = Stachys L.(1753)［唇形科 Lamiaceae(Labiatae)］●■

52717　Trixis Adans.(1763)Nom. illegit. ≡Proserpinaca L.(1753)［小二仙草科 Haloragaceae］■☆

52718　Trixis Lag.(1811)Nom. illegit.［菊科 Asteraceae(Compositae)］☆

52719　Trixis Mitch.(1769)Nom. illegit.［小二仙草科 Haloragaceae］■☆

52720　Trixis P. Browne(1756)【汉】三齿钝柱菊属。【英】Threefold。【隶属】菊科 Asteraceae(Compositae)。【包含】世界 50-65 种。【学名诠释与讨论】〈阴〉(希)trixos,三个折痕,三倍的。指花冠具三个折痕。此属的学名,ING、TROPICOS 和 IK 记载是"Trixis P. Browne, Civ. Nat. Hist. Jamaica 312. 1756［10 Mar 1756］。"Trixis Adanson, Fam. 2:76, 613. Jul-Aug 1763(non P. Browne 1756)≡Proserpinaca L.(1753)［小二仙草科 Haloragaceae］"、"Trixis Lag., Amen. i. 35(1811)［菊科 Asteraceae(Compositae)］"、"Trixis Mitch., Acta Phys. - Med. Acad. Caes. Leop. - Francisc. Nat. Cur. 8: App. 220. 1748［小二仙草科 Haloragaceae］"和"Trixis O. Swartz, Prodr. 7, 115. 20 Jun-29 Jul 1788(non P. Browne 1756)≡Baillieria Aubl.(1775)= Clibadium F. Allam. ex L.(1771)［菊科 Asteraceae(Compositae)］"是晚出的非法名称。"Tenorea Colla, Hortus Ripul. 137. Jun-Aug 1824(non Rafinesque 1814, nec Tenoria K. P. J. Sprengel 1813)"是"Trixis P. Browne(1756)"的晚出的同模式异名(Homotypic synonym, Nomenclatural synonym)。【分布】巴拉圭,巴拿马,秘鲁,玻利维亚,厄瓜多尔,哥伦比亚(安蒂奥基亚),美国(西南部),尼加拉瓜,智利,中美洲。【模式】Trixis inula Crantz［Inula trixis Linnaeus］。【参考异名】Bowmania Garda.(1843);Castra Vell.(1829);Cleanthes D. Don(1830);Dolichlasium Lag.(1811);Dolicholasium Spreng.(1831);Holocheilus Cass.(1818);Holochilus Post et Kuntze(1903)Nom. illegit.;Platycheilus Cass.

（1825）；Platychilus Post et Kuntze（1903）；Prianthes Pritz.（1865）；Prionanthes Schrank（1819）；Tenorea Colla（1824）Nom. illegit.■●☆

52721　Trixis Sw.（1788）Nom. illegit. ≡ Baillieria Aubl.（1775）；～ = Clibadium F. Allam. ex L.（1771）［菊科 Asteraceae（Compositae）］●■☆

52722　Trixostis Raf.（1830）= Aristida L.（1753）［禾本科 Poaceae（Gramineae）］■

52723　Trizeuxis Lindl.（1821）【汉】三轭兰属。【隶属】兰科 Orchidaceae。【包含】世界1种。【学名诠释与讨论】〈阴〉（拉）tri- =希腊文 treis，三。triens，所有格 trientis，第三个。trias，所有格 triados，第三个，三个合成的一组。triploos =拉丁文 triplus，三重的。triplex，三倍的，三重的。triphasios，triplasios =拉丁文 triplasis，三重的+zeuxis，接合，联以轭。指萼片。【分布】巴拿马，秘鲁，玻利维亚，厄瓜多尔，哥伦比亚（安蒂奥基亚），哥斯达黎加，中美洲。【模式】Trizeuxis falcata J. Lindley ■☆

52724　Trocdaris Raf.（1840）= Carum L.（1753）［伞形花科（伞形科）Apiaceae（Umbelliferae）］■

52725　Trochantha（N. Hallé）R. H. Archer（2011）【汉】轮花卫矛属。【隶属】卫矛科 Celastraceae。【包含】世界2种1变种。【学名诠释与讨论】〈阴〉（希）trochos =拉丁文 trochus，指小式 trochatella =trochilus，轮，箍+希腊文 anthos，花。antheros，多花的。antheo，开花。此属的学名是"Trochantha（N. Hallé）R. H. Archer, Molec. Phylogen. Evol. 59（2）：328. 2011［Feb 2011］"，由"Pristimera subgen. Trochantha N. Hallé Bull. Mus. Natl. Hist. Nat., B, Adansonia Sér. 4, 3（1）：12. 1981"改级而来。【分布】热带非洲。【模式】不详。【参考异名】Pristimera subgen. Trochantha N. Hallé（1981）☆

52726　Trochera Rich.（1779）（废弃属名）= Ehrharta Thunb.（1779）（保留属名）［禾本科 Poaceae（Gramineae）］■☆

52727　Trochetia DC.（1823）【汉】梭萼梧桐属。【隶属】梧桐科 Sterculiaceae//锦葵科 Malvaceae。【包含】世界6种。【学名诠释与讨论】〈阴〉（希）trochos =拉丁文 trochus，指小式 trochatella =trochilus，轮，箍。指花。【分布】马达加斯加，毛里求斯，英国（圣赫勒拿岛）。【模式】未指定●☆

52728　Trochetiopsis Marais（1981）【汉】拟梭萼梧桐属。【隶属】梧桐科 Sterculiaceae//锦葵科 Malvaceae。【包含】世界3种。【学名诠释与讨论】〈阴〉（属）Trochetia 梭萼梧桐属+希腊文 opsis，外观，模样，相似。【分布】美国（海伦娜）。【模式】Trochetiopsis erythroxylon（J. G. A. Forster）W. Marais［Pentapetes erythroxylon J. G. A. Forster］●☆

52729　Trochilocactus Linding.（1942）= Disocactus Lindl.（1845）［仙人掌科 Cactaceae］●☆

52730　Trochisandra Bedd.（1871）= Bhesa Buch. - Ham. ex Arn.（1834）；～ = Kurrimia Wall. ex Thwaites（1837）［卫矛科 Celastraceae］●

52731　Trochiscanthes W. D. J. Koch（1824）【汉】轮花草属。【隶属】伞形花科（伞形科）Apiaceae（Umbelliferae）。【包含】世界1种。【学名诠释与讨论】〈阴〉（希）trochos =拉丁文 trochus，指小式 trochatella =trochilus，轮，箍；trochiskos，小轮+anthos，花。此属的学名，ING、TROPICOS 和 IK 记载是"Trochiscanthes W. D. J. Koch, Nova Acta Phys. -Med. Acad. Caes. Leop. -Carol. Nat. Cur. 12：103. 1824"。"Magdaris Rafinesque, Good Book 58. Jan 1840"和"Silerium Rafinesque, Good Book 51. Jan 1840"是"Trochiscanthes W. D. J. Koch（1824）"的晚出的同模式异名（Homotypic synonym, Nomenclatural synonym）。【分布】欧洲南部。【模式】Trochiscanthes nodiflorus W. D. J. Koch。【参考异名】Magdaris

Raf.（1840）Nom. illegit.；Podopetalum Gandin（1828）；Schnizleinia Steud.（1841）；Silerium Raf.（1840）Nom. illegit.；Trochiscanthos St. -Lag.（1880）■☆

52732　Trochiscanthos St. -Lag.（1880）= Trochiscanthes W. D. J. Koch（1824）［伞形花科（伞形科）Apiaceae（Umbelliferae）］■☆

52733　Trochiscus O. E. Schulz（1933）【汉】滑轮芥属。【隶属】十字花科 Brassicaceae（Cruciferae）。【包含】世界2种。【学名诠释与讨论】〈阳〉（希）trochiskos =拉丁文 trochiscus，小轮。此属的学名是"Trochiscus O. E. Schulz, Bot. Jahrb. Syst. 66：94. 20 Oct 1933"。亦有文献把其处理为"Rorippa Scop.（1760）"的异名。【分布】印度。【模式】Trochiscus cochlearioides（Roth）O. E. Schulz［Alyssum cochlearioides Roth］。【参考异名】Rorippa Scop.（1760）■☆

52734　Trochocarpa R. Br.（1810）【汉】轮果石南属（车轮果属）。【隶属】尖苞木科 Epacridaceae//杜鹃花科（欧石南科）Ericaceae。【包含】世界12种。【学名诠释与讨论】〈阴〉（希）trochos =拉丁文 trochus，指小式 trochatella =trochilus，轮，箍+karpos，果实。【分布】澳大利亚（包含塔斯曼半岛），印度尼西亚（苏拉威西岛），加里曼丹岛，新几内亚岛。【模式】Trochocarpa laurina（Rudge）R. Brown［Cyathodes laurina Rudge］。【参考异名】Decaspora R. Br.（1810）●☆

52735　Trochocephalus（Mert. et W. D. J. Koch）Opiz（1893）= Scabiosa L.（1753）［川续断科（刺参科，蓟叶参科，山萝卜科，续断科）Dipsacaceae//蓝盆花科 Scabiosaceae］●■

52736　Trochocephalus Opiz ex Bercht.（1838）Nom. illegit. ≡ Trochocephalus（Mert. et W. D. J. Koch）Opiz（1893）；～ = Scabiosa L.（1753）［川续断科（刺参科，蓟叶参科，山萝卜科，续断科）Dipsacaceae//蓝盆花科 Scabiosaceae］●■

52737　Trochocodon P. Candargy（1897）【汉】轮钟桔梗属。【隶属】桔梗科 Campanulaceae。【包含】世界1种。【学名诠释与讨论】〈阳〉（希）trochos =拉丁文 trochus，指小式 trochatella =trochilus，轮，箍+kodon，指小式 kodonion，钟，铃。【分布】希腊。【模式】Trochocodon spicatus Candargy ■☆

52738　Trochodendraceae Eichler（1865）（保留科名）【汉】昆栏树科。【包含】世界1属1种。【分布】日本至中国（台湾）。【科名模式】Trochodendron Siebold et Zucc. ●

52739　Trochodendraceae Prantl = Trochodendraceae Eichler（保留科名）●

52740　Trochodendron Siebold et Zucc.（1839）【汉】昆栏树属（云叶属）。【日】ヤマグルマ属。【俄】Троходендрон。【英】Wheel Tree, Wheelstamen Tree, Wheel - stamen Tree, Wheelstamentree。【隶属】领春木科（云叶科）Eupteleaceae//昆栏树科 Trochodendraceae。【包含】世界1种，中国1种。【学名诠释与讨论】〈中〉（希）trochos =拉丁文 trochus，指小式 trochatella =trochilus，轮，箍+dendron 或 dendros，树木，棍，丛林。指雄蕊排成3-4轮，花药成环状。【分布】日本，中国，琉球群岛。【模式】Trochodendron aralioides Siebold et Zuccarini。【参考异名】Gymnanthus Jungh.（1840）●

52741　Trochomeria Hook. f.（1867）【汉】箍瓜属。【隶属】葫芦科（瓜科，南瓜科）Cucurbitaceae。【包含】世界7种。【学名诠释与讨论】〈阴〉（希）trochos =拉丁文 trochus，指小式 trochatella =trochilus，轮，箍+meros，一部分。拉丁文 merus 含义为纯洁的，真正的。【分布】马达加斯加，非洲。【后选模式】Trochomeria hookeri W. H. Harvey。【参考异名】Heterosicyos Welw.（1867）Nom. illegit.；Heterosicyos Welw. ex Benth. et Hook. f.（1867）；Heterosicyos Welw. ex Hook. f.（1867）Nom. illegit.；Heterosicyus Post et Kuntze（1903）Nom. illegit.■☆

52742　Trochomeriopsis Cogn. (1996)【汉】拟箍瓜属。【隶属】葫芦科（瓜科，南瓜科）Cucurbitaceae。【包含】世界 1 种。【学名诠释与讨论】〈阴〉（属）Trochomeria 箍瓜属+希腊文 opsis，外观，模样，相似。【分布】马达加斯加。【模式】Trochomeriopsis diversifolia Cogniaux ■☆

52743　Trochoseris Endl. (1838) Nom. illegit. ≡ Trochoseris Poepp. et Endl. ex Endl. (1838) Nom. illegit.；~ = Macrorhynchus Less. (1832)；~ = Troximon Gaertn. (1791) Nom. illegit.；~ = Krigia Schreb. (1791)（保留属名）；~ = Krigia Schreb. +Scorzonera L. (1753)［菊科 Asteraceae(Compositae)］■

52744　Trochoseris Poepp. et Endl. (1838) Nom. illegit. ≡ Trochoseris Poepp. et Endl. ex Endl. (1838) Nom. illegit.；~ = Macrorhynchus Less. (1832)；~ =Troximon Gaertn. (1791) Nom. illegit.；~ = Krigia Schreb. (1791)（保留属名）；~ = Krigia Schreb. +Scorzonera L. (1753)［菊科 Asteraceae(Compositae)］■

52745　Trochoseris Poepp. et Endl. ex Endl. (1838) Nom. illegit. ≡ Macrorhynchus Less. (1832)；~ = Troximon Gaertn. (1791) Nom. illegit.；~ = Krigia Schreb. (1791)（保留属名）；~ = Krigia Schreb. +Scorzonera L. (1753)［菊科 Asteraceae(Compositae)］■

52746　Trochostigma Siebold et Zucc. (1843) = Actinidia Lindl. (1836)［猕猴桃科 Actinidiaceae］●

52747　Troglophyton Hilliard et B. L. Burtt(1981)【汉】纸苞紫绒草属。【隶属】菊科 Asteraceae(Compositae)。【包含】世界 6 种。【学名诠释与讨论】〈中〉（希）trogle，咬成的洞+phyton，植物，树木，枝条。【分布】非洲南部。【模式】Troglophyton capillaceum (Thunberg) O. M. Hilliard et B. L. Burtt［Gnaphalium capillaceum Thunberg］■☆

52748　Trolius Gilib. (1782) Nom. illegit. ［毛茛科 Ranunculaceae］☆

52749　Trollius L. (1753)【汉】金莲花属。【日】キンバイサウ属，キンバイソウ属。【俄】Авдотка，Купальница，Троллиус。【英】Globe Flower，Globeflower，Globe-flower，Trollius。【隶属】毛茛科 Ranunculaceae。【包含】世界 30-31 种，中国 16-19 种。【学名诠释与讨论】〈阳〉（匈牙利）torolya，一种草本植物的俗名，或来自德文 trollen，散步+-ius，-ia，-ium，具有……特性的。此属的学名，ING、TROPICOS、APNI 和 IK 记载是“Trollius L.，Sp. Pl. 1：556. 1753［1 May 1753］”。“Ranunculastrum Heister ex Fabricius，Enum. ed. 2. 272. Sep-Dec 1763”是“Trollius L. (1753)”的晚出的同模式异名(Homotypic synonym，Nomenclatural synonym)。【分布】巴基斯坦，中国，北温带和极地。【后选模式】Trollius europaeus Linnaeus。【参考异名】Gaissenia Raf. (1808)；Geisenia Endl. (1839)；Hegemone Bunge ex Ledeb. (1841)；Ranunculastrum Fabr. (1763) Nom. illegit.；Ranunculastrum Heist. ex Fabr. (1763) Nom. illegit. ■

52750　Trommsdorffia Bernh. (1800)【汉】特罗菊属。【隶属】菊科 Asteraceae(Compositae)。【包含】世界 26 种。【学名诠释与讨论】〈阴〉（人）Tromms Dorff。此属的学名，ING、IK 和 APNI 记载是“Trommsdorffia J. J. Bernhardi，Syst. Verzeichniss Pflanzen 102. 1800”。“Trommsdorffia Mart.，Nov. Gen. Sp. Pl. (Martius) 2(1)：40,t. 139. 1826［Apr-Jun 1826]”是晚出的非法名称，它已经被“Pedersenia Holub(1998)”所替代。也有学者把“Trommsdorffia Mart. (1826)”处理为“Hebanthe Mart. (1826)”、“Iresine P. Browne(1756)（保留属名）”或“Pfaffia Mart. (1825)”的异名。亦有文献把“Trommsdorffia Bernh. (1800)”处理为“Hypochaeris L. (1753)”的异名。【分布】参见 Hypochaeris L. (1753)。【模式】Trommsdorffia maculata (Linnaeus) Bernhardi ［Hypochaeria maculata Linnaeus］。【参考异名】“Hypochaeris L. (1753)”■☆

52751　Trommsdorffia Mart. (1826) Nom. illegit. ≡ Pedersenia Holub

(1998)；~ =Hebanthe Mart. (1826)；~ =Iresine P. Browne(1756)（保留属名）；~ =Pfaffia Mart. (1825)［苋科 Amaranthaceae］■☆

52752　Tromotriche Haw. (1812)【汉】颤毛萝藦属。【隶属】萝藦科 Asclepiadaceae//豹皮花科 Stapeliaceae。【包含】世界 3 种。【学名诠释与讨论】〈阴〉（希）tromos，震颤+thrix，所有格 trichos，毛，毛发。此属的学名是“Tromotriche A. H. Haworth，Syn. Pl. Succ. 36. 1812”。亦有文献把其处理为“Stapelia L. (1753)（保留属名）”的异名。【分布】非洲南部。【后选模式】Tromotriche revoluta (F. Masson) A. H. Haworth ［Stapelia revoluta F. Masson］。【参考异名】Stapelia L. (1753)（保留属名）■☆

52753　Tromsdorffia Benth. et Hook. f. =Iresine P. Browne(1756)（保留属名）；~ =Trommsdorffia Mart. (1826) Nom. illegit.；~ Pedersenia Holub(1998)；~ = Hebanthe Mart. (1826)；~ = Pfaffia Mart. (1825)［苋科 Amaranthaceae］■

52754　Tromsdorffia Blume (1826) Nom. illegit. ≡ Liebigia Endl. (1841)；~ = Chirita Buch. - Ham. ex D. Don (1822)；~ = Morstdorffia Steud. (1841)［苦苣苔科 Gesneriaceae］●■

52755　Tromsdorffia R. Br. =Dichrotrichum Reinw. (1856)［苦苣苔科 Gesneriaceae］■☆

52756　Tromsdorffia Steud. (1841) Nom. illegit. ［苋科 Amaranthaceae］■☆

52757　Tronicena Steud. (1841) = Aeginetia L. (1753) ［列当科 Orobanchaceae//野菰科 Aeginetiaceae//玄参科 Scrophulariaceae］■

52758　Troniceus Miq. (1856) = Aeginetia L. (1753)；~ = Tronicena Steud. (1841) ［列当科 Orobanchaceae//野菰科 Aeginetiaceae//玄参科 Scrophulariaceae］■

52759　Troostwyckia Benth. et Hook. f. (1862) Nom. illegit. ≡ Troostwykia Miq. (1861)；~ =Troostwykia Miq. (1861) ［牛栓藤科 Connaraceae］●

52760　Troostwykia Miq. (1861) = Agelaea Sol. ex Planch. (1850)；~ = Castanola Llanos(1859) ［牛栓藤科 Connaraceae］●

52761　Tropaeastrum Mabb.，Nom. illegit. = Trophaeastrum Sparre (1991) ［旱金莲科 Tropaeolaceae］■☆

52762　Tropaeolaceae Bercht. et J. Presl = Tropaeolaceae Juss. ex DC. （保留科名）■

52763　Tropaeolaceae DC. =Tropaeolaceae Juss. ex DC. （保留科名）■

52764　Tropaeolaceae Juss. ex DC. (1824)（保留科名）【汉】旱金莲科。【日】ノウゼンハレン科。【俄】Капуциновые。【英】Nasturtium Family。【包含】世界 2-3 属 80-90 种，中国 1 属 1 种。【分布】墨西哥至温带南美洲。【科名模式】Tropaeolum L. (1753)■

52765　Tropaeolum L. (1753)【汉】旱金莲属（金莲花属）。【日】キンレンカ属，ノウゼンハレン属。【俄】Жеруха，Жерушник，Капуцин，Настурция，Тропелюм。【英】Great Indian Cress，Lark-heel，Nasturtium，Tropaeolum。【隶属】旱金莲科 Tropaeolaceae。【包含】世界 80-90 种，中国 1 种。【学名诠释与讨论】〈中〉（希）tropaion，用盾和武器做成的战败敌人的纪念物，战利品 =拉丁文 tropaeum+-olus，-ola，-olum，拉丁文指示小的词尾。指叶盾形。此属的学名，ING、TROPICOS、APNI、GCI 和 IK 记载是“Tropaeolum L.，Sp. Pl. 1；345. 1753［1 May 1753］”。“Acriviola P. Miller，Gard. Dict. Abr. ed. 4. 28 Jan 1754”、“Cardamindum Adanson，Fam. 2：388. Jul-Aug 1763”和“Trophaeum O. Kuntze，Rev. Gen. 1；97. 5 Nov 1891”是“Tropaeolum L. (1753)”的晚出的同模式异名(Homotypic synonym，Nomenclatural synonym)。【分布】巴拿马，秘鲁，玻利维亚，厄瓜多尔，哥伦比亚（安蒂奥基亚），墨西哥，尼加拉瓜，中国，中美洲。【后选模式】Tropaeolum majus Linnaeus。【参考异名】Acriviola Mill. (1754) Nom. illegit.；Anisocentra Turcz. (1863)；Cardamindum Adans. (1763) Nom. illegit.；Cardamindum Tourn. ex Adans. (1763)；Chimocarpus Baill.

(1879); Chymocarpus D. Don ex Brewster; Chymocarpus D. Don (1834) Nom. illegit.; Magallana Cav. (1798); R. Taylor et R. Phillips (1834); Rixea C. Morren (1845); Trophaeastrum Sparre (1991); Trophaeum Kuntze(1891) Nom. illegit. ■

52766 Tropalanthe S. Moore(1921) = Pycnandra Benth. (1876) ［山榄科 Sapotaceae］●☆

52767 Tropentis Raf. (1840) = Seseli L. (1753) ［伞形花科（伞形）Apiaceae(Umbelliferae)］■

52768 Tropeolum Nocca (1793) Nom. illegit. ［牻牛儿苗科 Geraniaceae］☆

52769 Tropexa Raf. (1838) = Aristolochia L. (1753); ~ = Howardia Klotzsch(1859) ［马兜铃科 Aristolochiaceae］●☆

52770 Trophaeastrum Sparre(1991)【汉】南美旱金莲属。【隶属】旱金莲科 Tropaeolaceae。【包含】世界 1 种。【学名诠释与讨论】〈中〉（希）trophe，喂食者。trophis，大的，喂得好的。trophon，食物+-astrum，指示小的词尾，也有"不完全相似"的含义。此属的学名是"Trophaeastrum B. Sparre in B. Sparre et L. Andersson, Opera Bot. 108：18. 9 Aug 1991"。亦有文献把其处理为"Tropaeolum L. (1753)"的异名。【分布】巴塔哥尼亚。【模式】Trophaeastrum patagonicum (Speg.) Sparre。【参考异名】Tropaeastrum Mabb., Nom. illegit.; Tropaeolum L. (1753) ■☆

52771 Trophaeum Kuntze(1891) Nom. illegit. ≡ Tropaeolum L. (1753) ［旱金莲科 Tropaeolaceae］■

52772 Trophianthus Scheidw. (1844) = Aspasia Lindl. (1832) ［兰科 Orchidaceae］■☆

52773 Trophis P. Browne(1756)（保留属名）【汉】牛筋树属（牛盘藤属）。【隶属】桑科 Moraceae。【包含】世界 9 种。【学名诠释与讨论】〈阴〉（希）trophos，喂食者。trophis，大的，喂得好的。trophon，食物，饲给之物。此属的学名"Trophis P. Browne, Civ. Nat. Hist. Jamaica：357. 10 Mar 1756"是保留属名。相应的废弃属名是桑科 Moraceae 的"Bucephalon L. , Sp. Pl. ：1190. 1 Mai 1753 = Trophis P. Browne(1756)（保留属名）"。【分布】巴拿马，秘鲁，玻利维亚，厄瓜多尔，哥伦比亚，哥斯达黎加，马达加斯加，马来西亚，墨西哥，尼加拉瓜，西印度群岛，热带美洲，中美洲。【模式】Trophis americana Linnaeus。【参考异名】Ampalis Bojer ex Bureau(1873); Bucephalon L. (1753)（废弃属名）; Calpidochlamys Diels(1935); Cephalotrophis Blume (1856); Dumartroya Gaudich. (1848); Maillardia Frapp. et Duch. (1863); Maillardia Frapp. ex Duch. (1863); Malaisia Blanco (1837); Olmedia Ruiz et Pav. (1794); Olmedoa Post et Kuntze(1903); Skutchia Pax et K. Hoffm. (1937) Nom. illegit.; Skutchia Pax et K. Hoffm. ex C. V. Morton (1937) ●☆

52774 Trophisomia Rojas Acosta(1914) = Sorocea A. St. −Hil. (1821) ［桑科 Moraceae］●☆

52775 Trophospermum Walp. (1842) = Taphrospermum C. A. Mey. (1831) ［十字花科 Brassicaceae(Cruciferae)］■

52776 Tropidia Lindl. (1833)【汉】竹茎兰属（摺唇兰属）。【日】ネッタイラン属。【英】Tropidia。【隶属】兰科 Orchidaceae。【包含】世界 20-35 种，中国 7 种。【学名诠释与讨论】〈阴〉（希）tropis，所有格 tropeos，后来的，所有格 tropidos，或 tropideion，龙骨+-idius，−idia，−idium，指示小的词尾。指唇瓣基部凹陷成囊或短矩。【分布】厄瓜多尔，美国（佛罗里达），尼加拉瓜，马来西亚，印度至中国，西印度群岛，波利尼西亚群岛，中美洲。【模式】Tropidia curculigoides J. Lindley。【参考异名】Chloidia Lindl. (1840); Cnemidia Lindl. (1833); Decaisnea Lindl. (1832)（废弃属名）; Govindooia Wight (1853); Muluorchis J. J. Wood (1984); Ptichochilus Benth. (1881); Ptychochilus Schauer (1843);

Schaenomorphus Thorei ex Gagnep. (1933); Schoenomorphus Thorel ex Gagnep. (1933) ■

52777 Tropidocarpum Hook. (1836)【汉】龙骨果芥属。【隶属】十字花科 Brassicaceae(Cruciferae)。【包含】世界 2-4 种。【学名诠释与讨论】〈中〉（希）tropideion, tropidos, 龙骨+karpos, 果实。【分布】美国（加利福尼亚）。【模式】Tropidocarpum gracile W. J. Hooker。【参考异名】Agallis Phil. (1864); Twisselmannia Al−Shehbaz(1999) ■☆

52778 Tropidococcus Krapov. (2003) = Malva L. (1753) ［锦葵科 Malvaceae］■

52779 Tropidolepis Tausch (1829) Nom. illegit. ≡ Chiliotrichum Cass. (1817) ［菊科 Asteraceae(Compositae)］●☆

52780 Tropidopetalum Turcz. (1859) = Bouea Meisn. (1837) ［漆树科 Anacardiaceae］●

52781 Tropilis Raf. (1837) = Dendrobium Sw. (1799)（保留属名）［兰科 Orchidaceae］■

52782 Tropitia Pichon = Tradescantia L. (1753); ~ = Tropitria Raf. (1837) ［鸭跖草科 Commelinaceae］■

52783 Tropitoma Raf. (1836) = Desmodium Desv. (1813)（保留属名）［豆科 Fabaceae(Leguminosae)//蝶形花科 Papilionaceae］●■

52784 Tropitria Raf. (1837) = Tradescantia L. (1753) ［鸭跖草科 Commelinaceae］■

52785 Tropocarpa D. Don ex Meisn. (1856) = Orites R. Br. (1810) ［山龙眼科 Proteaceae］●☆

52786 Tros Haw. (1831) Nom. illegit. ≡ Queltia Salisb. ex Haw. (1812); ~ = Narcissus L. (1753) ［石蒜科 Amaryllidaceae//水仙科 Narcissaceae］■

52787 Troschelia Klotzsch et Schomb. (1849) = Schiekia Meisn. (1842) ［血草科（半授花科，给血草科，血皮草科）Haemodoraceae］■☆

52788 Trotula Comm. ex DC. (1828) = Nesaea Comm. ex Kunth(1823)（保留属名）［千屈菜科 Lythraceae］●■☆

52789 Trouettea Pierre ex Aubrév. = Trouettia Pierre ex Baill. (1891); ~ = Chrysophyllum L. (1753); ~ = Niemeyera F. Muell. (1870)（保留属名）［山榄科 Sapotaceae］■●

52790 Trouettia Pierre ex Baill. (1891) = Chrysophyllum L. (1753); ~ = Niemeyera F. Muell. (1870)（保留属名）［山榄科 Sapotaceae］●☆

52791 Troxilanthes Raf. (1840) = Polygonatum Mill. (1754) ［百合科 Liliaceae//黄精科 Polygonataceae//铃兰科 Convallariaceae］■☆

52792 Troximon Gaertn. (1791) Nom. illegit. ≡ Krigia Schreb. (1791)（保留属名）; ~ = Krigia Schreb. + Scorzonera L. (1753) ［菊科 Asteraceae(Compositae)］■

52793 Troximon Nutt. (1841) Nom. illegit. = Agoseris Raf. (1817) ［菊科 Asteraceae(Compositae)］■☆

52794 Troxirum Raf. (1838) = Peperomia Ruiz et Pav. (1794) ［胡椒科 Piperaceae//草胡椒科（三瓣绿科）Peperomiaceae］■☆

52795 Troxistemon Raf. (1838) = Hymenocallis Salisb. (1812) ［石蒜科 Amaryllidaceae］■

52796 Trozelia Raf. (1838)（废弃属名）= Acnistus Schott ex Endl. (1831); ~ = Iochroma Benth. (1845)（保留属名）［茄科 Solanaceae］●☆

52797 Trudelia Garay(1986)【汉】特鲁兰属（图德兰属）。【隶属】兰科 Orchidaceae。【包含】世界 5 种。【学名诠释与讨论】〈阴〉（人）Nikolaus Trudel, 瑞士兰花爱好者与摄影者。【分布】不丹。【模式】Trudelia alpina (Lindley) L. A. Garay ［Luisia alpina Lindley］■☆

52798 Truellum Houtt. (1777) = Polygonum L. (1753)（保留属名）

[蓼科 Polygonaceae]■●

52799 Trujanoa La Llave（1825）= Rhus L.（1753）［漆树科 Anacardiaceae］●

52800 Trukia Kaneh.（1935）【汉】特鲁茜属。【隶属】茜草科 Rubiaceae//山黄皮科 Randiaceae。【包含】世界 5 种。【学名诠释与讨论】〈阴〉（地）Truk，特鲁克群岛。此属的学名是"Trukia Kanehira, Bot. Mag.（Tokyo）49：278. f. 28. 1935"。亦有文献把其处理为"Randia L.（1753）"的异名。【分布】巴布亚新几内亚（新不列颠岛），新几内亚岛。【模式】Trukia megacarpa（Kanehira）Kanehira［Timonius megacarpus Kanehira］。【参考异名】Randia L.（1753）●☆

52801 Truncaria DC.（1828）= Miconia Ruiz et Pav.（1794）（保留属名）［野牡丹科 Melastomataceae//米氏野牡丹科 Miconiaceae］●☆

52802 Trungboa Rauschert（1982）【汉】黄毛灌属。【隶属】玄参科 Scrophulariaceae。【包含】世界 1 种。【学名诠释与讨论】〈阴〉（地）来自东南亚的一个地名。此属的学名"Trungboa S. Rauschert, Taxon 31：562. 9 Aug 1982"是一个替代名称。"Cyphocalyx Gagnepain, Notul Syst.（Paris）14：29. 1950"是一个非法名称（Nom. illegit.），因为此前已经有了"Cyphocalyx K. B. Presl, Abh. Böhm. Ges. Wiss. 5（3）：557. Jul – Dec 1845［豆科 Fabaceae（Leguminosae）]"。故用"Trungboa Rauschert（1982）"替代之。【分布】亚洲东南部。【模式】Trungboa poilanei（Gagnepain）S. Rauschert［Cyphocalyx poilanei Gagnepain］。【参考异名】Cyphocalyx Gagnep.（1950）Nom. illegit. ●☆

52803 Tryallis Müll. Berol.（1869）= Thryallis Mart.（1829）（保留属名）［金虎尾科（黄褥花科）Malpighiaceae］●

52804 Trybliocalyx Lindau（1904）= Chileranthemum Oerst.（1854）［爵床科 Acanthaceae］■☆

52805 Trychinolepis B. L. Rob.（1928）= Ophryosporus Meyen（1834）［菊科 Asteraceae（Compositae）]■●☆

52806 Tryginia Jacq. – Fél.（1936）Nom. illegit. = Leandra Raddi（1820）；~ = Trigynia Jacq. – Fél.（1936）［野牡丹科 Melastomataceae］●■☆

52807 Trygonanthus Endl. ex Steud.（1841）= Loranthus Jacq.（1762）（保留属名）［桑寄生科 Loranthaceae］●

52808 Trymalium Fenzl（1837）【汉】杂分果鼠李属。【隶属】鼠李科 Rhamnaceae。【包含】世界 11-14 种。【学名诠释与讨论】〈阴〉（希）tryma，所有格 trymatos = tryme，洞孔。指果实。【分布】澳大利亚。【后选模式】Trymalium billardieri Fenzl, Nom. illegit. ［Ceanothus spathulata Labillardière]。【参考异名】Disaster Gilli（1980）●☆

52809 Trymatococcus Poepp. et Endl.（1838）【汉】曲药桑属。【隶属】桑科 Moraceae。【包含】世界 3 种。【学名诠释与讨论】〈阳〉（希）tryma，所有格 trymatos = tryme，洞孔 + kokkos，变为拉丁文 coccus，仁，谷粒，浆果。【分布】秘鲁，玻利维亚，厄瓜多尔，非洲。【模式】Trymatococcus amazonicus Poeppig et Endlicher。【参考异名】Lanessania Baill.（1875）●☆

52810 Tryocephalum Endl.（1836）= Thryocephalon J. R. Forst. et G. Forst.（1776）Nom. illegit. ；~ Kyllinga Rottb.（1773）（保留属名）［莎草科 Cyperaceae］■

52811 Tryothamnus Willis, Nom. inval. = Thryothamnus Phil.（1895）（废弃属名）= Junellia Moldenke（1940）（保留属名）；~ = Verbena L.（1753）［马鞭草科 Verbenaceae］■●

52812 Tryphane（Fenzl）Rchb.（1841）= Arenaria L.（1753）；~ = Minuartia L.（1753）［石竹科 Caryophyllaceae］■

52813 Tryphane Rchb.（1841）Nom. illegit. ≡ Tryphane（Fenzl）Rchb.（1841）；~ = Arenaria L.（1753）；~ = Minuartia L.（1753）［石竹科 Caryophyllaceae］■

Caryophyllaceae］■

52814 Tryphera Blume（1826）= Mollugo L.（1753）［粟米草科 Molluginaceae//番杏科 Aizoaceae］■

52815 Tryphia Lindl.（1834）（废弃属名）= Holothrix Rich. ex Lindl.（1835）（保留属名）［兰科 Orchidaceae］■☆

52816 Tryphostemma Harv.（1859）= Basananthe Peyr.（1859）［西番莲科 Passifloraceae］■●☆

52817 Tryptomene F. Muell.（1858）Nom. illegit. = Thryptomene Endl.（1839）（保留属名）［桃金娘科 Myrtaceae］●☆

52818 Tryptomene Walp.（1843）= Thryptomene Endl.（1839）（保留属名）［桃金娘科 Myrtaceae］●☆

52819 Tryssophyton Wurdack（1964）【汉】精美野牡丹属。【隶属】野牡丹科 Melastomataceae。【包含】世界 1 种。【学名诠释与讨论】〈中〉（希）tryssos，精美的、脆的，易碎的 + phyton，植物，树木，枝条。【分布】几内亚。【模式】Tryssophyton merumense Wurdack ☆

52820 Tsaiorchis Ts. Tang et F. T. Wang（1936）【汉】长喙兰属（假兜唇兰属）。【英】Longbeakorchis。【隶属】兰科 Orchidaceae。【包含】世界 1 种，中国 1 种。【学名诠释与讨论】〈阴〉（人）Hitao Tsai，1911-1981，蔡希陶，中国植物学家。他在西双版纳的葫芦岛筹建了中国第一个热带植物园"中国科学院云南热带植物研究所"，创建了中国第一个热带植物研究基地。他对我国栽培橡胶有突出贡献 + orchis，兰花。【分布】中国。【模式】Tsaiorchis neottianthoides Tang et Wang ■★

52821 Tsavo Jarm.（1949）= Populus L.（1753）［杨柳科 Salicaceae］●

52822 Tschompskia Asch. et Graebn.，Nom. inval. = Arundinaria Michx.（1803）［禾本科 Poaceae（Gramineae）//青篱竹科 Arundinariaceae］●

52823 Tschudya DC.（1828）= Leandra Raddi（1820）［野牡丹科 Melastomataceae］●■☆

52824 Tsebona Capuron（1962）【汉】蔡山榄属。【隶属】山榄科 Sapotaceae。【包含】世界 1 种。【学名诠释与讨论】〈阴〉词源不详。【分布】马达加斯加。【模式】Tsebona macrantha Capuron ●☆

52825 Tsia Adans.（1763）Nom. illegit. ≡ Thea L.（1753）；~ = Camellia L.（1753）［山茶科（茶科）Theaceae］●

52826 Tsiana J. F. Gmel.（1791）Nom. illegit. ≡ Hellenia Retz.（1791）；~ = Costus L.（1753）［姜科（蘘荷科）Zingiberaceae//闭鞘姜科 Costaceae］■

52827 Tsiangia But, H. H. Hsue et P. T. Li（1986）【汉】蒋英木属。【英】Tsiangia。【隶属】茜草科 Rubiaceae。【包含】世界 1 种，中国 1 种。【学名诠释与讨论】〈阴〉（人）Tsiang-Ying，1898-1982，蒋英，中国植物分类学家，在植物分类学方面进行了开拓性工作，其主要著作有《中国植物志》第 63 卷和第 30 卷第 2 分册，详尽记载了中国夹竹桃科 Apocynaceae、萝藦科 Asclepiadaceae、番荔枝科 Annonaceae 植物，其中蒋英发现定名的新种 230 个，新属 10 个，对中国植物学研究做出了卓越贡献。【分布】中国。【模式】Tsiangia hongkongensis（B. C. Seemann）P. P. –H. But, H. –H. Hsue et P. –T. Li［Gaertnera hongkongensis B. C. Seemann］●

52828 Tsiemtani Adans.（1763）Nom. illegit. ≡ Rumphia L.（1753）［漆树科 Anacardiaceae］●

52829 Tsiem–tani Adans.（1763）Nom. illegit. ≡ Rumphia L.（1753）［漆树科 Anacardiaceae］●

52830 Tsilaitra R. Baron（1905）Nom. inval. = Mascarenhasia A. DC.（1844）［夹竹桃科 Apocynaceae］●☆

52831 Tsimatimia Jum. et H. Perrier（1910）= Garcinia L.（1753）［猪胶树科（克鲁西科，山竹子科，藤黄科）Clusiaceae（Guttiferae）//金丝桃科 Hypericaceae］●

52832 Tsingya Capuron（1969）【汉】蒋英无患子属。【隶属】无患子

科 Sapindaceae。【包含】世界 1 种。【学名诠释与讨论】〈阴〉（人）Tsiang-Ying,1898-1982,蒋英,中国植物分类学家,在植物分类学方面进行了开拓性工作,其主要著作有《中国植物志》第 63 卷和第 30 卷第 2 分册,详尽记载了中国夹竹桃科 Apocynaceae、萝藦科 Asclepiadaceae、番荔枝科 Annonaceae 植物,其中蒋英发现定名的新种 230 个,新属 10 个,对中国植物学研究做出了卓越贡献。【分布】马达加斯加。【模式】Tsingya bemarana R. Capuron ●☆

52833   Tsiorchis Z. J. Liu,S. C. Chen et L. J. Chen（2011）【汉】吉氏兰属。【隶属】兰科 Orchidaceae。【包含】世界 2 种。【学名诠释与讨论】〈阴〉（人）Tsi,Zhan Huo,吉占和,中国植物学者。【分布】中国。【模式】Tsiorchis kimballiana（Rchb. f.）Z. J. Liu, S. C. Chen et L. J. Chen［Vanda kimballiana Rchb. f.］☆

52834   Tsjeracanarinum T. Durand et Jacks. = Cansjera Juss.（1789）（保留属名）; ~ = Tsjeru-caniram Adans.（1763）（废弃属名）［山柑科（白花菜科,醉蝶花科）Capparaceae//山柑藤科 Cansjeraceae//山柚子科（山柑科,山柑仔科）Opiliaceae］●

52835   Tsjeru-caniram Adans.（1763）（废弃属名）≡ Cansjera Juss.（1789）（保留属名）［山柑科（白花菜科,醉蝶花科）Capparaceae//山柑藤科 Cansjeraceae//山柚子科（山柑科,山柑仔科）Opiliaceae］●

52836   Tsjinkia Adans.（1763）Nom. illegit. ≡ Lagerstroemia L.（1759）［千屈菜科 Lythraceae//紫薇科 Lagerstroemiaceae］●

52837   Tsjinkia B. D. Jacks.,Nom. illegit. ≡ Tsjinkia Adans.（1763）Nom. illegit. ; ~ = Lagerstroemia L.（1759）［千屈菜科 Lythraceae//紫薇科 Lagerstroemiaceae］●

52838   Tsjuilang Rumph. = Aglaia Lour.（1790）（保留属名）［棟科 Meliaceae］●

52839   Tsoala Bosser et D'Arcy（1992）【汉】管花茄属。【隶属】茄科 Solanaceae。【包含】世界 1 种。【学名诠释与讨论】〈阴〉词源不详。【分布】马达加斯加。【模式】Tsoala tubiflora J. Bosser et W. G. D'Arcy ●☆

52840   Tsoongia Merr.（1923）【汉】假紫珠属（似荆属,钟萼木属,钟君木属,钟木属）。【英】False Beautyberry,Falsebeautyberry。【隶属】马鞭草科 Verbenaceae//唇形科 Lamiaceae（Labiatae）//牡荆科 Viticaceae。【包含】世界 1 种,中国 1 种。【学名诠释与讨论】〈阴〉（人）Kuan Kwang Tsoong,1868-1940,钟观光,字宪鬯（音 chang）,中国植物学家,教育家。中国近代植物学的开拓者,是国内第一个用近代科学方法进行广泛植物采集调查的人。长期从事生物学教学、植物调查和古代史籍中有关植物的考证工作,撰写出一批史籍考订的植物学著作和手稿。在北京大学创建的植物标本室,是我国最早建立的植物标本室之一,随后又在浙江大学创建我国早期的植物标本室和植物园。为推动我国近代植物学研究和发展做出了重要贡献。1908 年以后,钟观光在北京大学任教期间开始研究植物,进行了系统的植物标本采集研究工作。曾立下"欲行万里路,欲登千重山。采集有志,尽善完成"的誓言。在 1914 年前后的 4 年时间里,钟观光北尽幽燕,南至滇黔,足迹遍及福建、广东、广西、云南、浙江、安徽、湖北、四川、河南、山西、河北等 11 个地区,行程万里,在长江、黄河、珠江三大流域采集蜡叶植物标本 16000 多种,共 15 万多号。海产、动物标本 500 多种。木材、果实、根茎、竹类 300 多种,成果丰硕。【分布】中国,中南半岛。【模式】Tsoongia axillariflora E. D. Merrill ●

52841   Tsoongiodendron Chun（1963）【汉】观光木属（宿萼木兰属,宿轴木兰属）。【英】Guanguangtree,Tsoong's Tree。【隶属】木兰科 Magnoliaceae。【包含】世界 1 种,中国 1 种。【学名诠释与讨论】〈中〉（人）Kuan Kwang Tsoong,1868-1940,钟观光,字宪鬯（音 chang）,中国植物学家,教育家+希腊文 dendroo 树木。此属的学名,ING、TROPICOS 和 IK 记载是"Tsoongiodendron W. Y. Chun, Acta Phytotax. Sin. 8:281. Oct 1963"。它曾被处理为"Michelia sect. Tsoongiodendron（Chun）Noot. & B. L. Chen, Annals of the Missouri Botanical Garden 80（4）: 1086. 1993"。亦有文献把"Tsoongiodendron Chun(1963)"处理为"Michelia L.（1753）"的异名。【分布】印度（北部）,中国。【模式】odorum W. Y. Chun。【参考异名】Michelia L.（1753）; Michelia sect. Tsoongiodendron（Chun）Noot. & B. L. Chen（1993）●

52842   Tsotria Raf. = Isotria Raf.（1808）［兰科 Orchidaceae］■☆

52843   Tsubaki Adans.（1763）Nom. illegit. ≡ Camellia L.（1753）［山茶科（茶科）Theaceae］●

52844   Tsubuki Kaempf. ex Adans.（1763）Nom. illegit. ≡ Tsubaki Adans.（1763）Nom. illegit. ; ~ ≡ Camellia L.（1753）［山茶科（茶科）Theaceae］●

52845   Tsuga（Endl.）Carrière（1855）【汉】铁杉属（铁油杉属）。【日】ツガ属。【俄】Гемлок, Tсуга, Цуга。【英】Hemlock, Hemlock Spruce, Hemlock-spruce。【隶属】松科 Pinaceae。【包含】世界 9-16 种,中国 4-7 种。【学名诠释与讨论】〈阴〉（日）tsuga,日本铁杉的俗名ツガ。此属的学名,ING 和 GCI 记载是"Tsuga（Endlicher）Carrière, Traité Conif. 185. Jun 1855",由"Pinus sect. Tsuga Endlicher, Syn. Conif. 83. Mai-Jun 1847"改级而来;而 IK 则记载为"Tsuga Carrière, Traité Gén. Conif. 185. 1855"。三者引用的文献相同。【分布】美国,中国,喜马拉雅山,东亚,北美洲。【模式】Tsuga sieboldii Carrière［Abies tsuga Siebold et Zuccarini］。【参考异名】Hesperopeuce（Engelm.）Lemmon（1890）; Hesperopeuce Lemmon（1890）Nom. illegit. ; Micropeuce Gordon（1862）; Nothotsuga Hu; Nothotsuga Hu ex C. N. Page（1989）; Pinus sect. Tsuga Endl.（1847）; Tsuga Carrière（1855）Nom. illegit. ●

52846   Tsuga Carrière（1855）Nom. illegit. ≡ Tsuga（Endl.）Carrière（1855）［松科 Pinaceae］●

52847   Tsusiophyllum Maxim.（1870）【汉】杉叶鹃属。【日】ハコネコメツツジ属。【隶属】杜鹃花科（欧石南科）Ericaceae。【包含】世界 1 种。【学名诠释与讨论】〈中〉（日）tsutsuzi,日文ツツジ+希腊文 phyllon,叶子。phyllodes,似叶的,多叶的。phylleion,绿色材料,绿草。此属的学名是"Tsusiophyllum Maximowicz, Mém. Acad. Imp. Sci. Saint Pétersbourg ser. 7. 16（9）: 3, 12. Dec 1870"。亦有文献把其处理为"Rhododendron L.（1753）"的异名。【分布】日本。【模式】Tsusiophyllum tanakae Maximowicz。【参考异名】Rhododendron L.（1753）●☆

52848   Tsutsusi Adans.（1763）Nom. illegit. ≡ Azalea L.（1753）（废弃属名）; ~ = Loiseleuria Desv.（1813）（保留属名）［杜鹃花科（欧石南科）Ericaceae］●☆

52849   Tuamina Alef.（1861）= Vicia L.（1753）［豆科 Fabaceae（Leguminosae）//蝶形花科 Papilionaceae//野豌豆科 Viciaceae］■

52850   Tuba Spach = Nolana L. ex L. f.（1762）; ~ = Tula Adans.（1763）［茄科 Solanaceae//铃花科 Nolanaceae］■☆

52851   Tubanthera Comm. ex DC.（1825）= Colubrina Rich. ex Brongn.（1826）（保留属名）［鼠李科 Rhamnaceae］●

52852   Tubella（Luer）Archila（2000）【汉】小筒兰属。【隶属】兰科 Orchidaceae。【包含】世界 72 种。【学名诠释与讨论】〈阴〉（拉）tuba,号筒; tubicen,吹号者; tubus,指小式 tubulus 水管,管子+-ellus,-ella,-ellum,加在名词词干后面形成指小式的词尾。或加在人名、属名等后面以组成新属的名称。此属的学名,ING 和 GCI 记载是"Tubella（Luer）Archila, Revista Guatemalensis 3（1）: 46. 2000［Jun 2000］",由"Trichosalpinx subgen. Tubella Luer Monogr. Syst. Bot. Missouri Bot. Gard. 15:66. 1986"改级而来。【分

布]秘鲁,玻利维亚,厄瓜多尔,委内瑞拉,南美洲。【模式】Tubella acremona (Luer) Archila [Pleurothallis acremona Luer]。【参考异名】Trichosalpinx subgen. Tubella Luer(1986)☆

52853 Tuberaria(Dunal)Spach(1836)(保留属名)【汉】莲座半日花属(图贝花属)。【英】Rock-rose,Spotted Rockrose。【隶属】半日花科(岩蔷薇科)Cistaceae。【包含】世界10-14种。【学名诠释与讨论】〈阴〉(拉)tuber,指小式tuberculum,肿瘤,结节,隆肉,疣,块茎。Tuberosus,多隆肉的。tuberans或tuberascens,变膨大的,块茎状的+-arius,-aria,-arium,指示"属于、相似、具有、联系"的词尾。指模式种的根。此属的学名"Tuberaria(Dunal)Spach in Ann. Sci. Nat., Bot., ser. 2,6;364. Dec 1836"是保留属名,由"Helianthemum sect. Tuberaria Dunal in A. P. de Candolle, Prodr. 1;270. Jan(med.)1824"改级而来。相应的废弃属名是半日花科(岩蔷薇科)Cistaceae的"Xolantha Raf., Caratt. Nuov. Gen.;73,74,t. 18,f. 1. Apr-Dec 1810 = Tuberaria(Dunal)Spach(1836)(保留属名)"。"Tuberaria Spach, Ann. Sci. Nat., Bot. sér. 2,6;364. 1836 ≡ Tuberaria(Dunal)Spach(1836)(保留属名)"的命名人引证有误,亦应废弃。"Therocistus J. Holub, Preslia 58;300. 1986(post 30 Jun)"是"Tuberaria(Dunal)Spach(1836)(保留属名)"的晚出的同模式异名(Homotypic synonym, Nomenclatural synonym)。【分布】地中海地区,欧洲西部和中部。【模式】Tuberaria guttata(Linnaeus)Fourreau[Cistus guttatus Linnaeus]。【参考异名】Helianthemum sect. Tuberaria Dunal(1824);Therocistus Holub(1986)Nom. illegit.;Tuberaria Spach(1836)Nom. illegit.;Xolantha Raf.(1810)(废弃属名);Xolanthes Raf.(1838)■☆

52854 Tuberaria Spach(1836)Nom. illegit.(废弃属名)≡ Tuberaria(Dunal)Spach(1836)(保留属名)[半日花科(岩蔷薇科)Cistaceae]■☆

52855 Tuberculocarpus Pruski(1996)【汉】瘤果菊属。【隶属】菊科Asteraceae(Compositae)。【包含】世界1种。【学名诠释与讨论】〈阳〉(拉)tuber,指小式tuberculum,肿瘤,结节,隆肉,疣,块茎+karpos,果实。【分布】委内瑞拉,中美洲。【模式】Tuberculocarpus ruber(L. Aristeguieta)J. F. Pruski[Aspilia rubra L. Aristeguieta]■●☆

52856 Tuberogastris Thouars = Limodorum Boehm.(1760)(保留属名)[兰科 Orchidaceae]■☆

52857 Tuberolabium Yamam.(1924)【汉】管唇兰属。【英】Tuberolabium。【隶属】兰科 Orchidaceae。【包含】世界10-12种,中国1种。【学名诠释与讨论】〈中〉(拉)tuber,肿瘤,结节,隆肉,疣,块茎+labium,唇。指管状的唇瓣肿胀。【分布】中国。【模式】Tuberolabium kotoense Yamamoto。【参考异名】Trachoma Garay(1972)■

52858 Tuberosa Fabr.(1759)Nom. illegit. ≡ Tuberosa Heist. ex Fabr.(1759);~ ≡ Polianthes L.(1753)[石蒜科 Amaryllidaceae//龙舌兰科 Agavaceae]■

52859 Tuberosa Heist.(1748)Nom. inval. ≡ Tuberosa Heist. ex Fabr.(1759);~ ≡ Polianthes L.(1753)[石蒜科 Amaryllidaceae//龙舌兰科 Agavaceae]■

52860 Tuberosa Heist. ex Fabr.(1759)Nom. illegit. ≡ Polianthes L.(1753)[石蒜科 Amaryllidaceae//龙舌兰科 Agavaceae]■

52861 Tuberostyles Benth.(1873)Nom. illegit. ≡ Tuberostyles Benth. et Hook. f.(1873);~ = Tuberostylis Steetz(1853)[菊科 Asteraceae(Compositae)]■●☆

52862 Tuberostyles Benth. et Hook. f.(1873)= Tuberostylis Steetz(1853)[菊科 Asteraceae(Compositae)]■●☆

52863 Tuberostylis Steetz(1853)【汉】隆柱菊属。【隶属】菊科

Asteraceae(Compositae)。【包含】世界2种。【学名诠释与讨论】〈阴〉(拉)tuber,肿瘤,结节,隆肉,疣,块茎+stylos =拉丁文style,花柱,中柱,有尖之物,桩,柱,支持物,支柱,石头做的界标。【分布】巴拿马,厄瓜多尔,哥伦比亚,中美洲。【模式】Tuberostylis rhizophorae Steetz。【参考异名】Tuberostyles Benth.(1873)Nom. illegit.;Tuberostyles Benth. et Hook. f.(1873)■●☆

52864 Tubifilaceae Dulac = Malvaceae Juss.(保留科名)●■

52865 Tubiflora J. F. Gmel.(1791)(废弃属名)≡ Elytraria Michx.(1803)(保留属名)[爵床科 Acanthaceae]●☆

52866 Tubilabium J. J. Sm.(1928)【汉】筒兰属。【隶属】兰科 Orchidaceae。【包含】世界2种。【学名诠释与讨论】〈中〉(拉)tuba,号筒;tubicen,吹号者;tubus,指小式tubulus,水管,管子,筒,tubularis或tubulosus筒状的,管状的+labium,唇。此属的学名是"Tubilabium J. J. Smith,Bull. Jard. Bot. Buitenzorg ser. 3. 9;446. Mai 1928"。亦有文献把其处理为"Myrmechis(Lindl.)Blume(1859)"的异名。【分布】印度尼西亚,中国。【模式】Tubilabium aureum J. J. Smith。【参考异名】Myrmechis(Lindl.)Blume(1859)■

52867 Tubilium Cass.(1817)= Pulicaria Gaertn.(1791)[菊科 Asteraceae(Compositae)]■●

52868 Tubocapsicum(Wettst.)Makino(1908)【汉】龙珠属。【日】ハダカホオズキ属,ハダカホホツキ属。【英】Dragonpearl,Tubocapsicum。【隶属】茄科 Solanaceae。【包含】世界2种,中国1种。【学名诠释与讨论】〈中〉(拉)tuba,号筒+(属)Capsicum辣椒属。指花冠管状,或指花萼。此属的学名,ING和TROPICOS记载是"Tubocapsicum(Wettstein)Makino, Bot. Mag.(Tokyo)22;18. 1908",由"Capsicum sect. Tubocapsicum Wettstein in Engler et Prantl, Nat. Pflanzenfam. 4(3b);21. Oct 1891"改级而来;而IK则记载为"Tubocapsicum Makino, Bot. Mag.(Tokyo)xxii. 18(1908)"。三者引用的文献相同。亦有文献把"Tubocapsicum(Wettst.)Makino(1908)"处理为"Capsicum L.(1753)"的异名。【分布】朝鲜,菲律宾,日本,中国,加里曼丹岛。【模式】Tubocapsicum anomalum(Franchet et Savatier)Makino[Capsicum anomalum Franchet et Savatier]。【参考异名】Capsicum L.(1753);Capsicum sect. Tubocapsicum Wettst.(1891);Tubocapsicum Makino(1908)Nom. illegit.■

52869 Tubocapsicum Makino(1908)Nom. illegit. ≡ Tubocapsicum(Wettst.)Makino(1908)[茄科 Solanaceae]■

52870 Tubocytisus(DC.)Fourr.(1868)Nom. illegit. ≡ Viborgia Moench(1794)(废弃属名);~ = Cytisus Desf.(1798)(保留属名);~ = Cytisus L.(1753)(废弃属名)[豆科 Fabaceae(Leguminosae)//蝶形花科 Papilionaceae]●

52871 Tubocytisus Fourr.(1868)Nom. illegit. ≡ Tubocytisus(DC.)Fourr.(1868)Nom. illegit.;~ ≡ Tubocapsicum(Wettst.)Makino(1908);~ ≡ Viborgia Moench(1794)(废弃属名);~ = Cytisus Desf.(1798)(保留属名);~ = Cytisus L.(1753)[茄科 Solanaceae]■

52872 Tubopadus Pomel(1860)= Cerasus Mill.(1754)[蔷薇科 Rosaceae]●

52873 Tubutubu Rumph.(1755)= Tapeinochilos Miq.(1869)(保留属名)[as 'Tapeinocheilos'][姜科(襄荷科)Zingiberaceae//闭鞘姜科 Costaceae]■☆

52874 Tubutubua Post et Kuntze(1903)= Tubutubu Rumph.(1755)[姜科(襄荷科)Zingiberaceae]■☆

52875 Tuchiroa Kuntze(1891)= Crudia Schreb.(1789)(保留属名);~ = Touchiroa Aubl.(1775)(废弃属名)[豆科 Fabaceae(Leguminosae)//云实科(苏木科)Caesalpiniaceae]●☆

52876 Tuchsia Raf. = Fuchsia L.(1753)[柳叶菜科 Onagraceae]●■

52877　Tuckermania Klotzsch（1841）Nom. illegit. ≡ Tuckermannia Klotzsch（1841）; ~ = Oakesia Tuck.（1842）; ~ = Corema D. Don（1826）［岩高兰科 Empetraceae］●☆

52878　Tuckermannia Klotzsch（1841）Nom. illegit. ≡ Oakesia Tuck.（1842）; ~ = Corema D. Don（1826）［岩高兰科 Empetraceae］●☆

52879　Tuckermannia Nutt.（1841）= Coreopsis L.（1753）; ~ = Leptosyne DC.（1836）［菊科 Asteraceae（Compositae）//金鸡菊科 Coreopsidaceae］●■

52880　Tuckeya Gaudich.（1844–1849）= Pandanus Parkinson（1773）［露兜树科 Pandanaceae］●■

52881　Tucma Ravenna（1973）= Ennealophus N. E. Br.（1909）［鸢尾科 Iridaceae］■☆

52882　Tucnexia DC. = Morettia DC.（1821）; ~ = Nectouxia DC.（1821）Nom. inval.［十字花科 Brassicaceae（Cruciferae）］■☆

52883　Tuctoria Reeder（1982）【汉】春池草属。【隶属】禾本科 Poaceae（Gramineae）。【包含】世界 3 种。【学名诠释与讨论】〈阴〉（拉）二列春池草属 Orcuttia 的字母改缀。【分布】美国,墨西哥。【模式】Tuctoria fragilis（J. R. Swallen）J. R. Reeder［Orcuttia fragilis J. R. Swallen］☆

52884　Tuerckheimia Dammer ex Donn. Sm.（1905）Nom. illegit. ≡ Tuerckheimia Dammer（1905）; ~ = Chamaedorea Willd.（1806）（保留属名）; ~ = Kinetostigma Dammer（1905）［棕榈科 Arecaceae（Palmae）］●☆

52885　Tuerckheimia Dammer（1905）【汉】危地马拉棕属。【隶属】棕榈科 Arecaceae（Palmae）。【包含】世界 1 种。【学名诠释与讨论】〈阴〉（人）Tuerckheim。此属的学名,IK 和 TROPICOS 记载是"Tuerckheimia Dammer ex Donn. Sm., Enum. Pl. Guatem. 7: 53, nomen. 1905"; TROPICOS 标注它是一个裸名（Nom. nud.）。GCI 则记载为"Tuerckheimia Dammer, Enum. Pl. Guatem. 7: 53. 1905"。苔藓的"Tuerckheimia V. F. Brotherus, Oefvers. Förh. Finska Vetensk. –Soc. 52A（7）: 1. 1910"是晚出的非法名称。亦有文献把"Tuerckheimia Dammer（1905）"处理为"Chamaedorea Willd.（1806）（保留属名）"的异名。【分布】危地马拉。【模式】Tuerckheimia ascendens Dammer。【参考异名】Tuerckheimia Dammer ex Donn. Sm.（1905）Nom. inval., Nom. nud.; Chamaedorea Willd.（1806）（保留属名）; Kinetostigma Dammer（1905）●☆

52886　Tuerckheimocharis Urb.（1912）【汉】西印度玄参属。【隶属】玄参科 Scrophulariaceae。【包含】世界 1 种。【学名诠释与讨论】〈阴〉（人）Hans von Turckheim, 1853–1920, 德国植物采集家 + charis, 喜悦, 雅致, 美丽, 流行。此属的学名是"Tuerckheimocharis Urban, Symb. Antill. 7: 373. 1912"。亦有文献把其处理为"Scrophularia L.（1753）"的异名。【分布】西印度群岛。【模式】Tuerckheimocharis domingensis Urban。【参考异名】Scrophularia L.（1753）■☆

52887　Tugarinovia Iljin（1928）【汉】革苞菊属。【英】Leatherybractdaisy, Tugarinovia。【隶属】菊科 Asteraceae（Compositae）。【包含】世界 1 种, 中国 1 种。【学名诠释与讨论】〈阴〉（人）A. I. Tugarinov, 俄罗斯植物学者。【分布】蒙古, 中国。【模式】Tugarinovia mongolica Iljin ■

52888　Tula Adans.（1763）= Nolana L. ex L. f.（1762）［茄科 Solanaceae//铃花科 Nolanaceae］■☆

52889　Tulakenia Raf.（1838）= Jurinea Cass.（1821）［菊科 Asteraceae（Compositae）］●■

52890　Tulasnea Naudin（1844）= Siphanthera Pohl（1828）［野牡丹科 Melastomataceae］■☆

52891　Tulasnea Wight（1852）Nom. inval., Nom. illegit. = Dalzellia Wight（1852）; ~ = Terniola Tul.（1852）Nom. illegit.; ~ = Lawia Griff. ex Tul.（1849）Nom. illegit.［髯管花科 Geniostomaceae］■

52892　Tulasneantha P. Royen（1951）【汉】图氏川苔草属。【隶属】髯管花科 Geniostomaceae。【包含】世界 1 种。【学名诠释与讨论】〈阴〉（人）Louis Rene（'Edmond'）Tulasne, 1815–1885, 法国植物学者 + anthos, 花。此属的学名"Tulasneantha Royen, Med. Bot. Mus. Utrecht 107: 9. 9 Jul 1951"是一个替代名称。"Lacis J. Lindley, Nat. Syst. ed. 2. 442. Jul（?）1836"是一个非法名称（Nom. illegit.）, 因为此前已经有了"Lacis Schreber, Gen. 366. Apr 1789 ≡ Mourera Aubl.（1775）［髯管花科 Geniostomaceae］]"。故用"Tulasneantha P. Royen（1951）"替代之。同理,"Lacis Dulac, Fl. Hautes–Pyrénées 347. post 29 Jun 1867 ≡ Trinia Hoffm.（1814）（保留属名）［伞形花科（伞形科）Apiaceae（Umbelliferae）］"亦是非法名称。【分布】巴西, 玻利维亚。【模式】Tulasneantha monadelpha（Bong.）P. Royen［Lacis monadelpha Bongard］。【参考异名】Lacis Lindl.（1836）Nom. illegit. ■☆

52893　Tulbachia D. Dietr.（1840）（废弃属名）= Tulbaghia L.（1771）［as 'Tulbagia'］（保留属名）［百合科 Liliaceae//葱科 Alliaceae//紫瓣花科 Tulbaghiaceae］■☆

52894　Tulbaghia Fabr.（废弃属名）≡ Tulbaghia Heist. ex Kuntze（1891）（废弃属名）; ~ = Agapanthus L'Hér.（1789）（保留属名）［百合科 Liliaceae//百子莲科 Agapanthaceae］■☆

52895　Tulbaghia Heist.（1755）（废弃属名）≡ Tulbaghia Heist. ex Kuntze（1891）（废弃属名）; ~ = Agapanthus L'Hér.（1789）（保留属名）［百合科 Liliaceae//百子莲科 Agapanthaceae］■☆

52896　Tulbaghia Heist. ex Kuntze（1891）（废弃属名）≡ Agapanthus L'Hér.（1789）（保留属名）［百合科 Liliaceae//百子莲科 Agapanthaceae］■☆

52897　Tulbaghia L.（1771）［as 'Tulbagia'］（保留属名）【汉】紫瓣花属（臭根葱莲属, 土巴夫属, 紫娇花属）。【日】ツルバギア属。【俄】Лилия африканская。【英】Tuibaghia。【隶属】百合科 Liliaceae//葱科 Alliaceae//紫瓣花科 Tulbaghiaceae。【包含】世界 22 种。【学名诠释与讨论】〈阴〉（人）Ruk（Rijk）Tulbagh, 1699–1771, 荷兰驻好望角总督。此属的学名"Tulbaghia L., Mant. Pl.: 148, 223. Oct 1771（'Tulbagia'）（orth. cons.）"是保留属名。相应的废弃属名是"Tulbaghia Heist., Beschr. Neu. Geschl.: 15. 1755 ≡ Agapanthus L'Hér.（1789）（保留属名）［百合科 Liliaceae//百子莲科 Agapanthaceae］"。"Tulbaghia Heist. ex Kuntze, Rev. Gen.（1891）718 ≡ Agapanthus L'Hér.（1789）（保留属名）［百合科 Liliaceae//百子莲科 Agapanthaceae］"、"Tulbaghia Fabr. = Agapanthus L'Hér.（1789）（保留属名）［百合科 Liliaceae//百子莲科 Agapanthaceae］"和其拼写变体"Tulbagia L.（1771）"亦应废弃。【分布】热带和非洲南部。【模式】Tulbaghia capensis Linnaeus。【参考异名】Omentaria Salisb.（1866）; Tulbachia D. Dietr.（1840）（废弃属名）●☆

52898　Tulbaghiaceae Salisb.（1866）［亦见 Alliaceae Borkh.（保留科名）葱科］【汉】紫瓣花科。【包含】世界 1 属 22 种。【分布】非洲。【科名模式】Tulbaghia L. ■

52899　Tulbagia L.（1771）Nom. illegit.（废弃属名）≡ Tulbaghia L.（1771）（保留属名）［葱科 Alliaceae//百合科 Liliaceae］■☆

52900　Tulestea Aubrév. et Pellegr.（1961）【汉】肖神秘果属。【隶属】山榄科 Sapotaceae。【包含】世界 6 种。【学名诠释与讨论】〈阴〉词源不详。此属的学名是"Tulestea Aubréville et Pellegrin in Aubréville, Notul. Syst. Paris 16: 266. Jan–Mar 1961（'1960'）"。亦有文献把其处理为"Synsepalum（A. DC.）Daniell（1852）"的异名。【分布】加蓬, 西赤道非洲。【模式】Tulestea gabonensis Aubréville et Pellegrin。【参考异名】Synsepalum（A. DC.）Daniell（1852）●☆

52901　Tulexis Raf.（1838）= Brassavola R. Br.（1813）（保留属名）［兰科 Orchidaceae］■☆

52902　Tulichiba Post et Kuntze（1903）= Ormosia Jacks.（1811）（保留属名）；~ = Toulichiba Adans.（1763）（废弃属名）［豆科 Fabaceae（Leguminosae）//蝶形花科 Papilionaceae］●

52903　Tulicia Post et Kuntze（1903）= Toulicia Aubl.（1775）［无患子科 Sapindaceae］●☆

52904　Tulipa L.（1753）【汉】郁金香属。【日】アマナ属，チューリップ属。【俄】Тюльпан。【英】Tulip。【隶属】百合科 Liliaceae。【包含】世界 100-150 种，中国 13-17 种。【学名诠释与讨论】〈阴〉（法）tulipe，来自土耳其语 tulbend，回教人的头巾。指花的形状。【分布】巴基斯坦，中国，热带欧亚大陆。【后选模式】Tulipa sylvestris Linnaeus。【参考异名】Amana Honda（1935）；Eduardoregelia Popov（1936）；Liriactis Raf.（1837）；Liriopogon Raf.（1837）；Orithyia D. Don（1836）；Podonix Raf.（1838）】

52905　Tulipaceae Batsch ex Borkh.（1786）= Liliaceae Juss.（保留科名）■●

52906　Tulipaceae Horan. = Liliaceae Juss.（保留科名）■●

52907　Tulipastrum Spach（1838）= Magnolia L.（1753）［木兰科 Magnoliaceae］●

52908　Tulipifera Herm. ex Mill.（1754）≡ Tulipifera Mill.（1754）；~ ≡ Liriodendron L.（1753）［木兰科 Magnoliaceae//鹅掌楸科 Liriodendraceae］●

52909　Tulipifera Mill.（1754）≡ Liriodendron L.（1753）［木兰科 Magnoliaceae//鹅掌楸科 Liriodendraceae］●

52910　Tulipiferae Vent. = Magnoliaceae Juss.（保留科名）●

52911　Tulisma Raf.（1837）（废弃属名）= Corytholoma（Benth.）Decne.（1848）；~ = Rechsteineria Regel（1848）（保留属名）；~ = Sinningia Nees（1825）［苦苣苔科 Gesneriaceae］●■☆

52912　Tulista Raf.（1840）= Haworthia Duval（1809）（保留属名）［百合科 Liliaceae//阿福花科 Asphodelaceae//芦荟科 Aloaceae］■☆

52913　Tullia Leavenw.（1830）= Pycnanthemum Michx.（1803）（保留属名）［唇形科 Lamiaceae（Labiatae）］■☆

52914　Tullya Raf. = Tullia Leavenw.（1830）；~ = Pycnanthemum Michx.（1803）（保留属名）［唇形科 Lamiaceae（Labiatae）］■☆

52915　Tulocarpus Hook. et Arn.（1838）= Guardiola Cerv. ex Bonpl.（1807）［菊科 Asteraceae（Compositae）］■☆

52916　Tuloclinia Raf.（1838）= Metalasia R. Br.（1817）［菊科 Asteraceae（Compositae）］●☆

52917　Tulophos Raf.（1837）= Triteleia Douglas ex Lindl.（1830）［百合科 Liliaceae//葱科 Alliaceae］■☆

52918　Tulorima Raf.（1837）= Saxifraga L.（1753）［虎耳草科 Saxifragaceae］■

52919　Tulotis Raf.（1833）【汉】蜻蜓兰属。【日】トンボソウ属。【俄】Тулотис。【英】Dragonflyoechis，Tulotis。【隶属】兰科 Orchidaceae。【包含】世界 5 种，中国 3 种。【学名诠释与讨论】〈阴〉（希）tylotos，有圆端的。此属的学名是"Tulotis Rafinesque, Herb. Raf. 70. 1833"。亦有文献把其处理为"Platanthera Rich.（1817）（保留属名）"的异名。【分布】中国，东亚，北美洲。【模式】未指定。【参考异名】Perularia Lindl.（1834）；Platanthera Rich.（1817）（保留属名）；Tylotis Post et Kuntze（1903）］■

52920　Tulucuna Post et Kuntze（1903）= Carapa Aubl.（1775）；~ = Touloucouna M. Roem.（1846）［楝科 Meliaceae］●☆

52921　Tumalis Raf.（1838）= Euphorbia L.（1753）［大戟科 Euphorbiaceae］●■

52922　Tumamoca Rose（1912）【汉】图马瓜属。【日】ツマモカ属。【隶属】葫芦科（瓜科，南瓜科）Cucurbitaceae。【包含】世界 1 种。

【学名诠释与讨论】〈阴〉词源不详。【分布】美国（西南部）。【模式】Tumamoca macdougalii J. N. Rose ■☆

52923　Tumboa Welw.（1861）（废弃属名）≡ Welwitschia Hook. f.（1862）（保留属名）［百岁兰科 Welwitschiaceae//花荵科 Polemoniaceae］■☆

52924　Tumboaceae Wettst.（1903）= Welwitschiaceae Caruel（保留科名）■☆

52925　Tumelaia Raf.（1838）= Daphne L.（1753）；~ = Thymelaea Mill.（1754）（保留属名）［瑞香科 Thymelaeaceae］●■

52926　Tumidinodus H. W. Li（1983）= Anna Pellegr.（1930）［苦苣苔科 Gesneriaceae］■

52927　Tumion Raf.（1840）Nom. inval. ≡ Tumion Raf. ex Greene（1891）；~ = Torreya Arn.（1838）（保留属名）［红豆杉科（紫杉科）Taxaceae//榧树科 Torreyaceae］●

52928　Tumion Raf. ex Greene（1891）Nom. illegit. ≡ Torreya Arn.（1838）（保留属名）［红豆杉科（紫杉科）Taxaceae//榧树科 Torreyaceae］●

52929　Tumionella Greene（1906）= Haplopappus Cass.（1828）［as 'Aplopappus'］（保留属名）［菊科 Asteraceae（Compositae）］■●☆

52930　Tunaria Kuntze（1898）= Cantua Juss. ex Lam.（1785）［花荵科 Polemoniaceae］●☆

52931　Tunas Lunell（1916）Nom. illegit. ≡ Opuntia Mill.（1754）［仙人掌科 Cactaceae］●■

52932　Tunatea Kuntze（1891）= Swartzia Schreb.（1791）（保留属名）；~ = Tounatea Aubl.（1775）（废弃属名）［豆科 Fabaceae（Leguminosae）//云实科（苏木科）Caesalpiniaceae］●☆

52933　Tunga Roxb.（1820）= Hypolytrum Pers.（1805）［莎草科 Cyperaceae］■

52934　Tunica（Hallier）Scop.（1772）Nom. illegit. = Petrorhagia（Ser.）Link（1831）［石竹科 Caryophyllaceae］■

52935　Tunica Haller ex Pomel（1860）Nom. illegit. = Petrorhagia（Ser.）Link（1831）［石竹科 Caryophyllaceae］■

52936　Tunica Haller（1742）Nom. inval. ≡ Tunica Haller ex Pomel（1860）Nom. illegit. ；~ = Petrorhagia（Ser.）Link（1831）［石竹科 Caryophyllaceae］■

52937　Tunica Ludw.（1757）Nom. illegit. ≡ Dianthus L.（1753）；~ = Petrorhagia（Ser.）Link（1831）［石竹科 Caryophyllaceae］■

52938　Tunica Mert. et W. D. J. Koch，Nom. illegit. = Petrorhagia（Ser.）Link（1831）［石竹科 Caryophyllaceae］■

52939　Tunilla D. R. Hunt et Iliff（2000）【汉】南美掌属。【隶属】仙人掌科 Cactaceae。【包含】世界 11 种。【学名诠释与讨论】〈阴〉词源不详。此属的学名是"Tunilla D. R. Hunt et J. Iliff, Cactaceae Syst. Init. 9: 10. 30 Jun 2000"。亦有文献把其处理为"Opuntia Mill.（1754）"的异名。【分布】玻利维亚，南美洲。【模式】Tunilla soehrensii（N. L. Britton et J. N. Rose）D. R. Hunt et J. Iliff［Opuntia soehrensii N. L. Britton et J. N. Rose］。【参考异名】Opuntia Mill.（1754）●☆

52940　Tupa G. Don（1834）= Lobelia L.（1753）［桔梗科 Campanulaceae//山梗菜科（半边莲科）Nelumbonaceae］●■

52941　Tupacamaria Archila（2008）【汉】图帕兰属。【隶属】兰科 Orchidaceae。【包含】世界 15 种。【学名诠释与讨论】〈阴〉词源不详。【分布】巴西，圭亚那，美国，委内瑞拉，南美洲。【模式】Tupacamaria beyrichii（Rchb. f.）Archila［Galeandra beyrichii Rchb. f.］☆

52942　Tupeia Blume（1830）= Dendrotrophe Miq.（1856）；~ = Henslowia Blume（1851）Nom. illegit. ［檀香科 Santalacea］●

52943　Tupeia Cham. et Schltdl.（1828）【汉】新喀桑寄生属。【隶属】

桑寄生科 Loranthaceae。【包含】世界 1 种。【学名诠释与讨论】〈阴〉(希)来自毛利人植物俗名 tupia。【分布】新西兰。【模式】Tupeia antarctica (J. G. A. Forster) Chamisso et Schlechtendal [Viscum antarcticum J. G. A. Forster]●☆

52944　Tupeianthus Takht. , Nom. illegit. = Tepuianthus Maguire et Steyerm. (1981) [苦皮树科(绢毛果科)Tepuianthaceae]●☆

52945　Tupelo Adans. (1763)Nom. illegit. ≡Nyssa L. (1753) [蓝果树科(珙桐科,紫树科)Nyssaceae//山茱萸科 Cornaceae]●

52946　Tupidanthus Hook. f. et Thomson(1856)【汉】多蕊木属(多蕊属,多蕊藤属,脱辟木属)。【日】インドヤツデ属,ツピダンサス属。【英】Anthrywood, Tupidanthus。【隶属】五加科 Araliaceae。【包含】世界 1 种,中国 1 种。【学名诠释与讨论】〈阳〉(希)tupis,所有格 tupidos,木槌,铁锤+anthos,花。指花蕾木槌状。此属的学名是"Tupidanthus J. D. Hooker et Thomson, Bot. Mag. ad t. 4908. 1 Apr 1856"。亦有文献把其处理为"Schefflera J. R. Forst. et G. Forst. (1775)(保留属名)"的异名。【分布】中国,印度(阿萨姆)至马来半岛。【模式】Tupidanthus calyptratus J. D. Hooker et Thomson。【参考异名】Schefflera J. R. Forst. et G. Forst. (1775)(保留属名)●

52947　Tupistra Ker Gawl. (1814)【汉】长柱开口箭属(开口箭属,长柱七属)。【英】Tupistra。【隶属】百合科 Liliaceae//铃兰科 Convallariaceae。【包含】世界 15-35 种,中国 5 种。【学名诠释与讨论】〈阴〉(希)tupis,所有格 tupidos,木槌,铁锤+-astrum,指示小的词尾,也有"不完全相似"的含义。指花木槌状。【分布】中国,喜马拉雅山至马来半岛。【模式】Tupistra squalida Ker-Gawler。【参考异名】Campylandra Baker(1875);Gomoscypha Post et Kuntze (1903); Macrostigma Kunth (1849) Nom. illegit. ; Platymetra Noronha ex Salisb. (1866)Nom. illegit. ;Tikusta Raf.■

52948　Tupistraceae Schnizl. (1846) = Ruscaceae M. Roem. (保留科名)●

52949　Turanecio Hamzaoğlu (2011)【汉】图兰菀属。【隶属】菊科 Asteraceae(Compositae)。【包含】世界 10 种。【学名诠释与讨论】〈阴〉(地)Turan,图兰,位于伊朗+Senecio 千里光属(黄菀属)的后半部分。【分布】安纳托利亚。【模式】Turanecio hypochionaeus (Boiss.) Hamzaoğlu [Senecio hypochionaeus Boiss.]☆

52950　Turanga(Bunge)Kimura (1938) = Populus L. (1753) [杨柳科 Salicaceae]●

52951　Turania Akhani et Roalson(2007)【汉】图兰猪毛菜属。【隶属】藜科 Chenopodiaceae//猪毛菜科 Salsolaceae。【包含】世界 4 种。【学名诠释与讨论】〈阴〉(地)Turan,图兰,位于伊朗。此属的学名是"Turania Akhani et Roalson, International Journal of Plant Sciences 168(6):946. 2007. (Jul-Aug 2007)"。亦有文献把其处理为"Salsola L. (1753)"的异名。【分布】土耳其,亚洲中部。【模式】Turania sogdiana (Bunge) Akhani [Salsola sogdiana Bunge]。【参考异名】Salsola L. (1753)●■☆

52952　Turaniphytum Poljakov(1961)【汉】图兰蒿属。【隶属】菊科 Asteraceae(Compositae)。【包含】世界 2 种。【学名诠释与讨论】〈中〉(地)Turan,图兰,位于伊朗+phyton 植物,树木,枝条。【分布】亚洲中部。【模式】Turaniphytum eranthemum (Bunge) P. P. Poljakov [Artemisia eranthema Bunge]■☆

52953　Turbina Raf. (1838)【汉】陀旋花属。【隶属】旋花科 Convolvulaceae。【包含】世界 15 种。【学名诠释与讨论】〈阴〉(拉)turbo,所有格 turbinis,旋转之物,如陀螺、旋风等。【分布】巴拉圭,巴拿马,秘鲁,玻利维亚,厄瓜多尔,哥斯达黎加,马达加斯加,尼加拉瓜,中美洲。【模式】Turbina corymbosa (Linnaeus) Rafinesque [Convolvulus corymbosus Linnaeus]。【参考异名】Legendrea Webb et Berthel. (1836-1850); Turbine Willis, Nom.

inval. ●■☆

52954　Turbinaceae Dulac =Oleaceae Hoffmanns. et Link(保留科名)●

52955　Turbine Willis, Nom. inval. = Turbina Raf. (1838) [旋花科 Convolvulaceae]●■☆

52956　Turbinicarpus(Backeb.)Buxb. et Backeb. (1937)【汉】姣丽球属。【隶属】仙人掌科 Cactaceae。【包含】世界 8 种。【学名诠释与讨论】〈阳〉(拉)turbo,所有格 turbinis,旋转之物+carpus,果实。此属的学名,ING 记载是"Turbinicarpus F. Buxbaum et Backeberg, Cactac. Jahrb. Dtsch. Kakteenges. 1937(1):27. 25 Mai 1937"。而 IK 和 TROPICOS 则记载为"Turbinicarpus (Backeb.) Buxb. et Backeb. , Cactac//Berlin 1937(1):Blatt 27. [25 Mai 1937]",由"Strombocactus subgen. Turbinicarpus Backeb."改级而来。四者引用的文献相同。GCI 则记载为"Turbinicarpus Buxb. et Backeb. ,Jahresber. K. K. Staats-Ober-Realschule Steyr 1st Teil, 27. 1937"。亦有文献把"Turbinicarpus (Backeb.) Buxb. et Backeb. (1937)"处理为"Neolloydia Britton et Rose(1922)"的异名。【分布】墨西哥。【后选模式】Turbinicarpus schmiedickeanus (Bödeker) F. Buxbaum et Backeberg [Echinocactus schmiedickeanus Bödeker]。【参考异名】Gymnocactus Backeb. (1938); Gymnocactus V. John et Říha (1981) Nom. illegit. ; Kadenicarpus Doweld (1998); Neolloydia Britton et Rose (1922); Rapicactus Buxb. et Oehme ex Buxb. (1942); Rapicactus Buxb. et Oehme (1942) Nom. inval. ;Strombocactus subgen. Turbinicarpus Backeb.; Turbinicarpus Buxb. et Backeb. (1937)Nom. illegit.■☆

52957　Turbinicarpus Buxb. et Backeb. (1937) Nom. illegit. ≡ Turbinicarpus (Backeb.) Buxb. et Backeb. (1937) [仙人掌科 Cactaceae]☆

52958　Turbith Tausch(1834) = Athamanta L. (1753) [伞形花科(伞形科)Apiaceae(Umbelliferae)]■☆

52959　Turbitha Raf. (1840) Nom. illegit. ≡Tribula Hill (1764) [伞形花科(伞形科)Apiaceae(Umbelliferae)]■

52960　Turczaninovia DC. (1836)【汉】女菀属。【俄】Турчаниновия。【英】Ladydaisy, Turczaninovia。【隶属】菊科 Asteraceae(Compositae)。【包含】世界 1 种,中国 1 种。【学名诠释与讨论】〈阴〉(人) Porphir Kiril Nicolai Stepanowitsch Turczaninow, 1796-1863,俄罗斯植物学者。【分布】中国,东亚。【模式】Turczaninovia fastigiata (F. E. L. Fischer) A. P. de Candolle [Aster fastigiatus F. E. L. Fischer]。【参考异名】Turczaninowia DC. (1836)■

52961　Turczaninoviella Koso-Pol. (1924)【汉】图尔克草属。【隶属】伞形花科(伞形科)Apiaceae(Umbelliferae)。【包含】世界 1 种。【学名诠释与讨论】〈阴〉(人) Porphir Kiril Nicolai Stepanowitsch Turczaninow,1796-1863,俄罗斯植物学者+-ellus, -ella, -ellum,加在名词词干后面形成指小式的词尾。或加在人名、属名等后面以组成新属的名称。【分布】澳大利亚。【模式】未指定■☆

52962　Turczaninowia DC. = Turczaninovia DC. (1836) [菊科 Asteraceae(Compositae)]■

52963　Turczaninowia Endl. =? Turczaninovia DC. (1836) [菊科 Asteraceae(Compositae)]■

52964　Turetta Vell. (1829)= Lauro-Cerasus Duhamel(1755) [蔷薇科 Rosaceae]●

52965　Turgenia Hoffm. (1814)【汉】刺果芹属。【俄】Туреневия, Тургения。【英】Bur Parsley, Turgenia。【隶属】伞形花科(伞形科)Apiaceae(Umbelliferae)。【包含】世界 1 种,中国 1 种。【学名诠释与讨论】〈阴〉(拉)turgeo,膨胀,所有格 turgescentis,肿大的。指果实。【分布】巴基斯坦,中国,地中海至亚洲中部,欧洲中部。【模式】Turgenia latifolia (Linnaeus) G. F. Hoffmann

[Caucalis latifolia Linnaeus]■

52966 Turgeniopsis Boiss.(1844)【汉】类刺果芹属。【隶属】伞形花科(伞形科)Apiaceae(Umbelliferae)。【包含】世界1种。【学名诠释与讨论】〈阴〉(属)Turgenia 刺果芹属+希腊文 opsis,外观,模样,相似。此属的学名是"Turgeniopsis Boissier, Ann. Sci. Nat. Bot. ser. 3. 2:53. Jul 1844"。亦有文献把其处理为"Glochidotheca Fenzl(1843)"的异名。【分布】亚洲西部。【模式】Turgeniopsis foeniculacea (Fenzl) Boissier [Turgenia foeniculacea Fenzl]。【参考异名】Glochidotheca Fenzl(1843)■☆

52967 Turgosea Haw.(1821)= Crassula L.(1753)[景天科 Crassulaceae]●■☆

52968 Turia Forssk.(1775)Nom. inval. ≡Turia Forssk. ex J. F. Gmel.(1791);~= Luffa Mill.(1754)[葫芦科(瓜科,南瓜科)Cucurbitaceae]■

52969 Turia Forssk. ex J. F. Gmel.(1791)= Luffa Mill.(1754)[葫芦科(瓜科,南瓜科)Cucurbitaceae]■

52970 Turibana (Nakai) Nakai(1949)= Euonymus L.(1753)[as 'Evonymus'](保留属名)[卫矛科 Celastraceae]●

52971 Turibana Nakai(1949)Nom. illegit. ≡Turibana (Nakai) Nakai(1949);~= Euonymus L.(1753)[as 'Evonymus'](保留属名)[卫矛科 Celastraceae]●

52972 Turinia A. Juss.(1848)= Turpinia Vent.(1807)(保留属名)[省沽油科 Staphyleaceae]●

52973 Turnera L.(1753)【汉】时钟花属(穗柱榆属,特纳草属,特纳属,窝籽属)。【日】トルネラ属。【俄】Турнера。【英】Turnera。【隶属】时钟花科(穗柱榆科,窝籽科,有叶花科)Turneraceae。【包含】世界50-60种。【学名诠释与讨论】〈阴〉(人)William Turner,c. 1508-1568,英国植物学者,牧师,医生,博物学者,动物学者。此属的学名,ING、TROPICOS 和 GCI 记载为"Turnera L., Sp. Pl. 1:271. 1753 [1 May 1753]"。IK 则记载为"Turnera Plum. ex L., Sp. Pl. 1:271. 1753 [1 May 1753]"。"Turnera Plum."是命名起点著作之前的名称,故"Turnera L.(1753)"和"Turnera Plum. ex L.(1753)"都是合法名称,可以通用。【分布】巴拉圭,巴拿马,秘鲁,玻利维亚,厄瓜多尔,哥伦比亚(安蒂奥基亚),马达加斯加,尼加拉瓜,非洲西南部,热带和亚热带美洲,中美洲。【模式】Turnera ulmifolia Linnaeus。【参考异名】Bohadschia C. Presl(1831)Nom. illegit.;Pumilea P. Browne(1756);Triacis Griseb.(1860);Tribolacis Griseb.(1860);Turnera Plum. ex L.(1753)●■☆

52974 Turnera Plum. ex L.(1753)≡Turnera L.(1753)[时钟花科(穗柱榆科,窝籽科,有叶花科)Turneraceae]●■☆

52975 Turneraceae DC.=Turneraceae Kunth ex DC.(保留科名)●■☆

52976 Turneraceae Kunth ex DC.(1828)(保留科名)【汉】时钟花科(穗柱榆科,窝籽科,有叶花科)。【包含】世界7-10属100-120种。【分布】主要热带美洲和非洲。【科名模式】Turnera L.(1753)●■☆

52977 Turpenia Wight =Turpinia Vent.(1807)(保留属名)[省沽油科 Staphyleaceae]●

52978 Turpethum Raf.(1838)Nom. illegit. ≡Operculina Silva Manso(1836)(废弃属名);~= Merremia Dennst. ex Endl.(1841)(保留属名)[旋花科 Convolvulaceae]●■

52979 Turpinia Bonpl.(1807)(废弃属名)= Barnadesia Mutis ex L. f.(1782)[菊科 Asteraceae(Compositae)]●☆

52980 Turpinia Cass.(废弃属名)= Poiretia Vent.(1807)(保留属名)[豆科 Fabaceae(Leguminosae)]●■☆

52981 Turpinia Humb. et Bonpl.(1807)Nom. illegit.(废弃属名)≡Turpinia Bonpl.(1807)(废弃属名);~= Barnadesia Mutis ex L. f.

(1782)[菊科 Asteraceae(Compositae)]●

52982 Turpinia La Llave et Lex.(废弃属名)≡Turpinia Lex.(1824)Nom. illegit.(废弃属名);~= Critoniopsis Sch. Bip.(1863);~= Vernonia Schreb.(1791)(保留属名)[菊科 Asteraceae(Compositae)//斑鸠菊科(绿菊科)Vernoniaceae]●■

52983 Turpinia Lex.(1824)Nom. illegit.(废弃属名)= Critoniopsis Sch. Bip.(1863);~= Vernonia Schreb.(1791)(保留属名)[菊科 Asteraceae(Compositae)//斑鸠菊科(绿菊科)Vernoniaceae]●■

52984 Turpinia Lex. ex La Llave et Lex.(废弃属名)≡Turpinia Lex.(1824)Nom. illegit.(废弃属名);~= Critoniopsis Sch. Bip.(1863);~= Vernonia Schreb.(1791)(保留属名)[菊科 Asteraceae(Compositae)//斑鸠菊科(绿菊科)Vernoniaceae]●■

52985 Turpinia Pers.(1807)Nom. illegit.(废弃属名)= Glycine Willd.(1802)(保留属名)[豆科 Fabaceae(Leguminosae)//蝶形花科 Papilionaceae]■

52986 Turpinia Raf.(1808)Nom. illegit.(废弃属名)= Lobadium Raf.(1819);~= Rhus L.(1753);~= Schmaltzia Desv. ex Small(1903)Nom. illegit.[漆树科 Anacardiaceae]●■

52987 Turpinia Vent.(1807)(保留属名)【汉】山香圆属。【日】シュウベンノキ属,ショウベンノキ属,セウベンノキ属。【英】Fieldcitron,Turpinia。【隶属】省沽油科 Staphyleaceae。【包含】世界310-400种,中国13种。【学名诠释与讨论】〈阴〉(人)Pierre Jean François Turpin,1775-1840,法国植物学者,博物学者,Observations sur la famille des Cactees 的作者。此属的学名"Turpinia Vent. in Mém. Cl. Sci. Math. Inst. Natl. France 1807(1):3. Jul 1807"是保留属名。相应的废弃属名是菊科 Asteraceae 的"Turpinia Bonpl. in Humboldt et Bonpland, Pl. Aequinoct. 1:113. Apr 1807 = Barnadesia Mutis ex L. f.(1782)"和省沽油科 Staphyleaceae 的"Triceros Lour.,Fl. Cochinch.:100,184. Sep 1790 =Turpinia Vent.(1807)(保留属名)= Staphylea L.(1753)"。"Turpinia Humb. et Bonpl.(1807)≡Turpinia Bonpl.(1807)(废弃属名)"的命名人引证有误。菊科 Asteraceae 的"Turpinia Lex.,Nov. Veg. Descr.[La Llave et Lexarza]1:24. 1824 = Critoniopsis Sch. Bip.(1863)= Vernonia Schreb.(1791)(保留属名)",豆科的"Turpinia Persoon, Syn. Pl. 2:314. Sep 1807 = Glycine Willd.(1802)(保留属名)",漆树科 Anacardiaceae 的"Turpinia Raf., Med. Repos. 5:352. 1808 = Lobadium Raf.(1819)= Rhus L.(1753)= Schmaltzia Desv. ex Small(1903)Nom. illegit.",杜鹃花科(欧石南科)Ericaceae 的"Turpinia Cass.(废弃属名)= Poiretia Vent.(1807)(保留属名)"和葫芦科 Cucurbitaceae 的"Triceros W. Griffith, Notul. Pl. Asiat.(Posthum. Pap.)4:606. 1854 = Gomphogyne Griff.(1845)"都应废弃。"Dolichostylis Cassini in F. Cuvier, Dict. Sci. Nat. 56:138. Sep 1828"、"Fulcaldea Poiret, Encycl. Meth.,Bot. Suppl. 5:375. 1 Nov 1817"和"Voigtia K. P. J. Sprengel, Syst. Veg. 3:367,673. Jan-Mar 1826(non A. W. Roth 1790)"是"Turpinia Bonpland 1807(废弃属名)"的晚出的同模式异名(Homotypic synonym, Nomenclatural synonym)。【分布】巴拿马,秘鲁,玻利维亚,厄瓜多尔,哥伦比亚,马来西亚,尼加拉瓜,斯里兰卡至日本,中国,热带南美洲,中美洲。【模式】Turpinia paniculata Ventenat。【参考异名】Dalrympelea Roxb.(1819)Nom. inval.;Eyrea Champ.(1851)Nom. illegit.;Eyrea Champ. ex Benth.(1851);Hasskarlia Meisn.(1843);Jahnia Pittier et S. F. Blake(1929);Kaernbachia Schltr.(1914)Nom. illegit.;Kindasia Blume ex Koord.;Lacepedea Kunth(1821);Lacepedia Kunth(1821)Nom. illegit.;Lacepedia Kuntze;Maurocenia Kuntze;Ochrantha Beddome;Ochranthe Lindl.(1835);Orchanthe Seem.,Nom. illegit.;Staphylea L.(1753);Triceraia Roem. et Schult.(1819)Nom. illegit.;Triceraia

Willd. ex Roem. et Schult.（1819）；Triceras Wittst.；Triceros Lour.（1790）（废弃属名）；Turinia A. Juss.（1848）；Turpenia Wight；Turpinis Miq.；Turpinium Baill.；Voigtia Spreng.（1826）Nom. illegit. ●

52988 Turpinis Miq. =Turpinia Vent.（1807）（保留属名）［省沽油科 Staphyleaceae］●

52989 Turpinium Baill. = Turpinia Lex. ex La Llave et Lex.（废弃属名）；~ =Vernonia Schreb.（1791）（保留属名）［菊科 Asteraceae（Compositae）//斑鸠菊科（绿菊科）Vernoniaceae］●■

52990 Turpithum B. D. Jacks. =Merremia Dennst. ex Endl.（1841）（保留属名）；~ =Operculina Silva Manso（1836）（废弃属名）；~ =Turpethum Raf.（1838）Nom. illegit.［旋花科 Convolvulaceae］●■

52991 Turraea L.（1771）【汉】杜楝属（金银楝属）。【俄】Туррея。【英】Starbush，Star-bush。【隶属】楝科 Meliaceae。【包含】世界 60-90 种，中国 1 种。【学名诠释与讨论】〈阴〉（人）可能纪念 Giorgio Della Turra，？-1607，或纪念 Antonio Turra，1730-1796，二者均为意大利植物学者。【分布】马达加斯加，中国，马斯克林群岛，热带、亚热带和非洲南部，热带亚洲至澳大利亚。【模式】Turraea virens Linnaeus。【参考异名】Ababella Comm. ex Moewes；Alabella Comm. ex Baill.；Antirrhoa Gruel ex C. DC.；Baretia Comm. ex Cav.；Calodryum Desv.（1826）；Gilibertia J. F. Gmel.（1791）Nom. illegit.；Ginnania M. Roem.（1846）Nom. illegit.；Grevellina Baill.（1894）；Leptophragma R. Br. ex Benn.（1844）；Nurmonia Harms（1917）；Payeria Baill.（1860）（废弃属名）；Quivisia Cav.；Quivisia Comm. ex Juss.（1789）；Rutaea M. Roem.（1846）；Rutea M. Roem.；Scyphostigma M. Roem.（1846）；Stephanosiphon Boiv. ex C. DC.（1878）●

52992 Turraeanthus Baill.（1874）【汉】肖杜楝属。【隶属】楝科 Meliaceae。【包含】世界 2 种。【学名诠释与讨论】〈阴〉（属）Turraea 杜楝属（金银楝属）+anthos，花。【分布】中国，热带非洲。【模式】未指定。【参考异名】Bingeria A. Chev.（1909）●

52993 Turraya Wall.（1848）Nom. inval. =Leersia Sw.（1788）（保留属名）［禾本科 Poaceae（Gramineae）］■

52994 Turretia DC.（1845）= Turrettia Poir.（1806）［紫葳科 Bignoniaceae］■☆

52995 Turrettia Poir.（1806）= Tourrettia Foug.（1787）（保留属名）［紫葳科 Bignoniaceae］■☆

52996 Turricula J. F. Macbr.（1917）【汉】小塔草属。【隶属】田梗草科（田基麻科，田亚麻科）Hydrophyllaceae。【包含】世界 1-3 种。【学名诠释与讨论】〈阴〉（拉）turris，塔+-culus，-cula，-culum，加在名词词干后面形成指小式的词尾。【分布】美国（加利福尼亚，南部），墨西哥。【模式】Turricula parryi（A. Gray）Macbride［Nama parryi A. Gray］●☆

52997 Turrigera Decne.（1844）=Tweedia Hook. et Arn.（1834）●［萝摩科 Asclepiadaceae］☆

52998 Turrillia A. C. Sm.（1985）Nom. illegit. =Bleasdalea F. Muell. ex Domin（1921）［山龙眼科 Proteaceae］●

52999 Turrita Wallr.（1822）Nom. illegit. =Arabis L.（1753）［十字花科 Brassicaceae（Cruciferae）］●■

53000 Turritis Adans.（1763）Nom. illegit. ≡Arabis L.（1753）［十字花科 Brassicaceae（Cruciferae）］●■

53001 Turritis L.（1753）【汉】旗杆芥属（赛南芥属，塔儿属）。【俄】Башшеница，Вяжечка。【英】Rock Cress，Towercress。【隶属】十字花科 Brassicaceae（Cruciferae）。【包含】世界 1-2 种，中国 1 种。【学名诠释与讨论】〈阴〉（拉）turris，指小式 turritella，塔+-itis，表示关系密切的词尾，含义为"像，具有"。指植物外形。此属的学名，ING、APNI、TROPICOS 和 GCI 记载是"Turritis Linnaeus，Sp.

Pl. 666. 1 Mai 1753"。IK 则记载为"Turritis Tourn. ex L.，Sp. Pl. 2：666. 1753［1 May 1753］"。"Turritis Tourn."是命名起点著作之前的名称，故"Turritis L.（1753）"和"Turritis Tourn. ex L.（1753）"都是合法名称，可以通用。"Turritis Adans.，Fam. Pl.（Adanson）2：418，615. 1763［Jul-Aug 1763］"是"Arabis L.（1753）［十字花科 Brassicaceae（Cruciferae）］"晚出的非法名称。亦有文献把"Turritis L.（1753）"处理为"Arabis L.（1753）"的异名。【分布】巴基斯坦，玻利维亚，美国，中国，欧洲至日本，山区非洲。【后选模式】Turritis glabra Linnaeus。【参考异名】Arabis L.（1753）；Turritis Tourn. ex L.（1753）■

53002 Turritis Tourn. ex L.（1753）≡Turritis L.（1753）［十字花科 Brassicaceae（Cruciferae）］■

53003 Tursenia Cass.（1825）= Baccharis L.（1753）（保留属名）［菊科 Asteraceae（Compositae）］●■□☆

53004 Tursitis Raf.（1840）Nom. illegit. ≡Kickxia Dumort.（1827）［玄参科 Scrophulariaceae//婆婆纳科 Veronicaceae］●☆

53005 Turukhania Vassilcz.（1979）Nom. illegit. ≡Trifillium Medik.（1787）；~ =Medicago L.（1753）（保留属名）［豆科 Fabaceae（Leguminosae）//蝶形花科 Papilionaceae］●■

53006 Turulia Post et Kuntze（1903）=Touroulia Aubl.（1775）［绒子树科（羽叶树科）Quiinaceae］●☆

53007 Tussaca Raf.（1814）= Goodyera R. Br.（1813）［兰科 Orchidaceae］■

53008 Tussaca Rchb.（1824）Nom. inval.，Nom. illegit. =Chrysothemis Decne.（1849）；~ =Tussacia Rchb.（1824）Nom. illegit.［苦苣苔科 Gesneriaceae］■☆

53009 Tussacia Beer（1856）Nom. illegit. ≡Tussacia Klotzsch ex Beer（1856）Nom. illegit.；~ = Catopsis Griseb.（1864）［凤梨科 Bromeliaceae］■☆

53010 Tussacia Benth.（1846）Nom. illegit. =Chrysothemis Decne.（1849）［苦苣苔科 Gesneriaceae］■☆

53011 Tussacia Desv.（1818）Nom. illegit. =Spiranthes Rich.（1817）（保留属名）；~ =Tussaca Raf.（1814）［兰科 Orchidaceae］■

53012 Tussacia Klotzsch ex Beer（1856）Nom. illegit. =Catopsis Griseb.（1864）［凤梨科 Bromeliaceae］■☆

53013 Tussacia Raf. ex Desv.（1818）Nom. illegit. ≡Tussacia Desv.（1818）Nom. illegit.；~ =Spiranthes Rich.（1817）（保留属名）；~ =Tussaca Raf.（1814）［兰科 Orchidaceae］■

53014 Tussacia Rchb.（1824）Nom. illegit. = Chrysothemis Decne.（1849）［苦苣苔科 Gesneriaceae］■☆

53015 Tussacia Willd. ex Beer（1856）Nom. illegit. ≡Catopsis Griseb.（1864）［凤梨科 Bromeliaceae］■☆

53016 Tussacia Willd. ex Schult. et Schult. f.（1829）Nom. illegit. = Catopsis Griseb.（1864）［凤梨科 Bromeliaceae］■☆

53017 Tussilagaceae Bercht. et J. Presl =Asteraceae Bercht. et J. Presl//Compositae Giseke（保留科名）●

53018 Tussilago L.（1753）【汉】款冬属。【日】クワントウ属，クントウ属，ツスシラーコ属，フキタンポポ属。【俄】Мать-и-мачеха。【英】Colts Foot，Coltsfoot。【隶属】菊科 Asteraceae（Compositae）。【包含】世界 1 种，中国 1 种。【学名诠释与讨论】〈阴〉（拉）tussilago，植物名，来自 tussis，咳嗽+-ago，新拉丁文词尾，表示关系密切，相似，追随，携带，诱导，运走，痊愈。指茎叶供药用。【分布】巴基斯坦，玻利维亚，中国，非洲北部，温带欧亚大陆。【后选模式】Tussilago farfara Linnaeus。【参考异名】Farfara Gllib.（1782）■

53019 Tutcheria Dunn（1908）【汉】石笔木属（楬捷木属）。【英】Slatepentree，Tutcheria。【隶属】山茶科（茶科）Theaceae。【包含】

世界 27 种, 中国 27 种。【学名诠释与讨论】〈阴〉（人）William James Tutcher, 1867-1920, 英国植物学者, 植物采集家。此属的学名是"Tutcheria S. T. Dunn, J. Bot. 46: 324. Oct 1908"。亦有文献把其处理为"Pyrenaria Blume（1827）"的异名。【分布】中国, 亚洲东部。【模式】Tutcheria spectabilis（Champion）S. T. Dunn［Camellia spectabilis Champion］。【参考异名】Pyrenaria Blume（1827）●

53020　Tutuca Molina（1810）【汉】智利杜鹃花属。【隶属】杜鹃花科（欧石南科）Ericaceae。【包含】世界 2 种。【学名诠释与讨论】〈阴〉词源不详。【分布】智利。【模式】Tutuca chilensis Molina ●☆

53021　Tuxtla Villasenor et Strother（1989）【汉】微弯菊属。【隶属】菊科 Asteraceae（Compositae）。【包含】世界 1 种。【学名诠释与讨论】〈阴〉（地）Tuxtla, 图斯特拉, 位于墨西哥。此属的学名是"Tuxtla J. L. Villaseñor et J. L. Strother, Syst. Bot. 14: 537. 11 Oct 1989"。亦有文献把其处理为"Zexmenia La Llave（1824）"的异名。【分布】哥斯达黎加, 墨西哥, 中美洲。【模式】Tuxtla pittieri（J. M. Greenman）J. L. Villaseñor et J. L. Strother［Zexmenia pittieri J. M. Greenman］。【参考异名】Zexmenia La Llave（1824）●☆

53022　Tuyamaea T. Yamaz.（1955）= Lindernia All.（1766）［玄参科 Scrophulariaceae//母草科 Linderniaceae//婆婆纳科 Veronicaceae］■

53023　Tweedia Hook. et Arn.（1834）【汉】尖瓣藤属。【隶属】萝藦科 Asclepiadaceae。【包含】世界 6 种。【学名诠释与讨论】〈阴〉（人）John（James）Tweedie, 1775-1862, 英国植物学者, 植物采集家。另说纪念 Ernest Christian Twisselmann, 1917-1972, 植物学者, Flora of Kern County 的作者。【分布】玻利维亚, 温带南美洲。【模式】Tweedia macrolepis W. J. Hooker et Arnott。【参考异名】Turrigera Decne.（1844）●☆

53024　Twisselmannia Al－Shehbaz（1999）= Tropidocarpum Hook.（1836）［十字花科 Brassicaceae（Cruciferae）］■☆

53025　Tydaea Decne.（1848）= Kohleria Regel（1847）［苦苣苔科 Gesneriaceae］●■☆

53026　Tydea Müll. Berol.（1859）= Tydaea Decne.（1848）［苦苣苔科 Gesneriaceae］●■☆

53027　Tylacantha Endl.（1839）= Angelonia Bonpl.（1812）; ~ = Thylacantha Nees et Mart.（1823）［玄参科 Scrophulariaceae//婆婆纳科 Veronicaceae］■●☆

53028　Tylachenia Post et Kuntze（1903）= Jurinea Cass.（1821）; ~ = Tulakenia Raf.（1838）［菊科 Asteraceae（Compositae）］●■

53029　Tylachium Grig（1895）= Thilachium Lour.（1790）［山柑科（白花菜科, 醉蝶花科）Capparaceae］●☆

53030　Tylachium Lour（1895）= Thilachium Lour.（1790）［山柑科（白花菜科, 醉蝶花科）Capparaceae］●☆

53031　Tylanthera C. Hansen（1990）【汉】胀药野牡丹属。【隶属】野牡丹科 Melastomataceae。【包含】世界 2 种。【学名诠释与讨论】〈阴〉（希）tylos, 肿胀, 结节, 肿瘤, 大头棒上的圆头, 阳具 + anthera, 花药。【分布】泰国。【模式】Tylanthera tuberosa C. Hansen ●☆

53032　Tylanthus Reissek（1840）= Phylica L.（1753）［as ' Philyca'］［鼠李科 Rhamnaceae//菲利木科 Phylicaceae］●☆

53033　Tylecarpus Engl.（1893）= Medusanthera Seem.（1864）［茶茱萸科 Icacinaceae］●☆

53034　Tylecodon Toelken（1979）【汉】棒毛萼属（奇峰锦属）。【隶属】景天科 Crassulaceae。【包含】世界 27-46 种。【学名诠释与讨论】〈阳〉（希）tylos, 肿胀, 结节, 肿瘤, 大头棒上的圆头, 阳具 + kodon, 指小式 kodonion, 钟, 铃。另说由 Cotyledon 字母改缀形成。【分布】非洲。【模式】Tylecodon cacalioides（Linnaeus f.）H. R. Tölken［Cotyledon cacalioides Linnaeus f.］。●☆

53035　Tyleria Gleason（1931）【汉】泰勒木属。【隶属】金莲木科 Ochnaceae。【包含】世界 13 种。【学名诠释与讨论】〈阴〉（人）Tyler, 植物学者。【分布】委内瑞拉。【模式】Tyleria floribunda Gleason。【参考异名】Adenanthe Maguire, Steyerm. et Wurdack（1961）●☆

53036　Tyleropappus Greenm.（1931）【汉】泰勒菊属。【隶属】菊科 Asteraceae（Compositae）。【包含】世界 1 种。【学名诠释与讨论】〈阳〉（人）Tyler, 植物学者 + 希腊文 pappus 与拉丁文同义, 指冠毛, pappos 则指柔毛, 软毛。另说希腊文 tyleros, 结节, 瘤 + pappus。【分布】委内瑞拉, 中美洲。【模式】Tyleropappus dichotomus Greenman ■☆

53037　Tylexis Post et Kuntze（1903）= Brassavola R. Br.（1813）（保留属名）; ~ = Tulexis Raf.（1838）［兰科 Orchidaceae］■■☆

53038　Tylisma Post et Kuntze（1903）= Corytholoma（Benth.）Decne.（1848）; ~ Tulisma Raf.（1837）（废弃属名）; ~ = Rechsteineria Regel（1848）（保留属名）; ~ = Sinningia Nees（1825）［苦苣苔科 Gesneriaceae］●■☆

53039　Tylista Post et Kuntze（1903）= Haworthia Duval（1809）（保留属名）; ~ = Tulista Raf.（1840）［百合科 Liliaceae//阿福花科 Asphodelaceae//芦荟科 Aloaceae］■☆

53040　Tylloma D. Don（1830）= Chaetanthera Ruiz et Pav.（1794）［菊科 Asteraceae（Compositae）］■☆

53041　Tylocarpus Post et Kuntze（1）= Medusanthera Seem.（1864）; ~ = Tylecarpus Engl.（1893）［茶茱萸科 Icacinaceae］●☆

53042　Tylocarpus Post et Kuntze（2）= Guardiola Cerv. ex Bonpl.（1807）; ~ = Tulocarpus Hook. et Arn.（1838）［菊科 Asteraceae（Compositae）］■☆

53043　Tylocarya Nelmes（1949）= Fimbristylis Vahl（1805）（保留属名）［莎草科 Cyperaceae］■

53044　Tylochilus Nees（1832）= Cyrtopodium R. Br.（1813）［兰科 Orchidaceae］■☆

53045　Tyloclinta Post et Kuntze（1903）= Metalasia R. Br.（1817）; ~ = Tuloclinia Raf.（1838）［菊科 Asteraceae（Compositae）］●☆

53046　Tyloderma Miers（1872）= Hylenaea Miers（1872）［卫矛科 Celastraceae］●☆

53047　Tylodontia Griseb.（1866）= Cynanchum L.（1753）［萝藦科 Asclepiadaceae］●■

53048　Tyloglossa Hochst.（1842）= Justicia L.（1753）［爵床科 Acanthaceae//鸭嘴花科（鸭咀花科）Justiciaceae］●■

53049　Tylomium C. Presl（1836）= Lobelia L.（1753）［桔梗科 Campanulaceae//山梗菜科（半边莲科）Nelumbonaceae］●■

53050　Tylopetalum Barneby et Krukoff（1970）= Sciadotenia Miers（1851）［防己科 Menispermaceae］●☆

53051　Tylophora R. Br.（1810）【汉】娃儿藤（欧蔓属）。【日】オオカモメヅル属, オオカモメヅル属, オホカモメヅル属, カモメヅル属。【英】Blue－flowered Vine, Childvine, Tylophora。【隶属】萝藦科 Asclepiadaceae。【包含】世界 50-61 种, 中国 35-43 种。【学名诠释与讨论】〈阴〉（希）tylos, 肿胀, 结节, 肿瘤, 大头棒上的圆头, 阳具 + phoros, 具有, 梗, 负载, 发现者。指半边膨大的花粉块。【分布】巴基斯坦, 马达加斯加, 中国, 热带和非洲南部。【后选模式】Tylophora flexuosa R. Brown。【参考异名】Amblyoglossum Turcz.（1852）; Belostemma Wall. ex Wight（1834）; Henrya Hemsl.（1889）Nom. illegit.（废弃属名）; Henryastrum Happ（1937）Nom. illegit.; Homalostylis Post et Kuntze（1903）; Homolostyles Wall. ex Wight（1834）; Homostyles Wall. ex Hook. f.（1883）; Hoyopsis H. Lév.（1914）; Hybanthera Endl.（1833）; Iphisia Wight et Arn.（1834）; Nanostelma Baill.（1890）; Neohenrya

Hemsl. (1892) ●■

53052 Tylophoropsis N. E. Br. (1894)【汉】类娃儿藤属。【隶属】萝藦科 Asclepiadaceae。【包含】世界 2 种。【学名诠释与讨论】〈阴〉（属）Tylophora 娃儿藤属 + 希腊文 opsis，外观，模样，相似。【分布】非洲东部。【模式】未指定 ● ☆

53053 Tylophus Post et Kuntze (1903) = Triteleia Douglas ex Lindl. (1830)；~ = Tulophos Raf. (1837) ［百合科 Liliaceae//葱科 Alliaceae］■ ☆

53054 Tylopsacas Leeuwenb. (1960)【汉】肿粒苣苔属。【隶属】苦苣苔科 Gesneriaceae。【包含】世界 1 种。【学名诠释与讨论】〈阴〉（希）tylos，肿胀，结节，肿瘤，大头棒上的圆头，阳具 + psakas，所有格 psakados，任何破裂下来的碎块，一粒。此属的学名 "Tylopsacas Leeuwenberg, Taxon 9:220. 28 Sep 1960" 是一个替代名称。"Tylosperma Leeuwenberg, Meded. Bot. Mus. Herb. Rijks Univ. Utrecht 146:323. 30 Jun 1958" 是一个非法名称（Nom. illegit.），因为此前已经有了 "Tylosperma V. P. Botschantzev, Bot. Mater. Gerb. Inst. Bot. Akad. Nauk Uzbeksk. SSR 13:17. 1952 = Potentilla L. (1753) ［蔷薇科 Rosaceae//委陵菜科 Potentillaceae］"。故用 "Tylopsacas Leeuwenb. (1960)" 替代之。同理，真菌的 "Tylosperma Donk, Fungus 27:28. 31 Dec 1957" 亦是非法名称。【分布】热带美洲。【模式】Tylopsacas cuneata (Gleason) Leeuwenberg ［Episcia cuneata Gleason］。【参考异名】Tylosperma Leeuwenb. (1958) Nom. illegit. ■ ☆

53055 Tylorima Post et Kuntze (1903) = Saxifraga L. (1753)；~ = Tulorima Raf. (1837) ［虎耳草科 Saxifragaceae］■

53056 Tylosema (Schweinf.) Torre et Hillc. (1955)【汉】热非羊蹄甲属。【隶属】豆科 Fabaceae (Leguminosae)//云实科（苏木科）Caesalpiniaceae//羊蹄甲科 Bauhiniaceae。【包含】世界 6 种。【学名诠释与讨论】〈阴〉（希）tylos，肿胀，结节，肿瘤，大头棒上的圆头，阳具 + sema，旗帜，标记。指种子。此属的学名，ING 和 IK 记载是 "Tylosema (Schweinfurth) Torre et Hillcoat, Bol. Soc. Brot. ser. 2. 29:38. 1955"，由 "Bauhinia sect. Tylosema Schweinfurth, Reliq. Kotsch. 17. 1868" 改级而来。亦有文献把 "Tylosema (Schweinf.) Torre et Hillc. (1955)" 处理为 "Bauhinia L. (1753)" 的异名。【分布】热带非洲。【模式】Tylosema fassoglensis (Kotschy ex Schweinfurth) Torre et Hillcoat ［Bauhinia fassoglensis Kotschy ex Schweinfurth］。【参考异名】Bauhinia L. (1753)；Bauhinia sect. Tylosema Schweinf. (1868) ● ☆

53057 Tylosepalum Kurz ex Teijsm. et Binn. (1864) = Trigonostemon Blume (1826) ［as 'Trigostemon'］（保留属名）［大戟科 Euphorbiaceae］●

53058 Tylosperma Botsch. (1952) = Potentilla L. (1753) ［蔷薇科 Rosaceae//委陵菜科 Potentillaceae］■ ●

53059 Tylosperma Leeuwenb. (1958) Nom. illegit. ≡ Tylopsacas Leeuwenb. (1960) ［苦苣苔科 Gesneriaceae］■ ☆

53060 Tylostemon Engl. (1899)【汉】疣蕊樟属。【隶属】樟科 Lauraceae。【包含】世界 47 种。【学名诠释与讨论】〈阳〉（希）tylos，肿胀，结节，肿瘤，大头棒上的圆头，阳具 + stemon，雄蕊。此属的学名是 "Tylostemon Engler, Bot. Jahrb. Syst. 26:389. 31 Jan 1899"。亦有文献把其处理为 "Beilschmiedia Nees (1831)" 的异名。【分布】参见 Beilschmiedia Nees。【模式】未指定。【参考异名】Beilschmiedia Nees (1831)；Thylostemon Kunkel ● ☆

53061 Tylostigma Schltr. (1916)【汉】膨头兰属。【隶属】兰科 Orchidaceae。【包含】世界 3 种。【学名诠释与讨论】〈中〉（希）tylos，肿胀，结节，肿瘤，大头棒上的圆头，阳具 + stigma，所有格 stigmatos，柱头，眼点。【分布】马达加斯加。【模式】未指定 ■ ☆

53062 Tylostylis Blume (1828) Nom. illegit. ≡ Callostylis Blume (1825)；

~ = Eria Lindl. (1825)（保留属名）［兰科 Orchidaceae］■

53063 Tylothrasya Döll (1877)【汉】肖勇夫草属。【隶属】禾本科 Poaceae (Gramineae)。【包含】世界 1 种。【学名诠释与讨论】〈阴〉（希）tylos，肿胀，结节，肿瘤，大头棒上的圆头，阳具 + (属) Thrasya 勇夫草属。此属的学名是 "Tylothrasya Döll in C. F. P. Martius, Fl. Brasil. 2(2):295. 1 Mar 1877"。亦有文献把其处理为 "Panicum L. (1753)" 或 "Thrasya Kunth (1816)" 的异名。【分布】古巴。【模式】Tylothrasya petrosa (Trinius) Döll ［Panicum petrosum Trinius］。【参考异名】Panicum L. (1753)；Thrasya Kunth (1816) ■ ☆

53064 Tylotis Post et Kuntze (1903) = Tulotis Raf. (1833) ［兰科 Orchidaceae］■

53065 Tympananthe Hassk. (1847) = Dictyanthus Decne. (1844)；~ = Matelea Aubl. (1775) ［萝藦科 Asclepiadaceae］● ☆

53066 Tynanthus Miers (1863)【汉】丁花属。【隶属】紫葳科 Bignoniaceae。【包含】世界 14 种。【学名诠释与讨论】〈阳〉（希）tylos，肿胀，结节，肿瘤，大头棒上的圆头，阳具 + anthos，花。此属的学名，ING、GCI 和 IK 记载是 "Tynanthus Miers, Proc. Roy. Hort. Soc. London 3:193. 1863 ［Dec 1863］"。"Tynnanthus Miers (1863)" 和 "Tynnanthus K. Schumann in Engler et Prantl, Nat. Pflanzenfam. 4(3b):221. Sep 1894" 是其拼写变体。【分布】巴拉圭，巴拿马，秘鲁，比尼翁，玻利维亚，厄瓜多尔，哥伦比亚（安蒂奥基亚），西印度群岛，中美洲，中美洲和热带南美洲。【模式】未指定。【参考异名】Cleosma Urb. et Ekman ex Sandwith (1962) Nom. illegit.；Schizopsis Bureau ex Baill. (1865)；Schizopsis Bureau (1864) Nom. inval.；Tynnanthus K. Schum. (1894) Nom. illegit.；Tynnanthus Miers (1863) Nom. illegit. ● ☆

53067 Tynnanthus K. Schum. (1894) Nom. illegit. = Tynanthus Miers (1863) ［紫葳科 Bignoniaceae］● ☆

53068 Tynnanthus Miers (1863) Nom. illegit. ≡ Tynanthus Miers (1863) ［紫葳科 Bignoniaceae］● ☆

53069 Tynus J. Presl (1823) = Tinus Mill. (1754)；~ = Viburnum L. (1753) ［忍冬科 Caprifoliaceae//荚蒾科 Viburnaceae］●

53070 Typha L. (1753)【汉】香蒲属。【日】ガマ属。【俄】Палочник, Рогоз, Ротоза, Чакан。【英】Bulrush, Cat's Tail, Cat-o'-nine-tails, Cattail, Cat-tail, Cat-tail Flag, Cumbungi, Cumbungi Reed, Reed Mace, Reedmace, Reed-mace。【隶属】香蒲科 Typhaceae。【包含】世界 10-16 种，中国 12 种。【学名诠释与讨论】〈阴〉（希）typhe = tiphe，植物俗名，含义为草垫子，沼泽。此属的学名，ING、TROPICOS 和 IK 记载是 "Typha L., Sp. Pl. 2:971. 1753 ［1 May 1753］"。"Massula Dulac, Fl. Hautes-Pyrénées 47. 1867" 是 "Typha L. (1753)" 的晚出的同模式异名（Homotypic synonym, Nomenclatural synonym）。【分布】巴基斯坦，巴拿马，秘鲁，玻利维亚，厄瓜多尔，哥伦比亚（安蒂奥基亚），哥斯达黎加，马达加斯加，美国（密苏里），尼加拉瓜，中国，温带和热带，中美洲。【后选模式】Typha angustifolia Linnaeus。【参考异名】Massula Dulac (1867) Nom. illegit.；Rohrbachia (Kronf. ex Riedl) Mavrodiev (2001)；Thypha Costa (1864)；Tipha Neck. (1768) ■

53071 Typhaceae Juss. (1789) ［as 'Typhae'］（保留科名）【汉】香蒲科。【日】ガマ科。【俄】Рогозовые。【英】Cattail Family, Cat-tail Family。【包含】世界 1-2 属 10-30 种，中国 1 属 12 种。【分布】温带和热带。【科名模式】Typha L. (1753) ■

53072 Typhalea (DC.) C. Presl (1845) = Pavonia Cav. (1786)（保留属名）［锦葵科 Malvaceae］● ■ ☆

53073 Typhalea Neck. (1790) Nom. inval. = Pavonia Cav. (1786)（保留属名）［锦葵科 Malvaceae］● ■ ☆

53074 Typhodes Post et Kuntze (1903) = Phalaris L. (1753)；~ =

Typhoides Moench（1794）Nom. illegit.［禾 本 科 Poaceae（Gramineae）//虉草科 Phalariaceae］■

53075 Typhoides Moench（1794）Nom. illegit. =Phalaris L.（1753）［禾本科 Poaceae（Gramineae）//虉草科 Phalariaceae］■

53076 Typhonium Schott ex Endl.（1829）Nom. illegit. ≡Typhonium Schott（1829）［天南星科 Araceae］■

53077 Typhonium Schott（1829）【汉】犁头尖属（独角莲属，独脚莲属，犁头草属，土半夏属）。【日】リュウキュウハンゲ属，リュウキュウハンゲ属。【英】Ploughpoint，Typhonium。【隶属】天南星科 Araceae。【包含】世界 30-40 种，中国 17 种。【学名诠释与讨论】〈中〉（希）Typhoeus，神话中的百头怪物，他与半人半蛇的女妖 Echidna 生了许多怪物。另说为 typhon 暴风，旋风+-ius，-ia，-ium，在拉丁文和希腊文中，这些词尾表示性质或状态。此属的学名，ING、APNI、TROPICOS 和 IK 记载是"Typhonium Schott，Wiener Z. Kunst 1829（3）:732. 23 Jul 1829"。"Typhonium Schott ex Endl. ≡Typhonium Schott（1829）"是错误引用。【分布】印度至马来西亚，中国，东南亚。【后选模式】Typhonium trilobatum（Linnaeus）Schott［Arum trilobatum Linnaeus］。【参考异名】Heterostalis（Schott）Schott（1857）Nom. illegit.；Heterostalis Schott（1857）；Lazarum A. Hay（1993）；Typhonium Schott ex Endl.（1829）Nom. illegit.■

53078 Typhonodorum Schott（1857）【汉】旋囊南星属。【隶属】天南星科 Araceae。【包含】世界 1 种。【学名诠释与讨论】〈中〉（希）typhon，暴风，旋风+doros，革制的袋、囊。【分布】马达加斯加，马斯克林群岛，热带非洲东部。【模式】Typhonodorum lindleyanum Schott。【参考异名】Arodendron Werth（1901）■☆

53079 Tyrbastes B. G. Briggs et L. A. S. Johnson（1998）【汉】寡颖帚灯草属。【隶属】帚灯草科 Restionaceae。【包含】世界 1 种。【学名诠释与讨论】〈阴〉（希）tyros，干酪+bastes，搬运者。【分布】澳大利亚。【模式】glaucescens B. G. Briggs et L. A. S. Johnson ■☆

53080 Tyria Klotzsch ex Endl.（1850）Nom. illegit. ≡Tyria Klotzsch（1850）［大戟科 Euphorbiaceae］●☆

53081 Tyria Klotzsch（1850）= Adelia L.（1759）（保留属名）；~ = Bernardia Mill.（1754）（废弃属名）［大戟科 Euphorbiaceae］●☆

53082 Tyria Klotzsch（1851）= Macleania Hook.（1837）［杜鹃花科（欧石南科）Ericaceae］●☆

53083 Tyrimnus（Cass.）Cass.（1818）【汉】高蓟蓟属。【英】Thistle。【隶属】菊科 Asteraceae（Compositae）。【包含】世界 1 种。【学名诠释与讨论】〈阳〉词源不详。此属的学名，ING 记载是"Tyrimnus（Cassini）Cassini in F. Cuvier，Dict. Sci. Nat. 41:314，335. 1826"，由"Carduus subgen. Tyrimnus Cassini，Bull. Sci. Soc. Philom. Paris 1818:168. 1818"改级而来；而 IK 则记载为"Tyrimnus Cass.，Bull. Sci. Soc. Philom. Paris（1818）168；et in Dict. Sc. Nat. xli. 314，335（1826）"。二者引用的文献相同。【分布】亚洲西部。【模式】Tyrimnus leucographus（Linnaeus）Cassini［Carduus leucographus Linnaeus；Tyrimnus leucographus Cass.，Nom. illegit.］。【参考异名】Tyrimnus Cass.（1818）Nom. illegit.■☆

53084 Tyrimnus Cass.（1818）Nom. illegit. ≡Tyrimnus（Cass.）Cass.（1818）［菊科 Asteraceae（Compositae）］■☆

53085 Tysonia Bolus（1890）Nom. illegit. ≡Afrotysonia Rauschert（1982）［紫草科 Boraginaceae］●☆

53086 Tysonia F. Muell.（1896）Nom. illegit. ≡Neotysonia Dalla Torre et Harms（1905）；~ =Swinburnia Ewart（1907）Nom. illegit.［菊科 Asteraceae（Compositae）］■☆

53087 Tyssacia Steud.（1841）= Chrysothemis Decne.（1849）；~ = Tussacia Rchb.（1824）Nom. illegit.［苦苣苔科 Gesneriaceae］■☆

53088 Tytonia G. Don（1831）（废弃属名）=Hydrocera Blume ex Wight et Arn.（1834）（保留属名）［凤仙花科 Balsaminaceae］■

53089 Tytthostemma Nevski（1937）= Stellaria L.（1753）［石竹科 Caryophyllaceae］■

53090 Tzellemtinia Chiov.（1911）= Bridelia Willd.（1806）［as 'Briedelia'］（保留属名）［大戟科 Euphorbiaceae］●

53091 Tzeltalia E. Estrada et M. Martínez（1998）【汉】采尔茄属。【隶属】茄科 Solanaceae。【包含】世界 3 种。【学名诠释与讨论】〈阴〉词源不详。【分布】危地马拉，中美洲。【模式】Tzeltalia amphitricha（Bitter）E. Estrada et M. Martínez ●☆

53092 Tzvelevia E. B. Alexeev（1985）= Festuca L.（1753）［禾本科 Poaceae（Gramineae）//羊茅科 Festucaceae］■

53093 Tzvelevopyrethrum Kamelin（1993）【汉】土耳其蒿属。【隶属】菊科 Asteraceae（Compositae）。【包含】世界 3 种。【学名诠释与讨论】〈中〉（人）Nikolai Nikolaievich Tzvelev，1925-，俄罗斯植物学者+（属）Pyrethrum 匹菊属（除虫菊属，菊属，小黄菊属）。此属的学名是"Tzvelevopyrethrum R. V. Kamelin in T. A. Adylov et T. I. Zuckerwanik，Opredelit. Rast. Srednej Azii 10：635. 1993（post 26 Oct）"。它是"Tanacetum sect. Asterotricha N. N. Tzvelev in B. K. Schischkin et E. G. Bobrov，Fl. URSS 26：878. Nov-Dec 1961"的替代名称。亦有文献把"Tzvelevopyrethrum Kamelin（1993）"处理为"Chrysanthemum L.（1753）（保留属名）"的异名。【分布】土耳其，土库曼斯坦，伊朗。【模式】Tzvelevopyrethrum walteri（C. Winkler）R. V. Kamelin［Chrysanthemum walteri C. Winkler］。【参考异名】Chrysanthemum L.（1753）（保留属名）■☆

53094 Uapaca Baill.（1858）【汉】瓦帕大戟属。【俄】Уапака。【英】Uapaca。【隶属】大戟科 Euphorbiaceae。【包含】世界 50-61 种。【学名诠释与讨论】〈阴〉来自马达加斯加植物俗名。【分布】马达加斯加，热带非洲。【后选模式】Uapaca thouarsii Baillon。【参考异名】Aapaca Metzdorff（1888）Nom. inval.；Canariastrum Engl.（1899）；Gymnocarpus Thouars ex Baill.（1858）Nom. illegit.■☆

53095 Uapacaceae（Müll. Arg.）Airy Shaw（1964）= Uapacaceae Airy Shaw（1964）；~ = Euphorbiaceae Juss.（保留科名）；~ = Phyllanthaceae J. Agardh ●■

53096 Uapacaceae Airy Shaw（1964）= Euphorbiaceae Juss.（保留科名）；~ = Phyllanthaceae J. Agardh ●■

53097 Ubiaea J. Gay ex A. Rich.（1847）Nom. illegit. ≡Ubiaea J. Gay（1847）；~ =Landtia Less.（1832）［菊科 Asteraceae（Compositae）］■☆

53098 Ubiaea J. Gay（1847）= Landtia Less.（1832）［菊科 Asteraceae（Compositae）］■☆

53099 Ubidium Raf. = Ubium J. F. Gmel.（1791）；~ = Dioscorea L.（1753）（保留属名）［薯蓣科 Dioscoreaceae］■

53100 Ubium J. F. Gmel.（1791）= Dioscorea L.（1753）（保留属名）［薯蓣科 Dioscoreaceae］■

53101 Ubochea Baill.（1891）【汉】好望角马鞭草属。【隶属】马鞭草科 Verbenaceae。【包含】世界1种。【学名诠释与讨论】〈阴〉词源不详。此属的学名是"Ubochea Baillon，Hist. Pl. 11：103. Jun-Jul 1891"。亦有文献把其处理为"Stachytarpheta Vahl（1804）（保留属名）"的异名。【分布】佛得角，南非（好望角）。【模式】Ubochea dichotoma Baillon。【参考异名】Stachytarpheta Vahl（1804）（保留属名）●☆

53102 Ucacea Cass.（1823）Nom. illegit. ≡Synedrella Gaertn.（1791）（保留属名）；~ = Ucacou Adans.（1763）（废弃属名）；~ = Blainvillea Cass.（1823）［菊科 Asteraceae（Compositae）］■●

53103 Ucacou Adans.（1763）（废弃属名）≡Synedrella Gaertn.（1791）（保留属名）［菊科 Asteraceae（Compositae）］■

53104 Uchi Post et Kuntze（1903）= Sacoglottis Mart.（1827）［核果树

科(胡香脂科,树脂核科,无距花科,香膏科,香膏木科)
Humiriaceae]●☆

53105 Ucnopsolen A. W. Hill = Ucnopsolon Raf. (1840); ~ = Lindernia
All. (1766) [玄参科 Scrophulariaceae//母草科 Linderniaceae//婆
婆纳科 Veronicaceae]■

53106 Ucnopsolen Raf. (1840) = Lindernia All. (1766) [玄参科
Scrophulariaceae//母草科 Linderniaceae//婆婆纳科 Veronicaceae]■

53107 Ucria Pfeiff. (1874) Nom. illegit. ≡ Ucria Targ. ex Pfeiff.
(1874); ~ = Ambrosinia L. (1764) Nom. illegit.; ~ = Ambrosina
Bassi(1763) [天南星科 Araceae]■☆

53108 Ucria Targ. ex Pfeiff. (1874) = Ambrosinia L. (1764) Nom.
illegit.; ~ = Ambrosina Bassi(1763) [天南星科 Araceae]■☆

53109 Ucriana Spreng. = Augusta Pohl(1828)(保留属名) + Tocoyena
Aubl. (1775) [茜草科 Rubiaceae]●☆

53110 Ucriana Willd. (1798) Nom. illegit. ≡ Tocoyena Aubl. (1775)
[茜草科 Rubiaceae]●☆

53111 Udani Adans. (1763) Nom. illegit. ≡ Quisqualis L. (1762) [使
君子科 Combretaceae]●

53112 Udora Nutt. (1818) Nom. illegit. ≡ Elodea Michx. (1803); ~ =
Anacharis Rich. (1814) [水鳖科 Hydrocharitaceae]■☆

53113 Udoza Raf. = Udora Nutt. (1818) Nom. illegit.; ~ = Elodea
Michx. (1803); ~ = Anacharis Rich. (1814) [水鳖科
Hydrocharitaceae]■☆

53114 Udrastina Raf. = Laportea Gaudich. (1830)(保留属名) [荨麻
科 Urticaceae]●■

53115 Uebelinia Hochst. (1841)【汉】林仙翁属。【隶属】石竹科
Caryophyllaceae。【包含】世界 6-7 种。【学名诠释与讨论】〈阴〉
(人)E. Uebel,植物学者。【分布】热带非洲。【模式】Uebelinia
abyssinica Hochstetter ■☆

53116 Uebelmannia Buining (1967)【汉】尤伯球属(假银苟属)。
【日】ウエベルマンナア-ナ属。【英】Uebelmannia。【隶属】仙人
掌科 Cactaceae。【包含】世界 2-5 种。【学名诠释与讨论】〈阴〉
(人)W. Uebelmann,模式种的发现者。【分布】巴西。【模式】
Uebelmannia gummifera (K. Backeberg et O. Voll) A. F. H. Buining
[Parodia gumminfera K. Backeberg et O. Voll]●☆

53117 Uechtritzia Freyn (1892)【汉】粉丁草属。【隶属】菊科
Asteraceae(Compositae)。【包含】世界 3 种。【学名诠释与讨论】
〈阴〉(人)Maximilian (Max)Friedrich Sigismund Freiherr von
Uechtritz,1785-1851,德国植物学者,昆虫学者。另说纪念前者
的儿子 Rudolf Karl Friedrich von Uechtritz,1838-1886,亦为植物
学者。【分布】巴基斯坦,亚美尼亚,西喜马拉雅山,亚洲中部。
【模式】Uechtritzia armena Freyn et Sintenis ex Freyn ■☆

53118 Uffenbachia Fabr. (1763) Nom. illegit. ≡ Uffenbachia Heist. ex
Fabr. (1763); ~ = Uvularia L. (1753) [百合科 Liliaceae//铃兰科
Convallariaceae//秋水仙科 Colchicaceae//细钟花科(悬阶草科)
Uvulariaceae]■☆

53119 Uffenbachia Heist. ex Fabr. (1763) Nom. illegit. ≡ Uvularia L.
(1753) [百合科 Liliaceae//铃兰科 Convallariaceae//秋水仙科
Colchicaceae//细钟花科(悬阶草科)Uvulariaceae]■☆

53120 Ugamia Pavlov(1950)【汉】垂甘菊属。【隶属】菊科 Asteraceae
(Compositae)。【包含】世界 1 种。【学名诠释与讨论】〈阴〉词源
不详。【分布】亚洲中部。【模式】Ugamia trichanthemoides N. V.
Pavlov ●☆

53121 Ugni Turcz. (1848)【汉】异香桃木属(小红果属)。【隶属】桃
金娘科 Myrtaceae。【包含】世界 5-15 种。【学名诠释与讨论】
〈阴〉来自智利植物俗名。【分布】巴拿马,秘鲁,玻利维亚,厄瓜
多尔,哥伦比亚(安蒂奥基亚),哥斯达黎加,墨西哥,尼加拉瓜,

安第斯山,中美洲。【模式】Ugni molinae Turczaninow [Myrtus
ugni Molina]●☆

53122 Ugona Adans. (1763) = Hugonia L. (1753) [亚麻科 Linaceae//
亚麻藤科(弧钩树科)Hugoniaceae]●☆

53123 Uhdea Kunth(1847) = Montanoa Cerv. (1825) [菊科 Asteraceae
(Compositae)]■●☆

53124 Uitenia Noronha(1790) Nom. inval. = Erioglossum Blume(1825)
[无患子科 Sapindaceae]●

53125 Uittienia Steenis(1948) = Dialium L. (1767) [豆科 Fabaceae
(Leguminosae)//云实科(苏木科)Caesalpiniaceae]●☆

53126 Uladendron Marc. -Berti(1971)【汉】尤拉木属。【隶属】锦葵
科 Malvaceae。【包含】世界 1 种。【学名诠释与讨论】〈中〉(地)
Ula + dendron 或 dendros,树木,棍,丛林。或希腊文 oulos,坚韧的,
坚实的,起皱的 + dendron。【分布】委内瑞拉。【模式】Uladendron
codesuri L. Marcano-Berti ●☆

53127 Ulantha Hook. (1830) = Chloraea Lindl. (1827) [兰科
Orchidaceae]■☆

53128 Ulanthia Raf. = Ulantha Hook. (1830) [兰科 Orchidaceae]■☆

53129 Ulbrichia Urb. (1924) = Thespesia Sol. ex Corrêa(1807)(保留
属名) [锦葵科 Malvaceae]●

53130 Uldinia J. M. Black(1922)【汉】澳中草属。【隶属】伞形花科
(伞形科)Apiaceae(Umbelliferae)。【包含】世界 1 种。【学名诠
释与讨论】〈阴〉(人)Uldin。另说来自植物俗名。【分布】澳大
利亚。【模式】Uldinia mercurialis J. M. Black。【参考异名】
Dominia Fedde(1929);Maidenia Domin(1922) Nom. illegit. ■☆

53131 Ulea C. B. Clarke ex H. Pfeiff. = Exochogyne C. B. Clarke(1905)
[莎草科 Cyperaceae]■☆

53132 Ulea-flos A. W. Hill = Exochogyne C. B. Clarke(1905) [莎草科
Cyperaceae]■☆

53133 Ulea-flos C. B. Clarke ex H. Pfeiff. (1925) Nom. illegit. =
Lagenocarpus Nees(1834) [莎草科 Cyperaceae]■☆

53134 Uleanthus Harms (1905)【汉】荆花豆属。【隶属】豆科
Fabaceae(Leguminosae)//蝶形花科 Papilionaceae。【包含】世界 1
种。【学名诠释与讨论】〈阳〉(属)Ulex 荆豆属 + anthos,花。【分
布】巴西,亚马孙河流域。【模式】Uleanthus erythrinoides Harms ■
☆

53135 Ulearum Engl. (1905)【汉】荆南星属。【隶属】天南星科
Araceae。【包含】世界 1 种。【学名诠释与讨论】〈中〉(属)Ulex
荆豆属 + (属)Arum 疆南星属。另说纪念 Ernst Heinrich Georg
Ule,1854-1915,德国植物学者,植物采集家 + (属)Arum 疆南星
属。【分布】秘鲁,亚马孙河流域。【模式】Ulearum sagittatum
Engler ■☆

53136 Uleiorchis Hoehne (1944)【汉】荆兰属。【隶属】兰科
Orchidaceae。【包含】世界 1 种。【学名诠释与讨论】〈阴〉(属)
Ulex 荆豆属 + orchis,兰花。另说纪念 Ernst Heinrich Georg Ule,
1854-1915,德国植物学者,植物采集家 + orchis,兰花。【分布】巴
拿马,巴西,秘鲁,厄瓜多尔,中美洲。【模式】Uleiorchis
cogniauxiana Hoehne,Nom. illegit. [Wullschlaegelia ulaei Cogniaux;
Uleiorchis ulaei (Cogniaux)Handro]■☆

53137 Uleodendron Rauschert (1982) = Naucleopsis Miq. (1853) [桑
科 Moraceae]●☆

53138 Uleophytum Hieron. (1907)【汉】腋序亮泽兰属。【隶属】菊科
Asteraceae(Compositae)。【包含】世界 1 种。【学名诠释与讨论】
〈中〉(属)Ulex 荆豆属 + phyton,植物,树木,枝条。另说纪念
Ernst Heinrich Georg Ule,1854-1915,德国植物学者,植物采集
家 + phyton,植物。【分布】秘鲁。【模式】Uleophytum scandens
Hieronymus ■☆

53139　Uleopsis Fedde(1911)【汉】银波草属。【隶属】［鸭趾草科 Commelinaceae］。【包含】世界4-5种。【学名诠释与讨论】〈阴〉（属）Ulex 荆豆属＋-opsis，外观，模样，相似。此属的学名"Uleopsis F. Fedde in F. Fedde et K. Schuster, Just's Bot. Jahresber. 37(2):77. 1911(post 8 Jul)"是一个替代名称。"Chamaeanthus Ule, Verh. Bot. Vereins Prov. Brandenburg 50:71. 10 Jun 1908"是一个非法名称（Nom. illegit.），因为此前已经有了"Chamaeanthus Schlechter ex J. J. Smith, Orchideen Java 552. 1905［兰科 Orchidaceae］"。故用"Uleopsis Fedde(1911)"替代之。"Geogenanthus Ule, Repert. Spec. Nov. Regni Veg. 11(31/33):524. 1913［31 Jan 1913］"亦是"Uleopsis Fedde(1911)"的替代名称；但是因为晚出而非法和多余了。苔藓的"Uleopsis Thériot, Rev. Bryol. Lichénol. ser. 2. 9:20. 25 Nov 1936(non F. Fedde 1911)"是晚出的非法名称。【分布】秘鲁，玻利维亚，厄瓜多尔，热带南美洲。【模式】Uleopsis wittianus (Ule) F. Fedde [Geogenanthus wittianus (Ule) Ule; Chamaeanthus wittianus Ule]。【参考异名】Chamaeanthus Ule(1908) Nom. illegit.; Geogenanthus Ule(1913) Nom. illegit., Nom. superfl. ■☆

53140　Ulex L.(1753)【汉】荆豆属。【日】ハリエニシダ属。【俄】Золотохворост, Колючий дрок, Улекс, Улекс европейский, Утёсник。【英】Furze, Gorse, Whin。【隶属】豆科 Fabaceae(Leguminosae)//蝶形花科 Papilionaceae。【包含】世界20种，中国1种。【学名诠释与讨论】〈阴〉（拉）ulex，所有格 ulicis，一种类似于迷迭香的灌木的古拉丁名。此属的学名，ING、TROPICOS、APNI 和 IK 记载是"Ulex Linnaeus, Sp. Pl. 741. 1 Mai 1753"。"Genista-spartium Duhamel du Monceau, Traité Arbres Arbust. 1:261. 1755"是"Ulex L.(1753)"的晚出的同模式异名(Homotypic synonym, Nomenclatural synonym)。【分布】巴拿马，玻利维亚，厄瓜多尔，哥伦比亚（安蒂奥基亚），哥斯达黎加，马达加斯加，缅甸，中国，非洲北部，中美洲。【后选模式】Ulex europaeus Linnaeus。【参考异名】Genista Duhamel(1755) Nom. illegit.; Genista-spartium Duhamel(1755) Nom. illegit.; Nepa Webb(1852)●

53141　Ulina Opiz(1852)＝ Inula L.(1753)［菊科 Asteraceae(Compositae)//旋覆花科 Inulaceae］●■

53142　Ulleria Bremek.(1969)＝ Ruellia L.(1753)［爵床科 Acanthaceae］■●

53143　Ulloa Pers.(1805) Nom. illegit. ≡ Juanulloa Ruiz et Pav.(1794)［茄科 Solanaceae］●☆

53144　Ullucaceae Nakai(1942)＝ Basellaceae Raf.（保留科名）■

53145　Ullucus Caldas(1809)【汉】块根落葵属（疲果薯属）。【日】ウルクス属。【俄】Уллюко。【英】Ullucus。【隶属】落葵科 Basellaceae//块根落葵科 Basellaceae。【包含】世界1种。【学名诠释与讨论】〈阳〉ulluco，拉丁美洲和秘鲁的植物俗名。【分布】秘鲁，玻利维亚，厄瓜多尔，安第斯山。【模式】Ullucus tuberosus F. J. Caldas。【参考异名】Gandola Moq.(1849) Nom. illegit.; Melloca Lindl.(1847)■☆

53146　Ulmaceae Mirb.(1815)（保留科名）【汉】榆科。【日】ニレ科。【俄】Вязовые, Ильмовые。【英】Elm Family。【包含】世界16-18属150-230种，中国8属46-94种。【分布】哥伦比亚，玻利维亚，中国，厄瓜多尔，马达加斯加，美国（密苏里），尼加拉瓜，巴基斯坦，巴拿马，热带和温带，中美洲。【科名模式】Ulmus L.●

53147　Ulmaria (Tourn.) Hill.(1768) Nom. illegit. ≡ Ulmaria Hill.(1768); ~ = Filipendula Mill.(1754); ~ = Spiraea L.(1753)［蔷薇科 Rosaceae//绣线菊科 Spiraeaceae］■

53148　Ulmaria Hill.(1768) Nom. illegit. = Filipendula Mill.(1754); ~ = Spiraea L.(1753)［蔷薇科 Rosaceae//绣线菊科 Spiraeaceae］●

53149　Ulmaria Mill.(1754)= Filipendula Mill.(1754); ~ =Spiraea L.(1753)［蔷薇科 Rosaceae//绣线菊科 Spiraeaceae］■

53150　Ulmariaceae Gray(1821)= Rosaceae Juss.(1789)（保留科名）●■

53151　Ulmarronia Friesen(1933) Nom. illegit. ≡ Varronia P. Browne(1756); ~ = Cordia L.(1753)（保留属名）［紫草科 Boraginaceae//破布木科（破布树科）Cordiaceae］●

53152　Ulmus L.(1753)【汉】榆属。【日】ニレ属。【俄】Берест, Вяз, Ильм。【英】Elm。【隶属】榆科 Ulmaceae。【包含】世界25-45种，中国21-36种。【学名诠释与讨论】〈阴〉（拉）ulmus，榆树的古名。来自凯尔特语或撒克逊语 ulm 或 elm，榆树。Ulmeus，榆树的或属于榆树的。【分布】巴基斯坦，巴勒斯坦，巴拿马，玻利维亚，美国（密苏里），墨西哥，尼加拉瓜，中国，南至喜马拉雅山，中南半岛，北温带，中美洲。【后选模式】Ulmus campestris Linnaeus。【参考异名】Microptelea Spach(1841)●

53153　Uloma Raf.(1837)（废弃属名）= Colea Bojer ex Meisn.(1840)（保留属名）; ~ = Rhodocolea Baill.(1887)［紫葳科 Bignoniaceae］●☆

53154　Uloptera Fenzl(1843)= Ferula L.(1753)［伞形花科（伞形科）Apiaceae(Umbelliferae)］■

53155　Ulospermum Link(1821)= Capnophyllum Gaertn.(1790)［伞形花科（伞形科）Apiaceae(Umbelliferae)］■☆

53156　Ulostoma D. Don ex G. Don(1837) Nom. illegit. ≡ Ulostoma D. Don(1837); ~ =Gentiana L.(1753)［龙胆科 Gentianaceae］■

53157　Ulostoma D. Don(1837) = Gentiana L.(1753)［龙胆科 Gentianaceae］■

53158　Ulostoma G. Don(1837) Nom. illegit. ≡ Ulostoma D. Don(1837); ~ =Gentiana L.(1753)［龙胆科 Gentianaceae］■

53159　Ulricia Jacq. ex Steud.(1821)= Lepechinia Willd.(1804)［唇形科 Lamiaceae(Labiatae)］■☆

53160　Ulticona Raf.(1838)（废弃属名）= Hebecladus Miers(1845)（保留属名）［茄科 Solanaceae］●☆

53161　Ultragossypium Roberty(1949)= Gossypium L.(1753)［锦葵科 Malvaceae］●■

53162　Ulugbekia Zakirov(1961)= Arnebia Forssk.(1775)［紫草科 Boraginaceae］●■

53163　Uluxia Juss.(1818) Nom. illegit. ≡ Columellia Ruiz et Pav.(1794)（保留属名）［弯药树科 Columelliaceae］●☆

53164　Ulva Adans.(1763)= Carex L.(1753)［莎草科 Cyperaceae］■

53165　Ulva Haller(1742) Nom. inval.［莎草科 Cyperaceae］■☆

53166　Umari Adans.(1763) Nom. illegit. ≡Geoffroea Jacq.(1760)［as 'Geoffraea'］［豆科 Fabaceae(Leguminosae)//蝶形花科 Papilionaceae］●☆

53167　Umbellifera Honigb.(1852)= ? Ligusticum L.(1753)［伞形花科（伞形科）Apiaceae(Umbelliferae)］■

53168　Umbelliferae Juss.(1789)（保留科名）【汉】伞形花科（伞形科）。【包含】世界250-455属3245-3751种，中国10-118属530-634种。Apiaceae Lindl. 和 Umbelliferae Juss. 均为保留科名，是《国际植物命名法规》确定的九对互用科名之一。详见 Apiaceae Lindl.。【分布】广泛分布，主要北温带。【科名模式】Apium L.(1753)■●

53169　Umbellanthus S. Moore(1920)= Triaspis Burch.(1824)［金虎尾科（黄褥花科）Malpighiaceae］●☆

53170　Umbellularia (Nees) Nutt.(1842)（保留属名）【汉】加州桂属（北美木姜子属，加州月桂属，伞桂属）。【英】Californian Bay, Headache Tree, Oregon Myrtle。【隶属】樟科 Lauraceae。【包含】世界1-2种。【学名诠释与讨论】〈阴〉（拉）umbella，指小式 umbellula，伞，伞形花序＋-arius, -aria, -arium，指示"属于、相似、

具有、联系"的词尾。指花序。此属的学名"Umbellularia（Nees）Nutt., N. Amer. Sylva 1：87. Jul – Dec 1842"是保留属名，由"Oreodaphne subgen. Umbellularia Nees, Syst. Laur.：381，462. 30 Oct–5 Nov 1836"改级而来。相应的废弃属名是樟科 Lauraceae 的"Sciadiodaphne Rchb., Deut. Bot. Herb. – Buch［1］：70；［2］：118. Jul 1841 ≡ Umbellularia（Nees）Nutt.（1842）（保留属名）"。IK 记载的"Umbellularia Nutt., N. Amer. Sylv. 87（1842）"命名人引证有误，亦应废弃。【分布】美国（加利福尼亚）。【模式】Umbellularia californica（W. J. Hooker et Arnott）Nuttall［Tetranthera californica W. J. Hooker et Arnott；Umbellularia californica（Hook. et Arn.）Nutt.］。【参考异名】Drimophyllum Nutt.（1842）；Oreodaphne subgen. Umbellularia Nees（1836）；Sciadiodaphne Rchb.（1841）（废弃属名）；Umbellularia Nutt.（1842）（废弃属名）●☆

53171　Umbellularia Nutt.（1842）（废弃属名）≡ Umbellularia（Nees）Nutt.（1842）（保留属名）［樟科 Lauraceae］●☆

53172　Umbilicaria Fabr.（1759）Nom. illegit. ≡ Umbilicaria Heist. ex Fabr.（1759）；~ = Omphalodes Mill.（1754）［紫草科 Boraginaceae］■☆

53173　Umbilicaria Heist. ex Fabr.（1759）Nom. illegit. ≡ Omphalodes Mill.（1754）［紫草科 Boraginaceae］■

53174　Umbilicaria Pers.（1805）Nom. illegit. = Cotyledon L.（1753）（保留属名）［粟米草科 Molluginaceae］●■☆

53175　Umbilicus DC.（1801）【汉】脐景天属。【俄】Трава пупочная，Умбиликус。【英】Navelwort, Navel – wort, Pennywort。【隶属】景天科 Crassulaceae。【包含】世界 13-18 种。【学名诠释与讨论】〈阴〉（拉）umbilicus，脐，中部。指叶。【分布】巴基斯坦，地中海地区。【模式】Cotyledon umbilicus Linnaeus。【参考异名】Cotylophyllum Post et Kuntze（1903）■☆

53176　Umbraculum Kuntze（1891）Nom. illegit. ≡ Umbraculum Rumph. ex Kuntze（1891）；~ = Aegiceras Gaertn.（1788）［紫金牛科 Myrsinaceae//蜡烛果科（桐花树科）Aegicerataceae］●

53177　Umbraculum Rumph.（1743）Nom. inval. ≡ Umbraculum Rumph. ex Kuntze（1891）；~ ≡ Aegiceras Gaertn.（1788）［紫金牛科 Myrsinaceae//蜡烛果科（桐花树科）Aegicerataceae］●

53178　Umbraculum Rumph. ex Kuntze（1891）Nom. illegit. ≡ Aegiceras Gaertn.（1788）［紫金牛科 Myrsinaceae//蜡烛果科（桐花树科）Aegicerataceae］●

53179　Umsema Raf.（1808）Nom. illegit. ≡ Pontederia L.（1753）［雨久花科 Pontederiaceae］■☆

53180　Umtiza Sim（1907）【汉】鸟巴树属。【隶属】豆科 Fabaceae（Leguminosae）。【包含】世界 1 种。【学名诠释与讨论】〈阴〉来自植物俗名。【分布】非洲南部。【模式】Umtiza listeriana T. R. Sim ●☆

53181　Unamia Greene（1903）= Aster L.（1753）［菊科 Asteraceae（Compositae）］●■

53182　Unannea Steud.（1841）= Stemodia L.（1759）（保留属名）；~ = Unanuea Ruiz et Pav. ex Pennell（1920）Nom. illegit.［玄参科 Scrophulariaceae//婆婆纳科 Veronicaceae］■☆

53183　Unanuea Ruiz et Pav.（1920）Nom. inval. ≡ Unanuea Ruiz et Pav. ex Benth.（1846）Nom. illegit.；~ ≡ Unanuea Ruiz et Pav. ex Pennell（1920）Nom. illegit.；~ = Stemodia L.（1759）（保留属名）［玄参科 Scrophulariaceae//婆婆纳科 Veronicaceae］■☆

53184　Unanuea Ruiz et Pav. ex Benth.（1846）Nom. illegit. = Stemodia L.（1759）（保留属名）［玄参科 Scrophulariaceae//婆婆纳科 Veronicaceae］■☆

53185　Unanuea Ruiz, Pav. et Pennell（1920）Nom. illegit. = Stemodia L.

（1759）（保留属名）［玄参科 Scrophulariaceae//婆婆纳科 Veronicaceae］■☆

53186　Uncaria Burch.（1822）Nom. illegit.（废弃属名）= Harpagophytum DC. ex Meisn.（1840）［胡麻科 Pedaliaceae］■☆

53187　Uncaria Schreb.（1789）（保留属名）【汉】钩藤属。【日】カギカズラ属，カギカヅラ属。【俄】Ункария клюволистная。【英】Gambir Plant, Gambirplant, Gambir-plant, Hookvine。【隶属】茜草科 Rubiaceae。【包含】世界 24-70 种，中国 11-16 种。【学名诠释与讨论】〈阴〉（拉）uncus, uncinus，指小式 uncinulus，钩。uncinatus，有钩刺的 + – arius, – aria, – arium，指示"属于、相似、具有、联系"的词尾。指不育的花序梗成钩状刺，或指茎上有钩状刺。此属的学名"Uncaria Schreb., Gen. Pl.：125. Apr 1789"是保留属名。相应的废弃属名是茜草科 Rubiaceae 的"Ourouparia Aubl., Hist. Pl. Guiane：177. Jun – Dec 1775 ≡ Uncaria Schreb.（1789）（保留属名）"。胡麻科 Pedaliaceae 的"Uncaria Burch., Trav. S. Africa 1：536. 1822［post Feb 1822］= Harpagophytum DC. ex Meisn.（1840）"是晚出的非法名称，亦应废弃。"Agylophora Necker ex Rafinesque, Ann. Gen. Sci. Phys. 6：82. 1820"是"Uncaria Schreb.（1789）（保留属名）"和"Ourouparia Aubl.（1775）（废弃属名）"的晚出的同模式异名（Homotypic synonym, Nomenclatural synonym）。【分布】巴拿马，秘鲁，玻利维亚，厄瓜多尔，哥伦比亚（安第奥基亚），马达加斯加，尼加拉瓜，中国，中美洲。【模式】Uncaria guianensis（Aublet）J. F. Gmelin［Ourouparia guianensis Aublet］。【参考异名】Agylophora Neck.（1790）Nom. inval.；Agylophora Neck. ex Raf.（1820）；Ourouparia Aubl.（1775）（废弃属名）；Restiaria Lour.（1790）；Uncinaria Rchb.（1841）Nom. illegit.；Uruparia Raf.（1838）●

53188　Uncarina（Baill.）Stapf（1895）【汉】黄花胡麻属。【隶属】胡麻科 Pedaliaceae。【包含】世界 9-13 种。【学名诠释与讨论】〈阴〉（拉）uncus, uncinus，指小式 uncinulus，钩 + – inus, – ina, – inum 拉丁文加在名词词干之后，以形成形容词的词尾，含义为"属于、相似、关于、小的"。指果实上的刺。此属的学名，ING 记载是"Uncarina（Baillon）Stapf in Engler et Prantl, Nat. Pflanzenfam. 4. 3b：261. 12 Mar 1895"，由"Harpophytum sect. Uncarina Baillon, Bull. Mens. Soc. Linn. Paris 1：668. post 6 Nov 1888"改级而来；而 IK 和 TROPICOS 则记载为"Uncarina Stapf, Nat. Pflanzenfam.［Engler et Prantl］iv. 3b（1895）261"。三者引用的文献相同。【分布】马达加斯加。【模式】未指定。【参考异名】Harpophytum sect. Uncarina Baill.（1888）；Uncarina Stapf（1895）Nom. illegit. ●☆

53189　Uncarina Stapf（1895）Nom. illegit. ≡ Uncarina（Baill.）Stapf（1895）［胡麻科 Pedaliaceae］●☆

53190　Uncariopsis H. Karst.（1861）= Schradera Vahl（1796）（保留属名）［茜草科 Rubiaceae］■☆

53191　Uncasia Greene（1903）= Eupatorium L.（1753）［菊科 Asteraceae（Compositae）//泽兰科 Eupatoriaceae］■●

53192　Uncifera Lindl.（1858）【汉】叉喙兰属。【英】Uncifera。【隶属】兰科 Orchidaceae。【包含】世界 6 种，中国 2 种。【学名诠释与讨论】〈阴〉（拉）uncus, uncinus，指小式 uncinulus，钩 + fera 生有。指唇瓣。【分布】马来半岛，泰国，印度，中国。【模式】未指定■

53193　Unciferia（Luer）Luer（2004）= Pleurothallis R. Br.（1813）［兰科 Orchidaceae］■☆

53194　Uncina C. A. Mey.（1833）= Uncinia Pers.（1807）［莎草科 Cyperaceae］■☆

53195　Uncinaria Rchb.（1841）Nom. illegit. = Uncaria Schreb.（1789）（保留属名）［茜草科 Rubiaceae］●

53196　Uncinia Pers.（1807）【汉】钩莎属。【隶属】莎草科

Cyperaceae。【包含】世界 54-60 种。【学名诠释与讨论】〈阴〉（拉）uncus,uncinus,指小式 uncinulus,钩。指芒。【分布】澳大利亚,巴拿马,秘鲁,玻利维亚,厄瓜多尔,哥伦比亚(安蒂奥基亚),哥斯达黎加,墨西哥,尼加拉瓜,委内瑞拉,新西兰,加里曼丹岛,新几内亚岛,中美洲。【后选模式】Uncinia australis Persoon, Nom. illegit.［Carex uncinata Linnaeus f.；Uncinia uncinata (Linnaeus f.) G. Kükenthal]。【参考异名】Agistron Raf. (1840);Fusarina Raf. (1840);Uncina C. A. Mey. (1833)■☆

53197　Uncinus Raeusch. (1797) = Melodinus J. R. Forst. et G. Forst.；~ = Oncinus Lour. (1790)［夹竹桃科 Apocynaceae]●

53198　Unedo Hoffmanns. et Link (1813-1820) = Arbutus L. (1753)［杜鹃花科(欧石南科)Ericaceae//草莓树科 Arbutaceae]●☆

53199　Ungeria Nees ex C. B. Clarke(1884) = Cyperus L. (1753)［莎草科 Cyperaceae]■

53200　Ungeria Schott et Endl. (1832)【汉】繁花梧桐属。【隶属】梧桐科 Sterculiaceae//锦葵科 Malvaceae。【包含】世界 1 种。【学名诠释与讨论】〈阴〉（人）Franz Joseph Andreas Nicolaus Unger,1800-1870,奥地利植物学者,教授。此属的学名,ING、TROPICOS、APNI 和 IK 记载是"Ungeria Schott et Endl., Melet. 27. t. 4 (1832)"。"Ungeria Nees ex C. B. Clarke, J. Linn. Soc., Bot. 21:34. 1884［1886 publ. 1884］= Cyperus L. (1753)［莎草科 Cyperaceae]"是晚出的非法名称。化石植物的"Ungeria Salfeld, Centralbl. Mineral. 13:385. 1908 (non H. W. Schott et Endlicher 1832)"也是晚出的非法名称。【分布】澳大利亚(东部,诺福克岛)。【模式】Ungeria floribunda H. W. Schott et Endlicher ●☆

53201　Ungernia Bunge (1875)【汉】波斯石蒜属。【俄】Унгерния。【隶属】石蒜科 Amaryllidaceae。【包含】世界 6-8 种。【学名诠释与讨论】〈阴〉（人）Baron Franz Ungern-Sternberg,1808-1885,德国植物学者,医生。【分布】亚洲中部,伊朗。【模式】Ungernia trisphaera Bunge ■☆

53202　Ungnadia Endl. (1835)【汉】翁格木属(翁格那木属)。【隶属】无患子科 Sapindaceae。【包含】世界 1 种。【学名诠释与讨论】〈阴〉（人）Christian Samuel Baron von Ungnad,？-1804,德国人。【分布】美国(南部),墨西哥,中国。【模式】Ungnadia speciosa Endlicher ●

53203　Unguacha Hochst. (1844) = Strychnos L. (1753)［马钱科(断肠草科,马钱子科)Loganiaceae]●

53204　Unguella Luer (2005) = Pleurothallis R. Br. (1813)［兰科 Orchidaceae]■☆

53205　Unguiculabia Mytnik et Szlach. (2008)【汉】热非多穗兰属。【隶属】兰科 Orchidaceae。【包含】世界 5 种。【学名诠释与讨论】〈阴〉词源不详。此属的学名是"Unguiculabia Mytnik et Szlach., Richardiana 8:19. 2008"。亦有文献把其处理为"Polystachya Hook. (1824)(保留属名)"的异名。【分布】热带非洲。【模式】Unguiculabia alpina (Lindl.) Szlach. et Mytnik ［Polystachya alpina Lindl.]。【参考异名】Polystachya Hook. (1824)(保留属名)■☆

53206　Ungula Barlow (1964) = Amyema Tiegh. (1894)［桑寄生科 Loranthaceae]●☆

53207　Ungulipetalum Moldenke(1938)【汉】蹄瓣藤属。【隶属】防己科 Menispermaceae。【包含】世界 1 种。【学名诠释与讨论】〈中〉（拉）ungula,蹄,爪+希腊文 petalos,扁平的,铺开的;petalon,花瓣,叶,花叶,金属叶子;拉丁文的花瓣为 petalum。【分布】巴西。【模式】Ungulipetalum filipendulum (Martius) Moldenke ［Cocculus filipendula Martius]●☆

53208　Unifolium Boehm. (1760) Nom. illegit. = Maianthemum F. H. Wigg. (1780)(保留属名)［百合科 Liliaceae//铃兰科

53209　Unifolium Haller(1742) Nom. inval. = Maianthemum F. H. Wigg. (1780)(保留属名)［百合科 Liliaceae//铃兰科 Convallariaceae]■

53210　Unifolium Ludw. (1757) = Maianthemum F. H. Wigg. (1780)(保留属名)［百合科 Liliaceae//铃兰科 Convallariaceae]■

53211　Unifolium Zinn(1757) Nom. inval. = Maianthemum F. H. Wigg. (1780)(保留属名)［百合科 Liliaceae//铃兰科 Convallariaceae]■

53212　Unigenes E. Wimm. (1948)【汉】单生桔梗属。【隶属】桔梗科 Campanulaceae。【包含】世界 1 种。【学名诠释与讨论】〈阴〉（拉）unio,单一的+genos,种族。gennao,产生。【分布】非洲南部。【模式】Unigenes humifusa (A. P. de Candolle) E. Wimmer ［Mezleria humifusa A. P. de Candolle]■☆

53213　Uniola L. (1753)【汉】牧场草属。【日】ウニ-オラ属。【隶属】禾本科 Poaceae(Gramineae)。【包含】世界 4 种。【学名诠释与讨论】〈阴〉（拉）uniola,古植物名。来自 unio,单一的+-olus,-ola,-olum,拉丁文指示小的词尾。指颖。此属的学名,ING、TROPICOS、APNI、GCI 和 IK 记载是"Uniola L., Sp. Pl. 1:71. 1753［1 May 1753]"。"Nevroctola Rafinesque, Neogenyton 4. 1825"和"Trisiola Rafinesque, Fl. Ludov. 144. Oct(？)1817"是"Uniola L. (1753)"的晚出的同模式异名(Homotypic synonym, Nomenclatural synonym)。【分布】巴基斯坦,巴拿马,秘鲁,玻利维亚,厄瓜多尔,哥斯达黎加,尼加拉瓜,西印度群岛,北美洲,中美洲。【后选模式】Uniola paniculata Linnaeus。【参考异名】Leptochloopsis H. O. Yates (1966);Neuroctola Raf. ex Steud. (1841);Neuroctola Steud.;Nevroctola Raf. (1825) Nom. illegit.;Trisiola Raf. (1817) Nom. illegit.;Triunila Raf. (1825)Nom. inval. ■☆

53214　Unisema Raf. (1808) Nom. illegit. ≡ Pontederia L. (1753)［雨久花科 Pontederiaceae]■☆

53215　Unisemataceae Raf. (1837) = Pontederiaceae Kunth(保留科名)■

53216　Univiscidiatus(Kores) Szlach. (2001) Nom. inval. = Acianthopsis Szlach. (2002) Nom. illegit.；~ = Acianthus R. Br. (1810)［兰科 Orchidaceae]■☆

53217　Uniyala H. Rob. et Skvarla(2009)【汉】尤氏菊属。【隶属】鸭趾草科 Commelinaceae。【包含】世界 7 种。【学名诠释与讨论】〈阴〉（人）Uniyal,植物学者。【分布】斯里兰卡,印度。【模式】Uniyala wightiana (Arn.) H. Rob. et Skvarla ［Vernonia wightiana Arn.]☆

53218　Unjala Blume(1823) Nom. inval. = Schefflera J. R. Forst. et G. Forst. (1775)(保留属名)［五加科 Araliaceae]●

53219　Unjala Reinw. ex Blume(1823) Nom. inval. = Schefflera J. R. Forst. et G. Forst. (1775)(保留属名)［五加科 Araliaceae]●

53220　Unona Hook. f. et Thomson = Desmos Lour. (1790)+Dasymaschalon (Hook. f. et Thomson) Dalla Torre et Harms(1901)［番荔枝科 Annonaceae]●

53221　Unona L. f. (1782) = Desmos Lour. (1790)；~ = Xylopia L. (1759)(保留属名)［番荔枝科 Annonaceae]●

53222　Unonopsis R. E. Fr. (1900)【汉】类番鹰爪属。【隶属】番荔枝科 Annonaceae。【包含】世界 27-43 种。【学名诠释与讨论】〈阴〉（属）Unona+希腊文 opsis,外观,模样,相似。【分布】巴拉圭,巴拿马,秘鲁,玻利维亚,厄瓜多尔,哥伦比亚(安蒂奥基亚),墨西哥,尼加拉瓜,西印度群岛,中美洲。【后选模式】Unonopsis angustifolia (Bentham) R. E. Fries ［Trigynaea angustifolia Bentham]●☆

53223　Unxia Bert. ex Colla (1835) Nom. illegit. (废弃属名) = Blennosperma Less. (1832)［菊科 Asteraceae(Compositae)]■☆

53224　UnxiaKunth(1818) Nom. illegit. (废弃属名) = Villanova Lag. (1816)(保留属名)［菊科 Asteraceae(Compositae)]■☆

53225 Unxia L. f. (1782)（废弃属名）= Villanova Lag. (1816)（保留属名）［菊科 Asteraceae(Compositae)］■☆

53226 Upata Adans. (1763) Nom. illegit. ≡ Avicennia L. (1753)［马鞭草科 Verbenaceae//海榄雌科 Avicenniaceae］●

53227 Upoda Adans. (1763) Nom. illegit. ≡ Hypoxis L. (1759)［石蒜科 Amaryllidaceae//长喙科（仙茅科）Hypoxidaceae］■

53228 Upopion Raf. (1836) = Thaspium Nutt. (1818)［伞形花科（伞形科）Apiaceae(Umbelliferae)］■☆

53229 Upoxis Adans. (1763) = Gagea Salisb. (1806)［百合科 Liliaceae］☆

53230 Upudalia Raf. (1838) = Eranthemum L. (1753)［爵床科 Acanthaceae］●■

53231 Upuna Symington(1941)【汉】加岛香属。【隶属】龙脑香科 Dipterocarpaceae。【包含】世界 1 种。【学名诠释与讨论】〈阴〉词源不详。【分布】加里曼丹岛。【模式】Upuna borneenis Symington ●☆

53232 Upuntia Raf. = Opuntia Mill. (1754)［仙人掌科 Cactaceae］●

53233 Urachne Trin. (1820) Nom. illegit. ≡ Piptatherum P. Beauv. (1812)；~ = Oryzopsis Michx. (1803)［禾本科 Poaceae(Gramineae)］■

53234 Uragoga Baill. (1879) Nom. illegit. = Cephaëlis Sw. (1788)（保留属名）；~ = Psychotria L. (1759)（保留属名）［茜草科 Rubiaceae//九节科 Psychotriaceae］●

53235 Uralepis Nutt. (1818) Nom. illegit. = Triplasis P. Beauv. (1812)［禾本科 Poaceae(Gramineae)］■☆

53236 Uralepis Raf. = Triplasis P. Beauv. (1812)［禾本科 Poaceae(Gramineae)］■☆

53237 Uralepis Spreng. (1820) Nom. illegit.［禾本科 Poaceae(Gramineae)］☆

53238 Urananthus (Griseb.) Benth. (1840) Nom. illegit. = Eustoma Salisb. (1806)［龙胆科 Gentianaceae］■☆

53239 Urananthus Benth. (1840) Nom. illegit. ≡ Urananthus (Griseb.) Benth. (1840) Nom. illegit. ；~ = Eustoma Salisb. (1806)［龙胆科 Gentianaceae］■☆

53240 Urandra Thwaites(1855) = Stemonurus Blume (1826)［茶茱萸科 Icacinaceae//尾药木科（金檀木科）Stemonuraceae］●

53241 Urania DC. (1825) Nom. illegit. = Uraria Desv. (1813)［豆科 Fabaceae(Leguminosae)//蝶形花科 Papilionaceae］●■

53242 Urania Schreb. (1789) Nom. illegit. ≡ Ravenala Adans. (1763)［芭蕉科 Musaceae//鹤望兰科（旅人蕉科）Strelitziaceae］●■

53243 Uranodactylus Gilli(1959) = Winklera Regel(1886)［十字花科 Brassicaceae(Cruciferae)］■☆

53244 Uranostachys (Dumort.) Fourr. (1869) Nom. illegit. ≡ Veronica L. (1753)［玄参科 Scrophulariaceae//婆婆纳科 Veronicaceae］■

53245 Uranostachys Fourr. (1869) Nom. illegit. ≡ Uranostachys (Dumort.) Fourr. (1869) Nom. illegit. ；~ ≡ Veronica L. (1753)［玄参科 Scrophulariaceae//婆婆纳科 Veronicaceae］■

53246 Uranthera Naudin(1845) = Acisanthera P. Browne(1756)［野牡丹科 Melastomataceae］●■☆

53247 Uranthera Pax et K. Hoffm. (1911) Nom. illegit. = Phyllanthodendron Hemsl. (1898)；~ = Phyllanthus L. (1753)［大戟科 Euphorbiaceae//叶下珠科（叶萝藦科）Phyllanthaceae］●■

53248 Uranthera Raf. = Justicia L. (1753)［爵床科 Acanthaceae//鸭嘴花科（鸭咀花科）Justiciaceae］●■

53249 Uranthoecium Stapf(1916)【汉】扁轴草属。【隶属】禾本科 Poaceae(Gramineae)。【包含】世界 1 种。【学名诠释与讨论】〈中〉(希)ouranos,天,屋顶,拱形屋顶+theke,指小式 thekion,匣子,箱子,室,药室,囊+-ius,-ia,-ium,在拉丁文和希腊文中,这些词尾表示性质或状态。指种子。【分布】澳大利亚(新南威尔士)。【模式】Uranthoecium truncatum (Maiden et Betche) Stapf［Rottboellia truncata Maiden et Betche］■☆

53250 Uraria Desv. (1813)【汉】狸尾豆属(兔尾草属,猪腰豆属)。【日】フヂボグサ属。【英】Uraria。【隶属】豆科 Fabaceae(Leguminosae)//蝶形花科 Papilionaceae。【包含】世界 20 种,中国 7-10 种。【学名诠释与讨论】〈阴〉(希)uro,ura,urus,尾巴+-arius,-aria,-arium,指示"属于、相似、具有、联系"的词尾。指总状花序尾状。【分布】澳大利亚,巴基斯坦,印度至马来西亚,中国,东南亚,热带非洲,太平洋地区。【后选模式】Uraria picta (N. J. Jacquin) Desvaux ex A. P. de Candolle［Hedysarum pictum N. J. Jacquin］。【参考异名】Doodia Roxb. (1832) Nom. illegit. ；Urania DC. (1825) Nom. illegit. ；Urariopsis C. K. Schneid. (1916)●■

53251 Uraria Wall. = Urariopsis C. K. Schneid. (1916)［豆科 Fabaceae(Leguminosae)//蝶形花科 Papilionaceae］●

53252 Urariopsis C. K. Schneid. (1916)【汉】算珠豆属(异珠豆属)。【英】Abacubeadbean, Urariopsis。【隶属】豆科 Fabaceae(Leguminosae)//蝶形花科 Papilionaceae。【包含】世界 2 种,中国 2 种。【学名诠释与讨论】〈阴〉(属)Uraria 狸尾豆属(兔尾草属)+希腊文 opsis,外观,模样。指本属与狸尾豆属相近。此属的学名是"Urariopsis Schindler, Bot. Jahrb. Syst. 54：51. 26 Apr 1916"。亦有文献把其处理为"Uraria Desv. (1813)"的异名。【分布】中国,东南亚。【模式】Urariopsis cordifolia (Wallich) Schindler［Uraria cordifolia Wallich］。【参考异名】Uraria Desv. (1813)；Uraria Wall. ●

53253 Uraspermum Nutt. (1818)（废弃属名）≡ Osmorhiza Raf. (1819)（保留属名）［伞形花科（伞形科）Apiaceae(Umbelliferae)］■

53254 Uratea J. F. Gmel. (1791) = Ouratea Aubl. (1775)（保留属名）［金莲木科 Ochnaceae］●

53255 Uratella Post et Kuntze(1903) = Ouratea Aubl. (1775)（保留属名）；~ = Ouratella Tiegh. (1902)［金莲木科 Ochnaceae］●

53256 Urbananthus R. M. King et H. Rob. (1971)【汉】光果亮泽兰属。【隶属】菊科 Asteraceae(Compositae)。【包含】世界 2 种。【学名诠释与讨论】〈阳〉(拉)urbanus,高尚的,华美的,精致的,属于城市的+anthos,花。另说纪念 Ignatz Urban, 1848-1931,德国植物学者+ anthos,花。【分布】西印度群岛。【模式】Urbananthus critoniformis (Urban) R. M. King et H. E. Robinson［Eupatorium critoniforme Urban］●☆

53257 Urbanella Pierre(1890) = Lucuma Molina (1782)；~ = Pouteria Aubl. (1775)［山榄科 Sapotaceae］●

53258 Urbania Phil. (1891)（保留属名）【汉】乌尔班草属。【隶属】马鞭草科 Verbenaceae。【包含】世界 1 种。【学名诠释与讨论】〈阴〉(人)Ignatz Urban, 1848-1931,德国植物学者。此属的学名是"Urbania Phil. , Verz. Antofagasta Pfl. ：60. Sep-Oct 1891"是保留属名。相应的废弃属名是玄参科 Scrophulariaceae 的"Urbania Vatke in Oesterr. Bot. Z. 25：10. Jan 1875 = Lyperia Benth. (1836)"。【分布】智利。【模式】Urbania pappigera R. A. Philippi。【参考异名】Lyperia Benth. (1836)●☆

53259 Urbania Vatke(1875)（废弃属名）= Lyperia Benth. (1836)［玄参科 Scrophulariaceae］■☆

53260 Urbaniella Dusén ex Melch. (1927) = Haplolophium Cham. (1832)（保留属名）；~ = Urbanolophium Melch. (1927)［紫葳科 Bignoniaceae］●☆

53261 Urbaniella Melch. (1927) Nom. illegit. = Haplolophium Cham. (1832)（保留属名）［紫葳科 Bignoniaceae］●☆

53262　Urbanisol Kuntze（1891）Nom. illegit. ≡ Tithonia Desf. ex Juss. （1789）［菊科 Asteraceae（Compositae）］●■

53263　Urbanodendron Mez（1889）【汉】疣楠属。【隶属】樟科 Lauraceae。【包含】世界1-3种。【学名诠释与讨论】〈中〉（人） Ignatz Urban，1848-1931，德国植物学者+dendron 或 dendros，树 木，棍，丛林。【分布】巴西（东部）。【模式】Urbanodendron verrucosum（C. G. D. Nees）Mez［Aydendron verrucosum C. G. D. Nees］●☆

53264　Urbanodoxa Muschl.（1908）【汉】乌尔班芥属（乌尔巴诺芥 属）。【隶属】十字花科 Brassicaceae（Cruciferae）。【包含】世界2 种。【学名诠释与讨论】〈阴〉（人）Ignatz Urban，1848-1931，德国 植物学者+doxa，光荣，光彩，华丽，荣誉，有名，显著。此属的学 名是“Urbanodoxa Muschler, Bot. Jahrb. Syst. 40：271. 24 Jan 1908”。亦有文献把其处理为“Cremolobus DC.（1821）”的异名。 【分布】玻利维亚，智利。【模式】Urbanodoxa rhomboidea（W. J. Hooker）Muschler［Cremolobus rhomboideus W. J. Hooker］。【参考 异名】Cremolobus DC.（1821）■☆

53265　Urbanoguarea Harms（1937）= Guarea F. Allam.（1771）［as ‘Guara’］（保留属名）［楝科 Meliaceae］●☆

53266　Urbanolophium Melch.（1927）= Haplolophium Cham.（1832） （保留属名）［紫葳科 Bignoniaceae］●☆

53267　Urbanosciadium H. Wolff（1908）= Niphogeton Schltdl.（1857） ［伞形花科（伞形科）Apiaceae（Umbelliferae）］■☆

53268　Urbinella Greenm.（1903）【汉】小秀菊属。【隶属】菊科 Asteraceae（Compositae）。【包含】世界1种。【学名诠释与讨论】 〈阴〉（人）Minuel Urbina y Altamirano，1843-1906，墨西哥植物学 者，医生，动物学者，教授+-ellus，-ella，-ellum，加在名词词干后 面形成指小式的词尾。或加在人名、属名等后面以组成新属的 名称。【分布】墨西哥。【模式】Urbinella palmeri Greenman ■☆

53269　Urbinia Rose（1903）= Echeveria DC.（1828）［景天科 Crassulaceae］●■☆

53270　Urceodiscus W. J. de Wilde et Duyfjes（2006）【汉】壶瓜属。【隶 属】葫芦科（瓜科，南瓜科）Cucurbitaceae。【包含】世界7种。 【学名诠释与讨论】〈阴〉（希）urceus，指小式 urceolus，具耳水壶+ diskos，圆盘。此属的学名是“Urceodiscus W. J. J. O. de Wilde et B. E. E. Duyfjes，Blumea 51：38. 10 Mai 2006”。亦有文献把其处 理为“Melothria L.（1753）”的异名。【分布】新几内亚岛，热带亚 洲。【模式】Urceodiscus belensis（E. D. Merrill et L. M. Perry）W. J. J. O. de Wilde et B. E. E. Duyfjes［Melothria belensis E. D. Merrill et L. M. Perry］。【参考异名】Melothria L.（1753）■☆

53271　Urceola Roxb.（1799）（保留属名）【汉】水壶藤属（乐东藤属， 小壶藤属）。【英】Urceola。【隶属】夹竹桃科 Apocynaceae。【包 含】世界15种，中国8种。【学名诠释与讨论】〈阴〉（希）urceus， 指小式 urceolus，具耳水壶。此属的学名“Urceola Roxb. in Asiat. Res. 5：169. 1799”是保留属名。相应的废弃属名是“Urceola Vand.，Fl. Lusit. Bras. Spec.：8. 1788［Spermatoph.，INCERTAE SEDIS］≠Urceola Roxb.（1799）（保留属名）”。真菌的“Urceola Quélet，Ench. Fungorum 320. 1886”亦应废弃。【分布】马来西亚 （西部），缅甸，中国。【模式】Urceola elastica Roxburgh。【参考异 名】Chavannesia A. DC.（1844）；Chunechites Tsiang（1937）； Ecdysanthera Hook. et Arn.（1837）；Parabarium Pierre（1906）； Uricola Boerl.（1899）；Xylinabaria Pierre（1898）；Xylinabariopsis Lý；Xylinabariopsis Pit.（1933）●

53272　Urceolaria F. Dietr.（废弃属名）= Utricularia L.（1753）［狸藻 科 Lentibulariaceae］■

53273　Urceolaria Herb.（1821）Nom. illegit.（废弃属名）≡ Urceolina Rchb.（1829）（保留属名）［石蒜科 Amaryllidaceae］■☆

53274　Urceolaria Huth（废弃属名）= Sarmienta Ruiz et Pav.（1794） （保留属名）［苦苣苔科 Gesneriaceae］●■☆

53275　Urceolaria Molina ex J. D. Brandis（1786）（废弃属名）≡ Sarmienta Ruiz et Pav.（1794）（保留属名）［苦苣苔科 Gesneriaceae］●■☆

53276　Urceolaria Molina（1810）Nom. illegit.（废弃属名）≡ Urceolaria Molina ex J. D. Brandis（1786）（废弃属名）；~ ≡ Sarmienta Ruiz et Pav.（1794）（保留属名）［苦苣苔科 Gesneriaceae］●■☆

53277　Urceolaria Willd.（1790）Nom. illegit.（废弃属名）= Schradera Vahl（1796）（保留属名）［茜草科 Rubiaceae］■☆

53278　Urceolaria Willd. ex Cothen.（1790）Nom. illegit.（废弃属名）≡ Urceolaria Willd.（1790）；~ = Schradera Vahl（1796）（保留属名） ［茜草科 Rubiaceae］■☆

53279　Urceolina Rchb.（1829）（保留属名）【汉】耳壶石蒜属。【日】 ウルケオリナ属。【隶属】石蒜科 Amaryllidaceae。【包含】世界 2-7种。【学名诠释与讨论】〈阴〉（希）urceus，指小式 urceolus，具 耳水壶+-inus，-ina，-inum 拉丁文加在名词词干之后，以形成形 容词的词尾，义为“属于，相似，关于，小的”。指花被。此属的学 名“Urceolina Rchb.，Consp. Regni Veg.：61. Dec 1828-Mar 1829” 是保留属名。也是一个替代名称。“Urceolaria Herbert，Appendix 28. Dec 1821”是一个非法名称（Nom. illegit.），因为此前已经有 了“Urceolaria Molina ex J. D. Brandis，Naturgesch. Chili 133. 1786 （废弃属名）≡ Sarmienta Ruiz et Pav.（1794）（保留属名）［苦苣 苔科 Gesneriaceae］”；故用“Urceolina Rchb.（1829）”替代之。相 应的废弃属名是石蒜科 Amaryllidaceae 的“Leperiza Herb.， Appendix：41. Dec 1821 = Urceolina Rchb.（1829）（保留属名）”。 真菌的“Urceolaria Bonorden，Handb. Mykol. 203，311. 1851”和地 衣的“Urceolaria Tuckerman，Bull. Torrey Bot. Club 6：58. 1875 ≡ Orceolina Hertel 1970”应予废弃。“Urceolaria Willdenow in Cothenius，Disp. 10. Jan-Mai 1790 = Schradera Vahl（1796）（保留 属名）［茜草科 Rubiaceae］”，“Urceolaria Willd. ex Cothen. （1790）≡ Urceolaria Willd.（1790）［茜草科 Rubiaceae］”， “Urceolaria Molina，Saggio Chili ed. 2. 136. 1810 ≡ Urceolaria Molina ex J. D. Brandis（1786）［苦苣苔科 Gesneriaceae］”， “Urceolaria Huth = Sarmienta Ruiz et Pav.（1794）（保留属名）［苦 苣苔科 Gesneriaceae］”，“Urceolaria Herb.（1821）Nom. illegit. ≡ Urceolina Rchb.（1829）（保留属名）［石蒜科 Amaryllidaceae］”和 “Urceolaria F. Dietr. = Utricularia L.（1753）［狸藻科 Lentibulariaceae］”等，都是非法名称和应予废弃的属名。 “Collania J. A. Schultes et J. H. Schultes in J. J. Roemer et J. A. Schultes，Syst. Veg. 7（2）：LIII，893. 1830（sero）”是“Urceolina Rchb.（1829）（保留属名）”的晚出的同模式异名（Homotypic synonym，Nomenclatural synonym）。也有学者承认“爱丽塞娜兰属 Elisena Herbert，Amaryll. 201. Apr（sero）1837［石蒜科 Amaryllidaceae］”；但是它是“Liriopsis Rchb.（1828）”的晚出的同 模式异名；而“Liriopsis Rchb.（1828）”则是本属的异名；故 “Elisena Herb.（1837）”应予废弃。“Sphaerotele Link”是 “Sphaerotele Klotzsch in Link，Klotzsch et Otto，Icon. Pl. Rar. 2：95. Apr 1844［石蒜科 Amaryllidaceae］”的误记。【分布】安第斯山， 秘鲁，玻利维亚。【模式】Urceolina pendula Herbert，Nom. illegit. ［Urceolina pendula Herbert，Nom. illegit.，Crinum urceolatum Ruiz et Pavon；Urceolina urceolata（Ruiz et Pavon）M. L. Green］。【参考 异名】Collania Schult. et Schult. f.（1830）Nom. illegit.；Collania Schult. f.（1830）Nom. illegit.；Elisena Herb.（1837）Nom. illegit.； Leperiza Herb.（1821）（废弃属名）；Lepirhiza Post et Kuntze （1903）；Liriopsis Rchb.（1828）；Pentlandia Herb.（1839）； Plagiolirion Baker（1883）；Pseudourceolina Vargas（1960）；

Sphaerotele Klotzsch（1844）Nom. illegit.；Sphaerotele Link（1844）Nom. illegit.；Urceolaria Herb.（1821）Nom. illegit. ■☆

53280 Urechites Müll. Arg.（1860）【汉】蛇尾蔓属（黄花葵属，金香藤属，蛇尾曼属）。【英】Vipertail。【隶属】夹竹桃科 Apocynaceae。【包含】世界 2 种。【学名诠释与讨论】〈阳〉（希）uro, ura, urus，用于希腊文组合词，含义为"尾巴"+（属）Echites 蛇木属。另说来自"希"urichos，柳条筐子。此属的学名是"Urechites J. Müller Arg., Bot. Zeitung（Berlin）18：22. 20 Jan 1860"。亦有文献把其处理为"Pentalinon Voigt（1845）"的异名。【分布】美国（佛罗里达），西印度群岛，中美洲。【后选模式】Urechites karwinskii J. Müller Arg.。【参考异名】Pentalinon Voigt（1845）■☆

53281 Urelytrum Hack.（1887）【汉】圆叶舌茅属。【隶属】禾本科 Poaceae（Gramineae）。【包含】世界 7 种。【学名诠释与讨论】〈中〉（希）uro, ura, urus, 尾巴+elytron, 皮壳, 套子, 盖, 鞘。【分布】马达加斯加，热带和非洲南部。【后选模式】Urelytrum agropyroides（Hackel）Hackel ［Rottboellia agropyroides Hackel］■☆

53282 Urena L.（1753）【汉】梵天花属（地桃花属，野棉花属）。【日】ポンテンカ属，ポンテンクワ属。【俄】Урена。【英】Buddhamallow, Indian Mallow。【隶属】锦葵科 Malvaceae。【包含】世界 6-8 种，中国 3-4 种。【学名诠释与讨论】〈阴〉（印度）马拉巴尔俗名 uren, 一种锦葵科 Malvaceae 植物。【分布】巴基斯坦，巴拉圭，巴拿马，秘鲁，玻利维亚，厄瓜多尔，哥伦比亚（安蒂奥基亚），哥斯达黎加，马达加斯加，尼加拉瓜，中国，热带和亚热带，中美洲。【后选模式】Urena lobata Linnaeus。【参考异名】Vrena Noronha（1790）●■

53283 Urera Gaudich.（1830）【汉】肉果荨麻属（烧麻属）。【俄】Ypepa。【英】Scrntchbush。【隶属】荨麻科 Urticaceae。【包含】世界 35 种。【学名诠释与讨论】〈阴〉（拉）urera, 一种植物名，来自 urere, 烧。指蜇毛。此属的学名，ING、TROPICOS 和 IK 记载是"Urera Gaudich., Voy. Uranie, Bot. 496. 1830 ［dt. 1826; issued 6 Mar 1830］"。"Calostima Rafinesque, Fl. Tell. 3：47. Nov-Dec 1837（'1836'）"是"Urera Gaudich.（1830）"的晚出的同模式异名（Homotypic synonym, Nomenclatural synonym）。【分布】巴拿马，秘鲁，玻利维亚，厄瓜多尔，哥伦比亚（安蒂奥基亚），马达加斯加，美国（夏威夷），尼加拉瓜，热带非洲和非洲南部，中美洲。【后选模式】Urera baccifera（Linnaeus）Gaudichaud-Beaupré ex Weddell。【参考异名】Calostima Raf.（1837）Nom. illegit.；Scepocarpus Wedd.（1869）●☆

53284 Ureskinnera Post et Kuntze（1903）= Uroskinnera Lindl.（1857）［玄参科 Scrophulariaceae//婆婆纳科 Veronicaceae］●☆

53285 Uretia Kuntze（1891）= Aerva Forssk.（1775）（保留属名）［苋科 Amaranthaceae］●■

53286 Uretia Post et Kuntze（1903）Nom. illegit. = Aerva Forssk.（1775）（保留属名）；～= Ouret Adans.（1763）（废弃属名）［苋科 Amaranthaceae］●■

53287 Uretia Raf.（1837）= Aerva Forssk.（1775）（保留属名）+Digera Forssk.（1775）［苋科 Amaranthaceae］■☆

53288 Urginavia Speta（1998）【汉】乌尔鸭趾草属。【隶属】鸭趾草科 Commelinaceae。【包含】世界 6 种。【学名诠释与讨论】〈阴〉词源不详。【分布】不详。【模式】不详☆

53289 Urginea Steinh.（1834）【汉】海葱属（仙葱属）。【日】ウルギネア属，カイソウ属。【俄】Ургинея。【英】Sea Onion, Sea-onion, Squill。【隶属】百合科 Liliaceae//风信子科 Hyacinthaceae。【包含】世界 50-100 种。【学名诠释与讨论】〈阴〉Beni Urgin, 阿尔及利亚的一个部族。此属的学名是"Urginea Steinheil, Ann. Sci. Nat. Bot. ser. 2. 1：321. t. 14. Jun 1834"。亦有文献把其处理为"Drimia Jacq. ex Willd.（1799）"的异名。【分布】巴基斯坦，马

达加斯加，印度，地中海地区，非洲。【后选模式】Urginea undulata（Desfontaines）Steinheil ［Scilla undulata Desfontaines］。【参考异名】Boosia Speta（2001）；Drimia Jacq. ex Willd.（1799）；Ebertia Speta（1998）；Fusifilum Raf.（1837）；Igidia Speta（1998）；Monotassa Salisb.（1866）；Phalangium Adans.（1763）Nom. illegit.；Physodia Salisb.（1866）；Pilasia Raf.（1837）；Sekanama Speta（2001）；Sipharissa Post et Kuntze（1903）；Squilla Steinh.（1836）；Sypharissa Salisb.（1866）；Tenicroa Raf.（1837）；Urgineopsis Compton（1930）■☆

53290 Urgineopsis Compton（1930）【汉】类海葱属。【隶属】百合科 Liliaceae//风信子科 Hyacinthaceae。【包含】世界 1-2 种。【学名诠释与讨论】〈阴〉（属）Urginea 海葱属+希腊文 opsis, 外观，模样，相似。此属的学名是"Urgineopsis Compton, J. Bot. 68：107. Apr 1930"。亦有文献把其处理为"Drimia Jacq. ex Willd.（1799）"或"Urginea Steinh.（1834）"的异名。【分布】非洲南部。【模式】Urgineopsis salteri Compton。【参考异名】Drimia Jacq. ex Willd.（1799）；Urginea Steinh.（1834）■☆

53291 Urginia Kunth（1843）Nom. illegit. ［百合科 Liliaceae］■☆

53292 Uribea Dugand et Romero（1962）【汉】假罗望子属。【隶属】豆科 Fabaceae（Leguminosae）//蝶形花科 Papilionaceae。【包含】世界 1 种。【学名诠释与讨论】〈阴〉（人）Antonio Lorenzo Uribe-Uribe, 1900-1980, 哥伦比亚植物学者，牧师，Flora de Antoquia 的作者。【分布】哥伦比亚，哥伦比亚（安蒂奥基亚），哥斯达黎加，中美洲。【模式】Uribea tamarindoides Dugand et Romero ■☆

53293 Uricola Boerl.（1899）= Urceola Roxb.（1799）（保留属名）［夹竹桃科 Apocynaceae］●

53294 Urinaria Medik.（1787）= Phyllanthus L.（1753）［大戟科 Euphorbiaceae//叶下珠科（叶萝藦科）Phyllanthaceae］●■

53295 Urirandra Thouars ex Mirb.（1802）Nom. illegit. ≡ Uvirandra J. St.-Hil.（1805）［水蕹科 Aponogetonaceae］■

53296 Urmenetea Phil.（1860）【汉】锈冠菊属。【隶属】菊科 Asteraceae（Compositae）。【包含】世界 1 种。【学名诠释与讨论】〈阴〉词源不详。【分布】智利（北部）。【模式】Urmenetea atacamensis Phil. ■☆

53297 Urnectis Raf.（1838）= Salix L.（1753）（保留属名）［杨柳科 Salicaceae］●

53298 Urnularia Stapf（1901）（保留属名）【汉】花瓶藤属。【隶属】夹竹桃科 Apocynaceae。【包含】世界 8 种。【学名诠释与讨论】〈阴〉（拉）urnula, 小水壶, 小花瓶+-arius, -aria, -arium, 指示"属于、相似、具有、联系"的词尾。此属的学名"Urnularia Stapf in Hooker's Icon. Pl.；ad t. 2711. Sep 1901"是保留属名。相应的废弃属名是真菌的"Urnularia P. Karst. in Not. Sällsk. Fauna Fl. Fenn. Förh. 8：209. 1866"。"Willughbeiopsis S. Rauschert, Taxon 31：556. 9 Aug 1982"是"Urnularia Stapf（1901）（保留属名）"的晚出的同模式异名（Homotypic synonym, Nomenclatural synonym）。它曾被处理为"Willughbeiopsis（Stapf）Rauschert, Taxon 31：556. 1982"。亦有文献把"Urnularia Stapf（1901）（保留属名）"处理为"Willughbeia Roxb.（1820）（保留属名）"的异名。【分布】热带。【模式】Urnularia beccariana（Kuntze）Stapf ［Ancylocladus beccarianus Kuntze］。【参考异名】Willughbeia Roxb.（1820）（保留属名）；Willughbeiopsis（Stapf）Rauschert（1982）Nom. illegit.；Willughbeiopsis（Stapf）Rauschert（1982）；Willughbeiopsis Rauschert（1982）Nom. illegit. ■☆

53299 Urobotrya Stapf（1905）【汉】尾球木属（鳞尾木属）。【英】Urobotrya。【隶属】山柑科（白花菜科，醉蝶花科）Capparaceae//山柚子科（山柚科，山柚仔科）Opiliaceae。【包含】世界 7 种，中国 1 种。【学名诠释与讨论】〈阴〉（希）uro, ura, urus, 用于希腊文

组合词,含义为"尾巴"+botrys,葡萄串,总状花序,簇生。指总状花序尾状。【分布】东南亚,热带亚洲,中国。【模式】未指定●

53300　Urocarpidium Ulbr. (1916)【汉】尾果锦葵属。【隶属】锦葵科 Malvaceae。【包含】世界 12 种。【学名诠释与讨论】〈中〉(希) uro,ura,urus,尾巴+karpos,果实+-idius,-idia,-idium,指示小的词尾。【分布】秘鲁,玻利维亚,厄瓜多尔(科隆群岛),墨西哥,安第斯山。【模式】Urocarpidium albiflorum Ulbrich ■☆

53301　Urocarpus J. L. Drumm. ex Harv. (1855) = Asterolasia F. Muell. (1854)［芸香科 Rutaceae］●☆

53302　Urochilus D. L. Jones et M. A. Clem. (2002)【汉】尾唇兰属。【隶属】兰科 Orchidaceae。【包含】世界 3 种。【学名诠释与讨论】〈阴〉(希) uro,ura,urus,尾巴+cheilos,唇。在希腊文组合词中,cheil-,cheilo-,-chilus,-chilia 等均为"唇,边缘"之义。此属的学名是"Urochilus D. L. Jones et M. A. Clem., Australian Orchid Research 4：87. 2002"。亦有文献把其处理为"Pterostylis R. Br. (1810)(保留属名)"的异名。【分布】澳大利亚。【模式】Urochilus vittatus (Lindl.) D. L. Jones et M. A. Clem.。【参考异名】Pterostylis R. Br. (1810)(保留属名)■☆

53303　Urochlaena Nees (1841)【汉】风滚尾属。【隶属】禾本科 Poaceae(Gramineae)。【包含】世界 1 种。【学名诠释与讨论】〈阴〉(希) uro,ura,urus,尾巴+laina = chlaine = 拉丁文 laena,外衣,衣服。此属的学名是"Urochlaena C. G. D. Nees, Fl. Africae Austr. 437. 13-19 Jun 1841"。亦有文献把其处理为"Tribolium Desv. (1831)"的异名。【分布】非洲南部。【模式】Urochlaena pusilla C. G. D. Nees。【参考异名】Tribolium Desv. (1831)■☆

53304　Urochloa P. Beauv. (1812)【汉】尾稃草属。【英】Signal-grass,Tailgrass,Urochloa。【隶属】禾本科 Poaceae (Gramineae)。【包含】世界 11-110 种,中国 4-6 种。【学名诠释与讨论】〈阴〉(希) uro,ura,urus,尾巴+chloe,草的幼芽,嫩草,禾草。指第二小花的外稃顶端具小尖头。此属的学名,ING,TROPICOS,GCI,APNI 和 IK 记载是"Urochloa P. Beauv., Ess. Agrostogr. 52. 1812［Dec 1812］"。它曾被处理为"Panicum sect. Urochloa (P. Beauv.) Steud.,Synopsis Plantarum Glumacearum 1：37. 1855［1853］.(10-12 Dec 1853)"和"Panicum sect. Urochloa (P. Beauv.) Trin., Mémoires de l' Académie Impériale des Sciences de Saint-Pétersbourg. Sixième Série. Sciences Mathématiques, Physiques et Naturelles. Seconde Partie；Sciences Naturelles 3,1(2-3)：193,208. 1834"。【分布】巴基斯坦,巴拿马,秘鲁,玻利维亚,厄瓜多尔,哥伦比亚(安蒂奥基亚),哥斯达黎加,马达加斯加,美国(密苏里),尼加拉瓜,中国,热带非洲亚洲,中美洲。【模式】Urochloa panicoides Palisot de Beauvois。【参考异名】Leucophrys Rendle (1899)；Panicum sect. Urochloa (P. Beauv.) Steud. (1855)Nom. inval.；Panicum sect. Urochloa (P. Beauv.) Trin. (1834)；Pseudobrachiaria Launert(1970)■

53305　Urochondra C. E. Hubb. (1947)【汉】毛子房草属。【隶属】禾本科 Poaceae(Gramineae)。【包含】世界 1 种。【学名诠释与讨论】〈阴〉(希) uro,ura,urus,尾巴+chondros,指小式 chondrion,谷粒,粒状物,砂,也指脆骨,软骨。指小穗。【分布】巴基斯坦,非洲。【模式】Urochondra setulosa (Trinius) Hubbard［Vilfa setulosa Trinius］■☆

53306　Urodesmium Naudin(1851) = Pachyloma DC. (1828)［野牡丹科 Melastomataceae］●☆

53307　Urodon Turcz. (1849) = Pultenaea Sm. (1794)［豆科 Fabaceae (Leguminosae)］●☆

53308　Urogentias Gilg et Gilg-Ben. (1933)【汉】尾龙胆属。【隶属】龙胆科 Gentianaceae。【包含】世界 1 种。【学名诠释与讨论】〈阴〉(希) uro,ura,urus,尾巴+(属)Gentiana 龙胆属。【分布】热带非洲东部。【模式】Urogentias ulugurensis E. Gilg et C. Gilg ■☆

53309　Urolepis(DC.) R. M. King et H. Rob. (1971)【汉】尾鳞菊属。【隶属】菊科 Asteraceae(Compositae)。【包含】世界 1 种。【学名诠释与讨论】〈阴〉(希) uro,ura,urus,尾巴+lepis,所有格 lepidos,指小式 lepion 或 lepidion,鳞,鳞片。lepidotos,多鳞的。lepos,鳞,鳞片。此属的学名,ING 和 IK 记载是"Urolepis (A. P. de Candolle) R. M. King et H. E. Robinson, Phytologia 21：304. Jun (sero) 1971",由"Hebeclinium sect. Urolepis A. P. de Candolle, Prodr. 5：136. Oct. (prim.)1825"改级而来。【分布】阿根廷,巴拉圭,巴西,玻利维亚。【模式】Urolepis hecatantha (A. P. de Candolle) R. M. King et H. E. Robinson［Hebeclinium hecatanthum A. P. de Candolle］。【参考异名】Hebeclinium sect. Urolepis DC. (1825)■●☆

53310　Uromorus Bureau (1873) = Streblus Lour. (1790)［桑科 Moraceae］●

53311　Uromyrtus Burret(1941)【汉】尾香木属。【隶属】桃金娘科 Myrtaceae。【包含】世界 12-15 种。【学名诠释与讨论】〈阴〉(希) uro,ura,urus,尾巴+(属)Myrtus 香桃木属(爱神木属,番桃木属,莫塌属,银香梅属)。【分布】法属新喀里多尼亚。【模式】Uromyrtus artensis (Montrousier) Burret［Helianthemum artense Montrousier］●☆

53312　Uropappus Nutt. (1841)【汉】尾毛菊属。【英】Silver-puffs。【隶属】菊科 Asteraceae(Compositae)。【包含】世界 1 种。【学名诠释与讨论】〈阴〉(希) uro,ura,urus,尾巴+希腊文 pappos 指柔毛,软毛。pappus 则与拉丁文同义,指冠毛。指鳞片。此属的学名是"Uropappus Nuttall, Trans. Amer. Philos. Soc. ser. 2. 7：424. 2 Apr 1841"。亦有文献把其处理为"Microseris D. Don(1832)"的异名。【分布】美国,墨西哥。【模式】未指定。【参考异名】Microseris D. Don(1832)■☆

53313　Uropedilum Pfitzer (1888) Nom. illegit. = Uropedium Lindl. (1846)(废弃属名)；~ =Phragmipedium Rolfe(1896)(保留属名)［兰科 Orchidaceae］■☆

53314　Uropedium Lindl. (1846)(废弃属名) = Phragmipedium Rolfe (1896)(保留属名)［兰科 Orchidaceae］■☆

53315　Uropetalon Burch. (1816) Nom. illegit. ≡ Uropetalon Burch. ex Ker Gawl. (1816)Nom. illegit.；~ =Zuccangnia Thunb. (1798)(废弃属名)；~ = Dipcadi Medik. (1790)［百合科 Liliaceae//风信子科 Hyacinthaceae］●☆

53316　Uropetalon Burch. ex Ker Gawl. (1816) Nom. illegit. ≡ Zuccangnia Thunb. (1798) (废弃属名)；~ = Dipcadi Medik. (1790)［百合科 Liliaceae//风信子科 Hyacinthaceae］■☆

53317　Uropetalon Ker Gawl. (1816) Nom. illegit. ≡ Uropetalon Burch. ex Ker Gawl. (1816) Nom. illegit.；~ =Zuccangnia Thunb. (1798)(废弃属名)；~ =Dipcadi Medik. (1790)［百合科 Liliaceae//风信子科 Hyacinthaceae］●☆

53318　Uropetalum Burch. (1822) Nom. illegit. ≡ Uropetalon Burch. ex Ker Gawl. (1816)Nom. illegit.；~ ≡Zuccangnia Thunb. (1798)(废弃属名)；~ =Dipcadi Medik. (1790)［百合科 Liliaceae//风信子科 Hyacinthaceae］●☆

53319　Urophyllon Salisb. (1866) = Ornithogalum L. (1753)［百合科 Liliaceae//风信子科 Hyacinthaceae］■

53320　Urophyllum C. Koch (1857) Nom. illegit. ≡ Urophyllum K. Koch (1857) Nom. illegit.；~ ≡ Urospatha Schott (1853)［天南星科 Araceae］■☆

53321　Urophyllum Jack ex Wall. (1824)【汉】尖叶木属(尾叶树属)。【英】Tailleaftree,Urophyllum。【隶属】茜草科 Rubiaceae。【包含】世界 155-200 种,中国 3-4 种。【学名诠释与讨论】〈中〉(希) uro, ura,urus,尾巴+phyllon,叶子。指叶先端常尾尖。【分布】马达加斯加,中国,热带非洲,热带亚洲至日本和新几内亚岛。【后选模式】Urophyllum villosum Wallich。【参考异名】Axanthes Blume(1826);Axanthopsis Korth.(1851);Cymelonema C. Presl(1851);Leucolophus Bremek.(1940);Maschalanthe Blume(1828)Nom. illegit.;Maschalorymbus Bremek.;Patisna Jack ex Burkill;Urophyllum Wall.(1824);Wallichia Reinw.(1823);Wallichia Reinw. ex Blume(1823)Nom. illegit. ●

53322 Urophyllum K. Koch(1857)Nom. illegit. ≡ Urospatha Schott(1853)［天南星科 Araceae］■☆

53323 Urophyllum Wall.(1824)≡ Urophyllum Jack ex Wall.(1824)［茜草科 Rubiaceae］●

53324 Urophysa Ulbr.(1929)【汉】尾囊草属。【英】Tailsacgrass,Urophysa。【隶属】毛茛科 Ranunculaceae。【包含】世界2种,中国2种。【学名诠释与讨论】〈阴〉(希)uro,ura,urus,尾巴+physa,风箱,气泡,水囊。指囊状果实的顶端宿存尾状花柱。【分布】中国。【模式】未指定■★

53325 Uroskinnera Lindl.(1857)【汉】尾婆婆纳属。【隶属】玄参科 Scrophulariaceae//婆婆纳科 Veronicaceae。【包含】世界3-4种。【学名诠释与讨论】〈阴〉(希)uro,ura,urus,尾巴+skinner,植物学者。【分布】墨西哥,中美洲。【模式】Uroskinnera spectabilis Lindley。【参考异名】Ureskinnera Post et Kuntze(1903)●☆

53326 Urospatha Schott(1853)【汉】尾苞南星属。【隶属】天南星科 Araceae。【包含】世界10-20种。【学名诠释与讨论】〈阴〉(希)uro,ura,urus,尾巴+spathe = 拉丁文 spatha,佛焰苞,鞘,叶片,匙状苞,窄而平之薄片,竿杖。此属的学名,ING、TROPICOS 和 IK 记载是"Urospatha Schott, Aroid. 3. tt. 7-10(1853)"。"Urophyllum K. H. E. Koch, Berliner Allg. Gartenzeitung 25: 173. 1857(non Wallich 1824)"是"Urospatha Schott(1853)"的晚出的同模式异名(Homotypic synonym, Nomenclatural synonym)。【分布】巴拿马,秘鲁,玻利维亚,厄瓜多尔,哥斯达黎加,尼加拉瓜,中美洲。【后选模式】Urospatha sagittifolia(Rudge)H. W. Schott［as 'sagittaefolia'］［Pothos sagittaefolia Rudge］。【参考异名】Urophyllum C. Koch(1857)Nom. illegit.;Urospathella G. S. Bunting(1988)■☆

53327 Urospathella G. S. Bunting(1988)= Urospatha Schott(1853)［天南星科 Araceae］■☆

53328 Urospermum Scop.(1777)［as 'Vrospermvm'］【汉】尾籽菊属(喙果苣属,尾子菊属)。【日】ウロスペルムム属。【俄】Уроспермум,Хвостосемянник。【英】Sheep's-beard。【隶属】菊科 Asteraceae(Compositae)。【包含】世界2种。【学名诠释与讨论】〈中〉(希)uro,ura,urus,尾巴+sperma,所有格 spermatos,种子,孢子。此属的学名,ING、TROPICOS、APNI 和 IK 记载是"Urospermum Scop., Intr. Hist. Nat. 122. 1777［Jan–Apr 1777］"。"Arnopogon Willdenow, Sp. Pl. 3(3):1496. Apr – Dec 1803('1800')"和"Tragopogonodes O. Kuntze, Rev. Gen. 1:370. 5 Nov 1891"是"Urospermum Scop.(1777)"的晚出的同模式异名(Homotypic synonym,Nomenclatural synonym)。【分布】地中海地区。【模式】Urospermum picroides(Linnaeus)F. W. Schmidt。【参考异名】Arnopogon Willd.(1803)Nom. illegit.;Daumailia Airy Shaw;Daumailia Arènes(1949);Tragopogonodes Kuntze(1891)Nom. illegit. ■☆

53329 Urostachya(Lindl.)Brieger(1981)【汉】尾花兰属。【隶属】兰科 Orchidaceae。【包含】世界21种。【学名诠释与讨论】〈阴〉(希)uro,ura,urus,尾巴+stachya,穗。此属的学名,ING 和 IK 记载是"Urostachya(Lindley)F. G. Brieger in F. G. Brieger et al., Schlechter Orchideen 1(11-12):716. Jul 1981",由"Eria sect.

Urostachya Lindley, J. Proc. Linn. Soc., Bot. 3:60. 20 Aug 1858"改级而来。亦有文献把"Urostachya(Lindl.)Brieger(1981)"处理为"Eria Lindl.(1825)(保留属名)"或"Pinalia Lindl.(1826)"的异名。【分布】中国(参见 Eria Lindl. 和 Pinalia Lindl.)。【模式】Urostachya floribunda(Lindley)F. G. Brieger［Eria floribunda Lindley］。【参考异名】Eria Lindl.(1825)(保留属名);Eria sect. Urostachya Lindl.(1858);Pinalia Lindl.(1826)■

53330 Urostelma Bunge(1835)= Metaplexis R. Br.(1810)［萝藦科 Asclepiadaceae］●■

53331 Urostemon B. Nord.(1978)【汉】澳大利亚尾药菊属。【隶属】菊科 Asteraceae(Compositae)。【包含】世界1种。【学名诠释与讨论】〈阳〉(希)uro,ura,urus,尾巴+stemon,雄蕊。此属的学名是"Urostemon B. Nordenstam, Opera Bot. 44: 31. 1978"。亦有文献把其处理为"Brachyglottis J. R. Forst. et G. Forst.(1775)"的异名。【分布】新西兰。【模式】Urostemon kirkii(J. D. Hooker ex T. Kirk)B. Nordenstam［Senecio kirkii J. D. Hooker ex T. Kirk, Senecio glastifolius J. D. Hooker, non Linnaeus f.］。【参考异名】Brachyglottis J. R. Forst. et G. Forst.(1775)■☆

53332 Urostephanus B. L. Rob. et Greenm.(1895)【汉】尾冠萝藦属。【隶属】萝藦科 Asclepiadaceae。【包含】世界1种。【学名诠释与讨论】〈阴〉(希)uro,ura,urus,尾巴+stephos,stephanos,花冠,王冠。【分布】墨西哥,中美洲。【模式】Urostephanus U. gonoloboides B. L. Robinson et Greenman ●☆

53333 Urostigma Gasp.(1844)Nom. illegit. ≡ Mastosuke Raf.(1838);~ =Ficus L.(1753)［桑科 Moraceae］●

53334 Urostylis Meisn.(1839)Nom. illegit. ≡ Layia Hook. et Arn. ex DC.(1838)(保留属名)［菊科 Asteraceae(Compositae)］■☆

53335 Urotheca Gilg(1897)= Gravesia Naudin(1851)［野牡丹科 Melastomataceae］●☆

53336 Ursia Vassilcz.(1979)= Trifolium L.(1753)［豆科 Fabaceae(Leguminosae)//蝶形花科 Papilionaceae］■

53337 Ursifolium Doweld(2003)= Trifolium L.(1753)［豆科 Fabaceae(Leguminosae)//蝶形花科 Papilionaceae］■

53338 Ursinea Willis, Nom. inval. = Ursinia Gaertn.(1791)(保留属名)［菊科 Asteraceae(Compositae)］●■☆

53339 Ursinia Gaertn.(1791)(保留属名)【汉】熊菊属(乌寝花属)。【日】ウルシニア属。【俄】Урзиния,Урсиния。【英】Ursinia。【隶属】菊科 Asteraceae(Compositae)。【包含】世界38-80种。【学名诠释与讨论】〈阴〉(拉)ursus,熊,阴性 ursa,指小式 ursula,小母熊;ursinus,像熊的。另说纪念 John Ursinus,1608-1666,德国植物学者。此属的学名"Ursinia Gaertn., Fruct. Sem. Pl. 2:462. Sep–Dec 1791"是保留属名。法规未列出相应的废弃属名。【分布】埃塞俄比亚,非洲南部。【模式】Ursinia paradoxa(Linnaeus)J. Gaertner［Arctotis paradoxa Linnaeus］。【参考异名】Chronobasis DC. ex Benth. et Hook. f.(1873);Leptotis Hoffmanns.(1824);Oligaerion Cass.(1816)Nom. inval.;Spermaphyllum Post et Kuntze(1903);Spermophylla Neck.(1790)Nom. inval.;Sphenogyne R. Br.(1813);Thelythamnos A. Spreng.(1828);Ursinea Willis, Nom. inval.;Ursiniopsis E. Phillips(1951)●■☆

53340 Ursiniopsis E. Phillips(1951)【汉】类熊菊属。【隶属】菊科 Asteraceae(Compositae)。【包含】世界3种。【学名诠释与讨论】〈阴〉(属)Ursinia 熊菊属(乌寝花属)+希腊文 opsis,外观,模样。此属的学名是"Ursiniopsis E. P. Phillips, Gen. S. Afr. Fl. Plants ed. 2. 25: 841. 1951"。亦有文献把其处理为"Ursinia Gaertn.(1791)(保留属名)"的异名。【分布】非洲南部。【模式】Ursiniopsis caledonica E. P. Phillips。【参考异名】Ursinia Gaertn.(1791)(保留属名)●☆

53341 Ursopuntia P. V. Heath(1994)【汉】阿根廷熊掌属。【隶属】仙人掌科 Cactaceae。【包含】世界 1 种。【学名诠释与讨论】〈阴〉(拉)ursus,熊,阴性 ursa,指小式 ursula,小母熊;ursinus,像熊的+(属)Opuntia 仙人掌属。亦有文献把"Ursopuntia P. V. Heath(1994)"处理为"Opuntia Mill.(1754)"的异名。【分布】阿根廷。【模式】Ursopuntia textoris P. V. Heath。【参考异名】Opuntia Mill.(1754)●☆

53342 Ursulaea Read et Baensch(1944)【汉】柄矛光萼荷属。【隶属】凤梨科 Bromeliaceae。【包含】世界 2-5 种。【学名诠释与讨论】〈阴〉(拉)ursus,熊,阴性 ursa,指小式 ursula,小母熊;ursinus,像熊的。【分布】北美洲。【模式】Ursulaea mcvaughii(L. B. Smith)R. W. Read et H. U. Baensch [as 'macvaughii'] [Aechmea mcvaughii L. B. Smith]。【参考异名】Podaechmea(Mez)L. B. Sm. et W. J. Kress(1989)■☆

53343 Urtica L.(1753)【汉】荨麻属。【日】イラクサ属,ウルチカ属。【俄】Крапива。【英】Nettle, Ortie。【隶属】荨麻科 Urticaceae。【包含】世界 30-80 种,中国 14-20 种。【学名诠释与讨论】〈阴〉(拉)urtica,荨麻古名。来自 uro,刺,烧。指其刺毛蛰人。此属的学名,ING、TROPICOS、APNI、GCI 和 IK 记载是"Urtica L., Sp. Pl. 2:983. 1753 [1 May 1753]"。"Selepsion Rafinesque, Fl. Tell. 3:48. Nov-Dec 1837('1836')"是"Urtica L.(1753)"的晚出的同模式异名(Homotypic synonym, Nomenclatural synonym)。【分布】巴基斯坦,巴勒斯坦,巴拿马,秘鲁,玻利维亚,厄瓜多尔,哥伦比亚(安蒂奥基亚),马达加斯加,美国(密苏里),尼加拉瓜,中国,北温带,热带和南温带,中美洲。【后选模式】Urtica dioica Linnaeus。【参考异名】Adike Raf.(1836);Ildefonsia Mart. ex Steud.;Rutica Neck.(1790)Nom. inval.;Schychowskia Endl.(1836)Nom. illegit.;Schychowskia Wedd.(1869)Nom. illegit.;Selepsion Raf.(1837)Nom. illegit.■

53344 Urticaceae Juss.(1789)[as 'Urticae'](保留科名)【汉】荨麻科。【日】イラクサ科。【俄】Крапивные。【英】Nettle Family。【包含】世界 45-54 属 550-1300 种,中国 25 属 341-415 种。【分布】热带和温带。【科名模式】Urtica L.(1753)●■

53345 Urticastrum Fabr.(1759)Nom. illegit.(废弃属名)≡Urticastrum Heist. ex Fabr.(1759)(废弃属名);~ ≡ Laportea Gaudich.(1830)(保留属名)[荨麻科 Urticaceae]●■

53346 Urticastrum Heist. ex Fabr.(1759)(废弃属名)≡ Laportea Gaudich.(1830)(保留属名)[荨麻科 Urticaceae]●■

53347 Urticastrum Möhring ex Kuntze(1891)Nom. illegit.(废弃属名)[荨麻科 Urticaceae]●■☆

53348 Urucu Adans.(1763)Nom. illegit. ≡ Bixa L.(1753)[红木科(胭脂树科)Bixaceae]●

53349 Urumovia Stef.(1936)= Jasione L.(1753)[桔梗科 Campanulaceae//菊头桔梗科 Jasionaceae]■☆

53350 Uruparia Raf.(1838)= Ourouparia Aubl.(1775)(废弃属名);~ = Uncaria Schreb.(1789)(保留属名)[茜草科 Rubiaceae]●

53351 Urvillaea DC.(1824)= Urvillea Kunth(1821)[无患子科 Sapindaceae]●☆

53352 Urvillea Kunth(1821)【汉】于维尔无患子属。【隶属】无患子科 Sapindaceae。【包含】世界 13 种。【学名诠释与讨论】〈阴〉(人)Jules Sebastian Cesar Dumont d'Urville, 1790-1842,法国探险家,植物采集家。【分布】巴拉圭,巴拿马,秘鲁,玻利维亚,厄瓜多尔,哥伦比亚(安蒂奥基亚),尼加拉瓜,中美洲。【模式】Urvillea ulmacea Kunth。【参考异名】Urvillaea DC.(1824)●☆

53353 Usionis Raf.(1838)= Salix L.(1753)(保留属名)[杨柳科 Salicaceae]●

53354 Usoricum Lunell(1916)Nom. illegit. ≡ Oenothera L.(1753)[柳叶菜科 Onagraceae]●■

53355 Ussuria Tzvelev(2001)Nom. illegit. ≡ Neoussuria Tzvelev(2002)[石竹科 Caryophyllaceae]■☆

53356 Usteria Cav.(1793)Nom. illegit. = Maurandya Ortega(1797)[玄参科 Scrophulariaceae//婆婆纳科 Veronicaceae]■☆

53357 Usteria Dennst.(1818)Nom. illegit. = Acalypha L.(1753)[大戟科 Euphorbiaceae//铁苋菜科 Acalyphaceae]●■

53358 Usteria Medik.(1790)Nom. inval. ≡ Hylomenes Salisb.(1866);~ = Endymion Dumort.(1827)[百合科 Liliaceae//风信子科 Hyacinthaceae]■☆

53359 Usteria Willd.(1790)Nom. illegit.[马钱科(断肠草科,马钱子科)Loganiaceae]●☆

53360 Usubis Burm. f.(1768)= Allophylus L.(1753)[无患子科 Sapindaceae]●

53361 Utahia Britton et Rose(1922)【汉】天狼属。【隶属】仙人掌科 Cactaceae。【包含】世界 2 种。【学名诠释与讨论】〈阴〉(地)Utah,犹他,位于美国。此属的学名是"Utahia N. L. Britton et Rose, Cact. 3:215. 12 Oct 1922"。亦有文献把其处理为"Pediocactus Britton et Rose(1913)"的异名。【分布】北美洲。【模式】Utahia sileri(Engelmann ex Coulter)N. L. Britton et Rose [Echinocactus sileri Engelmann ex Coulter]。【参考异名】Pediocactus Britton et Rose(1913)●☆

53362 Utania G. Don(1837)= Fagraea Thunb.(1782)[马钱科(断肠草科,马钱子科)Loganiaceae//龙爪七叶科 Potaliaceae]●

53363 Utanica Steud.(1841)Nom. illegit.[马钱科(断肠草科,马钱子科)Loganiaceae]●☆

53364 Utea J. St.-Hil.(1805)= Macrolobium Schreb.(1789)(保留属名)[豆科 Fabaceae(Leguminosae)//云实科(苏木科)Caesalpiniaceae]●☆

53365 Uterveria Bertol.(1839)= Capparis L.(1753)[山柑科(白花菜科,醉蝶花科)Capparaceae]●

53366 Utleria Bedd. ex Benth.(1876)Nom. illegit. ≡ Utleria Bedd. ex Benth. et Hook. f.(1876)[萝藦科 Asclepiadaceae]☆

53367 Utleria Bedd. ex Benth. et Hook. f.(1876)【汉】柳叶萝藦属。【隶属】萝藦科 Asclepiadaceae。【包含】世界 1 种。【学名诠释与讨论】〈阴〉来自泰米尔人的植物俗名。他们称 Uteria salicifolia Bedd. 为 Uttallari,含义为美丽的丛林。此属的学名,ING、TROPICOS 和 IK 记载是"Utleria Bedd. ex Benth. et Hook. f., Gen. Pl. [Bentham et Hooker f.] 2(2):743. 1876 [May 1876]"。"Utleria Bedd. ex Benth.(1876)≡Utleria Bedd. ex Benth. et Hook. f.(1876)"的命名人引证有误。【分布】印度(南部)。【模式】Uteria salicifolia Beddome ex J. D. Hooker。【参考异名】Utleria Bedd. ex Benth.(1876)Nom. illegit. ☆

53368 Utleya Wilbur et Luteyn(1977)【汉】五敛莓属。【隶属】杜鹃花科(欧石南科)Ericaceae。【包含】世界 1 种。【学名诠释与讨论】〈阴〉(人)Kathleen Burt-Utley 1944-?,植物学者。【分布】印度(南部)。【模式】Utleya costaricensis R. L. Wilbur et J. L. Luteyn ●☆

53369 Utricularia L.(1753)【汉】狸藻属(挖耳草属)。【日】タヌキモ属。【俄】Пузырчатка。【英】Bladder Wort, Bladderwort, Draws ear Grass。【隶属】狸藻科 Lentibulariaceae。【包含】世界 180-216 种,中国 23-26 种。【学名诠释与讨论】〈阴〉(拉)uterus,指小式 utriculus,小囊,小袋子,小皮+-arius,-aria,-arium,指示"属于、相似、具有、联系"的词尾。指叶具气囊。此属的学名,ING、TROPICOS、APNI、GCI 和 IK 记载是"Utricularia L., Sp. Pl. 1:18. 1753 [1 May 1753]"。"Lentibularia Séguier, Pl. Veron. 3:128. Jul-Aug 1754"是"Utricularia L.(1753)"的晚出的同模式异名(Homotypic synonym, Nomenclatural synonym)。【分布】巴基斯

坦,巴拿马,秘鲁,玻利维亚,厄瓜多尔,哥伦比亚(安蒂奥基亚),哥斯达黎加,马达加斯加,美国(密苏里),尼加拉瓜,中国,中美洲。【后选模式】Utricularia vulgaris Linnaeus。【参考异名】Akentra Benj. (1847); Aranella Barnhart ex Small (1913) Nom. illegit.; Aranella Barnhart (1913); Askofake Raf. (1838); Avesicaria (Kamienski) Barnhart (1916); Avesicaria Barnhart (1916) Nom. illegit.; Biovularia Kamienski (1893); Bucranion Raf. (1840); Calpidisca Barnhart (1916); Cosmiza Raf. (1838)(废弃属名); Diurospermum Edgew. (1848); Enetophyton Nieuwl. (1914); Enskide Raf. (1838); Hamulia Raf. (1838); Lecticula Barnhart (1913); Lemnopsis Zipp. (1829) Nom. inval.; Lentibularia Adans. (1763) Nom. illegit.; Lentibularia Hill (1756) Nom. illegit.; Lentibularia Raf. (1838) Nom. illegit.; Lentibularia Ség. (1754) Nom. illegit.; Lepactis Post et Kuntze(1903); Lepiactis Raf. (1838) Nom. illegit.; Lintibularia Gilib. (1781); Megopiza B. D. Jacks.; Megozipa Raf. (1836); Meionula Raf. (1838); Meloneura Raf. (1838); Mionula Post et Kuntze (1903); Nelipus Raf. (1838); Orchyllium Barnhart (1916); Pelidnia Barnhart (1916); Personula Raf. (1838); Plectoma Raf. (1838); Pleiochasia (Kamienski) Barnhart(1916); Pleiochasia Barnhart(1916) Nom. illegit.; Plesisa Raf. (1838); Polypompholyx Lehm. (1844)(保留属名); Saccolaria Kuhlmann (1914); Sacculina Bosser (1956); Setiscapella Barnhart (1913); Stomoisia Raf. (1838); Tetralobus A. DC. (1844); Trilobulina Raf. (1838); Trixapias Raf. (1838); Urceolaria F. Dietr. (废弃属名); Vesiculina Raf. (1838); Xananthes Raf. (1838)■

53370 Utriculariaceae Hoffmanns. et Link (1809) = Lentibulariaceae Rich. (保留科名)■

53371 Utsetela Pellegr. (1928)【汉】头序桑属。【隶属】桑科 Moraceae。【包含】世界1种。【学名诠释与讨论】〈阴〉词源不详。【分布】西赤道非洲。【模式】Utsetela gabonensis Pellegrin ●☆

53372 Uva Kuntze(1891) Nom. illegit. ≡ Uvaria L. (1753)［番荔枝科 Annonaceae］●

53373 Uvaria L. (1753)【汉】紫玉盘属。【英】Uvaria。【隶属】番荔枝科 Annonaceae。【包含】世界110-150种,中国8-11种。【学名诠释与讨论】〈阴〉(拉)uva,指小式 uvula,葡萄。又指悬雍垂,即上腭的下垂部分+-arius,-aria,-arium,指示"属于、相似、具有、联系"的词尾。指果如葡萄。此属的学名,ING、APNI、GCI、TROPICOS 和 IK 记载是"Uvaria L., Sp. Pl. 1;536. 1753［1 May 1753］"。"Narum Adanson, Fam. 2;365. Jul-Aug 1763"和"Uva O. Kuntze, Rev. Gen. 1;7.5 Nov 1891"是"Uvaria L. (1753)"的晚出的同模式异名(Homotypic synonym, Nomenclatural synonym)。"Uvaria Torr. et A. Gray = Asimina Adans. (1763)［番荔枝科 Annonaceae］"是晚出的非法名称。【分布】澳大利亚,巴基斯坦,玻利维亚,马达加斯加,印度至马来西亚,中国,热带非洲。【后选模式】Uvaria zeylanica Linnaeus。【参考异名】Arrhentaria Thouars ex Baill.; Arsenia Noronha; Balonga Le Thomas (1968); Funisaria Raf.; Marenteria Noronha ex Thouars (1806); Marenteria Thouars(1806) Nom. illegit.; Narum Adans. (1763) Nom. illegit.; Naruma Raf.; Pyragma Noronha (1790); Uva Kuntze (1891) Nom. illegit.; Uvariella Ridl. (1922); Waria Aubl. (1775) Nom. illegit.; Xylopiastrum Roberty(1953)●

53374 Uvaria Torr. et A. Gray, Nom. illegit. = Asimina Adans. (1763)［番荔枝科 Annonaceae］●☆

53375 Uvariastrum Engl. (1901)【汉】肖紫玉盘属(拟紫玉盘属)。【隶属】番荔枝科 Annonaceae。【包含】世界7种。【学名诠释与讨论】〈中〉(属)Uvaria 紫玉盘属+-astrum,指示小的词尾,也有"不完全相似"的含义。此属的学名,ING 记载是"Uvariastrum

Engler in Engler et Diels in Engler, Monogr. Afr. Pflanzenfam. 6;5, 31. Nov 1901"。IK 和 TROPICOS 则记载为"Uvariastrum Engl. et Diels, Monogr. Afrik. Pflanzen. -Fam. 6;81. 1901"。【分布】热带非洲。【模式】Uvariastrum pierreanum Engler。【参考异名】Uvariastrum Engl. et Diels(1901) Nom. illegit. ●☆

53376 Uvariastrum Engl. et Diels (1901) Nom. illegit. ≡ Uvariastrum Engl. (1901)［番荔枝科 Annonaceae］●☆

53377 Uvariella Ridl. (1922) = Uvaria L. (1753)［番荔枝科 Annonaceae］●

53378 Uvariodendron(Engl. et Diels)R. E. Fr. (1930)【汉】玉盘木属。【隶属】番荔枝科 Annonaceae。【包含】世界12种。【学名诠释与讨论】〈中〉(属)Uvaria 紫玉盘属+dendron 或 dendros,树木,棍,丛林。此属的学名,ING 和 IK 记载是"Uvariodendron (Engler et Diels) R. E. Fries, Acta Horti Berg. 10;51. 1930(post 19 Feb)",由"Uvaria sect. Uvariodendron Engler et Diels in Engler, Monogr. Afr. Pflanzenfam. 6;8. Nov 1901"改级而来。【分布】热带非洲。【后选模式】Uvariodendron giganteum (Engler) R. E. Fries［Uvaria gigantea Engler］。【参考异名】Uvaria sect. Uvariodendron Engl. et Diels(1901)●☆

53379 Uvariopsis Engl. (1899)【汉】拟紫玉盘属。【隶属】番荔枝科 Annonaceae。【包含】世界11-12种。【学名诠释与讨论】〈阴〉(属)Uvaria 紫玉盘属+希腊文 opsis,外观,模样,相似。此属的学名,ING、TROPICOS 和 GCI 记载是"Uvariopsis Engler, Notizbl. Königl. Bot. Gart. Berlin 2;298. 28 Mar 1899"。IK 则记载为"Uvariopsis Engl. ex Engl. et Diels, Notizbl. Königl. Bot. Gart. Berlin 2;298. 1899"。四者引用的文献相同。"Uvariopsis Engl. et Diels, Robyns et Ghesquiere in Ann. Soc. Sc. Brux. liii. Ser. B, 314(1933), descr. emend."修订了属的描述。【分布】热带非洲西部。【模式】Uvariopsis zenkeri Engler。【参考异名】Tetrastemma Diels ex H. Winkl., Nom. illegit.; Tetrastemma Diels(1906); Tetrastemma H. Winkl., Nom. illegit.; Thonnera De Wild. (1909); Uvariopsis Engl. et Diels (1933) descr. emend.; Uvariopsis Engl. ex Engl. et Diels (1899) Nom. illegit. ●☆

53380 Uvariopsis Engl. et Diels(1933) descr. emend. = Uvariopsis Engl. ex Engl. et Diels(1899)［番荔枝科 Annonaceae］●☆

53381 Uvariopsis Engl. ex Engl. et Diels (1899) Nom. illegit. ≡ Uvariopsis Engl. (1899)［番荔枝科 Annonaceae］●☆

53382 Uva-ursi Duhamel(1755)(废弃属名) ≡ Arctostaphylos Adans. (1763)(保留属名)［杜鹃花科(欧石南科)Ericaceae//熊果科 Arctostaphylaceae］●☆

53383 Uva-ursi Tourn. ex Moench(1794) Nom. illegit. (废弃属名)［杜鹃花科(欧石南科)Ericaceae］●☆

53384 Uvedalia R. Br. (1810) = Mimulus L. (1753)［玄参科 Scrophulariaceae//透骨草科 Phrymaceae］●■

53385 Uvifera Kuntze (1891) Nom. illegit. ≡ Coccoloba P. Browne (1756)［as 'Coccolobis'](保留属名)［蓼科 Polygonaceae］●

53386 Uvirandra J. St. -Hil. (1805) Nom. illegit. = Aponogeton L. f. (1782)(保留属名); ~ = Ouvirandra Thouars (1806)［水蕹科 Aponogetonaceae］■

53387 Uvulana Raf. (1818) = Uvularia L. (1753)［百合科 Liliaceae//铃兰科 Convallariaceae//秋水仙科 Colchicaceae//细钟花科(悬阶草科)Uvulariaceae］■☆

53388 Uvularia L. (1753)【汉】细钟花属(垂铃儿属,颚花属)。【日】ウブラーリア属。【俄】Увулялия。【英】Bell Wort, Bellwort, Merry Bells, Merrybells, Wild Oats Bellwort。【隶属】百合科 Liliaceae//铃兰科 Convallariaceae//秋水仙科 Colchicaceae//细钟花科(悬阶草科)Uvulariaceae。【包含】世界4-5种。【学名诠释与讨论】〈阴〉

(拉)uva,指小式 uvula,葡萄。又指悬壅垂,即上腭的下垂部分+-arius,-aria,-arium,指示"属于、相似、具有、联系"的词尾。指花上悬挂一个东西,似悬壅垂。此属的学名,ING、TROPICOS 和 IK 记载是"Uvularia L.,Sp. Pl. 1:304. 1753[1 May 1753]"。"Uffenbachia Heister ex Fabricius,Enum. ed. 2. 21. Sep-Dec 1763"是"Uvularia L.(1753)"的晚出的同模式异名(Homotypic synonym,Nomenclatural synonym)。"Uffenbachia Fabr.(1763)≡Uffenbachia Heist. ex Fabr.(1763)Nom. illegit."的命名人引证有误。【分布】美国,北美洲东部。【后选模式】Uvularia perfoliata Linnaeus。【参考异名】Oakesia S. Watson(1879)Nom. illegit.;Oakesiella Small(1903);Tortipes Small(1933)Nom. illegit.;Uffenbachia Fabr.(1763)Nom. illegit.;Uffenbachia Heist. ex Fabr.(1763)Nom. illegit.;Uvulana Raf.(1818)■☆

53389 Uvulariaceae A. Gray ex Kunth(1843)(保留科名)[亦见 Colchicaceae DC.(保留科名)秋水仙科和 Melanthiaceae Batsch ex Borkh.(保留科名)黑药花科(藜芦科)]【汉】细钟花科(悬阶草科)。【包含】世界1属4种。【分布】北美洲东部。【科名模式】Uvularia L.(1753)■

53390 Uvulariaceae Kunth(1843)= Uvulariaceae A. Gray ex Kunth(保留科名)■

53391 Uwarowia Bunge(1840)= Verbena L.(1753)[马鞭草科 Verbenaceae]■●

53392 Uxi Almeida =Sacoglottis Mart.(1827)[核果树科(胡香脂科,树脂核科,无距花科,香膏科,香膏木科)Humiriaceae]●☆

53393 Vaccaria Medik.(1789)Nom. illegit. = Vaccaria Wolf(1776)[石竹科 Caryophyllaceae]■

53394 Vaccaria Wolf(1776)【汉】麦蓝菜属(王不留行属)。【日】ダウクワンサウ属,ダウクワンソウ属,ダドウカンソウ属,ドウカンソウ属。【俄】Коровница,Тысячеголов。【英】Cow Basil,Cow Herb,Cowherb,Cowherb Soapwort。【隶属】石竹科 Caryophyllaceae。【包含】世界1-4种,中国1种。【学名诠释与讨论】〈阴〉(拉)vacca,牝牛+-arius,-aria,-arium,指示"属于、相似、具有、联系"的词尾。指本属植物为牛的优良饲料。此属的学名,ING、GCI、APNI、TROPICOS 和 IK 记载是"Vaccaria Wolf,Gen. Pl.[Wolf]III. 1776"。"Vaccaria Medik.,Philos. Bot.(Medikus)1:96. 1789 = Vaccaria Wolf(1776)"是晚出的非法名称。【分布】巴基斯坦,巴勒斯坦,地中海地区,美国(密苏里),中国,欧洲中部和东部,温带亚洲。【后选模式】Vaccaria pyramidata Medikus[Saponaria vaccaria Linnaeus]。【参考异名】Melandrium Röhl.(1812);Vaccaria Medik.(1789)Nom. illegit.■

53395 Vacciniaceae Adans. = Ericaceae Juss.(保留科名);~ = Vacciniaceae DC. ex Perleb(保留科名)●

53396 Vacciniaceae DC. ex Gray =Ericaceae Juss.(保留科名)●

53397 Vacciniaceae DC. ex Perleb(1818)[as 'Vaccinieae'](保留科名)[亦见 Ericaceae Juss.(保留科名)杜鹃花科(欧石南科)]【汉】越橘科(乌饭树科)。【日】コケモモ科。【俄】Брусничные。【英】Blueberry Family。【包含】世界4-53属28-1590种,中国4属163种。【分布】中国,亚洲,马达加斯加。【科名模式】Vaccinium L.(1753)●

53398 Vacciniopsis Rusby(1893)= Disterigma(Klotzsch)Nied.(1889)[杜鹃花科(欧石南科)Ericaceae]●☆

53399 Vaccinium L.(1753)【汉】越橘属(乌饭树属,越桔属)。【日】コケモモ属,スノキ属。【俄】Брусника,Вакциниум,Черника,Ягодник。【英】Bilberry,Billberry,Blueberry,Bluet,Buck Berry,Cowberry,Cranberry,Huckleberry,Whortleberry。【隶属】杜鹃花科(欧石南科)Ericaceae//越橘科(乌饭树科)Vacciniaceae。【包含】世界450种,中国92-450种。【学名诠释与讨论】〈中〉(拉)

vaccinium,一种乌饭树或风信子的古名。此词可能源出拉丁文 bacca 浆果或 vacca 母牛,vaccinus 母牛的。【分布】巴拿马,秘鲁,玻利维亚,厄瓜多尔,哥斯达黎加,马达加斯加,美国(密苏里),尼加拉瓜,中国,安第斯山,北温带,热带山区,非洲南部,中美洲。【后选模式】Vaccinium uliginosum Linnaeus。【参考异名】Acosta Lour.(1790);Acosta Lour.(1790)Nom. illegit.;Batodendron Nutt.(1842);Cavinium Thouars(1806);Cyanococcus(A. Gray)Rydb.(1917)Nom. illegit.;Cyanococcus Rydb.(1917)Nom. illegit.;Disiphon Schltr.(1918);Epigynium Klotzsch(1851);Herpothamnus Small(1933);Hugeria Small(1903);Metagonia Nutt.(1842);Myrtillus Gilib.(1781);Neojunghuhnia Koord.(1909);Oxicoccus Neck.(1790)Nom. inval.;Oxycoccoides(Benth. et Hook. f.)Nakai(1917)Nom. illegit.;Oxycoccoides Nakai(1917)Nom. illegit.;Oxycoccus Hill(1756);Picrococcus Nutt.(1842)Nom. illegit.;Polycodium Raf.(1818);Polycodium Raf. ex Greene;Rhodococcum(Rupr.)Avrorin(1958)Nom. inval.;Rigiolepis Hook. f.(1873);Vitis-Idaea Ség.(1754);Vitis-idaea Tourn. ex Moench(1794)●

53400 Vachellia Wight et Arn.(1834)【汉】编条金合欢属。【隶属】豆科 Fabaceae(Leguminosae)//含羞草科 Mimosaceae//金合欢科 Acaciaceae。【包含】世界27种。【学名诠释与讨论】〈阴〉(人)George Harvey Vachell,1799-,英国牧师,曾来中国采集标本。另说纪念植物学者 Eleanor Vachell,1879-1948。亦有文献把"Vachellia Wight et Arn.(1834)"处理为"Acacia Mill.(1754)(保留属名)"的异名。【分布】玻利维亚,哥伦比亚,哥斯达黎加,尼加拉瓜,中美洲。【模式】Vachellia farnesiana(Linnaeus)R. Wight et Arnott[Mimosa farnesiana Linnaeus]。【参考异名】Acacia Mill.(1754)(保留属名)●☆

53401 Vachendorfia Adans.(1763)= Wachendorfia Burm.(1757)[血草科(半授花科,给血草科,血皮草科)Haemodoraceae]■☆

53402 Vacoparis Spangler(2003)= Sorghum Moench(1794)(保留属名)[禾本科 Poaceae(Gramineae)]■

53403 Vada-Kodi Adans.(1763)= Justicia L.(1753)[爵床科 Acanthaceae//鸭嘴花科(鸭咀花科)Justiciaceae]●■

53404 Vadia O. F. Cook(1947)= Chamaedorea Willd.(1806)(保留属名)[棕榈科 Arecaceae(Palmae)]●☆

53405 Vadulia Plowes(2003)【汉】南非水牛角属。【隶属】萝藦科 Asclepiadaceae。【包含】世界2种。【学名诠释与讨论】〈阴〉词源不详。亦有文献把"Vadulia Plowes(2003)"处理为"Caralluma R. Br.(1810)"的异名。【分布】南非。【模式】不详。【参考异名】Caralluma R. Br.(1810)■☆

53406 Vagaria Herb.(1837)【汉】漫游石蒜属。【隶属】石蒜科 Amaryllidaceae。【包含】世界1-4种。【学名诠释与讨论】〈阴〉(拉)vago,游荡+-arius,-aria,-arium,指示"属于、相似、具有、联系"的词尾。【分布】摩洛哥,叙利亚。【模式】Vagaria parviflora(Desfontaines ex Redouté)Herbert[Pancratium parviflorum Desfontaines ex[Delile in Redouté]。【参考异名】Vaginaria Kunth(1850)Nom. illegit.■☆

53407 Vaginaria Kunth(1850)Nom. illegit. = Vagaria Herb.(1837)[石蒜科 Amaryllidaceae]■☆

53408 Vaginaria Pers.(1805)= Fuirena Rottb.(1773)[莎草科 Cyperaceae]■

53409 Vagnera Adans.(1763)(废弃属名)= Maianthemum F. H. Wigg.(1780)(保留属名);~ = Smilacina Desf.(1807)(保留属名)[百合科 Liliaceae//铃兰科 Convallariaceae]■

53410 Vahadenia Stapf(1902)【汉】瓦腺木属。【隶属】夹竹桃科 Apocynaceae。【包含】世界2种。【学名诠释与讨论】〈阴〉词源

不详。【分布】热带非洲西部。【模式】Vahadenia laurentii（DeWildeman）Stapf［Landolphia laurentii DeWildeman］●☆

53411 Vahea Lam.（1798）= Landolphia P. Beauv.（1806）（保留属名）［夹竹桃科 Apocynaceae］●☆

53412 Vahlbergella Blytt（1876）= Melandrium Röhl.（1812）；~ = Wahlbergella Fries（1843）Nom. illegit. ；~ = Gastrolychnis（Fenzl）Rchb.（1841）；~ = Silene L.（1753）（保留属名）［石竹科 Caryophyllaceae］■

53413 Vahlenbergella Pax et Hottm. = Vahlbergella Blytt（1876）［石竹科 Caryophyllaceae］■

53414 Vahlia Dahl（1787）Nom. illegit.（废弃属名）= Dombeya Cav.（1786）（保留属名）［梧桐科 Sterculiaceae//锦葵科 Malvaceae］●☆

53415 Vahlia Thunb.（1782）（保留属名）【汉】二歧草属。【隶属】虎耳草科 Saxifragaceae//二歧草科 Vahliaceae。【包含】世界 5 种。【学名诠释与讨论】〈阴〉（人）Martin Vahl，1749-1804，挪威出生的丹麦植物学者，教授，他是林奈和 Johann Zoega（1742-1788）的学生。此属的学名"Vahlia Thunb. , Nov. Gen. Pl. : 36. 10 Jul 1782"是保留属名。相应的废弃属名是虎耳草科 Saxifragaceae//二歧草科 Vahliaceae "Bistella Adans. , Fam. Pl. 2 : 226, 525. Jul-Aug 1763 = Vahlia Thunb.（1782）（保留属名）"。"Vahlia Thunb.（1782）"还是一个替代名称。"Russelia Linnaeus f. , Suppl. 24. Apr 1782"是一个非法名称（Nom. illegit.），因为此前已经有了"Russelia N. J. Jacquin, Enum. Pl. Carib. 6, 25. Aug-Sep 1760［玄参科 Scrophulariaceae］"。故用"Vahlia Thunb.（1782）"替代之。同理，化石植物的"Russellia J. B. Risatti, Proc. Symp. Calc. Nannofoss.（Houston）31. 26 Oct 1973"亦是非法名称。"Vahlia Dahl, Observ. Bot.（Dahl）21. 1787 = Dombeya Cav.（1786）（保留属名）［梧桐科 Sterculiaceae//锦葵科 Malvaceae］"是晚出的非法名称；也须废弃。亦有文献把"Vahlia Thunb.（1782）（保留属名）"处理为"Bistorta（L.）Adans.（1763）Nom. illegit."的异名。【分布】马达加斯加，热带非洲，亚洲西南部至印度（西北部）。【模式】Vahlia capensis（Linnaeus f.）Thunberg［Russelia capensis Linnaeus f.］。【参考异名】Bistella Adans.（1763）（废弃属名）；Russelia L. f.（1782）Nom. illegit. ■☆

53416 Vahliaceae Dandy（1959）［亦见 Saxifragaceae Juss.（保留科名）虎耳草科］【汉】二歧草科。【包含】世界 1 属 5 种。【分布】热带和非洲南部至印度。【科名模式】Vahlia Thunb. ■☆

53417 Vahlodea Fr.（1842）【汉】沃尔禾属。【俄】Валодеа。【隶属】禾本科 Poaceae（Gramineae）。【包含】世界 4 种。【学名诠释与讨论】〈阴〉（属）Vahlia 二歧草属+希腊文 oides，相像。另说纪念 Jens Laurentius（Lorenz）Moestue Vahl，1796-1854，丹麦植物学者，植物采集家。他是 Martin Vahl（1749-1804）的儿子。此属的学名，ING、TROPICOS、GCI 和 IK 记载是"Vahlodea E. M. Fries, Bot. Not. 1842 : 141, 178. Nov 1842"。"Erioblastus Honda ex Nakai, Rep. Fl. Mt. Daisetsu（Stud. Nat. Monum. Japan Bot.）12（1）: 73. 1930（ante Dec）"是"Vahlodea Fr.（1842）"的晚出的同模式异名（Homotypic synonym, Nomenclatural synonym）。亦有文献把"Vahlodea Fr.（1842）"处理为"Deschampsia P. Beauv.（1812）"的异名。【分布】亚洲东北部。【模式】Vahlodea atropurpurea E. M. Fries［Aira atropurpurea Wahlenberg, Nom. illegit. ; Aira alpina Linnaeus］。【参考异名】Deschampsia P. Beauv.（1812）；Erioblastus Honda ex Nakai（1930）Nom. illegit. ■☆

53418 Vailia Rusby（1898）【汉】韦尔萝藦属。【隶属】萝藦科 Asclepiadaceae。【包含】世界 1 种。【学名诠释与讨论】〈阴〉（人）Anna Murray Vail，1863-1955，美国植物学者。【分布】玻利维亚。【模式】Vailia mucronata Rusby ■☆

53419 Vaillanta Raf. = Vaillantia Neck. ex Hoffm.（1790）［茜草科 Rubiaceae］■☆

53420 Vaillantia Hoffm.（1804）Nom. illegit. = Valantia L.（1753）［茜草科 Rubiaceae］■☆

53421 Vaillantia Neck.（1790）Nom. inval. = Valantia L.（1753）［茜草科 Rubiaceae］■☆

53422 Vaillantia Neck. ex Hoffm.（1804）Nom. illegit. = Valantia L.（1753）［茜草科 Rubiaceae］■☆

53423 Vainilla Salisb.（1807）= Vanilla Plum. ex Mill.（1754）［兰科 Orchidaceae//香荚兰科 Vanillaceae］■

53424 Valantia L.（1753）【汉】瓦朗茜属。【俄】Вайянция。【英】Valantia。【隶属】茜草科 Rubiaceae。【包含】世界 3-4 种。【学名诠释与讨论】〈阴〉（人）Sebastien Vaillant，1669-1722，法国植物学者，医生，Botanicon parisiense 的作者。另说纪念 Leon（Louis）Valant，1834-1914。【分布】巴基斯坦，玻利维亚，西班牙（加那利群岛）至伊朗。【后选模式】Valantia muralis Linnaeus。【参考异名】Asterophyllum Schimp. et Spenn.（1829）；Meionandra Gauba（1937）；Vaillantia Hoffm.（1804）Nom. illegit. ; Vaillantia Neck.（1790）Nom. inval. ; Vaillantia Neck. ex Hoffm.（1804）Nom. illegit. ; Vallantia A. Dietr.（1839）■☆

53425 Valarum Schur（1866）Nom. illegit. ≡ Velarum（DC.）Rchb.（1828）；~ = Sisymbrium L.（1753）［十字花科 Brassicaceae（Cruciferae）］■

53426 Valbomia Raf. = Tetracera L.（1753）；~ = Wahlbomia Thunb.（1790）［锡叶藤科 Tetraceraceae//五桠果科（第伦桃科，五丫果科，锡叶藤科）Dilleniaceae］●

53427 Valcarcelia Lag. ex Lindl.（1836）Nom. illegit. ［豆科 Fabaceae（Leguminosae）］☆

53428 Valcarcella Steud.（1841）Nom. illegit. ［豆科 Fabaceae（Leguminosae）］☆

53429 Valdesia Ruiz et Pav.（1794）= Blakea P. Browne（1756）［野牡丹科 Melastomataceae//布氏野牡丹科 Blakeaceae］■☆

53430 Valdia Boehm.（1760）Nom. illegit. ≡ Ovieda L.（1753）；~ = Clerodendrum L.（1753）［马鞭草科 Verbenaceae//牡荆科 Viticaceae］●■

53431 Valdia Plum. ex Adans.（1763）Nom. illegit. ［唇形科 Lamiaceae（Labiatae）］☆

53432 Valdimiria Iljin = Dolomiaea DC.（1833）［菊科 Asteraceae（Compositae）］■

53433 Valdivia Gay ex J. Rémy（1848）【汉】瓦尔鼠刺属。【隶属】鼠刺科 Iteaceae。【包含】世界 1 种。【学名诠释与讨论】〈阴〉（地）Valdivia，瓦尔迪维亚，位于智利。或指 Pedro de Valdivia（1507-1554），西班牙对智利的征服者。此属的学名，ING 记载是"Valdivia C. Gay ex E. J. Remy in C. Gay, Hist. Chile Bot. 3 : 43. ante Feb 1848"。IK 则记载为"Valdivia J. Rémy, Fl. Chil.［Gay］3（1）: 43, t. 29. 1848［before Feb 1848］"；《智利植物志》亦用此名称。TROPICOS 记载为"Valdivia Gay ex Remy in C. Gay"有违法规。【分布】智利。【模式】Valdivia gayana E. J. Remy。【参考异名】Valdivia J. Rémy.（1848）Nom. illegit. ●☆

53434 Valdivia J. Rémy.（1848）Nom. illegit. ≡ Valdivia Gay ex J. Rémy（1848）［鼠刺科 Iteaceae］●☆

53435 Valdiviesoa Szlach. et Kolan.（2014）【汉】南美厚叶兰属。【隶属】兰科 Orchidaceae。【包含】世界 2 种。【学名诠释与讨论】〈阴〉（人）Valdivieso。【分布】哥伦比亚，委内瑞拉，南美洲。【模式】Valdiviesoa debedoutii（P. Ortiz）Szlach. et Kolan.［Pachyphyllum debedoutii P. Ortiz］☆

53436 Valentiana Raf.（1814）［忍冬科 Caprifoliaceae］ =? Thunbergia Retz.（1780）（保留属名）［爵床科 Acanthaceae//老鸦

嘴科(山牵牛科,老鸦咀科)Thunbergiaceae]●■

53437　Valentina R. Hedw. (1806) Nom. illegit. = Valentinia Sw. (1788) Nom. illegit.；~ = Casearia Jacq. (1760)［刺篱木科(大风子科) Flacourtiaceae//天料木科 Samydaceae］●

53438　Valentina Speg. (1902) Nom. illegit. ≡ Valentiniella Speg. (1903)；~ = Heliotropium L. (1753)［紫草科 Boraginaceae//天芥菜科 Heliotropiaceae］●■

53439　Valentinia Fabr. (1763) Nom. illegit. ≡ Valentinia Heist. ex Fabr. (1763)；~ ≡ Maianthemum F. H. Wigg. (1780)(保留属名)［百合科 Liliaceae//铃兰科 Convallariaceae］■

53440　Valentinia Heist. ex Fabr. (1763) Nom. illegit. ≡ Maianthemum F. H. Wigg. (1780)(保留属名)［百合科 Liliaceae//铃兰科 Convallariaceae］■

53441　Valentinia Neck. (1790) Nom. inval. , Nom. illegit. = Tachigalea Aubl. (1775)［豆科 Fabaceae(Leguminosae)//云实科(苏木科) Caesalpiniaceae］●☆

53442　Valentinia Raeusch. = Xanthophyllum Roxb. (1820)(保留属名)［远志科 Polygalaceae//黄叶树科 Xanthophyllaceae］●

53443　Valentinia Sw. (1788) Nom. illegit. = Casearia Jacq. (1760)［刺篱木科(大风子科) Flacourtiaceae//天料木科 Samydaceae］●

53444　Valentiniella Speg. (1903) = Heliotropium L. (1753)［紫草科 Boraginaceae//天芥菜科 Heliotropiaceae］●■

53445　Valenzuela B. D. Jacks. = Picramnia Sw. (1788)(保留属名)；~ = Valenzuelia S. Mutis ex Caldas(1810) Nom. illegit.［美洲苦木科(夷苦木科) Picramniaceae//苦木科 Simaroubaceae］●☆

53446　Valenzuela Steud. (1841) Nom. illegit.［无患子科 Sapindaceae］●☆

53447　Valenzuelia Bertero ex Cambess. (1834) Nom. illegit. = Guindilia Gillies ex Hook. et Arn. (1833)［无患子科 Sapindaceae］●☆

53448　Valenzuelia Bertero(1834) Nom. illegit. ≡ Valenzuelia Bertero ex Cambess. (1834) Nom. illegit.；~ = Guindilia Gillies ex Hook. et Arn. (1833)［无患子科 Sapindaceae］●☆

53449　Valenzuelia S. Mutis ex Caldas(1810) = Picramnia Sw. (1788)(保留属名)［美洲苦木科(夷苦木科) Picramniaceae//苦木科 Simaroubaceae］●☆

53450　Valeranda Neck. (1790) Nom. inval. ≡ Valeranda Neck. ex Kuntze(1891)；~ ≡ Orphium E. Mey. (1838)(保留属名)［龙胆科 Gentianaceae］●☆

53451　Valerandia Neck. ex Kuntze(1891) Nom. illegit. ≡ Orphium E. Mey. (1838)(保留属名)［唇形科 Lamiaceae(Labiatae)］●☆

53452　Valerandia T. Durand et Jacks. = Valerandia Neck. ex Kuntze(1891) Nom. illegit.；~ = Orphium E. Mey. (1838)(保留属名)［龙胆科 Gentianaceae］●☆

53453　Valeria Minod(1918) = Stemodia L. (1759)(保留属名)［玄参科 Scrophulariaceae//婆婆纳科 Veronicaceae］■☆

53454　Valeriana L. (1753)【汉】缬草属。【日】カノコソウ属,バレリアナ属,ヤマカノコサウ属,ヤマカノコソウ属。【俄】Валериана,Валерьяна,Маун,Мяун。【英】Valerian。【隶属】缬草科(败酱科) Valerianaceae。【包含】世界 200-250 种,中国 21-31 种。【学名诠释与讨论】〈阴〉(拉) valeriana,缬草,来自 valeo,使强壮。指某些种具有医疗功能。另说来自人名 Publius Aurelius Licinius Valerianus,为古罗马皇帝,253-260 在位。【分布】巴基斯坦,巴拿马,秘鲁,玻利维亚,厄瓜多尔,哥伦比亚(安蒂奥基亚),尼加拉瓜,中国,安第斯山,非洲南部,欧亚大陆,温带北美洲,中美洲。【后选模式】Valeriana pyrenaica Linnaeus。【参考异名】Amblophus Merr.；Amplophus Raf. (1838)；Aretiastrum (DC.) Spach(1841)；Aretiastrum Spach(1841) Nom.

illegit.；Astrephia Dufr. (1811)；Belonanthus Graebn. (1906)；Oligacoce Willd. ex DC. (1830)；Phu Ludw. (1757) Nom. illegit.；Phu Ruppius(1745) Nom. inval.；Phuodendron (Graebn.) Dalla Torre et Harms(1905)；Phuodendron Graebn. (1899) Nom. illegit.；Phyllactis Pers. (1805)；Porteria Hook. (1851)；Stangea Graebn. (1906)；Valerianopsis (Wedd.) C. A. Muell. (1885)；Valerianopsis C. A. Muell. (1885) Nom. illegit.●■

53455　Valerianaceae Batsch(1802)(保留科名)【汉】缬草科(败酱科)。【日】オミナエシ科,ヲミナヘシ科。【俄】Валериановые,Валерьяновые,Мауновые。【英】Valerian Family。【包含】世界 7-15 属 300-430 种,中国 3-5 属 34-49 种。【分布】欧洲,亚洲,非洲,美洲。【科名模式】Valeriana L. (1753)●■

53456　Valerianaceae Lam. et DC. = Valerianaceae Batsch(保留科名)●■

53457　Valerianella Mill. (1754)【汉】歧缬草属(拟缬草属,新缬草属)。【日】ノヂシャ属。【俄】Валерианелла,Валерианица,Валерианница,Валерьяница,Валерьянница。【英】Corn Salad,Cornsalad,Corn-salad,Lamb's Lettuce。【隶属】缬草科(败酱科) Valerianaceae。【包含】世界 50-80 种,中国 2 种。【学名诠释与讨论】〈阴〉(属) Valeriana 缬草属+-ellus,-ella,-ellum,加在名词词干后面形成指小式的词尾。或加在人名、属名等后面以组成新属的名称。此属的学名,ING、APNI、GCI 和 IK 记载是"Valerianella Mill. , Gard. Dict. Abr. , ed. 4. [1431]. 1754 [28 Jan 1754]"。"Valerianella Tourn. ex Haller(1742)"是命名起点著作之前的名称。"Masema Dulac, Fl. Hautes-Pyrénées 476. 1867"、"Odontocarpa Necker ex Rafinesque, Specchio Sci. 2：172. 1814"和"Polypremum Adanson, Fam. 2：152. Jul-Aug 1763(non Linnaeus 1753)"是"Valerianella Mill. (1754)"的晚出的同模式异名(Homotypic synonym, Nomenclatural synonym)。【分布】巴基斯坦,玻利维亚,中国,美国(密苏里)欧洲西部至中亚和阿富汗。【后选模式】Valerianella locusta (Linnaeus) Laterrade [Valeriana locusta Linnaeus]。【参考异名】Betckea DC. (1830)；Dufresnia DC. (1829)；Fedia Gaertn. (1790)(保留属名)；Locusta Medik. (1789)；Locusta Riv. ex Medik. (1789)；Masema Dulac (1867) Nom. illegit.；Odontocarpa Neck. (1790) Nom. inval.；Odontocarpa Neck. ex Raf. (1814) Nom. illegit.；Oncolon Raf. (1840)；Oncosima Raf. (1840)；Polypremum Adans. (1763) Nom. illegit.；Saliunca Raf. (1840)；Valerianella Tourn. ex Haller(1742) Nom. inval. ■

53458　Valerianella Tourn. ex Haller(1742) Nom. inval. = Valerianella Mill. (1754)［缬草科(败酱科) Valerianaceae］■☆

53459　Valerianodes Kuntze(1891) Nom. illegit. = Stachytarpheta Vahl(1804)(保留属名)；~ = Valerianoides Medik. (废弃属名)(1789)；~ = Stachytarpheta Vahl(1804)(保留属名)［马鞭草科 Verbenaceae］■●

53460　Valerianodes T. Durand et Jacks. = Stachytarpheta Vahl(1804)(保留属名)［马鞭草科 Verbenaceae］■●

53461　Valerianoides Medik. (1789)(废弃属名)≡Stachytarpheta Vahl(1804)(保留属名)［马鞭草科 Verbenaceae］■●

53462　Valerianopsis (Wedd.) C. A. Muell. (1885) = Valeriana L. (1753)［缬草科(败酱科) Valerianaceae］●■

53463　Valerianopsis C. A. Muell. (1885) Nom. illegit. ≡ Valerianopsis (Wedd.) C. A. Muell. (1885)；~ = Valeriana L. (1753)［缬草科(败酱科) Valerianaceae］●■

53464　Valerioa Standl. et Steyerm. (1938) = Peltanthera Benth. (1876)(保留属名)［醉鱼草科 Buddlejaceae］●☆

53465　Valerioanthus Lundell(1982)【汉】缬花紫金牛属。【隶属】紫金牛科 Myrsinaceae。【包含】世界 3 种。【学名诠释与讨论】

〈阳〉（属）Valeriana 缬草属 + anthos，花。此属的学名是
"Valerioanthus C. L. Lundell, Wrightia 7：50. 15 Feb 1982"。亦有
文献把其处理为"Ardisia Sw. (1788)（保留属名）"的异名。【分
布】巴拿马，中美洲。【模式】Valerioanthus nevermannii
(Standley) C. L. Lundell［Ardisia nevermannii Standley]。【参考异
名】Ardisia Sw. (1788)（保留属名）●☆

53466 Valetonia T. Durand ex Engl. (1896) = Pleurisanthes Baill.
(1874)［茶茱萸科 Icacinaceae]●☆

53467 Valetonia T. Durand(1888)Nom. inval. ≡Valetonia T. Durand ex
Engl. (1896)；~ = Pleurisanthes Baill. (1874)［茶茱萸科
Icacinaceae]●☆

53468 Validallium Small (1903) = Allium L. (1753)［百合科
Liliaceae//葱科 Alliaceae]■

53469 Valiha S. Dransf. (1998)【汉】马岛竹属。【隶属】禾本科
Poaceae(Gramineae)。【包含】世界 2 种。【学名诠释与讨论】
〈阴〉词源不详。【分布】马达加斯加。【模式】Valiha diffusa S.
Dransf. ●☆

53470 Valikaha Adans. (1763) Nom. illegit. ≡ Memecylon L. (1753)
［野牡丹科 Melastomataceae//谷木科 Memecylaceae]●

53471 Valisneria Scop. (1777) = Vallisneria L. (1753)［水鳖科
Hydrocharitaceae//苦草科 Vallisneriaceae]■

53472 Valkera Stokes(1812)= Ouratea Aubl. (1775)（保留属名）；~ =
Walkera Schreb. (1789) Nom. illegit. ；~ =Meesia Gaertn. (1788)；
~ =Campylospermum Tiegh. (1902)）［金莲木科 Ochnaceae]●

53473 Vallantia A. Dietr. (1839) = Valantia L. (1753)［茜草科
Rubiaceae]■☆

53474 Vallariopsis Woodson(1936)【汉】拟红子花属。【隶属】夹竹桃
科 Apocynaceae。【包含】世界 1 种。【学名诠释与讨论】〈阴〉
（属）Vallaris 纽子花属 +希腊文 opsis，外观，模样，相似。【分布】
马来西亚（西部）。【模式】Vallariopsis lancifolia (J. D. Hooker) R.
E. Woodson［Vallaris lancifolia J. D. Hooker]●☆

53475 Vallaris Burm. f. (1768)【汉】纽子花属。【英】Buttonflower,
Vallaris。【隶属】夹竹桃科 Apocynaceae。【包含】世界 3-10 种，
中国 2 种。【学名诠释与讨论】〈阴〉拉〉vallaris，属于墙的，壁垒
的。来自 vallo，围住，围起。指某些种可作篱笆。【分布】巴基斯
坦，菲律宾，中国，印度至东南亚，马来半岛。【模式】Vallaris
pergulanus N. L. Burman。【参考异名】Emericia Roem. et Schult.
(1819)；Parabeaumontia (Baill.) Pichon (1948)；Parabeaumontia
Pichon(1948) Nom. illegit. ;Peltanthera Roth(1821)（废弃属名）●

53476 Vallaris Raf. (1838)Nom. illegit. =Euphorbia L. (1753)［大戟
科 Euphorbiaceae]●■

53477 Vallea Mutis ex L. f. (1782)【汉】瓦莱木属（瓦拉木属）。【隶
属】杜英科 Elaeocarpaceae。【包含】世界 1-2 种。【学名诠释与讨
论】〈阴〉（人）Felice Valle,？ -1747，植物学者，Florula Corsicae
的作者。【分布】秘鲁，玻利维亚，厄瓜多尔，哥伦比亚（包括安蒂
奥基亚）。【模式】Vallea stipularis Mutis ex Linnaeus f. ●☆

53478 Vallesia Ruiz et Pav. (1794)【汉】河谷木属（瓦来斯木属，瓦来
西亚属）。【英】Vallesia。【隶属】夹竹桃科 Apocynaceae。【包
含】世界 2-8 种。【学名诠释与讨论】〈阴〉（人）Francisco de
Valles (Franciscus Vallesius), 1524 - 1592，西班牙医生，植物学
者。【分布】阿根廷，巴拉圭，秘鲁，玻利维亚，厄瓜多尔，美国（佛
罗里达），中美洲。【模式】Vallesia dichotoma Ruiz et Pavon ●☆

53479 Vallesneriaceae Link =Hydrocharitaceae Juss. (保留科名)■

53480 Valliera Ruiz et Pav. (1958)【汉】厄椴属。【隶属】椴树科（椴
科，田麻科）Tiliaceae。【包含】世界 1 种。【学名诠释与讨论】
〈阴〉词源不详。【分布】厄瓜多尔。【模式】Valliera triplinervis
Ruiz et Pav. ☆

53481 Vallisneria L. (1753)【汉】苦草属。【日】セキシャウモ属，セ
キショウモ属，ハリスネーリア属。【俄】Валлиснерия。【英】
Bittergrass, Eelgrass, Lapegrass, Tapegrass, Tape-grass, Wild Celery,
Wild - celery。【隶属】水鳖科 Hydrocharitaceae//苦草科
Vallisneriaceae。【包含】世界 6-8 种，中国 3-5 种。【学名诠释与
讨论】〈阴〉（人）Antonio Vallisneri, 1661-1730，意大利植物学教
授。此属的学名，ING、APNI 和 GCI 记载是"Vallisneria L. , Sp.
Pl. 2:1015. 1753 [1 May 1753]"。IK 则记载为"Vallisneria Mich.
ex L. , Sp. Pl. 2:1015. 1753 [1 May 1753]"。"Vallisneria Mich. "
是命名起点著作之前的名称，故"Vallisneria L. (1753)"和
"Vallisneria Mich. ex L. (1753)"都是合法名称，可以通用。【分
布】巴基斯坦，哥伦比亚（安蒂奥基亚），美国（密苏里），中国，热
带和亚热带，中美洲。【模式】Vallisneria spiralis Linnaeus。【参
考异名】Physcium Post et Kuntze(1903)；Physkium Lour. (1790)；
Valisneria Scop. (1777)；Vallisneria Mich. ex L. (1753)■

53482 Vallisneria Mich. ex L. (1753) ≡Vallisneria L. (1753)［水鳖科
Hydrocharitaceae//苦草科 Vallisneriaceae]■

53483 Vallisneriaceae Dumort. (1829)［亦见 Hydrocharitaceae Juss.
(保留科名)水鳖科]【汉】苦草科。【包含】世界 1 属 8 种，中国 1
属 5 种。【分布】热带和亚热带。【科名模式】Vallisneria L.■

53484 Vallota Herb. (1821)Nom. illegit. (废弃属名) ≡Vallota Salisb.
ex Herb. (1821)（保留属名）［石蒜科 Amaryllidaceae]■☆

53485 Vallota Salisb. ex Herb. (1821)（保留属名）【汉】瓦氏石蒜属。
【日】バロータ属。【英】George, George Lily, Lily, Scarborough Lily,
Scarborough-lily。【隶属】石蒜科 Amaryllidaceae。【包含】世界 1
种。【学名诠释与讨论】〈阴〉（人）Pierre Vallot，法国植物学者。
此属的学名"Vallota Salisb. ex Herb. , Appendix:29. Dec 1821"是
保留属名。相应的废弃属名是禾本科 Poaceae(Gramineae) 的
"Valota Adans. , Fam. Pl. 2:495, 617. Jul - Aug 1763 = Digitaria
Haller(1768)（保留属名）= Trichachne Nees (1829)"。"Vallota
Herb. , App. [Bot. Reg.] 29 (1821) ≡ Vallota Salisb. ex Herb.
(1821)（保留属名）"和"Vallota Steud. , Nomencl. Bot. [Steudel],
ed. 2. ii. 744 (1841) ≡ Vallota Salisb. ex Herb. (1821)（保留属
名）"的命名人引证有误；也应该废弃。石蒜科 Amaryllidaceae 的
"Valota Dumort. , Anal. Fam. Pl. 58 (1829) = Vallota Salisb. ex
Herb. (1821)（保留属名）"亦应废弃。亦有文献把"Vallota
Salisb. ex Herb. (1821)（保留属名）"处理为"Cyrtanthus Aiton
(1789)（保留属名）"的异名。【分布】非洲南部。【模式】Vallota
purpurea Herbert, Nom. illegit. [Crinum speciosum Linnaeus f. ;
Vallota speciosa (Linnaeus f.) Voss]。【参考异名】Cyrtanthus
Aiton(1789)（保留属名）；Valota Dumort. (1829) Nom. illegit. (废
弃属名)■☆

53486 Vallota Steud. (1841) Nom. illegit. (废弃属名) = Trichachne
Nees(1829)；~ =Valota Adans. (1763)（废弃属名）；~ =Digitaria
Haller(1768)（保留属名）［禾本科 Poaceae(Gramineae)]■☆

53487 Vallotita Post et Kuntze (1903) = Vallota Steud. (1841) Nom.
illegit. (废弃属名)；~ = Trichachne Nees (1829)；~ = Valota
Adans. (1763)（废弃属名）；~ = Digitaria Haller(1768)（保留属
名）［禾本科 Poaceae(Gramineae)]■☆

53488 Valoradia Hochst. (1842) = Ceratostigma Bunge(1833)［白花丹
科（矶松科，蓝雪科）Plumbaginaceae]●■

53489 Valota Adans. (1763)（废弃属名）= Digitaria Haller(1768)（保
留属名）；~ = Trichachne Nees (1829)［禾本科 Poaceae
(Gramineae)]■☆

53490 Valota Dumort. (1829) Nom. illegit. (废弃属名) = Vallota
Salisb. ex Herb. (1821)（保留属名）［石蒜科 Amaryllidaceae]■☆

53491 Valsonica Scop. (1770) = Watsonia Mill. (1758)（保留属名）

[鸢尾科 Iridaceae]■☆

53492 Valteta Raf.（1838）（废弃属名）= Iochroma Benth.（1845）（保留属名）［茄科 Solanaceae］●☆

53493 Valvanthera C. T. White（1936）= Hernandia L.（1753）［莲叶桐科 Hernandiaceae］●

53494 Valvaria Ser.（1849）= Clematis L.（1753）［毛茛科 Ranunculaceae］●■

53495 Valvinterlobus Dulac（1867）Nom. illegit. = Schultesia Roth（1827）Nom. illegit.（废弃属名）; ~ = Wahlenbergia Schrad. ex Roth（1821）（保留属名）［桔梗科 Campanulaceae］■●

53496 Vanalphimia Lesch. ex DC.（1821）= Saurauia Willd.（1801）（保留属名）［猕猴桃科 Actinidiaceae//水东哥科（伞罗夷科,水冬瓜科）Saurauiaceae］●

53497 Vanalpighmia Steud.（1841）= Vanalphimia Lesch. ex DC.（1821）［猕猴桃科 Actinidiaceae］●

53498 Vananthes Willis, Nom. inval. = Vauanthes Haw.（1821）［景天科 Crassulaceae］●■☆

53499 Vanasta Raf. = Manettia Mutis ex L.（1771）（保留属名）; ~ = Vanessa Raf.（1837）［茜草科 Rubiaceae］●■☆

53500 Vanasushava P. K. Mukh. et Constance（1974）【汉】南印度草属。【隶属】伞形花科（伞形科）Apiaceae（Umbelliferae）。【包含】世界 1 种。【学名诠释与讨论】〈阴〉来自梵语,含义为生于林中的植物。【分布】印度（南部）。【模式】Vanasushava pedata（R. Wight）P. K. Mukherjee et L. Constance［Heracleum pedatum R. Wight］■☆

53501 Vanclevea Greene（1899）【汉】芒黄花属。【隶属】菊科 Asteraceae（Compositae）。【包含】世界 1 种。【学名诠释与讨论】〈阴〉词源不详。此属的学名是"Vanclevea E. L. Greene, Pittonia 4：50. Apr 1899"。亦有文献把其处理为"Chrysothamnus Nutt.（1840）（保留属名）"的异名。【分布】美国。【模式】Vanclevea stylosa（Eastwood）E. L. Greene［Grindelia stylosa Eastwood］。【参考异名】Chrysothamnus Nutt.（1840）（保留属名）●☆

53502 Vancouveria C. Moore et Decne.（1834）【汉】折瓣花属（多萼草属,范库弗属,弗草属）。【日】アメリカイカリソウ属。【英】Inside-out Flower, Vancouveria。【隶属】小檗科 Berberidaceae。【包含】世界 3 种。【学名诠释与讨论】〈阴〉〈人〉Captain George Vancouver, 1757 - 1798, 英国海军军官。此属的学名,ING、TROPICOS 和 IK 记载是"Vancouveria C. Morren et Decne. , Ann. Sci. Nat. , Bot. sér. 2,2：351. 1834"。"Sculeria Rafinesque, Fl. Tell. 2：52. Jan-Mar 1837（'1836'）（non Scouleria W. J. Hooker 1829）"是"Vancouveria C. Moore et Decne.（1834）"的晚出的同模式异名（Homotypic synonym, Nomenclatural synonym）。【分布】北美洲。【模式】Vancouveria hexandra（W. J. Hooker）Morren et Decaisne［Epimedium hexandrum W. J. Hooker］。【参考异名】Sculeria Raf.（1837）Nom. illegit. ; Vancouveria Decne.（1834）Nom. illegit. ■☆

53503 Vancouveria Decne.（1834）Nom. illegit. = Vancouveria C. Moore et Decne.（1834）［小檗科 Berberidaceae］■☆

53504 Vanda Jones ex R. Br.（1820）【汉】万代兰属（万带兰属）。【日】バンダ属,ヒスヰラン属。【俄】Ванда。【英】Cowslip-scented Orchid, Vanda。【隶属】兰科 Orchidaceae。【包含】世界 40-65 种,中国 10 种。【学名诠释与讨论】〈阴〉〈梵〉vanda, 一种寄生植物。本属第一次引入欧洲者,在印度就称呼为 vanda。此属的学名,ING、APNI、GCI、TROPICOS 和 IK 记载是"Vanda W. Jones ex R. Brown, Bot. Reg. 6；t. 506. 1 Dec 1820"。"Vanda R. Br.（1820）≡ Vanda Jones ex R. Br.（1820）"的命名人引证有误。【分布】中国,热带亚洲。【模式】Vanda roxburghii R. Brown。【参考异名】Euanthe Schltr.（1914）; Hygrochilus Pfitzer（1897）;

Lowianthus Becc.（1902）; Papilionanthe Schltr.（1915）; Vanda R. Br.（1820）Nom. illegit. ; Vandea Griff.（1851）■

53505 Vanda R. Br.（1820）Nom. illegit. ≡ Vanda Jones ex R. Br.（1820）［兰科 Orchidaceae］■

53506 Vandalea（Fourr.）Fourr.（1868）= Sisymbrium L.（1753）［十字花科 Brassicaceae（Cruciferae）］■

53507 Vandalea Fourr.（1868）Nom. illegit. ≡ Vandalea（Fourr.）Fourr.（1868）; ~ = Sisymbrium L.（1753）［十字花科 Brassicaceae（Cruciferae）］■

53508 Vandasia Domin（1926）Nom. illegit. ≡ Vandasina Rauschert（1982）［豆科 Fabaceae（Leguminosae）//蝶形花科 Papilionaceae］■☆

53509 Vandasina Rauschert（1982）【汉】铁扇三叶豆属。【隶属】豆科 Fabaceae（Leguminosae）//蝶形花科 Papilionaceae。【包含】世界 1 种。【学名诠释与讨论】〈阴〉〈人〉Karel（Karl）Vandas, 1861 - 1923, 捷克植物学者,植物采集家+-inus,-ina,-inum,拉丁文加在名词词干之后,以形成形容词的词尾,含义为"属于、相似、关于、小的"。此属的学名"Vandasina S. Rauschert, Taxon 31：559. 9 Aug 1982"是一个替代名称。"Vandasia C. Domin, Bibl. Bot. 22（89）：220. 1926"是一个非法名称（Nom. illegit.）,因为此前已经有了真菌的"Vandasia Velenovský, České Houby 805. 1922"。故用"Vandasina Rauschert（1982）"替代之。【分布】澳大利亚,新几内亚岛。【模式】Vandasina retusa（Bentham）S. Rauschert［Hardenbergia retusa Bentham］。【参考异名】Vandasia Domin（1926）Nom. illegit. ■☆

53510 Vandea Griff.（1851）= Vanda Jones ex R. Br.（1820）［兰科 Orchidaceae］■

53511 Vandellia L.（1767）Nom. illegit. ≡ Vandellia P. Browne（1767）［玄参科 Scrophulariaceae//母草科 Linderniaceae//婆婆纳科 Veronicaceae］■

53512 Vandellia P. Browne ex L.（1767）Nom. illegit. ≡ Vandellia P. Browne（1767）［玄参科 Scrophulariaceae//母草科 Linderniaceae//婆婆纳科 Veronicaceae］■

53513 Vandellia P. Browne（1767）【汉】旱田草属。【隶属】玄参科 Scrophulariaceae//母草科 Linderniaceae//婆婆纳科 Veronicaceae。【包含】世界 115 种,中国 11 种。【学名诠释与讨论】〈阴〉〈人〉Domingo（Domingos, Domenico）Vandelli, 1735 - 1816, 意大利植物学者,医生,教授。另说是葡萄牙植物学者。此属的学名,TROPICOS、APNI 和 IK 记载是"Vandellia P. Browne ex Linnaeus, Syst. Nat. ed. 12. 2：384, 422. 15-31 Oct 1767"。ING 和 IK 则记载为"Vandellia P. Browne in Linnaeus, Mant. 12. 15-31 Oct 1767; Syst. Nat. ed. 12. 2：384, 422. 15-31 Oct 1767"。亦有文献把"Vandellia P. Browne（1767）"处理为"Lindernia All.（1766）"的异名。【分布】玻利维亚,马达加斯加,中国,中美洲。【模式】Vandellia diffusa Linnaeus。【参考异名】Lindernia All.（1766）; Vandellia L.（1767）Nom. illegit. ; Vandellia P. Browne ex L.（1767）Nom. illegit. ■

53514 Vandera Raf.（1840）= Croton L.（1753）［大戟科 Euphorbiaceae//巴豆科 Crotonaceae］●

53515 Vanderystia De Wild.（1926）= Ituridendron De Wild.（1926）; ~ = Omphalocarpum P. Beauv.（1800）［山榄科 Sapotaceae］●☆

53516 Vandesia Salisb.（1812）= Bomarea Mirb.（1804）［百合科 Liliaceae//六出花科（彩花扭柄科,扭柄叶科）Alstroemeriaceae］■☆

53517 Vandopsis Pfitzer（1889）【汉】拟万代兰属（假万带兰属）。【日】バンドプシス属。【英】False Vanda, Vandopsis。【隶属】兰科 Orchidaceae。【包含】世界 5 种,中国 2 种。【学名诠释与讨论】〈阴〉〈属〉Vanda 万带兰属+希腊文 opsis,外观,模样,相似。

此属的学名"Vandopsis Pfitzer in Engler et Prantl, Nat. Pflanzenfam. 2(6):210. Mar 1889"是一个替代名称。"Fieldia Gaudichaud – Beaupré in Freycinet, Voyage Monde, Uranie Physicienne Bot. 424. Sep 1829"是一个非法名称(Nom. illegit.),因为此前已经有了"Fieldia A. Cunningham in B. Field, Geogr. Mem. New South Wales 363. 1825 [苦苣苔科 Gesneriaceae]"。故用"Vandopsis Pfitzer(1889)"替代之。【分布】中国,印度至波利尼西亚群岛。【模式】Vandopsis lissochiloides (Gaudichaud – Beaupré)Pfitzer [Fieldia lissochiloides Gaudichaud–Beaupré]。【参考异名】Fieldia Gaudich. (1829)Nom. illegit. ;Hyerochilus Pfitzer ■

53518 Vanessa Raf. (1837) = Manettia Mutis ex L. (1771)(保留属名) [茜草科 Rubiaceae]●■☆

53519 Vangueria Comm. ex Juss. (1789)Nom. illegit. ≡Vangueria Juss. (1789) [茜草科 Rubiaceae]■☆

53520 Vangueria Juss. (1789)【汉】瓦氏茜属(万格茜属)。【隶属】茜草科 Rubiaceae。【包含】世界15种。【学名诠释与讨论】〈阴〉来自马达加斯加植物俗名。此属的学名,ING、TROPICOS 和 IK 记载是"Vangueria Juss. , Gen. Pl. [Jussieu] 206. 1789 [4 Aug 1789]"。"Vangueria Comm. ex Juss. (1789) ≡ Vangueria Juss. (1789)"的命名人引证有误。亦有文献把"Vangueria Juss. (1789)"处理为"Vangueria Comm. ex Juss. (1789)"的异名。【分布】马达加斯加,尼加拉瓜,热带非洲,中美洲。【模式】Vangueria madagascariensis J. F. Gmelin。【参考异名】Vangueria Comm. ex Juss. (1789) Nom. illegit. ;Vavanga Rohr(1792);Wittmannia Vahl (1792)Nom. inval. ■☆

53521 Vangueriella Verdc. (1987)【汉】小瓦氏茜属。【隶属】茜草科 Rubiaceae。【包含】世界21种。【学名诠释与讨论】〈阴〉(属)Vangueria 瓦氏茜属(万格茜属)+-ellus,-ella,-ellum,加在名词词干后面形成指小式的词尾。或加在人名、属名等后面以组成新属的名称。【分布】热带非洲。【模式】Vangueriella calycophila (K. Schumann) B. Verdcourt [Plectronia calycophila K. Schumann]●☆

53522 Vangueriopsis Robyns ex R. D. Good(1928)【汉】拟瓦氏茜属。【隶属】茜草科 Rubiaceae。【包含】世界4种。【学名诠释与讨论】〈阴〉(属)Vangueria 瓦氏茜属+希腊文 opsis,外观,模样,相似。此属的学名,ING 记载是"Vangueriopsis W. Robyns, Bull. Jard. Bot. Bruxelles 11:248. f. 25-26. Aug 1928"。IK 则记载为"Vangueriopsis Robyns ex R. D. Good, J. Bot. 64(Suppl. 2):22. 1926; Robyns in Bull. Jard. Bot. Brux. 11:248 (1928)"。"Vangueriopsis Robyns (1928) ≡ Vangueriopsis Robyns ex R. D. Good(1928)"的命名人引证有误。【分布】热带非洲。【后选模式】Vangueriopsis lanciflora (Hiern) W. Robyns [Canthium lanciflorum Hiern]。【参考异名】Vangueriopsis Robyns (1928) Nom. illegit. ●■☆

53523 Vangueriopsis Robyns (1928)Nom. illegit. ≡ Vangueriopsis Robyns ex R. D. Good (1928) [茜草科 Rubiaceae]●■☆

53524 Vangueria Pers. (1805)Nom. illegit. [茜草科 Rubiaceae]☆

53525 Vangueria Poir. (1828)Nom. illegit. [茜草科 Rubiaceae]☆

53526 Vanhallia Schult. et Schult. f. (1829)Nom. illegit. , Nom. superfl. ≡Ceramium Blume(1827)Nom. illegit. ; ~ ≡ Munnickia Blume ex Rchb. (1828); ~ = Apama Lam. (1783) [马兜铃科 Aristolochiaceae//阿柏麻科 Apamaceae]●

53527 Vanhallia Schult. f. (1829) Nom. illegit. , Nom. superfl. = Vanhallia Schult. et Schult. f. (1829) Nom. illegit. , Nom. superfl. ; ~ ≡ Ceramium Blume(1827) Nom. illegit. ; ~ ≡ Munnickia Blume ex Rchb. (1828); ~ = Apama Lam. (1783) [马兜铃科 Aristolochiaceae//阿柏麻科 Apamaceae]●

53528 Vanheerdea L. Bolus ex H. E. K. Hartmann(1992)【汉】胧玉属(黄龙幻属)。【日】ワイヘルディア属。【隶属】番杏科 Aizoaceae。【包含】世界2-7种。【学名诠释与讨论】〈阴〉(人)Vanheerd。此属的学名,ING 和 IK 记载是"Vanheerdea H. M. L. Bolus ex H. E. K. Hartmann, Bradleya 10:15. 1992"。"Vanheerdia L. Bolus, Notes Mesembryanthemum [H. M. L. Bolus] 3:136. 1938 [24 Mar 1938] ≡ Vanheerdea L. Bolus ex H. E. K. Hartmann (1992)"是一个未合格发表的名称(Nom. inval.)。【分布】非洲南部。【模式】Vanheerdea roodiae (N. E. Brown)H. E. K. Hartmann [Rimaria roodiae N. E. Brown]。【参考异名】Rimaria L. Bolus (1937)Nom. illegit. ;Vanheerdia L. Bolus(1938)Nom. inval. ●☆

53529 Vanheerdia L. Bolus(1938)Nom. inval. ≡ Vanheerdea L. Bolus ex H. E. K. Hartmann (1992) [番杏科 Aizoaceae]●☆

53530 Vanhouttea Lem. (1845)【汉】豪特苣苔属。【隶属】苦苣苔科 Gesneriaceae。【包含】世界3-8种。【学名诠释与讨论】〈阴〉(人)Louis Benoit Van Houtte,1810-1876,比利时植物学者,园艺学者,植物采集家。此属的学名,ING、TROPICOS 和 IK 记载是"Vanhouttea Lemaire, Bull. Soc. Hort. Orleans 1:346. Jan 1845"。"Houttea Decaisne, Rev. Hort. ser. 3. 2:462. 15 Dec 1848"是"Vanhouttea Lem. (1845)"的晚出的同模式异名(Homotypic synonym, Nomenclatural synonym)。"Van-houttea Lem. ,Bull. Soc. Hort. Orleans i. (1845)346"是"Vanhouttea Lem. (1845)"的拼写变体。【分布】巴西。【模式】Vanhouttea calcarata Lemaire。【参考异名】Houttea Decne. (1848)Nom. illegit. ●☆

53531 Van – houttea Lem. (1845)Nom. illegit. ≡ Vanhouttea Lem. (1845) [苦苣苔科 Gesneriaceae]●☆

53532 Vania F. K. Mey. (1973) = Thlaspi L. (1753) [十字花科 Brassicaceae(Cruciferae)//菥蓂科 Thlaspiaceae]■

53533 Vaniera J. St. –Hil. (1805) = Vanieria Lour. (1790)(废弃属名); ~ = Cudrania Trécul(1847)(保留属名); ~ = Maclura Nutt. (1818)(保留属名) [桑科 Moraceae]●

53534 Vanieria Lour. (1790)(废弃属名) = Cudrania Trécul (1847) (保留属名); ~ = Maclura Nutt. (1818)(保留属名) [桑科 Moraceae]●

53535 Vanieria Montrouz. (1860)Nom. illegit. (废弃属名) = Hibbertia Andréws(1800); ~ =Trisema Hook. f. (1857) [五桠果科(第伦桃科,五丫果科,锡叶藤科)Dilleniaceae//纽扣花科 Hibbertiaceae]●☆

53536 Vanilla Mill. (1754) ≡ Vanilla Plum. ex Mill. (1754) [兰科 Orchidaceae//香荚兰科 Vanillaceae]■

53537 Vanilla Plum. ex Mill. (1754)【汉】香荚兰属(凡尼兰属,梵尼兰属,香草属,香果兰属,香子兰属)。【日】バニラ属。【俄】Ваниль。【英】Vanilla。【隶属】兰科 Orchidaceae//香荚兰科 Vanillaceae。【包含】世界70-100种,中国4-6种。【学名诠释与讨论】〈阴〉(西班牙)vanilla,套子,荚,鞘。指唇瓣基部与蕊柱下部合生成管状,上部包围蕊柱,其状如套。此属的学名,ING、GCI、TROPICOS 和 IK 记载是"Vanilla Mill. ,Gard. Dict. Abr. ,ed. 4. [textus s. n.]1754 [28 Jan 1754]"。IK 则记载为"Vanilla Plum. ex Mill. ,Gard. Dict. ,ed. 6. (1752)"。"Vanilla Plum. "是命名起点著作之前的名称,故"Vanilla Mill. (1754)"和"Vanilla Plum. ex Mill. (1754)"都是合法名称,可以通用。【分布】巴拉圭,巴拿马,秘鲁,玻利维亚,厄瓜多尔,哥伦比亚(安蒂奥基亚),哥斯达黎加,马达加斯加,尼加拉瓜,中国,热带和亚热带,中美洲。【后选模式】Vanilla mexicana P. Miller。【参考异名】Limodoron St. –Lag. (1880)Nom. illegit. ;Limodorum L. (1753)(废弃属名);Myrobroma Salisb. (1807);Vainilla Salisb. (1807);Vanilla Mill. (1754);Vanillophorum Neck. (1790)Nom. inval. ;

Volubilis Catesby ■

53538　Vanillaceae Lindl.（1835）［亦见 Orchidaceae Juss.（保留科名）兰科】【汉】香荚兰科。【包含】世界 1 属 70-100 种，中国 1 属 4-6 种。【分布】热带和亚热带。【科名模式】Vanilla Plum. ex Mill.（1752）■

53539　Vanillophorum Neck.（1790）Nom. inval. = Vanilla Plum. ex Mill.（1754）［兰科 Orchidaceae//香荚兰科 Vanillaceae］■

53540　Vanillosma（Less.）Spach（1841）［as 'Vannillosma'］【汉】肖香荚兰属。【隶属】菊科 Asteraceae（Compositae）。【包含】世界 11 种。【学名诠释与讨论】〈阴〉（属）Vanilla 香荚兰属（凡尼兰属，香草属，梵尼兰属，香果兰属，香子兰属）+osme =odme，香味，臭味，气味。在希腊文组合词中，词头 osm-和词尾-osma 通常指香味。此属的学名，ING 和 IK 记载是 "Vanillosma Spach, Hist. Nat. Vég.（Spach）10：39（1841）"；TROPICOS 则记载为 "Vanillosma（Less.）Spach, Histoire Naturelle des Végétaux. Phanérogames 10：39. 1841"，由 "Vernonia sect. Vanilosma Lessing, Linnaea 6：630. 1831" 改级而来；似前者有误。"Vanillosma（Less.）Spach（1841）" 亦被处理为 "Piptocarpha sect. Vanilosma（Less.）G. Lom. Sm., Flora Neotropica, Monograph 99：37. 2007.（17 Apr 2007）"。"Vannillosma（Less.）Spach（1841）≡ Vanillosma（Less.）Spach（1841）［菊科 Asteraceae（Compositae）]" 似为误引。亦有文献把 "Vannillosma（Less.）Spach（1841）［as 'Vannillosma']" 处理为 "Piptocarpha R. Br.（1817）" 的异名。【分布】参见 Piptocarpha R. Br.【模式】未指定。【参考异名】Piptocarpha R. Br.（1817）；Piptocarpha sect. Vanilosma（Less.）G. Lom. Sm.；Vanillosma Spach（1841）Nom. illegit.；Vannillosma（Less.）Spach（1841）Nom. illegit. ■☆

53541　Vanillosma Spach（1841）Nom. illegit. ≡ Vanillosma（Less.）Spach（1841）［as 'Vannillosma'］［菊科 Asteraceae（Compositae）］■☆

53542　Vanillosmopsis Sch. Bip.（1861）【汉】香兰菊属。【隶属】菊科 Asteraceae（Compositae）。【包含】世界 7 种。【学名诠释与讨论】〈阴〉（属）Vanillosma 肖香荚兰属+希腊文 opsis，外观，模样，相似。此属的学名是 "Vanillosmopsis C. H. Schultz-Bip., Jahresber. Pollichia 18-19：166. 1861"。亦有文献把其处理为 "Eremanthus Less.（1829）" 的异名。【分布】巴西。【模式】未指定。【参考异名】Albertinia DC.（1836）Nom. illegit.；Eremanthus Less.（1829）；Isotrichia（DC.）Kuntze ■☆

53543　Vaniotia H. Lév.（1903）= Petrocosmea Oliv.（1887）［苦苣苔科 Gesneriaceae］■

53544　Vannillosma（Less.）Spach（1841）Nom. illegit. ≡ Vanillosma（Less.）Spach（1841）［菊科 Asteraceae（Compositae）］■☆

53545　Vanoverberghia Merr.（1912）【汉】法氏姜属。【隶属】姜科（蘘荷科）Zingiberaceae。【包含】世界 1-2 种，中国 1 种。【学名诠释与讨论】〈阴〉（人）Vanoverbergh。【分布】菲律宾，中国。【模式】Vanoverberghia sepulchrei E. D. Merrill ■

53546　Van-royena Aubrév.（1964）= Pouteria Aubl.（1775）［山榄科 Sapotaceae］●

53547　Vanroyenella Novelo et C. T. Philbrick（1993）【汉】小桃榄属。【隶属】山榄科 Sapotaceae。【包含】世界 1 种。【学名诠释与讨论】〈阴〉（属）Van-royena = Pouteria 桃榄属+-ellus，-ella，-ellum，加在名词词干后面形成指小式的词尾。或加在人名、属名等后面以组成新属的名称。【分布】墨西哥，中美洲。【模式】Vanroyenella plumosa Novelo et C. T. Philbrick ●☆

53548　Vantanea Aubl.（1775）【汉】文塔木属。【隶属】核果树科（胡香脂科，树脂核科，无距花科，香膏科，香膏木科）Humiriaceae。【包含】世界 16 种。【学名诠释与讨论】〈阴〉词源不详。此属的

学名，ING、TROPICOS 和 IK 记载是 "Vantanea Aubl., Hist. Pl. Guiane 1：572, t. 229. 1775"。"Lemniscia Schreber, Gen. 358. Apr 1789" 是 "Vantanea Aubl.（1775）" 的晚出的同模式异名（Homotypic synonym, Nomenclatural synonym）。【分布】巴拿马，秘鲁，玻利维亚，厄瓜多尔，哥伦比亚（安蒂奥基亚），哥斯达黎加，美国，尼加拉瓜，中美洲。【模式】Vantanea guianensis Aublet。【参考异名】Helleria Nees et Mart.（1824）；Lemniscia Schreb.（1789）Nom. illegit.；Ventana J. F. Macbr.（1934）●☆

53549　Van-tieghemia A. V. Bobrov et Melikyan（2000）Nom. illegit. ≡ Botryopitys Doweld（2000）［罗汉松科 Podocarpaceae］●☆

53550　Vanwykia Wiens（1979）【汉】万氏寄生属。【隶属】桑寄生科 Loranthaceae。【包含】世界 1 种。【学名诠释与讨论】〈阴〉（人）Pieter van Wyck，1931-，南非植物学者，生态学者，植物采集家。【分布】马拉维，莫桑比克，南非，坦桑尼亚，赞比亚。【模式】Vanwykia remota（J. G. Baker et T. A. Sprague）D. Wiens［Loranthus remotus J. G. Baker et T. A. Sprague］●☆

53551　Vanzijlia L. Bolus（1927）【汉】白莲玉属。【日】バンジリア属。【隶属】番杏科 Aizoaceae。【包含】世界 1 种。【学名诠释与讨论】〈阴〉（人）Dorothy Constantia van Zijl，1886-1938。【分布】非洲南部。【模式】Vanzijlia annulata（A. Berger）H. M. L. Bolus［Mesembryanthemum annulatum A. Berger］■☆

53552　Varangevillea Willis, Nom. inval. = Rhodocolea Baill.（1887）+ Vitex L.（1753）；~ = Varengevillea Baill.（1891）［唇形科 Lamiaceae（Labiatae）］●

53553　Varasia Phil.（1860）= Gentiana L.（1753）［龙胆科 Gentianaceae］■

53554　Vareca Gaertn.（1788）= Casearia Jacq.（1760）［刺篱木科（大风子科）Flacourtiaceae//天料木科 Samydaceae］●

53555　Vareca Roxb.（1814）Nom. inval. =? Rinorea Aubl.（1775）（保留属名）［堇菜科 Violaceae］●

53556　Varengevillea Baill.（1891）= Rhodocolea Baill.（1887）+ Vitex L.（1753）［马鞭草科 Verbenaceae//唇形科 Lamiaceae（Labiatae）//牡荆科 Viticaceae］●

53557　Varennea DC.（1825）Nom. illegit. ≡ Viborquia Ortega（1798）（废弃属名）；~ = Eysenhardtia Kunth（1824）（保留属名）［豆科 Fabaceae（Leguminosae）］●☆

53558　Vargasia Bert. ex Spreng.（1825）= Thouinia Poit.（1804）（保留属名）［无患子科 Sapindaceae］●☆

53559　Vargasia DC.（1836）Nom. illegit. ≡ Vasargia Steud.（1841）；~ = Galinsoga Ruiz et Pav.（1794）［菊科 Asteraceae（Compositae）］■●

53560　Vargasia Ernst（1877）Nom. illegit. = Caracasia Szyszyl.（1894）［蜜囊花科（附生藤科）Marcgraviaceae］●☆

53561　Vargasiella C. Schweinf.（1952）【汉】瓦尔兰属。【隶属】兰科 Orchidaceae。【包含】世界 2 种。【学名诠释与讨论】〈阴〉（人）Julio Cesar Vargas Calderon，1907-1960，秘鲁植物学者，植物采集家，教授+-ellus，-ella，-ellum，加在名词词干后面形成指小式的词尾。或加在人名、属名等后面以组成新属的名称。【分布】秘鲁，委内瑞拉。【模式】Vargasiella peruviana C. Schweinfurth ■☆

53562　Varilla A. Gray（1849）【汉】棒菊属。【隶属】菊科 Asteraceae（Compositae）。【包含】世界 2 种。【学名诠释与讨论】〈阴〉（西班牙）varilla 棍棒，杖。【分布】美国（南部），墨西哥。【模式】Varilla mexicana A. Gray ■☆

53563　Varinga Raf.（1838）= Ficus L.（1753）［桑科 Moraceae］●

53564　Variphylis Thouars =Bulbophyllum Thouars（1822）（保留属名）［兰科 Orchidaceae］■

53565　Varnera L.（1759）Nom. inval. = Gardenia J. Ellis（1761）（保留

属名）［茜草科 Rubiaceae//栀子科 Gardeniaceae］●

53566　Varonthe Juss. ex Rchb. = Physena Noronha ex Thouars（1806）［西番莲科 Passifloraceae//独子果科（非桐科）Physenaceae］●☆

53567　Varronia P. Browne（1756）【汉】肖破布木属。【隶属】紫草科 Boraginaceae//破布木科（破布树科）Cordiaceae。【包含】世界 400 种。【学名诠释与讨论】〈阴〉（人）Varron。此属的学名，ING、TROPICOS、GCI 和 IK 记载是"Varronia P. Browne, Civ. Nat. Hist. Jamaica 172. 1756［10 Mar 1756］"。"Ulmarronia Friesen, Bull. Soc. Bot. Genève ser. 2. 24：143. 1933"是"Varronia P. Browne（1756）"的晚出的同模式异名（Homotypic synonym, Nomenclatural synonym）。亦有文献把"Varronia P. Browne（1756）"处理为"Cordia L.（1753）（保留属名）"的异名。【分布】玻利维亚，哥伦比亚，马达加斯加，尼加拉瓜，中国，中美洲。【后选模式】Varronia corymbosa（Linnaeus）Desvaux［Lantana corymbosa Linnaeus］。【参考异名】Calyptracordia Britton（1925）；Cordia L.（1753）（保留属名）；Ulmarronia Friesen（1933）Nom. illegit. ；Varroniopsis Friesen（1933）●

53568　Varroniopsis Friesen（1933）= Cordia L.（1753）（保留属名）；~ = Varronia P. Browne（1756）［紫草科 Boraginaceae//破布木科（破布树科）Cordiaceae］●☆

53569　Vartheimia Benth. et Hook. f.（1873）Nom. illegit. = Varthemia DC.（1836）［菊科 Asteraceae（Compositae）］●■☆

53570　Varthemia Caruel（1894）Nom. illegit.［菊科 Asteraceae（Compositae）］☆

53571　Varthemia DC.（1836）【汉】分尾菊属。【俄】вартемия。【隶属】菊科 Asteraceae（Compositae）。【包含】世界 1 种。【学名诠释与讨论】〈阴〉词源不详。此属的学名，ING、TROPICOS 和 IK 记载是"Varthemia A. P. de Candolle, Prodr. 5：473. Oct（prim.）1836"。"Varthemia Caruel, Epit. Fl. Eur. ii.（1894）227［菊科 Asteraceae（Compositae）］"是晚出的非法名称。"Vartheimia Benth. et Hook. f., Gen. Pl.［Bentham et Hooker f.］2（1）；333, sphalm. 1873［7-9 Apr 1873］= Varthemia DC.（1836）"似为"Varthemia DC.（1836）"的拼写变体。【分布】地中海东部至亚洲中部和印度。【模式】Varthemia persica DC.。【参考异名】Karthemia Sch. Bip.（1843）；Vartheimia Benth. et Hook. f.（1873）Nom. illegit. ；Warthemia Boiss.（1846）●■☆

53572　Vasargia Steud.（1841）= Galinsoga Ruiz et Pav.（1794）；~ = Vargasia DC.（1824）［菊科 Asteraceae（Compositae）］■●

53573　Vascoa DC.（1824）= Mundia Kunth（1821）Nom. illegit. ；~ = Nylandtia Dumort.（1822）［远志科 Polygalaceae］■☆

53574　Vascoa DC.（1825）= Rafnia Thunb.（1800）［豆科 Fabaceae（Leguminosae）//蝶形花科 Papilionaceae］■☆

53575　Vasconcella A. St.-Hil.（1837）Nom. illegit. ≡ Vasconcellea A. St.-Hil.（1837）［番木瓜科（番瓜树科，万寿果科）Caricaceae］●☆

53576　Vasconcellea A. St.-Hil.（1837）【汉】单干木瓜属。【隶属】番木瓜科（番瓜树科，万寿果科）Caricaceae。【包含】世界 20 种。【学名诠释与讨论】〈阴〉（人）Joao de Carvalho e Vasconcellos, 1897-1972, 植物学者。此属的学名，ING、GCI、TROPICOS 和 IK 记载是"Vasconcellea A. St.-Hil., Deux. Mém. Réséd 13. 1837［Dec 1837］"。"Vasconcella A. F. C. P. Saint-Hilaire 1837"是其变体。亦有文献把"Vasconcellea A. St.-Hil.（1837）"处理为"Carica L.（1753）"的异名。【分布】巴拿马，玻利维亚，哥伦比亚，尼加拉瓜，中美洲。【模式】Vasconcellea quercifolia A. F. C. P. Saint-Hilaire。【参考异名】Carica L.（1753）；Vasconcella A. St.-Hil.（1837）Nom. illegit. ●☆

53577　Vasconcellia Mart.（1841）Nom. illegit. ≡ Arrabidaea DC.（1838）［紫葳科 Bignoniaceae］●☆

53578　Vasconcellosia Caruel（1876）= Carica L.（1753）［番木瓜科（番瓜树科，万寿果科）Caricaceae］●

53579　Vasconella Regel（1876）= Vasconcellosia Caruel（1876）［西番莲科 Passifloraceae］●

53580　Vaselia Tiegh.（1902）= Elvasia DC.（1811）［金莲木科 Ochnaceae］●☆

53581　Vaseya Thurb.（1863）= Muhlenbergia Schreb.（1789）［禾本科 Poaceae（Gramineae）］■

53582　Vaseyanthus Cogn.（1891）【汉】瓦齐花属。【隶属】葫芦科（瓜科，南瓜科）Cucurbitaceae。【包含】世界 2 种。【学名诠释与讨论】〈阳〉（人）George Vasey, 1822-1893, 美国植物学者, 禾本科 Poaceae（Gramineae）专家, 医生+anthos, 花。【分布】美国（加利福尼亚），墨西哥。【模式】Vaseyanthus rosei Cogniaux。【参考异名】Pseudechinopepon（Cogn.）Kuntze；Pseudoechinopepon（Cogn.）Cockerell ■☆

53583　Vaseyochloa Hitchc.（1933）【汉】多脉草属。【隶属】禾本科 Poaceae（Gramineae）。【包含】世界 1 种。【学名诠释与讨论】〈阴〉（人）George Vasey, 1822-1893, 美国植物学者, 禾本科 Poaceae（Gramineae）专家, 医生+chloe, 草的幼芽, 嫩草, 禾草。【分布】美国（得克萨斯）。【模式】Vaseyochloa multinervosa（Vasey）Hitchcock［Melica multinervosa Vasey］■☆

53584　Vasivaea Baill.（1872）【汉】群蕊椴属。【隶属】椴树科（椴科，田麻科）Tiliaceae//锦葵科 Malvaceae。【包含】世界 2 种。【学名诠释与讨论】〈阴〉词源不详。【分布】巴西，秘鲁。【模式】Vasivaea alchorneoides Baillon ●☆

53585　Vasovulaceae Dulac = Aquifoliaceae Bercht. et J. Presl（1825）（保留科名）●

53586　Vasquezia Phil.（1860）= Villanova Lag.（1816）（保留属名）［菊科 Asteraceae（Compositae）］■☆

53587　Vasqueziella Dodson（1982）【汉】巴斯兰属。【隶属】兰科 Orchidaceae。【包含】世界 1 种。【学名诠释与讨论】〈阴〉（人）Roberto Vasquez, 1942-?, 植物学者。【分布】玻利维亚。【模式】Vasqueziella boliviana C. H. Dodson ■☆

53588　Vassilczenkoa Lincz.（1979）Nom. illegit. ≡ Chaetolimon（Bunge）Lincz.（1940）［白花丹科（矶松科, 蓝雪科）Plumbaginaceae］■☆

53589　Vassobia Rusby（1907）【汉】瓦索茄属。【隶属】茄科 Solanaceae。【包含】世界 4 种。【学名诠释与讨论】〈阴〉词源不详。【分布】玻利维亚。【模式】Vassobia atropoides Rusby。【参考异名】Eriolarynx（Hunz.）Hunz.（2000）●☆

53590　Vatairea Aubl.（1775）【汉】瓦泰豆属。【隶属】豆科 Fabaceae（Leguminosae）//蝶形花科 Papilionaceae。【包含】世界 7 种。【学名诠释与讨论】〈阴〉（人）Vatair。【分布】巴拿马，秘鲁，玻利维亚，厄瓜多尔，哥斯达黎加，尼加拉瓜，中美洲。【模式】Vatairea guianensis Aublet。【参考异名】Vataireopsis Ducke（1932）●☆

53591　Vataireopsis Ducke（1932）【汉】拟瓦泰豆属（瓦泰里属）。【隶属】豆科 Fabaceae（Leguminosae）//蝶形花科 Papilionaceae。【包含】世界 3 种。【学名诠释与讨论】〈阴〉（属）Vatairea 瓦泰豆属+希腊文 opsis, 外观, 模样, 相似。此属的学名是"Vataireopsis Ducke, Notizbl. Bot. Gart. Berlin-Dahlem 11：473. 11 Jul 1932"。亦有文献把其处理为"Vatairea Aubl.（1775）"的异名。【分布】巴西，玻利维亚。【模式】Vataireopsis speciosa Ducke。【参考异名】Vatairea Aubl.（1775）●☆

53592　Vateria L.（1753）【汉】瓦特木属（达玛脂树属, 瓦蒂香属, 瓦泰特里亚属, 印度胶脂树属）。【俄】Ватерия。【英】Vateria。【隶属】龙脑香科 Dipterocarpaceae。【包含】世界 2-3 种。【学名诠释与讨论〉〈阴〉（人）Henrich Vater。此属的学名，ING、TROPICOS 和 IK 记载是"Vateria L., Sp. Pl. 1：515. 1753 ［1 May 1753］"。 "Panoe Adanson, Fam. 2：449. Jul – Aug 1763" 是"Vateria L.（1753）"的晚出的同模式异名（Homotypic synonym, Nomenclatural synonym）。【分布】塞舌尔（塞舌尔群岛），斯里兰卡，印度（南部）。【模式】Vateria indica Linnaeus。【参考异名】Dyerella F. Heim（1892）；Kuenckelia Heim（1892）；Kunckelia Heim（1892）； Paenoe Post et Kuntze（1903）；Panoe Adans.（1763）Nom. illegit.； Sunapteopsis Heim（1892）；Synapteopsis Post et Kuntze（1903）； Walteria A. St. –Hil.●☆

53593　Vateriopsis F. Heim（1892）【汉】类瓦特木属（拟瓦蒂香属，拟印度胶脂树属）。【隶属】龙脑香科 Dipterocarpaceae。【包含】世界 1 种。【学名诠释与讨论】〈阴〉（属）Vateria 达玛脂树属+希腊文 opsis，外观，模样，相似。【分布】塞舌尔（塞舌尔群岛）。【模式】Vateriopsis seychellarum（Dyer）Heim［Vateria seychellarum Dyer］●☆

53594　Vatica L.（1771）【汉】青梅属。【英】Vatica。【隶属】龙脑香科 Dipterocarpaceae。【包含】世界 65-80 种，中国 3 种。【学名诠释与讨论】〈阴〉（地）Vaticano，梵蒂冈，罗马教廷所在地。【分布】马来西亚，斯里兰卡，泰国，印度南部，中国，中南半岛。【模式】Vatica chinensis Linnaeus。【参考异名】Elaeogene Miq.（1861）；Isauxis（Arn.）Rchb.（1841）；Isauxis Rchb.（1841）Nom. illegit.；Pachynocarpus Hook. f.（1860）；Perissandra Gagnep.（1948）；Pteranthera Blume（1856）；Retinodendron Korth.（1840）； Retinodendropsis Heim（1892）；Seidlia Kostel.（1836）Nom. illegit.； Sunaptea Griff.（1854）；Synaptea Griff.；Synaptea Kurz（1870）Nom. illegit.；Synaptera Willis, Nom. inval.●

53595　Vatkea Hildeb. et O. Hoffm.（1880）Nom. illegit. ≡ Vatkea O. Hoffm.（1880）；~ = Martynia L.（1753）［角胡麻科 Martyniaceae// 胡麻科 Pedaliaceae］■

53596　Vatkea O. Hoffm.（1880）= Martynia L.（1753）［角胡麻科 Martyniaceae//胡麻科 Pedaliaceae］■

53597　Vatovaea Chiov.（1951）【汉】瓦托豆属。【隶属】豆科 Fabaceae（Leguminosae）//蝶形花科 Papilionaceae。【包含】世界 1 种。 【学名诠释与讨论】〈阴〉（人）Aristocle Vatova, 1897-?, 意大利植物学者，植物采集家。【分布】非洲。【模式】Vatovaea biloba Chiovenda ■☆

53598　Vatricania Backeb.（1950）【汉】金装龙属。【日】バトリカニ ア属。【隶属】仙人掌科 Cactaceae。【包含】世界 1 种。【学名诠释与讨论】〈阴〉（人）Louis Vatrican, 植物学者。此属的学名是 "Vatricania Backeberg, Cact. Succ. J.（Los Angeles）22：154. Sep- Oct 1950"。亦有文献把其处理为"Espostoa Britton et Rose （1920）"的异名。【分布】玻利维亚。【模式】Vatricania guentheri （Kupper）Backeberg［Cephalocereus guentheri Kupper］。【参考异名】Espostoa Britton et Rose（1920）●☆

53599　Vauanthes Haw.（1821）= Crassula L.（1753）［景天科 Crassulaceae］●■☆

53600　Vaughania S. Moore（1920）【汉】沃恩木蓝属。【隶属】豆科 Fabaceae（Leguminosae）//蝶形花科 Papilionaceae。【包含】世界 13 种。【学名诠释与讨论】〈阴〉（人）John Vaughan Thompson, 1779-1847, 英国植物学者，博物学者。此属的学名是"Vaughania S. Moore, J. Bot. 58：188. Aug 1920"。亦有文献把其处理为 "Indigofera L.（1753）"的异名。【分布】马达加斯加。【模式】 Vaughania dionaeaefolia S. Moore。【参考异名】Indigofera L. （1753）●☆

53601　Vaupelia Brand（1914）（保留属名）【汉】瓦市紫草属。【隶属】 紫草科 Boraginaceae。【包含】世界 7 种。【学名诠释与讨论】

〈阴〉（人）Vaupel, Friedrich Karl Johann（1876-1927），植物学者。 此属的学名"Vaupelia Brand in Repert. Spec. Nov. Regni Veg. 13： 82. 30 Jan 1914 = Cystostemon Balf. f.（1883）"是保留属名。相应的废弃属名是苦苣苔科 Gesneriaceae 的"Vaupellia Griseb., Fl. Brit. W. I.：460. Mai 1862 = Pentarhaphia Lindl.（1827）"。亦有文献把"Vaupelia Brand（1914）（保留属名）"处理为"Cystostemon Balf. f.（1883）"的异名。【分布】参看 Trichodesma R. Br.（1810） （保留属名）。【模式】Vaupelia barbata（Vaupel）Brand ［Trichodesma barbatum Vaupel］。【参考异名】Cystostemon Balf. f. （1883）；Trichodesma R. Br.（1810）（保留属名）●■☆

53602　Vaupellia Griseb.（1862）（废弃属名）= Pentarhaphia Lindl. （1827）［苦苣苔科 Gesneriaceae］■☆

53603　Vaupesia R. E. Schult.（1955）【汉】沃佩大戟属。【隶属】大戟科 Euphorbiaceae。【包含】世界 1 种。【学名诠释与讨论】〈阴〉（地）Vaupes 沃佩斯河，位于哥伦比亚和巴西。【分布】巴西，哥伦比亚。【模式】Vaupesia cataractarum R. E. Schultes☆

53604　Vauquelinia Corrêa ex Bonpl.（1807）【汉】西方红木属。【隶属】蔷薇科 Rosaceae。【包含】世界 3 种。【学名诠释与讨论】〈阴〉（人）Louis Nicolas Vauquelin 1763-1829, 法国植物学者，药剂师，教授。此属的学名，ING、GCI、TROPICOS 和 IK 记载是 "Vauquelinia Correa ex Bonpland in Humboldt et Bonpland, Pl. Aequin. 1：140. Nov 1807"。"Vauquelinia Corrêa ex Humb. et Bonpl.（1807）≡ Vauquelinia Corrêa ex Bonpl.（1807）"和 "Vauquelinia Humb. et Bonpl.（1807）≡ Vauquelinia Corrêa ex Bonpl.（1807）"的命名人引证有误。【分布】美国（西南部），墨西哥。【模式】Vauquelinia corymbosa Bonpland。【参考异名】 Vauquelinia Corrêa ex Humb. et Bonpl.（1807）Nom. illegit.； Vauquelinia Humb. et Bonpl.（1807）Nom. illegit.●☆

53605　Vauquelinia Corrêa ex Humb. et Bonpl.（1807）Nom. illegit. ≡ Vauquelinia Corrêa ex Bonpl.（1807）［蔷薇科 Rosaceae］●☆

53606　Vauquelinia Humb. et Bonpl.（1807）Nom. illegit. ≡ Vauquelinia Corrêa ex Bonpl.（1807）［蔷薇科 Rosaceae］●☆

53607　Vausagesia Baill.（1890）= Sauvagesia L.（1753）［金莲木科 Ochnaceae//旱金莲木科（辛木科）Sauvagesiaceae］●

53608　Vauthiera A. Rich.（1832）= Cladium P. Browne（1756）［莎草科 Cyperaceae］■

53609　Vavaea Benth.（1843）【汉】瓦楝属。【隶属】楝科 Meliaceae。 【包含】世界 4 种。【学名诠释与讨论】〈阴〉（地）Vava'u Grp., 瓦瓦乌群岛，位于汤加。【分布】菲律宾，美国（卡罗莱纳），印度尼西亚（爪哇岛），加里曼丹岛，新几内亚岛，太平洋地区。【模式】Vavaea amicorum Bentham。【参考异名】Lamiofrutex Lauterb.（1924）●☆

53610　Vavanga Rohr（1792）= Vangueria Comm. ex Juss.（1789）［茜草科 Rubiaceae］■☆

53611　Vavara Benoist（1962）【汉】马岛瓦爵床属。【隶属】爵床科 Acanthaceae。【包含】世界 1 种。【学名诠释与讨论】〈阴〉来自植物俗名。【分布】马达加斯加。【模式】Vavara breviflora Benoist☆

53612　Vavilovia Fed.（1939）【汉】美丽豌豆属。【隶属】豆科 Fabaceae（Leguminosae）//蝶形花科 Papilionaceae。【包含】世界 1 种。【学名诠释与讨论】〈阴〉（人）Nikolaj（Nikolay, Nikolai） Ivanovich Vavilov, 1887-1943, 俄罗斯植物学者，教师，Studies on the Origin of Cultivated Plants 的作者。【分布】伊朗，高加索。 【后选模式】Vavilovia formosa（Steven）Fed.［Orobus formosus P. Steven］■☆

53613　Vazea Allemão ex Mart.（1858）【汉】巴西树属。【隶属】铁青树科 Olacaceae。【包含】世界 1 种。【学名诠释与讨论】〈阴〉词源不详。【分布】巴西。【模式】Vazea indurata Allemão ex Mart.●☆

53614 Vazquezella Szlach. et Sitko(2012)【汉】哥伦比亚鳃兰属。【隶属】兰科 Orchidaceae。【包含】世界 1 种。【学名诠释与讨论】〈阴〉(人)A. Vazquez, 植物学者。【分布】哥伦比亚。【模式】Vazquezella equitans (Schltr.) Szlach. et Sitko [Camaridium equitans Schltr.; Heterotaxis equitans (Schltr.) Ojeda et Carnevali; Maxillaria equitans (Schltr.) Garay]☆

53615 Vazquezia Phil. (1860) Nom. illegit. = Vasquezia Phil. (1860); ~ = Villanova Lag. (1816)(保留属名)[菊科 Asteraceae(Compositae)]■☆

53616 Vazquezia Pritz. (1865) Nom. illegit. = Vasquezia Phil. (1860)[菊科 Asteraceae(Compositae)]■☆

53617 Veatchia A. Gray (1884) = Pachycormus Coville ex Standl. (1923)[漆树科 Anacardiaceae]●☆

53618 Veatchia Kellogg (1863) Nom. illegit. = Hesperoscordum Lindl. (1830)[百合科 Liliaceae//葱科 Alliaceae]■☆

53619 Veconcibea(Müll. Arg.) Pax et K. Hoffm. (1914) = Conceveiba Aubl. (1775)[大戟科 Euphorbiaceae]●☆

53620 Veconcibea Pax et K. Hoffm. (1914) Nom. illegit. ≡ Veconcibea (Müll. Arg.) Pax et K. Hoffm. (1914); ~ = Conceveiba Aubl. (1775)[大戟科 Euphorbiaceae]●☆

53621 Vedela Adans. (1763)(废弃属名)= Ardisia Sw. (1788)(保留属名)[紫金牛科 Myrsinaceae]●■

53622 Veeresia Monach. et Moldenke(1940) = Reevesia Lindl. (1827)[梧桐科 Sterculiaceae//锦葵科 Malvaceae]●

53623 Vegaea Urb. (1913)【汉】维加木属。【隶属】紫金牛科 Myrsinaceae。【包含】世界 1 种。【学名诠释与讨论】〈阴〉(人)Vega, 植物学者。【分布】西印度群岛。【模式】Vegaea pungens Urban ●☆

53624 Vegelia Neck. (1790) Nom. inval. = Weigela Thunb. (1780)[忍冬科 Caprifoliaceae]●

53625 Veillonia H. E. Moore. (1978)【汉】银椰属(维罗尼亚椰属,银棕属)。【隶属】棕榈科 Arecaceae(Palmae)。【包含】世界 1 种。【学名诠释与讨论】〈阴〉(人)Veillon。【分布】法属新喀里多尼亚。【模式】Veillonia alba H. E. Moore ●☆

53626 Veitchia H. Wendl. (1868)(保留属名)【汉】圣诞椰属(斐济椰子属,斐济棕属,圣诞椰子属,维契棕属)。【日】フィジーノヤシ属。【英】Veech Palm, Veitchia。【隶属】棕榈科 Arecaceae(Palmae)。【包含】世界 4-18 种。【学名诠释与讨论】〈阴〉(人)James Veitch,1815-1869,英国园艺家。此属的学名"Veitchia H. Wendl. in Seemann, Fl. Vit.:270. 31 Jul 1868"是保留属名。相应的废弃属名是松科 Pinaceae 的"Veitchia Lindl. in Gard. Chron. 1861:265. Mar 1861 = Picea A. Dietr. (1824)"。【分布】厄瓜多尔,斐济,瓦努阿图,法属新喀里多尼亚。【模式】Veitchia joannis H. Wendland。【参考异名】Adonidia Becc. (1919); Kajewskia Guillaumin(1932); Vitiphoenix Becc. (1885)●☆

53627 Veitchia Lindl. (1861)(废弃属名)= Picea A. Dietr. (1824)[松科 Pinaceae]●

53628 Velaea D. Dietr. = Arracacia Bancr. (1828)[伞形花科(伞形科)Apiaceae(Umbelliferae)]■☆

53629 Velaea DC. (1829) Nom. illegit. = Tauschia Schltdl. (1835)(保留属名)[伞形花科(伞形科)Apiaceae(Umbelliferae)]■☆

53630 Velaga Adans. (1763) Nom. illegit. ≡ Pterospermum Schreb. (1791)(保留属名); ~ = Pentapetes L. (1753)[梧桐科 Sterculiaceae//锦葵科 Malvaceae]●

53631 Velarum(DC.) Rchb. (1828) = Sisymbrium L. (1753)[十字花科 Brassicaceae(Cruciferae)]■

53632 Velarum Rchb. (1828) Nom. illegit. ≡ Velarum (DC.) Rchb. (1828); ~ = Sisymbrium L. (1753)[十字花科 Brassicaceae(Cruciferae)]■

53633 Velascoa Calderón et Rzed. (1997)【汉】斗花亮籽属。【隶属】流苏亮籽科 Crossosomataceae。【包含】世界 1 种。【学名诠释与讨论】〈阴〉(人)Velasco。【分布】墨西哥。【模式】Velascoa recondita Calderón et Rzed. ●☆

53634 Velasquezia Pritz. (1855) = Triplaris Loefl. ex L. (1758); ~ = Vellasquezia Bertol. (1840)[蓼科 Polygonaceae]●

53635 Veldkampia Ibaragi et Shiro Kobay. (2008)【汉】缅甸禾属。【隶属】禾本科 Poaceae(Gramineae)。【包含】世界 1 种。【学名诠释与讨论】〈阴〉(人)Jan Frederik Veldkamp,1941-,植物学者。【分布】缅甸。【模式】Veldkampia sagaingensis Ibaragi et Shiro Kobay. ☆

53636 Velezia L. (1753)【汉】硬石竹属。【俄】Велеция。【英】Velezia。【隶属】石竹科 Caryophyllaceae。【包含】世界 6 种。【学名诠释与讨论】〈阴〉(人)Cristóbal Velez, 1710-1753, 植物学者 Pehr Loefling 的朋友。【分布】巴基斯坦,巴勒斯坦,地中海至阿富汗。【模式】Velezia rigida Linnaeus。【参考异名】Welezia Neck. (1790) Nom. inval. ■☆

53637 Velheimia Scop. (1777) Nom. illegit. = Veltheimia Gled. (1771)[风信子科 Hyacinthaceae//百合科 Liliaceae]■☆

53638 Vella DC. (1753) Nom. illegit. ≡ Carrichtera Adans. (1763) Nom. illegit. (废弃属名); ~ ≡ Vella L. (1753)[十字花科 Brassicaceae(Cruciferae)]●☆

53639 Vella L. (1753)【汉】瓦拉木属(水堇菜木属)。【隶属】十字花科 Brassicaceae(Cruciferae)。【包含】世界 4-7 种。【学名诠释与讨论】〈阴〉(拉)vella, vela, 水堇菜。此属的学名, ING、TROPICOS 和 IK 记载是"Vella L., Sp. Pl. 2:641. 1753 [1 May 1753]"。"Carrichtera Adanson, Fam. 2:421,533. Jul-Aug 1763(废弃属名)"是"Vella L. (1753)"的晚出的同模式异名(Homotypic synonym,Nomenclatural synonym)。《显花植物与蕨类植物词典》记载:Vella L. (1753) = Vella DC. (1753) Nom. illegit. + Carrichtera Adans. (1763) Nom. illegit. (废弃属名)。【分布】巴基斯坦,地中海西部。【后选模式】Vella pseudocytisus Linnaeus。【参考异名】Boleum Desv. (1815); Carrichtera Adans. (1763) Nom. illegit. (废弃属名); Euzomodendron Coss. (1852); Pseudocytisus Kuntze(1903); Vella DC. (1753) Nom. illegit. ●☆

53640 Vellasquezia Bertol. (1840) = Triplaris Loefl. ex L. (1758)[蓼科 Polygonaceae]●

53641 Vellea D. Dietr. ex Steud. (1841) = Tauschia Schltdl. (1835)(保留属名); ~ = Velaea DC. (1829) Nom. illegit. [伞形花科(伞形科)Apiaceae(Umbelliferae)]■☆

53642 Velleia Sm. (1798)【汉】翅籽草海桐属。【隶属】草海桐科 Goodeniaceae。【包含】世界 21 种。【学名诠释与讨论】〈阴〉(人)Thomas Velley,1748/1749-1806,英国植物学者,藻类专家。此属的学名, ING、TROPICOS、APNI 和 IK 记载是"Velleia Sm., Trans. Linn. Soc. London 4:217. 1798 [24 May 1798]"。"Velleja Schrad. (1809) Nom. illegit. [草海桐科 Goodeniaceae]"是晚出的非法名称;它仅有属名;似为"Velleia Sm. (1798)"的拼写变体。【分布】澳大利亚。【后选模式】Velleia lyrata R. Brown。【参考异名】Antherostylis C. A. Gardner(1934); Euthales R. Br. (1810); Menoceras (R. Br.) Lindl. (1846); Menoceras Lindl. (1846); Monoceras Steud. (1821); Velleya Roem. et Schult. (1819); Velleya Walp. (1849)■☆

53643 Velleja Schrad. (1809) Nom. illegit. [草海桐科 Goodeniaceae]☆

53644 Vellereophyton Hilliard et B. L. Burtt(1981)【汉】白鼠麹属。【英】White Cudweed。【隶属】菊科 Asteraceae(Compositae)。【包

含】世界7种。【学名诠释与讨论】〈阴〉（拉）vellus, velleris, 羊毛+希腊文 phython, 叶子。【分布】非洲南部。【模式】Vellereophyton dealbatum (Thunberg) O. M. Hilliard et B. L. Burtt [Gnaphalium dealbatum Thunberg]■☆

53645 Velleruca Pomel（1860）= Eruca Mill.（1754）［十字花科 Brassicaceae（Cruciferae）］■

53646 Velleya Roem. et Schult.（1819）= Velleia Sm.（1798）［草海桐科 Goodeniaceae］■☆

53647 Velleya Walp.（1849）= Velleia Sm.（1798）［草海桐科 Goodeniaceae］■☆

53648 Vellosia Spreng.（1826）= Vellozia Vand.（1788）［翡若翠科（巴西蒜科，尖叶棱枝草科，尖叶鳞枝科）Velloziaceae］■☆

53649 Vellosiella Baill.（1888）【汉】韦略列当属。【隶属】玄参科 Scrophulariaceae//列当科 Orobanchaceae。【包含】世界 2-3 种。【学名诠释与讨论】〈阴〉（人）Jose Mariano de Conceicao Vellozo（Velloso, Veloso），1742 - 1811，巴西植物学者，牧师，Flora fluminensis 的作者+-ellus, -ella, -ellum, 加在名词词干后面形成指小式的词尾。或加在人名、属名等后面以组成新属的名称。【分布】巴西。【模式】Vellosiella dracocephaloides（Vellozo）Baillon [Digitalis dracocephaloides Vellozo]。【参考异名】Velloziella Baill.（1886）■●☆

53650 Vellozia Vand.（1788）【汉】翡若翠属（巴西蒜属，斐若翠属，尖叶棱枝草属，尖叶鳞枝属）。【隶属】翡若翠科（巴西蒜科，尖叶棱枝草科，尖叶鳞枝科）Velloziaceae。【包含】世界 100-124 种。【学名诠释与讨论】〈阴〉（人）Joaquim Velloso de Miranda, 1733-1815, 葡萄牙植物学者，曾在巴西采集标本。意大利植物学者 Domenico Vandelli（1735 - 1816）的通讯员。此属的学名是 "Vellozia Vandelli, Fl. Lusit. Brasil. 32. t. 2, f. 11. 1788"。亦有文献把其处理为 "Xerophyta Juss.（1789）" 的异名。【分布】巴拿马，玻利维亚，马达加斯加，阿拉伯地区，热带非洲，热带美洲，中美洲。【后选模式】Vellozia candida Mikan。【参考异名】Cambderia Steud.（1840）；Campderia A. Rich.（1822）Nom. illegit.；Camptederia Steud.（1840）；Schnitzleinia Steud. ex Walp.（1852）Nom. illegit.；Schnitzleinia Walp.（1852）；Schnizleinia Steud. ex Hochst.（1844）Nom. illegit.；Talbotia Balf.（1868）；Vellosia Spreng.（1826）；Vellozoa Lem.（1853）；Xerophyta Juss.（1789）■☆

53651 Velloziaceae Endl. = Velloziaceae J. Agardh（保留科名）■

53652 Velloziaceae J. Agardh（1858）（保留科名）【汉】翡若翠科（巴西蒜科，尖叶棱枝草科，尖叶鳞枝科）。【包含】世界 6-8 属 260-289 种，中国 1 属 1 种。【分布】马达加斯加，热带美洲，非洲，阿拉伯半岛。【科名模式】Vellozia Vand.（1788）

53653 Velloziella Baill.（1886）= Vellosiella Baill.（1888）［玄参科 Scrophulariaceae//列当科 Orobanchaceae］■●☆

53654 Vellozoa Lem.（1853）= Vellozia Vand.（1788）［翡若翠科（巴西蒜科，尖叶棱枝草科，尖叶鳞枝科）Velloziaceae］■☆

53655 Velophylla Durand（1888）Nom. illegit.［髯管花科 Geniostomaceae］■☆

53656 Velpeaulia Gaudich.（1851）= Dolia Lindl.（1844）；~ = Nolana L. ex L. f.（1762）［茄科 Solanaceae//铃花科 Nolanaceae］■☆

53657 Velthaeimia Thunb.（1818）Nom. illegit.［百合科 Liliaceae］■☆

53658 Veltheimia Gled.（1771）【汉】仙火花属（维西美属）。【日】ベルタイーミア属。【英】Cape Lily, Veltheimia。【隶属】风信子科 Hyacinthaceae//百合科 Liliaceae。【包含】世界 2-3 种。【学名诠释与讨论】〈阴〉（人）August Fredinand Graf von Veltheim, 1741 - 1801, 德国植物学赞助人。【分布】非洲南部。【模式】Veltheimia capensis（Linnaeus）A. P. de Candolle。【参考异名】Heisteria

Fabr.（1763）Nom. illegit.（废弃属名）；Velheimia Scop.（1777）Nom. illegit.■☆

53659 Veltis Adans.（1763）=？ Centaurea L.（1753）（保留属名）［菊科 Asteraceae（Compositae）//矢车菊科 Centaureaceae］●■

53660 Velvetia Tiegh.（1895）= Loranthus Jacq.（1762）（保留属名）；~ = Psittacanthus Mart.（1830）［桑寄生科 Loranthaceae］●

53661 Velvitsia Hiern.（1898）= Melasma P. J. Bergius（1767）［玄参科 Scrophulariaceae//列当科 Orobanchaceae］■

53662 Vemonia Edgew.（1847）Nom. inval. = Vernonia Schreb.（1791）（保留属名）［菊科 Asteraceae（Compositae）//斑鸠菊科（绿菊科）Vernoniaceae］●■

53663 Venana Lam.（1800）（废弃属名）≡ Brexia Noronha ex Thouars（1806）（保留属名）［醋栗科（茶藨子科）Grossulariaceae//雨湿木科（流苏边脉科）Brexiaceae］●☆

53664 Venatris Raf.（1837）= Aster L.（1753）［菊科 Asteraceae（Compositae）］●■

53665 Vendredia Baill.（1882）Nom. illegit., Nom. superfl. ≡ Rhetinodendron Meisn.（1839）；~ = Robinsonia DC.（1833）（保留属名）［菊科 Asteraceae（Compositae）］●☆

53666 Venegasia DC.（1838）【汉】谷菊属。【英】Canyon Sunflower。【隶属】菊科 Asteraceae（Compositae）。【包含】世界 1 种。【学名诠释与讨论】〈阴〉（人）Padre Miguel Venegas, 1680-1764, 墨西哥传教士，历史学者，作家。【分布】美国（加利福尼亚），墨西哥。【模式】Venegasia carpesioides A. P. de Candolle。【参考异名】Parthenopsis Kellogg（1873）；Venegazia Benth. et Hook. f.（1873）●☆

53667 Venegazia Benth. et Hook. f.（1873）= Venegasia DC.（1838）［菊科 Asteraceae（Compositae）］●☆

53668 Venelia Comm. ex Bndi. = Erythroxylum P. Browne（1756）［古柯科 Erythroxylaceae］●

53669 Venidium Less.（1831）【汉】凉菊属（拟金盏菊属）。【隶属】菊科 Asteraceae（Compositae）//灰毛菊科 Arctotidaceae。【包含】世界 20-30 种。【学名诠释与讨论】〈中〉（拉）vena, 指小式 venula, 叶脉, 血管+-idius, -idia, -idium, 指示小的词尾。指果实具脉。此属的学名是 "Venidium Lessing, Linnaea 6：91. 1831（post Mar）"。亦有文献把其处理为 "Arctotis L.（1753）" 的异名。【分布】非洲南部，中美洲。【模式】Venidium scabrum Thunberg）Lessing [Arctotis scabra Thunberg]。【参考异名】Antrospermum Sch. Bip.（1844）；Arctotis L.（1753）；Cleitria Schrad.（1831）Nom. inval.；Cleitria Schrad. ex L.（1832）；Clithria Post et Kuntze（1903）■☆

53670 Veniera Salisb.（1866）= Narcissus L.（1753）［石蒜科 Amaryllidaceae//水仙科 Narcissaceae］■

53671 Venilia（G. Don）Fourr.（1869）Nom. illegit. ≡ Ceramanthe（Rchb.）Dumort.（1834）；~ = Scrophularia L.（1753）［玄参科 Scrophulariaceae］■●

53672 Venilia Fourr.（1869）Nom. illegit. ≡ Venilia（G. Don）Fourr.（1869）Nom. illegit.；~ ≡ Ceramanthe（Rchb.）Dumort.（1834）；~ = Scrophularia L.（1753）［玄参科 Scrophulariaceae］■●

53673 Ventana J. F. Macbr.（1934）= Vantanea Aubl.（1775）［核果树科（胡香脂科，树脂核科，无距花科，香膏科，香膏木科）Humiriaceae］●☆

53674 Ventenata Koeler（1802）（保留属名）【汉】风草属。【英】Oatgrass。【隶属】禾本科 Poaceae（Gramineae）。【包含】世界 5 种。【学名诠释与讨论】〈阴〉（人）Etienne Pierre Ventenat, 1757 - 1808, 法国植物学者，牧师，图书管理员，Louis Ventenat（1765 - 1794）的兄弟，Monographic du genre Tilleul. Paris 1802 的作者。此属的学名 "Ventenata Koeler, Descr. Gram. ：272. 1802" 是保留属

名。相应的废弃属名是尖苞木科 Epacridaceae 的"Vintenatia Cav. , Icon. 4：28. Sep – Dec 1797 = Astroloma R. Br.（1810）+ Melichrus R. Br.（1810）"和禾本科 Poaceae（Gramineae）的 "Heteranthus Borkh. [Fl. Grafsch. Catznelnb. 2]in Andre, Botaniker Compend. Bibliot. 16-18；71. 1796 = Ventenata Koeler（1802）（保留属名）"。"Malya F. M. Opiz , Seznam Rostlin Kveteny Ceské 62. 1852"是"Ventenata Koeler（1802）（保留属名）"的晚出的同模式异名（Homotypic synonym, Nomenclatural synonym）。刺篱木科（大风子科）Flacourtiaceae 的"Ventenatia P. Beauv. , Fl. Oware 1；29, t. 17. 1805 ≡ Caloncoba Gilg（1908）= Oncoba Forssk.（1775）", 桔梗科 Campanulaceae 的"Ventenatia J. E. Smith, Exot. Bot. 2；15. 1 Jan 1806 = Stylidium Sw. ex Willd.（1805）（保留属名）", 大戟科 Euphorbiaceae 的"Ventenatia Tratt. , Gen. Pl. [Trattinnick]86. 1802 [Apr–Oct 1802] = Pedilanthus Neck. ex Poit.（1812）（保留属名）", 菊科的"Heteranthus Bonpl. ex Cass. , Dict. Sci. Nat. , ed. 2. [F. Cuvier]21；110. 1821 [29 Sep 1821] =Perezia Lag.（1811）", 禾本科 Poaceae（Gramineae）的"Heteranthus Dumort. , Bull. Soc. Roy. Bot. Belgique vii. 68（1868）= Ventenata Koeler（1802）（保留属名）"和"Heteranthus Dumort. ex Fourr. , Ann. Soc. Linn. Lyon sér. 2, 17；183. 1869 =Ventenata Koeler（1802）（保留属名）"都应废弃。"Heteranthus Bonpl.（1821）"的命名人引证有误, 亦应废弃。【分布】地中海至里海, 欧洲南部。【模式】Ventenata avenacea G. L. Koeler, Nom. illegit. [Avena dubia Leers；Ventenata dubia（Leers）Cosson]。【参考异名】Gaudinopsis（Boiss.）Eig（1929）；Gaudinopsis Eig（1929）Nom. illegit. ；Heteranthus Borkh.（1796）（废弃属名）；Heteranthus Dumort.（1868）Nom. illegit.（废弃属名）；Heteranthus Dumort. ex Fourr.（1869）Nom. illegit.（废弃属名）；Heterochaeta Besser ex Room. et Schult.（1827）Nom. inval. , Nom. illegit. ；Heterochaeta Besser（1827）；Heterochaeta Schult.（1827）Nom. illegit. ；Malya Opiz（1852）Nom. illegit. ；Pilgerochloa Eig（1929）■☆

53675　Ventenatia Cav.（1797）（废弃属名）= Vintenatia Cav.（1797）（废弃属名）；~ = Astroloma R. Br.（1810）+ Melichrus R. Br.（1810）[尖苞木科 Epacridaceae]●☆

53676　Ventenatia P. Beauv.（1805）Nom. illegit.（废弃属名）≡ Caloncoba Gilg（1908）；~ =Oncoba Forssk.（1775）[刺篱木科（大风子科）Flacourtiaceae]●

53677　Ventenatia Sm.（1806）Nom. illegit.（废弃属名）= Stylidium Sw. ex Willd.（1805）（保留属名）[花柱草科（丝滴草科）Stylidiaceae]■

53678　Ventenatia Tratt.（1802）Nom. illegit.（废弃属名）= Pedilanthus Neck. ex Poit.（1812）（保留属名）[大戟科 Euphorbiaceae]●

53679　Ventenatum Leschen. ex Rchb. = Diplolaena R. Br. [芸香科 Rutaceae]●☆

53680　Ventilago Gaertn.（1788）【汉】翼核果属（翼核木属）。【日】カザナビキ属。【英】Ironweed, Ventilago, Wingdrupe。【隶属】鼠李科 Rhamnaceae。【包含】世界 37-40 种, 中国 6 种。【学名诠释与讨论】〈阴〉（拉）ventilo, 随风吹, 搧风, 摇荡, 移动+-ago, 新拉丁文词尾, 表示关系密切, 相似, 追随, 携带, 诱导, 进行, 运送。指果实具翼, 可藉风力传播。【分布】澳大利亚, 马达加斯加, 中国, 印度至新几内亚岛, 热带非洲。【模式】Ventilago madraspatana J. Gaertner。【参考异名】Apteron Kurz（1872）；Enrila Blanco（1837）；Kurzinda Kuntze（1891）Nom. illegit. ●

53681　Ventraceae Dulac =Cucurbitaceae Juss.（保留科名）●■

53682　Ventricularia Garay（1972）【汉】腹兰属。【隶属】兰科 Orchidaceae。【包含】世界 1 种。【学名诠释与讨论】〈阴〉（拉）venter, 所有格 ventris, 指小式 ventriculus, 肚子。ventralis 属于肚子的+ar ia 属于, 相似, 具有。指距。【分布】马来西亚, 泰国。【模式】Ventricularia tenuicaulis（J. D. Hooker）Garay [Saccolabium tenuicaule J. D. Hooker]■☆

53683　Veprecella Naudin(1851)【汉】灌丛野牡丹属。【隶属】野牡丹科 Melastomataceae。【包含】世界 24 种。【学名诠释与讨论】〈阴〉（希）vepres, 指小式 vepricula, 具刺灌木+-ellus, -ella, -ellum, 加在名词词干后面形成指小式的词尾。或加在人名、属名等后面以组成新属的名称。此属的学名是"Veprecella Naudin, Ann. Sci. Nat. Bot. ser. 3. 15；312. Mai 1851"。亦有文献把其处理为"Gravesia Naudin(1851)"的异名。【分布】马达加斯加。【模式】未指定。【参考异名】Gravesia Naudin(1851)■☆

53684　Vepris A. Juss.（1825）Nom. illegit. ≡Vepris Comm. ex A. Juss.（1825）[芸香科 Rutaceae]●☆

53685　Vepris Comm. ex A. Juss.（1825）【汉】刺橘属。【隶属】芸香科 Rutaceae。【包含】世界 15 种。【学名诠释与讨论】〈阴〉（希）vepres, 指小式 vepricula, 具刺灌木。此属的学名, ING、TROPICOS 和 IK 记载是"Vepris Commerson ex A. H. L. Jussieu, Mém. Mus. Hist. Nat. 12；509. 1825"。APNI 则记载为"Vepris A. Juss. , Mémoires du Muséum d' Histoire Naturelle 12 1825"。【分布】马达加斯加, 马斯克林群岛, 热带和非洲南部。【模式】Vepris inermis A. H. L. Jussieu, Nom. illegit. [Toddalia lanceolata Lamarck]。【参考异名】Asaphes DC.（1825）；Dipetalum Dalzell（1850）；Diphasia Pierre（1898）；Duncania Rchb.（1828）Nom. illegit. ；Humblotidendron Engl. et St. John（1937）Nom. illegit. ；Humblotidendron St. John（1937）Nom. illegit. ；Humblotiodendron Engl.（1917）；Oriciopsis Engl.（1931）；Roscia D. Dietr.（1839）；Teclea Delile（1843）（保留属名）；Tecleopsis Hoyle et Leakey（1932）；Vepris A. Juss.（1825）Nom. illegit. ●☆

53686　Verapazia Archila(1999）Nom. inval. = Muscarella Luer（2006）[兰科 Orchidaceae]■☆

53687　Verataxus J. Nelson（1866）= Taxillus Tiegh.（1895）[桑寄生科 Loranthaceae]●

53688　Veratraceae C. Agardh = Melanthiaceae Batsch ex Borkh.（保留科名）■

53689　Veratraceae Salisb.（1807）= Melanthiaceae Batsch ex Borkh.（保留科名）■

53690　Veratraceae Vest =Melanthiaceae Batsch ex Borkh.（保留科名）■

53691　Veratrilla（Baill. ）Franch.（1900）【汉】黄秦艽属（滇黄芩属）。【英】Veratrilla。【隶属】龙胆科 Gentianaceae。【包含】世界 2 种, 中国 2 种。【学名诠释与讨论】〈阴〉（属）Veratrum 藜芦属+illo, 滚, 转, 斜视。此属的学名, ING 记载是"Veratrilla（Baillon）Franchet, Bull. Soc. Bot. France 46；310. post 28 Jul 1899", 由"Swertia sect. Veratrilla Baillon, Bull. Mens. Soc. Linn. Paris 1；730. 1888（post 4 Mai）"改级而来；《中国植物志》中文版亦使用此名称。IK 记载为"Veratrilla Franch. , Bull. Soc. Bot. France 46；310. 1900 [1899 publ. 1900]"。TROPICOS 则记载为"Veratrilla Baill. ex Franch. , Bulletin de la Société Botanique de France 46；310-311. 1899.（Bull. Soc. Bot. France）";《中国植物志》英文版亦使用此名称。三者引用的文献相同。【分布】印度（阿萨姆）, 中国, 东喜马拉雅山。【模式】Veratrilla baillonii Baillon ex Franchet [as 'bailloni']。【参考异名】Swertia sect. Veratrilla Baill.（1888）；Veratrilla Baill. ex Franch.（1900）Nom. illegit. ；Veratrilla Franch.（1900）Nom. illegit. ■

53692　Veratrilla Baill. ex Franch.（1900）Nom. illegit. ≡Veratrilla（Baill.）Franch.（1900）[龙胆科 Gentianaceae]■

53693　Veratrilla Franch.（1900）Nom. illegit. ≡Veratrilla（Baill.）Franch.（1900）[龙胆科 Gentianaceae]■

53694 Veratronia Miq.（1859）＝ Hanguana Blume（1827）［钵子草科 Hanguanaceae］■☆

53695 Veratrum L.（1753）【汉】藜芦属。【日】シュロサウ属，シュロソウ属。【俄】Ацелидант，Чемерица。【英】Corn－lily，False Helleborine，Falsehellebore，False－hellebore，Skunk-cabbage。【隶属】百合科 Liliaceae//黑药花科（藜芦科）Melanthiaceae。【包含】世界 15-50 种，中国 18 种。【学名诠释与讨论】〈中〉（拉）veratrum，一种嚏根草。另说，vere，真正的+ater，黑色。指某些种的根茎黑色。【分布】美国，中国，北温带，中美洲。【后选模式】Veratrum album Linnaeus。【参考异名】Acedilanthus Benth. et Hook. f.（1883）；Acelidanthus Trautv. et C. A. Mey.（1856）；Evonyxis Raf.（1837）；Helleborus Gueldenst.（1791）Nom. illegit.；Leimanthium Willd.（1808）Nom. illegit.；Lychnitis Fourr.（1869）Nom. illegit.■

53696 Verbascaceae Bercht. et J. Presl（1820）＝ Verbascaceae Nees ■●

53697 Verbascaceae Bonnier ＝Scrophulariaceae Juss.（保留科名）●■

53698 Verbascaceae Nees［亦见 Scrophulariaceae Juss.（保留科名）玄参科］【汉】毛蕊花科。【包含】世界 3 属 607-72 种，中国 1 属 6 种。【分布】北温带。【科名模式】Veratrum L.（1753）■●

53699 Verbascum L.（1753）【汉】毛蕊花属。【日】モウズイカ属，モウズイクワ属，モウズヰクワ属。【俄】Вербаскум，Коровяк，Скипетр царский，Ставрофрагма，Цельзия。【英】Celsia，Mullein，Verbascum。【隶属】玄参科 Scrophulariaceae//毛蕊花科 Verbascaceae。【包含】世界 300-360 种，中国 6 种。【学名诠释与讨论】〈中〉（拉）verbascum，一种毛蕊花属植物古名。"按照某些权威的意见，此字应为 Barbascum，因为它有须状的花丝。"【分布】巴拉圭，秘鲁，玻利维亚，厄瓜多尔，美国（密苏里），中国，北温带。【后选模式】Verbascum thapsus Linnaeus。【参考异名】Acanthothapsus Gand.；Blattaria Mill.（1754）；Celsia L.（1753）；Deflersia Gand.；Flomosia Raf.（1838）；Janthe Griseb.（1844）；Lasiake Raf.（1838）；Leiosandra Raf.（1838）；Lychnitis（Benth.）Fourr.（1869）；Lychnitis Fourr.（1869）Nom. illegit.；Rhabdotosperma Hartl（1977）；Staurophragma Fisch. et C. A. Mey.（1843）；Thapsus Raf.（1838）；Verbiascum Fenzl（1880）Nom. illegit. ■●

53700 Verbena L.（1753）【汉】马鞭草属。【日】クマツヅラ属，バーベナ属。【俄】Вербена。【英】Verbena，Vervain。【隶属】马鞭草科 Verbenaceae。【包含】世界 200-250 种，中国 5 种。【学名诠释与讨论】〈阴〉（拉）verbena，神圣之枝，也指一群落药用植物。指植物供药用。此属的学名，ING、APNI、GCI、TROPICOS 和 IK 记载是" Verbena Linnaeus，Sp. Pl. 18. 1 Mai 1753"。" Verbena Rumph."似是命名起点著作之前的名称。【分布】巴基斯坦，巴拉圭，巴拿马，秘鲁，玻利维亚，厄瓜多尔，哥伦比亚（安蒂奥基亚），马达加斯加，美国（密苏里），尼加拉瓜，中国，热带和温带美洲，中美洲。【后选模式】Verbena officinalis Linnaeus。【参考异名】Aubletia Le Monn. ex Rozier（1771）Nom. inval.；Billardiera Moench（1794）Nom. illegit.；Burseria Loefl.（1758）；Glandularia J. F. Gmel.（1792）；Helleranthus Small（1903）；Labillardiera Roem. et Schult.（1819）；Monopyrena Speg.（1897）（废弃属名）；Mulguraea N. O' Leary et P. Peralta（2009）；Obletia Lemonn. ex Rozier（1773）；Obletia Rozier（1773）；Patya Neck.（1790）Nom. inval.；Shuttleworthia Meisn.（1846）Nom. illegit.；Stylodon Raf.（1825）；Thryothamnus Phil.（1895）（废弃属名）；Uwarowia Bunge（1840）■●

53701 Verbena Rumph. ＝ Aerva Forssk.（1775）（保留属名）［苋科 Amaranthaceae］●■

53702 Verbenaceae Adans. ＝Verbenaceae J. St.－Hil.（保留科名）●■

53703 Verbenaceae J. St.－Hil.（1805）（保留科名）【汉】马鞭草科。【日】クマツヅラ科。【俄】Вербеновые。【英】Verbena Family，Vervain Family。【包含】世界 31-91 属 950-3000 种，中国 20-21 属 182-211 种。【分布】热带和亚热带。【科名模式】Verbena L.（1753）●■

53704 Verbenastrum Lippi ex Del. ＝ Capraria L.（1753）［玄参科 Scrophulariaceae//婆婆纳科 Veronicaceae］■☆

53705 Verbenella Spach（1838）Nom. illegit.［马鞭草科 Verbenaceae］☆

53706 Verbenoxylum Tronc.（1971）【汉】巴西马鞭木属。【隶属】马鞭草科 Verbenaceae。【包含】世界 1 种。【学名诠释与讨论】〈中〉（属）Verbena 马鞭草属+xyle ＝ xylon，木材。【分布】巴西（南部）。【模式】Verbenoxylum reitzii（Moldenke）Troncoso［Citharexylum reitzii Moldenke］●☆

53707 Verbesina L.（1753）（保留属名）【汉】冠须菊属（冠须属，马鞭菊属，韦伯西菊属）。【日】ベルベシ-ナ属。【俄】Вербезина，Вербесина。【英】Crown Beard，Crownbeard。【隶属】菊科 Asteraceae（Compositae）。【包含】世界 150-300 种。【学名诠释与讨论】〈阴〉（属）从 Verbena 马鞭草属改缀而来。此属的学名 "Verbesina L.，Sp. Pl.；901. 1 Mai 1753" 是保留属名。法规未列出相应的废弃属名。"Hamulium Cassini，Bull. Sci. Soc. Philom. Paris 1820：173. Nov 1820"和"Tepion Adanson，Fam. 2；131，610. Jul-Aug 1763"是"Verbesina L.（1753）（保留属名）"的晚出的同模式异名（Homotypic synonym，Nomenclatural synonym）。【分布】巴拉圭，巴拿马，秘鲁，玻利维亚，厄瓜多尔，哥伦比亚（安蒂奥基亚），美国（密苏里），尼加拉瓜，中美洲。【模式】Verbesina alata Linnaeus。【参考异名】Abesina Neck.（1790）；Achaenipodium Brandegee（1906）；Actinomeris Nutt.（1818）（保留属名）；Ancistrophora A. Gray（1859）；Anomantha Raf.；Anomantia DC.（1836）Nom. illegit.；Anomantia Raf. ex DC.（1836）Nom. illegit.；Cauloma Raf.；Chaenocephalus Griseb.（1861）；Dianisteris Raf.；Dithrichum DC.（1836）；Ditrichum Cass.（1817）；Eupatoriophalacron Mill.（1754）（废弃属名）；Forbesina Raf.；Hamalium Hamsl.（1881）；Hamulium Cass.（1820）Nom. illegit.；Hingstonia Raf.（1808）；Locheria Neck.；Phaethusa Gaertn.（1791）；Phaethusia Raf.（1819）；Phaetusa Schreb.（1791）；Platypteris Kunth（1818）；Saubinetia J. Rémy（1849）；Tepion Adans.（1763）Nom. illegit.；Wootonella Standl.（1912）；Ximenesia Cav.（1793）●■☆

53708 Verbiascum Fenzl（1880）Nom. illegit. ＝Veratrum L.（1753）［百合科 Liliaceae//黑药花科（藜芦科）Melanthiaceae］■●

53709 Verdcourtia R. Wilczek（1966）＝ Dipogon Liebm.（1854）［豆科 Fabaceae（Leguminosae）//蝶形花科 Papilionaceae］■☆

53710 Verdesmum H. Ohashi et K. Ohashi（2012）【汉】异山蚂蝗属。【隶属】豆科 Fabaceae（Leguminosae）。【包含】世界 2 种。【学名诠释与讨论】〈阴〉词源不详。【分布】新几内亚岛。【模式】Verdesmum hentyi（Verdc.）H. Ohashi et K. Ohashi［Desmodium hentyi Verdc.］☆

53711 Verdickia De Wild.（1902）＝ Chlorophytum Ker Gawl.（1807）［百合科 Liliaceae//吊兰科（猴面包科，猴面包树科）Anthericaceae］■

53712 Verea Willd.（1799）＝ Kalanchoe Adans.（1763）；～＝ Vereia Andréws（1797）［景天科 Crassulaceae］●■

53713 Vereia Andréws（1797）＝ Kalanchoe Adans.（1763）［景天科 Crassulaceae］●■

53714 Verena Minod（1918）＝ Stemodia L.（1759）（保留属名）［玄参科 Scrophulariaceae//婆婆纳科 Veronicaceae］■☆

53715 Verhuellia Miq.（1843）【汉】巴西草胡椒属。【隶属】胡椒科 Piperaceae//草胡椒科（三瓣绿科）Peperomiaceae。【包含】世界 8

种。【学名诠释与讨论】〈阴〉词源不详。此属的学名是
"Verhuellia Miquel, Syst. Piper. 45, 47. 4-9 Dec 1843"。亦有文献
把其处理为"Peperomia Ruiz et Pav. (1794)"的异名。【分布】西
印度群岛。【后选模式】Verhuellia elegans Miquel。【参考异名】
Mildea Griseb. (1866); Peperomia Ruiz et Pav. (1794)■☆

53716　Veriangia Neck. = Argania Roem. et Schult. (1819) (保留属名)
[山榄科 Sapotaceae]●☆

53717　Verinea Merino(1899) Nom. illegit. = Melica L. (1753) [禾本科
Poaceae(Gramineae)//臭草科 Melicaceae]■

53718　Verinea Pomel (1860) = Asphodelus L. (1753) [百合科
Liliaceae//阿福花科 Asphodelaceae]■☆

53719　Verlangia Neck. (1790) Nom. inval. ≡ Verlangia Neck. ex Raf.
(1838); ~ = Argania Roem. et Schult. (1819) (保留属名) [山榄
科 Sapotaceae]●☆

53720　Verlangia Neck. ex Raf. (1838) = Argania Roem. et Schult.
(1819) (保留属名) [山榄科 Sapotaceae]●☆

53721　Verlotia E. Fourn. (1885) = Marsdenia R. Br. (1810) (保留属
名) [萝藦科 Asclepiadaceae]●

53722　Vermeulenia Á. Löve et D. Löve(1972) = Orchis L. (1753) [兰
科 Orchidaceae]■

53723　Vermicularia Moench(1802) = Stachytarpheta Vahl(1804) (保留
属名) [马鞭草科 Verbenaceae]■●

53724　Vermifrux J. B. Gillett(1966) = Lotus L. (1753) [豆科 Fabaceae
(Leguminosae)//蝶形花科 Papilionaceae]■

53725　Vermifuga Ruiz et Pav. (1794) = Flaveria Juss. (1789) [菊科
Asteraceae(Compositae)]■●

53726　Verminiaria Hon. = Viminaria Sm. (1805) [豆科 Fabaceae
(Leguminosae)//蝶形花科 Papilionaceae]●☆

53727　Vermoneta Comm. ex Juss. (1789) = Homalium Jacq. (1760)
[刺篱木科(大风子科) Flacourtiaceae//天料木科 Samydaceae]●

53728　Vermonia Edgew. (1852) = Vernonia Schreb. (1791) (保留属
名) [菊科 Asteraceae (Compositae)//斑鸠菊科 (绿菊科)
Vernoniaceae]●■

53729　Vermontea Steud. (1821) = Homalium Jacq. (1760); ~ =
Vermoneta Comm. ex Juss. (1789) [刺篱木科 (大风子科)
Flacourtiaceae//天料木科 Samydaceae]●

53730　Vernasolis Raf. (1832) = Coreopsis L. (1753) [菊科 Asteraceae
(Compositae)//金鸡菊科 Coreopsidaceae]●■

53731　Vernicaceae Link = Anacardiaceae R. Br. (保留科名)●

53732　Vernicaceae Schultz Sch. (1832) = Anacardiaceae R. Br. (保留
科名)●

53733　Vernicia Lour. (1790)【汉】油桐属。【英】Oiltung, Tung-oil
Tree, Tungoiltree, Tung-oil-tree。【隶属】大戟科 Euphorbiaceae。
【包含】世界 3 种,中国 2 种。【学名诠释与讨论】〈阴〉(拉)
vernix, 所有格 vernicis, 漆。指种子可榨取桐油做油漆用。此属
的学名是"Vernicia Loureiro, Fl. Cochinch. 541, 586. Sep 1790"。
亦有文献把其处理为"Aleurites J. R. Forst. et G. Forst. (1775)"的
异名。【分布】巴基斯坦,东亚,哥伦比亚,中国。【模式】Vernicia
montana Loureiro。【参考异名】Aleurites J. R. Forst. et G. Forst.
(1775); Ambinux Comm. ex Juss. (1789); Dryandra Thunb. (1783)
(废弃属名); Elaeococca Comm. ex A. Juss. (1824) Nom. illegit. ●

53734　Verniseckia Steud. (1841) = Humiria Aubl. (1775) [as
'Houmiri'] (保留属名); ~ = Wernisekia Scop. (1777) Nom.
illegit. [核果树科(胡香脂科,树脂核科,无距花科,香膏科,香膏
木科)Humiriaceae]●☆

53735　Vernix Adans. (1763) = Rhus L. (1753); ~ = Toxicodendron
Mill. (1754) [漆树科 Anacardiaceae]●

53736　Vernonanthura H. Rob. (1992)【汉】方晶斑鸠菊属。【隶属】菊
科 Asteraceae(Compositae)。【包含】世界 65 种。【学名诠释与讨
论】〈阴〉(人) William Vernon, ? -1711, 英国植物学者, 曾去北美
旅行+anthos, 花+-urus, -ura, -uro, 用于希腊文组合词, 含义为
"尾巴"。另说(属) Vernonia Edgew. = Vernonia Schreb. +希腊文
anthera, 花药。【分布】巴拉圭, 巴拿马, 玻利维亚, 厄瓜多尔, 哥
伦比亚(安蒂奥基亚), 西印度群岛, 中美洲。【模式】
Vernonanthura brasiliana (L.) H. Rob. [Baccharis brasiliana L.]●☆

53737　Vernonella Sond. (1850)【汉】非洲小斑鸠菊属。【隶属】菊科
Asteraceae(Compositae)//斑鸠菊科(绿菊科) Vernoniaceae。【包
含】世界 1 种。【学名诠释与讨论】〈阴〉(属) Vernonia 斑鸠菊
属+-ellus, -ella, -ellum, 加在名词词干后面形成指小式的词尾。
或加在人名、属名等后面以组成新属的名称。此属的学名是
"Vernonella Sonder, Linnaea 23: 62. Feb 1850"。亦有文献把其处
理为"Centrapalus Cass. (1817)"或"Vernonia Schreb. (1791) (保
留属名)"的异名。【分布】非洲。【模式】Vernonella africana
Sonder。【参考异名】Centrapalus Cass. (1817); Vernonia Schreb.
(1791) (保留属名)■☆

53738　Vernonia Schreb. (1791) (保留属名)【汉】斑鸠菊属。【日】シ
ャウジャウハダマ属, ショウジョウハグマ属, ベルノニア属, ヤ
ンバルヒゴタイ属。【俄】Вернония, Трава железная。【英】
Bitterleaf, Cabbage Tree, Iron Weed, Ironweed。【隶属】菊科
Asteraceae(Compositae)//斑鸠菊科(绿菊科) Vernoniaceae。【包
含】世界 22-1000 种,中国 28 种。【学名诠释与讨论】〈阴〉(人)
William Vernon, 1666/1667-c. 1715, 英国植物学者, 苔藓专家, 植
物采集家。此属的学名"Vernonia Schreb., Gen. Pl. : 541. Mai
1791"是保留属名。法规未列出相应的废弃属名。【分布】澳大
利亚, 巴拉圭, 巴拿马, 秘鲁, 玻利维亚, 厄瓜多尔, 哥伦比亚(安
蒂奥基亚), 马达加斯加, 美国(密苏里), 尼加拉瓜, 中国, 非洲,
亚洲, 美洲。【模式】Vernonia noveboracensis (Linnaeus)
Willdenow [Serratula noveboracensis Linnaeus]。【参考异名】
Achrochoma B. D. Jacks.; Achyrocoma Cass. (1828); Achyronia J.
C. Wendl. (1798) Nom. illegit.; Acidolepis Clem.; Acilepidopsis H.
Rob. (1989); Acilepis D. Don (1825); Ambassa Steetz (1864);
Antunesia O. Hoffm. (1893); Aostea Buscal. et Muschl. (1913);
Ascaricida (Cass.) Cass. (1817); Ascaricida Cass. (1817) Nom.
illegit.; Aynia H. Rob. (1988); Baccharodes Kuntze (1891);
Baccharoides Moench (1794); Bechium DC. (1836); Behen Hill
(1762); Bracheilema R. Br. (1814); Brachyilema Post et Kuntze
(1903); Candidea Ten. (1839); Centrapalus Cass. (1817);
Cheliusia Sch. Bip. (1841); Chlaotrachelus Hook. f. (1881);
Chrysolaena H. Rob. (1988); Claotrachelus Zoll. (1845); Critonia
Cass.; Critoniopsis Sch. Bip. (1863); Crystallopollen Steetz(1864);
Cuatrecasanthus H. Rob. (1989); Cyanopis Blume ex DC. (1828)
Nom. illegit.; Cyanopis Blume(1828) Nom. illegit.; Cyanopsis Endl.
(1841); Cyanthillium Blume(1826); Cyrtocymura H. Rob. (1987);
Decaneuropsis H. Rob. et Skvarla (2007) Nom. illegit.; Distephanus
(Cass.) Cass. (1817); Distephanus Cass. (1819); Dolosanthus Klatt
(1896); Echinocoryne H. Rob. (1987); Eirmocephala H. Rob.
(1987); Flustula Raf. (1838); Gymnanthemum Cass. (1817);
Hololepis DC. (1810); Isomeria D. Don ex DC. (1836); Isonema
Cass. (1817); Joseanthus H. Rob. (1989); Keringa Raf. (1838);
Leiboldia Schltdl. (1847) Nom. inval.; Leiboldia Schltdl. ex Gleason
(1906); Lepidaploa (Cass.) Cass. (1825); Lepidaploa Cass.
(1825) Nom. illegit.; Lepidoploa Sch. Bip. (1847); Lessingianthus
H. Rob. (1988); Leucomeris Blume ex DC.; Linzia Sch. Bip.
(1841) Nom. inval.; Linzia Sch. Bip. ex Walp. (1843); Lysistemma

Steetz（1864）；Manyonia H. Rob.（1999）；Monosis DC.（1833）；Oocephala（S. B. Jones）H. Rob.（1999）；Orbivestus H. Rob.（1999）；Parapolydora H. Rob.（2005）；Plectreca Raf.（1838）；Polydora Fenzl（2004）；Punduana Steetz（1864）；Hoffmannanthus H. Rob., S. C. Keeley et Skvarla（2014）；Seneciodes L. ex Post et Kuntze（1903）Nom. illegit.；Senecioides Post et Kuntze（1903）（1903）Nom. illegit.；Skvarla et R. Chan（2008）；Stengelia Sch. Bip.（1841）；Stenocephalum Sch. Bip.（1863）；Strobocalyx（Blume ex DC.）Sch. Bip.（1861）Nom. illegit.；Strobocalyx（Blume ex DC.）Spach（1841）；Strobocalyx Sch. Bip.（1861）Nom. illegit.；Suprago Gaertn.（1791）；Tarlmounia H. Rob.；Tecmarsis DC.（1836）；Teichostemma R. Br.（1814）；Tephrothamnus Sch. Bip.（1863）Nom. illegit.；Trianthaea（DC.）Spach（1841）；Trianthaea Spach（1841）Nom. illegit.；Trichostemma R. Br.；Triplotaxis Hutch.（1914）；Turpinia La Llave et Lex.（废弃属名）；Turpinia Lex.（1824）Nom. illegit.（废弃属名）；Turpinium Baill.；Vemonia Edgew.（1847）Nom. inval.；Vernonia Edgew.（1852）；Vernonella Sond.（1850）；Vernoniastrum H. Rob.（1999）；Webbia DC.（1836）Nom. illegit.；Xipholepis Steetz（1864）●■

53739　Vernoniaceae Bessey［亦见 Asteraceae Bercht. et J. Presl（保留科名）//Compositae Giseke（保留科名）菊科］【汉】斑鸠菊科（绿菊科）。【包含】世界 1 属 500 种，中国 1 属 23 种。【分布】美洲，非洲，亚洲，澳大利亚。【科名模式】Vernonia Schreb. ■

53740　Vernoniaceae Burmeist.（1836）= Asteraceae Bercht. et J. Presl（保留科名）//Compositae Giseke（保留科名）●■

53741　Vernoniastrum H. Rob.（1999）【汉】斑鸠瘦片菊属。【隶属】菊科 Asteraceae（Compositae）。【包含】世界 8 种。【学名诠释与讨论】〈中〉（属）Vernonia 斑鸠菊属 +-astrum，指示小的词尾，也有“不完全相似”的含义。此属的学名是“Vernoniastrum H. Rob., Die Pflanzenwelt Ost-Afrikas 112（1）：233. 1999”。亦有文献把其处理为“Vernonia Schreb.（1791）（保留属名）”的异名。【分布】热带非洲。【模式】不详。【参考异名】Vernonia Schreb.（1791）（保留属名）■☆

53742　Vernoniopsis Dusén（1921）= Vernoniopsis Humbert（1955）［菊科 Asteraceae（Compositae）］●■☆

53743　Vernoniopsis Humbert（1955）【汉】距药菊属。【隶属】菊科 Asteraceae（Compositae）。【包含】世界 1-2 种。【学名诠释与讨论】〈阴〉（属）Vernonia 斑鸠菊属 + 希腊文 opsis，外观，模样，相似。此属的学名，ING、TROPICOS 和 IK 记载是“Vernoniopsis Humbert, Mém. Inst. Sci. Madagascar, Sér. B, Biol. Vég. 6：154. 1955”。《马达加斯加植物名录》和《显花植物与蕨类植物词典》亦用“Vernoniopsis Humbert（1955）”。GCI 则记载为“Vernoniopsis Dusén, Beih. Bot. Centralbl. 38, pt. 2；284. 1921”；它可能是一个裸名。【分布】马达加斯加。【模式】Vernoniopsis caudata（Drake）Humbert［Vernonia caudata Drake］。【参考异名】Vernoniopsis Dusén（1921）●■☆

53744　Veronica L.（1753）【汉】婆婆纳属（锹形草属）。【日】クガイサウ属，クガイソウ属，クワガタソウ属。【俄】Вероника。【英】Bird's Eye, Speedwell, Veronica。【隶属】玄参科 Scrophulariaceae//婆婆纳科 Veronicaceae。【包含】世界 180-300 种，中国 53-64 种。【学名诠释与讨论】〈阴〉（人）St. Veronica，圣经故事中的一位出血被医好的妇人的名字。此属的学名，ING、TROPICOS、GCI、APNI 和 IK 记载是“Veronica L., Sp. Pl. 1：9. 1753［1 May 1753］”。“Cardia Dulac, Fl. Hautes-Pyrénées 387. 1867（non H. G. L. Reichenbach 1828）”和“Uranostachys（Dumortier）Fourreau, Ann. Soc. Linn. Lyon ser. 2. 17：128. 28 Dec 1869”是“Veronica L.（1753）”的晚出的同模式异名（Homotypic

synonym, Nomenclatural synonym）；IK 记载为“Uranostachys Fourr.（1869）”。【分布】巴拿马，秘鲁，玻利维亚，厄瓜多尔，哥伦比亚（安蒂奥基亚），马达加斯加，美国（密苏里），中国，中美洲。【后选模式】Veronica officinalis Linnaeus。【参考异名】Agerella Fourr.（1869）；Aidelus Spreng.（1827）；Azurinia Fourr.（1869）；Beccabunga Fourr.（1869）Nom. illegit.；Beccabunga Hill（1756）；Callistachys Raf.；Cardia Dulac（1867）Nom. illegit.；Cochlidiospermum Opiz（1839）Nom. illegit.；Cochlidiospermum Rchb.（1828）；Cochlidosperma（Rchb.）Rchb.（1828）；Cochlidosperma Rchb.（1828）；Coerulinia Fourr.（1869）；Cymbophyllum F. Muell.（1856）；Derwentia Raf.（1838）（废弃属名）；Diplophyllum Lehm.（1818）Nom. illegit.；Hedystachys Fourr.（1869）；Limnaspidium Fourr.（1869）；Macrostemon Boriss.；Odicardis Raf.（1838）；Oligospermum D. Y. Hong（1984）；Omphalospora Bartl.（1830）；Paederota L.（1758）；Paederotella（Wulf）Kem.-Nath.（1953）；Pederota Scop.（1769）；Petrodora Fourr.（1869）；Pocilla（Dumort.）Fourr.（1869）Nom. illegit.；Pocilla Fourr.（1869）Nom. illegit.；Ponaria Raf.（1830）；Pseudolgsimachion Opiz；Pseudolysimachion Opiz（1852）Nom. illegit.；Pseudo-Lysimachium（W. D. J. Koch）Opiz, Nom. illegit.；Uranostachys（Dumort.）Fourr.（1869）Nom. illegit.；Uranostachys Fourr.（1869）Nom. illegit.；Veronica sect. Uranostachys Dumort.（1827）；Veronicastrum Heist. ex Fabr.（1759）；Veronicastrum Opiz；Veronicella Fourr.（1869）；Zeliauros Raf.（1840）■

53745　Veronicaceae Cassel（1817）［as ‘Veronicae’］= Plantaginaceae Juss.（保留科名）；~ = Scrophulariaceae Juss.（保留科名）●■

53746　Veronicaceae Horan.［亦见 Plantaginaceae Juss.（保留科名）车前科（车前草科）和 Scrophulariaceae Juss.（保留科名）玄参科］【汉】婆婆纳科。【包含】世界 108 属 1505-1999 种，中国 24 属 172-205 种。【分布】多在北温带，少数南温带和热带山区。【科名模式】Veronica L.（1753）■

53747　Veronicaceae Raf. = Scrophulariaceae Juss.（保留科名）●■

53748　Veronicastrum Heist. ex Fabr.（1759）【汉】腹水草属（草本威灵仙属，四方麻属）。【日】クガイソウ属。【俄】вероника。【英】Ascitesgrass, Culver's Root, Culver's-physic, Veronicastrum。【隶属】玄参科 Scrophulariaceae//婆婆纳科 Veronicaceae。【包含】世界 20 种，中国 13-15 种。【学名诠释与讨论】〈中〉（属）Veronica 婆婆纳属 +-astrum，指示小的词尾，也有“不完全相似”的含义。此属的学名，ING、GCI、TROPICOS 和 IK 记载是“Veronicastrum Heist. ex Fabr., Enum.［Fabr.］. 111. 1759”。“Leptandra Nuttall, Gen. 1；7. 14 Jul 1818”是“Veronicastrum Heist. ex Fabr.（1759）”的晚出的同模式异名（Homotypic synonym, Nomenclatural synonym）。“Veronicastrum Moench”是“Veronicastrum Heist. ex Fabr.（1759）”的异名；“Veronicastrum Opiz”则是“Veronica L.（1753）［玄参科 Scrophulariaceae//婆婆纳科 Veronicaceae]”的异名。亦有文献把“Veronicastrum Heist. ex Fabr.（1759）”处理为“Veronica L.（1753）”的异名。【分布】美国，中国，温带亚洲东北部，温带北美洲东北部。【模式】Veronicastrum virginicum（Linnaeus）O. A. Farwell［Veronica virginica Linnaeus］。【参考异名】Botryopleuron Hemsl.（1900）；Calistachya Raf.（1808）Nom. inval.；Callistachya Raf.（1808, Scrophulariaceae）；Calorhabdos Benth.（1835）；Eustachya Raf.（1819）Nom. illegit.；Eustaxia Raf.（1838）；Leptandra Nutt.（1818）Nom. illegit.；Veronica L.（1753）；Veronicastrum Moench ■

53749　Veronicastrum Moench = Veronicastrum Heist. ex Fabr.（1759）［玄参科 Scrophulariaceae//婆婆纳科 Veronicaceae]■

53750　Veronicastrum Opiz = Veronica L.（1753）［玄参科

Scrophulariaceae//婆婆纳科 Veronicaceae]■

53751　Veronicella Fourr.（1869）= Veronica L.（1753）［玄参科 Scrophulariaceae//婆婆纳科 Veronicaceae]■

53752　Verreauxia Benth.（1868）【汉】韦罗草海桐属。【隶属】草海桐科 Goodeniaceae。【包含】世界 3 种。【学名诠释与讨论】〈阴〉（人）Pierre Jules Verreaux，1807-1873，法国博物学者，植物学者，鸟类学者，植物采集家。【分布】澳大利亚（西部）。【模式】未指定●■☆

53753　Verrucaria Medik.（1787）= Tournefortia L.（1753）［紫草科 Boraginaceae]●■

53754　Verrucifera N. E. Br.（1930）= Titanopsis Schwantes（1926）［番杏科 Aizoaceae]■☆

53755　Verrucularia A. Juss.（1840）Nom. illegit. ≡ Verrucularina Rauschert（1982）［金虎尾科（黄褥花科）Malpighiaceae]●☆

53756　Verrucularina Rauschert（1982）【汉】疣虎尾属。【英】Wartwort。【隶属】金虎尾科（黄褥花科）Malpighiaceae。【包含】世界 2 种。【学名诠释与讨论】〈阴〉（属）Verrucularia+-ina。此属的学名"Verrucularina Rauschert, Taxon 31（3）:560（1982）"是一个替代名称。"Verrucularia A. H. L. Jussieu, Malpighiacearum Syn. 52. Mai 1840（non J. N. v. Suhr 1834）"是一个非法名称（Nom. illegit.），因为此前已经有了"Verrucularia J. N. v. Suhr, Flora 17:725. 14 Dec 1834"。"Verrucularia J. N. v. Suhr"原归藻类，亦有学者把其归入"Bryozoa"。故用"Verrucularina Rauschert（1982）"替代之。【分布】巴西（东部）。【模式】Verrucularia glaucophylla Juss. 。【参考异名】Verrucularia A. Juss.（1840）Nom. illegit. ●☆

53757　Verschaffeltia H. Wendl.（1865）【汉】根柱凤尾椰属（扶摇棕属，外沙佛棕属，韦嘉夫桐属，竹马椰子属）。【日】タケウマキリンヤシ属。【英】Verschaffelt Palm, Verschaffeltia, Waftwort。【隶属】棕榈科 Arecaceae（Palmae）。【包含】世界 1 种。【学名诠释与讨论】〈阴〉（人）Ambroise Colette Alexandre Verschaffelt，1825-1886，比利时园艺家。【分布】塞舌尔（塞舌尔群岛）。【模式】Verschaffeltia splendida H. Wendland。【参考异名】Regelia H. Wendl.（1865）Nom. inval. ●☆

53758　Versteegia Valeton（1911）【汉】巴布亚茜草属。【隶属】茜草科 Rubiaceae。【包含】世界 4 种。【学名诠释与讨论】〈阴〉词源不详。【分布】新几内亚岛。【模式】未指定。【参考异名】Versteggia Willis, Nom. inval. ●☆

53759　Versteggia Willis, Nom. inval. = Versteegia Valeton（1911）［茜草科 Rubiaceae]●☆

53760　Verticillaceae Dulac = Hippuridaceae Vest（保留科名）■

53761　Verticillaria Ruiz et Pav.（1794）= Rheedia L.（1753）［猪胶树科（克鲁西科，山竹子科，藤黄科）Clusiaceae（Guttiferae）]●☆

53762　Verticordia DC.（1828）（保留属名）【汉】羽花木属。【英】Feather-flower, Morrison。【隶属】桃金娘科 Myrtaceae。【包含】世界 97 种。【学名诠释与讨论】〈阴〉（拉）verto，转，旋转+cor，所有格 cordis，心脏。此属的学名"Verticordia DC. , Prodr. 3：208. Mar（med.）1828"是保留属名。法规未列出相应的废弃属名。"Diplachne Desf. , Mémoires du Muséum d'Histoire Naturelle 5：272. 1819"、"Diplachne R. Br. ex Desf. , Mém. Mus. Hist. Nat. 5：272. 1819"和"Diplachne R. Br. , Nom. inval. "都是晚出的非法名称，均为"Verticordia DC.（1828）（保留属名）"的异名。"Diplachna Kuntze et T. Post, Lexicon Generum Phanerogamarum 1903"则是"Diplachne R. Br. ex Desf.（1819）Nom. inval. "的拼写变体。【分布】澳大利亚。【模式】Verticordia fontanesii A. P. de Candolle, Nom. illegit. ［Chamelaucium plumosum Desfontaines；Verticordia plumosa（Desfontaines）Druce］。【参考异名】

Chrysorhoe Lindl.（1837）；Diplachna Kuntze et T. Post（1903）Nom. illegit. ；Diplachne Desf.（1819）Nom. inval. ；Diplachne R. Br. , Nom. inval. ；Diplachne R. Br. ex Desf.（1819）Nom. inval. ●☆

53763　Verulamia DC. ex Poir.（1808）= Pavetta L.（1753）［茜草科 Rubiaceae]●

53764　Verutina Cass.（1826）= Centaurea L.（1753）（保留属名）［菊科 Asteraceae（Compositae）//矢车菊科 Centaureaceae]●■

53765　Verzinum Raf.（1838）= Thermopsis R. Br. ex W. T. Aiton（1811）［豆科 Fabaceae（Leguminosae）//蝶形花科 Papilionaceae]■

53766　Vesalea M. Martens et Galeotti（1844）= Abelia R. Br.（1818）［忍冬科 Caprifoliaceae]●

53767　Vescisepalum（J. J. Sm.）Garay, Hamer et Siegerist = Bulbophyllum Thouars（1822）（保留属名）［兰科 Orchidaceae]■

53768　Veselskya Opiz（1856）【汉】韦塞尔芥属。【隶属】十字花科 Brassicaceae（Cruciferae）。【包含】世界 1 种。【学名诠释与讨论】〈阴〉（人）Veselsky，植物学者。此属的学名"Veselskya P. M. Opiz, Lotos 6；257. Dec 1856"是一个替代名称。"Pyramidium Boissier, Diagn. Pl. Orient. ser. 2. 3（1）：46. Jan – Aug 1854（'1853'）"是一个非法名称（Nom. illegit.），因为此前已经有了苔藓的"Pyramidium S. E. Bridel, Bryol. Univ. 1：107. Jan – Mar 1826"。故用"Veselskya Opiz（1956）"替代之。同理，化石植物的"Pyramidium R. F. A. Clarke et Verdier, Verh. Kon. Ned. Akad. Wetensch. , Afd. Natuurk. , Eerste Reeks 24（3）：39. Aug 1967"（甲藻）亦是非法名称。【分布】阿富汗。【模式】Veselskya griffithiana（Boiss. ）Opiz。【参考异名】Pyramidium Boiss.（1854）Nom. illegit. ■☆

53769　Veseyochloa J. B. Phipps（1964）= Tristachya Nees（1829）［禾本科 Poaceae（Gramineae）]■☆

53770　Vesicarex Steyerm.（1951）= Carex L.（1753）［莎草科 Cyperaceae]■

53771　Vesicaria Adans.（1763）【汉】膀胱芥属。【俄】Пузырник。【隶属】十字花科 Brassicaceae（Cruciferae）。【包含】世界 2-3 种。【学名诠释与讨论】〈阴〉（拉）vesica，指小式 vescicula，水泡，膀胱，囊+-arius，-aria，-arium，指示"属于，相似，具有，联系"的词尾。指果实。此属的学名，ING 和 GCI 记载是"Vesicaria Adans. , Fam. Pl.（Adanson）2：420. 1763［Jul-Aug 1763］"。IK 则记载为"Vesicaria Tourn. ex Adans. , Fam. Pl.（Adanson）2：429. 1763"。亦有文献把"Vesicaria Adans.（1763）"处理为"Alyssoides Mill.（1754）"或"Lesquerella S. Watson（1888）"的异名。【分布】阿尔卑斯山，巴尔干半岛，小亚细亚。【模式】'Tournefort t. 483'。【参考异名】Alyssoides Adans.（1763）Nom. illegit. ；Alyssoides Mill.（1754）；Alyssoides Tourn. ex Adans.（1763）Nom. illegit. ；Alyssopsis Rchb.（1841）；Cistocarpium Spach（1838）Nom. illegit. ；Cystocarpum Benth. et Hook.（1862）；Cystocarpus Lam. ex Post et Kuntze（1903）；Lesquerella S. Watson（1888）；Paysonia O'Kane et Al-Shehbaz（2002）；Physaria（Nutt.）A. Gray（1848）；Physaria（Nutt. ex Torr. et A. Gray）A. Gray（1848）Nom. illegit. ；Physaria A. Gray（1848）Nom. illegit. ；Vesicaria Tourn. ex Adans.（1763）Nom. illegit. ■☆

53772　Vesicaria Tourn. ex Adans.（1763）Nom. illegit. ≡ Vesicaria Adans.（1763）［十字花科 Brassicaceae（Cruciferae）]■☆

53773　Vesicarpa Rydb.（1916）= Artemisia L.（1753）；~ = Sphaeromeria Nutt.（1841）［菊科 Asteraceae（Compositae）//蒿科 Artemisiaceae]■☆

53774　Vesicisepalum（J. J. Sm.）Garay, Hamer et Siegerist（1994）【汉】泡萼兰属。【隶属】兰科 Orchidaceae。【包含】世界 3 种。【学名诠释与讨论】〈中〉（拉）vesica，指小式 vescicula，水泡，膀胱+

sepalum 萼片。此属的学名，TROPICOS 和 IK 记载是"Vesicisepalum（J. J. Sm.）Garay, Hamer & Siegerist, Nordic J. Bot. 14（6）: 641（1994）"，由"Bulbophyllum sect. Vesicisepalum J. J. Sm."改级而来。【分布】新几内亚岛。【模式】Vesicisepalum folliculiferum（J. J. Sm.）Garay, Hamer et Sietgerist。【参考异名】Bulbophyllum sect. Vesicisepalum J. J. Sm.■☆

53775　Vesiculina Raf.（1838）= Utricularia L.（1753）［狸藻科 Lentibulariaceae］■

53776　Veslingia Fabr.（1759）Nom. illegit. ≡ Veslingia Heist. ex Fabr.（1759）; ~ ≡ Aizoon L.（1753）［番杏科 Aizoaceae］■

53777　Veslingia Heist. ex Fabr.（1759）Nom. illegit. ≡ Aizoon L.（1753）［番杏科 Aizoaceae］■☆

53778　Veslingia Vis.（1840）Nom. illegit. = Guizotia Cass.（1829）（保留属名）［菊科 Asteraceae（Compositae）］■●

53779　Vespuccia Parl.（1854）= Hydrocleys Rich.（1815）［花蔺科 Butomaceae//黄花蔺科（沼鳖科）Limnocharitaceae］■☆

53780　Vesquella Heim（1892）= Stemonoporus Thwaites（1854）［龙脑香科 Dipterocarpaceae］●☆

53781　Vesselowskya Pamp.（1905）【汉】维赛木属（瓦萨罗斯卡属，瓦萨木属）。【英】Southern Marara。【隶属】火把树科（常绿棱枝树科，角瓣木科，库诺尼科，南蔷薇科，轻木科）Cunoniaceae。【包含】世界 1-2 种。【学名诠释与讨论】〈阴〉（人）E. Veselovsky（Vesselowsky），俄罗斯科学家。【分布】澳大利亚东部，新喀里多尼亚岛。【模式】Vesselowskya rubifolia（F. v. Mueller）Pampanini［Geissois rubifolia F. v. Mueller］●☆

53782　Vestia Willd.（1809）【汉】维斯特木属（垂管花属）。【隶属】茄科 Solanaceae。【包含】世界 1 种。【学名诠释与讨论】〈阴〉（人）Lorenz Chrysanth von Vest, 1776-1840，奥地利植物学者，医生，药剂师。此属的学名，ING、TROPICOS 和 IK 记载是"Vestia Willd., Enum. Pl.［Willldenow］1: 208. 1809［Apr 1809］"。"Levana Rafinesque, Aut. Bot. 15. 1840"是"Vestia Willd.（1809）"的晚出的同模式异名（Homotypic synonym, Nomenclatural synonym）。【分布】智利。【模式】Vestia lycioides Willdenow, Nom. illegit.［Periphragmos foetidus Ruiz et Pavon; Vestia foetida（Ruiz et Pavon）Hoffmannsegg］。【参考异名】Levana Raf.（1840）Nom. illegit.●☆

53783　Vestigium Luer（2005）= Pleurothallis R. Br.（1813）［兰科 Orchidaceae］■☆

53784　Vetiveria Bory ex Lem.（1822）Nom. illegit. ≡ Vetiveria Bory（1822）［禾本科 Poaceae（Gramineae）］■

53785　Vetiveria Bory（1822）【汉】香根草属（培地茅属）。【俄】Веттиверия。【英】Aromaticroot, Oil Grass, Vetiver。【隶属】禾本科 Poaceae（Gramineae）。【包含】世界 10 种，中国 1 种。【学名诠释与讨论】〈阴〉来自印度南部植物俗名 vettiveru，掘出的根。指根可提取香料。此属的学名，ING 和 APNI 记载是"Vetiveria Bory de St. -Vincent in Lemaire, Bull. Sci. Soc. Philom. Paris 1822: 43. 1822"。GCI 和《巴基斯坦植物志》则用"Vetiveria Lem. -Lisanc. in Bull. Soc. philomath. Paris. 1822: 43. 1822"。四者引用的文献相同。IK 则记载为"Vetiveria Thou. ex Virey, Journ. Pharm. Ser. I, xiii.（1827）499"；这是晚出的非法名称。"Vetiveria Bory（1822）"曾被处理为"Andropogon sect. Vetiveria（Bory）Thouars ex Benth., Journal of the Linnean Society, Botany 19: 72. 1881"、"Andropogon subgen. Vetiveria（Bory）Hack., Flora Brasiliensis 2（4）: 294. 1883"、"Chrysopogon sect. Vetiveria（Bory）Roberty, Bulletin de l'Institut Française d'Afrique Noire 22: 106"和"Chrysopogon sect. Vetiveria（Bory）Roberty, Boissiera 9: 291"。亦有文献把"Vetiveria Bory（1822）"处理为"Chrysopogon Trin.

（1820）（保留属名）"或"Vetiveria Bory ex Lem.（1822）"的异名。【分布】澳大利亚，巴基斯坦，哥斯达黎加，马达加斯加，中国，热带非洲，亚洲，中美洲。【模式】Vetiveria odoratissima Bory de St. -Vincent, Nom. illegit.［Andropogon squarrosus Linnaeus f.）［as 'squarrosum'］。【参考异名】Andropogon sect. Vetiveria（Bory）Thouars ex Benth.（1881）; Andropogon subgen. Vetiveria（Bory）Hack.（1883）; Chrysopogon Trin.（1820）（保留属名）; Chrysopogon sect. Vetiveria（Bory）Roberty, Nom. inval.; Lenormandia Steud.（1850）; Mandelorna Steud.（1854）■

53786　Vetiveria Thouars ex Virey（1827）Nom. illegit.［禾本科 Poaceae（Gramineae）］☆

53787　Vetrix Raf.（1817）= Salix L.（1753）（保留属名）［杨柳科 Salicaceae］●

53788　Vexatorella Rourke（1984）【汉】平叶山龙眼属。【隶属】山龙眼科 Proteaceae。【包含】世界 4 种。【学名诠释与讨论】〈阴〉（拉）vexator, 迫害者，侵扰者，困境，忧虑 +-ellus, -ella, -ellum, 加在名词词干后面形成指小式的词尾。或加在人名、属名等后面以组成新属的名称。指创建这个新属引起的分类学上的困惑。【分布】非洲南部。【模式】Vexatorella alpina（R. A. Salisbury ex Knight）J. P. Rourke［Protea alpina R. A. Salisbury ex Knight］●☆

53789　Vexibia Raf.（1825）【汉】苦豆子属。【隶属】豆科 Fabaceae（Leguminosae）//蝶形花科 Papilionaceae。【包含】世界 3 种，中国 2 种。【学名诠释与讨论】〈阴〉词源不详。此属的学名"Vexibia Rafinesque, Neogenyton 3. 1825"是一个替代名称。"Patrinia Rafinesque, J. Phys. Chim. Hist. Nat. Arts 89: 97. Aug 1819"是一个非法名称（Nom. illegit.），因为此前已经有了"Patrinia A. L. Jussieu, Ann. Mus. Natl. Hist. Nat. 10: 311. Oct 1807（nom. cons.）［缬草科（败酱科）Valerianaceae］"。故用"Vexibia Raf.（1825）"替代之。亦有文献把"Vexibia Raf.（1825）"处理为"Sophora L.（1753）"的异名。【分布】中国，西伯利亚西南部，欧洲南部，亚洲中部，北美洲和南美洲。【模式】Vexibia sericea（Nuttall）Rafinesque［Sophora sericea Nuttall］。【参考异名】Patrinia Raf.（1819）Nom. illegit.（废弃属名）; Sophora L.（1753）; Vibexia Raf.（1832）●■

53790　Vexillabium F. Maek.（1935）= Kuhlhasseltia J. J. Sm.（1910）［兰科 Orchidaceae］■

53791　Vexillaria Benth.（1837）Nom. illegit. = Centrosema（DC.）Benth.（1837）（保留属名）［豆科 Fabaceae（Leguminosae）//蝶形花科 Papilionaceae］●■☆

53792　Vexillaria Eaton（1817）Nom. illegit. ≡ Clitoria L.（1753）; ~ = Centrosema（DC.）Benth.（1837）（保留属名）［豆科 Fabaceae（Leguminosae）//蝶形花科 Papilionaceae］●

53793　Vexillaria Hoffmanns.（1824）Nom. illegit. = Centrosema（DC.）Benth.（1837）（保留属名）［豆科 Fabaceae（Leguminosae）//蝶形花科 Papilionaceae］●■☆

53794　Vexillaria Hoffmanns. ex Benth.（1837）Nom. illegit. ≡ Vexillaria Benth.（1837）Nom. illegit.; ~ = Centrosema（DC.）Benth.（1837）（保留属名）［豆科 Fabaceae（Leguminosae）//蝶形花科 Papilionaceae］●■☆

53795　Vexillaria Raf.（1818）Nom. inval. = Clitoria L.（1753）［豆科 Fabaceae（Leguminosae）//蝶形花科 Papilionaceae］●

53796　Vexillifera Ducke（1922）= Dussia Krug et Urb. ex Taub.（1892）［豆科 Fabaceae（Leguminosae）//蝶形花科 Papilionaceae］■☆

53797　Veyretella Szlach. et Olszewski（1998）【汉】小巴拉圭绶草属。【隶属】兰科 Orchidaceae。【包含】世界 2 种。【学名诠释与讨论】〈阴〉（属）Veyretia 巴拉圭绶草属 +-ellus, -ella, -ellum, 加在名词词干后面形成指小式的词尾。或加在人名、属名等后面以组成新属的名称。此属的学名是"Veyretella Szlach. et Olszewski，Flore du Cameroun 34：100. 1998"。亦有文献把其处理为"Habenaria Willd. (1805)"的异名。【分布】加蓬。【模式】Veyretella hetaerioides (Summerh.)Szlach. et Olszewski [Habenaria hetaerioides Summerh.]。【参考异名】Habenaria Willd. (1805)■☆

53798　Veyretia Szlach. (1995)【汉】巴拉圭绶草属。【隶属】兰科 Orchidaceae。【包含】世界 15 种。【学名诠释与讨论】〈阴〉(人) Veyret。此属的学名是"Veyretia D. L. Szlachetko, Fragm. Florist. Geobot. Suppl. 3：115. 11 Dec 1995"。亦有文献把其处理为"Spiranthes Rich. (1817)(保留属名)"的异名。【分布】美洲。【模式】Veyretia hassleri (A. Cogniaux)D. L. Szlachetko [Spiranthes hassleri A. Cogniaux]。【参考异名】Spiranthes Rich. (1817)(保留属名)■☆

53799　Vialia Vis. (1840)Nom. inval. ≡Vialia Vis. ex Schltdl. (1841)；~ = Melhania Forssk. (1775) [梧桐科 Sterculiaceae//锦葵科 Malvaceae]●■

53800　Vialia Vis. ex Schltdl. (1841)= Melhania Forssk. (1775) [梧桐科 Sterculiaceae//锦葵科 Malvaceae]●■

53801　Vibexia Raf. (1832)= Sophora L. (1753)；~ = Vexibia Raf. (1825) [豆科 Fabaceae(Leguminosae)//蝶形花科 Papilionaceae]●■

53802　Vibo Medik. (1789)(废弃属名)≡Emex Campd. (1819)(保留属名) [蓼科 Polygonaceae]■☆

53803　Vibones Raf. (1837)= Rumex L. (1753) [蓼科 Polygonaceae]■●

53804　Viborgia Moench(1794)(废弃属名)= Cytisus Desf. (1798)(保留属名)；~ = Tubocytisus (DC.)Fourr. (1868)Nom. illegit.；~ = Wiborgia Thunb. (1800) (保留属名) [豆科 Fabaceae (Leguminosae)//蝶形花科 Papilionaceae]■☆

53805　Viborgia Spreng. (1801)Nom. illegit. (废弃属名)= Galinsoga Ruiz et Pav. (1794) [菊科 Asteraceae(Compositae)]■●

53806　Viborquia Ortega (1798) (废弃属名)= Eysenhardtia Kunth (1824)(保留属名) [豆科 Fabaceae(Leguminosae)]●☆

53807　Viburnaceae Dumort. = Adoxaceae E. Mey. (保留科名)；~ = Caprifoliaceae Juss. (保留科名)；~ = Viburnum L. (1753) + Sambucus L. (1753)；~ = Violaceae Batsch(保留科名)●■

53808 Viburnaceae Raf. (1820) [亦见 Caprifoliaceae Juss. (保留科名)忍冬科]【汉】荚蒾科。【包含】世界 1 属 150-225 种，中国 1 属 100 种。【分布】马来西亚，温带和亚热带，亚洲，北美洲。【科名模式】Viburnum L. ●

53809　Viburnum L. (1753)【汉】荚蒾属(绣球花属)。【日】ガマズミ属。【俄】Калина。【英】Arrowwood, Arrow - wood, Cranberrybush, Snowball, Viburnum。【隶属】忍冬科 Caprifoliaceae//荚蒾科 Viburnaceae。【包含】世界 150-200 种，中国 71-100 种。【学名诠释与讨论】〈中〉(拉)viburnum, 绵毛荚蒾 Viburnum lantana L. 的古名。来自 vieo, 编, 扎, 织。指某些种枝条柔韧可做编织材料。"Viburnum L. (1753)"曾经被处理为"Viburnum sect. Opulus (Mill.) DC., Prodromus Systematis Naturalis Regni Vegetabilis 4：328. 1830"。【分布】巴基斯坦，巴拿马，秘鲁，玻利维亚，厄瓜多尔，哥伦比亚(安蒂奥基亚)，马来西亚，美国(密苏里)，尼加拉瓜，中国，温带和亚热带，亚洲，中美洲。【后选模式】Viburnum lantana Linnaeus。【参考异名】Actinotinus Oliv. (1888)；Carmenta Noronha (1790)；Jinus Raf.；Lentago Raf. (1820)；Microtinus Oersted (1860)Nom. illegit.；Opulus Mill. (1754)；Oreinotinus Oerst. (1860)；Solenolantana (Nakai)Nakai (1949)；Solenotinus (DC.)Spach (1838)；Solenotinus Oerst.；Solenotinus Spach (1838)Nom. illegit.；Thyrsosma Raf. (1838)；Tinus Mill. (1754)；Tynus J. Presl(1823)；

Viburnum sect. Opulus (Mill.)DC. (1830)●

53810　Vicarya Stocks(1848)Nom. illegit. = Myriopteron Griff. (1843) [萝藦科 Asclepiadaceae//杠柳科 Periplocaceae]●

53811　Vicarya Wall. ex Voigt(1845)= Myriopteron Griff. (1843) [萝藦科 Asclepiadaceae//杠柳科 Periplocaceae]●

53812　Vicatia DC. (1830)【汉】凹乳芹属。【英】Vicatia。【隶属】伞形花科(伞形科)Apiaceae(Umbelliferae)。【包含】世界 5 种，中国 3 种。【学名诠释与讨论】〈阴〉(人) Phillipe Rodolphe Vicat, 1720-1783,瑞士植物学者，医生。【分布】巴基斯坦，中国，喜马拉雅山。【模式】Vicatia coniifolia A. P. de Candolle ■

53813　Vicentia Allemão(1844)= Terminalia L. (1767)(保留属名) [使君子科 Combretaceae//榄仁树科 Terminaliaceae]●

53814　Vicia L. (1753)【汉】野豌豆属(蚕豆属,巢菜属)。【日】ソラマメ属。【俄】Вика, Вика мундж, Горошек, Мунч, Мшунки-роуак。【英】Tare, Tufted Vetch, Vetch, Wild Pea。【隶属】豆科 Fabaceae (Leguminosae)//蝶形花科 Papilionaceae//野豌豆科 Viciaceae。【包含】世界 140-200 种,中国 55 种。【学名诠释与讨论】〈阴〉(拉) vicia, 一种野豌豆。可能来自 vincire 卷曲, 或 vincio, 捆在一起。此属的学名, ING、TROPICOS、APNI、GCI 和 IK 记载是"Vicia L. , Sp. Pl. 2：734. 1753 [1 May 1753]"。"Vicioides Moench, Meth. 135. 4 Mai 1794"是"Vicia L. (1753)"的晚出的同模式异名(Homotypic synonym, Nomenclatural synonym)。【分布】巴基斯坦,秘鲁,玻利维亚,厄瓜多尔,哥伦比亚(安蒂奥基亚),哥斯达黎加,美国(密苏里),中国,北温带,南美洲,中美洲。【后选模式】Vicia sativa Linnaeus。【参考异名】Abacosa Alef. (1861)；Anatropostylia (Plitmann) Kupicha (1973)；Arachus Medlk. (1787)；Atossa Alef. (1861)；B. Mey. et Scherb. (1801)；Bona Medik. (1787)；Coppoleria Todaro(1845)；Cracca Hill(1756) (废弃属名)；Cujunia Alef. (1861)；Endiusa Alef. (1859)；Ervilia (Koch) Opiz；Ervum L. (1753)；Faba Mill. (1754)；Hypechusa Alef. (1860)；Orobella C. Presl (1837)；Parallosa Alef. (1859) Nom. illegit.；Rhynchium Dulac (1867)；Sellunia Alef. (1859)；Swantia Alef. (1859)；Tuamina Alef. (1861)；Vicilla Schur(1866)；Vicioides Moench(1794)Nom. illegit. ；Wiggersia P. Gaertn. ■

53815　Viciaceae Bercht. et J. Presl = Fabaceae Lindl. (保留科名)//Leguminosae Juss. (1789)(保留科名)●■

53816　Viciaceae Dostal [亦见 Fabaceae(Leguminosae)(保留科名)豆科]【汉】野豌豆科。【包含】世界 2 属 141-201 种, 中国 2 属 56 种。【分布】北温带和南美洲。【科名模式】Vicia L. (1753)■

53817　Viciaceae Oken (1826)= Fabaceae Lindl. (保留科名)//Leguminosae Juss. (1789)(保留科名)●■

53818　Vicilla Schur (1866)= Vicia L. (1753) [豆科 Fabaceae (Leguminosae)//蝶形花科 Papilionaceae//野豌豆科 Viciaceae]■

53819　Vicioides Moench(1794)Nom. illegit. ≡Vicia L. (1753) [豆科 Fabaceae (Leguminosae)//蝶形花科 Papilionaceae//野豌豆科 Viciaceae]■

53820　Vicoa Cass. (1829)= Pentanema Cass. (1818) [菊科 Asteraceae (Compositae)]■●

53821　Vicq-aziria Buc'hoz(1783)= Gurania (Schltdl.)Cogn. (1875) [葫芦科(瓜科, 南瓜科)Cucurbitaceae]■☆

53822　Victoria Buc'hoz(1783)= Gurania (Schltdl.)Cogn. (1875) [葫芦科(瓜科, 南瓜科)Cucurbitaceae]■☆

53823　Victoria Lindl. (1837)【汉】王莲属。【日】オオオニバス属。【俄】Виктория。【英】Royal Water Lily, Victoria, Water Platter, Water-platter。【隶属】睡莲科 Nymphaeaceae//芡实科(芡科)Euryalaceae。【包含】世界 2-3 种,中国 1 种。【学名诠释与讨论】〈阴〉(人) Victoria, 胜利女神。或 Her Majesty Queen Victoria,

1819-1901。此属的学名, ING、TROPICOS 和 IK 记载是"Victoria Lindley, Victoria Regia 3. 16 Oct 1837"。此前已经有了"Victoria Buc'hoz, Herb. Color. Amerique t. 75 (1783) = Gurania (Schltdl.) Cogn. (1875) (葫芦科 Cucurbitaceae)"。这 2 个名称的合法性还要再考证。【分布】秘鲁, 玻利维亚, 中国, 热带南美洲。【模式】Victoria regia Lindley ■

53824 Victorinia Léon (1941) = Cnidoscolus Pohl (1827) [大戟科 Euphorbiaceae] ●☆

53825 Victoriperrea Hombr. (1843) = Freycinetia Gaudich. (1824) [露兜树科 Pandanaceae] ●

53826 Victoriperrea Hombr. et Jacquinot ex Decne. (1853) Nom. illegit. = Freycinetia Gaudich. (1824) [露兜树科 Pandanaceae] ●

53827 Vidalasia Tirveng. (1998)【汉】维达茜属。【隶属】茜草科 Rubiaceae。【包含】世界 5 种。【学名诠释与讨论】〈阴〉词源不详。【分布】缅甸, 泰国, 越南。【模式】不详●☆

53828 Vidalia Fern. -Vill. (1880) = Mesua L. (1753) [猪胶树科 (克鲁西科, 山竹子科, 藤黄科) Clusiaceae (Guttiferae)] ●

53829 Vidoricum Kuntze (1891) Nom. illegit. ≡ Vidoricum Rumph. ex Kuntze (1891) ; ~ ≡ Illipe J. König ex Gras (1864) ; ~ = Madhuca Buch. -Ham. ex J. F. Gmel. (1791) [山榄科 Sapotaceae] ●

53830 Vidoricum Rumph. (1741) Nom. inval. ≡ Vidoricum Rumph. ex Kuntze (1891) ; ~ ≡ Illipe J. König ex Gras (1864) ; ~ = Madhuca Buch. -Ham. ex J. F. Gmel. (1791) [山榄科 Sapotaceae] ●

53831 Vidoricum Rumph. ex Kuntze (1891) Nom. illegit. ≡ Illipe J. König ex Gras (1864) ; ~ = Madhuca Buch. -Ham. ex J. F. Gmel. (1791) [山榄科 Sapotaceae] ●

53832 Vieillardia Brongn. et Gris (1861) Nom. illegit. = Calpidia Thouars (1805) ; ~ = Pisonia L. (1753) ; ~ = Timeroyea Montrouz. (1860) [紫茉莉科 Nyctaginaceae//腺果藤科 (避霜花科) Pisoniaceae] ●

53833 Vieillardia Montrouz. (1860) = Castanospermum A. Cunn. ex Hook. (1830) [豆科 Fabaceae (Leguminosae)//蝶形花科 Papilionaceae] ●☆

53834 Vieillardorchis Kraenzl. (1928) = Goodyera R. Br. (1813) [兰科 Orchidaceae] ■

53835 Viellardia Benth. et Hook. f. (1865) Nom. illegit. = Castanospermum A. Cunn. ex Hook. (1830) ; ~ = Vieillardia Montrouz. (1860) [豆科 Fabaceae (Leguminosae)//蝶形花科 Papilionaceae] ●☆

53836 Viellardia Benth. et Hook. f. (1880) Nom. illegit. = Calpidia Thouars (1805) ; ~ = Vieillardia Brongn. et Gris (1861) Nom. illegit. ; ~ = Pisonia L. (1753) ; ~ = Timeroyea Montrouz. (1860) [紫茉莉科 Nyctaginaceae//腺果藤科 (避霜花科) Pisoniaceae] ●

53837 Vieraea Sch. Bip. (1835-1841) Nom. illegit. = Vieraea Webb ex Sch. Bip. (1844) [菊科 Asteraceae (Compositae)] ●☆

53838 Vieraea Webb et Berthel. (1844) Nom. illegit. = Vieraea Webb ex Sch. Bip. (1844) [菊科 Asteraceae (Compositae)] ●☆

53839 Vieraea Webb ex Sch. Bip. (1844)【汉】光覆花属。【隶属】菊科 Asteraceae (Compositae)。【包含】世界 1 种。【学名诠释与讨论】〈阴〉(人) Viera. 此属的学名, ING 记载是"Vieraea P. B. Webb ex C. H. Schultz Bip. in P. B. Webb et S. Berthelot, Hist. Nat. Iles Canaries 3 (2. 2) : 225. Feb 1844"。IK 和 TROPICOS 则记载为"Vieraea Sch. Bip. , in Webb et Berth. Phyt. Canar. ii. 225 (1835-41)"。" Vieria Webb ex Sch. Bip. , Hist. Nat. Iles Canaries (Phytogr.). 3 (2,2) : 225. 1844 [Feb 1844]"是"Vieraea Webb ex Sch. Bip. (1844)"的拼写变体;"Vieria P. B. Webb in P. B. Webb et S. Berthelot, Hist. Nat. Iles Canaries 3 (2. 2) : t. 84. Jun 1839 ≡ Vieria Webb ex Sch. Bip. (1844) Nom. illegit. "是一个未合格发表

的名称 (Nom. inval.);" Vieria Webb et Berthel. , Hist. Nat. Iles Canaries (Phytogr.). 3 (2. 2) : t. 84. 1839 [Jun 1839] ≡ Vieria Webb ex Sch. Bip. (1844) Nom. illegit. "的命名人引证有误。【分布】西班牙 (加那利群岛)。【模式】Vieraea laevigata (Willdenow) P. B. Webb [Buphthalmum laevigatum Willdenow]。【参考异名】Buphthalmum L. (1753) ; Vieraea Sch. Bip. (1835 – 1841) Nom. illegit. ; Vieraea Webb et Berthel. (1844) Nom. illegit. ; Vieria Webb et Berthel. (1839) Nom. illegit. ; Vieria Webb ex Sch. Bip. (1844) Nom. illegit. ; Vieria Webb (1839) Nom. inval. ●☆

53840 Viereckia R. M. King et H. Rob. (1975)【汉】三脉亮泽兰属。【隶属】菊科 Asteraceae (Compositae)。【包含】世界 1 种。【学名诠释与讨论】〈阴〉(人) H. W. Viereck, ? -1945, 德国植物学者, 植物采集家, Hugo Baum (1867-1950) 的学生。【分布】墨西哥。【模式】Viereckia tamaulipasensis R. M. King et H. E. Robinson ●☆

53841 Viereya Steud. Nom. illegit. (1) = Vireya Blume (1826) (废弃属名) ; ~ = Rhododendron L. (1753) [杜鹃花科 (欧石南科) Ericaceae] ●

53842 Viereya Steud. Nom. illegit. (2) = Vireya Raf. (1814) (废弃属名) ; ~ = Alloplectus Mart. (1829) (保留属名) [苦苣苔科 Gesneriaceae] ●■☆

53843 Vierhapperia Hand. – Mazz. (1937) = Nannoglottis Maxim. (1881) [菊科 Asteraceae (Compositae)] ■●★

53844 Vieria Webb et Berthel. (1839) Nom. illegit. ≡ Vieria Webb (1839) Nom. inval. ; ~ ≡ Vieraea Webb ex Sch. Bip. (1844) ; ~ ≡ Vieraea Webb ex Sch. Bip. (1844) ; ~ = Buphthalmum L. (1753) [as 'Buphtalmum'] [菊科 Asteraceae (Compositae)] ●☆

53845 Vieria Webb ex Sch. Bip. (1844) Nom. illegit. ≡ Vieraea Webb ex Sch. Bip. (1844) ; ~ ≡ Vieraea Webb ex Sch. Bip. (1844) ; ~ = Buphthalmum L. (1753) [as 'Buphtalmum'] [菊科 Asteraceae (Compositae)] ■

53846 Vieria Webb (1839) Nom. inval. ≡ Vieraea Webb ex Sch. Bip. (1844) ; ~ ≡ Vieraea Webb ex Sch. Bip. (1844) ; ~ = Buphthalmum L. (1753) [as 'Buphtalmum'] [菊科 Asteraceae (Compositae)] ●☆

53847 Vierlingia Königer (2010)【汉】考氏兰属。【隶属】兰科 Orchidaceae。【包含】世界 1 种。【学名诠释与讨论】〈阴〉词源不详。【分布】不详。【模式】Vierlingia dickinsoniae Königer ☆

53848 Vietnamia P. T. Li (1994)【汉】越南萝藦属。【隶属】萝藦科 Asclepiadaceae。【包含】世界 1 种。【学名诠释与讨论】〈阴〉(地) Vietnam, 越南。【分布】越南。【模式】Vietnamia inflexa P. T. Li ■☆

53849 Vietnamocalamus T. Q. Nguyen (1991)【汉】越南竹属。【隶属】禾本科 Poaceae (Gramineae)。【包含】世界 1 种。【学名诠释与讨论】〈阳〉(地) Vietnam, 越南 + kalamos, 芦苇, 转义为竹子。【分布】越南。【模式】Vietnamocalamus catbaensis Nguyen ●☆

53850 Vietnamochloa Veldkamp et R. Nowack (1995)【汉】拟梨竹属。【隶属】禾本科 Poaceae (Gramineae)。【包含】世界 1 种。【学名诠释与讨论】〈阴〉(地) Vietnam, 越南 + chloe, 草的幼芽, 嫩草, 禾草。【分布】越南。【模式】Vietnamochloa aurea Veldkamp et R. Nowack ■☆

53851 Vietnamosasa T. Q. Nguyen (1990)【汉】越南笹属。【隶属】禾本科 Poaceae (Gramineae)。【包含】世界 3 种。【学名诠释与讨论】〈阴〉(地) Vietnam, 越南 + sasa, 竹子。【分布】越南。【模式】Vietnamosasa darlacensis Nguyen ■☆

53852 Vietorchis Aver. et Averyanova (2003)【汉】越南林兰属。【隶属】兰科 Orchidaceae。【包含】世界 1 种。【学名诠释与讨论】〈阴〉(地) Vietnam, 越南 + orchis, 原义是睾丸, 后变为植物兰的名称, 因为根的形态而得名。变为拉丁文 orchis, 所有格 orchidis。

【分布】越南。【模式】Vietorchis aurea Aver. et Averyanova。【参考异名】Silvorchis J. J. Sm. (1907)■☆

53853　Vietsenia C. Hansen(1984)【汉】越南野牡丹属。【隶属】野牡丹科 Melastomataceae。【包含】世界 4 种。【学名诠释与讨论】〈阴〉词源不详。【分布】越南。【模式】Vietsenia poilanei C. Hansen■☆

53854　Vieusseuxia D. Delaroche(1766)= Moraea Mill.(1758)［as 'Morea'］(保留属名)［鸢尾科 Iridaceae］■

53855　Vigethia W. A. Weber(1943)【汉】墨腺菊属。【隶属】菊科 Asteraceae(Compositae)。【包含】世界 1 种。【学名诠释与讨论】〈阴〉(属)Viguieria 金眼菊属(金目菊属,维格菊属)+Wyethia 韦斯菊属(骡耳菊属)。【分布】墨西哥。【模式】Vigethia mexicana(S. Watson)W. A. Weber［Wyethia mexicana S. Watson］●☆

53856　Vigia Vell.(1831)= Fragariopsis A. St. –Hil.(1840)［大戟科 Euphorbiaceae］●☆

53857　Vigiera Benth. et Hook. f.(1865)= Vigieria Vell.(1829)［南美鼠刺科(吊片果科,鼠刺科,夷鼠刺科)Escalloniaceae］●☆

53858　Vigieria Vell.(1829)= Escallonia Mutis ex L. f.(1782)［虎耳草科 Saxifragaceae//醋栗科(茶藨子科)Grossulariaceae//鼠刺科 Iteaceae］●☆

53859　Vigineixia Pomel(1874)= Picris L.(1753)［菊科 Asteraceae(Compositae)］■

53860　Vigna Savi(1824)(保留属名)【汉】豇豆属。【日】ササゲ属。【俄】Вигна。【英】Cowpea, Cow–pea, Mung–bean。【隶属】豆科 Fabaceae(Leguminosae)//蝶形花科 Papilionaceae。【包含】世界 150 种,中国 18 种。【学名诠释与讨论】〈阴〉(人)Dominico Vigna, ? –1647,意大利植物学家,教授,比萨植物园园长。此属的学名"Vigna Savi in Nuov. Giorn. Lett. 8：113. 1824"是保留属名。相应的废弃属名是豆科 Fabaceae 的"Candelium Medik., Vorles. Churpfälz. Phys. – Ökon. Ges. 2：352. 1787 = Vigna Savi(1824)(保留属名)"和"Voandzeia Thouars,Gen. Nov. Madagasc.：23. 17 Nov 1806 =Vigna Savi(1824)(保留属名)"。【分布】巴基斯坦,巴拉圭,巴拿马,秘鲁,玻利维亚,厄瓜多尔,哥伦比亚(安蒂奥基亚),哥斯达黎加,马达加斯加,美国(密苏里),尼加拉瓜,中国,热带(尤其非洲和亚洲),中美洲。【模式】Vigna glabra G. Savi, Nom. illegit.［Dolichos luteolus N. J. Jacquin］。【参考异名】Azukia Takah. ex Ohwi(1953); Callicysthus Endl.(1833); Calocysthus Post et Kuntze(1903);Candelium Medik.;Condylostylis Piper(1926); Dolichovigna Hayata(1920); Geolobus Raf.(1836)Nom. illegit.; Haydonia R. Wilczek(1954); Liebrechtsia De Wild.(1902); Plectrotropis Schumach. et Thonn.(1827); Ramirezella Rose(1903); Scytalis E. Mey.(1835); Strophostyles E. Mey.(1835)(废弃属名);Voandzeia Thouars(1806)(废弃属名)■

53861　Vignaldia A. Rich.(1848)= Pentas Benth.(1844)［茜草科 Rubiaceae］●■

53862　Vignantha Schur(1866)= Carex L.(1753)［莎草科 Cyperaceae］■

53863　Vignaudia Schweinf.(1867)Nom. illegit. = Pentas Benth.(1844); ~ =Vignaldia A. Rich.(1848)［茜草科 Rubiaceae］●■

53864　Vignea P. Beauv., Nom. inval. = Carex L.(1753)［莎草科 Cyperaceae］■

53865　Vignea P. Beauv. ex T. Lestib.(1819)= Carex L.(1753)［莎草科 Cyperaceae］■

53866　Vignidula Börner(1913)= Carex L.(1753)［莎草科 Cyperaceae］■

53867　Vignopsis De Wild.(1902)【汉】热非豇豆属。【隶属】豆科 Fabaceae(Leguminosae)。【包含】世界 1 种。【学名诠释与讨论】〈阴〉词源不详。此属的学名是"Vignopsis De Wildeman, Ann. Mus. Congo ser. 4. 1：69. Jul 1902"。亦有文献把其处理为"Psophocarpus Neck. ex DC.(1825)(保留属名)"的异名。【分布】热带非洲。【模式】Vigneopsis lukafuensis De Wildeman。【参考异名】Psophocarpus Neck. ex DC.(1825)(保留属名)■☆

53868　Vigolina Poir.(1808)= Galinsoga Ruiz et Pav.(1794)［菊科 Asteraceae(Compositae)］●

53869　Viguiera Kunth(1818)【汉】金目菊属(金眼菊属,维格菊属)。【英】Golden Eye, Goldeneye。【隶属】菊科 Asteraceae(Compositae)。【包含】世界 140-180 种。【学名诠释与讨论】〈阴〉(人)Louis Guillaume Alexandre Viguier,1790-1867,法国医生,植物学者。【分布】巴拉圭,巴拿马,秘鲁,玻利维亚,厄瓜多尔,哥伦比亚(安蒂奥基亚),尼加拉瓜,西印度群岛,中美洲。【模式】Viguiera helianthoides Kunth。【参考异名】Bahiopsis Kellogg(1863);Haplocalymma S. F. Blake(1916);Hymenostephium Benth.(1873);Leighia Cass.(1822)Nom. illegit.●■☆

53870　Viguieranthus Villiers(2002)【汉】维吉豆属。【隶属】豆科 Fabaceae(Leguminosae)。【包含】世界 18 种。【学名诠释与讨论】〈阳〉(人)Louis Guillaume Alexandre Viguier,1790-1867,法国医生、植物学者+anthos,花。【分布】马达加斯加。【模式】不详●☆

53871　Viguierella A. Camus(1926)【汉】维吉禾属(马岛旱禾属,维格尔禾属)。【隶属】禾本科 Poaceae(Gramineae)。【包含】世界 1 种。【学名诠释与讨论】〈阴〉(人)Louis Guillaume Alexandre Viguier,1790-1867,法国医生,植物学者+-ellus,-ella,-ellum,加在名词词干后面形成指小式的词尾。或加在人名、属名等后面以组成新属的名称。另说纪念 Rene Viguier,1880-1931,法国植物学者,苔藓学者,五加科 Araliaceae 专家,教授,Recherches sur le genre Grewia 的作者。【分布】马达加斯加。【模式】Viguierella madagascariensis A. Camus■☆

53872　Vilaria Guett.(1779)(废弃属名)= Berardia Vill.(1779)［菊科 Asteraceae(Compositae)］■☆

53873　Vilbouchevitchia A. Chev.(1943)= Alafia Thouars(1806)［夹竹桃科 Apocynaceae］●☆

53874　Vilfa Adans.(1763)Nom. illegit. ≡Agrostis L.(1753)(保留属名)［禾本科 Poaceae(Gramineae)//剪股颖科 Agrostidaceae］■

53875　Vilfa P. Beauv.(1812)Nom. illegit. =Sporobolus R. Br.(1810)［禾本科 Poaceae(Gramineae)//鼠尾粟科 Sporobolaceae］■

53876　Vilfagrostis A. Br. et Asch. ex Döll(1878)Nom. inval. =Eragrostis P. Beauv.(1812)Nom. illegit.; ~ = Eragrostis Host(1809)Nom. illegit.; ~ = Eragrostis Wolf(1776)［禾本科 Poaceae(Gramineae)］■

53877　Vilfagrostis Döll(1878)Nom. inval. ≡Vilfagrostis A. Br. et Asch. ex Döll(1878)Nom. inval. =Eragrostis P. Beauv.(1812)Nom. illegit.; ~ =Eragrostis Host(1809)Nom. illegit.; ~ =Eragrostis Wolf(1776)［禾本科 Poaceae(Gramineae)］■

53878　Villadia Rose(1903)【汉】塔莲属。【日】ビラディア属。【隶属】景天科 Crassulaceae。【包含】世界21-30 种。【学名诠释与讨论】〈阴〉(人)Manuel M. Villadia,墨西哥科学家。【分布】安第斯山,秘鲁,玻利维亚,墨西哥,中美洲。【模式】Villadia parviflora(Hemsley)Rose［Cotyledon parviflora Hemsley］。【参考异名】Altamiranoa Rose(1903)Nom. illegit.■☆

53879　Villamilla(Moq.)Benth. et Hook. f.(1880)Nom. illegit. ≡Trichostigma A. Rich.(1845)［商陆科 Phytolaccaceae］●☆

53880　Villamilla(Moq.)Hook. f.(1880)Nom. illegit. ≡Trichostigma A. Rich.(1845); ~ ≡Villamilla(Moq.)Benth. et Hook. f.(1880)Nom. illegit.; ~ ≡ Trichostigma A. Rich.(1845)［商陆科 Phytolaccaceae］●☆

53881　Villamilla Ruiz et Pav.（1957）Nom. illegit. = Trichostigma A. Rich.（1845）［商陆科 Phytolaccaceae］●☆

53882　Villamilla Ruiz et Pav. ex Moq.，Nom. illegit. = Trichostigma A. Rich.（1845）［商陆科 Phytolaccaceae］●☆

53883　Villamillia Lopez = Villamilla Ruiz et Pav.（1957）Nom. illegit.；~ = Trichostigma A. Rich.（1845）［商陆科 Phytolaccaceae］●☆

53884　Villamillia Ruiz et Pav.（1957）Nom. illegit. ≡ Villamilla Ruiz et Pav.（1957）Nom. illegit.；~ = Trichostigma A. Rich.（1845）［商陆科 Phytolaccaceae］●☆

53885　Villanova Lag.（1816）（保留属名）【汉】扁角菊属。【隶属】菊科 Asteraceae（Compositae）。【包含】世界 10 种。【学名诠释与讨论】〈阴〉（人）Villanova。此属的学名“Villanova Lag.，Gen. Sp. Pl.：31. Jun – Dec 1816”是保留属名。相应的废弃属名是菊科 Asteraceae 的“Unxia L. f.，Suppl. Pl.：56, 368. Apr 1782 = Villanova Lag.（1816）（保留属名）”和“Villanova Ortega，Nov. Pl. Descr. Dec.：47. 1797 = Parthenium L.（1753）”。菊科 Asteraceae 的“Unxia Bertero ex Colla, Mem. Reale Accad. Sci. Torino xxxviii.（1835）37. t. 32 = Blennosperma Less.（1832）”和“Unxia Kunth, Nov. Gen. Sp.［H. B. K.］4（18）：219（ed. fol.）. 1818［1820 publ. 26 Oct 1818］= Villanova Lag.（1816）（保留属名）”以及大戟科 Euphorbiaceae 的“Villanova Pourr. ex Cutanda，Comp. Fl. Madr. 595（1861）= Colmeiroa Reut.（1843）= Flueggea Willd.（1806）= Securinega Comm. ex Juss.（1789）（保留属名）”都应废弃。【分布】秘鲁，玻利维亚，厄瓜多尔，哥伦比亚（安蒂奥基亚），智利至墨西哥，中美洲。【模式】Villanova alternifolia Lagasca。【参考异名】Chlamysperma Less.（1832）；Greenmania Hieron.（1901）；Unxia Kunth（1818）Nom. illegit.（废弃属名）；Unxia L. f.（1782）（废弃属名）；Vasquezia Phil.（1860）；Vazquezia Phil.（1860）Nom. illegit.；Vazquezia Pritz.（1865）Nom. illegit. ■☆

53886　Villanova Ortega（1797）（废弃属名）= Parthenium L.（1753）［菊科 Asteraceae（Compositae）］■●

53887　Villanova Pourr. ex Cutanda（1861）Nom. illegit.（废弃属名）= Colmeiroa Reut.（1843）；~ = Flueggea Willd.（1806）；~ = Securinega Comm. ex Juss.（1789）（保留属名）［大戟科 Euphorbiaceae］●☆

53888　Villaresia Ruiz et Pav.（1794）【汉】维拉木属。【俄】Вилларезия。【英】Villaresia。【隶属】茶茱萸科 Icacinaceae//铁青树科 Olacaceae//心翼果科 Cardiopteridaceae。【包含】世界 1 种。【学名诠释与讨论】〈阴〉（人）Mattias Villares（Matthias Villarez），修道士。此属的学名，ING、TROPICOS 和 IK 记载是“Villaresia Ruiz et Pavon，Fl. Peruv. Chil. 3：9. Aug 1802（non Ruiz et Pavon 1794）”。“Villaresia Ruiz et Pav.，Flora Peruviana, et Chilensis 3 1802 ≡ Citronella D. Don（1832）［茶茱萸科 Icacinaceae//铁青树科 Olacaceae］”是晚出的非法名称。【分布】秘鲁。【模式】Villaresia emarginata Ruiz et Pavon。【参考异名】Patagua Poepp. ex Reiche；Villarezia Rocm. et Schult.（1819）●☆

53889　Villaresia Ruiz et Pav.（1802）Nom. illegit. ≡ Citronella D. Don（1832）［茶茱萸科 Icacinaceae//铁青树科 Olacaceae//心翼果科 Cardiopteridaceae］●☆

53890　Villaresiopsis Sleumer（1940）= Citronella D. Don（1832）［茶茱萸科 Icacinaceae］●☆

53891　Villarezia Rocm. et Schult.（1819）= Villaresia Ruiz et Pav.（1794）［茶茱萸科 Icacinaceae］■☆

53892　Villaria Bally（1858）Nom. illegit.（废弃属名）= Villarsia Vent.（1803）（保留属名）［睡菜科（荇菜科）Menyanthaceae］■☆

53893　Villaria DC.（1838）Nom. illegit.（废弃属名）= Berardia Vill.（1779）［菊科 Asteraceae（Compositae）］■☆

53894　Villaria Rolfe（1884）（保留属名）【汉】维勒茜属。【隶属】茜草科 Rubiaceae。【包含】世界 5 种。【学名诠释与讨论】〈阴〉（人）Villar，植物学者。此属的学名“Villaria Rolfe in J. Linn. Soc.，Bot. 21：311. 12 Dec 1884”是保留属名。相应的废弃属名是菊科 Asteraceae 的“Vilaria Guett. in Mém. Minéral. Dauphiné 1：clxx. 1779 = Berardia Vill.（1779）”。睡菜科 Menyanthaceae//龙胆科 Gentianaceae］的“Villaria V. Bally，Notice Hist. sur Villar Cf. Bull. Soc. Bot. Fr. v. 5（1858）309 = Villarsia Vent.（1803）（保留属名）”，菊科 Asteraceae 的“Villaria DC.，Prodr.［A. P. de Candolle］6：542. 1838［1837 publ. early Jan 1838］= Berardia Vill.（1779）”都应废弃。“Villaria Schreber, Gen. 2：685. Mai 1791”［INCERTAE SEDIS］亦应废弃。【分布】菲律宾（菲律宾群岛）。【模式】Villaria philippinensis Rolfe。【参考异名】Villaria Schreb.（1791）（废弃属名）●☆

53895　Villaria Schreb.（1791）（废弃属名）［Incertae Sedis］●☆

53896　Villarrealia G. L. Nesom（2012）【汉】墨西哥磨石草属。【隶属】伞形花科（伞形科）Apiaceae（Umbelliferae）。【包含】世界 1 种。【学名诠释与讨论】〈阴〉词源不详。【分布】墨西哥。【模式】Villarrealia calcicola（Mathias et Constance）G. L. Nesom［Aletes calcicola Mathias et Constance］☆

53897　Villarsia J. F. Gmel.（1791）（废弃属名）= Nymphoides Ség.（1754）［龙胆科 Gentianaceae//睡菜科（荇菜科）Menyanthaceae］■

53898　Villarsia Neck.（1791）Nom. inval.（废弃属名）= Cabomba Aubl.（1775）［睡莲科 Nymphaeaceae//竹节水松科（莼菜科，莼科）Cabombaceae］■

53899　Villarsia Post et Kuntze（1903）Nom. illegit.（废弃属名）= Berardia Vill.（1779）；~ = Vilaria Guett.（1779）（废弃属名）［菊科 Asteraceae（Compositae）］■☆

53900　Villarsia Sm.（废弃属名）= Villaria Schreb.（1791）［芸香科 Rutaceae］●☆

53901　Villarsia Vent.（1803）（保留属名）【汉】维拉尔睡菜属。【隶属】睡菜科（荇菜科）Menyanthaceae。【包含】世界 14-16 种。【学名诠释与讨论】〈阴〉（人）Dóminque Villars，1745–1814，法国植物学者，真菌和藻类学者，医生，教授，Dominique Chaix（1730–1799）的朋友。此属的学名“Villarsia Vent.，Choix Pl.：ad t. 9. 1803”是保留属名。相应的废弃属名是龙胆科 Gentianaceae 的“Villarsia J. F. Gmel.，Syst. Nat. 2：306, 447. Sep（sero）– Nov 1791 = Nymphoides Ség.（1754）”（GCI 把其置于［睡菜科 Menyanthaceae］。睡莲科 Nymphaeaceae 的“Villarsia Neck.，Elem. Bot.（Necker）2：110. 1790 = Cabomba Aubl.（1775）”，鳞叶树科（布鲁尼科，小叶树科）Bruniaceae 的“Villarsia Post et Kuntze（1903）Nom. illegit. = Berardia Vill.（1779）= Vilaria Guett.（1779）（废弃属名）”和芸香科 Rutaceae 的“Villarsia Sm. = Villaria Schreb.（1791）”都应废弃。【分布】澳大利亚，玻利维亚，马达加斯加，非洲南部，中美洲。【模式】Villarsia ovata（Linnaeus f.）Ventenat［Menyanthes ovata Linnaeus f.］。【参考异名】Ornduffia Tippery et Les（2009）；Renealmia Houtt.（1777）Nom. illegit.（废弃属名）；Villaria Bally（1858）Nom. illegit.（废弃属名）■☆

53902　Villasenoria B. L. Clark（1999）【汉】大羽千里光属。【隶属】菊科 Asteraceae（Compositae）。【包含】世界 1 种。【学名诠释与讨论】〈阴〉（人）Jose Luis Villasenor，植物学者。【分布】墨西哥，中美洲。【模式】Villasenoria orcuttii（Greenm.）B. L. Clark ■☆

53903　Villebrunea Gaudich.（1841–1852）Nom. inval. ≡ Villebrunea Gaudich. ex Wedd.（1854）；~ = Oreocnide Miq.（1851）［荨麻科 Urticaceae］●

53904　Villebrunea Gaudich. ex Wedd.（1854）= Oreocnide Miq.（1851）［荨麻科 Urticaceae］●

53905　Villebrunia Willis, Nom. inval. = Villebrunea Gaudich.（1854）[荨麻科 Urticaceae]●

53906　Villemetia Moq.（1834）≡ Willemetia Maerkl.（1800）Nom. illegit.；~ = Chenolea Thunb.（1781）[藜科 Chenopodiaceae]●☆

53907　Villocuspis（A. DC.）Aubrév. et Pellegr.（1961）= Chrysophyllum L.（1753）[山榄科 Sapotaceae]●

53908　Villosogastris Thouars = Limodorum Boehm.（1760）（保留属名）；~ = Phaius Lour.（1790）[兰科 Orchidaceae]■

53909　Villouratea Tiegh.（1902）= Ouratea Aubl.（1775）（保留属名）[金莲木科 Ochnaceae]●

53910　Vilmorinia DC.（1825）= Poitea Vent.（1800）[豆科 Fabaceae（Leguminosae）//蝶形花科 Papilionaceae]●☆

53911　Vilobia Strother（1968）【汉】玻利维亚菊属。【隶属】菊科 Asteraceae（Compositae）。【包含】世界1种。【学名诠释与讨论】〈阴〉词源不详。此属的学名是"Vilobia Strother, Brittonia 20：343. 31 Dec 1968"。亦有文献把其处理为"Tagetes L.（1753）"的异名。【分布】玻利维亚。【模式】Vilobia praetermissa Strother。【参考异名】Tagetes L.（1753）■●☆

53912　Vimen P. Browne ex Hallier f.（1918）Nom. illegit. = Hyperbaena Miers ex Benth.（1861）（保留属名）[防己科 Menispermaceae]●☆

53913　Vimen P. Browne（1756）Nom. inval. ≡ Vimen P. Browne ex Hallier f.（1918）；~ = Hyperbaena Miers ex Benth.（1861）（保留属名）[防己科 Menispermaceae]●☆

53914　Vimen Raf.（1817）= Salix L.（1753）（保留属名）[杨柳科 Salicaceae]●

53915　Vimen Raf.（1838）Nom. illegit. = Salix L.（1753）（保留属名）[杨柳科 Salicaceae]●

53916　Viminaria Sm.（1805）【汉】澳大利亚豆树属（折枝扫帚属）。【隶属】豆科 Fabaceae（Leguminosae）//蝶形花科 Papilionaceae。【包含】世界1种。【学名诠释与讨论】〈阴〉（拉）vimen, 所有格 viminis, 枝, 软条；vimeneus, 柳条编成的；viminalis, 属于枝的+-arius, -aria, -arium, 指示"属于、相似、具有、联系"的词尾。【分布】澳大利亚。【模式】Viminaria denudata（Ventenat）J. E. Smith, Nom. illegit. [Sophora juncea H. A. Schrader；Viminaria juncea（H. A. Schrader）Hoffmannsegg]。【参考异名】Verminiaria Hon.●☆

53917　Vinca L.（1753）【汉】蔓长春属（长春花属, 常春花属）。【日】ツルニチニチサウ属, ツルニチニチソウ属。【俄】Барвинок, Могильница。【英】Mrytle, Periwinkle。【隶属】夹竹桃科 Apocynaceae//蔓长春花科 Vincaceae。【包含】世界5-10种, 中国3种。【学名诠释与讨论】〈阴〉（拉）vincapervinca, 长春花的缩写, 源于拉丁语 vincire, 联结。指茎扭曲。此属的学名, ING、TROPICOS、APNI 和 IK 记载是"Vinca L., Sp. Pl. 1：209. 1753 [1 May 1753]"。"Pervinca P. Miller, Gard. Dict. Abr. ed. 4. 28 Jan 1754"是"Vinca L.（1753）"的晚出的同模式异名（Homotypic synonym, Nomenclatural synonym）。亦有文献把"Vinca L.（1753）"处理为"Catharanthus G. Don（1837）"的异名。【分布】巴基斯坦, 巴拿马, 秘鲁, 玻利维亚, 厄瓜多尔, 哥伦比亚（安蒂奥基亚）, 马达加斯加, 美国（密苏里）, 中国, 非洲北部, 欧洲, 亚洲西部, 中美洲。【后选模式】Vinca minor Linnaeus。【参考异名】Catharanthus G. Don（1837）；Pervinca Mill.（1754）Nom. illegit. ■

53918　Vincaceae Gray [亦见 Apocynaceae Juss.（保留科名）夹竹桃科]【汉】蔓长春花科。【包含】世界1属5-10种, 中国1属3种。【分布】欧洲, 非洲北部, 亚洲西部。【科名模式】Vinca L.（1753）■

53919　Vincaceae Vest（1818）= Apocynaceae Juss.（保留科名）●■

53920　Vincentella Pierre（1891）= Synsepalum（A. DC.）Daniell（1852）[山榄科 Sapotaceae]●☆

53921　Vincentia Bojer（1830）Nom. illegit. ≡ Vinticena Steud.（1841）[椴树科（椴科, 田麻科）Tiliaceae]●

53922　Vincentia Gaudich.（1829）= Machaerina Vahl（1805）[莎草科 Cyperaceae]■

53923　Vincetoxicopsis Costantin（1912）【汉】类白前属（合掌消属）。【隶属】萝藦科 Asclepiadaceae。【包含】世界1种。【学名诠释与讨论】〈阴〉（属）Vincetoxicum 白前属+希腊文 opsis, 外观, 模样, 相似。【分布】中南半岛。【模式】Vincetoxicopsis harmandii Costantin ■☆

53924　Vincetoxicum Medik.（1790）Nom. illegit. = Cynanchum L.（1753）[萝藦科 Asclepiadaceae]●■

53925　Vincetoxicum Möhring（1736）Nom. inval. = Vincetoxicum Wolf（1776）[萝藦科 Asclepiadaceae]●■

53926　Vincetoxicum Ruppius（1745）Nom. inval. = Vincetoxicum Wolf（1776）[萝藦科 Asclepiadaceae]●■

53927　Vincetoxicum Walter（1788）Nom. illegit. ≡ Gonolobus Michx.（1803）；~ = Vincetoxicum Wolf（1776）[萝藦科 Asclepiadaceae]●■

53928　Vincetoxicum Wolf（1776）【汉】白前属。【日】ビンセトキシカル属。【俄】Ластовень。【英】Black Swallowwort, Swallow-wort, Vincetoxicum。【隶属】萝藦科 Asclepiadaceae。【包含】世界15种, 中国15种。【学名诠释与讨论】〈中〉（拉）vincere, 打胜, 克服, 征服+toxicum, 毒。指植物可用作解毒剂。此属的学名, ING、APNI、GCI、TROPICOS 和 IK 记载是"Vincetoxicum N. M. Wolf, Gen. 130. 1776；Gen. Sp. 269. 1781"。"Vincetoxicum Medik., Hist. et Comm Acad. Theod. -Palat Mannheim, Phys. vi. 404（1790）= Cynanchum L.（1753）"是晚出的非法名称。"Vincetoxicum Möhring, Hort. priv.（1736）100 = Vincetoxicum Wolf（1776）"和"Vincetoxicum Ruppius, Fl. Jen. ed. Hall. 25（1745）= Vincetoxicum Wolf（1776）"是命名起点著作之前的名称。"Alexitoxicon Saint-Lager, Ann. Soc. Bot. Lyon 7：67. 1880"和"Antitoxicum E. G. Pobedimova in B. K. Schischkin et E. G. Bobrov, Fl. URSS 18；674. Nov-Dec 1952"是"Vincetoxicum Wolf（1776）"的晚出的同模式异名（Homotypic synonym, Nomenclatural synonym）。"Vincetoxicum T. Walter, Fl. Carol. 13, 104. Apr-Jun 1788（non Wolf 1776）"则是"Gonolobus Michx.（1803）[萝藦科 Asclepiadaceae]"的晚出的同模式异名。亦有文献把"Vincetoxicum Wolf（1776）"处理为"Cynanchum L.（1753）"或"Gonolobus Michx.（1803）"的异名。【分布】巴基斯坦, 玻利维亚, 马达加斯加, 中国, 温带欧亚大陆。【模式】Vincetoxicum hirundinaria Medikus [Asclepias vincetoxicum Linnaeus]。【参考异名】Alexitoxicon St. - Lag.（1880）Nom. illegit.；Antitoxicum Pobed.（1952）Nom. illegit.；Blyttia Arn.（1838）；Bunburia Harv.（1838）；Cyclodon Small（1933）；Cynanchum L.（1753）；Gonolobus Michx.（1803）；Haplostemma Endl.（1843）Nom. illegit.；Hirundinaria J. B. Ehrh.；Schizostephanus Hochst. ex Benth. et Hook. f.（1876）；Seutera Rchb.（1829）Nom. illegit.；Vincetoxicum Möhring（1736）Nom. inval.；Vincetoxicum Ruppius（1745）Nom. inval.；Vincetoxicum Walter（1788）Nom. illegit. ●■

53929　Vinchia DC. = Alstonia R. Br.（1810）（保留属名）[夹竹桃科 Apocynaceae]●

53930　Vindasia Benoist（1962）【汉】文达爵床属。【隶属】爵床科 Acanthaceae。【包含】世界1种。【学名诠释与讨论】〈阴〉（人）Vindas。【分布】马达加斯加。【模式】Vindasia virgata Benoist ☆

53931　Vindicta Raf.（1837）Nom. illegit. ≡ Aceranthus C. Morren et Decne.（1837）；~ = Epimedium L.（1753）[小檗科 Berberidaceae//淫羊藿科 Epimediaceae]■

53932　Vinicia Dematt.（2007）【汉】维尼菊属。【隶属】菊科

Asteraceae(Compositae)。【包含】世界 1 种。【学名诠释与讨论】〈阴〉(人) Vinici。【分布】巴西。【模式】Vinicia tomentosa Dematt. ☆

53933　Vinkia Meijden(1975)【汉】文克草属。【隶属】小二仙草科 Haloragaceae//狐尾藻科 Myriophyllaceae。【包含】世界 1-2 种。【学名诠释与讨论】〈阴〉(人)Willem (Willen) Vink,1931-?,植物学者。此属的学名是"Vinkia R. van der Meijden, Blumea 22: 251. 10 Mar 1975"。亦有文献把其处理为"Myriophyllum L. (1753)"的异名。【分布】澳大利亚。【模式】Vinkia callitrichoides (A. E. Orchard) R. van der Meijden [Myriophyllum callitrichoides A. E. Orchard]。【参考异名】Myriophyllum L. (1753)■☆

53934　Vinsonia Gaudich. (1844-1866) = Pandanus Parkinson(1773) [露兜树科 Pandanaceae]●■

53935　Vintenatia Cav. (1797)(废弃属名) = Astroloma R. Br. (1810) + Melichrus R. Br. (1810) [尖苞木科 Epacridaceae//杜鹃花科(欧石南科)Ericaceae]●☆

53936　Vintera Bonpl. (1808) Nom. illegit. ≡ Drimys J. R. Forst. et G. Forst. (1775) (保留属名); ~ ≡ Wintera Humb. et Bonpl., Nom. illegit. [八角科 Illiciaceae//林仙科(冬木科,假八角科,辛辣木科)Winteraceae]●☆

53937　Vintera Humb. et Bonpl. (1808) Nom. illegit. ≡ Vintera Bonpl. (1808) Nom. illegit.; ~ ≡ Drimys J. R. Forst. et G. Forst. (1775) (保留属名); ~ ≡ Wintera Humb. et Bonpl., Nom. illegit. [八角科 Illiciaceae//林仙科(冬木科,假八角科,辛辣木科)Winteraceae]●☆

53938　Vinticena Steud. (1841) = Grewia L. (1753) [椴树科(椴科,田麻科)Tiliaceae//锦葵科 Malvaceae//扁担杆科 Grewiaceae]●

53939　Viola L. (1753)【汉】堇菜属。【日】スミレ属。【俄】Фиалка。【英】Lady's Delight, Pansy, Viola, Violet。【隶属】堇菜科 Violaceae。【包含】世界 400-550 种,中国 96-139 种。【学名诠释与讨论】〈阴〉(拉)viola,堇菜古名。【分布】巴基斯坦,巴拿马,秘鲁,玻利维亚,厄瓜多尔,哥伦比亚(安蒂奥基亚),马达加斯加,美国(密苏里),中国,中美洲。【后选模式】Viola odorata Linnaeus N. L. Britton et A. Brown。【参考异名】Chrysion Spach (1836); Cittaronium Rchb. (1841); Crocion Nieuwl. (1914) Nom. illegit.; Crocion Nieuwl. et Kaczm. (1914); Dischidium (Ging.) Opiz, Nom. illegit.; Dischidium (Ging. ex DC.) Rchb. (1837); Dischidium Rchb. (1837) Nom. illegit.; Erpetion DC. ex Sweet (1826); Erpetion Sweet(1826) Nom. illegit.; Grammeionium Rchb. (1828); Herpetium Wittst.; Ion Medik. (1787); Jacea Opiz (1839) Nom. illegit.; Longiviola Gand.; Lophion Spach (1836); Lophium Steud. (1841); Mnemion Spach (1836) Nom. illegit.; Oionychion Nieuwl. (1914) Nom. illegit.; Oionychion Nieuwl. et Kaczm. (1914); Wiesbauria Gand.■●

53940　Violaceae Batsch(1802) [as 'Violariae'](保留科名)【汉】堇菜科。【日】スミレ科,ヤドリギ科。【俄】Фиалковые。【英】Violet Fnmily。【包含】世界 20-24 属 800-1000 种,中国 3-4 属 101-150 种。【分布】广泛分布,但是堇菜属在温带。【科名模式】Viola L. (1753)●■

53941　Violaceae Lam. et DC. = Violaceae Batsch(保留科名)●■

53942　Violaeoides Michx. ex DC. (1824) = Noisettia Kunth(1823) [堇菜科 Violaceae]■☆

53943　Violaria Post et Kuntze(1903) = Talauma Juss. (1789) [木兰科 Magnoliaceae]●

53944　Vionaea Neck. (1790) Nom. inval. = Leucadendron R. Br. (1810)(保留属名) [山龙眼科 Proteaceae]●

53945　Viorna(Pers.) Rchb. (1837) Nom. illegit. ≡ Cheiropsis (DC.) Bercht. et J. Presl(1823) Nom. illegit.; ~ = Clematis L. (1753) [毛茛科 Ranunculaceae]●■

53946　Viorna Rchb. (1837) Nom. illegit. ≡ Viorna (Pers.) Rchb. (1837) [毛茛科 Ranunculaceae]●■

53947　Viorna Spach (1838) Nom. illegit. =? Viorna Rchb. (1837) Nom. illegit. [毛茛科 Ranunculaceae]☆

53948　Viposia Lundell (1939) = Plenckia Reissek (1861)(保留属名) [卫矛科 Celastraceae]●☆

53949　Viraea Vahl ex Benth. et Hook. f. (1873) = Leontodon L. (1753) (保留属名); ~ = Virea Adans. (1763) [菊科 Asteraceae (Compositae)]■☆

53950　Viraya Gaudich. (1830) = Waitzia J. C. Wendl. (1808) [菊科 Asteraceae(Compositae)]■☆

53951　Virchowia Schenk ex Urb. (1884) = Ilysanthes Raf. (1820) [玄参科 Scrophulariaceae]■

53952　Virchowia Schenk (1852) Nom. inval. ≡ Virchowia Schenk ex Urb. (1884); ~ = Ilysanthes Raf. (1820) [玄参科 Scrophulariaceae]■

53953　Virdika Adans. (1763) Nom. illegit. ≡ Albuca L. (1762) [风信子科 Hyacinthaceae//百合科 Liliaceae]■☆

53954　Virea Adans. (1763) = Leontodon L. (1753)(保留属名) [菊科 Asteraceae(Compositae)]■☆

53955　Virecta Afzel. ex Sm. (1817) Nom. illegit. ≡ Virectaria Bremek. (1952) [茜草科 Rubiaceae]■☆

53956　Virecta L. f. (1782) = Sipanea Aubl. (1775) [茜草科 Rubiaceae]●■☆

53957　Virecta Sm. (1817) Nom. illegit. ≡ Virecta Afzel. ex Sm. (1817) Nom. illegit.; ~ ≡ Virectaria Bremek. (1952) [茜草科 Rubiaceae]■☆

53958　Virectaria Bremek. (1952)【汉】绿洲茜属。【隶属】茜草科 Rubiaceae。【包含】世界 7 种。【学名诠释与讨论】〈阴〉(拉)virectum,一片绿色的地方+-arius,-aria,-arium,指示"属于、相似、具有、联系"的词尾。此属的学名,ING、TROPICOS 和 IK 记载是"Virectaria Bremekamp, Verh. Kon. Ned. Akad. Wetensch., Afd. Natuurk., Tweede Sect. 48 (2):21 (obs. et adnot.). 28 Mai 1952"。它似为"Virecta Smith in A. Rees, Cyclopaedia 37: [s. n.].23 Dec 1817(non Linnaeus f. 1782)"的替代名称。【分布】热带非洲。【模式】未指定。【参考异名】Phyteumoides Smeathman ex DC. (1830) Nom. inval.; Virecta Afzel. ex Sm. (1817) Nom. illegit.; Virecta Sm. (1817) Nom. illegit. ■☆

53959　Vireya Blume(1826)(废弃属名) = Rhododendron L. (1753) [杜鹃花科(欧石南科)Ericaceae]●

53960　Vireya Post et Kuntze(1903)(废弃属名) = Viraya Gaudich. (1830); ~ = Waitzia J. C. Wendl. (1808) [菊科 Asteraceae (Compositae)]■☆

53961　Vireya Raf. (1814)(废弃属名) = Alloplectus Mart. (1829)(保留属名); ~ = Columnea L. (1753) [苦苣苔科 Gesneriaceae]●■☆

53962　Virga Hill(1763) = Dipsacus L. (1753) [川续断科(刺参科,蓟叶参科,山萝卜科,续断科)Dipsacaceae]■

53963　Virgaria Raf. ex DC. (1836) Nom. illegit. = Aster L. (1753) [菊科 Asteraceae(Compositae)]●■

53964　Virgilia L'Hér. (1788)(废弃属名) = Gaillardia Foug. (1786) [菊科 Asteraceae(Compositae)]■

53965　Virgilia Lam. (1793) Nom. illegit. (废弃属名) = Andrastis Raf. ex Benth. (1838); ~ = Cladrastis Raf. (1824) [豆科 Fabaceae (Leguminosae)//蝶形花科 Papilionaceae]●

53966　Virgilia Poir. (1808)(保留属名)【汉】南非槐属(维吉尔豆属)。【俄】Виргилия。【英】Virgilia。【隶属】豆科 Fabaceae

（Leguminosae）//蝶形花科 Papilionaceae。【包含】世界 2 种。
【学名诠释与讨论】〈阴〉（人）Publius Vergilius Maro（70-19 BC）。
此属的学名"Virgilia Poir. in Lamarck, Encycl. 8：677. 22 Aug
1808"是保留属名。相应的废弃属名是菊科 Asteraceae 的
"Virgilia L' Hér., Virgilia：ad t.［1］. Jan – Jun 1788"。"Virgilia
Lam., Tabl. Encycl. ii. 454. t. 326（1793）= Andrastis Raf. ex Benth.
（1838）= Cladrastis Raf.（1824）［豆科 Fabaceae（Leguminosae）//
蝶形花科 Papilionaceae］亦应废弃。【分布】非洲南部。【模式】
Virgilia capensis（Linnaeus）Poiret［Sophora capensis Linnaeus］。
【参考异名】Aphora Neck.（1790）Nom. inval.；Aphora Neck. ex
Kuntze（1891）Nom. illegit. ●☆

53967　Virginea（DC.）Nicoli（1980）= Gnaphalium L.（1753）；~ =
Helichrysum Mill.（1754）［as 'Elichrysum'］（保留属名）［菊科
Asteraceae（Compositae）//蜡菊科 Helichrysaceae］●■

53968　Virgularia Ruiz et Pav.（1794）（废弃属名）= Agalinis Raf.
（1837）（保留属名）；~ = Gerardia Benth.（1846）Nom. illegit.（废
弃属名）；~ = Agalinis Raf.（1837）（保留属名）［玄参科
Scrophulariaceae//列当科 Orobanchaceae］■☆

53969　Virgulaster Semple（1985）= Aster L.（1753）［菊科 Asteraceae
（Compositae）］●■

53970　Virgulus Raf.（1837）= Aster L.（1753）［菊科 Asteraceae
（Compositae）］●■

53971　Viridantha Espejo（2002）【汉】绿花凤梨属。【隶属】凤梨科
Bromeliaceae//花凤梨科 Tillandsiaceae。【包含】世界 6 种。【学
名诠释与讨论】〈阴〉（拉）viridis，绿的+anthos，花。此属的学名，
ING、TROPICOS、GCI 和 IK 记载是"Viridantha A. Espejo-Serna，
Acta Bot. Mex. 60：27. 22-31 Oct 2002"。它曾被处理为"Tillandsia
subgen. Viridantha（Espejo）Barfuss et W. Till, Phytotaxa 279（1）：
47. 2016.（13 Oct 2016）"。亦有文献把"Viridantha Espejo
（2002）"处理为"Tillandsia L.（1753）"的异名。【分布】美洲。
【模式】Viridantha plumosa（J. G. Baker）A. Espejo-Serna
［Tillandsia plumosa J. G. Baker］。【参考异名】Tillandsia L.
（1753）；Tillandsia subgen. Viridantha（Espejo）Barfuss et W. Till
（2016）■☆

53972　Viridivia J. H. Hemsl. et Verdc.（1956）【汉】杯花西番莲属。
【隶属】西番莲科 Passifloraceae。【包含】世界 1 种。【学名诠释
与讨论】〈阴〉（拉）viridis，绿色+via，道路，小径。翻译成英语为
Greenway。纪念南非植物学者 Percy（Peter）James Greenway，
1897-1980。【分布】热带非洲。【模式】Viridivia suberosa J. H.
Hemsley et Verdcourt ●☆

53973　Virletia Sch. Bip. ex Benth. et Hook. f.（1873）= Bahia Lag.
（1816）［菊科 Asteraceae（Compositae）］■☆

53974　Virola Aubl.（1775）【汉】蔻木属（美洲肉豆蔻属，南美肉豆蔻
属）。【隶属】肉豆蔻科 Myristicaceae。【包含】世界 40-60 种。
【学名诠释与讨论】〈阴〉来自植物俗名。加勒比语和法属圭亚
那人称 Virola sebifera Aubl. 为 virola。【分布】巴拿马，秘鲁，玻利
维亚，厄瓜多尔，哥伦比亚（安蒂奥基亚），哥斯达黎加，尼加拉
瓜，中美洲。【模式】Virola sebifera Aublet ●☆

53975　Virotia L. A. S. Johnson et B. G. Briggs（1975）【汉】维氏山龙眼
属。【隶属】山龙眼科 Proteaceae。【包含】世界 6 种。【学名诠释
与讨论】〈阴〉（人）Robert Virot，1915-?，植物学者。【分布】澳大
利亚，法属新喀里多尼亚。【模式】Virotia leptophylla
（Guillaumin）L. A. S. Johnson et B. G. Briggs［Kermadecia
leptophylla Guillaumin］●☆

53976　Viscaceae Batsch（1802）【汉】槲寄生科。【日】ヤドリギ科。
【英】Mistletoe Family。【包含】世界 7-8 属 250-450 种，中国 3 属
16-18 种。【分布】广泛分布，尤其热带和亚热带。【科名模式】

Viscum L.（1753）●

53977　Viscaceae Miq. = Santalaceae R. Br.（保留科名）；~ = Viscaceae
Batsch；~ = Vitaceae Juss.（保留科名）●■

53978　Viscago Haller（1742）Nom. inval. =? Viscago Zinn（1757）Nom.
illegit.［石竹科 Caryophyllaceae］■

53979　Viscago Zinn（1757）Nom. illegit. ≡ Silene L.（1753）（保留属
名）；~ =Cucubalus L.（1753）+Silene L.（1753）（保留属名）［石
竹科 Caryophyllaceae］■

53980　Viscainoa Greene（1888）【汉】黏蒺藜属。【隶属】蒺藜科
Zygophyllaceae。【包含】世界 1-2 种。【学名诠释与讨论】〈阴〉
（拉）viscus，粘胶胶+is，所有格 inos，纤维。【分布】美国（加利福
尼亚）。【模式】Viscainoa geniculata（Kellog）E. L. Greene
［Staphylea geniculata Kellog］●☆

53981　Viscaria Bernh.（1800）（保留属名）【汉】黏石竹属。【隶属】
石竹科 Caryophyllaceae。【包含】世界 5 种。【学名诠释与讨论】
〈阴〉（拉）viscus，粘鸟胶+-arius，-aria，-arium，指示"属于、相似、
具有、联系"的词尾。此属的学名"Viscaria Bernh., Syst. Verz.
261. 1800"是保留属名。相应的废弃属名是石竹科
Caryophyllaceae 的"Steris Adans., Fam. Pl. 255，607. 1763 ≡
Viscaria Bernh.（1800）（保留属名）= Silene L.（1753）（保留属
名）"。"Steris L., Mant. Pl. 8. 1767［15-31 Oct 1767］=Hydrolea
L.（1762）（保留属名）［田基麻科（叶藏刺科）Hydroleaceae//田
梗草科（田基麻科，田亚麻科）Hydrophyllaceae］"是晚出的非法
名称，亦应废弃。石竹科 Caryophyllaceae 的"Viscaria Röhling，
Deutschl. Fl. ed. 2. 2：37，275. 1812 ≡ Steris Adans.（1763）（废弃
属名）"和"Viscaria Riv. ex Ruppius = Lychnis L.（1753）（废弃属
名）"，桑寄生科 Loranthaceae 的"Viscaria Commers. ex Danser，
Bull. Jard. Bot. Buitenzorg ser. III, xiv. 139（1937）= Korthalsella
Tiegh.（1896）"和"Viscaria Comm. ≡ Viscaria Comm. ex Danser
（1937）（废弃属名）"都应废弃。真眼点藻的"Vischeria A.
Pascher, Rabenhorst's Kryptogamenfl. Deutschl. ed. 2. 11：328. 1937"
亦是晚出的非法名称，也应废弃。亦有文献把"Viscaria Bernh.
（1800）（保留属名）"处理为"Lychnis L.（1753）（废弃属名）"或
"Silene L.（1753）（保留属名）"的异名。【分布】北温带。【模
式】Viscaria vulgaris Röhling［Lychnis viscaria Linnaeus］。【参考
异名】Liponeuron Schott, Nyman et Kotschy（1854）；Steris Adans.
（1763）（废弃属名）；Steris Adans.（1854）（废弃属名）；Viscaria
Röhl.（1812）（废弃属名）■☆

53982　Viscaria Comm.（废弃属名）≡ Viscaria Comm. ex Danser
（1937）（废弃属名）；~ =Korthalsella Tiegh.（1896）［桑寄生科
Loranthaceae］●

53983　Viscaria Comm. ex Danser（1937）（废弃属名）= Korthalsella
Tiegh.（1896）［桑寄生科 Loranthaceae］●

53984　Viscaria Riv. ex Ruppius（废弃属名）=Lychnis L.（1753）（废弃
属名）；~ = Silene L.（1753）（保留属名）［石竹科
Caryophyllaceae］■

53985　Viscaria Röhl.（1812）Nom. illegit.（废弃属名）≡Steris Adans.
（1763）（废弃属名）；~ ≡ Viscaria Bernh.（1800）（保留属名）；
~ =Silene L.（1753）（保留属名）［石竹科 Caryophyllaceae］■

53986　Viscoides Jacq.（1763）Nom. inval. =Psychotria L.（1759）（保
留属名）［茜草科 Rubiaceae//九节科 Psychotriaceae］●

53987　Viscum L.（1753）【汉】槲寄生属。【日】ヤドリギ属。【俄】
Омела。【英】Mistletoe。【隶属】桑寄生科 Loranthaceae//槲寄生
科 Viscaceae。【包含】世界 70-100 种，中国 12-13 种。【学名诠释
与讨论】〈中〉（拉）viscum，为槲寄生的古名，含义为黏胶或粘鸟
胶。指浆果具黏胶质。此属的学名，ING、TROPICOS、APNI、GCI
和 IK 记载是"Viscum L., Sp. Pl. 2：1023. 1753［1 May 1753］"。

"Stelin Bubani, Fl. Pyrenaea 1: 128. 1897" 是 "Viscum L. (1753)" 的晚出的同模式异名 (Homotypic synonym, Nomenclatural synonym)。【分布】巴基斯坦, 巴勒斯坦, 玻利维亚, 马达加斯加, 中国, 中美洲。【后选模式】Viscum album Linnaeus。【参考异名】Alepidixia Tiegh. ex Lecomte (1927); Aspidixia (Korth.) Tiegh. (1896); Aspidixia Tiegh. (1896) Nom. illegit.; Ozarthris Raf. (1838); Ploionixus Tiegh. ex Lecomte (1927); Stelin Bubani (1897) Nom. illegit.; Tetrixus Tiegh. ex Lecomte (1927) ●

53988　Visena Schult. (1820) = Visenia Houtt. (1777) = Melochia L. (1753) (保留属名) [梧桐科 Sterculiaceae//锦葵科 Malvaceae//马松子科 Melochiaceae] ●■

53989　Visenia Houtt. (1777) = Melochia L. (1753) (保留属名) [梧桐科 Sterculiaceae//锦葵科 Malvaceae//马松子科 Melochiaceae] ●■

53990　Visiania DC. (1844) = Ligustrum L. (1753) [木犀榄科(木犀科) Oleaceae] ●

53991　Visiania Gasp. (1844) Nom. illegit. ≡ Macrophthalma Gasp. (1845); ~ = Ficus L. (1753) [桑科 Moraceae] ●

53992　Visinia Turcz. (1858) Nom. illegit. (废弃属名) = Vismia Vand. (1788) (保留属名) [猪胶树科(克鲁西科, 山竹子科, 藤黄科) Clusiaceae (Guttiferae)] ●☆

53993　Vismia Vand. (1788) (保留属名)【汉】维斯木属。【俄】Висмия。【英】Vismia。【隶属】猪胶树科(克鲁西科, 山竹子科, 藤黄科) Clusiaceae (Guttiferae)。【包含】世界 35 种。【学名诠释与讨论】〈阴〉(人) M. de Visme, 葡萄牙商人。此属的学名 "Vismia Vand., Fl. Lusit. Bras. Spec.: 51. 1788" 是保留属名。相应的废弃属名是猪胶树科 Clusiaceae 的 "Caopia Adans., Fam. Pl. 2: 448. Jul-Aug 1763 = Vismia Vand. (1788) (保留属名)"。猪胶树科 Clusiaceae 的 "Visinia Turcz., Bull. Soc. Imp. Naturalistes Moscou xxxi. (1858) I. 382 亦应废弃。【分布】巴拿马, 秘鲁, 玻利维亚, 厄瓜多尔, 哥伦比亚(安蒂奥基亚), 哥斯达黎加, 墨西哥, 尼加拉瓜, 热带南美洲, 热带非洲西部, 中美洲。【模式】Vismia cayennensis (N. J. Jacquin) Persoon [Hypericum cayennense N. J. Jacquin]。【参考异名】Acrosanthes Engl.; Acrossanthes C. Presl (1845); Acrossanthus C. Presl (1845); Caopia Adans. (1763) (废弃属名); Caspia Pison. ex Scop. (1777); Caspia Scop. (1777) Nom. illegit.; Quadria Mutis (1821) Nom. illegit.; Visinia Turcz. (1858) ●☆

53994　Vismianthus Mildbr. (1935)【汉】维斯花属。【隶属】牛栓藤科 Connaraceae。【包含】世界 1-2 种。【学名诠释与讨论】〈阴〉(属) Vismia 维斯木属 + anthos, 花。【分布】热带非洲东部。【模式】Vismianthus punctatus Mildbraed。【参考异名】Schellenbergia C. E. Parkinson (1936) ●☆

53995　Visnaga Gaertn. (1788) Nom. illegit. = Ammi L. (1753) [伞形花科(伞形科) Apiaceae (Umbelliferae)//阿米芹科 Ammiaceae] ■

53996　Visnaga Mill. (1754) = Ammi L. (1753) [伞形花科(伞形科) Apiaceae (Umbelliferae)//阿米芹科 Ammiaceae] ■

53997　Visnea L. f. (1782)【汉】长萼厚皮香属。【隶属】山茶科(茶科) Theaceae//厚皮香科 Ternstroemiaceae。【包含】世界 1 种。【学名诠释与讨论】〈阴〉(人) Giraldo Visne, 葡萄牙植物学者。此属的学名, ING、TROPICOS 和 IK 记载是 "Visnea L. f., Suppl. Pl. 36. 1782 [1781 publ. Apr 1782]"。"Visnea Steud. ex Endl., Gen. Pl. [Endlicher] 173. 1837 [Jun 1837] = Barbacenia Vand. (1788) [翡若翠科(巴西蒜科, 尖叶棱枝草科, 尖叶鳞枝科) Velloziaceae]" 是晚出的非法名称。"Mocanera A. L. Jussieu, Gen. 318. 4 Aug 1789" 是 "Visnea L. f. (1782)" 的晚出的同模式异名 (Homotypic synonym, Nomenclatural synonym)。【分布】西班牙(加那利群岛)。【模式】Visnea mocanera Linnaeus f.。【参考异名】Mocanera Juss. (1789) Nom. illegit. ●☆

53998　Visnea Steud. ex Endl. (1837) Nom. illegit. = Barbacenia Vand. (1788) [翡若翠科(巴西蒜科, 尖叶棱枝草科, 尖叶鳞枝科) Velloziaceae] ■☆

53999　Vissadali Adans. (1763) Nom. illegit. ≡ Knoxia L. (1753) [茜草科 Rubiaceae] ■

54000　Vistnu Adans. (1763) = Evolvulus L. (1762) [旋花科 Convolvulaceae] ●■

54001　Vitaceae Juss. (1789) (保留科名)【汉】葡萄科。【日】ブダウ科, ブドウ科。【俄】Виноградные, Виноградовые。【英】Grape Family, Grape-vine Family。【包含】世界 14-16 属 750-900 种, 中国 8-9 属 146-211 种。【分布】热带、亚热带和温带温暖地区。【科名模式】Vitis L. (1753) ●■

54002　Vitaeda Börner (1913) = Ampelopsis Michx. (1803) [葡萄科 Vitaceae//蛇葡萄科 Ampelopsidaceae] ●

54003　Vitaliana Sesl. (1758) (废弃属名) = Androsace L. (1753); ~ = Douglasia Lindl. (1827) (保留属名) [报春花科 Primulaceae//点地梅科 Androsacaceae] ■☆

54004　Vitekorchis Romowicz et Szlach. (2006)【汉】维特兰属。【隶属】兰科 Orchidaceae。【包含】世界 12 种。【学名诠释与讨论】〈阴〉(人) Ernst Vitek, 1953 -, 植物学者。此属的学名是 "Vitekorchis Romowicz et Szlach., Polish Botanical Journal 51 (1): 45-46. 2006. (21 Jul 2006)"。亦有文献把其处理为 "Oncidium Sw. (1800) (保留属名)" 的异名。【分布】巴拿马。【模式】Vitekorchis excavatus (Lindl.) Romowicz et Szlach. [Oncidium excavatum Lindl.]。【参考异名】Oncidium Sw. (1800) (保留属名) ■☆

54005　Vitellaria C. F. Gaertn. (1807)【汉】蛋黄榄属。【隶属】山榄科 Sapotaceae。【包含】世界 1-2 种。【学名诠释与讨论】〈阴〉(拉) vitellus, 蛋黄 + -arius, -aria, -arium, 指示 "属于、相似、具有、联系" 的词尾。指果实。此属的学名是 "Vitellaria C. F. Gaertner, Suppl. Carp. 131. 1807"。亦有文献把其处理为 "Butyrospermum Kotschy (1865)" 的异名。【分布】中国, 非洲, 中美洲。【模式】Vitellaria paradoxa C. F. Gaertner。【参考异名】Butyrospermum Kotschy (1865) ●

54006　Vitellariopsis Baill., Nom. illegit. ≡ Vitellariopsis Baill. ex Dubard (1915) [山榄科 Sapotaceae] ●☆

54007　Vitellariopsis Baill. ex Dubard (1915)【汉】拟蛋黄榄属。【隶属】山榄科 Sapotaceae。【包含】世界 6 种。【学名诠释与讨论】〈阴〉(属) Vitellaria 蛋黄山榄属 + 希腊文 opsis, 外观, 模样, 相似。此属的学名, ING、TROPICOS 和 IK 记载学名是 "Vitellariopsis Baillon ex Dubard, Ann. Inst. Bot. -Géol. Colon. Marseille ser. 3. 3: 44. 1915"。"Vitellariopsis Baill. ≡ Vitellariopsis Baill. ex Dubard (1915)" 和 "Vitellariopsis (Baill.) Dubard (1915) ≡ Vitellariopsis Baill. ex Dubard (1915)" 的命名人引证有误。【分布】热带和非洲南部。【模式】Vitellariopsis kirkii (J. G. Baker) Dubard [Butyrospermum kirkii J. G. Baker]。【参考异名】Austromimusops A. Meeuse (1960); Vitellariopsis (Baill.) Dubard (1915) Nom. illegit.; Vitellariopsis Baill., Nom. illegit. ●☆

54008　Vitenia Noronha ex Cambess. (1829) Nom. inval. = Erioglossum Blume (1825) [无患子科 Sapindaceae] ●

54009　Vitenia Noronha, Nom. inval. ≡ Vitenia Noronha ex Cambess. (1829) Nom. inval.; ~ = Erioglossum Blume (1825) [无患子科 Sapindaceae] ●

54010　Vitex L. (1753)【汉】牡荆属(黄荆属, 荆条属)。【日】ニンジンボク属, ハマゴウ属, ビテックス属。【俄】Авраамово дерево, Витекс, Прутняк。【英】Chaste Tree, Chastetree, Chastetree。【隶属】马鞭草科 Verbenaceae//唇形科 Lamiaceae（Labiatae）//牡荆科 Viticaceae。【包含】世界 250 种，中国 14-15 种。【学名诠释与讨论】〈阴〉（拉）vitex，所有格 viticis，为一种牡荆（贞节树）的古名。来自拉丁文 vieo，编，扎，绑。指枝条柔韧，可供编织绑扎之用。【分布】巴基斯坦，巴拉圭，巴拿马，秘鲁，玻利维亚，厄瓜多尔，哥伦比亚（安蒂奥基亚），马达加斯加，美国（密苏里），尼加拉瓜，中国，热带和温带，中美洲。【后选模式】Vitex agnus-castus Linnaeus。【参考异名】Agnus-castus Carrière（1870-1871）；Allasia Lour.（1790）；Allazia Silva Manso（1836）；Casarettoa Walp.（1844）；Chrysomallum Thouars（1806）；Ephialis Banks et Sol. ex A. Cunn.（1838）；Ephialis Seem.（1865）Nom. illegit.；Ephialis Sol. ex Seem.（1865）Nom. illegit.；Ephielis Banks et Sol. ex Seem.（1866）Nom. illegit.；Limia Vand.（1788）；Macrostegia Nees（1847）；Mailelou Adans.（1763）；Neorapinia Moldenke（1955）；Nephrandra Willd.（1790）；Psilogyne DC.（1838）；Pyrostoma G. Mey.（1818）；Tripinna Lour.（1790）；Tripinnaria Pers.（1806）Nom. illegit.；Wallrothia Roth（1821）Nom. illegit.；Wilkea Post et Kuntze（1903）●

54011 Viticaceae Juss.（1789）[亦见 Labiatae Juss.（保留科名）//Lamiaceae Martinov（保留科名）唇形科和 Verbenaceae J. St.-Hil.（保留科名）马鞭草科]【汉】牡荆科。【包含】世界 24-32 属 480-838 种，中国 12 属 169 种。【分布】中国，亚洲。【科名模式】Vitex L.（1753）●■

54012 Viticastrum C. Presl（1845）= Sphenodesme Jack（1820）[马鞭草科 Verbenaceae//唇形科 Lamiaceae（Labiatae）//六苞藤科（伞序材科）Symphoremataceae]●

54013 Viticella Dill. ex Moench（1794）（废弃属名）= Clematis L.（1753）[毛茛科 Ranunculaceae]●■

54014 Viticella Mitch.（1748）Nom. inval.（废弃属名）= Galax L.（1753）（废弃属名）；~ = Nemophila Nutt.（1822）（保留属名）[田梗草科（田基麻科，田亚麻科）Hydrophyllaceae]■☆

54015 Viticella Moench（1794）Nom. illegit.（废弃属名）≡ Viticella Dill. ex Moench（1794）（废弃属名）；~ = Clematis L.（1753）[毛茛科 Ranunculaceae]●■

54016 Viticena Benth.（1861）= Vinticena Steud.（1841）[椴树科（椴科，田麻科）Tiliaceae]●

54017 Viticipremna H. J. Lam（1919）【汉】荆鞭木属。【隶属】马鞭草科 Verbenaceae。【包含】世界 5 种。【学名诠释与讨论】〈阴〉（拉）vitex，所有格 viticis，为一种牡荆（贞节树）的古名 +（属）Premna 豆腐柴属（臭黄荆属，臭娘子属，臭鱼木属，腐婢属）。【分布】菲律宾（菲律宾群岛），印度尼西亚（爪哇岛），新几内亚岛。【模式】未指定●☆

54018 Vitidaceae Juss.（1789）= Vitaceae Juss.（保留科名）●■

54019 Vitiphoenix Becc.（1885）= Veitchia H. Wendl.（1868）（保留属名）[棕榈科 Arecaceae（Palmae）]●☆

54020 Vitis Adans.（1763）Nom. illegit. ≡ Cissus L.（1753）[葡萄科 Vitaceae]●

54021 Vitis L.（1753）【汉】葡萄属。【日】ブダウ属，ブドウ属。【俄】Виноград，Лоза виноградная。【英】Grape，Grape-vine，Vine。【隶属】葡萄科 Vitaceae。【包含】世界 60-65 种，中国 37-54 种。【学名诠释与讨论】〈阴〉（拉）vitis，指小式 viticula，葡萄树的古拉丁名，藤蔓植物。其名称一说来源于凯尔特语 gwid，最好的树，gwin，葡萄酒。其果可酿酒。一说源出（拉）vita，生命，或 vis，活力。另说来自希腊文 vleo，结合，指其蔓生、攀缘的习性。此属的学名，ING、TROPICOS 和 IK 记载是“Vitis L.，Sp. Pl. 1：202. 1753 [1 May 1753]”。“Vitis Adanson，Fam. 2：408. Jul-Aug 1763（non Linnaeus 1753）≡ Cissus L.（1753）[葡萄科

Vitaceae]”是晚出的非法名称。【分布】巴基斯坦，巴拿马，秘鲁，玻利维亚，厄瓜多尔，哥伦比亚（安蒂奥基亚），马达加斯加，美国（密苏里），尼加拉瓜，中国，中美洲。【后选模式】Vitis vinifera Linnaeus。【参考异名】Adenopetalum Turcz.（1858）；Ampelovitis Carrière（1889）；Ingenhousia Endl.（1841）Nom. illegit.；Ingenhoussia Dennst.（1818）；Muscadinia（Planch.）Small（1903）；Muscadinia Small（1903）Nom. illegit.；Pareira Lour. ex Gomes（1868）；Sphondylantha Endl.（1840）；Spinovitis Rom. Caill.（1881）；Spondylantha C. Presl（1831）；Thouinia Comm. ex Planch.（废弃属名）●

54022 Vitis-Idaea Ség.（1754）= Vaccinium L.（1753）[杜鹃花科（欧石南科）Ericaceae//越橘科（乌饭树科）Vacciniaceae]●

54023 Vitis-idaea Tourn. ex Moench（1794）= Vaccinium L.（1753）[杜鹃花科（欧石南科）Ericaceae//越橘科（乌饭树科）Vacciniaceae]●

54024 Vitmannia Endl.（1837）Nom. illegit. = Mirabilis L.（1753）[紫茉莉科 Nyctaginaceae]■

54025 Vitmannia Torr.，Nom. inval. ≡ Vitmannia Torr. ex Cav.（1794）Nom. inval.；~ = Mirabilis L.（1753）[紫茉莉科 Nyctaginaceae]■

54026 Vitmannia Torr. ex Cav.（1794）Nom. inval. = Mirabilis L.（1753）[紫茉莉科 Nyctaginaceae]■

54027 Vitmannia Vahl（1794）Nom. illegit. ≡ Samadera Gaertn.（1791）（保留属名）；~ = Quassia L.（1762）[苦木科 Simaroubaceae]●☆

54028 Vitmannia Wight et Arn.（1834）Nom. illegit. ≡ Noltea Rchb.（1828-1829）[鼠李科 Rhamnaceae]●☆

54029 Vittadenia Steud.（1841）Nom. illegit. = Vittadinia A. Rich.（1832）[菊科 Asteraceae（Compositae）]■☆

54030 Vittadinia A. Rich.（1832）【汉】簇毛层菀属（维塔丁尼亚属，维太菊属）。【日】ビッタディニア属。【英】Australian Daisy。【隶属】菊科 Asteraceae（Compositae）。【包含】世界 20-29 种。【学名诠释与讨论】〈阴〉（人）Carlo Vittadini，1800-1865，意大利医生，植物学者，真菌学者，Tentamen mycologicum 的作者。此属的学名，ING、APNI 和 IK 记载是“Vittadinia A. Richard，Voyage Déc. Astrolabe Bot. 1（Essai Fl. Nouvelle-Zélande）：250. 1832”。“Vittadenia Steud.，Nomencl. Bot. [Steudel]，ed. 2. 2：779，sphalm. 1841”是错误拼写。【分布】澳大利亚，玻利维亚，新西兰，法属新喀里多尼亚，新几内亚岛，南美洲。【模式】Vittadinia australis A. Richard。【参考异名】Brachycome Gaudich.；Eurybiopsis DC.（1836）；Microgyne Less.（1832）；Peripleura Clifford et Ludlow（1978）；Vittadenia Steud.（1841）Nom. illegit.■☆

54031 Vittetia R. M. King et H. Rob.（1974）【汉】点腺柄泽兰属。【隶属】菊科 Asteraceae（Compositae）。【包含】世界 2 种。【学名诠释与讨论】〈阴〉（人）Nelly Vittet，植物学者。【分布】巴西。【模式】Vittetia orbiculata（A. P. de Candolle）R. M. King et H. E. Robinson [Eupatorium orbiculatum A. P. de Candolle]●☆

54032 Vittmannia Endl.（1837）Nom. illegit. ≡ Vittmannia Turra ex Endl.（1837）Nom. illegit.；~ = Mirabilis L.（1753）；~ = Vitmannia Turr. ex Cav.（1794）Nom. inval.[紫茉莉科 Nyctaginaceae]■

54033 Vittmannia Turra ex Endl.（1837）Nom. illegit. = Mirabilis L.（1753）；~ = Vitmannia Turr. ex Cav.（1794）Nom. inval.[紫茉莉科 Nyctaginaceae]■

54034 Viviana Cav.（1804）Nom. illegit. ≡ Vivian017a Cav.（1804）[牻牛儿苗科 Geraniaceae//青蛇胚科（曲胚科，韦韦苗科）Vivianiaceae]■☆

54035 Viviana Colla（1826）Nom. illegit. ≡ Melanopsidium Colla（1824）Nom. illegit.；~ ≡ Melanopsidium Cels ex Colla（1824）；~ = Billiottia DC.（1830）Nom. illegit.；~ = Melanopsidium Colla（1824）Nom.

illegit. ; ～ = Melanopsidium Cels ex Colla（1824）［茜草科 Rubiaceae］●☆

54036　Viviana Merr. Nom. illegit. = Guettarda L.（1753）; ～ = Viviania Raf.（1814）Nom. illegit. ; ～ = Viviania Raf.（1814）Nom. inval. ; ～ = Guettarda L.（1753）［茜草科 Rubiaceae//海岸桐科 Guettardaceae］●

54037　Viviana Raf.（1814）Nom. illegit. = Viviania Raf.（1814）Nom. inval. ;～ = Guettarda L.（1753）［茜草科 Rubiaceae//海岸桐科 Guettardaceae］●

54038　Vivianaceae Klotzsch（1836）= Geraniaceae Juss.（保留科名）; ～ = Vivianiaceae Klotzsch ■☆

54039　Vivania Cav.（1804）【汉】青蛇胚属（曲胚属，韦韦苗属）。【隶属】牻牛儿苗科 Geraniaceae//青蛇胚属（曲胚科，韦韦苗科）Vivianiaceae。【包含】世界 6-30 种。【学名诠释与讨论】〈阴〉（人）Domenico（Dominicus）Viviani, 1772–1840, 意大利植物学者, 医生, 教授。1803 年创建了日内瓦植物园, 并主管到 1837 年。Flora Libycae specimen 的作者。此属的学名, ING、TROPICOS 和 IK 记载是"Viviania Cavanilles, Anales Ci. Nat. 7: 211. Apr 1804"。"Viviania Colla, Mém. Soc. Linn. Paris 4: 25. 1825 ≡ Melanopsidium Colla（1824）Nom. illegit. = Billiottia DC.（1830）Nom. illegit.［茜草科 Rubiaceae］"、"Viviania Raf., Specch. i. 117（1814）= Guettarda L.（1753）［茜草科 Rubiaceae//海岸桐科 Guettardaceae］"、"Viviania Raf. ex DC. Prod. iv. 458 = Guettarda L.（1753）［茜草科 Rubiaceae//海岸桐科 Guettardaceae］"和"Viviania Willd. ex Less., Linnaea 4: 318（1829）= Liabum Adans.（1763）≡ Amellus L.（1759）（保留属名）［菊科 Asteraceae（Compositae）］"都是晚出的非法名称。苔藓的"Viviania Raddi 1822 ≡ Viviania Raddi, Crittog. Brasil. 18. 1822"亦是晚出的非法名称。【分布】巴西（南部）, 智利。【模式】Viviania marifolia Cavanilles。【参考异名】Araeoandra Lefor（1975）; Caesarea Cambess.（1829）; Cissabryon Kuntze ex Poepp.; Cissabryon Meisn.（1837）; Cissarobryon Kuntze ex Poepp.（1833）Nom. illegit. ; Cissarobryon Kuntze（1833）Nom. illegit. ; Cissarobryon Poepp.（1833）; Clethra Bert. ex Steud.; Linostigma Klotzsch（1836）; Macraea Lindl.（1828）; Viviana Cav.（1804）; Xeropetalon Hook.（1829）■☆

54040　Viviania Colla（1826）Nom. illegit. ≡ Melanopsidium Colla（1824）Nom. illegit. ; ～ = Billiottia DC.（1830）Nom. illegit. ; ～ = Melanopsidium Colla（1824）Nom. illegit. ; ～ = Melanopsidium Cels ex Colla（1824）［茜草科 Rubiaceae］●☆

54041　Viviania Raf.（1814）Nom. inval. = Guettarda L.（1753）［茜草科 Rubiaceae//海岸桐科 Guettardaceae］●

54042　Viviania Raf. ex DC., Nom. illegit. = Guettarda L.（1753）［茜草科 Rubiaceae//海岸桐科 Guettardaceae］●

54043　Viviania Willd. ex Less.（1829）Nom. illegit. = Liabum Adans.（1763）Nom. illegit. ; ～ = Amellus L.（1759）（保留属名）［菊科 Asteraceae（Compositae）］■●☆

54044　Vivianiaceae Klotzsch（1836）［亦见 Geraniaceae Juss.（保留科名）牻牛儿苗科］【汉】青蛇胚科（曲胚科, 韦韦苗科）。【包含】世界 2-4 属 30-33 种。【分布】南美洲。【科名模式】Viviania Cav.（1804）■☆

54045　Vladimirea Iljin（1939）Nom. illegit. ≡ Vladimiria Iljin（1939）; ～ = Dolomiaea DC.（1833）［菊科 Asteraceae（Compositae）］■

54046　Vlamingia Buse ex de Vriese（1845）= Hybanthus Jacq.（1760）（保留属名）; ～ = Ionidium Vent.（1803）Nom. illegit. ; ～ = Vlamingia Buse ex de Vriese（1845）［堇菜科 Violaceae］●■

54047　Vlamingia de Vriese（1845）= Hybanthus Jacq.（1760）（保留属名）; ～ = Ionidium Vent.（1803）Nom. illegit. ; ～ = Vlamingia Buse ex de Vriese（1845）［堇菜科 Violaceae］●■

54048　Vlechia Raf.（1808）Nom. illegit. ≡ Vleckia Raf.（1808）Nom. illegit. ; ～ ≡ Lophanthus Adans.（1763）; ～ = Agastache J. Clayton ex Gronov.（1762）［唇形科 Lamiaceae（Labiatae）］■

54049　Vleckia Raf.（1808）Nom. illegit. ≡ Lophanthus Adans.（1763）; ～ = Agastache J. Clayton ex Gronov.（1762）［唇形科 Lamiaceae（Labiatae）］■

54050　Vleisia Toml. et Posl.（1976）【汉】肖加利亚草属。【隶属】眼子菜科 Potamogetonaceae//角果藻科 Zannichelliaceae。【包含】世界 1 种。【学名诠释与讨论】〈阴〉词源不详。此属的学名是"Vleisia P. B. Tomlinson et U. Posluszny, Taxon 25: 274. 7 Jun 1976"。亦有文献把其处理为"Pseudalthenia（Graebn.）Nakai（1943）"的异名。【分布】亚洲南部。【模式】Vleisia aschersoniana（Graebner）P. B. Tomlinson et U. Posluszny［Zanichellia aschersoniana Graebner］。【参考异名】Pseudalthenia（Graebn.）Nakai（1943）■☆

54051　Vlokia S. A. Hammer（1994）【汉】好望角番杏属。【隶属】番杏科 Aizoaceae。【包含】世界 2 种。【学名诠释与讨论】〈阴〉（人）Jan H. J. Vlok, 1957–, 植物学者。【分布】南非（好望角）。【模式】Vlokia ater S. A. Hammer☆

54052　Voacanga Thouars（1806）【汉】马铃果属（伏康树属, 老刺木属）。【隶属】夹竹桃科 Apocynaceae。【包含】世界 11-20 种, 中国 2 种。【学名诠释与讨论】〈阴〉来自马达加斯加植物俗名。此属的学名, ING、TROPICOS 和 IK 记载是"Voacanga Thouars, Gen. Nov. Madagasc. 10. 1806［17 Nov 1806］"。"Cryptolobus K. P. J. Sprengel, Anleit. ed. 2. 2（2）: 760. 31 Mar 1818"和"Geolobus Rafinesque, New Fl. 1: 81. Dec 1836"是"Voacanga Thouars（1806）"的晚出的同模式异名（Homotypic synonym, Nomenclatural synonym）。【分布】马达加斯加, 马来西亚, 中国, 热带非洲。【模式】Voacanga thouarsii J. J. Roemer et J. A. Schultes。【参考异名】Annularia Hochst.（1841）Nom. illegit. ; Cyclostigma Hochst. ex Endl.（1842）; Dicrus Reinw.（1823）; Orchipeda Blume（1826）; Piptochlaena Post et Kuntze（1903）; Piptolaena Harv.（1842）; Pootia Miq.（1857）●

54053　Voandzeia Thouars（1806）（废弃属名）= Vigna Savi（1824）（保留属名）［豆科 Fabaceae（Leguminosae））//蝶形花科 Papilionaceae］■

54054　Voanioala J. Dransf.（1989）【汉】多体椰属（森林椰子属）。【隶属】棕榈科 Arecaceae（Palmae）。【包含】世界 1 种。【学名诠释与讨论】〈阴〉来自马达加斯加植物俗名。【分布】马达加斯加。【模式】Voanioala gerardii J. Dransfield ●☆

54055　Voatamalo Capuron ex Bosser（1976）【汉】沃大戟属。【隶属】大戟科 Euphorbiaceae。【包含】世界 2 种。【学名诠释与讨论】〈阴〉来自马达加斯加植物俗名。【分布】马达加斯加。【模式】Voatamalo eugenioides Capuron ex Bosser☆

54056　Vochisia Juss.（1789）= Vochysia Aubl.（1775）（保留属名）［as 'Vochy'］［囊萼花科（独蕊科, 蜡烛树科）Vochysiaceae］●☆

54057　Vochy Aubl.（1775）Nom. illegit.（废弃属名）≡ Vochysia Aubl.（1775）（保留属名）［囊萼花科（独蕊科, 蜡烛树科）Vochysiaceae］●☆

54058　Vochya Vell. ex Vand.（1788）= Vochysia Aubl.（1775）（保留属名）［as 'Vochy'］［囊萼花科（独蕊科, 蜡烛树科）Vochysiaceae］●☆

54059　Vochysia Aubl.（1775）（保留属名）［as 'Vochy'］【汉】独蕊属（囊萼花属）。【隶属】囊萼花科［独蕊科, 蜡烛树科）Vochysiaceae。【包含】世界 100-105 种。【学名诠释与讨论】

〈阴〉来自热带美洲植物俗名。此属的学名"Vochysia Aubl.，Hist. Pl. Guiane：18. Jun–Dec 1775（'Vochy'）（orth. cons.）"是保留属名。法规未列出相应的废弃属名。但是其变体"Vochy Aubl.，Hist. Pl. Guiane 1：18. 1775"和"Vochysia Poir.，Encycl.［J. Lamarck et al.］8：681. 1808［22 Aug 1808］= Vochysia Aubl.（1775）（保留属名）"应该废弃。"Cucullaria Schreber，Gen. 6. Apr 1789"和"Salmonia Scopoli，Introd. 209. Jan – Apr 1777"是"Vochysia Aubl.（1775）（保留属名）"的晚出的同模式异名（Homotypic synonym，Nomenclatural synonym）。【分布】巴拉圭，巴拿马，秘鲁，玻利维亚，厄瓜多尔，哥伦比亚（安蒂奥基亚），尼加拉瓜，中美洲。【模式】Vochysia guianensis Aublet。【参考异名】Cucullaria Kramer ex Schreb.（1789）Nom. illegit.；Cucullaria Schreb.（1789）Nom. illegit.；Salmonia Scop.（1777）Nom. illegit.；Struckeria Steud.（1841）Nom. illegit.；Strukeria Vell.（1829）；Vochisia Juss.（1789）；Vochy Aubl.（1775）；Vochya Vell. ex Vand.（1788）；Vochysia Poir.（1808）Nom. illegit. ●☆

54060 Vochysia Poir.（1808）Nom. illegit.（废弃属名）= Vochysia Aubl.（1775）（保留属名）［as 'Vochy'］囊萼花科（独蕊科，蜡烛树科）Vochysiaceae ●☆

54061 Vochysiaceae A. St. –Hil.（1820）（保留科名）【汉】独蕊科（蜡烛树科，囊萼花科）。【日】ヴォキシア科。【包含】世界 6-8 属 200-220 种。【分布】热带美洲，非洲西部。【科名模式】Vochysia Aubl.（1775）（保留属名）●■☆

54062 Voelckeria Klotzsch et H. Karst.（1850）= Ternstroemia Mutis ex L. f.（1782）（保留属名）［山茶科（茶科）Theaceae//厚皮香科 Ternstroemiaceae］●

54063 Voelckeria Klotzsch et H. Karst. ex Endl.（1850）Nom. illegit. ≡ Voelckeria Klotzsch et H. Karst.（1850）；~ = Ternstroemia Mutis ex L. f.（1782）（保留属名）［山茶科（茶科）Theaceae//厚皮香科 Ternstroemiaceae］●

54064 Vogelia J. F. Gmel.（1791）= Burmannia L.（1753）［水玉簪科 Burmanniaceae］■

54065 Vogelia Lam.（1792）Nom. illegit. ≡ Dyerophytum Kuntze(1891)［白花丹科（矾松科，蓝雪科）Plumbaginaceae］●☆

54066 Vogelia Medik.（1792）Nom. illegit. ≡ Neslia Desv.（1815）（保留属名）［十字花科 Brassicaceae（Cruciferae）］■

54067 Vogelocassia Bntton（1930）= Cassia L.（1753）（保留属名）；~ =Senna Mill.（1754）［豆科 Fabaceae（Leguminosae）//云实科（苏木科）Caesalpiniaceae］●■

54068 Voglera P. Gaertn.，B. Mey. et Scherb.（1800）= Genista L.（1753）［豆科 Fabaceae（Leguminosae）//蝶形花科 Papilionaceae］●

54069 Vogtia Oberpr. et Sonboli（2012）【汉】沃氏菊属。【隶属】菊科 Asteraceae（Compositae）。【包含】世界 2 种。【学名诠释与讨论】〈阴〉（人）Robert M. Vogt，1957–，植物学者。【分布】西班牙，欧洲。【模式】Vogtia microphylla （DC.） Oberpr. et Sonboli［Tanacetum microphyllum DC.］☆

54070 Voharanga Costantin et Bois（1908）= Cynanchum L.（1753）［萝藦科 Asclepiadaceae］●■

54071 Vohemaria Buchenau（1889）【汉】武海马尔萝藦属。【隶属】萝藦科 Asclepiadaceae。【包含】世界 2 种。【学名诠释与讨论】〈阴〉（地）Vohemar，武海马尔，位于马达加斯加。另说来自马达加斯加植物俗名。此属的学名是"Vohemaria Buchenau，Abh. Naturwiss. Vereine Bremen 10：372. 1889"。亦有文献把其处理为"Cynanchum L.（1753）"的异名。【分布】马达加斯加。【模式】Vohemaria messeri Buchenau。【参考异名】Cynanchum L.（1753）■☆

54072 Vohiria Juss.（1789）= Voyria Aubl.（1775）［龙胆科 Gentianaceae］■☆

54073 Voigtia Klotzsch（1846）Nom. illegit. = Bathysa C. Presl（1845）［茜草科 Rubiaceae］■☆

54074 Voigtia Roth（1790）= Andryala L.（1753）［菊科 Asteraceae（Compositae）］■☆

54075 Voigtia Spreng.（1826）Nom. illegit. ≡ Turpinia Bonpl.（1807）（废弃属名）；~ = Barnadesia Mutis ex L. f.（1782）［菊科 Asteraceae（Compositae）］●☆

54076 Voladeria Benoist（1938）= Oreobolus R. Br.（1810）［莎草科 Cyperaceae］■☆

54077 Volataceae Duhc =Aceraceae Juss.（保留科名）●

54078 Volcameria Fabr.（1759）Nom. illegit. ≡ Volcameria Heist. ex Fabr.（1759）；~ =Cedronella Moench（1794）［唇形科 Lamiaceae（Labiatae）］●☆

54079 Volcameria Heist. ex Fabr.（1759）Nom. illegit. ≡ Cedronella Moench(1794)［唇形科 Lamiaceae（Labiatae）］●☆

54080 Volhensiophyton Lindau =Lepidagathis Willd.（1800）［爵床科 Acanthaceae］●■

54081 Volkamera Post et Kuntze（1903）= Capparis L.（1753）；~ = Volkameria Burm. f.［山柑科（白花菜科，醉蝶花科）Capparaceae］●

54082 Volkameria Burm. f.=Capparis L.（1753）［山柑科（白花菜科，醉蝶花科）Capparaceae］●

54083 Volkameria Kuntze（1）= Capparis L.（1753）；~ = Volkameria Burm. f.［山柑科（白花菜科，醉蝶花科）Capparaceae］●

54084 Volkameria Kuntze(2)Nom. illegit.［胡麻科 Pedaliaceae］■☆

54085 Volkameria L.（1753）= Clerodendrum L.（1753）［马鞭草科 Verbenaceae//牡荆科 Viticaceae//唇形科 Lamiaceae（Labiatae）］●■

54086 Volkameria P. Browne（1756）Nom. illegit. ≡ Gillena Adans.（1763）Nom. illegit.；~ = Clethra L.（1753）；~ = Gilibertia J. F. Gmel.（1791）Nom. illegit.；~ = Quivisia Comm. ex Juss.（1789）；~ =Turraea L.（1771）［楝科 Meliaceae//桤叶树科（山柳科）Clethraceae］●

54087 Volkensia O. Hoffm.（1894）Nom. illegit. = Bothriocline Oliv. ex Benth.（1873）［菊科 Asteraceae（Compositae）］■☆

54088 Volkensiella H. Wolff（1912）Nom. illegit. = Oenanthe L.（1753）［伞形花科（伞形科）Apiaceae（Umbelliferae）］■

54089 Volkensinia Schinz（1912）【汉】长柄苋属。【隶属】苋科 Amaranthaceae。【包含】世界 1 种。【学名诠释与讨论】〈阴〉（人）Georg Ludwig August Volkens，1855–1917，德国植物学者，探险家，A. Engler 和 Simon Schwendener（1829–1919）的合作伙伴。此属的学名"Volkensinia Schinz，Vierteljahrsschr. Naturf. Ges. Zürich 57：535. 1912"是一个替代名称。"Kentrosphaera Volkens ex Gilg in Engler et Prantl，Nat. Pflanzenfam. Nachtr. II-IV 1：153. Aug 1897"是一个非法名称（Nom. illegit.），因为此前已经有了绿藻的"Kentrosphaera A. Borzì，Studi Algol. 87. 1883"。故用"Volkensinia Schinz（1912）"替代之。【分布】热带非洲东部。【模式】Volkensinia prostrata （Volkens） Schinz［Kentrosphaera prostrata Volkens］。【参考异名】Centrosphaera Post et Kuntze（1903）；Kentrosphaera Volkens ex Gilg（1897）Nom. illegit.；Kentrosphaera Volkens(1897)Nom. illegit. ■☆

54090 Volkensiophyton Lindau（1894）= Lepidagathis Willd.（1800）［爵床科 Acanthaceae］●■

54091 Volkensteinia Tiegh.（1902）= Ouratea Aubl.（1775）（保留属名）；~ =Wolkensteinia Regel（1865）［金莲木科 Ochnaceae］●

54092 Volkeranthus Gerbaulet（2012）【汉】南非覆盆花属。【隶属】番杏科 Aizoaceae。【包含】世界 2 种。【学名诠释与讨论】〈阴〉（人）Volker+希腊文 anthos，花。antheros，多花的。antheo，开花。【分布】非洲南部。【模式】Volkeranthus aitonis （Jacq.） Gerbaulet

[Mesembryanthemum aitonis Jacq.]☆

54093　Volkiella Merxm. et Czech(1953)【汉】沃尔克莎属。【隶属】莎草科 Cyperaceae。【包含】世界 1 种。【学名诠释与讨论】〈阴〉(人)Volk,植物学者+-ellus,-ella,-ellum,加在名词词干后面形成指小式的词尾。或加在人名、属名等后面以组成新属的名称。【分布】非洲西南部。【模式】Volkiella disticha Merxmüller et Czech ■☆

54094　Volkmannia Jacq. (1798) = Clerodendrum L. (1753) [马鞭草科 Verbenaceae//牡荆科 Viticaceae]●■

54095　Volubilis Catesby = Vanilla Plum. ex Mill. (1754) [兰科 Orchidaceae//香荚兰科 Vanillaceae]■

54096　Volucrepis Thouars = Epidendrum L. (1763)(保留属名);~ = Oeonia Lindl. (1824) [as 'Aeonia'](保留属名) [兰科 Orchidaceae]■☆

54097　Volutarella Cass. (1826) Nom. illegit. ≡ Amberboi Adans. (1763)(废弃属名);~ = Volutaria Cass. (1816) Nom. illegit. ;~ = Amberboa (Pers.)Less. (1832)(废弃属名);~ = Amberboa Vaill. (1754)(保留属名) [菊科 Asteraceae(Compositae)]■☆

54098　Volutaria Cass. (1816) Nom. illegit. ≡ Amberboi Adans. (1763)(废弃属名);~ = Amberboa (Pers.) Less. (1832)(废弃属名);~ = Amberboa Vaill. (1754)(保留属名) [菊科 Asteraceae(Compositae)]■

54099　Volutella Forssk. (1775) = Cassytha L. (1753) [樟科 Lauraceae//无根藤科 Cassythaceae]■●

54100　Volvulopsis Roberty(1952) Nom. illegit. ≡ Evolvulus L. (1762) [旋花科 Convolvulaceae]●■

54101　Volvulus Medik. (1791)(废弃属名)≡Calystegia R. Br. (1810)(保留属名) [旋花科 Convolvulaceae]■

54102　Vonitra Becc. (1906)【汉】马岛椰属(碱椰子属,马岛棕属,王尼爪椆属,我你他椆属)。【日】オオミタケヤシ属。【隶属】棕榈科 Arecaceae(Palmae)。【包含】世界 4 种。【学名诠释与讨论】〈阴〉(马达加斯加)voninahitra,植物俗名。此属的学名是"Vonitra Beccari, Bot. Jahrb. Syst. 38 Beibl. 87:18. 21 Dec 1906"。亦有文献把其处理为"Dypsis Noronha ex Mart. (1837)"的异名。【分布】马达加斯加。【模式】Vonitra thouarsiana (Baillon) Beccari [Dypsis thouarsiana Baillon]。【参考异名】Dypsis Noronha ex Mart. (1837)●☆

54103　Vonroemeria J. J. Sm. (1910) = Octarrhena Thwaites(1861) [兰科 Orchidaceae]■☆

54104　Vormia Adans. (1763) Nom. illegit. (1)≡Selago L. (1753) [玄参科 Scrophulariaceae]●☆

54105　Vorstia Adans. (1763) Nom. illegit. (2)≡Thryallis L. (1762)(废弃属名);~ = Galphimia Cav. (1799);~ = Thryallis Mart. (1829)(保留属名) [金虎尾科(黄褥花科)Malpighiaceae]●

54106　Vosacan Adans. (1763) Nom. illegit. ≡ Helianthus L. (1753) [菊科 Asteraceae(Compositae)//向日葵科 Helianthaceae]■

54107　Vossia Adans. (1763)(废弃属名)= Glottiphyllum Haw. ex N. E. Br. (1925) [番杏科 Aizoaceae]■☆

54108　Vossia Wall. et Griff. (1836)(保留属名)【汉】河马草属。【隶属】禾本科 Poaceae(Gramineae)。【包含】世界 1 种。【学名诠释与讨论】〈阴〉(人)Johann Heinrich Voss, 1751-1826,德国诗人。此属的学名"Vossia Wall. et Griff. in J. Asiat. Soc. Bengal 5:572. Sep 1836"是保留属名。相应的废弃属名是番杏科 Aizoaceae 的"Vossia Adans. ,Fam. Pl. 2:243,619. Jul-Aug 1763 = Glottiphyllum Haw. ex N. E. Br. (1925)"。真菌(黑粉菌)的"Vossia Thümen, Oesterr. Bot. Z. 29:19. Jan 1879 ≡ Neovossia Koernicke Jul 1879"亦应废弃。【分布】巴基斯坦,孟加拉国,缅甸,印度(阿萨姆),热

带和非洲西南部。【模式】Vossia procera Wallich et Griffith, Nom. illegit. [Ischaemum cuspidatum Roxburgh; Vossia cuspidata (Roxburgh) Griffith]■☆

54109　Vossianthus Kuntze (1900) Nom. illegit. ≡ Sparrmannia L. f. (1782) [as 'Sparmannia'](保留属名) [椴树科(椴科,田麻科) Tiliaceae]●☆

54110　Votomita Aubl. (1775)【汉】沃套野牡丹属。【隶属】野牡丹科 Melastomataceae。【包含】世界 9 种。【学名诠释与讨论】〈阴〉来自植物俗名。此属的学名,ING、TROPICOS 和 IK 记载是"Votomita Aublet, Hist. Pl. Guiane 90. Jun-Dec 1775"。"Glossoma Schreber, Gen. 792. Mai 1791"是"Votomita Aubl. (1775)"的晚出的同模式异名(Homotypic synonym, Nomenclatural synonym)。【分布】巴拿马,秘鲁,中美洲。【模式】Votomita guianensis Aublet。【参考异名】Coryphadenia Morley(1953);Glossoma Schreb. (1791) Nom. illegit. ; Guilleminia Neck. (1790) Nom. inval. ; Meliandra Ducke(1925)●☆

54111　Votschia B. Ståhl(1993)【汉】沃氏假轮叶属。【隶属】假轮叶科(狄氏木科,拟棕科)Theophrastaceae。【包含】世界 1 种。【学名诠释与讨论】〈阴〉(人)Votsch,植物学者。【分布】巴拿马。【模式】Votschia guianensis Aublet ●☆

54112　Vouacapoua Aubl. (1775)(废弃属名)= Andira Lam. (1783)(保留属名) [豆科 Fabaceae(Leguminosae)]●☆

54113　Vouapa Aubl. (1775)(废弃属名)≡ Macrolobium Schreb. (1789)(保留属名) [豆科 Fabaceae(Leguminosae)//云实科(苏木科)Caesalpiniaceae]●☆

54114　Vouarana Aubl. (1775)【汉】圭亚那无患子属。【隶属】无患子科 Sapindaceae。【包含】世界 1 种。【学名诠释与讨论】〈阴〉来自法属圭亚那植物俗名。【分布】巴拿马,巴西(北部),圭亚那,中美洲。【模式】Vouarana guianensis Aublet ●☆

54115　Vouay Aubl. (1775) = Geonoma Willd. (1805) [棕榈科 Arecaceae(Palmae)]●☆

54116　Voucapoua Steud. (1841)= Andira Lam. (1783)(保留属名);~ = Vouacapoua Aubl. (1775)(废弃属名) [豆科 Fabaceae(Leguminosae)]●☆

54117　Voyara Aubl. (1775)= Capparis L. (1753) [山柑科(白花菜科,醉蝶花科)Capparaceae]●

54118　Voyra Rchb. (1828) Nom. illegit. [龙胆科 Gentianaceae]☆

54119　Voyria Aubl. (1775)【汉】沃伊龙胆属。【隶属】龙胆科 Gentianaceae。【包含】世界 20 种。【学名诠释与讨论】〈阴〉来自法属圭亚那植物俗名。此属的学名,ING、TROPICOS 和 IK 记载是"Voyria Aublet, Hist. Pl. Guiane 208. Jun-Dec 1775"。"Lita Schreber, Gen. 795. Mai 1791"是"Voyria Aubl. (1775)"的晚出的同模式异名(Homotypic synonym, Nomenclatural synonym)。【分布】巴拿马,秘鲁,玻利维亚,厄瓜多尔,哥伦比亚(安蒂奥基亚),哥斯达黎加,美国,尼加拉瓜,热带非洲西部,热带南美洲北部,中美洲。【后选模式】Voyria caerulea Aublet。【参考异名】Disadena Miq. (1851); Humboldtia Neck. ; Leianthostemon (Griseb.)Miq. (1851); Leianthostemon Miq. (1851); Leiphaimos Cham. et Schltdl. (1831) Nom. illegit. ; Leiphaimos Schltdl. et Cham. (1831); Lita Schreb. (1791) Nom. illegit. ; Pneumonanthopsis (Griseb.) Miq. (1851); Pneumonanthopsis Miq. (1851) Nom. illegit. ; Vohiria Juss. (1789)■☆

54120　Voyriaceae Doweld = Gentianaceae Juss. (保留科名)●■

54121　Voyriella Miq. (1851)【汉】小沃伊龙胆属。【隶属】龙胆科 Gentianaceae。【包含】世界 2 种。【学名诠释与讨论】〈阴〉(属) Voyria 沃伊龙胆属+-ellus,-ella,-ellum,加在名词词干后面形成指小式的词尾。或加在人名、属名等后面以组成新属的名称。

【分布】巴拿马,巴西(北部),秘鲁,几内亚,中美洲。【模式】Voyriella parviflora(Miquel)Miquel[Voyria parviflora Miquel]■☆

54122　Vrena Noronha(1790)= Urena L.(1753)[锦葵科 Malvaceae]●■

54123　Vriesea Beer(1856)Nom. illegit.(废弃属名)= Vriesea Lindl.(1843)(保留属名)[as 'Vriesia'][凤梨科 Bromeliaceae]■☆

54124　Vriesea Hassk.(1842)(废弃属名)= Lindernia All.(1766)[玄参科 Scrophulariaceae//母草科 Linderniaceae//婆婆纳科 Veronicaceae]■

54125　Vriesea Lindl.(1843)(保留属名)[as 'Vriesia']【汉】丽穗凤梨属(斑氏凤梨属,弗里西属,虎尾凤梨属,花叶兰属,剑凤梨属,剑叶兰属,丽穗兰属,莺哥凤梨属,鹦哥凤梨属,鹦哥属)。【日】フリーセア属。【英】Vriesea。【隶属】凤梨科 Bromeliaceae。【包含】世界 190-280 种。【学名诠释与讨论】〈阴〉(人)Willem Hendrik de Vriese,1806-1862,荷兰植物学者,阿姆斯特丹大学植物学教授。此属的学名"Vriesea Lindl. in Edwards's Bot. Reg. 29:00:00 ad t. 10 7 Feb 1843('Vriesia')(orth. cons.)"是保留属名。相应的废弃属名是"Vriesea Hassk. in Flora 25(2),Beibl. :27 21-28 Jul 1842 = Lindernia All.(1766)[玄参科 Scrophulariaceae//母草科 Linderniaceae//婆婆纳科 Veronicaceae]"。凤梨科 Bromeliaceae 的"Vriesea Beer,Fam. Brom. 91. 1856[1857 publ. Sep-Oct 1856]Nom. illegit. = Vriesea Lindl.(1843)(保留属名)"亦应废弃。"Hexalepis Rafinesque,Fl. Tell. 4:24. 1838(med.)('1836')(废弃属名)"和"Neovriesia N. L. Britton in N. L. Britton et P. Wilson,Sci. Surv. Porto Rico 5:141. 10 Aug 1923"是"Vriesea Lindl.(1843)(保留属名)"的同模式异名(Homotypic synonym,Nomenclatural synonym)。【分布】巴拉圭,巴拿马,秘鲁,玻利维亚,厄瓜多尔,哥伦比亚(安蒂奥基亚),尼加拉瓜,中美洲。【模式】Vriesea psittacina(W. J. Hooker)Lindley[Tillandsia psittacina W. J. Hooker]。【参考异名】Alcantarea(E. Morren ex Mez)Harms(1929);Alcantarea(E. Morren)Harms(1929)Nom. illegit.;Cipuropsis Ule(1907);Hexalepis Raf.(1838)(废弃属名);Neovriesia Britton(1923)Nom. illegit.;Vriesea Beer(1856)Nom. illegit.(废弃属名)■☆

54126　Vrieseida Rojas Acosta(1897)【汉】阿根廷凤梨属。【隶属】凤梨科 Bromeliaceae。【包含】世界 1 种。【学名诠释与讨论】〈阴〉词源不详。【分布】阿根廷。【模式】Vrieseida foetida Rojas Acosta。【参考异名】Vriesia Lindl.(1843)Nom. illegit.■☆

54127　Vriesia Lindl.(1843)Nom. illegit. = Vriesea Lindl.(1843)(保留属名)[as 'Vriesia'];~ = Vrieseida Rojas Acosta(1897)[凤梨科 Bromeliaceae]■☆

54128　Vroedea Bubani(1897)Nom. illegit. ≡ Glaux L.(1753)[报春花科 Primulaceae]■

54129　Vrolicida Steud.(1841)= Vrolikia Spreng(1826)Nom. illegit.;~ =Heteranthia Nees et Mart.(1823)[玄参科 Scrophulariaceae]■☆

54130　Vrolikia Spreng.(1826)Nom. illegit. ≡ Heteranthia Nees et Mart.(1823)[玄参科 Scrophulariaceae]■☆

54131　Vrtica Noronha(1790)Nom. illegit.[荨麻科 Urticaceae]☆

54132　Vrydagzenia Benth. et Hook. f.(1883)Nom. illegit. = Vrydagzynea Blume(1858)[兰科 Orchidaceae]■

54133　Vrydagzynea Blume(1858)【汉】二尾兰属。【日】ミソボシラン属。【英】Doubletail Orchis,Vrydagzynea。【隶属】兰科 Orchidaceae。【包含】世界 35-40 种,中国 1 种。【学名诠释与讨论】〈阴〉(人)Theodore Daniel Vrydag Zynen,荷兰植物学者,药物学者。此属的学名,ING、APNI、GCI 和 IK 记载是"Vrydagzynea Blume,Coll. Orchid. 71. 1858[1858-1859]"。"Vrydagzenia Benth. et Hook. f.(1883)"是其拼写变体。【分布】印度至马来西亚,中国,波利尼西亚群岛。【模式】Vrydagzynea albida(Blume)

Blume[Hetaeria albida Blume]。【参考异名】Vrydagzenia Benth. et Hook. f.(1883)■

54134　Vuacapua Kuntze(1891)= Andira Lam.(1783)(保留属名);~ = Vouacapoua Aubl.(1775)(废弃属名)[豆科 Fabaceae(Leguminosae)]●☆

54135　Vuapa Kuntze(1891)Nom. illegit.(废弃属名)≡ Vouapa Aubl.(1775)(废弃属名);~ = Macrolobium Schreb.(1789)(保留属名)[豆科 Fabaceae(Leguminosae)//云实科(苏木科)Caesalpiniaceae]●☆

54136　Vulneraria Mill.(1754)Nom. illegit. ≡ Anthyllis L.(1753)[豆科 Fabaceae(Leguminosae)//蝶形花科 Papilionaceae]■☆

54137　Vulpia C. C. Gmel.(1805)【汉】鼠茅属。【俄】Вульпия,Зерна,Многолетний костер。【英】Fescue。【隶属】禾本科 Poaceae(Gramineae)。【包含】世界 26 种,中国 1-2 种。【学名诠释与讨论】〈阴〉(人)Johann Samuel Vulpius,1760-1840,德国医生,化学家,药剂师,植物学者。另说来自拉丁文 vulpes,狐狸。此属的学名,ING、TROPICOS、APNI、GCI 和 IK 记载是"Vulpia C. C. Gmelin,Fl. Badensis 1:8. 1805"。"Distomomischus Dulac,Fl. Hautes-Pyrénées 91. 1867"和"Zerna Panzer,Rev. Gräser 46,59. 1813"是"Vulpia C. C. Gmel.(1805)"的晚出的同模式异名(Homotypic synonym,Nomenclatural synonym)。【分布】巴基斯坦,秘鲁,玻利维亚,厄瓜多尔,哥伦比亚(安蒂奥基亚),哥斯达黎加,马达加斯加,美国(密苏里),中国,中美洲。【模式】Vulpia myuros(Linnaeus)C. C. Gmelin[as 'myurus'][Festuca myuros Linneaus]。【参考异名】Chloamnia Raf.(1825);Chloamnia Schltdl.(1833)Nom. illegit.;Ctenopsis De Not.(1848);Dasiola Raf.(1825);Distomomischus Dulac(1867)Nom. illegit.;Festucaria Link(1844)Nom. illegit.;Loretia Duval-Jouve(1880);Mygalurus Link(1821)Nom. illegit.;Narduretia Villar(1925);Nardurus(Bluff;Nees et Schauer)Rchb.(1841);Prosphysis Dulac(1867)Nom. illegit.;Zerna Panz.(1813)Nom. illegit.■

54138　Vulpiella(Batt. et Trab.)Burollet(1927)【汉】小鼠茅属。【隶属】禾本科 Poaceae(Gramineae)。【包含】世界 1-2 种。【学名诠释与讨论】〈阴〉(属)Vulpia 鼠茅属 +-ellus,-ella,-ellum,加在名词词干后面形成指小式的词尾。或加在人名、属名等后面以组成新属的名称。此属的学名是"Vulpiella(J. A. Battandier et L. C. Trabut)P. - A. Burollet,Ann. Serv. Bot. Tunisie 4(2):68. 1927",由"Cutandia subg. Vulpiella J. A. Battandier et L. C. Trabut,Fl. Algérie 238. Jul 1895"改级而来。【分布】地中海地区。【模式】Vulpiella incrassata(Lamarck)[Bromus incrassatus Lamarck]■☆

54139　Vulvaria Bubani(1897)= Chenopodium L.(1753)[藜科 Chenopodiaceae]■●

54140　Vuralia Uysal et Ertuğrul(2014)【汉】土耳其豆属。【隶属】豆科 Fabaceae(Leguminosae)。【包含】世界 1 种。【学名诠释与讨论】〈阴〉(人)M. Vural,植物学者。【分布】土耳其。【模式】Vuralia turcica(Kit Tan,Vural et Küçük.)Uysal et Ertuğrul[Thermopsis turcica Kit Tan,Vural et Küçük.]☆

54141　Vvaria Noronha(1790)Nom. illegit.[番荔枝科 Annonaceae]☆

54142　Vvedenskya Korovin(1947)【汉】韦坚草属。【隶属】伞形花科(伞形科)Apiaceae(Umbelliferae)。【包含】世界 1 种。【学名诠释与讨论】〈阴〉(人)Aleksei Ivanovich Vvedensky,1898-1972,俄罗斯植物学者。【分布】亚洲中部。【模式】Vvedenskya pinnatifolia E. P. Korovin☆

54143　Vvedenskyella Botsch.(1955)= Christolea Cambess.(1839);~ = Phaeonychium O. E. Schulz(1927)[十字花科 Brassicaceae(Cruciferae)]■

54144　Vyenomus C. Presl(1845)= Euonymus L.(1753)[as

'Evonymus'](保留属名)[卫矛科 Celastraceae]●

54145 Wacchendorfia Burm. f. (1768) Nom. illegit. = Wachendorfia Burm. (1757)[血草科(半授花科,给血草科,血皮草科)Haemodoraceae]■☆

54146 Wachendorfia Burm. (1757)【汉】折扇草属。【俄】Вахендорфия。【英】Wachendorfia。【隶属】血草科(半授花科,给血草科,血皮草科)Haemodoraceae。【包含】世界4-5种。【学名诠释与讨论】〈阴〉(人)Evert Jacob (Everardus Jacobus) van Wachendorff,1702-1758,荷兰植物学者,教授。此属的学名,ING和IK记载是"Wachendorfia Burm., Wachendorfia 2. 1757[3-15 Oct 1757]"。"Wacchendorfia Burm. f., Fl. Ind.(N. L. Burman)Prodr. Fl. Cap.:2, sphalm. 1768[1 Mar-6 Apr 1768]"是其拼写变体。"Wachendorfia Burm. ex L. ≡ Wachendorfia Burm.(1757)"的命名人引证有误。"Wachendorfia Loefl., Iter Hispan. 177. 1758[Dec 1758]=Callisia Loefl.(1758)[鸭跖草科 Commelinaceae]"是晚出的非法名称。【分布】玻利维亚,非洲。【模式】未指定。【参考异名】Pedilonia C. Presl(1829);Vachendorfia Adans.(1763);Wacchendorfia Burm. f.(1768)Nom. illegit.;Wachendorfia Burm. ex L., Nom. illegit.■☆

54147 Wachendorfia Burm. ex L., Nom. illegit. ≡ Wachendorfia Burm.(1757)[血草科(半授花科,给血草科,血皮草科)Haemodoraceae]■☆

54148 Wachendorfia Loefl.(1758)Nom. illegit. = Callisia Loefl.(1758)[鸭跖草科 Commelinaceae]■☆

54149 Wachendorfiaceae Herb.(1837)= Haemodoraceae R. Br.(保留科名)■☆

54150 Wadapus Raf.(1837)= Gomphrena L.(1753)[苋科 Amaranthaceae]●■

54151 Waddingtonia Phil.(1860)= Nicotiana L.(1753);~ = Petunia Juss.(1803)(保留属名)[茄科 Solanaceae//烟草科 Nicotianaceae]■

54152 Wadea Raf.(1838)= Cestrum L.(1753)[茄科 Solanaceae]●

54153 Wagatea Dalzell(1851)= Moullava Adans.(1763)[豆科 Fabaceae(Leguminosae)//云实科(苏木科)Caesalpiniaceae]■☆

54154 Wageneria Klotzsch(1854)= Begonia L.(1753)[秋海棠科 Begoniaceae]●■

54155 Wagenitzia Dostál(1973)= Centaurea L.(1753)(保留属名)[菊科 Asteraceae(Compositae)//矢车菊科 Centaureaceae]●■

54156 Wagnera Post et Kuntze(1903)= Maianthemum F. H. Wigg.(1780)(保留属名);~ = Smilacina Desf.(1807)(保留属名);~ = Vagnera Adans.(1763)(废弃属名)[百合科 Liliaceae//铃兰科 Convallariaceae]■

54157 Wagneria Klotzsch(1854)Nom. illegit. = Begonia L.(1753);~ = Wageneria Klotzsch(1854)[秋海棠科 Begoniaceae]●■

54158 Wagneria Lem.(1857)Nom. illegit. ≡ Macrodiervilla Nakai(1936);~ = Diervilla Mill.(1754)[忍冬科 Caprifoliaceae//黄锦带科 Diervillaceae]●☆

54159 Wahabia Fenzl(1844)= Barleria L.(1753)[爵床科 Acanthaceae]●■

54160 Wahlbergella Fries(1843)Nom. illegit. ≡ Gastrolychnis(Fenzl)Rchb.(1841);~ = Melandrium Röhl.(1812);~ = Silene L.(1753)(保留属名)[石竹科 Caryophyllaceae]■

54161 Wahlbomia Thunb.(1790)= Tetracera L.(1753)[锡叶藤科 Tetraceraceae//五桠果科(第伦桃科,五丫果科,锡叶藤科)Dilleniaceae]●

54162 Wahlenbergia Blume(1823)Nom. illegit.(废弃属名)= Tarenna Gaertn.(1788)[茜草科 Rubiaceae]●

54163 Wahlenbergia R. Br.(1831)Nom. illegit.(废弃属名)=

Dichapetalum Thouars(1806)[毒鼠子科 Dichapetalaceae]●

54164 Wahlenbergia R. Br. ex Wall.(废弃属名)= Dichapetalum Thouars(1806)[毒鼠子科 Dichapetalaceae]●

54165 Wahlenbergia Schrad.(1814)Nom. inval.(废弃属名)≡ Wahlenbergia Schrad. ex Roth(1821)(保留属名)[桔梗科 Campanulaceae]■●

54166 Wahlenbergia Schrad. ex Roth(1821)(保留属名)【汉】蓝花参属(兰花参属)。【日】ヒナギキャウ属,ヒナギキョウ属,ワーレンベルギア属。【俄】Валенбергия。【英】Bellflower, Blue Bell, Harebell, Ivy-leaved Beltflower, Rockbell, Tufty Bells, Wahlenbergia。【隶属】桔梗科 Campanulaceae。【包含】世界200-270种,中国2种。【学名诠释与讨论】〈阴〉(人)George Wahlenberg,1780-1851,瑞典植物学者,医生。此属的学名"Wahlenbergia Schrad. ex Roth, Nov. Pl. Sp.:399. Apr 1821"是保留属名。相应的废弃属名是桔梗科 Campanulaceae 的"Cervicina Delile, Descr. Egypte, Hist. Nat. 2:150. 1813(sero)-1814(prim.)= Wahlenbergia Schrad. ex Roth(1821)(保留属名)"。茜草科 Rubiaceae 的"Wahlenbergia Blume, Cat. Gew. Buitenzorg(Blume)14. 1823[Feb-Sep 1823]= Tarenna Gaertn.(1788)"、毒鼠子科 Dichapetalaceae 的"Wahlenbergia R. Br., Numer. List[Wallich]p. 262; cf. n. 4342. 1831 = Dichapetalum Thouars(1806)"和"Wahlenbergia R. Br. ex Wall. = Dichapetalum Thouars(1806)",桔梗科 Campanulaceae 的"Wahlenbergia Schrad., Index Seminum[Gottingen]1814:3.[1814], Nom. inval. ≡ Wahlenbergia Schrad. ex Roth(1821)(保留属名)"和菊科 Asteraceae(Compositae)的"Wahlenbergia H. C. F. Schumacher, Beskr. Guin. Pl. 387. 1827 = Enydra Lour.(1790)"都应废弃。"Petalostima Rafinesque, Fl. Tell. 2:79. Jan-Mar 1837('1836')"是"Wahlenbergia Schrad. ex Roth(1821)(保留属名)"的晚出的同模式异名(Homotypic synonym, Nomenclatural synonym)。【分布】巴基斯坦,秘鲁,玻利维亚,厄瓜多尔,马达加斯加,利比里亚(宁巴),中国。【模式】Wahlenbergia elongata(Willdenow)A. W. Roth[Campanula elongata Willdenow; Wahlenbergia capensis(L.)A. DC.; Campanula capensis L.]。【参考异名】Aikinia Salisb. ex A. DC.(1830); Campanopsis Kuntze(1891)Nom. illegit.; Campanopsis(R. Br.)Kuntze(1891); Campanuloides A. DC.(1830); Campanulopsis Zoll. et Moritzi(1844); Cephalostigma A. DC.(1830); Cervicina Delile(1813)(废弃属名); Hecale Raf.(1837); Lightfootia L' Hér.(1789)Nom. illegit.; Petalostima Raf.(1837)Nom. illegit.; Pilorea Raf.(1837)(废弃属名); Schultesia Roth(1827)Nom. illegit.(废弃属名); Streleskia Hook. f.(1847); Valvinterlobus Dulac(1867)Nom. illegit.; Wahlenbergia Schrad.(1814)Nom. inval.(废弃属名)■●

54167 Wahlenbergia Schumach.(1827)Nom. illegit.(废弃属名)= Enydra Lour.(1790)[菊科 Asteraceae(Compositae)]■

54168 Wailesia Lindl.(1849)= Dipodium R. Br.(1810)[兰科 Orchidaceae]■☆

54169 Waireia D. L. Jones, Molloy et M. A. Clem.(1997)【汉】奥克兰柱帽兰属。【隶属】兰科 Orchidaceae。【包含】世界1种。【学名诠释与讨论】〈阴〉词源不详。此属的学名是"Waireia D. L. Jones, Molloy et M. A. Clem., Orchadian[Australasian native orchid society]12:282. 1997"。亦有文献把其处理为"Thelymitra J. R. Forst. et G. Forst.(1776)"的异名。【分布】新西兰(奥克兰)。【模式】Waireia stenopetala(Hook. f.)D. L. Jones, M. A. Clem. et Molloy。【参考异名】Thelymitra J. R. Forst. et G. Forst.(1776)■☆

54170 Waitzia J. C. Wendl.(1808)【汉】尖柱鼠麴草属。【隶属】菊科 Asteraceae(Compositae)。【包含】世界5-7种。【学名诠释与讨论】〈阴〉(人)Karl Friedrich Waitz,1774-1848,植物学者。此属

的学名,ING、APNI 和 IK 记载是"Waitzia J. C. Wendland,Collect. Pl. 2:13. 1808('1810')"。"Waitzia Rchb.,Consp. Regn. Veg. [H. G. L. Reichenbach]60. 1828 ≡ Tritonia Ker Gawl. (1802)"是晚出的非法名称。【分布】澳大利亚(温带)。【模式】Waitzia corymbosa J. C. Wendland。【参考异名】Morna Lindl. (1837);Pterochaeta Steetz(1845);Viraya Gaudich. (1830);Vireya Post et Kuntze(1903)(废弃属名)■☆

54171　Waitzia Rchb. (1828)Nom. illegit. ≡Tritonia Ker Gawl. (1802)[鸢尾科 Iridaceae]■

54172　Wajira Thulin (1982)【汉】肯尼亚豇豆属。【隶属】豆科 Fabaceae(Leguminosae)//蝶形花科 Papilionaceae。【包含】世界 1 种。【学名诠释与讨论】〈阴〉(地)Wajir,瓦吉尔,位于肯尼亚。【分布】肯尼亚。【模式】Wajira albescens M. Thulin ■☆

54173　Wakilia Gilli (1955) = Phaeonychium O. E. Schulz(1927)[十字花科 Brassicaceae(Cruciferae)]■

54174　Walafrida E. Mey. (1838)【汉】瓦拉玄参属。【隶属】玄参科 Scrophulariaceae。【包含】世界 40 种。【学名诠释与讨论】〈阴〉(人)Walahfrid (Walafridus)Strabo, c. 809–849,修道士,医生,诗人,植物学者。此属的学名,ING 和 IK 记载是"Walafrida E. H. F. Meyer, Comment. Pl. Africae Austr. 272. 14-20 Jan 1838 ('1837')"。亦有文献把"Walafrida E. Mey. (1838)"处理为"Selago L. (1753)"的异名。【分布】马达加斯加,热带和非洲南部。【模式】Walafrida nitida E. H. F. Meyer。【参考异名】Selago L. (1753);Walafridia Endl. (1839)Nom. illegit. ●☆

54175　Walafridia Endl. (1839) Nom. illegit. ≡ Walafrida E. Mey. (1838)[玄参科 Scrophulariaceae]●☆

54176　Walberia Mill. ex Ehret = Nolana L. ex L. f. (1762)[茄科 Solanaceae//铃花科 Nolanaceae]■☆

54177　Walcottia F. Muell. (1859) = Lachnostachys Hook. (1841)[马鞭草科 Verbenaceae]●☆

54178　Walcuffa J. F. Gmel. (1792) = Dombeya Cav. (1786)(保留属名)[梧桐科 Sterculiaceae//锦葵科 Malvaceae]●☆

54179　Waldeckia Klotzsch (1848) = Hirtella L. (1753)[金壳果科 Chrysobalanaceae]●☆

54180　Waldemaria Klotzsch(1862) = Rhododendron L. (1753)[杜鹃花科(欧石南科)Ericaceae]●

54181　Waldheimia Kar. et Kir. (1842)【汉】扁芒菊属。【俄】Вальдгеймия, Вальдгиммия。【英】Flatawndaisy, Waldheimia。【隶属】菊科 Asteraceae(Compositae)。【包含】世界 9 种,中国 7 种。【学名诠释与讨论】〈阴〉(人)Gotthelf (Friedrich)Fischer von Waldheim,1771–1853,德国植物学者,古生物学者,昆虫学者。此属的学名是"Waldheimia Karelin et Kirilov, Bull. Soc. Imp. Naturalistes Moscou 15: 125. 3 Jan–31 Oct 1842"。亦有文献把其处理为"Allardia Decne. (1841)"的异名。【分布】中国,喜马拉雅山,亚洲中部。【模式】Waldheimia tridactylites Karelin et Kirilov。【参考异名】Allardia Decne. (1841)■

54182　Waldschmidia F. H. Wigg. (1780) Nom. illegit. ≡ Nymphoides Ség. (1754)[龙胆科 Gentianaceae//睡菜科(荇菜科)Menyanthaceae]■

54183　Waldschmidia Weber (1780) Nom. illegit. ≡ Nymphoides Ség. (1754)[龙胆科 Gentianaceae//睡菜科(荇菜科)Menyanthaceae]■

54184　Waldschmidtia Bluff et Firgerh. (1825) Nom. illegit. = Waldschmidia Weber (1780) Nom. illegit.; ~ = Nymphoides Ség. (1754)[龙胆科 Gentianaceae//睡菜科(荇菜科)Menyanthaceae]■

54185　Waldschmidtia Scop. (1777) Nom. illegit. ≡ Apalatoa Aubl. (1775)(废弃属名);~ ≡ Crudia Schreb. (1789)(保留属名)[豆科 Fabaceae(Leguminosae)//云实科(苏木科)Caesalpiniaceae]

54186　Waldsteinia Willd. (1799)【汉】林石草属。【日】コキンバイ属。【俄】Вальдштейния。【英】Barren Strawberry, Waldsteinia。【隶属】蔷薇科 Rosaceae。【包含】世界 5-6 种,中国 1 种。【学名诠释与讨论】〈阴〉(人)Franz de Paula Adam von Waldstein-Wartemburg,1759–1823,奥地利植物学者。【分布】美国,中国,北温带。【模式】Waldsteinia geoides Willdenow。【参考异名】Bossekia Raf.; Comaropsis Rich. (1816) Nom. illegit.; Comaropsis Rich. ex Nestl. (1816)■

54187　Walidda(A. DC.) Pichon(1951) = Wrightia R. Br. (1810)[夹竹桃科 Apocynaceae]●

54188　Walkera Schreb. (1789) Nom. illegit. ≡ Meesia Gaertn. (1788); ~ = Campylospermum Tiegh. (1902); ~ = Ouratea Aubl. (1775)(保留属名)[金莲木科 Ochnaceae]●

54189　Walkeria A. Chev. (1946) Nom. illegit. = Lecomtedoxa (Pierre ex Engl.) Dubard(1914)[山榄科 Sapotaceae]●☆

54190　Walkeria Mill. ex Ehret et Ehret (1805) descr. ampl. = Walkuffa Bruce ex Steud. (1821); ~ = Dombeya Cav. (1786)(保留属名); ~ = Walcuffa J. F. Gmel. (1792)[梧桐科 Sterculiaceae]●☆

54191　Walkeria Mill. ex Ehret (1763) Nom. illegit. ≡ Zwingera Hofer (1762); ~ = Atropa L. (1753); ~ = Nolana L. ex L. f. (1762)[茄科 Solanaceae//铃花科 Nolanaceae]■☆

54192　Walkuffa Bruce ex Steud. (1821) = Dombeya Cav. (1786)(保留属名); ~ = Walcuffa J. F. Gmel. (1792)[梧桐科 Sterculiaceae//锦葵科 Malvaceae]●☆

54193　Wallacea Spruce ex Benth. et Hook. f. (1862)【汉】华莱士木属。【隶属】金莲木科 Ochnaceae。【包含】世界 2 种。【学名诠释与讨论】〈阴〉(人)Wallace, 植物学者。此属的学名,ING、TROPICOS 和 IK 记载是"Wallacea Spruce ex Benth. et Hook. f., Gen. Pl. [Bentham et Hooker f.]1(1):320. 1862 [7 Aug 1862]"。"Wallacea Spruce ex Hook. f. (1862) ≡ Wallacea Spruce ex Benth. et Hook. f. (1862)"的命名人引证有误。【分布】巴西,亚马孙河流域。【模式】Wallacea insignis Spruce ex Bentham et J. D. Hooker。【参考异名】Wallacea Spruce ex Hook. (1862) Nom. illegit. ●☆

54194　Wallacea Spruce ex Hook. f. (1862) Nom. illegit. ≡ Wallacea Spruce ex Benth. et Hook. f. (1862)[金莲木科 Ochnaceae]●☆

54195　Wallaceaceae Tiegh. = Ochnaceae DC. (保留科名)●■

54196　Wallaceodendron Koord. (1898)【汉】褐冠豆属。【隶属】豆科 Fabaceae(Leguminosae)//含羞草科 Mimosaceae。【包含】世界 1 种。【学名诠释与讨论】〈中〉(人)Alfred Russel Wallace,1823–1913,英国植物学者,动物学者,植物采集家+dendron 或 dendros,树木,棍,丛林。【分布】印度尼西亚(苏拉威西岛)。【模式】Wallaceodendron celebicum Koorders ●☆

54197　Wallaceodoxa Heatubun et W. J. Baker(2014)【汉】瓦氏棕属。【隶属】棕榈科(槟榔科)Arecaceae(Palmae)。【包含】世界 1 种。【学名诠释与讨论】〈阴〉(人)Alfred Russel Wallace,1823–1913,英国植物学者,动物学者,植物采集家+doxa,光荣,光彩,华丽,荣誉,有名,显著。【分布】新几内亚岛。【模式】Wallaceodoxa raja-ampat Heatubun et W. J. Baker☆

54198　Wallenia Sw. (1788)(保留属名)【汉】沃伦紫金牛属。【俄】Валления。【英】Wallenia。【隶属】紫金牛科 Myrsinaceae。【包含】世界 20 种。【学名诠释与讨论】〈阴〉(人)Wallen。此属的学名"Wallenia Sw.,Prodr. :2,31. 20 Jun–29 Jul 1788"是保留属名。法规未列出相应的废弃属名。"Petesioides Jacq. ex Kuntze, Revis. Gen. Pl. 2: 402. 1891 [5 Nov 1891]"是"Wallenia Sw. (1788)"的替代名称,但是一个多余名称,因为"Wallenia Sw.

(1788)"是保留属名。"Petesioides N. J. Jacquin, Sel. Stirp. Amer. Hist. 17. Jun–Jul 1763 ≡ Petesioides Jacq. ex Kuntze(1891)Nom. illegit. , Nom. superfl. "是一个未合格发表的名称(Nom. inval.);"Petesiodes Jacq. ex Kuntze, Revis. Gen. Pl. 2：402. 1891［5 Nov 1891］"是其变体。"Petesiodes O. Kuntze, Rev. Gen. 2：402. 5 Nov 1891 ≡ Petesioides Jacq. ex Kuntze (1891) Nom. illegit. , Nom. superfl. "的命名人引证有误。也有学者把"Wallenia Sw. (1788)(保留属名)"处理为"Cybianthus Mart. (1831)(保留属名)"的异名,不妥。【分布】玻利维亚,西印度群岛,中美洲。【模式】Wallenia laurifolia O. Swartz。【参考异名】Cybianthus Mart. (1831)(保留属名);Petasioides Vitman(1789);Petesiodes Jacq. (1763) Nom. inval. ;Petesiodes Jacq. ex Kuntze (1891) Nom. illegit. , Nom. superfl. ;Petesioides Jacq. (1763) Nom. inval. ;Petesioides Jacq. (1763) Nom. inval. , Nom. superfl. ;Petesioides Jacq. ex Kuntze (1891) Nom. illegit. , Nom. superfl. ●☆

54199　Walleniella P. Wilson(1922)= Solonia Urb. (1922)［紫金牛科 Myrsinaceae］●☆

54200　Walleria J. Kirk (1864)【汉】肉根草属。【隶属】肉根草科 Walleriaceae//蒂可花科(百鸢科,基叶草科)Tecophilaeaceae。【包含】世界 1-5 种。【学名诠释与讨论】〈阴〉(人)Horace Waller,1833–1896,英国植物学者,牧师,植物采集家,曾在莫桑比克采集标本。【分布】马达加斯加,热带和非洲南部。【后选模式】Walleria nutans Kirk。【参考异名】Androsyne Salisb. (1866)■☆

54201　Walleriaceae (R. Dahlgren) H. Huber ex Takht. (1995) = Walleriaceae H. Huber ex Takht. (1995)(保留科名)■☆

54202　Walleriaceae H. Huber ex Takht. (1995)(保留科名)［亦见 Liliaceae Juss. (保留科名)百合科和 Tecophilaeaceae Leyb. (保留科名)蒂可花科(百鸢科,基叶草科)]【汉】肉根草科。【包含】世界 1 属 1-5 种。【分布】热带和非洲南部,马达加斯加。【科名模式】Walleria J. Kirk. ■☆

54203　Wallia Alef. (1861) = Juglans L. (1753)［胡桃科 Juglandaceae］●

54204　Wallichia DC. (1823) Nom. illegit. ≡ Schillera Rchb. (1828); ~ = Eriolaena DC. (1823)［梧桐科 Sterculiaceae//锦葵科 Malvaceae］●

54205　Wallichia Reinw. (1823) Nom. illegit. = Urophyllum Jack ex Wall. (1824)［茜草科 Rubiaceae］●

54206　Wallichia Reinw. ex Blume (1823) Nom. illegit. ≡ Wallichia Reinw. (1823) Nom. illegit. ; ~ = Urophyllum Jack ex Wall. (1824)［茜草科 Rubiaceae］●

54207　Wallichia Roxb. (1820)【汉】瓦理棕属(华立加椰子属,华立氏椰子属,华羽棕属,琴叶棕属,娃利嘉桐属,瓦理椰属,小董棕属,羽毛椰子属)。【日】アッサムヤシ属。【俄】Валлихия。【英】Wallich Palm, Wallichia, Wallichpalm。【隶属】棕榈科 Arecaceae(Palmae)。【包含】世界 7-9 种,中国 6 种。【学名诠释与讨论】〈阴〉(人)Nathaniel Wallich (Nathan Wulff or Wolff), 1786–1854,丹麦植物学者,医生,植物采集家,Vahl 的学生。另说是荷兰人。此属的学名,ING、TROPICOS 和 IK 记载是"Wallichia Roxburgh, Pl. Coromandel 3：91. Feb – Mar 1820"。"Wallichia A. P. de Candolle, Mém. Mus. Hist. Nat. 10：104. 1823 ≡ Schillera Rchb. (1828) = Eriolaena DC. (1823)［梧桐科 Sterculiaceae//锦葵科 Malvaceae］"是晚出的非法名称。另一个晚出的非法名称"Wallichia Reinwardt in Blume, Cat. Buitenzorg 11. 1823 = Urophyllum Jack ex Wall. (1824)［茜草科 Rubiaceae］",IK 记载为"Wallichia Reinw. ex Blume, Cat. Gew. Buitenzorg (Blume) 11. 1823 [Feb–Sep 1823]"。【分布】中国,东

喜马拉雅山。【模式】Wallichia caryotoides Roxburgh。【参考异名】Asraoa J. Joseph(1975);Harina Buch. –Ham. (1826);Wrightea Roxb. (1814) Nom. illegit. ●

54208　Wallinia Moq. (1849) Nom. illegit. ≡ Lophiocarpus Turcz. (1843)［商陆科 Phytolaccaceae//冠果商陆科(南商陆科)Lophiocarpaceae］■☆

54209　Wallisia(Regel)E. Morren(1870)= Tillandsia L. (1753)［凤梨科 Bromeliaceae//花凤梨科 Tillandsiaceae］■☆

54210　Wallisia E. Morren (1870) Nom. illegit. ≡ Wallisia (Regel) E. Morren(1870); ~ = Tillandsia L. (1753)［凤梨科 Bromeliaceae//花凤梨科 Tillandsiaceae］■☆

54211　Wallisia Regel (1875) Nom. illegit. , Nom. superfl. ≡ Schlimia Regel (1875); ~ = Lisianthius P. Browne (1756)［龙胆科 Gentianaceae］■☆

54212　Wallnoeferia Szlach. (1994)【汉】秘鲁喜湿兰属。【隶属】兰科 Orchidaceae。【包含】世界 1 种。【学名诠释与讨论】〈阴〉(人)Wallnoefer, 植物学者。【分布】秘鲁。【模式】Wallnoeferia peruviana D. L. Szlachetko ■☆

54213　Wallrothia Roth(1821) Nom. illegit. = Vitex L. (1753)［马鞭草科 Verbenaceae//唇形科 Lamiaceae (Labiatae)//牡荆科 Viticaceae］●

54214　Wallrothia Spreng. (1815)【汉】细岩芹属。【隶属】伞形花科(伞形科)Apiaceae(Umbelliferae)。【包含】世界 1 种。【学名诠释与讨论】〈阴〉词源不详。似来自人名。此属的学名,ING、TROPICOS 和 IK 记载是"Wallrothia K. P. J. Sprengel, Pugil. 2：52. 1815"。Endlicher(1839) 曾用"Dethawia Endlicher, Gen. 775. Mar 1839"替代"Wallrothia K. P. J. Sprengel, Pugil. 2：52. 1815",但是"Wallrothia Spreng. (1815)"不是非法名称(Nom. illegit.);"Wallrothia A. W. Roth, Nov. Pl. Sp. 317. Apr 1821 = Vitex L. (1753)［马鞭草科 Verbenaceae//唇形科 Lamiaceae(Labiatae)//牡荆科 Viticaceae］"才是晚出的非法名称。故"Dethawia Endl. (1839)"是多余的替代名称。同理,"Wallrothia Spreng. (1815)"的另一个替代名称"Telelophus Dulac, Fl. Hautes–Pyrénées 353. 1867"也是多余的。亦有文献把"Wallrothia Spreng. (1815)"处理为"Bunium L. (1753)"或"Seseli L. (1753)"的异名。【分布】比利牛斯山。【模式】Wallrothia tuberosa Spreng. 。【参考异名】Bunium L. (1753);Dethawia Endl. (1839) Nom. illegit. , Nom. superfl. ;Seseli L. (1753);Telelophus Dulac(1867) Nom. illegit. , Nom. superfl. ●☆

54215　Walpersia Harv. (1862)(保留属名)【汉】瓦尔豆属。【隶属】豆科 Fabaceae(Leguminosae)。【包含】世界 11 种。【学名诠释与讨论】〈阴〉(人)Wilhelm Gerhard Walpers,1816–1853,德国植物学者。此属的学名"Walpersia Harv. in Harvey et Sonder, Fl. Cap. 2：26. 16-31 Oct 1862"是保留属名。IK 误记为"Walpersia Harv. et Send. , Fl. Cap. (Harvey) 2：26. 1862 [15-31 Oct 1862]"。相应的废弃属名是鼠李科 Rhamnaceae 的"Walpersia Reissek ex Endl. , Gen. Pl. ：1100. Apr 1840 ≡ Trichocephalus Brongn. (1826)";IK 误记为"Walpersia Reissek, in Endl. Gen. 1100 (1840)"。豆科 Fabaceae 的"Walpersia Meisn. ex Krauss, Flora 27(1)：357. 1844 = Rhynchosia Lour. (1790)(保留属名)亦应废弃。亦有文献把"Walpersia Harv. (1862)(保留属名)"处理为"Phyllota (DC.) Benth. (1837)"的异名。【分布】澳大利亚。【模式】Walpersia burtonioides W. H. Harvey。【参考异名】Phyllota (DC.) Benth. (1837);Trichocephalus Brongn. (1826);Walpersia Harv. et Send. (1862) Nom. illegit. (废弃属名)●☆

54216　Walpersia Harv. et Sond. (1862) Nom. illegit. (废弃属名) ≡ Walpersia Harv. (1862)(保留属名)［豆科 Fabaceae

（Leguminosae）］●☆

54217 Walpersia Meisn. ex Krauss（1844）Nom. illegit.（废弃属名）＝ Rhynchosia Lour.（1790）（保留属名）［豆科 Fabaceae（Leguminosae）//蝶形花科 Papilionaceae］●■

54218 Walpersia Reissek ex Endl.（1840）Nom. illegit.（废弃属名）≡ Trichocephalus Brongn.（1826）；～＝ Phylica L.（1753）［as 'Philyca'］［鼠李科 Rhamnaceae//菲利木科 Phylicaceae］●☆

54219 Walpersia Reissek（1840）Nom. illegit.（废弃属名）≡ Walpersia Reissek ex Endl.（1840）Nom. illegit.（废弃属名）；～≡ Trichocephalus Brongn.（1826）；～＝ Phylica L.（1753）［as 'Philyca'］［鼠李科 Rhamnaceae//菲利木科 Phylicaceae］●☆

54220 Walsura Roxb.（1832）【汉】割舌树属。【英】Cuttonguetree，Walsura。【隶属】楝科 Meliaceae。【包含】世界 16-35 种，中国 4 种。【学名诠释与讨论】〈阴〉（印度）泰卢固人称呼"Walsura trifolia（A. Juss.）Harms."的俗名。【分布】印度（安达曼群岛），马来西亚（西部），斯里兰卡，印度尼西亚（苏拉威西岛），中国，喜马拉雅山，中南半岛。【后选模式】Walsura piscidia W. Roxburgh。【参考异名】Melospermum Scortech. ex King；Monocyclis Wall. ex Voigt（1845）；Napeodendron Ridl.（1920）；Surwala M. Roem.（1846）●

54221 Walteranthus Keighery（1985）【汉】澳大利亚环蕊木属。【隶属】环蕊木科（环蕊科）Gyrostemonaceae//圆百部科 Stemonaceae。【包含】世界 1 种。【学名诠释与讨论】〈阴〉（人）Walter，植物学者+anthos，花。【分布】澳大利亚（西部）。【模式】Walteranthus erectus G. J. Keighery ●☆

54222 Walteria A. St. - Hil. ＝ Vateria L.（1753）［龙脑香科 Dipterocarpaceae］●☆

54223 Walteria Scop. , Nom. illegit. ≡ Waltheria L.（1753）［梧桐科 Sterculiaceae//锦葵科 Malvaceae］●■

54224 Walteriana Fraser ex Endl.（1841）＝ Cliftonia Banks ex C. F. Gaertn.（1807）［翅萼树科（翅萼木科，西里拉科）Cyrillaceae］●☆

54225 Waltheria L.（1753）【汉】蛇婆子属（草梧桐属）。【日】コバンバノキ属。【英】Waltheria。【隶属】梧桐科 Sterculiaceae//锦葵科 Malvaceae。【包含】世界 30-67 种，中国 1-2 种。【学名诠释与讨论】〈阴〉（人）Friedrich Walther，1688-1746，德国植物学者，医生，教授。另说纪念 Th. Walther，19 世纪德国植物学者。此属的学名，ING、APNI、GCI、TROPICOS 和 IK 记载是"Waltheria Linnaeus，Sp. Pl. 673. 1 Mai 1753"。"Walteria Scop."是其拼写变体。【分布】巴拉圭，巴拿马，秘鲁，玻利维亚，厄瓜多尔，哥伦比亚（安蒂奥基亚），津巴布韦，马达加斯加，尼加拉瓜，中国，马来半岛，西印度群岛，热带美洲，中美洲。【后选模式】Waltheria americana Linnaeus。【参考异名】Asteropus Schult.（1827）；Astropus Spreng.（1822）；Aubentonla Dombey ex Steud.（1821）；Lopanthus Vitman（1789）；Lophanthus J. R. Forst. et G. Forst.（1776）Nom. illegit.；Sitella L. H. Bailey（1940）；Walteria Scop.●■

54226 Waluewa Regel（1890）＝ Leochilus Knowles et Westc.（1838）［兰科 Orchidaceae］■☆

54227 Walwhalleya Wills et J. J. Bruhl（2006）【汉】瓦尔草属。【隶属】禾本科 Poaceae（Gramineae）。【包含】世界 3 种。【学名诠释与讨论】〈阴〉词源不详。【分布】澳大利亚。【模式】Walwhalleya aurantiaca（F. W. Klatt）J. L. Strother［Zexmenia aurantiaca F. W. Klatt］。【参考异名】Whalleya Wills et J. J. Bruhl（2000）Nom. illegit.■☆

54228 Wamalchitamia Strother（1991）【汉】棱果菊属。【隶属】菊科 Asteraceae（Compositae）。【包含】世界 4-5 种。【学名诠释与讨论】〈阴〉词源不详。【分布】哥斯达黎加，洪都拉斯，墨西哥，尼加拉瓜，中美洲。【模式】Wamalchitamia aurantiaca（F. W. Klatt）J. L. Strother［Zexmenia aurantiaca F. W. Klatt］●☆

54229 Wandersong David W. Taylor（2014）【汉】多米尼加茜属。【隶属】茜草科 Rubiaceae。【包含】世界 2 种。【学名诠释与讨论】〈阴〉词源不详。"Wandersong David W. Taylor, J. Bot. Res. Inst. Texas 8（2）：530. 2014［25 Nov 2014］"是"Colleteria David W. Taylor（2003）Nom. inval."的替代名称。"Colleteria"与形态术语相同而为无效名称。【分布】多米尼加。【模式】Wandersong exserta（DC.）David W. Taylor［Psychotria exserta DC.；Colleteria exserta（De Candolle）David W. Taylor］。【参考异名】Colleteria David W. Taylor（2003）Nom. inval. ☆

54230 Wangenheimia F. Dietr.（1810）Nom. illegit. ≡ Gilibertia Ruiz et Pav.（1794）Nom. illegit.；～＝ Dendropanax Decne. et Planch.（1854）［五加科 Araliaceae］●

54231 Wangenheimia Moench（1794）【汉】万根鼠茅属。【隶属】禾本科 Poaceae（Gramineae）。【包含】世界 2 种。【学名诠释与讨论】〈阴〉（人）Friedrich Adam Julius von Wangenheim，1749-1800，德国植物学者，林务官。此属的学名，ING、TROPICOS 和 IK 记载是"Wangenheimia Moench，Methodus（Moench）200（1794）［4 May 1794］"。"Wangenheimia F. G. Dietrich, Vollst. Lex. Gärtnerei 10：536. 1810 ≡ Gilibertia Ruiz et Pav.（1794）Nom. illegit. = Dendropanax Decne. et Planch.（1854）［五加科 Araliaceae］"是多余的替代名称。【分布】非洲北部，西班牙。【模式】Wangenheimia disticha Moench, Nom. illegit.［Cynosurus lima Linnaeus；Wangenheimia lima（Linnaeus）Trinius］■☆

54232 Wangerinia E. Franz（1908）＝ Microphyes Phil.（1860）［石竹科 Caryophyllaceae］■☆

54233 Warburgia Engl.（1895）（保留属名）【汉】十数樟属。【隶属】白桂皮科 Canellaceae//白樟科 Lauraceae//假樟科 Lauraceae。【包含】世界 3 种。【学名诠释与讨论】〈阴〉（人）Otto Warburg，1859-1938，德国植物学者，旅行家，Die Pflanzenwelt 的作者。另说纪念 Edmund Frederic Warburg，1908-1966，德国植物学者。此属的学名"Warburgia Engl., Pflanzenw. Ost - Afrikas C：276. Jul 1895"是保留属名。相应的废弃属名是白桂皮科 Canellaceae 的"Chibaca Bertol. in Mem. Reale Accad. Sci. Ist. Bologna 4：545. 1853 ＝ Warburgia Engl.（1895）（保留属名）"。【分布】热带非洲东部。【模式】Warburgia stuhlmannii Engler。【参考异名】Chibaca G. Bertol.（1853）（废弃属名）；Dawea Sprague ex Dawe（1906）●☆

54234 Warburgina Eig（1927）【汉】瓦尔茜属。【隶属】茜草科 Rubiaceae。【包含】世界 1 种。【学名诠释与讨论】〈阴〉（人）Otto Warburg，1859 - 1938，德国植物学者，旅行家，Die Pflanzenwelt 的作者。另说纪念 Edmund Frederic Warburg，1908-1966，德国植物学者+-inus，-ina，-inum 拉丁文加在名词词干之后，以形成形容词的词尾，含义为"属于、相似、关于、小的"。此属的学名是"Warburgina A. Eig，Bull. Agric. Exp. Station Tel-Aviv 6：33. Mai-Jun 1927"。亦有文献把其处理为"Callipeltis Steven（1829）"的异名。【分布】巴勒斯坦，叙利亚。【模式】Warburgina factorovskyi A. Eig。【参考异名】Callipeltis Steven（1829）☆

54235 Warburtonia F. Muell.（1859）＝ Hibbertia Andréws（1800）［五桠果科（第伦桃科，五丫果科，锡叶藤科）Dilleniaceae//纽扣花科 Hibbertiaceae］●☆

54236 Warczewiczella Rchb. f.（1852）【汉】瓦氏兰属。【日】ワーセウィッチェラ属。【隶属】兰科 Orchidaceae。【包含】世界 18 种。【学名诠释与讨论】〈阴〉（人）Joseph（Jozef）von Rawicz Warszewicz（Warscewicz），1812-1866，荷兰植物学者。另说波兰植物学者。此属的学名是"Warczewiczella H. G. Reichenbach, Bot. Zeitung 10：635. 10 Sep 1852"。亦有文献把其处理为"Warrea Lindl.（1843）"的异名。【分布】玻利维亚，哥斯达黎加，

中美洲。【模式】Warczewiczella discolor（Lindley）H. G. Reichenbach［Warrea discolor Lindley］。【参考异名】Chondrorhyncha Lindl.（1846）；Cochleanthes Raf.（1838）；Warrea Lindl.（1843）；Warscewiczella Rchb. f.（1852）Nom. illegit.；Warszewiczella Benth. et Hook. f.；Zygopetalum Hook.（1827）■☆

54237　Warczewitzia Skinner（1850）＝ Catasetum Rich. ex Kunth（1822）［兰科 Orchidaceae］■☆

54238　Wardaster J. Small（1926）【汉】华菀属。【隶属】菊科 Asteraceae（Compositae）。【包含】世界1种。【学名诠释与讨论】〈阳〉（人）Francis（Frank）Kingdon Ward，1885-1958，英国植物学者，植物采集家，曾来中国和东南亚采集标本。他是 Harry Marshall Ward（1854-1906）的儿子＋希腊文 aster，所有格 asteros，星，紫菀属。拉丁文词尾-aster，-astra，-astrum 加在名词词干之后形成指小式名词。此属的学名是"Wardaster J. K. Small，Trans. & Proc. Bot. Soc. Edinburgh 29：230. post 21 Jan 1926"。亦有文献把其处理为"Aster L.（1753）"的异名。【分布】中国。【模式】Wardaster lanuginosus J. K. Small。【参考异名】Aster L.（1753）■

54239　Wardenia King（1898）＝ Brassaiopsis Decne. et Planch.（1854）［五加科 Araliaceae］●

54240　Warea C. B. Clarke（1876）Nom. illegit. ≡ Biswarea Cogn.（1882）［葫芦科（瓜科，南瓜科）Cucurbitaceae］■●

54241　Warea Nutt.（1834）【汉】韦尔芥属。【隶属】十字花科 Brassicaceae（Cruciferae）。【包含】世界4种。【学名诠释与讨论】〈阴〉（人）Warea。此属的学名，ING，TROPICOS 和 IK 记载是"Warea Nutt.，J. Acad. Nat. Sci. Philadelphia vii.（1834）83. t. 10"。"Warea C. B. Clarke，J. Linn. Soc.，Bot. 15：127. 11 Mai 1876（non Nuttall 1834）≡ Biswarea Cogn.（1882）［葫芦科（瓜科，南瓜科）Cucurbitaceae］"是晚出的非法名称。【分布】美国（东南部）。【后选模式】Warea amplexifolia（Nuttall）Nuttall［Stanleya amplexifolia Nuttall］■☆

54242　Waria Aubl.（1775）Nom. illegit. ＝Uvaria L.（1753）［番荔枝科 Annonaceae］●

54243　Warionia Benth. et Coss.（1873）【汉】沙菊木属。【隶属】菊科 Asteraceae（Compositae）。【包含】世界1种。【学名诠释与讨论】〈阴〉（人）（Jean Pierre）Adrien Warion，1837-1880，法国植物学者，医生。【分布】撒哈拉沙漠。【模式】Warionia saharae Bentham et Cosson ●☆

54244　Warmingia Engl.（1874）（废弃属名）＝ Spondias L.（1753）［漆树科 Anacardiaceae］●

54245　Warmingia Rchb. f.（1881）（保留属名）【汉】瓦明兰属。【隶属】兰科 Orchidaceae。【包含】世界3种。【学名诠释与讨论】〈阴〉（人）Johannes Eugen（Eugenius）Bülow Warming，1841-1924，丹麦植物学者，植物采集家，植物地理学者。此属的学名"Warmingia Rchb. f.，Otia Bot. Hamburg.：87. 8 Aug 1881"是保留属名。相应的废弃属名是漆树科 Anacardiaceae 的"Warmingia Engl. in Martius，Fl. Bras. 12（2）：281. 1 Sep 1874 ＝Spondias L.（1753）"。【分布】巴拉圭，巴西，玻利维亚，厄瓜多尔，中美洲。【模式】Warmingia eugenii H. G. Reichenbach ■☆

54246　Warneckea Gilg（1904）【汉】沃内野牡丹属。【隶属】野牡丹科 Melastomataceae//谷木科 Memecylaceae。【包含】世界31种。【学名诠释与讨论】〈阴〉（人）Otto Warnecke，德国植物采集家。此属的学名是"Warneckea Gilg，Bot. Jahrb. Syst. 34：100. 22 Mar 1904"。亦有文献把其处理为"Memecylon L.（1753）"的异名。【分布】马达加斯加，毛里求斯，热带非洲。【模式】Warneckea amaniensis Gilg。【参考异名】Memecylon L.（1753）●☆

54247　Warnera Mill.（1768）＝ Hydrastis Ellis ex L.（1759）；～ Warneria Mill.（1759）Nom. illegit.；～ ＝［Hydrastis Ellis ex L.（1759）黄根

葵科（白毛茛科，黄毛茛科）Hydrastidaceae//毛茛科 Ranunculaceae］■☆

54248　Warneria Ellis ex L.（1759）Nom. inval. ＝Gardenia J. Ellis（1761）（保留属名）［茜草科 Rubiaceae//栀子科 Gardeniaceae］■☆

54249　Warneria Ellis（1821）Nom. illegit. ＝Gardenia J. Ellis（1761）（保留属名）；～ ＝ Varnera L.（1759）［茜草科 Rubiaceae//栀子科 Gardeniaceae］●

54250　Warneria L.（1759）Nom. inval. ＝Gardenia J. Ellis（1761）（保留属名）［茜草科 Rubiaceae//栀子科 Gardeniaceae］■☆

54251　Warneria Mill.（1759）Nom. illegit. ≡ Hydrastis Ellis ex L.（1759）［黄根葵科（白毛茛科，黄毛茛科）Hydrastidaceae//毛茛科 Ranunculaceae］■☆

54252　Warneria Mill. ex L.（1821）Nom. illegit. ＝ Watsonia Mill.（1758）（保留属名）［鸢尾科 Iridaceae］■☆

54253　Warnockia M. W. Turner（1996）【汉】马岛瓦尔草属。【隶属】唇形科 Lamiaceae（Labiatae）。【包含】世界1种。【学名诠释与讨论】〈阴〉（人）Barton Holland Warnock，1911-1998，植物学者。此属的学名，ING，GCI，TROPICOS 和 IK 记载是"Warnockia M. W. Turner，Pl. Syst. Evol. 203（1-2）：78. 1996［29 Nov 1996］"。IK 标注"Warnockia M. W. Turner（1996）"是"Brazoria § Stachyastrum"的替代名称。【分布】马达加斯加。【模式】Warnockia scutellarioides（G. Engelmann & A. Gray）M. W. Turner［Brazoria scutellarioides G. Engelmann & A. Gray］。【参考异名】Brazoria［par.］Stachyastrum G. Engelmann & A. Gray（1845）■☆

54254　Warpuria Stapf（1908）＝ Podorungia Baill.（1891）［爵床科 Acanthaceae］■☆

54255　Warrea Lindl.（1843）【汉】瓦利兰属。【日】ワルレア属。【英】Varrea。【隶属】兰科 Orchidaceae。【包含】世界2-4种。【学名诠释与讨论】〈阴〉（人）Frederick Warre，英国兰科 Orchidaceae 植物采集家。【分布】巴拉圭，巴拿马，秘鲁，玻利维亚，厄瓜多尔，哥斯达黎加，尼加拉瓜，中美洲。【模式】Warrea tricolor Lindley，Nom. illegit.［Maxillaria warreana Loddiges ex Lindley；Warrea warreana（Loddiges ex Lindley）C. Schweinfurth］。【参考异名】Warczewiczella Rchb. f.（1852）Nom. illegit.；Warscewiczella Rchb. f.（1852）Nom. illegit. ■☆

54256　Warreella Schltr.（1914）【汉】小瓦利兰属。【隶属】兰科 Orchidaceae。【包含】世界2种。【学名诠释与讨论】〈阴〉（属）Warrea 瓦利兰属＋-ellus，-ella，-ellum，加在名词词干后面形成指小式的词尾。或加在人名，属名等后面以组成新属的名称。【分布】哥伦比亚。【模式】Warreella cyanea（Lindley）R. Schlechter［Warrea cyanea Lindley］■☆

54257　Warreopsis Garay（1973）【汉】类瓦利兰属。【隶属】兰科 Orchidaceae。【包含】世界3种。【学名诠释与讨论】〈阴〉（属）Warrea 瓦利兰属＋希腊文 opsis，外观，模样，相似。【分布】巴拿马，厄瓜多尔，哥斯达黎加，中美洲。【模式】Warreopsis pardina（H. G. Reichenbach）Garay［Zygopetalon pardina H. G. Reichenbach］■☆

54258　Warscaea Szlach.（1994）【汉】瓦尔绶草属（盘龙参属）。【隶属】兰科 Orchidaceae。【包含】世界5种。【学名诠释与讨论】〈阴〉词源不详。此属的学名是"Warscaea D. L. Szlachetko，Fragm. Florist. Geobot. 39：561. 15 Dec 1994"。亦有文献把其处理为"Spiranthes Rich.（1817）（保留属名）"的异名。【分布】参见 Spiranthes Rich.。【模式】Warscaea goodyeroides（R. Schlechter）D. L. Szlachetko［Spiranthes goodyeroides R. Schlechter］。【参考异名】Spiranthes Rich.（1817）（保留属名）■☆

54259　Warscewiczella Rchb. f.（1852）Nom. inval. ＝ Chondrorhyncha Lindl.（1846）；～ ＝ Cochleanthes Raf.（1838）；～ ＝ Warrea Lindl.

(1843)；~ =Zygopetalum Hook.（1827）［兰科 Orchidaceae］■☆

54260　Warszewiczella Benth. et Hook. f. = Warscewiczella Rchb. f.（1852）Nom. inval.；~ = Chondrorhyncha Lindl.（1846）；~ = Cochleanthes Raf.（1838）；~ = Warrea Lindl.（1843）；~ = Zygopetalum Hook.（1827）［兰科 Orchidaceae］■☆

54261　Warszewiczella Rchb. f.（1853）= Warscewiczella Rchb. f.（1852）Nom. inval.；~ = Chondrorhyncha Lindl.（1846）；~ = Cochleanthes Raf.（1838）；~ = Warrea Lindl.（1843）；~ = Zygopetalum Hook.（1827）［兰科 Orchidaceae］■☆

54262　Warszewiczia Klotzsch（1853）【汉】瓦氏芸香属（沃泽维奇属）。【日】ワーセウィッチア属。【隶属】芸香科 Rutaceae。【包含】世界 4 种。【学名诠释与讨论】〈阴〉（人）Joseph Warscewicz（Warscewicz），1812-1866，荷兰植物学家。另说波兰植物学家。【分布】巴拿马，巴拿马植物区，秘鲁，玻利维亚，厄瓜多尔，哥伦比亚（安蒂奥基亚），尼加拉瓜，中美洲。【后选模式】Warszewiczia coccinea（Vahl）Klotzsch.。【参考异名】Pleurophyllum Mart. ex K. Schum.；Semaphyllanthe L. Andersson（1995）；Warszewiczella Rchb. f.（1853）■☆

54263　Warszewiczia Post et Kuntze（1903）Nom. illegit. = Catasetum Rich. ex Kunth（1822）；~ = Warczewitzia Skinner（1850）［兰科 Orchidaceae］■☆

54264　Warthemia Boiss.（1846）= Iphiona Cass.（1817）（保留属名）；~ = Varthemia DC.（1836）［菊科 Asteraceae（Compositae）］●■☆

54265　Wartmannia Müll. Arg.（1865）= Homalanthus A. Juss.（1824）［as ʻOmalanthus'］（保留属名）［大戟科 Euphorbiaceae］●

54266　Wasabia Matsum.（1899）【汉】生鱼芥属。【日】ワサビ属。【隶属】十字花科 Brassicaceae（Cruciferae）。【包含】世界 4 种，中国 3 种。【学名诠释与讨论】〈阴〉（日）wasabi，是 Wasabia wasabi（Sie-bold）Makino 的日文俗名ワサビ的音译。此属的学名是"Wasabia Matsumura, Bot. Mag.（Tokyo）13：71. 1899"。亦有文献把其处理为"Eutrema R. Br.（1823）"的异名。【分布】亚洲东部，中国。【模式】Wasabia pungens Matsumura, Nom. illegit.［W. japonica（Miquel）Matsumura, Lunaria japonica Miquel］。【参考异名】Eutrema R. Br.（1823）■

54267　Wasatchia M. E. Jones（1912）Nom. illegit. ≡ Hesperochloa Rydb.（1912）Nom. illegit.；~ = Festuca L.（1753）［禾本科 Poaceae（Gramineae）//羊茅科 Festucaceae］■

54268　Washingtonia C. Winslow（1854）（废弃属名）= Sequoiadendron J. Buchholz（1939）［杉科（落羽杉科）Taxodiaceae］●

54269　Washingtonia H. Wendl.（1879）（保留属名）【汉】丝葵属（华盛顿桐属，华盛顿椰子属，华盛顿棕榈属，华盛顿棕属，加州葵属，加州蒲葵属，老人葵属，裙棕属，银丝棕属）。【日】ワシントンヤシ属。【俄】Вашингтония。【英】Fan Palm, Silkpalm, Washington Palm, Washingtonia。【隶属】棕榈科 Arecaceae（Palmae）。【包含】世界 2 种，中国 2 种。【学名诠释与讨论】〈阴〉（人）George Washington，1732 - 1799，美国首任总统。此属的学名"Washingtonia H. Wendl. in Bot. Zeitung（Berlin）37：68. 31 Jan 1879"是保留属名。法规未列出相应的废弃属名。但是杉科（落羽杉科）Taxodiaceae 的"Washingtonia C. Winslow, Calif. Farmer et J. Useful Sci. Sep 1854 = Sequoiadendron J. Buchholz（1939）"和伞形花科 Apiaceae 的"Washingtonia Rafinesque ex J. M. Coulter et J. N. Rose, Contr. U. S. Natl. Herb. 7：60. 31 Dec 1900 ≡ Osmorhiza Raf.（1819）（保留属名）"应该废弃。"Washingtonia Raf. ≡ Washingtonia Raf. ex J. M. Coult. et Rose（1900）Nom. illegit.（废弃属名）［伞形花科（伞形科）Apiaceae（Umbelliferae）］"是一个未合格发表的名称（Nom. inval.）。"Neowashingtonia Sudworth, U. S. Dept. Agric. Div. Forest. Bull. 14：105. 21 Jan 1897"是

"Washingtonia H. Wendl.（1879）（保留属名）"的晚出的同模式异名（Homotypic synonym, Nomenclatural synonym）。【分布】巴基斯坦，玻利维亚，厄瓜多尔，哥伦比亚（安蒂奥基亚），美国（加利福尼亚），中国。【模式】Washingtonia filifera（Linden ex André）H. Wendland［Pritchardia filifera Linden ex André］。【参考异名】Neowashingtonia Sudw.（1897）Nom. illegit. ●

54270　Washingtonia Raf., Nom. inval.（废弃属名）≡ Washingtonia Raf. ex J. M. Coult. et Rose（1900）Nom. illegit.（废弃属名）；~ ≡ Osmorhiza Raf.（1819）（保留属名）［伞形花科（伞形科）Apiaceae（Umbelliferae）］■

54271　Washingtonia Raf. ex J. M. Coult. et Rose（1900）Nom. illegit.（废弃属名）≡ Osmorhiza Raf.（1819）（保留属名）［伞形花科（伞形科）Apiaceae（Umbelliferae）］■

54272　Waterhousea B. Hyland（1983）【汉】沃特桃金娘属。【隶属】桃金娘科 Myrtaceae。【包含】世界 4 种。【学名诠释与讨论】〈阴〉（人）Waterhouse，植物学者。【分布】澳大利亚（热带）。【模式】Waterhousea floribunda（F. von Mueller）B. P. M. Nyland［Syzygium floribundum F. von Mueller］●☆

54273　Watsonamra Kuntze（1891）Nom. illegit. ≡ Pentagonia Benth.（1845）（保留属名）［茜草科 Rubiaceae］■☆

54274　Watsonia Boehm.（1760）Nom. illegit.（废弃属名）≡ Byttneria Loefl.（1758）（保留属名）［梧桐科 Sterculiaceae//刺果藤科（利末花科）Byttneriaceae］●

54275　Watsonia Mill.（1758）（保留属名）【汉】沃森花属。【日】ヒオウギズイセン属，ワトソニア属，ワトソ-ニア属。【英】Bugle Lily, Buglelily, Bugle - lily, Watson Flower。【隶属】鸢尾科 Iridaceae。【包含】世界 35-52 种。【学名诠释与讨论】〈阴〉（人）William Watson，1715-1787，英国植物学者，医生，博物学者，药剂师。此属的学名"Watsonia Mill., Fig. Pl. Gard. Dict.：184. 22 Dec 1758"是保留属名。法规未列出相应的废弃属名。但是"Watsonia Boehmer in Ludwig, Def. Gen. ed. Boehmer 278. 1760 ≡ Byttneria Loefl.（1758）（保留属名）［梧桐科 Sterculiaceae//刺果藤科（利末花科）Byttneriaceae］"应该废弃。"Meriana C. J. Trew, Pl. Select. 4：11. t. 40. 1754（废弃属名）"是"Watsonia Mill.（1758）（保留属名）"的同模式异名（Homotypic synonym, Nomenclatural synonym）。【分布】哥伦比亚，马达加斯加，非洲南部。【模式】Watsonia meriana（Linnaeus）P. Miller［Antholyza meriana Linnaeus］。【参考异名】Augusta Ellis（1821）（废弃属名）；Beilia（Baker）Eckl. ex Kuntze（1898）；Beilia Eckl.（1827）Nom. inval.；Calanthus Post et Kuntze（1903）Nom. illegit.；Callanthus Rchb.（1828）；Lemonia Pers.（1805）；Lomenia Pourr.（1788）；Meriana Trew（1754）（废弃属名）；Neuberia Eckl.（1827）Nom. inval.；Valsonica Scop.（1770）；Warneria Mill. ex L.（1821）Nom. illegit. ■☆

54276　Wattakaka（Decne.）Hassk.（1857）= Dregea E. Mey.（1838）（保留属名）［萝藦科 Asclepiadaceae］●

54277　Wattakaka Hassk.（1857）Nom. illegit. ≡ Wattakaka（Decne.）Hassk.（1857）；~ = Dregea E. Mey.（1838）（保留属名）［萝藦科 Asclepiadaceae］●

54278　Webbia DC.（1836）Nom. illegit. = Vernonia Schreb.（1791）（保留属名）［菊科 Asteraceae（Compositae）//斑鸠菊科（绿菊科）Vernoniaceae］●■

54279　Webbia Ruiz et Pav. ex Engl. = Dictyoloma A. Juss.（1825）（保留属名）［芸香科 Rutaceae］●☆

54280　Webbia Sch. Bip.（1843）Nom. illegit. = Conyza Less.（1832）（保留属名）［菊科 Asteraceae（Compositae）］■

54281　Webbia Spach（1836）= Hypericum L.（1753）［金丝桃科

Hypericaceae//猪胶树科（克鲁西科，山竹子科，藤黄科）Clusiaceae(Guttiferae)]■●

54282　Webera Cramer(1803) Nom. illegit. = Plectronia L. (1767)（废弃属名）;~ =Olinia Thunb.(1800)（保留属名）［方枝树科（阿林尼亚科）Oliniaceae//管萼木科（管萼科）Penaeaceae//茜草科 Rubiaceae]●☆

54283　Webera J. F. Gmel.(1791) Nom. illegit. ≡Bellucia Neck. ex Raf. (1838)（保留属名）［野牡丹科 Melastomataceae]●☆

54284　Webera Schreb.(1791) Nom. illegit. ≡Chomelia L.(1758)（废弃属名）;~ =Tarenna Gaertn.(1788)［茜草科 Rubiaceae]●

54285　Weberaster Á. Löve et D. Löve(1982) = Aster L.(1753)［菊科 Asteraceae(Compositae)]●■

54286　Weberbauera Gilg et Muschl.(1909)【汉】韦伯芥属。【隶属】十字花科 Brassicaceae(Cruciferae)。【包含】世界 17-18 种。【学名诠释与讨论】〈阴〉（人）August Weberbauer, 1871-1948, 德国植物学家，植物采集家。【分布】秘鲁，玻利维亚，安第斯山。【模式】Weberbauera densiflora(Muschler) Gilg et Muschler[Braya densiflora Muschler]。【参考异名】Alpaminia O. E. Schulz(1924); Pelagatia O. E. Schulz(1924); Stenodraba O. E. Schulz(1924)■☆

54287　Weberbauerella Ulbr.(1906)【汉】小韦豆属。【隶属】豆科 Fabaceae(Leguminosae)//蝶形花科 Papilionaceae。【包含】世界 2 种。【学名诠释与讨论】〈阴〉（人）August Weberbauer, 1871-1948, 德国植物学者，植物采集家+-ellus, -ella, -ellum, 加在名词词干后面形成指小式的词尾。或加在人名、属名等后面以组成新属的名称。【分布】秘鲁。【模式】Weberbauerella brongniartioides Ulbrich ■☆

54288　Weberbaueriella Ferreyra(1955) Nom. illegit. = Chucoa Cabrera (1955)［菊科 Asteraceae(Compositae)]●☆

54289　Weberbauerocereus Backeb.(1942)【汉】韦伯柱属（韦伯掌属，魏氏仙人柱属）。【隶属】仙人掌科 Cactaceae。【包含】世界 5 种。【学名诠释与讨论】〈阳〉（人）August Weberbauer, 1871-1948, 德国植物学者，植物采集家+（属）Cereus 仙影掌属。此属的学名"Weberbauerocereus Backeberg, Cactaceae 1941(2):31,75. Jun 1942"是一个替代名称。"Meyenia Backeberg, Möller's Deutsche Gärtn. -Zeitung 46:187. 1 Jun 1931"是一个非法名称（Nom. illegit.），因为此前已经有了"Meyenia C. G. D. Nees in Wallich, Pl. Asiat. Rar. 3:74, 78. 15 Aug 1832［爵床科 Acanthaceae//老鸦嘴科（山牵牛科，老鸦咀科）Thunbergiaceae]"。故用"Weberbauerocereus Backeb.(1942)"替代之。同理，"Meyenia D. F. L. Schlechtendal, Linnaea 8:251. 1833 ≡Habrothamnus Endl.(1839) = Cestrum L.(1753)［茄科 Solanaceae]"和"Meyenia Post et Kuntze(1903) Nom. illegit. = Meyna Roxb. ex Link(1820)［茜草科 Rubiaceae]"亦是晚出的非法名称。亦有文献把"Weberbauerocereus Backeb.(1942)"处理为"Haageocereus Backeb.(1933)"的异名。【分布】秘鲁（南部），玻利维亚，智利（北部）。【模式】Weberbauerocereus fascicularis(Meyen) Backeberg[Cereus fascicularis Meyen]。【参考异名】Floresia Krainz et Ritter; Floresia Krainz et Ritter ex Backeb.; Haageocereus Backeb.(1933); Meyenia Backeb.(1931) Nom. illegit.; Rauhocereus Backeb.(1956)●☆

54290　Weberiopuntia Frič ex Kreuz.(1935) = Opuntia Mill.(1754)［仙人掌科 Cactaceae]●

54291　Weberiopuntia Frič(1935) Nom. illegit. ≡Weberiopuntia Frič ex Kreuz.(1935);~ =Opuntia Mill.(1754)［仙人掌科 Cactaceae]●

54292　Weberocereus Britton et Rose(1909)【汉】瘤果鞭属。【日】ウェーベロセレウス属。【隶属】仙人掌科 Cactaceae。【包含】世界 3-9 种。【学名诠释与讨论】〈阳〉（人）Frederic Albert Constantin

Weber, 1830-1903, 法国植物学者，仙人掌专家+（属）Cereus 仙影掌属。【分布】巴拿马，厄瓜多尔，哥斯达黎加，尼加拉瓜，中美洲。【模式】Weberocereus tunilla(Weber) N. L. Britton et J. N. Rose[Cereus tunilla Weber]。【参考异名】Eccremocactus Britton et Rose(1913) Nom. illegit.; Eccremocereus Frič et Kreuz.(1935) Nom. illegit.; Werckleocereus Britton et Rose(1909)●☆

54293　Websteria S. H. Wright(1887)【汉】韦氏莎草属。【隶属】莎草科 Cyperaceae。【包含】世界 1 种。【学名诠释与讨论】〈阴〉（人）G. W. Webster, 1833-1914, 美国植物学者，农场主。【分布】玻利维亚，厄瓜多尔，哥斯达黎加，马达加斯加，尼加拉瓜，中美洲。【模式】Websteria limnophila S. H. Wright ■☆

54294　Weddellina Tul.(1849)【汉】韦德尔川苔草属。【隶属】髯管花科 Geniostomaceae。【包含】世界 1 种。【学名诠释与讨论】〈阴〉（人）Hugh Algernon Weddell, 1819-1877, 英国植物学者，医生+-inus, -ina, -inum, 拉丁文加在名词词干之后，以形成形容词的词尾，含义为"属于、相似、关于、小的"。【分布】热带南美洲北部。【模式】Weddellina squamulosa Tulasne ■☆

54295　Wedela Steud.(1841) = Ardisia Sw.(1788)（保留属名）;~ =Vedela Adans.(1763)（废弃属名）［紫金牛科 Myrsinaceae]●■

54296　Wedelia Jacq.(1760)（保留属名）【汉】蟛蜞菊属。【日】ネコノシタ属，ハマグルマ属。【英】Crabdaisy, Wedelia。【隶属】菊科 Asteraceae(Compositae)。【包含】世界 25-110 种，中国 5-6 种。【学名诠释与讨论】〈阴〉（人）Georg Wolfgang Wedel(Georgius Wolfgangus Wedelius), 1645-1721, 德国教授，植物学者，医生。此属的学名"Wedelia Jacq., Enum. Syst. Pl.:8, 28. Aug-Sep 1760"是保留属名。相应的废弃属名是紫茉莉科 Nyctaginaceae 的"Wedelia Loefl., Iter Hispan.:180. Dec 1758 ≡Allionia L.(1759)（保留属名）"。紫金牛科 Myrsinaceae 的"Wedelia Post et Kuntze(1903) Nom. illegit. = Ardisia Sw.(1788)（保留属名）=Vedela Adans.(1763)（废弃属名）"亦应废弃。【分布】巴拉圭，巴拿马，秘鲁，玻利维亚，厄瓜多尔，马达加斯加，尼加拉瓜，中国，中美洲。【模式】Wedelia fructicosa N. J. Jacquin。【参考异名】Allionia L.(1759)（保留属名）; Anomostephium DC.(1836); Anthemiopsis Bojer ex DC.(1836); Anthemiopsis Bojer(1836) Nom. illegit.; Aspilia Thouars(1806); Gymnolomia Kunth(1818); Menotriche Steetz(1864); Niebuhria Neck.(1790) Nom. inval.; Niebuhria Neck. ex Britten(1901) Nom. illegit.; Pascalia Ortega(1797); Seruneum Kuntze(1891) Nom. illegit.; Seruneum Rumph.(1747) Nom. inval.; Seruneum Rumph. ex Kuntze(1891) Nom. illegit.; Stemmodontia Cass.(1817); Thelechitonia Cuatrec.(1954); Trichostemma Cass.(1827) Nom. illegit.; Trichostephium Cass.(1828); Trichostephus Cass.(1830); Wollastonia DC. ex Decne.(1834)■●

54297　Wedelia Loefl.(1758)（废弃属名）≡Allionia L.(1759)（保留属名）［紫茉莉科 Nyctaginaceae]■☆

54298　Wedelia Post et Kuntze(1903) Nom. illegit.（废弃属名）=Ardisia Sw.(1788)（保留属名）;~ =Vedela Adans.(1763)（废弃属名）［紫金牛科 Myrsinaceae]●■

54299　Wedeliella Cockerell(1909) Nom. illegit. ≡Allionia L.(1759)（保留属名）［紫茉莉科 Nyctaginaceae]■☆

54300　Wedeliopsis Planch. ex Benth.(1849) = Dissotis Benth.(1849)（保留属名）［野牡丹科 Melastomataceae]●☆

54301　Wehlia F. Muell.(1876) = Homalocalyx F. Muell.(1857)［桃金娘科 Myrtaceae]●☆

54302　Weidmannia G. A. Romero et Carnevali(2010)【汉】韦氏兰属。【隶属】兰科 Orchidaceae。【包含】世界 2 种。【学名诠释与讨论】〈阴〉（人）Weidmann。【分布】委内瑞拉。【模式】

Weidmannia tatei（Ames et C. Schweinf.）G. A. Romero et Carnevali［Zygopetalum tatei Ames et C. Schweinf.］☆

54303　Weigela Thunb.（1780）【汉】锦带花属。【日】タニウツギ属，ハコネウツギ属。【俄】Вейгела，Вейгелия。【英】Brocadebeldflower，Cardinal Shrub，Japanese Honeysuckle，Weigela。【隶属】忍冬科 Caprifoliaceae。【包含】世界 10-12 种，中国 2-5 种。【学名诠释与讨论】〈阴〉（人）Christian Ehrenfried von Weigel，1748-1831，德国植物学者，医生。【分布】中国，亚洲。【模式】Weigela japonica Thunberg。【参考异名】Calyptrostigma Trautv. et C. A. Mey.（1855）Nom. illegit. ; Calysphyrum Bunge（1833）; Macrodiervilla Nakai（1936）; Vegelia Neck.（1790）Nom. inval. ; Weigelastrum（Nakai）Nakai（1936）; Weigelia Pers.（1805）●

54304　Weigelastrum（Nakai）Nakai（1936）= Weigela Thunb.（1780）［忍冬科 Caprifoliaceae］●

54305　Weigelia Pers.（1805）= Weigela Thunb.（1780）［忍冬科 Caprifoliaceae］●

54306　Weigeltia A. DC.（1834）Nom. illegit. =Cybianthus Mart.（1831）（保留属名）［紫金牛科 Myrsinaceae］●☆

54307　Weigeltia Rchb.（1828）Nom. illegit. ［豆科 Fabaceae（Leguminosae）］☆

54308　Weihea Eckl.（1827）Nom. illegit.（废弃属名）= Geissorhiza Ker Gawl.（1803）［鸢尾科 Iridaceae］■☆

54309　Weihea Rchb.（1828）Nom. illegit.（废弃属名）= Burtonia R. Br.（1811）（保留属名）［豆科 Fabaceae（Leguminosae）］●☆

54310　Weihea Spreng.（1825）（保留属名）【汉】魏厄木属。【隶属】红树科 Rhizophoraceae。【包含】世界 49 种。【学名诠释与讨论】〈阴〉（人）Carl Ernst August Weihe，1779-1834，德国植物学者，医生，悬钩子植物专家。此属的学名"Weihea Spreng. , Syst. Veg. 2：559，594. Jan-Mai 1825"是保留属名。相应的废弃属名是红树科 Rhizophoraceae 的"Richaeia Thouars，Gen. Nov. Madagasc. : 25. 17 Nov 1806 ≡ Weihea Spreng.（1825）（保留属名）= Cassipourea Aubl.（1775）"。鸢尾科 Iridaceae 的"Weihea Eckl. , Topogr. Verz. Pflanzensamml. Ecklon 22（1827）= Geissorhiza Ker Gawl.（1803）"，豆科 Fabaceae（Leguminosae）的"Weihea Rchb. , Conspectus Regni Vegetabilis 1828 =Burtonia R. Br.（1811）（保留属名）和桑寄生科 Loranthaceae 的"Weihea Spreng. ex Eichler = Phthirusa Mart.（1830）"亦应废弃。亦有文献把"Weihea Spreng.（1825）（保留属名）"处理为"Cassipourea Aubl.（1775）"的异名。【分布】马达加斯加。【模式】Weihea madagascarensis K. P. J. Sprengel。【参考异名】Cassipourea Aubl.（1775）; Richaeia Thouars（1806）（废弃属名）●☆

54311　Weihea Spreng. ex Eichler（废弃属名）= Phthirusa Mart.（1830）［桑寄生科 Loranthaceae］●☆

54312　Weilbachia Klotzsch et Oerat.（1854）= Begonia L.（1753）［秋海棠科 Begoniaceae］●■

54313　Weingaertneria Bernh.（1800）（废弃属名）≡ Corynephorus P. Beauv.（1812）（保留属名）［禾本科 Poaceae（Gramineae）］■☆

54314　Weingartia Werderm.（1937）【汉】花笠球属（轮冠属）。【日】ウエインガルティア属。【隶属】仙人掌科 Cactaceae。【包含】世界 130 种。【学名诠释与讨论】〈阴〉（人）Wilhelm Weingart，1856 - 1936，业余植物学者。此属的学名"Weingartia Werdermann，Kakteenk. et Kakteenfr. 1937：21. Feb 1937"是一个替代名称。"Spegazzinia Backeberg，Blätt. Kakteenf. 1934（4）：[3]. 1934"是一个非法名称（Nom. illegit.），因为此前已经有了真菌的"Spegazzinia P. A. Saccardo，Spegazzinia Nov. Hyphomyc. Gen. [1]. 15 Jul 1879"。故用"Weingartia Werderm.（1937）"替代之。亦有文献把"Weingartia Werderm.（1937）"处理为"Gymnocalycium

Pfeiff. ex Mittler（1844）"或"Rebutia K. Schum.（1895）"的异名。【分布】阿根廷，秘鲁，玻利维亚。【后选模式】Weingartia fidaiana（Backeberg）Werdermann［Spegazzinia fidaiana Backeberg］。【参考异名】Gymnocalycium Pfeiff. ex Mittler（1844）; Gymnorebutia Doweld（2001）; Rebutia K. Schum.（1895）; Spegazzinia Backeb.（1933）Nom. illegit. ■☆

54315　Weingartneria Benth.（1881）Nom. illegit. ≡ Corynephorus P. Beauv.（1812）（保留属名）; ~ =Weingaertneria Bernh.（1800）（废弃属名）［禾本科 Poaceae（Gramineae）］■☆

54316　Weinmannia L.（1759）（保留属名）【汉】温曼木属（万恩曼属，万灵木属，维玛木属，魏曼树属）。【英】Weinmannia。【隶属】火把树科（常绿棱枝树科，角瓣木科，库诺尼科，南蔷薇科，轻木科）Cunoniaceae。【包含】世界 150-190 种。【学名诠释与讨论】〈阴〉（人）Johann Wilhelm Weinmann，1683-1741，德国植物学者，药剂师。此属的学名"Weinmannia L. , Syst. Nat. , ed. 10：997，1005，1367. 7 Jun 1759"是保留属名。相应的废弃属名是火把树科"Windmannia P. Browne，Civ. Nat. Hist. Jamaica：212. 10 Mar 1756 ≡Weinmannia L.（1759）（保留属名）"。【分布】巴拿马，秘鲁，玻利维亚，厄瓜多尔，哥伦比亚，哥斯达黎加，马达加斯加，马来西亚，墨西哥至智利，尼加拉瓜，新西兰，安第斯山，马斯克林群岛，太平洋地区，中美洲。【模式】Weinmannia pinnata Linnaeus。【参考异名】Arnoldia Blume（1826）Nom. illegit. ; Leiospermum D. Don（1830）; Ornithrophus Bojer ex Engl. ; Pterophylla D. Don（1830）; Windmannia P. Browne（1756）（废弃属名）●☆

54317　Weinmanniaphyllum R. J. Carp. et A. M. Buchanan（1993）【汉】澳大利亚火把树属。【隶属】火把树科（常绿棱枝树科，角瓣木科，库诺尼科，南蔷薇科，轻木科）Cunoniaceae。【包含】世界 1 种。【学名诠释与讨论】〈中〉（属）Weinmannia 温曼木属（万恩曼属，万灵木属，维玛木属，魏曼树属）+希腊文 phyllon，叶子。phyllodes，似叶的，多叶的。phylleion，绿色材料，绿草。【分布】澳大利亚。【模式】Weinmanniaphyllum bernardii R. J. Carp. et A. M. Buchanan ●☆

54318　Weinreichia Rchb.（1841）Nom. illegit. ≡Echinodiscus（DC.）Benth.（1838）; ~ =Pterocarpus Jacq.（1763）（保留属名）［豆科 Fabaceae（Leguminosae）//蝶形花科 Papilionaceae］●

54319　Weitenwebera Opiz（1839）= Campanula L.（1753）［桔梗科 Campanulaceae］■●

54320　Welchiodendron Peter G. Wilson et J. T. Waterh.（1982）【汉】韦尔木属。【隶属】桃金娘科 Myrtaceae。【包含】世界 1 种。【学名诠释与讨论】〈中〉（人）Welchi，植物学者+dendron 或 dendros，树木，棍，丛林。【分布】澳大利亚，新几内亚岛。【模式】Welchiodendron longivalve（F. von Mueller）Peter G. Wilson et J. T. Waterhouse［Tristania longivalvis F. von Mueller］●☆

54321　Weldena Pohl ex K. Schum.（1891）Nom. inval. = Abutilon Mill.（1754）［锦葵科 Malvaceae］●■

54322　Weldenia Rchb.（1827）Nom. inval. =? Hibbertia Andréws（1800）［五桠果科（第伦桃科，五丫果科，锡叶藤科）Dilleniaceae//纽扣花科 Hibbertiaceae］●☆

54323　Weldenia Schult. f.（1829）【汉】银瓣花属。【隶属】鸭趾草科 Commelinaceae。【包含】世界 1 种。【学名诠释与讨论】〈阴〉（人）Franz Ludwig Freiherr von Welden，1782-1853，德国植物学者，园艺学者。此属的学名，ING、TROPICOS 和 IK 记载是"Weldenia Schult. f. ,Flora 12（1）：3，t. 1 A. 1829"。"Weldenia H. G. L. Reichenbach in J. C. Mössler，Handb. Gewächsk. ed. 2. 1：lxi. Dec 1827 =? Hibbertia Andréws（1800）［五桠果科（第伦桃科，五丫果科，锡叶藤科）Dilleniaceae//纽扣花科 Hibbertiaceae］"是一个未合格发表的名称（Nom. inval.）。【分布】墨西哥，中美洲。

【模式】Weldenia candida J. H. Schultes。【参考异名】Lampra Benth. (1842) Nom. illegit. ; Rugendasia Schiede ex Schlechid. (1841)■☆

54324　Welezia Neck. (1790) Nom. inval. = Velezia L. (1753) [石竹科 Caryophyllaceae]■☆

54325　Welfia H. Wendl. (1869) Nom. inval. ≡ Welfia H. Wendl. ex Andre(1871) [棕榈科 Arecaceae(Palmae)]●☆

54326　Welfia H. Wendl. ex Andre(1871)【汉】羽叶椰属(外尔非桐属,维夫棕属,杏果椰属,羽叶棕属)。【日】ゴンカヤシ属。【隶属】棕榈科 Arecaceae(Palmae)。【包含】世界 1-2 种。【学名诠释与讨论】〈阴〉(人)Welf 家族。此属的学名,ING 记载是"Welfia H. Wendland, Gartenflora 18:242. Jul 1869";这是一个未合格发表的名称(Nom. inval.)。IK 记载为"Welfia H. Wendl. , Gard. Chron. (1869)1236;et ex Andre, Illustr. Hortic. xviii. (1871) 93. t. 62"。【分布】巴拿马,秘鲁,厄瓜多尔,哥伦比亚(安蒂奥基亚),哥斯达黎加,尼加拉瓜,中美洲。【模式】Welfia regia H. Wendland ex André。【参考异名】Welfia H. Wendl. (1869) Nom. inval. ●☆

54327　Wellingtonia Lindl. (1853) Nom. illegit. ≡ Sequoiadendron J. Buchholz(1939) [杉科(落羽杉科)Taxodiaceae]●

54328　Wellingtonia Meisn. (1840) = Meliosma Blume(1823) [清风藤科 Sabiaceae//泡花树科 Meliosmaceae]●

54329　Wellingtoniaceae Meisn. (1840) = Meliosmaceae Endl. ; ~ = Millingtoniaceae Wight et Arn. ; ~ = Sabiaceae Blume(保留科名)●

54330　Wellstedia Balf. f. (1884)【汉】四室果属。【隶属】四室果科(番厚壳树科)Wellstediaceae//紫草科 Boraginaceae。【包含】世界 2-3 种。【学名诠释与讨论】〈阴〉词源不详。【分布】也门(索科特拉岛),索马里,非洲西南部。【模式】Wellstedia socotrana I. B. Balfour ●■☆

54331　Wellstediaceae(Pilg.) Novák = Boraginaceae Juss. (保留科名)■●

54332　Wellstediaceae Novák(1943) [亦见 Boraginaceae Juss. (保留科名)紫草科]【汉】四室果科(番厚壳树科)。【包含】世界 1 属 2-3 种。【分布】非洲,也门(索科特拉岛)。【科名模式】Wellstedia Balf. f. ●■☆

54333　Welwitschia Hook. f. (1862)(保留属名)【汉】百岁兰属(千岁兰属)。【日】ウェルウィッチア属。【俄】Вельвичия。【英】Welwitschia。【隶属】百岁兰科 Welwitschiaceae//花葱科 Polemoniaceae。【包含】世界 1-5 种。【学名诠释与讨论】〈阴〉(人)Friedrich (Frederick) Martin Joseph Welwitsch (Welvich), 1806-1872,奥地利外科医生,植物学者,动物学者,植物采集家。此属的学名"Welwitschia Hook. f. in Gard. Chron. 1862:71. 25 Jan 1862"是保留属名。相应的废弃属名是买麻藤科 Gnetaceae 的"Tumboa Welw. in Gard. Chron. 1861:75. Jan 1861 ≡ Welwitschia Hook. f. (1862)(保留属名)"和花葱科 Polemoniaceae 的"Welwitschia Rchb. , Handb. Nat. Pfl. -Syst. :194. 1-7 Oct 1837 ≡ Eriastrum Wooton et Standl. (1913) = Gilia Ruiz et Pav. (1794)"。玄参科 Scrophulariaceae//列当科 Orobanchaceae 的"Welwitschia Post et Kuntze(1903) Nom. illegit. = Melasma P. J. Bergius(1767) = Velvitsia Hiern. (1898)"亦应废弃。【分布】热带非洲西南部。【模式】Welwitschia mirabilis J. D. Hooker。【参考异名】Eriastrum Wooton et Standl. (1913); Hugelia Benth. (1833) Nom. illegit. ; Toumboa Naudin(1862); Tumboa Welw. (1861)(废弃属名)■☆

54334　Welwitschia Post et Kuntze(1903) Nom. illegit. (废弃属名) = Melasma P. J. Bergius(1767); ~ = Velvitsia Hiern. (1898) [玄参科 Scrophulariaceae//列当科 Orobanchaceae]■

54335　Welwitschia Rchb. (1837)(废弃属名) ≡ Eriastrum Wooton et Standl. (1913); ~ = Gilia Ruiz et Pav. (1794) [花葱科 Polemoniaceae]■●☆

54336　Welwitschiaceae(Engl.) Markgr. = Welwitschiaceae Caruel(保留科名)■☆

54337　Welwitschiaceae Caruel (1879)(保留科名) [亦见 Polemoniaceae 花葱科]【汉】百岁兰科。【日】ヴェルヴィチア科,ウェルウィッチア科。【包含】世界 1 属 1 种。【分布】非洲西南部。【科名模式】Welwitschia Hook. f. ■☆

54338　Welwitschiaceae Markgr. = Welwitschiaceae Caruel(保留科名) ■☆

54339　Welwitschiella Engl. (1899) Nom. illegit. ≡ Welwitschiina Engl. ex Dalla Torre et Harms(1901) ; ~ = Triclisia Benth. (1862) [防己科 Menispermaceae]●☆

54340　Welwitschiella O. Hoffm. (1894)【汉】无舌山黄菊属。【隶属】菊科 Asteraceae(Compositae)。【包含】世界 1 种。【学名诠释与讨论】〈阴〉(人)Friedrich Martin Josef Welwitsch, 1806-1872,奥地利外科医生,植物学者+-ellus, -ella, -ellum,加在名词词干后面形成指小式的词尾。或加在人名、属名等后面以组成新属的名称。此属的学名,ING、TROPICOS 和 IK 记载是"Welwitschiella O. Hoffm. , Nat. Pflanzenfam. [Engler et Prantl]4(abt. 5, lief. 104-105):390. 1894 [Jun 1894]"。"Welwitschiella Engler, Bot. Jahrb. Syst. 26:416. 31 Jan 1899 ≡ Welwitschiina Engl. ex Dalla Torre et Harms (1901) = Triclisia Benth. (1862) [防己科 Menispermaceae]"是晚出的非法名称。化石植物的"Welwitschiella D. L. Dilcher, M. E. Bernardes de Oliveira, D. Pons et T. A. Lott, Amer. J. Bot. 92:1299. Aug 2005 ≡ Priscowelwitschia D. L. Dilcher, M. E. Bernardes de Oliveira, D. Pons et T. A. Lott Aug 2005"也是晚出的非法名称。【分布】安哥拉。【模式】Welwitschiella neriifolia O. Hoffmann ■☆

54341　Welwitschiina Engl. (1899) Nom. illegit. ≡ Welwitschiina Engl. ex Dalla Torre et Harms (1901) ; ~ = Chondrodendron Ruiz et Pav. (1794) ; ~ = Triclisia Benth. (1862) [防己科 Menispermaceae]●☆

54342　Welwitschiina Engl. ex Dalla Torre et Harms (1901) = Chondrodendron Ruiz et Pav. (1794) ; ~ = Triclisia Benth. (1862) [防己科 Menispermaceae]●☆

54343　Wenchengia C. Y. Wu et S. Chow(1965)【汉】保亭花属。【英】Baotingflower, Wenchengia。【隶属】唇形科 Lamiaceae(Labiatae)。【包含】世界 1 种,中国 1 种。【学名诠释与讨论】〈阴〉(人)Wu Wen Cheng,吴蕴珍,1898-1942,中国植物分类学家及园艺学家。【分布】中国。【模式】Wenchengia alternifolia C. Y. Wu et S. Chow ●■★

54344　Wendelboa Soest(1966) = Taraxacum F. H. Wigg. (1780)(保留属名) [菊科 Asteraceae(Compositae)]■

54345　Wenderothia Schltdl. (1838) = Canavalia Adans. (1763) [as 'Canavali'](保留属名) [豆科 Fabaceae(Leguminosae)//蝶形花科 Papilionaceae]●■

54346　Wendia Hoffm. (1814)(废弃属名) = Heracleum L. (1753) [伞形花科(伞形科)Apiaceae(Umbelliferae)]■

54347　Wendlandia Bartl. (1830) Nom. inval. (废弃属名) ≡ Wendlandia Bartl. ex DC. (1830)(保留属名) [茜草科 Rubiaceae]●

54348　Wendlandia Bartl. ex DC. (1830)(保留属名)【汉】水锦树属。【日】アカミミズギ属。【俄】Вендландия。【英】Wendlandia。【隶属】茜草科 Rubiaceae。【包含】世界 50-90 种,中国 30-33 种。【学名诠释与讨论】〈阴〉(人)Henry Ludovicus Wendland, 1792-1869,德国植物学者,汉诺威植物园园长,仙人掌植物专家。一说来自 Johann Christoph Wendland, 1755-1828,德国植物学者。此属的学名"Wendlandia Bartl. ex DC. , Prodr. 4:411. Sep (sero) 1830"是保留属名。相应的废弃属名是防己科 Menispermaceae

的"Wendlandia Willd. , Sp. Pl. 2：6, 275. Mar 1799 ≡ Androphylax J. C. Wendl. (1798)（废弃属名）= Cocculus DC. (1817)（保留属名）"。茜草科 Rubiaceae 的"Wendlandia Bartl. , Ord. 211（1830）≡ Wendlandia Bartl. ex DC. (1830)（保留属名）"和"Wendlandia DC. , Prodromus 4 1830 ≡ Wendlandia Bartl. ex DC. (1830)（保留属名）"亦应废弃。【分布】澳大利亚（昆士兰），巴基斯坦，马来西亚，印度，中国，东南亚。【模式】Wendlandia paniculata (Roxburgh) A. P. de Candolle［Rondeletia paniculata Roxburgh］。【参考异名】Adenosacme Wall. ex G. Don (1834) Nom. nud. ; Cattutella Rchb. ; Katoutheka Adans. (1763)（废弃属名）; Katouthexa Steud. (1840) Nom. illegit. (废弃属名）; Sestinia Boiss. et Hohen. (1844) Nom. superfl. , Nom. nud. ; Wendlandia Bartl. (1830) Nom. inval. (废弃属名）; Wendlandia DC. (1830) Nom. illegit. (废弃属名）●

54349　Wendlandia DC. (1830) Nom. illegit. (废弃属名）≡ Wendlandia Bartl. ex DC. (1830)（保留属名）［茜草科 Rubiaceae］●

54350　Wendlandia Willd. (1799)（废弃属名）≡ Androphylax J. C. Wendl. (1798)（废弃属名）; ~ = Cocculus DC. (1817)（保留属名）［防己科 Menispermaceae］●

54351　Wendlandiella Dammer(1905)【汉】单梗苞椰属(文兰代桐属，文氏椰属，文氏棕属)。【隶属】棕榈科 Arecaceae(Palmae)。【包含】世界 1-3 种。【学名诠释与讨论】〈阴〉(人) Henry Ludovicus Wendland, 1792-1869, 德国植物学者，汉诺威植物园园长 + -ellus, -ella, -ellum, 加在名词词干后面形成指小式的词尾。或加在人名、属名等后面以组成新属的名称。【分布】巴西，秘鲁。【模式】Wendlandiella gracilis Dammer ●☆

54352　Wendtia Ledeb. (1844) Nom. illegit. (废弃属名）= Heracleum L. (1753)［伞形花科（伞形科）Apiaceae(Umbelliferae)］■

54353　Wendtia Meyen(1834)（保留属名）【汉】文氏草属。【隶属】牻牛儿苗科 Geraniaceae。【包含】世界 3 种。【学名诠释与讨论】〈阴〉(人). Wendt, 德国船长。此属的学名"Wendtia Meyen, Reise 1：307. 23-31 Mai 1834"是保留属名。相应的废弃属名是伞形花科 Apiaceae 的"Wendia Hoffm. , Gen. Pl. Umbell. : 136. 1814 = Heracleum L. (1753)"。伞形花科 Apiaceae 的"Wendtia Ledeb. , Fl. Ross. (Ledeb.)2(1,5)：328. 1844［Jul 1844］= Heracleum L. (1753)"亦应废弃。"Wendtia Meyen(1834)（保留属名）"曾被处理为"Balbisia sect. Wendtia (Meyen) Hunz. & Ariza, Kurtziana 7：238. 1973"。亦有文献把"Wendtia Meyen(1834)（保留属名）"处理为"Balbisia Cav. (1804)（保留属名）"的异名。【分布】阿根廷，智利。【模式】Wendtia gracilis Meyen。【参考异名】Balbisia Cav. (1804)（保留属名）; Balbisia sect. Wendtia (Meyen) Hunz. & Ariza(1973); Hyperum C. Presl(1851); Martiniera Guill. (1837); Martinieria Walp. (1848) Nom. illegit. ; Wendia Hoffm. (1814)（废弃属名）■☆

54354　Wensea J. C. Wendl. (1819) = Pogostemon Desf. (1815)［唇形科 Lamiaceae(Labiatae)］●■

54355　Wentsaiboea D. Fang et D. H. Qin (2004)【汉】文采苣苔属。【隶属】苦苣苔科 Gesneriaceae。【包含】世界 1 种，中国 1 种。【学名诠释与讨论】〈阴〉(人) Wentsai Wang 王文采, 1926-, 中国植物分类学家，从事毛茛科 Ranunculaceae、荨麻科 Urticaceae、紫草科 Boraginaceae、苦苣苔科 Gesneriaceae 等科植物的分类学研究，发现 20 个新属，约 550 个新种。1993 年当选为中国科学院院士 +（属）Boea 旋蒴苣苔属。【分布】中国。【模式】Wentsaiboea renifolia D. Fang et D. H. Qin ●★

54356　Wenzelia Merr. (1915)【汉】文策尔芸香属。【隶属】芸香科 Rutaceae。【包含】世界 9 种。【学名诠释与讨论】〈阴〉(人) Wenzel+-ellus, -ella, -ellum, 加在名词词干后面形成指小式的词

尾。或加在人名、属名等后面以组成新属的名称。【分布】菲律宾，美国（夏威夷），所罗门群岛，新几内亚岛。【模式】Wenzelia brevipes Merrill ●☆

54357　Wepferia Fabr. (1759) Nom. illegit. ≡ Wepferia Heist. ex Fabr. (1759) Nom. illegit. ; ~ = Aethusa L. (1753)［伞形花科（伞形科）Apiaceae(Umbelliferae)］■☆

54358　Wepferia Heist. ex Fabr. (1759) Nom. illegit. ≡ Aethusa L. (1753)［伞形花科（伞形科）Apiaceae(Umbelliferae)］■☆

54359　Werauhia J. R. Grant(1995)【汉】指纹瓣凤梨属。【隶属】凤梨科 Bromeliaceae。【包含】世界 66 种。【学名诠释与讨论】〈阴〉词源不详。【分布】巴拿马，玻利维亚，厄瓜多尔，哥伦比亚（安蒂奥基亚），哥斯达黎加，中美洲。【模式】Werauhia gladioliflora (H. Wendland) J. R. Grant［Tillandsia gladioliflora H. Wendland］■☆

54360　Wercklea Pittier et Standl. (1916)【汉】韦克锦葵属。【隶属】锦葵科 Malvaceae。【包含】世界 12-13 种。【学名诠释与讨论】〈阴〉(人) Karl (Carl) Wercklé, 1860-1924, 法国植物学者，园艺学者。【分布】巴拿马，厄瓜多尔，哥伦比亚（安蒂奥基亚），哥斯达黎加，中美洲。【模式】Wercklea insignis Pittier et Standley ●■☆

54361　Werckleocereus Britton et Rose (1909)【汉】刺萼三棱柱属。【日】ベルックゼオセレウス属。【隶属】仙人掌科 Cactaceae。【包含】世界 2 种。【学名诠释与讨论】〈阳〉(人) Karl (Carl) Wercklé, 1860-1924, 法国植物学者，园艺学者 +（属）Cereus 仙影掌属。此属的学名，ING、TROPICOS、GCI 和 IK 记载是"Werckleocereus Britton & Rose, Contr. U. S. Natl. Herb. 12：432. 1909"。它曾被处理为"Cereus subgen. Werckleocereus (Britton & Rose) A. Berger, Kakteen 118. 1929"。亦有文献把"Werckleocereus Britton et Rose(1909)"处理为"Weberocereus Britton et Rose(1909)"的异名。【分布】巴拿马，哥斯达黎加，墨西哥，危地马拉，中美洲。【模式】Werckleocereus tonduzii (Weber) N. L. Britton et Rose［Cereus tonduzii Weber］。【参考异名】Cereus subgen. Werckleocereus (Britton & Rose) A. Berger (1929); Weberocereus Britton et Rose(1909)●☆

54362　Werdermannia O. E. Schulz(1928)【汉】韦德曼芥属。【隶属】十字花科 Brassicaceae(Cruciferae)。【包含】世界 3-4 种。【学名诠释与讨论】〈阴〉(人) Erich Werdermann, 1892-1959, 德国植物学者，真菌学者，植物采集家，教授。【分布】智利（北部）。【模式】Werdermannia macrostachya (Philippi) O. E. Schulz［Nasturtium macrostachyum Philippi］■☆

54363　Wernera Kuntze = Werneria Kunth (1818)［菊科 Asteraceae (Compositae)］■☆

54364　Werneria Kunth(1818)【汉】光莲菊属(沃纳菊属)。【隶属】菊科 Asteraceae(Compositae)。【包含】世界 30-40 种。【学名诠释与讨论】〈阴〉(人) Abraham Gottlob Werner, 1749-1817, 德国地质学者，教授。【分布】巴拿马，秘鲁，玻利维亚，厄瓜多尔，哥伦比亚（安蒂奥基亚），安第斯山，中美洲。【模式】未指定。【参考异名】Oresigonia Willd. ex Less. (1832); Oribasia Moc. et Sessé ex DC. ; Wernera Kuntze ■☆

54365　Wernhamia S. Moore(1922)【汉】玻利维亚茜属。【隶属】茜草科 Rubiaceae。【包含】世界 1 种。【学名诠释与讨论】〈阴〉(人) Herbert Fuller Wernham, 1879-1941, 英国植物学者。【分布】玻利维亚。【模式】Wernhamia boliviensis S. Moore ■☆

54366　Wernisekia Scop. (1777) Nom. illegit. = Humiria Aubl. (1775)［as 'Houmiri'］（保留属名）［核果树科（胡香脂科，树脂核科，无距花科，香膏科，香膏木科）Humiriaceae］●☆

54367　Werrinuwa Heyne(1814) = Guizotia Cass. (1829)（保留属名）［菊科 Asteraceae(Compositae)］■●

54368　Westeringia Dum. Cours. (1811) = Westringia Sm. ［唇形科

Lamiaceae(Labiatae)]●☆

54369　Westia Vahl(1810)(废弃属名)= Berlinia Sol. ex Hook. f. (1849)(保留属名);~ ≡ Berlinia Sol. ex Hook. f. (1849)(保留属名)+ Afzelia Sm. (1798)(保留属名)[豆科 Fabaceae (Leguminosae)//云实科(苏木科)Caesalpiniaceae]●

54370　Westonia Spreng. (1826)Nom. illegit.= Rothia Pers. (1807)(保留属名)[豆科 Fabaceae(Leguminosae)]●

54371　Westoniella Cuatrec. (1977)【汉】紫绒菀属。【隶属】菊科 Asteraceae(Compositae)。【包含】世界6种。【学名诠释与讨论】〈阴〉(人)Arthur Stewart Weston,1932-,美国植物学者+-ellus,-ella,-ellum,加在名词词干后面形成指小式的词尾。或加在人名,属名等后面以组成新属的名称。【分布】巴拿马,哥斯达黎加,中美洲。【模式】Westoniella chirripoensis J. Cuatrecasas ■●☆

54372　Westphalina A. Robyns et Bamps(1977)【汉】威斯椴属。【隶属】椴树科(椴科,田麻科)Tiliaceae。【包含】世界1种。【学名诠释与讨论】〈阴〉(人)E. Westphal,植物学者+-inus,-ina,-inum,加在名词词干之后,以形成形容词的词尾,含义为"属于、相似、关于、小的"。【分布】危地马拉。【模式】Westphalina macrocarpa A. Robyns et P. Bamps ●☆

54373　Westringia Sm. (1797)【汉】澳迷迭香属(维斯特灵属)。【英】Westringia。【隶属】唇形科 Lamiaceae(Labiatae)。【包含】世界25种。【学名诠释与讨论】〈阴〉(人)Johan Peter Westring,1753-1833,瑞典植物学者,医生。【分布】澳大利亚。【模式】Westringia rosmariniformis J. E. Smith。【参考异名】Westeringia Dum. Cours. (1811)●☆

54374　Wetria Baill. (1858)【汉】韦大戟属。【隶属】大戟科 Euphorbiaceae。【包含】世界1种。【学名诠释与讨论】〈阴〉(属)由滑桃树属 Trewia 字母改缀而来。此属的学名,ING、TROPICOS 和 IK 记载是"Wetria Baillon, Études Gén. Euphorb. 409. 1858"。"Pseudotrewia Miquel, Fl. Ind. Bat. 1(2):414. 6 Oct 1859"是"Wetria Baill. (1858)"的晚出的同模式异名(Homotypic synonym, Nomenclatural synonym)。【分布】马来西亚(西部),缅甸,泰国,新几内亚岛。【模式】Wetria trewioides Baillon, Nom. illegit. [Trewia macrophylla Blume]。【参考异名】Pseudotrewia Miq. (1859)Nom. illegit. ●☆

54375　Wetria(Müll. Arg.)Kuntze(1903)= Argomuellera Pax(1894)[大戟科 Euphorbiaceae]●☆

54376　Wetriaria Kuntze(1903)Nom. illegit. ≡ Wetriaria (Müll. Arg.)Kuntze (1903);~ = Argomuellera Pax (1894) [大戟科 Euphorbiaceae]●☆

54377　Wetriaria Pax (1914)Nom. illegit. = Argomuellera Pax (1894)[大戟科 Euphorbiaceae]●☆

54378　Wettinella O. F. Cook et Doyle (1913)= Wettinia Poepp. (1837)[棕榈科 Arecaceae(Palmae)]●☆

54379　Wettinia Poepp. (1837)【汉】韦廷棕属。【日】ウェッチンヤシ属,オオミウェッチンヤシ属。【隶属】棕榈科 Arecaceae (Palmae)。【包含】世界9种。【学名诠释与讨论】〈阴〉(人)Wettin。此属的学名,ING 和 TROPICOS 记载是"Wettinia Poeppig in Endlicher, Gen. 243. Oct 1837"。IK 则记载为"Wettinia Poepp. ex Endl. ,Gen. Pl. [Endlicher]243. 1837[Oct 1837]"。三者引用的文献相同。【分布】巴拿马,秘鲁,玻利维亚,厄瓜多尔,哥伦比亚(安蒂奥基亚),中美洲。【模式】Wettinia augusta Poeppig et Endlicher。【参考异名】Wettinella O. F. Cook et Doyle (1913);Wettinia Poepp. ex Endl. (1837)Nom. illegit. ;Wettiniicarpus Burret (1930)●☆

54380　Wettinia Poepp. ex Endl. (1837)Nom. illegit. ≡ Wettinia Poepp. (1837)[棕榈科 Arecaceae(Palmae)]●☆

54381　Wettiniicarpus Burret(1930)= Wettinia Poepp. (1837)[棕榈科 Arecaceae(Palmae)]●☆

54382　Wettsteinia Petr. (1910)= Carduus L. (1753);~ = Olgaea Iljin (1922)[菊科 Asteraceae(Compositae)//飞廉科 Carduaceae]■

54383　Wettsteiniola Suess. (1935)【汉】阿根廷川苔草属。【隶属】髯管花科 Geniostomaceae。【包含】世界3种。【学名诠释与讨论】〈阴〉(人)Wettstein,植物学者+-olus,-ola,-olum,拉丁文指示小的词尾。【分布】巴西。【模式】Wettsteiniola pinnata Suesseguth ■☆

54384　Whalleya Wills et J. J. Bruhl(2000)Nom. illegit. = Walwhalleya Wills et J. J. Bruhl(2006)[禾本科 Poaceae(Gramineae)]■☆

54385　Wheelerella G. B. Grant (1906)Nom. illegit. ≡ Greeneocharis Gürke et Harms (1899);~ = Cryptantha Lehm. ex G. Don (1837) [紫草科 Boraginaceae]■☆

54386　Whipplea Torr. (1857)【汉】惠普木属。【隶属】绣球花科(八仙花科,绣球科)Hydrangeaceae。【包含】世界1种。【学名诠释与讨论】〈阴〉(人)Amiel Weeks Whipple,1816-1863。【分布】美国,太平洋地区。【模式】Whipplea modesta Torrey ●☆

54387　Whitefieldia Nees(1847)= Whitfieldia Hook. (1845)[爵床科 Acanthaceae]■☆

54388　Whiteheadia Harv. (1868)【汉】怀特风信子属。【隶属】风信子科 Hyacinthaceae。【包含】世界1-2种。【学名诠释与讨论】〈阴〉(人)Henry Whitehead,1817-1884,牧师,植物采集家。【分布】非洲南部。【模式】Whiteheadia latifolia Harvey ■☆

54389　Whiteochloa C. E. Hubb. (1952)【汉】怀特黍属。【隶属】禾本科 Poaceae(Gramineae)。【包含】世界5种。【学名诠释与讨论】〈阴〉(人)Cyril Tenison White,1890-1950,澳大利亚植物学者,植物采集家;他是 Frederick Manson Bailey(1827-1915)的外孙+chloe,草的幼芽,嫩草,禾草。【分布】澳大利亚(昆士兰)。【模式】Whiteochloa semitonsa (F. v. Mueller ex Bentham)C. E. Hubbard [Panicum semitonsum F. v. Mueller ex Bentham]■☆

54390　Whiteodendron Steenis(1952)【汉】加岛桃金娘属。【隶属】桃金娘科 Myrtaceae。【包含】世界1种。【学名诠释与讨论】〈中〉(人)Cyril Tenison White,1890-1950,澳大利亚植物学者,植物采集家+dendron 或 dendros,树木,棍,丛林。【分布】加里曼丹岛。【模式】Whiteodendron moultonianum (W. W. Smith)Steenis [Tristania moultoniana W. W. Smith]●☆

54391　White-Sloanea Chiov. (1937)【汉】索马里萝藦属。【隶属】萝藦科 Asclepiadaceae。【包含】世界1种。【学名诠释与讨论】〈阴〉(人)Boyd Lincoln Sloane,1886-1955+Alain Campbell White,1880-1951,美国植物学者。此属的学名,ING、TROPICOS 和 IK 记载是"White-Sloanea Chiovenda, Malpighia 34:541. 1937"。"Drakebrockmania A. White et B. L. Sloane, Stapelieae ed. 2. 1:401. Feb 1937(non Drake-Brockmania Stapf 1912)"是"White-Sloanea Chiov. (1937)"的晚出的同模式异名(Homotypic synonym, Nomenclatural synonym)。【分布】索马里兰地区。【模式】White-Sloanea crassa (N. E. Brown)Chiovenda [Caralluma crassa N. E. Brown]。【参考异名】Drakebrockmania A. C. White et B. Sloane (1937)Nom. illegit. ■☆

54392　Whitfieldia Hook. (1845)【汉】惠特爵床属。【隶属】爵床科 Acanthaceae。【包含】世界10种。【学名诠释与讨论】〈阴〉(人)Thomas Whitfield (Withfield),英国植物学者,植物采集家。【分布】热带非洲。【模式】Whitfieldia lateritia W. J. Hooker。【参考异名】Leiophaca Lindau (1911);Pounguia Benoist (1939);Stylarthropus Baill. (1890);Whitefieldia Nees(1847)■☆

54393　Whitfordia Elmer(1910)Nom. illegit. ≡ Whitfordiodendron Elmer (1910)[豆科 Fabaceae(Leguminosae)//蝶形花科 Papilionaceae]●

54394 Whitfordiodendron Elmer(1910)【汉】猪腰豆属(大荚藤属,猪腰子属)。【英】Porkkidneybean,Whitfordiodendron。【隶属】豆科Fabaceae(Leguminosae)//蝶形花科Papilionaceae。【包含】世界6种,中国1种。【学名诠释与讨论】〈中〉(人)Harry Nichols Whitford,1872-1941,美国植物学者,植物采集家,林务官+希腊文 dendron 或 dendros,树木,棍,丛林。此属的学名"Whitfordiodendron Elmer,Leafl. Philipp. Bot. 2:743. 10 Oct 1910"是一个替代名称。"Whitfordia Elmer,Leafl. Philipp. Bot. 2:689. 31 Aug 1910"是一个非法名称(Nom. illegit.),因为此前已经有了真菌的"Whitfordia Murrill,Bull. Torrey Bot. Club 35:407. 26 Aug 1908"。故用"Whitfordiodendron Elmer(1910)"替代之。亦有文献把"Whitfordiodendron Elmer(1910)"处理为"Callerya Endl. (1843)"的异名。【分布】马来西亚(西部),中国。【模式】Whitfordiodendron scandens (Elmer) Elmer [Whitfordia scandens Elmer]。【参考异名】Adinobotrys Dunn(1911);Callerya Endl. (1843);Whitfordia Elmer(1910)Nom. illegit. ●

54395 Whitia Blume(1823)= Cyrtandra J. R. Forst. et G. Forst. (1775) [苦苣苔科 Gesneriaceae]●■

54396 Whitlavia Harv. (1846)= Phacelia Juss. (1789) [田梗草科(田基麻科,田亚麻科)Hydrophyllaceae]■☆

54397 Whitleya D. Don ex Sweet (1825) = Anisodus Link ex Spreng. (1824);~ =Scopolia Jacq. (1764) [as 'Scopola'](保留属名) [茄科 Solanaceae]■

54398 Whitleya D. Don(1825)Nom. inval. ≡ Whitleya D. Don ex Sweet (1825);~ = Anisodus Link ex Spreng. (1824);~ = Scopolia Jacq. (1764) [as 'Scopola'](保留属名) [茄科 Solanaceae]■

54399 Whitleya Sweet(1825)Nom. illegit. ≡ Whitleya D. Don ex Sweet (1825);~ = Anisodus Link ex Spreng. (1824);~ = Scopolia Jacq. (1764) [as 'Scopola'](保留属名) [茄科 Solanaceae]■

54400 Whitmorea Sleumer(1969)【汉】所罗门木属。【隶属】茶茱萸科Icacinaceae。【包含】世界1种。【学名诠释与讨论】〈阴〉(人)Whitmore。【分布】所罗门群岛。【模式】Whitmorea grandiflora H. Sleumer ●☆

54401 Whitneya A. Gray (1865)【汉】惠特尼菊属。【隶属】菊科Asteraceae(Compositae)。【包含】世界1种。【学名诠释与讨论】〈阴〉(人)Josiah Dwight Whitney,1819-1896,美国地质学者,教授。此属的学名是"Whitneya A. Gray,Proc. Amer. Acad. Arts 6:549. Nov 1865"。亦有文献把其处理为"Arnica L. (1753)"的异名。【分布】美国(加利福尼亚)。【模式】Whitneya dealbata A. Gray。【参考异名】Arnica L. (1753) ●☆

54402 Whittonia Sandwith(1962)【汉】南美围盘树属。【隶属】围盘树科(巴西肉盘科,围花盘树科,周位花盘科)Peridiscaceae。【包含】世界1种。【学名诠释与讨论】〈阴〉(人)Whitton。【分布】几内亚。【模式】Whittonia guianensis Sandwith ●☆

54403 Whyanbeelia Airy Shaw et B. Hyland(1976)【汉】怀亚大戟属。【隶属】大戟科Euphorbiaceae。【包含】世界1种。【学名诠释与讨论】〈阴〉词源不详。【分布】澳大利亚。【模式】Whyanbeelia terrae-reginae H. K. Airy Shaw et B. P. M. Hyland☆

54404 Whytockia W. W. Sm. (1919)【汉】异叶苣苔属(玉玲花属)。【英】Whytockia。【隶属】苦苣苔科 Gesneriaceae。【包含】世界7种,中国7种。【学名诠释与讨论】〈阴〉(人)Whitock。【分布】中国。【模式】Whytockia chiritiflora (D. Oliver) W. W. Smith [Stauranthera chiritiflora D. Oliver]。【参考异名】Oshimella Masam. et Suzuki(1934)■★

54405 Wiasemskya Klotzsch(1847)(废弃属名)≡ Tammsia H. Karst. (1861)(保留属名) [茜草科 Rubiaceae]☆

54406 Wibelia P. Gaertn. , B. Mey. et Scherb. (1801) = Crepis L. (1753) [菊科 Asteraceae(Compositae)]■

54407 Wibelia Pers. (1805)Nom. illegit. ≡ Paypayrola Aubl. (1775) [董菜科 Violaceae]■☆

54408 Wibelia Roehl. (1813)Nom. illegit. =Chondrilla L. (1753) [菊科 Asteraceae(Compositae)]■

54409 Wiborgia Kuntze(1891)Nom. illegit. (废弃属名)≡ Viborquia Ortega(1798)(废弃属名);~ = Eysenhardtia Kunth(1824)(保留属名) [豆科 Fabaceae(Leguminosae)]●☆

54410 Wiborgia Post et Kuntze (1903)Nom. illegit. (废弃属名)= Cytisus Desf. (1798)(保留属名);~ = Tubocytisus (DC.) Fourr. (1868)Nom. illegit. ;~ =Viborgia Moench(1794)(废弃属名) [豆科 Fabaceae(Leguminosae)//蝶形花科 Papilionaceae]●

54411 Wiborgia Roth(1800)(废弃属名)≡ Vigolina Poir. (1808);~ = Galinsoga Ruiz et Pav. (1794) [菊科 Asteraceae(Compositae)]■●

54412 Wiborgia Thunb. (1800)(保留属名)【汉】维堡豆属。【隶属】豆科Fabaceae(Leguminosae)//蝶形花科Papilionaceae。【包含】世界10种。【学名诠释与讨论】〈阴〉(人)Erik Nissen Viborg,1759-1822,丹麦植物学者,教授。此属的学名"Wiborgia Thunb. ,Nov. Gen. Pl. :137. 3 Jun 1800"是保留属名。相应的废弃属名是豆科Fabaceae的"Viborgia Moench,Methodus:132. 4 Mai 1794 = Cytisus Desf. (1798)(保留属名)= Tubocytisus (DC.) Fourr. (1868)Nom. illegit. "。豆科Fabaceae的"Wiborgia O. Kuntze,Rev. Gen. 1:213. 5 Nov 1891 ≡ Viborquia Ortega(1798)(废弃属名)= Eysenhardtia Kunth (1824)(保留属名)"和"Wiborgia Post et Kuntze (1903)Nom. illegit. = Cytisus Desf. (1798)(保留属名)= Tubocytisus (DC.) Fourr. (1868)Nom. illegit. =Viborgia Moench(1794)(废弃属名)",菊科Asteraceae的"Wiborgia Roth,Catal. Bot. fasc. ii. 112(1800)≡ Vigolina Poir. (1808)= Galinsoga Ruiz et Pav. (1794)"和"Viborgia Spreng. ,Bot. Gart. Halle Nachtr. 1: 41. 1801 = Galinsoga Ruiz et Pav. (1794)"都应废弃。"Jacksonago O. Kuntze,Rev. Gen. 1:191. 5 Nov 1891"是"Wiborgia Thunb. (1800)(保留属名)"的晚出的同模式异名(Homotypic synonym,Nomenclatural synonym)。【分布】玻利维亚,非洲南部。【模式】Wiborgia obcordata (Berg.)Thunb. [Crotalaria obcordata Berg.]。【参考异名】Jacksonago Kuntze (1891)Nom. illegit. ;Loethainia Heynh. (1841);Peltaria Burm. ex DC. (1825)Nom. inval. ;Peltaria DC. (1825)Nom. illegit. ■☆

54413 Wiborgiella Boatwr. et B. -E. van Wyk(2009)【汉】小维堡豆属。【隶属】豆科Fabaceae (Leguminosae)//蝶形花科Papilionaceae。【包含】世界7种。【学名诠释与讨论】〈阴〉(属)Wiborgia 维堡豆属+-ellus,-ella,-ellum,加在名词词干后面形成指小式的词尾。或加在人名、属名等后面以组成新属的名称。此属的学名是"Wiborgiella Boatwr. et B. -E. van Wyk,South African Journal of Botany 75(3): 554. 2009. (Aug 2009)"。亦有文献把其处理为"Lebeckia Thunb. (1800)"的异名。【分布】非洲。【模式】Wiborgiella leipoldtiana (Dahlgr. ex Schltr.) Boatwr. et B. -E. van Wyk。【参考异名】Lebeckia Thunb. (1800)■☆

54414 Wichuraea M. Roem. (1847)= Bomarea Mirb. (1804) [百合科Liliaceae//六出花科(彩花扭柄科,扭柄叶科)Alstroemeriaceae//石蒜科 Amaryllidaceae]■☆

54415 Wichuraea Nees ex Reissek (1848)Nom. illegit. = Cryptandra Sm. (1798) [鼠李科 Rhamnaceae]●☆

54416 Wichuraea Nees (1848)Nom. illegit. ≡ Wichuraea Nees ex Reissek(1848)Nom. illegit. ;~ =Cryptandra Sm. (1798) [鼠李科 Rhamnaceae]●☆

54417 Wichurea Benth. et Hook. f. (1862)= Cryptandra Sm. (1798);~ = Wichuraea Nees (1848)Nom. illegit. ;~ = Wichuraea Nees ex

Reissek（1848）Nom. illegit.［鼠李科 Rhamnaceae］●☆

54418　Wickstroemia Endl.（1833）Nom. illegit. ≡ Wikstroemia Endl.（1833）［as‘Wickstroemia’］（保留属名）［瑞香科 Thymelaeaceae］●

54419　Wickstroemia Nees（1821）Nom. illegit. ≡ Wikstroemia Schrad.（1821）（废弃属名）；~＝Laplacea Kunth（1822）（保留属名）［山茶科（茶科）Theaceae］●☆

54420　Wickstroemia Rchb.（1828）Nom. illegit.（废弃属名）≡ Wikstroemia Schrad.（1821）（废弃属名）；~＝Laplacea Kunth（1822）（保留属名）［山茶科（茶科）Theaceae］●☆

54421　Widdringtonia Endl.（1842）【汉】维氏柏属（南非柏属，维林图柏属）。【日】ウィドリントーニア属。【俄】Виддрингтония。【英】African Cypress，Clanwilliam Cedar，Widdringtonia。【隶属】柏科 Cupressaceae。【包含】世界 3-5 种。【学名诠释与讨论】〈阴〉（人）Samuel Edward Widdrington（formerly Cook），1787-1856，英国皇家海军船长。此属的学名“Widdringtonia Endlicher，Gen. Suppl. 2：25. Mar－Jun 1842”是一个替代名称。“Pachylepis Brongniart，Ann. Sci. Nat.（Paris）30：189. Oct 1833”是一个非法名称（Nom. illegit.），因为此前已经有了“Pachylepis Lessing，Syn. Comp. 139. 1832 ＝ Crepis L.（1753）［菊科 Asteraceae（Compositae）］”。故用“Widdringtonia Endl.（1842）”替代之。同理，化石植物的“Pachylepis Kräusel，Senckenbergiana 32：343. 1952”亦是非法名称。ING 记载，“Widdringtonia Endl.（1842）”还是“Parolinia Endlicher，Gen. Suppl. 1：1372. Feb－Mar 1841”的替代名称，因为此前已经有了“Parolinia Webb，Ann. Sci. Nat.，Bot. sér. 2，13：133，t. 3. 1840［十字花科 Brassicaceae（Cruciferae）］”。【分布】热带和非洲南部。【后选模式】Widdringtonia cupressoides（Linnaeus）Endlicher［Thuja cupressoides Linnaeus］。【参考异名】Pachylepis Brongn.（1833）Nom. illegit.；Parolinia Engl.（1841）Nom. illegit. ●☆

54422　Widdringtoniaceae Doweld（2001）（2001）＝ Cupressaceae Gray（保留科名）●

54423　Widgrenia Malme（1900）【汉】维德萝藦属。【隶属】萝藦科 Asclepiadaceae。【包含】世界 1 种。【学名诠释与讨论】〈阴〉（人）Widgren。【分布】巴西，玻利维亚。【模式】Widgrenia corymbosa Malme ■☆

54424　Wiedemannia Fisch. et C. A. Mey.（1838）【汉】威德曼草属（魏德曼草属）。【俄】Видеманния。【隶属】唇形科 Lamiaceae（Labiatae）。【包含】世界 3 种。【学名诠释与讨论】〈阴〉（人）Ferdinand（Johannes）Wiedemann，1805-1887，植物学者。另说纪念 Edward Wiedemann，? -1844，医生，植物采集家。此属的学名是“Wiedemannia F. E. L. Fischer et C. A. Meyer，Index Sem. Hortus Bot. Petrop. 4：51. Jan 1838（‘1837’）”。亦有文献把其处理为“Lamium L.（1753）”的异名。【分布】高加索，亚洲。【模式】Wiedemannia orientalis F. E. L. Fischer et C. A. Meyer。【参考异名】Lamium L.（1753）；Wigmannia Walp.（1847）Nom. illegit. ■☆

54425　Wiegmannia Hochst. et Stcud. ex Steud.（1841）Nom. illegit. ＝ Maerua Forssk.（1775）［山柑科（白花菜科，醉蝶花科）Capparaceae//白花菜科（醉蝶花科）Cleomaceae］●☆

54426　Wiegmannia Meyen（1834）＝ Hedyotis L.（1753）（保留属名）；~＝Kadua Cham. et Schltdl.（1829）［茜草科 Rubiaceae］●■

54427　Wielandia Baill.（1858）【汉】维兰德大戟属。【隶属】大戟科 Euphorbiaceae。【包含】世界 1 种。【学名诠释与讨论】〈阴〉（人）J. F. Wieland，1804-1872。此属的学名，ING 和 IK 记载是“Wielandia Baillon，Études Gén. Euphorb. 568. 1858”。化石植物的“Wielandia A. G. Nathorst，Kongl. Svenska Vetenskapsakad. Handl. 45（4）：21. 1909（post 28 Dec）≡ Wielandiella A. G. Nathorst

1910”是晚出的非法名称。【分布】塞舌尔（塞舌尔群岛）。【模式】Wielandia elegans Baillon。【参考异名】Petalodiscus Pax（1890）●☆

54428　Wierzbickia Rchb.（1841）＝ Minuartia L.（1753）［石竹科 Caryophyllaceae］■

54429　Wiesbauria Gand. ＝ Viola L.（1753）［堇菜科 Violaceae］■●

54430　Wiesneria Micheli（1881）【汉】威森泻属。【隶属】泽泻科 Alismataceae。【包含】世界 3 种。【学名诠释与讨论】〈阴〉（人）Julius Ritter von Wiesner，1838-1916，奥地利植物学者，教授。【分布】马达加斯加，印度，热带非洲。【模式】Wiesneria triandra（Dalzell）Micheli［Sagittaria triandra Dalzell］。【参考异名】Wisneria Micheli（1881）■☆

54431　Wiestia Boiss.（1884）Nom. illegit. ＝ Boissiera Hochst. ex Steud.（1840）［禾本科 Poaceae（Gramineae）］■

54432　Wiestia Sch. Bip.（1841）＝ Lactuca L.（1753）［菊科 Asteraceae（Compositae）//莴苣科 Lactucaceae］■

54433　Wiganda St. -Lag.（1881）＝ Wigandia Kunth（1819）（保留属名）［田梗草科（田基麻科，田亚麻科）Hydrophyllaceae］●■☆

54434　Wigandia Kunth（1819）（保留属名）【汉】威根麻属（维甘木属，维康草属）。【日】コダチハゼリソウ属。【俄】Вигандия。【英】Wigandla。【隶属】田梗草科（田基麻科，田亚麻科）Hydrophyllaceae。【包含】世界 2-5 种。【学名诠释与讨论】〈阴〉（人）Johannes Wigand，1523-1587，普鲁士植物学者。此属的学名“Wigandia Kunth in Humboldt et al.，Nov. Gen. Sp. 3，ed. 4：126；ed. f：98. 8Feb 1819”是保留属名。法规未列出相应的废弃属名。但是菊科 Asteraceae 的“Wigandia Neck.，Elem. Bot.（Necker）1：95. 1790，Nom. inval. ≡ Wigandia Neck. ex Less.（1832）Nom. illegit.（废弃属名）”和“Wigandia Necker ex Lessing，Syn. Comp. 362. 1832 ＝ Disparago Gaertn.（1791）（保留属名）”应该废弃。“Ernstamra O. Kuntze，Rev. Gen. 2：434. 5 Nov 1891”是“Wigandia Kunth（1819）（保留属名）”的晚出的同模式异名（Homotypic synonym，Nomenclatural synonym）。“Wiganda St. -Lag.，Ann. Soc. Bot. Lyon viii.（1881）117”仅有属名；似为“Wigandia Kunth（1819）（保留属名）”的拼写变体。【分布】巴拿马，秘鲁，厄瓜多尔，哥伦比亚（安蒂奥基亚），哥斯达黎加，墨西哥，尼加拉瓜，西印度群岛，中美洲。【模式】Wigandia caracasana Kunth。【参考异名】Cohiba Raf.（1837）；Ernstamra Kuntze（1891）Nom. illegit.；Wiganda St. -Lag.（1881）●■☆

54435　Wigandia Neck.（1790）Nom. inval.（废弃属名）≡ Wigandia Neck. ex Less.（1832）Nom. illegit.（废弃属名）；~＝Disparago Gaertn.（1791）（保留属名）［菊科 Asteraceae（Compositae）］●☆

54436　Wigandia Neck. ex Less.（1832）Nom. illegit.（废弃属名）＝ Disparago Gaertn.（1791）（保留属名）［菊科 Asteraceae（Compositae）］●☆

54437　Wiggersia Alef.（1861）Nom. illegit.［豆科 Fabaceae（Leguminosae）］☆

54438　Wiggersia P. Gaertn.，B. Mey. et Scherb.（1801）＝ Vicia L.（1753）［豆科 Fabaceae（Leguminosae）//蝶形花科 Papilionaceae//野豌豆科 Viciaceae］■

54439　Wigginsia D. M. Porter（1964）【汉】金鹰仙人球属。【隶属】仙人掌科 Cactaceae。【包含】世界 13 种。【学名诠释与讨论】〈阴〉（人）Ira Loren Wiggins，1899-1987，美国植物学者，教授，植物采集家，Flora of Baja California 的作者。此属的学名“Wigginsia D. M. Porter，Taxon 13：210. Jul 1964”是一个替代名称。“Malacocarpus Salm-Reifferscheid-Dyck，Cact. Horto Dyck. 1849：24. Apr 1850”是一个非法名称（Nom. illegit.），因为此前已经有了“Malacocarpus F. E. L. Fischer et C. A. Meyer，Index Sem. Hortus

Bot. Petrop. 9：78. 1843（post 22 Feb）［蒺藜科 Zygophyllaceae］"。故用"Wigginsia D. M. Porter（1964）"替代之。亦有文献把"Wigginsia D. M. Porter（1964）"处理为"Parodia Speg.（1923）（保留属名）"的异名。【分布】热带南美洲。【后选模式】Wigginsia corynodes（Pfeiffer）D. M. Porter［Echinocactus corynodes Pfeiffer］。【参考异名】Malacocarpus Salm-Dyck（1850）Nom. illegit.；Parodia Speg.（1850）Nom. illegit. ■☆

54440　Wightia Spreng. ex DC.（1836）Nom. illegit. = Centratherum Cass.（1817）［菊科 Asteraceae（Compositae）］■☆

54441　Wightia Wall.（1830）【汉】美丽桐属（岩梧桐属）。【英】Wightia。【隶属】玄参科 Scrophulariaceae//泡桐科 Paulowniaceae。【包含】世界 2-3 种,中国 1 种。【学名诠释与讨论】〈阴〉（人）Robert Wight,1796-1872,英国植物学者,马都拉斯植物园管理人。此属的学名,ING、TROPICOS 和 IK 记载是"Wightia Wall., Pl. Asiat. Rar.（Wallich）. 1：71, t. 81. 1830"。"Wightia Spreng. ex DC., Prodr.［A. P. de Candolle］5：67. 1836［1-10 Oct 1836］= Centratherum Cass.（1817）［菊科 Asteraceae（Compositae）］"是晚出的非法名称。【分布】中国,东喜马拉雅山至东南亚西部。【模式】Wightia gigantea Wallich ●

54442　Wigmannia Walp.（1847）Nom. illegit. = Hedyotis L.（1753）（保留属名）；~ = Kadua Cham. et Schltdl.（1829）；~ = Wiegmannia Meyen（1834）［茜草科 Rubiaceae］●■

54443　Wikstroemia Endl.（1833）［as 'Wickstroemia'］（保留属名）【汉】荛花属（雁皮属）。【日】アオガンピ属,ガンピ属。【俄】Викстремия, Рестелла。【英】Stringbush, Wikstroemia。【隶属】瑞香科 Thymelaeaceae。【包含】世界 50-70 种,中国 49-51 种。【学名诠释与讨论】〈阴〉（人）Johann（Johann）Emanuel Wikstroem,1789-1856,瑞典植物学者,医生,教授,Dissertatio de Daphne 的作者。此属的学名"Wikstroemia Endl., Prodr. Fl. Norfolk.：47. 1833（post 12 Mai）（'Wickstroemia'）（orth. cons.）"是保留属名。相应的废弃属名是山茶科（茶科）Theaceae 的"Wikstroemia Schrad. in Gött. Gel. Anz. 1821：710. 5 Mai 1821 = Laplacea Kunth（1822）（保留属名）"和瑞香科 Thymelaeaceae 的"Capura L., Mant. Pl.：149, 225. Oct 1771 = Wikstroemia Endl.（1833）［as 'Wickstroemia'］（保留属名）"。菊科 Asteraceae 的"Wikstroemia K. P. J. Sprengel, Kongl. Vetensk Acad. Handl. 1821：167. post Mai 1821 = Eupatorium L.（1753）"和无患子科 Sapindaceae 的"Capura Blanco, Fl. Filip.［F. M. Blanco］264（err. typ. 644）. 1837 = Otophora Blume（1849）"都应废弃。其拼写变体"Wickstroemia Endl.（1833）Nom. illegit."亦应废弃。【分布】澳大利亚,巴基斯坦,中国,中南半岛,太平洋地区。【模式】Wikstroemia australis Endlicher。【参考异名】Capura L.（1771）（废弃属名）；Daphnimorpha Nakai（1937）；Diplomorpha Meisn.（1841）；Diplomorpha Meisn. ex C. A. Mey., Nom. illegit.；Farreria Balf. f. et W. W. Sm.（1917）Nom. illegit.；Lindleya Nees（1821）（废弃属名）；Restella Pobed.（1941）；Wickstroemia Endl.（1833）Nom. illegit.；Wickstroemia Nees（1821）Nom. illegit. ●

54444　Wikstroemia Schrad.（1821）（废弃属名）（1）= Laplacea Kunth（1822）（保留属名）［山茶科（茶科）Theaceae］●☆

54445　Wikstroemia Spreng.（1821）（废弃属名）（2）= Eupatorium L.（1753）［菊科 Asteraceae（Compositae）//泽兰科 Eupatoriaceae］■●

54446　Wilberforcia Hook. f. ex Planch.（1848）= Bonamia Thouars（1804）（保留属名）［旋花科 Convolvulaceae］●☆

54447　Wilbrandia C. Presl（1828）【汉】威尔紫草属。【隶属】紫草科 Boraginaceae。【包含】世界 1 种。【学名诠释与讨论】〈阴〉（人）Johann Bernhard Wilbrand,1779-1846,德国植物学者,医生。此属的学名,IK 记载是"Wilbrandia C. Presl, Oken, Isis xxi.（1828）

273"。"Wilbrandia Silva Manso, Enum. Subst. Brazil. 30. 1836［葫芦科（瓜科,南瓜科）Cucurbitaceae］"是晚出的非法名称。【分布】巴拉圭。【模式】Wilbrandia paniculata Berl. ☆

54448　Wilbrandia Silva Manso（1836）Nom. illegit.［葫芦科（瓜科,南瓜科）Cucurbitaceae］■☆

54449　Wilckea Scop.（1777）（废弃属名）［马鞭草科 Verbenaceae//唇形科 Lamiaceae（Labiatae）］●

54450　Wilckia Scop.（1777）（废弃属名）≡ Malcolmia W. T. Aiton（1812）［as 'Malcomia'］（保留属名）［十字花科 Brassicaceae（Cruciferae）］■

54451　Wilcoxia Britton et Rose（1909）【汉】威尔掌属（威氏仙人掌属）。【日】ウイルコキシア属。【隶属】仙人掌科 Cactaceae。【包含】世界 7-8 种。【学名诠释与讨论】〈阴〉（人）Wilcox。此属的学名,ING、TROPICOS、GCI 和 IK 记载是"Wilcoxia N. L. Britton et Rose, Contr. U. S. Natl. Herb. 12：434. 21 Jul 1909"。它曾被处理为"Cereus subgen. Wilcoxia（Britton & Rose）A. Berger（1929）"。亦有文献把"Wilcoxia Britton et Rose（1909）"处理为"Echinocereus Engelm.（1848）"或"Peniocereus（A. Berger）Britton et Rose（1909）"的异名。【分布】美国（西南部）,墨西哥。【模式】Wilcoxia poselgeri（Lemaire）N. L. Britton et Rose［Echinocactus poselgeri Lemaire］。【参考异名】Cereus subgen. Wilcoxia（Britton & Rose）A. Berger（1929）；Cullmannia Distefano；Echinocereus Engelm.（1848）；Peniocereus（A. Berger）Britton et Rose（1909）■☆

54452　Wilczekra M. P. Simmons（2013）【汉】非洲卫矛属。【隶属】卫矛科 Celastraceae。【包含】世界 2 种。【学名诠释与讨论】〈阴〉词源不详。【分布】刚果（布）,加蓬。【模式】Wilczekra congolensis（R. Wilczek）M. P. Simmons［Euonymus congolensis R. Wilczek］☆

54453　Wildemaniodoxa Aubrév. et Pellegr.（1961）= Englerophytum K. Krause（1914）［山榄科 Sapotaceae］●☆

54454　Wildenowia Thunb.（1790）Nom. illegit. ≡ Willdenowia Thunb.（1788）［帚灯草科 Restionaceae］■☆

54455　Wildpretia U. Reifenb. et A. Reifenb.（1997）= Sonchus L.（1753）［菊科 Asteraceae（Compositae）］■

54456　Wildpretina Kuntze（1891）Nom. illegit., Nom. superfl. ≡ Ixanthus Griseb.（1838）［龙胆科 Gentianaceae］■

54457　Wildungenia Weuder.（1831）= Sinningia Nees（1825）［苦苣苔科 Gesneriaceae］●■☆

54458　Wilhelminia Hochr.（1924）= Hibiscus L.（1753）（保留属名）［锦葵科 Malvaceae//木槿科 Hibiscaceae］●■

54459　Wilhelmsia C. Koch（1848）Nom. illegit. ≡ Wilhelmsia K. Koch（1848）Nom. illegit.；~ = Koeleria Pers.（1805）；~ = Rostraria Trin.（1820）；~ = Wilhelmsia K. Koch（1848）Nom. illegit.［禾本科 Poaceae（Gramineae）］■

54460　Wilhelmsia K. Koch（1848）Nom. illegit. = Koeleria Pers.（1805）；~ = Rostraria Trin.（1820）［禾本科 Poaceae（Gramineae）］■

54461　Wilhelmsia Rchb.（1829）【汉】极地蚤缀属。【英】Merckia。【隶属】石竹科 Caryophyllaceae。【包含】世界 1 种。【学名诠释与讨论】〈阴〉（人）Christian Wilhelms, fl. 1819-1837,高加索地区植物采集者。此属的学名"Wilhelmsia Rchb., Consp. 206. Dec 1828-Mar 1829"是一个替代名称。它替代的是"Merckia Fischer ex Chamisso et Schlechtendal, Linnaea 1：59. Jan 1826",而非"Merkia Borkhausen, Tent. Disp. Pl. German. 156. Apr 1792（nom. rej.）（苔藓）"。"Wilhelmsia K. H. E. Koch, Linnaea 21：400. Aug 1848 = Koeleria Pers.（1805）= Rostraria Trin.（1820）= Wilhelmsia

K. Koch(1848) Nom. illegit. ; ~ = Koeleria Pers.(1805)［禾本科 Poaceae(Gramineae)］"是晚出的非法名称。【分布】极地,东亚,美洲。【模式】Arenaria physodes F. E. L. Fischer ex Seringe。【参考异名】Merckia Fisch. ex Cham. et Schltdl.(1826) Nom. illegit. ; Merkia Rchb.(1837)■☆

54462 Wilibalda Roth(1827) Nom. illegit. ≡ Wilibalda Sternb. ex Roth(1827) Nom. illegit. ; ~ ≡ Coleanthus Seidl(1817)(保留属名); ~ ≡ Schmidtia Tratt.(1816)(废弃属名)［禾本科 Poaceae(Gramineae)］■

54463 Wilibalda Sternb.(1819) Nom. inval. ≡ Wilibalda Sternb. ex Roth(1827) Nom. illegit. ; ~ ≡ Coleanthus Seidl(1817)(保留属名); ~ ≡ Schmidtia Tratt.(1816)(废弃属名)［禾本科 Poaceae(Gramineae)］■

54464 Wilibalda Sternb. ex Roth(1827) Nom. illegit. ≡ Coleanthus Seidl(1817)(保留属名); ~ ≡ Schmidtia Tratt.(1816)(废弃属名)［禾本科 Poaceae(Gramineae)］■

54465 Wilibald-schmidtia Conrad(1837) Nom. illegit. = Danthonia DC.(1805)(保留属名); ~ = Sieglingia Bernh.(1800)(废弃属名)［禾本科 Poaceae(Gramineae)］■

54466 Wilibald-Schmidtia Seidel = Danthonia DC.(1805)(保留属名)［禾本科 Poaceae(Gramineae)］■

54467 Wilkea Post et Kuntze(1903) = Vitex L.(1753); ~ = Wilckea Scop.(1777)(废弃属名)［马鞭草科 Verbenaceae//唇形科 Lamiaceae(Labiatae)//牡荆科 Viticaceae］●

54468 Wilkesia A. Gray(1852)【汉】多轮菊属。【隶属】菊科 Asteraceae(Compositae)。【包含】世界 1-2 种。【学名诠释与讨论】〈阴〉(人)Charles Wilkes, 1798-1877,美国海军军官。【分布】美国(夏威夷)。【模式】Wilkesia gymnoxiphium A. Gray ●☆

54469 Wilkia F. Muell.(1879) = Malcolmia W. T. Aiton(1812)［as 'Malcomia'］(保留属名); ~ = Wilckia Scop.(1777)(废弃属名)［十字花科 Brassicaceae(Cruciferae)］■

54470 Wilkiea F. Muell.(1858)【汉】澳大利亚盖裂桂属。【隶属】香材树科(杯轴花科,黑檫木科,芒籽科,蒙立米科,檬立木科,香材木科,香树木科)Monimiaceae。【包含】世界 6 种。【学名诠释与讨论】〈阴〉(人)David Elliott Wilkie,澳大利亚医生。【分布】澳大利亚(东部)。【模式】Wilkiea calyptrocalyx F. v. Mueller ●☆

54471 Willardia Rose(1891)【汉】墨矛果豆属。【隶属】豆科 Fabaceae(Leguminosae)//蝶形花科 Papilionaceae。【包含】世界 6 种。【学名诠释与讨论】〈阴〉(人)Willard。【分布】巴拿马,墨西哥,中美洲。【模式】Willardia mexicana(Watson)J. N. Rose［Coursetia mexicana Watson］●☆

54472 Willbleibia Herter(1952)【汉】结脉草属。【隶属】禾本科 Poaceae(Gramineae)。【包含】世界 3 种。【学名诠释与讨论】〈阴〉(人)Heinrich Moritz Willkomm, 1821-1895,德国植物学者,真菌学者,探险家,博物学者,教授。此属的学名,ING 和 TROPICOS 记载是"Willkommia Hackel in Schinz, Verh. Bot. Vereins Prov. Brandenburg 30:145. 18 Mai 1888"。IK 则记载为"Willkommia Hack. ex Schinz, Verh. Bot. Vereins Prov. Brandenburg xxx.(1888)145"。三者引用的文献相同。这是一个晚出的非法名称,因为此前已经有了菊科的"Willkommia Sch. Bip. ex Nyman, Consp. Fl. Eur. 2:357. 1879［Oct 1879］= Senecio L.(1753)"。故 ING 建议用"Willbleibia Herter, Revista Sudamer. Bot. 10:132. Dec 1953"替代"Willkommia Hack.(1888) Nom. illegit."。【分布】美国(南部),温带南美洲热带和非洲西南部。【后选模式】Willkommia sarmentosa Hackel。【参考异名】Willbleibia Herter(1952); Willkommia Hack. ex Schinz(1888) Nom. illegit.■☆

54473 Willdampia A. S. George(1999) = Clianthus Sol. ex Lindl.

(1835)(保留属名); ~ = Donia G. Don et D. Don ex G. Don(1832) Nom. illegit.［豆科 Fabaceae(Leguminosae)//蝶形花科 Papilionaceae］●

54474 Willdenovia J. F. Gmel.(1791) Nom. illegit. ≡ Posoqueria Aubl.(1775); ~ = Rondeletia L.(1753)［茜草科 Rubiaceae］●

54475 Willdenovia Thunb.(1807) Nom. illegit. = Willdenowia Thunb.(1788)［as 'Wildenowia'］［帚灯草科 Restionaceae］■☆

54476 Willdenowa Cav.(1791) Nom. illegit. ≡ Schlechtendalia Willd.(1803)(废弃属名); ~ = Adenophyllum Pers.(1807)［菊科 Asteraceae(Compositae)］■●☆

54477 Willdenowia Steud. Nom. illegit.(1)= Willdenowa Cav.(1791) Nom. illegit. ; ~ = Schlechtendalia Willd.(1803)(废弃属名); ~ = Adenophyllum Pers.(1807)［菊科 Asteraceae(Compositae)］■●☆

54478 Willdenowia Steud. Nom. illegit.(2)= Willdenovia J. F. Gmel.(1791) Nom. illegit. ; ~ = Rondeletia L.(1753)［茜草科 Rubiaceae］●

54479 Willdenowia Thunb.(1788)［as 'Wildenowia'］【汉】威尔希灯草属。【隶属】帚灯草科 Restionaceae。【包含】世界 11-12 种。【学名诠释与讨论】〈阴〉(人)Carl Ludwig von Willdenow, 1765-1812,德国植物学者。此属的学名,ING 记载是"Willdenowia Thunberg, Restio 5. 28 Mai 1788('Wildenowia')"。IK 则记载为"Willdenowia Thunb., Kongl. Vetensk. Acad. Nya Handl. xi.(1790)26. t. 2(Wildenowia); Willd. Sp. Pl. iv. 717(1805)"。"Willdenowia Steud., Nomencl. Bot.[Steudel] 892. 1821 = Rondeletia L.(1753)［茜草科 Rubiaceae］= Willdenovia J. F. Gmel.(1791) Nom. illegit.［茜草科 Rubiaceae］= Willdenowa Cav.(1791) Nom. illegit.［菊科 Asteraceae(Compositae)］"和"Willdenowia Willd., Species Plantarum. Editio quarta 4(2):717. 1806［帚灯草科 Restionaceae］"是晚出的非法名称。【分布】非洲南部。【后选模式】Willdenowia striata Thunberg。【参考异名】Anthochortus Endl.(1836) Nom. illegit. ; Anthochortus Nees(1836); Nematanthus Nees(1830) Nom. illegit. ; Spirostylis Nees ex Mart.(1868)(废弃属名); Wildenowia Thunb.(1790) Nom. illegit. ; Willdenovia Thunb.(1807) Nom. illegit.■☆

54480 Willdenowia Willd.(1806) Nom. illegit.［帚灯草科 Restionaceae］■☆

54481 Willemeta Cothen.(1790) Nom. illegit. ≡ Koelreuteria Laxm.(1772)［无患子科 Sapindaceae］●

54482 Willemetia Brongn.(1826) Nom. illegit. ≡ Noltea Rchb.(1828-1829)［鼠李科 Rhamnaceae］●☆

54483 Willemetia Maerkl.(1800) Nom. illegit. ≡ Kochia Roth(1801); ~ = Bassia All.(1766)+ Kochia Roth(1801)［藜科 Chenopodiaceae］●■

54484 Willemetia Neck.(1777-1778)【汉】鳞果苣属。【俄】Виллемеция。【英】Willemetia。【隶属】菊科 Asteraceae(Compositae)。【包含】世界 2 种。【学名诠释与讨论】〈阴〉(人)Pierre Remi(Remy)Willemet, 1735-1807,法国植物学者,药剂师。他是植物学者 Pierre Remi Franfois de Paule Willemet(1762-1790)的父亲。此属的学名,ING、IPNI、TROPICOS 和 IK 记载是"Willemetia Necker, Willemetia Nouv. Genre Pl. 1. 1777-1778"。"Willemetia Neck. ex Cass., Dictionnaire des Sciences Naturelles, ed. 2, 48:422, 427. 1827 ≡ Willemetia Neck.(1777-1778)"的命名人引证有误。"Willemetia Neck., Elem. Bot.(Necker)1:50. 1790 ≡ Willemetia Neck.(1777-1778)"是晚出的非法名称。ING 记载的"Willemetia Brongniart, Mém. Fam. Rhamnées 63. Jul 1826 ≡ Noltea Rchb.(1828-1829)［鼠李科 Rhamnaceae］"也是晚出的非法名称;IK 记载为"Willemetia

Brongn., Ann. Sci. Nat.（Paris）10：370, t. 16. f. 1. 1827". "Willemetia Maerklin, J. Bot.（Schrader）1800（1）：329. 1801 ≡ Kochia Roth（1801）[藜科 Chenopodiaceae]"亦是晚出的非法名称。"Calycocorsus F. W. Schmidt, Samml. Phys. -Ökon. Aufsätze 1：271. 1795"和"Zollikoferia C. G. D. Nees in Bluff et Fingerhuth, Compend. Fl. German. 2：305. 1825"是"Willemetia Neck.（1777-1778）"的晚出的同模式异名（Homotypic synonym, Nomenclatural synonym）。亦有文献把"Willemetia Neck.（1777-1778）"处理为"Chondrilla L.（1753）"的异名。【分布】高加索东至伊朗，欧洲。【模式】Willemetia hieracioides Necker, Nom. illegit.［Hieracium stipitatum N. J. Jacquin; Willemetia stipitata（N. J. Jacquin）Dalla Torre］。【参考异名】Calycocorsus F. W. Schmidt（1795）Nom. illegit.; Chondrilla L.（1753）; Willemetia Neck.（1790）Nom. illegit.; Willemetia Neck. ex Cass.（1777-1778）Nom. illegit.; Willemetia Neck. ex Cass.（1790）Nom. illegit.; Zollikoferia Nees（1825）Nom. illegit. ■☆

54485 Willemetia Neck.（1790）Nom. illegit. ≡ Willemetia Neck.（1777-1778）[菊科 Asteraceae（Compositae）] ■☆

54486 Willemetia Neck. ex Cass.（1827）Nom. illegit. ≡ Willemetia Neck.（1777-1778）[菊科 Asteraceae（Compositae）] ■☆

54487 Williamia Baill.（1858）= Phyllanthus L.（1753）[大戟科 Euphorbiaceae//叶下珠科（叶萝藦科）Phyllanthaceae] ●■

54488 Williamodendron Kubitzki et H. G. Richter（1987）【汉】威廉桂属。【隶属】樟科 Lauraceae。【包含】世界 3 种。【学名诠释与讨论】〈中〉（人）William，德国植物学者+dendron 或 dendros，树木，棍，丛林。【分布】巴西，哥伦比亚，哥伦比亚（安蒂奥基亚），哥斯达黎加，亚马孙河流域，中美洲。【模式】Williamodendron spectabile K. Kubitzki et H. G. Richter ●☆

54489 Williamsia Merr.（1908）= Praravinia Korth.（1842）[茜草科 Rubiaceae] ●☆

54490 Willibalda Steud.（1841）= Coleanthus Seidl（1817）（保留属名）; ~ ≡ Schmidtia Tratt.（1816）（废弃属名）; ~ = Wilibalda Sternb. ex Roth（1827）Nom. illegit.［禾本科 Poaceae（Gramineae）] ■

54491 Willichia Mutis ex L.（1771）= Sibthorpia L.（1753）[玄参科 Scrophulariaceae] ■☆

54492 Willisellus Gray（1821）Nom. illegit. ≡ Elatine L.（1753）[繁缕科 Alsinaceae//沟繁缕科 Elatinaceae] ■

54493 Willisia Warm.（1901）【汉】威利斯川苔草属。【隶属】髯管花科 Geniostomaceae。【包含】世界 1-2 种。【学名诠释与讨论】〈阴〉（人）John Christopher Willis, 1868-1958, 英国植物学者, 旅行家, 曾任锡兰植物园（1896-1911）和里约热内卢植物园（1912-1915）园长。【分布】印度（南部）。【模式】Willisia selaginoides（Beddome）Warming ex Willis［Mniopsis selaginoides Beddome］ ■☆

54494 Willkommia Hack.（1888）Nom. illegit. ≡ Willbleibia Herter（1952）[禾本科 Poaceae（Gramineae）] ■☆

54495 Willkommia Hack. ex Schinz（1888）Nom. illegit. ≡ Willkommia Hack.（1888）Nom. illegit.; ~ ≡ Willbleibia Herter（1952）[禾本科 Poaceae（Gramineae）] ■☆

54496 Willkommia Sch. Bip. ex Nyman（1879）= Senecio L.（1753）[菊科 Asteraceae（Compositae）//千里光科 Senecionidaceae] ●■

54497 Willoughbeia Hook. f.（1882）Nom. illegit. = Willughbeia Roxb.（1820）（保留属名）[夹竹桃科 Apocynaceae//胶乳藤科 Willughbeiaceae] ●☆

54498 Willoughbya Kuntze（1891）Nom. illegit. ≡ Willoughbya Neck. ex Kuntze（1891）; ~ ≡ Mikania Willd.（1803）（保留属名）[菊科 Asteraceae（Compositae）] ■

54499 Willoughbya Neck. ex Kuntze（1891）Nom. illegit. ≡ Mikania Willd.（1803）（保留属名）[菊科 Asteraceae（Compositae）] ■

54500 Willrusselia A. Chev.（1938）= Pitcairnia L' Hér.（1789）（保留属名）[凤梨科 Bromeliaceae] ■☆

54501 Willrussellia A. Chev.（1938）= Pitcairnia L' Hér.（1789）（保留属名）[凤梨科 Bromeliaceae] ■☆

54502 Willugbaeya Neck.（1790）Nom. inval. = Mikania Willd.（1803）（保留属名）[菊科 Asteraceae（Compositae）] ■

54503 Willughbeia Klotzsch（1861）Nom. illegit.（废弃属名）= Landolphia P. Beauv.（1806）（保留属名）[夹竹桃科 Apocynaceae] ●☆

54504 Willughbeia Roxb.（1820）（保留属名）【汉】胶乳藤属（乳藤属，威乐比属）。【隶属】夹竹桃科 Apocynaceae//胶乳藤科 Willughbeiaceae。【包含】世界 15 种。【学名诠释与讨论】〈阴〉（人）Francis Willughby（Willoughby）, 1635-1672, 英国植物学者。此属的学名"Willughbeia Roxb., Pl. Coromandel 3：77. 18 Feb 1820"是保留属名。相应的废弃属名是夹竹桃科 Apocynaceae 的"Willughbeja Scop. ex Schreb., Gen. Pl.：162. Apr 1789 ≡ Ambelania Aubl. 1775"。夹竹桃科 Apocynaceae 的"Willughbeia Klotzsch, Naturw. Reise Mossambique［Peters］6（Bot., 1）：281. 1861 =Landolphia P. Beauv.（1806）（保留属名）"和"Willughbeia Scop. in Schreb. Gen. 162（1789）≡ Willughbeja Scop. ex Schreb.（1789）（废弃属名）"亦应废弃。"Ancylocladus Wallich ex O. Kuntze, Rev. Gen. 2：412. 5 Nov 1891"是"Willughbeia Roxb.（1820）（保留属名）"的晚出的同模式异名（Homotypic synonym, Nomenclatural synonym）。【分布】马达加斯加，印度至马来西亚。【模式】Willughbeia edulis Roxburgh。【参考异名】Ancylocladus Wall.（1832）Nom. inval., Nom. illegit.; Ancylocladus Wall. ex Kuntze（1891）Nom. illegit.; Bentheka Neck. ex A. DC.（1844）; Urnularia Stapf（1901）（保留属名）; Willoughbeia Hook. f.（1882）Nom. illegit.; Willughbeiopsis（Stapf）Rauschert（1982）Nom. illegit.; Willughbeiopsis Rauschert（1982）Nom. illegit. ●☆

54505 Willughbeia Scop.（1789）Nom. illegit.（废弃属名）≡ Willughbeja Scop. ex Schreb.（1789）（废弃属名）; ~ ≡ Ambelania Aubl.（1775）; ~ = Ambelania Aubl.（1775）+ Pacouria Aubl.（1775）（废弃属名）[夹竹桃科 Apocynaceae] ●☆

54506 Willughbeiaceae J. Agardh（1858）[亦见 Apocynaceae Juss.（保留科名）夹竹桃科]【汉】胶乳藤科。【包含】世界 1 属 15 种。【分布】印度-马来西亚。【科名模式】Willughbeia Roxb. ●

54507 Willughbeiopsis Rauschert（1982）Nom. illegit. ≡ Urnularia Stapf（1901）; ~ = Willughbeia Roxb.（1820）（保留属名）[夹竹桃科 Apocynaceae//胶乳藤科 Willughbeiaceae] ●☆

54508 Willughbeja Scop. ex Schreb.（1789）Nom. illegit.（废弃属名）≡ Ambelania Aubl.（1775）[夹竹桃科 Apocynaceae] ●☆

54509 Willwebera Á. Löve et D. Löve（1974）= Arenaria L.（1753）[石竹科 Caryophyllaceae] ■

54510 Wilmattea Britton et Rose（1920）【汉】姬花蔓柱属（威尔玛太属）。【日】ウイルマッテア属。【隶属】仙人掌科 Cactaceae。【包含】世界 2 种。【学名诠释与讨论】〈阴〉（人）Wilmatte。此属的学名是"Wilmattea N. L. Britton et Rose, Cact. 2：195. 9 Sep 1920"。亦有文献把其处理为"Hylocereus（A. Berger）Britton et Rose（1909）"的异名。【分布】洪都拉斯，危地马拉，委内瑞拉。【模式】Wilmattea minutiflora（N. L. Britton et Rose）N. L. Britton et Rose［Hylocereus minutiflorus N. L. Britton et Rose］。【参考异名】Hylocereus（A. Berger）Britton et Rose（1909）; Wilmattia Willis, Nom. inval. ●☆

54511 Wilmattia Willis, Nom. inval. = Wilmattea Britton et Rose（1920）

[仙人掌科 Cactaceae]●☆

54512　Wilsonia Gillies et Hook. (1829) Nom. illegit. ≡ Wilsonia Hook. (1829) Nom. illegit.；~ ≡ Dipyrena Hook. (1830)［马鞭草科 Verbenaceae]●☆

54513　Wilsonia Hook. (1829) Nom. illegit. ≡ Dipyrena Hook. (1830)［马鞭草科 Verbenaceae]●☆

54514　Wilsonia R. Br. (1810)【汉】威尔逊旋花属。【隶属】旋花科 Convolvulaceae。【包含】世界 4 种。【学名诠释与讨论】〈阴〉（人）John Wilson, 1696-1751, 英国植物学者, A Synopsis of British Plants 的作者。此属的学名, ING、APNI、TROPICOS 和 IK 记载是"Wilsonia R. Br. , Prodr. Fl. Nov. Holland. 490. 1810 [27 Mar 1810]"。"Wilsonia Gillies et Hook. , Bot. Misc. 1：172, t. 49. 1829 ≡ Wilsonia Hook. (1829) Nom. illegit. [马鞭草科 Verbenaceae]"、"Wilsonia W. J. Hooker, Bot. Misc. 1：172. Sep 1829 ≡ Dipyrena Hook. (1830)［马鞭草科 Verbenaceae]"和"Wilsonia Rafinesque, Specchio 1：157. 1 Mai 1814［尖苞木科 Epacridaceae]"是晚出的非法名称。化石植物的"Wilsonia R. M. Kosanke, Illinois State Geol. Surv. Bull. 74：54. 1950 ≡ Wilsonites R. M. Kosanke 1959"也是晚出的非法名称。"Wilsonia Gillies et Hook. (1829)"的命名人引证有误。【分布】澳大利亚。【模式】Wilsonia humilis R. Brown ■☆

54515　Wilsonia Raf. (1814) Nom. illegit. [尖苞木科 Epacridaceae]■☆

54516　Wimmera Post et Kuntze (1903) = Wimmeria Schltdl. et Cham. (1831)［卫矛科 Celastraceae]●☆

54517　Wimmerella Serra, M. B. Crespo et Lammers(1999)【汉】维默桔梗属。【隶属】桔梗科 Campanulaceae。【包含】世界 10 种。【学名诠释与讨论】〈阴〉（人）Wimmer, Christian Friedrich Heinrich Wimmer, 1803-1868, 德国植物学者。【分布】澳大利亚, 非洲, 美洲。【模式】Wimmerella secunda (Linnaeus f.) L. Serra, M. B. Crespo et T. G. Lammers [Lobelia secunda Linnaeus f.]■☆

54518　Wimmeria Nees ex Meisn. (1864) Nom. illegit. = Beilschmiedia Nees(1831)［樟科 Lauraceae]●

54519　Wimmeria Schltdl. (1831) Nom. illegit. ≡ Wimmeria Schltdl. et Cham. (1831)［卫矛科 Celastraceae]●☆

54520　Wimmeria Schltdl. et Cham. (1831)【汉】维默卫矛属。【隶属】卫矛科 Celastraceae。【包含】世界 12-14 种。【学名诠释与讨论】〈阴〉（人）Wimmer, Christian Friedrich Heinrich Wimmer, 1803-1868, 德国植物学者, 博物学者。此属的学名, ING、GCI、TROPICOS 和 IK 记载是"Wimmeria Schltdl. et Cham. , Linnaea 6(3)：427. 1831 [Jul-Dec 1831]"。"Wimmeria Schltdl. (1831) ≡ Wimmeria Schltdl. et Cham. (1831)"的命名人引证有误。"Wimmeria Nees ex Meisn. , Prodr. [A. P. de Candolle] 15(1)：65. 1864 [May 1864] = Beilschmiedia Nees(1831)［樟科 Lauraceae]"是晚出的非法名称。【分布】巴拿马, 墨西哥, 尼加拉瓜, 中美洲。【后选模式】Wimmeria concolor Schlechtendal et Chamisso。【参考异名】Wimmera Post et Kuntze (1903)；Wimmeria Schltdl. (1831) Nom. illegit. ●☆

54521　Winchia A. DC. (1844)【汉】盆架树属。【英】Washstand Tree, Winchia。【隶属】夹竹桃科 Apocynaceae。【包含】世界 2 种, 中国 1 种。【学名诠释与讨论】〈阴〉（人）Nathaniel John Winch, 1768-1838, 英国植物学者, 旅行家。此属的学名是"Winchia Alph. de Candolle, Prodr. 8：326. Mar (med.) 1844"。亦有文献把其处理为"Alstonia R. Br. (1810)（保留属名）"的异名。【分布】中国, 东南亚。【模式】Winchia calophylla Alph. de Candolle, Nom. illegit. [Alyxia glaucescens Wallich ex G. Don；Winchia glaucescens (Wallich ex G. Don) K. Schumann]。【参考异名】Alstonia R. Br. (1810)（保留属名）●

54522　Windmannia P. Browne(1756)（废弃属名）≡ Weinmannia L. (1759)（保留属名）[火把树科（常绿棱枝树科, 角瓣木科, 库诺尼科, 南蔷薇科, 轻木科）Cunoniaceae]●☆

54523　Windsoria Nutt. (1818) = Tridens Roem. et Schult. (1817)［禾本科 Poaceae(Gramineae)]■☆

54524　Windsorina Gleason(1923)【汉】小梗偏穗草属。【隶属】偏穗草科（雷巴第科, 瑞碑题雅科）Rapateaceae。【包含】世界 1 种。【学名诠释与讨论】〈阴〉（人）John Windsor, 1787-1868, 植物学者+-inus, -ina, -inum 拉丁文加在名词词干之后, 以形成形容词的词尾, 含义为"属于、相似、关于、小的"。另说指英国皇室 Windsor 家族。【分布】几内亚。【模式】Windsorina guianensis Gleason ■☆

54525　Winifredia L. A. S. Johnson et B. G. Briggs(1986)【汉】威尼帚灯草属。【隶属】帚灯草科 Restionaceae。【包含】世界 1 种。【学名诠释与讨论】〈阴〉（人）Winifred。【分布】澳大利亚（塔斯马尼亚岛）。【模式】Winifredia sola L. A. S. Johnson et B. G. Briggs ■☆

54526　Winika M. A. Clem. , D. L. Jones et Molloy(1997) = Dendrobium Sw. (1799)（保留属名）[兰科 Orchidaceae]■

54527　Winitia Chaowasku(2013)【汉】温特番荔枝属。【隶属】番荔枝科 Annonaceae。【包含】世界 2 种。【学名诠释与讨论】〈阴〉（人）Winit。【分布】泰国, 印度尼西亚。【模式】Winitia expansa Chaowasku ☆

54528　Winklera Post et Kuntze (1903) Nom. illegit. = Mertensia Roth (1797)（保留属名）；~ = Winkleria Rchb. (1841)［紫草科 Boraginaceae]■

54529　Winklera Regel (1886)【汉】温克勒芥属。【俄】Винклера。【隶属】十字花科 Brassicaceae(Cruciferae)。【包含】世界 2-3 种。【学名诠释与讨论】〈阴〉（人）Winkler, 植物学者。此属的学名是"Winklera Regel, Trudy Imp. S. - Peterburgsk. Bot. Sada 9：617. 1886"。亦有文献把其处理为"Uranodactylus Gilli(1959)"的异名。【分布】阿富汗, 巴基斯坦, 塔吉克斯坦。【模式】Winklera patrinoides Regel。【参考异名】Uranodactylus Gilli(1959)■☆

54530　Winklerella Engl. (1905)【汉】温克勒苔草属。【俄】Винклера。【隶属】髯管花科 Geniostomaceae。【包含】世界 1 种。【学名诠释与讨论】〈阴〉（人）Hans Karl Albert Winkler, 1877-1945, 德国植物学者, 植物采集家+-ellus, -ella, -ellum, 加在名词词干后面形成指小式的词尾。或加在人名、属名等后面以组成新属的名称。【分布】西赤道非洲。【模式】Winklerella dichotoma Engler ■☆

54531　Winkleria Rchb. (1841) = Mertensia Roth(1797)（保留属名）[紫草科 Boraginaceae]■

54532　Wintera G. Forst. ex Tiegh. (1786) Nom. illegit. ≡ Wintera G. Forst. (1786) Nom. illegit. ；~ ≡ Pseudowintera Dandy(1933)［八角科 Illiciaceae//林仙科（冬木科, 假八角科, 辛辣木科）Winteraceae]●☆

54533　Wintera Humb. et Bonpl. , Nom. illegit. ≡ Wintera Murray(1784) Nom. illegit. ≡ Drimys J. R. Forst. et G. Forst. (1775)（保留属名）；~ [八角科 Illiciaceae//林仙科（冬木科, 假八角科, 辛辣木科）Winteraceae]●☆

54534　Wintera Murray(1784) Nom. illegit. ≡ Drimys J. R. Forst. et G. Forst. (1775)（保留属名）[八角科 Illiciaceae//林仙科（冬木科, 假八角科, 辛辣木科）Winteraceae]●☆

54535　Winteraceae Lindl. = Winteraceae R. Br. ex Lindl. (保留科名)●

54536　Winteraceae R. Br. ex Lindl. (1830)（保留科名）【汉】林仙科（冬木科, 假八角科, 辛辣木科）。【包含】世界 4-7 属 60-120 种。【分布】马来西亚至太平洋地区, 澳大利亚（东部）, 新西兰, 中美洲和南美洲。【科名模式】Wintera Murray, Nom. illegit. [Drimys

J. R. Forst. et G. Forst.。Nom. cons.●

54537　Winterana L.（1759）Nom. illegit. ≡ Canella P. Browne（1756）（保留属名）［白桂皮科（白樟科，假樟科）Canellaceae］●☆

54538　Winterana Sol. ex Meclik.（1841）Nom. inval. = Drimys J. R. Forst. et G. Forst.（1775）（保留属名）［八角科 Illiciaceae//林仙科（冬木科，假八角科，辛辣木科）Winteraceae］●☆

54539　Winteranaceae Warb.（1895）= Canellaceae Mart.（保留科名）●☆

54540　Winterania L.（1759）Nom. illegit. ≡ Winterana L.（1759）Nom. illegit.；~ ≡ Canella P. Browne（1756）（保留属名）［白桂皮科（白樟科，假樟科）Canellaceae］●☆

54541　Winterania Post et Kuntze（1903）Nom. illegit. = Drimys J. R. Forst. et G. Forst.（1775）（保留属名）；~ = Winterana Sol. ex Meclik.（1841）Nom. inval.［八角科 Illiciaceae//林仙科（冬木科，假八角科，辛辣木科）Winteraceae］●☆

54542　Winteria F. Ritter（1962）Nom. illegit. ≡ Hildewintera F. Ritter（1966）Nom. inval.；~ = Cleistocactus Lem.（1861）［仙人掌科 Cactaceae］●■☆

54543　Winterlia Dennst.（1818）Nom. illegit.［芸香科 Rutaceae］☆

54544　Winterlia Moench（1794）= Ilex L.（1753）［冬青科 Aquifoliaceae］●

54545　Winterlia Spreng.（1824）Nom. illegit. = Sellowia Schult.（1819）；~ = Ammannia L.（1753）［千屈菜科 Lythraceae//水苋菜科 Ammanniaceae］■

54546　Winterocereus Backeb.（1966）Nom. illegit. = Cleistocactus Lem.（1861）；~ = Hildewintera F. Ritter（1966）Nom. inval.；~ = Hildewintera F. Ritter ex G. D. Rowley（1968）［仙人掌科 Cactaceae］●☆

54547　Wirtgenia Döll（1877）Nom. inval. ≡ Wirtgenia Nees ex Döll（1877）Nom. inval.；~ = Paspalum L.（1759）［禾本科 Poaceae（Gramineae）］■

54548　Wirtgenia H. Andres（1915）Nom. illegit. ≡ Andresia Sleumer（1967）［杜鹃花科（欧石南科）Ericaceae］■

54549　Wirtgenia Jungh. ex Hassk.（1844）Nom. illegit. = Spondias L.（1753）+ Lannea A. Rich.（1831）（保留属名）［漆树科 Anacardiaceae］●

54550　Wirtgenia Nees ex Döll（1877）Nom. inval. = Paspalum L.（1759）［禾本科 Poaceae（Gramineae）］■

54551　Wirtgenia Sch. Bip.（1842）= Aspilia Thouars（1806）［菊科 Asteraceae（Compositae）］■☆

54552　Wisenia J. F. Gmel.（1791）= Melochia L.（1753）（保留属名）；~ = Visenia Houtt.（1777）［梧桐科 Sterculiaceae//锦葵科 Malvaceae//马松子科 Melochiaceae］●■

54553　Wislizenia Engelm.（1848）【汉】维斯山柑属。【隶属】山柑科（白花菜科，醉蝶花科）Capparaceae。【包含】世界 1 种。【学名诠释与讨论】〈阴〉（人）Friedrich（Frederick）Adolph（Adolf）Wislizenus，1810-1889，德国出生、工作于美国的植物学者，医生，博物学者，探险家，植物采集家。【分布】美国（西南部），墨西哥。【模式】Wislizenia refracta Engelmann ■☆

54554　Wisneria Micheli（1881）= Wiesneria Micheli（1881）［泽泻科 Alismataceae］■☆

54555　Wissadula Medik.（1787）【汉】隔蒴苘属。【英】Wissadula。【隶属】锦葵科 Malvaceae。【包含】世界 25-40 种，中国 1 种。【学名诠释与讨论】〈阴〉（斯里兰卡）wissadula，一种植物俗名。另说来自非洲植物俗名。【分布】巴拉圭，巴拿马，秘鲁，玻利维亚，厄瓜多尔，哥伦比亚（安蒂奥基亚），哥斯达黎加，马达加斯加，尼加拉瓜，中国，中美洲。【模式】Wissadula zeylanica Medikus, Nom. illegit.［Sida periplocifolia Linnaeus；Wissadula

periplocifolia（Linnaeus）Thwaites］■●

54556　Wissmania Burret（1943）Nom. illegit. ≡ Wissmannia Burret（1943）［棕榈科 Arecaceae（Palmae）］●

54557　Wissmannia Burret（1943）Nom. illegit. = Livistona R. Br.（1810）［棕榈科 Arecaceae（Palmae）］●

54558　Wistaria Nutt.（1818）（废弃属名）≡ Wistaria Nutt. ex Spreng.（1826）（废弃属名）；~ = Wisteria Nutt.（1818）（保留属名）［豆科 Fabaceae（Leguminosae）//蝶形花科 Papilionaceae］●

54559　Wistaria Nutt. ex Spreng.（1826）（废弃属名）≡ Wistaria Nutt. ex Spreng.（1826）（废弃属名）；~ = Wisteria Nutt.（1818）（保留属名）［豆科 Fabaceae（Leguminosae）//蝶形花科 Papilionaceae］●

54560　Wistaria Spreng.（1826）Nom. illegit.（废弃属名）≡ Wistaria Nutt. ex Spreng.（1826）（废弃属名）；~ = Wisteria Nutt.（1818）（保留属名）［豆科 Fabaceae（Leguminosae）//蝶形花科 Papilionaceae］●

54561　Wisteria Nutt.（1818）（保留属名）【汉】紫藤属。【日】フジ属，フヂ属。【俄】Вистария，Глициния。【英】Purplevine, Wistaria, Wisteria。【隶属】豆科 Fabaceae（Leguminosae）//蝶形花科 Papilionaceae。【包含】世界 6-10 种，中国 4-6 种。【学名诠释与讨论】〈阴〉（人）Caspar Wistar, 1761-1818, 美国植物学者，宾夕法尼亚大学植物解剖学教授。此属的学名“Wisteria Nutt., Gen. N. Amer. Pl. 2:115. 14 Jul 1818”是保留属名。相应的废弃属名是豆科 Fabaceae 的“Diplonyx Raf., Fl. Ludov.：101. Oct - Dec（prim.）1817 = Wisteria Nutt.（1818）（保留属名）”和“Phaseoloides Duhamel, Traité Arbr. Arbust. 2:115. 1755 ≡ Wisteria Nutt.（1818）（保留属名）”。其拼写变体“Wistaria Spreng., Systema Vegetabilium 3 1826, Nom. illegit. ≡ Wistaria Nutt. ex Spreng.（1826）（废弃属名）”和“Wistaria Nutt. ex Spreng.（1826）= Wisteria Nutt.（1818）（保留属名）”亦应废弃。“Diplonyx Raf.（1817）”的拼写变体“Diplonix Raf.（1817）”也应废弃。“Thyrsanthus S. Elliott, J. Acad. Nat. Sci. Philadelphia 1:371. post 23 Jun 1818（non Schrank 1814）”是“Wisteria Nutt.（1818）（保留属名）”的晚出的同模式异名（Homotypic synonym, Nomenclatural synonym）。【分布】巴基斯坦，玻利维亚，美国，中国，东亚，北美洲东部。【模式】Wisteria speciosa Nuttall, Nom. illegit.［Glycine frutescens Linnaeus；Wisteria frutescens（Linnaeus）Poiret］。【参考异名】Diplonix Raf. Diplonix Raf.（1817）Nom. illegit.（废弃属名）；Diplonyx Raf.（1817）（废弃属名）；Kraunhia Raf.（1808）Nom. inval.；Kraunhia Raf. ex Greene（1891）Nom. illegit.；Phaseolodes Kuntze（1891）Nom. illegit.；Phaseoloides Duhamel（1755）（废弃属名）；Rehsonia Stritch（1984）；Thyrsanthus Elliott（1818）Nom. illegit.；Wistaria Nutt.（1818）（废弃属名）；Wistaria Nutt. ex Spreng.（1826）（废弃属名）；Wistaria Spreng.（1826）Nom. illegit.（废弃属名）●

54562　Withania Pauquy（1825）（保留属名）【汉】睡茄属（醉茄属）。【英】Sleepingeeg, Withania。【隶属】茄科 Solanaceae。【包含】世界 6-10 种，中国 1-2 种。【学名诠释与讨论】〈阴〉（人）Henry Thomas Maire Witham（ne Silvertop），1779-1844，英国植物学者，地质学者。此属的学名“Withania Pauquy, Belladone：14. Apr 1825”是保留属名。法规未列出相应的废弃属名。“Opsago Rafinesque, Sylva Tell. 54. Oct - Dec 1838”是“Withania Pauquy（1825）（保留属名）”的晚出的同模式异名（Homotypic synonym, Nomenclatural synonym）。【分布】巴基斯坦，西班牙（加那利群岛），中国，地中海至印度，非洲南部，南美洲。【模式】Withania frutescens（Linnaeus）Pauquy［Atropa frutescens Linnaeus］。【参考异名】Alicabon Raf.（1838）；Eplateia Raf.（1838）；Hypnoticon Rchb.（1841）；Hypnoticum Rodr.（1840）Nom. illegit.；Hypnoticum

Rodr. ex Meisn. （1840）；Manoelia Bowdich（1825）；Manoellia Bowdich（1825）Nom. illegit. ；Manoellia Rchb. （1828）Nom. illegit. ；Opsago Raf. （1838）Nom. illegit. ；Physaloides Moench（1794）Nom. illegit. ；Puneeria Stocks （1849）；Scleromphalos Griff. （1854）；Witharia Rchb. （1828）●■

54563　Witharia Rchb. （1828）＝Withania Pauquy（1825）（保留属名）［茄科 Solanaceae］●■

54564　Witheringia L'Hér. （1789）【汉】威瑟茄属。【隶属】茄科 Solanaceae。【包含】世界15种。【学名诠释与讨论】〈阴〉（人）William Withering，1741-1799，英国植物学者，医生，地衣学者。此属的学名，ING、TROPICOS 和 IK 记载是“Witheringia L'Héritier de Brutelle, Sertum Angl. 33. Jan （prim.）1789”。“Witheringia Miers, Ann. Mag. Nat. Hist. ser. 2，3（14）：145. 1849 ［Feb 1849］≡Athenaea Sendtn. （1846）（保留属名）［茄科 Solanaceae］”是晚出的非法名称。此属的学名是“Witheringia L'Héritier de Brutelle, Sertum Angl. 33. Jan （prim.）1789”。亦有文献把其处理为“Bassovia Aubl. （1775）”或“Solanum L. （1753）”的异名。“Witheringia Miers, Ann. Mag. Nat. Hist. ser. 2. 3：145. Feb 1849 （non L'Héritier de Brutelle 1789）≡Athenaea Sendtner （1846）［茄科 Solanaceae］”是晚出的非法名称。【分布】巴拿马，秘鲁，玻利维亚，厄瓜多尔，哥伦比亚（安蒂奥基亚），墨西哥，尼加拉瓜，西印度群岛，中美洲。【模式】Witheringia solanacea L'Héritier de Brutelle。【参考异名】Bassovia Aubl. （1775）；Solanum L. （1753）●☆

54565　Witheringia Miers （1849）Nom. illegit. ＝Athenaea Sendtn. （1846）（保留属名）［茄科 Solanaceae］●☆

54566　Witsenia Thunb. （1782）［as 'Witsena'］【汉】威特鸢尾属。【隶属】鸢尾科 Iridaceae。【包含】世界1种。【学名诠释与讨论】〈阴〉（人）Nicolaas Witsen，1641-1717，荷兰博物学者。【分布】非洲南部。【模式】Witsenia maura （Linnaeus）Thunberg ［Antholyza maura Linnaeus］●☆

54567　Wittea Kunth（1848）Nom. illegit. ≡Downingia Torr. （1857）（保留属名）［桔梗科 Campanulaceae］■☆

54568　Wittelsbachia Mart. （1824）Nom. illegit. ＝Cochlospermum Kunth （1822）（保留属名）［弯籽木科（卷胚科，弯胚树科，弯子木科）Cochlospermaceae//红木科（胭脂树科）Bixaceae//木棉科 Bombacaceae］●☆

54569　Wittelsbachia Mart. et Zucc. （1824）Nom. illegit. ≡Maximilianea Mart. （1819）（废弃属名）；～＝Cochlospermum Kunth（1822）（保留属名）［弯籽木科（卷胚科，弯胚树科，弯子木科）Cochlospermaceae］●

54570　Wittia K. Schum. （1903）Nom. illegit. ≡Wittiocactus Rauschert （1982）；～＝Disocactus Lindl. （1845）［仙人掌科 Cactaceae］●☆

54571　Wittiocactus Rauschert（1982）＝Disocactus Lindl. （1845）［仙人掌科 Cactaceae］●☆

54572　Wittmackanthus Kuntze（1891）【汉】维特茜属。【隶属】茜草科 Rubiaceae。【包含】世界1种。【学名诠释与讨论】〈阳〉（人）（Marx Carl）Ludwig （Ludewig）Wittmack，1839-1929，德国植物学者+anthos，花。此属的学名“Wittmackanthus O. Kuntze, Rev. Gen. 1：302. 5 Nov 1891”是一个替代名称。“Pallasia J. F. Klotzsch, Ber. Bekanntm. Verh. Königl. Preuss. Akad. Wiss. Berlin 1853：498. post 15 Aug 1853”是一个非法名称（Nom. illegit. ），因为此前已经有了“Pallasia Houtt. , Handl. Pl. - Kruidk. iv. 382 （1775）＝Calodendrum Thunb. （1782）（保留属名）［芸香科 Rutaceae］”和“Pallasia Scopoli, Introd. 72. Jan-Apr 1777 ＝Crypsis Aiton（1789）（保留属名）［禾本科 Poaceae （Gramineae）］”。故用“Wittmackanthus Kuntze（1891）”替代之。同理，“Pallasia L'

Héritier ex W. Aiton，Hortus Kew. 3；498. 7 Aug-1 Oct 1789，Nom. inval. ＝Encelia Adans. （1763）［菊科 Asteraceae（Compositae）］”和“Pallasia Linnaeus f. , Suppl. 37, 252. Apr 1782 ≡Pterococcus Pall. （1773）（废弃属名）＝Calligonum L. （1753）［蓼科 Polygonaceae//沙拐枣科 Calligonaceae］”亦是晚出的非法名称。【分布】巴拿马，秘鲁，厄瓜多尔，哥伦比亚（安蒂奥基亚），中美洲。【模式】Wittmackanthus stanleyanus （Schomburgk）O. Kuntze ［Calycophyllum stanleyanum Schomburgk］。【参考异名】Pallasia Klotzsch（1853）Nom. illegit. ●☆

54573　Wittmackia Mez（1891）＝Aechmea Ruiz et Pav. （1794）（保留属名）［凤梨科 Bromeliaceae］■☆

54574　Wittmannia Vahl（1792）Nom. inval. ＝Vangueria Juss. （1789）［茜草科 Rubiaceae］■☆

54575　Wittrockia Lindm. （1891）【汉】韦氏凤梨属（光萼凤梨属，辉勒草属）。【日】ウィトロキア属。【隶属】凤梨科 Bromeliaceae。【包含】世界10-11种。【学名诠释与讨论】〈阴〉（人）Veit Bracher Wittrock，1839-1914，瑞典植物学者，教授。此属的学名，ING、TROPICOS、GCI 和 IK 记载是“Wittrockia Lindm. , Kungl. Svenska Vetenskapsakad. Handl. ser. 2，24（8）：20. 1891”。它曾被处理为“Canistrum subgen. Wittrockia （Lindm. ）Mez, Monographiae Phanerogamarum 9：104，105. 1896”。【分布】巴西。【模式】Wittrockia superba C. A. M. Lindman。【参考异名】Canistrum subgen. Wittrockia （Lindm. ）Mez（1896）■☆

54576　Wittsteinia F. Muell. （1861）【汉】澳大利亚假海桐属。【隶属】岛海桐科（假海桐科）Alseuosmiaceae。【包含】世界2种。【学名诠释与讨论】〈阴〉（人）Georg Christian Wittstein，1810-1887，德国植物学者，药剂师。【分布】澳大利亚（东南部山区）。【模式】Wittsteinia vacciniacea F. v. Mueller。【参考异名】Memecylanthus Gilg et Schltr. （1906）；Pachydiscus Gilg et Schltr. （1906）；Periomphale Baill. （1888）●☆

54577　Wodyetia A. K. Irvine （1983）【汉】狐尾椰属（二枝棕属）。【英】Foxtail Palm。【隶属】棕榈科 Arecaceae（Palmae）。【包含】世界1种。【学名诠释与讨论】〈阴〉来自澳大利亚植物俗名。【分布】澳大利亚。【模式】Wodyetia bifurcata A. K. Irvine ●☆

54578　Woehleria Griseb. （1861）【汉】四被苋属。【隶属】苋科 Amaranthaceae。【包含】世界1种。【学名诠释与讨论】〈阴〉（人）Woehler。【分布】古巴。【模式】Woehleria serpyllifolia Grisebach ■☆

54579　Wokoia Baehni （1964）＝Pouteria Aubl. （1775）［山榄科 Sapotaceae］●

54580　Wolffia Horkel ex Schleid. （1839）（废弃属名）≡Pseudowolffia Hartog et Plas（1970）［浮萍科 Lemnaceae］■☆

54581　Wolffia Horkel ex Schleid. （1844）（保留属名）【汉】芜萍属（微萍属，无根萍属）。【日】ミジンコウキクサ属，ミヂンコウキクサ属。【俄】Вольфия。【英】Duckweed，Rootless Duckweed，Water Meal，Water-meal，Wolffia。【隶属】浮萍科 Lemnaceae//芜萍科（微萍科）Wolffiaceae。【包含】世界11种，中国1种。【学名诠释与讨论】〈阴〉（人）Johann Friedric Wolff，1778-1806，德国植物学者，医生。另说 Theodor Wolff，1787-1864。此属的学名“Wolffia Horkel ex Schleid. , Beitr. Bot. 1：233. 11-13 Jul 1844”是保留属名。相应的废弃属名是“Wolfia Schreb. , Gen. Pl. ：801. Mai 1791 ＝Casearia Jacq. （1760）［刺篱木科（大风子科）Flacourtiaceae//天料木科 Samydaceae］”。娄氏兰花蕉科 Lowiaceae 的“Wolfia Dennst. , Schlüssel Hortus Malab. 38（1818）［20 Oct 1818］＝? Renealmia L. f. （1782）（保留属名）”，防己科 Menispermaceae 的“Wolfia K. P. J. Sprengel, Syst. Veg. 1：521，808. 1824 （sero）（'1825'）”都应废弃。浮萍科 Lemnaceae 的“Wolfia

Kunth, Enum. Pl.［Kunth］3：4. 1841［23-29 May 1841］"是 "Wolffia Horkel ex Schleid.（1844）（保留属名）"的拼写变体，也要废弃。APNI记载的"Wolffia Schleid.（1844）（废弃属名）"是 "Wolffia Horkel ex Schleid.（1844）（保留属名）"命名人引证有误。"Wolfia Post et Kuntze（1903）＝Orchidantha N. E. Br.（1886）［芭蕉科 Musaceae//兰花蕉科 Orchidanthaceae//娄氏兰花蕉科 Lowiaceae］"亦应废弃。"Bruniera A. R. Franchet, Billotia 1：25. 1864"是"Wolffia Horkel ex Schleid.（1844）（保留属名）"的晚出的同模式异名（Homotypic synonym, Nomenclatural synonym）（by lectotypification）。"Wolffia Horkel ex Schleiden, Linnaea 13：389. Oct-Dec 1839（non Horkel ex Schleiden 1844（nom. cons.））≡ Pseudowolffia Hartog et Plas（1970）［浮萍科 Lemnaceae］"虽然早出一年，也须废弃。【分布】巴基斯坦，巴拿马，秘鲁，玻利维亚，厄瓜多尔，马达加斯加，美国（密苏里），尼加拉瓜，中国，中美洲。【模式】Wolffia michelii Schleiden。【参考异名】Bruniera Franch.（1864）Nom. illegit.；Grantia Griff.（1845）；Grantia Griff. ex Voigt（1845）Nom. illegit.；Horkelia Rchb. ex Bartl.（1830）Nom. illegit.；Pseudowolffia Hartog et Plas（1970）；Wolffia Schleid.（1844）（废弃属名）；Wolfia Kunth（1841）Nom. illegit.（废弃属名）■

54582　Wolffia Schleid.（1844）（废弃属名）＝Pseudowolffia Hartog et Plas（1970）；~ ＝Wolffia Horkel ex Schleid.（1844）（保留属名）［浮萍科 Lemnaceae//芜萍科（微萍科）Wolffiaceae］■

54583　Wolffiaceae（Engl.）Nakai ＝Wolffiaceae Nakai；~ ＝Lemnaceae Martinov（保留科名）■

54584　Wolffiaceae Bubani（1902）＝Lemnaceae Martinov（保留科名）■

54585　Wolffiaceae Nakai［亦见 Araceae Juss.（保留科名）天南星科和 Lemnaceae Martinov（保留科名）浮萍科］【汉】芜萍科（微萍科）。【包含】世界1属11种，中国1属1种。【分布】玻利维亚，厄瓜多尔，马达加斯加，美国（密苏里），尼加拉瓜，巴基斯坦，巴拿马，秘鲁，中美洲。【科名模式】Wolffia Horkel ex Schleid.

54586　Wolffiella（Hegelm.）Hegelm.（1895）【汉】小芜萍属（小微萍属）。【隶属】浮萍科 Lemnaceae。【包含】世界7-10种。【学名诠释与讨论】〈阴〉（属）Wolffia 芜萍属+-ellus, -ella, -ellum, 加在名词词干后面形成指小式的词尾。或加在人名、属名等后面以组成新属的名称。此属的学名，ING记载是"Wolffiella（C. F. Hegelmaier）C. F. Hegelmaier, Bot. Jahrb. Syst. 21：303. 28 Mai 1895"，由"Wolffia subgen. Wolffiella C. F. Hegelmaier, Lemnaceen 131. Oct-Nov 1868"改级而来；而 GCI、TROPICOS 和 IK 则记载为"Wolffiella Hegelm., Bot. Jahrb. Syst. 21（3）：303. 1895［6 Aug 1895］"。四者引用的文献相同。【分布】巴拿马，秘鲁，玻利维亚，厄瓜多尔，哥斯达黎加，美国（密苏里），尼加拉瓜，非洲，中美洲。【后选模式】Wolffiella oblonga（Philippi）C. F. Hegelmaier［Lemna oblonga Philippi］。【参考异名】Pseudowolffia Hartog et Plas（1970）；Wolffia subgen. Wolffiella Hegelm.（1868）；Wolffiella Hegelm.（1895）Nom. illegit.；Wolffiopsis Hartog et Plas（1970）■☆

54587　Wolffiella Hegelm.（1895）Nom. illegit. ≡ Wolffiella（Hegelm.）Hegelm.（1895）［浮萍科 Lemnaceae］■☆

54588　Wolffiopsis（Hegelm.）Hartog et Plas（1970）【汉】类芜萍属（拟微萍属）。【隶属】浮萍科 Lemnaceae。【包含】世界1种。【学名诠释与讨论】〈阴〉（属）Wolffia 芜萍属+希腊文 opsis, 外观，模样，相似。此属的学名，ING 和 GCI 记载是"Wolffiopsis C. den Hartog et F. van der Plas, Blumea 18：366. 31 Dec 1970"。而 IK 则记载为"Wolffiopsis（Hegelm.）Hartog et Plas, Blumea 18：366. 1970"，由"Wolffia sect. Biflorae Hegelm.（1868）"改级而来。三者引用的文献相同。【分布】玻利维亚，非洲，热带美洲。【模式】Wolffiopsis welwitschii（F. Hegelmaier）C. den Hartog et F. van der Plas［Wolffia welwitschii F. Hegelmaier］。【参考异名】Wolffia sect.

Biflorae Hegelm.（1868）；Wolffiopsis Hartog et Plas（1970）Nom. illegit. ■☆

54589　Wolffiopsis Hartog et Plas（1970）Nom. illegit. ≡ Wolffiella（Hegelm.）Hegelm.（1895）［浮萍科 Lemnaceae］■☆

54590　Wolfia Dennst.（1818）Nom. illegit.（废弃属名）＝？Renealmia L. f.（1782）（保留属名）［姜科（蘘荷科）Zingiberaceae］■☆

54591　Wolfia Kunth（1841）Nom. illegit.（废弃属名）＝Wolffia Horkel ex Schleid.（1844）（保留属名）［浮萍科 Lemnaceae//芜萍科（微萍科）Wolffiaceae］■

54592　Wolfia Post et Kuntze（1903）Nom. illegit.（废弃属名）＝Orchidantha N. E. Br.（1886）［芭蕉科 Musaceae//兰花蕉科 Orchidanthaceae//娄氏兰花蕉科 Lowiaceae］■

54593　Wolfia Schreb.（1791）（废弃属名）＝Casearia Jacq.（1760）［刺篱木科（大风子科）Flacourtiaceae//天料木科 Samydaceae］●

54594　Wolkensteinia Regel（1864）＝Ouratea Aubl.（1775）（保留属名）［金莲木科 Ochnaceae］●

54595　Wollastonia DC. ex Decne.（1834）【汉】滨沙菊属。【隶属】菊科 Asteraceae（Compositae）。【包含】世界1种。【学名诠释与讨论】〈阴〉（人）George Buchanan Wollaston, 1814-1899, 植物学者。此属的学名是"Wollastonia A. P. de Candolle ex Decaisne, Nouv. Ann. Mus. Hist. Nat. 3：414. 1834"。亦有文献把其处理为 "Wedelia Jacq.（1760）（保留属名）"的异名。【分布】马达加斯加，中美洲。【后选模式】Wollastonia scabriuscula A. P. de Candolle ex Decaisne, Nom. illegit.［Verbesina biflora Linnaeus；Wollastonia biflora（Linnaeus）A. P. de Candolle］。【参考异名】Wedelia Jacq.（1760）（保留属名）■●☆

54596　Wollemia W. G. Jones, K. D. Hill et J. M. Allen（1995）【汉】恶来杉属（沃勒米杉属）。【英】Wollemi Pine。【隶属】南洋杉科 Araucariaceae。【包含】世界1种。【学名诠释与讨论】〈阴〉（地）Wollemi, 沃勒米。【分布】澳大利亚。【模式】Wollemia nobilis W. G. Jones, K. D. Hill et J. M. Allen ●☆

54597　Woodburnia Prain（1904）【汉】缅甸五加属。【隶属】五加科 Araliaceae。【包含】世界1种。【学名诠释与讨论】〈阴〉（人）Woodburn。【分布】缅甸。【模式】Woodburnia penduliflora D. Prain ●☆

54598　Woodfordia Salisb.（1806）【汉】虾子花属（吴福花属）。【英】Shrimpflower, Woodfordia。【隶属】千屈菜科 Lythraceae。【包含】世界2种，中国1种。【学名诠释与讨论】〈阴〉（人）James Woodford, 英国植物学者。【分布】埃塞俄比亚，巴基斯坦，马达加斯加，斯里兰卡，印度，中国，印度尼西亚（苏门答腊岛）至帝汶岛。【模式】Woodfordia floribunda R. A. Salisbury, Nom. illegit.［Lythrum fructicosum Linnaeus；Woodfordia fruticosa（Linnaeus）Kurz］。【参考异名】Acistoma Zipp. ex Span.（1841）●

54599　Woodia Schltr.（1894）【汉】伍得萝藦属。【隶属】萝藦科 Asclepiadaceae。【包含】世界3种。【学名诠释与讨论】〈阴〉（人）Wood。【分布】非洲南部。【模式】Woodia verruculosa Schlechter ■☆

54600　Woodianthus Krapov.（2012）【汉】伍得花属。【隶属】锦葵科 Malvaceae。【包含】世界1种。【学名诠释与讨论】〈阴〉（人）Wood。【分布】玻利维亚。【模式】Woodianthus sotoi Krapov. ☆

54601　Woodiella Merr.（1922）Nom. illegit. ≡ Woodiellantha Rauschert（1982）［番荔枝科 Annonaceae］●☆

54602　Woodiellantha Rauschert（1982）【汉】乌德花属（伍得番荔枝属）。【隶属】番荔枝科 Annonaceae。【包含】世界1种。【学名诠释与讨论】〈阴〉（人）D. D. Wood, 婆罗洲林务官+-ellus, -ella, -ellum, 加在名词词干后面形成指小式的词尾。或加在人名、属名等后面以组成新属的名称。+anthos, 花。此属的学名

"Woodiellantha S. Rauschert, Taxon 31：555. 9 Aug 1982"是一个替代名称。"Woodiella Merrill, J. Straits Branch Roy. Asiat. Soc. 85：187. Mar 1922"是一个非法名称(Nom. illegit.)，因为此前已经有了真菌的"Woodiella P. A. Saccardo et P. Sydow, Hedwigia 38 Beibl.：133. Mai – Jun 1899"。故用"Woodiellantha Rauschert (1982)"替代之。【分布】加里曼丹岛。【模式】Woodiellantha sympetala (Merrill) S. Rauschert［Woodiella sympetala Merrill］。【参考异名】Woodiella Merr. (1922) Nom. illegit. ●☆

54603　Woodier Roxb. ex Kostel. = Lannea A. Rich. (1831)(保留属名)；~ = Odina Roxb. (1814)［漆树科 Anacardiaceae］●

54604　Woodrowia Stapf (1896) = Dimeria R. Br. (1810)［禾本科 Poaceae(Gramineae)］■

54605　Woodsonia L. H. Bailey(1943) = Neonicholsonia Dammer(1901)［棕榈科 Arecaceae(Palmae)］●☆

54606　Woodvillea DC. (1836) = Erigeron L. (1753)［菊科 Asteraceae(Compositae)］■●

54607　Wooleya L. Bolus(1960)【汉】粉玉树属。【隶属】番杏科 Aizoaceae。【包含】世界2种。【学名诠释与讨论】〈阴〉(人)C. H. F. Wooley 少校。【分布】非洲西南部。【模式】Wooleya farinosa H. M. L. Bolus ●■☆

54608　Woollsia F. Muell. (1873)【汉】辣石南属。【隶属】尖苞木科 Epacridaceae//杜鹃花科(欧石南科)Ericaceae。【包含】世界1种。【学名诠释与讨论】〈阴〉(人)William Woolls, 1814-1893, 澳大利亚植物学者, 牧师, 记者。【分布】澳大利亚(东北部)。【模式】Woollsia pungens (Cavanilles) F. v. Mueller［Epacris pungens Cavanilles］●☆

54609　Woonyoungia Y. W. Law(1997)【汉】焕镛木属。【隶属】木兰科 Magnoliaceae。【包含】世界3种, 中国1种。【学名诠释与讨论】〈阴〉(人)Woonyoung Chun, 1890-1971, 陈焕镛, 中国著名植物学家, 中国科学院院士(学部委员), 我国近代植物分类学的开拓者和奠基者之一。中国科学院华南植物研究所研究员、所长。他创建了中山农林植物研究室(后改为研究所), 收集植物标本, 建成中国南方第一个植物标本室。对中国华南地区的植物进行大量的调查、采集和研究, 发现100多个新种, 10多个新属, 其中裸子植物银杉属和为纪念植物学家钟观光而命名的木兰科 Magnoliaceae 孑遗植物观光木属 Tsoongiodendron 在植物分类上有重大意义。此属的学名是"Woonyoungia Y. W. Law, Bulletin of Botanical Research, Harbin 17(4)：354. 1997"。亦有文献把其处理为" = Kmeria (Pierre) Dandy(1927)"的异名。【分布】柬埔寨, 泰国, 越南, 中国。【模式】Woonyoungia septentrionalis (Dandy) Y. W. Law。【参考异名】Kmeria (Pierre) Dandy(1927) ●

54610　Wootonella Standl. (1912) = Verbesina L. (1753)(保留属名)［菊科 Asteraceae(Compositae)］●■☆

54611　Wootonia Greene(1898) = Dicranocarpus A. Gray(1854)［菊科 Asteraceae(Compositae)］■☆

54612　Worcesterianthus Merr. (1914) = Microdesmis Hook. f. (1848)［大戟科 Euphorbiaceae//攀打科(小盘木科)Pandaceae］●

54613　Wormia Post et Kuntze(1903) Nom. illegit. = Selago L. (1753)；~ = Vormia Adans. (1763) Nom. illegit.［玄参科 Scrophulariaceae］●☆

54614　Wormia Rottb. (1783) = Dillenia L. (1753)［五桠果科(第伦桃科, 五丫果科, 锡叶藤科)Dilleniaceae］●

54615　Wormia Vahl(1810) Nom. illegit. ≡ Ancistrocladus Wall. (1829)(保留属名)［钩枝藤科 Ancistrocladaceae］●

54616　Wormskioldia Schumach. et Thonn. (1827) Nom. illegit. ≡ Wormskioldia Thonn. (1827) Nom. illegit.；~ = Tricliceras Thonn. ex DC. (1826) 时钟花科(穗柱榆科, 窝籽科, 有叶花科)Turneraceae］■☆

54617　Wormskioldia Thonn. (1827) Nom. illegit. ≡ Tricliceras Thonn. ex DC. (1826)［时钟花科(穗柱榆科, 窝籽科, 有叶花科)Turneraceae］■☆

54618　Woronowia Juz. (1941)【汉】沃氏蔷薇属。【俄】Воронивия。【隶属】蔷薇科 Rosaceae。【包含】世界1种。【学名诠释与讨论】〈阴〉(人)Georg Jurij Nikolaewitch Woronow, 1874-1931, 植物学者。此属的学名是"Woronowia S. V. Juzepczuk in B. K. Schischkin et S. V. Juzepczuk, Fl. URSS 10：615. 1941 (post 8 Feb)"。亦有文献把其处理为"Geum L. (1753)"的异名。【分布】高加索。【模式】Woronowia speciosa (Alboff) S. V. Juzepczuk［Sieversia speciosa Alboff］。【参考异名】Geum L. (1753) ●☆

54619　Wormia J. F. Gmel. (1792) Nom. illegit. = Dillenia L. (1753)；~ = Wormia Rottb. (1783)［五桠果科(第伦桃科, 五丫果科, 锡叶藤科)Dilleniaceae］●

54620　Worsleya (Traub) Traub (1944) Nom. illegit. ≡ Worsleya (W. Watson ex Traub) Traub(1944)；~ = Hippeastrum Herb. (1821)(保留属名)［石蒜科 Amaryllidaceae］■

54621　Worsleya(W. Watson ex Traub) Traub(1944)【汉】孤挺蓝属。【英】Blue Amaryllis。【隶属】石蒜科 Amaryllidaceae。【包含】世界1种。【学名诠释与讨论】〈阴〉(人)Arthington Worsley, 1861-1944, 英国植物学者, 植物采集家, 土木工程师。此属的学名, ING 和 TROPICOS 记载是"Worsleya (W. Watson ex Traub) Traub, Herbertia 10：89. 1944", 由"Amaryllis subgen. Worsleya W. Watson ex Traub, Herbertia 6：118. 1939"改级而来。IK 则记载为"Worsleya (Traub) Traub, Herbertia x. 89 (1944)", 基源异名是"Amaryllis subgen. Worsleya Traub."；三者引用的文献相同。IK 还记载了"Worsleya W. Watson, Gard. Chron. ser. 3, lii. 73 (1912), in obs., nomen provis. ≡ Worsleya (W. Watson ex Traub) Traub(1944) = Hippeastrum Herb. (1821)(保留属名)［石蒜科 Amaryllidaceae］"；这是一个未合格发表的名称(Nom. inval.)。GCI 则记载为"Worsleya Traub, Herbertia 10：89, tab. 246. 1944", 后来自己订正为"Worsleya (W. Watson ex Traub) Traub(1944)"。【分布】巴西。【模式】Worsleya procera Traub［Amaryllis procera Duchartre 1863, non Salisbury 1796］。【参考异名】Amaryllis subgen. Worsleya W. Watson ex Traub(1939)；Binotia W. Watson；Worsleya (Traub) Traub (1944) Nom. illegit.；Worsleya Traub(1944) Nom. illegit.；Worsleya W. Watson(1912) Nom. inval. ■☆

54622　Worsleya Traub(1944) Nom. illegit. ≡ Worsleya (W. Watson ex Traub) Traub(1944)［石蒜科 Amaryllidaceae］■

54623　Worsleya W. Watson(1912) Nom. inval. ≡ Worsleya (W. Watson ex Traub) Traub(1944)；~ = Hippeastrum Herb. (1821)(保留属名)［石蒜科 Amaryllidaceae］■

54624　Woytkowskia Woodson(1960)【汉】沃伊夹竹桃属。【隶属】夹竹桃科 Apocynaceae。【包含】世界2种。【学名诠释与讨论】〈阴〉词源不详。似来自人名。【分布】秘鲁。【模式】Woytkowskia spermatochorda Woodson ●☆

54625　Wredowia Eckl. (1827) = Aristea Aiton (1789)［鸢尾科 Iridaceae］■☆

54626　Wrenciala A. Gray (1854) Nom. illegit. ≡ Lawrencia Hook. (1840)；~ = Plagianthus J. R. Forst. et G. Forst. (1776)［锦葵科 Malvaceae］●☆

54627　Wrightea Roxb. (1814) Nom. illegit. = Wallichia Roxb. (1820)［棕榈科 Arecaceae(Palmae)］●

54628　Wrightea Tussac(1808) = Meriania Sw. (1797)(保留属名)［野牡丹科 Melastomataceae］●☆

54629　Wrightia R. Br. (1810)【汉】倒吊笔属。【英】Wrightia。【隶属】夹竹桃科 Apocynaceae。【包含】世界23-30种, 中国6种。

【学名诠释与讨论】〈阴〉（人）William Wright，1740-1827，英国医生，植物学者。此属的学名，ING、APNI、IPNI 和 IK 记载是"Wrightia R. Br.，Prodr. Fl. Nov. Holland. 467. 1810［27 Mar 1810］；Asclepiadeae 62. 3 Apr 1810；Mem. Wern. Nat. Hist. Soc. 1：73. 1811"。"Wrightia Sol. ex Naudin，Ann. Sci. Nat.，Bot. sér. 3，18：124. 1852［Aug 1852］"是晚出的非法名称。【分布】澳大利亚，巴基斯坦，中国，热带非洲，亚洲。【后选模式】Wrightia zeylonica（Linnaeus）R. Brown［as 'zeylanica'］［Nerium zeylonicum Linnaeus］。【参考异名】Balfouria R. Br.（1810）；Balfuria Rchb.（1828）；Piaggiaea Chiov.（1932）；Scleranthera Pichon（1951）；Trichostomanthemum Domin（1928）；Walidda（A. DC.）Pichon（1951）●

54630 Wrightia Sol. ex Naudin（1852）Nom. illegit. = Meriania Sw.（1797）（保留属名）［野牡丹科 Melastomataceae］●☆

54631 Wrixonia F. Muell.（1876）【汉】里克森草属。【英】Feather Flower。【隶属】唇形科 Lamiaceae（Labiatae）。【包含】世界 2 种。【学名诠释与讨论】〈阴〉（人）Henry John Wrixon，1839-1913，澳大利亚政治家。【分布】澳大利亚（西部）。【模式】Wrixonia prostantheroides F. v. Mueller ●☆

54632 Wuerschmittia Sch. Bip. ex Hochst.（1841）= Melanthera Rohr（1792）［菊科 Asteraceae（Compositae）］■●☆

54633 Wuerschmittia Sch. Bip. ex Walp.（1846）Nom. illegit. = Melanthera Rohr（1792）［菊科 Asteraceae（Compositae）］☆

54634 Wuerthia Regel（1851）= Ixia L.（1762）（保留属名）［鸢尾科 Iridaceae//鸟娇花科 Ixiaceae］■☆

54635 Wulfenia Jacq.（1781）【汉】石墙花属（乌鲁芬草属）。【俄】Вульфения。【英】Wulfenia。【隶属】玄参科 Scrophulariaceae//婆婆纳科 Veronicaceae。【包含】世界 2-4 种。【学名诠释与讨论】〈阴〉（人）Franz Xavier Freiherr von Wulfen，1728-1805，奥地利植物学者，地衣学者，博物学者，植物采集家。【分布】欧洲东南部，西喜马拉雅山。【模式】Wulfenia carinthiaca N. J. Jacquin。【参考异名】Falconeria Hook. f.（1883）Nom. illegit. ■☆

54636 Wulfeniopsis D. Y. Hong（1980）【汉】拟石墙花属。【隶属】玄参科 Scrophulariaceae//婆婆纳科 Veronicaceae。【包含】世界 2 种。【学名诠释与讨论】〈阴〉（属）Wulfeni 石墙花属+希腊文 opsis，外观，模样，相似。【分布】阿富汗，中国，喜马拉雅山。【模式】Wulfeniopsis amherstiana（Bentham）D. Y. Hong［Wulfenia amherstiana Bentham］■

54637 Wulffia Neck.（1790）Nom. inval. ≡ Wulffia Neck. ex Cass.（1825）［菊科 Asteraceae（Compositae）］■☆

54638 Wulffia Neck. ex Cass.（1825）【汉】伍尔夫菊属。【隶属】菊科 Asteraceae（Compositae）。【包含】世界 5 种。【学名诠释与讨论】〈阴〉（人）Johann Christoph Wulff，? -1767，德国植物学者，医生。此属的学名，ING、TROPICOS 和 GCI 记载是"Wulffia Neck. ex Cass.，Dict. Sci. Nat.，ed. 2.［F. Cuvier］29：491. 1823［Dec 1823］38：17. Dec 1825"。"Wulffia Neck.，Elem. Bot.（Necker）1：35. 1790 ≡ Wulffia Neck. ex Cass.（1825）"是一个未合格发表的名称（Nom. inval.）。【分布】巴拉圭，巴拿马，秘鲁，玻利维亚，西印度群岛，南美洲，中美洲。【模式】Wulffia baccata（Linnaeus）O. Kuntze［Coreopsis baccata Linnaeus］。【参考异名】Chakiatella DC.（1836）；Chatiakella Cass.（1823）；Chylodia Rich. ex Cass.（1823）Nom. illegit.；Crodisperma Poit. ex Cass.（1827）；Tilesia G. Mey.（1818）；Wulffia Neck.（1790）Nom. inval. ■☆

54639 Wulfhorstia C. DC.（1900）【汉】热非楝属。【隶属】楝科 Meliaceae。【包含】世界 2 种。【学名诠释与讨论】〈阴〉词源不详。此属的学名，ING、TROPICOS 和 IK 记载是"Wulfhorstia A. C. de Candolle，Mém. Herb. Boissier 10：77. 1900"。"Wulfhorstia

C. E. C. Fisch."是"Entandrophragma C. E. C. Fisch.（1894）［楝科 Meliaceae］"的异名。【分布】热带非洲。【模式】Wulfhorstia spicata A. C. de Candolle ●☆

54640 Wulfhorstia C. E. C. Fisch. = Entandrophragma C. E. C. Fisch.（1894）［楝科 Meliaceae］●☆

54641 Wullschlaegelia Rchb. f.（1863）【汉】伍尔兰属。【隶属】兰科 Orchidaceae。【包含】世界 2 种。【学名诠释与讨论】〈阴〉（人）Heinrich Rudolph Wullschlaegel（Wullschlagel），1805-1864，德国植物学者，教师，传教士。【分布】巴拉圭，巴拿马，秘鲁，玻利维亚，厄瓜多尔，哥伦比亚（安蒂奥基亚），哥斯达黎加，尼加拉瓜，西印度群岛，中美洲。【模式】Wullschlaegelia aphylla H. G. Reichenbach ■☆

54642 Wunderlichia Riedel ex Benth.（1873）Nom. illegit. ≡ Wunderlichia Riedel ex Benth. et Hook. f.（1873）［菊科 Asteraceae（Compositae）］■☆

54643 Wunderlichia Riedel ex Benth. et Hook. f.（1873）【汉】羽冠菊属。【隶属】菊科 Asteraceae（Compositae）。【包含】世界 5 种。【学名诠释与讨论】〈阴〉（人）Wunderlich。此属的学名，ING、GCI 和 IK 记载是"Wunderlichia Riedel ex Benth. et Hook. f.，Gen. 2：489. 7-9 Apr 1873"；TROPICOS 则记载为"Wunderlichia Riedel ex Benth.，Genera Plantarum 2：489. 1873"。四者引用的文献相同。【分布】巴西。【后选模式】Wunderlichia mirabilis Riedel ex J. G. Baker。【参考异名】Wunderlichia Riedel ex Benth.（1873）Nom. illegit. ■☆

54644 Wunschmannia Urb.（1908）= Distictis Mart. ex Meisn.（1840）［紫葳科 Bignoniaceae］●☆

54645 Wurdackanthus Maguire（1985）【汉】沃达龙胆属。【隶属】龙胆科 Gentianaceae。【包含】世界 2 种。【学名诠释与讨论】〈阳〉（人）John Julius Wurdack，1921-1998，美国植物学者，植物采集家+anthos，花。【分布】巴西，委内瑞拉，西印度群岛。【模式】Wurdackanthus argyreus B. Maguire ■☆

54646 Wurdackia Moldenke（1957）= Paepalanthus Mart.（1834）（保留属名）；~ = Rondonanthus Herzog（1931）［谷精草科 Eriocaulaceae］■☆

54647 Wurdastom B. Walln.（1996）【汉】新美洲野牡丹属。【隶属】野牡丹科 Melastomataceae。【包含】世界 8 种。【学名诠释与讨论】〈阴〉词源不详。【分布】美洲。【模式】Wurdastom dudleyi（Wurdack）B. Walln. ●☆

54648 Wurfbaeinia Steud.（1841）Nom. illegit. ≡ Wurfbainia Giseke（1792）（废弃属名）；~ = Amomum Roxb.（1820）（保留属名）［姜科（蘘荷科）Zingiberaceae］■

54649 Wurfbainia Giseke（1792）（废弃属名）= Amomum Roxb.（1820）（保留属名）［姜科（蘘荷科）Zingiberaceae］■

54650 Wurmbaea Steud.（1841）Nom. illegit. ≡ Wurmbea Thunb.（1781）［秋水仙科 Colchicaceae］■☆

54651 Wurmbea Cothen.（1790）Nom. illegit. = Renealmia Houtt.（1777）Nom. illegit.（废弃属名）；~ = Villarsia Vent.（1803）（保留属名）［龙胆科 Gentianaceae//睡菜科 Menyanthaceae］■☆

54652 Wurmbea Thunb.（1781）【汉】伍尔秋水仙属。【隶属】秋水仙科 Colchicaceae。【包含】世界 20-40 种。【学名诠释与讨论】〈阴〉（人）Friedrich von Wurmb，? -1781，荷兰植物学者，植物采集家。此属的学名，ING、TROPICOS 和 IK 记载是"Wurmbea Thunb.，Nov. Gen. Pl.［Thunberg］1：18. 1781［24 Nov 1781］"。"Wurmbea Cothenius，Disp. 16. Jan-Mai 1790 = Renealmia Houtt.（1777）Nom. illegit.（废弃属名）［龙胆科 Gentianaceae//睡菜科 Menyanthaceae］"是晚出的非法名称；前者是后者的替代名称。"Wurmbaea Steud.，Nomencl. Bot.［Steudel］，ed. 2. 2：789，sphalm.

1841"是"Wurmbea Thunb. (1781)"的拼写变体。【分布】澳大利亚(西部),热带和非洲南部。【模式】Wurmbea capensis Thunberg。【参考异名】Anguillaria R. Br. (1810) (保留属名); Dipidax Lawson ex Salisb. (1812) Nom. inval.; Dipidax Lawson ex Salisb. (1866) Nom. illegit.; Dipidax Salisb. (1812) Nom. inval.; Dipidax Salisb. (1866) Nom. illegit.; Wurmbaea Steud. (1841)■☆

54653 Wurmschnittia Benth. (1873) = Melanthera Rohr (1792); ~ = Wuerschmittia Sch. Bip. ex Hochst. (1841) [菊科 Asteraceae (Compositae)]■●☆

54654 Wurtzia Baill. (1861) = Margaritaria L. f. (1782); ~ = Phyllanthus L. (1753) [大戟科 Euphorbiaceae//叶下珠科(叶萝藦科) Phyllanthaceae]●■

54655 Wutongshania Z. J. Liu et J. N. Zhang (1998) = Cymbidium Sw. (1799) [兰科 Orchidaceae]■

54656 Wycliffea Ewart et A. H. K. Petrie (1926) = Glinus L. (1753) [番杏科 Aizoaceae//粟米草科 Molluginaceae//星粟草科 Glinaceae]■

54657 Wydlera Post et Kuntze (1903) = Apium L. (1753); ~ = Wydleria Fisch. et Trautv. [伞形花科(伞形科) Apiaceae (Umbelliferae)]■

54658 Wydleria DC. (1829) = Carum L. (1753) [伞形花科(伞形科) Apiaceae (Umbelliferae)]■

54659 Wydleria Fisch. et Trautv. = Apium L. (1753) [伞形花科(伞形科) Apiaceae (Umbelliferae)]■

54660 Wyethia Nutt. (1834) 【汉】韦斯菊属(骡耳菊属)。【英】Mule-ears, Mules-ears。【隶属】菊科 Asteraceae (Compositae)。【包含】世界 14-28 种。【学名诠释与讨论】〈阴〉(希) Nathaniel Jarvis Wyeth, 1802-1856, 早期美国西部探险者,植物采集者。【分布】北美洲西部。【模式】Wyethia helianthoides Nuttall。【参考异名】Agnorhiza (Jeps.) W. A. Weber (1999) Nom. illegit.; Agnorhiza W. A. Weber (1999); Alarconia DC. (1836); Balsamorhiza Hook. ex Nutt. (1840); Balsamorhiza Nutt. (1840) Nom. illegit.; Melarhiza Kellogg; Scabrethia W. A. Weber (1999)■☆

54661 Wylia Hoffm. (1814) = Scandix L. (1753) [伞形花科(伞形科) Apiaceae (Umbelliferae)]■

54662 Wyomingia A. Nelson (1899) = Erigeron L. (1753) [菊科 Asteraceae (Compositae)]■●

54663 Xaathoxalis Small = Oxalis L. (1753) [酢浆草科 Oxalidaceae]■●

54664 Xaiasme Raf. (1838) = Stellera L. (1753) [瑞香科 Thymelaeaceae]■●

54665 Xalkitis Raf. (1836) Nom. illegit. ≡ Bindera Raf. (1836); ~ =? Aster L. (1753) [菊科 Asteraceae (Compositae)]●■

54666 Xamacrista Raf. (1838) Nom. illegit. ≡ Chamaecrista Moench (1794) Nom. illegit.; ~ = Cassia L. (1753) (保留属名) [豆科 Fabaceae (Leguminosae)//云实科(苏木科) Caesalpiniaceae]●■

54667 Xamesike Raf. (1838) = Chamaesyce Gray (1821); ~ = Euphorbia L. (1753) [大戟科 Euphorbiaceae]●■

54668 Xamesuke Raf. = Xamesike Raf. (1838) [大戟科 Euphorbiaceae]●■

54669 Xamilenis Raf. (1840) = Silene L. (1753) (保留属名) [石竹科 Caryophyllaceae]■

54670 Xananthes Raf. (1838) = Utricularia L. (1753) [狸藻科 Lentibulariaceae]■

54671 Xanthaea Rchb. = Centaurium Hill (1756) [龙胆科 Gentianaceae]■

54672 Xanthanthos St. -Lag. (1881) Nom. illegit. = Anthoxanthum L. (1753) [禾本科 Poaceae (Gramineae)]■

54673 Xanthe Schreb. (1791) Nom. illegit. ≡ Quapoya Aubl. (1775);

~ = Clusia L. (1753) [猪胶树科(克鲁西科,山竹子科,藤黄科) Clusiaceae (Guttiferae)]●☆

54674 Xantheranthemum Lindau (1895) 【汉】黄可爱花属。【隶属】爵床科 Acanthaceae。【包含】世界 1 种。【学名诠释与讨论】〈中〉(希) xanthos, 黄色+(属) Eranthemum 可爱花属。【分布】秘鲁。【模式】Xantheranthemum igneum (Regel) Lindau [Chamaeranthemum igneum Regel]■☆

54675 Xanthiaceae Vest (1818) = Asteraceae Bercht. et J. Presl(保留科名)//Compositae Giseke(保留科名)●■

54676 Xanthidium Delpino (1871) = Franseria Cav. (1794) (保留属名) [菊科 Asteraceae (Compositae)]●■☆

54677 Xanthisma DC. (1836) 【汉】眠雏菊属。【日】キサンシスマ属。【英】Sleepy-daisy。【隶属】菊科 Asteraceae (Compositae)。【包含】世界 1-17 种。【学名诠释与讨论】〈中〉(希) xanthisma, 希腊古名,来自 xanthos, 黄色+ismos 情形。指花嫩黄色。【分布】美国(南部)。【模式】Xanthisma texanum A. P. de Candolle。【参考异名】Centauridium Torr. et A. Gray(1842)●■☆

54678 Xanthium L. (1753) 【汉】苍耳属。【日】オナモミ属,ヲナモミ属。【俄】Дурнишник, Ксантиум。【英】Bur Weed, Cocklebur, Noosoora Bur。【隶属】菊科 Asteraceae (Compositae)。【包含】世界 3-26 种,中国 2-6 种。【学名诠释与讨论】〈中〉(希) xanthos, 黄色+-ius, -ia, -ium, 在拉丁文和希腊文中,这些词尾表示性质或状态。指花黄色。【分布】巴拉圭,玻利维亚,厄瓜多尔,哥伦比亚(安蒂奥基亚),美国(密苏里),中国,中美洲。【后选模式】Xanthium strumarium Linnaeus。【参考异名】Acanthoxanthium (DC.) Fourr. (1869); Acanthoxanthium Fourr. (1869) Nom. illegit.; Strumarium Raf. (1820); Xantium Gilib. (1781); Xeranthium Lepech. (1774)■

54679 Xantho J. Rémy (1849) Nom. illegit. ≡ Hologymne Bartl. (1838); ~ = Lasthenia Cass. (1834) [菊科 Asteraceae (Compositae)]■☆

54680 Xanthobrychis Galushko (1979) = Onobrychis Mill. (1754) [豆科 Fabaceae (Leguminosae)//蝶形花科 Papilionaceae]■

54681 Xanthocephalum Willd. (1807) 【汉】黄头菊属。【英】Snakeweed。【隶属】菊科 Asteraceae (Compositae)。【包含】世界 6-20 种。【学名诠释与讨论】〈中〉(希) xanthos, 黄色+kephale, 头。此属的学名是" Xanthocephalum Willdenow, Ges. Naturf. Freunde Berlin Mag. Neuesten Entdeck. Gesammten Naturk. 1: 140. 1807 (med.)"。亦有文献把其处理为"Gutierrezia Lag. (1816)"的异名。【分布】美国(南部)至墨西哥中部。【后选模式】Xanthocephalum centaurioides Kunth。【参考异名】Grindeliopsis Sch. Bip. (1858); Guenthera Regel(1857) Nom. illegit.; Gutierrezia Lag. (1816); Xanthocoma Kunth(1818)■☆

54682 Xanthoceraceae Buerki, Callm. et Lowry (2010) = Xanthocerataceae Buerki, Callm. et Lowry (2010) [as 'Xanthoceraceae']●

54683 Xanthoceras Bunge(1833)【汉】文冠果属。【日】ブンカンカ属。【俄】Ксантоцерас。【英】Yellow Horn, Yellowhorn, Yellow-horn。【隶属】无患子科 Sapindaceae//文冠果科 Xanthocerataceae。【包含】世界 1 种,中国 1 种。【学名诠释与讨论】〈中〉(希) xanthos, 黄色+keras, 所有格 keratos, 角,弓。指花盘上有橙黄色的角柱状突起。【分布】中国。【模式】Xanthoceras sorbifolium Bunge [as 'sorbifolia']●

54684 Xanthocerataceae Buerki, Callm. et Lowry (2010) [as 'Xanthoceraceae']【汉】文冠果科。【包含】世界 1 属 1 种,中国 1 属 1 种。【分布】中国。【科名模式】Xanthoceras Bunge ●

54685 Xanthocercis Baill. (1870) 【汉】黄尾豆属。【隶属】豆科

Fabaceae(Leguminosae)//蝶形花科Papilionaceae。【包含】世界2种。【学名诠释与讨论】〈阴〉（希）xanthos，黄色+kerkis，梭。或xanthos，黄色+Cercis紫荆属。【分布】马达加斯加，热带非洲东部。【模式】Xanthocercis madagascariensis Baillon。【参考异名】Pseudocadia Harms（1902）●■☆

54686　Xanthochloa(Krivot.)Tzvelev(2006)【汉】黄草属。【隶属】禾本科Poaceae(Gramineae)。【包含】世界2种。【学名诠释与讨论】〈阴〉（希）xanthos+chloa，禾草。此属的学名是"Xanthochloa（Krivot.）Tzvelev, Bot. Zhurn.（Moscow & Leningrad）91（2）：275. 2006［20 Feb 2006］"，由"Festuca sect. Xanthochloa Krivot., Botanicheskie Materialy Gerbariia Botanicheskogo Instituta imeni V. L. Komarova Akademii Nauk SSSR 20：64. 1960"改级而来。它曾被处理为"Festuca subgen. Xanthochloa（Krivot.）Tzvelev, Botanichnyi Zhurnal 56（9）：1253. 1971"。【分布】亚洲中部。【模式】Xanthochloa karatavica（Bunge）Tzvelev。【参考异名】Festuca sect. Xanthochloa Krivot.（1960）；Festuca subgen. Xanthochloa（Krivot.）Tzvelev（1971）■☆

54687　Xanthochrysum Turcz.（1851）= Helichrysum Mill.（1754）［as 'Elichrysum'］（保留属名）；~ = Schoenia Steetz（1845）［菊科Asteraceae(Compositae)//蜡菊科Helichrysaceae］■☆

54688　Xanthochymus Roxb.（1798）= Garcinia L.（1753）［猪胶树科（克鲁西科，山竹子科，藤黄科）Clusiaceae(Guttiferae)//金丝桃科Hypericaceae］●

54689　Xanthocoma Kunth(1818)= Xanthocephalum Willd.（1807）［菊科Asteraceae(Compositae)］■☆

54690　Xanthocromyon H. Karst.（1847）= Trimeza Salisb.（1812）Nom. inval.；~ =Trimezia Salisb. ex Herb.（1844）［鸢尾科Iridaceae］■☆

54691　Xanthocyparis Farjon et T. H. Nguyên(2002)【汉】黄金柏属。【隶属】柏科Cupressaceae。【包含】世界2种，中国1种。【学名诠释与讨论】〈阴〉（希）xanthos+kyparissos，柏木。此属的学名，ING记载是"Xanthocyparis A. Farjon et N. T. Hiep in A. Farjon et al., Novon 12：179. 8 Jul 2002"；TROPICOS则记载为"Xanthocyparis Farjon & T. H. Nguyên, Novon 12（2）：179-180. 2002.（8 Jul 2002）"。亦有文献把其处理为"Cupressus L.（1753）"的异名。【分布】越南，中国，北美洲。【模式】Xanthocyparis vietnamensis A. Farjon et N. T. Hiep。【参考异名】Cupressus L.（1753）●

54692　Xanthogalum Avé-Lall.（1842）【汉】黄盔芹属。【俄】Ксантогалум。【隶属】伞形花科（伞形科）Apiaceae(Umbelliferae)。【包含】世界3种。【学名诠释与讨论】〈中〉（希）xanthos，黄色+gala，所有格galaktos，牛乳，乳；galaxaios，似牛乳的。此属的学名是"Xanthogalum Avé-Lallemant in F. E. L. Fischer et C. A. Meyer, Index Sem. Hortus Bot. Petrop. 8：73. 1842"。亦有文献把其处理为"Angelica L.（1753）"的异名。【分布】高加索，小亚细亚，伊朗。【模式】Xanthogalum purpurascens Avé-Lallemant。【参考异名】Angelica L.（1753）■☆

54693　Xantholepis Willd. ex Less.（1829）= Cacosmia Kunth（1818）［菊科Asteraceae(Compositae)］●☆

54694　Xantholinum Rchb.（1837）= Linum L.（1753）［亚麻科Linaceae］●■

54695　Xanthomyrtus Diels(1922)【汉】黄桃木属。【隶属】桃金娘科Myrtaceae。【包含】世界23种。【学名诠释与讨论】〈阴〉（希）xanthos，黄色+（属）Myrtus香桃木属（爱神木属，番桃木属，莫塌属，银香梅属）。【分布】法属新喀里多尼亚，新几内亚岛。【模式】未指定●☆

54696　Xanthonanthos St.-Lag.（1881）Nom. illegit. =Anthoxanthum L.（1753）［禾本科Poaceae(Gramineae)］■

54697　Xanthopappus C. Winkl.（1893）【汉】黄缨菊属（黄冠菊属）。【英】Xanthopappus。【隶属】菊科Asteraceae(Compositae)。【包含】世界1种，中国1种。【学名诠释与讨论】〈阳〉（希）xanthos，黄色+pappus与拉丁文同义，指冠毛。希腊文pappos则指柔毛，软毛。指花具黄色冠毛。【分布】中国。【模式】Xanthopappus subacaulis C. Winkler ■★

54698　Xanthophthalmum Sch. Bip.（1844）= Chrysanthemum L.（1753）（保留属名）［菊科Asteraceae(Compositae)］■●

54699　Xanthophyllaceae（Chodat）Gagnep.（1990）= Polygalaceae Hoffmanns. et Link(1809)［as 'Polygalinae'］（保留科名）；~ = Xanthophyllaceae Gagnep. ex Reveal et Hoogland ●

54700　Xanthophyllaceae Gagnep.（1990）= Polygalaceae Hoffmanns. et Link(1809)［as 'Polygalinae'］（保留科名）；~ =Xanthophyllaceae Gagnep. ex Reveal et Hoogland ●

54701　Xanthophyllaceae Gagnep. ex Reveal et Hoogland（1990）［亦见Polygalaceae Hoffmanns. et Link(1809)［as 'Polygalinae'］（保留科名）远志科］【汉】黄叶树科。【英】Xanthophyllum Family。【包含】世界1属90-94种，中国1属4种。【分布】印度-马来西亚。【科名模式】Xanthophyllum Roxb. ●

54702　Xanthophyllaceae Reveal et Hoogland(1990)= Xanthophyllaceae Gagnep. ex Reveal et Hoogland（1990）●

54703　Xanthophyllon St.-Lag.（1880）= Xanthoxylon Spreng.（1818）；~ = Zanthoxylum L.（1753）［芸香科Rutaceae//花椒科Zanthoxylaceae］●

54704　Xanthophyllum Roxb.（1820）（保留属名）【汉】黄叶树属。【英】Xanthophyllum, Yellow Leaf Tree, Yellowleaftree, Yellow-leaved Tree。【隶属】远志科Polygalaceae//黄叶树科Xanthophyllaceae。【包含】世界90-93种，中国4种。【学名诠释与讨论】〈中〉（希）xanthos，黄色+phyllon，叶子。指叶通常黄绿色而干后呈黄色。此属的学名"Xanthophyllum Roxb., Pl. Coromandel 3：81. 18 Feb 1820"是保留属名。相应的废弃属名是远志科Polygalaceae的"Eystathes Lour., Fl. Cochinch.：223,234. Sep 1790 = Xanthophyllum Roxb.（1820）（保留属名）"和"Pelaë Adans., Fam. Pl. 2：448,589. Jul-Aug 1763 =Xanthophyllum Roxb.（1820）（保留属名）"。"Banisterodes O. Kuntze, Rev. Gen. 1：45. 5 Nov 1891（废弃属名）"是"Xanthophyllum Roxb.（1820）（保留属名）"的晚出的同模式异名（Homotypic synonym, Nomenclatural synonym）。【分布】印度至马来西亚，中国。【模式】Xanthophyllum flavescens Roxburgh。【参考异名】Banisterodes Kuntze（1891）Nom. illegit.；Eustathes Spreng.（1825）；Eystathes Lour.（1790）（废弃属名）；Jackia Blume（1825）Nom. illegit.；Jakkia Blume（1823）；Kaulfussia Dennst.（1818）；Macintyria F. Muell.（1865）；Pelaë Adans.（1763）（废弃属名）；Scaphium Post et Kuntze（1903）Nom. illegit.；Skaphium Miq.（1861）；Valentinia Raeusch. ●

54705　Xanthophytopsis Pit.（1922）【汉】拟岩黄树属（假树属，拟黄树属）。【隶属】茜草科Rubiaceae。【包含】世界2种，中国1种。【学名诠释与讨论】〈阴〉（属）Xanthophytum岩黄树属+希腊文opsis，外观，模样，相似。此属的学名是"Xanthophytopsis Pitard in Lecomte, Fl. Gén. Indo-Chine 3：90. Dec 1922"。亦有文献把其处理为"Xanthophytum Reinw. ex Blume(1827)"的异名。【分布】中国，中南半岛。【模式】Xanthophytopsis balansae Pitard。【参考异名】Xanthophytum Reinw. ex Blume（1827）●

54706　Xanthophytum Reinw. ex Blume（1823）Nom. inval. = Xanthophytum Reinw. ex Blume(1827)［茜草科Rubiaceae］●

54707　Xanthophytum Reinw. ex Blume（1827）【汉】岩黄树属（黄树属，岩果树属）。【英】Xanthophytum Rockyellowtree。【隶属】茜草

科 Rubiaceae。【包含】世界 30 种,中国 3 种。【学名诠释与讨论】〈中〉(希)xanthos,黄色+phyton,植物,树木,枝条。【分布】中国,东南亚至斐济。【模式】Xanthophytum fruticulosum Reinwardt ex Blume。【参考异名】Paedicalyx Pierre ex Pit.（1922）;Xanthophytopsis Pit.（1922）;Xanthophytum Reinw. ex Blume（1823）Nom. inval.●

54708 Xanthopsis(DC.) K. Koch(1851) = Centaurea L.（1753）(保留属名) [菊科 Asteraceae(Compositae)//矢车菊科 Centaureaceae] ●■

54709 Xanthopsis C. Koch(1851) Nom. illegit. ≡ Xanthopsis (DC.) K. Koch(1851); ~ = Centaurea L.（1753）(保留属名) [菊科 Asteraceae(Compositae)//矢车菊科 Centaureaceae] ●■

54710 Xanthopsis K. Koch(1851) Nom. illegit. = Centaurea L.（1753）(保留属名) [菊科 Asteraceae（Compositae）//矢车菊科 Centaureaceae] ●■

54711 Xanthorhiza L'Hér., Nom. illegit. ≡ Xanthorrhiza L'Hér., Nom. illegit. ; ~ ≡ Xanthorhiza Marshall(1785) [毛茛科 Ranunculaceae] ●☆

54712 Xanthorhiza Marshall(1785)【汉】木黄连属(黄根木属,黄根属,黄根树属)。【日】ザンドリーサ属。【俄】Ксанториза,Ксанторриза。【英】Shrub Yellow Root, Shrub Yellowroot, Shrub Yellow-root, Yellowroot。【隶属】毛茛科 Ranunculaceae。【包含】世界 1 种。【学名诠释与讨论】〈阴〉(希)xanthos,黄色+rhiza,或 rhizoma,根,根茎。此属的学名,ING、TROPICOS 和 IK 记载是"Xanthorhiza Marshall, Arbust. Amer. 167. 1785 [Dec 1785]"。"Xanthorhiza L'Hér., Nom. illegit."、"Xanthoriza Woodhouse（1802）Nom. illegit."、"Xanthorrhiza L'Hér., Nom. illegit." 和 "Xanthorrhiza Marshall(1785)Nom. illegit." 都是其变体。【分布】非洲,北美洲。【模式】Xanthorhiza simplicissima Marshall。【参考异名】? Xanthoriza Woodhouse(1802)Nom. illegit. ;Xanthorrhiza L'Hér., Nom. illegit. ;Xanthorrhiza L'Hér., Nom. illegit. ;Xanthorrhiza Marshall (1785) Nom. illegit. ; Zanthorhiza L'Hér.（1788）;Zantorrhiza Steud.（1841）●☆

54713 Xanthorhizaceae Bercht. et J. Presl = Ranunculaceae Juss.(保留科名) ●■

54714 Xanthoriza Woodhouse（1802）Nom. illegit. =? Xanthorhiza Marshall(1785) [毛茛科 Ranunculaceae] ●☆

54715 Xanthorrhiza L'Hér., Nom. illegit. ≡ Xanthorhiza Marshall (1785) [毛茛科 Ranunculaceae] ●☆

54716 Xanthorrhiza Marshall（1785）Nom. illegit. ≡ Xanthorhiza Marshall(1785) [毛茛科 Ranunculaceae] ●☆

54717 Xanthorrhoea Sm.（1798）【汉】黄脂木属(草树胶属,草树属,刺叶树属,禾木胶属,黄胶木属,黄万年青属,黄脂草属,木根旱生草属,树草属)。【日】ススキノキ属。【俄】Акароидин,Дерево травяное, Желтосмолка, Ксанторрея。【英】Acaroid Resin, Australian Grass-tree, Black Boy, Blackboy, Grass Gum, Grass Tree, Yacca, Yellow Gum。【隶属】黄脂木科(草树胶科,刺叶树科,禾木胶科,黄胶木科,黄万年青科,黄脂草科,木根旱生草科) Xanthorrhoeaceae。【包含】世界 15-30 种。【学名诠释与讨论】〈阴〉(希)xanthos,黄色+rheo,流出。指树胶黄色。【分布】澳大利亚。【模式】Xanthorrhoea resinosa Persoon。【参考异名】Acoroides Sol.（1795）;Xantorrhoea Diels（1904）●■☆

54718 Xanthorrhoeaceae Dumort.（1829）(保留科名) [亦见 Dasypogonaceae Dumort. 毛瓣花科(多须草科)]【汉】黄脂木科(草树胶科,刺叶树科,禾木胶科,黄胶木科,黄万年青科,黄脂草科,木根旱生草科)。【日】ススキノキ科。【包含】世界 1-8 属 28-66 种。【分布】澳大利亚,法属新喀里多尼亚,新西兰。【科名

模式】Xanthorrhoea Sm.●■☆

54719 Xanthoselinum Schur(1866)【汉】黄亮蛇床属。【隶属】伞形花科(伞形科)Apiaceae(Umbelliferae)。【包含】世界 1 种。【学名诠释与讨论】〈中〉(希)xanthos,黄色+(属)Selinum 亮蛇床属(滇前胡属)。此属的学名是"Xanthoselinum Schur, Enum. Pl. Transsilv. 264（'Xantholoselinum'）,981. Apr-Jun 1866"。亦有文献把其处理为"Peucedanum L.（1753）"的异名。【分布】欧亚大陆从欧洲西部至哈萨克斯坦。【模式】Xanthoselinum alsaticum (Linnaeus) Schur [Peucedanum alsaticum Linnaeus]。【参考异名】Peucedanum L.（1753）■☆

54720 Xanthosia Rudge(1811)【汉】黄伞草属。【隶属】伞形花科(伞形科)Apiaceae(Umbelliferae)。【包含】世界 25 种。【学名诠释与讨论】〈阴〉(希)xanthos,黄色。指黄毛。【分布】澳大利亚。【模式】Xanthosia pilosa Rudge。【参考异名】Cruciella Leschen. ex DC.（1830）;Leucochlaena Post et Kuntze（1903）;Leucolaena (DC.) Benth.（1837）Nom. illegit. ;Leucolaena R. Br.（1814）Nom. inval. ;Leucolaena R. Br. ex Endl.（1839）;Pentapeltis (Endl.) Bunge（1845）;Pentapeltis Bunge（1845）Nom. illegit. ;Schaenolaena Lindl.（1847）■☆

54721 Xanthosoma Schott(1832)【汉】千年芋属(黄肉芋属,黄体芋属,角柱芋属,南美芋属)。【日】クサントソーマ属。【俄】Ксантозома, Ксантосома。【英】Malanga, Malango, Tanier, Yautia。【隶属】天南星科 Araceae。【包含】世界 57 种,中国 2 种。【学名诠释与讨论】〈中〉(希)xanthos,黄色+soma,身体。指内部组织黄色,或指柱头黄色。【分布】巴拿马,秘鲁,玻利维亚,厄瓜多尔,哥伦比亚(安蒂奥基亚),哥斯达黎加,墨西哥,尼加拉瓜,中国,西印度群岛,中美洲。【后选模式】Xanthosoma sagittifolium (Linnaeus) H. W. Schott [as 'sagittaefolium'] [Arum sagittaefolium Linnaeus]。【参考异名】Acontias Schott（1832）;Phyllocasia Rchb. ;Phyllotaenium André（1872）■

54722 Xanthostachya Bremek.（1944）= Strobilanthes Blume（1826）[爵床科 Acanthaceae] ●■

54723 Xanthostemon F. Muell.（1857）(保留属名)【汉】黄蕊桃金娘属。【隶属】桃金娘科 Myrtaceae。【包含】世界 45 种。【学名诠释与讨论】〈阳〉(希)xanthos,黄色+stemon,雄蕊。此属的学名"Xanthostemon F. Muell. in Hooker's J. Bot. Kew Gard. Misc. 9:17. Jan 1857" 是保留属名。相应的废弃属名是桃金娘科 Myrtaceae 的"Nani Adans., Fam. Pl. 2:88,581. Jul-Aug 1763 = Xanthostemon F. Muell.（1857）(保留属名)"。【分布】澳大利亚(北部和东北部),菲律宾(菲律宾群岛),马来西亚(东部),法属新喀里多尼亚。【模式】Xanthostemon paradoxus F. v. Mueller。【参考异名】Draparnaudia Montrouz.（1860）;Fremya Brongn. et Gris（1863）;Nani Adans.（1763）(废弃属名）;Nania Miq.（1855）Nom. illegit. ;Salisia Brongn. et Gris（1863）Nom. illegit. ;Salisia Panch. ex Brongn. et Gris（1863）Nom. illegit. ●☆

54724 Xanthoxalis Small（1903）= Oxalis L.（1753）[酢浆草科 Oxalidaceae] ■●

54725 Xanthoxylaceae Nees et Mart. = Rutaceae Juss.(保留科名) ●■

54726 Xanthoxylon Spreng.（1818）Nom. illegit. = Xanthoxylum J. F. Gmel.（1791）; ~ = Zanthoxylum L.（1753）[芸香科 Rutaceae//花椒科 Zanthoxylaceae] ●

54727 Xanthoxylum Engl. = Zanthoxylum L.（1753）[芸香科 Rutaceae//花椒科 Zanthoxylaceae] ●

54728 Xanthoxylum J. F. Gmel.（1791）Nom. illegit. = Zanthoxylum L.（1753）[芸香科 Rutaceae//花椒科 Zanthoxylaceae] ●

54729 Xanthoxylum Mill.（1768）Nom. illegit. = Zanthoxylum L.（1753）[芸香科 Rutaceae//花椒科 Zanthoxylaceae] ●

54730　Xantium Gilib.（1781）= Xanthium L.（1753）［菊科 Asteraceae（Compositae）］■

54731　Xantolis Raf.（1838）【汉】刺榄属（荷包果属）。【英】Spine olive，Xantolis。【隶属】山榄科 Sapotaceae。【包含】世界 14 种，中国 4 种。【学名诠释与讨论】〈阴〉（希）xanthos，黄色 + xylon，木材。【分布】菲律宾（菲律宾群岛），印度（南部），中国，东南亚。【模式】Xantolis tomentosa（Roxburgh）Rafinesque［Sideroxylon tomentosum Roxburgh］●

54732　Xantonnea Pierre ex Pit.（1923）【汉】东南亚茜属。【隶属】茜草科 Rubiaceae。【包含】世界 3 种。【学名诠释与讨论】〈阴〉词源不详。【分布】泰国，中南半岛。【模式】未指定●☆

54733　Xantonneopsis Pit.（1923）【汉】拟东南亚茜属。【隶属】茜草科 Rubiaceae。【包含】世界 1 种。【学名诠释与讨论】〈阴〉（属）Xantonnea 东南亚茜草属 + 希腊文 opsis，外观，模样，相似。【分布】中南半岛。【模式】Xantonneopsis robinsonii Pitard［as 'robinsoni'］☆

54734　Xantophtalmum Sang.（1862）Nom. illegit. = Chrysanthemum L.（1753）（保留属名）；~ = Xanthophthalmum Sch. Bip.（1844）；~ = Glebionis Cass.（1826）［菊科 Asteraceae（Compositae）］■

54735　Xantophtalmum Sch. Bip.（1844）= Glebionis Cass.（1826）［菊科 Asteraceae（Compositae）］■

54736　Xantorrhoea Diels（1904）= Xanthorrhoea Sm.（1798）［黄脂木科（草树胶科，刺叶树科，禾木胶科，黄胶木科，黄万年青科，黄脂草科，木根旱生草科）Xanthorrhoeaceae］●■☆

54737　Xaritonia Raf.（1838）= Oncidium Sw.（1800）（保留属名）；~ = Tolumnia Raf.（1837）［兰科 Orchidaceae］■☆

54738　Xartthochymus Roxb.（1798）Nom. illegit. = Garcinia L.（1753）［猪胶树科（克鲁西科，山竹子科，藤黄科）Clusiaceae（Guttiferae）//金丝桃科 Hypericaceae］●

54739　Xatardia Meisn.（1838）Nom. illegit. = Xatardia Meisn. et Zeyh.（1838）［伞形花科（伞形科）Apiaceae（Umbelliferae）］■☆

54740　Xatardia Meisn. et Zeyh.（1838）【汉】法西草属。【隶属】伞形花科（伞形科）Apiaceae（Umbelliferae）。【包含】世界 1 种。【学名诠释与讨论】〈阴〉词源不详。此属的学名，ING 记载是"Xatardia Meisner et Zeyher in Meisner, Pl. Vasc. Gen. 1：145；2：105. 16-22 Sep 1838"；它是一个替代名称；"Petitia J. Gay, Ann. Sci. Nat.（Paris）26；219. 1832"是一个非法名称（Nom. illegit.），因为此前已经有了"Petitia N. J. Jacquin, Enum. Pl. Carib. 1，12. Aug - Sep 1760［马鞭草科 Verbenaceae//唇形科 Lamiaceae（Labiatae）］"。故用"Xatardia Meisn. et Zeyh.（1838）"替代之；IK 记载为"Xatardia Meisn.，Pl. Vasc. Gen.［Meisner］145（1838）"；TROPICOS 则记载为"Xatardia Meisn. et Zeyh. ex Meisn.，Plantarum vascularium genera secundum ordines...1：145. 1838.（Pl. Vasc. Gen.）"。"Xatatia Bubani, in Nuov. Ann. Sc. Nat. Bologn. ix.（1843）92，sphalm."是"Xatardia Meisn. et Zeyh.（1838）"的拼写变体。硅藻的"Petitia M. Peragallo in Tempère et H. Peragallo, Diat. Monde Entier ed. 2. 146. 1909"是晚出的非法名称。【分布】比利牛斯山。【模式】Xatardia scabra（Lapeyrouse）Meisner［Selinum scabrum Lapeyrouse］。【参考异名】Petitia J. Gay（1832）Nom. illegit. ；Xatardia Meisn.（1838）Nom. illegit. ；Xatartia St.-Lag.（1881）Nom. illegit. ；Xatatia Bubani（1843）Nom. illegit. ■☆

54741　Xatarta St.-Lag.（1881）Nom. illegit. = Xatardia Meisn. et Zeyh.（1838）［伞形花科（伞形科）Apiaceae（Umbelliferae）］■☆

54742　Xatatia Bubani（1843）Nom. illegit. ≡ Xatardia Meisn. et Zeyh.（1838）［伞形花科（伞形科）Apiaceae（Umbelliferae）］■☆

54743　Xaveria Endl.（1850）Nom. illegit. ≡ Anemonopsis Siebold et Zucc.（1845）［毛茛科 Ranunculaceae］■☆

54744　Xeilyathum Raf.（1837）Nom. illegit. ≡ Oncidium Sw.（1800）（保留属名）［兰科 Orchidaceae］■☆

54745　Xenacanthus Bremek.（1944）= Strobilanthes Blume（1826）［爵床科 Acanthaceae］●■

54746　Xenia Gerbaulet（1992）【汉】阿根廷马齿苋属。【隶属】马齿苋科 Portulacaceae。【包含】世界 1 种。【学名诠释与讨论】〈阴〉（希）xenos，外乡人，外国人。xenikos，外乡人的，外国的，异乡的，外来的。【分布】阿根廷。【模式】Xenia vulcanensis（Añón）M. Gerbaulet［Anacampseros vulcanensis Añón］☆

54747　Xeniatrum Salisb.（1866）= Clintonia Raf.（1818）［百合科 Liliaceae//铃兰科 Convallariaceae//美地草科（美地科，七筋菇科，七筋姑科）Medeolaceae］■

54748　Xenikophyton Garay（1974）【汉】西大洋兰属。【隶属】兰科 Orchidaceae。【包含】世界 1 种。【学名诠释与讨论】〈中〉（希）xenos，外乡人，外国人。xenikos，外乡人的，外国的，异乡的，外来的 + phyton，植物。【分布】大洋洲西部。【模式】Xenikophyton smeeanum（H. G. Reichenbach）Garay［Saccolabium smeeanum H. G. Reichenbach］■☆

54749　Xenismia DC.（1836）= Dimorphotheca Vaill.（1754）（保留属名）；~ = Oligocarpus Less.（1832）［菊科 Asteraceae（Compositae）］■☆

54750　Xenocarpus Cass.（1829）Nom. illegit. ≡ Cineraria L.（1763）［菊科 Asteraceae（Compositae）］●■☆

54751　Xenochloa Licht.（1817）Nom. illegit. ≡ Xenochloa Licht. ex Roem. et Schult.（1817）；~ =? Danthonia DC.（1805）（保留属名）；~ = Phragmites Adans.（1763）［禾本科 Poaceae（Gramineae）］■

54752　Xenochloa Licht. ex Roem. et Schult.（1817）= Phragmites Adans.（1763）［禾本科 Poaceae（Gramineae）］■

54753　Xenochloa Roem. et Schult.（1817）Nom. illegit. ≡ Xenochloa Licht. ex Roem. et Schult.（1817）；~ = Phragmites Adans.（1763）［禾本科 Poaceae（Gramineae）］■

54754　Xenodendron K. Schum. et Lauterb.（1900）= Acmena DC.（1828）；~ = Syzygium P. Browne ex Gaertn.（1788）（保留属名）［桃金娘科 Myrtaceae］●

54755　Xenophonta Benth. et Hook. f.（1873）= Xenophontia Vell.（1829）［菊科 Asteraceae（Compositae）］●☆

54756　Xenophontia Vell.（1829）= Barnadesia Mutis ex L. f.（1782）［菊科 Asteraceae（Compositae）］●☆

54757　Xenophya Schott（1863）= Alocasia（Schott）G. Don（1839）（保留属名）［天南星科 Araceae］■

54758　Xenophyllum V. A. Funk（1997）【汉】变叶菊属。【隶属】菊科 Asteraceae（Compositae）。【包含】世界 21 种。【学名诠释与讨论】〈中〉（希）xenos，外乡人，外国人 + phyllon 叶子。【分布】玻利维亚，厄瓜多尔。【模式】Xenophyllum dactylophyllum（Sch. Bip.）V. A. Funk［Werneria dactylophylla Sch. Bip.］■☆

54759　Xenopoma Willd.（1811）（废弃属名）= Clinopodium L.（1753）；~ = Micromeria Benth.（1829）（保留属名）［唇形科 Lamiaceae（Labiatae）］■●

54760　Xenoscapa（Goldblatt）Goldblatt et J. C. Manning（1995）【汉】西南非鸢尾属。【隶属】鸢尾科 Iridaceae。【包含】世界 2 种。【学名诠释与讨论】〈阴〉（希）xenos，外乡人，外国人 + scapus，茎，箭杆。此属的学名，ING、TROPICOS 和 IK 记载是"Xenoscapa（Goldblatt）Goldblatt & J. C. Manning, Syst. Bot. 20（2）：172. 1995"，由"Anomatheca sect. Xenoscapa Goldblatt, Contributions from the Bolus Herbarium 4：88. 1972"改级而来。【分布】非洲西部。【模式】Xenoscapa fistulosa（Spreng. ex Klatt）Goldblatt et J.

C. Manning。【参考异名】Anomatheca sect. Xenoscapa Goldblatt (1972)■☆

54761 Xenosia Luer（2004）【汉】外来兰属。【隶属】兰科 Orchidaceae。【包含】世界3种。【学名诠释与讨论】〈阴〉（希）xenos。此属的学名是"Xenosia Luer, Monographs in Systematic Botany from the Missouri Botanical Garden 95：265. 2004"。亦有文献将其处理为"Pleurothallis R. Br.（1813）"的异名。【分布】美洲。【模式】Xenosia xenion（Luer et R. Escobar）Luer ［Pleurothallis xenion Luer et R. Escobar.］。【参考异名】Pleurothallis R. Br.（1813）■☆

54762 Xenostegia D. F. Austin et Staples（1981）【汉】地旋花属（戟叶菜栾藤属）。【隶属】旋花科 Convolvulaceae。【包含】世界2种，中国1种。【学名诠释与讨论】〈阴〉（希）xenos，外乡人，外国人+stege，隐蔽物，盖。【分布】马达加斯加，斯里兰卡，印度，中国，非洲。【模式】Xenostegia tridentata（Linnaeus）D. F. Austin et G. W. Staples［Convolvulus tridentatus Linnaeus］■

54763 Xeodolon Salisb.（1866）＝Scilla L.（1753）［百合科 Liliaceae//风信子科 Hyacinthaceae//绵枣儿科 Scillaceae］■

54764 Xeracina Raf.（1838）Nom. illegit.＝Adelobotrys DC.（1828）［野牡丹科 Melastomataceae］●☆

54765 Xeractis Oliv.＝Xerotia Oliv.（1895）［石竹科 Caryophyllaceae］●☆

54766 Xeraea Kuntze（1891）Nom. illegit.≡Gomphrena L.（1753）［苋科 Amaranthaceae］●■

54767 Xeraenanthus Mart. ex Koehne＝Pleurophora D. Don（1837）［千屈菜科 Lythraceae］■☆

54768 Xeralis Raf.（1838）＝Characera Forssk.（1775）［爵床科 Acanthaceae］●

54769 Xeralsine Fourr.（1868）＝Minuartia L.（1753）［石竹科 Caryophyllaceae］■

54770 Xerandra Raf.（1837）Nom. illegit.≡Iresine P. Browne（1756）（保留属名）［苋科 Amaranthaceae］●■

54771 Xeranthemaceae Döll＝Asteraceae Bercht. et J. Presl（保留科名）//Compositae Giseke（保留科名）●■

54772 Xeranthemum L.（1753）【汉】旱花属（干花菊属，灰毛菊属）。【日】トキワバナ属。【俄】Бессмертник，Сухоцвет，Сухоцветник。【英】Immortelle。【隶属】菊科 Asteraceae（Compositae）。【包含】世界5-6种。【学名诠释与讨论】〈中〉（希）xeros，干燥的，干旱的+anthemon，花。指头状花序干后仍保留其颜色。此属的学名，ING、APNI和GCI记载是"Xeranthemum L.，Species Plantarum 2 1753"；IK则记载为"Xeranthemum Tourn. ex L.，Sp. Pl. 2：857. 1753［1 May 1753］"。"Xeranthemum Tourn."是命名起点著作之前的名称，故"Xeranthemum L.（1753）"和"Xeranthemum Tourn. ex L.（1753）"都是合法名称，可以通用。"Xeroloma Cassini in F. Cuvier, Dict. Sci. Nat. 59：120. Jun 1829"是"Xeranthemum L.（1753）"的晚出的同模式异名（Homotypic synonym, Nomenclatural synonym）。【分布】玻利维亚，地中海至亚洲西南部。【后选模式】Xeranthemum annuum Linnaeus。【参考异名】Castroviejoa Galbany, L. Sáez et Benedí（2004）；Harrisonia Neck.（1790）Nom. inval.（废弃属名）；Xeranthemum Tourn. ex L.（1753）；Xeroloma Cass.（1829）Nom. illegit. ■☆

54773 Xeranthemum Tourn. ex L.（1753）≡Xeranthemum L.（1753）［菊科 Asteraceae（Compositae）］■☆

54774 Xeranthium Lepech.（1774）＝Xanthium L.（1753）［菊科 Asteraceae（Compositae）］■

54775 Xeranthus Miers（1826）＝Grahamia Gillies（1833）［马齿苋科

Portulacaceae］●☆

54776 Xeregathis Raf.＝Baccharis L.（1753）（保留属名）［菊科 Asteraceae（Compositae）］●■☆

54777 Xeria C. Presl ex Rohrb.＝Pycnophyllum J. Rémy（1846）［石竹科 Caryophyllaceae］●☆

54778 Xeris Medik.（1791）＝Iris L.（1753）［鸢尾科 Iridaceae］■

54779 Xeroaloysia Tronc.（1963）【汉】旱鞭木属。【隶属】马鞭草科 Verbenaceae。【包含】世界1种。【学名诠释与讨论】〈阴〉（希）xeros，干燥的，干旱的+（属）Aloysia 橙香木属（防臭木属，柠檬马鞭木属）。【分布】阿根廷。【模式】Xeroaloysia ovatifolia（Moldenke）Troncoso［Aloysia ovatifolia Moldenke］●☆

54780 Xerobius Cass.（1817）＝Egletes Cass.（1817）［菊科 Asteraceae（Compositae）］■☆

54781 Xerobotrys Nutt.（1842）＝Arctostaphylos Adans.（1763）（保留属名）［杜鹃花科（欧石南科）Ericaceae//熊果科 Arctostaphylaceae］●☆

54782 Xerocarpa（G. Don）Spach（1840）（废弃属名）＝Scaevola L.（1771）（保留属名）［草海桐科 Goodeniaceae］●☆

54783 Xerocarpa H. J. Lam（1919）（保留属名）【汉】干果马鞭草属。【隶属】马鞭草科 Verbenaceae//唇形科 Lamiaceae（Labiatae）。【包含】世界1种。【学名诠释与讨论】〈阴〉（希）xeros，干燥的，干旱的+carpus 果实。此属的学名"Xerocarpa H. J. Lam, Verben. Malay. Archip.：98. 7 Apr 1919＝Teijsmanniodendron Koord.（1904）"是保留属名（有文献误记为是由"Scaevola sect. Xerocarpa G. Don, Gen. Hist. 3：728. 8-15 Nov. 1834"改级而来）。相应的废弃属名是草海桐科 Goodeniaceae 的"Xerocarpa（G. Don）Spach, Hist. Nat. Vég. 9：583. 15 Aug 1840＝Scaevola L.（1771）（保留属名）"。"Xerocarpa Spach, Hist. Nat. Vég.（Spach）9：583. 1840［15 Aug 1840］≡Xerocarpa（G. Don）Spach（1838）（废弃属名）［草海桐科 Goodeniaceae］"的命名人引证有误，亦应废弃。亦有文献把"Xerocarpa H. J. Lam（1919）（保留属名）"处理为"Teijsmanniodendron Koord.（1904）"的异名。【分布】新几内亚岛。【模式】Xerocarpa avicenniifoliola H. J. Lam［as 'avicenniaefoliola'］。【参考异名】Scaevola sect. Xerocarpa G. Don（1834）；Teijsmanniodendron Koord.（1904）■☆

54784 Xerocarpa Spach（1840）Nom. illegit.（废弃属名）≡Xerocarpa（G. Don）Spach（1838）（废弃属名）；~＝Scaevola L.（1771）（保留属名）［草海桐科 Goodeniaceae］■☆

54785 Xerocarpus Guill. et Perr.（1832）＝Rothia Pers.（1807）（保留属名）［豆科 Fabaceae（Leguminosae）］■

54786 Xerocassia Britton et Rose（1930）＝Cassia L.（1753）（保留属名）；~＝Senna Mill.（1754）［豆科 Fabaceae（Leguminosae）//云实科（苏木科）Caesalpiniaceae］●■

54787 Xerochlamys Baker（1882）＝Leptolaena Thouars（1805）［苞杯花科（旋花树科）Sarcolaenaceae］●☆

54788 Xerochloa R. Br.（1810）【汉】灯草旱禾属。【隶属】禾本科 Poaceae（Gramineae）。【包含】世界3种。【学名诠释与讨论】〈阴〉（希）xeros，干燥的，干旱的+chloe，草的幼芽，嫩草，禾草。【分布】澳大利亚，泰国，印度尼西亚（爪哇岛）。【模式】未指定。【参考异名】Kerinozoma Steud.（1854）；Kerinozoma Steud. ex Zoll.（1854）Nom. illegit. ■☆

54789 Xerochrysum Tzvelev（1990）【汉】麦杆菊属（小蜡菊属）。【英】Paper Daisy。【隶属】菊科 Asteraceae（Compositae）。【包含】世界5-6种。【学名诠释与讨论】〈阴〉（希）xeros，干燥的，干旱的+chrysos，黄金。chryseos，金的，富的，华丽的。chrysites，金色的。在植物形态描述中，chrys-和 chryso-通常指金黄色。此属的学名，ING、TROPICOS 和 IK 记载是"Xerochrysum N. N.

Tzvelev, Novosti Sist. Vyssh. Rast. 27：151. 1990（post 15 Aug）"。
也有文献承认"小蜡菊属 Bracteantha A. A. Anderberg et L. Haegi
in A. A. Anderberg, Opera Bot. 104：102. 15 Jan 1991"，但是它是
"Xerochrysum Tzvelev（1990）"的晚出的同模式异名（Homotypic
synonym, Nomenclatural synonym），应予废弃。【分布】澳大利亚，
玻利维亚，中国，中美洲。【模式】Xerochrysum bracteatum
（Ventenat）N. N. Tzvelev［Xeranthemum bracteatum Ventenat］。
【参考异名】Bracteantha Anderb.（1991）Nom. illegit.；Bracteantha
Anderb. et L. Haegi（1991）Nom. illegit. ■

54790 Xerocladia Harv.（1862）【汉】干枝豆属。【隶属】豆科
Fabaceae（Leguminosae）。【包含】世界 1 种。【学名诠释与讨论】
〈阴〉（希）xeros，干燥的，干旱的＋klados，枝，芽，指小式 kladion，
棍棒。kladodes 有许多枝子的。【分布】非洲南部。【模式】
Xerocladia zeyheri W. H. Harvey ●☆

54791 Xerococcus Oerst.（1852）＝Hoffmannia Sw.（1788）［茜草科
Rubiaceae］●■☆

54792 Xerodanthia J. B. Phipps（1966）＝Danthoniopsis Stapf（1916）
［禾本科 Poaceae（Gramineae）］■☆

54793 Xerodenis Roberty ＝Ostryocarpus Hook. f.（1849）［豆科
Fabaceae（Leguminosae）］■☆

54794 Xerodera Fourr.（1868）＝Ranunculus L.（1753）［毛茛科
Ranunculaceae］■

54795 Xeroderis Roberty（1954）Nom. illegit. ≡Xeroderris Roberty
（1954）［豆科 Fabaceae（Leguminosae）//蝶形花科 Papilionaceae］
●☆

54796 Xeroderris Roberty（1954）【汉】干鱼藤属。【隶属】豆科
Fabaceae（Leguminosae）//蝶形花科 Papilionaceae。【包含】世界 2
种。【学名诠释与讨论】〈阴〉（希）xeros，干燥的，干旱的＋（属）
Derris 鱼藤属（苦楝藤属，苗栗属）。此属的学名，ING 记载是
"Xeroderris Roberty, Bull. Inst. Franc. Afr. Noire Sér. A. 16：353. Apr
1954"。"Xeroderis Roberty（1954）"是其拼写变体。【分布】美国
（萨凡纳），热带非洲。【模式】Xeroderris chevalieri（Dunn）
Roberty［Ostryoderris chevalieri Dunn］。【参考异名】Xeroderis
Roberty（1954）Nom. illegit. ●☆

54797 Xerodraba Skottsb.（1916）【汉】干葶苈属。【隶属】十字花科
Brassicaceae（Cruciferae）。【包含】世界 6-8 种。【学名诠释与讨
论】〈阴〉（希）xeros，干燥的，干旱的＋（属）Draba 葶苈属（山荠
属）。【分布】巴塔哥尼亚。【模式】未指定。【参考异名】
Lithodraba Boelcke（1951）；Skottsbergianthus Boelcke（1984）；
Skottsbergiella Boelcke（1982）Nom. illegit. ■●☆

54798 Xerogona Raf.（1838）＝Passiflora L.（1753）（保留属名）［西
番莲科 Passifloraceae］●■

54799 Xerolekia Anderb.（1991）＝Buphthalmum L.（1753）［as
'Buphtalmum'］［菊科 Asteraceae（Compositae）］■

54800 Xerolirion A. S. George（1986）【汉】旱百合属。【隶属】点柱花
科 Lomandraceae。【包含】世界 1 种。【学名诠释与讨论】〈中〉
（希）xeros，干燥的，干旱的＋（属）Lirion 百合属。【分布】澳大利
亚（西南部）。【模式】Xerolirion divaricata A. S. George ■☆

54801 Xerololophus B. D. Jacks. ＝Xerolophus Dulac（1867）Nom.
illegit.；~ ＝Thesium L.（1753）［檀香科 Santalaceae］■

54802 Xerololophus Dulac（1867）＝Thesium L.（1753）［檀香科
Santalaceae］■

54803 Xeroloma Cass.（1829）Nom. illegit. ≡Xeranthemum L.（1753）
［菊科 Asteraceae（Compositae）］■☆

54804 Xerolophus Dulac（1867）Nom. illegit. ≡Thesium L.（1753）［檀
香科 Santalaceae］■

54805 Xeromalon Raf.（1836）＝Crataegus L.（1753）［蔷薇科
Rosaceae］●

54806 Xeromphis Raf.（1838）＝Catunaregam Wolf（1776）；~ ＝Randia
L.（1753）［茜草科 Rubiaceae//山黄皮科 Randiaceae］●

54807 Xeronema Brongn.（1865）Nom. illegit. ＝Xeronema Brongn. et
Gris（1865）［百合科 Liliaceae//龙舌兰科 Agavaceae//惠灵麻科
（麻兰科，新西兰麻科）Phormiaceae//萱草科 Hemerocallidaceae//
鸢尾麻科（血剑草科）Xeronemataceae］■☆

54808 Xeronema Brongn. et Gris（1865）【汉】鸢尾麻科。【隶属】百合
科 Liliaceae//龙舌兰科 Agavaceae//惠灵麻科（麻兰科，新西兰麻
科）Phormiaceae//萱草科 Hemerocallidaceae//鸢尾麻科（血剑草
科）Xeronemataceae。【包含】世界 2 种。【学名诠释与讨论】
〈中〉（希）xeros，干燥的，干旱的＋nema，所有格 nematos，丝，花
丝。此属的学名"Xeronema A. Brongniart et Gris, Bull. Soc. Bot.
France 11：316. 1865（'1864'）"是一个替代名称。"Scleronema
A. T. Brongniart et Gris, Ann. Sci. Nat. Bot. ser. 5. 2：166. 1864"是
一个非法名称（Nom. illegit.），因为此前已经有了"Scleronema
Bentham, J. Proc. Linn. Soc., Bot. 6：109. 1862［木棉科
Bombacaceae//锦葵科 Malvaceae］"。故用"Xeronema Brongn. et
Gris（1865）"替代之。"Xeronema Brongn.（1865）＝Xeronema
Brongn. et Gris（1865）"的命名人引证有误。【分布】法属新喀里
多尼亚，新西兰。【模式】Xeronema moorii（A. Brongniart et Gris）
A. Brongniart et Gris［Scleronema moorii A. Brongniart et Gris］。
【参考异名】Scleronema Brongn. et Gris（1864）Nom. illegit.；
Xeronema Brongn.（1865）Nom. illegit. ■☆

54809 Xeronemataceae M. W. Chase, Rudall et M. F. Fay（2000）【汉】
鸢尾麻科（血剑草科）。【包含】世界 1 属 2 种。【分布】法属新
喀里多尼亚，新西兰。【科名模式】Xeronema Brongn. et Gris
（1865）■☆

54810 Xeropappus Wall.（1831）＝Dicoma Cass.（1817）［菊科
Asteraceae（Compositae）］●☆

54811 Xeropetalon Hook.（1829）＝Viviania Cav.（1804）［牻牛儿苗科
Geraniaceae//青蛇胚科（曲胚科，韦韦苗科）Vivianiaceae］■☆

54812 Xeropetalum Delile（1826）＝Dombeya Cav.（1786）（保留属名）
［梧桐科 Sterculiaceae//锦葵科 Malvaceae］●☆

54813 Xeropetalum Rchb.（1828）Nom. illegit. ＝Dillwynia Sm.（1805）
［豆科 Fabaceae（Leguminosae）］●☆

54814 Xerophyllaceae Takht.（1994）［亦见 Melanthiaceae Batsch ex
Borkh.（保留科名）黑药花科（藜芦科）、Liliaceae Juss.（保留科
名）百合科和 Xyridaceae C. Agardh（保留科名）黄眼草科（黄谷精
科，莎草科）］【汉】旱叶草科。【包含】世界 1 属 2 种。【分布】北
美洲。【科名模式】Xerophyllum Michx. ■☆

54815 Xerophyllum Michx.（1803）【汉】旱叶草属（密花草属）。【隶
属】百合科 Liliaceae//旱叶草科 Xerophyllaceae//黑药花科（藜芦
科）Melanthiaceae。【包含】世界 2 种。【学名诠释与讨论】〈中〉
（希）xeros，干燥的，干旱的＋phyllon，叶子。此属的学名，ING、
TROPICOS、GCI 和 IK 记载是"Xerophyllum Michx., Fl. Bor. -
Amer.（Michaux）1：210. 1803［19 Mar 1803］"。【分布】北美洲。
【模式】Xerophyllum setifolium A. Michaux, Nom. illegit.［Helonias
asphodeloides Linnaeus；Xerophyllum asphodeloides（Linnaeus）
Nuttall］。【参考异名】Xerophylum Raf. ■☆

54816 Xerophylum Raf. ＝Xerophyllum Michx.（1803）［百合科
Liliaceae//旱叶草科 Xerophyllaceae//黑药花科（藜芦科）
Melanthiaceae］■☆

54817 Xerophysa Steven（1856）＝Astragalus L.（1753）［豆科
Fabaceae（Leguminosae）//蝶形花科 Papilionaceae］●■

54818 Xerophyta Juss.（1789）【汉】干若翠属。【隶属】翡若翠科（巴
西蒜科，尖叶棱枝草科，尖叶鳞枝科）Velloziaceae。【包含】世界

12-28 种。【学名诠释与讨论】〈阴〉(希)xeros,干燥的,干旱的+phyton,植物。【分布】玻利维亚,马达加斯加,米堤亚,南美洲,热带非洲。【模式】Xerophyta madagascariensis J. F. Gmelin。【参考异名】Talbotia Balf.(1868);Velloziavand.(1788)●■☆

54819 Xeroplana Briq.(1895)【汉】旱密穗属(干密穗草属)。【隶属】密穗木科(密穗草科)Stilbaceae。【包含】世界 2 种。【学名诠释与讨论】〈阴〉(希)xeros,干燥的,干旱的+planes,漫游。【分布】非洲南部。【模式】Xeroplana zeyheri Briquet ●☆

54820 Xerorchis Schltr.(1912)【汉】旱兰属。【隶属】兰科 Orchidaceae。【包含】世界 2 种。【学名诠释与讨论】〈阴〉(希)xeros,干燥的,干旱的+orchis,原义是睾丸,后变为植物兰的名称,因为根的形态而得名。变为拉丁文 orchis,所有格 orchidis。【分布】秘鲁,玻利维亚,厄瓜多尔。【模式】Xerorchis amazonica Schlechter ■☆

54821 Xerosicyos Humbert(1939)【汉】沙葫芦属(碧雷鼓属)。【隶属】葫芦科(瓜科,南瓜科)Cucurbitaceae。【包含】世界 2-4 种。【学名诠释与讨论】〈阳〉(希)xeros,干燥的,干旱的+sikyos,葫芦,野胡瓜。【分布】马达加斯加。【后选模式】Xerosicyos danguyi Humbert ●■☆

54822 Xerosiphon Turcz.(1843)【汉】旱苋属。【隶属】苋科 Amaranthaceae。【包含】世界 3 种。【学名诠释与讨论】〈中〉(希)xeros,干燥的,干旱的+siphon,所有格 siphonos,管子。此属的学名是"Xerosiphon Turczaninow, Bull. Soc. Imp. Naturalistes Moscou 16:55. 1843"。亦有文献把其处理为"Gomphrena L.(1753)"的异名。【分布】巴西。【模式】Xerosiphon gracilis Turczaninow。【参考异名】Gomphrena L.(1753)■☆

54823 Xerosollya Turcz.(1854)= Sollya Lindl.(1832)[海桐花科(海桐科)Pittosporaceae]●☆

54824 Xerospermum Blume(1849)【汉】干果木属(假荔枝属)。【英】Xerospermum。【隶属】无患子科 Sapindaceae。【包含】世界 2-20 种,中国 1 种。【学名诠释与讨论】〈中〉(希)xeros,干燥的,干旱的+sperma,所有格 spermatos,种子,孢子。指果干后不裂。【分布】印度(阿萨姆),中国,东南亚西部。【模式】Xerospermum noronhianum(Blume)Blume[Euphoria noronhiana Blume]●

54825 Xerosphaera Soják(1986)Nom. illegit. ≡ Galearia C. Presl(1831)(废弃属名);~ = Trifolium L.(1753)[豆科 Fabaceae(Leguminosae)//蝶形花科 Papilionaceae]■

54826 Xerospiraea Henrickson(1986)【汉】旱绣线菊属。【隶属】蔷薇科 Rosaceae。【包含】世界 1 种。【学名诠释与讨论】〈阴〉(希)xeros,干燥的,干旱的+(属)Spiraea 绣线菊(珍珠梅属)。【分布】墨西哥。【模式】hartwegiana(Rydberg)J. Henrickson[Spiraea hartwegiana Rydberg, S. parvifolia Bentham 1840, non Rafinesque 1838]●☆

54827 Xerotaceae Endl. = Dasypogonaceae Dumort.;~ = Laxmanniaceae Bubani;~ = Xanthorrhoeaceae Dumort.(保留科名)●■☆

54828 Xerotaceae Hassk. = Dasypogonaceae Dumort.;~ = Laxmanniaceae Bubani;~ = Lomandraceae Lotsy;~ = Xanthorrhoeaceae Dumort.(保留科名)●■☆

54829 Xerotecoma J. C. Gomes(1964)= Godmania Hemsl.(1879)[紫葳科 Bignoniaceae]●☆

54830 Xerotes R. Br.(1810)Nom. illegit. ≡ Lomandra Labill.(1805)[点柱花科(朱蕉科)Lomandraceae]●■☆

54831 Xerothamnella C. T. White(1944)【汉】旱灌爵床属。【隶属】爵床科 Acanthaceae。【包含】世界 2 种。【学名诠释与讨论】〈阴〉(希)xeros,干燥的,干旱的+thamnos,指小式 thamnion,灌木,灌丛,树丛,枝+-ellus,-ella,-ellum,加在名词词干后面形成指小式的词尾。或加在人名、属名等后面以组成新属的名称。【分布】澳大利亚(昆士兰)。【模式】Xerothamnella parvifolia C. T. White ●☆

54832 Xerothamnus DC.(1836)= Osteospermum L.(1753)[菊科 Asteraceae(Compositae)]●■☆

54833 Xerotia Oliv.(1895)【汉】假麻黄属。【隶属】石竹科 Caryophyllaceae。【包含】世界 1 种。【学名诠释与讨论】〈阴〉(希)xerotes,干燥,干旱,渴。指生境。【分布】阿拉伯地区。【模式】Xerotia arabica D. Oliver。【参考异名】Xeractis Oliv.●☆

54834 Xerotis Hoffmanns.(1826)= Lomandra Labill.(1805);~ = Xerotes R. Br.(1810)Nom. illegit.[点柱花科(朱蕉科)Lomandraceae]●■☆

54835 Xerotium Bluff et Fingerh.(1825)Nom. illegit. ≡ Logfia Cass.(1819)[菊科 Asteraceae(Compositae)]■

54836 Xerxes J. R. Grant(1994)【汉】无茎叉毛菊属。【隶属】菊科 Asteraceae(Compositae)。【包含】世界 1-2 种。【学名诠释与讨论】〈阴〉词源不详。此属的学名"Xerxes J. R. Grant, Nordic J. Bot. 14:287. 16 Aug 1994"是"Alcantara Glaziou ex G. M. Barroso, Loefgrenia 36:1. 15 Aug 1969"的替代名称。"Alcantara Glaz.(1909)≡ Alcantara Glaz. ex G. M. Barroso(1969)Nom. illegit."是一个未合格发表的名称(Nom. inval.)。【分布】巴西。【模式】Alcantara petroana Glaziou ex G. M. Barroso。【参考异名】Alcantara Glaz.(1909)Nom. inval.;Alcantara Glaz. ex G. M. Barroso(1969)Nom. illegit.■☆

54837 Xestaea Griseb.(1849)= Schultesia Mart.(1827)(保留属名)[龙胆科 Gentianaceae]■☆

54838 Xetola Raf.(1838)= Cephalaria Schrad.(1818)(保留属名)[川续断科(刺参科,蓟叶参科,山萝卜科,续断科)Dipsacaceae]■

54839 Xetoligus Raf.(1836)Nom. illegit. ≡ Stevia Cav.(1797)[菊科 Asteraceae(Compositae)]●■●☆

54840 Xilophia Ausier = Xilopia Juss.(1789)[番荔枝科 Annonaceae]●

54841 Xilopia Juss.(1789)= Xylopia L.(1759)(保留属名)[番荔枝科 Annonaceae]●

54842 Ximenesia Cav.(1793)= Verbesina L.(1753)(保留属名)[菊科 Asteraceae(Compositae)]●■☆

54843 Ximenia L.(1753)【汉】海檀木属。【英】Tallowwood,Tallow-wood。【隶属】铁青树科 Olacaceae//海檀木科 Ximeniaceae。【包含】世界 8-15 种,中国 1 种。【学名诠释与讨论】〈阴〉(人)Francis Ximenes,西班牙僧侣,植物学者。此属的学名,ING 和 APNI 记载为"Ximenia Linnaeus,Sp. Pl. 1193.1 Mai 1753"。IK 则记载为"Ximenia Plum. ex L.,Sp. Pl. 2:1193. 1753[1 May 1753]"。"Ximenia Plum."是命名起点著作之前的名称,故"Ximenia L.(1753)"和"Ximenia Plum. ex L.(1753)"都是合法名称,可以通用。【分布】澳大利亚,巴拿马,玻利维亚,哥伦比亚(安蒂奥基亚),哥斯达黎加,马达加斯加,尼加拉瓜,中国,热带和非洲南部,热带亚洲,中美洲。【后选模式】Ximenia americana Linnaeus。【参考异名】Heymassoli Aubl.(1775);Pimecaria Raf.(1838);Rottboelia Scop.(1777)Nom. illegit.(废弃属名);Ximenia Plum. ex L.(1753);Ximeniopsis Alain(1980)●

54844 Ximenia Plum. ex L.(1753)≡ Ximenia L.(1753)[铁青树科 Olacaceae//海檀木科 Ximeniaceae]●

54845 Ximeniaceae Horan.(1834)= Olacaceae R. Br.(保留科名)●☆

54846 Ximeniaceae Martinet = Olacaceae R. Br.(保留科名)●

54847 Ximeniaceae Tiegh.[亦见 Olacaceae R. Br.(保留科名)铁青树科]【汉】海檀木科。【包含】世界 2 族 9-16 种,中国 1 属 1 种。【分布】澳大利亚,热带美洲,热带和非洲南部,热带亚洲。【科名模式】Ximenia L.(1753)●

54848 Ximeniopsis Alain(1980)【汉】类海檀木属。【隶属】铁青树科

Olacaceae//海檀木科 Ximeniaceae。【包含】世界 1 种。【学名诠释与讨论】〈阴〉(属) Ximenia 海檀木属+希腊文 opsis，外观，模样，相似。此属的学名是 "Ximeniopsis A. H. Liogier, Phytologia 47：168. 13 Dec 1980"。亦有文献把其处理为 "Ximenia L. (1753)" 的异名。【分布】海地。【模式】Ximeniopsis horridus (I. Urban et E. L. Ekman) A. H. Liogier [Ximenia horrida I. Urban et E. L. Ekman]。【参考异名】Ximenia L. (1753) ●☆

54849　Xiphagrostis Coville (1905) Nom. inval. = Miscanthus Andersson (1855) [禾本科 Poaceae (Gramineae)] ■

54850　Xiphidiaceae Dumort. (1829) = Haemodoraceae R. Br. (保留科名) ■☆

54851　Xiphidium Aubl. (1775)【汉】剑草属。【隶属】血草科(半授花科,给血草科,血皮草科) Haemodoraceae。【包含】世界 1-2 种。【学名诠释与讨论】〈中〉(希) xiphos，指小式 xiphidion，刀，剑，匕首+-idius，-idia，-idium，指示小的词尾。此属的学名，ING、TROPICOS 和 GCI 记载是 "Xiphidium Aubl., Hist. Pl. Guiane 33. 1775 [Jun 1775]"。IK 则记为 "Xiphidium Loefl., Iter Hispan. 179. 1758; Aubl. Pl. Gui. 33., t. 11 (1775)"。【分布】巴拿马，秘鲁，玻利维亚，厄瓜多尔，哥伦比亚(安蒂奥基亚)，哥斯达黎加，加拉瓜，西印度群岛，热带美洲，中美洲。【模式】Xiphidium coeruleum Aublet。【参考异名】Xiphidium Loefl. (1758) Nom. inval.；Xiphidium Loefl. ex Aubl. (1775) Nom. illegit.；Xyphidium Neck. (1790) Nom. inval. ■☆

54852　Xiphidium Loefl. (1758) Nom. inval. ≡ Xiphidium Aubl. (1775) [血草科(半授花科,给血草科,血皮草科) Haemodoraceae] ■☆

54853　Xiphidium Loefl. ex Aubl. (1775) Nom. illegit. ≡ Xiphidium Aubl. (1775) [血草科(半授花科,给血草科,血皮草科) Haemodoraceae] ■☆

54854　Xiphion Mill. (1754) = Iris L. (1753) [鸢尾科 Iridaceae] ■

54855　Xiphion Tourn. ex Mill. (1754) ≡ Xiphion Mill. (1754)；~ = Iris L. (1753) [鸢尾科 Iridaceae] ■

54856　Xiphium Mill. (1754) Nom. illegit. ≡ Xiphion Mill. (1754) [鸢尾科 Iridaceae] ■

54857　Xiphizusa Rchb. f. (1852) = Bulbophyllum Thouars (1822) (保留属名) [兰科 Orchidaceae] ■

54858　Xiphocarpus C. Presl (1830) = Tephrosia Pers. (1807) (保留属名) [豆科 Fabaceae (Leguminosae)//蝶形花科 Papilionaceae] ●■

54859　Xiphochaeta Poepp. (1843)【汉】沼生斑鸠菊属。【隶属】菊科 Asteraceae (Compositae)。【包含】世界 1 种。【学名诠释与讨论】〈阴〉(希) xiphos，指小式 xiphidion，刀，剑，匕首+chaite = 拉丁文 chaeta，刚毛。此属的学名，ING 和 TROPICOS 记载是 "Xiphochaeta Poeppig in Poeppig et Endlicher, Nova Gen. Sp. 3：44. 8-11 Mar 1843"。IK 则记载为 "Xiphochaeta Poepp. et Endl., Nov. Gen. Sp. Pl. (Poeppig et Endlicher) iii. 44. t. 250 (1842)"。亦有文献把 "Xiphochaeta Poepp. (1843)" 处理为 "Stilpnopappus Mart. ex DC. (1836)" 的异名。【分布】巴西。【模式】Xiphochaeta aquatica Poeppig。【参考异名】Stilpnopappus Mart. ex DC. (1836)；Xiphochaeta Poepp. et Endl. (1843) Nom. illegit. ■☆

54860　Xiphochaeta Poepp. et Endl. (1843) Nom. illegit. ≡ Xiphochaeta Poepp. (1843) [菊科 Asteraceae (Compositae)] ■☆

54861　Xiphocoma Steven (1848) = Ranunculus L. (1753) [毛茛科 Ranunculaceae] ■

54862　Xiphodendron Raf. = Yucca L. (1753) [百合科 Liliaceae//龙舌兰科 Agavaceae//丝兰科 Orchidaceae] ●■

54863　Xipholepis Steetz (1864) = Vernonia Schreb. (1791) (保留属名) [菊科 Asteraceae (Compositae)//斑鸠菊科(绿菊科) Vernoniaceae] ●■

54864　Xiphophyllum Ehrh. (1789) Nom. inval. = Cephalanthera Rich. (1817)；~ = Serapias L. (1753) (保留属名) [兰科 Orchidaceae] ■☆

54865　Xiphosium Griff. (1845) = Cryptochilus Wall. (1824)；~ = Eria Lindl. (1825) (保留属名) [兰科 Orchidaceae] ■

54866　Xiphostylis Gasp. (1853) Nom. illegit. ≡ Trigonella L. (1753) [豆科 Fabaceae (Leguminosae)//蝶形花科 Papilionaceae] ■

54867　Xiphotheca Eckl. et Zeyh. (1836)【汉】刀囊豆属。【隶属】豆科 Fabaceae (Leguminosae)。【包含】世界 9 种。【学名诠释与讨论】〈阴〉(希) xiphos，指小式 xiphidion，刀，剑，匕首+theke = 拉丁文 theca，匣子，箱子，室，药室，囊。此属的学名是 "Xiphotheca Ecklon et Zeyher, Enum. 166. Jan 1836"。亦有文献把其处理为 "Priestleya DC. (1825)" 的异名。【分布】参见 Priestleya DC.。【模式】未指定。【参考异名】Priestleya DC. (1825) ■☆

54868　Xizangia D. Y. Hong (1986)【汉】马松蒿属(藏草属)。【英】Xizangia。【隶属】玄参科 Scrophulariaceae//列当科 Orobanchaceae。【包含】世界 1 种，中国 1 种。【学名诠释与讨论】〈阴〉(地) Xizang，西藏，位于中国。此属的学名是 "Xizangia D. Y. Hong, Acta Phytotax. Sin. 24：139. 1986 (med.)"。亦有文献把其处理为 "Pterygiella Oliv. (1896)" 的异名。【分布】中国。【模式】Xizangia serrata D. Y. Hong。【参考异名】Pterygiella Oliv. (1896) ■★

54869　Xolantha Raf. (1810) (废弃属名) = Helianthemum Mill. (1754)；~ = Tuberaria (Dunal) Spach (1836) (保留属名) [半日花科(岩蔷薇科) Cistaceae] ■☆

54870　Xolanthes Raf. (1838) = Helianthemum Mill. (1754)；~ = Tuberaria (Dunal) Spach (1836) (保留属名)；~ = Xolantha Raf. (1810) (废弃属名) [半日花科(岩蔷薇科) Cistaceae] ●■

54871　Xolemia Raf. (1837) = Gentiana L. (1753) [龙胆科 Gentianaceae] ■

54872　Xolisma Raf. (1819) Nom. illegit. ≡ Lyonia Nutt. (1818) (保留属名) [杜鹃花科(欧石南科) Ericaceae] ●

54873　Xolocotzia Miranda (1965)【汉】墨西哥鞭木属。【隶属】马鞭草科 Verbenaceae。【包含】世界 1 种。【学名诠释与讨论】〈阴〉词源不详。【分布】墨西哥，尼加拉瓜，中美洲。【模式】Xolocotzia asperifolia F. Miranda ●☆

54874　Xoxylon Raf. (1819) = Maclura Nutt. (1818) (保留属名)；~ = Toxylon Raf. (1819 [桑科 Moraceae] ●

54875　Xuaresia Pers. (1805) = Capraria L. (1753)；~ = Xuarezia Ruiz et Pav. (1794) [玄参科 Scrophulariaceae//婆婆纳科 Veronicaceae] ■☆

54876　Xuarezia Ruiz et Pav. (1794) = Capraria L. (1753) [玄参科 Scrophulariaceae//婆婆纳科 Veronicaceae] ■☆

54877　Xuris Adans. (1763) = Iris L. (1753)；~ = Xyris L. (1753) [鸢尾科 Iridaceae//黄眼草科(黄谷精科,芴草科) Xyridaceae] ■

54878　Xuris Raf. (1837) Nom. illegit. = Xyris L. (1753) [黄眼草科(黄谷精科,芴草科) Xyridaceae] ■

54879　Xyladenius Desv. (1825) Nom. illegit. ≡ Xyladenius Desv. ex Ham. (1825)；~ = Banara Aubl. (1775) [刺篱木科(大风子科) Flacourtiaceae] ●☆

54880　Xyladenius Desv. ex Ham. (1825) = Banara Aubl. (1775) [刺篱木科(大风子科) Flacourtiaceae] ●☆

54881　Xyladenius Ham. (1825) Nom. illegit. ≡ Xyladenius Desv. ex Ham. (1825)；~ = Banara Aubl. (1775) [刺篱木科(大风子科) Flacourtiaceae] ●☆

54882　Xylanche Beck (1890)【汉】丁座草属(千斤坠属)。【隶属】玄参科 Scrophulariaceae//列当科 Orobanchaceae。【包含】世界 2 种。中国 1 种。【学名诠释与讨论】〈阴〉(希) xyle = xylon，木

材+ancho 绞杀，以带缚之。此属的学名，ING 和 IPNI 记载是"Xylanche G. Beck von Mannagetta, Biblioth. Bot. IV. 3（Heft 19）：58. 1890"。IK 和 TROPICOS 则记载为"Xylanche Beck, Die Natürlichen Pflanzenfamilien 4（3b）：132. 1893"；这是晚出的非法名称。亦有文献把"Xylanche Beck（1890）"处理为"Boschniakia C. A. Mey. ex Bong.（1832）"的异名。【分布】中国，喜马拉雅山。【模式】Xylanche himalaica（J. D. Hooker et T. Thomson）G. Beck von Mannagetta［Boschniakia himalaica J. D. Hooker et T. Thomson］。【参考异名】Boschniakia C. A. Mey. ex Bong.（1832）；Xylanche Beck（1893）Nom. illegit. ■

54883　Xylanche Beck（1893）Nom. illegit. ≡Xylanche Beck（1890）［列当科 Orobanchaceae//玄参科 Scrophulariaceae］■

54884　Xylanthema Neck.（1790）Nom. inval. = Cirsium Mill.（1754）［菊科 Asteraceae（Compositae）］■

54885　Xylanthemum Tzvelev（1961）【汉】木花菊属（木菊属）。【俄】Ксилантемум。【隶属】菊科 Asteraceae（Compositae）。【包含】世界 8-9 种。【学名诠释与讨论】〈中〉（希）xyle = xylon，木材+anthemon，花。【分布】阿富汗，巴基斯坦，伊朗，亚洲中部。【模式】Xylanthemum fisherae（Aitchison et Hemsley）N. N. Tzvelev［as 'fischerae'］［Tanacetum fisherae Aitchison et Hemsley］●☆

54886　Xylia Benth.（1842）Nom. illegit. ≡Esclerona Raf.（1838）［豆科 Fabaceae（Leguminosae）//含羞草科 Mimosaceae］●

54887　Xylinabaria Pierre（1898）= Urceola Roxb.（1799）（保留属名）［夹竹桃科 Apocynaceae］●

54888　Xylinabariopsis Lý = Urceola Roxb.（1799）（保留属名）［夹竹桃科 Apocynaceae］●

54889　Xylinabariopsis Pit.（1933）= Ecdysanthera Hook. et Arn.（1837）；~ = Urceola Roxb.（1799）（保留属名）［夹竹桃科 Apocynaceae］●

54890　Xylobium Lindl.（1825）【汉】西劳兰属。【日】キシロビューム属，クシロビューム属。【英】Xylobium。【隶属】兰科 Orchidaceae。【包含】世界 29-33 种。【学名诠释与讨论】〈中〉（希）xylon，木材+bios 和 biote，生命+-ius，-ia，-ium，在拉丁文和希腊文中，这些词尾表示性质或状态。指植物附生在树木上。【分布】巴拿马，秘鲁，玻利维亚，厄瓜多尔，哥伦比亚（安蒂奥基亚），哥斯达黎加，尼加拉瓜，西印度群岛，中美洲。【模式】Xylobium squalens（Lindley ex Ker-Gawler）Lindley［Dendrobium squalens Lindley ex Ker-Gawler］。【参考异名】Onheripus Raf.（1838）；Pentulops Raf.（1838）■☆

54891　Xylocalyx Balf. f.（1883）【汉】木萼列当属。【隶属】玄参科 Scrophulariaceae//列当科 Orobanchaceae。【包含】世界 4-5 种。【学名诠释与讨论】〈阳〉（希）xyle = xylon，木材+kalyx，所有格 kalykos =拉丁文 calyx，花萼，杯子。【分布】也门（索科特拉岛），索马里。【模式】Xylocalyx asper I. B. Balfour ●☆

54892　Xylocarpus J. König（1784）【汉】木果楝属。【俄】Ксилосарпус。【英】Xylocarpus。【隶属】楝科 Meliaceae。【包含】世界 3 种，中国 1 种。【学名诠释与讨论】〈阳〉（希）xyle =xylon，木材+karpos，果实。指蒴果木质。此属的学名，ING、TROPICOS、APNI 和 IK 记载是"Xylocarpus J. Koenig, Der Naturforscher（Halle）20 1784"。"Granatum O. Kuntze, Rev. Gen. 1：110. 5 Nov 1891（non Saint-Lager 1880）"是"Xylocarpus J. König（1784）"的晚出的同模式异名（Homotypic synonym, Nomenclatural synonym）。【分布】澳大利亚（北部），马达加斯加，马来西亚，斯里兰卡，中国，太平洋地区，热带非洲东部。【模式】Xylocarpus granatum Koenig。【参考异名】Granatum Kuntze（1891）Nom. illegit. ；Monosoma Griff.（1854）●

54893　Xylochlaena Dalla Torre et Harms（1901）= Scleroolaena Baill.

（1872）Nom. illegit. ；~ = Xyloolaena Baill.（1886）［苞杯花科（旋花树科）Sarcolaenaceae］●☆

54894　Xylochlamys Domin（1921）= Amyema Tiegh.（1894）［桑寄生科 Loranthaceae］●☆

54895　Xylococcus Nutt.（1842）Nom. inval. = Arctostaphylos Adans.（1763）（保留属名）［杜鹃花科（欧石南科）Ericaceae//熊果科 Arctostaphylaceae］●☆

54896　Xylococcus R. Br.（1756）Nom. illegit. = Petalostigma F. Muell.（1857）［大戟科 Euphorbiaceae］●☆

54897　Xylococcus R. Br. ex Britten et S. Moore（1756）Nom. illegit. = Petalostigma F. Muell.（1857）［大戟科 Euphorbiaceae］●☆

54898　Xylolaena Baill.（1884）Nom. illegit. ≡Xyloolaena Baill.（1886）；~ = Scleroolaena Baill.（1872）Nom. illegit.［苞杯花科 Sarcolaenaceae］●☆

54899　Xylolobus Kuntze（1903）Nom. illegit. ≡Esclerona Raf.（1838）；~ ≡Xylia Benth.（1842）［豆科 Fabaceae（Leguminosae）//含羞草科 Mimosaceae］●

54900　Xylomelum Sm.（1798）【汉】木果山龙眼属。【英】Woody Pear, Woody-pear。【隶属】山龙眼科 Proteaceae。【包含】世界 2-6 种。【学名诠释与讨论】〈中〉（希）xyle =xylon，木材+melon，苹果。指果实木质，梨形。【分布】澳大利亚。【模式】Xylomelum pyriforme（J. Gaertner）R. Brown［Banksia pyriformis J. Gaertner］●☆

54901　Xylon Kuntze（1891）Nom. illegit. = Bombax L.（1753）（保留属名）［木棉科 Bombacaceae//锦葵科 Malvaceae］●

54902　Xylon L.（1758）Nom. illegit. ≡Ceiba Mill.（1754）［木棉科 Bombacaceae//锦葵科 Malvaceae］●

54903　Xylon Medik.（1787）Nom. illegit.［锦葵科 Malvaceae］☆

54904　Xylon Mill.（1754）Nom. illegit. ≡Gossypium L.（1753）［锦葵科 Malvaceae］●■

54905　Xylonagra Donn. Sm. et Rose（1913）【汉】加州月见草属。【隶属】柳叶菜科 Onagraceae。【包含】世界 1 种。【学名诠释与讨论】〈阴〉（希）xyle =xylon，木材+（属）Onagra =Oenothera 月见草属（待霄草属）。【分布】墨西哥（下加利福尼亚）。【模式】Xylonagra arborea（Kellogg）J. D. Smith et J. N. Rose［Oenothera arborea Kellogg］■☆

54906　Xylonymus Kalkman ex Ding Hou（1963）Nom. illegit. = Xylonymus Kalkman（1963）［卫矛科 Celastraceae］●☆

54907　Xylonymus Kalkman（1963）【汉】木果卫矛属。【隶属】卫矛科 Celastraceae。【包含】世界 1 种。【学名诠释与讨论】〈阴〉（希）xyle =xylon，木材+（属）Euonymus 卫矛属的后半部分。此属的学名，ING 记载是"Xylonymus Kalkman in Ding Hou, Fl. Males. Ser. 1 6（2）：243. 15 Mar 1963（'1962'）"。IK 记载为"Xylonymus Kalkm. apud Ding Hou, Fl. Males., Ser. 1, Spermat. 6：245（1963）"。TROPICOS 则记载为"Xylonymus Kalkman ex Ding Hou, Fl. Males Ser. 1. 6（2）：245. 1963"。【分布】新几内亚岛。【模式】Xylonymus versteeghii Kalkman。【参考异名】Xylonymus Kalkman ex Ding Hou（1963）Nom. illegit. ●☆

54908　Xyloolaena Baill.（1886）【汉】木苞杯花属。【隶属】苞杯花科（旋花树科）Sarcolaenaceae。【包含】世界 1 种。【学名诠释与讨论】〈阴〉（希）xyle =xylon，木材+laina =chlaine =拉丁文 laena，外衣，衣服。此属的学名，ING、TROPICOS 和 IK 记载是"Xyloolaena Baill., Dict. Bot. 2：2, in obs.（1879）"。"Scleroolaena Baillon, Adansonia 10：236. 1872（non Sclerolaena R. Brown 1810）"是"Xyloolaena Baill.（1886）"的晚出的同模式异名（Homotypic synonym, Nomenclatural synonym）。"Xyloolaena Baill., Bull. Mens. Soc. Linn. Paris i.（1884）410"是"Xyloolaena Baill.（1886）"的拼写变体。【分布】马达加斯加。【模式】Xyloolaena richardii

（Baillon）Baillon ［Scleroolaena richardii Baillon］。【参考异名】Scleroolaena Baill.（1872）Nom. illegit. ；Xylochlaena Dalla Torre et Harms（1901）；Xylolaena Baill.（1884）Nom. illegit. ●☆

54909 Xylophacos Rydb.（1903）= Astragalus L.（1753）［豆科 Fabaceae（Leguminosae）//蝶形花科 Papilionaceae］●■

54910 Xylophacos Rydb. ex Small（1903）Nom. illegit. ≡ Xylophacos Rydb.（1903）；~ = Astragalus L.（1753）［豆科 Fabaceae（Leguminosae）//蝶形花科 Papilionaceae］●■

54911 Xylophragma Sprague（1903）【汉】木栅紫葳属。【隶属】紫葳科 Bignoniaceae。【包含】世界 5 种。【学名诠释与讨论】〈中〉（希）xyle = xylon，木材 + phragma，所有格 phragmatos，篱笆。phragmos。篱笆，障碍物。phragmites，长在篱笆中的。【分布】巴拉圭，巴拿马，巴尼，秘鲁，玻利维亚，哥伦比亚（安蒂奥基亚），尼加拉瓜，特立尼达和多巴哥（特立尼达岛），热带美洲，中美洲。【后选模式】Xylophragma pratense（E. Bureau et K. M. Schumann）Sprague ［Saldanhea pratensis E. Bureau et K. M. Schumann］。【参考异名】Orthotheca Pichon（1945）Nom. illegit. ；Rojasiophyton Hassl.（1910）；Rojasiophytum Hassl.（1910）Nom. illegit. ●☆

54912 Xylophylla L.（1771）（废弃属名）= Phyllanthus L.（1753）；~ = Phyllanthus L.（1753）+ Exocarpos Labill.（1800）（保留属名）［檀香科 Santalaceae//外果木科 Exocarpaceae］●■

54913 Xylophyllos Kuntze（1891）Nom. illegit. ≡ Xylophyllos Rumph. ex Kuntze（1891）；~ = Exocarpos Labill.（1800）（保留属名）［檀香科 Santalacea//外果木科 Exocarpaceae］●☆

54914 Xylophyllos Rumph.（1755）Nom. inval. ≡ Xylophyllos Rumph. ex Kuntze（1891）；~ = Exocarpos Labill.（1800）（保留属名）［檀香科 Santalacea//外果木科 Exocarpaceae］●☆

54915 Xylophyllos Rumph. ex Kuntze（1891）= Exocarpos Labill.（1800）（保留属名）［檀香科 Santalaceae//外果木科 Exocarpaceae］●☆

54916 Xylopia L.（1759）（保留属名）【汉】木瓣树属。【英】Xylopia。【隶属】番荔枝科 Annonaceae。【包含】世界 100-160 种，中国 1 种。【学名诠释与讨论】〈阴〉（希）由 xylopikron 苦木一词缩简而成，来自 xylon，木材 + pikros 苦味的。指某些种类的木材极苦。此属的学名"Xylopia L. ，Syst. Nat. ，ed. 10；1241，1250，1378. 7 Jun 1759"是保留属名。相应的废弃属名是番荔枝科 Annonaceae 的"Xylopicrum P. Browne，Civ. Nat. Hist. Jamaica：250. 10 Mar 1756 ≡ Xylopia L.（1759）（保留属名）"。【分布】巴拉圭，巴拿马，秘鲁，玻利维亚，厄瓜多尔，马达加斯加，尼加拉瓜，中国，非洲，中美洲。【模式】Xylopia muricata Linnaeus。【参考异名】Codocline A. DC. ；Coelocline A. DC.（1832）；Habzelia A. DC.（1832）；Krockeria Neck. ；Krokeria Endl. ；Parabotrys Müll. Berol.（1868）Nom. illegit. ；Parartabotrys Miq.（1860）；Patonia Wight（1838）；Pseudannona（Baill.）Saff.（1913）；Pseudannona Saff.（1913）；Unona L. f.（1782）；Xilopia Juss.（1789）；Xylopiastrum Roberty（1953）；Xylopicron Adans.（1763）Nom. inval. ；Xylopicrum P. Browne（1756）（废弃属名）●

54917 Xylopiastrum Roberty（1953）= Uvaria L.（1753）；~ = Xylopia L.（1759）（保留属名）［番荔枝科 Annonaceae］●

54918 Xylopicron Adans.（1763）Nom. inval. = Xylopia L.（1759）（保留属名）［番荔枝科 Annonaceae］●

54919 Xylopicrum P. Browne（1756）（废弃属名）≡ Xylopia L.（1759）（保留属名）［番荔枝科 Annonaceae］●

54920 Xylopleurum Spach（1835）= Oenothera L.（1753）［柳叶菜科 Onagraceae］●■

54921 Xylopodia Weigend（2006）【汉】秘鲁刺莲花属。【隶属】刺莲花科（硬毛草科）Loasaceae。【包含】世界 1 种。【学名诠释与讨论】〈阴〉（希）xyle = xylon，木，木材 + pous，所有格 podos，指小式 podion，脚，足，柄，梗。podotes，有脚的。【分布】秘鲁。【模式】Xylopodia klaprothioides M. Weigend ●☆

54922 Xylorhiza Nutt.（1840）【汉】木根菊属。【英】Woody - aster。【隶属】菊科 Asteraceae（Compositae）。【包含】世界 8-10 种。【学名诠释与讨论】〈阴〉（希）xyle = xylon，木材 + rhiza，或 rhizoma，根，根茎。此属的学名，ING、TROPICOS、GCI 和 IK 记载是"Xylorhiza Nutt. ，Trans. Amer. Philos. Soc. ser. 2，7：297. 1840 ［Oct-Dec 1840］"。它曾被处理为"Machaeranthera sect. Xylorhiza（Nutt. ）Cronquist & D. D. Keck，Brittonia 9（4）：239. 1957"。亦有文献把"Xylorhiza Nutt.（1840）"处理为"Machaeranthera Nees（1832）"的异名。【分布】美国，墨西哥。【模式】未指定。【参考异名】Machaeranthera Nees（1832）；Machaeranthera sect. Xylorhiza（Nutt. ）Cronquist & D. D. Keck（1957）●■☆

54923 Xylorhiza Salisb.（1866）Nom. illegit. = Allium L.（1753）［百合科 Liliaceae//葱科 Alliaceae］■

54924 Xylosalsola Tzvelev = Salsola L.（1753）［藜科 Chenopodiaceae//猪毛菜科 Salsolaceae］●■

54925 Xyloselinum Pimenov et Kljuykov（2006）【汉】越南蛇床属。【隶属】伞形花科（伞形科）Apiaceae（Umbelliferae）。【包含】世界 2 种。【学名诠释与讨论】〈中〉（希）xyle = xylon，木材 +（属）Selinum 亮蛇床属（滇前胡属）。【分布】越南。【模式】Xyloselinum vietnamense Pimenov et Kljuykov ■☆

54926 Xylosma G. Forst.（1786）（保留属名）【汉】柞木属。【日】クスドイゲ属。【俄】Ксилосма。【英】Manzanilla，Manzanillo，Xylosma。【隶属】刺篱木科（大风子科）Flacourtiaceae。【包含】世界 50-100 种，中国 3-4 种。【学名诠释与讨论】〈阴〉（希）xyle = xylon，木材 + osme，香味，气味。指木材有香味。此属的学名"Xylosma G. Forst. ，Fl. Ins. Austr. ：72. Oct-Nov 1786"是保留属名。法规未列出相应的废弃属名。刺篱木科（大风子科）Flacourtiaceae 的"Xylosma J. R. Forst. et G. Forst.（1786）≡ Xylosma G. Forst.（1786）（保留属名）"的命名人引证有误，应予废弃。"Xylosma Harv. = Xymalos Baill.（1887）［香材树科（杯轴花科，黑檫木科，芒籽科，蒙立米科，檬立木科，香材木科，香树木科）Monimiaceae］"也应废弃。"Myroxylon J. R. Forster et J. G. A. Forster，Charact. Gen. 63. 29 Nov 1775（废弃属名）"是"Xylosma G. Forst.（1786）（保留属名）"的同模式异名（Homotypic synonym，Nomenclatural synonym）。"Miroxylon Scop.（1777）Nom. illegit. "则是"Myroxylon J. R. Forst. et G. Forst.（1776）（废弃属名）"的拼写变体。"Roumea DC.（1824）Nom. illegit. "是"Rumea Poit.（1814）"的拼写变体。【分布】巴基斯坦，巴拉圭，巴拿马，秘鲁，玻利维亚，厄瓜多尔，哥伦比亚（安蒂奥基亚），哥斯达黎加，尼加拉瓜，中国，中美洲。【模式】Xylosma orbiculata（J. R. Forster et J. G. A. Forster）J. G. A. Forster ［as ' orbiculatum '］［Myroxylon orbiculatum J. R. Forster et J. G. A. Forster］。【参考异名】Apactis Thunb.（1783）；Bessera Spreng.（1815）（废弃属名）；Craepaloprumnon（Endl. ）H. Karst.（1861）Nom. illegit. ；Craepaloprumnon H. Karst.（1861）Nom. illegit. ；Eichlerodendron Briq.（1898）；Hisingera Hellen.（1792）；Koelera Willd.（1806）Nom. illegit. ；Limacia F. Dietr.（1818）Nom. illegit. ；Miroxilum Blanco（1837）；Miroxylon Scop.（1777）Nom. illegit. ；Miroxylum Blanco（1837）Nom. illegit. ；Myroxylon J. R. Forst. et G. Forst.（1776）（废弃属名）；Roumea DC.（1824）Nom. illegit. ；Rumea Poit.（1814）；Xylosma J. R. Forst. et G. Forst.（1786）（废弃属名）●

54927 Xylosma Harv.（废弃属名）= Xymalos Baill.（1887）［香材树科（杯轴花科，黑檫木科，芒籽科，蒙立米科，檬立木科，香材木科，

香树木科) Monimiaceae] ●☆

54928　Xylosma J. R. Forst. et G. Forst. (1786) Nom. illegit. (废弃属名) ≡ Xylosma G. Forst. (1786) (保留属名) [刺篱木科 (大风子科) Flacourtiaceae] ●

54929　Xylosteon Adans. (1763) Nom. illegit. ≡ Xylosteon Tourn. ex Adans. (1763) Nom. illegit. ; ~ = Lonicera L. (1753) [忍冬科 Caprifoliaceae] ●■

54930　Xylosteon Mill. (1754) = Lonicera L. (1753) [忍冬科 Caprifoliaceae] ●■

54931　Xylosteon Tourn. ex Adans. (1763) Nom. illegit. = Lonicera L. (1753) [忍冬科 Caprifoliaceae] ●■

54932　Xylosterculia Kosterm. (1973) = Sterculia L. (1753) [梧桐科 Sterculiaceae//锦葵科 Malvaceae] ●

54933　Xylosteum Ruppius (1745) Nom. inval. = Xylosteon Adans. (1763) Nom. illegit. ; ~ = Xylosteon Tourn. ex Adans. (1763) Nom. illegit. ; ~ = Lonicera L. (1753) [忍冬科 Caprifoliaceae] ●■

54934　Xylothamia G. L. Nesom, Y. B. Suh, D. R. Morgan et B. B. Simpson (1990) = Gundlachia A. Gray (1880) [菊科 Asteraceae (Compositae)] ●☆

54935　Xylotheca Hochst. (1843) 【汉】木果大风子属。【隶属】刺篱木科 (大风子科) Flacourtiaceae。【包含】世界 3 种。【学名诠释与讨论】〈阴〉(希) xyle = xylon, 木材 + theke = 拉丁文 theca, 匣子, 箱子, 室, 药室, 囊。指果实。【分布】马达加斯加, 热带非洲。【模式】Xylotheca kraussiana Hochstetter。【参考异名】Chlanis Klotzsch (1861) ●☆

54936　Xylothermia Greene (1891) Nom. illegit. = Pickeringia Nutt. (1840) (保留属名) [豆科 Fabaceae (Leguminosae)] ●☆

54937　Xylovirgata Urbatsch et R. P. Roberts (2004) 【汉】帚黄花属。【隶属】菊科 Asteraceae (Compositae)。【包含】世界 1 种。【学名诠释与讨论】〈阴〉(希) xyle = xylon, 木材 + virgatus 多小枝的, 有条纹的。此属的学名是 "Xylovirgata Urbatsch et R. P. Roberts, Sida 21 (1): 255-256. 2004"。亦有文献把其处理为 "Haplopappus Cass. (1828) [as 'Aplopappus'] (保留属名)" 的异名。【分布】墨西哥。【模式】Xylovirgata pseudobaccharis (S. F. Blake) Urbatsch et R. P. Roberts。【参考异名】Haplopappus Cass. (1828) [as 'Aplopappus'] (保留属名) ●☆

54938　Xylum Post et Kuntze (1903) Nom. illegit. ≡ Ceiba Mill. (1754) [木棉科 Bombacaceae//锦葵科 Malvaceae] ●

54939　Xymalobium Steud. (1841) Nom. illegit. ≡ Xysmalobium R. Br. (1810) [萝藦科 Asclepiadaceae] ■☆

54940　Xymalos Baill. (1887) 【汉】单心桂属。【隶属】香材树科 (杯轴花科, 黑檫木科, 芒籽科, 蒙立米科, 檬立木科, 香材木科, 香树木科) Monimiaceae。【包含】世界 1 种。【学名诠释与讨论】〈阴〉(属) 由柞木属 Xylosma 字母改缀而来。此属的学名, ING 和 IK 记载是 "Xymalos Baillon, Bull. Mens. Soc. Linn. Paris 1: 650. 5 Jan 1887"。IK 还记载了 "Xymalos Baill. et Warb. , Nat. Pflanzenfam. [Engler et Prantl] iii. VIa. 53 (1893)"。TROPICOS 则记载为 "Xymalos Baill. ex Warb. , Die Natürlichen Pflanzenfamilien 3 (6a): 53. 1893"。【分布】热带和非洲南部。【模式】Xymalos monospora (Harvey) Baillon [Xylosma monospora Harvey]。【参考异名】Paxiodendron Engl. (1895); Xylosma Harv. (废弃属名); Xymalos Baill. et Warb. (1893) Nom. illegit. ●☆

54941　Xymalos Baill. et Warb. (1893) Nom. illegit. = Xymalos Baill. (1887) [香材树科 (杯轴花科, 黑檫木科, 芒籽科, 蒙立米科, 檬立木科, 香材木科, 香树木科) Monimiaceae] ●☆

54942　Xynophylla Montrouz. (1860 (1) = Exocarpos Labill. (1800) (保留属名) [檀香科 Santalaceae//外果木科 Exocarpaceae] ●☆

54943　Xynophylla Montrouz. (1860 (2) = Xylophylla L. (1771) (废弃属名); ~ = Phyllanthus L. (1753) [大戟科 Euphorbiaceae//叶下珠科 (叶萝藦科) Phyllanthaceae] ●■

54944　Xyochlaena Stapf (1917) = Tricholaena Schrad. (1824) [禾本科 Poaceae (Gramineae)] ■☆

54945　Xyomalobium Weale (1871) Nom. illegit. [萝藦科 Asclepiadaceae] ☆

54946　Xyphanthus Raf. (1817) = Erythrina L. (1753) [豆科 Fabaceae (Leguminosae)//蝶形花科 Papilionaceae] ●■

54947　Xypherus Raf. (1819) Nom. illegit. ≡ Amphicarpaea Elliott ex Nutt. (1818) [as 'Amphicarpa'] (保留属名) [豆科 Fabaceae (Leguminosae)//蝶形花科 Papilionaceae] ■

54948　Xyphidium Neck. (1790) Nom. inval. = Xiphidium Aubl. (1775) [血草科 (半授花科, 给血草科, 血皮草科) Haemodoraceae] ■☆

54949　Xyphidium Steud. (1841) = Iris L. (1753); ~ = Xiphion Mill. (1754) [鸢尾科 Iridaceae] ■

54950　Xyphion Medik. (1790) = Xyphidium Steud. (1841) [鸢尾科 Iridaceae] ■

54951　Xyphostylis Raf. (1838) = Canna L. (1753) [美人蕉科 Cannaceae] ■

54952　Xyridaceae C. Agardh (1823) [as 'Xyrideae'] (保留科名) 【汉】黄眼草科 (黄谷精科, 芴草科)。【日】タウユンサウ科, トウエンソウ科。【英】Yellow-eyed-grass Family, Yelloweyegrass Family。【包含】世界 5 属 270-420 种, 中国 1 属 6 种。【分布】热带和亚热带, 多数在美洲。【科名模式】Xyris L. (1753) ■

54953　Xyridanthe Lindl. (1839) = Helipterum DC. ex Lindl. (1836) Nom. confus. ; ~ = Rhodanthe Lindl. (1834) [菊科 Asteraceae (Compositae)] ●■☆

54954　Xyridion (Tausch) Fourr. (1869) = Iris L. (1753) [鸢尾科 Iridaceae] ■

54955　Xyridion Fourr. (1869) Nom. illegit. ≡ Xyridion (Tausch) Fourr. (1869); ~ = Iris L. (1753) [鸢尾科 Iridaceae] ■

54956　Xyridium Steud. (1841) = Xyridion (Tausch) Fourr. (1869); ~ = Iris L. (1753) [鸢尾科 Iridaceae] ■

54957　Xyridium Tausch ex Steud. (1841) Nom. illegit. ≡ Xyridium Steud. (1841); ~ = Xyridion (Tausch) Fourr. (1869); ~ = Iris L. (1753) [鸢尾科 Iridaceae] ■

54958　Xyridopsis B. Nord. (1978) Nom. illegit. ≡ Xyridopsis Welw. ex B. Nord. (1978) [菊科 Asteraceae (Compositae)] ■☆

54959　Xyridopsis Welw. ex B. Nord. (1978) 【汉】鸢尾菊属。【隶属】菊科 Asteraceae (Compositae)。【包含】世界 2 种。【学名诠释与讨论】〈阴〉(希) xyris, 所有格 xyridos, 一种鸢尾 + 希腊文 opsis, 外观, 模样, 相似。此属的学名, ING 和 TROPICOS 记载是 "Xyridopsis Welwitsch ex B. Nordenstam, Opera Bot. 44: 75. 1978"。IK 则记载为 "Xyridopsis B. Nord. , Opera Bot. 44: 75. 1978"。亦有文献把 "Xyridopsis Welw. ex B. Nord. (1978)" 处理为 "Emilia (Cass.) Cass. (1817)" 或 "Psednotrichia Hiern (1898)" 的异名。【分布】热带非洲。【模式】Xyridopsis welwitschii B. Nordenstam [Oligothrix xyridopsis O. Hoffmann]。【参考异名】Emilia (Cass.) Cass. (1817); Psednotrichia Hiern (1898); Xyridopsis B. Nord. (1978) Nom. illegit. ■☆

54960　Xyridopsis Welw. ex O. Hoffm. = Oligothrix DC. (1838) [菊科 Asteraceae (Compositae)] ■☆

54961　Xyris Gronov. ex L. (1753) ≡ Xyris L. (1753) [黄眼草科 (黄谷精科, 芴草科) Xyridaceae] ■

54962　Xyris L. (1753) 【汉】黄眼草属 (黄谷精属, 芴草属)。【日】タウユンサウ属, タウユンソウ属, トウエンソウ属。【俄】

Ксирис。【英】Morning Yellow－eyed－grass，Sword Plant，Yellow Eye，Yellow-eyed-grass，Yellow-eyed-grasses，Yelloweyegrass。【隶属】黄眼草科(黄谷精科，莒草科)Xyridaceae。【包含】世界200-400种,中国6种。【学名诠释与讨论】〈阴〉(希)xyris,所有格xyridos,一种鸢尾。另说xyron,剃刀。指叶子像双刃剑。此属的学名,ING、GCI和APNI记载为"Xyris Linnaeus, Sp. Pl. 42. 1 Mai 1753"。IK则记为"Xyris Gronov. ex L., Sp. Pl. 1:42. 1753 [1 May 1753]"。"Xyris Gronov."是命名起点著作之前的名称,故"Xyris L. (1753)"和"Xyris Gronov. ex L. (1753)"都是合法名称,可以通用。"Kotsjiletti Adanson, Fam. 2:60. Jul-Aug 1763"和"Ramotha Rafinesque, Fl. Tell. 2:15. Jan-Mar 1837('1836')"是"Xyris L. (1753)"的晚出的同模式异名(Homotypic synonym, Nomenclatural synonym)。TROPICOS则记载为"Xyris Gronov. in Species Plantarum 1:42. 1753. (1 May 1753)";如此表述是有违法规的。"Xuris Raf., Flora Telluriana 3 1837"是"Xyris L. (1753)"的拼写变体。【分布】巴拿马,秘鲁,玻利维亚,厄瓜多尔,哥伦比亚(安蒂奥基亚),哥斯达黎加,马达加斯加,美国(密苏里),尼加拉瓜,中国,中美洲。【模式】Xyris indica Linnaeus。【参考异名】Jupica Raf. (1837); Kotsjiletti Adans. (1763) Nom. illegit.; Ramotha Raf. (1837) Nom. illegit.; Schismaxon Steud. (1856) Nom. illegit.; Schizmaxon Steud. (1856) Nom. illegit.; Synoliga Raf. (1837); Xuris Adans. (1763); Xuris Raf. (1837) Nom. illegit.; Xyris Gronov. (1753) Nom. illegit.; Xyris Gronov. ex L. (1753); Xyroides Thouars(1806)■

54963 Xyroides Thouars(1806)= Xyris L. (1753) [黄眼草科(黄谷精科,莒草科)Xyridaceae]■

54964 Xysmalobium R. Br. (1810)【汉】止泻萝藦属。【隶属】萝藦科Asclepiadaceae。【包含】世界10种。【学名诠释与讨论】〈中〉(希)xysma,所有格xysmatos,削片,刮屑,棉纱上脱出的绒毛线＋lobos =拉丁文lobulus,片,裂片,叶,荚,蒴+-ius,-ia,-ium,在拉丁文和希腊文中,这些词尾表示性质或状态。此属的学名,ING、TROPICOS和IK记载是"Xysmalobium R. Brown, On Asclepiad. 27. 3 Apr 1810"。"Xymalobium Steud., Nom. ed. 2 2:794. 1841"是其变体。【分布】热带和非洲南部。【后选模式】Xysmalobium undulatum (Linnaeus) W. T. Aiton [Asclepias undulata Linnaeus]。【参考异名】Pachyacris Schltr. (1895) Nom. inval.; Pachyacris Schltr. ex Bullock; Xymalobium Steud. (1841) Nom. illegit.■☆

54965 Xystidium Trin. (1820)= Perotis Aiton(1789) [禾本科Poaceae(Gramineae)]■

54966 Xystrolobos Gagnep. (1907)= Ottelia Pers. (1805) [水鳖科Hydrocharitaceae]■

54967 Xystrolobus Gagnep. (1907) Nom. illegit.= Ottelia Pers. (1805) [水鳖科Hydrocharitaceae]■

54968 Xystrolobus Willis, Nom. inval. = Xystrolobos Gagnep. (1907) [水鳖科Hydrocharitaceae]■

54969 Yabea Koso-Pol. (1914), Nom. inval. =Caucalis L. (1753) [伞形花科(伞形科)Apiaceae(Umbelliferae)]■☆

54970 Yabea Koso-Pol. (1916)【汉】亚白草属。【隶属】伞形花科(伞形科)Apiaceae(Umbelliferae)。【包含】世界1种。【学名诠释与讨论】〈阴〉(人)Yoshisada (Yoshitaba)Yabe,1876-1931,矢部吉祯,日本植物学者,教授。【分布】北美洲西部。【模式】Yabea microcarpa (W. J. Hooker et Arnott) Kozo-Poljansky [Caucalis microcarpa W. J. Hooker et Arnott]。【参考异名】Caucalis L. (1753)■☆

54971 Yadakeya Makino (1929) Nom. illegit. ≡ Pseudosasa Makino ex Nakai(1925) [禾本科Poaceae(Gramineae)]●

54972 Yakirra Lazarides et R. D. Webster(1985)【汉】雅克黍属。【隶属】禾本科Poaceae(Gramineae)。【包含】世界6种。【学名诠释与讨论】〈阴〉来自植物俗名。【分布】缅甸,澳大利亚(热带)。【模式】Yakirra pauciflora (R. Brown)M. Lazarides et R. D. Webster [Panicum pauciflorum R. Brown]■☆

54973 Yamala Raf. (1837) = Heuchera L. (1753) [虎耳草科Saxifragaceae]■☆

54974 Yangapa Raf. (1838) = Gardenia J. Ellis (1761) (保留属名) [茜草科Rubiaceae//栀子科Gardeniaceae]●

54975 Yangua Spruce(1859)= Cybistax Mart. ex Meisn. (1840) [紫葳科Bignoniaceae]●☆

54976 Yanomamua J. R. Grant, Maas et Struwe(2006)【汉】亚马孙龙胆属。【隶属】龙胆科Gentianaceae。【包含】世界1种。【学名诠释与讨论】〈阴〉词源不详。【分布】巴西,亚马孙河流域。【模式】Yanomamua araca J. R. Grant, Maas et Struwe■☆

54977 Yariguianthus S. Díaz et Rodr.-Cabeza(2012)【汉】雅丽菊属。【隶属】菊科Asteraceae(Compositae)。【包含】世界1种。【学名诠释与讨论】〈阳〉Yarigu？+希腊文anthos,花,antheros,多花的。antheo,开花。【分布】哥伦比亚。【模式】Yariguianthus glomerulatus S. Díaz et Rodr.-Cabeza☆

54978 Yarima Burret, Nom. illegit. = Yarina O. F. Gook (1927) [棕榈科Arecaceae(Palmae)]●☆

54979 Yarina O. F. Cook (1927) = Phytelephas Ruiz et Pav. (1798) [棕榈科Arecaceae(Palmae)]●☆

54980 Yasunia van der Werff (2010)【汉】亚孙樟属。【隶属】樟科Lauraceae。【包含】世界2种。【学名诠释与讨论】〈阴〉词源不详。似来自人名。【分布】秘鲁,厄瓜多尔。【模式】Yasunia sessiliflora van der Werff☆

54981 Yatabea Maxim. ex Yatabe(1891) Nom. illegit. ≡ Ranzania T. Ito (1888) [小檗科Berberidaceae//草檗科Ranzaniaceae]■☆

54982 Yaundea G. Schellenb. (1929) Nom. inval. ≡ Yaundea G. Schellenb. ex De Wild.; ~ =Jaundea Gilg(1894); ~ = Rourea Aubl. (1775) (保留属名) [牛栓藤科Connaraceae]●

54983 Yaundea G. Schellenb. ex De Wild. =Jaundea Gilg(1894); ~ = Rourea Aubl. (1775)(保留属名) [牛栓藤科Connaraceae]●

54984 Yavia R. Kiesling et Piltz(2001)【汉】隐果掌属。【隶属】仙人掌科Cactaceae。【包含】世界1种。【学名诠释与讨论】〈阴〉词源不详。【分布】阿根廷,玻利维亚。【模式】Yavia cryptocarpa R. Kiesling et J. Piltz■☆

54985 Yeatesia Small(1896)【汉】西南美爵床属。【隶属】爵床科Acanthaceae。【包含】世界3种。【学名诠释与讨论】〈阴〉(人)Yeates。此属的学名"Yeatesia Small, Bull. Torrey Bot. Club 23:410. 1896"是一个替代名称。"Gatesia A. Gray, Proc. Amer. Acad. Arts 13:365. 1878"是一个非法名称(Nom. illegit.),因为此前已经有了"Gatesia A. Bertoloni, Misc. Bot. 7:30. 1848 = Petalostemon Michx. (1803) [as 'Petalostemum'] (保留属名) [豆科Fabaceae (Leguminosae)]"。故用"Yeatesia Small(1896)"替代之。同理,"Gatnaia Gagnep., Bull. Soc. Bot. France 71:870. 1925 [1924 publ. 1925] =Baccaurea Lour. (1790) [大戟科Euphorbiaceae]"也是晚出的非法名称。【分布】美国(东南部)至墨西哥(东北部)。【模式】Yeatesia laete-virens (Buckley)Small [Justicia laete-virens Buckley]。【参考异名】Gatesia A. Gray(1878) Nom. illegit.■☆

54986 Yermo Dorn(1991)【汉】沙黄头菊属。【隶属】菊科Asteraceae (Compositae)。【包含】世界1种。【学名诠释与讨论】〈阴〉(地)Yermo,西班牙一个极为荒凉的地方。【分布】美国(东南部)。【模式】Yermo xanthocephalus Dorn■☆

54987 Yermoloffia Bél. (1838) Nom. illegit. = Lagochilus Bunge ex Benth. (1834) [唇形科Lamiaceae(Labiatae)]●■

54988　Yermolofia Endl.（1838）Nom. illegit.［唇形科 Lamiaceae（Labiatae）］☆

54989　Yervamora Kuntze（1891）Nom. illegit. ≡ Yervamora Ludw. ex Kuntze（1891）；~ ≡ Bosea L.（1753）［苋科 Amaranthaceae］●☆

54990　Yervamora Ludw.（1737）Nom. inval. ≡ Yervamora Ludw. ex Kuntze（1891）；~ ≡ Bosea L.（1753）［苋科 Amaranthaceae］●☆

54991　Yervamora Ludw. ex Kuntze（1891）Nom. illegit. ≡ Bosea L.（1753）［苋科 Amaranthaceae］●☆

54992　Ygramela Raf.（1833）= Limosella L.（1753）［玄参科 Scrophulariaceae//婆 婆 纳 科 Veronicaceae//水 茫 草 科 Limosellaceae］■

54993　Yinquania Z. Y. Zhu（1984）【汉】阴荽属。【英】Yinquania。【隶属】山茱萸科 Cornaceae。【包含】世界1种,中国1种。【学名诠释与讨论】〈阴〉（汉）yinquan, 阴荽。此属的学名是"Yinquania Z. Y. Zhu, Bull. Bot. Res. 4（4）：121. Oct 1984"。亦有文献把其处理为"Cornus L.（1753）"的异名。【分布】中国。【模式】Yinquania muchuanensis Z. Y. Zhu。【参考异名】Cornus L.（1753）●

54994　Yinshania Ma et Y. Z. Zhao（1979）【汉】阴山荠属。【英】Yinshancress, Yinshania。【隶属】十字花科 Brassicaceae（Cruciferae）。【包含】世界13种,中国13种。【学名诠释与讨论】〈阴〉（地）Yinshan, 阴山, 中国西部。模式种的产地。【分布】中国。【模式】Yinshania albiflora Y. C. Ma et Y. Z. Zhao。【参考异名】Cochleariella Y. H. Zhang et Vogt（1989）Nom. illegit.；Cochleariopsis Y. H. Zhang（1985）Nom. illegit.；Hilliella（O. E. Schulz）Y. H. Zhang et H. W. Li（1986）■★

54995　Ymnostema Neck.（1790）Nom. inval. = Lobelia L.（1753）［桔梗科 Campanulaceae//山梗菜科（半边莲科）Nelumbonaceae］●■

54996　Ymnostemma Steud.（1841）= Lobelia L.（1753）［桔梗科 Campanulaceae//山梗菜科（半边莲科）Nelumbonaceae］●■

54997　Ynesa O. F. Cook（1942）= Attalea Kunth（1816）［棕榈科 Arecaceae（Palmae）］●☆

54998　Yoania Maxim.（1872）【汉】宽距兰属（长花柄兰属）。【日】ショウキラン属, ヨーアニア属。【英】Yoania。【隶属】兰科 Orchidaceae。【包含】世界4种,中国1种。【学名诠释与讨论】〈阴〉（人）Wudogawa Yoani, 宇田川榕庵, 日本江户时代的兰类植物学者, 他为 Siebold Herbarium（St. Petersburg）绘制了许多插图。【分布】日本, 新西兰, 印度, 中国。【模式】Yoania japonica Maximowicz。【参考异名】Danhatchia Garay et Christenson（1995）■

54999　Yodes Kurz（1872）= Iodes Blume（1825）［as 'Iödes'］［茶茱萸科 Icacinaceae］●

55000　Yolanda Hoehne（1919）= Brachionidium Lindl.（1859）［兰科 Orchidaceae］■☆

55001　Yongsonia Young = Fothergilla L.（1774）［金缕梅科 Hamamelidaceae］●☆

55002　Youngia Cass.（1831）【汉】黄鹌菜属。【日】オニタビラコ属。【俄】ЮНГИЯ。【英】Youngia。【隶属】菊科 Asteraceae（Compositae）。【包含】世界14-50种,中国39种。【学名诠释与讨论】〈阴〉（人）Piter Young, 英国人。另说纪念美国植物学者 Robert Armstrong Young（1876-1963）。或说纪念2个英国人：诗人兼作家 Thomas Young, 1773-1829 和医生 Edward Young, 1684-1765。还有其他一些观点。此属的学名, ING、APNI、GCI、TROPICOS 和 IK 记载是"Youngia Cass., Ann. Sci. Nat.（Paris）23：88. 1831［May 1831］"。也有文献把"Crepis L.（1753）"和"Youngia Cass.（1831）"互处理为异名。【分布】巴拿马, 哥伦比亚（安蒂奥基亚）, 马达加斯加, 尼加拉瓜, 中国, 温带和热带亚洲, 中美洲。【模式】未指定。【参考异名】Crepis L.（1753）■

55003　Ypomaea Robin（1807）= Ipomoea L.（1753）（保留属名）［旋花科 Convolvulaceae］●■

55004　Ypsilandra Franch.（1888）【汉】丫蕊花属。【英】Forkstamenflower。【隶属】百合科 Liliaceae//黑药花科（藜芦科）Melanthiaceae//蓝药花科（胡麻花科）Heloniadaceae。【包含】世界5种, 中国5种。【学名诠释与讨论】〈阴〉（希）ypsilolon, 希腊字母或拉丁字母"Y"+aner, 所有格 andros, 雄性, 雄蕊。指雄蕊丫字形分叉。此属的学名是"Ypsilandra Franchet, Nouv. Arch. Mus. Hist. Nat. ser. 2. 10：93. 1888"。亦有文献把其处理为"Helonias L.（1753）"的异名。【分布】缅甸, 中国。【模式】Ypsilandra thibetica Franchet。【参考异名】Helonias L.（1753）■

55005　Ypsilopus Summerh.（1949）【汉】叉足兰属。【隶属】兰科 Orchidaceae。【包含】世界4种。【学名诠释与讨论】〈阳〉（希）ypsilolon, 希腊字母"Y"+pous, 所有格 podos, 指小式 podion, 脚, 足, 柄, 梗。podotes, 有脚的。【分布】热带非洲东部。【模式】Ypsilopus longifolia（Kraenzlin）Summerhayes［Mystacidium longifolium Kraenzlin］■☆

55006　Ypsilorchis Z. J. Liu, S. C. Chen et L. J. Chen（2008）【汉】丫瓣兰属。【隶属】兰科 Orchidaceae。【包含】世界1种,中国1种。【学名诠释与讨论】〈阴〉（希）ypsilolon+orchis, 原义是睾丸, 后变为植物兰的名称, 因为根的形态而得名。变为拉丁文 orchis, 所有格 orchidis。【分布】中国。【模式】Ypsilorchis fissipetala（Finet）Z. J. Liu, S. C. Chen et L. J. Chen■

55007　Ystia Compère（1963）= Schizachyrium Nees（1829）［禾本科 Poaceae（Gramineae）］■

55008　Yua C. L. Li（1990）【汉】俞藤属。【英】Yua。【隶属】葡萄科 Vitaceae。【包含】世界2-3种,中国2-3种。【学名诠释与讨论】〈阴〉（人）Tse-Tsun Yu, 俞德浚, 1908-1986, 中国园艺学家, 植物分类学家, 植物园专家。中国科学院学部委员。长期从事植物学考察、采集及分类研究。编著了《中国果树分类学》, 为果树种质资源的开发利用及引种栽培奠定了基础。主编出版了《中国植物志》36、37、38卷, 记载了已发现的中国全部蔷薇科 Rosaceae 植物, 是国内外著名的蔷薇科 Rosaceae 植物分类专家。他创建了北京植物园, 参加了国内10多个植物园的建园规划设计, 为我国植物园事业做出了重大贡献。此属的学名是"Yua C. L. Li, Acta Bot. Yunnan. 12：2. Feb 1990"。亦有文献把其处理为"Parthenocissus Planch.（1887）（保留属名）"的异名。【分布】尼泊尔, 印度（北部）, 中国。【模式】Yua thomsonii（M. A. Lawson）C. L. Li［Vitis thomsonii M. A. Lawson（as 'thomsoni'）］。【参考异名】Parthenocissus Planch.（1887）（保留属名）●

55009　Yuca Raf., Nom. inval. = Yucca L.（1753）［百合科 Liliaceae//龙舌兰科 Agavaceae//丝兰科 Orchidaceae］●■

55010　Yucaratonia Burkart（1969）= Gliricidia Kunth（1824）［豆科 Fabaceae（Leguminosae）］●☆

55011　Yucca L.（1753）【汉】丝兰属（金棒兰属）。【日】イトラン属, キミガヨウラン属, ユッカ属。【俄】Юкка, Юкка мечевидная。【英】Adam's Needle, Adam's-needle, Bear's Grass, Beargrass, Candles of Heaven, Joshua Tree, Spanish Bayonet, Spanish Dagger, Spanish Daggers, Spanish-bayonet, Yucca。【隶属】百合科 Liliaceae//龙舌兰科 Agavaceae//丝兰科 Orchidaceae。【包含】世界30-40种,中国8种。【学名诠释与讨论】〈阴〉（印第安）yucca =西班牙语 yuca, 原是美洲热带一种大戟科植物之俗名, 林奈转用于本属。另说为海地植物俗名。此属的学名, ING、APNI、GCI、TROPICOS 和 IK 记载是"Yucca L., Sp. Pl. 1：319. 1753［1 May 1753］"。"Yucea Raf. = Yucca L.（1753）"似为误记。"Iuka Adanson, Fam. 2：567. Jul-Aug 1763"是"Yucca L.（1753）"的晚出的同模式异名（Homotypic synonym, Nomenclatural synonym)。【分布】巴基斯坦,巴拿马,玻利维亚,厄瓜多尔,哥斯达黎加,美国(密苏里,南部),墨西哥,尼加拉瓜,中国,西印度群岛,中美洲。【后选模式】Yucca aloifolia Linnaeus。【参考异名】Clistoyucca (Engelm.) Trel. (1902); Codonocrinum Willd. ex Schult. (1829) Nom. illegit. ; Codonocrinum Willd. ex Schult. et Schult. f. (1829) ; Codonocrinum Willd. ex Schult. f. (1829) Nom. illegit. ; Hesperoyucca (Engelm.) Baker (1893) ; Hesperoyucca (Engelm.) Trel. ; Hesperoyucca Baker (1893) Nom. illegit. ; Iuka Adans. (1763) Nom. illegit. ; Samuela Trel. (1902) ; Sarcoyucca (Engelm.) Linding. (1933) Nom. illegit. ; Sarcoyucca (Trel.) Linding. (1933) ; Sarcoyucca Linding. (1933) Nom. illegit. ; Xiphodendron Raf. ; Yuca Raf. ; Yucea Raf. ●■

55012　Yuccaceae J. Agardh (1823) (as ' Xyrideae') (保留科名) [亦见 Agavaceae Dumort. (保留科名) 龙舌兰科] 【汉】丝兰科。【包含】世界 1 属 30-40 种,中国 1 属 8 种。【分布】美洲,西印度群岛。【科名模式】Yucca L. (1753) ●■

55013　Yucea Raf. , Nom. illegit. = Yucca L. (1753) [百合科 Liliaceae//龙舌兰科 Agavaceae//丝兰科 Orchidaceae] ●■

55014　Yulania Spach (1839) 【汉】玉兰属。【隶属】木兰科 Magnoliaceae。【包含】世界 26 种,中国 18-25 种。【学名诠释与讨论】〈阴〉(汉) yulan 玉兰。此属的学名是"Yulania Spach, Hist. Nat. Vég. Phan. 7: 462. 4 Mai 1839"。亦有文献把其处理为"Magnolia L. (1753)"的异名。【分布】中国,温带、亚热带东南亚和北美洲。【模式】未指定。【参考异名】Magnolia L. (1753) ●

55015　Yunckeria Lundell (1964) 【汉】尤恩紫金牛属。【隶属】紫金牛科 Myrsinaceae。【包含】世界 3 种。【学名诠释与讨论】〈阴〉(人) Truman George Yuncker, 1891-1964, 美国植物学者, 植物采集家, 教授。此属的学名是"Yunckeria Lundell, Wrightia 3: 111. 31 Dec 1964"。亦有文献把其处理为"Ctenardisia Ducke (1930)"的异名。【分布】墨西哥,中美洲。【模式】Yunckeria amplifolia (Standley) Lundell [Ardisia amplifolia Standley]。【参考异名】Ctenardisia Ducke (1930) ●☆

55016　Yungasocereus F. Ritter (1980) = Haageocereus Backeb. (1933) [仙人掌科 Cactaceae] ●☆

55017　Yunnanea Hu (1956) = Camellia L. (1753) [山茶科(茶科) Theaceae] ●

55018　Yunnanopilia C. Y. Wu et D. Z. Li (2000) 【汉】甜菜树属。【英】Yunnanopilia。【隶属】山柚子科(山柑科,山柚仔科) Opiliaceae。【包含】世界 1 种,中国 1 种。【学名诠释与讨论】〈阴〉(汉) Yunnan 云南 + 拉丁文 pilus 毛。此属的学名是"Yunnanopilia C. Y. Wu et D. Z. Li, Acta Bot. Yunnan. 22: 249. Aug 2000"。亦有文献把其处理为"Champereia Griff. (1843)"的异名。【分布】中国。【模式】Yunnanopilia longistaminea (W. Z. Li) C. Y. Wu et D. Z. Li [Melientha longistaminea W. Z. Li]。【参考异名】Champereia Griff. (1843) ●★

55019　Yunquea Skottsb. (1929) = Centaurodendron Johow (1896) [菊科 Asteraceae (Compositae)] ●☆

55020　Yushania P. C. Keng (1957) 【汉】玉山竹属(玉山箭竹属)。【英】Bamboo, Yushanbamboo, Yushania。【隶属】禾本科 Poaceae (Gramineae)。【包含】世界 61-80 种,中国 58-61 种。【学名诠释与讨论】〈阴〉(拉) Yushan,玉山。指模式种产于中国(台湾)的玉山。此属的学名是"Yushania P. C. Keng, Acta Phytotax. Sin. 6: 355. 1957"。亦有文献把其处理为"Sinarundinaria Nakai (1935)"的异名。【分布】菲律宾,马达加斯加,中国,中美洲。【模式】Yushania niitakayamensis (Hayata) P. C. Keng [Arundinaria niitakayamensis Hayata]。【参考异名】Burmabambus P. C. Keng (1982) ; Butania P. C. Keng (1982) ; Monospatha W. T. Lin (1994) ;

Sinarundinaria Nakai (1935) ●

55021　Yushunia Kamik. (1933) = Sassafras J. Presl (1825) [樟科 Lauraceae] ●

55022　Yutajea Steyerm. (1987) 【汉】尤塔茜属。【隶属】茜草科 Rubiaceae。【包含】世界 1 种。【学名诠释与讨论】〈阴〉词源不详。【分布】委内瑞拉。【模式】Yutajea liesneri J. A. Steyermark ☆

55023　Yuyba (Barb. Rodr.) L. H. Bailey (1947) = Bactris Jacq. ex Scop. (1777) [棕榈科 Arecaceae (Palmae)] ●

55024　Yuyba L. H. Bailey (1947) Nom. illegit. ≡ Yuyba (Barb. Rodr.) L. H. Bailey (1947) ; ~ = Bactris Jacq. ex Scop. (1777) [棕榈科 Arecaceae (Palmae)] ●

55025　Yvesia A. Camus (1927) 【汉】马岛臂形草属。【隶属】禾本科 Poaceae (Gramineae)。【包含】世界 1 种。【学名诠释与讨论】〈阴〉(人) Alfred Marie Augustine Saint-Yves, 1855-1933, 法国植物学者, 禾本科 Poaceae (Gramineae) 专家。【分布】马达加斯加。【模式】Yvesia madagascariensis A. Camus ■☆

55026　Zaa Baill. (1887) = Phyllarthron DC. (1840) [紫葳科 Bignoniaceae] ●☆

55027　Zabelia (Rehder) Makino (1948) 【汉】扎氏六道木属(六道木属)。【隶属】忍冬科 Caprifoliaceae。【包含】世界 10-15 种,中国 5 种。【学名诠释与讨论】〈阴〉(人) Herman Zabel, 1832-1912, 德国植物学者。此属自 Abelia 属分出。其学名, ING 和 IK 记载是"Zabelia (Rehder) Makino, Makinoa 9: 175. 1948", 由"Abelia sect. Zabelia Rehder"改级而来。亦有文献把"Zabelia (Rehder) Makino (1948)"处理为"Abelia R. Br. (1818)"的异名。【分布】中国, 东亚。【模式】Zabelia integrifolia (Koizumi) Makino [Abelia integrifolia Koizumi]。【参考异名】Abelia R. Br. (1818) ; Abelia sect. Zabelia Rehder ●

55028　Zacateza Bullock (1954) 【汉】扎卡萝藦属。【隶属】萝藦科 Asclepiadaceae。【包含】世界 1 种。【学名诠释与讨论】〈阴〉来自植物俗名。【分布】热带非洲。【模式】Zacateza pedicellata (K. Schumann) Bullock [Tacazzea pedicellata K. Schumann] ●☆

55029　Zacintha Mill. (1754) = Crepis L. (1753) [菊科 Asteraceae (Compositae)] ■

55030　Zacintha Vell. (1829) Nom. illegit. = Clavija Ruiz et Pav. (1794) [假轮叶科(狄氏木科,拟棕科) Theophrastaceae] ●☆

55031　Zacyntha Adans. (1763) = Crepis L. (1753) ; ~ = Zacintha Mill. (1754) [菊科 Asteraceae (Compositae)] ■

55032　Zaczatea Baill. (1889) = Raphionacme Harv. (1842) [萝藦科 Asclepiadaceae] ■☆

55033　Zaga Raf. (1837) = Adenanthera L. (1753) [豆科 Fabaceae (Leguminosae) //含羞草科 Mimosaceae] ●

55034　Zagrosia Speta (1998) 【汉】察格罗风信子属。【隶属】风信子科 Hyacinthaceae。【包含】世界 1 种。【学名诠释与讨论】〈阴〉(地) Zagros Mountains。【分布】亚洲中部。【模式】Zagrosia persica (Hausskn.) Speta ■☆

55035　Zaharidia Speta (1998) Nom. inval. [风信子科 Hyacinthaceae] ☆

55036　Zahlbruckera Steud. (1841) = Ebermaiera Nees (1832) ; ~ = Hygrophila R. Br. (1810) ; ~ = Zahlbrucknera Pohl ex Nees (1847) Nom. illegit. [爵床科 Acanthaceae] ■

55037　Zahlbrucknera Pohl ex Nees (1847) Nom. illegit. = Ebermaiera Nees (1832) ; ~ = Hygrophila R. Br. (1810) [爵床科 Acanthaceae] ●■

55038　Zahlbrucknera Rchb. (1832) 【汉】欧洲虎耳草属。【隶属】虎耳草科 Saxifragaceae。【包含】世界 1 种。【学名诠释与讨论】〈阴〉(人) Johann Baptist Zahlbruckner, 1782-1851, 奥地利植物学者, 矿物学者。此属的学名是"Zahlbrucknera H. G. L.

Reichenbach,Fl. German. Excurs. 551.1832"。亦有文献把其处理为"Saxifraga L.（1753）"的异名。地衣的"Zahlbrucknera Herre, Proc. Wash. Acad. Sci. 12：129. 1910（non H. G. L. Reichenbach 1832）≡ Zahlbrucknerella Herre（1912）"是晚出的非法名称。【分布】欧洲东南部。【模式】Zahlbrucknera paradoxa（Sternberg）H. G. L. Reichenbach［Saxifraga paradoxa Sternberg］。【参考异名】Saxifraga L.（1753）■☆

55039　Zahleria Luer（2006）【汉】察尔兰属。【隶属】兰科Orchidaceae。【包含】世界3种。【学名诠释与讨论】〈阴〉词源不详。此属的学名,IPNI 记载为"Zahleria Luer, Monogr. Syst. Bot. Missouri Bot. Gard. 105：17. 2006［May 2006］"。文献还记载一个"Zahleria Luer(1790)= Masdevallia Ruiz et Pav.（1794）"。二者之间的关系待查。【分布】玻利维亚,南美洲,中美洲。【模式】Zahleria zahlbruckneri（Kraenzl.）Luer, Nom. inval.［Masdevallia zahlbruckneri Kraenzl.］。【参考异名】Masdevallia Ruiz et Pav.（1794）■☆

55040　Zala Lour.（1790）= Pistia L.（1753）［天南星科 Araceae//大漂科 Pistiacea］■

55041　Zalacca Blume（1830）Nom. illegit. ≡Zalacca Reinw. ex Blume（1830）Nom. illegit. ; ～= Salacca Reinw.（1825）［棕榈科 Arecaceae(Palmae)］●

55042　Zalacca Reinw. ex Blume（1830）Nom. illegit. = Salacca Reinw.（1825）［棕榈科 Arecaceae(Palmae)］●

55043　Zalacca Rumph.（1747）Nom. inval. ≡Zalacca Reinw. ex Blume（1830）Nom. illegit. ; ～= Salacca Reinw.（1825）［棕榈科 Arecaceae(Palmae)］●

55044　Zalaccella Becc.（1908）= Calamus L.（1753）［棕榈科 Arecaceae(Palmae)］●

55045　Zaleia Steud.（1841）= Zaleya Burm. f.（1768）［番杏科 Aizoaceae］■☆

55046　Zaleja Burm. f.（1768）Nom. illegit. ≡Zaleya Burm. f.（1768）［番杏科 Aizoaceae］■☆

55047　Zaleya Burm. f.（1768）【汉】裂盖海马齿属（扎利草属）。【隶属】番杏科 Aizoaceae。【包含】世界3-6种。【学名诠释与讨论】〈阴〉（希）zaleia,一种植物的古名。此属的学名,ING、APNI、TROPICOS 和 IK 记载是"Zaleya Burm. f. ,Fl. Ind.（N. L. Burman）110. 1768［1 Mar-6 Apr 1768］"。"Zaleia Steud. , Nomencl. Bot.［Steudel］,ed. 2. 2：795. 1841"和"Zaleja Burm. f.（1768）"是其拼写变体。【分布】澳大利亚,巴基斯坦,巴勒斯坦,马达加斯加,热带非洲,斯里兰卡,小巽他群岛,印度。【模式】Zaleya decandra N. L. Burman。【参考异名】Zaleia Steud.（1841）;Zaleja Burm. f.（1768）Nom. illegit. ;Zallia Roxb.（1832）■☆

55048　Zalitea Raf.（1836）= Euphorbia L.（1753）［大戟科 Euphorbiaceae］●■

55049　Zallia Roxb.（1832）= Trianthema L.（1753）; ～= Zaleya Burm. f.（1768）［番杏科 Aizoaceae］■☆

55050　Zalmaria B. D. Jacks.（1820）= Rondeletia L.（1753）; ～= Zamaria Raf.（1820）［茜草科 Rubiaceae］●

55051　Zalucania Steud.（1841）Nom. illegit. = Zaluzania Pers.（1807）［菊科 Asteraceae(Compositae)］■☆

55052　Zaluzania Comm. ex C. F. Gaertn.（1806）Nom. inval. = Bertiera Aubl.（1775）［茜草科 Rubiaceae］☆

55053　Zaluzania Pers.（1807）【汉】中美菊属（黄带菊属,扎卢菊属）。【隶属】菊科 Asteraceae(Compositae)。【包含】世界9种。【学名诠释与讨论】〈阴〉（人）Adam Zaluziansky a Zaluzian［Zaluziansky ze Zaluzian, Zaluziansky von Zaluzian］,1558-1613,波希米亚医生,植物学者。此属的学名,ING 和 IK 记载是"Zaluzania Pers. ,

Syn. Pl.［Persoon］2（2）：473. 1807"。"Zalucania Steud. , Nomencl. Bot.［Steudel］,ed. 2. 2：795, sphalm. 1841"是"Zaluzania Pers.（1807）"的拼写变体。"Zaluzania Comm. ex C. F. Gaertn. , Suppl. Carp. 74（t. 192, f. 7). 1806［May 1806］"是一个仅有属名的无效名称。【分布】马达加斯加,墨西哥。【模式】Zaluzania triloba（Ortega）Persoon［Anthemis triloba Ortega］。【参考异名】Aeolotheca Post et Kuntze（1903）; Aiolotheca DC.（1836）; Chiliophyllum DC.（1836）Nom. illegit.（废弃属名）;Chrysophania Kunth ex Less.（1832）; Ferdinanda Lag.（1816）; Hybridella Cass.（1817）; Zalucania Steud.（1841）; Zaluzania Comm. ex C. F. Gaertn.（1806）Nom. inval. ;Zaluziana Link ■☆

55054　Zaluziana Link = Zaluzania Pers.（1807）［菊科 Asteraceae(Compositae)］■☆

55055　Zaluzianskia Benth. et Hook. f.（1876）Nom. illegit. ≡Zaluzianskya F. W. Schmidt（1793）（保留属名）［玄参科 Scrophulariaceae］■☆

55056　Zaluzianskya F. W. Schmidt(1793)（保留属名）【汉】红蕾花属。【英】Night Phlox, Night-phlox。【隶属】玄参科 Scrophulariaceae。【包含】世界1-55种。【学名诠释与讨论】〈阴〉（人）Adam Zaluziansky a Zaluzian［Zaluziansky ze Zaluzian, Zaluziansky von Zaluzian］,1558-1613,波希米亚医生,植物学者。此属的学名"Zaluzianskya F. W. Schmidt, Neue Selt. Pfl. ：11. 1793（ante 17 Jun）"是保留属名。相应的废弃属名是蕨类的"Zaluzianskia Neck. in Hist. et Commentat. Acad. Elect. Sci. Theod. -Palat. 3；303. 1775 ≡ Marsilea Linnaeus 1753"。玄参科 Scrophulariaceae 的"Zaluzianskia Benth. et Hook. f. ,Gen. Pl.［Bentham et Hooker f.］2（2）：944, sphalm. 1876［May 1876］"是"Zaluzianskya F. W. Schmidt(1793)（保留属名）"的拼写变体,亦应废弃。【分布】非洲南部,热带非洲东部山区。【模式】Zaluzianskya villosa F. W. Schmidt。【参考异名】Nycterinia D. Don（1834）; Zaluzianskia Benth. et Hook. f. ;Zaluzianskia Neck.（1876）■☆

55057　Zamaria Raf.（1820）= Rondeletia L.（1753）［茜草科 Rubiaceae］●

55058　Zameioscirpus Dhooge et Goetgh.（2003）【汉】细薰草属。【隶属】莎草科 Cyperaceae。【包含】世界3种。【学名诠释与讨论】〈阳〉词源不详。此属的学名是"Zameioscirpus Dhooge et Goetgh. , Plant Systematics and Evolution 243：75, 78-79, f. 4. 2003"。亦有文献把其处理为"Isolepis R. Br.（1810）"的异名。【分布】玻利维亚,智利。【模式】Zameioscirpus atacamensis（R. Philippi）S. Dhooge et P. Goetghebeur［Isolepis atacamensis R. Philippi］。【参考异名】Isolepis R. Br.（1810）■☆

55059　Zamia L.（1763）（保留属名）【汉】泽米苏铁属（大苏铁属,泽米属,泽米铁属）。【日】ザミア属。【俄】Цамия。【英】Coontie, Zamia。【隶属】苏铁科 Cycadaceae//泽米苏铁科（泽米科）Zamiaceae。【包含】世界30-55种。【学名诠释与讨论】〈阴〉（拉）zamia,损失,损害,变为新拉丁文 zamia,林奈用以称呼一种具有不实雄球果的苏铁科 Cycadaceae 植物,来自拉丁文 zamia,松树的球果,这种球果在树上腐烂时会损害下一次收成。此属的学名"Zamia L. , Sp. Pl. , ed. 2：659. Jul-Aug 1763"是保留属名。相应的废弃属名是苏铁科 Cycadaceae 的"Palma - filix Adans. ,Fam. Pl. 2：21,587. Jul-Aug 1763 ≡ Zamia L.（1763）（保留名）"。"Palmifolium O. Kuntze, Rev. Gen. 2：803. 5 Nov 1891 ≡Palma - Filix Adans.（1763）（废弃属名）"亦是"Zamia L.（1763）（保留属名）"的晚出的同模式异名（Homotypic synonym, Nomenclatural synonym）。【分布】巴基斯坦,巴拿马,秘鲁,玻利维亚,厄瓜多尔,哥伦比亚（安蒂奥基亚）,哥斯达黎加,尼加拉瓜,西印度群岛,热带美洲,中美洲。【模式】Zamia pumila

Linnaeus。【参考异名】Aulacophyllum Regel（1876）；Palma-filix Adans.（1763）（废弃属名）；Palma-Filix Adans.（1763）（废弃属名）；Palmifolia Kuntze（1891）Nom. illegit.；Palmifolium Kuntze（1891）Nom. illegit.；Palmofilix Post et Kuntze（1903）Nom. illegit. ●☆

55060 Zamiaceae Horan.（1834）【汉】泽米苏铁科（泽米科）。【英】Sago-palm Family。【包含】世界8属115-126种。【分布】热带和温带澳大利亚，美洲，非洲。【科名模式】Zamia L.（1763）（保留属名）●●☆

55061 Zamiaceae Rchb. =Zamiaceae Horan.●☆

55062 Zamioculcas Schott（1856）【汉】金钱树属（美铁芋属，雪铁芋属，雪芋属）。【日】ザミオクルカス属。【隶属】天南星科 Araceae。【包含】世界1种。【学名诠释与讨论】〈阴〉（属）Zamia 大苏铁属+Culcasia 库卡芋属。指本属植物与这两个属的植物相像。【分布】热带非洲东部。【模式】Zamioculcas loddigesii H. W. Schott, Nom. illeg［Caladium zamiaefolium Loddiges；Zamioculcas zamiifolia（Loddiges）Engler］■☆

55063 Zamzela Raf.（1838）= Hirtella L.（1753）［金壳果科 Chrysobalanaceae］●☆

55064 Zandera D. L. Schulz（1988）【汉】赞德菊属。【隶属】菊科 Asteraceae（Compositae）。【包含】世界3种。【学名诠释与讨论】〈阴〉（人）Zander，植物学者。【分布】墨西哥，中美洲。【模式】Zandera blakei（McVaugh et Lask.）D. L. Schulz［Trigonospermum blakei McVaugh et Lask.］☆

55065 Zanha Hiern（1896）【汉】赞哈木属。【隶属】无患子科 Sapindaceae。【包含】世界1-2种。【学名诠释与讨论】〈阴〉词源不详。【分布】热带非洲。【模式】Zanha golungensis Hiern。【参考异名】Dialiopsis Radlk.（1907）；Talisiopsis Radlk.（1907）●☆

55066 Zanichelia Gilib.（1792）Nom. illegit., Nom. inval. ≡ Zannichellia L.（1753）［眼子菜科 Potamogetonaceae//茨藻科 Najadaceae//角果藻科（角茨藻科）Zannichelliaceae］■

55067 Zanichellia Roth（1793）Nom. illegit. ≡Zannichellia L.（1753）［眼子菜科 Potamogetonaceae//茨藻科 Najadaceae//角果藻科（角茨藻科）Zannichelliaceae］■

55068 Zannichallia Reut.（1854-1856）Nom. illegit. ≡Zannichellia L.（1753）［眼子菜科 Potamogetonaceae//茨藻科 Najadaceae//角果藻科（角茨藻科）Zannichelliaceae］■

55069 Zannichellia L.（1753）【汉】角果藻属。【日】イトクズモ属，イトクヅモ属。【俄】Заникелия，Занникеллия。【英】Horned Pondweed, Horned-pondweed, Pondweed, Poolmat。【隶属】眼子菜科 Potamogetonaceae//茨藻科 Najadaceae//角果藻科（角茨藻科）Zannichelliaceae。【包含】世界1-5种，中国1种。【学名诠释与讨论】〈阴〉（人）Giovanni Gerolamo（Gian Girolamo）Zannichelli（Zanichelli），1662-1729，意大利植物学者，药剂师，医生。此属的学名，ING、TROPICOS、APNI 和 IK 记载是"Zannichellia L. ,Sp. Pl. 2：969. 1753［1 May 1753］"。"Aponogeton J. Hill, Brit. Herb. 480. Dec 1756（废弃属名）"和"Pelta Dulac, Fl. Hautes-Pyrénées 43. 1867"是"Zannichellia L.（1753）"的晚出的同模式异名（Homotypic synonym, Nomenclatural synonym）。"Zanichelia Gilib. , Exerc. Phyt. ii. 419（1792）"、"Zannichallia Reut. ,Compt.-Rend. Trav. Soc. Hallér.（1854-56）129"和"Zanichellia Roth（1793）, Tent. Fl. Germ. 2（2）：420, err. typ. 1793（IK）"是"Zannichellia L.（1753）"的拼写变体，亦是晚出的非法名称。【分布】巴基斯坦，秘鲁，玻利维亚，厄瓜多尔，马达加斯加，美国（密苏里），中国，中美洲。【模式】Zannichellia palustris Linnaeus。【参考异名】Aponogeton Hill（1756）Nom. illegit.（废弃属名）；Pelta Dulac（1867）Nom. illegit.；Pseudalthenia（Graetn.）Nakai（1943）；Zanichelia Gilib.（1792）Nom. illegit. , Nom. inval. ；

Zanichellia Roth（1793）Nom. illegit. ；Zannichallia Reut.（1854-1856）Nom. illegit. ■

55070 Zannichelliaceae Chevall.（1827）（保留科名）【汉】角果藻科（角茨藻科）。【日】イトクズモ科，イトクヅモ科。【俄】Занникелиевые。【英】Horned-pondweed Family, Pondweed Family, Poolmat Family。【包含】世界3-4属6-12种，中国1-3属1-4种。【分布】广泛分布。【科名模式】Zannichellia L.（1753）■

55071 Zannichelliaceae Dumort. = Potamogetonaceae Bercht. et J. Presl（保留科名）；~ =Zannichelliaceae Chevall.（保留科名）■

55072 Zanonia Cram.（1803）Nom. illegit. ≡ Campelia Rich.（1808）［鸭趾草科 Commelinaceae］■

55073 Zanonia L.（1753）【汉】翅子瓜属。【英】Zanonia。【隶属】葫芦科（瓜科，南瓜科）Cucurbitaceae//翅子瓜科 Zanoniaceae。【包含】世界1种，中国1种。【学名诠释与讨论】〈阴〉（人）Giacomo Zanoni,1615-1682,意大利植物学者，Rariorum stirpium Historia。此属的学名，ING、TROPICOS 和 IK 记载是"Zanonia L. ,Sp. Pl. 2：1028. 1753［1 May 1753］"。"Zanonia Cramer, Disp. Syst. 75. 1803（non Linnaeus 1753）≡Campelia Rich.（1808）［"是晚出的非法名称。"Penar-valli Adanson, Fam. 2：139. Jul-Aug 1763"是"Zanonia L.（1753）"的晚出的同模式异名（Homotypic synonym, Nomenclatural synonym）。【分布】印度至马来西亚，中国。【模式】Zanonia indica Linnaeus。【参考异名】Bayabusua W. J. de Wilde（1999）；Juppia Merr.（1922）；Penar-Valli Adans.（1763）Nom. illegit. ；Penar-valli Adans.（1763）Nom. illegit. ；Penarvallia Post et Kuntze（1903）Nom. illegit. ●■

55074 Zanoniaceae Dumort.（1882）［亦见 Cucurbitaceae Juss.（保留科名）葫芦科（瓜科，南瓜科）］【汉】翅子瓜科。【包含】世界1属1种，中国1属1种。【分布】印度-马来西亚。【科名模式】Zanonia L.（1753）●■

55075 Zantedeschia C. Koch（1854）Nom. illegit.（废弃属名）≡ Zantedeschia K. Koch（1854）Nom. illegit.（废弃属名）；~ = Schismatoglottis Zoll. et Moritzi（1846）［天南星科 Araceae］■

55076 Zantedeschia K. Koch（1854）Nom. illegit.（废弃属名）= Schismatoglottis Zoll. et Moritzi（1846）［天南星科 Araceae］■

55077 Zantedeschia Spreng.（1826）（保留属名）【汉】马蹄莲属。【日】オランダカイウ属。【俄】Зантедесхия, Рисовидка, Ричардия。【英】Altar Lily, Calla, Calla Lilies, Calla Lily, Callalily, Trumpet Lily。【隶属】天南星科 Araceae。【包含】世界6-8种，中国4种。【学名诠释与讨论】〈阴〉（人）Giovanni Zantedeschi,1773-1846,意大利医生，植物学者。或 Francesco Zantedeschi,1798-1873,意大利植物学者，教授。此属的学名"Zantedeschia Spreng. ,Syst. Veg. 3：756,765. Jan-Mar 1826"是保留属名。法规未列出相应的废弃属名。但是天南星科 Araceae 的"Zantedeschia K. Koch, Index Seminum［Berlin］9. 1854 =Schismatoglottis Zoll. et Moritzi（1846）"和"Zantedeschia C. Koch（1854）≡Zantedeschia K. Koch（1854）Nom. illegit.（废弃属名）"应该废弃；"Zantedeschia C. Koch（1854）"的命名人表述错误。"Colocasia Link, Diss. Bot. 77. 1795（废弃属名）"、"Otosma Rafinesque, Fl. Tell. 4：8. 1838（med. ）（'1836'）"和"Richardia Kunth, Mém. Mus. Hist. Nat. 4：433,437. 1818（non Linnaeus 1753）"是"Zantedeschia Spreng.（1826）（保留属名）"的晚出的同模式异名（Homotypic synonym, Nomenclatural synonym）。【分布】巴基斯坦，玻利维亚，厄瓜多尔，哥伦比亚（安蒂奥基亚），哥斯达黎加，尼加拉瓜，中国，热带非洲，温带和亚热带非洲南部，中美洲。【模式】Zantedeschia aethiopica（Linnaeus）K. P. J. Sprengel［Calla aethiopica Linnaeus］。【参考异名】Arodes Heist. , Nom. inval. ；Arodes Heist. ex Fabr.（1763）Nom. illegit. ；Arodes Heist. ex Kuntze（1891）Nom.

illegit.；Arodes Kuntze（1891）Nom. illegit.；Aroides Fabr.（1763）Nom. illegit.；Aroides Heist. ex Fabr.（1763）Nom. illegit.；Calla L.（1753）；Colocasia Link（1795）（废弃属名）；Houttinia Steud.；Houttuynia Post et Kuntze（1903）Nom. illegit.（废弃属名）；Hovttinia Neck.（1790）；Otosma Raf.（1838）Nom. illegit.；Pseudohomalomena A. D. Hawkes（1951）；Richardia Houst. ex L.（1753）；Richardia Kunth（1818）Nom. illegit. ■

55078　Zanthorhiza L' Hér.（1788）= Xanthorhiza Marshall（1785）［毛茛科 Ranunculaceae］●☆

55079　Zanthoxilon Franch. et Sav.（1875）Nom. illegit. ≡ Zanthoxylum L.（1753）［芸香科 Rutaceae//花椒科 Zanthoxylaceae］●

55080　Zanthoxylaceae Bercht. et J. Presl =Rutaceae Juss.（保留科名）●■

55081　Zanthoxylaceae Martinov（1820）= Zanthoxylaceae Nees et Mart. ●

55082　Zanthoxylaceae Nees et Mart.［亦见 Rutaceae Juss.（保留科名）芸香科］【汉】花椒科。【包含】世界 2 属 250 种，中国 2 属 53 种。【分布】温带和亚热带东亚，菲律宾，马来西亚东部，北美洲。【科名模式】Zanthoxylum L.（1753）●

55083　Zanthoxylon Walter（1788）Nom. illegit. ≡ Zanthoxylum L.（1753）［芸香科 Rutaceae//花椒科 Zanthoxylaceae］●☆

55084　Zanthoxylum L.（1753）【汉】花椒属。【日】サンショウ属，サンセウ属。【俄】Зантоксилум，Зантоксилюм，Ксантоксилум。【英】Knobthorn, Knobwood, Prickly Ash, Pricklyash, Prickly–ash, Sansho, Yellow Wood, Zanthoxylum。【隶属】芸香科 Rutaceae//花椒科 Zanthoxylaceae。【包含】世界 250 种，中国 53 种。【学名诠释与讨论】〈中〉（希）xanthos，黄色+xylon，木材。指某些种类木材心材黄色。此属的学名，ING、APNI、GCI、TROPICOS 和 IK 记载是 " Zanthoxylum Linnaeus, Sp. Pl. 270. 1 Mai 1753 "。" Zanthoxilon Franch. et Sav., Enum. Pl. Jap. i. 72（1875）" 和 " Zanthoxylon Walter, Fl. Carol.［Walter］52, 243（1788）［Apr–Jun 1788］" 是其拼写变体。【分布】巴基斯坦，巴拉圭，巴拿马，秘鲁，玻利维亚，厄瓜多尔，菲律宾，哥伦比亚（安蒂奥基亚），马达加斯加，马来西亚（东部），美国（密苏里），尼加拉瓜，中国，温带和亚热带东亚，中美洲。【后选模式】Zanthoxylum clava–herculis Linnaeus。【参考异名】Aubertia Bory（1804）；Blackburnia J. R. Forst. et G. Forst.（1776）；Blakburnia J. F. Gmel.（1791）；Curtisia Schreb.（1789）（废弃属名）；Dimeium Raf.（1830）；Doratium Sol. ex J. St. –Hil.（1805）；Fagara Duhamel（1755）（废弃属名）；Fagara L.（1759）（保留属名）；Fagaras Burm. ex Kuntze（1898）Nom. illegit.；Fagaras Kuntze（1898）Nom. illegit.；Kampmania Raf.；Kampmannia Raf.（1808）；Lacaris Buch. –Ham. ex Pfeiff.（1874）；Lacuris Buch. – Ham.（1832）；Langsdorffia Steud.（1841）Nom. illegit.；Langsdorfia Leandro（1821）Nom. illegit.；Ochroxylum Schreb.（1791）Nom. illegit.；Pentanome DC.（1824）；Pentanome Moc. et Sessé ex DC.（1824）Nom. illegit.；Perijea（Tul.）A. Juss.（1848）Nom. illegit.；Pohlana Leandro（1819）；Pohlana Mart. et Nees（1823）；Pseudetalon Raf.；Pseudiosma A. Juss.（1825）；Pseudopetalon Raf.（1817）；Tenorea Raf.（1814）Nom. illegit.；Thylax Raf.（1830）；Tipalia Dennst.（1818）Nom. inval.；Xanthophyllon St. – Lag.（1880）；Xanthoxylon Spreng.（1818）；Xanthoxylum Engl.；Xanthoxylum J. F. Gmel.（1791）Nom. illegit.；Xanthoxylum Mill.（1768）；Zanthoxilon Franch. et Sav.（1875）Nom. illegit.；Zanthoxylon Walter（1788）Nom. illegit. ●

55085　Zanthyrsis Raf.（1836）= Sophora L.（1753）［豆科 Fabaceae（Leguminosae）//蝶形花科 Papilionaceae］●■

55086　Zantorrhiza Steud.（1841）= Xanthorhiza Marshall（1785）［毛茛科 Ranunculaceae］●☆

55087　Zapamia Steud.（1841）Nom. illegit. ≡ Zapania Lam.（1791）

Nom. illegit.；~ =Lippia L. ●■☆［马鞭草科 Verbenaceae］

55088　Zapania Lam.（1791）Nom. illegit. ≡Lippia L.（1753）［马鞭草科 Verbenaceae］●■☆

55089　Zapania Nees et Mart. = Rhaphiodon Schauer（1844）［唇形科 Lamiaceae（Labiatae）］■☆

55090　Zapateria Pau（1887）= Ballota L.（1753）［唇形科 Lamiaceae（Labiatae）］●■☆

55091　Zapoteca H. M. Hern.（1987）【汉】热美朱樱花属。【隶属】豆科 Fabaceae（Leguminosae）//含羞草科 Mimosaceae。【包含】世界 17 种。【学名诠释与讨论】〈阴〉词源不详。【分布】巴拿马，秘鲁，玻利维亚，厄瓜多尔，哥伦比亚（安蒂奥基亚），哥斯达黎加，尼加拉瓜，西印度群岛，中美洲。【模式】Zapoteca tetragona（Willdenow）H. M. Hernández［Acacia tetragona Willdenow］●☆

55092　Zappania Scop.（1786）= Salvia L.（1753）［唇形科 Lamiaceae（Labiatae）//鼠尾草科 Salviaceae］●■

55093　Zappania Zuccagni（1806）Nom. illegit. = Lippia L.（1753）；~ = Zapania Lam.（1791）Nom. illegit.；~ =Lippia L.（1753）［马鞭草科 Verbenaceae//唇形科 Lamiaceae（Labiatae）］●■☆

55094　Zara Benth. et Hook. f.（1883）Nom. illegit.［天南星科 Araceae］☆

55095　Zarabellia Cass.（1829）= Melampodium L.（1753）［菊科 Asteraceae（Compositae）］■●

55096　Zarabellia Neck.（1790）Nom. inval. = Berkheya Ehrh.（1784）（保留属名）［菊科 Asteraceae（Compositae）］●■☆

55097　Zarcoa Llanos（1857）= Glochidion J. R. Forst. et G. Forst.（1776）（保留属名）［大戟科 Euphorbiaceae］●

55098　Zatarendia Raf.（1837）= Origanum L.（1753）［唇形科 Lamiaceae（Labiatae）］●■

55099　Zatarhendi Forssk. = Plectranthus L' Hér.（1788）（保留属名）［唇形科 Lamiaceae（Labiatae）］●■

55100　Zataria Boiss.（1844）【汉】扎塔尔灌属。【隶属】唇形科 Lamiaceae（Labiatae）。【包含】世界 1 种。【学名诠释与讨论】〈阴〉词源不详。【分布】阿富汗，巴基斯坦，伊朗。【模式】Zataria multiflora Boissier ●☆

55101　Zauscheria Steud.（1841）= Zauschneria C. Presl（1831）［柳叶菜科 Onagraceae］●■☆

55102　Zauschneria C. Presl（1831）【汉】加州倒挂金钟属（朱巧花属）。【日】カリフォルニア8 ホタルG⑥属 31【俄】Цаущнерия。【英】Californian Fuchsia, Fire Chalice, Fuchsia。【隶属】柳叶菜科 Onagraceae。【包含】世界 4 种。【学名诠释与讨论】〈阴〉（人）Johann Baptista Josef Zauschner, 1737-1799，波兰药学和植物学教授。此属的学名是 " Zauschneria K. B. Presl, Reliq. Haenk. 2：28. Jan–Jun 1831 "。亦有文献把其处理为 " Epilobium L.（1753）" 的异名。【分布】美国（西部），墨西哥。【后选模式】Zauschneria californica K. B. Presl。【参考异名】Epilobium L.（1753）；Zauscheria Steud.（1841）●■☆

55103　Zazintha Boehm. = Zacintha Vell.（1829）Nom. illegit.；~ = Clavija Ruiz et Pav.（1794）［假轮叶科（狄氏木科，拟棕科）Theophrastaceae］●☆

55104　Zazintha Hall.（1745）Nom. inval.［菊科 Asteraceae（Compositae）］☆

55105　Zea L.（1753）【汉】玉蜀黍属（玉米属）。【日】タウモロコシ属，トウモロコシ属。【俄】Кукуруза，Кукуруза обыкновенная，Маис。【英】Corn, Indian Corn, Maize。【隶属】禾本科 Poaceae（Gramineae）//玉蜀黍科 Zeaceae。【包含】世界 1-5 种，中国 1 种。【学名诠释与讨论】〈阴〉（希）zea = zeia，一种谷的希腊古名。此属的学名，ING、APNI、TROPICOS 和 IK 记载是 " Zea Linnaeus, Sp. Pl. 971. 1 Mai 1753 "。" Mais Adanson, Fam. 2：39,

573. Jul-Aug 1763"、"Mays P. Miller, Gard. Dict. Abr. ed. 4. 28 Jan 1754"和"Thalysia O. Kuntze, Rev. Gen. 2: 794. 1891"是"Zea L. (1753)"的晚出的同模式异名(Homotypic synonym, Nomenclatural synonym)。【分布】哥伦比亚(安蒂奥基亚),巴基斯坦,巴拿马,秘鲁,玻利维亚,厄瓜多尔,哥斯达黎加,美国(密苏里),尼加拉瓜,中国,温带,热带和亚热带,中美洲。【模式】Zea mays Linnaeus。【参考异名】Euchlaena Schrad. (1832); Mais Adans. (1763) Nom. illegit.; Mays Mill. (1754) Nom. illegit., Nom. superfl.; Mays Tourn. ex Gaertn. (1788) Nom. illegit.; Mayzea Raf. (1830) Nom. illegit.; Reana Brign. (1849); Thalysia Kuntze (1891) Nom. illegit. ■

55106 Zea Lunell (1915) Nom. illegit. ≡ Zeia Lunell (1915) Nom. illegit.; ~ ≡ Agropyron Gaertn. (1770); ~ ≡ Triticum L. (1753) [禾本科 Poaceae (Gramineae)] ■

55107 Zeaceae A. Kern. (1891) [亦见 Gramineae Juss. (保留科名)// Poaceae Barnhart (保留科名) 禾本科]【汉】玉蜀黍科。【包含】世界1属1-5种,中国1属1种。【分布】热带和亚热带,温带。【科名模式】Zea L. (1753) ■

55108 Zeaceae Rchb. (1830) = Gramineae Juss. (保留科名)//Poaceae Barnhart (保留科名) ■●

55109 Zebrina Schnizl. (1849) = Tradescantia L. (1753) [鸭趾草科 Commelinaceae] ■

55110 Zederachia Fabr. (1759) Nom. illegit. ≡Zederachia Heist. ex Fabr. (1759) Nom. illegit.; ~ ≡Melia L. (1753) [楝科 Meliaceae] ●

55111 Zederachia Heist. ex Fabr. (1759) Nom. illegit. ≡ Melia L. (1753) [楝科 Meliaceae] ●

55112 Zederbauera H. P. Fuchs (1959)【汉】齐德芥属。【隶属】十字花科 Brassicaceae (Cruciferae)。【包含】世界2种。【学名诠释与讨论】〈阴〉(人) Emmerich Zederbauer, 1877-1950, 奥地利植物学者,教授。此属的学名是"Zederbauera Fuchs, Phyton (Horn) 8: 162. 21 Mar 1959"。亦有文献把其处理为"Erysimum L. (1753)"的异名。【分布】亚洲西南部。【模式】Zederbauera lycaonica (Handel-Mazzetti) Fuchs [Syrenia lycaonica Handel-Mazzetti]。【参考异名】Erysimum L. (1753) ■☆

55113 Zedoaria Raf. (1838) = Curcuma L. (1753) (保留属名) [姜科(蘘荷科) Zingiberaceae] ■

55114 Zeduba Ham. ex Meisn. (1842) = Calanthe R. Br. (1821) (保留属名) [兰科 Orchidaceae] ■

55115 Zehnderia C. Cusset (1987)【汉】策恩川苔草属。【隶属】髯管花科 Geniostomaceae。【包含】世界1种。【学名诠释与讨论】〈阴〉(人) Zehnder。【分布】喀麦隆。【模式】Zehnderia microgyna C. Cusset ■☆

55116 Zehneria Endl. (1833)【汉】马㼎儿属(老鼠拉冬瓜属)。【英】Zehneria。【隶属】葫芦科(瓜科,南瓜科) Cucurbitaceae。【包含】世界25-35种,中国6种。【学名诠释与讨论】〈阴〉(人) Jos Zehner, 植物画家。【分布】巴基斯坦,马达加斯加,中国。【模式】Zehneria baueriana Endlicher。【参考异名】Bryonia L. (1753); Cucurbitula (M. Roem.) Kuntze (1903) Nom. illegit.; Cucurbitula (M. Roem.) Post et Kuntze (1903) Nom. illegit.; Karivia Arn. (1841); Landersia Macfad. (1837) Nom. illegit.; Melothria L. (1753); Pilogyne Eckl. ex Schrad. (1835); Pilogyne Schrad. (1835) Nom. illegit. ■

55117 Zehntnerella Britton et Rose (1920)【汉】小花柱属(小花柱属)。【日】ゼントネレラ属。【隶属】仙人掌科 Cactaceae。【包含】世界1种。【学名诠释与讨论】〈阴〉(人) Leo Zehntner, 德国博物学者+-ellus, -ella, -ellum, 加在名词词干后面形成指小式的词尾。或加在人名、属名等后面以组成新属的名称。此属的学名是"Zehntnerella N. L. Britton et Rose, Cact. 2: 176. 9 Sep 1920"。亦有文献把其处理为"Facheiroa Britton et Rose (1920)"的异名。【分布】巴西(东北部)。【模式】Zehntnerella squamulosa N. L. Britton et Rose。【参考异名】Facheiroa Britton et Rose (1920) ●☆

55118 Zeia Lunell (1915) Nom. illegit. ≡ Agropyron Gaertn. (1770); ~ ≡Triticum L. (1753) [禾本科 Poaceae (Gramineae)] ■

55119 Zeiba Raf. ≡Ceiba Mill. (1754) [木棉科 Bombacaceae//锦葵科 Malvaceae] ●

55120 Zelea Ten. (1841) = Carapa Aubl. (1775) [楝科 Meliaceae] ●☆

55121 Zelenkoa M. W. Chase et N. H. Williams (2001)【汉】巴拿马瘤瓣兰属。【隶属】兰科 Orchidaceae。【包含】世界1种。【学名诠释与讨论】〈阴〉(人) Zelenko。此属的学名是"Zelenkoa M. W. Chase et N. H. Williams, Lindleyana 16 (2): 139. 2001"。亦有文献把其处理为"Oncidium Sw. (1800) (保留属名)"的异名。【分布】巴拿马。【模式】Zelenkoa onusta (Lindl.) M. W. Chase et N. H. Williams。【参考异名】Oncidium Sw. (1800) (保留属名) ■☆

55122 Zeliauros Raf. (1840) = ? Veronica L. (1753) [玄参科 Scrophulariaceae//婆婆纳科 Veronicaceae] ■

55123 Zelkoua Van Houtte (1833) Nom. inval. = ? Zelkova Spach (1841) (保留属名) [榆科 Ulmaceae] ●☆

55124 Zelkova Spach (1841) (保留属名)【汉】榉属(榉树属)。【日】ケヤキ属。【俄】Дзелква, Дзелкова, Дзельква, Зельква, Планера。【英】Sawleaf Zelkova, Water Elm, Waterelm, Water-elm, Zelkova。【隶属】榆科 Ulmaceae。【包含】世界3-10种,中国3-4种。【学名诠释与讨论】〈阴〉(俄)在高加索称高加索榉 Zelkova carpinifolia 为 tselkwa 或 zelkoua。一说来自地名 Zelkoua, 希腊克里特岛名。此属的学名"Zelkova Spach in Ann. Sci. Nat., Bot., ser. 2, 15: 356. 1 Jun 1841"是保留属名。法规未列出相应的废弃属名。"Abelicea Baillon, Hist. Pl. 6: 185. 1875 (sero) - 1876 (prim.) ('1877')"是"Zelkova Spach (1841) (保留属名)"的晚出的同模式异名 (Homotypic synonym, Nomenclatural synonym)。"Zelkoua Van Houtte, Hort. Belge 1: 104. 1833"似是一个未合格发表的名称 (Nom. inval.)。【分布】中国,地中海东部,高加索,东亚。【模式】Zelkova crenata Spach, Nom. illegit. [Rhamnus carpinifolius Pallas; Zelkova carpinifolia (Pallas) K. H. E. Koch]。【参考异名】Abelicea Baill. (1876) Nom. illegit.; Abelicea Rchb. (1828); Hemiptelea Planch. (1872) ●

55125 Zelmira Raf. (1838) = Calathea G. Mey. (1818) [竹芋科(竹叶科,柊叶科) Marantaceae] ■

55126 Zelonops Raf. (1837) = Phoenix L. (1753) [棕榈科 Arecaceae (Palmae)] ●

55127 Zeltnera G. Mans. (2004)【汉】策尔龙胆属。【隶属】龙胆科 Gentianaceae。【包含】世界25种。【学名诠释与讨论】〈阴〉(人) Louis Zeltner, 1938-, 或 Nicole Zeltner, 1934-, 瑞士植物学者。【分布】哥斯达黎加,尼加拉瓜。【模式】Zeltnera trichantha (Griseb.) G. Mans. [Erythraea trichantha Griseb.] ■☆

55128 Zemisia B. Nord. (2006)【汉】异色千里光属。【隶属】菊科 Asteraceae (Compositae)。【包含】世界1种。【学名诠释与讨论】〈阴〉词源不详。【分布】牙买加,中美洲。【模式】Zemisia discolor (O. Swartz) B. Nordenstam [Cineraria discolor O. Swartz] ●☆

55129 Zemisne O. Deg. et Sherff (1935) = Scalesia Arn. (1836) [菊科 Asteraceae (Compositae)] ●☆

55130 Zenia Chun (1946)【汉】翅荚木属(砍头树属,任豆属)。【英】Zenbean, Zenia。【隶属】豆科 Fabaceae (Leguminosae)//云实科(苏木科) Caesalpiniaceae。【包含】世界1种,中国1种。【学名诠释与讨论】〈阴〉(人) Zen Hong-jun, 任鸿隽, 1886-1961, 中国化学家和教育家。一生撰写科学论文、专著和译著等身,内容涉及化学、物理、教育、科学思想、科学组织管理和科学技术史等多方面。他是中国最早的综合性科学团体——中国科学社和最早的综合性科学杂志——《科学》月刊的创建人之一,也是杰出的科学事业的组织领导者之一,为促进中国现代科学技术的发展做出了重要贡献。【分布】中国。【模式】Zenia insignis W. Y. Chun ●★

55131　Zenkerella Taub. (1894)【汉】岑克尔豆属(固氮豆属)。【隶属】豆科 Fabaceae(Leguminosae)。【包含】世界 5 种。【学名诠释与讨论】〈阴〉(人) Georg August Zenker, 1855-1922, 德国植物学者,植物采集家+-ellus, -ella, -ellum, 加在名词词干后面形成指小式的词尾。或加在人名、属名等后面以组成新属的名称。【分布】热带非洲。【模式】Zenkerella citrina Taubert。【参考异名】Podogynium Taub. (1896) ■☆

55132　Zenkeria Arn. (1838) = Apuleia Mart. (1837) (保留属名) [豆科 Fabaceae(Leguminosae)] ●☆

55133　Zenkeria Rchb. (1841) Nom. illegit. ≡ Parmentiera DC. (1838) [紫葳科 Bignoniaceae] ●

55134　Zenkeria Trin. (1837)【汉】山地草属(山地草原草属)。【隶属】禾本科 Poaceae(Gramineae)。【包含】世界 4 种。【学名诠释与讨论】〈阴〉(人) Jonathan Karl Zenker, 1799-1837, 德国植物学者,植物采集家。此属的学名, ING、TROPICOS 和 IK 记载是“Zenkeria Trinius, Linnaea 11: 150. Mar 1837”。“Zenkeria Arnott, Mag. Zool. Bot. 2: 548. 1838 = Apuleia Mart. (1837) (保留属名) [豆科 Fabaceae(Leguminosae)]”是晚出的非法名称。“Zenkeria H. G. L. Reichenbach, Deutsche Bot. Herbarienbuch (Nom.) 236. Jul 1841”则是“Parmentiera A. P. de Candolle 1838 [紫葳科 Bignoniaceae]”的晚出的同模式异名。【分布】斯里兰卡,印度。【模式】Zenkeria elegans Trinius ■☆

55135　Zenkerina Engl. (1897) = Staurogyne Wall. (1831) [爵床科 Acanthaceae] ■

55136　Zenkerodendron Gilg ex Jabl. (1915) = Cleistanthus Hook. f. ex Planch. (1848) [大戟科 Euphorbiaceae] ●

55137　Zenkerophytum Engl. ex Diels (1910) = Syrrheonema Miers (1864) [as ‘Syrrhonema’] ●☆

55138　Zenobia D. Don (1834)【汉】粉姬木属(白铃木属,扎诺比木属)。【日】ゼノービア属。【英】Zenobia。【隶属】杜鹃花科(欧石南科) Ericaceae。【包含】世界 1 种。【学名诠释与讨论】〈阴〉(人) Zenobia, 是 Palmyra 的王后, Odaenethus 的妻子。【分布】中国,北美洲东部。【模式】Zenobia speciosa (A. Michaux) D. Don [Andromeda speciosa A. Michaux] ●

55139　Zenopogon Link (1831) = Anthyllis L. (1753) [豆科 Fabaceae(Leguminosae)//蝶形花科 Papilionaceae] ■☆

55140　Zeocriton P. Beauv. (1812) Nom. illegit. = Hordeum L. (1753) [禾本科 Poaceae(Gramineae)] ■

55141　Zeocriton Wolf (1776) = Hordeum L. (1753) [禾本科 Poaceae(Gramineae)] ■

55142　Zephiranthes Raf. = Zephyranthes Herb. (1821) (保留属名) [石蒜科 Amaryllidaceae//葱莲科 Zephyranthaceae] ■

55143　Zephyra D. Don (1832)【汉】西蒂可花属。【隶属】蒂可花科(百鸢科,基叶草科) Tecophilaeaceae。【包含】世界 1 种。【学名诠释与讨论】〈阴〉(希) Zephyros, 西风之神。【分布】智利。【模式】Zephyra elegans D. Don。【参考异名】Dicolus Phil. (1873) ■☆

55144　Zephyranthaceae Salisb. (1866) [亦见 Amaryllidaceae J. St. -Hil. (保留科名)石蒜科和 Poaceae(Gramineae) (保留科名)禾本科]【汉】葱莲科。【包含】世界 1 属 40-50 种,中国 1 属 2 种。【分布】美洲,西印度群岛。【科名模式】Zephyranthes Herb. (1821) (保留属名) ■

55145　Zephyranthella (Pax) Pax (1930) = Habranthus Herb. (1824) [石蒜科 Amaryllidaceae] ■☆

55146　Zephyranthella Pax. (1930) Nom. illegit. ≡ Zephyranthella (Pax) Pax (1930); ~ = Habranthus Herb. (1824) [石蒜科 Amaryllidaceae] ■☆

55147　Zephyranthes Herb. (1821) (保留属名)【汉】葱莲属(菖蒲莲属,葱兰属,玉帘属,玉莲属)。【日】タマスダレ属。【俄】Зефирантес。【英】Fairy Lily, Rain Lily, Rain-lily, Swamp Lily, Wind Flower, Windflower, Zephyr Lily, Zephyr-flower, Zephyrlily, Zephyr-lily。【隶属】石蒜科 Amaryllidaceae//葱莲科 Zephyranthaceae。【包含】世界 40-50 种,中国 2 种。【学名诠释与讨论】〈阴〉(希) Zephyros, 西风之神+anthos, 花。指花芳香而美丽。此属的学名“Zephyranthes Herb., Appendix: 36. Dec 1821”是保留属名。相应的废弃属名是石蒜科 Amaryllidaceae//葱莲科 Zephyranthaceae) 的“Atamosco Adans., Fam. Pl. 2: 57, 522. Jul-Aug 1763 ≡ Zephyranthes Herb. (1821) (保留属名)”。【分布】巴拿马,秘鲁,玻利维亚,厄瓜多尔,哥伦比亚(安蒂奥基亚),哥斯达黎加,尼加拉瓜,中国,西印度群岛,中美洲。【模式】Zephyranthes atamasca (Linnaeus) Herbert [as ‘atamasco’] [Amaryllis atamasca Linnaeus]。【参考异名】Argyropsis M. Poem. (1847); Arviela Salisb. (1866); Atamasco Raf. (1825); Atamosco Adans. (1763) (废弃属名); Cooperia Herb. (1836); Haylockia Herb. (1830); Mesochloa Raf. (1838); Plectronema Raf. (1838); Pogonema Raf. (1838); Sceptranthes R. Graham (1836); Zephiranthes Raf. ■

55148　Zeravschania Korovin (1948)【汉】柴拉芹属。【俄】Зеравшания。【隶属】伞形花科(伞形科) Apiaceae (Umbelliferae)。【包含】世界 6-40 种。【学名诠释与讨论】〈阴〉词源不详。【分布】亚洲中部。【模式】Zeravschania regeliana E. P. Korovin ■☆

55149　Zerdana Boiss. (1842)【汉】类木果芥属。【隶属】十字花科 Brassicaceae(Cruciferae)。【包含】世界 1 种。【学名诠释与讨论】〈阴〉词源不详。【分布】伊朗(山区)。【模式】Zerdana anchonioides Boissier ■☆

55150　Zerna Panz. (1813) Nom. illegit. ≡ Vulpia C. C. Gmel. (1805) [禾本科 Poaceae(Gramineae)] ■

55151　Zerumbet Garsault (1764) Nom. inval. (废弃属名) = Kaempferia L. (1753) [姜科(蘘荷科) Zingiberaceae] ■

55152　Zerumbet J. C. Wendl. (1798) Nom. illegit. (废弃属名) = Alpinia Roxb. (1810) (保留属名) [姜科(蘘荷科) Zingiberaceae//山姜科 Alpiniaceae] ■

55153　Zerumbet T. Lestib. (1841) Nom. illegit. (废弃属名) = Zingiber Mill. (1754) [as ‘Zinziber’] (保留属名) [姜科(蘘荷科) Zingiberaceae] ■

55154　Zerumbeth Retz. = Curcuma L. (1753) (保留属名) [姜科(蘘荷科) Zingiberaceae] ■

55155　Zetagyne Ridl. (1921)【汉】隐雌兰属。【隶属】兰科 Orchidaceae。【包含】世界 1 种。【学名诠释与讨论】〈阴〉(希) zeta, 卧室+gyne, 所有格 gynaikos, 雌性,雌蕊。或希腊字母 zeta+gyne。指花柱形状。此属的学名是“Zetagyne Ridley, J. Nat. Hist. Soc. Siam 4: 118. 15 Nov 1921”。亦有文献把其处理为“Panisea (Lindl.) Lindl. (1854) (保留属名)”的异名。【分布】中南半岛。【模式】Zetagyne albiflora Ridley。【参考异名】Panisea (Lindl.) Lindl. (1854) (保留属名) ■☆

55156　Zetocapnia Link et Otto (1828) = Coetocapnia Link et Otto (1828); ~ = Polianthes L. (1753) [石蒜科 Amaryllidaceae//龙舌兰科 Agavaceae] ■

55157 Zeugandra P. H. Davis(1950)【汉】轭蕊桔梗属。【隶属】桔梗科 Campanulaceae。【包含】世界 2 种。【学名诠释与讨论】〈阴〉(希)zeugos,成对,连结,轭+aner,所有格 andros,雄性,雄蕊。【分布】伊朗。【模式】Zeugandra iranica P. H. Davis ■☆

55158 Zeugites P. Browne(1756)(保留属名)【汉】轭草属。【隶属】禾本科 Poaceae(Gramineae)。【包含】世界 12 种。【学名诠释与讨论】〈阳〉(希)zeugos,成对,连结,轭+-ites,表示关系密切的词尾。此属的学名"Zeugites P. Browne,Civ. Nat. Hist. Jamaica:341. 10 Mar 1756"是保留属名。法规未列出相应的废弃属名。"Senites Adanson,Fam. 2:39,604. Jul–Aug 1763"是"Zeugites P. Browne(1756)(保留属名)"的晚出的同模式异名(Homotypic synonym,Nomenclatural synonym)。【分布】巴拿马,秘鲁,玻利维亚,厄瓜多尔,哥伦比亚(安蒂奥基亚),哥斯达黎加,墨西哥,尼加拉瓜,委内瑞拉,西印度群岛,中美洲。【模式】Zeugites americanus Willdenow [Apluda zeugites Linnaeus]。【参考异名】Despretzia Kunth(1830);Galeottia M. Martens et Galeotti(1842);Galeottia Rupr. ex Galeotti(1842)Nom. inval.;Krombholzia Fourn.(1876);Krombholzia Rupr. ex E. Fourn. (1876)Nom. illegit.;Krombholzia Rupr. ex Galeotti(1844)Nom. illegit.;Senites Adans. (1763)Nom. illegit. ■☆

55159 Zeuktophyllum N. E. Br. (1927)【汉】矮樱龙属。【日】ツークトフィルム属。【隶属】番杏科 Aizoaceae。【包含】世界 1 种。【学名诠释与讨论】〈中〉(希)zeugos,成对,连结,轭+希腊文 phyllon,叶子。phyllodes,似叶的,多叶的。phylleion,绿色材料,绿草。【分布】非洲南部。【模式】Zeuktophyllum suppositum (L. Bolus) N. E. Brown [Mesembryanthemum suppositum L. Bolus] ●☆

55160 Zeuxanthe Ridl. (1939)= Prismatomeris Thwaites(1856) [茜草科 Rubiaceae] ●

55161 Zeuxina Lindl. (1826) Nom. illegit. (废弃属名) ≡ Zeuxine Lindl. (1826)(保留属名) [兰科 Orchidaceae] ■

55162 Zeuxina Summerh. (废弃属名) = Zeuxine Lindl. (1826) [as 'Zeuxina'](保留属名) [兰科 Orchidaceae] ■

55163 Zeuxine Lindl. (1826) [as 'Zeuxina'](保留属名)【汉】线柱兰属(腺柱兰属)。【日】キヌラン属,ゼウクシネ属,ホソバラン属。【俄】Зевксина。【英】Zeuxine。【隶属】兰科 Orchidaceae。【包含】世界 26-80 种,中国 14-16 种。【学名诠释与讨论】〈阴〉(希)zeuxis,接合+-inus,-ina,-inum 拉丁文加在名词词干之后,以形成形容词的词尾,含义为"属于、相似、关于、小的"。指唇瓣爪贴生在蕊柱上。此属的学名"Zeuxine Lindl.,Orchid. Scelet.:9. Jan 1826('Zeuxina')(orth. cons.)"是保留属名(nom. et orth. cons.)。法规未列出相应的废弃属名。但是其拼写变体"Zeuxina Lindl. (1826)"应该废弃。"Zeuxina Summerh. =Zeuxine Lindl. (1826) [as 'Zeuxina'](保留属名)"亦应废弃。【分布】巴基斯坦,马达加斯加,中国,热带和亚热带旧世界。【模式】Zeuxine sulcata (Roxburgh) Lindley [Pterygodium sulcatum Roxburgh (as 'sulcata']。【参考异名】Adenostylis Blume(1825);Adenostylis Engl.;Haplochilus Endl. (1841);Heterozeuxine T. Hashim. (1986);Monochilus Lindl. (1840) Nom. illegit.;Monochilus Wall. ex Lindl. (1840)Nom. illegit.;Psychechilos Breda (1829);Psychochilus Post et Kuntze (1903);Rhomboda Lindl. (1857);Strateuma Raf. (1837) Nom. illegit.;Tripleura Lindl. (1832);Zeuxina Lindl. (1826)Nom. illegit. (废弃属名);Zeuxina Summerh. (废弃属名)■

55164 Zeuxinella Aver. (2003)【汉】小线柱兰属。【隶属】兰科 Orchidaceae。【包含】世界 1 种。【学名诠释与讨论】〈阴〉(属)Zeuxine 线柱兰属+-ellus,-ella,-ellum,加在名词词干后面形成指小式的词尾。或加在人名、属名等后面以组成新属的名称。【分布】中美洲。【模式】Zeuxinella vietnamica (Aver.) Aver. ■☆

55165 Zexmenia La Llave et Lex. (1824) Nom. illegit. ≡ Zexmenia La Llave(1824) [菊科 Asteraceae(Compositae)] ●■☆

55166 Zexmenia La Llave(1824)【汉】须冠菊属(薄翅菊属)。【隶属】菊科 Asteraceae(Compositae)。【包含】世界 2 种。【学名诠释与讨论】〈阴〉(属)由 Ximenezia 字母改缀而来。另说由 Francisco Ximenez 改缀而来。此属的学名,ING 和 IK 记载是"Zexmenia La Llave in La Llave et Lexarza,Nov. Veg. 1:13. 1824"。"Zexmenia La Llave et Lex. (1824) ≡ Zexmenia La Llave(1824)"的命名人引证有误。【分布】巴拉圭,巴拿马,玻利维亚,哥伦比亚(安蒂奥基亚),中美洲。【模式】Zexmenia serrata La Llave。【参考异名】Lasianthaea DC. (1836);Lasianthus Zucc. ex DC. (废弃属名);Otopappus Benth. (1873);Telesia Raf. (1837);Tuxtla Villasenor et Strother (1989);Zexmenia La Llave et Lex. (1824) Nom. illegit. ■☆

55167 Zeydora Lour. ex Gomes(1868)= Pueraria DC. (1825) [豆科 Fabaceae(Leguminosae)//蝶形花科 Papilionaceae]●■

55168 Zeyhera DC. (1838) Nom. illegit. ≡ Zeyhera Mart. ex DC. (1838) Nom. illegit.;~ ≡ Zeyheria Mart. (1826) [紫葳科 Bignoniaceae]●☆

55169 Zeyhera Less. (1832) Nom. illegit. = Geigeria Griess. (1830);~ = Zeyheria A. Spreng. (1828) Nom. illegit. [菊科 Asteraceae (Compositae)]■●☆

55170 Zeyhera Mart. (1826) Nom. inval. ≡ Zeyhera Mart. ex DC. (1838) Nom. illegit.;~ ≡ Zeyheria Mart. (1826) [紫葳科 Bignoniaceae]●☆

55171 Zeyhera Mart. ex DC. (1838) Nom. illegit. ≡ Zeyheria Mart. (1826) [紫葳科 Bignoniaceae]●☆

55172 Zeyherella (Engl.) Aubrév. et Pellegr. (1958) Nom. illegit. ≡ Zeyherella (Pierre ex Baill.) Aubrév. et Pellegr. (1958) [山榄科 Sapotaceae]●☆

55173 Zeyherella (Engl.) Pierre ex Aubrév. et Pellegr. (1958) Nom. illegit. ≡ Zeyherella (Pierre ex Baill.) Aubrév. et Pellegr. (1958) [山榄科 Sapotaceae]●☆

55174 Zeyherella(Pierre ex Baill.) Aubrév. et Pellegr. (1958)【汉】泽赫山榄属。【隶属】山榄科 Sapotaceae。【包含】世界 7 种。【学名诠释与讨论】〈阴〉(人)K. Johann Michael Zeyher,1770-1843,植物学者+-ellus,-ella,-ellum,加在名词词干后面形成指小式的词尾。或加在人名、属名等后面以组成新属的名称。另说纪念 Carl (Karl) Ludwig Philipp Zeyher,1799-1858,德国植物学者,植物采集家。此属的学名,ING 和 TROPICOS 记载是"Zeyherella (Pierre ex Baillon) Aubréville et Pellegrin,Bull. Soc. Bot. France 105:37. Mai 1958",由"Gambeya sect. Zeyherella Pierre ex Baillon,Hist. Pl. 11:296. Sep – Oct 1891"改缀而来;IK 则记载为"Zeyherella (Engl. pro parte) Pierre ex Aubrév. et Pellegr. ,Bull. Soc. Bot. France 105:37. 1958"。三者引用的文献相同。"Zeyherella (Engl.) Aubrév. et Pellegr. (1958) Nom. illegit. ≡ Zeyherella (Pierre ex Baill.) Aubrév. et Pellegr. (1958)"、"Zeyherella (Engl.) Pierre ex Aubrév. et Pellegr. (1958) Nom. illegit. ≡ Zeyherella (Pierre ex Baill.) Aubrév. et Pellegr. (1958)"、"Zeyherella (Pierre ex Engl.) Aubrév. et Pellegr. (1958) Nom. illegit. ≡ Zeyherella (Pierre ex Baill.) Aubrév. et Pellegr. (1958)"和"Zeyherella Pierre ex Aubrév. et Pellegr. (1958) Nom. illegit. ≡ Zeyherella (Pierre ex Baill.) Aubrév. et Pellegr. (1958)"的命名人引证均有误。亦有文献把"Zeyherella (Pierre ex Baill.) Aubrév. et Pellegr. (1958)"处理为"Bequaertiodendron De Wild. (1919)"或"Englerophytum K. Krause (1914)"的异名。【分布】参见

Bequaertiodendron De Wild.。【模式】Zeyherella magalismontana（Sonder）Aubréville et Pellegrin［as 'megalismontana'］［Chrysophyllum magalismontanum Sonder］。【参考异名】Bequaertiodendron De Wild.（1919）；Gambeya sect. Zeyherella Pierre ex Baillon（1891）；Zeyherella（Engl.）Aubrév. et Pellegr.（1958）Nom. illegit.；Zeyherella（Engl.）Pierre ex Aubrév. et Pellegr.（1958）Nom. illegit.；Zeyherella（Pierre ex Engl.）Aubrév.（1958）Nom. illegit.；Zeyherella Pierre ex Aubrév. et Pellegr.（1958）Nom. illegit.●☆

55175　Zeyherella Pierre ex Aubrév. et Pellegr.（1958）Nom. illegit. ≡ Zeyherella（Pierre ex Baill.）Aubrév. et Pellegr.（1958）［山榄科 Sapotaceae］●☆

55176　Zeyheria A. Spreng.（1828）Nom. illegit. = Geigeria Griess.（1830）［菊科 Asteraceae（Compositae）］■●☆

55177　Zeyheria Mart.（1826）【汉】泽赫紫葳属。【隶属】紫葳科 Bignoniaceae。【包含】世界 2 种。【学名诠释与讨论】〈阴〉（人）K. Johann Michael Zeyher，1770-1843，德国植物学家，园艺学家，植物采集家。此属的学名，ING、GCI、TROPICOS 和 IK 记载是"Zeyheria Mart.，Nov. Gen. Sp. Pl.（Martius）2（1）：65（-66）. 1826［Apr - Jun 1826］"。"Zeyhera Mart. ex DC.，Bibliotheque Universelle de Geneve 14. 1838"是"Zeyheria Mart.（1826）"的拼写变体；"Zeyhera DC.（1838）Nom. illegit. ≡ Zeyhera Mart. ex DC.（1838）Nom. illegit."的命名人引证有误；"Zeyhera Mart.（1826）Nom. inval. ≡ Zeyhera Mart. ex DC.（1838）Nom. illegit."是一个未合格发表的名称（Nom. inval.）。"Zeyheria A. Sprengel, Tent. Suppl. 26. 20 Sep 1828 = Geigeria Griess.（1830）［菊科 Asteraceae（Compositae）］"是晚出的非法名称。【分布】巴西，玻利维亚。【模式】Zeyheria montana C. F. P. Martius。【参考异名】Zeyhera DC.（1838）Nom. illegit.；Zeyhera Mart.（1826）Nom. illegit.，Nom. inval.；Zeyhera Mart. ex DC.（1838）Nom. illegit.●☆

55178　Zeylanidium（Tul.）Engl.（1930）【汉】斯里兰卡川苔草属。【隶属】髯管花科 Geniostomaceae。【包含】世界 6 种。【学名诠释与讨论】〈阴〉（地）Zeylan，锡兰，斯里兰卡的旧称＋-idius，-idia，-idium，指示小的词尾。此属的学名，ING 记载是"Zeylanidium（L. -R. Tulasne）Engler in Engler et Prantl，Nat. Pflanzenfam. ed. 2. 18a：61. 1930"，由"Hydrobryum［par.］Zeylanidium L. -R. Tulasne, Ann. Sci. Nat.，Bot. ser. 3. 11：104. Feb 1849"改级而来；而 IK 则记载为"Zeylanidium Engl.，Nat. Pflanzenfam.，ed. 2［Engler et Prantl］18a：61. 1930"。亦有文献把"Zeylanidium（Tul.）Engl.（1930）"处理为"Hydrobryum Endl.（1841）"的异名。【分布】缅甸，斯里兰卡，印度（阿萨姆），印度（南部）。【后选模式】Zeylanidium olivaceum（G. Gardner）Engler［Podostemon olivaceum G. Gardner］。【参考异名】Hydrobryum Endl.（1841）；Hydrobryum［par.］Zeylanidium Tul.（1849）；Zeylanidium Engl.（1930）Nom. illegit.■☆

55179　Zeylanidium Engl.（1930）Nom. illegit. ≡ Zeylanidium（Tul.）Engl.（1930）［髯管花科 Geniostomaceae］■☆

55180　Zezyphoides Parkinson = Alphitonia Reissek ex Endl.（1840）；~ = Zizyphoides Sol. ex Drake［鼠李科 Rhamnaceae］●

55181　Zhaoanthus M. B. Crespo, Mart. -Azorín et Mavrodiev（2015）【汉】赵氏鸢尾属。【隶属】鸢尾科 Iridaceae。【包含】世界 7 种。【学名诠释与讨论】〈阴〉词源不详。【分布】朝鲜。【模式】Zhaoanthus rossii（Baker）M. B. Crespo, Mart. -Azorín et Mavrodiev［Iris rossii Baker］☆

55182　Zhengyia T. Deng, D. G. Zhang et H. Sun（2013）【汉】征镒荨麻属。【隶属】荨麻科 Urticaceae。【包含】世界 1 种。【学名诠释与讨论】〈阴〉（中）Zhengy，吴征镒，中国植物学者。【分布】中国。【模式】Zhengyia shennongensis T. Deng, D. G. Zhang et H. Sun☆

55183　Zhukowskia Szlach.，R. González et Rutk.（2000）【汉】茹考夫兰属。【隶属】兰科 Orchidaceae。【包含】世界 5 种。【学名诠释与讨论】〈阴〉（人）Zhukowski。此属的学名是"Zhukowskia D. L. Szlachetko，R. González Tamayo et P. Rutkowski, Adansonia ser. 3. 22：326. 29 Dec 2000"。亦有文献把其处理为"Spiranthes Rich.（1817）（保留属名）"的异名。【分布】美洲。【模式】Zhukowskia smithii（H. G. Reichenbach）D. L. Szlachetko，R. González Tamayo et P. Rutkowski［Spiranthes smithii H. G. Reichenbach］。【参考异名】Spiranthes Rich.（1817）（保留属名）■☆

55184　Zhumeria Rech. f. et Wendelbo（1967）【汉】茹麦灌属。【隶属】唇形科 Lamiaceae（Labiatae）。【包含】世界 1 种。【学名诠释与讨论】〈阴〉词源不详。此属的学名，ING、TROPICOS 和 IK 记载是"Zhumeria K. H. Rechinger fil. et P. Wendelbo, Nytt Mag. Bot. 14：39. 30 Nov 1967"。它曾被处理为"Salvia subgen. Zhumeria（Rech. f. & Wendelbo）J. B. Walker, B. T. Drew & J. G. González, Taxon 66（1）：142. 2017.（23 Feb 2017）"。亦有文献把"Zhumeria Rech. f. et Wendelbo（1967）"处理为"Salvia L.（1753）"的异名。【分布】伊朗。【模式】Zhumeria majdae K. H. Rechinger fil. et P. Wendelbo。【参考异名】Salvia L.（1753）；Salvia subgen. Zhumeria（Rech. f. & Wendelbo）J. B. Walker, B. T. Drew & J. G. González（2017）●☆

55185　Zichia Steud.（1841）Nom. illegit. ≡ Zichya Hueg.（1837）［豆科 Fabaceae（Leguminosae）//蝶形花科 Papilionaceae］●☆

55186　Zichya Hueg.（1837）Nom. illegit. ≡ Kennedia Vent.（1805）［豆科 Fabaceae（Leguminosae）//蝶形花科 Papilionaceae］●☆

55187　Zichya Hueg. ex Benth.（1837）= Kennedia Vent.（1805）［豆科 Fabaceae（Leguminosae）//蝶形花科 Papilionaceae］●☆

55188　Ziegera Raf.（1838）= Miconia Ruiz et Pav.（1794）（保留属名）［野牡丹科 Melastomataceae//米氏野牡丹科 Miconiaceae］●☆

55189　Zieria Sm.（1798）【汉】洋茱萸属（兹利木属）。【隶属】芸香科 Rutaceae。【包含】世界 44 种。【学名诠释与讨论】〈阴〉（人）John Zier，? -1796，Ehrhart 和 William Curtis 的助手，波兰植物学者。【分布】澳大利亚。【模式】Zieria smithii H. C. Andrews●☆

55190　Zieridium Baill.（1872）【汉】齐里橘属。【隶属】芸香科 Rutaceae。【包含】世界 3 种。【学名诠释与讨论】〈中〉（属）Zieria 洋茱萸属（兹利木属）＋-idius，-idia，-idium，指示小的词尾。此属的学名是"Zieridium Baillon, Adansonia 10：303. 12 Dec 1872"。亦有文献把其处理为"Evodia J. R. Forst. et G. Forst.（1776）"的异名。【分布】法兰新喀里多尼亚。【模式】Zieridium gracile Baillon。【参考异名】Evodia J. R. Forst. et G. Forst.（1776）●☆

55191　Ziervoglia Neck.（1790）Nom. inval. = Cynanchum L.（1753）［萝藦科 Asclepiadaceae］●■

55192　Zietenia Gled.（1764）= Stachys L.（1753）［唇形科 Lamiaceae（Labiatae）］●■

55193　Zigadenus Michx.（1803）【汉】棋盘花属。【日】リシリソウ属。【俄】Зигаденус。【英】Alkali Grass, Camash, Chessboard Flower, Death Camas, Death - camus, Zigadenus。【隶属】百合科 Liliaceae//黑药花科（藜芦科）Melanthiaceae。【包含】世界 10-22 种，中国 1 种。【学名诠释与讨论】〈阳〉（希）zygos，成对，连结，轭+aden，所有格 adenos，腺体。指腺体成对生于花被裂片的基部。此属的学名，ING、TROPICOS、GCI 和 IK 记载是"Zigadenus Michx.，Fl. Bor. -Amer.（Michaux）1：213.（t. 22）. 1803［19 Mar 2003］"。"Zygadenus Endl.，Genera Plantarum（Endlicher）135. 1836"和"Zygadenus Michx.，Fl. Bor. -Amer.（Michaux）1：213, t. 22. 1803［19 Mar 1803］"是"Zigadenus Michx.（1803）"的拼写变

体。【分布】美国,中国,西伯利亚,东亚,北美洲,中美洲。【模式】Zigadenus glaberrimus A. Michaux。【参考异名】Amianthemum A. Gray;Amianthemum Steud. (1840);Amianthium A. Gray(1837)(保留属名);Amianthum Raf. (1838);Anticlea Kunth(1843);Chitonia Salisb. (1866) Nom. illegit.;Chrysosperma T. Durand et Jacks. (1891);Cyanotris Raf. (1818)(废弃属名);Endocles Salisb. (1866);Geiseleria Kunth(1842) Nom. illegit.;Melanthium L. (1753);Monadenus Salisb. (1866);Oceanoros Small(1903);Toxicoscordion Rydb. (1903);Tracyanthus Small(1903);Zygadenus Endl. (1836) Nom. illegit.;Zygadenus Michx. (1803) Nom. illegit. ■

55194   Zigara Raf. (1840) = Bupleurum L. (1753)［伞形花科(伞形科) Apiaceae(Umbelliferae)］●■

55195   Zigmaloba Raf. (1838) = Acacia Mill. (1754)(保留属名)［豆科 Fabaceae(Leguminosae)//含羞草科 Mimosaceae//金合欢科 Acaciaceae］●■

55196   Zilla Forssk. (1775)【汉】齐拉芥属。【隶属】十字花科 Brassicaceae(Cruciferae)。【包含】世界 2-3 种。【学名诠释与讨论】〈阴〉(阿拉伯)sillah,植物俗名。【分布】非洲北部至阿拉伯地区。【模式】Zilla myagrioides Forsskål ■☆

55197   Zimapania Engl. et Pax(1892) = Jatropha L. (1753)(保留属名)［大戟科 Euphorbiaceae］●■

55198   Zimmermannia Pax(1910)【汉】齐默大戟属。【隶属】大戟科 Euphorbiaceae。【包含】世界 6 种。【学名诠释与讨论】〈阴〉(人)Philipp William (Wilhelm) Albrecht Zimmermann,1860 – 1931,德国植物学者,植物采集家,博物学者。此属的学名是"Zimmermannia W. Gothan et Zimmermann,Arbeiten Inst. Paläobot. 2:113. 1932(non Pax 1910)"。亦有文献把其处理为"Meineckia Baill. (1858)"的异名。【分布】马达加斯加,热带非洲东部。【模式】Zimmermannia capillipes Pax。【参考异名】Meineckia Baill. (1858) ■☆

55199   Zimmermanniopsis Radcl. -Sm. (1990)【汉】拟齐默大戟属。【隶属】大戟科 Euphorbiaceae。【包含】世界 1 种。【学名诠释与讨论】〈阴〉(属)Zimmermannia 齐默大戟属+希腊文 opsis,外观,模样,相似。此属的学名是"Zimmermanniopsis A. Radcliffe-Smith in A. Radcliffe-Smith et M. M. Harley,Kew Bull. 45:152. 16 Feb 1990"。亦有文献把其处理为"Meineckia Baill. (1858)"的异名。【分布】坦桑尼亚。【模式】Zimmermanniopsis uzungwaënsis A. Radcliffe-Smith。【参考异名】Meineckia Baill. (1858) ■☆

55200   Zingania A. Chev. (1946) = Didelotia Baill. (1865)［豆科 Fabaceae(Leguminosae)//云实科(苏木科) Caesalpiniaceae］●☆

55201   Zingeria P. A. Smirn. (1946)【汉】津格草属。【隶属】禾本科 Poaceae(Gramineae)。【包含】世界 4 种。【学名诠释与讨论】〈阴〉(人)Zinger,植物学者。【分布】俄罗斯东南至安纳托利亚,叙利亚和伊拉克。【模式】Zingeria biebersteiniana(Claus)Smirnov［Agrostis biebersteiniana Claus］。【参考异名】Zingeriopsis Prob. (1977) ■☆

55202   Zingeriopsis Prob. (1977) = Zingeria P. A. Smirn. (1946)［禾本科 Poaceae(Gramineae)］■☆

55203   Zingiber Adans. (1763) Nom. illegit. (废弃属名) = Zingiber Mill. (1754)［as 'Zinziber'］(保留属名)［姜科(蘘荷科) Zingiberaceae］■

55204   Zingiber Boehm. (1760) Nom. illegit. (废弃属名) = Zingiber Mill. (1754)［as 'Zinziber'］(保留属名)［姜科(蘘荷科) Zingiberaceae］■

55205   Zingiber Mill. (1754)［as 'Zinziber'］(保留属名)【汉】姜属。【日】ショウガ属,メウガ属。【俄】Имбирь,Цингибер。【英】Ginger,Zinger。【隶属】姜科(蘘荷科) Zingiberaceae。【包含】世界 100-150 种,中国 42 种。【学名诠释与讨论】〈中〉(希)zingiberis ="拉"zingiberi,姜的俗名。来自梵语 sringavera,角形。指块茎形状。此属的学名"Zingiber Mill. ,Gard. Dict. Abr. ,ed. 4:[1545]. 28 Jan 1754('Zinziber')(orth. cons.)"是保留属名。法规未列出相应的废弃属名。但是其拼写变体"Zinziber Mill. (1754)"应该废弃。姜科(蘘荷科) Zingiberaceae 的"Zingiber Boehm. ,Definitiones Generum Plantarum 1760 = Zingiber Mill. (1754)［as 'Zinziber'］(保留属名)"和"Zingiber Adans. (1763) = Zingiber Mill. (1754)［as 'Zinziber'］(保留属名)"亦应废弃。"Amomum Linnaeus,Sp. Pl. 1. 1 Mai 1753(废弃属名)"和"Pacoseroca Adanson,Fam. 2:67,586. Jul – Aug 1763 ≡ Amomum L. (1753)(废弃属名)"是"Zingiber Mill. (1754)［as 'Zinziber'］(保留属名)"的晚出的同模式异名(Homotypic synonym,Nomenclatural synonym)。【分布】澳大利亚(北部),巴基斯坦,巴拿马,玻利维亚,哥伦比亚(安蒂奥基亚),马达加斯加,尼加拉瓜,印度至马来西亚,中国,东亚,中美洲。【模式】Zingiber officinale Roscoe［Amomum zingiber Linnaeus］。【参考异名】Amomum L. (1753)(废弃属名);Cassumunar Colla (1830);Dieterichia Giseke(1792);Dietrichia Giseke(1792) Nom. illegit. ;Dymezewiczia Horan. (1862);Jaegera Giseke(1792);Lampujang J. König(1783);Pacoseroca Adans. (1763) Nom. illegit. ;Thumung J. König(1783);Zerumbet T. Lestib. (1841) Nom. illegit. (废弃属名);Zingiber Adans. (1763) Nom. illegit. (废弃属名);Zingiber Boehm. (1760)(废弃属名);Zinziber Mill. (1754) Nom. illegit. ■

55206   Zingiberaceae Adans. = Zingiberaceae Martinov(保留科名)■

55207   Zingiberaceae Lindl. = Zingiberaceae Martinov(保留科名)■

55208   Zingiberaceae Martinov(1820)［as 'Zinziberaceae'］(保留科名)【汉】姜科(蘘荷科)。【日】シャウガ科,ショウガ科。【俄】имбирные。【英】Ginger Family。【包含】世界 45-52 属 700-1500 种,中国 20-21 属 216-238 种。【分布】热带,主要印度–马来西亚。【科名模式】Zingiber Mill. (1754)［as 'Zinziber'］(保留属名)■

55209   Zinnia L. (1759)(保留属名)【汉】百日菊属(百日草属,步步高属,对叶菊属)。【日】ジニア属,ヒャクニチサウ属,ヒャクニチソウ属。【俄】Циния,Цинния。【英】Youth – and – old – age,Zinnia。【隶属】菊科 Asteraceae(Compositae)。【包含】世界 17-25 种,中国 3 种。【学名诠释与讨论】〈阴〉(人)Johann Gottfried Zinn,1727-1759,德国植物学和医学教授。此属的学名"Zinnia L. ,Syst. Nat. ,ed. 10:1189,1221,1377. 7 Jun 1759"是保留属名。相应的废弃属名是菊科 Asteraceae 的"Crassina Scepin,Acid. Veg. :42. 19 Mai 1758 ≡ Zinnia L. (1759)(保留属名)"和"Lepia Hill,Exot. Bot. :29. Feb – Sep 1759 = Zinnia L. (1759)(保留属名)"。十字花科的"Lepia N. A. Desvaux,J. Bot. Agric. 3:165. 1815 (prim.)('1814') ≡ Neolepia W. A. Weber(1989) = Lepidium L. (1753)"也须废弃。【分布】巴拉圭,巴拿马,巴西,秘鲁,玻利维亚,厄瓜多尔,哥伦比亚(安蒂奥基亚),美国(南部),尼加拉瓜,智利,中国,中美洲。【模式】Zinnia peruviana(Linnaeus)Linnaeus［Chrysogonum peruvianum Linnaeus］。【参考异名】Crassina Scepin(1758)(废弃属名);Diplothrix DC. (1836);Lejica DC. (1836);Sanvitaliopsis Sch. Bip. (1887),Nom. inval. ;Lepia Hill(1759)(废弃属名);Sanvitaliopsis Sch. Bip. ex Benth. et Hook. f. (1873) Nom. inval. ;Tragoceros Kunth(1818)●■

55210   Zinowiewia Turcz. (1859)【汉】季氏卫矛属。【隶属】卫矛科 Celastraceae。【包含】世界 17 种。【学名诠释与讨论】〈阴〉(人)Zinowiew。【分布】巴拿马,秘鲁,玻利维亚,厄瓜多尔,哥伦比亚(安蒂奥基亚),墨西哥,尼加拉瓜,委内瑞拉,中美洲。【模式】Zinowiewia integerrima(Turczaninow)Turczaninow［Wimmeria integerrima Turczaninow] ● ☆

55211　Zinziber Mill. (1754) Nom. illegit. (废弃属名) ≡ Zingiber Mill. (1754) [as 'Zinziber'] (保留属名) [姜科 (蘘荷科) Zingiberaceae] ■

55212　Zipania Pers. (1806) Nom. illegit. ≡ Zappania Scop. (1786) [唇形科 Lamiaceae(Labiatae)//马鞭草科 Verbenaceae] ● ■

55213　Zippelia Blume (1830) 【汉】齐头绒属 (齐头花属)。【英】Zippelia。【隶属】胡椒科 Piperaceae。【包含】世界 1 种, 中国 1 种。【学名诠释与讨论】〈阴〉(人) Hermann Zippel, ? -1885, 荷兰植物学者。此属的学名, ING、TROPICOS 和 IK 记载是 "Zippelia Blume in J. A. Schultes et J. H. Schultes in J. J. Roemer et J. A. Schultes, Syst. Veg. 7 (2): 1614. 1830 (sero.)"。"Zippelia Rchb. ex Endl., Gen. Pl. [Endlicher] Suppl. 2: 6. 1842 [Mar-Jun 1842] ≡ Rhizanthes Dumort. (1829) [大花草科 Rafflesiaceae]" 是晚出的非法名称。"Zippelia H. G. L. Reichenbach, Handb. 164. 1-7 Oct 1837, Nom. inval., Nom. illegit. ≡ ≡ Zippelia Rchb. ex Endl. (1842) Nom. illegit. [大花草科 Rafflesiaceae]" 是一个未合格发表的名称 (Nom. inval.)。【分布】印度尼西亚 (爪哇岛), 中国。【模式】Zippelia begoniaefolia Blume。【参考异名】Circaeocarpus C. Y. Wu (1957) ■

55214　Zippelia Rchb. (1837) Nom. inval., Nom. illegit. ≡ Zippelia Rchb. ex Endl. (1842) Nom. illegit.; ~ ≡ Rhizanthes Dumort. (1829) [大花草科 Rafflesiaceae] ■ ☆

55215　Zippelia Rchb. ex Endl. (1842) Nom. illegit. ≡ Rhizanthes Dumort. (1829) [大花草科 Rafflesiaceae] ■ ☆

55216　Zizania Gronov. ex L. (1753) ≡ Zizania L. (1753) [禾本科 Poaceae(Gramineae)] ■

55217　Zizania L. (1753) 【汉】菰属 (茭白属)。【日】マコモ属。【俄】Цицания。【英】Water Oat, Wild Rice, Wildrice。【隶属】禾本科 Poaceae(Gramineae)。【包含】世界 4 种, 中国 1-3 种。【学名诠释与讨论】〈阴〉(希) zizanion, 毒麦, 一种田中杂草。此属的学名, ING、TROPICOS 和 GCI 记载是 "Zizania Linnaeus, Sp. Pl. 991. 1 Mai 1753"。IK 则记载为 "Zizania Gronov. ex L., Sp. Pl. 2: 991. 1753 [1 May 1753]"。"Zizania Gronov." 是命名起点著作之前的名称, 故 "Zizania L. (1753)" 和 "Zizania Gronov. ex L. (1753)" 都是合法名称, 可以通用。"Fartis Adanson, Fam. 2: 37, 557. Jul-Aug 1763"、"Hydropyrum Link, Hortus Berol. 1: 252. Oct-Dec 1827" 和 "Ceratochaete Lunell, Amer. Midl. Naturalist 4: 214. 20 Sep 1915 (by lectotypification)" 是 "Zizania L. (1753)" 的晚出的同模式异名 (Homotypic synonym, Nomenclatural synonym)。【分布】巴基斯坦, 美国 (密苏里), 缅甸, 印度 (东北), 中国, 东亚, 北美洲, 中美洲。【后选模式】Zizania aquatica Linnaeus。【参考异名】Ceratochaete Lunell (1915) Nom. illegit.; Elymus Mitch. (1769) Nom. illegit.; Fartis Adans. (1763) Nom. illegit.; Hydropyrum Link (1827) Nom. illegit.; Melinum Link (1829) Nom. illegit.; Zizania Gronov. ex L. (1753) ■

55218　Zizaniopsis Doell et Asch. (1871) 【汉】假菰属 (拟菰属)。【隶属】禾本科 Poaceae(Gramineae)。【包含】世界 5 种。【学名诠释与讨论】〈阴〉(属) Zizania 菰属+希腊文 opsis, 外观, 模样。【分布】美国 (东南部), 热带南美洲。【后选模式】Zizaniopsis microstachya (C. G. D. Nees) Doell et Ascherson [Zizania microstachya C. G. D. Nees] ■ ☆

55219　Zizia Pfeiff. = Zizzia Roth (1830) Nom. illegit.; ~ = Draba L. (1753) +Alyssum L. (1753) [十字花科 Brassicaceae(Cruciferae)] ■ ●

55220　Zizia W. D. J. Koch (1824) 【汉】茇茇芹属 (茇茇雅属)。【隶属】伞形花科 (伞形科) Apiaceae(Umbelliferae)。【包含】世界 4

种。【学名诠释与讨论】〈阴〉(人) Johann Baptist Ziz, 1779 -1829, 植物学者。此属的学名, ING、GCI、TROPICOS 和 IK 记载是 "Zizia W. D. J. Koch, Nova Acta Phys. -Med. Acad. Caes. Leop. -Carol. Nat. Cur. 12 (1): 128. 1824 [ante 28 Oct 1824]"。【分布】美国, 北美洲。【模式】Zizia aurea (Linnaeus) W. D. J. Koch [Smyrnium aureum Linnaeus]。【参考异名】Thaspium Nutt. (1818) ■ ☆

55221　Zizifora Adans. (1763) = Ziziphora L. (1753) [唇形科 Lamiaceae(Labiatae)] ● ■

55222　Ziziforum Caruel (1883) = Ziziphora L. (1753) [唇形科 Lamiaceae(Labiatae)] ● ■

55223　Ziziphaceae Adans. (1903) = Ziziphaceae Adans. ex Post et Kuntze ●

55224　Ziziphaceae Adans. ex Post et Kuntze [亦见 Rhamnaceae Juss. (保留科名)鼠李科]【汉】枣科。【包含】世界 1 属 80-100 种, 中国 1 属 12-15 种。【分布】印度-马来西亚, 澳大利亚, 热带美洲, 非洲, 地中海。【科名模式】Ziziphus Mill. (1754) ●

55225　Ziziphora L. (1753) 【汉】新塔花属 (唇香草属)。【俄】Зизифора。【英】Ziziphora。【隶属】唇形科 Lamiaceae (Labiatae)。【包含】世界 20-30 种, 中国 4-5 种。【学名诠释与讨论】〈阴〉(属) zizza, 曲曲折折+phoros, 具有, 梗, 负载, 发现者。此属的学名, ING、TROPICOS 和 IK 记载是 "Ziziphora L., Sp. Pl. 1: 21. 1753 [1 May 1753]"。"Zwingeria Heister ex Fabricius, Enum. 59. 1759" 是 "Ziziphora L. (1753)" 的晚出的同模式异名 (Homotypic synonym, Nomenclatural synonym)。【分布】巴基斯坦, 中国, 地中海地区, 亚洲中部和阿富汗。【后选模式】Ziziphora capitata Linnaeus。【参考异名】Faldermannia Trautv. (1839); Zizifora Adans. (1763); Ziziforum Caruel (1883); Zizyphora Dumort. (1829); Zwingeria Fabr. (1759) Nom. illegit.; Zwingeria Heist. ex Fabr. (1759) Nom. illegit. ● ■

55226　Ziziphus Mill. (1754) 【汉】枣属。【日】ナツメ属。【俄】Зизифус, Унаби, Юйюба, Ююба。【英】Jujube, Jujube-tree。【隶属】鼠李科 Rhamnaceae//枣科 Ziziphaceae。【包含】世界 80-100 种, 中国 12-15 种。【学名诠释与讨论】〈阴〉(希) zizyphon, 枣树的俗名, 来自阿拉伯语 zizouf, Ziziphus lotus Lam. 的俗名。此属的学名, ING、TROPICOS、APNI、GCI 和 IK 记载是 "Ziziphus Mill., Gard. Dict. Abr., ed. 4. [1547]. 1754 [28 Jan 1754]"。"Jububa Bubani, Fl. Pyrenaea 1: 376. 1897" 是 "Ziziphus Mill. (1754)" 的晚出的同模式异名 (Homotypic synonym, Nomenclatural synonym)。【分布】澳大利亚, 巴基斯坦, 巴拿马, 秘鲁, 玻利维亚, 厄瓜多尔, 非洲, 哥伦比亚 (安蒂奥基亚), 马达加斯加, 尼加拉瓜, 地中海地区, 印度至马来西亚, 中国, 热带美洲, 中美洲。【后选模式】Ziziphus jujuba P. Miller, Nom. illegit. [Rhamnus zizyphus Linnaeus; Ziziphus zizyphus (Linnaeus) H. Karsten]。【参考异名】Chloroxylum P. Browne (1756) (废弃属名); Jububa Bubani (1897) Nom. illegit.; Mansana J. F. Gmel. (1791); Sarcomphalus P. Browne (1756); Zizyphon St. -Lag. (1880); Zizyphus Adans. (1763) ●

55227　Zizyphoides Sol. ex Drake = Alphitonia Reissek ex Endl. (1840) [鼠李科 Rhamnaceae] ●

55228　Zizyphon St. -Lag. (1880) = Ziziphus Mill. (1754) [鼠李科 Rhamnaceae//枣科 Ziziphaceae] ●

55229　Zizyphora Dumort. (1829) = Ziziphora L. (1753) [唇形科 Lamiaceae(Labiatae)] ● ■

55230　Zizyphus Adans. (1763) = Ziziphus Mill. (1754) [鼠李科 Rhamnaceae//枣科 Ziziphaceae] ●

55231　Zizzia Roth (1830) Nom. illegit. ≡ Petrocallis W. T. Aiton (1812); ~ = Draba L. (1753) + Alyssum L. (1753) [十字花科

Brassicaceae(Cruciferae)]■☆

55232 Zoduba Buch. -Ham. ex D. Don(1825)= Calanthe R. Br. (1821)(保留属名)[兰科 Orchidaceae]■

55233 Zoegea L. (1767)【汉】掌片菊属。【俄】Зегея。【隶属】菊科 Asteraceae(Compositae)。【包含】世界3种。【学名诠释与讨论】〈阴〉(人)Zoega。【分布】亚洲中部和西南。【模式】Zoegea leptaurea Linnaeus■☆

55234 Zoelleria Warb. (1892)= Trigonotis Steven (1851)[紫草科 Boraginaceae]■

55235 Zoellnerallium Crosa(1975)【汉】智利百合属。【隶属】百合科 Liliaceae。【包含】世界1种。【学名诠释与讨论】〈阴〉(人)Otto Zoellner,植物学者+(属)Allium 葱属。【分布】智利。【模式】Zoellnerallium andinum (Poeppig) O. Crosa[Ornithogalum andinum Poeppig]■☆

55236 Zoisia Asch. et Graebn. ,Nom. illegit. =Zoysia Willd. (1801)(保留属名)[禾本科 Poaceae(Gramineae)]■

55237 Zoisia J. M. Black(1943) Nom. illegit. ≡Zoysia Willd. (1801)(保留属名)[禾本科 Poaceae(Gramineae)]■

55238 Zollernia Maximil. et Nees,Nom. illegit. =Zollernia Wied-Neuw. et Nees (1827)[豆科 Fabaceae (Leguminosae)//蝶形花科 Papilionaceae]●☆

55239 Zollernia Wied-Neuw. et Nees(1827)【汉】佐纳铁豆属。【隶属】豆科 Fabaceae(Leguminosae)//蝶形花科 Papilionaceae。【包含】世界14种。【学名诠释与讨论】〈阴〉(人)Friderico Guilelmo 三世,Hohenzollern 王室成员。此属的学名,ING 记载是"Zollernia Wied-Neuwied et C. G. D. Nees, Nova Acta Phys. - Med. Acad. Caes. Leop. -Carol. Nat. Cur. 13(2):Praef. 13. 1826"。GCI 则记载为"Zollernia Wied-Neuw. et Nees,Fridericia et Zollernia[Nees]9. 1827[5-19 May 1827];later publ. :Nova Acta Phys. -Med. Acad. Caes. Leop. -Carol. Nat. Cur. 13(1):Praef. 13. 1827"。"Zollernia Maximil. et Nees =Zollernia Wied-Neuw. et Nees(1827)"的命名人引证有误。"Acidandra C. F. P. Martius ex K. P. J. Sprengel, Gen. 388. Jan-Sep 1830"是"Zollernia Wied-Neuw. et Nees(1827)"的晚出的同模式异名(Homotypic synonym,Nomenclatural synonym)。【分布】中美洲和热带南美洲。【后选模式】Zollernia falcata Wied-Neuwied et C. G. D. Nees, Nom. illegit. [Krameria glabra K. P. J. Sprengel;Zollernia glabra (K. P. J. Sprengel) G. P. Yakovlev]。【参考异名】Acidandra Mart. ex Spreng. (1830) Nom. illegit. ;Coquebertia Brongn. (1833);Zollernia Maximil. et Nees, Nom. illegit. ●☆

55240 Zollikoferia DC. (1838) Nom. illegit. =Launaea Cass. (1822)[菊科 Asteraceae(Compositae)]■

55241 Zollikoferia Nees(1825) Nom. illegit. ≡Willemetia Neck. (1777-1778); ~ =Chondrilla L. (1753)[菊科 Asteraceae(Compositae)]■

55242 Zollikoferiastrum(Kirp.) Kamelin(1993)【汉】佐里菊属。【隶属】菊科 Asteraceae(Compositae)。【包含】世界3种。【学名诠释与讨论】〈阴〉(人)Caspar Tobias Zollikofer,1774-1843,瑞士植物学者+-astrum,指示小的词尾,也有"不完全相似"的含义。此属的学名是"Zollikoferiastrum (M. E. Kirpicznikov) R. V. Kamelin in T. A. Adylov et T. I. Zuckerwanik, Opredelit. Rast. Srednej Azii 10:628. 1993 (post 26 Oct)", 由"Cephalorrhynchus sect. Zollikoferiastrum M. E. Kirpicznikov in E. G. Bobrov et N. N. Tzvelev,Fl. URSS 29:725. Mar-Dec 1964"改级而来。【分布】高加索至亚洲中部。【模式】Zollikoferiastrum polycladum (Boissier) R. V. Kamelin[Zollikoferia polyclada Boissier]■☆

55243 Zollingeria Kurz(1872)(保留属名)【汉】佐林格无患子属。【隶属】无患子科 Sapindaceae。【包含】世界3种。【学名诠释与

讨论】〈阴〉(人)Heinrich Zollinger,1818-1859,瑞士植物学者,植物采集家,教师。此属的学名"Zollingeria Kurz in J. Asiat. Soc. Bengal, Pt. 2, Nat. Hist. 41:303. 1872"是保留属名。相应的废弃名是菊科 Asteraceae 的"Zollingeria Sch. Bip. in Flora 37:274. 14 Mai 1854 =Rhynchospermum Reinw. ex Blume(1825)"。【分布】东南亚。【模式】Zollingeria macrocarpa S. Kurz。【参考异名】Belingia Pierre(1895)■☆

55244 Zollingeria Sch. Bip. (1854)(废弃属名)= Rhynchospermum Reinw. ex Blume(1825)[菊科 Asteraceae(Compositae)]■

55245 Zombia L. H. Bailey(1939)【汉】海地棕属(草裙棕属,轮刺棕属)。【隶属】棕榈科 Arecaceae(Palmae)。【包含】世界1种。【学名诠释与讨论】〈阴〉来自植物俗名。【分布】海地。【模式】Zombia antillarum (Descourtilz ex Jackson) L. H. Bailey[Chamaerops antillarum Descourtilz ex Jackson]。【参考异名】Oothrinax (Bedd.) O. F. Cook(1941);Oothrinax O. F. Cook(1941) Nom. illegit. ●☆

55246 Zombiana Baill. (1888)= Rotula Lour. (1790)[紫草科 Boraginaceae//破布木科(破布树科)Cordiaceae]●

55247 Zombitsia Keraudren(1963)【汉】佐姆葫芦属。【隶属】葫芦科(瓜科,南瓜科)Cucurbitaceae。【包含】世界1种。【学名诠释与讨论】〈阴〉词源不详。此属的学名,ING、TROPICOS 和 IK 记载是"Zombitsia Keraudren, Adansonia ser. 2. 3:167. Apr 1963"。【分布】马达加斯加。【模式】Zombitsia lucorum Keraudren。【参考异名】Zombitsia Rabenant. ■☆

55248 Zombitsia Rabenant. =Zombitsia Keraudren(1963)[葫芦科(瓜科,南瓜科)Cucurbitaceae]■☆

55249 Zomicarpa Schott(1856)【汉】巴西南星属。【隶属】天南星科 Araceae。【包含】世界3种。【学名诠释与讨论】〈阴〉(希) zomos,汤,酱汁,或指胖人+karpos,果实。【分布】巴西(南部)。【模式】Zomicarpa pythonium (C. F. P. Martius) H. W. Schott[Arum pythonium C. F. P. Martius]■☆

55250 Zomicarpella N. E. Br. (1881)【汉】哥伦比亚南星属。【隶属】天南星科 Araceae。【包含】世界1种。【学名诠释与讨论】〈阴〉(属)Zomicarpa 巴西南星属+-ellus, -ella, -ellum,加在名词词干后面形成指小式的词尾。或加在人名、属名等后面以组成新属的名称。【分布】哥伦比亚。【模式】Zomicarpella maculata N. E. Brown ■☆

55251 Zonablephis Raf. (1838) Nom. illegit. ≡ Cheilopsis Moq. (1832); ~ =Acanthus L. (1753)[爵床科 Acanthaceae]●■

55252 Zonanthemis Greene (1897)= Hemizonia DC. (1836)[菊科 Asteraceae(Compositae)]■☆

55253 Zonanthus Griseb. (1862)【汉】带花龙胆属。【隶属】龙胆科 Gentianaceae。【包含】世界1种。【学名诠释与讨论】〈阳〉(希) zone =拉丁文 zona,带,腰带+anthos,花。【分布】古巴。【模式】Zonanthus cubensis Grisebach ■☆

55254 Zonaria Steud. (1840)= Zornia J. F. Gmel. (1792)[豆科 Fabaceae(Leguminosae)//蝶形花科 Papilionaceae]■

55255 Zonotriche(C. E. Hubb.) J. B. Phipps(1964)【汉】带毛叶舌草属(流苏毛叶舌草属)。【隶属】禾本科 Poaceae(Gramineae)。【包含】世界3种。【学名诠释与讨论】〈阴〉(希)zone =拉丁文 zona,带,腰带+thrix,所有格 trichos,毛,毛发。此属的学名,ING、TROPICOS 和 IK 记载是"Zonotriche (C. E. Hubbard) Phipps, Kirkia 4:113. Jun 1964";TROPICOS 记载基源异名是"Tristachya sect. Zonotriche C. E. Hubb. , Bulletin of Miscellaneous Information, Royal Gardens, Kew 1936(5):322. 1936"。【分布】热带非洲。【模式】Zonotriche decora (Stapf) Phipps[Tristachya decora Stapf]。【参考异名】Mitwabachloa Phipps (1967);Piptostachya (C. E.

Hubb.）J. B. Phipps（1964）；Tristachya sect. Zonotriche C. E. Hubb.（1936）■☆

55256　Zoophora Bernh.（1800）= Orchis L.（1753）［兰科 Orchidaceae］■

55257　Zoophthalmum P. Browne（1756）（废弃属名）≡ Mucuna Adans.（1763）（保留属名）［豆科 Fabaceae（Leguminosae）//蝶形花科 Papilionaceae］●■

55258　Zootrophion Luer（1982）= Pleurothallis R. Br.（1813）［兰科 Orchidaceae］■☆

55259　Zornia J. F. Gmel.（1792）【汉】丁癸草属。【日】スナジマメ属，スナヂマメ属。【英】Zornia。【隶属】豆科 Fabaceae（Leguminosae）//蝶形花科 Papilionaceae。【包含】世界75-86种，中国3种。【学名诠释与讨论】〈阴〉（人）Johannes Zorn，1739-1799，德国植物学者，药剂师，Icones plantarum medicinalium 的作者。此属的学名，ING、APNI、GCI、TROPICOS 和 IK 记载是"Zornia J. F. Gmel., Syst. Nat., ed. 13［bis］. 2:1076,1096. 1792［Apr-Oct 1792］"。"Zornia Moench, Meth. 410. 4 Mai 1794 = Lallemantia Fisch. et C. A. Mey.（1840）［唇形科 Lamiaceae（Labiatae）"是晚出的非法名称。【分布】巴基斯坦，巴拉圭，巴拿马，秘鲁，玻利维亚，厄瓜多尔，哥伦比亚（安蒂奥基亚），哥斯达黎加，马达加斯加，尼加拉瓜，利比里亚（宁巴），中国，中美洲。【模式】Zornia bracteata J. F. Gmelin。【参考异名】Myriadenus Desv.（1813）；Zonaria Steud.（1840）■

55260　Zornia Moench（1794）= Lallemantia Fisch. et C. A. Mey.（1840）［唇形科 Lamiaceae（Labiatae）］■

55261　Zoroxus Raf.（1836）Nom. illegit. ≡ Polygaloides Haller（1768）；~ = Polygala L.（1753）［远志科 Polygalaceae］●■

55262　Zosima Hoffm.（1814）【汉】艾叶芹属。【俄】Зосимия。【隶属】伞形花科（伞形科）Apiaceae（Umbelliferae）。【包含】世界4-10种，中国1种。【学名诠释与讨论】〈阴〉词源不详。此属的学名，ING、TROPICOS 和 IK 记载是"Zosima G. F. Hoffmann, Gen. Umbellif. xxx, 145. 1814"。"Zosima R. A. Philippi, Anales Univ. Chile 36:188. 1870（non G. F. Hoffmann 1814）= Philibertia Kunth（1818）［萝藦科 Asclepiadaceae］"是晚出的非法名称。"Zozima DC., Prodr.［A. P. de Candolle］4:195, sphalm. 1830［late Sep 1830］"和"Zozimia DC., Prodromus Systematis Naturalis Regni Vegetabilis 4:195. 1830"是"Prodromus Systematis Naturalis Regni Vegetabilis 4:195. 1830"的拼写变体。"Zosimia M. Bieb., Fl. Taur. -Caucas. 3:229.［Dec 1819 or early 1820］"仅有属名，似也为"Zosima Hoffm.（1814）"的拼写变体。【分布】巴基斯坦，亚洲西部，中国。【模式】Zosima orientalis G. F. Hoffmann, Nom. illegit.［Heracleum absinthifolium Ventenat；Zosima absinthifolia（Ventenat）Link］。【参考异名】Pichleria Stapf et Wettst.（1886）；Zosimia Kom., Nom. illegit.；Zosimia M. Blob.（1819）Nom. illegit.；Zozima DC.（1830）Nom. illegit.；Zozimia Boiss., Nom. illegit.；Zozimia DC.（1830）Nom. illegit.■

55263　Zosima Phil.（1870）= Philibertia Kunth（1818）［萝藦科 Asclepiadaceae］■

55264　Zosimia Kom., Nom. illegit. = Zosima Hoffm.（1814）［伞形花科（伞形科）Apiaceae（Umbelliferae）］

55265　Zosimia M. Biob.（1819）Nom. illegit. = Zosima Hoffm.（1814）［伞形花科（伞形科）Apiaceae（Umbelliferae）］■

55266　Zoster St. - Lag.（1881）= Zostera L.（1753）［眼子菜科 Potamogetonaceae//大叶藻科（甘藻科）Zosteraceae］■

55267　Zostera Cavolini = Posidonia K. D. König（1805）（保留属名）［眼子菜科 Potamogetonaceae//波喜荡科（波喜荡科，海草科，海神草科）Posidoniaceae］■

55268　Zostera L.（1753）【汉】大叶藻属（甘藻属）。【日】アマモ属。【俄】Взморник, Зостера。【英】Eelgrass, Eel-grass, Grass Wrack, Tape-grass。【隶属】眼子菜科 Potamogetonaceae//大叶藻科（甘藻科）Zosteraceae。【包含】世界12-14种，中国5-6种。【学名诠释与讨论】〈阴〉（希）zoster，腰带。指叶带形。此属的学名，ING、APNI、TROPICOS 和 IK 记载是"Zostera Linnaeus, Sp. Pl. 968. 1 Mai 1753"。"Alga Adanson, Fam. 2:469, 515. Jul-Aug 1763（non Boehmer 1760）"是"Zostera L.（1753）"的晚出的同模式异名（Homotypic synonym, Nomenclatural synonym）。【分布】马达加斯加，中国，温带，亚极地，亚热带。【模式】Zostera marina Linnaeus。【参考异名】Alga Adans.（1763）Nom. illegit.（废弃属名）；Alga Lam.（1779）Nom. illegit.（废弃属名）；Heterozostera（Setch.）Hartog（1970）；Zoster St. -Lag.（1881）■

55269　Zosteraceae Dumort.（1829）（保留科名）【汉】大叶藻科（甘藻科）。【日】アマモ科。【俄】Взморниковые, Зостеровые。【英】Eelgrass Family, Eel-grass Family, Zostera Family。【包含】世界3属18-23种，中国2属8种。【分布】温带海洋，少数在热带。【科名模式】Zostera L.（1753）■

55270　Zosterella Small（1913）【汉】异药雨久花属。【隶属】雨久花科 Pontederiaceae//水星草科 Heterantheraceae。【包含】世界2种。【学名诠释与讨论】〈阴〉（希）zoster，腰带+-ellus, -ella, -ellum，加在名词词干后面形成指小式的词尾。或加在人名、属名等后面以组成新属的名称。此属的学名是"Zosterella J. K. Small in J. K. Small et Carter, Fl. Lancaster Co. 68. 1913"。亦有文献把其处理为"Heterantera Ruiz et Pav.（1794）（保留属名）"的异名。【分布】温带和亚热带北美洲，中美洲。【模式】Zosterella dubia（N. J. Jacquin）J. K. Small［Commelina dubia N. J. Jacquin］。【参考异名】Heterantera Ruiz et Pav.（1794）（保留属名）■☆

55271　Zosterophyllanthos Szlach. et Marg.（2002）【汉】带叶花属。【隶属】兰科 Orchidaceae。【包含】世界161种。【学名诠释与讨论】〈阳〉（希）zoster，腰带+phyllon，叶子。phyllodes，似叶的，多叶的。phylleion，绿色材料，绿草+anthos，花。antheros，多花的。antheo，开花。希腊文 anthos 亦有"光明、光辉、优秀"之义。【分布】玻利维亚，广布。【模式】Zosterophyllanthos grandiflorus（Lindl.）Szlach. et Margonska［Pleurothallis grandiflora Lindl.］。■☆

55272　Zosterospermon P. Beauv. ex T. Lestib.（1819）= Rhynchospora Vahl（1805）［as 'Rynchospora'］（保留属名）［莎草科 Cyperaceae］■☆

55273　Zosterospermum P. Beauv. = Rhynchospora Vahl（1805）［as 'Rynchospora'］（保留属名）［莎草科 Cyperaceae］■☆

55274　Zosterostylis Blume（1825）= Cryptostylis R. Br.（1810）［兰科 Orchidaceae］■

55275　Zotovia Edgar et Connor（1998）【汉】山皱稃草属。【隶属】禾本科 Poaceae（Gramineae）。【包含】世界3种。【学名诠释与讨论】〈阴〉（人）Victor Dmitfievich Zotov，1908-1977，植物学者。此属的学名，IK 记载是"Zotovia Edgar et Connor, New Zealand J. Bot. 36（4）:569（1998）"。它是一个替代名称。"Petriella Zotov, Trans. et Proc. Roy. Soc. New Zealand 73:235. Dec 1943"是一个非法名称（Nom. illegit.），因为此前已经有了真菌的"Petriella Curzi, Boll. Staz. Patol. Veg. Roma 10:384. 1930"。故用"Zotovia Edgar et Connor（1998）"替代之。亦有文献把"Zotovia Edgar et Connor（1998）"处理为"Ehrharta Thunb.（1779）（保留属名）"的异名。【分布】新西兰。【模式】Zotovia colensoi（Hook. f.）Edgar et Connor。【参考异名】Ehrharta Thunb.（1779）（保留属名）；Petriella Zotov（1943）Nom. illegit. ■☆

55276　Zouchia Raf.（1838）= Pancratium L.（1753）［石蒜科 Amaryllidaceae//百合科 Liliaceae//全能花科 Pancratiaceae］■

55277　Zoutpansbergia Hutch.（1946）= Callilepis DC.（1836）［菊科 Asteraceae（Compositae）］■●☆

55278　Zoydia Pers.（1805）Nom. illegit. ≡ Zoysia Willd.（1801）（保留属名）［禾本科 Poaceae（Gramineae）］■

55279　Zoysia Willd.（1801）（保留属名）【汉】结缕草属。【日】シバ属。【俄】Цойзия，Цойсия。【英】Lawn Grass, Lawngrass, Lawn-grass, Zoysia Grass。【隶属】禾本科 Poaceae（Gramineae）。【包含】世界10种,中国5种。【学名诠释与讨论】〈阴〉（人）Karl von Zois, 1756-1800,奥地利植物学者,植物采集家。此属的学名"Zoysia Willd. in Ges. Naturf. Freunde Berlin Neue Schriften 3：440. 1801（post 21 Apr）"是保留属名。法规未列出相应的废弃属名。"Osterdamia Necker ex O. Kuntze, Rev. Gen. 2：781. 5 Nov 1891"是"Zoysia Willd.（1801）（保留属名）"的晚出的同模式异名（Homotypic synonym, Nomenclatural synonym）。"Zoydia Pers., Synopsis Plantarum 1：73. 1805"和"Zoisia J. M. Black, Flora of South Australia 1943"是"Zoysia Willd.（1801）（保留属名）"的拼写变体;"Zoisia Asch. et Graebn."也似其变体。【分布】厄瓜多尔,哥伦比亚(安蒂奥基亚),哥斯达黎加,马达加斯加,尼加拉瓜,中国,马斯克林群岛至新西兰,中美洲。【模式】Zoysia pungens Willdenow。【参考异名】Brousemichea Balansa（1890）; Bwusemichea Balansa; Matrella Pers.（1805）; Osterdamia Kuntze（1891）Nom. illegit.; Osterdamia Neck., Nom. inval.; Osterdamia Neck. ex Kuntze（1891）Nom. illegit.; Zoisia Asch. et Graebn., Nom. illegit.; Zoisia J. M. Black（1943）Nom. illegit.; Zoydia Pers.（1805）Nom. illegit. ■

55280　Zoysiaceae Link（1827）= Gramineae Juss.（保留科名）// Poaceae Barnhart（保留科名）■●

55281　Zozima DC.（1830）Nom. illegit. ≡ Zosima Hoffm.（1814）［伞形花科(伞形科) Apiaceae（Umbelliferae）］■

55282　Zozimia Boiss., Nom. illegit. ≡ Zosima Hoffm.（1814）［伞形花科(伞形科) Apiaceae（Umbelliferae）］■

55283　Zozimia DC.（1830）Nom. illegit. = Zosima Hoffm.（1814）［伞形花科(伞形科) Apiaceae（Umbelliferae）］■

55284　Zschokkea Müll. Arg.（1860）= Lacmellea H. Karst.（1857）［夹竹桃科 Apocynaceae］●☆

55285　Zschokkia Benth. et Hook. f.（1876）Nom. illegit. ≡ Zschokkea Müll. Arg.（1860）; ~ = Lacmellea H. Karst.（1857）［夹竹桃科 Apocynaceae］●☆

55286　Zubiaea Gand. = Daucus L.（1753）［伞形花科(伞形科) Apiaceae（Umbelliferae）］■

55287　Zucca Comm. ex Juss.（1789）= Momordica L.（1753）［葫芦科(瓜科,南瓜科) Cucurbitaceae］■

55288　Zuccagnia Cav.（1799）（保留属名）【汉】细点苏木属。【隶属】豆科 Fabaceae（Leguminosae）//云实科(苏木科) Caesalpiniaceae。【包含】世界1种。【学名诠释与讨论】〈阴〉（人）Attilio Zuccagni, 1754-1807,意大利植物学者,医生,植物采集家。此属的学名"Zuccagnia Cav., Icon. 5：2. Jun-Sep 1799"是保留属名。相应的废弃属名是百合科 Liliaceae 的"Zuccangnia Thunb., Nov. Gen. Pl.：127. 17 Dec 1798 = Dipcadi Medik.（1790）"。"Uropetalon Burchell ex Ker-Gawler, Bot. Reg. t. 156. 1 Nov 1816"是"Zuccangnia Thunb.（1798）（废弃属名）"的晚出的同模式异名（Homotypic synonym, Nomenclatural synonym）。【分布】智利。【模式】Zuccagnia punctata Cavanilles ●☆

55289　Zuccangnia Thunb.（1798）（废弃属名）= Dipcadi Medik.（1790）［百合科 Liliaceae//风信子科 Hyacinthaceae］■☆

55290　Zuccarinia Blume（1826-1827）（保留属名）【汉】祖卡茜属。【隶属】茜草科 Rubiaceae。【包含】世界1种。【学名诠释与讨

论】〈阴〉（人）Joseph Gerhard Zuccarini, 1797-1848,德国植物学者,教授,医生。此属的学名"Zuccarinia Blume, Bijdr.：1006. Oct 1826-Mar 1827"是保留属名。相应的废弃属名是"Zuccarinia Maerkl. in Ann. Wetterauischen Ges. Gesammte Naturk. 2：252. 28 Apr 1811"［INCERTAE SEDIS］。茜草科 Rubiaceae 的"Zuccarinia Spreng., Syst. Veg.（ed. 16）［Sprengel］4（2, Cur. Post.）：50, 81. 1827［Jan-Jun 1827］≡ Jackia Wall.（1824）Nom. illegit."亦应废弃。【分布】印度尼西亚(苏门答腊岛,爪哇岛)。【模式】Zuccarinia macrophylla Blume ■☆

55291　Zuccarinia Spreng.（1827）（废弃属名）≡ Jackia Wall.（1824）Nom. illegit.; ~ = Jackiopsis Ridsdale（1979）［茜草科 Rubiaceae］■☆

55292　Zucchelia H. Buek（1859）Nom. illegit.［萝藦科 Asclepiadaceae］☆

55293　Zucchellia Decne.（1844）= Raphionacme Harv.（1842）［萝藦科 Asclepiadaceae］■☆

55294　Zuchertia Baill.（1858）= Tragia L.（1753）［大戟科 Euphorbiaceae］●

55295　Zuckia Standl.（1915）【汉】棱苞滨藜属。【英】Siltbush。【隶属】藜科 Chenopodiaceae。【包含】世界1种。【学名诠释与讨论】〈阴〉（人）Myrtle Zuck, fl. 1897。【分布】美国(西南部)。【模式】Zuckia arizonica Standley ●☆

55296　Zuelania A. Rich.（1841）【汉】苏兰木属。【隶属】刺篱木科(大风子科) Flacourtiaceae。【包含】世界1种。【学名诠释与讨论】〈阴〉词源不详。【分布】西印度群岛,中美洲。【模式】Zuelania laetioides A. Richard。【参考异名】Thiodia Griseb. ●☆

55297　Zugilus Raf.（1817）= Ostrya Scop.（1760）（保留属名）［榛科 Corylaceae//桦木科 Betulaceae］●

55298　Zulatia Neck.（1790）Nom. inval. ≡ Zulatia Neck. ex Raf.（1838）Nom. illegit.; ~ ≡ Rhynchanthera DC.（1828）（保留属名）; ~ = Miconia Ruiz et Pav.（1794）（保留属名）［野牡丹科 Melastomataceae//米氏野牡丹科 Miconiaceae］●☆

55299　Zulatia Neck. ex Raf.（1838）Nom. illegit. ≡ Rhynchanthera DC.（1828）（保留属名）; ~ = Miconia Ruiz et Pav.（1794）（保留属名）［野牡丹科 Melastomataceae//米氏野牡丹科 Miconiaceae］●☆

55300　Zuloagaea Bess（2006）【汉】鳞苔稷属。【英】Bulb Panicgrass。【隶属】禾本科 Poaceae（Gramineae）。【包含】世界1种。【学名诠释与讨论】〈阴〉（人）Fernando Omar Zuloaga, 1951-,植物学者。此属的学名是"Zuloagaea Bess, Systematic Botany 31（4）：666. 2006"。亦有文献把其处理为"Panicum L.（1753）"的异名。【分布】尼加拉瓜,北美洲。【模式】Zuloagaea bulbosa（Kunth）Bess。【参考异名】Panicum L.（1753）■☆

55301　Zuluzania Comm. ex C. F. Gaertn. = Bertiera Aubl.（1775）［茜草科 Rubiaceae］■☆

55302　Zunilia Lundell（1981）= Ardisia Sw.（1788）（保留属名）［紫金牛科 Myrsinaceae］●■

55303　Zurloa Ten.（1841）= Carapa Aubl.（1775）［楝科 Meliaceae］●☆

55304　Zuvanda（Dvořák）Askerova（1985）【汉】西南亚芥属。【隶属】十字花科 Brassicaceae（Cruciferae）。【包含】世界3种。【学名诠释与讨论】〈阴〉词源不详。此属的学名,ING 和 IK 记载是"Zuvanda（F. Dvořák）R. K. Askerova, Bot. Zurn.（Moscow & Leningrad）70：522. Apr 1985",由"Maresia subgen. Zuvanda F. Dvořák, Feddes Repert. 83：271. 30 Aug 1972"改级而来。TROPICOS 则记载为"Zuvanda Askerova"。【分布】黎巴嫩,叙利亚,伊拉克,伊朗,以色列,高加索南部,安纳托利亚。【模式】Zuvanda meyeri（Boissier）R. K. Askerova［Malcolmia meyeri Boissier］。【参考异名】Maresia subgen. Zuvanda Dvořák（1972）■☆

55305　Zwaardekronia Korth.（1851）= Psychotria L.（1759）（保留属

名）［茜草科 Rubiaceae//九节科 Psychotriaceae］●

55306　Zwackhia Sendtn. (1858) Nom. illegit. = Halacsya Dörfl. (1902)［紫草科 Boraginaceae］☆

55307　Zwackhia Sendtn. ex Rchb. (1858) Nom. illegit. ≡ Zwackhia Sendtn. (1858); ~ = Halacsya Dörfl. (1902)［紫草科 Boraginaceae］☆

55308　Zwardekronia Hook. f. (1880) Nom. illegit. ［茜草科 Rubiaceae］☆

55309　Zwingera Hofer(1762)= Atropa L. (1753); ~ = Nolana L. ex L. f. (1762)［茄科 Solanaceae//颠茄科 Atropaceae//铃花科 Nolanaceae］■

55310　Zwingera Neck. (1790) Nom. inval. ［旋花科 Convolvulaceae］☆

55311　Zwingera Schreb. (1791) Nom. illegit. ≡ Simaba Aubl. (1775); ~ = Quassia L. (1762)［苦木科 Simaroubaceae］●☆

55312　Zwingeria Fabr. (1759) Nom. illegit. ≡ Zwingeria Heist. ex Fabr. (1759) Nom. illegit. ; ~ ≡ Ziziphora L. (1753)［唇形科 Lamiaceae(Labiatae)］●■

55313　Zwingeria Heist. ex Fabr. (1759) Nom. illegit. ≡ Ziziphora L. (1753)［唇形科 Lamiaceae(Labiatae)］●■

55314　Zycona Kuntze (1891) = Allendea La Llave (1824); ~ = Schistocarpha Less. (1831)［菊科 Asteraceae(Compositae)］■●☆

55315　Zygadenus Endl. (1836) Nom. illegit. ≡ Zigadenus Michx. (1803)［百合科 Liliaceae//黑药花科(藜芦科)Melanthiaceae］■

55316　Zygadenus Michx. (1803) Nom. illegit. ≡ Zigadenus Michx. (1803)［百合科 Liliaceae//黑药花科(藜芦科)Melanthiaceae］■

55317　Zygalchemilla Rydb. (1908) = Alchemilla L. (1753)［蔷薇科 Rosaceae//羽衣草科 Alchemillaceae］■

55318　Zyganthera N. E. Br. (1901) = Pseudohydrosme Engl. (1892)［天南星科 Araceae］■☆

55319　Zygella S. Moore (1895) = Cypella Herb. (1826)［鸢尾科 Iridaceae］■☆

55320　Zygia Benth. et Hook. f. (1876) Nom. illegit. (废弃属名) = Micromeria Benth. (1829) (保留属名); ~ = Zygis Desv. (1825) (废弃属名)［唇形科 Lamiaceae(Labiatae)］■●

55321　Zygia Boehm. (1760) Nom. illegit. (废弃属名)［豆科 Fabaceae(Leguminosae)］●

55322　Zygia Kosterm. (废弃属名) = Pithecellobium Mart. (1837)［as 'Pithecollobium'](保留属名)［豆科 Fabaceae(Leguminosae)//含羞草科 Mimosaceae］●

55323　Zygia P. Browne (1756) (废弃属名) = Paralbizzia Kosterm. (1954); ~ = Pithecellobium Mart. (1837)［as 'Pithecollobium'](保留属名)［豆科 Fabaceae(Leguminosae)//含羞草科 Mimosaceae］●

55324　Zygia Walp. (1842) Nom. illegit. (废弃属名) = Albizia Durazz. (1772)［豆科 Fabaceae(Leguminosae)//含羞草科 Mimosaceae］●

55325　Zygilus Post et Kuntze (1903) = Ostrya Scop. (1760) (保留属名)［榛科 Corylaceae//桦木科 Betulaceae］●

55326　Zygis Desv. (1825) (废弃属名) ≡ Zygis Desv. ex Ham. (1825) (废弃属名); ~ = Micromeria Benth. (1829) (保留属名)［唇形科 Lamiaceae(Labiatae)］■●

55327　Zygis Desv. ex Ham. (1825) (废弃属名) = Micromeria Benth. (1829) (保留属名)［唇形科 Lamiaceae(Labiatae)］■●

55328　Zygis Ham. (1825) Nom. illegit. (废弃属名) ≡ Zygis Desv. ex Ham. (1825) (废弃属名); ~ = Micromeria Benth. (1829) (保留属名)［唇形科 Lamiaceae(Labiatae)］■●

55329　Zygocactus Frič et K. Kreuz. (1935) Nom. illegit. ≡ Zygocactus K. Schum. (1890)［仙人掌科 Cactaceae］■

55330　Zygocactus K. Schum. (1890)【汉】蟹爪花属(蟹爪兰属,蟹爪属)。【日】ジゴカクタス属。【俄】Зигокактус。【英】Crab Cactus, Crabcactus。【隶属】仙人掌科 Cactaceae。【包含】世界 3 种,中国 1 种。【学名诠释与讨论】〈阳〉(希)zygos,成对,连结,轭+cactos,有刺的植物,通常指仙人掌科 Cactaceae 植物。指其每一节往往有一对刺状突起。此属的学名,ING 和 IK 记载是"Zygocactus K. Schumann in C. F. P. Martius, Fl. Brasil. 4(2):194, 223. 1 Sep 1890"。"Zygocereus A. V. Frič et K. Kreuzinger in K. Kreuzinger, Verzeichnis Amer. Sukk. Revision Syst. Kakteen 17. 30 Apr 1935"是"Zygocactus K. Schum. (1890)"的晚出的同模式异名(Homotypic synonym, Nomenclatural synonym)。"Zygocactus K. Schum. (1890)"曾被处理为"Schlumbergera subgen. Zygocactus (K. Schum.) Moran, Gentes Herbarum; Occasional Papers on the Kinds of Plants 8(4):329. 1953"。亦有文献把"Zygocactus K. Schum. (1890)"处理为"Schlumbergera Lem. (1858)"的异名。【分布】巴西,中国。【后选模式】Zygocactus truncatus (Haworth) K. Schumann ［Epiphyllum truncatum Haworth］。【参考异名】Schlumbergera Lem. (1858); Schlumbergera subgen. Zygocactus (K. Schum.) Moran(1953); Zygocactus Frič et K. Kreuz. (1935) Nom. illegit. ; Zygocereus Frič et Kreuz. (1935) Nom. illegit. ■

55331　Zygocarpum Thulin et Lavin(2001)【汉】轭果豆属。【隶属】豆科 Fabaceae(Leguminosae)//蝶形花科 Papilionaceae。【包含】世界 20-22 种。【学名诠释与讨论】〈阳〉(希)zygos,成对,连结,轭+carpos 果实。【分布】非洲。【模式】不详●☆

55332　Zygocereus Frič et Kreuz. (1935) Nom. illegit. ≡ Zygocactus K. Schum. (1890); ~ = Schlumbergera Lem. (1858)［仙人掌科 Cactaceae］●■

55333　Zygochloa S. T. Blake(1941)【汉】怪禾木属。【隶属】禾本科 Poaceae(Gramineae)。【包含】世界 1 种。【学名诠释与讨论】〈阴〉(希)zygos,成对,连结,轭+chloe,草的幼芽,嫩草,禾草。指雌雄异体的小穗。【分布】澳大利亚。【模式】Zygochloa paradoxa (R. Brown) S. T. Blake ［Neurachne paradoxa R. Brown］●☆

55334　Zygodia Benth. (1876) = Baissea A. DC. (1844)［夹竹桃科 Apocynaceae］●☆

55335　Zygoglossum Reinw. (1825) Nom. illegit. (废弃属名) = Bulbophyllum Thouars (1822) (保留属名); ~ = Cirrhopetalum Lindl. (1830) (保留属名)［兰科 Orchidaceae］■

55336　Zygoglossum Reinw. ex Blume (1823) (废弃属名) = Cirrhopetalum Lindl. (1830) (保留属名)［兰科 Orchidaceae］■

55337　Zygogonum Hutch. , Nom. illegit. = Zygogynum Baill. (1867)［林仙科(冬木科,假八角科,辛辣木科)Winteraceae］●☆

55338　Zygogynum Baill. (1867)【汉】合蕊林仙属。【隶属】林仙科(冬木科,假八角科,辛辣木科)Winteraceae。【包含】世界 50 种。【学名诠释与讨论】〈中〉(希)zygos,成对,连结,轭+gyne,所有格 gynaikos,雌性,雌蕊。此属的学名,ING、APNI、GCI、TROPICOS 和 IK 记载是"Zygogynum Baill. , Adansonia 7:298. 1867 ［Jun 1867］"。【分布】法属新喀里多尼亚。【模式】Zygogynum vieillardi Baillon。【参考异名】Belliolum Tiegh. (1900); Bubbia Tiegh. (1900); Exospermum Tiegh. (1900); Sarcodrimys (Baill.) Baum. – Bod. (1989) Nom. inval. ; Tetrathalamus Lauterb. (1905); Zygogonum Hutch. , Nom. illegit. ●☆

55339　Zygolepis Turcz. (1848) = Arytera Blume (1849)［无患子科 Sapindaceae］●

55340　Zygomenes Salisb. (1812) = Amischophacelus R. S. Rao et Kammathy (1966) Nom. illegit. ; ~ = Tonningia Neck. ex A. Juss. (1829) Nom. illegit. ; ~ = Cyanotis D. Don(1825) (保留属名)［鸭趾草科 Commelinaceae］●

55341　Zygomeris Moc. et Sessé ex DC. (1825) = Amicia Kunth (1824)

［豆科 Fabaceae(Leguminosae)//蝶形花科 Papilionaceae］■☆

55342　Zygonerion Baill.（1888）= Strophanthus DC.（1802）［夹竹桃科 Apocynaceae］●

55343　Zygoon Hiern（1877）= Tarenna Gaertn.（1788）［茜草科 Rubiaceae］●

55344　Zygopeltis Fenzl ex Endl.（1842）= Heldreichia Boiss.（1841）［十字花科 Brassicaceae(Cruciferae)］■☆

55345　Zygopetalon Hook.（1827）Nom. illegit. ≡ Zygopetalum Hook.（1827）［兰科 Orchidaceae］■☆

55346　Zygopetalon Rchb.（1828）Nom. illegit. = Zygopetalum Hook.（1827）［兰科 Orchidaceae］■☆

55347　Zygopetalum Hook.（1827）【汉】轭瓣兰属。【日】ジゴペタラム属。【英】Zygopetalum。【隶属】兰科 Orchidaceae。【包含】世界15-35种。【学名诠释与讨论】〈中〉(希)zygos，成对，连结，轭+希腊文 petalos，扁平的，铺开的；petalon，花瓣，叶，花叶，金属叶子；拉丁文的花瓣为 petalum。指花瓣愈合。此属的学名，ING 记载是"Zygopetalon W. J. Hooker, Bot. Mag. 54. t. 2748. 1 Jul 1827"。GCI、TROPICOS 和 IK 则记载为"Zygopetalum Hook., Bot. Mag. 54；t. 2748. 1827［1 Jul 1827］"。"Zygopetalum Lindley, Gen. Sp. Orch. Pl. 187. Jan 1833 ≡ Zygopetalum Hook.（1827）= Zygopetalum Hook.（1827）"是晚出的非法名称。"Zygopetalon Hook.（1827）"是"Zygopetalum Hook.（1827）"的拼写变体。"Zygopetalon Rchb.，Consp. Regn. Veg.［H. G. L. Reichenbach］69. 1828"是晚出的非法名称。【分布】巴拉圭，巴拿马，秘鲁，玻利维亚，特立尼达和多巴哥(特立尼达岛)，热带南美洲，中美洲。【模式】Zygopetalum mackaii Hook.。【参考异名】Andinorchis Szlach.，Mytnik 和 Górniak（2006）；Chiradenia Post et Kuntze（1903）；Chondroscaphe（Dressler）Senghas et G. Gerlach（1993）；Warscewiczella Rchb. f.（1852）Nom. illegit.；Zygopetalon Hook.（1827）Nom. illegit.；Zygopetalon Rchb.（1828）Nom. illegit.；Zygopetalum Lindl.（1833）Nom. illegit. ■☆

55348　Zygopetalum Lindl.（1833）Nom. illegit. ≡ Zygopetalum Hook.（1827）［兰科 Orchidaceae］■☆

55349　Zygophyllaceae R. Br.（1814）［as 'Zygophylleae'］(保留科名)【汉】蒺藜科。【日】ハマビシ科。【俄】Парнолистниковые，Парнолистные。【英】Beancaper Family, Bean-caper Family, Caltrop Family, Creosote-bush Family。【包含】世界22-27属235-350种，中国5属36种。【分布】热带和亚热带，少数在温带温暖地区。【科名模式】Zygophyllum L.（1753）●■

55350　Zygophyllidium（Boiss.）Small（1903）= Euphorbia L.（1753）［大戟科 Euphorbiaceae］●■

55351　Zygophyllidium Small（1903）Nom. illegit. ≡ Zygophyllidium（Boiss.）Small（1903）；~ = Euphorbia L.（1753）［大戟科 Euphorbiaceae］●■

55352　Zygophyllon St. -Lag.（1880）= Zygophyllum L.（1753）［蒺藜科 Zygophyllaceae］●■

55353　Zygophyllum L.（1753）【汉】驼蹄瓣属(霸王属)。【俄】Парнолистник。【英】Bean Caper, Beancaper, Bean-caper, Caltrop, Overlord, Twinleaf。【隶属】蒺藜科 Zygophyllaceae。【包含】世界100-120种，中国23种。【学名诠释与讨论】〈中〉(希)zygos，成对，连结，轭+phyllon，叶子。指叶对生。此属的学名，ING、APNI、GCI 和 IK 记载是"Zygophyllum Linnaeus, Sp. Pl. 385. 1 Mai 1753"。植物分类学者中，有人承认"Sarcozygium Bunge（1843）霸王属(肉蒺藜属)"；也有人把其归入此属中。"Fabago P. Miller, Gard. Dict. Abr. ed. 4. 28 Jan 1754"是"Zygophyllum L.（1753）"的晚出的同模式异名(Homotypic synonym, Nomenclatural synonym)。【分布】澳大利亚，巴基斯坦，马达加斯加，中国，地中

海至亚洲中部，非洲南部。【后选模式】Zygophyllum fabago Linnaeus。【参考异名】Agrophyllum Neck.（1790）Nom. inval.；Fabago Mill.（1754）Nom. illegit.；Petrusia Baill.（1881）(废弃属名)；Roepera A. Juss.（1825）；Sarcozygium Bunge（1843）；Zygophyllon St. -Lag.（1880）；Zyzophyllum Salisb.（1796）●■

55354　Zygoruellia Baill.（1890）【汉】异芦莉草属。【隶属】爵床科 Acanthaceae。【包含】世界1种。【学名诠释与讨论】〈阴〉(希)zygos，成对，连结，轭+(属)Ruellia 芦莉草属。【分布】马达加斯加。【模式】Zygoruellia richardii Baillon［as 'richardi'］●☆

55355　Zygosepalum Rchb. f.（1859）【汉】对萼兰属(接萼兰属)。【隶属】兰科 Orchidaceae。【包含】世界7种。【学名诠释与讨论】〈中〉(希)zygos，成对，连结，轭+sepalum，萼片。此属的学名，ING、TROPICOS、GCI 和 IK 记载是"Zygosepalum Rchb. f., Ned. Kruidk. Arch. 4（3）：330. 1858"。"Menadenium Rafinesque ex Cogniaux in C. F. P. Martius, Fl. Brasil. 3（5）：582. 15 Dec 1902"是"Zygosepalum Rchb. f.（1859）"的晚出的同模式异名(Homotypic synonym, Nomenclatural synonym)。【分布】秘鲁，厄瓜多尔，热带南美洲。【模式】Zygosepalum rostratum（W. J. Hooker）H. G. Reichenbach［Zygopetalon rostratum W. J. Hooker］。【参考异名】Menadenium Raf.（1838）Nom. inval.；Menadenium Raf. ex Cogn.（1902）Nom. illegit. ■☆

55356　Zygosicyos Humbert（1945）【汉】对瓜属(马岛瓜属)。【日】ジゴシキオス属。【隶属】葫芦科(瓜科，南瓜科)Cucurbitaceae。【包含】世界2种。【学名诠释与讨论】〈阳〉(希)zygos，成对，连结，轭+sikyos，葫芦，野胡瓜。【分布】马达加斯加。【模式】Zygosicyos tripartitus Humbert ■☆

55357　Zygospermum Thwaites ex Baill.（1858）= Margaritaria L. f.（1782）；~ = Prosorus Dalzell（1852）［大戟科 Euphorbiaceae］●

55358　Zygostates Lindl.（1837）【汉】天平兰属。【日】シゴスタテス属。【隶属】兰科 Orchidaceae。【包含】世界7种。【学名诠释与讨论】〈阴〉(希)zygos，成对，连结，轭+statos，直立。指花柱基部有2个发达的假雄蕊。【分布】巴拉圭，巴西，玻利维亚。【后选模式】Zygostates lunata Lindley。【参考异名】Dactylostyles Scheidw.（1839）Nom. illegit.；Dactylostylis Scheidw.（1839）■☆

55359　Zygostelma Benth.（1876）【汉】轭冠萝藦属。【隶属】萝藦科 Asclepiadaceae。【包含】世界1种。【学名诠释与讨论】〈中〉(希)zygos，成对，连结，轭+stelma，王冠，花冠。此属的学名，ING、TROPICOS 和 IK 记载是"Zygostelma Benth., Gen. Pl.［Bentham et Hooker f.］2（2）：740. 1876［May 1876］"。"Zygostelma E. Fourn., Fl. Bras.（Martius）6（4）：232. 1885［1 Jun 1885］≡ Lagoa T. Durand（1888）［萝藦科 Asclepiadaceae］"是晚出的非法名称。【分布】泰国。【模式】Zygostelma benthamii Baillon［as 'benthami'］☆

55360　Zygostelma E. Fourn.（1885）Nom. illegit. ≡ Lagoa T. Durand（1888）［萝藦科 Asclepiadaceae］☆

55361　Zygostemma Tiegh.（1909）【汉】轭冠续断属。【隶属】川续断科(刺参科，蓟叶参科，山萝卜科，续断科)Dipsacaceae//蓝盆花科 Scabiosaceae。【包含】世界1种。【学名诠释与讨论】〈中〉(希)zygos，成对，连结，轭+stemma，所有格 stemmatos，花冠，花环，王冠。此属的学名是"Zygostemma Van Tieghem, Ann. Sci. Nat. Bot. ser. 9. 10：164. 1909"。亦有文献把其处理为"Scabiosa L.（1753）"的异名。【分布】希腊(克里特岛)，意大利(西西里岛)。【模式】Zygostemma creticum（Linnaeus）Van Tieghem［Scabiosa cretica Linnaeus］。【参考异名】Scabiosa L.（1753）■☆

55362　Zygostigma Griseb.（1838）【汉】轭头龙胆属。【隶属】龙胆科 Gentianaceae。【包含】世界2种。【学名诠释与讨论】〈中〉(希)zygos，成对，连结，轭+stigma，所有格 stigmatos，柱头，眼点。【分

布】阿根廷,巴西,玻利维亚。【后选模式】Zygostigma australe（Chamisso et Schlechtendal）Grisebach［Sabatia australis Chamisso et Schlectendal］■☆

55363 Zygotritonia Mildbr.（1923）【汉】轭观音兰属。【隶属】鸢尾科 Iridaceae。【包含】世界 4 种。【学名诠释与讨论】〈阴〉（希）zygos,成对,连结,轭＋（属）Tritonia 观音兰属（火焰兰属,鸢尾兰属）。【分布】热带非洲。【模式】未指定■☆

55364 Zymum Noronha ex Thouars（1806）Nom. illegit. ≡ Zymum Thouars（1806）;～≡Tristellateia Thouars（1806）［金虎尾科（黄褥花科）Malpighiaceae］●

55365 Zymum Thouars（1806）Nom. illegit. ≡ Tristellateia Thouars（1806）［金虎尾科（黄褥花科）Malpighiaceae］●

55366 Zyrphelis Cass.（1829）【汉】毛菀属。【隶属】菊科 Asteraceae（Compositae）。【包含】世界 10 种。【学名诠释与讨论】〈阴〉词源不详。此属的学名是"Zyrphelis Cassini, Ann. Sci. Nat.（Paris）17：420. Aug 1829"。亦有文献把其处理为"Mairia Nees（1832）"的异名。【分布】非洲南部。【模式】Zyrphelis amoena Cassini。【参考异名】Mairia Nees（1832）■●☆

55367 Zyzophyllum Salisb.（1796）＝ Zygophyllum L.（1753）［蒺藜科 Zygophyllaceae］●■

55368 Zyzygium Brongn.（1843）＝ Syzygium P. Browne ex Gaertn.（1788）（保留属名）［桃金娘科 Myrtaceae］●

55369 Zyzyura H. Rob. et Pruski（2013）【汉】伯利兹菊属。【隶属】菊科 Asteraceae（Compositae）。【包含】世界 1 种。【学名诠释与讨论】〈阴〉词源不详。【分布】伯利兹,中美洲,南美洲。【模式】Zyzyura mayana（Pruski）H. Rob. et Pruski［Fleischmannia mayana Pruski］☆

55370 Zyzyxia Strother（1991）【汉】北喙芒菊属。【隶属】菊科 Asteraceae（Compositae）。【包含】世界 1 种。【学名诠释与讨论】〈阴〉（希）zygos,成对,连结,轭＋zeuxis ＝拉丁文 zyxis,联以轭,接合的行为。【分布】伯利兹,危地马拉,中美洲。【模式】Zyzyxia lundellii（H. Rob.）Strother［Oyedaea lundellii H. Rob.］。【参考异名】Oyedaea DC.（1836）●☆

中文名称索引

A

阿安菊属　8054
阿巴豆属　27
阿巴菊属　33
阿巴木属　2126
阿巴特木属　34
阿巴特属　34
阿柏麻科　3514
阿柏麻属　3513
阿拜兰属　61
阿荸属　3752
阿比西尼亚玄参属　23583
阿波瓜属　77
阿波禾属　3911
阿波黄眼草属　81
阿勃时钟花属　3912
阿布塔草属　116
阿布藤属　116
阿查拉属　5231
阿达兰属　696
阿达属　696
阿丹藤属　773
阿道米尼兰属　42
阿德尔大戟属　725
阿登芸香属　755
阿地兰属　699
阿丁枫科　2026
阿丁枫属　2024
阿顿果属　4956
阿多路非木属　946
阿多鼠李属　946
阿尔卑斯玄参属　51791
阿尔伯特木属　1579
阿尔丁豆属　1648
阿尔法大戟属　1939
阿尔芬属　2040
阿尔芬竹属　2040
阿尔禾属　2040
阿尔花属　2042
阿尔加咖啡属　4062
阿尔兰属　4237
阿尔玛豆属　1886
阿尔芒萝藦属　23367
阿尔芒铁青树属　23363
阿尔婆婆纳属　1602
阿尔韦斯草属　2039
阿尔芸香属　1889
阿芳属　1942
阿芬禾属　2040

阿冯苋属　5174
阿佛罗汉松属　1170
阿夫大戟属　34716
阿夫山茱萸属　1173
阿夫黄属　1173
阿福花科　4546
阿福花属　4547, 4551
阿福木属　4046
阿富汗白花丹属　7805
阿富汗白芥属　14534
阿富汗菊属　45554
阿富汗石头花属　14701
阿富汗丝叶芹属　22076
阿富汗葶苈属　42378
阿富汗棕属　34524
阿盖紫葳属　4083
阿根藤属　1225
阿根廷矮菊属　32987
阿根廷菠萝属　95
阿根廷草属　43856
阿根廷川苔草属　54383
阿根廷大蒜芥属　33992
阿根廷豆属　160
阿根廷凤梨属　54126
阿根廷旱金莲属　31248
阿根廷金虎尾属　21034
阿根廷菊属　16949
阿根廷蜡棕属　13169
阿根廷兰属　35999
阿根廷马鞭草属　35147
阿根廷马齿苋属　54746
阿根廷婆婆纳属　7412
阿根廷伞芹属　35724
阿根廷山柑属　4818
阿根廷黍属　37158
阿根廷苏木属　48924
阿根廷熊掌属　53341
阿根廷玄参属　7412
阿根廷掌属　14343
阿根廷针茅属　2223
阿根廷紫草属　26640
阿禾属　3
阿霍檀香属　4188
阿加鹃属　1236
阿卡卡里兰属　126
阿卡兰属　126
阿开木属　6652
阿克尼茄属　409

阿克尼茄树属　409
阿肯色草属　29864
阿拉伯茶属　9645
阿拉伯芥属　17146
阿拉伯山芥属　36793
阿拉伯长嘴芥属　16969
阿拉豆属　1565, 2555
阿拉戈婆婆纳属　3883
阿拉兰卡属　3841
阿拉兰属　1542
阿拉曼兰属　1558
阿拉树属　4268
阿来果属　3878
阿兰属　1
阿兰藤黄属　1773
阿雷魁帕属　4037
阿蕾茜属　1667
阿里昂花属　1803
阿里桑属　1759, 7593
阿丽花属　36838
阿利龙胆属　4145
阿利茜属　1717
阿利棕属　4134
阿莉藤属　2066
阿林尼亚科　36311
阿林莎草属　1737
阿鲁藤属　3908
阿路菊属　1916
阿伦花属　1786
阿马大戟属　2086
阿马木属　2086
阿玛草属　2092
阿买瑞木属　2506
阿迈兰属　35904
阿迈茜属　2073
阿曼木属　2086
阿曼玄参属　36362
阿蔓属　1810
阿蔓苋属　1810
阿芒多兰属　4209
阿梅兰属　2249
阿米豆属　2261
阿米寄生属　2489
阿米芹科　2283
阿米芹属　2279
阿米属　2279
阿莫兰属　2323
阿莫弯籽木属　2342

阿姆爵床属　2186
阿姆兰属　2362
阿姆紫草属　2484
阿纳花属　4219
阿尼菊属　4224
阿诺草属　3199
阿诺菊属　4236
阿诺木属　3181
阿诺匹斯属　3200
阿诺属　3181
阿帕葫芦属　3539
阿帕爵床属　3525
阿披拉草属　3548
阿普里豆属　3815
阿奇山茶属　3935
阿奇藤属　3961
阿丘芸香属　273
阿瑞奥普兰属　482
阿瑞尔属　26344
阿瑞盖利属　35449
阿萨密椰子属　15996
阿萨姆兰属　26166
阿萨姆囊唇兰属　30666
阿塞茜属　4493
阿什顿大戟属　4497
阿氏菊属　13
阿氏木属　5231
阿氏莎草属　72
阿氏黍属　1692
阿氏泽泻属　4713
阿氏紫草属　727, 2484
阿霜瓜属　1999
阿司吹禾属　4733
阿司禾属　4733
阿斯草属　4585
阿斯罗桐属　416
阿斯木属　2004
阿斯皮菊属　4578
阿斯塔芽属　4597
阿他利属　4952
阿塔木属　4816
阿特迪草属　4306
阿特漆树属　4953
阿瓦尔豆属　23492
阿弯豆属　4267
阿韦树属　23493
阿魏属　20242
阿西娜茄属　4858

凹瓣芥属　44516
凹瓣石竹属　1828
凹唇姜属　6771
凹唇兰属　12310,14777
凹雌椰属　5615
凹顶木棉属　12323
凹萼兰属　44678
凹果豆蔻属　12302
凹果马鞭草属　12299
凹花寄生属　5577
凹脉核果树属　18440
凹脉萝藦属　18314
凹脉卫矛属　47458
凹脉芸香属　18320
凹乳芹属　53812
凹舌兰属　12310,14777
凹托菊属　30169
凹玄参属　18385
凹叶豆属　37684
凹柱苣苔属　30176
鳌瓣花属　37696
傲慢木属　50543
奥昂蒂属　36941
奥比尼亚棕属　36686
奥布雷豆属　4974
奥达尔椰子属　4952
奥达椰子属　4952
奥德草属　36147
奥德大戟属　36242
奥德赛草属　36147
奥迪苦木属　36146
奥地利山芥属　44191
奥丁鳞叶树属　4990
奥多豆属　36061
奥多旋花属　36073
奥尔法豆属　36966
奥尔雷草属　36866
奥尔木属　36328
奥尔桑属　36327
奥尔鼠李属　4991
奥尔睡菜属　36888
奥费斯龙胆属　33052
奥费斯木属　36967
奥弗涅爵床属　5156
奥根豆属　37241
奥禾属　36350
奥槐花属　36213
奥卡凤梨属　35949
奥可梯木属　36009
奥克橄榄属　4980
奥克兰柱帽兰属　54169
奥寇梯罗属　20616
奥寇梯木属　36009
奥兰达山龙眼属　24930
奥兰棕属　36673
奥勒菊木属　36246
奥里克芸香属　36844

奥里木属　8902,37242
奥利草属　36322,36350
奥利兰属　36867
奥列兰属　36833
奥林芥属　5066
奥鲁格草属　36350
奥曼玄参属　36362
奥米茜属　36370
奥莫兰属　36372
奥莫勒茜属　25086
奥默兰属　36873
奥努芥属　36507
奥帕草属　36642
奥奇菊属　36225
奥契瑟苏木属　7972
奥润桐属　36673
奥萨茜属　37088
奥萨野牡丹属　37124
奥赛花属　25291
奥赛里苔草属　37097
奥沙茨草属　37094
奥绍漆属　35959
奥绍特草属　31245
奥氏草属　37222
奥氏豆属　35919
奥氏苣苔属　13187
奥氏兰属　36323
奥氏漆树属　19564
奥氏棕属　36686
奥斯本木属　37092
奥斯特属　37144
奥塔特竹属　37177
奥特菊属　37180
奥特兰属　36187
奥特利豆属　37231
奥特山榄属　5119
奥图草属　37233
奥托草属　37232
奥托斯特草属　37222
奥托蓁特草属　37222
奥维木属　37255
奥杨属　25028
奥兆萨菊属　37401
奥佐漆属　37400
澳柏属　8408
澳棒枝豆属　28498
澳北大戟属　16736
澳扁豆木属　7042
澳扁豆属　5095
澳叉毛灌属　34093
澳菖蒲属　16381
澳刺木属　1527
澳大戟属　2390
澳大利亚白花菜属　3740
澳大利亚柏属　8408
澳大利亚扁芒草属　5094
澳大利亚冰草属　5074

澳大利亚草海桐属　3361
澳大利亚茶属　29329
澳大利亚常春木属　32608
澳大利亚大戟属　2390
澳大利亚单蕊麻属　5072
澳大利亚吊片果属　5455
澳大利亚豆树属　53916
澳大利亚短伞芹属　7289
澳大利亚番荔枝科　19661
澳大利亚番荔枝属　19659
澳大利亚防己属　28724
澳大利亚盖裂桂属　54470
澳大利亚灌木豆属　49278
澳大利亚海人树属　8101
澳大利亚海桐花属　5050
澳大利亚禾属　5089
澳大利亚红豆杉科　5110
澳大利亚红豆杉属　5112
澳大利亚胡桃属　30916
澳大利亚虎尾草属　5089
澳大利亚环蕊木属　54221
澳大利亚黄花小二仙草属
　52405
澳大利亚灰绿芥属　9262
澳大利亚火把树属　54317
澳大利亚假岗松属　2033
澳大利亚假海桐属　54576
澳大利亚坚果属　30916
澳大利亚节唇兰属　39713
澳大利亚芥属　10749
澳大利亚韭兰属　32060
澳大利亚苦槛蓝属　16223
澳大利亚苦马豆属　49752
澳大利亚兰属　21401
澳大利亚裂缘兰属　39478
澳大利亚林仙属　50387
澳大利亚罗汉松属　32632
澳大利亚芒石南属　1343
澳大利亚美丽豆属　26750
澳大利亚木槿属　2052
澳大利亚南洋杉属　45345
澳大利亚茄属　13474
澳大利亚球金娘属　48206
澳大利亚曲石芥属　45910
澳大利亚瑞香属　4222
澳大利亚沙漠木属　8184
澳大利亚山菅兰属　1430
澳大利亚山龙眼属　5550,43214
澳大利亚杉科　4889
澳大利亚杉属　4891
澳大利亚石豆兰属　9319
澳大利亚石榴花属　10866
澳大利亚石南属　7752
澳大利亚水龙骨豆属　7957
澳大利亚睡莲属　36466
澳大利亚檀香属　19447
澳大利亚桃金娘属　4598,46345

澳大利亚铁扫帚属　19790
澳大利亚弯穗草属　37928
澳大利亚万头菊属　44119
澳大利亚尾药菊属　53331
澳大利亚五加属　4788
澳大利亚雾冰藜属　5080
澳大利亚虾兰属　13363
澳大利亚苋属　43041,49721
澳大利亚辛酸木属　5096
澳大利亚熊耳菊属　14399
澳大利亚异种科　26066
澳大利亚异种属　26067
澳大利亚银桦树属　9233
澳大利亚鱼骨木属　19856
澳大利亚玉蕊属　40595
澳大利亚鸢尾属　38292
澳大利亚紫草属　13088
澳大利亚钻花兰属　34806
澳灯草科　30806
澳灯草属　30805
澳吊钟属　13066
澳东北山龙眼属　32132
澳东北芸香属　7551
澳豆属　27884
澳番荔枝科　19661
澳非海葱属　6924
澳非胡麻属　25018
澳非萝藦属　43664
澳非麻属　15552
澳非属　41095
澳非水牛角属　5073
澳非玄参属　1263
澳非舟叶花属　7486
澳盖茜属　18105
澳钩豆属　18942
澳狗骨柴属　52351
澳光明豆属　28197
澳旱芥属　23372
澳禾草属　50974
澳禾属　11967
澳火兰属　43296
澳姬苗属　39802
澳韭兰属　7006
澳菊木属　5912
澳菊属　3773
澳橘檬属　32924
澳可第罗科　20617
澳可第罗属　20616
澳苦豆属　15080
澳昆兰属　12845
澳蜡花属　10622
澳兰属　40791
澳藜科　17613
澳藜属　17612,46578
澳丽科　8269
澳丽花属　8268
澳蛎花属　37148

B

斑沼草属 7854	瓣鞘花属 12431	棒叶金莲木属 44003	薄鳞菊属 10697
斑种草属 7056	瓣蕊豆属 39133	棒叶景天属 13148	薄鳞萝藦属 48102
斑籽木属 5439	瓣蕊果属 20855	棒玉树属 45060	薄皮豆属 29245
斑籽属 5439	瓣蕊花科 24717	棒柱桐属 44322	薄皮红豆属 44972
板凳草属 37500	瓣蕊花属 20967,24716	棒柱醉鱼草属 22039	薄皮木属 29244
板凳果科 37501	瓣铁线莲属 4932	棒状木科 43999	薄鞘桐属 25810
板凳果属 37500	瓣柱豆属 39138	棒状木属 44001	薄鞘椰属 25810
板花草属 40266	瓣柱戟属 39134	棒状苏木属 12928	薄蒴草属 29378
板蓝属 5562	邦加草属 6890	棒籽花属 44009	薄穗草属 33231
板栗属 9543	邦普花荵属 6911	包大宁属 1402	薄托菊属 29199
半被木属 23958	邦乔木属 7852	包果菊属 47738	薄雪草属 28947
半闭兰属 11868	邦氏婆婆纳属 5512	包洛格大戟属 5461	薄叶兰属 29345,30748
半边花属 8552	邦铁桐属 7570	包氏木属 7137	薄缘芥属 10698
半边黄属 13615	浜藜叶科 23157	包芽树属 26388	薄钟花属 29234
半边莲科 30225	浜藜叶属 23158	苞瓣菊属 2288	薄竹属 29197
半边莲属 30222	蚌壳树属 47503	苞杯花科 45659	薄柱草属 35267
半插花属 23997	棒柄花属 11863	苞杯花属 45658	薄子木科 29327
半带菊属 24073	棒棰树属 37483	苞萼木属 48113	薄子木属 29329
半道茜属 23989	棒槌草属 11108	苞萼玄参属 13603	饱食木属 7575
半轭草属 24074	棒槌瓜属 34881	苞粉菊属 11199	饱食桑属 7575
半丰草属 6995	棒锤草属 11108	苞护豆属 39784	宝锭草属 21571
半枫荷属 46971	棒锤瓜属 34881	苞花草科 26873	宝锭属 21571
半梗灌属 24021	棒锤树属 37483	苞花草属 26871	宝铎草属 16731
半花藤属 38597	棒萼茜属 22025	苞花寄生属 18231	宝铎花属 16731
半花透骨草属 23959	棒瓜属 22030	苞花蔓属 21456	宝冠木属 7601
半脊茅属 24007	棒棍椰子属 25802	苞爵床属 17474	宝辉玉属 34063
半架牛属 13776	棒果芥属 49071	苞藜属 5555	宝巾属 7113
半聚果属 17436	棒果科 13150	苞茅属 25819	宝丽兰属 6836
半兰姜属 24016	棒果木科 13150	苞舌兰属 48116	宝容木属 6988
半两节芥属 23981	棒果木属 13151	苞穗草属 2619	宝山属 43789
半毛菊属 13692	棒果荠属 49071	苞芽树科 26390	宝石冠属 30383
半毛萝藦属 24030	棒果属 13151	苞芽树属 26388	宝石兰属 13364,31003,49708
半面穗属 38855	棒果树科 44311	苞叶姜属 43279	宝通兰属 7588
半日花科 11681	棒果树属 44312	苞叶兰属 7236	宝玉草属 51538
半日花属 11694,23744	棒果香属 5388	苞叶木属 10746	宝玉属 38169
半舌兰属 32644	棒果芽椰属 44308	苞叶藤属 6654	保亭花属 54343
半授花科 23025	棒花参属 12931	苞叶芋属 48108	堡垒草属 9568
半蜀黍属 24041	棒花列当属 12931	苞芸香属 48095	堡树属 9561
半蒴苣苔属 23965	棒花属 13138	胞果珊瑚木属 46067	报春花科 41949
半围香属 24023	棒花棕属 44322	胞果珊瑚属 46067	报春花属 41948
半卫花属 24027	棒茎草属 43996	胞堪蒂桐属 40018	报春苣苔属 41953
半夏属 40296	棒菊属 53562	薄苞杯花属 29257	报春茜属 29265
半雄花属 46951	棒距兰属 22028	薄翅菊属 55166	报春石南属 48326
半腋生卫矛属 46961	棒兰属 22019	薄稃草属 29262	报春属 41948
半颖黍属 37233	棒芒草属 13147	薄草属 14931,29201	抱茎茉莉属 9251
半育花属 23994	棒毛萼属 53034	薄果芥属 25223,25758	抱树兰属 15366
半柱花属 23997	棒毛芥属 12165	薄果荠属 25758	豹斑兰属 3217
半柱麻属 24063	棒毛茅属 12165	薄果帚灯草属 29201	豹皮花科 48647
伴孔旋花属 32711	棒木科 43999	薄荷科 32513	豹皮花属 48646
伴兰属 24348	棒荷麻属 13134	薄荷木属 42067	豹舌草属 38116
伴帕爵床属 7506	棒蕊萝藦属 12945	薄荷属 32511	豹纹兰属 48697
绊根草属 14460	棒伞芹属 44004	薄荷穗属 33231	豹子花属 35594
绊足花属 1236,1297	棒室吊兰属 13162	薄核藤属 34644	鲍德豆属 5819
瓣苞芹属 22987	棒头草属 41554	薄花兰属 15628	鲍迪豆属 7150
瓣裂果属 7629	棒药桃金娘属 13140	薄喙金绒草属 29306	鲍迪木属 7150
瓣鳞花科 20676	棒椰属 44308	薄盆禾属 29239	鲍尔斯草属 7160
瓣鳞花属 20674	棒叶花属 20189	薄棱玉属 48900	鲍尔斯属 7160

C

D

E

F

G

圭亚那苣苔属 37581	龟穗兰属 10813	贵巴木属 22226	棍棒花柱属 45433
圭亚那兰属 15213	龟头花属 10803	贵巴卫矛属 22226	棍棒仙人掌属 13156
圭亚那龙胆属 50121	龟头树科 5386	贵戟属 31677	棍棒椰子属 31843
圭亚那木属 22576	龟柱兰属 10807	贵萝芥属 22613	国王椰属 43743
圭亚那纳茜菜属 35470	鬼笔蛇菰属 44314	贵椰属 6481	国王椰子属 43743
圭亚那茜属 19395	鬼吹箫属 29665	桂果樟属 9440	国章属 48646
圭亚那铁青树属 30914	鬼灯檠属 44673	桂海木属 22590	果冻椰子属 7987
圭亚那无患子属 54114	鬼督邮属 1470	桂檬属 28521	果冻棕属 7987
圭亚那野牡丹属 35992	鬼瓜属 28869	桂木属 4374	果革属 21982
龟背菊属 42172	鬼箭玉凤花属 22948	桂雄属 14913	果榄属 30627
龟背芋属 33816	鬼椒属 33100	桂雄香属 14913	果食草属 9341
龟背竹属 33816	鬼角草属 52250	桂叶莓属 16240	果香菊属 10530
龟草属 10803	鬼臼科 41187	桂叶漆属 28544	果子蔓属 22687
龟果桐属 10811	鬼臼属 17603,41188	桂樱属 28535	过江藤属 30062,39782
龟果棕属 10811	鬼兰属 15993,28868	桂枝树属 9099,11616	过路黄属 30865
龟花龙胆属 10800	鬼苏铁属 31191	桂竹香属 10771	过山青属 43871
龟甲凤梨属 43402	鬼羽箭属 7726	桧柏属 27005	过长沙属 5282
龟甲龙属 16275	鬼针草属 6345	桧属 27005,45174	过柱花科 49560
龟甲牡丹属 44839	鬼针属 6345	桧叶寄生属 27658	过柱花属 49561
龟甲仙人掌属 15098	鬼棕属 28866	跪花龙舌兰属 42027	

H

哈伯草属 23343	哈姆参属 23373	海杯草属 25430	海福木属 20535
哈岛茜属 6716	哈姆斯梧桐属 23370	海边芥蓝属 13359	海甘蓝属 13359
哈登柏豆属 23344	哈那梧桐属 23239	海滨草属 14101	海红豆属 19241
哈登豆属 23344	哈尼姜属 23238	海滨蒺藜属 23096	海红豆属 759
哈登藤属 23344	哈诺苦木属 23240	海滨芥属 8152	海茴香属 13552
哈尔豆属 23122	哈皮锦属 23217	海滨藜属 4942	海凯菜属 8152
哈尔特婆婆纳属 23438	哈珀草属 23403	海滨森林豆属 45301	海葵萝藦属 48648
哈尔卫矛属 23447	哈珀花属 23404	海滨莎属 43894	海蓝肉穗棕属 37993
哈弗地亚属 23089	哈莆木属 23415	海布枯属 1283	海榄雌科 5167
哈福芸香属 23089	哈钦森茜属 25452	海菜花属 37228	海榄雌属 5164
哈根吊兰属 23045	哈钦斯芥属 35560	海草科 41780	海勒兰属 18143
哈根花属 7429,23046	哈萨克芥属 7101	海菖蒲科 18504	海里康属 23770
哈根木属 23090	哈氏百合属 27350	海菖蒲属 18505	海利布兰属 24699
哈根蔷薇属 23046	哈氏椴属 23464	海车前属 30191	海螺菊属 18164
哈哼花属 48701	哈氏风信子属 23479	海葱属 36904,53289	海绿果芥属 21719
哈克木属 23059	哈氏柳叶菜属 23441	海丛藻属 50930	海绿属 2571
哈克属 23059	哈氏仙人柱属 23459	海达葡萄属 23584	海马齿科 47188
哈拉草属 23065	哈氏芸香属 23089	海胆染料木属 17785	海马齿属 47190
哈拉椴属 26766	哈斯花属 27352	海岛藤属 22723	海满树属 51465
哈拉帕山柑属 9055	哈特番杏属 23442	海登卫矛属 23506	海杧果属 10192
哈勒兰属 23114	哈特利茱萸属 23437	海地草胡椒属 31506	海檬果属 10192
哈勒摩里椰属 23130	哈特曼属 23441	海地大戟属 9460	海绵豆属 48485
哈勒木属 23117	哈提欧拉属 23480	海地豆属 3963	海绵杆属 30543
哈勒茜属 20436	哈瓦豆属 23492	海地瓜属 2525	海绵兰属 48487
哈利木属 23097	哈维列当属 23455	海地棘枝属 26449	海南大风子属 25532
哈利斯兰属 23419	哈维玄参属 23455	海地兰属 43454	海南椴属 16449,23054
哈伦加属 23454	蛤兰属 12697	海地木属 41934	海南菊属 23053
哈伦木属 23454	还羊参属 13502	海地山柑属 24836	海南藤属 22723
哈罗果松属 23135	还阳参属 13502	海地蛇木属 1871	海努印茄树属 24108
哈罗菊属 23376	还阳参叶菊属 13485	海地棕属 55245	海蓬子属 45336
哈罗皮图木属 42627	孩儿参属 42593	海帝凤梨属 23572	海葡萄属 12141
哈马豆属 23213	孩儿草属 45024	海蒂属 23572	海漆属 19922
哈梅木属 23199	海岸桐科 22566	海豆属 31710	海其属 23572
哈默番杏属 23214	海岸桐属 22565	海夫比椰子属 25802	海茜草属 38487

J

蕨罂粟科　42814
蕨罂粟属　42817
爵床科　157

爵床属　27043，44861
军刀豆属　30951
君范菊属　47538

君子兰属　12018
莙荙菜属　6286

菌花科　25535
菌口草科　25535

K

咖啡科　12349
咖啡属　12347
喀贝尔爵床属　27097
喀贝尔桐属　27095
喀布尔石头花属　27051
喀拉草属　10658
喀拉拉草属　10658
喀里多尼亚椰　5752
喀里香属　34868
喀麦隆山榄属　4234
喀麦隆双蕊苏木属　16667
喀麦隆苔草属　16891
喀麦隆叶下珠属　40555
喀什菊属　27196
喀什米尔婆婆纳属　27197
喀什米尔玄参属　27197
喀香木属　34868
卡班兰属　9045
卡比茜属　9058
卡波克木属　18999
卡布木属　8056
卡茶属　9645
卡茨鼠刺属　14109
卡德兰属　8102
卡德斯巴牙藤属　9639
卡德藤属　9639
卡迪豆属　8103
卡迪亚豆属　8103
卡蒂芥属　9410
卡恩桃金娘属　27147
卡尔菲李属　23400
卡尔蒺藜属　27115
卡尔爵床属　27096
卡尔纳草属　27183
卡尔平木属　21057
卡尔珀图属　9350
卡尔漆属　9179
卡尔茜属　9327
卡尔山龙眼属　9297
卡尔维西木属　21067
卡尔亚木科　21182
卡尔亚木属　21180
卡凤梨　9688
卡夫木棉属　9762
卡格蔷薇属　27074
卡克草属　8071
卡拉迪兰属　8161
卡拉卡属　13151
卡拉木属　27089
卡拉茜属　9127
卡拉套草属　27168

卡拉维兰属　8222
卡来荠属　8276
卡莱大戟属　45903
卡里多棕属　27328
卡里禾属　27109
卡里萝摩属　27176
卡里玉蕊属　9245
卡丽花属　27175
卡丽娜兰属　8265
卡利草属　8381
卡利登菰属　22976
卡利登山龙眼属　47729
卡利寇马属　8348
卡利茄属　8288
卡林玉蕊属　9263
卡卢兰属　8586
卡伦木棉属　13929
卡罗树属　8454
卡罗藤属　9394
卡洛基兰属　8436
卡洛爵床属　9283
卡洛木属　8473
卡马莲属　8745
卡马洛兰属　8743
卡玛百合属　8745
卡麦夹竹桃属　27131
卡密柳叶菜属　8780
卡明木棉属　13953
卡姆苏木属　8850
卡那豆属　27141
卡尼斯楚属　8988
卡诺希科　9018
卡诺希属　9016
卡欧属　27353
卡帕苣苔属　9043
卡抜木属　5538
卡匹塔草属　9063
卡普菜属　9107
卡普楝属　9108
卡普龙大戟属　9053
卡普山榄属　9105
卡茜属　27084
卡瑞藤黄属　9124
卡萨茜属　9464
卡氏茶茱萸属　9480
卡氏菊属　27206
卡氏兰属　9045
卡氏楝属　8051
卡氏鼠李属　27193
卡柿属　19480
卡斯得拉属　9561

卡斯蒂属　9574
卡斯尔草属　9498
卡斯纳雪柱属　15681
卡斯石蒜属　9566
卡特莱纳铁木属　30832
卡特兰属　9697
卡特丽亚兰属　9697
卡特茜属　9402
卡田道夫属　13246
卡田凤梨属　13246
卡瓦大戟属　9748
卡瓦胡椒属　31113
卡维猪毛菜属　27219
卡文木属　27193
卡文斯基属　27193
卡香木属　9300
卡雅楝属　27353
卡州藜属　3575
卡竹桃属　9398
开唇兰属　3132
开达尔草属　27227
开口草属　10739
开口箭属　8873，52947
开乐黍属　27249
开路草属　27258
开曼兰属　42039
开药花属　24748
开叶玉属　10715
凯克婆婆纳属　27226
凯拉梧桐属　27308
凯勒瑞香属　27246
凯罗大戟属　27081
凯吕斯草属　9773
凯美多利属　10493
凯木属　27221
凯氏兰属　27234
凯泰葵属　27457
凯伊大戟属　27223
铠兰属　13106
堪田哥拉属　9021
坎波木属　8847
坎佩卡普椰属　8816
坎特忍冬属　27155
坎图木属　9036
坎吐阿木属　9036
坎吐阿属　9036
坎棕属　10493
砍头树属　55130
看麦娘属　1925
康达草属　27142
康达木属　12707

康多兰属　11219
康吉龙胆属　12732
康科罗棕属　46077
康拉德草属　12803
康珀兰属　12662
康氏掌属　12808
康斯大戟属　12693
糠叉苔草属　37619
糠萼爵床属　287
糠菊属　25880
考恩蔷薇属　13335
考尔姜草属　13030
考尔兰属　27651
考夫报春花属　27212
考卡花属　9715
考卡兰属　9708
考科韦尔德草属　27158
考来木属　13066
考丽草属　12995
考利桂属　12470
考姆兰属　12660
考氏草属　27625
考氏禾属　27158
考氏兰属　53847
考氏藤属　27659
考氏藤椰子属　27659
考特草属　13284
考兹草属　27687
栲里来属　27595
栲属　9554
栲新菊属　13312
苛日藤属　27659
苛沙藤属　27659
柯比胶树属　12852
柯基阿棉属　27602
柯克野牡丹属　27441
柯库卫矛属　27605
柯拉豆属　2555
柯拉铁青树属　13275
柯里克苣苔属　27572
柯丽白兰属　12442
柯林草属　12480
柯伦兰属　27570
柯楠属　13138
柯蒲木属　27646
柯朴木属　27646
柯普木属　27646
柯莎藤属　27659
柯属　30136
柯树属　38233
柯斯捷列茨基属　27668

L

落冠毛泽兰属 15112
落冠千里光属 36306
落冠藤属 10104
落冠修泽兰属 29230
落花草属 36973
落花生属 3846
落花檀香属 3307
落葵科 5732
落葵属 5730
落葵薯科 3216
落葵薯属 3215
落鳞帚灯草属 29024
落芒草属 37087,40346
落芒菊属 39075
落毛禾属 40355
落毛菊属 40381
落帽花科 19508
落舌蕉属 46088
落尾麻属 40382
落尾木属 40382
落腺豆属 40338
落腺瘤豆属 40339

落腺蕊属 40338
落新妇科 4704
落新妇属 4706
落檐属 46088
落叶草属 40365
落叶花桑属 1759,7593
落叶黄安菊属 47499
落叶木莲属 47541
落叶松属 28336
落羽杉科 50423
落羽杉属 50425
落羽松属 50425
落枝菊属 40352
落柱木属 40379
驴臭草属 36499
驴打滚草属 13502
驴豆属 36479
驴菊木属 36497
驴食草属 36479
驴食豆属 36479
驴蹄草属 8579
驴尾芥属 36507

驴喜豆属 36479
吕策豆属 30657
吕德蒺藜属 35052
吕德锦葵属 30648
吕丁草属 45109
吕宋豆属 30739
吕宋青藤属 26117
旅人蕉科 49343
旅人蕉属 43739
绿瓣兰属 26643
绿苞南星属 11154
绿苞鼠麹草属 46766
绿杯萝藦属 11124
绿背黑药菊属 18804
绿柄桑属 11145
绿顶菊属 19701
绿豆升麻属 592
绿粉藻科 14421
绿果木属 11113
绿花脆兰属 11738
绿花凤梨属 53971

绿黄柑属 4815
绿菊科 53739
绿廊木属 22360
绿棱枝树属 5825
绿莲属 11129
绿膜茜属 11118
绿木树属 11159
绿绒蒿属 32057
绿乳科 18861
绿乳属 18864
绿色两节荠属 11122
绿丝兰属 11094
绿纹菊属 17429
绿线菊属 51020
绿心樟属 11112,36009
绿眼菊属 6199
绿钟草属 33616
绿洲茜属 53958
绿珠草属 45689
绿竹属 15334
葎草属 25421,25422

M

麻刺果属 12101
麻迪菊属 31215
麻点菀属 35586
麻风树属 26794
麻疯树属 26794
麻核藤属 34642
麻花头科 47133
麻花头属 47132
麻黄花属 18612
麻黄科 18611
麻黄属 18609
麻克西米属 31998
麻辣仔藤属 19213
麻辣子属 19213
麻辣子藤属 19213
麻兰科 39715
麻兰属 39717
麻栎属 43397
麻栗坡兰属 47508
麻楝属 11498
麻黏木属 30861
麻雀木属 38254
麻轧木属 30861
麻竹属 15335
马鞍兰属 18628
马鞍树属 30905
马拔契科 21332
马薄荷属 33604
马比戟属 30910
马比木属 31604,35661
马鞭草科 53703
马鞭草属 53700

马鞭椴属 30650
马鞭菊属 53707
马鞭兰属 13446
马槟榔属 9085
马伯乐棕属 31993
马皎儿属 32430,55116
马布里玄参属 30913
马齿苋科 41770
马齿苋属 41768
马齿苋树科 41773
马齿苋树属 41771
马达加斯加菊属 3706
马达加斯加楝属 8453
马达加斯加漆树属 5666
马达加斯加山榄属 20129
马达藤科 5163
马达藤属 5162
马旦果属 22869
马蛋果属 22869
马岛爱兰属 26143
马岛安顾兰属 25401
马岛臂形草属 55025
马岛草属 6410
马岛茶兰属 44979
马岛窗孔椰属 5893
马岛刺葵属 5893
马岛单腔无患子属 21496
马岛豆属 34883
马岛防己属 7883
马岛风兰属 24197
马岛橄榄属 2135
马岛菰属 16836

马岛瓜属 55356
马岛鬼兰属 28862
马岛旱禾属 53871
马岛红树属 30924
马岛葫芦属 2384
马岛花属 30571
马岛寄生属 5363
马岛加利茜属 21043
马岛金虎尾属 39558
马岛苣苔属 25306
马岛爵床属 7142
马岛苦槛蓝属 2829
马岛苦木属 40846
马岛兰属 14386
马岛莲叶桐属 23518
马岛列当属 5627
马岛林列当属 43492
马岛龙胆木属 21413
马岛龙胆属 36889
马岛芦莉草属 6105
马岛木属 31203
马岛佩氏景天属 39035
马岛啤酒藤属 7883
马岛茜草属 45326
马岛茜属 50959
马岛沙玄参属 42137
马岛山榄属 6067
马岛山龙眼属 16117
马岛时钟花属 25492
马岛矢车菊属 48601
马岛檀香属 40188

马岛甜桂属 50246
马岛瓦尔草属 54253
马岛瓦爵床属 53611
马岛外套花科 46164
马岛外套花属 46163
马岛菀属 31204
马岛无患子属 51472
马岛西番莲属 15219
马岛香茶菜属 9059
马岛小金虎尾属 33081
马岛新豆属 35001
马岛雄蕊草属 2761
马岛旋花科 25392
马岛旋花属 25391
马岛椰属 17574,31748,54102
马岛翼蓼属 37329
马岛芸香属 26592
马岛樟属 41793
马岛栀子属 32289
马岛茱萸属 22430
马岛竹属 53469
马岛棕属 50166,54102
马德拉桔梗属 34185
马蒂豆属 31808
马蝶花属 35061
马丁紫葳属 31799
马丁棕属 1476
马兜铃科 4175
马兜铃属 4173
马豆草属 37387
马尔汉木属 16945
马尔花属 31442

梅鲁茜属 32603	美花爵床属 43109	美味草属 33002	美洲橡胶树属 9572
梅洛紫葳属 32398	美花莲属 22961	美味芹属 47772	美洲绣球属 20181
梅纳贝萝藦属 32451	美花毛茛属 8334	美瑕豆属 4831	美洲玄参属 50031
梅农芥属 32505	美花属 4702	美蟹甲属 4231	美洲野牡丹属 22261
梅氏大戟属 32198	美花藤属 12076	美药夹竹桃属 4505	美洲腋花兰属 49809
梅属 42122	美佳木属 32164	美翼玉属 24255	美柱草属 8465
梅索草属 32659	美佳斯卡帕木属 32164	美罂粟属 6728	美柱兰属 8417,8465
梅索拉椰属 31856	美胶木属 9572	美樱木属 10633	美柱椰属 37603
梅特草属 32730	美胶属 9572	美雨久属 41673	门多豆属 32469
梅滕大戟属 32754	美堇兰属 33195	美玉蕊属 28673	门花风信子属 51279
梅廷茄属 32758	美堇属 2658	美针垫菊属 36935	门克芥属 32494
梅西尔桔梗属 32542	美韭属 52671	美洲白芨属 6647	门氏豆属 32469
梅药野牡丹属 32559	美菊属 8261	美洲白及属 6647	门泽草属 32517
梅泽木属 32803	美爵床属 6587,35254	美洲草锦葵属 26094	虻眼草属 17071
霉草科 52703	美槛蓝属 6913	美洲茶属 9776	虻眼属 17071
霉草属 46496,52706	美苦草属 33002,45158	美洲簇花草属 5854	蒙迪藤属 33616
美澳吉莉花属 45409	美拉花属 33162	美洲单毛野牡丹属 33717	蒙蒂苋属 33836
美苞紫葳属 8341	美兰菊属 32241	美洲多片锦葵属 18820	蒙古刺属 41814
美苞棕属 8528	美兰葵属 43867	美洲肥根兰属 41838	蒙蒿子属 2649
美草属 22963	美乐兰属 4526	美洲盖裂桂属 33539	蒙立米科 33651
美唇兰属 126	美丽柏属 8408	美洲合欢属 8330	蒙宁草属 33668
美刺球属 17755	美丽腐草科 13085	美洲槲寄生属 15364	蒙氏藤黄属 33855
美翠柱属 22764	美丽腐生草科 13085	美洲蒺藜属 27115	蒙松草属 33815
美登木属 32028	美丽高山属 36745	美洲寄生属 39712	蒙他发木属 34105
美登卫矛属 32028	美丽囊萼花属 8397	美洲剑菊属 37874	蒙他木属 34105
美地草科 32070	美丽铁豆木属 20229	美洲胶属 9572	蒙塔菊属 33826
美地草属 32068	美丽桐属 54441	美洲金虎尾属 2348	蒙泰罗锦葵属 33829
美地科 32070	美丽豌豆属 53612	美洲菊属 151	蒙坦木属 33826
美地属 32068	美莉橘属 32597	美洲苦木科 40108	蒙特婆婆纳属 33857
美蒂花属 32081	美莲草科 8442	美洲苦木属 40107	蒙特玄参属 33857
美丁花属 32081	美莲草属 8443	美洲阔苞菊属 40639	檬果属 31520
美顶花科 19494	美林仙属 6023	美洲兰属 28268	檬果樟属 9440
美顶花属 19495	美鳞鼠麹木属 8359	美洲瘤瓣兰属 2888,30403	檬立木科 33651
美冬青科 15463	美鳞椰树属 19535	美洲龙脑香属 37592	勐腊藤属 22102
美冬青属 15462	美苓草属 33474	美洲萝藦属 22126	孟加拉大戟属 7613
美盾茜属 8365	美龙胆属 26377	美洲落芒草属 40355	孟宗竹属 39907
美顿藻属 31289	美栌木属 32597	美洲牛栓藤属 6212	梦蕾花属 33882
美耳茜属 35293	美马鞭属 28177	美洲千里光属 30318	梦森尼亚属 33815
美非补骨脂属 37187	美毛木属 8348	美洲肉豆蔻属 53974	弥勒苣苔属 37970
美非黄花兰属 31559	美木豆属 38910	美洲鳂兰属 45856	迷迭香属 44848
美非棉属 11574	美木芸香属 8454	美洲三角兰属 52376	迷果芹属 48292
美凤梨属 7554	美茜树属 13316	美洲桑寄生科 39711	迷你凤梨属 13734
美古茜属 17974	美人焦属 8991	美洲桑寄生属 39712	猕猴桃科 613
美冠兰属 19568	美人蕉科 9003	美洲山冬青属 34854	猕猴桃属 611
美国薄荷属 33604	美人蕉属 8991	美洲山柑属 9082	谜木豆属 1057
美国补骨脂属 28009	美人襟科 45380	美洲扇枝竹属 15984	谜药木属 1058
美国刺花蓼属 201	美人襟属 45381	美洲商陆科 33101	糜木属 16606
美国爵床属 26680	美人树属 11268	美洲商陆属 33100	米波草属 32113
美国蜡梅属 8602	美鳂兰属 31595	美洲蛇木属 40307	米草科 48064
美国柳叶菜属 18898	美山属 36745	美洲水鳖属 18176	米草属 48062
美国麦珠子属 26701	美舌菊属 8355	美洲四粉草属 41560	米达檀属 33123
美国星果泻属 30952	美蛇藤属 17813	美洲藤属 15487	米德千屈菜属 33127
美国紫草属 21908	美天料木属 45470	美洲土楠属 29713	米尔贝属 33281
美果榄属 8429	美铁芋属 55062	美洲豚豆属 38000	米尔大戟属 33146
美果山榄属 8429	美头菊属 8434	美洲蚊母属 33519	米尔豆属 33281
美果使君子属 8512	美吐根属 21610	美洲细瓣兰属 30736	米尔顿兰属 33193
美花草属 8335	美味包桐属 23645	美洲苋属 188	米尔库格木属 34279

木根菊属　54922

木瓜红属　43827

木瓜榄属　10251

木瓜　10333,42357

木果澳蔾属　18873

木果大风子属　54935

木果芥属　2661

木果楝属　54892

木果茉莉属　10049

木果芹属　29761

木果山龙眼属　54900

木果树科　46793

木果树属　25684,46794

木果卫矛属　54907

木果椰属　9377,17349

木荷属　46059

木蝴蝶属　36963

木花菊属　54885

木花生属　31213

木黄花属　11444

木黄连属　54712

木黄蓼属　15201

木荚豆属　15350,19339

木荚属　18601

木荚苏木属　18601

木姜子属　30183

木匠椰属　9320

木槿科　24626

木槿属　24629

木桔属　1025

木菊属　15840,54885

木橘属　1025

木兰科　31258

木兰属　31257

木兰藤科　5079

木兰藤属　5078

木蓝属　26170

木榄属　7621

木藜芦属　29625

木李属　42357

木莲属　31529

木蓼属　4934

木桐属　17349

木麻黄科　9589

木麻黄属　9588

木马鞭属　48586

木曼陀罗属　7617

木莓属　17159

木棉科　6850

木棉属　6852

木奶果属　5266

木皮棕属　17349

木苹果属　20225

木麒麟属　38864

木千里光属　15372

木山蚂蝗属　15350

木神葛属　3121

木薯属　31539

木田菁属　47166

木庭荠属　2059

木通科　28328

木通　1531

木茼蒿属　4085

木筒蒿属　4085

木五加属　15354

木犀草科　43932

木犀草属　43927

木犀科　36244

木犀榄科　36244

木犀榄属　36243

木犀属　37104

木苋属　7026

木向日葵属　47480

木旋花属　4088

木罂粟属　15352

木羌蒌属　29729

木贼菊属　29400

木栅紫葳属　54911

木紫草属　30144

木棕属　17349

目贼芋属　43896

苜蓿属　32074

牧场草属　53213

牧场紫草属　35600

牧笛竹属　5040

牧豆寄生属　42057

牧豆树属　42060

牧儿兰属　35075

牧根草属　40062

牧人钱袋芥属　5442

穆鳄梨属　34200

穆尔特克属　33556

穆拉远志属　34113

穆雷特草属　34122

穆里野牡丹属　34010

穆伦兰属　33482

穆乔夹竹桃属　34037

穆森苣苔属　34014

穆氏紫葳属　34183

穆斯卡风信子属　34163

穆塔卜远志属　34015

穆瓦番荔枝属　34204

N

拿拉藤属　34562

拿司竹属　34634

那芙属　34679

那配阿苣苔属　34547

那配阿属　34545

纳格尔杜鹃属　34483

纳格里兰属　34482

纳吉茜属　34590

纳金花属　27930

纳兰角属　34499

纳丽花属　35258

纳麻属　34497

纳玛百合属　34500

纳米比亚萝藦属　5849

纳莫盘木属　34854

纳茜菜科　34596

纳茜菜属　34599

纳茜草属　34599

纳什木属　34609

纳氏婆婆纳属　35821

纳氏玄参属　35821

纳挲花属　34638

纳塔尔樟属　14804

纳梯木属　27526

纳瓦草属　34675

纳韦凤梨属　34679

奶油木属　24958

奶油树属　38650

奶油藤黄属　38650

奶子藤属　7133

奈尔莎属　34792

奈尔氏木属　34770

奈克茄属　34738

奈纳茜属　34873

奈普野牡丹属　35250

柰李木属　34770

柰石楠属　24442

耐寒禾属　3982

耐旱草科　7006

耐旱草属　7002

耐旱兰属　7007

南柴龙树属　35661

南赤道菊属　35617

南遏蓝菜属　35766

南方圆筒仙人掌属　5092

南非阿魏属　34526

南非柏属　54421

南非扁芒草属　9052

南非补骨脂属　42726

南非补血草属　1183

南非草属　45942

南非刺菊属　1576

南非刺蔵属　9685

南非灯心草科　41970

南非灯心草属　41974

南非淀粉菰属　34436

南非吊金钟属　39781

南非杜鹃属　3862,34461

南非短果芥属　7209

南非遏蓝菜属　51156

南非番杏属　27522

南非风信子属　34032

南非覆盆花属　54092

南非钩麻属　23389

南非管萼木属　7293

南非哈豆属　23122

南非禾属　38739

南非葫芦树属　248

南非槐属　53966

南非蒺藜属　47665

南非寄生属　33877

南非夹竹桃属　22094

南非姜味草属　27393

南非角果芥属　47418

南非角状芥属　10634

南非金钟花属　39781

南非桔梗属　44695

南非菊属　1165

南非菊属　2226,6246

南非苦玄参属　30836

南非葵属　3032

南非镰草属　23408

南非鳞叶树属　43708

南非芦荟属　4156

南非萝藦属　43376

南非毛茛属　27535,38564

南非蜜茶属　14279

南非母草属　10503

南非木姜子属　50715

南非木属　47747

南非攀高草属　42065

南非茜属　13594

南非青葙属　24199

南非秋水仙属　5313

南非雀麦属　10365

南非桑寄生属　47048

南非山龙眼属　5025

南非少花山龙眼属　48080

南非绳草属　47989

南非石蒜属　6796

南非梳状萝藦属　24196

南非水牛角属　53405

南非粟米草科　41395

南非粟米草属　41394

南非檀香属　27985

南非锡生藤属　3433

南非仙茅属　48376

南非香豆属　4516

南非玄参属　24010

南非血草属　5594

南非野杏属　7172

南非银豆属　41359

O

P

Q

R

S

睡莲科　35874
睡莲属　35873
睡茄属　54562
睡鼠尾草属　18120
硕竹属　21586
蒴蘲属　45453
蒴果重楼　14813
蒴莲属　773
司徒兰属　49263
丝瓣芹属　530
丝瓣藤科　48938
丝苞菊属　6838
丝柄穗顶草属　8258
丝草属　1478
丝雏菊属　34780
丝带根属　13078
丝滴草科　49550
丝滴草属　49553
丝萼爵床属　47076
丝粉藻科　14421
丝粉藻属　14418
丝秆草属　44476
丝瓜属　30658
丝管花科　3792
丝管花属　3790
丝管木属　3793
丝冠葱属　2817
丝冠萝藦属　34829
丝冠石蒜属　2815
丝果菊属　47077
丝合欢属　47066
丝花苣苔属　34818
丝花茜属　47072
丝花树属　47070
丝胶树属　20841
丝口五加属　47091
丝葵属　54269
丝兰科　55012
丝兰属　55011
丝莲菊属　42178
丝灵麻属　51024
丝毛玉属　32781
丝绵树属　11268
丝鞘杜英属　47084
丝肉穗桐属　30005
丝蕊大戟属　29269
丝蕊属　52258
丝石竹属　22900
丝穗木科　21182
丝穗木属　21180
丝藤属　34041
丝头花属　17327
丝苇属　44178
丝形草属　43985
丝叶彩鼠麴属　19215
丝叶豆属　38208
丝叶芥属　29154

丝叶菊属　51334
丝叶蜡菊属　25504
丝叶芹属　45908
丝叶鼠麴草属　6596
丝缨花科　21182
丝缨花属　21180
丝缨属　21180
丝枝参科　34807
丝枝参属　34808
丝柱茜属　34833
丝柱属　38602
丝柱玉盘属　18510
丝籽爵床属　47088
思口莲属　18371
思劳竹属　46202
思筹竹属　46202
思茅藤属　18680
思摩竹属　32408
斯达无患子属　48596
斯迪菲木属　49607
斯迪菊属　49133
斯迪林木属　49217
斯地茜属　48720
斯胡木属　46435
斯康吉亚属　47313
斯科大戟属　35138
斯来草属　47730
斯莱草属　47730
斯里兰卡川苔草属　55178
斯里兰卡桂科　25246
斯里兰卡桂属　25244
斯里兰卡苣苔属　10655,52631
斯里兰卡莲属　34562
斯里兰卡莓属　17159
斯里兰卡茜属　16882
斯里兰卡香材树科　25246
斯诺登草属　47775
斯帕木属　48016
斯皮葱属　48143
斯皮里芥属　48527
斯珀曼木属　48056
斯普寄生属　48508
斯普马齿苋属　48507
斯氏豆属　49752
斯氏风信子属　48195
斯氏檀香属　48689
斯塔树属　48546
斯泰赫菊属　48604
斯泰茜属　49112
斯坦堡属　49080
斯坦恩伯格属　49080
斯坦爵床属　48626
斯坦茜属　48625
斯坦野牡丹属　48644
斯特宾斯菊属　48714
斯特草属　48725
斯特茜属　49490

斯特山龙眼属　49294
斯特藻属　49310
斯滕菊属　48895
斯通草属　49277
斯图阿魏属　49110
斯图芥属　49514
斯图云实属　49522
斯托草属　49258
斯托花属　49260
斯托克木属　49245
斯托克椰属　35189
斯托克棕属　35189
斯托木属　48688
斯托无患子属　49244
斯脱兰木属　49301
斯脱木属　49301
斯万森木属　49752
斯威豆属　49769
斯威特豆属　49769
斯维野牡丹属　49750
斯温顿漆属　49783
斯温萝藦属　49785
斯文菊属　49747
斯窝伦草属　49754
斯沃伦草属　49754
斯棕属　47721
撕裂柄棕属　46077
四瓣果属　24395
四瓣花属　50805
四瓣玉蕊属　22389
四苞菊属　43357
四苞爵床属　50741
四苞蓝属　50741
四被列当属　50852
四被苋属　54578
四被玄参属　50852
四齿芥属　50702
四齿兰属　50889
四齿茅属　50702
四翅金虎尾属　50839
四翅苏木属　50835
四川藤属　47312
四带菊属　50804
四带芹属　50868
四轭野牡丹属　50882
四萼狸藻属　41555
四方骨属　25959
四方麻属　8515,53748
四方竹属　10959
四分爵床属　50779
四粉草科　50692
四粉草属　50689
四粉块藤属　46829
四粉兰属　50780
四封草属　50696
四稃禾属　50688
四福花属　50725

四隔兰属　50780
四沟玄参属　50880
四管卫矛属　50850
四冠木属　50858
四国瓦花属　32735
四果木科　50671
四果木属　50669
四合木属　50730
四核草属　50689
四花菊属　50794
四尖蔷薇属　50738
四角菊属　50756
四节茜属　32769
四肋草属　50821
四肋豆属　50821
四棱草属　46282
四棱豆属　42724
四棱果科　21325
四棱果属　21323
四棱芥属　12806
四棱菊属　2118
四棱茅属　21982
四列叶属　45593
四裂五芒属　38716
四裂雨久花属　46343
四鳞菊属　19796
四轮香属　23229
四脉菊属　50790
四脉麻属　29619
四脉苎麻属　29619
四芒菊属　50695
四锚属　50735
四囊榄属　50733
四囊木属　50876
四片芸香属　50711
四仁大戟属　50704
四稔属　50849
四蕊椴属　50764
四蕊花属　50788
四蕊茜属　30628
四蕊山莓草属　17322
四蕊苋属　35768
四蕊野牡丹属　27329
四时竹属　47496
四室果科　54332
四室果属　54330
四室林仙属　50873
四室萝藦属　50814
四室木属　50874
四室鼠李属　51991
四室旋花属　50768
四数花属　50774
四数金丝桃科　4480
四数金丝桃属　4485
四数苣苔属　7130
四数龙胆属　50826
四数木科　15034,50772

T

W

X

Y

Z

英文名称索引

A

Aali 16921
Abacubeadbean 53252
Abarco 9263
Abarco Wood 9263
Abdominea 42
Abelia 49
Abelmoschus 54
Abem 6202
Ablfgromwell 30788
Abraham-isaac-jacob 51850
Abroma 92
Abronia 96
Abrus 105
Absolmsia 112
Abutilon 121
Acacallis 126
Acacia 128,44634
Acaena 136
Acampe 149
Acanthocephalus 184
Acanthochlamys 191
Acanthochlamys Family 189
Acanthocladus 193
Acantholepis 202
Acanthonema 212
Acanthopanax 18091
Acanthophippium 223
Acanthus Family 157
Acaroid Resin 54717
Achasma 19412
Achyranthes 283
Achyrodes 28148
Achyrophorus 25880
Achyrospermum 310
Acianthus 322
Acidanthera 326
Acineta 348
Acmena 393
Acomastylis 422
Aconit 431
Aconite 431
Aconitum 431
Acoop of Cock 22680
Acorus 448
Acrachne 466
Acranthera 473
Acriopsis 482
Acrocarpus 498

Acrocephalus 502
Acroceras 503
Acroglochin 520
Acronema 530
Acronychia 535
Acroptilon 546
Actephila 602
Actinidia 611
Actinidia Family 613
Actinocarya 620
Actinodaphne 632
Actinostemma 660
Acuate 28049
Ada 696
Adam's Hood 20297
Adam's Needle 55011
Adam's-needle 55011
Adam-and-eve 3655
Adansonia 713
Adder's Mouth 31385,33094
Adder's Violet 22172
Adder's-mouth Orchid 31385,
　33094
Adder's-tongue 19270
Addermonth Orchid 31385
Adderslily 19270
Adelostemma 746
Aden Gum 128
Adenandra 755
Adenia 773
Adenium 779
Adenocarpus 790
Adenocaulon 793
Adenosma 881
Adenostemma 888
Adenostyles 896
Adina 921
Adinandra 922
Adlumia 935
Adonis 952
Aechmanthera 982
Aechmea 983
Aegiceras 1009
Aegilops 1017
Aeginetia 1019
Aellenia 1050
Aeluropus 1052
Aeonium 1068

Aerides 1079
Aerocomia 508
Aerva 1097
Aeschynomene 1105
Aethusa 1141
Affodil 4551
African Blue Lily 1230
African Bowstring Hemp 45525
African Corn Lily 26604
African Corn-lily 26604
African Cornlily Ixia 26604
African Cypress 54421
African Daisy 16187,30343,
　37137
African Ebony 16290
African Hemp 48056
African Lily 1230
African Mahogany 27353
African Oak 30415
African Rubber 28229
African Sheepbush 38803
African Tulip Tree 48113
African Violet 45286
African Whitewood 3110
African Yellow-wood 41154
African-daisy 3993
Africanlily 1230
Afromelia 27353
Afrormosia 1189
Afzelia 1202
Agalmyla 1214
Aganosma 1225
Agapanthus 1230
Agapetes 1233
Agave 1302
Agave Cactus 29479
Agave Family 1300
Agelaea 1307
Ageratum 1324
Aglaia 1355
Aglaonema 1362
Agoseris 1390
Agrimonia 1402
Agrimony 1402
Agriophyllum 1408
Agrostemma 1420
Agrostophyllum 1432
Aguassu 36686

Ahernia 1443
Ailanthus 1461
Ailanthus Family 47448
Ainsliaea 1470
Air Plant 51445
Airbroom 6409
Airplant 51425
Aizoon 1511
Ajania 1514
Ajaniopsis 1515
Ajowan 51846
Akebia 1531
Akee 6652
Akee Apple 6652
Alabama Warbonnet 26735
Alajja 1555
Alangium 1562
Alangium Family 1561
Albany Pitcher Plant 10053
Albarco 9263
Albertisia 1584
Albizia 1592
Albizzia 1592
Alcimandra 1628
Alder 1898
Alder Buckthorn 44047
Aldrovanda 1652
Alectryon 1663
Alehoof 21741
Alerce 20387
Alerch 20387
Aletris 1681
Aleurites 1683
Alexanders 47772
Alexandrian Laurel 14876
Alfalfa 32074
Alfredia 1700
Algaroba 42060
Alhagi 1713
Alisma Family 1744
Alison 2064,30244
Alkali Grass 16789,43088,55193
Alkaligrass 43088
Alkali-grass 43088
Alkanet 1755,2663,38658
Alkekengi 39952
Allaeanthus 7593
Allamanda 1770

B

C

Cryptostylis 13821
Cuckold 6345
Cuckoo Flower 9157
Cuckoo Pint 4382
Cuckoo-orchis 13446
Cucubalus 13882
Cucumber 13897
Cucumber Family 13899
Cucumber Tree 31257
Cucumber-tree 31257
Cucumis 13897
Cudjoe-wood 26689
Cudrania 13904
Cudweed 20312,21924
Culver's Root 53748
Culver's-physic 53748
Cumbungi 53070
Cumbungi Reed 53070
Cumin 13960
Cuminum 13960
Cummin 13960
Cunealglume 3688
Cup Grass 19012
Cupania 13991
Cupdaisy 14178
Cupflower 35466
Cup-flower 35466
Cupgrass 19012
Cup-grass 19012

Cuphea 13997
Cupid's Dart 9616
Cupid's-dart 9616
Cupid's-darts 9616
Cupidone 9616
Cupids-dart 9616
Cupscale 45204
Cupseed 8610
Cup-shaped Bell 851
Curatella 14029
Curculigo 14033
Curcuma 14034
Curled Mallow 31452
Curled Pondweed 41800
Curly Waterweed 28045
Currant 44463
Currant Bush 29263
Curvedstamencress 30598
Cuscuta Family 14069
Cusparia Bark 2933
Custard Apple 3111
Custardapple 3111
Custard-apple 3111
Custardapple Family 3113
Custard-apple Family 3113
Cutandia 14101
Cutgrass 28707
Cut-grass 28707

Cution Bush 29574
Cutleaf Daisy 18485
Cutstyle Flower 46209
Cuttonguetree 54220
Cuviera 14113
Cyaennepepper 9101
Cyamopsis 14116
Cyananthus 14124
Cyanotis 14160
Cyathocline 14178
Cyathostemma 14199
Cyathula 14202
Cycad 14221
Cycad Family 14220
Cycas 14221
Cycas Family 14220
Cyclamen 14226
Cyclanthera 14235
Cyclanthus Family 14234
Cyclea 14243
Cyclobalanopsis 14246
Cyclocarya 14259
Cyclorhiza 14289
Cydonia 10333
Cylindrokelupha 14341
Cymaria 14364
Cymbaria 14382
Cymbidiella 14386

Cymbidium 14388
Cymbidium Orchid 14388
Cymophora 14425
Cynocramba Family 51022
Cynomorium 14478
Cynomorium Family 14476
Cypella 14505
Cyphokentia 14544
Cypholophus 14546
Cyphotheca 14564
Cypress 10482,14013,50425
Cypress Family 14010
Cypress Grass 14518
Cypress Pine 8408
Cypress Vine 26320,43368
Cypressgrass 14518
Cypress-grass 14518
Cypress-pine 8408
Cypripedium 14571
Cyrtandra 14590
Cyrtanthera 14602
Cyrtanthus 14604
Cyrtococcum 14615
Cyrtosia 14638
Cyrtosperma 14643
Cystacanthus 14655
Cystopetal 42831
Cytinus 14688

D

Dacrydium 14724
Dactylicapnos 15702
Dactylis 14754
Daffodil 34572
Daffodil Orchid 26323
Dahlia 14805
Daily-dew 17297
Daisy 6025,15315,33826
Daisy Bush 36246
Daisy Family 12667
Daisybush 36246
Dalea 14823
Dalechampia 14829
Dallis Grass 38246
Dallisgrass 38246
Dalmatian Laburnum 39253
Damar Pine 1268
Damara Tree 1268
Damar-pine 1268
Damascisa 21762
Damasonium 14852
Dame's Rocket 24305
Dame's Violet 24305
Dame's-violet 24305
Dammar Pine 1268

Dammar-pine 1268
Damnacanthus 14867
Dampsedge 8260
Danceweed 12270
Dancing Grass 12270
Dancing Lady 20803
Dandelion 13502,50357
Danthonia 14898
Daphne 14914
Daphniphyllum 14924
Daphniphyllum Family 14922
Darnel 30311
Dashen 12510
Dasymaschalon 14999
Date 39689
Date Palm 39689
Date Plum 16290
Datepalm 39689
Date-palm 39689
Date-plum 16290
Datisca 15032
Datisca Family 15034
Datura 15037
Davidia Family 15075
Dawn Redwood 32714

Day Flower 12615
Day Lily 23949
Dayaoshania 15090
Dayflower 12615
Day-flower 12615
Dayflower Family 12617
Daylily 23949
Day-lily 23949
Dead Nettle 28169
Deadly Carrot 50968
Deadly Nightshade 4944
Dead-nettle 28161,28169
Deadnettle 28169
Dead-nettle Family 27883
Death Camas 55193
Death-camus 55193
Debregeasia 15105
Decaisnea 15122
Decaschistia 15164
Decaspermum 15165
Deciduous Swamp Cypress 50425
Deciduous-swamp-cypress 50425
Deciduous-yew-cypress 50425
Deckenia Palm 15184
Decodon 15188

Decumaria 15198
Deerdrug 47753
Deer-grass 52210
Deervetch 30531,50753
Dehaasia 15215
Deinanthe 15227
Deinbollia 15228
Deinocheilos 15230
Deinostemma 15232
Delavaya 15249
Delosperma 15266
Delphinium 15277
Deltoid-leaved 28185
Dendranthema 15315
Dendrobenthamia 15323
Dendrobium 15325
Dendrocalamopsis 15334
Dendrocalamus 15335
Dendrochilum 15338
Dendrochilum Orchid 15338
Dendrolobium 15350
Dendropanax 15354
Dendrophthoe 15363
Dendrotrophe 15392
Denhamia 15397

E

F

G

Greigia 22369
Grepe Hyacinth 34160
Grepe-hyacinth 34160
Grevill 22381
Grevillea 22381
Grewia 22383
Grey Hair-grass 13147
Grey Teak 21915
Grey Twig 46335
Greyawngrass 48470
Greytwig 46335
Grey-twig 46335
Gris Palm 5284
Gromwell 7793,30160,34702
Groudnut 3642
Ground Cherry 39952
Ground Elder 1037
Ground Holly 10950
Ground Ivy 21741
Ground Lily 52422
Ground Nut 21879
Ground Orchid 6649
Groundcherry 39952
Ground-cherry 39952
Ground-elder 1037
Ground-ivy 21741
Groundsel 46995
Groundsel-tree 5270

Groundstar 2674
Groupflower 35030
Grugru Palm 508
Gru-gru Palm 508
Grumewood 26636
Grummel 7793,30160
Guado 11960
Guajacumwood 22495
Guanguangtree 52841
Guar 14116
Guara 13991
Guarea 22525
Guarri 19480
Guava 42645
Guayacan 22495
Guazuma 22544
Gueldenstaedtia 22550
Guere Palm 4744
Guernsey Centaury 19906
Guernsey Lily 35258
Guger Tree 46059
Gugertree 46059
Guger-tree 46059
Guihaia 22589
Guihaiothamnus 22590
Guihaitree 22590
Guinea Corn 47978

Guinea Flower 24624
Guinea Gold Vine 24624
Guineaflower 24199
Guinea-flower 24624
Gullygrass 10897
Gum 2926,13121,19441
Gum Dragon 4715
Gum Plant 22407
Gum Succory 11199
Gum Tragacanth 4715
Gum Tree 9572,17086,19441
Gum Vine 28229
Gumhead 22807
Gumplant 22407
Gum-plant 22407
Gum-tree 128,9572,19441
Gumvine 28229
Gumweed 22407
Gunnera 22642
Gunny 12908
Gurjun 16580
Gurjun Balsam 16580
Gurjun Family 16579
Gurjun Oil 16580
Gurjun Oil Tree 16580
Gurjun Oil Tree Family 16579
Gurjunoiltree 16580

Gurjun-oiltree 16580
Gurjunoiltree Family 16579
Gurjun-oiltree Family 16579
Gushanlong 3919
Gutta Percha 37606
Gutweed 47924
Gutzlaffia 22680
Guzmania 22687
Guzmannia 22687
Gymea Lily 17121
Gymnadenia 22708
Gymnanthera 22723
Gymnaster 33416
Gymnema 22739
Gymnocalycium 22752
Gymnocarpos 22756
Gymnopetalum 22793
Gymnosperms 22807
Gymnotheca 22829
Gympie 15340
Gynocardia 22869
Gynostemma 22890
Gypsophila 22900
Gypsy Rose 27326
Gypsywort 30789
Gyrocheilos 22918
Gyrogyne 22920

H

Habenaria 22948
Haberlea 22951
Habranthus 22961
Hackberries 9836
Hackberry 9836
Hacquetia 22987
Haiari 30347
Hainania 23054
Hainanlinden 23054
Hair Grass 1478,15454,27568,
 34059,52637
Hair Palm 10576
Haired Stygma 52268
Hair-grass 1478,13147,15454,
 27568,38888,44864
Hairgrass 1478,15454
Hairliporchis 52184
Hairorchis 18908
Hairtea 3412
Hairvinebean 8503
Hairy Bamboo 39907,45779
Hairy Lady's Smock 8963
Hairy Rocket 19198
Hairy Seablite 17769
Hairy-bamboo 39907
Hairyfruitgrass 28392

Hakea 23059
Haldina 23073
Halerpestes 23082
Halfribpurse 24007
Halfstyleflower 23997
Halfummer 40296
Halgania 23090
Halimium 23097
Halimocnemis 23099
Halocnemum 23141
Halogeton 23148
Halopeplis 23152
Halophila 23155
Halostachys 23173
Hamamelis 23190
Hamatocactus 23195
Hamelia 23199
Hamiltonia 48181
Hampshire-purslane 30644
Hanceola 23229
Hancockia 23230
Handbamboo 2368
Handeliodendron 23233
Hapaline 23251
Haplanthoides 23270
Haplophyllum 23302

Haplosphaera 23310
Haraella 23342
Hard Grass 46564
Hard Meadow Grass 46597
Hardbean 31187
Hard-grass 23055,38044
Hardgrass 46564
Hard-grass 46564,46639
Hardy Banana 34153
Hardy Gloxinia 26164
Hardy Hibiscus 24629
Hardy Ice Plant 15266
Hardy Plumbago 10184
Hardy Rubber Tree 19496
Hare's Ear 7878
Hare's Tail 28128
Hare's Tail Grass 28128
Hare's-ear 7878,12806
Hare's-ear Cabbage 12806
Hare's-ear Mustard 12806
Hare's-foot Fern 14996
Hare's-tail 28128
Hare's-tail Grass 28128
Harebell 8799,54166
Haricot 27889
Harlequin Flower 48040

Harpachne 23383
Harper's Beauty 23404
Harrisia 23422
Harrisonia 23428
Harrysmithia 23429
Hart's Clover 32355
Hartia 23431
Hartwort 51664
Hatchet Cactus 38501
Hatchet Vetch 46841
Hat-pins 18996,27943
Hattie's Pincushion 4730
Hawk Nut 7861
Hawk's Beard 13502
Hawk's Bit 28936
Hawk's Weed 24658
Hawk's-beard 1123,13502
Hawkbit 28936
Hawknut 7861
Hawksbeard 13502
Hawks-beard 13502
Hawkweed 24658
Haworthia 23497
Hawthorn 13407,44074
Hay Hove 21741
Hayatagrass 23504

I

J

K

Kadsura 27060
Kaffir Bean Tree 46352
Kaffir Bread 18358
Kaffir Lily 12018,46209
Kaffirlily 12018
Kaffir-lily 12018
Kafir-lily 46209
Kahikatea 14721
Kakabeak 11959
Kaku Oil 30415
Kalanchoe 27091
Kalanhoe 7683
Kale 13359
Kalidium 27103
Kalimeris 27106
Kaliphora 27110
Kalmia 27116
Kalopanax 27122
Kandelia 27143
Kangaroo Grass 51056
Kangaroo Paw 2971
Kangaroo-grass 51056
Kangaroo-paw 2971
Kapok 9808
Kapok-tree 6852
Kapur 17359
Karaka Nut 13151
Karelinia 27175
Kaschdaisy 27196
Kaschgaria 27196
Katsura Tree 10202
Katsura Tree Family 10200
Katsuratree 10202
Katsura-tree 10202
Katsuratree Family 10200

Katsura-tree Family 10200
Kauri 1268
Kauri Pine 1268
Kayea 27221,32682
Kedondong 8952
Keeled Vetch 37387
Keeledsiliclecress 40683
Keenan 27230
Keiskea 27240
Kelch-grass 46093
Kellogia 27251
Kengyilia 27264
Kenilworth Ivy 14374
Kennedia 27267
Kentia 25318
Kentia Palm Howeia 25318
Kentucky Coffee Tree 22770
Keratto 1302
Kernera 27321
Kerria 27326
Kerry Lily 47457
Keruing 16580
Keteleeria 27333
Khat 9645
Khate Tree 9645
Khaya 27353
Kibatalia 27361
Kidney Vetch 3375
Kidneyweed 15763
King Palm 3960
King's-spear 18900
Kingcup 8579
Kingdonia 27407
Kingia 27413
Kingidium 27417

Kingpalm 3960
King-palm 3960
Kingwood 14817
Kinostemon 27426
Kirengeshoma 27433
Kirilowia 27440
Kitefruit 24815
Kiwi 611
Kiwi Fruit 611
Kiwifruit 611
Kiwifruit Family 613
Kleinhovia 27485
Klugia 27505
Knapweed 9859
Knautia 27516
Knawel 46546
Kneejujube 8357
Knema 27521
Knifebean 8955
Knight Star Lily 24761
Knight's Star 24761
Knight's Star Lily 24761
Knight's-star 2112,24761
Kniphofia 27528
Knobthorn 55084
Knobwood 55084
Knotgrass 13078,20079,39046,
  41514
Knot-grass 41514
Knotweed 20079,39046,41514
Knotweed Family 41499
Knotweedtree 52539
Knotweed-tree 52539
Knotwood 4934

Kobresia 27543
Kochia 5753,27548
Koeleria 27568
Koellikeria 27572
Koelpinia 27574
Koenigia 27586
Kohleria 27595
Koilodepas 27599
Kola 12380
Kola Nut 12380
Kolkwitzia 27612
Kopsia 27646
Koromiko 23524
Korthalsella 27658
Kotukutuku 20803
Krabak 3062
Krameria 27699
Krasnovia 27716
Krylovia 44138
Kudôacanthus 27767
Kudrjaschevia 27768
Kudzu Bean 43093
Kudzu Vine 43093
Kudzubean 43093
Kudzuvine 43093
Kummerowia 27804
Kumquat 20593
Kunai 26155
Kungia 27808
Kuroiwa Grass 51249
Kurrimia 27843
Kydia 27856
Kylinleaf 18736
Kyllingia 27860

L

Labrador Tea 28695
Labrador-tea 28695
Laburnum 27900
Lacaena 27902
Lace Shrub 48997
Lacewort 3734
Lachnanthes 27938
Lachnoloma 27948
Lacquer Tree 51772
Lacquertree 51772
Lacquer-tree 51772
Lactoris 27992
Ladie's Eardrops 20803
Ladies Tobacco 3229
Ladies' Bedstraw 21031
Ladies' Tobacco 3229

Ladies'-eardrops 7641
Ladies'-tresses 48408
Lady Bell 851
Lady Palm 44090
Lady Slipper 14571,39726
Lady's Bell 851
Lady's Bower 11903
Lady's Delight 53939
Lady's Eardrops 20803
Lady's Mantle 1621
Lady's Slipper 14571,37828
Lady's Slipper Orchid 14571,
  37828
Lady's Sorrel 37265
Lady's Tresses 48408
Lady's Tresses Orchid 48408

Lady's-bell 851
Lady's-eardrops 20803
Lady's-mantle 1621
Lady's-slipper 14571
Lady's-slipper Orchid 14571
Lady's-tresses 48408
Ladybell 851
Ladybells 851
Ladydaisy 52960
Ladymantle 1621
Ladypalm 44090
Ladypalms 44090
Ladyslipper 14571
Ladytress 48408
Laelia 28019
Laelia Orchid 28019

Lafoensia 28037
Lagarosolen 28046
Lagedium 28050
Lagenophora 28063
Laggera 28078
Lagochilus 28087
Lagopsis 28095
Lagoseris 28104
Lagotis 28109
Lagurus 28128
Lakemelongrass 30047
Lallemantia 28142
Lamarckia 28148
Lamb's Lettuce 53457
Lamb's Succory 4236
Lambertia 28151

M

Moon Cactus 46905

Moon Cereus 46905

Moon Flower 6876

Moon-carrot 47167

Moonflower 6876

Moonlight Cactus 46905

Moonseed 32492

Moonseed Family 32491

Moonseed Vine 32492

Moonstones 37479

Moonwort 30679

Moon-wort 47834

Moor Grass 33527,47173

Moorgrass 33527,47173

Moor-grass 47173

Moquinia 33874

Moraea 33882

Morass-weed 10164

Moreno Palm 10493

Moreton Bay Chestnut 9559

Moriche Palm 31983

Morina 33908

Moringa Family 33918

Mormon Tea 18609

Mormon-tea 18609

Mormon-tea Family 18611

Morning Glory 12828,26320, 39438

Morning Glory Family 12825

Morning Yellow-eyed-grass 54962

Morningglory 26320

Morning-glory 26320

Morning-glory Family 12823, 12825

Morningglory Family 12825

Morocco Gum 128

Morrison 53762

Mortonia 33954

Moschatel 957

Moschatel Family 958

Mosla 33988

Mosquito Bush 36002

Mosquito Orchid 322

Mosquito Wood 33990

Mosquitoman 16820

Mosquitotrap 14436

Moss Pink 41356

Moth Orchid 39392

Mother of Thousands 47837

Mother-in-law Plant 8166

Mother-in-law's Tongue 45525

Motherweed 29949

Motherwort 28953

Moth-orchid 39392

Mount Atlas Daisy 2551

Mountain Ash 47973

Mountain Avens 17329

Mountain Bush 27826

Mountain Camellia Purplestem 49109

Mountain Dandelion 1390

Mountain Ebony 5826

Mountain Everlasting 3229

Mountain Heath 39871

Mountain Heather 39871

Mountain Holly 34854,36246

Mountain Leech 15482

Mountain Lilac 9776

Mountain Mint 43194

Mountain Pepper 17281

Mountain Rice 37087

Mountain Rock-cress 3839

Mountain Rose 44234

Mountain Sneezeweed 23710

Mountain Sorrel 37368

Mountain-angelica 3886

Mountainash 47973

Mountain-ash 47973

Mountain-bluet 546

Mountaincrown 36818

Mountainfringe 935

Mountainheath 39871

Mountain-mahogany 10208

Mountain-mint 43194

Mountainsorrel 37368

Mountain-sorrel 37368

Mouretia 34007

Mourning Bride 45890

Mouse Ear 10091,24996,34260

Mouse-ear 10091,24996,34260

Mouseear Chickweed 10091

Mouse-ear Chickweed 10091

Mouseear Cress 3836

Mouse-ear Hawkweed 40225

Mousetail 34272

Mousetail-plant 4152

Moxanettle 28307

Mrytle 53917

Mt. Atlas Daisy 2551

Mtn Sneezeweed 23710

Mucilagefruit 12636

Mucuna 34039

Mud Grass 12399

Mud Plantain 24365

Mudar 8566

Mudar Fibre 8566

Mudgrass 12399

Mud-nut 21846

Mudwort 29912

Mugwort 4307,13668

Muhly 34059

Muhly Grass 34059

Mukia 34067

Mulberry 33958

Mulberry Family 33880

Mule-ear Oncidium 52148

Mule-ears 54660

Mules-ears 54660

Mulgedium 34070

Mullein 53699

Multa-mulla 43041

Mum 11393

Mundulea 34089

Mung-bean 53860

Munronia 34103

Muntingia 34106

Muntries 27826

Munz's Shrub 34109

Murdannia 34120

Murraya 34137

Muscari 28958

Musella 34168

Musk 33213

Musk 'Maple' 41899

Musk Mallow 31452

Musk Orchidd 10650

Musk Orchis 24207

Muskmelon 13897

Muskrat Wort 50946

Muskroot 957

Muskroot Family 958

Muskwood 22525

Mussaenda 34180

Mustard 7399,12375,47490

Mustard Family 7400,13673

Mustard Treacle 19224

Mutisia 34197

Myagrum 34207

Mycelis 34215

Mycetia 34218

Myoporum 34249

Myoporum Family 34246

Myosot 34266

Myriactis 34292

Myrialepis Palm 34295

Myricaria 34311

Myrioneuron 34324

Myripnois 34340

Myrmechis 34345

Myrobalan 50606

Myrobalan Family 12601,50607

Myrobalans 50606

Myrocarpus 34366

Myrrh 12641,34387

Myrrh Tree 12641

Myrrhtree 12641

Myrsine 34395

Myrsine Family 34394

Myrtle 2335,34306,34424

Myrtle Cactus 34410

Myrtle Family 34401

Myrtle Lime 52519

Mytilaria 34439

Myxopyrum 34446

N

Nabalus 34459

Naga-sar 32682

Nageia 34478

Nageia Family 34480

Naiad 34492

Naiad Family 34491

Naiad-wort 34492

Naias Family 34491

Naid 34492

Naiheadfruit 22027

Nailorchis 1079

Nailwort 38183

Nakeaster 33416

Naked Lady 24761

Nakedfruit 22756

Naked-stemmed Bulrushes 46325

Nakerue 42681

Nandina 34515

Nanmu 30967,39669

Nannoglottis 34522

Nanocnide 34528

Nanophyton 34535

Naravelia 34562

Narcisse 34572

Narcissus 34572

Nard Grass 34585

Nardgrass 34585

Nardostachys 34580

Narenga 34588

Narthecium 34599

Nasturtium 52765

Nasturtium Family 52764

Natal Bottlebrush 22387

Nathaliella 34638

Nato Tree 37606

Natotree 37606

Natsiatopsis 34642

Natsiatum 34644

Nauclea 34649

Nautilocalyx 34667

O

Oilpalm 17979
Oilresiduefruit 24865
Oiltung 53733
Oil-vine 50494
Oil-wood 17989
Okoume 4980
Olax 36234
Olax Family 36231
Old Man's Beard 11903
Oleander 35263
Oleaster 17977
Oleaster Family 17976
Olgaea 36257
Olibanum 7048
Oligochaeta 36277
Oligomeris 36292
Oligostachyum 36303
Olinia 36308
Olive 8952,17977,36243
Olive Family 36244
Olive Tree 36243
Ombrocharis 36364
Omphalogramma 36397
Omphalothrix 36411
Omphalotrigonotis 36410
Oncidium 36423
Oncidium Orchid 36423
Oncoba 36428
Oncodostigma 36441
Oncosperma 36450
One-berry 38147
Oneflower 16907
One-flowered Wintergreen 33628
Oneflowerprimrose 36397
One-glumed Hard-grass 23054
Onespikegrass 41602
Onewayflor 37000
Onion 1808
Onion Grass 32335,44775
Onion Orchid 33112
Oniongrass 32335

Onion-grass 32335
Ononis 36488
Onosma 36499
Onyx Flower 300
Ophiorrhiza 36569
Ophiorrhiziphyllon 36570
Ophiuros 36592
Ophrestia 36596
Ophrys 36605
Opilia 36614
Opilia Family 36616
Opithandra 36620
Oplismenus 36628
Oplopanax 36630
Opopanax 36642
Oppositebane 21653
Opposite-leaved Pond Weed 22434
Oppositeleaved Tarweed 24071
Opuntia 36666
Orach 4942
Orache 4942
Orange 11728
Orange Jessamine 34137
Orange Root 25554
Orange Sunflower 23821
Orangeroot 25554
Orangevine 30731
Orania Palm 36673
Orbignya 36686
Orchard Grass 14754
Orchardgrass 14754
Orchard-grass 14754
Orchid 14773,14777,14778, 36605,36713,42527
Orchid Cactus 18722
Orchid Family 36697
Orchid Tree 5826
Orchid Vine 49138
Orchidantha 36698

Orchis 14388,14777,36713
Orcutt Grass 36716
Oregano 30062,36847
Oregon Grape 31281
Oregon Myrtle 53170
Oregon Plum 36156
Oregon Sunshine 19070,19071
Oregon-grape 6148,31281
Orenge Grape 31281
Oreocereus 36750
Oreocharis 36753
Oreocnide 36759
Oreomyrrhis 36779
Oreorchis 36800
Oreosolen 36812
Oresitrophe 36832
Oriental Poppy 37817
Orientvine 47545
Origan 36847
Origanum 36847
Orinus 36851
Orixa 36863
Ormocarpum 36879
Ormosia 36882
Ornamental Onion 1808
Ornamental Thorn 13407
Ornithoboea 36894
Ornithogalum 36904
Orophea 36948
Orostachys 36957
Orpine 46861,50488
Orpine Family 13401
Orthoraphium 37028
Ortie 53343
Orychophragmus 37068
Osage Orange 30995
Osage-orange 30995
Osbeckia 37089
Oscularis 32627
Osier 45351
Osmanther 37104

Osmanthus 37104
Osmoxylon 37122
Oso Berry 36166
Oso-berry 36166
Ostericum 37144
Ostodes 37146
Ostryopsis 37157
Osyris 37167
Otaheite Apple 48477
Otanthera 37173
Otatea 37177
Otophora 37214
Otostegia 37222
Ottelia 37228
Ottochloa 37233
Our Lord's Candle 24340
Ouratea 37242
Overlord 55353
Overmallow 31457
Oxalis 37265
Oxalis Family 37264
Oxblood Lilies 44241
Ox-eye 7871
Oxeye 7871,23821,50478
Ox-eye Daisy 29464
Oxeyedaisy 7871,11393
Oxhneedaisy 21017
Oxmuscle 15785
Oxmusclefruit 23428
Oxtongue 23891,40120
Ox-tongue 40120
Oxwhipgrass 23942
Oxwood 13430
Oxygraphis 37330
Oxygyne 37331
Oxylobus 37339
Oxypetalum 37354
Oxyspora 37374
Oxystelma 37375
Oyster Plant 32602,44287,46654
Ozothamnus 37401

P

Pacaya 10493
Pachira 37415
Pachycentria 37426
Pachycereus 37428
Pachygone 37452
Pachypodium 37483
Pachypterygium 37490
Pachysandra 37500
Pachystachys 37504
Pachystoma 37521
Pacific Walnut 17211
Padauk 42840
Padouk 42840

Padri Tree 49063
Padritree 49063
Paederia 37555
Paederota 37556
Paedicalyx 37558
Paeony 37562
Pagoda Tree 47951
Pagodatree 47951
Pahudia 1202
Paigle 43630
Painted Cup 9574
Painted Daisy 43277
Painted Leaves 12433

Paintedcup 9574
Palafoxia 37598
Palaktree 37606
Palas 29728
Pale Dew-plant 17295
Palegreenvine 37452
Paliavana 37626
Palicourea 37627
Palisander 14817,26653,30951
Paliurus 37641
Pallenis 37657
Palm 7987,10576,36686,51815
Palm Family 37661

Palm Hearts 19795,44948
Palma Christi 44513
Palmate Kirengeshoma 27433
Palmcalyx 42278
Palmetto 45156
Palmgermander 44963
Palmgrass 47192
Palmleaftree 7390,23233
Palo Verde 38157
Palosapis 3062
Pampas Grass 13087,22858
Pampas-grass 13087,22858
Pancratium 37727

Primulina 41953
Prince Albert Yew 45868
Prince Albert's Yew 45868
Prince's Pine 10950
Princess Palm 15903,15917
Prinsepia 41963
Priotropis 41994
Prismatomeris 41998
Pristimera 42003
Pritchardia 42006
Pritchardia Palm 42006
Privet 29777
Proboscidea 42021
Procris 42037
Pronaya 42048
Prophet Flower 31180
Protea 42077
Protea Family 42079
Protium 42089
Prune 42122
Prunus 42122
Przewalskia 42127
Psammochloa 42139
Psammosilene 42153
Psathyrostachys 42170
Pseudaechmanthera 42188
Pseudanthistiria 42216
Pseudelephantopus 42228
Pseuderanthemum 42236
Pseudobartsia 42278
Pseudocerastium 42323

Pseudochinolaena 42225
Pseudolephantopus 42228
Pseudopogonatherum 42514
Pseudopyxis 42522
Pseudoraphis 42525
Pseudosasa 42554
Pseudosmilax 42579
Pseuduvaria 42637
Psilopeganum 42681
Psilotrichum 42706
Psilurus 42709
Psoralea 42726
Psychotria 42751
Psychrogeton 42757
Ptarmiganberry 3995
Ptarmigan-berry 3995
Pternandra 42828
Pterocaulon 42848
Pteroceras 42855
Pterocypsela 42883
Pterolobium 42903
Pteroptychia 42942
Pterospermum 42957
Pteroxygonum 42983
Pterygiella 42985
Pterygocalyx 42988
Pterygopleurum 42994
Pterygota 42999
Ptilagrostis 43007
Ptilotrichum 43039
Ptychococcus 43060

Ptychosperma 43074
Ptychotis 43079
Puccoon 30160,45493
Pueraria 43093
Pugionium 43097
Pulicaria 43112
Pulsatilla 43121
Pulse Family 28738
Pumpkin 13898
Pumpwood 9787
Puncturebract 37384
Punica 43139
Purple Colt's-foot 25081
Purple Coneflower 17698
Purple Dew-plant 45059
Purple Loosestrife 30899
Purple Loosestrife Family 30896
Purple Moor-grass 33527
Purple Pea 25308
Purple Pleat-leaf 1926
Purple Rockcress 4975
Purple Rock-cress 4975
Purple Wreath 39199
Purpledaisy 35763
Purplehammer 41891
Purpleheart 38567
Purpleleaf 22327
Purplepearl 8338
Purplevine 54561
Purslane 11852,23095,30644,
 41768

Purslane Family 41770
Puschkinia 43173
Pussy Tail 43041
Pussy Toes 3229
Pussy's Toes 3229
Pussy's-toes 3229
Pussypaws 11683
Pussytoes 3229
Putty-root 3655
Puya 43185
Pycnarrhena 43197
Pycnoplinthus 43218
Pycnospora 43225
Pycreus 43233
Pygeum 43234
Pygmaeopremna 43238
Pygmy-poppy 8957
Pygmyweed 13399,51442
Pyramidal Orchid 2522
Pyrenacantha 43266
Pyrenaria 43268
Pyrenean-violet 43579
Pyrenean-violet Family 21524
Pyrethrum 43277
Pyrgophyllum 43279
Pyrola 43289
Pyrola Family 43291
Pyrostegia 43298
Pyxie 43334
Pyxie-moss 43334

Q

Qinggang 14246
Qingmingflower 5872
Qiongpalm 11506
Qiongzhu 43346
Quake Grass 7528
Quakegrass 7528
Quaking Grass 7528
Quaking-grass 7528
Quamash 8745

Quassia 40111,43381
Quassia Family 47448
Quassia Wood 40111
Quassiawood 40111
Quassia-wood 40111
Quebracho 46070
Queen Lily 39312
Queen of Flowering Tree 2255

Queen Orchid 22286
Queen Palm 4022,49786
Queen's Wreath 39199
Queensland Hemp 47335
Queensland Laurel 40493
Queensland Nut 30916,31191
Quickweed 21017
Quick-weed 21017

Quietvein 31607
Quince 10333,14319
Quince-leaved Medlar 13240
Quinine 11600
Quinine Bush 39134
Quinine Tree 11600,39134
Quisqualis 43453
Quixote Plant 24340

R

Rabbit Brush 11481
Rabbit Foot 52356
Rabbitbrush 11481
Rabbitbush 30479
Rabbiten-wind 1470
Rabbit-tail Grass 28128
Rabbit-tail-grass 28128
Rabbit-tobacco 15627
Rabdosia 26488,43467
Racemobambos 43476
Radiator Plant 38807

Radiola 43520
Radish 43652
Raffia 43654
Raffia Palm 43654
Rafflesia 43530
Rafflesia Family 43531
Rafinesqui's Chicory 43533
Rag Gourd 30658
Ragimillet 18082
Ragweed 2201,4307
Ragwort 29765,37537,46995

Rain Lily 12847,22961,55147
Rain Orchid 40633
Rain Tree 7630,45440
Rain-lily 22961,55147
Raintree 7630,45440
Rain-tree 7630,45440
Raisin Tree 25310
Raisin-tree 25310
Rambutan 35214
Ramie 6746
Ramin 22155

Ramonda 43579
Ramondia 43579
Ramontchi 20401
Rampion 40062
Ranalisma 43606
Randia 43612
Ranevea 43615
Rannoch-rush 46025
Rannoch-rush Family 46026
Ranunculus 43630
Raoulia 43635

Rondeletia 44782
Root Spine Palm 13706
Rootless Duckweed 54581
Rootless Vine 9538
Rootspine Palm 13706
Rope Grass 43944
Rope-grass 43944
Ropegrass Family 43945
Roquette 19191
Rosary Pea 105
Rosarypea 105
Rosary-pea 105
Roscoea 44828
Rose 44815
Rose Bay 44234
Rose Campion 47410
Rose Family 44817
Rose Gentian 33002
Rose Mallow 24629
Rose Myrtle 44249
Rose of Jericho 2627
Rose of Sharon 2015
Rose Pink 33002
Rose Silky Oak 40527
Rosebay 44234
Rose-bay 44234

Rosebay Willowherb 18692
Rose-box 13240
Rose-bush 44815
Rose-gentian 33002,45158
Rosemallow 24629
Rose-mallow 24629
Rosemary 44848
Rosemyrtle 44249
Rose-myrtle 44249
Roseroot 44217
Rose-tree 44815
Rosewood 14817
Rosin Plant 47429
Rosinweed 47429
Rostellularia 44861
Rostrinucula 44865
Rosularia 44866
Rotala 44868
Rotula 44900
Rouge Plant 44606
Rougeplant 44606
Roughfruitparsley 51846
Roughleaf 28376
Roughleaftree 3564
Roughstraw 4539

Round-headed Club-rush 46522
Roupala 44912
Rourea 44919
Roureopsis 44920
Rowan 47973
Rowan Tree 47973
Roxburghia 44938,48859
Royal Palm 44948
Royal Water Lily 53823
Royalpalm 44948
Rubber Tree 24542
Rubber Vine 13811
Rubbertree 24542
Rubber-tree 24542
Rubberweed 25795
Rubgrass 52586
Rudbeckia 44970
Rue 45076
Rue Family 45077
Ruellia 44989
Ruffle Palm 1476
Rugel's Ragwort 44996
Ruizia 45002
Rungia 45024
Ruppia 45041

Rupturewort 24224
Rush 26988
Rush Family 26972
Rush Grass 48504
Rush Lily 47668
Rush Pink 30810
Rushes 26988
Rush-featherling 40816
Rush-lily 46321
Russian Centaurea 546
Russian Cypress 32889
Russian Knapweed 546
Russian Olive 17977
Russian Pigweed 5199
Russian Sage 39020
Russian Thistle 45402
Russianthistle 45402
Russian-thistle 45402
Russowia 45074
Ruyschia 45097
Rye 46827
Rye Grass 30311
Ryegrass 30311
Rye-grass 30311
Ryssopterys 45128

S

Sabadilla 46311
Sabia 45169
Sabia Family 45170
Sabina 45174
Sabline 33233
Saccolabium 45212
Sacred Bean 34802
Sacred Flower of the Incas 9036
Sacseed 51312
Saddleorchis 223
Saddletree 30905
Safflower 9409
Saffron 7822,13592
Sagapenum 20242
Sage 4307,39654,45419
Sagebrush 4307
Sageretia 45254
Sagisi Palm 24492
Sago Cycas 14221
Sago Palm 12307,14221,18358,
    32752
Sago-palm 32752
Sago-palm Family 55060
Saguaro 9298
Sailor's-tobacco 4307
Sainfoin 36479
Saint John's Wort 25854
Saintpaulia 45286

Sakebed 12103
Salab-misri 14777,19568,36713
Salacca 45303
Salacia 45304
Salak 45303
Salak Palm 45303
Salep 14777,19568,36713
Salicornia 45336
Sallow 45351
Salomonia 45374
Salpiglossis 45381
Salsify 51884
Salt Cedar 50241
Salt Tree 23102
Saltbane 23099
Saltbeantree 23102
Saltbush 4942
Salt-bush 4942
Saltcedar 50241
Saltclaw 27103
Saltcress 51029
Saltgrass 23155
Saltlivedgrass 23148
Saltmarsh Grass 43088
Saltmarsh Mallow 27668
Salt-marsh Mallow 27668
Saltnodetree 23141
Saltspike 23173

Salttree 23102
Salt-tree 23102
Saltwort 5798,21726,45336,
    45402,45641
Salt-wort 45402
Salvadora 45415
Salvadora Family 45416
Salvia 45419
Salweenia 45429
Saman 45440
Samaradaisy 42883
Samphire 13552,45641
Samyda Family 45473
Sanchezia 45478
Sand Crocus 44775
Sand Heath 10103
Sand Lily 18852
Sand Love Grass 18793
Sand Spurrey 48165
Sand Spurry 48165
Sand Verbena 96
Sandal 45538
Sandal Tree 45538
Sandal Wood 45538
Sandalwood 42840,45538
Sandalwood Family 45530
Sandaster 12967
Sandbur 9843

Sandcarpet 9204
Sandcress 43097
Sandersonia 45485
Sandholly 2314
Sand-lily 29515
Sandoricum 45486
Sand-puffs 52596
Sandspike 18892
Sandspurry 48165
Sand-spurry 48165
Sandthorn 24798
Sand-verbena 96
Sandwhip 42139
Sandwort 4033,25112,33233,
    33474
Sanguinaria 45493
Sanicle 45504
Sanke's Beard 36562
Sansevieria 45525
Sansho 55084
Santa Barbara Poppy 25430
Santiria 45545
Santol 45486
Santolina 45549
Sanvitalia 45559
Sapdilla Family 45579
Sapele 18553
Sapium 45572

Swan River Everlasting Flower 23833
Swan-orchid 14312
Swan-plant 14312
Swanriver Daisy 7290
Swan-river Daisy 7290
Sweet Alison 30244
Sweet Alyson 30244
Sweet Alyssum 30244
Sweet Bay 28545
Sweet Box 45636
Sweet Cane 45197
Sweet Chestnut 9543
Sweet Cicely 34387
Sweet Clover 32355
Sweet Fern 12678
Sweet Fern Shrub 12678
Sweet Flag 448
Sweet Gale 34306
Sweet Gale Family 34309
Sweet Grass 21874,24668
Sweet Gum 30069
Sweet Gum Tree 30069
Sweet Manna Grass 21874
Sweet Pea 28481
Sweet Pepper 9101

Sweet Scabious 45890
Sweet Shade 25781
Sweet Shrub 8602
Sweet Sop 3111
Sweet Sops 3111
Sweet Spire 26562
Sweet Sultan 2130
Sweet Vernalgrass 3364
Sweet Vetch 23644
Sweet Woodruff 21031
Sweetalyssum 30244
Sweetbells 29625
Sweetbush 5882
Sweetcane 45197
Sweetclover 32355
Sweetdaisy 8962
Sweetfern 12678
Sweet-flag 448
Sweetgrass 21874,24668
Sweet-grass 21874,24668
Sweetgum 30069
Sweetleaf 49914
Sweetleaf Family 49909
Sweetpalm 6947
Sweet-pea Bush 41125
Sweet-scented Bush 8602

Sweet-scented Shrub 8602
Sweetshade 25781
Sweetshrub 8602
Sweetspire 26562
Sweetspire Family 19323
Sweet-sultan 2130
Swellenfruit Celery 39650
Swellpod 3287
Swertia 49773
Swine Cress 13057
Swine's Succory 25880
Swine's-cress 13057
Swinecress 13057
Swine-cress 13057
Swine-grass 47924
Swingle 1461
Swinglea 49782
Swiss Centaury 44097,48841
Swisscentaury 48841
Switch Grass 37768
Swollennoded Cane 43346
Sword Grass 33302
Sword Lily 21694
Sword Plant 17740,54962
Swordflag 26375
Swordflag Family 26350

Swordgrass 33302
Sword-grass 33302
Swordlily 21694
Syagrus 49786
Sycamore 40635
Sympegma 49834
Symphonia 49844
Symphorema 49850
Symphyllocarpus 49875
Symplocarpus 49912
Symplocos 49914
Symplocos Family 49909
Syncalathium 49960
Syndiclis 49982
Synechanthus 49986
Synedrella 49987
Syneilesis 49989
Syngonium 49996
Synotis 50013
Synstemon 50024
Synurus 50038
Syreitschikovia 50046
Syrenia 50047
Syrian Mustard 19484
Syringa 39541,50052
Syzygium 50088

T

Tabacco 35442
Tabacco Plant 35442
Tabac-du-diable 49912
Tabernaemontana 50107
Table Mountain Orchis 16614
Tacca 50116
Tacca Family 50118
Tackstem 8637
Tack-stem 8637
Tadehagi 50136
Taeniophyllum 50151
Tagetes 50164
Taibamboo 51368
Taihang Flower 50168
Taihangdaisy 36619
Taihangia 50168
Tail Flower 3373
Tail Grape 4300
Tailanther 50013
Tailflower 3373
Tailgrape 4300
Tail-grape 4300
Tailgrass 53304
Tailleaftree 53321
Tailsacgrass 53324
Tainia 50169
Taiwania 50174
Talauma 50196

Talinum 50213
Talipot Palm 13164
Tall Flat-topped Aster 16928
Tallow Tree 45572
Tallowtree 45572
Tallow-tree 45572
Tallowwood 54843
Tallow-wood 54843
Tamarillo 14548
Tamarind 50237
Tamarisk 50241
Tamarisk Family 50234
Tamarisk Salt Cedar 50241
Tamarix 50241
Tamarix Family 50234
Tamil Murungai 33913
Tampico Fibre 1302
Tan Oak 30136,38233
Tanakaea 50268
Tanbark Oak 30136
Tangbamboo 47519
Tanglehead 24466
Tango-plant 11298
Tangtsinia 50280
Tanier 54721
Tanoak 30136
Tan-oak 30136,38233
Tansy 11393,50265

Tansy Mustard 15455
Tansyaster 30947
Tansymustard 15455
Tansy-mustard 15455
Tapegrass 53481
Tape-grass 53481,55268
Tape-grass Family 25580
Tapeweed 41777
Taphropermum 50315
Tarbush 20470
Tare 53814
Tarenna 50370
Tarennoidea 50371
Target 7370
Taro 12510
Taroorchis 35270
Tarphochlamys 50376
Tartarian Statice 22092
Tarweed 31215
Tarwort 20470
Tasmanian Cedar 4891
Tasmanian Honey Myrtle 32236
Tasmanian Sassafras 4980
Tassel Flower 18281
Tasselflower 18281
Tassel-rue 51924
Tasseltree 10977
Tasselweed 45041

Tatajuba 5326
Tauscheria 50407
Tavaresia 50412
Taxillus 50422
Taxodium Family 50423
Taxol 50427
Taxus Family 50417
Taybercy 44966
Tea 8762
Tea Bush 8762
Tea Family 50985
Tea Plant 8762
Tea Tree 8762,29329
Teak 50446
Teak-tree 50446
Tea-plant 30778
Tearthumb 41514
Teasel 16569
Teasel Family 16566
Tea-tree 29329
Teazel 16569
Teazle 16569
Tecoma 50435
Tecomaria 50437
Teff 18793
Telegraph Plant 12270
Telephium 50488
Teline 50499

V

W

X

Y

Z

俄文名称索引

Мускат 34341
Мускатник 34341
Мускатниковые 34343
Мускусница 957
Мутовчатка 33547
Мухоловка 17304
Мушмула 32669
Мшанка 45256
Мшунки-гоуак 53814
Мыльница 45575
Мыльнянка 45575
Мытник 38439
Мышатник 51093
Мышей 47192
Мышехвостник 34272
Мышиный Гиацинт 34160
Мюленбекия 34041
Мюленбергия 34059
Мягковолосник 34266
Мягкохвостник 29667
Мякинник 3679
Мякотница 31385, 33094
Мята 32511
Мята горная 43194
Мятлик 41088
Мяун 53454
Нагловадка 27021
Наголоватка 27021
Надбородник 18729
Налимбия 37632
Нандина 34515
Наннропс 34524
Нанофитон 34535
Наперстянка 16060
Нардосмия 39147
Нартеций 34599
Нарцисс 34572
Нарцисус 34572
Настурция 52765
Наталиелла 34638
Наумбургия 30865
Наяда 34492
Наядовые 34491
Невзрачница 1621
Невзрачница 3572
Невиузия 35383
Невскиелла 35396
Негниючка 51258
Негниючник колёсивовидный
    12462
Негной-дерево 50427
Недзвецкия 35461
Недоспелка 38073
Недотрога 26149
Нежник 23744
Незабудка 34260
Незабудочник 19139

Нейллия 34770
Немезия 34842
Немофила 34855
Ненюфар 35873
Неолидлейя 35042
Неолицея 35045
Неопалассия 35089
Неоттианта 35178
Непентес 35207
Непентесовые 35205
Непентовые 35205
Непета 35208
Неполнопыльник 4829
Нептуния 35251
Нерине 35258
Неслия 35280
Неуструевия 42462
Нефелиум 30126
Неяснореберник 3585
Нивяник 11393
Нивяник 29464
Нигелла 35473
Низкозонтичник 10584
Низманка 2571
Никандра 35422
Никитиния 35486
Никтагиновые 35844, 35848
Никтантес 35849
Нимфейные 35874
Нимфея 35873
Нимфондес 35883
Нирембергия 35466
Нириум 35263
Нисса 35898
Ниссовые 35900
Нителистник 20325
Нитрария 35540
Новосиверрия 35785
Ноголист 41188
Ноголистник 41188
Ногоплодник 41154
Ногоплодниковые 41149
Ноготки 8272
Ноготки африканские 16187
Ногошок 8272
Нолана 35575
Нолина 35580
Нонея 35604
Ноннея 35604
Норичник 46729
Норичниковые 46730
Нотобазис 35726
Нотофагус 35685
Ночецветниковые 35848
Ночецветные 35844, 35848
Ноэа 35553
Нуг 11549, 22615

Обвойник 38952
Облепиха 24798
Обманчивоплодник 48292
Обриеция 4975
Овения 37262
Овес 5135
Овёс 5135
Овсец 23791
Овсюг 5135, 20249
Овсяница 20249
Огурец 13897
Огурец волосистый 47332
Огуречная трава 6943
Огуречник 6943
Одногнездка 3612
Однопокровник 33719
Одноцветка 33628
Одноягодник 38147
Одуванчик 50357
Ожерельник 36880
Ожика 30740
Ойдибазис 36156
Окопник 49903
Окотеа 36009
Оксалис 37265
Оксиграфис 37330
Оксидендрон 37321
Олеандр 35263
Олеария 36246
Олива 36243
Оливник 12089
Олигохета 36277
Ольгея 36257
Ольха 1898
Омег 12747
Омежник 36167
Омела 53987
Омфалодес 14468, 36394, 36957
Омфалотрикс 36411
Онагра 36178
Онагровые 36417
Онопордон 36492
Онопордум 36492
Оносма 36499
Онцидиум 36423
Оплисменус 36628
Опопанакс 36642
Опунция 36666
Оранта 36997
Ореорхис 36800
Орех 26956
Орех волшеб 23190
Орех лесной 13120
Орех маньчжурский 4975
Орех мускатный 34341
Орех рвотный 49507
Орехи кедровые 9806

Ореховые 26954
Орешник 13120
Орешник проностый 13651
Орешниковые 13117
Оризопсис 37087
Орлайя 36866
Орлики 3827
Ороксилум 36904
Оронтиум 36963
Оростахис 36957
Ортодон 33988
Ортосифон 36941
Ортосифон 37034
Орхидея-пафиния 36713
Орхидные 14571, 36697
Осенник 12388, 36697
Осина 2793
Ослинник 36178
Ослинник двулетний 36178
Османтус 37104
Осмориза 37118
Осока 9244
Осоковые 14509
Осот 47924
Острица 4539
Островския 37150
Острокильница 14695
Остролист 26092
Остролодка 37387
Остролодочник 37387
Остро-пестро 47442
Остянка 36628
Ототегия 37222
Оттелия 37228
Офелия 49773
Офиопогон 36562
Офрис 30113, 36605
Охна 35955
Охновые 35956
Очанка 19644
Очереднопыльник 2013
Очерёт 46334
Очеретник 44387
Очиток 46861
Очноцвет 2571
Очный 2571
Очный цвет 2571
Паветта 38350
Павловния 38338
Павлония 38331
Павноплодник 26534
Павой 47754
Павун 32523
Пагудия 1202
Падуб 26092
Падубовые 3819
Падук 42840

日文名称索引

エクメア属 983
エケベリア属 17689
エゴノキ科 49619
エゴノキ属 49623
エゴハンノキ属 1895
エスカロニア属 19320
エスキナンッス属 1104
エスキナントゥス属 1104
エスコバリア属 19340
エスコントリア属 19350
エスベレチア属 19369
エスポストア属 19379
エゾギク属 8395
エゾスズシロ属 19224
エゾツツジ属 51101
エゾノシシウド属 12316
エゾノチチコグサ属 3229
エゾバウフウ属 1037
エゾボウフウ属 1037
エゾムギ属 18213
エダウチナヅナ属 16540
エヂィトコレァ属 17865
エチオネ-マ属 1131
エチフィルム属 1126
エックレモカクタス属 17678
エックレモカクタス属 17679
エナルガンテ属 18343
エニシダ属 14695
エニスシア属 18751
エノキアオイ属 31457
エノキグサ属 144
エノキフヂ属 11863
エノキ属 9836
エノコログサ属 47192
エパクリス科 18589
エパクリス属 18590
エビアラロ属 39906
エピゲネイウム属 18675
エピスキア属 18751
エピスシア属 18751
エピテランサ属 18765
エピテランタ属 18765
エピデンドルム属 18668
エビネ属 8198
エピフィルム属 18722
エビフィロブシス属 18720
エピブレムヌム属 18736
エビブレムノブシス属 2488
エピロ-ビウム属 18692
エブラクテオ-ラ属 17655
エベルランジア属 17646
エ-ベルランジア属 17646
エラグロスティス属 18793
エランギス属 1073
エランティス属 18797
エランテス属 1074
エランテムム属 18796

エリアンッス属 18921
エリア属 18908
エリオカクタス属 18998
エリオシケ属 19110
エリオステモン属 19100
エリオセレウス属 19000
エリオプシス属 19074
エリオボトリア属 18978
エリカモドキ属 5820
エリカ属 18929
エリキ-ナ属 19214
エリゲロン属 18958
エリシマム属 19224
エリズイセン属 2006
エリスリナ属 19241
エリスロニュ-ム属 19270
エリスロリブサリス属 19294
エリデス属 1079
エリヌス属 18973
エリムス属 18213
エリンジュ-ム属 19218
エル-カ属 19191
エルシア属 18808
エルレアントウス属 18143
エレウテリ-ネ属 18089
エレオカリス属 18064
エレオカルプス属 17983
エレッタ-リア属 18080
エレプシア属 18901
エレム-ルス属 18900
エレモシトラス属 18850
エロジュ-ム属 19171
エロデア属 18176
エンセファロカルプス属 18361
エンドウ属 40454
エンペトルム属 18312
エンレイサウ科 52419
エンレイサウ属 52422
エンレイソウ科 52419
エンレイソウ属 52422
オアギヤシ属 6947
オウギバショウ属 43739
オウギヤシ属 6947
オウゴンカズラ属 46502
オウゴンソウ属 25880
オウゴンハギ属 13051
オウソウカ属 4300
オウムバナ科 23771
オウレン属 12874
オオアザミ属 47442
オオアブノメ属 22329
オオアブラススキ属 48470
オオアマナ属 36904
オオアラセイトウ属 37068
オオイワギリソウ属 47513
オオウイキョウ属 20242
オオウドノキ属 28699

オオオニバス属 53823
オオカサモチ属 40981
オオカナグモ属 17903
オオカニツリ属 4275
オオカミナスビ属 4944
オオカモメズル属 53051
オオカモメズル属 53051
オオキセワタ属 39654
オオシマコバンノキ属 7482
オオセンナリ属 35422
オオツメクサ属 48161
オオバアカテツ属 37606
オオバアサガオ属 4088
オオバイ属 26789
オオバコ科 40607
オオバコ属 40614
オオバノボタン属 32834
オオバハマアサガオ属 49127
オオバヒメマオ属 41857
オオバベニガシワ属 1625
オオバヤドリギ科 30481
オオバルシャ属 13208
オオハンゴンソウ属 44970
オオヒキヨモギ属 47625
オオヒレアザミ属 36492
オオフィツム属 36522
オオホザキアヤメ科 13218
オオホザキアヤメ属 13233
オオマツユキソウ属 29540
オオミウェッチンヤシ属 54379
オオミクマデヤシ属 39697
オオミタケヤシ属 54102
オオミヤシ属 30277
オオミヤハズ属 43060
オオムギ属 25181
オオヤマフスマ属 33474
オオルリソウ属 14468
オガサハラモクレイシ属
   21383
オガサワラモクレイシ属
   21383
オ-ガストノキ属 11459
オガタマノキ属 32824
オカトラノオ属 30865
オカヒジキ属 45402
オカメザサ属 47254
オガルカヤ属 14403
オキザリス属 37265
オキシデンドラム属 37321
オキナグサ属 2860
オキナグサ属 43121
オギノツメ属 25665
オクエゾガラガラ属 44141
オクトポマ属 36051
オクナ科 35956
オクナ属 35955
オグルマ属 26239

オケラ属 4931
オサバフウロ属 6443
オサラン属 18908
オジキソウ属 33205
オシマ属 36002
オシロイバナ科 35844
オシロイバナ属 33269
オスキュ-リア属 28185
オスクラリア属 28185
オスクラリア属 32627
オストロウスキア属 37150
オ-ストロカクタス属 5084
オ-ストロシリンドロプンティア
   属 5092
オ-ストロシリンドロプンティア
   属 5092
オセ-ジオレンヂ属 30995
オセソウ属 26759
オダマキ属 3827
オット-ソンデリア属 37237
オトギリサウ科 12051
オトギリサウ属 25854
オトギリソウ科 12051
オトギリソウ属 12049,25854
オトメアゼナ属 5282
オドリコソウ属 28169
オドントグロッサム属 36105
オトントフォルス属 36112
オトンナ属 37188
オナモミ属 54678
オニイラクサ属 21651
オニク属 6999,7018
オニザミア属 31191
オニソテツ属 18358
オニタビラコ属 13502
オニタビラコ属 55002
オニトゲココヤシ属 508
オニノヤガラ属 21216
オニバス属 19694
オニヒバ属 8433,29701
オニミツバ属 45504
オニヤマボクチ属 50180
オノエリンドウ属 21410
オノブリキス属 36479
オヒゲシバ属 11108
オヒシバ属 18082
オビバナヤシ属 50141
オヒルギ属 7621
オフタルモフィルム属 36608
オプリスメヌス属 36628
オフリス属 36605
オプンティア属 36666
オホアザミ属 47442
オホアブノメ属 22329
オホアマナ属 36904
オホウイキャウ属 20242
オホウシクサ属 48226

ハリモクシュク属　36488	ヒエンサウ属　15277	ヒナノシャクジョウ科　7923	ヒメノギネ属　25752
ハリモデンドロン属　23102	ヒエンソウ属　12812,15277	ヒナノシャクジョウ属　7922	ヒメノボタン属　37089
ハリモミ属　40087	ヒエ属　17725	ヒナノシャクヂャウ科　7923	ヒメノボタン属　6250
ハリヤシ属　44088,44090	ヒオウギズイセン属　54275	ヒナノシャクヂャウ属　7922	ヒメノヤガラ属　24348
ハリヰ属　18064	ヒオウギ属　5958	ヒナラン属　2271	ヒメハギ科　41493
ハルガヤ属　3364	ビオフィタム属　6443	ピナンガ属　40272	ヒメハギ属　41492
バルサ属　35980	ヒカゲミズ属　38136	ヒネリガヤツリ属　51716	ヒメフヨウ属　31461
ハルシャギク属　12959	ヒカゲミツバ属　40262	ヒノキバヤドリギ属　27658	ヒメボッス属　45460
バルバドスチエリ-属　31439	ヒカゲミヅ属　38136	ヒノキ科　14010	ヒメミソハギ属　2275
バルボフィラム属　7828	ヒガンバイザサ属　30791	ヒノキ属　10482	ヒメヤツシロラン属　15993
バルボフィルム属　7828	ヒガンバナ科　2111	ビハモドキ属　16111	ピメレア属　40251
バルンビ-ナ属　37689	ヒガンバナ属　30791	ビハ属　18978	ヒモサボテン属　10237
ハレ-シア属　23083	ヒキヨモギ属　47625	ヒヒラギギク属　41050	ヒモサホテン属　3747
バレリアナ属　53454	ピクェ-リア属　40383	ヒヒラギ科　36244	ビャクシン属　27005
バ-レリア属　5643	ヒゲオシベ属　41300	ヒヒランチク属　46202	ビャクダン科　45530
バ-レ-リア属　5643	ヒゲシバ属　11108	ビフレナリア属　6369	ビャクダン属　45538
バレンギク属　43718	ヒゲナガコメススギ属　43007	ビフレナ-リア属　6369	ヒャクニチサウ属　55209
バロ-タ属　53485	ヒゴタイサイコ属　19218	ヒポエステス属　25897	ヒャクニチソウ属　55209
パロディア属　38169	ヒゴタイ属　17768	ヒポキルタ属　25888	ビヤクブ科　48861
バンウコン属　27069	ヒサカキ属　19692	ヒポキルタ属　34818	ビャクブ属　48859
バンカジュ科　9254	ヒシモドキ属　51908	ヒポクラテア科　24777	ヒヤハサギゴケ属　23952
ハンカチノキ科　15075	ヒシ科　51906	ヒボ属　51258	ヒユ科　2099
バンクシア属　5550	ヒシ属　51905	ヒマツバキ属　46059	ヒユ属　2103
パンクラチュ-ム属　37727	ビスマルクヤシ属　6481	ヒマハリ属　23755	ビヨウカヅラ属　52648
バンクワジュ科　9254	ピズム属　40454	ヒマラヤスギ属　9806	ヒヨコマメ属　11549
バンクワジュ属　9252	ヒスヰラン属　53504	ヒマワリ属　23755	ヒヨス属　25807
ハンゲシャウ科　45823,45837	ビゼンナリヒラ属　47519	ヒメアブラススキ属　2793	ヒヨドリバナ属　19624
ハンゲシャウ属　45839	ピゾ-ニア属　40428	ヒメアフリカギク属　10687	ビラウ属　30195
ハンゲショウ属　45839	ヒダカサウ属　8335	ヒメアラセイトウ属　31390	ヒラギナンテン属　31281
ハンゲ属　40296	ヒダカソウ属　8335	ヒメウイキョウ属　13960	ビラディア属　53878
バンジラウ属　42645	ヒダカトックリヤシ属　25802	ヒメウシノシッペイ属　36592	ピランジ属　47410
バンジリア属　53551	ヒツジグサ科　35874	ヒメウシノシャバイ属　36592	ビランヂ属　47410
バンジロウ属　42645	ヒツジグサ属　35873	ヒメウズサバノオ属　29296	ビルガオ科　12825
バンダイソウ属　46983	ビッタディニア属　54030	ヒメウズ属　46962	ヒルガオ属　8726
パンダ-ヌス属　37740	ヒッペアストラム属　24761	ヒメウヅ属　46962	ヒルガホ科　12749
バンダ属　53504	ヒッベルティア属　24624	ヒメカイウ属　8315	ヒルガホ属　8726
バンドプシス属　53517	ヒッポフェ属　24798	ヒメカノコサウ属　52567	ヒルギダマシ属　5164
ハンニチバナ科　11681	ビテックス属　54010	ヒメカノコソウ属　52567	ヒルギモドキ属　30672
ハンニチバナ属　23744	ピトカイルニア属　40463	ヒメガルカヤ属　3679	ヒルギ科　44200
ハンネマンニア属　25430	ヒトッバエニシダ属　21388	ヒメキクイモ属　23821	ヒルムシロ科　41802
ハンノキ科　6296	ヒトツバクマデヤシ属　26863	ヒメクグ属　27860	ヒルムシロ属　41800
ハンノキ属　1898	ヒトッバタゴ属　10977	ヒメコスモス属　7290	ヒルルシロ科　41802
パンノキ属　4374	ヒトッバハギ属　46844	ヒメシャクナゲ属　2782	ヒレアザミ属　9232
バンブ-サ属　5501	ヒトッバマメ属　23344	ヒメジョオン属　18958	ヒレギク属　28078
バンマツリ属　7630	ヒトッボクロモドキ属　15947	ヒメジヨヲン属　18958	ピレナカンタ属　43266
パンヤ科　6850	ヒトツボクロ属　51517	ヒメセンブリ属　30328	ヒレハリサウ属　49903
バンレイシ科　3113	ヒトモトススキ属　11740	ヒメタウシャウブ属　52690	ヒレハリソウ属　49903
バンレイシ属　3111	ヒトモトメヒシバ属　18561	ヒメタケウマヤシ属　26347	ビロウドヒメクヅ属　4957
ヒアシンス属　25477	ヒドラスチス属　25554	ヒメタケヤシ属　17574	ビロウ属　30195
ヒアフギ属　5958	ヒドロカリス属　25579	ヒメタケラン属　3778	ピロカクタス属　43309
ピアランツス属　40079	ヒドロクレイス属　25585	ヒメツバキ属　46059	ピロステギア属　43298
ヒイラギトラノオ属　31439	ヒドロスメ属　2351	ヒメトウショウブ属　13590,	ヒロセレウズ属　25685
ヒイラギナンテン属　31281	ヒナギキャウ属　54166	52690	ピロソセレウス属　40231
ヒイラギハギ属　11298	ヒナギキョウ属　54166	ヒメトウ属　14798	ビロ-ドアオイ属　2015
ビイリア属　6388	ヒナギク属　6025	ヒメトケンラン属　50169	ビロトイワギリ属　1854
ヒエガエリ属　41554	ヒナザサ属　12275	ヒメノウゼンカズラ属　50437	ビロ-ドイワギリ属　1854
ヒエガヘリ属　41554	ヒナノカンザシ属　45374	ヒメノカリス属　25726	ビロ-ドギリ属　47761

跋

日耕夜耘十八载

乞朝捷巷略开怀

向天再借十八年

余等完成遊泉台

1969-2017 於

根叶正红

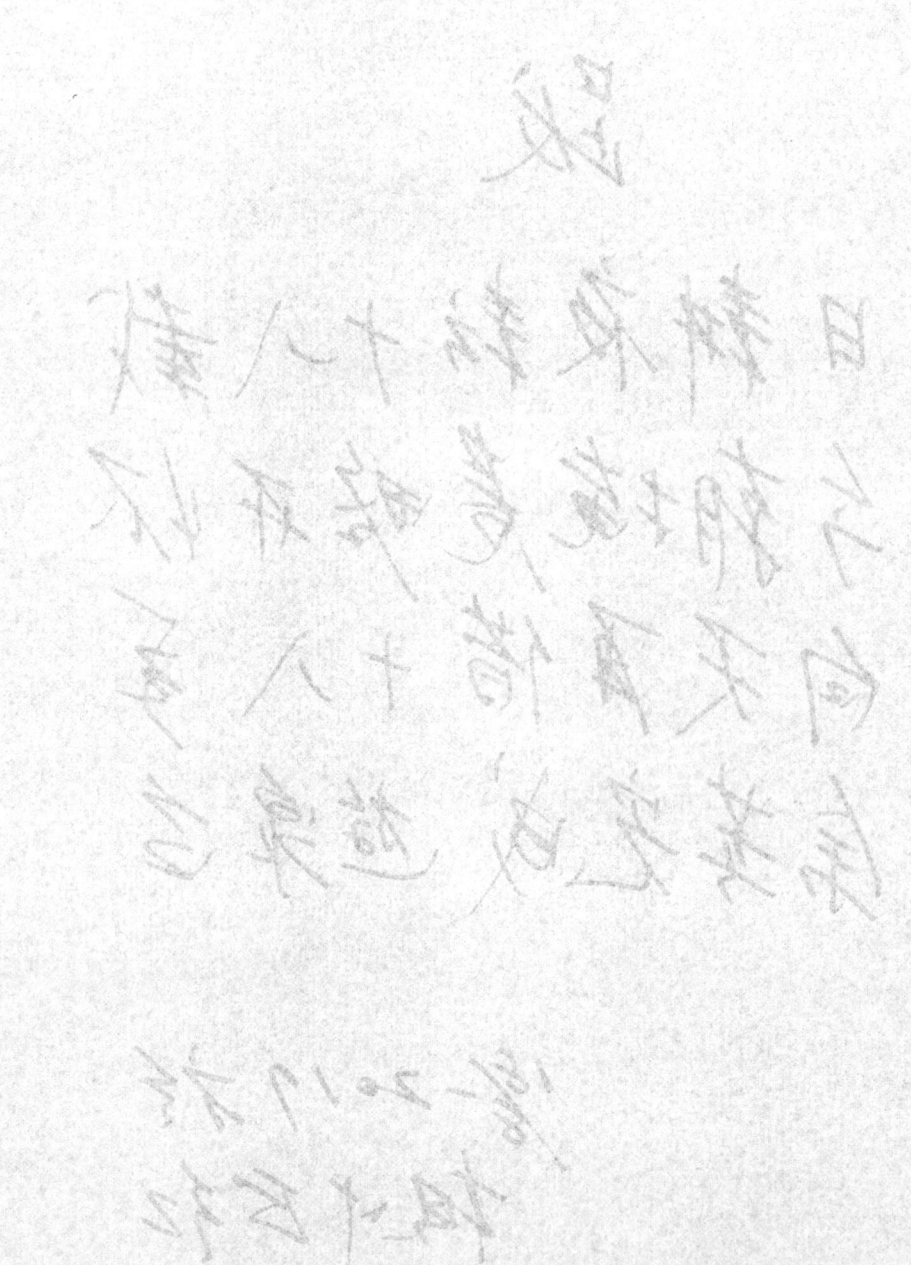